（CIP）数据

构规范大全(含条文说明)第 4 册　特种·混合·

本社编. —北京：中国建筑工业出版社，2014.2

-112-16075-4

· Ⅱ.①本… Ⅲ.①建筑结构-建筑规范-中国

5

本图书馆 CIP 数据核字（2013）第 263937 号

任编辑：李　阳　向建国
责任校对：赵　颖

现行建筑结构规范大全
（含条文说明）
第 4 册
特种·混合·检测·加固
本社编

*

中国建筑工业出版社出版、发行（北京西郊百万庄）
各地新华书店、建筑书店经销
北京红光制版公司制版
北京圣夫亚美印刷有刷公司印刷

*

开本：787×1092 毫米　1/16　印张：128¼　字数：4565 千字
2014 年 7 月第一版　　2014 年 7 月第一次印刷
定价：**270.00** 元
ISBN 978-7-112-16075 -4
（24842）

现行建筑结构规范大全

（含条文说明）
第 4 册
特种·混合·检测·加固
本社编

中 国 建 筑 工 业 出 版 社

出 版 说 明

　　《现行建筑设计规范大全》、《现行建筑结构规范大全》、《现行建筑施工规范大全》缩印本（以下简称《大全》），自1994年3月出版以来，深受广大建筑设计、结构设计、工程施工人员的欢迎。2006年我社又出版了与《大全》配套的三本《条文说明大全》。但是，随着科研、设计、施工、管理实践中客观情况的变化，国家工程建设标准主管部门不断地进行标准规范制订、修订和废止的工作。为了适应这种变化，我社将根据工程建设标准的变更情况，适时地对《大全》缩印本进行调整、补充，以飨读者。

　　鉴于上述宗旨，我社近期组织编辑力量，全面梳理现行工程建设国家标准和行业标准，参照工程建设标准体系，结合专业特点，并在认真调查研究和广泛征求读者意见的基础上，对2009年出版的设计、结构、施工三本《大全》和配套的三本《条文说明大全》进行了重大修订。

　　新版《大全》将《条文说明大全》和原《大全》合二为一，即像规范单行本一样，把条文说明附在每个规范之后，这样做的目的是为了更加方便读者理解和使用规范。

　　由于规范品种越来越多，《大全》体量愈加庞大，本次修订后决定按分册出版，一是可以按需购买，二是检索、携带方便。

　　《现行建筑设计规范大全》分4册，共收录标准规范193本。

　　《现行建筑结构规范大全》分4册，共收录标准规范168本。

　　《现行建筑施工规范大全》分5册，共收录标准规范304本。

　　需要特别说明的是，由于标准规范处在一个动态变化的过程中，而且出版社受出版发行规律的限制，不可能在每次重印时对《大全》进行修订，所以在全面修订前，《大全》中有可能出现某些标准规范没有替换和修订的情况。为使广大读者放心地使用《大全》，我社在网上提供查询服务，读者可登录我社网站查询相关标准

规范的制订、全面修订、局部修订等信息。

为不断提高《大全》质量、更加方便查阅，我们期待广大读者在使用新版《大全》后，给予批评、指正，以便我们改进工作。请随时登录我社网站，留下宝贵的意见和建议。

中国建筑工业出版社

2013 年 10 月

欲查询《大全》中规范变更情况，或有意见和建议：请登录中国建筑出版在线网站（book. cabplink. com）。登录方法见封底。

目 录

7 特种结构·混合结构

8 检测·加固

7

特种结构·混合结构

中华人民共和国国家标准

高耸结构设计规范

Code for design of high-rising structures

GB 50135—2006

主编部门：上 海 市 建 设 和 交 通 委 员 会
批准部门：中 华 人 民 共 和 国 建 设 部
施行日期：２ ００ ７ 年 ５ 月 １ 日

中华人民共和国建设部
公　告

第 524 号

<hr>

建设部关于发布国家标准
《高耸结构设计规范》的公告

现批准《高耸结构设计规范》为国家标准，编号为 GB 50135—2006，自 2007 年 5 月 1 日起实施。其中，第 3.0.4、4.2.1、4.4.1、5.1.1、5.1.2、6.5.5、6.5.6、7.1.1、7.1.3、7.1.4、7.2.5、7.4.1 条为强制性条文，必须严格执行。原《高耸结构设计规范》GBJ 135—90 同时废止。

本规范由建设部标准定额研究所组织中国计划出版社出版发行。

中华人民共和国建设部
二〇〇六年十二月十一日

前　　言

本规范根据建设部建标〔1999〕308 号文下达的"关于印发《一九九九年工程建设国家标准制定、修订计划》的通知"的要求，由同济大学会同有关设计、教学、科研和施工单位组成规范修订编制小组，对《高耸结构设计规范》GBJ 135—90 进行了全面的修订。

在修订过程中，开展了许多专题研究，总结了近年来的设计经验，参考了国内外其他有关规范的相关内容，并以研讨会、信函等多种方式征求全国有关单位的意见，经反复修改并组织新老规范的对比试设计，完成了本稿。

修订后的本规范共有 7 章 4 个附录，修订的主要内容有：将规范适用范围扩大，包括了输电高塔和通信塔；根据本轮规范修订的总体格式，增加了第 2 章"术语与符号"；与国家最近颁布的新规范相关内容相协调；规定了各类高耸结构按正常使用极限状态设计时，可变荷载代表值的取值；提出了高耸结构采用振动控制技术的条件；规定了桅杆风振系数的计算；规定了带塔楼高耸结构的温度作用计算；提出了钢塔的埃菲尔效应及相应结构措施；规定了单管塔的径厚比；增加了柔性法兰的计算方法；增加了高耸结构中预应力混凝土的设计规定；建议了高耸结构的基础选型，增加了高耸结构抗拔基础的设计和构造要求；增加了高耸结构桩基础设计的规定；附录中增加了高耸结构中常用的钢材的性能。

本规范中以黑体字标志的条文为强制性条文，必须严格执行。

本规范由建设部负责管理和对强制性条文的解释，由同济大学负责具体技术内容的解释。在执行过程中，请各单位结合工程实践总结经验。对本规范的意见和建议，请寄至同济大学建筑工程系《高耸结构设计规范》国家标准管理组（地址：上海市四平路 1239 号，邮编：200092，传真：021-65984889）。

本规范主编单位、参编单位和主要起草人：

主编单位：同济大学

参编单位：中广电广播电影电视设计研究院（原国家广播电影电视总局设计院）

中国建筑科学研究院

北京广播电影电视设备制造厂

中国石化集团洛阳石油化工工程公司

中冶长天国际工程有限责任公司

中国电子工程设计院

中国建筑西南设计研究院

中国冶金建设集团包头钢铁设计研究总院

北京市市政工程设计研究总院

电力规划设计总院

华东电力设计院

西北电力设计院

东北电力设计院

西南电力设计院

大连理工大学

东南大学

湖南大学
武汉理工大学
中讯邮电咨询设计院
河北省电力勘察设计研究院
青岛东方铁塔股份有限公司
浙江电联设备工程有限公司

主要起草人：王肇民　马人乐（以下按姓氏笔画为序）

马　星　牛春良　王　俊　王建磊
王墨耕　邓洪洲　乐俊旺　古天纯

刘大晖　何尧章　何建平　何敏娟
宋玉谱　张春奎　张相庭　李爱群
李喜来　杨春田　沈之容　肖克艰
陈俊岭　周　卫　罗命达　娄　宇
荆建中　赵德厚　唐玉德　唐国安
夏福来　徐传衡　徐华刚　秦益芬
黄　新　舒兴平　蒋寿时　蒋演德
韩汇如　鞠建英　瞿伟廉

目 次

1 总 则

1.0.1 为了在高耸结构设计中做到安全适用、技术先进、经济合理、确保质量,制定本规范。

1.0.2 本规范适用于钢及钢筋混凝土高耸结构,包括广播电视塔、通信塔、导航塔、输电高塔、石油化工塔、大气监测塔、烟囱、排气塔、水塔、矿井架、风力发电塔等构筑物的设计。

1.0.3 本规范是根据现行国家标准《建筑结构可靠度设计统一标准》GB 50068 规定的原则制定的。

1.0.4 设计高耸结构和选择结构方案时,应同时考虑钢结构制作、运输、安装和混凝土浇筑、施工以及建成后的环境影响、维护保养等问题。

1.0.5 设计高耸结构时,除遵照本规范的规定外,尚应符合国家现行有关标准的规定。

2 术语和符号

2.1 术 语

2.1.1 高耸结构 high-rising structure

相对高而细的结构,包括钢塔、钢桅杆及钢筋混凝土塔等。

2.1.2 钢塔架 steel tower

自立式高耸钢结构。

2.1.3 拉线钢桅杆 guyed steel mast

由立柱和拉索构成的高耸钢结构。

2.1.4 钢筋混凝土圆筒形塔 reinforced concrete cylindrical tower

圆筒状的以钢筋混凝土为材料的自立式高耸结构。

2.2 符 号

2.2.1 作用和作用效应设计值

A_i——风压频遇值作用下塔楼处水平动位移幅值;

C——设计时对变形、裂缝等规定的相应限值;

E_h、E_v——水平、竖向地震作用;

F——力、集中荷载、基础和锚板基础所受的拔力(设计值);

F_E——结构总水平地震作用;

F_{Ev}——结构总竖向地震作用;

F_k——相应于荷载效应标准组合上部结构传至基础的竖向力值;

F_{pi}——第 i 根桩桩顶在正常使用极限状态下轴向上拔力标准组合值;

F_i、F_{vi}——质点 i 的水平地震作用、竖向地震作用;

G——永久荷载、结构的重力、基础自重(包括基础上的土重)、桩身的有效重力,水下部分按浮重计;

G_i、G_j——集中于质点 i、j 的重力;

G_E——抗震计算时结构的总重力代表值;

G_e——土体重量;

G_t——基础和锚板基础重量;

G_{eq}——结构等效总重力荷载;

G_k——基础自重(包括基础上的土重)标准值;

H——塔的总高度;

M——力矩或弯矩、弯矩设计值、上部结构传至基础的弯矩(设计值);

M_a——附加弯矩;

M_k——相应于荷载效应标准组合下上部结构传至基础的力矩值;

M_C——横向风振引起的弯矩;

M_A——顺风向风力引起的弯矩;

M_x、M_y——对 x 轴、y 轴的弯矩;

N——轴向力(拉力或压力)及其设计值、纤绳拉力、上部结构传至基础的竖向荷载设计值;

N'_{Ex}——欧拉临界力;

N_k——标准荷载作用下的轴向力;

N_m——截面弯矩在单肢中引起的轴力;

P_h——上部结构传至基础的水平力;

Q——可变荷载;

R——抗力;

S_{Ehk}、S_{Evk}——水平地震作用、竖向地震作用标准值的作用效应值;

S_{Gk}、S_{Qik}——永久荷载、第 i 个可变荷载标准值的荷载效应值;

S——变形、裂缝等作用效应的代表值;

S_j——j 振型水平地震作用产生的地震作用效应;

S_C、S_A——横向风振、顺风向风力的荷载效应;

T——高耸结构的基本自振周期;

T_j——结构 j 振型的自振周期;

V——剪力;

V_e——土体滑动面上剪切抗力的竖向分量之和;

V_l——缀板的剪力;

V_1——分配到一个缀板面的剪力;

p——基底均布荷载设计值;

p_k——相应于荷载效应标准组合下基础底面平均压力代表值;

$p_{k,max}$——相应于荷载效应标准组合下基础边缘的最大压力代表值;

$p_{k,min}$——相应于荷载效应标准组合下基础边缘的最小压力代表值;

p_{max}——基底边缘最大压力设计值;

p_x——计算截面 x-x 处的基底压力设计值;

p_0——基础底面处平均附加压力计算值;

q——塔筒线分布重力;

q_a、q_l——单位面积上、单位长度上的覆冰重力荷载;

r——桅杆杆身最不利风载效应;

v_{cr}——临界风速;

w_k——作用在高耸结构 z 高度处单位面积上的风荷载标准值;

w_0——基本风压值;

w_{Lij}——横向共振引起的等效静风载;

σ_c、σ'_c——迎风面、背风面混凝土的压应力;

σ_s——迎风面纵向钢筋的应力;

σ_{sc}——在标准荷载以及温度作用下的纵向钢筋拉应力;

σ_{sT}——温度作用下钢筋拉应力;

τ——焊缝剪应力;

τ_x、τ_y——垂直于焊缝长度方向、沿焊缝长度方向的焊缝应力;

ω_i——结构振动第 i 阶圆频率;

Δu——水平位移;

$\Delta u'$——层间水平位移。

2.2.2 计算指标

E——钢材的弹性模量；

E_c——混凝土的弹性模量；

E_s——钢筋、钢丝绳的弹性模量；

N^b——每个螺栓承载力设计值；

N_c^b、N_t^b、N_v^b——每个螺栓的承压、抗拉、抗剪承载力设计值；

f——钢材、钢丝绳强度设计值；

f_c^b、f_t^b、f_v^b——螺栓的承压、抗拉、抗剪强度设计值；

f_c——混凝土的抗压强度设计值；

f_a——修正后的地基承载力特征值；

f_{ak}——地基承载力特征值；

f_i——桩穿过的各分层土的极限摩阻力；

f_k——材料强度的标准值；

f_{sE}——地基抗震承载力设计值；

f_s——钢筋强度设计值、地基承载力设计值；

f_{tk}——混凝土抗拉强度标准值；

f_u——钢材抗拉强度、钢丝绳的破坏强度；

f_y——钢材屈服强度；

f_c^w、f_t^w、f_v^w——对接焊缝的抗压、抗拉、抗剪强度设计值；

f_f^w——角焊缝的(抗压、抗拉、抗剪)强度设计值。

2.2.3 几何参数

A——截面面积、毛截面面积、基础底面积；

A_0——锚栓孔面积、换算截面面积；

A_n——净截面面积；

A_u、A_{nu}——格构式构件的单肢毛截面面积、净截面面积；

A_s——钢筋截面面积；

B——基础底面宽度(最小边长)，或力矩作用方向的基础底面边长；

H——高耸结构的总高度；

H_0——基础高度；

I——截面惯性矩；

I_0——换算截面惯性矩；

I_n——净截面惯性矩；

L——基础底面长度；

S——作用(荷载)效应、截面对某轴的面积矩；

W——截面抗弯模量；

W_n——净截面抗弯模量；

W_x、W_y——对 x 轴、y 轴的截面抗弯模量；

W_1——毛截面抗弯模量；

a——缀板中到中的距离、振动加速度、合力作用点到基础底面最大压力边的距离；

a_c——圆(环)形基础的基底受压面宽度；

a_k——构件截面几何参数标准值；

a_x、a_y——合力作用点至 e_x 一侧、e_y 一侧基础边的距离；

b——基本覆冰厚度、平行于 x 轴的基础边长；

d——螺栓直径，基础埋置深度，桩身直径，圆柱体直径；

d_e——螺栓(螺纹处)的有效直径；

d_0——螺栓孔径；

e_x——x 方向的偏心距；

e_y——y 方向的偏心距；

e_{0k}——轴向力对截面重心的偏心距(标准荷载作用时)；

h——高度、截面高度；

h_{cr}——土重法计算的临界深度；

h_f——角焊缝的焊脚尺寸；

h_i——计算截面 i 的高度、集中质点 i 的高度；

h_t——基础上拔深度；

i——(塔筒)截面的回转半径；

l——长度；

l_i——桩穿过的各分层土的厚度；

l_0——杆件的计算长度；

$l_x(H)$、$l_x(0)$——结构顶部与底部宽度；

l_w——(角)焊缝的计算长度；

r_{co}——截面核心距(半径)；

r——塔筒壁厚中线的半径；

$1/r_c$——塔筒代表截面处的弯曲变形曲率；

s——基础沉降量；

t——连接件的厚度，筒壁厚度；

u_p——桩的截面周长；

α——角度、受压区的半角系数；

α_0——土体计算的抗拔角；

α_k——几何参数的标准值；

θ——孔洞的半角(弧度)；

λ——构件长细比；

λ_0——弹性支承点之间杆身换算长细比；

φ——截面受压区半角。

2.2.4 计算系数及其他

A——压缩系数；

c——凝聚力；

E_a——主动土压力；

Re——雷诺数；

$R(\cdot)$——结构构件的抗力函数；

R_M、R_N——截面抗弯、抗压承载力；

e——孔隙比；

Δt——温度差；

u_i、u_j——i、j 点的水平位移；

u_{ji}——j 振型在 i 点处的相对位移；

α_b——桩与土之间抗拔极限摩阻力与受压极限摩阻力间的折减系数；

α_{cr}——(计算裂缝宽度)与构件受力有关的特征系数；

α_E——钢筋和混凝土的弹性模量比值；

α_j——相应于周期 T_j 的水平地震影响系数；

α_{max}——水平地震影响系数的最大值；

$\alpha_{v,max}$——竖向地震影响系数的最大值；

α_T——混凝土的温度线膨胀系数；

α_1——受拉钢筋的半角系数；

α_1——与直径有关的覆冰厚度修正系数；

α_2——覆冰厚度的高度递增系数；

β_z——z 高度处的风振系数；

β_0——风振系数动力部分的基本值；

β_{mx}、β_{tx}——压弯构件弯矩作用平面内、平面外的等效弯矩系数；

γ——覆冰重度；

γ_0——高耸结构重要性系数；

γ_{Eh}、γ_{Ev}——水平、竖向地震作用的分项系数；

γ_G、γ_Q——永久荷载、可变荷载的荷载分项系数；

γ_j——j 振型的参与系数；

γ_{R1}——土体重的抗拔稳定系数；

γ_{R2}——基础重的抗拔稳定系数；

γ_R——结构抗力分项系数；

γ_{kE}——抗力抗震调整系数；

γ_w——风荷载分项系数、抗震计算时风荷载分项系数；

γ_s——桩侧抗阻力分项系数；

ε_1——风压脉动和高度变化等的影响系数；

ε_2——振型、结构外形的影响系数；

ε_q——综合考虑风压脉动、高度变化及振型影响的系数；

ζ——结构阻尼比；

η——风振系数(动力部分)基本值的调整系数；

η_z——考虑脉动风荷载沿竖向空间相关的折减系数；

μ——地基的摩擦系数；

μ_1——横向力系数；

μ_s——风荷载体型系数；

μ_z——z 高度处风压高度变化系数；

μ_f——风压脉动系数；

ν——计算裂缝宽度时与纵向受拉钢筋表面特征有关的系数；

ξ——脉动增大系数、杆身刚度折减系数、受压区相对高度；

φ_b——受弯构件的整体稳定系数；

φ——轴心受压构件稳定系数；

ϕ——挡风系数；

ψ——裂缝间纵向受拉钢筋应变不均匀系数、环形基础底板外形系数；

ψ_c——可变荷载的组合值系数；

ψ_q——可变荷载的准永久值系数；

ψ_f——可变荷载的频遇值系数；

ψ_w——抗震计算时风荷载组合值系数；

ψ_l——钢丝绳扭绞强度调整系数；

ψ_2——钢丝强度不均匀系数；

ω——塔筒水平截面的特征系数；

ρ——纵向钢筋的配筋率。

3 基本规定

3.0.1 高耸结构在规定的设计使用年限内应具有足够的可靠度。结构可靠度可采用以概率理论为基础的极限状态设计方法分析确定。

3.0.2 本规范采用的设计基准期为 50 年。

3.0.3 高耸结构在规定的设计使用年限内应满足下列功能要求：

1 在正常施工和正常使用时，能承受可能出现的各种作用。

2 在正常使用时具有良好的工作性能。

3 在正常维护下具有足够的耐久性能。

4 在设计规定的偶然事件发生时及发生后，仍能保持必须的整体稳定性。

3.0.4 高耸结构设计时，应根据结构破坏可能产生的后果(危及人的生命、造成经济损失、产生社会影响等)的严重性，采用不同的安全等级。高耸结构安全等级的划分应符合表 3.0.4 的要求。

表 3.0.4 高耸结构的安全等级

安全等级	破坏后果	高耸结构类型示例
一级	很严重	重要的高耸结构
二级	严重	一般的高耸结构

结构重要性系数 γ_0 应按下列规定采用：

1 对安全等级为一级或设计使用年限为 100 年及以上的结构构件，不应小于 1.1。

2 对安全等级为二级或设计使用年限为 50 年的结构构件，不应小于 1.0。

注：对特殊高耸结构，其安全等级和结构重要性系数应由建设方根据具体情况另行确定，且不应低于本条的要求。

3.0.5 极限状态分为下列两类：

1 承载能力极限状态。这种极限状态对应于结构或结构构件达到最大承载能力或不适于继续承载的变形。

2 正常使用极限状态。这种极限状态对应于结构或结构构件达到正常使用或耐久性能的某项规定限值。

3.0.6 对于承载能力极限状态，高耸结构及构件应按荷载效应的基本组合和偶然组合进行设计。

1 基本组合应采用下列极限状态设计表达式中最不利值确定：

1)由可变荷载效应控制的组合：

$$\gamma_0 \left(\gamma_G S_{Gk} + \gamma_{Q1} S_{Q1k} + \sum_{i=2}^{n} \gamma_{Qi} \psi_{ci} S_{Qik} \right) \leqslant R(\gamma_R, f_k, a_k, \cdots)$$

(3.0.6-1)

2)由永久荷载效应控制的组合：

$$\gamma_0 \left(\gamma_G S_{Gk} + \sum_{i=1}^{n} \gamma_{Qi} \psi_{ci} S_{Qik} \right) \leqslant R(\gamma_R, f_k, a_k, \cdots) \quad (3.0.6-2)$$

式中 γ_0——高耸结构重要性系数，见表 3.0.4；

γ_G——永久荷载分项系数，按表 3.0.6-1 采用；

表 3.0.6-1 永久荷载分项系数

荷载效应对结构有利与否	控制荷载或结构计算内容	γ_G
不利	由可变荷载控制	1.2
	由永久荷载控制	1.35
有利	一般结构计算	1.0
	倾覆、滑移验算	0.9

注：初始状态下导线或纤绳张力的 $\gamma_G = 1.4$。

γ_{Q1}、γ_{Qi}——第一个可变荷载、其他第 i 个可变荷载的分项系数，一般取 1.4；对温度作用可用 1.0；可变荷载效应对结构有利时，分项系数为 0；

S_{Gk}——按永久荷载标准值 G_k 计算的荷载效应值；

S_{Qik}——按可变荷载标准值 Q_{ik} 计算的荷载效应值；

ψ_{ci}——可变荷载 Q_i 的组合值系数，按表 3.0.6-2 采用；

n——参与组合的可变荷载数；

$R(\cdot)$——结构抗力函数；

γ_R——结构抗力分项系数，其值应符合各类材料的结构设计规范规定；

f_k——材料性能的标准值；

a_k——几何参数的标准值，当几何参数的变异对结构构件有明显影响时可另增减一个附加值 Δ_a 考虑其不利影响。

表 3.0.6-2 不同荷载基本组合中可变荷载组合值系数表

荷载组合		可变荷载组合值系数				
		ψ_{cw}	ψ_{cI}	ψ_{cA}	ψ_{cT}	ψ_{cL}
I	$G+w+L$	1.0	—	—	—	0.7
II	$G+I+w+L$	0.6	1.0	—	—	0.7
III	$G+A+w+L$	0.6	—	1.0	—	0.7
IV	$G+T+w+L$	0.6	—	—	1.0	0.7

注：1 G 表示自重等永久荷载，w、A、I、T、L 分别表示风荷载、安装检修荷载、覆冰荷载、温度作用和塔楼楼屋面或平台的活荷载。

2 对于带塔楼或平台的高耸结构，塔楼楼及外平台面的活载准永久值加雪荷载组合值大于活载组合值时，该平台活载组合改为准永久值，即 ψ_{cL} 均改为 0.4，而雪荷载组合系数 ψ_{cs} 在组合 I、II、III、IV 中均取 0.7。

3 在组合 II 中 ψ_{cw} 可取 0.25～0.7，但对覆冰后冬季风很大的区域，应根据调查选用相应的值。

4 在组合 III 中 ψ_{cw} 可取 0.6，但对于临时固定状态的结构遭遇强风时，应取 $\psi_{cw} = 1.0$，且按临时状况验算。

2 偶然组合

高耸结构在偶然组合承载能力极限状态验算中，偶然作用的代表值不乘分项系数，与偶然作用同时出现的可变荷载，应根据观测资料和工程经验采用适当的代表值。具体的表达式及参数，应按有关规范确定。

3.0.7 高耸结构抗震设计时基本组合应采用下列极限状态表达式：

$$\gamma_G S_{GE} + \gamma_{Eh} S_{Ehk} + \gamma_{Ev} S_{Evk} + \psi_{wE} \gamma_w S_{wk} \leqslant R/\gamma_{RE} \quad (3.0.7)$$

式中 γ_{Eh}、γ_{Ev}——水平、竖向地震作用的分项系数，应按表 3.0.7 的规定采用；

γ_w——风荷载分项系数，应取 1.4；

S_{GE}——重力荷载代表值的效应,可按本规范第4.4.9条采用;

S_{Ehk}——水平地震作用标准值的作用效应值;

S_{Evk}——竖向地震作用标准值的作用效应值;

S_{wk}——风荷载标准值的效应;

ψ_{wE}——抗震基本组合中的风荷载组合值系数,可取0.2;

R——抗力,按本规范各章的有关规定计算;

γ_{RE}——抗力抗震调整系数,按有关规范取值。

表3.0.7 地震作用分项系数

考虑地震作用的情况	γ_{Eh}	γ_{Ev}
仅考虑水平地震作用	1.3	—
仅考虑竖向地震作用	—	1.3
同时考虑水平与竖向地震作用	1.3	0.5

3.0.8 对于正常使用极限状态,应根据不同的设计要求,分别采用荷载的短期效应组合(标准组合或频遇组合)和长期效应组合(准永久组合)进行设计,使变形、裂缝等作用效应的代表值符合下式要求:

$$S \leqslant C \qquad (3.0.8-1)$$

式中 S——变形、裂缝等作用效应的代表值;

C——设计时对变形、裂缝等规定的相应限值,应符合本规范第3.0.10条的规定。

1 标准组合:

$$S = S_{Gk} + S_{Q1k} + \sum_{i=2}^{n} \psi_{ci} S_{Qik} \qquad (3.0.8-2)$$

2 频遇组合:

$$S = S_{Gk} + \psi_{f1} S_{Q1k} + \sum_{i=2}^{n} \psi_{qi} S_{Qik} \qquad (3.0.8-3)$$

3 准永久组合:

$$S = S_{Gk} + \sum_{i=1}^{n} \psi_{qi} S_{Qik} \qquad (3.0.8-4)$$

式中 ψ_{f1}——第1个可变荷载的频遇值系数,按表3.0.8取值;

ψ_{qi}——第i个可变荷载的准永久值系数,按表3.0.8取值。

表3.0.8 高耸结构常用可变荷载的组合值、频遇值、准永久值系数表

荷载类别		组合值系数 ψ_c	频遇值系数 ψ_f	准永久值系数 ψ_q
风载		0.6(0.2)	0.4	—
塔楼楼面活载		0.7	0.6	0.5
外平台及塔楼屋面活载		0.7	0.6	0.4
雪荷载	地区Ⅰ	0.7	0.6	0.5
	地区Ⅱ	0.7	0.6	0.2
	地区Ⅲ	0.7	0.6	0.2

注:1 雪荷载的分区按现行国家标准《建筑结构荷载规范》GB 50009的附录执行。
　　2 风的 ψ_c 在验算抗震时用0.2。

3.0.9 高耸结构按正常使用极限状态设计时可变荷载代表值可按表3.0.9选取:

表3.0.9 高耸结构按正常使用极限状态设计时可变荷载代表值

序号	高耸结构类别	验算内容	可变荷载代表值选用
1	微波塔	天线标高处角位移	标准值
2	带塔楼电视塔	塔楼处剪切变形	标准值
3	带塔楼电视塔	塔楼处加速度	频遇值
4	钢筋混凝土结构或烟囱	裂缝宽度验算	标准值
5	所有高耸结构	地基沉降及不均匀沉降验算	准永久值(频遇值)
6	所有高耸结构	顶点水平位移	标准值
7	非线性变形较大的高耸结构	计算非线性变形及其对结构的不利影响	设计值

注:风玫瑰图呈严重偏心的地区,计算地基不均匀沉降时可用频遇值作为风荷载的代表值。

3.0.10 高耸结构正常使用极限状态的控制条件应符合下列规定:

1 对于装有方向性较强(如微波塔、电视塔)或工艺要求较严格(如石油化工塔)的设备的高耸结构,在不均匀日照温度或风荷载(标准值)作用下,在设备所在位置的塔身角位移满足工艺要求。

2 在风荷载或常遇地震作用下,塔楼处的剪切变形不宜大于1/300。

3 在风荷载的动力作用下,设有游览设施或有人员在塔楼值班的塔,塔楼处振动加速度幅值 $A_f\omega_1^2$ 不应大于200mm/s²。其中对有常驻值班人员的塔楼 A_f 为风压频遇值作用下塔楼处水平动位移幅值,其值为结构对应点在 $0.4w_k$ 作用下的位移值与 $0.4\mu_z\mu_s w_0$ 作用下的位移值之差;ω_1 为基频;对仅有游客的塔楼可按照实际使用情况取 A_f 为 6~7 级风作用下水平动位移幅值。

4 在各种荷载标准值组合作用下,钢筋混凝土构件的最大裂缝宽度不应大于0.2mm。

5 高耸结构的基础沉降应按本规范第7.2.5条控制。

6 高耸结构在以风为主的荷载标准组合及以地震作用为主的荷载标准组合下的水平位移,不得大于表3.0.10的规定。

表3.0.10 高耸结构水平位移限值

结构类型	以风为主的荷载标准组合下		以地震作用为主的荷载标准组合下	
	按线性分析	按非线性分析		
自立塔	$\Delta u/H$	1/75	1/50	$\Delta u/H$	1/100
桅杆	$\Delta u/H$	—	1/75	$\Delta u/H$	1/100
	$\Delta u'/h$	—	1/50		

注:1 Δu——水平位移(与分母代表的高度对应);
　　$\Delta u'$——纤绳层间水平位移差(与分母代表的高度对应);
　　H——总高度;
　　h——纤绳之间距。
　　2 高耸结构中的单管塔的水平位移限值可比表3.0.10所列限值适当放宽,具体限值根据各行业标准确定。但同时应按荷载的设计值对塔身进行非线性承载能力极限状态验算,并将塔脚处非线性作用传给基础进行验算。
　　3 对于下部为混凝土结构,但上部为钢结构的自立式塔,总体位移控制条件不变。对下部混凝土构件,还应符合结构变形及开裂的有关规定。

3.0.11 对于变形控制的高耸结构,宜采用适当的振动控制技术来减小结构变形及加速度。

4 荷载与作用

4.1 荷载与作用分类

4.1.1 高耸结构上的荷载与作用可分为下列三类:

1 永久荷载:结构自重,固定的设备重,物料重,土重,土压力,初始状态下索线或纤绳的拉力,结构内部的预应力,地基变形等。

2 可变荷载:风荷载,覆冰荷载,常遇地震作用,雪荷载,安装检修荷载,塔楼楼面或平台的活载,温度变化等。

3 偶然荷载:索线断线,撞击、爆炸、罕遇地震作用等。

4.1.2 本规范仅列出风荷载、覆冰荷载及地震作用的标准值,其他荷载应按现行国家标准《建筑结构荷载规范》GB 50009 的规定采用。

4.2 风 荷 载

4.2.1 垂直作用于高耸结构表面单位面积上的风荷载标准值应按下式计算:

$$w_k = \beta_z \mu_s \mu_z w_0 \qquad (4.2.1)$$

式中 w_k——作用在高耸结构z高度处单位投影面积上的风荷载标准值(kN/m²,按风向投影);

w_0——基本风压(kN/m²),其取值不得小于0.35kN/m²;

μ_z——z高度处的风压高度变化系数;

μ_s——风荷载体型系数;

β_z——z高度处的风振系数。

4.2.2 基本风压 w_0 系以当地比较空旷平坦地面、离地10m高、统计50年一遇的10min平均最大风速为标准,其值应按现行国家标准《建筑结构荷载规范》GB 50009的规定采用,且符合本规范第4.2.1条的规定。

4.2.3 当城市或建设地点的基本风压值在现行国家标准《建

筑结构荷载规范》GB 50009 全国基本风压图上没有给出时，其基本风压值可根据当地年最大风速资料，按基本风压定义，通过统计分析确定，分析时应考虑样本数量的影响。当地没有风速资料时，可根据附近地区规定的基本风压或长期资料，通过气象和地形条件的对比分析确定；也可按现行国家标准《建筑结构荷载规范》GB 50009 中全国基本风压分布图近似确定。

4.2.4 山区及偏僻地区的 10m 高处的风压，应通过实地调查和对比观察分析确定。一般情况可按附近地区的基本风压乘以下列调整系数采用：

1 对于山间盆地、谷地等闭塞地形，调整系数为 0.75～0.85。

2 对于与风向一致的谷口、山口，调整系数为 1.20～1.50。

4.2.5 沿海海面和海岛的 10m 高的风压，当缺乏实际资料时，可按邻近陆上基本风压乘以表 4.2.5 规定的调整系数采用。

表 4.2.5 海面和海岛的基本风压调整系数

海面和海岛距海岸距离(km)	调整系数
<40	1.0
40～60	1.0～1.1
60～100	1.1～1.2

4.2.6 风压高度变化系数，对于平坦或稍有起伏的地形，应根据地面粗糙度类别按表 4.2.6-1 确定。

表 4.2.6-1 风压高度变化系数 μ_z

离地面或海平面高度(m)	地面粗糙度类别			
	A	B	C	D
5	1.17	1.00	0.74	0.62
10	1.38	1.00	0.74	0.62
15	1.52	1.14	0.74	0.62
20	1.63	1.25	0.84	0.62
30	1.80	1.42	1.00	0.62
40	1.92	1.56	1.13	0.73
50	2.03	1.67	1.25	0.84
60	2.12	1.77	1.35	0.93
70	2.20	1.86	1.45	1.02
80	2.27	1.95	1.54	1.11
90	2.34	2.02	1.62	1.19
100	2.40	2.09	1.70	1.27
150	2.64	2.38	2.03	1.61
200	2.83	2.61	2.30	1.92
250	2.99	2.80	2.54	2.19
300	3.12	2.97	2.75	2.45
350	3.12	3.12	2.94	2.68
400	3.12	3.12	3.12	2.91
≥450	3.12	3.12	3.12	3.12

1 地面粗糙度可分为 A、B、C、D 四类：

A 类指近海海面、海岛、海岸、湖岸及沙漠地区；

B 类指田野、乡村、丛林、丘陵以及房屋比较稀疏的中小城市郊区；

C 类指有密集建筑群的中等城市市区；

D 类指有密集建筑群且房屋较高的大城市市区。

2 在确定城区的地面粗糙度类别时，若无实测资料时，可按下述原则近似确定：

1)以拟建高耸结构为中心，2km 为半径的迎风半圆影响范围内的建筑及构筑物密集度来区分粗糙度类别，风向以该地区最大风的风向为准，但也可取其主导风。

2)以半圆影响范围内建筑及构筑物平均高度 $\bar{h}$ 来划分地面粗糙度类别：当 $\bar{h} \geq 18m$，为 D 类，$9m \leq \bar{h} < 18m$，为 C 类，$\bar{h} < 9m$，为 B 类。

3)影响范围内不同高度的面域按下述原则确定，即每座建筑物向外延伸距离为其高度的面域内均为该高度，当不同高度的面域相交时，交叠部分的高度取大者。

4)平均高度 $\bar{h}$ 取各面域面积为权数计算。

3 对于山区的高耸结构，风压高度变化系数除可按平坦地面的粗糙度类别由表 4.2.6-1 确定外，宜考虑地形条件的修正，修正系数 η 分别按下述规定采用：

1)对于山峰和山坡，其顶部 B 处构筑物在高度 z 处的修正系数 η_{zB} 可按表 4.2.6-2 确定。

表 4.2.6-2 爬坡增值效应系数最大值 η_{zB}

z/h	tanα				
	0.00	0.10	0.20	0.30	≥0.33
0.00	1.00	1.56	2.25	3.06	3.35
0.25	1.00	1.50	2.10	2.81	3.05
0.50	1.00	1.44	1.96	2.56	2.77
0.75	1.00	1.38	1.82	2.33	2.50
1.00	1.00	1.32	1.69	2.10	2.24
1.25	1.00	1.27	1.57	1.89	2.00
1.50	1.00	1.21	1.44	1.69	1.77
1.75	1.00	1.16	1.32	1.50	1.55
2.00	1.00	1.10	1.21	1.32	1.35
2.25	1.00	1.05	1.10	1.16	1.17
2.50	1.00	1.00	1.00	1.00	1.00

2)对于山峰和山坡的其他部位，可按图 4.2.6 所示，取 A、C 处的修正系数 η_A、η_C 为 1，AB 间和 BC 间的修正系数按 η 的线性插值确定。

3)z/h≥2.5 时，η_{zB} 均为 1.0。

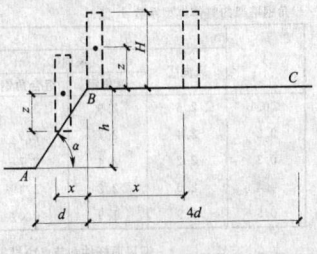

图 4.2.6 山坡或悬崖示意图

4.2.7 高耸结构的风荷载体型系数 μ_s，可按下列规定采用：

1 高耸结构体型如在现行国家标准《建筑结构荷载规范》GB 50009 中列出时，可按该规定采用。

2 高耸结构体型如未在现行国家标准《建筑结构荷载规范》GB 50009 中列出但与表 4.2.7 所列结构体型相似时，可按该表规定采用。

3 高耸结构体型与表 4.2.7 所列体型不同，而又无参考资料可以借鉴以及特别重要或体型复杂时，宜由风洞试验确定。

表 4.2.7　风荷载体型系数　　　　　　　　　　　　　　　　　　　　　　　续表 4.2.7

项次	结构类型	结构体型及体型系数 μ_s
1	悬臂结构	1) 局部计算时表面分布的体型系数 μ_s 值： 表中数值适用于 $\mu_s w_0 d^2 \geqslant 0.02$ 的表面光滑情况，其中 w_0 以 kN/m² 计，d 以 m 计。 2) 整体计算时的体型系数 μ_s 值：

局部计算 α 表：

α	$H/d \geqslant 25$	$H/d=7$	$H/d=1$
0°	+1.0	+1.0	+1.0
15°	+0.8	+0.8	+0.8
30°	+0.1	+0.1	+0.1
45°	-0.9	-0.8	-0.7
60°	-1.9	-1.7	-1.2
75°	-2.5	-2.2	-1.5
90°	-2.6	-2.2	-1.7
105°	-1.9	-1.7	-1.2
120°	-1.0	-0.8	-0.7
135°	-0.7	-0.6	-0.5
150°	-0.6	-0.5	-0.4
165°	-0.6	-0.5	-0.4
180°	-0.6	-0.5	-0.4

整体计算体型系数：

截面	风向	H/d		
		25	7	1
正方形	垂直于一边	2	1.4	1.3
	沿对角线	1.5	1.1	0.9
正六及正八边形	任意	1.4	1.2	1.0
圆形 粗糙	任意	0.9	0.8	0.7
圆形 光滑	任意	0.6	0.5	0.45

注：1　表中圆形结构的 μ_s 值适用于 $\mu_z w_0 d^2 \geqslant 0.02$ 的情况。D 以 m 计；w_0 为基本风压，以 kN/m² 计。
2　表中"光滑"系指钢、混凝土等圆形结构的表面情况；"粗糙"系指结构表面有凸出肋条的情况。

项次	结构类型	结构体型及体型系数 μ_s
2	型钢及组合型钢结构	
3	塔架	

1) 角钢塔架的整体体型系数 μ_s 值：

ϕ	方形			三角形
	风向①	风向②		任意风向 ③④⑤
		单角钢	组合角钢	
≤0.1	2.6	2.9	3.1	2.4
0.2	2.4	2.7	2.9	2.4
0.3	2.2	2.4	2.7	2.0
0.4	2.0	2.2	2.4	1.8
0.5	1.9	1.9	2.0	1.6

注：1　挡风系数 $\phi = \dfrac{\text{迎风面杆件和节点净投影面积}}{\text{迎风面轮廓面积}}$，均按塔架迎风面的一个塔面计算。
2　六边形和八边形塔架的 μ_s 值，可近似地按上表方形塔架参照对应的风向①或②采用。

2) 管子及圆钢塔架的整体体型系数 μ_s 值：
当 $\mu_z w_0 d^2 \leqslant 0.003$ 时，μ_s 值按角钢塔架的 μ_s 值乘 0.8 采用；
当 $\mu_z w_0 d^2 \geqslant 0.02$ 时，μ_s 值按角钢塔架的 μ_s 值乘 0.6 采用；
$0.003 < \mu_z w_0 d^2 < 0.02$ 时，μ_s 值按插入法计算。
当高耸结构由不同类型截面组合而成时，应按不同类型杆件迎风面积加权平均选用 μ_s 值。

项次	结构类型	结构体型及体型系数 μ_s
4	格构式横梁	1) 矩形横梁： $\phi = \dfrac{\text{横梁正面投影面积}}{\text{横梁正面轮廓面积}}$

①当风向垂直于横梁 ($\theta=90°$) 时，横梁的整体体型系数 μ_s 值：

ϕ	b/h			
	≤1	2	4	≥6
≤0.1	2.6	2.6	2.6	2.6
0.2	2.4	2.5	2.6	2.6
0.3	2.2	2.3	2.3	2.4
0.4	2.0	2.1	2.2	2.3
≥0.5	1.8	1.9	2.0	2.1

②当风向不与横梁垂直时，横梁的整体体型系数 μ_s 值：

θ	μ_{sn}	μ_{sp}
90°	$1.0\mu_s$	0
45°	$0.5\mu_s$	$0.21\mu_s$
0	0	$0.40\mu_s$

注：1　μ_{sn}、μ_{sp} 分别为垂直和平行于横梁的体型系数分量。
2　μ_s 为风向垂直于横梁时的整体体型系数。
3　计算 μ_{sn} 和 μ_{sp} 时，均以横梁正面面积为准。

2) 三角形横梁的整体体型系数可按矩形横梁的值乘以 0.9 采用。
3) 管子及圆钢组成的横梁可参照项次 3 中 2) 的方法计算整体体型系数 μ_s 的值。

项次	结构类型	结构体型及体型系数 μ_s
5	架空线、悬索、管材等	

当 $\mu_z w_0 d^2 \leqslant 0.003$，$\mu_{sn} = 1.2 \sin^2\theta$；
当 $\mu_z w_0 d^2 \geqslant 0.02$，$\mu_{sn} = 0.7 \sin^2\theta$；
当 $0.003 < \mu_z w_0 d^2 < 0.02$，$\mu_{sn}$ 按插入法计算。

注：μ_{sn} 为作用于结构的垂直风向分量 w_n 的体型系数；作用于结构的平行风向分量 w_p 的体型系数 μ_{sp} 影响较小，可不计。

项次	结构类型	结构体型及体型系数 μ_s
6	架空管道	1) 上下双管：

整体体型系数 μ_s 值

s/d	≤0.25	0.5	0.75	1.0	1.5	2.0	≥3.0
μ_s	1.20	0.9	0.75	0.7	0.65	0.63	0.60

注：表中 μ_s 值适用于 $\mu_z w_0 d^2 \geqslant 0.02$。

2) 前后双管：

整体体型系数 μ_s 值

s/d	≤0.25	0.5	1.5	3	4	6	8	≥10
μ_s	0.68	0.86	0.94	0.99	1.05	1.11	1.14	1.2

注：表中 μ_s 值适用于 $\mu_z w_0 d^2 \geqslant 0.02$ 的情况，并为前后两管的系数之和。

项次	结构类型	结构体型及体型系数 μ_s
7	倒锥形水塔的水箱，绝缘子	1) 倒锥形水塔的水箱：　　　2) 绝缘子： $\mu_s=0.7$　　　$\mu_s=1.2$

续表 4.2.7

项次	结构类型	结构体型及体型系数 μ_s

水平剖面 (a) (b) (c) (d)

8 微波天线

整体体型系数 μ_s 值

	水平角 θ	0°	30°	50°	90°	120°	150°	180°
a	垂直于天线面的分量 μ_{sn}	1.3	1.4	1.7	0.15	0.35	0.6	0.8
	平行于天线面的分量 μ_{sp}	0.01	0.05	0.06	0.19	0.22	0.17	0.06
b	垂直于天线面的分量 μ_{sn}	0.80	0.84	0.90	0	0.20	0.40	0.60
	平行于天线面的分量 μ_{sp}	0	0.40	0.55	0.41	0.29	0.14	0
c	垂直于天线面的分量 μ_{sn}	1.1	1.2	1.3	0	0.24	0.48	0.70
	平行于天线面的分量 μ_{sp}	0	0.31	0.60	0.44	0.31	0.16	0
d	垂直于天线面的分量 μ_{sn}	1.3	1.4	1.7	0.15	0.35	0.6	0.8
	平行于天线面的分量 μ_{sp}	0.01	0.05	0.06	0.19	0.22	0.17	0.06

9 石油化工塔型设备

整体体型系数 μ_s 值

平台类型	塔型设备直径(m)						
	≤0.6	1.0	2.0	3.0	4.0	5.0	≥6.0
独立平台(带直梯)	1.13	1.04	0.96	0.92	0.91	0.90	0.89
独立平台联合平台(不带斜梯)	1.34	1.17	1.03	0.97	0.94	0.92	0.91
独立平台联合平台(带斜梯)	1.60	1.34	1.13	1.04	1.00	0.97	0.94

注:表中 μ_s 值适用于包括了平台、扶梯等影响的单个塔型设备,计算风荷载时其挡风面积可仅取塔型设备的直径。

10 球状结构

1)光滑球:
当 $\mu_s w_0 d^2 \geq 0.02$,$\mu_s = 0.4$;
当 $\mu_s w_0 d^2 < 0.02$,$\mu_s = 0.6$。
2)多面球:
$\mu_s = 0.7$。

11 封闭塔楼和设备平台

封闭塔楼   设备平台

当 $D/d \leq 3$ 时,$\mu_s = 0.7$;
当 $D/d > 3$ 时,$\mu_s = 0.9$。

4.2.8 高耸结构应考虑由脉动风引起的风振影响,当结构的基本自振周期小于 0.25s 时,可不考虑风振影响。

4.2.9 自立式高耸结构在 z 高度处的风振系数 β_z 可按下式确定:

$$\beta_z = 1 + \xi \varepsilon_1 \varepsilon_2 \qquad (4.2.9)$$

式中 ξ——脉动增大系数,按表 4.2.9-1 采用;
ε_1——风压脉动和风压高度变化等的影响系数,按表 4.2.9-2 采用;
ε_2——振型、结构外形的影响系数,按表 4.2.9-3 采用。

注:1 对于上部用钢材、下部用混凝土的结构,可近似地分别根据钢和混凝土由表 4.2.9-1 查取相应的 ε 值,并计算各自的风振系数。
2 对于结构外形或质量有较大突变的高耸结构,风振计算应按随机振动理论进行。
3 计算 $w_0 T^2$ 时,对地面粗糙度 B 类地区可直接代入基本风压,而对 A 类、C类和 D 类地区应按当地的基本风压分别乘以 1.38、0.62 和 0.32 后代入。
4 表 4.2.9-3 中有括弧的,括弧内的系数适用于直线变化结构,括弧外的系数适用于凹线变化结构;其余无括弧的系数两者均适用。
5 表 4.2.9-3 中变化范围中的数字为 A 类地貌至 D 类地貌,B 类地貌可取该数字范围内约 1/4 处,C类可取约 1/2 处。

表 4.2.9-1 脉动增大系数 ξ

$w_0 T^2$ (kN·s²/m²)	结构类别		
	无维护钢结构	有围护钢结构	混凝土结构
0.01	1.47	1.26	1.11
0.02	1.57	1.32	1.14
0.04	1.69	1.39	1.17
0.06	1.77	1.44	1.19
0.08	1.83	1.47	1.21
0.10	1.88	1.50	1.23
0.20	2.04	1.61	1.28
0.40	2.24	1.73	1.34
0.60	2.36	1.81	1.38
0.80	2.46	1.88	1.42
1.00	2.53	1.93	1.44
2.00	2.80	2.10	1.54
4.00	3.09	2.30	1.65
6.00	3.28	2.43	1.72
8.00	3.42	2.52	1.77
10.00	3.54	2.60	1.82
20.00	3.91	2.85	1.96
30.00	4.14	3.01	2.06

表 4.2.9-2 考虑风压脉动和风压高度变化的影响系数 ε_1

总高度 H(m) / 地面粗糙度类别	10	20	40	60	80	100	150	200	250	300	350	400	≥450
A	0.57	0.51	0.45	0.42	0.39	0.37	0.33	0.30	0.27	0.25	0.25	0.25	0.25
B	0.72	0.63	0.55	0.50	0.46	0.43	0.37	0.34	0.31	0.28	0.27	0.27	0.27
C	1.03	0.87	0.73	0.65	0.58	0.54	0.46	0.40	0.36	0.33	0.31	0.29	0.29
D	1.66	1.35	1.06	0.90	0.80	0.72	0.60	0.52	0.46	0.41	0.38	0.34	0.32

表 4.2.9-3 考虑振型和结构外形的影响系数 ε_2

相对高度 z/H	结构顶部和底部的宽度比 $l_x(H)/l_x(0)$				
	1.0	0.5	0.3	0.2	0.1
1.0	1.00	0.88	0.76	0.66	0.56
0.9	0.89~0.93	0.81~0.86	0.72~0.75 (0.79~0.82)	0.62~0.64 (0.76~0.79)	0.58~0.60 (0.84~0.87)
0.8	0.77~0.83	0.73~0.82	0.67~0.72 (0.75~0.81)	0.58~0.60 (0.76~0.83)	0.57~0.62 (0.94~1.02)

相对高度 z/H	结构顶部和底部的宽度比 $l_t(H)/l_t(0)$				
	1.0	0.5	0.3	0.2	0.1
0.7	0.65~0.74	0.63~0.75	0.58~0.66 (0.68~0.77)	0.53~0.61 (0.71~0.81)	0.53~0.60 (0.93~1.05)
0.6	0.54~0.65	0.51~0.65	0.49~0.59 (0.58~0.70)	0.52~0.63 (0.70~0.84)	0.48~0.58 (0.82~0.98)
0.5	0.41~0.53	0.40~0.54	0.39~0.49 (0.45~0.57)	0.38~0.48 (0.49~0.63)	0.41~0.52 (0.66~0.84)
0.4	0.30~0.42	0.30~0.44	0.28~0.39 (0.32~0.44)	0.29~0.40 (0.36~0.51)	0.32~0.45 (0.49~0.68)
0.3	0.20~0.31	0.19~0.31	0.19~0.33	0.19~0.30 (0.23~0.36)	0.24~0.37 (0.33~0.51)
0.2	0.10~0.18	0.09~0.17	0.09~0.17	0.11~0.22	0.11~0.19 (0.14~0.24)
0.1	0.04~0.08	0.03~0.07	0.04~0.09	0.05~0.12	0.08~0.20

4.2.10 拉绳钢桅杆杆身风振系数按照下式计算:

$$\beta_s(x) = 1 + \xi\, \varepsilon_{1w}\, \varepsilon_{2w}\, \frac{\phi_1(x)}{\phi_1(H)} \qquad (4.2.10\text{-}1)$$

式中 ξ——脉动增大系数,按表 4.2.9-1 采用;T 取拉绳钢桅杆的基本自振周期;

     ε_{1w}——考虑风压脉动和高度变化的系数,按照表 4.2.10-1 采用;

     ε_{2w}——考虑振型的影响系数,按表 4.2.10-2 采用;

     $\phi_1(x),\phi_1(H)$——结构一阶振型在高度 x 处和悬臂端处数值。

表 4.2.10-1 考虑风压脉动和高度变化的系数 ε_{1w}

地貌类别 \ 结构高度(m)	10	30	50	100	200	300	≥400
A	0.15	0.13	0.12	0.10	0.08	0.07	0.07
B	0.23	0.18	0.16	0.13	0.10	0.09	0.08
C	0.41	0.31	0.27	0.21	0.16	0.13	0.11
D	0.93	0.64	0.53	0.39	0.28	0.22	0.18

表 4.2.10-2 考虑振型的影响系数 ε_{2w}

纤绳层数	$l^3 K_1/EI$	K_n/K_1 = 0.2	0.4	0.6	0.8	1.0
2	5	3.37(3.46)	3.37(3.52)	3.33(3.57)	3.25(3.61)	3.14(3.64)
	10	3.48(3.56)	3.50(3.66)	3.43(3.74)	3.25(3.80)	2.99(3.86)
	50	3.65(3.80)	3.76(3.83)	3.52(3.62)	2.93(3.29)	3.03(3.08)
	100	3.83(3.78)	3.37(3.60)	3.26(3.19)	3.57(2.97)	3.78(2.97)
	200	3.45(3.65)	3.37(3.10)	3.95(2.89)	3.90(2.90)	3.87(2.97)
3	5	3.76(3.81)	3.77(3.90)	3.64(3.97)	3.33(4.03)	3.01(4.09)
	10	3.83(3.87)	3.88(3.96)	3.71(4.01)	3.18(4.01)	2.92(3.89)
	50	4.07(4.14)	4.15(4.07)	3.55(3.69)	3.29(3.29)	3.04(3.11)
	100	4.25(4.13)	4.00(3.67)	3.49(3.15)	3.77(2.95)	3.98(2.93)
	200	3.72(3.80)	3.54(3.07)	4.20(2.85)	4.12(2.84)	4.13(2.85)
4	5	3.98(4.01)	4.02(4.09)	3.85(4.14)	3.27(4.17)	2.97(4.21)
	10	4.07(4.11)	4.11(4.18)	3.86(4.17)	3.12(4.05)	2.88(3.71)
	50	4.34(4.35)	4.30(4.17)	3.57(3.66)	2.88(3.25)	2.90(3.07)
	100	4.56(4.43)	4.12(3.66)	3.45(3.10)	3.93(2.92)	4.15(2.85)
	200	4.04(3.86)	4.27(3.42)	4.25(2.81)	4.24(2.79)	4.29(2.91)
5	5	5.23(5.32)	5.03(5.10)	4.72(4.95)	4.06(4.79)	3.80(4.49)
	10	5.17(5.24)	4.98(5.02)	4.54(4.82)	3.74(4.52)	3.47(4.01)
	50	5.19(5.19)	4.81(4.58)	3.99(4.18)	3.20(3.35)	3.33(3.16)
	100	5.37(4.99)	4.65(3.85)	3.91(3.18)	4.52(3.05)	4.86(3.02)
	200	4.65(4.19)	4.35(3.10)	4.06(2.91)	5.29(2.97)	5.54(3.24)
6	5	4.33(4.34)	4.35(4.41)	4.06(4.40)	3.21(4.29)	2.78(3.88)
	10	4.44(4.43)	4.44(4.48)	3.98(4.40)	3.03(4.13)	2.64(3.72)
	50	4.73(4.62)	4.40(4.23)	3.63(3.57)	2.68(3.16)	2.78(2.97)
	100	4.93(4.51)	4.29(3.57)	3.47(3.00)	4.10(2.85)	4.32(2.86)
	200	4.43(3.86)	4.29(2.90)	4.12(2.63)	4.44(2.73)	

注:K_1 和 K_n 分别为底层和顶层纤绳节点沿计算方向刚度,EI 为杆身截面平均抗弯刚度;括弧外的数字适合于杆身平均跨度小于杆身平均跨度 1/3 的情况;括弧内的数字适合于悬臂段长度等于杆身平均跨度 1/2 的情况;其余情况根据二者插值取用。

拉绳钢桅杆纤绳风振系数按照下式计算:

$$\beta_s = 1 + \xi\, \varepsilon\, \varepsilon_q \qquad (4.2.10\text{-}2)$$

式中 ξ——脉动增大系数,按表 4.2.9-1 采用;T 取纤绳的基本自振周期;

     ε_q——综合考虑风压脉动、高度变化及振型影响的系数,按照表 4.2.10-3 采用。

表 4.2.10-3 综合考虑风压脉动、高度变化及振型影响的系数 ε_q

$\frac{\omega l}{\pi}\sqrt{S/m}$ \ 纤绳高度(m)	10	30	50	100	150	200	250	300	≥350
≤2.0	0.40~1.44	0.34~1.00	0.37~0.88	0.27~0.63	0.24~0.52	0.22~0.45	0.20~0.40	0.18~0.36	0.18~0.32
2.4	0.32~1.14	0.27~0.80	0.31~0.67	0.22~0.52	0.20~0.44	0.18~0.39	0.17~0.35	0.16~0.31	0.16~0.29
2.6	0.21~0.75	0.18~0.54	0.17~0.46	0.16~0.37	0.15~0.33	0.14~0.29	0.13~0.27	0.13~0.25	0.13~0.23
2.7	0.13~0.47	0.12~0.35	0.11~0.31	0.11~0.26	0.11~0.22	0.11~0.21	0.10~0.21	0.10~0.20	0.10~0.19
≥2.8	0.05~0.14	0.05~0.13	0.06~0.12	0.06~0.11	0.07~0.14	0.07~0.15	0.07~0.16	0.07~0.18	0.07~0.19

注:1 变化范围的数字是 A 类至 D 类地貌,B 类取该数字范围内约 1/4 处,C 类取 1/2 处。

     2 公式中,ω 为纤绳基频(rad/s),l 为纤绳弦向长度(m),S 为纤绳张力(N),m 为纤绳线质量密度(kg/m)。

4.2.11 高耸结构应考虑由脉动风引起的垂直于风向的横向共振的验算。

4.2.12 对于竖向斜率不大于 2% 的圆筒形塔及烟囱等圆截面结构和圆管、拉绳及悬索等圆截面构件,应根据雷诺数 Re 的不同情况进行横风向风振的验算。

   1 可按下列公式计算结构或构件的雷诺数 Re、临界风速 v_{cr}、结构顶部风速 v_H:

$$Re = 69000\, v d \qquad (4.2.12\text{-}1)$$

$$v_{cr,j} = \frac{d}{St \times T_j} = \frac{5d}{T_j} \qquad (4.2.12\text{-}2)$$

$$v_H = 40\sqrt{\mu_H w_0} \qquad (4.2.12\text{-}3)$$

式中 $v_{cr,j}$——第 j 振型临界风速(m/s);

     v——计算雷诺数时所取风速(m/s),可取 $v = v_{cr,j}$;

     d——圆筒形结构的外径(m),有锥度时可取 2/3 高度处的外径;

     St——斯脱罗哈数,对圆形截面结构或构件取 0.2;

     T_j——结构或构件的 j 振型的自振周期(s);

     v_H——结构顶部的风速(m/s);

     μ_H——高度 H 处风压高度变化系数。

   2 圆形截面结构或构件的横风向风振响应分析:

   1)当雷诺数 $Re<3\times10^5$ 且 $v_H>v_{cr,1}$ 时,可能发生第 1 振型微风共振(亚临界范围的共振),此时应在构造上采取防振措施或控制结构的临界风速 $v_{cr,1}$ 不小于 15m/s,以降低微风共振的发生率。

   2)当雷诺数 $Re\geqslant3.5\times10^6$ 且 $1.2v_H>v_{cr,j}$ 时,可能发生横风向共振(跨临界范围的共振),此时应验算共振响应。横向共振引起的等效静风荷载 w_{Lij}(kN/m²)应按下式计算:

$$w_{Lij} = \frac{\mu_L v_{cr,j}^2 \phi_{ji} \lambda_j}{3200\zeta_j} \qquad (4.2.12\text{-}4)$$

$$H_1 = H \times \left(\frac{v_{cr,j}}{1.2 v_{H,\alpha}}\right)^{\frac{1}{\alpha}} \qquad (4.2.12\text{-}5)$$

式中 ϕ_{ji}——j 振型在 i 点的相对位移;

     $v_{cr,j}$——j 振型的共振临界风速(m/s),按公式(4.2.12-2)计算;

     $v_{H,\alpha}$——粗糙度指数为 α 时的结构顶点的风速;

     ζ_j——结构第 j 振型阻尼比。对于第 1 振型,无维护的纯钢结构取 0.01,有围护的钢结构取 0.02,混凝土结构取 0.05。对于高振型,可参考类似资料,如无试验资料,也可取与第 1 振型相同的值;

     μ_L——横向力系数,取 0.25;

λ_j——共振区域系数，由表4.2.12确定；

H_1——共振临界风速起始高度。

表 4.2.12 λ_j 计算用表

振型序号	H_1/H										
	0	0.1	0.2	0.3	0.4	0.5	0.6	0.7	0.8	0.9	1.0
1	1.56	1.55	1.54	1.49	1.42	1.31	1.15	0.94	0.68	0.37	0
2	0.83	0.82	0.76	0.60	0.37	0.09	−0.16	−0.33	−0.38	−0.27	0
3	0.52	0.48	0.32	0.06	−0.19	−0.30	−0.21	0.00	0.20	0.23	0
4	0.30	0.33	0.02	−0.20	−0.23	0.03	0.16	0.15	−0.05	−0.18	0

注：校核横风向共振时考虑的振型序号不大于4，对一般悬臂结构可只考虑第1或第2振型。

3）当雷诺数为 $3 \times 10^5 \leqslant Re < 3.5 \times 10^6$ 时，则发生超临界范围的共振，可不做处理。

4.2.13 对于非圆截面，基本公式(4.2.12-1)～(4.2.12-5)相同，但系数不同，宜通过风洞试验取得确切系数，也可按有关资料确定，如无合适值，可选用下列数值：

1 斯脱罗哈数 St，取 0.15；

2 横风向力系数 μ_L，方形截面（可应用到矩形截面高深比为 1～2）取 0.60。

3 d 改变为 B，B 为截面迎风面最大尺度。

4.2.14 考虑横风向风振时，风荷载的总效应 S（内力、变形等）可由横风向风振的效应 S_L 和顺风向风荷载的效应 S_A 按式(4.2.14)组合而成，此时顺风向风荷载取与横风向临界风速计算相应的风荷载值。

$$S = \sqrt{S_A^2 + S_L^2} \qquad (4.2.14)$$

4.2.15 输电高塔设计可根据行业的具体情况确定，并应符合下列要求：

1 设计最大风速，应根据气象资料和已有的运行经验，按以下重现期确定：

500kV 大跨越高塔   50 年

110～330kV 大跨越高塔   30 年

2 确定最大设计风速时，应按当地气象台、站的 10min 时距平均的年最大风速作样本，并宜采用极值 I 型分布作为概率模型。

统计风速的高度取历年大风季节平均最低水位以上 10m。

3 位于山地上高塔的最大设计风速，如无实地调查资料，应按附近平地风速的统计值换算到山地高度风速。

4 大跨越高塔最大设计风速，如无可靠资料，宜将附近平地送电线路塔用的风速统计换算到与大跨越高塔相同电压等级陆上线路塔重现期下历年大风季节平均最低水位以上 10m 处，并增加 10%，然后考虑水面再增加 10% 后选用。

大跨越最大设计风速不应低于相连接的陆上送电线路的最大设计风速。必要时，还宜按稀有风速条件进行验算。

5 导线及地线风荷载的标准值，应按式(4.2.15-1)和式(4.2.15-2)计算：

$$w_x = \alpha w_0 \mu_z \mu_{sc} \beta_c d L_p \sin^2\theta \qquad (4.2.15-1)$$

$$w_0 = v_0^2 / 1600 \qquad (4.2.15-2)$$

式中 w_x——垂直于导线及地线方向的水平风荷载标准值(kN)；

α——风压不均匀系数，应根据设计基准风速，按照表 4.2.15-1 的规定确定；

β_c——500kV 线路高塔导线及地线风荷载调整系数，β_c 应按照表 4.2.15-1 的规定确定；其他电压级的线路高塔 β_c 取 1.0；

μ_z——风压高度变化系数，按现行国家标准《建筑结构荷载规范》GB 50009 的规定确定，当基准高度不是 10m 时，应做相应换算；

μ_{sc}——导线或地线的体型系数，线径小于 17mm 时（不论线径大小）应取 $\mu_{sc} = 1.2$；线径大于或等于

17mm 时，μ_{sc} 取 1.1；

d——导线或地线的外径或覆冰时的计算外径；分裂导线取所有子导线外径的总和(m)；

L_p——杆塔的水平档距(m)；

θ——风向与导线或地线方向之间的夹角(度)；

w_0——基准风压标准值(kN/m²)应根据基准高度的风速 v_0，按式(4.2.15-2)计算。

表 4.2.15 风压不均匀系数 α 和导地线风载调整系数 β_c

风速 v(m/s)		$v \leqslant 10$	$v = 15$	$20 \leqslant v < 30$	$30 \leqslant v < 35$	$v \geqslant 35$
α	风压不均匀系数	1.00	1.00	0.85	0.75	0.70
β_c	调整系数	1.00	1.00	1.10	1.20	1.30

6 杆塔风荷载的标准值，应按式(4.2.15-3)计算：

$$w_s = w_0 \mu_z \mu_s \beta_z A_s \qquad (4.2.15-3)$$

式中 w_s——杆塔风荷载标准值(kN)；

μ_s、A_s——分别为构件的体型系数和承受风压面积(m^2)计算值，体型系数按第 4.2.7 条的规定确定；

β_z——高塔风荷载调整系数，应按第 4.2.9 条的规定采用。

7 绝缘子串风荷载的标准值，应按式(4.2.15-4)计算：

$$w_i = w_0 \mu_s \mu_z A_i \qquad (4.2.15-4)$$

式中 w_i——绝缘子串风荷载的标准值(kN)；

A_i——绝缘子串承受风压面积计算值(m^2)；

μ_s——体型系数，取 1.2。

4.3 覆冰荷载

4.3.1 设计电视塔、无线电塔桅和送电杆塔等类似结构时，应考虑结构构件、架空线、拉绳表面覆冰后所引起的荷载及挡风面积增大的影响和不均匀脱冰时产生的不利影响。

4.3.2 基本覆冰厚度应根据当地离地 10m 高度处的观测资料，取统计 50 年一遇的最大覆冰厚度为标准。当无观测资料时，应通过实地调查确定，或按下列经验数值分析采用：

1 重覆冰区：大凉山、川东北、川滇、秦岭、湘黔、闽赣等地区，基本覆冰厚度可取 10～30mm；

2 轻覆冰区：东北（部分）、华北（部分）、淮河流域等地区，基本覆冰厚度可取 5～10mm；

3 覆冰气象条件

同时风压：0.15kN/m²；

同时气温：−5°C。

注：覆冰还会受地形和局部气候的影响，因此轻覆冰区内可能出现个别地点的重覆冰或无覆冰的情况；同样，重覆冰区内也可能出现个别地点的轻覆冰或超覆冰的情况。

4.3.3 管线及结构构件上的覆冰荷载的计算应符合下列规定：

1 圆截面的构件、拉绳、缆索、架空线等每单位长度上的覆冰荷载可按下式计算：

$$q_i = \pi b a_1 a_2 (d + b a_1 a_2) \gamma \cdot 10^{-6} \qquad (4.3.3-1)$$

式中 q_i——单位长度上的覆冰荷载(kN/m)；

b——基本覆冰厚度(mm)，按本规范第 4.3.2 条的规定采用；

d——圆截面构件、拉绳、缆索、架空线的直径(mm)；

a_1——与构件直径有关的覆冰厚度修正系数，按表 4.3.3-1 采用；

a_2——覆冰厚度的高度递增系数，按表 4.3.3-2 采用；

γ——覆冰重度，一般取 9kN/m³。

2 非圆截面的其他构件每单位表面面积上的覆冰荷载 q_a (kN/m²)可按下式计算：

$$q_a = 0.6 b a_1 \gamma \cdot 10^{-3} \qquad (4.3.3-2)$$

式中 q_a——单位面积上的覆冰荷载(kN/m²)。

表 4.3.3-1 与构件直径有关的覆冰厚度修正系数 α_1

表 4.3.3-1 与构件直径有关的覆冰厚度修正系数 α_1

直径(mm)	5	10	20	30	40	50	60	70
α_1	1.1	1.0	0.9	0.8	0.75	0.7	0.63	0.6

表 4.3.3-2 覆冰厚度的高度递增系数 α_2

离地面高度(m)	10	50	100	150	200	250	300	≥350
α_2	1.0	1.6	2.0	2.2	2.4	2.6	2.7	2.8

3 重覆冰区输电导线、地线覆冰后风荷载按式(4.2.15-1)计算时,应乘覆冰增大系数 $\beta_i=1.2$。

4 重覆冰区输电高塔覆冰后风荷载,按式(4.2.15-3)计算时,应乘覆冰增大系数 $\beta_i=2.0$。

4.4 地震作用和抗震验算

4.4.1 基于结构使用功能和重要性,应按国家标准《建筑抗震设计规范》GB 50011—2001 第 3.1.1 条的规定将结构划分为甲、乙、丙、丁四类,并应按第 3.1.3 条的规定进行设计。

4.4.2 本节规定适用于地震设防烈度为 6 度至 9 度地区高耸结构的抗震设计。

高耸结构应允许在其两个主轴方向分别计算水平地震作用并进行抗震验算;对烈度为 8 度和 9 度的高耸结构,应同时考虑竖向地震作用和水平地震作用的不利组合。对高耸结构的悬挑桁架、悬臂梁、较大跨梁等,应考虑竖向地震作用。对于刚度或质量分布不均匀的高耸结构应考虑扭转地震作用。

4.4.3 下列高耸结构可不进行截面抗震验算,而仅需满足抗震构造要求:

1 6 度,在任何类场地的高耸结构及其地基基础。

2 小于或等于 8 度、Ⅰ、Ⅱ 类场地的不带塔楼的钢塔架及其地基基础。

3 7 度、Ⅰ、Ⅱ 类场地,基本风压 $w_0 \geqslant 0.4\text{kN/m}^2$;7 度、Ⅲ、Ⅳ 类场地和 8 度、Ⅰ、Ⅱ 类场地,且基本风压 $w_0 \geqslant 0.7\text{kN/m}^2$ 的不带塔楼的混凝土高耸筒体结构及其地基基础。

4 对于小于 9 度的钢桅杆,可不进行抗震验算。

4.4.4 高耸结构的地震作用计算宜采用振型分解反应谱法。对于特别重要的高耸结构可采用时程分析法做比较计算,时程分析法的选波原则按现行国家标准《建筑抗震设计规范》GB 50011 确定。对于圆筒形结构、烟囱、水塔等可采用底部剪力法和近似简化法。

4.4.5 一般混凝土高耸结构阻尼比取 0.05,其地震影响系数应根据现行国家标准《建筑抗震设计规范》GB 50011 列出的烈度、场地类别、设计地震分组和结构自振周期按图 4.4.5 采用,其最大值按本规范第 4.4.6 条规定采用,其形状参数应符合下列规定:

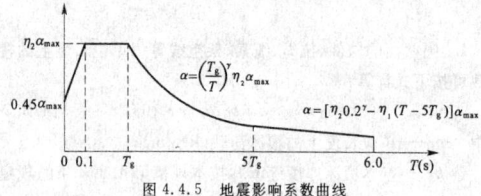

图 4.4.5 地震影响系数曲线

α—地震影响系数;$\alpha_{\max}$—地震影响系数最大值;η_1—直线下降段的下降斜率调整系数;
γ—衰减指数;T_g—特征周期;η_2—阻尼调整系数;T—结构自振周期

1 直线上升段,周期小于 0.1s 的区段。

2 水平段,自 0.1s 至特征周期区段,应取最大值 $\alpha_{\max}$。

3 曲线下降段,自特征周期至 5 倍特征周期区段,衰减指数应取 0.9。

4 直线下降段,自 5 倍特征周期至 6s 区段,下降斜率调整系数应取 0.02。

5 特征周期,根据场地类别和设计地震分组按表 4.4.5 采用;计算 8、9 度罕遇地震作用时,特征周期应增加 0.05s。

表 4.4.5 特征周期值(s)

表 4.4.5 特征周期值(s)

设计地震分组	场地类别			
	Ⅰ	Ⅱ	Ⅲ	Ⅳ
第一组	0.25	0.35	0.45	0.65
第二组	0.30	0.40	0.55	0.75
第三组	0.35	0.45	0.65	0.90

4.4.6 计算地震作用标准值时,水平地震影响系数最大值应按表 4.4.6 采用。

表 4.4.6 水平地震影响系数最大值

地震影响	烈　　度			
	6	7	8	9
多遇地震	0.04	0.08(0.12)	0.16(0.24)	0.32
罕遇地震	—	0.50(0.72)	0.90(1.20)	1.40

注:括号中数值分别用于设计基本地震加速度取为 0.15g(抗震设防烈度为 7 度)和 0.30g(抗震设防烈度为 8 度)的地区。

4.4.7 当高耸结构阻尼比的取值不等于 0.05 时,地震影响系数曲线的阻尼调整系数 η_2 及形状参数应按下列规定调整:

1 曲线下降段的衰减指数按下式确定:

$$\gamma = 0.9 + \frac{0.05 - \zeta}{0.5 + 5\zeta} \qquad (4.4.7\text{-}1)$$

式中 γ——曲线下降段的衰减指数;

ζ——结构抗震阶段阻尼比。对混凝土结构取 0.05,对预应力混凝土结构取 0.03,对钢结构取 0.02。

2 直线下降段的下降斜率调整系数按下式确定:

$$\eta_1 = 0.02 + (0.05 - \zeta)/8 \qquad (4.4.7\text{-}2)$$

式中 η_1——直线下降段的下降斜率调整系数,小于 0 时取 0。

3 阻尼调整系数应按下式确定:

$$\eta_2 = 1 + \frac{0.05 - \zeta}{0.06 + 1.7\zeta} \qquad (4.4.7\text{-}3)$$

式中 η_2——阻尼调整系数,当小于 0.55 时,应取 0.55。

4.4.8 高耸结构采用振型分解反应谱法计算地震作用时,j 振型 i 质点的水平地震作用标准值 F_{ji} 应按下式计算(见图 4.4.8):

图 4.4.8 水平地震作用

$$F_{ji} = \alpha_j \gamma_j u_{ji} G_i \qquad (i=1,2,\cdots n;j=1,2,\cdots,m)$$
$$(4.4.8\text{-}1)$$

$$\gamma_j = \frac{\sum_{i=1}^{n} u_{ji} G_i}{\sum_{i=1}^{n} u_{ji}^2 G_i} \qquad (4.4.8\text{-}2)$$

水平地震作用产生的总作用效应 S 可按下式计算:

$$S = \sqrt{\sum_{j=1}^{m} S_j^2} \qquad (4.4.8\text{-}3)$$

式中 F_{ji}——j 振型 i 质点的水平地震作用标准值;

α_j——相应于 j 振型自振周期 T_j 的水平地震影响系数,按第 4.4.5~4.4.7 条的方法确定;

u_{ji}——j 振型 i 质点的水平相对位移;

G_i——集中于 i 质点的重力荷载代表值,按第 4.4.10 条采用;

γ_j——j 振型的参与系数;

S_j——j 振型水平地震作用标准值产生的作用效应(弯矩、

剪力、轴力和变形等)；振型数 m 可取 $5\sim7$，当基本周期 T_1 大于 $1.5s$ 时可适当增加。

4.4.9 高耸结构竖向地震计算应符合下列规定(见图 4.4.9)：

图 4.4.9 竖向地震作用

结构底部总竖向地震作用标准值 F_{Ev} 应按下式计算：

$$F_{Ev}=\alpha_{v,max}G_{eq} \qquad (4.4.9\text{-}1)$$

质点 i 的竖向地震作用标准值 F_{vi} 应按下式计算：

$$F_{vi}=\frac{G_ih_i}{\sum G_jh_j}F_{Ev} \qquad (4.4.9\text{-}2)$$

式中 $\alpha_{v,max}$——竖向地震影响系数的最大值，可取水平地震影响系数的最大值 α_{max} 65%；

G_{eq}——结构等效总重力荷载，取 $0.75G_E$；

G_E——计算地震作用时结构的总重力荷载代表值，按 G_E

$=\sum\limits_{j=1}^{n}G_j$ 计算；

G_i,G_j——集中于质点 i,j 的重力荷载代表值；

h_i,h_j——集中质点 i,j 的高度。

4.4.10 计算高耸结构的地震作用时，其重力代表值应取结构自重标准值和各竖向可变荷载的组合值之和。结构自重和各竖向可变荷载的组合值系数应按下列规定采用：

1 对结构自重(结构和构配件自重、固定设备重等)取 1.0。

2 对设备内的物料重取 1.0，特殊情况时可按有关专业的规范或规程采用。

3 对升降机、电梯的自重取 1.0，对吊重取 0.3。

4 对塔楼楼面和平台的等效均布荷载取 0.5，按实际情况考虑时取 1.0。

5 对塔楼顶的雪荷载取 0.5。

4.4.11 高耸结构的扭转地震效应的计算应采用空间模型。

4.5 温度作用及作用效应

4.5.1 对带塔楼的多功能电视塔或其他旅游塔，应计算塔楼内结构和邻近处塔楼外结构的温差作用效应。电梯井道封闭的多功能钢结构电视塔应计算温度作用引起井道相对于塔身的纵向变形值，并采用适当的措施释放其应力，且不影响使用。计算温差标准值 Δt 为当地的历年冬季(或夏季)最冷(或最热)的日平均气温与室内设计温度之差值，正负温差均应验算。

4.5.2 高耸结构由日照引起向阳面和背阳面的温差，应按实测数据采用，当无实测数据时可按 20℃ 采用。

4.5.3 桅杆设计应计算温度作用及作用效应，计算温度为当地历年冬季(或夏季)最冷(或最热)的月平均气温，初始温度为安装调试完成时的月平均气温，正、负误差均应验算。

5 钢塔架和桅杆结构

5.1 一般规定

5.1.1 钢塔架和桅杆结构(以下简称钢塔桅结构)设计应进行承载力、稳定和变形验算。

5.1.2 钢塔桅结构选用的钢材材质应符合现行国家标准《钢结构

设计规范》GB 50017 的要求。

5.1.3 钢塔桅结构的钢材及连接强度设计值应按本规范附录 A 的表 A.1～A.4 采用，并按表 A.5 折减。

注：钢绞线的强度设计值可按本规范附录 A 表 A.6 采用。

5.1.4 钢塔桅结构应做长效防腐蚀处理。一般情况以热浸锌为宜，构件体型特殊且很大时可用热喷锌(铝)复合涂层。

5.1.5 钢塔桅结构应有可靠的防雷接地，接地标准应按国家现行有关标准执行。当采用镀锌钢塔塔体作为引下线时，必须保证塔体由避雷针到接地线全线连通，无绝缘涂层。

5.2 钢塔桅结构的内力分析

5.2.1 钢塔静力分析一般按整体空间桁架法。对于需进行抗震验算的钢塔及安全等级属一级高耸结构的钢塔应进行动力分析。

5.2.2 桅杆的静力分析可用梁索单元或杆索单元非线性有限元法，也可按纤绳节点处为弹性支承的连续压弯杆件计算，并考虑纤绳节点处的偏心弯矩。

当桅杆杆身为格构式并按压弯杆件计算时，其刚度应乘以折减系数 ξ，折减系数可按下式确定：

$$\xi=\left(\frac{l_0}{i\lambda_0}\right)^2 \qquad (5.2.2)$$

式中 l_0——弹性支承点之间杆身计算长度(m)；

i——杆身截面回转半径(m)；

λ_0——弹性支承点之间杆身换算长细比，按本规范表 5.5.5 计算。

对于需进行抗震计算及安全等级属于一级的高耸结构桅杆应进行非线性动力分析。

5.2.3 当计算所得四边形钢塔斜杆承担的剪力与同层塔柱承担的剪力之比 $\Delta=\left|\dfrac{Vb}{\sqrt{2}Mtan\theta}-1\right|\leqslant0.4$ 时，斜杆内力取塔柱内力乘系数 α(见图 5.2.3)，α 可按下式确定：

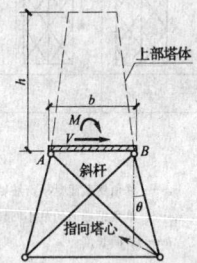

图 5.2.3 斜杆最小内力限值计算

V、M—层顶剪力、弯矩；b—层顶宽度；θ—塔柱与铅直线之夹角；
h—所计算截面以上塔体高度

$$\alpha=\mu(0.228+0.649\Delta)\cdot\frac{b}{h} \qquad (5.2.3)$$

注：当斜杆刚性时 $\mu=1$，斜杆柔性时 $\mu=2$。

5.3 钢塔桅结构的变形和整体稳定

5.3.1 钢塔桅结构应进行变形验算，并满足本规范第 3.0.10 条和第 3.0.11 条的控制条件。

5.3.2 桅杆按杆身分枝屈曲临界压力计算的整体稳定安全系数不应低于 2.0(荷载与作用为标准值)。对于纤绳上有绝缘子的桅杆，应验算绝缘子破坏后的受力状况，此时可假定纤绳初应力值降低 20%，相应的稳定安全系数不应低于 1.6。

5.4 纤 绳

5.4.1 桅杆纤绳可按一端连接于杆身的抛物线计算。纤绳上有集中荷载时，可将集中荷载换算成等效均布荷载。

5.4.2 纤绳的初应力应综合考虑桅杆变形、杆身的内力和稳定以

及纤绳承载力等因素确定,宜在 $100\sim250\text{N/mm}^2$ 范围内选用。

5.4.3 纤绳的截面强度应按下式验算:

$$\frac{N}{A}\leqslant f_\text{w} \tag{5.4.3}$$

式中 N ——纤绳拉力设计值(N);

A ——纤绳的钢丝绳截面面积(mm^2);

f_w ——钢丝绳强度设计值(N/mm^2),按附录 A 表 A.7 采用。

5.5 轴心受拉和轴心受压构件

5.5.1 轴心受拉和轴心受压构件的截面强度应按下式验算:

$$\frac{N}{A_\text{n}}\leqslant f \tag{5.5.1}$$

式中 N ——轴心拉力和轴心压力;

A_n ——净截面面积;

f ——钢材的强度设计值(N/mm^2),按本规范附录 A 的表 A.1 采用,并按附录 A 的表 A.5 修正。

5.5.2 轴心受压构件的稳定性应按下式验算:

$$\frac{N}{\varphi A}\leqslant f \tag{5.5.2}$$

式中 A ——构件毛截面面积;

φ ——轴心受压构件稳定系数,可根据构件长细比 λ、材料强度及截面类别按本规范附录 B 采用。

5.5.3 钢塔桅结构的构件长细比 λ 取值方法如下:

1 单角钢:

1)弦杆长细比 λ 按表 5.5.3-1 采用。

2)斜杆长细比 λ 按表 5.5.3-2 采用。

3)横杆和横膈长细比 λ 按表 5.5.3-3 采用。

表 5.5.3-1 塔架和桅杆的弦杆长细比 λ

表 5.5.3-2 塔架和桅杆的斜杆长细比 λ

表 5.5.3-3 桅杆的横杆及横膈长细比 λ

2 双角钢、T 形及十字形截面按现行国家标准《钢结构设计规范》GB 50017 考虑扭转及弯扭屈曲时采用等效长细比计算。

5.5.4 构件的长细比 λ 不应超过下列规定:

受压杆

弦杆	150
斜杆、横杆	180
辅助杆	200
受拉杆	350

预应力拉杆长细比不限。

桅杆两相邻纤绳结点间杆身长细比宜符合下列规定:

格构式桅杆(换算长细比)	100
实腹式桅杆	150

5.5.5 格构式轴心受压构件的稳定性应按公式(5.5.2)验算。此时对绕虚轴长细比应采用换算长细比 λ_0,λ_0 应按表 5.5.5 计算。

表 5.5.5 格构式构件换算长细比 λ_0

注:1 缀板式构件的单肢长细比 λ_1 不应大于 40。

2 斜缀条与构件轴线间的倾角应保持在 $40^\circ\sim70^\circ$ 范围内。

3 缀条式轴心受压格构式构件的单肢长细比 λ_1 不应大于构件双向长细比的 0.7 倍;缀板式轴心受压格构式构件的单肢长细比 λ_1 不应大于构件双向长细比的 0.5 倍。

5.5.6 所有对地夹角不大于30°的杆件,应能承受跨中1kN检修荷载。此时,不与其他荷载组合。

5.6 偏心受拉和偏心受压构件

5.6.1 拉弯和压弯构件的截面强度,当弯矩作用在主平面时,应按下式验算:

$$\frac{N}{A_n} \pm \frac{M_x}{W_{nx}} \leq f \qquad (5.6.1)$$

式中 M_y——对 x 轴的弯矩;

W_{xy}——对 x、y 轴的净截面抗弯模量。

注:当弯矩作用在两个主平面时,压弯构件的强度及稳定验算按现行国家标准《钢结构设计规范》GB 50017进行。

5.6.2 压弯构件的稳定性,其弯矩作用在主平面时,应分别按弯矩作用平面内和弯矩作用平面外进行验算。

1 弯矩作用平面内:

实腹式构件:$\dfrac{N}{\varphi_x A} + \dfrac{\beta_{mx} M_x}{W_{1x}\left(1 - 0.8\dfrac{N}{N'_{Ex}}\right)} \leq f \qquad (5.6.2-1)$

格构式构件:$\dfrac{N}{\varphi_x A} + \dfrac{\beta_{mx} M_x}{W_{1x}\left(1 - \varphi_x\dfrac{N}{N'_{Ex}}\right)} \leq f \qquad (5.6.2-2)$

式中 N——所计算构件段范围内的轴心压力(N);

M_x——弯矩,取所计算构件段范围内的最大值(N·m);

N'_{Ex}——欧拉临界力(N),$N'_{Ex} = \pi^2 EA/(1.1\lambda_x^2)$;

φ_x——弯矩作用平面内轴心受压构件稳定系数,按本规范附录B采用,格构式构件按换算长细比采用;

β_{mx}——弯矩作用平面内的构件等效弯矩系数,可按表5.6.2的规定采用;

W_{1x}——毛截面抗弯模量(mm³)。对于实腹式构件,取弯矩作用平面内的受压最大纤维毛截面抵抗矩;对于格构式构件,取 $W_{1x} = I_y/x_0$,I_y 为对虚轴 y 的毛截面惯性矩,x_0 为由虚轴 y 到压力较大分肢轴线的距离或者到压力较大分肢腹板边的距离,二者中取较大值。

2 弯矩作用平面外:

$$\frac{N}{\varphi_y A} + \frac{\eta \beta_{tx} M_x}{\varphi_b W_{1x}} \leq f \qquad (5.6.2-3)$$

式中 φ_y——弯矩作用平面外的轴心受压构件稳定系数,按本规范附录B采用;

φ_b——受弯构件的整体稳定系数,按现行国家标准《钢结构设计规范》GB 50017的规定采用;

η——截面影响系数,闭口截面 $\eta = 0.7$,其他截面 $\eta = 1.0$;

β_{tx}——弯矩作用平面外的构件等效弯矩系数,可按表5.6.2的规定采用。

对于格构式压弯构件,弯矩作用平面外的整体稳定性可以不计算,但应计算单肢的稳定性。

表 5.6.2 等效弯矩系数 β_m 和 β_t

构件支撑条件、荷载情况示意图	弯矩作用平面内 β_{mx}	弯矩作用平面外 β_{tx}
1)有侧移悬臂 有横向荷载时:	1.0	
2)无侧移两端支撑的构件 有横向荷载时: ①跨中有一个集中荷载	$1 - 0.2\dfrac{N}{N_{Ex}}$	1.0
②其他荷载情况	1.0	1.0

续表 5.6.2

构件支撑条件、荷载情况示意图	弯矩作用平面内 β_{mx}	弯矩作用平面外 β_{tx}
3)无侧移两端支撑的构件 有端弯矩作用时: ①无横向荷载 ②有横向作用:	$0.65 + 0.35\dfrac{M_2}{M_1}$,$M_1$ 和 M_2 为在弯矩作用平面内的端弯矩,使构件产生同向曲率(无反弯点)时取同号;使构件产生反向曲率(有反弯点)时取异号,$|M_1| \geq |M_2|$	端弯矩使构件产生同向曲率时:1.0 端弯矩使构件产生反向曲率时:0.85

5.6.3 格构式压弯构件应按下式验算单肢的强度:

$$\frac{\dfrac{N}{n} + N_m}{A_{nu}} \leq f \qquad (5.6.3)$$

式中 n——单肢数目;

N_m——截面弯矩在单肢中引起的轴力(N);

A_{nu}——单肢净截面面积(mm²)。

5.6.4 格构式压弯构件应按下式计算单肢的稳定性:

$$\frac{\dfrac{N}{n} + N_m}{\varphi A_u} \leq f \qquad (5.6.4)$$

式中 A_u——单肢毛截面面积(mm²)。

5.6.5 格构式轴心受压构件的剪力应按下式计算:

$$V = \frac{Af}{85}\sqrt{\frac{f_y}{235}} \qquad (5.6.5)$$

式中 f_y——钢材屈服强度(N/mm²)。

此剪力 V 值可认为沿构件全长不变,并由承受该剪力的缀件面分担。

5.6.6 计算格构式压弯构件的缀件时,应取实际最大剪力和按式(5.6.5)的计算剪力两者中的较大者进行计算。

1 缀条的内力应按桁架的腹杆计算。

2 缀板的内力应按下列公式计算,见图5.6.6:

剪力:$V_l = \dfrac{V_1 a}{s} \qquad (5.6.6-1)$

弯矩(在和肢件连接处):

$$M_l = \frac{V_1 a}{2} \qquad (5.6.6-2)$$

式中 V_1——分配到一个缀板面的剪力(N);

a——缀板中到中距离(m);

s——肢件轴线间距(m)。

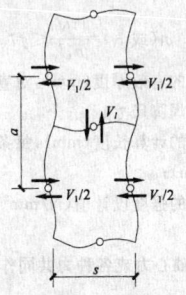

图 5.6.6 缀板的内力

5.6.7 单管塔受压时,钢管径厚比不应大于100。单管塔受弯时(轴压应力占最大应力值5%以内),考虑到管壁局部稳定影响,当按式(5.6.2-1)验算弯矩作用平面内稳定时,其设计强度 f 应乘以修正系数 μ_d。μ_d 按下式计算:

对 Q235:$\mu_d = \begin{cases} 1.0 & \dfrac{D}{t} \leq 140 \\[2mm] 0.566 + \dfrac{73.85}{\left(\dfrac{D}{t}\right)} - \dfrac{1832.5}{\left(\dfrac{D}{t}\right)^2} & 140 \leq \dfrac{D}{t} \leq 300 \end{cases}$

$$(5.6.7-1)$$

$$对\ Q345: \mu_d = \begin{cases} 1.0 & \dfrac{D}{t} \leqslant 110 \\ 0.554 + \dfrac{66.62}{\left(\dfrac{D}{t}\right)} - \dfrac{1926.5}{\left(\dfrac{D}{t}\right)^2} & 110 < \dfrac{D}{t} \leqslant 245 \end{cases}$$

$$(5.6.7-2)$$

5.7 焊缝连接计算

5.7.1 一般高耸结构不承受疲劳动力荷载,按等强设计工厂焊缝宜采用熔透的二级对接焊缝。

二级及以上对接焊缝按国家现行标准《建筑钢结构焊接技术规程》JGJ 81要求做无损探伤,三级对接焊缝和角焊缝做外观检查。

对于安全等级为一级的高耸结构或承受疲劳动力荷载的高耸结构,其焊缝等级应提高一级。

5.7.2 承受轴心拉力或压力的对接焊缝强度应按下式计算:

$$\sigma = \frac{N}{l_w t} \leqslant f_t^w (或 f_c^w) \qquad (5.7.2)$$

式中 N——作用在连接处的轴心拉力或压力;

l_w——焊缝计算长度(mm),未用引弧板施焊时,每条焊缝取实际长度减去 $2t$(mm);

t——连接件中的较小厚度(mm);

f_t^w、f_c^w——对接焊缝的抗拉、抗压强度设计值,可按本规范附录A采用。

5.7.3 承受剪力的对接焊缝剪应力应按下式验算:

$$\tau = \frac{VS}{It} \leqslant f_v^w \qquad (5.7.3)$$

式中 V——剪力;

I——焊缝计算截面惯性矩(mm^4);

S——计算剪应力处以上的焊缝计算截面对中和轴的面积矩(mm^3);

f_v^w——对接焊缝的抗剪强度设计值(N/mm^2),按本规范附录A采用。

5.7.4 承受弯矩和剪力的对接焊缝,应分别计算其正应力 σ 和剪应力 τ,并在同时受有较大正应力和剪应力处,按下式计算折算应力:

$$\sqrt{\sigma^2 + 3\tau^2} \leqslant 1.1 f_t^w \qquad (5.7.4)$$

5.7.5 角焊缝在轴心力(拉力、压力或剪力)作用下的强度应按下式计算:

$$\sigma_f (或 \tau_f) = \frac{N}{h_e l_w} \leqslant f_f^w \qquad (5.7.5)$$

式中 h_e——角焊缝的有效厚度(mm),对直角角焊缝取 $0.7h_f$,h_f 为较小焊脚尺寸;

l_w——角焊缝的计算长度(mm),每条焊缝取实际长度减去 $2h_f$(mm);

f_f^w——角焊缝的强度设计值(N/mm^2),按本规范附录A采用。

5.7.6 角焊缝在非轴心力或各种力共同作用下的强度应按下式计算:

$$\sqrt{\sigma_f^2 + \tau_f^2} \leqslant f_f^w \qquad (5.7.6)$$

式中 σ_f——按焊缝有效截面计算、垂直于焊缝长度方向的应力(N/mm^2);

τ_f——按焊缝有效截面计算、沿焊缝长度方向的应力(N/mm^2)。

5.7.7 圆钢与钢板(或型钢)、圆钢与圆钢的连接焊缝抗剪强度应按下式计算:

$$\tau = \frac{N}{h_e l_w} \leqslant f_f^w \qquad (5.7.7)$$

式中 N——作用在连接处的轴心力(N);

l_w——焊缝计算长度(mm);

h_e——焊缝有效厚度(mm),对圆钢与钢板连接(见图5.7.7-1),取 $h_e = 0.7h_f$;对圆钢与圆钢连接(见图5.7.7-2),取 $h_e = 0.1(d_1 + 2d_2) - a$,$h_f$ 为焊缝的焊脚尺寸(mm),d_1、d_2 为大、小钢筋的直径(mm),a 为焊缝表面至两根圆钢公切线的距离(mm)。

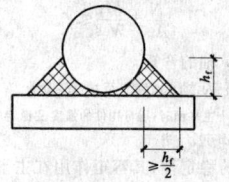

图 5.7.7-1 圆钢与钢板的连接焊缝

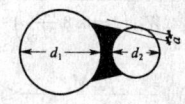

图 5.7.7-2 圆钢与圆钢的连接焊缝

5.8 螺栓连接计算

5.8.1 受剪和受拉普通螺栓连接中,每个螺栓的受剪、承压、受拉承载力设计值应按下列公式计算:

受剪:
$$N_v^b = n_v \cdot \frac{\pi d^2}{4} \cdot f_v^b \qquad (5.8.1-1)$$

承压:
$$N_c^b = d \sum t \cdot f_c^b \qquad (5.8.1-2)$$

受拉:
$$N_t^b = \frac{\pi d_e^2}{4} \cdot f_t^b \qquad (5.8.1-3)$$

式中 n_v——每个螺栓的受剪面数目;

d——螺栓杆直径(mm);

d_e——螺栓螺纹处的有效直径(mm);

$\sum t$——在同一受力方向的承压构件的较小总厚度(mm);

f_t^b、f_c^b、f_v^b——螺栓的抗剪、承压、抗拉强度设计值(N/mm^2),应按本规范附录A采用。

5.8.2 承受轴心力的连接所需普通螺栓的数目 n 按下式计算:

$$n \geqslant \frac{N}{N^b} \qquad (5.8.2)$$

式中 N^b——螺栓承载力设计值(N),螺栓受剪时取式(5.8.1-1)和式(5.8.1-2)两计算值中的小者;螺栓受拉时,取式(5.8.1-3)的计算值。

5.8.3 普通螺栓同时承受剪力和拉力时应满足下列两式的要求:

$$\sqrt{\left(\frac{N_v}{N_v^b}\right)^2 + \left(\frac{N_t}{N_t^b}\right)^2} \leqslant 1 \qquad (5.8.3-1)$$

$$N_v \leqslant N_c^b \qquad (5.8.3-2)$$

式中 N_v、N_t——每个螺栓所受的剪力、拉力(N);

N_v^b、N_c^b、N_t^b——每个螺栓的受剪、承压和受拉承载力设计值(N),应按本规范第5.8.1条计算。

注:高强螺栓连接计算应按现行国家标准《钢结构设计规范》GB 50017的规定采用。

5.9 法兰盘连接计算

I 刚性法兰盘的计算

5.9.1 法兰盘底板必须平整,其厚度 t 应按下式计算,并不宜小于20mm,但对高度40m以下塔可不小于16mm。

$$t \geqslant \sqrt{\frac{5M_{max}}{f}} \qquad (5.9.1)$$

式中 t——法兰盘底板厚度(mm);

M_{max}——底板单位宽度最大弯矩,带加劲肋法兰可近似按三边支承矩形板受等效均布压力计算。

5.9.2 刚性法兰连接应按下述方法计算(见图5.9.2):

1 当法兰盘仅承受弯矩M时,普通螺栓或承压型高强螺栓拉力应按下式计算:

$$N_{max}^b = \frac{My_i'}{\sum(y_i')^2} \leqslant N_t^b \qquad (5.9.2\text{-}1)$$

式中 N_{max}^b——距旋转轴②y_i'处的螺栓拉力(N);
y_i'——第i个螺栓中心到旋转轴②的距离(mm)。

2 当法兰仅承受弯矩M时,摩擦型高强螺栓拉力应按下式计算:

$$N_{max}^b = \frac{My_n}{y_i^2} \leqslant N_t^b \qquad (5.9.2\text{-}2)$$

式中 y_i——第i个螺栓到旋转轴①的距离(mm)。

3 当法兰盘仅承受拉力N和弯矩M时,普通螺栓或承压型高强螺栓拉力分两种情况计算:

1)螺栓全部受拉时,绕通过螺栓群形心的旋转轴①转动,按下式计算:

$$N_{max}^b = \frac{My_n}{\sum y_i^2} + \frac{N}{n_0} \leqslant N_t^b \qquad (5.9.2\text{-}3)$$

式中 n——该法兰盘上螺栓总数。

2)当按式(5.9.2-3)计算任一螺栓拉力出现负值时,螺栓群并非全部受拉,而绕旋转轴②转动,按下式计算:

$$N_{max}^b = \frac{(M+Ne) \cdot y_n'}{\sum(y_i')^2} \leqslant N_t^b \qquad (5.9.2\text{-}4)$$

式中 e——旋转轴①与旋转轴②之间的距离(mm)。

对圆形法兰盘[见图5.9.2(a)],取圆杆外壁接触点切线为旋转轴②;

对矩形法兰盘[见图5.9.2(b)],取方杆外壁接触边缘线为旋转轴②。

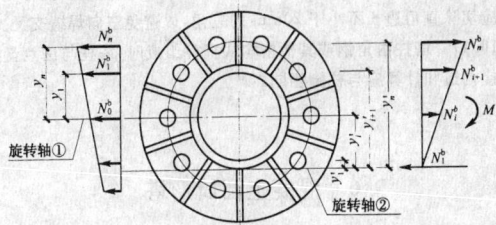

(a)圆形法兰盘

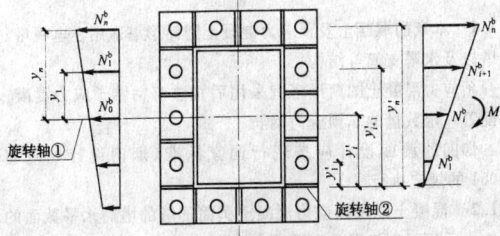

(b)矩形法兰盘

图5.9.2 法兰盘

4 当法兰盘仅承受拉力N和弯矩M时,摩擦型高强螺栓拉力应按下式计算:

$$N_{max}^b = \frac{My_n}{\sum y_i^2} + \frac{N}{n_0} \leqslant N_t^b \qquad (5.9.2\text{-}5)$$

注:1 刚性法兰即带加劲肋的法兰。
2 凡是施工中未按摩擦型高强螺栓标准施加预拉力的螺栓均按普通螺栓或承压型高强螺栓计算。

5.9.3 轴心受压柱脚底板应按下列公式计算:

1 底板面积A:

$$A \geqslant \frac{N}{f_c} + \sum A_0 \qquad (5.9.3)$$

式中 N——柱脚的轴心压力(N);
f_c——基础混凝土的抗压强度设计值(N/mm²);
$\sum A_0$——锚栓孔面积之和(mm²)。

2 底板厚度按式(5.9.1)计算。

Ⅱ 柔性法兰盘的计算

5.9.4 螺栓计算应符合下列规定:

螺栓受力简图见图5.9.4。

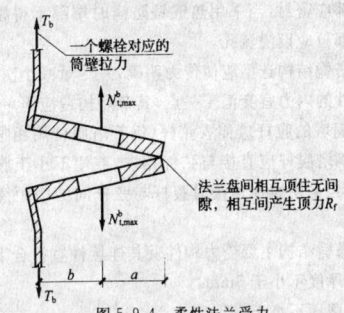

图5.9.4 柔性法兰受力

1 当杆件只受轴向拉力时:

一个螺栓所对应的管壁段中的拉力:

$$T_b = T/n \qquad (5.9.4\text{-}1)$$

一个螺栓所承受的最大拉力:

$$N_{t,max}^b = m \cdot T_b \cdot \frac{a+b}{a} \leqslant N_t^b \qquad (5.9.4\text{-}2)$$

式中 m——工作条件系数,取0.65;
T——杆件的轴向拉力;
n——法兰盘上的螺栓数目。

2 当杆件受轴向拉(压)力及弯矩作用时:

一个螺栓所对应的管壁段中的拉力:

$$T_b = \frac{1}{n}\left(\frac{M}{0.5R} + N\right) \qquad (5.9.4\text{-}3)$$

式中 M——法兰板所受的弯矩;
N——法兰板所受的轴向力,压力时为负值;
R——钢管的外半径;
n——法兰盘上的螺栓数目。

一个螺栓所承受的最大拉力可按式(5.9.4-2)计算。

注:柔性法兰为不带加劲肋的法兰。

5.9.5 法兰板计算应符合如下规定:

法兰板计算简图见图5.9.5。

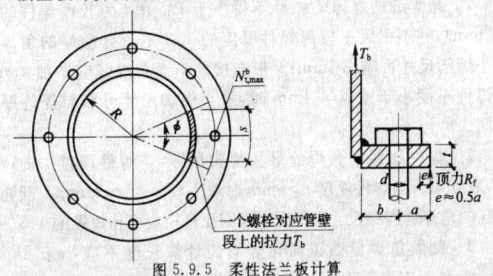

图5.9.5 柔性法兰板计算

$$\text{顶力}:R_f = T_b \cdot \frac{b}{a} \qquad (5.9.5\text{-}1)$$

$$\text{法兰板剪应力}:\tau = 1.5 \cdot \frac{R_f}{t \cdot s} \leqslant f_v \qquad (5.9.5\text{-}2)$$

$$\text{法兰板正应力}:\sigma = \frac{5R_f \cdot e}{s \cdot t^2} < f \qquad (5.9.5\text{-}3)$$

式中 R_f——法兰板之间顶力;
s——螺栓间距;

e——法兰板受力的力臂。

5.9.6 焊缝计算。

法兰板上、下两条焊缝按 T_b 作用力，并按本规范焊缝连接的规定进行计算。

5.10 钢塔桅结构的构造要求

I 一般规定

5.10.1 钢塔桅结构的构造设计应充分考虑施工的可行性。

5.10.2 钢塔桅结构应采取防锈措施，在可能积水的部分必须设置排水孔。对管形和其他封闭形截面的构件，当采用热喷铝或油漆防锈时端部应密封，当采用热镀锌防锈时端部不得密封。在锌液易滞留的部位应设溢流孔。

5.10.3 钢塔桅结构选型应使传力明确，并尽量减小次应力影响，节点处各杆件的内力宜交汇于一点；其节点构造应简单紧凑。

5.10.4 角钢塔的腹杆应伸入弦杆（钢管塔腹杆用相贯线焊缝焊于弦杆上），钢塔腹杆应直接与弦杆相连，或用不小于腹杆厚度的节点板连接；当采用螺栓连接时腹杆与弦杆间的净距离不宜小于10mm。

5.10.5 钢塔桅结构主要受力构件及其连接件宜符合下列要求：

1 钢板厚度不小于5mm。

2 角钢截面不小于∠45×4。

3 圆钢直径不小于ϕ16。

4 钢管壁厚不小于4mm。

注：主要受力构件包括塔柱、横杆、斜杆及横膈。

5.10.6 钢塔桅结构截面的边数不小于4时，应按结构计算要求设置横膈。当塔柱及其连接抗弯刚度较大时，可按构造要求设置横膈，宜每隔2～3节设置一道横膈；在塔柱变坡处，桅杆运输单元的两端及纤绳节点处宜设置横膈。横膈必须具有较好的刚度。

II 焊缝连接

5.10.7 焊接材料的强度宜与主体钢材的强度相适应。当不同强度的钢材焊接时，宜按强度低的钢材选择焊接材料。当大直径圆钢对接焊时，宜采用铜模电渣焊及熔槽焊，也可用"X"形坡口电弧焊。对接焊缝强度不应低于母材强度。当钢管对接焊时，焊缝强度不应低于钢管的母材强度。

5.10.8 焊缝的布置应对称于构件重心，避免立体交叉和集中在一处。

5.10.9 焊缝的坡口形式应根据焊件尺寸和施工条件按现行有关标准的要求确定，并应符合下列规定：

1 钢板对接的过渡段的坡度不得大于1：2.5。

2 钢管或圆钢对接的过渡段长度不得小于直径差的2倍。

5.10.10 角焊缝的尺寸应符合下列要求：

1 角焊缝的焊脚尺寸 h_f 不得小于 $1.5\sqrt{t}$，t 为较厚焊件的厚度(mm)，并不得大于较薄焊件厚度的1.2倍。自动焊的角焊缝最小焊脚尺寸可减小1mm；T形连接的单面角焊缝应增加1mm。当焊件厚度小于或等于4mm时，最小焊脚尺寸可取与焊件厚度相同。

2 焊件边缘的角焊缝最大焊脚尺寸，当焊件厚度 $t \leqslant 6mm$ 时，取 $h_f \leqslant t$；当焊件厚度 $t > 6mm$ 时取 $h_f = t-(1\sim2)mm$。圆孔或槽孔的角焊缝焊脚尺寸尚不宜大于圆孔直径或槽孔短径的1/3。

3 侧面角焊缝或正面角焊缝的计算长度不应小于 $8h_f$ 和 40mm；并不应大于 $40h_f$。若内力沿侧面角焊缝全长分布，则计算长度不受此限。

5.10.11 圆钢与圆钢、圆钢与钢板（或型钢）间的角焊缝有效厚度，不宜小于圆钢直径的0.2倍（当两圆钢直径不同时，取平均直径），又不宜小于3mm，并不大于钢板厚度的1.2倍；计算长度不应小于20mm。

5.10.12 塔桅结构构件端部的焊缝可采用围焊，所有围焊的转角处必须连续施焊。

III 螺栓连接

5.10.13 构件采用螺栓连接时，连接螺栓的直径不应小于12mm，每一杆件在接头一端的螺栓数不宜少于2个，连接法兰盘的螺栓数不应小于3个。对桅杆的腹杆或格式式构件的缀条与弦杆的连接及钢塔中相当于精制螺栓的销连接可用一个螺栓。弦杆角钢连接，在接头一端的螺栓数不宜少于6个。

5.10.14 螺栓的排列和距离应符合表5.10.14的要求。

表5.10.14 螺栓的排列和允许距离

名称	位置和方向			最大允许距离（取两者的较小值）	最小允许距离
中心间距	外排（垂直内力方向或顺内力方向）			$8d_0$ 或 $12t$	3d_0
	中间排	垂直内力方向		$16d_0$ 或 $24t$	
		顺内力方向	构件受压力	$12d_0$ 或 $18t$	
			构件受拉力	$16d_0$ 或 $24t$	
	沿对角线方向			—	
中心至构件边缘距离	顺内力方向			4d_0 或 8t	2d_0
	垂直内力方向	剪切边或手工气割边			1.5d_0
		轧制边、自动气割或锯割边	高强度螺栓		1.5d_0
			其他螺栓或铆钉		1.2d_0

注：1 d_0 为螺栓或铆钉的孔径，t 为外层较薄板件的厚度。

2 钢板边缘与刚性构件（如角钢、槽钢等）相连的螺栓或铆钉的最大间距，可按中间排的数值采用。

3 若有试验依据时，螺栓的允许距离可适当调整，但须按行业规程统一实行。

5.10.15 受剪螺栓的螺纹不宜进入剪切面，受拉螺栓及位于受振动部位的螺栓应采取防松措施。高耸钢结构中受拉螺栓应用双螺母防松，其他用扣紧螺母防松。靠近地面的塔柱和拉线的连接螺栓，宜采取防拆卸措施。

IV 法兰盘连接

5.10.16 当圆钢或钢管与法兰盘焊接且设置加劲肋时，加劲肋的厚度除应满足支承法兰板的受力要求及焊缝传力要求外，还不宜小于肋长的1/15，并不宜小于5mm。加劲肋与法兰板及钢管交汇处应切除直角边长不小于20mm的三角，以避免三向焊缝交叉。

5.10.17 塔柱由角钢或其他格构式杆件组成时，塔柱与法兰盘的连接构造和计算应与柱脚相同。

6 混凝土圆筒形塔

6.1 一般规定

6.1.1 本章的混凝土及预应力混凝土圆筒形塔适用于电视塔、排气塔以及水塔支筒等结构。

预应力混凝土圆筒形塔宜采用后张法有粘结预应力混凝土，并配置一定数量的非预应力钢筋。

烟囱的截面设计应按现行国家标准《烟囱设计规范》GB 50051的规定执行。

6.1.2 混凝土以及预应力混凝土圆筒形塔的塔筒水平截面的承载能力采用下列极限状态设计表达式：

$$N \leqslant R_N(f_c, f_y, f_{py}, a_k, \cdots) \quad (6.1.2-1)$$

$$M + M_a \leqslant R_M(f_c, f_y, f_{py}, a_k, \cdots) \quad (6.1.2-2)$$

式中 N, M——轴向力设计值，弯矩设计值，应按本规范第2章和第3章规定的荷载值和荷载组合方式进行计算；

M_a——附加弯矩，可按本规范第6.2.6或第6.2.7～6.2.13条计算；

$R_N(f_c, f_y, f_{py}, a_k, \cdots)$——截面的抗压承载能力；

$R_M(f_c, f_y, f_{py}, a_k, \cdots)$——截面的抗弯承载能力；

f_c, f_y, f_{py}——混凝土轴心抗压强度设计值,普通钢筋和预应力钢筋的抗拉强度设计值,见附录 A 表 A.8~A.11;

a_k——截面的几何参数。

6.1.3 混凝土及预应力混凝土圆形塔身的正常使用极限状态设计控制条件应符合本规范第 3.0.10 条的规定。

6.1.4 塔身由于设置悬挑平台、牛腿、挑梁、支承托架、天线杆、塔楼等而受到局部荷载作用时,荷载组合和设计控制条件等应根据实际情况按有关规范、规程确定。

6.1.5 高耸结构后张预应力混凝土构件的一般规定及计算,如张拉控制应力,预应力损失及钢筋和混凝土等应按现行国家标准《混凝土结构设计规范》GB 50010 的规定采用。

6.1.6 对于抗震设防烈度为 9 度的高耸结构,采用预应力混凝土时,应采取有效措施保证结构具有必要的延性。

6.2 塔身变形和塔筒截面内力计算

6.2.1 计算圆筒形塔的动力特征时可将塔身简化成多质点悬臂体系,沿塔高每 5~10m 设一质点,每座塔的质点总数不宜少于 8 个。

每个质点的重力荷载应取相邻上、下质点距离内结构自重的一半,有塔楼时应包括相应的塔楼自重和楼面固定设备重,但楼面活载可不计。

6.2.2 计算结构自振特性和正常使用极限状态时,可将塔身视为弹性体系。其截面刚度可按下列规定取值:

计算结构自振特性时,混凝土高耸结构取 $0.85E_c I$,预应力混凝土高耸结构取 $1.0E_c I$;

计算正常使用极限状态时,混凝土高耸结构取 $0.65E_c I$,预应力混凝土高耸结构取 $\beta E_c I$,其中 β 为刚度折减系数,按表 6.2.2 取值。

表 6.2.2　刚度折减系数 β

λ	0	0.1	0.2	0.3	0.4	0.5	0.6	≥0.7
β	0.65	0.66	0.68	0.72	0.76	0.80	0.84	0.85

注:1　λ 为预应力度,即有效预压应力和标准荷载组合下混凝土中的拉应力之比;
　　2　E_c 为混凝土的弹性模量,I 为圆环截面的惯性矩。

6.2.3 计算不均匀日照引起的塔身变位时,截面曲率($1/r_c$)可按下式计算:

$$1/r_c = \alpha_T \Delta t / d \qquad (6.2.3)$$

式中　α_T——混凝土的温度线膨胀系数,取 $1 \times 10^{-5}/℃$;

Δt——由日照引起的塔身向阳面和背阳面的温度差;

d——塔筒计算截面的外径。

6.2.4 在风荷载的动力作用下,塔身任意高度处的振动加速度可按下式计算:

$$a = 40X / T^2 \qquad (6.2.4)$$

式中　a——加速度(m/s^2);

X——风荷载的动力作用下,塔身在该高度处的水平振幅(m);

T——塔的基本自振周期(s)。

6.2.5 考虑横向风振时截面的组合弯矩可按下式计算:

$$M_{max} = \sqrt{M_C^2 + M_A^2} \qquad (6.2.5)$$

式中　M_{max}——截面组合弯矩(kN·m);

M_C——横向风振引起的弯矩(kN·m);

M_A——相应于临界风速的顺风向弯矩(kN·m)。

注:横向风振和临界风速可按本规范第 4 章的规定计算。

6.2.6 在塔身截面 i 由塔体竖向荷载和水平位移所产生的附加弯矩 M_{ai} 可按下式计算(见图 6.2.6),也可按第 6.2.7~6.2.13 条规定的简化方法进行计算。

$$M_{ai} = \sum_{j=i+1}^{n} G_j (u_j - u_i) \qquad (6.2.6)$$

式中　G_j——j 质点的重力(考虑竖向地震影响时应包括竖向地震作用);

u_i、u_j——i、j 质点的最终水平位移,计算时包括日照温差和基础倾斜的影响和材料的非线性影响。

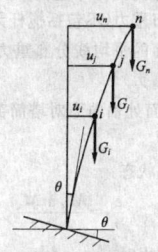

图 6.2.6　附加弯矩

6.2.7 由于风荷载,日照和基础倾斜的作用(见图 6.2.7),塔筒线分布重力 q 和局部集中重力 G_j 对塔筒任意截面 i 所产生的附加弯矩 M_{ai},可按下式计算:

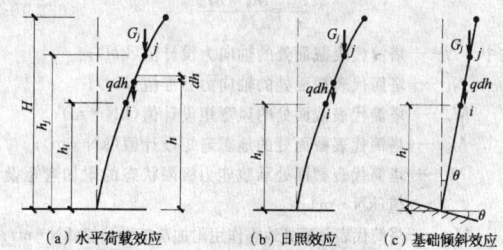

(a) 水平荷载效应　(b) 日照效应　(c) 基础倾斜效应

图 6.2.7　附加弯矩计算

$$M_{ai} = \frac{q(H-h_i)^2}{2} \left[\frac{H+2h_i}{3} \left(\frac{1}{r_c} + \frac{\alpha_T \Delta t}{d} \right) + \tan\theta \right]$$

$$+ \sum_{j=i+1}^{n} G_j (h_j - h_i) \left[\frac{h_j + h_i}{2} \left(\frac{1}{r_c} + \frac{\alpha_T \Delta t}{d} \right) + \tan\theta \right]$$

$$(6.2.7)$$

式中　q——离塔筒顶($H-h_i$)/3 处的折算线分布重力,可按第 6.2.9 条计算;

H——塔筒高度;

h_i——计算截面的高度;

G_j——塔筒 j 点的局部集中重力;

h_j——塔筒 j 点的高度;

$\dfrac{1}{r_c}$——塔筒代表截面处的风弯曲变形曲率,可按第 6.2.11 条计算,代表截面的位置可按第 6.2.13 条计算;

α_T——混凝土的温度线膨胀系数;

Δt——日照温差,应按实测数据采用,当无实测数据时可按 20℃ 采用;

d——高度为 0.4H 处的塔筒外直径;

$\tan\theta$——基础倾斜值,按计算值或允许值采用。

6.2.8 由于地震、风荷载、日照和基础倾斜的作用,塔筒线分布重力 q 和局部集中重力 G_j 对塔筒任意截面 i 所产生的附加弯矩 M_{ai},可按下式计算:

$$M_{ai} = \frac{q(H-h_i)^2 + 0.5F_{vqi}(H-h_i)}{2} \left[\frac{H+2h_i}{3} \left(\frac{1}{r_{dc}} + \frac{\alpha_T \Delta t}{d} \right) + \tan\theta \right]$$

$$+ \sum_{j=i+1}^{n} (G_j \pm 0.5F_{vGj})(h_j - h_i) \left[\frac{h_j + h_i}{2} \left(\frac{1}{r_{dc}} + \frac{\alpha_T \Delta t}{d} \right) + \tan\theta \right]$$

$$(6.2.8)$$

式中　F_{vqi}——塔筒线分布重力 q 在 i 截面处的总竖向地震作用标准值(kN);

F_{vGj}——局部集中重力 G_j 的竖向地震作用标准值(kN);

$\dfrac{1}{r_{dc}}$——塔筒代表截面处的地震弯曲变形曲率。

6.2.9 计算截面 i 的附加弯矩时,塔筒的折算线分布重力 q 值可按下式计算:

$$q = \frac{2(H-h_i)}{3H}(q_0 - q_n) + q_n \qquad (6.2.9)$$

式中 q_n——塔筒顶部的线分布重力,可取塔筒顶部第一节的平均线分布重力(不包括桅杆天线和局部集中重力);

q_0——整个塔筒的平均线分布重力(不包括桅杆天线和局部集中重力)。

6.2.10 塔筒代表截面处轴向力对塔筒截面中心的相对偏心距,应按下列公式计算。

1 承载能力极限状态:

$$\frac{e_0}{r} = \frac{M_w + M_a}{N \cdot r} \qquad (6.2.10-1)$$

2 当考虑地震作用时:

$$\frac{e_{0d}}{r} = \frac{M_d + \psi_w M_w + M_{ad}}{N \cdot r} \qquad (6.2.10-2)$$

3 正常使用极限状态:

$$\frac{e_{0k}}{r} = \frac{M_k + M_{ak}}{N_k \cdot r} \qquad (6.2.10-3)$$

式中 N——塔筒代表截面处的轴向力设计值(kN);

N_k——塔筒代表截面处的轴向力标准值(kN);

M_w——塔筒代表截面处的风弯矩设计值(kN·m);

M_d——塔筒代表截面处的地震弯矩设计值(kN·m);

M_a——塔筒代表截面处承载能力极限状态的附加弯矩设计值(kN·m);

M_{ad}——塔筒代表截面处地震作用时附加弯矩设计值(kN·m);

M_k——塔筒代表截面处的风弯矩标准值(kN·m);

M_{ak}——塔筒代表截面处正常使用极限状态的附加弯矩标准值(kN·m);

ψ_w——抗震基本组合中风荷载的组合系数,取 0.2;

r——塔筒代表截面处的筒壁平均半径(m)。

注:M_w、M_d 和 M_k 中由天线杆部分产生的弯矩值应分别乘以 P-Δ 效应系数 1.3、1.2。

6.2.11 塔筒代表截面处的弯曲变形曲率 $\dfrac{1}{r_c}$ 和 $\dfrac{1}{r_{dc}}$ 可按下列公式计算:

1 承载能力极限状态:

1)当 $\dfrac{e_0}{r} \leqslant 0.5$ 时:

$$\frac{1}{r_c} = \frac{M_w + M_a}{0.33 E_c I} \qquad (6.2.11-1)$$

2)当 $\dfrac{e_0}{r} > 0.5$ 时:

$$\frac{1}{r_c} = \frac{M_w + M_a}{0.25 E_c I} \qquad (6.2.11-2)$$

3)当考虑地震作用时:

$$\frac{1}{r_{dc}} = \frac{M_d + \psi_{wE} M_w + M_{ad}}{0.25 E_c I} \qquad (6.2.11-3)$$

2 正常使用极限状态:

1)当 $\dfrac{e_{0k}}{r} \leqslant 0.5$ 时:

$$\frac{1}{r_c} = \frac{M_k + M_{ak}}{0.65 E_c I} \qquad (6.2.11-4)$$

2)当 $\dfrac{e_{0k}}{r} > 0.5$ 时:

$$\frac{1}{r_c} = \frac{M_k + M_{ak}}{0.4 E_c I} \qquad (6.2.11-5)$$

式中 E_c——塔筒代表截面处的筒壁混凝土的弹性模量(kN/m²);

I——塔筒代表截面处的筒壁水平截面惯性矩(m⁴)。

e_0——轴向力设计值对混凝土筒壁圆心轴线的偏心距(m);

e_{0k}——轴向力标准值对混凝土筒壁圆心轴线的偏心距(m)。

注:1 计算 $\dfrac{e_0}{r}$ 和 $\dfrac{1}{r_{dc}}$ 值时,可先假定附加弯矩值(承载能力极限状态计算时假定 $M_a = 0.35 M_w$,考虑地震作用时假定 $M_{ad} = 0.35 M_d$,正常使用极限状态计算时假定 $M_{ak} = 0.2 M_k$),代入相关公式求出的附加弯矩计算值与假定值相差不超过 5%时可不计算,否则应进行循环迭代,直至前、后两次的附加弯矩值相差不超过 5%为止。其最后值为所求的附加弯矩值。

2 塔身代表截面处的附加弯矩,也可按本规范第 6.2.12 条的公式一次求出,不需多次迭代。

6.2.12 塔筒代表截面处的附加弯矩,可按下列公式不需迭代一次求出:

1 承载能力极限状态:

$$M_a = \frac{\dfrac{q(H-h_i)^2}{2}\left[\dfrac{H+2h_i}{3}\left(\dfrac{M_w}{C E_c I} + \dfrac{\alpha_T \Delta t}{d}\right) + \tan\theta\right] + \sum\limits_{j=i+1}^{n} G_j(h_j - h_i)\left[\dfrac{h_j + h_i}{2}\left(\dfrac{M_w}{C E_c I} + \dfrac{\alpha_T \Delta t}{d}\right) + \tan\theta\right]}{1 - \dfrac{q(H-h_i)^2}{2}\cdot\dfrac{H+2h_i}{3}\cdot\dfrac{1}{C E_c I} - \sum\limits_{j=i+1}^{n} G_j(h_j - h_i)\dfrac{h_j+h_i}{2}\cdot\dfrac{1}{C E_c I}}$$

$$(6.2.12\text{-}1)$$

2 当考虑地震作用时:

$$M_{ad} = \left\{\frac{q(H-h_i)^2 \pm 0.5 F_{vqi}(H-h_i)}{2}\left[\frac{H+2h_i}{3}\left(\frac{M_d + \psi_{cwE} M_w}{0.25 E_c I} + \frac{\alpha_T \Delta t}{d}\right) + \tan\theta\right]\right.$$

$$\left. + \sum_{j=i+1}^{n}(G_j \pm 0.5 \times F_{vGj})(h_j - h_i)\left[\frac{h_j + h_i}{2}\left(\frac{M_d + \psi_{cwE} M_w}{0.25 E_c I} + \frac{\alpha_T \Delta t}{d}\right) + \tan\theta\right]\right\}\Big/$$

$$\left[1 - \frac{q(H-h_i)^2 \pm 0.5 F_{vqi}(H-h_i)}{2}\cdot\frac{H+2h_i}{3}\cdot\frac{1}{0.25 E_c I} \right.$$

$$\left. - \sum_{j=i+1}^{n}(G_j \pm 0.5 \times F_{vGj})(h_j - h_i)\frac{h_j + h_i}{2}\cdot\frac{1}{0.25 E_c I}\right]$$

$$(6.2.12\text{-}2)$$

3 正常使用极限状态:

$$M_{ak} = \frac{\dfrac{q(H-h_i)^2}{2}\left[\dfrac{H+2h_i}{3}\left(\dfrac{M_k}{C E_c I} + \dfrac{\alpha_T \Delta t}{d}\right) + \tan\theta\right] + \sum\limits_{j=i+1}^{n} G_j(h_j - h_i)\left[\dfrac{h_j + h_i}{2}\left(\dfrac{M_k}{C E_c I} + \dfrac{\alpha_T \Delta t}{d}\right) + \tan\theta\right]}{1 - \dfrac{q(H-h_i)^2}{2}\cdot\dfrac{H+2h_i}{3}\cdot\dfrac{1}{C E_c I} - \sum\limits_{j=i+1}^{n} G_j(h_j - h_i)\dfrac{h_j+h_i}{2}\cdot\dfrac{1}{C E_c I}}$$

$$(6.2.12\text{-}3)$$

式中 C——刚度折减系数,承载能力极限状态计算时,当 $\dfrac{e_0}{r} \leqslant 0.5$,$C = 0.33$;当 $\dfrac{e_0}{r} > 0.5$,$C = 0.25$。正常使用极限状态计算时,当 $\dfrac{e_{0k}}{r} \leqslant 0.5$,$C = 0.65$;当 $\dfrac{e_{0k}}{r} > 0.5$,$C = 0.4$;

h_i——塔筒计算截面 i 的高度(m);

q——距筒顶 $\dfrac{H-h_i}{3}$ 处的折算线分布重力(kN/m)。

注:计算 $\dfrac{e_0}{r}$ 和 $\dfrac{e_{0k}}{r}$ 时,可按第 6.2.11 条注,假定附加弯矩值,然后确定式(6.2.12-1)和式(6.2.12-3)的 C 值,再用计算出的附加弯矩复核 $\dfrac{e_0}{r}$ 和 $\dfrac{e_{0k}}{r}$ 是否符合所采用的 C 值取值条件,如不符合应另确定 C 值计算附加弯矩。

6.2.13 塔筒代表截面的位置可按下列规定确定:

1 当筒身各段坡度均不大于 3% 时:

1)塔筒下部无孔洞时,取塔筒最下节的筒壁底截面。

2)塔筒下部设有孔洞时,取洞口上一节的筒壁底截面。

2 当塔身下部 $\dfrac{H}{4}$ 范围内有大于 3% 的坡度时:

1)在坡度不大于 3% 的区段内无孔洞时,取该区段的筒壁底截面。

2)在坡度不大于 3% 的区段内有孔洞时,取该孔洞上一节的筒壁底截面。

注:当塔筒坡度不满足第 6.2.13 条的条件时,塔筒的附加弯矩可按第 6.2.6 条计算附加弯矩。

6.3 塔筒极限承载能力计算

6.3.1 混凝土塔筒水平截面极限承载能力可按下列公式计算:

1 塔筒截面无孔洞时(见图 6.3.1-1):

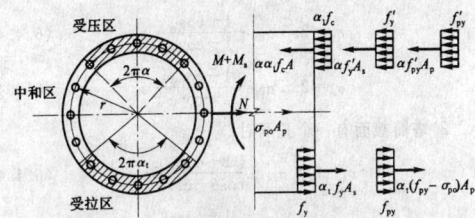

图 6.3.1-1　塔筒截面无孔洞时极限承载力计算简图

$$N \leqslant \alpha \alpha_1 f_c A - \sigma_{po} A_p + \alpha f'_{py} A_p - \alpha_t(f_{py} - \sigma_{po}) A_p + (\alpha - \alpha_t) f_y A_s \tag{6.3.1-1}$$

$$M + M_a \leqslant (\alpha_1 f_c A r + r f_y A_s + r_p f'_{py} A_p) \cdot \frac{\sin \alpha \pi}{\pi} +$$
$$[(f_{py} - \sigma_{po}) A_p r_p + r f_y A_s] \frac{\sin \alpha_t \pi}{\pi} \tag{6.3.1-2}$$

2 塔筒受压区有一个孔洞时(见图 6.3.1-2):

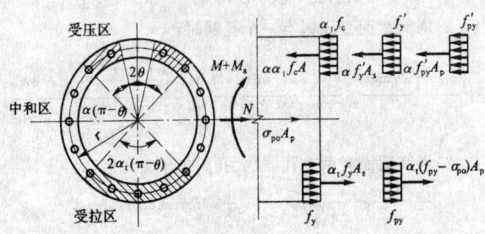

图 6.3.1-2　塔筒受压区有一个孔洞时极限承载力计算简图

$$N \leqslant \alpha \alpha_1 f_c A - \sigma_{po} A_p + \alpha f'_{py} A_p - \alpha_t(f_{py} - \sigma_{po}) A_p + (\alpha - \alpha_t) f_y A_s \tag{6.3.1-3}$$

$$M + M_a \leqslant (\alpha_1 f_c A r + r f_y A_s + r_p f'_{py} A_p) \cdot \frac{\sin(\alpha \pi - \alpha \theta + \theta) - \sin \theta}{\pi - \theta} +$$
$$[(f_{py} - \sigma_{po}) A_p r_p + r f_y A_s] \frac{\sin \alpha_t(\pi - \theta)}{\pi - \theta} + \sigma_{po} A_p r \frac{\sin \theta}{\pi - \theta} \tag{6.3.1-4}$$

3 塔筒截面上有两个孔洞时(对称布置,受压区为 $2\theta_1$,受拉区为 $2\theta_2$,且 $\theta_1 > \theta_2$)(见图 6.3.1-3):

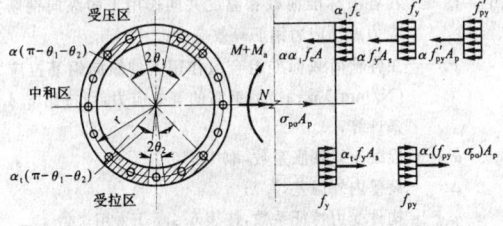

图 6.3.1-3　塔筒截面上有两个孔洞时极限承载力计算简图

$$N \leqslant \alpha \alpha_1 f_c A - \sigma_{po} A_p + \alpha f'_{py} A_p - \alpha_t(f_{py} - \sigma_{po}) A_p + (\alpha - \alpha_t) f_y A_s \tag{6.3.1-5}$$

$$M + M_a \leqslant (\alpha_1 f_c A r + r f_y A_s + r_p f'_{py} A_p) \cdot \frac{\sin(\alpha \pi - \alpha \theta_1 - \alpha \theta_2 + \theta_1) - \sin \theta_1}{\pi - \theta_1 - \theta_2} +$$
$$[(f_{py} - \sigma_{po}) A_p r_p + r f_y A_s] \frac{\sin(\alpha_t \pi - \alpha_t \theta_1 - \alpha_t \theta_2 + \theta_2) - \sin \theta_2}{\pi - \theta_1 - \theta_2} +$$
$$\sigma_{po} A_p r \frac{\sin \theta_1 - \sin \theta_2}{\pi - \theta_1 - \theta_2} \tag{6.3.1-6}$$

式中　A——塔筒截面面积,当有孔洞时,扣除孔洞面积;

A_p、A_s——全部纵向预应力和非预应力钢筋的截面面积,当截面有孔洞时,扣除孔洞断筋的面积;

r——塔筒平均半径;$r = \dfrac{r_1 + r_2}{2}$,r_1、r_2 分别为环形截面的内、外半径;

r_p——预应力钢筋的半径;

α——受压区的半角系数,按式(6.3.1-1)确定;

α_1——当混凝土强度等级不超过 C50 时,α_1 取 1.0;当混凝土强度等级为 C80 时,α_1 取 0.94,其间按线性内插法取用;

α_t——受拉钢筋的半角系数,宜取 $\alpha_t = 1 - 1.5\alpha$;当 $\alpha \geqslant \dfrac{2}{3}$ 时,取 $\alpha_t = 0$;

θ_1、θ_2——塔筒截面受压、受拉区的孔洞半角(rad);

f_{py}、f'_{py}——预应力钢筋的抗拉、抗压强度(N/mm²);

f_y、f'_c——非预应力钢筋的抗拉、抗压强度,$f_y = f'_y$(N/mm²);

σ_{po}——消压状态时预应力钢筋中的拉应力(N/mm²)。

6.4　塔筒正常使用极限状态计算

6.4.1　预应力混凝土塔筒的抗裂验算,应按现行国家标准《混凝土结构设计规范》GB 50010 的有关规定进行计算。

6.4.2　计算混凝土和预应力混凝土塔筒裂缝宽度时,应按 $e_{0k} \leqslant r_{co}$ 和 $e_{0k} > r_{co}$ 两种偏心情况计算截面混凝土压应力和钢筋拉应力。此时轴向力和截面圆心的偏心距 e_{0k} 和截面核心距 r_{co} 应分别按下列公式计算:

1　轴向力对截面圆心的偏心距 e_{0k}。

1)当截面上无孔洞或有两个大小相等且对称的孔洞时:

$$e_{0k} = \frac{M_k + M_{ak}}{N_k + N_{pe}} \tag{6.4.2-1}$$

2)当截面上有孔且大小不相等时:

$$e_{0k} = \frac{M_k + M_{ak} - N_{pe} a}{N_k + N_{pe}} \tag{6.4.2-2}$$

式中　N_k、M_k、M_{ak}——各项荷载标准值(包括风荷载)共同作用下截面轴向力(N)和弯矩(N·m);

a——截面形心轴至圆心轴的距离(m),当有两个孔洞时 $a = r \cdot \dfrac{\sin \theta_1 - \sin \theta_2}{\pi - \theta_1 - \theta_2}$;

N_{pe}——有效预应力,预应力钢筋对构件产生的轴向力(N)。

2　截面核心距 r_{co}。

1)塔筒计算截面无孔洞或有两个对称布置的大小相等的孔洞时:

$$r_{co} = \frac{1}{2} r \tag{6.4.2-3}$$

2)塔筒截面受压区有一个孔洞时:

$$r_{co} = \frac{\pi - \theta - 0.5 \sin 2\theta - 2 \sin \theta}{2(\pi - \theta - \sin \theta)} \cdot r \tag{6.4.2-4}$$

3)塔筒截面有两个孔洞(大孔洞位于受压区):

$$r_{co} = \frac{\pi - \theta_1 - \theta_2 - \dfrac{1}{2} \sin 2\theta_1 + \dfrac{1}{2} \sin 2\theta_2 - 2 \sin \theta_1 \cos \theta_2}{2[(\pi - \theta_1 - \theta_2) \cos \theta_2 - \sin \theta_1 + \sin \theta_2]} \cdot r \tag{6.4.2-5}$$

6.4.3　混凝土和预应力混凝土塔筒水平截面的应力,当 $e_{0k} \leqslant r_{co}$ 时应按下列规定确定[见图 6.4.3(a)]:

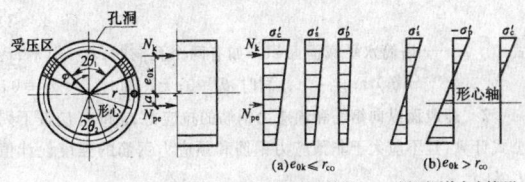

图 6.4.3　水平截面在标准荷载作用下的计算

1 背风面混凝土的压应力 σ_c' 应按下列公式计算,且不应大于混凝土的抗压强度设计值 f_c:

1)塔筒计算截面无孔洞时:

$$\sigma_c' = \frac{N_{pe} + N_k}{A_0}\left(1 + 2\frac{e_{0k}}{r}\right) \qquad (6.4.3\text{-}1)$$

2)塔筒截面受压区有一个孔洞时:

$$\sigma_c' = \frac{N_{pe} + N_k}{A_0}\left\{1 + \frac{2\left(\frac{e_{0k}}{r} + \frac{\sin\theta}{\pi-\theta}\right)\left[(\pi-\theta)\cos\theta + \sin\theta\right]}{\pi - \theta - 0.5\sin2\theta - \frac{2\sin^2\theta}{\pi-\theta}}\right\} \qquad (6.4.3\text{-}2)$$

3)塔筒截面有两个孔洞(大孔洞位于受压区)时:

$$\sigma_c' = \frac{N_{pe} + N_k}{A_0}\left\{1 + \frac{2\left(\frac{e_{0k}}{r} + \frac{\sin\theta_1 - \sin\theta_2}{\pi-\theta_1-\theta_2}\right)\left[(\pi-\theta_1-\theta_2)\cos\theta_1 + \sin\theta_1 - \sin\theta_2\right]}{\pi - \theta_1 - \theta_2 - 0.5(\sin2\theta_1 + \sin2\theta_2) - 2\frac{(\sin\theta_1 - \sin\theta_2)^2}{\pi-\theta_1-\theta_2}}\right\}$$
$$(6.4.3\text{-}3)$$

2 迎风面混凝土的压应力 σ_c 应按下列公式计算:

1)塔筒计算截面无孔洞时:

$$\sigma_c = \frac{N_{pe} + N_k}{A_0}\left(1 - 2\frac{e_{0k}}{r}\right) \qquad (6.4.3\text{-}4)$$

2)塔筒计算截面受压力区有一个孔洞时:

$$\sigma_c = \frac{N_{pe} + N_k}{A_0}\left\{1 - \frac{2\left(\frac{e_{0k}}{r} + \frac{\sin\theta}{\pi-\theta}\right)(\pi-\theta-\sin\theta)}{\pi - \theta - 0.5\sin2\theta - \frac{2\sin^2\theta}{\pi-\theta}}\right\}$$
$$(6.4.3\text{-}5)$$

3)塔筒截面有两个孔洞(大孔洞位于受压区)时:

$$\sigma_c = \frac{N_{pe} + N_k}{A_0}\left\{1 - \frac{2\left(\frac{e_{0k}}{r} + \frac{\sin\theta_1 - \sin\theta_2}{\pi-\theta_1-\theta_2}\right)\left[(\pi-\theta_1-\theta_2)\cos\theta_2 - (\sin\theta_1 - \sin\theta_2)\right]}{\pi - \theta_1 - \theta_2 - 0.5(\sin2\theta_1 + \sin2\theta_2) - 2\frac{(\sin\theta_1 - \sin\theta_2)^2}{\pi-\theta_1-\theta_2}}\right\}$$
$$(6.4.3\text{-}6)$$

式中 A_0 ——塔筒水平截面的换算截面面积。

对于无孔洞截面:$A_0 = 2\pi rt(1 + \omega_{hs} + \omega_{hp})$;

对于有一个孔洞截面:$A_0 = 2(\pi - \theta)rt(1 + \omega_{hs} + \omega_{hp})$;

对于有两个孔洞截面:$A_0 = 2(\pi - \theta_1 - \theta_2)rt(1 + \omega_{hs} + \omega_{hp})$。$t$ 为筒壁厚度;

ω_{hs}、ω_{hp} ——塔筒水平截面的特征系数,取 $\omega_{hs} = 2.5\rho_s\alpha_{Es}$,$\omega_{hp} = 2.5\rho_p\alpha_{Ep}$;$\alpha_{Es}$、$\alpha_{Ep}$ 为钢筋、预应力钢筋和混凝土弹性模量之比,$\alpha_{Es} = E_s/E_c$,$\alpha_{Ep} = E_p/E_c$,ρ_s、ρ_p 为纵向普通钢筋和预应力钢筋的配筋率;

θ_1、θ_2 ——两孔洞的半角,$\theta_1 > \theta_2$,且 θ_1 位于受压区。

6.4.4 混凝土和预应力混凝土塔筒水平截面的应力,当 $e_{0k} > r_{co}$ 时应按下列规定确定[见图 6.4.3(b)]。

1 背风面混凝土的压应力 σ_c' 应按下列公式计算,且不得大于混凝土的抗压强度设计值 f_c:

1)塔筒计算截面无孔洞时:

$$\sigma_c' = \frac{N_k + N_{pe}}{A} \cdot \frac{\pi(1 - \cos\varphi)}{\sin\varphi - [\varphi + \pi(\omega_{hs} + \omega_{hp})]\cos\varphi} \qquad (6.4.4\text{-}1)$$

2)塔筒截面受压区有一个孔洞时:

$$\sigma_c' = \frac{N_k + N_{pe}}{A} \cdot \frac{(\pi-\theta)(\cos\varphi - \cos\theta)}{\sin\varphi - \varphi\cos\varphi - \sin\theta + \theta\cos\varphi - (\omega_{hs} + \omega_{hp})[(\pi-\theta)\cos\varphi + \sin\theta]}$$
$$(6.4.4\text{-}2)$$

3)塔筒截面有两个孔洞(大孔洞位于受压区)时:

$$\sigma_c' = \frac{N_k + N_{pe}}{A} \cdot \frac{(\pi-\theta_1-\theta_2)(\cos\varphi - \cos\theta_1)}{\sin\varphi - \varphi\cos\varphi - \sin\theta_1 + \theta_1\cos\varphi - (\omega_{hs} + \omega_{hp})[(\pi-\theta_1-\theta_2)\cos\varphi + \sin\theta_1 - \sin\theta_2]}$$
$$(6.4.4\text{-}3)$$

式中 A ——塔筒水平截面面积。如有两个孔洞时:$A = 2(\pi - \theta_1 - \theta_2)rt$;有一个孔洞时,$\theta_2 = 0$;无孔洞时,$\theta_1 = \theta_2 = 0$。

2 迎风面纵向钢筋和预应力钢筋的拉应力 σ_s 和 σ_p 应按下列公式计算,且不应大于非预应力钢筋和预应力钢筋的强度设计值 f_y 和 f_{py}:

塔筒计算截面无孔洞时:

$$\sigma_s = 2.5\,\alpha_{Es} \cdot \frac{1 + \cos\varphi}{1 - \cos\varphi} \cdot \sigma_c' \qquad (6.4.4\text{-}4)$$

$$\sigma_p = 2.5\,\alpha_{Ep} \cdot \frac{1 + \cos\varphi}{1 - \cos\varphi} \cdot \sigma_c' \qquad (6.4.4\text{-}5)$$

2)塔筒截面有一个孔洞时:

$$\sigma_s = 2.5\,\alpha_{Es} \cdot \frac{1 + \cos\varphi}{\cos\theta - \cos\varphi} \cdot \sigma_c' \qquad (6.4.4\text{-}6)$$

$$\sigma_p = 2.5\,\alpha_{Ep} \cdot \frac{1 + \cos\varphi}{\cos\theta - \cos\varphi} \cdot \sigma_c' \qquad (6.4.4\text{-}7)$$

3)塔筒截面有两个孔洞(大孔洞位于受压区)时:

$$\sigma_s = 2.5\,\alpha_{Es} \cdot \frac{\cos\theta_2 + \cos\varphi}{\cos\theta_1 - \cos\varphi} \cdot \sigma_c' \qquad (6.4.4\text{-}8)$$

$$\sigma_p = 2.5\,\alpha_{Ep} \cdot \frac{\cos\theta_2 + \cos\varphi}{\cos\theta_1 - \cos\varphi} \cdot \sigma_c' \qquad (6.4.4\text{-}9)$$

3 截面受压区半角 φ 可按下列公式计算:

1)塔筒计算截面无孔洞时:

$$\frac{e_{0k}}{r} = \frac{\varphi - \frac{1}{2}\sin2\varphi + \pi(\omega_{hs} + \omega_{hp})}{2[\sin\varphi - \varphi\cos\varphi - \pi(\omega_{hs} + \omega_{hp})\cos\varphi]} \qquad (6.4.4\text{-}10)$$

2)塔筒截面受压区有一个孔洞时:

$$\frac{e_{0k}}{r} = \frac{\frac{1}{2}\varphi - \frac{1}{2}\sin\varphi\cos\varphi - \frac{1}{2}\theta - \frac{1}{4}\sin2\theta + \sin\theta\cos\varphi + (\omega_{hs} + \omega_{hp})\left(\frac{1}{2}\pi - \frac{1}{2}\theta - \frac{1}{4}\sin2\theta + \sin\theta\cos\varphi\right)}{\sin\varphi - \varphi\cos\varphi - \sin\theta + \theta\cos\varphi - (\omega_{hs} + \omega_{hp})[(\pi-\theta)\cos\varphi + \sin\theta]}$$
$$(6.4.4\text{-}11)$$

3)塔筒截面有两个孔洞(大孔洞位于受压区)时:

$$\frac{e_{0k}}{r} = \left[\frac{1}{2}\varphi - \frac{1}{2}\sin\varphi\cos\varphi - \frac{1}{2}\theta_1 - \frac{1}{4}\sin2\theta_1 + \sin\theta_1\cos\varphi + (\omega_{hs} + \omega_{hp}) \cdot \right.$$
$$\left.\left(\frac{1}{2}\pi - \frac{1}{2}\theta_1 - \frac{1}{2}\theta_2 - \frac{1}{4}\sin2\theta_2 - \frac{1}{4}\sin2\theta_1 + \sin\theta_1\cos\varphi - \sin\theta_2\cos\varphi\right)\right] /$$
$$\{\sin\varphi - \varphi\cos\varphi - \sin\theta_1 + \theta_1\cos\varphi - (\omega_{hs} + \omega_{hp})[(\pi-\theta_1-\theta_2)\cos\varphi +$$
$$\sin\theta_1 - \sin\theta_2]\} \qquad (6.4.4\text{-}12)$$

6.4.5 混凝土塔筒在各项荷载标准值和温度共同作用下产生的最大水平裂缝宽度 w_{max}(mm)按下式计算:

$$w_{max} = \alpha_{cr}\psi\frac{\sigma_{sk}}{E_s}\left(1.9c + 0.08\frac{d_{eq}}{\rho_{te}}\right) \qquad (6.4.5\text{-}1)$$

$$\sigma_{sk} = \sigma_s + 0.5E_s\Delta t\alpha_T \qquad (6.4.5\text{-}2)$$

$$\psi = 1.1 - \frac{0.65f_{tk}}{\rho_{te}\sigma_{sk}} \qquad (6.4.5\text{-}3)$$

$$d_{eq} = \frac{\sum n_i d_i^2}{\sum n_i \nu_i d_i} \qquad (6.4.5\text{-}4)$$

$$\rho_{te} = \frac{A_s + A_p}{A_{te}} \qquad (6.4.5\text{-}5)$$

式中 σ_{sk} ——在各项标准荷载和温度共同作用下的纵向钢筋拉应力或预应力钢筋等效应力;

σ_s ——在各项荷载标准组合值作用下的纵向钢筋拉应力(N/mm^2)或预应力钢筋的等效应力,可按第 6.4.4 条计算;

α_T ——混凝土线膨胀系数,取 $1 \times 10^{-5}/℃$;

Δt ——筒壁内外温差(℃);

α_{cr} ——构件受力特征系数,按表 6.4.5-1 采用;

ψ ——裂缝间纵向受拉钢筋应变不均匀系数,当 $\psi < 0.2$ 时取 0.2,当 $\psi > 1.0$ 时取 1.0,对直接承受重复荷载的构件,$\psi = 1$;

f_{tk} ——混凝土抗拉强度标准值(N/mm^2);

ρ_{te} ——按有效受拉混凝土截面面积计算的纵向受拉钢筋配筋率,在最大裂缝宽度计算中,若 $\rho_{te} < 0.01$,取 $\rho_{te} = 0.01$;

c ——最外一排纵向受拉钢筋的边缘至受拉底边的距离(mm),当 $c < 20$ 时,取 $c = 20$;当 $c > 65$ 时,取 $c = 65$;

A_{te} ——有效受拉混凝土截面面积(mm^2);

A_s ——受拉区纵向非预应力钢筋截面面积(mm^2);

A_p ——受拉区纵向预应力钢筋截面面积(mm^2);

d_{eq}——受拉区纵向钢筋的等效直径(mm);

d_i——受拉区第 i 种纵向钢筋的公称直径(mm);

n_i——受拉区第 i 种纵向钢筋的根数;

ν_i——受拉区第 i 种纵向钢筋的相对粘结特性系数,按表6.4.5-2采用。

表6.4.5-1 构件受力特征系数

类型	α_{cr}	
	混凝土构件	预应力混凝土构件
受弯、偏心受压	2.1	1.7
偏心受拉	2.4	—
轴心受拉	2.4	2.2

表6.4.5-2 钢筋的相对粘结特性系数

钢筋类别	非预应力钢筋		先张法预应力钢筋			后张法预应力钢筋		
	光面钢筋	带肋钢筋	带肋钢筋	螺旋肋钢丝	刻痕钢丝、钢绞线	带肋钢筋	钢绞线	光面钢丝
ν_i	0.7	1.0	1.0	0.8	0.6	0.8	0.5	0.4

注:1 对环氧树脂涂层带肋钢筋,其相对粘结特性系数应按表中系数的0.8倍取用。

2 当 $e_{0k} \leqslant r_{\infty}$ 时,水平裂缝宽度不需验算。

6.4.6 混凝土塔筒由于内外温差所产生的最大竖向裂缝宽度 ω_{max} 可按第6.4.5条的公式进行计算,但 σ_{sk} 应按下式计算:

$$\sigma_{sk} = E_s \Delta t \alpha_T (1 - \xi) \qquad (6.4.6\text{-}1)$$

$$\xi = -\omega_v + \sqrt{\omega_v^2 + 2\omega_v} \qquad (6.4.6\text{-}2)$$

$$\omega_v = 2\rho_{te}\alpha_E \qquad (6.4.6\text{-}3)$$

式中 ξ——受压区相对高度;

ω_v——塔筒竖向截面的特征系数;

α_E——钢筋和混凝土的弹性模量比,$\alpha_E = E_s/E_c$。

6.5 混凝土塔筒的构造要求

6.5.1 塔筒的最小厚度 t_{min}(mm)可按下式计算,但不应小于180mm:

$$t_{min} = 100 + 0.01d \qquad (6.5.1)$$

式中 d——塔筒外直径(mm)。

6.5.2 塔筒外表面沿高度坡度可连续变化,也可分段采用不同的坡度。塔筒壁厚可沿高度均匀变化,也可分段阶梯形变化。

6.5.3 对混凝土塔筒,混凝土强度等级不应低于C25;混凝土的水灰比不宜大于0.5;对预应力混凝土筒壁,混凝土强度等级不应低于C30,而当利用钢绞线、碳素钢丝、热处理钢筋等作为预应力钢筋时,混凝土强度不宜低于C40。纵向或环向钢筋的混凝土保护层厚度不宜小于30mm,筒壁外表面距预留孔道壁的距离应大于40mm且不宜小于孔道直径的一半。孔道之间的净距不应小于50mm或孔道直径。孔道直径应比预应力钢筋束外径、钢筋对焊接头处外径或需穿过孔道的锚具外径大10~15mm。

6.5.4 筒壁上的孔洞应规整,同一截面上开多个孔洞时,应沿圆周均匀分布,其圆心角总和不应超过140°,单个孔洞的圆心角不应大于70°。

6.5.5 混凝土塔筒应配置双排纵向钢筋和双层环向钢筋,且纵向普通钢筋宜采用变形带肋钢筋,其最小配筋率应符合表6.5.5的规定。在后张法预应力塔筒中,应配置适当的非预应力构造钢筋,如有较多的非预应力受力钢筋,则可代替构造钢筋。

表6.5.5 混凝土塔筒的最小配筋率

塔筒配筋类别		最小配筋率
纵向钢筋	外排	0.25
	内排	0.20
环向钢筋	外排	0.20
	内排	0.20

注:受拉侧环向钢筋最小配筋率尚不应小于 $45 f_t / f_y$,其中 f_y、f_t 分别为钢筋和混凝土抗拉强度设计值。

6.5.6 纵向钢筋和环向钢筋的最小直径和最大间距应符合表6.5.6的规定。

表6.5.6 钢筋最小直径和钢筋最大间距(mm)

配筋类别	钢筋最小直径	钢筋最大间距
纵向钢筋	10	外侧250,内侧300
环向钢筋	8	250,且不大于筒壁厚度

6.5.7 内、外层环向钢筋应分别与内、外排纵向钢筋绑扎成钢筋网(见图6.5.7)。内外钢筋网之间用拉筋连接,拉筋直径不宜小于6mm,拉筋的纵横间距可取500mm。拉筋应交错布置,并与纵向钢筋连接牢固。

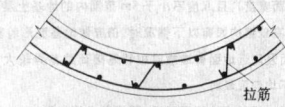
图6.5.7 纵向钢筋与环向钢筋布置

6.5.8 当纵向钢筋直径不大于18mm时可采用非焊接或焊接的搭接接头,当大于18mm时宜采用机械连接或对焊接头。环向钢筋可采用搭接接头,地震区应采用焊接接头。

钢筋的搭接和锚固应按现行国家标准《混凝土结构设计规范》GB 50010执行。同一截面上搭接接头的截面积不应超过钢筋总截面积的1/4;焊接接头则接头面积不应超过钢筋总截面积的1/2,且接头位置应均匀错开。

6.5.9 塔筒孔洞处的补强钢筋应按下列要求配置:

1 补强钢筋应靠近洞口周围布置,其面积可取同方向被孔洞切断钢筋截面积的1.3倍。

2 矩形孔洞的四角处应配置45°方向的斜向钢筋,每处斜向钢筋可按筒壁每100mm厚度采用250mm² 的钢筋面积,且钢筋不宜少于2根。

3 所有补强钢筋伸过孔洞边缘的长度不应小于45倍钢筋直径。

6.5.10 在后张法有粘结预应力混凝土塔筒两端及中部应设置灌浆孔,间距不宜大于12m。孔道灌浆密实,水泥浆强度等级不应低于M20,其水灰比宜为0.4~0.45,宜掺入0.01%水泥用量的铝粉,筒壁端部应设排气孔。

6.5.11 配置钢丝、钢绞线的后张法预应力筒壁的端部,在预应力筋的锚具下和张拉设备的支承处应进行局部加强,一般附加横向钢筋网或螺旋式钢筋,其配筋量由计算确定,应根据现行国家标准《混凝土结构设计规范》GB 50010中相应的条文计算,且体积配筋率 ρ_v 不应小于0.5%,必要时构件端部锚固区的混凝土截面宜适当加大。

6.5.12 后张法预应力构件的锚固应选用可靠的锚具,其制作方法和质量要求应符合现行国家标准《混凝土结构工程施工及验收规范》GB 50204的规定。

7 地基与基础

7.1 一般规定

7.1.1 高耸结构的基础选型应根据建设场地条件和结构的要求确定。高耸结构的地基基础均须进行强度计算(包括抗压和抗拔);除表7.1.1中的高耸结构外,其他高耸结构均应进行地基变形验算;有特殊要求的高耸结构尚应进行地基抗滑稳定或抗倾覆稳定验算。

表 7.1.1 可不做地基变形计算的高耸结构

地基主要受力状况	地基承载力特征值 f_{ak}(kPa)		$60 \leqslant f_{ak}$ <80	$80 \leqslant f_{ak}$ <100	$100 \leqslant f_{ak}$ <130	$130 \leqslant f_{ak}$ <160	$160 \leqslant f_{ak}$ <200	$200 \leqslant f_{ak}$ <300
	各土层坡度(%)		≤5	≤5	≤10	≤10	≤10	≤10
结构类型	烟囱	高度(m)	≤30	≤40	≤50	≤75	≤75	≤100
	水塔	高度(m)	≤15	≤20	≤30	≤30	≤30	≤30
		容积(m³)	≤50	50~100	100~200	200~300	300~500	500~1000
	通信塔和单功能电视发射塔	高度(m)	≤40	≤60	≤80	≤100	≤120	≤150
	钢桅杆	高度(m)	≤50	≤60	≤70	≤80	≤90	≤120

注：1 表中地基主要受力层指条形基础底面下深度为 3b，独立基础下为 1.5b（b 为基础底面宽度），且厚度不小于 5m 范围内的地基土层。

　　2 表中所列高耸结构如有以下情况时，仍应做地基变形验算：

　　　1）在基础面及附近地面有堆载或相邻基础荷载差异较大可能引起地基产生过大的不均匀沉降时；

　　　2）软弱地基上相邻建筑距离过近，可能发生倾斜时；

　　　3）地基内有厚度较大或厚薄不均的填土；

　　　4）石化塔在 f_{ak}<200kN/m² 地基上均要计算地基变形。

7.1.2 高耸结构基础设计应符合下列要求：

　1 电视塔、微波塔基础底面对应于正常使用极限状态下荷载效应的标准组合不允许脱开地基土。

　2 石油化工塔基础底面在正常操作或充水试压情况下不允许脱开地基土，在停产检修时允许部分脱开地基土。

　3 专业塔基础底面在不影响工艺要求时允许部分脱开地基土；

　4 输电高塔、观光塔、带有旅游功能的电视塔基础底面在地震作用下不宜出现零应力区，其他各类塔基础底面在考虑抗震设计组合时允许部分脱开地基土；

　5 基础底面允许部分脱开地基土的面积应不大于底面全面积的 1/4。

7.1.3 高耸结构地基基础设计前应进行岩土工程勘察。

7.1.4 高耸结构地基基础设计时，所采用的荷载效应最不利组合与相应的抗力代表值应符合下列规定：

　1 按地基承载力确定基础底面积及埋深或按单桩承载力确定桩数时，传至基础或承台底面上的荷载效应应按正常使用极限状态下荷载效应的标准组合。相应的抗力应采用地基承载力特征值或单桩承载力特征值。

　2 计算地基变形时，传至基础底面上的荷载效应应按正常使用极限状态下的荷载效应的准永久值组合，当风玫瑰图严重偏心时，取风的频遇值组合，不应计入地震作用。

　3 计算挡土墙土压力、地基和斜坡的稳定及滑坡推力、地基基础抗拔等时，荷载效应应按承载力极限状态下荷载效应的基本组合，但其荷载分项系数均为 1.0。

　4 在确定基础或桩台高度、挡墙截面厚度、计算基础或挡墙内力、确定配筋和桩身截面、配筋及进行材料强度验算时，上部结构传来的荷载效应组合和相应的基底反力，应按承载力极限状态下荷载效应的基本组合，采用相应的分项系数。

　当需要验算基础裂缝宽度时，应按正常使用极限状态，采用荷载的标准组合并考虑长期作用的影响进行计算。

7.1.5 当高耸结构基础处于地下水位以下时，应考虑地下水对基础及覆土的浮力作用。并确定地下水对基础有无侵蚀性及进行相应的防侵蚀处理。

7.1.6 地基土工程特性指标的代表值有标准值（抗剪强度指标）、平均值（压缩性指标）、特征值（承载力）。

7.2 地基计算

7.2.1 地基承载力的计算应符合下列要求：

　1 当承受轴心荷载时：

$$p_k \leqslant f_a \qquad (7.2.1\text{-}1)$$

式中　p_k——相应于荷载效应标准组合下基础底面平均压力值（kN/m²）；

　　　f_a——修正后的地基承载力特征值，应按现行国家标准《建筑地基基础设计规范》GB 50007 的规定采用；

　2 当承受偏心荷载时：

　除应符合式(7.2.1-1)的要求外，尚应满足下式要求：

$$p_{k,max} \leqslant 1.2 f_a \qquad (7.2.1\text{-}2)$$

式中　$p_{k,max}$——相应于荷载效应标准组合下基础边缘的最大压力代表值（kN/m²）。

　当考虑地震作用时，在式(7.2.1-1)、(7.2.1-2)中应采用调整后的地基抗震承载力 f_{aE} 代替地基承载力特征值 f_a，地基抗震承载力 f_{aE} 应按现行国家标准《构筑物抗震设计规范》GB 50191 的规定采用。

7.2.2 当基础承受轴心荷载和在核心区内承受偏心荷载时，验算地基承载力的基础底面压力可按下列公式计算：

　1 矩形和圆(环)形基础承受轴心荷载时：

$$p_k = \frac{F_k + G_k}{A} \qquad (7.2.2\text{-}1)$$

式中　F_k——相应于荷载效应标准组合下上部结构传至基础的竖向力值（kN）；

　　　G_k——基础自重（包括基础上的土重）标准值（kN）；

　　　A——基础底面面积（m²）。

　2 矩形和圆(环)形基础承受（单向）偏心作用时：

$$p_{k,max} = \frac{F_k + G_k}{A} + \frac{M_k}{W} \qquad (7.2.2\text{-}2)$$

$$p_{k,min} = \frac{F_k + G_k}{A} - \frac{M_k}{W} \qquad (7.2.2\text{-}3)$$

式中　M_k——相应于荷载效应标准组合下上部结构传至基础的力矩值（kN·m）；

　　　W——基础底面的抵抗矩（m³）；

　　　$p_{k,min}$——相应于荷载效应标准组合下基础边缘最小压力值（kN/m²）。

　3 当矩形基础承受双向偏心荷载时：

$$p_{k,max} = \frac{F_k + G_k}{A} + \frac{M_{kx}}{W_x} + \frac{M_{ky}}{W_y} \qquad (7.2.2\text{-}4)$$

$$p_{k,min} = \frac{F_k + G_k}{A} - \frac{M_{kx}}{W_x} - \frac{M_{ky}}{W_y} \qquad (7.2.2\text{-}5)$$

式中　M_{kx}、M_{ky}——相应于荷载效应标准组合下上部结构传至基础对 x、y 轴的力矩值（kN·m）；

　　　W_x、W_y——矩形基础底面对 x、y 轴的抵抗矩（m³）。

7.2.3 当基础在核心区外承受偏心荷载，且基底脱开地基土面积不大于全部面积的 1/4 时，验算地基承载力的基础底面压力可按下列公式确定：

　1 矩形基础承受单向偏心荷载时（见图 7.2.3-1）：

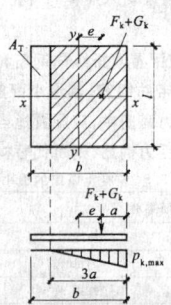

图 7.2.3-1　在单向偏心荷载作用下矩形基础底面部分脱开时的基底压力

A_T—基底脱开面积；e—偏心距

$$p_{k,max} = \frac{2(F_k + G_k)}{3la} \quad (7.2.3-1)$$

$$3a \geqslant 0.75b \quad (7.2.3-2)$$

式中 b——平行于 x 轴的基础底面边长(m);

l——平行于 y 轴的基础底面边长(m);

a——合力作用点至基础底面最大压力边缘的距离(m)。

2 矩形基础承受双向偏心荷载时(见图7.2.3-2):

$$p_{k,max} = \frac{F_k + G_k}{3a_x a_y} \quad (7.2.3-3)$$

$$a_x a_y \geqslant 0.125bl \quad (7.2.3-4)$$

式中 a_x——合力作用点至 e_x 一侧基础边缘的距离,按 $\left(\frac{b}{2} - e_x\right)$ 计算;

a_y——合力作用点至 e_y 一侧基础边缘的距离,按 $\left(\frac{l}{2} - e_y\right)$ 计算;

e_x——x 方向的偏心距(m),按 $\frac{M_{kx}}{F_k + G_k}$ 计算;

e_y——y 方向的偏心距(m),按 $\frac{M_{ky}}{F_k + G_k}$ 计算。

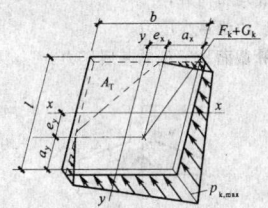

图 7.2.3-2 在双向偏心荷载作用下,矩形基础底面部分脱开时的基底压力

3 圆(环)形基础承受偏心荷载时(见图7.2.3-3):

$$p_{k,max} = \frac{F_k + G_k}{\xi r_1^2} \quad (7.2.3-5)$$

$$a_c = \tau r_1 \quad (7.2.3-6)$$

式中 r_1——基础底板半径(m);

a_c——基底受压面宽度(m);

$\xi、\tau$——系数,根据比值 r_2/r_1 及 e/r_1 按本规范附录 C 确定。

r_2——环形基础孔洞的半径(m),当 $r_2 = 0$ 时即为圆形基础;

注:当基础底面脱开地基土的面积不大于全部面积的 1/4,且满足式(7.2.1-2)规定时,可不验算基础的倾覆。

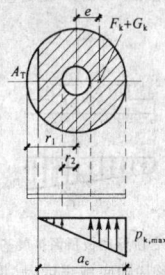

图 7.2.3-3 在偏心荷载作用下,圆(环)形基础底面部分脱开时的基底压力

7.2.4 高耸结构的地基变形计算主要有下列两项,其计算值应不大于地基变形允许值。

1 地基最终沉降量应按现行国家标准《建筑地基基础设计规范》GB 50007 的规定计算。

2 基础倾斜应按下列公式计算:

$$\tan\theta = \frac{s_1 - s_2}{b(或 d)} \quad (7.2.4)$$

式中 $s_1、s_2$——基础倾斜方向两边缘的最终沉降量(mm),对矩形基础可按现行国家标准《建筑地基基础设计规范》GB 50007 计算,对圆(环)形基础可按现行国家标准《烟囱设计规范》GB 50051 计算;

b——矩形基础倾斜方向的宽度(mm);

d——圆(环)形基础的外径(mm)。

注:1 当计算风荷载作用下的地基变形时,应采用地基土的三轴试验不排水模量(弹性模量)代替变形模量。

2 对于高度低于 100m 的高耸结构,当地基土比较均匀,又无相邻地面荷载的影响时,在地基最终沉降量能满足允许沉降量的要求后,可不验算倾斜。

7.2.5 高耸结构的地基变形允许值应按表 7.2.5 的规定采用,当工艺有特殊要求时,应按有关专业标准规范另行确定。

表 7.2.5 高耸结构的地基变形允许值

结构类型			沉降量允许值(mm)	倾斜允许值 $\tan\theta$
电视塔、通信塔等	$H_T \leqslant 20$		400	0.008
	$20 < H_T \leqslant 50$			0.006
	$50 < H_T \leqslant 100$			0.005
	$100 < H_T \leqslant 150$		300	0.004
	$150 < H_T \leqslant 200$			0.003
	$200 < H_T \leqslant 250$		200	0.002
	$250 < H_T \leqslant 300$			0.0015
	$300 < H_T \leqslant 400$		150	0.0010
石油化工塔	一般石油化工塔		200	0.004
	分馏类石油化工塔	$d_0 \leqslant 3.2$		0.004
		$d_0 > 3.2$		0.0025

注:H_T 为高耸结构的总高度(m);d_0 为石油化工塔的内径(m)。

7.2.6 高耸结构本身相邻基础间的沉降差应满足表 7.2.6 的规定,当工艺有特殊要求时,可按有关专业规范规程另行确定。

表 7.2.6 高耸结构相邻基础间的沉降差限值

结构类型	地基土类别	
	中低压缩性土	高压缩性土
当基础不均匀沉降时会产生附加应力的结构	≤0.002l	≤0.003l
当基础不均匀沉降时不产生附加应力的结构	≤0.005l	≤0.005l

注:l 为相邻基础中心间的距离(mm)。

7.2.7 处于山坡地的高耸结构应按现行国家标准《建筑地基基础设计规范》GB 50007 进行地基稳定性计算。

7.3 基础设计

Ⅰ 一般规定

7.3.1 高耸结构基础的选型可根据表 7.3.1 确定。

表 7.3.1 高耸结构地基基础选型

地基状况		中低压缩性土	高压缩性土	微风化岩石
上部结构类型	构架式(底部有横杆)塔	独立扩展基础(正交置)	独立承台加桩	锚杆基础
	构架式(底部无横杆)塔	独立扩展基础(正放)加连梁	独立承台加桩,承台间加连梁	
	圆环截面混凝土烟囱塔	环形扩展基础、壳体基础	圆形或环形加桩	
	石油化工塔	多边形或圆形扩展基础	多边形或圆形加桩	
上部结构类型	桅杆中心杆身基础	矩形或圆形基础	矩形或圆形基础加桩	锚杆基础
	桅杆纤绳基础	纤绳锚板基础	重力锚基础	
	不高于 20m 的砖烟囱	无筋扩展基础	圆形基础加桩	

注:构架式塔包括钢结构或混凝土结构的空间桁架或空间刚架式塔。

7.3.2 对存在液化土层的地基上的高耸结构,基础设计时应按现行国家标准《构筑物抗震设计规范》GB 50191 要求,根据构筑物类别及地基液化等级采取相应的抗液化措施。

Ⅱ 天然地基基础

7.3.3 基础不加连系梁且塔底无横杆的构架式塔的独立基础的柱墩宜采用斜立式,其倾斜方向及柱心倾斜度宜与塔柱一致(见图7.3.3)。

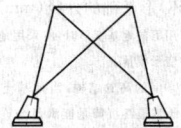

图 7.3.3 斜立式基础

7.3.4 底面无横杆的构架式塔宜在基础顶面以下 300mm 左右设连系梁,连梁及基础柱墩可作为空间刚架整体计算,基础底面可作为固定端,但不计周围土对基础柱墩的嵌固作用。基础连梁应按偏心拉压杆计算。截面计算时除按刚架算得内力外,还应计入由混凝土梁自重引起的弯矩。基础柱墩按偏心拉压杆设计。基础底板设计时要考虑基础受压和抗拔,根据不同受力状况计算出板的正负弯矩,并分别在板底和板顶配置受力钢筋。在冻土区域基础连梁应用构造措施避免梁底及梁侧受冻胀土的作用。

7.3.5 圆、环形扩展基础的外形尺寸宜符合下列要求:

1 圆形扩展基础(见图 7.3.5-1):

$$\frac{r_1}{r_c} \approx 1.5$$

$$h \geqslant \frac{r_1 - r_2}{2.2}; \ h \geqslant \frac{r_3}{4.0}$$

$$h_1 \geqslant \frac{h}{2}$$

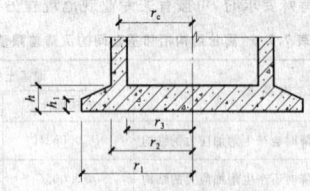

图 7.3.5-1 圆形扩展基础

2 环形扩展基础(见图 7.3.5-2):

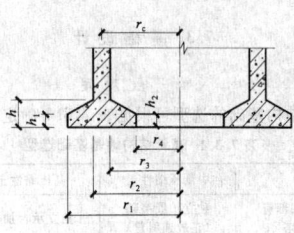

图 7.3.5-2 环形扩展基础

$$r_4 \geqslant \psi r_c$$

$$h \geqslant \frac{r_1 - r_2}{2.2}; \ h \geqslant \frac{r_3 - r_4}{3}$$

$$h_1 \geqslant \frac{h}{2}; \ h_2 \geqslant \frac{h}{2}$$

式中 r_c——筒体底截面的平均半径,$r_c = \frac{r_2 + r_3}{2}$;

r_1、r_2、r_3、r_4——基础不同位置的半径;

h、h_1、h_2——基础底板不同位置的厚度;

ψ——环形基础底板外形系数,可根据比值 r_1/r_c 按图

7.3.5-3 确定,或按 $\psi = -3.9 \times \left(\frac{r_1}{r_c}\right)^3 + 12.9 \times$

$\left(\frac{r_1}{r_c}\right)^2 - 15.3 \times \frac{r_1}{r_c} + 7.3$ 进行计算。

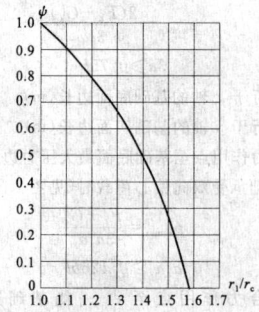

图 7.3.5-3 环形基础底板外形系数 ψ 曲线

7.3.6 计算矩形扩展基础强度时,基底压力可按下列规定采用:

1 坡形顶面的扩展基础(见图 7.3.6-1):

计算任一截面 x-x 的内力时,可采用按下式求得的基底均布荷载设计值 p:

$$p = \frac{p_{max} + p_x}{2} \qquad (7.3.6-1)$$

式中 p——基底均布荷载;

p_{max}——基底边缘最大压力;

p_x——计算截面 x-x 处的基底压力。

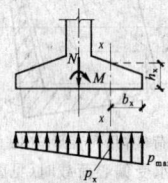

图 7.3.6-1 坡形顶面扩展基础的荷载计算

2 台阶形顶面的扩展基础(见图 7.3.6-2):

计算截面 1-1 及 2-2 的内力时,可分别采用按下列二式求得的基底均布荷载 p:

$$p = \frac{p_{max} + p_1}{2} \qquad (7.3.6-2)$$

$$p = \frac{p_{max} + p_2}{2} \qquad (7.3.6-3)$$

式中 p_1、p_2——计算截面 1-1、2-2 处的基底压力设计值。

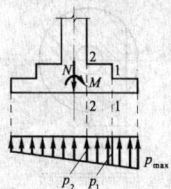

图 7.3.6-2 台阶形底板顶面扩展基础的荷载计算

7.3.7 计算圆形、环形基础底板强度时(见图 7.3.7)可取基础外悬挑中点处的基底最大压力 p 作为基底均布荷载,p 值可按下式计算:

$$p = \frac{N}{A} + \frac{M}{I} \cdot \frac{(r_1 + r_2)}{2} \qquad (7.3.7)$$

式中 N——相应于荷载效应基本组合下上部结构传至基础的轴向力设计值(不包括基础底板自重及基础底板上的土重);

M——相应于荷载效应基本组合下上部结构传至基础的力矩设计值;

A——基础底板的面积;

I——基础底板的惯性矩。

注:对基础部分脱开的基础,除基底压力分布的计算不同外,底板强度计算时 p 的取法相同。

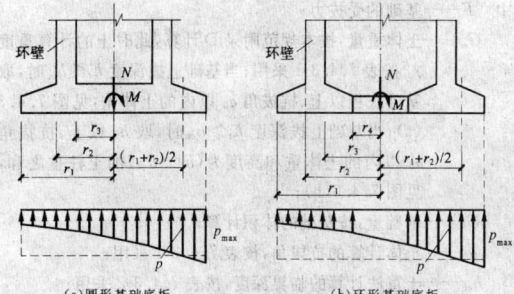

(a)圆形基础底板　　　　(b)环形基础底板

图7.3.7　圆形、环形基础的基底荷载计算

7.3.8　高耸结构扩展基础(独立基础整体和圆环形基础局部)在承受拔力时均应进行底板抗拔强度计算，并按计算在底板上表面配负弯矩钢筋。

7.3.9　无筋扩展基础可按现行国家标准《建筑地基基础设计规范》GB 50007进行设计。

7.3.10　高耸钢结构基础顶面的锚栓设计应满足以下规定:

1　锚栓设计应兼顾上部钢结构的精度要求、安装调整的可能性以及混凝土基础施工的实际可能性确定施工精度要求，并对塔柱底部锚栓孔做相应扩大，便于安装时调整。锚栓孔扩大后应在安装调整完毕后加焊厚垫片以满足螺母固定的要求。

2　锚栓宜用双螺母防松。

3　锚栓埋设深度应按受拉钢筋锚固长度计算。

Ⅲ　桩　基　础

7.3.11　当地基的软弱土层较深厚，上部荷载大而集中，采用浅基础已不能满足高耸结构对地基承载力和变形的要求时，可采用桩基础。

7.3.12　高耸结构的桩基础可采用预制钢筋混凝土桩、混凝土灌注桩和钢管桩。选用时应根据地质情况、上部结构类型、荷载大小、施工条件、设计单桩承载力、沉桩设备、建筑场地环境等因素，通过技术经济比较进行综合分析后确定。

应选择较硬土层作为桩端持力层。桩端全断面进入持力层的深度，对于硬粘性土可取(3~4)d(d为桩的边长或直径)，对于砂土可取(1.5~2)d；当存在软弱下卧层时，桩端以下硬土层厚度不宜小于(5~6)d，并应验算下卧层的承载力；对于穿越软弱土层，支承在倾斜基岩上的端桩，若岩层强风化带的厚度大于2d时，则桩端嵌入微风化或未风化岩层中的深度不应小于d。

桩基计算包括桩顶作用效应计算、桩基竖向抗压及抗拔承载力计算、桩基沉降计算及桩基的变形允许值、桩水平承载力与位移计算、桩身承载力与抗裂计算、桩承台计算等，均按国家现行标准《建筑桩基技术规范》JGJ 94的规定进行。

桩基构造应按国家现行标准《建筑桩基技术规范》JGJ 94进行设计。

7.3.13　承受水平推力的桩的设计应满足下列要求:

1　承受水平推力的桩，桩身内力可按m法计算。桩纵向筋的长度为4.0/α，当桩长小于4.0/α时应通长配筋。

2　承受水平推力的单桩独立承台之间应设正交双向拉梁，其截面高度不应小于桩距的1/15，受拉钢筋截面面积可按所连接柱的最大轴力的10%作为拉力计算确定。

3　承受水平力的桩在桩顶(3~5)d范围内箍筋应适当加密。

4　受横向力较大或对横向变位要求严格的高耸结构桩基，应验算横向变位，必要时还应验算桩身裂缝宽度。桩顶位移限值应小于10mm。

注:m为地基土水平抗力系数的比例系数，α为桩的水平变形系数，应符合国家现行标准《建筑桩基技术规范》JGJ 94的要求。

7.3.14　高耸结构桩的抗拔设计应满足下列要求:

对于安全等级为一级的高耸结构，应通过拔桩试验求得单桩的抗拔承载力。

对于安全等级为二级的高耸结构，当无临近建筑物的抗拔试验资料时，可根据下列经验公式估算:

$$F_{pi}-G \times 0.9 \leqslant \frac{\alpha_b u_p \sum f_i l_i}{\gamma_s} \qquad (7.3.14)$$

式中　F_{pi}——第i根桩桩顶在正常使用极限状态下轴向上拔力标准组合值(kN);

γ_s——桩侧阻抗力分项系数，一般$\gamma_s=2.0$;

α_b——桩与土之间抗拔极限阻力与受压极限摩阻力间的折减系数。当无试验资料且桩的入土深度不小于6.0m时，可根据土质和桩的入土深度，取$\alpha_b=0.6~0.8$(砂性土，桩入土较浅时取低值;粘性土，桩入土较深时取高值);

f_i——桩穿过的各层土的极限摩阻力(kPa);

l_i——桩穿过的各层土的厚度(m);

u_p——桩的截面周长(m);

G——桩身的有效重力(kN)，水下部分按浮重计。

抗拔桩还应按现行国家标准《混凝土结构设计规范》GB 50010验算桩基材料的受拉承载力。

7.3.15　抗拔桩设计应满足如下构造要求:

1　抗压又抗拔桩应按计算及构造要求通长配置钢筋。纵向钢筋应沿桩周边均匀布置，纵向筋焊接接头必须符合受拉接头的要求。

2　具有多根抗压又抗拔桩的板式承台上、下面均应根据双向可变弯矩的计算或构造要求配筋，上、下钢筋之间应设架立筋。

3　抗拔桩主筋锚入承台，基础柱墩主筋锚入承台的长度均按受拉钢筋锚固长度计算，每个桩中宜有两根主筋附加钢筋与锚栓焊接连通，附加钢筋宜不小于φ12。

Ⅳ　岩石锚杆基础

7.3.16　当高耸结构建设场地岩层外露或埋深较浅时应按岩石基础设计。岩石基础的承载力特征值应按岩土工程勘察报告确定。

7.3.17　对于承受拉力或较大水平力的高耸结构单独基础，当建设场地为稳定的岩石基础时，可采用岩石锚杆基础(见图7.3.17)。

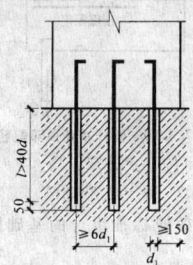

图7.3.17　锚杆基础
d_1—锚杆孔直径;l—锚杆的有效锚固长度;d—锚杆直径

岩石锚杆基础的基座应与基岩连成整体，并应符合下列要求:

1　锚杆孔直径，一般取3~4倍锚杆直径，但不应小于1倍锚杆直径加50mm。锚杆钢筋的锚固长度应大于40d，锚杆中心间距不小于6d，锚杆到基础的边距不应小于150mm，锚杆钢筋离孔底距离宜为50mm。

2　锚杆插入上部结构的长度，应符合钢筋的锚固长度要求。

3　锚杆宜采用热轧带肋钢筋;锚杆应按荷载效应基本组合计算的拔力，并按钢筋强度设计值计算其截面。

4　灌孔的水泥砂浆(或细石混凝土)强度等级不宜低于M30(或C30)，灌浆前应将锚杆孔清理干净，并保证灌注密实。

7.3.18　锚杆基础中单根锚杆所承受的拔力，应按下列公式验算:

$$N_u = \frac{F_k+G_k}{n} - \frac{M_{xk}y_i}{\sum y_i^2} - \frac{M_{yk}x_i}{\sum x_i^2} \qquad (7.3.18-1)$$

$$N_{t,max} \leqslant R_t \qquad (7.3.18-2)$$

式中 F_k——相应于荷载效应标准组合下作用在基础顶面的竖向压力值(拔力为负值);

G_k——基础自重及其上的土重标准值;

M_{xk},M_{yk}——按荷载效应标准组合计算作用在基础底面形心的力矩值;

x_i,y_i——第 i 根锚杆至基础底面形心的 x、y 轴的距离;

N_{ti}——按荷载效应标准组合下,第 i 根锚杆所承受的拔力值;

R_t——单根锚杆抗拔承载力特征值。

7.3.19 单根锚杆抗拔承载力特征值的确定,应遵守以下规定:

1 对于安全等级为一级的高耸结构,单根锚杆的抗拔承载力特征值,应通过现场试验确定,其试验方法应遵守现行国家标准《建筑地基基础设计规范》GB 50007 的规定。

2 对于安全等级为二级的高耸结构,单根锚杆的抗拔承载力特征值可按下式计算:

$$R_t \leqslant 0.8 \times \pi d_1 l f \qquad (7.3.19)$$

式中 d_1——锚杆孔直径;

l——锚杆有效锚固长度,当 l 超过 13 倍锚杆孔直径 d_1 时,取 $l = 13d_1$;

f——砂浆与岩石间的粘结强度特征值,由试验确定,当缺乏资料时,可根据岩质情况,按表 7.3.19 取用。

表 7.3.19 砂浆与岩石间的粘结强度特征值(MPa)

岩石坚硬程度	软岩	较软岩	硬质岩
粘结强度	0.1~0.2	0.2~0.4	0.4~0.6

注:水泥砂浆强度等级为 M30,或细石混凝土强度等级 C30。

7.3.20 当锚杆基础不满足无筋扩展基础条件时,应按照扩展基础进行底部配筋。所有的锚杆基础均应计算基础顶部力矩(见图 7.3.20),进行顶部配筋,基础顶部配筋量不宜少于 $\phi8@200$。

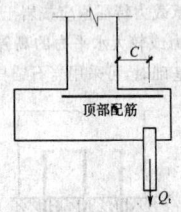

图 7.3.20 锚杆基础顶部配筋

基础顶部的力矩可按下式计算:

$$M_c = 1.35 Q_t C \qquad (7.3.20)$$

式中 Q_t——按荷载效应标准组合的基础底面一侧的总拔力值;

C——拔力合力作用点到柱(墙)或基础台阶边缘的距离。

7.4 基础的抗拔稳定和抗滑稳定

7.4.1 承受上拔力和横向力的独立基础、锚板基础等,均应验算抗拔和抗滑稳定性。

扩展基础承受上拔力时,在验算其抗拔稳定性的同时,尚应按上拔力进行强度和配筋计算,并按计算结果在基础的上表面配置钢筋,配筋应满足最小配筋率要求。

7.4.2 基础抗拔稳定计算可根据抗拔土体和基础形式的不同分为:土重法(适用于回填土体的基型)、剪切法(适用于原状土体的基型)。

注:原状土系指处于天然结构状态的粘性土和经夯实达到中密的砂类土回填土。

7.4.3 采用土重法时钢塔基础的抗拔稳定应按下式计算(见图 7.4.3):

$$F \leqslant \frac{G_e}{\gamma_{R1}} + \frac{G_f}{\gamma_{R2}} \qquad (7.4.3)$$

式中 F——基础的受拔力;

G_e——土体重量,按本规范附录 D 计算,此时土的计算重度 γ_0 按表 7.4.3-1 采用;当基础上拔深度 $h_t \leqslant h_{cr}$ 时,取基础底板以上、抗拔角 α_0 以内的土体重,见图 7.4.3 (a);当基础上拔深度 $h_t > h_{cr}$ 时,取 h_{cr} 以上、抗拔角 α_0 以内的土体重和高度为 $(h_t - h_{cr})$ 的土柱重之和,见图 7.4.3(b);

G_f——基础重,按基础的体积计算;

α_0——土体计算的抗拔角,按表 7.4.3-1 采用;

h_{cr}——土重法计算的临界深度,按表 7.4.3-2 采用;

γ_{R1}——土体重的抗拔稳定系数,可用 1.7;

γ_{R2}——基础重的抗拔稳定系数,可用 1.2。

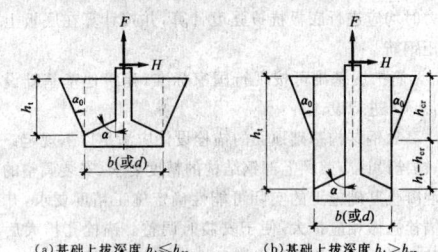

(a)基础上拔深度 $h_t \leqslant h_{cr}$ (b)基础上拔深度 $h_t > h_{cr}$

图 7.4.3 土重法基础抗拔稳定计算

表 7.4.3-1 土的计算重力密度 γ_0 和土体计算抗拔角 α_0

基土类别	粘性土			粗砂 中砂	细砂	粉砂
	坚硬、硬塑	可塑	软塑			
γ_0(kN/m³)	17	16	15	17	16	15
α_0	25°	20°	10°	28°	26°	22°

表 7.4.3-2 土重法计算的临界深度

回填土类别	密实情况	临界深度 h_{cr}	
		圆形基础	方形基础
砂土	稍密的~密实的	2.5d	3.0b
粘性土、粉土	坚硬的~硬塑的	2.0d	2.5b
粘性土、粉土	可塑的	1.5d	2.0b
粘性土、粉土	软塑的	1.2d	1.5b

注:1 式(7.4.3)对非松散砂类土适用于 $h_t/b \leqslant 5.0$ 和 $h_t/d \leqslant 4.0$;对粘性土适用于 $h_t/b \leqslant 4.5$ 和 $h_t/d \leqslant 3.5$。

2 当高耸结构的基础有可能处于地下水面以下或有可能被水淹没时,土重和基础重标准值均应减去水的浮力。

3 按土重法计算时须确保填土密度达到和超过表中 γ_0。

4 上拔时的临界深度 h_{cr} 即为土体整体破坏的计算深度。

5 d、b 分别为圆形基础的直径和方形基础的边长。

6 当矩形基础的长边 l 与短边 b 之比小于 3 时,可折算为 $d = 0.6(b+l)$ 后,按圆形基础的临界深度 h_{cr} 采用。

7.4.4 采用土重法时倾斜拉绳锚板基础的抗拔稳定应按下式计算(见图 7.4.4):

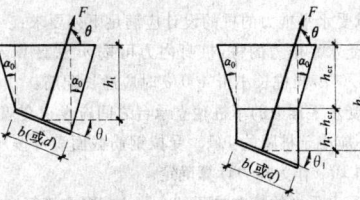

(a)锚板上拔深度 $h_t \leqslant h_{cr}$ (b)锚板上拔深度 $h_t > h_{cr}$

图 7.4.4 拉绳锚板基础的抗拔稳定计算

$$F \sin\theta \leqslant \frac{G_e}{\gamma_{R1}} + \frac{G_f}{\gamma_{R2}} \qquad (7.4.4)$$

式中 F——垂直于锚板的拉绳拔力;

G_e——土体重量,可按本规范附录 D 计算;

G_f——拉绳锚板基础重;

θ——拔力 F 与水平地面的夹角;

γ_{R1}、γ_{R2}——同本规范第7.4.3条。

注：1 式(7.4.4)仅适用于$\theta > 45°$时。当$\theta \leqslant 45°$时，考虑土体剪切作用，可按本规范附录D第D.0.3条计算。

2 浮力按本规范第7.4.3条注2采用。

7.4.5 采用剪切法时基础抗拔稳定，对原状土体应按下式计算：

1 当$h_t \leqslant h_{cr}$时[见图7.4.5(a)]：

$$F \leqslant \frac{V_e}{\gamma_{R1}} + \frac{G_f}{\gamma_{R2}} \quad (7.4.5-1)$$

2 当$h_t > h_{cr}$时[见图7.4.5(b)]：

$$F \leqslant \frac{V_e + G_e}{\gamma_{R1}} + \frac{G_f}{\gamma_{R2}} \quad (7.4.5-2)$$

当基础埋置在软塑粘土内时：

$$F \leqslant \frac{8d^2c}{\gamma_{R1}} + \frac{G_f}{\gamma_{R2}} \quad (7.4.5-3)$$

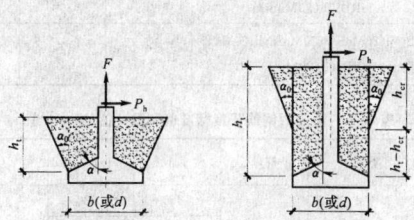

(a) 基础上拔深度$h_t \leqslant h_{cr}$　(b) 基础上拔深度$h_t > h_{cr}$

图7.4.5 剪切法基础抗拔稳定计算

式中 V_e——土体滑动面上剪切抗力的竖向分量之和，可按本规范附录D计算；

G_f——基础重，按基础的体积计算；

G_e——当$h_t > h_{cr}$时，在$(h_t - h_{cr})$范围内土体的重量，可按本规范附录D计算；

h_{cr}——剪切法计算的临界深度，按表7.4.5采用；

c——凝聚力，可按本规范附录D采用；

γ_{R1}——土体滑动面上剪切抗力V_e、土体重的抗拔稳定系数，一般情况采用1.7。当专业规范(规程)有详细规定时，可按专业规范(规程)采用；

γ_{R2}——基础重的抗拔稳定系数，一般情况采用1.2。

注：1 式(7.4.5-1)、(7.4.5-2)对非松散砂类土适用于$h_t/d \leqslant 4.0$，对粘性土适用于$h_t/d \leqslant 3.5$。

2 浮力按本规范第7.4.3条注2采用。

表7.4.5 剪切法计算的临界深度

基土类别	密实情况	临界深度 h_c
碎石、粗中砂	稍密的～密实的	$4.0d \sim 3.0d$
细砂、粉砂	稍密的～密实的	$3.0d \sim 2.5d$
粘性土	坚硬的～可塑的	$3.5d \sim 2.5d$
粘性土	可塑的～软塑的	$2.5d \sim 1.5d$

7.4.6 基础的抗滑稳定应按下式计算：

$$\frac{(N+G)\mu}{P_h} \geqslant 1.3 \quad (7.4.6)$$

式中 P_h——基底上部结构传至基础的水平力代表值(kN)；

N——上部结构传至基础的竖向力代表值(kN)；

G——基础重包括基础上的土重(kN)；

μ——基础底面对地基的摩擦系数，可按现行国家标准《建筑地基基础设计规范》GB 50007的规定采用。

注：基础抗滑稳定也可按弧形滑移面进行计算。

附录A 材料及连接

表A.1 钢材的强度设计值(N/mm²)

钢材		抗拉、抗压和抗弯 f	抗剪 f_v	端面承压(刨平顶紧) f_{ce}
牌号	厚度或直径(mm)			
Q235钢	≤16	215	125	325
	17～40	205	120	
	41～60	200	115	
	61～100	190	110	
Q345钢	≤16	310	180	400
	17～35	295	170	
	36～50	265	155	
	51～100	250	145	
Q390钢	≤16	350	205	415
	17～35	335	190	
	36～50	315	180	
	51～100	295	170	
Q420钢	≤16	380	220	440
	17～35	360	210	
	36～50	340	195	
	51～100	325	185	

注：1 表中厚度系指计算点的厚度。

2 20#钢(无缝钢管)的强度设计值同Q235钢。

3 焊接高耸结构应至少采用B级钢材。

表A.2 焊缝的强度设计值(N/mm²)

焊接方法和焊条型号	构件钢材		对接焊缝			角焊缝
	牌号	厚度或直径(mm)	抗压 f_c^w	焊缝质量为下列等级时，抗拉 f_t^w		抗剪 f_v^w，抗拉、抗压和抗剪 f_f^w
				一级、二级	三级	
自动焊、半自动焊和E43型焊条的手工焊	Q235钢	≤16	215	215	185	125
		17～40	205	205	175	120
		41～60	200	200	170	115
		61～100	190	190	160	110
自动焊、半自动焊和E50型焊条的手工焊	Q345钢	≤16	310	310	265	180
		17～35	295	295	250	170
		36～50	265	265	225	155
		51～100	250	250	210	145
自动焊、半自动焊和E55型焊条的手工焊	Q390钢	≤16	350	350	300	205
		17～35	335	335	285	190
		36～50	315	315	270	180
		51～100	295	295	250	170
自动焊、半自动焊和E55型焊条的手工焊	Q420钢	≤16	380	380	320	220
		17～35	360	360	305	210
		36～50	340	340	290	195
		51～100	325	325	275	185

注：1 自动焊和半自动焊所采用的焊丝和焊剂，应保证其熔敷金属抗拉强度不低于相应手工焊焊条的数值。

2 焊缝质量等级应符合现行国家标准《钢结构工程施工质量验收规范》GB 50205的规定。

3 对接焊缝抗弯受压区强度设计值取f_c^w，抗弯受拉区强度设计值取f_t^w。

4 构件钢材为20#钢(无缝钢管)时与Q235相同。

表 A.3 螺栓连接的强度设计值(N/mm²)

螺栓的钢材牌号（或性能等级）和构件的钢材牌号	普通螺栓						锚栓	承压型连接高强度螺栓		
	C级螺栓			A级、B级螺栓						
	抗拉 f_t^b	抗剪 f_v^b	承压 f_c^b	抗拉 f_t^b	抗剪 f_v^b	承压 f_c^b	抗拉 f_t^a	抗拉 f_t^b	抗剪 f_v^b	承压 f_c^b
普通螺栓 4.6级、4.8级	170	140	—	—	—	—	—	—	—	—
普通螺栓 6.8级	300	240	—	—	—	—	—	—	—	—
普通螺栓 8.8级	400	300	—	400	320	—	—	—	—	—
锚栓 Q235钢	—	—	—	—	—	—	140	—	—	—
锚栓 Q345钢	—	—	—	—	—	—	180	—	—	—
锚栓 35#钢	—	—	—	—	—	—	200	—	—	—
锚栓 45#钢	—	—	—	—	—	—	228	—	—	—
承压型连接高强度螺栓 8.8级	—	—	—	—	—	—	—	400	250	—
承压型连接高强度螺栓 10.9级	—	—	—	—	—	—	—	500	310	—
构件 Q235钢	—	—	305	—	—	405	—	—	—	470
构件 Q345钢	—	—	385	—	—	510	—	—	—	590
构件 Q390钢	—	—	400	—	—	530	—	—	—	615
构件 Q420钢	—	—	425	—	—	560	—	—	—	655

注：1 A级螺栓用于 $d \leqslant 24mm$ 和 $l \leqslant 10d$ 或 $l \leqslant 150mm$（按较小值）的螺栓；B级螺栓用于 $d > 24mm$ 或 $l > 10d$ 或 $l > 150mm$（按较小值）的螺栓。d 为公称直径，l 为螺杆公称长度。

2 A、B级螺栓孔的精度和孔壁表面粗糙度，C级螺栓孔的允许偏差和孔壁表面粗糙度，均应符合现行国家标准《钢结构工程施工质量验收规范》GB 50205 的要求。

3 若有实验依据时，螺栓强度设计值可适当提高，但须按行业规程统一实行。

4 35#钢、45#钢锚栓材质应符合现行国家标准《优质碳素结构钢》GB/T 699 的标准，35#钢一般不宜焊接，45#钢一般不应焊接。

5 摩擦型高强螺栓连接的强度设计值参照现行国家标准《钢结构设计规范》GB 50017。

表 A.4 钢丝绳弹性模量(N/mm²)

钢丝绳类型	弹性模量 E_s(N/mm²)
单股钢丝绳	1.8×10^5
多股钢丝绳(中间为无机芯)	1.4×10^5
多股钢丝绳(中间为有机芯)	1.2×10^5

表 A.5 强度设计值折减系数

构件或连接的条件	折减系数
一、单面连接的单角钢	
1.按轴心受力计算强度和连接	0.85
2.按轴心受压计算稳定性	
等边角钢	$0.6+0.0015\lambda$,但不大于1.0
短边相连的不等边角钢	$0.5+0.0025\lambda$,但不大于1.0
长边相连的不等边角钢	0.70
二、施工条件较差的高空安装焊缝和铆钉连接	0.90

注：1 λ 为对中间无联系的单角钢压杆最小回转半径计算的长细比，当 $\lambda < 20$ 时，取 $\lambda = 20$。

2 f_y 为钢材的屈服强度。

3 当几种情况同时存在时，其折减系数应连乘。

4 对肢宽不大于63mm的螺栓连接的角钢，按轴心受力计算强度和连接时，折减系数为0.7。

5 若有试验依据时，折减系数值可适当提高，但须按行业规程统一执行。

表 A.6 镀锌钢绞线强度设计值(N/mm²)

股数	热镀锌钢丝抗拉强度标准值					备 注
	1175	1270	1370	1470	1570	1.整根钢绞线的拉力设计值等于总截面与 f_g 的积。
	整根钢绞线抗拉强度设计值 f_g					2.强度设计值 f_g 中已计入了换算系数7股0.92,19股0.9。
7 股	690	745	800	860	920	3.拉线金具的强度设计值由国家标准的金具强度标准值或试验破坏值确定，$\gamma_R = 1.8$。
19 股	670	720	780	840	900	

表 A.7 钢丝绳强度设计值(N/mm²)

钢丝绳公称抗拉强度	1470	1570	1670	1770	1870
钢丝绳抗拉强度设计值	735	785	835	885	935

表 A.8 混凝土强度设计值(N/mm²)

强度种类	强度等级													
	C15	C20	C25	C30	C35	C40	C45	C50	C55	C60	C65	C70	C75	C80
轴心抗压 f_c	7.2	9.6	11.9	14.3	16.7	19.1	21.2	23.1	25.3	27.5	29.7	31.8	33.8	35.9
轴心抗拉 f_t	0.91	1.10	1.27	1.43	1.57	1.71	1.80	1.89	1.96	2.04	2.09	2.14	2.18	2.22

表 A.9 混凝土弹性模量 E_c (×10⁴ N/mm²)

强度等级	C15	C20	C25	C30	C35	C40	C45	C50	C55	C60	C65	C70	C75	C80
E_c	2.20	2.55	2.80	3.00	3.15	3.25	3.35	3.45	3.55	3.60	3.65	3.70	3.75	3.80

表 A.10 普通钢筋强度设计值(N/mm²)

种 类		符号	f_y	f_y'
热轧钢筋	HPB235(Q235)	Φ	210	210
	HRB335(20MnSi)	Φ	300	300
	HRB400(20MnSiV,20MnSiNb,20MnTi) RRB400(20MnSi)	Φ, Φ^R	360	360

表 A.11 预应力钢筋强度标准值和设计值(N/mm²)

种 类		符号	f_{ptk}	f_{py}	f_{py}'
钢绞线	1×3	Φ^S	1860	1320	
			1720	1220	390
			1570	1110	
	1×7		1860	1320	390
			1720	1220	
消除应力钢丝	光面螺旋面	Φ^P Φ^H	1770	1250	
			1670	1180	410
			1570	1110	
	刻痕	Φ^I	1570	1110	410
热处理钢筋	40Si₂Mn	Φ^{HT}	1470	1040	400
	48Si₂Mn				
	45Si₂Cr				

表 A.12 钢筋弹性模量(N/mm²)

种 类	E_s
HPB235 级钢筋	2.1×10^5
HRB335 级钢筋、HRB400 级钢筋、RRB400 级钢筋、热处理钢筋	2.0×10^5
消除应力光面钢筋、螺旋肋钢筋、刻痕钢筋	2.05×10^5
钢绞线	1.95×10^5

附录 B 轴心受压钢构件的稳定系数

表 B.1 高耸结构常用轴心受压钢构件的截面分类

截面类别	截面形式和对应轴线
a 类	轧制

截面类别	截面形式和对应轴线
b 类	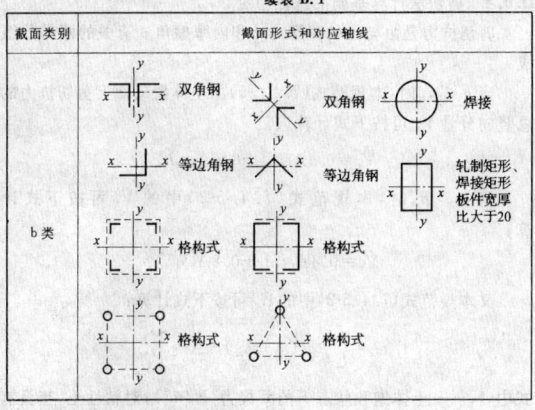 双角钢　双角钢　焊接　等边角钢　等边角钢　轧制矩形、焊接矩形板件宽厚比大于20　格构式　格构式　格构式　格构式

注：其他截面参见《钢结构设计规范》GB 50017—2003。

表 B.2　a 类截面轴心受压构件的稳定系数 φ

$\lambda\sqrt{\dfrac{f_y}{235}}$	0	1	2	3	4	5	6	7	8	9
0	1.000	1.000	1.000	1.000	0.999	0.999	0.998	0.998	0.998	0.996
10	0.995	0.994	0.993	0.992	0.991	0.989	0.988	0.986	0.985	0.983
20	0.981	0.979	0.977	0.976	0.974	0.972	0.970	0.968	0.966	0.964
30	0.963	0.961	0.959	0.957	0.955	0.952	0.950	0.948	0.946	0.944
40	0.941	0.939	0.937	0.934	0.932	0.929	0.927	0.924	0.921	0.919
50	0.916	0.913	0.910	0.907	0.904	0.900	0.897	0.894	0.890	0.886
60	0.883	0.879	0.875	0.871	0.867	0.863	0.858	0.854	0.849	0.844
70	0.839	0.834	0.829	0.824	0.818	0.813	0.807	0.801	0.795	0.789
80	0.783	0.776	0.770	0.763	0.757	0.750	0.743	0.736	0.728	0.721
90	0.714	0.706	0.699	0.691	0.684	0.676	0.668	0.661	0.653	0.645
100	0.638	0.630	0.622	0.615	0.607	0.600	0.592	0.585	0.577	0.570
110	0.563	0.555	0.548	0.541	0.534	0.527	0.520	0.514	0.507	0.500

$\lambda\sqrt{\dfrac{f_y}{235}}$	0	1	2	3	4	5	6	7	8	9
120	0.494	0.488	0.481	0.475	0.469	0.463	0.457	0.451	0.445	0.440
130	0.434	0.429	0.423	0.418	0.412	0.407	0.402	0.397	0.392	0.387
140	0.383	0.378	0.373	0.369	0.364	0.360	0.356	0.351	0.347	0.343
150	0.339	0.335	0.331	0.327	0.323	0.320	0.316	0.312	0.309	0.305
160	0.302	0.298	0.295	0.292	0.289	0.285	0.282	0.279	0.276	0.273
170	0.270	0.267	0.264	0.262	0.259	0.256	0.253	0.251	0.248	0.246
180	0.243	0.241	0.238	0.236	0.233	0.231	0.229	0.226	0.224	0.222
190	0.220	0.218	0.215	0.213	0.211	0.209	0.207	0.205	0.203	0.201
200	0.199	0.198	0.196	0.194	0.192	0.190	0.189	0.187	0.185	0.183
210	0.182	0.180	0.179	0.177	0.175	0.174	0.172	0.171	0.169	0.168
220	0.166	0.165	0.164	0.162	0.161	0.159	0.158	0.157	0.155	0.154
230	0.153	0.152	0.150	0.149	0.148	0.147	0.146	0.144	0.143	0.142
240	0.141	0.140	0.139	0.138	0.136	0.135	0.134	0.133	0.132	0.131
250	0.130									

表 B.3　b 类截面轴心受压构件的稳定系数 φ

$\lambda\sqrt{\dfrac{f_y}{235}}$	0	1	2	3	4	5	6	7	8	9
0	1.000	1.000	1.000	0.999	0.999	0.998	0.997	0.996	0.995	0.994
10	0.992	0.991	0.989	0.987	0.985	0.983	0.981	0.978	0.976	0.973
20	0.970	0.967	0.963	0.960	0.957	0.953	0.950	0.946	0.943	0.939
30	0.936	0.932	0.929	0.925	0.922	0.918	0.914	0.910	0.906	0.903
40	0.899	0.895	0.891	0.887	0.882	0.878	0.874	0.870	0.865	0.861
50	0.856	0.852	0.847	0.842	0.838	0.833	0.828	0.823	0.818	0.813
60	0.807	0.802	0.797	0.791	0.786	0.780	0.774	0.769	0.763	0.757
70	0.751	0.745	0.739	0.732	0.726	0.720	0.714	0.707	0.701	0.694
80	0.688	0.681	0.675	0.668	0.661	0.655	0.648	0.641	0.635	0.628
90	0.621	0.614	0.608	0.601	0.594	0.588	0.581	0.575	0.568	0.561
100	0.555	0.549	0.542	0.536	0.529	0.523	0.517	0.511	0.505	0.499
110	0.493	0.487	0.481	0.475	0.470	0.464	0.458	0.453	0.447	0.442
120	0.437	0.432	0.426	0.421	0.416	0.411	0.406	0.402	0.397	0.392
130	0.387	0.383	0.378	0.374	0.370	0.365	0.361	0.357	0.353	0.349
140	0.345	0.341	0.337	0.333	0.329	0.326	0.322	0.318	0.315	0.311
150	0.308	0.304	0.301	0.298	0.295	0.291	0.288	0.285	0.282	0.279
160	0.276	0.273	0.270	0.267	0.265	0.262	0.259	0.256	0.254	0.251
170	0.249	0.246	0.244	0.241	0.239	0.236	0.234	0.232	0.229	0.227
180	0.225	0.223	0.220	0.218	0.216	0.214	0.212	0.210	0.208	0.206
190	0.204	0.202	0.200	0.198	0.197	0.195	0.193	0.191	0.190	0.188
200	0.186	0.184	0.183	0.181	0.180	0.178	0.176	0.175	0.173	0.172
210	0.170	0.169	0.167	0.166	0.165	0.163	0.162	0.160	0.159	0.158
220	0.156	0.155	0.154	0.153	0.151	0.150	0.149	0.148	0.146	0.145
230	0.144	0.143	0.142	0.141	0.140	0.138	0.137	0.136	0.135	0.134
240	0.133	0.132	0.131	0.130	0.129	0.128	0.127	0.126	0.125	0.124
250	0.123									

附录 C　在偏心荷载作用下，圆形、环形基础基底部分脱开时，基底压力计算系数 τ、ξ

表 C　在偏心荷载作用下，圆形、环形基础基底部分脱开时，基底压力计算系数 τ、ξ

e/r_1	0 τ	0 ξ	0.50 τ	0.50 ξ	0.55 τ	0.55 ξ	0.60 τ	0.60 ξ	0.65 τ	0.65 ξ	0.70 τ	0.70 ξ	0.75 τ	0.75 ξ	0.80 τ	0.80 ξ	0.85 τ	0.85 ξ	0.90 τ	0.90 ξ
0.25	2.000	1.571																		
0.26	1.960	1.539																		
0.27	1.924	1.509																		
0.28	1.889	1.480																		
0.29	1.854	1.450																		
0.30	1.820	1.421																		
0.31	1.787	1.392																		
0.32	1.755	1.364	1.976	1.164																
0.33	1.723	1.335	1.946	1.146	1.987	1.088														
0.34	1.692	1.307	1.917	1.128	1.957	1.072	2.000	1.005												
0.35	1.661	1.279	1.888	1.110	1.929	1.056	1.971	0.991												
0.36	1.630	1.252	1.860	1.092	1.900	1.039	1.943	0.976	1.988	0.902										
0.37	1.601	1.224	1.832	1.075	1.873	1.024	1.916	0.962	1.961	0.889	2.000	0.801								
0.38	1.571	1.197	1.804	1.057	1.846	1.008	1.890	0.948	1.934	0.877	1.980	0.793								
0.39	1.541	1.170	1.777	1.040	1.819	0.992	1.863	0.934	1.908	0.865	1.955	0.783	2.000	0.687						
0.40	1.513	1.143	1.750	1.023	1.792	0.977	1.837	0.920	1.883	0.852	1.929	0.772	1.976	0.679						
0.41	1.484	1.116	1.723	1.006	1.766	0.961	1.811	0.905	1.857	0.840	1.904	0.762	1.952	0.670	2.000	0.565				
0.42	1.455	1.090	1.695	0.988	1.739	0.946	1.785	0.893	1.831	0.828	1.879	0.752	1.928	0.662	1.976	0.559				
0.43	1.427	1.063	1.668	0.971	1.712	0.930	1.758	0.879	1.806	0.816	1.854	0.741	1.903	0.653	1.952	0.552	2.000	0.436		
0.44			1.640	0.954	1.685	0.915	1.732	0.865	1.780	0.804	1.829	0.731	1.879	0.645	1.929	0.545	1.979	0.431		
0.45			1.613	0.937	1.658	0.900	1.705	0.852	1.754	0.792	1.804	0.721	1.855	0.637	1.905	0.538	1.955	0.426	2.000	0.299
0.46			1.584	0.920	1.630	0.884	1.678	0.838	1.727	0.780	1.778	0.711	1.830	0.628	1.881	0.532	1.933	0.421	1.984	0.296
0.47			1.555	0.902	1.601	0.868	1.650	0.824	1.700	0.768	1.752	0.700	1.804	0.620	1.857	0.525	1.910	0.416	1.962	0.293
0.48			1.526	0.884	1.572	0.852	1.621	0.810	1.672	0.756	1.724	0.690	1.778	0.611	1.832	0.518	1.886	0.411	1.939	0.290
0.49					1.541	0.836	1.591	0.795	1.642	0.745	1.695	0.679	1.750	0.602	1.805	0.511	1.861	0.406	1.916	0.286
0.50							1.559	0.780	1.611	0.732	1.665	0.668	1.721	0.593	1.777	0.504	1.834	0.401	1.891	0.283
0.51													1.690	0.584	1.748	0.497	1.806	0.396	1.864	0.279
0.52															1.717	0.490	1.776	0.390	1.836	0.276

注：1　$r_2/r_1=0$ 时为圆形基础，$r_2/r_1>0$ 时为环形基础。

　　2　粗线以下无数据表示基础底的脱开面积 A_s 已超过全面积的1/4。

　　3　当 e/r_1、r_2/r_1 为中间值时，τ、ξ 均可用内插法确定。

附录 D 基础和锚板基础抗拔稳定计算

D.0.1 土重法计算钢塔基础的抗拔稳定。

本规范式（7.4.3）中的 G_e 可按下列公式计算：

$$G_e = (V_t - V_0)\gamma_0 \qquad (D.0.1)$$

式中 V_t——h_t 深度范围内的土体，包括基础的体积（m^3）；

V_0——h_t 深度范围内的基础体积（m^3）；

γ_0——土的计算重度（kN/m^3）。

当 $h_t \leqslant h_{cr}$ 时：

方形底板：$G_e = \gamma_0 \left[h_t (b^2 + 2bh_t \tan\alpha_0 + \dfrac{4}{3} h_t^2 \tan^2\alpha_0) - V_0 \right]$

圆形底板：$G_e = \gamma_0 \left[\dfrac{\pi h_t}{4} (d^2 + 2dh_t \tan\alpha_0 + \dfrac{4}{3} h_t^2 \tan^2\alpha_0) - V_0 \right]$

当 $h_t > h_{cr}$ 时：

方形底板：$G_e = \gamma_0 \left[h_{cr}(b^2 + 2bh_{cr}\tan\alpha_0 + \dfrac{4}{3} h_{cr}^2 \tan^2\alpha_0) + b^2(h_t - h_{cr}) - V_0 \right]$

圆形底板：$G_e = \gamma_0 \left[\dfrac{\pi}{4} h_{cr}(d^2 + 2dh_{cr}\tan\alpha_0 + \dfrac{4}{3} h_{cr}^2 \tan^2\alpha_0) + d^2(h_t - h_{cr}) - V_0 \right]$

上述 G_e 的计算值应根据不同的 H/F 比值乘下列系数采用：

当 $H/F = 0.15 \sim 0.4$ 时，乘 $1.0 \sim 0.9$；

当 $H/F = 0.4 \sim 0.7$ 时，乘 $0.9 \sim 0.8$；

当 $H/F = 0.7 \sim 1.0$ 时，乘 $0.8 \sim 0.75$。

此外，当底板坡角 $\alpha < 45°$ 时，G_e 尚应乘以系数 0.8。

D.0.2 土重法计算拉绳锚板基础的抗拔稳定。

本规范式（7.4.4）中的 G_e 可按下列公式计算：

$$G_e = V_t \gamma_0 \qquad (D.0.2)$$

式中 V_t——锚板上 h_t 深度范围内的土体积（m^3）；

γ_0——土的计算重度（kN/m^3）。

矩形锚板：

当 $h_t \leqslant h_{cr}$ 时：

$$G_e = \gamma_0 h_t \left[bl\sin\theta_1 + (b\sin\theta_1 + l)h_t\tan\alpha_0 + \dfrac{4}{3} h_t^2 \tan^2\alpha_0 \right]$$

当 $h_t > h_{cr}$ 时：

$$G_e = \gamma_0 \left\{ h_{cr} \left[bl\sin\theta_1 + (b\sin\theta_1 + l)h_{cr}\tan\alpha_0 + \dfrac{4}{3} h_{cr}^2 \tan^2\alpha_0 \right] + bl(h_t - h_{cr})\sin\theta_1 \right\}$$

其中 θ_1 为拉绳锚板面与水平面的夹角。

D.0.3 剪切法计算拉绳锚杆基础的抗拔稳定。

当图 7.4.4 中 $\theta \leqslant 45°$，且锚板处于原状土体中时，可按式（D.0.3）验算锚板基础的抗力：

$$F \leqslant 0.5\gamma_0 A(\alpha_1 \times h_t/b + \alpha_2)/\gamma_{R3} \qquad (D.0.3)$$

式中 F——垂直于锚板的拉绳拔力（$\theta_1 = 90° - \theta$）；

A——矩形锚板面积；

b——锚板宽度（见图 7.4.4）；

γ_{R3}——土体抗剪稳定系数，一般可采用 2.0。当专业规范（规程）有详细规定时，可按专业规范（规程）采用；

α_1、α_2——与锚板正反面土压力及 θ 有关的系数，见表 D.0.3。

表 D.0.3 锚板剪切法计算系数表

θ	$\phi = 20°$		$\phi = 30°$		$\phi = 40°$	
	α_1	α_2	α_1	α_2	α_1	α_2
30°	0.97	2.17	1.53	2.40	2.21	2.76
35°	0.92	2.13	1.45	2.32	2.07	2.61
40°	0.88	2.11	1.37	2.26	1.90	2.47
45°	0.85	2.09	1.30	2.19	1.83	2.38

D.0.4 剪切法计算基础的抗拔稳定。

剪切抗力是由与土的凝聚力 c 和内摩擦角 ϕ 有关的两部分组成。

当 $h_t \leqslant h_{cr}$ 时，本规范式（7.4.5-1）中土体滑动面上剪切抗力的总竖向分量 V_e 可按下式计算：

$$V_e = 0.4A_1 ch_t^2 + 0.8A_2 \gamma_t h_t^3$$

当 $h_t > h_{cr}$ 时，本规范式（7.4.5-2）中的 V_e 可按下式计算：

$$V_e = 0.4A_1 ch_{cr}^2 + 0.8A_2 \gamma_t h_{cr}^3$$

又本规范式（7.4.5-2）中的 G_e 可按下式计算：

$$G_e = \left[\dfrac{\pi}{4} d^2 (h_t - h_{cr}) - \Delta V_0 \right] \gamma_t$$

式中 c——土体饱和状态下的凝聚力（N/m^2）；对粘性土，当具有塑性指数 I_p 和天然孔隙比 e 时可按表 D.0.4-1 确定；当粗略估计土体抗拔时，可根据土的密实度按表 D.0.4-2 确定；

A_1、A_2——与 ϕ、h_t/d 有关的无因次系数，按图 D.0.4-1、D.0.4-2、D.0.4-3 确定；这里的 ϕ 为土的计算内摩擦角，对粘性土和砂类土按表 D.0.4-1、D.0.4-2、D.0.4-3 采用；

h_t——基础上拔深度（m）；

γ_t——原状土的重度（N/m^3）；

ΔV_0——$(h_t - h_{cr})$ 范围内的基础体积（m^3）。

当基底展开角 $\alpha > 45°$ 时，上述 V_e 和 G_e，也即本规范式（7.4.5-1）和（7.4.5-2）的右侧 V_e 项应乘以 1.2，此外，尚应根据不同的 H/F 值乘以与本附录第 D.0.1 条相同的系数。

注：粘性土的凝聚力和内摩擦角及砂类土的内摩擦角，可按土工实验方法或其他野外鉴定方法确定。

表 D.0.4-1 粘性土的塑性指数、天然孔隙比与凝聚力 $c(kN/m^2)$ 和内摩擦角 ϕ 的关系

塑性指数 I_P	天然孔隙比											
	0.6		0.7		0.8		0.9		1.0		1.1	
	c	ϕ	c	ϕ	c	ϕ	c	ϕ	c	ϕ	c	ϕ
3	18	31°	10	30°								
5	28	28°	20	27°	13	26°						
7	38	25°	30	24°	22	23°						
9	47	22°	38	21°	31	20°	24	19°				
11	54	20°	45	19°	38	18°	31	17°	24	15°		
13	59	18°	51	17°	43	16°	36	15°	30	13°		
15	62	16°	55	15°	48	14°	41	13°	34	11°	27	9°
17	66	14°	58	13°	51	12°	45	11°	37	10°	31	8°
19	68	13°	60	12°	52	11°	45	10°	38	8°	32	6°

表 D.0.4-2 粘性土的类别与凝聚力 c 和内摩擦角 ϕ 的关系

剪切指标	土的分类		
	硬性	可塑	软塑
$c(kN/m^2)$	40~50	30~40	20~30
ϕ	15°~10°	10°~5°	5°~0°

表 D.0.4-3 砂类土内摩擦角 ϕ

砂类土名称	密实度		
	密实	中密	稍密
砂砾、粗砂	45°~40°	40°~35°	35°~30°
中砂	40°~35°	35°~30°	30°~25°
细砂、粉砂	35°~30°	30°~25°	25°~20°

注：孔隙比 e 小者，ϕ 取大值。

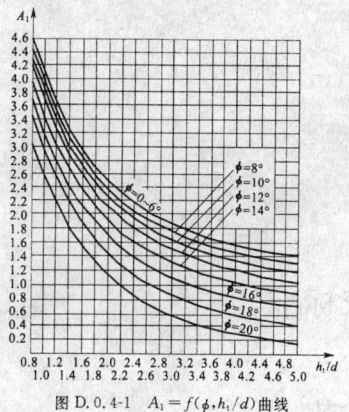

图 D.0.4-1　$A_1 = f(\phi, h_1/d)$曲线

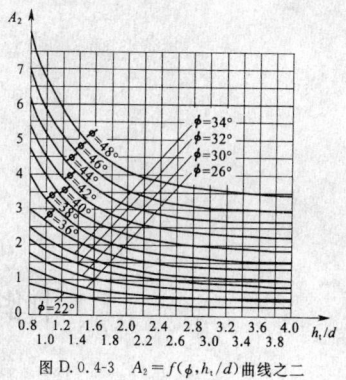

图 D.0.4-3　$A_2 = f(\phi, h_1/d)$曲线之二

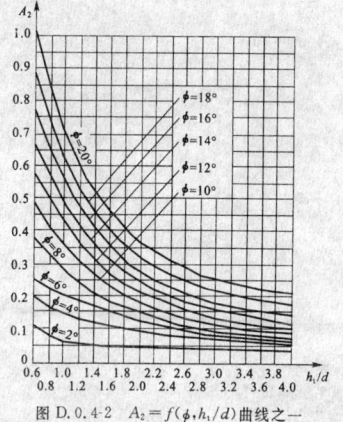

图 D.0.4-2　$A_2 = f(\phi, h_1/d)$曲线之一

本规范用词说明

1 为便于在执行本规范条文时区别对待,对要求严格程度不同的用词说明如下:

1）表示很严格,非这样做不可的用词:

正面词采用"必须",反面词采用"严禁"。

2）表示严格,在正常情况下均应这样做的用词:

正面词采用"应",反面词采用"不应"或"不得"。

3）表示允许稍有选择,在条件许可时首先应这样做的用词:

正面词采用"宜",反面词采用"不宜";

表示有选择,在一定条件下可以这样做的用词,采用"可"。

2 本规范中指明应按其他有关标准、规范执行的写法为"应符合……的规定"或"应按……执行"。

中华人民共和国国家标准

高耸结构设计规范

GB 50135—2006

条 文 说 明

目　次

1 总 则

1.0.2 本规范的适用范围扩大了两项:输电高塔和通信塔。关于输电高塔的定义可参见行业标准。

1.0.5 与本规范有关的现行国家标准有《建筑结构荷载规范》GB 50009、《钢结构设计规范》GB 50017、《混凝土结构设计规范》GB 50010、《建筑地基基础设计规范》GB 50007、《构筑物抗震设计规范》GB 50191 和《建筑抗震设计规范》GB 50011。

2 术语和符号

2.0.1 根据规范编制的统一标准及正文中出现的主要术语和符号重新编制本章。

2.0.2 本章中出现的符号、计量单位和基本术语是按现行国家标准《建筑结构设计术语和符号标准》GB/T 50083 的有关规定采用的。

3 基本规定

3.0.4 结构破坏可能产生的严重性后果主要体现在对人生命的危害、经济损失及社会影响等方面。

3.0.6 可变荷载组合系数表 3.0.6-2 中关于覆冰荷载下风荷载的组合值系数 α 原规范中为 0.25。但根据电力部门的实测和与国外规范的对比,觉得原规范中取值偏小,因而综合实测和国外规范,此系数取为 0.25~0.7,由设计者根据实际调查选取。

安装检修荷载(包括结构的整个安装过程,尚未形成完整的结构体系时)下风的组合值系数与现行国家标准《建筑结构荷载规范》GB 50009 中风的组合值系数统一取为 0.6。

在温度作用下,风的组合值系数在北方地区实际较大,原规范取 0.25 显然太小。本规范考虑实际情况并与现行国家标准《建筑结构荷载规范》GB 50009 中风的组合值系数统一取值为 0.6。

对桅杆结构,不应简单套用式(3.0.6-1)先做各种荷载效应计算,再将各种效应做线性迭加,而应先将桅杆的荷载与作用做不利组合再计算非线性结构效应,然后与结构抗力比较。

3.0.8 本条参照现行国家标准《建筑结构荷载规范》GB 50009 的系数取值和高耸结构的特点明确列出高耸结构常见荷载的组合值系数、频遇值系数和准永久值系数,以便设计人员采用。

3.0.9 本条对各类高耸结构按正常使用极限状态设计时可变荷载代表值的选取作了明确规定。其中,既考虑了与现行国家标准《建筑结构荷载规范》GB 50009、《建筑地基基础设计规范》GB 50007 的协调,也考虑了高耸结构的特点。

3.0.10 高耸结构正常使用极限状态下的控制条件作了如下调整:

2 《高耸结构设计规范》GBJ 135(以下简称原规范)的风载计算中对风的标准值未作明确定义。而工程技术人员在计算变形时往往不计动力系数,故对高耸结构在风载作用下的变形计算也不考虑风振系数。如对广播电视塔的计算,以广播总局《广播电视塔设计规程》为例。以此为条件,原规范限定高耸结构在风载作用下任意点的水平位移不得大于该点离地高度的1/100。多年的工程实践证明这一限定条件是合理的,未因此造成高耸结构使用条件的不满足或者因变形影响结构的安全性。此次修编在本规范中明确风载标准值的定义,与现行国家标准《建筑结构荷载规范》GB 50009 一致,其中包括风振系数。因而计算变形时的荷载实际上加大了。为了与原规范基本连续,故根据统计将原定的水平变形限值由 H/100 改为 H/75。对于桅杆结构的变形限值也作了类似的修改。

3 对于有游览设施或有人员值班的塔,本规范参见国内外的研究资料,当加速度幅值达到 150mm/s²,就达到人不能忍受的程度,故明确限定在风载标准值作用下塔楼处振动加速度幅值 $A_k\omega_i^2$ 不应大于 150mm/s²。

4 混凝土塔的筒身有可能是抗裂控制。在这种情况下,可采用预应力或部分预应力技术提高抗裂度,满足规范要求。

6 考虑到某些高耸结构的实际正常使用条件限制较宽(如输电塔,行业规程认定可不做变形计算)。对于这类高耸结构,限定变形的目的仅仅是为了限定非线性变形对结构的不利作用。若在计算中考虑非线性变形对结构的不利作用,则可将变形限制条件适当放宽。本规范因此将按非线性方法计算的高耸结构的最大变形限值放宽为 H/50。当然前提是变形须满足使用工艺要求。对于单管塔,由于其用途很多,变形一般较大,在本规范中不宜给出一个统一的变形限度标准,故将这一问题留给使用单管塔的各行业标准制定者。

3.0.11 由于振动控制技术在国内高耸结构领域内已有一些应用,且通过实测对振动控制技术的有效性作了认定。故本规范本着实事求是的原则,提出在适当的条件下宜采用振动控制技术减小结构变形和加速度,以节约工程造价。

4 荷载与作用

4.1 荷载与作用分类

本节对高耸结构上的荷载分为永久荷载、可变荷载、偶然荷载三类,并对各类荷载包括的内容作出具体规定。

4.2 风 荷 载

4.2.1 对于主要承重结构,风荷载标准值的表达可有两种形式:一种为平均风压加上由脉动风引起的导致结构风振的等效风压;另一种为平均风压乘以风振系数。由于在结构的风振计算中,一般往往是第一振型起主要作用,因而我国与大多数国家一样,采用后一种表达形式,即采用风振系数 β_z。它综合考虑了结构在风荷载作用下的动力响应,其中包括风速随时间、空间的变异性和结构的阻尼特性等因素。

显然,随着建设的发展,新的高耸结构的体型复杂性大大增加,而计算机更普及到每个单位和个人,因而第一种方法将在风工程中普遍使用。

4.2.2 基本风压 w_0 是根据全国各气象台站历年的最大风速记录,按基本风压的标准要求,将不同风仪高度和时次时距的年最大风速,统一换算为离地 10m 高,自记 10min 平均年最大风速(m/s)。根据该风速数据,经统计分析确定重现期为 50 年的最大风速,作为当地的基本风速 v_0。再按贝努利公式:$w_0 = \frac{1}{2}\rho v_0^2$ 确定基本风压。以往,国内的风速记录大多是根据风压板的观测结果和刻度所反映的风速,统一根据标准的空气密度 $\rho = 1.25 kg/m^3$ 按上述公式反算而得,因此在按该风速确定风压时,可统一按公式

$w_0 = v_0^2 / 1600 (\text{kN/m}^2)$ 计算。

鉴于当前各气象台站已累积了较多的根据风杯式自记风速仪记录的10min平均年最大风速数据，已具有合理计算的基础。但是要特别注意的是，按基本风压的标准要求，应以当地比较空旷平坦地面为计算依据。随着建设的发展，很多气象台站不再具备以比较空旷平坦地面为计算依据的条件，应用时应特别注意。

荷载规范将基本风压的重现期由以往的30年统一改为50年，这样，在标准上将与国外大部分国家取得一致。由于荷载规范对各地也给出100年重现期的值，不需将50年重现期的值乘以重现期调整系数，因而原重现期调整系数取消。

现行国家标准《建筑结构荷载规范》GB 50009 第7.1.2条规定："对高层建筑、高耸结构以及对风荷载比较敏感的其他结构，基本风压应适当提高，并应由有关的结构设计规范具体规定"。对于高耸结构，经大量的调查和研究认为应当把基本风压提高到不小于 0.35kN/m^2。对于 w_0 在 0.35 kN/m^2 及以上的风压，没有必要再另行增大 w_0。

4.2.4 对于山间盆地和谷地一般可按推荐系数的平均值取，当地形对风的影响很大时，应做具体调查后确定。对于与风向一致的谷口、山口，根据欧洲钢结构协会标准 ECCS/T12，如果山谷狭窄，其收缩作用使风产生加速度，为考虑这种现象，对最不利情况，相应的系数最大可取到1.5。国内一些资料也有到1.4。规范建议应通过实地调查和对比观察分析确定，如因故未进行上述工作，也可取较大系数1.4。

4.2.6 随着我国建设事业的蓬勃发展，城市房屋的高度和密度日益增大，因此，对大城市中心地区，其粗糙程度也有不同程度的提高。考虑到大多数发达国家，诸如美、英、日等国家的规范，以及国际标准 ISO 4354 和欧洲统一规范 EN 1991-2-4 都将地面粗糙度等级划分为四类，甚至于五类（日本）。为适应当前发展形势，荷载规范已将地面粗糙度由三类改成四类，其中 A、B 两类的有关参数不变，C 类指有密集建筑群的城市市区，其粗糙度指数 α 由 0.2 改为 0.22，梯度风高度 H_G 仍取 400m；新增添的 D 类，指有密集建筑群且有大量高层建筑的大城市市区，其粗糙度指数 α 取 0.3，H_G 取 450m。

根据地面粗糙度指数及梯度风高度，即可得出风压高度变化系数如下：

$$\mu_z^A = 1.379 \left(\frac{z}{10}\right)^{0.24}; \quad \mu_z^B = 1.000 \left(\frac{z}{10}\right)^{0.32};$$

$$\mu_z^C = 0.616 \left(\frac{z}{10}\right)^{0.44}; \quad \mu_z^D = 0.318 \left(\frac{z}{10}\right)^{0.60};$$

在确定城区的地面粗糙度类别时，若无 α 的实测可按本条第2款的原则近似确定。

对于山区的建筑物，原规范采用系数对其基本风压进行调整，并对山峰和山坡也是根据山麓的基本风压，按高差的风压高度变化系数予以调整。这些规定缺乏根据，没有得到实际观测资料的验证。

关于山区风荷载考虑地形影响的问题，目前能作为设计依据的最可靠的方法是直接在建设场地进行与邻近气象站的风速对比观测，但这种做法不一定可行。在国内，华北电力设计院与中国气象科学研究院合作，采用 Taylor-Lee 的模型，结合华北地区的山峰风速的实测资料，对山顶与山下气象站的风速关系进行研究（见《电力勘测》1997.1)，但其成果仍有一定的局限性。

国外的规范对山区风荷载的规定一般有两种形式：一种也是规定建筑物地面的起算点，建筑物上的风荷载直接按规定的风压高度变化系数计算，这种方法比较陈旧。另一种是按地形条件，对风荷载给出地形系数，或对风压高度变化系数给出修正系数。荷载规范采用后一种形式，并参考澳大利亚、英国和加拿大的相应规范，以及欧洲钢结构协会 ECCS 的规定（房屋与结构的风效应计算建议），对山峰和山坡上的建筑物，给出风压高度变化系数的修正系数。由于 ECCS 规定是由国际著名的风工程专家 A. G. Daven-

port 根据试验资料制定的，这里采用 ECCS 规定的数据制成计算用表列出。

4.2.7 风荷载体型系数涉及的是关于固体与流体相互作用的流体动力学问题，对于不规则形状的固体，问题尤为复杂，无法给出理论上的结果。由于用计算流体动力学分析目前尚未成熟，至今仍由试验确定。鉴于真型实测的方法对结构设计的不现实性，目前只能采用相似原理，在边界层风洞内对拟建的建筑物模型进行测试。

表 4.2.7 列出了不同类型的建筑物和各类结构体型及其体型系数，这些都是根据国内外的试验资料和外国规范中的建议性规定整理而成，当建筑物与表 4.2.7 中列出的体型类同时可参考应用。否则仍应由风洞试验确定。

在表 4.2.7 项次 3、4 中，挡风系数 ϕ 只列到 0.5 为止。对于大于 0.5 的体型系数，如无参考资料，也可取 ϕ 为 0.5 时较大值的体型系数。

在表 4.2.7 项次 5 中，索线与地面夹角一般在 $40°\sim60°$ 之间，根据高耸结构实践，体型系数值与现行国家标准《建筑结构荷载规范》GB 50009 中体型系数项次 38 中的数值略有不同。

4.2.8 参考国外规范并结合我国当前的具体情况，当结构自振基本周期 $T \geqslant 0.25\text{s}$ 时，风振影响增大，应该考虑风振影响。

4.2.9 风振系数应根据随机振动理论导出。

规范列出的式(4.2.9)是根据荷载规范针对只考虑第一振型影响的结构的有关公式转换而来。应该说明，随着计算机的普及应用和结构形式愈来愈多样性和复杂性，只考虑第一振型影响已不能满足要求，而且也无必要，可根据基本原理考虑多振型影响进行电算。

表 4.2.9-3 中变化范围数字为 A 类地貌至 D 类地貌，例如 $z/H = 0.6$，$l_x(H)/l_x(0) = 0.5$ 时，B 类可取 $\varepsilon_z = 0.54$ 或 0.55，C 类 $\varepsilon_z = 0.58$。

4.2.10 拉绳钢桅杆风振系数根据随机振动理论导出。

考虑前 4 阶自振频率和振型，桅杆杆身的风振系数为：

$$\beta_z = 1 + \sqrt{\sum \xi_n^2 \varepsilon_{1w}^2 \varepsilon_{2wn}^2 \phi_n^2}$$

$$\varepsilon_{1w} = \frac{\left[\int_0^H \int_0^H \mu_t(z) \mu_t(z') \mu_z(z) \mu_z(z') \exp(-|z-z'|/60) zz'/H^2 dz dz'\right]}{H \mu_z(H)}$$

$$\varepsilon_{2wn} = \frac{\left[\int_0^H \int_0^H \mu_t(z) \mu_t(z') \mu_z(z) \mu_z(z') \exp(-|z-z'|/60) \phi_n(2) \phi_n(z') dz dz'\right]^{1/2}}{\left[\int_0^H \int_0^H \mu_t(z) \mu_t(z') \mu_z(z) \mu_z(z') \exp(-|z-z'|/60) zz'/H^2 dz dz'\right]^{1/2}}$$

$$\cdot \frac{H}{\mu_z(z/H) \int_0^H \phi_n^2(z) dz}$$

其中，ξ_n 为 n 阶频率对应的脉动增大系数，按照表 4.2.9-1 采用；$\phi_n(z)$ 为 n 阶振型。

令各阶振型在悬臂端处数值 $\phi_n(H) = 1$，则悬臂端处风振系数为：

$$\beta_z(H) = 1 + \xi_1 \varepsilon_{1w} \varepsilon_{2w}$$

其中，

$$\varepsilon_{2w} = \sqrt{\sum_{n=1}^4 (\xi_n / \xi_1)^2 \varepsilon_{2wn}^2}$$

ε_{1w} 仅与地貌类别和结构高度有关，可以编制相应表格 4.2.10-1。

ε_{2w} 仅与结构频率和振型有关，考虑纤绳与杆身相对刚度的变化，求得相应数值，并编制表格 4.2.10-2。值得注意的是，当悬臂段较长时，鞭梢效应比较明显，因此考虑悬臂端不同相对长度的情况。而对于桅杆杆身其余部分，则根据第一振型在该处数值进行相应调整。

对于桅杆纤绳，统一考虑地貌类别、结构高度和振型的影响（即统一考虑 ε_1 和 ε_2 的影响），可以得到纤绳不同高度处的风振系数。考虑到工程应用中，仅关心纤绳动张力，因此可以将非均布动力风荷载等效为均布荷载，求得换算的均布荷载的风振系数，并编制相应表格 4.2.10-3。

4.2.11 当建筑物受到风力作用时，不但顺风向可能发生风振，而且也能发生横风向的风振。横风向风振都是由不稳定的空气动力

形成,其性质远比顺风向更为复杂,其中包括旋涡脱落(vortex-shedding)、颤振(flutter)等空气动力现象。

对圆截面柱体结构,当发生旋涡脱落时,若脱落频率与结构自振频率相符,将出现共振。大量试验表明,旋涡脱落频率 f_s 与风速 v 成正比,与截面的直径 d 成反比。同时,雷诺数 $Re=\dfrac{vd}{\nu}=69000vd$($\nu$ 为空气运动粘性系数,约为 $1.45\times10^{-5}\,\mathrm{m^2/s}$),斯托罗哈数 $St=\dfrac{f_s d}{v}$,它们在识别其振动规律方面有重要意义。

当风速较低,即 $Re<3\times10^5$ 时,一旦 f_s 与结构自振频率相符,即发生亚临界的微风共振,对圆截面柱体,$St\approx0.2$;当风速增大而处于超临界范围,即 $3\times10^5\leqslant Re<3.5\times10^6$ 时,旋涡脱落没有明显的周期,结构的横向振动也呈随机性;当风更大,$Re\geqslant3.5\times10^6$,即进入跨临界范围,重新出现规则的周期性旋涡脱落,一旦与结构自振频率接近,结构将发生强风共振。

一般情况下,当风速在亚临界或超临界范围内时,不会对结构产生严重影响,即使发生微风共振,结构可能对正常使用有些影响,但也不至于破坏。设计时,只要采取适当构造措施,或按微风共振控制要求控制结构顶部风速即可。

当风速进入跨临界范围内时,结构有可能出现严重的振动,甚至于破坏,国内外都曾发生过很多这类损坏和破坏的事例,对此必须引起注意。

4.2.12 对亚临界的微风共振,微风共振时结构会发生共振声响,但一般不会对结构产生破坏。此时采用调整结构布置以使结构基本周期 T_1 改变而不发生微风共振,或者控制结构的临界风速 $v_{cr,1}$ 不小于 15m/s,以降低共振的发生率。

对跨临界的强风共振,设计时必须按不同振型对结构予以验算。规范式(4.2.12-4)中的计算系数 λ_j 是对 j 振型情况下考虑与共振锁住区分布有关的折算系数。在临界风速 $v_{cr,j}$ 起点高度 H_1 以上至 $1.3v_{cr,j}$ 一段范围内均为锁住区,风速均为 $v_{cr,j}$。共振锁住区的终点高度 $H_2=H\times\left(\dfrac{1.3v_{cr,j}}{v_{H,\alpha}}\right)^{\frac{1}{\alpha}}$,式中 $v_{H,\alpha}$ 为该地貌的结构顶点的风速,H_2 一般常在顶点高度之上,故锁住区常到结构顶点,计算系数 λ_j 就根据此点而作出。个别情况如 $H_2<H$,可根据实际情况进行计算,此时 λ_j 可按 $\lambda_j(H_1)-\lambda_j(H_2)$ 确定,如考虑安全,也可将 H_2 取至顶点。若临界风速起始点在结构底部,整个高度为共振锁住区,它的效应最为严重,系数值最大;若临界风速起始点在结构顶部,不发生共振,也不必验算横风向的风振荷载。公式中的临界风速 $v_{cr,j}$ 计算时,应注意对不同振型是不同的。根据国外资料和我们的计算研究,一般考虑前四个振型就足够了,但以前两个振型的共振最常见。还应注意到,对跨临界的强风共振验算时,考虑到结构强风共振的严重性及试验资料的局限性,应尽量提高验算要求。一些国外规范如 ISO 4354 就要求考虑增大风速验算。这里采用将顶部风速增大到 1.2 倍以扩大验算范围。

4.2.13 对于非圆截面的柱体,同样也存在旋涡脱落等空气动力不稳定问题,但其规律更为复杂,国外的风荷载规范逐渐趋向于也按随机振动的理论建立计算模型,目前,规范仍建议对重要的柔性结构,应在风洞试验的基础上进行设计。

4.2.14 在风荷载作用下,同时发生的顺风向和横风向风振,其结构效应应予以矢量迭加。当发生横风向强风共振时,顺风向的风力如达到最大的设计风荷载时,横风向的共振临界风速起始高度 H_1 由式(4.2.12-5)可知为最小,此时横风向共振影响最大。所以,当发生横风向强风共振时,横风向风振的效应 S_1 和顺风向风荷载的效应 S_A 按矢量迭加即 $S=\sqrt{S_A^2+A_1^2}$ 组合而成的结构效应最为不利。

4.2.15 对于电力行业架空送电线路,由于它的特殊性,可根据该行业的具体情况专列条文确定。

4.3 覆冰荷载

4.3.1~4.3.3 在原条文中补充了电力行业设计规程的相关内容。

在电力行业中,送电杆塔的导地线覆冰荷载比较复杂,且具有显著的行业特点,有行业的设计技术规程和规定。在电力行业中冰荷载习惯称"覆冰",建议将"裹冰"改为"覆冰"。

4.4 地震作用和抗震验算

4.4.2 高耸钢塔中在塔楼、塔头部位经常有悬挑距离较大的桁架、梁等,这些部位竖向地震作用可能成为最不利作用,所以在此提出。

4.4.4 弹性反应谱理论仍是现阶段抗震设计的最基本理论,本规范的设计反应谱以地震影响系数曲线的形式给出,并有如下重要改进:

1 设计反应谱周期延至 6s。根据地震学研究和强震观测资料统计分析,在周期 6s 范围内,有可能给出比较可靠的数据,也基本满足了国内高耸结构的抗震设计需要。对于长周期大于 6s 的结构,抗震设计反应谱应进行专门研究。

2 理论上,设计反应谱存在两个下降段,即:速度控制段和位移控制段,在加速度反应谱中,前者衰减指数为 1,后者衰减指数为 2。设计反应谱是用来预估建筑结构在其设计基准期内可能经受的地震作用,通常根据大量实际地震记录的反应谱进行统计并结合工程经验判断加以规定。为保持规范的延续性,在 $T\leqslant5T_g$ 范围内与《建筑抗震设计规范》GBJ 11—89 相同,把《建筑抗震设计规范》GBJ 11—89 的下平台改为倾斜段,使 $T>5T_g$ 后的反应值有所下降,不同场地类别的最小值不同,较符合实际反应谱的统计规律。在 $T=6T_g$ 附近,新的反应谱比《建筑抗震设计规范》GBJ 11—89 约增加 15%,其余范围取值的变动更小。

3 为了与我国地震动参数区划图接轨,根据地震动参数区划的反应谱特征周期分区和不同场地类别确定反应谱特征周期 T_g,即特征周期不仅与场地类别有关,而且还与特征周期 T_g 分区有关,同时反应了震级大小、震中距和场地条件的影响。T_g 分区中的一区、二区、三区分别反映了近、中、远震影响。为了适当调整和提高结构的抗震安全度,各分区中Ⅰ、Ⅱ、Ⅲ类场地的特征周期较《建筑抗震设计规范》GBJ 11—89 的值约增大了 0.05s。同理,罕遇地震作用时,特征周期 T_g 值也适当延长。这样处理比较接近近年来得到的大量地震加速度资料的统计结果。与《建筑抗震设计规范》GBJ 11—89 相比,安全度有一定提高。

4.4.5 考虑到不同结构类型的抗震设计需要,提供了不同阻尼比(0.01~0.20)地震影响系数曲线相对于标准的地震影响系数 α(阻尼比为 0.05)的修正方法。根据实际强度记录的统计分析结果,这种修正可分两段进行:在反应谱平台阶段($\alpha=\alpha_{max}$),修正幅度最大;在反应谱上升段($T<T_g$)和下降段($T>T_g$),修正幅度变小;在曲线两端(0s 和 6s),不同阻尼比下的 α 系数趋向接近。表达式为:

上升段: $[0.45+10(\eta_2-0.45)T]\alpha_{max}$

水平段: $\eta_2\alpha_{max}$

下降段: $(T_g/T)^\gamma\eta_2\alpha_{max}$

倾斜段: $\left[0.2^\gamma-\dfrac{\eta_1}{\eta_2}(T-5T_g)\right]\eta_2\alpha_{max}$

对应于不同阻尼比计算地震影响系数的调整系数如表 1 所示,条文中规定,当 η_2 小于 0.55 时取 0.55;当 η_1 小于 0.0 时取 0.0。

表 1 对应于不同阻尼比计算地震影响系数的调整系数

ξ	η_2	γ	η_1
0.01	1.54	0.97	0.025
0.02	1.34	0.95	0.024
0.05	1.00	0.90	0.020
0.10	0.75	0.85	0.014
0.20	0.56	0.80	0.001

4.4.6 现阶段采用抗震设防烈度所对应的水平地震影响系数最大值 α_{max},多遇地震烈度和罕遇地震烈度分别对应于 50 年设计基准期内超越概率为 63% 和 2%~3% 的地震烈度,也就是通常所说

的小震烈度和大震烈度。为了与新的地震动参数区划图接口，表4.4.6中的 α_{max} 沿用《建筑抗震设计规范》GBJ 11—89 中 6、7、8、9 度所对应的设计基本加速度之外，对于 7～8 度、8～9 度之间各增加一档，用括号内的数字表示，分别对应于附录 A 中的 0.15g 和 0.30g。

高耸结构阻尼比的确定与现行国家标准《构筑物抗震设计规范》GB 50191 统一，明确其数值。由于本规范对高于 200m 以上的塔推荐使用振动控制技术，故此条规定加振动控制设备的高耸结构的阻尼比可按"等效阻尼比"取值。

对于周期大于 6.0s 高耸结构所采用的地震影响系数应专门研究。

4.5 温度作用及作用效应

4.5.1 原规范对温度效应仅是提及，并不具体。经研究对高寒地区的多功能钢结构电视塔，其塔楼内外结构的温度效应须予考虑。此条确定了室外低温的计算标准值。

5 钢塔架和桅杆结构

5.1 一般规定

5.1.2 本条所指"钢材材质应符合现行国家标准《钢结构设计规范》GB 50017 的要求"是要求设计者根据钢结构设计的基本原理并结合高耸钢结构的特点来选择材料及辅助材料。

高耸钢结构是承受动力荷载（以风为主）的室外结构，而且绝大部分为焊接结构（小型角钢输电塔不在本规范覆盖范围之内）。所以在选择材料时应考虑以下几点：

  1 应选用 Q235-B 及以上的钢材。

  2 对于桅杆纤绳的拉耳设计，应考虑微风时扭转效应引起的疲劳荷载作用，材料和焊缝应比一般高耸钢结构提高一个等级。

  3 对于高耸钢结构的悬臂天线段，应考虑鞭梢效应及高频振动作用，适当选用较好的材料或适当降低应力比。

  4 对于寒冷地区的高耸钢结构，应考虑冷脆问题，适当提高材料等级。根据经验，冬季极限低温在 -20～-40℃ 的地区，可采用 C 级钢材。

  5 钢材的选择应考虑经济性，并易于采购，易于管理。

5.1.3 由于规范适用范围增加了电力高塔，故电力高塔中常用的钢绞线的强度设计值亦予收录。国内电力系统使用螺栓品种、数量较钢结构建筑多，也对各类螺栓的承载能力进行过大量试验，试验结果比现行国家标准《钢结构设计规范》GB 50017 提供的承载能力略大，故电力系统普遍采用的螺栓承载力与现行国家标准《钢结构设计规范》GB 50017 有所区别。为了尊重试验结果，本规范在基本仍采用现行国家标准《钢结构设计规范》GB 50017 数据的前提下，作出说明。即有大量可靠试验依据时，可根据行业内具体情况做适当修正，而修正须在行业内以行业标准形式统一规定。

5.1.4 高耸结构处于室外，大气环境腐蚀影响较大。由于维护费用问题越来越突出，故目前对高耸结构一般均做长效防腐蚀处理。本条所列两种长效防腐蚀方法均已经过大量工程实践验证。其他长效防腐方法如氟碳涂层法、无机富锌涂层法等均有较好的应用前景，但尚需经过一定量实际工程检验。

5.1.5 塔桅结构的防雷接地是普遍性的重要问题，且利用结构主体作为防雷引下线最为经济，防雷接地又与基础的设计与施工有关。故在此作为设计的一般规定。

5.2 钢塔桅结构的内力分析

5.2.1 上世纪 80 年代，塔架的内力分析采用平面桁架法或分层空间桁架法手算较多。但随着技术的进步，这些不太精确的方法已基本淘汰，精确的整体空间桁架法已被广泛采用。故修改中体现了这一变化，并提出对重要结构做动力分析的要求。

5.2.2 十年前桅杆的静力分析一般按弹性支座连续梁法计算，而目前这种方法已被非线性有限元法所取代。修编后的条文体现了这一技术上的进步。

5.2.3 由于风沿高耸结构高度方向的实际分布状况是多变的，而计算公式无法反映这种复杂的变化，所以当按照一般的方法计算塔架中某些斜杆的内力时，有时会得到非常小的内力值。而实际上当风的分布状况发生变化时，斜杆的内力会大大超过这一值。这一现象称为"埃菲尔效应"。国外塔架结构设计规范中已对这种不利效应作出对策。在本规范修编过程中，经过研究并与英国规范对比，得出这一条文。即对于计算结果中受力很小的斜杆，要控制其"最小内力"，以免在实际工作状态下内力不稳定造成结构的破坏。

5.5 轴心受拉和轴心受压构件

5.5.3 表 5.5.3-2 根据近期的研究及电力系统的工程实践作了补充和修改。与表中数据所对应的连接状态是腹杆直接连接在塔柱角钢肢上。

5.5.6 塔桅结构一般作为空间桁架计算，其杆件均按二力杆计算，但实际上这些二力杆也会受到局部作用力而受弯，为避免不安全而提出。增加横向集中力。

5.6 偏心受拉和偏心受压构件

5.6.1 由于高耸钢结构的局部塑性变形会引起其上部位移增大，整体 P-Δ 效应增大，故不计塑性发展系数。

5.6.7 近几年来在国内通讯、输电及其他领域中大量出现了单管杆塔。其共同特点是使用对刚度要求较低，按径厚比 $D/t < 100$ 设计时强度利用明显不足。而国外这类单管杆塔用得很多，其径厚比也突破 100 的限定。修编组以美国规范相应条文为蓝本，进一步考虑单管塔固有的部分轴压力不利作用，对美国规范计算公式作了适当调整（更趋向于安全），得到本条文。在电力部门，美国规范的公式已在国内大量使用，未发生工程问题。那么本条文的使用应该更是可行的。而本条文的实施对与单管塔的建设可以节约大量材料和资金。

5.7 焊缝连接计算

5.7.1 一般高耸结构主要承受风载，不属疲劳荷载，但对于石油钻探塔等有长期机械作用的塔以及桅杆的纤绳拉耳部位，仍有疲劳作用。根据高耸钢结构的实际状况提出了焊缝形式及等级的确定原则，并要求做相应的检验。本条文根据现行国家标准《钢结构设计规范》GB 50017 的规定，焊缝形式和等级应在设计图中注明。条文中仅对工厂焊缝作出规定，说明高耸结构不提倡工地施焊，特殊情况必须工地焊接时，焊缝等级由设计者确定，但不宜取过高等级。

5.9 法兰盘连接计算

Ⅰ 刚性法兰盘的计算

5.9.1 式（5.9.1）考虑厚板的部分塑性发展作了调整，由 $t \geqslant \sqrt{\dfrac{6M_{max}}{f}}$ 改为 $t \geqslant \sqrt{\dfrac{5M_{max}}{f}}$。本条增加了对单位宽度最大弯矩值 M_{max} 的定义。

5.9.2 法兰连接受力较小时用普通螺栓，受力较大时用承压型高强螺栓，均不保证法兰面始终受压。本条公式根据强度极限状态

条件推出。

Ⅱ 柔性法兰盘的计算

5.9.4～5.9.6 在工程实践中，为了简化钢结构连接制作，减少焊接变形，提高效率而用无加劲肋（柔性）法兰代替刚性法兰。为此进行了理论分析和大量试验。在此基础上提出了柔性法兰的设计方法，用以指导工程实践。

5.10 钢塔桅结构的构造要求

Ⅰ 一般规定

5.10.2 增加了热浸锌时锌液宜滞留的部位应设溢流孔的要求。

5.10.3 要求节点构造简单紧凑的目的主要是减小受风面积，同时也可以简化制作节约钢材。

5.10.5 对钢塔主要受力构件圆钢最小直径的限定由 $\phi 12$ 改为 $\phi 16$。

5.10.6 区分了按计算要求设横膈和按构造要求设横膈这两种不同情况。实际上横膈有时在计算中是必须的，如"K"形腹杆中点，必须有横膈支撑。

Ⅲ 螺栓连接

5.10.13 每一杆件在接头一边的螺栓数不宜少于 2 个，但对于相当于精制螺栓的销连接，可以只用一个螺栓。因这种连接螺栓（销）加工精度高，受力状态较理想化，质量可靠。而这在柔性杆连接中为常用构造。安装很方便，且节约节点用材。

5.10.15 增加规定受剪螺栓的螺纹不应进入剪切面，以提高螺栓抗剪的可靠性。本条还强调由于高耸钢结构受风振作用，故重要螺栓连接，特别是有可能受拉压循环作用的螺栓，必须要有防松措施。一般螺栓也要用扣紧螺母防松。

6 混凝土圆筒形塔

6.1 一般规定

6.1.1 本章适用于普通混凝土和预应力混凝土圆筒形塔的设计。原规范不包括预应力混凝土塔。近年来，塔形结构越来越高，为了减轻结构自重，减少塔身裂缝，提高塔身的刚度，在工程实践中，已建造了许多预应力混凝土塔，因此，在规范修订中，增加了预应力混凝土塔的设计内容。在施工条件允许的情况下，建议采用预应力混凝土塔。

6.2 塔身变形和塔筒截面内力计算

6.2.1 相邻质点间的塔身截面刚度取该区段的平均截面刚度，可不考虑开孔和局部加强措施（如洞口扶壁柱等）的影响。

6.2.6～6.2.12 塔身的附加弯矩计算，原规范在条文中仅给出理论公式（5.2.6），而将详细计算公式列于附录四。这次修订，将详细计算公式移至正式条文中。这些计算公式与现行国家标准《烟囱设计规范》GB 50051 基本相同，仅增加了塔身上集中荷载，如塔楼等。

6.2.13 本条规定了塔身代表截面位置的选择。一般塔身是有坡度的，塔身的曲率沿高度也是变化的。为了计算简化，采用某一截面的变形曲率，代表塔身的实际曲率，然后按等曲率计算附加弯矩，这个截面定义为代表截面。代表截面的确定，是通过工程实例并预测工程的发展趋势，进行分析和计算后确定的。

用代表截面曲率计算出的塔顶位移，一般比实际曲率算得的塔顶位移大 1.6%～15.2%。

如塔身不符合本条选择代表截面条件时，应按实际情况采用第 6.2.6 条计算附加弯矩。

6.3 塔筒极限承载能力计算

6.3.1 沿环形截面均匀配筋塔筒的极限承载能力计算，与现行国家标准《烟囱设计规范》GB 50051 的计算原则相同。烟囱和电视塔筒，都属于大型环形截面，与现行国家标准《混凝土结构设计规范》GB 50010 的环形截面沿截面均匀配筋的计算公式也是相同的。

现行国家标准《混凝土结构设计规范》GB 50010 一般是指小型构件，如电线杆等。其计算公式用于大型环形截面是否合适尚有疑问。在原《烟囱设计规范》GBJ 51 修订之前，针对这个问题进行了大型构件模拟试验。

试验工作由包头钢铁设计研究总院与西安建筑科技大学合作完成。试验共做四个试件，试件尺寸均为：高度 $h=5.8m$，外直径 $d=1.3m$，壁厚 160mm。配筋分为光面钢和变形钢筋各 2 个。试验是在荷载与温度共同作用下进行的。试件内表面加温至 200℃，恒温 24h 后，分级加载直至破坏。

试件的破坏标志，其受压区最大压应变 $\varepsilon_c=0.0033$，受拉区钢筋应变 $\varepsilon_s=0.01$。本次 4 个试件，当受拉区钢筋应变 $\varepsilon_s=0.01$ 时，受拉区混凝土已严重开裂，裂缝宽度 $w\geqslant 2mm$，而受压区混凝土的最大压应变 ε_c 均小于 0.002。在此情况下，再增加少量水平荷载（增大弯矩），混凝土受压区就发生崩溃。受压区崩溃后，荷载再加不上去了。

通过本次试验认为：其极限承载能力状态可取钢筋拉应变 $\varepsilon_s=0.01$，与此相对应的混凝土压应变 $\varepsilon_c<0.002$。

以上述变形为极限变形，试验所得的极限弯矩均大于原《烟囱设计规范》GBJ 51 及《高耸结构设计规范》GBJ 135 计算的极限承载能力计算值。试件的计算与试验情况列于表 2 中。

表 2　　　　试验与计算结果对比（kN・m）

公式 \ 试件	1	2	3	4
《烟囱设计规范》GBJ 51—83	554	706	887	946
《高耸结构设计规范》GBJ 135—90	554	708	888	939
试验	869	999	1175	1315

可见，采用现行国家标准《混凝土结构设计规范》GB 50010 的计算公式是完全可以的。

本规范与现行国家标准《混凝土结构设计规范》GB 50010 的区别在于在塔身上有开设孔洞截面，并考虑在计算截面开设一个孔洞和两个孔洞的情况。本规范分别给出了计算公式。根据常规做法，配有预应力钢筋时，也在公式中给出了配有非预应力筋和同时配有预应力筋的通用公式。当不配预应力筋时，令预应力筋项的值为零即可。

应当指出：在计算公式中，当仅开设一个孔洞时，是按孔洞在受压区给出的。当开设两个孔洞时，其中较大的孔洞在受压区。

6.4 塔筒正常使用极限状态计算

6.4.1 预应力混凝土塔筒的抗裂验算，应按现行国家标准《混凝土结构设计规范》GB 50010 的有关规定进行计算。本规范未作新规定。

6.4.2 为计算混凝土和预应力混凝土塔筒的裂缝开展宽度，需要计算在正常使用极限状态下的混凝土压应力和钢筋拉应力。为此，应首先判别 $e_{0k}\leqslant r_{co}$ 或 $e_{0k}>r_{co}$。因为这两种不同情况，应力的计算公式是不同的。其中截面核心距 r_{co}，又分为截面无孔洞及有一个孔洞和有两个孔洞等情况，应分别加以判断。本条给出了有关计算公式。

6.4.3 本条给出了当 $e_{0k}\leqslant r_{co}$ 时，混凝土压应力的计算公式。由于 $e_{0k}\leqslant r_{co}$，迎风侧钢筋拉应力小于零，此种状态，无需验算裂缝。

6.4.4 当 $e_{0k}>r_{cc}$ 时，应分别求出混凝土压应力和受拉区钢筋拉应力。求出钢筋拉应力才能验算裂缝开展宽度。本条计算公式与现行国家标准《烟囱设计规范》GB 50051 不同之处，在于增加了预应力钢筋。

6.4.5 本条给出了塔筒在标准荷载和温度共同作用下产生的水平裂缝宽度计算公式。裂缝开展宽度的计算公式与现行国家标准《混凝土结构设计规范》GB 50010 相同。但由于在自然温度作用下，筒壁的内侧与外侧有一定的温度差，此温度差使受拉钢筋增大了拉应力。由温度产生的钢筋拉应力，反映在式(6.4.5-2)中。

6.4.6 塔筒的竖向裂缝，仅由筒壁内外温度差产生。本条给出了有关计算公式。对于塔筒由于温度差较小，不像烟囱筒壁内外侧温度差很大，如有一定的环向配筋，一般裂缝不会很大。

6.5 混凝土塔筒的构造要求

6.5.1~6.5.12 本节的有关构造要求，与原规范相比，仅增加了有关预应力混凝土的一些要求。这些要求参考了现行国家标准《混凝土结构设计规范》GB 50010。

7 地基与基础

7.1 一般规定

7.1.1 根据现行国家标准《建筑地基基础设计规范》GB 50007 的规定及高耸结构的使用特点，增列了"可不做地基变形计算的高耸结构"。将地基变形的计算控制在合适的范围。其余要求同原规范。

7.1.3 增加了高耸结构地基基础设计前应进行岩土工程勘察的规定，以保证基础设计的科学性。

7.1.4 根据现行国家标准《建筑地基基础设计规范》GB 50007 的新规定，将设计高耸结构地基基础不同内容时所取用的荷载与作用的不同代表值，以及抗力的代表值作出明确规定，以免混淆。某些方面还考虑了高耸结构的特点。

7.1.5 提出要计算地下水浮力对基础及覆土的抗拔力的影响，并提出应调查地下水的腐蚀作用。

7.1.6 明确了地基土工程特征指标的三种代表值，以免使用时混淆。

7.2 地基计算

7.2.1 按现行国家标准《建筑地基基础设计规范》GB 50007，在地基计算中，用荷载效应标准组合为代表值，以特征值(承载力)为抗力代表值。其余同原规范。

7.2.2~7.2.4 与 7.2.1 作同样变化。

7.2.5 高耸结构地基变形允许值与现行国家标准《建筑地基基础设计规范》GB 50007 协调，并在分类上作适当变更。

7.2.6 对高耸结构内相邻基础间的沉降差作出限定。这样一是为了减小由于沉降差引起附加应力，二是为了防止沉降差造成使用状态的恶化及管线的损坏。这回总沉降差往往在井道基础和塔柱基础之间产生。

对于中低压缩性土，以压缩系数值 $a<0.5\text{MPa}^{-1}$ 为标准，当 $a\geqslant0.5\text{MPa}^{-1}$ 时为高压缩性土。

7.2.7 对山坡地上的高耸结构要分析地基的稳定性，并对此作出科学的评价。

7.3 基础设计

Ⅰ 一般规定

7.3.1 增加了高耸结构地基基础选型表，以利设计人员对方案做合适的选择。表 7.3.1 中关于中低压缩性和高压缩性土的意义同第 7.2.6 条条文说明。

Ⅱ 天然地基基础

7.3.3 提出了斜立式基础的适用范围及大致形式。

7.3.4 对构架式塔的独立基础加连系梁的基础形式的设计方法作了明确规定。这种基础在高耸钢结构中用得最多，而原规范中却没有列入。

7.3.5~7.3.7 重点阐述了原规范中的"板式基础"，即本规范中的"扩展基础"。此种基础在天然地基上的高耸结构基础中最为常见，有圆形、方形、环形等。公式 $\varphi=-3.9\times\left(\dfrac{r_1}{r_c}\right)^3+12.9\times\left(\dfrac{r_1}{r_c}\right)^2-15.3\times\dfrac{r_1}{r_c}+7.3$ 根据图 7.3.5-3 曲线拟合而成。

7.3.8 提出高耸结构扩展基础的一个最重要特点，即在基础受拔力作用(靠自重、覆土重及土的抗剪切性能)时，底板反向受弯。因而在底板上表面也要做配筋验算。这种情况对其他结构相当独特，但在高耸结构中却很普遍，原规范并未提及。

7.3.9 高耸结构一般很少用"刚性基础"，即"无筋扩展基础"。故说明其使用范围后，将原规范中具体条文说明略去，仅用此条说明万一遇到该如何设计。

7.3.10 高耸钢结构的锚栓是上部结构与基础之间的重要连接件，设计时应考虑对钢结构和混凝土结构兼容。而两者的施工标准差异很大，本条根据高耸结构的特点及设计经验，提出了锚栓设计的具体要求。

Ⅲ 桩 基 础

7.3.11、7.3.12 对高耸结构桩基础的适用条件、形式、持力层选择、计算要求作一般规定。

7.3.13 本条对高耸结构中常见的承受水平力的桩及承台的具体设计方法及构造要求作了明确规定。

7.3.14 本条对高耸结构中常见而在其他结构中较少遇到的承受压力-拔力交变作用的桩及承台的具体设计方法、公式作出明确规定。

7.3.15 本条规定了高耸结构抗拔桩及承台的具体构造要求，这是原规范未涉及而实际设计中又经常要遇到的问题。

Ⅳ 岩石锚杆基础

7.3.16~7.3.20 对在岩石地基上的高耸结构所常用的锚杆基础的设计计算及构造要求作出具体规定。弥补了原规范的缺项。

7.4 基础的抗拔稳定和抗滑稳定

7.4.1~7.4.6 与原规范条文说明基本一致，仅对原规范公式中的代表值按新的标准作了注释。

附录A 材料及连接

1 对表 A.1 的解释：

在高耸钢结构中，大量使用 20# 钢无缝管材，而这种材料的性能在现行国家标准《钢结构设计规范》GB 50017 中未列出。为适用工程需要，在备注中对 20# 钢的强度取值作了说明。根据机械工业部的标准，20# 钢的强度、延性、可焊性等主要结构参数均优于 Q235 钢，但属于同一强度等级，故为简化起见，规定 20# 钢的设计强度同 Q235 钢。

2 对表 A.3 的解释：

在大量的角钢塔中，螺栓强度等级不限于现行国家标准《钢结构设计规范》GB 50017 规定的 4.8 级、8.8 级、10.9 级，还有 6.8 级。为适应高耸结构工程的要求，特根据机械工业部标准，将 6.8 级列入本表。在锚栓设计中，Q235 锚栓强度低，Q345 圆钢又很难采购，故本规范按现行国家标准《钢结构设计规范》GB 50017 中关于锚栓设计强度的换算方法，并参照现行国家标准《优质碳素结构钢》GB/T 699 的规定，确定了 35# 钢、45# 钢锚栓的抗拉强度值，并规定对 35# 钢不宜焊接，对 45# 钢不应焊接。我国电力系统钢塔设计及施工中有大量使用优质碳素结构钢作锚栓的经验。

3 根据高耸结构设计的需要，增加了表 A.5～A.12，其内容为镀锌钢绞线、钢丝绳强度设计值以及混凝土、钢筋强度设计值和弹性模量。

附录 B 轴心受压钢构件的稳定系数

1 对表 B.1 的解释：

根据现行国家标准《钢结构设计规范》GB 50017 对截面的分类作了调整，然而真正用于高耸结构轴压构件的截面仍为 a、b 两类，其他均略去。

2 表 B.2、B.3 为 a、b 两类截面轴心受压构件的稳定系数，参照现行国家标准《钢结构设计规范》GB 50017。

3 关于圆筒形混凝土塔、烟囱的附录不必要，故取消。其余同原规范。

中华人民共和国国家标准

烟 囱 设 计 规 范

Code for design of chimneys

GB 50051—2013

主编部门：中 国 冶 金 建 设 协 会
批准部门：中华人民共和国住房和城乡建设部
施行日期：2 0 1 3 年 5 月 1 日

中华人民共和国住房和城乡建设部
公　告

第 1596 号

住房城乡建设部关于发布国家标准
《烟囱设计规范》的公告

现批准《烟囱设计规范》为国家标准，编号为 GB 50051—2013，自 2013 年 5 月 1 日起实施。其中，第 3.1.5、3.2.6、3.2.12、9.5.3（4）、14.1.1 条（款）为强制性条文，必须严格执行。原国家标准《烟囱设计规范》GB 50051—2002 同时废止。

本规范由我部标准定额研究所组织中国计划出版社出版发行。

中华人民共和国住房和城乡建设部

2012 年 12 月 25 日

前　言

本规范是根据住房和城乡建设部《关于〈印发 2010 年工程建设标准规范制订、修订计划〉的通知》（建标〔2010〕43 号）的要求，由中冶东方工程技术有限公司会同有关单位共同对原国家标准《烟囱设计规范》GB 50051—2002（以下简称"原规范"）进行全面修订而成。

本规范在修订过程中，规范修订组开展了多项专题调研、试验与理论研究，进行了广泛的调查分析，总结了近年来我国烟囱设计的实践经验，与相关的标准规范进行了协调，与国际先进的标准规范进行了比较和借鉴，最后经审查定稿。

本规范共分 14 章和 3 个附录，主要内容包括：总则，术语，基本规定，材料，荷载与作用，砖烟囱，单筒式钢筋混凝土烟囱，套筒式和多管式烟囱，玻璃钢烟囱，钢烟囱，烟囱的防腐蚀，烟囱基础，烟道，航空障碍灯和标志等。

本次修订的主要内容如下：

1. 为满足湿烟气防腐蚀需要，增加了玻璃钢烟囱，本规范由原规范的 13 章增加到 14 章。

2. 对钢筋混凝土烟囱修改了有孔洞时的计算公式。原规范计算公式仅限于同一截面的两个孔洞中心线夹角为 180°，本次修订对两个孔洞中心线夹角不作限制，方便了工程应用。

3. 为满足烟囱防腐蚀需要，对烟气类别进行了划分，重新定义了烟气腐蚀等级。在大量实践和调研的基础上，针对各种不同类别烟气，对烟囱的选型和防腐蚀处理作出了更加科学的规定。

4. 对钢烟囱的局部稳定计算进行了修订。原规范计算公式不全面，仅考虑了筒壁弹性屈曲影响，本规范综合考虑了弹性屈曲和弹塑性屈曲影响，参照欧洲标准进行了修订。

5. 对于风荷载局部风压和横风向共振相应进行了修订。增加了局部风压对环形截面产生的风弯矩计算公式；调整了横风向共振计算规定。

6. 将原规范中具有共性内容统一合并到基本规定一章里。

7. 增加了烟囱水平位移限值和烟气排放监测系统设置的规定。

8. 增加了桩基础设计规定。

9. 为适应工程应用需要，并结合工程实践经验，将原规范规定的钢筋混凝土烟囱适用高度由原来 210m 调整到 240m。

10. 为满足实际设计需要，在原规范基础上，对钢内筒烟囱和砖内筒烟囱的计算和构造进行更加详细的规定。

本规范中以黑体字标志的条文为强制性条文，必须严格执行。

本规范由住房和城乡建设部负责管理和对强制性条文的解释，由中冶东方工程技术有限公司负责具体技术内容的解释。本规范在执行过程中如有意见或建议，请寄送中冶东方工程技术有限公司国家标准《烟囱设计规范》管理组（地址：上海市浦东新区龙东大道 3000 号张江集电港 5 号楼 301 室，邮政编码：201203），以便今后修订时参考。

本规范主编单位、参编单位、参加单位、主要起草人和主要审查人：

主 编 单 位：中冶东方工程技术有限公司

参 编 单 位：大连理工大学

华东电力设计院 上海德昊化工有限公司
西北电力设计院 杭州中昊科技有限公司
上海富晨化工有限公司 亚什兰（中国）投资有限公司
冀州市中意复合材料有限公司 欧文斯科宁（中国）投资有限公司
中冶建筑研究总院有限公司 主要起草人：牛春良　宋玉普　蔡洪良　解宝安
中冶长天国际工程有限责任公司 　　　　　　陆士平　王立成　车　轶　李国树
中冶焦耐工程技术有限公司 　　　　　　孙献民　王永焕　李吉娃　龚　佳
西安建筑科技大学 　　　　　　李　宁　郭　亮　李晓文　郭全国
河北衡兴环保设备工程有限公司 　　　　　　邢克勇　姚应军　付国勤
河北省电力勘测设计研究院 主要审查人：陆卯生　马人乐　张文革　陈　博
苏州云白环境设备制造有限公司 　　　　　　张长信　于淑琴　鞠洪国　陈　飞
北京方圆计量工程技术公司 　　　　　　刘坐镇

参 加 单 位： 重庆大众防腐有限公司

目　次

Contents

1 总 则

1.0.1 为了在烟囱设计中贯彻执行国家的技术经济政策,做到安全、适用、经济、保证质量,制定本规范。

1.0.2 本规范适用于圆形截面的砖烟囱、钢筋混凝土烟囱、钢烟囱、玻璃钢烟囱等单筒式烟囱,以及由砖、钢、玻璃钢为内筒的套筒式烟囱和多管式烟囱的设计。

1.0.3 烟囱的设计除应符合本规范外,尚应符合国家现行有关标准的规定。

2 术 语

2.1 术 语

2.1.1 烟囱 chimney
用于排放烟气或废气的高耸构筑物。

2.1.2 筒身 shaft
烟囱基础以上部分,包括筒壁、隔热层和内衬等部分。

2.1.3 筒壁 shell
烟囱筒身的最外层结构,整个筒身承重部分。

2.1.4 隔热层 insulation
置于筒壁与内衬之间,使筒壁受热温度不超过规定的最高温度。

2.1.5 内衬 lining
分段支承在筒壁牛腿之上的自承重结构或依靠分布于筒壁上的锚筋直接附于筒壁上的浇筑体,对隔热层或筒壁起到保护作用。

2.1.6 钢烟囱 steel chimney
筒壁材质为钢材的烟囱。

2.1.7 钢筋混凝土烟囱 reinforced concrete chimney
筒壁材质为钢筋混凝土的烟囱。

2.1.8 砖烟囱 brick chimney
筒壁材质为砖砌体的烟囱。

2.1.9 自立式烟囱 self-supporting chimney
筒身在不加任何附加支撑的条件下,自身构成一个稳定结构的烟囱。

2.1.10 拉索式烟囱 guyed chimney
筒身与拉索共同组成稳定体系的烟囱。

2.1.11 塔架式钢烟囱 framed steel chimney
排烟筒主要承担自身竖向荷载,水平荷载主要由钢塔架承担的钢烟囱。

2.1.12 单筒式烟囱 single tube chimney
内衬和隔热层直接分段支承在筒壁牛腿上的普通烟囱。

2.1.13 套筒式烟囱 tube-in-tube chimney
筒壁内设置一个排烟筒的烟囱。

2.1.14 多管式烟囱 multi-flue chimney
两个或多个排烟筒共用一个筒壁或塔架组成的烟囱。

2.1.15 烟道 flue
排烟系统的一部分,用以将烟气导入烟囱。

2.1.16 横风向风振 across-wind sympathetic vibration
在烟囱背风侧产生的旋涡脱落频率较稳定且与结构自振频率相等时,产生的横风向的共振现象。

2.1.17 临界风速 critical wind speed
结构产生横风向共振时的风速。

2.1.18 锁住区 lock in range
风的旋涡脱落频率与结构自振频率相等的范围。

2.1.19 破风圈 strake
通过破坏风的有规律的旋涡脱落来减少横风向共振响应的减振装置。

2.1.20 温度作用 temperature action
结构或构件受到外部或内部条件约束,当外界温度变化时或在有温差的条件下,不能自由胀缩而产生的作用。

2.1.21 传热系数 heat transfer coefficient
结构两侧空气温差为1K,在单位时间内通过结构单位面积的传热量,单位为W/(m²·K)。

2.1.22 导热系数 thermal conductivity
材料导热特性的一个物理指标。数值上等于热流密度除以负温度梯度,单位为W/(m·K)。

2.1.23 附加弯矩 additional bending moment
因结构侧向变形,结构自重作用或竖向地震作用在结构水平截面产生的弯矩。

2.1.24 航空障碍灯 warning lamp
在机场一定范围内,用于标识高耸构筑物或高层建筑外形轮廓与高度、对航空飞行器起到警示作用的灯具。

2.1.25 玻璃钢烟囱 glass fiber reinforced plastic chimney
以玻璃纤维及其制品为增强材料、以合成树脂为基体材料,用机械缠绕成型工艺制造的一种烟囱,简称GFRP。

2.1.26 反应型阻燃树脂 reactive flame-retardant resin
树脂的分子主链中含有氯、溴、磷等阻燃元素,在不添加或少量添加辅助阻燃材料后,可使固化后的玻璃钢材料具有点燃困难、离火自熄的性能。

2.1.27 基体材料 matrix
玻璃钢材料中的树脂部分。

2.1.28 环氧乙烯基酯树脂 epoxy vinyl ester resin
由环氧树脂与不饱和一元羧酸加成聚合反应,在分子主链的端形成不饱和活性基团,可与苯乙烯等稀释和交联剂进行固化反应而生成的热固性树脂。

2.1.29 极限氧指数 limited oxygen index(LOI)
在规定条件下,试样在氮、氧混合气体中,维持平衡燃烧所需的最低氧浓度(体积百分含量)。

2.1.30 火焰传播速率 flame-spread rating
采用标准方法对一厚度为3mm～4mm,且以玻璃纤维短切原丝毡增强、树脂含量为70%～75%的玻璃钢层合板所测定的一个指数值。

2.1.31 缠绕 winding
在控制张力和预定线型的条件下,以浸有树脂的连续纤维或织物缠绕到芯模或模上成型制品的一种方法。

2.1.32 缠绕角 winding angle
缠绕在芯模上的纤维束或带的长度方向与芯模子午线或母线间的夹角。

2.1.33 螺旋缠绕 helical winding
浸渍过树脂的纤维或带以与芯模轴线成非0°或90°角的方向连续缠绕到芯模上的方法。

2.1.34 环向缠绕 hoop winding
浸渍过树脂的纤维或带以与芯模轴线成90°或接近90°角的方向连续缠绕到芯模上的方法。

2.1.35 缠绕循环 winding cycle
缠绕纤维均匀布满在芯模表面上的过程。

2.1.36 增强材料 reinforcement

加入树脂基体中能使复合材料制品的力学性能显著提高的纤维材料。

2.1.37 表面毡 surfacing mat

由定长或连续的纤维单丝粘结而成的紧密薄片,用于复合材料的表面层。

2.1.38 短切原丝毡 chopped-strand mat

由粘结剂将随机分布的短切原丝粘结而成的一种毡,简称短切毡。

2.1.39 热变形温度 heat-deflection temperature(HDT)

当树脂浇铸体试件在等速升温的规定液体传热介质中,按简支梁模型,在规定的静荷载作用下,产生规定变形量时的温度。

2.1.40 玻璃化温度 glass transition temperature(Tg)

当树脂浇铸体试件在一定升温速率下达到一定温度值时,从一种硬的玻璃状脆性状态转变为柔性的弹性状态,物理参数出现不连续的变化的现象时,所对应的温度。

2.1.41 玻璃钢的临界温度 GFRP critical temperature

高温下玻璃钢性能下降速度开始急剧增加时的温度,是判断玻璃钢结构层材料能否在长期高温下工作的重要依据。

3 基本规定

3.1 设计原则

3.1.1 烟囱结构及其附属构件的极限状态设计,应包括下列内容:

1 烟囱结构或附属构件达到最大承载力,如发生强度破坏、局部或整体失稳以及因过度变形而不适于继续承载的承载能力极限状态。

2 烟囱结构或附属构件达到正常使用规定的限值,如达到变形、裂缝和最高受热温度等规定限值的正常使用极限状态。

3.1.2 对于承载能力极限状态,应根据不同的设计状况分别进行基本组合和地震组合设计。对于正常使用极限状态,应分别按作用效应的标准组合、频遇组合和准永久组合进行设计。

3.1.3 烟囱应根据其高度按表 3.1.3 划分安全等级。

表 3.1.3 烟囱的安全等级

安 全 等 级	烟囱高度(m)
一级	≥200
二级	<200

注:对于高度小于 200m 的电厂烟囱,当单机容量大于或等于 300MW 时,其安全等级按一级确定。

3.1.4 对于持久设计状况和短暂设计状况,烟囱承载能力极限状态设计应按下列公式的最不利值确定:

$$\gamma_0 \left(\sum_{i=1}^{m} \gamma_{Gi} S_{Gik} + \gamma_{Q1} \gamma_{L1} S_{Q1k} + \sum_{j=2}^{n} \gamma_{Qj} \psi_{cj} \gamma_{Lj} S_{Qjk} \right) \leqslant R_d$$

(3.1.4-1)

$$\gamma_0 \left(\sum_{i=1}^{m} \gamma_{Gi} S_{Gik} + \sum_{j=1}^{n} \gamma_{Qj} \psi_{cj} \gamma_{Lj} S_{Qjk} \right) \leqslant R_d$$

(3.1.4-2)

式中:γ_0——烟囱重要性系数,按本规范第 3.1.5 条的规定采用;

γ_{Gi}——第 i 个永久作用分项系数,按本规范第 3.1.6 条的规定采用;

γ_{Q1}——第 1 个可变作用(主导可变作用)的分项系数,按本规范第 3.1.6 条的规定采用;

γ_{Qj}——第 j 个可变作用的分项系数,按本规范第 3.1.6 条的规定采用;

S_{Gik}——第 i 个永久作用标准值的效应;

S_{Q1k}——第 1 个可变作用(主导可变作用)标准值的效应;

S_{Qjk}——第 j 个可变作用标准值的效应;

ψ_{cj}——第 j 个可变作用的组合值系数,按本规范第 3.1.7 条的规定采用;

γ_{L1}、γ_{Lj}——第 1 个和第 j 个考虑烟囱设计使用年限的可变作用调整系数,按现行国家标准《建筑结构荷载规范》GB 50009采用;

R_d——烟囱或烟囱构件的抗力设计值。

3.1.5 对安全等级为一级的烟囱,烟囱的重要性系数 γ_0 不应小于 1.1。

3.1.6 承载能力极限状态计算时,作用效应基本组合的分项系数应按表 3.1.6 的规定采用。

表 3.1.6 基本组合分项系数

作用名称	分项系数符号	数值	备 注	
永久作用	γ_G	1.20	用于式(3.1.4-1)	其效应对承载能力不利时
		1.35	用于式(3.1.4-2)	
		1.00	一般构件	其效应对承载能力有利时
		0.90	抗倾覆和滑移验算	
风荷载	γ_w	1.40		
平台上活荷载	γ_L	1.40	当对结构承载力有利时取 0	
安装检修荷载	γ_A	1.30		
环向烟气负压	γ_{CP}	1.10	用于玻璃钢烟囱	
裹冰荷载	γ_I	1.40		
温度作用	γ_T	1.10	用于玻璃钢烟囱	
		1.00	其他类型烟囱	

注:用于套筒式或多管式烟囱支承平台水平承载力计算时,永久作用分项系数 γ_G 取 1.35。

3.1.7 承载能力极限状态计算时,应按表 3.1.7 的规定确定相应的组合值系数。

表 3.1.7 作用效应的组合情况及组合值系数

作用效应的组合情况	第 1 个可变作用	其他可变作用	组合值系数				
			ψ_{cW}	ψ_{cMa}	ψ_{cL}	ψ_{cT}	ψ_{cCP}
I	$G+W+L$	W	M_a+L	1.00	1.00	0.70	—	—
II	$G+A+W+L$	A	$W+M_a+L$	0.60	1.00	0.70	—	—
III	$G+I+W+L$	I	$W+M_a+L$	0.60	1.00	0.70	—	—
IV	$G+T+W+CP$	T	$W+CP$	1.00	1.00	—	1.00	1.00
V	$G+T+CP$	T	CP	—	—	—	1.00	1.00
VI	$G+AT+CP$	AT	CP	0.20	1.00	—	1.00	1.00

注:1 G 表示烟囱或结构构件自重,W 为风荷载,M_a 为附加弯矩,A 为安装载荷(包括施工吊装设备荷载,起吊重量和平台上的施工荷载),I 为裹冰荷载,L 为平台活荷载(包括检修维护和生产操作活荷载),T 表示烟气温度作用,AT 表示非正常运行烟气温度作用,CP 表示环向烟气负压,组合 IV、V、VI 用于自立式或悬挂式排烟内筒计算。

2 砖烟囱和塔架式钢烟囱可不计算附加弯矩 M_a。

3.1.8 抗震设防的烟囱除应按本规范第 3.1.4 条~第 3.1.7 条极限承载能力计算外,尚应按下列公式进行截面抗震验算:

$$\gamma_{GE} S_{GE} + \gamma_{Eh} S_{Ehk} + \gamma_{Ev} S_{Evk} + \psi_{WE} \gamma_w S_{Wk} + \psi_{MaE} S_{MaE} \leqslant R_d / \gamma_{RE}$$

(3.1.8-1)

$$\gamma_{GE} S_{GE} + \gamma_{Eh} S_{Ehk} + \gamma_{Ev} S_{Evk} + \psi_{WE} \gamma_w S_{Wk} + \psi_{MaE} S_{MaE} + \psi_{cT} S_T \leqslant R_d / \gamma_{RE}$$

(3.1.8-2)

式中:γ_{RE}——承载力抗震调整系数,砖烟囱和玻璃钢烟囱取 1.0;

钢筋混凝土烟囱取 0.9;钢烟囱取 0.8;钢塔架按本规范第 10 章规定采用;当仅计算竖向地震作用时,各类烟囱和构件均应采用 1.0;

γ_{Eh}——水平地震作用分项系数,按表 3.1.8-1 的规定采用;

γ_{Ev}——竖向地震作用分项系数,按表 3.1.8-1 的规定采用;

S_{Ehk}——水平地震作用标准值的效应,按本规范第 5.5 节的规定进行计算;

S_{Evk}——竖向地震作用标准值的效应,按本规范第 5.5 节的规定进行计算;

S_{Wk}——风荷载标准值作用效应;

S_{MaE}——由地震作用、风荷载、日照和基础倾斜引起的附加弯矩效应,按本规范第 7.2 节的规定计算;

S_{GE}——重力荷载代表值的效应,重力荷载代表值取烟囱及其构配件自重标准值和各层平台活荷载组合值之和。活荷载的组合值系数,应按表 3.1.8-2 的规定采用;

S_T——烟气温度作用效应;

γ_W——风荷载分项系数,按本规范表 3.1.6 的规定采用;

ψ_{WE}——风荷载的组合值系数,取 0.20;

ψ_{MaE}——由地震作用、风荷载、日照和基础倾斜引起的附加弯矩组合值系数,取 1.0;

ψ_{cT}——温度作用组合系数,取 1.0;

γ_{GE}——重力荷载分项系数,一般情况应取 1.2,当重力荷载对烟囱承载能力有利时,不应大于 1.0。

表 3.1.8-1 地震作用分项系数

地震作用		γ_{Eh}	γ_{Ev}
仅计算水平地震作用		1.3	0
仅计算竖向地震作用		0	1.3
同时计算水平和竖向地震作用	水平地震作用为主时	1.3	0.5
	竖向地震作用为主时	0.5	1.3

表 3.1.8-2 计算重力荷载代表值时活荷载组合值系数

活荷载种类		组合值系数
积灰荷载		0.9
筒壁顶部平台活荷载		不计入
其余各层平台	按实际情况计算的平台活荷载	1.0
	按等效均布荷载计算的平台活荷载	0.2

3.1.9 对于正常使用极限状态,应根据不同设计要求,采用作用效应的标准组合或准永久组合进行设计,并应符合下列规定:

1 标准组合应用于验算钢筋混凝土烟囱筒壁的混凝土压应力、钢筋拉应力、裂缝宽度,以及地基承载力或结构变形验算等,并应按下式计算:

$$\sum_{i=1}^{m} S_{Gik} + S_{Q1k} + \sum_{j=2}^{n} \psi_{cj} S_{Qjk} \leqslant C \qquad (3.1.9\text{-}1)$$

式中:C——烟囱或结构构件达到正常使用要求的规定限值。

2 准永久组合用于地基变形的计算,应按下式确定:

$$\sum_{i=1}^{m} S_{Gik} + \sum_{j=1}^{n} \psi_{qj} S_{Qjk} \leqslant C \qquad (3.1.9\text{-}2)$$

式中:ψ_{qj}——第 j 个可变作用效应的准永久值系数,平台活荷载取 0.6;积灰荷载取 0.8;一般情况下不计及风荷载,但对于风玫瑰图呈严重偏心的地区,可采用风荷载频遇值系数 0.4 进行计算。

3.1.10 荷载效应及温度作用效应的标准组合应符合表 3.1.10 的情况,并应采用相应的组合值系数。

表 3.1.10 荷载效应和温度作用效应的标准组合值系数

	荷载和温度作用的效应组合			组合值系数		备注
情况	永久荷载	第一个可变荷载	其他可变荷载	ψ_{cW}	ψ_{cMa}	
I	G	T	$W + M_a$	1	1	用于计算水平截面
II	—	T	—	—	—	用于计算垂直截面

3.2 设 计 规 定

3.2.1 设计烟囱时,应根据使用条件、烟囱高度、材料供应及施工条件等因素,确定采用砖烟囱、钢筋混凝土烟囱或钢烟囱。下列情况不应采用砖烟囱:

1 高度大于 60m 的烟囱。

2 抗震设防烈度为 9 度地区的烟囱。

3 抗震设防烈度为 8 度时,Ⅲ、Ⅳ类场地的烟囱。

3.2.2 烟囱内衬的设置应符合下列规定:

1 砖烟囱应符合下列规定:

　1)当烟气温度大于 400℃时,内衬应沿筒壁全高设置;

　2)当烟气温度小于或等于 400℃时,内衬可在筒壁下部局部设置,其最低设置高度应超过烟道孔顶,超过高度不宜小于孔高的 1/2。

2 钢筋混凝土单筒烟囱的内衬宜沿筒壁全高设置。

3 当筒壁温度符合本规范第 3.3.1 条温度限值且满足防腐蚀要求时,钢烟囱可不设置内衬。但当筒壁温度较高时,应采取防烫伤措施。

4 当烟气腐蚀等级为弱腐蚀及以上时,烟囱内衬设置尚应符合本规范第 11 章的有关规定。

5 内衬厚度应由温度计算确定,但烟道进口处一节或地下烟道基础内部分的厚度不应小于 200mm 或一砖。其他各节不应小于 100mm 或半砖。内衬各节的搭接长度不应小于 300mm 或六皮砖(图 3.2.2)。

3.2.3 隔热层的构造应符合下列规定:

1 采用砖砌内衬、空气隔热层时,厚度宜为 50mm,同时应在内衬靠筒壁一侧按竖向间距 1m,环向间距为 500mm 挑出顶砖,顶砖与筒壁间应留 10mm 缝隙。

2 填料隔热层的厚度宜采用 80mm~200mm,同时应在内衬上设置间距为 1.5m~2.5m 整圈防沉带,防沉带与筒壁之间应留出 10mm 的温度缝(图 3.2.3)。

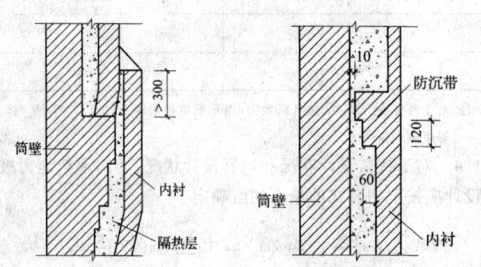

图 3.2.2 内衬搭接(mm)　图 3.2.3 防沉带构造(mm)

3.2.4 烟囱在同一平面内,有两个烟道口时,宜设置隔烟墙,其高度宜采用烟道孔高度的(0.5~1.5)倍。隔烟墙厚度应根据烟气压力进行计算确定,抗震设防地区应计算地震作用。

3.2.5 烟囱外表面的爬梯应按下列规定设置:

1 爬梯应离开地面 2.5m 处开始设置,并应直至烟囱顶端。

2 爬梯应设在常年主导风向的上风向。

3 烟囱高度大于 40m 时,应在爬梯上设置活动休息板,其间

隔不应超过30m。

3.2.6 烟囱爬梯应设置安全防护围栏。

3.2.7 烟囱外部检修平台,应按下列规定设置:

  1 烟囱高度小于60m时,无特殊要求可不设置。

  2 烟囱高度为60m～100m时,可仅在顶部设置。

  3 烟囱高度大于100m时,可在中部适当增设平台。

  4 当设置航空障碍灯时,检修平台可与障碍灯维护平台共用,可不再单独设置检修平台。

  5 当设置烟气排放监测系统时,应根据本规范第3.5.1条规定设置采样平台后,采样平台可与检修平台共用。

  6 烟囱平台应设置高度不低于1.1m的安全护栏和不低于100mm的脚部挡板。

3.2.8 无特殊要求时,砖烟囱可不设置检修平台和信号灯平台。

3.2.9 爬梯和烟囱外部平台各杆件长度不宜超过2.5m,杆件之间可采用螺栓连接。

3.2.10 爬梯和平台等金属构件,宜采用热浸镀锌防腐,镀层厚度应满足表3.2.10的要求,并符合现行国家标准《金属覆盖层 钢铁制件热浸镀锌层 技术要求及试验方法》GB/T 13912 的有关规定。

表3.2.10 金属热浸镀锌最小厚度

镀层厚度 (μm)	钢构件厚度 t(mm)			
	t<1.6	1.6≤t≤3.0	3.0<t≤6.0	t>6
平均厚度	45	55	70	85
局部厚度	35	45	55	70

3.2.11 爬梯、平台与筒壁的连接应满足强度和耐久性要求。

3.2.12 烟囱筒身应设置防雷设施。

3.2.13 烟囱筒身应设沉降观测点和倾斜观测点。清灰装置应根据实际烟气情况确定是否设置。

3.2.14 烟囱基础宜采用环形或圆形板式基础。在条件允许时,可采用壳体基础。对于高度较小且为地上烟道入口的砖烟囱,亦可采用毛石砌体或毛石混凝土刚性基础,基础材质要求应符合本规范第4章的有关规定。

3.2.15 筒壁的计算截面位置应按下列规定采用:

  1 水平截面应取筒壁各节的底截面。

  2 垂直截面可取各节底部单位高度的截面。

3.2.16 在荷载的标准组合效应作用下,钢筋混凝土烟囱、钢结构烟囱和玻璃钢烟囱任意高度的水平位移不应大于该点离地高度的1/100,砖烟囱不应大于1/300。

3.3 受热温度允许值

3.3.1 烟囱筒壁和基础的受热温度应符合下列规定:

  1 烧结普通黏土砖筒壁的最高受热温度不应超过400℃。

  2 钢筋混凝土筒壁和基础以及素混凝土基础的最高受热温度不应超过150℃。

  3 非耐热钢烟囱筒壁的最高受热温度应符合表3.3.1的规定。

表3.3.1 钢烟囱筒壁的最高受热温度

钢 材	最高受热温度(℃)	备注
碳素结构钢	250	用于沸腾钢
	350	用于镇静钢
低合金结构钢和可焊接低合金耐候钢	400	—

  4 玻璃钢烟囱最高受热温度应符合本规范第9章的有关规定。

3.4 钢筋混凝土烟囱筒壁设计规定

3.4.1 对正常使用极限状态,按作用效应标准组合计算的混凝土压应力和钢筋拉应力,应符合本规范第7.4.1条的规定。

3.4.2 对正常使用极限状态,按作用效应标准组合计算的最大水平裂缝宽度和最大垂直裂缝宽度不应大于表3.4.2规定的限值。

表3.4.2 裂缝宽度限值(mm)

部 位	最大裂缝宽度限值
筒壁顶部20m范围内	0.15
其余部位	0.20

3.4.3 安全等级为一级的单筒式钢筋混凝土烟囱,以及套筒式或多管式钢筋混凝土烟囱的筒壁,应采用双侧配筋。其他单筒式钢筋混凝土烟囱筒壁内侧的下列部位应配置钢筋:

  1 筒壁厚度大于350mm时。

  2 夏季筒壁外表面温度长时间大于内侧温度时。

3.4.4 筒壁最小配筋率应符合表3.4.4的规定。

表3.4.4 筒壁最小配筋率(%)

配 筋 方 式		双侧配筋	单侧配筋
竖向钢筋	外侧	0.25	0.40
	内侧	0.20	—
环向钢筋	外侧	0.25(0.20)	0.25
	内侧	0.10(0.15)	—

注:括号内数字为套筒式或多管式钢筋混凝土烟囱最小配筋率。

3.4.5 筒壁环向钢筋应配在竖向钢筋靠筒壁表面(双侧配筋时指内、外表面)一侧,环向钢筋的保护层厚度不应小于30mm。

3.4.6 筒壁钢筋最小直径和最大间距应符合表3.4.6的规定。当为双侧配筋时,内外侧钢筋应用拉筋拉结,拉筋直径不应小于6mm,纵横间距宜为500mm。

表3.4.6 筒壁钢筋最小直径和最大间距(mm)

配筋种类	最小直径	最大间距
竖向钢筋	10	外侧250,内侧300
环向钢筋	8	200,且不大于壁厚

3.4.7 竖向钢筋的分段长度,宜取移动模板的倍数,并加搭接长度。

  钢筋搭接长度应按现行国家标准《混凝土结构设计规范》GB 50010 的规定执行,接头位置应相互错开,并在任一搭接范围内,不应超过截面内钢筋总面积的1/4。

  当钢筋采用焊接接头时,其焊接类型及质量应符合现行行业标准《钢筋焊接及验收规程》JGJ 18 的有关规定。

3.5 烟气排放监测系统

3.5.1 当连续监测烟气排放系统装置离地高度超过2.5m时,应在监测装置下部1.2m～1.3m标高处设置采样平台。平台应设置爬梯或Z形楼梯。当监测装置离地高度超过5m时,平台应设置Z形楼梯、旋转楼梯或升降梯。

3.5.2 安装连续监测烟气排放系统装置的工作区域应提供永久性的电源,并应设防雷接地装置。

3.6 烟囱检修与维护

3.6.1 烟囱设计应设置用于维护和检修的设施。

3.6.2 烟囱设计文件对外露钢结构构件和钢烟囱宜规定检查和维护要求。

4 材 料

4.1 砖 石

4.1.1 砖烟囱筒壁宜采用烧结普通黏土砖,且强度等级不应低于MU10,砂浆强度等级不应低于M5。

4.1.2 烟囱及烟道的内衬材料可按下列规定采用:

1 当烟气温度低于400℃时,可采用强度等级为MU10的烧结普通黏土砖和强度等级为M5的混合砂浆。

2 当烟气温度为400℃～500℃时,可采用强度等级为MU10的烧结普通黏土砖和耐热砂浆。

3 当烟气温度高于500℃时,可采用黏土质耐火砖和黏土质火泥浆,也可采用耐热混凝土。

4 当烟气腐蚀等级为弱腐蚀及以上时,内衬材料尚应符合本规范第11章的有关规定。

4.1.3 石砌基础的材料应采用未风化的天然石材,并应根据地基土的潮湿程度按下列规定采用:

1 当地基土稍湿时,应采用强度等级不低于MU30的石材和强度等级不低于M5的水泥砂浆砌筑。

2 当地基土很湿时,应采用强度等级不低于MU30的石材和强度等级不低于M7.5的水泥砂浆砌筑。

3 当地基土含水饱和时,应采用强度等级不低于MU40的石材和强度等级不低于M10的水泥砂浆砌筑。

4.1.4 砖砌体在温度作用下的抗压强度设计值和弹性模量,可不计入温度的影响,应按现行国家标准《砌体结构设计规范》GB 50003的有关规定执行。

4.1.5 砖砌体的线膨胀系数α_m可按下列规定采用:

1 当砌体受热温度T为20℃～200℃时,α_m可采用5×10^{-6}/℃。

2 当砌体受热温度$T > 200$℃,且$T \leqslant 400$℃时,α_m可按下式确定:

$$\alpha_m = 5 \times 10^{-6} + \frac{T - 200}{200} \times 10^{-6} \quad (4.1.5)$$

4.2 混 凝 土

4.2.1 钢筋混凝土烟囱筒壁的混凝土宜按下列规定采用:

1 混凝土宜采用普通硅酸盐水泥或矿渣硅酸盐水泥配制,强度等级不应低于C25。

2 混凝土的水胶比不宜大于0.45,每立方米混凝土水泥用量不应超过450kg。

3 对于腐蚀环境下的烟囱,筒壁和基础混凝土的基本要求尚应符合现行国家标准《工业建筑防腐蚀设计规范》GB 50046的有关规定。

4 混凝土的骨料应坚硬致密,粗骨料宜采用玄武岩、闪长岩、花岗岩等破碎的碎石或河卵石。细骨料宜采用天然砂,也可采用玄武岩、闪长岩、花岗岩等岩石经破碎筛分后的产品,但不得含有金属矿物、云母、硫酸化合物和硫化物。

5 粗骨料粒径不应超过筒壁厚度的1/5和钢筋净距的3/4,同时最大粒径不应超过60mm;泵送混凝土时最大粒径不应超过40mm。

4.2.2 基础与烟道混凝土最低强度等级应满足现行国家标准《混凝土结构设计规范》GB 50010和《工业建筑防腐蚀设计规范》GB 50046的有关规定,壳体基础混凝土强度等级不应低于C30,非壳体钢筋混凝土基础混凝土强度等级不应低于C25。

4.2.3 混凝土在温度作用下的强度标准值应按表4.2.3的规定采用。

表4.2.3　混凝土在温度作用下的强度标准值(N/mm^2)

受力状态	符号	温度(℃)	混凝土强度等级				
			C20	C25	C30	C35	C40
轴心抗压	f_{ctk}	20	13.40	16.70	20.10	23.40	26.80
		60	11.30	14.20	16.60	19.40	22.20
		100	10.70	13.40	15.60	18.30	20.90
		150	10.10	12.70	14.80	17.30	19.80

续表4.2.3

受力状态	符号	温度(℃)	混凝土强度等级				
			C20	C25	C30	C35	C40
轴心抗拉	f_{ttk}	20	1.54	1.78	2.01	2.20	2.39
		60	1.24	1.41	1.57	1.74	1.86
		100	1.08	1.23	1.37	1.52	1.63
		150	0.93	1.06	1.18	1.31	1.40

注:温度为中间值时,可采用线性插入法计算。

4.2.4 受热温度值应按下列规定采用:

1 轴心受压及轴心受拉时应取计算截面的平均温度。

2 弯曲受压时应取表面最高受热温度。

4.2.5 混凝土在温度作用下的强度设计值应按下列公式计算:

$$f_{ct} = \frac{f_{ctk}}{\gamma_{ct}} \quad (4.2.5-1)$$

$$f_{tt} = \frac{f_{ttk}}{\gamma_{tt}} \quad (4.2.5-2)$$

式中:f_{ct}、f_{tt}——混凝土在温度作用下的轴心抗压、轴心抗拉强度设计值(N/mm^2);

f_{ctk}、f_{ttk}——混凝土在温度作用下的轴心抗压、轴心抗拉强度标准值,按本规范表4.2.3的规定采用(N/mm^2);

γ_{ct}、γ_{tt}——混凝土在温度作用下的轴心抗压强度、轴心抗拉强度分项系数,按表4.2.5的规定采用。

表4.2.5　混凝土在温度作用下的材料分项系数

构件名称	γ_{ct}	γ_{tt}
筒壁	1.85	1.50
壳体基础	1.60	1.40
其他构件	1.40	1.40

4.2.6 混凝土在温度作用下的弹性模量可按下式计算:

$$E_{ct} = \beta_c E_c \quad (4.2.6)$$

式中:E_{ct}——混凝土在温度作用下的弹性模量(N/mm^2);

β_c——混凝土在温度作用下的弹性模量折减系数,按表4.2.6的规定采用;

E_c——混凝土弹性模量(N/mm^2),按现行国家标准《混凝土结构设计规范》GB 50010的规定采用。

表4.2.6　混凝土弹性模量折减系数β_c

系数	受热温度(℃)				受热温度的取值
	20	60	100	150	
β_c	1.00	0.85	0.75	0.65	承载能力极限状态计算时,取筒壁、壳体基础等的平均温度。正常使用极限状态计算时,取筒壁内表面温度。

注:温度为中间值时,应采用线性插入法计算。

4.2.7 混凝土的线膨胀系数α_c可采用1.0×10^{-5}/℃。

4.3 钢筋和钢材

4.3.1 钢筋混凝土筒壁的配筋宜采用HRB335级钢筋,也可采用HRB400级钢筋。抗震设防烈度8度及以上地区,宜选用HRB335E、HRB400E级钢筋。砖筒壁的环向钢筋可采用HPB300级钢筋。钢筋性能应符合现行国家标准《钢筋混凝土用钢　第1部分:热轧光圆钢筋》GB 1499.1和《钢筋混凝土用钢　第2部分:热轧带肋钢筋》GB 1499.2的有关规定。

4.3.2 在温度作用下,钢筋的强度标准值应按下式计算:

$$f_{ytk} = \beta_{yt} f_{yk} \quad (4.3.2)$$

式中：f_{ytk}——钢筋在温度作用下强度标准值（N/mm²）；

f_{yk}——钢筋在常温下强度标准值（N/mm²），按现行国家标准《混凝土结构设计规范》GB 50010采用；

β_{yt}——钢筋在温度作用下强度折减系数，温度不大于100℃时取1.00，150℃时取0.90，中间值采用线性插入。

4.3.3 钢筋的强度设计值应按下式计算：

$$f_{yt}=\frac{f_{ytk}}{\gamma_{yt}} \qquad (4.3.3)$$

式中：f_{yt}——钢筋在温度作用下的抗拉强度设计值（N/mm²）；

γ_{yt}——钢筋在温度作用下的抗拉强度分项系数，按表4.3.3的规定采用。

表4.3.3 钢筋在温度作用下的材料分项系数

序号	构件名称	γ_{yt}
1	钢筋混凝土筒壁	1.6
2	壳体基础	1.2
3	砖筒壁竖筋	1.9
4	砖筒壁环筋	1.6
5	其他构件	1.1

注：当钢筋在温度作用下的抗拉强度设计值的计算值大于现行国家标准《混凝土结构设计规范》GB 50010规定的常温下相应系数时，应取常温下强度设计值。

4.3.4 钢烟囱的钢材、钢筋混凝土烟囱及砖烟囱附件的钢材，应符合现行国家标准《钢结构设计规范》GB 50017的有关规定，并应符合下列规定：

1 钢烟囱塔架和筒壁可采用Q235、Q345、Q390、Q420钢。其质量应分别符合现行国家标准《碳素结构钢》GB/T 700和《低合金高强度结构钢》GB/T 1591的规定。

2 处在大气潮湿地区的钢烟囱塔架和筒壁或排放烟气属于中等腐蚀性的筒壁，宜采用Q235NH、Q295NH或Q355NH可焊接低合金耐候钢。其质量应符合现行国家标准《耐候结构钢》GB/T 4171的有关规定。腐蚀性烟气分级应按本规范第11章的规定执行。

3 烟囱的平台、爬梯和砖烟囱的环向钢箍宜采用Q235B级钢材。

4.3.5 当作用温度不大于100℃时，钢材和焊缝的强度设计值应按现行国家标准《钢结构设计规范》GB 50017的规定采用。对未作规定的耐候钢应按表4.3.5-1和表4.3.5-2的规定采用。

表4.3.5-1 耐候钢的强度设计值（N/mm²）

钢材		抗拉、抗压和抗弯强度 f	抗剪强度 f_v	端面承压(刨平顶紧) f_{ce}
牌号	厚度 t(mm)			
Q235NH	$t\leqslant16$	210	120	275
	$16<t\leqslant40$	200	115	275
	$40<t\leqslant60$	190	110	275
Q295NH	$t\leqslant16$	265	150	320
	$16<t\leqslant40$	255	145	320
	$40<t\leqslant60$	245	140	320
Q355NH	$t\leqslant16$	315	185	370
	$16<t\leqslant40$	310	180	370
	$40<t\leqslant60$	300	170	370

表4.3.5-2 耐候钢的焊缝强度设计值（N/mm²）

焊接方法和焊条型号	构件钢材		对接焊缝				角焊缝
	牌号	厚度 t(mm)	抗压强度 f_c^w	焊接质量为下列等级时,抗拉强度 f_t^w		抗剪强度 f_v^w	抗拉、抗压和抗剪 f_f^w
				一级、二级	三级		
自动焊、半自动焊和E43型焊条的手工焊	Q235NH	$t\leqslant16$	210	210	175	120	140
		$16<t\leqslant40$	200	200	170	115	140
		$40<t\leqslant60$	190	190	160	110	140
	Q295NH	$t\leqslant16$	265	265	225	150	140
		$16<t\leqslant40$	255	255	215	145	140
		$40<t\leqslant60$	245	245	210	140	140
自动焊、半自动焊和E50型焊条的手工焊	Q355NH	$t\leqslant16$	315	315	270	185	165
		$16<t\leqslant40$	310	310	260	180	165
		$40<t\leqslant60$	300	300	255	170	165

注：1 自动焊和半自动焊所采用的焊丝和焊剂，应保证其熔敷金属抗拉强度不低于相应手工焊焊条的数值。

2 焊缝质量等级应符合现行国家标准《钢结构工程施工质量验收规范》GB 50205的有关规定。

3 对接焊缝抗弯受压区强度取 f_c^w，抗弯受拉区强度设计值取 f_t^w。

4.3.6 Q235、Q345、Q390和Q420钢材及其焊缝在温度作用下的强度设计值，应按下列公式计算：

$$f_t=\gamma_s f \qquad (4.3.6-1)$$
$$f_{vt}=\gamma_s f_v \qquad (4.3.6-2)$$
$$f_{xt}^w=\gamma_s f_x^w \qquad (4.3.6-3)$$
$$\gamma_s=1.0+\frac{T}{767\times\ln\dfrac{T}{1750}} \qquad (4.3.6-4)$$

式中：f_t——钢材在温度作用下的抗拉、抗压和抗弯强度设计值（N/mm²）；

f_{vt}——钢材在温度作用下的抗剪强度设计值（N/mm²）；

f_{xt}^w——焊缝在温度作用下各种受力状态的强度设计值（N/mm²），下标字母 x 为字母 c(抗压)、t(抗拉)、v(抗剪)和f(角焊缝强度)的代表；

γ_s——钢材及焊缝在温度作用下强度设计值的折减系数；

f——钢材在温度不大于100℃时的抗拉、抗压和抗弯强度设计值（N/mm²）；

f_v——钢材在温度不大于100℃时的抗剪强度设计值（N/mm²）；

f_x^w——焊缝在温度大于100℃时各种受力状态的强度设计值（N/mm²），下标字母 x 为字母 c(抗压)、t(抗拉)、v(抗剪)和f(角焊缝强度)的代表；

T——钢材或焊缝计算处温度（℃）。

4.3.7 钢筋在温度作用下的弹性模量可不计及温度折减，应按现行国家标准《混凝土结构设计规范》GB 50010采用。钢材在温度作用下的弹性模量应折减，并应按下式计算：

$$E_t=\beta_d E \qquad (4.3.7)$$

式中：E_t——钢材在温度作用下的弹性模量（N/mm²）；

β_d——钢材在温度作用下弹性模量的折减系数，按表4.3.7的规定采用；

E——钢材在作用温度小于或等于100℃时的弹性模量（N/mm²），按现行国家标准《钢结构设计规范》GB 50017的规定采用。

表4.3.7 钢材弹性模量的温度折减系数

折减系数	作用温度（℃）						
	$\leqslant100$	150	200	250	300	350	400
β_d	1.00	0.98	0.96	0.94	0.92	0.88	0.83

注：温度为中间值时，应采用线性插入法计算。

4.3.8 钢筋和钢材的线膨胀系数 α_c 可采用 1.2×10^{-5}/℃。

4.4 材料热工计算指标

4.4.1 隔热材料应采用无机材料,其干燥状态下的重力密度不宜大于 $8kN/m^3$。

4.4.2 材料的热工计算指标,应按实际试验资料确定。当无试验资料时,对几种常用的材料,干燥状态下可按表 4.4.2 的规定采用。在确定材料的热工计算指标时,应计入下列因素对隔热材料导热性能的影响:

1 对于松散型隔热材料,应计入由于运输、捆扎、堆放等原因所造成的导热系数增大的影响。

2 对于烟气温度低于 150℃时,宜采用憎水性隔热材料。当采用非憎水性隔热材料时应计入湿度对导热性能的影响。

表 4.4.2 材料在干燥状态下的热工计算指标

材料种类		最高使用温度(℃)	重力密度(kN/m³)	导热系数[W/(m·K)]
普通黏土砖砌体		500	18	$0.81+0.0006T$
黏土耐火砖砌体		1400	19	$0.93+0.0006T$
陶土砖砌体		1150	18~22	$(0.35\sim1.10)+0.0005T$
漂珠轻质耐火砖		900	6~11	0.20~0.40
硅藻土砖砌体		900	5	$0.12+0.00023T$
			6	$0.14+0.00023T$
			7	$0.17+0.00023T$
普通钢筋混凝土		200	24	$1.74+0.0005T$
普通混凝土		200	23	$1.51+0.0005T$
耐火混凝土		1200	19	$0.82+0.0006T$
轻骨料混凝土(骨料为页岩陶粒或浮石)		400	15	$0.67+0.00012T$
			13	$0.53+0.00012T$
			11	$0.42+0.00012T$
膨胀珍珠岩(松散体)		750	0.8~2.5	$(0.052\sim0.076)+0.0001T$
水泥珍珠岩制品		600	4.5	$(0.058\sim0.16)+0.0001T$
高炉水渣		800	5.0	$(0.1\sim0.16)+0.0003T$
岩棉		500	0.5~2.5	$(0.036\sim0.05)+0.0002T$
矿渣棉		600	1.2~1.5	$(0.031\sim0.044)+0.0002T$
矿渣棉制品		600	3.5~4.0	$(0.047\sim0.07)+0.0002T$
垂直封闭空气层(厚度为50mm)		—	—	$0.333+0.0052T$
建筑钢		—	78.5	58.15
自然干燥下	砂土	—	16	0.35~1.28
	黏土	—	18~20	0.58~1.45
	黏土夹砂	—	18	0.69~1.26

注:1 有条件时应采用实测数据。
　　2 表中 T 为烟气温度(℃)。

5 荷载与作用

5.1 荷载与作用的分类

5.1.1 烟囱的荷载与作用可按下列规定分类:

1 结构自重、土压力、拉线的拉力应为永久作用。

2 风荷载、烟气温度作用、大气温度作用、安装检修荷载、平台活荷载、裹冰荷载、地震作用、烟气压力及地基沉陷等应为可变作用。

3 拉线断线应为偶然作用。

5.1.2 烟气产生的烟气温度作用和烟气压力作用应按正常运行工况和非正常运行工况确定。因脱硫装置或余热锅炉设备故障等原因所引起的事故状态,应按非正常运行工况确定,并应按短暂设计状况进行设计。

5.1.3 本规范未规定的荷载与作用,均应按现行国家标准《建筑结构荷载规范》GB 50009 和《建筑抗震设计规范》GB 50011 的规定采用。

5.2 风 荷 载

5.2.1 基本风压应按现行国家标准《建筑结构荷载规范》GB 50009 规定的 50 年一遇的风压采用,但基本风压不得小于 $0.35kN/m^2$。烟囱安全等级为一级时,其计算风压应按基本风压的 1.1 倍确定。

5.2.2 计算塔架式钢烟囱风荷载时,可不计入塔架与排烟筒的相互影响,可分别计算塔架和排烟筒的基本风荷载。

5.2.3 塔架式钢烟囱的排烟筒为两个及以上时,排烟筒的风荷载体型系数,应由风洞试验确定。

5.2.4 对于圆形钢筋混凝土烟囱和自立式钢结构烟囱,当其坡度小于或等于 2% 时,应根据雷诺数的不同情况进行横风向风振验算;并应符合下列规定:

1 用于横风向风振验算的雷诺数 Re、临界风速和风速,应分别按下列公式计算:

$$Re=69000vd \qquad (5.2.4-1)$$

$$v_{cr,j}=\frac{d}{S_t\times T_j} \qquad (5.2.4-2)$$

$$v_H=40\sqrt{\mu_H w_0} \qquad (5.2.4-3)$$

式中:$v_{cr,j}$——第 j 振型临界风速(m/s);

v_H——烟囱顶部 H 处风速(m/s);

v——计算高度处风速(m/s),计算烟囱筒身风振时,可取 $v=v_{cr,j}$;

d——圆形杆件外径(m),计算烟囱筒身时,可取烟囱 2/3 高度处外径;

S_t——斯脱罗哈数,圆形截面结构或杆件的取值范围为 0.2~0.3,对于非圆形截面杆件可取 0.15;

T_j——结构或杆件的第 j 振型自振周期(s);

μ_H——烟囱顶部 H 处风压高度变化系数;

w_0——基本风压(kN/m²)。

2 当 $Re<3\times10^5$,且 $v_H>v_{cr,j}$ 时,自立式钢烟囱和钢筋混凝土烟囱可不计算亚临界横风向风振荷载,但对于塔架式钢烟囱的塔架杆件,在构造上应采取防振措施或控制杆件的临界风速不小于 15m/s。

3 当 $Re\geq3.5\times10^6$,且 $1.2v_H>v_{cr,j}$ 时,应验算其共振响应。横风向共振响应可采用下列公式进行简化计算:

$$w_{cxj}=|\lambda_j|\frac{v_{cr,j}^2\varphi_{zj}}{12800\zeta_j} \qquad (5.2.4-4)$$

$$\lambda_j=\lambda_j(H_1/H)-\lambda_j(H_2/H) \qquad (5.2.4-5)$$

$$H_1 = H \left(\frac{v_{cr,j}}{1.2v_H} \right)^{\frac{1}{\alpha}} \qquad (5.2.4-6)$$

$$H_2 = H \left(\frac{1.3v_{cr,j}}{v_H} \right)^{\frac{1}{\alpha}} \qquad (5.2.4-7)$$

式中：ζ_j——第 j 振型结构阻尼比，对于第一振型，混凝土烟囱取 0.05；无内衬钢烟囱取 0.01；有内衬钢烟囱取 0.02；玻璃钢烟囱取 0.035；对于高振型的阻尼比，无实测资料时，可按第一振型选用；

w_{crj}——横风向共振响应等效风荷载 (kN/m²)；

H——烟囱高度 (m)；

H_1——横风向共振荷载范围起点高度 (m)；

H_2——横风向共振荷载范围终点高度 (m)；

α——地面粗糙度系数，按现行国家标准《建筑结构荷载规范》GB 50009 的规定取值，对于钢烟囱可根据实际情况取不利数值；

φ_{zj}——在 z 高度处结构的 j 振型系数；

$\lambda_j(H_i/H)$——j 振型计算系数，根据"锁住区"起点高度 H_1 或终点高度 H_2 与烟囱整个高度 H 的比值按表 5.2.4 选用。

表 5.2.4 $\lambda_j(H_i/H)$ 计算系数

振型序号	H_i/H										
	0	0.1	0.2	0.3	0.4	0.5	0.6	0.7	0.8	0.9	1.0
1	1.56	1.55	1.54	1.49	1.42	1.31	1.15	0.94	0.68	0.37	0
2	0.83	0.82	0.76	0.60	0.37	0.09	-0.16	-0.33	-0.38	-0.27	0
3	0.52	0.48	0.32	0.06	-0.19	-0.30	-0.21	0	0.20	0.23	0

注：中间值可采用线性插值计算。

4 当雷诺数为 $3 \times 10^5 \leqslant Re \leqslant 3.5 \times 10^6$ 时，可不计算横风向共振荷载。

5.2.5 在验算横风向共振时，应计算风速小于基本设计风压工况下可能发生的最不利共振响应。

5.2.6 当烟囱发生横风向共振时，可将横风向共振荷载效应 S_C 与对应风速下顺风向荷载效应 S_A 按下式进行组合：

$$S = \sqrt{S_C^2 + S_A^2} \qquad (5.2.6)$$

5.2.7 在径向局部风压作用下，烟囱竖向截面最大环向风弯矩可按下列公式计算：

$$M_{\theta in} = 0.314\mu_z w_0 r^2 \qquad (5.2.7-1)$$

$$M_{\theta out} = 0.272\mu_z w_0 r^2 \qquad (5.2.7-2)$$

式中：$M_{\theta in}$——筒壁内侧受拉环向风弯矩 (kN·m/m)；

$M_{\theta out}$——筒壁外侧受拉环向风弯矩 (kN·m/m)；

μ_z——风压高度变化系数；

r——计算高度处烟囱外半径 (m)。

5.3 平台活荷载与积灰荷载

5.3.1 烟囱平台活荷载取值应符合下列规定：

1 分段支承排烟筒和悬挂式排烟筒的承重平台除应包括承受排烟筒自重荷载外，还应计入 7kN/m² ～11kN/m² 的施工检修荷载。当构件从属受荷面积大于或等于 50m² 时应取小值，小于或等于 20m² 时应取大值，中间可线性插值。

2 用于自立式或悬挂式钢内筒的吊装平台，应根据施工吊装方案，确定荷载设计值。但平台各构件的活荷载应取 7kN/m² ～11kN/m²。当构件从属受荷面积大于或等于 50m² 时可取小值，小于或等于 20m² 时应取大值，中间可线性插值。

3 非承重检修平台、采样平台和障碍灯平台，活荷载可取 3kN/m²。

4 套筒式或多管式钢筋混凝土烟囱顶部平台，活荷载可取 7kN/m²。

5.3.2 排烟筒内壁应根据内衬材料特性及烟气条件，计入 0～

50mm 厚积灰荷载。干积灰重力密度可取 10.4kN/m³；潮湿积灰重力密度可取 11.7kN/m³；湿积灰重力密度可取 12.8kN/m³。

5.3.3 烟囱积灰平台的积灰荷载应按实际情况确定，并不宜小于 7kN/m²。

5.4 裹冰荷载

5.4.1 拉索式钢烟囱的拉索和塔架式钢烟囱的塔架，符合裹冰气象条件时，应计算裹冰荷载。裹冰荷载可按现行国家标准《高耸结构设计规范》GB 50135 的有关规定进行计算。

5.5 地震作用

5.5.1 烟囱抗震验算应符合下列规定：

1 本规范未作规定的均应按现行国家标准《建筑抗震设计规范》GB 50011 的有关规定执行。

2 在地震作用计算时，钢筋混凝土烟囱和砖烟囱的结构阻尼比可取 0.05，无内衬钢烟囱可取 0.01，有内衬钢烟囱可取 0.02，玻璃钢烟囱可取 0.035。

3 抗震设防烈度为 6 度和 7 度时，可不计算竖向地震作用；8 度和 9 度时，应计算竖向地震作用。

5.5.2 抗震设防烈度为 6 度时，Ⅰ、Ⅱ类场地的砖烟囱，可仅配置环向钢箍或环向钢筋，其他抗震设防地区的砖烟囱应按本规范第 6.5 节的规定配置竖向钢筋。

5.5.3 下列烟囱可不进行截面抗震验算，但应满足抗震构造要求：

1 抗震设防烈度为 7 度时Ⅰ、Ⅱ类场地，且基本风压 $w_0 \geqslant$ 0.5kN/m² 的钢筋混凝土烟囱。

2 抗震设防烈度为 7 度时Ⅲ、Ⅳ类场地和 8 度时Ⅰ、Ⅱ类场地，且高度不超过 45m 的砖烟囱。

5.5.4 水平地震作用可按现行国家标准《建筑抗震设计规范》GB 50011 规定的振型分解反应谱法进行计算。高度不超过 150m 时，可计算前 3 个振型组合；高度超过 150m 时，可计算前 3 个～5 个振型组合；高度大于 200m 时，计算的振型数量不应少于 5 个。

5.5.5 烟囱竖向地震作用标准值可按下列公式计算：

1 烟囱根部的竖向地震作用可按下式计算：

$$F_{Ev0} = \pm 0.75\alpha_{vmax} G_E \qquad (5.5.5-1)$$

2 其余各截面可按下列公式计算：

$$F_{Evik} = \pm\eta \left(G_{iE} - \frac{G_{iE}^2}{G_E} \right) \qquad (5.5.5-2)$$

$$\eta = 4(1+C)\kappa_v \qquad (5.5.5-3)$$

式中：F_{Evik}——计算截面 i 的竖向地震作用标准值 (kN)，对于烟囱根部截面，当 $F_{Evik} < F_{Ev0}$ 时，取 $F_{Evik} = F_{Ev0}$；

G_{iE}——计算截面 i 以上的烟囱重力荷载代表值 (kN)，取截面 i 以上的重力荷载标准值与平台活荷载组合值之和，活荷载组合值系数按本规范表 3.1.8-2 的规定采用；套筒或多筒式烟囱，当采用自承重式排烟筒时，G_{iE} 不包括排烟筒重量；当采用平台支承排烟筒时，平台及排烟筒重量通过平台传给外承重筒，在 G_{iE} 计入平台及排烟筒重量；

G_E——基础顶面以上的烟囱总重力荷载代表值 (kN)，取烟囱总重力荷载标准值与各层平台活荷载组合值之和，活荷载组合值系数按本规范表 3.1.8-2 的规定采用；套筒或多管式烟囱，当采用自承重式排烟筒时，G_E 不包括排烟筒重量；当采用平台支承排烟筒时，平台及排烟筒重量通过平台传给外承重筒，在 G_E 中计入平台及排烟筒重量；

C——结构材料的弹性恢复系数，砖烟囱取 $C=0.6$；钢筋混凝土烟囱与玻璃钢烟囱取 $C=0.7$；钢烟囱取 $C=0.8$；

κ_v——竖向地震系数，按现行国家标准《建筑抗震设计规范》GB 50011 规定的设计基本地震加速度与重力加速度比值的 65% 采用，7 度取 $\kappa_v = 0.065(0.1)$；8 度取 $\kappa_v = 0.13(0.2)$；9 度取 $\kappa_v = 0.26$；$\kappa_v = 0.1$ 和 $\kappa_v = 0.2$ 分别用于设计基本地震加速度为 $0.15g$ 和 $0.30g$ 的地区；

α_{vmax}——竖向地震影响系数最大值，按现行国家标准《建筑抗震设计规范》GB 50011 的规定，取水平地震影响系数最大值的 65%。

5.5.6 悬挂式和分段支承式排烟筒竖向地震力计算时，可将悬挂或支承平台作为排烟筒根部、排烟筒自由端作为顶部按本规范第 5.5.5 条进行计算，并应根据悬挂或支承平台的高度位置，对计算结果乘以竖向地震效应增大系数，增大系数可按下列公式进行计算：

$$\beta = \zeta \beta_{vi} \qquad (5.5.6\text{-}1)$$

$$\beta_{vi} = 4(1+C)\left(1 - \frac{G_{iE}}{G_E}\right) \qquad (5.5.6\text{-}2)$$

$$\zeta = \frac{1}{1 + \dfrac{G_{vE} L^3}{47 EI T_{vg}^2}} \qquad (5.5.6\text{-}3)$$

式中：β——竖向地震效应增大系数；

β_{vi}——修正前第 i 层悬挂或支承平台竖向地震效应增大系数；

ζ——平台刚度对竖向地震效应的折减系数；

G_{vE}——悬挂（或支承）平台一根主梁所承受的总重力荷载（包括主梁自重荷载）代表值（kN）；

L——主梁跨度（m）；

E——主梁材料的弹性模量（kN/m^2）；

I——主梁截面惯性矩（m^4）；

T_{vg}——竖向地震场地特征周期（s），可取设计第一组水平地震特征周期的 65%。

5.6 温度作用

5.6.1 烟囱内部的烟气温度，应符合下列规定：

1 计算烟囱最高受热温度和确定材料在温度作用下的折减系数时，应采用烟囱使用时的最高温度。

2 确定烟气露点温度和防腐蚀措施时，应采用烟气温度变化范围下限值。

5.6.2 烟囱外部的环境温度，应按下列规定采用：

1 计算烟囱最高受热温度和确定材料在温度作用下的折减系数时，应采用极端最高温度。

2 计算筒壁温度差时，应采用极端最低温度。

5.6.3 筒壁计算出的各点受热温度，均不应大于本规范第 3.3.1 条和表 4.4.2 规定的相应材料最高使用温度允许值。

5.6.4 烟囱内衬、隔热层和筒壁以及基础和烟道各点的受热温度（图 5.6.4-1 和图 5.6.4-2），可按下式计算：

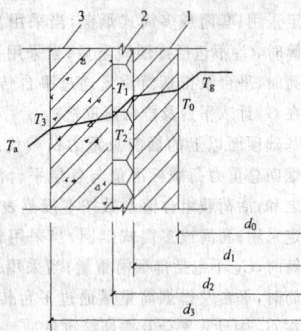

图 5.6.4-1 单筒烟囱传热计算
1—内衬；2—隔热层；3—筒壁

$$T_{cj} = T_g - \frac{T_g - T_a}{R_{tot}}\left(R_{in} + \sum_{i=1}^{j} R_i\right) \qquad (5.6.4)$$

式中：T_{cj}——计算点 j 的受热温度（℃）；

T_g——烟气温度（℃）；

T_a——空气温度（℃）；

R_{tot}——内衬、隔热层、筒壁或基础环壁及环壁外侧计算土层等总热阻（$m^2 \cdot K/W$）；

R_i——第 i 层热阻（$m^2 \cdot K/W$）；

R_{in}——内衬内表面的热阻（$m^2 \cdot K/W$）。

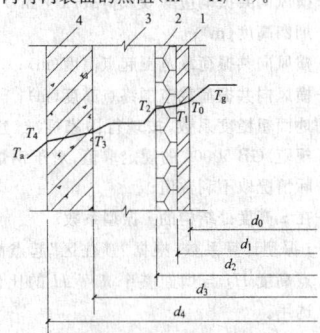

图 5.6.4-2 套筒烟囱传热计算
1—内筒；2—隔热层；3—空气层；4—筒壁

5.6.5 单筒烟囱内衬、隔热层、筒壁热阻以及总热阻，可分别按下列公式计算：

$$R_{tot} = R_{in} + \sum_{i=1}^{3} R_i + R_{ex} \qquad (5.6.5\text{-}1)$$

$$R_{in} = \frac{1}{\alpha_{in} d_0} \qquad (5.6.5\text{-}2)$$

$$R_i = \frac{1}{2\lambda_i} \ln \frac{d_i}{d_{i-1}} \qquad (5.6.5\text{-}3)$$

$$R_{ex} = \frac{1}{\alpha_{ex} d_3} \qquad (5.6.5\text{-}4)$$

式中：R_i——筒身第 i 层结构热阻（$i=1$ 代表内衬；$i=2$ 代表隔热层；$i=3$ 代表筒壁）（$m^2 \cdot K/W$）；

λ_i——筒身第 i 层结构导热系数[$W/(m \cdot K)$]；

α_{in}——内衬内表面传热系数[$W/(m^2 \cdot K)$]；

α_{ex}——筒壁外表面传热系数[$W/(m^2 \cdot K)$]；

R_{ex}——筒壁外表面的热阻（$m^2 \cdot K/W$）；

d_0、d_1、d_2、d_3——分别为内衬、隔热层、筒壁内直径及筒壁外直径（m）。

5.6.6 套筒烟囱内筒、隔热层、筒壁热阻以及总热阻，可分别按下列公式进行计算：

$$R_{tot} = R_{in} + \sum_{i=1}^{4} R_i + R_{ex} \qquad (5.6.6\text{-}1)$$

$$R_{in} = \frac{1}{\beta \alpha_{in} d_0} \qquad (5.6.6\text{-}2)$$

$$R_1 = \frac{1}{2\beta \lambda_1} \ln \frac{d_1}{d_0} \qquad (5.6.6\text{-}3)$$

$$R_2 = \frac{1}{2\beta \lambda_2} \ln \frac{d_2}{d_1} \qquad (5.6.6\text{-}4)$$

$$R_3 = \frac{1}{\alpha_s d_2} \qquad (5.6.6\text{-}5)$$

$$R_4 = \frac{1}{2\lambda_4} \ln \frac{d_i}{d_3} \qquad (5.6.6\text{-}6)$$

$$R_{ex} = \frac{1}{\alpha_{ex} d_4} \qquad (5.6.6\text{-}7)$$

$$\alpha_s = 1.211 + 0.0681 T_g \qquad (5.6.6\text{-}8)$$

式中：β——有通风条件时的外筒与内筒传热比，外筒与内筒间距不应小于 100mm，并取 $\beta = 0.5$；

α_s——有通风条件时，外筒内表面与内筒外表面的传热系数。

5.6.7 矩形烟道侧壁或地下烟道的烟囱基础底板的总热阻可按

本规范公式(5.6.5-1)计算，各层热阻可按下列公式进行计算：

$$R_{in} = \frac{1}{\alpha_{in}} \qquad (5.6.7\text{-}1)$$

$$R_i = \frac{t_i}{\lambda_i} \qquad (5.6.7\text{-}2)$$

$$R_{ex} = \frac{1}{\alpha_{ex}} \qquad (5.6.7\text{-}3)$$

式中：t_i——分别为内衬、隔热层、筒壁或计算土层厚度(m)。

5.6.8 内衬内表面的传热系数和筒壁或计算土层外表面的传热系数，可分别按表5.6.8-1及表5.6.8-2采用。

表5.6.8-1 内衬内表面的传热系数 α_{in}

烟气温度(℃)	传热系数[W/(m²·K)]
50~100	33
101~300	38
>300	58

表5.6.8-2 筒壁或计算土层外表面的传热系数 α_{ex}

季 节	传热系数[W/(m²·K)]
夏季	12
冬季	23

5.6.9 在烟道口高度范围内烟气温差可按下式计算：

$$\Delta T_0 = \beta T_g \qquad (5.6.9)$$

式中：ΔT_0——烟道入口高度范围内烟气温差(℃)；
　　　β——烟道口范围烟气不均匀温度变化系数，宜根据实际工程情况选取，当无可靠经验时，可按表5.6.9选取。

表5.6.9 烟道口范围烟气不均匀温度变化系数 β

烟道情况	一个烟道		两个或多个烟道	
	干式除尘	湿式除尘或湿法脱硫	直接与烟囱连接	在烟囱外部通过汇流烟道连接
β	0.15	0.30	0.80	0.45

注：多烟道时，烟气温度 T_g 按各烟道烟气流量加权平均值确定。

5.6.10 烟道口上部烟气温差可按下式进行计算：

$$\Delta T_g = \Delta T_0 \cdot e^{-\zeta_t \cdot z/d_0} \qquad (5.6.10)$$

式中：ΔT_g——距离烟道口顶部 z 高度处的烟气温差(℃)；
　　　ζ_t——衰减系数；多烟道且设有隔烟墙时，取 $\zeta_t = 0.15$；其余情况取 $\zeta_t = 0.40$；
　　　z——距离烟道口顶部计算点的距离(m)；
　　　d_0——烟道口上部烟囱内直径(m)。

5.6.11 沿烟囱直径两端，筒壁厚度中点处温度差可按下式进行计算：

$$\Delta T_m = \Delta T_g \left(1 - \frac{R_{tot}^c}{R_{tot}}\right) \qquad (5.6.11)$$

式中：R_{tot}^c——从烟囱内衬内表面到烟囱筒壁中点的总热阻(m²·K/W)。

5.6.12 自立式钢烟囱或玻璃钢烟囱由筒壁温差产生的水平位移，可按下列公式计算：

$$u_x = \theta_0 H_B \left(z + \frac{1}{2} H_B\right) + \frac{\theta_0}{V}\left[z - \frac{1}{V}(1 - e^{-V \cdot z})\right] \qquad (5.6.12\text{-}1)$$

$$\theta_0 = 0.811 \times \frac{\alpha_z \Delta T_{m0}}{d} \qquad (5.6.12\text{-}2)$$

$$V = \zeta_t / d \qquad (5.6.12\text{-}3)$$

式中：u_x——距离烟道口顶部 z 处筒壁截面的水平位移(m)；
　　　θ_0——在烟道口范围内的截面转角变位(rad)；
　　　H_B——筒壁烟道口高度(m)；

α_z——筒壁材料的纵向膨胀系数；
　　　d——筒壁厚度中点所在圆直径(m)；
　　　ΔT_{m0}——$z = 0$ 时 ΔT_m 计算值。

5.6.13 在不计算支承平台水平约束和重力影响的情况下，悬挂式排烟筒由筒壁温差产生的水平位移可按下式计算：

$$u_x = \frac{\theta_0}{V}\left[z - \frac{1}{V}(1 - e^{-V \cdot z})\right] \qquad (5.6.13)$$

5.6.14 钢或玻璃钢内筒轴向温度应力应根据各层支承平台约束情况确定。内筒可按梁柱计算模型处理，并应根据各层支承平台位置的位移与按本规范第5.6.12条或第5.6.13条计算的相应位置处的位移相等计算梁柱内力，该内力可近似为内筒计算温度应力。内筒计算温度应力也可按下列公式计算：

$$\sigma_m^T = 0.4 E_{zc} \alpha_z \Delta T_m \qquad (5.6.14\text{-}1)$$

$$\sigma_{sec}^T = 0.1 E_{zc} \alpha_z \Delta T_g \qquad (5.6.14\text{-}2)$$

$$\sigma_b^T = 0.5 E_{zb} \alpha_z \Delta T_w \qquad (5.6.14\text{-}3)$$

式中：σ_m^T——筒身弯曲温度应力(MPa)；
　　　σ_{sec}^T——温度次应力(MPa)；
　　　σ_b^T——筒壁内外温差引起的温度应力(MPa)；
　　　E_{zc}——筒壁纵向受压或受拉弹性模量(MPa)；
　　　E_{zb}——筒壁纵向弯曲弹性模量(MPa)；
　　　ΔT_w——筒壁内外温差(℃)。

5.6.15 钢或玻璃钢内筒环向温度应力可按下式计算：

$$\sigma_\theta^T = 0.5 E_{\theta b} \alpha_\theta \Delta T_w \qquad (5.6.15)$$

式中：α_θ——筒壁材料环向膨胀系数；
　　　$E_{\theta b}$——筒壁环向弯曲弹性模量(MPa)。

5.7 烟气压力计算

5.7.1 烟气压力可按下列公式计算：

$$p_g = 0.01(\rho_a - \rho_g)h \qquad (5.7.1\text{-}1)$$

$$\rho_a = \rho_{ao} \frac{273}{273 + T_a} \qquad (5.7.1\text{-}2)$$

$$\rho_g = \rho_{go} \frac{273}{273 + T_g} \qquad (5.7.1\text{-}3)$$

式中：p_g——烟气压力(kN/m²)；
　　　ρ_a——烟囱外部空气密度(kg/m³)；
　　　ρ_g——烟气密度(kg/m³)；
　　　h——烟道口中心标高到烟囱顶部的距离(m)；
　　　ρ_{ao}——标准状态下的大气密度(kg/m³)，按1.285kg/m³采用；
　　　ρ_{go}——标准状态下的烟气密度(kg/m³)，按燃烧计算结果采用；无计算数据时，干式除尘(干烟气)取1.32kg/m³，湿式除尘(湿烟气)取1.28kg/m³；
　　　T_a——烟囱外部环境温度(℃)；
　　　T_g——烟气温度(℃)。

5.7.2 钢内筒非正常操作压力或爆炸压力应根据各工程实际情况确定，且其负压值不应小于2.5kN/m²。压力值可沿钢内筒高度取恒定值。

5.7.3 烟气压力对排烟筒产生的环向拉力或压应力可按下式计算：

$$\sigma_\theta = \frac{p_g r}{t} \qquad (5.7.3)$$

式中：σ_θ——烟气压力产生的环向拉应力(烟气正压运行)或压应力(烟气负压运行)(kN/m²)；
　　　r——排烟筒半径(m)；
　　　t——排烟筒壁厚(m)。

6 砖 烟 囱

6.1 一 般 规 定

6.1.1 砖烟囱筒壁设计,应进行下列计算和验算:

1 水平截面应进行承载力极限状态计算和荷载偏心距验算,并应符合下列规定:

1) 在永久作用和风荷载设计值作用下,按本规范第 6.2.1 条的规定进行承载能力极限状态计算。

2) 抗震设防烈度为 6 度(Ⅲ、Ⅳ类场地)以上地区的砖烟囱,应按本规范第 6.5 节有关规定进行竖向钢筋计算。

3) 在永久作用和风荷载设计值作用下,按本规范第 6.2.2 条验算水平截面抗裂度。

2 在温度作用下,应按正常使用极限状态,进行环向钢箍或环向钢筋计算。计算出的环向钢箍或环向钢筋截面积,小于构造值时,应按构造值配置。

6.2 水平截面计算

6.2.1 筒壁在永久作用和风荷载共同作用下,水平截面极限承载能力应按下列公式计算:

$$N \leqslant \varphi f A \tag{6.2.1-1}$$

$$\varphi = \frac{1}{1 + \left(\frac{e_0}{i} + \beta\sqrt{\alpha}\right)^2} \tag{6.2.1-2}$$

$$\beta = h_d / d \tag{6.2.1-3}$$

式中:N——永久作用产生的轴向压力设计值(N);

f——砖砌体抗压强度设计值,按现行国家标准《砌体结构设计规范》GB 50003 的规定采用;

A——计算截面面积(mm²);

φ——高径比 β 及轴向力偏心距 e_0 对承载力的影响系数;

β——计算截面以上筒壁高径比;

h_d——计算截面至筒壁顶端的高度(m);

d——烟囱计算截面直径(m);

i——计算截面的回转半径(m);

e_0——在风荷载设计值作用下,轴向力至截面重心的偏心距(m);

α——与砂浆强度等级有关的系数,当砂浆等级≥M5 时,$\alpha=0.0015$;当砂浆强度等级为 M2.5 时,$\alpha=0.0020$。

6.2.2 筒壁的水平截面抗裂度,应符合下列公式的要求:

$$e_k \leqslant r_{com} \tag{6.2.2-1}$$

$$r_{com} = W/A \tag{6.2.2-2}$$

式中:e_k——在风荷载标准值作用下,轴力至截面重心的偏心距(m);

r_{com}——计算截面核心距(m);

W——计算截面最小弹性抵抗矩(m³)。

6.2.3 在风荷载设计值作用下,轴力至截面重心的偏心距,应符合下式的要求:

$$e_0 \leqslant 0.6a \tag{6.2.3}$$

式中:a——计算截面重心至筒壁外边缘的最小距离(m)。

6.2.4 配置竖向钢筋的筒壁截面可不受本规范第 6.2.2 条和第 6.2.3 条限制。

6.3 环向钢箍计算

6.3.1 在筒壁温度差作用下,筒壁每米高度所需的环向钢箍截面面积,可按下列公式计算:

$$A_h = 500 \frac{r_2}{f_{at}} \varepsilon_m E'_{mt} \ln\left(1 + \frac{t\varepsilon_m}{r_1 \varepsilon_t}\right) \tag{6.3.1-1}$$

$$\varepsilon_t = \frac{\gamma_t t \alpha_m \Delta T}{r_2 \ln(r_2/r_1)} \tag{6.3.1-2}$$

$$\varepsilon_m = \varepsilon_t - \frac{f_{at}}{E_{sh}} \geqslant 0 \tag{6.3.1-3}$$

$$E_{sh} = \frac{E}{1 + \frac{n}{6r_2}} \tag{6.3.1-4}$$

式中:A_h——每米高筒壁所需的环向钢箍截面面积(mm²);

r_1——筒壁内半径(mm);

r_2——筒壁外半径(mm),用于式(6.3.1-4)时单位为(m);

ε_m——筒壁内表面相对压缩变形值;

ε_t——筒壁外表面在温度差作用下的自由相对伸长值;

α_m——砖砌体线膨胀系数,取 $5 \times 10^{-6}/℃$;

γ_t——温度作用分项系数,取 $\gamma_t = 1.6$;

ΔT——筒壁内外表面温度差(℃);

t——筒壁厚度(mm);

f_{at}——环向钢箍抗拉强度设计值,可取 $f_{at}=145\text{N/mm}^2$;

E'_{mt}——砖砌体在温度作用下的弹塑性模量,当筒壁内表面温度 $T \leqslant 200℃$ 时,取 $E'_{mt} = E_m/3$;当 $T \geqslant 350℃$ 时,取 $E'_{mt} = E_m/5$;中间值线性插入求得;

E_{sh}——环向钢箍折算弹性模量(N/mm²);

E——环向钢箍钢材弹性模量(N/mm²);

n——一圈环向钢箍的接头数量。

6.3.2 筒壁内表面相对压缩变形值 ε_m 小于 0 时,应按构造配环向钢箍。

6.4 环向钢筋计算

6.4.1 当砖烟囱采用配置环向钢筋的方案时,在筒壁温度差作用下,每米高筒壁所需的环向钢筋截面面积,可按下列公式计算:

$$A_{sm} = 500 \frac{r_s \eta}{f_{yt}} \varepsilon_m E'_{mt} \ln\left(1 + \frac{t_0 \varepsilon_m}{r_1 \varepsilon_t}\right) \tag{6.4.1-1}$$

$$\varepsilon_t = \frac{\gamma_t t_0 \alpha_m \Delta T_s}{r_s \ln(r_s/r_1)} \tag{6.4.1-2}$$

$$\varepsilon_m = \varepsilon_t - \frac{\psi_{st} f_{yt}}{E_{st}} \geqslant 0 \tag{6.4.1-3}$$

$$t_0 = t - a \tag{6.4.1-4}$$

式中:A_{sm}——每米高筒壁所需的环向钢筋截面面积(mm²);

t_0——计算截面筒壁有效厚度(mm);

a——筒壁外边缘至环向钢筋的距离,单根环向钢筋取 $a=30\text{mm}$,双根筋取 $a=45\text{mm}$;

r_s——环向钢筋所在圆(双根筋为环向钢筋重心处)半径(mm);

ΔT_s——筒壁内表面与环向钢筋处温度差值;

η——与环向钢筋根数有关的系数,单根筋(指每个断面)$\eta=1.0$,双根筋时 $\eta=1.05$;

f_{yt}——温度作用下,钢筋抗拉强度设计值(N/mm²);

E_{st}——环向钢筋在温度作用下弹性模量(N/mm²);

γ_t——温度作用分项系数,取 $\gamma_t = 1.4$;

ψ_{st}——裂缝间环向钢筋应变不均匀系数,当筒壁内表面温度 $T \leqslant 200℃$ 时,$\psi_{st}=0.6$;$T \geqslant 350℃$ 时,$\psi_{st}=1.0$,中间值线性插入求得。

6.4.2 筒壁内表面相对压缩变形值 ε_m 小于 0 时,应按构造配环向钢筋。

6.5 竖向钢筋计算

6.5.1 抗震设防地区的砖烟囱竖向配筋,可按下列规定确定:

1 各水平截面所需的竖向钢筋截面面积,可按下列公式计算:

$$A_s = \frac{\beta M - (\gamma_G G_k - \gamma_{Ev} F_{Evk}) r_p}{r_p f_{yt}} \tag{6.5.1-1}$$

$$M = \gamma_{Eh} M_{Ek} + \psi_{cWE} \gamma_w M_{Wk} \tag{6.5.1-2}$$

$$\beta = \frac{\theta}{\sin\theta} \qquad (6.5.1\text{-}3)$$

$$\theta = \pi - \frac{\sin\theta}{a_c} \qquad (6.5.1\text{-}4)$$

式中：A_s——计算截面所需的竖向钢筋总截面面积(mm^2)；

β——弯矩影响系数（图6.5.1）；

M_{Ek}——水平地震作用在计算截面产生的弯矩标准值($N \cdot m$)；

M_{Wk}——风荷载在计算截面产生的弯矩标准值($N \cdot m$)；

G_k——计算截面重力标准值(N)；

F_{Evk}——计算截面竖向地震作用产生轴向力标准值(N)；

r_p——计算截面筒壁平均半径(m)；

f_{yt}——考虑温度作用钢筋抗拉强度设计值(N/mm^2)；

γ_{Eh}——水平地震作用分项系数 $\gamma_{Eh}=1.3$；

γ_w——风荷载分项系数 $\gamma_w=1.4$；

θ——受压区半角；

γ_G——重力荷载分项系数，$\gamma_G=1.0$；

γ_{Ev}——竖向地震作用分项系数，按本规范表3.1.8-1规定采用；

ψ_{cWE}——地震作用时风荷载组合系数，取 $\psi_{cWE}=0.2$。

2 弯矩影响系数 β，可根据参数 a_c 由图6.5.1查得。a_c 可按下式计算：

$$a_c = \frac{M}{\varphi_0 r_p A f - (\gamma_G G_k - \gamma_{Ev} F_{Evk}) r_p} \qquad (6.5.1\text{-}5)$$

式中：φ_0——轴心受压纵向挠曲系数，按本规范公式(6.2.1-2)计算时取 $e_0=0$；

A——计算截面筒壁截面面积(mm^2)；

f——砖砌体抗压强度设计值(N/mm^2)。

6.5.2 当计算出的配筋值小于构造配筋时，应按构造配筋。

6.5.3 配置竖向钢筋的砖烟囱应同时配置环向钢筋。

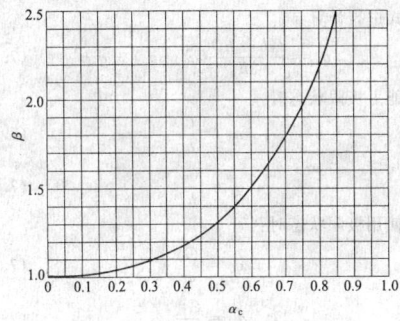

图6.5.1 弯矩影响系数 β

6.6 构 造 规 定

6.6.1 砖烟囱筒壁宜设计成截顶圆锥形，筒壁坡度、分节高度和壁厚应符合下列规定：

1 筒壁坡度宜采用2%～3%。

2 分节高度不宜超过15m。

3 筒壁厚度应按下列原则确定：

1)当筒壁内径小于或等于3.5m时，筒壁最小厚度应为240mm。当内径大于3.5m时，最小厚度应为370mm。

2)当设有平台时，平台所在节的筒壁厚度宜大于或等于370mm。

3)筒壁厚度可按分节高度自下而上减薄，但同一节厚度应相同。

4)筒壁顶部可向外局部加厚，总加厚厚度宜为180mm，并应以阶梯向外挑出，每阶挑出不宜超过60mm。加厚部分的上部以1:3水泥砂浆抹成排水坡(图6.6.1)。

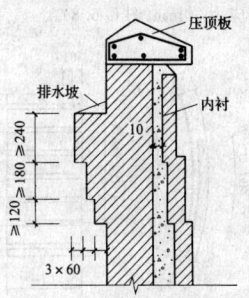

图6.6.1 筒首构造(mm)

6.6.2 内衬到顶的烟囱宜设钢筋混凝土压顶板(图6.6.1)。

6.6.3 支承内衬的环形悬臂应在筒身分节处以阶梯形向内挑出，每阶挑出不宜超过60mm，挑出总高度应由剪切计算确定，但最上阶的高度不应小于240mm。

6.6.4 筒壁上孔洞设置应符合下列规定：

1 在同一平面设置两个孔洞时，宜对称设置。

2 孔洞对应圆心角不应超过50°。孔洞宽度不大于1.2m时，孔顶宜采用半圆拱；孔洞宽度大于1.2m时，宜在孔顶设置钢筋混凝土圈梁。

3 配置环向钢箍或环向钢筋的砖筒壁，在孔洞上下砌体中应配置直径为6mm环向钢筋，其截面面积不应小于被切断的环向钢箍或环向钢筋截面积。

4 当孔洞较大时，宜设砖垛加强。

6.6.5 筒壁与钢筋混凝土基础接触处，当基础环壁内表面温度大于100℃时，在筒壁根部1.0m范围内，宜将环向配筋或环向钢箍增加1倍。

6.6.6 环向钢箍按计算配置时，间距宜为0.5m～1.5m；按构造配置时，间距不宜大于1.5m。

环向钢箍的宽度不宜小于60mm，厚度不宜小于6mm。每圈环向钢箍接头不应少于2个，每段长度不宜超过5m。环向钢箍接头的螺栓宜采用Q235级钢材，其净截面面积不应小于环向钢箍截面面积。环向钢箍接头位置应沿筒壁高度互相错开。环向钢箍接头做法见图6.6.6。

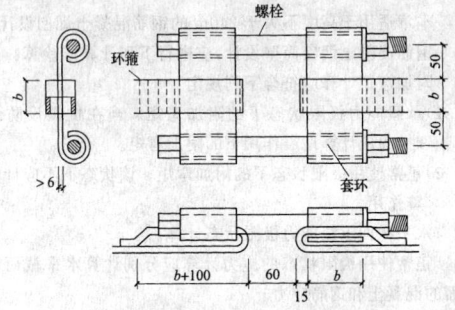

图6.6.6 环向钢箍接头(mm)

1—环向钢箍；2—螺栓；3—套环

6.6.7 环向钢箍安装时应施加预应力，预应力可按表6.6.7采用。

表6.6.7 环向钢箍预应力值(N/mm^2)

安装时温度(℃)	$T>10$	$10 \geqslant T \geqslant 0$	$T<0$
预应力值	30	50	60

6.6.8 环向钢筋按计算配置时，直径宜为6mm～8mm，间距不应少于3皮砖，且不应大于8皮砖；按构造配置时，直径宜为6mm，间距不应大于8皮砖。

同一平面内环向钢筋不宜多于2根，2根钢筋的间距应为30mm。

钢筋搭接长度应为钢筋直径的40倍，接头位置应互相错开。

钢筋的保护层应为30mm(图6.6.8)。

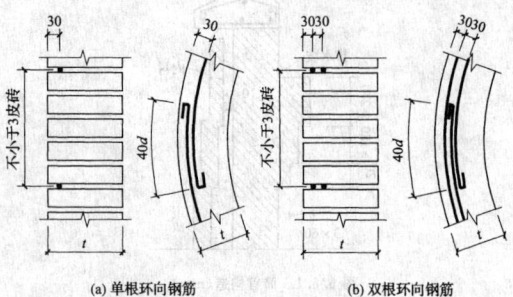

(a) 单根环向钢筋 (b) 双根环向钢筋

图 6.6.8 环向钢筋配置(mm)

6.6.9 在环形悬臂和筒壁顶部加厚范围内,环向钢筋应适当增加。

6.6.10 抗震设防地区的砖烟囱,其配筋不应小于表6.6.10的规定。

表 6.6.10 抗震设防地区砖烟囱上部的最小配筋

配筋方式	烈度和场地类别		
	6度Ⅲ、Ⅳ类场地	7度Ⅰ、Ⅱ类场地	7度Ⅲ、Ⅳ类场地,8度Ⅰ、Ⅱ类场地
配筋范围	0.5H 到顶端	0.5H 到顶端	H≤30m 时全高;H>30m 时由 0.4H 到顶端
竖向配筋	$\phi8$,间距500mm~700mm,且不少于6根	$\phi10$ 间距500mm~700mm,且不少于6根	$\phi10$ 间距500mm,且不少于6根

注:1 竖向筋接头应搭接钢筋直径的40倍,钢筋在搭接范围内应用铁丝绑牢,钢筋宜设直角弯钩。

2 烟囱顶部宜设钢筋混凝土压顶圈梁以锚固竖向钢筋。

3 竖向钢筋应配置在距筒壁外表面120mm处。

7 单筒式钢筋混凝土烟囱

7.1 一般规定

7.1.1 本章适用于高度不大于240m的钢筋混凝土烟囱设计。

7.1.2 钢筋混凝土烟囱筒壁设计,应进行下列计算或验算:

1 附加弯矩计算应符合下列规定:

1)承载能力极限状态下的附加弯矩。当在抗震设防地区时,尚应计算地震作用下的附加弯矩。

2)正常使用极限状态下的附加弯矩。该状态下不应计算地震作用。

2 水平截面承载能力极限状态计算。

3 正常使用极限状态的应力计算应分别计算水平截面和垂直截面的混凝土和钢筋应力。

4 正常使用极限状态的裂缝宽度验算。

7.2 附加弯矩计算

7.2.1 承载能力极限状态和正常使用极限状态计算时,筒身重力荷载对筒壁水平截面 i 产生的附加弯矩 M_{ai}(图7.2.1),可按下式计算:

$$M_{ai} = \frac{q_i(h-h_i)^2}{2}\left[\frac{h+2h_i}{3}\left(\frac{1}{\rho_c}+\frac{\alpha_c\Delta T}{d}\right)+\tan\theta\right] \quad (7.2.1)$$

式中:q_i——距筒壁顶$(h-h_i)/3$处的折算线分布重力荷载,可按本规范公式(7.2.3-1)计算;

h——筒身高度(m);

h_i——计算截面 i 的高度(m);

$1/\rho_c$——筒身代表截面处的弯曲变形曲率,可按本规范公式

(7.2.5-1)、公式(7.2.5-2)、公式(7.2.5-4)和公式(7.2.5-5)计算;

α_c——混凝土的线膨胀系数;

ΔT——由日照产生的筒身阳面与阴面的温度差,应按当地实测数据采用。当无实测数据时,可按20℃采用;

d——高度为 $0.4h$ 处的筒身外直径(m);

θ——基础倾斜角(rad),按现行国家标准《建筑地基基础设计规范》GB 50007规定的地基允许倾斜值采用。

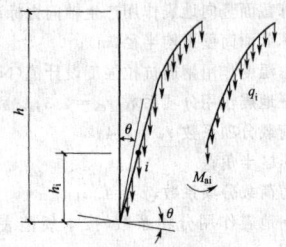

图 7.2.1 附加弯矩

7.2.2 抗震设防地区的钢筋混凝土烟囱,筒身重力荷载及竖向地震作用对筒壁水平截面 i 产生的附加弯矩 M_{Eai},可按下式计算:

$$M_{Eai} = \frac{q_i(h-h_i)^2 \pm \gamma_{Ev}F_{Evik}(h-h_i)}{2}$$
$$\left[\frac{h+2h_i}{3}\left(\frac{1}{\rho_{Ec}}+\frac{\alpha_c\Delta T}{d}\right)+\tan\theta\right] \quad (7.2.2)$$

式中:$1/\rho_{Ec}$——考虑地震作用时,筒身代表截面处的变形曲率,按本规范公式(7.2.5-3)计算;

γ_{Ev}——竖向地震作用系数,取 0.50;

F_{Evik}——水平截面 i 的竖向地震作用标准值。

7.2.3 计算截面 i 附加弯矩时,其折算线分布重力荷载 q_i 值,可按下列公式进行计算:

$$q_i = \frac{2(h-h_i)}{3h}(q_0-q_1)+q_1 \quad (7.2.3-1)$$

承载能力极限状态时:

$$q_0 = \frac{G}{h} \quad (7.2.3-2)$$

$$q_1 = \frac{G_1}{h_1} \quad (7.2.3-3)$$

正常使用极限状态时:

$$q_0 = \frac{G_k}{h} \quad (7.2.3-4)$$

$$q_1 = \frac{G_{1k}}{h_1} \quad (7.2.3-5)$$

式中:q_0——整个筒身的平均线分布重力荷载(kN/m);

q_1——筒身顶部第一节的平均线分布重力荷载(kN/m);

G、G_k——分别为筒身(内衬、隔热层、筒壁)全部自重荷载设计值和标准值(kN);

G_1、G_{1k}——分别为筒身顶部第一节全部自重荷载设计值和标准值(kN);

h_1——筒身顶部第一节高度(m)。

7.2.4 筒身代表截面处,轴向力对筒壁水平截面中心的相对偏心距,应按下列公式计算:

1 承载能力极限状态应按下列公式计算:

1)不考虑地震作用时:

$$\frac{e}{r} = \frac{M_w+M_a}{N\cdot r} \quad (7.2.4-1)$$

2)当考虑地震作用时:

$$\frac{e_E}{r} = \frac{M_E+\psi_{cwE}M_w+M_{Ea}}{N\cdot r} \quad (7.2.4-2)$$

2 正常使用极限状态应按下式计算:

$$\frac{e_k}{r} = \frac{M_{wk} + M_{ak}}{N_k \cdot r} \qquad (7.2.4\text{-}3)$$

式中：N——筒身代表截面处的轴向力设计值（kN）；

$\quad N_k$——筒身代表截面处的轴向力标准值（kN）；

$\quad M_w$——筒身代表截面处的风弯矩设计值（kN・m）；

$\quad M_{wk}$——筒身代表截面处的风弯矩标准值（kN・m）；

$\quad M_a$——筒身代表截面处承载能力极限状态附加弯矩设计值（kN・m）；

$\quad M_{ak}$——筒身代表截面处正常使用极限状态附加弯矩标准值（kN・m）；

$\quad M_E$——筒身代表截面处的地震作用弯矩设计值（kN・m）；

$\quad M_{Ea}$——筒身代表截面处的地震作用时附加弯矩设计值（kN・m）；

$\quad e$——按作用效应基本组合计算的轴向力设计值对混凝土筒壁圆心轴线的偏心距（m）；

$\quad e_E$——按含地震作用的荷载效应基本组合计算的轴向力设计值对混凝土筒壁圆心轴线的偏心距（m）；

$\quad e_k$——按荷载效应标准组合计算的轴向力标准值对混凝土筒壁圆心轴线的偏心距（m）；

$\quad \psi_{cwE}$——含地震作用效应的基本组合中风荷载组合系数，取 0.2；

$\quad r$——筒壁代表截面处的筒壁平均半径（m）。

7.2.5 筒身代表截面处的变形曲率 $1/\rho_c$ 和 $1/\rho_{Ec}$，可按下列公式计算：

1 承载能力极限状态可按下列公式计算：

1）当 $\dfrac{e}{r} \leqslant 0.5$ 时：

$$\frac{1}{\rho_c} = \frac{1.6(M_w + M_a)}{0.33 E_{ct} I} \qquad (7.2.5\text{-}1)$$

2）当 $\dfrac{e}{r} > 0.5$ 时：

$$\frac{1}{\rho_c} = \frac{1.6(M_w + M_a)}{0.25 E_{ct} I} \qquad (7.2.5\text{-}2)$$

3）当计算地震作用时：

$$\frac{1}{\rho_{Ec}} = \frac{M_E + \psi_{cwE} M_w + M_{Ea}}{0.25 E_{ct} I} \qquad (7.2.5\text{-}3)$$

2 正常使用极限状态可按下列公式计算：

1）当 $\dfrac{e_k}{r} \leqslant 0.5$ 时：

$$\frac{1}{\rho_c} = \frac{M_{wk} + M_{ak}}{0.65 E_{ct} I} \qquad (7.2.5\text{-}4)$$

2）当 $\dfrac{e_k}{r} > 0.5$ 时：

$$\frac{1}{\rho_c} = \frac{M_{wk} + M_{ak}}{0.4 E_{ct} I} \qquad (7.2.5\text{-}5)$$

式中：E_{ct}——筒身代表截面处的筒壁混凝土在温度作用下的弹性模量（kN/m²）；

$\quad I$——筒身代表截面惯性矩（m⁴）。

7.2.6 计算筒身代表截面处的变形曲率 $1/\rho_c$ 和 $1/\rho_{Ec}$ 时，可先假定附加弯矩初始值，承载能力极限状态计算时可假定 $M_a = 0.35 M_w$，计及地震作用时可取 $M_{Ea} = 0.35 M_E$，正常使用极限状态可取 $M_{ak} = 0.2 M_w$，代入有关公式求得附加弯矩值与假定值相差不超过 5% 时，可不再计算，不满足该条件时应进行循环迭代，并应直到前后两次的附加弯矩不超过 5% 为止。其最后值应为所求的附加弯矩值，与之相应的曲率值应为筒身变形终曲率。

7.2.7 筒身代表截面处的附加弯矩可不迭代，可按下列公式直接计算：

1 承载能力极限状态时：

$$M_a = \frac{\frac{1}{2} q_i (h - h_i)^2 \left[\frac{h + 2h_i}{3} \left(\frac{1.6 M_w}{\alpha_e E_{ct} I} + \frac{\alpha_c \Delta T}{d} \right) + \tan\theta \right]}{1 - \frac{q_i (h - h_i)^2}{2} \cdot \frac{(h + 2h_i)}{3} \cdot \frac{1.6}{\alpha_e E_{ct} I}} \qquad (7.2.7\text{-}1)$$

2 承载能力极限状态下，计算地震作用时：

$$M_{Ea} = \frac{\frac{q_i (h - h_i)^2 \pm \gamma_{Ev} F_{Evik}(h - h_i)}{2} \left[\frac{h + 2h_i}{3} \left(\frac{M_E + \psi_{cwE} M_w}{\alpha_e E_{ct} I} + \frac{\alpha_c \Delta T}{d} \right) + \tan\theta \right]}{1 - \frac{q_i (h - h_i)^2 \pm \gamma_{Ev} F_{Evik}(h - h_i)}{2} \cdot \frac{(h + 2h_i)}{3} \cdot \frac{1}{\alpha_e E_{ct} I}}$$

$$(7.2.7\text{-}2)$$

3 正常使用极限状态时：

$$M_{ak} = \frac{\frac{1}{2} q_i (h - h_i)^2 \left[\frac{h + 2h_i}{3} \left(\frac{M_{wk}}{\alpha_e E_{ct} I} + \frac{\alpha_c \Delta T}{d} \right) + \tan\theta \right]}{1 - \frac{q_i (h - h_i)^2}{2} \cdot \frac{h + 2h_i}{3} \cdot \frac{1}{\alpha_e E_{ct} I}} \qquad (7.2.7\text{-}3)$$

式中：α_e——刚度折减系数，承载能力极限状态时，当 $\dfrac{e}{r} \leqslant 0.5$ 时，取 $\alpha_e = 0.33$；当 $\dfrac{e}{r} > 0.5$ 以及地震作用时，取 $\alpha_e = 0.25$；正常使用极限状态时，当 $\dfrac{e_k}{r} \leqslant 0.5$ 时，取 $\alpha_e = 0.65$；当 $\dfrac{e_k}{r} > 0.5$ 时，取 $\alpha_e = 0.4$。

注：在确定 $\dfrac{e}{r}$ 或 $\dfrac{e_k}{r}$ 时，按第 7.2.6 条假定附加弯矩，然后确定公式（7.2.7-1）、（7.2.7-2）或（7.2.7-3）中的 α_e 值。再用计算出的附加弯矩复核 $\dfrac{e}{r}$ 或 $\dfrac{e_k}{r}$ 值是否符合所采用的 α_e 值条件。否则应另确定 α_e 值。

7.2.8 筒身代表截面可按下列规定确定：

1 当筒身各段坡度均小于或等于 3% 时，可按下列规定确定：

1）筒身无烟道孔时，取筒身最下节的筒壁底截面。

2）筒身有烟道孔时，取洞口上一节的筒壁底截面。

2 当筒身下部 $h/4$ 范围内有大于 3% 的坡度时，可按下列规定确定：

1）在坡度小于 3% 的区段内无烟道孔时，取该区段的筒壁底截面。

2）在坡度小于 3% 的区段内有烟道孔时，取洞口上一节筒壁底截面。

7.2.9 当筒身坡度不符合本规范第 7.2.8 条的规定时，筒身附加弯矩可按下式进行计算（图 7.2.9）：

$$M_{ai} = \sum_{j=i+1}^{n} G_j (u_i - u_j) \qquad (7.2.9)$$

式中：G_j——筒身 j 质点的重力（计算地震作用时应包括竖向地震作用）；

$\quad u_i$、u_j——筒身 i, j 质点的最终水平位移，计算时包括日照温差和基础倾斜的影响。

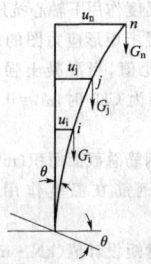

图 7.2.9 附加弯矩计算

7.3 烟囱筒壁承载能力极限状态计算

7.3.1 钢筋混凝土烟囱筒壁水平截面极限状态承载能力，应按下列公式计算：

1 当烟囱筒壁计算截面无孔洞时［图 7.3.1(a)］：

$$M + M_a \leqslant \alpha_1 f_{ct} A r \frac{\sin\alpha\pi}{\pi} + f_{yt} A_s r \frac{\sin\alpha\pi + \sin\alpha_t\pi}{\pi} \qquad (7.3.1\text{-}1)$$

$$\alpha = \frac{N + f_{yt} A_s}{\alpha_1 f_{ct} A + 2.5 f_{yt} A_s} \qquad (7.3.1-2)$$

当 $\alpha \geqslant \frac{2}{3}$ 时:

$$\alpha = \frac{N}{\alpha_1 f_{ct} A + f_{yt} A_s} \qquad (7.3.1-3)$$

2 当筒壁计算截面有孔洞时:

1) 有一个孔洞[图 7.3.1(b)]:

$$M + M_a \leqslant \frac{r}{\pi - \theta} \{ (\alpha_1 f_{ct} A + f_{yt} A_s) [\sin(\alpha \pi - \alpha \theta + \theta) - \sin\theta]$$
$$+ f_{yt} A_s \sin[\alpha_t (\pi - \theta)] \} \qquad (7.3.1-4)$$

$$A = 2(\pi - \theta) rt \qquad (7.3.1-5)$$

2) 有两个孔洞,且 $\alpha_0 = \pi$ 时[图 7.3.1(c)]:

$$M + M_a \leqslant \frac{r}{\pi - \theta_1 - \theta_2} \{ (\alpha_1 f_{ct} A + f_{yt} A_s) [\sin(\pi \alpha - \alpha \theta_1 - \alpha \theta_2 + \theta_1)$$
$$- \sin\theta_1] + f_{yt} A_s [\sin(\alpha_t \pi - \alpha_t \theta_1 - \alpha_t \theta_2 + \theta_2) - \sin\theta_2] \}$$
$$\qquad (7.3.1-6)$$

$$A = 2(\pi - \theta_1 - \theta_2) rt \qquad (7.3.1-7)$$

3) 有两个孔洞,且当 $\alpha_0 \leqslant \alpha(\pi - \theta_1 - \theta_2) + \theta_1 + \theta_2$ 时,可按 $\theta = \theta_1 + \theta_2$ 的单孔洞截面计算;

4) 当 $\alpha(\pi - \theta_1 - \theta_2) + \theta_1 + \theta_2 < \alpha_0 \leqslant \pi - \theta_2 - \alpha_t(\pi - \theta_1 - \theta_2)$ 时 [图 7.3.1(d)]:

$$M + M_a \leqslant \frac{r}{\pi - \theta_1 - \theta_2} \{ (\alpha_1 f_{ct} A + f_{yt} A_s) [\sin(\alpha \pi - \alpha \theta_1 - \alpha \theta_2 + \theta_1)$$
$$- \sin\theta_1] + f_{yt} A_s \sin(\alpha_t \pi - \alpha_t \theta_1 - \alpha_t \theta_2) \} \qquad (7.3.1-8)$$

5) 当 $\alpha_0 > \pi - \theta_2 - \alpha_t(\pi - \theta_1 - \theta_2)$ 时[图 7.3.1(e)]:

$$M + M_a \leqslant \frac{r}{\pi - \theta_1 - \theta_2} \{ (\alpha_1 f_{ct} A + f_{yt} A_s) [\sin(\alpha \pi - \alpha \theta_1 - \alpha \theta_2 + \theta_1)$$
$$- \sin\theta_1] + \frac{f_{yt} A_s}{2} [\sin(\beta_2') + \sin\beta_2 - \sin(\pi - \alpha_0 + \theta_2) +$$
$$\sin(\pi - \alpha_0 - \theta_2)] \} \qquad (7.3.1-9)$$

$$\beta_2 = k - \arcsin\left(-\frac{m}{2\sin k}\right) \qquad (7.3.1-10)$$

$$\beta_2' = k + \arcsin\left(-\frac{m}{2\sin k}\right) \qquad (7.3.1-11)$$

$$m = \cos(\pi - \alpha_0 - \theta_2) - \cos(\pi - \alpha_0 + \theta_2) \qquad (7.3.1-12)$$

$$k = \alpha_t(\pi - \theta_1 - \theta_2) + \theta_2 \qquad (7.3.1-13)$$

$$A = 2(\pi - \theta_1 - \theta_2) rt \qquad (7.3.1-14)$$

式中:N——计算截面轴向力设计值(kN);

α——受压区混凝土截面面积与全截面面积的比值;

α_t——受拉竖向钢筋截面面积与全部竖向钢筋截面面积的比值,$\alpha_t = 1 - 1.5\alpha$,当 $\alpha \geqslant \frac{2}{3}$ 时,$\alpha_t = 0$;

A——计算截面的筒壁截面面积(m^2);

f_{ct}——混凝土在温度作用下轴心抗压强度设计值(kN/m^2);

α_1——受压区混凝土矩形应力图的应力与混凝土抗压强度设计值的比值,当混凝土强度等级不超过 C50 时,$\alpha_1 = 1.0$;当为 C80 时,$\alpha_1 = 0.94$,其间按线性内插法取用;

A_s——计算截面钢筋总截面面积(m^2);

f_{yt}——计算截面钢筋在温度作用下的抗拉强度设计值(kN/m^2);

M——计算截面弯矩设计值($kN \cdot m$);

M_a——计算截面附加弯矩设计值($kN \cdot m$);

r——计算截面筒壁平均半径(m);

t——筒壁厚度(m);

θ——计算截面有一个孔洞时的孔洞半角(rad);

θ_1——计算截面有两个孔洞时,大孔洞的半角(rad);

θ_2——计算截面有两个孔洞时,小孔洞的半角(rad);

α_0——计算截面有两个孔洞时,两孔洞角平分线的夹角(rad)。

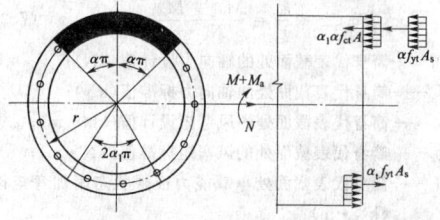

(a) 筒壁没有孔洞

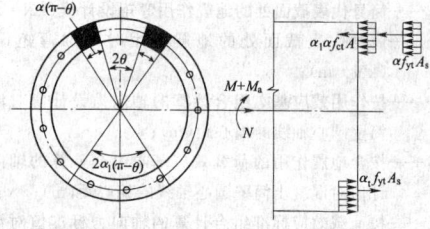

(b) 筒壁有一个孔洞

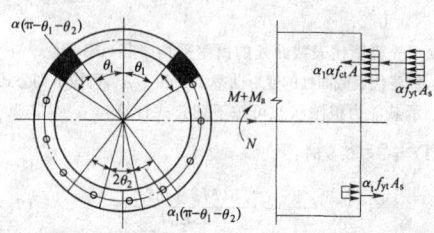

(c) 筒壁两个孔洞($\alpha_0 = \pi$,大孔位于受压区)

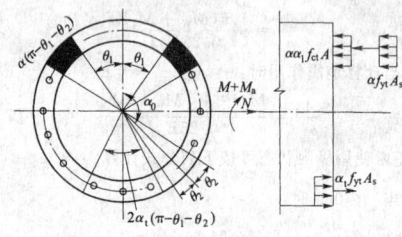

(d) 筒壁两个孔洞($\alpha_0 \neq \pi$,其中小孔位于拉压区之间)

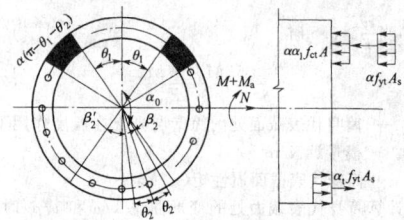

(e) 筒壁两个孔洞($\alpha_0 \neq \pi$,其中小孔位于受拉区内)

图 7.3.1 截面极限承载能力计算

7.3.2 筒壁竖向截面极限承载能力,可按现行国家标准《混凝土结构设计规范》GB 50010 正截面受弯承载力进行计算。

7.4 烟囱筒壁正常使用极限状态计算

7.4.1 正常使用极限状态计算应包括下列内容:

1 计算在荷载标准值和温度共同作用下混凝土与钢筋应力,以及温度单独作用下钢筋应力,并应满足下列公式的要求:

$$\sigma_{cwt} \leqslant 0.4 f_{ctk} \qquad (7.4.1-1)$$

$$\sigma_{swt} \leqslant 0.5 f_{ytk} \qquad (7.4.1-2)$$

$$\sigma_{st} \leqslant 0.5 f_{ytk} \qquad (7.4.1-3)$$

式中:σ_{cwt}——在荷载标准值和温度共同作用下混凝土的应力值（N/mm²）；

    σ_{swt}——在荷载标准值和温度共同作用下竖向钢筋的应力值（N/mm²）；

    σ_{st}——在温度作用下环向和竖向钢筋的应力值（N/mm²）；

    f_{ctk}——混凝土在温度作用下的强度标准值,按本规范表4.2.3的规定取值（N/mm²）；

    f_{ytk}——钢筋在温度作用下的强度标准值,按本规范第4.3.2条的规定取值（N/mm²）。

2 验算筒壁裂缝宽度,并应符合本规范表3.4.2的规定。

Ⅰ　荷载标准值作用下的水平截面应力计算

7.4.2 钢筋混凝土筒壁水平截面在自重荷载、风荷载和附加弯矩（均为标准值）作用下的应力计算,应根据轴向力标准值对筒壁圆心的偏心距 e_k 与截面核心距 r_{co} 的相应关系（$e_k > r_{co}$ 或 $e_k \leqslant r_{co}$）,分别采用图 7.4.2 所示的应力计算简图,并应符合下列规定：

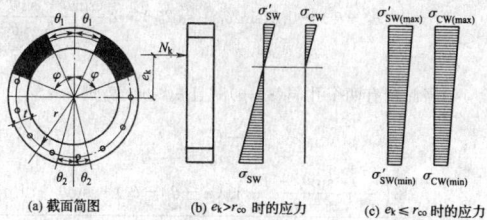

(a) 截面简图　　(b) $e_k > r_{co}$ 时的应力　　(c) $e_k \leqslant r_{co}$ 时的应力

图 7.4.2　在荷载标准值作用下截面应力计算

1 轴向力标准值对筒壁圆心的偏心距应按下式计算：

$$e_k = \frac{M_{wk} + M_{ak}}{N_k} \qquad (7.4.2-1)$$

式中:M_{wk}——计算截面由风荷载标准值产生的弯矩（kN·m）；

    M_{ak}——计算截面正常使用极限状态的附加弯矩标准值（kN·m）；

    N_k——计算截面的轴向力标准值（kN）。

2 截面核心距 r_{co} 可按下列公式计算：

1）当筒壁计算截面无孔洞时：

$$r_{co} = 0.5r \qquad (7.4.2-2)$$

2）当筒壁计算截面有一个孔洞（将孔洞置于受压区）时：

$$r_{co} = \frac{\pi - \theta - 0.5\sin2\theta - 2\sin\theta}{2(\pi - \theta - \sin\theta)}r \qquad (7.4.2-3)$$

3）当筒壁计算截面有两个孔洞（$\alpha_0 = \pi$,并将大孔洞置于受压区）时：

$$r_{co} = \frac{\pi - \theta_1 - \theta_2 - 0.5(\sin2\theta_1 + \sin2\theta_2) + 2\cos\theta_2(\sin\theta_2 - \sin\theta_1)}{2[\sin\theta_2 - \sin\theta_1 + (\pi - \theta_1 - \theta_2)\cos\theta_2]}r$$

$$(7.4.2-4)$$

4）当筒壁计算截面有两个孔洞（$\alpha_0 \neq \pi$,并将大孔洞置于受压区）且 $\alpha_0 \leqslant \pi - \theta_2$ 时：

$$r_{co} = \{[(\pi - \theta_1 - \theta_2) - 0.5[\sin2\theta_1 - 0.5\sin2(\alpha_0 - \theta_2) +$$
$$0.5\sin2(\alpha_0 + \theta_2)] + \sin(\alpha_0 - \theta_2) - \sin(\alpha_0 + \theta_2) - 2\sin\theta_1]/$$
$$[2(\pi - \theta_1 - \theta_2) + \sin(\alpha_0 - \theta_2) - \sin(\alpha_0 + \theta_2) - 2\sin\theta_1]\}r$$

$$(7.4.2-5)$$

5）当筒壁计算截面有两个孔洞（$\alpha_0 \neq \pi$,并将大孔洞置于受压区）且 $\alpha_0 > \pi - \theta_2$ 时：

$$r_{co} = \{[(\pi - \theta_1 - \theta_2) - 0.5[\sin2\theta_1 - 0.5\sin2(\alpha_0 - \theta_2) + 0.5\sin2(\alpha_0 + \theta_2)]$$
$$- \cos(\alpha_0 + \theta_2)[\sin(\alpha_0 - \theta_2) - \sin(\alpha_0 + \theta_2) - 2\sin\theta_1]/2(\pi - \theta_1$$
$$- \theta_2)\cos(\alpha_0 + \theta_2) + \sin(\alpha_0 - \theta_2) - \sin(\alpha_0 + \theta_2) - 2\sin\theta_1]\}r$$

$$(7.4.2-6)$$

7.4.3 当 $e_k > r_{co}$ 时,筒壁水平截面混凝土及钢筋应力应按下列公式计算：

1 背风侧混凝土压应力 σ_{cw} 应按下列公式计算：

1）当筒壁计算截面无孔洞时：

$$\sigma_{cw} = \frac{N_k}{A_0}C_{c1} \qquad (7.4.3-1)$$

$$C_{c1} = \frac{\pi(1 + \alpha_{Et}\rho_t)(1 - \cos\varphi)}{\sin\varphi - (\varphi + \pi\alpha_{Et}\rho_t)\cos\varphi} \qquad (7.4.3-2)$$

2）当筒壁计算截面有一个孔洞时：

$$\sigma_{cw} = \frac{N_k}{A_0}C_{c2} \qquad (7.4.3-3)$$

$$C_{c2} = \frac{(1 + \alpha_{Et}\rho_t)(\pi - \theta)(\cos\theta - \cos\varphi)}{\sin\varphi - (1 + \alpha_{Et}\rho_t)\sin\theta - [\varphi - \theta + (\pi - \theta)\alpha_{Et}\rho_t]\cos\varphi}$$

$$(7.4.3-4)$$

3）当筒壁计算截面有两个孔洞（$\alpha_0 = \pi$）时：

$$\sigma_{cw} = \frac{N_k}{A_0}C_{c3} \qquad (7.4.3-5)$$

$$C_{c3} = \frac{B_{c3}}{D_{c3}} \qquad (7.4.3-6)$$

$$B_{c3} = (\pi - \theta_1 - \theta_2)(1 + \alpha_{Et}\rho_t)(\cos\theta_1 - \cos\varphi)$$

$$(7.4.3-7)$$

$$D_{c3} = \sin\varphi - (1 + \alpha_{Et}\rho_t)\sin\theta_1 - [\varphi - \theta_1 + \alpha_{Et}\rho_t(\pi - \theta_1 - \theta_2)]\cos\varphi$$
$$+ \alpha_{Et}\rho_t\sin\theta_2 \qquad (7.4.3-8)$$

4）当筒壁计算截面有两个孔洞时（$\alpha_0 < \pi$）时：

$$\sigma_{cw} = \frac{N_k}{A_0}C_{c4} \qquad (7.4.3-9)$$

$$C_{c4} = \frac{B_{c4}}{D_{c4}} \qquad (7.4.3-10)$$

$$B_{c4} = (\pi - \theta_1 - \theta_2)(1 + \alpha_{Et}\rho_t)(\cos\theta_1 - \cos\varphi)$$

$$(7.4.3-11)$$

$$D_{c4} = \sin\varphi - (1 + \alpha_{Et}\rho_t)\sin\theta_1 - [\varphi - \theta_1 + \alpha_{Et}\rho_t(\pi - \theta_1 - \theta_2)]\cos\varphi$$
$$+ \frac{1}{2}\alpha_{Et}\rho_t[\sin(\alpha_0 - \theta_2) - \sin(\alpha_0 + \theta_2)] \qquad (7.4.3-12)$$

式中:A_0——筒壁计算截面的换算面积,按本规范公式(7.4.5-1)计算；

    α_{Et}——在温度和荷载长期作用下,钢筋的弹性模量与混凝土的弹塑性模量的比值,按本规范公式(7.4.5-2)计算；

    φ——筒壁计算截面的受压区半角；

    ρ_t——竖向钢筋总配筋率（包括筒壁外侧和内侧配筋）。

2 迎风侧竖向钢筋拉应力 σ_{sw} 应按下列公式计算：

1）当筒壁计算截面无孔洞时：

$$\sigma_{sw} = \alpha_{Et}\frac{N_k}{A_0}C_{s1} \qquad (7.4.3-13)$$

$$C_{s1} = \frac{1 + \cos\varphi}{1 - \cos\varphi}C_{c1} \qquad (7.4.3-14)$$

2）当筒壁计算截面有一个孔洞时：

$$\sigma_{sw} = \alpha_{Et}\frac{N_k}{A_0}C_{s2} \qquad (7.4.3-15)$$

$$C_{s2} = \frac{1 + \cos\varphi}{\cos\theta - \cos\varphi}C_{c2} \qquad (7.4.3-16)$$

3）当筒壁计算截面有两个孔洞（$\alpha_0 = \pi$）时：

$$\sigma_{sw} = \alpha_{Et}\frac{N_k}{A_0}C_{s3} \qquad (7.4.3-17)$$

$$C_{s3} = \frac{\cos\theta_2 + \cos\varphi}{\cos\theta_1 - \cos\varphi}C_{c3} \qquad (7.4.3-18)$$

4）当筒壁有两个孔洞（$\alpha_0 \neq \pi$,将大孔洞置于受压区）且 $\alpha_0 \leqslant \pi - \theta_2$ 时：

$$\sigma_{sw} = \alpha_{Et}\frac{N_k}{A_0}C_{s4} \qquad (7.4.3-19)$$

$$C_{s4} = \frac{1 + \cos\varphi}{\cos\theta_1 - \cos\varphi}C_{c4} \qquad (7.4.3-20)$$

5）当筒壁有两个孔洞（$\alpha_0 \neq \pi$,将大孔洞置于受压区）且 $\alpha_0 > \pi - \theta_2$ 时：

$$\sigma_{sw} = \alpha_{Et}\frac{N_k}{A_0}C_{s5} \qquad (7.4.3-21)$$

$$C_{s5} = \frac{\cos(\alpha_0 + \theta_2) + \cos\varphi}{\cos\theta_1 - \cos\varphi}C_{c4} \qquad (7.4.3-22)$$

3 受压区半角 φ,应按下列公式确定：

1）当筒壁计算截面无孔洞时：

$$\frac{e_k}{r} = \frac{\varphi - 0.5\sin2\varphi + \pi\alpha_{Et}\rho_t}{2[\sin\varphi - (\varphi + \pi\alpha_{Et}\rho_t)\cos\varphi]} \quad (7.4.3\text{-}23)$$

2）当筒壁计算截面有一个孔洞时：

$$\frac{e_k}{r} =$$

$$\frac{(1+\alpha_{Et}\rho_t)(\varphi-\theta-0.5\sin2\theta+2\sin\theta\cos\varphi)-0.5\sin2\varphi+\alpha_{Et}\rho_t(\pi-\varphi)}{2\{\sin\varphi-(1+\alpha_{Et}\rho_t)\sin\theta-[\varphi-\theta+(\pi-\theta)\alpha_{Et}\rho_t]\cos\varphi\}}$$

$$(7.4.3\text{-}24)$$

3）当筒壁计算截面有两个孔洞（$\alpha_0=\pi$）时：

$$\frac{e_k}{r} = \frac{B_{ec1}}{D_{ec1}} \quad (7.4.3\text{-}25)$$

$$B_{ec1} = (1+\alpha_{Et}\rho_t)(\varphi-\theta_1-0.5\sin2\theta_1+2\cos\varphi\sin\theta_1)-0.5\sin2\varphi$$
$$+\alpha_{Et}\rho_t(\pi-\varphi-\theta_2-0.5\sin2\theta_2-2\cos\varphi\sin\theta_2) \quad (7.4.3\text{-}26)$$

$$D_{ec1} = 2\{\sin\varphi-(1+\alpha_{Et}\rho_t)\sin\theta_1-[\varphi-\theta_1+\alpha_{Et}\rho_t(\pi-\theta_1-\theta_2)]\cos\varphi$$
$$+\alpha_{Et}\rho_t\sin\theta_2\} \quad (7.4.3\text{-}27)$$

4）当开两个孔洞（$\alpha_0\neq\pi$，将大孔洞置于受压区）时：

$$\frac{e_k}{r} = \frac{B_{ec2}}{D_{ec2}} \quad (7.4.3\text{-}28)$$

$$B_{ec2} = (1+\alpha_{Et}\rho_t)(\varphi-\theta_1-0.5\sin2\theta_1+2\cos\varphi\sin\theta_1)-0.5\sin2\varphi$$
$$+\alpha_{Et}\rho_t[\pi-\varphi-\theta_2-0.25\sin(2\alpha_0+2\theta_2)$$
$$+0.25\sin(2\alpha_0-2\theta_2)+\cos\varphi\sin(\alpha_0+\theta_2)-\cos\varphi\sin(\alpha_0-\theta_2)]$$

$$(7.4.3\text{-}29)$$

$$D_{ec2} = 2\{\sin\varphi-(1+\alpha_{Et}\rho_t)\sin\theta_1-[\varphi-\theta_1+\alpha_{Et}\rho_t(\pi-\theta_1-\theta_2)]$$
$$\cos\varphi+\frac{1}{2}\alpha_{Et}\rho_t[\sin(\alpha_0-\theta_2)-\sin(\alpha_0+\theta_2)]\} \quad (7.4.3\text{-}30)$$

7.4.4 当 $e_k\leqslant r_{co}$ 时，筒壁水平截面混凝土压应力应按下列公式计算：

1 背风侧的混凝土压应力 σ_{cw} 应按下列公式计算：

1）当筒壁计算截面无孔洞时：

$$\sigma_{cw} = \frac{N_k}{A_0}C_{c5} \quad (7.4.4\text{-}1)$$

$$C_{c5} = 1 + 2\frac{e_k}{r} \quad (7.4.4\text{-}2)$$

2）当筒壁计算截面有一个孔洞时：

$$\sigma_{cw} = \frac{N_k}{A_0}C_{c6} \quad (7.4.4\text{-}3)$$

$$C_{c6} = 1 + \frac{2\left(\frac{e_k}{r}+\frac{\sin\theta}{\pi-\theta}\right)[(\pi-\theta)\cos\theta+\sin\theta]}{\pi-\theta-0.5\sin2\theta-2\frac{\sin^2\theta}{\pi-\theta}}$$

$$(7.4.4\text{-}4)$$

3）当筒壁计算截面有两个孔洞（$\alpha_0=\pi$）时：

$$\sigma_{cw} = \frac{N_k}{A_0}C_{c7} \quad (7.4.4\text{-}5)$$

$$C_{c7} = 1 + \frac{2\left(\frac{e_k}{r}+\frac{\sin\theta_1-\sin\theta_2}{\pi-\theta_1-\theta_2}\right)[(\pi-\theta_1-\theta_2)\cos\theta_1-\sin\theta_2+\sin\theta_1]}{(\pi-\theta_1-\theta_2)-0.5(\sin2\theta_1+\sin2\theta_2)-2\frac{(\sin\theta_2-\sin\theta_1)^2}{\pi-\theta_1-\theta_2}}$$

$$(7.4.4\text{-}6)$$

4）当筒壁计算截面有两个孔洞（$\alpha_0\neq\pi$，将大孔洞置于受压区）时：

$$\sigma_{cw} = \frac{N_k}{A_0}C_{c8} \quad (7.4.4\text{-}7)$$

$$C_{c8} = 1 + \frac{2\left(\frac{e_k}{r}+\frac{\sin\theta_1+P_1}{\pi-\theta_1-\theta_2}\right)[(\pi-\theta_1-\theta_2)\cos\theta_1+\sin\theta_1+P_1]}{(\pi-\theta_1-\theta_2)-0.5(\sin2\theta_1+P_2)-2\frac{(\sin\theta_1+P_1)^2}{\pi-\theta_1-\theta_2}}$$

$$(7.4.4\text{-}8)$$

$$P_1 = \frac{1}{2}[\sin(\alpha_0+\theta_2)-\sin(\alpha_0-\theta_2)] \quad (7.4.4\text{-}9)$$

$$P_2 = \frac{1}{2}[\sin2(\alpha_0+\theta_2)-\sin2(\alpha_0-\theta_2)] \quad (7.4.4\text{-}10)$$

2 迎风侧混凝土压应力 σ'_{cw} 应按下列公式计算：

1）当筒壁计算截面无孔洞时：

$$\sigma'_{cw} = \frac{N_k}{A_0}C_{c9} \quad (7.4.4\text{-}11)$$

$$C_{c9} = 1 - 2\frac{e_k}{r} \quad (7.4.4\text{-}12)$$

2）当筒壁计算截面有一个孔洞时：

$$\sigma'_{cw} = \frac{N_k}{A_0}C_{c10} \quad (7.4.4\text{-}13)$$

$$C_{c10} = 1 - \frac{2\left(\frac{e_k}{r}+\frac{\sin\theta}{\pi-\theta}\right)(\pi-\theta-\sin\theta)}{\pi-\theta-0.5\sin2\theta-2\frac{\sin^2\theta}{\pi-\theta}} \quad (7.4.4\text{-}14)$$

3）当洞壁计算截面有两个孔洞（$\alpha_0=\pi$）时：

$$\sigma'_{cw} = \frac{N_k}{A_0}C_{c11} \quad (7.4.4\text{-}15)$$

$$C_{c11} = 1 - \frac{2\left(\frac{e_k}{r}+\frac{\sin\theta_1-\sin\theta_2}{\pi-\theta_1-\theta_2}\right)[(\pi-\theta_1-\theta_2)\cos\theta_2+\sin\theta_2-\sin\theta_1]}{(\pi-\theta_1-\theta_2)-0.5(\sin2\theta_1+\sin2\theta_2)-2\frac{(\sin\theta_2-\sin\theta_1)^2}{\pi-\theta_1-\theta_2}}$$

$$(7.4.4\text{-}16)$$

4）当筒壁有两个孔洞（$\alpha_0\neq\pi$）时且 $\alpha_0\leqslant\pi-\theta_2$ 时：

$$\sigma'_{cw} = \frac{N_k}{A_0}C_{c12} \quad (7.4.4\text{-}17)$$

$$C_{c12} = 1 - \frac{2\left(\frac{e_k}{r}+\frac{\sin\theta_1+P_1}{\pi-\theta_1-\theta_2}\right)[(\pi-\theta_1-\theta_2)-\sin\theta_1-P_1]}{(\pi-\theta_1-\theta_2)-0.5(\sin2\theta_1+P_2)-2\frac{(\sin\theta_1+P_1)^2}{\pi-\theta_1-\theta_2}}$$

$$(7.4.4\text{-}18)$$

5）当筒壁有两个孔洞（$\alpha_0\neq\pi$）时且 $\alpha_0>\pi-\theta_2$ 时：

$$\sigma'_{cw} = \frac{N_k}{A_0}C_{c13} \quad (7.4.4\text{-}19)$$

$$C_{c13} =$$

$$1 - \frac{2\left(\frac{e_k}{r}+\frac{\sin\theta_1+P_1}{\pi-\theta_1-\theta_2}\right)[-(\pi-\theta_1-\theta_2)\cos(\alpha_0+\theta_2)-\sin\theta_1-P_1]}{(\pi-\theta_1-\theta_2)-0.5(\sin2\theta_1+P_2)-2\frac{(\sin\theta_1+P_1)^2}{\pi-\theta_1-\theta_2}}$$

$$(7.4.4\text{-}20)$$

7.4.5 筒壁水平截面的换算截面面积 A_0 和 α_{Et} 应按下列公式计算：

$$A_0 = 2rt(\pi-\theta_1-\theta_2)(1+\alpha_{Et}\rho_t) \quad (7.4.5\text{-}1)$$

$$\alpha_{Et} = 2.5\frac{E_s}{E_{ct}} \quad (7.4.5\text{-}2)$$

式中：E_s——钢筋弹性模量（N/mm²）；

E_{ct}——混凝土在温度作用下的弹性模量（N/mm²），按本规范第 4.2.6 条规定采用。

Ⅱ 荷载标准值和温度共同作用下的水平截面应力计算

7.4.6 在计算荷载标准值和温度共同作用下的筒壁水平截面应力前，首先应按下列公式计算应变参数：

1 压应变参数 P_c 值应按下列公式计算：

当 $e_k>r_{co}$ 时：

$$P_c = \frac{1.8\sigma_{cw}}{\varepsilon_t E_{ct}} \quad (7.4.6\text{-}1)$$

$$\varepsilon_t = 1.25(\alpha_c T_c - \alpha_s T_s) \quad (7.4.6\text{-}2)$$

当 $e_k\leqslant r_{co}$ 时：

$$P_c = \frac{2.5\sigma_{cw}}{\varepsilon_t E_{ct}} \quad (7.4.6\text{-}3)$$

2 拉应变参数 P_s 值（仅适用于 $e_k>r_{co}$）应按下列公式计算：

$$P_s = \frac{0.7\sigma_{sw}}{\varepsilon_t E_s} \quad (7.4.6\text{-}4)$$

式中：ε_t——筒壁内表面与外侧钢筋的相对自由变形值；

α_c、α_s——分别为混凝土、钢筋的线膨胀系数，按本规范第 4.2.7 条和第 4.3.8 条的规定采用；

T_c、T_s——分别为筒壁内表面、外侧竖向钢筋的受热温度（℃），

按本规范第5.6节规定计算；

σ_{cw}、σ_{sw}——分别为在荷载标准值作用下背风侧混凝土压力、迎风侧竖向钢筋拉应力（N/mm²），按本规范第7.4.3条~第7.4.5条规定计算。

7.4.7 背风侧混凝土压应力 σ_{cwt}（图7.4.7），应按下列公式计算：

1 当 $P_c \geqslant 1$ 时：

$$\sigma_{cwt} = \sigma_{cw} \qquad (7.4.7\text{-}1)$$

2 当 $P_c < 1$ 时：

$$\sigma_{cwt} = \sigma_{cw} + E'_{ct}\varepsilon_t(\xi_{wt} - P_c)\eta_{ct1} \qquad (7.4.7\text{-}2)$$

当 $e_k > r_{co}$ 时：

$$E'_{ct} = 0.55E_{ct} \qquad (7.4.7\text{-}3)$$

当 $e_k \leqslant r_{co}$ 时：

$$E'_{ct} = 0.4E_{ct} \qquad (7.4.7\text{-}4)$$

当 $1 > P_c > \dfrac{1 + 2\alpha_{Eta}\rho'\left(1 - \frac{c'}{t_0}\right)}{2[1 + \alpha_{Eta}(\rho + \rho')]}$ 时：

$$\xi_{wt} = P_c + \frac{1 + 2\alpha_{Eta}\left(\rho + \rho'\frac{c'}{t_0}\right)}{2[1 + \alpha_{Eta}(\rho + \rho')]} \qquad (7.4.7\text{-}5)$$

当 $P_c \leqslant \dfrac{1 + 2\alpha_{Eta}\rho'\left(1 - \frac{c'}{t_0}\right)}{2[1 + \alpha_{Eta}(\rho + \rho')]}$ 时：

$$\xi_{wt} = -\alpha_{Eta}(\rho + \rho') + $$
$$\sqrt{[\alpha_{Eta}(\rho + \rho')]^2 + 2\alpha_{Eta}\left(\rho + \rho'\frac{c'}{t_0}\right) + 2P_c[1 + \alpha_{Eta}(\rho + \rho')]}$$
$$(7.4.7\text{-}6)$$

$$\alpha_{Eta} = \frac{E_s}{E'_{ct}} \qquad (7.4.7\text{-}7)$$

当 $P_c \leqslant 0.2$ 时：

$$\eta_{ct1} = 1 - 2.6P_c \qquad (7.4.7\text{-}8)$$

当 $P_c > 0.2$ 时：

$$\eta_{ct1} = 0.6(1 - P_c) \qquad (7.4.7\text{-}9)$$

式中：E'_{ct}——在温度和荷载长期作用下混凝土的弹塑性模量（N/mm²）；

ξ_{wt}——在荷载标准值和温度共同作用下筒壁厚度内受压区的相对高度系数；

ρ、ρ'——分别为筒壁外侧和内侧竖向钢筋配筋率；

t_0——筒壁有效厚度（mm）；

c'——筒壁内侧竖向钢筋保护层厚度（mm）；

η_{ct1}——温度应力衰减系数。

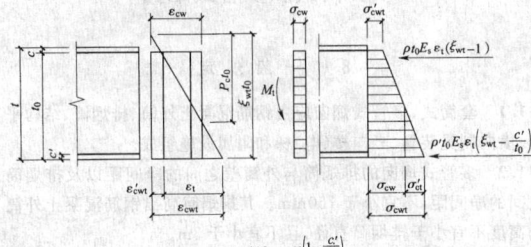

(a) $1 > P_c > \dfrac{1 + 2\alpha_{Eta}\rho'\left(1 - \frac{c'}{t_0}\right)}{2[1 + \alpha_{Eta}(\rho + \rho')]}$ 时

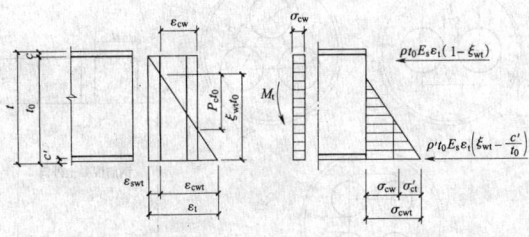

(b) $P_c \leqslant \dfrac{1 + 2\alpha_{Eta}\rho'\left(1 - \frac{c'}{t_0}\right)}{2[1 + \alpha_{Eta}(\rho + \rho')]}$ 时

图7.4.7 水平截面背风侧混凝土的应变和应力（宽度为1）

7.4.8 迎风侧竖向钢筋应力 σ_{swt}（图7.4.8），应按下列公式计算：

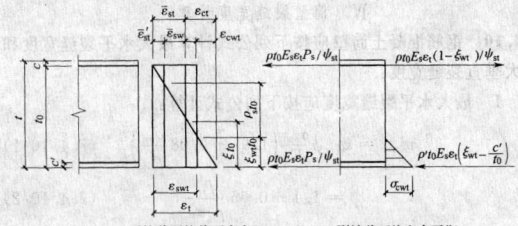

(a) 平均截面的截面应变 (b) 裂缝截面的内力平衡

图7.4.8 水平截面迎风侧钢筋的应变和应力计算（宽度为1）

1 当 $e_k > r_{co}$，$P_s \geqslant \dfrac{\rho + \psi_{st}\rho'\frac{c'}{t_0}}{\rho + \rho'}$ 时：

$$\sigma_{swt} = \sigma_{sw} \qquad (7.4.8\text{-}1)$$

2 当 $e_k > r_{co}$，$P_s < \dfrac{\rho + \psi_{st}\rho'\frac{c'}{t_0}}{\rho + \rho'}$ 时：

$$\sigma_{swt} = \frac{E_s}{\psi_{st}}\varepsilon_t(1 - \xi_{wt}) \qquad (7.4.8\text{-}2)$$

$$\xi_{wt} = -\alpha_{Eta}\left(\frac{\rho}{\psi_{st}} + \rho'\right) +$$
$$\left\{\left[\alpha_{Eta}\left(\frac{\rho}{\psi_{st}} + \rho'\right)\right]^2 + 2\alpha_{Eta}\left(\frac{\rho}{\psi_{st}} + \rho'\frac{c'}{t_0}\right) - 2\alpha_{Eta}(\rho + \rho')\frac{P_s}{\psi_{st}}\right\}^{\frac{1}{2}}$$
$$(7.4.8\text{-}3)$$

式中：ψ_{st}——受拉钢筋在温度作用下的应变不均匀系数，按本规范公式（7.4.9-4）计算。

3 当 $e_k \leqslant r_{co}$，$P_c \leqslant \dfrac{1 + 2\alpha_{Eta}\rho'\left(1 - \frac{c'}{t_0}\right)}{2[1 + \alpha_{Eta}(\rho + \rho')]}$ 时：

$$\sigma_{swt} = \sigma_{st} \qquad (7.4.8\text{-}4)$$

4 $e_k \leqslant r_{co}$，$P_c > \dfrac{1 + 2\alpha_{Eta}\rho'\left(1 - \frac{c'}{t_0}\right)}{2[1 + \alpha_{Eta}(\rho + \rho')]}$ 时，截面全部受压，不应进行计算。钢筋应按极限承载能力计算结果配置。

Ⅲ 温度作用下水平截面和垂直截面应力计算

7.4.9 裂缝处水平截面和垂直截面在温度单独作用下混凝土压应力和钢筋拉应力 σ_{st}（图7.4.9），应按下列公式计算：

$$\sigma_{ct} = E'_{ct}\varepsilon_t\xi_1 \qquad (7.4.9\text{-}1)$$

$$\sigma_{st} = \frac{E_s}{\psi_{st}}\varepsilon_t(1 - \xi_1) \qquad (7.4.9\text{-}2)$$

$$\xi_1 = -\alpha_{Eta}\left(\frac{\rho}{\psi_{st}} + \rho'\right) + \sqrt{\left[\alpha_{Eta}\left(\frac{\rho}{\psi_{st}} + \rho'\right)\right]^2 + 2\alpha_{Eta}\left(\frac{\rho}{\psi_{st}} + \rho'\frac{c'}{t_0}\right)}$$
$$(7.4.9\text{-}3)$$

$$\psi_{st} = \frac{1.1E_s\varepsilon_t(1 - \xi_1)\rho_{te}}{E_s\varepsilon_t(1 - \xi_1)\rho_{te} + 0.65f_{ttk}} \qquad (7.4.9\text{-}4)$$

式中：E'_{ct}——在温度和荷载长期作用下混凝土的弹塑性模量（N/mm²），按本规范公式（7.4.7-3）计算；

f_{ttk}——混凝土在温度作用下的轴心抗拉强度标准值（N/mm²），按本规范表4.2.3采用；

ρ_{te}——以有效受拉混凝土截面积计算的受拉钢筋配筋率，取 $\rho_{te} = 2\rho$。

当计算的 $\psi_{st} < 0.2$ 时取 $\psi_{st} = 0.2$；$\psi_{st} > 1$ 时取 $\psi_{st} = 1$。

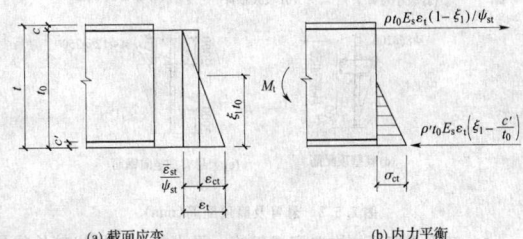

(a) 截面应变 (b) 内力平衡

图7.4.9 裂缝处水平截面和垂直截面应变和应力计算（宽度为1）

Ⅳ 筒壁裂缝宽度计算

7.4.10 钢筋混凝土筒壁应按下列公式计算最大水平裂缝宽度和最大垂直裂缝宽度：

1 最大水平裂缝宽度应按下列公式计算：

$$w_{\max} = k\alpha_{cr}\psi\frac{\sigma_{swt}}{E_s}\left(1.9c + 0.08\frac{d_{eq}}{\rho_{te}}\right) \quad (7.4.10\text{-}1)$$

$$\psi = 1.1 - 0.65\frac{f_{ttk}}{\rho_{te}\sigma_{st}} \quad (7.4.10\text{-}2)$$

$$d_{eq} = \frac{\sum n_i d_i^2}{\sum n_i \nu_i d_i} \quad (7.4.10\text{-}3)$$

式中：σ_{swt}——荷载标准值和温度共同作用下竖向钢筋在裂缝处的拉应力（N/mm²）；

α_{cr}——构件受力特征系数，当 $\sigma_{swt} = \sigma_{sw}$ 时，取 $\alpha_{cr} = 2.4$，在其他情况时，取 $\alpha_{cr} = 2.1$；

k——烟囱工作条件系数，取 $k = 1.2$；

n_i——第 i 种钢筋根数；

ρ_{te}——以有效受拉混凝土截面积计算的受拉钢筋配筋率，当 $\sigma_{swt} = \sigma_{sw}$ 时，$\rho_{te} = \rho + \rho'$，当为其他情况时，$\rho_{te} = 2\rho$，当 $\rho_{te} < 0.01$ 时，取 $\rho_{te} = 0.01$；

d_i、d_{eq}——第 i 种受拉钢筋及等效钢筋的直径（mm）；

c——混凝土保护层厚度（mm）；

ν_i——纵向受拉钢筋的相对黏结特性系数，光圆钢筋取 0.7，带肋钢筋取 1.0。

2 最大垂直裂缝宽度应按公式（7.4.10-1）～公式（7.4.10-3）进行计算，σ_{swt} 应以 σ_{st} 代替，并取 $\alpha_{cr} = 2.1$。

7.5 构造规定

7.5.1 钢筋混凝土烟囱筒壁的坡度，分节高度和厚度应符合下列规定：

1 筒壁坡度宜采用 2%，对高烟囱亦可采用几种不同的坡度。

2 筒壁分节高度，应为移动模板的倍数，且不宜超过 15m。

3 筒壁最小厚度应符合本规范表 7.5.1 的规定。

表 7.5.1 筒壁最小厚度

筒壁顶口内径 D(m)	最小厚度(mm)
$D \leqslant 4$	140
$4 < D \leqslant 6$	160
$6 < D \leqslant 8$	180
$D > 8$	$180 + (D-8) \times 10$

注：采用滑动模板施工时，最小厚度不宜小于 160mm。

4 筒壁厚度可根据分节高度自下而上阶梯形减薄，但同一节厚度宜相同。

7.5.2 筒壁环形悬臂和筒壁顶部加厚区段的构造，应符合下列规定（图 7.5.2）：

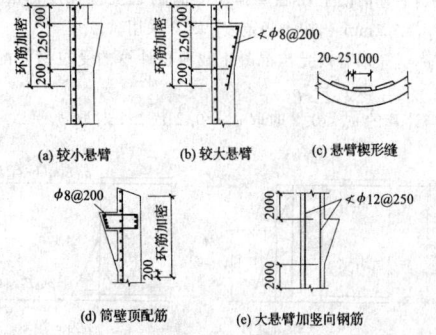

(a) 较小悬臂　　(b) 较大悬臂　　(c) 悬臂楔形缝

(d) 筒壁顶配筋　　　(e) 大悬臂加竖向钢筋

图 7.5.2 悬臂及筒顶配筋(mm)

1 环形悬臂可按构造配置钢筋。受力较大或挑出较长的悬臂应按牛腿计算配置钢筋。

2 在环形悬臂中，应沿悬臂设置垂直楔形缝，缝的宽度应为 20mm～25mm，缝的间距宜为 1m。

3 在环形悬臂处和筒壁顶部加厚区段内，筒壁外侧环向钢筋应适当加密，宜比非加厚区段增加 1 倍配筋。

4 当环形悬臂挑出较长或荷载较大时，宜在悬臂上下各 2m 范围内，对筒壁内外侧竖向钢筋及环向钢筋应适当加密，宜比非加厚区段增加 1 倍配筋。

7.5.3 筒壁上设有孔洞时，应符合下列规定：

1 在同一水平截面内有两个孔洞时，宜对称设置。

2 孔洞对应的圆心角不应超过 70°。在同一水平截面内总的开孔圆心角不得超过 140°。

3 孔洞宜设计成圆形。矩形孔洞的转角宜设计成弧形（图 7.5.3）。

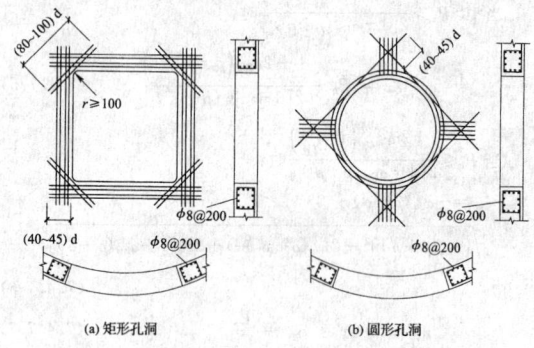

(a) 矩形孔洞　　　　(b) 圆形孔洞

图 7.5.3 洞口加固筋(mm)

4 孔洞周围应配补强钢筋，并应布置在孔洞边缘 3 倍筒壁厚度范围内，其截面面积宜为同方向被切断钢筋截面面积的 1.3 倍。其中环向补强钢筋的一半应贯通整个环形截面。矩形孔洞转角处应配置与水平方向成 45°角的斜向钢筋，每个转角处的钢筋，按筒壁厚度每 100mm 不应小于 250mm²，且不应少于 2 根。

补强钢筋伸过洞口边缘的长度，抗震设防地区应为钢筋直径的 45 倍，非抗震设防地区应为钢筋直径的 40 倍。

8 套筒式和多管式烟囱

8.1 一般规定

8.1.1 套筒式、多管式烟囱应由钢筋混凝土外筒、排烟筒、结构平台、横向制晃装置、竖向楼(电)梯及附属设施组成。

8.1.2 多管式烟囱的排烟筒与外筒壁之间的净间距以及排烟筒之间的净间距，不宜小于 750mm。其排烟筒高出钢筋混凝土外筒的高度不应小于排烟筒直径，且不宜小于 3m。

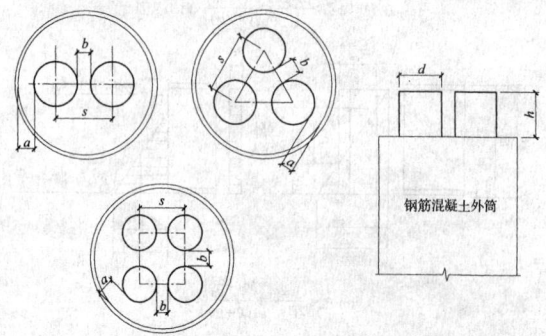

图 8.1.2 多管式烟囱布置
a—排烟筒与外筒壁之间的净间距；b—排烟筒之间的净间距

8.1.3 套筒式烟囱的排烟筒与外筒壁之间的净间距 a 不宜小于 1000mm。其排烟筒高出钢筋混凝土外筒的高度 h 宜在 2 倍的内外筒净间距 a 至 1 倍钢内筒直径范围内。

8.1.4 排烟筒可依据实际情况,选择砖砌体结构、钢结构或玻璃钢结构。

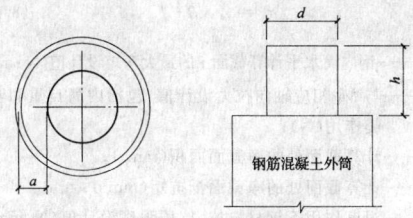

图 8.1.3 套筒式烟囱布置

8.1.5 结构平台应根据排烟内筒的结构特性,并宜结合横向制晃装置、施工方案及运行条件设置。

8.1.6 钢梯宜设置在钢筋混凝土外筒内部。当运行维护需要时,可设置电梯。

8.1.7 套筒式和多管式烟囱应进行下列计算或验算:

1 承重外筒应进行水平截面承载能力极限状态计算和水平裂缝宽度验算。

2 排烟筒的计算应符合下列规定:

1)分段支撑的砖内筒,应进行受热温度和环箍或环筋计算。

2)自立式砖砌内筒,除进行受热温度和环箍或环筋计算外,在抗震设防地区还应进行地震作用下的抗震承载力验算和顶部最大水平位移计算。

3)自立式钢内筒应进行强度、整体稳定、局部稳定和洞口补强计算。

4)悬挂式钢内筒应进行整体强度、局部强度和悬挂结点强度计算。

8.2 计 算 规 定

8.2.1 在风荷载或地震作用下,外筒计算时,可不计入内筒抗弯刚度的影响。

8.2.2 自立式钢内筒的极限承载能力计算,除应包括自重荷载、烟气温度作用外,还应计入外筒在承受风荷载、地震作用、附加弯矩、烟道水平推力及施工安装和检修荷载的影响。腐蚀厚度裕度不应计入计算截面的有效截面面积。

8.2.3 内筒外层表面温度不应大于 50℃。

8.2.4 排烟筒计算时,对非正常烟气运行温度工况,对应外筒风荷载组合值系数应取 0.2。

8.2.5 顶部平台以上部分钢内筒的风压脉动系数、风振系数,可按外筒顶部标高处的数值采用。

8.2.6 钢内筒在支承位置以上自由段的相对变形应小于其自由段高度的 1/100。变形和强度计算时,不应计入腐蚀裕度的刚度和强度影响。

8.3 自立式钢内筒

8.3.1 钢内筒和钢筋混凝土外筒的基本自振周期宜符合下式的要求:

$$\left| \frac{(T_c - T_s)}{T_c} \right| \geqslant 0.2 \qquad (8.3.1)$$

式中:T_c——钢筋混凝土外筒的基本自振周期(s);

T_s——钢内筒的基本自振周期(s)。

8.3.2 钢内筒长细比应满足下式要求:

$$\frac{l_0}{i} \leqslant 80 \qquad (8.3.2)$$

式中:l_0——钢内筒相邻横向支承点间距(m);

i——钢内筒截面回转半径,对圆环形截面,取环形截面的平均半径的 0.707 倍(m)。

8.3.3 钢内筒基本自振周期可按下式计算:

$$T_s = \alpha_t \sqrt{\frac{G_0 l_{max}^4}{9.81 EI}} \qquad (8.3.3)$$

式中:T_s——钢内筒基本自振周期(s);

α_t——特征系数,当两端铰接支承,$\alpha_t = 0.637$;当一端固定、一端铰,$\alpha_t = 0.408$;当两端固定支承,$\alpha_t = 0.281$;当一端固定、一端自由,$\alpha_t = 1.786$;

I——截面惯性矩(m^4),计算时,不计入截面开孔影响;

G_0——钢内筒单位长度重量,包括保温、防护层等所有结构的自重(N/m);

l_{max}——钢内筒相邻横向支承点最大间距(m);

E——钢材的弹性模量(N/m^2)。

8.3.4 钢内筒可根据制晃装置处位移,按连续杆件计算钢内筒内力。

8.3.5 钢内筒截面设计强度应按下列规定取值:

1 钢内筒水平截面抗压强度设计允许值应按下列公式计算:

$$f_{ch} = \eta_h \zeta_h f_t \qquad (8.3.5-1)$$

$$\eta_h = \frac{21600}{18000 + (l_{0i}/i)^2} \qquad (8.3.5-2)$$

式中:f_{ch}——钢内筒水平截面抗压强度设计值(N/mm^2);

η_h——钢内筒水平截面处的曲折系数,当 $\eta_h > 1.0$ 时,取 1.0;

f_t——钢材在温度作用下的抗压强度设计值(N/mm^2);

l_{0i}——钢内筒计算截面处两相邻横向支承点间距(m)。

2 钢内筒强度折减系数 ζ_h 应按下列公式计算:

当 $C \leqslant 5.60$ 时:

$$\zeta_h = 0.125C \qquad (8.3.5-3)$$

当 $C > 5.60$ 时:

$$\zeta_h = 0.583 + 0.021C \qquad (8.3.5-4)$$

$$C = \frac{t}{r} \cdot \frac{E}{f_t} \qquad (8.3.5-5)$$

式中:C——计算系数;

t——内筒筒壁厚度(mm);

r——内筒筒壁半径(mm)。

3 钢内筒水平截面处的抗剪强度设计允许值,应按下式计算:

$$f_{vh} = 0.5 f_{ch} \qquad (8.3.5-6)$$

8.3.6 制晃装置计算应符合下列规定:

1 自立式和悬挂式钢内筒,内筒与外筒之间的制晃装置承受的力,应根据内外筒变形协调计算。

2 当钢内筒采用刚性制晃装置,沿圆周方向 4 点均匀设置时,钢内筒支承环的弯矩、环向轴力及沿内筒半径方向的剪力(图 8.3.6),可按下列公式计算:

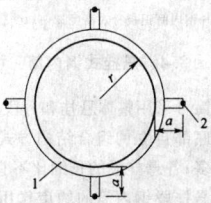

图 8.3.6 支承环受力
1—支承环;2—支撑点

$$M_{max} = F_k(0.015r + 0.25a) \qquad (8.3.6-1)$$

$$V_{max} = F_k\left(0.12 + 0.32\frac{a}{r}\right) \qquad (8.3.6-2)$$

当 $a/r \leqslant 0.656$ 时:

$$N_{max} = \frac{F_k}{4} \qquad (8.3.6-3)$$

当 $a/r>0.656$ 时:

$$N_{max}=F_k\left(0.04+0.32\frac{a}{r}\right) \quad (8.3.6-4)$$

式中:M_{max}——支承环的最大弯矩(kN·m);

V_{max}——支承环沿半径方向的最大剪力(kN);

N_{max}——支承环沿圆周方向的最大拉力(kN);

F_k——外筒在 k 层制晃装置处,传给每一个内筒的最大水平力(kN),可根据变形协调求得;

r——钢内筒半径(m);

a——支承点的偏心距离(m)。

8.3.7 钢内筒环向加强环的截面积和截面惯性矩应按下列公式计算:

1 正常运行情况下:

$$A\geqslant\frac{2\beta_1lr}{f_t}p_g \quad (8.3.7-1)$$

$$I\geqslant\frac{2\beta_1lr^3}{3E}p_g \quad (8.3.7-2)$$

2 非正常运行情况下:

$$A\geqslant\frac{1.5\beta_1lr}{f_t}p_g^{AT} \quad (8.3.7-3)$$

$$I\geqslant\frac{1.5\beta_1lr^3}{3E}p_g^{AT} \quad (8.3.7-4)$$

式中:A——环向加强环截面积(m²);

I——环向加强环截面惯性矩(m⁴);

l——钢内筒加劲肋间距(m);

β_1——动力系数,取 2.0;

p_g——正常运行情况下的烟气压力,按本规范第 5 章规定计算(kN/m²);

p_g^{AT}——非正常运行情况下的烟气压力,根据非正常烟气温度按本规范第 5 章规定计算(kN/m²)。

8.3.8 钢内筒环向加强环(图 8.3.8)截面特性计算中,应计入钢内筒钢板有效高度 h_e,计入面积不应大于加强环截面积,h_e 可按下式计算:

$$h_e=1.56\sqrt{rt} \quad (8.3.8)$$

式中:h_e——钢内筒钢板有效高度(m);

t——钢内筒钢板厚度(m)。

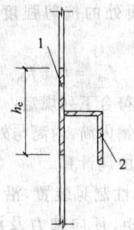

图 8.3.8 加强环截面
1—钢内筒钢板有效高度;2—加劲肋

8.4 悬挂式钢内筒

8.4.1 悬挂式钢内筒可采用整体悬挂和分段悬挂结构方式;也可采用中上部分悬挂、底部自立的组合结构方式。当采用分段悬挂式时,分段数不宜过多;各悬挂段的长细比不宜超过 120。

8.4.2 悬挂平台对悬挂段钢内筒的约束作用应根据悬挂平台和悬挂段钢内筒间的相对刚度关系确定:当平台梁的转动刚度与钢内筒线刚度的比值小于 0.1 时,可将悬挂端简化为不动铰支座;当比值大于 10 时,可将悬挂端简化为固定端;当比值介于 0.1~10 时,应将悬吊端简化为弹性转动支座。

8.4.3 悬挂段钢内筒的水平地震作用,可只计算在水平地震作用下钢筋混凝土外筒壁传给悬挂段钢内筒的作用效应。悬挂平台和悬挂段钢内筒的竖向地震作用可按本规范第 5 章的规定计算。

8.4.4 悬挂段钢内筒设计强度应满足下列公式要求:

$$\frac{N_i}{A_{ni}}+\frac{M_i}{W_{ni}}\leqslant\sigma_t \quad (8.4.4-1)$$

$$\sigma_t=\gamma_t\cdot\beta\cdot f_t \quad (8.4.4-2)$$

式中:M_i——钢内筒水平计算截面 i 的最大弯矩设计值(N·mm);

N_i——与 M_i 相应轴向拉力设计值,包括内筒自重和竖向地震作用(N);

A_{ni}——计算截面处的净截面面积(mm²);

W_{ni}——计算截面处的净截面抵抗矩(mm³);

f_t——温度作用下钢材抗拉、抗压强度设计值(N/mm²),按本规范第 4.3.6 条进行计算;

β——焊接效率系数。一级焊缝时,取 $\beta=0.85$;二级焊缝时,$\beta=0.7$;

γ_t——悬挂段钢内筒抗拉强度设计值调整系数:对于风、地震及正常运行荷载组合,γ_t 可取 1.0;对于非正常运行工况下的温差荷载组合,γ_t 可取 1.1。

8.5 砖 内 筒

8.5.1 砖内筒宜在满足强度、稳定和变形的条件下,采用整体自承重结构形式。当烟囱高度超过 60m 或采用整体自承重形式不经济时,可采用分段支承形式。

8.5.2 砖内筒的材质选择及防腐蚀设计应符合本规范第 11 章的有关规定。

8.5.3 砖内筒应符合下列规定:

1 砖内筒采用分段支承时,支承平台间距根据砖内筒的强度和稳定性等综合因素确定。套筒式砖内筒可采用由承重环梁、钢支柱、平台钢梁、平台剪力撑和平台钢格栅板组成的斜撑式支承平台支承。

2 分段支承的砖内筒,其下部的积灰平台可采用钢筋混凝土结构。当平台梁跨度较大时,可在跨中增设承重柱。

3 套筒式砖内筒烟囱的钢筋混凝土外筒和砖内筒在烟囱顶部可采用盖板进行封闭,盖板与外筒壁的连接应安全可靠,并应保证内筒温度变化时自由变形。多管式砖内筒烟囱应设置顶部封闭平台。

8.5.4 采用分段支承的砖内筒,在支承平台处的搭接接头,应满足砖内筒纵向和环向温度变形要求。

8.5.5 烟囱的钢筋混凝土外筒壁与排烟筒之间,应按检修维护的要求设置检修维护平台及竖向楼梯。套筒式砖内筒烟囱可在钢筋混凝土外筒的上部外侧设置直爬梯通至烟囱筒顶,多管式砖内筒烟囱应在内部设置直爬梯通至烟囱筒顶。

8.6 构 造 规 定

8.6.1 钢筋混凝土外筒除应符合本规范第 7.5 节的有关规定外,尚应符合下列规定:

1 钢筋混凝土外筒上部宜设计成等直径圆筒结构。筒的下部可根据需要放坡。

2 外筒的最小厚度不宜小于 250mm。筒壁应采用双侧配筋。

3 外筒筒壁顶部内外环向钢筋,在自上而下 5m 高度范围内,钢筋面积应比计算值增加一倍。

4 承重平台的大梁和吊装平台的大梁,应支承在筒壁内侧。筒壁预留孔洞的尺寸,应满足大梁安装就位要求,且筒壁厚度应适

当增大。大梁对筒壁产生的偏心距宜减小，大梁支承点处应有支承垫板并配置局部承压钢筋网片。施工完毕后，应将筒壁孔洞用混凝土封闭。

5 外筒壁仅有1个~2个烟道口时，筒壁洞口的设置和配筋应符合本规范第7.5.3条规定。

当烟道口为3个~4个时，除应符合本规范第7.5.3条的有关规定外，在洞口上下的环向加固筋应有50%钢筋沿整个周圈布置。另外50%加固筋应伸过洞口边缘一倍钢筋锚固长度。

6 当采用钢内筒时，外筒底部应预留吊装钢内筒的安装孔。选择在外筒外部焊接成筒的施工方案时，安装孔宽度应大于钢内筒外径0.5m~1.0m，孔的高度应根据施工方法确定。吊装完成后，应用砖砌体将安装孔封闭，并应在其中开设一个检修大门。

7 外筒应在下部第一层平台上部1.5m处，开设4个~8个进风口。进风口的总面积宜为外筒内表面与内筒外表面所包围的水平面积的5%。在顶层平台下应设4个~8个出风口，其面积宜小于进风口面积。

8 外筒的附属设施宜热浸镀锌防腐，镀层厚度应满足本规范第3.2.10条要求，并应采用镀锌自锚螺栓固定。

8.6.2 内筒构造应符合下列规定：

1 烟道与内筒相交处，应在内筒上设置烟气导流平台。

2 烟道人口以上区段应设隔热层。隔热层宜选择无碱超细玻璃棉或泡沫玻璃棉，厚度宜由计算确定，应外包加丝铝箔。

3 钢内筒与水平烟道接口处，内筒应增加竖向和环向加劲肋（角钢或槽钢），环向加劲肋间距宜为1.5m。洞口边缘应设加强立柱；必要时可与外筒之间增设支撑（图8.6.2-1）。

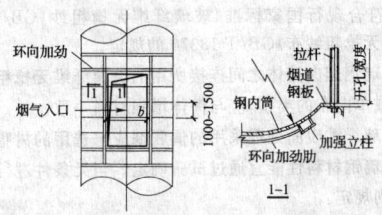

图8.6.2-1 洞口加劲布置和节点(mm)
b—洞口宽度

4 钢内筒宜全高设置设环向加劲肋。其间距可采用一倍钢内筒直径，最大间距应为钢内筒直径的1.5倍，且不应大于7.5m。每个环所要求的最小截面应按本规范第8.3.7条计算确定，并不应小于表8.6.2规定数值。

表8.6.2 钢烟囱加劲肋最小截面尺寸

钢烟囱直径 d(m)	最小加劲角钢(mm)
$d \leqslant 4.50$	L 75×75×6
$4.50 < d \leqslant 6.00$	L 100×80×6
$6.00 < d \leqslant 7.50$	L 125×80×8
$7.50 < d \leqslant 9.00$	L 140×90×10
$9.00 < d \leqslant 10.50$	L 160×100×10

5 环向加劲肋宜采用等肢或不等肢角钢、T型钢制作，翼板应向外，与钢内筒可用连续焊缝或间断焊缝焊接。

6 自立式内筒应在根部设置一个检查人孔。

7 钢内筒的筒壁顶部构造，可按图8.6.2-2处理。

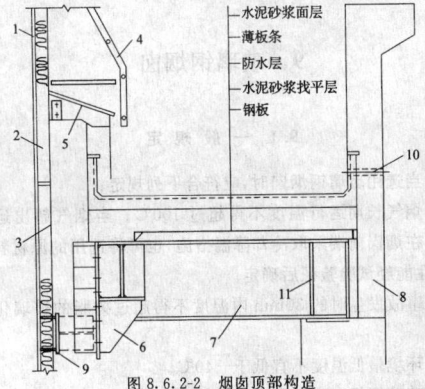

图8.6.2-2 烟囱顶部构造
1—钢内筒；2—隔热层；3—外包不锈钢；4—直梯；5—防雨通风帽；
6—支撑点；7—信号平台梁；8—外筒；9—加强支承环；10—溢水管；11—加劲肋

8.6.3 钢平台构造应符合下列要求：

1 钢平台的计算与构造均应按现行国家标准《钢结构设计规范》GB 50017的规定执行。受到烟气温度影响时，还应计算由于温度作用造成钢材强度的降低。

2 钢平台易受到烟气冷凝酸蚀的部位，应局部做隔离防腐措施。

3 各层平台应设置吊物孔。吊物孔尺寸及吊物时承受的重力，应根据安装、检修方案确定。平台下是否安装永久性单轨吊，应根据需要确定。

4 各层平台应设置照明和通信设施。上层照明开关应设在下层平台上。

5 各层平台的通道宽度不应小于750mm，洞口周圈应设栏杆和踢脚板。与排烟筒相接触的孔洞，应留有一定空隙。

8.6.4 制晃装置应符合下列要求：

1 采用钢内筒时，应设置制晃装置。

2 可采用刚性制晃装置，也可采用柔性的制晃装置。当采用刚性制晃装置时，宜利用平台为约束构件。每隔一层平台宜设置一道。制晃装置对内筒应仅起水平弹性约束作用，不应约束钢内筒由于烟气温度作用而产生的竖向和水平方向的温度变形。

3 制晃装置处内筒的加强环，可按图8.6.4进行加强。

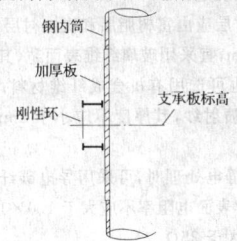

图8.6.4 内筒加强环

8.6.5 悬挂钢内筒的悬挂平台与下部相邻的横向约束平台间距不宜小于15m。最下层横向约束平台与膨胀伸缩节间的钢内筒悬壁长度不宜大于25m。

8.6.6 砖内筒结构砖砌体的厚度不宜小于200mm，砖内筒外表面设置的封闭层厚度不宜小于30mm，封闭层外表面按照计算设置的隔热层厚度不宜小于60mm。

8.6.7 砖内筒的砖砌体内可不配置竖向钢筋，但应按计算和构造要求配制环向钢筋或在外表面设置环向钢箍，环向钢箍的最小尺寸不应小于60mm×6mm(宽×厚)，沿高度方向间距不宜超过1000mm。

8.6.8 钢筋混凝土承重环梁宜采用现场浇筑。斜撑式支承平台的钢筋混凝土承重环梁可采用分段预制，环梁分段长度宜为3m，钢梁最小环向间距宜采用750mm~1400mm，钢支柱最小环向间距宜与梁分段长度相匹配，宜采用1500mm~2800mm。

8.6.9 多管式砖内筒烟囱分段支承平台的混凝土板厚不宜小于150mm。

9 玻璃钢烟囱

9.1 一般规定

9.1.1 当选用玻璃钢烟囱时,应符合下列规定:

1 烟气长期运行温度不得超过 100℃。当烟气超出运行条件时,可在烟囱前端采取冷却降温措施,也可将选用的原材料和制成品的性能经试验验证后确定。

2 事故发生时的 30min 内温度不得超过树脂的玻璃化温度(Tg)。

3 环境最低温度不宜低于 −40℃。

9.1.2 玻璃钢烟囱直径和高度应符合下列规定:

1 自立式玻璃钢烟囱的高度不宜超过 30m,且其高径比(H/D)不宜大于 10;

2 拉索式玻璃钢烟囱的高度不宜超过 45m,且其高径比(H/D)不宜大于 20;

3 塔架式、套筒式或多管式玻璃钢烟囱,其跨径比(L/D)不宜大于 10。

注:H 为烟囱高度(m);L 为玻璃钢烟囱横向支承距离(m);D 为玻璃钢烟囱直径(m)。

9.1.3 玻璃钢烟囱的设计,应计入烟气运行的流速、温度、磨损及化学介质腐蚀等因素的影响。当烟气流速超过 31m/s 时,应在拐角以及突变部位的树脂中添加耐磨填料或采取其他技术措施。

9.1.4 平台活荷载与筒壁积灰荷载的取值应符合本规范第 5 章的有关规定。

9.1.5 结构强度和承载力计算时,不应计入筒壁防腐蚀内衬层的厚度和外表面层厚度,但应计算其重量影响。

9.1.6 玻璃钢烟囱设计使用年限不宜少于 30 年。

9.1.7 塔架式和拉索式玻璃钢烟囱层间挠度不应超过相应支撑段间距的 1/120。

9.2 材料

9.2.1 玻璃钢烟囱的筒壁应由防腐蚀内衬层、结构层和外表面层组成,并应符合下列规定:

1 防腐蚀内衬层应由富树脂层和次内衬层组成;富树脂层厚度不应小于 0.25mm,宜采用玻璃纤维表面毡,其树脂含量不应小于 85%(重量比),也可选用有机合成纤维材料;次内衬层应采用玻璃纤维短切毡或喷射纱,其厚度不应小于 2mm,树脂含量不应小于 70%(重量比)。

当内衬层需防静电处理时,可采用导电碳纤维毡或导电碳填料,其内表面的连续表面电阻率不应大于 $1.0 \times 10^6 \Omega$,静电释放装置的对地电阻不应大于 25Ω。

2 结构层应由玻璃纤维连续纱或玻璃纤维织物浸渍树脂缠绕成型,其树脂含量应为 35%±5%(重量比),厚度应由计算确定。

3 外表面层中的最后一层树脂应采取无空气阻聚的措施。当玻璃钢烟囱暴露在室外时,外表面层应添加紫外线吸收剂,外表面层厚度不应小于 0.5mm。

9.2.2 玻璃钢烟囱的基体材料应选用反应型阻燃环氧乙烯基酯树脂,除其液体树脂技术指标应符合现行国家标准《纤维增强塑料用液体不饱和聚酯树脂》GB/T 8237 的规定外,其他性能和技术要求尚应符合下列规定:

1 树脂浇铸体的主要性能应符合表 9.2.2 的要求;

表 9.2.2 树脂浇铸体的主要性能

力学性能	耐蚀层树脂	结构层树脂
拉伸强度(MPa)	≥60.0	≥60.0
拉伸模量(GPa)	≥3.0	≥3.0

续表 9.2.2

力学性能	耐蚀层树脂	结构层树脂
断裂延伸率(%)	≥3.0	≥2.5
热变形温度 HDT (℃,1.82MPa)	≥100	
耐碱性(10%NaOH, 100℃)	≥100h 无异状	

2 烟气最高设计使用温度(T)应小于或等于 HDT−20℃。

3 防腐蚀内层和结构层宜选用同类型的树脂。当选用不同类型的树脂时,层间不得脱层。

4 阻燃性能应符合下列要求:

1)反应型阻燃环氧乙烯基酯树脂浇铸体的极限氧指数(LOI)不应小于 23;

2)当反应型阻燃环氧乙烯基酯树脂含量为 35%±5%(重量比),添加 0~3%阻燃协同剂(Sb_2O_3)时,玻璃钢极限氧指数(LOI)不应小于 32;

3)玻璃钢的火焰传播速率不应大于 45。

5 当有可靠经验和安全措施保证时,玻璃钢烟囱的基体材料可选用其他类型的树脂。

9.2.3 玻璃钢烟囱增强材料应符合下列规定:

1 富树脂层宜选用耐化学型 C-glass 表面毡或有机合成材料,也可选用 C 型中碱玻璃纤维表面毡;次内层应选用 E-CR 类型的玻璃纤维短切原丝毡或喷射纱。当有防静电要求时,可选用导电碳纤维毡或布。玻璃纤维短切原丝毡质量应符合现行国家标准《玻璃纤维短切原丝毡和连续原丝毡》GB/T 17470 的规定。

2 结构层应选用 E-CR 类型的玻璃纤维的缠绕纱、单向布;在排放潮湿烟气条件下,可选用 E 型玻璃纤维的缠绕纱、单向布。其质量应符合现行国家标准《玻璃纤维无捻粗纱》GB/T 18369、《玻璃纤维无捻粗纱布》GB/T 18370 的规定。

3 玻璃钢烟囱筒体之间连接所用的玻璃纤维无捻粗纱布、短切原丝毡或单向布的类型,应与筒体增强材料一致。

4 玻璃纤维表面处理采用的偶联剂应与选用的树脂匹配。

9.2.4 玻璃钢材料性能宜通过试验确定。当无条件进行试验时,应符合下列规定:

1 当采用环向缠绕纱和轴向单向布的铺层结构时,常温下纤维缠绕玻璃钢材料的性能宜符合表 9.2.4-1 的规定。

表 9.2.4-1 常温下纤维缠绕玻璃钢主要力学性能指标

项　目	数值(MPa)
环向抗拉强度标准值 $f_{\theta tk}$	≥220
环向抗弯强度标准值 $f_{\theta bk}$	≥330
轴向抗压强度标准值 f_{zck}	≥140
轴向拉伸弹性模量 E_{zt}	≥16000
轴向弯曲弹性模量 E_{zb}	≥8000
轴向压缩弹性模量 E_{zc}	≥16000
轴向抗拉强度标准值 f_{ztk}	≥190
轴向抗弯强度标准值 f_{zbk}	≥140
剪切弹性模量 G_k	≥7000
环向拉伸弹性模量 $E_{\theta t}$	≥28000
环向弯曲弹性模量 $E_{\theta b}$	≥18000
环向压缩弹性模量 $E_{\theta c}$	≥20000

2 当采用短切毡和方格布交替铺层的手糊玻璃钢板时,常温下玻璃钢材料的性能宜符合表 9.2.4-2 的规定。

3 玻璃钢的重力密度、膨胀系数、泊松比和导热系数等计算指标,可按表 9.2.4-3 的规定取值。

表 9.2.4-2 常温下手糊玻璃钢板的主要力学性能指标(MPa)

拉伸强度	弯曲强度	层间剪切强度	弯曲弹性模量
≥160	≥200	≥20	≥7000

表 9.2.4-3 玻璃钢主要计算参数

项　目	数　值
环纵向泊松比 $\nu_{z\theta}$	0.23
纵向热膨胀系数 a_z	$2.0 \times 10^{-5}/^\circ C$
重力密度	$(17\sim20) kN/m^3$
纵环向泊松比 $\nu_{\theta z}$	0.12
环向热膨胀系数 a_θ	$1.2 \times 10^{-5}/^\circ C$
导热系数	$(0.23\sim0.29)[W/(m \cdot K)]$

9.2.5 玻璃钢材料强度设计值应根据下列公式进行计算:

$$f_{zc} = \gamma_{zct} \cdot \frac{f_{zck}}{\gamma_{zc}} \qquad (9.2.5-1)$$

$$f_{zt} = \gamma_{ztt} \cdot \frac{f_{ztk}}{\gamma_{zt}} \qquad (9.2.5-2)$$

$$f_{zb} = \gamma_{zbt} \cdot \frac{f_{zbk}}{\gamma_{zb}} \qquad (9.2.5-3)$$

$$f_{\theta t} = \gamma_{\theta tt} \cdot \frac{f_{\theta tk}}{\gamma_{\theta t}} \qquad (9.2.5-4)$$

$$f_{\theta b} = \gamma_{\theta bt} \cdot \frac{f_{\theta bk}}{\gamma_{\theta b}} \qquad (9.2.5-5)$$

$$f_{\theta c} = \gamma_{\theta ct} \cdot \frac{f_{\theta ck}}{\gamma_{\theta c}} \qquad (9.2.5-6)$$

式中: f_{zc}、f_{zck}——玻璃钢纵向抗压强度设计值、标准值 (N/mm^2);

f_{zt}、f_{ztk}——玻璃钢纵向抗拉强度设计值、标准值 (N/mm^2);

f_{zb}、f_{zbk}——玻璃钢纵向弯曲抗拉(或抗压)强度设计值、标准值 (N/mm^2);

$f_{\theta t}$、$f_{\theta tk}$——玻璃钢环向抗拉强度设计值、标准值 (N/mm^2);

$f_{\theta b}$、$f_{\theta bk}$——玻璃钢环向弯曲抗拉(或抗压)强度设计值、标准值 (N/mm^2);

$f_{\theta c}$、$f_{\theta ck}$——玻璃钢环向抗压强度设计值、标准值 (N/mm^2);

γ_{zc}、γ_{zt}、γ_{zb}、$\gamma_{\theta t}$、$\gamma_{\theta b}$、$\gamma_{\theta c}$——玻璃钢材料分项系数,取值不应小于表 9.2.5-1 规定的数值。

γ_{zct}、γ_{ztt}、γ_{zbt}、$\gamma_{\theta tt}$、$\gamma_{\theta bt}$、$\gamma_{\theta ct}$——玻璃钢材料温度折减系数,取值不应大于表 9.2.5-2 规定的数值。

表 9.2.5-1 玻璃钢烟囱的材料分项系数

受力状态	符　号	作用效应的组合情况	
		用于组合IV、VI及本规范公式(3.1.8-2)	用于组合V
轴心受压	γ_{zc} 或 $\gamma_{\theta c}$	3.2	3.6
轴心受拉	γ_{zt} 或 $\gamma_{\theta t}$	2.6	8.0
弯曲受拉或弯曲受压	γ_{zb} 或 $\gamma_{\theta b}$	2.0	2.5

注:组合IV、V、VI应符合本规范第3.1.7条的规定。

表 9.2.5-2 玻璃钢烟囱的材料温度折减系数

温度(℃)	材料温度折减系数	
	γ_{zct}、$\gamma_{\theta bt}$、$\gamma_{\theta ct}$	γ_{ztt}、γ_{zbt}、$\gamma_{\theta tt}$
20	1.00	1.00
60	0.70	0.95
90	0.60	0.85

注:表中温度为中间值时,可采用线性插值确定。

9.2.6 玻璃钢弹性模量应计算温度折减,当烟气温度不大于 100℃时,折减系数可按 0.8 取值。

9.3 筒壁承载能力计算

9.3.1 在弯矩、轴力和温度作用下,自立式玻璃钢内筒纵向抗压强度应符合下列公式的要求:

$$\sigma_{zc} = \frac{N_i}{A_{ni}} + \frac{M_i}{W_{ni}} + \gamma_T(\sigma_m^T + \sigma_{sec}^T) \leqslant f_{zc}(\text{或} \sigma_{crt}^z)$$
$$(9.3.1-1)$$

$$\sigma_{zb} = \gamma_T \sigma_b^T \leqslant f_{zb} \qquad (9.3.1-2)$$

$$\sigma_{crt}^z = k\sqrt{\frac{E_{zb}E_{\theta c}}{3(1-\nu_{z\theta}\nu_{\theta z})}} \times \frac{t_0}{\gamma_{zc}r} \qquad (9.3.1-3)$$

$$k = 1.0 - 0.9(1.0 - e^{-x}) \qquad (9.3.1-4)$$

$$x = \frac{1}{16}\sqrt{\frac{r}{t_0}} \qquad (9.3.1-5)$$

式中: A_{ni}——计算截面处的结构层净截面积 (mm^2);

W_{ni}——计算截面处的结构层净截面抵抗矩 (mm^3);

M_i——玻璃钢烟囱水平计算截面 i 的最大弯矩设计值 $(N \cdot mm)$;

N_i——与 M_i 相应轴向压力或轴向拉力设计值(N);

f_{zc}——玻璃钢轴心抗压强度设计值 (N/mm^2);

f_{zb}——玻璃钢纵向弯曲抗拉强度设计值 (N/mm^2);

E_{zb}——玻璃钢轴向弯曲弹性模量 (N/mm^2);

$E_{\theta c}$——玻璃钢环向压缩弹性模量 (N/mm^2);

σ_{crt}^z——筒壁轴向临界应力 (N/mm^2);

t_0——烟囱筒壁玻璃钢结构层厚度(mm);

r——筒壁计算截面结构层中心半径(mm);

σ_m^T、σ_{sec}^T、σ_b^T——筒身弯曲温度应力、温度次应力和筒壁内外温差引起的温度应力(MPa),按本规范第五章规定进行计算;

γ_T——温度作用分项系数,取 $\gamma_T=1.1$。

9.3.2 在弯矩、轴力和温度作用下,悬挂式玻璃钢内筒纵向抗拉强度应按下列公式计算:

$$\sigma_{zt} = \frac{N_i}{A_{ni}} + \frac{M_i}{W_{ni}} + \gamma_T(\sigma_m^T + \sigma_{sec}^T) \leqslant f_{zt}^s \qquad (9.3.2-1)$$

$$\sigma_{zt} = \frac{N_i}{A_{ni}} + \gamma_T(\sigma_m^T + \sigma_{sec}^T) \leqslant f_{zt}^i \qquad (9.3.2-2)$$

$$\sigma_{zb} = \gamma_T \sigma_b^T \leqslant f_{zb} \qquad (9.3.2-3)$$

$$\frac{\sigma_{zt}}{f_{zt}} + \frac{\sigma_{zb}}{f_{zb}} \leqslant 1 \qquad (9.3.2-4)$$

式中: f_{zt}^s——玻璃钢轴心受拉强度设计值 (N/mm^2),抗力分项系数取 2.6;

f_{zt}^i——玻璃钢轴心受拉强度设计值 (N/mm^2),抗力分项系数取 8.0。

9.3.3 玻璃钢筒壁在烟气负压和风荷载环向弯矩作用下,其强度可按下列公式计算:

$$\sigma_\theta = \frac{pr}{t_0} \leqslant \sigma_{crt}^\theta \qquad (9.3.3-1)$$

$$\sigma_{\theta b} = \frac{M_{\theta in}}{W_\theta} + \sigma_\theta^T \leqslant f_{\theta b} \qquad (9.3.3-2)$$

$$\frac{\sigma_\theta}{\sigma_{crt}^\theta} + \frac{\sigma_{\theta b}}{f_{\theta b}} \leqslant 1 \qquad (9.3.3-3)$$

$$\sigma_{crt}^\theta = 0.765 (E_{\theta b})^{3/4} \cdot (E_{zc})^{1/4} \cdot \frac{r}{L_s} \cdot \left(\frac{t_0}{r}\right)^{1.5} \cdot \frac{1}{\gamma_{\theta c}} \qquad (9.3.3-4)$$

式中: $M_{\theta in}$——局部风压产生的环向单位高度风弯矩 $(N \cdot mm/mm)$,按本规范第 5.2.7 条计算;

p——烟气压力 (N/mm^2);

W_θ——筒壁厚度沿环向单位高度截面抵抗矩 (mm^3/mm);

$E_{\theta b}$——玻璃钢环向弯曲弹性模量 (N/mm^2);

E_{zc}——玻璃钢轴向受压弹性模量 (N/mm^2);

L_s——筒壁加筋肋间距(mm);

σ_θ^T——筒壁环向温度应力(N/mm²),按本规范第5章的规定进行计算;

σ_{crt}^0——筒壁环向临界应力(N/mm²)。

9.3.4 负压运行的自立式玻璃钢内筒,筒壁强度应按下式计算:

$$\frac{\sigma_{xc}}{\sigma_{crt}} + \left(\frac{\sigma_\theta}{\sigma_{crt}^0}\right)^2 \leqslant 1 \qquad (9.3.4)$$

9.3.5 玻璃钢烟囱可采用加劲肋的方法提高玻璃钢烟囱筒壁刚度,加劲肋影响截面抗弯刚度应满足下式要求:

$$E_s I_s \geqslant \frac{2pL_s r^3}{1.15} \qquad (9.3.5)$$

式中:E_s——加劲肋沿环向弯曲模量(N/mm²);

I_s——加劲肋及筒壁影响截面有效宽度惯性矩(mm⁴)。筒壁影响截面有效宽度可采用 $L = 1.56\sqrt{rt_0}$,且计算影响面积不大于加劲肋截面面积。

9.3.6 玻璃钢筒壁分段采用平端对接连接,宜内外双面粘贴连接,并应对粘贴连接宽度、厚度及铺层分别按下列要求进行计算:

1 粘贴连接接口宽度应满足下式要求:

$$W \geqslant \left(\frac{N_i}{2\pi r} + \frac{M_i}{\pi r^2}\right) \cdot \frac{\gamma_\tau}{f_\tau} \qquad (9.3.6\text{-}1)$$

式中:N_i、M_i——连接截面上部筒身总重力荷载设计值(N)与连接截面处弯矩设计值(N·mm);

f_τ——手糊板层间允许剪切强度(MPa),可按试验数据采用,当无试验数据时可取 20MPa;

γ_τ——手糊板层间剪切强度分项系数,取 $\gamma_\tau = 10$。

2 粘贴连接接口厚度(计算时不计防腐蚀层厚度)应满足下式要求:

$$t \geqslant \left(\frac{N_i}{2\pi r} + \frac{M_i}{\pi r^2}\right) \cdot \frac{\gamma_{zc}}{f_{zc}} \qquad (9.3.6\text{-}2)$$

式中:f_{zc}——手糊板轴向抗压强度(MPa),当无试验数据时可采用 140MPa;

γ_{zc}——手糊板轴向抗压强度分项系数,取 $\gamma_{zc} = 10$。

9.3.7 玻璃钢烟囱开孔宜采用圆形,洞孔应力应满足本规范公式(10.3.2-16)的要求。

9.4 构造规定

9.4.1 玻璃钢烟囱下部烟道接口宜设计成圆形。

9.4.2 拉索式玻璃钢烟囱拉索设置应满足以下规定:

1 当烟囱高度与直径之比小于15时,可设1层拉索,拉索位置应距烟囱顶部小于 $h/3$ 处。

2 烟囱高度与直径之比大于15时,可设2层拉索;上层拉索系结位置,宜距烟囱顶部小于 $h/3$ 处;下层拉索宜设在上层拉索位置至烟囱底部的1/2高度处。

3 拉索宜为3根,平面夹角宜为120°,拉索与烟囱轴向夹角不宜小于25°。

9.4.3 玻璃钢加强肋间距不应超过烟囱直径的1.5倍,并不应大于8m。

9.4.4 每段玻璃钢烟囱之间连接应符合下列规定:

1 宜采用平端对接,对接处筒体的内外面的粘贴连接面的宽度、厚度应按本规范第9.3.6条计算确定,但全厚度时的宽度不应小于400mm。

2 当筒体直径小于4m时,也可采用承插连接,承插深度不应小于100mm,内外部接缝处糊制宽度不应小于400mm。

3 接缝处采用玻璃纤维短切原丝毡和无捻粗纱布交替糊制第一层和最后一层应是玻璃纤维短切原丝毡。

9.4.5 烟囱膨胀节宜采用玻璃钢法兰形式连接,连接节点应严密,连接材料的防腐蚀和耐温性能应符合烟气工艺要求。

9.4.6 玻璃钢烟囱的筒壁结构层最小厚度应满足表9.4.6的规定。

表9.4.6 玻璃钢烟囱的筒壁结构层最小厚度(mm)

烟囱直径(m)	结构层最小厚度	备 注
≤2.5	6	中间值线性插入
>4	10	

9.5 烟囱制作要求

9.5.1 玻璃钢烟囱的制造环境应符合下列规定:

1 应在工厂室内或在有临时围护结构的现场制作。

2 制作场所应通风。

3 环境温度宜为 15℃~30℃,所有材料和设备温度应高于露点温度3℃;当环境温度低于10℃时,应采取加热保温措施,并严禁用明火或蒸汽直接加热。

4 原材料使用时的温度,不应低于环境温度。

9.5.2 玻璃钢烟囱的制造设备应符合下列要求:

1 缠绕机在整个玻璃钢内衬分段长度上的缠绕角应在 ±1.5°以内。

2 制造玻璃钢内衬所用的筒芯(模具)的外表面应均匀,其直径的偏差(沿长度方向)应控制在设计直径的±0.25%以内。

3 树脂混合设备应计量准确,应先在树脂中按比例加入促进剂,并混合均匀;在输送到玻璃纤维浸胶槽前,应按比例加入固化剂,并应搅拌均匀。

4 玻璃纤维增强材料使用时,应符合均匀、连续、可重复的输送要求,在缠绕中,不应产生间隙、空隙或者结构损伤。

9.5.3 树脂的使用应符合下列要求:

1 在制造前,应进行树脂胶凝时间的试验。

2 树脂黏度可通过加入气相二氧化硅或苯乙烯调节,其加入量不得超过树脂重量的3%。

3 已加入促进剂和引发剂的树脂,应在树脂凝胶前完。已发生凝胶的树脂不得使用。

4 促进剂与固化剂严禁同时加入树脂中。

9.5.4 玻璃纤维增强材料使用前不得有损坏、污染和水分。

9.5.5 玻璃钢烟囱应分段制造,每段长度应同制造能力相匹配,同时应符合安装和接缝总数最少的原则。

9.5.6 制造玻璃钢内衬所用的筒芯(模具)使用前应符合下列规定:

1 表面应洁净、光滑、无缺陷。

2 表面应使用聚酯薄膜或脱模剂。

9.5.7 防腐蚀内衬层的制造应符合下列规定:

1 富树脂层应先将配好的树脂均匀涂覆到旋转的筒芯(模具)上,再将玻璃纤维表面毡缠绕到筒芯(模具)上,并应完全浸润。

2 次内衬层应在富树脂层上采用玻璃纤维短切原丝毡和树脂衬贴,并应充分碾压、去除气泡、浸润完全,应直至到达设计规定的厚度。

当施工条件可靠时,也可采用喷射工艺,厚度应均匀。

3 同层玻璃纤维原丝毡的叠加宽度不应少于10mm。

4 在防腐蚀内衬层放热固化完成后,应检查是否存在气泡、斑点和凹凸不平,并应进行修补。

9.5.8 结构层与防腐蚀内衬层的制造间隔时间应符合下列规定:

1 防腐蚀内衬层固化完成后,表面应采用丙酮擦拭发黏后再进行结构层制作。

2 防腐蚀内衬层固化完成后超过24h时,应检查表面是否有污染和水分,并应用丙酮擦拭,应根据擦拭后表面状态按下列要求进一步处理:

1)当擦拭后表面发黏时,可进行结构层制造。

2)当擦拭后表面不发黏,或表面有污染时,应打磨去除表面光泽,清理干净后进行结构层制造。

3 结构层与防腐蚀内衬层的制造间隔时间不宜超过72h。

9.5.9 结构层的制造应符合下列规定:

1 应在防腐蚀内衬层固化后再缠绕结构层。当在缠绕开始

前，应先在内衬层表面均匀涂布一道树脂。

    2 采用玻璃纤维连续纱浸渍树脂后，应以规定的缠绕角度连续成型；也可根据设计要求，采用环向连续缠绕、轴向加衬单向布的交替成型方法。

    3 缠绕角度应允许在±1.5°内变化。

    4 缠绕作业不能持续到最终厚度，或因设备故障而延迟完成时，重新开始缠绕作业的间隔时间和表面处理方法应按本规范第9.5.8条执行。

9.5.10 外表层的制造应符合下列规定：

    1 玻璃钢烟囱内衬的外表面应采用无空气阻聚的树脂封面。

    2 玻璃钢烟囱在室外使用时，外表面层应添加紫外线吸收剂。

9.5.11 玻璃钢烟囱筒体的制造误差应符合下列规定：

    1 各分段筒体的直径误差应小于直径的1%。

    2 各分段筒体的高度误差不应超过本段高度的±0.5%，且不应超过13mm。

    3 各分段筒体的厚度误差不应超过内衬厚度的−10%～+20%，或重量误差应控制为−5%～+10%。

9.6 安装要求

9.6.1 在装卸、存放和安装期间，应计入吊装荷载及变形对玻璃钢筒体产生的不利影响。

9.6.2 玻璃钢烟囱分段装卸时，应采用柔性吊索。

9.6.3 直径超过3m的分段玻璃钢烟囱宜垂直存放和移动。

9.6.4 当分段的玻璃钢烟囱进行水平和垂直位置的相互变换时，应符合底部边缘点的荷载设计要求，且防腐蚀层表面不得产生裂纹。

9.6.5 每段玻璃钢烟囱上的对称吊环，应满足安装期间所施加的各种载荷。

10 钢烟囱

10.1 一般规定

10.1.1 钢烟囱可分为塔架式、自立式和拉索式。外筒为钢筒壁的套筒式和多管式钢烟囱，外筒可按本章第10.3节有关自立式钢烟囱的规定进行设计，内筒布置与计算应按本规范第8章有关规定进行设计。

10.1.2 钢塔架及拉索计算可按现行国家标准《高耸结构设计规范》GB 50135 的有关规定进行。

10.1.3 当烟气温度较高时，对于无隔热层的钢烟囱应在其底部2m高度范围内，采取隔热措施或设置安全防护栏。

10.1.4 钢烟囱选用的材料应符合现行国家标准《钢结构设计规范》GB 50017 的规定。

10.2 塔架式钢烟囱

10.2.1 钢塔架可根据排烟筒的数量确定，水平截面可设计成三角形和方形。

10.2.2 钢塔架沿高度可采用单坡度或多坡度形式。塔架底部宽度与高度之比，不宜小于1/8。

10.2.3 对于高度较高，底部较宽的钢塔架，宜在底部各边增设拉杆。

10.2.4 钢塔架的计算应符合下列规定：

    1 在风荷载和地震作用下，应根据排烟筒与钢塔架的连接方式，计算排烟筒对塔架的作用力。

    2 当钢塔架截面为三角形时，在风荷载和地震作用下，应计算三种作用方向[图10.2.4(a)]。

    3 当钢塔架截面为四边形时，在风荷载与地震作用下，应计算两种作用方向[图10.2.4(b)]。

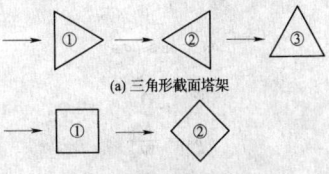

(a) 三角形截面塔架

(b) 四边形截面塔架

图 10.2.4 塔架外力作用方向

    4 当钢塔架与排烟筒采用整体吊装时应对钢塔架进行吊装验算。

    5 钢塔架应计算由脉动风引起的风振影响，当钢塔架的基本自振周期小于0.25s时，可不计算风振影响。

    6 钢塔架杆件的自振频率应与塔架的自振频率相互错开。

    7 对承受上拔力和横向力的钢塔架基础，除地基进行强度计算和变形验算外，尚应进行抗拔和抗滑稳定性验算。

10.2.5 钢塔架腹杆宜按下列规定确定：

    1 塔架顶层和底层宜采用刚性K型腹杆。

    2 塔架中间层宜采用预加拉紧的柔性交叉腹杆。

    3 塔柱及刚性腹杆宜采用钢管，当为组合截面时宜采用封闭式组合截面。

    4 交叉柔性腹杆宜采用圆钢。

10.2.6 钢塔架平台与排烟筒连接时，可采用滑道式连接（图10.2.6）。

10.2.7 钢塔架应沿塔面变坡处或受力情况复杂且构造薄弱处设置横隔，其余可沿塔架高度每隔2个～3个节间设置一道横隔。塔架应沿高度每隔20m～30m设一道休息平台或检修平台。

10.2.8 钢塔架抗震验算时，其构件及连接节点的承载力抗震调整系数可采用表10.2.8数值。

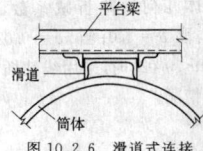

图 10.2.6 滑道式连接

表 10.2.8 塔架构件及连接节点承载力抗震调整系数

塔架构件 调整系数	塔柱	腹杆	支座斜杆	节点
γ_{RE}	0.85	0.80	0.90	1.00

10.2.9 塔架式钢烟囱的水平弯矩，应按排烟筒与塔架变形协调进行计算。

10.2.10 排烟筒的构造要求应与自立式钢烟囱相同。

10.3 自立式钢烟囱

10.3.1 自立式钢烟囱的直径 d 和对应位置高度 h 之间的关系应根据强度和变形要求，经过计算后确定，并宜满足下式的要求；当不满足下式要求时，烟囱下部直径宜扩大或采用其他减震等措施：

$$h \leqslant 30d \qquad (10.3.1)$$

10.3.2 自立式钢烟囱应进行下列计算：

    1 弯矩和轴向力作用下，钢烟囱强度应按下式进行计算：

$$\frac{N_i}{A_{ni}} + \frac{M_i}{W_{ni}} \leqslant f_t \qquad (10.3.2\text{-}1)$$

式中：M_i——钢烟囱水平计算截面 i 的最大弯矩设计值（包括风弯矩和水平地震作用弯矩）（N·mm）；

      N_i——与 M_i 相应轴向压力或轴向拉力设计值（包括结构自重和竖向地震作用）（N）；

      A_{ni}——计算截面处的净截面面积（mm²）；

      W_{ni}——计算截面处的净截面抵抗矩（mm³）；

      f_t——温度作用下钢材抗拉、抗压强度设计值（N/mm²），按

本规范第4.3.6条进行计算。

2 弯矩和轴向力作用下，钢烟囱局部稳定性应按下列公式进行验算：

$$\sigma_N + \sigma_B \leqslant \sigma_{crt} \qquad (10.3.2\text{-}2)$$

$$\sigma_N = \frac{N_i}{A_{ni}} \qquad (10.3.2\text{-}3)$$

$$\sigma_B = \frac{M_i}{W_{ni}} \qquad (10.3.2\text{-}4)$$

$$\sigma_{crt} = \begin{cases} (0.909 - 0.375\beta^{1.2})f_{yt} & \beta \leqslant \sqrt{2} \\ \dfrac{0.68}{\beta^2}f_{yt} & \beta > \sqrt{2} \end{cases} \qquad (10.3.2\text{-}5)$$

$$\beta = \sqrt{\frac{f_{yt}}{\alpha \cdot \sigma_{et}}} \qquad (10.3.2\text{-}6)$$

$$\sigma_{et} = 1.21E_t \cdot \frac{t}{D_i} \qquad (10.3.2\text{-}7)$$

$$\alpha = \delta \cdot \frac{\alpha_N \sigma_N + \alpha_B \sigma_B}{\sigma_N + \sigma_B} \qquad (10.3.2\text{-}8)$$

$$\alpha_N = \begin{cases} \dfrac{0.83}{\sqrt{1 + D_i/(200t)}} & \dfrac{D_i}{t} \leqslant 424 \\ \dfrac{0.7}{\sqrt{0.1 + D_i/(200t)}} & \dfrac{D_i}{t} > 424 \end{cases} \qquad (10.3.2\text{-}9)$$

$$\alpha_B = 0.189 + 0.811\alpha_N \qquad (10.3.2\text{-}10)$$

$$f_{yt} = \gamma_s f_y \qquad (10.3.2\text{-}11)$$

式中：σ_{crt}——烟囱筒壁局部稳定临界应力（N/mm²）；

f_y——钢材屈服强度（N/mm²）；

γ_s——钢材在温度作用下强度设计值折减系数，按本规范第4.3.6条确定；

t——筒壁厚度（mm）；

E_t——温度作用下钢材的弹性模量（N/mm²）；

D_i——i 截面钢烟囱外直径（mm）；

δ——烟囱筒体几何缺陷折减系数，当 $w \leqslant 0.01l$ 时（图10.3.2），取 $\delta = 1.0$；当 $w = 0.02l$ 时，取 $\delta = 0.5$；当 $0.01l < w < 0.02l$ 时，采用线性插值；不允许出现 $w > 0.02l$ 的情况。

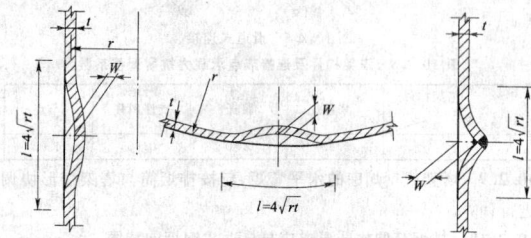

图10.3.2 钢烟囱筒体几何缺陷示意

3 在弯矩和轴向力作用下，钢烟囱的整体稳定性应按下列公式进行验算：

$$\frac{N_i}{\varphi A_{bi}} + \frac{M_i}{W_{bi}(1 - 0.8N_i/N_{Ex})} \leqslant f_t \qquad (10.3.2\text{-}12)$$

$$N_{Ex} = \frac{\pi^2 E_t A_{bi}}{\lambda^2} \qquad (10.3.2\text{-}13)$$

式中：A_{bi}——计算截面处的毛截面面积（mm²）；

W_{bi}——计算截面处的毛截面抵抗矩（mm³）；

N_{Ex}——欧拉临界力（N）；

λ——烟囱长细比，按悬臂构件计算；

φ——焊接圆筒截面轴心受压构件稳定系数，按本规范附录B采用。

4 地脚螺栓最大拉力可按下式计算：

$$P_{max} = \frac{4M}{nd} - \frac{N}{n} \qquad (10.3.2\text{-}14)$$

式中：P_{max}——地脚螺栓的最大拉力（kN）；

M——烟囱底部最大弯矩设计值（kN·m）；

N——与弯矩相应的轴向压力设计值（kN）；

d——地脚螺栓所在圆直径（m）；

n——地脚螺栓数量。

5 钢烟囱底座基础局部受压应力，可按下式计算：

$$\sigma_{cbt} = \frac{G}{A_t} + \frac{M}{W} \leqslant \omega \beta_t f_{ct} \qquad (10.3.2\text{-}15)$$

式中：σ_{cbt}——钢烟囱（包括钢内筒）荷载设计值作用下，在混凝土底座处产生的局部受压应力（N/mm²）；

G——烟囱底部重力荷载设计值（kN）；

A_t——钢烟囱与混凝土基础的接触面面积（mm²）；

W——钢烟囱与混凝土基础的接触面截面抵抗矩（mm³）；

ω——荷载分布影响系数，可取 $\omega = 0.675$；

β_t——混凝土局部受压时强度提高系数，按现行国家标准《混凝土结构设计规范》GB 50010 的有关规定计算；

f_{ct}——混凝土在温度作用下的轴心抗压强度设计值。

6 烟道入口宜设计成圆形。矩形孔洞的转角宜设计成圆弧形。孔洞应力应满足下式要求：

$$\sigma = \left(\frac{N}{A_0} + \frac{M}{W_0}\right)\alpha_k \leqslant f_t \qquad (10.3.2\text{-}16)$$

式中：A_0——洞口补强后水平截面面积，应不小于无孔洞的相应圆筒壁水平截面面积（mm²）；

W_0——洞口补强后水平截面最小抵抗矩（mm³）；

f_t——温度作用下的钢材抗压强度设计值（N/mm²）；

N——洞口截面轴向力设计值（N）；

M——洞口截面处弯矩设计值（N·mm）；

α_k——洞口应力集中系数，孔洞圆角半径 r 与孔洞宽度 b 之比，$r/b = 0.1$ 时，可取 $\alpha_k = 4$，$r/b \geqslant 0.2$ 时，取 $\alpha_k = 3$，中间值线性插入。

10.3.3 钢烟囱的筒壁最小厚度应满足下列公式要求：

烟囱高度不大于20m时：

$$t_{min} = 4.5 + C \qquad (10.3.3\text{-}1)$$

烟囱高度大于20m时：

$$t_{min} = 6 + C \qquad (10.3.3\text{-}2)$$

式中：t_{min}——筒壁最小厚度（mm）；

C——腐蚀厚度裕度，有隔热层时取 $C = 2mm$，无隔热层时取 $C = 3mm$。

10.3.4 隔热层的设置应符合下列规定：

1 当烟气温度高于本规范表3.3.1规定的最高受热温度时，应设置隔热层。

2 隔热层厚度应由温度计算确定，但最小厚度不宜小于50mm。对于全辐射炉型的烟囱，隔热层厚度不宜小于75mm。

3 隔热层应与钢烟囱筒壁牢固连接，当采用不定型现场浇注材料时，可采用锚固钉或金属网固定。烟囱顶部可设置钢板圈保护隔离层边缘。钢板圈厚度不应小于6mm。

4 应沿烟囱高度方向，每隔1m~1.5m设置一个角钢支承环。

5 当烟气温度高于560℃时，隔热层的锚固件可采用不锈钢（1Cr18Ni9Ti）制造。烟气温度低于560℃时，可采用一般碳素钢制造。

10.3.5 破风圈的设置应符合下列规定：

1 当烟囱的临界风速小于6m/s~7m/s时，应设置破风圈。当烟囱的临界风速为7m/s~13.4m/s、小于设计风速，且采用改变烟囱高度、直径和增加厚度等措施不经济时，也可设置破风圈。

2 设置破风圈范围的烟囱体型系数应按1.2采用。

3 需设置破风圈时，应在距烟囱上端不小于烟囱高度1/3的范围内设置。

4 破风圈型式可采用螺旋板型或交错排列直立板型，并应符合下列规定：

1) 当采用螺旋板型时，其螺旋板厚度不小于6mm，宽度为

烟囱外径的 1/10。螺旋板为三道,沿圆周均布,螺旋节距可为烟囱外径的 5 倍。

  2)当交错排列直立板型时,其直立板厚度不小于 6mm,长度不大于 1.5m,宽度为烟囱外径的 1/10,每圈立板数量为 4 块,沿烟囱圆周均布,相邻圈立板相互错开 45°。

10.3.6 烟囱顶部可设置用于涂刷油漆的导轨滑车及滑车钢丝绳。

10.4 拉索式钢烟囱

10.4.1 当烟囱高度与直径之比大于 $30(h/d>30)$ 时,可采用拉索式钢烟囱。

10.4.2 当烟囱高度与直径之比小于 35 时,可设一层拉索。拉索宜为 3 根,平面夹角宜为 120°,拉索与烟囱轴向夹角不应小于 25°。拉索系结位置距烟囱顶部应小于 $h/3$ 处。

10.4.3 烟囱高度与直径之比大于 35 时,可设两层拉索;上层拉索系结位置,宜距烟囱顶部小于 $h/3$ 处,下层拉索系结位置,宜在上层拉索至烟囱底部的 1/2 高度处。

10.4.4 拉索式烟囱在风荷载和地震作用下的内力计算,可按现行国家标准《高耸结构设计规范》GB 50135 的规定计算,并应计及横风向风振的影响。

10.4.5 拉索式钢烟囱筒身的构造措施,应与自立式钢烟囱相同。

11 烟囱的防腐蚀

11.1 一般规定

11.1.1 燃煤烟气可按下列规定分类:

  1 相对湿度小于 60%、温度大于或等于 90℃的烟气,应为干烟气。

  2 相对湿度大于或等于 60%、温度大于 60℃但小于 90℃的烟气,应为潮湿烟气。

  3 相对湿度为饱和状态、温度小于或等于 60℃的烟气,应为湿烟气。

11.1.2 当排放非燃煤烟气时,烟气分类可根据经验并按本规范第 11.1.1 条的规定确定。烟囱设计应按烟气分类及相应腐蚀等级,采取对应的防腐蚀措施。

11.1.3 对于烟气主要腐蚀介质为二氧化硫的干烟气,当烟气温度低于 150℃,且烟气二氧化硫含量大于 500ppm 时,应计入烟气的腐蚀性影响,并应按下列规定确定其腐蚀等级:

  1 当二氧化硫含量为 500ppm~1000ppm 时,应为弱腐蚀烟气。

  2 当二氧化硫含量大于 1000ppm 且小于或等于 1800ppm 时,应为中等腐蚀干烟气。

  3 当二氧化硫含量大于 1800ppm 时,应为强腐蚀干烟气。

11.1.4 湿法脱硫后的烟气应为强腐蚀性湿烟气;湿法脱硫烟气经过再加热后应为强腐蚀性潮湿烟气。

11.1.5 烟囱设计应计入周围环境对烟囱外部的腐蚀影响,可根据现行国家标准《工业建筑防腐蚀设计规范》GB 50046 的有关规定采取防腐蚀措施。

11.1.6 当烟囱所排放烟气的特性发生变化时,应对原烟囱的防腐蚀措施进行重新评估。

11.1.7 湿烟气烟囱设计应符合下列规定:

  1 排烟筒内部应设置冷凝液收集装置。

  2 烟囱顶部钢筋混凝土外筒筒首、避雷针和爬梯等,应计入烟羽造成的腐蚀影响,并应采取防腐蚀措施。

  3 排烟筒应按大型管道设备的要求设置定期检修维护设施。

11.2 烟囱结构型式选择

11.2.1 烟囱的结构型式应根据烟气的分类和腐蚀等级确定,可按表 11.2.1 的要求并结合实际情况进行选取。

表 11.2.1 烟囱结构型式

烟气类型 烟囱类型		干烟气			潮湿烟气	湿烟气
		弱腐蚀性	中等腐蚀	强腐蚀		
砖烟囱		○	□	×	×	×
单筒式钢筋混凝土烟囱		○	○	△	△	×
套筒或多管式烟囱	砖内筒	□	○	○	△	×
	防腐金属内衬	△	△	△	△	○
	轻质防腐砖内衬	△	△	□	○	○
	防腐涂层内衬	□	□	□	□	×
	耐酸混凝土内衬	□	□	△	△	×
	玻璃钢内筒	△	△	△	○	○

注:1 "○"建议采用的方案;"□"可用的方案;"△"不宜采用的方案;"×"不应采用的方案。

  2 选择表中所列方案时,其材料性能应与实际烟囱运行工况相适应。当烟气温度较高时,内衬材料应满足长期耐高温要求。

11.2.2 排放干烟气的烟囱结构型式的选择应符合下列规定:

  1 烟囱高度小于或等于 100m 时,可采用单筒式烟囱。当烟气属强腐蚀性时,宜采用套筒筒式烟囱。

  2 烟囱高度大于 100m,且排放强腐蚀性烟气时,宜采用套筒式或多管式烟囱;当排放中等腐蚀性烟气时,可采用套筒式烟囱,也可采用单筒式烟囱;当排放弱腐蚀性烟气时,宜采用单筒式烟囱。

11.2.3 排放潮湿烟气的烟囱结构型式的选择应符合下列规定:

  1 宜采用套筒式或多管式烟囱。

  2 每个排烟筒接入锅炉台数应结合排烟筒的防腐措施确定。300MW 以下机组每个排烟筒接入锅炉台数不宜超过 2 台,且不应超过 4 台;300MW 及其以上机组每个排烟筒接入锅炉台数不应超过 2 台;1000MW 及其以上机组为每个排烟筒接入锅炉台数不应超过 1 台。

11.2.4 排放湿烟气的烟囱结构型式的选择应符合下列规定:

  1 应采用套筒式或多管式烟囱。

  2 每个排烟筒接入锅炉台数应结合排烟筒的防腐措施确定。200MW 以下机组每个排烟筒接入锅炉台数不宜超过 2 台,且不应超过 4 台;200MW 及其以上机组每个排烟筒接入锅炉台数不应超过 2 台;600MW 及其以上机组每个排烟筒接入锅炉台数宜为 1 台;1000MW 及其以上机组为每个排烟筒接入锅炉台数不应超过 1 台。

11.3 砖烟囱的防腐蚀

11.3.1 当排放弱腐蚀性等级干烟气时,烟囱内衬宜按烟囱全高设置;当排放中等腐蚀性干烟气时,烟囱内衬应按烟囱全高设置。

11.3.2 当排放中等腐蚀性等级干烟气时,烟囱内衬宜采用耐火砖和耐酸胶泥(或耐酸砂浆)砌筑。

11.4 单筒式钢筋混凝土烟囱的防腐蚀

11.4.1 单筒式钢筋混凝土烟囱筒壁混凝土强度等级应符合下列规定:

  1 当排放弱腐蚀性干烟气时,混凝土强度等级不应低于 C30。

  2 当排放中等腐蚀性干烟气时,混凝土强度等级不应低于 C35。

3 当排放强腐蚀性干烟气或潮湿烟气时,混凝土强度等级不应低于C40。

11.4.2 单筒式钢筋混凝土烟囱筒壁内侧混凝土保护层最小厚度和腐蚀裕度厚度,应符合下列规定:

1 排放弱腐蚀性干烟气时,混凝土最小保护层厚度应为35mm。

2 当排放中等腐蚀性干烟气时,筒壁厚度宜增加30mm的腐蚀裕度,混凝土最小保护层厚度宜为40mm。

3 当排放强等腐蚀性干烟气或潮湿烟气时,筒壁厚度宜增加50mm的腐蚀裕度,混凝土最小保护层厚度宜为50mm。

11.4.3 单筒式钢筋混凝土烟囱内衬和隔热层,应符合下列规定:

1 当排放弱腐蚀性干烟气时,内衬宜采用耐酸砖(砌块)和耐酸胶泥砌筑或轻质、耐酸、隔热整体浇注防腐内衬。

2 当排放中等以及强腐蚀性干烟气或潮湿烟气时,内衬应采用耐酸胶泥和耐酸砖(砌块)砌筑或轻质、耐酸、隔热整体浇注防腐内衬。

3 当排放强腐蚀性烟气时,砌体类内衬最小厚度不宜小于200mm;当采用轻质、耐酸、隔热整体浇注防腐蚀内衬时,其最小厚度不宜小于150mm。

4 烟囱保温隔热层应采用耐酸憎水性的材料制品。

5 钢筋混凝土筒壁内表面应设置防腐蚀隔离层。

11.4.4 烟囱内的烟气压力宜符合下列规定:

1 烟囱高度不超过100m时,烟囱内部烟气压力可不受限制。

2 烟囱高度大于100m时,当排放弱腐蚀性等级烟气时,烟气压力不宜超过100Pa;当排放中等腐蚀性等级烟气时,烟气压力不宜超过50Pa。

3 当排放强腐蚀性烟气时,烟气宜负压运行。

4 当烟气正压压力超过本条第1款~第3款的规定时,可采取下列措施:

1)增大烟囱顶部出口内直径,降低顶部烟气排放的出口流速。

2)调整烟囱外形尺寸,减小烟囱外表面的坡度或内衬内表面的粗糙度。

3)在烟囱顶部做烟气扩散装置。

11.4.5 烟囱内衬耐酸砖(砌块)和耐酸砂浆(或耐酸胶泥)砌筑,应采用挤压法施工,砌体中的水平灰缝和垂直灰缝应饱满、密实。当采用轻质、耐酸、隔热整体浇注防腐蚀内衬时,不宜设缝。

11.5 套筒式和多管式烟囱的砖内筒防腐蚀

11.5.1 砖内筒的材料选择应符合下列规定:

1 当排放中等腐蚀性干烟气时,砖内筒宜采用耐酸砖(砌块)和耐酸胶泥(耐酸砂浆)砌筑;砖内筒的保温隔热层宜采用轻质隔热防腐的玻璃棉制品。

2 当排放强腐蚀性干烟气或潮湿烟气时,排烟内筒应采用耐酸砖(砌块)和耐酸胶泥(耐酸砂浆)砌筑;砖内筒的保温隔热应采用轻质隔热防腐的玻璃棉制品。

3 在满足砖内筒砌体强度和稳定的条件下,应采用轻质耐酸材料砌筑。

4 排烟内筒耐酸砖(砌块)宜采用异形形状,砌体施工应符合本规范第11.4.5条的规定。

11.5.2 砖内筒防腐蚀应符合下列规定:

1 内筒中排放的烟气宜处于负压运行状态。当出现正压运行状态时,耐酸砖(砌块)砌体结构的外表面应设置密实型耐酸砂浆封闭层;也可在内外筒间的夹层中设置风机加压,并应使内外筒间夹层中的空气压力超过相应处排烟内筒中的烟气压力值50Pa。

2 内筒外表面应按计算和构造要求确定设置保温隔热层,并

应使烟气不在内筒内表面出现结露现象。

3 内筒各分段接头处,应采用耐酸防腐蚀材料连接,烟气不应渗漏,并应满足温度伸缩要求(图11.5.2)。

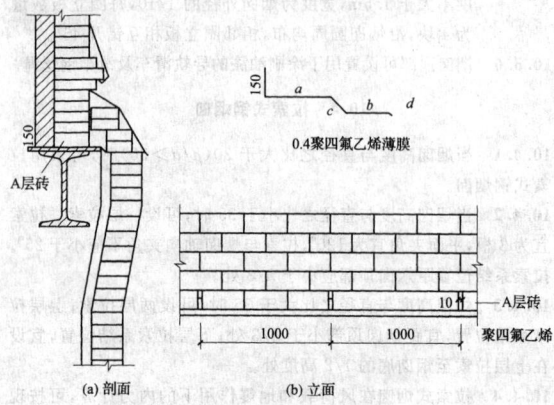

图11.5.2 内筒接头构造(mm)

4 砖内筒支承结构应进行防腐蚀保护。

11.6 套筒式和多管式烟囱的钢内筒防腐蚀

11.6.1 钢内筒内衬应按本规范表11.2.1选用。

11.6.2 钢内筒材料及结构构造应符合下列规定:

1 钢内筒的外表面和导流板以下的内表面应采用耐高温防腐蚀涂料防护。

2 钢内筒的外保温层应分两层铺设,接缝应错开。钢内筒采用轻质防腐蚀砖内衬时,可不设外保温层。

3 钢内筒筒首保温层应采用不锈钢包裹,其余部位可采用铝板包裹。

11.7 钢烟囱的防腐蚀

11.7.1 钢烟囱内衬防腐蚀设计可按本规范第11.6节设计进行。

11.7.2 钢烟囱外表面应计入大气环境的腐蚀影响因素,宜采取长效防腐蚀措施。

12 烟囱基础

12.1 一般规定

12.1.1 烟囱地基基础的计算,除应符合本规范的规定外,尚应符合国家现行标准《建筑地基基础设计规范》GB 50007和《建筑桩基技术规范》JGJ 94的有关规定。在抗震设防地区还应符合现行国家标准《建筑抗震设计规范》GB 50011的规定。

12.1.2 基础截面极限承载能力计算和正常使用极限状态验算,应按现行国家标准《混凝土结构设计规范》GB 50010的有关规定进行。

12.1.3 对于有烟气通过的基础,材料强度应计算温度作用的影响。

12.2 地基计算

12.2.1 烟囱基础地基压力计算,应符合下列规定:

1 轴心荷载作用时:

$$p_k = \frac{N_k + G_k}{A} \leqslant f_a \qquad (12.2.1-1)$$

2 偏心荷载作用时除应满足公式(12.2.1-1)的要求外,尚应符合下列要求:

1)地基最大压力:

$$p_{kmax} = \frac{N_k + G_k}{A} + \frac{M_k}{W} \leqslant 1.2 f_a \quad (12.2.1-2)$$

2)地基最小压力:

板式基础:

$$p_{kmin} = \frac{N_k + G_k}{A} - \frac{M_k}{W} \geqslant 0 \quad (12.2.1-3)$$

壳体基础:

$$p_{kmin} = \frac{N_k}{A} - \frac{M_k}{W} \geqslant 0 \quad (12.2.1-4)$$

式中:N_k——相应荷载效应标准组合时,上部结构传至基础顶面竖向力值(kN);

G_k——基础自重标准值和基础上土重标准值之和(kN);

f_a——修正后的地基承载力特征值(kPa);

M_k——相应于荷载效应标准组合时,传至基础底面的弯矩值(kN·m);

W——基础底面的抵抗矩(m^3);

A——基础底面面积(m^2)。

3 自立式钢烟囱和塔架基础可按现行国家标准《高耸结构设计规范》GB 50135 的有关规定进行设计。

12.2.2 地基的沉降和基础倾斜,应按现行国家标准《建筑地基基础设计规范》GB 50007 和本规范第 3.1.9 条的规定进行计算。

12.2.3 环形或圆形基础下的地基平均附加压应力系数,可按本规范附录 C 采用。

12.3 刚性基础计算

12.3.1 刚性基础的外形尺寸(图 12.3.1),应按下列公式确定:

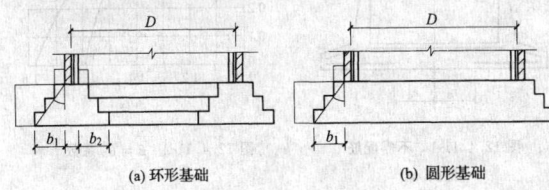

(a) 环形基础　　　　(b) 圆形基础

图 12.3.1 刚性基础(mm)

1 当为环形基础时:

$$b_1 \leqslant 0.8 h \tan\alpha \quad (12.3.1-1)$$

$$b_2 \leqslant h \tan\alpha \quad (12.3.1-2)$$

2 当为圆形基础时:

$$b_1 \leqslant 0.8 h \tan\alpha \quad (12.3.1-3)$$

$$h \geqslant \frac{D}{3\tan\alpha} \quad (12.3.1-4)$$

式中:b_1、b_2——基础台阶悬挑尺寸(m);

h——基础高度(m);

$\tan\alpha$——基础台阶宽高比,按现行国家标准《建筑地基基础设计规范》GB 50007 的规定采用;

D——基础顶面筒壁内直径(m)。

12.4 板式基础计算

12.4.1 板式基础外形尺寸(图 12.4.1)的确定,宜符合下列规定:

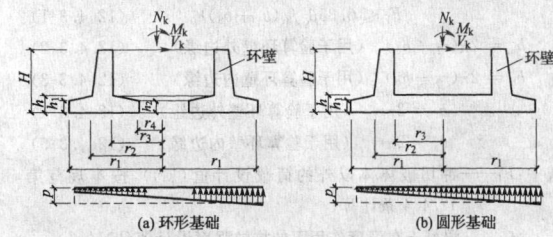

(a) 环形基础　　　　(b) 圆形基础

图 12.4.1 基础尺寸与底面压力计算

1 当为环形基础时,宜按下列公式计算:

$$r_4 \approx \beta r_z \quad (12.4.1-1)$$

$$h \geqslant \frac{r_1 - r_2}{2.2} \quad (12.4.1-2)$$

$$h \geqslant \frac{r_3 - r_4}{3.0} \quad (12.4.1-3)$$

$$h_1 \geqslant \frac{h}{2} \quad (12.4.1-4)$$

$$h_2 \geqslant \frac{h}{2} \quad (12.4.1-5)$$

$$r_z = \frac{r_2 + r_3}{2} \quad (12.4.1-6)$$

2 当为圆形基础时,宜按下列公式计算:

$$\frac{r_1}{r_z} \approx 1.5 \quad (12.4.1-7)$$

$$h \geqslant \frac{r_1 - r_2}{2.2} \quad (12.4.1-8)$$

$$h \geqslant \frac{r_3}{4.0} \quad (12.4.1-9)$$

$$h_1 \geqslant \frac{h}{2} \quad (12.4.1-10)$$

式中:β——基础底板平面外形系数,根据 r_1 与 r_2 的比值,由图 12.4.11-2 查得,或按 $\beta = -3.9 \times \left(\frac{r_1}{r_2}\right)^3 + 12.9 \times \left(\frac{r_1}{r_2}\right)^2 - 15.3 \times \frac{r_1}{r_2} + 7.3$ 进行计算;

r_z——环壁底面中心处半径。其余符号见图 12.4.1。

12.4.2 计算基础底板的内力时,基础底板的压力可按均布荷载采用,并应取外悬挑中点处的最大压力(图 12.4.1),其值应按下式计算:

$$p = \frac{N}{A} + \frac{M_z}{I} \cdot \frac{r_1 + r_2}{2} \quad (12.4.2)$$

式中:M_z——作用于基础底面的总弯矩设计值(kN·m);

N——作用于基础顶面的垂直荷载设计值(kN)(不含基础自重及土重);

A——基础底面面积(m^2);

I——基础底面惯性矩(m^4)。

12.4.3 在环壁与底板交接处的冲切强度可按下列公式计算(图 12.4.3):

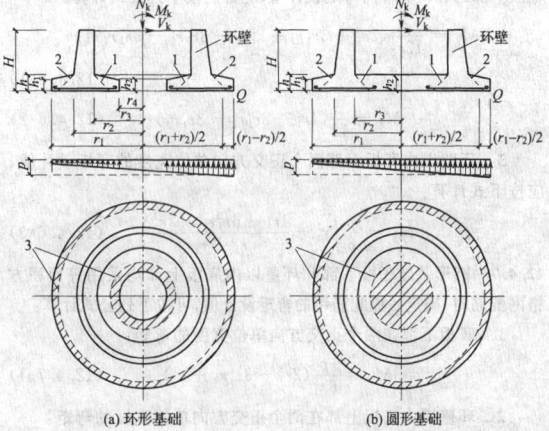

(a) 环形基础　　　　(b) 圆形基础

图 12.4.3 底板冲切强度计算
1—验算环壁内边缘冲切强度时破坏锥体的斜截面;
2—验算环壁外边缘冲切强度时破坏锥体的斜截面;
3—冲切破坏锥体的底截面

$$F_1 \leqslant 0.35\beta_h f_{tt}(b_t + b_b)h_0 \qquad (12.4.3-1)$$

$$b_b = 2\pi(r_2 + h_0) \quad (用于验算环壁外边缘) \qquad (12.4.3-2)$$

$$b_b = 2\pi(r_3 - h_0) \quad (用于验算环壁内边缘) \qquad (12.4.3-3)$$

$$b_t = 2\pi r_2 \quad (用于验算环壁外边缘) \qquad (12.4.3-4)$$

$$b_t = 2\pi r_3 \quad (用于验算环壁内边缘) \qquad (12.4.3-5)$$

式中：F_1——冲切破坏体以外的荷载设计值（kN），按本规范第 12.4.4 条计算；

f_{tt}——混凝土在温度作用下的抗拉强度设计值（kN/m²）；

b_b——冲切破坏锥体斜截面的下边圆周长（m）；

b_t——冲切破坏锥体斜截面的上边圆周长（m）；

h_0——基础底板计算截面处的有效厚度（m）；

β_h——受冲切承载力截面高度影响系数，当 h 不大于 800mm 时，β_h 取 1.0；当 h 大于或等于 2000mm 时，β_h 取 0.9，其间按线性内插法采用。

12.4.4 冲切破坏锥体以外的荷载 F_l，可按下列公式计算：

1 计算环壁外边缘时：

$$F_1 = p\pi[r_1^2 - (r_2 + h_0)^2] \qquad (12.4.4-1)$$

2 计算环壁内边缘时：

1）环形基础：

$$F_1 = p\pi[(r_3 - h_0)^2 - r_4^2] \qquad (12.4.4-2)$$

2）圆形基础：

$$F_1 = p\pi(r_3 - h_0)^2 \qquad (12.4.4-3)$$

12.4.5 环形基础底板下部和底板内悬挑上部均采用径、环向配筋时，确定底板配筋用的弯矩设计值可按下列公式计算：

1 底板下部半径 r_2 处单位弧长的径向弯矩设计值：

$$M_R = \frac{p}{3(r_1 + r_2)}(2r_1^3 - 3r_1^2 r_2 + r_2^3) \qquad (12.4.5-1)$$

2 底板下部单位宽度的环向弯矩设计值：

$$M_\theta = \frac{M_R}{2} \qquad (12.4.5-2)$$

3 底板内悬挑上部单位宽度的环向弯矩设计值：

$$M_{\theta T} = \frac{pr_z}{6(r_z - r_4)}\left(\frac{2r_4^3 - 3r_4^2 r_z + r_z^3}{r_z} - \frac{4r_1^3 - 6r_1^2 r_z + 2r_z^3}{r_1 + r_z}\right)$$
$$(12.4.5-3)$$

12.4.6 圆形基础底板下部采用径、环向配筋，环壁以内底板上部为等面积方格网配筋时，确定底板配筋用的弯矩设计值，可按下列规定计算：

1 当 $r_1/r_2 \leqslant 1.8$ 时，底板下部径向弯矩和环向弯矩设计值，分别应按本规范公式（12.4.5-1）和公式（12.4.5-2）进行计算。

2 当 $r_1/r_2 > 1.8$ 时，基础外形不合理，不宜采用。采用时，其底板下部的径向和环向弯矩设计值，应分别按下列公式计算：

$$M_R = \frac{p}{12r_2}(2r_2^3 + 3r_1^2 r_3 + r_1^2 r_2 - 3r_1 r_2^2 - 3r_1 r_2 r_3)$$
$$(12.4.6-1)$$

$$M_\theta = \frac{p}{12}(4r_2^2 - r_1 r_2 - 3r_1 r_3) \qquad (12.4.6-2)$$

3 环壁以内底板上部两个正交方向单位宽度的弯矩设计值，应按下式计算：

$$M_T = \frac{p}{6}\left(r_2^2 - \frac{4r_1^3 - 6r_1^2 r_z + 2r_z^3}{r_1 + r_z}\right) \qquad (12.4.6-3)$$

12.4.7 圆形基础底板下部和环壁以内底板上部均采用等面积方格网配筋时，确定底板配筋用的弯矩设计值，可按下列公式计算：

1 底板下部在两个正交方向单位宽度的弯矩：

$$M_B = \frac{p}{6r_1}(2r_1^3 - 3r_1^2 r_2 + r_2^3) \qquad (12.4.7-1)$$

2 环壁以内底板上部在两个正交方向单位宽度的弯矩：

$$M_T = \frac{p}{6}\left(r_2^2 - 2r_1^2 + 3r_1 r_z - \frac{r_z^3}{r_1}\right) \qquad (12.4.7-2)$$

12.4.8 当按本规范公式（12.4.5-3）、公式（12.4.6-3）或公式

（12.4.7-2）计算所得的弯矩 $M_{\theta T}$ 或 M_T 不大于 0 时，环壁以内底板上部不宜配置钢筋。但当 $p_{kmin} - \frac{G_k}{A} \leqslant 0$，或基础有烟气通过且烟气温度较高时，应按构造配筋。

12.4.9 环形和圆形基础底板外悬挑上部可不配置钢筋，但当地基反力最小边扣除基础自重和土重、基础底面出现负值（$p_{kmin} - \frac{G_k}{A} < 0$）时，底板外悬挑上部应配置钢筋。其用于配筋的弯矩值可近似按承受均布荷载 q 的悬臂构件进行计算，且均布荷载 q 可按下式计算：

$$q = \frac{M_z r_1}{I} - \frac{N}{A} \qquad (12.4.9)$$

12.4.10 底板下部配筋，应取半径 r_2 处的底板有效高度 h_0，并应按等厚度进行计算。

当采用径、环向配筋时，其径向钢筋可按 r_2 处满足计算要求呈辐射状配置；环向钢筋可按等直径等间距配置。

12.4.11 圆形基础底板下部不需配筋范围半径 r_d（图 12.4.11-1），应按下列公式计算：

1 径、环向配筋时：

$$r_d \leqslant \beta_0 r_z - 35d \qquad (12.4.11-1)$$

2 等面积方格网配置时：

$$r_d \leqslant r_3 + r_2 - r_1 - 35d \qquad (12.4.11-2)$$

式中：β_0——底板下部钢筋理论切断系数，按 r_1/r_z 由图 12.4.11-2 查得；

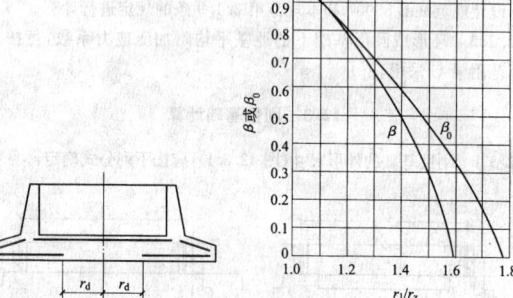

图 12.4.11-1　不需配筋范围 r_d

图 12.4.11-2　β 与 β_0 系数

d——受力钢筋直径（mm）。

12.4.12 当有烟气通过基础时，基础底板与环壁，可按下列规定计算受热温度：

1 基础环壁的受热温度，应按本规范公式（5.6.4）进行计算。计算时环壁外侧的计算土层厚度（图 12.4.12）可按下式计算：

$$H_1 = 0.505H - 0.325 + 0.05DH \qquad (12.4.12)$$

式中：H_1——计算土层厚度（m）；

H、D——分别为由内衬内表面计算的基础环壁埋深（m）和直径（m），见图 12.4.12 所示。

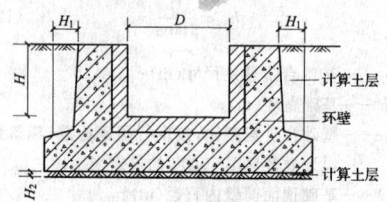

图 12.4.12　计算土层厚度示意

2 基础底板的受热温度，可采用地温代替本规范公式（5.6.4）中的空气温度 T_a，应按第一类温度边界问题进行计算。

计算时基础底板下的计算土层厚度(图12.4.12)和地温可按下列规定采用:

 1)计算底板最高受热温度时 $H_2=0.3$m,地温取 15℃。

 2)计算底板温度差时 $H_2=0.2$m,地温取 10℃。

 3 计算出的基础环壁及底板的最高受热温度,应小于或等于混凝土的最高受热温度允许值。

12.4.13 计算基础底板配筋时,应根据最高受热温度,采用本规范第4.2节和第4.3节规定的混凝土和钢筋在温度作用下的强度设计值。

12.4.14 在计算基础环壁和底板配筋,且未计算温度作用产生的应力时,配筋宜增加15%。

12.5 壳体基础计算

12.5.1 壳体基础的外形尺寸(图12.5.1)应按下列规定确定:

 1 倒锥壳(下壳)的控制尺寸 r_2 应按下列公式确定:

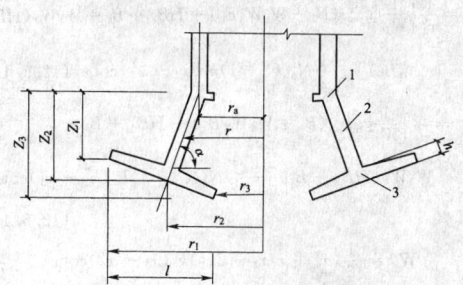

图 12.5.1 正倒锥组合壳基础
1—上环梁;2—正锥壳;3—倒锥壳

$$p_{kmax}=\frac{N_k+G_k}{2\pi r_2}+\frac{M_k}{\pi r_2^2}\qquad(12.5.1-1)$$

$$p_{kmin}=\frac{N_k+G_k}{2\pi r_2}-\frac{M_k}{\pi r_2^2}\qquad(12.5.1-2)$$

$$\frac{p_{kmax}}{p_{kmin}}\leqslant 3\qquad(12.5.1-3)$$

式中:G_k——基础自重标准值和至埋深 z_2 处的土重标准值之和(kN);

p_{kmax}、p_{kmin}——分别为下壳经向长度内,沿环向(r_2 处)单位长度范围内,在水平投影面上的最大和最小地基反力标准值(kN/m)。

 2 下壳经向水平投影宽度 l 可按下列公式确定:

$$l=\frac{p_k}{f_a}\qquad(12.5.1-4)$$

$$p_k=\frac{(N_k+G_k)(1+\cos\theta_0)}{2r_2(\pi+\theta_0\cos\theta_0-\sin\theta_0)}\qquad(12.5.1-5)$$

式中:p_k——在荷载标准值作用下,下壳经向水平投影宽度 l 和沿半径为 r_2 的环向单位弧长范围内产生的总地基反力标准值(kN/m);

θ_0——地基塑性区对应的方位角,可根据 e/r_2 查表12.5.1,$e=M_k/(N_k+G_k)$。

表 12.5.1 θ_0 与 e/r_2 的对应值

e/r_2	θ_0	e/r_2	θ_0	e/r_2	θ_0
0	3.1416	0.17	2.4195	0.34	1.7010
0.01	3.0934	0.18	2.3792	0.35	1.6534
0.02	3.0488	0.19	2.3389	0.36	1.6045
0.03	3.0039	0.20	2.2985	0.37	1.5542
0.04	2.9596	0.21	2.2581	0.38	1.5024
0.05	2.9159	0.22	2.2175	0.39	1.4486
0.06	2.8727	0.23	2.1767	0.40	1.3927

续表12.5.1

e/r_2	θ_0	e/r_2	θ_0	e/r_2	θ_0
0.07	2.8299	0.24	2.1357	0.41	1.3341
0.08	2.7877	0.25	2.0944	0.42	1.2723
0.09	2.7458	0.26	2.0528	0.43	1.2067
0.10	2.7043	0.27	2.0109	0.44	1.1361
0.11	2.6630	0.28	1.9685	0.45	1.0591
0.12	2.6620	0.29	1.9256	0.46	0.9733
0.13	2.5813	0.30	1.8821	0.47	0.8746
0.14	2.5407	0.31	1.8380	0.48	0.7545
0.15	2.5002	0.32	1.7932	0.49	0.5898
0.16	2.4598	0.33	1.7476	0.50	0

 3 下壳内、外半径 r_3、r_1 可按下列公式确定:

$$r_3=\frac{1}{2}\left(\frac{2}{3}r_2-l\right)+\sqrt{\frac{1}{4}\left(l-\frac{2}{3}r_2\right)^2+\frac{1}{3}(r_2^2+r_2l-l^2)}$$
$$(12.5.1-6)$$

$$r_1=r_3+l\qquad(12.5.1-7)$$

 4 下壳与上壳(正锥壳)相交边缘处的下壳有效厚度 h 可按下列公式确定:

$$h\geqslant\frac{2.2Q_c}{0.75f_t}\qquad(12.5.1-8)$$

$$Q_c=\frac{1}{2}p_1\frac{1}{\sin\alpha}\qquad(12.5.1-9)$$

式中:Q_c——下壳最大剪力(N),计算时不计下壳自重;

f_t——混凝土的抗拉强度设计值(N/mm²);

p_1——在荷载设计值作用下,下壳经向水平投影宽度 l 和沿半径为 r_2 的环向单位弧长范围内产生的总地基反力设计值(kN/m),按本规范公式(12.5.1-5)计算,其中 G_k、N_k 采用设计值。

12.5.2 正倒锥组合壳体基础的计算可按下列原则进行:

 1 正锥壳(上壳)可按无矩理论计算。

 2 倒锥壳(下壳)可按极限平衡理论计算。

12.5.3 正锥壳的经、环向薄膜内力,可按下列公式计算:

$$N_a=-\frac{N_1}{2\pi r\sin\alpha}-\frac{M_1+H_1(r-r_a)\tan\alpha}{\pi r^2\sin\alpha}\quad(12.5.3-1)$$

$$N_\theta=0\qquad(12.5.3-2)$$

式中:N_1、M_1——分别为壳上边缘处总的垂直力(kN)和弯矩设计值(kN·m);

N_a、N_θ——分别为壳体计算截面处单位长度的经向、环向薄膜力(kN);

H_1——作用于壳上边缘的水平剪力设计值(kN);

r_a、r——分别为壳体上边缘及计算截面的水平半径(m)(图12.5.1);

α——壳面与水平面的夹角(°)(图12.5.1)。

12.5.4 倒锥壳的计算,可按下列步骤进行:

 1 倒锥壳水平投影面上的最大土反力 q_{ymax} 可按下列公式计算(图12.5.4-1):

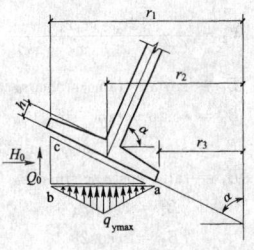

图 12.5.4-1 倒锥壳土反力

$$q_{ymax} = \frac{2\left(p_k - Q_0 \dfrac{r_1}{r_2}\right)}{r_1 - r_3} \quad (12.5.4\text{-}1)$$

$$Q_0 = H_0 \tan\varphi_0 + c_0(z_3 - z_1) \quad (12.5.4\text{-}2)$$

$$H_0 = 0.25\gamma_0(z_3^2 - z_1^2)\tan^2\left(\frac{1}{2}\varphi_0 + 45°\right) \quad (12.5.4\text{-}3)$$

$$\varphi_0 = \frac{1}{2}\varphi \quad (12.5.4\text{-}4)$$

$$c_0 = \frac{1}{2}c \quad (12.5.4\text{-}5)$$

式中：q_{ymax}——倒锥壳水平投影截面上的最大土反力(kN/mm^2)；

φ_0——土的计算内摩擦角(°)；

φ——土的实际内摩擦角(°)；

c_0——土的计算黏聚力；

c——土的实际黏聚力；

γ_0——土的重力密度(kN/mm^3)；

H_0——作用在 bc 面上总的被动土压力(kN)；

Q_0——作用在 bc 面上总的剪切力(kN)。

2 壳体特征系数 C_s，当 $C_s < 2$ 时应为短壳，$C_s \geqslant 2$ 时应为长壳。C_s 可按下式计算：

$$C_s = \frac{r_1 - r_3}{2h\sin\alpha} \quad (12.5.4\text{-}6)$$

式中：h——为倒锥壳与正锥壳相交处倒锥壳的厚度(m)。

3 倒锥壳内力(图 12.5.4-2)可按下列公式计算：

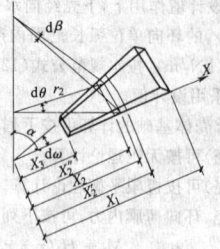

图 12.5.4-2 几何尺寸

1) 当为短壳时：

环向拉力 N_θ:

$$N_\theta = \frac{1}{6}(B_2 q_{ymax} + B_3 H + B_5)(x_1 - x_3)(x_1 + x_2 + x_3)$$

$$(12.5.4\text{-}7)$$

$$H = 0.5\gamma_0 z_2 \tan^2\left(\frac{1}{2}\varphi_0 + 45°\right) \quad (12.5.4\text{-}8)$$

$$M_{a1} = \frac{1}{x_2' W_1}(B_0 q_{ymax} + B_1 H + B_4) \quad (12.5.4\text{-}9)$$

$$M_{a2} = \frac{1}{x_2'' W_2}(B_0 q_{ymax} + B_1 H + B_4) \quad (12.5.4\text{-}10)$$

$$W_1 = \frac{12(x_1 - x_2)}{(x_1^2 - x_2'^2)(x_1 - x_2')^2} \quad (12.5.4\text{-}11)$$

$$W_2 = \frac{12(x_2 - x_3)}{(x_2''^2 - x_3^2)(x_2'' - x_3)^2} \quad (12.5.4\text{-}12)$$

$$B_0 = \sin^2\alpha + \tan\varphi_0 \sin\alpha\cos\alpha \quad (12.5.4\text{-}13)$$

$$B_1 = \cos^2\alpha + \tan\varphi_0 \sin\alpha\cos\alpha \quad (12.5.4\text{-}14)$$

$$B_2 = \sin\alpha\cos\alpha - \tan\varphi_0 \sin^2\alpha \quad (12.5.4\text{-}15)$$

$$B_3 = \tan\varphi_0 \cos^2\alpha - \sin\alpha\cos\alpha \quad (12.5.4\text{-}16)$$

$$B_4 = c_0 \sin2\alpha \quad (12.5.4\text{-}17)$$

$$B_5 = c_0 \cos2\alpha \quad (12.5.4\text{-}18)$$

2) 当为长壳时(图 12.5.4-3)：

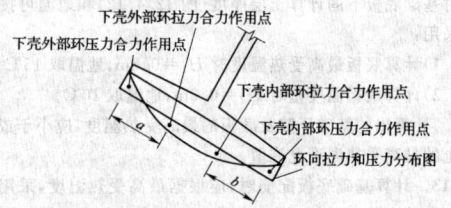

图 12.5.4-3 长壳环向压、拉力分布
a、b—分别为下壳外部和内部环向拉、压合力作用点间的距离

环向拉力 $N_{\theta1}$:

$$N_{\theta1} = N_\theta(C_s - 1) \quad (12.5.4\text{-}19)$$

$$N_\theta = \frac{1}{6}(B_2 q_{ymax} + B_3 H + B_5)(x_1 - x_3)(x_1 + x_2 + x_3)$$

$$(12.5.4\text{-}20)$$

$$M_{a1} = \frac{1}{x_2'}\left\{\frac{1}{W_1}[q_{ymax}(B_0 + W_1 W_3 B_2) + HB_1 + B_4 + W_1 W_3(HB_3 + B_5)] - \frac{1}{2}N_\theta(C_s - 1)k_1(x_1 - x_2')\cot\alpha\right\} \quad (12.5.4\text{-}21)$$

$$M_{a2} = \frac{1}{x_2''}\left\{\frac{1}{W_2}[q_{ymax}(B_0 + W_2 W_4 B_2) + HB_1 + B_4 + W_2 W_4(HB_3 + B_5)] - \frac{1}{2}N_\theta(C_s - 1)k_0(x_2'' - x_3)\cot\alpha\right\}$$

$$(12.5.4\text{-}22)$$

$$W_3 = \frac{1}{6}(x_1^2 + x_1 x_2 - 2x_2^2)k_0(x_1 - x_2')\cot\alpha$$

$$(12.5.4\text{-}23)$$

$$W_4 = \frac{1}{6}(x_2^2 - x_2 x_3 - x_3^2)k_1(x_2'' - x_3)\cot\alpha$$

$$(12.5.4\text{-}24)$$

$$k_0 = \frac{a}{x_1 - x_2'} \quad (12.5.4\text{-}25)$$

$$k_1 = \frac{b}{x_2'' - x_3} \quad (12.5.4\text{-}26)$$

12.5.5 组合壳上环梁的内力可按下列公式计算(图 12.5.5)：

$$N_{\theta M} = r_e N_{aa3}\cos\alpha \quad (12.5.5\text{-}1)$$

$$M_a = -N_{ab1}e_1 - N_{aa3}e_3 \quad (12.5.5\text{-}2)$$

$$M_\theta = M_a r_e \quad (12.5.5\text{-}3)$$

式中：$N_{\theta M}$——环梁的环向力(kN)(以受拉为正)；

M_a——环梁单位长度上的扭矩($kN \cdot m$)(围绕环梁截面重心以顺时针方向转动为正)；

M_θ——环梁的环向弯矩($kN \cdot m$)(以下表面受拉为正)；

N_{aai}，N_{abi}——分别为第 i 个($i=1$ 代表烟囱筒壁；$i=3$ 代表基础的正锥壳)壳体小径边缘和大径边缘处单位长度上的薄膜经向力(kN)(以受拉为正)；

r_e——环梁截面重心处的半径(m)；

e_i——分别为壳体($i=1,3$)的薄膜经向力至环梁截面重心的距离(m)(图 12.5.5)。

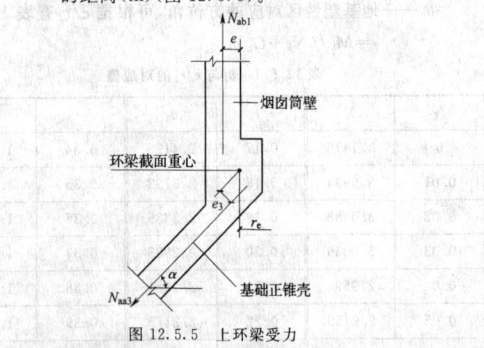

图 12.5.5 上环梁受力

12.5.6 组合壳体基础底部构件的冲切强度，可按本规范第

12.4.2 条～第 12.4.4 条的有关规定计算。冲切破坏锥体斜截面的下边圆周长 S_x 和冲切破坏锥体以外的荷载 Q_c（图 12.5.6），应按下列公式计算：

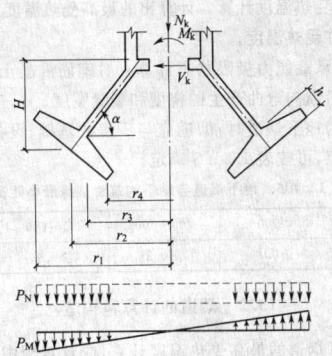

图 12.5.6　正倒锥组合壳

1 验算外边缘时：

$$S_x = 2\pi[r_2 + h_0(\sin\alpha + \cos\alpha)] \quad (12.5.6\text{-}1)$$

$$Q_c = p\pi\{r_1^2 - [r_2 + h_0(\sin\alpha + \cos\alpha)]^2\} \quad (12.5.6\text{-}2)$$

2 验算内边缘时：

$$S_x = 2\pi[r_3 - h_0(\sin\alpha - \cos\alpha)] \quad (12.5.6\text{-}3)$$

$$Q_c = p\pi\{[r_3 - h_0(\sin\alpha - \cos\alpha)]^2 - r_4^2\} \quad (12.5.6\text{-}4)$$

式中：h_0——计算截面的有效高度（m）。

12.6　桩　基　础

12.6.1 当地基存在下列情况之一时，宜采用桩基础：

　　1 震陷性、湿陷性、膨胀性、冻胀性或侵蚀性等不良土层时。

　　2 上覆土层为强度低、压缩性高的软弱土层，不能满足强度和变形要求时。

　　3 在抗震设防地区地基持力层范围内有可液化土层时。

12.6.2 烟囱桩基础可采用预制钢筋混凝土桩、混凝土灌注桩和钢桩。桩型、桩横断面尺寸及桩端持力层的选择应综合计入地质情况、施工条件、施工工艺、建筑场地环境等因素，并应充分利用各桩型特点以满足安全、经济及工期等方面的要求，可按现行行业标准《建筑桩基技术规范》JGJ 94 的规定进行设计。

12.6.3 烟囱桩基础的承台平面可为圆形或环形，桩的平面布置应以承台平面中心点，呈放射状布置。桩的分布半径，应根据烟囱筒身荷载的作用点的位置，在荷载作用点（基础环壁中心）两侧布置，并应内疏外密，以加大群桩的平面抵抗矩，不宜采用单圈布置。桩间距应符合现行行业标准《建筑桩基技术规范》JGJ 94 的要求。

12.6.4 烟囱桩基竖向承载力计算应按现行行业标准《建筑桩基技术规范》JGJ 94 的规定进行。偏心荷载作用时，以承台中心对称布置的桩可按下列公式计算：

$$N_{ik} = \frac{F_k + G_k}{n} \pm \frac{M_k r_i}{\frac{1}{2}\sum\limits_{j=1}^{n} r_j^2} \quad (12.6.4\text{-}1)$$

$$N_{ik} \leqslant 1.2R_a \quad (12.6.4\text{-}2)$$

$$\frac{F_k + G_k}{n} \leqslant R_a \quad (12.6.4\text{-}3)$$

式中：N_{ik}——相应于荷载效应标准组合时，第 i 根桩的竖向力（kN）；

　　　F_k——相应于荷载效应标准组合时作用于桩基承台顶面的竖向力（kN）；

　　　G_k——桩基承台自重及承台上土自重标准值；

　　　M_k——相应于荷载效应标准组合时作用承台底面的弯矩值（kN·m）；

R_a——单桩竖向承载力特征值（kN）；

　　　r_i——第 i 根桩所在圆的半径（m）；

　　　n——桩基中的桩数。

12.6.5 烟囱桩基的桩顶作用效应计算、桩基沉降计算及桩的变形允许值、桩基水平承载力与位移计算、桩身承载力与抗裂计算、桩承台计算等，均应符合现行行业标准《建筑桩基技术规范》JGJ 94 的规定。

12.6.6 烟囱桩基承台的内力分析，应按基本组合考虑荷载效应，对于低桩承台（在承台不脱空条件下）可不计入承台及上覆填土的自重，可采用净荷载计算桩反力；对于高桩承台应取全部荷载。对于桩出现拉力的承台，其上表面应配置受拉钢筋。

12.6.7 桩基础防腐蚀应符合现行国家标准《工业建筑防腐蚀设计规范》GB 50046 的有关规定。

12.7　基　础　构　造

12.7.1 烟囱与烟道沉降缝设置，应符合下列规定：

　　1 当为地面烟道或地下烟道时，沉降缝应设在基础的边缘处。

　　2 当为架空烟道时，沉降缝可设在筒壁边缘处。

　　3 当为壳基础时，宜采用地面烟道或架空烟道。

12.7.2 基础的底面应设混凝土垫层，厚度宜采用 100mm。

12.7.3 设置地下烟道时，基础宜设贮灰槽，槽底面应低于烟道底面 250mm～500mm。

12.7.4 设置地下烟道的基础，当烟气温度较高，采用普通混凝土不能满足本规范第 3.3.1 条规定时，宜将烟气入口提高至基础顶面以上。

12.7.5 烟囱周围的地面应设护坡，坡度不应小于 2%。护坡的最低处，应高出周围地面 100mm。护坡宽度不应小于 1.5m。

12.7.6 板式基础的环壁宜设计成内表面垂直、外表面倾斜的形式，上部厚度应比筒壁、隔热层和内衬的总厚度增加 50mm～100mm。环壁高出地面不宜小于 400mm。

12.7.7 板式基础底板下部径向和环向（或纵向和横向）钢筋的最小配筋率不宜小于 0.15%，配筋最小直径和最大间距应符合表 12.7.7 的规定。当底板厚度大于 2000mm 时，宜在板厚中间部位设置温度应力钢筋。

表 12.7.7　板式基础配筋最小直径及最大间距（mm）

部位	配筋种类		最小直径	最大间距
环壁	竖向钢筋		12	250
	环向钢筋		12	200
底板下部	径、环向配筋	径向	12	r_2 处 250，外边缘 400
		环向	12	250
	方格网配筋		12	250

12.7.8 板式基础底板上部按构造配筋时，其钢筋最小直径与最大间距，应符合表 12.7.8 的规定。

表 12.7.8　板式基础底板上部的构造配筋（mm）

基础形式	配筋种类	最小直径	最大间距
环形基础	径、环向配筋	12	径向 250，环向 250
圆形基础	方格网配筋	12	250

12.7.9 基础环壁设有孔洞时，应符合本规范第 7.5.3 条的有关规定。洞口下部距基础底部距离较小时，该处的环壁应增加补强钢筋。必要时可按两端固接的曲梁进行计算。

12.7.10 壳体基础可按图 12.7.10 及表 12.7.10 所示外形尺寸进行设计。壳体厚度不应小于 300mm。壳体基础与筒壁相接处，应设置环梁。

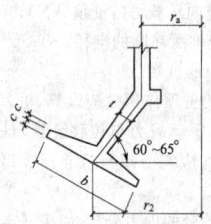

图 12.7.10 壳体基础外形

表 12.7.10 壳体基础外形尺寸

基础形式	t	b	c
正、倒锥组合壳	$(0.035\sim0.06)r_2$	$(0.35\sim0.55)r_2$	$(0.05\sim0.065)r_2$

12.7.11 壳体上不宜设孔洞,如需设置孔洞时,孔洞边缘距壳体上下边距离不宜小于 1m,孔洞周围应按本规范第 7.5.3 条规定配置补强钢筋。

12.7.12 壳体基础应配双层钢筋,其直径不应小于 12mm,间距不应大于 200mm。受力钢筋接头应采用焊接。当钢筋直径小于 14mm 时,亦可采用搭接,搭接长度不应小于 40d,接头位置应相互错开,壳体最小配筋率(径向和环向)均不应小于 0.4%。上壳上下边缘附近构造环向钢筋应适当加强。

12.7.13 壳体基础钢筋保护层不应小于 40mm。

12.7.14 壳体基础不宜留施工缝,如必须设置时,应对施工缝采取处理措施。

12.7.15 桩基承台构造应符合以下规定:

1 承台外形尺寸宜满足板式基础合理外形尺寸(12.4.1)的要求;底板厚度不应小于 300mm;承台周边距桩中心距离不应小于桩直径或桩断面边长,且边桩外缘至承台外缘的距离不应小于 150mm。

2 承台钢筋保护层厚度不应小于 40mm,当无混凝土垫层时,不应小于 70mm。承台混凝土强度等级不应低于 C25。

3 承台配筋应按计算确定,底板下部钢筋最小配筋率不宜小于 0.15%(径向和环向),且环壁及底板上、下部配筋最小直径和最大间距应符合表 12.7.7 和表 12.7.8 的规定;当底板厚度大于 2000mm 时,宜在板厚中间部位设置温度应力钢筋。

4 承台其他构造要求应与本节的要求相同,并应符合现行行业标准《建筑桩基技术规范》JGJ 94 的规定。

13 烟 道

13.1 一 般 规 定

13.1.1 烟道可按下列类型分类:

1 地下烟道。

2 地面烟道。

3 架空烟道。

13.1.2 烟道的材料选择,宜符合下列规定:

1 下列情况地下烟道宜采用钢筋混凝土烟道:

　1)净空尺寸较大。

　2)地面荷载较大或有汽车、火车通过。

　3)有防水要求。

2 除本条第 1 款的情况外,地下烟道及地面烟道可采用砖砌烟道。

3 架空烟道宜采用钢筋混凝土结构,也可采用钢烟道。

13.1.3 烟道的结构型式宜按下列规定采用:

1 砖砌烟道的顶部应做成半圆拱。

2 钢筋混凝土烟道宜做成箱形封闭框架,也可做成槽型,顶盖宜为预制板。

3 钢烟道宜设计成圆筒形或矩形。

13.1.4 烟道应进行下列计算:

1 最高受热温度计算。计算出的最高受热温度,应小于或等于材料的允许受热温度。

2 结构承载能力极限状态计算。对钢筋混凝土架空烟道还应验算烟道沿纵向弯曲产生的挠度和裂缝宽度。

13.1.5 当为地下烟道时,烟道应与厂房柱基础、设备基础、电缆沟等保持距离,可按表 13.1.5 确定。

表 13.1.5 地下烟道与地下构筑物边缘最小距离

烟气温度(℃)	<200	200~400	401~600	601~800
距离(m)	≥0.1	≥0.2	≥0.4	≥0.5

13.2 烟道的计算和构造

13.2.1 地下烟道的最高受热温度计算,应计算周围土壤的热阻作用,计算土层厚度(图 13.2.1)可按下列公式计算:

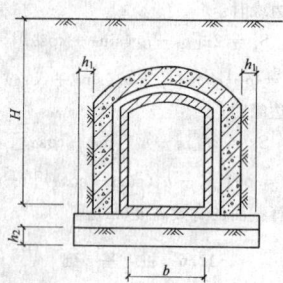

图 13.2.1 计算土层厚度示意

1 计算烟道侧墙时:

$$h_1 = 0.505H - 0.325 + 0.05bH \quad (13.2.1\text{-}1)$$

2 计算烟道底板时:

$$h_2 = 0.3(\text{地温取 }15℃) \quad (13.2.1\text{-}2)$$

3 计算烟道顶板时,取实际土层厚度。

式中:H、b——分别为从内衬内表面算起的烟道埋深和宽度(m)(图 13.2.1);

　　　h_1——烟道侧面计算土层厚度(m);

　　　h_2——烟道底面计算土层厚度(m)。

13.2.2 确定计算土层厚度后,可按本规范公式(5.6.4)计算烟道受热温度,其计算原则应与本规范第 12.4.12 条相同。计算受热温度应满足材料受热温度允许值。对材料强度应计算温度作用的影响。

13.2.3 地面荷载应根据实际情况确定,但不得小于 10kN/m²。对于钢铁厂的炼钢车间、轧钢车间外部的地下烟道,在无足够依据时,可采用 30kN/m² 荷载进行计算。

13.2.4 地下烟道在计算时应分别按侧墙两侧无土、一侧无土和两侧有土等荷载工况计算。

13.2.5 地下砖砌烟道(图 13.2.5)的承载能力计算应符合下列规定:

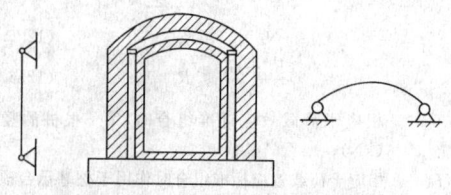

图 13.2.5 砖烟道型式

1 烟道侧墙的计算模型可按下列原则采用:

　1)当侧墙两侧有土时,侧墙可按上(拱脚处)下端铰接,并仅

计算拱顶范围以外的地面荷载，按偏心受压计算。

2）当侧墙两侧无土时，侧墙可按上端（拱脚处）悬臂，下端固结，验算拱顶推力作用下的承载能力，不计入内衬对侧墙的推力。

3）砖砌地下烟道不允许出现一侧有土、另一侧无土的情况。

2 砖砌烟道的顶拱应按双铰拱计算。其荷载组合应计算拱上无土、拱上有土、拱上有地面荷载（并计算最不利分布）等情况。

当顶拱截面内有弯矩产生时，截面内的合力作用点不应超过截面核心距。

3 砖砌烟道的底板计算可按下列原则确定：

1）当为钢筋混凝土底板时，地基反力可按平均分布采用。

2）当底板为素混凝土时，地基反力按侧壁压力呈45°扩散。

13.2.6 钢筋混凝土地下烟道应按下列规定进行计算：

1 槽型地下烟道的顶盖、侧墙可按下列规定计算[图13.2.6(a)]：

1）预制顶盖按两端简支板计算。

2）侧墙按上部有盖板和无盖板两种情况计算：

当上部有盖板时，上支点可按铰接计算。

当上部无盖板时，侧墙可按悬壁计算。

2 封闭箱型地下烟道[图13.2.6(b)]可按封闭框架计算。

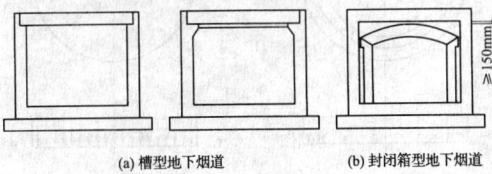

(a) 槽型地下烟道　　　(b) 封闭箱型地下烟道

图13.2.6　钢筋混凝土烟道

13.2.7 地面砖烟道（图13.2.7）的承载能力可按下端固接的拱形框架进行计算。

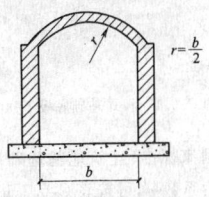

图13.2.7　地面砖烟道

13.2.8 架空烟道计算应符合下列规定：

1 架空烟道应计算自重荷载、风荷载、底板积灰荷载和烟气压力。在抗震设防地区尚应计算地震作用。

2 烟道内的烟气压力，可取±2.5kN/m²。

3 架空烟道在进行温度计算时，除应计算出的最高受热温度要满足材料受热温度允许值外，还应使温度差值符合下列要求：

1）砖砌烟道的侧墙，不大于20℃。

2）钢筋混凝土烟道及砖砌烟道的钢筋混凝土的底板和顶板，不应大于40℃。

13.2.9 烟道的构造应符合下列规定：

1 地下砖烟道的顶拱中心夹角宜为60°～90°，顶拱厚度不应小于一砖，侧墙厚度不应小于一砖半。

2 砖烟道（包括地下及地面砖烟道）所采用砖的强度等级不应低于MU10，砂浆强度等级不应低于M2.5。当温度较高时应采用耐热砂浆。

3 地下及地面烟道均宜设内衬和隔热层。砖内衬的顶应做成拱形，其拱脚应向烟道侧壁伸出，并应与烟道侧壁留10mm空隙。浇注料内衬宜在烟道内壁敷设一层钢筋网后再施工。

4 不设内衬的烟道，应在烟道内表面抹黏土保护层。

5 当为封闭式箱形钢筋混凝土烟道时，拱形砖内衬的拱顶至

烟道顶板底表面应留有不小于150mm的空隙。

6 烟道与炉子基础及烟囱基础连接处，应设置沉降缝。对于地下烟道，在地面荷载变化较大处，也应设置沉降缝。

7 较长的烟道应设置伸缩缝。地面和地下烟道的伸缩缝最大间距为20m，架空烟道不宜超过25m，缝宽宜为20mm～30mm。缝中应填石棉绳等可压缩的耐高温材料。当有防水要求时，伸缩缝的处理应满足防水要求。

抗震设防地区的架空烟道与烟囱之间防震缝的宽度，应按现行国家标准《建筑抗震设计规范》GB 50011 执行。

8 连接引风机和烟囱之间的钢烟道，应设置补偿器。

13.2.10 烟道防腐蚀应符合本规范第11章有关规定。

14 航空障碍灯和标志

14.1 一般规定

14.1.1 对于下列影响航空器飞行安全的烟囱应设置航空障碍灯和标志：

1 在民用机场净空保护区域内修建的烟囱。

2 在民用机场净空保护区域外、但在民用机场进近管制区域内修建高出地表150m的烟囱。

3 在建有高架直升机停机坪的城市中，修建影响飞行安全的烟囱。

14.1.2 中光强B型障碍灯应为红色闪光灯，并应晚间运行。闪光频率应为20次/min～60次/min，闪光的有效光强不应小于2000cd±25%。

14.1.3 高光强A型障碍灯应为白色闪光灯，并应全天候运行。闪光频率应为40次/min～60次/min，闪光的有效光强应随背景亮度变光强闪光，白天应为200000cd，黄昏或黎明应为20000cd，夜间应为2000cd。

14.1.4 烟囱标志应采用橙色与白色相间或红色与白色相间的水平油漆带。

14.2 障碍灯的分布

14.2.1 障碍灯的设置应显示出烟囱的最顶点和最大边缘。

14.2.2 高度小于或等于45m的烟囱，可只在烟囱顶部设置一层障碍灯。高度超过45m的烟囱应设置多层障碍灯，各层的间距不应大于45m，并宜相等。

14.2.3 烟囱顶部的障碍灯应设置在烟囱顶端以下1.5m～3m范围内，高度超过150m的烟囱可设置在烟囱顶部7.5m范围内。

14.2.4 每层障碍灯的数量应根据其所在标高烟囱的外径确定，并应符合下列规定：

1 外径小于或等于6m，每层应设3个障碍灯。

2 外径超过6m，但不大于30m时，每层应设4个障碍灯。

3 外径超过30m，每层应设6个障碍灯。

14.2.5 高度超过150m的烟囱顶层应采用高光强A型障碍灯，其间距应控制在75m～105m范围内，在高光强A型障碍灯分层之间应设置低、中光强障碍灯。

14.2.6 高度低于150m的烟囱，也可采用高光强A型障碍灯，采用高光强A型障碍灯后，可不必再用色标漆标志烟囱。

14.2.7 每层障碍灯应设置维护平台。

14.3 航空障碍灯设计要求

14.3.1 所有障碍灯应同时闪光，高光强A型障碍灯应自动变光强，中光强B型障碍灯应自动启闭，所有障碍灯应能自动监控，并应使其保证正常状态。

14.3.2 设置障碍灯时，应避免使周围居民感到不适，从地面应只能看到散逸的光线。

附录 A 环形截面几何特性计算公式

表 A 环形截面几何特性计算公式

计算内容	简图及计算式		
重心至圆心的距离 y_0	0	$r\dfrac{\sin\theta}{\pi-\theta}$	$r\dfrac{\sin\theta_1-\sin\theta_2}{\pi-\theta_1-\theta_2}$
重心至截面边缘的距离 y_1	r_2	$r_2\cos\theta_2-r\dfrac{\sin\theta_1-\sin\theta_2}{\pi-\theta_1-\theta_2}$	$r_2\cos\theta_2-r\dfrac{\sin\theta_1-\sin\theta_2}{\pi-\theta_1-\theta_2}$
y_2	r_2	$r_2\cos\theta_1+r\dfrac{\sin\theta_1-\sin\theta_2}{\pi-\theta_1-\theta_2}$	$r_2\cos\theta_1+r\dfrac{\sin\theta_1-\sin\theta_2}{\pi-\theta_1-\theta_2}$
截面面积 A	$2\pi rt$	$2rt(\pi-\theta)$	$2rt(\pi-\theta_1-\theta_2)$
重心轴的截面惯性矩 I	πtr^3	$r^3t\left[\pi-\theta-\cos\theta\sin\theta-2\dfrac{\sin^2\theta}{\pi-\theta}\right]$	$r^3t\left[\pi-\theta_1-\theta_2-\cos\theta_1\sin\theta_1-\cos\theta_2\sin\theta_2-2\dfrac{(\sin\theta_1-\sin\theta_2)^2}{\pi-\theta_1-\theta_2}\right]$

注：r_2 为外半径；r 为平均半径 $(r=r_2-t/2)$；t 为壁厚。

附录 B 焊接圆筒截面轴心受压稳定系数

表 B 焊接圆筒截面轴心受压稳定系数 φ

$\lambda\sqrt{\dfrac{f_y}{235}}$	0	10	20	30	40	50	60	70	80	90	100	110	120
0	1.000	0.992	0.970	0.936	0.899	0.856	0.807	0.751	0.688	0.621	0.555	0.493	0.437
1	1.000	0.991	0.967	0.932	0.895	0.852	0.802	0.745	0.681	0.614	0.549	0.487	0.432
2	1.000	0.989	0.963	0.929	0.891	0.847	0.797	0.739	0.675	0.608	0.542	0.481	0.426
3	0.999	0.987	0.960	0.925	0.887	0.842	0.791	0.732	0.668	0.601	0.536	0.475	0.421
4	0.999	0.985	0.957	0.922	0.882	0.838	0.786	0.726	0.661	0.594	0.529	0.470	0.416
5	0.998	0.983	0.953	0.918	0.878	0.833	0.780	0.720	0.655	0.588	0.523	0.464	0.411
6	0.997	0.981	0.950	0.914	0.874	0.828	0.774	0.714	0.648	0.581	0.517	0.458	0.406
7	0.996	0.978	0.946	0.910	0.870	0.823	0.768	0.707	0.642	0.575	0.511	0.453	0.402
8	0.995	0.976	0.943	0.906	0.865	0.818	0.762	0.701	0.635	0.568	0.505	0.447	0.397
9	0.994	0.973	0.939	0.903	0.861	0.813	0.757	0.694	0.628	0.561	0.499	0.442	0.392

$\lambda\sqrt{\dfrac{f_y}{235}}$	130	140	150	160	170	180	190	200	210	220	230	240	250
0	0.387	0.345	0.308	0.276	0.249	0.225	0.204	0.186	0.170	0.156	0.144	0.133	0.123
1	0.383	0.341	0.304	0.273	0.246	0.223	0.202	0.184	0.169	0.155	0.143	0.132	0.122
2	0.378	0.337	0.301	0.270	0.244	0.220	0.200	0.183	0.167	0.154	0.142	0.131	0.121
3	0.374	0.333	0.298	0.267	0.241	0.218	0.198	0.181	0.166	0.153	0.141	0.130	0.130
4	0.370	0.329	0.295	0.265	0.239	0.216	0.197	0.180	0.165	0.152	0.140	0.129	0.129
5	0.355	0.326	0.291	0.262	0.236	0.214	0.195	0.178	0.163	0.150	0.138	0.128	0.128
6	0.361	0.322	0.288	0.259	0.234	0.212	0.193	0.176	0.162	0.149	0.137	0.127	0.127
7	0.357	0.318	0.285	0.256	0.232	0.210	0.191	0.175	0.160	0.147	0.136	0.126	0.126
8	0.353	0.315	0.282	0.254	0.229	0.208	0.189	0.173	0.159	0.146	0.135	0.125	0.125
9	0.349	0.311	0.279	0.251	0.227	0.206	0.188	0.172	0.158	0.145	0.134	0.124	0.124

注：表中 φ 值系按下列公式计算：

当 $\lambda_n=\dfrac{\lambda}{\pi}\sqrt{\dfrac{f_y}{E}}\leqslant 0.215$ 时，$\varphi=1-\alpha_1\lambda_n^2$；当 $\lambda_n>0.215$ 时，$\varphi=\dfrac{1}{2\lambda_n^2}$

$\left[(\alpha_2+\alpha_3\lambda_n+\lambda_n^2)-\sqrt{(\alpha_2+\alpha_3\lambda_n+\lambda_n^2)^2-4\lambda_n^2}\right]$；

其中：$\alpha_1=0.65$，$\alpha_2=0.965$，$\alpha_3=0.300$。

附录 C 环形和圆形基础的最终沉降量和倾斜的计算

C.0.1 基础最终沉降量可按下列规定进行计算：

1 环形基础可计算环宽中点 C、D [图 C.0.1(a)] 的沉降；圆形基础应计算圆心 O 点 [图 C.0.1(b)] 的沉降。

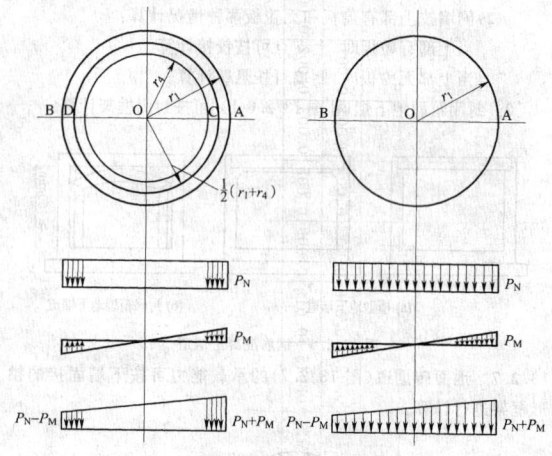

(a) 环形基础   (b) 圆形基础

图 C.0.1 板式基础底板下压力

计算应按现行国家标准《建筑地基基础设计规范》GB 50007 进行。平均附加应力系数 $\bar{\alpha}$，可按表 C.0.1-1～表 C.0.1-3 采用。

2 计算环形基础沉降量时，其环宽中点的平均附加应力系数 $\bar{\alpha}$ 值，应分别按大圆与小圆由表 C.0.1-1～表 C.0.1-3 中相应的 Z/R 和 b/R 栏查得的数值相减后采用。

C.0.2 基础倾斜可按下列规定进行计算：

1 分别计算与基础最大压力 p_{max} 及最小压力 p_{min} 相对应的基础外边缘 A、B 两点的沉降量 S_A 和 S_B，基础的倾斜值 m_θ，可按下式计算：

$$m_\theta=\frac{S_A-S_B}{2r_1}\qquad\text{(C.0.2-1)}$$

式中：r_1——圆形基础的半径或环形基础的外圆半径。

2 计算在梯形荷载作用下的基础沉降量 S_A 和 S_B 时，可将荷载分为均布荷载和三角形荷载，分别计算其相应的沉降量再进行叠加。

3 计算环形基础在三角形荷载作用下的倾斜值时，可按半径 r_1 的圆板在三角形荷载作用下，算得的 A、B 两点沉降值，减去半径为 r_4 的圆板在相应的梯形荷载作用下，算得的 A、B 两点沉降值。

C.0.3 正倒锥组合壳体基础，其最终沉降量和倾斜值，可按下壳水平投影的环板基础进行计算。

表 C.0.1-1　圆形面积上均布荷载作用下土中任意点竖向平均附加应力系数 $\bar{\alpha}$

简图：圆形面积（半径 R，环宽 d）上均布荷载，深度 z，偏移 b。

Z/R	\(b/R\)=0	0.200	0.400	0.600	0.800	1.000	1.200	1.400	1.600	1.800	2.000	2.200	2.400	2.600	2.800	3.000	3.200	3.400	3.600	3.800	4.000
0	1.000	1.000	1.000	1.000	1.000	0.500	0	0	0	0	0	0	0	0	0	0	0	0	0	0	0
0.20	0.998	0.997	0.996	0.992	0.964	0.482	0.025	0.004	0.001	0	0	0	0	0	0	0	0	0	0	0	0
0.40	0.986	0.984	0.977	0.955	0.880	0.465	0.079	0.022	0.008	0.003	0.002	0.001	0	0	0	0	0	0	0	0	0
0.60	0.960	0.956	0.941	0.902	0.803	0.447	0.121	0.045	0.019	0.009	0.005	0.003	0.002	0.001	0	0	0	0	0	0	0
0.80	0.923	0.917	0.895	0.845	0.739	0.430	0.149	0.066	0.032	0.016	0.009	0.005	0.003	0.002	0.001	0.001	0	0	0	0	0
1.00	0.878	0.870	0.835	0.790	0.685	0.413	0.167	0.083	0.044	0.024	0.015	0.009	0.006	0.004	0.003	0.002	0.001	0.001	0	0	0
1.20	0.831	0.823	0.795	0.740	0.638	0.396	0.177	0.096	0.054	0.032	0.020	0.013	0.008	0.006	0.004	0.003	0.002	0.001	0.001	0	0
1.40	0.784	0.776	0.747	0.693	0.597	0.380	0.183	0.105	0.063	0.039	0.025	0.019	0.011	0.008	0.006	0.004	0.003	0.002	0.002	0.001	0
1.60	0.739	0.731	0.704	0.649	0.561	0.364	0.186	0.112	0.070	0.045	0.030	0.021	0.014	0.010	0.008	0.006	0.004	0.003	0.002	0.001	0.001
1.80	0.697	0.689	0.662	0.613	0.529	0.350	0.186	0.116	0.076	0.050	0.035	0.024	0.017	0.012	0.010	0.007	0.005	0.004	0.003	0.002	0.001
2.00	0.658	0.650	0.625	0.578	0.500	0.336	0.185	0.119	0.080	0.055	0.038	0.027	0.020	0.015	0.012	0.009	0.007	0.005	0.004	0.003	0.002
2.20	0.623	0.615	0.591	0.546	0.473	0.322	0.183	0.120	0.083	0.058	0.042	0.030	0.022	0.017	0.015	0.010	0.008	0.006	0.005	0.003	0.002
2.40	0.590	0.582	0.560	0.518	0.450	0.309	0.180	0.121	0.085	0.061	0.044	0.033	0.024	0.019	0.016	0.011	0.010	0.007	0.006	0.004	0.003
2.60	0.560	0.553	0.531	0.492	0.428	0.297	0.176	0.121	0.086	0.063	0.046	0.035	0.026	0.020	0.017	0.013	0.011	0.009	0.006	0.005	0.003
2.80	0.532	0.526	0.505	0.468	0.408	0.285	0.173	0.120	0.087	0.064	0.048	0.037	0.028	0.022	0.019	0.014	0.012	0.009	0.007	0.005	0.004
3.00	0.507	0.501	0.483	0.447	0.390	0.274	0.169	0.119	0.087	0.065	0.049	0.038	0.030	0.023	0.020	0.015	0.013	0.010	0.008	0.006	0.004
3.20	0.484	0.478	0.460	0.427	0.373	0.265	0.165	0.117	0.087	0.066	0.050	0.039	0.032	0.024	0.021	0.016	0.014	0.011	0.009	0.006	0.005
3.40	0.463	0.457	0.440	0.408	0.357	0.255	0.160	0.115	0.086	0.066	0.051	0.040	0.033	0.025	0.022	0.017	0.014	0.012	0.009	0.007	0.005
3.60	0.443	0.438	0.421	0.392	0.343	0.246	0.156	0.113	0.085	0.066	0.052	0.041	0.034	0.026	0.023	0.017	0.015	0.013	0.010	0.008	0.006
3.80	0.425	0.420	0.404	0.376	0.330	0.238	0.152	0.112	0.085	0.065	0.052	0.041	0.034	0.027	0.023	0.018	0.016	0.014	0.011	0.008	0.006
4.00	0.409	0.404	0.389	0.361	0.318	0.230	0.149	0.109	0.084	0.065	0.052	0.042	0.035	0.028	0.024	0.019	0.016	0.014	0.011	0.009	0.007
4.20	0.393	0.388	0.374	0.348	0.306	0.223	0.145	0.107	0.082	0.064	0.052	0.042	0.035	0.028	0.024	0.019	0.017	0.015	0.012	0.009	0.007
4.40	0.379	0.374	0.360	0.336	0.295	0.216	0.141	0.105	0.081	0.064	0.052	0.042	0.035	0.029	0.024	0.020	0.017	0.015	0.012	0.010	0.008
4.60	0.365	0.361	0.348	0.324	0.285	0.209	0.137	0.103	0.080	0.063	0.051	0.042	0.035	0.029	0.024	0.020	0.018	0.015	0.013	0.010	0.009
4.80	0.353	0.349	0.336	0.313	0.276	0.203	0.134	0.101	0.079	0.062	0.051	0.042	0.035	0.029	0.025	0.021	0.018	0.015	0.013	0.011	0.009
5.00	0.341	0.337	0.325	0.303	0.267	0.197	0.131	0.099	0.078	0.062	0.051	0.042	0.035	0.029	0.025	0.021	0.018	0.015	0.013	0.011	0.010

表 C.0.1-2　圆形面积上三角形分布荷载作用下对称轴下中土中任意点竖向平均附加应力系数 $\bar{\alpha}$

简图：圆形面积荷载示意图，标注 R、O、Z、b、d。

Z/R	0	0.200	0.400	0.600	0.800	1.000	1.200	1.400	1.600	1.800	2.000	2.200	2.400	2.600	2.800	3.000	3.200	3.400	3.600	3.800	4.000
0	0.500	0.400	0.300	0.200	0.100	0	0	0	0	0	0	0	0	0	0	0	0	0	0	0	0
0.20	0.499	0.399	0.300	0.200	0.102	0.016	0	0	0	0	0	0	0	0	0	0	0	0	0	0	0
0.40	0.493	0.396	0.298	0.200	0.107	0.030	0.008	0	0.001	0	0	0	0	0	0	0	0	0	0	0	0
0.60	0.480	0.387	0.293	0.200	0.112	0.041	0.016	0.003	0.001	0.001	0	0	0	0	0	0	0	0	0	0	0
0.80	0.462	0.377	0.287	0.199	0.117	0.050	0.023	0.003	0.003	0.002	0.001	0.001	0	0	0	0	0	0	0	0	0
1.00	0.439	0.360	0.278	0.196	0.120	0.057	0.030	0.007	0.006	0.004	0.002	0.001	0.001	0.001	0	0	0	0	0	0	0
1.20	0.416	0.343	0.267	0.192	0.121	0.063	0.036	0.012	0.009	0.006	0.004	0.002	0.002	0.001	0.001	0.001	0	0	0	0	0
1.40	0.392	0.326	0.257	0.187	0.121	0.067	0.040	0.017	0.013	0.008	0.005	0.004	0.002	0.002	0.001	0.001	0.001	0.001	0	0	0
1.60	0.370	0.310	0.245	0.181	0.120	0.070	0.044	0.021	0.016	0.010	0.007	0.005	0.003	0.002	0.002	0.001	0.001	0.001	0.001	0	0
1.80	0.349	0.294	0.234	0.175	0.119	0.072	0.046	0.025	0.019	0.012	0.009	0.006	0.004	0.003	0.002	0.002	0.001	0.001	0.001	0.001	0.001
2.00	0.329	0.279	0.224	0.169	0.116	0.073	0.048	0.028	0.021	0.014	0.010	0.007	0.005	0.004	0.003	0.002	0.002	0.001	0.001	0.001	0.001
2.20	0.312	0.265	0.214	0.163	0.114	0.073	0.049	0.031	0.023	0.016	0.012	0.009	0.006	0.005	0.003	0.003	0.002	0.002	0.001	0.001	0.001
2.40	0.295	0.252	0.205	0.157	0.111	0.072	0.049	0.033	0.025	0.018	0.013	0.010	0.007	0.005	0.004	0.003	0.002	0.002	0.002	0.001	0.001
2.60	0.280	0.240	0.196	0.151	0.108	0.071	0.050	0.035	0.026	0.019	0.014	0.011	0.008	0.006	0.004	0.004	0.003	0.002	0.002	0.002	0.001
2.80	0.266	0.229	0.187	0.145	0.105	0.070	0.051	0.036	0.027	0.020	0.015	0.012	0.009	0.006	0.005	0.004	0.003	0.003	0.002	0.002	0.002
3.00	0.254	0.218	0.180	0.140	0.102	0.069	0.051	0.037	0.028	0.021	0.016	0.013	0.010	0.007	0.006	0.004	0.004	0.003	0.002	0.002	0.002
3.20	0.242	0.209	0.172	0.135	0.099	0.067	0.051	0.037	0.029	0.022	0.017	0.014	0.010	0.007	0.006	0.005	0.004	0.003	0.003	0.002	0.002
3.40	0.232	0.200	0.166	0.130	0.096	0.066	0.050	0.038	0.029	0.023	0.018	0.015	0.011	0.008	0.007	0.005	0.005	0.004	0.003	0.002	0.002
3.60	0.222	0.192	0.159	0.125	0.094	0.065	0.050	0.038	0.029	0.023	0.018	0.015	0.011	0.009	0.007	0.006	0.005	0.004	0.003	0.003	0.002
3.80	0.213	0.184	0.152	0.121	0.091	0.063	0.049	0.038	0.030	0.023	0.019	0.016	0.012	0.009	0.007	0.006	0.005	0.005	0.004	0.003	0.003
4.00	0.205	0.177	0.148	0.117	0.088	0.062	0.048	0.037	0.030	0.023	0.019	0.016	0.013	0.010	0.008	0.006	0.006	0.005	0.004	0.003	0.003
4.20	0.197	0.171	0.142	0.113	0.086	0.061	0.047	0.037	0.029	0.024	0.019	0.016	0.013	0.011	0.008	0.007	0.006	0.005	0.004	0.003	0.003
4.40	0.190	0.165	0.138	0.110	0.083	0.059	0.046	0.037	0.029	0.024	0.019	0.016	0.013	0.011	0.008	0.007	0.006	0.005	0.004	0.004	0.003
4.60	0.183	0.159	0.133	0.107	0.081	0.058	0.044	0.036	0.029	0.024	0.019	0.016	0.013	0.011	0.008	0.007	0.006	0.006	0.005	0.004	0.003
4.80	0.177	0.154	0.129	0.104	0.079	0.057	0.043	0.036	0.029	0.024	0.019	0.016	0.014	0.011	0.008	0.007	0.007	0.006	0.005	0.004	0.004
5.00	0.171	0.151	0.125	0.101	0.077	0.057	0.042	0.035	0.028	0.023	0.019	0.016	0.014	0.012	0.008	0.007	0.007	0.006	0.005	0.005	0.004

表 C.0.1-3　圆形面积上三角形分布荷载作用下对称轴中土下任意点竖向平均附加应力系数 $\bar{a}$

简图	Z/R	b/R																			
		-0.200	-0.400	-0.600	-0.800	-1.000	-1.200	-1.400	-1.600	-1.800	-2.000	-2.200	-2.400	-2.600	-2.800	-3.000	-3.200	-3.400	-3.600	-3.800	-4.000
	0	0.600	0.700	0.800	0.900	0.500	0	0	0	0	0	0	0	0	0	0	0	0	0	0	0
	0.20	0.598	0.697	0.791	0.862	0.466	0.024	0.004	0	0	0	0	0	0	0	0	0	0	0	0	0
	0.40	0.589	0.679	0.755	0.774	0.435	0.071	0.019	0.001	0	0	0	0	0	0	0	0	0	0	0	0
	0.60	0.569	0.647	0.702	0.691	0.406	0.106	0.038	0.007	0.003	0.001	0.001	0	0	0	0	0	0	0	0	0
	0.80	0.541	0.608	0.646	0.622	0.380	0.126	0.054	0.015	0.007	0.004	0.002	0.001	0	0	0	0	0	0	0	0
	1.00	0.511	0.567	0.594	0.565	0.356	0.137	0.066	0.025	0.013	0.007	0.004	0.003	0.001	0.001	0.001	0	0	0	0	0
	1.20	0.479	0.527	0.548	0.517	0.333	0.142	0.075	0.034	0.019	0.011	0.006	0.004	0.002	0.001	0.001	0.001	0	0	0	0
	1.40	0.449	0.491	0.506	0.476	0.313	0.143	0.080	0.042	0.024	0.015	0.009	0.006	0.003	0.002	0.002	0.001	0.001	0	0	0
	1.60	0.421	0.457	0.470	0.441	0.294	0.142	0.084	0.048	0.029	0.018	0.012	0.008	0.005	0.003	0.003	0.002	0.001	0.001	0.001	0.001
	1.80	0.395	0.428	0.438	0.410	0.278	0.140	0.085	0.052	0.033	0.022	0.014	0.010	0.006	0.004	0.003	0.003	0.002	0.001	0.001	0.001
	2.00	0.372	0.401	0.409	0.383	0.263	0.137	0.087	0.055	0.036	0.024	0.017	0.012	0.008	0.005	0.004	0.003	0.002	0.001	0.001	0.001
	2.20	0.350	0.376	0.384	0.360	0.248	0.134	0.087	0.057	0.039	0.026	0.019	0.014	0.009	0.006	0.005	0.004	0.003	0.002	0.001	0.001
	2.40	0.331	0.355	0.362	0.339	0.236	0.130	0.085	0.058	0.040	0.028	0.021	0.015	0.010	0.007	0.006	0.005	0.003	0.002	0.002	0.002
	2.60	0.313	0.336	0.341	0.320	0.225	0.126	0.084	0.059	0.042	0.030	0.022	0.016	0.011	0.008	0.006	0.006	0.004	0.003	0.002	0.002
	2.80	0.297	0.318	0.323	0.303	0.214	0.122	0.082	0.059	0.042	0.031	0.023	0.017	0.012	0.009	0.007	0.006	0.004	0.003	0.003	0.002
	3.00	0.283	0.302	0.307	0.288	0.204	0.118	0.081	0.059	0.043	0.032	0.024	0.018	0.013	0.010	0.008	0.007	0.005	0.004	0.003	0.003
	3.20	0.269	0.287	0.292	0.274	0.196	0.114	0.079	0.058	0.043	0.032	0.025	0.019	0.014	0.011	0.008	0.008	0.005	0.004	0.004	0.003
	3.40	0.257	0.274	0.278	0.261	0.188	0.110	0.077	0.058	0.043	0.033	0.025	0.020	0.014	0.012	0.009	0.008	0.006	0.005	0.004	0.003
	3.60	0.246	0.262	0.266	0.250	0.180	0.107	0.076	0.057	0.042	0.033	0.026	0.020	0.015	0.012	0.009	0.009	0.006	0.005	0.005	0.004
	3.80	0.236	0.251	0.255	0.239	0.173	0.104	0.074	0.056	0.042	0.033	0.026	0.021	0.015	0.013	0.010	0.009	0.007	0.006	0.005	0.004
	4.00	0.224	0.241	0.244	0.229	0.167	0.101	0.072	0.055	0.041	0.033	0.026	0.021	0.016	0.013	0.010	0.009	0.007	0.006	0.006	0.004
	4.20	0.217	0.231	0.234	0.220	0.161	0.098	0.070	0.054	0.040	0.033	0.026	0.021	0.016	0.014	0.011	0.010	0.008	0.006	0.006	0.005
	4.40	0.209	0.222	0.225	0.212	0.155	0.095	0.069	0.053	0.040	0.032	0.026	0.021	0.017	0.014	0.011	0.010	0.008	0.007	0.006	0.005
	4.60	0.202	0.214	0.217	0.204	0.150	0.092	0.067	0.052	0.040	0.032	0.026	0.021	0.017	0.014	0.012	0.010	0.008	0.007	0.007	0.005
	4.80	0.195	0.207	0.209	0.197	0.145	0.090	0.065	0.051	0.040	0.031	0.026	0.021	0.017	0.015	0.012	0.011	0.009	0.008	0.007	0.005
	5.00	0.188	0.201	0.202	0.190	0.140	0.087	0.064	0.050	0.039	0.031	0.026	0.021	0.017	0.015	0.013	0.011	0.009	0.008	0.008	0.006

本规范用词说明

1 为便于在执行本规范条文时区别对待,对要求严格程度不同的用词说明如下:

1)表示很严格,非这样做不可的:

正面词采用"必须",反面词采用"严禁";

2)表示严格,在正常情况下均应这样做的:

正面词采用"应",反面词采用"不应"或"不得";

3)表示允许稍有选择,在条件许可时首先应这样做的:

正面词采用"宜",反面词采用"不宜";

4)表示有选择,在一定条件下可以这样做的,采用"可"。

2 条文中指明应按其他有关标准执行的写法为:"应符合……的规定"或"应按……执行"。

引用标准名录

《砌体结构设计规范》GB 50003

《建筑地基基础设计规范》GB 50007

《建筑结构荷载规范》GB 50009

《混凝土结构设计规范》GB 50010

《建筑抗震设计规范》GB 50011

《钢结构设计规范》GB 50017

《工业建筑防腐蚀设计规范》GB 50046

《高耸结构设计规范》GB 50135

《钢结构工程施工质量验收规范》GB 50205

《碳素结构钢》GB/T 700

《钢筋混凝土用钢 第1部分:热轧光圆钢筋》GB 1499.1

《钢筋混凝土用钢 第2部分:热轧带肋钢筋》GB 1499.2

《低合金高强度结构钢》GB/T 1591

《耐候结构钢》GB/T 4171

《纤维增强塑料用液体不饱和聚酯树脂》GB/T 8237

《金属覆盖层 钢铁制件热浸镀锌层 技术要求及试验方法》GB/T 13912

《玻璃纤维短切原丝毡和连续原丝毡》GB/T 17470

《玻璃纤维无捻粗纱》GB/T 18369

《玻璃纤维无捻粗纱布》GB/T 18370

《钢筋焊接及验收规程》JGJ 18

《建筑桩基技术规范》JGJ 94

中华人民共和国国家标准

烟 囱 设 计 规 范

GB 50051—2013

条 文 说 明

修 订 说 明

本规范是在《烟囱设计规范》GB 50051—2002 的基础上修订而成。上一版规范的主编单位是包头钢铁设计研究总院（现为中冶东方工程技术有限公司），参编单位是西安建筑科技大学、大连理工大学、西北电力设计院、华东电力设计院、山东电力工程咨询院、中国成都化工工程公司、长沙冶金设计研究总院、鞍山焦化耐火材料设计研究院、北京市计量科学研究所。主要起草人是牛春良、杨春田、于淑琴、宋玉普、卫云亭、陆卯生、赵德厚、鞠洪国、王赞泓、黄惠嘉、黄承逵、赵国藩、岳鹤龄、狄原沇、傅国勤、魏业培、张长信、蔡洪良、解宝安、乔永胜、郭亮、朱向前、张小平。

本次规范修订过程中，修订组进行了广泛的调查研究，特别是对近年来烟气脱硫后烟囱的破坏情况进行了大量调研，总结了烟囱腐蚀与防护经验，对烟囱防腐蚀作出了更为详细的规定，并新增了玻璃钢烟囱设计内容，扩大了烟囱防腐蚀的选择范围。在修订过程中，同时也参考了国外先进技术标准，进一步完善了规范内容。

近年来，非圆形截面的异形烟囱应用较多，其截面应力分析以及风荷载计算等均需要深入研究；虽然本次规范修订对烟囱防腐蚀做了较多工作，但限于现有工业材料水平，还不能做到既安全可靠又经济适用这一水准，需要在今后修订中逐步予以完善。

为了准确理解本规范的技术规定，按照《工程建设标准编写规定》的要求，编制组编写了《烟囱设计规范》条文说明。本条文说明不具备与规范正文同等的法律效力，仅供使用者作为理解和把握规范规定的参考。

目 次

1 总 则

1.0.2 本次规范修订增加了玻璃钢烟囱设计内容,同时明确规范适用于圆形截面烟囱设计。与非圆形截面的异形烟囱相比,圆形截面烟囱对减少风荷载阻力、降低温度应力集中等具有明显优势。但随着城市多样化建设发展需要,近几年异形烟囱发展较快,对于异形烟囱需要对风荷载体形系数、振动特性等进行专门研究,本规范给出的截面承载能力极限状态和正常使用极限状态等计算公式都不再适用。

1.0.3 本规范修订过程与有关的现行规范进行了协调,对于有些规范并不完全适用于烟囱设计的内容,本规范根据烟囱的特点进行了一些特殊规定。

3 基 本 规 定

3.1 设 计 原 则

3.1.1 本规范采用以概率理论为基础的极限状态设计方法,以可靠指标度量结构构件的可靠度,采用分项系数的设计表达式进行结构计算。烟囱设计根据现行国家标准《建筑结构可靠度设计统一标准》GB 50068 和《工程结构可靠性设计统一标准》GB 50153 的规定划分为两类极限状态——承载能力极限状态和正常使用极限状态。

3.1.2 根据现行国家标准《工程结构可靠性设计统一标准》GB 50153,工程结构设计分为四种设计状况,即持久设计状况、短暂设计状况、偶然设计状况和地震设计状况。偶然设计状况适用于结构出现异常情况,包括火灾、爆炸、撞击时的情况,烟囱设计未涉及此类设计状况。承载能力极限状态设计,应根据不同的设计状况分别进行基本组合和地震组合设计。对于正常使用极限状态,应分别按作用效应的标准组合、频遇组合和准永久组合进行设计。

3.1.3 烟囱安全等级主要根据烟囱高度确定,对于电力系统烟囱考虑了单机容量。原规范规定当单机容量大于或等于 200 兆瓦(MW)时为一级,过于严格,本次规范修订规定大于或等于 300 兆瓦(MW)时为一级。

3.1.4 根据现行国家标准《工程结构可靠性设计统一标准》GB 50153,对极限承载能力表达式进行了修改,增加了活荷载调整系数。安全等级为一级的烟囱,其风荷载调整系数为 1.1。

3.1.5 取消了原规范设计使用年限为 100 年烟囱安全等级为一级的规定。在极限承载能力表达式中包含了活荷载设计使用年限调整系数,为避免重复计算,取消了该项规定。现行国家标准《工程结构可靠性设计统一标准》GB 50153 规定,安全等级为一级的房屋建筑的结构重要性系数不应小于 1.1。烟囱为高耸结构,其结构重要性系数不应低于该项要求。

3.1.6 本次规范修订增加了玻璃钢烟囱。由于玻璃钢烟囱在温度作用下,材料强度离散性较大,同时为与国际标准接轨,本次规范修订增加了玻璃钢烟囱温度作用分项系数为 1.10。规定对结构受力有利时,平台活荷载和检修、安装荷载分项系数取值为 0。

3.1.7 根据烟囱的工作特性,本条列出了烟囱可能发生的各种荷载效应和作用效应的基本组合情况。其中组合情况Ⅰ是普遍发生的;组合情况Ⅱ多发生于套筒式或多管式烟囱;组合情况Ⅲ用于塔架或拉索验算;组合Ⅳ、Ⅴ、Ⅵ用于自立式或悬挂式钢内筒或玻璃钢内筒计算。由于平台约束对内筒将产生较大温度应力,需要进

行该类组合计算。

为了与现行国家标准《高耸结构设计规范》GB 50135 的规定一致,在安装检修为第 1 可变荷载时,风荷载的组合系数由 0.45 调整到 0.60,同时考虑其他平台活荷载。

附加弯矩属可变荷载,组合中应予折减。但由于缺乏统计数据且考虑到自重为其产生的主要因素,故取组合系数为 1.00。

增加了温度组合工况,原规范将该种工况列于正常使用状态下,温度和荷载共同作用情况,主要用于钢筋混凝土烟囱筒壁验算。由于温度作用长期存在,在自立式或悬挂式钢内筒或玻璃钢内筒极限承载能力验算时,也应考虑其组合,并且其组合系数应取 1.00。

由于砖烟囱和塔架式钢烟囱的结构特点,其变形较小,可不考虑其附加弯矩影响。

3.1.8 根据需要,本次修订增加了玻璃钢烟囱、塔架抗震调整系数。同时规定仅计算竖向地震作用时,抗震调整系数取 1.0,以与现行国家标准《建筑抗震设计规范》GB 50011 强制性条文一致。重力荷载代表值计算时,积灰荷载组合系数由 0.5 调整为 0.9,与烟囱实际运行情况以及《建筑结构荷载规范》GB 50009 一致。

公式 (3.1.8-1) 用于普通烟囱及套筒(或多管)烟囱外筒的抗震验算;公式 (3.1.8-2) 用于自立式或悬挂式排烟内筒抗震验算,主要是考虑平台约束对内筒产生的温度应力影响。

3.1.9 钢筋混凝土烟囱在承载能力极限状态计算时未考虑温度应力,原因是考虑混凝土开裂后温度应力消失。但在正常使用极限状态应考虑温度应力,故需在该阶段进行应力验算。

烟囱地基变形计算,主要包括基础最终沉降量计算及基础倾斜计算。在长期荷载作用下,地基所产生的变形主要是由于土中孔隙水的消散、孔隙水的减少而发生的。风荷载是瞬时作用的活荷载,在其作用下土中孔隙水一般来不及消散,土体积的变化也迟缓于风荷载,故风荷载产生的地基变形可按瞬时变形考虑。影响烟囱基础沉降和倾斜的主要因素,是作用于筒身的长期荷载、邻近建筑的相互影响以及地基本身的不均匀性,而瞬时作用的影响是很小的,故一般情况下,计算烟囱基础的地基变形时,不考虑风荷载。但对于烟囱来讲,风荷载是主要活荷载,特殊情况下,即对于风玫瑰图严重偏心的地区,为确保结构的稳定性,应考虑风荷载。

增加了积灰荷载准永久系数取值。

3.2 设 计 规 定

3.2.1 烟囱筒壁的材料选择,在一般情况下主要依据烟囱的高度和地震烈度。从目前国内情况看,烟囱高度大于 80m 时,一般采用钢筋混凝土筒壁。烟囱高度小于或等于 60m 时,多数采用砖烟囱。烟囱高度介于 60m 至 80m 之间时,除要考虑烟囱高度和地震烈度外,还宜根据烟囱直径、烟气温度、材料供应及施工条件等情况进行综合比较后确定。

砖烟囱的抗震性能较差。即使是配置竖向钢筋的砖烟囱,遇到较高烈度的地震仍难免发生一定程度的破坏。而且高烈度区砖烟囱的竖向配筋量很大,导致施工质量难以保证,而造价与钢筋混凝土烟囱相差不大。

3.2.2 烟囱内衬设置的主要作用是降低筒壁温度,保证筒壁的受热温度在限值之内,减少材料力学性能的降低和降低筒壁温度应力以减少裂缝开展。设置内衬还可以减少烟气对筒壁的腐蚀和磨损。考虑上述因素,本条对内衬的设置区域、温度界限分别作了规定。钢筋混凝土单筒烟囱的内衬宜沿筒壁全高设置,当有积灰平台时,可仅在烟道口以上部分设置。

钢烟囱可以不设置内衬,主要是指烟气无腐蚀、或虽有腐蚀但采用防腐蚀涂料的钢烟囱。当烟气温度过高或仅通过防腐涂料不能够满足要求时,仍需设置内衬。

3.2.4 隔烟墙高度问题一直存在争议,原规范规定应超过烟道孔

顶,超出高度不小于1/2孔高。但实际应用中,许多烟道孔高度很大,难以实现。调研表明底部1/3烟气容易灌入对面烟道,上部2/3烟气会直接被抽入烟囱。为此,本次规范修订规定隔烟墙高度宜采用烟道孔高度的0.5倍~1.5倍,烟囱高度较低和烟道孔较矮的烟囱宜取较大值,反之取较小值。

3.2.6 我国以往烟囱爬梯一般在一定高度(约10m)处开始设置安全防护围栏,与国际标准相比,安全等级偏低,本次修改要求全高设置,且为强制性条文。烟囱为高耸结构,爬梯是后续烟囱高空维护、检查的唯一通道,围栏是保护使用人员安全的重要设施,其重要性同平台栏杆一样,必须设置。

3.2.10 爬梯和平台等金属构件是宜腐蚀构件,特别是这些构件长期处于露天和烟气等化学腐蚀介质可能腐蚀的环境里,因此,宜采取热浸镀锌防腐措施。

3.2.11 爬梯、平台与筒壁连接的可靠性,直接关系到烟囱使用期间高空作业人员的生命安全,因此必须满足强度和耐久性要求。

3.2.12 防雷装置是烟囱附属系统中的重要组成部分,烟囱一般均高出周围建筑物,其防雷设施设置尤为重要,必须按有关防雷标准进行防雷设计。

3.2.13 烟囱沉降和倾斜对其结构安全影响敏感,需要设置专门的观测装置。烟囱底部是否设置清灰系统(包括积灰平台、漏斗和清灰孔等),应根据实际需要确定,在烟囱使用寿命期间无积灰产生的,可以不设。

3.2.15 筒壁计算截面的选取,是以具有代表性、计算方便又偏于安全为原则而确定的。因烟囱的坡度、筒身各层厚度及截面配筋的变化都在分节处,同时筒身的自重、风荷载及温度也按分节进行计算。这样,在每节底部的水平截面总是该节的最不利截面。因而本规范规定在计算水平截面时,取筒壁各节的底截面。

垂直截面本可以选择任意单位高度为计算截面。因为各节底部截面的一些数据是现成的(如筒壁内外半径、内衬及隔热层厚度)。所以计算垂直截面时,也规定取筒壁各节底部单位高度为计算截面。

3.2.16 原规范的水平位移限值未明确规定,有关要求应符合原国家标准《高耸结构设计规范》GBJ 135—90 的规定,即控制变形为离地高度的1/100。新修订的《高耸结构设计规范》GB 50135—2006 所规定的高耸结构变形控制不适合烟囱设计要求,故本次规范修订给出水平位移限值。

美国《Code Requirements for Reinforced Concrete Chimneys and Commentary》ACI 307—08 规定烟囱顶部位移值为烟囱高度的1/300。根据我国实际应用情况,规定钢筋混凝土烟囱和钢烟囱位移限值为离地高度的1/100,而砖烟囱,需要控制水平截面偏心距不得大于其核心距,其位移限值应严格控制,确定为1/300。

3.3 受热温度允许值

3.3.1 烟囱筒壁温度和基础的最高受热温度允许值仍与原规范的规定相同。

1 对于普通黏土砖砌体的筒壁,限制最高使用温度,是依据在温度作用下材料性能的变化、温度应力的大小、筒壁使用效果等因素综合考虑的。砖砌体在400℃温度作用下,强度有所降低(主要是砂浆强度降低)。由于筒壁的高温区仅在筒壁内侧,筒壁内的温度是由内向外递减的,平均温度要小于400℃。

2 钢筋混凝土及混凝土的受热温度允许值规定为150℃,这是因为从烟囱的大量调查中发现,由于温度的作用,筒壁裂缝比较普遍,有些还相当严重。这是由于一方面温度应力、混凝土的收缩及徐变、施工质量等因素综合造成的,另一方面,烟气的温度不仅长期作用,且由于在使用过程中受热温度还可能出现超温现象。超温现象除了因为烟气温度升高(事故或燃料改变)外,还与内衬及隔热层性能达不到设计要求有关。这些都将导致筒壁温度升

高。综合以上因素,限制钢筋混凝土筒壁的设计最高受热温度为150℃。

3 关于钢筋混凝土基础的设计最高受热温度,实际调查中发现,凡烟气穿过基础的高温烟囱,基础有的出现严重酥碎,有的已全部烧坏。这是因为热量在土中不易散发,蓄积的热量使基础受热温度愈来愈高,导致混凝土解体。在原规范编制过程中,进行了大试件模拟试验。在试验的基础上,给出了温度计算公式。在设计过程中发现,用上述公式计算,对烟气温度大于350℃的基础,很难仅用隔热的措施使基础受热温度降至150℃以下。如果采取通风散热或改用耐热混凝土为基础材料等措施,则尚缺乏工程实践经验。因此,高温烟囱应避免采用有烟气穿过的基础而可将烟道入口升至地面。

非耐热钢烟囱筒壁受热温度的适用范围摘自国家标准《钢制压力容器》GB 150—1998。

3.4 钢筋混凝土烟囱筒壁设计规定

3.4.1 本条给出了在正常使用极限状态计算时控制混凝土及钢筋的应力限值,以防止混凝土和钢筋应力过大。

3.4.2 原规范与现行国家标准《混凝土结构设计规范》GB 50010统一,裂缝宽度限值区分了使用环境类别,并对裂缝宽度限值作了规定。由于烟囱工作环境恶劣,裂缝普遍,因此,本次修订规定所有钢筋混凝土烟囱上部20m范围最大裂缝宽度为0.15mm,其余部位全部为0.20mm。

3.5 烟气排放监测系统

3.5.1 烟气排放连续监测系统(Continuous Emissions Monitoring Systems,简称 CEMS)的设置,由环保或工艺有关专业设置,土建专业应预留位置并设置用于采样的平台。

3.5.2 安装烟气 CEMS 的工作区域应提供永久性的电源,以保障烟气 CEMS 的正常运行。安装在高空位置的烟气 CEMS 要采取措施防止发生雷击事故,做好接地,以保证人身安全和仪器的运行安全。

4 材　料

4.1 砖　石

4.1.1 砖烟囱筒壁材料的选用考虑了以下情况。

(1)从对砖烟囱的调查研究发现,砖的强度等级低于或等于MU7.5时,砌体的耐久性差,容易风化腐蚀。特别是处于潮湿环境或具有腐蚀性介质作用时更为突出。故将砖的强度等级提高一级,规定其强度等级不应低于 MU10。

(2)烟气中一般都含有不同程度的腐蚀介质,烟囱筒壁一般会受到烟气腐蚀的作用。在调查的砖烟囱中,发现砂浆被腐蚀后丧失强度,用手很容易将砂浆剥落。但砖仍具有一定的强度,说明砂浆的耐腐蚀性不如砖。从调研中还可以看到烟囱首部分腐蚀更为严重,砂浆疏松剥落。因此,从耐腐蚀上要求砂浆强度等级不应低于 M5。

通过对配筋砖烟囱调查发现:用 M2.5 混合砂浆砌筑配有环向钢筋的砖筒壁,由于砂浆强度低,密实性差,钢筋锈蚀严重,钢筋周围有黄色锈斑,钢筋与砂浆黏结不好,很难保证共同工作。而用 M5 混合砂浆砌筑的烟囱投产使用多年,烟囱外表无明显裂缝,凿开后钢筋锈蚀较轻,砂浆密实饱满。所以,从防止钢筋锈蚀和保证钢筋

与砂浆共同工作出发，砖筒壁的砂浆强度等级也不应低于 M5。

烧结黏土砖可有效满足温度收缩及遇水膨胀，故砖烟囱宜选用烧结黏土砖。当其他类型砌块性能达到上述性能时，也可采用。

4.1.2 本条规定了烟囱及烟道的内衬材料。

在已投产使用的烟囱中，内衬开裂是比较普遍存在的问题。有的烟囱内衬在温度反复作用下，开裂长达几米或十几米，且沿整个壁厚贯通。内衬的开裂导致筒壁受热温度升高并产生裂缝，内衬已成为烟囱正常使用下的薄弱环节。开裂严重直接影响烟囱的正常使用。因此，在内衬材料的选择上应予以重视。

内衬直接受烟气温度及烟气中腐蚀性介质的作用，因此内衬材料应根据烟气温度及腐蚀程度选择，依据烟气温度，可选用普通黏土砖或黏土质耐火砖做内衬；当烟气中含有较强的腐蚀性介质时，按本规范第 11 章有关规定执行。

4.2 混 凝 土

4.2.1 钢筋混凝土烟囱筒壁混凝土的采用有以下考虑：

1 普通硅酸盐水泥和矿渣硅酸盐水泥除具有一般水泥特性外尚有抗硫酸盐侵蚀性好的优点。适合用于烟囱筒壁。但矿渣硅酸盐水泥抗冻性差，平均气温在 10℃ 以下时不宜使用。

2 对混凝土水灰比和水泥用量的限制是为了减少混凝土中水泥石和粗骨料之间在较高温度作用时的变形差。水泥石在第一次受热时产生较大收缩，含水量愈大，收缩变形愈大。骨料受热后则膨胀。而水泥石与骨料间的变形差增大的结果导致混凝土产生更大内应力和更多内部微细裂缝，从而降低混凝土强度。限制水泥用量的目的也是为了不使水泥石过多，避免产生过大的收缩变形。

5 对粗骨料粒径的限制也可减少它与水泥石之间的变形差。

4.2.2 在规范编制调研中发现，当设有地下烟道的烟囱基础受到烟气温度作用后，混凝土开裂、疏松现象普遍，严重的已烧坏。并且作为高耸构筑物的基础，混凝土强度等级应高于一般基础。为此，本条对基础与烟道混凝土最低强度等级的要求作了适当提高。

4.2.3 表 4.2.3 列入混凝土在温度作用下的强度标准值。现行国家标准《建筑结构可靠度设计统一标准》GB 50068 要求："在各类材料的结构设计与施工规范中，应对材料和构件的力学性能、几何参数等质量特征提出明确的要求。"

温度作用下混凝土试件各类强度可以用以下随机方程表达：

$$f_{xt} = \gamma_x f_x \qquad (1)$$

式中：f_{xt}——温度作用下混凝土各类强度（轴心抗压 f_{ct} 和轴心抗拉 f_{tt}）试验值（N/mm²）；

　　　γ_x——温度作用下混凝土试件各类强度的折减系数；

　　　f_x——常温下混凝土各类强度的试验值（N/mm²）。

本规范根据国内外 375 个 γ_x 的试验子样按不同强度类别及不同温度进行参数估计和分布假设检验得到各项统计参数及判断（不拒绝韦伯分布）。对随机变量 f_x 则全部采用了现行国家标准《混凝土结构设计规范》GB 50010 中的统计参数求得各种强度等级及不同强度类别的 f_x 的密度函数。根据 γ_x 及 f_x 的密度函数，采用统计模拟方法（蒙脱卡洛法）即可采集到 f_{xt} 的子样数据。再经统计检验得到 f_{xt} 的各项统计参数及概率密度函数为正态分布。最后，混凝土在温度作用下的各类强度标准值按下式计算：

$$f_{xtk} = \mu_{fxt}(1 - 1.645\delta_{fxt}) \qquad (2)$$

式中：f_{xtk}——温度作用下混凝土各类强度（轴心抗压 f_{ctk} 和轴心抗拉 f_{ttk}）的标准值（N/mm²）；

　　　μ_{fxt}——随机变量 f_{xt} 的平均值（见表 1）；

　　　δ_{fxt}——随机变量 f_{xt} 的标准差（见表 1）。

表 4.2.3 中的数值根据计算结果作了少量调整。

表 1 温度作用下混凝土强度平均值及变异系数

强度类别	符号	温度(℃)	混凝土强度等级					
			C15	C20	C25	C30	C35	C40
轴心抗压	μ_{fct} δ_{fct}	60	13.83 0.24	17.38 0.21	20.90 0.18	23.53 0.17	27.08 0.17	30.47 0.16
		100	13.98 0.26	17.57 0.24	21.12 0.22	23.78 0.21	27.37 0.20	30.80 0.19
		150	12.83 0.25	16.12 0.23	19.38 0.21	21.83 0.20	25.11 0.19	28.26 0.18
轴心抗拉	μ_{ftt} δ_{ftt}	60	1.65 0.23	1.87 0.21	2.04 0.19	2.20 0.17	2.39 0.16	2.52 0.16
		100	1.53 0.24	1.73 0.22	1.89 0.20	2.03 0.19	2.21 0.18	2.33 0.17
		150	1.40 0.24	1.59 0.22	1.73 0.20	1.86 0.19	2.02 0.18	2.13 0.17

4.2.5 本条对混凝土强度设计值的规定都是按工程经验校准法计算确定的。考虑烟囱竖向浇灌施工和养护条件与一般水平构件的差异，混凝土在温度作用下的轴心抗压设计强度折减系数采用 0.8，据此进行工程经验校准，得到混凝土在温度作用下的轴心抗压强度材料分项系数为 1.85。

4.2.6 本规范利用采集到的 320 个混凝土在温度作用下的弹性模量试验数据，用参数估计和概率分布的假设检验方法，取保证率为 50% 来计算弹性模量标准值。

4.3 钢筋和钢材

4.3.1 对钢筋混凝土筒壁未推荐采用光圆钢筋，因为在温度作用下光圆钢筋与混凝土的黏结力显著下降。如温度为 100℃ 时，约为常温的 3/4。温度为 200℃ 时，约为常温的 1/2。温度为 450℃ 时，黏结力全部破坏。由于国家标准《混凝土结构设计规范》GB 50010 修订，高强度钢筋 HRB400 和 RRBF400 为推广品种之一，本次规范修订也增加了该类钢筋的使用，但未推荐更高等级的钢筋，因为当钢筋应力过高时，会引起裂缝宽度过大。为了减小裂缝宽度，采取了控制钢筋拉应力的措施。

4.3.2 现行国家标准《混凝土结构设计规范》GB 50010 对热轧钢筋在常温下的标准值都已作出规定。本条所列的强度标准值的取值方法是常温下热轧钢筋的强度标准值乘以温度折减系数。

4.3.3 钢筋的强度设计值的分项系数是按工程经验校正法确定。

4.3.5 耐候钢的抗拉、抗压和抗弯强度设计值是以现行国家标准《焊接结构用耐候钢》GB 4172 规定的钢材屈服强度除以抗力分项系数而得。其他则按现行国家标准《钢结构设计规范》GB 50017 换算公式计算。本条对耐候钢的角焊缝强度设计值适当降低，相当于增加了一定的腐蚀裕度。

4.3.6 对 Q235、Q345、Q390 和 Q420 钢材强度设计值的温度折减系数是采用欧洲钢结构协会（ECCS）的规定值。耐候钢在温度作用下钢材和焊缝的强度设计值的温度折减系数宜要求供货厂商提供或通过试验确定。

4.3.7 由于限制了钢筋混凝土筒壁和基础的最高受热温度不超过 150℃，钢筋弹性模量降低很少。为使计算简化，本条规定了筒壁和基础的钢筋弹性模量不予折减。

钢烟囱的最高受热温度规定为 400℃。因此钢材在温度作用下的弹性模量应予折减。为与屈服强度折减系数配套，本条也采用了欧洲钢结构协会（ECCS）的规定。

4.4 材料热工计算指标

4.4.1 隔热材料应采用重力密度小，隔热性能好的无机材料。隔热材料宜为整体性好、不易破碎和变形、吸水率低，具有一定强度并便于施工的轻质材料。根据烟气温度及材料最高使用温度确定材料的种类。常用的隔热材料有：硅藻土砖、膨胀珍珠岩、水泥膨胀珍珠岩制品、岩棉、矿渣棉等。

4.4.2 材料的热工计算指标离散性较大，应按所选用的材料实际试验资料确定。但有的生产厂家无产品性能指标试验资料提供

时，可按正文表4.4.2采用。

导热系数是建筑材料的热物理特性指标之一，单位为瓦(特)每米开(尔文)[W/(m·K)]。说明材料传递热时的能力。导热系数除与材料的重度、湿度有关外，还与温度有关。材料重度小，其导热系数低；材料湿度大，其导热系数就愈大。烟囱隔热层处于工作状态时，一般材料应为干燥状态。由于施工方法(如双滑或内砌外滑)或使用不当，致使隔热材料有一定湿度，应采取措施尽量控制材料的湿度，或根据实践经验考虑湿度对导热系数的影响。材料随受热温度的提高，导热系数增大。对烟囱来说，一般烟气温度较高，温度对导热系数的影响不能忽略。在计算筒身各层受热温度时，应采用相应温度下的导热系数。在烟囱计算中，按下式来表达：

$$\lambda = a + bT \qquad (3)$$

式中：a——温度为0℃时导热系数；

b——系数，相当于温度增高1℃时导热系数增加值；

T——平均受热温度(℃)。

要准确地给出材料的导热系数是比较困难的，本规范给出的导热系数数值，参考了有关资料和规范，以及国内各生产厂和科研单位的试验数据加以分析整理，当无材料试验数据时可以采用。

5 荷载与作用

5.1 荷载与作用的分类

5.1.1 对烟囱来讲，温度作用具有准永久性质。但从温度变化的幅度角度看，又具有较大的可变性。因此在荷载与作用的分类时，将温度作用划为可变荷载。由于机械故障等原因造成降温设备事故时，会使烟气温度迅速增高，但持续时间较短，这种情况的温度作用为偶然荷载。

5.2 风 荷 载

5.2.2、5.2.3 塔架内有三个或四个排烟筒时，排烟筒的风荷载体型系数，目前有关资料很少，且缺乏通用性。因此，在条文中规定：应进行模拟试验来确定。

当然，这样规定将给设计工作带来一定困难，因此，在此介绍一些情况，可供设计时参考。

(1)上海东方明珠电视塔塔身为三柱式，设计前进行了模拟风洞试验。试件直径30mm，高200mm，柱间净距0.75d，相当于$\varphi=0.727$，风速17m/s。测定结果如图1。

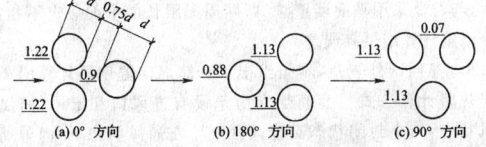

图1 三筒风洞试验

最大体型系数出现在图1(a)所示风向，以整体系数来表示，$\mu_s=3.34/2.75=1.21$。

根据各国的试验结果，当迎风面挡风系数$\varphi>0.5$时，μ_s值随着φ的增大而增大，特别是在$d \cdot V \geqslant 6\text{m}^2/\text{s}$时，遵守这一规律，对于三个排烟筒一般均属于$\varphi>0.5$、$d \cdot V \geqslant 6\text{m}^2/\text{s}$的情况($d$为管径，$V$为风速)。

因此，在无法进行试验的情况下，对三个排烟筒的整体风荷载体型系数，可取：

$$\mu_s = 1 + 0.4\varphi \qquad (4)$$

(2)四个排烟筒的情况，日本做过风洞试验。该试验是为某电厂200m塔架式钢烟囱而做的，排烟筒布置情况如图2。

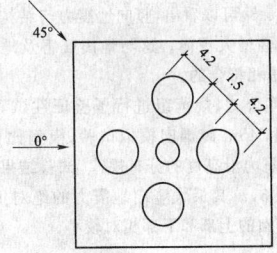

图2 四筒式布置

经试验后确定排烟筒的体型系数$\mu_s=1.10$。这个数值比圆管塔架的μ_s要小一些，但有一定参考价值。在无条件试验时，四筒式排烟筒的μ_s值，可参考下式：

0°风攻角时： $\mu_s = 1 + 0.2\varphi \qquad (5)$

45°风攻角时： $\mu_s = 1.2(1 + 0.1\varphi) \qquad (6)$

(3)关于排烟筒与塔架对μ_s的互相影响问题，各国规范均未考虑。原冶金部建筑研究总院为宝钢200m塔架式钢烟囱所做的风洞试验，塔内为两个排烟筒的情况下，在某些风向下，塔架反而使烟囱体型系数有所增大。但一般情况，排烟筒体型系数大致降低0.09~0.13，平均降低0.11。因此，一般可不考虑塔架与排烟筒的相互作用。

5.2.4 本条对烟囱的横风向风振计算作了具体规定。近年来虽未发现由于横风向风振导致烟囱破坏，但在烟囱使用情况调查中，发现钢筋混凝土烟囱上部，普遍出现水平裂缝。这除了与温度作用有关外，也不能排除与横风向风振有关。对于钢烟囱，由于阻尼系数较小，往往横风向风振起控制作用，因此考虑横风向风振是必要的。

5.2.5 基本设计风压是在设计基准期内可能发生的最大风压值，实践证明，横风向最不利共振往往发生在低于基本设计风压工况下，因此要求进行验算。

5.2.7 上口直径较大的钢筋混凝土烟囱和钢烟囱，其上部环向风弯矩较大，需要经过计算确定配筋数量或截面尺寸，本次规范修订增加了相关计算内容。

5.3 平台活荷载与积灰荷载

5.3.1 将原规范其他章节荷载内容修订完善后，统一放到本章。

5.3.2 根据排烟筒内壁部分工程实际调研情况，发现许多烟囱内壁存在较厚积灰，本次修订增加该部分内容。积灰厚度与表面粗糙情况、干湿交替运行等因素有关，应结合烟囱实际运行情况确定积灰厚度，如燃烧天然气的烟囱可不考虑积灰。烟灰重力密度参考国外标准给出。

5.5 地 震 作 用

5.5.4 原规范规定烟囱高度不超过100m时，可采用简化方法计算水平地震力。简化计算与实际结果误差较大，特别是自振周期相差会达到50%，随着计算机普及和发展，应该全部采用振型分解反应谱法进行计算。本次规范修改取消了简化计算方法。

5.5.5 本规范给出的烟囱在竖向地震作用下的计算方法，是根据冲量原理推导的。对于烟囱等高耸构筑物，根据上述理论，推导出的竖向地震作用计算公式(5.5.5-2)和公式(5.5.5-3)。

用这两个公式计算的竖向地震力的绝对值，沿高度的分布规律为：在烟囱上部和下部相对较小，而在烟囱中下部$h/3$附近(在烟囱质量重心处)竖向地震力最大。

对公式(5.5.5-2)进行整理得：

$$\frac{F_{Evik}}{G_{iE}} = \pm\,\eta\left(1 - \frac{G_{iE}}{G_E}\right) \qquad (7)$$

由公式(5.5.5-3)可以看出，竖向地震力与结构自重荷载的比值，自下而上呈线性增大规律。这与地震震害及地震时在高层建筑上的实测结果是相符合的。

针对上述计算公式，规范组进行了验证性试验。做了180m钢筋混凝土烟囱和45m砖烟囱模拟试验，模型比例分别为1/40和1/15。竖向地震力沿高度的分布规律，试验结果与理论计算结果吻合较好(见图3)。其最大竖向地震力的绝对值，发生在烟囱质量重心处，在烟囱的上部和下部相对较小。

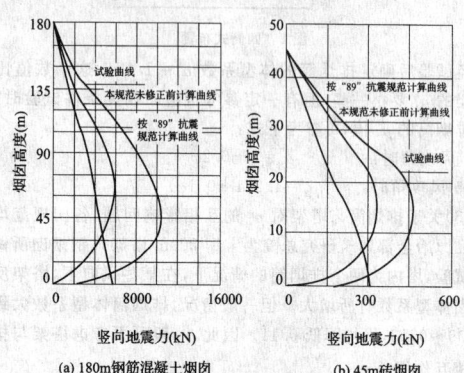

图3　试验与理论计算竖向地震力比较
注："89"抗震规范指原国家标准《建筑抗震设计规范》GBJ 11—89。

为了偏于安全，本规范规定：烟囱根部取$F_{Ev0} = \pm 0.75\alpha_{max}G_E$，而其余截面按公式(5.5.5-2)计算，但在烟囱下部，当计算的竖向地震力小于F_{Ev0}时，取等于F_{Ev0}(见图4)。

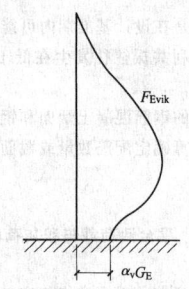

图4　本规范竖向地震力分布

用本规范提出的竖向地震力计算方法得到的竖向地震作用，与原国家标准《建筑抗震设计规范》GBJ 11—89计算的竖向地震作用对比如下：

1　《建筑抗震设计规范》GBJ 11—89给出的竖向地震力最大值在烟囱根部，数值为：

$$F_{Evk} = \alpha_{max}G_{eq} \qquad (8)$$

符号意义见该规范。同时该规范第11.1.5条规定，烟囱竖向地震作用效应的增大系数，采用2.5。因此烟囱根部最大竖向地震力标准值为：

$$F_{Evkmax} = 2.5\alpha_{vmax}G_{eq} = 2.5 \times 0.65\alpha_{max} \times 0.75G_E$$
$$= 1.028\,\frac{a}{g}G_E \qquad (9)$$

式中：a——设计基本地震加速度，见现行国家标准《建筑抗震设计规范》GB 50011；

g——重力加速度。

2　本规范最大竖向地震力标准值发生在烟囱中下部，数值为：

$$F_{Evkmax} = (1+C)\kappa_v G_E = 0.65(1+C)\,\frac{a}{g}G_E \qquad (10)$$

3　将结构弹性恢复系数代入公式(10)，得到两种计算方法计算的竖向地震力最大值比较，见表2。

表2　两种计算方法得到的竖向地震力最大值比较

烟囱类别	砖烟囱	混凝土烟囱	钢烟囱
竖向地震力比值 $\dfrac{公式10}{公式9}$	1.01	1.07	1.14

可见，对于砖烟囱和钢筋混凝土烟囱而言，两种计算方法所得竖向地震力最大值基本相等。两种计算方法的最大区别，在于竖向地震作用的最大值位置不在同一点，用本规范给出的计算方法计算的最大竖向地震力，发生在大约距烟囱根部$h/3$处。因此，在上部约$2h/3$范围内，按本规范计算的竖向地震力较《建筑抗震设计规范》GBJ 11—89计算结果偏大，这是符合震害规律的。

5.5.6　对于悬挂钢内筒或分段支承的砖内筒，其竖向地震作用主要是由外筒通过悬挂(或支承)平台传递给内筒。因此，在竖向地震作用计算时，可以把悬挂(或支承)平台作为排烟筒根部，自由端作为顶部按规范公式进行计算。

无论是水平地震，还是竖向地震，它们对地面上除刚体外的结构物都具有一定的动力放大作用。这种动力放大效应沿结构高度不是固定的，而是变化的，变化规律是自下而上逐渐增大。

美国圣费尔南多地震，在近十座多层及高层建筑上，测得竖向加速度沿建筑高度呈线性增大，最大值为地面加速度的4倍。1995年日本阪神地震时，在高层建筑上，也测到同样规律。但在高耸构筑物上，还没有地震实测值。《烟囱设计规范》编写组进行的烟囱模型竖向地震响应试验，测试了竖向地震作用沿高度的变化规律，烟囱模型顶部地震加速度放大倍数约为6倍~8倍。

烟囱各点竖向地震加速度为：

$$a_{vi} = \frac{F_{Evik}}{m_{iE}} = \frac{F_{Evik}g}{G_{iE}} = 4(1+C)k_v g\left(1 - \frac{G_{iE}}{G_E}\right)$$
$$= 4(1+C)\frac{a_{v0}}{g}g\left(1 - \frac{G_{iE}}{G_E}\right)$$
$$= 4a_{v0}(1+C)\left(1 - \frac{G_{iE}}{G_E}\right) \qquad (11)$$

式中：a_{vi}、a_{v0}——分别表示烟囱各截面和地面竖向加速度值。

由上式可得各截面竖向地震加速度放大系数为：

$$\beta_{vi} = \frac{a_{vi}}{a_{v0}} = 4(1+C)\left(1 - \frac{G_{iE}}{G_E}\right) \qquad (12)$$

5.6　温度作用

5.6.5　内衬、隔热层和筒壁及总热阻按环壁法公式给出，取消了平壁法计算公式。烟囱是截头圆锥体，其直径在各个截面上均不一致，与习惯采用平面墙壁法，即四周无限长的平面假定不相符，致使温度计算结果有误差。

5.6.6　参照国外规范，本条给出了套筒烟囱温度场计算所需的各层热阻计算公式。套筒烟囱由于设有进风口和出风口，属于通风状态，与全封闭状态有较大区别。在通风状态下，内外筒间距应不小于100mm，并在烟囱高度范围内应设置进气孔和排气孔，进气孔和排气孔的面积在数值上应等于外筒上口内直径的2/3。

5.6.9、5.6.10　在烟道口及上部的一定范围内，烟气温度沿高度和环向分布是非均匀的，从而沿烟囱直径方向产生温差，该温差在烟道口高度范围可按固定数值采用，而在烟道口顶部则沿高度逐渐衰减。

5.6.11　筒壁厚度中点温差用于计算筒壁温度变形和弯矩。

5.6.13、5.6.14　温度效应是由烟气在纵向及环向产生的不均匀温度场所引起的，要计算出由温度效应在截面上产生的内力就需要先计算出温差下钢内筒烟囱产生的变形。由于钢内筒在制晃平

台处变形受到约束,因此钢内筒的截面上产生了内力。

(1)横截面上的温度分布假定。

横截面上的温度分布假定如图 5,其中:

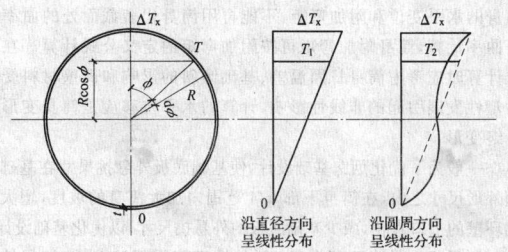

图 5 横截面上的温度分布假定

$$T_1 = \Delta T_x (1 + \cos\phi)/2 \tag{13}$$

$$T_2 = \Delta T_x (1 - \phi/\pi) \tag{14}$$

式中:ΔT_x——从钢内筒烟囱烟道入口顶部算起距离 x 处的截面温差(℃);

(2)转角变形计算。

从假定的温差分布可以看到,沿直径方向的线性温差分布引起恒定的转角变形为:

$$\theta = \alpha \Delta T_x/d \tag{15}$$

式中:α——钢材的线性膨胀系数;

d——钢内筒直径。

同时,由于温度沿钢内筒圆周方向的不均匀分布产生次应力,使截面产生转角变位 θ_s,在圆周上取微元 dA,微元面积 $dA = Rd\phi t$;

从温差分布应力图上可以得到微元上的应力 $f_\phi = \alpha(T_2 - T_1)E$,因此微元上的荷载为 $f_\phi dA = \alpha(T_2 - T_1)ERd\phi t$,

荷载对截面中性轴取矩得:

$$M = 2\int_0^\pi f_\phi R\cos\phi dA = 2\int_0^\pi \alpha(T_2 - T_1)ER\cos\phi dA$$

$$= -0.2976\alpha ER^2 t \Delta T_x$$

M 引起的转角 θ_s 为:

$$\theta_s = \frac{M}{EI} = \frac{-0.2976\alpha ER^2 t}{E\pi R^3 t}\Delta T_x = -0.1895\frac{\alpha \Delta T_x}{d} \tag{16}$$

一阶效应与二阶效应两者产生的转角位移之和即为钢内筒的总转角:

$$\theta_x = \theta + \theta_s = 0.811\alpha \Delta T_x/d \tag{17}$$

式中:R——钢内筒半径;

E——钢材弹性模量;

t——为筒壁厚度。

(3)钢内筒温差作用下的水平变形组成。

钢内筒的温差分布由两部分组成,烟道入口高度范围内截面温差取恒值 ΔT_0 和从烟道入口顶以上距离 x 处的截面温差值 ΔT_x。在不同的温差作用下,钢内筒烟囱的水平变形由两部分组成。

1)第一部分是烟道口区域温差产生的变形,沿高度线性变化。

由于钢内筒为悬吊,膨胀节处可看作为自由端,因此烟道口区域产生的变形只对底部的自立段有影响,对上部悬吊段没有影响。

2)第二部分是由烟道口以上截面温差引起的变形,沿高度呈曲线变化。

烟道口的顶部标高一般在 25m 左右,所以烟道口以上截面温差产生的变形对底部自立段和悬吊段均有影响。

(4)烟道口范围钢内筒烟囱水平线变形计算。

1)在烟道口范围内,截面转角变位是常数,如图 6,即:

$$\theta_0 = \theta_{x=0} = 0.811\alpha\eta_t \Delta T_x/d$$

转角曲线图的面积为:

$$A_B = \theta_0 H_B$$

距离烟道口顶部上 x 处钢内筒烟囱截面在等值温度作用下的水平线变位为:

$$u_{xT} = \theta_0 H_B(H_B/2 + x)$$

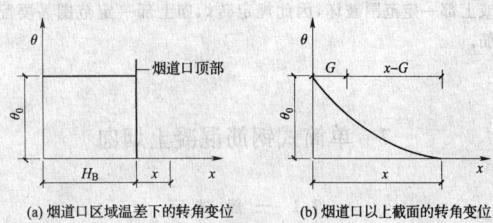

(a)烟道口区域温差下的转角变位　(b)烟道口以上截面的转角变位

图 6 钢内筒横截面转角曲线

2)距离烟道口顶部上 x 处钢内筒烟囱截面的转角如图 6(b),计算公式为:

$$\theta = 0.811\alpha\eta_t \Delta T_0 e^{-\zeta_t x/d}/d$$

令 $\theta_0 = 0.811\alpha\eta_t \Delta T_0/2R$,$V = \zeta_t/d$,

则 $\theta = \theta_0 e^{-V \cdot x}$

转角曲线图的面积为:

$$A = \int_0^x \theta dx = \theta_0 \int_0^x e^{-V \cdot x} dx = -\frac{\theta_0}{V} e^{-V \cdot x}\Big|_0^x = \frac{\theta_0}{V}(1 - e^{-V \cdot x})$$

将转角曲线图对 0 点取矩得:

$$M_0 = \int_0^x \theta x dx = \theta_0\int_0^x e^{-V \cdot x}x dx = -\frac{\theta_0}{V^2}e^{-V \cdot x}(-Vx - 1)\Big|_0^x$$

$$= \frac{\theta_0}{V^2}[1 - e^{-V \cdot x}(Vx + 1)]$$

转角曲线的重心为:$G = M_0/A$,距离烟道口顶部上 x 处钢内筒烟囱截面在温差作用下的水平线变位为:

$$u'_{xT} = A(x - G) = Ax - M_0 = \frac{\theta_0 x}{V}(1 - e^{-V \cdot x}) -$$

$$\frac{\theta_0}{V^2}[1 - e^{-V \cdot x}(Vx + 1)] = \frac{\theta_0}{V}\left[x - \frac{1}{V}(1 - e^{-V \cdot x})\right]$$

3)根据上面的分析和推导可以得到钢内筒底部自立段和上部悬吊段的水平变位计算公式:

自立段:

$$u_x = u_{xt} + u'_{xt} = \theta_0 H_B\left(\frac{H_B}{2} + x\right) + \frac{\theta_0}{V}\left[x - \frac{1}{V}(1 - e^{-V \cdot x})\right] \tag{18}$$

悬吊段:

$$u_x = u'_{xt} = \frac{\theta_0}{V}\left[x - \frac{1}{V}(1 - e^{-V \cdot x})\right] \tag{19}$$

$$\theta_0 = 0.811\alpha\eta_t \Delta T_0/d \tag{20}$$

5.6.15 烟囱在温度作用下将产生变形,当变形受到约束时将产生温度应力。内筒由于横向支承和底部约束等影响,将产生筒身弯曲应力、次应力和筒壁厚度方向温差引起的温度应力。

6 砖 烟 囱

6.1 一 般 规 定

6.1.1 本条规定与原规范相同。

6.2 水 平 截 面 计 算

6.2.1 原规范 $\varphi = \dfrac{1}{1 + \left(\dfrac{e_0}{i} + \lambda\sqrt{\dfrac{\alpha}{12}}\right)^2}$,$\lambda$ 为长细比。本次修改采用高径比。二者计算结果相当。

6.2.2 原规范截面抗裂度验算采用荷载标准值,本次修订为设计值。

6.6 构 造 规 定

6.6.10 本条规定了砖烟囱最小配筋值和范围。砖烟囱地震破坏

特点明显,历次地震几乎都有砖烟囱破坏案例,其共同特点就是掉头或上部一定范围破坏,因此规定砖烟囱上部一定范围需要配置钢筋。

7 单筒式钢筋混凝土烟囱

7.1 一 般 规 定

7.1.1 目前,我国电厂钢筋混凝土烟囱的建设高度大多都在240m左右,并已经应用多年。实践证明,应用本规范完全可以满足240m烟囱设计需要,故将原规范规定的210m限制高度提高到240m。

7.1.2 本条规定了钢筋混凝土烟囱必须要进行的计算内容。

7.2 附加弯矩计算

7.2.2 在抗震设防地区的钢筋混凝土烟囱,应在极限状态承载能力计算中,考虑地震作用(水平和竖向)及风荷载、日照和基础倾斜产生的附加弯矩,称之为 $P-\Delta$ 效应,规范中定义为地震附加弯矩 M_{Eai}。

在水平地震作用下,烟囱的振型可能出现高振型(特别是高烟囱)。通过计算分析,烟囱多振型的组合振型位移 $\left(\sum_{j=1}^{n}\delta_{ij}^{2}\right)^{1/2}$ 曲线,与第一振型的位移 δ_{ij} 曲线基本相吻合(图7),其位移差对计算筒身的 $P-\Delta$ 效应影响甚小,可用曲率系数加以调正。因此,仍可按第一振型等曲率(地震作用终曲率)计算地震作用下的附加弯矩。

由于考虑竖向地震与水平地震共同作用,对竖向地震考虑了分项系数 γ_{Ev}。

7.2.3 本条给出了烟囱筒身折算线分布重力 q_i 值的计算公式。筒身(含筒壁、隔热层、内衬)重力荷载沿高度线分布 q_i 值是不规律的,虽呈上小下大的分布形式,但非呈直线变化。为了简化计算,采用了呈直线分布代替其实际分布,使其计算结果基本等效(图8)。

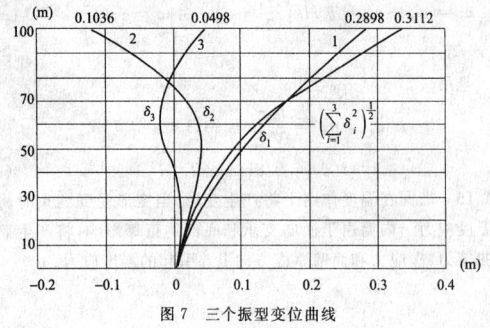

图 7 三个振型变位曲线

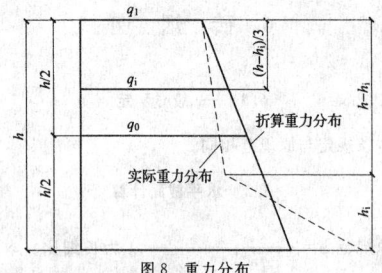

图 8 重力分布

7.2.8 本条规定了筒身代表截面的选择位置。筒身的曲率沿高度是变化的。为了简化计算,采用某一截面的曲率,代表筒身的实际曲率,然后按等曲率计算附加弯矩。这个截面定义为代表截面。代表截面的确定,是以等曲率和实际曲率计算出的筒身顶部变位近似相等确定的。代表截面的确定,是通过对工程实例和预计烟囱的发展趋势,进行分析和计算后确定的。

用代表截面曲率计算出的烟囱顶部变位,一般比实际曲率算得的筒顶变位大 1.6‰~15.2‰。

7.2.9 当烟囱筒身下部坡度不满足本规范第7.2.8条的规定时,筒身的水平变位和附加弯矩,不能再用筒身代表截面处的曲率按等曲率计算,筒身附加弯矩可按附加弯矩的定义公式计算。在变位计算时应考虑筒身日照温差、基础倾斜的影响和筒身材料受压后塑性发展引起的非线性影响,计算的水平位移应是筒身变形的最终变形。

一般为了优化烟囱基础设计,使基础底板外悬挑尺寸在基础合理外形尺寸之内,在筒身下部 $h/4$ 范围内加大筒身的坡度,增大基础环壁的上口直径,减少基础底板的外悬挑尺寸,以优化基础设计。

如果烟囱筒身下部大于3%的坡度范围超过 $h/4$ 时,仍按代表截面的变形曲率计算附加弯矩,会使筒身附加弯矩计算值增大,与实际附加弯矩误差较大。

7.3 烟囱筒壁承载能力极限状态计算

7.3.1 钢筋混凝土烟囱筒壁水平截面承载能力极限状态计算公式在原规范基础上进行了较大调整。原规范给出了在烟囱筒壁上开设一个或两个孔洞计算公式,但对开孔有严格限制,即同一截面开两个孔时,要求两个孔的角平分线夹角为180°,这大大限制了实际应用。本次规范修改,两个孔的角平分线夹角不再限制,给出通用计算公式,会使规范应用面更加广泛。

7.4 烟囱筒壁正常使用极限状态计算

7.4.1 正常使用极限状态的计算内容包括:在荷载标准值和温度共同作用下的水平截面背风侧混凝土与迎风侧钢筋的应力计算以及温度单独作用下钢筋应力计算;垂直截面环向钢筋在温度作用下的应力与混凝土裂缝开展宽度计算。

7.4.2~7.4.5 在荷载标准值作用下,筒壁水平截面混凝土压应力及竖向钢筋拉应力的计算公式采用了以下假定:

(1)全截面受压时,截面应力呈梯形或三角形分布。局部受压时,压区和拉区应力都呈三角形分布。

(2)平均应变和开裂截面应变都符合平截面假定。

(3)受拉区混凝土不参与工作。

(4)计入高温与荷载长期作用下对混凝土产生塑性的影响。

(5)竖向钢筋按截面等效的钢筒考虑,其分布半径等于环形截面的平均半径。

与极限承载能力状态相对应,本次规范修改调整了同一截面开两个孔洞时的计算公式。

7.4.6~7.4.9 在荷载标准值和温度共同作用下的筒壁水平截面应力值通常为正常使用极限状态起控制作用的值。计算公式采用了以下假定:

(1)截面应变符合平截面假定。

(2)温度单独作用下压区应力图形呈三角形。

(3)受拉区混凝土不参与工作。

(4)计算混凝土压应力时,不考虑截面开裂后钢筋的应变不均匀系数 φ_{st},即 $\varphi_{st}=1$ 及混凝土应变不均匀系数,即 $\varphi_{ct}=1$。在计算钢筋的拉应力时考虑 φ_{st},但不考虑 φ_{ct}。

(5)烟囱筒壁能自由伸缩变形但不能自由转动。因此温度应力只需计算由筒壁内外表面温差引起的弯曲约束下的应力值。

(6)计算方法为分别计算温度作用和荷载标准值作用下的应力值后进行叠加。在叠加时考虑荷载标准值作用对温度作用下的混凝土压应力及钢筋拉应力的降低。荷载标准值作用下的应力值按本规范第7.4.2条~第7.4.5条规定计算。

7.4.10 裂缝计算公式引用了现行国家标准《混凝土结构设计规范》GB 50010中的公式。但公式中增加了一个大于1的工作条件系数 k,其理由是:

（1）烟囱处于室外环境及温度作用下，混凝土的收缩比室内结构大得多。在长期高温作用下，钢筋与混凝土间的黏结强度有所降低，滑移增大。这些均可导致裂缝宽度增加。

（2）烟囱筒壁模型试验结果表明，烟囱筒壁外表面由温度作用造成的竖向裂缝并不是沿圆周均匀分布，而是集中在局部区域，应是由于混凝土的非匀质性引起的，而《混凝土结构设计规范》GB 50010 公式中，裂缝间距计算部分，与烟囱实际情况不甚符合，以致裂缝开展宽度的实测值大部分大于《混凝土结构设计规范》GB 50010 中公式的计算值。重庆电厂 240m 烟囱的竖向裂缝亦远非均匀分布，实测值也大于计算值。

（3）模型试验表明，在荷载固定温度保持恒温时，水平裂缝仍继续增大。估计是裂缝间钢筋与混凝土的膨胀差所致。

（4）根据西北电力设计院和西安建筑科技大学对国内四个混凝土烟囱钢筋保护层的实测结果，都大于设计值。即使施工偏差在验收规范许可范围内，也不能保证沿周长均匀分布。这必将影响裂缝宽度。

8 套筒式和多管式烟囱

8.1 一般规定

8.1.1 套筒式和多管式烟囱，国外于 20 世纪 70 年代就开始采用。而我国的第一座多管（四筒）烟囱，是 20 世纪 80 年代初建于秦岭电厂的高 210m 烟囱，内筒为分段支承的四筒烟囱。从那时起，在国内建了多座套筒式和多管式烟囱。内筒包括分段支承、自立式砖砌内筒及钢内筒等形式。套筒式和多管式烟囱，至今已有二十几年实践经验。

8.1.2 多管烟囱各排烟筒之间距离的确定主要考虑以下两种因素：

1 从安装、维护及人员通行方面考虑，不宜小于 750mm。

2 从烟囱出口烟气最大抬升高度方面考虑，宜取 $S=(1.35\sim 1.40)d$，实际应用中，可灵活掌握。

排烟筒高出钢筋混凝土外筒的高度 h 的规定，主要为减少烟气下泄对外筒的腐蚀影响，同时又考虑了烟囱顶部的整体外观。

8.1.3 套筒式烟囱的内筒与外筒壁之间一般布置有楼梯，考虑到人员通行及基本作业空间需要，本次修订将该部分内容纳入规范，建议其净间距不宜小于 1000mm。

8.1.7 套筒式和多管式烟囱的计算，分为外部承重筒和内部排烟筒两部分。外筒应进行承载能力极限状态计算和水平截面正常使用应力及裂缝宽度计算，可不考虑温度作用。除增加了平台荷载外，与本规范第 7 章的单筒式钢筋混凝土烟囱的计算相同。

内筒的计算则需根据内筒的形式，进行受热温度及承载能力极限状态计算。

8.2 计算规定

8.2.1 钢筋混凝土外筒计算时，需特别注意的是：平台荷载和吊装荷载。如采用分段支承式砖内筒，平台荷载较大，外筒壁要承受由平台梁传来的集中荷载。关于吊装荷载，是指钢内筒安装时，采用上部吊装方案而言。此项荷载应根据施工方案而定。有的施工单位采用下部顶升方案，此时便没有吊装荷载。

8.3 自立式钢内筒

8.3.4 外筒对钢内筒产生的内力由外筒位移引起钢内筒相应变形而产生。

8.3.7 制晃装置加强环的计算公式，均为在实际工程设计中采用的公式，具有一定实践经验。

8.3.8 为增强钢内筒承受内部负压的能力，防止负压条件下钢内筒的失稳（圆柱壳在均匀压力下失稳形态为不稳定分岔失稳）和阻止产生椭圆形振动，钢内筒设置环向加劲肋。

8.4 悬挂式钢内筒

8.4.1 悬挂式钢内筒结构形式的选择，应按照工程设计条件、钢内筒中排放烟气的压力分布状况、烟气腐蚀性和耐久性要求综合考虑确定。

对于分段悬挂式钢内筒，它是将钢内筒分为一段或几段悬挂于不同高度的烟囱内部平台上，各分段之间通过可自由变形的膨胀伸缩节连接，以消除热胀冷缩和烟囱水平变位现象造成的纵（横）向伸缩变形影响。钢内筒膨胀伸缩节的防渗漏防腐处理比较困难，是烟囱整体结构防腐设计和施工的薄弱环节；钢内筒分段数偏多会引起膨胀伸缩节的数量增多，由此带来较大的烟气冷凝结露酸液渗漏腐蚀风险和隐患。

另外，针对悬挂式钢内筒的计算研究分析表明，分段数增加，钢内筒节省的用钢量不很明显；而由此带来的膨胀伸缩节烟气渗漏腐蚀隐患弊端要大于用钢量节省的效益。因此，分段悬挂式钢内筒的悬挂段数不宜过多，以 1 段为宜，最多不超过 2 段；膨胀伸缩节的设置标高位置应尽量降低。

8.4.2 钢内筒的抗弯刚度比悬挂平台梁的抗弯刚度要大得多，悬挂平台梁不足以阻止钢内筒整体转动，应具体分析悬挂平台梁对钢内筒的转动约束作用。

平台梁对钢内筒的转动约束刚度可以通过内筒支座间的转角刚度来求得。钢内筒通过内吊支座与平台梁连接，悬吊支座一般对称布置，因此，求平台梁对双钢内筒的转动约束大小，可以在两个对称的平台梁上各作用两个力，使其形成两个力偶。设其中一个平台梁与悬吊支座连接处作用集中力 F，求出一个平台梁的挠度大小 Δ，则两个平台梁之间的相对位移即为 2Δ，根据弯矩与转角之间的关系可以得到平台梁的转动刚度 k_1：

$$k_1 = \frac{M}{\theta} = \frac{nFd}{\theta} = \frac{nFd^2}{2\Delta} \qquad (21)$$

式中：n ——单个平台梁上悬吊支座的个数；

2Δ ——位于同一直径上的一对悬吊点的位移差；

d ——钢内筒的直径。

8.4.3 当悬挂平台下悬挂段钢内筒的长度较小时，钢内筒线刚度较大，由转动产生的钢内筒应力较大，因此该段钢内筒不宜太短。在水平地震作用下，多跨悬挂钢内筒由自身惯性力产生的地震内力只在最下层横向约束平台处较大，其他层很小，可忽略不计。因此，在进行横向约束平台布置时，可考虑将最下层的钢内筒悬臂段的长度设置得小些。分析表明，当该段长度不大于 25m 时，钢内筒由自身惯性力产生的地震内力可忽略不计。

悬挂段钢内筒的竖向地震作用可按支承在悬挂平台上倒立的钢内筒按本规范第 5 章的有关规定计算。

8.4.4 本规范给出的悬挂式钢内筒抗拉强度设计值公式是根据极限状态设计方法和容许应力法之间的换算得到的。

内筒允许应力是根据美国土木工程师学会标准《钢内筒设计与施工》ASCE 13—75 规定的钢内筒抗拉强度容许应力值的计算公式转变而来。

8.5 砖内筒

8.5.1 受砖体材料强度和投资费用控制的约束，国内砖内筒烟囱基本上都是采用分段支承形式。

8.5.3 分段支承的套筒式砖内筒烟囱内部平台间距一般按 25m 左右考虑，分段支承的多管式砖内筒烟囱内部平台间距一般按 30m 左右考虑。

对于分段支承的套筒式砖内筒烟囱，考虑到内部空间紧凑和布置的便利性，本规范给出了较常采用的内部平台结构形式，即采用钢筋混凝土环梁、钢支柱、平台钢梁和平台支撑组成的内部平台体系。

对于分段支承的多管式砖内筒烟囱，由于内部空间较大，建议采用梁板体系的内部平台结构。从施工的角度考虑，平台梁建议采用钢结构。

采用分段支承形式的套筒式和多管式砖内筒烟囱,在各分段内部支承平台处的连接示意详见图9~图12。

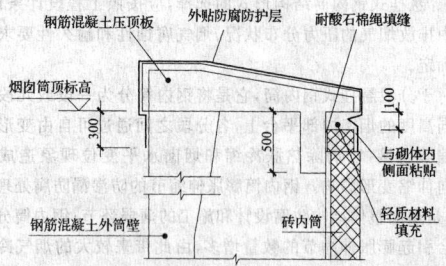

图 9 套筒式砖内筒烟囱筒首连接示意

8.5.4 通常采用设置100mm的缝隙考虑各分段的砖内筒,在烟气温度作用下产生的竖向变形。水平方向的变形(径向)很小,忽略不计。

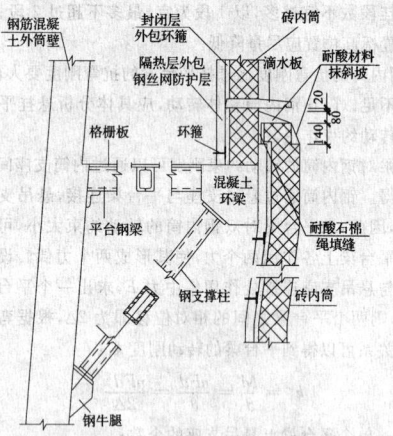

图 10 套筒式砖内筒烟囱内部平台连接示意

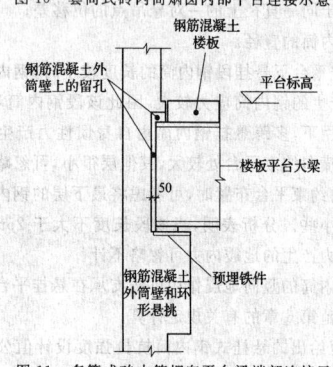

图 11 多管式砖内筒烟囱平台梁端部连接示意

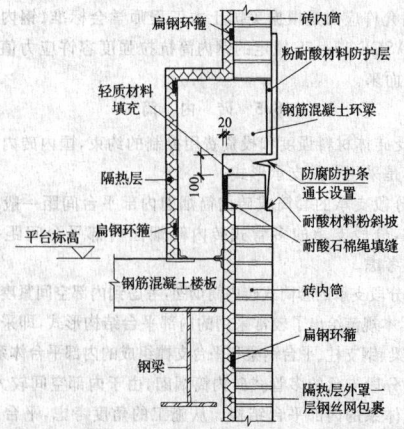

图 12 多管式砖内筒烟囱平台处砖内筒连接示意

8.5.5 烟囱中排放烟气的砖内筒一般应按管道设备的检修维护要求设置通行梯子。

8.6 构造规定

8.6.1 钢筋混凝土外筒由于半径较大,且承受平台传来的荷载,所以,对筒壁的最小厚度,牛腿附近配筋的加强等规定与单筒式钢筋混凝土烟囱有所不同。在本条内,除对有特殊要求的内容加以说明外,其余应按第7章单筒式钢筋混凝土烟囱的有关规定执行。

8.6.2 对套筒式和多管式烟囱,顶层平台有一些特殊要求,其功能主要起封闭作用。在此处积灰严重,烟囱在使用时应定期清灰。另外,在多雨地区,必须考虑排水。一般应设置排水管。根据使用经验,排水管的直径应大于或等于300mm,否则易堵塞。

8.6.3 采用钢筋混凝土平台,梁和板的断面尺寸很大,平台的重量过大,且施工也十分困难。而钢平台自重轻且施工方便。

8.6.4 制晃装置仅用于钢内筒情况。因为烟囱很高,相对而言钢内筒长细比较大,必须设置制晃装置,使外筒起到保持内筒稳定的作用。不管是采用刚性制晃装置,还是采用柔性制晃装置,均需要在水平方向起到约束作用。而在竖向,却要满足内筒在烟气温度作用下,能够自由伸缩。

8.6.5 相关数值取自西安建筑科技大学与西北电力设计院共同完成的《高烟囱悬吊钢内筒设计研究报告》(2010年5月)研究成果。

8.6.6~8.6.9 这些构造要求都是结合以往火力发电厂分段支承的套筒式或多管式砖内筒烟囱设计实践得出的,已在数十座烟囱工程中得到检验和验证。

9 玻璃钢烟囱

9.1 一般规定

9.1.1 在美国材料与试验协会标准《燃煤电厂玻璃纤维增强塑料(FRP)烟囱内筒设计、制造和安装标准指南》ASTM D5364(以下简称"ASTM D5364"中规定了玻璃钢烟囱适合于无GGH的湿饱和烟气运行温度(60℃以下),当FGD吸收塔有旁路时,在开启旁路烟道后的烟气温度,则在短时间内不超过121℃。国内燃煤电厂用于排放湿法脱硫烟气的温度,在无GGH时,在45℃~55℃范围,有GGH时,在80℃~95℃范围。从我们调查的国内化工、冶金和轻工等行业现有玻璃钢烟囱(大多数用于脱酸后的烟气)的使用情况来看,绝大多数长期运行温度不超过100℃。所以确定100℃为本规范所选玻璃钢材质适合长期使用的最高温度。

当烟气超出本规范规定的运行条件时(如大于100℃),可在烟囱前段采取冷却降温措施(如喷淋冷却),以确保烟气运行温度在规定的区间内。

随着科技进步和发展,将不断有高性能材料出现,因此对于超过本条规定的温度条件而要选用玻璃钢材质,则需要评估和试验确定,这也有利于玻璃钢烟囱未来发展和不断完善。

在事故发生时,短时间内烟气温度急剧升高,而玻璃钢短期内的使用温度极限应不能超过基体树脂的玻璃化温度(T_g)。

基体树脂类型不同,其固化后的玻璃化温度也不同。我们对两种类型四个品种的反应型阻燃环氧乙烯基酯树脂的T_g和HDT进行了检测验证,同样能满足本条的温度条件。

材料的耐寒性能常用脆化温度(T_b)来表示。工程上常把在某一低温下材料受力作用时只有极少变形就产生脆性破坏的这个温度称为脆化温度。同常温下性能相比,随着温度的降低,玻璃钢材料的分子无规则热运动减慢,结构趋于有序排列;树脂将会发生收缩,柔性越好收缩越大,同时树脂伸长率会下降,而拉伸强度和弹性

模量将增大,弯曲强度也会增加,树脂呈现脆性倾向。鉴于目前已有正常使用在−40℃下玻璃钢材质的管道和储罐情况,确定了未含外保温层的玻璃钢烟囱筒体在本环境温度的使用下限指标。

9.1.2 烟囱的设计高度及高径比多是参照实际案例确定的。另外,参考 ASTM D5364 中规定:L/r 不超过 20,故取自立式 H/D 不大于 10;拉索式 H/D 不大于 20;塔架式、套筒式或多管式 L/D 不宜大于 10。

9.1.3 由于玻璃钢材质的耐磨性能不强,在高的烟气流速下,对拐角或突变部位的冲击和磨损加大,导致腐蚀加强。可通过在树脂中添加耐磨填料(如碳化硅等)来提高该部位玻璃钢的耐磨性。本条引用了 ASTM D5364 中的烟气流速值。

9.1.5 防腐蚀内层及外表层树脂含量较高,强度及模量较低,在计算结构强度和承载力时,均不考虑。

9.1.6 设计使用年限参考了以下标准(表3);

表3 设计使用年限参考标准

标 准	ASTM D5364	CICIND
使用寿命	35 年	25 年

注:CICIND 指国际工业烟囱协会《玻璃钢(GRP)内筒标准规范》。

9.1.7 玻璃钢的弹性模量较低,因此需对挠度作出相应规定。

9.2 材　料

9.2.1 富树脂层和次内层由于具有比较高的树脂含量,固化后的交联密度高,使得玻璃钢表面致密,抗化学介质的扩散渗透能力增强。

玻璃钢是一种绝缘性能比较好的材质,玻璃钢烟囱在使用中可能产生大量的静电,会导致安全运行隐患,所以需要考虑静电释放和接地措施。

树脂中通常含有苯乙烯交联剂,在固化过程中由于空气中的氧阻聚作用,使得固化后表面产生发黏等固化不完全现象。无空气阻聚的树脂一般是在树脂中添加少量的石蜡,在树脂固化过程中,石蜡会慢慢迁移到表面,形成隔绝空气的一层薄膜,使得表面固化完全,使用在最后一层中。

紫外线将会破坏树脂分子链中苯环等结构的化学稳定性,因此对室外的玻璃钢烟囱,或者对有可能接受到紫外线照射的部位,其表面层树脂中,应加入抗紫外线的吸收剂。

9.2.2 环氧乙烯基酯树脂是目前国内外玻璃钢烟囱制造中的常用树脂,其固化后树脂及其玻璃钢制品在耐温、耐腐蚀、耐久性和物理力学等方面的综合性能优良。从国内调查反馈来看,采用环氧乙烯基酯树脂制造玻璃钢烟囱已过半,而在烟塔合一的工程应用中,已经全部采用环氧乙烯基酯树脂,但基本上以非阻燃型树脂为主。

关于本规范中采用阻燃树脂的背景介绍如下:

(1)ASTM D5364 中,对玻璃钢烟囱的树脂明确了应选用含卤素的化学阻燃树脂。从北美地区目前应用的玻璃钢烟囱情况来看,几乎都采用反应型阻燃环氧乙烯基酯树脂。

(2)国际工业烟囱协会(CICIND)《玻璃钢(GRP)内筒标准规范》对树脂的选用主要有三类:环氧乙烯基酯树脂、不饱和聚酯树脂(双酚 A 富马酸型和氯菌酸型)和酚醛树脂。对于阻燃性能,认为在需要和规定时,在玻璃钢内衬的内、外表层采用反应型阻燃树脂,或者全部采用反应型阻燃树脂。同时强调应当遵守本地或国家的消防条例,并认为采用内外表面阻燃的结构是无法限制规模很大的火焰。

(3)现行国家标准《火力发电厂与变电所设计防火规范》GB 50229—2006第 3.0.1 条将烟囱的火灾危险性归为“丁类”,耐火等级为 2 级,但没有涉及玻璃钢烟囱及其材质的要求。但第 8.1.5 条对“室内采暖系统的管道管件及保温材料”提出了强制性条文“应采用不燃材料”;第 8.2.7 条规定了对“空气调节系统风道及其附件应采用不燃材料制作”;第 8.2.8 条规定“空气调节系统

风道的保温材料,冷水管道的保温材料,消声材料及其黏结剂应采用不燃烧材料或者难燃烧材料”。

(4)现行国家标准《建筑设计防火规范》GB 50016—2006 第 10.3.15 条规定:“通风、空气调节系统的风管应采用不燃材料”,但“接触腐蚀性介质的风管和柔性接头可以采用难燃材料”。

从国内已发生的玻璃钢烟囱火灾事故及由于脱硫塔火灾引起的钢排烟筒着火案例来看,同样也需要引起我们高度重视玻璃钢烟囱的阻燃性问题。因此从安全消防角度考虑,采用阻燃树脂是防止玻璃钢材质在存放、安装和运行过程中避免着火、火焰扩散和传播事故发生的措施之一。

树脂的热变形温度应超过烟气设计温度20℃以上,这是国内外对在温度条件下使用玻璃钢材料的通常规则,主要是确保作为结构材料的玻璃钢不能在超出其临界温度的环境下长期运行。临界温度范围取决于玻璃钢的基体树脂—固化体系,而同纤维类型和玻璃钢所受应力状态的类型关系不大。对于树脂的三个温度有如下关系:临界温度<热变形温度<玻璃化温度。

现行国家标准《纤维增强用液体不饱和聚酯树脂》GB/T 8237没有规定树脂固化后的拉伸强度等指标,而这些指标对玻璃钢烟囱所用树脂的质量控制是必须的,故作规定值。

树脂结构中的酯基是最容易受到酸和碱化学侵蚀的基团,已有研究表明:酸对酯基的侵蚀是可逆反应过程;而碱对酯基的侵蚀是个不可逆反应,其树脂浇铸体试样在碱溶液中会发生由表及里的溶胀、开裂以致破碎。在防腐蚀性能上通常以此来判断;即树脂的耐碱性好,其耐酸性能也好。现行国家标准《乙烯基酯树脂防腐蚀工程技术规范》GB/T 50590 中对反应型阻燃环氧乙烯基酯树脂的质量要求中,列入了耐碱性试验指标。本规范中对四种反应型阻燃环氧乙烯基酯树脂浇铸体的耐碱性进行了试验和验证,作为判断树脂耐腐蚀性能的重要依据。

玻璃钢材质的阻燃性表征之一是采用有限氧指数值(LOI);国内消防法规对难燃材料的要求之一是 LOI 不小于 32。我们用未添加或添加少量三氧化二锑,树脂含量在 35% 左右的四种反应型阻燃环氧乙烯基酯树脂玻璃钢样条验证,能够满足此指标要求。

玻璃钢材质的阻燃性表征之二是火焰传播速率;它是采用美国材料与试验协会标准《建筑材料表面燃烧性能试验方法》ASTM E84 隧道法测定的玻璃钢层合板的一个指数值。表示火焰前沿在材料表面的发展速度,关系到火灾波及邻近可燃物而使火势扩大的一个评估指标。国内无相对应的标准,但已有测定机构提供专门服务。

玻璃钢烟囱是长期使用且维修困难的高耸构筑物,由于烟气的强腐蚀性,因此防腐蚀层应设计成树脂含量高、纤维含量低的抗渗性铺层;结构层主要考虑其在运行温度条件下的力学性能为主,因此纤维含量高;从国外已有运行实例看,其防腐蚀层和结构层全部采用反应型阻燃环氧乙烯基酯树脂,综合性能优良,同时也有效防止了因防腐蚀层和结构层采用不同树脂可能造成的界面相容性问题,避免了脱层。

9.2.4 玻璃钢材料的性能数据高低,在树脂确定的情况下,与所采用纤维的类型、品质以及工艺铺层结构有关,可根据烟囱的受力特点,设计相应的工艺铺层,通过试验确定。本条表 9.2.4-1～表 9.2.4-3 所列是缠绕玻璃钢与手糊玻璃钢制品的性能数据,没有采用通常的实验室制样方法,而是用更加接近工程实际的工厂化条件进行的生产制样,按国家有关标准进行检测,并依据现行国家标准《建筑结构可靠度设计统一标准》GB 50068和《工程结构可靠性设计统一标准》GB 50153 规定的原则确定的标准值,可供没有条件进行试验的设计选用和参考。

表 9.2.4-1 和表 9.2.4-3 是采用缠绕试验铺层方法,用 2 层环向缠绕纱与 4 层单向布交替制作,具体如表 4;

表4 缠绕试验铺层做法

纤维名称	规 格	树脂含量
单向布	430g/m²	43%
缠绕纱	2400Tex	35%

表9.2.4-2是采用手糊板试验铺层方法,用3层玻璃布与3层短切毡交替铺层,具体如表5:

表5 手糊板试验铺层做法

纤维名称	规 格	树脂含量
玻璃布	610g/m²	50%
短切毡	450g/m²	70%

9.2.5 玻璃钢材料的材料分项系数参考了ASTM D5364中的规定,但考虑我国制作工艺及现场管理的实际水平,在实际取值时应大于或等于本规范所规定的分项系数。

为了确定玻璃钢烟囱材料在各种受力状态下的力学指标,中冶东方工程技术有限公司委托有关单位做了有关试验。通过试验可以看到,玻璃钢材料的力学指标离散性比较大。规范给出的材料分项系数虽然较一般建材大,但仍不足以保证结构设计已经可靠,原因是在温度作用下材料的力学指标又会有变化,规范给出60℃和90℃设计温度下强度指标折减系数。这样可尽量保证玻璃钢烟囱在不同温度下具有相近可靠保证率。

9.2.6 通过试验可以得出结论,玻璃钢材料的力学性能随着温度升高会有较大幅度的降低,因此当烟气温度不大于100℃,采用弹性模量进行计算时折减系数按0.8考虑。

9.3 筒壁承载能力计算

9.3.1、9.3.2 考虑了玻璃钢烟囱受拉、受压、受弯及组合最不利情况下的轴向强度计算。

9.3.3~9.3.5 计算公式部分内容参考了ASTM D5364中的有关规定。

9.3.6 玻璃钢烟囱的接口可采用平端对接、承插粘接等多种形式,在直径大于4m时宜采用平端对接,此处平端对接的粘接计算主要考虑自重及连接截面处弯矩的因素。

9.4 构造规定

9.4.1 玻璃钢材料为各向异性,容易产生应力集中,因此下部烟道接口建议设计成圆形,以尽量减小对玻璃钢筒体的破坏。

9.4.2 玻璃钢材料的弹性模量较低,故设置拉索时要保证H/D不大于10,且要充分考虑拉索预紧力对烟囱的应力影响。

9.4.3 加强肋的设置间距参考了ASTM D5364中的规定。

9.4.4 玻璃钢烟囱的连接可采用承插粘接或平端对接等方式。

9.4.6 考虑到玻璃钢烟囱的结构刚度和耐久性,故对玻璃钢的结构层最小厚度作了规定,按照玻璃钢烟囱的直径差异,确定了两种不同直径系列的烟囱最小厚度。

9.5 烟囱制作要求

9.5.1 对于直径小的玻璃钢烟囱,可以在制造商的工厂内制作,对于直径大,运输有困难的,应在项目现场或其附近临时有围护结构的工场内制作,这样可保证满足制造时的环境温度和湿度要求。

树脂中的苯乙烯是有嗅味的易燃、易挥发化学品,除加强劳动保护外,还应加强工作场所的通风。

温度过低,树脂固化速度变慢,影响工作效率和固化后产品的强度,温度过高,树脂固化速度太快,来不及制作的材料会浪费;湿度大,空气中的水分对树脂固化速度和固化后玻璃钢性能会有影响。在环境温度为(15~30)℃下材料和设备温度高于露点温度3℃,通常其相对湿度不会大于80%。

低温存放,利于树脂有长的存储期。但是在使用时,材料温度应同环境温度相一致,否则固化剂的用量配方不能确定,树脂的黏

度也会变大,影响同纤维的浸润。

9.5.3 树脂的黏度是使用工艺中的重要性能,而且与温度的关系密切:

当温度下降、树脂黏度上升时,不利于浸透纤维。加入苯乙烯稀释,使得树脂黏度下降,可提高纤维浸润性能,但是加入的苯乙烯量不宜超过3%,如果用量大则会影响树脂的相关性能。

当温度上升、树脂黏度下降时,黏度太小,利于纤维浸透树脂,但会产生树脂流挂滴胶,同样也影响产品质量,而加入适当的触变剂(如:气相二氧化硅),则可有效防止流胶。

树脂常温固化时所采用的固化剂均系过氧化物(如过氧化甲乙酮,过氧化环己酮等),它同配套的促进剂(如环烷酸钴等)直接混合将会发生剧烈的化学反应引起燃烧和火灾,严重时甚至会发生爆炸事故,危及生命和财产安全,因此严禁两者同时加入。

9.5.4 玻璃纤维增强材料如有污物和水分将会影响与树脂的浸润,造成界面的无效结合,影响固化,从而使材料的性能下降。

9.5.5 分段制造的每节筒体长度,主要从缠绕的设备能力和安装能力等方面综合考虑,筒体连接越少,效率也越高。

9.5.6 筒芯表面使用聚酯薄膜或脱模剂(如聚乙烯醇),会提供光滑的内表面,以保证玻璃钢筒体脱模时不损坏筒芯表面。

9.5.7 防腐蚀内层是直接接触烟气介质的,要求具有高的树脂含量和很好的抗渗透性能。如果存在气泡等制造中的缺陷,会直接影响产品的防腐蚀性能,应及时修补。

9.5.8 筒体结构层与防腐蚀内层的制造间隔时间的控制目的:是防止运行中发生结构层与防腐蚀内层脱层。尤其在结构层与防腐蚀内层所用树脂不一致的情况下,需要特别注意控制。防腐蚀内层所用往往是含胶量大于70%的耐温性好、固化交联密度高的树脂,如果间隔时间长了,结构层与防腐蚀内层的界面融合就会存在隐患。从已发生的玻璃钢罐体结构层与防腐蚀内层的脱层事故分析,主要是这个原因。

9.5.9 在结构层缠绕开始前,先在防腐蚀层表面涂布树脂主要是提高层间结合。

9.6 安装要求

9.6.2 刚性类吊索材料(如钢丝绳)容易损坏筒体表面,以采用尼龙等柔性类吊索为好。

9.6.3 玻璃钢筒质具有高强度低模量的特性,垂直存放和移动主要是要保持筒体不变形。

9.6.4、9.6.5 这两条对筒体吊装提出要求。

10 钢 烟 囱

10.2 塔架式钢烟囱

10.2.1 在过去的设计中,常用的塔架截面形式主要有三角形和四边形,并优先选用三角形。因为三角形截面塔架为几何不变形状,整体稳定性好、刚度大、抗扭能力强,对基础沉降不敏感。

10.2.2 塔架在风荷载作用下,其弯矩图形近似于折线形。一般塔架立面形式做成与受力情况相符的折线形,为了方便塔架的制作安装,塔面的坡度不宜过多,一般变坡以3个~4个为宜。

根据实践经验,塔架底部宽度一般按塔架高度的1/4至1/8范围内选用,多数按塔架高度的1/5至1/6决定其底部尺寸。在此范围内确定的塔架底部宽度,对控制塔架的水平变位、降低结构自振周期、减少基础的内力等都是有利的。

10.2.3 增设拉杆是为了减小塔架底部和节间的变形,并使底部节间有足够的刚度和稳定性。

10.2.4 排烟筒与塔架平台或横隔相连,在风荷载和地震作用下,

排烟筒相当于一根连续梁，将风荷载和地震力通过连接点传给钢塔架。但应注意排烟筒在温度作用下可自由变形。

钢塔架与排烟筒采用整体吊装时，顶部吊点的上节间内力往往大于按承载能力极限状态设计时的内力，所以必须进行吊装验算。

10.2.5 由于排烟筒伸出塔顶，对塔顶将产生较大的水平集中力，在塔架底部接近地面两个节间又有较大的剪力，可能有扭矩产生。所以在塔架顶层和底层采用刚性 K 型腹杆，以保证塔架在这两部分具有可靠的刚度。组合截面做成封闭式，除提高杆件的强度和刚度外，更有利于防腐，提高杆件的防腐能力。

采用预加拉紧的柔性交叉腹杆，使交叉腹杆不受长细比的限制，能消除杆件的残余变形，可加强塔架的整体刚度，减小水平变位和横向变形。由于断面减小，降低了用钢量和投资。

钢管性能优越于其他截面，它各向同性，对受压受扭均有利，并具有良好的空气动力性能，风阻小、防腐涂料省、施工维修方便，对可能受压，也可能受扭的塔柱和 K 型腹杆选用钢管是合理的。

承受拉力的预加拉紧的柔性交叉腹杆，选用风阻小、抗腐蚀能力强、直径小面积大的圆钢，既经济又合理。

10.2.6 滑道式连接是将排烟筒用滑道与平台梁相连，在垂直方向可自由变位，能抗水平力和扭矩。当排烟筒为悬挂式时，排烟筒底部或靠近底部处与平台梁连接可采用承托式，即将筒体支承在平台梁上。承托板需开椭圆螺栓孔，使筒体在水平方向有很小的间隙变位，而在垂直方向能向上自由伸缩。以上部位与平台梁的连接可采用滑道式。

10.2.8 本次规范修订，增加了塔架抗震验算时构件及连接节点的承载力抗震调整系数。

10.3 自立式钢烟囱

10.3.1 原规范规定烟囱高径比宜满足 $h \leqslant 20d$，在一些情况下偏于严格，特别是风荷载较小地区。按此规定设计，往往烟囱应力水平较低。本次规范修订将此限定放宽到 $h \leqslant 30d$，可在满足强度和变形要求的前提下，在此范围内进行高径比选择。当钢烟囱的强度和变形是由风振控制时，可采用可靠的减震措施来满足要求。

10.3.2 强度和整体稳定性计算公式，基本参照现行国家标准《钢结构设计规范》GB 50017 中的公式。只因钢烟囱一直在较高温度下的不利环境中工作，没有考虑截面塑性发展，在强度和稳定性计算公式中取消了截面塑性发展系数 γ。等效弯矩系数 β_m 由于悬臂结构时为 1，所以稳定性公式中取消了 β_m。

钢烟囱局部稳定计算公式参照 CICIND 标准进行了修订。原规范局部稳定计算公式为圆柱壳弹性屈服应力形式，未考虑钢材塑性屈曲和制作加工几何缺陷影响，在某些情况下，计算结果不安全。

10.3.3 本条规定钢烟囱的最小厚度是为了保证结构刚度和耐久性。

10.3.4 温度超过 425℃ 时，碳素钢要产生蠕变，在荷载作用下易产生永久变形。为了控制钢材使用温度，当温度达到 400℃ 时，应设置隔热层，以降低钢筒壁的受热温度。

碳素钢的抗氧化温度上限为 560℃，金属锚固件温度不应超过此界限。因为金属锚固件一旦超过抗氧化界限出现氧化现象，将造成连接松动，影响正常使用。

10.3.5 钢烟囱发生横风向风振(共振)现象在实际工程中有所发生，特别是在烟囱刚度较小，临界风速一般小于设计的最大风速，因此，临界风速出现的概率较大。一旦临界风速出现，涡流脱落的频率与烟囱的自振频率相同(或几乎相同)，烟囱就要发生横风向共振。因此，在设计中，应尽量避免出现共振现象。如果调整烟囱的刚度难以达到目的时，在烟囱上部设置破风圈是一种较有效的解决方法。除了破风圈以外，也可以采用其他形式的减振装置对烟囱进行减振。

10.4 拉索式钢烟囱

10.4.1 当烟囱高度与直径之比大于 $30(h/d > 30)$ 时，可采用拉索式钢烟囱。实际应用中，如果经过技术经济比较，虽然 $h/d \leqslant 30$，但采用拉索式钢烟囱更合理，也可采用该种烟囱。

11 烟囱的防腐蚀

11.1 一般规定

11.1.1～11.1.4 烟囱烟气根据其温度、湿度及结露状况分类；对于干烟气将原规范腐蚀等级按燃煤含硫量确定改为直接按烟气含硫量确定；烟气分为干烟气、潮湿烟气和湿烟气三类，对应各类烟气又分别划分为强、中、弱三种腐蚀等级，各类烟气虽腐蚀等级相同，但腐蚀程度不同，采取的防腐蚀措施也不同。规范规定湿法脱硫后的烟气为强腐蚀性湿烟气、湿法脱硫烟气经过再加热之后为强腐蚀性潮湿烟气，其他方式产生的湿烟气或潮湿烟气的腐蚀等级应根据具体情况加以确定。

11.1.6 烟囱防腐蚀材料应满足烟囱实际存在的各运行工况条件，且应能适用于各工况可能存在交替变化的情况。

11.1.7 湿烟气烟囱冷凝液从实际工程掌握的情况，流量在每小时数吨至数十吨，故排烟筒底部必须设置冷凝液收集装置，有条件时可在钢内筒其他部位设置冷凝液收集装置，可有效减少烟囱雨现象。

11.2 烟囱结构型式选择

11.2.1 烟囱结构型式的选择是防腐蚀措施的重要环节。原规范提出了烟囱结构型式选择要求以来，针对不同的烟气腐蚀性等级选择的烟囱结构型式，对保证烟囱安全可靠地正常使用和耐久性都起到了非常重要的指导性意义。

结合近 10 年来火力发电厂烟囱及其他行业烟囱，在不同使用条件下，特别是烟气湿法脱硫运行条件下，采用不同烟囱结构型式和防腐蚀措施在运行后出现的渗漏腐蚀现象及处理经验，提出了对排放不同腐蚀性等级的干烟气、湿烟气和潮湿烟气的烟囱结构型式的选择要求。

根据对 20 座湿法脱硫现场调研，湿法脱硫机组实时运行温度统计数据为，无 GGH 运行工况(湿烟气)平均温度为 52℃，设GGH 运行工况(潮湿烟气)平均温度为 83℃。

在湿法脱硫无 GGH 运行工况(湿烟气)下，烟囱内有冷凝液积聚。在湿法脱硫设 GGH 运行工况(潮湿烟气)下，烟囱内无冷凝液积聚，烟囱内的积灰处于干燥状态。

湿烟气烟囱内有冷凝液流淌，要解决防腐问题首先必须满足防渗，应采用整体气密的排烟筒或防腐内衬。钢内筒防腐内衬主要有：

(1)钢内筒衬防腐金属材料指钢内筒衬镍板或钛板等，国内工程仅挂贴钛板和复合钛板有应用，且多为复合钛板。

(2)钢内筒衬轻质防腐指进口玻璃砖防腐系统、国产玻璃砖防腐系统、国产泡沫玻化砖防腐系统。

(3)玻璃钢排烟筒在国外大型电厂有较多湿烟气应用案例；国内在小型电厂有应用案例，在大型电厂烟塔合一烟道有应用案例。

(4)钢内筒衬防腐涂料主要指目前应用较多的玻璃鳞片。

到目前为止，国内湿烟气烟囱运行时间不长，大部分未超过 6 年，但还是暴露了诸多问题，有待进一步改进。

(1)钢内筒衬钛板总体使用情况良好，但挂贴钛板出现了钛板局部腐蚀穿孔的现象，复合钛板钢内筒出现了焊缝连接部位渗漏现象。

(2)钢内筒衬进口玻璃砖防腐系统使用情况良好,表面耐烟气冲刷性能稍弱。

(3)钢内筒衬国产玻璃砖防腐系统的工程问题突出,除施工质量的过程控制没有落实外,砖、胶出现较多材料失效的现象。

(4)钢内筒衬国产泡沫玻化砖防腐系统出现问题的工程较多,从现场调研结果反映出,砖、胶性能与进口产品相比有较大差距;目前钢内筒产生的腐蚀的主要原因是施工工艺造成的胶饱满密实缺陷问题。

国内燃煤电厂新建机组有7座烟囱采用进口玻璃砖防腐系统,目前使用状况良好。

统计的国内约30座采用国产玻璃砖、国产泡沫玻化砖防腐系统的烟囱,有较多出现了不同程度的腐蚀情况;一般在投运后1年~2年内发生,最短在投运1个月后即出现了钢内筒腐蚀穿孔现象。

与进口玻璃砖防腐系统相比,国产玻璃砖、国产泡沫玻化砖防腐系统在原材料、施工质量过程控制和管理方面尚存一定差距,有较大的改进空间。

(5)钢内筒衬玻璃鳞片材料使用寿命较短,一般为5年~8年。使用期间维护工程量大,到目前为止,较多的工程已进行过维修。对用于实际使用时间少于10年的湿烟气烟囱,其经济性有一定优势。对于防腐涂层内衬,在选用时,应对其抗渗性能和断裂延伸率等性能加以限制。

本规范表11.2.1是总结近年来实践经验给出的,在选用时应结合实际烟囱运行工况的差异性进行调整。应根据烟囱的实际工况,对内衬防腐材料的耐酸、耐热老化、耐热冲击和耐磨性能以及断裂延伸率、抗渗透性能等主要性能指标进行综合评价后予以确定。

11.2.4 根据近几年火力发电厂工程排放湿烟气烟囱的渗漏腐蚀现象较为普遍和严重的调查情况,提出了应采用具备检修条件的套筒式或多管式烟囱。

每个排烟筒接入锅炉台数根据发电厂机组规模进行了规定,其他行业可对照其规模容量执行。

11.3 砖烟囱的防腐蚀

11.3.1 砖烟囱一般用于不超过60m高度的低烟囱。由于砌体结构的抗渗性能不宜保证,因此烟囱中排放的烟气类型限定于干烟气。

11.3.2 砖烟囱的主要防腐蚀措施是根据烟气的腐蚀性等级做好防腐蚀内衬材料的选择和有效控制施工质量。水泥砂浆和石灰水泥砂浆的耐腐蚀性最差,当受到腐蚀后,体积发生膨胀,使内衬的整体性和严密性易受到破坏,一般不在砖烟囱的内衬中使用。普通黏土砖耐腐蚀性也较差,受腐蚀后易出现掉皮现象,一般不应在排放中等腐蚀等级的砖烟囱内衬中使用。

11.4 单筒式钢筋混凝土烟囱的防腐蚀

11.4.2 对于排放干烟气的单筒式烟囱,已形成了一套安全有效、适合国情的单筒式烟囱防腐蚀措施适用标准,实践证明使用效果良好。

近几年湿烟气烟囱(烟囱脱硫改造工程或新建脱硫烟囱工程),单筒式烟囱出现了较严重的渗漏腐蚀现象,有的已威胁到了烟囱钢筋混凝土筒壁的安全可靠性。基于此,单筒式烟囱中排放的烟气类型限定于干烟气和潮湿烟气。

11.4.3 结合近年来轻质耐酸隔热防腐整体浇注料在干烟气条件下单筒式烟囱中的使用情况,补充了该种材料。

11.4.4 单筒式烟囱是截锥圆形,上小下大形状,烟囱中上部区段运行的烟气正压压力值较大,对单筒式烟囱中烟气正压压力数值加以限制,减少烟气渗透腐蚀。

11.5 套筒式和多管式烟囱的砖内筒防腐蚀

11.5.1 烟囱中砖砌体排烟内筒的材料全部选用耐酸防腐蚀性能

的;在条件许可时选用轻质型的,以减小排烟内筒的荷重。

11.7 钢烟囱的防腐蚀

11.7.1 从防腐蚀的角度考虑,钢烟囱高度不起主要作用。所以,本节末区分钢烟囱高度而分别提出相关的设计要求。

11.7.2 根据钢烟囱外表面检修维护困难的特点,提出了采用长效防腐措施。

12 烟囱基础

12.1 一般规定

12.1.1~12.1.3 这一部分规定仍与原规范相同。

12.2 地基计算

12.2.1~12.2.3 这一节完全与原规范相同。

12.3 刚性基础计算

12.3.1 刚性基础在满足底面积的前提下,需确定合理的高度及台阶尺寸,公式(12.3.1-1)~公式(12.3.1-4)均与原规范相同。实践已经证明这些公式是合理的。

12.4 板式基础计算

12.4.1~12.4.11 这11条给出板式基础外形尺寸的确定及环形和圆形板式基础的冲切强度和弯矩的计算公式。

12.4.12 设置地下烟道的基础,将直接受到温度作用。由于基础周围为土壤,温度不易扩散,所以基础的温度很高。当烟气温度超过350℃时,采用隔热层的措施,使基础混凝土的受热温度小于等于150℃,隔热层也相当厚。当烟气温度更高时,采用隔热的办法就更难满足混凝土受热的要求,此时可把烟气入口改在基础顶面以上或采用通风隔热措施以避免基础承受高温。曾考虑过采用耐热混凝土作为基础材料。但由于对耐热混凝土作为在高温(大于150℃)作用下的受力结构,国内还没有完整的试验结果和成熟的使用经验。因此未列入本规范。

12.4.14 地下基础在温度作用下,基础内外表面将产生温度差,即有温度应力产生。温度应力与荷载应力进行组合。由于板式基础在荷载作用下所产生的内力,是按极限平衡理论计算的。其计算假定:在极限状态下,基础已充分开裂,开裂成几个极限平衡体。在这种充分开裂的情况下,已无法求解整体基础的温度应力。所以,对于温度应力与荷载应力,本规范未给出应力组合计算公式,仅在配筋数量上适当考虑温度作用的影响。

12.5 壳体基础计算

12.5.1~12.5.5 根据有关试验和实际工程设计经验,本规范正倒锥组合壳的"正截锥"(上下环梁之间的截锥体),按"无矩"理论计算;"倒截锥"(底板壳)按极限平衡理论进行内力计算;环梁按内力平衡条件计算。由于"正截锥"壳是按无矩理论计算的,忽略了壳的边缘效应(弯矩M,水平力V)对环梁的影响。但是,由于按无矩理论计算的薄膜经向力,大于按有矩理论的计算值,使两种计算方法的结果,在壳的边缘处比较接近。为了安全起见,在壳基础构造的第12.7.12条,特别强调"上壳上下边缘附近构造环向钢筋应适当加强"。

12.6 桩 基 础

12.6.3 桩基承台优先考虑采用环形,桩宜对称布置在环壁中心位置两侧,可适当偏外侧布置,并通过反复试算,逐步调整,直至符合全部要求为止。

12.7 基础构造

12.7.7 考虑到整体弯曲对基础底板作用时的影响,底板下部钢

筋构造加强,规定最小配筋率径向和环向(或纵向和横向)不宜小于 0.15%。当底板厚度大于 2000mm 时,增加双向钢筋网是为了减少大体积混凝土温度收缩的影响,并提高底板的抗剪承载力。

12.7.12 壳体基础主要处于薄膜受力状态,用材节省,需满足最低配筋要求。

13 烟　道

13.1　一般规定

13.1.1 本条是对实际工程经验的总结。由于烟道的材料、计算方法均与烟道的类型有关,烟道从工艺角度分为地下烟道、地面烟道和架空烟道。架空烟道一般用于电厂烟囱。

13.1.5 地下烟道与地下构筑物之间的最小距离,是按已有工程经验确定的。在设计工作中满足本条规定的前提下,可根据实践经验确定。

13.2　烟道的计算和构造

13.2.1 地下烟道应对其受热温度进行计算,本条给出了地下温度场土层影响厚度的计算公式。土层影响厚度计算公式是根据试验确定的。计算出的温度应小于材料受热温度允许值。

13.2.7 地面烟道的计算(一般为砖砌烟道),一般按封闭框架考虑。拱型顶应做成半圆型,因为半圆拱的水平推力较小。

13.2.8 架空烟道的计算中应考虑自重荷载、风荷载、积灰荷载和烟道内的烟气压力。在抗震设防地区还应考虑地震作用。其中积灰荷载和烟气压力是根据电厂烟囱给出的,根据现行行业标准《火力发电厂烟风煤粉管道设计技术规程》DL/T 5121 烟道内的烟气压力一般按 $\pm 2.5 \text{kN/m}^2$ 考虑。其他工厂的烟气压力和积灰荷载应另行考虑。

在架空烟道的温度作用计算中,需要对烟道侧墙的温度差进行计算,避免温差过大引起烟道开裂。

13.2.9 钢烟道胀缩,对多管式的钢内筒水平推力较大,在连接引风机和烟道之间的一段钢烟道内设置补偿器,可减小钢烟道对钢内筒的推力,设置补偿器后,仅在构造上考虑钢内筒与基础的连接。

14　航空障碍灯和标志

14.1　一般规定

14.1.1 烟囱对空中航空飞行器视为障碍物,是造成飞行安全的隐患,因此烟囱应设置障碍标志。我国颁布的《民用航空法》,

国务院、中央军委发布的《关于保护机场净空》的文件等一系列行政法规都规定了航空障碍灯必须设置的场所和范围。民用机场净空保护区域是指在民用机场及其周围区域上空,依据现行行业标准《民用机场飞行区技术标准》MH 5001—2006 规定的障碍物限制面划定的空间范围。在该范围内的烟囱应设置航空障碍灯和标志。

14.1.2~14.1.4 国际民用航空公约《附件十四》,针对烟囱尤其是高烟囱有严格的技术要求和规定。中国民用航空局制定的《民用机场飞行区技术标准》MH 5001—2006 和国务院、中央军委国发[2001]29 号《军用机场净空规定》对障碍灯和标志都有明确规定。本节的制定参照了上述标准。在《民用机场飞行区技术标准》MH 5001—2006 中将高光强障碍灯划分为 A、B 型,将中光强障碍灯划分为 A、B、C 型。其中适合安装在高耸烟囱的障碍灯形式为高光强 A 型障碍灯及中光强 B 型障碍灯。本次规范修订对障碍灯选用型号作出了规定。

14.2　障碍灯的分布

14.2.1~14.2.7 航空障碍灯的分布及标志可参照图 13 进行设置。

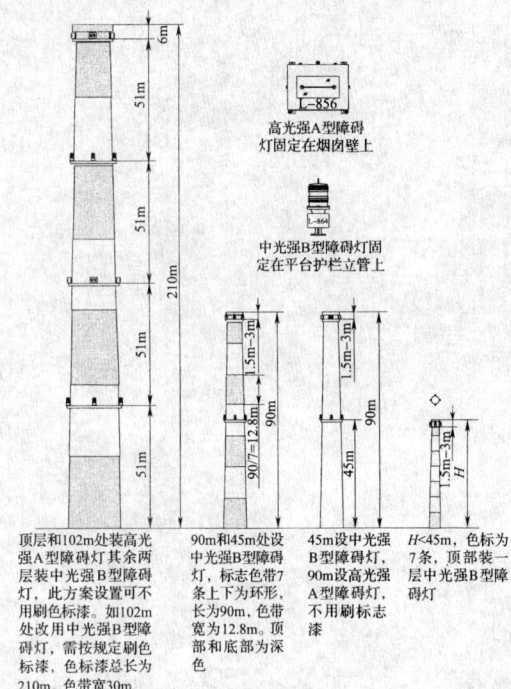

图 13　烟囱设置航空障碍灯分布及标志

中华人民共和国国家标准

混凝土电视塔结构技术规范

Technical code for concrete structure of TV tower

GB 50342—2003

主编部门：中华人民共和国国家广播电影电视总局
批准部门：中 华 人 民 共 和 国 建 设 部
施行日期：2 0 0 4 年 1 月 1 日

中华人民共和国建设部
公 告

第 191 号

建设部关于发布国家标准
《混凝土电视塔结构技术规范》的公告

现批准《混凝土电视塔结构技术规范》为国家标准，编号为 GB 50342—2003，自 2004 年 1 月 1 日起实施。其中，第 4.1.4、5.2.2、6.2.1、6.2.2、8.1.2、8.1.3、8.1.4 条为强制性条文，必须严格执行。

本规范由建设部标准定额研究所组织中国计划出版社出版发行。

中华人民共和国建设部
二〇〇三年十一月五日

前 言

本规范是依据建设部［1994］建标计字第 16 号文和所附已经原国家计委批准的"一九九四年工程建设标准定额制定、修订计划（草案）"以及原广播电影电视部"关于下达一九九五年广播电视工程建设标准定额制定、修订计划的通知"（广发计字［1995］97 号文），由国家广播电影电视总局设计院会同有关单位，经广泛调查研究，认真总结实践经验，参考有关国内、外先进标准，并在广泛征求意见的基础上制定而成。

本规范共分 12 章，主要内容包括混凝土结构电视塔的设计、施工及安装，设备安装和影响工程投资、工程质量和安全等技术要求。

本规范以黑体字标志的条文为强制性条文，必须严格执行。

本规范由建设部负责管理和对强制性条文的解释，国家广播电影电视总局设计院负责具体技术内容的解释。在执行本规范过程中，请各单位结合工程实践，认真总结经验，如发现需要修改或补充之处，请将意见和建议寄国家广播电影电视总局设计院（邮编：100045，北京市西城区南礼士路 13 号，E-mail：BZDE@dsarft. com）。

本规范主编单位、参编单位和主要起草人：

主编单位：国家广播电影电视总局设计院

参编单位：上海建筑设计研究院
　　　　　北京建工集团总公司
　　　　　中国建筑总公司第三工程局

主要起草人：孙芳垂　陶亚东　许鸿业　韩志宏
　　　　　　秦惠纪　王　刚　何景洪　冯新德
　　　　　　陈传仁

目　次

1 总　则

1.0.1 为了在混凝土结构电视塔（以下简称电视塔）设计和施工中贯彻执行国家的技术经济政策，做到技术先进、经济合理、安全适用、确保质量，制定本规范。

1.0.2 本规范适用于混凝土电视塔结构的设计和施工。

1.0.3 本规范是根据国家标准《建筑结构可靠度设计统一标准》GB 50068 的规定编制的。

1.0.4 混凝土电视塔结构的设计和施工，除执行本规范外，尚应符合国家现行有关标准的规定。

2　术语、符号

2.1　术　语

2.1.1 混凝土电视塔　Concrete television tower

塔体结构大部或全部由混凝土构成的电视塔。

2.1.2 塔体　Tower shaft

塔基础顶面以上竖向布置的受力结构。

2.1.3 桅杆　Mast

塔楼以上的塔体部分，主要用于安装发射天线。桅杆可由混凝土和钢结构构成。

2.1.4 塔楼　Tower head

塔体中部或顶部的建筑，其由单层或多层空间组成，部分或大部分挑出塔体外部。

2.1.5 塔基础　Tower foundation

塔体和地基间，承受塔体各作用的结构。

2.2　符　号

2.2.1 作用与作用效应

E_h——水平地震作用；

E_v——竖向地震作用；

G——永久作用、重力荷载；

M——弯矩；

N——轴向力；

p——分布压力；

Q——可变作用；

S——作用效应；

w_0——基本风压；

w——作用于塔上的风荷载。

2.2.2 抗力和材料性能

E_c——混凝土的弹性模量；

E——钢材、钢筋的弹性模量；

f_c——混凝土轴心抗压强度设计值；

f_{py}——预应力钢筋抗拉强度设计值；

f_a——修正后的地基承载力特征值；

f_y——普通钢筋抗拉强度设计值；

R——构件承载能力；

ε_c——混凝土压应变；

ε_{py}——预应力钢筋拉应变；

ε_y——普通钢筋拉应变。

2.2.3 几何参数

A——面积；

b——宽度、裹冰厚度；

D、d——直径；

H、h——高度；

I——惯性矩；

r——半径；

s——距离、沉降量；

W——抵抗矩；

Y——位移。

2.2.4 系数

C——效应系数；

α——水平地震影响系数；

α_c——混凝土线膨胀系数；

γ_0——结构重要性系数；

γ_E——地震作用分项系数；

γ_G、γ_Q——永久作用、可变作用分项系数；

γ_{RE}——承载力抗震调整系数；

η——振型参与系数；

μ_1——裹冰厚度修正系数；

μ_s——风载体型系数；

μ_z——风压高度变化系数；

ν——空间相关系数；

ξ——脉动增大系数；

Ψ_c、Ψ_q——可变作用组合值、准永久值系数；

Ψ_w——风作用组合系数。

3　材　料

3.1　混凝土

3.1.1 电视塔主体结构混凝土强度等级不宜低于 C30；当配有预应力钢筋时，混凝土强度等级不宜低于 C40。

3.1.2 其他规定应按《混凝土结构设计规范》GB 50010 执行。

3.2　钢　材

3.2.1 普通钢筋宜采用 HPB235、HRB335 钢筋。预应力钢筋宜采用钢铰线。

3.2.2 电视塔所用钢结构钢材，可采用 Q235 钢、Q345 钢、20 号钢以及耐候钢等，其质量标准应分别符合《碳素结构钢》GB/T 700、《低合金高强度结构钢》GB/T 1591、《优质碳素结构钢》GB/T 699 和《焊接结构用耐候钢》GB 4172 的规定。主要受力构件在冬季计算温度等于或低于−20℃时，不宜采用 Q235 沸腾钢。

3.2.3 承重结构钢的钢材应具有抗拉强度、伸长率、屈服强度、冷弯试验以及碳、硫、磷含量的合格保证。

3.3　连接材料

3.3.1 手工焊接采用的焊条应符合现行标准《碳素钢焊条》GB/T 5117 或《低合金钢焊条》GB/T 5118 的规定要求。选择的焊条型号应与主体金属强度相适应。

3.3.2 自动焊或半自动焊采用的焊丝和焊剂应与主体金属强度相适应，并符合相对应的标准的规定。

3.3.3 普通螺栓应符合现行国家标准《六角头螺栓　C级》GB/T 5780 和《六角头螺栓》GB/T 5782 的规定。

3.3.4 高强度螺栓应符合现行国家标准《钢结构用高强度大六角头螺栓》GB/T 1228、《钢结构用高强度大六角螺母》GB/T 1229、《钢结构用高强度垫圈》GB/T 1230、《钢结构用高强度大六角头螺栓、大六角螺母、垫圈技术条件》GB/T 1231 或《钢结构用扭剪型高强度螺栓连接副》GB/T 3632、《钢结构用扭剪型高强度螺栓连接副　技术条件》GB/T 3633 的规定。

3.3.5 锚栓可采用 Q235 钢或 Q345 钢制成。

4 基本规定

4.1 一般规定

4.1.1 电视塔应通过结构选型、计算、材料选用、构造措施，达到预定的功能。

4.1.2 本规范采用分项系数的设计表达式表达的、以概率理论为基础的极限状态设计方法。

4.1.3 整个结构或结构的一部分超过某一特定状态就不能满足设计的某一功能的要求，此特定状态称为该功能的极限状态。

极限状态可分为下列两类：

1 承载能力极限状态：这种极限状态对应于结构或结构构件达到最大承载力或不适于继续承载的变形；

2 正常使用极限状态：这种极限状态对应于结构或结构构件达到正常使用或耐久性能的某项规定限值。

4.1.4 结构构件应根据承载力极限状态和正常使用极限状态的要求，分别按以下规定进行计算和验算：

1 **承载力及稳定**：所有结构构件均应进行承载力（包括压屈失稳）计算；在必要时尚应进行结构的倾覆和滑移验算；对预制构件尚应进行制作、运输和安装阶段验算；

2 **变形**：对使用上要求控制变形的结构或结构构件，应进行变形验算；

3 **抗裂及裂缝宽度**：对使用上要求不出现裂缝的构件，应进行混凝土拉应力验算；对使用上允许出现裂缝的构件，应进行裂缝宽度验算。

4.2 承载能力极限状态计算规定

4.2.1 电视塔依其重要性分为三个安全等级。电视塔安全等级应符合表 4.2.1 的规定。

表 4.2.1 电视塔安全等级

安全等级	破坏后果	电视塔类型
一级	很严重	重要
二级	严重	一般
三级	不严重	次要

4.2.2 结构构件的承载力设计应采用下列极限状态设计表达式：

$$\gamma_0(\gamma_G S_{Gk} + \gamma_{Q1} S_{Q1k} + \sum \psi_{ci} \gamma_{Qi} S_{Qik}) \leqslant R(\cdot) \quad (4.2.2)$$

式中 γ_0 ——结构重要性系数，对安全等级为一级、二级、三级的结构可分别采用 1.1、1.0、0.9；

γ_G ——永久性作用分项系数，当其效应对结构不利时取 1.2，当其效应对结构有利时取 1.0；

S_{Gk} ——永久作用的标准值的效应；

γ_{Q1}、γ_{Qi} ——分别为第一个和第 i 个可变作用的分项系数，一般取值 1.4；

S_{Q1k}、S_{Qik} ——第 1 个和第 i 个可变作用的标准值的效应；

ψ_{ci} ——第 i 个可变作用的组合值系数；

$R(\cdot)$ ——结构构件的抗力函数。

4.2.3 对不同的作用组合，其可变作用组合值系数分别按表 4.2.3 采用：

表 4.2.3 可变作用组合值系数

作用组合		可变作用组合值系数				
		ψ_{cw}	ψ_{cL}	ψ_{cT}	ψ_{cl}	ψ_{cA}
I	$G+w+L+T$	1.0	0.7	0.6	—	—
II	$G+I+w+T$	0.25	0.7	—	1.0	—
III	$G+A+w+L$	0.25	0.7	—	—	1.0

注：1 G、w、L、T、I、A 分别代表永久作用、风作用、楼面和平台的可变作用、温度作用、裹冰作用、安装检修的可变作用。

2 在 II、III 组合中，当 $\psi_{cw} \cdot w_0 < 0.15\text{kN/m}^2$ 时，取 $\psi_{cw} \cdot w_0 = 0.15\text{kN/m}^2$。

4.2.4 结构抗震计算时应采用下列极限状态设计表达式：

$$\gamma_G S_{GE} + \gamma_{Eh} S_{Ehk} + \gamma_{Ev} S_{Evk} + \psi_w \gamma_w S_{wk} \leqslant R/\gamma_{RE} \quad (4.2.4)$$

式中 γ_G ——永久作用分项系数，取值同 4.2.2 条；

γ_{Eh}、γ_{Ev} ——分别为水平、竖向地震作用分项系数，应按表 4.2.4 采用；

γ_w ——风作用分项系数，应采用 1.4；

S_{GE} ——重力荷载代表值的效应；

S_{Ehk} ——水平地震作用标准值的效应，尚应乘以相应的增大系数或调整系数；

S_{Evk} ——竖向地震作用标准值的效应，尚应乘以相应的增大系数或调整系数；

S_{wk} ——风作用标准值的效应，尚应乘以相应的增大系数或调整系数；

ψ_w ——风作用组合值系数，可取 0.2；

R ——结构构件承载能力设计值；

γ_{RE} ——承载力抗震调整系数，对混凝土塔身取 1.0，对钢构件和其他混凝土构件取 0.8，对连接取 1.0。

表 4.2.4 地震作用分项系数

地震作用	γ_{Eh}	γ_{Ev}
仅按水平地震作用计算	1.3	0
仅按竖向地震作用计算	0	1.3
同时按水平和竖向地震作用计算	1.3	0.5

4.3 正常使用极限状态验算规定

4.3.1 对正常使用极限状态，应根据不同的设计要求，分别采用作用的短期效应组合和长期效应组合进行设计，并应保证变形、裂缝、加速度等计算不超过相应的规定限值。

1 短期效应组合：

$$S_{Gk} + S_{Qik} + \sum \psi_{ci} S_{Qik} \quad (4.3.1-1)$$

2 长期效应组合：

$$S_{Gk} + \sum \psi_{ci} S_{Qik} \quad (4.3.1-2)$$

式中 ψ_{ci} ——第 i 个可变作用的准永久值系数。

4.3.2 电视塔正常使用极限状态的控制条件应符合下列规定：

1 在风作用下，塔上桅杆顶点的水平位移不宜大于该点离地高度的 1/100；

2 在风荷载和不均匀日照温差的作用下，对设置有转角要求设备（如天线）的塔在设备所在位置处的塔身转角，不得大于设备允许转角的规定限值；

3 按 4.3.1 条规定的效应组合作用下，钢筋混凝土构件的最大裂缝宽度不应大于 0.2mm；

4 在风荷载的作用下，对塔上设有游览设施和有人房间的塔，其游览设施和有人房间所在位置处塔身动风位移加速度不宜大于 0.2m/s²。

5 结构上的作用

5.1 作用分类

5.1.1 电视塔结构上的作用可分为下列两类:

1 永久作用:在设计基准期内量值不随时间变化,或其变化与平均值相比可忽略的作用。例如结构自重、固定设备重、土压力、预应力、混凝土收缩、地基沉降等;

2 可变作用:在设计基准期内量值随时间变化,且其变化与平均值相比不可忽略的作用。例如风荷载、裹冰荷载、地震作用、温度作用、使用中的人员和物料重、施工中的设备重或作用力等。

5.2 风 荷 载

5.2.1 作用于电视塔结构上的风作用压力的标准值,应按下式计算:

$$w_{0k} = \mu_s \mu_z w_0 \qquad (5.2.1)$$

式中　w_{0k}——风荷载压力的标准值;

　　　μ_s——风荷载体型系数;

　　　μ_z——风压高度变化系数;

　　　w_0——基本风压(kN/m²)

注:基本风压系以当地比较空旷平坦地面上离地 10m 高统计所得的 50 年一遇 10min 平均最大风速 V_0(m/s)为标准,按 $w_0 = V_0^2/1600$ 确定的风压值。如无上述统计数据时,可按《建筑结构荷载规范》GB 50009 中全国基本风压分布图查得的数值采用。

5.2.2 电视塔设计所采用的基本风压不得小于 **0.35kN/m²**。

5.2.3 风压高度变化系数,应根据地面粗糙度类别按表 5.2.3 确定。地面粗糙度可分为 A、B、C 三类:

A 类指近海海面、海岛、海岸、湖岸和沙漠地区;

B 类指田野、乡村、丛林、丘陵以及房屋比较稀疏的中、小城镇和大城市郊区;

C 类指有密集建筑群的大城市市区。

表 5.2.3　风压高度变化系数 μ_z

离地或海平面高度 (m)	地面粗糙度类别		
	A	B	C
5	1.17	0.8	0.54
10	1.38	1.00	0.71
15	1.52	1.14	0.84
20	1.63	1.25	0.94
30	1.80	1.42	1.11
40	1.92	1.56	1.24
50	2.03	1.67	1.36
60	2.12	1.77	1.46
70	2.20	1.86	1.55
80	2.27	1.95	1.64
90	2.34	2.02	1.72
100	2.40	2.09	1.79
150	2.64	2.38	2.11
200	2.83	2.61	2.36
250	2.99	2.80	2.58
300	3.12	2.97	2.78
350	3.12	3.12	2.96
≥400	3.12	3.12	3.12

5.2.4 风荷载体型系数,可按表 5.2.4 的规定采用,对一级电视塔和外形较复杂的电视塔应通过风洞试验确定。

表 5.2.4　风荷载体型系数

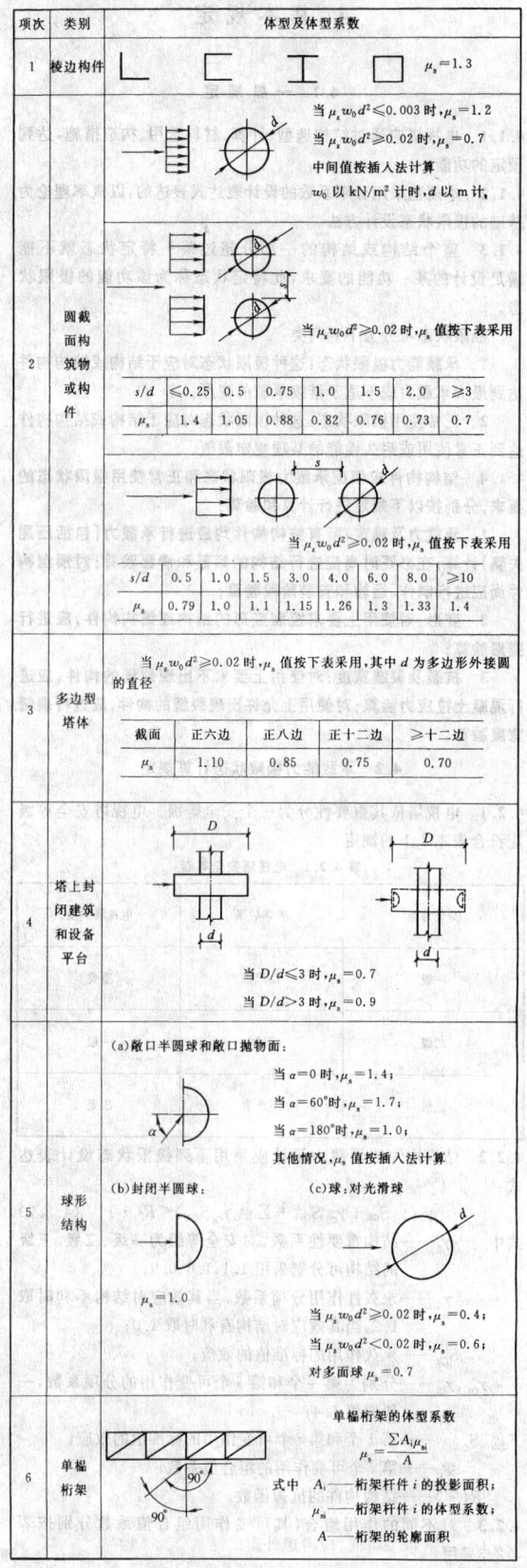

续表 5.2.4

项次	类别	体型及体型系数
7	平行的桁架和塔架	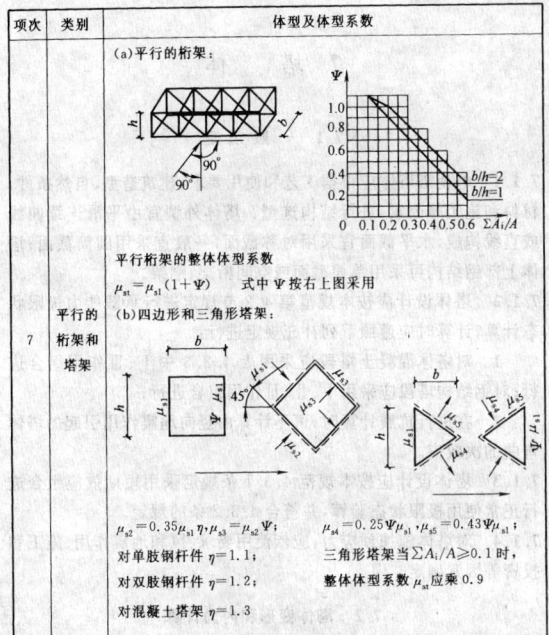 (a)平行的桁架; 平行桁架的整体体型系数 $\mu_{st}=\mu_{s1}(1+\Psi)$ 式中 Ψ 按右上图采用 (b)四边形和三角形塔架 $\mu_{s2}=0.35\mu_{s1}\eta,\mu_{s3}=\mu_{s1}\Psi;$ $\mu_{s4}=0.25\mu_{s1},\mu_{s5}=0.43\Psi\mu_{s1}$ 对单肢钢杆件 $\eta=1.1;$ 三角形塔架当 $\sum A_i/A\geq0.1$ 时, 对双肢钢杆件 $\eta=1.2;$ 整体体型系数 μ_{st} 乘 0.9 对混凝土塔架 $\eta=1.3$

5.2.5 作用于塔结构上的风荷载,应考虑阵风脉动的动力作用,一般将塔体结构视为多质点体系,作用于结构第 i 点质点第 j 振型作用力的代表值,可按下式确定:

$$w_{kij}=w_{0ki}A_i+M_iY_{ij}\nu_j\xi_j\eta_j \qquad (5.2.5\text{-}1)$$

$$\eta_j=\frac{\sum Y_{ij}w_{0ki}A_im_i}{\sum Y_{ij}^2M_i} \qquad (5.2.5\text{-}2)$$

式中 M_i——结构第 i 质点的集中质量;

     Y_{ij}——第 i 质点 j 振型的水平相对位移;

     ξ_j——第 j 振型的脉动增大系数;

     ν_j——第 j 振型的空间相关系数;

     η_j——结构第 j 振型的参与系数;

     w_{0ki}——第 i 质点风作用压力的标准值;

     A_i——结构第 i 质点的挡风面积;

     m_i——第 i 质点风作用的脉动系数。

5.2.6 脉动增大系数,可按表 5.2.6 确定。

表 5.2.6   脉动增大系数

$\varepsilon=TV_0/1200$	0.01	0.03	0.05	0.10	0.15	0.20
钢结构	1.49	1.88	2.13	2.56	2.86	3.08
钢筋混凝土结构	1.22	1.42	1.55	1.80	1.97	2.10

注:T 为结构自振周期(s);V_0 为设计基本风压对应的风速(m/s)。

5.2.7 空间相关系数,按表 5.2.7 确定,考虑高振型时 $\nu=1.0$。

表 5.2.7   空间相关系数

$\varepsilon=TV_0/1200$	塔总高(m)				
	≤60	120	150	300	≥450
≤0.05	0.60	0.55	0.50	0.40	0.35
0.10	0.70	0.60	0.55	0.45	0.35
0.20	0.75	0.70	0.65	0.55	0.45

5.2.8 脉动系数,按表 5.2.8 确定。

表 5.2.8   脉动系数

距地面高度(m)		10	20	40	60	80	100	200	≥350
地面粗糙度类别	A	0.60	0.55	0.48	0.46	0.44	0.42	0.38	0.35
	B	0.88	0.75	0.65	0.60	0.56	0.54	0.46	0.40
	C	1.75	1.40	1.10	0.97	0.89	0.82	0.65	0.54

5.3 裹冰荷载

5.3.1 设计电视塔时,应考虑外露的结构件、管线、塔上设备(如天线)表面裹冰引起的重力作用及挡风面积增大的影响。

5.3.2 基本裹冰厚度应根据当地离地 10m 高度处的观测资料,取重现期为 50 年最大裹冰厚度的统计数值。计算高度处的裹冰厚度 b 按基本裹冰厚度 b_0 乘以表 5.3.2 中相应的裹冰高度变化系数确定。

表 5.3.2   裹冰高度变化系数

距地面高度(m)	≤10	50	100	150	200	300	≥350
高度系数	1.0	1.6	2.0	2.2	2.4	2.7	2.8

5.3.3 管线和构件上的裹冰作用应按以下规定确定:

    1 圆截面构件和管线上的裹冰荷载(kN/m)可按下式计算:

$$q=\pi\mu_x b(d+\mu_x b)\gamma\cdot10^{-6} \qquad (5.3.3\text{-}1)$$

式中 b——计算高度处的裹冰厚度(mm);

     d——构件或管线的直径(mm);

     μ_x——圆截面裹冰厚度修正系数,按表 5.3.3 采用;

     γ——裹冰重度,一般取 9kN/m³。

表 5.3.3   裹冰厚度修正系数

构件或管线直径(mm)	5	10	20	30	50	70
μ_x	1.1	1.0	0.9	0.8	0.7	0.6

    2 非圆截面构件上的裹冰作用(kN/m²)可按下式计算:

$$p=0.6b\gamma\cdot10^{-6} \qquad (5.3.3\text{-}2)$$

5.4 地震作用

5.4.1 电视塔在进行地震作用计算时,应符合以下规定:

    1 对处于 7 度硬、中硬场地,且基本风压 $w_0\geq0.4\text{kN/m}^2$ 时,及 7 度中软、软场地和 8 度硬、中硬场地,且基本风压 $w_0\geq0.7\text{kN/m}^2$ 时,可不进行抗震验算。

    2 对处在 8 度和 9 度场地上的塔,应计算水平和竖向地震的共同作用;8 度和 9 度场地上的一级电视塔,宜进行专门研究。

    3 单筒型电视塔,应同时计算两个主轴方向的水平地震作用;多筒型电视塔除应同时计算两个主轴方向的水平地震作用外,尚应同时计算两个正交非主轴方向的水平地震作用。

5.4.2 对安全等级为三级的电视塔,可采用振型分解反应谱法进行地震作用计算;对安全等级为一级和二级的电视塔,除采用振型分解反应谱法进行地震作用计算外,尚应根据表 5.4.2 规定的设计基本地震加速度值采用时程分析进行补充计算。

表 5.4.2   设计基本地震加速度值

烈 度	7	8	9
设计基本地震加速度值	0.10g	0.20g	0.40g

注:g 为重力加速度,$g=9.8\text{m/s}^2$。

    按振型分解反应谱法进行地震作用计算时,对安全等级为三级的电视塔,计算振型数不宜少于 5 个;对安全等级为一级和二级的电视塔,计算振型不宜少于 7 个。

5.4.3 电视塔采用振型分解反应谱法计算地震作用时,结构 j 振型质点 i 的水平地震作用标准值,应按下列公式确定:

$$F_{ji}=\alpha_j\gamma_jY_{ji}G_i \qquad (5.4.3\text{-}1)$$

$$\gamma_j=\sum G_iY_{ji}/\sum G_iY_{ji}^2 \qquad (5.4.3\text{-}2)$$

式中 F_{ji}——j 振型质点 i 的水平地震作用标准值;

     α_j——相应于 j 振型自振周期的水平地震影响系数,除进行专门研究的电视塔外,其余均按《建筑抗震设计规范》GB 50011 确定;

     Y_{ji}——j 振型质点 i 的水平相对位移;

     γ_j——j 振型的参与系数。

5.4.4 水平地震作用标准值的效应(弯矩、剪力、变形、轴力等),可按下列公式确定:

$$S=(\sum S_j^2)^{1/2} \qquad (5.4.4)$$

式中 S_j——j 振型水平地震的作用标准值的效应,其中因水平

变形和重力引起的次效应,可只计算第一振型值。

5.4.5 竖向地震作用标准值应按下列公式确定:

$$F_{Evk} = \alpha_{vm} G_{Eqv} \quad (5.4.5-1)$$

$$F_{vi} = F_{Evk} G_i h_i / \sum G_j h_j \quad (5.4.5-2)$$

式中 F_{Evk} ——结构总竖向地震作用标准值;

F_{vi} ——质点 i 的竖向地震作用标准值;

h_i、h_j ——分别为质点 i、j 的计算高度;

α_{vm} ——竖向地震影响系数的最大值,可按水平地震影响系数最大值的1.2倍采用;

G_{Eqv} ——结构参与竖向振动的总重力作用代表值。

5.5 其 他 作 用

5.5.1 计算日照作用时,混凝土塔段向阳面与背阳面筒壁平均温度差可按15℃采用。

5.5.2 电视塔设计时,应考虑由塔基不均匀沉降造成塔体中心轴线倾斜的影响,其塔顶倾斜位移可取 0.4m。

5.5.3 施工中有机具、设备和作用力,对结构受力有影响的,在结构设计中应根据具体情况进行验算。

5.5.4 由施工偏差造成塔中心轴线倾斜,其倾斜角的正切值在塔体设计时可取 1/1000;对施加预应力的单筒形塔段,因预应力钢筋的位置和张拉偏差,设计时按全截面预应力总值的5/100置截面一侧,计算对塔体的偏心作用。

5.5.5 电视塔结构或构件,由于混凝土的干缩作用,对结构或构件受力有影响时,应进行验算。

5.5.6 本规范未规定的其他作用,可按《建筑结构荷载规范》GB 50009和有关规范的规定采用。

6 塔 楼

6.1 一 般 规 定

6.1.1 塔楼应根据使用和工艺要求、建筑造型、材料和施工条件等因素进行结构选型,并宜优先采用自重轻的结构方案。

6.1.2 塔楼支撑结构宜选用钢结构、混凝土悬臂板或锥壳;楼层结构宜选用现浇混凝土楼板和钢结构梁柱。

6.2 塔楼内力和变形计算

6.2.1 塔楼结构计算应考虑可能出现的永久作用和可变作用及其组合。

6.2.2 塔楼设计应按本规范第4.2节规定进行承载能力极限状态计算,按本规范第4.3节规定采用短期效应组合进行正常使用极限状态验算。

6.2.3 进行塔楼内力和变形计算时,应根据结构类型选用相应的计算简图。塔体可视为塔楼楼层结构的支座。

6.2.4 塔楼承重结构水平拉力应由结构自身承受,而不宜使塔体承受塔楼承重结构产生的水平拉力。

6.3 构件和局部计算

6.3.1 塔楼楼层钢结构构件应按《钢结构设计规范》GB 50017进行设计。

6.3.2 塔楼承重结构采用混凝土倒锥壳时,应施加预应力,以承受锥壳水平拉力。

6.3.3 塔楼楼层结构在塔楼承重结构上的支承点和在塔体上的支承点,其截面或应力突变处,均应进行局部验算。

6.3.4 塔楼楼层结构应验算混凝土楼板收缩、作用的不均匀分布、预应力及施工等对承重结构的影响。

7 塔 体

7.1 一 般 规 定

7.1.1 电视塔塔体应根据工艺和使用要求、建筑造型、自然条件、材料和施工等因素,进行结构选型。塔体外型宜由平滑连续曲线或直线构成,水平截面宜采用对称截面,一般宜采用圆筒截面;塔体上部钢结构可采用单筒截面或空间桁架、刚架。

7.1.2 塔体设计应按本规范第4.2节规定进行承载能力极限状态计算,计算时应遵照下列补充规定进行:

1 对塔体混凝土塔段应采用表4.2.3中Ⅰ、Ⅲ作用组合进行;对钢结构塔段应采用Ⅰ、Ⅱ、Ⅲ作用组合进行;

2 在进行抗震计算时,可不计算由竖向地震作用引起的塔体弯曲的次效应。

7.1.3 塔体设计应按本规范4.3.1条规定采用短期效应组合进行正常使用极限状态验算,并符合4.3.2条的规定。

7.1.4 对塔体施加预应力,应依使用要求、风和地震作用、施工和投资等因素确定。

7.2 塔体变形和内力计算

7.2.1 塔体简化为多质点悬臂体系计算时,沿塔高每 10~20m 宜设一个质点,塔体截面突变处、质量集中处和计算需要处,应增设质点,一般每一座塔的总数不少于 20 个。

各质点的质量或重力,可按相邻上、下质点距离内的质量的 1/2 或重力的 1/2 采用。

相邻两质点间的塔体刚度,可采用该段区的平均截面刚度;在计算塔体截面刚度时,可不计开孔和局部加强措施的影响。

7.2.2 计算塔体自振特性、正常使用极限状态和抗震计算时,可将塔体视为弹性体系,其截面刚度可按下列公式确定:

计算结构自振特性时:$0.85E_c I$

计算正常使用极限状态时:$0.65E_c I$(混凝土)

$\qquad 0.85E_c I$(预应力混凝土)

抗震计算时:$0.85E_c I$(混凝土)

$\qquad E_c I$(预应力混凝土)

式中 E_c ——混凝土的弹性模量(Pa);

I ——塔体截面的惯性矩(m^4)。

7.2.3 计算日照作用时,圆筒型塔体截面曲率可按下式计算:

$$1/\rho = \alpha_c \Delta t / d \quad (7.2.3)$$

式中 $1/\rho$ ——塔体截面曲率;

α_c ——混凝土线胀系数,取 1×10^{-5}/℃;

Δt ——塔体日照温差,按 5.5.1 条采用;

d ——塔体的外径。

7.2.4 在风荷载作用下,塔体计算高度处的动风位移加速度,可按下式计算:

$$a = \frac{4\pi^2}{T_j^2} \cdot Y_j \quad (7.2.4)$$

式中 a ——动风位移加速度(m/s^2);

T_j ——塔体 j 振型自振周期(s);

Y_j ——在风作用动力分量的作用下,塔体的水平位移值(m)。

7.2.5 在进行塔体承载能力极限状态计算和正常使用极限状态验算时,应计算因重力和塔体位移所产生的次效应,其附加弯矩 ΔM 可按下式计算:

$$\Delta M_i = \sum G_j (Y_j - Y_i) \quad (7.2.5)$$

式中 ΔM_i ——i 质点的附加弯矩;

G_j ——j 质点的重力;

Y_j、Y_i——分别为 j 质点、i 质点的最终水平位移。

7.3 正截面承载能力计算的规定

7.3.1 正截面承载能力应按下列基本假定进行计算：

1　变形后截面仍保持平面；

2　不考虑混凝土的抗拉强度；

3　混凝土受压，当压应变 $\varepsilon_c \leqslant 0.002$ 时，应力应变曲线为抛物线；当压应变 $\varepsilon_c > 0.002$ 时，应力应变曲线呈水平线，其极限压应变 ε_{cu} 取 0.0035，相应的最大压应力取混凝土轴心抗压强度设计值 f_c；

4　钢筋应力取等于钢筋应变与其弹性模量的乘积，但不大于其强度设计值。受拉钢筋的极限拉应变取 0.005。

7.3.2 塔体钢筋混凝土正截面承载能力极限状态按表 7.3.2 确定。

表 7.3.2　正截面承载能力极限状态

极限状态	受压区边缘混凝土压应变 ε_c	受拉区边缘普通钢筋拉应变 ε_y	受压区边缘预应力钢筋拉应变 ε_{py}
混凝土受压	0.0035	$\leqslant 0.005$	$\leqslant (f_{py} - \sigma_{py})/E_s$
普通钢筋受拉	$\leqslant 0.0035$	0.005	$\leqslant (f_{py} - \sigma_{py})/E_s$
预应力钢筋受拉	$\leqslant 0.0035$	0.005	$(f_{py} - \sigma_{py})/E_s$

注：f_{py}—预应力钢筋的抗拉强度设计值。
σ_{py}—受拉区边缘由预应力钢筋产生的混凝土应力为零时的预应力钢筋的拉应力。
E_s—预应力钢筋的弹性模量。

7.3.3 正截面承载能力极限状态设计表达式：

$$N \leqslant R_N(f_c, f_y, f_{py}, \alpha_k \cdots\cdots) \qquad (7.3.3\text{-}1)$$

$$M \leqslant R_M(f_c, f_y, f_{py}, \alpha_k \cdots\cdots) \qquad (7.3.3\text{-}2)$$

式中　N、M——轴向力设计值、弯矩设计值，按本规范第 4～7 章的规定计算；

$R_N(\cdot)$——截面的抗压承载能力；

$R_M(\cdot)$——截面的抗弯承载能力；

α_k——截面的几何参数。

7.4 局部设计

7.4.1 对塔体截面突变处的塔段，除构造上设置必要的横向构件外，尚应对该段的受力进行局部计算，计算可采用线弹性理论。

7.4.2 对塔体上的作用支点，如塔楼、内外筒连接点、钢结构塔段与混凝土段连接点等，均应进行局部计算。在计算塔楼对塔体的作用时，塔楼的楼面可变作用不得折减，并考虑实际的不均匀分布；在计算内、外筒连接处的相互作用时，应考虑以下两种情况：水平位移时一致、竖向作用时分离。

7.4.3 当塔体上开有较大的门洞时，在门洞上方应增配横向钢筋，其数量由计算确定。

8　地基与基础

8.1　一般规定

8.1.1 电视塔基础可采用箱形、筏形（环板、圆板）及锥壳加环板基础；需要时，可采用桩箱、桩筏基础。基础型式的选用应综合塔体结构、场地土和周围环境条件，通过技术经济比较进行综合分析确定。

8.1.2 塔的地基应进行强度计算、变形和抗倾覆验算，必要时应作抗滑稳定验算。

8.1.3 塔基础设计时应满足在各作用的组合作用下，基础底面不脱开基土的要求。

8.1.4 基础的埋置深度必须满足地基变形的要求。

8.1.5 基础的埋置深度不宜小于主塔楼顶高度的 1/20。当基础落在岩石上，有可靠的锚固措施时，埋置深度可适当减小。

注：基础的埋置深度一般从室外地面起算，如果地下室周围无可靠侧限时，应从具有侧限的地面起算。

8.1.6 一般情况下，塔体和塔座建筑宜设计在同一个基础上。

8.1.7 采用预应力钢筋混凝土的基础时，可沿径向或环向设置预应力钢铰线，环向预应力钢铰线的包角常用 120°、180°两种。

8.2　地基计算

8.2.1 地基承载力的计算应符合下列要求：

1　当承受轴心荷载作用时：

$$p_k \leqslant f_a \qquad (8.2.1\text{-}1)$$

式中　p_k——相应于荷载效应标准组合时，基础底面处的平均压力值；

f_a——修正后的地基承载力特征值。

当考虑地震作用时，地基抗震承载力应按下式计算：

$$f_{aE} = \zeta_a f_a$$

式中　f_{aE}——调整后的地基抗震承载力；

ζ_a——地基抗震承载力调整系数，按国家标准《建筑抗震设计规范》GB 50011 的规定采用。

2　当承受偏心荷载作用时，除应符合公式（8.2.1-1）的要求外，尚应满足下式要求：

$$p_{kmax} \leqslant 1.2 f_a \qquad (8.2.1\text{-}2)$$

式中　p_{kmax}——相应于荷载效应标准组合时，基础底面边缘的最大压力值（kPa）。

8.2.2 当基础承受轴心作用和在核心内承受偏心作用时，基础底面压力可按下列公式计算：

1　当轴心荷载作用时：

$$p_k = \frac{F_k + G_k}{A} \qquad (8.2.2\text{-}1)$$

式中　F_k——相应于荷载效应标准组合时，基础边缘上部结构传至基础顶面的竖向力值（kN）；

G_k——基础自重和基础上的土重（kN）；

A——基础底面面积（m^2）。

2　当偏心荷载作用时：

$$p_{kmax} = \frac{F_k + G_k}{A} + \frac{M_k}{W} \qquad (8.2.2\text{-}2)$$

$$p_{kmin} = \frac{F_k + G_k}{A} - \frac{M_k}{W} \qquad (8.2.2\text{-}3)$$

式中　M_k——相应于荷载效应标准组合时，作用于基础底面的力矩值（kN·m）；

W——基础底面的抵抗矩（m^3）；

p_{kmax}——相应于荷载效应标准组合时，基础底面边缘最大压力值（kPa）；

p_{kmin}——相应于荷载效应标准组合时，基础底面边缘最小压力值（kPa）。

3　当承受双向偏心作用时：

$$p_{kmax} = \frac{F_k + G_k}{A} + \frac{M_{kx}}{W_x} + \frac{M_{ky}}{W_y} \qquad (8.2.2\text{-}4)$$

$$p_{kmax} = \frac{F_k + G_k}{A} - \frac{M_{kx}}{W_x} - \frac{M_{ky}}{W_y} \qquad (8.2.2\text{-}5)$$

式中　M_{kx}——相应于荷载效应标准组合时，作用于基础底面对 x 轴的力矩标准值（kN·m）；

M_{ky}——相应于荷载效应标准组合时，作用于基础底面对 y 轴的力矩标准值（kN·m）；

W_x——基础底面对 x 轴的抵抗矩（m^3）；

W_y——基础底面对 y 轴的抵抗矩（m^3）。

8.2.3 地基变形计算主要有下列两项,其计算值应不大于地基变形容许值。

1 地基最终沉降量应按国家标准《建筑地基基础设计规范》GB 50007 的规定计算。

2 基础倾斜应按下列公式计算:

$$\mathrm{tg}\theta = \frac{s_1 - s_2}{b\ 或\ d} \tag{8.2.3}$$

式中 s_1、s_2——基础倾斜方向两边缘的最终沉降量(mm),对矩(方)形基础可按现行国家标准《建筑地基基础设计规范》GB 50007 计算,对圆(环)形基础可按现行国家标准《烟囱设计规范》GB 50051 计算;

b——矩(方)形基础倾斜方向宽度(mm);

d——圆(环)形基础的外径(mm)。

注:当计算风作用下的地基变形时,应采用地基土的三轴试验不排水模量(弹性模量)代替变形模量。

8.2.4 地基变形允许值可按表 8.2.4 的规定采用,当工艺有特殊要求时,可按有关专业规范另行确定。

表 8.2.4 地基变形允许值

塔高 H(m)	终沉降量允许值(mm)		倾斜允许值 $\mathrm{tg}\theta$
	高压缩性粘性土	低、中压缩性粘性土、砂土	
$H \leq 20$	400		≤ 0.008
$20 < H \leq 50$	400		≤ 0.006
$50 < H \leq 100$	400	200	≤ 0.005
$100 < H \leq 150$	300		≤ 0.004
$150 < H \leq 200$	300		≤ 0.003
$200 < H \leq 250$	200		≤ 0.002
$250 < H \leq 300$	200		≤ 0.0015
$300 < H \leq 400$	100	100	≤ 0.0010

注:H 为塔的总高度,指室外地面至桅杆顶的高度。

8.3 基 础

8.3.1 板式基础的外形尺寸宜符合下列要求:

1 圆形板式基础(图 8.3.1-1):

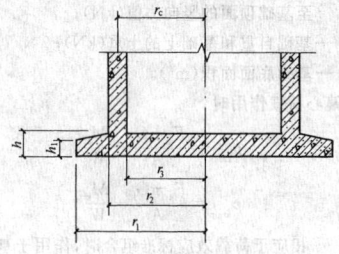

图 8.3.1-1 圆形板式基础

$$r_1/r_2 \approx 1.5$$

$$h \geq \frac{r_1 - r_2}{2.2}$$

$$h \geq \frac{r_3}{4.0}$$

$$h_1 \geq h/2$$

2 环形板式基础(图 8.3.1-2):

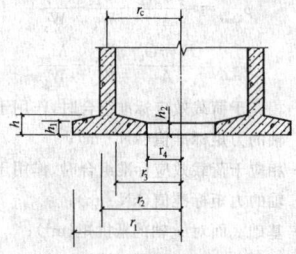

图 8.3.1-2 环形板式基础

$$r_4 \approx \Psi r_c$$

$$h \geq \frac{r_1 - r_2}{2.2}$$

$$h \geq \frac{r_3 - r_4}{2.2}$$

$$h_1 \geq h/2$$

$$h_2 \geq h/2$$

式中 r_c——筒体底截面的平均半径;

r_1、r_2、r_3、r_4——基础底板不同位置的半径;

h、h_1、h_2——基础底板不同位置的厚度;

Ψ——环形基础底板外形系数,可根据比值 r_1/r_c 按图 8.3.1-3 确定。

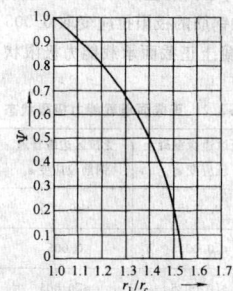

图 8.3.1-3 环形基础底板外形系数曲线

8.3.2 计算矩(方)形板式基础强度时,基底压力可按下列规定采用:

1 坡形顶面的板式基础(图 8.3.2-1):

计算任一截面 x-x 的内力时,可采用按下式求得的基底均布作用 p:

$$p = \frac{p_{max} + p_x}{2} \tag{8.3.2-1}$$

式中 p——基础均布作用设计值;

p_{max}——基底边缘最大压力设计值;

p_x——计算截面 x-x 处的基底压力设计值。

2 台阶形顶面的板式基础(图 8.3.2-2):

计算截面 1—1 及 2—2 的内力时,可分别采用按下列二式求得的基底均布作用 p:

$$p_{1-1} = \frac{p_{max} + p_1}{2} \tag{8.3.2-2}$$

$$p_{2-2} = \frac{p_{max} + p_2}{2} \tag{8.3.2-3}$$

式中 p_1、p_2——计算截面 1—1,2—2 处的基底压力设计值。

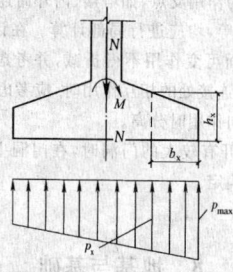

图 8.3.2-1 坡形顶面板式基础的作用计算简图

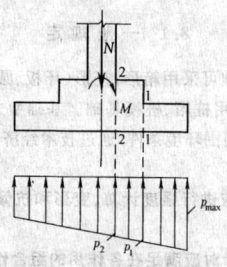

图 8.3.2-2 台阶形顶面板式基础的作用计算简图

8.3.3 计算圆形、环形基础底板强度时(图 8.3.3),可取基础外悬挑中点处的基底最大压力 p 作为基底均布作用采用,p 值可按下式计算:

$$p = \frac{N}{A} + \frac{M}{I} \cdot \frac{r_1 + r_2}{2} \qquad (8.3.3)$$

式中 N——上部结构传至基础的轴向力设计值(不包括基础底板自重及基础底板上的土重);

M——上部结构传至基础的力矩设计值;

A——基础底板的面积;

I——基础底板的惯性矩。

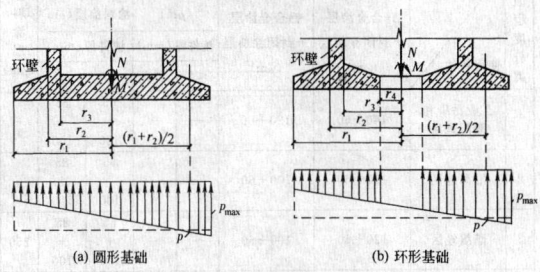

(a) 圆形基础　　　　(b) 环形基础

图 8.3.3　圆形、环形基础的基底作用计算简图

8.3.4 承受水平力的各类独立基础,应验算抗滑稳定性。基础的抗滑稳定应按下式计算:

$$H \leqslant \frac{(N+G)\mu}{1.3} \qquad (8.3.4)$$

式中 H——基底上部结构传至基础的水平力设计值(kN);

N——上部结构传至基础的竖向力设计值(kN);

G——基础自重(包括基础上的土重)(kN);

μ——基础底面对地基的摩擦系数,可按现行国家标准《建筑地基基础设计规范》GB 50007 的规定采用。

注:基础抗滑稳定也可按滑移面进行计算。

8.3.5 当环壁与底板不垂直时,尚应计算由上部传至基础的轴向力的水平分力在基础底板内产生的环向拉力。

8.3.6 圆形板式基础和环形基础的内力,可按现行国家标准《烟囱设计规范》GB 50051 计算。

9 构造规定

9.1 钢筋混凝土

9.1.1 受力钢筋的混凝土保护层最小厚度(从钢筋的外边缘算起),当构件处在室内环境时,对板、墙和壳类构件不应小于 20mm,对梁和柱类构件不应小于 30mm;当这些构件处在露天环境时,保护层应比上述值增大 10mm;所有构件的保护层均不应小于受力钢筋的直径。

9.1.2 构件钢筋之间的净距,应保证钢筋与混凝土共同工作并考虑便于混凝土浇灌和振捣,当采用振捣棒振捣时应保证振捣棒能在钢筋间自由通过。

9.1.3 设计时应减少截面尺寸突变,对构件截面突变处应配置构造钢筋。混凝土板、墙内所开洞口的周边应配置附加钢筋,其截面积不小于被截断钢筋的截面积。

9.1.4 梁、板、柱类构件受拉钢筋的最小锚固长度,当采用 HPB235 钢筋时不小于 $30d$,采用 HRB335 钢筋时不小于 $40d$。当钢筋直径 $d \leqslant 20$mm 时,搭接接头,搭接长度可按钢筋的最小锚固长度采用。

9.2 预应力混凝土

9.2.1 电视塔宜采用后张法对构件施加竖向或环向预应力,预应

力的设计应考虑不同构件的特点和施工的要求。

9.2.2 预应力钢筋宜采用钢铰线,塔体、塔楼和基础的预埋管宜采用镀锌钢管,管道应设支架固定。

9.2.3 当采用后穿预应力筋时,宜留适量的备用管道,以替代个别失效管道。

9.2.4 预埋管道之间的净距不应小于 50mm,且不应小于相邻管道的最大直径,管道至构件边缘的净距不应小于 40mm。

9.2.5 构件的预拉区和预压区,应设置非预应力构造钢筋;锚具下混凝土局部受压区须配置间接钢筋(网状或非网状筋、螺旋筋),其体积配筋率不宜小于 1.0%。

9.2.6 塔体预应力钢筋弯折处,应对横向钢筋和内外层横向钢筋间的连系钢筋加密;环向施加预应力的混凝土构件内的非预应力环向和径向钢筋应采用焊接接头,在环向预应力筋的内侧应加配钢筋网。

9.2.7 孔道须二次灌浆,灌浆要求密实,水泥浆强度等级不宜低于 M30,其水灰比宜为 0.35~0.45,可掺入适量对预应力钢筋无腐蚀作用的减水剂和微膨胀剂。

9.2.8 外露的金属锚具和预应力钢筋,宜采用细石混凝土封包。

9.3 钢 结 构

9.3.1 电视塔钢结构的构造应按《钢结构设计规范》GB 50017 和《钢塔桅结构设计规程》GYJ 1 的规定设计。

9.4 塔 楼

9.4.1 塔楼楼层结构为混凝土悬臂板时,板根部的厚度不宜小于挑出长度的 1/8,端部厚度不小于 200mm;塔楼的支承结构采用混凝土倒锥壳时,锥面的坡度不宜小于 1:1;采用三角形或梯形钢桁架时,桁架弦杆的坡度不宜小于 1:4。

9.4.2 塔楼楼层结构与塔体的连接宜按铰接节点设计。节点构造应考虑安装时的可调性。

9.4.3 楼层钢结构的柱子宜采用工字形截面;当柱子为箱性截面时,柱子中间宜用强度等级不低于 C30 的混凝土填实。框架梁可采用工字形截面,次梁可采用型钢梁。

9.4.4 幕墙、擦窗机械和微波天线座与塔楼结构应有可靠连接。所有与混凝土结构连接的连接件必须预埋,不得事后凿补。

9.4.5 塔楼承重结构的环向钢筋应采用焊接接头或机械连接接头。

9.5 塔 体

9.5.1 塔体混凝土最小厚度不宜小于 200mm;厚度沿高度的变化宜连续。

9.5.2 混凝土强度等级不宜低于 C30;混凝土水灰比不应大于 0.45;混凝土的添加剂不应对塔体的耐久性造成不利的影响。

9.5.3 混凝土塔体上开孔洞对塔体截面削弱总量不大于所在截面面积的 1/4,且应沿周边均匀布置,单个孔洞对塔体截面削弱不大于 1/8,在同一方位沿塔高不宜连续开孔洞;孔洞宜为圆形,对矩形孔洞在四角处应有弧形过渡。

9.5.4 塔体采用的竖向钢筋的最小配筋率为 0.4%,横向钢筋的最小配筋率为 0.3%。

9.5.5 塔体采用的普通钢筋的最小直径,竖向钢筋为 16mm,横向钢筋为 12mm。竖向钢筋的最小净距大于 80mm,最大间距不应大于 300mm;横向钢筋最大间距不应大于 250mm,且不大于混凝土壁厚度。钢筋的最小保护层,外壁为 40mm,内壁为 30mm。

9.5.6 对筒形结构的塔体,一般为双层配筋,外层钢筋和内层钢筋的面积比不宜大于 2;两层钢筋间应设直径不小于 6mm 的拉结筋,拉结筋纵横间距不宜大于 600mm,且宜交错布置。对单层筋的筒壁,沿高度方向 2~3m 应设一双层横筋带环,环带高不小于筒体壁厚,内层环筋面积不应小于外层同高内的配筋;当双层配

筋时环带可每 10～20m 高设一层,环带高约 1.0m,其配筋可将环带内的环筋截面加倍。

9.5.7 塔体预留孔洞的边缘应配置附加钢筋;附加钢筋的面积,可采用同方向被孔洞切断钢筋面积的 1.3 倍。

矩形孔洞四角处,应配置 45°方向的斜向钢筋,每处斜向钢筋的面积,可按壁厚每 100mm 采用 250mm²,且不少于 2 根。

附加筋和斜向筋伸过孔洞边缘的长度,不应小于钢筋直径的 40 倍。

9.5.8 横向钢筋接头可以采用搭接;竖向钢筋直径不大于 20mm 时,可采用搭接连接,对大于 20mm 的竖向钢筋均应采用焊接或机械连接接头。

搭接连接的接头长度,对 HPB235 钢筋为 30d,对 HRB335 钢筋为 40d;同一截面上搭接接头的数量不超过钢筋总数的 1/4;焊接或机械连接接头的数量不应超过钢筋总数的 1/2;各类接头的位置应在截面上均匀布置。

9.6 基 础

9.6.1 基础构造应符合下列规定:

1 圆形、环形板式基础底板下部钢筋应采用径、环向配筋。圆形板式基础的环壁以外的底板上部钢筋,也应采取径环向配筋。圆形板式基础的环壁以内的底板上部钢筋可采取等距方格网配筋;

2 环壁的厚度自室外地坪以下至基础底板顶面,宜采取逐渐加厚的做法;

3 基础环壁设有孔洞时,应符合本章的有关规定;当洞口底部与基础顶板的环壁高度较小时,该部分环壁应增加补强钢筋,必要时可按两端嵌固的曲梁计算;

4 电视塔基础一般埋置较深,施工时应处理好基坑支护结构与塔基础相邻建筑物及地下管线的关系。

10 其 他

10.1 防 火

10.1.1 电视塔的耐火等级,对安全等级为一级的电视塔,应按耐火等级一级采用,其他电视塔按耐火等级不低于二级采用。

电视塔建筑构件的燃烧性能和耐火极限,应按现行的国家标准《高层民用建筑设计防火规范》GB 50045 和行业标准《广播电视建筑设计防火规范》GY 5067 的规定采用。

10.1.2 塔楼的建筑构件、设备管线及保温隔热、消声粘结剂、电缆隔离等辅助材料,均应采用不燃烧材料。

10.1.3 塔筒及筒内各类井道应沿高度每 15～30m 设分隔的水平防火检修平台。

10.2 接 地

10.2.1 电视塔须设置防雷及电气接地装置,其接地电阻的数值应按各有关专业的要求确定。

10.2.2 电视塔塔体混凝土段应单独设置防雷接地线,接地线在塔体水平截面上应布网,竖向每 20m 水平连接一次。塔上的金属构件(包括设备金属体)应全部与接地线作电气连接。

10.3 钢结构防腐蚀规定

10.3.1 电视塔钢结构应依使用要求、结构特点、锈蚀条件等确定防锈涂装和结构措施。

10.3.2 钢结构构件的涂装一般可采用以下类型:

1 热浸镀锌层+涂料涂层;

2 热浸镀锌层;

3 热喷涂锌及锌合金涂层+封闭涂料层;

4 热喷涂铝及铝合金涂层+封闭涂料层;

5 涂料涂层。

10.3.3 涂装前,必须进行基材表面的除锈,除锈等级不低于 Sa2 $\frac{1}{2}$。

10.3.4 各种类型涂层的厚度及使用条件应符合表 10.3.4 的规定。

表 10.3.4 钢构件涂层厚度及使用条件

腐蚀程度分类	使用条件	热喷涂锌及锌合金涂层+封闭涂料层 (μm)	热喷涂铝及铝合金涂层+封闭涂料层 (μm)	热浸镀锌层 (μm) 镀件厚 (mm)		热浸镀锌层+涂料涂层 (μm) 镀件厚 (mm)		涂料涂层 (μm)
				<5	≥5	<5	≥5	
1	工业污染和潮湿地区	140+60	120+60	—	—	65+100	85+100	—
2	沿海地区	120+60	120+60	—	—	65+100	85+100	—
3	潮湿地区	120+60	120+60	—	—	65+100	85+100	250
4	干燥地区	80+60	80+60	65	85	—	—	200

10.3.5 露天钢结构在可能积水的部位必须设置排水孔。

10.3.6 管形和其他封闭形截面的构件,当采用热镀锌防锈蚀时,端部不得密封;当采用涂料防锈蚀时,端部应密封。

10.4 混凝土耐久性

10.4.1 本节规定适用于处于露天或高湿度环境中的电视塔的混凝土构件。

10.4.2 除本规范的规定外,混凝土原材料如水泥、粗细骨料、拌和用水、外加剂应符合有关国家标准的规定。

10.4.3 混凝土结构构件应进行裂缝宽度的验算,裂缝控制等级三级,最大裂缝宽度允许值取 0.2mm。当采用混凝土结构构件不能满足裂缝宽度的规定时,可采用部分预应力混凝土结构构件。

10.4.4 混凝土结构构件应选用标号不低于 525 号的硅酸盐水泥和普通硅酸盐水泥配制混凝土,有条件时宜采用涂层钢筋或镀锌钢筋。

10.4.5 混凝土施工中应控制混凝土的水灰比,混凝土浇筑水灰比不应大于 0.45。混凝土中最大胶凝材料总量不得大于 500 kg/m³,最小硅酸盐水泥熟料用量不小于 350kg/m³。

10.4.6 塔身混凝土施工时,为缩短施工缝的间歇期且应清除浮浆。混凝土的湿养护期不宜小于 28d。

11 工 程 施 工

11.1 一 般 规 定

11.1.1 施工单位应根据电视塔工程的特点,编制施工组织设计和施工方案。在编制施工方案时,应结合技术装备和施工工艺条件,考虑施工测量、模板及架子、垂直运输、钢结构吊装、环向和竖向预应力等施工技术方案和安全防护的技术措施。

11.1.2 施工作业和质量检查应考虑风、雨、日照等自然作用对操作的动态影响。

11.1.3 电视塔施工所采用的施工装备、施工工艺和技术措施,必须满足塔在结构整体性、形体误差、观感等方面的质量要求。

11.1.4 电视塔施工垂直运输机械应根据电视塔结构平面尺寸、施工高度、吊运物的重量及尺寸大小,结合施工方法、施工速度、施工工期综合进行考虑。可采用内外爬塔、塔桅起重机、随升式平台

金属起重机械、建筑电梯及井架。

11.1.5 冬期、雨季、炎热高温季节施工应根据电视塔的特点,结合施工方案,按照有关规定分别制定季节性技术措施。

11.2 施 工 测 量

11.2.1 塔施工前,应根据塔结构的平面、体形和场地条件等因素,经计算制定施工测量方案,控制施工精度,减少累计误差。

11.2.2 塔施工测量方案应包括以下主要内容:

　　1 测量控制网的布设;

　　2 塔体中心线垂直度控制投测方法;

　　3 高程投测方法;

　　4 塔日照变形观测方法;

　　5 测量精度分析和仪器选择。

11.2.3 塔平面控制网的布设应符合以下规定:

　　1 平面控制网应采用独立坐标系统;

　　2 根据设计定位条件、施工方案和场地情况综合考虑网的布设;

　　3 控制网应包含塔的主控轴线。网形宜采取中心辐射形,网中心与塔中心相重合。多肢形电视塔可采用三角形或多边形网;

　　4 网的测距精度不应低于 1/10000,测角精度不应低于 20″。

11.2.4 塔体中心线的投测应符合以下规定:

　　1 塔内投测中心线的高度小于 100m 时,可使用光学铅直仪,直接投测或分段接力投测;塔内投测中心线的高度为 100m 时,应使用不同射程的激光铅直仪直接投测,其仪器的精度不应低于 5″,靶盘接受光斑核心直径不应大于 10mm;

　　2 在塔体结构较为封闭,且有线锤防振阻尼措施条件下,必要时可用重磅线锤在塔内投测中心线或结构大角垂线,且应用其他仪器测量作为验校;

　　3 塔外投测中心线时,应使用多台经纬仪(或激光经纬仪)同时向上投测,经纬仪的精度不应低于 2″,且望远镜放大倍数不应低于 30 倍。仪器的安置点至塔中心的水平距离宜为塔高 1.5～2 倍。投测的视点应嵌固在混凝土塔身适宜的外表面上,并做永久性标志;

　　4 混凝土塔身、混凝土椤杆等竖向筒体结构的中心线投测,必须考虑结构作用和日照变形影响,应在凌晨进行投测;无条件时,可采用分段建立相对工作基点、分段向上投测的方法;

　　5 相对工作基点的建立,必须在无施工干扰和风力小于二级的条件下,在塔筒体近期所确定的最小日照变形时间区段内进行。相对工作基点间的高度距离应根据具体情况确定,一般可定为筒体直径(或边长)的 3～5 倍;

　　6 塔体施工每升高一次,都应有中心线投测记录,并应分阶段提供塔体中心线垂直偏差测量报告。工程竣工时,应提供完整的电视塔全高中心线垂直度测量报告。

11.2.5 塔的标高测量应符合以下规定:

　　1 塔的标高控制网应根据复核后的水准点或已知高程点引测。闭合差不应超过 $\pm 5\sqrt{n}$ mm(n 为测站数)或 $\pm 20\sqrt{L}$ mm(L 为测线长度,单位为 km);

　　2 引测的高程控制点,应在现场设三个深埋水准点,做法按有关规定执行;

　　3 塔的标高竖向引测,宜从首层 ±0.000m 标高开始,在适当楼层或整个长度处设标高控制线。层间测量偏差不应超过 ±3mm。塔总高测量偏差不应超过 $3H/10000$(H 为塔总高度,单位为 mm)。

11.2.6 混凝土电视塔施工应进行日照变形观测,日照变形观测的主要内容应包括:

　　1 观测期的混凝土筒壁温度分布值、大气温度以及风速值;

　　2 引测处的筒体中心点在各记录时刻偏离中心线的位移值和方向记录;

　　3 观测成果报告及观测期塔体日照变形曲线(即位移-时间曲线)。

11.2.7 日照变形的观测,应事先制定方法和程序。观测频率应视塔的结构部位、施工进度、季节和气候变化而定,一般从塔身 100m 高度以上开始(或当 $H/d \geqslant 5$ 时)。H 为筒体施工高度,d 为筒体平均直径),每升高 20m 或每月观测一次。每次观测周期以一昼夜为宜,或根据需要而定。在观测期内应每隔 1h 观测记录一次日照变形的有关数据。

11.2.8 日照变形观测可采用激光铅直仪法或经纬仪前方交汇法,具体技术要求应按建筑变形测量的有关规定执行。

11.2.9 施工中和竣工后,应由业主委托专业勘测单位对电视塔进行系统的建筑变形监测。

11.3 混凝土结构施工

11.3.1 当电视塔基础底板为大体积混凝土结构时,可采取分层浇筑的施工方法,每一层应连续浇筑,不得留施工缝;层间的施工缝应按设计要求处理,设计无规定时,应按有关规范执行。

11.3.2 底板大体积混凝土施工时,应通过计算确定混凝土的浇筑方案、入模温度、养护方法和养护时间,并采取有效措施,使混凝土内外温差不超过 25℃;混凝土温度陡降不超过 10℃。

11.3.3 塔体结构可根据塔形特点和施工条件选用液压滑模工艺、提模或爬模工艺、液压滑框倒模工艺及其他专用移置式模板工艺施工。模板系统及平台系统的设计应满足装拆简便、连接紧密、收分灵活、便于操作与维修的施工要求,并按有关规范的规定进行承载力、刚度的设计验算。

11.3.4 模板和平台的提升系统,应采用机械化程度较高的液压爬升设备或电动提升机械;对无整体式平台系统的和操作架的提升,可使用塔式起重机或把杆等起重设备。

11.3.5 塔体结构的钢筋施工,应保证钢筋位置准确,符合以下规定:

　　1 在每层混凝土浇筑面上,至少有一道绑扎好的水平环筋;

　　2 竖向钢筋的下料长度宜控制在 4～6m;

　　3 变直径筒体的竖向钢筋,向圆心的倾斜角应有限位措施;

　　4 塔体竖向钢筋,应设保证其排距尺寸的钢筋支架,支架密度不应大于 1m。

11.3.6 塔体混凝土的配制除应满足设计规定的强度、抗渗性、耐久性等要求外,尚应满足以下规定:

　　1 混凝土早期强度的增长应满足施工速度的要求;

　　2 混凝土塔体有颜色均匀一致的要求时,宜采用同一厂家的同品种、同标号的水泥和同一砂场的同种砂子;混凝土外加剂或掺合料的使用应通过试验确定。

11.3.7 混凝土浇灌应符合以下规定:

　　1 按计划的浇灌方向和路线进行分层、均匀、对称和连续浇捣;

　　2 分层浇灌的混凝土厚度应根据采用的施工工艺而定。滑模施工时宜为 200～300mm,其他模板以不大于 500mm 为宜;

　　3 为避免筒体因浇灌混凝土引起的扭转,应匀称地变换混凝土浇灌的起止点和方向。

11.3.8 塔体混凝土施工缝的留置应根据结构的受力需要及采用施工工艺的实际情况与设计单位商定,并应符合以下规定:

　　1 塔体混凝土宜在同一模板高度内连续浇灌,不得留置施工缝;

　　2 塔楼混凝土倒锥壳与筒体相接部位的混凝土应连续浇灌,不得留置施工缝;壳体可分段(层)施工,可留置环向的水平施工缝,不得留置径向施工缝;

　　3 因故不能连续施工而产生的施工缝,应按现行《混凝土结构工程施工质量验收规范》GB 50204 的有关规定处理;特殊或重

要受力部位的施工缝，应按设计要求处理。

11.3.9 混凝土的质量，应以标准养护的试块强度检验。塔体结构的混凝土试块留置应符合以下规定：

　　1 一个工作班或一个模板高度所留置的混凝土试块不应少于一组，并以之代表此段塔体的混凝土强度；

　　2 如一个模板高度内的混凝土由一个以上工作班完成时，则各班均应留置不少于一组的试块，并以其平均值为该段混凝土强度的代表值；

　　3 在一个工作班内，当气温骤变或混凝土配合比有变动时，尚应增留试块组数。

11.3.10 塔体的塔楼支承处、顶部桅杆支承基座及顶部钢桅杆支承处，应根据设计的结构特点分别编制施工方案。

11.4 钢结构施工

11.4.1 钢结构的制作与安装，除应符合设计要求和现行标准《钢结构工程施工质量验收规范》GB 50205外，尚应符合以下规定：

　　1 钢材除应附有质量证明书外，尚应取样对其机械性能和化学成分进行检验，不符合设计要求的钢材不得使用。

　　2 焊缝质量检验等级按设计要求执行。若无设计要求时，塔身内钢结构隔板(梁)应按三级焊缝检验；塔楼钢结构和桅杆钢结构应按二级焊缝检验。

　　3 塔楼钢结构或桅杆钢结构在必要时应进行试拼装。

11.4.2 钢结构的制作与安装必须由具有相应加工设备与相应资质的企业承担，并确定技术负责人，建立岗位责任制，制定完备的质量保证体系。

11.4.3 参加钢结构制作和安装的人员，必须进行有关专业培训，考试合格后方可上岗工作。

11.4.4 构件制作的允许偏差应符合现行标准《钢结构工程施工质量验收规范》GB 50205 的规定。

11.4.5 构件制作完成后，质量检查部门应按施工图的要求和现行标准《建筑工程施工质量验收统一标准》GB 50300 中有关钢结构工程的规定验收，并提供规定的验收资料。

11.4.6 钢结构的安装，除应符合设计要求和现行《钢结构工程施工质量验收规范》GB 50205 的规定外，尚应符合以下规定：

　　1 构件安装前，必须取得安装接合处基础的验收合格资料(几何尺寸、轴线和标高数据等)。否则，应予处理使其达到要求，或办理设计变更文件，满足设计要求和安装条件后方可安装；

　　2 钢结构安装用的专用机具设备、检验工具，以及通讯、设施应能满足施工要求，并定期检验有效性；

　　3 钢结构，特别是钢桅杆的安装、校正，应选择在风力、日照影响较小的时间进行。

11.4.7 塔楼钢结构与钢桅杆安装用的连接材料和涂料等应具有产品质量证明书，并符合设计要求和有关规范的要求。

11.4.8 钢结构安装允许偏差及工程验收应符合设计要求和现行标准《钢结构工程施工质量验收规范》GB 50205 的有关规定。钢桅杆安装允许偏差尚应符合表 11.4.8 的规定。

表 11.4.8　钢桅杆安装允许偏差

项　目	允许偏差	示意图
桅杆底部与塔顶轴线位移	$Y \leqslant 10\text{mm}$	
桅杆中心的不垂直度	$Y \leqslant H/1500$ 且 $\leqslant 50\text{mm}$	
桅杆整体弯曲	$f \leqslant 30\text{mm}$	

11.5 预应力施工

11.5.1 本节所指预应力类型为有粘结后张预应力，其他类型的预应力尚应符合其他有关规定。

11.5.2 预埋管段的连接及管与端部承压板间的连接，必须连接牢固和严密，不得出现漏浆。埋管可用焊接、套管、管接头等方法连接。

11.5.3 灌浆管与排气管的设置数量与位置应与设计人员商定，并应保证不堵塞。

11.5.4 环形预应力埋管应按设计要求的半径弯制，弯制后的钢管不得出现裂缝和死弯。

11.5.5 预埋管施工应符合以下质量要求：

　　1 水平方向埋管在任意 10m 长度内，轴线位移允许偏差为 20mm；

　　2 竖向埋管，每个安装段的垂直度允许偏差为 $h/200$(h 为每段埋管长)；

　　3 端部承压板应垂直于埋管中线。

11.5.6 预应力筋应有出厂质量证明书，并应按国家标准《预应力混凝土用钢丝》GB/T 5223 或《预应力混凝土用钢绞线》GB/T 5224 的规定，抽样检查验收。

11.5.7 预应力筋的下料长度应按孔道实际长度加上两端锚具、张拉千斤顶、工具锚等的长度计算确定。下料严禁使用电、气焊切割，且不得被油污污染。

11.5.8 孔道穿束宜采用后穿法，用于穿束的连接器和竖向穿束的预应力筋临时固定夹具均应进行负荷试验，其安全系数应大于 2.5。

11.5.9 预应力筋的锚具、夹具应有出厂合格证，并应按现行国家标准抽检验收。

11.5.10 预应力筋的张拉应符合现行《混凝土结构工程施工质量验收规范》GB 50204 的有关规定，在伸长值校核的测定中，对于较长钢绞线的张拉，当千斤顶行程不够时，可进行重复张拉，其实际总伸长值为每次实测值之和。

11.5.11 当设计有规定时，应在预应力筋正式张拉前进行孔道摩阻损失试验，试验的孔道应随机抽取或按设计规定。同类孔道的摩阻损失试验不应少于两根(孔)。试验的条件和操作方法应与实际工作方法相同。试验时应采用一端张拉、另一端测定的方法。测定端设备可用经校验的压力传感器或千斤顶。试验结果应填写记录表。孔道摩阻损失值计算应按《混凝土结构设计规范》GB 50010 的有关规定或设计要求执行。孔道摩阻损失值应经设计认可后方能进行正式张拉。

11.5.12 预应力筋张拉后，孔道宜尽快灌浆。灌浆前应先做水泥配合比和相应的灌浆工艺试验，以优化确定其配合比和灌浆参数。

11.5.13 孔道灌浆应用纯水泥浆。水泥应采用标号不低于 425 号的硅酸盐水泥或普通硅酸盐水泥配制，其 28d 强度不应小于 30N/mm² 或设计规定。当需要改善灌浆性能时，水泥浆中可掺入对预应力筋无腐蚀作用的外加剂，掺入量由试验确定。

11.5.14 水泥浆的流动度应满足工艺需要，水灰比最大不得超过 0.45。搅拌后 3h 的泌水率宜控制在 1%以内，最大不超过 2%。

11.5.15 水泥浆应采用机械搅拌，搅拌时间不少于 30s，拌好的水泥浆停放时间不宜超过 30min。

11.5.16 灌浆时，每一工作班应取水泥浆试块一组，标准养护 28d 用于检验试块强度。试模尺寸采用 7.07cm × 7.07cm × 7.07cm，宜用无底试模。

11.5.17 每根水平孔道必须一次连续灌浆完成，灌浆机与孔道灌浆口应采用阀门连接。当水泥浆到达另一端时，应先封闭出浆口，继续加压，稍后关闭灌浆阀门，然后再停机。

11.5.18 竖向孔道灌浆应由下向上进行，可采用接力灌浆或分段灌浆。分段灌浆时，两段连接处可由人工补浆后再继续上段灌浆，为保证孔道上端密实，还可采用二次压浆工艺或其他工艺。

11.5.19 预应力筋的外露端，应在灌浆结束后，用 C30 混凝土封闭

或按设计要求封闭。混凝土封闭施工时不得震动预应力筋端头。

11.6 施工安全

11.6.1 电视塔的施工,除应遵守本规范的规定外,尚应遵守现行国家安全技术标准、规范和国家或地方政府颁发的有关建设工程现场的管理规定。

11.6.2 施工前必须针对塔的建筑结构特征和施工特点,结合环境、条件等编制安全施工技术组织措施,并成为电视塔施工组织设计文件的组成部分。

11.6.3 电视塔施工,必须建立地面和高处作业面之间、高处立体交叉作业面之间的通讯联络系统,确保施工和运输的安全指挥。

11.6.4 电视塔施工现场应和当地气象台建立专业天气预报联系。遇雷、雨、雾、雪或六级以上大风天气时,必须采取有效措施,防止事故发生,否则应停止施工。

11.6.5 施工现场必须根据塔形、地形和其他环境因素,确定和划分施工危险警戒区,并用明显标志标示。危险区的等级和警戒范围可按表11.6.5确定。

表 11.6.5 危险区等级和警戒范围(单位:m)

危险区半径		塔 高			
		≤100	≤200	≤300	≤400
危险区等级	一级	40	60	80	90
	二级	70	100	120	140
	三级	>70	>100	>120	>140

注:危险区半径从塔中心算起。

11.6.6 工地布置安全要求应符合以下规定:

    1 现场供电、办公及生活设施等暂设工程和大宗材料堆场、垂直运输用卷扬机棚等,应布置在二级危险区外,地面的塔机设在一、二级危险区时,司机室顶应用木板密铺一层防护棚罩;

    2 一、二级危险区内的建筑出入口及上塔通道,应搭设高度不低于2.5m的安全防护棚;

    3 地面工作人员应严格遵守危险警戒区的管理制度,在一级危险区防护棚外工作时,必须与高空操作平台人员取得联系,并指定专人负责警戒。

11.6.7 高空施工操作人员应事先检查身体,凡不适应高处作业的,一律不得上塔施工。

11.6.8 在塔高处作业的操作平台和悬吊脚手架上的铺板必须严密、平整、防滑且固定可靠,不得随意拆动。平台上的孔洞应设盖板;操作平台和吊脚手架临边应设钢制防护栏杆,栏高不得小于1.2m,并挡脚板;脚手架应兜底满挂安全网。

11.6.9 严格控制操作平台上的人员、堆放材料与设备的重量及分布位置;大风天气施工时,必须将操作平台上的易动物件予以固定,避免大风吹落。

11.6.10 塔吊、施工电梯及井架等施工机械和设施,必须经机械、安全和技术部门联合检验,合格后方可挂牌使用;操作前必须有专人进行班前检查;通讯联络信号必须灵敏可靠,并设专人管理;垂直运输机械或设施的顶部应按规定装置信号灯。

11.6.11 施工现场和操作面上必须有符合规定的电气照明系统;施工动力用电和照明用电应分路供电,同时应有备用电源。

11.6.12 施工的操作平台系统的最高位置和垂直运输机械或设施,必须设有符合标准的防雷接地装置。

11.6.13 塔上高处施工设施的重大拆除工作必须编制详细的施工方案,明确拆除的内容、方法、程序、操作岗位、进退路线、机械设备和工具、安全措施及指挥人员职责等。拆除方案必须经过主管部门审批,对难度大的拆除工作,尚应报上级主管部门审批后方可实施。

11.6.14 电视塔施工,除应遵守现行国家或地方的消防安全标准、规范和有关规定外,尚符合以下规定:

    1 施工现场应按消防要求设置防火消防栓,场内道路畅通,保证消防车顺利通行;

    2 塔上施工,应有消防水管跟在操作平台附近。尚应备有足够数量的灭火器(含干粉灭火器);

    3 塔上进行电焊、气焊作业时,必须派专人看守,看守人员严禁离岗;

    4 电视塔结构的楼梯施工或安装应紧跟筒体的操作平台,两者之间的距离最大不应超过三个楼梯的休息平台,且两者间必须始终保持交通通畅。楼梯间必须设置专线安全照明。

12 结构工程质量验收与评定

12.1 工程验收

12.1.1 电视塔结构工程验收应由建设单位组织进行,由有关单位参加。

12.1.2 工程验收时,应提交以下资料:

    1 工程竣工图、施工图和设计变更文件;

    2 在安装过程中所达成的协议文件;

    3 工程主要材料的出厂合格证及检验报告;

    4 隐蔽工程中间验收记录、构件调整后的测量资料以及整个结构工程或单元的安装质量评定资料;

    5 焊缝质量检验资料、焊工编号或标号;

    6 高强螺栓的检查记录;

    7 钢结构工程试验记录;

    8 混凝土与砂浆试块强度报告;

    9 塔体施工阶段的塔体中心线垂直度测量报告。

12.1.3 塔体无外装饰时,混凝土表面应平整,外观颜色应均匀一致。门窗洞口的棱角应整齐、方正,棱角有损坏或不规整时,应及时修补处理。

12.1.4 电视塔的结构工程质量,应符合本规范的有关规定和表12.1.4-1、12.1.4-2、12.1.4-3和表12.1.4-4的规定。

表 12.1.4-1 电视塔基础允许偏差

项 目		允许偏差(mm)
轴线位置	基础中心点对设计中心坐标的位移	10
	主要角度控制轴线的位移	10

续表 12.1.4-1

项 目		允许偏差(mm)
截面尺寸	底板或环板的厚度	20
	环板或圆板外半径	−10,+30
	环板内半径	−30,+10

表 12.1.4-2 混凝土塔身(含混凝土椳杆)筒体结构允许偏差

项 目			允许偏差(mm)
轴线位移			10
标高	层 高		10
	总 高		100
	电梯井		50
中心线垂直度	塔身(含椳杆)	$h \leq 100$	≤50
	高度(m)	$h \leq 200$	≤65
		$h \leq 300$	≤75
		$h > 300$	≤80
扭转	圆形筒体	扭转弧长	200
	矩形、方形、筒体	大角扭转位移	40
截面尺寸	筒壁厚度	电梯井	−5,+10
		塔身、椳杆	−10,+20
	筒壁厚度(圆形)		±40
	筒壁边长(矩形、方形)		−10,+20
	塔楼预埋螺栓		5

表 12.1.4-3　电视塔整体总垂直度允许偏差

项　　目	塔　高　H(m)			
全塔总垂直度允许偏差 Δ(mm)	$H\leqslant100$	$H\leqslant200$	$H\leqslant300$	$H>300$
	$\Delta\leqslant50$	$\Delta\leqslant70$	$\Delta\leqslant80$	$\Delta\leqslant100$

表 12.1.4-4　预埋件及预留孔洞位置允许偏差

预埋件或预留孔洞	水平允许偏差(mm)	垂直允许偏差(mm)
塔楼结构预埋件中心线	±10	±10
一般预埋件、套管中心线	±20	±15
预留孔洞中心线	±20	±10

12.1.5　混凝土结构施工和钢结构安装完成后,除应按现行标准《混凝土结构工程施工质量验收规范》GB 50204、《钢结构工程施工质量验收规范》GB 50205 的规定提供工程验收资料外,尚应提供塔体日照变形的观测成果记录。

12.2　结构工程的质量验评划分

12.2.1　电视塔的结构工程质量验评划分,除应符合现行国家标准《建筑工程施工质量验收统一标准》GB 50300 的规定外,尚应根据塔的工程特点,按以下归类方法划分分部、分项工程:

　　1　地基与基础分部工程:包括土方分项工程、各种地基分项工程、各种桩基分项工程、钢筋混凝土基础分项工程、预应力钢筋混凝土基础分项工程、地下防水分项工程等;

　　2　主体分部工程应按以下四个相对独立的区段划分,即塔座区段主体分部工程、塔身区段主体分部工程、塔楼区段主体分部工程和桅杆区段主体分部工程;

　　3　四个区段的主体分部工程包括以下分项工程:钢筋混凝土分项工程、预应力混凝土分项工程、钢结构分项工程、构件安装分项工程、砌体分项工程等。

12.2.2　在分部和分项工程的划分中,应注意以下事项:

　　1　若±0.000m 标高(或室外地坪)以下部分的钢筋混凝土筒体、塔座区段及塔楼内的钢筋混凝土筒体结构特征或施工工艺,与塔身区段内的相应内容有较大差异时,则此部分的筒体结构应划入相应的各自分部分项工程中;否则,可将钢筋混凝土筒体统一划入塔身区段主体分部工程中;

　　2　预应力混凝土分项工程中可包括水平向布置和竖向布置的两种预应力混凝土工程,其中水平向预应力混凝土分项工程应划入其所在相应层的分部工程中;竖向预应力混凝土分项工程则应由底到顶划入塔身区段或桅杆区段的主体分部工程中;

　　3　凡与塔基础脱开,但与电视塔相配套的结构工程,应作为电视塔附属或配套工程单独进行质量验评。

本规范用词说明

　　1　为便于在执行本规范条文时区别对待,对要求严格程度不同的用词说明如下:

　　1)表示很严格,非这样做不可的用词:
　　　　正面词采用"必须",反面词采用"严禁"。

　　2)表示严格,在正常情况下均应这样做的用词:
　　　　正面词采用"应",反面词采用"不应"或"不得"。

　　3)表示允许稍有选择,在条件许可时首先应这样做的用词:
　　　　正面词采用"宜",反面词采用"不宜"。

　　表示有选择,在一定条件下可以这样做的用词,采用"可"。

　　2　本规范中指明应按其他有关标准、规范执行的写法为"应符合……的规定"或"应按……执行"。

中华人民共和国国家标准

混凝土电视塔结构技术规范

GB 50342—2003

条 文 说 明

目　　次

1 总 则

1.0.1 本条是混凝土电视塔结构设计和施工中必须遵守的原则。

1.0.2 本规范适用于各类混凝土电视塔结构的设计和施工。在采用时须针对不同条件采用相对应条款。

1.0.3 本规范是根据《建筑结构可靠度设计统一标准》GB 50068 的规定,采用以概率理论为基础的极限状态设计法,并以分项系数表达式表达。

1.0.4 本规范是依据混凝土电视塔结构的特点编制,对现行有关规范可直接采用的部分多不再编入本规范,设计和施工时应执行其规定。当遇有关规范与本规范有区别时,须遵守本规范规定。

3 材 料

3.1 混 凝 土

3.1.1 根据国内外已建的混凝土电视塔采用的混凝土的强度等级状况确定的。

3.2 钢 材

3.2.1 预应力钢筋采用的钢绞线系指电视塔所采用的主要预应力筋,根据电视塔的实际情况,以采用钢绞线为宜。

3.2.2、3.2.3 主要受力钢构件,当冬季计算温度等于或低于-20℃时,不宜采用 Q235 沸腾钢,是根据电视塔中主要钢构件的重要性,参照《钢结构设计规范》GB 50017 及《钢塔桅结构设计规程》GYJ 1 采用。

4 基 本 规 定

4.1 一 般 规 定

4.1.1 混凝土电视塔多建于大、中城市,承担广播电视发射和节目传送、旅游观光等任务。设计时应和建筑等有关专业配合制定设计方案。结构选型应力求布置合理、受力明确、截面简单对称、减小风载并合理选材,通过计算分析优化结构。构造上应力求力的传递简捷,避免或减少局部效应。

4.1.2~4.1.4 引自《建筑结构可靠度设计统一标准》GB 50068。

4.2 承载能力极限状态计算规定

4.2.1 引自《建筑结构可靠度设计统一标准》GB 50068。

4.2.2、4.2.3 结构构件承载力极限状态设计表达式采用《建筑结构可靠度设计统一标准》GB 50068。可变作用组合取三组(见表4.2.3),在组合Ⅰ中温度作用即 5.5.1 条的日照作用。

4.2.4 结构抗震计算极限状态表达式采用《高耸结构设计规范》GBJ 135 表达式。对地震作用分项系数和承载能力调整系数调至和《构筑物抗震设计规范》GB 50191 相一致。

4.3 正常使用极限状态验算规定

4.3.1 正常使用极限状态,一般情况塔体只作短期效应组合设计。其他构件应依不同要求分别采用短期效应和长期效应组合进行设计。

4.3.2 本条仅列出电视塔正常使用控制条件的一般限值,对塔上设有游览设施(如瞭望平台、餐厅等)的塔,设计时应控制所在位置

的风振位移加速度,其值宜控制在不大于 0.2m/s² 。

5 结构上的作用

5.1 作 用 分 类

5.1.1 电视塔上的作用依《建筑结构荷载规范》GB 50009 的分类原则和电视塔结构的特点,将作用分为永久作用和可变作用。

5.2 风 荷 载

5.2.1、5.2.2 这两条对电视塔设计中的风压取值给予规定,依《建筑结构可靠度设计统一标准》GB 50068 风压统计 50 年一遇为标准;在无统计数据时可按《建筑结构荷载规范》GB 50009 的数值采用,对一级电视塔可再加大 10%。考虑电视塔的重要性,基本风压最小限值定为 0.35kN/m²。

5.2.3、5.2.4 风压高度变化系数和风荷载体型系数按《建筑结构荷载规范》GB 50009 的规定采用。根据电视塔特点增加了球形结构、塔上封闭建筑和设备平台的风载体型系数。对一级电视塔和外形较复杂的电视塔风载体型系数应通过风洞试验确定。

5.2.5~5.2.8 作用在电视塔结构上的风荷载,应考虑阵风脉动的作用。根据电视塔结构刚度有突变和局部集中较大质量的特点,其风荷载的计算将脉动风按随机振动理论分析,用振型分解法计算,计算中考虑脉动和空间相关。

5.3 裹 冰 荷 载

5.3.1~5.3.3 电视塔裹冰主要集中在塔楼以上桅杆段,以雨松、雾松或两者间有形态出现使结构重力加大,挡风面积增加,设计中应予考虑。鉴于全国尚无较完整的裹冰分布资料,这里强调使用当地资料。

裹冰计算参照《高耸结构设计规范》GBJ 135 列入。

5.4 地 震 作 用

5.4.1 对设防烈度较低、场地土较好、根据设计经验地震作用组合不起控制作用,本条列出可不进行抗震验算。

8度、9度场地上的电视塔,计算表明塔楼以上部分截面在竖向和水平地震的共同作用下呈大偏心压弯或拉弯受力状态的,其对设计起控制作用。

对处在 8 度和 9 度场地上的一级电视塔,考虑大的设防烈度和电视塔等级及建设经验等因素,塔的设计宜进行场区地震资料和结构抗震专门研究。

单筒型电视塔一般截面对称,计算时考虑两个主轴方向的水平地震作用。多筒型塔截面对称性较差,考虑到地震作用方向的随机性,故应增加考虑计算两个正交非主轴方向的水平地震作用。

5.4.2 本条根据现有的设计经验制定,对一级和二级电视塔增加时程分析。

5.4.3、5.4.4 按振型分解反应谱法计算水平地震作用时,水平地震影响系数,除 8 度和 9 度场地上的一级电视塔宜进行专门研究外,均按《构筑物抗震设计规范》GB 50191 的规定采用。

5.4.5 竖向地震作用按《构筑物抗震设计规范》GB 50191 规定,竖向地震影响系数最大值采用水平地震影响系数最大值的 65%、结构等效总重力荷载代表值的 75%,且对电视塔应乘以增大系数2.5。为简化表达,这里将前述三项规定值相乘(0.65×0.75×2.5),取整数为 1.2,统一乘在地震影响系数上。

5.5 其 他 作 用

5.5.1 日照温差根据有关单位实测值的平均值采用。

5.5.2 塔基不均匀沉降造成塔体中心轴线倾斜,其斜率计算时可

统一取塔顶倾斜位移为 0.4m。

5.5.4 对设计施加预应力的塔段,因穿预应力钢筋的预埋管道位置偏差和部分预埋管道失效以及张拉偏差等造成全截面预应力总值偏离截面中心,这里按总值的5/100置截面一侧,以计入其影响。

6 塔 楼

6.1 一般规定

6.1.1 塔楼的结构形式可以是多样的,应根据使用和工艺要求、建筑造型、材料和施工条件综合确定。塔楼位于电视塔的上部,其质量大、外轮廓也大,在风和地震作用下,在塔体内产生的内力和变形很大,因此,宜优先采用自重轻的结构方案,并要求有良好的整体刚度和适当的安全度。

6.1.2 塔楼结构选用钢结构符合自重轻的要求。当塔楼的悬挑尺寸较小时,分层选用混凝土悬臂板较为经济合理。而当塔楼荷载大、悬挑尺寸也大时,宜选用混凝土倒锥壳作为整个塔楼的支承结构。楼层结构选用现浇混凝土楼板整体性好,并较为经济,而选用钢结构梁柱自重轻、截面小。

6.2 塔楼内力和变形计算

6.2.1 塔楼永久荷载除结构和构件自重外,还可能有擦窗机、微波天线、广告牌等附加设施的荷重。风荷载应选择最不利的荷载组合。

6.2.2、6.2.3 塔楼结构设计应按相应的结构设计规范进行极限状态计算和验算。选择计算简图时,塔楼结构在塔体上的支承应根据实际情况按固定或铰接支座考虑。

6.2.4 塔楼结构产生的水平拉力若作用在塔体结构上,将使塔体结构受力状态复杂化,从而增加其构造和配筋的复杂程度,故塔楼结构的水平拉力宜由其结构自身平衡,使塔体结构受力简单明确。

6.3 构件和局部计算

6.3.2 采用混凝土倒锥壳作为塔楼承重结构时,倒锥壳顶面将产生水平拉力,为了避免塔体受到此水平力并减少倒锥壳的裂缝,宜在倒锥壳边缘施加环向预应力,以抵消此水平力。

6.3.3 塔楼楼层结构支承点处受力情况及应力比较复杂,故应进行局部验算,其节点构造设计应简单、受力明确。

6.3.4 楼板混凝土收缩、作用的不均匀分布、施加预应力及施工不对称,以及施工荷载等产生的附加应力,验算其对塔楼结构引起的不利影响。

7 塔 体

7.1 一般规定

7.1.1~7.1.4 这里列出电视塔塔体结构选型的一般规定,并就设计中进行承载能力和正常使用极限状态计算给出具体补充规定。对塔体施加预应力与否,应依多种因素综合分析确定,根据设计经验如采用预应力方案,宜选择低预应力,其值宜不大于 1500 kN/m²。

7.2 塔体变形和内力计算

7.2.1 根据设计经验,这里给出塔体计算时质点设置的一般原则、质点质量和重力分配的规定,对设有内筒的塔,应视其构造算内筒的影响。

7.2.2 计算塔体自振特性和抗震计算时,可视塔体为弹性体,本条给出塔体混凝土段的截面刚度取值。当正常使用极限状态塔体的截面刚度随截面受力状态的变化而变化时,根据设计经验可取 $0.65E_cI$ 值替代实有刚度。

7.2.5 电视塔因风载和水平地震的作用会产生较大水平位移,在重力的作用下产生附加弯矩 ΔM 不应忽略,且在计算时应计入由于 ΔM 造成截面总弯矩的变化对截面刚度的影响。

7.3 正截面承载能力计算的规定

7.3.1、7.3.2 根据《混凝土结构设计规范》GB 50010 和对大直径环形截面混凝土结构的试验及国外混凝土电视塔的设计经验,这里给出正截面承载能力计算的基本假定和计算承载能力极限状态的三个控制条件。

7.3.3 这里给出塔体正截面承载能力计算一般表达式,针对所计算截面,尚须按本规范第4~7章有关规定写出其具体表达式。

7.4 局部设计

7.4.1 塔体因造型或使用要求等使塔体截面突变,为提高突变处的刚度,一般设置横向板、环向横向构件。

7.4.2 塔体上的作用支点,往往承受较大力的作用,对作用支点附近的塔段应进行局部计算,以满足其承载力和变形要求。内外筒连接一般为简支,其简支原则为水平位移时一致和竖向作用时分离。

8 地基与基础

8.1 一般规定

8.1.1 本条依据一般的地基条件提出几种经常采用的塔基础的型式,对湿陷性黄土、胀缩土、地震区可液化土等特殊地基和桩基础、锥壳基础等特种基础,应符合有关国家标准的规定。

8.1.3 塔受水平(荷载)作用时,地基产生的倾斜将对结构及基础的设计产生很大影响,但是迄今为止,水平(荷载)作用对地基沉降影响的实测记录却很少。基于混凝土结构电视塔以省级以上居多数,安全等级一级,为了确保塔的安全使用,应适当提高地基变形允许值,基底压力的最小值 p_{min} 一般应大于或等于0。

当基础压力最小值 p_{min} 等于 0 时,基础抗倾覆力矩与倾覆力矩的比值,对圆形基础和矩形基础分别为 4 和 3,此时基础抗倾覆稳定已能满足要求,可不必再作验算。

8.1.5 本条是参考了高层建筑设计的有关规定和经验制定的。高层建筑在水平(荷载)作用下,加大基础的埋置深度可减少基底的地震加速度,有利于提高地基土承载力、结构整体稳定性、抗倾覆安全度和抗滑稳定性。

根据经验,基础的埋置深度可取建筑物地面高度的1/20,因塔楼以上桅杆部分的质量相对于塔楼和塔体的质量较小,其高度不计入建筑物地面高度。

8.1.6 塔体和塔座建筑采用同一基础支承,有利于提高塔的稳定性,并使两者的沉降取得一致。

8.2 地基计算

8.2.1 在轴心(荷载)作用和偏心(荷载)作用时,地基承载力设计值 f_a 应按国家标准《建筑地基基础设计规范》GB 50007 的规定采用。当考虑地震作用时,采用地基土抗震承载力设计值 f_{aE} 代替 f_a,f_{aE} 等于 f_a 乘以地基土抗震承载力调整系数,调整系数应按国家标准《建筑抗震设计规范》GB 50011 的规定采用。

8.2.2 本条给出在各作用(荷载)的组合作用下,基础底面不脱开地基土的基底压力计算公式。

8.2.3、8.2.4 根据土力学理论，风载作用下所产生的地基变形可按瞬时变形考虑，即可用土的弹性模量进行地基最终沉降量计算。

有关风作用下地基变形的验算和实测资料都表明，对基础的沉降和倾斜起主要作用的是长期作用的荷载，风作用是很小的。国家标准《建筑结构荷载规范》GB 50009 第 6.1.7 条规定，当采用荷载的长期效应组合时，可不考虑风荷载，即风的准永久值系数 $\Psi_q = 0$。

目前，国内的混凝土结构电视塔，特别是一些较高的塔都是近期建造的，缺少长期沉降实测资料作为本规范的编制依据。为了确保结构的稳定性，仍应计入风作用下的地基变形部分。地基变形允许值是根据设计经验和工艺要求，按国家标准《高耸结构设计规范》GBJ 135 的规定确定的。

8.3 基 础

8.3.1 板式基础可按本条内容确定基础外形尺寸的比例和基础底板的最小尺寸，公式分别为圆板和环板基础的优化外形。

在同样条件下，环板基础比圆板基础经济，宜优先采用。

当环板基础内半径 $r_1 \geqslant \Psi_r r_c$ 时，基础底版上部仅需按构造配筋。

根据国家标准《烟囱设计规范》编制组对矩形、条形基础底板的抗裂性试验分析，得出底板宽高比值不应大于 2.5，环（圆）板基础宽高比参考了上述试验结果。根据外、内悬挑扇形平面的固端弯矩分别大于和小于条形基础的固端弯矩的原理，环（圆）板基础外悬挑扇形平面的宽高比取 2.2，环（圆）板基础内悬挑扇形平面的宽高比分别取 3.0 和 4.0。

当基础底板按等厚度（r_2 处板厚）配筋时，为控制计算配筋与实际配筋的误差在 5%以内，规定了 h 与 h_1、h_2 的关系式。

8.3.2、8.3.3 分别介绍矩形和圆（环）形基础的底板为变厚度板时，基础底板强度计算中基底压力的取值方法。

8.3.4 基础的抗滑稳定计算公式中，系数 1.3 为基础抗滑稳定系数，用以提高抗滑安全储备。

8.3.5 基础环壁为塔体在基础中的延伸部分，一般不与底板垂直，塔体轴力的水平分力在基础底板设计时应予考虑，并采取必要的措施。

9 构 造 规 定

9.1 钢筋混凝土

9.1.1 考虑电视塔结构的特殊性，故规定受力钢筋的混凝土保护层比普通结构的混凝土保护层大。

9.1.2 电视塔的配筋往往比较多，而构件的截面尺寸相对较小，应保证钢筋与混凝土有可靠的粘结和便于振捣混凝土。

9.1.3 构件截面突变，易产生应力集中，故截面改变尺寸宜渐变；当不可避免时，应在截面突变处配置构造钢筋。

9.2 预应力混凝土

9.2.1 电视塔塔体的预应力主要是竖向和环向布置的大吨位预应力筋群锚体系。除此以外，尚有少量局部使用的其他预应力形式，诸如无粘结预应力筋等的应用。

电视塔预应力的特点：(1)大吨位群锚；(2)超长管穿筋以及超长张拉；(3)环向预应力包角较大；(4)高空作业，操作空间小。

9.2.2 由于塔体竖向预应力管超长埋设，为保证其位置正确，施工过程不发生偏移或漏浆堵塞现象，以采用预埋镀锌钢管为宜。同时，从实验结果和实际工程的应用来看，钢管的摩擦力也较小。

9.2.3 为防止施工中可能造成的漏浆堵塞、管道变形、穿筋不利等因素，保证塔体预应力的有效建立，应根据具体的构造形式和施工

方法，预留一定数量的孔道是必要的。多伦多 CN 塔建造较早，电视塔预应力施工尚不成熟，预留 20%的孔道。国家广播电影电视总局设计院承担设计的预应力电视塔都根据具体情况预留了一定数量的预留孔道，一般以取总数的 10%左右且不少于 4～5 个孔。

9.2.5 大吨位预应力筋群锚体系的研究比较少，20 世纪 80 年代初，中国建筑科学研究院结构所、清华大学土木工程系对此问题作过大批试验研究，试验证明，在端部存在着高接触压力和纵向劈裂拉力（详见《钢筋混凝土结构报告选集》(2)，1981 年，"大吨位预应力锚固区混凝土局部承压问题的研究"），本条根据电视塔的特点引用了该报告的数据。

9.2.6 试验表明，在转折处存在拉应力区。

9.2.8 用细石混凝土封护，既可防腐又可防火。

9.4 塔 楼

9.4.1 塔楼楼层结构为混凝土悬臂板时，根部厚度的规定是限制挠度不要过大；端部因安装外围护结构如幕墙等，须预埋设连接件，故其厚度也不能太小。

9.4.2 塔楼承重结构与塔体的连接宜按铰接节点设计，避免节点受力复杂，节点设计和安装也简单。

9.4.3 楼层柱子采用工字形截面，受力合理，施工安装简便。

9.5 塔 体

9.5.1 塔体一般为双层配筋，当混凝土厚度小于 200mm 时，将难于施工。

9.5.2～9.5.4 根据我国混凝土电视塔的建造经验，并参考《高耸结构设计规范》GBJ 135 制定。

9.5.5 此条参考《构筑物抗震设计规范》GB 50191 制定。钢筋的最小保护层，依混凝土耐久性并参考欧洲混凝土规范制定。

9.5.6 对单层配筋的筒壁，为提高抗竖向开裂而设双层横筋环带；当双层配筋时，须每 10～20m 设一环带，以加强塔体。

9.5.7、9.5.8 参照《构筑物抗震设计规范》GB 50191 制定。

9.6 基 础

9.6.1 《烟囱设计规范》GB 50051 编制组对环（圆）板基础底板所作的试验分别采用两种配筋方式，径环向配筋和方格网配筋。试验结果表明，径环向配筋受力直接，径向筋起决定作用。改进后的配筋方式经试验证明：底板受力合理、承载力得到提高。

10 其 他

10.1 防 火

10.1.1 电视塔的分类、耐火等级、建筑构件的燃烧性能和耐火等级，应按《广播电视建筑设计防火规范》GY 5067 的有关规定执行。

10.1.3 塔楼、筒体和筒内各类管道、线缆较多，为防止火灾发生时烟火沿筒体向上蔓延，应设置竖向的防火分区，把筒体内的电缆井、管道井分成数段。防火分区可结合管线检修平台设置，每一平台设置高度须结合塔体结构，在每 15～30 m 的范围内设置。

10.3 钢结构防腐蚀规定

10.3.1～10.3.4 钢结构的除锈等级、涂装类型应综合结构的使用环境、构造及安装条件等因素确定。如处于露天环境中的塔架，当采用焊接整体吊装时，一般可采用喷涂类涂层＋封闭涂料层；当采用部分焊接、螺栓拼装时，一般可采用热浸锌涂层＋涂料涂层。

10.3.6 管形或封闭形截面的构件，采用热浸锌涂层时，若端部密封，热浸镀时可能引起封闭截面构件的爆裂；采用涂料涂层时端部

应密封,以防止管内因进气、进水而引起锈蚀或冻胀。

10.4 混凝土耐久性

10.4.1 由于受到环境条件的影响,混凝土中的钢筋易产生锈蚀,这种要求在预定的环境中和使用期内保持原设计使用性能的能力称之为混凝土耐久性。

10.4.2 混凝土耐久性与混凝土的配合比和原材料密切有关。配合比设计应当考虑满足耐久性要求所必要的水灰比及水泥用量。原材料包括水泥、粗细骨料、拌用水和外加剂等,原材料的性能指标应符合国家标准《混凝土结构工程施工质量验收规范》GB 50204 和其他有关规范。

10.4.3 处于露天或高湿度环境中的混凝土构件,如果混凝土表面存在裂缝或空隙,将加快混凝土碳化过程,甚至引起钢筋的直接锈蚀。因此,混凝土保护层的最小厚度及最大裂缝宽度的合理取值,是保证混凝土耐久性的重要措施之一。

《混凝土结构设计规范》GB 50010 耐久性专题组的调查表明:对于暴露室外 50 年后的板类构件,标号为 200 号的混凝土,其平均碳化深度约为 25mm;对处于露天或室内潮湿环境条件下的钢筋混凝土构件,剖开观察了使用 10 年至 70 年的 30 个钢筋混凝土构件中的 45 条裂缝的结果表明,裂缝处钢筋都有不同程度的表皮锈蚀,而当裂缝宽度小于或等于 0.2 mm 时,裂缝处钢筋上只有轻微的表皮锈蚀。

考虑到电视塔结构的受力特点,将最大裂缝宽度允许值取 0.2mm 较为合适。

10.4.4、10.4.5 环境中的侵蚀介质进入表层混凝土锈蚀钢筋、影响混凝土耐久性的过程取决于钢筋保护层的厚度以及表层混凝土的密实度,充分密实混凝土的渗透性很低,但混凝土的渗透性取决于浆体的渗透性,浆体的水泥用量愈高,水灰比愈低,则强度愈高、渗透性愈低。因此,在对耐久性有一定要求的混凝土配合比设计中,必须满足耐久性所要求的最大水灰比和最小水泥用量的规定。

过高的水泥用量会产生严重的水化热和收缩等问题。当水泥用量超过 $450\sim500\mathrm{kg/m^3}$ 限值以后,混凝土强度的提高作用减弱,粘性增大,泌水性也大,混凝土容易出现分层现象。

在掺混合料的硅酸盐水泥中,加入了一定数量或大量的活性与非活性矿物掺合料的性能和数量不一定符合配制有耐久性要求混凝土的规定。第 10.4.4 要求选用纯度较高的硅酸盐水泥,并按要求在配制混凝土时,再加入规定数量的高质量掺合剂。

本条规定的混凝土浇筑水灰比系参考了表 1 的资料及经验确定的。

表 1 不同环境条件下的混凝土浇筑水灰比

《标准》名称	环境条件	最大水灰比
ACI—301—72 (1975年重颁)	暴露于淡水中的结构混凝土	0.48
	暴露于海水中的结构混凝土	0.42
(英)结构混凝土的实用规范 CP 110:1972	处于海水、沼泽水、暴雨、干湿交替和潮湿下冰冻遭受严重冷凝或侵蚀烟雾	0.50
中国行业标准《普通混凝土配合比设计规程》JGJ 55—2000	潮湿环境、经受冻害的室外部件	0.55

11 工程施工

11.1 一般规定

11.1.1 电视塔施工必须以满足设计的各项功能和总体效果为前提,工程的复杂性和重要性要求施工与设计密切配合。只有密切配合,才能更好地实现各项使用功能,实现施工单位效益与设计最佳效果的统一。

11.1.2~11.1.4 电视塔工程属于特殊构筑物,在设计要求与施工技术上有其特殊性,不能套用一般建筑物或构筑物的施工方法组织施工。这几条规定了电视塔工程施工组织设计和施工方案的编制,必须考虑电视塔的特殊性。

11.1.5 电视塔的施工,具有工程结构复杂、工期长、全是超高空作业的特点,且往往受到风雨、雷电、高温、严寒的影响,故必须结合施工方案制定季节性技术措施。

11.2 施工测量

11.2.1 电视塔施工的测量不同于一般的工程测量,必须根据电视塔工程的特殊要求与现场条件制定施工测量方案。

11.2.2~11.2.5 这几条列出了施工测量方案的具体内容及建立平面控制网、塔体中心控制、塔体高程引测的具体要求。

11.2.6~11.2.8 这几条规定了电视塔施工日照变形观测的主要内容、观测时间和观测方法,这是正确指导筒体结构及其上部结构(塔楼、桅杆)施工和安装的重要技术保障条件。由于地理环境不同、季节不同、时间不同、结构特征不同,电视塔因日照而产生的变形规律也不同。因此,必须结合实际工程进行日照变形观测,找出阶段性塔体日照变形的动态规律,并制定克服和减少日照变形影响的施工方法,用以指导施工。

11.2.9 电视塔在施工中或竣工后,往往由于地基变形而引起建筑变形。为了掌握建筑变形和地基变化情况,在电视塔施工中或竣工后,应进行系统的建筑变形观测。

11.3 混凝土结构施工

11.3.1、11.3.2 这两条提出了基础底板混凝土的施工技术要求。基础底板混凝土宜采用整体浇筑方法施工,也可采取分层浇筑的施工方法。采取分层浇筑的层间施工缝必须按有关规范和设计要求处理。

11.3.3 本条系统总结了目前塔体结构施工的几种有效方法,并规定了模板系统和平台系统的设计原则。具体施工工艺的选择,应根据塔形特点和施工条件,以能满足建筑结构的功能要求及综合效益为主要原则。

11.3.4 本条是对模板和平台的提升系统选择的规定。

11.3.5 本条是对塔体钢筋施工方法的规定。

11.3.6 本条是对塔体混凝土配制的一些具体规定和要求。

11.3.7 本条是为防止混凝土浇筑层交接时间过长、混凝土对模板侧压力过大,以及对塔体扭转等问题所作的规定。

11.3.8 本条为塔体混凝土施工缝设置原则的规定。

11.3.9 本条为塔体混凝土标准试块预留组数的规定。

11.3.10 由于塔体的塔楼支承处、塔身顶部桅杆支承基座及顶部桅杆支承处的结构复杂,超高空作业,技术与安全的难度都较大,施工前必须单独编制施工方案。

11.4 钢结构施工

11.4.1 本条是对塔楼及桅杆所使用的钢结构材料及制作质量的原则规定。

11.4.2、11.4.3 这两条规定承接塔楼及桅杆钢结构制作、安装的企业与施工人员,都必须具备承制、安装的资质条件和上岗合格证,经验证合格后,方能上岗工作。

11.4.4、11.4.5 这两条为对钢构件验收的原则规定。

11.4.6 本条是对钢结构安装的具备条件、时间及所使用的机具、设备等技术要求的具体规定。

11.4.7 本条是对钢结构安装用的连接材料、涂料等的质量要求。

11.4.8 本条是对钢结构安装允许偏差的质量要求。

11.5 预应力施工

11.5.2 为保证管段间及管与端部承压板间连接处不漏浆,应做

好管接头。竖向管以丝扣管接头为宜;水平管可使用长度约200mm的薄铁皮套管。

11.5.4 管道弯曲加工,弯曲后管道变形,其短直径与长直径之比值不得小于0.9,更不能有死弯。

11.5.5 为保证预埋管位置正确,在施工过程中不发生位移和变形,必须有牢固的管道支架系统予以定位固定。使用钢管时,可每隔2.5m设一道支架;使用波纹管时,可每隔0.8m设一道支架。

11.5.7 下料严禁使用电、气焊切割,钢绞线的断料应用无齿锯,钢丝断料可用钢丝钳。

11.5.8 孔道穿束,长度40m以下的水平直线孔道,可用穿束机,也可用人工穿束;长度超过40m的水平曲折线孔道,可用慢速卷扬机牵引法穿束。

11.5.11 预应力张拉应根据设计的要求,预先进行预应力摩阻损失的测定,并与设计值进行比较。若与设计值相差过大,则应改进张拉方法,或与设计协商,调整张拉值;若与设计值相符,则经设计认可后进行正式张拉。

11.5.12 预应力张拉应按电视塔不同部位分批进行,每批张拉后,应尽快进行孔道灌浆。

11.5.13 灌浆应采用纯水泥浆,水泥浆应满足强度、流动度和泌水率的要求。为增加水泥浆的流动度和灌浆的密实度,水泥浆中可以掺入对预应力筋无腐蚀作用的适量外加剂。

11.5.18 灌浆用灌浆泵,其额定压力在1.5MPa以上。为提高灌浆的密实度,宜采用二次灌浆法。竖向孔道灌浆,由于水泥浆的泌水和收缩,浆体液面会下沉而出现孔隙,因此,应取必要措施保证孔道中灌浆饱满、密实。

11.6 施工安全

11.6.2 本条规定了电视塔施工必须制定安全技术组织措施,这是确保这一特殊构筑物安全施工的首要条件。安全施工技术组织措施包括:安全管理的组织机构和人员配备;安全管理的目标、内容和方法;安全管理岗位责任制;监督执法的标准和法规制度等内容。

11.6.3、11.6.4 这两条规定电视塔施工安全指挥的具体要求。

高空作业和高空立体交叉作业是电视塔施工的特点,高空施工作业应尽可能安排避开雷雨、大风及雾、雪天气。但由于情况复杂,不好规定必须停止施工的具体条件,故只强调遇雷、雨、雾、雪或六级以上大风天气时,必须有措施防止事故发生。六级风是按天气预报所指的50m以下地面风力。

11.6.5 本条规定了危险区等级划分与相应的半径范围,并规定了对危险警戒区的主要安全管理事项。危险区的划分是根据国内电视塔施工的实践经验总结提出的,是为便于管理而提出的一个相对概念,使用时可根据实际情况作适当调整。

11.6.7 本条规定了身体检查和严禁上塔作业的重要事项。

11.6.8 本条对操作平台、吊脚手架的安全使用作了规定。

11.6.9 本条对操作平台的施工荷载和防风措施作了规定。

11.6.10 本条对机械设备的安全使用作了规定。

11.6.11 本条对施工安全用电及照明作了规定。

11.6.12 本条对施工防雷击作了规定。

11.6.13 本条所指重大拆除工作,一般是指滑模装置、操作平台、吊脚手架、大型模板、大中型施工机械设备等的拆除工作。由于这些工作往往在高处进行,难度大,不安全因素多。因此,规定必须编制详细的施工方案,并履行审批手续后方可实施。

12 结构工程质量验收与评定

12.1 工程验收

12.1.2～12.1.5 这几条具体规定了电视塔工程竣工验收应有的验收资料、验收表格,以及验收的项目、内容与标准等。

12.2 结构工程的质量验评划分

12.2.1、12.2.2 这两条规定了电视塔结构工程质量验收评定的各分部工程名称及各分部工程的区段划分与所含分项工程的名称。

中华人民共和国国家标准

钢筋混凝土筒仓设计规范

Code for design of reinforced concrete silos

GB 50077—2003

主编部门：中 国 煤 炭 建 设 协 会
批准部门：中华人民共和国建设部
施行日期：２００４年１月１日

中华人民共和国建设部
公　告

第 203 号

建设部关于发布国家标准
《钢筋混凝土筒仓设计规范》的公告

　　现批准《钢筋混凝土筒仓设计规范》为国家标准，编号为 GB 50077—2003，自 2004 年 1 月 1 日起实施。其中，第 3.1.6、3.1.7、3.1.9、5.1.1、5.2.1（1）、5.4.1（4）、5.4.2（2）　（3）、5.4.3、6.1.11、6.8.5、6.8.7、A.1.3、A.1.5 条（款）为强制性条文，必须严格执行。原《钢筋混凝土筒仓设计规范》GBJ 77—85 同时废止。

　　本规范由建设部标准定额研究所组织中国计划出版社出版发行。

中华人民共和国建设部
二〇〇三年十二月十一日

前　　言

　　本规范是根据原国家计委计综合［1992］490 号文和建设部（92）建标计字第 10 号文，对中华人民共和国国家标准《钢筋混凝土筒仓设计规范》GBJ 77—85 进行修订的。

　　本规范依据中华人民共和国国家标准《建筑结构可靠度设计统一标准》GB 50068 及《工程结构可靠度统一标准》GB 50153 的原则进行修订。

　　本规范共分 6 章和 8 个附录及条文说明，包括：总则、术语符号、布置原则及结构选型、结构上的荷载、结构计算及构造。附录有：贮料的物理特性参数、洞口应力及星仓仓壁计算、系数 ξ、k 及 λ 的值、旋转壳体在对称荷载下的薄膜内力、矩形筒仓按平面构件的内力计算、槽仓、浅圆仓贮料压力计算公式、贮料冲击系数及高温作用下混凝土和钢筋强度折减系数、预应力筋强度、摩擦系数、次弯矩次剪力计算系数及本规范用词说明。

　　本次主要修订的内容有：增加了术语、符号章节。对第三章筒仓的布置原则及结构选型的内容，根据近年来我国筒仓建设的发展及实践进行了较多的修订和增补。对第四章结构上的荷载，增补了永久荷载、可变荷载及偶然荷载的分项系数、荷载组合及组合系数；增补了偏心卸料、均化仓及气力输送、外界温差对仓壁的附加压力。在第五章结构计算中对筒仓结构构件在正常使用极限状态时的变形、裂缝等级作了明确的规定。对浅圆仓、仓壁上的洞口、利用贮料重力预压地基及预应力强度比在筒仓上的使用范围作了新的规定。在第六章构造中除了对部分条文修

外，增加了圆形筒仓预应力内容。在附录中删去了原附录二仓壁、仓底裂缝宽度的计算公式，增加了洞口应力及星仓仓壁的计算公式，同时增加了槽仓设计、浅圆仓贮料超载压力计算公式及贮料冲击系数和高温作用下混凝土和钢筋设计强度折减系数等内容。

　　本规范将来可能需要进行局部修改时，有关局部修改的信息和条文内容将刊登在《工程建设标准化》杂志上。

　　本规范以黑体字标志的条文为强制性条文，必须严格执行。

　　随着国家经济的发展，近年来钢筋混凝工筒仓的结构和形式都有一些新的发展，但由于其使用范围及工程实践经验有限，故未能全部编入本规范。望各部门在使用该规范过程中，不断总结经验，对本规范进一步补充、完善及提高，并请将有关意见及资料提供给中煤国际工程集团北京华宇工程有限公司筒仓规范管理组。管理组对该规范负责解释。通讯地址为北京德外安德路 67 号，邮编 100011。中煤国际工程设计研究总院。

　　《钢筋混凝土筒仓设计规范》GBJ 77—85（以下简称简规）是由原国家煤炭工业部负责主编，煤炭工业部规划设计总院会同有关单位共同编制的，经国家计委 1985 年 12 月 4 日以计标［1985］1967 号文批准发布。该规范发布之前，我国没有自己的筒仓设计规范，筒仓设计者大都参考前苏联的有关规范进行设计。由于没有统一的国家标准，有些筒仓建成后出了问题。自该规范实施后，在本次"简规"修订前，经

对全国煤炭、电力、冶金及建材等系统使用筒仓的调查表明，凡严格按本规范规定设计的筒仓尚未发现问题，也就是说该规范的可靠度是有保证的。然而随着国家建设的发展，该规范某些条文和内容已不能完全满足我国建设的需要，同时我国其他的规范也已改编并逐渐与国际接轨。为此，作为特种结构规范，"筒规"必须做相应的修订和改编，删除一些过时的内容，增加一些经实践证明是正确并能指导今后筒仓设计的内容，是本次修编的目的。

本次修订的主编单位是中煤国际工程设计研究总院即原煤炭部规划设计总院后改名北京煤炭设计研究院。由于各原定参编单位及人员有较大的变化，本次修编征得近年来仍从事该规范修编工作的原参编部门有关单位及始终积极参与该规范修编工作的有关人员同意后，作为该规范的参编单位。

本规范主编单位、参编单位和主要起草人：

主编单位：中煤国际工程设计研究总院

参编单位：长沙冶金设计研究院
　　　　　郑州粮油食品工程设计院
　　　　　煤炭工业西安设计研究院
　　　　　煤炭工业邯郸设计研究院
　　　　　原国家内贸局国外贷款事务管理办公室
　　　　　天津水泥工业设计研究院
　　　　　国贸工程设计院
　　　　　南京水泥工业设计研究院
　　　　　华北电力设计院
　　　　　郑州工程学院

主要起草人（按主编及参编单位排序列出）：
　　崔元瑞　归衡石　袁海龙　蒲维民
　　邵一谋　杨世忠　靖　华　朱耀玲
　　尚　良　马　申　原　方

目　次

1 总 则

1.0.1 为在钢筋混凝土筒仓设计中贯彻执行国家的技术经济政策,做到技术先进、安全适用、经济合理、确保质量,特制定本规范。

1.0.2 本规范适用于贮存散料,且平面形状为圆形或矩形的现浇钢筋混凝土筒仓、压缩空气混合粉料的调匀仓的设计。不适用于贮青饲料及纤维状散料和湿法搅拌的筒仓设计。

1.0.3 筒仓设计应分为深仓和浅仓。对于矩形浅仓,应分为漏斗仓、低壁浅仓和高壁浅仓。其划分标准应符合下列规定:

    1 当筒仓内贮料计算高度 h_n 与圆形筒仓内径 d_n 或与矩形筒仓的短边 b_n 之比大于或等于 1.5 时为深仓,小于 1.5 时为浅仓。

    2 对于矩形浅仓,当无仓壁时为漏斗仓,当仓壁高度 h 与短边 b 之比小于 0.5 时为低壁浅仓,大于或等于 0.5 时为高壁浅仓。

1.0.4 钢筋混凝土筒仓设计,除应符合本规范外,尚应符合国家现行的有关强制性标准的规定。

2 术语、符号

2.1 术 语

2.1.1 筒仓 silo
平面为圆形、方形、矩形、多角形及其他几何外形的贮存散料的直立容器,其容纳贮料的部分为仓体。

2.1.2 仓上建筑物 building above top of silo
按工艺要求建在仓顶上的建筑。

2.1.3 仓顶 top of silo
封闭仓体顶面的结构。

2.1.4 仓壁 wall of silo
筒仓与贮料直接接触且承受贮料侧压力的仓体竖壁。

2.1.5 仓下支承结构 supporting structure of silo bottom
筒仓基础以上仓体以下的支承结构,包括筒壁、有扶壁柱的筒壁及柱子等。

2.1.6 筒壁 supporting wall
平面与仓体相同支承仓体的立壁。

2.1.7 斜壁 inclined wall
构成漏斗的倾斜仓壁。

2.1.8 漏斗 hopper
仓体下部用以卸出贮料的容器。

2.1.9 深仓 deep bin;浅仓 shallow bin
按仓壁高度及作用于仓壁的侧压力计算方法划分为深仓和浅仓。

2.1.10 单仓 single silo
不与其他建、构筑物联成整体的单体筒仓。

2.1.11 排仓 silos in line
按单线排列并联为整体的筒仓。

2.1.12 群仓 group silos
三个或多于三个非单线排列且联为整体的筒仓。

2.1.13 星仓 interstice silos
三个及多于三个联为整体的筒仓间形成的封闭空间。

2.1.14 槽仓 trough bunker
单个隔仓由矩形板组成,其长度大于宽度,仓体由柱支承。

2.1.15 填料 filler
用于仓底构成卸料斜坡的填充材料。

2.1.16 内衬 liner
用于仓底、漏斗及部分仓壁的保护、抗磨耗且有利于贮料流动的衬砌。

2.1.17 散料 granular material
其特性符合散体力学理论的散状贮料。

2.1.18 贮料 stored material
贮存于筒仓中的散料。

2.1.19 贮料压力 stored material pressure
贮料作用于仓壁上的压力。

2.1.20 贮料静压力 static stored material pressure
贮料作用于仓壁上的静态压力。

2.1.21 卸料压力 emptying pressure
筒仓卸料时贮料作用于仓壁上的压力。

2.1.22 装料压力 filling pressure
筒仓装料时贮料作用于仓壁上的压力。

2.1.23 整体流动 mass flow
在卸料过程中仓内贮料的水平截面呈平面状态向下的流动。

2.1.24 管状流动 funnel flow
在卸料过程中仓内贮料的表面呈漏斗状态向下的流动。

2.1.25 中心卸料 concentric discharge
在卸料过程中贮料相对于仓体的几何中心对称向下的流动。

2.1.26 偏心卸料 eccentric discharge
在卸料过程中贮料相对于仓体几何中心不对称向下的流动。

2.1.27 防爆措施 anti-explosive measure
采取除尘、通风及泄爆方法防止易爆物爆炸的措施。

2.1.28 人孔 manhole
检查仓内设施设置的入仓孔。

2.1.29 变形缝 deformation joint
包括防震、伸缩、沉陷及施工后浇带缝。

2.2 符 号

2.2.1 几何参数

    a——矩形筒仓长边;

    b——矩形筒仓短边;正方形筒仓边长;

    d_n——圆形筒仓内径;

    h——仓壁高度;

    h_n——贮料计算高度;

    h_h——漏斗高度;

    r——圆形筒仓的半径;

    t——仓壁或筒壁厚度;

    α——漏斗壁与水平面的夹角;

    ρ——筒仓水平净截面的水力半径。

2.2.2 计算系数

    C_h——深仓贮料水平压力修正系数;

    C_v——深仓贮料竖向压力修正系数;

    C_f——贮料流态化系数;

    k——侧压力系数;

    α_t——仓壁材料的线膨胀系数;

    μ——贮料与仓壁的摩擦系数;

    ϕ——贮料的内摩擦角。

2.2.3 作用

    F——作用于矩形筒仓仓壁上的集中荷载;预应力作用于仓壁上的压力;环线轴力;

    p_f——贮料作用于计算截面以上仓壁单位周长上的总竖向摩擦力;

    p_h——贮料作用于仓壁单位面积上的水平压力;

    p_n——贮料作用于漏斗斜壁单位面积上的法向压力;

    p_v——贮料作用于仓底或漏斗顶面处单位面积上的竖向压力;

贮料顶面或贮料锥体重心以下距离 h 处单位面积上的竖向压力;

p_{ec}——偏心卸料作用于仓壁上的水平附加压力;

p_p——气力输送贮料作用于仓壁及仓底上流化层的装料压力;

p_{te}——因外界温差作用于仓壁上的附加水平压力;

p_t——漏斗壁切向力;

p_y——均化仓仓壁上的水平压力。

2.2.4 作用效应

f_p——预应力筋的平均预应力;

f_e——预应力筋的平均有效预应力;

N_h——矩形浅仓仓壁的水平拉力;角锥形漏斗壁的水平拉力;

N_v——矩形浅仓仓壁的竖向力;

N_{inc}——角锥形漏斗壁的斜向力;

N——角锥形漏斗壁交角顶部的斜向拉力。

2.2.5 其他

E_r——矩形筒仓偏心卸料附加压力系数;

E_c——圆形筒仓偏心卸料附加压力系数;混凝土弹性模量;

E_m——贮料的弹性模量;

e——偏心卸料口中心与仓中心的距离或自然对数的底;

s——贮料顶面或贮料锥体重心至所计算截面处的距离;

V_f——贮料流态化流动速度;

γ——贮料的重力密度;

ν_m——贮料的泊松比;

ν_c——混凝土的泊松比;

ΔT——外界温差。

注:本章末列出的符号均在条文或有关公式中注明。

3 布置原则及结构选型

3.1 基 本 规 定

3.1.1 钢筋混凝土筒仓的结构安全等级应按二级,抗震设防类别应按丙类。当与其他建筑连为一体时,其安全等级、地震设防类别及地基基础设计等级不应小于筒仓的等级及类别。

3.1.2 钢筋混凝土筒仓的耐火等级应按二级。

3.1.3 筒仓的地基基础设计等级应按乙级。

3.1.4 筒仓的防雷保护应按二类设计。

3.1.5 筒仓仓上建筑及仓下作业场所人工照明的最小照度不宜低于 15 lx(勒克斯)。

3.1.6 有粉尘及其他易爆物的筒仓,相关工艺专业应根据不同的贮料特性分别设置防爆、泄爆、防静电、防明火及防雷电等设施。

3.1.7 筒仓的防雷严禁利用其竖向受力钢筋作为避雷线,应专设外引下线。

3.1.8 除为了防止混凝土碳化采用掺入混凝土的添加剂及涂料外,无特殊要求的筒仓不应再做抹面及其他面层。

3.1.9 对存放谷类及其他食品的筒仓,严禁在混凝土中掺入有害人体健康的添加剂及涂料。

3.1.10 除岩石地基外,每个筒仓的沉降观测点不应少于四个。

3.1.11 筒仓与毗邻的建筑物和构筑物之间或群仓地基土的压缩性有显著差异时,应采取防止不均匀沉降的措施。

3.2 布 置 原 则

3.2.1 筒仓的平面布置,应根据工艺、地形、工程地质和施工等条件,经技术经济比较后确定。

3.2.2 群仓及排仓宜采用多排及单排行列式布置(图 3.2.2)。在场地受到限制时可采用斜交布置。

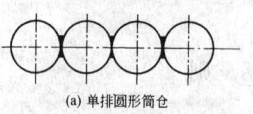
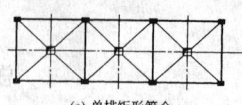

(a) 单排圆形筒仓　　　(c) 单排矩形筒仓

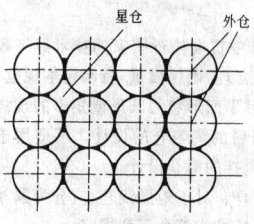
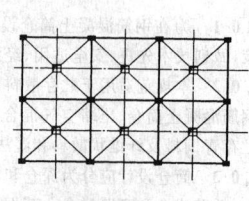

(b) 多排圆形筒仓　　　(d) 多排矩形筒仓

图 3.2.2 群仓平面布置示意图

3.2.3 筒仓的平面形状,宜采用圆形。圆形群仓应采用仓壁和筒壁外圆相切的连接方式。直径大于或等于 18m 的圆形筒仓,宜采用独立布置的形式。

3.2.4 当圆形筒仓的直径小于或等于 12m 时,宜采用 2m 的倍数;大于 12m 时,宜采用 3m 的倍数。

3.2.5 仓壁和筒壁外圆相切的圆形群仓,总长度不超过 50m 或柱子支承的矩形群仓总长度不超过 36m 时,可不设变形缝。在非岩石地基条件下,群仓的长度与其宽度、高度之比不应大于 2。排仓布置时其比值可增加到 3 但总长不应大于 60m。当有可靠资料及计算为依据时可不受以上规定的限制。对于温差较大的地区上述数据可适当减少。

3.2.6 跨铁路布置的筒仓,除坚硬岩石外,应考虑地基下沉对铁路建筑限界的影响。

3.2.7 跨铁路专用线且列车限速 5km/h 的筒仓,通过铁路车辆的仓下洞口或柱子的内边缘距铁路中心线的距离不得小于 2m,其他尺寸应满足铁路《限界—2》的规定,且仓下应设躲避洞。

3.2.8 靠近筒仓处不宜设置堆料场,当必须设置时,应验算堆载对筒仓结构及地基的不利影响。

3.2.9 直径大于或等于 12m 的圆形筒仓,仓顶上不宜设置有筛分振动设备的厂房。

3.2.10 排仓、群仓的仓底应设两个出口,仓顶及地道安全出口的设置应按各有关行业的标准执行,与仓体连接的出、入料通廊或栈桥可作为第一通道。圆形排仓、群仓可利用其两个连接处的空间作为竖向通道,并设置非连续螺旋梯,分段设置楼梯平台与地面连通。

3.2.11 柱或筒壁支承的矩形筒仓的定位轴线以其柱或筒壁的中心线定位,圆形筒仓的定位轴线以筒壁的外径或圆形筒仓的中心线定位。

3.2.12 筒仓室内主要通道的宽度不应小于 1500mm,设备维护通道的宽度不应小于 1000mm,通道的净空高度不宜小于 2200mm。

3.2.13 筒仓仓顶应设置通向仓内的人孔,人孔尺寸不应小于 600mm×700mm,并应布置在不影响设备安装、运行及通行的位置;当通向仓内的爬梯无法做到永久性防腐、防冲击损坏及确保安全时,不应设置永久性的爬梯。

3.2.14 仓顶及楼面所有洞孔的四周应设不低于 100mm×100mm 钢筋混凝土挡水条,无固定设备通过的洞孔应设盖板或防护栏杆。

3.2.15 筒仓的地面应根据使用荷载计算确定,最小厚度为 120mm,混凝土强度等级不应低于 C20,其他功能应按使用条件设置。室内外地坪高差不应小于 150mm。

3.2.16 在非岩石地基上跨越筒仓及浅圆仓间的地道应设沉降缝,有地表渗水及地下水时应有防水设施;除按本章第 3.2.10、3.2.12条的规定外,对存在易燃易爆危险的地道应有第二安全出口,地道净空高度不应小于 2200mm。

3.2.17 槽仓的设计规定见附录 A。

3.3 结构选型

3.3.1 筒仓结构可分为仓上建筑物、仓顶、仓壁、仓底、仓下支承结构(筒壁或柱)及基础等六部分(图 3.3.1)。

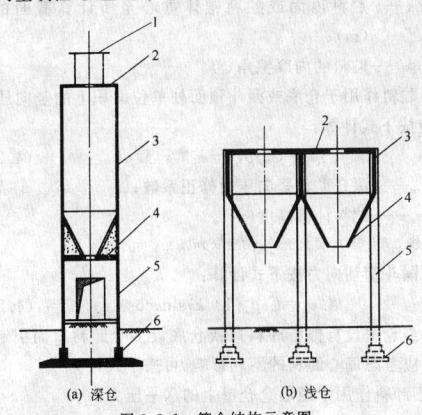

图 3.3.1 筒仓结构示意图
1—仓上建筑物；2—仓顶；3—仓壁；
4—仓底；5—仓下支承结构(筒壁或柱)；6—基础

3.3.2 筒仓的仓壁、筒壁及角锥形漏斗壁宜采用等厚截面，其厚度除可按下列规定估算外尚应按裂缝控制验算确定：

1 直径等于或小于15m的圆形筒仓仓壁厚度：

$$t = \frac{d_n}{100} + 100 \tag{3.3.2}$$

式中　t——仓壁厚度(mm)；

　　　d_n——圆形筒仓内径(mm)。

2 直径大于15m的圆形筒仓仓壁厚度应按抗裂计算确定。

3 矩形筒仓仓壁厚度可采用短边跨度的1/20～1/30。

4 角锥形漏斗壁厚度可采用短边跨度的1/20～1/30。

3.3.3 圆锥及角锥形漏斗壁(相邻斜壁的交线)与平面的夹角或漏斗壁的坡度应由相关工艺专业按贮料的流动特性确定。

3.3.4 筒仓仓底结构的选型应综合考虑下列要求：

1 卸料通畅；

2 荷载传递明确，结构受力合理；

3 造型简单，施工方便；

4 填料较少。

常用的筒仓仓底可选用图 3.3.4 的形式。

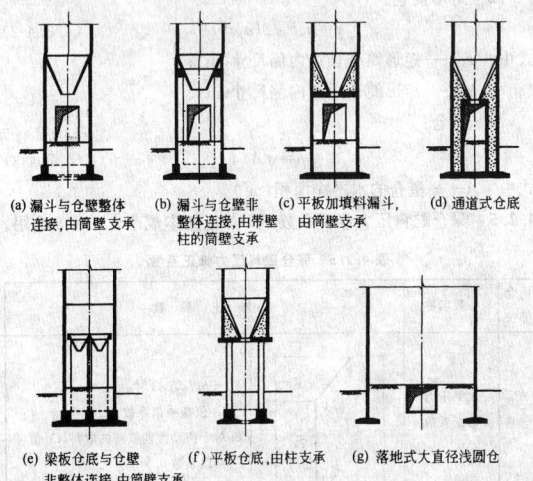

(a) 漏斗与仓壁整体　(b) 漏斗与仓壁非　(c) 平板加填料漏斗，(d) 通道式仓底
连接，由筒壁支承　整体连接，由带　由筒壁支承
　　　　　　　　　柱的筒壁支承

(e) 梁板仓底与仓壁　(f) 平板仓底，由柱支承　(g) 落地式大直径浅圆仓
非整体连接，由筒壁支承

图 3.3.4 常用筒仓仓底和仓下支承结构示意图

3.3.5 圆形筒仓的仓下支承结构，可选用柱子支承、筒壁支承、筒壁与内柱共同支承等形式(图 3.3.4)，仓下支承结构的选型，应根据仓底形式、基础类别和工艺要求综合分析确定。直径等于或大于

15m的深仓，宜选用筒壁与内柱共同支承的方式。

3.3.6 当筒仓之间或筒仓与其相邻的建(构)筑物之间相隔一定距离，根据工艺要求又必须相互连接时，宜采用筒支结构相连，且应有足够的支承长度。

3.3.7 筒仓的基础选型，应根据地基条件、上部荷载和上部结构形式综合分析确定。当圆形筒仓按本规范第 3.2.5 条规定设置变形缝时，变形缝应做成贯通式并将基础断开。缝宽应符合沉降缝的要求，在地震设防区尚应符合防震缝的要求。

3.3.8 圆形筒仓仓顶可采用钢筋混凝土梁板结构。直径大于或等于21m的圆形筒仓或浅圆仓仓顶可采用钢筋混凝土整体、装配整体正截锥壳、正截球壳及具有整体稳定体系的钢结构壳体或网架结构，其与仓壁的连接宜采用静定体系。

3.3.9 支承在筒仓或浅圆仓仓顶上的通廊、栈桥或其他结构应采用简支方式与其连接。

3.3.10 直径大于或等于21m的深仓仓壁，其混凝土截面及配筋不能满足工艺要求的正常使用极限状态条件时，应采用预应力或部分预应力混凝土结构。

3.3.11 对于直径小于或等于10m的圆形筒仓，当仓顶设有筛分设备的厂房时，其楼面、屋面结构宜支承在与仓壁等厚的钢筋混凝土圆形支承壁上；当采用钢筋混凝土框架结构厂房时，框架柱应直接支承于仓壁顶部的环梁上，并在柱脚环梁处设置纵、横连系梁。

3.3.12 抗震设防区的筒仓结构选型尚应符合下列规定：

1 圆形筒仓的仓下支承结构，宜选用筒壁支承或筒壁与内柱共同支承的形式。

2 仓上建筑物宜选用钢筋混凝土框架结构、钢结构；围护结构宜选用轻质材料，并应满足防火等级的要求。

4 结构上的荷载

4.1 荷载分类及荷载效应组合

4.1.1 筒仓结构上的荷载分为下列三类：

1 永久荷载：结构自重、其他构件及固定设备施加在仓上的作用力、预应力、土压力、填料及环境温度作用等。

注：无实践经验时，环境温度作用按永久荷载计算，直径21～30m的筒仓可按其最大环拉力的6%计算，直径大于30m的筒仓可按8%计算。

2 可变荷载：贮料荷载、楼面活荷载、屋面活荷载、雪荷载、风荷载、可移动设备荷载、固定设备中的活荷载及设备安装荷载、积灰荷载、筒仓外部地面的堆料荷载及管道输送产生的正、负压力等。

3 地震作用。

4.1.2 筒仓结构计算时，对不同荷载应采用不同的代表值。对永久荷载应采用标准值，对可变荷载应根据设计要求，采用标准值或组合值，对地震作用应采用标准值。

4.1.3 按承载能力极限状态计算筒仓结构时，应按荷载效应的基本组合进行计算，表达式如下：

$$\gamma_0 S \leqslant R \tag{4.1.3}$$

式中　γ_0——结构重要性系数应取 1.0(特殊用途的筒仓可按具体要求采用大于 1.0 的系数)；

　　　S——荷载效应组合的设计值；

　　　R——结构构件抗力的设计值。

4.1.4 筒仓荷载效应基本组合的各种取值应符合下列规定：

1 永久荷载控制的组合，永久荷载与可变荷载取全部；

2 可变荷载效应控制的组合，永久荷载及可变荷载效应中起控制作用的可变荷载取全部。

4.1.5 基本组合，永久荷载分项系数采用下值：

1 永久荷载效应控制的组合，分项系数可取 1.2,仓上、仓下

的其他平台可取 1.35；

2 可变荷载效应控制的组合，分项系数可取 1.2。

4.1.6 基本组合，可变荷载分项系数采用下值：

1 贮料荷载分项系数应取 1.3；

2 其他可变荷载效应分项系数可取 1.4，标准值大于 4kN/m² 的楼面活荷载分项系数可取 1.3。

4.1.7 可变荷载组合系数采用下值：

1 楼面活荷载及其他可变荷载，如按等效均布荷载取值时，组合系数可取 0.5～0.7；如按实际荷载取值时采用 1.0；对雪荷载可取 0.5。

2 筒仓无顶盖且贮料重按实际重量取值时，贮料荷载组合系数应取 1.0，有顶盖时可取 0.9。

4.1.8 计算筒仓水平地震作用及其自震周期时，可取贮料总重 80% 作为贮料有效质量的代表值，重心取其总重的中心。

4.1.9 筒仓构件抗震验算时，构件的地震作用效应和其他荷载效应的基本组合，只考虑全部荷载代表值和水平地震作用的效应。计算重力荷载代表值的效应时，除贮料荷载外，其他重力荷载分项系数可取 1.2；当重力荷载对构件承载能力有利时，其分项系数不应大于 1.0。在计算水平地震作用效应时，地震作用分项系数应取 1.3。水平地震作用的标准值应乘以相应的增大系数或调整系数。

4.1.10 在按正常使用极限状态计算筒仓结构及构件时，应采用荷载效应的标准组合，并应按下列设计表达式进行设计。

$$S \leq C \qquad (4.1.10)$$

式中 C ——结构或结构构件达到正常使用要求的规定限值，如变形、裂缝、应力、振幅及加速度等限值，应按本规范及筒仓使用相关工艺要求的规定采用。各荷载均取荷载效应的标准值。

4.1.11 筒仓进行倾覆稳定或滑动稳定计算时，其抗滑稳定安全系数可取 1.3，倾覆稳定安全系数可取 1.5。永久荷载分项系数应取 0.9。

4.2 贮料压力

4.2.1 散料的物理特性参数应通过试验分析或根据实践经验确定，并由工艺设计专业提供。当无试验资料时，可参考附录 B 所列数值选用，但应经工艺专业认可。

4.2.2 深仓贮料重力流动压力的计算应符合下列规定(图 4.2.2)：

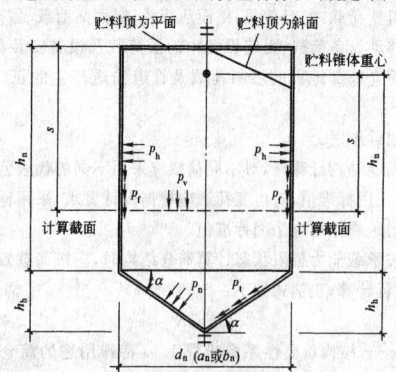

图 4.2.2 深仓的尺寸及压力示意图

1 贮料顶面或贮料锥体重心以下距离 s(m)处，贮料作用于仓壁单位面积上的水平压力 p_h(kPa)应按下式计算：

$$p_h = C_h \gamma \rho (1 - e^{-\mu k s / \rho}) / \mu \qquad (4.2.2-1)$$

$$k = \tan^2(45° - \phi/2)$$

式中 C_h ——深仓贮料水平压力修正系数；

γ ——贮料的重力密度(kN/m³)；

ρ ——筒仓水平净截面的水力半径(m)；

μ ——贮料与仓壁的摩擦系数；

k ——侧压力系数；

e ——自然对数的底；

s ——贮料顶面或贮料锥体重心至所计算截面的距离 (m)；

ϕ ——贮料的内摩擦角(°)。

2 贮料作用于仓底或漏斗顶面处单位面积上的竖向压力 p_v (kPa)应按下式计算：

$$p_v = C_v \gamma \rho (1 - e^{-\mu k h_n / \rho}) / \mu k \qquad (4.2.2-2)$$

式中 C_v ——深仓贮料竖向压力修正系数；

h_n ——贮料计算高度(m)。

注：当按上式计算 p_v 值大于 γh_n 时应取 γh_n。

3 漏斗壁切向力按下式计算：

$$p_t = C_v p_v (1 - k) \sin\alpha \cos\alpha \qquad (4.2.2-3)$$

4 当仓壁设有偏心卸料口或仓底设多个卸料口而引起偏心卸料时，应考虑偏心卸料的不利影响，可按下式计算：

偏心卸料作用于矩形仓仓壁上的水平压力：

$$p_{ec} = E_r p_h \qquad (4.2.2-4)$$

$$E_r = (b + 2e)/(b + e) \qquad (4.2.2-5)$$

偏心卸料作用于圆形仓仓壁上的水平压力：

$$p_{ec} = E_c p_h \qquad (4.2.2-6)$$

$$E_c = (d_n + 4e)/(d_n + 2e) \qquad (4.2.2-7)$$

式中 e ——偏心卸料口中心与仓中心间的距离 (m)；

E_r、E_c ——矩形、圆形仓偏心卸料压力系数。

5 贮料顶面或贮料锥体重心以下距离 s(m)处的计算截面以上仓壁单位周长上的总竖向摩擦力 p_f(kN/m)应按下式计算：

$$p_f = \rho [\gamma s - \gamma \rho (1 - e^{-\mu k s / \rho}) / \mu k] \qquad (4.2.2-8)$$

4.2.3 贮料计算高度 h_n(m)的确定，应符合下列规定：

1 上端：贮料顶面为水平时，按贮料顶面计算；贮料顶面为斜坡时，按贮料锥体的重心计算；

2 下端：仓底为钢筋混凝土或钢锥形漏斗时按漏斗顶面计算；仓底为平板无填料时，按仓底顶面计算。仓底为填料做成的漏斗时，按填料表面与仓壁内表面交线的最低点处计算。

4.2.4 筒仓水平净截面的水力半径 ρ(m)的确定应符合下列规定：

1 圆形筒仓：

$$\rho = d_n/4 \qquad (4.2.4-1)$$

式中 d_n ——圆形筒仓内径(m)。

2 矩形筒仓：

$$\rho = a_n b_n / 2(a_n + b_n) \qquad (4.2.4-2)$$

式中 a_n ——矩形筒仓长边内侧尺寸(m)；

b_n ——矩形筒仓短边内侧尺寸(m)。

3 星仓：

$$\rho = \sqrt{A}/4 \qquad (4.2.4-3)$$

式中 A ——星仓的水平净面积(m²)。

4.2.5 深仓贮料压力修正系数 C_h、C_v 应按本规范表 4.2.5 选用。

表 4.2.5 深仓贮料压力修正系数

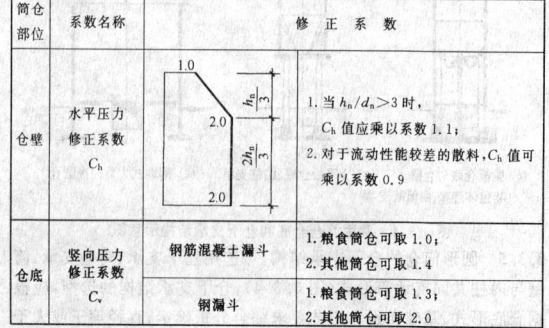

筒仓部位	系数名称	修正系数	
仓壁	水平压力修正系数 C_h		1. 当 $h_n/d_n > 3$ 时，C_h 应乘以系数 1.1； 2. 对于流动性能较好的散料，C_h 值可乘以系数 0.9
仓底	竖向压力修正系数 C_v	钢筋混凝土漏斗	1. 粮食筒仓可取 1.0； 2. 其他筒仓可取 1.4
		钢漏斗	1. 粮食筒仓可取 1.3； 2. 其他筒仓可取 2.0

续表 4.2.5

筒仓部位	系数名称	修正系数	
仓底	竖向压力修正系数 C_v	平板	1.粮食筒仓可取 1.0; 2.漏斗填料最大厚度大于 1.5m 的筒仓可取 1.0; 3.其他筒仓可取 1.4

注：1 本表不适用于设有特殊促流或减压装置的筒仓。
    2 群仓的内仓、星仓及边长不大于 4m 的方仓 $C_h = C_v = 1.0$。

4.2.6 平面为圆形、矩形或其他几何形的浅仓贮料压力的计算，应按下列规定（图 4.2.6）：

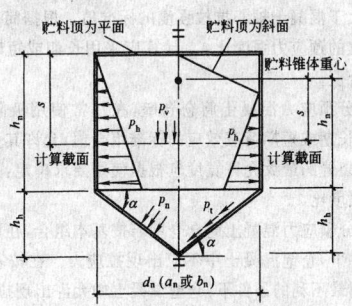

图 4.2.6 浅仓的尺寸及压力示意图

1 贮料顶面或贮料锥体重心以下距离 s(m)处，作用于仓壁单位面积上的水平压力 p_h(kPa)应按下式计算：

$$p_h = k\gamma s \qquad (4.2.6\text{-}1)$$

2 筒仓的贮料计算高度 h_n 与其内径 d_n 或其他几何平面的短边 b_n 之比等于 1.5 时，除按上式计算外，尚应按 4.2.2-1 式计算贮料压力，二者计算结果取其最大值。

贮料顶面或贮料锥体重心以下距离 s(m)处，单位面积上的竖向压力 p_v(kPa)应按下式计算：

$$p_v = \gamma s \qquad (4.2.6\text{-}2)$$

4 漏斗壁切向压力应按下式计算：

$$p_t = p_v(1-k)\sin\alpha\cos\alpha \qquad (4.2.6\text{-}3)$$

5 $h_n \leqslant 0.5d_n$, $d_n \geqslant 24$m 的大型浅圆仓仓壁上水平压力 p_h(kPa)的计算应计入仓壁顶面以上堆料的作用，可按附录 C 计算。

6 由卡车、火车等将散料瞬间直接卸入浅仓时，应计入冲击效应，冲击系数可按本规范附录 H 计算。

4.2.7 作用于漏斗壁单位面积上的法向压力 p_n(kPa)应按下式计算：

$$p_n = \xi p_v \qquad (4.2.7)$$

式中 ξ——按附录 D 选用。

4.2.8 贮料作用于仓底或漏斗壁顶面处单位面积上的竖向压力 p_v(kPa)宜按下列规定取值：

1 深仓：在漏斗高度范围内均应采用漏斗顶面之值。

2 浅仓：

在漏斗顶面：

$$p_v = \gamma h_n \qquad (4.2.8\text{-}1)$$

在漏斗底面：

$$p_v = \gamma(h_n + h_h) \qquad (4.2.8\text{-}2)$$

式中 h_h——漏斗高度(m)。

4.2.9 仓内贮料为流态的均化仓仓壁上的水平压力 p_y(kPa)，可按液态压力计算：

$$p_y = 0.6\gamma h_n \qquad (4.2.9)$$

式中 γ——贮料的重力密度(kN/m³)；
h_n——贮料的计算高度(m)。

4.2.10 当向仓内鼓入空气或其他气体采用气动输料、机械通风及风力清仓但不形成匀化或流态时，除贮料压力外尚应计算作用于仓壁及仓底上的过剩气压，其值应由工艺专业确定。

4.2.11 在高速气力输送贮料的条件下，作用于筒仓仓壁及仓底上的流化层的装料压力 p_p(kPa)按下式计算：

$$p_p = \gamma C_f V_f \qquad (4.2.11)$$

式中 γ——贮料的重力密度(kN/m³)；
C_f——贮料流态化参数(h, 小时)；
V_f——贮料流态化流动速度(m/h)。

表 4.2.11 几种贮料的 C_f、V_f 值

贮料名称	C_f(h)	V_f(m/h)
石灰粉	0.18	6ρ
水泥	0.11	10ρ
磷肥	0.07	27ρ
小麦粉	0.07	25ρ

注：其他贮料可参考使用。ρ—筒仓截面的水力半径(m)。

4.2.12 因外界气温变化，当其温差小于 30℃ 且仓内有密实贮料时，在筒仓仓壁上引起收缩的水平压力 p_{te}(kPa)，按下式计算：

$$p_{te} = \frac{\alpha_t E_m \Delta T}{(nr/t)+1-\nu_m} \qquad (4.2.12)$$

式中 α_t——筒仓仓壁的线膨胀系数；
E_m——贮料的弹性模量；
E_c——混凝土的弹性模量；
ΔT——最大外界昼夜温差；
r——筒仓的半径；
t——筒仓的壁厚；
n——E_m/E_c；
ν_m——贮料的泊松比。

4.2.13 对筒仓仓壁进行强度计算及裂缝验算时，水平压力 p_{te}(kPa)沿筒仓的圆周及高度均匀分布。

5 结 构 计 算

5.1 一 般 规 定

5.1.1 筒仓结构按承载能力极限状态设计时，所有结构构件均应进行承载力计算。对于薄壁构件尚应计算水平、竖向及其他控制结构安全的截面承载力计算。

5.1.2 当基底边缘的地基压力不符合本规范第 5.4.2 条的规定时，应验算筒仓的整体抗倾覆稳定，应采用荷载的设计值。当考虑地震作用时，抗倾覆稳定系数不宜小于 1.2。

5.1.3 筒仓按承载能力极限状态设计时，其荷载、材料强度等级应采用设计值。

5.1.4 筒仓结构按正常使用极限状态设计时，应根据使用要求控制筒仓的整体变形。筒仓结构构件应进行抗裂、裂缝宽度及受弯构件的挠度验算；当仓壁、漏斗壁的厚度满足本规范第 3.3.2 条的要求时可不进行挠度验算。

5.1.5 筒仓结构按正常使用极限状态设计时，应控制仓壁、仓底的裂缝宽度：

1 对于干旱少雨、年降水量少于蒸发量及相对湿度小于 10% 的地区，贮料含水量小于 10% 的筒仓的最大裂缝宽度 w_{max} 允许值为 0.3mm。

2 对于受人为或自然侵蚀性物质严重影响的筒仓，应严格按不出现裂缝的构件计算。

3 其他条件的筒仓，最大裂缝宽度 w_{max} 的允许值为 0.2mm。

裂缝宽度的计算应按我国现行《混凝土结构设计规范》GB 50010 进行。

筒仓按正常使用极限状态设计时，荷载取值应符合本规范

第 4.1.10 条的规定。

5.1.7 建在抗震设防区的筒仓,应进行抗震验算。建筑抗震设防分类应按筒仓的使用功能由工艺专业确定,但不应低于丙类。当仓壁与仓底整体连接时,仓壁、仓底可不进行抗震验算。仓下支承结构为柱支承时,可按单质点结构体系简化计算。筒壁支承的筒仓仓上建筑地震作用增大系数可取 4.0。柱支承的筒仓仓上建筑地震作用增大系数,可根据仓上建筑计算层结构刚度与仓体及仓上建筑计算层质量比的具体条件,按表 5.1.7 采用。仓上建筑增大的地震作用效应不应向下部结构传递。

表 5.1.7 柱子支承的筒仓仓上建筑地震作用增大系数

结构刚度比、质量比	单层仓上建筑	二层仓上建筑	
$k \geqslant 50, 50 \leqslant m \leqslant 100$	4.0	4.0	3.5
其他条件	3.0	3.0	2.5

注:k—筒仓支承结构的侧移刚度与仓上建筑计算层的层间侧移刚度比。
　　m—仓体质量、贮料质量与仓上建筑计算层的质量比。

5.1.8 抗震设防区的筒仓,仓下钢筋混凝土柱,应根据具体情况,考虑筒仓的外形及可能出现的荷载偏心产生的扭转,可按框架结构计算柱端扭矩、弯矩,选用地震作用的增大系数。

5.2 仓顶、仓壁及仓底结构

5.2.1 圆形筒仓的仓顶、仓壁及仓底结构的计算,应符合下列规定:

1 **仓壁相连的圆形群仓,除按单仓计算外,尚应在空、满仓不同荷载条件下对仓壁连接处的内力进行验算,可使用程序亦可采用附录 E 的公式。**

2 圆形筒仓或浅圆仓的薄壳结构构件,均应计算其薄膜内力。当仓顶采用正截锥壳、正截球壳或其他形式的薄壳壳体与仓壁整体连接或仓壁与仓底整体连接时,相连各壳体尚应计算其边缘效应。圆形筒仓各旋转薄壳壳体在轴对称荷载作用下的薄膜内力可按附录 F 的公式计算。

3 柱子支承的圆形筒仓仓壁,应计算其在竖向荷载作用下产生的内力,可使用程序亦可按深梁近似计算。

4 当圆锥形或其他形状的漏斗与仓壁非整体连接且漏斗顶部的环梁支承在壁柱或内柱上时,可忽略漏斗壁与环梁的共同受力作用。可按独立曲梁或内柱框架计算轴向力、剪力、弯矩和扭矩。

5 圆形筒仓的仓壁(包括筒壁落地的浅圆仓)开有直径大于 1.0m 的圆洞,边长大于 1.0m 的方洞及其短边大于 1.0m 的矩形洞,除应计算筒仓壁边缘的应力外还必须验算筒口角点的集中力,无特殊载荷时,集中应力可近似采用洞边应力的 3~4 倍。可使用程序进行精确计算亦可参考附录 E 给出的数据。

6 仓壁直接落地的圆形筒仓或浅圆仓,当其与基础整体连接时,仓壁除按薄壁壳的薄膜理论计算外,尚应计算其与基础连接部位基础对仓壁约束的边界效应。

7 仓壁落地的圆形筒仓或浅圆仓下的输料地道或人行通道,应按闭口框架进行内力分析,当贮料高度与地道横截面的宽度之比大于或等于 1.5 时,其顶部贮料产生的竖向荷载应按浅仓压力的计算方式计算,但不计入 C_v 值,小于 1.5 时顶部贮料产生的荷载,按本规范浅仓贮料压力公式(4.2.6-2)计算。其侧壁上的荷载应计入上部贮料堆载的作用。

5.2.2 矩形筒仓仓壁及仓底结构的计算,应符合下列规定:

1 矩形筒仓仓壁及角锥形漏斗壁可按平面构件计算。其构件的内力可按附录 G 计算,槽柱构件可按附录 A 计算。

2 矩形群仓壁除应按单仓计算外,尚应计算在空、满仓不同荷载条件下的内力。

5.3 筒仓仓壁预应力

5.3.1 预应力混凝土筒仓在进行承载能力极限状态和正常使用

极限状态计算时,还应对其施加的预应力等荷载进行验算。

5.3.2 预应力混凝土筒仓的仓壁在正常使用极限状态下,进行裂缝控制验算时,应根据使用条件及不同工况的要求施加预应力,可按其大小分别采用全预应力、有限预应力或部分预应力进行计算。

1 全预应力混凝土筒仓仓壁,在正常使用极限状态条件下严格要求不出现裂缝。混凝土的受拉边缘不应出现拉应力。根据筒仓的具体条件选择适宜的预应力强度比 λ。全预应力计算应采用长期荷载效应的标准组合值。

2 有限预应力混凝土筒仓仓壁,在正常使用极限状态条件下仓壁可不出现裂缝,允许混凝土的边缘纤维产生有限的拉应力,但其值不应大于混凝土轴心抗拉强度的标准值。根据筒仓的具体条件选择适宜的预应力强度比 λ。计算应采用长期或短期荷载效应的标准组合值。

3 部分预应力混凝土筒仓仓壁,在正常使用极限状态条件下,宜采用长期或短期荷载效应的标准组合值,允许其受拉区出现控制裂缝,裂缝的最大允许宽度应按使用要求确定,并选择适宜的预应力强度比 λ。

5.3.3 部分预应力混凝土筒仓仓壁若按基本组合,在可变荷载效应控制条件下,仓壁混凝土中不应出现拉应力。在按基本组合荷载效应控制最不利的条件下,仓壁混凝土中允许出现拉应力。

5.3.4 预应力混凝土筒仓仓壁的预应力强度比,应根据仓壁的受力条件、结构特点、贮料特性、使用工况、裂缝控制等级及抗震设防烈度等选择。强度比的公式如下:

$$\lambda = \frac{f_{py}A_p}{f_{py}A_p + f_y A_s} \tag{5.3.4}$$

式中 λ——预应力强度比;
　　A_p——受拉区预应力筋截面面积;
　　A_s——受拉区非预应力筋截面面积;
　　f_{py}——预应力筋的抗拉强度设计值;
　　f_y——非预应力筋的抗拉强度设计值。

5.4 仓下支承结构及基础

5.4.1 仓下支承结构的计算应符合下列规定:

1 当仓下支承结构采用筒壁或带壁柱的筒壁,按承载能力极限状态设计时,应验算其水平截面的承载力。验算带壁柱的筒壁水平截面承载力时,壁柱顶端承受的集中荷载可按 45°扩散角向两边的筒壁扩散,同时尚应验算壁柱顶面的局部受压承载力。

2 在筒壁或仓壁落地的浅圆仓仓壁上开有宽度大于 1.0m 的洞口时,洞口上下方的筒壁或仓壁应计算其在竖向荷载作用下的内力,在洞口的角点部位,尚应验算集中应力,其计算方法可照本规范第 5.2.1 条的规定。

3 当洞口间筒壁的宽度小于或等于 5 倍壁厚时,可按柱子进行计算,其计算长度可取洞高的 1.25 倍。

4 对柱子支承的筒仓,应计算基础不均匀沉降引起仓体倾斜对支承结构产生的附加内力。

5.4.2 按承载能力极限状态设计筒仓基础时,应采用基本组合并应符合下列规定:

1 对于浅仓或深仓可不计散料的冲击荷载效应。

2 整体相连的群仓基础,应取空仓、满仓的荷载效应组合。

3 基底边缘处地基的最小压应力值应大于零。

5.4.3 按正常使用极限状态设计筒仓基础时,应取标准组合,其倾斜率不应大于 0.004,平均沉降量不宜大于 200mm,同时尚应满足工艺专业的要求。当地基变形计算或软地基经处理后其承载力及变形满足本规范第 5.4.2 条及本条的上述规定时,不应在筒仓建成后再利用贮料重力压实地基。

5.4.4 在 7 度及以上抗震设防区,筒壁作为仓体支承结构时,其平面开洞面积不应大于筒壁平面总面积的 50%,洞口边缘间的距

离不应小于45°中心角的弧长。

5.4.5　筒仓地基承载力的取值可不计入宽度修正系数；群仓地基持力层、下卧层的计算及验算，应计入空、满仓及仓体附近大面积堆载的影响。

5.4.6　建在粘土及软弱岩土上的筒仓地基，估算筒仓施工期间及使用前因施工荷载、仓体自重使岩土固结出现的沉降量，在计算筒仓变形时，可计入仓体的计算沉降变形。

6　构　　造

6.1　圆形筒仓仓壁和筒壁

6.1.1　仓壁和筒壁的混凝土强度等级不应低于C30。受力钢筋的保护层厚度不应小于30mm。应严格控制混凝土的水灰比并采取措施增强混凝土的密实性，严禁掺加氯化物。

6.1.2　仓壁和筒壁的最小厚度不宜小于150mm，当采用滑模施工时，不应小于160mm。对于直径等于或大于6.0m的筒仓，仓壁和筒壁的内、外侧各应配置双层（水平、竖向）钢筋。

6.1.3　仓壁和筒壁的水平钢筋直径不宜小于10mm，也不宜大于25mm，且钢筋间距不应大于200mm，也不应小于70mm。

6.1.4　水平钢筋的接头宜采用焊接。当采用绑扎接头时，搭接长度不应小于50倍钢筋直径，接头位置应错开布置。错开的距离：水平方向不应小于一个搭接长度，也不应小于1.0m；在同一竖向截面上每隔三根钢筋允许有一个接头。

6.1.5　筒壁支承的筒仓，当仓底与仓壁非整体连接时，应将仓壁底部的水平钢筋延续配置到仓底结构顶面以下的筒壁，其延续配置高度不应小于6倍仓壁厚度（图6.1.5）。

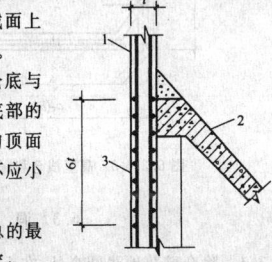

图6.1.5　仓壁底部水平钢筋延续配置范围示意图
1—仓壁；2—仓底（漏斗）；3—筒壁

6.1.6　仓壁和筒壁水平钢筋总的最小配筋百分率，应符合下列规定：

　　1　对于贮存热贮料，且贮料温度与室外最低计算温度差小于100℃的水泥工业筒仓，其仓壁水平钢筋的最小配筋率为0.4%；对于冷拉钢筋尚应按贮料温度作用下的钢筋折减系数进行调整。当温度大于100℃时，筒仓仓壁、仓顶及仓底的结构构件，除按本条规定外还应按实际出现的温度效应计算配筋。在按温度作用计算配筋时，应考虑混凝土、钢筋在温度作用下的设计强度及弹性模量的折减系数。对于贮存其他贮料的筒仓，其仓壁水平钢筋总的最小配筋率应为0.3%；

　　2　贮料入仓的温度应由相关的工艺专业提供；

　　3　筒壁水平配筋总的最小配筋率为0.25%。

6.1.7　仓壁或筒壁的竖向钢筋直径不宜小于10mm。钢筋间距：对于外仓壁不应少于每米三根；对于群仓的内仓壁不应少于每米两根；对于筒壁不应少于每米三根。

　　当采用滑模施工时，在筒仓的连接处，如运料需要，可将通道处竖向钢筋的间距增大至1.0m。

6.1.8　仓壁或筒壁竖向钢筋总的最小配筋率，应符合下列规定：

　　1　外仓壁，在仓底以上1/6仓壁高度范围内应为0.4%，其以上为0.3%（图6.1.8）。

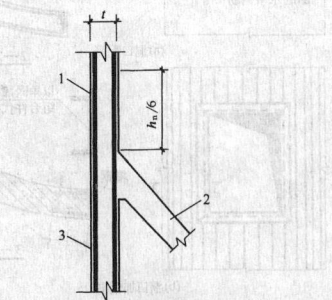

图6.1.8　仓底与仓壁交接处竖向钢筋0.4%配筋率范围示意图
1—仓壁；2—仓底（漏斗）；3—筒壁

　　2　群仓的内仓壁应为0.2%；

　　3　筒壁应为0.4%。

6.1.9　竖向钢筋的接头宜采用焊接。当采用绑扎接头时，光面钢筋搭接长度不应小于40倍钢筋直径，可不加弯钩。变形钢筋的搭接长度不应小于35倍钢筋直径。接头位置应错开布置，在同一水平截面上每隔三根允许有一个接头。

6.1.10　仓壁或筒壁在环向每隔2~4m应设置一个两侧平行的焊接骨架（图6.1.10-1）。骨架的水平钢筋直径宜为6mm，间距应与仓壁或筒壁水平钢筋相同。此时骨架的竖向筋可代替仓壁和筒壁的竖向钢筋。

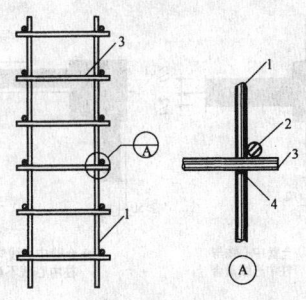

图6.1.10-1　焊接骨架示意图
1—骨架竖向筋；2—仓壁水平筋；3—骨架水平筋；4—焊缝

　　当仓底与仓壁整体连接时，在距仓底以上1/6的仓壁高度范围内，宜在水平和竖向两个方面的内外两层钢筋之间，每隔500~700mm设置一根直径4~6mm的连系筋（图6.1.10-2）。

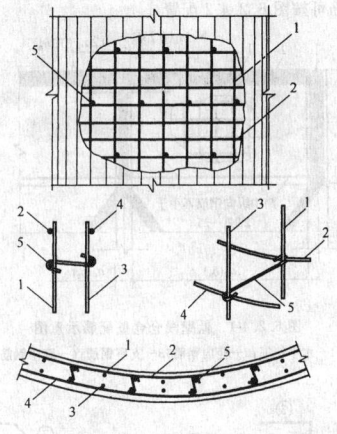

图6.1.10-2　连系筋示意图
1—内侧竖向筋；2—内侧水平筋；3—外侧竖向筋；4—外侧水平筋；5—连系筋

6.1.11　除有特殊措施外，在水平钢筋上不应焊接其他附件。水平钢筋与竖向钢筋的交叉点应绑扎，严禁焊接。

6.1.12　在群仓的仓壁与仓壁、筒壁与筒壁的连接处，应配置附加水平钢筋，其直径不宜小于10mm，间距应与仓壁或筒壁水平钢筋同。附加水平钢筋应伸到仓壁或筒壁内侧，其锚固长度不应小于35倍钢筋直径（图6.1.12）。

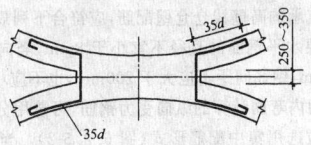

图6.1.12　群仓连接处附加水平钢筋示意

6.2 矩形筒仓仓壁

6.2.1 仓壁混凝土强度等级不宜低于 C30；受力钢筋的混凝土保护层厚度不应小于 30mm。

6.2.2 仓壁的最小厚度不应小于 150mm，四角宜加腋，并配置内、外双层钢筋。

6.2.3 当仓下支承柱伸到仓顶时，仓壁中心线与柱的中心线宜重合布置。当仓壁中心线与柱的中心线不重合时，仓壁的任何一边离柱边的距离不应小于 50mm（图 6.2.3）。

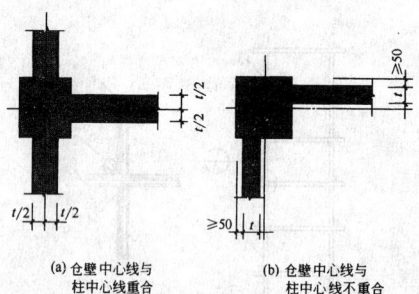

(a) 仓壁中心线与　　　(b) 仓壁中心线与
　　柱中心线重合　　　　　柱中心线不重合

图 6.2.3　矩形筒仓仓壁与柱轴线关系示意图

6.2.4 柱子支承的低壁浅仓仓壁配筋应符合下列规定：

　　1 按平面内弯曲计算的仓壁跨中和支座纵向受力钢筋以及竖向钢筋均应按普通梁的构造配置，当仓底漏斗与仓壁整体连接时，配置在仓壁底部的纵向钢筋不宜少于两根，直径宜为 20～25mm（图 6.2.4-1）。

　　2 内外层的竖向和水平钢筋的直径不应小于 10mm，间距不应大于 200mm，也不应小于 70mm。当仓下支承柱不伸到仓顶时，水平钢筋可按图 6.2.4-2 配置。

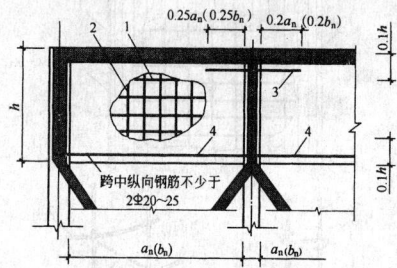

图 6.2.4-1　低壁浅仓仓壁配筋示意图
1—水平钢筋；2—竖向钢筋；3—支座钢筋；4—跨中钢筋

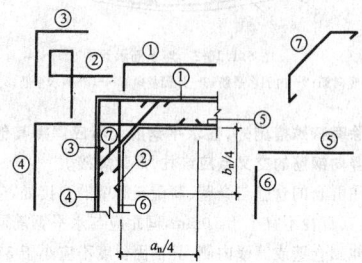

图 6.2.4-2　仓下支承柱不伸到仓顶的仓壁水平配筋示意图

6.2.5 柱子支承的高壁浅仓仓壁配筋，应符合下列规定：

　　1 内外层水平钢筋的直径不宜小于 8mm，竖向钢筋的直径不宜小于 10mm，钢筋间距不应大于 200mm，也不应小于 70mm。

　　2 按平面内弯曲计算的纵向受力钢筋，可选用分散配筋形式（图 6.2.5-1）或选用集中配筋形式（图 6.2.5-2）。当仓壁为单跨简支且选用集中配筋时，跨中纵向受力钢筋应全部伸入支座。

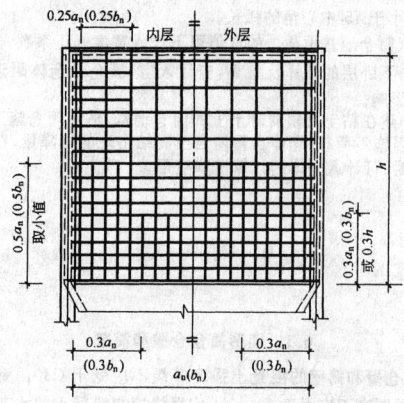

图 6.2.5-1　高壁浅仓和深仓仓壁分散配筋示意图

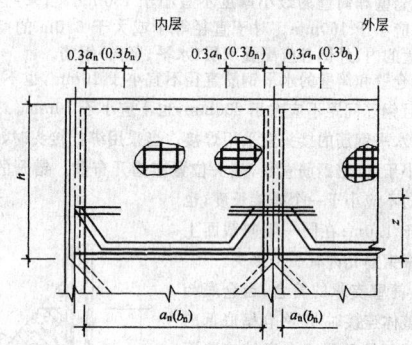

图 6.2.5-2　高壁浅仓和深仓仓壁集中配筋示意图

6.3 洞　口

6.3.1 除仓壁落地浅圆仓外，在仓壁上开设的洞口宽度和高度均不宜大于 1.0m，并应按下列规定在洞口四周配置附加构造钢筋。

　　1 洞口上下每边附加的水平钢筋面积不应小于被洞口切断的水平钢筋面积的 0.6 倍。洞口左右每侧附加的竖向钢筋面积不应小于被洞口切断的竖向钢筋面积的 0.5 倍。

　　2 洞口附加钢筋的配置范围：水平钢筋应为仓壁厚度的 1～1.5 倍；竖向钢筋应为仓壁厚度的 1.0 倍。配置在洞口边的第一排钢筋数量不应少于三根［图 6.3.1(a)］。

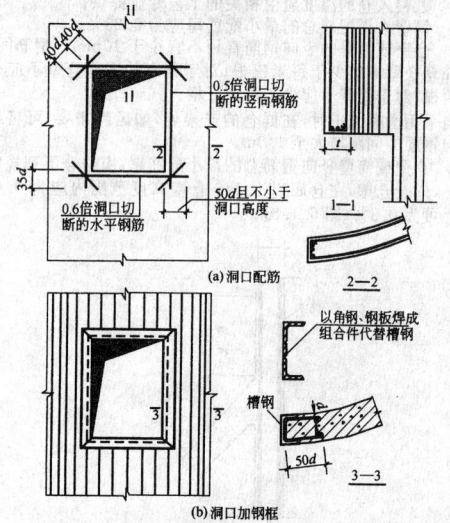

(a) 洞口配筋

(b) 洞口加钢框

图 6.3.1　仓壁洞口构造示意图

　　3 附加钢筋的锚固长度：水平钢筋自洞边伸入长度不应小于

50 倍钢筋直径,也不应小于洞口高度;竖向钢筋自洞边伸入长度不应小于 35 倍钢筋直径。

4 在洞口四角处的仓壁内外层各配置一根直径不小于 16mm 的斜向钢筋,其锚固长度两边应各为 40 倍钢筋直径。

5 当采用封闭钢框代替洞口的附加构造筋时,洞口每边被切断的水平和竖向钢筋均应与钢框有可靠的连接[图 6.3.1(b)]。

6.3.2 在筒壁上开设洞口时,应按下列规定在洞口四周配置附加构造钢筋:

1 洞口宽度小于 1.0m,而且在洞顶以上高度等于洞宽的范围内无集中和均布荷载(不包括自重)作用时,洞口每边附加钢筋的数量不应少于两根,直径不应小于 16mm。

2 当浅圆仓仓壁的洞口宽度大于 1.0m 小于 4.0m 时,应按洞口的计算内力配置洞口钢筋;但每边配置的附加构造钢筋数量不应少于两根,直径不应小于 16mm。

3 仓底以下通过车辆或胶带输送机的洞口,其宽度均大于或等于 3.0m 且不满足第 6.3.1 条时,宜在洞口两侧设扶壁柱,其截面不宜小于 400mm×600mm(图 6.3.2),并按柱的构造配置钢筋,柱上端伸到洞口以上的长度不应小于 1.0m。

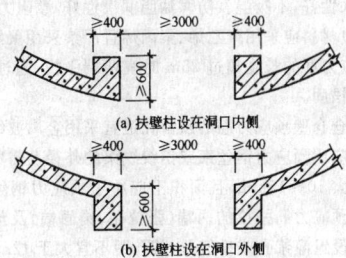

图 6.3.2 扶壁柱最小截面示意图

4 洞口附加钢筋的锚固长度:水平钢筋自洞边伸入长度不应小于 50 倍钢筋直径且不小于洞口高度;竖向钢筋自洞边伸入长度不应小于 35 倍钢筋直径。

5 洞口四角配置的斜向钢筋,应符合本规范第 6.3.1 条的规定。

6.3.3 相邻洞口间狭窄筒壁宽度不应小于 3 倍壁厚,也不应小于 500mm。当狭窄筒壁的宽度小于或等于 5 倍壁厚时,应按柱子构造配置钢筋(图 6.3.3),其配筋量应按计算确定。

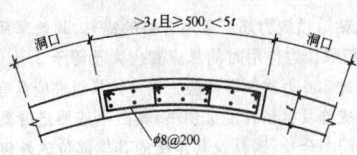

图 6.3.3 狭窄筒壁配筋示意图

6.4 漏 斗

6.4.1 漏斗壁混凝土的强度等级不宜低于 C30,受力钢筋的混凝土保护层不应小于 30mm。

6.4.2 漏斗壁的厚度不应小于 120mm,受力钢筋的直径不应小于 8mm,间距不应大于 200mm,也不应小于 70mm。当壁厚大于或等于 120mm 时,宜配置内、外双层钢筋。

6.4.3 圆锥形漏斗的环向或经向钢筋、角锥形漏斗的水平或斜向钢筋的总最小配筋率,均不应小于 0.3%。

6.4.4 圆锥形漏斗的经向钢筋,不宜采用绑扎接头,钢筋应伸入到漏斗顶部环梁或仓壁内,其锚固长度不应小于 50 倍钢筋直径(图 6.4.4)。当环向钢筋采用绑扎接头时,搭接长度和接头位置应符合本规范第 6.1.4 条的规定。

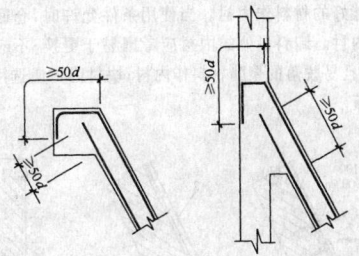

图 6.4.4 漏斗壁斜向钢筋锚固长度示意图

6.4.5 角锥形漏斗宜采用分离式配筋,漏斗的斜向钢筋应伸入到漏斗上口边梁或仓壁内,其锚固长度不应小于 50 倍钢筋直径(图 6.4.4)。

6.4.6 角锥形漏斗四角的吊挂骨架钢筋,其直径不应小于 16mm,钢筋上端应伸入到漏斗支承构件内,其锚固长度不应小于 50 倍钢筋直径。

6.4.7 漏斗下口边梁的最小宽度不应小于 200mm,其水平钢筋的搭接长度不应小于 35 倍钢筋直径,也可焊接成封闭状。

6.4.8 钢漏斗与混凝土仓壁连接可按图 6.4.8。

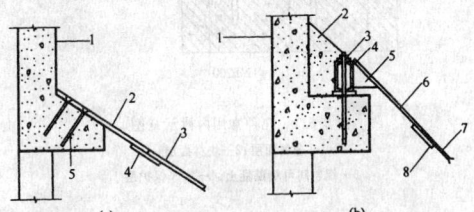

图 6.4.8 钢漏斗与混凝土仓壁的连接示意图
(a)1—仓壁;2—预埋钢板;3—漏斗;4—连接钢板;5—预埋件(塞焊)计算确定
(b)1—仓壁;2—后浇混凝土;3—预埋螺栓;4—组合钢环梁;5—加劲板;
6—上部漏斗;7—漏斗;8—连接板

6.5 柱和环梁

6.5.1 仓下支承柱的纵向钢筋的总配筋率,不应大于 2%。

6.5.2 当仓底选用单个吊挂圆锥形漏斗,仓下支承结构为筒壁支承时,漏斗顶部钢筋混凝土环梁的高度可取 0.06~0.1 倍的筒仓直径。环梁内环向钢筋面积不应小于环梁计算截面的 0.4%,环向钢筋应沿梁截面周边均匀配置(图 6.5.2)。

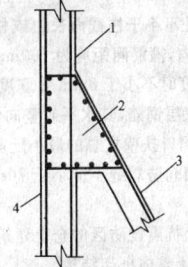

图 6.5.2 漏斗顶部仓壁环梁配筋示意图
1—仓壁;2—环梁;3—仓底(漏斗);4—筒壁

当仓下支承结构为柱子时,柱顶应设环梁,其截面及配筋量按计算确定。

6.6 内 衬

6.6.1 仓体内表面,应根据贮料容重、粒径、硬度、落料高度、进出料方式及对漏斗壁光滑度等要求,设置相应的耐磨、助滑与防冲击层。几种常用内衬可按图 6.6.1 选用。

6.6.2 仓壁或仓底受贮料冲磨轻微的部位,可将受力钢筋的混凝土保护层加厚 20mm 兼作内衬。

6.6.3 仓壁或仓底受贮料冲磨严重或直接受冲击的部位,应选用

抗冲磨性能好的材料作内衬。当使用条件允许时,仓底可考虑以死料作为内衬。卸料口处的内衬应考虑易于更换;不应使用耐热性差、易燃且易脱落的聚酯材料作内衬;块材内衬应选用压延微晶板或铸石板。

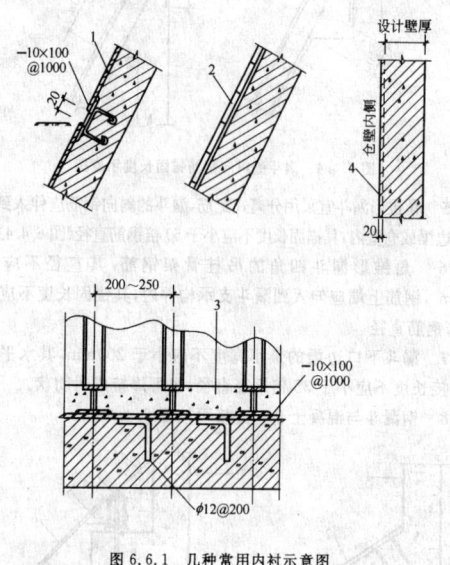

图 6.6.1 几种常用内衬示意图
1—金属面层;2—块材面层;
3—钢轨间可填混凝土;4—加厚保护层

6.7 抗震构造措施

6.7.1 仓下支承柱纵向配筋总的最小配筋率应符合表 6.7.1 的规定。

表 6.7.1 仓下支承柱纵向配筋总的最小配筋率

设防烈度	中、边柱	角柱
7、8 度	0.7%	0.9%
9 度	0.9%	1.1%

注:圆筒单仓的周边支承柱应按角柱考虑。

6.7.2 当仓下支承结构为柱支承时,在柱与仓壁或环梁交接处及其以下部位,柱与基础交接处及其以上部位,箍筋的配置应符合下列规定:

1 距上下交接处不小于柱截面长边或柱净高的 1/6,同时也不小于 1.0m 的范围内,箍筋间距应为 100mm。

2 箍筋直径:7 度时不小于 8mm;8、9 度时不小于 10mm。

6.7.3 筒壁应配置双层钢筋,其水平或竖向钢筋总的最小配筋率均不宜小于 0.4%。洞口扶壁柱总的最小配筋率不宜小于 0.6%。

6.7.4 筒壁支承的筒仓防震缝不应小于 70mm,柱支承的筒仓按框架结构设置。

6.7.5 在 7 度及以上抗震设防区的仓上建筑不应采用砖混结构,宜采用钢及钢筋混凝土整体框架结构。

6.8 预应力混凝土筒仓仓壁

6.8.1 圆形筒仓仓壁上的预应力可采用无粘结后张拉预应力或有粘结后张拉预应力。贮料入仓温度大于 100℃的筒仓仓壁可采用有粘结后张拉预应力。

6.8.2 混凝土筒仓仓壁应按贮料压力、温度、风荷载及预加应力采用的全预应力、有限预应力或部分预应力的作用,结合所配预应力筋配置环向及竖向非预应力钢筋,其最小配筋率均不应小于 0.4%。

6.8.3 预应力筋的孔道灌浆宜采用不低于 425 号普通硅酸盐水泥拌制的砂浆或水泥浆。其水灰比不应大于 0.45,泌水率不应大于 2%,当需要改善砂浆的和易性、减少泌水和收缩时,可适量掺入对混凝土和钢材无害的掺加料,锚固区应采用后浇微膨胀混凝土或无收缩砂浆。

6.8.4 预应力筋应采用高强度低松弛的钢绞线或消除了应力的钢丝束。其抗拉强度标准值和设计值及摩擦系数不应低于本规范附录 H 的规定。后张拉控制应力系数可取 0.75,预应力总损失值不应小于 80N/mm²。

6.8.5 预应力混凝土锚固区的后浇混凝土或砂浆或有粘结后张拉预应力混凝土孔道的灌浆严禁使用含有氯离子及对预应力筋、锚具及其包层与涂料有腐蚀作用的外加剂。

6.8.6 预应力混凝土的预应力筋保护层不应小于 50mm。后张拉有粘结预应力筋由其孔道壁外边缘算起,无粘结预应力筋由预应力筋的外边缘算起。

6.8.7 预应力筋采用的钢丝(钢丝束)或钢绞线不应有死弯,当出现死弯时必须切断。每根预应力钢丝(束)或钢绞线应是通长的,严禁使用有接头的预应力筋。

6.8.8 无粘结预应力筋应采用专用防腐涂料层和外包层,其质量除应符合有关的专用标准外,性能还应满足下列要求:

1 在 -20~70℃范围内,低温不脆化,高温化学稳定性好;必须具有足够的韧性、抗破损性;对周围材料(如混凝土、钢材)无侵蚀作用;防水性好,不吸湿。防腐油脂润滑性好,摩阻力小。

2 外包材料应采用聚乙烯、聚丙烯且严禁采用聚氯乙烯。

6.8.9 预应力筋的长度超过 25m 时宜两端张拉,超过 50m 时宜分段张拉和锚固。

6.8.10 筒仓仓壁预应力筋的预留孔道宜采用金属波纹管。预留孔道的内径应比预应力钢丝束或钢绞线束的外径及需穿过孔道的连接器外径大 10~15mm,且面积不应小于预应力钢丝束净面积的二倍。在预应力筋张拉的两端(张拉端、锚固端)及预应力筋长度的中部应设置灌浆孔或排气孔,其孔距不宜大于 12m。

6.8.11 混凝土浇注前应将预应力筋的套管或无粘结预应力筋严格固定,确保在混凝土振捣时不位移、不变形。预应力筋张拉时混凝土强度等级应达到设计值的 100%。预应力筋自下而上在一定范围内间隔张拉,然后自上而下完成全部张拉。

6.8.12 预应力筋采用应力控制和实际伸长值的双控张拉,其实际伸长值宜在初应力为张拉控制应力的 10% 时开始测计。当钢绞线长度大于 40m 时其实际伸长值宜在初应力为张拉控制应力的 10%~20%(或实验确定)时开始测计。

6.8.13 无粘结预应力钢丝(束)张拉端应采用夹片式锚具,固定端应采用焊接夹片式锚具。根数多于 7φ5 的钢丝束或钢绞线可用其他锚具。

6.8.14 无粘结预应力筋应采用合格的锚具,其效率系数应大于等于 0.95,极限拉力作用时的总应变应大于等于 2.0。锚具的疲劳性能应通过 200 万次循环试验。夹片锚具组件应具有符合国家标准的化学成分及机械性能证明书,其凸出或凹进混凝土表面的构造预应力筋的全长、锚具及其连接的其他部位的外包材料均应连续、封闭及防水(图 6.8.14)。

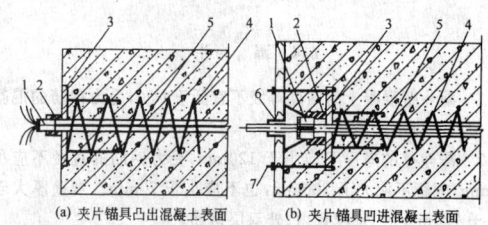

(a) 夹片锚具凸出混凝土表面 (b) 夹片锚具凹进混凝土表面
图 6.8.14 夹片锚具张拉段构造图
1—夹片;2—锚环;3—承压板;4—螺旋筋;
5—无粘结预应力筋;6—塑料塞;7—钩螺丝和螺母

6.8.15 预应力筋张拉完毕后应及时对锚固区进行保护。对夹片式锚具,可先切除外露无粘结预应力筋的多余长度并弯折,在锚具及承压板表面涂上防水涂料。

6.8.16 圆形筒仓预应力筋的各种预应力损失值应按现行《混凝土结构设计规范》GB 50010 计算。采用分批张拉时,应计入后批张拉对先批张拉的影响。可将先批张拉控制预应力值 σ_{con} 增加 $0.05f_{ptk}$ 或 $\alpha_E\sigma_{pc}$。此处,α_E 为无粘结预应力筋弹性模量与混凝土弹性模量之比,σ_{pc} 为混凝土法向压应力。

6.8.17 圆形筒仓单仓、排仓及群仓的预应力筋的平面布置见图6.8.17-1 及图 6.8.17-3,可采用每一圆周水平截面两束预应力筋。锚固点的数量及预应力筋的平面夹角应根据筒仓直径大小确定,包角不宜小于 $180°$ 或 $120°$。可采用 4 个或 6 个锚固壁柱或壁龛。按 $60°$ 分角布置的壁柱或埋入式壁龛上的锚固点示于图[6.8.17-2(c)、(d)]。

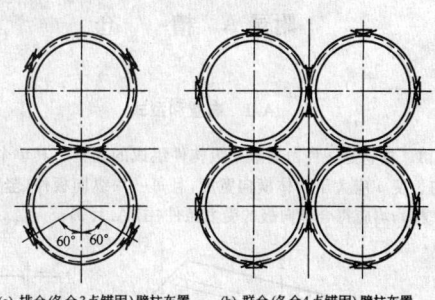

(a) 排仓(各仓3点锚固)壁柱布置 　(b) 群仓(各仓4点锚固)壁柱布置

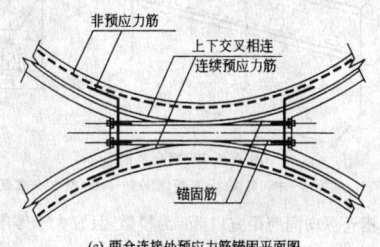

(c) 两仓连接处预应力筋锚固平面图

图 6.8.17-3　排仓、群仓预应力筋锚固壁柱布置

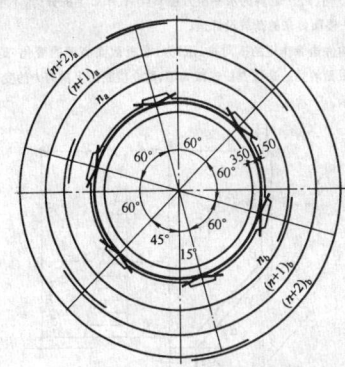

图 6.8.17-1　圆形筒仓预应力筋平面布置

6.8.18 壁柱或无壁柱(壁龛)的预应力筋的锚固部位应满足锚具的布置和张拉设备的尺寸要求。并配置相应的间接钢筋和附加构造钢筋。锚固端应验算局部承压、抗裂并应留足预应力筋的交叉空间。同一水平预应力筋在锚固处的上下距离不应小于 70mm,锚固处预应力筋的直线段应根据锚具要求确定,且不小于 400mm。

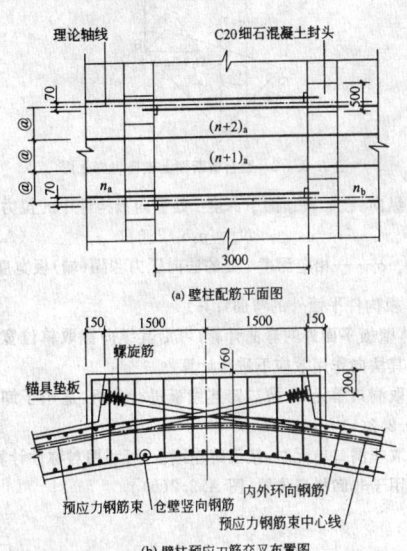

(a) 壁柱配筋平面图

(b) 壁柱预应力筋交叉布置图

(c) 无壁柱(壁龛)预应力筋锚固平面图　(d) 无壁柱(壁龛)预应力筋锚固详图

图 6.8.17-2　壁柱配筋示意

6.8.19 预应力筋张拉过程中钢丝发生滑脱或断裂时,应减低张拉应力。滑脱及断裂的数量不得超过同一截面预应力筋的 2%,一束钢丝不得超过一根。

6.8.20 后张拉预应力圆形筒仓非预应力筋的配置,除满足非预应力筒仓仓壁构造外,尚应验算预应力在仓壁上 $\pi/2\beta$ 范围内产生的次弯矩 M_y 和次剪力 V_y (图 6.8.20),其值可按下式计算:

$$M_y = \phi F/4\beta \qquad (6.8.20\text{-}1)$$

$$V_y = -\zeta F/2 \qquad (6.8.20\text{-}2)$$

$$\beta = \sqrt[4]{3(1-\nu_c^2)/r^2 t^2} \qquad (6.8.20\text{-}3)$$

注:系数 ϕ、ζ 见本规范附录 H。

式中　r——圆形筒仓的半径;

　　　F——预应力筋作用于仓壁上的压力;

　　　ν_c——混凝土的泊松比;

　　　t——壁厚。

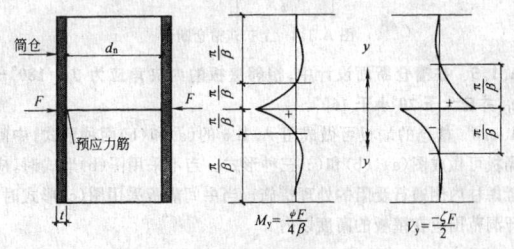

图 6.8.20　次应力示意

6.8.21 圆形预应力筒仓仓壁不含钢筋保护层的壁厚,除应满足非预应力筒仓的设计要求外,尚应符合下式的计算结果。

$$t = \frac{d_n p_h \sigma_{po}}{1.2\sigma_{pe}f_c} \qquad (6.8.21)$$

式中　d_n——筒仓内径;

　　　p_h——贮料在仓壁上的设计压力;

　　　σ_{po}——预应力筋的平均初始预应力(扣除混凝土预压前的损失);

　　　σ_{pe}——预应力筋的有效预应力;

　　　f_c——预应力作用点处混凝土抗压强度。

附录A 槽仓

A.1 布置和型式

A.1.1 槽仓是一种由矩形平板构件组成的仓型。其单个仓格的纵向长度 a 应大于仓体横向宽度，且每一块纵向板件（竖壁、斜壁和底板），均应符合单向板的受力条件（图A.1.1）。

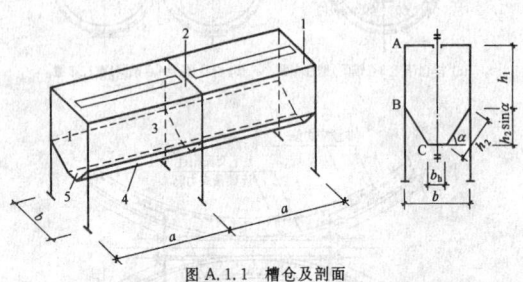

图 A.1.1 槽仓及剖面
1—端板；2—中间隔板；3—竖板（壁）；4—斜板（壁）；5—底板

A.1.2 槽仓纵向间跨距宜以 3m 为模数，且宜大于等于 12m。槽仓最大变形缝间距不宜超过 48m。

A.1.3 槽仓每仓格的支承处，应设置中间隔板或端板，仓体的各纵向板件支承在同一横向平面中（图A.1.1）（横向框架应和中间隔板或端板在同一平面中）。

A.1.4 常用的槽仓及其断面如图 A.1.1 所示，当仓体过宽（$b > b_1$）时，槽仓断面如图 A.1.4 所示做成上扩式，这时全部中间隔板和端板都应做成在柱外两边外挑的形状，以支承相应的纵向壁板。

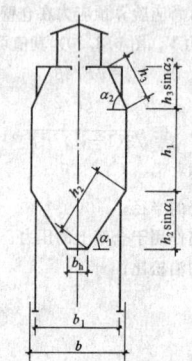

图 A.1.4 上扩式槽仓断面

A.1.5 在槽仓断面设计中，相邻壁板的内夹角为 $\beta_i = 180° - \alpha_i$，并应大于 $70°$ 小于 $160°$。

A.1.6 槽仓的端板可做成图 A.1.6 的 (a) 和 (b) 两种形式，中间隔板可做成图 (a)、(b) 和 (c) 三种形式。当不采用图 (b) 形式时，应考虑柱内侧通行受阻的处理措施。当中间隔板采用图 (c) 形式时，开洞范围应在壁板的高度以内。

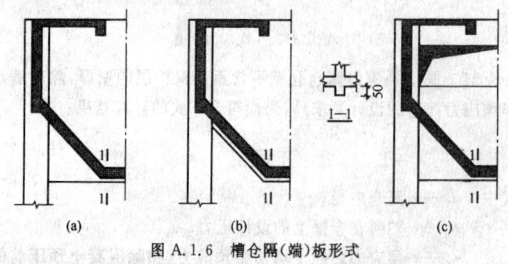

图 A.1.6 槽仓隔（端）板形式

A.2 槽仓内力计算

A.2.1 板构件平面中的拉力计算：

1 横向：在贮料侧压力、贮料和结构重力作用下（图A.2.1-1），板边和板构件的作用效应按下式计算：

竖板的荷载（kN/m）：

$$q_{BA} = G_1 + T_B \tan\alpha + q_c \qquad (A.2.1\text{-}1)$$

斜板的荷载（kN/m）：

$$q_{CB} = G_2/\sin\alpha - T_B/\cos\alpha \qquad (A.2.1\text{-}2)$$

底板的拉力（不引起平面的弯曲）（kN/m）：

$$q_{CC} = G_2 \tan\alpha + T_C \qquad (A.2.1\text{-}3)$$

注：1 G——对称仓体一半的贮料和仓体自重；
　　　G_1、G_2——在不考虑连续性时，G 分配到节点 B 和 C 的分力；
　　　T_A、T_B、T_C——贮料的水平压力在节点 A、B、C 上的分力（不考虑连续性）；
　　　q_c——楼面传来的荷载设计值。
　　2 板构件边缘作用的横向拉（压）力，沿横截面高度的变化，是由作用的一边向截面的另一边按直线递减为零，贮仓横断面上横向力的变化如图 A.2.1-2 所示。

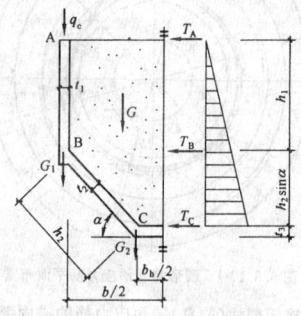

图 A.2.1-1 贮料侧压力、贮料和结构重力作用图

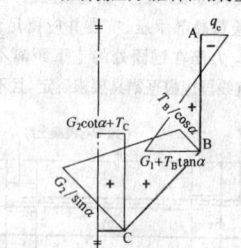

图 A.2.1-2 贮仓横断面上横向力变化图

2 纵向：在贮料顶面下深度 s 处纵向板构件中的拉力 N_{sa} 为：

$$N_{sa} = p_n b_s/2 \qquad (A.2.1\text{-}4)$$

式中 p_n、b_s——相应深度 s 处的法向压力和隔（端）板宽度。

A.2.2 板构件平面外的弯曲计算：

仓体壁板平面外的弯曲计算，可沿其纵向截取单位宽的两种单元，在其法向作用效应下进行计算。

1 取洞口单元时，按二跨连续板进行分析，适用于卸料口位置 [图 A.2.2(a)]。

2 取非洞口单元时，按五跨连续板（可利用对称性计算）进行分析，适用于非卸料口位置 [图 A.2.2(b)]。

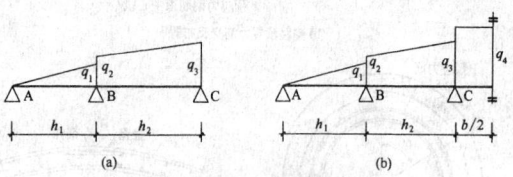

图 A.2.2 平面外弯曲计算单元

3 仓体竖壁的跨中按下列弯矩进行纵向配筋计算。

$$M_y = \pm 0.45 q_1 h_1^2/15 \quad (\text{kN} \cdot \text{m/m}) \qquad (A.2.2\text{-}1)$$

4 仓体斜壁的跨中按下列弯矩进行纵向配筋计算。

$$M_y = \pm 0.45(q_2 h_2^2/30 + q_3 h_3^2/20) \quad (\text{kN} \cdot \text{m/m})$$

$$(A.2.2\text{-}2)$$

A.2.3 板构件平面内的弯曲计算:

1 槽仓板构件在其平面内的弯曲计算,可简化为由竖壁和斜壁组成的折板,按无力矩折板理论计算。由竖壁和斜板组成的折板,在其折缝 B 处的剪力 T_B 为:

$$T_B = A_1(M_{1c}/W_1 + M_{2c}/W_2)A_2/4(A_1 + A_2) \quad \text{(kN)}$$
$$\text{(A.2.3-1)}$$

注:M_{1c}、A_1、W_1 和 M_{2c}、A_2、W_2 分别是 q_{AB}、q_{CB} 作用下,竖壁和斜壁的跨中弯矩、截面积及截面系数。

竖壁的轴力和弯矩为:
$$N_1 = -T_B, \quad M_1 = M_{1c} - T_B h_1/2 \quad \text{(A.2.3-2)}$$

斜壁的轴力和弯矩为:
$$N_2 = -T_B, \quad M_2 = M_{2c} - T_B h_2/2 \quad \text{(A.2.3-3)}$$

2 底板卸料口的四周,应采用闭合框架加强,该框架应按承受拉力 q_{cc} 进行配筋计算。

3 中间隔板或端板的下部,承受由斜壁支座传来的作用效应和上部平台传来的荷载,在平面中按深梁进行计算,在平面外应按承受贮料侧压力进行平面外弯曲计算。对中间隔板应考虑单侧有料和两侧有料两种工况中取其不利者核算配筋。

注:当洞口框梁刚度小时,斜板与底板按铰接计算的单元为洞口单元;

当洞口框梁刚度大时,斜板与底板按刚结计算的单元为非洞口单元。

A.3 构 造

A.3.1 槽仓的构造按以下要求:

1 板厚:竖壁厚可取计算跨度的 1/15～1/20,但不小于 200mm。斜壁厚可取计算跨度的 1/10～1/18,且不小于 200mm。底板厚不小于斜壁的厚度,宜比斜壁大 50mm。中间隔板或端板的厚度取横向柱距的 1/20～1/25,但它应同时满足深梁要求的构造尺寸。

2 中间隔板或端板的外边缘,宜比仓体外轮廓线大 50mm (图 A.1.6)。

3 槽仓的横向筋,不得采用绑扎接头,横向钢筋在底板卸料口处,应将其可靠的锚固在卸料口的加强框架中。

4 卸料口洞口四角应按本规范第 6.4.6 条要求设置斜向钢筋,但钢筋直径不宜小于 18mm。

5 当贮仓的支承框架柱伸到仓顶平台时,隔板或端板的水平筋,可按一般方法锚固在框架柱中。

附录 B 贮料的物理特性参数

表 B 贮料的物理特性参数

散料名称	重力密度 γ (kN/m³)	内摩擦角 ϕ(°)	摩擦系数 μ	
			对混凝土板	对钢板
稻谷	6	35	0.5	0.35
大米	8.5	30	0.42	0.3
玉米	7.8	28	0.42	0.32
小麦	8	25	0.4	0.3
大豆	7.5	25	0.4	0.3
葵花子	5.5	30	0.4	0.3
水泥	16	30	0.58	0.3
水泥生料	14	30	0.58	0.3
干粘土	16	35	0.5	0.3
铁粉(硫铁矿废渣)	16	33	0.5	0.35
水泥熟料	16	30	0.50	0.3
石膏碎块	15	30	0.5	0.35
矿渣(干粒状高炉渣)	11	30	0.5	0.35
石灰石	16	35	0.5	0.3
铁精矿(粉状)	27	30～34	0.5	0.36
硫铁精矿(粉状)	20	30～34	0.55	0.45

续表 B

散料名称	重力密度 γ (kN/m³)	内摩擦角 ϕ(°)	摩擦系数 μ	
			对混凝土板	对钢板
铜精矿(粉状)	23	28～32	0.55	0.45
铅精矿(粉状)	33	30～34	0.6	0.5
锌精矿(粉状)	21	28～32	0.6	0.5
锡精矿(粉状)	32	29～32	0.55	0.4
镍精矿(粉状)	17	30～34	0.45	0.4
钼精矿(粉状)	20	22～25	0.35	0.3
萤石粉	20	28～32	0.6	0.45
无烟煤	8.0～12.0	25～40	0.5～0.6	0.3
烟煤	8.0～11.5	25～40	0.5～0.6	0.3
精煤	8.0～9.0	30～35	0.5～0.6	0.3
中煤	12.0～14.0	35～40	0.5～0.6	0.3
煤矸石	16	35～40	0.6	0.45
褐煤	7.0～10.0	23～38	0.5～0.6	0.3
油母页岩	7.0～10.0	23～38	0.5～0.6	0.3
煤粉(电厂用)	8.0～9.0	25～40	0.55	0.4
粉煤灰	7.0～8.0	23～30	0.55	0.4
焦炭	6	40	0.8	0.5

注:1 表中内摩擦角和摩擦系数系指散料外在含水量小于 12% 的值,当超过时,需另行考虑。

2 表中的重力密度 γ 为干密度,设计时应按贮料的实际含水量进行修正。

附录 C 浅圆仓贮料压力计算公式

C.0.1 当仓壁顶面以上的贮料为锥体,破裂面通过仓的中线(图 C.0.1)时,贮料作用于浅圆仓仓壁上的侧压力可按下式计算:

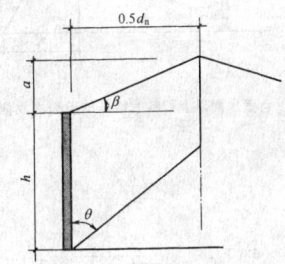

图 C.0.1 仓壁顶面以上的贮料为锥体的破裂面示意

$$\cot\theta = -\cot\phi + \frac{\sqrt{2[1+\cos2\phi+\sin2\phi(\tan\beta+6\delta)]}}{\sin2\phi} \quad \text{(C.0.1-1)}$$

$$\delta = h/d_n \quad \text{(C.0.1-2)}$$

$$\lambda_{k1} = \frac{1}{12\delta^2}(6\delta + \tan\beta - \cot\theta)\cot(\theta+\phi) \quad \text{(C.0.1-3)}$$

$$E = 0.5\lambda_{k1}\gamma h^2 \quad \text{(C.0.1-4)}$$

$$p_h = \lambda_{k1}\gamma h \quad \text{(C.0.1-5)}$$

注:仓壁上单位面积上的压力,按线性分布。

C.0.2 当仓壁顶面以上贮料为截锥体,破裂面不通过仓中线(图 C.0.2)时,贮料作用于仓壁上的侧压力按下式计算:

$$A_s = 0.5(a+h)^2 \quad B_s = 0.5ab \quad \text{(C.0.2-1)}$$

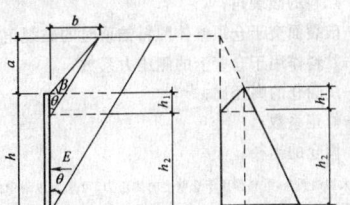

图 C.0.2 仓壁顶面以上贮料为截锥体的破裂面及侧压力示意

$$s=\frac{h^3+a(3h^2-3h_1h+h_1^2)}{3[h^2+a(2h-h_1)]} \qquad h_1=\frac{b-a\tan\theta}{\tan\theta} \quad \text{(C.0.2-2)}$$

$$\tan\theta=-\tan\phi+\sqrt{(\tan\phi+\cot\phi)(\tan\phi+B_s/A_s)} \quad \text{(C.0.2-3)}$$

$$\lambda_{k2}=\tan\theta\frac{\cos(\theta+\phi)}{\sin(\theta+\phi)} \quad \text{(C.0.2-4)}$$

$$\eta_1=1-\frac{(h+a)^3\tan^2\theta-a^3\cot^2\beta}{3r(h+a)^2\tan\theta-a^2\cot\beta} \quad \text{(C.0.2-5)}$$

$$E=\gamma\eta_1\lambda_{k2}\frac{A_s\tan\theta-B_s}{\tan\theta} \quad \text{(C.0.2-6)}$$

$$p_1=\gamma a\lambda_{k2} \quad \text{(C.0.2-7)}$$

$$p_2=\gamma h\lambda_{k2} \quad \text{(C.0.2-8)}$$

$$p_h=\gamma\eta_1\lambda_{k2}(h+a) \quad \text{(C.0.2-9)}$$

注：s 为图 C.0.2 中 E 至底边的距离。

C.0.3 当仓壁顶面以上贮料为锥体，破裂面不通过仓中线时（图 C.0.3），贮料作用于仓壁上的侧压力按下式计算：

$$\tan(\theta+\beta)=-\tan\phi+\sqrt{(\tan\phi+\cot\phi)(\tan\phi+\tan\beta)} \quad \text{(C.0.3-1)}$$

$$\psi=\phi-\beta \qquad (\phi\neq\beta) \quad \text{(C.0.3-2)}$$

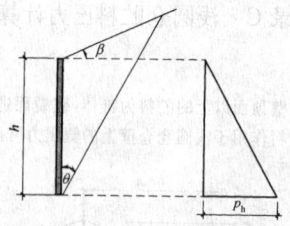

图 C.0.3　仓壁顶面以上贮料为锥体的破裂面及侧压力示意

$$\delta=\frac{h}{d_n} \quad \text{(C.0.3-3)}$$

$$\lambda_{k3}=\frac{\cos^2\phi}{\left[1+\sqrt{\dfrac{\sin\phi\sin(\phi-\beta)}{\cos\beta}}\right]^2} \quad \text{(C.0.3-4)}$$

当 $\theta\leqslant\theta_0$ 时：

$$\eta_2=1-\frac{1}{3}(2\delta+\tan\beta)\tan\theta \quad \text{(C.0.3-5)}$$

θ_0 由下式计算：

$$\cot\theta_0=2\delta+\tan\beta \quad \text{(C.0.3-6)}$$

$$E=0.5\gamma h^2\lambda_{k3}\eta_2 \quad \text{(C.0.3-7)}$$

$$p_h=\gamma h\lambda_{k3}\eta_2 \quad \text{(C.0.3-8)}$$

以上各式中：

E——侧压力总值；

a、b——仓壁顶面以上贮料锥体的尺寸；

θ——贮料的破裂角；

θ_0——破裂面交于仓顶锥体贮料锥顶时的破裂角；

λ_k——贮料作用于仓壁上的侧压力系数；

δ——浅圆仓的高径比；

η——修正系数；

r——筒仓的半径。

注：对于大型浅圆仓，贮料作用于仓壁上的侧压力，可采用本附录的公式计算。在计算贮料作用于仓壁上的侧压力时，以上公式中未计入贮料对仓壁产生的摩擦力。计算地基承载力时，可计入贮料对仓壁的摩擦力。当有实践经验时，亦可采用其他计算方法计算。

附录 D　系数 $\xi=\cos^2\alpha+k\sin^2\alpha$、$k=\tan^2(45°-\phi/2)$ 及 $\lambda=(1-e^{-\mu ks/\rho})$ 的值

表 D-1　$\xi=\cos^2\alpha+k\sin^2\alpha$ 的值

α (°)	ϕ值(°)						
	20	25	30	35	40	45	50
	$k=\tan^2(45°-\phi/2)$值						
	0.49	0.406	0.333	0.271	0.217	0.172	0.132
25	0.909	0.893	0.881	0.869	0.800	0.852	0.845
30	0.872	0.852	0.833	0.818	0.804	0.793	0.783
35	0.832	0.805	0.781	0.760	0.742	0.727	0.715
40	0.789	0.755	0.725	0.699	0.677	0.657	0.642
42	0.772	0.734	0.701	0.673	0.650	0.629	0.612
44	0.754	0.713	0.678	0.648	0.622	0.600	0.584
45	0.745	0.703	0.667	0.636	0.609	0.536	0.566
46	0.736	0.698	0.655	0.623	0.595	0.571	0.551
48	0.719	0.672	0.632	0.598	0.568	0.543	0.521
50	0.701	0.651	0.608	0.572	0.540	0.518	0.491
52	0.684	0.631	0.586	0.547	0.511	0.486	0.461
54	0.666	0.611	0.563	0.523	0.487	0.457	0.432
55	0.658	0.601	0.552	0.511	0.475	0.444	0.418
56	0.649	0.592	0.542	0.499	0.462	0.430	0.404
58	0.633	0.573	0.520	0.476	0.437	0.404	0.376
60	0.617	0.555	0.500	0.453	0.413	0.378	0.340
62	0.602	0.537	0.480	0.431	0.389	0.354	0.324
64	0.588	0.520	0.461	0.411	0.367	0.330	0.290
65	0.581	0.512	0.452	0.401	0.357	0.320	0.287
66	0.574	0.504	0.443	0.391	0.346	0.303	0.276
68	0.561	0.490	0.426	0.373	0.327	0.287	0.254
70	0.550	0.476	0.412	0.356	0.309	0.268	0.234

表 D-2　$\lambda=(1-e^{-\mu ks/\rho})$ 的值

$\mu ks/\rho$	λ	$\mu ks/\rho$	λ	$\mu ks/\rho$	λ	$\mu ks/\rho$	λ
0.01	0.01	0.37	0.309	0.73	0.518	1.18	0.693
0.02	0.02	0.38	0.316	0.74	0.523	1.20	0.699
0.03	0.03	0.39	0.323	0.75	0.528	1.22	0.705
0.04	0.039	0.40	0.330	0.76	0.532	1.24	0.711
0.05	0.049	0.41	0.336	0.77	0.537	1.28	0.716
0.06	0.058	0.42	0.343	0.78	0.542	1.28	0.722
0.07	0.068	0.43	0.349	0.79	0.546	1.30	0.727
0.08	0.077	0.44	0.356	0.80	0.551	1.32	0.733
0.09	0.086	0.45	0.362	0.81	0.555	1.34	0.738
0.10	0.095	0.46	0.369	0.82	0.559	1.36	0.743
0.11	0.104	0.47	0.375	0.83	0.564	1.38	0.748
0.12	0.113	0.48	0.381	0.84	0.568	1.40	0.753
0.13	0.122	0.49	0.387	0.85	0.573	1.42	0.758
0.14	0.131	0.50	0.393	0.86	0.577	1.44	0.763
0.15	0.139	0.51	0.399	0.87	0.581	1.46	0.768
0.16	0.148	0.52	0.405	0.88	0.585	1.48	0.772
0.17	0.156	0.53	0.411	0.89	0.589	1.50	0.777
0.18	0.165	0.54	0.417	0.90	0.593	1.52	0.781
0.19	0.173	0.55	0.423	0.91	0.597	1.54	0.786
0.20	0.181	0.56	0.429	0.92	0.601	1.56	0.790
0.21	0.189	0.57	0.434	0.93	0.605	1.58	0.794
0.22	0.197	0.58	0.440	0.94	0.609	1.60	0.798
0.23	0.205	0.59	0.446	0.95	0.613	1.62	0.802
0.24	0.213	0.60	0.451	0.96	0.617	1.64	0.806
0.25	0.221	0.61	0.457	0.97	0.621	1.66	0.810
0.26	0.229	0.62	0.462	0.98	0.625	1.68	0.814
0.27	0.237	0.63	0.467	0.99	0.628	1.70	0.817
0.28	0.244	0.64	0.473	1.00	0.632	1.72	0.821
0.29	0.252	0.65	0.478	1.02	0.639	1.74	0.824
0.30	0.259	0.66	0.483	1.04	0.647	1.76	0.828
0.31	0.267	0.67	0.488	1.06	0.654	1.78	0.831
0.32	0.274	0.68	0.493	1.08	0.660	1.80	0.835
0.33	0.281	0.69	0.498	1.10	0.667	1.82	0.838
0.34	0.288	0.70	0.503	1.12	0.674	1.84	0.841
0.35	0.295	0.71	0.508	1.14	0.680	1.86	0.844
0.36	0.302	0.72	0.513	1.16	0.687	1.88	0.847
1.90	0.850	2.25	0.895	2.75	0.939	3.50	0.970
1.92	0.853	2.30	0.900	2.80	0.939	3.60	0.973
1.94	0.856	2.35	0.905	2.85	0.942	3.70	0.975
1.96	0.859	2.40	0.909	2.90	0.945	3.80	0.978

$\mu ks/\rho$	λ	$\mu ks/\rho$	λ	$\mu ks/\rho$	λ	$\mu ks/\rho$	λ
1.98	0.862	2.45	0.914	2.95	0.948	3.90	0.980
2.00	0.865	2.50	0.918	3.00	0.950	4.00	0.982
2.05	0.871	2.55	0.922	3.10	0.955	5.00	0.993
2.10	0.878	2.60	0.926	3.20	0.959	7.00	0.999
2.15	0.884	2.65	0.929	3.30	0.963	8.00	1.000
2.20	0.889	2.70	0.933	3.40	0.967		

附录 E　星仓仓壁及洞口应力计算

E.0.1　四个圆形筒仓的星仓仓壁内力(图 E.0.1-1)计算公式：

$$M_A = p(d_n + 2t)(d_n + t)\sin\theta\left(1 - \frac{\sin\theta}{\theta}\right)/4 \qquad (E.0.1-1)$$

$$M_B = p(d_n + 2t)(d_n + t)\sin\theta\left(\cos\theta - \frac{\sin\theta}{\theta}\right)/4 \qquad (E.0.1-2)$$

$$M_C = p(d_n + 2t)(d_n + t)\sin\theta\left(\cos\alpha_1 - \frac{\sin\theta}{\theta}\right)/4 \qquad (E.0.1-3)$$

$$F_A = p(d_n + 2t)(1 - \sin\theta)/2 \qquad (E.0.1-4)$$

$$F_B = p(d_n + 2t)(1 - \sin\theta\cos\theta)/2 \qquad (E.0.1-5)$$

$$F_C = p(d_n + 2t)(1 - \sin\theta\cos\alpha_1)/2 \qquad (E.0.1-6)$$

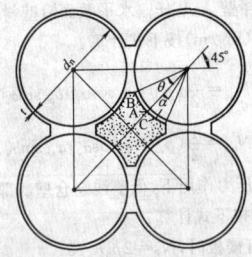

图 E.0.1-1　四个圆形筒仓的星仓

三列圆形筒仓的星仓仓壁中的内力(图 E.0.1-2)计算公式：

$$M_A = -0.0352p(d_n + t) \qquad (E.0.1-7)$$

$$M_B = (0.3183 - 0.3535\cos\theta)p(d_n + t) \qquad (E.0.1-8)$$

$$M_C = (0.3183 - 0.3535\cos\alpha_1)p(d_n + t) \qquad (E.0.1-9)$$

$$M_n = 0.0683p(d_n + t) \qquad (E.0.1-10)$$

$$F_A = -0.7071p \qquad F_B = -0.7071p\cos\theta \qquad (E.0.1-11)$$

$$F_C = -0.7071p\cos\alpha_1 \qquad F_D = -0.5p \qquad (E.0.1-12)$$

$$V_A = 0 \qquad V_B = 0.7071p\sin\theta \qquad (E.0.1-13)$$

$$V_C = 0.7071p\sin\alpha_1 \qquad V_D = 0.5p \qquad (E.0.1-14)$$

注：以上各式中的 M、F 及 V 分别为图中各点的弯矩、环线轴力及切力。

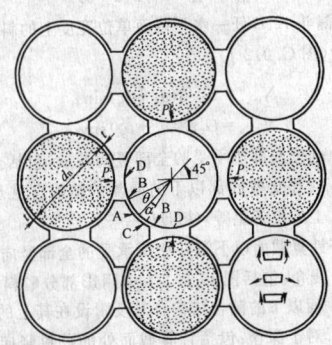

图 E.0.1-2　三列圆形筒仓的星仓

E.0.2　仓壁周边在拉、压力作用下，正方形、矩形洞口应力参数如图 E.0.2 及表 E.0.2-1～表 E.0.2-3 所示。

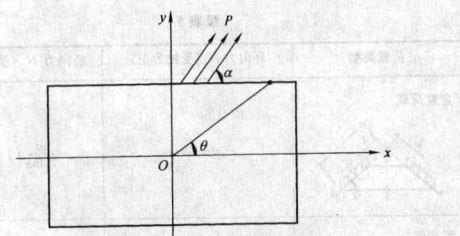

图 E.0.2　洞口应力参数示意图

α—作用力 p 与洞口中心水平轴的夹角；θ—洞口周边各点与洞口中心水平轴的夹角；σ_θ—与洞口周边法线正交的洞边应力

表 E.0.2-1　当 $\alpha = \pi/2$ 时正方形洞口的 σ_θ/p 值

θ	σ_θ/p	θ	σ_θ/p
0	1.616	50	0.265
15	1.802	60	-0.702
30	1.932	75	-0.901
40	4.230	90	-0.871
45	5.763		

表 E.0.2-2　在边比 $a/b = 5$ 的矩形洞口条件下的 σ_θ/p 值

θ	$\alpha = 0$	$\alpha = 90°$	θ	$\alpha = 0$	$\alpha = 90°$
0	-0.768	2.420	90	1.192	-0.940
20	-0.152	8.050	140	1.558	-0.644
25	2.692	7.030	150	2.812	1.344
30	2.812	1.344	160	-0.152	8.050
40	1.558	-0.644	180	-0.768	2.420

表 E.0.2-3　在边比 $a/b \cong 3.2$ 的矩形洞口的条件下的 σ_θ/p 值

θ	$\alpha = 0$	$\alpha = 90°$	θ	$\alpha = 0$	$\alpha = 90°$
0	-0.770	2.152	30	2.610	5.512
10	-0.807	2.520	35	3.181	
20	-0.686	4.257	40	2.892	-0.198
25		6.204	90	1.342	-0.980

注：该表适用于仓径大于 15m 的仓壁落地的筒仓仓壁上的洞口。

附录 F　旋转壳体在对称荷载下的薄膜内力

表 F　旋转壳体在对称荷载下的薄膜内力

荷载类型	环向力 N_p(受拉为正)	经向力 N_m(受拉为正)
自重荷载	$qR\left(\dfrac{\cos\beta_0 - \cos\beta}{\sin^2\beta} - \cos\beta\right)$	$-qR\left(\dfrac{\cos\beta_0 - \cos\beta}{\sin^2\beta}\right)$
雪荷载	$\dfrac{q_sR}{2}\left(1 - \dfrac{\sin^2\beta_0}{\sin^2\beta} - 2\cos^2\beta\right)$	$-\dfrac{q_sR}{2}\left(1 - \dfrac{\sin^2\beta_0}{\sin^2\beta}\right)$
线荷载	$q\dfrac{\sin\beta_0}{\sin^2\beta}$	$-q\dfrac{\sin\beta_0}{\sin^2\beta}$

续表 F

荷载类型	环向力 N_p（受拉为正）	经向力 N_m（受拉为正）
自重荷载	$-ql\cos\alpha\cot\alpha$	$-\dfrac{ql}{2\sin\alpha}\left(1-\dfrac{l_1^2}{l^2}\right)$
雪荷载	$-q_s l\cos^2\alpha\cot\alpha$	$-\dfrac{1}{2}q_s l\left(1-\dfrac{l_1^2}{l^2}\right)\cot\alpha$
线荷载	0	$-\dfrac{ql_1}{l}$
深仓贮料荷载	$p_h R$	$-q-p_1-\gamma_c st$
自重荷载	$ql\cos\alpha\cot\alpha$	$\dfrac{ql}{2\sin\alpha}\left(1-\dfrac{l_1^2}{l^2}\right)$
贮料压力	$\dfrac{\cot\alpha}{1-n}\left[(p_{v2}-p_{v1})\dfrac{l^2}{l_2}+(p_{v1}-np_{v2})l\right]$	$\dfrac{l\cot\alpha}{2}\cdot\left[\dfrac{l_2(p_{v1}-np_{v2})-l(p_{v1}-p_{v2})}{l_2-l_1}\right]+\dfrac{l\cot\alpha}{2}\cdot\dfrac{\gamma s\eta}{3}\left(1-\dfrac{l_1^3}{l^3}\right)$
自重荷载	$ql\cos\alpha\cot\alpha$	$\dfrac{ql}{2\sin\alpha}\left(1-\dfrac{l_2^2}{l^2}\right)$
贮料压力	$\dfrac{\cot\alpha}{1-n}\left[(p_{v2}-p_{v1})\dfrac{l^2}{l_2}+(p_{v1}-np_{v2})l\right]$	$\dfrac{\cot\alpha}{2}\left[p_{v1}\dfrac{l\,l_2-l^2}{(1-n)l_2}\right]-p_{v2}\dfrac{l_2^2-nl\,l_2}{(1-n)l_2}-\dfrac{\cot\alpha}{2}\dfrac{\gamma}{3}\left(\dfrac{l_2^3}{l}-l^2\right)\sin\alpha$

注:1　γ_c—仓壁材料重力密度(kN/m³)；
　　　ξ—见附录C；
　　　n—系数，$n=l_1/l_2$；
　　　p_{v1}、p_{v2}—分别为贮料作用于漏斗底部及顶部单位面积上的压力(kPa)；
　　　t—旋转壳的厚度。
　　2　各项荷载均以图示方向为正。

附录 G　矩形筒仓按平面构件的内力计算

G.0.1　对称布置的矩形筒仓仓壁或角锥形漏斗壁，在贮料水平压力或贮料法向压力及漏斗壁自重作用下，由邻壁传来的水平拉力可按下列公式计算(图 G.0.1)：

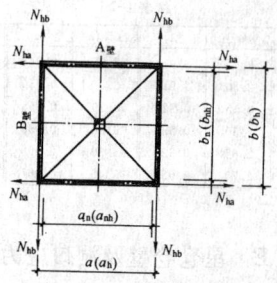

图 G.0.1　仓壁(或角锥形漏斗壁)水平拉力位置示意图

1　低壁浅仓仓壁A、B底部的水平拉力 N_{ha}、N_{hb}(kN)按下式计算：
$$N_{ha}=N_R b_n/2 \qquad (G.0.1\text{-}1)$$
$$N_{hb}=N_R a_n/2 \qquad (G.0.1\text{-}2)$$

2　高壁浅仓或深仓仓壁A、B任一水平截面单位高度上的水平拉力 N_{ha}、N_{hb}(kN/m)按下式计算：
$$N_{ha}=p_h b_n/2 \qquad (G.0.1\text{-}3)$$
$$N_{hb}=p_h a_n/2 \qquad (G.0.1\text{-}4)$$

3　角锥形漏斗壁A、B任一水平截面沿壁斜向单位高度上的水平拉力 N_{ha}、N_{hb}(kN/m)按下式计算：
$$N_{ha}=\frac{1}{2}(p_{nb}+q_b\cos\alpha_b)b_{nh}\sin\alpha_a \qquad (G.0.1\text{-}5)$$
$$N_{hb}=\frac{1}{2}(p_{na}+q_a\cos\alpha_a)a_{nh}\sin\alpha_b \qquad (G.0.1\text{-}6)$$

4　贮料水平压力作用下，低壁浅仓仓壁底部单位宽度上的反力 N_R(kN/m)，可按下式计算：
　1)当顶部有楼板时：$N_R=2p_h h_n/5 \qquad (G.0.1\text{-}7)$
　2)当顶部无楼板时：$N_R=p_h h_n/2 \qquad (G.0.1\text{-}8)$
注：此处 h_n 为贮料计算高度，p_h 系指仓壁底部的值。

式中　p_h——计算截面处，贮料作用于仓壁上的水平压力(kPa)；
　　　p_{na}、p_{nb}——分别为计算截面处，贮料作用于角锥形漏斗壁A、B上的法向压力(kPa)；
　　　q_a、q_b——分别为角锥漏斗壁A、B单位面积自重(kPa)；
　　　a_n、b_n——分别为仓壁A、B的内侧宽度(m)；
　　　a_{nh}、b_{nh}——分别为计算截面处，角锥形漏斗壁A、B的内侧宽度(m)；
　　　α_a、α_b——分别为角锥形漏斗壁A、B与水平面之夹角(°)。

G.0.2　对称布置的矩形筒仓仓壁或角锥形漏斗壁，在贮料荷载、结构自重等竖向荷载作用下，产生的竖向力或斜向力可按下列公式计算：
1　仓壁A、B底部单位宽度上的竖向力 N_{va}、N_{vb}(kN/m)：
$$N_{va}=N_{vb}=G_1/2(a+b) \qquad (G.0.2\text{-}1)$$
2　角锥漏斗A、B任一水平截面单位宽度上的斜向力 $N_{inc.a}$、$N_{inc.b}$(kN/m)(图 G.0.2-1)：
$$N_{inc.a}=G_2/2(a_h+b_h)\sin\alpha_a \qquad (G.0.2\text{-}2)$$
$$N_{inc.b}=G_2/2(a_h+b_h)\sin\alpha_b \qquad (G.0.2\text{-}3)$$

式中　G_1——仓壁底部所承受的全部竖向荷载(包括全部贮料荷载和仓壁底部以下的漏斗的结构自重及附设在其上的设备重等)(kN)；
　　　G_2——计算截面以下漏斗壁所承受的全部竖向荷载(对于浅仓:包括图 G.0.2-1中阴影部分贮料重、计算截面以下的漏斗结构自重及附设在其上的设备重等；对于深仓:包括计算截面处的贮料竖向压力、计算截面以下漏斗内的贮料重、漏斗结构自重及附设在其上的设备重等)(kN)；
　　　a、b——分别为仓壁A、B的宽度(轴线尺寸)；
　　　a_h、b_h——分别为计算截面处角锥漏斗壁A、B的宽度(轴线尺寸)。

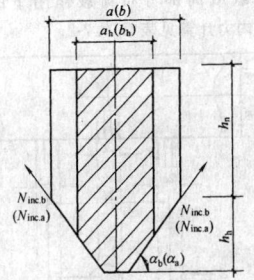

图 G.0.2-1 斜向力及贮料荷载示意图

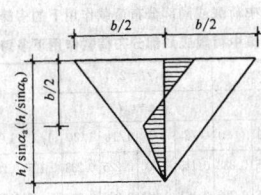

图 G.0.2-2 三角形深梁内力图

G.0.3 矩形浅仓仓壁、角锥形漏斗壁平面外的弯曲，可按周边支承板进行计算，相邻壁交接处的不平衡弯矩可按平均分配的方法进行调整。矩形深仓仓壁平面外的弯曲，可按平面框架进行计算。

G.0.4 柱子支承的方形或接近方形的矩形浅仓仓壁、角锥形漏斗壁平面内的弯曲可按下列规定计算：

1 角锥形漏斗仓，其漏斗壁可按单独的三角形深梁计算；三角形深梁可按材料力学公式计算，漏斗壁的计算高度可取 1/2 的跨度，当漏斗壁的高度小于跨度的 1/2 时，则取其实际高度，而深梁下部应力值向三角形顶尖按直线递减为零（图 G.0.2-2）。

2 低壁浅仓，仓壁与竖向投影为 0.4 倍跨度的漏斗壁一起，应按普通梁计算。

3 高壁浅仓或深仓仓壁可按平面深梁计算，略去漏斗壁的共同受力作用。平面深梁的计算表格见表 G.0.6-1～表 G.0.7-2。

4 选择钢筋截面时，按平面内弯曲算出的水平应力应与按表 G.0.6-1～表 G.0.7-2 所计算出的水平力同时考虑。

G.0.5 对称布置且柱子支承的角锥漏斗壁交角顶部在贮料重量及漏斗自重作用下的斜向拉力 N'_{inc}（kN）可按下式计算：

$$N'_{inc} = c(aN_{inc.a} + bN_{inc.b})/2 \qquad (G.0.5)$$

式中　　c——荷载分配系数，可按图 G.0.5 选用；

$N_{inc.a}$、$N_{inc.b}$——分别为角锥形漏斗壁 A、B 顶部单位宽度上的斜向拉力（kN/m）。

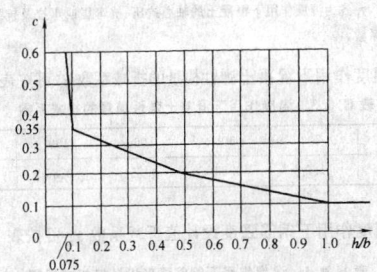

图 G.0.5 荷载分配系数 c

注：h 为仓壁高度或漏斗仓壁上边梁高度。

G.0.6 按分散配筋方法计算时的平面深梁内力表：

1 均布荷载作用在下边，见图 G.0.6-1 及表 G.0.6-1。

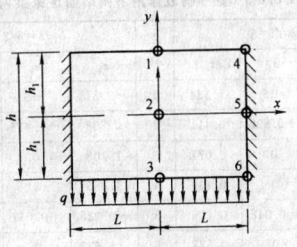

图 G.0.6-1 均布荷载作用在下边

表 G.0.6-1 均布荷载作用在下边

点号	$h_1/l=2$			点号	$h_1/l=1$			点号	$h_1/l=1/2$		
	σ_x	σ_y	τ_{xy}		σ_x	σ_y	τ_{xy}		σ_x	σ_y	τ_{xy}
1	-0.14	0	0	1	-0.436	0	0	1	-1.21	0	0
2	0.083	0.5	0	2	0.083	0.5	0	2	0.083	0.5	0
3	0.306	1	0	3	0.602	1	0	3	1.376	1	0
4	0.027	0	0	4	1.045	0	0	4	3.218	0	0
5	0.083	0.5	-0.375	5	0.083	0.5	-0.75	5	0.083	0.5	-1.5
6	-0.104	1	0	6	-0.878	1	0	6	-3.051	1	0

注：1　表内系数是按板厚为 1，$q=1$ 求得。

2　多跨深梁的边跨跨中 σ_x 应比表中值增加 50%；单跨简支深梁跨中 σ_x 应比表中值增加 100%。

3　$h_1=h/2$；$l=a/2$（或 $b/2$）。

4　h 为仓壁高度。

2 均布荷载作用在上边，见图 G.0.6-2 及表 G.0.6-2。

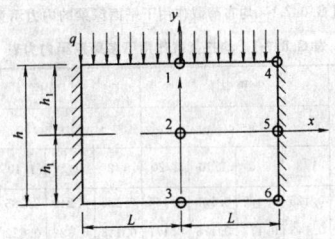

图 G.0.6-2 均布荷载作用在上边

表 G.0.6-2 均布荷载作用在上边

点号	$h_1/l=2$			点号	$h_1/l=1$			点号	$h_1/l=1/2$		
	σ_x	σ_y	τ_{xy}		σ_x	σ_y	τ_{xy}		σ_x	σ_y	τ_{xy}
1	-0.306	-1	0	1	-0.602	-1	0	1	-1.376	-1	0
2	-0.083	-0.5	0	2	-0.083	-0.5	0	2	-0.083	-0.5	0
3	0.14	0	0	3	0.436	0	0	3	1.21	0	0
4	0.104	-1	0	4	0.878	-1	0	4	3.051	-1	0
5	-0.083	-0.5	-0.375	5	-0.083	-0.5	-0.75	5	-0.083	-0.5	-1.5
6	-0.027	0	0	6	-1.045	0	0	6	-3.218	0	0

注：说明见表 G.0.6-1。

3 集中荷载作用下两端固定深梁如图 G.0.6-3 所示，其内力表见表 G.0.6-3。

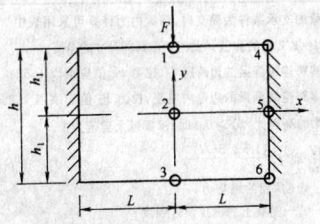

图 G.0.6-3 集中荷载作用下两端固定的深梁

表 G.0.6-3 集中荷载作用下两端固定深梁内力表

点号	$h_1/l=1$			点号	$h_1/l=2/3$			乘数
	σ_x	σ_y	τ_{xy}		σ_x	σ_y	τ_{xy}	
1	-3.038	-6	1.324	1	-3.311	-6	1.374	
2	0.17	-0.925	0.411	2	0.308	-1.476	0.888	
3	0.441	0	0.077	3	1.108	0	0.238	$F/2l$
4	1.511	0	0.435	4	1.955	0	0.622	
5	-0.249	-0.042	0.626	5	-0.225	-0.037	0.856	
6	-0.748	0	0.328	6	-1.632	0	0.67	

注:1 表中 τ_{xy} 为各点附近的最大值。

  2 表中系数按板厚等于1,F=1求得。

  3 多跨深梁的边跨跨中 σ_x 应比表中值增加50%；单跨简支深梁跨中 σ_y 应比表中值增加100%。

  4 $h_1=h/2, l=a/2$(或$b/2$),为仓壁高度。

G.0.7 按集中配筋方法计算时的平面深梁内力计算：

  1 均布荷载作用下平面深梁如图 G.0.7-1 所示,其内力表见表 G.0.7-1。

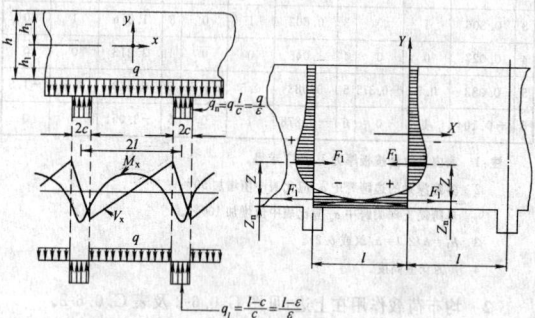

图 G.0.7-1 均布荷载作用下平面深梁的内力示意

表 G.0.7-1 均布荷载作用下多跨深梁内力表

h_1/l	内力	跨中				支座				乘数
		$\varepsilon=c/l$				$\varepsilon=c/l$				
		1/2	1/5	1/10	1/20	1/2	1/5	1/10	1/20	
$h_1=\infty$	M	0.125	0.160	0.165	0.166	0.125	0.240	0.285	0.309	ql^2
	F_1	0.143	0.171	0.176	0.177	0.143	0.322	0.422	0.495	ql
	Z	0.874	0.930	0.936	0.938	0.874	0.746	0.674	0.612	l
	Z_n	0.108	0.121	0.122	0.122	0.108	0.059	0.038	0.024	l
1	M	0.125	0.160	0.165	0.166	0.125	0.240	0.285	0.309	ql^2
	F_1	0.144	0.172	0.177	0.178	0.144	0.324	0.424	0.497	ql
	Z	0.870	0.924	0.932	0.934	0.870	0.740	0.682	0.612	l
	Z_n	0.109	0.121	0.123	0.124	0.109	0.059	0.036	0.021	l
2/3	M	0.125	0.160	0.165	0.166	0.125	0.240	0.285	0.309	ql^2
	F_1	0.151	0.182	0.186	0.187	0.151	0.351	0.428	0.498	ql
	Z	0.828	0.880	0.888	0.890	0.828	0.686	0.656	0.620	l
	Z_n	0.111	0.122	0.124	0.125	0.111	0.059	0.036	0.021	l
1/2	M	0.125	0.160	0.165	0.166	0.125	0.240	0.285	0.309	ql^2
	F_1	0.186	0.235	0.239	0.240	0.186	0.375	0.458	0.515	ql
	Z	0.674	0.682	0.690	0.692	0.674	0.640	0.622	0.600	l
	Z_n	0.114	0.127	0.128	0.129	0.114	0.062	0.039	0.022	l

注:1 当深梁的支承条件为简支时,深梁内力计算可采用表中 $\varepsilon=c/l=1/2$ 时的各值。此时 l 取跨间尺寸的净值。

  2 对于多跨连续深梁的边跨跨中,拉力 F_1 值应乘以1.52；对于多跨连续深梁的边跨内支座,拉力 F_1 值应乘以1.2。

  3 当深梁的高跨比 $\dfrac{h}{2l}>0.4$ 时,深梁最大剪应力

$$\tau = \frac{8V}{7th} \le f_1 \frac{(1+2.5h/l)}{3}$$

式中 V—深梁的端剪力；

   f_1—混凝土的抗拉设计强度；

   t—仓壁厚度。

  2 集中荷载或局部分布荷载作用下的多跨深梁如图 G.0.7-2 所示,其内力计算见表 G.0.7-2。

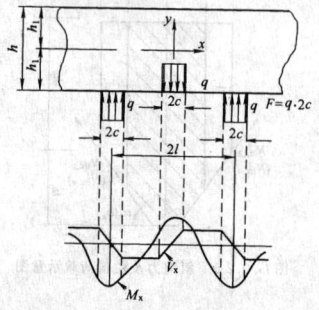

图 G.0.7-2 集中荷载或局部分布荷载作用下的多跨深梁内力示意

表 G.0.7-2 集中荷载或局部分布荷载作用下多跨深梁内力表

内力	$h_1/l=1$				$h_1/l=2/3$				$h_1/l=1/2$				乘数
	$\varepsilon=c/l$				$\varepsilon=c/l$				$\varepsilon=c/l$				
	1/2	1/5	1/10	1/20	1/2	1/5	1/10	1/20	1/2	1/5	1/10	1/20	
M	0.125	0.200	0.225	0.238	0.125	0.200	0.225	0.238	0.125	0.200	0.225	0.238	Fl
F_1	0.144	0.241	0.276	0.298	0.151	0.244	0.278	0.303	0.186	0.289	0.320	0.333	F
Z	0.870	0.830	0.816	0.790	0.828	0.820	0.808	0.788	0.674	0.692	0.704	0.716	l
Z_n	0.109	0.068	0.043	0.026	0.111	0.072	0.044	0.026	0.114	0.077	0.048	0.028	l

注:表中符号详见表 G.0.7-1 注。

附录 H 贮料冲击系数、高温作用下混凝土及钢筋强度折减系数、预应力筋强度、摩擦系数、次弯矩次剪力计算系数

H.0.1 当采用大型车辆卸料且车辆的容积小于贮仓容积的1/5时,贮料冲击系数可取下值：

  来料粒径 0~100mm $k_d=1.15\sim1.25$

  来料粒径 100~350mm $k_d=1.25\sim1.5$

  来料粒径 350~1000mm $k_d=1.5\sim1.75$

注:1 用抓斗给料且贮仓无隔栅时冲击系数 k_d 可取 1.1~1.5,抓斗的容积接近贮斗的容积时 k_d 可取 1.4~1.5,抓斗容积小于贮仓容积1/5时 k_d 可取1.1。

  2 冲击系数只用于贮仓仓壁、仓底构件的设计不传至仓下支承结构。

  3 以上贮仓指浅仓或漏斗仓,加工矿工业的受料仓,不适用于深仓。

H.0.2 温度作用下混凝土强度设计值的折减系数可按表 H.0.2。

表 H.0.2 温度作用下混凝土强度设计值的折减系数

温度(℃)	20	60	100	150	200
γ_a	1	0.90	0.85	0.80	0.70
γ_w	1	0.90	0.85	0.80	0.70
γ_l	1	0.85	0.75	0.65	0.55

注:γ_a、γ_w、γ_l 各为温度作用下混凝土的轴心抗压、抗弯压或弯拉及抗裂设计强度折减系数。

H.0.3 温度作用下混凝土弹性模量的折减系数 β_h 可按表 H.0.3。

表 H.0.3 温度作用下混凝土弹性模量的折减系数

温度(℃)	20	60	100	150	200
β_h	1.0	0.85	0.75	0.65	0.55

H.0.4 温度作用下钢筋强度设计值折减系数 γ_g 可按表 H.0.4。

表 H.0.4 温度作用下钢筋强度设计值折减系数

钢筋种类	钢筋温度(℃)				
	20	60	100	150	200
未冷拉	1.0	1.0	1.0	0.9	0.85
冷拉	1.0	1.0	0.9	0.85	0.8

H.0.5 温度作用下钢筋弹性模量折减系数 β_g 可按表 H.0.5。

表 H.0.5　温度作用钢筋弹性模量折减系数

钢筋种类	钢筋温度(℃)				
	20	60	100	150	200
未冷拉	1.0	1.0	1.0	0.97	0.95
冷　拉	1.0				

H.0.6 预应力筋强度标准值可按表 H.0.6。

表 H.0.6　预应力筋强度标准值(N/mm²)

预应力筋种类	符号	d(mm)	f_{ptk}
1×7 钢绞线	ϕS	9.5、11.1、12.7	1860
		15.2	1860、1720
消除应力后的钢丝	ϕP	4.5	1770、1670、1570
		6.0	1670、1570

H.0.7 预应力筋强度设计值可按表 H.0.7。

表 H.0.7　预应力筋强度设计值(N/mm²)

预应力筋种类	符号	f_{ptk}	f_{py}	f'_{py}
1×7 钢绞线	ϕS	1860	1320	390
		1720	1220	
消除应力后的钢丝	ϕP	1770	1250	410
		1670	1180	
		1570	1110	

H.0.8 预应力筋孔道每米长度局部偏差的摩擦系数 k 和预应力筋与孔道壁之间的摩擦系数 μ 可按表 H.0.8。

表 H.0.8　摩擦系数值

预应力种类	埋管及预应力筋	k	μ
有粘结预应力孔道成型方式	预埋金属波纹管	0.0015	0.25
	预埋钢管	0.0010	0.30
无粘结预应力	75 碳素钢丝束	0.0035	0.10
	15 钢绞线	0.0040	0.12

H.0.9 预应力张拉的次弯矩、次剪力计算系数按表 H.0.9。

表 H.0.9　次弯矩、次剪力计算系数

$\beta \cdot y$	ψ	ζ	$\beta \cdot y$	ψ	ζ
0	1.0000	1.0000	1.5	−0.2068	0.0158
0.1	0.8100	0.9003	1.6	−0.2077	−0.0059
0.2	0.6398	0.8024	1.7	−0.2047	−0.0235
0.3	0.4888	0.7077	1.8	−0.1985	−0.0376
0.4	0.3564	0.6174	1.9	−0.1899	−0.0484
0.5	0.2415	0.5323	2.0	−0.1794	−0.0563
0.6	0.1413	0.4530	2.1	−0.1657	−0.0618
0.7	0.0599	0.3798	2.2	−0.1548	−0.0652
0.8	−0.0093	0.3131	2.3	−0.1416	−0.0668
0.9	−0.0657	0.2527	2.4	−0.1282	−0.0669
1.0	−0.1108	0.1988	2.5	−0.1149	−0.0658
1.1	−0.1457	0.1510	2.6	−0.1019	−0.0636
1.2	−0.1716	0.1091	2.7	−0.0895	−0.0608
1.3	−0.1897	0.0729	2.8	−0.0777	−0.0573
1.4	−0.2011	0.0419	2.9	−0.0666	−0.0534

本规范用词说明

1　为便于在执行本规范条文时区别对待,对要求严格程度不同的用词说明如下:

　1)表示很严格,非这样做不可的用词:
　　正面词采用"必须",反面词采用"严禁"。

　2)表示严格,在正常情况下均应这样做的用词:
　　正面词采用"应",反面词采用"不应"或"不得"。

　3)表示允许稍有选择,在条件许可时首先应这样做的用词:
　　正面词采用"宜",反面词采用"不宜";
　　表示有选择,在一定条件下可以这样做的用词,采用"可"。

2　本规范中指明应按其他有关标准、规范执行的写法为"应符合……的规定"或"应按……执行"。

中华人民共和国国家标准

钢筋混凝土筒仓设计规范

GB 50077—2003

条 文 说 明

目　次

1 总　则

1.0.2 本规范适用于贮存散料的钢筋混凝土及预应力混凝土筒仓,其散料的粒径、颗粒组成、含水量及其他物理力学特性均应符合散体理论的要求。对于平均粒径大于 200mm 小于 1000mm 的粗块状散体,不适用于深仓,只适用于低壁浅仓或斗仓。对于粒径更大的块体贮料,其物理力学特性已超出散体力学的研究范围,这种贮料既不适用于深仓也不适用于浅仓或斗仓。此外,本次修编增加了压缩空气混合粉料调匀仓的计算内容,对于采用压缩空气装、卸料的筒仓也可采用这种方法进行计算。槽仓属于平面外形为矩形的筒仓,在我国的工程建设中经常采用。本次修编在总结我国多年来槽仓设计经验的基础上增加了槽仓设计内容。在编制《钢筋混凝土筒仓设计规范》GBJ 77—85 时,由于受当时工程实践和技术条件之限,原“筒规”中略去了预应力混凝土筒仓、砌块式筒仓、钢筒仓及筒仓抗震的设计内容。近年来,预应力混凝土筒仓在我国煤炭、水泥及电力等行业有了很大发展。尤其是对于直径较大的筒仓使用更为广泛。本次修编借鉴国外、总结国内预应力混凝土筒仓的设计施工经验,增加了这方面的内容。对于砌块式筒仓,已有中国工程建设标准化协会(CECS)标准《砖砌圆筒仓技术规范》CECS 08：89。(CECS)也在对钢筒仓制定标准。近年来,虽然钢纤维混凝土筒仓在国内也有建造,但设计及工程实践经验尚少。青饲料和湿法搅拌贮料的筒仓,其贮料的物理力学特性已不属于散体理论范畴。对于平面为多边形的筒仓、用壁板连成的群仓、设有内隔板的筒仓及筒中筒的筒仓等,虽然国外已有这类筒仓工程,有些部门也反映希望列入这方面的内容,但在我国工程实践尚少。故上述几种筒仓均未纳入本规范修编的内容。修编后的本规范虽然增加了预应力混凝土筒仓的内容,本规范仍采用原“筒规”的名称。

1.0.3 本次修编,为便于简化设计,筒仓仍划分为深仓和浅仓。各国对深浅仓的划分方法不尽相同。常用的划分方法有:

　　1 按圆形筒仓仓壁的高度与其直径之比或矩形筒仓的仓壁高度与其短边之比来划分,即 h/d_n 或 $h/b < 1.5$ 时为浅仓,h/d_n 或 $h/b \geq 1.5$ 时为深仓。

　　2 按贮料的破裂面来划分,当贮料破裂面与贮料顶面相交时为浅仓,贮料破裂面与仓壁相交时为深仓,如图 1 所示。

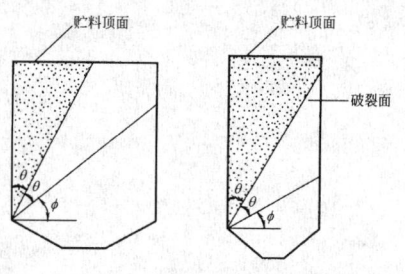

图 1　贮料破裂面示意

$$\theta = \frac{90° - \phi}{2} \qquad (1)$$

式中　θ——贮料破裂角;

　　　ϕ——贮料内摩擦角。

　　深浅仓的划分是为了计算方便而人为设定的,人们按贮料对仓壁作用力的变化来划定一个界限。由于贮料在仓壁产生的摩擦力对其水平侧压力的影响,使贮料作用于仓壁上侧压力的分布规律出现线性与非线性之别。贮料深度越大,摩擦力的影响也就越

大。作用于仓壁上的侧压力分布也就越接近非线性,反之则接近线性。按上述侧压力分布原则在结构计算时,将筒仓划分为深仓和浅仓。世界各国的筒仓设计规范对深浅仓的划分方法没有完全统一的划分规则。我国“筒规”采用的划分方法基本可以满足上述压力的分布原则,与其他的方法相比较为简便,同时也符合筒仓计算的要求。多年来我国的设计实践表明,选择第一种划分法是适宜的。

2　术语、符号

2.1　术　语

2.1.1 为统一筒仓设计用语,本次修编增加了术语符号内容。所列术语的英文名称是参照国外有关规范的常用词编入的。对于筒仓的术语及定义,国外筒仓设计规范的用语并不统一,hopper,bunker,bin 等单词来自英语,silo 来自法语。国际标准化组织(ISO)将 hopper,bunker,bin 统称为 silos,即我们所说的筒仓,本规范采纳国际标准化组织的规定,不再使用除 silo 以外的英文用词。该条中的直立容器,是指由柱或筒壁支承并由直立式仓壁封围的贮存贮料的容器,构成该容器的总体称为筒仓。其与仓体的长、高尺寸及其比值无关。这与中文中筒子的概念有所不同。也就是说,高度不大于横向尺寸的筒体也可以称为筒仓,其平面并不限定为圆形。这样就涵盖了平面为其他几何形状包括槽仓在内的贮仓也可称为筒仓。

2.1.2 筒仓贮料仓壁顶面以上的建筑物都可称为仓上建筑,按各种不同的贮料工艺设计,所采用的建筑结构形式也各不相同。

2.1.9 在多数国外文献中,深仓使用 deep bin,浅仓用 shallow 表示,浅圆仓只是平面为圆形的浅仓,实际上更像高壁大直径有顶盖的圆池。法国规范称其为 Magasins de stockage 或 Silo-reservoirs(浅圆仓),澳大利亚规范《Load on bulk solids containers》称其为 squat container,有人将其译为“矮仓”并不确切。矮的中文含义是高的反义词,而浅字除与高对应之外还与宽有关,国际标准化组织(ISO)目前还没有有关浅圆仓的确切用语,故本“筒规”采用目前常用的 shallow 或 shallow bin“浅仓”(包括浅圆仓在内)一词更为严谨。

2.1.12 为区别于排仓,群仓应多于三个且不排在一条直线上。本规范中群仓相互间的连接方式均认定为仓壁相连。不包括壁板连接的群仓。仓间形成的空间称为星仓。

2.1.23、2.1.24 国际标准化组织(ISO)将筒仓贮料的流动状态分为整体流动(Mass flow 或 Core flow)、漏斗状流动(Funnel flow)、管状流动(Pipe flow)及扩张流动(Expanded flow),并将除整体流动以外的流动总称为漏斗状流动,事实上真正形似管子的流动状态很少出现。将 Funnel flow 译为汉语,既不应是漏斗也不是真正的管子,多数是上大下小长形喇叭状的管状流动较为确切,本规范简称为管状流动。在卸料过程中,仓内贮料颗粒间的相对位置不变,贮料按先进先出顺序靠重力卸出的流动称为整体流动。

2.1.25 筒仓的卸料方式很多。中心卸料是指仓内没有促流装置依靠重力且没有几何、力学及结构造成的非正常方式的卸料。

2.1.26 有些国外规范对仓内及仓下设有促流装置、仓下结构及漏斗卸料口非几何对称的筒仓卸料,称为非正常卸料或非中心卸料,本规范称为偏心卸料。

2.1.29 在《工程结构设计基本术语和通用符号》GBJ 132—90 中已取消了变形缝术语。本规范仍采用变形缝术语,是根据中国工程建设标准化协会编制的《贮藏构筑物常用术语标准》CECS 11：89 的规定。实践表明,在实际工程中,当有多种缝出现且需要综合表达时,采用变形缝术语表述更为确切。

3 布置原则及结构选型

3.1 基 本 规 定

本规范系根据现行国家标准《工程结构可靠度统一标准》GB 50153 和《建筑结构可靠度设计统一标准》GB 50068 的基本原则修订的。一般情况下，钢筋混凝土筒仓不作为临时建筑，也不是容易更换的建筑结构，设计使用年限都应在 50 年以上。按此标准本规范制定了第 3.1.1～3.1.5 条的规定。

3.1.1 按本节修编原则，在工业企业贮运系统中，贮存原料及成品的筒仓，其结构的破坏可能给整个工业生产带来严重的后果，故筒仓的安全等级不应低于二级。用于严重影响国计民生的重要工业企业的筒仓，可根据具体情况调整其工程设计的安全等级，但也不应低于二级。筒仓结构通常都与其他生产工艺工业建筑组合或连接在一起。不管所连建(构)筑物的等级如何，筒仓设计仍按本条规定的等级执行。

3.1.6 筒仓防、泄爆的研究国内尚无定论，国外的研究也不完整。当筒仓必须采取防、泄爆措施时，可按工艺专业提供的泄爆面积在仓壁的顶部开洞，洞口可采用易破裂的材料封闭，以便有爆炸产生时及时泄爆，使爆炸力得到释放，从而减少爆炸对结构的破坏作用。除发生爆炸频繁的筒仓外，对发生爆炸几率很小的筒仓，筒仓设计完全没有必要按爆炸力的大小计算筒仓承载力，若工艺专业所提供的爆炸力不准确，反而给工程带来隐患或浪费。设计提前设置好泄爆设施，比没有把握的计算更可靠。

3.1.7 圆形筒仓施工时，由于沿筒仓仓壁圆周布置的纵向受力钢筋外形相同或相似，采用筒仓受力钢筋作为避雷引下线时，在混凝土分层浇注后，无法再找到原已施焊的钢筋继续施焊。未施焊的钢筋在混凝土震捣过程中极易错位，利用错位不连续施焊的钢筋做避雷引下线无法保证良好的导电性。众所周知，钢筋混凝土结构通常认为耐久性良好，具有诸多优点，已成为建筑结构必用的重要材料之一，有的甚至超过了钢结构。但很多钢筋混凝土建筑结构远没有达到设计使用年限之前就开始破坏了，混凝土结构破坏后的修复比钢结构还要困难。原国家建委组织的对重庆、南京、无锡等地一些使用 30 多年的建筑物调查表明，C18 混凝土碳化深度一般达 20～50mm。有些工程使用 3～7 年后，C38 混凝土碳化深度达 10mm，C28 达 15mm，C18 达 25mm。1995～1998 年间，煤炭系统对全国煤矿 20 世纪 50 年代至 80 年代后期建成的 44 项工程的调查，碳化厚度 10～73mm。设计界以往采用的办法是加厚钢筋的保护层，然而混凝土的碳化主要是在外因条件影响下，内部发生变化造成的。混凝土碳化后，对其强度有所提高，但会使混凝土中的液体由强碱变为弱酸，从而不能再保护钢筋在混凝土浇注时在钢筋上形成的保护钢筋不被腐蚀的钝化膜。无论哪一种腐蚀都是由于混凝土中的氢氧化钙逐渐丧失，导致混凝土碳化后出现弱酸。在这种条件下，混凝土中所有化学反应都是带离子的电化反映。避雷针引下线(导线)中的电流将改变钢筋钝化膜的电位差，使钢筋失去了保护而产生锈蚀。铁锈继续膨胀，混凝土被崩裂后结构遭破坏。混凝土碳化理论的研究表明，直接利用结构的受力钢筋作为避雷引下线，是促使混凝土碳化的重要原因之一。混凝土碳化将严重影响筒仓设计使用年限，故本规范规定，严禁使用受力钢筋作为避雷引下线，采用在筒仓结构外设置专用外引下线的传统做法。本条规定与其他规范有矛盾时，筒仓设计应按本规范执行。

3.1.8 实践表明，在仓壁内增加抹面，往往不能与仓壁混凝土牢固连接，而且还会给施工带来困难，一般情况下不应再做抹面。

3.1.9 为了提高混凝土早期强度、钢筋防锈及混凝土碳化后严重影响混凝土结构设计使用年限等原因，掺入混凝土的各种添加剂

及涂料的使用，必须考虑到环保的要求，对于食品工业使用的筒仓尤为重要。筒仓结构设计者若需要在混凝土内加入添加剂或涂料时，除应保证不影响筒仓设计使用年限外，还应得到相关工艺专业的认可。以上内容本应在筒仓施工验收规范中做出规定，但鉴于我国目前尚无筒仓施工验收规范，故本规范特制定此条文。

3.1.10 一般情况下，筒仓工程都是工业建筑的特种构筑物，结构设计必须控制筒仓的变形或沉降，不能影响投产后的使用。为了监测、控制投产后的实际变形或沉降，应设沉降观测点。对于群仓应各组群单独设置。

3.1.11 筒仓与一般建筑结构相比，通常荷载大且比较集中，在软弱地基上筒仓沉降较大。与相邻建构筑物的沉降差，设计时应根据荷载及地基参数严格控制。投产后应按本规范第 3.1.10 条的要求设置的观测点实测资料与设计值进行比较，以便采取措施控制变形。所谓防止不均匀沉降的措施，主要是指两个方面的措施，一是预留沉降缝，二是对两个建(构)筑物之间的连接结构，采用简支结构或悬臂结构，使之适应因地基变形对其产生的影响，或增加地基处理措施，减少或控制地基的不均匀变形。

3.2 布 置 原 则

3.2.2 图 3.2.2 只是排仓、群仓布置方式的示意图，在具体布置时，每组仓的组合个数可根据仓体的大小及变形缝区间的划分组合，不一定受此图表示个数的限制。圆形群仓只画出了正交布置形式。对于斜交布置，即筒仓间通过其中心连接非 90° 交角错位布置，其偏角可根据具体工程条件确定。斜交布置的优点是，在其平面受到工程条件限制时可以缩小一个方向的尺寸，缺点是在仓数不变的条件下加大了另一方向的尺寸，星仓的容积也将减小。

3.2.3 筒仓的平面形状有圆形、方形、矩形等，国内已建筒仓的实践证明，圆形筒仓与方形、矩形筒仓相比，具有体形合理、仓体结构受力明确、计算和构造简单、更便于滑模施工、仓内死料少、有效贮存率高等优点，因此经济效果显著。以煤仓为例，圆形筒仓吨煤的钢材、水泥消耗指标约为方形筒仓的一半。圆形群仓仓壁常用的连接方式，有外圆相切、中心线相切两种。外圆相切有利于群仓分组施工和钢筋配置，目前我国的筒仓设计，大部分采用这种连接方式。排仓、群仓的连接还有其他的方式，本规范规定应采用外圆相切的方式。

当筒仓与平面为矩形的其他车间或厂房合并布置时，筒仓的平面形状是否采用圆形可视仓房的布置条件确定。直径大于 18m 的圆形筒仓组成的群仓或排仓，尤其是深仓，其容积通常都很大，对地基的承载力要求较高，其施工问题、地基不均匀变形及沉降的控制都很复杂且费用较高。目前这种大直径筒仓组成的排仓或群仓，国内工程实践不多，故本规范推荐采用独立布置的筒仓。但随着筒仓施工条件的改进和发展，在地基条件、工程费用允许的条件下，直径大于 18m 的筒仓也有可能组成群仓或排仓。国外还有以壁板或多个单仓连接或围成的筒仓群。这种形式的筒仓随着我国经济建设的发展，今后也可能出现，故本规范对这种大直径筒仓的布置不做严格限制。排仓、群仓的连接还有其他的方式，为了施工方便，本规范规定应采用外圆相切的方式。

3.2.4 规定圆形筒仓直径的模数，是使筒仓设计走向定型化的基本条件之一，直径确定后，有利于施工模具定型化和重复使用，也有利于提高设计套用率。本规范采用的模数，是按我国多年已建筒仓的直径为依据的。

3.2.5 筒仓温度区段的划分是一个非常复杂的问题。我国大陆地区跨越 30 多个纬度，温度变化异常复杂。要解决该问题需要做大量的调查研究工作，目前人力物力均不具备。本条除根据我国已建筒仓的经验外，还参考了前苏联的规范。前苏联是一个温差变化较大的国家，借用他们的经验是可行的。该条修改的内容适用于筒壁支承的圆形筒仓。柱支承的筒仓尤其是方仓接近于框架结构，温度区段的划分仍按原"筒规"的规定。仓上建筑物除圆筒

形结构外可视其结构特性按相关规范设置温度区段。

3.2.6 一般碎石类、坚硬粘土类地基的压缩变形较小，但上部筒仓荷载较大时，尤其在筒仓的变形会影响到其下部建筑及上部建筑的使用时，对跨线仓下的铁路限界、地下通道及其设备运行、仓上筒仓结构与通廊或胶带机栈桥的连接及与其他建筑物的布置时，仍需视其具体土层的压缩模量及其他物理力学特性确定其是否需要验算地基变形。

3.2.7 对于跨双股道的圆形筒仓，当洞口或柱子的边缘距铁道中心线的距离大于 2m 时，筒仓的洞口将加大。又由于筒仓外边缘受到其他股道限界的限制，仓的下部与仓外股道的间距及整个铁路站场的占地面积都要加大，这将影响工业总平面的合理布置。对于直径在 15m 及以下并处于抗震设防区的筒仓，由于仓下开洞太大，仓壁有效支承面积太小将无法使用。事实上，调车作业在采用自动信号及列车限速的条件下，《限界—2》是可行的，否则将因此加大占地面积，浪费国家有限的土地资源，增加主体工业不必要的投资。

3.2.8 靠近筒仓堆放散料或其他物料时，这部分荷载会引起地基不均匀下沉，致使筒仓倾斜，尤其建在非坚硬粘土地基上的筒仓更为严重，甚至使筒仓与相邻建筑物脱开或相碰，从而造成破坏事故。例如徐州某矿和江苏某矿的原煤筒仓，在其一侧堆放原煤，引起地基不均匀下沉，支承在仓顶的走廊与筒仓之间明显脱开。因此，当必须在靠近筒仓的某侧设置堆料场时，应考虑堆料对地基及筒仓结构的不利影响，如计算地基下沉引起筒仓的倾斜率，使其限制在允许的范围内，并计算地基下沉引起仓体倾斜时对仓下支承结构产生的附加内力等。

3.2.9 在直径大于 12m 的筒仓上设置有振动设备的厂房时，其支承柱的间距不可能做的更大，这就需要仓顶结构增加复杂的构件作为厂房支柱的柱底支承构件。尤其支柱支承在仓壁上时，支柱与仓壁截面的大小不可能一样，从而使构造复杂传力不明确。但本规范不限定在仓顶平台上的构件直接设置有振动的设备。

3.2.10 外圆相切后的圆形筒仓之间，将形成一个很大的无用空间，利用该空间设置无中心柱的平面非整圆的分段半螺旋楼梯，是最有效的节约土地的平面设计。我国筒仓的实践证明，这种布置是科学的。若设置平行楼梯将增大筒仓的平面布置，尤其是铁路跨线筒仓的平行楼梯将影响筒仓与铁路的限界，从而影响工业场地的总平面布置。

3.2.11 本条规定的定位轴线表示法，在圆形筒仓工程制图及施工定位时，都是最简便的。单仓可采用筒仓中线定位，排仓及群仓应采用筒仓外表面的相切点作为定位轴线。

3.2.13 筒仓中的永久性钢梯，以往均为圆钢制作，因使用不频繁而对其经常检修的机会极少。工作人员因误用已锈蚀、被物料冲击及磨损的铁爬梯时，造成的伤亡事故屡见不鲜。若设计或使用不可能达到本规范的要求时，在使用中采用临时设置并经安全部门检查通过的设施，反而对人身安全更有保障。

3.2.15 由于筒仓的使用范围很广，仓下室内地面的用途各不相同，但作为工业建筑物的地面应包括面层、结构承力层及与岩土接触的垫层，有些地面还需在垫层上增加防水(潮)层。故无论哪一种工业筒仓的室内地面，都应与一般民用建筑的地面有所区别。该条中的最小厚度不包括结构持力层下的垫层。

3.2.16 仓内地面下的地道是否设置变形缝还应按其受力条件及仓内地道下的地基条件确定。

3.3 结构选型

3.3.1 筒仓结构六部分的划分，是为了在设计中进行技术比较时，有一个统一的技术口径。仓上建筑物，是指仓顶平台以上的建筑物，包括单层或两层或以上的厂房。仓顶是指仓顶平台或仓顶平台与仓壁整体连接的钢筋混凝土梁板结构、用于大直径筒仓或筒壁落地的浅圆仓的截锥壳或截球壳、大跨钢结构及大跨空间

结构。仓壁是指直接承受贮料水平压力的竖壁。仓底是指直接承受贮料竖向压力的、由平板、梁板式结构加填料及各种壳体形成的漏斗等结构。仓下支承结构是指仓底以下的筒壁、柱子或墙壁，是仓壁、仓底和基础之间起承上启下作用的支承结构。基础是指筒壁、柱子或墙壁以下的部分，图 3.3.1 只代表筒仓结构划分的示意。

3.3.2 公式 3.2.2-1 是选定圆形筒仓仓壁厚度的计算经验公式，按这个公式计算的壁厚，和我国已建成直径在 15m 及以下筒仓的实际壁厚基本一致，可以满足设计要求。直径大于 15m 及贮料重力密度较大的圆形筒仓，可在此基础上经过试算确定壁厚。

3.3.4 如何选择适当的仓底型式，是筒仓设计的重要环节之一。根据煤炭系统多年来建成筒仓的统计，圆形筒仓仓底结构的钢材消耗约占整个筒仓钢材消耗的 17%～35%，平均约 30%，而且在直径、贮量相同条件下由于仓底结构选型的差异、材料消耗指标变化的幅度很大。仓底结构的布置合理与否，例如仓底与仓壁的不同连接方式对于保证滑模施工的连续性以及对计算工作量的简化程度均有直接的影响。此外，仓底是否合理，对于卸料的畅通与否，影响也很大。

仓底选型的四项原则，是基于上述几个方面的情况，从筒仓设计经验中总结出来的，对筒仓设计具有指导意义。图 3.3.4 的几种常用的仓底型式，是结合国内外筒仓设计的实践，技术上比较成熟、行之有效、技术经济指标比较合理的常用普通仓底型式，它既有推荐的性质，同时又未作硬性规定，以利于今后设计中推陈出新。对于仓底与仓壁的连接方式，图 3.3.4 不代表现有筒仓的全部，在建材、水泥及电力等工业部门，为适应特殊卸料设备的需要还有其他的仓底结构型式，在这些工业部门也是行之有效的，本规范未全部列出。仓底与仓壁的连接方式，一般有两种连接方式：

一是整体连接，仓底与仓壁整体浇注，结构变形互为影响，在连接范围内，仓壁和仓底不仅有薄膜内力，而且还存在弯矩和剪力。对于小直径筒仓，大多数均采用这种连接方式，其优点是整体性好，缺点是不便于滑模施工，计算比较复杂。

二是非整体连接，仓底通过边梁或环梁简支支承于筒壁壁柱，或者与筒壁完全脱开，仓壁只产生薄膜内力。这种连接的主要优点是便于滑模施工、简化计算，在国外目前普遍采用这种方式，我国近年来在煤炭及其他行业的筒仓设计中也大量采用。直径 15m 以上的大型筒仓，采用非整体连接方式，施工后效果较好，深受施工单位欢迎。

3.3.5 筒仓仓底结构和基础所耗的钢材、水泥通常占整个筒仓钢材、水泥指标的 60% 以上，因此选用合理的仓底结构和基础型式，是体现筒仓设计经济合理的重要环节。当筒仓直径在 15m 及以上时，如工艺允许，应优先考虑设内柱，以减少仓底和基础的结构跨度。

3.3.6 筒仓之间或筒仓与其他建(构)筑物之间连接结构的支座，采用简支形式受力最明确，有利于结构计算和施工。地震区应按防震要求设计其支座。

3.3.8 当筒仓直径较小时，仓顶结构一般采用钢筋混凝土梁板结构。对于大直径筒仓或大直径浅仓，再采用普通梁板结构既不可能也不经济。本条所列大直径筒仓仓顶结构形式，是近年来我国大直径筒仓仓顶结构设计中普遍采用的结构形式。用于筒仓仓顶由杆件为受力主体、薄壁面层为辅助材料组成的空间壳体或网架构成的空间结构，应为非机动体系或为非瞬间可变体系。钢结构杆件应验算其受力平面内、外的稳定。

3.3.10 多年来的实践证明，直径大于、等于 21m 尤其是贮料重力密度大并按裂缝控制配筋的深仓或浅仓，采用钢筋混凝土结构，设计和施工很难满足要求。故本条规定设计时应根据不同的贮料工艺采用预应力或部分预应力结构。

3.3.11 仓顶设置的厂房框架柱，直接作用于仓顶部的环梁上，有利于支柱承载力通过环梁将集中荷载分布在仓壁上。本条是总

结我国筒仓设计经验确定的。

3.3.12 筒仓的抗震能力,主要取决于仓下的支承结构。海城、唐山地震后,对两地区的煤炭、冶金及建材等系统筒仓震害调查表明,柱承式方仓震害严重,筒壁支承的圆形筒仓最轻。其中唐山地区柱支承筒仓的倒塌及严重损害率,在 9 度区约为 22.2%,10~11 度区约为 46.6%。其震害破坏部位大都在柱与其上部仓壁或与其基础的连接部位,筒壁支承筒仓的倒塌几乎没有。由此可见,筒壁支承或筒壁与内柱共同支承的仓下结构形式,其抗震性能优于柱支承的仓下结构形式。从结构特征上分析,筒壁因其为壳体结构,刚度较大,变形适应能力强,抗扭性能较好。地震时刚度大的结构耗能明显加大,对地震作用效应的消能作用有明显的效果。国内外研究表明,筒壁支承的筒仓,可靠度比柱支承的筒仓大,是震害较轻的原因之一。另外,仓体与仓下支承结构连接处,筒壁支承的筒仓与柱支承的筒仓相比截面变化缓和,不像柱支承筒仓那样发生巨大的刚度突变,从而消除了应力集中,减少地震作用效应对结构的破坏。此外,筒壁支承或筒壁与内柱共同支承筒仓,一般采用条形、环形或筏形基础,基础与地基接触面较大,相应的阻尼也大,筒仓整体稳定性好,这也都是筒壁支承抗震性能优于柱支承的有利条件。唐山 1976 年地震前,在唐山地区设计的筒仓是没有抗震设防的,震后的筒壁支承筒仓的破坏,如上所述是最轻的。由此可见筒壁支承的筒仓,其可靠度是相当大的。

对于柱支承的方仓或圆形筒仓,其结构形式是典型的上大下小、上重下轻的结构,造成仓下支柱的轴压比较大。大多为单独基础,仓体稳定性差。上部仓体与仓底支柱的连接处,刚度往往有较大的突变,使支柱的延性较差。在排仓或群仓贮料不对称时,地震的效应的扭转作用将会加剧筒仓的破坏。虽然柱承式筒仓的抗震能力差,但由于工艺设计的需要,也不能说在地震设防区不允许建造柱承式筒仓。即使筒壁支承的筒仓,当仓下筒壁开洞过大时,也会影响筒仓的抗震能力。

仓顶建筑物在地震荷载作用下,受鞭梢效应的影响,有动力放大的作用,从实际震害中可以看到。在辽南地震中,建在 7、8 烈度设防区内的筒仓,不论采用何种材料,仓顶建筑物只要设计合理,绝大多数均未倒塌。在唐山地震中,由于地震烈度高至 9、10 度甚之更高,仓顶建筑物绝大多数倒塌,其中砖混结构破坏更为突出,而钢筋混凝土框架结构,特别是钢结构承重、轻质围护墙的仓顶建筑物,破坏程度明显减轻,有的还相当完好,因此应尽量采用轻质结构,依据上述原因制定本条规定。

4　结构上的荷载

根据《建筑结构可靠度统一设计标准》GB/T 50068 的规定,由各种原因在结构上产生的内力、应力、变形、裂缝及位移等称为结构上的效应。能使结构产生效应的各种原因称为结构上的作用(action)。施加在结构上的集中力或分布力直接作用也称荷载。引起结构外加变形或约束变形的原因为间接作用,如温度变化、材料的收缩及徐变、地基变形及地面运动等,过去也称为荷载。因为间接作用并不是以力的形式出现,统称为荷载后使两种不同的作用等于没有区别。新修订的国家标准《建筑结构荷载规范》GB 50009 只限于直接作用(荷载)的内容,直接作用是筒仓结构设计的控制作用,故也将其称为荷载。本规范中对于结构的短暂状态未做规定,应由相关的施工规范考虑。

4.1　荷载分类及荷载效应组合

4.1.1 永久荷载中的其他构件作用力,是指接在筒仓上的建(构)筑物如胶带输送机栈桥及通廊等传来的荷载。温度变化应属于间接作用,本不应称为荷载。但由于其对结构的作用效应持续

时间较长,又不是筒仓结构的主要控制作用效应,单为此列项实无必要,故本规范将其列人直接作用的永久荷载。

筒仓的环境温度作用,包括季节温差、仓壁内外温差和日照温差。在我国煤炭系统建造的筒仓设计中,对温度作用的计算表明,内外温差的作用是主要的,不仅分布广泛而且影响配筋,由于温度作用的因素和计算比较复杂,对大直径筒仓,为了简化计算,本条将温度作用效应折算为环拉力。对温差变化较大、工况复杂的筒仓,应根据具体温度条件和实践经验进行验算。

可变荷载中的设备荷载除竖向作用的荷载外,尚应考虑作用于筒仓上的水平力,如胶带或强力胶带等对筒仓的拉力。

有设备的楼面活荷载应由工艺专业提供。

4.1.3 筒仓是以贮料荷载为主的特种结构,荷载组合时,应区别于一般建筑物,因此,本规范对荷载组合作了必要的简化。

由于筒仓用途及贮存的散料非常广泛,对于筒仓的使用功能严重影响整体工业生产,贮存的散料对环境、国防等有严重影响的筒仓,都可算做特殊用途的筒仓。

4.1.4 筒仓起控制作用的永久荷载主要是筒仓的自重,起控制作用的可变荷载主要是贮料。故本条在筒仓结构按承载能力极限状态计算的荷载效应组合中,需着重体现起控制作用的荷载。

可变荷载效应控制的组合中,当筒仓的高与外径之比 $H/D \geqslant$ 10 且有台风作用的地区应考虑风的作用,其他条件下可不计。

4.1.5、4.1.6 在本次对原"筒规"修编之前,我们曾向全国煤炭、冶金、建材、电力及粮食行业的筒仓设计、使用及施工百余个单位发出函调,根据函调反馈的意见可以得出肯定的结论,按原"筒规"设计的筒仓,经过多年的实践经验证明其可靠性是适当的。但原"筒规"的荷载是按单系数计算的,与我国现行的其他规范所采用的多系数方法不统一。影响筒仓使用安全的主要控制荷载,是筒仓构件的重力及其贮料荷载。本次修订,是在其可靠度基本不变的条件下,我们对按原"筒规"设计并已投入使用的筒仓进行复算后,求得相应的仓体重力和贮料荷载的分项系数。该系数在工程建设标准化协会贮藏构筑物委员会上,得到本规范参编各部门代表讨论后确定的。

4.1.7 当筒仓有顶盖时,仓内贮料容量会受到顶盖的限制,无顶盖的筒仓仓壁顶面以上,根据不同的设备及贮料特性可能存在不同的贮料容量,故应区别对待。

4.1.8 计算贮料水平地震作用时,由于贮料是散体,地震时颗粒之间及颗粒与仓壁的运动和摩擦,消耗一部分能量,使地震作用减少。但由于此种能量的损失是受贮料的物理特性、地震烈度、贮仓几何形状等多种因素的影响,现在还不能就各因素得出定量的分析,因此,为了设计上的方便,采用折减贮料质量的方法,以降低地震作用效应。考虑到贮料的种类繁多,只能近似地选取一个系数,经参考国内外有关资料,将此影响系数取0.9。同时考虑到地震时贮料未必满仓,折减系数取0.9,因此,这两次折减的结果为0.9×0.9≈0.8 即贮料总重力的80%。

鉴于我国现行《建筑抗震设计规范》GB 50011 关于地震水平的计算公式中,含有结构基本自振周期水平地震影响系数 α,计算该系数用的自振周期多由计算求得,因此,为了设计方便,在周期计算中的质量取值也用 0.8 折减。当然,这样计算的周期与实测数值是有差异的,只是一个近似值,但考虑到最终计算地震荷载的综合结果,并不折减很多,还是可以采用的。

地震对于筒仓的作用,国内外的研究尚无完全统一的定论。有关的国外资料多数是将贮料及自重乘以地震系数,这种方法虽然简单但不一定代表地震的真正作用机理。在发生地震时非压密的贮料在仓内运动状态对仓体的作用效应是不同的。根据日本科学家以煤作为贮料进行的试验,地震时散体煤在仓内的运动对仓体的地震效应有一定的阻尼作用,其等效粘滞阻尼效应可达40%。由散体煤产生的仓体底部剪力的 75%~80% 由仓壁承受。这一结果在某种程度上与本规范所取的折减系数相吻合。实验结

论还认为,地震输入的加速度越高,圆形筒仓仓壁承受的单位输入加速度基地剪力值越小。贮料粒径及力学特性的改变对仓底剪力变化的影响可忽略不计。对预应力混凝土筒仓,地震产生的裂缝在震后基本可以再闭合。1976年我国唐山地震后,筒仓的破坏调查也说明贮料具有阻尼作用。为此本规范取贮料总重力的80%为有效重。对于其他不同的贮料,如有更精确的实验,可不受此限。

4.1.9 筒仓结构虽然高大,但按其高径比远没有烟囱等高耸建筑或构筑物大,故其破坏仍为第一振型,竖向地震破坏不是主要的,当需要验算时可参照现行《建筑抗震设计规范》GB 50011计算。

4.1.10 直接作用于各平台梁板构件上的动力荷载应按本条及工艺设计的要求进行验算。

4.1.11 筒仓一般可不进行稳定计算。只有当高径比大、地基条件不良、空仓及又处于特大台风作用地区的筒仓,可按本条规定进行验算。

4.2 贮料压力

4.2.1 散料特性参数如重力密度、内摩擦角及贮料与仓壁之间的摩擦系数等采用的正确与否,对计算贮料压力有很大的影响。然而,影响散料特性参数的因素很多,即使同一种散料,由于颗粒级配、颗粒形状、含水量、装卸条件、外界温度和湿度以及贮存时间长短等条件的不同,散料的物理特性参数就有差异,因此,在选用各种参数时,必须慎重。

煤炭、冶金工业行业的各种散体贮料,种类繁多,且随着各种矿石的品位和开采条件的变化,其变异性很大,一般应通过试验并考虑各种变化因素综合分析确定。

各种筒仓都是功能性构筑物,都是为一定的生产工艺服务的。决定仓壁设计的主要因素是所贮散料作用于仓壁上的压力,真正掌握散料特性的人员,应是工艺专业的设计者。故在筒仓设计时应由工艺专业提供或认可,以确保筒仓压力计算的准确性。

4.2.2 关于贮料压力的计算问题,国内外已进行了长期和大量的研究工作,早在1895年,德国学者杨森(Janssen)提出,取筒仓内贮料的微厚元静力平衡条件,求得仓内贮料作用在仓壁上的压力。然而人们在筒仓卸料过程中发现,贮料在仓内的应力场及作用于仓壁上的压力与杨森的假定并不一致。国际上Reimbert,Pieper,Walker,Jenike等学者在筒仓贮料压力的研究方面做出的很多实验都证明,杨森公式算出的仓壁压力不能代表筒仓在卸料过程中,贮料作用于仓壁上的实际压力。正如许多筒仓学者所指出的,杨森公式假定在任一横截面上料层的垂直压力是均匀分布的,而事实上由于贮料与仓壁之间存在摩擦力,垂直压力并非均匀。又如公式中的侧压力系数k值的确定,直接采用了兰金(Rankine)公式而未考虑与仓壁接触贮料的屈服条件。由于散体理论本身的不完整性,各国在采用杨森公式的同时对其进行修正,所采用的修正系数也各不相同。目前国外各有关筒仓规范贮料压力的计算,仍采用各自修正后的杨森公式。这主要是使用该公式进行设计时比其他方法简便。在本次对原"筒规"修编以前,我们曾对我国除西藏、海南之外的各省的煤炭、电力、冶金、建材及粮食等行业的已建并投入使用的筒仓进行了书面调查,按原"筒规"设计的筒仓未发现问题,故本次修订仍采用原"筒规"贮料压力的表达公式。原"筒规"出版时公式中的印刷差错本次修编将一并改正。因此,我们可以舍繁就简,采用大家已很熟悉的杨森公式,作为本规范计算贮料压力的基本公式。

1 由杨森公式求得的贮料水平压力,只是基本上符合贮料静态时的压力,并没有考虑在使用过程中可能会出现的各种不利因素,因此,计算贮料水平压力时应乘以修正系数C_h。该值主要包括卸料时的动态压力、贮料的崩塌以及贮料温度与室外最低计算温度之差不大于100℃的水泥工业筒仓的温度影响等。但在一般

情况下,这些最不利因素不可能同时出现,因此,该值应是多种因素的综合修正系数,而非超压系数。

如何确定较合理的C_h值是一项困难和复杂的任务,同时也是关系着筒仓结构是否安全可靠和经济合理的重要问题。本规范规定的C_h值是在总结国内大量筒仓实践经验的基础上,吸取了国内外筒仓的试验研究成果,并参考了各国的筒仓规范,经过综合分析而确定的。现分几个方面说明如下:

1)卸料时的动态压力。

贮料的流动压力是确定修正系数C_h值的主要因素。贮料流动压力问题,既提出了一般散体静力学的课题,又不同于浆体流动,而是属于固体流动力学的范畴,涉及的因素繁多,虽有一些力学数学模型,但迄今为止,在世界范围内尚属未解决的研究课题。概括起来,目前各国的筒仓研究者对流动压力的机理、分布及定量分析均存在不同的认识,简介和分析如下:

贮料的流动形态,归纳起来可分为两种类型,一种属于整体流动,即卸料时整个贮料随之而动;另一种属于管状流动或称为漏斗状流动,即卸料时贮料从其内部形成的流动腔中流动。

筒仓卸料时在筒仓的不同段区,也有可能同时出现上述两种流动状态。各区段的范围,视不同散料的特性和筒仓的几何形状而定。通常粉状或具有粘性的贮料,管状流动腔向上扩大,甚至整个筒仓均形成管状流动。而颗粒均匀的块状贮料,管状流动腔向下缩小,即整体流动范围扩大。

贮料处于管状流动时所产生的流动压力,要大大小于整体流动时的压力。美国规范特别提到所规定的超压系数值,仅适用于管状流动状态,而前苏联规范和德国规范中均未明确分开。我们考虑到大多数筒仓中的贮料流型很难明确划分,同时还要考虑筒仓在使用期间可能产生的其他种种压力增大因素,因此,本规范采用不以流型划分的综合修正系数值。

流动压力的机理。对贮料处于流动状态时水平压力增大的事实,已被大家承认。但是,对其增大的机理,则有各种不同的见解,有的认为是贮料特性的改变,有的认为是贮料内部不断形成动力拱。目前欧美较为流行的一种看法,是美国学者詹尼克(Jenike)的观点,他认为是由于贮料内部应力场的改变。装料时贮料内部的主应力线接近于竖直方向即主动压力状态,卸料时,由于贮料失去支持,主应力线改变为接近水平方向即被动压力状态,并且在流动腔断面缩小处,产生很大的集中压力或称为转换力。

詹尼克根据上述基本假定,创建了一套计算水平压力的理论,该理论仍借助散体静力学极限平衡的原理,来描述流动压力状态,因而也是十分粗略的。但是,他的基本观点,还是可以接受的。根据詹尼克的理论可以得出结论,越是易流动的散体,流动压力越大,整体流动的压力要大于管状流动,这些结论已被许多测试资料证实。

2)多年来,随着测试技术的发展,对贮料流动压力的分布又有了新的认识,很多筒仓研究者一致认为,贮料在流动时压力沿筒仓截面和仓壁高度都呈不均匀分布状态。引起不均匀压力分布的因素很多,诸如贮料本身的不均匀、装卸料不均匀、筒仓结构本身的不均匀以及外界温、湿度变化引起的不均匀等。因此,严格地说任何一座筒仓都存在压力不均匀的现象。

由于不均匀压力的存在,使仓壁结构不仅要承受轴向拉力,而且还要承受弯矩,在前苏联规范中,已有这样的规定。但是,由于这种不均匀压力分布的变化错综复杂并具有随机性,目前我们所掌握的资料不足,很难给出确切的数字,故本规范未能对此做出具体规定,只是将这种不利影响包括在综合修正系数C_h范围内。

2 从国外资料看贮料的竖向压力,一般都认为静态时的竖向压力与杨森公式计算值基本相符。当贮料处于流动状态时竖向压力值应如何估算,则有不同的认识。一种认为竖向压力要减小,理

由是由于卸料时水平压力要加大，在假定摩擦系数不变的条件下，传至仓壁上的总摩擦力将更大，因而使传至仓底的竖向压力减小。另一种观点认为，竖向压力基本上与静态时相同。根据我们所做的测试结果和对各种资料的分析，支持后一种观点，即贮料在静动态时仓底的竖向压力无太大的变化。但是，考虑到料拱的崩塌及贮料特性的不利变化等因素，仍应乘以竖向压力增大的修正系数 C_v。

本规范的 C_v 值乃是参考了国外有关规范确定的，见表1。

表1 各国规范 C_v 值对照表

仓底结构	美国规范	前苏联规范	德国规范	中国规范
钢筋混凝土漏斗	1.35~1.5[注1]	1.54	装料压力	1.0~1.4
钢漏斗	1.5~1.75[注1]	2.5	装料压力	1.3~2.0
平板填料	1.35~1.5	1.0~1.54[注2]	装料压力	1.0~1.4[注1]

注：1 对于贮存无粘性散料的筒仓，该值应乘以0.75，变化幅度根据 h_n/d_n 不同而定。

2 视填料厚度而定。

对于粮食混凝土筒仓的仓底，按我国多年的实践经验并参考前苏联规范的规定 C_v 取1.0。

此外，按我国筒仓设计经验并参考美国和德国规范的规定，仓底的总竖向压力不应大于贮料的总重，即 $p_v \leqslant \gamma h_n$。

4 偏心卸料是一个较普遍存在于筒仓设计中的问题。偏心卸料的贮料压力，在20世纪60年代以前，未引起人们的重视。此后，其重要性才逐渐被人们认识，并反映到各国规范中，法国规范称其为非正常卸料，也是一种贮料的不对称流动。在有多个卸料口的筒仓中，打开不同的卸料闸门卸料及筒仓仓形的几何不对称时，都会造成不对称或偏心卸料。有的筒仓为了不堵仓，根据工艺的需要专门设计成有偏心卸料功能的仓。

在偏心卸料时，贮料压力对筒仓的不利影响，实质上仍属于压力不均匀分布的范畴，但是，它要比一般的贮料不均匀情况严重，会对仓壁产生较大的附加侧压力，难以将此影响包括在综合修正系数 C_h 内，故本规范规定应予以考虑。本次修订增加了偏心卸料产生的附加压力计算公式。

各国学者虽一致认为偏心卸料问题不容忽视，但处理方法各不相同，各国规范对此也有不同的计算方法。最早研究偏心卸料问题的是德国皮珀教授，他根据在各种小型模型仓上所作的试验，提出了计算方法，并首先在德国规范中采用。原"筒规"认为，美国规范提出的经验公式，规定了仓壁下部壁高等于 d_n 的范围内，压力增值为一常量，这条规定使 h_n/d_n 较小的筒仓仓壁配筋量增加过大，很不合理。在综合分析比较了美国、德国规范的基础上，建议当 $h_n/d_n < 1.5$ 或偏心值 $e_o < 0.2r$ 时，可不考虑偏心卸料的影响。偏心卸料时，仓底压力增值为 $\Delta p_h = 0.25 e_o p_h / r$，在贮料计算高度下部 $h_n/3$ 范围内，Δp_h 为一常量，其上至贮料计算高度的上端按直线变化渐减到零。假设增值 Δp_h 沿圆周均匀分布。这些假定也有一定的局限性。

本次修编，我们对不同的计算方法进行比较后认为 Theimer 的近似计算法是较为简捷实用的计算，故作为本条采用的依据。设计者可根据具体情况对仓壁进行验算。

5 仓壁单位周长上总的竖向摩擦力，与国外规范采用同样的公式，据此计算的结果与我们所做的测试基本相符。由于贮料处于静态或动态时的摩擦力变化不大，故不必乘以修正系数。

h_n 值确定的正确与否，对贮料压力有很大影响。以往有些设计者，为了简化计算又要偏于安全，往往将贮料顶面高度算至仓顶层的楼面，而不考虑扣除一部分无法装料的无效高度，对高径比大的小直径筒仓，这样处理尚无不可，但对一些大直径筒仓或浅圆仓以及用单点或条形装料方式的筒仓，显然会造成很大的误差，因此，本规范规定了贮料计算高度 h_n 的上下端的位置。在下端，一般分三种情况，一种是无填料的漏斗或平板仓底，贮料压力作用在整个仓壁上，因此计算高度 h_n 应算至仓壁底部。另一种是有填料

的情况，尽管填料可以由各种材料做成，但由于它们具有一定强度，本身可以承受贮料压力，故应考虑填料的有利影响，将计算高度 h_n 算至填料的表面。在筒仓中，填料表面与仓壁的交线往往不在同一水平上，为了计算简单，规定算至此交线的最低点处。第三种是钢筋混凝土漏斗，算至漏斗顶面。对于特大直径筒仓或浅圆仓可按附录C的公式计算。

4.2.5 本规范对杨森公式的修正，具体体现在表4.2.5中。以下是本规范确定修正系数值需要考虑的主要因素。

流动压力沿仓壁高度分布的大小，与贮料的流动腔密切相关。根据国内外的资料介绍，最大的流动压力发生在流动腔与仓壁相交处，该处位置的高低与贮料和筒仓特性有关，一般情况下最大流动压力大致位于仓壁的中部或下部，在仓壁上段约1/3高度范围内，则影响不大且衰减较快。因此，本规范规定的修正系数，在下段2/3仓壁高度范围内均取大值，上段1/3高度范围取小值。

流动压力的增大值。关于流动压力要大于杨森理论值的论点已经没有分歧了，但是大多少却存在不同的估价。最早的测试资料提供的数据是1.3~4.0倍。从近几十年的测试资料来看，个别点可达十几倍，当然这种小面积上出现的压力峰值有可能是瞬间的，我们并不认为是必须考虑的数值。近来一些筒仓研究者更多地注意到整个筒仓中压力的变化规律，综合分析对仓壁内力的影响，以此来确定相应的增大值。

现将国内外当前确定流动压力增大值的情况综述如下：

前苏联在很多年间采用的最大修正系数值一直为2.0，对贮煤筒仓规定为1.0。但是，对适用于粮食的筒仓规范，改变了单一修正系数的方法，根据不同类型和贮料的筒仓，给出了不同的系数，折算后的修正系数，最大可达2.5左右。美国规范规定对适用于管状流动的最小超压系数值为1.65~1.86。德国规范的卸料压力，是通过改变散料物理特性参数而得，如将此折算为修正系数值，则上部约为2.5，中部约为1.4，下部接近杨森理论值，形成上大下小的不合理状态。在该规范后来的修订稿中，已改为采用超压系数的办法，对于不同的贮料采用不同的系数，如小麦为1.5。此外，在计算基本贮料压力时，将侧压力系数改为采用 $k = 1 - \sin\varphi$。日本在小麦筒仓设计中修正系数取3.0，我国在原"筒规"实施以前的筒仓设计中，大多数的工业筒仓所采用的修正系数为2.0。水泥和煤炭工业部门，曾经采用过小于2.0的系数。如水泥工业部门曾取为1.5~2.0。煤炭工业部门历来无统一规定，因人而异，取值范围为1.0~2.0。

本规范规定的基本修正系数 C_h 之值为2.0，其理由阐述如下：

国内的实践经验表明，在原"筒规"实施之前，筒仓建设在我国已有几十年的历史，建成各种类型的筒仓，在此基础上总结这些筒仓设计、建设及使用经验是很有必要的，也是本规范确定修正系数值的重要依据之一。据不完全统计，这些筒仓达数百座之多，遍布全国各地，其使用基本正常，并未发生过严重破坏事故，但是其中有相当一部分筒仓，在仓壁上出现不同程度的裂缝，裂缝大致出现在仓壁的中部或下部，有多座筒仓的裂缝宽度超过规范允许值，其中以水泥和煤炭工业的筒仓为多。当然，造成裂缝的因素很多，修正系数取值偏小是主要因素之一，我们曾对几座出现裂缝的圆形煤筒仓进行分析，按其实际配筋量折算的修正系数值都小于2.0，个别筒仓只有1.13。为了保证筒仓使用，提高其耐久性，基本修正系数之值不宜小于2.0。

使用实物和模型筒仓测试分析，也是确定修正系数值的方法之一。原煤炭工业部自上世纪70至80年代对贮煤实物圆形筒仓和模型筒仓进行压力测试，测试结果表明，卸料时的贮料压力要比杨森理论值大1.5~3.5倍。最大动压力往往发生在1/2的仓壁高度以下，并且作用时间较长。沿仓壁高度和水平截面周边呈不均匀分布，颗粒均匀的块煤要比含有末煤的混合煤压力大。综合分析以上结果，在正常使用情况下，仓壁不仅要承受轴向力而且还

要承受弯矩，根据 $C_h=2.0$ 之值反算，各种筒仓能承担弯矩的能力为 $M_{max}=(0.01≈0.017)p_h r^2$，该值与前苏联修订后的规范规定比较接近，但是与实测资料相比，显然还是偏小，这说明使用 $C_h=2.0$ 之值，并不是很富裕。

从国外资料分析看，德国规范求得的贮料压力，在仓壁的中、下段偏小，按此设计的粮食筒仓，建成使用后，曾发生多起破坏事故，因此，在该规范后来的修订稿中作了修改，采用了乘以超压系数的方法，增加了仓壁的配筋。美国以往的筒仓设计，忽略了贮料流动压力的影响，造成一些筒仓的崩塌和裂缝事故。美国制定的规范，虽然提供了最小的超压系数值，但是，仅限于管状流动，筒仓的流动形态很难预先确定，因此，在设计中往往采用大于规范规定的数值。上世纪 80 年代，美国为我国设计的贮煤筒仓，超压系数取为 3.0。前苏联是研究流动压力最早的国家之一，在粮食、水泥筒仓等方面具有多年的实践经验，多年来修正系数值一直采用 2.0。其修订的新规范也改变了单一考虑修正系数的办法，增加了考虑弯矩的因素，这样就使贮料压力与壁厚发生了关系，更趋合理。按此规范规定计算的仓壁配筋，与其修订前的规范相比，高径比大于 3.0 的筒仓，钢筋要有较大的增加。高径比小的筒仓，则基本与修订前的规范接近。至于前苏联规范对贮煤筒仓的修正系数规定为 1.0 是无法理解的。查阅历年的技术资料，前苏联在贮煤圆形筒仓方面的实践经验并不多，且缺乏研究。由此可见，将贮煤筒仓压力计算的修正系数确定为 1.0 是不正确的。

筒仓的种类繁多，不论何种筒仓，均采用同一个修正系数值，显然是不恰当的。近来在各国新的规范或正在修订的规范中，分别按筒仓的高径比和贮料品种给出不同的修正系数值。高径比大的要比小的流动压力影响大，应取大值。易流动的贮料要比不易流动的贮料的流动压力大，也应取大值。由于我们的试验和研究工作做得不多，尚不能分门别类给出确切数据，只能大致考虑这些影响，故本规范规定 $h_n/d_n>3$ 时，C_h 应乘以系数 1.1，而对流动性能较差的贮料，则应乘以系数 0.9。

仓壁上部 $h_n/3$ 范围内修正系数的取值。前苏联规范取值为 1.0，以往我国各工业部门设计深仓时也都采用此值，近年来发现某些筒仓仓壁上出现裂缝。参考近期国外规范的规定，对该区段的修正系数都有所提高。考虑到实际存在的流动压力和热贮料引起的温度作用，本规范规定该区段的修正系数值取为 1.0~2.0。

对水泥工业贮存热贮料筒仓的温度影响，在装有贮料的部分，由于水泥或水泥熟料导热性能较差，通过贮料传导至仓壁上的热量较小，对仓壁影响不大。参照美国规范说明中建议的方法，按贮料温度为 100℃、室外最低计算温度为 -20℃ 的条件计算，因贮料温度应力需要增加的仓壁配筋量在仓壁下段，一般约为杨森压力计算所需配筋量的 5%~10%。在仓壁下段影响相对较大，但由于仓壁上段的贮料压力甚小，且已考虑了修正系数 1.0~2.0，故在此条件下，可将贮料温度的影响包括在修正系数 C_h 内。

对于筒仓最上端不装散料的空仓部分，可求出仓壁内外表面的温差，按《冶金工业厂房钢筋混凝土抗热设计规程》(YS 12—79) 验算其温度影响，计算结果表明，当贮料温度与室外最低计算温度之差为 100℃ 时，为了保证裂缝不超过容许宽度所需的配筋量，均超过了按本规范所规定的最小配筋率所算得的配筋量。在上述温度条件下，当仓壁的水平钢筋单侧的配筋率增加到 0.2% 即全截面总配筋率为 0.4% 时，就基本上满足裂缝开展宽度不大于 0.2mm 的要求。但设计还是应对具体工况进行分析，甚至包括仓顶楼板构件进行验算。

由于对冶金或其他工业部门的热贮料缺乏分析、研究，故本规范未包括水泥工业以外的热贮料筒仓。

近年来，为了贮料流动通畅、防止起拱堵仓，往往在仓底设置多个吹气喷嘴的促流装置。实践表明，这种促流装置，对筒仓的影响范围是局部的，对贮料压力的影响也不大，故可不单独考虑。

但是，对于在某些筒仓中设置的特殊促流装置，如破拱帽、高压气炮 (blaster) 及用于长达列车 (uni-train) 筒仓，其拥有震动卸料能力的计量漏斗，每小时高速卸料可达 5~6kt，出现高速整体流动状态。对这种卸料条件，本规范规定的贮料压力修正系数显然偏小，我们对其影响尚缺乏深入的研究，故设计时采用的修正系数需另行考虑，设计者可根据具体情况适当加大。

4.2.6 本规范对深、浅仓采用不同的计算公式，因此，当 $h_n/d_n=1.5$ 时，按深、浅仓计算所得的贮料水平压力，出现不衔接的现象，其比值可用下式来表达：

$$C=\frac{p_{hs}}{p_{hq}}=\frac{C_h(1-e^{-x})}{x} \qquad (2)$$

式中 p_{hs} —— 深仓水平压力；

      p_{hq} —— 浅仓水平压力；

      $x=\mu k h_n/\rho$

当 $k=0.333，\mu=0.5，h_n/d_n=1.5，C_h=2.0$ 时，$x=0.999$ 则 $C=1.26$。

由此可见，考虑修正系数后的深仓计算压力，要大于浅仓。因此，大型浅仓如按本条浅仓公式计算水平压力，就不一定安全可靠。此外，仓壁达到一定高度的浅仓，贮料对仓壁的摩擦荷载也不应忽视，故本规范规定当 $h_n≥15m$ 且 $d_n≥12m$ 时，仍需按深仓验算。

对于大型浅圆仓，其仓顶已不可能作成平顶，这不仅是结构设计问题，在仓顶单点装料的条件下为保持有效的仓容，仓顶大都要作成锥体。在计算贮料对仓壁的压力时，应考虑仓顶顶面以上的贮料并按其内摩擦角形成的料堆产生的超压。料堆超压产生的压力计算方法很多，建议采用在本规范附录 C 给出的公式。

4.2.7 深仓中漏斗壁上的贮料法向压力，在国内外资料中有多种计算方法，如有的假定为随深度增加压力加大，呈上小下大的梯形分布；有的则假定随水力半径的减小而减小，呈上大下小的梯形分布。美国规范则采用上下均等的压力分布图形。我们综合比较了上述各种计算方法认为，美国规范的规定比较合理，且计算简便，故本规范采用此规定。

4.2.9 本次修编参考美国、法国及澳大利亚规范，增加了装有细颗粒物料且形成流态的筒仓压力计算公式。当物料在仓内流动状态不畅时，式中物料的重力密度应结合工艺专业进行调整。

4.2.10 气力输送产生的过剩气压，不但对仓底及仓壁产生压力，在筒仓设计时还应考虑对仓顶构件产生的压力。

4.2.12 原"筒规"中没有列出本条及第 4.2.9、4.2.10 及第 4.2.11 条的内容，但在筒仓设计中经常会出现与此有关的问题，为此本次修编参考国外的资料将其列入。对于温差较大且工艺设计对裂缝控制较严的筒仓可按本条所列公式验算。

5 结构计算

5.1 一般规定

5.1.1 筒仓的仓体是多种构件组成的，仓顶、仓壁、仓底、筒壁多采用薄壁结构，由于筒仓贮料荷载和其他荷载是在不同方向作用于这些薄壁构件上的，考虑到这种受力特性，故承载能力极限状态计算时，应与一般的混凝土梁板构件有所不同，即应对构件的水平、竖向和需要控制的截面进行强度计算，尚应按各种不同的作用效应控制截面。其他非薄壁构件可按一般钢筋混凝土构件进行计算。

壳体结构多为空间受力体，当其厚度与中面最小曲率半径之比小于 1/20 时，按薄壳计算。对于平板，其厚度与最小支承间的长度之比小于 1/5 时，按薄板计算。对其挠度值与板厚之比小于 1/5 时按小挠度理论计算。

5.1.4 对于圆形筒仓仓壁和圆锥形漏斗壁，其环向刚度很大，受荷后变形很小，故可不进行变形验算。对于矩形浅仓，其型式、容积的大小及散料的重力等，都是影响仓壁及漏斗壁变形的主要因素。当其壁厚符合本规范第3.3.2条的规定时，其变形值很小，故也可不进行变形验算。

对筒顶及平台、仓底梁板等构件，还应根据不同的工艺设计及其设备的运行要求，确定筒仓的正常使用极限状态条件进行变形验算。

5.1.5 钢筋混凝土筒仓的使用范围非常广泛，所处环境也非常复杂，各种工艺的使用要求也各不相同。因此，不能对筒仓构件裂缝宽度的控制采用同一个标准。本条根据我国的不同地理环境及贮料条件做了不同的规定。裂缝宽度的计算方法，按我国现行《混凝土结构设计规范》GB 50010进行。

5.1.7 在我国的震害调查中，无论是圆形还是方形筒仓的仓壁和仓底，几乎没有破坏，破坏较严重者多为柱支承的筒仓。因此对仓壁和仓底可不进行抗震验算。对于筒仓这样的特种结构，地震作用的效应是很复杂的，目前尚无法用一个简单的表达式来表示。对震害较严重的柱支承筒仓建议按单质点方法计算。

5.1.8 筒仓结构本体几何不对称性及排仓、群仓不均匀的贮料，在地震时都可能使仓下柱产生扭转及弯曲。扭转增大系数可根据连接在一起的筒仓个数3～6及以上，选用1.1～1.25。柱端弯矩增大系数可根据7～9抗震设防烈度选用1.1～1.6，有实验依据时可不采用该系数值。

5.2 仓顶、仓壁及仓底结构

5.2.1 圆形筒仓的仓顶、仓壁及仓底结构的计算。

1 仓壁相连的圆形群仓，在其连接处的应力与按单仓计算时所得结果不同。通过计算表明，若将仓壁相连的圆形群仓简化为按单仓计算，对筒仓内力计算则有一定影响。然而，以往采用小直径群仓较多的设计部门，对该类仓的设计一直按单仓计算。在原"筒规"编制时，排仓和群仓的仓径都不大，对于较小仓径的排仓和群仓，由于在设计时必须满足构造要求，因此在仓壁连接处按单仓计算一般是可以满足要求的，故对其没有提出明确的规定。随着群仓和排仓仓径的加大，在筒仓的连接处仓壁的刚度发生了很大的变化，对仓壁的变形产生了约束，按单仓计算已不能代表连接处的受力状态。本次修编经对国外几种不同资料的对比后，选择了附录E的计算公式。

2 薄壳结构从理论上讲壳体都是有矩的，然而薄壁壳体由于其抗弯刚度很小，可按无矩理论的薄膜内力计算。但在各壳体的连接处，由于刚度变化对各壳体的近端将产生弯矩，对壳体远端有一定的影响但是有限的，这种影响称为边缘效应。以往设计筒仓时，大部分圆形筒仓壁或圆锥形漏斗壁仓底均是按薄膜理论计算其内力，这是一种近似计算方法。但随着筒仓使用范围越来越广泛，直径也越来越大，完全不考虑边缘效应，则计算出来的内力与在边缘附近的实际内力会相差很大。因此在设计大型圆形筒仓时，均应考虑边缘效应。国外一些规范及资料也提出要在筒仓设计中考虑边缘效应对筒仓内力的影响。从我们计算圆形贮煤筒仓的事例来看，无论是仓顶、仓壁或仓底，当考虑边缘效应时，在边缘附近由于有径向弯矩，仓壁的竖向钢筋及圆锥形漏斗壁的斜向钢筋均比只按薄膜内力所分配之钢筋要多。设计时，只要注意到此处的内力验算即可满足结构的安全要求。

3 柱支承筒仓仓壁的竖向内力可近似按弯曲深梁计算，大直径的圆形筒仓弯曲对深梁的影响不大，可近似按平面深梁计算。

4 当环梁与柱组成内框架时可按框架计算。

5 在仓壁上开方洞将会在洞口的角点处产生应力集中，边长小于1m时可按构造配筋。对于较大的洞口仅按构造配筋不能满足要求。当无法进行精确计算时，可近似按本条的规定进行设计。

7 地道还应计算贮料在其侧壁上产生的被动压力，料料被动压力应按贮料的破裂面滑动体的重力计算。

5.2.2 矩形筒仓仓壁及仓底结构的计算。

1 当矩形浅仓的仓壁、漏斗壁及边梁整体连接时，实际是一种由薄板、杆件组合为一个整体的空间结构，在贮料荷载作用下，各相邻构件通过变形协调而共同受力，因而各构件需考虑相邻构件对其变形的约束而引起的内力变化。

以往设计矩形浅仓时，一般采用近似的计算方法，将浅仓各构件分解成单独的板、梁，按平面构件进行内力分析，较少考虑各构件间的共同受力作用。对一些矩形浅仓内力的初步分析表明，按空间结构整体计算与按平面构件计算相比较，二者的内力相差较大并影响到构件的配筋。但由于浅仓的结构形式较多，目前尚无一套简单、实用的按空间结构整体计算的方法。又由于各种条件的限制，直接利用计算程序对浅仓按空间结构整体进行内力分析，也还存在一定的困难。且以往设计矩形浅仓时大多按平面构件计算，故规范规定可按平面构件计算。

但有条件时，矩形筒仓的仓壁及角锥形漏斗也可按空间受力体系计算。

5.3 筒仓仓壁预应力

5.3.1 在本规范第4.1.1条中第1款中已明确规定，将预应力作为永久荷载，故在结构验算时应予考虑。

5.3.2 原"筒规"编制时，受当时条件所限，没有将预应力混凝土筒仓的内容编入。对于大容量且贮料重力密度较大的筒仓，采用普通钢筋混凝土结构已无法满足要求。施加预应力可以解决筒仓设计中非预应力筋不能解决的仓壁抗裂及裂缝控制问题。由于使用条件不同，对于裂缝的控制要求也不同，故设计者可以根据不同的使用条件，选用不同级别的预应力。预应力分为全预应力、有限预应力及部分预应力。全预应力设计可保证在全部荷载作用下混凝土不受拉、不裂缝，与部分预应力结构相比具有抗裂性好、抗疲劳性强、结构刚度大、设计计算简单等优点。但也有一些严重的缺点，如结构的延性差抗震不利，有些部位的裂缝不能完全消失且工程造价高。为此，在具体工程设计时，应按工艺要求确定。预应力强度比为总预应力值与总预加应力筋及非预应力筋的应力之和的比。近年来在煤炭、电力及建材等部门建造了容量较大的预应力混凝土筒仓，本条是根据这些筒仓的设计经验编写的。

5.3.4 预应力强度比在筒仓的不同高度有不同的控制值，设计时可分段试算，以确保预应力筋及非预应力筋配置合理。

5.4 仓下支承结构及基础

5.4.1 仓下支承结构的计算：

1 壁柱顶承受集中荷载时，由于壁柱与筒壁连成一个整体而共同受力，因而壁柱顶面的集中力可向筒壁两边扩散。其扩散角是参考钢筋混凝土基础的刚性角确定的。

3 本款是参考国外有关规范而定的，目的是保证两洞口间狭窄筒壁在荷载作用下有足够的强度和稳定性。

洞口间宽度不大于5倍壁厚的筒壁按柱计算时，其计算高度的确是一个复杂的问题。此处是假定狭窄筒壁底端为固定、上端为可动铰，近似取其计算高度为洞高的1.25倍。

4 筒仓是重心较高、荷载大的构筑物，当基础不均匀沉降引起仓体倾斜时，对于柱支承的筒仓，由于重心偏移必然给仓下支承柱一个附加弯矩和轴力，设计时应做验算。

对于筒壁支承的筒仓，由于其强度储备较大，故可不考虑此项附加内力。

5.4.2 按承载能力极限状态设计筒仓基础时，应符合下列规定：

1 由于动压力在由仓底经过仓下支承结构传至基础时，已被仓底及仓下支承结构所吸收，基础不直接承受散料冲击所产生的动压力，因此可不考虑散料对基础的冲击作用。当筒仓的基础同时也是仓底时，应考虑大粒径贮料对基础的冲击作用。

3 筒仓结构由于其高径比通常不是很大,一般不属于高耸构筑物的范围。但基础底面与地基土的脱离原则上仍是不允许的,即在一般情况下,必须保证 $p_{min} \geq 0$,基底应处处为压力区。若不能满足本条件规定,则应验算筒仓的整体抗倾覆。

5.4.3 一般高耸构筑物的基础倾斜率为:建筑物高为 $h \leq 20m$ 时,斜率小于等于 0.008,高度在 $20m < h \leq 50m$ 时,斜率小于等于 0.006,高度在 $50m < h \leq 100m$ 时,斜率小于等于 0.005。筒仓高度大部分在 $20 \sim 60m$ 范围内,斜率本应采用不小于 0.006 的限制值,但考虑到筒仓与其他高耸构筑物如水塔、烟囱等不同,它与邻近建、构筑物有联系。同时荷载较大,允许较大的倾斜率会给仓下支承结构带来较大的附加内力,因此参考有关资料,将基础的倾斜率定为不应大于 0.004。

软弱地基经人工处理后,可达到设计要求,也就是说,处理后的地基已经能够保证结构的安全使用时,就不应该再利用贮料预压作为处理地基的重复手段,否则将造成极大的浪费。

由于筒仓的自重很大,建成后到投产通常有一定的时间间隔,在此期间,贮料以外的筒仓各种荷载对其地基的压缩,将促使岩土尽快固结,在计算地基变形时,应将岩土固结已完成的压缩变形计入总控制变形中。

5.4.4 当仓壁与仓底为整体连接时,它们的刚度较大,在地震时贮料振动对它们产生的动应力不大,不是筒仓的薄弱环节。在震害调查中,也极少有仓壁与仓底结构的破坏,因此,本规范不要求对整体相连的仓壁和仓底作抗震验算。同时,仓下筒壁的开洞面积不应过大,应限制在本条规定的范围内。

6 构 造

6.1 圆形筒仓仓壁和筒壁

6.1.1 混凝土的碳化是严重影响结构的设计使用年限的重要因素,促使混凝土碳化的重要原因之一,是大气中的酸性物质进入混凝土后,逐渐破坏水泥水化过程中附着在钢筋上的碱性保护膜,从而使钢筋在酸性状态下腐蚀生锈。目前最简单的办法,除减小混凝土的水灰比、提高混凝土的强度外,就是加大混凝土的保护层,故将其定为 30mm。施工中为了提高混凝土的早期强度及钢筋防锈的添加剂,凡是能促使混凝土碳化的应严禁使用。这本应是筒仓的施工验收规范中编写的内容,但为保证结构的设计使用年限,本规范作了明确的规定,同时也符合中华人民共和国国家标准《工业建筑防腐蚀设计规范》GB 50046—95 及预应力有关规范的规定,筒仓设计中也应明确限制使用。对使用条件较好的筒仓、结构使用年限较短的筒仓,可根据工艺要求或专业规范确定混凝土的强度等级、保护层厚度及筒仓壁厚。

6.1.3 对于圆形筒仓水平钢筋直径上限控制为 25mm,主要考虑施工要求,当直径超过 25mm 时,钢筋成型比较困难,尤其在滑模施工时,常常由于成型困难而影响施工速度。其次控制水平钢筋的直径也意味着,当筒仓直径较大,所需水平钢筋大于 25mm 时,采用普通钢筋混凝土结构就不尽合理。

本条修订是依据多年来施工及设计部门的反映,原"筒规"对钢筋直径的规定偏小。

6.1.4 当水平钢筋采用绑扎接头时,接头长度与《混凝土结构设计规范》GB 50010 的规定不同,这是因为筒仓结构与一般的混凝土梁板结构及框架结构有所不同。普通结构受其截面几何外形的限制,钢筋的搭接长度容易控制。对圆形筒仓水平钢筋在沿环向移动的可能性非常大,钢筋搭接长度的可变性不易控制。为此适当增加搭接长度,以弥补施工过程中由于水平钢筋沿环向移动而使钢筋的接头一端搭接过长,另一端却不满足搭接长度所造成的误差。前苏联筒仓规范、美国筒仓规范及其他国家的规范,对此都有增加搭接长度的规定,但增加的值各国也不统一,我们规定的

数值是与钢筋直径有关,直径越大增加的搭接长度也越大。这是因为我国的混凝土结构设计规范规定,钢筋的搭接长度以直径的倍数来表示,这样与该规范保持一致,使用上也比较习惯。其次钢筋直径的大小通常与内力成正比,所以按钢筋直径增加的搭接长度实际上也考虑了内力大小的因素。50 倍钢筋直径的数值是以总结我国筒仓建设中的实践经验为基础确定的。

水平钢筋接头采用焊接连接可以节省大量钢筋。但由于焊接数量太大,施工质量很难保证,故对钢筋的焊接接头没有采用强制性用语。

当仓底与仓壁非整体连接时,考虑到仓壁与仓壁的连续性,仓壁的环拉力不会在仓底处突然消失,因此需将仓壁底部的水平钢筋延续到仓底以下一定高度。6 倍壁厚是参照国外资料确定的。

6.1.6 筒仓仓壁和筒壁水平钢筋的最小配筋率,国外的规范规定的也不完全,美国规范仅对仓壁有规定,前苏联规范未作规定。仓壁在计算上是假定按中心受拉考虑的,实际上因为贮料压力分布不均匀及偏心卸料等影响,理想的中心受拉严格的讲是不存在的。我国现行《混凝土结构设计规范》GB 50010 规定,最小配筋率比该规范修订前有所提高。原"筒规"是从煤炭系统筒仓的统计仓壁和筒壁全截面水平钢筋的平均配筋率分别为 0.356% 和 0.329%,我们按照《混凝土结构设计规范》GB 50010 和设计实践为基础,除了贮存热贮料的水泥工业筒仓外,对其他筒仓的仓壁定为全截面的 0.3%,筒壁按全截面的 0.25%。本次修订认为,原"筒规"的规定是合理的,也得到本次此修订审查的通过,故仍按原"筒规"的规定执行。

贮料对筒仓的配筋除按本条的规定外,对冷拉钢筋尚应依据贮料温度作用下钢筋强度的折减系数进行调整。

当温差大于 100℃ 时,筒仓的仓壁、仓顶及仓底的结构构件,除按本条规定外应按实际出现的温度效应计算配筋。在温度作用下按温度效应计算配筋时,应考虑混凝土、钢筋的设计强度及其弹性模量的折减系数。贮料入仓后的温度应由工艺专业确定。

6.1.8 仓壁在仓底以上 1/6 高度范围内,因仓壁所受荷载或支承条件的改变产生竖向弯矩,故其最小配筋率按压弯构件控制上以按分布钢筋并考虑施工需要布放,筒壁按偏心或中心受压考虑。故规范规定仓壁的 1/6 高度范围内的总最小配筋率,为全面截面的 0.4%,其上部为 0.3%,筒壁为 0.4%。

6.1.10 筒仓仓壁及筒壁属薄壁结构,施工时保持结构截面及钢筋位置的准确度非常重要。为此,仓底与仓壁整体连接或非整体连接时,除了每隔 2~4m 设置一个两侧平行的焊接骨架外,在仓壁底还必须在两层钢筋间加连系筋。1/6 仓壁高度是参考国外资料确定的。

6.1.11 当竖向钢筋与水平钢筋的交叉点绑扎不牢或不绑时,钢筋常易错位,所以需要强调在交叉点绑扎的必要性。在交叉点及主筋搭接处,因普通电弧焊极易削弱主筋截面而无法确保设计要求,故不得采用焊接代替绑扎。本条中所指的特殊措施是,当其采用焊接时,其连接形式不会因施焊而削弱钢筋的有效截面并能保证提供 95% 以上的焊点,检测结果不消弱钢筋截面。

6.2 矩形筒仓仓壁

6.2.1 由于钢筋混凝土筒仓均为外露结构,使用环境复杂,为保证结构使用年限,加强对钢筋的保护是必要的。本规范对筒仓的混凝土强度等级及钢筋保护层的厚度均比原"筒规"的规定有所提高。对工艺使用及环境条件要求不严、有实践经验并对受力钢筋有特殊保护措施时,可适当减小保护层的厚度,但不应小于 25mm,混凝土强度等级也不应小于 C25。

6.2.2 矩形筒仓的仓壁及漏斗壁的设计,有些部门习惯在仓壁与漏斗壁的相交处采用加腋的连接方式。如筒仓截面能满足设计计算要求也可采用不加腋的连接。

6.2.3 柱支承的矩形筒仓,柱子有伸到仓顶和不伸到仓顶两种布

置方式,设计中多数采用伸到仓顶的布置方式。为了使仓壁的水平钢筋与柱内纵向钢筋不相碰,故要求在平面布置上,仓壁边离柱边的距离不小于50mm。

6.2.4 本条及6.2.5条规定的矩形筒仓仓壁的配筋方式是多年来国内外通用的配筋形式,柱支承的矩形筒仓,由于仓壁与一般民用建筑深梁的受力条件不同,配筋方式也不同。故筒仓设计仍应采用本规范的规定作为仓壁深梁配筋的依据。

当仓壁与仓壁相交时本条各图中的 a_n、b_n 自仓壁的内边缘计算。

6.3 洞 口

6.3.1 在仓壁开设洞口时,规定的洞口尺寸是根据各地多年来设计中常用到的数据。洞口尺寸过大对薄壁构件的受力条件不利,故本条规定除筒壁直接落地的筒仓或浅圆仓外,不宜在仓壁上开设大洞。

在洞口四周配置的附加钢筋的面积、钢筋配置范围、锚固长度等构造措施,是在总结我国筒仓建设实践经验的基础上,参照国外有关资料确定的。为了使洞口高度范围内的环向力能传给洞口上下附加的水平钢筋,水平钢筋的锚固长度除满足50倍钢筋直径外,还与洞高有关,洞口越高锚固长度就越大。

6.3.2 筒壁洞口设扶壁柱的目的是为了增加宽度和高度均大于3.0m的洞口两侧筒壁的稳定性。

洞口是否需要设置扶壁柱,浅圆仓或仓壁直接落地的筒仓仓壁和筒壁的截面,若按洞口应力计算并满足设计及工艺要求时,也可不设扶壁柱。因为扶壁柱的设置,将会使仓壁或筒壁的应力集中到刚度较大的扶壁柱上,从而造成扶壁柱的配筋量加大。国外一些较大的筒仓很少设置扶壁柱。但筒仓设计使用程序计算有困难时,为简化计算,加设扶壁柱仍是一种简单的处理办法,也是对筒壁洞口消弱截面的补偿。

6.3.3 为保证狭窄筒壁的结构稳定性,洞口间的筒壁最小尺寸不应小于本条规定的尺寸。

6.4 漏 斗

6.4.1 本条修改的原因及限定条件与第6.2.1条相同。

6.4.6 由于角锥型漏斗的钢筋在锥板交接处必须切断,伸入锚固区的长度往往不能满足设计要求,为此必须架设四角骨架筋。

6.4.8 钢筋混凝土筒仓的漏斗,除采用混凝土结构外,还大量采用钢漏斗。本条选用较安全的连接形式(图6.4.8),作为本规范钢漏斗与仓壁连接的规定。图中预埋筋的锚固长度应计算确定,与预埋钢板的连接必须采用塞焊,组合环梁的截面尺寸应计算确定。

6.5 柱和环梁

6.5.1 当筒仓满载时,仓下钢筋混凝土柱的混凝土产生蠕变,使其应力有所降低,相应的荷载将转给钢筋来承担。当贮料瞬时卸空后,钢筋产生弹性恢复,此时混凝土可能处于受拉状态,从而导致仓下钢筋混凝土柱出现水平裂缝。此外,在卸料过程中,如果钢筋与混凝土之间的粘结力很强,则同时会产生垂直裂缝,而且这种情况更加危险。因此控制仓下钢筋混凝土支承柱的最大配筋百分率是十分必要的。

6.5.2 当漏斗与仓壁非整体连接时,环梁的配筋应计算确定。

6.6 内 衬

6.6.1 根据筒仓内衬使用情况的调查,装贮不同散料的筒仓以及在同一筒仓内的不同部位,筒仓内表面的磨损程度是不相同的,这主要与贮料的重力密度、粒径、硬度、落料高差、进出料方式以及贮料的运动状态等因素有关。设计时应根据不同的情况采用不同的耐磨、助滑与防冲击层。筒仓内衬构造有很多,本规范的图示为几种常用的做法,设计时应按具体条件选用。

对无特殊要求的块材内衬还有其他可选建材,但实践表明选用压延微晶板材或铸石板材是成功的。多年来由于没有既经济又实用的建材作内衬,筒仓设计曾多使用铸石板。近年来,中国晶牛集团微晶公司生产的压延微晶板材在我国电力、钢铁、煤炭及其他行业普遍使用。用在煤炭行业的矸石仓、贮煤仓、翻车机房及选煤厂设备的耐磨内衬,火力发电厂的高温干灰仓、煤料仓、炉前仓、干煤仓、卸煤仓,钢铁行业的高炉料仓、烧结料仓、冲渣沟及各种磨耗大易腐蚀的工业设备。经调查,以此作内衬的部门使用效果极好,一般情况下其各项性能均优于其他类似材料。

压延微晶板材是利用高炉矿渣为主的材料经高温熔化、压延、晶化及退火而成的板材,化学稳定性好且耐高温。由于采用先进的压延生产工艺,与一般浇注的板材相比,其规格尺寸更有保证。耐磨性能比锰钢高7~8倍,比铸铁高15~20倍,耐腐蚀性比不锈钢高10~25倍。

压延微晶板材的磨耗量0.03g/cm²,冲击韧性5.5kJ/m²,弯曲强度70.5MPa,压强80.7MPa,热膨胀系数 10^{-7}/℃(20~300℃)。最高使用温度不宜大于350℃,温差在气体介质中不大于200℃。

对未经严格的科学检测和未经大量工业使用验证且未能确保筒仓内衬促流、抗磨、抗冲击、耐高温、不脱落及其他内衬功能质量要求的其他新型材料,不宜选作筒仓内衬。

6.6.2 本条主要是根据仓壁内侧耐磨层的实践经验而定的。这样做便于施工,表面层与结构层混凝土结合也好,同时也能满足对耐磨层要求不高的筒仓设计。

6.6.3 我国最早设计的钢筋混凝土筒仓,基本没有专设的内衬,通常是在仓内抹一层砂浆作为内衬。但砂浆的强度等级远没有混凝土高,且由于结合不好,用了不多久就会脱落,不但起不到内衬的作用,反而带来更多的麻烦。

可作内衬的建材种类很多,但不一定都是成功的。20世纪80年代,美国给我国设计的贮煤筒仓,采用的是不锈钢内衬。这种做法在美国现在还有使用,但在我国,无论是当时还是现在都不可能采用。有些设计曾采用过金钢砂、石英砂、铁矿砂及近年来时兴起来的超高分子聚乙烯板材等都是不成功的材料。前几种建材已逐渐淘汰,超高分子聚乙烯板材(UHMW-PE)曾有人使用,这种材料早期在纺织、造纸及食品等行业,后扩展到冶金、煤炭及电力等众多行业使用。这种材料当其分子量达到150万~170万时,其较小的摩擦系数、较高的耐磨性及抗冲击性和化学稳定性才能出现。然而这种材料的缺点,在用作筒仓的内衬时却暴露无遗。其线膨胀系数为 $2×10^{-4}$,是钢材的16倍,混凝土的20倍,在常温下若气温变化10℃这种内衬板就会伸长或缩短2.0mm/m,在实际工程中的温差远大于10℃。由于内衬与结构材料变形的不协调,衬板极易大面积脱落。该材料是一种可燃物,用普通打火机就可点燃。实验表明,在相同贮料条件下,其摩擦系数都低于铸石、玻璃及瓷板,用小刀可划出裂痕,可见其耐磨性并不可靠。在我国很多使用该材料作内衬的筒仓,出现火灾、大面积脱落的事故,由此造成严重的不可挽回的经济损失。为此,在本条中规定,筒仓设计不再使用这种材料作内衬。

死料作内衬是使仓底免受贮料直接冲击作用的有效措施之一,有时也是一种最廉价的内衬材料,故本条允许时应优先考虑以死料作为内衬。这种做法在铁矿石等贮仓中采用较多。根据调查,仓顶进料口处的梁板结构易受贮料的冲击作用,大块的矿石对进料口处梁板的冲磨更为严重,甚至由此而导致结构的破坏。比较有效的办法是加大进料口或将洞口梁外移,否则应对梁板表面采取防护措施。

6.7 抗震构造措施

6.7.1 柱支承的筒仓受地震破坏的主要原因,是柱截面强度不

足,支承柱受破坏的主要部位是柱顶,受应力集中的影响,对震害实例的验算也发现实际震害的裂缝比计算的要大。为了提高柱的抗震能力,本条规定是参考美国、日本及有关规范制定的。

6.7.2 震害调查表明,柱支承的筒仓倒塌,无例外的都在柱头部位折断。在7度设防区的筒仓,在此部位出现水平裂缝。8度设防区水平裂缝明显,甚至有压酥现象。9度设防区出现混凝土明显压酥、挤碎、碎块脱落、钢筋被压弯呈灯笼状。唐山地震时,在10度和11度地区,该部位绝大部分为严重破坏甚至倒塌。柱底与基础交接处的破坏,一般较柱头为稍轻,但也不可忽视,因此抗震设计中,对支承柱的柱头、柱脚这两个重要部位予以加强是十分重要的。

为了提高混凝土的抗压能力,改善其延性,必须控制仓下支柱的轴压比的限值,避免轴压比过大而延性太差,保证结构具有较好的变形能力。在控制仓下支柱的轴压比时,可参照现行《建筑抗震设计规范》GB 50011的框架结构的有关规定,但应比一般框架结构的轴压比小些。为此,设计可采取增加柱的个数或截面面积,但不应形成短柱,短柱会改变柱的刚度,更易改变柱的柔性。

从构造上可采取配置附加横向封闭钢箍,形成"约束"混凝土,提高由此形成的核芯混凝土强度和极限压应变,从而使混凝土三向受力,阻止纵向钢筋的压屈。同时采用加密加粗箍筋的办法提高节点的强度和延性,封闭箍筋的体积配箍率应选用较高值。

在地震力作用下,仓下支承柱承受较大的轴向力、剪力和弯矩。在地震力的反复作用下,应力变化较为复杂,提高仓下支柱的抗震能力是十分必要的,为此,支柱的纵向筋均应对称配置。

6.7.3 通过调查,筒壁支承的仓破坏比较轻微,但是单层配筋的筒壁支承仓比双层配筋的筒壁支承仓破坏要明显加重,因此,规定筒壁必须采用双层配筋。

6.8 预应力混凝土筒仓仓壁

6.8.1 混凝土筒仓预应力在20世纪80年代,在煤炭行业的筒仓设计中就已采用。但当时的筒仓容积并不大,预应力技术也不高。在筒仓上采用钢丝缠绕非常困难,采用预应力粗钢筋在筒仓上施工受设备及其他条件的限制也很不便,甚至采用热张法施加应力,还要在预应力筋的外部再喷涂一层保护层。因此,这种预应力混凝土筒仓设计没有得到推广。为此,原"简规"未将预应力筒仓编入规范条文。近年来,在煤炭、电力及建材等行业建造了很多大容量的预应力混凝土筒仓。本规范在总结各行业预应力混凝土筒仓设计施工经验的基础上制定了本节规定。

预应力的发展过程是先有先张,后有后张。后张法则是先有有粘接,后发展到无粘接。从发展过程看,有粘接在预留孔道、二次灌浆、孔道堵塞及灌浆质量检测上对施工技术要求较高,一旦有问题不易处理。对无粘接预应力,不存在预留孔道、二次灌浆等问题,防锈防腐隔离使得预应力筋不与混凝土粘接,使张拉摩擦损失减小,因此,后张无粘接预应力,适用于包角大的预应力混凝土筒仓结构。设计可减少壁柱数量和张拉次数。目前在筒仓设计中这两种方法都在采用,选用哪种方法本条不做强制规定。

当入仓贮料温度大于100℃,若采用无粘结预应力筋不能满足要求时,可选择其他的预应力筋。其钢筋的强度及预应力的损失值均应考虑温度影响进行调整。

6.8.3 掺和料除本条规定外还应满足本规范第6.1.1条的规定。

6.8.7 截断的预应力筋,当采用经检测合格的预应力筋连接器连接时不受此限。

6.8.8 筒仓设计时能否采用后张无粘接预应力,选择好预应力筋的外涂料是重要条件之一,设计者应在设计文件中明确标明采用涂料的技术要求。

6.8.11 为减少混凝土弹性压缩引起的预应力损失,预应力筋张拉时应错开一定的间距自下而上的隔根张拉。

6.8.14 本条中所指合格的锚具是指按中华人民共和国行业标准

《预应力用锚具、夹具和连接器应用技术规程》JGJ 85—2002 J 219—2002有关规定检测合格产品。

6.8.17 多年来,筒仓预应力多用于单仓。随着工艺设计要求的变化,单仓设计已不能满足要求,为此本条示出了排仓和群仓的预应力布置方式。

6.8.18 筒仓预应力也可作成无壁柱的布置形式,无壁柱的筒仓外观整齐,但施工时须采用埋入式的接头,锚具应采用环形锚具,其构件由锚板、工作夹片、限位板、偏转器、过度块、延长筒等组成。偏转器组成的偏转角或圆弧的中心角为40°,半径为500mm,施工时可以向仓壁的内侧或外侧偏转。

6.8.20 筒仓仓壁在预应力作用下,其受力状况如同弹性地基梁,预应力可在仓壁上沿其高度方向在环向产生附加弯矩和剪力,这将会影响筒仓非预应力筋配置及预应力筋的布放间距。为使筒仓仓壁在施加预应力时受力均匀,预应力筋的布置,应在施工前按本条规定进行试算。

6.8.21 为使设计者在筒仓仓壁预应力之前确定仓壁厚度,本条参考国外规范给出了验算公式,设计时还须根据其他设计条件进行调整。

附录A 槽 仓

槽仓最早出现在前苏联及德国文献中,在英美文献中对这种结构的称谓也不统一,通常在结构专业称槽仓为 trough bunker,工艺专业称槽仓为 wedge-shaped hopper 及 slotted hopper。本规范采用结构专业的英文用词。

平面对称性槽仓,具有良好的卸料功能且计算简便构造简单,钢筋按计算配置没有构造筋问题。自20世纪50年代由前苏联的工程设计引进我国以来,在冶金、煤炭等行业使用半个多世纪了,在其他行业也有应用。在使用过程中,我国设计工作者对按前苏联设计建造的槽仓工程出现仓壁裂缝等问题进行了分析研究,对槽仓设计计算、仓形几何尺寸的选定及构造不断进行改进,本附录是依据我国冶金系统多年来对实际工程设计及使用的实践经验总结编写的,可供槽仓设计使用。

本规范未包括壁板支承的及半地下槽仓的设计,但本规范的槽仓设计原则仍可作为这些槽仓的设计参考。

附录B 贮料的物理特性参数

对贮料(散料)的物理特性参数值,原"简规"主要是在总结多年来我国筒仓设计经验的基础上,参考了国内外有关资料并进行了一些必要的试验而制定的,本次修编仍继续采用。实际上筒仓贮料的品种达数百种之多,本表不可能将所有贮料的物理力学参数全部列入。即使同一种贮料,同地区或不同地区的产品都可能有不同的参数。不同的物理力学参数,将会给计算带来不同的结果。有些散料,如煤炭等,其物理特性参数值的可变性比较大,如颗粒级配、粒径和外在含水量等的不同,其参数值也随之而异。因此,表中给出的某些散料参数值有一定的幅度,结构设计者在无法进行设计时,应结合实际情况选用,并应得到工艺专业的认可。

对于有粘性的散料,其凝聚力对散料的内摩擦角φ值有很大的影响,采用时还是应通过试验验证。

附录B提供的品种只是常见散料的一部分。结构设计者计算时,仍应以工艺设计提供的试验测定值为准。

附录 C 浅圆仓贮料压力计算公式

C.0.1 对于浅仓贮料压力的计算，以往是采用挡土墙主动土压力理论计算的。挡墙是假定墙体为无限长，墙背为光滑直立墙面为条件，也就是说，其曲率半径为无穷大，形成墙背散体压力的散体滑动体的水平投影是矩形平面，因此可取单位截条进行计算。在小型浅仓设计时尤其是对于矩形筒仓基本可以符合或满足要求，但对于大型浅圆仓再采用这种计算方法就与实际受力条件不符。浅圆仓或圆形筒仓的仓壁是圆柱曲面，其曲率半径再大也是有限的。对浅圆仓或大直径筒仓，由于其直径较大，仓顶结构已不可能再采用普通的梁板结构，一般都是大跨壳体或空间结构，筒仓的装料点也多为仓顶中心单点装料，因此在仓壁顶面以上的空间将形成较大的圆锥形料堆。这部分贮料对仓壁压力的计算是否正确，将影响筒仓的设计。圆形筒仓贮料滑动体破裂面过中心时，由于对称关系，上部贮料不能重复计算。仓壁单位弧长作用的贮料滑动体的水平投影是一个扇形平面，其与筒仓中心形成楔形滑动体，图 C.0.1 是该滑动体的剖视图。本条是按库伦理论建立该楔形滑动体作用于仓壁上的以破裂角为自变量的重力平衡方程并对其求导，令其等于零，得到贮料作用于仓壁单位弧长上压力的极大值，该值即为贮料作用筒仓仓壁上的总侧压力。

C.0.2 为贮料滑动体的破裂面不过中线且仓壁顶以上堆料为圆截锥体时，贮料作用于仓壁上的侧压力公式。

C.0.3 为仓壁顶面以上堆料为圆锥体破裂面不过中线时，贮料作用于仓壁上的侧压力公式。该两条的所列公式为在此条件下挡土墙侧压力的修正式。原公式选自铁道部第一设计院主编，人民铁道出版社 1997 年出版的《铁路工程技术设计手册》的各种边界条件下的库伦主动土压力公式中的第 6 式和第 11 式。由于挡墙公式与筒仓仓壁的受力条件不完全相同，故不能直接采用。本附录在采用时将倾斜挡墙改为直立仓壁，当贮料侧压力最大时应略去贮料对仓壁的摩擦作用，由于筒仓仓壁为圆柱形曲面，必须将投影面为矩形的贮料滑动体改为投影面为扇形的滑动体，为此在修改公式推导时以系数 η 进行修正。

对于因仓壁的边界条件产生的内力，在筒仓设计时可按力的叠加原理进行计算。大型浅圆仓的仓顶大跨壳体或空间结构与仓壁的连接应采用简支方式，使构件成为静定结构，以减少构件间的应力干扰。

附录 E 星仓仓壁及洞口应力计算

E.0.1 当采用多列筒仓连接在一起的布置时，在圆形筒仓间就会形成星仓。星仓这个空间，除了用来贮存散料外，还可以用作楼梯间、电梯井、管道井及提升机井道等。星仓可以是曲线的、直线的，也可作成直线曲线组合的仓型。原"筒规"受当时条件所限，未能列出有关星仓计算的规定。

由于星仓仓壁改变了单个筒仓仓壁的刚度，在不同的装料情况下，星仓仓壁将有不同的受力状态。如周边筒仓满仓将引起内壁受拉及弯曲，周边筒仓是空仓而星仓是满仓时，星仓曲线仓壁的两端可视作固定端，从而形成承受压力、弯曲和剪切的相似拱。筒仓和星仓都满仓时，若星仓仓壁为直壁，将产生最大的拉力，但弯矩和剪力相对要小些。

星仓的计算方法很多，由于受力条件复杂，各国学者都以不同的假定条件提出不同的计算方法，其计算结果也各不相同，几种主要计算方法的计算结果对比如表 2。

表 2　星仓计算结果对比

计算方法	弯矩(kg·m/m)		切向力(kg/m)	
	中点	支座	中点	支座
Ciesilsk	6185.9	−12649.3	−39214	−36137
Timm, Windels	14044	−27191.9	6732.4	0
Kellner. M	2327.6	−4470.7	−8296.87	−9408
波兰粮仓规范	1892.4	−3570.3	不考虑	不考虑
前苏联粮仓规范	1414.6	−3001	不考虑	不考虑

由表中可知，Timm 法由于允许支座切向可移动，故相应支座处轴力为零，弯矩值就很大。Ciesielsk 法切向力位移是与周边条件相关的值，因此计算出的内力接近实际受力条件，而且弯矩也要比 Timm 法的计算结果少一半多，但比起 Kellner 方法还是要大。而 Kellner 法与前苏联粮仓规范的计算结果相比仍然偏大，但他给出的内力要比前苏联粮仓规范给出的内力全面些。表中两本规范给出的公式虽然较粗糙，但已付诸实际使用，若其计算内力增大太多，会给设计带来不少的问题，而 Kellner 公式的计算结果要比表 2 中两规范给出的计算结果大，但差值幅度并不太大，给出的内力也较完全，操作应用也很简单，故本规范选择该公式作为星仓计算公式。

E.0.2 将圆形筒仓仓壁上被大洞口切断的纵横钢筋，采用在仓壁上处理小洞口的办法，以钢筋补偿的方式将它配置在洞口相应的各边上。但由于切断的钢筋数量太多而不可能，同时也不符合洞口的受力状态。圆形筒仓的仓壁是一个圆柱曲面，在贮料压力作用下，仓壁在其环向承受拉力，对于筒壁落地的大直径筒仓或浅圆仓仓壁上开设的大洞口，虽然尺寸较大，但其与仓壁的展开面积相比仍是相对较小的。在这种受力条件下，可近似地将其视为开有洞口的平面受力体。为此，即可按弹性力学的方法，利用复变函数及包角变换，求解无限平面上洞口应力的微分方程及其应力函数。微分方程应力函数的解为边界收敛的幂级数，级数的取项越多洞口周边的应力值就越精确。由于级数收敛得很快，因此，在实际工程计算中只取级数的有限项即可得到满意的效果。由计算及本附录各表中数值分析可知，洞口周边的应力扰动区，只发生在矩形或方形洞口角点的有限范围内。因此，工程设计时，按本附录各表求得的洞口应力值及其分布规律而不是采用补偿办法合理配置洞口周边的钢筋，更符合大洞口的实际受力状态。由于筒仓仓壁上的洞口大多数为矩形或方形，因此，本附录按上述方法，将筒仓设计中几种常用边比的洞口应力与作用力的比值列入本条。至于洞口周边出现的其他作用力，可利用力的叠加原理进行处理。

中华人民共和国国家标准

架空索道工程技术规范

Technical standard for aerial ropeway engineering

GB 50127—2007

主编部门：中国有色金属工业协会
批准部门：中华人民共和国建设部
施行日期：2007年12月1日

中华人民共和国建设部
公　　告

第 604 号

建设部关于发布国家标准
《架空索道工程技术规范》的公告

现批准《架空索道工程技术规范》为国家标准，编号为 GB 50127—2007，自 2007 年 12 月 1 日起实施。其中，第 3.6.3、3.7.4、3.8.1、4.2.1（3）、5.2.2、6.2.1（5）、7.2.2 条（款）为强制性条文，必须严格执行。原《架空索道工程技术规范》GBJ 127—89 同时废止。

本规范由建设部标准定额研究所组织中国计划出版社出版发行。

中华人民共和国建设部
二〇〇七年三月二十七日

前　　言

本规范是根据建设部建标〔2002〕85 号文件《关于印发"二〇〇一～二〇〇二年度工程建设国家标准制订、修订计划"的通知》要求，由昆明有色冶金设计研究院主编，会同国内有关设计、科研、制造、安装和使用单位组成修订组，对《架空索道工程技术规范》GBJ 127—89 进行了全面修订。

在修订过程中，修订组进行了广泛深入地调查研究，总结了我国索道工程设计、施工和运行的实践经验，吸取了近年来有关的科研成果，借鉴了国外同类标准中的有关内容，在全国范围内，多次征求了有关单位及业内专家的意见，对一些重要问题进行了专题研究和反复讨论，最后召开了全国审查会议，会同有关部门共同审查定稿。

本规范共分 9 章，主要内容有：总则、术语和符号、索道设计基本规定、双线循环式货运索道工程设计、单线循环式货运索道工程设计、双线往复式客运索道工程设计、单线循环式客运索道工程设计、索道工程施工和索道工程验收。

本规范修订的主要内容有：

1. 本规范积极采用国外同类标准中符合世界索道发展趋势并适合我国索道实际情况的内容，尽量与国际接轨。

2. 凝聚了索道专家和业内人士的智慧、借鉴国际先进标准和采用国内科研成果，努力提高我国索道的设计水平、技术经济指标和安全可靠性。

3. 在索道类型选用、主要参数确定、线路选择、站址选择、站房设计、索道施工等主要环节中，都提出了更为严格的环保要求，使索道运输能取得更好的环境效益。

4. 新增术语和符号一章。

5. 强调回运与营救在客运索道设计中的重要性，在索道设计基本规定一章中新增回运与营救一节。

6. 对各类索道最高运行速度、驱动装置抗滑安全系数、客运索道钢丝绳抗拉安全系数、乘客的计算载荷等重要参数进行修订。

7. 对各类索道的电气设计进行全面修订，新增了提高电气设计装备水平方面的许多要求，并在索道设计基本规定一章中新增电气一节。

8. 对各类索道的站房设计进行修订，在人身安全和人性化设计方面提出更高要求，并在索道设计基本规定一章中新增站房设计一节。

9. 对于双线往复式客运索道，新增了双承载、两端锚固、客车制动器设置条件等设计要求，全面修订客车、驱动装置、线路配置等设计要求。

10. 对单线循环式客运索道进行全面修订，新增了抱索器力源及检测、客车强度计算方法、托索轮靠贴条件、驱动装置装备水平、液压拉紧装置、压索支架二次保护等方面的一系列设计要求。

11. 对于拖牵式索道，新增了拖牵座设计、线路配置、端站设计、钢丝绳靠贴条件等内容。

12. 在索道工程验收一章中，新增试车一节。

本规范以黑体字标志的条文为强制性条文，必须严格执行。

本规范由建设部负责管理和对强制性条文进行解释，由中国有色金属工业协会负责日常管理工作，由昆明有色冶金设计研究院负责具体技术内容的解释。

本规范在执行过程中，请各单位注意总结经验，积累资料，随时将有关意见和建议反馈给昆明有色冶金设计研究院（地址：昆明市东风东路48号，邮编：650051），以便今后修订时参考。

本规范主编单位、参编单位和主要起草人：

主 编 单 位：昆明有色冶金设计研究院

参 编 单 位：中国有色工程设计研究总院
      南昌有色冶金设计研究院
      长沙有色冶金设计研究院
      鞍山冶金矿山设计研究总院
      泰安泰山索道运营中心
      泰安索道安装公司
      云马飞机制造厂索道缆车工业公司
      宁夏恒力钢丝绳股份有限公司

主要起草人：王庆武 杨家麟 任宏州 王红敏
      郭向东 彭加宁 苏莘文 田庆林
      李爱国 王晓晴 白文华 徐海西
      蒲德友 包兴元

目　次

1 总　则

1.0.1 为了规范和指导架空索道工程设计、施工及验收工作，确保工程质量和安全运行，促进技术进步，并使索道运输在国民经济中发挥更大的作用，特制定本规范。

1.0.2 本规范适用于双线循环式货运索道、单线循环式货运索道、双线往复式客运索道和单线循环式客运索道的新建、扩建或改建工程。

1.0.3 客、货运索道的运输方案，应根据建设条件、技术条件等经过综合技术经济比较后合理确定。

1.0.4 索道设计、设备研制和设备出厂，应符合下列要求：

　　1 技术先进、经济合理、安全可靠。

　　2 涉及人身安全的新设备，必须经过试验或通过生产实践证明其安全可靠并鉴定合格后，才能在工程中采用。

　　3 索道设备出厂时，应进行严格检验，建立技术档案并出具合格证书。

1.0.5 建在风景名胜区的客运索道，应以保护风景和方便旅游为原则。索道站址和线路选择，应符合风景名胜区总体规划或区域规划的要求。

1.0.6 索道建设应强化环保意识，制定环保措施，保护自然环境。

1.0.7 索道工程应经竣工验收后，才能正式投入运行或运营。

1.0.8 索道工程设计、施工及验收，除执行本规范的规定外，还应符合国家现行有关标准、规范的要求。

2　术语和符号

2.1　术　语

2.1.1 架空索道　aerial ropeway

一种将钢丝绳架设在支承结构上作为运行轨道，用以运输物料或人员的运输系统。

2.1.2 单线循环式货运索道　monocable circulating material ropeway

仅有运载索，货车在线路上循环运行，用于运输物料的索道。

2.1.3 双线循环式货运索道　bicable circulating material ropeway

既有承载索又有牵引索，货车在线路上循环运行，用于运输物料的索道。

2.1.4 单线循环式客运索道　monocable circulating passenger ropeway

仅有运载索，客车在线路上循环运行，用于运输人员的索道。其中，由于客车形式的不同又分为单线循环脱挂抱索器车厢（吊篮、吊椅）式客运索道和单线循环固定抱索器车厢（吊篮、吊椅、拖牵）式客运索道。

此外，由于运行方式的不同又分为单线循环固定抱索器车厢式客运索道、单线脉动循环固定抱索器车组式客运索道和单线间歇循环固定抱索器车组式客运索道。

2.1.5 双线往复式客运索道　bicable reversible aerial ropeway for passenger

既有承载索又有牵引索，客车在线路上往复运行，用于运输人员的索道。其中，由于客车编组的不同又分为双线往复车厢式客运索道和双线往复车组式客运索道。

2.1.6 货车　bucket

运输物料的运载工具。其中主要包括抱索器或运行小车、吊杆或吊架、货箱。

2.1.7 客车　carrier

运输人员的运载工具。其中主要包括抱索器或运行小车、吊杆或吊架、客厢或其他乘坐器具。客车可分为车厢、吊篮、吊椅、拖牵座等不同形式。

2.1.8 抱索器、固定式抱索器、脱挂式抱索器　grip, fixed grip, detachable grip

客车或货车中与运载索或牵引索连接的装置，称为抱索器。

进、出站时无需从钢丝绳上脱开和挂结的抱索器，称为固定式抱索器。

进、出站时需要从钢丝绳上脱开、挂结的抱索器，称为脱挂式抱索器。

2.1.9 线路侧形　line profile

表明地形特征、站房和支架配置的索道线路纵断面。

2.1.10 运输能力　transport capacity

单位时间内的单方向运输量。

2.1.11 高差、平距、斜距　vertical rise, horizontal length, inclined length

两站之间或线路支架两点之间的索底标高之差，称为高差。

两点之间的水平距离称为平距。

两点之间的直线距离称为斜距。

2.1.12 索距、跨距、车距、时间距　gauge, span, pitch, interval

支架两侧的运载索或承载索中心线之间的距离，称为索距。对于采用双承载索的双线索道，索距为支架两侧双承载索中心线之间的距离。

相邻支架间或站房与相邻支架间的水平距离，称为跨距。

循环式索道中，客、货车发车的间隔距离，称为车距；发车的间隔时间，称为时间距。

2.1.13 倾角 inclination angle

钢丝绳在支承点上与水平线形成的角度，称为倾角。其中，倾角在支承点水平线以下的，称为正倾角；在水平线以上的，称为负倾角。

2.1.14 进站角、仰角进站、俯角进站 entrance angle, ascending entrance angle, descending entrance angle

线路中的承载索或运载索与站口支承点水平线形成的角度，称为进站角。

进站角在水平线以上的，称为仰角进站。

进站角在水平线以下的，称为俯角进站。

2.1.15 挠度 sag

跨距内钢丝绳悬曲线上任意一点与弦线之间在垂直方向上的距离，称为钢丝绳在该点的挠度。

2.1.16 传动区段 driving section

由一个独立的驱动装置和拉紧装置或由一个驱动与拉紧联合装置和迂回轮组成的传动系统。

2.1.17 拉紧区段、拉紧区段站 tension section, tension section station

在双线循环式货运索道线路中，把承载索分成数段，其中每一段即可称为拉紧区段。

相邻拉紧区段之间的站房，称为拉紧区段站。其中，承载索两端拉紧的称为双拉站；两端锚固的称为双锚站；一端拉紧、一端锚固的称拉锚站。

2.1.18 承载索、牵引索、运载索 carrying rope, hauling rope, carrying - hauling rope

承受客车或货车重力的钢丝绳，称为承载索。

牵引客车或货车在承载索上运行的钢丝绳，称为牵引索。

在单线索道中，既做承载又做牵引用的钢丝绳，称为运载索。

2.1.19 拉紧索、平衡索、辅助索 tension rope, counter rope, auxiliary rope

连接拉紧小车与拉紧重锤的钢丝绳，称为拉紧索。

在双线往复式客运索道中，绕过拉紧装置，把往复运行的两辆客车连接起来，并起平衡牵引索拉力作用的钢丝绳，称为平衡索。

当索道发生故障时，牵引营救小车将滞留在线路上的乘客运至安全地点的钢丝绳，称为辅助索。

2.1.20 空索、空载索、重索 empty rope, unloaded rope, loaded rope

线路上没有运载工具时的承载索或运载索，称为空索。

线路上按设计车距布满空运载工具时的承载索或运载索，称为空载索。

线路上按设计车距布满满载运载工具的承载索或运载索，称为重索。

2.1.21 钢丝绳的抗拉安全系数 tensile safety factor of steel wire rope

钢丝绳最小破断拉力与最大工作拉力的比值。

2.1.22 编接接头 splice

将牵引索或运载索两端编接在一起的连接段。

2.1.23 线路套筒、过渡套筒、末端套筒 rope socket, transition rope socket, end socket

将2根相同规格的承载索连接起来的设备，称为线路套筒。

将承载索和拉紧索连接起来的设备，称为过渡套筒。

将承载索一端锚固在支座上的设备，称为末端套筒。

2.1.24 鞍座、固定鞍座、摇摆鞍座、偏斜鞍座 saddle, fixed saddle, oscillating saddle, deflecting saddle

在站内或线路支架上，支承承载索的设备，称为鞍座。

鞍座固定不动的，称为固定鞍座。

鞍座可纵向摇摆一定角度的，称为摇摆鞍座。

可使承载索的方向在水平和垂直面上发生改变的鞍座，称为偏斜鞍座。

2.1.25 托索轮、托索轮组 support roller, support roller battery

在站内或线路支架上，承受运载索或牵引索向下作用力的小直径绳轮，称为托索轮。

由2个或2个以上托索轮组成的轮组，称为托索轮组。

2.1.26 压索轮、压索轮组 compression roller, compression roller battery

在站内或线路支架上，承受运载索或牵引索向上作用力的小直径绳轮，称为压索轮。

由2个或2个以上压索轮组成的轮组，称为压索轮组。

2.1.27 托索与压索联合轮组 combined roller battery

由托索轮与压索轮联合组成的轮组。

2.1.28 支索器 suspended haul rope support

对于采用双承载索的双线索道，在大跨距内吊装在双承载索上用于支承牵引索或平衡索的装置。

2.1.29 保护桥 protection bridge

建在被保护对象上方的桥式保护设施。

2.1.30 保护网 protection net

建在被保护对象上方的网式保护设施。

2.1.31 垂直营救、水平营救 vertical rescue, horizontal rescue

客运索道发生故障时，利用救护设备把滞留在线路上的乘客垂直降落到地面或其他设施上的营救方式，称为垂直营救；沿线路方向转移至附近支架或站内的营救方式，称为水平营救。

2.1.32 上站、下站 upper station, lower station

在客运索道中，标高较高的端站，称为上站；标高较低的端站，称为下站。

2.1.33 装载站、卸载站 loading station, unloading station

在货运索道中，进行装载作业的站房，称为装载站；进行卸载作业的站房，称为卸载站。

2.1.34 驱动站、拉紧站 driving station, tension station

设有驱动装置的站房，称为驱动站。

设有拉紧装置的站房，称为拉紧站。

2.1.35 转角站、自动转角站 angle station, automatic angle station

为改变索道线路方向所设置的站房，称为转角站。

采用机械设备自动改变索道线路方向的转角站，称为自动转角站。

2.1.36 迂回站、自动迂回站 return station, automatic return station

客车或货车在站内完成作业并返回的站房，称为迂回站。

客车或货车在站内自动完成作业并返回的迂回站，称为自动迂回站。

2.1.37 驱动装置 driving device

驱动运载索或牵引索运行的装置。其中，驱动轮水平配置时，称为卧式驱动装置；驱动轮垂直配置时，称为立式驱动装置。

2.1.38 拉紧装置 tension device

使运载索、牵引索或平衡索保持设计拉力的装置。

2.1.39 脱开器、挂结器 grip opening rail, grip closing rail

客车或货车进站时，能使脱挂式抱索器从钢丝绳上自动脱开的装置，称为脱开器。

客车或货车出站时，能使脱挂式抱索器自动挂结到钢丝绳上的装置，称为挂结器。

2.1.40 滚轮、垂直滚轮组、水平滚轮组 roller, vertical roller battery, horizontal roller battery

在双线循环式货运索道中，承受牵引索较小压力或防止牵引索颤动的小直径绳轮，称为滚轮。

按一定曲率半径垂直配置的滚轮组，称为垂直滚轮组。

按一定曲率半径水平配置的滚轮组，称为水平滚轮组。

2.1.41 驱动轮、迂回轮、导向轮 driving sheave, return sheave, deflection sheave

驱动装置中驱动钢丝绳运行的绳轮，称为驱动轮。

当索道一个端站采用可移动的驱动与拉紧联合装置时，另一端站固定安装的绳轮，称为迂回轮。

引导钢丝绳改变方向的绳轮，称为导向轮。

2.1.42 主驱动 main drive

有独立的动力源和传动机构，在各种载荷情况下都能启动的驱动系统。对于双线往复式客运索道，主驱动应具有双向频繁运行的性能；对于单线循环式客运索道，主驱动以单向运行为主，必要时应具有低速度、短距离反向运行的性能。

2.1.43 紧急驱动 emergency drive

在索道的外部供电、主电气传动或机械设备局部出现故障时，利用备用动力源带动主驱动系统中的传动机构或部分传动机构，把滞留在线路上的客车低速运回站内的驱动系统。该系统只能在紧急救援时使用，不能做营业性运行。

2.1.44 辅助驱动 auxiliary drive

在索道的主电气传动出现故障时，利用独立的备用动力源带动主驱动系统中的传动机构，使索道运行的驱动系统。必要时该系统可全负荷或半负荷做营业性运行。

2.1.45 营救驱动 rescue drive

与主驱动系统脱离，有独立的动力源和传动机构，当索道发生故障时，牵引营救小车将滞留在线路上的乘客转移至附近支架或站内的驱动系统。

2.2 符　　号

2.2.1 基本参数

A——运输能力、面积；

H——高差；

L——平距、距离、长度；

l——跨距、轴距；

l'——斜距、斜长；

λ——车距；

v——运行速度；

t——发车间隔时间（时间距）。

2.2.2 钢丝绳

d_c——承载索公称直径；

d——牵引索或运载索公称直径；

F——钢丝绳金属断面积；

σ_B——钢丝绳的公称抗拉强度；

n——钢丝绳的抗拉安全系数。

2.2.3 牵引计算与设备选择

Q——重车重力；

Q_z——重车侧集中载荷；

q_c——承载索每米重力；

q_0——牵引索或运载索每米重力；

q——线路均布载荷；

T_0——钢丝绳初拉力；

T_{max}——钢丝绳最大工作拉力；

T_{min}——钢丝绳最小工作拉力；

T_O——钢丝绳平均拉力；

W——重锤重力；

J——惯性力；

t_r——驱动轮入侧牵引索拉力；

t_c——驱动轮出侧牵引索拉力；

f_0——货车或客车的运行阻力系数；

μ——摩擦系数；

P——圆周力、比压；

$[P]$——允许比压、允许径向载荷；

D——绳轮直径；

R——曲率半径、轮压。

2.2.4 线路设计

f_x——考察点挠度；

φ——折角；

α——弦倾角；

β——空索倾角；

θ——重索倾角；

δ——总折角；

ω——体型系数；

k——拉紧区段内承载索摩擦力的折减系数；

H_{max}——传动区段的最大高差；

L_{max}——拉紧或传动区段最大平距。

3 索道设计基本规定

3.1 一般规定

3.1.1 索道的最大运输能力应根据建设项目的实际情况，经过技术经济比较后合理确定。

3.1.2 索道的最高运行速度不宜超过下列规定：

1 单线循环式货运索道为 4.5m/s；双线循环式货运索道为 5m/s；单线往复式货运索道为 6m/s；双线往复式货运索道为 8m/s。

2 配备乘务员的双线往复式客运索道，在跨距内为 12m/s，过支架时为 10m/s。

不配备乘务员的双线往复式客运索道，在跨距内为 7m/s，过支架时双承载为 7m/s，单承载为 6m/s。

3 对于双线脉动式客运索道，配备乘务员时为 7m/s；不配备乘务员时为 5m/s。

4 对于单线循环脱挂抱索器索道，车厢式为 6m/s；吊椅或吊篮式为 5m/s。

5 对于单线循环固定抱索器索道，当客车定员不超过 2 人时，车厢或吊篮式为 1.1m/s，吊椅式为 1.3m/s；当客车定员超过 2 人时，车厢或吊篮式为 0.8m/s。

6 对于单线脉动式客运索道为 5.0m/s。

7 对于单线循环固定抱索器滑雪专用索道，1 座或 2 座吊椅式为 2.5m/s，3 座或 4 座吊椅式为 2.3m/s，6 座吊椅式为 2.0m/s。

8 高位拖牵式索道为 3.5m/s；低位拖牵式索道为 2.0m/s。

3.1.3 工作制度应符合下列规定：

1 货运索道的工作制度，宜与相衔接企业的工作制度一致。

1）年工作日应符合有关行业的规定，但非连续工作制索道不宜小于 290d；连续工作制索道不宜大于 330d。

2）每日工作小时数和运输不均衡系数，一班作业时宜取 7.5h 和 1.1；两班作业时宜取 14h 和 1.15；三班作业时宜取 19.5h 和 1.2。

2 客运索道的年工作日和每日工作小时数，应按当地气候条件、客流变化情况和索道本身的特点确定。

3.1.4 索距应符合下列规定：

1 对于双线循环式货运索道，当货车容积为 0.5～1.0m³ 时宜取 3.0m；当货车容积为 1.25～1.6m³ 时宜取 3.5m；当货车容积为 2.0～2.5m³ 时宜取 4.0m。

2 对于单线循环式货运索道，当货车容积为 0.2～0.25m³ 时宜取 2.5m；当货车容积为 0.32～0.8m³ 时宜取 3.0m；当货车容积为 1.0～1.25m³ 时宜取 3.5m；当驱动轮直径大于 3.5m 时，索距宜与驱动轮直径相同。

3 验算货运索道的索距时，应选择最大跨距的中点位置，在 0.25kN/m² 工作风压作用下，重车侧承载索或运载索和货车，应向外侧偏斜；空车侧承载索或运载索和货车，亦应向同一方向偏斜，此时空车不得接触重车侧任何部位。

4 双线往复式客运索道：

1）在客车交会的跨距内，应按两侧客车均向内侧摆动 0.20rad 计算。客车间的净空尺寸，当跨距小于 300m 时，不得小于 1m；当跨距大于 300m 时，跨距每增加 100m，索距相应再增大 0.2m。

2）在客车不交会的跨距内，应按一侧客车向内侧摆动 0.20rad 计算。该侧的客车与另一侧承载索水平投影的净空尺寸，当跨距小于 300m 时，不得小于 2m；当跨距大于 300m 时，跨距每增加 100m，索距再增大 0.2m。

5 对于单线循环式客运索道，应在一重车侧的运载索保持垂直、另一重车侧的运载索按等速运行时最大挠度的 5% 向内侧偏斜的条件下，按两侧的客车均向内侧摆动 0.20rad 进行计算。客车间的净空尺寸不得小于 1m。

3.1.5 当索距发生变化或索道方向发生改变时，承载索或运载索在支架上的水平力，不得大于垂直压力的 10%，承载索或运载索在该支架上的水平偏角，不得大于 0.005rad。

3.1.6 索道应配有相应的消防设施。

3.2 风雪荷载

3.2.1 基本风压应符合下列规定：

1 索道运行时为 $0.25kN/m^2$，索道停运时为 $0.8kN/m^2$，但对于拖牵式索道，运行时为 $0.3kN/m^2$，停运时为 $0.8kN/m^2$。

2 最大风速大于 44m/s 的地区，应取当地最大风压值。

3.2.2 体型系数宜符合下列规定：

1 密封钢丝绳取 1.2。

2 非密封钢丝绳取 1.3。

3 货车取 1.4。

4 客车：

1）运行小车和吊架取 1.6。

2）矩形截面的车厢取 1.3。

3）带圆角的矩形截面车厢，其体型系数宜按下式计算：

$$\omega = 1.3 - \frac{2r}{l_1} \qquad (3.2.2)$$

式中 ω——体型系数；

r——圆角半径（mm）；

l_1——车厢长度（mm）。

5 托、压索轮组取 1.6。

3.2.3 当跨距大于 400m 时，钢丝绳承受风力的计算长度应按下式计算：

$$l_j = 240 + 0.4l' \qquad (3.2.3)$$

式中 l_j——钢丝绳承受风力的计算长度（m）；

l'——斜长（m）。

3.2.4 冰、雪荷载应按国家现行的有关规范执行。

3.3 线路和站址选择

3.3.1 线路选择应符合下列规定：

1 索道线路的中心线在水平面上的投影应为一直线。但受条件限制需设置转角站时，索道线路应经多方案比较后合理确定。

2 循环式索道线路，应避开多次起伏的地形和高差很大的凸起地段以及难以跨越的凹陷地段；往复式索道线路应力求通过凹陷地形；拖牵式索道线路不得与冬季使用的公路或雪道交叉。

3 索道线路应避开滑坡、雪崩、沼泽、泥石流、溶洞等不良工程地质区域或采矿崩落等人为不良影响区域。当受条件限制不能避开时，站房和支架应采取可靠的工程措施。

4 索道线路不宜跨越工厂区和居民区，亦不宜多次跨越铁路、公路、航道和架空电力线路。当货运索道跨越上述设施时，应设保护设施。当客运索道跨越铁路和高压电力线路时，应符合国家有关规定并与有关部门协商解决。

5 建在风景名胜区的客运索道，其线路选择应符合第 1.0.5 条的规定。

6 建在机场或军事设施附近的索道，其线路选择应符合国家有关规定。

7 宜尽量减小索道线路与主导风向的夹角。

8 客运索道线路应便于营救。

3.3.2 站址选择应符合下列规定：

1 站址地形宜平坦。

2 站址应不占或少占农田。

3 站址应有良好的工程地质条件。

4 站址宜设在供电、供水、交通和施工条件较好的位置。

5 客运索道的站址应便于客流集散。

6 货运索道站址的选择应使钢丝绳的进、出站角满足站口设计的要求。

3.4 净空尺寸

3.4.1 索道跨越或穿越有关设施、区域时的最小垂直净空尺寸，应符合表 3.4.1 的规定。

表 3.4.1 最小垂直净空尺寸（m）

跨越或穿越类别	跨越或穿越说明	净空尺寸
铁路	保护设施底部距轨面	应符合国家有关标准规范的要求
公路	索道或保护设施底部距路面	
架空电力线路	索道穿越时电力线距索道顶部	
	索道跨越时保护设施底部距电力线	
航道	索道或保护网底部距桅杆顶	
建、构筑物	索道或保护设施底部距建、构筑物顶	2.0
禁伐林木	索道底部距林木最高点	2.0
非机耕地	索道底部距耕地表面	3.0
滑雪道	索道底部距雪道表面	3.5
机耕地	索道底部距耕地表面	4.5
街道、广场	索道或保护设施底部距地面	5.0
人烟稀少区	索道底部距地面或雪面	3.0
无人通行区	索道底部距地面或雪面	2.0

注：1 索道底部是指客、货车或空车引索在跨间的最低静态位置再加上动态附加值（货运索道承载索挠度的 5% 或运载索挠度的 25%、客运索道运载索挠度的 10% 或牵引索挠度的 15%），以最低位置为准。

2 索道顶部是指线路上没有客车或货车，承载索或运载索最大拉力增大 10% 时，在跨间的最高静态位置。

3 索道跨越航道时的净空尺寸，应以 50 年一遇洪水的最高水位为准。

4 对于单线循环固定抱索器索道，无人通行区的净空尺寸可为 1m。

5 高位拖牵式索道的空拖牵座与滑雪道的最小垂直净空尺寸为 2.3m，低位拖牵式索道的空拖牵座不得接触拖牵道。

3.4.2 客、货车与内外侧障碍物之间的最小水平净空尺寸，应符合表3.4.2的规定。

表3.4.2 最小水平净空尺寸（m）

障碍物名称	客、货车或钢丝绳摆动情况	净空尺寸
无导向装置的支架	双线索道空车厢横向内摆0.20rad、单线索道车厢横向内摆0.35rad	—
	货车、吊篮和吊椅横向内摆0.20rad	0.5
有导向装置的支架	车厢横向内摆0.20rad	—
	配备乘务员的客车横向内摆0.10rad、不配备乘务员的客车和货车横向内摆0.14rad、无制动器客车横向内摆0.20rad	0.5
与索道平行的交通运输道路	承载索或运载索或牵引索最大静挠度的20%横向外摆	1.5
与索道平行的架空电力线路	承载索或运载索或牵引索最大静挠度的20%横向外摆	不小于电杆的高度
建筑物、岩石	双线索道客货车横向外摆0.20rad，再加上跨距大于300m时的0.2%增加值	3.0
	运载索最大静挠度的10%横向外摆加上固定式抱索器客货车横向外摆0.20rad	1.5
	运载索最大静挠度的10%横向外摆加上脱挂式抱索器客货车横向外摆0.35rad	1.0
林间通道	双线索道客货车横向外摆0.20rad，再加上跨距大于300m时的0.2%增加值	1.5
	运载索最大静挠度的10%横向外摆加上固定式抱索器客货车横向外摆0.20rad	1.0
	运载索最大静挠度的10%横向外摆加上脱挂抱索器客货车横向外摆0.35rad	0.5

注：1 跨距大于300m时的0.2%增加值，是指当跨距大于300m时，跨距每增大100m，客货车纵向中心线向外侧移动0.2m。
2 对于拖牵式索道，运载索与上行侧支架的最小水平净空尺寸为0.9m，运载索与下行侧支架的最小水平净空尺寸为0.6m。

3.5 支 架

3.5.1 支架设计应符合下列规定：
1 支架应优先采用钢结构，特殊条件下也可采用钢筋混凝土结构。

2 在温度低于-20℃环境中工作的支架，其主要承载构件应具有良好的低温冲击韧性。
3 支架采用开口型材时，其壁厚不得小于5mm；采用闭口型材时，其壁厚不得小于2.5mm，且内壁应进行防腐处理。
4 支架导向装置：
  1）当客车按表3.4.2中摆动情况横向内摆和纵向摆动0.35rad或货车横向内摆0.14rad和纵向摆动0.20rad时，应能顺利通过支架导向装置的导向段和工作段。
  2）双线往复式客运索道支架的导向装置，宜为对称于支架纵向中心线的封闭曲线环。
5 当客车按表3.4.2中摆动情况横向内摆和纵向摆动0.35rad或货车横向内摆和纵向摆动0.20rad时，客、货车应能顺利通过无导向装置的支架。
6 支架顶部应设满足安装和维修要求的起重架。
7 支架头部应设带栏杆的操作台。当承载索或运载索在支架上的倾角较大时，操作台应设计成与倾角一致的台阶形。
8 支架应设爬梯。当支架高度大于10m时，爬梯应设防坠保护设施。
9 支架应编号，并设非工作人员不得攀登的标志。
3.5.2 支架计算应符合下列要求：
1 支架荷载：
  1）支架的主要荷载为支架重力、线路设备重力、各种钢丝绳的垂直力和水平力以及密封钢丝绳与鞍座的摩擦力。
  2）附加荷载为风荷载和冰、雪荷载。
  3）特殊荷载为客车制动力、货车卡车力和按有关规定确定的地震力。
2 荷载组合分为索道运行和索道停运两种不同情况，应按最不利荷载组合并考虑钢丝绳的动力影响进行计算。
3 支架的结构重要性系数应为1.1。
4 支架的主要承载构件，应进行疲劳校核。
3.5.3 支架顶部的允许变形，不得超过下列规定：
1 索道运行时，托索式支架的横向偏移为其高度的0.002倍，纵向偏移为其高度的0.003倍；压索式和托、压式支架的横向偏移为其高度的0.001倍，纵向偏移为其高度的0.002倍。
2 索道停运时，支架的横向偏移为其高度的0.005倍，纵向偏移为其高度的0.001倍。
3 索道运行时，水平扭转角为0.003rad。
3.5.4 支架基础应符合下列规定：
1 一般应采用短柱式钢筋混凝土基础。对于良好的岩石类地基宜采用梁式或锚杆基础。
2 在最不利荷载组合下，基础的抗滑移、抗倾覆和抗扭转，应按照现行国家标准《建筑地基基础设

计规范》GB 50007 中对于甲级设计等级的基础要求进行设计。

3 基础位于边坡附近时，应校验边坡稳定性。

4 在冰冻地区，基础底面应埋至冻土深度以下。

5 钢支架基础顶面露出设计地面的高度，一般情况下不得小于 300mm；钢筋混凝土支架的基础顶面宜低于地面 200～300mm。

6 基础周围应有必要的防护及排水设施。

3.6 站 房 设 计

3.6.1 索道站房的配置在满足使用功能、保证人员安全的前提下，应尽量减小其占地面积和体量。

3.6.2 应根据地形特征、地质条件、配置方式、设备起吊高度等因素，综合确定站房高度。

3.6.3 有行人或车辆通过的单层站房的站口，应设防止横穿线路的隔离设施；高架站房的站口，应设防止人员或物体坠落的保护设施。

3.6.4 索道站房边缘高差大于 1.0m 的悬空处或陡坡处，应设防护设施。对于站口的悬空处，距离站房地面不超过 1.0m 的范围内，应设可靠的防护设施。

3.6.5 索道站内应有检修设备和更换钢丝绳的必要设施。

3.6.6 客运索道站房应符合下列规定：

1 站房的建筑设计应与当地环境相适应，并与自然景观相协调。

2 站内的机械设备、电气设备、钢丝绳等不得危及乘客和工作人员的人身安全。

3 乘客进出站的通道不得互相干扰。

4 非公共通行的区域应隔离，非工作人员不得入内。

5 在乘客入口处应设醒目的关于乘坐注意事项的告示牌。

3.7 电 气

3.7.1 索道供电应符合下列规定：

1 有条件时，索道应优先采用独立的双回路电源供电，当其中一路电源发生故障时，应能及时接通另一路电源。

2 采用单电源供电的客运索道，应配备能以低速回运全部客车的柴油发电机组或其他形式的内燃机，作为索道的应急电源或驱动源。

3.7.2 索道的驱动控制应符合下列规定：

1 客运索道主驱动系统的电气传动，应采用具有无级调速性能的直流或交流变频的传动方式。紧急驱动、辅助驱动和营救驱动系统的电气传动，宜采用交流拖动或液力传动方式。

2 货运索道主传动系统的电气传动，可采用交流或直流传动方式。对于有负力的货运索道，宜采用具有无级调速性能的直流或交流变频的传动方式。

3 采用主驱动系统驱动索道，在空索状态下正常运行时，索道运行速度应保持不变；在最不利载荷情况下，索道运行速度的变化范围不得大于额定速度的 ±5%。

3.7.3 采用自动控制运行方式的索道，应同时具备半自动和手动控制运行方式。

3.7.4 客运索道应设由站内安全装置和线路安全装置组成的安全电路。

3.7.5 在一般情况下，客运索道的安全电路应符合下列要求：

1 当索道发生故障引起安全装置动作时，安全电路应使索道自动停止运行，并显示故障位置。索道应在排除故障和安全装置经人工复位后，方能重新启动。

2 索道在运行过程中出现下列故障之一时，应能自动停止运行，并应在控制台或控制柜上显示相应的故障位置。

1）电气控制系统的常规保护出现异常情况如：过流、过压、缺相等。

2）运行速度超过额定速度的 10%。

3）站内和线路监控装置动作。

4）拉紧小车或拉紧重锤超过极限位置。

5）液压拉紧装置的油压超过正常值的 ±10%。

6）紧急停车按钮动作。

3 线路安全回路的工作电压不应超过 50V。

3.7.6 当索道驱动装置的制动和润滑系统的油压、油位、油温等异常时，宜发出报警信号。

3.7.7 站台、控制室和驱动装置操作平台应设紧急停车按钮；在驱动装置和拉紧装置处，应设带自保的检修开关。

3.7.8 通讯与信号应符合下列规定：

1 各站房及控制室之间，应设内部专用直通电话；若索道建在通讯信号完全不能覆盖的区域，至少在一个站房内应设当地公用电话。

2 各站房与控制室之间，应设联络信号，联络信号应同时具备声、光功能。

3 各站房及控制室之间应设置无线通讯设备，以保证当有线电话系统发生故障、索道线路检修和营救时的通讯联系。

4 对于客车定员超过 15 人的索道，车厢和驱动站之间宜设通讯装置。当客车与驱动站之间未设通讯装置时，站房及部分支架宜设广播扩音系统。

5 应在索道沿线主要风口处设电传风向和风速仪，其数据宜在控制台上显示，当风速达到报警值时，应能发出报警信号。风速达到 20m/s 时，索道应能自动减速或停止运行。

3.7.9 索道照明应符合下列规定：

1 各站房应设照明装置并配备应急照明灯具。

2 夜间运行的营业性索道，站口应设投光灯，线路上宜设适当的照明装置，封闭式客厢内宜设简易照明装置。

3.7.10 有必要时，索道各站和沿线重要地段可设置闭路电视监控装置，其显示屏宜设在控制室内。

3.7.11 防雷与接地应符合下列规定：

1 索道站房应设防雷设施。防雷接地的冲击接地电阻不得大于 5Ω。防雷接地应和站内所有金属构件、电气设备等接地共用同一接地装置，并应采取等电位连接措施。

2 应采取防止雷电波形成的高电压从电源入户侧侵入的技术措施。

3 在电源引入的总配电箱处，宜设过电压保护器。

4 承载索或运载索应与站房防雷接地装置联接，联接点不少于 2 点。

5 线路支架的接地电阻不得大于 30Ω。

6 客车的金属部件与运载索之间，不应实施电气绝缘。

3.8 回运与营救

3.8.1 客运索道应有适合索道实际情况的回运设计和营救设计。

3.8.2 客运索道的运营单位应主动利用自身和社会资源，配备适合索道实际情况的营救设施，并制订应急预案。

3.8.3 在索道发生不能恢复正常运行的故障时，应优先采用回运方式；当不能采用回运方式时，则应实施营救作业。

3.8.4 对于符合下列条件的索道，宜采用垂直营救方式：

1 客车的定员、数量和离地高度适合垂直营救作业时。

2 索道线路的地形条件适合乘客疏散时。

3 索道线路的气象条件允许时。

4 营救人员便于进入客车时。

3.8.5 对于出现下列情况之一的索道，宜采用水平营救方式：

1 客车的定员、数量和离地高度不适合垂直营救作业时。

2 索道线路的地形条件不适合乘客疏散时。

3 索道线路的气象条件不允许时。

4 索道线路中有难以进行垂直营救作业的障碍物时。

3.8.6 对于某些条件特殊的索道，宜采用水平与垂直联合营救方式。

3.8.7 在营救设计中，不应考虑乘客积极协助的因素。

3.8.8 在营救设计中，应考虑将营救作业的时间控制在 3h 内。

4 双线循环式货运索道工程设计

4.1 货 车

4.1.1 货车选择应符合下列规定：

1 根据线路实际情况，一般地形应选用下部牵引式货车；对于凸起地形，线路长度不超过 2km 且不需要转角的，宜选用水平牵引式货车。

2 一般应选用重力式抱索器；当承载能力大于 3200kg 和运行速度大于 3.6m/s 时，应选用弹簧式抱索器。

3 根据物料特性选用翻转式货车或底卸式货车。当运输黏结性物料时，宜选用底卸式货车。

4 货车有效容积的利用系数：当运输松散物料时宜采用 0.9～1.0；当运输黏结性物料时宜采用 0.8～0.9。

5 货箱装料宽度与运输物料最大块度之比：当采用回转式装载设备时不得小于 8；当采用重力装载闸门和其他非振动装载设备时不得小于 4；当采用振动式装载设备时其比值可适当减小。

4.1.2 货车设计应符合下列规定：

1 货车承载能力系列应为：1000、2000 和 3200kg。

2 货车容积系列应为：0.5、0.63、0.8、1.0、1.25、1.6、2.0 和 2.5m³。

3 货车的运行小车：

1) 承载能力为 1000kg 时宜采用 2 轮式，承载能力为 2000kg 时宜采用 4 轮式。

2) 车轮轮缘断面形状应与线路套筒相适应，车轮直径不宜超过 280mm。

3) 车轮宜设对承载索有保护作用的耐磨轮衬。

4) 各车轮之间应设平衡装置。

4 货车吊架应采用焊接结构。吊架高度应按货车在承载索倾角最大的支架上纵、横向摆动 0.20rad 时，货车不得接触该支架任何部位的条件确定。

5 抱索器的抗滑力不得小于货车重力在最大倾角处沿钢丝绳方向分力的 1.3 倍，当牵引索直径增大或减小 10% 时，抱索器的夹紧力也应能满足抗滑要求。对于采用重力式抱索器的货车，应分别校验空车和重车的抗滑能力。

6 货车应设防止自行卸载的装置，该装置应启闭灵活。

4.1.3 货车的运行速度宜为 1.6、2.0、2.5、2.8、3.15、3.6、4.0、4.5 和 5.0m/s。设置自动转角站或自动迂回站的索道，货车的最高运行速度应符合表 4.1.3 的规定。检修速度应为 0.3～0.5m/s。

表 4.1.3　货车自动转角或自动迂回时最高运行速度

水平滚轮组曲率半径（m）	—	40	50	60	70
迂回轮直径（m）	5	6	—	—	—
最高运行速度（m·s^{-1}）	1.6	2.0	2.5	2.8	3.15

4.1.4　货车的发车间隔时间应根据索道运量、货车容积、物料性质和装载机械性能决定，一般宜取 12～40s。

4.2　承载索与有关设备

4.2.1　承载索选择应符合下列规定：

1　应选用密封钢丝绳，其公称抗拉强度不宜小于 1370MPa。

2　承载索拉紧端的初拉力，应同时符合下列公式的要求：

$$\frac{T_0}{R} \geqslant 60 \qquad (4.2.1-1)$$

$$\frac{T_0}{R} \geqslant 0.045 \sqrt{N_0} \qquad (4.2.1-2)$$

式中　T_0——承载索拉紧端的初拉力（N）；

　　　R——每个车轮作用在承载索上的压力（N）；

　　　N_0——每年通过承载索的车轮的次数。

3　承载索的抗拉安全系数不得小于 3.0。

4.2.2　承载索计算应符合下列规定：

1　每个车轮作用在承载索上的压力，应按下列公式计算：

对于下部牵引式货车 $R=\dfrac{Q+q_0\lambda+t_\varphi}{i}$　(4.2.2-1)

对于水平牵引式货车 $R=\dfrac{Q}{i}$　(4.2.2-2)

式中　R——每个车轮作用在承载索上的压力（N）；

　　　Q——货车重力（N）；

　　　q_0——牵引索每米重力（N/m）；

　　　λ——车距（m）；

　　　t_φ——牵引索作用在支架上的附加压力（N）。侧形平坦时 $t_\varphi=（0.2～0.25）Q$；侧形复杂时 $t_\varphi=（0.3～0.35）Q$；

　　　i——每辆货车的车轮数。

2　承载索的最大与最小工作拉力，应按下列公式计算：

$$T_{max}=W\pm q_c h+k\Sigma\Delta T \qquad (4.2.2-3)$$
$$T_{min}=W\pm q_c h-k\Sigma\Delta T \qquad (4.2.2-4)$$

式中　T_{max}——承载索的最大工作拉力（N）；

　　　T_{min}——承载索的最小工作拉力（N）；

　　　W——承载索拉紧重锤重力（N）；

　　　q_c——承载索每米重力（N/m）；

　　　h——承载索与计算点之间的高差（m）；

　　　$\Sigma\Delta T$——计算区段内承载索摩擦力按同向叠加计算的总和（N）。

　　　k——计算区段内承载索摩擦力折减系数。

3　承载索摩擦力的折减系数，宜按表 4.2.2-1 选取：

表 4.2.2-1　承载索摩擦力的折减系数 k

侧形情况	划分拉紧区段时	计算任意支架时
凸起侧形	0.5	0.5～1.0
平坦或坡度均匀侧形	0.6	0.6～1.0
凹陷侧形	0.7	0.7～1.0

4　承载索与鞍座之间的摩擦系数，宜按表 4.2.2-2 选取：

表 4.2.2-2　承载索与鞍座之间的摩擦系数 μ

鞍座结构形式	摩擦系数
无衬铸钢鞍座	0.15
尼龙或青铜衬鞍座	0.10

4.2.3　拉紧区段划分应符合下列规定：

1　拉紧区段总长内承载索摩擦阻力总和，不宜大于承载索拉紧重锤重力的 25%。

2　对于多个拉紧区段的索道，应进行多方案比较后，合理划分各拉紧区段，一般宜将承载索锚固站设在高端，拉紧站设在低端。

4.2.4　承载索拉紧与锚固符合下列规定：

1　在一个拉紧区段内，承载索宜采用一端重锤拉紧，另一端锚固的方式。在拉紧力可测可调的条件下，也可采用两端锚固的方式。

2　拉紧重锤宜采用重锤箱，重锤箱应设刚性导轨。重锤架或重锤井应便于检查和维护，重锤井应设排水设施。

3　承载索宜采用夹块、夹楔或圆筒锚固方式。

4　采用夹块锚固方式时，应符合本规范第 6.2.3 条的要求。

5　采用圆筒锚固方式时，承载索在圆筒上应至少缠绕 3 圈，其末端应有可靠的固定，圆筒直径不得小于承载索直径的 60 倍。

4.2.5　拉紧索及其导向轮应符合下列规定：

1　承载索的拉紧索宜选用挠性好和耐挤压的股捻钢丝绳。

2　拉紧索的抗拉安全系数不得小于 4.5。

3　拉紧索导向轮直径不得小于拉紧索直径的 25 倍。

4.2.6　拉紧重锤的行程，应计入线路载荷变化引起的重锤位移，以及承载索弹性、温差和结构性伸长所需的调节距离，还应计入 0.5～1.0m 的余量。

4.2.7　承载索连接应符合下列规定：

1　在一个拉紧区段内，宜采用整根密封钢丝绳，需要连接时应采用加楔线路套筒连接。

2　承载索与拉紧索的连接应采用过渡套筒，过

渡套筒的承载索端应采用加楔连接。

4.2.8 鞍座应符合下列规定：

1 承载索的鞍座应采用铸钢或焊接结构，绳槽宜设带润滑装置的尼龙或青铜衬垫。

2 承载索在鞍座上的比压按下式计算：

$$p = \frac{1.5T}{dR} \qquad (4.2.8-1)$$

式中　p——比压（MPa）；

　　　T——作用在鞍座绳槽上承载索的拉力（N）；

　　　d——承载索直径（mm）；

　　　R——鞍座绳槽的曲率半径（mm）。

计算出的比压不得大于衬垫材料的允许值。

3 承载索在支架上的最大折角小于或等于16°时，应选用摇摆鞍座；大于16°时可选用固定鞍座。

4 鞍座绳槽曲率半径应按下式计算：

$$R \geqslant 0.5v^2 \qquad (4.2.8-2)$$

式中　R——鞍座绳槽曲率半径（m）；

　　　v——货车的运行速度（m/s）。

同时应满足：无衬或青铜衬鞍座绳槽的曲率半径，不小于承载索直径的100倍；尼龙衬鞍座绳槽的曲率半径，不小于承载索直径的150倍。

4.3　牵引索与有关设备

4.3.1 牵引索应选用线接触或面接触同向捻带绳芯的股捻钢丝绳，公称抗拉强度不宜小于1670MPa。

4.3.2 牵引索的抗拉安全系数不得小于4.5。

4.3.3 传动区段划分应符合下列规定：

1 根据索道长度、高差、地形等因素进行传动区段的划分，应尽量采用一段传动。

2 对于不能采用一段传动的索道，应合理划分各传动区段。对于设有转角站和采用多传动区段的索道，宜将转角站和传动区段的中间站合并设计。

3 在采用多传动区段的索道中，各传动区段牵引索的规格应一致，各驱动装置的形式宜相同。

4.3.4 牵引索导向轮直径和牵引索直径的比值，不得小于表4.3.4中的数值。

表4.3.4　导向轮和拉紧轮直径 D 与牵引索直径 d 的比值

包角（°）	>4~20	>20~90	>90
D/d	40	60	80

4.3.5 拉紧装置应符合下列规定：

1 牵引索宜采用重锤拉紧方式。重锤箱应设刚性导轨。

2 应根据站房的高度和地形，合理配置重锤架和拉紧索的导绕系统。

3 应设调节重锤位置的装置；当牵引索重锤移动速度较快时，应设阻尼装置。

4 当计算拉紧小车的行程时，应计入牵引索截去一次接头所需补偿的长度。

4.3.6 牵引索拉紧轮直径与索距宜相等，并符合本节第4.3.4条的规定，拉紧轮应设软质耐磨衬垫。

4.3.7 拉紧索及其导向轮选择应符合下列规定：

1 牵引索的拉紧索，宜选用挠性好和耐挤压的股捻钢丝绳，其公称抗拉强度不宜小于1670MPa。

2 拉紧索的抗拉安全系数不得小于5.0。

3 拉紧索导向轮直径不得小于拉紧索直径的40倍。

4 导向轮应设软质耐磨衬垫。

4.4　牵引计算与驱动装置选择

4.4.1 牵引计算应符合下列规定：

1 采用从拉紧轮两侧分别向驱动轮方向计算各特征点的牵引索拉力。

2 应按下列3种载荷情况分别进行牵引计算：

　1）重车侧和空车侧按设计车距布满重车和空车的正常运行载荷情况。

　2）由于线路下坡区段缺重车或空车所产生的最不利动力运行载荷情况。

　3）由于线路上坡区段缺重车或空车所产生的最不利制动运行载荷情况。

3 缺车区段的长度应按连续不发5辆货车计算。

4 牵引索通过各种导向轮的阻力，应计入牵引索的刚性阻力和导向轮轴承的阻力。

5 计算惯性力时，应计入下列各种质量：

　1）牵引索质量。

　2）牵引索闭合环内的货车质量总和。

　3）货车的装载质量总和。

　4）导向轮、滚轮组和驱动装置旋转部分的变位质量。

4.4.2 货车的承载索上的运行阻力系数，对于采用铸钢车轮的货车，制动运行时宜取0.0045，动力运行时宜取0.0065；对于采用铸型尼龙轮衬的货车，制动运行时宜取0.0055，动力运行时宜取0.0075。

4.4.3 牵引索最小拉力的选择应符合下列规定：

1 应保证牵引索在驱动轮上不打滑，并在垂直或水平滚轮组上稳定靠贴。

2 牵引索的最小拉力应按下式计算：

$$t_{min} \geqslant C_2 q_0 \qquad (4.4.3)$$

式中　t_{min}——牵引索的最小拉力（N）；

　　　q_0——牵引索每米重力（N/m）；

　　　C_2——牵引索最小拉力与牵引索每米重力的比值。

3 牵引索最小拉力与牵引索每米重力的比值：

　1）对于采用下部牵引式货车的索道，应使货车在线路上具有较稳定的运行速度，C_2 宜为车距（以 m 计）的10倍，但不宜小于600或大于1200。

2) 对于采用水平牵引式货车的索道，应使牵引索和承载索在跨距内的挠度相接近，以防货车在线路上产生横向歪斜。

4.4.4 驱动装置选择应符合下列规定：

1 对于高架站房宜采用立式驱动装置；对于单层站房宜采用卧式驱动装置。

2 应选用摩擦式驱动装置，不宜采用夹钳式驱动装置。

3 摩擦式驱动装置的抗滑安全系数，正常运行时不得小于 1.5；在最不利载荷情况下启动或制动时，不得小于 1.25，并按下式校核：

$$\frac{t_{min}(e^{\mu\alpha}-1)}{t_{max}-t_{min}} \geqslant 1.25 \qquad (4.4.4-1)$$

式中 t_{min} ——最不利载荷情况下，启、制动时驱动轮出侧或入侧牵引索的最小拉力（N）；

t_{max} ——最不利载荷情况下，启、制动时驱动轮入侧或出侧牵引索的最大拉力（N）；

μ ——牵引索与驱动轮衬垫之间的摩擦系数；

α ——牵引索在驱动轮上的包角（rad）。

4 驱动轮衬垫的比压，应按下式校核：

$$\frac{1.5(t_r+t_c)}{Dd} \leqslant [P] \qquad (4.4.4-2)$$

式中 t_r ——驱动轮入侧的牵引索拉力（N）；

t_c ——驱动轮出侧的牵引索拉力（N）；

D ——驱动轮直径（mm）；

d ——牵引索直径（mm）；

$[P]$ ——驱动轮衬垫的允许比压（MPa）。

4.4.5 驱动装置电动机的选择应符合下列规定：

1 宜选用交流电动机，对于侧形复杂、运行速度高或负力较大的索道，宜选用直流电动机。

2 按正常载荷情况计算电动机功率时，应计入功率备用系数，对于动力型索道取 1.15，对于制动型索道取 1.30，并应按最不利载荷情况下启动或制动时的功率与所选电动机额定功率的比值，不大于该电动机过载系数的 0.9 倍的条件校验。

4.4.6 驱动装置制动器应符合下列规定：

1 制动器应具有逐级加载和平稳停车的制动性能。

2 对于制动型索道和停车后会倒转的动力型索道，应设工作制动器和安全制动器。对于断电后能自行停车，并且停车后不会倒转的索道，可仅设工作制动器。

3 当运行速度超过额定值的 15% 时，工作制动器和安全制动器应能自动相继投入工作，并使减速度控制在 0.5~1.0m/s² 的范围内。

4.4.7 对于启动时会自行反转的索道，驱动装置宜设防止反转的装置。

4.5 线 路 设 计

4.5.1 线路配置应符合下列规定：

1 侧形应力求平滑，不应有过多过大的起伏。

2 在凸起侧形地段内，承载索在每个支架上的弦折角，对于采用下部牵引式货车的索道宜取 0.03~0.04rad；对于采用水平牵引式货车的索道宜取 0.05~0.06rad。

3 承载索在每个支架上的最大折角，一般宜控制在 0.10~0.15rad 范围内，大跨距两端支架的最大折角不宜超过 0.30rad。

4 凸起地段支架的高度不得小于 5m，跨距不宜小于 20m。在总折角较大并受到地形限制时，可采用带有大曲率半径垂直滚轮组的连环架代替支架群。

5 凹陷地段支架的高度，应满足在相邻两跨没有货车，承载索拉力增大 30% 时，承载索不脱离鞍座。

6 跨距与车距的水平投影值之比，宜为下列数值：0.3~0.4，0.85，1.15~1.3，1.75，2.3~2.6，3.45。

7 站前第一跨的支架配置：

1) 站前第一跨的跨距宜小于车距，并宜小于 60m。

2) 承载索仰角进站时，空索倾角应大于站口轨道倾角，但两者之差不宜大于 0.05rad。

3) 承载索俯角进站时，空索倾角应小于轨道倾角，但两者之差不宜大于 0.05rad。

4) 重索倾角不得大于 0.15rad。

4.5.2 弦倾角及承载索空索倾角计算应符合下列规定：

1 弦倾角应按下列公式计算：

$$\alpha_z = \tan^{-1}\frac{h_z}{l_z} \qquad (4.5.2-1)$$

$$\alpha_y = \tan^{-1}\frac{h_y}{l_y} \qquad (4.5.2-2)$$

式中 α_z ——计算支架左侧的弦倾角（°）；

α_y ——计算支架右侧的弦倾角（°）；

h_z ——左跨支架的高差（m），计算支架高于左侧支架时为正，反之为负；

h_y ——右跨支架的高差（m），计算支架高于右侧支架时为正，反之为负；

l_z ——左跨的跨距（m）；

l_y ——右跨的跨距（m）。

2 承载索的空索倾角应按下列公式计算：

$$\beta_z = \sin^{-1}\frac{q_c l_z}{2T} + \alpha_z \qquad (4.5.2-3)$$

$$\beta_y = \sin^{-1}\frac{q_c l_y}{2T} + \alpha_y \qquad (4.5.2-4)$$

式中 β_z ——计算支架左侧的空索倾角（°）；

β_y ——计算支架右侧的空索倾角（°）；

q_c ——承载索每米重力（N/m）；

T ——承载索在计算支架上的拉力，检查钢索在支架上的靠贴情况时取最大拉力（N）。

4.5.3 承载索的重索倾角，应按线路上均匀布满货车、其中一辆货车紧靠计算支架左侧或右侧和承载索出现最小拉力的条件确定。

1 承载索的重索倾角应按下列公式计算：

当一辆货车紧靠计算支架左侧时：

$$\theta_z = \sin^{-1}\frac{(1+\tau_z)\ Q_Z\cos\alpha_z + 0.5q_c l_z}{T_{min}} + \alpha_z$$

$$(4.5.3-1)$$

$$\theta_y = \sin^{-1}\frac{\tau_z Q_Z\cos\alpha_y + 0.5q_c l_z}{T_{min}} + \alpha_y$$

$$(4.5.3-2)$$

当一辆货车紧靠计算支架右侧时：

$$\theta'_z = \sin^{-1}\frac{\tau_z Q_Z\cos\alpha_z + 0.5q_c l_z}{T_{min}} + \alpha_z$$

$$(4.5.3-3)$$

$$\theta'_y = \sin^{-1}\frac{(1+\tau_y)\ Q_Z\cos\alpha_y + 0.5q_c l_z}{T_{min}} + \alpha_y$$

$$(4.5.3-4)$$

式中 θ_z、θ_y——一辆货车紧靠计算支架左侧时，该支架左侧或右侧的重索倾角（°）；

θ'_z、θ'_y——一辆货车紧靠计算支架右侧时，该支架左侧或右侧的重索倾角（°）；

τ_z——左跨载荷分配系数；

τ_y——右跨载荷分配系数；

T_{min}——承载索在计算支架上的最小拉力（N）；

Q_Z——包括牵引索重力在内的货车集中载荷（N）。

Q_Z由下式确定：

$$Q_Z = Q + q_0\lambda$$

式中 Q——货车重力（N）；

q_0——牵引索每米重力（N）；

λ——车距（m）。

2 载荷分配系数应按下列公式计算：

$$\tau = (n-1)\left(1 - \frac{n\lambda\cos\alpha}{2l}\right) \quad (4.5.3-5)$$

$$n = 1 + \frac{l}{\lambda\cos\alpha} \quad (仅取整数部分) \quad (4.5.3-6)$$

式中 τ——载荷分配系数；

n——支架间距内货车数目；

α——弦倾角（°）。

4.5.4 考察点的挠度，应按承载索出现最小拉力、线路上均匀布满货车且其中一辆货车正在考察点上方的条件确定。

1 考察点的挠度应按下式计算：

$$f_x = \frac{x\ (l-x)}{T'_{min}\cos\alpha}\left(\frac{q_c}{2\cos\alpha} + \frac{\tau' Q_Z}{l}\right) \quad (4.5.4-1)$$

式中 f_x——考察点的挠度（m）；

x——考察点至左侧支架的水平距离（m）；

T'_{min}——相邻支架上承载索最小拉力的平均值

（N）；

τ'——载荷影响系数。

2 载荷影响系数应按下式计算：

$$\tau' = 1 + m\left(1 - \frac{1+m}{2x}\lambda\cos\alpha\right) + n\left[1 - \frac{1+n}{2\ (l-x)}\lambda\cos\alpha\right]$$

$$(4.5.4-2)$$

式中 m——考察点左侧货车数目，$x\leqslant\lambda\cos\alpha$ 时 $m=0$，$x>\lambda\cos\alpha$ 时 $m=\dfrac{x}{\lambda\cos\alpha}$（仅取整数部分）；

n——考察点右侧货车数目，$(l-x)\leqslant\lambda\cos\alpha$ 时 $n=0$，$(l-x)>\lambda\cos\alpha$ 时 $n=\dfrac{l-x}{\lambda\cos\alpha}$（仅取整数部分）。

4.6 站 房 设 计

4.6.1 站房配置应符合下列规定：

1 站房形式应根据其功能、地形、地质和相关车间或运输设备的衔接关系等条件确定。

2 站房配置应避免牵引索多次导绕。

3 站内离地高度小于 2.5m 的牵引索和设备运动部件，应设保护设施，货车在站内的净空尺寸，应符合本规范第 4.6.2 条的规定。

4 机械设备与墙壁之间的净空尺寸不得小于 0.5m，设计通道宽度不得小于 1m。站口滚轮组和安装高度超过 2m 的站内辅助设备，应设置带栏杆的操作平台或检修通道。

5 对于立式驱动装置，宜设单独驱动机房，机房的平面和空间布置，应便于驱动机的起吊和维护；驱动机的控制室应设在操作人员便于观察货车装、卸载和进、出站的位置。

6 装卸作业所产生的粉尘不符合环保和劳动卫生要求时，应采取有效的除尘措施。

4.6.2 货车在站内的净空尺寸，应符合下列要求：

1 货车的横向摆动值，在避风站内的直线轨道上为 0.08rad，在曲线段轨道上为 0.16rad；在非避风站内均为 0.16rad。但设有双导向板的轨道段除外。

2 货车的纵向摆动值为 0.14rad。

3 在计入货车的纵、横向摆动后，货箱在翻转或打开时的最小净空：

  1）距站房地坪不得小于 0.2m，距卸载口格筛不得小于物料最大块度加上 0.05m。

  2）有行人通行时，距墙面不得小于 0.8m；无行人通行时，距墙面不得小于 0.6m；距突出物不得小于 0.3m。

4.6.3 装载站和卸载站料仓的有效容积应根据索道长度、运输能力、工作制度、检修和处理故障的时间以及相关车间或运输工具的生产要求确定。

4.6.4 货车的装载应符合下列规定：

1 应根据物料性质和索道运输能力选择装载

设备。

2 宜采用内侧装载方式。

3 在装载位置应设防止货箱摆动的导向板或稳车器。

4 装载口附近应设备用货车的轨道。

4.6.5 货车的卸载与复位应符合下列规定：

1 宜在料仓顶部设格筛。当卸载区段很长并采用机械推车时可不设格筛，但应在料仓两侧或中间设置带栏杆的操作通道。

2 运输松散物料的翻转式货车在运动中卸载时，卸载口长度宜按下式计算：

$$L \geqslant 3v + l \qquad (4.6.5)$$

式中 L——卸载口长度（m）；

v——货车在卸载口的运行速度（m/s）；

l——货箱长度（m）。

3 卸载站内应设复位装置。

4.6.6 站口设计应符合下列规定：

1 对于采用下部牵引式货车的索道：

1）当承载索的俯角为 0.05～0.10rad 时，可采用无垂直滚轮组的站口设计。当采用无垂直滚轮组的站口设计时，应设站口托索轮。当货车挂接或脱开时，牵引索应靠贴在站口托索轮上。

2）当承载索的仰角大于 0.05rad 时，应设凹形垂直滚轮组。滚轮组曲率半径应按货车通过时牵引索不脱出钳口和不抬起空车的条件校验。

3）当承载索的俯角大于 0.10rad 时，应设凸形垂直滚轮组。滚轮组曲率半径应使牵引索作用在抱索器上的附加压力小于允许值。并应设防止货车滑向线路的抱索状态监控装置。

2 对于采用水平牵引式货车的索道：

1）承载索俯角出站时，站口可不设垂直滚轮组，但应设置托索轮。

2）承载索仰角出站时，应根据牵引索的向上合力确定凹形滚轮组参数。

4.6.7 挂结器与脱开器应符合下列规定：

1 应保证挂结器与脱开器前后的牵引索稳定运行。牵引索在挂结器和脱开器内托索轮上的折角宜为 0.01～0.02rad。

2 挂结器前和脱开器后，牵引索导向轮的安装高度应能调节。

3 抱索器与牵引索挂时，货车的速度应与牵引索的速度一致。

4 挂结器前的轨道加速段和脱开器后轨道减速段的坡度，不宜大于 10%。

4.6.8 货车的轨道应符合下列规定：

1 轨道宜采用轧制的双头钢轨。

2 轨道及其吊挂系统的计算载荷，在货车不脱开牵引索的轨道段，应按设计车距并计入 1.1 的动力系数进行计算。在货车脱开牵引索的轨道段，应按货车紧密排列计算，可不计入动力系数。

3 吊架或吊钩的间距：重车侧直线段宜为 2m；空车侧直线段宜为 2.5～3.0m；曲线段可根据曲率半径的不同适当减小。每根轨道的吊挂点不得少于 2个，且吊挂点离开轨道接头处的距离不得小于 500mm。吊架和吊钩的结构应便于调整轨道坡度。

4 每个设有主轨的中间站，应设停放数辆货车的副轨。索道 2 个端站的主轨和副轨的总长，应能停放全部货车。

5 应减少轨道在平面和立面上的弯曲次数。主轨的最小平面曲率半径，应符合表 4.6.8 中的规定。副轨的最小平面曲率半径宜取 2m。主轨和副轨的立面曲率半径均不得小于 5m。

6 与挂结器或脱开器衔接的轨道，在 2m 长度范围内不得有平面上的弯曲。

7 轨道的反向弧之间应设不小于 1.5m 的直线段。

表 4.6.8 主轨的最小平面曲率半径

货车运行速度 （m·s^{-1}）	0.5	1.2	1.6	2.0	2.5	3.0	3.6	4.0	4.5
最小平面曲率 半径（m）	2.5	4	7	10	12	15	18	20	25

4.6.9 货车的自溜速度应符合下列规定：

1 在等速段不宜大于 2.0m/s。

2 在直线段上不宜小于 0.8m/s；在曲线段上不宜小于 1.0m/s。

3 货车自溜至挂结点的速度应与牵引索的速度一致。

4 货车进入推车机时的自溜速度，宜比推车机运行速度大 30%～40%。

4.6.10 货车在站内的运行阻力应符合下列规定：

1 货车在直线段轨道上的运行阻力系数，当货车重力不大于 7.5kN 时，宜取 0.0065，当货车重力大于 7.5kN 时，宜取 0.0055。

2 货车在曲线段轨道上的附加运行阻力系数，可按下式计算：

$$f_0' = 0.1 \frac{l}{R} \qquad (4.6.10)$$

式中 f_0'——货车在曲线段轨道上的附加运行阻力系数；

l——二轮式货车的轴距或四轮式货车平面转向轴的轴距（m）；

R——曲线段轨道的平面曲率半径（m）。

3 货车通过站内有关设施的附加阻力换算为高差：道岔为 0.07m；卸载挡杆为 0.01m；螺旋复位器

为 0.1m；单导向板每米为 0.005m；双导向板每米为 0.008m。

4.6.11 自动转角站的水平滚轮组应符合下列规定：

1 滚轮的直径不宜小于 600mm，宽度不宜小于 140mm。

2 牵引索在每个滚轮上的折角不宜大于 3°，或按每个滚轮径向载荷不大于 6kN 的条件确定。

3 货车通过水平滚轮组时，牵引索作用在抱索器钳口上的水平力不得大于 10kN。

4.6.12 自动转角站与自动迂回站应符合下列规定：

1 在距离水平滚轮组或迂回轮进出点的 5m 处，应各设一个宽边垂直托辊，托辊上方的轨道应局部抬高便于货车通过。

2 轨道立面过渡曲线应符合本节第 4.6.8 条第 5、7 款的要求。

3 货车进出水平滚轮组或迂回轮，应设置使货车平稳通过的轨道曲线过渡段。

4.6.13 站内辅助设备应符合下列规定：

1 货车容积较大或站房较长时，应设推车设备。

2 对于运输黏结性物料的索道，装、卸料仓宜设便于装卸的相关设备。

3 装载位置宜设阻车、计量、推车等设备。

4 发车位置应设保证车距或发车间隔时间的发车设备。

5 复位处宜设推车设备。

4.7 电 气

4.7.1 索道的电气设计除应符合本规范第 3.7 节的有关规定外，尚应符合下列要求：

1 动力型索道启动时，应使驱动装置获得恒定的启动转矩。

对于采用交流拖动的负力较大的制动型索道，应采取动力制动的启动方式。

2 索道正常启、制动时的加、减速度，应控制在 0.1～0.15m/s² 的范围内。

3 未设机械变速的驱动装置，应有 0.3～0.5m/s 的检修速度。

4 因事故需低速反转运行的时间，不宜大于 3min。

5 对于多传动区段的索道，各段宜设同步启动与制动的装置。

6 索道应有下列保护措施：

1）过电流保护。

2）过负荷保护。

3）失压保护。

4）超速保护。

5）对制动型索道应有零电流保护。

4.8 保护设施

4.8.1 保护设施设置应符合下列规定：

1 保护范围较长和货车坠落高度较大时，应采用保护网；保护范围较短和货车坠落高度较小时，应采用保护桥；索道线路横向坡度较大、货车或物料滚落后会造成事故时，应采用拦网。

2 应按货车冲击的条件校验保护网底面与跨越设施之间的净空尺寸。

3 保护设施顶面与运动货车底面之间的净空尺寸，不得小于货车的最大横向尺寸。

4 保护网的宽度至少比索距宽 3m；保护桥的宽度，当货车坠落高度不大于 3m 时，至少比索距宽 2.5m；当索道跨距大于 250m 时，保护设施的宽度，应按承载索和货车均受 0.25kN/m² 工作风压作用而发生偏斜的条件校验。

4.8.2 保护网应符合下列规定：

1 保护网应由粗、细 2 层格网组成，细格网的网孔尺寸不宜大于 20mm×20mm。

2 当不允许坠落细料时，宜铺板或采用其他设施代替细格网。

3 保护网应有挡边，其高度宜为 0.5～1.2m。

4 保护网的跨距不宜大于 100m。

5 当保护网的跨距大于保护长度时，可仅在保护范围内设置格网。

6 保护网的支架应设工作梯。

7 主索宜选用镀锌钢丝绳。

8 主索应采用两端锚固方式，其中一端应设拉紧力调节装置。

9 保护网的计算：

1）主索的最大工作拉力，应考虑保护网重力、冰雪荷载、工作温度等因素的影响。

2）主索的抗拉安全系数不得小于 2.5。

3）货车坠落的允许高度，应按保护网跨度中间承受一辆重车冲击载荷的条件计算。

4.8.3 保护桥应符合下列规定：

1 保护桥宜采用钢筋混凝土结构或钢结构。

2 保护桥的桥面应有缓冲设施。

3 保护桥的两侧应设栏杆和防止坠落物料滚出桥面的侧板。

4 保护桥应设工作梯。

5 单线循环式货运索道工程设计

5.1 货 车

5.1.1 货车选择应符合下列规定：

1 运行速度大于 2.5m/s 和爬坡角大于 30°时，宜选用弹簧式抱索器。

2 运行速度小于 2.5m/s 和爬坡角为 20°～30°时，可选用四连杆重力式抱索器。

3 线路比较平坦和爬坡角小于 20°时，宜选用鞍

式抱索器。

4 货车选择的其他要求，应符合本规范第4.1.1条的有关规定。

5.1.2 货车设计应符合下列规定：

1 货车的承载能力系列应为：400、700、1000和1250kg。

2 货车的容积系列应为：0.25、0.32、0.4、0.5、0.63、0.8、1.0和1.25m³。

3 货车设计的其他要求，应符合本规范第4.1.2条的有关规定。

5.1.3 货车的发车间隔时间应符合本规范第4.1.4条的要求。

5.2 运载索与有关设备

5.2.1 运载索选择应符合下列规定：

1 运载索应选用线接触或面接触同向捻带绳芯的股捻钢丝绳，公称抗拉强度不宜小于1670MPa。

2 运载索表层钢丝的直径不得小于1.5mm。

3 当采用鞍式抱索器时，运载索的捻距应与2个钳口的中心距相适应。

5.2.2 运载索的抗拉安全系数不得小于4.5。

5.2.3 运载索的导向轮及其拉紧装置和拉紧索及其导向轮的选择，应符合本规范第4.3.4~4.3.7条的有关要求。

5.3 牵引计算与驱动装置选择

5.3.1 牵引计算应符合本规范第4.4.1条的有关要求。

5.3.2 运载索在托、压索轮组上的阻力系数：对于无衬托、压索轮组，动力运行时宜取0.015~0.025，制动运行时宜取0.01~0.015；对于有衬托、压索轮组宜取0.03~0.04。

5.3.3 运载索的最小拉力，应按下式计算：

$$T_{min} \geq C_3 Q \qquad (5.3.3)$$

式中 T_{min}——运载索的最小拉力（N）；

C_3——运载索最小拉力与重车重力的比值。选用四连杆重力式或弹簧式抱索器时，C_3 宜取 10~12，选用鞍式抱索器时，C_3 宜取 8~10；

Q——重车重力（N）。

5.3.4 驱动装置选择，除应符合本规范第4.4.4~4.4.7条的有关要求外，尚应符合下列规定：

1 宜选用卧式驱动装置。

2 在多传动区段索道中，宜采用一台卧式驱动装置同时传动2个区段的方式。

5.4 线 路 设 计

5.4.1 线路配置除应符合本规范第4.5.1条的有关要求外，尚应符合下列规定：

1 站前第一跨的跨距宜为5~10m。

2 线路上每个托索轮的径向载荷宜相等。

3 对于平坦地段或坡度均匀的倾斜地段，运载索在各支架上的载荷宜相等。

4 凸起地段支架的高度不得小于4m，跨距不宜小于15m。

5 凹陷地段支架的高度，应按最不利载荷条件校验，运载索在托索轮上的靠贴系数不得小于1.3。

6 选用带导向翼的抱索器时，可采用压索式支架。

7 运载索的最大倾角不得大于45°。

8 计算支架两侧的倾角和考察点的挠度时，应采用本规范第4.5.2~4.5.4条中有关公式计算，但公式中 q_c 应以 q_0 代入，Q_z 应以 Q 代入。

5.4.2 托、压索轮组应符合下列规定：

1 无衬托索轮的直径不宜小于运载索直径的15倍，并应符合300、400、500和600mm的直径系列。

2 单个无衬托索轮上的径向载荷，宜符合表5.4.2的规定。

表 5.4.2 无衬托索轮上的径向载荷

托索轮直径 （mm）	允许径向载荷 （kN）	适用钢丝绳直径 （mm）
300	3.0	≤20
400	5.0	22~26
500	7.5	28~32
600	10.0	34~40

3 设有软质耐磨衬垫的托、压索轮组应符合本规范第7.4.1条的有关要求。

4 单个无衬托索轮的允许折角，应根据允许径向载荷和运载索的拉力计算确定，但不得大于5°。

5 6轮和8轮托索轮组的大平衡梁，应设置在托索轮内侧，不宜采取重叠设置方式。

6 托、压索轮组宜采用悬吊安装的可调式结构。

5.4.3 单线循环式货运索道保护设施的设计，应符合本规范第4.8节的有关要求。

5.5 站 房 设 计

5.5.1 站房和料仓的设计应符合本规范第4.6节的有关要求。

5.5.2 挂结段设计应符合下列规定：

1 运载索的稳定措施：

1）挂结段的两端应设稳索轮。

2）站口稳索轮与站内稳索轮的平距，宜为2.5~4.0m；站内稳索轮与挂结点的平距，不宜大于1m。

3）稳索轮宜采用可调式单轮结构，其直径不得小于运载索直径的15倍。

4) 运载索在每个稳索轮上的最小折角,不宜小于 0.57°。

2 挂结段轨道:

1) 挂结段轨道应具有足够刚度,轨道头部应与抱索器行走轮的轮缘相适应,并应保证行走轮的横向窜动不大于 2mm。

2) 挂结段轨道的立面变坡处,应采用曲线平缓过渡,其曲率半径不小于 10m;站口端轨道应有适当长度的导向段,其坡度应与运载索出站角相适应,端部应为立面曲率半径不小于 3m 的弧形段。

3) 挂结段轨道的平面布置,应保证抱索器在挂结过程中,不同开度钳口的中心线始终与运载索中心线相重合。轨道与运载索中心线之间的水平距离应能调节。

3 货车的挂结:

1) 采用弹簧式抱索器的货车,挂结前应使钳口处于最大开口状态;采用四连杆重力式抱索器的货车进入挂结段之前,宜设钳口定向器,在挂结段内宜设可调式弹性压板。

2) 挂结段之前的轨道,其平面曲率半径应符合本规范表 4.6.8 的规定,且不得小于 12m。

3) 货车进入挂结段时的横向摆动不得大于 0.01rad。轨道下方宜设限制货车左右摆动的双导向板。抱索器带有定位轮的货车,应设定位轮导轨使抱索器处于正确位置。

4) 双导向板的结构及要求应符合本规范第 5.5.3 条第 3 款第 1) 项的要求。

5) 抱索器与运载索挂结时,货车的运行速度应与运载索的速度一致。

6) 货车通过挂结段时的纵向摆动不得大于 0.10rad。

5.5.3 脱开段设计应符合下列规定:

1 运载索的稳定措施,应符合本规范第 5.5.2 条第 1 款的要求。

2 脱开段轨道:

1) 脱开段轨道的结构、平面形状和支承或吊挂系统,应符合本规范第 5.5.2 条第 2 款第 1)、3) 项的规定。

2) 脱开段轨道的立面变坡处,应采用曲线段平滑过渡,其曲率半径不小于 10m;站口端轨道应有适当长度的导向段,其坡度应与运载索进站角相适应,端部应为立面曲率半径不小于 5m 的弧形段。

3 货车的脱开:

1) 货车进入脱开段轨道的导向段之前,应采用双导向板限制其左右摆动。双导向板工作面的高度,应与站外运载索的挠度相适

应。双导向板导向段的平面曲率半径不得小于 5m,并应按货车纵、横向摆动 0.20rad 的条件,校验是否有相互干涉。

2) 货车通过脱开段时,其横向摆动不宜大于 0.01rad,纵向摆动不得大于 0.10rad。

3) 脱开段之后的轨道,其平面曲率半径不得小于 12m。

5.5.4 采用弹簧式抱索器索道的站口辅助设备与监控装置应符合下列规定:

1 挂结段应设加速装置,脱开段应设减速装置。

2 挂结段应设运载索位置监控装置、定期投入工作的抱索力监控装置和抱索状态监控装置。

3 脱开段应设运载索位置监控装置和脱索状态监控装置。

5.5.5 货车轨道应符合下列规定:

1 轨道的配置应符合本规范第 4.6.8 条的有关要求。

2 轨道的支承或吊挂系统应有足够的刚度,并便于调整轨道坡度。

3 轨道平面形状应简单,尽量减少弯道次数并采用较大的平面曲率半径。出站侧的站内轨道与站口轨道宜为一直线。

4 吊架或吊钩的间距:重车侧直线段宜取 2m;空车侧直线段宜取 2.5m;曲线段可根据曲率半径的不同适当减小。

5 货车在轨道直线段上的运行阻力系数,当货车重力不大于 3.5kN 时,宜取 0.008;当货车重力大于 3.5kN 时,宜取 0.0065。货车在轨道曲线段上的附加运行阻力系数和通过有关设施时的附加阻力,应符合本规范第 .4.6.10 条第 2、3 款的规定。

5.5.6 转角站配置应符合下列规定:

1 转角站的配置宜采用以转角的平分线为轴线的对称配置方式。

2 货车在转角站内的速度应与索道运行速度相适应,不得采用人工推车。

3 空、重车侧的出口应各设可以停放 3 辆以上货车的副轨。

4 当采用本规范第 5.5.5 条第 3 款配置方式时,2 个转角轮应设置在主轨上方。

5.5.7 单线循环式货运索道的电气设计应符合本规范第 4.7 节的有关要求。

6 双线往复式客运索道工程设计

6.1 客 车

6.1.1 乘务员配备应符合下列规定:

1 定员超过 15 人的客车应配备乘务员。

2 夜间运行的索道,其客车内应配备乘务员。

3 对于定员超过 15 人的车组式索道，每组客车可仅配备乘务员 1 人。

6.1.2 在进行工艺或设备设计时，定员不超过 15 人的客车，每位乘客的计算载荷应取 740N；定员超过 15 人的客车，每位乘客的计算载荷应取 690N。对于滑雪或登山运动的专用索道，每位乘客的计算载荷应增加 100N。

6.1.3 客车计算应符合下列规定：

1 客车的主要载荷应为空车重力、乘客的计算载荷和牵引索对客车的附加压力之和；次要载荷应为风雪荷载、驱动装置或客车制动器的制动力、客车防摆装置的阻力和支架导向装置的阻力。

2 按主要载荷计算时，客车主要承载构件和重要部件的抗拉安全系数，不得小于 5。在主要载荷和次要载荷联合作用下，特别是在承受扭转和疲劳载荷时，各主要承载构件和重要部件，应校核其强度和刚度。

3 吊架头部和末端套筒的销轴，其抗拉安全系数不得小于 7.5。

6.1.4 运行小车应符合下列规定：

1 车轮应设软质耐磨衬垫。

2 各车轮之间应设平衡装置。

3 出现下列情况之一时，空车的各个车轮，不得从承载索上抬起或出轨：

　1）客车纵、横向摆动均为 0.35rad。

　2）牵引索的拉力增大 40%。

　3）防摆装置的阻尼力或阻尼力矩达到最大值。

　4）客车制动器在最不利位置紧急制动。

　5）设有客车制动器的双承载索道，客车横向摆动 0.10rad。

　6）不设客车制动器的双承载索道，客车横向摆动 0.20rad。

4 运行小车的两端应设防止小车出轨的衬有软金属的导靴。导靴的下缘不得高于承载索的底部。

5 在多雪或裹冰地区，运行小车的两端应设刮雪或破冰装置。

6 牵引索或平衡索与客车的连接装置，应采用夹索器、夹板或缠绕套筒，不宜采用浇铸套筒。

7 不设客车制动器的双承载索道，当客车横向摆动 0.20rad 时，任意一根承载索的载荷不得小于客车全部载荷的 25%。

6.1.5 吊架设计应符合下列规定：

1 吊架头部的销轴应能使车厢在等速运行时保持垂直状态。

2 吊架的高度应按客车在最大倾角处纵向摆动 0.35rad 时，车厢不得接触承载索或支架任何部位的条件确定。

3 运行速度大于 3.6m/s 和定员超过 15 人的客车，吊架与运行小车之间应设防摆装置。

4 吊架上部应设带栏杆的活动式或固定式检修平台并应设置工作梯。

5 吊架与车厢的连接处应设减振装置。

6.1.6 车厢设计应符合下列规定：

1 乘客站立乘车时，车厢内净空高度不得小于 2m；车厢地板的有效面积，应按下式计算：

$$A = 0.18n + 0.4 \qquad (6.1.6)$$

式中　A——车厢地板的有效面积（m²）；

　　　n——客车定员。

2 车门应能可靠锁紧并能防止乘客在车厢内自行打开。门锁、车门及其导轨应抗振动和耐冲击。

3 车窗应采用不易碎裂的透明材料，其结构应能保证乘客的安全。

4 乘客站立乘车时，车厢内应设拉杆和扶手。

5 车厢内应设标有客车定员和最大载重的铭牌。

6 车厢内应有通风设施。

7 定员超过 15 人的车厢应设人孔；定员不超过 15 人的车厢根据需要设置。

8 车厢外部的两侧应设导向装置。

9 配备营救小车的索道，车厢的端部结构应便于营救。

6.1.7 客车制动器应符合下列规定：

1 对于单牵引索道，一般应设客车制动器。

2 出现下列情况之一时，客车制动器应能自动投入工作：

　1）牵引索或平衡索断裂。

　2）牵引索或平衡索与客车的连接件断裂。

　3）速度超过最大运行速度的 30%。

　4）牵引索的拉力小于 5kN。

3 制动力不得小于下列数值：

　1）客车下行时，为上侧牵引索的最大拉力。

　2）采用平均摩擦系数计算时，为重车在线路上最大下滑力的 1.5 倍。

　3）采用最小摩擦系数计算时，为重车在线路上的最大下滑力。

4 客车制动器的制动距离应适宜。制动减速度不得大于 1.5m/s²。

5 采用最大摩擦系数计算并考虑紧急制动的惯性力时，客车制动器及其构件对于屈服点的安全系数不得小于 2。

6 在长距离、高速度、定员多或倾角变化大的索道上，宜采用分级制动或自动调节制动力和客车制动器。

7 客车制动器投入制动时，驱动装置上的工作制动器应能自动投入工作。

8 在驱动装置以 1.2m/s² 减速度紧急制动的情况下，牵引索或平衡索产生最小拉力时，客车制动器不得产生误动作。

9 在客车制动器制动过程中，横向摆动 0.20rad

的客车，应能顺利通过支架或进入站房。

　10　制动衬垫应耐磨，但不得损伤承载索。制动衬垫磨损后，制动弹簧的最小工作载荷不得小于设计允许值。

　11　客车制动器应能由乘务员直接操纵。在线路任何位置上，乘务员既能使客车制动器制动，又能使客车制动器松开。

　12　客车制动器的控制系统，应能识别客车的运行方向，并能自动控制两端制动器的制动顺序。

6.1.8　当采取一系列防止牵引索断裂的技术措施并经充分论证后，单牵引索道可不设客车制动器。不设客车制动器的单牵引索道，在运营过程中应严格遵守牵引索的安全操作规程。

　双牵引索道可不设客车制动器。

6.1.9　客车夹索器应符合下列规定：

　1　夹索器的抗滑力不得小于重车最大下滑力的3倍。

　2　钳口两端应倒圆并宜设置减小牵引索弯曲应力的变刚度装置。

　3　新夹索器应有无损探伤合格证书。

6.1.10　空车或重车对承载索中心铅垂线的向内或向外偏斜均不得大于0.05rad。

6.2　承载索与有关设备

6.2.1　承载索选择与计算应符合下列规定：

　1　承载索应选用密封钢丝绳。

　2　在一个拉紧区段内承载索应为整根钢丝绳，不得采用线路套筒连接。

　3　承载索的最小拉力，对于车厢式索道应符合下列公式的要求：

　当车轮衬垫的弹性模量不超过5000N/mm² 时

$$\frac{T_{min}}{R} \geqslant 60 \qquad (6.2.1-1)$$

　当车轮衬垫的弹性模量超过5000N/mm² 时

$$\frac{T_{min}}{R} \geqslant 80 \qquad (6.2.1-2)$$

　采用重锤拉紧时

$$\frac{T_{min}}{Q} \geqslant 10 \qquad (6.2.1-3)$$

　采用两端锚固时

$$\frac{T_{min}}{Q} \geqslant 8 \qquad (6.2.1-4)$$

式中　T_{min}——承载索的最小拉力（N）；
　　　　R——车轮的最大轮压（N）；
　　　　Q——重车重力（N）。

　4　承载索的最大拉力，应由下列各项组成：

　1）承载索初拉力：重锤拉紧时应为拉紧重锤的重力；液压拉紧时应为液压系统的设计拉力；两端锚固时应为空索低端的设计拉力。安装后应检查实际的初拉力是否符合

设计要求。

　2）承载索在滚子链上或拉紧索在其导向轮上的阻力。

　3）承载索在鞍座上的摩擦阻力，密封钢丝绳与鞍座上尼龙或青铜衬垫之间的摩擦系数取0.10。

　4）由高差引起的承载索重力的分力。

　5　承载索的抗拉安全系数，不得小于3.15；计入客车制动器的制动力时，不得小于2.7。

6.2.2　承载索拉紧应符合下列规定：

　1　承载索可采用重锤拉紧、两端锚固或液压拉紧方式。采用两端锚固时，其中一端的拉紧力应可测可调；采用液压拉紧方式时应有失压保护。

　2　滚子链曲率半径不得小于承载索直径的90倍。

　3　拉紧索及其有关设备的选择：

　1）拉紧索应采用挠性好和耐挤压的股捻钢丝绳。

　2）拉紧索的抗拉安全系数不得小于5.5。

　3）过渡套筒的螺纹连接应设可靠的防松装置。

　4）拉紧索导向轮的直径应符合表6.3.4中的规定。

6.2.3　夹块锚固方式应符合下列规定：

　1　夹块的数量应按计算确定。

　2　应采用一组夹块工作，另一组夹块备用的双重锚固方式。2组夹块的数量应相同，并在2组夹块之间留有5mm的观察缝。

6.2.4　圆筒锚固方式应符合下列规定：

　1　圆筒的直径不得小于承载索直径的65倍和表层丝高度的650倍。

　2　圆筒表面应衬抗滑耐压材料。

　3　承载索在圆筒上的缠绕圈数应以1.5倍的最大拉力和0.20的摩擦系数来计算，且不得少于3圈。

　4　承载索的尾部应采用至少3副夹块锚固在支座上，其中2副工作，1副备用。工作夹块与备用夹块之间应留有5mm的观察缝。夹块的抗滑力不得小于剩余拉力的2倍。

　5　圆筒上各金属零件的抗拉安全系数不得小于6。

6.2.5　承载索的鞍座应符合下列规定：

　1　应采用固定式鞍座。

　2　有客车通过的鞍座，应符合下列要求：

　1）曲率半径不得小于承载索直径的300倍并满足下式要求：

$$R \geqslant 0.5v^2 \qquad (6.2.5)$$

式中　R——固定式鞍座曲率半径（m）；
　　　　v——客车通过鞍座时的运行速度（m/s）。

　2）当客车车轮磨损10mm和客车按本规范表3.4.2中所规定的横向摆动值摆动时，客车

应能顺利通过鞍座顶部。

3 重锤拉紧端站口鞍座的曲率半径不得小于承载索直径的 250 倍。

4 锚固端站口鞍座的曲率半径不得小于承载索直径的 200 倍。

5 承载索在鞍座上既无倾角变化又无轴向滑动时，鞍座的曲率半径不得小于承载索直径的 65 倍和表层丝高度的 650 倍。

6 鞍座的比压按公式 4.2.8-1 计算，其值不得大于衬垫材料的允许值。

7 在最不利的情况下，鞍座两端应留有 0.07～0.105rad 的余量。

8 鞍座衬垫应有润滑装置。

6.2.6 对于跨距较大且弦折角为负角的支架，其鞍座上应设防脱索装置。该装置应设在最小靠贴弧的中部，不得妨碍承载索的轴向滑动，也不得影响客车顺利通过。

6.3 牵引索、平衡索、辅助索与有关设备

6.3.1 牵引索、平衡索和辅助索的选择应符合下列规定：

1 应选用线接触或面接触同向捻带绳芯的股捻钢丝绳。

2 宜采用镀锌钢丝绳。

6.3.2 牵引索、平衡索和辅助索的抗拉安全系数应符合下列规定：

1 计算牵引索、平衡索和辅助索的抗拉安全系数时，应计入索道正常启动或正常制动时的惯性力。

2 牵引索、平衡索和辅助索的抗拉安全系数，不得小于表6.3.2的规定。

表 6.3.2　牵引索、平衡索和辅助索的抗拉安全系数

钢丝绳的种类		安全系数
单牵引	牵引索、平衡索（线路上有客车制动器）	4.5
	牵引索、平衡索（线路上无客车制动器）	5.4
双牵引	牵引索	5.4
	平衡索	4.5
辅助索	运行时	4.5
	停运时	3.3

6.3.3 牵引索、平衡索和辅助索的拉紧应符合下列规定：

1 平衡索、无极缠绕的牵引索和辅助索的拉紧，应采用重锤或液压拉紧方式。

2 当牵引索重锤移动速度较快时，应设阻尼装置。

3 双牵引索道的每根平衡索，应采用单独的拉紧装置分别拉紧。

4 双牵引索道的牵引索应分别设置调绳装置。

6.3.4 导向轮和托索轮应符合下列规定：

1 导向轮和托索轮应设软质耐磨衬垫。

2 导向轮的直径应符合表 6.3.4 的规定。

表 6.3.4　导向轮直径与钢丝绳直径及表层丝直径之比

导向轮名称	导向轮直径与钢丝绳直径之比	导向轮直径与钢丝绳表层钢丝直径之比
牵引索、平衡索导向轮	80	800
辅助索导向轮	60	600
经常运动的拉紧索导向轮	50	750

3 托索轮的直径，不宜小于牵引索直径的 12 倍和辅助索直径的 10 倍。

4 牵引索或平衡索在每个托索轮上的允许折角和允许径向载荷应符合本规范第 7.4.1 条的有关要求。

6.4 牵引计算与驱动装置选择

6.4.1 牵引计算应符合下列规定：

1 应求出牵引索和平衡索等速运行时各特征点的拉力。

2 应求出索道正常启动或制动时的惯性力。

3 应求出驱动轮上出、入侧牵引索拉力之和的最大值。

4 应按重车上行、空车下行和空车上行、重车下行 2 种载荷情况求出等效圆周力。

5 牵引索的抗滑要求应符合本规范第 4.4.4 条的有关规定。

6 对于有客车制动器的索道，当驱动机以 $1.2m/s^2$ 的减速度制动时，牵引索或平衡索不得出现使客车制动器产生误动作的最小拉力。

6.4.2 牵引计算时，宜取表 6.4.2 中的阻力系数。

表 6.4.2　相关设备的阻力系数

设 备 名 称	阻力系数
橡胶衬托索轮	0.03
塑料衬托索轮	0.02
有衬行走轮的客车	0.02
采用滚动轴承的导向轮	0.003
拉紧小车	0.01

6.4.3 驱动装置应符合下列规定：

1 驱动装置应设主驱动系统和紧急驱动系统。主驱动系统的运行速度应可调，并具有 0.3～0.5m/s 的检修速度。紧急驱动系统工作时，应能在索道最不利载荷情况下启动，并具有较低的运行速度。辅助索的驱动装置，可不设置紧急驱动系统。

2 双牵引索道的驱动装置，应设机械差动或电气同步装置。运行速度不大于 3m/s 的小型双牵引索道，可不设机械差动或电气同步装置。

3 驱动装置的抗滑性能应符合本规范第 4.4.4 条的有关要求。

4 牵引索和辅助索的驱动轮的直径，应符合表 6.4.3 中的规定。

表 6.4.3 驱动轮直径与钢丝绳直径及表层丝直径之比

驱动轮名称		驱动轮直径与钢丝绳直径之比	驱动轮直径与钢丝绳表层钢丝直径之比
牵引索驱动轮		80	800
辅助索驱动轮	无级缠绕	60	600
	有级缠绕	30	300

5 驱动轮应设软质耐磨衬垫。

6 驱动轮衬垫的比压应符合本规范第 4.4.4 条的有关要求。

6.4.4 驱动装置的制动器应符合下列规定：

1 应设工作制动器和安全制动器。工作制动器可设在高速轴或驱动轮上，安全制动器应设在驱动轮上。对断电后能自行停车且停车后不会倒转的索道，其驱动装置或辅助索的驱动装置可仅设工作制动器。

2 制动器主要受力构件，对屈服点的安全系数不得小于3.5。

3 正常制动时，工作制动器与安全制动器不得同时投入工作。

4 紧急制动时的减速度应为 $0.5\sim2.0\text{m/s}^2$。

5 安全制动器应能手动控制。

6.5 线 路 设 计

6.5.1 承载索在支架鞍座上的靠贴条件应符合下列规定：

1 空索折角不得小于 0.02rad。

2 承载索在支架鞍座上的靠贴力，不得小于在该支架相邻两跨斜长之和的 0.5 倍的空索上，由 0.5kN/m^2 风压而产生的作用力。

3 当承载索在鞍座上的包角为180°时，在承载索同时承受上款向上作用力和基本风压的横向作用力的情况下，其合力应作用在绳槽内。

4 当承载索在鞍座上包角小于180°时，在承载索分别承受 0.25kN/m^2 和 1kN/m^2 风压的横向作用力的情况下，承载索不得离开鞍座绳槽。

5 在下列情况下，靠贴力不得为负值：

　　1）当承载索最大拉力增加40%；

　　2）在站内压式支座处的承载索最小拉力减小40%。

6.5.2 牵引索在支架托索轮组上的靠贴条件应符合下列规定：

1 相邻两跨没有客车、牵引索等速运行和相邻两跨的牵引索承受 0.375kN/m^2 风压向上作用时，靠贴力不得为负值。

2 等速运行的牵引索最大拉力增大40%或驱动装置制动器以 1.2m/s^2 的减速度制动时，靠贴力不得为负值。

3 相邻两跨的牵引索承受 1.2kN/m^2 风压向上作用时，靠贴力不得为负值。

6.5.3 当出现下列情况之一时，宜采用双承载方案：

1 采用定员不少于 60 人的客车。

2 线路上出现 1000m 以上的跨距。

3 由于承载索直径过大或长度太长带来制造、运输、安装等困难。

6.5.4 对于跨距较大的双承载索道，当牵引索拉紧行程过长导致索道运行不平稳时，宜设能定期移位的支索器。支索器不得影响客车顺利运行，并应适应 2 根承载索移动不一致和相对横向摆动的工作状况。

6.5.5 双线往复式索道客车的离地高度不宜大于 100m。采用水平救护方式的索道，可不受此限。

6.6 站 房 设 计

6.6.1 站房的设计应符合本规范第 3.6 节的有关要求。

6.6.2 站房应留有客车在极限位置纵向摆动 0.35rad 的空间。

6.6.3 站台设计应符合下列规定：

1 站台的地坪宜水平。

2 车槽长度不得小于车厢长度的 1.5 倍；车槽与客车的单侧间隙不得大于 50mm；客车出入口处的车槽，应设具有缓冲作用的导向装置。

3 站台上、下车处的隔离设施应能开闭。

4 未设隔离设施的车槽两侧的站台不得作为候车区。

6.6.4 重锤间或重锤井设计应符合下列规定：

1 重锤间或重锤井应封闭或设栏杆。

2 拉紧系统应设便于观察拉紧行程的标尺。

3 重锤间或重锤井应便于检查和维护。重锤井应有防水和排水设施。

4 拉紧装置和重锤应分别设限位开关。

6.6.5 站内轨道与承载索之间应采用保证客车顺利运行的平滑曲线段进行过渡。

6.7 电 气

6.7.1 索道的电气设计除应符合本规范第 3.7 节的有关规定外，尚应符合下列要求：

1 在客车内进行遥控的索道，应通过控制电路对支架上除承载索外的钢丝绳的断绳、接地和相互接触进行监控，但双牵引索道，不应监控 2 根牵引索或 2 根平衡索之间的相互接触。

2 当客车内的遥控装置发生故障时，索道应能实现安全停车，并向站内发出信号，改由控制室控制运行。

6.7.2 电控系统的设计除应符合本规范第6.1.7条、第6.4.3条和第6.4.4条的有关要求外，尚应设置下列安全装置：

1 速度显示装置。

2 至少两套彼此独立的客车减速信号装置。

3 客车位置显示装置。

4 牵引索和平衡索的断绳监控装置。

5 双牵引索道的差速和差长监控装置。

6 牵引索鞭打或缠绕承载索的监控装置。

6.7.3 在站台、机房、控制室、瞭望台和由乘务员遥控的客车内，应设紧急停车按钮。

6.7.4 出现下列故障之一时，索道应能自动停车并在控制台上显示出故障部位：

1 减速点或减速度不符合设计规定。

2 牵引索或平衡索出现断裂。

3 双牵引索道的差速、差长超过规定值。

4 客车越位。

5 客车制动器投入制动。

6 紧急停车按钮动作。

6.7.5 除牵引索和平衡索外，承载索和辅助索应可靠接地。对地绝缘的牵引索和平衡索，根据需要应能临时接地。

7 单线循环式客运索道工程设计

7.1 客　　车

7.1.1 乘客的计算载荷应符合下列规定：

1 客车定员不超过15人时，每位乘客应取740N。

2 对于滑雪专用索道和滑雪与登山兼用索道，在进行工艺设计和设备设计时，每位乘客应取840N。

3 对于拖牵式索道，在进行工艺设计时，每位乘客应取790N；在进行设备设计时，每位乘客应取980N。

7.1.2 客车计算应符合下列规定：

1 客车的主要载荷，应为空车重力和乘客的计算载荷之和。

2 次要载荷为风荷载、索道紧急制动时的惯性力、线路及站内各种装置对客车的作用力。

3 对屈服点的安全系数：客车各主要承载构件和重要部件，在主要载荷作用下不得小于3.5，拖牵座不得小于4.0；在主要载荷和次要载荷联合作用下，两者均不得小于2.0。各主要承载构件和重要部件还应进行刚度校核。

7.1.3 抱索器设计应符合下列规定：

1 抱索器的结构应能防止任何事故性松动或松开。

2 抱索器的最大爬坡角应与线路的最大倾角相适应。

3 抱索器的抗滑力不得小于重车重力在最大倾角处沿钢丝绳方向分力的3倍，并且不得小于重车的重力。

对于拖牵式索道，抱索器的抗滑力不得小于重车重力在最大倾角处沿钢丝绳方向分力的2倍。

4 抱索器的抱索力：

1）抱索器的抱索力应由数个弹簧产生。

2）弹簧应具有当钢丝绳直径减小3%时，能符合本条第3款要求的特性。

3）当钢丝绳直径的减小率超过3%时，抱索器经过调整后，其抗滑力应符合本条第3款的要求。

4）当钢丝绳直径减小10%时，抱索器仍应有效地抱紧钢丝绳。

5）弹簧受最大工作载荷作用所产生的变形量，不得超过弹簧总变形量的80%。

6）对于碟形弹簧抱索器，当一片碟形弹簧损坏时，抱索力的减小不得大于15%。

7）对于螺旋弹簧抱索器，当一个螺旋弹簧损坏时，抱索力的减小不得大于50%。

5 固定式抱索器和脱挂式抱索器的钳口与运载索之间的摩擦系数宜取0.13；当采用特殊设计的钳口或采取其他提高摩擦系数的措施时，钳口与运载索之间的摩擦系数可按试验结果取值。

6 抱索器钳口的形状与尺寸，应与托、压索轮组的轮槽相适应。当客车横向摆动0.35rad时，抱索器应能顺利通过托、压索轮组。

7 抱索器的内、外抱卡应采用优质合金钢锻造成型，不得采用铸造方法制造。

在温度低于-20℃环境中工作的抱索器，其材料应具有良好的低温冲击韧性。

8 抱索器钳口端部应倒圆。

9 抱索器的导向翼宜采用轻质、弹性、减振和降噪的材料。

脱挂式抱索器的行走轮、脱挂轮和定位轮，宜采用轻质、耐磨、减振、抗冲击和降噪的材料。

10 固定式抱索器应能顺利通过驱动轮和迂回轮，通过时所产生的水平折角不得大于9°。

11 固定式抱索器应便于移位。

1）移位的间隔时间，应按下式计算：

$$\tau = 0.56 \frac{l'}{v} \qquad (7.1.3)$$

式中　τ——移位间隔时间（h）；

l'——索道线路斜距（m）；

v——客车运行速度（m/s）。

2）固定式抱索器宜向钢丝绳运行的反方向移动，每次移动的距离，应为包括导向翼长度在内的抱索器总长加上 2 倍钢丝绳直径。

12　新抱索器应有无损探伤合格证书。

7.1.4　车厢设计应符合下列规定：

1　吊杆或吊架的高度，应按车厢在最大倾角处纵、横向摆动 0.35rad 时，车厢不得接触运载索或支架任何部位的条件确定。

2　吊杆或吊架与厢体的连接处应设减振装置。

3　吊架与车厢之间的连接应有防松装置。

4　车厢的承载及连接部件应便于检查。

5　车厢的承载构件宜采用轻质的高强材料；厢体的蒙皮、车门、地板、座椅的椅面等，应采用轻质的阻燃材料；车窗应采用不易碎裂的轻质的透明材料，其结构应能保证乘客的安全。

6　每位乘客的座位宽度不得小于 450mm，深度宜为 450mm。

7　车厢应设防止乘客在车内自行打开的自动开关门装置。

8　车厢应能通风。

9　车厢的底部或旁侧应设防止客车在站内横向摆动的导向装置。

10　应严格控制各主要承载件的焊接质量，对同一型号的车厢应抽样进行静力试验。

7.1.5　吊篮可按照第 7.1.4 条的有关规定进行设计。

7.1.6　吊椅设计应符合下列规定：

1　吊椅的设计应便于乘客上下车。

2　吊杆或吊架的高度，应按吊椅在最大倾角处纵、横向摆动 0.35rad 时，不得接触运载索或支架任何部位的条件确定。

3　吊椅的承载及连接部件应便于检查。

4　吊杆与吊架和吊架与座椅之间的连接应有防松装置。

5　吊椅应设安全扶手和脚踏板。但运行时间少于 5min 时，可不设脚踏板。

靠背和椅面之间的夹角宜为 1.6rad，整个座椅宜向后倾斜 0.2rad。

6　每位乘客的座位宽度不得小于 450mm，深度宜为 450mm。

7　采用脱挂式抱索器的吊椅，吊杆与吊架之间应设减振装置。

8　应严格控制各主要承载件的焊接质量，对同一型号的吊椅应抽样进行静力试验。

7.1.7　拖牵座设计应符合下列规定：

1　拖牵座的设计应便于滑雪者使用。

2　空拖牵座纵向摆动 0.15rad 或在最不利运行情况下，拖牵座与绳轮、保护装置等设施不得挂碰。

3　拖牵盒应能保证拖牵索在最大伸出长度时，按设定速度顺利缩回，在缩回过程中不得刮伤乘客也

不得损伤拖牵座。

7.1.8　客车的最小发车间隔时间，不得小于表 7.1.8 的规定。

表 7.1.8　客车的最小发车间隔时间（s）

索道型式		最小发车间隔时间
固定式抱索器旅游索道	吊椅	8
	吊篮（车厢）	12
固定式抱索器滑雪索道	上车方向与线路一致时	6
	上车方向与线路不一致时	$1.5(4+n/2)$
脱挂式抱索器索道	吊椅	5
	吊篮（车厢）	9

注：n 为吊椅的座位数，$n \leqslant 6$。

7.2　运载索与有关设备

7.2.1　运载索选择应符合下列规定：

1　应选用线接触同向捻带绳芯的股捻钢丝绳。

2　宜采用镀锌钢丝绳。

7.2.2　**运载索的抗拉安全系数不得小于 4.5。**

7.2.3　运载索拉紧装置应符合下列规定：

1　运载索的拉紧应采用液压、重锤或其他能使运载索保持恒定拉力的装置。各种拉紧装置都应有足够的拉紧行程，并在极限位置设置限位开关。

2　液压拉紧装置：

1）应能显示油压、油温。

2）应使拉紧力的变化保持在 ±5% 范围内，当拉紧力的变化为 ±5%～±10% 时，应能自动调整到 ±5% 的范围内。

3）当油压超过额定值的 ±10% 时，索道应能自动停车。

4）液压泵宜采用间歇工作制。

5）液压系统应设手动控制装置。

6）对低温环境中工作的液压装置应采取抗低温措施。

3　重锤拉紧装置：

1）拉紧索应采用挠性好和耐挤压的股捻钢丝绳。

2）拉紧索的抗拉安全系数不得小于 5.5。

3）应设能调节重锤位置的装置。

4）拉紧索导向轮的直径，不得小于拉紧索直径的 40 倍和拉紧索表层丝直径的 600 倍。

5）拉紧索的导向轮应设软质耐磨衬垫。

7.2.4　拉紧轮或迂回轮设计应符合下列规定：

1　拉紧轮或迂回轮的直径，不得小于运载索直径的 80 倍和钢丝绳表层丝直径的 800 倍。

对于拖牵式索道，拉紧轮或迂回轮的直径，不得小于运载索直径的 60 倍。

2 拉紧轮或迂回轮应设软质耐磨衬垫。

3 对于采用固定式抱索器的客车，拉紧轮或迂回轮的轮缘及护圈，应与客车的抱索器及吊杆相适应。

7.3 牵引计算与驱动装置选择

7.3.1 运载索的最小拉力，当客车定员不超过 2 人时，运载索的最小拉力不宜小于重车重力的 20 倍；当客车定员超过 2 人时，运载索的最小拉力不宜小于重车重力的 15 倍。

7.3.2 运载索的最大工作拉力，应在最不利载荷情况下计入下列数值：

1 从拉紧装置开始的初拉力。

2 由高差引起的运载索重力和重车重力的分力。

3 托、压索轮组的阻力。

4 站内各有关设备的运行阻力。

5 液压或其他拉紧装置拉紧力的增加值，但重锤拉紧装置的拉紧力增加值可忽略不计。

6 运载索的最大工作拉力不计入索道启、制动时的惯性力。

7.3.3 当进行牵引和线路计算时，运载索在橡胶衬托、压索轮组上的阻力系数应取 0.03；其他站内设备的阻力系数应按表 6.4.2 取值；拖牵式索道的滑雪者在拖牵道上的阻力系数应取 0.10。

7.3.4 牵引计算应符合下列规定：

1 应求出运载索等速运行时各特征点的拉力。

2 应求出索道正常启动或制动时的惯性力。

3 应求出驱动轮上出、入侧运载索拉力之和的最大值。

4 应求出驱动轮在下列载荷情况下的圆周力：

1）重车上行、空车下行。

2）空车上行、重车下行。

3）重车上行、重车下行。

4）空车上行、空车下行。

5）空索运行时。

6）低速反转时。

5 对于单线脉动循环或单线间歇循环固定抱索器车组式客运索道，应求出驱动轮在本条第 4 款第 1）～4）项载荷情况下的等效圆周力。

7.3.5 驱动装置应符合下列规定：

1 应采用单槽卧式驱动装置。

2 驱动装置除设主驱动系统外，还应设辅助或紧急驱动系统。对于采用固定式抱索器的索道，宜采用辅助驱动系统；对于采用脱挂式抱索器的索道，宜采用紧急驱动系统。

每条索道的 2 套驱动系统不得同时投入工作。

1）采用主驱动系统驱动索道，在空索状态下正常运行时，索道运行速度应保持不变；在最不利载荷情况下索道运行速度的变化范围不得大于额定速度的±5%。

2）在最不利荷载情况下，主驱动系统的启动加速度不宜小于 0.15m/s²。

3）索道应有 0.3～0.5m/s 的检修速度。

4）在主电源、主电机或主电控系统不能投入工作的情况下，辅助或紧急驱动系统应能将线路上的乘客运回站内。

3 驱动轮的直径不得小于运载索直径的 80 倍和表层丝直径的 800 倍；

对于拖牵式索道，驱动轮的直径不得小于运载索直径的 60 倍。

4 驱动轮应设软质耐磨衬垫。

5 驱动装置的抗滑性能和驱动轮衬垫的比压，应符合本规范第 4.4.4 条的有关要求。

6 应设工作制动器和安全制动器。工作制动器可设在高速轴或驱动轮上，安全制动器应设在驱动轮上。

对于断电后能自行停车并且停车后不会倒转的索道，其驱动装置可仅设工作制动器。

1）在最不利载荷情况下，工作制动器和安全制动器的平均减速度均不宜小于 0.4m/s²。

2）当正常制动时，工作制动器的减速度不得大于 1.5m/s²。

3）安全制动器应能手动控制。

4）正常制动时，工作制动器与安全制动器不得同时投入工作。

7 对于采用固定式抱索器的客车，驱动轮的轮缘及护圈，应与客车的抱索器及吊杆相适应。

8 对于拖牵式索道，可仅设主驱动系统；当运行速度大于 2m/s 时，主驱动系统应能调速；主驱动系统宜设防倒转装置。

9 当上站海拔较高、站址狭小、供电困难、管理不便、机电设备搬运困难或在降噪方面有严格要求时，经技术经济比较后，可在上站仅设迂回轮，而在下站设置驱动与拉紧联合装置。

7.4 线 路 设 计

7.4.1 托索轮组和压索轮组设计应符合下列规定：

1 托索轮直径不宜小于运载索直径的 10～12 倍；压索轮直径不宜小于运载索直径的 8～10 倍。

对于拖牵式索道，当运载索直径不大于 16mm 时，托、压索轮直径不得小于 200mm；当运载索直径大于 16mm 时，托、压索轮直径不得小于 250mm。

对于采用大直径托、压索轮的拖牵式索道，当运载索在支架上的最大折角不大于 17°时，其直径不得小于运载索直径的 40 倍；当运载索在支架上的最大折角大于 17°时，其直径不得小于运载索直径的 60 倍。

2 托、压索轮应设软质耐磨衬垫。

3 每个有衬托、压索轮的允许径向载荷，应按下式计算：

$$[P] = PD_2 d \qquad (7.4.1)$$

式中 $[P]$——每个有衬托索轮的允许径向载荷（N）；

P——软质耐磨衬垫的比压，$P=0.25\sim 0.5$MPa，根据衬垫材料的性能确定；

D_2——托、压索轮新衬垫绳槽底部的直径（mm）；

d——运载索直径（mm）。

4 运载索在每个托、压索轮上的允许折角不宜大于4°。

5 托、压索轮组宜采用悬吊安装的可调式结构。

7.4.2 托、压索轮组的安全装置应符合下列规定：

1 托、压索轮组两端的内侧应设挡索板。挡索板的两端应有导向段。

2 托、压索轮组两端的外侧应设捕索器。捕索器工作面的边缘应修圆。

3 6轮以下的托、压索轮组的入绳端和6轮及以上托、压索轮组的两端，应设运载索脱索时索道能自动停车的监控装置。

4 在压索式支架上，应设运载索脱索后的二次保护装置。

7.4.3 运载索在支架托索轮组和压索轮组上的靠贴条件应符合下列规定：

1 运载索在每个托索轮上的最小靠贴力不得小于500N并按下式确定。

$$P_{min}=500+50[d-(D_1-D_2)] \qquad (7.4.3)$$

式中 P_{min}——最小靠贴力（N）；

d——运载索的直径（mm）；

D_1——托索轮外轮缘直径（mm）；

D_2——托索轮新衬垫绳槽底部直径（mm）。

$(D_1-D_2)/2$ 的值应大于 $d/3$ 或至少为10mm，D_1 应大于新衬垫的最大直径。

2 运载索在每个托索式支架上的靠贴力不得小于下列数值：

1）索道匀速运行时，应为在该支架两侧较大1跨内的空索或空载索上，由0.25kN/m² 风压而产生的作用力的1.5倍。

2）索道停运时，应为在该支架相邻两跨斜长之和的0.5倍的空索或空载索上，由0.8kN/m² 风压而产生的作用力。

3 对于拖牵式索道的托索式支架，在空索状态匀速运行时，运载索在该支架上的靠贴力，当采用托索轮组时不得小于500N；当采用大直径托索轮时不得小于900N。

4 对于弦折角为负值的托索式支架，当运载索的最大拉力增大40%时，运载索不得离开托索轮。

5 运载索在每个压索式支架上的靠贴力，不得小于在该支架两侧较大1跨内的重索上，由0.25kN/m² 风压而产生的作用力的1.5倍。

6 对于拖牵式索道的压索式支架，在空索状态匀速运行时，运载索在该支架上的靠贴力，当采用压索轮组时不得小于1000N；当采用大直径压索轮时不得小于1800N。

7 当运载索的最小拉力减小20%，有效载荷增大25%时，运载索不得离开压索轮。

8 对于采用托索与压索联合轮组的支架，当运载索在该支架上所受的向上和向下的合力为零时，每个托压索轮上的最小靠贴力应符合本条第1款的要求，在其他情况下，运载索不得离开联合轮组中靠贴力较小的托索或压索轮。

7.4.4 支架配置应符合下列规定：

1 对于采用脱挂式抱索器的索道，当运载索俯角出站时，站前第一跨的运载索宜导平，且站前第一跨的跨距不得小于最大制动距离的1.2倍。

2 运载索的最大倾角不得大于45°。

3 当一个跨距内有数辆客车时，重索与空载索在该跨端部的倾角之差不宜大于0.15rad。

4 应尽量减少压索式支架的数量。

7.4.5 客车最大离地高度应符合下列规定：

1 吊椅式索道不宜大于15m。当索道线路每侧凹陷地段长度不超过200m时，可达20m，不超过50m时，可达25m；当索道每侧多次出现凹陷地段时，上述离地高度需适当减小，凹陷地段长度则应减半。

2 吊篮式索道不宜大于25m。当索道每侧凹陷地段长度不超过200m时，可取30m，不超过50m时，可取35m；当索道每侧多次出凹陷地段时，上述离地高度需适当减小，凹陷地段长度则应减半。

3 车厢式索道不宜大于45m。当跨距内客车多达5辆时，索道每侧凹陷地段的离地高度可取60m；当跨距内客车少于5辆时，索道每侧凹陷地段的离地高度还可适当增加。

7.4.6 拖牵式索道的线路配置应符合下列规定：

1 拖牵式索道的线路配置，不得将乘客向上拖起离开拖牵道，但紧急制动时不受此限。

2 低位拖牵式索道的水平长度不宜大于300m。

3 对于低位拖牵式索道拖牵道的纵向向上坡度，当乘客握住运载索上的把手时，不得大于25%；当采用拖牵座时，不得大于40%。

4 对于高位拖牵式索道拖牵道的纵向向上坡度，当采用单人拖牵座时，不得大于60%；当采用双人拖牵座时，不得大于50%。

5 拖牵式索道的拖牵道不宜有纵向向下坡度。

6 拖牵式索道拖牵道的横向坡度：当采用单人拖牵座时，不得大于10%；当采用双人拖牵座时，

不得大于 5%。

7.5 站房设计

7.5.1 站房设计，除应符合本规范第 3.6 节的有关规定外，尚应符合下列要求：

1 站口设备、站内主要设备和脱挂式抱索器的站内主要轨道，宜采用地面支撑方式进行配置。地面支撑构件应有足够的刚度。

2 对于有站房的索道，控制室应设在便于观察客车进、出站和乘客上、下车的站内一侧。控制室应能隔音、通风和调温。索道的控制设备、控制按钮和计量仪表，应集中设在控制室内。

对于无站房的索道，控制室可单独设置。

3 站房的地坪宜水平，如有纵向坡度，其值不得大于 10%。站内地面应防滑。

7.5.2 对于采用固定抱索器的吊椅或吊篮式索道，站房的设计除应符合本规范第 7.5.1 条的有关规定外，还应符合下列要求：

1 吊椅索道的上下车段，应有明显标志。在距离下车段前 8s 处，宜设提示收回扶手及脚踏板的明显标志。

2 在吊椅索道的上、下车段内，站台与吊椅椅面之间的高度宜为 0.5m。

3 在上、下车段附近应设紧急停车按钮。

4 吊椅式索道下车段的长度，对于旅游索道，应为吊椅在 5s 内所运行的距离；对于滑雪专用索道，应为吊椅在 1.5s 内所运行的距离。

7.5.3 对于采用脱挂抱索器的车厢、吊篮或吊椅式索道，站房的设计除应符合本规范第 7.5.1 条的有关规定外，尚应符合下列要求：

1 单独设置的驱动机室应能隔音并有良好的通风设施，必要时应有降温设施。

2 每条索道至少应在一个端站内设置车库。

3 乘客在站内上、下车时客车的运行速度：车厢或吊篮式索道宜为 0.5m/s；吊椅式索道宜为 1.0m/s；滑雪专用吊椅式索道宜为 1.3m/s。

4 对于车厢或吊篮式索道，站内应设防止客车横向摆动并与客车底部或旁侧导向装置相适应的导轨。

5 对于车厢或吊篮式索道，上、下车站台宜与客车地板齐平。

6 宜利用由运载索输出的动力直接驱动推车系统的加、减速器。

7.5.4 对于拖牵式索道，起点站和终点站的设计除应符合本规范第 7.5.1 条的有关规定外，尚应符合下列要求：

1 起点站和终点站的设计，应能防止乘客与驱动装置、拉紧装置、基础、支架和其他结构件相接触。

2 上车段的长度和上车点的位置，应根据索道运行速度、拖牵座形式和站内托索轮的位置确定。

3 上车道前的候车区，应设候车标志和引导乘客通向上车点的栏杆。上车道的设计，应便于乘客观察上车段。接近上车点的上车道，宜采用水平或微小的下坡坡度进行布置。

4 下车段的长度、下车点位置和下车道后的出口坡度，应根据索道运行速度、拖牵座形式和站内托索轮的位置确定。

5 下车段宜采用水平或微小的下坡坡度进行布置。

6 下车点与运载索终点轮的距离：对于有拖牵盒的拖牵座，不得小于拖牵座在 16s 内所运行的距离，当拖牵盒的拖牵索长度小于 2.5m 时，则不得小于拖牵座在 11s 内所运行的距离；对于有伸缩杆的拖牵座，不得小于拖牵座在 6s 内所运行的距离。

7 在上车点、准备下车的提示点、下车点、快速离开的提示点等位置，应设明显的标志。

8 当乘客在下车段未能及时离开拖牵座、拖牵杆未能缩到正常位置或乘客滑近终点站可能出现危险时，索道应能自动停车。

7.6 电 气

7.6.1 采用脱挂式抱索器的索道，其电气设计除应符合本规范第 3.7 节的有关规定外，尚应符合下列要求：

1 应在站内设置下列监控装置，下列监控装置之一动作时索道应能自动停止运行，并显示故障位置。

1）抱索状态监控装置。

2）抱索力监控装置。

3）脱索状态监控装置。

4）钢绳位置监控装置。

2 应在站内设置客车的排车和防撞系统。

3 在出站侧设有抱索力监控装置的索道，当抱索力降低到报警值时，应能发出提示工作人员快速排出故障的报警信号。

8 索道工程施工

8.1 一般规定

8.1.1 索道工程的施工，应具备下列技术文件：

1 索道设计说明书、施工图、设备材料清单以及其他设计文件。

2 机电设备产品合格证。

3 钢结构产品合格证或现场制作单位的质量证明文件，主要焊缝检查记录和必要的预组装合格证。

4 钢丝绳产品合格证。

5 标有各测量桩点实测位置与实测标高的测量资料。

8.1.2 施工单位应根据索道工程的设计要求和复杂程度，编制施工组织设计或施工方案。

8.1.3 安装工程开始前，安装单位应对与索道安装有关的土建基础工程进行复验，不合格的土建基础不得进行安装。钢结构和设备基础的允许偏差，应符合表8.1.3的规定。

表 8.1.3　钢结构和设备基础允许偏差

序号	项　目		允许偏差（mm）
1	钢支架或钢结构基础纵向中心线对索道中心线的偏移（按相邻跨距中的较小跨距计算）		0.0005*l* 但不得大于50
2	钢支架或钢结构基础纵向中心线对索道中心线的偏斜		1/1000
3	相邻支架或站房与最近支架的基础横向中心线之间的跨距		0.001*l* 但不得大于100
4	同一钢支架或钢结构其分离基础中心线之间的距离		±10
5	同一钢支架或钢结构其分离基础顶面之差或不同标高分离基础顶面之间的高差		10
6	钢支架或钢结构基础顶面的标高		跨距和在200m 以内时允许偏差50，跨距和每增加100m 允许偏差增加10
7	与钢筋混凝土站房直接连接的钢结构基础顶面的标高		−10
8	无抹面的基础顶面对设计平面的倾斜度		1/1000
9	倾斜预埋的螺栓、锚杆或框架对设计平面的倾斜度		17/1000
10	预埋螺栓组中心线对设计中心线的偏移		5
11	设备基础的预埋地脚螺栓组	标高（顶部）	+20
		中心距	±2
	钢结构或支架预埋地脚螺栓组	标高（顶部）	+20
		中心距	±5
	地脚螺栓预留孔	中心线位置	+10
		深度	−20
		孔壁铅垂度	10/1000
12	预埋件的标高		−20

8.1.4 钢结构的运输与存放应符合下列规定：

1 钢结构应为便于运输的构件。各构件应先除锈后再做防腐处理并进行编号，其附件及连接零件等应单独进行标记。

2 钢结构在存放和搬运时，不得积水并应防止产生永久性变形及防腐层的大面积脱落。

8.1.5 索道工程施工前，施工单位应对所安装的设备及钢结构进行验收，不符合设计安装要求的产品不得交付安装。

8.1.6 机械设备的检查与安装应符合下列规定：

1 运输与保管过程中不能防止灰尘或杂物进入运动部位的机械设备，在安装前应进行解体检查和二次清洗，必要时应重新更换全部润滑剂。

2 机械设备通用部分的安装，应按现行的机械设备安装工程施工及验收规范或设备技术文件的有关规定执行。

8.1.7 电气设备的检查、保管和安装，应按现行的电气装置安装工程施工及验收规范的有关规定执行。

8.1.8 索道工程施工时，钢丝绳安装应符合下列要求：

1 承载索和牵引索各种套筒的加楔连接或铸接及运载索和牵引索的编接工作，应由考核合格的人员担任。

2 套筒的分布位置及试验记录、套筒加楔连接或铸接的操作记录、运载索或牵引索的编接记录、检查结果、操作及检查人员的姓名均应登记在册。

8.2　钢结构安装

8.2.1 采用螺栓连接并需预组装的钢结构，应在制造现场进行预组装，并应出具预组装合格证。

8.2.2 在安装钢结构前，应检查并消除运输与存放过程中所产生的变形或缺陷。

8.2.3 永久性的普通螺栓，应接触紧密、连接牢固、防松可靠，外露丝扣不得少于2扣。各种形式的高强度螺栓，应按现行的钢结构工程施工质量验收规范的有关规定施工。

8.2.4 钢结构底板与基础面之间，金属垫板的斜度不得大于1/20，每叠垫板不得超过3块，校正完毕应将垫板与钢结构底板焊在一起，防止二次灌浆时垫板移动。

8.2.5 钢结构安装时，应采取合理的施工工艺。

1 由钢结构基础顶面设计中心点引出索道纵、横向中心线控制桩，并用测量仪器严格控制钢结构的垂直偏差。

2 钢结构就位前，基础四角每一组地脚螺栓中，应预先拧上一个螺母，以便调整钢结构的垂直偏差。

3 逐段测量并控制每一段钢结构的各种偏差。在安装上一段钢结构时，应消除或减小下一段钢结构的各种累积偏差，特别应防止连续出现同向偏差。

桁架式钢结构支架，应严格校正每一层水平格的对角线尺寸，其偏差不得大于对角线长度的 1/1000。首层钢结构校正后应初步拧紧主肢底部的地脚螺栓。

4 钢结构之间的连接面应接触紧密，接触面不少于 70%。

5 桅杆式钢结构的拉索，应从低排向高排顺序安装和拉紧。每一排拉索，应按对角线方向，成对地调节拉力，边观测边调节，直至达到设计拉力。

6 钢结构安装的允许偏差，应符合表 8.2.5 的规定。

表 8.2.5　钢结构安装的允许偏差

序号	项　目	允许偏差（mm）
1	钢支架或钢结构顶面中心点对基础顶面设计中心点垂直线的偏移（按钢结构高度 h 计算）	0.001h 且不得大于 50
2	钢支架鞍座（托、压索轮组）纵向中心线或钢结构站口桁架纵向中心线对索道中心线偏移（按较小跨距 l 计算）	双线货运索道为 0.0002l 但不得大于 20，其他索道为 0.0001l 但不得大于 10
3	钢支架或钢结构顶面的标高（在鞍座底面或轨道顶面测量）	跨距和 200m 以内时允许偏差 50，跨距和每增加 100m 允许偏差增加 10
4	钢结构与同其直接连接的钢筋混凝土站房的标高之差（在鞍座底面或轨道顶面测量）	15
5	钢支架横担或钢结构站口桁架在索道横向中心线方向的水平度	1/1000
6	钢支架横担或钢结构站口桁架横向中心线在水平面上的扭转偏斜	3/1000
7	构件的弯曲矢高（按构件长度 l 计算）	0.001l 但不得大于 10
8	构件的水平度	2/1000
9	构件的垂直度（按构件高度 h 计算）	0.001h

8.2.6 已安装的钢结构，在测量或校正时，应尽量避开风力、日照、温差等所造成的变形影响。

8.2.7 倾斜设计的钢支架除按设计要求外，其安装要求和允许偏差，可按垂直设计的钢支架的要求。

8.2.8 对于可调式或采用可调式线路设备的钢支架或钢站房，其安装偏差可大于表 8.2.5 的规定，但其线路设备的安装应符合本规范第 8.3 节的有关要求。

8.2.9 钢结构就位并检查合格后，需要进行二次灌浆时，宜采用 C25 细石混凝土。二次灌浆层应密实

平整，其厚度不宜小于 50mm。

8.2.10 钢结构固定后，在运输、保管和安装过程中脱落的防腐层以及安装连接处，应在彻底除锈后进行防腐处理。

8.3　线路设备安装

8.3.1 单线循环式索道托、压索轮组的安装应符合下列规定：

1 托、压索轮组的绳槽中心线应与运载索中心线吻合，偏移或偏斜的最大横向值，不得大于索距的 1/2000 和运载索直径的 1/15。

2 各托、压索轮绳槽中心面，在承受牵引索的空索载荷后，其垂直度的偏差，不得大于 1/1000。

8.3.2 单线循环式索道线路监控装置的安装应符合下列规定：

1 控制回路应配线整齐、绝缘良好、连接牢固。在可动部位两端，应用卡子固定牢固，并留出适当裕度，不应使导线受到机械应力和磨损。

2 线路监控装置必须进行模拟试验，检验该装置是否符合设计要求。

8.3.3 固定鞍座的安装应符合下列规定：

1 衬垫应镶嵌密实，绳槽应平整光滑，各润滑点油路应畅通，绳槽应均匀涂上润滑油。

2 绳槽中心线应与承载索中心线吻合，偏移或偏斜的最大横向值，不得大于索距的 1/2000 和承载索直径的 1/15。

3 托索轮组绳槽中心线应与牵引索中心线吻合，偏移或偏斜的最大横向值，不得大于牵引索直径的 1/10。

4 托索轮组中的每个托索轮均应调整到设计位置。

5 对于采用双承载索的双线往复式客运索道，每侧承载索的固定鞍座，其绳槽的允许偏差，除应符合本条第 2 款的规定外，2 个绳槽的间距和平行度的偏差，均不得大于 2mm，同一横截面绳槽中心标高的偏差，不得大于±2mm。

8.3.4 货运索道摇摆鞍座的安装应符合下列规定：

1 绳槽应清理干净并均匀涂上润滑脂。

2 绳槽的允许偏差，应符合本规范第 8.3.3 条第 2 款的规定。

3 中心轴水平度的偏差，不得大于 2/1000。

4 水平牵引式索道的摇摆鞍座，其托索轮绳槽中心线应与牵引索中心线吻合，偏移不得大于 1.5mm，偏斜不得大于 1/1000。

8.3.5 偏斜鞍座的安装应符合下列规定：

1 绳槽的清理和允许偏差，应符合本规范第 8.3.4 条第 1、2 款的规定。

2 偏斜鞍座底面对设计平面的倾斜度，其偏差不得大于 2/1000。

3 轨道中心线应与承载索中心线吻合，偏移不得大于1.5mm。

4 检查弹性轨道有无变形，并应校正其对称度。

8.4 钢丝绳安装

8.4.1 承载索、运载索、牵引索、平衡索和辅助索的展开应符合下列规定：

1 绳盘损坏、钢丝锈蚀、铭牌或证书不符合设计要求时，不得展开。

2 绳盘应设置带有制动装置的托架或托盘，并有专人操作。

3 保持施工组织设计所规定的拉力。

4 各种钢丝绳宜支承在支架的托索轮或特制的托辊上展开。

5 应防止各种钢丝绳受到磨损、擦伤、弯折、打结、开裂、松散等意外损伤。

6 不得在土壤、岩石、树桩、钢结构或钢筋混凝土构筑物上拖牵各种钢丝绳。

7 各种钢丝绳严禁在水中浸泡。

8 每隔一定距离应配备专人观察钢丝绳的展开情况；各种钢丝绳端部应有随行人员进行观察；所有观察人员应配备与指挥人员联系的通讯工具。

8.4.2 承载索起吊应符合下列规定：

1 起吊前应详细检查承载索表面的涂油情况，必要时应进行补涂。

2 起吊前应逐个清理并润滑各种鞍座。

3 在起吊过程中，应防止承载索过度弯曲，承载索不得在起吊中因弯曲半径太小，使其表层丝之间产生开裂现象。

4 不应单点起吊承载索。起吊时宜采用两端带有托座的起吊横梁。

8.4.3 承载索的连接应符合下列规定：

1 线路套筒与支架鞍座横向中心线之间的距离，不得小于该支架鞍座总长的15倍。

2 紧靠线路套筒、过渡套筒和末端套筒的承载索或拉紧索，应有检查连接质量的明显标记。

3 各种套筒受力3d后，承载索或拉紧索从套筒内拉出长度，采用加楔连接时不得大于承载索直径的1/3；采用铸接时不得大于承载索直径的1/6。

4 采用铸接时，浇铸后的锥体必须从套筒中抽出进行检查。

5 当重锤在导轨中运动到上、下极限位置时，过渡套筒与偏斜鞍座或拉紧索导向轮之间的净空尺寸，不得小于0.5m。

6 每个套筒应单独编号。

8.4.4 承载索的拉紧与锚固应符合下列规定：

1 宜向锚固端方向拉紧。

2 应符合设计文件中规定的安装顺序和安装拉力。

3 承载索拉紧到设计值时，重锤应处于设计给定的位置。

4 重锤定位后，承载索的锚固：

　1）采用夹块锚固方式时，夹块槽部和承载索的相应表面，必须彻底去除油污；工作夹块组的端面应紧贴支承面，相邻的工作夹块应互相紧贴，备用夹块与工作夹块之间应留出5mm的观察缝；夹块上的每个螺母，应按对角线循环交叉的顺序按设计的力矩拧紧；采用双螺母时，应在基本螺母拧紧之后，按相同的顺序和要求拧紧防松螺母。

　2）采用夹楔锚固方式时，楔块槽部和承载索的相应表面，必须彻底去除油污，再按设计要求将承载索楔紧。

　3）采用圆筒锚固方式时，承载索应紧密整齐地缠绕在圆筒上，最少圈数必须符合设计规定；应按设计要求用夹块将承载索固定在锚固支座上，夹块之间应紧贴，螺栓的拧紧与防松必须可靠。

5 承载索锚固前，在每一个拉紧区段内，应选择一个靠近重锤的跨距，进行挠度测量，承载索挠度的偏差，不得大于设计值的5%。

6 承载索锚固后，根据重锤撞杆的具体位置，安装上、下限位开关，限位开关的位置应可调。

8.4.5 运载索、牵引索、平衡索和辅助索的连接与就位应符合下列规定：

1 牵引索和平衡索应为整根钢丝绳，不得有编接接头，但在安装或使用中发生意外损伤时，可增加一个接头或编入一段新钢丝绳。编接接头与客车之间的距离应大于钢丝绳直径的3000倍。

2 无级缠绕的运载索、牵引索和辅助索，其编接接头不得超过2个。

3 编接接头的长度不得小于钢丝绳直径的1200倍。相邻2个编接接头之间没有编接的钢丝绳长度，不得小于钢丝绳直径的3000倍。

4 编接接头的内部，所插入的绳股应与原绳芯互相衔接，插入长度不得小于钢丝绳直径的60倍。

5 被编接的2盘钢丝绳的结构、规格、厂家等应完全相同。

6 在编接过程中拉紧钢丝绳时，应使用不损伤钢丝绳的专用夹具，不得使用普通的U形绳夹。

7 应用拉紧装置预拉伸钢丝绳不少于48h后再进行编接。

8 编接接头的外观，应浑圆饱满、压头平滑、捻距均匀、松紧一致。编接完毕，钢丝绳空载运行24h后，编接段绳股交叉点的直径增大率，不得超过钢丝绳公称直径的10%；编接段其他部位的直径增大率，不得大于钢丝绳实际直径的5%和公称直径

的 6%。

9 采用缠绕式套筒连接时，套筒受力 3d 后，钢丝绳从套筒内拉出的长度不得大于钢丝绳的直径。

8.4.6 对于采用双牵引索的双线往复式客运索道，应准确测量每根牵引索和平衡索的长度，安装后应使 2 根牵引索的拉力相接近。

8.5 站内设备安装

8.5.1 吊梁安装应符合下列规定：

1 站口段吊梁的平面位置，对设计位置的偏差，不得大于 5mm；非站口吊梁的平面位置，对设计位置的偏差，不得大于 10mm。

2 吊梁标高的偏差，不得大于±5mm。

3 对于单线循环脱挂式抱索器客运索道，前后横梁的水平度的偏差不得大于 1/2000，2 根横梁的间距偏差不得大于 5mm。

8.5.2 吊钩和吊架的安装应符合下列规定：

1 吊钩或吊架与轨道的结合面，应平行于轨道中心线，其间距偏差不得大于 5mm。

2 吊钩或吊架与轨道的结合面，其中心标高的偏差，不得大于±5mm。

3 吊钩或吊架与轨道的结合面，其垂直度的偏差，不得大于 5/1000。

8.5.3 轨道安装应符合下列规定：

1 运行区段的轨道，其允许偏差应符合表 8.5.3 的规定。检修区段的轨道，其允许偏差可增大 1 倍。

表 8.5.3 运行轨道的允许偏差

序号	项 目		允许偏差（mm）
1	站内轨道的标高（在轨道顶部测量）		±5
2	站内轨道中心线与相关设备中心线的距离		±5
3	直线轨道的直线度（在轨道顶部和两侧测量）		1/1000
4	曲线轨道的曲率半径 R	与设备配套使用时	±5
		其他曲线段	0.005R
5	水平轨道的水平度（在轨道顶部测量）		1/1000
6	轨道坡度的倾斜度（在轨道顶部测量）		1.5/1000
7	轨道腹板的垂直度		5/1000

2 站内轨道接头处的轨顶高差不得大于 0.5mm。

3 轨道接头至最近吊钩的距离，直线段不得大于 0.7m；曲线段不得大于 0.5m。

4 轨道工作面应润滑。

8.5.4 道岔安装应符合下列规定：

1 搭接道岔的标高，应与基本轨道的标高一致。

2 搭接道岔的岔尖，应与基本轨道紧贴。当客、货车通过道岔时，岔尖应无翘起和摇动。

3 平移道岔的轨道中心线，对基本轨道中心线偏移不得大于 0.5mm，接头间隙不得大于 2mm，轨顶高差不得大于 0.5mm。

8.5.5 导向板安装应符合下列规定：

1 导向板与轨道之间的水平距离，其偏差不得大于±2mm。

2 导向板与轨道之间的垂直距离，当客、货车上装有导向滚轮时其偏差不得大于±5mm；没有导向滚轮时其偏差不得大于±10mm。

3 导向板的接头应平滑。

4 导向板的工作面应润滑。

8.5.6 挂结器和脱开器的安装应符合下列规定：

1 挂结器或脱开器安装的允许偏差，应符合表 8.5.6 的规定。

表 8.5.6 挂结器和脱开器安装的允许偏差

序号	项 目		允许偏差（mm）
1	轨道工作面的标高		±2
2	轨道中心线与牵引索或运载索中心线之间的水平距离	货运索道	±1.5
		客运索道	±1.0
3	轨道工作面与抱索或脱索导轨工作面的高差	货运索道	±1.5
		客运索道	±1.0
4	轨道中心线与有关机构或设备中心线之间的水平距离	货运索道	±1.5
		客运索道	±1.0
5	轨道坡度的倾斜度	货运索道	1.5/1000
		客运索道	1/1000

2 采用脱挂式抱索器的索道，必须按照设计图纸的要求，以牵引索或运载索为基准，严格检查各特征点横剖面上的相关尺寸和各特征点的纵向定位尺寸，精确校正各种设备和各种监控装置工作面与牵引索或运载索的相对位置。

3 挂结器或脱开器安装后，必须慢速驱动牵引索或运载索和挂结器或脱开器中的有关设备，使一辆客、货车缓慢通过挂结器或脱开器，反复检查抱索器在各特征点的动作状态和客、货车的进、出站情况，不得出现抱索失误、抱索不良、脱索失误、脱索不良等现象，客、货车在进、出站时也不得出现异常摆动现象。

8.5.7 驱动装置安装应符合下列规定：

1 除放置垫板处外，其余的基础顶面应铲麻处理，每 100cm² 面积内应有 3～4 个小坑，小坑的深度不得小于 20mm，铲麻后用水冲洗干净。

2 驱动轮和从动轮安装：

1) 驱动轮纵、横向中心线对设计中心线的偏

差，货运索道不得大于 2mm，客运索道不得大于 1mm。

  2）卧式驱动装置的驱动轮，其中心标高的偏差，货运索道不得大于 ±2mm，客运索道不得大于 ±1mm。

  3）卧式或立式驱动装置的驱动轮，在任意方向检测时，其水平度或垂直度的偏差，货运索道不得大于 0.3/1000，客运索道不得大于 0.15/1000。

  4）单槽或双槽驱动轮的绳槽中心线，应与出侧和入侧牵引索的中心线吻合，偏移不得大于牵引索直径的 1/20，偏斜不得大于 1/1000。

  5）从动轮的绳槽中心，应对准双槽驱动轮相应的绳槽中心，用拉线法检测时，其偏差不得大于牵引索直径的 1/10。

  6）立式驱动装置从动轮垂直度的偏差，不得大于 0.3/1000。卧式驱动装置从动轮的轴心线，对驱动轮横向中心线方向的垂直剖面的平行度，其偏差不得大于 0.5mm。

  3　电机、减速机、制动器、联轴器等设备的安装，应按机械设备安装工程施工及验收规范中的有关规定执行。

8.5.8　拉紧装置安装应符合下列规定：

  1　小车轨道中心线与设计中心线的偏差，不得大于 2mm。

  2　轨道工作面标高的偏差，不得大于 ±2mm。

  3　轨距的偏差，不得大于 +5mm。

  4　轨道的接头，应平整光滑。

  5　拉紧轮或拉紧索导向轮绳槽的中心线，应与出侧和入侧牵引索、运载索或拉紧索的中心线吻合，偏移不得大于拉紧索直径的 1/20，偏斜不得大于 1/1000。

  6　拉紧装置安装后，拉紧小车的 4 个滚轮，均应靠贴在轨道面上。

  7　采用液压拉紧方式时，液压拉紧装置的安装应按机械设备安装工程施工及验收规范中的有关规定执行。

8.5.9　导向轮安装应符合下列规定：

  1　导向轮中心标高的偏差，不得大于 ±3mm。当导向轮中心的标高直接关系到挂结或脱开质量时，其偏差不得大于 ±1mm。

  2　导向轮绳槽中心线应与牵引索或运载索的中心线吻合，偏移不得大于牵引索或运载索直径的 1/15，偏斜不得大于 1/1000。

  3　垂直导向轮的垂直度、水平导向轮的水平度或倾斜导向轮的倾斜度，其偏差均不得大于 0.5/1000。

8.5.10　双线循环式货运索道迁回轮的安装应符合下列规定：

  1　直径为 5m 或 6m 的迁回轮，在现场组装后，直径的偏差不得大于 ±6mm，径向圆跳动不得大于 8mm，端面圆跳动不得大于 10mm。

  2　迁回轮工作面与轨道中心线之间的径向尺寸，其偏差不得大于 ±10mm。

  3　迁回轮校正合格后，应将底座焊牢在支座上。

8.5.11　双线循环式货运索道滚轮组的安装应符合下列规定：

  1　每个滚轮的径向圆跳动和端面圆跳动不得大于 2mm。

  2　滚轮轮缘与货车运行小车之间的间隙不得大于 10mm。

  3　滚轮组应能保证货车顺利通过。

  4　滚轮组的曲率半径，应采用弦长不小于 1500mm 的弧形样板检查，其间隙不得大于 2mm。

  5　滚轮组的曲率半径应与轨道的曲率半径相适应，径向尺寸的偏差不得大于 ±5mm。

  6　垂直滚轮组各滚轮绳槽中心直线度的偏差，不得大于牵引索直径的 1/10。

  7　垂直滚轮组绳槽中心线应与牵引索中心线吻合，偏移的最大横向值，不得大于牵引索直径的 1/10。

  8　水平滚轮组各滚轮绳槽中心平面对设计平面的偏差，不得大于牵引索直径的 1/10。

  9　滚轮组弧长范围内轨道顶部的标高，其偏差不得大于 ±5mm。

8.5.12　双线往复式客运索道滚子链的安装应符合下列规定：

  1　导轨或滚子架的工作面，在安装过程中不得受到损伤。

  2　导轨或滚子架工作面的曲率半径，应采用弦长不小于 1500mm 的弧形样板检查，其间隙不得大于 1mm。

  3　导轨任意横截面的槽底轮廓线或固定滚子的工作母线，其水平度的偏差不得大于 3/1000。

  4　导轨或滚子架的接缝处，间隙不得大于 1mm，高差不得大于 0.5mm。

  5　小链板滚轮中心线应与导轨及大链板导槽中心线吻合，滚轮运动时，滚轮不得损伤上、下导槽边缘。

  6　大链板绳槽或固定滚子中心线应与承载索中心线吻合，偏移的最大横向值，不得大于承载索直径的 1/20。

  7　大链板绳槽中心或固定滚子工作面的标高，其偏差不得大于 ±3mm。

  8　大链板绳槽与承载索表面，或固定滚子工作面与承载索保护面，应普遍接触，个别未接触处的间隙，不得大于 1mm。

9 扁钢或滚子架与预埋件的正式焊接，应在滚子链安装合格后进行。

10 采用双承载索的双线往复式客运索道，每个轨路中的双滚子链，除应符合本条1～9款的规定外，2个绳槽的间距和平行度的偏差，均不得大于 2mm。同一横截面绳槽中心标高的偏差，不得大于±2mm。

8.5.13 重锤安装应符合下列规定：

1 导轨中心线对设计中心线的偏差不得大于 20mm。

2 导轨垂直度的偏差，在全长范围内不得大于 10mm。

3 导轨轨距的偏差不得大于＋50mm。

4 导轨的接头应平整光滑。

5 重锤块应交错排列、互相靠紧、避免松动和掉落。

6 整体混凝土重锤应按设计施工，并应取样测定密度和强度。

7 重锤或重锤箱上的导向块与导轨之间的间隙，上下、左右应大致相等，否则应调整重锤块的位置。

8 重锤或重锤箱在升降过程中不得出现卡阻现象。

9 牵引索或运载索重锤质量的偏差，货运索道不得大于8/1000，客运索道不得大于4/1000。

10 承载索重锤质量的偏差，货运索道不得大于12/1000，客运索道不得大于6/1000。

8.5.14 货车安装应符合下列规定：

1 货车应按设计要求逐辆检查抱索器的功能尺寸，不合格的货车不得交付安装。

2 吊架在纵、横向的各种变形不得大于 5mm；吊钩间距的偏差不得大于 3mm；吊钩孔同轴度的偏差不得大于 2mm。

3 货箱箱体不得产生明显变形，货箱口对角线长度之差不得大于 5mm，两端销轴同轴度的偏差不得大于 2mm。

4 对于翻转式货车，应检查启闭机构的灵活性与可靠性和货箱翻转的灵活性。

5 对于底卸式货车，应检查启闭机构和底板的灵活性与可靠性。

6 应检查货车与站内轨道、道岔、吊钩、护轨、挡轨、导向板、装载、卸载、复位等设施的适应性。

7 货车应按顺序编号。

8.5.15 客车安装应符合下列规定：

1 双线往复车厢式索道的客车：

1）运行小车应先在地面进行检查，各车轮绳槽中心直线度的偏差，不得大于运行小车总长的1/1500和承载索直径的1/20。各车轮与小横梁或各大、小横梁之间，应无松动、无窜动、无碰刮和无卡阻。

2）牵引索末端套筒的连接，应符合本规范第

8.1.8条和第8.4.5条第 9 款的要求。

3）采用双承载索的客车，其运行小车的安装，除应符合本款第 1 项的规定外，两个运行小车的间距和平行度的偏差，均不得大于 3mm。

2 单线循环式索道的客车：

1）吊椅的安全扶手、踏板或围栏，应动作灵活。

2）车厢和吊篮的车门应启闭灵活，设有自动开关门机构的车厢，应与站内的开关门机构相协调。

3）减振器、导向器等重要部件的安装，应符合设备技术文件的规定。

3 各种客车的导向器，应与站内的导向装置相协调。

4 应检查各种客车与站内有关设施的适应性。

5 客车应按顺序编号。

9 索道工程验收

9.1 试 车

9.1.1 索道试车，应在土建、设备安装工程完毕后，经全面检查已具备试车条件时进行。

9.1.2 索道无负荷试车，应由安装单位组织进行，有关单位参加；索道负荷试车，应由建设单位组织进行，有关单位参加。

9.1.3 无负荷试车应符合下列规定：

1 单机调试：

1）应从部件到组件，从组件到单机逐级调试，上一步骤未合格前，不得进行下一步骤的调试。

2）驱动装置等主要设备的连续运转时间不得少于 4h，其中额定速度的运转时间不应少于全部运转时间的60%。

3）驱动装置等主要设备的液压与润滑系统的油压、油位和油温等应正常。

2 机组联动试车：

在单机调试的基础上，应进行机组联动试车。各设备应配合良好、动作协调，累计试车时间不得少于 4h。

3 牵引索和运载索试车：

1）牵引索或运载索安装合格后，应由慢速至额定速度进行试车，累计试车时间不得少于 4h。

2）牵引索或运载索在托、压索轮组上应稳定靠贴。

3）有关设备及运行系统的工作应正常。

9.1.4 负荷试车应符合下列规定：

1 空车试车：

1）从端站或中间站各发一辆空车，由慢速至额定速度进行通过性检查，不得有任何阻碍。

2）循环式索道应以额定运行速度，先从端站或中间站分别将空车按8倍设计车距布满全线进行试车，再按4倍、2倍直至设计车距布满全线进行试车。

上一步骤未合格前，不得进行下一步骤的试车。

全过程累计试车的时间，不得少于4h。

2 货运索道重车试车：

1）在全线按设计车距布满空车的基础上，由装载站发出一辆重车，以额定运行速度进行通过性检查，其净空尺寸应符合本规范第3.4节的有关规定。

2）在全线按设计车距布满空车的基础上，先按8倍设计车距，将重车布满重车侧线路，再按4倍、2倍直至设计车距将重车布满重车侧线路，以额定运行速度进行重车试车。

3）在最不利的缺车试车时，应检查驱动装置在启动和制动时的抗滑性能和电动机的过载、发热等情况。

全过程累计试车的时间，不得少于4h。

3 往复式客运索道重车试车：

1）采用设计规定的计算载荷进行往复式客运索道重车试车。

2）应按设计载荷的半载、满载分别进行试车。

3）控制系统应进行多次检测，并应检查超速、减速、越位、速度同步等监控装置的联锁性能。

4）客车制动器应按设计要求进行检测。

全过程累计试车的时间，不得少于4h。

4 循环式客运索道重车试车：

1）采用设计规定的计算载荷进行循环式客运索道重车试车。

2）应按设计载荷的半载、满载分别进行试车。

3）控制系统应进行多次检测，并应检查索道在半载、满载情况下的启动和制动性能，并应检查站内和线路监控装置的联锁性能。

全过程累计试车的时间，不得少于4h。

9.1.5 客运索道试车期间，应在满载情况下进行回运试验，并在索道线路适当地段，对营救设施的性能进行检查。

9.1.6 在整个试车过程中应进行详细记录。

9.2 试 运 行

9.2.1 索道经联动负荷试车合格后，可进行试运行。

9.2.2 索道试运行工作应由建设单位组织。

9.2.3 索道试运行不宜少于60h。

9.3 工 程 验 收

9.3.1 索道试运行结束后，可进行工程验收。

9.3.2 索道工程验收工作应由建设单位组织，有关单位参加。

9.3.3 索道工程验收时，应具备下列技术文件和资料：

1 全套施工图及设计说明书。

2 设计变更通知单。

3 主要材料出厂合格证及检验报告。

4 重要焊接部位的焊接试验记录。

5 机电设备和钢丝绳出厂合格证。

6 索道竣工测量成果。

7 隐蔽工程验收文件。

8 混凝土结构和钢结构工程验收文件。

9 设备安装工程验收文件。

10 接地电阻测试记录。

11 各种套筒的试验记录、操作记录、检查结果和分布位置。

12 牵引索或运载索的编接记录。

13 承载索、牵引索或运载索的挠度测量记录。

14 客车制动器的制动性能试验记录。

15 索道试车记录。

本规范用词说明

1 为便于在执行本规范条文时区别对待，对要求严格程度不同的用词说明如下：

1）表示很严格，非这样做不可的用词：
正面词采用"必须"，反面词采用"严禁"。

2）表示严格，在正常情况下均应这样做的用词：
正面词采用"应"，反面词采用"不应"或"不得"。

3）表示允许稍有选择，在条件许可时首先应这样做的用词：
正面词采用"宜"，反面词采用"不宜"；
表示有选择，在一定条件下可以这样做的用词，采用"可"。

2 本规范中指明应按其他有关标准、规范执行的写法为"应符合……的规定"或"应按……执行"。

中华人民共和国国家标准

架空索道工程技术规范

GB 50127—2007

条 文 说 明

目　　次

1 总　则

1.0.1 本条文指出了制定本规范的宗旨。

本次修订时，积极采用了国外同类标准中符合世界索道发展趋势并适合我国索道实际情况的技术内容，使其与国际标准接轨，以便更好地规范和指导我国的索道建设事业，从而提高我国索道的设计水平、技术经济指标和安全可靠性，使索道运输在国民经济中发挥更大的作用。

1.0.2 本规范适用于目前我国各种类型索道的设计、施工及验收工作。

单线脉动循环固定抱索器车组式、单线间歇循环固定抱索器车组式、双线往复固定抱索器车组式等客运索道和特种型式的货运索道的技术要求，未设单独章节进行规定，实施时可参照本规范有关条款执行。

1.0.3 为了保证索道工程建成后，能取得良好的经济效益、社会效益和环境效益，本条强调在工程进行可行性研究时，对总体方案必须从建设条件、技术条件等多方面论证其合理性，作为选择运输方案的依据。

建设条件，一般是指索道站址和线路通过区域地形、地貌、植被、景观、地质、气象等自然情况，以及水、电、路、通讯等基建时的外部情况。

技术条件，是指根据建设条件所采取的技术方案和技术措施，能否满足建设规模、建设周期、景观协调、安装运行、规程规范等技术要求。

1.0.4 本条提出了在索道设计、设备研制和设备出厂方面比较重要的要求。

由于客、货运索道涉及人身安全方面的环节较多，加上目前国内具备资质的设计单位和生产索道定型产品的制造厂家为数较少，因此，应对新开发的、关系到人身安全的设备提出严格的要求。

鉴于目前国内客运索道的技术水平领先于货运索道，因此，在工程设计中，应将客运索道中行之有效的新技术、新工艺、新设备、新材料，有目的、有选择、有步骤地运用到货运索道中来，从而迅速提高我国货运索道的技术水平。

1.0.5 本条规定了在风景名胜区建设客运索道应遵循的两项基本原则。

在确定索道线路和站址方案时，应以保护风景、方便旅游为原则，二者有主、有次，但必须兼顾。这是我国 20 多年来客运索道建设的基本经验。

1.0.6 虽然索道属于一种比较符合环保要求的交通运输工具，但在索道建设过程中，如果缺乏环保意识，不制定环保措施，仍然会对自然环境造成一定程度的影响甚至破坏。因此，在建设过程中对索道所在区域的环境保护问题，必须引起与工程有关的各方面人士的足够重视。

经验证明，索道工程对自然环境的影响或破坏，集中体现在施工期。不同的施工方法、不同的管理措施，将会产生不同的施工效果，或者说它会直接影响对自然环境的破坏程度。

索道施工结束后，索道沿线除少量施工痕迹难以迅速恢复外，其他受到影响或破坏的场所，应采取具体措施及时进行修复，尽快还大自然以本来的面目。

因此，索道工程建设的各个环节除强化环保意识外，还要把建设期间和建设期后各阶段的环保措施落到实处，以求索道建成后取得最佳的环境效益。

1.0.7 为了确保工程质量和安全运行，本条要求索道建设必须按照基建程序进行，各种形式的客、货运索道工程施工完成后，需经主管部门验收合格后，才能正式移交运营或运行。

1.0.8 本规范为专业性的全国通用规范。为了精简规范内容，凡引用或参照其他全国通用的设计标准、规范的内容，除必要的规定之外，本规范不再另设条文。

因此，本条规定了除执行本规范的规定外，还应符合国家现行有关标准、规范的要求。

2　术语和符号

2.1　术　语

2.1.1～2.1.8 主要解释索道类型、运载工具、抱索器等术语的含义。

索道从功能上分，有客运索道和货运索道两大类；从索系上分，有单线索道和双线索道两大类；从运行方式上分，有往复式、循环式、脉动循环式、间歇循环式等索道形式；从抱索器结构上分，有固定抱索器索道和脱挂抱索器索道两种；从运载工具上分，有车厢、车组、吊篮、吊椅、拖牵座等形式。

上述四大类别与各种结构形式，组成了名目繁多和用途广泛的架空索道。如单线循环脱挂抱索器车厢式客运索道、双线往复固定抱索器货运索道、单线脉动循环固定抱索器车组式客运索道等。

2.1.9～2.1.15 主要解释线路侧形、高差、进站角、索道运输能力等术语的含义。

为了真实反映索道的总体配置和索道与外界的关系，索道线路侧形图的绘制需注意以下事项：

1　高程和平距的比例必须一致。

2　在纵断面图中，应清楚地绘出地形、地物、站房、支架和需要控制最小垂直净空尺寸的各种障碍物。对于难以辨认的细小障碍物（例如，位于索道上方并与索道正交的电力线路），应绘出其位置，并加注文字说明。在各跨距内，宜采用细实线、粗实线、虚线和点划线分别绘出各跨的弦线、空索曲线、空载索曲线和重载索曲线。各站的上方应标出站名，各支

架的上方应有编号。

　　3　必要时应绘出附有带状地形图的平面图，平面图的绘制可参照纵断面图的制图要求。

　　4　必要时应绘出站房放大图。

　　5　图中应标明站名、支架编号、钢丝绳标高、支架高度、跨距、累计平距、线路设备规格等名称和数据。

2.1.16～2.1.30　主要解释传动区段、拉紧区段、索道用钢丝绳专业名称、各种线路设备、线路设施等术语的含义。

　　钢丝绳的抗拉安全系数为钢丝绳最小破断拉力与最大工作拉力的比值。其中，钢丝绳最大工作拉力是指不计入惯性力的最大工作拉力。本规范中最大工作拉力需要计入惯性力时，应按有关条文执行。

2.1.31　当客运索道发生故障时，对滞留在线路上的乘客采用的营救方式主要有两种：一种是水平营救；另一种是垂直营救。采用何种营救方式，需根据不同的地形条件、实施的难易程度及营救时间的长短来选择。为了确保乘客安全，每条索道必须配备上述两种营救方式之一的设备，或同时配备两种营救方式的设备。

2.1.32～2.1.41　主要解释各种站房和站内设备术语的含义。

2.1.42～2.1.45　索道的主驱动、紧急驱动、辅助驱动和营救驱动，各有不同的使用功能并体现不同的装备水平，在确定索道工艺方案和设备选型时，应根据具体情况分别对待，真正发挥索道运输的经济效益、环境效益和社会效益。

2.2　符　　号

2.2.1　本条列举了索道基本参数方面的主要符号，有些符号如驱动机功率、客车或货车单程运行时间等，本条中没有一一列入。

2.2.3、2.2.4　有些常用符号有多重性，在使用中请注意区别。如曲率半径符号 R，既可表示鞍座、垂直滚轮组和水平滚轮组的曲率半径，又可表示货车或客车每个行走轮作用在承载索上的轮压。又如 α 既可表示二点之间弦倾角，又可表示驱动轮上的包角等。

　　在索道设计工作中，通常采用 T_0、T_1、T_2、T_{max} 等符号代表承载索的各点拉力，采用 t_0、t_1、t_2、t_{max} 等符号代表牵引索的各点拉力，以示区别。

3　索道设计基本规定

3.1　一般规定

3.1.1　由于旅游事业的蓬勃发展和索道技术的不断进步，发展大运量索道已成为必然趋势，各种类型索道的运输记录不断刷新，因此修订时取消了对索道最大运输能力的限制。

3.1.2　从安全角度考虑，应限制索道的最高运行速度，但随着技术的发展，索道的运行速度也会不断提高。因此，修订时对索道的最高运行速度未作限制，而是从国内的实际情况出发，推荐了现阶段各类型索道的最高运行速度。

3.1.3　根据国内外生产实践经验，对货运索道的年工作日、每日工作小时数和运输不均衡系数，作出了具体规定。

　　客运索道和货运索道不同，其季节性很强，客流的高峰期各地区也不相同，因此，本规范对客运索道的工作制度不作具体规定。

3.1.4　对于双线循环式货运索道，国内过去有 2.5、3.0 和 3.5m 三种索距。考虑到采用高强度钢丝绳后可改善牵引索的工作条件，因此，取消了 2.5m 并增加了 4.0m。货车容积与索距的匹配关系，根据国内外索道工程设计经验，进行了局部调整。

　　对于单线循环式货运索道，国内过去采用的索距和匹配关系仍保持不变，为了适应大运量单线货运索道的发展需要，增加了允许采用大于 3.5m 索距的规定。

3.2　风雪荷载

3.2.1　由于国外各规范的风压取值不尽相同，本次修订时，采用了欧洲 CEN/TC 242 标准的风压值。执行时需注意：当计算钢丝绳侧向位移和校核承载索在鞍座上靠贴安全性时，风压的取值有所不同。

3.3　线路和站址选择

3.3.1　本条规定了各种类型索道线路选择的一些基本原则，目的是为了保证索道运行的安全可靠性并使索道建设获得较好的经济、社会和环境效益。

3.3.2　对站址选择作以下说明：

　　1　站址的选择是否合理和能否满足建站要求，关系到站房乃至整条索道工程基建费用的高低，并对基建施工和生产管理产生较大的影响。

　　2　在索道工程建设中，不占或少占农田，是必须遵守的一项基本原则。

　　3　站址要避开不良工程地质区域或采矿崩落人为不良影响区域，并设在具有一定耐力的工程地质区。

　　4　索道钢丝绳进、出站角的要求：

　　1）双线货运索道承载索的进、出站角，宜为 0.05～0.10rad 的仰角或 0.05～0.10rad 的俯角；以 0.05～0.10rad 的俯角进、出站时，可不设站口滚轮组，以俯角小于 0.05rad 至仰角小于 0.10rad 进、出站时，可仅设 3～5 个垂直滚轮，这就最大限度地缩短了站口的长度，改善了牵引索的工作条件，提高了抱索器的挂结、脱开可靠性。

2）单线货运索道运载索的进站角，当采用四连杆式或鞍式抱索器时，不宜大于 0.10rad 的仰角。这样，既能减小抱索器钳口与运载索之间的摩擦，又能减轻货车车轮对站口轨道的冲击。出站角约为 0.10rad 的仰角时，抱索器与运载索的挂结效果最好。

3）运载索的出站角，当采用四连杆式或鞍式抱索器时，不宜大于 0.10rad 的仰角；当采用弹簧式抱索器时，运载索以俯角出站时宜导平。

3.4 净空尺寸

3.4.1、3.4.2 这两条条文是参照国内外资料制定的，执行时应注意下列三点：

1 净空尺寸过去称为界限尺寸，但索道的净空尺寸与铁道的界限尺寸，是完全不同的两个概念。前者是指索道的最大轮廓线与障碍物表面之间的距离，即安全距离；后者是指轨道顶面或轨道中心线与障碍物表面之间的控制尺寸，必须减去车辆的轮廓尺寸，才能求出实际的安全距离。

2 从安全角度出发，当校验索道上方障碍物的最小垂直净空尺寸时，以索道顶部的最高静态位置为准；当校验索道下方障碍物的最小垂直净空尺寸时，索道底部的最低静态位置加上动态附加值，以最低位置为准。

3 客、货车与内、外障碍物之间的最小水平净空尺寸，是指已经考虑了客、货车或钢丝绳摆动之后的净空尺寸，此点在选用时请特别注意。

3.5 支 架

3.5.1～3.5.4 对这 4 条作以下几点说明：

1 钢支架具有结构轻巧、制造精确、拆卸容易、搬运方便、施工周期短、安装精度高等优点，因此，设计支架时应优先采用钢结构。

2 支架头部的操作台，过去设计时多半采用水平结构或坡度不大的台阶形结构。当钢丝绳的倾角较大、客车或货车产生纵向摆动时，往往会碰撞操作台，因此，要求将操作台设计成与钢丝绳倾角一致的台阶形。

3 支架基础的混凝土用量，在整条索道的混凝土用量中，占有相当大的比重。在山地条件下，材料运输非常困难，为了降低施工费用，设计时应优先采用体积较小的短柱式钢筋混凝土基础。

对于岩石类地基，经技术经济比较后，可采用梁式或锚杆式基础，以达到降低基建费用的目的。

4 本次修订时为了提高支架的设计水平，新增了支架顶部的允许变形等方面的规定。

3.6 站 房 设 计

3.6.3、3.6.4 在过去设计的索道中，由于在高架站房的站口和站房边缘的悬空处，曾发生过工作人员或乘客坠落或被出站车辆撞落的事故。因此，本次修订时新增了设置安全网或其他安全防护设施的要求，从而，可有效防止类似事故的发生。

3.7 电 气

3.7.1 对索道供电作以下说明：

1 为了提高索道运输的安全可靠性，无论是客运索道还是货运索道，采用双回路电源供电是最佳的供电方式，但根据对国内供电情况的调查，采用双电路电源供电难度较大。因此，本条对此不作硬性规定。

2 由于客运索道对安全可靠性的特殊要求，对采用独立的双回路电源供电有困难的客运索道，当采用单回路电源供电时，应配备柴油发电机组或其他形式的内燃机，作为索道的应急电源或驱动源，其容量应满足至少能以低速回运全部客车的要求。

3.7.2 随着我国节能政策的推行和自动化控制技术的不断提高，国内索道，尤其是客运索道的主驱动系统大量采用调速性能好、运行平稳、安全可靠和维修方便的直流拖动或交流变频拖动的自动控制方式。根据国内外客货运索道的实践经验，本次修订时，对客运索道主驱动系统的电气传动，推荐采用具有四象限运行特性和无级调速性能的直流拖动或交流变频拖动的自动控制技术。对于有负力的货运索道，也应优先采用该技术。紧急驱动、辅助驱动和营救驱动系统，由于仅在应急情况下使用，考虑到技术经济原因，其电气传动多采用交流或液力传动方式，其电控多采用常规电气控制方式。

3.7.3 本条规定采用自动控制运行方式的索道还应同时具备半自动和手动控制运行方式，其原因有两点：一是索道在特定条件下或检修时，需要用到半自动或手动控制；二是一旦自动运行系统发生故障时，可改用半自动或手动控制方式。

3.7.4 安全电路的设计，是客运索道的重要设计环节。安全电路无论是常规继电器控制系统，还是 PLC 控制系统，都应该设计成静态-电流型回路，即各个安全装置的常闭接点在安全回路中为串联形式。当其中任何一个安全接点动作时，安全回路断电，安全继电器动作，并发出停车及报警信号。当索道停车后，只有在排除故障并且安全电路经人工复位后，索道方能重新启动，也就是说，安全电路应具有故障记忆功能。

3.7.6 对不涉及到人身安全和设备事故的一般性故障，如驱动装置的制动系统和润滑系统的油压、油位、油温等异常，宜发报警信号，提醒操作人员在本次人员运送完毕后，立即停机检查。

3.7.8 本条第 5 款所述的"风速达到20m/s"是指与 $0.2kN/m^2$ 工作风压相对应的工作风速值。根据索道的实践经验，报警风速值一般设定在工作风速的

70%左右。当报警信号发出后，操作人员需采取降低运行速度等措施，以保证索道的安全运行。

3.7.11 由于绝大多数索道均建在山区和丘陵地带，因此，索道的防雷与接地显得更为重要。

索道最容易遭受雷击和雷电入侵的位置在站房、沿线支架、钢丝绳以及电源入户侧。在雷击频繁地区，除了站房的屋顶应设避雷带或避雷针外，在有条件的地方，宜在沿索道线路运载索或承载索的上方，设置单避雷线或平行双避雷线，并在电源进线侧（如电源进线柜）设置过电压吸收装置。此方法在索道的实际使用中效果很好。

为了防止雷电波形成的高电压从电源入户侧侵入，入户电源一般采用电缆穿钢管（或铠装电缆）进线，钢管及电缆金属外皮接地；架空入户电源应在距墙15m处换成电缆穿钢管（或铠装电缆）进线，钢管及电缆金属外皮接地。

从防雷效果考虑，防雷接地的电阻越小越好，但这意味着投资的增大和施工难度的加大。客运索道多半建在多山的风景区内，其建筑物和构筑物多建在高电阻率的岩石地基上，景区的植被和山地岩石又不容过多破坏。考虑到以上实际情况，并参考了建筑物防雷设计规范和欧洲 CEN/TC 242 标准，索道站房的防雷接地电阻以不大于 5Ω，线路支架的防雷接地电阻以不大于 30Ω 比较合适。

3.8 回运与营救

3.8.1 本条为新增条文。

回运，是指当索道发生在较长时间内不能恢复运行的故障时，启动紧急驱动、辅助驱动和营救驱动系统，把滞留在线路上的乘客运回站内。

营救，是指当索道发生在较长时间内不能恢复运行的故障而且不能实施回运作业时，把滞留在线路上的乘客在原位置下放至地面或沿线路直接运回站内或转移到附近支架的下车平台上，再通过支架爬梯回到地面，所采用的技术措施。

回运与营救是客运索道设计工作中不可或缺的组成部分，本次修订时，强调了客运索道应有适当装备水平的回运设计和适合索道实际情况的营救设计。

3.8.3 本条为新增条文。

当索道发生在较长时间内不能恢复运行的故障时，采用回运方式将滞留在线路上的乘客送回站内，既省时又省力，还能更好地保证乘客的安全和减小乘客的心理压力，所以，应该优先采用这种方式。营救作业只有在合理的时限内不能实现回运作业的情况下，才能实施。

对于双牵引索道，即使能够利用另一根牵引索进行回运，也需要配备垂直营救装备。

3.8.4 对于单线循环固定抱索器吊椅或吊篮式索道，由于客车的离地高度不大，其营救作业比较简单。根

据国内一些索道的实践经验，将拉紧轮向站口方向移动，使大部分吊椅降落地面，未降落地面的少数吊椅，借助爬梯、安全带等简单的营救工具，便能实施垂直营救作业。

对于单线循环脱挂抱索器车厢式索道，由于客车的离地高度较大和客车的数量较多，营救难度相对增大。然而，采用性能良好的、并由地上营救人员操作的缓降器进行垂直营救，整个营救过程还是比较省时省力的。

对于客车定员较多的双线往复车厢式索道，由于配备了乘务员，借助于性能优良的缓降器，在客车离地高度不大于 100m 的条件下，也能实施垂直营救作业。

3.8.5 对于单线循环脱挂抱索器车厢式索道，在运载索的上方，另外架设一条结构简单的营救索道，并配备营救小车。进行水平营救时，乘客由营救人员协助进入营救小车，将乘客转移到支架的下车平台上，再通过支架爬梯回到地面。

对于双线往复车厢式索道，在承载索的上方，另外架设辅助索牵引系统，并配备营救小车。进行水平营救时，乘客由车厢进入营救小车内，将乘客营救到站内。

3.8.6 本条为新增条文。

水平营救与垂直营救各有不同的优缺点，对于某些条件特殊的索道，例如建在海拔很高、天气变化无常和地形起伏很大地区的索道和需要跨越原始森林、湍急河流、建筑群或高压输电线路的索道，单纯使用一种营救方法，很难奏效，此时，就应采用水平与垂直联合营救方式。

4 双线循环式货运索道工程设计

4.1 货 车

4.1.1 对本条作以下说明：

1 下部牵引式货车的牵引索位于承载索的下方，水平牵引式货车的牵引索位于承载索的侧边。两种牵引形式对各种线路侧形适应程度不同。

下部牵引式索道的地形适应能力较强，是国内外双线索道工程中的常用形式。

与采用下部牵引式货车的索道相比，采用水平牵引式货车的索道，在运行过程中牵引索的挠度和承载索基本一致，波动较小。承载索不受牵引索折角所引起的附加压力作用，承载索的工作寿命较长，货车运行平稳，因此，水平牵引式索道特别适用于凸起地形。但是，采用水平牵引式货车的索道要求牵引索和承载索在全线上保持大致相同的挠度，索道传动区段愈长、线路起伏变化愈大，挠度变化则愈不易控制。因此，牵引索拉得过紧或过松，就可能引起货车倾

斜，甚至造成事故。同时，由于水平牵引式货车的抱索器是从上方抱住牵引索，一旦发生掉车事故，牵引索难以从抱索器中脱出，常常引起"一串货车"同时掉落。此外，水平牵引式货车不能自动转角，国内外还没有使用实例。综上所述，采用水平牵引式货车的索道只适用于凸起地形，线路长度较短（我国现有的几条采用水平牵引式货车的索道长度均没有超过2km），并且不需要转角的场合。

2 目前，广泛使用的重力式抱索器，可适应运输能力为300t/h（货车承载能力为2000kg）或稍大的索道工程。当货车承载能力达3200kg和运行速度超过3.6m/s时，重力式抱索器就难以保证货车与牵引索可靠地挂结和脱开，因此，应选用弹簧式抱索器。

3 翻转式货车结构简单且卸料方便，在货运索道中得到广泛应用，但是运输黏结性物料时，货箱因黏结造成卸料不干净，影响索道的运输能力。目前，尚无可靠的清理方法，多数索道采用人工敲打方法清理货箱，不仅劳动强度大，而且使货箱严重变形，诱发事故。因此，建议采取底卸式货车运输黏结性的物料。

4 生产实践证明，只有当运输性能特别好的松散物料（如粒度较小、含泥量低或洗干净的矿石）时，货车有效容积的利用系数才能采用1.0。运输黏结性物料时，可根据具体情况采用0.8～0.9的有效容积利用系数。

5 为了保证货车装卸顺利，防止堵料、撒料，应使货箱装料宽度与物料最大块度符合一定比例关系。回转式装料机对装载均匀性要求高，因此，该比值较一般固定装料设备高1倍。振动给料可以改善物料的流动性能，对块度较大的物料适应性较强，根据矿山实践经验，并结合索道装载特点，比值可适当减小。

4.1.2 为了适应国内发展大运量双线循环式货运索道的需要，本次修订时货车容积增加了2.0m³和2.5m³两种规格，承载能力增加了3200kg的规格。

4.1.3 本次修订时，速度系列增加了3.6、4.0、4.5和5.0m/s，并增加了对检修速度的要求。

提高运行速度是提高索道运输能力的主要手段。在运输能力相同条件下，提高索道运行速度可减少货车数量、减小牵引索直径和减轻相关设备的重量，从而获得较好的经济效益。国外货运索道采用客运索道的技术成果，已将双线货运索道的运行速度提高到5m/s。鉴于国内索道设计及制造水平的不断提高和采用客运索道的技术成果，将索道运行速度提高到5m/s是可行的。

由于货车在自动转角或自动迂回时不脱开牵引索，运行速度受水平滚轮组曲率半径或迂回轮直径的限制。根据国内外索道运行经验，规定了货车自动转角或自动迂回时的最高运行速度。

4.1.4 一般的装料机械对货车发车间隔时间有一定限制，时间太短则无法实现有效装载，当小于20s时，应考虑采用回转式装料机。

4.2 承载索与有关设备

4.2.1 对本条作以下说明：

1 密封钢丝绳具有平滑的圆柱形表面，密封性和抗腐蚀性好，表层丝断裂后不易翘起。一般选用这种钢丝绳做承载索。

规定公称抗拉强度不宜低于1370MPa的出发点是：减轻承载索的单位长度重量，使承载索的费用相应降低；减小承载索的挠度，以改善货车的运行条件。国产密封钢丝绳已不低于该值。

2 理论分析和使用经验证明，承载索的失效主要是由于疲劳断丝引起的。为使承载索具有足够的工作寿命，必须限制车轮横向载荷引起的弯曲应力。国内外多采用限制承载索初拉力（而不是最小拉力）与轮压比值的方法，来达到此目的。

公式（4.2.1-1）的值有的国家规定为45。本规范考虑到以下原因将该值提高到60。

1）对于三班作业的索道，每年通过承载索车轮的次数很高，实际上45一值对承载索的初拉力不起控制作用，只有对于每年通过承载索的车轮的次数较少的索道，该值才起作用。由于以前国内双线索道承载索的工作寿命普遍较低，因而，提高T_0与R的比值有利于改变这种状况。

2）随着承载索的制造技术日益进步，密封钢丝绳的公称抗拉强度不断提高，对于高强度钢丝，更应严格限制拉应力与弯曲应力的比值，才能得到较好的应用效果。

3）货运索道每年通过承载索的车轮的次数远远大于客运索道，OITAF文件规定，客运索道T_0与R的最小比值为80，这亦说明有必要提高货运索道承载索T_0与R的最小比值。

3 本次修订时，根据OITAF文件的规定，并结合国内的使用经验，将承载索的抗拉安全系数规定为不得小于3.0。

4.2.2 对承载索计算作以下说明：

1 计算每个车轮作用在承载索上的轮压时，对下部牵引式货车应计入一个车距内的牵引索重力，以及货车通过支架时由于牵引索折角所产生的附加压力，其值为$2t\sin\dfrac{\varphi}{2}\approx t\varphi$，此处，$t$为牵引索的平均拉力（N）；$\varphi$为承载索在每个拉紧区段内各支架摇摆鞍座上的平均折角（rad）。对于水平牵引式货车，因牵引索由鞍座上的托索轮支承，其挠度与承载索大致相同，所以，计算货车每个车轮对承载索的轮压时，可不计牵引索的重力和附加压力。

2 在公式 4.2.2-3 和 4.2.2-4 中，对于整个拉紧区段内承载索摩擦力按同向叠加的总和 $\sum \Delta T$，可用下式表示：

$$\sum \Delta T = C_1 W + \mu \left[(q_c + q) L + 2W \sin \frac{\varphi}{2} + 2T_p \sin \frac{\varepsilon}{2} \right]$$

(1)

式中　C_1——拉紧索导向轮阻力系数，带滑动轴承的导向轮取 0.05～0.06；带滚动轴承的导向轮取 0.03～0.04；其中导向轮直径较大时取小值，反之取大值；

　　　W——拉紧重锤重力（N）；

　　　μ——承载索与鞍座的摩擦系数，见表 4.2.2-2；

　　　q_c——承载索每米重力（N）；

　　　L——拉紧区段的水平长度（m）；

　　　φ——承载索在拉紧站偏斜鞍座上的水平折角（°）；

　　　T_p——拉紧区段承载索的平均拉力（N）；

　　　ε——锚固站站口第一跨弦线与拉紧站站内承载索之间的折角（°），凸起侧形为正号，凹陷侧形为负号；

　　　q——线路均布载荷（N/m）；由下式确定：

$$q = \frac{Q}{\lambda} + q_0$$

　　　Q——货车重力（N）；

　　　λ——车距（m）；

　　　q_0——牵引索每米重力（N/m）；

此近似公式在高阶段设计中应用比较方便，但其计算结果与依次从拉紧导向轮到各支架计算摩擦力累加的结果，不完全相等，设计时应予以注意。

3 计算承载索的最大与最小拉力时，假定每个鞍座上承载索均向拉紧端或锚固端滑动，这两种极端情况在索道运行过程中都是不可能发生的。这种偏于保守的设计方法，导致拉紧区段的长度过短，拉紧区段站增多，工程投资增加。

国内索道工程设计人员早就质疑这种方法的正确性，1958 年，在辽宁杨家杖子矿务局索道，用人工方法对承载索摩擦力的非同向性系数进行了测试，提出用减小承载索沿鞍座摩擦系数的方法来考虑摩擦力的折减。但是这种方法不管支架与拉紧端之间的距离，一律采取减小摩擦系数的方法来计算承载索在各支架处的最大与最小拉力，有不足之处。

为了使拉紧区段的划分和承载索在各支架上的拉力计算更符合实际情况，原规范编制组曾委托昆明理工大学建工力学系，对摩擦力折减系数进行了专题计算研究和测试验证（详见专题报告《关于双线索道拉紧区段内承载索摩擦力非同向性系数的确定》）。

昆明理工大学在昆明钢铁厂上厂索道的 6 个拉紧区段内，对承载索摩擦力的非同向性系数 k'（摩擦力指向拉紧端或锚固端的支架数与拉紧区段内的支架数之比），进行了理论分析计算和实测验证。测试报告提出的 k' 值变化范围见表 1：

表 1　非同向性系数的变化范围

拉紧区段	承载索与鞍座之间的摩擦系数 $\mu=0.13$	承载索与鞍座之间的摩擦系数 $\mu=0.15$
Ⅰ 区段重车侧	0.462～0.231	0.385～0.231
Ⅰ 区段空车侧	0.692～0.385	0.692～0.308
Ⅱ 区段重车侧	0.571～0.143	0.429～0.143
Ⅱ 区段空车侧	0.714～0.429	0.571～0.429

根据测试报告，在本规范中摩擦力非同向性而形成的总摩擦力减小用折减系数 k 表示（暂且认为与 k' 近似相等），归纳成表 4.2.2-1。

应用表 4.2.2-1 计算任意支架上的拉力时，k 取值方法推荐如下：

1) 从拉紧端算起，前 3 个支架上的 k 值取 1.0。

2) 从第四个支架开始，根据不同的侧形，从表的该栏取对应的合适 k 值（例如凸起侧形，取 $k=0.5$），一直计算到锚固端。

按照传统设计方法，拉紧区段长度仅为 1.0～1.5km。考虑 k 值后的拉紧区段长度可增大 1 倍左右，既减少了设站环节，又降低建设费用。后来，国内多数索道按此方法设计，取得了良好的效果。

4.2.3 拉紧区段划分。

1 承载索拉紧区段的划分，是个比较复杂的问题。为减少设备安装总量和降低索道的建设费用，希望拉紧区段尽可能长，但由于高差影响和承载索在支架鞍座上的摩擦阻力作用，又不能将拉紧区段无限制地延长。规定承载索在鞍座上的摩擦阻力，以及拉紧索在导向轮上的阻力总和不超过重锤重力的 25%，就是为了限制承载索拉力不因摩擦力影响而增加或减小太大的幅度，从而达到合理使用承载索的目的。这一规定参考了国外规范，同时 OITAF 文件中也有类似规定。

拉紧区段的最大水平长度可按下式计算：

$$L_{max} = \frac{W \left[0.25 - k \left(C_1 - 2\mu \sin \frac{\varphi}{2} - 2\mu \sin \frac{\varepsilon}{2} \right) \right]}{k \mu (q_c + q)}$$

(2)

式中　L_{max}——拉紧区段的最大水平长度（m）；

　　　W——拉紧重锤重力（N）；

　　　k——拉紧区段承载索摩擦力折减系数，见表 4.2.2-1；

　　　C_1——拉紧索导向轮阻力系数，带滑动轴承的导向轮取 0.05～0.06；带滚动轴承的导向轮取 0.03～0.04；其中导向轮直径较大时取小值，反之取大值；

μ——承载索与鞍座的摩擦系数；

φ——承载索在拉紧站偏斜鞍座上的水平折角（°）；

ε——锚固站站口第一跨弦线与拉紧站站内承载索之间的折角（°），凸起侧形为正号，凹陷侧形为负号；

q_c——承载索每米重力（N）；

q——线路均布载荷（N/m）；由下式确定：

$$q=\frac{Q}{\lambda}+q_0$$

Q——货车重力（N）；

λ——车距（m）；

q_0——牵引索每米重力（N/m）。

在一个传动区段内，可以拟定若干个划分拉紧区段方案供技术经济比较。在进行方案比较时，应注意以下问题：

1）计算出最大水平长度后，端点所在地形不一定适于配置拉紧区段站，尚需调整位置。

2）一个传动区段长度不可能是拉紧区段长度的整数倍，有时需采取一些措施来增大拉紧区段长度，从而更合理地配置拉紧区段站。例如，提高运行速度、提高承载索抗拉强度，以减轻线路载荷，改善鞍座衬垫材料性能以降低摩擦系数等。

2 拉紧站设在低端时，承载索为仰角进入，其在偏斜鞍座上的摩擦力较小，可改善拉紧重锤对承载索拉力的调节作用。此外，拉紧重锤所需质量比设在高端小（减小 $q_c H$），拉紧索的规格可选小。所以，拉紧站一般应设在区段的低端，而锚固站设在高端。但在特殊情况下，当高差不大，因配置上的需要和为了降低站房高度，也可将拉紧站设在高端。

4.2.4 承载索拉紧与锚固。

1 承载索采用一端拉紧另一端锚固方式，可保证承载索在不同季节和不同线路载荷条件下，具有恒定的初拉力。

承载索两端锚固方式，已在往复式客运索道中得到推广应用，基于相同原理，只要承载索拉力可测可调，在货运索道中推广也是可行的。因此，本次修订时，新增了在承载索拉紧力可测可调的条件下，允许采用两端锚固方式的规定。

2 重锤拉紧是国内双线货运索道最常用的拉紧方式。不带导轨的、用混凝土块组装成的圆形重锤，不能限制承载索的扭转，安装、调整和使用都不方便，已逐渐被重锤箱所替代。

重锤箱一般用混凝土块或铸铁块充填，单块重量的设计，应考虑重锤箱容积合理利用以及搬运方便。当重锤配置受到空间限制而需要降低重锤架高度或重锤井深度时，重锤箱内充填物可选用铸铁块。

重锤架或重锤井宜考虑起吊装置以及爬梯，以便于拉紧系统的检查和维护。

3 拉紧区段采取可串绳的锚固方式，便于承载索安装，以及检修时切去损坏部位（线路套筒结合部和支架鞍座附近是承载索容易断丝的部位）。在我国夹块锚固方式最先应用于双线往复式客运索道。实践证明，这种锚固方式结构简单、安全可靠，应在货运索道中推广使用。

在四川攀枝花市许多索道上，圆筒锚固方式得以普遍使用。钢筋混凝土圆筒比较庞大，承载索安装以及串动调整劳动量较大。尽管圆筒锚固方式存在上述缺点，但在特定条件下，仍有一定的使用价值。因此，本次修订时，根据 OITAF 文件的有关规定，新增了圆筒锚固方式的有关内容。

夹楔锚固方式最初用于矿井提升装置，后来广东凡口索道也采用了夹楔锚固方式，取得了较好的使用效果。但由于结构上的限制和比压过大的缺点，当承载索直径或拉力较大时，不宜采用夹楔锚固方式。

4.2.6 为了保证承载索在索道运行过程中保持设计规定的初拉力，必须使拉紧重锤始终处于悬空状态。

重锤行程计算式为：

$$S=S_1-S_2+S_3+S_4+(0.5\sim1.0) \qquad (3)$$

式中 S——重锤行程（m）；

S_1——承载索从空索状态到重车或空车状态因挠度增大引起的几何长度变化（m）；

S_2——承载索从空索状态到重车或空车状态因拉力变化引起的弹性伸长（m）；

S_3——承载索的温差伸长（m）；

S_4——承载索的结构性伸长（m）。

4.2.7 承载索连接。

1 在一个拉紧区段内采取整根密封钢丝绳，可以改善货车的运行条件，使承载索和货车的维修工作量减小。只要在钢丝绳供货和运输条件允许下，新建的双线索道应尽可能采用整根密封钢丝绳。

2 在承载索必须连接时，采用加楔线路套筒连接，即在连接锥形套筒内，打入楔钉和楔片固接承载索端部的钢丝。使用线路套筒的缺点是，货车通过时产生车轮冲击，套筒接口附近的承载索钢丝易断丝。如果线路套筒距离支架过近，牵引索在支架附近引起的较大附加压力，将加速套筒两端承载索的疲劳断丝过程。故在索道施工安装时，对线路套筒与支架的最小距离有相应的规定，详见本规范第 8.4.3 条。

4.2.8 对本条作以下说明：

1 鞍座设置尼龙衬垫有以下优点：

1）与无衬鞍座相比，尼龙衬鞍座与承载索的摩擦系数减小 33%。

2）承载索的运行条件得到改善，工作寿命延长。

3）衬垫磨损时无需更换整个鞍座，仅需更换尼龙衬。

2 承载索在鞍座绳槽上的比压值与承载索在鞍座绳槽上的接触宽度密切相关，公式 4.2.8-1 中，承

载索在鞍座绳槽上的接触宽度假定为 2/3 的承载索直径，该值不一定与厂家的试验条件一致，因此，厂家在提供衬垫材料的允许比压值时，应同时提供与该值对应的承载索在衬垫绳槽上的接触宽度。如果所提供的接触宽度值与假定值出入较大，设计者应进行必要的调整。

3 当货车通过支架鞍座时，易引起货箱摆动，故应对货车通过支架时产生的向心加速度作出规定。当把向心加速度限制在 $2\mathrm{m/s^2}$ 以内时，即得公式 4.2.8-2。OITAF 文件建议，对于承载索在绳槽内移动的鞍座，其半径不小于承载索直径的 150 倍。在拉紧区段站，一般允许配置较长的固定鞍座（曲率半径 20m 以上的固定鞍座），有利于提高货车通过拉紧区段站的平稳性，并减小牵引索的附加压力，国内索道已有使用实例。

4.3 牵引索与有关设备

4.3.1 国内外货运索道牵引索使用的经验表明，线接触钢丝绳的工作寿命比点接触钢丝绳高出 1 倍左右，而面接触钢丝绳的寿命又比线接触钢丝绳高 1 倍以上（四川攀枝花市洗煤厂索道经验），为了提高货运索道牵引索的工作寿命，应采用线接触或面接触钢丝绳。

前苏联 д. г. 日特科夫所做的试验表明，在载荷相同条件下，当抗拉强度增大到 $\sigma_b = 1746\mathrm{MPa}$ 时，钢丝绳的耐久限（即钢丝绳到破坏时在滑轮上的弯曲次数）增大，而当 σ_b 的数值继续增大时，钢丝绳的耐久限稍微下降。为了保证索引索具有适当的工作寿命，在正常条件下，最好选用 $\sigma_b \geqslant 1670\mathrm{MPa}$ 的钢丝绳，这种抗拉强度的钢丝绳国内早已生产。

在同等条件下，当钢丝绳出现断丝时，交互捻钢丝绳在绳轮上的可承受弯曲次数，要比同向捻钢丝绳少得多。国内索道曾用过交互捻钢丝绳作牵引索，使用寿命仅数月，因此，牵引索不得采用交互捻，而应采用同向捻钢丝绳。

本次修订时，对钢丝绳的表层丝径不做具体规定，但适当选用表层丝较粗的钢丝绳，可提高牵引索的耐磨性。

经过预拉紧处理的钢丝绳作为牵引索，除了具有结构性伸长量小的优点外，由于预拉紧处理过程已使钢丝间的应力分布更趋均匀，钢丝绳的疲劳寿命至少能提高 30%。

牵引索采用编接方式连接，并形成闭合环。由于在编接接头处，取掉了纤维芯用绳股充填，其刚性比非编接段大得多，最易发生磨损和疲劳断丝，因此，牵引索的维修工作主要集中在接头的维修上。为了减少牵引索的维修工作量，在选用钢丝绳时，应对其出厂长度提出要求，以尽可能减少接头数量。

4.3.2 OITAF 文件规定，钢丝绳破断拉力与运行中所出现的最大轴向拉力之比不小于 4.5，牵引索最小破断拉力与匀速运行时的最大工作拉力之比为 4.0。

总结国内外使用经验，本次修订时，将不计入惯性力的牵引索抗拉安全系数定为不得小于 4.5。

4.3.3 传动区段划分。

1 增大传动区段长度，可以降低索道的建设费用、延长牵引索的工作寿命和提高长距离索道的运行可靠性。因此，对于长距离、大高差索道，在可能条件下应尽量采用一段传动。在国外索道工程建设中，出现了传动区段增大的趋势，据报道，在苏丹和巴西先后建成传动区段长达 20km 和 15km 的两条索道。

采用一端驱动时，一个传动区段的最长水平距离或最大高差，可按下列公式计算：

$$L_{\max} = \cfrac{q_0\left(\varepsilon\,\dfrac{\sigma_B}{n} - C_2\right)}{\left[\dfrac{A\,(1+\beta)}{0.367v} + q_0\right]\,(\tan\alpha \pm f_0)} \qquad (4)$$

$$H_{\max} = \cfrac{q_0\left(\varepsilon\,\dfrac{\sigma_B}{n} - C_2\right)}{\left[\dfrac{A\,(1+\beta)}{0.367v} + q_0\right]\left(1 \pm \dfrac{f_0}{\tan\alpha}\right)} \qquad (5)$$

式中 $L_{\max}$——一个传动区段的最长水平距离（m）；

$H_{\max}$——一个传动区段的最大高差（m）；

q_0——牵引索每米重力（N/m）；

ε——牵引索的结构系数；

σ_B——牵引索的公称抗拉强度（MPa）；

n——牵引索的抗拉安全系数；

C_2——牵引索最小拉力与其每米重力的比值；

A——索道小时运输能力（t/h）；

β——空车重力与有效载荷的比值；

v——货车的运行速度（m/s）；

α——传动区段全线的平均倾角（°）；

f_0——货车的运行阻力系数，见本规范第 4.4.2 条。动力型索道为正号，制动型索道为负号。

从上述公式可见，提高运行速度和增大牵引索的直径或公称抗拉强度可以达到增大 $L_{\max}$ 或 $H_{\max}$ 的目的。

在增大传动长度的实践方面，国外已出现过以下两种新形式：

1）双轮驱动，即一台驱动装置带有 2 个驱动单元，用 2 台功率不同的电动机分别驱动。它的传动原理与胶带输送机的双滚筒驱动相似，其作用是解决传动区段长度增大时，单轮驱动黏着系数不足的问题。

前苏联于 20 世纪 60 年代初期建成的、运输石灰石的大运量（运输能力为 450t/h）双线索道，就是采用这种驱动方式，效果良好。

2）两端驱动即在一个传动区段的 2 个端站内分

别设置一台驱动装置，它的动作原理与胶带输送机的头、尾滚筒驱动相似。使用两端驱动方式之所以能延长传动区段的长度，其原因也与双轮驱动相似。

两台驱动装置传递的功率可这样确定：终端驱动装置以重车侧阻力作为传递的圆周力，而始端驱动装置以空车侧阻力作为传递的圆周力。苏丹一条运输石灰石的、传动区段的水平长度达 20km 的单线索道，即采用这种驱动方式。

2 在设有转角站和采用多传动区段的索道中，将转角站和传动区段的中间站合并设计，可避免设置造价很高的自动转角站。

4.3.4 牵引索绕过导向轮承受交变的弯曲应力和接触应力，选择牵引索导向轮的直径时，应考虑这些应力对钢丝绳疲劳磨损的影响。此外，在其他条件相同情况下，钢丝绳的寿命随着钢丝绳在导向轮上包角的增大而减小。因此，参考了国内外有关资料，规定了导向轮直径与牵引索直径的比值。

4.3.5 对本条作以下说明：

1 由于双线循环式索道牵引索拉紧轮移动频繁而且行程较长，因此，采用重锤拉紧方式较为合适。

2 拉紧小车有单、双和 4 缆拉紧方式。

3 在现代索道工程设计中，为了便于牵引索的安装和维修，出现了增大拉紧小车行程的趋势，编接接头损坏截除再接后，拉紧小车位置仍在轨道行程内。但为了解决重锤行程与拉紧小车行程不一致的矛盾，采用了能够调节重锤箱在重锤架上位置的电动或手动绞车。

当重锤升降过快，影响索道正常运行时，可设阻尼装置。

4.3.6 拉紧轮的直径与索距相适应，可简化牵引索的导绕系统，减少导向轮数量，由此改善牵引索的运行条件、延长工作寿命。

拉紧轮的绳槽设软质耐磨衬垫，可减少牵引索磨损，提高牵引索的工作寿命。

4.3.7 由于双线循环式货运索道上的牵引索拉紧小车移动频繁，牵引索的拉紧索经常绕导向轮来回弯曲，所以，要求采用挠性好和耐挤压的钢丝绳，并且采用较大的轮绳比。

4.4 牵引计算与驱动装置选择

4.4.1 对牵引计算作以下说明：

1 从拉紧轮两侧的初拉力开始向驱动轮方向逐点计算各特征点牵引索的拉力。

在计算牵引索拉力时，主要应求出以下拉力：

1）牵引索的最大拉力，用于验算其强度。

2）牵引索的最小拉力，用于验算其挠度。

3）驱动轮上入侧牵引索和出侧牵引索的拉力，用于确定电动机的功率和校验牵引索在驱动轮上的抗滑性能。

2 为了保证驱动装置电动机适应索道不同运行状况，应考虑本条第 2 款所述的三种载荷情况。动力型索道应计算 1）、2）种载荷情况；对制动型索道应计算 1）、3）种载荷情况；对介于动力型和制动型之间的索道，应同时计算三种载荷情况。

3 线路上局部缺车，是由于处理站内偶然事故停止发车或线路上发生掉车事故所引起的，间断发车时间一般不超过 5 辆货车。

4 牵引索通过导向轮的各种阻力，可简化为钢丝绳的刚性阻力系数和轴承摩擦阻力系数之和与导向轮入侧牵引索拉力的乘积。

5 对于索道各种导向轮的变位质量，也可按其 2/3 的重量计算。当索道长度超过 3km 时，由于驱动装置高速旋转部分的变位质量所占比例较小，也可忽略不计。

4.4.2 对于铸钢车轮的货车在承载索上的运行阻力系数，可用下式计算：

$$f_0 = \mu \frac{d}{D} + 2\frac{R}{D} \qquad (6)$$

式中 f_0 —— 货车在承载索上的运行阻力系数；

R —— 车轮的滚动摩擦系数，$R = 0.3 \sim 0.4$mm；

d —— 车轮轴的直径（mm）；

D —— 车轮直径（mm）；

μ —— 车轮轴承摩擦系数，采用滚动轴承时 $\mu = 0.06 \sim 0.10$。

前苏联起重运输机械研究所，根据 d/D 不同的比值对货车进行计算，f_0 在 $0.005 \sim 0.006$ 范围内变化。

对运行阻力系数进行了试验研究：直径为 225mm 的标准四轮货车，在经过润滑的、直径为 $35 \sim 48$mm 的密封钢丝绳上往复运行，试验结果为 $f_0 = 0.0045 \sim 0.0055$。

本规范根据以上资料，并为了使牵引计算偏于安全，推荐动力运行时取 $f_0 = 0.0065$，而制动运行时 $f_0 = 0.0045$。

此外，货车车轮设铸型尼龙衬垫时，车轮在承载索上滚动摩擦系数增大，f_0 相应增大到 0.0055 或 0.0075。

4.4.3 正确确定牵引索的最小拉力，对于合理选择牵引索直径和保证索道安全运行，都具有重要意义，牵引索的最小拉力过小，除可能引起在驱动轮上打滑外，对索道安全运行的影响主要反映在以下几个方面：

1 使货车进入拉紧站的速度变化很大，有时慢到近似停止，而有时又大大超过货车的额定运行速度。

2 重锤升降剧烈，可能引起撞坏重锤架的事故。

3 电动机的负荷不均。

4 货车在线路上的运行速度不均匀、运行不平

稳，并引起牵引索拉力波动，严重时导致断索事故。

根据采用下部牵引式货车索道的设计和使用经验，车距内牵引索的挠度与车距之比取 $f_{max}/\lambda=1/80$ 时，一般可保证货车在线路上平稳运行和限制进站速度的变化。

车距内牵引索分段的最大挠度为：

$$f_{max}=\frac{q_0\lambda^2}{8t_{min}} \tag{7}$$

式中 f_{max}——最大挠度（m）；

q_0——牵引索每米重力（N/m）；

λ——车距（m）；

t_{min}——牵引索的最小拉力（N）。

将 $\dfrac{f_{max}}{\lambda}=\dfrac{1}{80}$ 代入上式，即得：

$$t_{min}=10\lambda q_0$$

4.4.4 驱动装置选择。

1 对于高架站房，立式驱动装置可设在站房下面的独立基础上，利用站房下部空间作为机房；对于单层站房，卧式驱动装置可直接设在站房内，简化牵引索的导绕系统并改善牵引索的工作条件。

2 与夹钳式驱动装置相比，摩擦式驱动装置具有对牵引索损伤小、工作可靠、维修方便、无噪声、费用低等一系列优点。因此，应优先选用摩擦式驱动装置。

3 牵引索与驱动轮衬垫之间的摩擦力不足，可能导致牵引索在驱动轮上打滑，严重时索道将无法正常运行。这类事故在国内客货运索道中都曾发生过。故在此强调，应根据索道在最不利载荷情况下启动或制动时进行抗滑验算。

关于抗滑安全系数，有两种表达方式：

$$\frac{t_{min}e^{\mu\alpha}}{t_{max}}\geqslant k' \tag{8}$$

$$\frac{t_{min}e^{\mu\alpha}-t_{min}}{t_{max}-t_{min}}\geqslant k \tag{9}$$

二者关系为：

$$k'=\frac{k}{e^{\mu\alpha}+(k-1)}e^{\mu\alpha} \tag{10}$$

$k=1.25$，$\mu=0.2\sim0.25$ 时，当 $\alpha=\pi$，则 $k'=1.103\sim1.122$，而对于双线循环式货运索道常用的双槽驱动轮 $\alpha=2\pi$，则 $k'=1.167\sim1.188$。

《冶金矿山设计参考资料》和《采矿设计手册》第 4 卷采用和公式 8 相同的表达形式，动抗滑安全系数 k' 取 1.1。对于单槽驱动机，用公式 8 与公式 9 计算结果（动抗滑安全系数 $k=1.25$）基本一致，而对于双槽驱动机则相差较大。原规范因采用和公式 9 相同的表示，但动抗滑安全系数采用 1.1，则相差更大。

参照 OITAF 文件的规定，在最不利载荷并计入启、制动惯性力的情况下，驱动轮圆周力增大 25% 不打滑。本次修订时，将动抗滑安全系数 k 值从 1.1

提高到 1.25，这对保证货运索道的安全运行是有利的。

参照 OITAF 文件的规定，按等速运行时驱动轮最大拉力差的 1.5 倍进行抗滑验算。本次修订时将静抗滑安全系数 k 值从 1.25 提高到 1.5，并取消了原规范中静抗滑计算公式。校验静抗滑性能时可直接采用公式 9。

4 牵引索在驱动轮绳槽上的比压值与牵引索在驱动轮绳槽上的接触宽度密切相关，公式 4.4.4-2 中，牵引索在驱动轮绳槽上的接触宽度假定为 2/3 的牵引索直径，该值不一定与厂家的试验条件一致，因此，厂家在提供衬垫材料的允许比压值时，应同时提供与该值对应的牵引索在衬垫绳槽上的接触宽度。如果所提供的接触宽度值与假定值出入较大，设计者应进行必要的调整。

4.4.5 驱动装置电动机选择。

1 对于动力型或负力较小的制动型索道，交流绕线型电动机能满足索道运转的要求。但对于侧形复杂、运行速度和负力都较大的索道，交流电动机在一般控制技术条件下，就难以满足安全运转的要求。

国内索道在驱动装置电动机的选型方面有很多经验教训，例如，广西大厂单线索道、辽宁杨家杖子 3 号索道、陕西耀县水泥厂索道，由于采用直流拖动，有效防止了索道的超速，避免了"飞车事故"；四川攀枝花市大宝顶索道和绿水洞索道、广东大宝山索道以及山西孝义索道等索道的负力都较大（约 40～50kN），采用交流拖动，曾因"飞车"损坏过多台电动机（单机容量 155～185kW）。由"飞车"引起的损失，超过了因采用直流拖动所增加的费用。

2 制动型索道的电动机功率应留有较大余量，备用系数取上限值 1.3，有利于其安全、可靠运转。

4.4.6 对驱动装置制动器作以下说明：

1 考虑到索道变位质量大、运输线路起伏以及承载和牵引钢丝绳的弹性，采用具有逐级加载性能的制动器，才能保证索道系统平稳地停车。

2 根据索道安全运行的要求，国内外索道工程设计都规定：制动型索道和停车后会倒转的索道，应设两套制动器，其中，安全制动器应安装在驱动轮的轮缘上；停车后不会倒转的动力型索道可仅设一套制动器，它可装在电动机的输出轴上。

3 制动型索道在严重过载或其他故障情况下，可能产生严重超速（即飞车）现象。为了避免酿成危及人身或厂房安全的重大事故，应采取紧急制动，这时工作制动器和安全制动器应能自动地相继投入工作。但是，如果制动减速度太大，又会使牵引系统剧烈跳动，引起大面积掉车事故。所以，应按减速度为 0.5～1.0m/s² 的要求进行制动控制。

过去设计的块式液压制动器，不能适应负力很大的制动型索道。例如，广东大宝山索道和山西孝义索

道，都发生过由于电源突然停电、制动器制动力不足而酿成严重飞车事故。盘式或夹钳式液压制动器具有结构紧凑、制动力矩可根据负荷大小来确定制动器数量的优点，现代索道应采用这种制动器。

4.5 线路设计

4.5.1 对本条作以下说明：

1 索道侧形的平滑程度，对于提高承载索的工作寿命和货车运行的平稳性，具有重要意义。索道侧形不应有过多、过大的起伏。

索道使用经验表明，凸起侧形处的承载索工作寿命要比凹陷侧形处的承载索工作寿命降低很多。因此，在条件许可时，采取开挖边坡、明槽或涵洞等措施，也可缓和侧形的凸起程度。

2 为了使货车顺利通过支架（特别是大跨距两端和凸起地段的支架），应将货车的附加压力限制在一定范围内。一方面应控制承载索在支架上的弦折角；另一方面应控制承载索受载后在支架上的最大折角。水平牵引式货车不受牵引索附加压力的作用，承载索在支架上的弦折角和最大折角可放大一些。

3 规定凸起地段的支架高度不小于5m，是考虑到即使有一个货车掉落也不会影响其余货车通过，防止事故扩大。

凸起地段的支架采取不小于20m跨距配置的主要目的在于，当货车通过凸起地段的支架时（特别是在缺车情况下），减小牵引索在抱索器上形成的折角，控制牵引索对货车抱索器的压力。

所谓总折角较大并受地形限制的凸起地段，是指按每个支架允许的弦折角计算所需的支架总数 $n=\varepsilon/\delta$（n 为所需支架总数，ε 为凸起地段的总折角，δ 为每个支架允许的弦折角），大于按20m等跨距所能配置的支架数。在此情况下，用带有凸形滚轮组的连环架代替支架群，可使牵引索的附加压力转移到凸形滚轮组上，减轻对承载索的压力。

4 本规范采用OITAF文件中的规定。该规定亦可解释为靠贴系数不小于1.3，即：

$$K=\frac{q_{\mathrm{c}}(l_z/\cos\alpha_z+l_y/\cos\alpha_y)}{2T_{\max}|\sin\alpha_z+\sin\alpha_y|}\geqslant 1.3 \quad (11)$$

式中 q_{c}——承载索每米重力（N/m）；

l_z，l_y——左跨或右跨的跨距（m）；

α_z，α_y——左跨或右跨的弦倾角（°），以支架顶点引出的水平线为准，弦线位于水平线上方时取负号，弦线位于水平线下方时取正号；

$T_{\max}$——承载索的最大拉力（N）。

5 货车驶近支架时，其爬坡角达最大值，而通过支架之后，爬坡角将突然改变。如果线路上有大量货车同时驶过支架，将使牵引力和驱动装置的功率产生很大波动，导致索道运行不稳定。为此，应使跨距

与车距的比值避开整数值。

6 为了减小站前第一跨牵引索的波动，从而保证货车和牵引索可靠挂结或平稳脱开，建议站前第一跨的跨距小于车距并不大于60m。

控制空承载索在站口端的倾角与站口段轨道的倾角，是为了缓和货车特别是重车进站时的冲击和降低噪音。

根据索道系列产品设计中偏斜鞍座在立面上的允许斜度，重车驶近站口时，承载索的倾角应不大于0.15rad。

4.5.2、4.5.3 计算钢丝绳在支架上的各种倾角时，我国索道界过去一直沿用 А. И. 杜盖尔斯基在20世纪40年代推导出来的正切函数计算公式。生产实践证明，采用这组公式时各种倾角的计算值普遍大于实际值。不仅如此，这组公式在力学原理方面也存在着一些值得商榷的问题。20世纪80年代，昆明有色冶金设计研究院的几位索道设计人员，采用不同的推导方法，先后推导出另一组正弦函数计算公式。两组公式虽然同属抛物线方程近似公式，但计算精度大不相同。

举例说明：某支架上钢丝绳的拉力为98067N，钢丝绳每米重力为49.426N/m；左跨的跨距为90m，其弦倾角为−23°；右跨的跨距为250m，其弦倾角为18°55′；试求钢丝绳在该支架上的最小折角和最小靠贴力。按正切函数计算公式求解，最小折角为1°31′44″，最小靠贴力为2617N。按正弦函数计算公式求解，最小折角为0°49′41″，最小靠贴力为1417N。再按悬链线方程准确公式求解并求出上述两式的计算误差，最小折角的准确值为0°51′12″，最小靠贴力的准确值为1460N。正切公式的计算误差为79%，正弦公式的计算误差为3%。正切公式不仅计算误差太大，而且容易产生最小靠贴力已经有足够的错觉，因而，在设计过程中就给拟建索道带来了发生脱索事故的安全隐患（详见专题报告《索道倾角计算公式》）。

本规范采用了计算方便和精度更高的正弦函数计算公式。

本次修订简要介绍了我国索道计算理论方面的部分研究成果，并举例说明了这些研究成果在索道设计工作方面的使用价值。

4.6 站房设计

4.6.1 索道站房按用途区分，主要有装载站、卸载站、拉紧区段站、转角站等，由于功能不同，其构造形式也不一样。

索道装载站和卸载站与相关车间或运输系统有联系，还须考虑它们的需要，来决定配置方式。

不同形式的站房都应根据站址地形进行合理的设计。除转角站外，站房的主轴线应尽量保持一条直线，并与地形的等高线大致平行，以减小工程量。为

了延长牵引索的工作寿命，应尽量简化牵引索的导绕系统。

4.6.3 装载料仓容积的确定，与运输能力、工作制度、索道长度以及装载站所处地形条件等有关。一般不宜小于1个班的运量，当线路长或与衔接车间作业班次不同时，容量宜为1～2个班的运量。对于大运量索道，至少应考虑处理索道偶然事故和一般检修时间（2～4h）所需的缓冲容量。

卸载仓的有效容积，一般取决于与索道相衔接的生产车间的工艺要求，以及相衔接的外部运输设备的工作特点，例如：

1 索道卸载站与矿山选矿厂相衔接时，有效容积一般不超过索道3～4h的运输量。

2 卸载站与火车、汽车、船舶等运输工具衔接时，卸料仓的有效容积按照这些运输工具停止装运的最长时间确定。

3 卸载站与电厂的贮煤场或水泥厂的碎石库相衔接并直接建在它们上面时，贮煤场和碎石库的有效容积，即为卸料仓的有效容积。

4.6.4 货车的装载。

1 物料特性和装载设备的性能影响着装料速度，对索道运输能力有直接影响。

2 内侧装载由于货车吊架远离装载口一侧，因此，装载口可伸入货箱放料，可使装载不偏心，并且不易撒漏，所以，应尽量采取内侧装载方式。

4.6.5 货车的卸载与复位。

1 为了保证操作人员安全作业和防止货车坠入卸料仓，卸载口原则上都应设置格筛。但当货车采用机械推车、卸载区很长时，可不设格筛，其原因如下：

1）因为机械推车时速度很慢，一般为0.3～0.4m/s左右，货车不太可能发生掉道而坠入料仓的事故。

2）在料仓上方设置带栏杆的通道，既可满足操作需要，又可防止操作人员坠入料仓。

3）料仓顶部设置格筛需用大量钢材。例如柱距6m的料仓，根据已有设计资料，1个仓格两侧格筛的总质量约为7t。与铁路相衔接的料仓一般至少长60m，即10个仓格，钢材总用量达70t，索道卸载站的投资因此而增加。

4）卸载站与铁路相衔接的福建潘田、江西七宝山以及贵州长冲河索道，料仓全长达60m或60m以上，料仓顶部均未设筛，而仅沿料仓的纵向轴线上设置了带栏杆的、宽1.2m的操作通道。多年的使用情况表明，由于货车在低速下运行卸载，从未发生过货车因车轮掉道而坠入料仓的事故。同时，由于未设格筛，不存在格筛上积料的问题，因此，避免了人工清理作业。

2 据观测，当货车在运动中卸载时，从打开闸板到卸载完毕，所需时间不超过3s。卸载口的长度按公式4.6.5计算，一般都可满足卸载要求。

4.6.6 站口设计。

1 在承载索以0.05～0.10rad的俯角出站的条件下，采用无垂直滚轮组的站口设计，可以借助调整站口进、出桁架不同的高度来补偿货车沿站内部分轨道自溜损失的高差，也使轨道和牵引索进、出站侧的坡度适应挂结器和脱开器几何尺寸的要求。

无垂直滚轮组的站口，已在云锡松官索道使用多年。使用经验表明，除了承载索进站坡度是采用无垂直滚轮组站口的基本条件以外，较大的车距（至少应大于站口长度与第一跨的跨距之和）亦是保证可靠使用的重要因素。

2 国内过去设计承载索以俯角出站的站口时，只设凸形滚轮组，因此，站口长度较短。但是没有解决由于抱索失误的货车滑向线路引起事故的问题。广东大宝山索道就曾多次发生抱索失误货车滑向线路引起掉车和撞坏支架的事故。在凸形滚轮组与挂结器之间设置一段凹形轨道，可有效地防止此类事故。

4.6.7 对本条作以下说明：

1 抱索器与牵引索挂结时，二者具有相同速度，不仅能提高挂结质量，而且可减小牵引索和抱索钳口的磨损。

采取在挂结器之前设置轨道加速段的方法，虽然能使货车产生自溜加速，但是货车的车轮沿轨道的运行阻力系数是变化的，难以保证抱索器与牵引索挂结时的速度完全一致。国外运行速度达4m/s的大运量货运索道和国内的单线客运索道，采用轮胎式的加速器，有效地解决了速度同步问题。

2 将轨道加速段和减速段的坡度限制在10%以下，目的在于防止因货车加速度或减速度过大所产生的较大摆动。

4.6.8 对本条作以下说明：

1 货车沿站内轨道曲线段运行时，由于受离心力作用引起横向摆动，横向摆动的大小与货车运行速度和轨道曲率半径有关。为了减小横向摆动，应采用适当的曲率半径。本规范根据国内索道工程设计和运行经验，规定了主轨的最小平面曲率半径。

2 为了使货车顺利通过反向弧轨道，反向弧之间应插入大于行走小车轴距的直线段，该段长度对四轮式货车一般不小于1.5m。

4.6.9 考虑到货车在站内的运行安全，等速段的自溜速度不宜大于2.0m/s。由于每辆货车的运行阻力系数不尽相同，加之运行阻力系数又随季节波动，为了保证货车顺利地自溜运行，规定了货车在直线段和曲线段上最小自溜速度和货车进入推车机前的自溜速度。

4.6.11 对本条作以下说明：

1 推荐牵引索作用在滚轮上的折角不大于3°，

主要从提高索道运转平稳性考虑。

2 牵引索作用在抱索器钳口上的水平力不大于 10kN，是按货车系列化设计中，对吊架的强度要求而规定的，可用下式表述：

$$A=2T_{max}\sqrt{\frac{2m}{R+2m}}<10\text{kN} \qquad (12)$$

式中 A——牵引索作用在抱索器钳口上的水平力（N）；

　　m——货车迂回水平滚轮组时，牵引索被抱索器拉开的距离（mm）；

　　T_{max}——牵引索在滚轮组处的最大工作拉力（N）；

　　R——水平滚轮组的曲率半径（mm）。

上式可用于验算水平滚轮组的曲率半径。

4.6.12 在距离水平滚轮组或迂回轮进出点的 5m 处，各设一个宽边垂直托辊。其作用及设计要求如下：

1 保证牵引索在运行过程中不脱索。

2 只有宽边托辊才能适应牵引索横向窜动的需要。

3 在宽边托辊上方所对应的轨道应有凸起过渡段，使货车通过时抱索器不碰宽边托辊。凸起过渡段两端的轨道用半径不小于 5m 的反向弧连接，反向弧之间插入不小于 1.5m 的直线段。

4 为了适应货车通过宽边托辊上方凸起过渡段轨道时，牵引索因水平滚轮组或迂回轮产生的偏角，宽边托辊距端部滚轮或迂回轮中心的距离应为 5m 左右。

由于货车以"外绕"或"内绕"方式通过水平滚轮组或迂回轮，在其进入前或离开后，轨道中心线和牵引索中心线在水平面上的投影，会形成 85mm 或 155mm 的尺寸变化，故对过渡段的要求是：反向弧的半径不小于 12m，反向曲线段之间插入不小于 1.5m 的直线段。

4.7 电　气

4.7.1 对本条作以下说明：

1 索道的启动与制动。

对于动力型索道，为了使变位质量很大的牵引索闭合环平稳启动，要求驱动装置的电动机具有恒定的启动转矩。

动力型索道一般采用交流绕线型电动机，并在电动机转子上串入频敏变阻器或金属电阻器启动。

当采用交流拖动时，对于负力较小的制动型索道，有采用制动器松闸后索道自行加速的启动方式，但这种启动方式不适用于负力较大的制动型索道；对于负力较大的制动型索道，则应采用动力制动的启动方式，这种索道在停车时也应采取动力制动配合机械刹车的制动方式。

2 索道正常启、制动时的加、减速度不宜过大，是因为加、减速度过大可能引起牵引索急剧跳动，从而导致掉车事故的发生。同时，由于加、减速度过大又可能引起驱动轮出侧或入侧牵引索的拉力变化过大，导致牵引索在驱动轮上滑动，使衬垫磨损加剧。其次，循环式索道启、制动的次数很少，加、减速度的大小即启、制动时间的长短并不影响索道的运输能力。因此，在设计中加、减速度一般取 0.1～0.15m/s²，当运行速度为 2.5～3.15m/s 时相应的加、减速时间为 15～30s。

3 为了保证货车特别是重车在多传动区段索道线路上的车距一致，需采取联锁控制设施，使各区段驱动装置的电动机同步启动和制动。

4 电动机的保护：

1）对于动力型索道，应设过电流继电器保护装置，其整定电流可根据有关规定确定。

山西桐木沟索道由于没有设置过电流继电器保护装置，曾发生过由于强风作用引起货车卡住，但驱动装置未及时停车，而酿成拉倒支架的严重事故。

制动型索道发生货车卡住事故时，电动机的电流的绝对值开始由大变小，过零后再逐渐增大，因此过电流保护不适用。为此，应采取零电流（即欠电流）继电器保护措施。其整定电流可按正常制动运行时额定电流的 40% 左右计算。

2）对电动机的超速保护要求是：当运行速度超过设计运行速度的 15% 时，应使索道紧急制动停车。

4.8 保护设施

4.8.1 保护设施设置。

1 保护设施形式的选择，取决于技术经济比较的结果。当保护范围较长、货车坠落高度较大时，采用保护网较为便宜。保护网可以利用索道支架或者专用支架贴近索道悬曲线架设，使货车坠落高度控制在合理范围之内。在沿其长度方向上的保护范围基本不受限制。而保护桥则适用于保护范围较小、货车坠落高度较小的场合。当索道线路在公路（或铁路）边坡的上方通过时，坠落的货车仍有可能从陡坡滚落到公路（或铁路）上，危及运输和人身安全。云锡索道就曾发生过坠落的货车滚到公路上伤人的事故。因此，应根据实地情况设置栏网。

2 保护网为柔性构件，当受货车冲击作用时，垂度明显增大。例如，某单跨 $l=90$m，单位面积重力 $q_1=100$N/m² 的保护网，在受货箱重力 2kN，有效载荷 14kN，最大坠落高度为 8m 的货车冲击作用下，计算垂度增大值达 2.26m。所以，应按受货车冲击条件校验保护网与跨越设施之间的净空尺寸。

3 考虑到货车掉落到保护设施上时，一般不会呈竖立状态，故运行中的货车底面与保护设施顶面之间的净空，按不小于货车最大横向尺寸进行校验，比

较符合实际情况。特别是对于保护桥来说，应在保证货车自由通过的前提下，尽可能减小货车的下落高度。

4 当索道跨度大于 250m 时，承载索受风荷载引起的水平挠度明显增加，因此应按承载索和货车均受 0.25kN/m² 基本风压作用发生偏斜的条件校验。

4.8.2 对保护网作以下说明：

1 保护网的粗格网用于承载，应能防止坠落货车砸穿。

2 保护网的跨距不宜过小，因跨距过小时，支架数目必须增多。但是跨距亦不宜大于 100m，跨距过大时，所需的钢丝绳破断拉力增大，直径增大，而且过大的挠度还可能引起保护网的支架增高、货车坠落高度增大。因此，应从经济和安全两方面合理确定保护网跨距。

杨家杖子 3 号索道靠近卸载站的区段，线路跨越商场、居民点、工业区、公路以及铁路等设施，设置了多跨总长超过 300m 的保护网，该保护网除了充分利用索道支架以外，又在较大跨距内增设了单独的保护网支架，其平均跨距为 80～100m。索道运转 30 多年来，保证了这个区段的安全。

3 保护网的主索，在一般情况下仅承受静载荷的作用，在特殊情况下才承受冲击力。从这一情况出发，国内外设计保护网时，最大静拉力下安全系数均取不小于 2.5。根据国外资料，计算保护网时，雪荷载与裹冰荷载不同时计入，并且不计风荷载对主索拉力的影响。计算时，雪荷载取当地最低环境温度，而裹冰荷载按 −5℃ 条件计算。

保护网受货车冲击时主索拉力增大，以保护网跨距中间受冲击拉力达到最大值，最大冲击拉力应符合下式：

$$T_c \leqslant T_p / n \tag{13}$$

式中 T_c——允许最大冲击拉力（N）；

T_p——最大的冲击拉力（N）；

n——钢丝绳受最大冲击拉力作用时的安全系数，取 1.1。

根据有关设计参考资料，由 T_c 值可以算出允许的货车坠落高度。如果允许坠落高度大大超过或者小于货车实际落差，则应重选主索。

两端被锚固的主索最大静拉力是在雪荷载、环境温度最低条件下或裹冰荷载、环境温度 −5℃ 条件下算得的，因此，施工安装前应按当时温度计算安装拉力，以保证保护网主索安全。

4.8.3 为了减轻保护桥面所受的冲击载荷，一方面要尽量减小货车的坠落高度；另一方面应在桥面铺设一层煤渣、粗砂、锯屑、木板、竹筏或几种材料组合的吸振层。

尖顶式保护桥利用尖劈效应，能承受坠落高度很大的货车的冲击，并将货车滑向保护桥的两侧。这是

结构简单而又经济实用的保护桥。

带有柔性网桥面的保护桥，综合了保护网和保护桥的特点。当跨距不大于 15m、货车坠落高度不大于 10m 时，特别适合采用这种保护设施。江西画眉坳钨矿索道曾用这种保护桥保护矿区公路，取得了较好效果。

5 单线循环式货运索道工程设计

5.1 货 车

5.1.1 货车选择。

1 弹簧式抱索器广泛应用在国内外的单线循环式客运索道上，它能保证客车在爬坡角达 45° 的条件下安全运行。国内外使用经验证明，弹簧式抱索器用于货运索道，不仅技术上先进，而且安全可靠。然而，采用弹簧式抱索器索道的基建费用较高，但经营费用较低，有条件时可推广使用。

2 目前，尽管四连杆重力式抱索器仍是国内单线货运索道使用最多的抱索器形式，但使用该抱索器的单线索道掉车率普遍高达 1/1000 以上，这与其本身结构的缺点有关。这种抱索器理论上允许最大爬坡角为 35°，但该数值未考虑这种抱索器的机械效率以及夹持力随着钳口磨损而降低的情况。同时，由于其抱索力由货车重力产生，运行中若振动过大则会产生失重现象，容易发生掉车。因此，线路条件较差的索道，实际允许爬坡角大为降低，例如，广西大厂锡矿 2# 索道实际使用的最大爬坡角不到 29°。选择四连杆重力式抱索器时，应充分考虑不利因素，尽可能降低掉车率。国内这种抱索器在运行速度大于 2.5m/s 的索道上应用实例很少，故规定它仅在速度不大于 2.5m/s 和爬坡角为 20°～30° 的条件下使用。

3 鞍式抱索器是国外单线货运索道使用最广泛的抱索器形式，它与运载索挂结时，依靠前后 2 个钳口上的凸齿嵌入钢丝绳的绳沟内，因而爬坡角受到限制。鞍式抱索器的最大爬坡角一般不大于 20°。

国内系列产品中鞍式抱索器的允许爬坡角为 24°。但据现场观测，当货车驶近钢丝绳爬坡角为 22° 的支架时，抱索器有滑动现象，在爬坡角小于 20° 的支架处则可安全运行。由于鞍式抱索器结构简单、造价低、维修方便，自重较四连杆重力式抱索器轻，货车有效载重量较大。因此，线路侧形平坦、爬坡角小于 20° 的单线货运索道，选用鞍式抱索器比较合适。

5.2 运载索与有关设备

5.2.1 运载索选择。

1 随着钢丝绳制造技术的进步，很多索道已使用公称抗拉强度不小于 1670MPa 的运载索，取得了良好的技术经济效果。

2 影响单线货运索道运载索工作寿命的主要因素之一是表层丝磨损。甘肃武山水泥厂索道使用直径34.5mm 的钢丝绳作为运载索，其表层丝直径为3.8mm，每条钢丝绳的实际运矿量达 100 万 t。该索道运载索工作寿命长的原因，除了侧形条件和接头质量好这两个因素以外，丝径较粗是更为主要的因素。但是应当指出，表层丝的直径不宜过粗，否则容易引起疲劳断丝。

综上所述，规定表层丝的直径不得小于 1.5mm。

3 鞍式抱索器 2 个钳口内的凸齿，必须嵌入运载索的绳沟内，才能可靠地卡住钢丝绳。因此，运载索的捻距应与鞍式抱索器 2 个钳口的中心距相适应。

5.2.3 本次修订时，新增了关于运载索导向轮选择方面的要求。

5.3 牵引计算与驱动装置选择

5.3.2 对于单线循环式货运索道的牵引计算或线路计算，通常把货车集中载荷折算成均布载荷进行计算。

阻力系数取值时应注意，货车随运载索升降起伏会导致部分能量损失，因此，阻力系数与索道侧形之间存在一定关系。对于动力型索道应考虑侧形对阻力系数的影响：侧形复杂时取上限值；侧形平坦时取下限值；线路上有压索轮组时亦取上限值。

单线货运索道有采用有衬托、压索轮组的发展趋势，因此，本次修订时，参考了国内外单线循环式客运索道阻力系数资料，取 $f_0 = 0.03 \sim 0.04$。

5.3.3 对运载索的最小拉力作以下说明：

1 确定运载索最小拉力应考虑下列因素：

1）限制运载索在集中载荷作用下产生的弯曲应力值，以保证运载索具有一定的工作寿命。

2）限制运载索在货车集中载荷作用下的挠度，以保证货车平稳地运行。

3）保证运载索在驱动轮上不打滑。

2 不同条件下 C_3 值的选取说明如下：

1）采用单钳口抱索器时，运载索的承载条件较差，C_3 可取 $10 \sim 12$。

2）采用鞍式抱索器时，运载索的承载条件较好，C_3 可取 $8 \sim 10$。

3）运输能力较大、高差较大或车距较小时取小值，反之取大值。

运输能力较大，是指运输能力大于 150t/h 的单线索道。这时 C_3 取小值是为了适当限制运载索的直径；高差较大时，运载索在下站站外的倾角较大，经 $2 \sim 3$ 跨后，运载索拉力就显著增大，即运载索的最小拉力区段的长度很短，因此，C_3 亦可取小值；车距小于 100m 时，可视为车距较小，此时线路均布载荷较大，运载索的拉力就逐渐增大，即运载索的最小拉力区段的长度较短，因此，C_3 取小值。对于不同

条件组合的场合，可通过分析后确定 C_3 的取值。

3 根据实践经验，当线路侧形较复杂且最大跨度大于 300m 时，为了减小大跨运载索的"浮动"现象，建议最大跨的最大挠度与跨距之比不大于 $1/14 \sim 1/16$，宜按下式校核最小拉力（参阅起重运输机械杂志 1993 年第 3 期《单线货运索道承载-牵引索的浮动及其控制》一文）：

$$T_{min} \geqslant (1.75 \sim 2.0)(Q/\lambda + q_0) L_{max} \qquad (14)$$

式中　T_{min}——运载索的最小拉力（N）；

　　　Q——重车重力（N）；

　　　λ——发车间距（m）；

　　　q_0——运载索单位长度的重力（N/m）；

　　　L_{max}——最大跨的跨距（m）。

5.3.4 驱动装置选择。

1 卧式驱动装置结构简单、站房高度小，具有减少运载索弯曲次数、延长运载索的工作寿命及减小牵引阻力等优点，从而在工程中得到普遍应用。

2 选择卧式单轮双槽驱动装置同时传动 2 个区段，与 2 个区段单独设驱动装置的方案相比，具有以下优点：减少一套驱动装置和相应的辅助设施，配置紧凑，因此，设备费用大大降低；在相同负荷情况下，改善了驱动装置的运转状况；不需采用特殊装置就可使索道的 2 个传动段达到同步的目的。

同时传动 2 个区段的单轮双槽卧式驱动装置，曾在辽宁华铜索道、云南会泽索道和福建潘田索道等工程中得到应用，使用效果良好。由于 2 个传动段组合的负荷特征不同，共有 4 种不同的组合情况：

1）2 个区段均为制动运行。

2）2 个区段均为动力运行。

3）第一区段为动力运行，而第二区段为制动运行。

4）第一区段为制动运行，而第二区段为动力运行。

判断四种负荷组合是否适用联合驱动方式的依据是，运载索在驱动轮两侧的拉力比是否符合抗滑要求。有关不同负荷组合情况下抗滑性能的详细分析，可参阅《同时传动单线索道 2 个区段的双槽卧式驱动机》一文（《起重运输机械》1979 年第三期）。

分析计算表明，在第 3）、第 4）两种负荷组合情况下采用联合驱动方案时，驱动装置的功率大大降低。以潘田索道为例。联合驱动方案用一台功率为 70kW 的电动机，而采取独立驱动方案时，则需功率各为 95kW 的两台电动机。在第 1）、第 2）两种负荷组合情况下，因为最不利的线路载荷情况和功率备用系数没有重复计入，所以，联合驱动方案主电动机的功率并不是单独驱动方案功率的叠加。

5.4 线 路 设 计

5.4.1 线路配置。

1 过去索道设计中，站前第一跨的跨距多采用 2～2.5m，由于跨距太小，直接影响到抱索器的挂结与脱开质量。故规定站前第一跨的跨距为 5～10m。

2 托索轮绳槽的磨损取决于运载索与托索轮之间的比压。配置支架和选择托索轮组时，应尽量做到每个托索轮承受的径向载荷大致相等，可使每个托索轮工作寿命大致相同，亦可延长运载索的工作寿命。

3 在平坦地段或者坡度均匀的倾斜地段上配置支架时，一般重车侧采用 4 轮托索轮组，空车侧采用 2 轮式托索轮组，为了使各支架上每个托索轮的径向载荷大致相等，各支架上的载荷应力求相等。

4 支架的最小高度应按照以下条件确定：在支架处已掉落一个货车，运行中的货车以货箱翻转状态通过时能够不受阻碍。单线索道货车呈翻转状态时，高度方向的最大外形尺寸不大于 3m，货箱高度为 0.8m，故支架最小高度取不小于 4m。

在凸起区段上，跨距受地形限制，设计时最小跨距一般取 15m。不能满足时，可选用 6 轮或 8 轮托索轮组。

5 最不利的载荷条件是由于线路缺车造成的，这时所考察支架的相邻跨无货车，而运载索的拉力达最大值。

由于影响运载索从凹陷区段上脱索的因素较多，而国内有些单线索道的脱索事故又较频繁，因此，从保证安全运行的观点出发，单线索道运载索的靠贴系数值，应大于双线索道承载索的靠贴系数值。必要时，可参照单线客运索道的方法校验最小靠贴力。

6 带导向翼的抱索器可以通过压索轮组，因此，允许采用压索式支架。压索式支架一般用于大凹陷区段，以便降低支架高度和减小支架跨距。压索式支架也可用于运载索仰角较大的站口，以达到把运载索压平的目的，使其坡度适应抱索器挂结和脱开的要求。在国内单线循环式客运索道中，有不少使用压索式支架的实例。

5.4.2 对本条作以下说明：

1 为了便于设备标准化，规定了表 5.4.2 的托索轮允许径向载荷值。

无衬托索轮允许径向载荷，按下式计算：

$$P = 3.75dD^{2/3} \qquad (15)$$

式中　P——托索轮的允许径向载荷（N）；

　　　d——运载索直径（mm）；

　　　D——托索轮直径（mm）。

2 生产实践证明，如果不考虑每个支架处运载索拉力大小差异，每个托索轮的允许折角平均取 4°，将导致运载索拉力较大处托索轮磨损很快，对运载索的工作寿命也有不利影响。因此，应该按允许径向载荷和不同拉力的计算来确定不同支架上每个托索轮的允许折角。

3 6 轮、8 轮式托索轮组用于钢丝绳倾角较大的

支架上时，因对应货箱长度的钢丝绳高差较大，而大平衡梁设在索轮正下方的 6 轮、8 轮式托索轮组整体的高度较大（例如 φ600mm 的托索轮组，从大平衡梁底到托索轮顶面的高度为 700～800mm），容易与货箱相撞。以往采用 6 轮、8 轮式托索组的索道曾多次发生货车过支架碰撞大平衡梁的事故，所以，应改用大平衡梁设在托索轮内侧的 6 轮或 8 轮式托索轮组。

5.5　站房设计

5.5.2 挂结不良是掉车率高的主要原因之一。在总结单线索道设计经验的基础上，本条对运载索在挂结段的稳定措施、轨道设计、货车在挂结段的运行速度，做出了相应规定。

1 设置稳索轮的目的是为了防止运载索上下左右颤动，为抱索器与运载索准确挂结创造条件。

2 限制车轮的横向窜动不大于 2mm，是保证抱索器与运载索准确挂结的重要条件之一。

当抱索器挂结不良时，需要驱动装置反转将货车倒回站内。为了防止抱索器车轮碰撞轨道，要求轨道前端的曲率半径不小于 3m，采用扁形轨时，其头部应削尖，而采用槽形轨时，其头部应扩口。

要求挂结段轨道与运载索之间保持如下关系：运载索与钳口底部接触之前，钳口一直保持完全张开状态；运载索刚接触到钳口底部钳口即迅速关闭。

3 钳口定向器和可调式压板是四连杆重力式抱索器挂结段上两种必不可少的设备，前者的作用是使钳口呈前高后低的状态进入压板，使钳口的背部接触压板；后者的作用是对钳口施加一定压力，使其抱好并抱紧钢绳。为了调节压板与运载索的距离，以保持钳口所需的压紧力，压板应为可调式。同时，钳口定向器和可调式压板的配置宜相互靠近，使钳口拨正后直接进入压板。

货车在进入挂结段之前和在挂结段内，由于速度变化，在弯道上运行以及重心偏离钳口中心等因素，经常产生横向摆动。在挂结段双导向板可达到两个目的：防止货车产生横向摆动，为钳口中心对准运载索中心提供必要条件；配置双导向板时，应使货车重心恰好位于钳口中心的垂直线上，由此可消除因重心横移引起的偏斜，以及防止货车出站后产生大幅度的横向摆动。

要求货车进入挂结点的实际运行速度等于运载索运行速度，其目的在于：减小抱索器钳口相对运载索的滑动，最大限度地减轻二者的磨损，同时减小货车的纵向摆动。

使用四连杆重力式或鞍式抱索器时，通常设轨道加速段使货车加速。计算加速段的坡度时，应计入曲线轨道、直线轨道、导向板以及有关导轨的阻力损失。对于通过可调式压板的货车，尚应计入钳口对压板的冲击产生的能量损失。

使用带有摩擦板的弹簧式抱索器时，需采用轮胎式加减速装置。国内外单线循环式客运索道的使用经验证明，抱索器钳口的磨损在这种使用条件下微乎其微。

5.5.3 脱开段设计。

1 脱开段轨道端部形状的作用与挂结段轨道端部形状的作用一样，但由于货车进站速度较高，因此规定立面曲率半径不应小于5m。

2 脱开段轨道与运载索之间，应保持如下关系：钳口没有达到完全张开之前，运载索始终接触钳口底部；钳口刚达到最大开度，运载索即迅速脱出。

3 脱开段双导向板的作用与挂结段相似。但是为了减轻货车对导向板的冲击和防止冲击，应将双导向板的进口端做成曲率半径不小于5m的喇叭口形，并按货车纵、横向摆动限制条件进行校验。

4 为使进站货车的运行速度降低到站内自溜时所需的速度（≤2.0m/s）或者比推车机速度大30%～40%，应设置轨道减速段或者减速装置。脱开段减速装置的结构与挂结段加速装置的结构相似。

5.5.4 挂结段设置抱索状态监控装置，可以消除因抱索不良引起的掉车事故。货车通过脱开段抱索器不脱索，将酿成严重事故，因此，应设脱索状态监控装置。

5.5.5 站内轨道配置应保证脱挂安全可靠，尽可能减小货车的纵、横向摆动。广东云浮水泥厂站房采用运载索从轨道上方导出的配置方式，站内轨道可布置成一条直线。由于取消了反向弯曲段，货车在站内运行时没有横向摆动，挂结质量很高。因此，本次修订时推荐了这种配置方式。

5.5.6 转角站配置。

1 对称布置对设计、制造和安装均带来很大便利。

2 转角站有两种基本配置方式：一种是转角轮两端用压索轮组将运载索导平，中间由水平安装的转角轮转向；另一种是直接用倾斜安装的转角轮转向，无需在转角轮两端设置压索轮组。

3 转角站是货车通过站，为了保证货车在站内脱开、运行、挂结等过程连续平稳地进行，只能采取以较高速度（1.6～2.0m/s）自溜运行，不能采用人工推车。

转角站内的副轨用于停放发生故障的货车。

6 双线往复式客运索道工程设计

6.1 客 车

6.1.2 每位乘客的计算载荷，各国的规定颇不一致。本次修订时，参考了欧洲 CEN/TC 242 标准和OITAF文件并结合乘客体重增加的趋势，对原规范

的计算载荷分别增加了50N。

值得注意的是：对于双线往复车厢或车组式索道，在进行工艺或设备设计时，每位乘客的计算载荷是一致的，这一点与单线循环式客运索道有所不同。

6.1.3 支架头部和末端套筒的销轴，均为客车上非常重要的零件。因此，本次修订时，参考了瑞士和日本的规定，新增了对吊架头部和末端套筒销轴抗拉安全系数的规定。

6.1.4 本次修订时根据我国索道工程的实践经验，对原条文内容进行了适当修改。

国内外双线往复式客运索道的实践经验证明，牵引索及平衡索与运行小车的连接处，是客车上最为薄弱的环节。本条虽然没有排斥浇铸套筒的连接方式，但为了安全起见，采用浇铸套筒连接牵引索或平衡索时，浇铸套筒在结构上应便于抽出检查浇铸质量，其锥体长度应为牵引索或平衡索直径的5～7倍，内部锥度应为1/6～1/3，内部小端直径应为牵引索直径的1.3倍。

缠绕套筒的连接，是指将铝合金丝缠绕在钢丝绳末端的外层上，紧密排列成与套筒锥度相一致的密实锥体的连接方法，这种方法克服了浇铸套筒的部分缺点。因此，本次修定时，新增了缠绕套筒的连接方法，有条件时可在工程中采用。

6.1.6 根据 OITAF 文件的规定，车厢的地板面积为 $0.18n+0.6$（m²）。日本则规定为每人的最小地板面积，车厢高度大于 2m 时为 0.16m²；小于 2m 时为 0.18m²。根据上述资料，结合我国的实际情况，做出本条规定。

6.1.7 客车制动器是双线往复式单牵引客运索道中保证安全运行的关键设备。因此，本次修定时，参考了欧洲 CEN/TC 242 和其他国家的有关标准并结合我国的实际情况，制定了本条。

1 客车制动器产生误动作，驱动装置上的工作制动器未能自动投入制动，将会导致恶性事故的发生。因此，将客车制动器制动时，驱动装置的工作制动器应能自动投入工作规定到条文内。

2 客车制动器制动力的大小，是个比较复杂的问题。制动力的大小，应综合考虑索道线路的坡度变化、客车的载荷变化、运行方向不同、运行速度的高低、制动材料的磨损情况和摩擦系数的变化等一系列因素后，合理确定。

3 在各国有关规定中，只有瑞士交通部规定了牵引索的最小拉力应保证在 1.2m/s² 减速度紧急制动时，客车制动器不产生误动作。因为这条规定很重要，因此规定到条文内。

6.1.8 本条为新增条文。

客车制动器存在着结构复杂、保养麻烦、控制困难、制动不够可靠等难以解决的设计问题。客车上末端套筒处的牵引索比较容易断裂，牵引索断裂后，客

车制动器制动失灵所造成的重大事故，即使在国内也能举出实例。由于客车制动器工作上的要求，鞍座的绳槽必须设计得既窄又浅，且难以设置防脱索装置，承载索脱索后所造成的车毁人亡事故，在国外屡次发生。对于高速度、大运量、长距离、多支架、大倾角或风力强的索道，采用客车制动器时，更是难以保证乘客的安全。鉴于上述情况，自然产生了取消客车制动器的设计理念。

研制无客车制动器双线往复式单牵引客运索道是借鉴了单线循环式客运索道的设计经验，其指导思想是为了彻底改善牵引索的工作条件，努力防止牵引索断裂，并在设计、制造、检验、施工、验收、运营等全过程中保证牵引索和承载索安全可靠。

本条所述的一系列防止牵引索断裂的设计措施主要包括：

1 将牵引索设计成封闭环形，定期移动客车在牵引索上的夹紧位置，避免夹紧部位的牵引索长期受到反复弯曲所造成的损伤。

2 设计一种类似脱挂式抱索器的夹索器，数量不得少于 2 个，其抗滑安全系数不小于 4.0，其结构应便于夹紧或脱开牵引索，为牵引索的全面检查和探伤创造条件。

3 增大牵引索直径。

4 提高牵引索的抗拉安全系数。

5 按零件失效后的危害程度，将牵引索及其有关设备的零件分成三类（一类为非常重要零件，二类为重要零件，三类为一般零件）。一类零件必须在设计、制造、检验、安装、使用、探伤、报废等全过程中防止失效。

6 设置防止牵引索鞭打或缠绕承载索的监控装置。

7 线路托索轮组除了设置挡索器和捕索器之外，还应设置牵引索离位监控装置。

8 驱动轮、拉紧轮和各种导向轮应设置防脱索装置。

9 为了减小牵引索的动载荷，对驱动装置的加速、减速、超速、失速等实行完善的电气控制；对拉紧装置增设阻尼装置。

10 在客车运行过程时，对牵引索的实际拉力进行自动测定与显示，牵引索的实际拉力超过规定值时，即自动报警或自动停车。

本条所述的保证牵引索安全的操作规程主要包括：

1 客车的夹索器应在 200 个工作小时或 90 个工作日之内进行移位。同时，应对使用中的夹索器的零件和焊接件进行肉眼检查。

2 应按以下时间间隔用探伤仪对牵引索进行全面检查：

1）投入使用的第一年，应在 200 个工作小时或

4 个工作周之内检查一次。

2）投入使用的第二年至第十年，应在 1000 个工作小时或一年之内检查一次。

3）投入使用的第十年以后，应在 200 个工作小时或 90 个工作日之内检查一次。

4）停止运行 3 个月或更长的时间后，在重新投入运行前检查一次。

3 对牵引索的夹紧段进行探伤检查时，如发现牵引索的损伤达到或超过规定指标的一半时，夹索器的移位和用探伤仪对牵引索进行全面检查的间隔时间还应缩短。

4 夹索器应沿固定方向进行移位，移位的距离不得小于夹索器长度、夹索器两端附加装置的长度和牵引索 2 倍捻距三者的总和。

5 不允许在牵引索编结接头的绳股交叉点上固定客车。夹索器与绳股交叉点之间的距离，不得小于夹索器总长的 2 倍。

1985 年，法国在阿尔卑斯山率先建成了大型的无客车制动器双线往复单牵引车厢式客运索道，客车定员多达 160 人，客车通过支架时的运行速度高达 11m/s，创造了多项世界纪录。1997 年，我国张家界黄石寨也建成了无客车制动器的双线往复单牵引车组式客运索道。

6.1.9 本条为新增条文。

为了克服末端套筒固有的缺点，夹索器首先在车厢式客运索道中采用，获得了很好的使用效果。近几年来，车组式客运索道逐渐采用了夹索器。因此，本次修订时，新增了对客车夹索器的有关要求。

6.1.10 本条为新增条文。

为了保证客车在线路上的安全运行和顺利进出站房，本次修订时新增了空车或重车对承载索中心铅垂线的向内或向外偏斜的规定。为了符合这条规定，客车设计与制造均应注意控制空车或重车的重心位置。

6.2 承载索与有关设备

6.2.1 本条是参考了欧洲 CEN/TC 242 标准和 OITAF 文件的有关规定而制定的。

1 密封钢丝绳具有表面平滑、接触面大、密封性好、表层丝断裂后不会翘起等一系列优点，因此，强调应选用密封钢丝绳作承载索。

2 本次修订时，将承载索的抗拉安全系数由原规范的不得小于 3.5 改为不得小于 3.15。

6.2.2 鉴于近年来国内外承载索采用两端锚固或液压拉紧的索道日渐增多，本次修订时，新增了承载索两端锚固和液压拉紧的内容。两端锚固或液压拉紧方式，具有简化站房配置、缩小站房体积、降低基建费用等特点。

在采用两端锚固时，要计算承载索在不同温度下各种载荷时的拉力，确保其在最不利条件下的 T_{min}/R、

T_{min}/Q 等参数符合本规范规定。

6.2.3 双重锚固方式曾在泰山、黄山、峨眉山、西樵山等索道工程中采用，生产实践证明，它具有结构简单、施工方便、管理容易、安全可靠、造价低廉等优点，是一种值得推广的锚固方式。为了便于检查承载索是否滑动，工作夹块组与备用夹块组之间应留出5mm的观察缝。

6.2.4 采用圆筒锚固方式时，承载索末端的工作夹块数量，各国的规定各异，OITAF 为 1 副，瑞士为计算确定，日本则没有规定。这反映了承载索在圆筒上缠绕的圈数不同，工作夹块的数量也不相同。为了安全起见，本规范规定：承载索的尾部应采用至少 3 副夹块锚固在支座上，其中 2 副工作，1 副备用。工作夹块与备用夹块之间，应留有 5mm 的观察缝。夹块的抗滑力不得小于剩余拉力的 2 倍。

6.2.5 根据多年的实践经验，本次修订时，新增了鞍座余量、鞍座润滑等方面的规定。

6.2.6 本条为新增条文。

为了防止承载索从支架鞍座上脱索后所造成的重大事故，特制定本条文。

承载索对鞍座的最小靠贴力，产生于承载索出现最大拉力和相邻两跨均无客车的载荷条件下。最小靠贴力所对应的靠贴弧称为最小靠贴弧。在正常情况下，防脱索装置不应承受承载索的上抬力，因此，规定该装置应设在最小靠贴弧的中部。

6.3 牵引索、平衡索、辅助索与有关设备

6.3.1 双线往复式客运索道牵引索、平衡索和辅助索通常使用的钢丝绳型号为：$6 \times 19S$、$6 \times 25Fi$、$6 \times 26SW$、$6 \times 31SW$、$6 \times 37S$ 等，不同型号的钢丝绳，具有不同的使用性能。在上述型号中，耐磨性依次降低，抗疲劳性则依次提高。设计时应按使用条件合理确定。

6.3.2 由于双线往复式客运索道的启动和制动比较频繁，因此，在计算牵引索、平衡索和辅助索的抗拉安全系数时，应计入正常启动或正常制动时的惯性力。

双牵引索道牵引索的抗拉安全系数，原规范规定为 5.5，结合国内工程实践经验，本次修订时规定为 5.4。

欧洲 CEN/TC 242 标准规定，无客车制动器单牵引索道牵引索的抗拉安全系数，比有客车制动器的提高了 20%。因此，本次修订时，有客车制动器单牵引索道牵引索的抗拉安全系数仍为 4.5，将无客车制动器单牵引索道牵引索的抗拉安全系数提高到 5.4。

无极缠绕的辅助索，在运行时重锤减轻，其安全系数为 4.5；在停运时重锤加重，因此，其安全系数为 3.3。

6.3.3 牵引索、平衡索和辅助索的拉紧。

1 为了提高索道运行的平稳性，本次修订时，新增了当重锤移动速度较快时，应设阻尼装置的规定。

2 双牵引索道的牵引索分别设置调绳装置后，可减少牵引索的截绳次数，使客车在站内准确停靠，并使驱动装置的受力更为均衡。我国自行设计的双牵引索道，如长江索道、鹿泉索道、衡山索道都设有调绳装置，后两条索道的调绳装置使用效果很好。因此，本次修订时，新增了设置调绳装置的规定。

6.3.4 本次修订时，将导向轮直径与钢丝绳直径及表层丝直径之比的表格进行了简化，使其与现行的欧洲 CEN/TC 242 标准相吻合。

关于牵引索托索轮的直径，瑞士规定不得小于牵引索直径的 10 倍，前苏联规定不得小于牵引索直径的 15 倍，通过分析比较，本规范采用了与欧洲 CEN/TC 242 标准和 OITAF 文件一致的不得小于牵引索直径 12 倍的规定。

6.4 牵引计算与驱动装置选择

6.4.1 由于重车上行、空车下行和空车上行、重车下行这两种载荷情况的计算结果，已经能够满足牵引计算的要求，因此，在修订时，将原规范的四种载荷情况归纳为：重车上行、空车下行和空车上行、重车下行两种最不利的载荷情况。

6.4.3 对本条作以下说明：

1 紧急驱动系统的传动机构分为两种：一种是直接传动驱动轮；另一种是利用主驱动的传动机构带动驱动轮。设计时应尽可能采用前一种方式。

2 双牵引索道驱动装置设机械差动或电气同步装置的目的是为了使 2 根牵引索的速度相等。机械差动装置具有结构简单、使用可靠、管理方便等优点，国内外双牵引索道多半采用机械差动装置。

6.4.4 由于盘式制动器的特有性能，可以通过增减制动器的数量和改变液压站的控制方式，实现工作制动器和安全制动器的不同功能，因此，工作制动器也可直接设在驱动轮上。

6.5 线 路 设 计

6.5.1、6.5.2 规定承载索和牵引索在支架上的靠贴条件，是为了确保承载索和牵引索在支架上有可靠的靠贴力，从而保证双线往复式客运索道的安全运行。

6.5.3 本条为新增条文。

由于旅游事业的蓬勃发展和索道技术的不断进步，大运量和大客车双线往复式客运索道，在我国有一定发展空间。定员不少于 60 人的客车，因其载荷较大，一根承载索已经难以承受这种载荷，此时，采用双承载方案比较合理。

当采用单承载方案时，如因承载索直径过大或长

度太长带来制造、运输、安装等困难，此时改用双承载方案更为合理。

鉴于上述情况，本规范新增了双承载索道的有关要求。

6.5.4 本条为新增条文。

在双承载索道中，采用支索器虽然可以缩短牵引索的拉紧行程和提高索道运行的平稳性，但存在维修困难、牵引索跑偏及脱槽等问题，设计时应注意加以解决。

7 单线循环式客运索道工程设计

7.1 客 车

7.1.1 本次修订时，参考了欧洲 CEN/TC 242 标准和 OITAF 文件的有关规定，并考虑到近年来客车大型化和乘客体重增加的趋势，对客车定员的划分和每位乘客的计算载荷进行了适当的调整。

客车定员不超过 15 人时，每位乘客的计算载荷，在工艺设计时取 740N，建议在设备设计时取 790N。这是因为，如果工艺设计时每位乘客的计算载荷取值略微增大，将会带来技术参数的较大变动，从而导致索道基建费用的明显增加。因此，本次修订时，对于每位乘客的计算载荷，在工艺设计和设备设计时，规定了不同的数值。

7.1.2 根据现代材料力学第三、第四强度理论，对于塑性材料的安全系数应按屈服点计算，因此，本条参考了 OITAF 文件的有关规定，并结合国内制造厂家的实践经验，规定了客车对屈服点的安全系数。

7.1.3 抱索器是保证单线客运索道安全运行的关键设备，为此，本次修订时，参照欧洲 CEN/TC 242 标准和 OITAF 文件的有关规定，对本条作了较大变动。

1 截止到 1995 年，大部分脱挂式抱索器都有单、双抱索器的区别。与双抱索器相比，单抱索器具有结构紧凑、维修方便、脱开和挂结更为可靠、运载索和加减速器轮胎磨损较小、过压索轮组时振动较小、过脱索轮组时钳口与运载索之间的贴合较好等优点。近 20 年来，单抱索器突破了只能用于 2 座客车的限制，相继应用在 4 座、6 座和 8 座客车上，并且取得了比较满意的使用效果。单、双抱索器之间的界限事实上已经不复存在，为此，本次修订时进行了相应的调整。尽管如此，对于客车定员较多和运载索倾角较大的索道，应特别注意脱挂式抱索器的抗滑力是否符合本条的有关要求。

2 在抱索器的抱索力方面，本次修订时，对力源的产生、弹簧在钢丝绳直径发生变化时能自动补偿或人工调整的性能、弹簧局部损坏时抱索力的允许减小量和弹簧的允许变形量，作出了具体要求。这些要求都是保证抱索器安全可靠性的主要技术手段。其中，力源的产生和弹簧局部损坏时抱索力的允许减小量，这两点规定尤其重要。

3 在抱索器的材料方面，由于建在高海拔或高纬度地区的单线循环式客运索道数量较多，因此，本次修订时，规定了在低温环境中工作的抱索器，其材料应具有良好的低温冲击韧性。此外，对内、外抱卡的材质及成型方法，也做出了具体规定。

根据抱索器导向翼和脱挂式抱索器车轮材料的工作条件，增加了对所用材料使用性能方面的要求。

4 固定式抱索器和脱挂式抱索器的钳口与钢丝绳之间的摩擦系数在实际应用中可考虑取不同的数值，因为前者在较长时间内始终与钢丝绳固定连接，因而钳口与钢丝绳之间的贴合比较紧密；固定式抱索器钳口与钢丝绳的包角较大，经推导计算后所得到的摩擦系数值也较大；此外，固定式抱索器的运行速度较低。因此，钳口与钢丝绳之间的摩擦系数的取值可略高一些。

在国内外一些索道中，采取研磨钳口、增大钳口与钢丝绳之间的包角、在钳口最大比压处开槽等特殊设计，来提高钳口与运载索之间的摩擦系数。国内一些索道的生产实践证明，无需润滑的钢丝绳能显著提高抱索器的抗滑能力，这也是提高摩擦系数的措施之一。

5 按零件失效后的危害程度进行分类，抱索器的内抱卡、外抱卡、弹簧、各种销轴等，都属于非常重要的一类零件。一类零件必须在设计、制造、检验、安装、使用、探伤、报废等全过程中防止失效。本次修订时，新增了对新抱索器进行无损探伤的要求，其目的是严格控制抱索器的产品质量。无损探伤时，应对各类零件的高应力部位进行仔细探伤。

7.1.4～7.1.6 为了确保索道的安全，本次修订时，对于车厢、吊篮和吊椅的设计，新增了材料选择、焊接质量、静力试验等方面的要求。

单线循环式客运索道约占我国客运索道总数的 90%，而且绝大多数都建在风景名胜区，因此，在设计车厢、吊篮和吊椅时，除了考虑具有足够的强度和刚度之外，其结构和造型的设计还要考虑新颖、美观大方、乘坐舒适并与自然景观相协调。

7.1.7 拖牵座设计。本条为新增条文。

拖牵式索道在国外早已广泛使用，索道总数约有 2 万条。近年来，随着我国滑雪运动的兴起，高山滑雪场的相继建成，拖牵式索道的建成条数逐年增多。因此，本次修订时参考了欧洲 CEN/TC 242 标准和 OITAF 文件的有关规定，新增了拖牵式索道的有关内容。

7.1.8 近十几年来，我国旅游索道的数量日益增加，滑雪索道和拖牵式索道也在逐年增多。为此，本次修订时参考了欧洲 CEN/TC 242 标准和 OITAF 文件的

有关规定，对客车的最小发车间隔时间作了适当调整。

近几年来，采用固定式抱索器的索道，其吊椅座位数的差异越来越大，为了适应这种情况，本次修订时参照了欧洲 CEN/TC 242 标准的规定，改为以吊椅的座位数来确定最小发车间隔时间。

7.2 运载索与有关设备

7.2.1 对本条作以下说明：

1 运载索的绳芯可采用合成纤维绳芯、天然纤维绳芯和钢绳芯。一般情况下推荐采用合成纤维芯；当对钢丝绳的结构性伸长有严格要求时，宜采用热压成型的尼龙棒芯；特殊需要时，可采用钢芯。这是因为：合成纤维芯具有比重小、韧性好、不吸水、耐酸、耐碱、耐腐蚀、耐挤压和耐磨损的特性，此外，还具有在动载荷条件下使用不易变形，保持绳径稳定等特点。目前，国内外索道多采用带合成纤维绳芯的钢丝绳。如果采用天然纤维芯，应选用较硬且防腐蚀的品种。

热压成型的尼龙棒芯钢丝绳的结构性伸长率约为合成纤维芯钢丝绳的 50%。绳芯为钢芯的钢丝绳承载能力较大、结构性伸长率最小，尽管在国内客运索道上使用得较少，但在国外单线脉动循环式索道和采用移动式站台的索道上应用较多。

2 推荐采用镀锌钢丝绳的原因如下：

1）采用镀锌钢丝绳可减少腐蚀断丝，延长钢丝绳的工作寿命。

2）采用无需润滑的镀锌钢丝绳可以提高钢丝绳与抱索器钳口或驱动轮衬垫之间的摩擦系数，从而提高了索道的安全可靠性。

3）采用无需润滑的镀锌钢丝绳可以延长单线客运索道唯一的易损件——轮衬的工作寿命，从而，提高了索道的经济效益。

4）无需润滑的镀锌钢丝绳不仅美观，而且不污染乘客衣物、车厢顶部、支架平台和站房地面，可实现清洁生产和文明运营。

5）无需润滑的镀锌钢丝绳便于编结并可减少钢丝绳的维护工作量。

7.2.2 运载索的抗拉安全系数为钢丝绳的最小破断拉力即制造厂家提供的最小破断拉力与运载索最大工作拉力之比。确定运载索的最大拉力时，不计入索道启动或制动时的惯性力，并且不考虑拉紧系统的摩擦阻力对初拉力的影响。

参考了欧洲 CEN/TC 242 标准的有关要求，本次修订时，将运载索的抗拉安全系数由不得小于 5.0 修改为不得小于 4.5。理由如下：

1 随着索道设计水平和计算精度的提高，加之钢丝绳结构设计的改进、制造质量的提高和使用经验的增多，单线循环式客运索道断绳的几率已降低到

$5×10^{-8}$ 以下。导致钢丝绳失效的主要原因，已从钢丝绳问世初期由于拉应力过大而造成断绳，演变为由于断丝总数达到报废标准而正常退役。钢丝绳的断丝主要分为疲劳断丝、腐蚀断丝和磨损断丝，三种断丝产生的原因都与钢丝绳的工作条件有很直接的关系，而与拉应力的关系相对较小。因此，适当减小钢丝绳抗拉安全系数，不会影响单线循环式客运索道的安全运行。

2 随着抗拉安全系数的降低，运载索的直径相应减小，使得所有与其相关的设备减轻，从而提高了索道的技术经济指标。

3 对钢丝绳耐久性的理论分析和实践证明，钢丝绳拉伸应力增大时，弯曲应力相对减小，有利于延长运载索的工作寿命。

4 索道在运载索较大拉力情况下运行时，钢丝绳产生的波动，特别是某些跨距内产生垂直波动的可能性减小；钢丝绳各跨的挠度、空车与重车的挠度差和索道启制动时的波幅都相应减小，从而提高了索道运行的平稳性。

5 随着运载索拉力的相对增大，客车行近支架时钢丝绳的倾角和重车与空车行近支架时钢丝绳的倾角之差，均相应减小，改善了运载索的工作条件，从而延长了运载索的工作寿命。

7.2.3 液压拉紧装置因其具有结构紧凑、性能优良、外形美观、配置方便、节省空间等优点，在工程中得到日益广泛的应用。因此，本次修订时增加了对液压拉紧装置的有关要求。

重锤拉紧装置因其具有结构简单、拉力恒定、反应迅速、维护方便、不需额外动力源等优点，在工程中仍有一定的使用价值。

7.2.4 拉紧轮和迂回轮均为非驱动端的大直径绳轮，但使用情况各不相同，当索道一个端站采用固定安装的驱动装置时，另一个端站则应采用可移动的、设在拉紧装置中拉紧小车上的拉紧轮。当索道一个端站采用可移动的驱动与拉紧联合装置时，另一个端站则应采用固定安装的迂回轮。

7.3 牵引计算与驱动装置选择

7.3.2 本条为新增条文。

抗拉安全系数是索道设计的重要参数。为了准确求出抗拉安全系数，必须准确地计算出运载索的最大工作拉力。

本次修订时，参考了欧洲 CEN/TC 242 标准和 OITAF 文件的有关规定，列举出运载索在最不利载荷情况下的最大工作拉力的各组成部分，其中，液压拉紧装置拉紧力的变化范围约为 ±10%，计算运载索的最大工作拉力时，应计入该拉紧装置拉紧力的增加值；重锤拉紧装置拉紧力的变化范围不超过 ±3%，因此，计算运载索的最大工作拉力时可忽略不计。与

双线往复式客运索道相比，单线循环式客运索道的运行速度相对较低，启动和制动不算频繁，启、制动时的加、减速度相对较小，因此，在计算运载索的最大工作拉力时，可不计入启、制动时的惯性力。

7.3.3 运载索在橡胶衬托、压索轮组上的阻力系数，是单线客运索道牵引计算和线路计算中非常重要的基本参数。欧洲 CEN/TC 242 标准和 OITAF 文件规定：橡胶衬托、压索轮组的阻力，约为轮组径向载荷的 3%，该阻力已计入运载索通过轮组时的刚性阻力。结合我国的实际情况，将阻力系数定为 0.030。

执行时应注意：本条所规定的 0.030 的阻力系数，是按逐个站内阻力点和逐个线路支架计算的条件所采用的参数，若按均布载荷的近似计算方法计算时，应采用比 0.030 更大的阻力系数。

7.3.5 单槽卧式驱动装置具有体积小、重量轻、配置方便等特点。采用单槽卧式驱动装置时，能简化运载索的导绕系统，减少运载索的弯曲次数，延长运载索的工作寿命并能降低站房高度。因此，单槽卧式驱动装置几乎成了单线循环式客运索道唯一可以采用的形式。

索道的主驱动、紧急驱动、辅助驱动和营救驱动系统有各自不同的使用功能并体现着不同的装备水平。对于采用固定式抱索器的客运索道，由于索道长度较短、线路上乘引人数较少、客车离地高度较低等原因，除主驱动系统外，一般只需配备辅助驱动系统。对于长距离、高速度、大运量、客车离地高度较高和个别跨距内客车离地高度很高的脱挂式抱索器客运索道，除主驱动系统外，过去一般仅配备辅助驱动系统。但是，当主传动机构出现故障时，辅助驱动系统不能保证在合理的时间内将滞留在线路上的乘客回运至站内，因而，近几年来采用紧急驱动系统的索道逐渐增多，个别索道还另外配备了营救驱动系统。

7.4 线 路 设 计

7.4.2 在托、压索轮组上，设置挡索板、捕索器、运载索脱索时索道能自动停车的监控装置和运载索脱索后的二次保护装置，是保证单线客运索道安全运行的有效技术措施。

二次保护装置是设于压索支架横担上的挡臂。其作用是当运载索外脱索并越过捕索器后，能有效地挡住运载索，并使索道自动停车。工程实践证明，在压索支架上设置脱索二次保护装置是非常必要的，二次保护装置不仅能防止重大安全事故的发生，而且还能减少脱索后恢复索道正常运行的工作量。

7.4.3 运载索在支架上的托、压索轮组上的靠贴条件，直接关系到单线循环式客运索道的安全运行。在原规范中，运载索在每个托索轮上的最小靠贴力，仅规定为不得小于 500N，这一规定不仅数值偏小，而且无法适应不同轮缘直径的托、压索轮组。本次修订

时，参考了欧洲 CEN/TC 242 标准和 OITAF 文件的有关要求，对运载索在每个托、压索轮组上的最小靠贴力改为由 7.4.3 式确定。

本次修订时，对运载索在每个托、压索式支架上的最小靠贴力，由原规范的半经验方法改为更为科学的风荷载计算方法进行控制。此外，本次修订时还对采用托索与压索联合轮组支架和拖牵式索道支架的最小靠贴力进行了规定。

实践证明，采用托索与压索联合轮组的支架不仅能减少线路上支架的数量，还能提高乘坐的舒适性，因而，有条件时应优先考虑采用该种形式的支架。

7.4.4 支架配置。

对于采用脱挂式抱索器的索道，规定当运载索俯角出站时，站前第一跨的运载索宜导平，且站前第一跨的跨距不得小于最大制动距离的 1.2 倍，是为了防止挂结失误的客车冲出支架滑向线路，造成重大事故，同时也便于将挂结不良的客车低速运回站内。

当客车通过压索式支架时，由于振动较大而影响到乘坐的舒适性。此外，压索轮的橡胶衬垫在实际使用中磨损严重，增大了索道的维修工作量并增加了索道的经营费用。因此，设计时应尽量减少压索式支架的数量。

7.5 站 房 设 计

7.5.1～7.5.3 拖牵式索道由于线路短和功能单一，其起点站和终点站几乎均采用无站房设计。此外，采用固定式抱索器的 2 座、4 座和 6 座滑雪专用吊椅索道，由于站台与滑雪道直接连接，乘客脚穿滑雪板乘坐索道，到站后立即滑向滑雪道，其上站也多采用无站房设计方案，即目前国外比较流行的"Ω"设计方案。为此，本次修订时新增了无站房设计方面的内容。

近年来，国外在推行无维修设计的同时，还出现了推行人性化设计的趋势。国内的人性化设计也逐渐提上了议事日程，因此，本次修订时，对乘客的保护、控制室的装备、上下车台的高度、站内的地面、设置各种标志等等，提出了更高的设计要求。

7.5.4 本条为新增条文。

拖牵式索道起点站和终点站的设计与普通索道的站房设计不大相同，本次修订时，参考了欧洲 CEN/TC 242 标准和 OITAF 文件的有关规定，增加了对拖牵式索道起点站和终点站设计的基本要求。

8 索道工程施工

8.1 一 般 规 定

8.1.1 安装工程开始之前，建设单位应将本条所列的技术文件提交施工单位，作为施工单位安装及维修

的质量控制文件。

安装单位在索道安装过程中，应按设计文件进行施工。如有不同意见，应取得设计单位、建设单位和监理单位的同意，并按设计变更通知进行施工。

近十几年来，国内索道特别是客运索道的成套设备，均在制造厂内经过预组装和单机试车后才出厂，因此，本次修订时取消了原条文中关于试车合格证的要求。

8.1.2 索道施工具有以下特点：线路较长、地形复杂、设备分散、场地狭窄、运输困难，一般没有公路及专用电力线路，施工条件较差而施工质量要求较高。因此，施工单位应根据索道类别、建设规模、技术复杂程度、地形与气象条件、五通一平等情况，编制施工组织设计或施工方案，作为指导安装工作的主要技术文件。

我国对安全生产高度重视，并制定了《安全生产法》来规范生产安全。此外，由于客运索道多建在风景名胜区，因而，必要时应编制安全施工方案和环境保护方案。

对于规模不大且技术不太复杂的客、货运索道，可用施工方案代替施工组织设计。施工方案应以简明扼要的形式，解决施工组织设计基本内容中的有关问题，特别是在山地条件下安装钢丝绳、大型钢结构、各主要设备和在索道联动调试时的有关问题。

对于规模较大且技术复杂的客、货运索道，在施工组织设计中，应编写解决山地运输问题的施工专用索道的有关内容。

8.1.3 作为施工中的一般工序，安装单位开始安装前，建设单位应向安装单位提供索道土建部分的验收文件，安装单位依据土建部分的验收文件，对索道土建部分进行复验，以确认是否符合安装条件，否则不得进行安装。即使土建施工与安装施工为同一施工单位，复验工作也应照常进行。此项工作对提高验收质量、保证安装工作顺利进行、确保索道正常运行等，均具有非常重要的意义。

索道中心线是各种钢结构、各主要设备和所有钢丝绳安装时的基准，验收时必须对各中心标志进行检查。检查时应以原始测量桩点为基准进行一次性检查，以免产生较大的误差。

站房和线路基础应同时验收。施工单位在对与安装有关的土建部分验收时，如发现有超出设计或规范要求偏差的预埋件或基础，安装前应按设计单位的整改意见，在保证质量的前提下彻底纠偏后，方可安装。

表8.1.3中的第11项，设备基础的预埋螺栓之间的距离，应在各预埋螺栓的根部和顶部两处分别测量，其偏差均不得大于±2mm。预埋螺栓标高在本规范中均规定其偏差为零或正值，即露出部分只能大于设计值而不能小于设计值，故统一规定为+20mm。

表8.1.3中的第12项，预埋件标高涉及众多设备安装的标高及安装精度，故只规定负值方向的偏差，避免统一标高平面上的预埋件高低差过大，降低安装精度。

8.1.4 钢结构的运输与存放。

1 目前，由于国内施工专用索道的最大单件运输重量尚未超过4t，如果独立构件质量过重或体积过大，则应分解成便于运输的构件。

钢结构在交付安装前应先除锈后再作防腐处理。目前，我国许多客、货运索道钢结构安装前往往不除锈就涂底漆，安装校正合格后再涂面漆，这样对防腐不利，应尽量避免。

2 一般按照建设单位与安装单位共同商定的进场顺序，运至施工组织设计所规定的安装场地或距安装场地最近的堆放场地，以便缩短二次搬运的距离，减少运输过程中的变形，加快施工进度。

各构件应稳固地堆存放在垫块上，堆层高度不得超过2m。桁架应直立存放，各构件上不应积水。

8.1.5 安装单位在安装前应对设备及钢结构进行检查验收，对不符合设计要求的产品不得交付安装。钢丝绳在展开过程中，当发现制造、运输、保管等方面的缺陷时，不得继续安装。对发现的问题，需经有关单位提出妥善的处理意见并妥善解决后，方可继续施工，施工单位不得擅自处理。

8.1.6 机械设备（如：驱动装置的主轴装置、液压站、润滑站、电动机、减速器、液压制动器等；客、货车的抱索器、拖牵盒、防摆器、减振器，等等）在制造厂家调试合格后，按成套方式进行供应、运输、保管及安装，对保证施工质量和加快施工进度，具有重要的意义。因此，凡是能够整体运输的设备不应拆零。尺寸太大的设备，应按设计分解成便于运输的独立部分。在运输与保管过程中，应防止灰尘或杂物进入机械设备的运动部位，尽量避免在安装时解体检查和二次清洗。机械设备安装的通用部分，应按现行机械设备安装工程施工及验收规范的有关规定执行。

8.2 钢结构安装

8.2.1 采用螺栓连接的钢支架或高架钢站房，为了保证安装进度和在安装现场一次组装成功，在一般情况下，均要求每一个钢结构在制造现场进行立体预组装，并出具预组装合格证。

由于索道的支架形式不尽相同，制造数量不是很多，制作厂家比较分散，很难形成批量生产，因此，本次修订时取消了原条文中当钢结构进行批量生产，制造精度得到保证且经过施工验证时，可不进行预组装的规定。

8.2.2 本条的目的是尽量减少零部件的起吊次数和高空作业工作量，并保证安装质量和安全生产。

在矫正构件的直线度时，其弯曲矢高的允许偏差

应符合表8.2.5第7项的规定。

不论用什么安装方法，钢结构在起吊前，必须检查地脚螺栓和地脚螺栓孔的实际尺寸。如果偏差超过允许值时，应按设计单位的要求，重新开孔或重新制作底板。在没有解决这些问题之前，不能贸然起吊钢结构。

8.2.4 钢结构底板下的垫板，一般直接承受主要载荷，因此，应使用成对斜垫铁。应尽量减少叠垫板的数量，一般不超过3块，放置垫板时，厚的放在下面，薄的放在中间，找平后互相焊牢，并与钢结构底板焊在一起。

8.2.5 桁架式钢结构支架，底层钢结构如不经校正就拧紧地脚螺栓，将无法防止上部安装时的累计偏差，对质量较大的支架也无法进行调整。

在检查相接触的两个平面是否有70%以上的面积紧贴时，采用0.3mm塞尺，插入深度的面积之和不得大于总面积的30%。两个平面边缘的最大间隙不得大于0.8mm。

8.2.6 对于高度很大的钢支架，风力、日照和温差所造成的支架顶部的变形较大，且变形的数值难以计算，因此，应在风力很小的清晨或阴天进行测量或校正。

8.2.9 二次灌浆层的厚度如果太小，则浇灌施工困难，且二次灌浆层不易密实；如果太大，则垫板太厚，既不经济又影响施工质量，一般以50mm左右为宜。随着技术的进步，有的钢结构设计中，底板与基础面之间不需二次灌浆层。

8.2.10 在运输、保管和安装过程中脱落的底漆以及安装连接处，应采用风铲、化学除锈剂或其他方法。彻底除锈后立即补涂底漆，再按设计规定的颜色及要求涂刷面漆数遍。对于湿热或气象多变地区的钢结构，更应严格执行本条要求。

为了防止未刷漆的连接面受到水、气的腐蚀，钢结构固定后，构件安装连接处可用腻子对其周围缝隙进行密封。

8.3 线路设备安装

8.3.1 由于托、压索轮组中，每个索轮的装配质量应由制造厂家保证，因此，本次修订时取消了原条文中对每个托、压索轮的径向跳动和端面跳动的要求。

8.3.2 目前，线路监控装置广泛采用针形开关，折断针形开关的力矩的偏差，与材料标号、制造方法及尺寸精度等密切相关，抽检前需先核对设备的技术文件和产品工艺卡片。

8.3.5 偏斜鞍座是承载索从线路过渡到站内的衔接设备，安装后需要用一辆货车进行通过性检查，弹性轨道应转动灵活；水平牵引式索道的偏斜鞍座，其托索轮应转动轻快、灵活。

8.4 钢丝绳安装

8.4.1 本条第3款，保持施工组织设计所规定的拉力，是为了尽量使钢丝绳腾空展开。但对于大直径钢丝绳，由于质量较大，放索时很难保持其处于腾空状态，放索时可根据实际情况，不一定始终保持腾空状态进行展开。

本条第5款，为了防止各种钢丝绳在展开过程中受到松散等意外损伤，钢丝绳的端部需要用钢丝、夹块或套筒进行夹紧。并在钢丝绳端部的合适位置设置防转器。

为了执行本条第6款的规定，在展开过程中，可隔一定距离或凸出地点，设置托滚、胶带、枕木或其他防护物，防止钢丝绳接触地面或摩擦构筑物。

为了防止各种钢丝绳在水中浸泡，钢丝绳在跨越水面时，可用吊索、浮箱、船只或其他设施防止钢丝绳接触水面。

8.4.2 承载索在起吊前需详细检查涂油情况，受到破坏的涂油层，应尽可能进行立即补涂，亦可在安装后用加油车进行补涂。

对于设有高支架的客运索道或堆货索道，为了防止从地上起吊承载索时产生过度弯曲，应创造条件使承载索支承在牵引托索轮上展开。

8.4.3 浇铸后的锥体，从套筒中抽出进行检查时，发现下列情况之一者，为不合格品，必须重新浇铸：

  1 铸件表面有较大蜂窝或麻面。

  2 铸件表面出现裸露钢丝。

  3 锥体的锥口与钢丝绳结合不好或出现空隙。

8.4.4 本条第1款，采用向锚固端方向拉紧，便于拉出多余的承载索，并有利于锚固施工，亦易于控制重锤的安装位置。

对于夹块所用的螺栓，应按设计要求用大型扭力扳手——拧紧。不应采用大锤过度打击，防止螺栓或螺母受到疲劳损坏。

8.4.6 对于采用双牵引索的双线往复式客运索道，首先，要准确测量每根牵引索及平衡索的长度，做好截绳与挂绳的准备工作；其次，要控制每根平衡索的重锤的质量。当客车与牵引索及平衡索进行连接时，必须使2根牵引索的拉力接近相等；当索道进行空负荷试运行时，需通过牵引索调整装置，精确调整牵引索的长度，使2根牵引索的拉力相等。

8.5 站内设备安装

8.5.1、8.5.2 吊梁是吊钩或吊架的安装基础，所以，必须以索道中心线和测量桩点为基准，逐个测量各预埋件的平面位置和标高，偏差超过规定值时，安装前必须采取彻底的纠偏措施。

对于单线循环脱挂式抱索器客运索道，站内前后横梁如果安装偏差过大，则影响站内加、减速段及其

大梁等设备的安装精度。因此，本次修订时，新增了对前后横梁的有关要求。

8.5.3 货运索道站内轨道的接头，目前，多采用焊接方式连接，因此，本次修订时，取消了对接头间隙的要求。

8.5.4 对本条作以下说明：

1 对于直线道岔，安装时直线段要和曲线段相切，搭接处不能有折曲现象；对于曲线道岔，安装时岔头要和基本轨道圆滑过渡。

2 道岔装好后，需保证客、货车通过时不产生冲击现象。

8.5.5 导向板安装后主要检查连接的可靠性，接头的平滑程度和其空间尺寸是否有利于客、货车的平稳运行。

8.5.7 对本条作以下说明：

1 驱动装置安装前要对基础进行检查，基础顶面要留出 50mm 左右的二次灌浆层的厚度。

2 在基础各部分尺寸都经过详细地校对后，才允许往基础上安装机座。首先，应按驱动机配置总图标定基础中心线，然后，按此中心线校对基础其他各部分尺寸，测量基础时，一律使用钢尺或钢卷尺。

3 安装机座时，基础顶面与机座之间要加垫板，垫板的表面应平整，垫板必须从地脚螺钉两侧施放，每组垫板块数不宜过多，通常以不超过 3 块为宜。

垫板要求垫放稳固，垫好后的垫板用小锤轻轻敲击检查，然后将垫板与机座焊牢。

机座找正后即可安装立架。

4 驱动轮的纵、横中心线应和设计中心线重合，经反复调整后的驱动轮，应保证其绳槽中心线与入侧或出侧牵引索的中心线相吻合。从动轮轮槽中心应该对正驱动轮出侧和入侧轮槽中心，并用拉线法检测。

驱动轮与从动轮调整定位后，即可进行二次浇灌水泥砂浆。

8.5.8 拉紧装置有两种安装形式，即下部支承和上部吊挂式。

1 安装前应对设备进行检查：

1）各紧固件必须紧固牢靠，剖分式拉紧轮的精制螺栓连接应接触紧密和定位可靠；

2）拉紧轮应转动灵活和无异常响声；

3）拉紧装置轨道中心线应与设计中心线吻合，轨道的标高和轨距偏差值，按本条的偏差值进行检查。

2 安装后，拉紧轮的绳槽中心线应与出侧和入侧牵引索或运载索的中心线吻合；拉紧装置的 4 个滚轮应该靠贴在轨道面上。

8.5.9 导向轮含垂直导向轮、水平导向轮和倾斜导向轮。其中垂直导向轮的轮轴必须水平安装，但支撑轮轴的轴承座的基础表面可与水平平面成任意角度。为了防止支撑轴承座沿基础表面移动，安装校正后，在支撑轴承座的两端应加挡铁，并应将挡铁焊在基础垫板上。

安装完毕的导向轮应转动灵活，无阻滞现象。

8.5.10 货车迂回轮主要用于自动转角站或端站，本设备的绳轮为型钢焊接结构，由于运输条件限制，制造厂在预组装后拆成便于运输的构件，因此，现场组装后需矫正运输过程中可能产生的变形，使迂回轮直径的偏差不大于 ±6mm，径向圆跳动不大于 8mm，端面圆跳动不大于 10mm，以保证货车平稳通过迂回轮。

迂回轮安装校正合格后，底座应焊牢于站内支座上。

8.5.12 滚子链是双线往复式客运索道导绕承载索的设备，其结构分为无极式和有极式两种，如黄山太平索道采用的是无极式；而重庆长江索道采用的是有极式。承载索滚子链的安装要求如下：

1 安装前对滚子架的定位面和滚子架的安装基础，均需检查并校正。

2 需预先划出滚子架和基础预埋钢板的中心线，校正后点焊定位，其中心线与承载索设计中心线应吻合，偏差小于 1mm。

3 整个滚子链安装好后，应以水平滚子顶面圆弧的半径制作长度不小于 1500mm 的弧形样板进行检查。任何一段内，滚子顶面应与样板密合，偏差不超过 1mm。经检验合格后，将垫板与预埋钢板焊牢。

4 安装完毕后，需先慢后快，先轻后重，经过各种速度和载荷的试运转。

5 各滚轮轴和链条销轴需采用润滑脂润滑。

8.5.13 重锤或重锤箱两侧的导向块或导向滚轮与导轨之间的间隙应该大致相等，否则应调整重锤块的位置，以保证升降过程中不得出现卡阻现象。

8.5.14 由于货车在运输和存放过程中比较容易产生变形，因此，要求在安装前逐辆检查脱挂式抱索器、吊架和货箱的功能尺寸。

为了保证挂结与脱开质量，在检查脱挂式抱索器的功能尺寸时，需采用专用检查工具，以轨道工作面的中点为基准点，检查钳口的定位尺寸和钳口的最大与最小开度，还需检查脱挂轮的定位尺寸和工作行程。

9 索道工程验收

9.1 试 车

9.1.2 对本条作以下说明：

1 索道无负荷试车由安装单位组织，建设单位派人参加，并且安装单位应做好无负荷试车的准备工作。

试车时需配备操作和维修人员，并制定必要的操

作规程和安全技术措施。

2 索道负荷试车的指挥、操作和治保等工作，由建设单位负责，安装单位派人参加，并且建设单位应做好负荷试车的准备工作。

试车时需按岗位配备操作人员和保证供给运输物料、备品及生产与维修工具，并制定必要的操作规程和安全技术措施。

9.1.3 无负荷试车。

1 无负荷试车，包括单机调试、机组联动试车和牵引索或运载索试车3个步骤，必须按照要求逐级进行。

2 额定速度是指正常运行时的设计速度，试车时按额定速度运行的时间不能小于累计试车时间的60%。

3 无负荷试运行合格后，需签署无负荷试车合格证书。

9.1.4 客运索道负荷试车需注意以下几点：

1 客运索道需采用砂袋或其他重物进行负荷试车。

2 检查索道在自动、半自动和手动控制方式下各机电设备的工作情况。

3 在各种载荷情况下，检查启动、制动时间和加、减速度，并检查启动、匀速运行和制动时的电流变化情况。

4 观察在各种载荷情况下客车通过支架时的运行情况。

5 观察客车在最不利载荷情况下，启动和制动时的纵向摆动情况。

6 需测试站房和线路支架的接地电阻。

7 在站内乘客活动区、控制室和距离噪声源1m处需进行噪声测定。

8 负荷试车合格后，应签署负荷试车合格证书。

中华人民共和国行业标准

钢筋混凝土薄壳结构设计规程

Specification for design of reinforced
concrete shell structures

JGJ 22—2012

批准部门：中华人民共和国住房和城乡建设部
施行日期：2 0 1 2 年 8 月 1 日

中华人民共和国住房和城乡建设部
公 告

第 1325 号

关于发布行业标准《钢筋混凝土
薄壳结构设计规程》的公告

现批准《钢筋混凝土薄壳结构设计规程》为行业标准，编号为 JGJ 22‐2012，自 2012 年 8 月 1 日起实施。其中，第 3.2.1 条为强制性条文，必须严格执行。原行业标准《钢筋混凝土薄壳结构设计规程》JGJ/T 22‐98 同时废止。

本规程由我部标准定额研究所组织中国建筑工业出版社出版发行。

中华人民共和国住房和城乡建设部

2012 年 3 月 1 日

前 言

根据住房和城乡建设部《关于印发〈2008 年工程建设标准规范制订、修订计划（第一批）〉的通知》（建标［2008］102 号）的要求，本规程编制组经调查研究，认真总结实践经验，参考有关国际标准和国外先进标准，并在广泛征求意见的基础上，修订本规程。

本规程的主要技术内容是：总则、术语和符号、基本规定、结构分析、圆形底旋转壳、双曲扁壳、圆柱面壳、双曲抛物面扭壳、膜型扁壳等，包括了钢筋混凝土薄壳结构的基本形式、基本要求、计算分析、构造要求等。

本次修订的主要技术内容是：新增"结构分析"一章，增加采用有限元方法分析的要求和规定；与其他相关标准协调；对原规程的薄壳计算公式和系数表进行了适当精简。

本规程中以黑体字标志的条文为强制性条文，必须严格执行。

本规程由住房和城乡建设部负责管理和对强制性

条文的解释，由中国建筑科学研究院负责具体技术内容的解释。执行本规程过程中如有意见或建议，请寄送中国建筑科学研究院（地址：北京市北三环东路30 号，邮政编码：100013）。

本 规 程 主 编 单 位：中国建筑科学研究院

本 规 程 参 编 单 位：清华大学
浙江大学
浙江省建筑设计研究院
华南理工大学建筑设计研究院

本规程主要起草人员：宋 涛 董石麟 赵基达
袁 驷 焦 俭 方小丹
赵 阳 叶康生 刘 枫
董智力

本规程主要审查人员：柯长华 张维嶽 胡绍隆
白生翔 曹 资 娄 宇
范 重 顾渭建 朱 丹

目　次

Contents

1 总 则

1.0.1 为在钢筋混凝土薄壳结构的设计中贯彻执行国家的技术经济政策，做到安全适用、技术先进、经济合理、确保质量，制定本规程。

1.0.2 本规程适用于房屋和一般构筑物的现浇或装配整体式钢筋混凝土及预应力混凝土薄壳结构的设计。

1.0.3 钢筋混凝土及预应力混凝土薄壳结构的设计，除应符合本规程外，尚应符合国家现行有关标准的规定。

2 术语和符号

2.1 术 语

2.1.1 壳板 shell plate

由两个曲面所限定，且此两曲面之间的距离远比曲面尺寸小的物体。

2.1.2 壳体 shell structure

由壳板（有时壳板上还有加劲肋）与其边缘构件组成的具有规定承载力的结构。

2.1.3 壳板中曲面 middle surface of shell

在理论分析时能定义壳板抽象形体的曲面，一般为距壳板两个表面等距离的点组成的曲面。

2.1.4 壳板厚度 thickness of shell

壳板两曲面间的法线长度。

2.1.5 壳板矢高 rise of shell plate

壳板中曲面最高处到壳板底平面的最大竖直距离。

2.1.6 壳体矢高 rise of shell structure

壳板中曲面最高处到壳体底平面的最大竖直距离。

2.1.7 薄壳 thin shell

厚度与中曲面最小曲率半径之比不大于 1/20 的壳体。

2.1.8 扁壳 shallow shell

矢高与最小跨度之比不大于 1/5 的壳体。

2.1.9 旋转壳 shell of revolution

以平面曲线为母线，绕一轴线旋转而形成中曲面的壳体。

2.1.10 球面壳 spherical shell

以圆弧线为母线，绕经过圆弧中心的轴线旋转而形成中曲面的壳体。

2.1.11 椭球面壳 rotational ellipsoidal shell

以椭圆线为母线，绕椭圆轴线旋转而形成中曲面的壳体。

2.1.12 旋转抛物面壳 rotational paraboloid shell

以抛物线为母线，绕抛物线的轴线旋转而形成中曲面的壳体。

2.1.13 移动面壳体 translational shell

以直线或平面曲线为母线，在空间沿两条准线移动而形成中曲面的壳体。

2.1.14 双曲扁壳 double curvature shallow shell

母线及准线均为单侧平面曲线（一般为抛物线或圆弧线）、具有正高斯曲率中曲面的移动面扁壳。

2.1.15 圆柱面壳 cylindrical shell

母线为直线、准线为圆弧线的移动面壳体。

2.1.16 双曲抛物面壳 hyperbolic paraboloid shell

母线为抛物线、准线为单侧平面曲线，具有负高斯曲率的移动面壳体。

2.1.17 膜型扁壳 membrane shell

两个主压应力方向上的截面内力彼此基本相等的扁壳。

2.1.18 壳板薄膜内力 membrane forces of shell

壳板中曲面内的轴向力和剪力。

2.1.19 边缘扰力 edge effect

在壳板与边缘构件连接处，由于位移协调而产生的内力。

2.2 符 号

2.2.1 荷载

q_n ——壳板中曲面上法向的均布荷载；

q_z ——壳板中曲面上 z 轴方向的均布荷载；

q_φ ——旋转壳壳板中曲面上分布荷载的经向分量；

Q_z ——旋转壳壳板计算截面以上部分的总竖向外荷载；

s ——壳板中曲面的水平投影面上的均布雪荷载；

s_n ——壳板中曲面上分布雪荷载的法向分量。

2.2.2 作用效应

c_t ——温度效应计算系数；

m_1、m_2 ——壳板平行于 y、x 轴截面上的分布弯矩；

m_t ——壳板截面上的分布扭矩；

m_φ ——旋转壳壳板截面上经向的分布弯矩；

$m_{\varphi a}$、$m_{\varphi o}$ ——旋转壳壳板外环、内环处截面上经向的分布弯矩；

$\tilde{m}_{\varphi a}$、$\tilde{m}_{\varphi o}$ ——旋转壳壳板外环、内环边缘处经向弯矩的修正值；

n_1、n_2 ——壳板截面上中曲面 x、y 轴切线方向的分布轴向力；

n_φ、n_θ ——旋转壳壳板截面上经向、环向的分布轴向力；

$n_{\varphi a}$、$n_{\varphi o}$ ——旋转壳壳板外环、内环处截面上经

向的分布轴向力；

$\tilde{n}_a$、$\tilde{n}_o$——旋转壳壳板外环、内环边缘处经向轴向力的修正值；

n_1^m、n_2^m、v^m——壳板截面上沿 x、y、z 方向的分布薄膜内力；

R——结构构件的抗力设计值；

S——作用组合的效应设计值；

v_n——壳板截面上的法向分布剪力；

v_{ct}——双曲扁壳壳板角点处的分布剪力；

v_t——壳板截面上切向的分布剪力；

$v_{\varphi n}$——旋转壳壳板垂直于经向的截面上法向的分布剪力；

u、v、w——壳体 x、y、z 轴方向的位移；

u_h^m——旋转壳壳体按薄膜理论计算的水平位移；

τ^m——壳板截面上薄膜剪应力；

Ψ_φ^m——旋转壳壳体按薄膜理论计算的经向转角。

2.2.3 几何特征

B——圆柱面壳的宽度，即圆柱面壳直线边梁间的水平距离；

f——壳板的矢高；

f_{tot}——壳体的矢高；

f_a、f_b——双曲扁壳 a 边、b 边上的矢高；

l——圆柱面壳的跨度，即圆柱面壳横隔的间距；构件长度；

r_1、r_2——旋转壳中曲面上任意点经向、环向的曲率半径；

r_a、r_o——壳板外环、内环边缘处的旋转半径；

r_s——球面壳的曲率半径；等曲率壳的曲率半径；

s_1——旋转壳壳体沿经线方向由旋转轴至外环边缘的弧长；

s_2——旋转壳壳体沿经线方向由内环边缘至外环边缘的弧长；

s_a、s_o——旋转壳由壳体外环、内环边缘至计算位置的经向弧长；

t——壳板厚度；

φ_a、φ_o——旋转壳外、内环边缘处环向曲率半径方向与旋转轴间的夹角；

κ——等曲率壳的中曲面曲率；

κ_1、κ_2——壳板中曲面两个方向的主曲率；

κ_t——壳板中曲面的扭曲率。

2.2.4 其他

C——壳体的特征长度参数；

C_a、C_o——旋转壳外环、内环边缘处的特征长度参数；

C_1、C_2——双曲扁壳 x、y 轴方向的特征长度参数；

D——壳板截面的分布刚度；或带肋壳的壳板与肋的总刚度；

E_c——混凝土的弹性模量；

α_c——混凝土的线膨胀系数。

3 基 本 规 定

3.1 结 构 选 型

3.1.1 薄壳结构的形式应根据建筑设计要求、施工技术条件和经济合理性确定。

3.1.2 底面为圆形的壳体形式可采用球面壳、椭球面壳、旋转抛物面壳和膜型扁壳。

3.1.3 底面为矩形的壳体形式可采用双曲扁壳、圆柱面壳、双曲抛物面扭壳和膜型扁壳。

3.1.4 周边支承的矩形底面双曲扁壳、双曲抛物面扭壳和膜型扁壳，其底面长度与宽度的比值宜小于 2。

3.1.5 当壳体上荷载分布变化较大，或圆形底面直径大于 10m、矩形底面边长大于 8m 时，不宜采用膜型扁壳。

3.2 极限状态设计规定

3.2.1 薄壳结构构件的承载能力极限状态设计应采用下列设计表达式：

$$\gamma_0 S \leqslant R \qquad (3.2.1)$$

式中：γ_0——结构重要性系数，应符合现行国家标准《工程结构可靠性设计统一标准》GB 50153 等的规定；

S——承载能力极限状态下作用组合的效应设计值，对持久设计状况和短暂设计状况应按作用的基本组合计算，对偶然设计状况应按作用的偶然组合计算，对地震设计状况应按作用的地震组合计算；

R——结构构件的抗力设计值，应按现行国家标准《混凝土结构设计规范》GB 50010 的规定计算；在抗震设计时，应除以承载力抗震调整系数 γ_{RE}；对壳板及其边缘构件，γ_{RE} 应取 1.0。

3.2.2 薄壳结构构件的正常使用极限状态设计应根据不同要求按下式进行验算：

$$S \leqslant C \qquad (3.2.2)$$

式中：S——正常使用极限状态下作用组合的效应设计值；

C——结构构件达到正常使用要求所规定的裂

缝宽度、变形等的限值。

3.2.3 薄壳结构的耐久性设计应符合现行国家标准《混凝土结构设计规范》GB 50010 的规定。

3.2.4 壳板的自重荷载可按壳板的实际总重力折算成平均厚度的重力进行计算。

3.2.5 对旋转壳、圆柱面壳和双曲抛物面扭壳，应考虑风荷载对壳板的影响；对扁球壳、双曲扁壳、双曲抛物面扁扭壳和膜型扁壳，可不考虑风荷载对壳板的影响。对各类壳体均应考虑风荷载对边缘构件的影响。

3.2.6 壳体表面的风荷载取值应符合现行国家标准《建筑结构荷载规范》GB 50009 的规定。单个旋转壳的风荷载体型系数可按表 3.2.6 的规定采用。对复杂体型的壳体结构，当跨度较大时，应通过风洞试验或专门研究确定风荷载体型系数。

3.2.7 壳体水平投影面上的雪荷载取值应符合现行国家标准《建筑结构荷载规范》GB 50009 的规定。壳面积雪分布系数 μ_r 的取值与壳面类型有关，对旋转壳（包括扁球壳）和圆柱面壳，其值可按表 3.2.7 的规定采用；对双曲扁壳、双曲抛物面扁扭壳和膜型扁壳，其值可取 1.0。

表 3.2.6 旋转壳的风荷载体型系数 μ_s

壳体类型	图形示意	体型系数 μ_s
球面壳		当 $\dfrac{f}{L} \leqslant \dfrac{1}{4}$ 时，$\mu_s = -\cos^2\phi$；当 $\dfrac{f}{L} > \dfrac{1}{4}$ 时，$\mu_s = 0.5\sin^2\phi\sin\psi - \cos^2\phi$； ϕ——壳面法线与旋转轴间的夹角； ψ——壳面法线在水平面上的投影与水平纵轴间的夹角
椭球面壳和旋转抛物面壳		μ_s 应通过试验确定；无试验数据时，可近似按球面壳采用

表 3.2.7 旋转壳和圆柱面壳的积雪分布系数 μ_r

壳体类型	图形示意	积雪分布系数 μ_r
旋转壳		当 $\varphi_a \leqslant 30°$ 时，$\mu_r = \dfrac{L}{8f}$ 且 $0.4 \leqslant \mu_r \leqslant 1.0$； 当 $\varphi_a > 30°$ 时，雪荷载应符合本规程第 5.3.1 条的规定
圆柱面壳		$\mu_{r1} = 1.0$，$\mu_{r2} = 2.0$； b——梁的宽度； B——圆柱面壳的宽度

3.2.8 薄壳结构的抗震验算应符合下列规定：

1 抗震设防烈度低于或等于 7 度时，对周边支承且跨度不大于 24m 的薄壳结构可不进行抗震验算，对跨度大于 24m 的薄壳结构应进行水平抗震验算；

2 抗震设防烈度为 8 度或 9 度时，对各种薄壳结构均应进行水平和竖向抗震验算；对跨度不大于 24m 的薄壳结构进行竖向抗震验算时，其竖向地震作用标准值在 8 度和 9 度时可分别取重力荷载代表值的 10% 和 20%、设计基本地震加速度为 0.3g 时可取重力荷载代表值的 15% 进行计算；

3 对体型复杂、悬挑较大或跨度大于 24m 的薄壳结构，宜采用振型分解反应谱法进行抗震计算；对其中特别不规则的薄壳结构应采用时程分析法进行多遇地震下的补充计算，并应符合现行国家标准《建筑抗震设计规范》GB 50011 的规定。

3.2.9 薄壳结构应进行稳定性验算。对于在均布荷载作用下、形状规则的圆形底旋转壳、双曲扁壳、圆柱面壳和双曲抛物面扭壳，其稳定性可分别按本规程的相关规定进行验算。

3.2.10 壳体的受力裂缝控制等级要求和裂缝控制验算应符合现行国家标准《混凝土结构设计规范》GB 50010 的规定。当壳板截面承受拉力时，最大主拉应力标准值不宜大于 3 倍混凝土抗拉强度标准值。

3.2.11 在正常使用极限状态下应验算边缘构件的变形，除有特殊要求者外，对荷载标准组合或准永久组合并考虑荷载长期作用影响下的挠度值，在跨度大于 7m 时不宜大于跨度的 1/400，在跨度不大于 7m 时不宜大于跨度的 1/250。

3.2.12 边缘构件自身平面内的刚度应满足对壳板的约束要求。

3.2.13 对装配整体式薄壳结构的预制构件，应进行装配过程中的承载力、稳定性、裂缝控制验算。验算荷载应包括自重、施工荷载和吊装动力荷载等。对大型构件，在运输和安装时应设置临时支撑。

3.3 壳体的构造和配筋

3.3.1 壳体的混凝土强度等级不应低于C25。预应力混凝土壳体的混凝土强度不应低于C40。

3.3.2 壳板的厚度不应小于50mm。壳板的厚度除应符合承载力要求外，还应根据壳板的钢筋布置、保护层厚度、施工质量、结构稳定性、壳板和辅助构件的变形控制等因素确定，同时应符合结构的防火要求。在壳板接近边缘和支承构件的部位，宜增厚至中部厚度的2～3倍，并应配置抗弯钢筋。壳板增厚区应平滑过渡，过渡区的长度不应小于厚度增加值的5倍。

3.3.3 壳体钢筋的混凝土保护层厚度应符合下列规定：

1 壳板的混凝土保护层厚度应符合现行国家标准《混凝土结构设计规范》GB 50010的规定；

2 壳板加劲肋的混凝土保护层厚度可与壳板相同；

3 对壳板表面较陡、需用双面模板施工的区域，宜增加混凝土保护层厚度；

4 受力钢筋的混凝土保护层厚度不应小于钢筋的公称直径；

5 当混凝土保护层厚度不满足防火要求时，应在主应力配筋及受弯配筋处增加保护层厚度。

3.3.4 壳体的配筋应符合下列规定：

1 壳体中应配置薄膜内力配筋、弯矩配筋、壳板边缘和孔洞附近的附加构造配筋。薄膜内力配筋可设置在壳板中面，弯矩配筋宜设置在靠近壳板表面处。

2 壳板配筋宜采用较小直径的钢筋。除焊接钢筋网外，应全部采用带肋钢筋并合理确定钢筋间距。采用焊接钢筋网配筋时，尚应符合现行行业标准《钢筋焊接网混凝土结构技术规程》JGJ 114的规定。

3 薄膜内力配筋应至少由单层相互正交钢筋组成。

4 薄膜内力配筋的钢筋直径，当采用带肋钢筋时不应小于6mm，当采用焊接钢筋网时不应小于5mm。钢筋的间距当采用带肋钢筋时不宜大于5倍壳板厚度，且不宜大于300mm；当采用焊接钢筋网时不宜大于4倍壳板厚度，且不宜大于200mm。

5 薄膜内力配筋的最小配筋率在一个方向上不应小于0.25％。壳板其他配筋的最小配筋率应符合现行国家标准《混凝土结构设计规范》GB 50010对板类构件的规定。

6 薄膜内力配筋的方向与壳体的主应力方向一致时，受拉钢筋的最大配筋率可按下式计算：

$$\rho_{max} = 0.6 \frac{f_c}{f_y} \qquad (3.3.4)$$

式中：ρ_{max}——薄膜内力配筋的最大配筋率；

f_c——混凝土轴心抗压强度设计值，当混凝土强度等级大于C40时，应按C40等级的混凝土取值；

f_y——钢筋抗拉强度设计值。

7 钢筋的连接和锚固应符合现行国家标准《混凝土结构设计规范》GB 50010的规定。

3.3.5 除膜型壳外，现浇壳体在壳板和边缘构件连接处的增厚区域内，应至少配置直径为5mm～10mm、间距不大于200mm的双层钢筋，且上下两层钢筋均应按锚固长度的要求锚入边缘构件内。

3.4 装配整体式壳体

3.4.1 当抗震设防烈度为8度或8度以上时，不宜采用装配整体式薄壳结构，宜采用现浇结构。在地震区采用装配整体式薄壳结构时，应采取措施保证结构的整体性、连接和支撑的可靠性。

3.4.2 装配整体式壳体的预制构件划分应符合下列规定：

1 应减少拼缝和预制构件类型；

2 应便于预制构件的制作、堆放、运输和安装；

3 应将拼缝设置于受压区或剪力与拉力较小的区域。

3.4.3 预制壳板宜采用曲板。圆柱面壳及曲率不大的扁壳可采用平板，此时壳板沿曲线边的边长不得大于3m。

3.4.4 预制壳板分块数目应符合下列规定：

1 扁球壳沿环向分块不应少于8块，沿经向分块不应少于4块；

2 双曲扁壳及双曲抛物面扭壳沿每边分块均不应少于9块；

3 圆柱面壳沿圆弧向分块不应少于7块。

3.4.5 预制壳板的周边应设置加劲肋，肋高宜为预制壳板边长的1/20～1/15，且应满足壳体稳定性要求及预制构件在运输、安装过程中的刚度要求。

3.4.6 当预制壳板具有与边缘构件正交的加劲肋且截面满足承载力要求时，壳板边缘可不加厚；当无加劲肋时，壳板边缘应按本规程第3.3.2条的规定加厚。

3.4.7 在预制构件的连接边可设置齿形槽口，槽口的长度不宜大于1.2m。当预制壳板上具有与边缘构件正交且间距不大于3m的加劲肋时，壳体应符合下列构造要求：

1 壳板中可配置直径不小于6mm的单层正交钢筋。在肋的上部与下部应配置直径不小于10mm的钢筋，同时应将肋的上层钢筋及壳板钢筋伸出，并与边

缘构件中伸出的钢筋焊接，焊接长度在单面焊时不应小于10倍钢筋直径，在双面焊时不应小于5倍钢筋直径。

2 壳板、肋和边缘构件的钢筋也可采用预埋件连接。当预制壳板的加劲肋及预埋件的间距均不大于1.5m时，可将肋中钢筋焊接在肋端的预埋件上，再用钢板将其与边缘构件的预埋件焊接。焊接连接的承载力不应小于肋中钢筋的承载力。当壳体跨度不小于24m时，肋的预埋件应设置在上表面；当壳体跨度小于24m时，肋的预埋件可设置在下表面。

3.4.8 预制壳板的接缝，可根据接缝处的受力情况采用混凝土接缝、钢筋混凝土接缝和预应力混凝土接缝。在接缝中应浇筑细石混凝土，其强度等级不应低于预制构件的混凝土强度等级。

3.4.9 混凝土接缝应符合下列规定：

1 当预制壳板加劲肋的高度不大于100mm时，接缝上口宽度不应小于30mm；当肋高大于100mm时，接缝上口宽度不应小于50mm；

2 当接缝处剪应力值大于压应力的30%、且大于混凝土抗拉强度设计值的25%时，预制构件的侧边加劲肋应设置齿形槽口，齿形槽口处的壳板内钢筋应伸出，并应和相邻壳板的伸出钢筋连接，且在伸出钢筋的垂直方向应另设两根附加分布钢筋。

3.4.10 钢筋混凝土接缝应符合下列规定（图3.4.10）：

1 预制构件的壳板内钢筋应伸出，并在接缝中与相邻壳板的伸出钢筋连接；

2 肋内钢筋可不伸出，但应在接缝内设置一个双层的十字形钢筋骨架，其钢筋直径应与预制构件肋内钢筋的直径相同，十字形钢筋骨架应与预制构件壳板内伸出钢筋绑扎或焊接；

3 当剪应力与拉应力的矢量和大于混凝土抗拉强度设计值时，侧边加劲肋上应设置齿形槽口；

4 不采用钢筋绑扎或焊接连接时，可在预制构件的壳板上设置间距不大于1.5m的预埋件，其内表面应与加劲肋中的主钢筋焊接；在各预制构件安装就位后，应采用连接板将预埋件焊接连接。

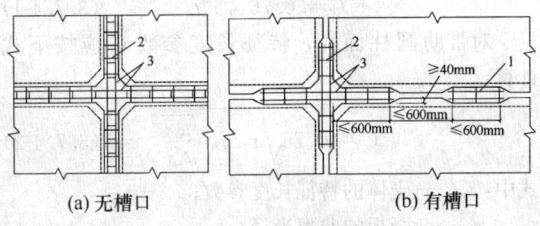

图 3.4.10 钢筋混凝土接缝
1—附加分布钢筋；2—壳板内伸出钢筋；
3—双层十字形钢筋骨架

3.4.11 预应力混凝土接缝处的预应力筋可穿入预留孔或槽内，预应力孔道应灌浆填充。

3.4.12 预制构件与现浇部分的连接，可采用从预制构件内伸出钢筋，与现浇部分的钢筋绑扎或焊接，然后浇筑混凝土的方法。

3.5 预应力壳体

3.5.1 在边拱拉杆、横隔、旋转壳的支座环、圆柱面壳的边梁、壳板的受拉区和剪力较大区域均可采用预应力配筋（图3.5.1）；在受压区域也可采用预应力配筋以连接预制构件；边缘构件当支承点间的距离不小于24m时，宜采用预应力配筋。

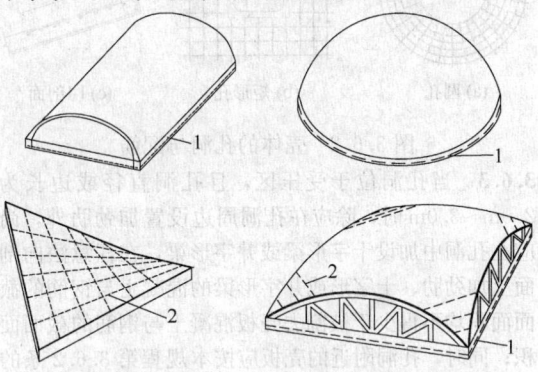

图 3.5.1 壳体预加应力
1—边缘构件预应力配筋；2—壳板预应力配筋

3.5.2 薄壳结构的预应力筋应采用直线形或曲率不大的曲线形配筋。在未经特殊处理时，应避免把预应力筋布置在壳体结构的弯折处。

3.5.3 预应力薄壳结构应进行下列验算：

1 施加预应力过程中结构的变形、承载力和稳定性验算；

2 荷载基本组合下结构的承载力和稳定性验算；

3 荷载标准组合下结构的变形和裂缝控制验算。

3.5.4 当预应力能满足构件裂缝控制验算要求时，承载力计算所需的其余受拉钢筋可采用非预应力筋。

3.5.5 后张预应力混凝土薄壳结构的局部受压承载力验算及端部锚固区的构造应符合现行国家标准《混凝土结构设计规范》GB 50010 的规定。

3.5.6 在地震区采用预应力时，对薄壳结构的关键构件和重要部位应采用有粘结预应力筋。

3.6 孔 洞

3.6.1 当薄壳结构圆形孔洞直径或矩形孔洞的长边长度不大于壳体短边长度或直径的1/10，且在孔洞附近符合本规程第3.6.2条~第3.6.7条的要求时，可不对开洞影响进行计算。对其他情况下的壳板开洞，应对开洞影响进行计算并应专门设计。

3.6.2 当孔洞位于受压区，且孔洞直径或边长不大于2.0m时，应在孔洞周边设置加劲肋，且在任意法向剖面上其混凝土与钢筋的截面面积均不得少于被割去壳板混凝土与钢筋的截面面积，同时，孔洞附近的

壳板应设置双层钢筋网（图 3.6.2），上层钢筋网的钢筋直径不应小于 6mm、间距不应大于 150mm，从肋边缘伸出的长度 L_1 应符合下列规定：

$$L_1 \geq 2\sqrt{rt}，且 L_1 \geq 1.0m \qquad (3.6.2)$$

式中：L_1——钢筋从肋边缘伸出的长度（m）；

r——壳板中曲面曲率半径（m）；

t——壳板厚度（m）。

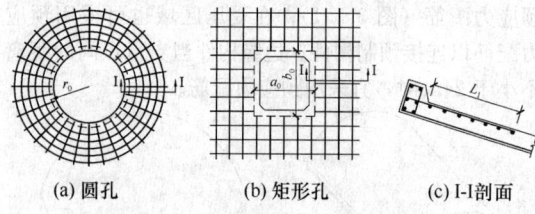

(a) 圆孔   (b) 矩形孔   (c) I-I 剖面

图 3.6.2 壳体的孔洞与配筋

3.6.3 当孔洞位于受压区，且孔洞直径或边长为 2.0m～3.0m 时，除应在孔洞周边设置加劲肋外，尚应在孔洞中加设十字形梁或井字形梁，在任意法向剖面上加劲肋、十字形或井字形梁的混凝土与钢筋的截面面积均不得少于被割去壳板混凝土与钢筋的截面面积；同时，孔洞附近的壳板应按本规程第 3.6.2 条的要求设置双层钢筋网。

3.6.4 当孔洞位于受拉区，且孔洞直径或边长不大于 1.0m 时，可按本规程第 3.6.3 条规定的构造要求设计。

3.6.5 孔洞与边缘构件间的净距不应小于该孔洞直径或矩形孔洞较大边长的 2 倍。相邻孔洞之间的净距不应小于较大孔洞直径或矩形孔洞较大边长的 3 倍。当采用矩形孔时，其长边与短边长度之比不宜大于 2。

3.6.6 当孔洞周边作用有线荷载 p_L 时，其值不宜大于被割去壳板上均布荷载在孔洞周边上的折算线荷载，均布荷载的折算线荷载可按下列公式计算：

对圆形孔：

$$p_L^* = qr_0/2 \qquad (3.6.6-1)$$

对矩形孔：

$$p_L^* = \frac{qa_0 b_0}{2(a_0 + b_0)} \qquad (3.6.6-2)$$

式中：p_L^*——均布荷载在孔洞周边上的折算线荷载（kN/m）；

q——壳板中曲面上的均布荷载（kN/m²）；

r_0——圆孔半径（m）；

a_0、b_0——矩形孔的边长（m）。

3.6.7 当孔洞周边作用的线荷载 p_L 大于被割去壳板上均布荷载在孔洞周边上折算线荷载的 1.5 倍时，在孔洞周边设置的加劲肋内应配置直径不小于 10mm、数量不少于 4 根的主钢筋及直径不小于 6mm、间距不大于 200mm 的封闭箍筋。

3.7 温度影响

3.7.1 薄壳结构的伸缩缝应符合下列规定：

1 壳体结构在伸缩缝处可采用双边缘构件和双柱；伸缩缝的宽度应根据温度变形计算确定，且不应小于 50mm；

2 对锯齿形薄壳结构，在锯齿方向伸缩缝的间距不应大于 5 倍～6 倍该方向的跨度；

3 在地震区，伸缩缝宽度尚应符合防震缝要求。

3.7.2 考虑温度变化对除膜型壳外的壳体的影响时，温度计算应符合下列规定：

1 壳板中曲面温度变化 T_1 可按下式计算：

$$T_1 = \pm 0.6(T_s - T_w) \qquad (3.7.2-1)$$

式中：T_s——结构最高平均温度（℃）；

T_w——结构最低平均温度（℃）。

2 壳体内、外表面温度差 T_2 可按下式计算：

$$T_2 = T_e - T_i \qquad (3.7.2-2)$$

式中：T_e——壳板外表面的计算温度（℃）；

T_i——壳板内表面及带肋壳中肋的计算温度（℃）。

T_e、T_i 值应根据当地气候条件和壳体保温情况由热工计算确定。

3.7.3 当内、外表面温度差 T_2 在整个壳板上的分布为常数或接近常数时，整个壳板可只考虑由其产生的弯矩，并可按下式计算：

$$m = D\frac{\alpha_c T_2}{t} \qquad (3.7.3)$$

式中：m——壳板截面上的线分布弯矩；

α_c——混凝土的线膨胀系数；

D——壳板截面的分布刚度，对带肋壳应采用壳板与肋的总刚度；

t——壳板厚度。

3.7.4 当中曲面的温度变化 T_1 在整个壳板上的分布为常数或接近常数时，壳板内产生的三种主要温度应力的计算应符合下列规定（图 3.7.4）：

1 对圆柱面壳、旋转壳、双曲扁壳，应按壳体特征长度参数划分内力影响区，其中壳体特征长度参数的计算应符合下列规定：

1) 对无肋圆柱面壳，特征长度参数 C 应按下式计算：

$$C = 0.76\sqrt{r_s t} \qquad (3.7.4-1)$$

对带肋圆柱面壳，特征长度参数 C 应按下式计算：

$$C = 0.76\sqrt{r_s t_{\varphi D}\sqrt{\frac{t_{\varphi D}}{t_{xA}}}} \qquad (3.7.4-2)$$

式中：C——壳体的特征长度参数；

r_s——壳板的曲率半径；

$t_{\varphi D}$——带肋圆柱面壳在圆弧方向按截面刚度折算的厚度；

t_{xA}——带肋圆柱面壳在直线方向按截面面积折算的厚度；

2) 对无肋旋转壳，外环边缘处的特征长度参

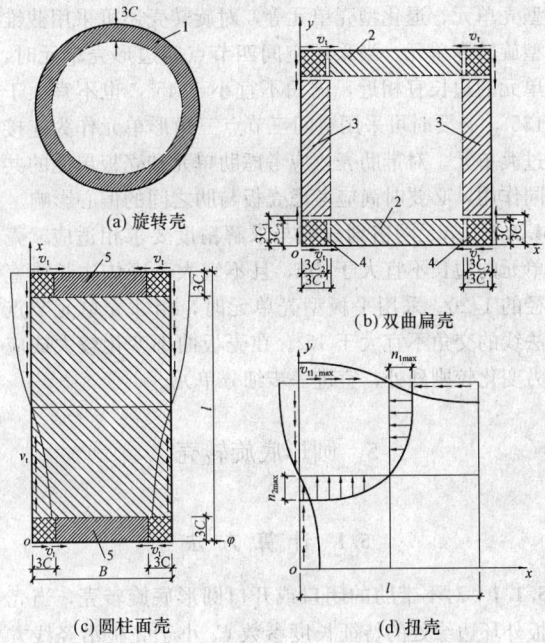

图 3.7.4 由 T_1 产生的壳板温度
应力影响区示意图

1— n_θ 及 m_θ 影响区；2— n_1 及 m_2 影响区；

3— n_2 及 m_1 影响区；

4— v_1 影响区；5— n_φ 影响区

注：图中箭头方向对应于 T_1 为正值时的应力方向

数 C 应按本规程第 5.1.1 条的规定计算；对带肋旋转壳，特征长度参数 C 应按本规程第 5.4.2 条的规定计算。

3）对无肋双曲扁壳，沿 x、y 轴方向的特征长度参数 C_1、C_2 应按本规程第 6.2.3 条的规定计算；对带肋双曲扁壳，C_1、C_2 应按本规程第 6.5.1 条的规定计算。

2 平行于边缘构件方向的轴力的计算应符合下列规定：

1）轴力峰值可按下式计算：

$$n_{max} = -c_t E_c t \alpha_c T_1 \qquad (3.7.4\text{-}3)$$

式中：c_t——按边缘构件支承情况确定的系数，可按本规程第 3.7.5 条的规定计算；

E_c——混凝土弹性模量；

t——壳板厚度；对带肋壳，应采用按截面面积折算的厚度。

2）平行于边梁方向的轴力分布，对圆柱面壳应按正弦分布采用；对扭壳应按半波余弦分布采用；对旋转壳和双曲扁壳，在图 3.7.4 所示影响区内可按常数采用。

3 垂直于边缘构件方向的弯矩的计算应符合下列规定：

1）当壳板边界为简支时，分布弯矩峰值可按下式计算：

$$m_{max} = -c_t \frac{\sqrt{3}}{18} E_c t^2 \alpha_c T_1 \qquad (3.7.4\text{-}4)$$

式中：t——壳板厚度；对带肋壳，应采用按截面刚度或惯性矩折算的厚度。

2）当壳板边界转角为零时，分布弯矩峰值可按下式计算：

$$m_{max} = c_t \frac{\sqrt{3}}{6} E_c t^2 \alpha_c T_1 \qquad (3.7.4\text{-}5)$$

3）对圆柱面壳和扭壳，弯矩可忽略不计；对旋转壳和双曲扁壳，弯矩在图 3.7.4 所示影响区内可按常数采用。

4 对矩形底面的简支壳体，壳板与边缘构件交接处剪力的计算应符合下列规定：

1）剪力峰值可按下式计算：

$$v_{t,max} = c_t E_c t \alpha_c T_1 \qquad (3.7.4\text{-}6)$$

2）双曲扁壳壳板与边缘构件交接处的剪力可按常数采用；圆柱面壳壳板与边梁交接处及扭壳壳板与边缘构件交接处，剪应力应按余弦分布按下式计算：

$$v_t = c_t E_c t \alpha_c T_1 \cos(\pi x/l) \qquad (3.7.4\text{-}7)$$

3）当 T_1 为正值时，温度产生的剪力符号应与外荷载产生的剪力符号相同。

3.7.5 系数 c_t 的取值应符合下列规定：

1 当边缘构件支承在柱高与柱截面高度之比不小于 10 的柔性柱上，或其支点可自由滑动时，系数 c_t 应取为零。

2 当边缘构件支承在柱上，且其支点不能自由滑动时，系数 c_t 的计算应符合下列规定：

1）对矩形底面的壳体，可按下式计算：

$$c_t = \frac{0.7}{1 + \dfrac{2H^3 A}{3Il}} \qquad (3.7.5\text{-}1)$$

式中：l——边缘构件的长度；

A——边缘构件的平均截面面积，如为桁架，则为其上下弦的总截面面积；

I——柱子的截面惯性矩，当每边的边缘构件均支承在多根柱上时，为多根柱截面惯性矩总和的 25%；

H——柱高。

2）对圆形底面的壳体，可按下式计算：

$$c_t = \frac{0.7}{1 + \dfrac{2\pi H^3 A_r}{3nIr_r}} \qquad (3.7.5\text{-}2)$$

式中：r_r——支座环的半径；

A_r——支座环的截面面积；

n——支承柱的数量。

3）当边缘构件底边完全支承在砖墙上时，系

数 c_t 应取 0.35;

    4）当边缘构件支承在地下基础上时，系数 c_t 应取 0.7。

3.7.6 对受有特殊温度场作用的壳体应进行专门分析。

4 结 构 分 析

4.1 基 本 原 则

4.1.1 薄壳结构的内力与变形分析可采用解析法、半解析法和数值分析法。对计算结果应进行分析和评估，在确认其合理、有效后方可采用。

4.1.2 对壳板及其边缘构件，可按线弹性理论分析其内力与位移。采用解析法、半解析法时，可不考虑混凝土泊松比的影响。对特别重要或受力情况特殊的薄壳结构，必要时尚应对结构整体或其部分进行弹塑性分析。

4.1.3 当薄壳结构的形体比较规则且受均布荷载或规则分布荷载作用时，其内力与位移的计算可按照本规程相关章节的规定进行。当薄壳结构形体复杂或荷载作用不规则时，应采用有限单元法进行整体分析。

4.1.4 薄壳结构分析时，应考虑下部支承结构的影响，必要时应进行薄壳与下部结构的共同作用分析。

4.1.5 壳体的计算曲率应采用中曲面的曲率。当壳板的矢高与最小跨度之比不大于 1/5 时，可采用扁壳理论进行计算。

4.2 解析法和半解析法

4.2.1 对形体比较规则且边界约束情况比较简单的薄壳结构，当采用解析法能求得其控制偏微分方程的解答时，可采用解析法求解。

4.2.2 当薄壳结构某个方向的位移和内力变化已知或可展开为一组已知函数时，可将位移和内力沿该方向展开为该组函数与另一方向一元函数的乘积和，将原偏微分方程简化为常微分方程组，用解析法或数值法求解。

4.2.3 当薄壳结构形体复杂时，可用半解析法对其内力和位移作半离散，将原偏微分方程近似为常微分方程组，用解析法或数值法求解。

4.3 数 值 分 析 法

4.3.1 数值分析法可采用有限单元法等方法。

4.3.2 数值分析法所选用的计算机程序应经过验证，其技术条件应符合本规程和国家现行有关标准的规定。

4.3.3 薄壳结构的分析模型应符合结构布置、边界条件和荷载作用等实际情况。

4.3.4 有限单元法分析可采用平板型壳单元、曲面型壳单元、退化型壳单元等，对旋转壳还可采用截锥型旋转壳单元。当采用空间四节点四边形壳单元时，单元的边长宜相近，内角不宜小于 45°，也不宜大于 135°，必要时可采用空间三节点三角形单元作为连接过渡单元。对带肋壳，应考虑肋单元和壳板单元的共同作用，必要时尚应考虑壳板与肋之间的偏心影响。

4.3.5 单元网格划分应与求解精度要求相适应。壳单元的边长不宜大于 2m，且不宜大于壳体边长或直径的 1/20。采用平板型壳单元时，相邻壳单元节点法线的交角不宜大于 15°。在壳板曲率变化较大或应力变化较剧烈处，宜进一步细分单元。

5 圆形底旋转壳

5.1 计 算 方 法

5.1.1 对不带肋的闭口或开口圆形底旋转壳，当壳板外环边缘处的特征长度参数 C_a 小于壳板沿经线方向由旋转轴至外环边缘的弧长 s_1 的 1/3，且壳板厚度和作用在壳板上的荷载没有突变时，在轴对称荷载作用下壳板的内力（图 5.1.1）可按下列公式计算：

$$n_\varphi = n_\varphi^m - \cot\varphi \left(\frac{2}{C_a} \widetilde{m}_{\varphi a} \, \eta_2 + \widetilde{n}_a \, \eta_4 \sin\varphi_a \right)$$

$$+ \cot\varphi \left(\frac{2}{C_o} \widetilde{m}_{\varphi o} \, \overline{\eta}_2 - \widetilde{n}_o \, \overline{\eta}_4 \sin\varphi_o \right)$$

(5.1.1-1)

$$n_\theta = n_\theta^m - \frac{2 r_{2a}}{C_a} \left(-\frac{\widetilde{m}_{\varphi a}}{C_a} \eta_4 + \widetilde{n}_a \, \eta_1 \sin\varphi_a \right)$$

$$+ \frac{2 r_{2o}}{C_o} \left(\frac{\widetilde{m}_{\varphi o}}{C_o} \overline{\eta}_4 + \widetilde{n}_o \, \overline{\eta}_1 \sin\varphi_o \right) \quad (5.1.1-2)$$

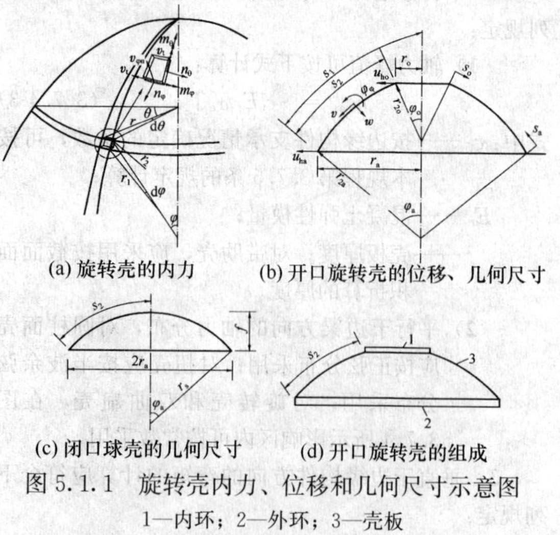

(a) 旋转壳的内力   (b) 开口旋转壳的位移、几何尺寸

(c) 闭口球壳的几何尺寸   (d) 开口旋转壳的组成

图 5.1.1 旋转壳内力、位移和几何尺寸示意图

1—内环；2—外环；3—壳板

注：符号带下标"a"、"o"者，分别
表示外环和内环边缘处之值。

$$m_\varphi = \tilde{m}_{\varphi a}\eta_3 - C_a\tilde{n}_a\eta_2\sin\varphi_a + \tilde{m}_{\varphi o}\bar{\eta}_3 + C_o\bar{n}_o\bar{\eta}_2\sin\varphi_o$$

$$(5.1.1-3)$$

$$v_{\varphi n} = \frac{2}{C_a}\tilde{m}_{\varphi a}\eta_2 + \tilde{n}_a\eta_4\sin\varphi_a - \frac{2}{C_o}\tilde{m}_{\varphi o}\bar{\eta}_2 + \bar{n}_o\bar{\eta}_4\sin\varphi_o$$

$$(5.1.1-4)$$

$$C_a = 0.76\sqrt{tr_{2a}} \qquad (5.1.1-5)$$

$$C_o = 0.76\sqrt{tr_{2o}} \qquad (5.1.1-6)$$

式中:

n_φ ——旋转壳壳板截面上经向的分布轴向力;

n_θ ——旋转壳壳板截面上环向的分布轴向力;

m_φ ——旋转壳壳板截面上经向的分布弯矩;

$v_{\varphi n}$ ——旋转壳壳板垂直于经向的截面上法向的分布剪力;

C_a、C_o ——旋转壳外环、内环边缘处的特征长度参数;

n_φ^m、n_θ^m ——壳板按薄膜理论计算的经向、环向分布轴向力,可分别按本规程式(5.1.3-1)、式(5.1.3-3)的规定计算;

$\tilde{m}_{\varphi a}$、$\tilde{n}_a$ ——壳板外环边缘处弯矩、轴向力的修正值,可按本规程附录 A 的规定计算;

$\tilde{m}_{\varphi o}$、$\tilde{n}_o$ ——壳板内环边缘处弯矩、轴向力的修正值,可按本规程附录 A 的规定计算;

η_i、$\bar{\eta}_i(i=1,2,3,4)$ ——系数,可按本规程第 5.1.2 条的规定计算;

r_{2a}、r_{2o} ——壳板外环、内环边缘处环向的曲率半径;

φ ——壳板计算位置处环向曲率半径方向与旋转轴间的夹角;

φ_a、φ_o ——壳板外环、内环边缘处环向曲率半径方向与旋转轴间的夹角;

t ——壳板厚度。

5.1.2 本规程第 5.1.1 条中的系数 η_i、$\bar{\eta}_i(i=1,2,3,4)$ 应符合下列规定:

1 对闭口壳,系数 $\eta_i(i=1,2,3,4)$ 应按下列公式计算:

$$\eta_1 = \mathrm{e}^{-\frac{s_a}{C_a}}\cos\frac{s_a}{C_a} \qquad (5.1.2-1)$$

$$\eta_2 = \mathrm{e}^{-\frac{s_a}{C_a}}\sin\frac{s_a}{C_a} \qquad (5.1.2-2)$$

$$\eta_3 = \eta_1 + \eta_2 \qquad (5.1.2-3)$$

$$\eta_4 = \eta_1 - \eta_2 \qquad (5.1.2-4)$$

式中:s_a ——旋转壳由壳体外环边缘至壳板计算位置的经向弧长。

2 对开口壳,系数 $\eta_i(i=1,2,3,4)$ 应按式 (5.1.2-1)～式(5.1.2-4)计算,系数 $\bar{\eta}_i(i=1,2,3,4)$ 应按下列公式计算:

$$\bar{\eta}_1 = \mathrm{e}^{-\frac{s_o}{C_o}}\cos\frac{s_o}{C_o} \qquad (5.1.2-5)$$

$$\bar{\eta}_2 = \mathrm{e}^{-\frac{s_o}{C_o}}\sin\frac{s_o}{C_o} \qquad (5.1.2-6)$$

$$\bar{\eta}_3 = \bar{\eta}_1 + \bar{\eta}_2 \qquad (5.1.2-7)$$

$$\bar{\eta}_4 = \bar{\eta}_1 - \bar{\eta}_2 \qquad (5.1.2-8)$$

式中:s_o ——旋转壳由壳体内环边缘至壳板计算位置的经向弧长。

5.1.3 对不带肋的闭口或开口圆形底旋转壳,在轴对称荷载作用下按薄膜理论计算的内力及位移可按下列公式计算:

1 壳板截面上经向的内力可按下列公式计算:

$$n_\varphi^m = -\frac{Q_z}{2\pi r_2\sin^2\varphi} \qquad (5.1.3-1)$$

$$Q_z = 2\pi\left[\int_{\varphi_o}^{\varphi} r_1 r_2(q_n\cos\varphi + q_\varphi\sin\varphi)\sin\varphi \mathrm{d}\varphi + p_{Lo}r_{2o}\sin\varphi_o\right]$$

$$(5.1.3-2)$$

式中:Q_z ——作用在壳板计算截面以上部分的总竖向外荷载;

p_{Lo} ——旋转壳内环上的竖向均布线荷载,以向下为正;

q_n ——旋转壳壳板中曲面上分布荷载的法向分量;

q_φ ——旋转壳壳板中曲面上分布荷载的经向分量;

r_1 ——旋转壳壳板中曲面任意点处经向的主曲率半径;

r_2 ——旋转壳壳板中曲面任意点处环向的主曲率半径。

2 壳板截面上环向的内力可按下式计算:

$$n_\theta^m = -r_2\left(q_n + \frac{n_\varphi^m}{r_1}\right) \qquad (5.1.3-3)$$

3 壳板水平方向的位移可按下式计算,以向外为正:

$$u_h^m = \frac{n_\theta^m r_2}{E_c t}\sin\varphi \qquad (5.1.3-4)$$

4 壳板的经向转角 Ψ_φ^m 可按下式计算,以外法线按 φ 增加方向转动为正,按薄膜理论计算时 Ψ_φ^m 可取为零。

$$\Psi_\varphi^m = \frac{1}{E_c t}\left[n_\varphi^m \cot\varphi - \frac{1}{\sin\varphi}\frac{d\left(n_\theta^m r_2 \sin\varphi\right)}{ds}\right]$$

$$(5.1.3\text{-}5)$$

5.1.4 对扁球壳，当特征长度参数 C 不小于壳板由旋转轴至外环边缘弧长 s_1 的 $1/3$ 时，在法向均布荷载 q_n 作用下的内力和位移可按表 5.1.4 所列公式计算。公式中的积分常数，对闭口壳应根据外环处的边界条件确定，对开口壳应根据内环和外环处的边界条件确定。

表 5.1.4　计算扁球壳内力和位移的公式

形式 \ 内力、位移	开口壳	闭口壳
n_φ	$\dfrac{2}{C^2}\left[C_1 \mathrm{ber}'\gamma - C_2 \mathrm{bei}'\gamma + C_3 \mathrm{ker}'\gamma - C_4 \mathrm{kei}'\gamma + \dfrac{C_5}{\gamma} - \dfrac{q_n r_s C^2 \gamma}{4}\right]$	$\dfrac{2}{C^2}\left[C_1 \mathrm{ber}'\gamma - C_2 \mathrm{bei}'\gamma - \dfrac{q_n r_s C^2 \gamma}{4}\right]$
n_θ	$\dfrac{2}{C^2}\left[-C_1\left(\mathrm{bei}\gamma + \dfrac{1}{\gamma}\mathrm{ber}'\gamma\right)\right.$ $-C_2\left(\mathrm{ber}\gamma - \dfrac{1}{\gamma}\mathrm{bei}'\gamma\right)$ $-C_3\left(\mathrm{kei}\gamma + \dfrac{1}{\gamma}\mathrm{ker}'\gamma\right)-$ $C_4\left(\mathrm{ker}\gamma - \dfrac{1}{\gamma}\mathrm{kei}'\gamma\right)-\dfrac{C_5}{\gamma^2}$ $\left.-\dfrac{q_n r_s C^2}{4}\right]$	$\dfrac{2}{C^2}\left[-C_1\left(\mathrm{bei}\gamma + \dfrac{1}{\gamma}\mathrm{ber}'\gamma\right)-\right.$ $\left.C_2\left(\mathrm{ber}\gamma - \dfrac{1}{\gamma}\mathrm{bei}'\gamma\right)-\dfrac{q_n r_s C^2}{4}\right]$
m_φ	$-\dfrac{1}{r_s}\left[C_1\left(\mathrm{ber}\gamma - \dfrac{1}{\gamma}\mathrm{bei}'\gamma\right)\right.$ $-C_2\left(\mathrm{bei}\gamma + \dfrac{1}{\gamma}\mathrm{ber}'\gamma\right)$ $+C_3\left(\mathrm{ker}\gamma - \dfrac{1}{\gamma}\mathrm{kei}'\gamma\right)$ $\left.-C_4\left(\mathrm{kei}\gamma + \dfrac{1}{\gamma}\mathrm{ker}'\gamma\right)\right]$	$-\dfrac{1}{r_s}\left[C_1\left(\mathrm{ber}\gamma - \dfrac{1}{\gamma}\mathrm{bei}'\gamma\right)-\right.$ $\left.C_2\left(\mathrm{bei}\gamma + \dfrac{1}{\gamma}\mathrm{ber}'\gamma\right)\right]$
$v_{\varphi n}$	$-\dfrac{\sqrt{2}}{r_s C}\left[C_1 \mathrm{ber}'\gamma - C_2 \mathrm{bei}'\gamma\right.$ $\left.+C_3 \mathrm{ker}'\gamma - C_4 \mathrm{kei}'\gamma\right]$	$-\dfrac{\sqrt{2}}{r_s C}\left[C_1 \mathrm{ber}'\gamma - C_2 \mathrm{bei}'\gamma\right]$
w	$\dfrac{\sqrt{12}}{E_c t^2}\left[C_1 \mathrm{bei}\gamma + C_2 \mathrm{ber}\gamma\right.$ $\left.+C_3 \mathrm{kei}\gamma + C_4 \mathrm{ker}\gamma + C_6\right]$	$\dfrac{\sqrt{12}}{E_c t^2}\left[C_1 \mathrm{bei}\gamma + C_2 \mathrm{ber}\gamma + C_6\right]$

续表 5.1.4

形式 \ 内力、位移	开口壳	闭口壳
v	$\dfrac{\sqrt{2}}{E_c C}\left[-C_1 \mathrm{ber}'\gamma + C_2 \mathrm{bei}'\gamma\right.$ $-C_3 \mathrm{ker}'\gamma + C_4 \mathrm{kei}'\gamma - \dfrac{C_5}{\gamma}$ $\left.+C_6\gamma - \dfrac{q_n r_s C^2 \gamma}{4}\right]$	$\dfrac{\sqrt{2}}{E_c C}\left[-C_1 \mathrm{ber}'\gamma + C_2 \mathrm{bei}'\gamma\right.$ $\left.+C_6\gamma - \dfrac{q_n r_s C^2\gamma}{4}\right]$
Ψ	$\dfrac{2\sqrt{6}}{E_c t^2 C}\left[C_1 \mathrm{bei}'\gamma + C_2 \mathrm{ber}'\gamma\right.$ $\left.+C_3 \mathrm{kei}'\gamma + C_4 \mathrm{ker}'\gamma\right]$	$\dfrac{2\sqrt{6}}{E_c t^2 C}\left[C_1 \mathrm{bei}'\gamma + C_2 \mathrm{ber}'\gamma\right]$

注：$\gamma = \sqrt{2}r/C$；r 为水平投影半径；$C = 0.76\sqrt{r_s t}$，r_s 为球壳曲率半径；ber、ber'、bei、bei'、ker、ker'、kei、kei' 为汤姆生函数及其一阶导数。

5.1.5 壳板的边界条件应根据边界位移和内力的约束情况确定。当边缘构件截面不为矩形时，应根据其几何特征按边界处经向转角及水平位移相协调的原则确定边界条件；当边缘构件截面为矩形时（图5.1.5），可按下列规定确定边界条件：

1 当外环截面为矩形时，弹性边界条件应按下列公式确定：

$$w_a \cos\varphi_a + v_a \sin\varphi_a = 0 \qquad (5.1.5\text{-}1)$$

$$-\frac{r_a^2}{E_c A_a}\left[n_{\varphi a}\left(1 + \frac{12 e_a e_{la}}{h_a^2}\right) - \frac{12 m_{\varphi a} e_{la}}{h_a^2} + \frac{P_a}{r_a}\right]$$

$$= v_a \cos\varphi_a - w_a \sin\varphi_a \qquad (5.1.5\text{-}2)$$

$$\frac{r_a^2}{E_c I_a}\left(-n_{\varphi a} e_a + m_{\varphi a}\right) = \Psi_a \qquad (5.1.5\text{-}3)$$

式中：w_a ——壳板外环处法向的位移；

v_a ——壳板外环处经向的位移；

$n_{\varphi a}$ ——壳板外环处截面上经向的分布轴向力；

$m_{\varphi a}$ ——壳板外环处截面上经向的分布弯矩；

Ψ_a ——壳板外环处经向的转角；

P_a ——壳板外环截面上的有效预压力值；

r_a ——壳板外环边缘处的底平面半径；

I_a ——壳板外环截面绕水平中心轴的惯性矩；

A_a ——壳板外环截面面积；

h_a ——壳板外环截面高度；

e_a ——壳板截面轴线与外环竖直中心轴的交点距外环水平中心轴的距离；

e_{la} ——壳板截面轴线与外环边缘交点距外环水平中心轴的距离。

2 当内环截面为矩形时，弹性边界条件应按下列公式确定：

$$v_{\varphi n o}\cos\varphi_o + n_{\varphi o}\sin\varphi_o = -p_{Lo} \qquad (5.1.5\text{-}4)$$

$$\frac{r_o^2}{E_c A_o}\left[n_{\varphi o}\left(1 + \frac{12 e_o e_{lo}}{h_o^2}\right) - \frac{12 e_{lo} m_{\varphi o}}{h_o^2}\right]$$

$$= v_\mathrm{o}\cos\varphi_\mathrm{o} - w_\mathrm{o}\sin\varphi_\mathrm{o} \qquad (5.1.5\text{-}5)$$

$$- \frac{r_\mathrm{o}^2}{E_\mathrm{c}I_\mathrm{o}}(-n_{\varphi\mathrm{o}}e_\mathrm{o} + m_{\varphi\mathrm{o}}) = \Psi_\mathrm{o} \qquad (5.1.5\text{-}6)$$

式中：w_o ——壳板内环处法向的位移；

v_o ——壳板内环处经向的位移；

p_Lo ——壳板内环上的竖向均布线荷载；

$n_{\varphi\mathrm{o}}$ ——壳板内环处截面上经向的分布轴向力；

$m_{\varphi\mathrm{o}}$ ——壳板内环处截面上经向的分布弯矩；

$v_{\varphi\mathrm{no}}$ ——壳板内环处垂直于经向的截面上法向的分布剪力；

Ψ_o ——壳板内环处经向的转角；

r_o ——壳板内环边缘处的旋转半径；

I_o ——壳板内环截面绕水平中心轴的惯性矩；

A_o ——壳板内环截面面积；

h_o ——壳板内环截面高度；

e_o ——壳板截面轴线与内环竖直中心轴的交点距内环水平中心轴的距离；

e_lo ——壳板截面轴线与内环边缘交点距内环水平中心轴的距离。

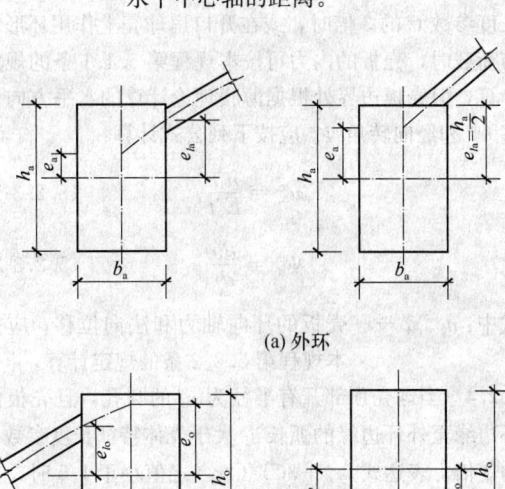

(a) 外环

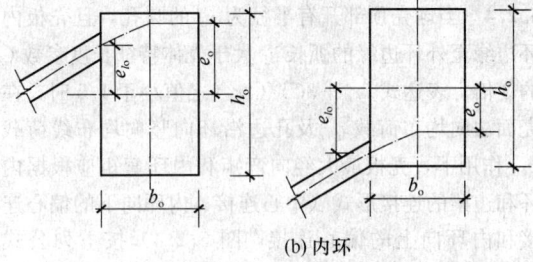

(b) 内环

图 5.1.5　矩形截面边缘构件几何尺寸

5.2　集中荷载和环形荷载作用下的计算和圆孔应力集中

5.2.1　圆形底旋转壳在集中荷载作用下（图 5.2.1）的内力和位移的计算应符合下列规定：

1　扁球壳顶部作用法向集中荷载 F_n，且壳板外环边缘处的底平面半径 r_a 不小于壳体特征长度参数 C 的 3 倍时，除集中荷载作用点处外，壳板的内力和位移可按下列公式计算：

$$n_\varphi = -\frac{\sqrt{3}F_\mathrm{n}}{\pi t}f_1(\gamma) \qquad (5.2.1\text{-}1)$$

$$n_\theta = -\frac{\sqrt{3}F_\mathrm{n}}{\pi t}f_2(\gamma) \qquad (5.2.1\text{-}2)$$

$$m_\varphi = \frac{F_\mathrm{n}}{2\pi}f_3(\gamma) \qquad (5.2.1\text{-}3)$$

$$m_\theta = \frac{F_\mathrm{n}}{2\pi}f_4(\gamma) \qquad (5.2.1\text{-}4)$$

$$w = \frac{\sqrt{3}F_\mathrm{n}r_\mathrm{s}}{\pi E_\mathrm{c}t^2}f_5(\gamma) \qquad (5.2.1\text{-}5)$$

$$\gamma = \sqrt{2}\,\frac{r}{C} \qquad (5.2.1\text{-}6)$$

$$C = 0.76\sqrt{tr_\mathrm{s}} \qquad (5.2.1\text{-}7)$$

式中：　　　　　　r ——计算点处壳的水平投影半径；

$f_i(\gamma)$，$i = 1,2,3,4,5$ ——系数，可按本规程附录 A 的规定采用。

2　扁球壳顶部法向集中荷载 F_n 作用点处，壳板的内力和位移可按下列公式计算：

$$m_\varphi = -\frac{\sqrt{3}F_\mathrm{n}}{6\pi}\lambda_1 \qquad (5.2.1\text{-}8)$$

$$n_\varphi = \frac{\sqrt{3}F_\mathrm{n}}{\pi t}\lambda_2 \qquad (5.2.1\text{-}9)$$

$$w = \frac{\sqrt{12}F_\mathrm{n}r_\mathrm{s}}{\pi E_\mathrm{c}t^2}\lambda_2 \qquad (5.2.1\text{-}10)$$

$$\gamma_\mathrm{F} = \sqrt{2}\,\frac{r_\mathrm{F}}{C} \qquad (5.2.1\text{-}11)$$

$$\lambda_1 = \frac{\sqrt{3}\mathrm{ker}'\gamma_\mathrm{F}}{\gamma_\mathrm{F}} \qquad (5.2.1\text{-}12)$$

$$\lambda_2 = \frac{\mathrm{ker}'\gamma_\mathrm{F}}{\gamma_\mathrm{F}} + \frac{1}{(\gamma_\mathrm{F})^2} \qquad (5.2.1\text{-}13)$$

式中：r_F ——集中荷载实际作用区域的圆半径；

λ_1、λ_2 ——系数，可按本规程附录 A 的规定采用。

3　扁球壳顶部作用沿经线的切向荷载 F_x，且壳板外环边缘处的半径 r_a 不小于壳体特征长度参数 C 的 3 倍时，壳板的内力和位移可按下列公式计算：

$$n_\varphi = \frac{F_\mathrm{x}}{2\pi C}f_6(\gamma)\cos\theta \qquad (5.2.1\text{-}14)$$

$$n_\theta = \frac{F_\mathrm{x}}{2\pi C}f_7(\gamma)\cos\theta \qquad (5.2.1\text{-}15)$$

$$m_\varphi = \frac{\sqrt{3}F_\mathrm{x}t}{12\pi C}f_8(\gamma)\cos\theta \qquad (5.2.1\text{-}16)$$

$$m_\theta = \frac{\sqrt{3}F_\mathrm{x}t}{12\pi C}f_9(\gamma)\cos\theta \qquad (5.2.1\text{-}17)$$

$$w = -\frac{F_\mathrm{x}\sqrt{3}C}{2\pi E_\mathrm{c}t^2}f_{10}(\gamma)\cos\theta \qquad (5.2.1\text{-}18)$$

式中：$f_i(\gamma)$，$i = 6,7,8,9,10$ ——系数，可按本规程附录 A 的规定采用。

4　扁球壳顶部作用沿经线法面内的集中力矩 M_y，且壳板外环边缘处半径 r_a 不小于壳体特征长度参数 C 的 3 倍时，壳板的内力和位移可按下列公式计算：

$$n_\varphi = \frac{M_y r_s}{\pi C^3} f_{11}(\gamma)\cos\theta \qquad (5.2.1\text{-}19)$$

$$n_\theta = \frac{M_y r_s}{\pi C^3} f_{12}(\gamma)\cos\theta \qquad (5.2.1\text{-}20)$$

$$m_\varphi = \frac{M_y}{2\pi C} f_{13}(\gamma)\cos\theta \qquad (5.2.1\text{-}21)$$

$$m_\theta = \frac{M_y}{2\pi C} f_{14}(\gamma)\cos\theta \qquad (5.2.1\text{-}22)$$

$$w = \frac{3M_y C}{\pi E_c t^3} f_{15}(\gamma)\cos\theta \qquad (5.2.1\text{-}23)$$

式中：$f_i(\gamma)$，$i = 11,12,13,14,15$——系数，可按本规程附录 A 的规定采用。

5 当集中荷载不作用于扁球壳的顶部，而荷载作用点至壳板边缘的距离不小于壳体特征长度参数 C 的 3 倍时，仍可按式（5.2.1-1）～式（5.2.1-23）进行计算，但应取荷载作用点为坐标原点。

6 对其他类型的旋转壳，当受集中荷载作用时，近似计算时可按本条第 1 款至第 5 款的规定计算，但曲率半径 r_s 应按计算点处较大的主曲率半径取值。

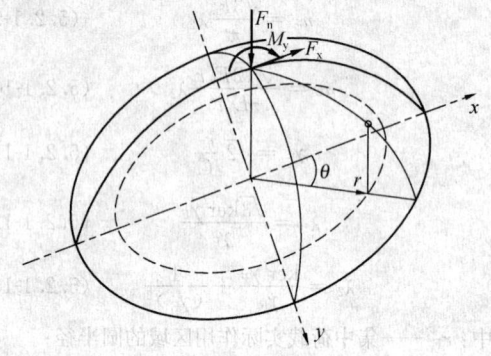

图 5.2.1　扁球壳上的集中荷载

5.2.2 当闭口扁球壳上作用有轴对称环形均布线荷载 p_L，且荷载作用点至壳板边缘的距离大于壳体特征长度参数 C 的 3 倍时，壳板的内力和位移的计算应符合下列规定：

1 当计算点处壳板的水平投影半径 r 不大于环形线荷载分布半径 a 时，壳板的内力和位移可按下列公式计算：

$$m_\varphi = p_L a\left[\text{kei}\,\bar{a}\,\text{ber}''\gamma + \text{ker}\,\bar{a}\,\text{bei}''\gamma\right]$$
$$(5.2.2\text{-}1)$$

$$n_\varphi = -\frac{\sqrt{12}\,p_L a}{t\gamma}\left[\text{ber}'\gamma\,\text{ker}\,\bar{a} - \text{kei}\,\bar{a}\,\text{bei}'\gamma\right]$$
$$(5.2.2\text{-}2)$$

$$n_\theta = \frac{\sqrt{12}\,p_L a}{t}\left[-\text{ker}\,\bar{a}\,\text{ber}''\gamma + \text{kei}\,\bar{a}\,\text{bei}''\gamma\right]$$
$$(5.2.2\text{-}3)$$

$$w = -\frac{\sqrt{12}\,p_L r_s a}{E_c t^2}\left[\text{ber}\gamma\,\text{kei}\,\bar{a} + \text{bei}\gamma\,\text{ker}\,\bar{a}\right]$$
$$(5.2.2\text{-}4)$$

$$\bar{a} = \sqrt{2}\,a/C \qquad (5.2.2\text{-}5)$$

式中：a——环形线荷载分布的水平投影半径。

2 当计算点处壳板的水平投影半径 r 大于环形线荷载分布半径 a 时，壳板的内力和位移可按下列公式计算：

$$m_\varphi = p_L a\left[\text{ber}\,\bar{a}\,\text{kei}''\gamma + \text{bei}\,\bar{a}\,\text{ker}''\gamma\right]$$
$$(5.2.2\text{-}6)$$

$$n_\varphi = -\frac{\sqrt{12}\,p_L a}{t\gamma}\left[\text{ber}\,\bar{a}\,\text{ker}'\gamma - \text{bei}\,\bar{a}\,\text{kei}'\gamma + \frac{1}{\gamma}\right]$$
$$(5.2.2\text{-}7)$$

$$n_\theta = \frac{\sqrt{12}\,p_L a}{t}\left[-\text{ber}\,\bar{a}\,\text{ker}''\gamma + \text{bei}\,\bar{a}\,\text{kei}''\gamma + \frac{1}{\gamma^2}\right]$$
$$(5.2.2\text{-}8)$$

$$w = -\frac{\sqrt{12}\,p_L r_s a}{E_c t^2}\left[\text{ber}\,\bar{a}\,\text{kei}\gamma + \text{bei}\,\bar{a}\,\text{ker}\gamma\right]$$
$$(5.2.2\text{-}9)$$

5.2.3 当闭口扁球壳上作用有轴对称环形均布线荷载 p_L，且荷载作用点至壳板边缘的距离小于壳体特征长度参数 C 的 3 倍时，或在开口扁球壳上作用环形均布荷载时，壳板的内力可按本规程第 5.1.1 条的规定计算，但壳板边界处根据薄膜理论计算的水平方向位移 u_h^m 和经向转角 Ψ_φ^m 应按下列公式计算：

$$u_h^m = \frac{n_\theta r}{E_c t} \qquad (5.2.3\text{-}1)$$

$$\Psi_\varphi^m = \frac{dw}{dr} \qquad (5.2.3\text{-}2)$$

式中：n_θ、w——壳板的环向轴力和法向位移，应按本规程第 5.2.2 条的规定计算。

5.2.4 当球壳顶部开有半径为 r_o 的圆孔，且壳板内环边缘至外环边缘的弧长 s_2 大于壳体特征长度参数 C 的 3 倍、表达式 $(r_o + 3C)/(4r_s)$ 之值小于 1/5 时，在壳面法向均布荷载 q_n 及孔边沿环向竖向均布线荷载 p_{Lo} 作用下，壳板最大经向弯矩和内环弯矩应根据内环和边梁的连接形式（中心连接、内环向下的偏心连接和内环向上的偏心连接，图 5.2.4）按下列公式计算：

$$m_{\varphi,\max} = -\frac{r_s t}{12}\left(q_n\lambda_3 + \frac{\sqrt{2}}{C} p_{Lo}\lambda_4\right) \quad (5.2.4\text{-}1)$$

(a) $e_o = 0$　　(b) $e_o \approx h_o/2 > 0$

(c) $e_o \approx -h_o/2 < 0$

图 5.2.4　内环与壳板的连接示意

$$M_o = \frac{r_s r_o h_o}{2}\left(q_n \lambda_5 + \frac{\sqrt{2}}{C} p_{Lo} \lambda_6\right) \quad (5.2.4\text{-}2)$$

式中：$m_{\varphi,\max}$ —— 壳板截面上最大的经向分布弯矩；

M_o —— 内环所受的弯矩；

h_o —— 内环截面高度；

λ_3、λ_4、λ_5、λ_6 —— 系数，可按本规程附录 A 的规定采用。

5.2.5 当圆孔不位于球壳顶部，且孔边与壳板边缘或其他边孔的净距不小于壳体特征长度参数 C 的 3 倍时，可按本规程第 5.2.4 条的规定计算，但应取孔洞中心为坐标原点。当其他旋转壳顶部开有圆孔时，仍可按本规程第 5.2.4 条的规定计算，但曲率半径 r_s 应按孔边处环向主曲率半径 r_2 采用，且特征长度参数 C 应按孔边处的计算值采用。

5.3 雪、风荷载作用下的计算和稳定验算

5.3.1 旋转壳的雪荷载计算，除应符合本规程第 3.2.7 条的规定外，尚应符合下列规定：

　　1 当壳板最大经向角 φ_a 不大于 30°时，可按均布雪荷载计算；

　　2 当壳板最大经向角 φ_a 大于 30°时，除应考虑均布雪荷载外，尚应考虑雪荷载的不对称分布，不对称雪荷载可按下式计算：

$$s_n = 0.4s\,(1 + \sin\phi \sin\psi) \quad (5.3.1)$$

式中：s —— 壳板中曲面水平投影面上的均布雪荷载；

s_n —— 壳板中曲面上分布雪荷载的法向分量；

ϕ —— 壳面法线与旋转轴间的夹角；

ψ —— 壳面法线在水平面上的投影与水平纵轴间的夹角。

5.3.2 风荷载所引起的旋转壳内力，可按薄膜理论进行计算。

5.3.3 旋转壳的稳定性验算应符合下列规定：

　　1 球面壳在法向均布荷载作用下的稳定性应按下式验算：

$$q_n \leqslant 0.06 E_c \left(\frac{t}{r_s}\right)^2 \quad (5.3.3)$$

式中：q_n —— 壳体的法向均布荷载设计值。

　　2 其他类型旋转壳的稳定性也可按式（5.3.3）验算，但曲率半径 r_s 应取中曲面最大曲率半径。

5.4 带肋壳的计算

5.4.1 本节的规定适用于沿壳面经向和环向设有均匀的正交肋，且肋间距不大于 3m、环肋不小于三圈、两个方向肋间距之比不大于 2 的带肋旋转壳。

5.4.2 带肋壳的内力和位移可按本规程第 5.1.1 条～第 5.1.5 条的规定计算，但应符合下列规定：

　　1 按本规程第 5.1.3 条规定计算时，壳板水平方向的位移应按下列公式计算：

$$u_h^m = \frac{n_\theta^m r_2}{E_c t_{\theta A}} \sin\varphi \quad (5.4.2\text{-}1)$$

$$t_{\theta A} = A_1 / l_1 \quad (5.4.2\text{-}2)$$

式中：$t_{\theta A}$ —— 带肋旋转壳在环向按截面面积折算的厚度；

l_1 —— 环向肋间距；

A_1 —— 环向肋截面面积与两侧肋间等分线之间的壳板横截面面积之和。

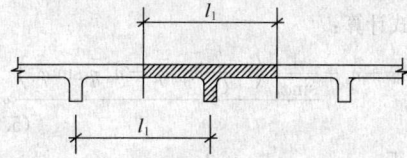

图 5.4.2　带肋壳折算截面面积

　　2 壳体特征长度参数应按下列公式计算：

$$C_a = 0.76 \sqrt{t_{\varphi Ia} r_{2a}} \sqrt{\frac{t_{\varphi Ia}}{t_{\theta A}}} \quad (5.4.2\text{-}3)$$

$$C_o = 0.76 \sqrt{t_{\varphi Io} r_{2o}} \sqrt{\frac{t_{\varphi Io}}{t_{\theta A}}} \quad (5.4.2\text{-}4)$$

$$t_{\varphi I} = \sqrt[3]{12 I'} \quad (5.4.2\text{-}5)$$

$$I' = I'_1 / l'_1 \quad (5.4.2\text{-}6)$$

式中：$t_{\varphi I}$ —— 带肋旋转壳在经向按截面惯性矩折算的厚度；

$t_{\varphi Ia}$ —— 带肋旋转壳外环边缘处在经向按截面惯性矩折算的厚度；

$t_{\varphi Io}$ —— 带肋旋转壳内环边缘处在经向按截面惯性矩折算的厚度；

I'_1 —— 经向肋截面与宽度为肋间距的壳板截面之和对其总截面形心轴的惯性矩；

l'_1 —— 经向肋间距。

　　3 采用本规程附录 A 的规定计算时，壳板在内、外环边缘处的厚度应采用相应的按惯性矩折算的厚度，即系数 a_{ij} 及 $\bar{a}_{ij}$（$j=1$、2）中的 t^3 应改用 $t^3_{\varphi Ia}$ 及 $t^3_{\varphi Io}$。

5.4.3 带肋旋转壳在法向均布荷载作用下的稳定性应按下列公式验算：

$$q_n \leqslant 0.06 E_c \left(\frac{t_I}{r_s}\right)^2 \sqrt{\frac{t_A}{t_I}} \quad (5.4.3\text{-}1)$$

$$t_I = \left[\frac{1}{4}\left(t_{\theta I}^3 + 2t^3 + t_{\varphi I}^3\right)\right]^{\frac{1}{3}} \quad (5.4.3\text{-}2)$$

$$t_A = \frac{4}{\dfrac{1}{t_{\theta A}} + \dfrac{2}{t} + \dfrac{1}{t_{\varphi A}}} \quad (5.4.3\text{-}3)$$

$$t_{\varphi A} = A'_1 / l'_1 \quad (5.4.3\text{-}4)$$

$$t_{\theta I} = \sqrt[3]{12 I} \quad (5.4.3\text{-}5)$$

$$I = I_1 / l_1 \quad (5.4.3\text{-}6)$$

式中：$t_{\varphi A}$ —— 带肋旋转壳在经向按截面面积折算的厚度，应取受压区内最小值；

$t_{\theta I}$ —— 带肋旋转壳在环向按截面惯性矩折算的厚度，应取受压区内最小值；

I_1——环向肋与宽度为肋间距的壳板截面之和对其总截面形心轴的惯性矩;

A'_1——经向肋截面面积与宽度为肋间距的壳板截面面积之和。

5.5 壳体环梁的内力

5.5.1 在旋转壳边缘处的水平推力作用下(图 5.5.1),外环、内环的轴向内力(以拉力为正)可按下列公式计算:

$$N_{\mathrm{ba}} = \left[n_{\mathrm{ha}}^{\mathrm{m}} + \tilde{n}_{\mathrm{a}} + \frac{1}{\sin\varphi_{\mathrm{a}}} \left(-\frac{2}{C_{\mathrm{o}}} \tilde{m}_{\varphi\mathrm{o}} \, \bar{\eta}_2 + \tilde{n}_{\mathrm{o}} \, \eta_4 \sin\varphi_{\mathrm{o}} \right) \right]_{s_{\mathrm{o}}=s_2} r_{\mathrm{a}}$$
$$(5.5.1\text{-}1)$$

$$N_{\mathrm{bo}} = -\left[n_{\mathrm{ho}}^{\mathrm{m}} + \tilde{n}_{\mathrm{o}} + \frac{1}{\sin\varphi_{\mathrm{o}}} \left(\frac{2}{C_{\mathrm{a}}} \tilde{m}_{\varphi\mathrm{a}} \eta_2 + \tilde{n}_{\mathrm{a}} \eta_4 \sin\varphi_{\mathrm{a}} \right) \right]_{s_{\mathrm{a}}=s_2} r_{\mathrm{o}}$$
$$(5.5.1\text{-}2)$$

$$N'_{\mathrm{ba}} = -n_{\varphi\mathrm{a}} r_{\mathrm{a}} \qquad (5.5.1\text{-}3)$$

$$N'_{\mathrm{bo}} = n_{\varphi\mathrm{o}} r_{\mathrm{o}} \qquad (5.5.1\text{-}4)$$

式中:N_{ba}、N_{bo}——旋转壳外、内环截面上的轴向力;

N'_{ba}、N'_{bo}——扁球壳外、内环截面上的轴向力;

$n_{\varphi\mathrm{a}}$、$n_{\varphi\mathrm{o}}$——扁球壳壳板外、内环边缘处截面上经向的分布轴向力,可按本规程第 5.1.4 条的规定计算。

注:公式中带下划线部分为次要项,下同。

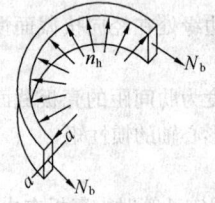

图 5.5.1 环梁截面上的轴向力　　图 5.5.2 外环力矩

5.5.2 矩形截面外、内环在外环经向力矩 $\bar{m}_{\mathrm{a}}$(图 5.5.2)和内环经向力矩 $\bar{m}_{\mathrm{o}}$ 作用下,外、内环中产生的绕截面水平中性轴的弯矩(截面下部受拉为正)应符合下列规定:

1 外环在经向力矩作用下产生的弯矩可按下列公式计算:

$$M_{\mathrm{ba}} = -\bar{m}_{\mathrm{a}} r_{\mathrm{a}} \qquad (5.5.2\text{-}1)$$

对一般旋转壳,

$$\bar{m}_{\mathrm{a}} = m_{\varphi\mathrm{a}} + n_{\mathrm{ha}}^{\mathrm{m}} e_{\mathrm{a}} + \left[\tilde{n}_{\mathrm{a}} + \frac{1}{\sin\varphi_{\mathrm{a}}} \left(-\frac{2}{C_{\mathrm{o}}} \tilde{m}_{\varphi\mathrm{o}} \, \bar{\eta}_2 + \tilde{n}_{\mathrm{o}} \, \bar{\eta}_1 \sin\varphi_{\mathrm{o}} \right) \right]_{s_{\mathrm{o}}=s_2} e_{l\mathrm{a}}$$
$$(5.5.2\text{-}2)$$

对扁球壳,

$$\bar{m}_{\mathrm{a}} = -n_{\varphi\mathrm{a}} e_{\mathrm{a}} + m_{\varphi\mathrm{a}} \qquad (5.5.2\text{-}3)$$

式中:$\bar{m}_{\mathrm{a}}$——外环经向力矩。

2 内环在经向力矩作用下产生的弯矩可按下列公式计算:

$$M_{\mathrm{bo}} = \bar{m}_{\mathrm{o}} r_{\mathrm{o}} \qquad (5.5.2\text{-}4)$$

对一般旋转壳,

$$\bar{m}_{\mathrm{o}} = m_{\varphi\mathrm{o}} + n_{\mathrm{ho}}^{\mathrm{m}} e_{\mathrm{o}} + \left[\tilde{n}_{\mathrm{o}} + \frac{1}{\sin\varphi_{\mathrm{o}}} \left(\frac{2}{C_{\mathrm{a}}} \tilde{m}_{\varphi\mathrm{a}} \eta_2 + \tilde{n}_{\mathrm{a}} \eta_1 \sin\varphi_{\mathrm{a}} \right) \right]_{s_{\mathrm{a}}=s_2} e_{l\mathrm{o}}$$
$$(5.5.2\text{-}5)$$

对扁球壳,

$$\bar{m}_{\mathrm{o}} = -n_{\varphi\mathrm{o}} e_{\mathrm{o}} + m_{\varphi\mathrm{o}} \qquad (5.5.2\text{-}6)$$

式中:$\bar{m}_{\mathrm{o}}$——内环经向力矩。

5.5.3 当外环支承在若干支柱上时,可按支柱为铰支点的曲梁计算其内力(图 5.5.3),且应符合下列规定:

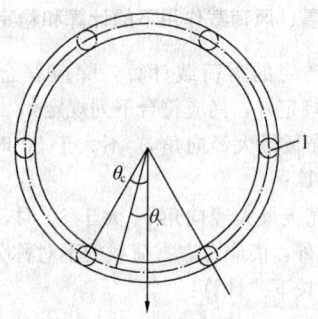

图 5.5.3 环梁的柱支承
1—柱子

1 环梁在竖向分布线荷载 p_{L}(包括环梁自重)作用下,各项内力计算应符合下列规定:

$$M_{\mathrm{bc}} = p_{\mathrm{L}} r_{\mathrm{a}}^2 \left(\frac{\theta_{\mathrm{c}}}{\sin\theta_{\mathrm{c}}} - 1 \right) \qquad (5.5.3\text{-}1)$$

$$M_{\mathrm{bs}} = p_{\mathrm{L}} r_{\mathrm{a}}^2 \left(\theta_{\mathrm{c}} \cot\theta_{\mathrm{c}} - 1 \right) \qquad (5.5.3\text{-}2)$$

$$M_{\mathrm{bx}} = p_{\mathrm{L}} r_{\mathrm{a}}^2 \left(\frac{\theta_{\mathrm{c}} \cos\theta_{\mathrm{x}}}{\sin\theta_{\mathrm{c}}} - 1 \right) \qquad (5.5.3\text{-}3)$$

$$T_{\mathrm{bx}} = p_{\mathrm{L}} r_{\mathrm{a}}^2 \left(\frac{\theta_{\mathrm{c}} \sin\theta_{\mathrm{x}}}{\sin\theta_{\mathrm{c}}} - \theta_{\mathrm{x}} \right) \qquad (5.5.3\text{-}4)$$

$$\theta_{\mathrm{x,max}} = \cos^{-1} \frac{\sin\theta_{\mathrm{c}}}{\theta_{\mathrm{c}}} \qquad (5.5.3\text{-}5)$$

$$\theta_{\mathrm{c}} = \pi/n \qquad (5.5.3\text{-}6)$$

式中:M_{bc}——环梁跨中绕截面水平中性轴的弯矩;

M_{bs}——支柱处绕环梁截面水平中性轴的弯矩;

M_{bx}——任意截面 θ_{x} 处绕环梁截面水平中性轴的弯矩;

T_{bx}——任意截面 θ_{x} 处的扭矩;

θ_{x}——曲梁跨中算起的圆心角;

$\theta_{\mathrm{x,max}}$——最大扭矩处的 θ_{x};

n——环梁下支柱数。

2 具有常用支柱数 $n=6$、8、10、12、16、20、24 的环梁,在均布线荷载 p_{L} 作用下产生的内力,可按表 5.5.3 的规定计算。

表 5.5.3　环梁内力表

支柱数 n	θ_c	最大竖向切力 v_n ($\times p_L r_a$)	弯矩 ($\times p_L r_a^2$) 跨中 M_{bc}	弯矩 ($\times p_L r_a^2$) 支柱 M_{bs}	最大扭矩 数值 ($\times p_L r_a^2$)	最大扭矩 位置 $\theta_{x,max}$
6	$\frac{\pi}{6}$	$\frac{\pi}{6}$	0.0472	-0.0931	0.0099	0.301
8	$\frac{\pi}{8}$	$\frac{\pi}{8}$	0.0262	-0.0519	0.0039	0.226
10	$\frac{\pi}{10}$	$\frac{\pi}{10}$	0.0166	-0.0331	0.0021	0.181
12	$\frac{\pi}{12}$	$\frac{\pi}{12}$	0.0115	-0.0229	0.0012	0.151
16	$\frac{\pi}{16}$	$\frac{\pi}{16}$	0.0065	-0.0129	0.0005	0.113
20	$\frac{\pi}{20}$	$\frac{\pi}{20}$	0.0041	-0.0082	0.0003	0.091
24	$\frac{\pi}{24}$	$\frac{\pi}{24}$	0.0029	-0.0057	0.0002	0.076

5.5.4　由支柱支承的外环梁受不对称风、雪荷载作用时，可根据壳体传至环梁内力的竖向分量分段按曲梁计算；作用在环梁上内力的水平分量可按全部支柱平均承担计算。

5.6　构 造 要 求

5.6.1　旋转壳应设外环梁，开口旋转壳还应设内环梁。

5.6.2　当符合下列情况时，旋转壳应加肋：
1　壳板厚度不符合稳定性要求；
2　采用装配整体式壳体；
3　壳体承受较大集中荷载处或开有孔洞处。

5.6.3　当不带肋的壳板上作用有集中荷载时，应按计算结果在集中荷载作用处设置附加钢筋，附加钢筋应位于靠近壳板表面处。

5.6.4　外环梁截面可采用矩形、槽形、L 形、平板形等形式。外环梁可采用非预应力或预应力配筋。采用预应力配筋时，其有效预应力值宜使外环梁应力接近于壳体边缘处按薄膜理论计算所得的环向应力值。

5.6.5　旋转壳在矩形截面的外环梁顶部或底部挑出混凝土雨篷时，应将雨篷作为外环梁的一部分进行内力分析。如果雨篷的挑出长度不大于 500mm，可不考虑其对环梁内力的影响。此时，外环梁仍可按矩形截面计算和配筋，但在布置钢筋时，应将环梁顶部或底部钢筋的 30% 布置在雨篷的外檐口，而将其余的钢筋均匀布置在梁的顶部或底部。此外，雨篷板还应按悬臂板计算弯矩并配置经向钢筋。

5.6.6　在距内环边缘 2 倍壳体特征长度参数的范围内，壳体应配置双层抗弯钢筋。

6　双 曲 扁 壳

6.1　几 何 尺 寸

6.1.1　双曲扁壳应由壳板及竖向边缘构件组成，可采用等曲率或不等曲率壳。双曲扁壳的矢高与底面最小边长之比不得大于 1/5。不等曲率双曲扁壳的较大曲率与较小曲率之比不宜大于 2。

6.1.2　双曲扁壳的壳板曲面可采用抛物线移动曲面、圆弧移动曲面或球面等，曲面与曲率的计算应符合下列规定：

　　1　壳板中曲面采用抛物线移动曲面时，可取坐标系原点为壳体一边中点（图 6.1.2），中曲面方程可按下式计算：

$$z = \frac{4(x^2 - ax)f_a}{a^2} + \frac{(4y^2 - b^2)f_b}{b^2}$$

(6.1.2-1)

　　中曲面在 x、y 方向的曲率 κ_1、κ_2 可按下列公式计算：

$$\kappa_1 = \frac{8f_a}{a^2}$$ (6.1.2-2)

$$\kappa_2 = \frac{8f_b}{b^2}$$ (6.1.2-3)

式中：f_a、f_b ——双曲扁壳沿 x、y 轴方向边界上的矢高；

　　　　a、b ——双曲扁壳沿 x、y 轴方向的边长。

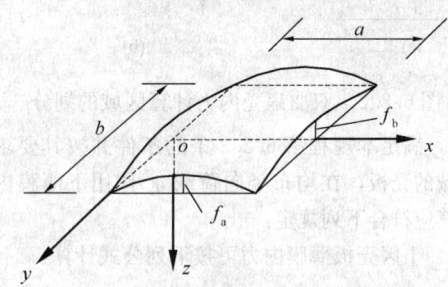

图 6.1.2　双曲扁壳的坐标和几何尺寸

　　2　壳板中曲面采用圆弧移动曲面时，中曲面在 x、y 方向的曲率半径应分别取 x、y 方向圆弧的半径。

　　3　壳板中曲面采用球面时，中曲面在 x、y 方向的曲率半径应取球面半径。

6.2　均布荷载作用下的内力计算

6.2.1　双曲扁壳的位移正方向可定义为坐标轴方向；在外法线方向与坐标轴正方向一致的截面上，轴力和剪力正方向可定义为与坐标轴一致的方向；弯矩正方向可定义为使壳板下表面受拉的方向（图 6.2.1）。

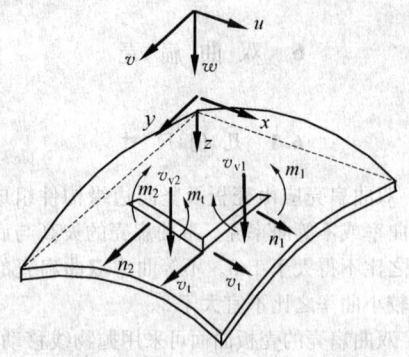

图 6.2.1 双曲扁壳内力和位移的正方向

6.2.2 当底面为矩形的双曲扁壳边长与壳体特征长度参数之比 a/C_1 和 b/C_2 均不小于 9 时,均布荷载作用下可将壳板的内力计算区域按下列规定划分(图 6.2.2):

1 壳板四角长、宽分别为 3 倍壳体特征长度参数的矩形区域可划为Ⅲ区;

2 除去壳板四角的四个Ⅲ区外,以凹角连线 AB 和 CD 可将区域划分成四块,左右两块可划分为Ⅰ区,其他两块可划分为Ⅱ区。

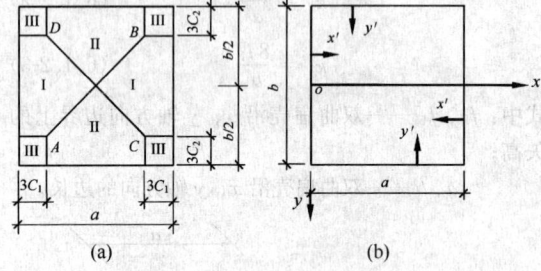

图 6.2.2 双曲扁壳内力计算区域的划分

6.2.3 满足本规程第 6.2.2 条的条件并按其要求划分区域的壳板,在均布竖向荷载 q_z 作用下薄膜内力的计算应符合下列规定:

1 Ⅰ区壳板薄膜内力可按下列公式计算:

$$n_1 = n_1^m \qquad (6.2.3\text{-}1)$$

$$n_2 = n_2^m + \frac{q_z}{\kappa_2} e^{-\xi} \cos\xi \qquad (6.2.3\text{-}2)$$

$$v_t = v^m \qquad (6.2.3\text{-}3)$$

$$\xi = x'/C_1 \qquad (6.2.3\text{-}4)$$

$$C_1 = 0.76\sqrt{tr_2} \qquad (6.2.3\text{-}5)$$

式中:n_1——壳板截面上沿 x 轴中曲面切线方向的分布轴向力;

n_2——壳板截面上沿 y 轴中曲面切线方向的分布轴向力;

v_t——壳板截面上切向的分布剪力;

n_1^m、n_2^m、v^m——壳板截面上的分布薄膜内力,可按本规程附录 B 的规定计算;

x'——计算点在 x 方向距较近边的距离;

C_1——双曲扁壳 x 轴方向的特征长度参数;

r_2——y 轴方向的曲率半径。

2 Ⅱ区壳板薄膜内力可按下列公式计算:

$$n_1 = n_1^m + \frac{q_z}{\kappa_2} e^{-\eta} \cos\eta \qquad (6.2.3\text{-}6)$$

$$n_2 = n_2^m \qquad (6.2.3\text{-}7)$$

$$v_t = v^m \qquad (6.2.3\text{-}8)$$

$$\eta = y'/C_2 \qquad (6.2.3\text{-}9)$$

$$C_2 = 0.76\sqrt{tr_1} \qquad (6.2.3\text{-}10)$$

式中:y'——计算点在 y 方向距较近边的距离;

C_2——双曲扁壳 y 轴方向的特征长度参数;

r_1——x 轴方向的曲率半径。

3 Ⅲ区壳板薄膜内力可按下列公式计算:

$$n_1 = n_1^m + \frac{q_z}{\kappa_1} e^{-\eta} \cos\eta \qquad (6.2.3\text{-}11)$$

$$n_2 = n_2^m + \frac{q_z}{\kappa_2} e^{-\xi} \cos\xi \qquad (6.2.3\text{-}12)$$

$$v_t = v^m \qquad (6.2.3\text{-}13)$$

4 壳板角点处的分布剪力 v_{ct} 可按下列公式计算(公式中正负号与该点附近剪力 v^m 的符号相同):

$\kappa_1 = \kappa_2 = \kappa$ 时,

$$v_{ct} = \pm \frac{2q_z}{\pi\kappa} \left[\ln\sqrt{\frac{8t}{\sqrt{3\kappa}(a^2+b^2)}} - 0.5772 \right] \qquad (6.2.3\text{-}14)$$

$\kappa_1 \neq \kappa_2$ 时,

$$v_{ct} = \pm \frac{2q_z}{\pi\kappa_1\kappa_2} \left\{ (\kappa_1+\kappa_2) \left[\ln\sqrt{\frac{8t}{\sqrt{3\kappa_1\kappa_2}(a^2+b^2)}} - 0.5772 \right] + \frac{\kappa_1 - \kappa_2}{2} \frac{a^2 - b^2}{a^2 + b^2} \right\} \qquad (6.2.3\text{-}15)$$

6.2.4 满足本规程第 6.2.2 条的条件并按其要求划分区域的壳板,在均布竖向荷载 q_z 作用下分布弯矩、扭矩及竖向剪力的计算应符合下列规定:

1 Ⅰ区壳板内力可按下列公式计算:

$$m_1 = \frac{q_z C_1^2}{2} e^{-\xi} \sin\xi \qquad (6.2.4\text{-}1)$$

$$v_{v1} = \pm \frac{q_z C_1}{2} e^{-\xi} (\cos\xi - \sin\xi) \qquad (6.2.4\text{-}2)$$

式中:m_1——壳板平行于 y 轴方向截面上的分布弯矩;

v_{v1}——壳板平行于 y 轴方向截面上竖向的分布剪力,式中正负号分别用于 $x=0$ 边及 $x=a$ 边的附近。

2 Ⅱ区壳板内力可按下列公式计算:

$$m_2 = \frac{q_z C_2^2}{2} e^{-\eta} \sin\eta \qquad (6.2.4\text{-}3)$$

$$v_{v2} = \pm \frac{q_z C_2}{2} e^{-\eta} (\cos\eta - \sin\eta) \qquad (6.2.4\text{-}4)$$

式中:m_2——壳板平行于 x 轴方向截面上的分布

弯矩；

  v_{y2}——壳板平行于 x 轴方向截面上竖向的分布剪力，式中正负号分别用于 $y=b/2$ 边及 $y=-b/2$ 边的附近。

  3 Ⅲ区壳板内力可按下列公式计算：

$$m_1 = \frac{q_z C_1^2}{2}e^{-\xi}\sin\xi \qquad (6.2.4\text{-}5)$$

$$m_2 = \frac{q_z C_2^2}{2}e^{-\eta}\sin\eta \qquad (6.2.4\text{-}6)$$

  4 等曲率壳在Ⅲ区的分布扭矩可按下列公式计算：

  非角点处，

$$m_t = \pm\frac{q_z t}{\pi\sqrt{3}\kappa}f_5(\gamma) \qquad (6.2.4\text{-}7)$$

$$\gamma = \sqrt{2(\xi^2+\eta^2)} \qquad (6.2.4\text{-}8)$$

  角点处，

$$m_t = \pm\frac{q_z t}{4\sqrt{3}\kappa} \qquad (6.2.4\text{-}9)$$

式中：m_t——壳板截面上的分布扭矩，$(0,b/2)$ 和 $(a,-b/2)$ 二点附近取负号，$(0,-b/2)$ 和 $(a,b/2)$ 二点附近取正号；

  $f_5(\gamma)$——系数，可按本规程附录 A 的规定采用。

  5 不等曲率壳在Ⅲ区的分布扭矩可按下列公式计算：

  非角点处，

$$m_t = \pm\frac{q_z t}{\pi\sqrt{3\kappa_1\kappa_2}}f_5(\gamma) \qquad (6.2.4\text{-}10)$$

  角点处，

$$m_t = \pm\frac{q_z t}{4\sqrt{3\kappa_1\kappa_2}} \qquad (6.2.4\text{-}11)$$

式中：m_t——壳板截面上的分布扭矩，$(0,b/2)$ 和 $(a,-b/2)$ 二点附近取负号，$(0,-b/2)$ 和 $(a,b/2)$ 二点附近取正号。

6.2.5 任意边界形状和任意边界条件的双曲扁壳在法向荷载作用下，其内力和位移可按本规程附录 B 的规定计算。

6.2.6 底面为正方形的球面双曲扁壳的边长与壳体特征长度参数之比小于 9 时，均布荷载作用下的内力和位移可按本规程附录 B 的规定计算。

6.3 半边荷载和水平荷载作用下的内力和位移计算

6.3.1 双曲扁壳在半边均布荷载作用下的内力及位移，可先按对称均布荷载和反对称均布荷载情况分别进行计算，然后叠加。

6.3.2 双曲扁壳受反对称均布荷载作用时，可先将原壳板一分为二，形成两个四边简支扁壳，壳板的曲率不变，而垂直于荷载反对称方向的边长为原壳体该方向边长的 1/2，该方向边缘处的矢高为原矢高的 1/4（图 6.3.2）。然后分别计算这两个四边简支扁壳在各自均布荷载作用下的内力和位移，可得原壳体的内力和位移。这两个四边简支扁壳在均布荷载作用下的内力和位移，可按本规程第 6.2.1 条～第 6.2.6 条的规定计算。

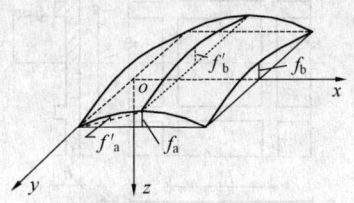

图 6.3.2 壳体对称分割

6.3.3 当双曲扁壳半边均布荷载 q_1 值不大于壳体全部均布荷载 q_2 的 30% 时，可将两者相加按满布荷载进行计算。

6.3.4 四边简支双曲扁壳受 x 轴方向的均布水平荷载 q_x 作用时，壳板的剪力 v_t 和沿 x 轴方向的位移 u 可按下列公式计算：

$$v_t = -yq_x \qquad (6.3.4\text{-}1)$$

$$u = \frac{1}{E_c t}\left[\left(\frac{b}{2}\right)^2 - y^2\right]q_x \qquad (6.3.4\text{-}2)$$

此时，其他的内力和位移可均取为零。

6.3.5 四边简支双曲扁壳受 y 轴方向均布水平荷载 q_y 作用时，可将坐标轴转换方向后，按本规程第 6.3.4 条的规定计算。

6.3.6 当水平荷载与 x 轴和 y 轴方向不平行时，可将其分解为 x 轴和 y 轴方向的两个分量分别计算，再进行叠加。

6.3.7 双曲扁壳可倾斜放置，但壳体底平面的倾角不宜大于 10°。此时，应将壳体所受的荷载分解为与底平面垂直的和平行的两个分量，并可分别按本规程第 6.2.1 条～第 6.2.6 条及第 6.3.4 条～第 6.3.6 条的规定计算。

6.4 稳 定 验 算

6.4.1 等曲率双曲扁壳在法向均布荷载作用下的稳定性应按下式验算：

$$q_n \leqslant 0.06E_c\kappa^2 t^2 \qquad (6.4.1)$$

式中：q_n——壳体的法向均布荷载设计值；

  κ——壳板的曲率。

6.4.2 不等曲率双曲扁壳在法向均布荷载作用下的稳定性应按下式验算：

$$q_n \leqslant 0.06E_c\kappa_1\kappa_2 t^2 \qquad (6.4.2)$$

式中：κ_1、κ_2——壳板沿 x、y 方向的曲率。

6.5 带肋壳的计算

6.5.1 对沿 x 和 y 轴方向带肋的双曲扁壳（图 6.5.1），当两个方向肋的分布均比较均匀、数量不少

于 4 根、肋在 x 轴和 y 轴方向的间距 l_1 和 l_2 均不大于 3m 且两者之比不大于 2 时，壳体可按无肋壳计算内力和位移，其壳体特征长度参数的计算应符合下列规定：

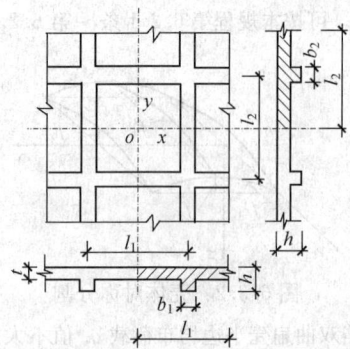

图 6.5.1　带肋壳板的平面单元

1　等曲率带肋壳特征长度参数可按下列公式计算：

$$C_1 = 0.76 \sqrt{\frac{t_{1I}}{\kappa} \sqrt{\frac{t_{1I}}{t_{2A}}}} \tag{6.5.1-1}$$

$$C_2 = 0.76 \sqrt{\frac{t_{2I}}{\kappa} \sqrt{\frac{t_{2I}}{t_{1A}}}} \tag{6.5.1-2}$$

$$t_{1A} = t + (h-t)b_2/l_2, \quad t_{2A} = t + (h-t)b_1/l_1 \tag{6.5.1-3}$$

$$t_{1I} = \sqrt[3]{12I_1/l_2}, \quad t_{2I} = \sqrt[3]{12I_2/l_1} \tag{6.5.1-4}$$

$$I_1 = \frac{1}{3}\left[(l_2 - b_2)t^3 + b_2 h^3\right]$$
$$- \frac{1}{4}\frac{\left[(l_2 - b_2)t^2 + b_2 h^2\right]^2}{(l_2 - b_2)t + b_2 h} \tag{6.5.1-5}$$

$$I_2 = \frac{1}{3}\left[(l_1 - b_1)t^3 + b_1 h^3\right]$$
$$- \frac{1}{4}\frac{\left[(l_1 - b_1)t^2 + b_1 h^2\right]^2}{(l_1 - b_1)t + b_1 h} \tag{6.5.1-6}$$

式中：C_1、C_2——双曲扁壳 x、y 轴方向的特征长度参数；

b_1、b_2——平行于 x、y 轴方向截面上的肋宽；

l_1、l_2——平行于 x、y 轴方向的肋间距；

t_{1I}、t_{2I}——带肋壳在 x、y 轴方向按截面惯性矩折算的厚度；

t_{1A}、t_{2A}——带肋壳在 x、y 轴方向按截面面积折算的厚度。

2　不等曲率带肋壳特征长度参数可按下列公式计算：

$$C_1 = 0.76 \sqrt{\frac{t_{1I}}{\kappa_2} \sqrt{\frac{t_{1I}}{t_{2A}}}} \tag{6.5.1-7}$$

$$C_2 = 0.76 \sqrt{\frac{t_{2I}}{\kappa_1} \sqrt{\frac{t_{2I}}{t_{1A}}}} \tag{6.5.1-8}$$

6.5.2　带肋双曲扁壳在法向均布荷载作用下的稳定性应按下列公式验算：

$$q_n \leqslant 0.06 E_c \frac{\kappa_1 \kappa_2}{\sqrt{\frac{\bar{t}_K}{\bar{t}_A}}} \bar{t}_K^2 \tag{6.5.2-1}$$

$$\bar{t}_K = \sqrt[3]{\frac{1}{4}(t_{1I}^3 + 2t^3 + t_{2I}^3)} \tag{6.5.2-2}$$

$$\bar{t}_A = \frac{4}{\frac{1}{t_{1A}} + \frac{2}{t} + \frac{1}{t_{2A}}} \tag{6.5.2-3}$$

式中：q_n——壳体的法向均布荷载设计值。

6.6　边缘构件

6.6.1　双曲扁壳的边缘构件可采用下列形式：带拉杆的双铰拱、拱形桁架、等截面或变截面的薄腹梁和多柱支承的曲梁等。

6.6.2　边缘构件可按空间杆系结构或平面杆系结构计算。计算时，可将壳体传至边缘构件上的分布荷载转换为若干竖向与水平的集中力及其对边缘构件中心轴产生的力矩。

6.6.3　在均布荷载作用下，壳体边缘处的剪力可作为作用在边缘构件上的均布荷载。

6.7　构造和配筋

6.7.1　现浇和装配整体式双曲扁壳的边拱可采用非预应力或预应力的构件，在构造上除应符合本规程第 3 章的有关规定外，尚应符合下列规定：

1　边拱与支承柱端部应通过预埋钢板或其他方式可靠连接；

2　边拱端部与支承柱端连接部位应进行局部受压承载力验算；

3　现浇双曲扁壳采用非预应力边拱时，两边拱的相交节点内侧可采取圆弧过渡，并应配置斜向附加钢筋（图 6.7.1a），其中附加钢筋直径宜为 12mm～16mm、数量不宜少于 3 根；采用预应力边拱时，两边拱的相交节点内侧可采取圆弧过渡，并应配置斜向附加钢筋（图 6.7.1b），其中附加钢筋直径宜为 16mm～20mm、数量不宜少于 3 根。

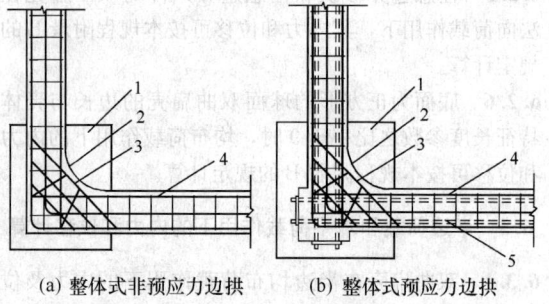

（a）整体式非预应力边拱　　（b）整体式预应力边拱

图 6.7.1　边拱相交节点构造形式

1—柱帽；2—过渡圆弧曲线；3—附加钢筋；

4—非预应力筋；5—预应力筋

6.7.2　双曲扁壳配筋除应符合本规程第 3 章的有关

规定外，尚应符合下列规定：

1 壳板四角应配置与边缘呈 45°角的斜钢筋，并应双层对称配置；

2 在壳板四周边缘宽度为 3 倍壳体特征长度参数范围内，宜配置双层钢筋。

7 圆柱面壳

7.1 几何尺寸和计算

7.1.1 圆柱面壳的壳体上应设置边梁和横隔。

7.1.2 圆柱面壳可按其几何特征和几何形状进行分类，并应符合下列规定：

1 根据圆柱面壳的几何特征，可分为长壳和短壳：

长壳应满足下列条件：

$$B/l \leqslant 1 \qquad (7.1.2-1)$$

短壳应满足下列条件：

$$B/l > 1 \qquad (7.1.2-2)$$

式中：B——圆柱面壳的宽度，即圆柱面壳直线边梁间的水平距离；

l——圆柱面壳的跨度，即圆柱面壳纵向支承横隔的间距。

2 根据圆柱面壳的几何形状，可分为单波和多波圆柱面壳。

7.1.3 长壳、短壳的壳板矢高 f 不应小于壳体宽度 B 的 1/8，长壳的壳体矢高 f_{tot} 不宜小于壳体跨度 l 的 1/15（图 7.1.3）。

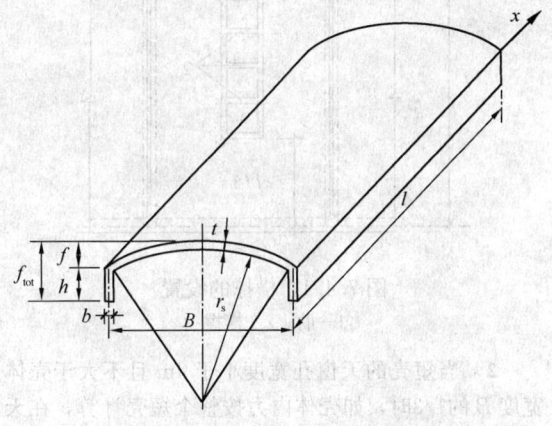

图 7.1.3 圆柱面壳的几何尺寸

7.1.4 长壳及短壳均可按弹性壳体理论计算内力和位移。当符合下列规定时，计算可简化：

1 对壳板中曲面曲率半径与跨度之比 r_s/l 不大于 0.2、且边梁无中间支承的情况，当荷载分布和壳体横截面均对称时，可按梁理论计算；在荷载分布或壳体横截面不对称时，可按薄壁构件计算；

2 对壳板中曲面曲率半径与跨度之比 r_s/l 不小

于 4 的情况，可将壳板与横隔合并，按拱或弧形桁架计算，边梁与其相邻的部分壳板（取宽度为 $l/5$）可按倒 L 形截面梁进行配筋，其荷载应包括边梁自重及其相邻板壳上的荷载。

7.1.5 多波圆柱面壳的边波外侧半边的内力可按单波柱面壳计算，内侧半边的内力可按内波柱面壳计算。

7.1.6 对任意边界条件的圆柱面壳可采用有限元法计算，并应考虑边缘构件的共同作用。

7.1.7 两端简支单跨圆柱面壳的横隔刚度应符合下列规定：

1 横隔在其平面内应具有足够的刚度，以使板壳在该处的环向位移和法向位移可近似取为零；

2 横隔在其平面外的刚度宜较小，使壳板在该处的纵向力可近似取为零。

7.1.8 圆柱面壳的稳定性验算应符合下列规定：

1 当壳体宽度与跨度之比 B/l 不大于 1 时，壳板纵向压应力应按下式验算：

$$\sigma \leqslant 0.075 \frac{E_c t}{r_s} \qquad (7.1.8-1)$$

式中：σ——壳板的纵向压应力，按荷载设计值进行计算。

2 当壳体宽度与跨度之比 B/l 大于 1 时，壳体的法向均布荷载设计值 q_n 应按下式验算：

$$q_n \leqslant 0.225 E_c \left(\frac{t}{r_s}\right)^2 \frac{1}{\frac{l}{\sqrt{t r_s}} - 1} \qquad (7.1.8-2)$$

7.2 带肋壳的计算

7.2.1 两端简支带肋圆柱面壳的内力和位移，可将薄膜理论的特解和有矩理论基本方程的齐次解叠加而得。

7.2.2 当肋的间距不大于 3m、且两个方向的间距比较接近时，壳体的稳定性可按下列公式验算：

$$\sigma \leqslant 0.075 \frac{E_c A_1}{r_s l_1} \qquad (7.2.2-1)$$

$$q_n \leqslant 0.225 E_c \frac{A_1}{l_1 r_s^2} \sqrt{\frac{12 I_1}{A_1}} \frac{1}{\frac{\sqrt[4]{A_1} l}{\sqrt[4]{12 I_1 r_s^2}} - 1}$$

$$(7.2.2-2)$$

式中：l_1——肋轴线间的距离；

A_1——肋截面面积与两侧肋间等分线之间的壳板横截面面积之和；

I_1——截面 A_1 的惯性矩。

7.2.3 当宽度与跨度之比 B/l 不大于 1 的圆柱面壳只有环肋，或 B/l 大于 1 的圆柱面壳只有纵肋时，壳体稳定性可分别按本规程式（7.1.8-1）和式（7.1.8-2）验算。当宽度与跨度之比 B/l 不大于 1 的圆柱面壳只有纵肋，或 B/l 大于 1 的圆柱面壳只有环肋时，壳体的稳定性可分别按本规程式（7.2.2-1）和式

（7.2.2-2）验算。

7.2.4 壳面带肋的圆柱面长壳，可按带肋的折板结构计算。

7.3 边缘构件

7.3.1 边梁可在下列五种常用形式中选用（图7.3.1）：

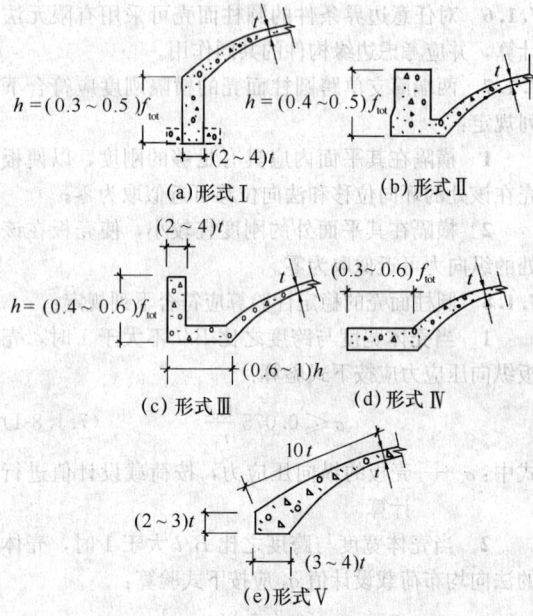

图 7.3.1　边梁的类型

1 形式Ⅰ：位于壳板边缘之下的矩形或倒T形截面梁；

2 形式Ⅱ：位于壳板边缘之上的矩形截面梁；

3 形式Ⅲ：位于壳板边缘之上的L形截面梁；

4 形式Ⅳ：位于壳板边缘侧面的平板梁，可用于边梁下墙支承的情况；

5 形式Ⅴ：壳板边缘局部加厚形成的梁，可用作小跨度壳板的边梁。

7.3.2 边梁的截面尺寸应按承载力、变形及构造要求确定，并应符合下列规定：

1 长壳边梁的截面可采用本规程图7.3.1所示的尺寸，对形式Ⅰ、Ⅱ、Ⅲ的边梁，其高度不宜小于壳体跨度的1/30；

2 短壳边梁采用形式Ⅰ、Ⅱ、Ⅲ时，其高度不宜小于壳体跨度的1/15；

3 多波壳体的边梁截面宜设计成相同的形式。

7.3.3 圆柱面壳横隔可按平面构件进行计算，横隔可采用下列形式（图7.3.3）：

1 形式Ⅰ：变截面梁或开洞变截面梁，可用于跨度和宽度较小的壳体；

2 形式Ⅱ：带拉杆的拱形横隔，宜用于半边荷载较小的壳体；

3 形式Ⅲ：弧形桁架，宜用于宽度较大的壳体。

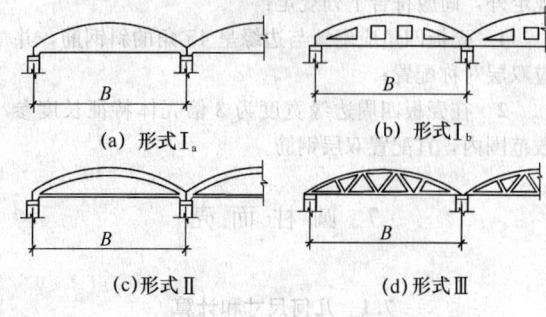

图 7.3.3　横隔的形式

7.4 构 造 要 求

7.4.1 当圆柱面壳沿跨度方向设置通长孔洞时，其位置宜设于壳体顶部，并应符合下列构造规定：

1 对长壳，在孔洞周边应加肋，并应沿孔洞纵向每隔2m～3m设置一条横撑（图7.4.1）；当壳体具有较大的不对称荷载时，除设置横撑外，还应加设斜撑；

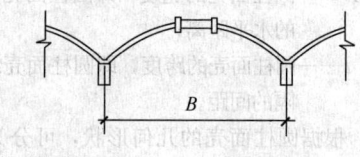

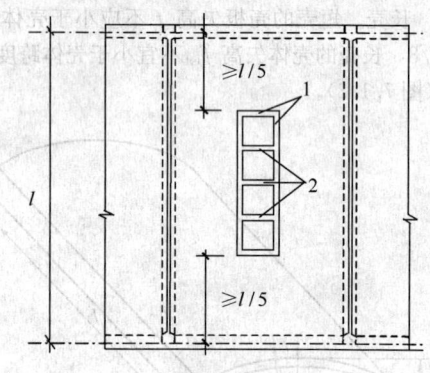

图 7.4.1　横撑的设置
1—肋；2—横撑

2 当短壳的天窗孔宽度小于4m且不大于壳体宽度B的1/3时，如壳体内力按整个短壳计算，在天窗孔中应设置间距不大于2m的横撑；

3 如将短壳分成两半，并按锯齿形或蝶形壳计算内力时，可不设横撑；

4 在圆柱面壳两端，跨度l的1/5范围内不应设置孔洞。

7.4.2 对有孔洞的圆柱面壳，宜用有限元法进行分析，并应考虑肋、横撑、斜撑和其他边缘构件的共同作用。

7.4.3 圆柱面壳的配筋应符合下列规定：

1 壳板受拉区的主要受拉钢筋应按计算所得的应力分布配置；受压区可按构造要求设置间距为200mm～250mm的纵向钢筋；

2 边梁所需受拉钢筋的25%～40%可设置在边梁底部，其余钢筋可按应力分布设置；边梁中除应设置直径不宜小于14mm的主要受拉钢筋外，还应设置直径不小于6mm的封闭箍筋，边梁中的主要钢筋应有50%以上锚入支座。

7.4.4 装配整体式圆柱面壳可采用下列四种形式（图7.4.4）：

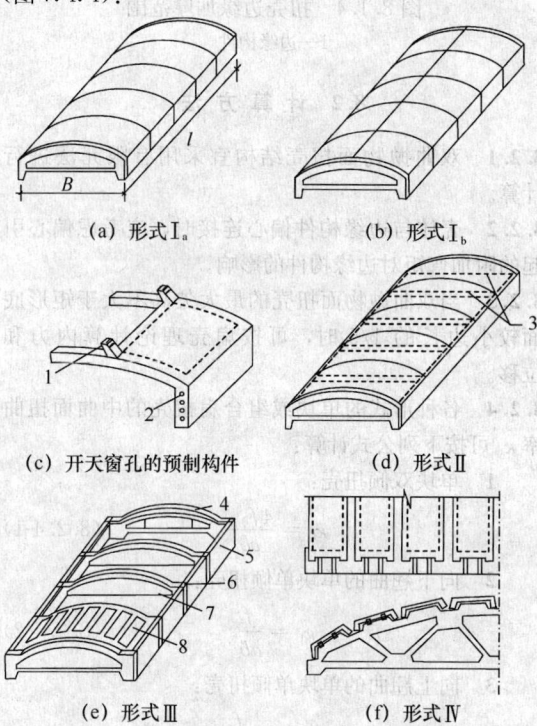

(a) 形式Ⅰₐ (b) 形式Ⅰ♭

(c) 开天窗孔的预制构件 (d) 形式Ⅱ

(e) 形式Ⅲ (f) 形式Ⅳ

图 7.4.4 装配整体式圆柱面壳的形式
1—焊接天窗架的预埋件；2—穿预应力筋的孔洞；
3—临时拉杆；4—预制横隔；5—预制边梁段；
6—预制肋拱；7—预制肋拱的临时拉杆；
8—预制壳板

1 形式Ⅰ：壳体由预制拱形板和边梁段的横向分块组成；

2 形式Ⅱ：壳体由现浇边梁和预制拱形板组成；

3 形式Ⅲ：壳体由横隔、边梁段、肋拱及壳板组成；

4 形式Ⅳ：壳体由预制板及预制拱架组成。
当有可靠依据时，也可采用其他形式。

7.4.5 装配整体式圆柱面壳的形式Ⅰ应符合下列规定：

1 壳体的分块在横向可为整块（形式Ⅰₐ）或两个半块（形式Ⅰ♭），形式Ⅰₐ宜用于较小跨度，形式Ⅰ♭宜用于较大跨度；

2 壳体在纵向可分成若干段，每段的长度应根据制作、运输及安装等条件确定，宜为1.5m～3m；

3 在块体的边缘处应设加劲肋；

4 对具有天窗孔的壳体，形式Ⅰ♭的预制构件可设计成带焊接预埋件形式；

5 边梁应采用预应力配筋。

7.4.6 装配整体式圆柱面壳的形式Ⅱ可用于较大跨度，整个壳体可划分为两个现浇的边梁、两个横隔及若干预制拱形板，每块拱形板均应设置两根临时拉杆，防止起吊时发生过大的弯曲变形。

7.4.7 装配整体式圆柱面壳的形式Ⅲ可用于大跨度，并应符合下列规定：

1 整个壳体应由横隔、边梁段、肋拱及壳板四种平面预制构件拼成；

2 拼装时，应先将边梁段、横隔及肋拱通过边梁中预应力筋连成一空框，然后将预制壳板放置于肋拱上，通过板缝纵向预应力筋及混凝土灌缝连成整体；

3 边梁应采用预应力配筋。

7.4.8 装配整体式圆柱面壳的形式Ⅳ可用于短壳，整个壳体可划分为预制板及预制拱架两种构件，拱架也可设计为装配整体式结构。

7.4.9 圆柱面壳的边梁与支柱的连接可设计为铰接。当边梁施加预应力时，应考虑对柱子的影响，宜采取相应的构造措施。

8 双曲抛物面扭壳

8.1 几何尺寸

8.1.1 双曲抛物面扭壳可通过一条曲率中心向下的抛物线 $z = f_1(x)$ 沿另一条曲率中心向上的抛物线 $z = f_2(y)$ 平移而生成（图8.1.1），中曲面方程可按下式表示：

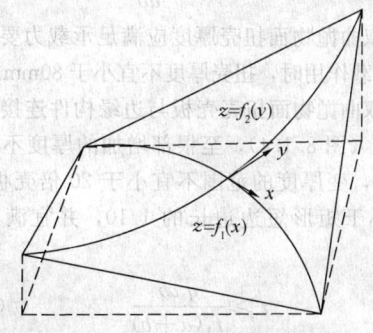

图 8.1.1 双曲抛物面扭壳

$$z = f_1(x) + f_2(y) \qquad (8.1.1\text{-}1)$$

由抛物线 $z_1 = \kappa_1 x^2$ 平移于另一抛物线 $z_2 = -\kappa_2 y^2$ 生成的双曲抛物面扭壳中曲面方程可按下式表示：

$$z = \kappa_1 x^2 - \kappa_2 y^2 \qquad (8.1.1\text{-}2)$$

当 $\kappa_1 = \kappa_2 = \kappa$ 时，中曲面方程可按下式表示：

$$z = \kappa(x^2 - y^2) \qquad (8.1.1-3)$$

8.1.2 矩形底面双曲抛物面扭壳的中曲面方程可按下列规定确定（图 8.1.2）：

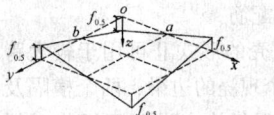 
(a) 单块双倾扭壳　　(b) 向下翘曲的单块单倾扭壳

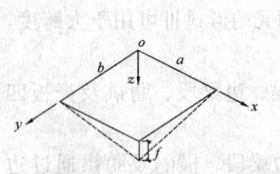 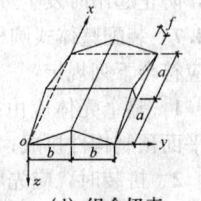
(c) 向上翘曲的单块单倾扭壳　　(d) 组合扭壳

图 8.1.2　双曲抛物面扭壳的形式

1 单块双倾扭壳：

$$z = \frac{f_{0.5}}{\frac{a}{2} \cdot \frac{b}{2}}\left(x - \frac{a}{2}\right)\left(y - \frac{b}{2}\right) \qquad (8.1.2-1)$$

式中：a——扭壳沿 x 方向的边长；

b——扭壳沿 y 方向的边长；

$f_{0.5}$——单块双倾扭壳中曲面最大矢高的 $1/2$，与图示方向相反时取负值。

2 向下翘曲的单块单倾扭壳：

$$z = \frac{f}{ab}xy \qquad (8.1.2-2)$$

式中：f——扭壳的矢高，与图示方向相反时取负值。

3 向上翘曲的单块单倾扭壳：

$$z = -\frac{f}{ab}xy \qquad (8.1.2-3)$$

4 组合扭壳靠近坐标原点的部分：

$$z = -f + \frac{(x-a)(y-b)f}{ab} \qquad (8.1.2-4)$$

8.1.3 双曲抛物面扭壳厚度应满足承载力要求。当有集中荷载作用时，扭壳厚度不宜小于 80mm。

8.1.4 双曲抛物面扭壳壳板与边缘构件连接部位应逐渐加厚（图 8.1.4），至根部增加的厚度不宜小于壳板厚度，变厚度的范围不宜小于 20 倍壳板厚度，且不宜小于矩形短边边长的 $1/10$，并宜满足下式要求：

$$t \geqslant \frac{q_z ab}{f_t(a+b)} \qquad (8.1.4)$$

式中：q_z——由壳体、面层自重及活荷载等组成的总荷载，折算成水平投影面上的竖向均布荷载设计值；

t——壳板厚度；

f_t——混凝土抗拉强度设计值；

a、b——矩形扭壳的边长。

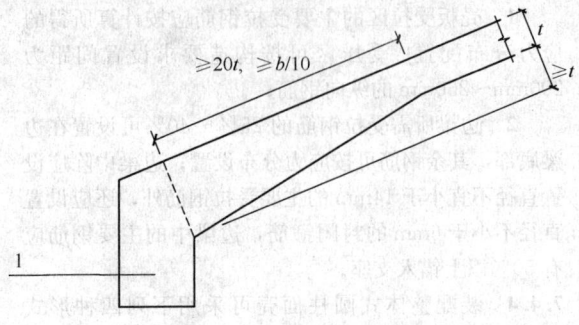

图 8.1.4　扭壳边缘加厚范围
1—边缘构件

8.2　计　算　方　法

8.2.1 双曲抛物面扭壳结构宜采用有限元法进行计算。

8.2.2 壳体与边缘构件偏心连接时，应考虑偏心引起的附加弯矩对边缘构件的影响。

8.2.3 当双曲抛物面扭壳的最大矢高不大于矩形底面较小边长的 $1/5$ 时，可按扁壳理论计算内力和位移。

8.2.4 各种形式的单块或组合扁扭壳的中曲面扭曲率 κ_t 可按下列公式计算：

1 单块双倾扭壳：

$$\kappa_t = \frac{4f_{0.5}}{ab} \qquad (8.2.4-1)$$

2 向下翘曲的单块单倾扭壳：

$$\kappa_t = \frac{f}{ab} \qquad (8.2.4-2)$$

3 向上翘曲的单块单倾扭壳：

$$\kappa_t = -\frac{f}{ab} \qquad (8.2.4-3)$$

4 组合扭壳靠近坐标原点的部分：

$$\kappa_t = \frac{f}{ab} \qquad (8.2.4-4)$$

8.2.5 计算扁扭壳的内力时，可将壳体、面层自重及雪载、活荷载等按其总和折算成水平投影面上的竖向均布荷载。

8.2.6 方案和初步设计阶段，可按下列简化公式计算扁扭壳中的薄膜应力：

$$\tau^m = \frac{q_z}{2\kappa_t t} \qquad (8.2.6-1)$$

$$\sigma_1^m = \tau^m \qquad (8.2.6-2)$$

$$\sigma_2^m = -\tau^m \qquad (8.2.6-3)$$

式中：τ^m——剪应力；

σ_1^m——拉应力；

σ_2^m——压应力。

8.2.7 矩形底双曲抛物面扭壳在竖向均布荷载作用下的稳定性可按下式验算：

$$q_z = 0.39E_c\left(\frac{tf}{ab}\right)^2 \qquad (8.2.7)$$

式中：q_z——壳体的竖向均布荷载设计值。

8.3 边 缘 构 件

8.3.1 双曲抛物面扭壳的边缘构件可采用梁、桁架等。

8.3.2 在竖向均布荷载作用下，矩形单块扭壳边缘构件在壳体两对角支座处产生的沿对角线方向的水平推力（图8.3.2）可按下列公式计算：

$$H_x = V_t^m a \qquad (8.3.2\text{-}1)$$
$$H_y = V_t^m b \qquad (8.3.2\text{-}2)$$
$$H = \sqrt{H_x^2 + H_y^2} \qquad (8.3.2\text{-}3)$$

式中：V_t^m——壳体作用于边缘构件的单位长度剪力，
  $V_t^m = \tau^m t$；
  H_x——矩形扭壳边缘构件沿 x 向的水平推力；
  H_y——矩形扭壳边缘构件沿 y 向的水平推力；
  H——矩形扭壳边缘构件沿对角线方向的水平推力；
  a、b——矩形扭壳的边长。

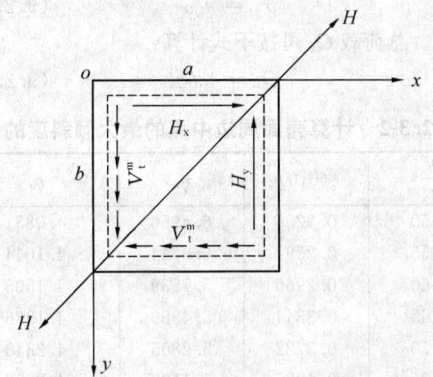

图 8.3.2 壳体支座处的水平推力

8.4 构 造 要 求

8.4.1 双曲抛物面扭壳的配筋应符合下列规定：

  1 钢筋的直径不应小于 8mm，并应采用带肋钢筋；

  2 当壳体厚度不大于 100mm、且壳面仅作用竖向均布荷载时，可采用单层双向配筋；当壳体有集中荷载作用时，宜局部或全部双层双向配筋；当壳体厚度大于 100mm 时，宜双层双向配筋；

  3 钢筋宜沿平行于壳体直纹方向布置，间距不宜大于 200mm。

8.4.2 当在竖向荷载标准值作用下，壳体中的主拉应力大于混凝土的抗拉强度标准值时，或当扭壳的跨度大于 24m 时，宜对壳体施加预压力。预应力筋应沿壳体直纹方向双向布置。预应力扭壳的壳板厚度不宜小于 120mm。

8.4.3 现浇组合扭壳拼接部位的构造应符合下列规定：

  1 当扭壳跨度不大于 24m 时，壳面脊线拼接部位应逐渐加厚，加厚的尺寸应按计算确定，且不宜小于 3 倍壳体厚度；加厚的范围不宜小于 20 倍壳板厚度，且不宜小于短边尺寸的 1/15（图 8.4.3）；

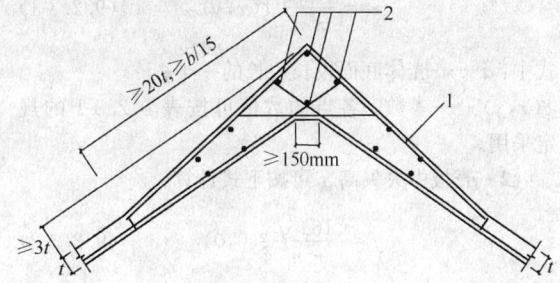

图 8.4.3 现浇组合扭壳拼接部位的构造
1—垂直于脊线的附加钢筋；2—脊线方向的纵向钢筋

  2 加厚范围的配筋应按计算确定，垂直于脊线的附加钢筋直径不应小于 10mm、间距不应大于 200mm，沿脊线方向的纵向钢筋直径不应小于 12mm、数量不应少于 4 根；

  3 当扭壳跨度大于 24m 时，壳面十字形拼接部位宜设置梁，梁宽度不宜小于 300mm，梁高度应按计算确定并不宜小于 4 倍壳板厚度；

  4 拼接部位梁的配筋应按计算确定，纵筋直径不应小于 16mm、数量不应少于 6 根，梁箍筋直径不应小于 8mm、间距不应大于 200mm。

9 膜 型 扁 壳

9.1 适用范围和几何尺寸

9.1.1 本章的规定适用于承受均布荷载、周边在同一水平支承面内的矩形或圆形底膜型扁壳。

9.1.2 抗震设防烈度为 9 度时不宜采用膜型扁壳。

9.1.3 矩形底膜型扁壳的最大边长不宜大于 8m；圆形底膜型扁壳的最大直径不宜大于 10m。

9.1.4 矩形底膜型扁壳壳板中央的最大矢高宜为矩形底面对角线长度的 1/8～1/12；圆形底膜型扁壳壳板中央的最大矢高宜为圆形底面直径的 1/5～1/10。

9.2 成 型 计 算

9.2.1 膜型扁壳成型计算时可假定壳板中只存在相互正交的两个主压内力，且各处的主压内力均应相同，并可根据内力由薄膜理论求得中曲面方程。

9.2.2 膜型扁壳在竖向荷载作用下，中曲面的基本控制方程可按下式计算：

$$\frac{\partial^2 z}{\partial x^2} + \frac{\partial^2 z}{\partial y^2} = -\frac{q_z}{n_L} \qquad (9.2.2)$$

式中：n_L——膜型扁壳截面上给定的均布线压力；
  q_z——竖向均布荷载。

9.2.3 矩形底膜型扁壳在竖向均布荷载作用下各相关参数的计算应符合下列规定（图 9.2.3）：

1 壳板中曲面的 z 坐标可按下式计算：

$$z = \frac{16a^2 q_z}{\pi^2 n_L} \zeta(x, y) \qquad (9.2.3\text{-}1)$$

式中：a ——壳体底面较长边长的一半；

$\zeta(x, y)$ ——参数，各点的数值可按表 9.2.3-1 的规定采用。

2 壳板中央矢高 f 可按下式计算：

$$f = \frac{16a^2 q_z}{\pi^2 n_L} \zeta(0, 0) \qquad (9.2.3\text{-}2)$$

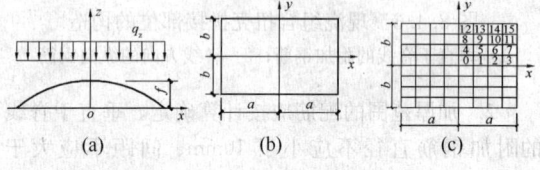

图 9.2.3　矩形底膜型扁壳

表 9.2.3-1　$\zeta(x, y)$ 在各点的数值

$\dfrac{b}{a}$	ζ_0 $\begin{array}{l}x=0\\y=0\end{array}$	ζ_1 $\begin{array}{l}x=\pm\frac{a}{4}\\y=0\end{array}$	ζ_2 $\begin{array}{l}x=\pm\frac{a}{2}\\y=0\end{array}$	ζ_3 $\begin{array}{l}x=\pm\frac{3a}{4}\\y=0\end{array}$	ζ_4 $\begin{array}{l}x=0\\y=\pm\frac{b}{4}\end{array}$	ζ_5 $\begin{array}{l}x=\pm\frac{a}{4}\\y=\pm\frac{b}{4}\end{array}$	ζ_6 $\begin{array}{l}x=\pm\frac{a}{2}\\y=\pm\frac{b}{4}\end{array}$	ζ_7 $\begin{array}{l}x=\pm\frac{3a}{4}\\y=\pm\frac{b}{4}\end{array}$
0.50	0.2206	0.2135	0.1880	0.1280	0.2701	0.2006	0.1770	0.1211
0.55	0.2591	0.2498	0.2172	0.1447	0.2435	0.2350	0.2047	0.1371
0.60	0.2966	0.2580	0.2452	0.1606	0.2784	0.2683	0.2309	0.1521
0.65	0.3344	0.3204	0.2732	0.1763	0.3145	0.3016	0.2578	0.1673
0.70	0.3722	0.3556	0.3009	0.1917	0.3503	0.3349	0.2841	0.1820
0.75	0.4085	0.3895	0.3274	0.2063	0.3848	0.3671	0.3094	0.1961
0.80	0.4454	0.4238	0.3541	0.2211	0.4199	0.3999	0.3550	0.2103
0.85	0.4801	0.4560	0.3791	0.2348	0.4537	0.4314	0.3596	0.2239
0.90	0.5106	0.4843	0.4008	0.2469	0.4823	0.4579	0.3802	0.2350
0.95	0.5407	0.5122	0.4233	0.2595	0.5116	0.4845	0.4023	0.2481
1.00	0.5709	0.5403	0.4443	0.2705	0.5403	0.5118	0.4219	0.2581
0.50	0.1663	0.1614	0.1432	0.0997	0.0976	0.0940	0.0850	0.0609
0.55	0.1964	0.1897	0.1663	0.1133	0.1158	0.1121	0.0993	0.0697
0.60	0.2248	0.2166	0.1881	0.1260	0.1329	0.1284	0.1126	0.0780
0.65	0.2541	0.2441	0.2102	0.1388	0.1504	0.1450	0.1264	0.0864
0.70	0.2829	0.2711	0.2318	0.1512	0.1631	0.1617	0.1401	0.0946
0.75	0.3121	0.2985	0.2536	0.1636	0.1863	0.1788	0.1540	0.1029
0.80	0.3415	0.3260	0.2753	0.1759	0.2072	0.1977	0.1693	0.1119
0.85	0.3694	0.3520	0.2959	0.1875	0.2201	0.2107	0.1800	0.1184
0.90	0.3946	0.3756	0.3145	0.1979	0.2381	0.2276	0.1938	0.1264
0.95	0.4168	0.3964	0.3311	0.2074	0.2523	0.2413	0.2048	0.1327
1.00	0.4443	0.4219	0.3509	0.2182	0.2706	0.2583	0.2186	0.1408

3 壳板中曲面在周边处的倾斜度 α_u 可按下列公式计算：

$$\alpha_u \big|_{x=\pm a} = \frac{8aq_z}{\pi^2 n_L} \sum_{n=1,3,5}^{\infty} \frac{1}{n^2} \left[1 - \frac{\operatorname{ch}\frac{n\pi y}{2a}}{\operatorname{ch}\frac{n\pi b}{2a}} \right] \qquad (9.2.3\text{-}3)$$

$$\alpha_u \big|_{y=\pm b} = \frac{8aq_z}{\pi^2 n_L} \sum_{n=1,3,5}^{\infty} (-1)^{\frac{(n-1)}{2}} \frac{1}{n^2} \operatorname{th}\frac{n\pi b}{2a} \cos\frac{n\pi x}{2a} \qquad (9.2.3\text{-}4)$$

式中：b ——壳体底面较短边长的一半。

4 壳板中曲面周边各处的倾斜度可按抛物线图形变化计算，其中点最大倾斜度 $\alpha_{u,max}$ 可按下列公式计算：

$$\alpha_{u,max} \big|_{x=\pm a} = \frac{f}{2a} \eta_a \qquad (9.2.3\text{-}5)$$

$$\alpha_{u,max} \big|_{x=\pm b} = \frac{f}{2b} \eta_b \qquad (9.2.3\text{-}6)$$

式中：η_a、η_b ——系数，可按表 9.2.3-2 的规定采用。

5 壳板周边垂直于底平面的线反力 r_n 可按下式计算：

$$r_n = n_L \alpha_u \qquad (9.2.3\text{-}7)$$

6 总荷载 Q_z 可按下式计算：

$$Q_z = 4abq_z \qquad (9.2.3\text{-}8)$$

表 9.2.3-2　计算壳面周边中点的最大倾斜度的系数

$\dfrac{b}{a}$	$\zeta(0,0)$	η_a	η_b
0.50	0.2206	6.4956	4.0851
0.55	0.2591	6.0644	4.1044
0.60	0.2966	5.7539	4.1505
0.65	0.3344	5.4969	4.1936
0.70	0.3722	5.2805	4.2340
0.75	0.4085	5.1109	4.2856
0.80	0.4454	4.9505	4.3236
0.85	0.4801	4.8252	4.3748
0.90	0.5106	4.7446	4.4538
0.95	0.5407	4.6659	4.5247
1.00	0.5709	4.5846	4.5846

9.2.4 圆形底膜型扁壳在竖向均布荷载作用下各相关参数的计算应符合下列规定（图 9.2.4）：

1 壳板中曲面的 z 坐标可按下式计算：

$$z = \frac{q_z}{4n_L}(r_a^2 - r^2) \qquad (9.2.4\text{-}1)$$

式中：r_a ——壳底面半径；

r ——中曲面上计算点在底面上的投影距圆心的距离。

2 壳板中央矢高 f 可按下式计算：

$$f = \frac{q_z r_a^2}{4n_L} \qquad (9.2.4\text{-}2)$$

3 壳板中曲面在周边处的倾斜度 α_u 可按下式计算：

$$\alpha_u = \frac{q_z r_a}{2n_L} \qquad (9.2.4\text{-}3)$$

4 壳板周边垂直于底平面的线反力 r_n 可按下式计算：

$$r_n = n_L \alpha_u \qquad (9.2.4-4)$$

5 总荷载 Q_z 可按下式计算：

$$Q_z = \pi r_a^2 q_z \qquad (9.2.4-5)$$

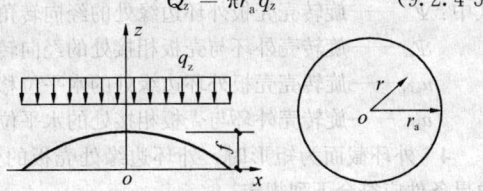

图 9.2.4 圆形底膜型扁壳

9.3 边 缘 构 件

9.3.1 在竖向均布荷载作用下，膜型扁壳边缘构件的配筋应符合下列规定：

1 沿周边支承的圆形底膜型扁壳的边缘构件，应按下列公式进行验算：

$$\eta q_z \leqslant \frac{6}{r_a^3} \left\{ \frac{f_c}{2\varphi_r} \left[r_a^2 r_1 + \left(\frac{r_a^2}{2\varphi_r^2} - 1 \right) \frac{r_1^3}{3} + \frac{r_1^5}{100\varphi_r^2} \right] + f_y' A_s h_0 \right\} \qquad (9.3.1-1)$$

$$r_1 = \frac{f_y' A_s}{f_c t} \qquad (9.3.1-2)$$

$$\varphi_r = \frac{r_a^2}{2f} \qquad (9.3.1-3)$$

式中：η ——荷载放大系数，取 1.2；

q_z ——竖向均布荷载设计值；

A_s ——圆形底膜型扁壳边缘构件中的钢筋面积；

h_0 ——膜型扁壳边缘构件的截面有效高度；

f_c ——混凝土轴心抗压强度设计值；

f_y' ——钢筋的抗压强度设计值；

f ——壳板的矢高。

2 四角支承的矩形底膜型扁壳的边缘构件，应按下列公式进行验算：

$$\eta q_z \leqslant \frac{1}{abc} (M_a \sin\alpha + M_b \cos\alpha) \qquad (9.3.1-4)$$

$$M_a = \frac{f_c}{2k_a} \left[a^2 a_1 + \left(\frac{a^2}{2k_a^2} - 1 \right) \frac{a_1^3}{3} + \frac{a_1^5}{10k_a^2} \right] + f_y A_{sa} h_0 \qquad (9.3.1-5)$$

$$M_b = \frac{f_c}{2k_b} \left[b^2 b_1 + \left(\frac{b^2}{2k_b^2} - 1 \right) \frac{b_1^3}{3} + \frac{b_1^5}{10k_b^2} \right] + f_y A_{sb} h_0 \qquad (9.3.1-6)$$

$$k_a = \frac{a^2}{2f} \qquad (9.3.1-7)$$

$$k_b = \frac{b^2}{2f} \qquad (9.3.1-8)$$

$$a_1 = \frac{f_y A_{sa}}{f_c t} \qquad (9.3.1-9)$$

$$b_1 = \frac{f_y A_{sb}}{f_c t} \qquad (9.3.1-10)$$

$$\alpha = \tan^{-1} \left(\frac{b}{a} \right) \qquad (9.3.1-11)$$

$$c = \frac{1}{2} \sqrt{a^2 + b^2} \sin 2\alpha \qquad (9.3.1-12)$$

式中：M_a、M_b ——膜型扁壳对应于边长 $2a$、$2b$ 的边缘构件的计算弯矩；

A_{sa}、A_{sb} ——膜型扁壳对应于边长 $2a$、$2b$ 的边缘构件的钢筋截面面积。

3 沿周边支承的矩形底膜型扁壳的边缘构件，应按下列公式进行验算：

$$\eta q_z \leqslant \frac{3}{a^3} M_a \qquad (9.3.1-13)$$

$$\eta q_z \leqslant \frac{3}{b^3} M_b \qquad (9.3.1-14)$$

$$M_a = \frac{f_c t f}{a^4} \left[a^4 a_1 - \frac{1}{6} (a^2 - 2f^2) a_1^3 + \frac{1}{80} \left(1 - 16 \frac{f^2}{a^2} \right) a_1^5 + \frac{3f^2}{56a^4} a_1^7 + \frac{f^2}{144a^6} a_1^9 + \frac{f^2}{2816a^8} a_1^{11} \right] \qquad (9.3.1-15)$$

$$M_b = \frac{f_c t f}{b^4} \left[b^4 b_1 - \frac{1}{6} (b^2 - 2f^2) b_1^3 + \frac{1}{80} \left(1 - 16 \frac{f^2}{b^2} \right) b_1^5 + \frac{3f^2}{56b^4} b_1^7 + \frac{f^2}{144b^6} b_1^9 + \frac{f^2}{2816b^8} b_1^{11} \right] \qquad (9.3.1-16)$$

9.4 构 造 要 求

9.4.1 在矩形底膜型扁壳四角处，应设置垂直于对角线方向、间距为 150mm～200mm、直径为 6mm～8mm 的附加钢筋，设置范围不应小于由壳体角点至 1/10 对角线长度的区域。在此区域内，壳板应逐渐加厚至 2 倍壳板厚度。在壳体的两个方向应设置间距不大于 200mm、直径不小于 6mm 的构造钢筋网，并应将此钢筋锚入边缘构件内。

9.4.2 膜型扁壳应支承于周边为刚性的下部结构上。当为柱支承时，边缘构件应满足对壳板的约束刚度要求。

9.4.3 矩形底膜型扁壳周边的边缘构件，应按照刚接闭合框架梁的构造措施，在拐角处适当加腋并应设置附加钢筋（图 9.4.3）。当壳体为四角支承时，边缘构件的截面高度不得小于相应跨度的 1/30。

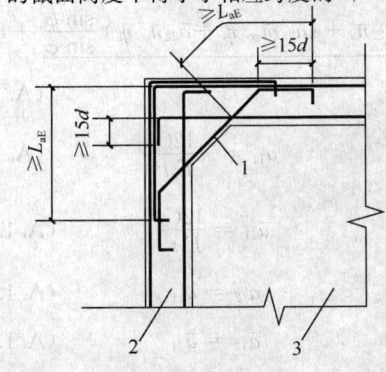

图 9.4.3 膜型扁壳边缘构件拐角的配筋
1—附加斜向钢筋；2—边缘构件；3—壳板

附录 A 圆形底旋转壳的计算及系数表

A.1 圆形底旋转壳的计算公式

A.1.1 圆形底旋转壳在轴对称荷载作用下，壳板的边界条件应符合下列规定：

1 外环边缘处壳板的铰支边界条件应符合下列规定：

$$\widetilde{m}_{\varphi a} + \underline{\widetilde{m}_{\varphi o}\,\overline{\eta}_3 + C_o \sin\varphi_o\,\overline{n}_o\,\overline{\eta}_2} = 0$$

$$\text{(A.1.1-1)}$$

$$a_{21}\widetilde{m}_{\varphi a} + a_{22}\overline{n}_a + (\overline{a}_{22}\overline{n}_o\,\overline{\eta}_1 + \overline{a}_{21}\widetilde{m}_{\varphi o}\,\overline{\eta}_4)\frac{\sin\varphi_a}{\sin\varphi_o} + u_h^m = 0$$

$$\text{(A.1.1-2)}$$

$$a_{21} = \frac{6C_a^2}{E_c t^3}\sin\varphi_a \qquad \text{(A.1.1-3)}$$

$$\overline{a}_{21} = \frac{6C_o^2}{E_c t^3}\sin\varphi_o \qquad \text{(A.1.1-4)}$$

$$a_{22} = \frac{6C_a^3}{E_c t^3}\sin^2\varphi_a \qquad \text{(A.1.1-5)}$$

$$\overline{a}_{22} = \frac{6C_o^3}{E_c t^3}\sin^2\varphi_o \qquad \text{(A.1.1-6)}$$

式中：u_h^m ——边界上按薄膜理论计算的水平位移，可按本规程式（5.1.3-4）计算。计算中的 φ 值应根据外环边缘或内环边缘分别采用 φ_a 或 φ_o。

注：本条公式中带下划线的项均为远端影响项，一般为次要项，下同。

2 外环边缘处壳板的固定边界条件应符合下列规定：

$$a_{11}\widetilde{m}_{\varphi a} + a_{12}\overline{n}_a + \underline{\overline{a}_{11}\widetilde{m}_{\varphi o}\,\overline{\eta}_1 + \overline{a}_{12}\overline{n}_o\,\overline{\eta}_3} + \Psi_\varphi^m = 0$$

$$\text{(A.1.1-7)}$$

$$a_{21}\widetilde{m}_{\varphi a} + a_{22}\overline{n}_a + (\overline{a}_{21}\widetilde{m}_{\varphi o}\,\overline{\eta}_4 + \overline{a}_{22}\overline{n}_o\,\overline{\eta}_1)\frac{\sin\varphi_a}{\sin\varphi_o} + u_h^m = 0$$

$$\text{(A.1.1-8)}$$

$$a_{11} = -\frac{12C_a}{E_c t^3} \qquad \text{(A.1.1-9)}$$

$$\overline{a}_{11} = \frac{12C_o}{E_c t^3} \qquad \text{(A.1.1-10)}$$

$$a_{12} = a_{21} \qquad \text{(A.1.1-11)}$$

$$\overline{a}_{12} = \overline{a}_{21} \qquad \text{(A.1.1-12)}$$

式中：Ψ_φ^m ——边界上按薄膜理论计算的经向转角，可按本规程式（5.1.3-5）计算，也可

取为零。

3 外环截面为任意形状时，外环边缘处壳板的弹性边界条件应符合下列规定：

$$\Psi_{as} = \Psi_{ar} \qquad \text{(A.1.1-13)}$$

$$u_{ash} = u_{arh} \qquad \text{(A.1.1-14)}$$

式中：Ψ_{as} ——旋转壳壳板外环边缘处的经向转角；

Ψ_{ar} ——旋转壳外环与壳板相接处的经向转角；

u_{ash} ——旋转壳壳板外环边缘处的水平位移；

u_{arh} ——旋转壳外环与壳板相接处的水平位移。

4 外环截面为矩形时，外环边缘处壳板的弹性边界条件应符合下列规定：

$$a_{11}\widetilde{m}_{\varphi a} + a_{12}\overline{n}_a + \underline{\overline{a}_{11}\widetilde{m}_{\varphi o}\,\overline{\eta}_1 + \overline{a}_{12}\overline{n}_o\,\overline{\eta}_3} + \Psi_\varphi^m$$

$$= \frac{r_a^2}{E_c I_a}\left[m_{\varphi a} + n_{ha}^m e_a + \overline{n}_a' e_{la}\right] \qquad \text{(A.1.1-15)}$$

$$a_{21}\widetilde{m}_{\varphi a} + a_{22}\overline{n}_a + (\overline{a}_{21}\widetilde{m}_{\varphi o}\,\overline{\eta}_4 + \overline{a}_{22}\overline{n}_o\,\overline{\eta}_1)\frac{\sin\varphi_a}{\sin\varphi_o} + u_h^m$$

$$= \frac{r_a^2}{E_c A_a}\left[\begin{array}{c}\overline{n}_a'\left(1 + \dfrac{12e_{la}^2}{h_a^2}\right) + n_{ha}^m\left(1 + \dfrac{12e_a e_{la}}{h_a^2}\right) \\[2mm] + \dfrac{12m_{\varphi a}e_{la}}{h_a^2} - \dfrac{P_a}{r_a}\end{array}\right]$$

$$\text{(A.1.1-16)}$$

$$\overline{n}_a' = \overline{n}_a + \frac{1}{\sin\varphi_a}\left[-\frac{2}{C_o}\widetilde{m}_{\varphi o}\,\overline{\eta}_2 + \overline{n}_o\,\overline{\eta}_4\sin\varphi_o\right]_{s_o=s_2}$$

$$\text{(A.1.1-17)}$$

$$m_{\varphi a} = \widetilde{m}_{\varphi a} + \left[\widetilde{m}_{\varphi a}\,\overline{\eta}_3 + C_o\overline{n}_o\,\overline{\eta}_2\sin\varphi_o\right]_{s_o=s_2}$$

$$\text{(A.1.1-18)}$$

$$n_{ha}^m = -n_{\varphi a}^m\cos\varphi_a \qquad \text{(A.1.1-19)}$$

式中：P_a ——外环截面上的有效预加压力；

A_a ——外环截面的面积；

I_a ——外环截面绕水平中和轴的惯性矩；

$n_{\varphi a}^m$ ——壳体外环边缘处壳板截面上经向的薄膜分布轴向力，可按本规程式（5.1.3-1）计算，其中的 φ 应采用外环边缘处的值 φ_a。

5 内环边缘处壳板的自由边界条件应符合下列规定：

$$\widetilde{m}_{\varphi o} + \underline{\widetilde{m}_{\varphi a}\eta_3 - C_a\sin\varphi_a\eta_2\overline{n}_a} = 0$$

$$\text{(A.1.1-20)}$$

$$\overline{n}_o + \underline{\frac{\sin\varphi_a}{\sin\varphi_o}\overline{n}_a\eta_4 + \frac{2\widetilde{m}_{\varphi a}}{C_a\sin\varphi_o}\eta_2} = n_{\varphi o}^m\cos\varphi_o$$

$$\text{(A.1.1-21)}$$

式中：$n_{\varphi o}^m$ ——壳体内环边缘处壳板截面上经向的薄膜分布轴向力，可按本规程式（5.1.3-1）计算，其中的 φ 应采用内环边缘处的值 φ_o。

6 内环截面为任意形状时，内环边缘处壳板的弹性边界条件应符合下列规定：

$$\Psi_{os} = \Psi_{or} \tag{A.1.1-22}$$

$$u_{osh} = u_{orh} \tag{A.1.1-23}$$

式中：Ψ_{os}——旋转壳壳板内边缘处的经向转角；

Ψ_{or}——旋转壳内环与壳板相接处的经向转角；

u_{osh}——旋转壳壳板内边缘处的水平位移；

u_{orh}——旋转壳内环与壳板相接处的水平位移。

7 内环截面为矩形时，内环边缘处壳板的弹性边界条件应符合下列规定：

$$\bar{a}_{11}\tilde{m}_{\varphi o} + \bar{a}_{12}\bar{n}_o + a_{11}\tilde{m}_{\varphi a}\eta_1 + a_{12}\bar{n}_a\eta_3 + \Psi_\varphi^m$$

$$= -\frac{r_o^2}{E_c I_o}\left[m_{\varphi o} + n_{ho}^m e_o + \bar{n}_o' e_{lo}\right] \tag{A.1.1-24}$$

$$\bar{a}_{21}\tilde{m}_{\varphi o} + \bar{a}_{22}\bar{n}_o + (a_{21}\tilde{m}_{\varphi a}\eta_4 + a_{22}\bar{n}_a\eta_1)\frac{\sin\varphi_o}{\sin\varphi_a} + u_h^m$$

$$= -\frac{r_o^2}{E_c A_o}\left[\bar{n}_o'\left(1 + \frac{12e_{lo}^2}{h_o^2}\right) + n_{ho}^m\left(1 + \frac{12e_o e_{lo}}{h_o^2}\right) + \frac{12m_{\varphi o}e_{lo}}{h_o^2}\right] \tag{A.1.1-25}$$

$$m_{\varphi o} = \tilde{m}_{\varphi o} + \left[\tilde{m}_{\varphi a}\eta_3 - C_a\bar{n}_a\eta_2\sin\varphi_a\right]_{s_a=s_2} \tag{A.1.1-26}$$

$$\bar{n}_o' = \bar{n}_o + \frac{1}{\sin\varphi_o}\left[\frac{2}{C_a}\tilde{m}_{\varphi a}\eta_2 + \bar{n}_a\eta_1\sin\varphi_a\right]_{s_a=s_2} \tag{A.1.1-27}$$

式中：A_o——内环截面的面积；

I_o——内环截面绕水平中和轴的惯性矩。

A.1.2 圆形底旋转壳在轴对称荷载作用下，边缘附近各项修正内力 $\tilde{m}_{\varphi o}$、$\tilde{m}_{\varphi a}$、$\bar{n}_o$ 和 $\bar{n}_a$ 的计算应符合下列规定：

1 当壳板特征长度参数之一大于壳板内环边缘到外环边缘弧长 s_2 的 1/3 时，应根据壳板边界的实际情况，按本规程式（A.1.1-1）～式（A.1.1-27）列出内、外环边缘处的一组方程组求解。

2 当壳板特征长度参数均小于壳板内环边缘到外环边缘弧长 s_2 的 1/3 时，可在本规程式（A.1.1-1）～式（A.1.1-27）中忽略带下划线的项，并应根据壳板边界的实际情况，分别列出内、外环边缘处的两组独立的联立方程组求解。

A.2 圆形底旋转壳的系数表

A.2.1 扁球壳内力和位移公式中的系数值可按表 A.2.1-1 和表 A.2.1-2 采用。

表 A.2.1-1 扁球壳内力和位移公式中的 $f_i(\gamma)$ 值

γ	0.00	0.20	0.40	0.60	0.80	1.00	1.20	1.40
$f_1(\gamma)$	0.393	0.385	0.370	0.350	0.328	0.305	0.282	0.259
$f_2(\gamma)$	0.393	0.373	0.334	0.287	0.238	0.190	0.144	0.102
$f_3(\gamma)$	0.000	0.619	0.289	0.113	0.004	-0.066	-0.110	-0.136
$f_4(\gamma)$	0.000	1.115	0.774	0.580	0.449	0.352	0.279	0.221

γ	0.00	0.20	0.40	0.60	0.80	1.00	1.20	1.40
$f_5(\gamma)$	0.785	0.758	0.704	0.637	0.566	0.495	0.426	0.362
$f_6(\gamma)$	0.000	-10.580	-5.250	-3.459	-2.554	-2.005	-1.636	-1.371
$f_7(\gamma)$	0.000	3.617	1.924	1.399	1.158	1.023	0.937	0.875
$f_8(\gamma)$	0.000	-0.228	-0.311	-0.344	-0.348	-0.335	-0.310	-0.279
$f_9(\gamma)$	0.000	-0.088	-0.127	-0.148	-0.160	-0.164	-0.163	-0.159
$f_{10}(\gamma)$	0.000	-0.109	-0.209	-0.297	-0.371	-0.432	-0.479	-0.514
$f_{11}(\gamma)$	0.000	-0.088	-0.127	-0.148	-0.160	-0.164	-0.163	-0.159
$f_{12}(\gamma)$	0.000	-0.228	-0.311	-0.344	-0.348	-0.335	-0.310	-0.279
$f_{13}(\gamma)$	0.000	3.454	1.612	0.958	0.610	0.391	0.242	0.136
$f_{14}(\gamma)$	0.000	3.508	1.715	1.102	0.786	0.591	0.458	0.361
$f_{15}(\gamma)$	0.000	0.315	0.438	0.492	0.508	0.498	0.473	0.438
γ	1.60	1.80	2.00	2.50	3.00	3.50	4.00	5.00
$f_1(\gamma)$	0.237	0.216	0.197	0.153	0.118	0.091	0.070	0.040
$f_2(\gamma)$	0.065	0.033	0.006	-0.043	-0.067	-0.075	-0.073	-0.055
$f_3(\gamma)$	-0.150	-0.154	-0.152	-0.129	-0.098	-0.067	-0.042	-0.011
$f_4(\gamma)$	0.176	0.139	0.110	0.060	0.031	0.015	0.006	0.000
$f_5(\gamma)$	0.303	0.249	0.202	0.111	0.051	0.016	-0.002	-0.011
$f_6(\gamma)$	-1.171	-1.016	-0.892	-0.672	-0.532	-0.437	-0.371	-0.288
$f_7(\gamma)$	0.825	0.781	0.741	0.649	0.562	0.484	0.415	0.310
$f_8(\gamma)$	-0.245	-0.210	-0.176	-0.100	-0.043	-0.005	0.017	0.029
$f_9(\gamma)$	-0.152	-0.144	-0.135	-0.111	-0.087	-0.067	-0.051	-0.028
$f_{10}(\gamma)$	-0.537	-0.551	-0.556	-0.542	-0.502	-0.451	-0.398	-0.307
$f_{11}(\gamma)$	-0.152	-0.144	-0.135	-0.111	-0.087	-0.067	-0.051	-0.028
$f_{12}(\gamma)$	-0.245	-0.210	-0.176	-0.100	-0.043	-0.005	0.017	0.029
$f_{13}(\gamma)$	0.059	0.005	-0.034	-0.083	-0.091	-0.080	-0.062	-0.027
$f_{14}(\gamma)$	0.287	0.230	0.185	0.107	0.061	0.033	0.017	0.003
$f_{15}(\gamma)$	0.397	0.354	0.311	0.211	0.130	0.072	0.034	-0.001

表 A.2.1-2 扁球壳内力和位移公式中的 λ_1 和 λ_2 值

γ_F	0.01	0.02	0.04	0.06	0.08	0.10	0.12	0.14
λ_1	4.521	3.921	3.321	2.970	2.721	2.528	2.371	2.238
λ_2	0.393	0.393	0.392	0.392	0.391	0.390	0.390	0.389
γ_F	0.16	0.18	0.20	0.22	0.24	0.26	0.28	0.30
λ_1	2.123	2.021	1.931	1.849	1.774	1.706	1.642	1.584
λ_2	0.388	0.386	0.385	0.384	0.383	0.381	0.380	0.379
γ_F	0.40	0.50	0.60	0.70	0.80	0.90	1.00	
λ_1	1.340	1.154	1.005	0.882	0.777	0.688	0.610	
λ_2	0.370	0.360	0.350	0.339	0.328	0.317	0.305	

A.2.2 顶部开孔球壳内力公式中的系数值可按表 A.2.2-1～表 A.2.2-4 采用。

表 A.2.2-1　λ_3 系数表

$\dfrac{A_o}{r_o t}$	e_o	h/t	γ 3.0	2.5	2.0	1.5	1.0	0.5	0.1
0.5	+	2	-1.941	-1.814	-1.623	-1.369	-1.071	-0.768	-0.587
		3	-1.850	-1.639	-1.396	-1.127	-0.848	-0.538	-0.427
		4	-1.649	-1.433	-1.199	-0.954	-0.706	-0.472	-0.333
		6	-1.355	-1.164	-0.964	-0.758	-0.550	-0.351	-0.230
		8	-1.186	-1.016	-0.838	-0.655	-0.469	-0.289	-0.176
		≥10	-0.672	-0.573	-0.466	-0.352	-0.229	-0.100	-0.011
	0	2	-0.542	-0.538	-0.515	-0.462	-0.357	-0.182	-0.019
		3	-0.844	-0.808	-0.744	-0.637	-0.470	-0.229	-0.023
		4	-1.047	-0.981	-0.881	-0.735	-0.528	-0.251	-0.025
		6	-1.266	-1.158	-1.014	-0.825	-0.579	-0.270	-0.027
		8	-1.366	-1.235	-1.071	-0.862	-0.599	-0.277	-0.027
		≥10	-1.520	-1.352	-1.154	-0.915	-0.627	-0.287	-0.028
	0.5	2	0.344	0.362	0.383	0.409	0.444	0.499	0.562
		3	0.190	0.206	0.226	0.253	0.290	0.346	0.405
		4	0.059	0.080	0.106	0.140	0.186	0.250	0.312
		6	-0.124	-0.090	-0.049	0.002	0.064	0.142	0.210
		8	-0.238	-0.192	-0.139	-0.077	-0.003	0.085	0.156
		≥10	-0.664	-0.566	-0.461	-0.347	-0.225	-0.097	-0.008
1.0	+	2	-2.279	-2.121	-1.886	-1.575	-1.202	-0.812	-0.568
		3	-2.126	-1.897	-1.624	-1.310	-0.966	-0.621	-0.403
		4	-1.929	-1.697	-1.434	-1.143	-0.830	-0.514	-0.312
		6	-1.668	-1.455	-1.220	-0.963	-0.686	-0.403	-0.216
		8	-1.521	-1.324	-1.107	-0.870	-0.613	-0.346	-0.167
		≥10	-1.070	-0.930	-0.774	-0.597	-0.397	-0.177	-0.018
	0	2	-0.983	-0.971	-0.926	-0.827	-0.640	-0.326	-0.034
		3	-1.352	-1.291	-1.188	-1.020	-0.758	-0.373	-0.038
		4	-1.556	-1.460	-1.318	-1.111	-0.810	-0.393	-0.040
		6	-1.744	-1.610	-1.430	-1.186	-0.852	-0.409	-0.041
		8	-1.821	-1.670	-1.474	-1.214	-0.868	-0.414	-0.041
		≥10	-1.930	-1.754	-1.534	-1.254	-0.889	-0.422	-0.042
	−	2	0.069	0.099	0.139	0.196	0.279	0.404	0.529
		3	-0.163	-0.123	-0.070	0.003	0.102	0.240	0.367
		4	-0.330	-0.277	-0.209	-0.121	-0.005	0.146	0.277
		6	-0.536	-0.462	-0.373	-0.262	-0.125	0.044	0.182
		8	-0.655	-0.568	-0.464	-0.340	-0.189	-0.009	0.133
		≥10	-1.063	-0.924	-0.768	-0.529	-0.393	-0.174	-0.016

续表 A.2.2-1

$\dfrac{A_o}{r_o t}$	e_o	h/t	γ 3.0	2.5	2.0	1.5	1.0	0.5	0.1
1.5	+	2	-2.407	-2.242	-1.998	-1.669	-1.265	-0.823	-0.535
		3	-2.254	-2.028	-1.750	-1.420	-1.043	-0.643	-0.378
		4	-2.080	-1.851	-1.581	-1.269	-0.918	-0.545	-0.293
		6	-1.856	-1.639	-1.391	-1.108	-0.788	-0.443	-0.205
		8	-1.730	-1.525	-1.292	-1.025	-0.722	-0.392	-0.160
		≥10	-1.334	-1.176	-0.992	-0.778	-0.526	-0.238	-0.024
	0	2	-1.277	-1.253	-1.189	-1.058	-0.817	-0.418	-0.043
		3	-1.640	-1.563	-1.437	-1.236	-0.924	-0.460	-0.047
		4	-1.820	-1.711	-1.550	-1.314	-0.968	-0.477	-0.048
		6	-1.976	-1.834	-1.642	-1.376	-1.003	-0.489	-0.050
		8	-2.037	-1.882	-1.677	-1.399	-1.015	-0.494	-0.050
		≥10	-2.121	-1.947	-1.724	-1.430	-1.032	-0.500	-0.051
	−	2	-0.175	-0.135	-0.079	0.003	0.125	0.308	0.485
		3	-0.446	-0.388	-0.310	-0.203	-0.056	0.148	0.330
		4	-0.625	-0.550	-0.454	-0.328	-0.161	0.058	0.246
		6	-0.834	-0.737	-0.616	-0.466	-0.275	-0.036	0.158
		8	-0.950	-0.839	-0.704	-0.539	-0.335	-0.085	0.113
		≥10	-1.328	-1.170	-0.988	-0.774	-0.523	-0.236	-0.022
2.0	+	2	-2.473	-2.306	-2.060	-1.726	-1.304	-0.827	-0.502
		3	-2.329	-2.110	-1.835	-1.498	-1.100	-0.659	-0.355
		4	-2.178	-1.954	-1.684	-1.362	-0.986	-0.569	-0.276
		6	-1.983	-1.768	-1.515	-1.217	-0.868	-0.476	-0.195
		8	-1.873	-1.668	-1.426	-1.142	-0.808	-0.429	-0.153
		≥10	-1.523	-1.355	-1.156	-0.917	-0.629	-0.289	-0.029
	0	2	-1.484	-1.449	-1.369	-1.213	-0.936	-0.480	-0.050
		3	-1.823	-1.735	-1.595	-1.374	-1.031	-0.517	-0.053
		4	-1.982	-1.864	-1.693	-1.441	-1.069	-0.531	-0.054
		6	-2.113	-1.968	-1.770	-1.493	-1.098	-0.542	-0.055
		8	-2.164	-2.008	-1.799	-1.512	-1.109	-0.546	-0.056
		≥10	-2.232	-2.061	-1.838	-1.538	-1.123	-0.551	-0.056
	−	2	-0.382	-0.334	-0.265	-0.162	-0.008	0.223	0.443
		3	-0.672	-0.601	-0.505	-0.372	-0.187	0.069	0.297
		4	-0.853	-0.764	-0.648	-0.494	-0.288	-0.015	0.219
		6	-1.058	-0.946	-0.805	-0.626	-0.396	-0.103	0.138
		8	-1.168	-1.043	-0.889	-0.696	-0.452	-0.148	0.097
		≥10	-1.517	-1.350	-1.151	-0.913	-0.626	-0.286	-0.027

表 A.2.2-2　λ₄ 系数表

$\frac{A_o}{r_o t}$	e_o	h/t	γ 3.0	2.5	2.0	1.5	1.0	0.5	0.1
0.5	+	2	0.309	0.519	0.891	1.175	1.379	1.348	0.683
		3	0.992	1.222	1.436	1.609	1.693	1.545	0.757
		4	1.360	1.533	1.685	1.797	1.825	1.629	0.788
		6	1.677	1.790	1.885	1.945	1.930	1.696	0.814
		8	1.801	1.889	1.961	2.002	1.971	1.724	0.825
		≥10	2.003	2.049	2.085	2.097	2.042	1.776	0.845
	0	2	0.542	0.645	0.773	0.923	1.072	1.092	0.561
		3	0.844	0.970	1.116	1.274	1.409	1.371	0.689
		4	1.047	1.177	1.321	1.470	1.583	1.506	0.749
		6	1.266	1.389	1.521	1.650	1.736	1.620	0.799
		8	1.366	1.482	1.606	1.725	1.797	1.664	0.818
		≥10	1.520	1.623	1.730	1.831	1.882	1.724	0.843
	−	2	1.487	1.572	1.657	1.733	1.761	1.595	0.763
		3	1.729	1.801	1.870	1.923	1.919	1.708	0.815
		4	1.848	1.911	1.967	2.004	1.982	1.749	0.833
		6	1.950	2.001	2.045	2.067	2.027	1.776	0.844
		8	1.987	2.034	2.072	2.088	2.042	1.783	0.847
		≥10	2.004	2.050	2.086	2.097	2.043	1.776	0.845
1.0	+	2	0.456	0.727	1.016	1.292	1.489	1.445	0.728
		3	1.017	1.232	1.441	1.621	1.721	1.588	0.781
		4	1.288	1.460	1.622	1.756	1.815	1.647	0.803
		6	1.517	1.646	1.767	1.863	1.889	1.695	0.821
		8	1.608	1.719	1.824	1.904	1.919	1.714	0.829
		≥10	1.777	1.854	1.927	1.981	1.975	1.755	0.844
	0	2	0.655	0.777	0.926	1.103	1.279	1.306	0.673
		3	0.901	1.033	1.188	1.360	1.515	1.494	0.758
		4	1.037	1.168	1.318	1.481	1.620	1.573	0.792
		6	1.163	1.288	1.430	1.581	1.704	1.634	0.819
		8	1.214	1.336	1.474	1.619	1.735	1.657	0.829
		≥10	1.287	1.403	1.534	1.671	1.777	1.687	0.842
	−	2	1.501	1.592	1.688	1.777	1.822	1.667	0.805
		3	1.670	1.751	1.833	1.903	1.922	1.734	0.834
		4	1.742	1.817	1.891	1.951	1.958	1.755	0.844
		6	1.793	1.863	1.931	1.984	1.981	1.766	0.849
		8	1.807	1.876	1.942	1.993	1.986	1.768	0.849
		≥10	1.778	1.855	1.928	1.982	1.975	1.755	0.844

续表 A.2.2-2

$\frac{A_o}{r_o t}$	e_o	h/t	γ 3.0	2.5	2.0	1.5	1.0	0.5	0.1
1.5	+	2	0.542	0.792	1.062	1.327	1.523	1.483	0.748
		3	1.006	1.207	1.411	1.596	1.713	1.600	0.792
		4	1.221	1.389	1.557	1.706	1.789	1.647	0.809
		6	1.403	1.539	1.675	1.793	1.849	1.687	0.824
		8	1.487	1.600	1.722	1.828	1.874	1.703	0.830
		≥10	1.626	1.720	1.814	1.896	1.923	1.738	0.844
	0	2	0.709	0.836	0.991	1.175	1.361	1.393	0.721
		3	0.911	1.042	1.197	1.374	1.540	1.533	0.783
		4	1.011	1.140	1.292	1.460	1.614	1.588	0.808
		6	1.098	1.223	1.368	1.529	1.671	1.631	0.826
		8	1.132	1.255	1.397	1.554	1.692	1.646	0.833
		≥10	1.179	1.298	1.437	1.589	1.720	1.666	0.842
	−	2	1.467	1.563	1.665	1.763	1.822	1.684	0.819
		3	1.595	1.682	1.774	1.858	1.897	1.732	0.840
		4	1.642	1.726	1.813	1.891	1.922	1.746	0.846
		6	1.670	1.752	1.836	1.911	1.936	1.752	0.849
		8	1.673	1.756	1.840	1.915	1.938	1.752	0.849
		≥10	1.628	1.721	1.815	1.897	1.924	1.738	0.844
2.0	+	2	0.600	0.831	1.086	1.340	1.537	1.503	0.760
		3	0.992	1.182	1.381	1.570	1.699	1.604	0.798
		4	1.171	1.335	1.504	1.663	1.764	1.645	0.813
		6	1.323	1.462	1.605	1.738	1.816	1.679	0.826
		8	1.386	1.514	1.646	1.768	1.838	1.693	0.832
		≥10	1.519	1.622	1.730	1.830	1.882	1.724	0.843
	0	2	0.742	0.869	1.026	1.213	1.403	1.440	0.747
		3	0.912	1.041	1.196	1.374	1.546	1.551	0.797
		4	0.991	1.118	1.269	1.441	1.604	1.593	0.816
		6	1.057	1.181	1.328	1.493	1.647	1.626	0.830
		8	1.082	1.205	1.349	1.512	1.663	1.637	0.835
		≥10	1.116	1.236	1.378	1.538	1.684	1.652	0.841
	−	2	1.429	1.526	1.633	1.739	1.810	1.687	0.826
		3	1.528	1.620	1.719	1.814	1.870	1.725	0.843
		4	1.561	1.651	1.747	1.839	1.888	1.735	0.847
		6	1.575	1.665	1.761	1.851	1.898	1.739	0.849
		8	1.572	1.664	1.761	1.852	1.898	1.738	0.849
		≥10	1.521	1.623	1.731	1.831	1.882	1.724	0.844

表 A.2.2-3　λ_5 系数表

$\dfrac{A_0}{r_0 t}$	e_0	h/t	γ 3.0	2.5	2.0	1.5	1.0	0.5	0.1
0.5	+	2	0.336	0.459	0.591	0.721	0.836	0.920	0.951
		3	0.621	0.718	0.811	0.896	0.967	1.017	1.034
		4	0.759	0.832	0.901	0.963	1.015	1.053	1.066
		6	0.865	0.916	0.964	1.009	1.048	1.079	1.091
		8	0.901	0.943	0.984	1.023	1.058	1.087	1.099
		≥10	0.934	0.965	0.997	1.030	1.064	1.095	1.110
	0	2	-0.452	-0.448	-0.429	-0.385	-0.298	-0.152	-0.016
		3	-0.469	-0.449	-0.413	-0.354	-0.261	-0.127	-0.013
		4	-0.436	-0.409	-0.367	-0.306	-0.220	-0.105	-0.010
		6	-0.352	-0.322	-0.282	-0.229	-0.161	-0.075	-0.007
		8	-0.285	-0.257	-0.223	-0.180	-0.125	-0.058	-0.006
		≥10	-0.003	-0.002	-0.002	-0.002	-0.001	0.000	0.000
	−	2	-0.606	-0.652	-0.705	-0.766	-0.835	-0.907	-0.949
		3	-0.726	-0.770	-0.820	-0.875	-0.935	-0.996	-1.032
		4	-0.791	-0.832	-0.878	-0.927	-0.980	-1.033	-1.064
		6	-0.854	-0.891	-0.931	-0.973	-1.019	-1.063	-1.089
		8	-0.882	-0.917	-0.953	-0.993	-1.035	-1.075	-.098
		≥10	-0.934	-0.965	-0.997	-1.030	-1.064	-1.094	-1.110
1.0	+	2	0.604	0.830	1.076	1.328	1.561	1.742	1.815
		3	1.021	1.200	1.383	1.562	1.727	1.858	1.913
		4	1.209	1.355	1.503	1.649	1.786	1.899	1.949
		6	1.356	1.472	1.590	1.711	1.827	1.928	1.976
		8	1.411	1.513	1.621	1.731	1.840	1.938	1.985
		≥10	1.492	1.571	1.658	1.753	1.852	1.947	1.997
	0	2	-0.819	-0.809	-0.772	-0.690	-0.533	-0.272	-0.028
		3	-0.751	-0.717	-0.660	-0.567	-0.421	-0.207	-0.021
		4	-0.648	-0.608	-0.549	-0.463	-0.337	-0.164	-0.017
		6	-0.484	-0.447	-0.397	-0.329	-0.237	-0.113	-0.011
		8	-0.379	-0.348	-0.307	-0.253	-0.181	-0.086	-0.009
		≥10	-0.003	-0.003	-0.003	-0.002	-0.001	-0.001	0.000
	−	2	-1.153	-1.240	-1.341	-1.458	-1.591	-1.731	-1.813
		3	-1.309	-1.392	-1.487	-1.594	-1.714	-1.837	-1.910
		4	-1.383	-1.463	-1.552	-1.654	-1.766	-1.880	-1.947
		6	-1.446	-1.522	-1.607	-1.703	-1.808	-1.914	-1.974
		8	-1.469	-1.544	-1.629	-1.722	-1.824	-1.926	-1.984
		≥10	-1.492	-1.571	-1.658	-1.753	-1.852	-1.947	-1.997

续表 A.2.2-3

$\dfrac{A_0}{r_0 t}$	e_0	h/t	γ 3.0	2.5	2.0	1.5	1.0	0.5	0.1
1.5	+	2	0.775	1.072	1.405	1.760	2.108	2.398	2.528
		3	1.263	1.505	1.765	2.034	2.298	2.526	2.633
		4	1.483	1.688	1.908	2.138	2.368	2.572	2.671
		6	1.662	1.833	2.018	2.216	2.418	2.605	2.699
		8	1.732	1.889	2.060	2.244	2.436	2.616	2.709
		≥10	1.862	1.987	2.129	2.287	2.459	2.629	2.722
	0	2	-1.064	-1.045	-0.991	-0.881	-0.680	-0.348	-0.036
		3	-0.911	-0.868	-0.798	-0.687	-0.513	-0.255	-0.026
		4	-0.759	-0.713	-0.646	-0.548	-0.403	-0.199	-0.020
		6	-0.549	-0.510	-0.456	-0.382	-0.279	-0.136	-0.014
		8	-0.424	-0.392	-0.349	-0.291	-0.212	-0.103	-0.010
		≥10	-0.004	-0.003	-0.003	-0.002	-0.002	-0.001	0.000
	−	2	-1.599	-1.720	-1.860	-2.024	-2.212	-2.412	-2.528
		3	-1.758	-1.874	-2.007	-2.162	-2.338	-2.524	-2.632
		4	-1.823	-1.937	-2.067	-2.218	-2.389	-2.567	-2.670
		6	-1.869	-1.982	-2.111	-2.260	-2.427	-2.600	-2.698
		8	-1.882	-1.996	-2.126	-2.274	-2.441	-2.612	-2.708
		≥10	-1.863	-1.988	-2.129	-2.287	-2.459	-2.629	-2.722
2.0	+	2	0.892	1.240	1.640	2.080	2.532	2.934	3.126
		3	1.425	1.716	2.037	2.385	2.743	3.070	3.234
		4	1.666	1.920	2.200	2.504	2.822	3.120	3.273
		6	1.869	2.087	2.329	2.596	2.882	3.157	3.302
		8	1.953	2.155	2.381	2.632	2.904	3.170	3.312
		≥10	2.125	2.291	2.481	2.698	2.941	3.188	3.325
	0	2	-1.236	-1.207	-1.140	-1.011	-0.780	-0.400	-0.042
		3	-1.013	-0.964	-0.886	-0.763	-0.573	-0.287	-0.030
		4	-0.826	-0.777	-0.705	-0.601	-0.445	-0.221	-0.023
		6	-0.587	-0.547	-0.492	-0.415	-0.305	-0.151	-0.015
		8	-0.451	-0.418	-0.375	-0.315	-0.231	-0.114	-0.012
		≥10	-0.004	-0.003	-0.003	-0.003	-0.002	-0.001	0.000
	−	2	-1.969	-2.117	-2.290	-2.494	-2.730	-2.984	-3.129
		3	-2.113	-2.256	-2.424	-2.621	-2.850	-3.094	-3.235
		4	-2.163	-2.306	-2.473	-2.668	-2.895	-3.135	-3.274
		6	-2.188	-2.333	-2.502	-2.699	-2.926	-3.165	-3.302
		8	-2.188	-2.335	-2.507	-2.707	-2.936	-3.175	-3.312
		≥10	-2.127	-2.292	-2.482	-2.699	-2.941	-3.188	-3.325

表 A. 2. 2-4　λ_6 系数表

$\dfrac{A_0}{r_0 t}$	e_0	h/t	γ=3.0	2.5	2.0	1.5	1.0	0.5	0.1
0.5	+	2	0.966	1.026	1.057	1.041	0.949	0.721	0.274
		3	0.994	1.002	0.986	0.935	0.829	0.615	0.224
		4	0.936	0.927	0.900	0.844	0.743	0.546	0.193
		6	0.827	0.813	0.784	0.734	0.644	0.469	0.158
		8	0.759	0.745	0.719	0.673	0.591	0.428	0.140
		≥10	0.532	0.528	0.515	0.486	0.427	0.301	0.083
	0	2	0.452	0.538	0.644	0.770	0.893	0.910	0.467
		3	0.469	0.539	0.620	0.708	0.783	0.762	0.383
		4	0.436	0.490	0.551	0.612	0.660	0.628	0.312
		6	0.352	0.386	0.423	0.458	0.482	0.450	0.222
		8	0.285	0.309	0.335	0.359	0.374	0.347	0.170
		≥10	0.003	0.003	0.003	0.003	0.003	0.003	0.001
	−	2	0.011	0.020	0.034	0.057	0.094	0.149	0.129
		3	−0.089	−0.088	−0.083	−0.069	−0.037	0.025	0.068
		4	−0.165	−0.167	−0.165	−0.153	−0.120	−0.048	0.033
		6	−0.263	−0.267	−0.265	−0.251	−0.214	−0.128	−0.004
		8	−0.322	−0.325	−0.321	−0.305	−0.264	−0.170	−0.024
		≥10	−0.529	−0.525	−0.512	−0.483	−0.424	−0.299	−0.082
1.0	+	2	1.441	1.553	1.585	1.568	1.434	1.081	0.394
		3	1.410	1.442	1.442	1.390	1.248	0.927	0.324
		4	1.319	1.333	1.321	1.266	1.133	0.837	0.283
		6	1.185	1.191	1.176	1.126	1.008	0.740	0.240
		8	1.106	1.111	1.098	1.052	0.942	0.689	0.218
		≥10	0.849	0.859	0.856	0.827	0.743	0.534	0.149
	0	2	0.546	0.647	0.772	0.919	1.066	1.088	0.561
		3	0.501	0.574	0.660	0.756	0.842	0.830	0.421
		4	0.432	0.487	0.549	0.617	0.675	0.655	0.330
		6	0.323	0.358	0.397	0.439	0.473	0.454	0.228
		8	0.253	0.278	0.307	0.337	0.362	0.345	0.173
		≥10	0.002	0.002	0.003	0.003	0.003	0.003	0.001
	−	2	−0.123	−0.126	−0.123	−0.107	−0.060	0.043	0.120
		3	−0.284	−0.297	−0.303	−0.294	−0.250	−0.128	0.037
		4	−0.393	−0.410	−0.418	−0.409	−0.361	−0.224	−0.008
		6	−0.525	−0.542	−0.549	−0.537	−0.481	−0.324	−0.054
		8	−0.599	−0.615	−0.621	−0.605	−0.544	−0.376	−0.078
		≥10	−0.845	−0.855	−0.852	−0.823	−0.740	−0.532	−0.148

续表 A. 2. 2-4

$\dfrac{A_0}{r_0 t}$	e_0	h/t	γ=3.0	2.5	2.0	1.5	1.0	0.5	0.1
1.5	+	2	1.732	1.842	1.922	1.925	1.785	1.359	0.489
		3	1.652	1.711	1.738	1.704	1.559	1.172	0.404
		4	1.548	1.588	1.601	1.563	1.425	1.066	0.357
		6	1.406	1.436	1.443	1.407	1.283	0.954	0.307
		8	1.324	1.351	1.359	1.326	1.209	0.897	0.282
		≥10	1.059	1.087	1.099	1.078	0.986	0.721	0.203
	0	2	0.591	0.696	0.826	0.979	1.134	1.161	0.601
		3	0.506	0.579	0.665	0.763	0.855	0.852	0.435
		4	0.421	0.475	0.538	0.608	0.672	0.662	0.337
		6	0.305	0.340	0.380	0.425	0.464	0.453	0.230
		8	0.236	0.261	0.291	0.324	0.353	0.343	0.174
		≥10	0.002	0.002	0.002	0.003	0.003	0.003	0.001
	−	2	−0.237	−0.251	−0.258	−0.247	−0.195	−0.052	0.108
		3	−0.437	−0.461	−0.478	−0.475	−0.424	−0.257	0.010
		4	−0.565	−0.593	−0.612	−0.609	−0.553	−0.368	−0.042
		6	−0.713	−0.743	−0.762	−0.756	−0.691	−0.483	−0.095
		8	−0.794	−0.824	−0.842	−0.833	−0.762	−0.541	−0.122
		≥10	−1.055	−1.082	−1.094	−1.074	−0.982	−0.718	−0.202
2.0	+	2	1.911	2.051	2.157	2.184	2.054	1.583	0.567
		3	1.812	1.895	1.947	1.937	1.799	1.370	0.471
		4	1.701	1.764	1.801	1.784	1.653	1.253	0.418
		6	1.556	1.607	1.636	1.619	1.498	1.130	0.363
		8	1.474	1.521	1.549	1.533	1.419	1.066	0.335
		≥10	1.209	1.252	1.280	1.272	1.179	0.874	0.248
	0	2	0.618	0.724	0.855	1.011	1.169	1.200	0.623
		3	0.506	0.578	0.664	0.763	0.859	0.861	0.443
		4	0.413	0.466	0.529	0.601	0.668	0.664	0.340
		6	0.294	0.328	0.369	0.415	0.458	0.452	0.230
		8	0.225	0.251	0.281	0.315	0.346	0.341	0.174
		≥10	0.002	0.002	0.002	0.003	0.003	0.003	0.001
	−	2	−0.333	−0.355	−0.370	−0.365	−0.310	−0.134	0.097
		3	−0.558	−0.593	−0.619	−0.622	−0.567	−0.364	−0.013
		4	−0.698	−0.736	−0.766	−0.770	−0.710	−0.487	−0.070
		6	−0.855	−0.896	−0.926	−0.928	−0.860	−0.613	−0.129
		8	−0.939	−0.981	−1.011	−1.011	−0.938	−0.678	−0.159
		≥10	−1.205	−1.248	−1.276	−1.268	−1.175	−0.871	−0.247

附录 B 双曲扁壳的计算及系数表

B.1 内力和位移控制方程的求解

B.1.1 不等曲率、不带肋双曲扁壳在任意法向荷载作用下的内力和位移可采用控制方程求解，并应符合下列规定：

1 控制方程可按下列公式确定：

$$\Delta^4 \varphi + \mu^2 \Delta_\kappa^2 \varphi = \frac{q(x,y)}{D} \quad \text{(B.1.1-1)}$$

$$\Delta = \frac{\partial^2}{\partial x^2} + \frac{\partial^2}{\partial y^2} \quad \text{(B.1.1-2)}$$

$$\Delta_\kappa = \kappa_2 \frac{\partial^2}{\partial x^2} + \kappa_1 \frac{\partial^2}{\partial y^2} \quad \text{(B.1.1-3)}$$

$$\mu^2 = \frac{2E_c t}{D} \quad \text{(B.1.1-4)}$$

式中：$q(x,y)$——壳面 (x,y) 点上的法向分布荷载；
φ——壳体的应力函数。

2 控制方程的求解应符合下列规定：

1）控制方程的解应为完备通解和特解之和。

2）完备通解应满足下式：

$$\Delta^4 \varphi_0 + \mu^2 \Delta_\kappa^2 \varphi_0 = 0 \quad \text{(B.1.1-5)}$$

式中：φ_0——公式（B.1.1-1）的完备通解。

3）完备通解的实数部分应满足下列公式：

$$Re\varphi_0 = \int_0^{2\pi} [A_1 e^{-\lambda_0 \rho_0} \cos \lambda_0 \rho_0 + A_2 e^{-\lambda_0 \rho_0} \sin \lambda_0 \rho_0$$
$$+ A_3 e^{\lambda_0 \rho_0} \cos \lambda_0 \rho_0 + A_4 e^{\lambda_0 \rho_0} \sin \lambda_0 \rho_0] d\theta$$
$$+ \varphi_{01}(x,y) \quad \text{(B.1.1-6)}$$

$$\varphi_{01}(x,y) = a_1 + a_2 x + a_3 y + \cdots$$
$$+ a_{11} xy^3 + a_{12} x^3 y \quad \text{(B.1.1-7)}$$

$$\rho_0 = x\cos\theta + y\sin\theta \quad \text{(B.1.1-8)}$$

$$\lambda_0 = \sqrt{\pm \frac{\mu}{2}(\kappa_2 \cos^2\theta + \kappa_1 \sin^2\theta)} \quad \text{(B.1.1-9)}$$

式中：$Re\varphi_0$——公式（B.1.1-5）解的实数部分；
$A_i, i=1\sim4$——待定系数；
$a_i, i=1\sim12$——待定系数。

3 壳板内力和位移可按应力函数 φ 按下列公式计算：

$$n_1 = -E_c t\Delta_\kappa \frac{\partial^2 \varphi}{\partial y^2} \quad \text{(B.1.1-10)}$$

$$n_2 = -E_c t\Delta_\kappa \frac{\partial^2 \varphi}{\partial x^2} \quad \text{(B.1.1-11)}$$

$$v_t = E_c t\Delta_\kappa \frac{\partial^2 \varphi}{\partial x \partial y} \quad \text{(B.1.1-12)}$$

$$m_1 = -D \frac{\partial^2}{\partial x^2} \Delta^2 \varphi \quad \text{(B.1.1-13)}$$

$$m_2 = -D \frac{\partial^2}{\partial y^2} \Delta^2 \varphi \quad \text{(B.1.1-14)}$$

$$m_t = -D \frac{\partial^2}{\partial x \partial y} \Delta^2 \varphi \quad \text{(B.1.1-15)}$$

$$v_{n1} = -D \frac{\partial}{\partial x} \Delta^3 \varphi \quad \text{(B.1.1-16)}$$

$$v_{n2} = -D \frac{\partial}{\partial y} \Delta^3 \varphi \quad \text{(B.1.1-17)}$$

$$u = \kappa_1 \frac{\partial^3 \varphi}{\partial x^3} + (2\kappa_1 - \kappa_2) \frac{\partial^3 \varphi}{\partial x \partial y^2} \quad \text{(B.1.1-18)}$$

$$v = \kappa_2 \frac{\partial^3 \varphi}{\partial y^3} + (2\kappa_2 - \kappa_1) \frac{\partial^3 \varphi}{\partial x^2 \partial y} \quad \text{(B.1.1-19)}$$

$$w = \Delta^2 \varphi \quad \text{(B.1.1-20)}$$

4 完备通解的实数部分所涉及的待定系数（A_i，$i=1\sim4$ 和 a_i，$i=1\sim12$）的求解，可在壳板边界上取 k 个点、建立 $4k$ 个边界条件、形成下列关于待定系数的矩阵方程，并可按最小二乘法求解：

$$KU = V \quad \text{(B.1.1-21)}$$

式中：K——$n \times m$ 阶矩阵，$n = 4k$；
U——待定系数 m 阶列向量，$m \leqslant n$；
V——由边界条件所形成的 n 阶列向量。

B.2 内力和位移的计算及系数表

B.2.1 双曲扁壳在竖向均布荷载作用下的薄膜内力可按下列公式计算：

$$n_1^m = -\frac{q_z}{\kappa_1} \xi_1 \quad \text{(B.2.1-1)}$$

$$n_2^m = -\frac{q_z}{\kappa_2} \xi_2 \quad \text{(B.2.1-2)}$$

$$v^m = \frac{q_z}{\sqrt{\kappa_1 \kappa_2}} \xi_v \quad \text{(B.2.1-3)}$$

式中：ξ_1、ξ_2、ξ_v——系数，可根据具体计算位置和 a 边与 b 边矢高之比按本规程表 B.2.1-1~表 B.2.1-7 的规定采用（图 B.2.1）。

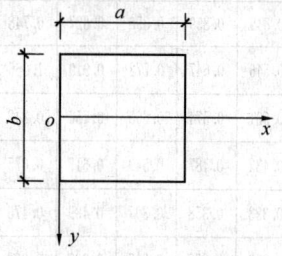

图 B.2.1 壳体坐标 1

表 B.2.1-1 薄膜内力系数值（$f_a/f_b = 1$）

x/a		y/b	0	1/8	1/4	3/8	1/2
1/2	(1/2)	ξ_1	0.500	0.533	0.636	0.798	1.000
		ξ_2	0.500	0.467	0.364	0.202	0.000
		ξ_v	0.000	0.000	0.000	0.000	0.000

续表 B.2.1-1

x/a			y/b = 0	1/8	1/4	3/8	1/2
3/8	(5/8)	ξ_1	0.467	0.500	0.602	0.778	1.000
		ξ_2	0.533	0.500	0.398	0.222	0.000
		ξ_v	0.000	(-)0.058	(-)0.136	(-)0.192	(-)0.216
1/4	(3/4)	ξ_1	0.364	0.398	0.500	0.700	1.000
		ξ_2	0.636	0.602	0.500	0.300	0.000
		ξ_v	0.000	(-)0.136	(-)0.280	(-)0.420	(-)0.486
1/8	(7/8)	ξ_1	0.202	0.222	0.300	0.500	1.000
		ξ_2	0.798	0.778	0.700	0.500	0.000
		ξ_v	0.000	(-)0.192	(-)0.420	(-)0.712	(-)0.930
0	(1)	ξ_1	0.000	0.000	0.000	0.000	0.000
		ξ_2	1.000	1.000	1.000	1.000	0.000
		ξ_v	0.000	(-)0.216	(-)0.486	(-)0.930	*

注：1 表中(一)表示当 $x/a > 1/2$ 时 ξ_v 值为负号，下同；

2 *表示该处薄膜剪力 v_t^m 等于角点剪力 v_{ct}；

3 v_{ct} 按本规程式(6.2.3-14)或式(6.2.3-15)计算，下同。

表 B.2.1-2　薄膜内力系数值（$f_a/f_b=0.8$）

x/a			y/b = 0	1/8	1/4	3/8	1/2
1/2	(1/2)	ξ_1	0.422	0.460	0.574	0.762	1.000
		ξ_2	0.578	0.540	0.426	0.238	0.000
		ξ_v	0.000	0.000	0.000	0.000	0.000
3/8	(5/8)	ξ_1	0.392	0.430	0.544	0.740	1.000
		ξ_2	0.608	0.570	0.456	0.260	0.000
		ξ_v	0.000	(-)0.068	(-)0.128	(-)0.200	(-)0.228
1/4	(3/4)	ξ_1	0.306	0.388	0.446	0.662	1.000
		ξ_2	0.694	0.662	0.554	0.338	0.000
		ξ_v	0.000	(-)0.130	(-)0.278	(-)0.430	(-)0.510
1/8	(7/8)	ξ_1	0.168	0.188	0.262	0.460	1.000
		ξ_2	0.832	0.812	0.738	0.540	0.000
		ξ_v	0.000	(-)0.182	(-)0.402	(-)0.706	(-)0.960
0	(1)	ξ_1	0.000	0.000	0.000	0.000	0.000
		ξ_2	1.000	1.000	1.000	1.000	0.000
		ξ_v	0.000	(-)0.202	(-)0.458	(-)0.886	*

表 B.2.1-3　薄膜内力系数值（$f_a/f_b=0.6$）

x/a			y/b = 0	1/8	1/4	3/8	1/2
1/2	(1/2)	ξ_1	0.328	0.368	0.496	0.714	1.000
		ξ_2	0.672	0.632	0.504	0.286	0.000
		ξ_v	0.000	0.000	0.000	0.000	0.000

续表 B.2.1-3

x/a			y/b = 0	1/8	1/4	3/8	1/2
3/8	(5/8)	ξ_1	0.304	0.342	0.466	0.690	1.000
		ξ_2	0.696	0.658	0.534	0.310	0.000
		ξ_v	0.000	(-)0.062	(-)0.134	(-)0.206	(-)0.240
1/4	(3/4)	ξ_1	0.234	0.266	0.376	0.608	1.000
		ξ_2	0.766	0.734	0.624	0.392	0.000
		ξ_v	0.000	(-)0.120	(-)0.264	(-)0.432	(-)0.530
1/8	(7/8)	ξ_1	0.128	0.148	0.216	0.408	1.000
		ξ_2	0.372	0.852	0.784	0.592	0.000
		ξ_v	0.000	(-)0.152	(-)0.370	(-)0.684	(-)0.988
0	(1)	ξ_1	0.000	0.000	0.000	0.000	0.000
		ξ_2	1.000	1.000	1.000	1.000	0.000
		ξ_v	0.000	(-)0.178	(-)0.416	(-)0.826	*

表 B.2.1-4　薄膜内力系数值（$f_a/f_b=0.4$）

x/a			y/b = 0	1/8	1/4	3/8	1/2
1/2	(1/2)	ξ_1	0.210	0.252	0.386	0.640	1.000
		ξ_2	0.790	0.748	0.614	0.360	0.000
		ξ_v	0.000	0.000	0.000	0.000	0.000
3/8	(5/8)	ξ_1	0.194	0.234	0.362	0.616	1.000
		ξ_2	0.806	0.766	0.638	0.384	0.000
		ξ_v	0.000	(-)0.052	(-)0.120	(-)0.202	(-)0.250
1/4	(3/4)	ξ_1	0.150	0.180	0.286	0.530	1.000
		ξ_2	0.850	0.820	0.714	0.470	0.000
		ξ_v	0.000	(-)0.098	(-)0.220	(-)0.416	(-)0.548
1/8	(7/8)	ξ_1	0.082	0.098	0.162	0.338	1.000
		ξ_2	0.918	0.902	0.838	0.662	0.000
		ξ_v	0.000	(-)0.130	(-)0.312	(-)0.632	(-)1.012
0	(1)	ξ_1	0.000	0.000	0.000	0.000	0.000
		ξ_2	1.000	1.000	1.000	1.000	0.000
		ξ_v	0.000	(-)0.140	(-)0.346	(-)0.726	*

表 B.2.1-5　薄膜内力系数值（$f_a/f_b=0.2$）

x/a			y/b = 0	1/8	1/4	3/8	1/2
1/2	(1/2)	ξ_1	0.076	0.108	0.224	0.504	1.000
		ξ_2	0.924	0.892	0.776	0.496	0.000
		ξ_v	0.000	0.000	0.000	0.000	0.000
3/8	(5/8)	ξ_1	0.070	0.098	0.208	0.478	1.000
		ξ_2	0.930	0.902	0.792	0.522	0.000
		ξ_v	0.000	(-)0.028	(-)0.080	(-)0.176	(-)0.256

续表 B.2.1-5

x/a		y/b	0	1/8	1/4	3/8	1/2
1/4	(3/4)	ξ_1	0.054	0.076	0.172	0.394	1.000
		ξ_2	0.946	0.924	0.828	0.606	0.000
		ξ_v	0.000	(−)0.054	(−)0.148	(−)0.348	(−)0.560
1/8	(7/8)	ξ_1	0.030	0.040	0.088	0.234	1.000
		ξ_2	0.970	0.960	0.912	0.766	0.000
		ξ_v	0.000	(−)0.068	(−)0.195	(−)0.492	(−)1.120
0	(1)	ξ_1	0.000	0.000	0.000	0.000	0.000
		ξ_2	1.000	1.000	1.000	1.000	0.000
		ξ_v	0.000	(−)0.076	(−)0.216	(−)0.524	*

表 B.2.1-6　边缘上的 ξ_v 值（当 $x=0$）

y/b	f_a/f_b 1.0	0.8	0.6	0.4	0.2
0.00	0.0000	0.0000	0.0000	0.0000	0.0000
0.05	0.0838	0.0778	0.0684	0.0614	0.0274
0.10	0.1708	0.1586	0.1402	0.1100	0.0572
0.15	0.2638	0.2462	0.2192	0.1744	0.0962
0.20	0.3672	0.3442	0.3092	0.2508	0.1462
0.25	0.4864	0.4588	0.4162	0.3456	0.2150
0.30	0.6408	0.6132	0.5718	0.4986	0.3636
0.35	0.8142	0.7794	0.7254	0.6346	0.4592
0.40	1.0726	1.0356	0.9774	0.8800	0.6886
0.45	1.5140	1.4756	1.4148	1.3334	1.1318
0.50	*	*	*	*	*

注：在 $x=a$ 边界上，表中 ξ_v 值前加负号。

表 B.2.1-7　边缘上的 ξ_v 值（当 $y=b/2$）

x/a		f_a/f_b 1.0	0.8	0.6	0.4	0.2
0.5	(0.5)	0.0000	0.0000	0.0000	0.0000	0.0000
0.45	(0.55)	0.0838	0.0888	0.0936	0.0976	0.1000
0.4	(0.6)	0.1708	0.1806	0.1900	0.1980	0.2028
0.35	(0.65)	0.2638	0.2782	0.2920	0.3038	0.3106
0.3	(0.7)	0.3672	0.3860	0.4038	0.4190	0.4280
0.25	(0.75)	0.4864	0.5090	0.5304	0.5486	0.5596
0.2	(0.8)	0.6408	0.6634	0.6850	0.7032	0.7142
0.15	(0.85)	0.8142	0.8426	0.8696	0.8926	0.9064
0.1	(0.9)	1.0725	1.1030	1.1318	1.1564	1.1710
0.05	(0.95)	1.5140	1.5456	1.5756	1.6010	1.6162
0.0	(1.0)	*	*	*	*	*

注：1　在 $y=b/2$ 边界上，当 $x/a>0.5$ 时，表中系数为负号；
　　2　在 $y=-b/2$ 边界上，系数值的符号与在 $y=b/2$ 边界上的相反。

B.2.2　底面为正方形的球面扁壳，当边长与壳体特征长度参数之比小于 9 时，在竖向均布荷载作用下内力和位移的计算应符合下列规定（图 B.2.2）：

1　壳体竖向位移可按下式计算：

$$w = \bar{w}\frac{a^4 q_z}{D}\cdot 10^{-3} \qquad (B.2.2-1)$$

式中：$\bar{w}$ ——系数，可按表 B.2.2-1 的规定采用。

2　壳板截面上的弯矩可按下列公式计算：

$$m_1 = \bar{m}_1 a^2 q_z\cdot 10^{-3} \qquad (B.2.2-2)$$
$$m_2 = \bar{m}_2 a^2 q_z\cdot 10^{-3} \qquad (B.2.2-3)$$

式中：$\bar{m}_1$ ——系数，可按表 B.2.2-2 的规定采用；
　　　$\bar{m}_2$ ——系数，可按表 B.2.2-3 的规定采用。

3　壳板截面上的扭矩可按下式计算：

$$m_t = \bar{m}_t a^2 q_z\cdot 10^{-3} \qquad (B.2.2-4)$$

式中：$\bar{m}_t$ ——系数，可按表 B.2.2-4 的规定采用。

4　壳板截面上的轴向力可按下列公式计算：

$$n_1 = -\bar{n}_1\frac{a^2 q_z}{t}\cdot 10^{-3} \qquad (B.2.2-5)$$
$$n_2 = -\bar{n}_2\frac{a^2 q_z}{t}\cdot 10^{-3} \qquad (B.2.2-6)$$

式中：$\bar{n}_1$ ——系数，可按表 B.2.2-5 的规定采用；
　　　$\bar{n}_2$ ——系数，可按表 B.2.2-6 的规定采用。

5　壳板截面上的剪力可按下式计算：

$$v_t = -\bar{v}_t\frac{a^2 q_z}{t}\cdot 10^{-3} \qquad (B.2.2-7)$$

式中：$\bar{v}_t$ ——系数，可按表 B.2.2-7 的规定采用。

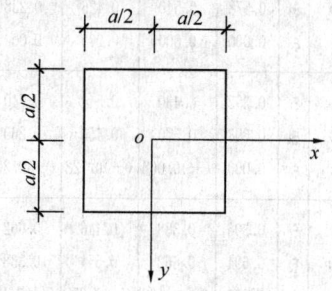

图 B.2.2　壳体坐标 2

表 B.2.2-1　系数 $\bar{w}$ 值

f/t	x, y 0,0	0,a/6	0,a/3	a/6, a/6	a/6, a/3	a/3, a/3
0	4.063	3.554	2.107	3.133	1.849	1.105
0.4	3.761	3.291	1.955	2.885	1.717	1.029
0.8	3.067	2.691	1.607	2.365	1.416	0.855
1.2	2.340	2.060	1.243	1.819	1.100	0.671
1.6	1.749	1.548	0.945	1.373	0.842	0.522
2	1.311	1.166	0.725	1.043	0.650	0.410
4	0.399	0.369	0.255	0.344	0.239	0.168
6	0.171	0.155	0.128	0.161	0.125	0.096
8	0.090	0.090	0.075	0.092	0.077	0.064
10	0.057	0.055	0.052	0.057	0.052	0.046

表 B. 2. 2-2　系数 $\overline{m}_1$ 值

x,y \ f/t	0,0	0,a/6	0,a/3	a/6,a/6	a/6,a/3	a/3,a/3
0	37.12	32.33	18.96	29.90	17.51	14.01
0.4	34.13	29.75	17.47	27.65	16.22	13.25
0.8	27.32	23.86	14.06	22.53	13.24	11.51
1.2	20.21	17.68	10.48	17.12	10.12	9.662
1.6	14.44	12.68	7.591	12.72	7.574	8.136
2	10.24	9.020	5.471	9.480	5.685	6.975
4	1.889	1.742	1.216	2.612	1.643	4.177
6	0.329	0.345	0.345	0.838	0.559	3.021
8	0.049	0.082	0.131	0.197	0.115	2.318
10	0.066	0.066	0.131	−0.082	−0.082	1.839

表 B. 2. 2-3　系数 $\overline{m}_2$ 值

x,y \ f/t	0,0	0,a/6	0,a/3	a/6,a/6	a/6,a/3	a/3,a/3
0	37.12	34.24	25.80	29.90	22.46	14.01
0.4	34.13	31.64	23.79	27.55	21.15	13.25
0.8	27.32	25.71	20.82	22.53	18.14	11.51
1.2	20.21	19.49	16.66	17.12	14.95	9.662
1.6	14.44	14.43	13.62	12.72	12.32	8.136
2	10.24	10.58	11.34	9.48	10.33	6.975
4	1.889	2.826	5.981	2.612	5.635	4.177
6	0.329	0.854	3.960	0.838	3.828	3.021
8	0.049	0.181	2.842	0.197	2.777	2.318
10	0.066	−0.099	2.136	−0.082	2.103	1.839

表 B. 2. 2-4　系数 $\overline{m}_t$ 值

x,y \ f/t	a/6,a/6	a/6,a/3	a/6,a/2	a/3,a/3	a/3,a/2	a/2,a/2
0	9.129	16.46	19.40	30.49	36.82	45.71
0.4	8.383	15.16	17.91	28.24	34.22	42.70
0.8	6.685	12.22	14.49	23.12	28.28	35.82
1.2	4.908	9.119	10.91	17.71	22.02	28.56
1.6	3.472	6.605	8.001	13.31	16.91	22.52
2	2.422	4.765	5.849	10.06	12.11	18.19
4	0.3647	1.019	1.413	3.171	4.915	8.296
6	−0.0033	0.2300	0.3779	1.380	2.580	5.323
8	−0.0559	0.0164	0.0657	0.6901	1.677	3.812
10	−0.0444	−0.0493	−0.0329	0.3779	1.035	2.925

表 B. 2. 2-5　系数 $\overline{n}_1$ 值

x,y \ f/t	0,0	0,a/6	0,a/3	a/6,a/6	a/6,a/3	a/3,a/3
0	0.00	0.00	0.00	0.00	0.00	0.00
0.4	36.08	31.89	19.40	27.70	16.89	9.87
0.8	58.88	52.27	32.13	45.40	28.00	16.40
1.2	67.36	60.21	37.66	52.35	32.86	19.33
1.6	67.10	60.56	38.74	52.70	33.87	20.04
2	62.95	57.46	37.76	50.08	33.10	19.70
4	38.09	37.58	29.30	33.06	26.07	16.10
6	24.35	25.99	23.89	23.06	21.56	13.80
8	17.24	19.35	20.28	17.26	18.51	12.21
10	13.24	15.15	17.60	13.56	16.20	10.96

表 B. 2. 2-6　系数 $\overline{n}_2$ 值

x,y \ f/t	0,0	0,a/6	0,a/3	a/6,a/6	a/6,a/3	a/3,a/3
0	0.00	0.00	0.00	0.00	0.00	0.00
0.4	36.08	31.30	18.14	27.70	16.07	9.87
0.8	58.88	51.10	29.54	45.40	25.23	16.40
1.2	67.86	58.49	33.96	52.35	30.45	19.33
1.6	67.10	58.31	33.92	52.70	30.73	20.04
2	62.95	54.74	31.91	50.08	29.30	19.70
4	38.09	33.37	19.71	33.06	19.57	16.10
6	34.35	21.48	12.85	23.06	13.96	13.80
8	17.24	15.24	9.214	17.26	10.58	12.21
10	13.24	11.71	7.121	13.56	3.365	10.96

表 B. 2. 2-7　系数 $\overline{v}_t$ 值

x,y \ f/t	a/6,a/6	a/6,a/3	a/6,a/2	a/3,a/3	a/3,a/2	a/2,a/2
0	0.00	0.00	0.00	0.00	0.00	0.00
0.4	8.991	15.76	18.31	27.74	32.31	37.76
0.8	14.66	26.75	29.96	45.48	53.10	62.20
1.2	16.76	29.56	34.46	52.47	61.47	72.27
1.6	16.57	29.56	34.54	52.88	62.18	73.50
2	15.60	27.86	32.58	50.29	59.44	70.71
4	9.318	17.41	20.91	33.47	40.93	50.83
6	5.881	11.50	14.12	23.64	29.98	39.00
8	4.121	8.292	10.33	17.99	23.54	31.95
10	3.144	6.394	8.027	14.41	19.32	27.19

本规程用词说明

1 为便于在执行本规程条文时区别对待，对要求严格程度不同的用词说明如下：

1）表示很严格，非这样做不可的：

正面词采用"必须"，反面词采用"严禁"；

2）表示严格，在正常情况下均应这样做的：

正面词采用"应"，反面词采用"不应"或"不得"；

3）表示允许稍有选择，在条件许可时首先应这样做的：

正面词采用"宜"，反面词采用"不宜"；

4）表示有选择，在一定条件下可以这样做的，采用"可"。

2 条文中指明应按其他有关标准执行的写法为："应符合……的规定"或"应按……执行"。

引用标准名录

1 《建筑结构荷载规范》GB 50009
2 《混凝土结构设计规范》GB 50010
3 《建筑抗震设计规范》GB 50011
4 《工程结构可靠性设计统一标准》GB 50153
5 《钢筋焊接网混凝土结构技术规程》JGJ 114

中华人民共和国行业标准

钢筋混凝土薄壳结构设计规程

JGJ 22—2012

条 文 说 明

修 订 说 明

《钢筋混凝土薄壳结构设计规程》JGJ 22-2012，经住房和城乡建设部 2012 年 3 月 1 日以第 1325 号公告批准、发布。

本规程是在《钢筋混凝土薄壳结构设计规程》JGJ/T 22-98 的基础上修订而成，上一版的主编单位是中国建筑科学研究院，参编单位是清华大学、浙江大学，主要起草人员是：何广乾、龙驭球、董石麟、刘开国、林春哲、袁驷、包世华、张铜生、顾承、周游、董智力。

本规程修订过程中，编制组进行了广泛的调查研究，总结了我国钢筋混凝土薄壳结构的实践经验，同时参考了国外的技术标准。

为便于广大设计、施工、科研、学校等单位有关人员在使用本规程时能正确理解和执行条文规定，《钢筋混凝土薄壳结构设计规程》编制组按章、节、条顺序编制了本规程的条文说明，对条文规定的目的、依据以及执行中需注意的有关事项进行了说明，还着重对强制性条文的强制性理由作了解释。但是，本条文说明不具有与规程正文同等的法律效力，仅供使用者作为理解和把握规程规定的参考。

目　次

1 总　则

1.0.1 本规程的修订遵循节能、环保和可持续发展的方针，并与现行国家标准《工程结构可靠性设计统一标准》GB 50153、《混凝土结构设计规范》GB 50010等相关标准协调。

1.0.2 规定了本规程的适用范围。本规程适用于房屋和一般构筑物中薄壳结构的设计（一般用于建筑屋盖、构筑物顶盖结构），适用于现浇或装配整体式、普通钢筋混凝土或预应力混凝土薄壳。本规程不适用于轻骨料混凝土薄壳结构，也不适用于冷却塔、筒仓或其他特殊混凝土薄壳结构的设计。

1.0.3 说明了本规程与其他标准的关系。钢筋混凝土薄壳结构的设计除应符合本规程外，尚应符合现行国家标准《工程结构可靠性设计统一标准》GB 50153、《建筑结构荷载规范》GB 50009、《混凝土结构设计规范》GB 50010、《建筑抗震设计规范》GB 50011等国家现行有关标准的规定。钢筋混凝土薄壳结构的施工和验收应符合现行国家标准《混凝土结构工程施工质量验收规范》GB 50204等有关标准的规定。

2　术语和符号

2.1　术　语

2.1.1、2.1.2 区分壳板和壳体的不同含义。

2.1.3、2.1.4 薄壳的力学分析均以壳板中曲面为基础。在壳板中曲面和厚度已知的情况下，壳板可以在几何上被完全描述。壳板可以采用等厚度的或变厚度的。

2.1.5、2.1.6 区分壳板矢高和壳体矢高的不同含义。

2.1.7 对于薄壳，可以在基本方程和边界条件中忽略某些很小的量，使得基本方程得到简化，从而得到一些近似的、在工程应用上已经足够精确的解答。大量的计算表明，壳体厚度与中曲面最小曲率半径之比不大于1/20时，这些解答不至于具有工程上不容许的误差。

2.1.8 对底面投影为矩形的扁壳，最小跨度取为较短边长；对于底面投影为圆形的扁壳，最小跨度取为底面直径。壳板矢高与底面直径之比不大于1/5的球面壳称为扁球壳。

2.1.9~2.1.12 球面壳、椭球面壳、旋转抛物面壳为旋转壳的特定形式。

2.1.13 当移动面壳体的母线为平面曲线时，一般采用单侧平面曲线（即曲率半径中心在曲线同一侧的光滑平面曲线）。移动面壳体的准线一般为单侧平面曲线或直线。

2.1.14 双曲扁壳的高斯曲率（即两个方向主曲率的乘积）为正。

2.1.15 用于房屋屋盖和一般构筑物顶盖的圆柱面壳都是环向开敞的，即壳面为圆柱面的一部分。圆柱面壳沿直母线方向的主曲率为零，沿环向的主曲率为圆弧准线的曲率。

2.1.16 双曲抛物面壳具有负高斯曲率，中曲面方程的一般形式为 $z=kxy$，对它通过坐标平移和旋转变换可以得到其他不同形式的方程。双曲抛物面壳可以看成是由一条抛物线母线在另一条弯曲方向相反的抛物线准线上移动而形成的移动面壳体，也可看成是由一条直母线在另两条不共面的直准线上移动而形成的壳体。它所有的竖剖面呈抛物线或直线，而水平剖面则呈双曲线，故有双曲抛物面之称。在双曲抛物面上有两簇直纹线，工程应用中可以利用它的这种性质布置钢筋（或预应力筋）和模板。具有直线边缘的双曲抛物面壳又称双曲抛物面扭壳，或简称扭壳。

2.1.17 膜型扁壳系从受力特征上定义的。其中曲面的几何特征与荷载和内力分布有关。

2.1.18 将壳板横截面上的应力向中曲面简化合成，得到作用于中曲面（单位宽度）两个主应力方向上的轴向力和剪力，称为薄膜内力。

2.2　符　号

本节列出了本规程采用的主要符号。一次性采用的符号一般没有列入，只在出现处加以注释。

3　基　本　规　定

3.1　结　构　选　型

3.1.1 薄壳结构形式丰富，可满足不同建筑造型或构筑物形式的要求，但施工相对复杂。钢筋混凝土薄壳结构的施工方法可分为现浇整体式和装配整体式，两者施工工艺不同，所需费用也不同。结构选型时应综合考虑各方面因素，择优选用。

3.1.2、3.1.3 分别给出了覆盖圆形、矩形平面的可选薄壳结构类型。

3.1.4 由于双曲扁壳、双曲抛物面扭壳和膜型扁壳属于双向受力结构，当这些薄壳类型采用周边支承并为矩形底面时，底面长度与宽度的比值宜接近1.0。当长、宽之比大于2.0时，上述薄壳类型的受力性能将不再优越，不宜采用。

3.1.5 膜型扁壳要求荷载基本均匀，且跨度不宜过大。

3.2　极限状态设计规定

3.2.1 本条的规定与薄壳结构的安全性直接相关，故列为强制性条文。

本规程依据现行国家标准《工程结构可靠性设计统一标准》GB 50153 的规定，采用以概率理论为基础的极限状态设计法，具体设计计算采用分项系数的表达式进行，包括结构重要性系数、荷载分项系数、材料分项系数（材料性能有时直接以材料强度设计值表达）、构件分项系数等。

国家标准《工程结构可靠性设计统一标准》GB 50153－2008将工程结构的设计状况区分为四种：(1)持久设计状况；(2)短暂设计状况；(3)偶然设计状况；(4)地震设计状况。对四种设计状况，均应进行承载能力极限状态设计。本规程式(3.2.1)是薄壳结构四种设计状况的承载能力极限状态设计的统一公式。

按照国家标准《工程结构可靠性设计统一标准》GB 50153－2008 的规定，当安全等级为一级时，薄壳结构的结构重要性系数 γ_0 不应小于1.1；当安全等级为二级时，γ_0 不应小于1.0；当安全等级为三级时，γ_0 不应小于0.9；对偶然设计状况和地震设计状况，γ_0 不应小于1.0。

式(3.2.1)在不同的作用组合下具体应用时具有下列形式：

对基本组合：

$$\gamma_0 S \leqslant R \qquad (1)$$

对偶然组合：

$$S \leqslant R \qquad (2)$$

对地震组合：

$$S \leqslant R/\gamma_{RE} \qquad (3)$$

S 和 R 的计算以及系数的取值应分别符合现行国家标准《工程结构可靠性设计统一标准》GB 50153、《建筑结构荷载规范》GB 50009、《混凝土结构设计规范》GB 50010 和《建筑抗震设计规范》GB 50011 等的规定。当作用和作用效应可以按线性叠加关系考虑时，可以对作用的效应进行组合；对不适用线性叠加的情况，应对作用进行组合后再计算其效应 S。

对地震设计状况，现行国家标准《建筑抗震设计规范》GB 50011将在设防烈度下的抗震验算（根本上应该是弹塑性变形验算），在形式上转换为众值烈度地震作用下的构件承载能力验算，并通过抗震措施来实现延性和安全性。GB 50011 在采用设计习惯的验算表达式时，规定结构构件的抗力设计值 R 应除以承载力抗震调整系数 γ_{RE}，γ_{RE} 一般是不大于1.0的数。对钢筋混凝土薄壳结构，壳板应力一般以受压为主，边缘构件的约束作用对壳板形成整体承载力非常关键，本规程规定对壳板及其边缘构件 γ_{RE} 应取1.0。对其他构件，γ_{RE} 应按现行国家标准《建筑抗震设计规范》GB 50011 的规定取值。

3.2.2 进行正常使用极限状态设计时，应根据不同的情况采用标准组合、频遇组合或准永久组合。标准组合宜用于不可逆正常使用极限状态；频遇组合宜用于可逆正常使用极限状态；准永久组合宜用于长期效

应是决定性因素时的正常使用极限状态。判断可逆与不可逆应同时考虑到所验算的构件和受其影响的周边构件。

3.2.3 薄壳结构的耐久性设计应包括环境类别和作用等级的确定、材料选用、保护层厚度的确定、维护要求等，应符合现行国家标准《混凝土结构设计规范》GB 50010 的规定。

3.2.4 薄壳结构分析时一般采用曲面模型，因此自重可进行相应的折算。

3.2.5 钢筋混凝土扁球壳、双曲扁壳、双曲抛物面扁扭壳和膜型扁壳这几种扁壳类型对风荷载的作用不敏感，可不考虑风荷载对壳板的影响；对圆柱面壳、一般旋转壳和一般双曲抛物面扭壳，风荷载的影响不可忽略，应考虑风荷载的影响。对各类壳体的边缘构件，均应考虑风荷载的影响。上一版规程中规定对锯齿形圆柱面壳，只在壳面倾角大于30°的情况下应考虑风荷载的影响，本次修订考虑到圆柱面壳一般矢跨比比较大，风荷载影响有时不容忽视，故规定对于所有圆柱面壳均应考虑风荷载的影响。

3.2.6 基本风压、风压高度变化系数、风致振动效应（风振系数）等应符合现行国家标准《建筑结构荷载规范》GB 50009 的规定。

表3.2.6给出了单个旋转壳的风荷载体型系数分布。对于复杂形体壳体结构的风荷载，应按现行国家标准《建筑结构荷载规范》GB 50009 的规定通过风洞试验或专门研究确定。

3.2.7 表3.2.7给出了单个旋转壳和并排圆柱面壳的积雪分布系数。对于旋转壳，当壳板最大经向角 $\varphi_a \leqslant 30°$时，雪荷载可按均布考虑；当$\varphi_a > 30°$时，除考虑雪荷载均布情况外，还应按本规程第5.3.1条的规定考虑雪荷载的不均匀分布。由于雪可能具有堆积和漂移等特殊情况，对复杂的雪荷载情况应进行专门论证。

3.2.8 规定了薄壳结构进行水平抗震验算和竖向抗震验算的范围和方法。薄壳结构进行抗震设计时，还应考虑下部结构的影响。

3.2.9 薄壳结构以截面受压为承载的主要特征，当荷载达到临界值时，将发生屈曲。当壳体相对较薄（即壳体厚度与最小曲率半径的比值较小）时，稳定性问题愈发突出。薄壳的稳定性验算是事关结构安全的重要工作，应予以特别重视，故本条规定各种形式的钢筋混凝土薄壳结构均应进行稳定性验算。

增加壳体稳定承载力的可行方法有壳板加肋、减小局部壳板曲率半径、增加壳板厚度等。另外，配置受弯钢筋和采用低徐变的混凝土等措施也对增加壳体稳定承载力有效。

本规程的相关条文对在均布荷载作用下、形状规则的圆形底旋转壳、双曲扁壳、圆柱面壳和双曲抛物面扭壳，给出了稳定性验算的经验公式，可在设计时

采用。

对形状复杂或荷载作用不均匀的薄壳结构，本规程给出的稳定性验算公式不一定适用，其稳定性应进行专门的分析论证。对特别重要的薄壳结构，为避免由于局部或整体失稳引起丧失承载力的后果，也应进行专门的稳定性分析论证。

钢筋混凝土薄壳结构的稳定性可采用有限元分析方法或模型试验方法等进行研究。薄壳结构的稳定性分析是非常复杂的问题，它涉及壳体形式、支承条件、结构的后屈曲性态、大变形理论、初始缺陷影响、混凝土徐变和收缩、钢筋布置方式和配筋率、混凝土开裂、材料非线性性质等许多问题，尤其是混凝土的徐变对壳体稳定性的影响很大。

在钢筋混凝土薄壳稳定性的验算方法上，国际壳体和空间结构协会（IASS）和美国混凝土协会（ACI）等组织针对不同的壳体类型分别提出了半经验的方法，见"*Recommendations for Reinforced Concrete Shells and Folded Plates*，International Association for Shell and Spatial Structures，Madrid，1979"、"*Concrete Shell Buckling*，ACI Publication SP - 67，Detroit，1981"等文献，可供参考。

在有条件时，提倡对钢筋混凝土薄壳结构的设计进行专门的考虑初始缺陷、大变形、混凝土开裂、徐变和收缩、材料非线性等的稳定性分析论证。

3.2.10 按荷载标准组合的效应计算时，对一级裂缝控制等级（严格要求不出现受力裂缝），构件受拉边缘混凝土不应产生拉应力；对二级裂缝控制等级（一般要求不出现受力裂缝），构件受拉边缘混凝土拉应力不应大于抗拉强度标准值。

为避免壳板产生过大的变形和裂缝（对允许产生裂缝的情形），应对壳板最大主拉应力进行限制。设计时要求钢筋应能承受全部的截面拉力，不计入混凝土的抗拉作用，本条规定壳板计算所得的最大主拉应力标准值不宜大于 3 倍混凝土抗拉强度标准值，当不满足时宜加大混凝土截面或施加预应力。

3.2.11 本条给出了壳体边缘构件的变形控制要求。

3.2.12 边缘构件在其自身平面内应具有足够的刚度，以使壳板变形不至于过大，保证空间结构可靠地工作。当边缘构件为钢筋混凝土桁架时，可按荷载集中在上弦杆节点进行内力分析，但对上弦杆尚应考虑节间荷载与剪力的偏心作用所引起的力矩。

3.2.13 薄壳结构的施工阶段验算非常重要，事故往往发生在壳体结构尚未形成的施工阶段。

3.3 壳体的构造和配筋

3.3.1 本条规定了钢筋混凝土和预应力混凝土壳体应采用的混凝土强度等级下限。对尺寸较小的薄壳结构，可以以 C25 作为最低要求；对尺寸较大的薄壳结构，混凝土强度等级一般不宜小于 C30。

3.3.2 本条规定了壳板厚度的下限和确定壳板厚度应考虑的原则。壳板厚度的确定除了应考虑承载力外，还应考虑变形控制、钢筋布置、保护层厚度、施工质量保证、防火要求等多种影响因素。

在壳板与边缘构件和支承构件的连接部位，因存在边缘扰力产生的弯矩，应增加厚度，并配置抗弯钢筋。壳板厚度应逐渐平缓增加，以避免应力集中，过渡区的长度不应小于厚度增加值的 5 倍，一般可取厚度增加值的 5 倍～10 倍。

3.3.3 本条给出了确定壳体钢筋的混凝土保护层厚度应满足的要求，混凝土保护层厚度指钢筋外边缘至混凝土表面的距离。规定壳体钢筋的混凝土保护层厚度主要是出于对混凝土薄壳结构耐久性的考虑。

1 壳板钢筋的混凝土保护层最小厚度应符合现行国家标准《混凝土结构设计规范》GB 50010 的规定，其中对壳板最外层钢筋的保护层最小厚度在不同的环境类别和耐久性作用等级、不同设计使用年限情况下的取值作了规定。规范还规定了可适当减小保护层厚度的条件。

2 本条规定壳板加劲肋的混凝土保护层厚度可采用与壳板保护层厚度相同的值。

3 对壳板表面较陡、需用双面模板施工的区域，考虑到施工偏差因素，宜适当增加混凝土保护层的厚度。

4 混凝土保护层最小厚度不应小于钢筋的公称直径是出于保证握裹层混凝土对受力钢筋的锚固作用。

5 当混凝土保护层最小厚度不能满足防火要求时，应增加保护层厚度，使其符合现行国家标准《建筑设计防火规范》GB 50016 等的规定。

3.3.4 本条对壳体配筋的构造要求进行了规定。

1 按照薄壳结构的特点，壳板中央大部分区域主要承受中曲面内的薄膜内力，壳板与边缘构件连接处及其附近存在弯矩，孔洞周围有应力集中，因此，这些部位的钢筋应按受力特点来配置。由于壳板混凝土收缩和温度应力的影响，即使不是出于承载力计算的需要，壳板的任何部位也应配置抵抗收缩和温度应力的双向或多向钢筋。

2 为了控制壳体拉应变和裂缝开展，宜优先采用较小直径的钢筋。焊接钢筋网一般用在壳体曲面可展（如圆柱面壳）或预制情况。壳板非预应力受力钢筋不宜采用强度过高的钢筋，钢筋的屈服强度标准值一般不宜大于 400MPa，否则应对钢筋的强度设计值进行限制。

3 薄膜内力配筋至少应在两个近似垂直的方向设置，且宜按主应力方向设置，当局部不能按主应力方向设置且主拉应力较大时，可在该区主拉应力方向上增设一层薄膜内力配筋。当薄膜内力配筋的方向与壳体主应力线的偏差显著时（偏斜角 φ 大于 10°），钢

筋的承载力不能充分发挥，这时应采用比按主应力方向配筋更大的配筋量。

4 对薄膜内力配筋的最小钢筋直径和钢筋间距进行规定。

5 对薄膜内力配筋和壳板其他配筋的最小配筋率进行规定。这里规定不论受拉、受压，薄膜内力配筋的最小配筋率在两个方向均分别不应小于 0.25%。薄膜内力配筋可兼作抵抗收缩和温度应力的配筋。

6 对壳体受拉钢筋的面积上限进行限制，是为了使钢筋屈服发生在混凝土受压破坏之前，避免出现脆性破坏。对在两个主薄膜内力近似相等而符号相反的壳板某些部位，为了避免在钢筋屈服之前发生混凝土受压破坏，也应对受拉钢筋的最大配筋率进行限制。

3.3.5 本条规定了壳板与边缘构件连接处的厚度过渡区最小配筋要求。

3.4 装配整体式壳体

3.4.1 在地震区应谨慎使用装配整体式薄壳结构。如要采用，应采取措施保证结构的整体性、连接和支撑的可靠性。

3.4.2 装配整体式壳体可全部采用预制构件，也可部分采用预制、部分现浇。采用的方案应结合工程施工现场情况、施工方案、运输条件和综合经济成本等因素决定。预制构件的划分，应尽量减少拼缝和构件类型，并简化接头处理，应便于堆放、运输、安装和施工，安装后的壳体应符合整体空间受力特性。

3.4.3 装配整体式壳体的预制壳板宜尽量接近壳面形状，当曲率不大时可采用平板代替曲板，但平板的边长应加以限制，避免与曲面差别过大，边长不得大于 3m。

3.4.4 根据经验，给出了几类壳板分块的最小数目。

3.4.5 为了保证预制壳板的稳定及预制构件在运输、安装过程中的刚度要求，预制壳板周边应设置加劲肋，本条给出了肋高的范围。大型构件在运输和安装时的临时支撑应根据具体情况设置，以保证构件和结构的安全。

3.4.6 本条给出了预制壳板加厚或不加厚的条件和要求。

3.4.7 本条给出了预制壳板和边缘构件连接过渡的构造要求。

3.4.8~3.4.11 预制壳板接缝的类型可根据实际受力情况采用混凝土接缝、钢筋混凝土接缝和预应力混凝土接缝等，本规程给出了三种接缝的构造要求。混凝土接缝适用于受压、受压又受剪的接缝；钢筋混凝土接缝适用于受压、受拉、受压又受剪、受拉又受剪的接缝；预应力混凝土接缝适用于在正常使用情况下不宜出现裂缝的壳体，或接缝中主拉应力较大（大于混凝土抗拉强度设计值）的情况。

3.4.12 本条给出了薄壳结构的预制部分和现浇部分的连接的方法。

3.5 预应力壳体

3.5.1 本条给出了薄壳结构中预应力的适用范围。采用预应力可提高薄壳结构的刚度和抗裂度，显著改善壳体的受力性能，降低壳体内钢筋的锈蚀程度，充分发挥混凝土的抗压能力，是一种值得提倡的技术。当边缘构件支承点间的距离不小于 24m 时，即跨度较大时，边缘构件宜配置预应力筋。

3.5.2 预应力筋应采用直线型或曲率不大的曲线型布置，不得出现突然弯折。

预应力筋对结构受力的影响是多方面的，直线型配筋的预应力可简单作为作用在锚固处的外力，它由混凝土的反力来平衡。曲线型配筋的预应力除了作为作用在锚固处的外力外，还产生沿曲线法向的作用，此作用也应同时考虑。

3.5.3 预应力薄壳结构在施加预应力和施工过程中的受力特点与正常使用阶段不同，因此应进行施工过程中的验算。预应力薄壳的裂缝控制一般较普通结构严格，也应进行验算。

计算预应力薄壳结构时，应考虑预应力损失的影响。

3.5.5 端部锚固区应进行局部受压承载力验算。端部锚固区一般应配间接钢筋。

3.6 孔　洞

3.6.1~3.6.7 当薄壳结构孔洞尺寸不大时，对于荷载较均匀的情况，一般可不对开洞削弱影响进行计算，但应在孔洞周围采取构造措施局部加强。本节规定了不需要进行削弱影响计算的孔洞尺寸、根据受力特点确定的构造措施要求。对其他情况的孔洞，应进行专门设计，包括考虑开洞的计算分析和在边缘的构造加强。

3.7 温　度　影　响

3.7.1 薄壳结构伸缩缝的间距应符合现行国家标准《混凝土结构设计规范》GB 50010 的规定，当其中没有数值可直接采用时，应按该规范规定的原则并参考对其他形式的要求设计。

伸缩缝兼作防震缝时，其宽度尚应符合防震缝的要求。

3.7.2 本条给出壳板中曲面温度变化和壳体内、外表面温度差的计算方法。施工阶段的温度应力对壳体受力也有影响，必要时也应计算。

3.7.3 本条给出当内、外表面温度差在整个壳体上的分布为常数或接近常数时，由其产生的弯矩的计算方法。

3.7.4 温度变化对壳体应力的影响主要包括：壳板

内外表面温度差引起的壳板弯矩；壳板中曲面温度变化引起的平行于边缘构件方向的轴力、垂直于边缘构件方向的弯矩、壳板与边缘构件交接处的剪力等。

本条给出了当温度变化分布为常数或接近常数时，计算壳体温度应力的公式。在计算季节温差影响时，可考虑混凝土徐变、开裂对减小温度应力的有利影响。

3.7.6 壳体受到的温度场作用可能比较复杂，此时应进行专门的温度应力分析。薄壳结构温度应力的计算应考虑下部结构的影响。

4 结 构 分 析

4.1 基 本 原 则

4.1.1 本条给出了薄壳结构的内力与变形分析可采用的三类主要方法，即解析法、半解析法和数值分析法。

本条强调了应对计算结果（包括解析法、半解析法和数值分析法的结果）进行判断，判断可基于力学概念、工程经验、简化计算、类似结构的分析结果对比、不同计算软件的结果对比分析等，避免采用未经验证和评估的结果。对重要或复杂的薄壳结构工程，当采用计算机软件进行结构计算时，一般可采用两套计算模型符合工程实际的软件，对计算结果进行分析对比。

4.1.2 现行国家标准《混凝土结构设计规范》GB 50010 采用弹性方法计算作用效应，在截面设计时考虑材料的弹塑性性质，本规程结构分析也采用弹性方法。

薄壳结构一般按照弹性理论分析壳板及边缘构件的内力和位移。本规程针对圆形底旋转壳、双曲扁壳、圆柱面壳、双曲抛物面扭壳和膜型扁壳这几种薄壳形式，给出了在一定情况下的计算公式和相应的计算系数，根据薄膜理论计算壳板中央部分的薄膜内力与位移，然后在壳板与边缘构件连接的局部区域考虑边缘扰力效应，将二者叠加得到最终结果。

国家标准《混凝土结构设计规范》GB 50010-2010 规定混凝土的泊松比 ν_c 为 0.2。在薄壳结构内力与位移分析时，常用到 $1-\nu_c^2$ 项，忽略 ν_c 不会引起大的误差，因此在采用解析法、半解析法分析时混凝土的泊松比可取为零，以简化计算。

4.1.3 本规程第 5～9 章分别对形体比较规则的圆形底旋转壳、双曲扁壳、圆柱面壳、双曲抛物面扭壳和膜型扁壳在对称、均布荷载作用下的内力与位移计算作了规定。这些计算公式大部分是基于壳体控制方程的简化公式，有较好的精度，便于实际应用，还可作为半解析法和数值分析法计算结果的参照，采用时应注意其适用范围和应用条件。

当薄壳结构形体复杂或荷载作用不规则时，本规程给出的计算公式不再适用，此时应采用有限单元法建立计算模型、进行整体分析。

4.1.5 壳板分析是针对中曲面的，计算曲率应采用中曲面的曲率。

对于扁壳，可以假定采用底平面投影的度量来近似中曲面的度量，例如中曲面的线性微元 ds^2 可以用其底平面的投影近似，即 $ds^2 \approx dx^2 + dy^2$，中曲面在坐标轴方向的初始曲率和扭曲率也可近似为 $\kappa_x = \partial^2 z/\partial x^2$、$\kappa_y = \partial^2 z/\partial y^2$、$\kappa_{xy} = \partial^2 z/\partial x \partial y$，这是扁壳理论应用的基础。一般来说，当壳板矢高与最小跨度之比不大于 1/5 时，采用扁壳理论计算不至于产生工程上不容许的误差。

4.2 解析法和半解析法

4.2.1 解析法是指对薄壳结构控制偏微分方程直接推导得到解答的解析表达式的方法，一般用于形体比较规则且边界约束情况比较简单的薄壳结构。

4.2.2 对于简化后的常微分方程边值问题，可用解析法或常微分方程求解器法求解。

常微分方程求解器法是一种直接调用常微分方程求解器求解常微分方程的方法。常微分方程求解器可采用程序 COLSYS。该求解器对线性和非线性、单一的和联立的常微分方程边值问题均适用。将方程及边界条件输入求解器，并根据需要为解答设置一个误差限，即可求解。对于非线性问题，还需为求解器提供一个初始解供迭代使用。

4.2.3 对薄壳结构的半解析法摘要分述如下：

1 差分线法

该法用一组平行的直线对求解区域进行划分，将解答离散为结线上的一元函数。在偏微分控制方程中保留结线方向的导数，而离散方向的导数则用几个相邻的结线函数的差分近似，由此可得到一组常微分方程，然后用常微分方程求解器求解。该法主要用于求解规则区域上的问题，实施也较简单。该法的离散误差限于单方向，解答精度比全离散的差分法要高。为了提高解答精度，可加密结线网格，或采用高精度的差分公式。另外，将结线放在真解变化复杂的方向，可使该法的优势得到更好的发挥。

2 有限元线法

该法首先用一组结线对任意的求解区域进行划分，可得到若干个单元。根据需要，结线可为直线或曲线，单元一般为曲边四边形。单元可在公共结线处并排连接，也可在端边处对头搭接。然后，取结线位移为基本未知量，单元内部位移可由结线位移插值得到。再利用能量变分原理，可以导出一组定义在结线上的常微分方程组，用常微分方程求解器求出结线位移，作为原问题的近似解。

用该法构造的壳体单元主要基于下列三种理论：

薄壳弯曲理论、考虑剪切变形的中厚壳理论、由三维弹性理论退化而得的退化壳理论。该法的离散误差主要来自单元上结线位移间的插值，与真解沿结线方向的变化无关。因此，将结线沿真解变化剧烈的方向布置，可使本法的求解效力得到充分发挥。有两种途径可用来提高解答的精度：h 型方法和 p 型方法。h 型方法是通过对网格的细分加密（缩小单元尺寸 h）而使解答收敛，而 p 型方法是固定单元网格不变，通过提高各单元的阶数（即提高插值形函数的次数 p）来获得解答的收敛。p 型方法网格简单，收敛速度一般比 h 型方法快，高次单元又可有效地克服各种闭锁现象，是较为实用的方法。

有限元线法可广泛应用于壳体的静力、稳定和振动分析，对局部荷载、边界效应、应力集中和孔洞等较难的问题求解效果相对更佳。

4.3 数值分析法

4.3.1 本规程推荐采用的数值分析法为有限单元法。薄壳结构的数值分析法主要包括能量差分法和有限单元法，分述如下。

1 能量差分法

能量差分法是基于普通或广义变分原理的数值方法。该法直接从有关的变分原理推导出代数方程组来求解，即在泛函式中，导数用差分来近似，积分用有限和来代替，从而可将求泛函驻值的问题转化为求多元函数驻值的问题。能量差分法实质上就是一种简单的有限单元法。

2 有限单元法

有限单元法将连续的求解域离散为有限个单元的组合体，在单元内假设待求解未知量的近似函数，该近似函数通常由单元节点处的数值以及插值函数表达。通过求解以节点值为未知量的联立方程组，得到节点处的解，再利用插值函数确定单元内部的解。有限单元法可广泛适用于各种壳体形式、各种荷载和边界条件。

4.3.2 本条规定了数值分析所选用的计算机程序应达到的要求。

4.3.3 进行薄壳结构分析时，应对计算机程序的单元特点、求解方法和应用条件有清晰的理解。应根据结构布置、荷载和边界条件等实际情况，建立正确的力学和数学模型，采用合适的求解方法。

4.3.4 进行薄壳结构有限元分析可采用的单元类型很多，它们基于不同的假设和推导思路，有不同的适用范围。推导壳单元时，应用最广的是位移法，混合杂交法也日益受到重视。分析薄壳时可忽略横向剪切变形的影响，而分析中厚壳和夹层壳时则要考虑其影响。主要的壳单元类型如下。

1 平板型壳单元

平板型壳单元可以看成是平面应力单元和平板弯曲单元的组合。采用平板型壳单元分析时，将壳体离散为由一系列平板型单元组成的单向或双向折板。对于任意形状的壳体应采用三角形单元，对于柱壳可采用矩形单元，对于旋转壳可采用四边形单元。当采用平板型壳单元，在考虑单元形式与单元划分时宜与薄壳结构曲面共面。在单元四点不共面的情况下，使用平面四节点壳元存在计算误差，计算时应加以考虑。

2 基于壳体理论的曲面型壳单元

基于壳体理论的曲面型壳单元简称曲面型壳单元。相对于平板型壳单元，它的单元几何形状更为合理，且在单元中已经体现了薄膜内力和弯曲内力的耦合作用。但是，它的壳体理论过于复杂、应变-位移关系有多种表达形式；它的节点位移当按刚体位移给定时，有的单元出现寄生的非零应变；它存在薄膜闭锁现象，有的单元还存在剪切闭锁现象。

3 基于三维弹性理论的退化型壳单元

基于三维弹性理论的退化型壳单元简称退化型壳单元，它与基于壳体理论的曲面型壳单元都属于曲面型单元，二者的区别是：曲面型壳单元先用解析方法将三维弹性理论问题化为二维壳体理论问题，其中引入了内力和广义应变（如曲率、扭率等）的概念，然后将二维壳体理论问题进行有限元离散；退化型壳单元先用数值方法将三维弹性理论问题离散为三维有限元问题，其中仍采用应力和应变，不引入内力和广义应变，然后引入简化假设，将三维单元的位移场用中面节点位移来表达，化为二维问题。由于退化型壳单元摒弃了壳体理论中各种复杂关系式，从而使其构造方法较为简单，更具有一般性。

4 截锥型旋转壳单元

对于旋转壳，除了可应用一般性壳单元外，还可利用结构的轴对称性质，采用特殊的截锥型单元，即不沿环向而只沿经向进行离散。这种单元实际上是一维单元，从而计算简单。

4.3.5 单元网格划分应保证获得所需要的计算精度，否则应细分网格或采用精度更好的高阶次单元。本条给出了划分有限元网格时壳单元尺寸和形状（角度）的一般性要求。对于壳板曲率变化较大或应力变化较剧烈处，可进一步细分单元以得到较好的结果。

5 圆形底旋转壳

5.1 计 算 方 法

5.1.1、5.1.2 给出了在轴对称荷载作用下，不带肋的闭口或开口圆形底旋转壳壳板内力的计算公式。其中，分布轴向力和分布剪力的基本单位是"kN/m"，分布弯矩的基本单位是"kN·m/m"，在对应的量纲相同的情况下，各项也可以采用其他的单位。

使用时应满足下列限制条件：

(1)荷载轴对称且沿经向没有突变；

(2)壳板厚度沿经向没有突变；

(3)壳板不带肋；

(4)特征长度参数满足条件 $C_a < s_1/3$。

壳板内力由薄膜内力和边界扰力产生的内力两部分组成。第5.1.1条计算公式中的系数 $\eta_i \overline{\eta}_i (i=1,2,3,4)$ 可按第5.1.2条的公式计算；壳板薄膜内力可按第5.1.3条的公式计算；壳板内外环边缘内力修正可按本规程附录A的公式计算。

5.1.3 本条给出了圆形底旋转壳壳板在轴对称荷载作用下薄膜内力与位移的计算公式。

5.1.4 当扁球壳满足条件 $C \geqslant s_1/3$ 时，在法向均布荷载作用下，内力和位移可采用表5.1.4所列公式计算。公式中的积分常数应根据壳板的边界条件确定。对于闭口壳，表中公式带有三个积分常数 C_1、C_2、C_6，应利用外环处三个边界条件求出；对于开口壳，表中公式带有六个积分常数 C_1、C_2、C_3、C_4、C_5、C_6，应利用内环与外环处各三个边界条件列出六个方程式联立求解。

表5.1.4中 ber、ber′、bei、bei′、ker、ker′、kei、kei′ 为汤姆生函数（或称开尔文函数（Kelvin Functions））及其一阶导数，可从有关的数学手册中查找。

5.1.5 本条给出了边界条件确定的原则，并具体给出了当边缘构件截面为矩形时壳板内、外环边缘处的弹性边界条件公式。

5.2 集中荷载和环形荷载作用下的计算和圆孔应力集中

5.2.1 本条给出了圆形底旋转壳在集中荷载作用下壳板内力和位移的计算公式，有关的计算系数表格在本规程附录A.2中给出。公式中所用的荷载采用设计值还是标准值，应根据是验算承载力还是变形来决定。

5.2.2 本条给出扁球壳在轴对称环形均布荷载作用下壳板内力和位移的计算公式，前提条件是荷载作用点距壳板边缘的距离大于壳体特征长度的3倍。第1款给出在荷载作用范围以内的计算公式，第2款给出在荷载作用范围以外的计算公式。

5.2.3 本条给出了扁球壳在轴对称环形均布荷载作用下，当不满足第5.2.2条的限制条件时壳板内力和位移的计算规定。

5.2.4 本条给出了开口球壳满足限制条件时，在法向均布荷载及孔边竖向均布线荷载作用下壳板的最大经向弯矩和内环梁弯矩的计算公式，限制条件为 $s_2 > 3C$ 且 $(r_o + 3C)/(4r_s) < 1/5$。

5.2.5 本条给出不满足上列规定，但在一定条件下可按上列规定计算的情况。

5.3 雪、风荷载作用下的计算和稳定验算

5.3.1、5.3.2 对旋转壳的雪荷载和风荷载计算作了相应规定。

5.3.3 对旋转壳在均匀、规则荷载作用下的稳定性验算采用统一形式的公式，公式中包括了安全系数，其中荷载采用设计值。在应用时应注意曲率半径的取值。

对在均布法向荷载作用下的匀质、各向同性球面壳，采用经典弹性稳定理论（见 Theory of Elastic Stability, Timoshenko, 1936）可得到壳体的线弹性临界荷载：

$$q_{cr} = \frac{2}{\sqrt{3(1-\mu^2)}} E_c \left(\frac{t}{r_s}\right)^2 \qquad (4)$$

对钢筋混凝土壳体，可令 $\mu = 0$，则 $q_{cr} = 1.155 E_c (t/r_s)^2$。研究发现由该式计算得到的临界荷载与试验值相比有很大的差距，原因在于实际钢筋混凝土薄壳结构的稳定性与理想情况有很大不同，它涉及大变形影响、初始缺陷、混凝土徐变和收缩、支承条件、材料非线性性质等许多非常复杂的问题，多种因素会引起稳定承载力的降低。

在实际应用中，对于较规则的情形，容许荷载可采用与式(4)相同的形式估算，将式(4)中的因子 $2/\sqrt{3(1-\mu^2)}$ 和多种影响因素归结为一个系数 K，即：

$$q_{cr} = K E_c \left(\frac{t}{r_s}\right)^2 \qquad (5)$$

系数 K 由试验和研究成果并结合工程经验得到。本条规定对应的系数 K 取为0.06。

对一般情形的非规则薄壳结构，本条规定不再适用，其稳定性应进行专门的分析论证。

5.4 带肋壳的计算

5.4.1～5.4.3 对带肋旋转壳仍可采用薄膜理论加边界效应的方法进行计算。边界效应的齐次微分方程为：

$$\frac{d^4 v_{\varphi n}}{ds^4} + \frac{4}{C^4} v_{\varphi n} = 0 \qquad (6)$$

$$C = 0.76 \sqrt{t_{\varphi 1} r_2 \sqrt{\frac{t_{\varphi 1}}{t_{\theta A}}}} \qquad (7)$$

由此可知带肋壳特征长度参数与无肋壳的差异。

5.5 壳体环梁的内力

5.5.1～5.5.4 壳体外环、内环的内力包括轴向内力、绕截面水平中性轴的弯矩等，本节给出了外环为连续支承或有限个支柱支承时的内力计算公式。

5.6 构 造 要 求

5.6.3 设置的附加钢筋应能使壳板承担集中荷载作

用所引起的弯矩，因此附加钢筋应位于靠近壳板表面处。

5.6.4 根据经验，当外环梁承受的拉应力大于混凝土抗拉强度设计值的8倍时，宜采用预应力配筋，或采取其他构造措施。

6 双曲扁壳

6.1 几何尺寸

6.1.1 本条给出了双曲扁壳的基本组成部分和常用形式。双曲扁壳的矢高与最小边长之比不应大于1/5，也不宜太小。太大时采用扁壳理论进行分析将引起不可忽略的误差；太小时扁壳类似于平板，不能起空间结构的作用。为了获得较好的力学性能，要求不等曲率双曲扁壳的较大曲率与较小曲率之比不大于2、底面长边与短边之比不大于2。

6.1.2 本条给出了双曲扁壳的曲率近似表达式和曲面方程。

6.2 均布荷载作用下的内力计算

6.2.2 对壳板的内力计算区域进行划分，不同的区域采用不同的计算公式。

6.2.3 本条给出了满足第6.2.2条的条件、并按其要求划分区域的壳板轴向力和剪力的计算公式。

6.2.4 本条给出了满足第6.2.2条的条件、并按其要求划分区域的壳板分布弯矩、扭矩及竖向剪力的计算公式。

6.2.5 本条给出了在任意边界形状和任意边界条件下双曲扁壳的内力和位移解析解计算方法。在更一般的情况下，应采用有限元法进行计算。

6.2.6 本条给出了正方形底球面双曲扁壳在 a/C_1 或 b/C_2 小于9时的计算方法。

6.3 半边荷载和水平荷载作用下的内力和位移计算

6.3.1～6.3.7 双曲扁壳在一般荷载情况下，当没有计算公式可以采用时，应采用有限元法进行计算。

6.4 稳定验算

6.4.1、6.4.2 给出了等曲率和不等曲率双曲扁壳在法向均布荷载作用下的稳定性验算公式，该公式与第5.3.3条圆形底旋转壳的稳定性验算公式具有相同的形式，公式中包括了安全系数，其中荷载采用设计值。

6.5 带肋壳的计算

6.5.1 本条给出了带肋双曲扁壳按无肋壳公式近似计算的条件和相应的折算参数计算公式。根据经验，

壳板加肋时肋的间距不宜大于 $7\sqrt{rt}$。

6.5.2 本条给出了带肋双曲扁壳在法向均布荷载作用下的稳定性验算公式。

6.6 边缘构件

6.6.1 双曲扁壳的边缘构件可采用多种形式，本条列出了几种常用的形式。

6.6.2、6.6.3 边缘构件与双曲扁壳一起进行计算时，应注意二者间力的平衡和变形的协调关系。

6.7 构造和配筋

6.7.1、6.7.2 给出了双曲扁壳的配筋要求和边拱的构造要求。

7 圆柱面壳

7.1 几何尺寸和计算

7.1.1 圆柱面壳的边梁和横隔对于壳体的整体受力是关键的构件。

7.1.2 长壳和短壳的受力特点不同，采用的计算公式也不同。一般以圆柱面壳的宽度（即圆柱面壳直线边梁间的水平距离）与圆柱面壳的跨度（即圆柱面壳横隔的间距）之比 B/l 作为长、短壳的区分参数，当比值小于1时称为长壳，大于1时称为短壳。

7.1.3 本条给出了从几何尺寸上保证壳体强度和刚度的规定。

7.1.4 给出了圆柱面壳可简化计算的条件和计算方法。

7.1.5 多波圆柱面壳的最外波可称为外波或边波，其余部分称为内波。本条给出了圆柱面壳外波的内、外半边的计算方法。

7.1.6 本条给出了任意边界条件圆柱面壳的计算原则和方法。

7.1.7 给出了两端简支单跨圆柱面壳横隔的刚度要求。

7.1.8 给出圆柱面长壳和短壳的壳体稳定性验算公式。

7.2 带肋壳的计算

7.2.1 给出了带肋圆柱面壳的计算原则。

7.2.2、7.2.3 给出了带肋圆柱面壳的稳定性验算公式，应注意公式的前提条件。

7.3 边缘构件

7.3.1 给出了边梁常用的五种形式和其适用范围。

7.3.2 给出了边梁的构造要求。

7.3.3 给出了圆柱面壳横隔常用的形式。

7.4 构造要求

7.4.1 规定了柱壳两端 1/5 跨度 l 的范围内不得设置孔洞。

7.4.2 本条给出了带孔洞圆柱面壳的计算原则和方法。

7.4.3 给出圆柱面壳的配筋要求。

7.4.4 给出装配整体式圆柱面壳常用的四种形式的图示。在地震区应谨慎采用装配整体式圆柱面壳,如必须采用时,应采取措施保证结构的整体性、连接和支撑的可靠性。

7.4.5~7.4.8 给出装配整体式圆柱面壳常用的四种形式的适用范围和构造要求。

8 双曲抛物面扭壳

8.1 几何尺寸

8.1.1 本规程修订时结合现有工程经验,对本章内容进行了较大幅度的调整,使其不仅限于扁扭壳,更适用于一般的双曲抛物面扭壳。一般意义上的双曲抛物面扭壳可通过一曲率向下的抛物线平移于另一曲率向上的抛物线生成,形成负高斯曲率。双曲抛物面扭壳的形状丰富,可以满足不同的建筑造型要求。

8.1.2 矩形底面的直纹双曲抛物面扭壳常用四种形式:单块双倾扭壳、向下翘曲的单块单倾扭壳、向上翘曲的单块单倾扭壳、组合扭壳。对于其中的扁壳情形,可近似将曲面方程中的系数项直接当成扭曲率;对非扁壳情形,不可将系数项直接当成扭曲率。

8.1.3 双曲抛物面扭壳厚度应考虑承载力、保护层厚度、施工等因素。当有集中荷载作用时,按照经验,扭壳厚度不应小于 80mm。规定矩形底扭壳底面长边与短边的限值是为了取得较好的双向传力效果。

8.1.4 双曲抛物面扭壳壳板与边缘构件连接部位的厚度应平缓过渡,本条给出了变厚度的要求。公式(8.1.4)是按冲切条件导出的厚度计算公式。

8.2 计算方法

8.2.1 双曲抛物面扭壳结构的受力特性较复杂,本规程推荐优先采用有限元法进行计算。有限元法可用于各种形状、各种荷载和边界条件的扭壳结构计算,目前的计算机软件和硬件水平完全可以满足计算要求。

从实用的角度考虑,本规程不再列入原规程中计算四边简支单块双曲抛物面扁扭壳、四边简支组合扁扭壳在竖向均布荷载作用下的内力和位移的附录 D,其中包含了计算公式和各种条件下采用的计算系数表。

8.2.3 注意按扁壳理论计算内力和位移的适用范围。

8.2.4 本条中计算单块或组合扭壳中曲面扭曲率 k_t 的公式只适用于扁扭壳情形,当不符合扁壳条件时这些公式不再适用。

8.2.5 对于扁扭壳,将总荷载折算成水平投影面上的竖向均布荷载计算不会引起大的误差。

8.2.6 本条中的公式是简化公式,可以用于方案和初步设计阶段的初步计算。对于需要更精确结果的情况,应采用精确公式或有限元法的结果。

8.2.7 钢筋混凝土薄壳结构的稳定性分析是非常复杂的问题。在有条件时,提倡对钢筋混凝土薄壳结构的稳定性进行考虑初始缺陷、大变形、混凝土开裂、徐变和收缩、材料非线性等的专门研究。

8.3 边缘构件

8.3.2 矩形单块扭壳边缘构件在壳体两对角支座处产生的沿对角线方向的水平推力可分别沿两个坐标轴方向计算,然后叠加。

8.4 构造要求

8.4.1 本条按工程经验对双曲抛物面扭壳配筋的最小规格、形式、间距作了规定。

8.4.2 对双曲抛物面扭壳施加预压应力可以取得较好效果。由于扭壳具有直纹线,预应力钢筋可以沿壳体直纹方向双向布置。

9 膜型扁壳

9.1 适用范围和几何尺寸

9.1.1 本条规定了本章内容的适用范围,适用于承受的荷载比较规则、周边形状也比较规则的矩形或圆形底膜型扁壳,在此条件下壳体可以按膜型受力考虑。

9.1.2 膜型扁壳的配筋量很小,可节约材料,但破坏时延性不足,抗震性能较差,不宜在 9 度区采用。

9.1.3 本条给出了膜型扁壳平面尺寸的限制。

9.1.4 本条给出了膜型扁壳矢高的限制。

9.2 成型计算

9.2.1 本条给出了膜型扁壳成型计算的基本假定和基本方法,膜型扁壳的形状与所承受的荷载密切相关。

9.2.2 本条给出了膜型扁壳在竖向均布荷载作用下中曲面的控制方程。

9.2.3 本条给出了矩形底膜型扁壳各相关参数的计算公式。

9.2.4 本条给出了圆形底膜型扁壳各相关参数的计算公式。

9.3 边 缘 构 件

9.3.1 本条给出了膜型扁壳在均布荷载作用下,边缘构件及其配筋的计算公式。

9.4 构 造 要 求

9.4.1～9.4.3 膜型扁壳的构造主要应注意壳板在角部(对矩形底膜型扁壳)的构造钢筋和边缘的变厚度过渡,以及边缘构件在角部的构造。

中华人民共和国行业标准

型钢混凝土组合结构技术规程

Technical specification for steel reinforced
concrete composite structures

JGJ 138—2001

批准部门：中华人民共和国建设部
施行日期：2 0 0 2 年 1 月 1 日

关于发布行业标准《型钢混凝土组合结构技术规程》的通知

建标〔2001〕214 号

根据国家计委《关于发送〈一九八八年工程建设标准规范制订、修订计划〉的通知》（计综〔1987〕2390 号）的要求，由中国建筑科学研究院主编的《型钢混凝土组合结构技术规程》，经审查，批准为行业标准，其中 1.0.2、4.2.6、5.4.5、6.2.1 为强制性条文，必须严格执行。该标准编号为 JGJ 138—2001，自 2002 年 1 月 1 日起施行。

本标准由建设部建筑工程标准技术归口单位中国建筑科学研究院负责管理，中国建筑科学研究院负责具体解释，建设部标准定额研究所组织中国建筑工业出版社出版。

中华人民共和国建设部
2001 年 10 月 23 日

前　　言

根据国家计委计综〔1987〕2390 号文的要求，规程编制组经广泛调查研究，通过大量系统的试验，认真总结工程实践经验，参考有关国际标准和国外先进标准，并在广泛征求意见的基础上，制定了本规程。

本规程的主要技术内容：

1　型钢混凝土组合结构的适用范围、结构体系、配筋形式；

2　抗震及非抗震的型钢混凝土结构构件的设计方法；

3　型钢混凝土组合结构的构造、连接节点、施工要求等。

本规程由建设部建筑工程标准技术归口单位中国建筑科学研究院归口管理，授权由主编单位负责具体解释。

本规程主编单位是：中国建筑科学研究院
（北京北三环东路 30 号，邮政编码：100013）

本规程参加单位是：西安建筑科技大学、西南交通大学建筑勘察设计研究院、华南理工大学、东南大学

本规程主要起草人是：孙慧中、姜维山、赵世春、王祖华、袁必果

目 次

1 总 则

1.0.1 为在建筑工程中合理应用和发展型钢混凝土组合结构，做到技术先进、安全可靠、经济合理、确保质量，制定本规程。

1.0.2 本规程适用于非地震区和抗震设防烈度为 6 度至 9 度的多、高层建筑和一般构筑物的型钢混凝土组合结构的设计与施工。型钢混凝土组合结构构件应由混凝土、型钢、纵向钢筋和箍筋组成。

1.0.3 型钢混凝土组合结构的设计与施工，除应符合本规程外，尚应符合国家现行有关强制性标准的规定。

2 术语、符号

2.1 术 语

2.1.1 型钢混凝土组合结构 Steel Reinforced Concrete Composite Structures

混凝土内配置型钢（轧制或焊接成型）和钢筋的结构。

2.2 符 号

2.2.1 材料性能

E_c——混凝土弹性模量；

E_s——钢筋弹性模量；

E_a——型钢弹性模量；

f_{ck}、f_c——混凝土轴心抗压强度标准值、设计值；

f_y、f'_y——钢筋抗拉、抗压强度设计值；

f_{yv}——箍筋抗拉强度设计值；

f_{yk}、f'_{yk}——钢筋抗拉、抗压强度标准值；

f_a、f'_a——型钢抗拉、抗压强度设计值；

f_{ak}、f'_{ak}——型钢抗拉、抗压强度标准值。

2.2.2 作用和作用效应

N——轴向力设计值；

M——弯矩设计值；

V——剪力设计值；

σ_s、σ'_s——正截面承载力计算中纵向钢筋的受拉、受压应力；

σ_a、σ'_a——正截面承载力计算中型钢翼缘的受拉、受压应力；

w_{max}——型钢混凝土框架梁最大裂缝宽度。

2.2.3 几何参数

a_s、a'_s——纵向受拉钢筋合力点、纵向受压钢筋合力点至混凝土截面近边的距离；

a_a、a'_a——型钢受拉翼缘截面重心、型钢受压翼缘截面重心至混凝土截面近边的距离；

b——混凝土截面宽度；

h——混凝土截面高度；

h_0——型钢受拉翼缘和纵向受拉钢筋合力点至混凝土截面受压边缘的距离；

h_{0s}、h_{0f}——纵向受拉钢筋、型钢受拉翼缘截面重心到混凝土截面受压边缘的距离；

h_a——型钢截面高度；

b_f——型钢翼缘宽度；

t_f——型钢翼缘厚度；

h_w——型钢腹板高度；

t_w——型钢腹板厚度；

e——轴向力作用点至纵向受拉钢筋和型钢受拉翼缘合力点之间的距离；

e_i——初始偏心距；

e_0——轴向力对截面重心的偏心距，$e_0 = M/N$；

e_a——附加偏心距；

s——箍筋间距；

x——混凝土受压区高度；

c——混凝土保护层厚度；

A_c、A_a、A_s、A'_s、A_{af}、A'_{af}、A_{aw}——分别为混凝土全截面、型钢全截面、受拉钢筋总截面、受压钢筋总截面、型钢受拉翼缘截面、型钢受压翼缘截面、型钢腹板截面的面积；

B_s——型钢混凝土框架梁截面短期刚度；

B_l——型钢混凝土框架梁截面长期刚度；

I_c——混凝土截面惯性矩；

I_a——型钢截面惯性矩。

2.2.4 计算系数及其他

η——偏心受压构件考虑挠曲影响的轴向力偏心距增大系数；

ξ——混凝土相对受压区高度，$\xi = x/h_0$；

ρ_s、ρ'_s——纵向受拉钢筋、受压钢筋配筋率。

3 材 料

3.1 型 钢

3.1.1 型钢混凝土构件的型钢材料宜采用牌号 Q235—B、C、D 级的碳素结构钢，以及牌号 Q345—B、C、D、E 级的低合金高强度结构钢，其质量标准应分别符合现行国家标准《碳素结构钢》GB 700 和《低合金高强度结构钢》GB/T 1951 的规定。

3.1.2 型钢可采用焊接型钢和轧制型钢。型钢钢材应根据结构特点选择其牌号和材质，并应保证抗拉强

度、伸长率、屈服点、冷弯试验、冲击韧性合格和硫、磷、碳含量符合使用要求。型钢焊缝和坡口尺寸应符合现行行业标准《建筑钢结构焊接技术规程》JGJ 81 的有关规定。当焊接型钢的钢板厚度大于或等于 50mm，并承受沿板厚方向的拉力作用时，应按现行国家标准《厚度方向性能钢板》GB 5313 的规定，其附加板厚方向的断面收缩率不得小于该标准 Z15 级规定的允许值。考虑地震作用的结构用钢，其强屈比不应小于 1.2，且应有明显的屈服台阶和良好的可焊性。

3.1.3 型钢材料的强度指标，应按表 3.1.3 的规定采用。

表 3.1.3　型钢材料的强度设计值、强度标准值、强度极限值（N/mm²）

钢材牌号	钢材厚度(mm)	强度设计值		强度标准值	强度极限值
		抗拉、抗压、抗弯 f_a,f_a'	抗剪 f_{av}	抗拉、抗压、抗弯 f_{ak},f_{ak}'	f_{au}
Q235	≤16	215	125	235	375
	>16~40	205	120	225	375
	>40~60	200	115	215	375
	>60~100	190	110	205	375
Q345	≤16	315	185	345	470
	>16~35	300	175	325	470
	>35~50	270	155	295	470
	>50~100	250	145	275	470

3.1.4 型钢材料的物理性能指标，应按表 3.1.4 的规定采用。

表 3.1.4　型钢材料的物理性能指标

弹性模量 E (N/mm²)	剪变模量 G (N/mm²)	线膨胀系数 α (/℃)	质量密度 ρ (kg/m³)
2.06×10^5	79×10^3	12×10^{-6}	7850

3.1.5 型钢的焊接应符合下列要求：

1　手工焊接用焊条应符合现行国家标准《碳素钢焊条》GB 5117 或《低合金钢焊条》GB 5118 的规定。选用的焊条型号应与主体金属强度相适应。

2　自动焊接或半自动焊接采用的焊丝和焊剂，应与主体金属强度相适应。焊丝应符合现行国家标准《熔化焊用钢丝》GB/T 14957 的规定。

3.1.6 焊缝强度设计值应按表 3.1.6 的规定采用。

表 3.1.6　焊缝强度设计值（N/mm²）

焊接方法焊条型号	钢材牌号	钢板厚度	对接焊缝强度设计值				角焊缝强度设计值抗拉、抗压抗剪 f_f^w
			抗压 f_c^w	抗拉、抗弯 f_t^w		抗剪 f_v^w	
				一级、二级	三级		
自动焊、半自动焊和E43××型焊条的手工焊	Q235	≤16	215	215	185	125	160
		>16~40	205	205	175	120	160
		>40~60	200	200	170	115	160
		>60~100	190	190	160	110	160
自动焊、半自动焊和E50××型焊条的手工焊	Q345	≤16	315	315	270	185	200
		>16~35	300	300	255	175	200
		>35~50	270	270	230	155	200
		>50~100	250	250	210	145	200

注：表中所列一级、二级、三级指焊缝质量等级。

3.1.7 构件中设置的栓钉应符合现行国家标准《圆柱头焊钉》GB 10433 的规定。栓钉的力学性能应符合表 3.1.7 的规定。

表 3.1.7　栓钉力学性能（N/mm²）

钢　号	屈服强度 f_y^{st}	抗拉强度 f_t^{st}
Q235	≥240	≥400

3.1.8 型钢使用的螺栓、锚栓材料应符合下列要求：

1　普通螺栓应符合现行国家标准《六角头螺栓-A 和 B 级》GB 5782 和《六角头螺栓-C 级》GB 5780 的规定；

2　锚栓可采用现行国家标准《碳素结构钢》GB 700 规定的 Q235 钢或《低合金高强度结构钢》GB/T 1591 规定的 Q345 钢；

3　高强度螺栓应符合现行国家标准《钢结构高强度大六角头螺栓、大六角螺母，垫圈与技术条件》GB/T 1228—1231 或《钢结构用扭剪型高强度螺栓连接副》GB 3632—GB 3633 的规定；

4　螺栓连接的强度设计值、高强度螺栓的设计预拉力值，以及高强度螺栓连接的钢材摩擦面抗滑移系数值，应按现行国家标准《钢结构设计规范》GBJ 17 的规定采用。

3.2　钢　筋

3.2.1 纵向钢筋宜采用Ⅱ级、Ⅲ级热轧钢筋；箍筋宜采用Ⅰ级、Ⅱ级热轧钢筋，其强度指标应按表 3.2.1 的规定采用。

表 3.2.1 钢筋强度标准值、设计值（N/mm²）

种　类		f_{yk}	f_y或f'_y
热轧钢筋	Ⅰ级	235	210
	Ⅱ级	335	310
	Ⅲ级	370	340

注：热轧钢筋应符合国家标准《钢筋混凝土用热轧带肋钢筋》GB 1499—91的规定。

3.2.2 钢筋弹性模量 E_s 应按表 3.2.2 的规定采用。

表 3.2.2　钢筋弹性模量（N/mm²）

种　类	E_s
Ⅰ级钢筋	$2.1×10^5$
Ⅱ级钢筋	$2.0×10^5$
Ⅲ级钢筋	$2.0×10^5$

3.3 混　凝　土

3.3.1 型钢混凝土组合结构的混凝土强度等级不宜小于 C30；混凝土的强度指标应按表 3.3.1-1、表 3.3.1-2 的规定采用。

表 3.3.1-1　混凝土强度标准值（N/mm²）

强度种类	混凝土强度等级						
	C30	C35	C40	C45	C50	C55	C60
轴心抗压 f_{ck}	20	23.5	27	29.5	32	34	36
轴心抗拉 f_{tk}	2	2.25	2.45	2.6	2.75	2.85	2.95

表 3.3.1-2　混凝土强度设计值（N/mm²）

强度种类	混凝土强度等级						
	C30	C35	C40	C45	C50	C55	C60
轴心抗压 f_c	15	17.5	19.5	21.5	23.5	25	26.5
轴心抗拉 f_t	1.5	1.65	1.8	1.9	2.0	2.1	2.2

3.3.2 混凝土弹性模量 E_c 应按表 3.3.2 的规定采用。

表 3.3.2　混凝土弹性模量（N/mm²）

强度等级	C30	C35	C40	C45	C50	C55	C60
弹性模量 E_c	3.0 $×10^4$	3.15 $×10^4$	3.25 $×10^4$	3.35 $×10^4$	3.45 $×10^4$	3.55 $×10^4$	3.60 $×10^4$

3.3.3 型钢混凝土组合结构的混凝土最大骨料直径宜小于型钢外侧混凝土保护层厚度的 1/3，且不宜大于 25mm。

4 设计基本规定

4.1 结　构　类　型

4.1.1 型钢混凝土组合结构分为全部结构构件采用

型钢混凝土的结构和部分结构构件采用型钢混凝土的结构。此两类结构宜用于框架结构、框架—剪力墙结构、底部大空间剪力墙结构、框架—核心筒结构、筒中筒结构等结构体系。但对各类结构体系的框架柱，当房屋的设防烈度为 9 度，且抗震等级为一级时，框架柱的全部结构构件应采用型钢混凝土结构。

4.1.2 型钢混凝土框架柱的型钢，宜采用实腹式宽翼缘的 H 形轧制型钢和各种截面型式的焊接型钢；非地震区或设防烈度为 6 度地区的多、高层建筑，可采用带斜腹杆的格构式焊接型钢（图 4.1.2）。

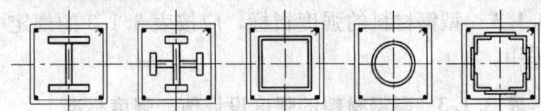

图 4.1.2　型钢混凝土柱的型钢截面配筋形式

4.1.3 型钢混凝土框架梁中的型钢，宜采用充满型实腹型钢。充满型实腹型钢的一侧翼缘宜位于受压区，另一侧翼缘位于受拉区（图4.1.3）；当梁截面高度较高时，可采用桁架式型钢混凝土梁。

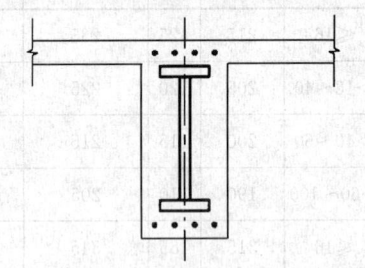

图 4.1.3　型钢混凝土梁的
型钢截面配筋形式

4.1.4 型钢混凝土剪力墙，宜在剪力墙的边缘构件中配置实腹型钢；当受力需要增强剪力墙抗侧力时，也可在剪力墙腹板内加设斜向钢支撑。

4.2 设计计算原则

4.2.1 型钢混凝土组合结构的多、高层建筑的平面和竖向布置、地震作用或风荷载作用组合下的内力和位移计算等，应遵守国家标准《建筑结构荷载规范》GBJ 9—87、《建筑抗震设计规范》GBJ 11—89、《混凝土结构设计规范》GBJ 10—89，以及行业标准《钢筋混凝土高层建筑结构设计与施工规程》JGJ 3—91、《高层民用建筑钢结构技术规程》JGJ 99—98 的有关规定。

4.2.2 在进行结构内力和变形计算时，型钢混凝土组合结构构件的刚度，可按下列规定计算：

　　1　型钢混凝土梁、柱构件的截面的抗弯刚度、轴向刚度和抗剪刚度可按下列公式计算：

$$EI = E_c I_c + E_a I_a \qquad (4.2.2-1)$$

$$EA = E_c A_c + E_a A_a \qquad (4.2.2-2)$$

$$GA = G_cA_c + G_aA_a \qquad (4.2.2\text{-}3)$$

式中 EI、EA、GA——型钢混凝土构件截面抗弯
刚度、轴向刚度、抗剪
刚度；

E_cI_c、E_cA_c、G_cA_c——钢筋混凝土部分的截面抗弯
刚度、轴向刚度、抗剪
刚度；

E_aI_a、E_aA_a、G_aA_a——型钢部分的截面抗弯刚度、
轴向刚度、抗剪刚度。

2 端部配置型钢的钢筋混凝土剪力墙，其截面
刚度可近似按相同截面的钢筋混凝土剪力墙计算截面
抗弯刚度、轴向刚度、抗剪刚度；端部有型钢混凝土
边框柱的钢筋混凝土剪力墙，其截面刚度可按边框
柱中的型钢折算为等效混凝土面积，以此作为有翼缘
截面的翼缘面积，计算其抗弯刚度、轴向刚度；对于
墙的抗剪刚度只考虑边框柱中的型钢腹板的折算等效
混凝土面积。

4.2.3 采用型钢混凝土组合结构时，房屋最大适用
高度可比行业标准《钢筋混凝土高层建筑结构设计与
施工规程》JGJ 3—91 所规定的房屋最大适用高度适
当提高；当全部结构构件均采用型钢混凝土结构，包
括型钢混凝土框架和钢筋混凝土筒体组成的混合结
构，除设防烈度为9度外，房屋最大适用高度可相应
提高30%～40%，其结构阻尼比宜取0.04。

4.2.4 型钢混凝土结构构件设计，应按承载能力极
限状态和正常使用极限状态进行设计。

4.2.5 型钢混凝土结构构件的承载力设计，应采用
下列极限状态设计表达式：

非抗震设计 $\gamma_0 S \leqslant R$ (4.2.5-1)

抗震设计 $S \leqslant R/\gamma_{RE}$ (4.2.5-2)

式中 S——结构构件内力组合设计值，应按国家标
准《建筑结构荷载规范》GBJ 9—87、
《建筑抗震设计规范》GBJ 11—89 的规
定进行计算；

γ_0——结构构件的重要性系数，安全等级为一
级、二级、三级的结构构件，其γ_0应
分别取 1.1、1.0、0.9；

R——结构构件承载力设计值；

γ_{RE}——承载力抗震调整系数，其值应按表
4.2.5 的规定采用。

表 4.2.5 承载力抗震调整系数

| 构件类型 | 正截面承载力计算 | | | | 斜截面承载力计算 | 连接 |
	梁	柱	剪力墙	支撑	各类构件及框架节点	焊接及螺栓
γ_{RE}	0.75	0.80	0.85	0.85	0.85	0.90

注：轴压比小于 0.15 的偏心受压柱，其承载力抗震调整
系数按梁取用。

4.2.6 型钢混凝土组合结构构件的抗震设计，应根
据设防烈度、结构类型、房屋高度按表4.2.6采用不
同的抗震等级，并应符合相应的计算和抗震构造
要求。

表 4.2.6 型钢混凝土组合结构的抗震等级

| 结构体系与类型 | | 设 防 烈 度 | | | | | | |
		6	7		8		9
框架结构	房屋高度(m)	≤25	>25	≤35	≤35	>35	≤25
	框架	四	三	二	二	一	一
框架-剪力墙结构	房屋高度(m)	≤50	>50	≤60	>60	≤50	50~80	>80	≤25	>25
	框架	四	三	二	二	一	一
	剪力墙	三	二	二	一	一	一
剪力墙结构	房屋高度(m)	≤60	>60	≤80	>80	≤35	35~80	>80	≤25
	一般剪力墙	四	三	二	二	二	一
	框支落地剪力墙底部加强部位	二	二	一			不应采用
	框支层框架	二	二	一			
筒体结构	框架-核心筒	框架	三	二	一			
		核心筒	二	二	一			
	筒中筒	框架外筒	三	二	一			
		内筒	二	二	一			

注：1 框架-剪力墙结构中，当剪力墙部分承受的地震倾
覆力矩不大于结构总地震倾覆力矩的50%时，其
框架部分应按框架结构的抗震等级采用。

2 部分框支剪力墙结构当采用型钢混凝土结构时，
对8度设防烈度，其房屋高度不应超过100m。

3 有框支层的剪力墙结构，除落地剪力墙底部加强
部位外，均按一般剪力墙结构的抗震等级取用。

4 设防烈度为8度的丙类建筑，且房屋高度不超过
12m的规则的一般民用框架结构（体育馆和影剧
院等除外）和类似的工业框架结构，抗震等级采
用三级。

4.2.7 型钢混凝土组合结构在正常使用极限状态
下，按风荷载或地震作用组合，以弹性方法计算的楼
层层间位移与层高之比值 $\Delta u/h$、顶点位移与总高度
之比值 u/H 的限值，以及型钢混凝土组合结构的薄
弱层层间弹塑性位移 Δu_p，应符合行业标准《钢筋混
凝土高层建筑结构设计与施工规程》JGJ 3—91 所规
定的限值要求。

4.2.8 型钢混凝土梁的最大挠度应按荷载的短期效
应组合并考虑长期效应组合影响进行计算，其计算值
不应大于表4.2.8规定的最大挠度限值。

表 4.2.8　型钢混凝土梁的挠度限值

跨　度	挠度限值（以计算跨度 l_0 计算）
$l_0 < 7m$	$l_0/200$（$l_0/250$）
$7m \leqslant l_0 \leqslant 9m$	$l_0/250$（$l_0/300$）
$l_0 > 9m$	$l_0/300$（$l_0/400$）

注：1　构件制作时预先起拱，且使用上也允许，验算挠度时，可将计算所得挠度值减去起拱值；
　　2　表中括号中的数值适用于使用上对挠度有较高要求的构件。

4.2.9 型钢混凝土组合结构构件的最大裂缝宽度不应大于表 4.2.9 规定的最大裂缝宽度限值。

表 4.2.9　最大裂缝宽度限值（mm）

构件工作条件	最大裂缝宽度限值
室内正常环境	0.3
露天或室内高湿度环境	0.2

4.3　一　般　构　造

4.3.1 型钢混凝土组合结构构件中，纵向受力钢筋直径不宜小于 16mm，纵筋与型钢的净间距不宜小于 30mm，其纵向受力钢筋的最小锚固长度、搭接长度应符合国家标准《混凝土结构设计规范》GBJ 10—89 的要求。

4.3.2 考虑地震作用组合的型钢混凝土组合结构构件，宜采用封闭箍筋，其末端应有 135°弯钩，弯钩端头平直段长度不应小于 10 倍箍筋直径。

4.3.3 型钢混凝土组合结构构件中纵向受力钢筋的混凝土保护层最小厚度应符合国家标准《混凝土结构设计规范》GBJ 10—89 的规定。型钢的混凝土保护层最小厚度，对梁不宜小于 100mm，且梁内型钢翼缘离两侧距离之和（$b_1 + b_2$），不宜小于截面宽度的 1/3；对柱不宜小于 120mm（图 4.3.3）。

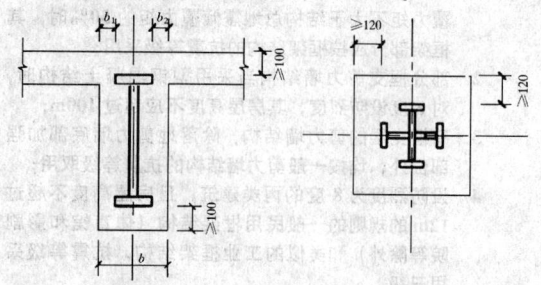

图 4.3.3　混凝土保护层最小厚度

4.3.4 型钢混凝土组合结构构件中的型钢钢板厚度不宜小于 6mm，其钢板宽厚比应符合表 4.3.4 的规定（图 4.3.4）。当满足宽厚比限值时，可不进行局部稳定验算。

表 4.3.4　型钢钢板宽厚比限值

钢　号	梁		柱	
	b_{af}/t_f	h_w/t_w	b_{af}/t_f	h_w/t_w
Q235	<23	<107	<23	<96
Q345	<19	<91	<19	<81

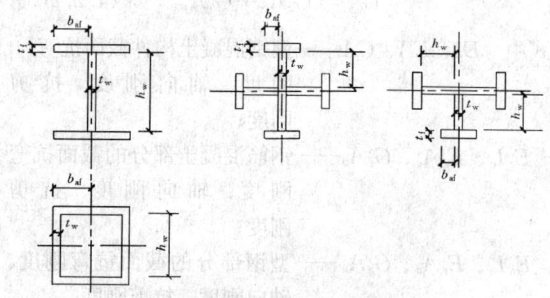

图 4.3.4　型钢钢板宽厚比

4.3.5 在需要设置栓钉的部位，可按弹性方法计算型钢翼缘外表面处的剪应力，相应于该剪应力的剪力由栓钉承担；栓钉承载力应按国家标准《钢结构设计规范》GBJ 17—88 的规定计算。型钢上设置的抗剪栓钉的直径规格宜选用 19mm 和 22mm，其长度不宜小于 4 倍栓钉直径，栓钉间距不宜小于 6 倍栓钉直径。

5　型钢混凝土框架梁

5.1　承　载　力　计　算

5.1.1 型钢混凝土框架梁，其正截面受弯承载力应按下列基本假定进行计算：

　　1　截面应变保持平面；

　　2　不考虑混凝土的抗拉强度；

　　3　受压边缘混凝土极限压应变 ε_{cu} 取 0.003，相应的最大压应力取混凝土轴心抗压强度设计值 f_c，受压区应力图形简化为等效的矩形应力图，其高度取按平截面假定所确定的中和轴高度乘以系数 0.8，矩形应力图的应力取为混凝土轴心抗压强度设计值；

　　4　型钢腹板的应力图形为拉、压梯形应力图形。设计计算时，简化为等效矩形应力图形；

　　5　钢筋应力取等于钢筋应变与其弹性模量的乘积，但不大于其强度设计值。受拉钢筋和型钢受拉翼缘的极限拉应变 ε_{su} 取 0.01。

5.1.2 型钢截面为充满型实腹型钢的型钢混凝土框架梁，其正截面受弯承载力应按下列公式计算（图 5.1.2）：

非抗震设计

$$M \leqslant f_c bx \left(h_0 - \frac{x}{2} \right) + f'_y A'_s (h_0 - a'_s)$$
$$+ f'_a A'_{af} (h_0 - a'_a) + M_{aw} \quad (5.1.2\text{-}1)$$

$$f_c bx + f'_y A'_s + f'_a A'_{af} - f_y A_s - f_a A_{af} + N_{aw} = 0 \quad (5.1.2\text{-}2)$$

抗震设计

$$M \leqslant \frac{1}{\gamma_{RE}} \left[f_c bx \left(h_0 - \frac{x}{2} \right) + f'_y A'_s (h_0 - a'_s) \right.$$
$$\left. + f'_a A'_{af} (h_0 - a'_a) + M_{aw} \right] \quad (5.1.2\text{-}3)$$

$$f_cbx + f'_y A'_s + f'_a A'_{af} - f_yA_s - f_aA_{af} + N_{aw} = 0 \qquad (5.1.2\text{-}4)$$

当 $\delta_1 h_0 < 1.25x$，$\delta_2 h_0 > 1.25x$ 时

$$N_{aw} = [2.5\zeta - (\delta_1 + \delta_2)]t_wh_0f_a \qquad (5.1.2\text{-}5)$$

$$N_{aw} = \left[\frac{1}{2}(\delta_1^2 + \delta_2^2) - (\delta_1 + \delta_2) + 2.5\xi - (1.25\xi)^2\right]t_wh_0^2f_a \qquad (5.1.2\text{-}6)$$

$$\xi_b = \frac{0.8}{1 + \dfrac{f_y + f_a}{2 \times 0.003E_s}} \qquad (5.1.2\text{-}7)$$

混凝土受压区高度 x 尚应符合下列公式要求：

$$x \leqslant \xi_bh_0 \qquad (5.1.2\text{-}8)$$

$$x \geqslant a'_a + t_f \qquad (5.1.2\text{-}9)$$

式中　ξ——相对受压区高度，$\xi = x/h_0$；

ξ_b——相对界限受压区高度，$\xi_b = x_b/h_0$；

x_b——界限受压区高度；

M_{aw}——型钢腹板承受的轴向合力对型钢受拉翼缘和纵向受拉钢筋合力点的力矩；

N_{aw}——型钢腹板承受的轴向合力；

δ_1——型钢腹板上端至截面上边距离与 h_0 的比值；

δ_2——型钢腹板下端至截面上边距离与 h_0 的比值；

t_w——型钢腹板厚度；

t_f——型钢翼缘厚度；

h_w——型钢腹板高度；

h_0——型钢受拉翼缘和纵向受拉钢筋合力点至混凝土受压边缘距离。

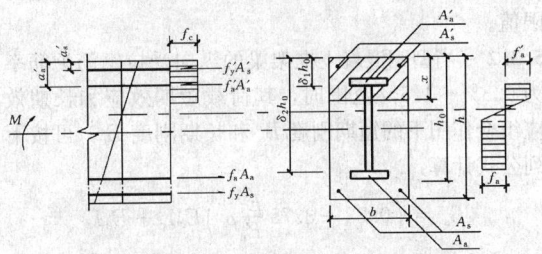

图 5.1.2　框架梁正截面受弯承载力计算

5.1.3　型钢混凝土框架梁考虑抗震等级的剪力设计值 V_b 应按下列规定计算：

一级抗震等级

$$V_b = 1.05\frac{(M_{buE}^l + M_{buE}^r)}{l_n} + V_{Gb} \qquad (5.1.3\text{-}1)$$

二级抗震等级

$$V_b = 1.05\frac{(M_b^l + M_b^r)}{l_n} + V_{Gb} \qquad (5.1.3\text{-}2)$$

三级抗震等级

$$V_b = \frac{(M_b^l + M_b^r)}{l_n} + V_{Gb} \qquad (5.1.3\text{-}3)$$

式中　M_{buE}^l，M_{buE}^r——框架梁左、右端采用实配钢筋和实配型钢、强度标准值，且考虑承载力抗震调整系数的正截面受弯承载力所对应的弯矩值；

M_b^l，M_b^r——考虑地震作用组合的框架梁左、右端弯矩设计值；

V_{Gb}——考虑地震作用组合时的重力荷载代表值产生的剪力设计值，可按简支梁计算确定；

l_n——梁的净跨。

在公式（5.1.3-1）～（5.1.3-3）中，M_{buE}^l 和 M_{buE}^r 之和，以及 M_b^l 和 M_b^r 之和，应分别按顺时针和逆时针方向进行组合，并取其较大值。每端的 M_{buE} 可按本规程第 5.1.2 条中有关公式计算。

5.1.4　型钢混凝土框架梁的受剪截面应符合下列条件：

非抗震设计

$$V_b \leqslant 0.45f_cbh_0 \qquad (5.1.4\text{-}1)$$

$$\frac{f_at_wh_w}{f_cbh_0} \geqslant 0.10 \qquad (5.1.4\text{-}2)$$

抗震设计

$$V_b \leqslant \frac{1}{\gamma_{RE}}(0.36f_cbh_0) \qquad (5.1.4\text{-}3)$$

$$\frac{f_at_wh_w}{f_cbh_0} \geqslant 0.10 \qquad (5.1.4\text{-}4)$$

5.1.5　型钢为充满型实腹型钢的型钢混凝土框架梁，其斜截面受剪承载力应按下列公式计算：

非抗震设计

$$V_b \leqslant 0.08f_cbh_0 + f_{yv}\frac{A_{sv}}{s}h_0 + 0.58f_at_wh_w \qquad (5.1.5\text{-}1)$$

抗震设计

$$V_b \leqslant \frac{1}{\gamma_{RE}}\left[0.06f_cbh_0 + 0.8f_{yv}\frac{A_{sv}}{s}h_0 + 0.58f_at_wh_w\right] \qquad (5.1.5\text{-}2)$$

集中荷载作用下的梁，其斜截面受剪承载力应按下列公式计算：

非抗震设计

$$V_b \leqslant \frac{0.20}{\lambda + 1.5}f_cbh_0 + f_{yv}\frac{A_{sv}}{s}h_0 + \frac{0.58}{\lambda}f_at_wh_w \qquad (5.1.5\text{-}3)$$

抗震设计

$$V_b \leqslant \frac{1}{\gamma_{RE}}\left[\frac{0.06}{\lambda + 1.5}f_cbh_0 + 0.8f_{yv}\frac{A_{sv}}{s}h_0 + \frac{0.58}{\lambda}f_at_wh_w\right] \qquad (5.1.5\text{-}4)$$

式中 f_{yv}——箍筋强度设计值;

A_{sv}——配置在同一截面内箍筋各肢的全部截面面积;

s——沿构件长度方向上箍筋的间距;

λ——计算截面剪跨比,λ 可取 $\lambda = a/h_0$,a 为计算截面至支座截面或节点边缘的距离,计算截面取集中荷载作用点处的截面。当 $\lambda < 1.4$ 时,取 $\lambda = 1.4$;当 $\lambda > 3$ 时,取 $\lambda = 3$。

5.1.6 配置桁架式型钢的型钢混凝土梁,其受弯承载力可按国家标准《混凝土结构设计规范》GBJ 10—89 的有关公式计算,计算中可将上、下弦型钢考虑为纵向钢筋;斜腹杆承载力的竖向分力可作为受剪箍筋考虑。

5.2 裂缝宽度验算

5.2.1 型钢混凝土框架梁应验算裂缝宽度;最大裂缝宽度应按荷载的短期效应组合并考虑长期效应组合的影响进行计算。

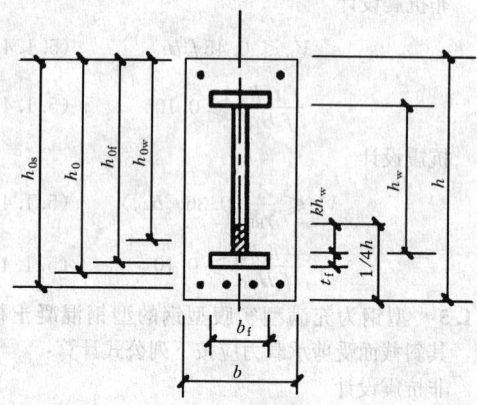

图 5.2.2 框架梁最大裂缝宽度计算

5.2.2 考虑裂缝宽度分布的不均匀性和荷载长期效应组合影响的最大裂缝宽度(按 mm 计)应按下列公式计算(图 5.2.2):

$$w_{max} = 2.1\psi \frac{\sigma_{sa}}{E_s}\left(1.9c + 0.08\frac{d_e}{\rho_{te}}\right)$$
$$(5.2.2-1)$$

$$\psi = 1.1(1 - M_c/M_s) \qquad (5.2.2-2)$$

$$M_c = 0.235bh^2 f_{tk} \qquad (5.2.2-3)$$

$$\sigma_{sa} = \frac{M}{0.87(A_s h_{0s} + A_{af} h_{0f} + kA_{aw} h_{0w})} \quad (5.2.2-4)$$

$$d_e = \frac{4(A_s + A_{af} + kA_{aw})}{u} \qquad (5.2.2-5)$$

$$u = n\pi d_s + (2b_f + 2t_f + 2kh_{aw}) \times 0.7$$
$$(5.2.2-6)$$

$$\rho_{te} = \frac{A_s + A_{af} + kA_{aw}}{0.5bh} \qquad (5.2.2-7)$$

式中 c——纵向受拉钢筋的混凝土保护层厚度;

ψ——考虑型钢翼缘作用的钢筋应变不均匀系数;当 $\psi < 0.4$ 时,取 $\psi = 0.4$;当 $\psi > 1.0$ 时,取 $\psi = 1.0$;

k——型钢腹板影响系数,其值取梁受拉侧 $1/4$ 梁高范围中腹板高度与整个腹板高度的比值;

d_e、ρ_{te}——考虑型钢受拉翼缘与部分腹板及受拉钢筋的有效直径、有效配筋率;

σ_{sa}——考虑型钢受拉翼缘与部分腹板及受拉钢筋的钢筋应力值;

M_c——混凝土截面的抗裂弯矩;

A_s、A_{af}——纵向受力钢筋、型钢受拉翼缘面积;

A_{aw}、h_{aw}——型钢腹板面积、高度;

h_{0s}、h_{0f}、h_{0w}——纵向受拉钢筋、型钢受拉翼缘、kA_{aw} 截面重心至混凝土截面受压边缘的距离;

n——纵向受拉钢筋数量;

u——纵向受拉钢筋和型钢受拉翼缘与部分腹板周长之和。

5.3 挠 度 验 算

5.3.1 型钢混凝土框架梁在正常使用极限状态下的挠度,可根据构件的刚度用结构力学的方法计算。

在等截面构件中,可假定各同号弯矩区段内的刚度相等,并取用该区段内最大弯矩处的刚度。

受弯构件的挠度应按荷载短期效应组合并考虑荷载长期效应组合影响的长期刚度 B_l 进行计算,所求得的挠度计算值不应大于本规程表 4.2.8 规定的限值。

5.3.2 当型钢混凝土框架梁的纵向受拉钢筋配筋率为 $0.3\% \sim 1.5\%$ 范围时,其荷载短期效应和长期效应组合作用下的短期刚度 B_s 和长期刚度 B_l,可按下列公式计算:

$$B_s = \left(0.22 + 3.75\frac{E_s}{E_c}\rho_s\right)E_c I_c + E_a I_a$$
$$(5.3.2-1)$$

$$B_l = \frac{M_s}{M_l(\theta-1) + M_s}B_s \qquad (5.3.2-2)$$

式中 E_c——混凝土弹性模量;

E_a——型钢弹性模量;

I_c——按截面尺寸计算的混凝土截面惯性矩;

I_a——型钢的截面惯性矩;

M_s——按荷载短期效应组合计算的弯矩值;

M_l——按荷载长期效应组合计算的弯矩值;

θ——考虑荷载长期效应组合对挠度增大的影响系数,按本规程第 5.3.3 条规定采用。

5.3.3 考虑荷载长期效应组合对挠度增大的影响系数 θ 可按下列规定采用：

当 $\rho'_s = 0$ 时，$\theta = 2.0$

当 $\rho'_s = \rho_s$ 时，$\theta = 1.6$

当 ρ'_s 为中间数值时，θ 按直线内插法取用。

此处，ρ_s、ρ'_s 分别为纵向受拉钢筋和纵向受压钢筋配筋率，$\rho_s = A_s/bh_0$、$\rho'_s = A'_s/bh_0$。

5.4 构造要求

5.4.1 型钢混凝土框架梁的截面宽度不宜小于 300mm；截面的高度和宽度的比值不宜大于 4。

5.4.2 梁中纵向受拉钢筋不宜超过二排，其配筋率宜大于 0.3％，直径宜取 $16\sim25$mm，净距不宜小于 30mm 和 $1.5d$（d 为钢筋的最大直径）；梁的上部和下部纵向钢筋伸入节点的锚固构造要求应符合国家标准《混凝土结构设计规范》GBJ 10—89 的规定。

5.4.3 型钢混凝土框架梁的截面高度大于或等于 500mm 时，在梁的两侧沿高度方向每隔 200mm，应设置一根纵向腰筋，且腰筋与型钢间宜配置拉结钢筋。

5.4.4 型钢混凝土框架梁在支座处和上翼缘受有较大固定集中荷载处，应在型钢腹板两侧对称设置支承加劲肋。

5.4.5 型钢混凝土框架梁中箍筋的配置应符合国家标准《混凝土结构设计规范》**GBJ 10—89** 的规定；考虑地震作用组合的型钢混凝土框架梁，梁端应设置箍筋加密区，其加密区长度、箍筋最大间距和箍筋最小直径应满足表 **5.4.5** 要求。

表 5.4.5 梁端箍筋加密区的构造要求

抗震等级	箍筋加密区长度	箍筋最大间距 (mm)	箍筋最小直径 (mm)
一 级	$2h$	100	12
二 级	$1.5h$	100	10
三 级	$1.5h$	150	10
四 级	$1.5h$	150	8

注：表中 h 为型钢混凝土梁的梁高。

5.4.6 在箍筋加密区长度内，箍筋宜配置复合箍筋，其箍筋肢距，可按国家标准《混凝土结构设计规范》GBJ 10—89 的规定适当放松。

5.4.7 梁端箍筋设置，其第一个箍筋应设置在距节点边缘不大于 50mm 处，非加密区的箍筋最大间距不宜大于加密区箍筋间距的 2 倍，沿梁全长箍筋的配筋率 $\left(\rho_{sv} = \dfrac{A_{sv}}{bs}\right)$ 应符合下列规定：

非抗震设计 $\qquad \rho_{sv} \geqslant 0.24 f_t/f_{yv}$

$$(5.4.7\text{-}1)$$

抗震设计

一级抗震等级 $\qquad \rho_{sv} \geqslant 0.3 f_t/f_{yv}$

$$(5.4.7\text{-}2)$$

二级抗震等级 $\qquad \rho_{sv} \geqslant 0.28 f_t/f_{yv}$

$$(5.4.7\text{-}3)$$

三、四级抗震等级 $\quad \rho_{sv} \geqslant 0.26 f_t/f_{yv}$

$$(5.4.7\text{-}4)$$

5.4.8 对于转换层大梁或托柱梁等主要承受竖向重力荷载的梁，梁端型钢上翼缘宜增设栓钉。

5.4.9 配置桁架式型钢的型钢混凝土框架梁，其压杆的长细比宜小于 120。

5.4.10 开孔型钢混凝土梁的孔位宜设置在剪力较小截面附近，且宜采用圆形孔，当孔洞位于离支座 1/4 跨度以外时，圆形孔的直径不宜大于 0.4 倍梁高，且不大于型钢截面高度的 0.7 倍；当孔洞位于离支座 1/4 跨度以内时，圆孔的直径不宜大于 0.3 倍梁高，且不宜大于型钢截面高度的 0.5 倍。孔洞周边宜设置钢套管，管壁厚度不宜小于梁型钢腹板厚度，套管与梁型钢腹板连接的角焊缝高度宜取 0.7 倍腹板厚度；腹板孔周围二侧宜各焊上厚度稍小于腹板厚度的环形补强板，其环板宽度应取 $75\sim125$mm；且孔边应加设构造箍筋和水平筋（图 5.4.10）。

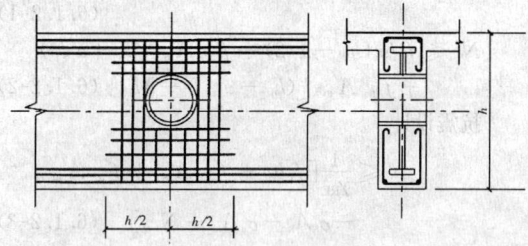

图 5.4.10 圆形孔孔口加强措施

5.4.11 型钢混凝土框架梁的圆孔孔洞截面处，应进行受弯承载力和受剪承载力计算；圆形孔受弯承载力计算应按本规程第 5.1.2 条计算，但计算中应扣除孔洞面积；受剪承载力应按下列公式计算：

非抗震设计

$$V_b \leqslant 0.08 f_c bh_0 \left(1 - 1.6\frac{D_h}{h}\right)$$
$$+ 0.58 f_a t_w (h_w - D_h)\gamma + \Sigma f_{yv} A_{sv}$$

$$(5.4.11\text{-}1)$$

抗震设计

$$V_b = \frac{1}{\gamma_{RE}}\left[0.06 f_c bh_0 \left(1 - 1.6\frac{D_h}{h}\right)\right.$$
$$\left. + 0.58 f_a t_w (h_w - D_h)r + 0.8\Sigma f_{yv} A_{sv}\right]$$

$$(5.4.11\text{-}2)$$

式中 γ——孔边条件系数，孔边设置钢套管时取 1.0，孔边不设钢套管时取 0.85；

D_h——圆孔洞直径；

$\Sigma f_{yv} A_{sv}$——加强箍筋的受剪承载力。

6 型钢混凝土框架柱

6.1 承 载 力 计 算

6.1.1 型钢混凝土框架柱，其正截面偏心受压承载力计算的基本假定应符合本规程第 5.1.1 条的规定。

6.1.2 型钢截面为充满型实腹型钢的型钢混凝土框架柱，其偏心受压构件正截面受压承载力应按下列公式计算（图 6.1.2）：

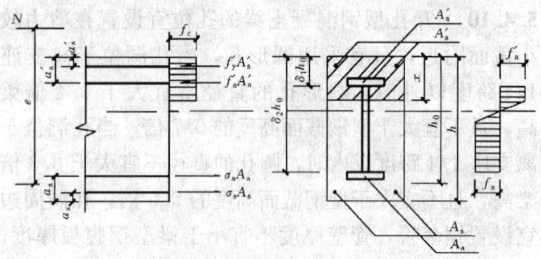

图 6.1.2 偏心受压框架柱的承载力计算

非抗震设计

$$N \leqslant f_c bx + f'_y \ A'_s + f'_a \ A'_{af} - \sigma_a A_s - \sigma_a A_{af} + N_{aw} \tag{6.1.2-1}$$

$$\begin{aligned} Ne \leqslant f_c bx(h_0 - x/2) + f'_y \ A'_s \ (h_0 - a'_s) \\ + f'_a \ A'_{af} \ (h_0 - a'_a) + M_{aw} \end{aligned} \tag{6.1.2-2}$$

抗震设计

$$\begin{aligned} N \leqslant \frac{1}{\gamma_{RE}} [f_c bx + f'_y \ A'_s + f'_a \ A'_{af} \\ - \sigma_s A_s - \sigma_a A_{af} + N_{aw}] \end{aligned} \tag{6.1.2-3}$$

$$\begin{aligned} Ne \leqslant \frac{1}{\gamma_{RE}} [f_c bx(h_0 - x/2) + f'_s \ A'_s \ (h_0 - a'_s) \\ + f'_a \ A'_{af} \ (h_0 - a'_a) + M_{aw}] \end{aligned} \tag{6.1.2-4}$$

$$e = \eta e_i + \frac{h}{2} - a \tag{6.1.2-5}$$

$$e_i = e_0 + e_a \tag{6.1.2-6}$$

当 $\delta_1 h_0 < 1.25x$，$\delta_2 h_0 > 1.25x$ 时，

$$N_{aw} = [2.5\xi - (\delta_1 + \delta_2)]t_w h_0 f_a \tag{6.1.2-7}$$

$$\begin{aligned} M_{aw} = \Big[\frac{1}{2}(\delta_1^2 + \delta_2^2) - (\delta_1 + \delta_2) + 2.5\xi \\ - (1.25\xi)^2 \Big] t_w h_0^2 f_a \end{aligned} \tag{6.1.2-8}$$

当 $\delta_1 h_0 < 1.25x$，$\delta_2 h_0 < 1.25x$ 时，

$$N_{aw} = (\delta_2 - \delta_1)t_w h_0 f_a \tag{6.1.2-9}$$

$$M_{aw} = \Big[\frac{1}{2}(\delta_1^2 - \delta_2^2) + (\delta_2 - \delta_1) \Big] t_w h_0^2 f_a \tag{6.1.2-10}$$

受拉边或受压较小边的钢筋应力 σ_s 和型钢翼缘应力 σ_a 可按下列条件计算

当 $x \leqslant \xi_b h_0$ 时，为大偏心受压构件，取 $\sigma_s = f_y$，$\sigma_a = f_a$；

当 $x > \xi_b h_0$ 时，为小偏心受压构件，σ_s 及 σ_a 分别

按公式 (6.1.4-1) 及 (6.1.4-2) 计算。

$$\xi_b = \frac{0.8}{1 + \dfrac{f_y + f_a}{2 \times 0.003 E_s}} \tag{6.1.2-11}$$

式中
e ——轴向力作用点至纵向受拉钢筋和型钢受拉翼缘的合力点之间的距离；

e_0 ——轴向力对截面重心的偏心矩，取 $e_0 = M/N$；

e_a ——考虑荷载位置不定性、材料不均匀，施工偏差等引起的附加偏心距；按本规程 6.1.5 条规定计算；

η ——偏心受压构件考虑挠曲影响的轴向力偏心距增大系数；按本规程 6.1.3 条规定计算，当长细比 l_0/h（或 l_0/d）小于或等于 8 时，可取 $\eta = 1.0$。

注：配置十字形型钢的型钢混凝土柱，当截面尺寸、型钢及钢筋配置符合附录 A 时，其正截面承载力简化计算可按附录 A 进行。

6.1.3 型钢混凝土框架柱，其正截面偏心受压承载力计算，应考虑构件在弯矩作用平面内挠曲对轴向力偏心距的影响，应将轴向力对截面重心的偏心矩 e_0 乘以偏心距增大系数 η，其值可按下列公式计算：

$$\eta = 1 + \frac{1}{1400e_0/h_0} \Big(\frac{l_0}{h} \Big)^2 \zeta_1 \zeta_2 \tag{6.1.3-1}$$

$$\zeta_1 = \frac{0.5 f_c A}{N} \tag{6.1.3-2}$$

$$\zeta_2 = 1.15 - 0.01 \frac{l_0}{h} \tag{6.1.3-3}$$

式中
l_0 ——构件计算长度；

ζ_1 ——偏心受压构件的截面曲率修正系数，当 $\zeta_1 > 1$ 时，取 $\zeta_1 = 1$；

ζ_2 ——考虑构件长细比对截面曲率的影响系数，当 $l_0/h < 15$ 时，取 $\zeta_2 = 1.0$。

6.1.4 型钢混凝土框架柱受拉或受压较小边的纵向钢筋应力和型钢翼缘的应力，可按下列近似公式计算：

$$\sigma_s = \frac{f_y}{\xi_b - 0.8} \Big(\frac{x}{h_0} - 0.8 \Big) \tag{6.1.4-1}$$

$$\sigma_a = \frac{f_a}{\xi_b - 0.8} \Big(\frac{x}{h_0} - 0.8 \Big) \tag{6.1.4-2}$$

6.1.5 在偏心受压构件的正截面承载力计算中，应考虑轴向压力在偏心方向存在的附加偏心距 e_a，其值取 20mm 和偏心方向截面尺寸的 1/30，两者中的较大值。

6.1.6 考虑地震作用组合的框架柱的节点上、下端的内力设计值应按下列规定采用：

1 节点上、下柱端的弯矩设计值

一级抗震等级

$$\Sigma M_c = 1.1 \Sigma M_{buE} \tag{6.1.6-1}$$

二级抗震等级

$$\Sigma M_c = 1.1 \Sigma M_b \tag{6.1.6-2}$$

对三级抗震等级，取地震作用组合下的弯矩设计值。

式中 ΣM_c——节点上、下柱端的弯矩设计值之和；节点上柱端和下柱端的弯矩设计值，一般可按上、下柱端弹性分析所得的考虑地震作用组合的弯矩比进行分配；

ΣM_{buE}——同一节点左、右梁端按顺时针和逆时针方向组合，采用实配钢筋和实配型钢、材料强度标准值，且考虑承载力抗震调整系数的正截面受弯承载力所对应的弯矩值之和的较大值；每端 M_{buE} 值按本规程第 5.1.3 条规定计算；

ΣM_b——同一节点左、右梁端按顺时针和逆时针方向考虑地震作用组合的弯矩设计值之和。

2 一、二、三级抗震等级的节点上、下柱端的轴向压力设计值，取地震作用组合下各自的轴向压力设计值。

6.1.7 按一、二级抗震等级设计的框架结构底层柱根和框支层柱两端截面的弯矩设计值，应分别乘以增大系数 1.5 和 1.25。

6.1.8 考虑地震作用组合的框架柱、框支层柱的剪力设计值 V_c 应按下列规定计算：

一级抗震等级

$$V_c = 1.1 \frac{(M_{cuE}^t + M_{cuE}^b)}{H_n} \quad (6.1.8-1)$$

二级抗震等级

$$V_c = 1.1 \frac{(M_c^t + M_c^b)}{H_n} \quad (6.1.8-2)$$

三级抗震等级

$$V_c = \frac{(M_c^t + M_c^b)}{H_n} \quad (6.1.8-3)$$

式中 M_{cuE}^t，M_{cuE}^b——框架柱下、下端采用实配钢筋和实配型钢、材料强度标准值，且考虑承载力抗震调整系数的正截面受弯承载力对应的弯矩值；

M_c^t，M_c^b——考虑地震作用组合的框架柱上、下端弯矩设计值；

H_n——柱的净高。

在公式 (6.1.8-1) 中，M_{cuE}^t 与 M_{cuE}^b 之和，应分别按顺时针和逆时针方向进行计算，并取其较大值。每端的 M_{cuE} 值，可按本规程公式 (6.1.2-3)、(6.1.2-4) 确定，此时，应将不等式改为等式，对于对称配筋截面柱，将 Ne 以 $\left[M_{cuE} + N\left(\frac{h}{2} - a\right)\right]$ 代替，其中，将 f_c、f_y、f_y'、f_a、f_a' 以 f_{ck}、f_{yk}、f_{yk}'、f_{ak}、f_{ak}' 代替，将 A_s、A_s'、A_{af}、A_{af}' 以实配的截面面积代替。

在公式 (6.1.8-2)、(6.1.8-3) 中，M_c^t 与 M_c^b 之和，应分别按顺时针和逆时针方向进行计算，并取其较大值，M_c^t 与 M_c^b 的取值，应按本规程 6.1.6 条确定。

6.1.9 框架柱的受剪截面应符合下列条件：

非抗震设计 $V_c \leqslant 0.45 f_c b h_0$ (6.1.9-1)

$$\frac{f_a t_w h_w}{f_c b h_0} \geqslant 0.10 \quad (6.1.9-2)$$

抗震设计 $V_c \leqslant \dfrac{1}{\gamma_{RE}} (0.36 f_c b h_0)$ (6.1.9-3)

$$\frac{f_a t_w h_w}{f_c b h_0} \geqslant 0.10 \quad (6.1.9-4)$$

6.1.10 框架柱的斜截面受剪承载力应按下列公式计算：

非抗震设计

$$V_c \leqslant \frac{0.20}{\lambda + 1.5} f_c b h_0 + f_{yv} \frac{A_{sv}}{s} h_0 + \frac{0.58}{\lambda} f_a t_w h_w + 0.07 N \quad (6.1.10-1)$$

抗震设计

$$V_c \leqslant \frac{1}{\gamma_{RE}} \left[\frac{0.16}{\lambda + 1.5} f_c b h_0 + 0.8 f_{yv} \frac{A_{sv}}{s} h_0 + \frac{0.58}{\lambda} f_a t_w h_w + 0.056 N \right] \quad (6.1.10-2)$$

式中 λ——框架柱的计算剪跨比，其值取上、下端较大弯矩设计值 M 与对应的剪力设计值 V 和柱截面有效高度 h_0 的比值，即 M/Vh_0；当框架结构中的框架柱的反弯点在柱层高范围内时，柱剪跨比也可采用 1/2 柱净高与柱截面有效高度 h_0 的比值；当 λ 小于 1 时，取 1；当 λ 大于 3 时，取 3；

N——考虑地震作用组合的框架柱的轴向压力设计值；当 $N > 0.3 f_c A_c$ 时，取 $N = 0.3 f_c A_c$。

6.1.11 考虑地震作用组合的框架柱，其轴压比 $\dfrac{N}{f_c A_c + f_a A_a}$ 不宜大于表 6.1.11 规定的限值。

表 6.1.11   框架柱的轴压比限值

结构类型	箍筋型式	抗 震 等 级		
		一 级	二 级	三 级
框架结构	复合箍筋	0.65	0.75	0.85
框架-剪力墙结构 框架-筒体结构	复合箍筋	0.70	0.80	0.90
框支结构	复合箍筋	0.60	0.70	0.80

注：剪跨比不大于 2 的框架柱，其轴压比限值应比表 6.1.11 中数值减小 0.05。

6.2 构 造 要 求

6.2.1 型钢混凝土框架柱中箍筋的配置应符合国家标准《混凝土结构设计规范》GBJ 10—89 的规定；考虑地震作用组合的型钢混凝土框架柱，柱端箍筋加密区长度、箍筋最大间距和最小直径应按表 6.2.1 的规定采用。

表 6.2.1　框架柱端箍筋加密区的构造要求

抗震等级	箍筋加密区长度	箍筋最大间距	箍筋最小直径
一 级	取矩形截面长边尺寸（或圆形截面直径）、层间柱净高的 1/6 和 500mm 三者中的最大值	取纵向钢筋直径的 6 倍、100mm 二者中的较小值	φ10
二 级		取纵向钢筋直径的 8 倍、100mm 二者中的较小值	φ8
三 级		取纵向钢筋直径的 8 倍、150mm 二者中的较小值	φ8
四 级			φ6

注：1　对二级抗震等级的框架柱，当箍筋最小直径不小于 φ10 时，其箍筋最大间距可取 150mm；
　　2　剪跨比不大于 2 的框架柱、框支柱和一级抗震等级角柱应沿全长加密箍筋，箍筋间距均不应大于 100mm。

6.2.2 柱箍筋加密区的箍筋最小体积配筋百分率应符合表 6.2.2 的要求。

表 6.2.2　**柱箍筋加密区的箍筋最小体积配筋百分率（％）**

抗震等级	箍筋形式	轴 压 比		
		<0.4	0.4～0.5	>0.5
一 级	复合箍筋	0.8	1.0	1.2
二 级	复合箍筋	0.6～0.8	0.8～1.0	1.0～1.2
三 级	复合箍筋	0.6～0.8	0.6～0.8	0.8～1.0

注：1　混凝土强度等级高于 C50 或需要提高柱变形能力或Ⅳ类场地上较高的高层建筑，柱中箍筋的最小体积配筋百分率应取表中相应项的较大值；
　　2　当配置螺旋箍筋时，体积配筋率可减少 0.2％，但不应小于 0.4％；
　　3　对一、二级抗震等级且剪跨比不大于 2 的框架柱，其箍筋体积配筋率不应小于 0.8％；
　　4　当采用Ⅱ级钢筋作箍筋，表中数值可乘以折减系数 0.85，但不应小于 0.4％。

6.2.3 在箍筋加密区长度以外，箍筋的体积配筋率不宜小于加密区配筋率的一半，且对一、二级抗震等级，箍筋间距不应大于 10d；对三级抗震等级不宜大于 15d，d 为纵向钢筋直径。

6.2.4 型钢混凝土框架柱全部纵向受力钢筋的配筋率不宜小于 0.8％；受力型钢的含钢率不宜小于 4％，

且不宜大于 10％。

6.2.5 框架柱内纵向钢筋的净距不宜小于 60mm。

7　型钢混凝土框架梁柱节点

7.1 承 载 力 计 算

7.1.1 型钢混凝土框架梁柱节点考虑抗震等级的剪力设计值 V_j，应按下列规定计算：

　1　型钢混凝土柱与型钢混凝土梁或钢筋混凝土梁连接的梁柱节点

　1）一级抗震等级

　顶层中间节点

$$V_j = 1.05 \frac{(M^l_{buE} + M^r_{buE})}{Z} \quad (7.1.1\text{-}1)$$

　其他层的中间节点和端节点

$$V_j = 1.05 \frac{(M^l_{buE} + M^r_{buE})}{Z}\left(1 - \frac{Z}{H_c - h_b}\right)$$
$$(7.1.1\text{-}2)$$

　2）二级抗震等级

　顶层中间节点

$$V_j = 1.05 \frac{M^l_b + M^r_b}{Z} \quad (7.1.1\text{-}3)$$

　其他层的中间节点和端节点

$$V_j = 1.05 \frac{(M^l_b + M^r_b)}{Z}\left(1 - \frac{Z}{H_c - h_b}\right)$$
$$(7.1.1\text{-}4)$$

式中　Ml_{buE}，M^r_{buE}——框架节点左、右两侧型钢混凝土梁或钢筋混凝土梁的梁端考虑承载力抗震调整系数的正截面受弯承载力对应的弯矩值；其值应按本规程第 5.1.2 条和第 5.1.3 条计算；

　　　　M^l_b，M^r_b——考虑地震作用组合的框架节点左、右两侧为型钢混凝土梁或钢筋混凝土梁的梁端弯矩设计值；

　　　　H_c——节点上柱和下柱反弯点之间的距离；

　　　　Z——梁端上部和下部钢筋合力点或梁上部钢筋加型钢上翼缘和梁下部钢筋加型钢下翼缘合力点，或型钢上、下翼缘合力点之间的距离；

　　　　h_b——梁截面高度；当节点两侧梁高不相同时，梁截面高度 h_b 应取其平均值。

　2　型钢混凝土柱与钢梁连接的梁柱节点：

　1）一级抗震等级

顶层中间节点

$$V_{\mathrm{j}} = 1.05 \frac{(M_{\mathrm{au}}^l + M_{\mathrm{au}}^{\mathrm{r}})}{Z} \qquad (7.1.1\text{-}5)$$

其他层的中间节点和端节点

$$V_{\mathrm{j}} = 1.05 \frac{M_{\mathrm{au}}^l + M_{\mathrm{au}}^{\mathrm{r}}}{Z} \left(1 - \frac{Z}{H_{\mathrm{c}} - h_{\mathrm{a}}}\right)$$
$$(7.1.1\text{-}6)$$

2) 二级抗震等级

顶层中间节点

$$V_{\mathrm{j}} = 1.05 \frac{(M_{\mathrm{a}}^l + M_{\mathrm{a}}^{\mathrm{r}})}{Z} \qquad (7.1.1\text{-}7)$$

其他层的中间节点和端节点

$$V_{\mathrm{j}} = 1.05 \frac{M_{\mathrm{a}}^l + M_{\mathrm{a}}^{\mathrm{r}}}{Z} \left(1 - \frac{Z}{H_{\mathrm{c}} - h_{\mathrm{a}}}\right)$$
$$(7.1.1\text{-}8)$$

式中　M_{au}^l，$M_{\mathrm{au}}^{\mathrm{r}}$——框架节点左、右两侧钢梁的正截面受弯承载力对应的弯矩值，其值应按实际型钢面积和材料标准值计算；

　　　　M_{a}^l，$M_{\mathrm{a}}^{\mathrm{r}}$——框架节点左、右两侧钢梁的梁端弯矩设计值；

　　　　h_{a}——型钢截面高度；当节点两侧梁高不相同时，梁截面高度 h_{a} 应取其平均值。

7.1.2　考虑地震作用组合的框架，其框架节点受剪的水平截面应符合下列条件：

$$V_j \leqslant \frac{1}{\gamma_{\mathrm{RE}}} (0.4 \eta_j f_{\mathrm{c}} b_j h_j) \qquad (7.1.2)$$

式中　h_j——框架节点水平截面的高度。可取 $h_j = h_c$，h_c 为框架柱的截面高度；

　　　　b_j——框架节点水平截面的宽度。当 b_b 为不小于 $b_c/2$ 时，可取 b_c；当 b_b 小于 $b_c/2$ 时，可取 $b_b + 0.5 h_c$ 和 b_c 二者的较小值。此处 b_b 为梁的截面宽度，b_c 为柱的截面宽度。

　　　　η_j——梁对节点的约束影响系数；对两个正交方向有梁约束的中间节点，当梁的截面宽度均大于柱截面宽度的 1/2，且框架次梁的截面高度不小于主梁截面高度的 3/4 时，可取 $\eta_j = 1.5$；其他情况的节点，可取 $\eta_j = 1$。

注：当梁柱轴线有偏心距 e_0 时，e_0 不宜大于柱截面宽度 1/4，此时，节点宽度应取 $(0.5 b_c + 0.5 b_b + 0.25 h_c - e_0)$、$(b_b + 0.5 h_c)$ 和 b_c 三者中的最小值。

7.1.3　一、二级抗震等级的框架节点的受剪承载力，应按下列公式计算：

1　型钢混凝土柱与型钢混凝土梁连接的梁柱节点

一级抗震等级

$$V_{\mathrm{j}} \leqslant \frac{1}{\gamma_{\mathrm{RE}}} \left[0.3 \phi_j \eta_j f_{\mathrm{c}} b_j h_j + f_{\mathrm{yv}} \frac{A_{\mathrm{sv}}}{s} (h_0 - a_s') \right.$$

$$\left. + 0.58 f_{\mathrm{a}} t_{\mathrm{w}} h_{\mathrm{w}} \right] \qquad (7.1.3\text{-}1)$$

二级抗震等级

$$V_{\mathrm{j}} \leqslant \frac{1}{\gamma_{\mathrm{RE}}} \left[\phi_j \eta_j \left(0.3 + 0.05 \frac{N}{f_{\mathrm{c}} b_{\mathrm{c}} h_{\mathrm{c}}} \right) f_{\mathrm{c}} b_j h_j \right.$$

$$\left. + f_{\mathrm{yv}} \frac{A_{\mathrm{sv}}}{s} (h_0 - a_s') + 0.58 f_{\mathrm{a}} t_{\mathrm{w}} h_{\mathrm{w}} \right]$$
$$(7.1.3\text{-}2)$$

2　型钢混凝土柱与钢筋混凝土梁连接的梁柱节点

一级抗震等级

$$V_{\mathrm{j}} \leqslant \frac{1}{\gamma_{\mathrm{RE}}} \left[0.14 \phi_j \eta_j f_{\mathrm{c}} b_j h_j + f_{\mathrm{yv}} \frac{A_{\mathrm{sv}}}{s} (h_0 - a_s') \right.$$

$$\left. + 0.2 f_{\mathrm{a}} t_{\mathrm{w}} h_{\mathrm{w}} \right] \qquad (7.1.3\text{-}3)$$

二级抗震等级

$$V_{\mathrm{j}} \leqslant \frac{1}{\gamma_{\mathrm{RE}}} \left[\phi_j \eta_j \left(0.14 + 0.05 \frac{N}{f_{\mathrm{c}} b_{\mathrm{c}} h_{\mathrm{c}}} \right) f_{\mathrm{c}} b_j h_j \right.$$

$$\left. + f_{\mathrm{yv}} \frac{A_{\mathrm{sv}}}{s} (h_0 - a_s') + 0.2 f_{\mathrm{a}} t_{\mathrm{w}} h_{\mathrm{w}} \right]$$
$$(7.1.3\text{-}4)$$

3　型钢混凝土柱与钢梁连接的梁柱节点

一级抗震等级

$$V_{\mathrm{j}} \leqslant \frac{1}{\gamma_{\mathrm{RE}}} \left[0.25 \phi_j \eta_j f_{\mathrm{c}} b_j h_j + f_{\mathrm{yv}} \frac{A_{\mathrm{sv}}}{s} (h_0 - a_s') \right.$$

$$\left. + 0.58 f_{\mathrm{a}} t_{\mathrm{w}} h_{\mathrm{w}} \right] \qquad (7.1.3\text{-}5)$$

二级抗震等级

$$V_{\mathrm{j}} \leqslant \frac{1}{\gamma_{\mathrm{RE}}} \left[\phi_j \eta_j \left(0.25 + 0.05 \frac{N}{f_{\mathrm{c}} b_{\mathrm{c}} h_{\mathrm{c}}} \right) f_{\mathrm{c}} b_j h_j \right.$$

$$\left. + f_{\mathrm{yv}} \frac{A_{\mathrm{sv}}}{s} (h_0 - a_s') + 0.58 f_{\mathrm{a}} t_{\mathrm{w}} h_{\mathrm{w}} \right]$$
$$(7.1.3\text{-}6)$$

式中　ϕ_j——节点位置影响系数，对中柱中间节点取 $\phi_j = 1.0$；边柱节点及顶层中间节点取 $\phi_j = 0.7$；顶层边节点取 $\phi_j = 0.4$；

　　　　N——考虑地震作用组合的节点上柱底部的轴向压力设计值；当 $N > 0.5 f_{\mathrm{c}} b_{\mathrm{c}} h_{\mathrm{c}}$ 时，取 $N = 0.5 f_{\mathrm{c}} b_{\mathrm{c}} h_{\mathrm{c}}$；

　　　　t_{w}——柱型钢腹板厚度；

　　　　h_{w}——柱型钢腹板高度；

　　　　A_{sv}——配置在框架节点宽度 b_j 范围内同一截面内箍筋各肢的全部截面面积。

7.1.4　型钢混凝土梁柱节点的梁端、柱端型钢和钢筋混凝土各自承担的受弯承载力之和，宜分别符合下列条件：

$$0.5 \leqslant \frac{\sum M_{\mathrm{c}}^{\mathrm{a}}}{\sum M_{\mathrm{b}}^{\mathrm{a}}} \leqslant 2.0 \qquad (7.1.4\text{-}1)$$

$$\frac{\sum M_{\mathrm{c}}^{\mathrm{rc}}}{\sum M_{\mathrm{b}}^{\mathrm{rc}}} \geqslant 0.5 \qquad (7.1.4\text{-}2)$$

式中　$\sum M_{\mathrm{c}}^{\mathrm{a}}$——节点上、下柱端型钢受弯承载力之和；

　　　　$\sum M_{\mathrm{b}}^{\mathrm{a}}$——节点左、右梁端型钢受弯承载力之和；

　　　　$\sum M_{\mathrm{c}}^{\mathrm{rc}}$——节点上、下柱端钢筋混凝土截面受弯

承载力之和；

ΣM_b^c——节点左、右梁端钢筋混凝土截面受弯承载力之和。

7.2 构造要求

7.2.1 型钢混凝土框架节点核心区的箍筋最大间距、最小直径宜按本规程表 6.2.1-1 采用，对一、二、三级抗震等级的框架节点核心区，其箍筋最小体积配筋率分别不宜小于 0.6%、0.5%、0.4%，且柱纵向受力钢筋不应在中间各层节点中切断。

7.2.2 框架梁和框架柱的纵向受力钢筋在框架节点区的锚固和搭接应符合国家标准《混凝土结构设计规范》GBJ 10—89 的规定。

8 型钢混凝土剪力墙

8.1 承载力计算

8.1.1 两端配有型钢的钢筋混凝土剪力墙，其正截面偏心受压承载力应按下列公式计算（图 8.1.1）：

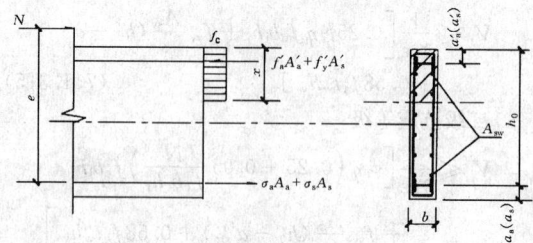

图 8.1.1 剪力墙正截面偏心受压承载力计算

非抗震设计：

$$N \leqslant f_c \xi b h_0 + f'_a A'_a + f'_y A'_s - \sigma_a A_a - \sigma_s A_s + N_{sw} \quad (8.1.1-1)$$

$$Ne \leqslant f_c \xi (1-0.5\xi) b h_0^2 + f'_y A'_s (h_0 - a'_s) + f'_a A'_a (h_0 - a'_a) + M_{sw} \quad (8.1.1-2)$$

抗震设计：

$$N \leqslant \frac{1}{\gamma_{RE}} [f_c \xi b h_0 + f'_a A'_a + f'_y A'_s - \sigma_a A_a - \sigma_s A_s + N_{sw}] \quad (8.1.1-3)$$

$$Ne \leqslant \frac{1}{\gamma_{RE}} [f_c \xi (1-0.5\xi) b h_0^2 + f'_y A'_s (h_0 - a'_s) + f'_a A'_a (h_0 - a'_a) + M_{sw}] \quad (8.1.1-4)$$

$$N_{sw} = \left(1 + \frac{\xi - 0.8}{0.4\omega}\right) f_{yw} A_{sw} \quad (8.1.1-5)$$

$$M_{sw} = \left[0.5 - \left(\frac{\xi - 0.8}{0.8\omega}\right)^2\right] f_{yw} A_{sw} h_{sw} \quad (8.1.1-6)$$

式中 A_a、A'_a——剪力墙受拉端、受压端配置的型

钢全部截面面积；

A_{sw}——剪力墙竖向分布钢筋总面积；

f_{yw}——剪力墙竖向分布钢筋强度设计值；

N_{sw}——剪力墙竖向分布钢筋所承担的轴向力，当 $\xi > 0.8$ 时，取 $N_{sw} = f_{yw} \cdot A_{sw}$；

M_{sw}——剪力墙竖向分布钢筋的合力对型钢截面重心的力矩，当 $\xi > 0.8$ 时，$M_{sw} = 0.5 f_{yw} \cdot A_{sw} \cdot h_{sw}$；

ω——剪力墙竖向分布钢筋配置高度 h_{sw} 与截面有效高度 h_0 的比值，$\omega = h_{sw}/h_0$；

b——剪力墙厚度；

h_0——型钢受拉翼缘和纵向受拉钢筋合力点至混凝土受压边缘的距离；

e——轴向力作用点到型钢受拉翼缘和纵向受拉钢筋合力点的距离。

8.1.2 一、二级抗震等级的剪力墙的剪力设计值 V_w 应按下列规定计算：

1 底部加强部位的剪力设计值

一级抗震等级

$$V_w = 1.1 \frac{M_{wuE}}{M} V \quad (8.1.2-1)$$

二级抗震等级

$$V_w = 1.1 V \quad (8.1.2-2)$$

三级抗震等级

$$V_w = V \quad (8.1.2-3)$$

式中 M_{wuE}——剪力墙采用实配钢筋和实配型钢、强度标准值，且考虑承载力抗震调整系数的正截面受弯承载力所对应的弯矩值；

M——剪力墙计算部位的弯矩设计值；

V——剪力墙计算部位的剪力设计值。

2 对其他部位的剪力设计值应取 $V_w = V$

8.1.3 剪力墙的受剪截面应符合下列条件：

非抗震设计

$$V_w \leqslant 0.25 f_c b h \quad (8.1.3-1)$$

抗震设计

$$V_w \leqslant \frac{1}{\gamma_{RE}} (0.20 f_c b h) \quad (8.1.3-2)$$

8.1.4 两端配有型钢的钢筋混凝土剪力墙在偏心受压时的斜截面受剪承载力，应按下列公式计算（图 8.1.4）：

非抗震设计

$$V_w = \frac{1}{\lambda - 0.5} \left(0.05 f_c b h_0 + 0.13 N \frac{A_w}{A}\right) + f_{yv} \frac{A_{sh}}{s} h_0 + \frac{0.4}{\lambda} f_a A_a \quad (8.1.4-1)$$

抗震设计

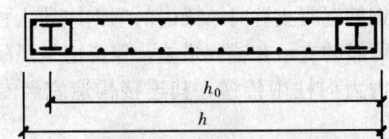

图 8.1.4 两端配有型钢的钢筋混凝土
剪力墙斜截面受剪承载力计算

$$V_w = \frac{1}{\gamma_{RE}}\left[\frac{1}{\lambda - 0.5}\left(0.04f_cbh_0 + 0.1N\frac{A_w}{A}\right)\right.$$
$$\left. + 0.8f_{yv}\frac{A_{sh}}{s}h_0 + \frac{0.32}{\lambda}f_aA_a\right] \quad (8.1.4-2)$$

式中 λ——计算截面处的剪跨比，$\lambda = \frac{M}{Vh_0}$；当 $\lambda <$
1.5 时，取 1.5；当 $\lambda > 2.2$ 时，取 $\lambda = 2.2$；

N——考虑地震作用组合的剪力墙的轴向压力
设计值，当 $N > 0.2f_cbh$ 时，取 $N = 0.2f_cbh$；

A——剪力墙的截面面积，当有翼缘时，翼缘
有效面积可按本规程 8.1.5 条取用；

A_w——T形、工形截面剪力墙腹板的截面面积，
对矩形截面剪力墙，取 $A = A_w$；

A_{sh}——配置在同一水平截面内的水平分布钢筋
的全部截面面积；

A_a——剪力墙一端暗柱中型钢截面面积；

S——水平分布钢筋的竖向间距。

8.1.5 在承载力计算中，剪力墙的翼缘计算宽度可
取剪力墙厚度加两侧各 6 倍翼缘墙的厚度、墙间距的
一半和剪力墙肢总高度的 1/20 中的最小值。

8.1.6 在框架-剪力墙结构中，周边有型钢混凝土柱
和钢筋混凝土梁的现浇钢筋混凝土剪力墙，当剪力墙
与梁柱有可靠连接时，其正截面偏心受压承载力应按
本规程第 8.1.1 条计算。正截面偏心受压时的斜截面
受剪承载力，应按下列公式计算（图 8.1.6）：

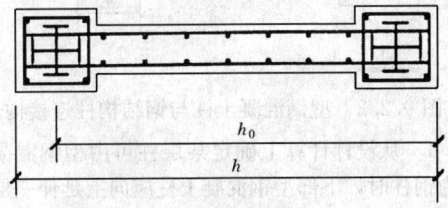

图 8.1.6 周边有型钢柱的剪力墙斜
截面受剪承载力计算

非抗震设计

$$V_w = \frac{1}{\lambda - 0.5}\left(0.05\beta_rf_cbh_0 + 0.13N\frac{A_w}{A}\right)$$
$$+ f_{yv}\frac{A_{sv}}{s}h_0 + \frac{0.4}{\lambda}f_aA_a \quad (8.1.6-1)$$

抗震设计

$$V_w = \frac{1}{\gamma_{RE}}\left[\frac{1}{\lambda - 0.5}\left(0.04\beta_rf_cbh_0 + 0.1N\frac{A_w}{A}\right)\right.$$

$$\left. + 0.8f_{yv}\frac{A_{sv}}{s}h_0 + \frac{0.32}{\lambda}f_aA_a\right] \quad (8.1.6-2)$$

式中 β_r——周边柱对混凝土墙体的约束系数，其值
取 1.2。

8.2 构 造 要 求

8.2.1 端部配有型钢的钢筋混凝土剪力墙的厚度、
水平和竖向分布钢筋的最小配筋率，宜符合国家标准
《混凝土结构设计规范》GBJ 10—89 和行业标准《钢
筋混凝土高层建筑结构设计与施工规程》JGJ 3—91
的规定。剪力墙端部型钢周围应配置纵向钢筋和箍
筋，以形成暗柱，其箍筋配置应符合国家标准《混凝
土结构设计规范》GB 10—89 的有关规定。

8.2.2 钢筋混凝土剪力墙端部配置的型钢，其混凝
土保护层厚度宜大于 50mm；水平分布钢筋应绕过或
穿过墙端型钢，且应满足钢筋锚固长度要求。

8.2.3 周边有型钢混凝土柱和梁的现浇钢筋混凝土
剪力墙，剪力墙的水平分布钢筋应绕过或穿过周边柱
型钢，且应满足钢筋锚固长度要求；当采用间隔穿过
时，宜另加补强钢筋。周边柱的型钢、纵向钢筋、箍
筋配置应符合型钢混凝土柱的设计要求，周边梁可采
用型钢混凝土梁或钢筋混凝土梁；当不设周边梁时，
应设置钢筋混凝土暗梁，暗梁的高度可取 2 倍墙厚。

9 连 接 构 造

9.1 梁柱节点连接构造

9.1.1 框架梁柱节点的连接构造应做到构造简单，
传力明确，便于混凝土浇捣和配筋。

9.1.2 型钢混凝土组合结构的梁柱连接可采用下列
几种形式：

1 型钢混凝土柱与型钢混凝土梁的连接；
2 型钢混凝土柱与钢筋混凝土梁的连接；
3 型钢混凝土柱与钢梁的连接。

图 9.1.3 型钢混凝土
内型钢梁柱节点
及水平加劲肋

9.1.3 型钢混凝土柱与型钢混凝土梁、钢筋混凝土
梁、钢梁的连接，柱内型钢宜采用贯通型，柱内型钢
的拼接构造应满足钢结构的连接要求。型钢柱沿高度

方向，在对应于型钢梁的上、下翼缘处或钢筋混凝土梁的上下边缘处，应设置水平加劲肋，加劲肋型式宜便于混凝土浇筑，水平加劲肋应与梁端型钢翼缘等厚，且厚度不宜小于12mm（图9.1.3）。

9.1.4 型钢混凝土柱与钢筋混凝土梁或型钢混凝土梁的梁柱节点应采用刚性连接，梁的纵向钢筋应伸入柱节点，且应满足钢筋锚固要求。柱内型钢的截面型式和纵向钢筋的配置，宜便于梁纵向钢筋的贯穿，设计上应减少梁纵向钢筋穿过柱内型钢柱的数量，且不宜穿过型钢翼缘，也不应与柱内型钢直接焊接连接（图9.1.4）；当必须在柱内型钢腹板上预留贯穿孔时，型钢腹板截面损失率宜小于腹板面积25%；当必须在柱内型钢翼缘上预留贯穿孔时，宜按柱端最不利组合的 M、N 验算预留孔截面的承载能力，不满足承载力要求时，应进行补强。

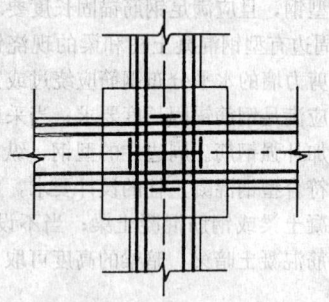

图 9.1.4　型钢混凝土
梁柱节点穿筋构造

梁柱连接也可在柱型钢上设置工字钢牛腿，钢牛腿的高度不宜小于0.7倍梁高，梁纵向钢筋中一部分钢筋可与钢牛腿焊接或搭接，其长度应满足钢筋内力传递要求；当采用搭接时，钢牛腿上、下翼缘应设置二排栓钉，其间距不应小于100mm。从梁端至牛腿端部以外1.5倍梁高范围内，箍筋应满足国家标准《混凝土结构设计规范》GBJ 10—89梁端箍筋加密区的要求。

9.1.5 型钢混凝土柱与型钢混凝土梁或钢梁连接时，其柱内型钢与梁内型钢或钢梁的连接应采用刚性连接，且梁内型钢翼缘与柱内型钢翼缘应采用全熔透焊缝连接；梁腹板与柱宜采用摩擦型高强度螺栓连接；悬臂梁段与柱应采用全焊接连接。具体连接构造应符合国家标准《钢结构设计规范》GBJ 17—88 以及行业标准《高层民用建筑钢结构技术规程》JGJ 99—98的要求（图9.1.5）。

9.1.6 在跨度较大的框架结构中，当采用型钢混凝

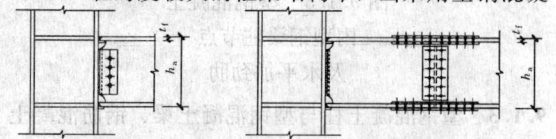

图 9.1.5　型钢混凝土内型钢梁与柱连接构造

土梁和钢筋混凝土柱时，梁内的型钢应伸入柱内，且应采取可靠的支承和锚固措施，保证型钢混凝土梁端承受的内力向柱中传递，其连接构造宜经专门试验确定。

9.2　柱与柱连接构造

9.2.1 在各种结构体系中，当结构下部采用型钢混凝土柱，上部采用钢筋混凝土柱时，在此两种结构类型间，应设置结构过渡层，过渡层应满足下列要求：

　　1　从设计计算上确定某层柱可由型钢混凝土柱改为钢筋混凝土柱时，下部型钢混凝土柱中的型钢应向上延伸一层或二层作为过渡层，过渡层柱中的型钢截面尺寸可根据梁的具体配筋情况适当变化，过渡层柱的纵向钢筋配置应按钢筋混凝土柱计算，且箍筋应沿柱全高加密；

　　2　结构过渡层内的型钢应设置栓钉，栓钉的直径不应小于19mm，栓钉的水平及竖向间距不宜大于200mm，栓钉至型钢钢板边缘距离不宜小于50mm。

9.2.2 在各种结构体系中，当结构下部采用型钢混凝土柱，上部采用钢结构柱时，在此两种结构类型间应设置结构过渡层，过渡层应满足下列要求（图9.2.2）：

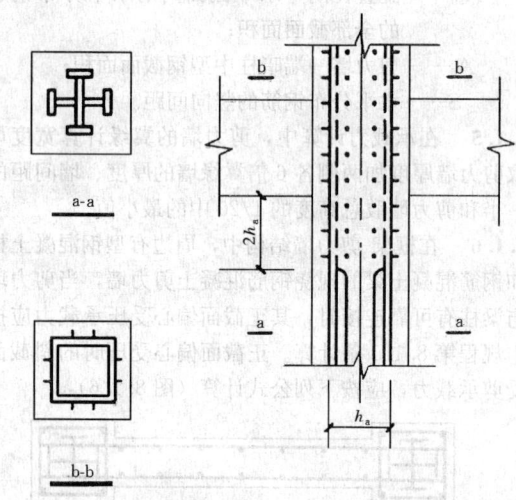

图 9.2.2　型钢混凝土柱与钢结构柱连接构造

　　1　从设计计算上确定某层柱可由型钢混凝土柱改为钢柱时，下部型钢混凝土柱应向上延伸一层作为过渡层，过渡层中的型钢应按上部钢结构设计要求的截面配置，且向下一层延伸至梁下部至2倍柱型钢截面高度为止。

　　2　结构过渡层至过渡层以下2倍柱型钢截面高度范围内，应设置栓钉，栓钉的水平及竖向间距不宜大于 200mm；栓钉至型钢钢板边缘距离宜大于50mm，箍筋沿柱应全高加密。

　　3　十字形柱与箱形柱相连处，十字形柱腹板宜伸入箱形柱内，其伸入长度不宜小于柱型钢截面高度。

9.2.3 型钢混凝土柱中的型钢柱需改变截面时，宜保持型钢截面高度不变，可改变翼缘的宽度、厚度或腹板厚度。当需要改变柱截面高度时，截面高度宜逐步过渡；且在变截面的上、下端应设置加劲肋；当变截面段位于梁柱接头时，变截面位置宜设置在两端距梁翼缘不小于150mm位置处（图9.2.3）。

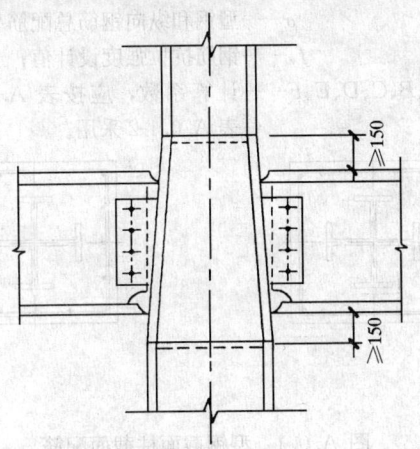

图 9.2.3　型钢变截面构造

9.3　梁与梁连接构造

9.3.1 当框架柱一侧为型钢混凝土梁，另一侧为钢筋混凝土梁时，型钢混凝土梁中的型钢，宜延伸至钢筋混凝土梁 1/4 跨度处，且在伸长段型钢上、下翼缘设置栓钉。栓钉直径不宜小于 19mm，间距不宜大于200mm，且在梁端至伸长段外 2 倍梁高范围内，箍筋应加密。

9.3.2 钢筋混凝土次梁与型钢混凝土主梁连接，其次梁中的钢筋应穿过或绕过型钢混凝土梁的型钢。

9.4　梁与墙连接构造

9.4.1 型钢混凝土梁或钢梁垂直于钢筋混凝土墙的连接，可做成铰接或刚接。铰接连接可在钢筋混凝土墙中设置预埋件，预埋件上应焊连接板，连接板与型钢梁腹板用高强螺栓连接（图9.4.1），也可在预埋件上焊接支承钢梁的钢牛腿来连接型钢梁。型钢混凝土梁中的纵向受力钢筋应锚入墙中，锚固长度以及箍筋配置应符合国家标准《混凝土结构设计规范》GBJ 10—89 的有关规定。当型钢混凝土梁与墙需要刚接时，可采用在钢筋混凝土墙中设置型钢柱，型钢梁与墙中型钢柱形成刚性连接，其纵向钢筋应伸入墙中，

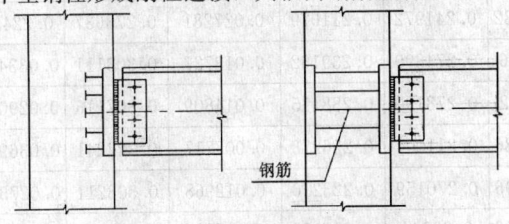

图 9.4.1　梁与墙的连接构造

且满足锚固要求。

9.5　柱脚构造

9.5.1 型钢混凝土柱的柱脚宜采用埋入式柱脚。

9.5.2 埋入式柱脚的埋置深度不应小于 3 倍型钢柱截面高度。

9.5.3 在柱脚部位，和柱脚向上一层的范围内，型钢翼缘外侧宜设置栓钉，栓钉直径不宜小于 ϕ19，间距不宜大于 200mm，且栓钉至型钢钢板边缘距离宜大于 50mm。

10　施工及质量要求

10.0.1 型钢混凝土结构中型钢的制作必须采用机械加工，并宜由钢结构制作厂承担；制作者应根据设计和施工详图，编制制作工艺书。型钢的切割、焊接、运输、吊装、探伤检验应符合现行国家标准《钢结构工程施工及验收规范》GB 50205、现行国家标准《建筑钢结构焊接技术规程》JGJ 81、现行国家标准《钢结构工程质量检验评定标准》GB 50221 的规定。

10.0.2 结构用钢应有质量证明书，质量应符合现行国家标准《碳素结构钢》GB 700、《高强度低合金结构钢》GB/T 1591 的规定。焊接材料、高强度螺栓、普通螺栓应具有质量证明书，且应符合现行国家标准《碳素钢焊条》GB 5117、《低合金钢焊条》GB 5118、《熔化焊用钢丝》GB/T 14957、《钢结构高强度六角头螺栓、大六角头螺母、垫圈的技术条件》GB/T 1228～1231 的规定。

10.0.3 型钢拼接前应将构件焊接面的油、锈清除。承担焊接工作的焊工，应按现行行业标准《建筑钢结构焊接规程》JGJ 81 规定，持证上岗。

10.0.4 钢结构的安装应严格按图纸规定的轴线方向和位置定位，受力和孔位应正确；吊装过程中应使用经纬仪严格校准垂直度，并及时定位。安装的垂直度、现场吊装误差范围应符合现行国家标准《钢结构工程施工及验收规范》GB 50205 的规定。

10.0.5 施工中应确保现场型钢柱拼接和梁柱节点连接的焊接质量，其焊缝质量应满足一级焊缝质量等级要求。

10.0.6 对一般部位的焊缝，应进行外观质量检查，并应达到二级焊缝质量等级要求。

10.0.7 工字形和十字形型钢柱的腹板与翼缘、水平加劲肋与翼缘的焊接应采用坡口熔透焊缝，水平加劲肋与腹板连接可采用角焊缝。

10.0.8 箱形柱隔板与柱的焊接宜采用坡口熔透焊缝。

10.0.9 焊缝的坡口形式和尺寸，应符合现行国家标准《手工电弧焊焊缝坡口的基本形式和尺寸》GB 986 和《埋弧焊焊缝坡口的基本形式和尺寸》GB 986 的

规定。

10.0.10 型钢钢板制孔，应采用工厂车床制孔，严禁现场用氧气切割开孔。

10.0.11 栓钉焊接前，应将构件焊接面的油、锈清除；焊接后检查栓钉高度的允许偏差应在 ±2mm 以内，同时，按有关规定抽样检查其焊接质量。

附录 A　配置十字形型钢的型钢混凝土柱正截面承载力简化计算

A.0.1 型钢混凝土柱配置 Q235 号型钢及 Ⅱ 级热轧钢筋的正截面承载力，不分大小偏心受压，可按下列公式和表 A.0.1-1、表 A.0.1-2 核算：

$$\widetilde{M} = \frac{M}{bh_0^2 f_c} \qquad (A.0.1-1)$$

$$\widetilde{N} = \frac{N}{bh_0 f_c} \qquad (A.0.1-2)$$

$$\widetilde{M} = C + A\widetilde{N} - B\widetilde{N}^2 \qquad (A.0.1-3)$$

$$C = D + E\rho f_y/f_c - F(\rho f_y/f_c)^2 \qquad (A.0.1-4)$$

式中　M——设计弯矩，计算时应考虑偏心矩增大系数；

N——设计轴向压力；

b——柱截面宽度；

h_0——柱截面有效高度；

f_c——混凝土轴心受压强度设计值；

ρ——型钢和纵向钢筋总配筋率；

f_y——钢筋抗拉强度设计值；

$A、B、C、D、E、F$——计算系数，应按表 A.0.1-1、表 A.0.1-2 采用。

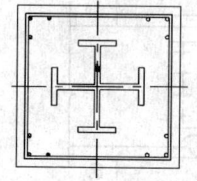 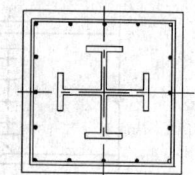

图 A.0.1　型钢截面柱截面配筋

A.0.2 在给出的 $\rho f_y/f_c$ 系数的计算，可以在 $(\rho f_y/f_c - 0.07) \sim (\rho f_y/f_c + 0.07)$ 的范围内应用，其误差在允许范围之内。

表 A.0.1-1　　配置十字形型钢周边均匀布置纵向钢筋的构件

编号	$h \times b$	$H \times B \times t_w \times t_a$	钢筋	混凝土等级	$\rho f_y/f_c$	A	B	D	E	F
SIZP-1	850×850	600×200 ×11×17 (GB)	16φ30	C40	1.070502	0.317988	0.250404	−0.000256	0.32118	0.028541
				C50	0.842736	0.358127	0.286564	0.079263	0.116955	0.101747
SIZP-2	850×850	616×202 ×13×25	16φ30	C40	1.199936	0.329833	0.249950	−0.003757	0.299307	0.021076
				C50	0.993577	0.330636	0.263038	0.001076	0.257297	0.021179
SIZP-3	850×850	600×200 ×11×17 (GB)	16φ25	C40	0.885051	0.319946	0.256438	−0.005302	0.310974	0.036812
				C50	0.734404	0.353211	0.284924	−0.015576	0.336163	0.052217
SIZP-4	900×900	700×300 ×12×20 (GB)	16φ26	C40	1.080732	0.248720	0.219107	0.0114416	0.286459	0.031007
				C50	0.896778	0.282202	0.248054	0.001145	0.308007	0.042755
SIZP-5	900×900	700×300 ×12×20	16φ28	C40	1.111077	0.226060	0.207949	0.0269842	0.279092	0.0255012
				C50	0.921957	0.258700	0.23600	0.058663	0.234952	0.015063
SIZP-6	900×900	700×300 ×12×20	16φ30	C40	1.1436703	0.218386	0.202820	−0.196268	0.732939	0.247143
				C50	0.949003	0.222340	0.214857	−0.141491	0.638726	0.210270
SIZP-7	950×950	700×300 ×13×24 (GB)	16φ28	C40	1.144509	0.248780	0.215589	−0.026430	0.415558	0.105417
				C50	0.949689	0.271718	0.243800	0.011430	0.302128	0.35273
SIZP-8	950×950	700×300 ×13×24	16φ30	C40	1.1745132	0.241972	0.211079	0.027281	0.278637	0.22420
				C50	0.974596	0.274899	0.239162	0.013727	0.303111	0.033463
SIZP-9	1000×1000	700×300 ×13×24	16φ32	C40	1.125492	0.278190	0.288415	0.014809	0.307116	0.029023
				C50	0.9339186	0.311001	0.256273	0.007717	0.322241	0.036944
SIZP-10	1000×1000	700×300 ×13×24	16φ34	C40	1.1573396	0.270159	0.223210	0.012968	0.308211	0.027569
				C50	0.9603456	0.30344	0.251159	0.007997	0.328610	0.038027

编号	$h \times b$	$H \times B \times t_w \times t_a$	钢筋	混凝土等级	$\rho f_y/f_c$	A	B	D	E	F
SIZP-11	1100×1100	800×300×14×26（GB*）	16φ34	C40	1.028324	0.239752	0.222256	0.024504	0.325387	0.036428
				C50	0.853290	0.273169	0.250089	0.030950	0.306420	0.023156
SIZP-12	1200×1200	900×300×16×28（GB*）	16φ34	C40	0.960787	0.255056	0.236698	0.021229	0.322962	0.034860
				C50	0.797249	0.288002	0.264555	0.037424	0.303601	0.036115
SIZP-13	1300×1300	900×300×16×28（GB*）	16φ34	C40	0.846047	0.290631	0.257123	0.025179	0.326841	0.33330
				C50	0.702039	0.324138	0.284725	0.028775	0.304515	0.009663

表 A.0.1-2   配置十字形型钢角部布置纵向钢筋的构件

编号	$h \times b$	$H \times B \times t_w \times t_a$	钢筋	混凝土等级	$\rho f_y/f_c$	A	B	D	E	F
SIZP-1	700×700	396×199×7×11（GB）	12φ20	C40	0.776173	0.326841	0.254979	0.000507	0.0375104	0.069412
				C50	0.644059	0.363262	0.282978	−0.010062	0.406210	0.094315
SIZP-2	700×700	406×201×9×16	12φ20	C40	0.976344	0.283921	0.223097	−0.023087	0.400703	0.082147
				C50	0.810580	0.320752	0.254376	0.004109	0.348051	0.057134
SIZP-3	800×800	500×200×10×16（GB）	12φ20	C40	0.837292	0.347275	0.266303	0.003352	0.322011	0.039849
				C50	0.694775	0.379387	0.293499	−0.006238	0.347142	0.056267
SIZP-4	800×800	506×201×11×19（GB）	12φ25	C40	0.913367	0.319286	0.253662	0.004566	0.311178	0.033578
				C50	0.757900	0.351994	0.281703	−0.0061973	0.336781	0.048779
SIZP-5	850×850	574×204×14×28	12φ25	C40	1.240840	0.236861	0.192068	0.022378	0.268992	0.023496
				C50	1.03564	0.291511	0.219800	0.026153	0.726579	−0.233737
SIZP-6	850×850	600×200×11×17	12φ28	C40	0.8729142	0.322946	0.261924	0.003183	0.315781	0.035209
				C50	0.724331	0.54204	0.289407	0.004654	0.331916	0.042793
SIZP-7	900×900	596×199×10×15	12φ30	C40	0.757178	0.337239	0.274675	0.027866	0.308265	0.033937
				C50	0.628297	0.364428	0.299341	0.009966	0.325945	0.018920
SIZP-8	900×900	600×200×11×17	12φ32	C40	0.8505068	0.317286	0.259884	0.003489	0.347497	0.041536
				C50	0.705740	0.349742	0.286970	−0.005071	0.375461	0.061810
SIZP-9	950×950	600×200×11×17	12φ32	C40	0.779463	0.326331	0.265154	0.013287	0.336858	0.030116
				C50	0.646789	0.360246	0.0292325	0.032854	0.350635	0.098303
SIZP-10	950×950	600×200×11×17	12φ34	C40	0.806624	0.316734	0.260635	0.004639	0.376759	0.051442
				C50	0.669326	0.350408	0.287461	−0.017978	0.427562	0.076907

注：（GB）、（GB*）指国标规定的型钢截面尺寸。

本规程用词说明

一、为便于在执行本规程条文时区别对待，对要求严格程度不同的用词说明如下：

1 表示很严格，非这样做不可的：

正面词采用"必须"，反面词采用"严禁"。

2 表示严格，在正常情况下均应这样作的：

正面词采用"应"，反面词采用"不应"或"不得"。

3 对表示允许稍有选择，在条件许可时首先应这样作的：

正面词采用"宜"，反面词采用"不宜"。

表示有选择，在一定条件下可以这样做的，采用"可"。

二、条文中指明应按其他有关标准执行的写法为：

"应按……执行"或"应符合……要求（规定）"。

中华人民共和国行业标准

型钢混凝土组合结构技术规程

JGJ 138—2001

条 文 说 明

前　言

《型钢混凝土组合结构技术规程》JGJ 138—2001 经建设部 2001 年 10 月 23 日以建标 [2001] 214 号文批准，业已发布。

为便于广大设计、施工、科研、学校等单位的有关人员在使用本规程时能正确理解和执行条文规定，《型钢混凝土组合结构技术规程》编制组按章、节、条顺序编制了本标准的条文说明，供使用者参考。在使用过程中如发现本条文说明有不妥之处，请将意见函寄中国建筑科学研究院结构所（100013）。

目　次

1 总　则

1.0.1 型钢混凝土组合结构是把型钢埋入钢筋混凝土中的一种独立的结构型式。由于在钢筋混凝土中增加了型钢，型钢以其固有的强度和延性，以及型钢、钢筋、混凝土三为一体地工作使型钢混凝土结构具备了比传统的钢筋混凝土结构承载力大、刚度大、抗震性能好的优点，与钢结构相比，具有防火性能好，结构局部和整体稳定性好，节省钢材的优点，有针对性地推广应用此类结构，对我国多、高层建筑的发展、优化和改善结构抗震性能都具有极其重要的意义。

本规程是在对型钢混凝土组合结构进行了系统的试验研究和大量工程试点的基础上，并参考了国外有关的技术规定制定的。

1.0.2~1.0.3 国内外试验表明，型钢混凝土组合结构在低周反复荷载作用下具有良好的滞回特性和耗能能力，尤其是配置实腹型钢的型钢混凝土组合结构构件的延性性能、承载力、刚度，更优于配置空腹型钢的型钢混凝土组合结构构件，因此，本规程主要针对配置实腹型钢的型钢混凝土组合结构构件的设计方法和连接构造作出规定，其适用范围为非地震区和设防烈度为 6 度至 9 度地震区。

基于对型钢混凝土梁的疲劳性能未作研究，本规程不适用于疲劳构件。

2　术语、符号

2.1　术　语

2.1.1 型钢混凝土组合结构指混凝土内配置轧制型钢或焊接型钢和钢筋的结构。

2.2　符　号

2.2.1~2.2.4 符号是根据现行国家标准《建筑结构设计通用符号、计量单位和基本术语》GBJ 83 的规定制定的。

3　材　料

3.1　型　钢

3.1.1 型钢混凝土组合结构构件中采用的型钢钢材的选用标准，是依据现行国家标准《钢结构设计规范》GBJ 17、《碳素结构钢》GB 700 和《低合金高强度结构钢》GB/T 1591 规定的，型钢钢材的性能应与钢结构对钢材性能的要求相同。由于 Q235—A 级钢不要求任何冲击试验值，并只在用户有要求时才进行冷弯试验，因此，不适用于多、高层建筑结构中作为主要承重钢材。B、C、D 等级钢是分别满足不同的化学成分和不同温度下的冲击韧性要求的钢材；C、D 级钢的碳、硫、磷含量较低，更适用于重要的焊接构件。

3.1.2 基于型钢混凝土组合结构中的型钢是截面的主要承重部分，对钢材性能要求满足抗拉强度、伸长率、屈服点、硫磷含量、含碳量的要求，并将现行钢结构设计规范规定的"必要时保证冷弯性能"的要求，改为"应满足冷弯试验"的要求。另外，考虑到高层型钢混凝土组合结构常采用厚钢板，且大多数建筑考虑抗震，为此，规程中提出了冲击韧性合格的要求。

另外，国内的型钢混凝土组合结构工程中，大量采用焊接型钢，由此，在钢板交接处、梁柱节点和柱脚处的焊缝局部应力集中，焊接过程中容易形成撕裂，同时，厚钢板存在各向异性，Z 轴向性能指标较差，为此，对采用厚度等于或大于 50mm 的钢板时，应满足现行国家标准《厚度方向性能钢板》GB 5313 中有关 Z15 级的断面收缩率指标的要求，它相当于硫含量不超过 0.01%。

地震区钢材性能应具有较好的延性，因此，要求钢材的极限抗拉强度和屈服强度不能太接近，其强屈比不小于 1.2。

3.1.3~3.1.6 钢材强度设计值是由钢材的屈服标准值除以材料分项系数确定的。对 Q235 钢和 Q345 钢，其分项系数分别取为 1.087 和 1.111。钢材的物理性能指标、型钢焊接要求和焊缝强度设计值的取值，按现行国家标准《钢结构设计规范》GBJ 17—88 规定取用。

3.1.7~3.1.8 在型钢混凝土组合结构构件中，采用作为抗剪连接件的栓钉，应该是符合现行国家标准《圆柱头焊钉》GB 10433 规定的合格产品，不得用短钢筋代替栓钉。栓钉的力学性能指标不能低于表 3.1.7 规定。连接型钢的普通螺栓、高强螺栓、锚栓都应符合有关标准的要求。

3.2　钢　筋

3.2.1~3.2.2 纵向钢筋和箍筋宜采用延性较好的热轧钢筋。

3.3　混凝土

3.3.1~3.3.2 为了充分发挥型钢混凝土组合结构中型钢的作用，混凝土强度等级不宜过低，本规程规定了混凝土强度等级不宜小于 C30。对于 C70~C80 高强度混凝土，考虑到目前对强度在 C70 以上的混凝土的型钢混凝土组合结构性能研究不够，因此，如通过试验研究，有可靠依据时，可采用 C70~C80。

3.3.3 为便于混凝土的浇筑，需对混凝土最大骨料直径加以限制。

4　设计基本规定

4.1　结构类型

4.1.1 型钢混凝土组合结构的结构性能，基本上是属于钢筋混凝土结构范畴，在多、高层建筑中可以全部结构构件采用型钢混凝土组合结构，也可某几层或框支层或某局部部位采用型钢混凝土组合结构。目前，国内高层建筑工程中，都是有针对性的在需要发挥型钢混凝土承载力大、延性好、刚度大的特点的部位采用，如在框架-剪力墙结构、筒体结构、框支剪力墙结构中的框支层采用型钢混凝土框架柱；在跨度较大的框架结构中采用型钢混凝土梁；根据受力要求，在一般剪力墙和筒体剪力墙中采用型钢混凝土剪力墙。

在多、高层建筑的各种体系中，型钢混凝土结构构件可以与钢筋混凝土结构构件组合，也可与钢结构构件组合，不同结构发挥其各自特点。在型钢混凝土结构设计中主要是处理好不同结构材料的连接节点，以及沿高度改变结构类型带来的承载力和刚度的突变。

对房屋的下半部分采用型钢混凝土，上半部分采用钢筋混凝土的框架柱，由日本的阪神地震震害表明，凡是刚度和强度突变处容易发生破坏，因此，在设计中应重视过渡层的构造。本规程对设防烈度为 9 度，又是一级抗震等级的框架柱，规定沿高度框架柱的全部结构构件应采用型钢混凝土组合结构。

4.1.2 试验表明，配置实腹式型钢的型钢混凝土柱具有良好的

变形性能和耗能能力，适用于地震区采用。而配置空腹式型钢的型钢混凝土柱的变形性能及抗震承载力相对差一些，必须配置一定数量的斜腹杆，其变形性能才可改善。因此，本规程规定空腹斜腹杆焊接型钢宜用于非地震区或设防烈度为 6 度地区的建筑。

4.1.3 为提高型钢混凝土结构构件的承载力和刚度，型钢混凝土框架梁和框架柱的型钢配置，宜采用充满型宽翼缘实腹型钢。充满型实腹型钢，是指型钢上翼缘处于截面受压区，下翼缘处于截面受拉区，即设计中应考虑在满足型钢混凝土保护层要求和便于施工的前提下，型钢的上翼缘和下翼缘尽量靠近混凝土截面的近边。

4.1.4 为提高剪力墙的承载力和延性，宜在剪力墙两端或边柱中配置实腹型钢，而且，为了加强剪力墙的抗侧力，也可在剪力墙腹板内加设斜向钢支撑。

4.2 设计计算原则

4.2.1 型钢混凝土组合结构在选择合理的平面布置、竖向布置，以及在进行荷载和地震作用组合下的内力和位移计算等方面应遵守现行国家标准和有关技术规程的规定。

4.2.2 在进行弹性阶段的内力和位移计算中，除了需要型钢混凝土结构构件的截面换算弹性抗弯刚度外，在考虑构件的剪切变形、轴向变形时，还需要换算截面剪切刚度和轴向刚度。计算中采用了钢筋混凝土的截面刚度和型钢截面刚度叠加的方法。

4.2.3 基于型钢混凝土组合结构构件具有比钢筋混凝土结构构件更好的延性和耗能特性，为此，型钢混凝土组合结构和由它和混凝土结构组成的混合结构，其房屋最大适用高度可以比钢筋混凝土结构作不同程度的提高。对于全部结构构件均采用型钢混凝土结构时，房屋高度可提高 30%～40%，而其结构阻尼比的取值是考虑型钢混凝土组合结构的阻尼比略低于钢筋混凝土结构，因此，阻尼比采用 0.04。

4.2.4～4.2.5 型钢混凝土组合结构构件的两个极限状态的设计要求，与国家现行标准《混凝土结构设计规范》GBJ 10—89、《建筑抗震设计规范》GBJ 11—89 相一致。

4.2.6 抗震等级的划分主要根据不同的设防烈度，不同的结构类型，不同的房屋高度来确定的，因此，型钢混凝土组合结构或由它和混凝土结构组成的结构，其抗震等级的划分和选定基本上与现行国家标准《混凝土结构设计规范》GBJ 10—89 相同，只是增加了简体结构的抗震等级要求。另外，允许型钢混凝土框支剪力墙结构在 8 度设防烈度地区建造，房屋高度可超过 80m，但不可超过 100m，抗震等级取一级。

4.2.7 考虑到型钢混凝土组合结构的延性和耗能能力的特点已在框架柱的轴压比限值中体现了，因此，对于在正常使用极限状态下，按风荷载或地震作用组合的楼层层间位移、顶点位移的限值不作放宽，要求满足现行行业标准《高层建筑结构设计与施工规程》JGJ 3—91 规定的限值要求。

4.2.8～4.2.9 型钢混凝土梁的最大挠度限值和最大裂缝宽度限值与现行国家标准《混凝土结构设计规范》GBJ 10—89 规定相一致。

4.3 一般构造

4.3.1～4.3.2 型钢混凝土组合结构是钢和混凝土两种材料的组合体，在此组合体中，箍筋的作用尤为突出，它除了增强截面抗剪承载力，避免结构发生剪切脆性破坏外，还起到约束核心混凝土，增强塑性铰区变形能力和耗能能力的作用，对型钢混凝土组合结构构件而言，更起到保证混凝土和型钢、纵筋整体工作的重要作用，因此，为保证在大变形情况下能维持箍筋对混凝土的约束，箍筋应做成封闭箍筋，其末端应有 135° 弯钩，弯钩平直段也应有一定长度，当采用拉结箍筋时，至少一端应有 135° 弯钩。

4.3.3 在确定型钢的截面尺寸和位置时，宜满足型钢有一定的混凝土保护层厚度，以防止型钢不发生局部压屈变形，保证型钢、钢筋混凝土相互粘结而整体工作，同时，也是提高耐火性、耐久性的必要条件。

4.3.4 型钢混凝土结构构件中型钢钢板不宜过薄，以利于焊接和满足局部稳定要求。由于型钢受混凝土和箍筋的约束，不易发生局部压屈，因此，型钢钢板的宽厚比可以比现行行业标准《高层民用建筑钢结构技术规程》JGJ 99—98 的规定放松，参考日本有关资料，规定钢板宽厚比大致比纯钢结构放松 1.5～1.7 倍左右。

4.3.5 型钢上设置的抗剪栓钉，为发挥其传递剪力作用，栓钉的直径、长度、间距宜正确的选定。

5 型钢混凝土框架梁

5.1 承载力计算

5.1.1 型钢混凝土受弯构件试验表明，受弯构件在外荷载作用下，截面的混凝土、钢筋、型钢的应变保持平面，受压极限变形接近于 0.003、破坏形态以型钢上翼缘以上混凝土突然压碎、型钢翼缘达到屈服为标志，其基本性能与钢筋混凝土受弯构件相似，由此，建立了型钢混凝土框架梁的正截面受弯承载力计算的基本假定。

5.1.2 配置充满型实腹型钢的型钢混凝土框架梁的正截面受弯承载力计算，是把型钢翼缘也作为纵向受力钢筋的一部分，在平衡式中增加了型钢腹板受弯承载力项 M_{aw} 和型钢腹板轴向承载力项 N_{aw}。M_{aw}、N_{aw} 的确定是通过对型钢腹板应力分布积分，再做一定的简化得出的。根据平截面假定提出了判断适筋梁的相对界限受压区高度 ξ_b 的计算公式。

5.1.3 为使框架梁满足"强剪弱弯"要求，对不同抗震等级的框架梁剪力设计值 V_b 进行调整。调整原则与国家标准《混凝土结构设计规范》GBJ 10—89 相一致。

5.1.4 型钢混凝土梁的剪切破坏，随着剪跨比的不同主要是剪压破坏和斜压破坏两种形式。防止剪压破坏由受剪承载力计算来保证，斜压破坏由截面控制条件来保证。通过集中荷载作用下斜截面受剪承载力试验，建立了控制斜压破坏的截面控制条件，即给出了型钢混凝土梁受剪承载力的上限，此条件对均布荷载是偏于安全的。

5.1.5 型钢混凝土梁受剪承载力计算公式是在试验研究基础上，采用分别考虑型钢和钢筋混凝土二部分的承载力，通过 52 根试验梁数据回归分析和可靠度分析，得出了型钢部分对受剪承载力的贡献为型钢腹板部分的受剪承载力，其值与腹板强度、腹板含量有关，对集中荷载作用下的梁，还与剪跨比有关，而且近似假定型钢腹板全截面处于纯剪状态，即 $\tau_{xy} = \dfrac{\sigma_s}{\sqrt{3}} = 0.58 f_a$。

5.1.6 当梁的荷载较大，需要的截面高度较高时，为节省钢材，减少自重，可采用桁架式空腹型钢的型钢混凝土梁，其承载力计算可把上、下弦型钢作为纵向受力钢筋，斜腹杆承载力的竖向分力作为受剪箍筋考虑。由于对型钢混凝土宽扁梁尚未进行试验研究，为此，规程规定的框架梁受剪承载力计算公式对宽扁梁不能直接采用，有待进一步研究。

5.2 裂缝宽度验算

5.2.1～5.2.2 型钢混凝土梁的裂缝宽度计算公式是基于把型钢

翼缘作为纵向受力钢筋，且考虑部分型钢腹板的影响，按国家标准《混凝土结构设计规范》GBJ 10—89 的有关裂缝宽度计算公式的形式，建立了型钢混凝土梁在短期效应组合作用下并考虑长期效应组合影响的最大裂缝宽度计算公式。

针对型钢混凝土梁裂缝宽度计算公式的建立，国内有关单位进行了大量的试验研究，也提出了基本思路较接近的计算方法，经分析研究确定了本规程给出的计算公式。所进行的 8 根试验梁，在 (0.4～0.8) 极限弯矩范围内，短期荷载作用下的裂缝宽度的计算值与试验值之比的平均值为 1.011，均方差为 0.24。

对长期荷载作用下的裂缝宽度计算，采用钢筋混凝土梁长期裂缝宽度的取值方法，即在短期荷载作用下的裂缝宽度计算公式基础上考虑长期影响的扩大系数 1.5。

5.3 挠 度 验 算

5.3.1～5.3.3 试验表明，型钢混凝土梁在加载过程中截面平均应变符合平截面假定，且型钢与混凝土截面变形的平均曲率相同，因此，截面抗弯刚度可以采用钢筋混凝土截面抗弯刚度和型钢截面抗弯刚度叠加的原则来处理。

$$B_s = B_{rc} + B_a$$

型钢在使用阶段采用弹性刚度：

$$B_a = E_a I_a$$

通过不同配筋率，混凝土强度等级，截面尺寸的型钢混凝土梁的刚度试验，认为钢筋混凝土截面抗弯刚度主要与受拉钢筋配筋率有关，经研究分析，确定了钢筋混凝土截面部分抗弯刚度的简化计算公式。

长期荷载作用下，由于压区混凝土的徐变、钢筋与混凝土之间的粘结滑移徐变，混凝土收缩等使梁截面刚度下降，根据现行国家标准《混凝土结构设计规范》GBJ 10—89 的有关规定，引进了荷载长期效应组合对挠度的增大系数 θ，规定了长期刚度的计算公式。

5.4 构 造 要 求

5.4.1 为保证框架梁对框架节点的约束作用，以及便于型钢混凝土梁的混凝土浇筑，框架梁的截面宽度不宜过小。另外，考虑到截面高度与宽度比值过大，对梁抗扭及侧向稳定不利，因此，对框架梁的高宽比作了规定。

5.4.2 为保证梁底部混凝土浇筑密实，梁中纵向受力钢筋宜不超过二排，如超过二排，施工上应采取措施，如分层浇筑等，以保证梁底混凝土密实；纵向受拉钢筋配筋率、直径、净距，以及纵筋与型钢净距的规定，是保证混凝土与钢筋与型钢有良好的粘结力，同时，也有利于框架梁在正常使用极限状态下的裂缝分布均匀和减小裂缝宽度。

5.4.3 梁两侧沿高度配置一定量的腰筋，其目的是有助于增加箍筋、纵筋、腰筋所形成的整体骨架对混凝土的约束作用。同时也有助于防止由于混凝土收缩引起的收缩裂缝的出现。

5.4.4 型钢混凝土梁在受有集中反力或集中力作用处，应设置对称加劲肋，以助于承受剪力。

5.4.5～5.4.7 考虑地震作用的框架梁端应设置箍筋加密区，是从构造上增强对梁端混凝土的约束，且保证梁端塑性铰区"强剪弱弯"的要求。同时为了便于施工，在满足箍筋配筋率的情况下，箍筋肢距可比普通钢筋混凝土梁的箍筋肢距适当放松，但设计中应尽量减小箍筋肢距。沿梁全长箍筋配筋率的规定，是在静力设计要求基础上适当给予增加。

5.4.8 转换层大梁和托柱梁受荷载大、受力复杂，为增加混凝土和剪压区型钢上翼缘的粘结剪切力，宜在梁端 1.5 倍梁高范围

内，型钢上翼缘增设栓钉。

5.4.9 对配置桁架式型钢的型钢混凝土梁，为保证桁架压杆的稳定性，其细长比宜小于 120。

5.4.10 为保证开孔型钢混凝土梁开孔截面的受剪承载力，必须控制圆形孔的直径相对于梁高和型钢截面高度的比例不能过大，且由于孔洞周边存在应力集中情况，必须采取一定的构造措施。

5.4.11 圆形孔洞截面处的受剪承载力计算是参考了日本的计算方法，又结合国内试验研究确定的。计算方法中考虑了扣除开孔影响后截面上混凝土受剪承载力，以及孔洞周围补强钢筋和型钢腹板扣除孔洞后的受剪承载力。

6 型钢混凝土框架柱

6.1 承 载 力 计 算

6.1.1 型钢混凝土框架柱正截面偏心受压承载力计算的基本假定，是通过试验研究，在分析了型钢混凝土压弯构件的基本性能基础上提出的。其计算基本假定与受弯构件正截面受弯承载力的基本假定相同。

6.1.2～6.1.5 配置充满型实腹型钢的型钢混凝土框架柱的正截面偏心受压承载力计算公式，是在基本假定基础上，采用极限平衡方法，以及型钢腹板应力图形简化为拉压矩形应力图情况下，作出的简化计算方法，对于框架柱处于大偏压、或小偏压受力情况，给出了不同的腹板受弯承载力和腹板轴向承载力的计算式，其他计算参数，基本上参照钢筋混凝土偏心受压承载力计算公式中的参数。

对于配十字型、箱型截面型钢的型钢混凝土组合柱，其正截面偏心受压承载力计算在附录 A 中给出了简化计算方法。

6.1.6～6.1.8 考虑地震作用的框架柱上、下柱端、框架底层柱根、框支柱两端的弯矩设计值，以及框架柱、框支柱的剪力设计值的确定，都与现行国家标准《混凝土结构设计规范》GBJ 10—89 相一致。

6.1.9 框架柱的受剪截面控制条件与框架梁一致。

6.1.10 试验研究表明，型钢混凝土框架柱的斜截面受剪承载力可由钢筋混凝土和型钢二部分的斜截面受剪承载力组成，压力对受剪承载力也有有利的影响。计算公式中型钢部分对受剪承载力的贡献只考虑型钢腹板部分的受剪承载力。

6.1.11 型钢混凝土框架柱轴压比限值的规定是保证框架柱具有较好的延性和耗能性能的必要条件，通过不同轴压比情况下，承受低周反复荷载作用的型钢混凝土压弯构件试验表明，在相同的轴压比情况下，型钢混凝土柱比钢筋混凝土柱具有更好的滞回特性和延性性能，因此其轴压比计算中应考虑型钢的有利作用，即型钢混凝土柱的轴压比按 $\dfrac{N}{f_c A + f_a A_a}$ 计算。轴压比限值的确定，是在试验研究基础上，规定二级抗震等级的框架结构柱的轴压比限值为 0.75，此控制值能保证框架柱延性系数达到 3。对于其他不同抗震等级，不同结构体系的框架柱，其轴压比限值相应进行调整。

6.2 构 造 要 求

6.2.1～6.2.2 对于型钢混凝土框架柱，为保证柱端塑性铰区有足够的箍筋约束混凝土，使框架柱有一定的变形能力，为此，柱端必须从构造上设置箍筋加密区，同时，满足一定的箍筋体配筋率要求。

6.2.3 型钢混凝土框架柱的型钢配筋率不宜过小，因为，配置一定量的型钢，才能使型钢混凝土构件具有比钢筋混凝土更高的

承载力，更好的延性。同时，也必须配置一定数量的纵向钢筋，以便在混凝土、纵筋、箍筋的约束下的型钢能充分发挥其强度和塑性性能；对于作为构造措施要求配置的型钢数量，可不受此限制。

6.2.4 考虑到型钢混凝土柱承受的弯矩和轴力较大，因此，纵向钢筋直径不宜过小，同时，为便于浇注混凝土，钢筋间净距不宜过小。对于箍筋，要求必须与纵筋牢固连接，以便起到约束混凝土的作用。

7 型钢混凝土框架梁柱节点

7.1 承载力计算

7.1.1 型钢混凝土框架节点包括型钢混凝土柱与型钢混凝土梁组成的节点、型钢混凝土柱与钢筋混凝土梁或钢梁组成的节点，各类节点都需保证在梁端出现塑性铰后，节点不发生剪切脆性破坏。为此梁柱节点的剪力设计值需要调整，对一级抗震等级，采用考虑梁端实配钢筋、强度标准值对应的弯矩值的平衡剪力乘以增大系数；对二级抗震等级，采用梁端弯矩设计值的平衡剪力乘以增大系数。

7.1.2 规定节点截面限制条件，是为了防止混凝土截面过小，造成节点核心区混凝土承受过大的斜压应力，以致使节点混凝土被压碎。根据型钢混凝土小剪跨的静力剪切试验，确定节点的截面限制条件，对低周反复荷载作用下的节点截面限制条件，则乘以系数 0.8。

7.1.3 根据型钢混凝土梁柱节点试验，其受剪承载力由混凝土、箍筋和型钢组成，混凝土的受剪承载力，由于型钢约束作用，混凝土所承担的受剪承载力增大；另外，混凝土部分受剪机理，可视为斜压杆应力，该斜压杆截面面积，随柱端轴压力增加而增大。但其轴压力的有利作用，限制在 $0.5f_cb_ch_c$ 范围内。对于一级抗震等级，考虑在大震情况下，柱轴力可能减少，甚至于出现受拉情况，为安全起见，不考虑轴压力有利影响。

基于型钢混凝土柱与各种不同类型的梁形成的节点，其梁端内力传递到柱的途径有差异，给出了不同的梁柱节点受剪承载力计算公式。公式中还考虑了中节点、边节点、顶节点节点位置的影响系数。

7.1.4 钢梁或型钢混凝土梁与型钢混凝土柱的连接节点的内力传递机理较复杂，根据日本的试验结果，当梁为型钢混凝土梁或钢梁时，如果型钢混凝土柱中的型钢过小，使型钢混凝土柱中的型钢部分与梁型钢的弯矩分配比在 40% 以下时，即不能充分发挥柱中型钢的抗弯承载力，且在反复荷载作用下，其荷载-位移滞回曲线将出现捏拢现象，由此设计中要求型钢混凝土柱中的型钢部分与梁型钢的弯矩分配比不小于 50%。同时，当梁为型钢混凝土梁时，设计要求柱中的混凝土部分与梁中的混凝土部分的弯矩分配比也不小于 50%。

当梁为钢筋混凝土梁、柱为型钢混凝土柱时，如果型钢混凝土柱的混凝土截面过小，同样使型钢混凝土柱中的钢筋混凝土的抗弯承载力不能充分发挥，在反复荷载作用下，其荷载-位移滞回曲线也将出现捏拢现象。由此设计中宜满足规范（7.1.4-2）式的要求。

7.2 构造要求

7.2.1~7.2.2 考虑到四边有梁约束的型钢混凝土框架节点，其受剪承载力和变形能力都优于钢筋混凝土节点，因此，框架节点的箍筋体积配筋率比钢筋混凝土框架节点可相应减少。

8 型钢混凝土剪力墙

8.1 承载力计算

8.1.1 通过两端配有型钢的钢筋混凝土剪力墙压弯承载力的试验表明，采用国家标准《混凝土结构设计规范》GBJ 10—89 中沿截面腹部均匀配置纵向钢筋的偏心受压构件的正截面受压承载力计算公式，来计算两端配有型钢的钢筋混凝土剪力墙的正截面偏心受压承载力是合适的。计算中把端部配置的型钢作为纵向受力钢筋一部分考虑。

8.1.2~8.1.3 考虑地震作用的型钢混凝土剪力墙的剪力设计值的确定和受剪截面控制条件与国家标准《混凝土结构设计规范》GBJ 10—89 相一致。

8.1.4 两端配有型钢的钢筋混凝土剪力墙的剪力试验表明，端部设置了型钢，由于型钢的暗销抗剪作用和对墙体的约束作用，受剪承载力大于钢筋混凝土剪力墙，本规程所提出的剪力墙在偏心受压时的斜截面受剪承载力计算公式中，加入了端部型钢的暗销抗剪和约束作用这一项。

8.1.5~8.1.6 在框架-剪力墙结构中，周边有型钢混凝土柱和钢筋混凝土梁或型钢混凝土梁的现浇剪力墙，其斜截面受剪承载力是由考虑轴力有利影响的混凝土部分、水平分布钢筋、周边内型钢三部分的受剪承载力之和组成，混凝土项考虑了周边柱对混凝土墙体的约束系数 β_c。

8.2 构造要求

8.2.1~8.2.2 型钢混凝土剪力墙的厚度、水平和竖向分布钢筋的最小配筋率、端部暗柱、翼柱的箍筋、拉筋等构造要求与国家标准《混凝土结构设计规范》GBJ 10—89 和行业标准《钢筋混凝土高层建筑结构设计与规程》JGJ 3—91 的规定相一致，但为保证混凝土对型钢的约束作用，必须保证一定的混凝土保护层厚度；水平分布钢筋需穿过墙端型钢，以保证剪力墙整体作用。

8.2.3 有型钢混凝土周边柱的剪力墙，周边梁可采用型钢混凝土梁或钢筋混凝土梁，当不设周边梁时，也应在相应位置设置钢筋混凝土暗梁。另外，为保证现浇混凝土剪力墙与周边柱的整体作用，要求剪力墙中的水平分布钢筋绕过或穿过周边柱的型钢，且要满足钢筋锚固要求。

9 连 接 构 造

9.1 梁柱节点连接构造

9.1.1~9.1.4 型钢混凝土柱中型钢的加劲肋布置，除了按钢结构构造配置以外，为保证梁端内力更好地传递，型钢混凝土柱应在梁上、下边缘位置处设置水平加劲肋。型钢混凝土柱与各类梁的连接构造，必须从柱型钢截面形式和纵向钢筋的配置上，考虑到便于梁内纵向钢筋贯穿节点，以尽可能减少纵向钢筋穿过柱型钢的数量，且应尽量使梁内钢筋穿过型钢腹板，而不穿过型钢翼缘，因为，在有钢约束情况下的节点区，其抗弯承载力的储备较大，为此，规程规定了型钢腹板损失率的限值。关于采取在型钢柱上设置钢牛腿的方法，从试验中发现，在钢牛腿末端位置处，由于截面承载力和刚度突变，很容易发生混凝土挤压破坏，因此，要求钢牛腿的翼缘设计成变截面翼缘，改善上述情况的出现，另外，设置钢牛腿的办法，在吊装型钢柱时，施工上也有不便之处，不是一种很理想的节点连接构造。

9.1.5 型钢混凝土柱与型钢混凝土梁或钢梁的连接，其型钢柱

与型钢梁的连接应采用刚性连接，且满足钢结构焊接要求。

9.1.6 当框架梁采用型钢混凝土结构，而框架柱采用钢筋混凝土结构时，若梁、柱节点为刚性连接，则必须对梁内型钢在支座处采取可靠的支承和锚固措施，以保证梁柱刚性节点的内力传递。在钢筋混凝土的框架柱中设置型钢构造柱是一种较好的措施。

9.2 柱与柱连接构造

9.2.1 结构竖向布置中，如下部若干层采用型钢混凝土结构，而上部各层采用钢筋混凝土结构，则应考虑避免这两种结构的刚度和承载力的突变，以避免形成薄弱层。日本 1995 年阪神地震中曾发生过此类震害。因此，设计中应设置过渡层。

9.2.2 在国内的高层钢结构工程中，结构上部采用钢结构柱，下部采用型钢混凝土柱，此两种结构类型的突变，同样必须设置过渡层。

9.2.3 型钢混凝土柱中，当型钢某层需改变截面时，宜考虑型钢截面承载力和刚度的逐步过渡，且需考虑便于施工操作。

9.3 梁与梁连接构造

9.3.1 梁与梁的连接，当二跨全是型钢混凝土梁时，则型钢梁的连接，应满足钢结构要求；对一侧为型钢混凝土梁，另一侧为钢筋混凝土梁时，为保证型钢的锚固和传递，应有相应的措施。

9.3.2 为保证钢筋混凝土次梁和型钢混凝土主梁连接整体，要求次梁中的钢筋的锚固和传递，应满足相应的构造措施。

9.4 梁与墙连接构造

9.4.1 型钢混凝土梁垂直于现浇钢筋混凝土剪力墙的连接，应保证其内力传递。梁深入墙内的节点可以形成铰接和刚接，都应满足相应的构造要求。

9.5 柱 脚 构 造

9.5.1～9.5.3 型钢混凝土柱的柱脚，采用埋入式柱脚相对于非埋入式柱脚更容易保证柱脚的嵌固，柱脚埋深的确定很重要，参考国外技术规程提出了埋置深度不宜小于 3 倍型钢柱截面高度的要求。规程规定自柱脚部位向上延伸一层范围的型钢柱宜设置栓钉，以保证型钢与混凝土整体工作。

10 施工及质量要求

10.0.1～10.0.11 为保证施工质量，对型钢制作、材质、焊接质量、吊装等做出规定。

附录 A 配置十字形型钢的型钢混凝土柱正截面承载力简化计算

利用简化计算，可在确定的柱截面尺寸和型钢尺寸的情况下，根据已知外轴力 N，按表给出的计算系数，由公式 A.0.1-1 和 A.0.1-3 确定计算弯矩，最后判断计算弯矩是否大于外弯矩 M。

另外，也可根据已知的外弯矩、由表 A.0.1-1、表 A.0.1-2 和公式 A.0.1-1～A.0.1-4 得出计算的配筋特征值 $\rho f_y / f_c$，最后判断计算的配筋特征值是否小于表 A.0.1-1 或表 A.0.1-2 中的配筋特征值。计算中要注意钢筋与型钢配置（面积、位置）的相似性。

中华人民共和国行业标准

建筑陶瓷薄板应用技术规程

Technical specification for application of
building ceramic sheet board

JGJ/T 172—2012

批准部门：中华人民共和国住房和城乡建设部
施行日期：2 0 1 2 年 8 月 1 日

中华人民共和国住房和城乡建设部
公　　告

第 1331 号

关于发布行业标准
《建筑陶瓷薄板应用技术规程》的公告

现批准《建筑陶瓷薄板应用技术规程》为行业标准，编号为 JGJ/T 172 - 2012，自 2012 年 8 月 1 日起实施。原《建筑陶瓷薄板应用技术规程》JGJ/T 172 - 2009 同时废止。

本规程由我部标准定额研究所组织中国建筑工业出版社出版发行。

中华人民共和国住房和城乡建设部

2012 年 3 月 15 日

前　　言

根据住房和城乡建设部《关于印发〈2011 年工程建设标准规范制订、修订计划〉的通知》（建标〔2011〕17 号）的要求，规程编制组经广泛调查研究，认真总结实践经验，参考有关国际标准和国外先进标准，并在广泛征求意见的基础上，修订了《建筑陶瓷薄板应用技术规程》JGJ/T 172 - 2009。

本规程主要技术内容是：1. 总则；2. 术语和符号；3. 材料；4. 粘贴设计；5. 陶瓷薄板幕墙设计；6. 加工制作；7. 安装施工；8. 工程验收；9. 保养和维护。

本次修订的主要技术内容是：

1　适用范围增加了非抗震设计和抗震设防烈度为 6、7、8 度抗震设计的民用建筑的陶瓷薄板幕墙工程的材料、设计、加工制作、安装施工、工程验收以及保养和维护；

2　增加了陶瓷薄板幕墙设计、加工制作及保养和维护三章，材料、安装施工和工程验收三章中也增加了陶瓷薄板幕墙的有关内容。

本规程由住房和城乡建设部负责管理，由北京新型材料建筑设计研究院有限公司负责具体技术内容的解释。执行过程中如有意见或建议，请寄送北京新型材料建筑设计研究院有限公司（地址：北京市西直门外大街甲 143 号凯旋大厦 C 座，邮编：100044）。

本 规 程 主 编 单 位：北京新型材料建筑设计研究院有限公司

广东蒙娜丽莎新型材料集团有限公司（原广东蒙娜丽莎陶瓷有限公司）

本 规 程 参 编 单 位：北京港源建筑装饰工程有限公司

北京中新方建筑科技研究中心

广西建工集团第一建筑工程有限责任公司

本规程主要起草人员：薛孔宽　耿　直　杨文春

李云涛　韩海涛　田菀华

刘一军　张旗康　潘利敏

陈　峰　闻万梁　刘忠伟

任润德　苏洪波　王新会

肖玉明　肖　峰　李　力

本规程主要审查人员：叶耀先　马眷荣　刘万奇

刘元新　戎　安　杨洪儒

郭一鸣　袁　镔　夏海山

高长明　薛　峰

目　次

Contents

1 总　　则

1.0.1 为规范建筑陶瓷薄板在建筑工程应用上的技术要求，保证工程质量，做到经济合理、安全适用，制定本规程。

1.0.2 本规程适用于建筑陶瓷薄板在民用建筑下列工程中的应用：

    1 室内地面、室内墙面；

    2 非抗震设计、粘贴高度不大于 24m 的室外墙面；

    3 抗震设防烈度为 6、7、8 度、粘贴高度不大于 24m 的室外墙面；

    4 非抗震设计和抗震设防烈度为 6、7、8 度的陶瓷薄板幕墙工程。

1.0.3 建筑陶瓷薄板的应用除应符合本规程外，尚应符合国家现行有关标准的规定。

2　术语和符号

2.1　术　　语

2.1.1 建筑陶瓷薄板　building ceramic sheet board

由黏土和其他无机非金属材料经成型、高温烧成等生产工艺制成的厚度不大于 6mm、面积不小于 1.62m² 、最小单边长度不小于 900mm 的板状陶瓷制品。

2.1.2 薄法施工　thin set method

先用齿型镘刀把胶粘剂均匀地刮抹在施工基层上，再把建筑陶瓷薄板以揉压的方式压在胶粘剂上并形成厚度为 3mm～6mm 的粘结层的一种铺砌建筑陶瓷薄板的施工方法。

2.1.3 双组分水泥基胶粘剂　two-component cement based adhesive

把由水泥、细骨料和有机外加剂制成的粉剂在使用时与乳液现场拌合而成的、用于粘砌建筑陶瓷薄板的一种具有胶粘性能的材料。

2.1.4 填缝剂　grout

把由水泥、细骨料和外加剂制成的粉剂在使用时与液态外加剂或水现场拌制而成的、用于填充建筑陶瓷薄板间接缝的一种具有密封性能的材料。

2.1.5 齿形镘刀　notch trowel

薄法施工中采用的具有不同规格尺寸的 U 形或 V 形齿的施工工具。

2.1.6 基层　base

直接承受建筑陶瓷薄板饰面工程施工的表面层。

2.1.7 陶瓷薄板幕墙　ceramic sheet board curtain wall

面板材料为陶瓷薄板的建筑幕墙。

2.1.8 框支承陶瓷薄板幕墙　frame supported ceramic sheet board curtain wall

陶瓷薄板面板周边由金属框架支承的陶瓷薄板幕墙。

2.2　符　　号

2.2.1 材料力学性能

    C20——表示立方体强度标准值为 $20N/mm^2$ 的混凝土强度等级；

    E——材料弹性模量；

    f_{cb}——陶瓷薄板强度设计值。

2.2.2 作用和作用效应

    d_f——作用标准值引起的陶瓷薄板幕墙构件挠度值；

    q_{Ek}——地震作用标准值；

    w_k——风荷载标准值；

    σ_{Ek}——地震作用下幕墙陶瓷薄板最大应力标准值；

    σ_{wk}——风荷载作用下幕墙陶瓷薄板最大应力标准值。

2.2.3 几何参数

    l——矩形建筑陶瓷薄板板材边长；

    t——陶瓷薄板面板厚度；型材截面厚度。

2.2.4 系数

    m——弯矩系数；

    α——材料线膨胀系数；

    η——折减系数；

    μ——挠度系数；

    ν——材料泊松比。

2.2.5 其他

    $d_{f,lim}$——构件挠度限值；

    D_{cb}——陶瓷薄板的刚度。

3　材　　料

3.1　一　般　规　定

3.1.1 工程用材料除应符合本节的规定外，尚应符合现行国家标准《铝合金建筑型材》GB 5237.1～5237.6、《碳素结构钢》GB/T 700、《陶瓷板》GB/T 23266 的规定，并应满足设计要求。材料出厂时，应有出厂合格证书。

3.1.2 工程用材料应选用耐气候性的材料，其物理和化学性能应适应工程所在地的气候、环境，并应满足设计要求。

3.2　建筑陶瓷薄板

3.2.1 建筑陶瓷薄板的性能指标应符合表 3.2.1 的规定。

表 3.2.1　建筑陶瓷薄板的性能指标

序号	项目		指标	试验方法
1	吸水率（%）		≤0.5	按现行国家标准《陶瓷板》GB/T 23266 的有关规定进行
2	破坏强度（N）	厚度≥4.0mm	≥800	按现行国家标准《陶瓷板》GB/T 23266 的有关规定进行
		厚度<4.0mm	≥400	
3	断裂模数（MPa）		≥45	
4	耐磨性（mm³）		≤150	按现行国家标准《陶瓷板》GB/T 23266 的有关规定进行
5	内照射指数		≤1.0	按现行国家标准《建筑材料放射性核素限量》GB 6566 的有关规定进行
	外照射指数		≤1.3	
6	耐污染性		不低于 3 级	按现行国家标准《陶瓷砖试验方法　第 14 部分：耐污染性的测定》GB/T3810.14 的有关规定进行
7	抗冲击性		恢复系数不低于 0.7	按现行国家标准《陶瓷砖试验方法　第 5 部分：用恢复系数确定砖的抗冲击性》GB/T 3810.5 的有关规定进行
8	耐低浓度酸和碱		不低于 ULB 级	按现行国家标准《陶瓷板》GB/T 23266 的有关规定进行
9	密度（g/cm³）		2.38	按现行国家标准《陶瓷砖试验方法　第 3 部分：吸水率、显气孔率、表观相对密度和容重的测定》GB/T 3810.3 的有关规定进行
10	弹性模量（GPa）		65	按现行行业标准《玻璃材料弹性模量、剪切模量和泊松比试验方法》JC/T 678-1997 的有关规定进行
11	泊松比		0.17	
12	线膨胀系数（1/℃）		4.93×10^{-4}	按现行行业标准《玻璃平均线性热膨胀系数试验方法》JC/T 679 的有关规定进行
13	导热系数（W/(m·K)）	抛光面	0.68	按现行国家标准《绝热材料稳态热阻及有关特性的测定　防护热板法》GB/T 10294 的有关规定进行
		亚光面	0.66	
		釉面	0.86	

3.2.2　建筑陶瓷薄板的外观质量和尺寸偏差应符合表 3.2.2 的规定。

表 3.2.2　建筑陶瓷薄板的外观质量和尺寸偏差

序号	项目		指标	检查方法
1	尺寸及偏差（mm）	长度和宽度	±1.0	按现行国家标准《陶瓷板》GB/T 23266 的有关规定进行
		厚度	±0.3	
		对边长度差	≤1.0	
		对角线长度差	≤1.5	
2	表面质量		至少 95% 的板材其主要区域无明显缺陷	

3.3　粘贴用材料

3.3.1　聚合物水泥砂浆的性能指标应符合表 3.3.1 的规定。

表 3.3.1　聚合物水泥砂浆的性能指标

序号	项目	指标	试验方法
1	抗压强度（MPa）	≥17.5	按国家现行标准《建筑砂浆基本性能试验方法标准》JGJ/T 70 的有关规定进行
2	抗拉强度（MPa）	≥1.0	按国家现行标准《建筑砂浆基本性能试验方法标准》JGJ/T 70 的有关规定进行
3	抗剪强度（MPa）	≥2.0	按现行国家标准《建筑胶粘剂试验方法　第 1 部分：陶瓷砖胶粘剂试验方法》GB/T 12954.1 的有关规定进行 *
4	吸水率（%）	≤5	按国家现行标准《建筑砂浆基本性能试验方法标准》JGJ/T 70 的有关规定进行
5	游离甲醛（g/kg）	≤1	按现行国家标准《室内装饰装修材料　胶粘剂中有害物质限量》GB 18583 的有关规定进行
6	苯（g/kg）	≤0.2	按现行国家标准《室内装饰装修材料　胶粘剂中有害物质限量》GB 18583 的有关规定进行
7	甲苯＋二甲苯（g/kg）	≤10	按现行国家标准《室内装饰装修材料　胶粘剂中有害物质限量》GB 18583 的有关规定进行
8	总挥发性有机化合物 TVOC（g/L）	≤50	按现行国家标准《室内装饰装修材料　胶粘剂中有害物质限量》GB 18583 的有关规定进行

注：1. 对于外墙粘贴工程，表中 5、6、7、8 项不作要求。

2. * 指在按照现行国家标准《建筑胶粘剂试验方法　第 1 部分：陶瓷砖胶粘剂试验方法》GB/T 12954.1 的有关规定进行样板制备时，应参照该标准第 5.3 节 D 类胶粘剂的试验方法，并将模板厚度改为 10mm，金属垫条厚度改为 5mm，养护时间改为 28d。

3.3.2 水泥基胶粘剂的性能指标应符合表 3.3.2 的规定。

表 3.3.2 水泥基胶粘剂的性能指标

序号	项目	指标	试验方法
1	拉伸胶粘原强度（MPa）	≥1.0	按国家现行标准《陶瓷墙地砖胶粘剂》JC/T 547 的有关规定进行
2	浸水后的拉伸胶粘强度（MPa）	≥1.0	按国家现行标准《陶瓷墙地砖胶粘剂》JC/T 547 的有关规定进行
3	热老化后的拉伸胶粘强度（MPa）	≥1.0	按国家现行标准《陶瓷墙地砖胶粘剂》JC/T 547 的有关规定进行
4	冻融循环后的拉伸胶粘强度（MPa）	≥0.5	按国家现行标准《陶瓷墙地砖胶粘剂》JC/T 547 的有关规定进行
5	20min 晾置时间后的拉伸胶粘强度（MPa）	≥1.0	按国家现行标准《陶瓷墙地砖胶粘剂》JC/T 547 的有关规定进行
6	28d 抗剪切强度（MPa）	≥2.0	按现行国家标准《建筑胶粘剂试验方法 第 1 部分：陶瓷砖胶粘剂试验方法》GB/T 12954.1 的有关规定进行*
7	抗压强度（MPa）	≥17.5	按国家现行标准《建筑砂浆基本性能试验方法标准》JGJ/T 70 的有关规定进行
8	吸水率（%）	≤4	按国家现行标准《建筑砂浆基本性能试验方法标准》JGJ/T 70 的有关规定进行
9	游离甲醛（g/kg）	≤1	按现行国家标准《室内装饰装修材料 胶粘剂中有害物质限量》GB 18583 的有关规定进行
10	苯（g/kg）	≤0.2	按现行国家标准《室内装饰装修材料 胶粘剂中有害物质限量》GB 18583 的有关规定进行
11	甲苯＋二甲苯（g/kg）	≤10	按现行国家标准《室内装饰装修材料 胶粘剂中有害物质限量》GB 18583 的有关规定进行
12	总挥发性有机化合物 TVOC（g/L）	≤50	按现行国家标准《室内装饰装修材料 胶粘剂中有害物质限量》GB 18583 的有关规定进行
13	初凝时间（h）	$0.75 \leqslant t \leqslant 6$	按国家现行标准《建筑砂浆基本性能试验方法标准》JGJ/T 70 的有关规定进行

续表 3.3.3

序号	项目	指标	试验方法
14	终凝时间（h）	≤12	按国家现行标准《建筑砂浆基本性能试验方法标准》JGJ/T 70 的有关规定进行

注：1. 对于外墙粘贴工程，表中 9、10、11、12 项不作要求。

2. *指在按照现行国家标准《建筑胶粘剂试验方法 第 1 部分：陶瓷砖胶粘剂试验方法》GB/T 12954.1 的有关规定进行样板制备时，应参照该标准第 5.3 节 D 类胶粘剂的试验方法，并将模板厚度改为 10mm，金属垫条厚度改为 5mm，养护时间改为 28d。

3.3.3 水泥基填缝剂的性能指标应符合表 3.3.3 的规定。

表 3.3.3 水泥基填缝剂的性能指标

序号	项目		指标	试验方法
1	抗压强度（MPa）	标准试验条件	≥15.0	按国家现行标准《陶瓷墙地砖填缝剂》JC/T 1004 的有关规定进行
2		冻融循环后	≥15.0	按国家现行标准《陶瓷墙地砖填缝剂》JC/T 1004 的有关规定进行
3	抗折强度（MPa）	标准试验条件	≥2.5	按国家现行标准《陶瓷墙地砖填缝剂》JC/T 1004 的有关规定进行
4		冻融循环后	≥2.5	按国家现行标准《陶瓷墙地砖填缝剂》JC/T 1004 的有关规定进行
5	吸水量（g）	30min	≤5.0	按国家现行标准《陶瓷墙地砖填缝剂》JC/T 1004 的有关规定进行
		240min	≤10.0	按国家现行标准《陶瓷墙地砖填缝剂》JC/T 1004 的有关规定进行
6	收缩值（mm/m）		≤3.0	按国家现行标准《陶瓷墙地砖填缝剂》JC/T 1004 的有关规定进行
7	耐磨损性（mm³）		≤2,000	按国家现行标准《陶瓷墙地砖填缝剂》JC/T 1004 的有关规定进行
8	游离甲醛（g/kg）		≤1	按现行国家标准《室内装饰装修材料胶粘剂中有害物质限量》GB 18583 的有关规定进行

序号	项 目	指标	试 验 方 法
9	苯（g/kg）	≤0.2	按现行国家标准《室内装饰装修材料胶粘剂中有害物质限量》GB 18583 的有关规定进行
10	甲苯十二甲苯（g/kg）	≤10	按现行国家标准《室内装饰装修材料胶粘剂中有害物质限量》GB 18583 的有关规定进行
11	总挥发性有机化合物 TVOC（g/L）	≤50	按现行国家标准《室内装饰装修材料胶粘剂中有害物质限量》GB 18583 的有关规定进行

注：对于外墙粘贴工程，表中 9、10、11、12 项不作要求。

3.3.4 环氧基填缝剂的性能指标应符合表 3.3.4 的规定。

表 3.3.4 环氧基填缝剂的性能指标

序号	项 目	指标	试 验 方 法
1	抗拉强度(MPa)	≥7.0	按现行国家标准《建筑胶粘剂试验方法 第 1 部分：陶瓷砖胶粘剂试验方法》GB/T 12954.1 中 C 类胶粘剂的有关规定进行
2	抗压强度(MPa)	≥24	按国家现行标准《陶瓷墙地砖填缝剂》JC/T 1004 的有关规定进行
3	240min 吸水量(g)	≤0.1	按国家现行标准《陶瓷墙地砖填缝剂》JC/T 1004 的有关规定进行
4	耐磨损性(mm³)	≤250	按国家现行标准《陶瓷墙地砖填缝剂》JC/T 1004 的有关规定进行
5	收缩值(mm/m)	≤1.5	按国家现行标准《陶瓷墙地砖填缝剂》JC/T 1004 的有关规定进行

3.4 陶瓷薄板幕墙用材料

3.4.1 陶瓷薄板幕墙用材料应符合现行行业标准《玻璃幕墙工程技术规范》JGJ 102 的有关规定，具有抗腐蚀能力，并符合国家节约能源和环境保护的有关规定。

3.4.2 陶瓷薄板幕墙用材料的燃烧性能等级应符合下列规定：

1 陶瓷薄板幕墙保温用材料的燃烧性能等级应

符合国家现行有关标准的规定；

2 陶瓷薄板幕墙用防火封堵材料应符合现行国家标准《防火封堵材料》GB 23864 和《建筑用阻燃密封胶》GB/T 24267 的有关规定。

3.4.3 密封胶的粘结性和耐久性应满足设计要求，并应具有适用于陶瓷薄板幕墙面板基材、接缝尺寸以及变位量的类型和位移能力级别以及与所接触材料的无污染性。

3.4.4 陶瓷薄板幕墙面板的放射性核素限量，应符合现行国家标准《建筑材料放射性核素限量》GB 6566 的有关规定。

3.4.5 陶瓷薄板幕墙用铝合金型材、钢材应符合现行行业标准《玻璃幕墙工程技术规范》JGJ 102 的有关规定，其中铝合金型材的尺寸允许偏差不作高精级要求。

3.4.6 陶瓷薄板幕墙常用紧固件应符合现行行业标准《玻璃幕墙工程技术规范》JGJ 102 的有关规定。

3.4.7 陶瓷薄板幕墙与建筑主体结构之间或支承结构之间，宜采用钢连接件或铝合金连接件。钢连接件的材质和表面防腐处理应符合现行行业标准《玻璃幕墙工程技术规范》JGJ 102 的有关规定。铝合金型材连接件表面宜进行阳极氧化处理，其材质和表面处理质量应符合现行国家标准《铝合金建筑型材 第 1 部分：基材》GB 5237.1 和《铝合金建筑型材 第 2 部分：阳极氧化型材》GB 5237.2 的有关规定。连接件的厚度应经过计算确定，且钢板或钢型材的厚度不应小于 5mm，铝型材的厚度不应小于 6mm。

3.4.8 陶瓷薄板幕墙防雷连接件的材质、截面尺寸和防腐处理，应符合国家现行标准《建筑物防雷设计规范》GB 50057 和《民用建筑电气设计规范》JGJ 16 的有关规定。

3.4.9 陶瓷薄板幕墙用中性硅酮结构密封胶应符合现行行业标准《玻璃幕墙工程技术规范》JGJ 102 的有关规定。

3.4.10 陶瓷薄板幕墙的耐候密封应采用中性硅酮耐候密封胶，其性能应符合现行国家标准《建筑密封胶分级和要求》GB/T 22083 的有关规定。

3.4.11 陶瓷薄板幕墙用橡胶制品、密封胶条应符合现行行业标准《玻璃幕墙工程技术规范》JGJ 102 的有关规定。

3.4.12 与单组分硅酮结构密封胶配合使用的低发泡间隔双面胶带和作填充材料的聚乙烯泡沫棒应符合现行行业标准《玻璃幕墙工程技术规范》JGJ 102 的有关规定。

3.4.13 陶瓷薄板幕墙宜采用聚乙烯泡沫棒作填充材料，其密度不应大于 37kg/m³。

4 粘 贴 设 计

4.0.1 建筑陶瓷薄板饰面工程设计应从下列方面满

足安全要求：

1 基层要求；

2 薄法施工各构造层及各层所用材料的品种、成分和相应的技术性能指标；

3 伸缩缝位置、接缝和特殊部位的构造处理；

4 墙面凹凸部位的防水、排水构造。

4.0.2 基层应符合下列规定：

1 室内地面饰面工程，基层抗拉强度不应小于0.3MPa，抗剪切强度不应小于0.5MPa；室内、室外墙面饰面工程，基层抗拉强度不应小于1.0MPa，抗剪切强度不应小于1.0MPa；

2 基层平整度每2延米不应大于3mm。

4.0.3 当基层不符合本规程第4.0.2条的规定时，应进行处理。当对墙面进行处理时，宜采用聚合物水泥砂浆。

4.0.4 室外墙面饰面工程的粘结层，应采用双组分水泥基胶粘剂。

4.0.5 室外墙面填缝剂宜选用环氧基填缝剂。

4.0.6 饰面工程构造层的各层材料及其配套材料应具有相容性。

4.0.7 对于有外观及色彩要求的工程，宜对建筑陶瓷薄板与填缝剂进行色彩选配。

4.0.8 对于室内和室外墙面饰面工程，建筑陶瓷薄板面层应设置伸缩缝。伸缩缝应选用弹性材料嵌缝。

4.0.9 结构墙体变形缝两侧粘贴的外墙陶瓷薄板之间的缝宽不应小于变形缝的宽度。

4.0.10 对窗台、檐口、装饰线、雨篷、阳台和落水口等墙面凹凸部位，应采用防水和排水构造。

4.0.11 外墙水平阳角处的顶面排水坡度不应小于3‰，并应设置滴水构造。

5 陶瓷薄板幕墙设计

5.1 陶瓷薄板幕墙的建筑设计

5.1.1 陶瓷薄板幕墙设计应根据建筑物的使用功能、立面设计，经综合技术经济分析，选择其形式、构造和材料。

5.1.2 陶瓷薄板幕墙应与建筑物整体及周围环境协调。

5.1.3 陶瓷薄板幕墙设计应采取防脱落措施；在人员流动密度大、青少年或幼儿活动的公共场所以及使用中容易受到撞击的部位，应采取防撞击措施。

5.1.4 陶瓷薄板幕墙的下列性能指标应符合现行国家标准《建筑幕墙》GB/T 21086的有关规定：

1 抗风压性能；

2 水密性能；

3 气密性能；

4 平面内变形性能；

5 热工性能；

6 空气声隔声性能；

7 耐撞击性能；

8 承重力性能。

5.1.5 陶瓷薄板幕墙的性能设计应根据建筑物的类别、高度、体型以及建筑物所在地的物理、气候、环境等条件进行。

5.1.6 陶瓷薄板幕墙的性能检测应符合现行国家标准《建筑幕墙》GB/T 21086的有关规定。

5.1.7 陶瓷薄板幕墙的构造设计应符合现行行业标准《玻璃幕墙工程技术规范》JGJ 102的有关规定。

5.1.8 陶瓷薄板幕墙的钢框架支承结构应考虑温度变化的影响，设计时可进行温度应力分析或采取减少温度影响的构造措施。

5.1.9 主体结构的抗震缝、伸缩缝、沉降缝等部位的陶瓷薄板幕墙设计宜保证外墙面的完整性。一块陶瓷板不宜跨越抗震缝和伸缩缝两边。

5.1.10 陶瓷薄板幕墙的防火、防雷设计应符合现行行业标准《玻璃幕墙工程技术规范》JGJ 102的有关规定。

5.2 陶瓷薄板幕墙的结构设计

5.2.1 陶瓷薄板幕墙应按外围护结构设计，设计使用年限不应小于25年。

5.2.2 陶瓷薄板幕墙的风荷载标准值应按现行国家标准《建筑结构荷载规范》GB 50009计算，也可按风洞实验结果确定。

5.2.3 抗震设防烈度为6、7、8度的陶瓷薄板幕墙工程，应进行抗震设计。

5.2.4 陶瓷薄板幕墙的荷载、地震作用以及作用效应组合应符合现行行业标准《玻璃幕墙工程技术规范》JGJ 102的有关规定。

5.2.5 陶瓷薄板幕墙结构构件应按现行行业标准《玻璃幕墙工程技术规范》JGJ 102的有关规定验算承载力和挠度。

5.2.6 结构构件的受拉承载力应按净截面计算；受压承载力应按有效净截面计算；稳定性应按有效截面计算。构件的变形和各种稳定系数可按毛截面计算。

5.2.7 陶瓷薄板的强度设计值，可按表5.2.7的规定采用。

表5.2.7 面板材料强度设计值（N/mm²）

材料种类	带釉陶瓷薄板	无釉陶瓷薄板
弯曲强度设计值 f_{cb}	18	23

5.2.8 常用的铝合金型材、热轧钢材、耐候钢和不锈钢螺栓强度设计值应符合现行行业标准《玻璃幕墙工程技术规范》JGJ 102的有关规定。

5.2.9 陶瓷薄板幕墙除面板外其他材料的弹性模量、泊松比、线膨胀系数应符合现行行业标准《玻璃幕墙

工程技术规范》JGJ 102 的有关规定。

5.2.10 钢铸件、常用不锈钢型材和棒材、常用不锈钢板材和带材、冷弯薄壁型钢的强度设计值应按本规程附录 A 采用。

5.2.11 铝合金结构连接强度设计值可按本规程附录 B 采用。

5.2.12 陶瓷薄板幕墙的连接设计应符合现行行业标准《玻璃幕墙工程技术规范》JGJ 102 的有关规定。

5.2.13 陶瓷薄板幕墙的硅酮结构密封胶应符合现行行业标准《玻璃幕墙工程技术规范》JGJ 102 的有关规定。

5.2.14 四边简支陶瓷薄板在垂直于幕墙平面的风荷载和地震作用下,陶瓷薄板截面最大应力应符合下列规定:

 1 最大应力标准值可按几何非线性的有限元方法计算,也可按下列公式计算:

$$\sigma_{wk} = \frac{6m w_k a^2}{t^2}\eta \qquad (5.2.14-1)$$

$$\sigma_{Ek} = \frac{6m q_{Ek} a^2}{t^2}\eta \qquad (5.2.14-2)$$

$$\theta = \frac{w_k a^4}{E t^4} \ \text{或} \ \theta = \frac{(w_k + 0.5 q_{Ek})a^4}{E t^4}$$

$$(5.2.14-3)$$

式中:θ——参数;

σ_{wk}、σ_{Ek}——分别为风荷载、地震作用下陶瓷薄板截面的最大应力标准值(N/mm²);

w_k、q_{Ek}——分别为垂直于幕墙平面的风荷载、地震作用标准值(N/mm²);

t——陶瓷薄板的厚度(mm);

E——陶瓷薄板的弹性模量(N/mm²);

m——弯矩系数,可由陶瓷薄板短边与长边边长之比 l_x/l_y 按表 5.2.14-1 采用;

η——折减系数,可由参数 θ 按表 5.2.14-2 采用。

表 5.2.14-1　四边支承陶瓷薄板的弯矩系数 m

l_x/l_y	0.50	0.55	0.60	0.65	0.70	0.75	0.80	0.85	0.90	0.95	1.00
四边简支	0.0995	0.0928	0.0861	0.0796	0.0733	0.0674	0.0618	0.0565	0.0517	0.0472	0.0431

注:1 计算时 l 值取 l_x、l_y 值中的较小值。
　　2 此表适用于泊松比为 0.17。

表 5.2.14-2　折减系数 η

θ	≤5.0	10.0	20.0	40.0	60.0	80.0	100.0
η	1.00	0.96	0.92	0.84	0.78	0.73	0.68
θ	120.0	150.0	200.0	250.0	300.0	350.0	≥400.0
η	0.65	0.61	0.57	0.54	0.52	0.51	0.50

 2 最大应力设计值应按现行行业标准《玻璃幕墙工程技术规范》JGJ 102 的有关规定进行组合。

 3 最大应力设计值不应超过陶瓷薄板强度设计值 f_{cb}。

5.2.15 陶瓷薄板在风荷载作用下的跨中挠度,应符合下列规定:

 1 陶瓷薄板的刚度 D_{cb} 可按下式计算:

$$D_{cb} = \frac{E t^3}{12(1-\nu^2)} \qquad (5.2.15-1)$$

式中:D_{cb}——陶瓷薄板的刚度(N·m);

ν——泊松比,可按本规程第 3.2.1 条采用。

 2 陶瓷薄板跨中挠度可按几何非线性的有限元方法计算,也可按下式计算:

$$d_f = \frac{\mu w_k a^4}{D_{cb}}\eta \qquad (5.2.15-2)$$

式中:d_f——在风荷载标准值作用下挠度最大值(mm);

μ——挠度系数,可由陶瓷薄板短边与长边边长之比 l_x/l_y 按表 5.2.15 采用。

表 5.2.15　四边支承板的挠度系数 μ

l_x/l_y	0.00	0.20	0.25	0.33	0.50
μ	0.01302	0.01297	0.01282	0.01223	0.01013
l_x/l_y	0.55	0.60	0.65	0.70	0.75
μ	0.00940	0.00867	0.00796	0.00727	0.00663
l_x/l_y	0.80	0.85	0.90	0.95	1.00
μ	0.00603	0.00547	0.00496	0.00449	0.00406

 3 在风荷载标准值作用下,四边支承陶瓷薄板的挠度限值 $d_{f,lim}$ 宜按其短边边长的 1/60 采用。

5.2.16 陶瓷薄板应按需要设置中肋等加劲肋。加劲肋可采用金属方管、槽形或角形型材。加劲肋应与面板可靠联结,并应有防腐措施。加劲肋的端部与幕墙框架之间应进行有效连接。

5.2.17 加劲肋陶瓷薄板应按多跨连续板计算。

5.2.18 陶瓷薄板的单跨中肋应按简支梁设计,中肋应有足够的刚度,其挠度不应大于中肋跨度的 1/180。

5.2.19 斜陶瓷薄板幕墙计算承载力时,应计入永久荷载、风荷载、雪荷载、施工荷载及地震作用在垂直于陶瓷薄板平面方向所产生的弯曲应力。施工荷载应根据施工情况决定,但不应小于 2.0kN 的集中荷载作用,施工荷载作用点应按最不利位置考虑。

5.2.20 横梁和立柱的设计应符合现行行业标准《玻璃幕墙工程技术规范》JGJ 102 的有关规定。

6　加 工 制 作

6.1　一 般 规 定

6.1.1 陶瓷薄板幕墙在加工制作前应与建筑、结构

施工图进行核对，对已建主体结构进行复测，并应按实测结果对陶瓷薄板幕墙设计进行调整。

6.1.2 加工陶瓷薄板幕墙构件所采用的设备、机具应满足陶瓷薄板幕墙构件加工精度的要求，其检测量具应定期进行计量检定。

6.1.3 单元式陶瓷薄板幕墙的单元组件、隐框陶瓷薄板幕墙的装配组件均应在工厂加工制作。

6.1.4 采用硅酮结构密封胶粘结固定隐框陶瓷薄板幕墙构件时，应在洁净、通风的室内进行注胶，且环境温度、湿度条件应符合结构胶产品的有关规定；注胶宽度和厚度应满足设计要求。

6.2 铝型材和钢构件

6.2.1 陶瓷薄板幕墙的铝合金型材构件和钢构件的加工应按现行行业标准《玻璃幕墙工程技术规范》JGJ 102 的有关规定执行。

6.3 陶瓷薄板

6.3.1 陶瓷薄板加工前应进行检验并应符合本规程3.2节及下列规定：

　　1 陶瓷薄板不得有明显的色差；

　　2 陶瓷薄板的色泽和花纹图案应符合供需双方确定的样板。

6.3.2 陶瓷薄板切割、开孔过程中，应采用清水润滑和冷却。切割、开孔后，应用清水对孔壁进行清洁处理，并置于通风处自然干燥。

6.3.3 加工完成的陶瓷薄板应竖立存放于通风良好的仓库内，其与水平面夹角不应小于 85°，下边缘宜采用弹性材料衬垫，离地面高度宜大于 50mm。

6.4 构件加工后的表面防护处理

6.4.1 碳钢构件加工后的表面防护处理应按现行行业标准《玻璃幕墙工程技术规范》JGJ 102 的有关规定执行。

6.5 单元式陶瓷薄板幕墙组件

6.5.1 单元式陶瓷薄板幕墙在加工前应对各板块进行编号，并应注明加工、运输、安装方向和顺序。

6.5.2 单元板块构件之间的连接应牢固、可靠。构件之间连接处的缝隙应采用硅酮建筑密封胶密封。注胶前应将注胶表面清理干净，并采取防止三面粘结的措施。

6.5.3 单元板块与主体结构的连接件、吊挂件、支撑件应具备可调整范围，并应采用不锈钢螺栓将吊挂件与陶瓷薄板幕墙构件固定牢固。螺栓的规格和数量应满足设计要求，但螺栓数量不得少于 2 个，且连接件与单元板块之间固定螺栓的直径不应小于 10mm。

6.5.4 运输单元板块时，应采取措施防止板块在搬动、运输、吊装过程中变形。

6.5.5 单元式陶瓷薄板幕墙的加工组装应符合下列规定：

　　1 有防火要求的陶瓷薄板幕墙单元，应将面板、防火板、防火材料按设计要求组装在金属框架上；

　　2 有可视部分的混合幕墙单元，应将玻璃、陶瓷薄板面板、防火板及防火材料按设计要求组装在金属框架上；

　　3 陶瓷薄板幕墙单元内，面板与金属框架的连接应采用便于面板更换的构造措施。

6.5.6 单元板块组装完成后，与室内连通或贯通前、后腔的工艺孔应进行封堵；通气孔宜采用防水透气材料封堵，并保持通气；排水孔应保持畅通。

6.5.7 采用自攻螺钉直接连接单元板块水平构件和竖向构件时，应符合下列规定：

　　1 每个连接点的螺钉不应少于 3 个，规格不应小于 ST4.2，拧入深度不宜小于 35mm；

　　2 预制孔的最大内径、最小内径和螺钉拧入扭矩应符合表 6.5.7 的规定；

　　3 宜采用气动工具拧紧螺钉，气动工具的气压不应小于 0.6MPa，并应通过抽查螺钉的拧入扭矩对压缩空气的气压进行调节和修正；

　　4 螺钉连接部位应做好密封处理。

表 6.5.7 预制螺钉孔内径要求

自攻螺钉螺纹规格	孔径（mm）		扭矩（N·m）
	最小	最大	
ST4.2	3.430	3.480	4.4
ST4.8	4.015	4.065	6.3
ST5.5	4.735	4.785	10.0
ST6.3	5.475	5.525	13.6

6.5.8 单元组件框加工制作和组装允许偏差应按现行行业标准《玻璃幕墙工程技术规范》JGJ 102 的有关规定执行。

6.6 构件、组件检验

6.6.1 陶瓷薄板幕墙构件或组件应按构件或组件的5%进行随机抽样检查，且每种构件或组件不得少于5件。当有一个构件或组件不符合规定时，应加倍进行复验，检验合格后方可出厂。复验时，若发现有一件不合格，则应对该批构件或组件进行 100%检验，合格件允许出厂。

7 安 装 施 工

7.1 粘 贴 工 程

Ⅰ 一 般 规 定

7.1.1 本节适用于陶瓷薄板在室内地面、室内外墙

面粘贴工程的安装施工。

7.1.2 陶瓷薄板用于外墙饰面工程时应符合国家现行标准《建筑装饰装修工程质量验收规范》GB 50210 和《外墙饰面砖工程施工及验收规程》JGJ 126 的有关规定。用于地面工程时，应符合现行国家标准《建筑地面工程施工质量验收规范》GB 50209 的有关规定。

7.1.3 施工材料进场后，应对水泥基胶粘剂的拉伸胶粘原强度、浸水后的拉伸胶粘强度、冻融循环后的拉伸胶粘强度、总挥发性有机化合物 TVOC 以及填缝剂的总挥发性有机化合物 TVOC 进行抽样复检，其材料性能指标应符合本规程第 3.3 节的有关规定。

7.1.4 陶瓷薄板饰面工程施工前，应对粘结和填缝所用的材料进行试配，经检验合格后方可使用。

7.1.5 室内外墙面饰面工程施工前应做出样板。室外墙面样板的检验应按现行行业标准《建筑工程饰面砖粘结强度检验标准》JGJ 110 的有关规定执行。

7.1.6 陶瓷薄板饰面工程施工前应明确陶瓷薄板的排列方案并预先编号。

Ⅱ 施 工 准 备

7.1.7 建筑陶瓷薄板的包装箱应牢固并有可靠的减振措施，在运输过程中应避免雨淋、水泡和长期日晒，搬运时应稳拿轻放，严禁摔扔。

7.1.8 在进行散装建筑陶瓷薄板的运输时必须侧立搬运，不得平抬。

7.1.9 建筑陶瓷薄板应存放在坚实、平整和干燥的仓库中，堆放高度应根据包装箱的强度确定。

7.1.10 饰面工程施工前，有防水要求的工序应施工完毕，抹灰、水电设备管线、门窗洞、脚手眼、阳台等应处理完毕。

7.1.11 基层应平整、坚实、洁净，不得有裂缝、明水、空鼓、起砂、麻面及油渍、污物等缺陷。

7.1.12 填缝剂施工前应清除缝隙间杂物，并应用清水润湿缝隙。

7.1.13 粘贴施工的环境温度宜为 5℃～35℃。

7.1.14 室外饰面工程不得在雨、雪天气和发生五级及五级以上大风时施工。

Ⅲ 施 工

7.1.15 室内地面粘贴施工应按下列流程进行：

1 基层检查和处理；

2 粘贴陶瓷薄板；

3 填缝；

4 表面清理。

7.1.16 当采用水泥基胶粘剂粘贴陶瓷薄板时，应符合下列规定：

1 胶粘剂应按生产企业的产品使用说明配制；

2 基层和陶瓷薄板的粘贴面应干净无尘，无

明水；

3 基层上应涂抹胶粘剂，并应采用齿形镘刀均匀梳理，使之均匀分布成清晰、饱满的连续条纹；

4 陶瓷薄板粘贴面上应涂抹胶粘剂，并采用齿形镘刀均匀梳理，条纹走向宜与基层胶粘剂的条纹走向垂直，厚度宜为基层胶粘剂厚度的一半；

5 铺设陶瓷薄板宜借助玻璃吸盘、木杠，并用橡皮锤轻敲并摁压密实，应做到胶粘剂饱满、板面平整；

6 陶瓷薄板表面及缝隙处的多余胶粘剂应及时清除；

7 胶粘剂初凝后，严禁移动陶瓷薄板面层。

7.1.17 填缝剂施工应符合下列规定：

1 胶粘剂终凝前，不得进行填缝剂施工；

2 填缝剂应按生产企业的产品使用说明配制；

3 缝隙间的杂物应清除，缝隙应润湿，且不得有滞水；

4 填缝应密实饱满、无空穴或孔隙；

5 多余的填缝剂应清理干净。

7.1.18 室内外墙面粘贴施工时，除应符合本规程第 7.1.15 条～第 7.1.17 条的规定外，尚应满足下列要求：

1 施工应按自下而上的顺序进行；

2 胶粘剂终凝前，必须采取有效可靠的侧向支护；

3 板缝应采用定位器固定。

Ⅳ 安 全 规 定

7.1.19 切割陶瓷薄板时宜采取降噪措施。

7.1.20 施工中建筑废料和粉尘宜随时清理。

7.1.21 配制胶粘剂和填缝剂时，操作人员应佩戴防护手套。

7.1.22 施工过程中脚手架的搭设和使用必须符合现行行业标准《建筑施工扣件式钢管脚手架安全技术规范》JGJ 130 和《建筑施工高处作业安全技术规范》JGJ 80 的有关规定。

7.1.23 一切用电设备的操作必须符合现行行业标准《施工现场临时用电安全技术规范》JGJ 46 的有关规定。

7.2 陶瓷薄板幕墙工程

7.2.1 进场的陶瓷薄板幕墙构件和附件的材料品种、规格、色泽和性能，应满足设计要求。陶瓷薄板幕墙构件安装前应进行检验与校正。不合格的构件不得安装使用。

7.2.2 陶瓷薄板幕墙的安装施工应单独编制施工组织设计，并应包括下列内容：

1 工程进度计划；

2 搬运、吊装方法；

3 测量方法；

4 安装方法；

5 安装顺序；

6 构件、组件和成品的现场保护方法；

7 检查验收；

8 安全措施。

7.2.3 单元式陶瓷薄板幕墙的安装施工组织设计除应符合本规程第7.2.2条的规定外，尚应包括下列内容：

1 单元件的运输及装卸方案；

2 吊具的类型和吊具的移动方法，单元组件起吊地点、垂直运输与楼层水平运输方法和机具；

3 收口单元位置、收口闭口工艺和操作方法；

4 单元组件吊装顺序及吊装、调整、定位固定等方法及措施；

5 幕墙施工组织设计应与主体工程施工组织设计相互衔接，单元幕墙收口部位应与总施工平面图中施工机具的布置协调一致。

7.2.4 陶瓷薄板幕墙工程的施工测量应符合下列规定：

1 幕墙分格轴线的测量应与主体结构测量相配合，并及时调整、分配、消化主体结构偏差，不得积累；

2 单元式幕墙施工时，应对主体结构施工过程中的垂直度和楼层外廓进行测量、监控；

3 应定期对幕墙的安装定位基准进行校核；

4 对高层建筑幕墙的测量，应在风力不大于4级时进行。

7.2.5 陶瓷薄板幕墙安装过程中，应及时对半成品、成品进行保护；在构件存放、搬动、吊装时应轻拿轻放，不得碰撞、损坏和污染构件；对型材、面板的表面应采取保护措施。

7.2.6 钢结构焊接施工应符合现行行业标准《建筑钢结构焊接技术规程》JGJ 81 的有关规定。焊接作业时，应采取保护措施防止烧伤型材及面板表面。施焊后，应对钢材表面及时进行处理。

7.2.7 安装施工准备工作应按现行行业标准《玻璃幕墙工程技术规范》JGJ 102 的有关规定执行。

7.2.8 构件式、单元式陶瓷薄板幕墙施工工艺和安全规定应按现行行业标准《玻璃幕墙工程技术规范》JGJ 102 的有关规定执行。

8 工 程 验 收

8.1 粘 贴 工 程

Ⅰ 一 般 规 定

8.1.1 基层的施工质量检验数量，每200m²施工面积应抽查一处，且不得少于三处。

8.1.2 室内地面饰面工程应按每一层次或每一施工段作为检验批。每一检验批应按自然间或标准间检验，抽查数量不应少于三间，不足三间时应全部检查。走廊过道应以10m长度为一间，礼堂、门厅应以两个轴线之间的面积为一间。

8.1.3 相同材料、工艺和施工条件的室内墙面饰面工程应按每50间划分为一个检验批，不足50间也应划分为一个检验批。大面积房间和走廊，宜按施工面积30m²为一间。室内每个检验批应抽查10%以上，并不得少于三间，不足三间时应全部检查。

8.1.4 室外墙面饰面工程宜按建筑物层高或4m高度为一个检查层，每20m长度应抽查一处，每处宜为3m长。每一检查层应检查三处以上。

Ⅱ 主 控 项 目

8.1.5 用于基层处理的材料、双组分水泥基胶粘剂、水泥基填缝剂、环氧基填缝剂、陶瓷薄板等材料的品种、质量必须满足设计要求。

检验方法：检查出厂合格证、质量检验报告、现场抽样试验报告。

8.1.6 室外墙面饰面工程粘结强度检验应符合现行行业标准《建筑工程饰面砖粘结强度检验标准》JGJ 110 的有关规定。

8.1.7 建筑陶瓷薄板饰面工程应无空鼓、无裂缝。

检验方法：观察；用小锤轻击检查。

Ⅲ 一 般 项 目

8.1.8 基层应洁净、平整，不得有松动、起砂、蜂窝和脱皮等缺陷。

检验方法：观察和检查隐蔽工程验收记录。

8.1.9 基层的平整度每2延米不应大于3mm。

检验方法：用2m靠尺和楔形塞尺检查。

8.1.10 陶瓷薄板接缝应平直、光滑，填缝应连续、密实；宽度和深度应满足设计要求。

检验方法：观察检查；尺量检查。

8.1.11 室内、室外墙面饰面工程陶瓷薄板粘贴的允许偏差应符合现行国家标准《建筑装饰装修工程质量验收规范》GB 50210 的有关规定。

8.1.12 室内地面饰面工程陶瓷薄板粘贴的允许偏差应符合现行国家标准《建筑地面工程施工质量验收规范》GB 50209 的有关规定。

8.2 陶瓷薄板幕墙工程

Ⅰ 一 般 规 定

8.2.1 陶瓷薄板幕墙工程验收前应将其表面清洗、擦拭干净。

8.2.2 陶瓷薄板幕墙工程验收时，宜根据工程实际

情况提交下列资料的部分或全部。

1 幕墙工程的竣工图或施工图、结构计算书、热工性能计算书、设计变更文件及其他设计文件；

2 幕墙工程所用各种材料、构件、组件、紧固件和其他附件的产品合格证书、性能检测报告、进场验收记录和复验报告；

3 进口硅酮结构胶的商检证和海关报验单、国家指定检测机构出具的硅酮结构胶相容性和剥离粘结性试验报告；

4 后置埋件的现场拉拔检测报告；

5 幕墙的气密性能、水密性能、抗风压性能、平面内变形性能及其他设计要求的性能检测报告；

6 注胶、养护环境的温度、湿度记录；双组分硅酮结构胶的成品切胶剥离试验记录；

7 幕墙与主体结构防雷接地点之间的电阻检测记录；

8 隐蔽工程验收文件；

9 幕墙安装施工记录；

10 现场淋水试验记录；

11 其他有关的质量保证资料。

8.2.3 陶瓷薄板幕墙工程验收前，应在安装施工过程中完成下列隐蔽项目的现场验收。

1 预埋件或后置锚栓连接件；

2 构件与主体结构的连接节点；

3 幕墙四周、幕墙内表面与主体结构之间的封堵；

4 幕墙伸缩缝、沉降缝、抗震缝及墙面转角节点；

5 幕墙防雷连接节点；

6 幕墙防火、隔烟节点；

7 单元式幕墙的封口节点。

8.2.4 陶瓷薄板幕墙工程应进行观感检验和抽样检验，每幅陶瓷薄板幕墙均应检验。检验批的划分应符合下列规定：

1 设计、材料、工艺和施工条件相同的幕墙工程，每 $500m^2$～$1000m^2$ 为一个检验批，不足 $500m^2$ 应划分为一个独立检验批。每个检验批每 $100m^2$ 应至少抽查一处，每处不得少于 $10m^2$。

2 同一单位工程中不连续的幕墙工程应单独划分检验批。

3 对于异形或有特殊要求的幕墙，检验批的划分应根据幕墙的结构、工艺特点及幕墙工程的规模，宜由监理单位、建设单位和施工单位协商确定。

Ⅱ 主控项目

8.2.5 陶瓷薄板幕墙面板表面质量应符合下列规定：

表 8.2.5 陶瓷薄板幕墙面板的表面质量

序号	项 目	质量要求 建筑陶瓷薄板	检查方法
1	缺棱：长×宽不大于 10mm×1mm（长度小于 5mm 不计）周边允许（个）	1	钢直尺
2	缺角：面积不大于 5mm×2mm（面积小于 2mm×2mm 不计）（处）	1	钢直尺
3	裂纹（包括隐裂、釉面龟裂）	不允许	目测观察
4	窝坑（毛面除外）	不明显	目测观察
5	明显擦伤、划伤	不允许	目测观察
6	单条长度不大于 100mm 的轻微划伤	不多于 2 条	钢直尺
7	轻微擦伤总面积	≤300mm²（面积小于 100mm² 不计）	钢直尺

注：表中规定的质量指标是指对单块面板的质量要求；目测检查，是指距板面 3m 处肉眼观察。

8.2.6 陶瓷薄板幕墙的安装质量测量检查应在风力小于 4 级时进行，并应符合表 8.2.6-1、表 8.2.6-2 的规定。

表 8.2.6-1 构件式陶瓷薄板幕墙安装质量

序号	项目	尺寸范围	允许偏差(mm)	检查方法
1	相邻立柱间距尺寸（固定端）	—	±2.0	钢直尺
2	相邻两横梁间距尺寸	不大于 2m	±1.5	钢直尺
		大于 2m	±2.0	钢直尺
3	单个分格对角线长度差	长边边长不大于 2m	≤3.0	钢直尺或伸缩尺
		长边边长大于 2m	≤3.5	钢直尺或伸缩尺
4	立柱、竖缝及墙面的垂直度	幕墙总高度不大于 30m	≤10.0	激光仪或经纬仪
		幕墙总高度不大于 60m	≤15.0	
		幕墙总高度不大于 90m	≤20.0	
		幕墙总高度不大于 150m	≤25.0	
		幕墙总高度大于 150m	≤30.0	

续表 8.2.6-1

序号	项目	尺寸范围	允许偏差(mm)	检查方法
5	立柱、竖缝直线度	—	≤2.0	2.0m靠尺、塞尺
6	立柱、墙面的平面度	相邻两墙面	≤2.0	激光仪或经纬仪
		一幅幕墙总宽度不大于20m	≤5.0	
		一幅幕墙总宽度不大于40m	≤7.0	
		一幅幕墙总宽度不大于60m	≤9.0	
		一幅幕墙总宽度大于80m	≤10.0	
7	横梁水平度	横梁长度不大于2m	≤1.0	水平仪或水平尺
		横梁长度大于2m	≤2.0	
8	同一标高横梁、横缝的高度差	相邻两横梁、面板	≤1.0	钢直尺、塞尺或水平仪
		一幅幕墙幅宽不大于35m	≤5.0	
		一幅幕墙幅宽大于35m	≤7.0	
9	缝宽度(与设计值比较)	—	±2.0	游标卡尺

注：一幅幕墙是指立面位置或平面位置不在一条直线或连续弧线上的幕墙。

表8.2.6-2　单元式陶瓷薄板幕墙安装质量

序号	项目	尺寸范围	允许偏差(mm)	检查方法
1	竖缝及墙面的垂直度	幕墙高度 H 不大于30m	≤10	激光经纬仪或经纬仪
		幕墙高度 H 不大于60m	≤15	
		幕墙高度 H 不大于90m	≤20	
		幕墙高度 H 不大于150m	≤25	
		幕墙高度 H 大于150m	≤30	
2	幕墙平面度		≤2.5	2m靠尺、钢直尺
3	竖缝直线度		≤2.5	2m靠尺、钢直尺
4	横缝直线度		≤2.5	2m靠尺、钢直尺
5	缝宽度(与设计值比较)		±2.0	游标卡尺

续表 8.2.6-2

序号	项目	尺寸范围	允许偏差(mm)	检查方法
6	单元间接缝宽度(与设计值比较)		±2.0	钢直尺
7	相邻两组件面板表面高低差		≤1.0	深度尺
8	同层单元组件标高	宽度不大于35m	≤3.0	激光经纬仪或经纬仪
		宽度大于35m	≤5.0	
9	两组件对插件接缝搭接长度(与设计值比较)		±2.0	游标卡尺
10	两组件对插件距离槽底距离(与设计值比较)		±2.0	游标卡尺

Ⅲ　一般项目

8.2.7 陶瓷薄板幕墙观感检验应符合下列规定：

　　1　幕墙的框料和接缝应横平竖直，缝宽均匀，并应满足设计要求；

　　2　面板应表面平整、颜色均匀，品种、规格与色彩应与设计文件相符；表面应洁净、无污染，不得有凹坑、缺角、裂缝、斑痕，施釉表面不得有裂纹和龟裂；

　　3　转角部位的面板压向应满足设计要求，边缘整齐，合缝顺直；

　　4　滴水线、流水坡向应满足设计要求，宽窄均匀、光滑顺直。

8.2.8 陶瓷薄板幕墙隐蔽节点的遮封装修应整齐美观。陶瓷薄板幕墙边角部位、变形缝的构造应满足设计要求。

9　保养和维护

9.1　一般规定

9.1.1 陶瓷薄板工程铺贴完成后，应采取临时保护措施，不得污染和损伤陶瓷薄板。

9.1.2 陶瓷薄板幕墙工程竣工验收时，承包商应向业主提供现行《幕墙使用维护说明书》。《幕墙使用维护说明书》应包括下列内容：

　　1　幕墙的设计依据、主要特点和性能参数及幕墙结构的设计使用年限；

　　2　使用过程中的注意事项；

　　3　非普通开启窗的使用与维护要求；

　　4　环境条件变化可能对幕墙使用产生的影响；

　　5　日常与定期的维护、保养及清洁要求；

　　6　幕墙的主要结构特点及易损零部件的更换

方法；

　　7　备品、备料清单及主要易损件的名称、规格；

　　8　承包商的保修责任、保修年限。

9.1.3　陶瓷薄板幕墙工程承包商在陶瓷薄板幕墙交付使用前应为业主培训保养和维护人员。

9.1.4　陶瓷薄板幕墙交付使用后，业主应制定陶瓷薄板幕墙的检查、维护、保养计划与制度。

9.1.5　陶瓷薄板幕墙的保养和维护除应符合现行行业标准《建筑外墙清洗维护技术规程》JGJ 168 的有关规定外，尚应满足下列要求：

　　1　清洗材料及清洗方法应与幕墙面板材料相适应，不得污染、腐蚀和损伤面板、幕墙构件、密封材料或嵌缝材料，且不得污染环境；

　　2　清洗开缝式幕墙时，应制定适宜的施工作业方案并对水流量进行控制，防止清洗用水大量渗入幕墙背面；

　　3　幕墙的维护应由经培训合格的人员或具有相关资质的单位进行；

　　4　幕墙检查、清洗、保养与维护作业中，凡属高空作业者，应符合现行行业标准《建筑施工高处作业安全技术规范》JGJ 80 的有关规定；

　　5　进行幕墙清洗、维护和保养时，应做好周边环境的安全保护措施。

9.2　检查和维护

9.2.1　陶瓷薄板幕墙的日常维护和保养应符合下列规定：

　　1　保持幕墙表面整洁，避免锐器及腐蚀性气体和液体与幕墙表面接触；

　　2　保持幕墙排水系统的畅通，发现堵塞应疏通；

　　3　保持开缝式幕墙防水系统和排水系统的有效性和完好性，发现堵塞应疏通；

　　4　发现门、窗启闭不灵或附件损坏等现象时，应修理或更换；

　　5　发现密封胶或密封胶条脱落或损坏时，应进行修补与更换；

　　6　发现幕墙构件或附件的螺栓、螺钉松动或锈蚀时，应拧紧或更换；

　　7　发现幕墙面板挂件、背栓等连接部件松动或脱落时，应拧紧或更换；

　　8　发现幕墙构件锈蚀时，应除锈补漆或采取其他防锈措施；

　　9　对破损的板材应进行更换。

9.2.2　陶瓷薄板幕墙的定期检查和维护应符合下列规定：

　　1　在幕墙工程竣工验收后一年期满时，应对幕墙工程进行一次全面的检查，此后每五年应检查一次。

　　2　幕墙的定期检查和维护应包括下列项目：

　　1）幕墙整体有无变形、错位、松动，一旦发现上述情况，应对该部位对应的隐蔽结构进行进一步检查；

　　2）幕墙的主要承力件、连接件和连接螺栓等有无锈蚀、损坏，连接是否可靠；

　　3）幕墙面板有无松动和损坏；

　　4）密封胶有无脱胶、开裂、起泡，密封胶条有无脱落、老化等损坏现象；

　　5）幕墙排水系统是否通畅，开缝式幕墙的防水系统是否损坏或失效。

　　3　幕墙工程使用十年后，应对该工程不同部位的结构硅酮密封胶进行粘结性能的抽样检查；此后每三年宜检查一次。

9.2.3　陶瓷薄板幕墙的灾后检查和维修应符合下列规定：

　　1　当幕墙遭遇强风袭击后，应对幕墙进行全面检查，修复或更换损坏的构件；发现损坏情况较严重时，应通知有关单位，制定切实可行的维修方案进行维修；

　　2　当幕墙遭遇地震、火灾等灾害后，应由专业技术人员对幕墙进行全面的检查，并根据损坏程度制定处理方案和维修方案进行维修。

9.3　清　　洗

9.3.1　严禁使用酸性清洗剂清洗水泥基填缝剂。

9.3.2　业主应根据陶瓷薄板幕墙表面的积灰污染程度，确定其清洗次数，但每年不应少于一次。

9.3.3　清洗陶瓷薄板幕墙时，应按现行行业标准《建筑外墙清洗维护技术规程》JGJ 168 的有关规定进行，不得撞击和损伤幕墙。

附录 A　几种非常用材料强度设计值

A.0.1　钢铸件强度设计值可按表 A.0.1 采用。

表 A.0.1　钢铸件的强度设计值（N/mm²）

钢材牌号	抗拉、抗压和抗弯 f	抗剪 f_v	端面承压（刨平顶紧）f_{ce}
ZG200-400	155	90	260
ZG230-450	180	105	290
ZG270-500	210	120	325
ZG310-570	240	140	370
ZG03Cr18Ni10 (σ_b=440N/mm²)	140	80	285
ZG07Cr19Ni9 (σ_b=440N/mm²)	140	80	330
ZG03Cr18Ni10N (σ_b=510N/mm²)	180	100	285
ZG03Cr19Ni11Mo2 (σ_b=440N/mm²)	140	80	285
ZG03Cr19Ni11Mo2N (σ_b=510N/mm²)	180	100	330

A.0.2 常用不锈钢型材和棒材强度设计值可按表 A.0.2 采用。

表 A.0.2　不锈钢型材和棒材的强度设计值（N/mm²）

统一数字代号	牌　号	规定非比例延伸强度 RP0.2b	抗拉强度 f_{slt}	抗剪强度 f_{slv}	端面承压强度 f_{slc}
S30408	06Cr19Ni10	205	180	105	245
S30403	022Cr19Ni10	175	150	90	220
S30458	06Cr19Ni10N	275	240	140	315
S30453	022Cr19Ni10	245	215	125	280
S31608	06Cr17Ni12Mo2	205	180	105	245
S31603	022Cr17Ni12Mo2	175	155	90	220
S31658	06Cr17Ni12Mo2N	275	240	140	315
S31653	022Cr17Ni12Mo2N	245	215	125	280

A.0.3 常用不锈钢板材和带材的强度设计值可按表 A.0.3 采用。

表 A.0.3　不锈钢板材和带材的强度设计值（N/mm²）

统一数字代号	牌　号	规定非比例延伸强度 RP0.2b	抗拉强度 f_{slt}	抗剪强度 f_{slv}	局部承压强度 f_{slc}
S30408	06Cr19Ni10	205	180	105	245
S30403	022Cr19Ni10	170	145	85	215
S30458	06Cr19Ni10N	240	210	120	275
S30453	022Cr19Ni10N	205	180	105	245
S31608	06Cr17Ni12Mo2	205	180	105	245
S31603	022Cr17Ni12Mo2	170	145	85	215
S31658	06Cr17Ni12Mo2N	240	210	120	275
S31653	022Cr17Ni12Mo2N	205	180	105	245

注：钢材的统一数字代号可参见现行国家标准《不锈钢和耐热钢　牌号及化学成分》GB/T 20878。

A.0.4 冷弯薄壁型钢的强度设计值应按表 A.0.4 采用。

表 A.0.4　冷弯薄壁型钢的强度设计值（N/mm²）

钢材牌号	抗拉、抗压和抗弯 f	抗剪 f_v	端面承压（磨平顶紧）f_{ce}
Q235	205	120	310
Q345	300	175	400

附录 B　铝合金结构连接强度设计值

B.0.1 铝合金结构普通螺栓和铆钉连接的强度设计值应按表 B.0.1-1 和表 B.0.1-2 采用。

表 B.0.1-1　普通螺栓连接的强度设计值（N/mm²）

螺栓的材料、性能等级和构件铝合金牌号			普通螺栓								
			铝合金			不锈钢			钢		
			抗拉 f_t^b	抗剪 f_v^b	承压 f_c^b	抗拉 f_t^b	抗剪 f_v^b	承压 f_c^b	抗拉 f_t^b	抗剪 f_v^b	承压 f_c^b
普通螺栓	铝合金	2B11	170	160	—	—	—	—	—	—	—
		2A90	150	145	—	—	—	—	—	—	—
	不锈钢	A2-50、A4-70	—	—	—	200	190	—	—	—	—
		A2-70、A4-70	—	—	—	280	265	—	—	—	—
	钢	4.6、4.8级	—	—	—	—	—	—	170	140	—
构件		6061-T4	—	—	210	—	—	210	—	—	210
		6061-T6	—	—	305	—	—	305	—	—	305
		6063-T5	—	—	185	—	—	185	—	—	185
		6063-T6	—	—	240	—	—	240	—	—	240
		6063A-T5	—	—	220	—	—	220	—	—	220
		6063A-T6	—	—	255	—	—	255	—	—	255

表 B.0.1-2　铆钉连接的强度设计值（N/mm²）

铝合金铆钉牌号及构件铝合金牌号		铝合金铆钉	
		抗剪 f_v^r	承压 f_c^r
铆钉	5B05-HX8	90	—
	2A01-T4	110	—
	2A10-T4	135	—
构件	6061-T4	—	210
	6061-T6	—	305
	6063-T5	—	185
	6063-T6	—	240
	6063A-T5	—	220
	6063A-T6	—	255

B.0.2 铝合金结构焊缝的强度设计值应按表 B.0.2 采用。

表 B.0.2 铝合金结构焊缝的强度设计值（N/mm²）

铝合金母材牌号及状态	焊丝型号	对接焊缝			角焊缝
		抗拉 f_t^w	抗压 f_c^w	抗剪 f_v^w	抗拉、抗压和抗剪 f_f^w
6061-T4 6061-T6	SAIMG-3(Eur5356)	145	145	85	85
	SAISi-1(Eur4043)	135	135	80	80
6063-T5 6063-T6 6063A-T5 6063A-T6	SAIMG-3(Eur5356)	115	115	65	65
	SAISi-1(Eur4043)	115	115	65	65

本规程用词说明

1 为便于在执行本规程条文时区别对待，对要求严格程度不同的用词说明如下：

1) 表示很严格，非这样做不可的：
正面词采用"必须"，反面词采用"严禁"；

2) 表示严格，在正常情况均应这样做：
正面词采用"应"，反面词采用"不应"或"不得"；

3) 表示允许稍有选择，在条件许可时首先应这样做的：
正面词采用"宜"，反面词采用"不宜"；

4) 表示有选择，在一定条件下可以这样做的，采用"可"。

2 条文中指明应按其他有关标准执行的写法为："应符合……的规定"或"应按……执行"。

引用标准名录

1 《建筑结构荷载规范》GB 50009

2 《建筑物防雷设计规范》GB 50057

3 《建筑地面工程施工质量验收规范》GB 50209

4 《建筑装饰装修工程质量验收规范》GB 50210

5 《碳素结构钢》GB/T 700

6 《陶瓷砖试验方法 第 3 部分：吸水率、显气孔率、表观相对密度和容重的测定》GB/T 3810.3

7 《陶瓷砖试验方法 第 5 部分：用恢复系数确定砖的抗冲击性》GB/T 3810.5

8 《陶瓷砖试验方法 第 14 部分：耐污染性的测定》GB/T 3810.14

9 《铝合金建筑型材 第 1 部分：基材》GB 5237.1

10 《铝合金建筑型材 第 2 部分：阳极氧化型材》GB 5237.2

11 《铝合金建筑型材 第 3 部分：电泳涂漆型材》GB 5237.3

12 《铝合金建筑型材 第 4 部分：粉末喷涂型材》GB 5237.4

13 《铝合金建筑型材 第 5 部分：氟碳漆喷涂型材》GB 5237.5

14 《铝合金建筑型材 第 6 部分：隔热型材》GB 5237.6

15 《建筑材料放射性核素限量》GB 6566

16 《绝热材料稳态热阻及有关特性的测定 防护热板法》GB/T 10294

17 《建筑胶粘剂试验方法 第 1 部分：陶瓷砖胶粘剂试验方法》GB/T 12954.1

18 《室内装饰装修材料 胶粘剂中有害物质限量》GB 18583

19 《不锈钢和耐热钢 牌号及化学成分》GB/T 20878

20 《建筑幕墙》GB/T 21086

21 《建筑密封胶分级和要求》GB/T 22083

22 《陶瓷板》GB/T 23266

23 《防火封堵材料》GB 23864

24 《建筑用阻燃密封胶》GB/T 24267

25 《民用建筑电气设计规范》JGJ 16

26 《施工现场临时用电安全技术规范》JGJ 46

27 《建筑砂浆基本性能试验方法标准》JGJ/T 70

28 《建筑施工高处作业安全技术规范》JGJ 80

29 《建筑钢结构焊接技术规程》JGJ 81

30 《玻璃幕墙工程技术规范》JGJ 102

31 《建筑工程饰面砖粘结强度检验标准》JGJ 110

32 《外墙饰面砖工程施工及验收规程》JGJ 126

33 《建筑施工扣件式钢管脚手架安全技术规范》JGJ 130

34 《建筑外墙清洗维护技术规程》JGJ 168

35 《陶瓷墙地砖胶粘剂》JC/T 547

36 《玻璃平均线性热膨胀系数试验方法》JC/T 679

37 《陶瓷墙地砖填缝剂》JC/T 1004

38 《玻璃材料弹性模量、剪切模量和泊松比试验方法》JC/T 678－1997

中华人民共和国行业标准

建筑陶瓷薄板应用技术规程

JGJ/T 172—2012

条 文 说 明

修　订　说　明

《建筑陶瓷薄板应用技术规程》JGJ/T 172－2012经住房和城乡建设部 2012 年 3 月 15 日以第 1331 号公告批准、发布。

本规程是在《建筑陶瓷薄板应用技术规程》JGJ/T 172－2009 的基础上修订而成，上一版的主编单位是北京新型材料建筑设计研究院有限公司和广东蒙娜丽莎新型材料集团有限公司（原广东蒙娜丽莎陶瓷有限公司），参编单位是上海雷帝建筑材料有限公司、北京城建集团有限责任公司、北京贝盟国际建筑装饰工程有限公司和咸阳陶瓷研究设计院，主要起草人员是薛孔宽、韩海涛、耿直、杨文春、田菀华、刘一军、张旗康、潘利敏、陈峰、闻万梁、刘幼红、温斌、唐国权、苏新禄、韩亚军、李志远和田美玲。

本次修订的主要技术内容是：增加了建筑陶瓷薄板在民用建筑的陶瓷薄板幕墙工程上的应用，分为非抗震设计和抗震设防烈度为 6、7、8 度两类，内容涉及材料、设计、加工制作、安装施工、工程验收以及保养和维护，相应的各章均增加了有关内容。

本规程修订过程中，编制组进行了广泛的调查研究，总结了我国建筑陶瓷薄板粘贴和非粘贴工程建设上的实践经验，通过弯曲强度性能检测试验取得了陶瓷薄板弯曲强度设计值等重要技术参数。

为便于广大设计、施工、科研、学校等单位有关人员在使用本规程时能正确理解和执行条文规定，《建筑陶瓷薄板应用技术规程》编制组按章、节、条顺序编制了本规程的条文说明，对条文规定的目的、依据以及执行中需注意的有关事项进行了说明。但是，本条文说明不具备与规程正文同等的法律效力，仅供使用者作为理解和把握规程规定的参考。

目　次

1 总　则

1.0.1 据统计，我国城乡每年新增建筑面积约 20 亿 m²，瓷砖产品的需求量正在持续稳定地增长。随着中国建筑陶瓷产能的快速增长，对矿产资源的消耗日益增大，结果导致建筑陶瓷企业的原料供应日趋紧张，优质原料日益枯竭，这点已经成为行业发展的瓶颈。因此优质原料减量化、低能耗、再利用的循环经济就成为陶瓷产业可持续发展的必由之路。作为国家"十五"科技攻关计划项目，建筑陶瓷薄板具有吸水率低、尺寸大、厚度小以及节能降耗、清洁环保、轻质高强等特点，它的出现使传统的建筑陶瓷观念发生了革命性的变化。制定本规程的目的，就是为建筑陶瓷薄板饰面工程的设计、加工制作、安装施工、工程验收以及保养和维护提供一套科学实用的依据，以规范工程实践，保证工程质量。

1.0.2 本规程的适用范围从两个方面加以限定：一是建筑陶瓷薄板的适用工程部位；二是建筑陶瓷薄板饰面工程的设计、加工制作、安装施工、工程验收以及保养和维护。

本规程在参照现行国家标准《建筑装饰装修工程质量验收规范》GB 50210 中第 8.3.1 条："本节适用于内墙饰面砖粘贴工程和高度不大于 100m、抗震设防烈度不大于 8 度、采用满贴法施工的外墙饰面砖粘贴工程的质量验收"的基础上，结合建筑陶瓷薄板本身的材料性质和国内各大主要城市的抗震设防烈度的规定，规定了用于外墙粘贴工程时的限制高度和抗震设防烈度。

此外，本次修订增加了建筑陶瓷薄板在非抗震设计和抗震设防烈度为 6、7、8 度的陶瓷薄板幕墙工程上的应用。

本规程中幕墙均指陶瓷薄板幕墙。

2　术语和符号

2.1.1 建筑陶瓷薄板的术语定义引自现行国家标准《陶瓷板》GB/T 23266。

2.1.3 水泥基胶粘剂根据使用方法不同可分为单组分、双组分。单组分是指生产中聚合物以粉末的形式分散在砂浆之中，现场使用时直接加水拌匀即可使用；而双组分是指聚合物以乳液形式，在现场直接与工厂预制的砂浆拌匀使用。

2.1.6 本规程中所指的基层是指符合本规程第 4.0.2 条规定的陶瓷薄板的安装面。当混凝土基体符合该规定时，混凝土基体便可作为基层；当不符合该规定时，需要进行处理。当采用增加找平层进行处理时，找平之后的面层即为基层。无论是否需要处理，只要符合本规程第 4.0.2 条规定的面层即视为基层。

3　材　料

3.1　一般规定

3.1.1 材料是保证工程可靠性的物质基础。不同厂家、同一厂家不同产地的产品，都存在质量差别。为了保证工程安全和性能，材料必须满足设计要求并符合现行有关国家标准和行业标准的有关规定。当工程所在地地方政府有特殊要求时，还应符合相应地方标准的有关规定。当采用国外先进国家同类产品标准或生产厂商的企业标准作为产品质量控制依据时，不应低于现行国家相关标准并应满足设计要求。产品出厂时，必须有出厂合格证。进口材料还必须具有商检报告和原产地证明。

3.1.2 建筑物处在一个复杂的环境中，在不同的自然环境下，会承受如日晒、雨淋、风沙、冷冻、腐蚀、温度激变等不利因素的作用。因此，根据设计要求，材料应具有足够的耐候性和耐久性，具备防日晒、防风雨、防风沙、防腐蚀、防盗、防撞、保温、隔热、隔声等功能。

由于工程用材料种类较多，各自承担的功能和工作条件也不一致，因此，部分材料或构件，如可开启部位的五金件、部分密封材料等，其使用寿命不能和幕墙设计使用年限等同，属于可更换的易损件，在进行幕墙设计时，应予以充分考虑。

3.2　建筑陶瓷薄板

3.2.1、3.2.2 表 3.2.1 和表 3.2.2 中建筑陶瓷薄板的性能指标、外观质量和尺寸偏差的数据部分引自现行国家标准《陶瓷板》GB/T 23266，部分来自实验报告。

表 3.2.1 是对陶瓷薄板的统一要求，对于具体的特殊使用部位，会增加性能要求，如用在地面时要考虑耐磨性，但用在其他部位时对该性能没有要求。

3.3　粘贴用材料

3.3.1 作为基层处理材料，聚合物水泥砂浆的各项性能直接决定其能否为建筑陶瓷薄板的安装提供一个安全可靠的基层。本规程在参照《美国国家标准乳胶-水泥砂浆》（American National Standard Specifications for Latex-Portland Cement Mortar-2010）ANSI A118.4 中第 5.1.5 条 "28d 剪切强度应大于 300psi（20.9 kgf/cm²）" 和第 6.1 节 "平均抗压强度不得小于 2500psi（175.8kgf/cm²）" 的基础上，结合现行行业标准《建筑砂浆基本性能试验方法标准》JGJ/T 70 对材料的抗压强度、抗拉强度、抗剪强度以及吸水率等物理性能提出了具体要求。同时，根据现行国家标准《室内装饰装修材料　胶粘剂中有害物质限量》

GB 18583 对材料的环保性能提出了相应要求。

3.3.2 胶粘剂是保证建筑陶瓷薄板安全有效安装的关键。为此，本规程依据现有规范对胶粘剂的物理性能和环保性能提出了要求，以保证胶粘剂的各项性能指标有据可循。其中，胶粘剂的拉伸胶粘原强度、浸水后的拉伸胶粘强度、热老化后的拉伸胶粘强度、冻融循环后的拉伸强度以及 20min 晾置时间后的拉伸胶粘强度的指标均参照了现行行业标准《陶瓷墙地砖胶粘剂》JC/T 547；同时，本规程在参照《美国国家标准乳胶-水泥砂浆》（American National Standard Specifications for Latex-Portland Cement Mortar-2010）ANSI A118.4 中第 5.1.5 条 "28 天剪切强度应大于 300psi（20.9kgf/cm²）" 和第 6.1 节 "平均抗压强度不得小于 2500psi（175.8kgf/cm²）" 的基础上，结合现行行业标准《建筑砂浆基本性能试验方法标准》JGJ/T 70 中的有关实验方法对胶粘剂的 28d 抗剪切强度、抗压强度、吸水率以及初凝时间和终凝时间的指标提出了要求。最后，根据现行国家标准《室内装饰装修材料　胶粘剂中有害物质限量》GB 18583 对材料的环保性能提出了相应要求。

3.3.3 在工程实践中，常遇到填缝剂起粉、脱落、水斑、泛碱等严重影响装饰效果的弊病，可见填缝剂的好坏直接影响着最终的装饰效果。本规程中水泥基填缝剂的物理性能指标参照了现行行业标准《陶瓷墙地砖填缝剂》JC/T 1004 对各项性能指标作出了明确的规定。同时，依据现行国家标准《室内装饰装修材料　胶粘剂中有害物质限量》GB 18583 中的有关规定对有害挥发物质作出了限定。

3.3.4 由于环氧填缝剂本身的特殊性，为更好地保证建筑装饰效果以及成品的耐久性，本规程参照美国国家标准《关于耐化学制剂、可水洗的面砖粘结和面砖填缝用环氧树脂以及可水洗的面砖粘结用环氧树脂胶粘剂》（American National Standard Specifications for Chemical Resistant, Water Cleanable Tile-Setting and-Grouting Epoxy and Water Cleanable Tile-Setting Epoxy Adhesive-2009）ANSI A118.3 中第 5.5 节 "7d 剪切强度应大于 1000psi（69.8kgf/cm²）" 和第 5.6 节 "7d 后的平均抗压强度不得低于 3500psi（244kgf/cm²）" 的有关规定，同时结合现行国家标准《建筑胶粘剂试验方法　第 1 部分：陶瓷砖胶粘剂试验方法》GB/T 12954.1-2008 提出了关于对环氧填缝剂抗拉强度与抗压强度的要求。同时，参照现行行业标准《陶瓷墙地砖填缝剂》JC/T 1004 的要求对材料的吸水率、耐磨性以及收缩值作出了规定。

3.4 陶瓷薄板幕墙用材料

3.4.1 由于陶瓷薄板幕墙除面板设计外与玻璃幕墙相似，所以对其材料的具体要求应符合现行行业标准《玻璃幕墙工程技术规范》JGJ 102 的有关规定。

3.4.2 幕墙在使用过程中，应具有防止和阻止火灾扩大的功能，以尽可能地减少由火灾造成的财产损失和保护生命安全。而同时在幕墙工程的加工制作、安装施工过程中却存在着火灾隐患，因此，幕墙的材料选用就显得极其重要。本条对幕墙所用材料的燃烧性能作出了规定。尽管如此，在幕墙用材料中，国内外都还有少量材料是不防火的，如双面胶带、填充棒等，因此，在安装施工时，应高度重视防火问题并应采取有效的防火措施。

此外，在进行幕墙设计时，必须进行防火封堵构造设计，以防止火灾迅速蔓延，为抢救财产和人员逃生创造机会。防火封堵构造用材料，应采用符合现行国家标准《防火封堵材料》GB 23864 和《建筑用阻燃密封胶》GB/T 24267 有关规定的防火封堵材料和防火密封材料。

3.4.3 幕墙工程中所采用的硅酮类胶、环氧类胶、聚氨酯类胶等都应具有与接触材料相适应的粘结性能和耐久性，以确保幕墙设计性能。这些胶在建筑上已被广泛采用，而且已经有了比较成熟的经验。

由于陶瓷薄板是多孔材料，在与结构密封胶和建筑（耐候）密封胶接触的部位，密封胶中的小分子如增塑剂等非反应性物质就会从胶中渗出，继而渗入到陶瓷薄板的孔隙中，致使其表面油污和沾灰。因此，在使用前应进行耐污染试验，在证实无污染后才能使用。

建筑（耐候）密封胶是化学活性材料，经过长期存放，会出现粘结强度降低、耐候性能和伸缩性能下降等问题，因此必须在有效期内使用。

3.4.4 放射性核素会危害人体健康，因此，陶瓷薄板的放射性核素限量应符合现行国家标准《建筑材料放射性核素限量》GB 6566 的有关规定。

3.4.5 因为陶瓷薄板幕墙按有关规定一般使用在实体墙处，即不存在美观问题，所以铝合金型材尺寸允许偏差不需要达到高精级。

3.4.6 幕墙设计应尽量选用标准件。采用非标准紧固件时，产品质量应满足设计要求，并应有出厂合格证。

3.4.7 幕墙与建筑主体结构之间的连接件，传统上采用碳素结构钢、合金结构钢、低合金高强度结构钢或不锈钢制作。铝合金支承构件之间的连接件，一般采用铝合金型材制作。由于铝合金型材尺寸精度高，近年来，采用铝合金型材作为幕墙与建筑主体结构之间的连接件的做法，在单元式幕墙中得到了广泛使用。在进行幕墙与建筑主体结构或支承结构之间的连接件设计时，要综合考虑连接件的最小承载能力、截面局部稳定、耐久性（耐腐蚀性能）要求，选用适宜的材质、厚度和表面处理方法。

采用其他材质连接件（如铸钢件）时，材质和表面处理应符合国家现行有关标准的规定。

3.4.9 硅酮结构密封胶是影响陶瓷薄板幕墙安全的重要因素，因此应符合国家现行有关标准的规定。

3.4.11 幕墙用胶条，应当具有耐紫外线、耐老化、耐污染、弹性好、永久变形小等特性，并应符合现行国家标准《建筑门窗、幕墙用密封胶条》GB/T 24498 的有关规定。如果不对胶条的材质进行控制，就会出现老化开裂甚至脱落等严重问题，从而影响幕墙的气密性能和水密性能。

采用三元乙丙橡胶和硅橡胶制品时，要采取适当措施，保证胶条的连续性，以免因接头位置脱开而降低幕墙的气密性能和水密性能。

4 粘贴设计

4.0.2 基层的质量是保证工程质量的重要基础。对不符合规定的基层进行处理是保证陶瓷薄板粘贴工程质量的重要工序。基层强度低易造成粘结层与基层界面被破坏，故应针对不同的基层采取相应的处理措施。对于加气混凝土、轻质砌块和轻质墙板等基体，不仅应符合本规程第 4.0.2 条的有关规定，而且要特别注意使用过程中因温度变化而引起的收缩变形。基层平整度也必须符合此规定，否则会造成材料的浪费及陶瓷薄板断裂。当基层平整度不符合此规定时，可以采用适当的找平砂浆或垫层砂浆来进行基层找平。

4.0.4 双组分水泥基胶粘剂具有质量稳定、强度高、各项性能指标均优于单组分的胶粘剂的特点。为规范外墙陶瓷薄板的施工过程和施工质量，特明确本条。

4.0.5 水泥基填缝剂含有较多的碱活性成分，容易造成砖缝间的泛碱、"白花"、"流泪"和"镜框"等现象，极大地影响了使用效果。外墙气候环境条件恶劣复杂，容易受各种腐蚀性介质侵蚀，如酸雨、碱、污渍等都会破坏填缝材料，甚至通过破坏后的缝隙腐蚀板后的基材。因此，为了保证外墙填缝的施工质量，推荐采用环氧基填缝剂。

4.0.6 规程中强调这一条，是为了确保找平材料、胶粘剂材料、防水材料等各不同功能层间彼此结合紧密、传力牢固、兼容性强。

4.0.8 当陶瓷薄板在外墙应用时，设置伸缩缝，可以防止墙体结构变形及饰面板本身发生温度变形而导致的开裂和脱落。弹性嵌缝材料可选用弹性腻子密封胶、高弹性嵌缝膏等。

5 陶瓷薄板幕墙设计

5.1 陶瓷薄板幕墙的建筑设计

5.1.3 陶瓷薄板的脱落对人民的生命安全和财产安全会造成威胁，所以应采取防脱落措施。可以考虑在陶瓷薄板背面粘结无碱玻璃纤维布、不锈钢丝网复合层或有

同等作用的材料以增强其安全性。

对于容易受到撞击的部位，可以采取设置明显的警示标志，或者在陶瓷薄板背面粘结玻璃纤维布、不锈钢丝网复合层或有同等作用的材料等具体措施来避免撞击的发生和减轻撞击所带来的危害。

5.1.8 幕墙钢框架支承系统，对付温度影响有两条途径：自由位移而无温度应力；限制位移承受温度应力。可以采用前者，留温度缝；也可以采用后者，不留温度缝。

5.1.9 陶瓷薄板幕墙进行设计时，块陶瓷薄板不宜跨越抗震缝和伸缩缝两边。如果确实无法避免时，应在同一块板的左右两侧设置伸缩构造。

5.1.10 防雷金属连接件应具有防腐蚀功能，以避免因表面被腐蚀而导致其截面减小，进而影响导电性能的问题出现。各种连接件的截面尺寸要求，应与现行国家标准《建筑物防雷设计规范》GB 50057 一致。对应于导电通路立柱的预埋件或固定件应采用截面不小于 $50mm^2$ 的热浸镀锌圆钢或扁钢连接件，圆钢直径不应小于 8mm，扁钢厚度不应小于 2.5mm。幕墙金属构件之间的连接宜采用铜质或铝质柔性导线，铜质导线的截面积不应小于 $16mm^2$，铝质导线的截面积不应小于 $25mm^2$。

5.2 陶瓷薄板幕墙的结构设计

5.2.1 建筑幕墙是由面板和支承结构组成的建筑物外围护结构体系，主要承受自重以及直接作用于其上的风荷载、地震作用、温度作用等，不分担主体结构承受的荷载和（或）地震作用。新修订的现行国家标准《工程结构可靠性设计统一标准》GB 50153 中规定，工程结构设计时，应规定结构的设计使用年限。现行国家标准《建筑结构可靠度统一设计标准》GB 50068 规定，易于替换的结构构件（此处是指承重结构构件）的设计使用年限为 25 年。建筑幕墙是非承重且易于替换的非结构构件，因此规定其设计使用年限应不小于 25 年。

5.2.3 我国是多地震国家，幕墙设计应区分为抗震设计和非抗震设计两类。对非抗震设防地区，进行幕墙设计时，只需考虑风荷载、重力荷载以及温度作用；对抗震设防地区，必须考虑地震作用，进行抗震设计。幕墙属于非结构构件，根据现行国家标准《建筑抗震设计规范》GB 50011 的有关规定，抗震设防烈度为 6 度及以上地区，要采用等效侧力法，对幕墙自身及其与主体结构的连接进行抗震设计计算。

幕墙与主体结构必须可靠连接、锚固。进行幕墙设计时，应对幕墙与主体结构的连接件及其锚固系统进行专门设计，并将有关设计和幕墙传递给主体结构的荷载和作用提供给主体结构设计师，对主体结构进行验算，以加强幕墙的抗震安全性和对生命的保护，避免因不合理设置而导致主体结构被破坏。

由于建筑幕墙自重较轻，幕墙承受的荷载和作用中，以风荷载为主，地震作用远小于风荷载作用，因此，无论是否进行抗震设计，均应以抗风设计为主。但是，由于地震作用是动力作用，并且直接作用于连接节点，易造成连接损坏、失效，甚至使建筑幕墙脱落、倒塌。因此，抗震设计的幕墙，不仅要以抗震设计和抗风设计中最不利的荷载和作用效应组合进行结构设计，还必须加强构造设计。

5.2.7 陶瓷薄板幕墙构造与隐框玻璃幕墙相同，因此承受水平荷载的陶瓷薄板是典型的薄板弯曲问题，设计时须进行陶瓷薄板的抗弯性能计算。表5.2.7中陶瓷薄板弯曲强度设计值是通过试验的方法获得的，具体试验结果如下：

采用《建筑玻璃-玻璃弯曲强度的测定，有小试验表面的平试样的同轴双环试验》（Glass in building-Determination of the bending strength of glass-Coaxial double ring test on flat specimens with small test surface areas）BS EN 1288-5-2000，对带釉陶瓷薄板和无釉陶瓷薄板分别进行了三组和两组试验。陶瓷薄板厚度为5.5mm，每组20片，结果见表1。

表1　试验结果（MPa）

试验结果		平均值	方差	变异系数
带釉陶瓷薄板	第一组	42.67	4.67	0.11
	第二组	49.52	4.68	0.09
	第三组	43.23	6.09	0.14
无釉陶瓷薄板	第一组	55.78	5.78	0.10
	第二组	59.41	7.46	0.13

陶瓷薄板与玻璃板同属脆性材料，其弯曲强度服从正态分布。玻璃板弯曲强度的变异系数位于0.15～0.25之间；表1试验结果表明，陶瓷薄板的变异系数位于0.09～0.14之间，说明陶瓷薄板弯曲强度的离散性比玻璃板的弯曲强度离散性要小。玻璃板的强度安全系数取2.5，满足工程设计要求，陶瓷薄板安全系数取2.5也应满足设计要求。将带釉陶瓷薄板三组试验平均值再取平均，除以安全系数2.5，得到带釉陶瓷薄板弯曲强度设计值18MPa。将无釉陶瓷薄板两组试验平均值再取平均，除以安全系数2.5，得到带釉陶瓷薄板弯曲强度设计值23MPa。

5.2.10 钢铸件的强度设计值来源于现行国家标准《钢结构设计规范》GB 50017 的有关规定。其中，ZG03Cr18Ni10、ZG07Cr19Ni9、ZG03Cr18Ni10N 三种不锈钢铸件材料相当于统一数字代号为 S304XX 系列的奥氏体型不锈钢，ZG03Cr19Ni11Mo2、ZG03Cr19Ni11Mo2N 两种不锈钢铸件材料相当于统

一数字代号为 S316XX 系列的奥氏体型不锈钢。

不锈钢材料（带材、板材、棒材和型材）主要用于幕墙的连接件和支承结构，材料分项系数取1.6，略高于普通钢结构。采用本附录 A 中未列出的不锈钢材料时，其抗拉强度标准值可取相应规定的非比例延伸强度 RP0.2b；抗拉强度设计值可按其抗拉强度标准值除以系数 1.15；抗剪强度设计值可按其抗拉强度标准值除以系数 1.99 取 5 的倍数采用。表A.0.2 中规定的非比例延伸强度 RP0.2b 按现行国家标准《不锈钢棒》GB/T 1220 确定；表 A.0.3 中规定的非比例延伸强度 RP0.2 按现行国家标准《不锈钢冷轧钢板和钢带》GB/T 3280 和《不锈钢热轧钢板和钢带》GB/T 4237 确定。

5.2.14、5.2.15 幕墙采用的陶瓷薄板计算公式是在小挠度情况下推导出来的，它假定陶瓷薄板只受到弯曲作用，只有弯曲应力而平面内薄膜应力则忽略不计，因此它适用于挠度 $d_f \leqslant t$（t 为板厚）的情况。表5.2.15 中列出了在四边支承条件下陶瓷薄板的挠度系数 μ 的数值，其他边界条件下的挠度系数可参照现行《建筑结构静力计算手册》选用。

陶瓷薄板的挠度限值为边长的 1/60，如边长为900mm 的陶瓷薄板，其挠度允许值可达 15mm，是其厚度 5.5mm 的 2.7 倍，此时应力、挠度的计算值会比实际值大很多，所以要考虑一个系数 η 予以修正。

5.2.16～5.2.18 陶瓷薄板与加劲肋之间可以通过结构胶或其他材料牢固粘结，胶与其相接触的材料应有很好的相容性。胶的宽度应经过计算，保证在正负风压作用下，加劲肋都能起到加强作用。为了使幕墙框架成为加劲肋的支座，加劲肋的端部应与之有效连接，目的是将面板所受荷载作用直接有效地传递到主框架上。

进行肋的计算时，板面作用的荷载应按三角形或梯形分布传递到肋上，按等效弯矩原则化为均布荷载，见图1。对中肋刚度的要求，是为了使肋能够起到支承作用，从而使得陶瓷薄板可以按多跨连续板来计算。

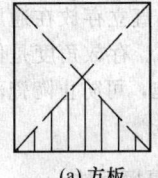

(a)方板　　　(b)矩形板

图1　板面荷载向肋的传递

6　加工制作

6.1　一般规定

6.1.1 陶瓷薄板幕墙结构属于围护结构，在施工前

应对主体结构进行复测，当其误差超过陶瓷薄板幕墙设计图纸中的允许值时，一般应调整幕墙设计图纸，原则上不允许对原主体结构进行破坏性修整。

对陶瓷薄板幕墙设计进行调整时，要注意维持建筑立面的整体效果，不得破坏已建主体结构。

6.1.2 构件的加工质量和尺寸精度与构件加工用设备、工装、夹具、模具有直接关系，因此应经常对其进行检查、维修并做好定期保养，使加工设备始终保持良好的工作状态。质量检验用量具的测量精度应满足构件设计精度的要求并定期进行检测，以确保测量结果的准确性。

6.1.3 单元式陶瓷薄板幕墙和隐框陶瓷薄板幕墙的组件均应在车间加工组装，尤其是由硅酮结构胶固定的板块。

6.1.4 隐框陶瓷薄板幕墙构件应在室内进行加工，并要求室内清洁、干燥、通风良好，温度也应满足加工的需要，如北方的冬季应有采暖，南方的夏季应有降温措施等。对于硅酮结构密封胶的施工场所要求较严格，除要求清洁、无尘外，室内温度不宜低于15℃，也不宜高于27℃，相对湿度不低于50%。硅酮结构胶的注胶厚度及宽度应满足设计要求，且宽度不得小于7mm，厚度不得小于6mm。

6.3 陶瓷薄板

6.3.1 一般情况下，陶瓷薄板幕墙的立面分格尺寸应按陶瓷薄板的产品规格与板缝宽度确定，陶瓷薄板加工的主要工作内容是二次切割。因此，陶瓷薄板加工前的检验非常重要，它是保证陶瓷薄板幕墙工程质量符合有关规定的关键。因此，应加强加工前的检验，尤其是陶瓷薄板的表面质量、色泽、花纹图案，宜进行100%检验。

6.3.2 加工过程中，刀具和陶瓷薄板摩擦产生热量会造成刀具磨损，影响加工精度和加工表面质量，应采用清水进行润滑和冷却。加工后应立即对加工部位残留的瓷粉和其他物质进行清洗，并置于通风处自然干燥。

6.3.3 已加工完成的陶瓷薄板应直立存放在通风良好的仓库内，其角度不应小于85°。存放角度是保证陶瓷薄板存放过程安全的重要措施，可防止陶瓷薄板被挤压破碎和变形。

6.5 单元式陶瓷薄板幕墙组件

6.5.1 由于单元式幕墙板块在主体结构上的安装方式特殊，通常都采用插接方式，安装后不容易更换，所以必须在加工前对各板块编号。

运输方向是指板块装车时的摆放方向，目的在于防止板块变形和便于卸车。

6.5.4 单元板块安装就位之前，要经过多次搬动、运输，容易产生板块变形、连接松动等质量问题，造成安装困难，影响施工质量。运输时，单元板块应摆放在专用托架上，托架应与板块的外形基本吻合，使其具有防止板块移位的功能。板块与托架、托架与车体应绑扎牢固，并作好防雨等天气突变的准备。

6.5.6 一般情况下，由于单元式陶瓷薄板幕墙的特殊构造，单元板块上通常有工艺孔、通气孔和排水孔，分别用来紧固横向和竖向构件的连接螺钉和形成等压腔以及将少量渗水排出陶瓷薄板幕墙之外。设计通气孔和排水孔的目的是为了提高陶瓷薄板幕墙的水密性能，应采用防水透气材料封堵，保持通畅和通气，做到"防水不防气"；而工艺孔的存在可能会改变构件内腔的压力分布，带来反作用。所以，应予以封堵。

7 安 装 施 工

7.1 粘 贴 工 程

Ⅱ 施 工 准 备

7.1.13 环境温度对施工质量有比较大的影响。温度过低，会导致胶粘剂固化的大幅延迟和胶粘剂强度提高的放缓，并造成终凝强度发生较大幅度的降低。温度过高，基层处理材料、胶粘剂和填缝剂中的水分会被快速蒸发流失，造成开裂，同样也会大大降低材料的粘结强度。故规定施工的高、低温度限制。

Ⅲ 施 工

7.1.16 本条对薄法施工工艺作了详细的说明。其中"应采用齿形镘刀均匀梳理，使之均匀分布成清晰、饱满的连续条纹"可保证胶粘剂与基层充分粘结，厚度均匀，从而达到对饰面安装平整度的要求。

建筑陶瓷薄板尺寸较大，为了防止在施工中出现空鼓，要求施工时在建筑陶瓷薄板粘贴面满涂胶粘剂。

7.1.18 在墙面安装建筑陶瓷薄板时，因自重会产生竖向滑移。施工时应自下而上，并采用有效可靠的防护措施，待胶粘剂材料终凝后，方可拆除。

Ⅳ 安 全 规 定

7.1.19 建筑陶瓷薄板切割会带来粉尘污染，切割过程中应用清水淋湿切口降温，以免造成建筑陶瓷薄板爆边，同时避免扬尘。

7.1.21 胶粘剂和填缝剂添加剂为高分子材料，对人体无害，但长期浸泡会对皮肤造成损害，应避免误入口眼。如有发生，可用大量清水及时冲洗。

7.2 陶瓷薄板幕墙工程

7.2.1 陶瓷薄板幕墙施工图中应明确规定陶瓷薄板

幕墙构件和附件的材料品种、规格、色泽和性能。构件的尺寸、形状不满足设计要求时，会严重影响陶瓷薄板幕墙的安装质量，因此不合格的构件和附件不得使用。

7.2.2 陶瓷薄板幕墙的安装施工质量，是直接影响陶瓷薄板幕墙能否满足其建筑物理及其他性能要求的关键之一，同时陶瓷薄板幕墙安装施工又是多工种的联合施工，和其他分项工程施工难免有交叉和衔接的工序。因此，为保证陶瓷薄板幕墙的安装施工质量，要求安装施工承包单位单独编制陶瓷薄板幕墙施工组织设计。

7.2.3 单元式幕墙的安装施工组织设计与构件式的有明显区别。本条主要是针对单元式陶瓷薄板幕墙的自身特点而重点强调的。

7.2.4 本条强调在进行测量放线时，应注意下列事项：

1 陶瓷薄板幕墙分格轴线、控制线的测量应与主体结构测量相配合，主体结构出现偏差时，陶瓷薄板幕墙分格线应根据主体结构偏差及时进行调整，不得积累。

2 通常单元式陶瓷薄板幕墙施工是在主体结构尚未完全完成时就开始进行。因此，陶瓷薄板幕墙的施工单位应对单元式陶瓷薄板幕墙施工开始后进行的主体结构的垂直度和结构楼层的外轮廓位置进行监控，发现误差超过陶瓷薄板幕墙安装允许的范围时，应及时反映给总承包单位，以便于主体结构施工单位进行修改、调整。

3 定期对陶瓷薄板幕墙安装定位基准进行校核，以保证安装基准的正确性，避免因此产生的安装误差。

4 对高层建筑，风力大于 4 级时容易产生不安全或测量不准确问题。

7.2.5 安装过程的半成品容易被损坏和污染，应引起重视，并采取保护措施。

8 工程验收

8.1 粘贴工程

Ⅱ 主控项目

8.1.6 在建筑外墙粘贴陶瓷薄板，因其厚度薄、自重轻，对提高安全性有利，但是吸水率低却对提高安全性不利。为确保工程质量和安全，在外墙陶瓷薄板施工完成后，必须按现行行业标准《建筑工程饰面砖粘结强度检验标准》JGJ 110 的有关规定进行检查，其取样数量、检验方法、检验结果判定均应符合国家现行有关标准的规定。

Ⅲ 一般项目

8.1.9 基层是否平整与最终面板的粘贴质量及材料

用量紧密相关，必须在施工过程中严格控制。

8.2 陶瓷薄板幕墙工程

Ⅰ 一般规定

8.2.2 工程验收分为资料验收和工程现场验收。陶瓷薄板幕墙工程验收资料应符合现行有关国家标准、行业标准和工程所在地的地方标准的相关规定。现行国家标准《建筑装饰装修工程质量验收规范》GB 50210 对幕墙工程的验收规定中，有关安全和功能的检测项目有幕墙的抗风压性能、气密性能、水密性能和平面内变形性能。近年来新制定的现行国家标准《建筑幕墙》GB/T 21086 对幕墙的热工性能提出要求，现行国家标准《建筑节能工程施工质量验收规范》GB 50411 中对幕墙节能工程上使用的保温隔热材料的热工性能进行了专门规定，有的省份还制定了地方的建筑节能施工质量验收规范或实施细则，这都要求幕墙工程设计、验收时贯彻执行。

本条列出了陶瓷薄板幕墙工程验收时，应提交的基本验收资料范围。对于具体的工程而言，除了设计文件和隐蔽工程验收记录必须提交之外，其他资料应根据工程实际涉及的部分，提交相应部分的验收资料。

8.2.3 陶瓷薄板幕墙施工完毕后，不少部位或节点已被装饰材料遮封隐蔽，在工程验收时无法观察和检测，但这些部位或节点的施工质量至关重要，必须在安装施工过程中完成隐蔽验收。工程验收时，应对隐蔽工程验收文件进行认真的审核与验收。

8.2.4 陶瓷薄板幕墙本身就具有装饰功能。凡是设置陶瓷薄板幕墙的建筑物，对于建筑外观质量都有比较高的要求。因此，陶瓷薄板幕墙外观质量检查应分为观感和抽样两部分。这样，既可观察陶瓷薄板幕墙的总体效果是否满足建筑设计要求，又可对施工质量进行具体评价。

检验批的划分应按现行国家标准《建筑装饰装修工程质量验收规范》GB 50210 的有关规定并结合工程实际情况进行划分。

Ⅱ 主控项目

8.2.5 表 8.2.5 是按现行国家标准《建筑幕墙》GB/T 21086 中人造板正面外观无缺陷允许值和人造板材幕墙每平方米外露表面质量的有关规定汇总制定的。

8.2.6 表 8.2.6-1、表 8.2.6-2 在现行国家标准《建筑幕墙》GB/T 21086 有关规定的基础上，根据工程经验，进行了补充。

Ⅲ 一般项目

8.2.7、8.2.8 本节提出了进行陶瓷薄板幕墙观感检

验的一般要求。进行颜色均匀性检查时，与陶瓷薄板幕墙表面的距离不宜小于1m。

9 保养和维护

9.1 一般规定

9.1.2 随着我国幕墙行业的发展，各类幕墙新产品越来越多，结构形式越来越复杂，技术含量也越来越高。为使幕墙达到其设计寿命，合理使用和正确维护就必不可少。因此，幕墙承包单位应将《幕墙使用维护说明书》作为验收资料的组成部分向业主提供。对于有特殊功能要求的电动开启窗，应在开启窗附近的明显位置制作标贴指导使用。

9.1.5 在进行陶瓷薄板幕墙的清洗、保养和维护时，

操作人员应按有关规定进行操作，维护保养设备应处于完好状态，防止出现人身和设备事故。

9.2 检查和维护

9.2.1～9.2.3 本节说明了陶瓷薄板幕墙日常维护和保养、定期检查和维护以及灾后检查和维修的工作内容及注意事项。

9.3 清 洗

9.3.1 采用酸性洗液，将会对水泥基的填缝剂造成腐蚀破坏。

9.3.3 业主或物业管理部门，应对陶瓷薄板幕墙表面定期清洗，清洗液不得对面板和陶瓷薄板幕墙构件产生腐蚀。清洗过程中要注意安全，并不得撞击和损伤幕墙。

中华人民共和国行业标准

纤维石膏空心大板复合墙体结构技术规程

Technical specification for composite wall structures
with glass fiber reinforced gypsum panels

JGJ 217—2010

批准部门：中华人民共和国住房和城乡建设部
施行日期：2 0 1 1 年 8 月 1 日

中华人民共和国住房和城乡建设部
公　告

第 790 号

关于发布行业标准《纤维石膏
空心大板复合墙体结构技术规程》的公告

现批准《纤维石膏空心大板复合墙体结构技术规程》为行业标准，编号为 JGJ 217-2010，自 2011 年 8 月 1 日起实施。其中，第 3.2.1、4.2.1、6.1.7 条为强制性条文，必须严格执行。

本规程由我部标准定额研究所组织中国建筑工业出版社出版发行。

中华人民共和国住房和城乡建设部
2010 年 10 月 21 日

前　言

根据住房和城乡建设部《关于印发〈2008 年工程建设标准规范制订、修订计划（第一批）〉的通知》（建标〔2008〕102 号）的要求，规程编制组经广泛调查研究，认真总结实践经验，参考有关国际标准和国外先进标准，并在广泛征求意见的基础上，制定了本规程。

本规程的主要技术内容包括：总则、术语和符号、材料、基本设计规定、结构设计、构造要求、施工、验收。

本规程由住房和城乡建设部负责管理和对强制性条文的解释，由山东省建设建工（集团）有限责任公司负责具体技术内容的解释。执行过程中如有意见或建议，请寄送山东省建设建工（集团）有限责任公司（地址：济南市经十路 14380 号，邮编：250014）。

本 规 程 主 编 单 位：山东省建设建工（集团）
　　　　　　　　　　　有限责任公司
　　　　　　　　　　　山东建筑大学
本 规 程 参 编 单 位：山东建工股份有限公司
　　　　　　　　　　　山东省建设建工（集团）
　　　　　　　　　　　工程设计有限公司
　　　　　　　　　　　山东科发建材工程有限

公司
哈尔滨工业大学
香港城市大学
济南市工程质量与安全生产监督站
烟建集团有限公司
阿贝斯（RBS）速成建筑体系天津有限公司

本规程主要起草人员：张　鑫　段辉文　赵考重
　　　　　　　　　　　唐岱新　黄启政　田　杰
　　　　　　　　　　　祖志安　陶敬生　王永东
　　　　　　　　　　　王国富　刘林生　黄兴桥
　　　　　　　　　　　张春霞　刘秋深　吴宇飞
　　　　　　　　　　　梁以德　孙国春　文爱武
　　　　　　　　　　　沈彩华　崔　霞
本规程主要审查人员：叶列平　韩继云　曹双寅
　　　　　　　　　　　董毓利　卢文胜　牟宏远
　　　　　　　　　　　焦安亮　王有志　胡海涛
　　　　　　　　　　　周新刚　张维汇　付安元
　　　　　　　　　　　曹怀武

目　次

Contents

1 总　则

1.0.1 为了促进纤维石膏空心大板复合墙体结构在建筑中的合理应用，做到安全适用、技术先进、经济合理、环保节能、保证质量，制定本规程。

1.0.2 本规程适用于抗震设防烈度不大于 8 度、设计基本地震加速度不大于 0.2g 的地区采用纤维石膏空心大板复合墙体的多层居住建筑和公共建筑的设计、施工及验收。

1.0.3 纤维石膏空心大板复合墙体结构房屋的设计、施工及验收，除应符合本规程外，尚应符合国家现行有关标准的规定。

2 术语和符号

2.1 术　语

2.1.1 纤维石膏空心大板 glass fiber reinforced gypsum panels

用玻璃纤维、石膏粉、水、添加剂等材料在工厂由专用设备生产的具有空腔的大板，可按设计要求切割成不同规格的构件。

2.1.2 纤维石膏空心大板复合墙体结构 composite wall structures with glass fiber reinforced gypsum panels

由纤维石膏空心大板空腔内全部填充自密实混凝土形成的复合墙体的承重结构。

2.1.3 自密实混凝土 self-compacting concrete

具有高流动度、不离析以及高均匀性和稳定性，浇筑时依靠其自重流动无需振捣而达到密实的混凝土。

2.1.4 双板墙 double-panel wall

采用两块同样的板并排安装形成的墙。

2.1.5 芯柱 core column

在纤维石膏空心大板的空腔内填充自密实混凝土并按标准要求配置构造钢筋后形成的柱。

2.2 符　号

2.2.1 材料性能

f_g ——灌芯纤维石膏空心大板抗压强度设计值；

f ——空心纤维石膏空心大板的抗压强度设计值；

f_s ——石膏轴心抗压强度设计值；

f_c ——混凝土轴心抗压强度设计值；

f_y、f'_y ——钢筋的抗拉、抗压强度设计值。

2.2.2 作用和作用效应

F_l ——作用于局部受压面积上的纵向力设计值；

F_{Ek} ——结构总水平地震作用标准值；

G_{eq} ——结构等效总重力荷载代表值；

N ——轴向压力设计值；

N_t ——轴心拉力设计值；

M ——弯矩设计值；

V ——剪力设计值。

2.2.3 几何参数

A ——截面面积；

A_w ——T 形或倒 L 形截面腹板的截面面积；

A_l ——局部受压面积；

A_0 ——影响局部抗压强度的计算面积；

a'_s ——端部竖向受压钢筋合力点到受压区边缘的距离；

A_s、A'_s ——受拉、受压钢筋的截面面积；

A_{si} ——单根竖向分布钢筋的截面面积；

b ——墙板的厚度、截面宽度；

b'_f ——I 形、T 形或倒 L 形截面受压翼缘的计算宽度；

b_f ——I 形、T 形或倒 L 形截面受拉翼缘的计算宽度；

b_c ——受压区混凝土连续带的截面宽度；

e ——轴向力的偏心距；

e_n ——轴向力作用点到端部竖向受拉钢筋合力点之间的距离；

H ——墙板高度、构件高度；

H_0 ——构件的计算高度；

h ——墙板的截面高度；

h_0 ——截面有效高度；

h_c ——受压区混凝土连续带的截面高度；

h'_f ——I 形、T 形或倒 L 形截面受压翼缘的高度；

h_f ——I 形、T 形或倒 L 形截面受拉翼缘的高度；

x ——截面受压区高度。

2.2.4 计算系数

α_1 ——水平地震影响系数；

α_{max} ——水平地震影响系数最大值；

γ_0 ——结构的重要性系数；

γ_{RE} ——承载力抗震调整系数；

φ ——承载力的影响系数；

λ ——计算截面的剪跨比；

ξ_b ——界限相对受压区高度。

3 材　料

3.1 纤维石膏空心大板

3.1.1 墙板的标准尺寸应为 12000mm×3000mm×120mm。

3.1.2 墙板主要力学性能、物理性能指标应符合表

3.1.2 的规定。

表3.1.2 墙板主要力学性能、物理性能指标

项 目		单 位	性能指标
力学性能	抗压强度	MPa	≥1
	抗折破坏载荷（单孔）	kN	＞4
	24h单点吊挂力	N	≥800
	抗弯破坏载荷	—	≥1倍板重
	抗冲击性	次	≥3
物理性能	面密度（干燥状态）	kg/m²	40±4
	传热系数	W/(m²·K)	2.0
	隔声量	dB	＞30
	质量吸水率	—	≤10%
	干燥收缩值	mm/m	≤0.25
	软化系数		≥0.6

3.1.3 40mm×40mm×40mm 的石膏试块抗压强度不应小于 12MPa，40mm×40mm×160mm 石膏试块抗折强度不应小于 5MPa。

3.1.4 玻璃纤维应采用 E 级玻璃纤维。

3.1.5 灌芯纤维石膏空心大板的隔声性能不应小于 45dB。

3.1.6 纤维石膏空心大板应采用混凝土填充，灌芯后其面密度应大于 265kg/m²，其热阻值不应小于 0.162m²·K/W，传热系数不应大于 3.205W/(m²·K)。

3.2 混凝土及钢筋

3.2.1 纤维石膏空心大板复合墙体的全部空腔内细石混凝土的浇筑应采取切实有效的密实成型措施，不得存在对混凝土强度有影响的缺陷，混凝土强度等级不应小于 C20。

3.2.2 纤维石膏空心大板复合墙体结构宜采用 HPB235、HRB335、HRB400 和 RRB400 钢筋。

3.2.3 混凝土和钢筋的设计强度应符合现行国家标准《混凝土结构设计规范》GB 50010 的规定。

4 基本设计规定

4.1 一 般 规 定

4.1.1 纤维石膏空心大板复合墙体的结构设计应符合抗震设计要求。建筑物体型宜简洁，建筑的平面和立面设计宜规则，墙体布置宜均匀对称。当房屋的平面不规则时，应考虑建筑自身扭转的影响。建筑物不宜有错层，不应设置拐角窗。

4.1.2 纤维石膏空心大板复合墙体结构应用于室外地面以上部分。

4.1.3 纤维石膏空心大板复合墙体结构宜采用现浇混凝土楼板。

4.1.4 纤维石膏空心大板复合墙体结构用于潮湿、有水环境（如厨房、卫生间、外墙等）时，应采取防水措施。

4.1.5 灌芯石膏大板墙体结构底部加强部位宜取基础以上至首层顶，当地下室超过一层时，可取地下一层和首层。

4.1.6 采用纤维石膏空心大板复合墙体的房屋或建筑物的结构布置应符合下列规定：

　　1 抗侧力结构平面布置宜使纵横向均符合规则、对称要求；

　　2 多层建筑应符合现行国家标准《建筑抗震设计规范》GB 50011 的有关规定；

　　3 楼梯间不宜设置在房屋的尽端和转角处；

　　4 烟道、风道或其他设备装置不应削弱墙体截面。

4.2 结 构 布 置

4.2.1 纤维石膏空心大板复合墙体结构层高不应超过 3.3m，建筑最多层数和建筑总高度应符合表 4.2.1 的规定。

表 4.2.1 最多层数和建筑总高度

抗震设防烈度	最多层数	建筑总高度（m）
6	7	24
7	6	21
8	5	18

注：建筑总高度是指建筑物室外地面到其檐口或屋面面层的高度，半地下室从地下室室内地面算起。全地下室和嵌固条件好的半地下室应从室外地面算起，对带阁楼的屋面应算到山墙的1/2高度处。

4.2.2 纤维石膏空心大板复合墙体结构建筑的墙体布置应符合表 4.2.2 的规定：

表 4.2.2 墙体平面布置要求

抗震设防烈度	横墙布置沿房屋全长度贯通的最小百分比	横墙最大间距（m）	纵墙布置
6	40%	9	沿房屋全长度贯通的纵墙不应少于两道
7	50%	9	
8	60%	7	

4.2.3 纤维石膏空心大板复合墙体结构的建筑总高度与总宽度比值不宜大于 2.5。

4.2.4 纤维石膏空心大板复合墙体结构建筑中墙段的局部尺寸限值应符合现行国家标准《建筑抗震设计规范》GB 50011 对砌体结构房屋的规定。

4.2.5 当纤维石膏空心大板复合墙体用作女儿墙时，

顶部应设现浇混凝土压顶。

4.2.6 纤维石膏空心大板复合墙体结构伸缩缝的最大间距宜符合现行国家标准《混凝土结构设计规范》GB 50010 有关规定。

4.3 建筑节能设计

4.3.1 纤维石膏空心大板复合墙体结构的节能设计，居住建筑在严寒和寒冷地区，应符合现行行业标准《严寒和寒冷地区居住建筑节能设计标准》JGJ 26 的有关规定；在夏热冬冷地区，应符合现行行业标准《夏热冬冷地区居住建筑节能设计标准》JGJ 134 的有关规定；在夏热冬暖地区，应符合现行行业标准《夏热冬暖地区居住建筑节能设计标准》JGJ 75 的有关规定；公共建筑应符合现行国家标准《公共建筑节能设计标准》GB 50189 的有关规定。居住建筑和公共建筑尚应符合现行行业标准《外墙外保温工程技术规范》JGJ 144 的规定，其防潮设计和夏季隔热要求应符合现行国家标准《民用建筑热工设计规范》GB 50176 的规定。

4.3.2 纤维石膏空心大板复合墙体结构的外墙、屋面、门窗、采暖空间与非采暖空间相邻的隔墙或楼板、不采暖楼梯间隔墙及伸缩缝两侧的外墙等保温性能必须符合工程建设地区传热系数限值要求。

4.3.3 纤维石膏空心大板复合墙体结构的外墙应采用外墙外保温做法。外墙挑出构件及附墙部件（包括阳台、雨篷、阳台栏板、空调室外机搁板等）均应采取隔断热桥和保温措施；门窗口周边外侧墙面应采取保温措施。

4.4 荷载与地震作用

4.4.1 纤维石膏空心大板复合墙体结构建筑荷载取值及荷载组合应按现行国家标准《建筑结构荷载规范》GB 50009 和《建筑抗震设计规范》GB 50011 的规定进行。

4.4.2 纤维石膏空心大板复合墙体结构应在建筑结构的两个主轴方向分别考虑水平地震作用并进行抗震承载力验算；各方向的水平地震作用应全部由该方向抗侧力构件承担。

4.4.3 纤维石膏空心大板复合墙体结构的抗震计算可采用底部剪力法。各楼层可仅考虑一个自由度，水平地震作用标准值应按下列公式确定：

$$F_{Ek} = \alpha_1 G_{eq} \qquad (4.4.3-1)$$

$$F_i = \frac{G_i H_i}{\sum_{j=1}^{n} G_j H_j} F_{ek} \quad (i = 1,2,\cdots\cdots n)$$

$$(4.4.3-2)$$

式中：F_{Ek} ——结构总水平地震作用标准值（kN）；
α_1 ——相应于结构基本自振周期的水平地震

影响系数值，可取 $\alpha_1 = \alpha_{max}$；
G_{eq} ——结构等效总重力荷载（kN），单质点应取总重力荷载代表值，多质点可取总重力荷载代表值的 85%；
F_i ——质点 i 的水平地震作用标准值（kN）；
G_i、G_j ——分别为集中于质点 i、j 的重力荷载代表值（kN）；
H_i、H_j ——分别为质点 i、j 的计算高度（m）。

4.4.4 采用底部剪力法时，突出屋面的屋顶间、女儿墙、烟囱等的地震作用效应，应乘以增大系数 3，此增大部分不应往下传递，但与该突出部分相连的构件应予计入。

5 结 构 设 计

5.1 一 般 规 定

5.1.1 纤维石膏空心大板复合墙体结构应按承载能力极限状态设计，并应满足正常使用极限状态的要求。

5.1.2 结构及结构构件的承载力应满足下列公式要求：

非抗震设计 $\qquad \gamma_0 S \leqslant R \qquad (5.1.2-1)$

$$R = R(f, a_k, \cdots\cdots) \qquad (5.1.2-2)$$

抗震设计 $\qquad S \leqslant \dfrac{R}{\gamma_{RE}} \qquad (5.1.2-3)$

式中：γ_0 ——结构的重要性系数；
S ——内力组合设计值，按现行国家标准《建筑结构荷载规范》GB 50009 和《建筑抗震设计规范》GB 50011 的规定进行计算；
R ——结构构件的承载力设计值；
γ_{RE} ——构件承载力抗震调整系数，按表 5.1.2 采用。

表 5.1.2 承载力抗震调整系数

受力状态	γ_{RE}
偏压	0.85
受剪	0.90
受扭及局部受压	1.00

5.1.3 在抗水平力作用及整体稳定计算中，其计算简图应为嵌固于基础上的悬臂结构，在计算中假定楼（屋）盖沿自身平面内为刚性板，并应按侧移变形协调计算各墙片内力。

5.1.4 纤维石膏空心大板复合墙体结构的内力与位移，可按弹性方法计算，并考虑纵横墙的共同工作。在结构的弹性分析时，可按相当于单一混凝土材料计

算内力和变形，板的厚度取芯柱的截面宽度。

5.1.5 考虑纵横墙的共同工作时，墙体翼缘 b_f 的有效宽度可取表 5.1.5 所列各项中的最小值。

表 5.1.5 墙体翼缘有效宽度 b_f 值

项　　目	截　面　形　式	
	T 形或 I 形	L 形或匚形
按构件计算高度 H_0 考虑	$H_0/3$	$H_0/6$
按墙体间距 L 考虑	L	$L/2$
按翼缘厚度 t_b 考虑	$b+12t_b$	$b+6t_b$
按翼缘的实际宽度 b_f 考虑	b_f	b_f

注：表中 b 为墙板的厚度。

5.1.6 纤维石膏空心大板复合墙体结构在进行静力计算时，墙板的计算高度 H_0，应按下列规定采用：

1 在房屋的底层，应为楼板顶面到构件下端支点的距离。下端支点的位置，可取在基础顶面。当基础埋置较深且有刚性地坪时，可取室内地面下 500mm 处。

2 在房屋其他楼层，应为楼板顶面之间的距离。

5.1.7 在水平荷载作用下，弹性阶段建筑物层间最大水平位移与层高之比不宜大于 1/1000。

5.1.8 墙板的高厚比不宜大于 28。

5.2 构件承载力计算

5.2.1 纤维石膏空心大板复合墙体结构的墙板应进行平面外受压、平面内偏心受压、斜截面受剪等承载力计算。

5.2.2 墙板在竖向荷载和水平荷载作用下，在墙的每层高度范围内，应按两端铰支座的竖向杆件计算，平面外的受压承载力应满足下列公式要求：

非抗震设计

$$N \leqslant \varphi A f_g \qquad (5.2.2\text{-}1)$$

抗震设计

$$N \leqslant \varphi A f_g / \gamma_{RE} \qquad (5.2.2\text{-}2)$$

式中：N ——轴向压力设计值（N）；

　　A ——构件的毛截面积（mm）；

　　f_g ——灌芯纤维石膏空心大板抗压强度设计值（N/mm²），取 $f_g = 0.64 f_c$；

　　f_c ——混凝土轴心抗压强度设计值（N/mm²）；

　　φ ——高厚比 β 和偏心距 e 对承载力的影响系数，按表 5.2.2 采用；

　　e ——设计荷载作用下偏心距（mm），e 应满足 $e \leqslant 0.225b$；

　　γ_{RE} ——构件承载力抗震调整系数，按本规程表 5.1.2 采用。

表 5.2.2 影响系数 φ

H_0/b	\multicolumn{11}{c}{$\dfrac{e}{b}$}

H_0/b	0	0.025	0.05	0.075	0.1	0.125	0.15	0.175	0.20	0.225
3	1.0	0.95	0.90	0.85	0.80	0.75	0.70	0.65	0.60	0.55
4	0.99	0.94	0.89	0.84	0.79	0.74	0.69	0.64	0.59	0.54
6	0.98	0.93	0.88	0.83	0.78	0.73	0.68	0.64	0.59	0.54
8	0.96	0.91	0.86	0.81	0.77	0.72	0.66	0.62	0.57	0.53
10	0.93	0.88	0.84	0.80	0.74	0.70	0.65	0.60	0.56	0.51
12	0.89	0.85	0.80	0.76	0.71	0.67	0.63	0.58	0.54	0.49
14	0.85	0.81	0.77	0.72	0.68	0.64	0.60	0.55	0.51	0.47
16	0.81	0.77	0.72	0.68	0.64	0.60	0.56	0.52	0.48	0.44
18	0.75	0.72	0.68	0.64	0.60	0.57	0.53	0.49	0.45	0.42
20	0.70	0.67	0.63	0.60	0.56	0.53	0.49	0.46	0.42	0.39
22	0.65	0.62	0.58	0.55	0.52	0.49	0.45	0.42	0.39	0.36
24	0.60	0.57	0.54	0.51	0.48	0.45	0.42	0.39	0.36	0.33
26	0.55	0.52	0.50	0.47	0.44	0.41	0.38	0.35	0.33	0.30
28	0.50	0.47	0.45	0.42	0.40	0.37	0.35	0.32	0.30	0.27

注：表中 H_0 为构件的计算长度，可按本规程第 5.1.6 条采用，b 为墙板的厚度。

5.2.3 矩形截面墙板平面内偏心受压承载力计算，应符合下列规定：

1 当 $x \leqslant \xi_b h_0$ 时，应按大偏心受压计算；当 $x > \xi_b h_0$ 时，应按小偏心受压计算。ξ_b 为界限相对受压区高度，对 HPB235 级钢筋应取 0.60，对 HRB335 级钢筋应取 0.53，对 HRB400 级钢筋应取 0.52；x 为截面受压区高度（mm）；h_0 为截面有效高度即受拉钢筋合力点到受压区边缘的距离（mm）。

2 大偏心受压时应满足下列公式要求（图 5.2.3）：

$$N \leqslant \left[f_g bx + f_y' A_s' - f_y A_s - \Sigma f_{si} A_{si} \right] \frac{1}{\gamma_{RE}} \qquad (5.2.3\text{-}1)$$

$$N e_n \leqslant \left[f_g bx \left(h_0 - \frac{x}{2} \right) + f_y' A_s' (h_0 - a_s') - \Sigma f_{si} S_{si} \right] \frac{1}{\gamma_{RE}} \qquad (5.2.3\text{-}2)$$

式中：N ——轴向力设计值（N）；

　　f_g ——灌芯纤维石膏空心大板抗压强度设计值（N/mm²）；

　　f_y、f_y' ——墙板端部受拉、受压钢筋的强度设计值（N/mm²）；

　　b ——截面宽度（mm）；

　　f_{si} ——竖向分布钢筋的抗拉强度设计值（N/mm²）；

　　A_s、A_s' ——墙板端部受拉、受压钢筋的截面积（mm²）；

　　A_{si} ——单根竖向分布钢筋的截面面积（mm²）；

　　S_{si} ——第 i 根竖向分布钢筋对端部竖向受拉钢

筋合力点的面积矩（mm³）；

a'_s ——端部竖向受压钢筋合力点到受压区边缘的距离（mm）；

e_n ——轴向力作用点到端部竖向受拉钢筋合力点之间的距离（mm）；

γ_{RE} ——构件承载力抗震调整系数，按本规程表 5.1.2 采用，当不考虑抗震时，取 $\gamma_{RE}=1.0$。

当受压区高度 $x < 2a'_s$ 时，其正截面承载力应满足下式要求：

$$Ne'_n \leqslant f_y A_s (h_0 - a'_s) \qquad (5.2.3-3)$$

式中：e'_n ——轴向力作用点到端部竖向受压钢筋合力点之间的距离（mm）。

3 小偏心受压时应满足下列公式要求（图 5.2.3）：

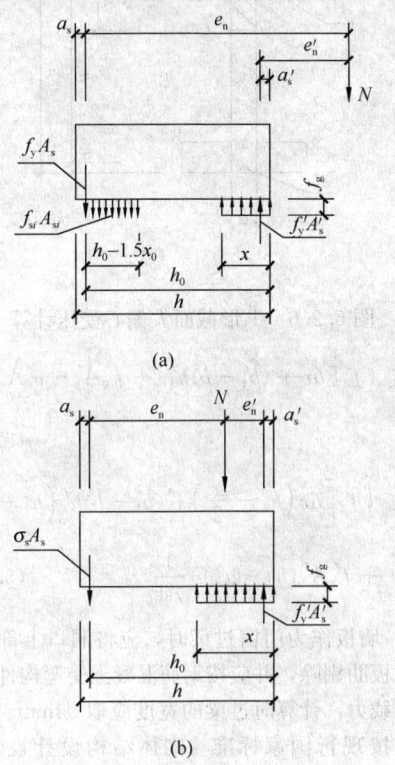

(a)

(b)

图 5.2.3 矩形截面大偏心受压计算

$$N \leqslant \left[f_g bx + f'_y A'_s - \sigma_s A_s \right] \frac{1}{\gamma_{RE}} \qquad (5.2.3-4)$$

$$Ne_n \leqslant \left[f_g bx \left(h_0 - \frac{x}{2} \right) + f'_y A'_s (h_0 - a'_s) \right] \frac{1}{\gamma_{RE}} \qquad (5.2.3-5)$$

$$\sigma_s = \frac{f_y}{\xi_b - 0.8} \left(\frac{x}{h_0} - 0.8 \right) \qquad (5.2.3-6)$$

注：当端部受压钢筋无箍筋或水平钢筋约束时，可不考虑端部竖向受压钢筋的作用，即取 $f'_y A'_s = 0$。

矩形截面对称配筋灌芯石膏墙板小偏心受压时，也可近似按下式计算钢筋截面面积：

$$A_s = A'_s = \frac{Ne_n - \xi(1 - 0.5\xi)f_g bh_0^2}{f'_y (h_0 - a'_s)}$$

$$(5.2.3-7)$$

此处相对受压区高度可按下式计算：

$$\xi = \frac{x}{h_0} = \frac{N - \xi_b f_g bh_0}{\dfrac{Ne_n - 0.43 f_g bh_0^2}{(0.8 - \xi_b)(h_0 - a'_s)} + f_g bh_0} + \xi_b$$

$$(5.2.3-8)$$

注：小偏心受压计算中未考虑竖向分布钢筋的作用。

5.2.4 复合墙体的斜截面受剪承载力应根据下列情况进行计算：

1 墙板的截面应满足下列公式要求：

非抗震设计

$$V \leqslant 0.25 f_g bh \qquad (5.2.4-1)$$

抗震设计

当剪跨比大于 2 时：

$$V \leqslant \frac{1}{\gamma_{RE}} 0.20 f_g bh \qquad (5.2.4-2)$$

当剪跨比小于或等于 2 时：

$$V \leqslant \frac{1}{\gamma_{RE}} 0.15 f_g bh \qquad (5.2.4-3)$$

式中：V ——墙板的剪力设计值（N）；

b ——墙板的截面宽度（mm）；

h ——墙板的截面高度（mm）。

2 墙板在偏心受压时的斜截面受剪承载力和抗震验算应满足下列公式要求：

$$V \leqslant \frac{1}{\gamma_{RE}} \left[(0.05 - 0.02\lambda) f_g bh + 0.12N \frac{A_w}{A} \right]$$

$$(5.2.4-4)$$

$$\lambda = M / V h_0 \qquad (5.2.4-5)$$

式中：M、N、V ——计算截面的弯矩、轴力和剪力设计值，当 $N > 0.2 f_g bh$ 时，取 $N = 0.2 f_g bh$；

A ——墙板的截面面积（mm），其中翼缘的面积可按本规程表 5.1.5 的规定确定；

A_w ——T 形或倒 L 形截面腹板的截面面积（mm²），对矩形截面取 A_w 等于 A；

λ ——计算截面的剪跨比，当 λ 小于 0.5 时取 0.5，当 λ 大于 1.5 时取 1.5；

γ_{RE} ——构件承载力抗震调整系数，按表 5.1.2 采用，当不考虑抗震时，取 $\gamma_{RE} = 1.0$。

3 墙板在偏心受拉时的斜截面受剪承载力和抗震验算应满足下式要求：

$$V \leqslant \frac{1}{\gamma_{RE}} \left[(0.05 - 0.02\lambda) f_g bh - 0.22N\frac{A_w}{A} \right]$$

(5.2.4-6)

4 考虑地震作用时，纤维石膏空心大板填充混凝土墙体承重房屋底部加强部位的截面组合剪力设计值，应按下列规定调整：

1） 8 度设防时

$$V_w = 1.4V \qquad (5.2.4\text{-}7)$$

2） 7 度设防时

$$V_w = 1.2V \qquad (5.2.4\text{-}8)$$

3） 6 度设防时

$$V_w = 1.0V \qquad (5.2.4\text{-}9)$$

式中：V ——考虑地震作用组合的墙板计算截面的剪力设计值（N）；

V_w ——考虑地震作用组合的房屋底部加强部位计算截面的剪力设计值（N）。

5.2.5 当大梁直接作用于灌芯石膏墙板上时，应在梁下设置钢筋混凝土垫梁，垫梁高度不应小于 200mm，垫梁长度不应小于 $b+500$mm，b 为大梁的截面宽度，垫梁宽度取 94mm 或同板厚。垫梁内应配置 4 Φ 12 的纵向钢筋和 Φ 6@200 的箍筋；大梁下的局部受压可按现行国家标准《混凝土结构设计规范》GB 50010 执行。

5.2.6 T 形、倒 L 形截面偏心受压构件，当翼缘和腹板有可靠拉结时，可考虑翼缘的共同工作，翼缘的计算宽度应按本规程表 5.1.5 中的最小值采用，其正截面受压承载力应按下列规定计算：

1 当受压区高度 $x \leqslant h'_f$ 时，应按宽度为 b'_f 的矩形截面计算；

2 当受压区高度 $x > h'_f$ 时，则应考虑腹板的受压作用，并应满足下列公式要求：

1） 大偏心受压（图 5.2.6）

$$N \leqslant \left\{ f_g \left[bx + (b'_f - b)h'_f \right] + f'_y A'_s - f_y A_s \right.$$
$$\left. - \Sigma f_{si} A_{si} \right\} \frac{1}{\gamma_{RE}}$$

(5.2.6-1)

$$Ne_n \leqslant \left\{ f_g \left[bx \left(h_0 - \frac{x}{2} \right) + (b'_f - b)h'_f \left(h_0 - \frac{h'_f}{2} \right) \right] \right.$$
$$\left. + f'_y A'_s (h_0 - a'_s) - \Sigma f_{si} S_{si} \right\} \frac{1}{\gamma_{RE}}$$

(5.2.6-2)

式中：b'_f ——T 形或倒 L 形截面受压区的翼缘计算宽度（mm）；

h'_f ——T 形或倒 L 形截面受压区的翼缘高度（mm）；

γ_{RE} ——构件承载力抗震调整系数，按本规程表 5.1.2 采用，当不考虑抗震时，取 $\gamma_{RE} = 1.0$。

2） 小偏心受压

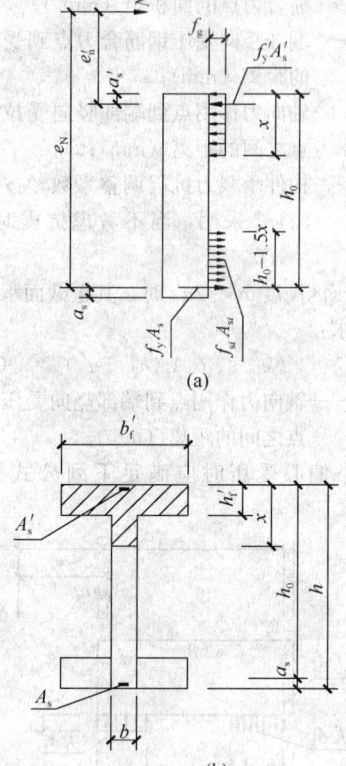

图 5.2.6 T 形截面大偏心受压计算

$$N \leqslant \left\{ f_g \left[bx + (b'_f - b)h'_f \right] + f'_y A'_s - \sigma_s A_s \right\} \frac{1}{\gamma_{RE}}$$

(5.2.6-3)

$$Ne_n \leqslant \left\{ f_g \left[bx \left(h_0 - \frac{x}{2} \right) + (b'_f - b)h'_f \left(h_0 - \frac{h'_f}{2} \right) \right] \right.$$
$$\left. + f'_y A'_s (h_0 - a'_s) \right\} \frac{1}{\gamma_{RE}}$$

(5.2.6-4)

5.2.7 墙板作为门窗过梁时，应将洞口上部洞口范围内的板肋剔除，并应按钢筋混凝土受弯构件计算过梁的承载力，计算时过梁的宽度应取 94mm。过梁的荷载应按现行国家标准《砌体结构设计规范》GB 50003 取用。

6 构 造 要 求

6.1 一 般 规 定

6.1.1 钢筋锚固长度、搭接长度以及混凝土保护层厚度应符合现行国家标准《混凝土结构设计规范》GB 50010 的相关规定，暗梁混凝土保护层厚度可按板的保护层厚度执行。

6.1.2 所有楼（屋）盖处的纵横墙上均应设置钢筋混凝土圈梁（当楼板厚度不小于 120mm 时可做成暗圈梁）。

6.1.3 圈梁应符合下列构造要求:

1 圈梁宜连续地设在同一水平面上,并形成封闭状;当圈梁被门窗洞口截断时,应在洞口上部增设相同截面的附加圈梁。附加圈梁与圈梁的搭接长度不应小于其中到中垂直间距的2倍,且不得小于1m。

2 圈梁的截面高度不应小于150mm,宽同墙厚;暗圈梁做于楼板里面,截面高度不应小于120mm,宽度不应小于150mm,双板墙时宽度不小于墙厚。圈梁主筋不应少于4Φ10,绑扎接头的搭接长度按受拉钢筋考虑,箍筋间距抗震设防烈度为6度、7度时不应大于250mm,8度时不应大于200mm。

3 基础圈梁的高度不宜小于240mm。

4 圈梁兼作过梁时,过梁部分的钢筋应按计算用量另行增配。

5 纵横墙交接处的圈梁应有可靠的连接(图6.1.3)。

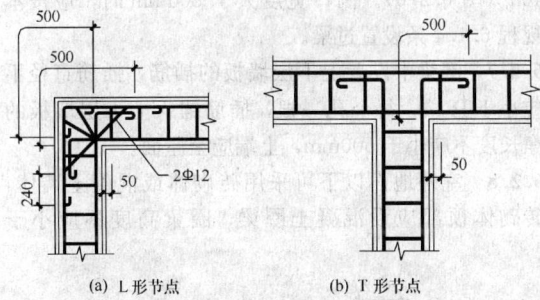

(a) L形节点 (b) T形节点

图 6.1.3 纵横墙交接处圈梁的连接

6.1.4 墙板作为门窗过梁时,应将洞口上部的板肋剔除,剔除高度不应小于120mm,过梁主筋不应小于2Φ12,如计算需要箍筋时,其直径不应小于Φ4,间距为每孔腔内至少一个。过梁支承长度每边不应小于240mm(图6.1.4)。如需单独设置过梁,应按钢筋混凝土受弯构件进行计算,以确定过梁高度和配筋;过梁荷载应按现行国家标准《砌体结构设计规范》GB 50003取用。

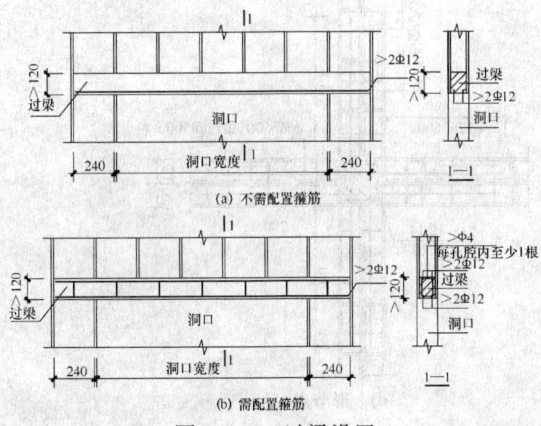

(a) 不需配置箍筋

(b) 需配置箍筋

图 6.1.4 过梁设置

6.1.5 钢筋混凝土梁支承于墙板时,梁的支承长度不应小于120mm。梁支承处应设置芯柱,并设置不小于2Φ14插筋(图6.1.5)。

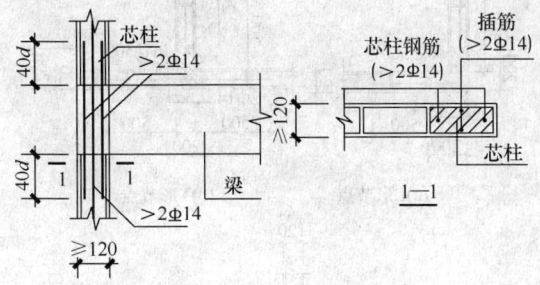

图 6.1.5 梁下芯柱插筋

6.1.6 墙板竖向钢筋最小配筋率应为0.2%,配筋芯柱最大间距应为4m,芯柱内竖向钢筋不应少于2Φ14(图6.1.6)。芯柱应伸入室外地面下500mm,或与埋深小于500mm的基础圈梁相连,上部应锚入屋盖圈梁。

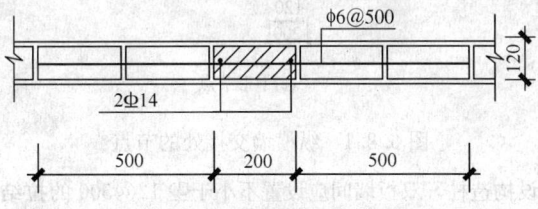

图 6.1.6 芯柱节点图(一字形节点)

6.1.7 楼梯间四角、楼梯段上下端对应的墙体处应设置芯柱。

6.2 墙 体 构 造

6.2.1 纵横墙交接处的构造要求应符合下列规定(图6.2.1):

1 应在墙体的空腔部位对接,灌注混凝土后形成钢筋混凝土芯柱,芯柱的长边长度不应小于200mm。芯柱内竖向钢筋的配置数量,对于L形节点不应少于3Φ14;T形节点不应少于4Φ14;十字形节点不应少于5Φ14。

2 应设置水平拉结筋,拉结筋直径不应小于Φ6,距墙边算起长度不应小于500mm,拉结筋沿高度方向间距不宜大于500mm。

3 底部加强部位纵横墙交接处芯柱的构造配筋规格其竖向钢筋不应小于Φ16,水平钢筋不应小于Φ8,间距不应大于500mm。

4 当墙肢截面的混凝土部分在重力荷载代表值下的轴压比不超过0.3时,可不考虑底部加强部位增强配筋。

6.2.2 洞口两侧墙板芯柱内应分别设置不少于2Φ14的通长竖向钢筋。

6.2.3 当墙体为双板墙时,双板空腔应对应,端部

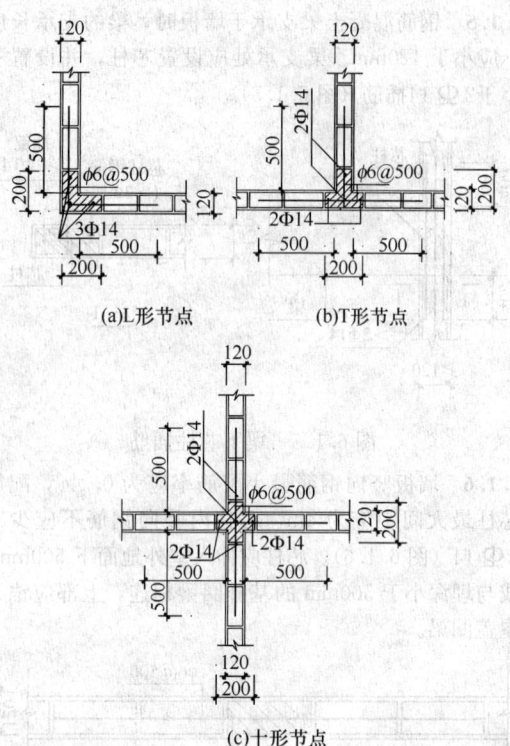

(a)L形节点   (b)T形节点

(c)十形节点

图 6.2.1   纵横墙交接处的节点

设构造柱，双板墙间应设置不小于 $\Phi 12@500$ 的拉结钢筋，拉结钢筋应呈梅花形布置。

6.2.4 当墙体长度超过 5m 时，应设置钢筋混凝土芯柱，芯柱间的距离不应大于 5m；在纵横墙交接处，应在墙体的空腔部位对接，灌注混凝土后形成钢筋混凝土芯柱，芯柱截面尺寸不应小于 200mm×180mm，应配置不少于 4Φ12 的竖向钢筋（在节点处，4Φ14）和Φ6@200 箍筋。纵横墙交接处应设置水平拉结筋，拉结筋直径不应小于Φ6，距墙边算起长度不应小于 700mm，拉结筋沿高度方向间距不宜大于 500mm（图 6.2.4）。

6.2.5 底部加强部位纵横墙交接处芯柱的构造配筋应为竖向钢筋不应小于Φ16，箍筋直径不应小于Φ8，间距不应大于 200mm。当墙肢截面的混凝土部分在重力荷载代表值下的轴压比不超过 0.3 时，可不考虑底部加强部位增强配筋。

6.2.6 当墙体开有小孔洞（洞的高和宽在 250mm～800mm 之内时），应在洞口上下设置不小于 2Φ12 钢筋，该钢筋自孔洞边算起伸入墙内的长度不应小于 40d（图 6.2.6）。洞口宽度大于 800mm 时，应按本规程 6.1.4 条设置过梁。

6.2.7 圈梁中设置上下层墙板的插筋，插筋直径不应小于Φ14，每个孔一根，插筋锚入上下层墙板的净长度不应小于 500mm，上端应至屋面。

6.2.8 室外地面以下可采用砖砌体或混凝土墙体，砖砌体顶部应设混凝土圈梁，圈梁高度不应小于

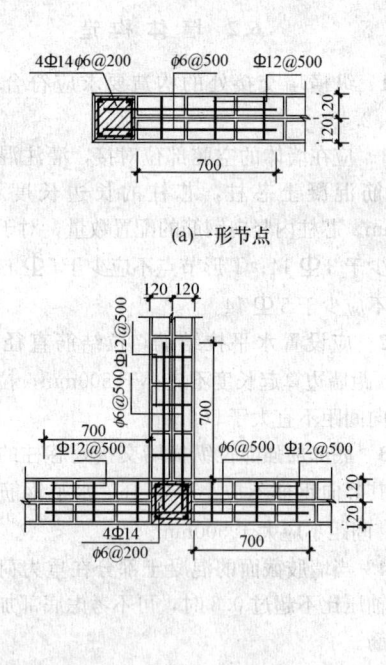

(a)一形节点

(c)T形节点

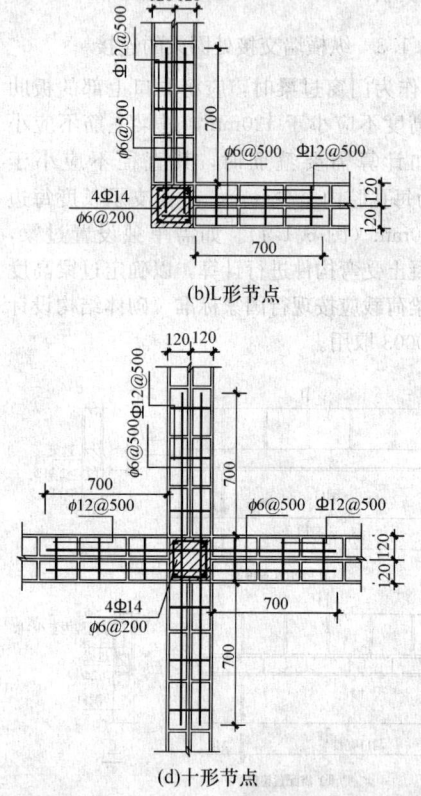

(b)L形节点

(d)十形节点

图 6.2.4   双板墙节点

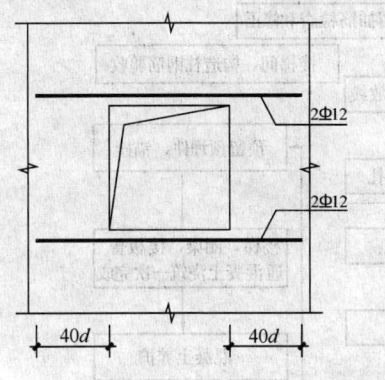

图 6.2.6 洞口附加钢筋

240mm，墙板底部插筋锚入圈梁或基础梁内，锚固长度不应小于 500mm。

6.2.9 下列情况的墙体应在每个孔内配置一根直径不小于Φ14的通长竖向钢筋：

　　1 抗震设防烈度为 8 度、楼层为 5 层的底层墙体；

　　2 抗震设防烈度为 7 度、楼层为 6 层的底层墙体。

7 施 工

7.1 一 般 规 定

7.1.1 施工前应编制专项施工方案、墙板拼装大样图，并应绘制安装顺序示意图。

7.1.2 墙板的进场质量应符合本规程第 8.2.5 条、第 8.2.6 条的要求，不合格的产品严禁安装使用。

7.1.3 墙板吊装、运输、存放和安装时，应立吊立放。

7.1.4 墙板空腔内浇筑的自密实混凝土和其他构件浇筑的普通混凝土，其配合比设计、外加剂选用，应按现行行业标准《普通混凝土配合比设计规程》JGJ 55 执行。

7.2 墙体工程主要施工工序

7.2.1 墙体工程的主要施工工序应按图 7.2.1 执行。

7.3 墙板安装施工

7.3.1 墙板运至施工现场后，应根据吊装顺序及位置对其进行集中放置，堆放场地应坚实、平整，并应有防雨、排水措施。

7.3.2 墙板应按安装顺序示意图安装，从外墙墙角开始，顺序进行，逐层逐间、先外后内。在墙体交接和门窗洞口处，墙板应按构造设计要求拼装并架设临时支撑。

7.3.3 墙板吊装安装施工时，应符合现行行业标准《建筑施工安全检查标准》JGJ 59 的规定，当风力达到 5 级以上应停止吊装施工。

7.4 钢 筋 施 工

7.4.1 钢筋原材料及加工、绑扎、连接、安装等均应符合现行国家标准《混凝土结构工程施工质量验收规范》GB 50204 的规定。

7.4.2 节点空腔内敷设水平钢筋，均宜在墙板安装就位前进行，节点处板安装定位后再进行节点处钢筋连接绑扎。

7.5 模 板 施 工

7.5.1 模板及其支架应根据工程结构形式、荷载大小、施工设备和材料供应等条件进行设计。模板及其支架应满足承载力、刚度和稳定性要求。

7.5.2 在浇筑混凝土之前，应对模板工程进行验收，并在浇筑混凝土时，应对模板及其支架进行观察和维护。

7.5.3 模板及其支架搭设拆除的顺序及安全措施应按批准的施工技术方案执行。

7.6 普通混凝土施工

7.6.1 楼板、圈梁及楼梯间等构件普通混凝土的施工及验收应符合现行国家标准《混凝土结构工程施工质量验收规范》GB 50204 的规定；

7.6.2 混凝土浇筑前，应对预留孔洞、预埋管线、预埋件进行全面检查验收。

7.6.3 混凝土的冬期施工应按现行行业标准《建筑工程冬期施工规程》JGJ 104 执行。

7.7 自密实混凝土施工

7.7.1 墙体空腔中采用的自密实混凝土，其粗骨料粒径应为 5mm～20mm，其拌合物的性能应满足下列要求：

表 7.7.1 自密实混凝土拌合物性能要求

项次	项 目	指标要求
1	坍落扩展度（mm）	700±50
2	T50 流动时间（s）	5～20
3	U 形箱试验填充高度（mm）	320 以上
4	V 形漏斗通过时间（s）	10～25

7.7.2 墙体空腔自密实混凝土的施工除应满足现行国家标准《混凝土结构工程施工质量验收规范》GB

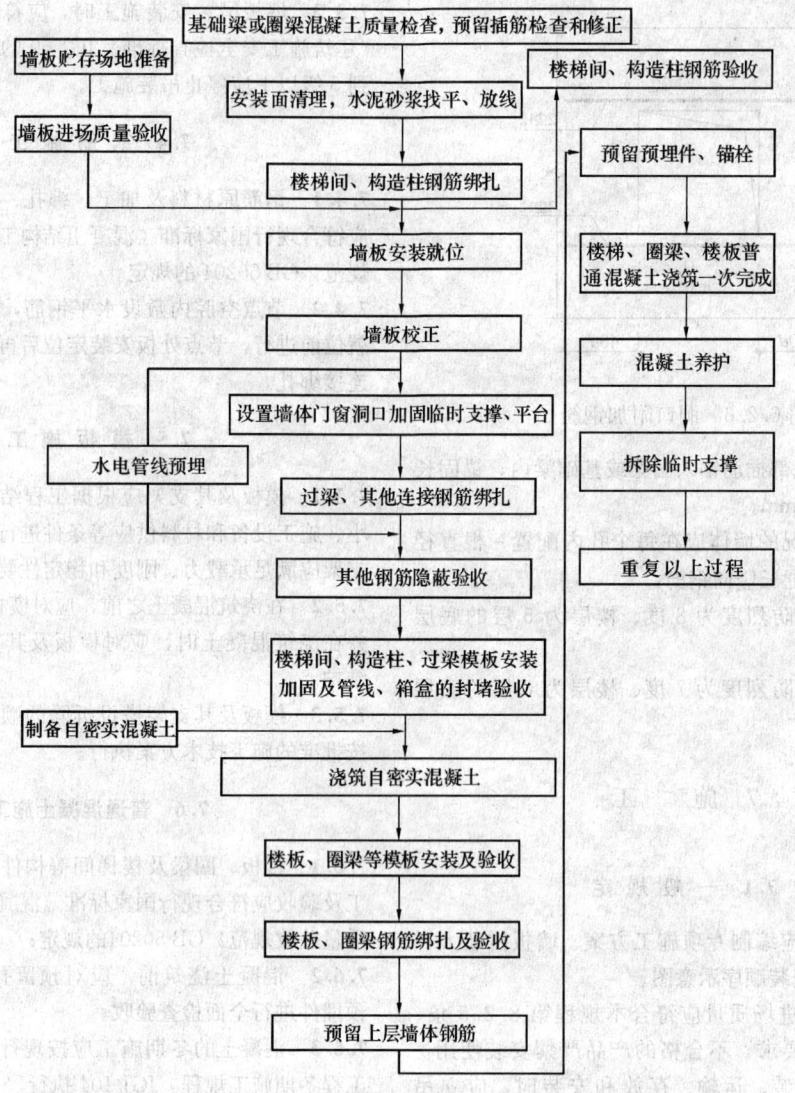

图 7.2.1 墙体工程主要施工工序

50204 的规定外，尚应符合下列规定：

1 浇筑前应进行下列隐蔽工程检查：

1）全部墙板的拼装质量和支撑应符合要求；

2）全部钢筋应按设计要求配置，保证钢筋保护层的措施可靠；

3）所有空腔应通顺干净，浇筑混凝土前一天可用水适当浸润空腔，但不得留有明水；

4）电气及水暖预埋管线、预埋件、孔洞等应按设计要求或国家现行有关标准留设。

2 空腔自密实混凝土每次浇筑的高度不宜大于 1.5m。空腔混凝土浇筑时宜一次移动两个孔，且应沿全墙体连续浇筑，两次浇筑的间歇时间不得超过混凝土的初凝时间。

3 浇筑混凝土应按下列步骤进行：

1）先在墙体空腔内浇筑自密实混凝土，然后

再进行楼板、圈梁钢筋的绑扎，验收后再浇筑圈梁和楼板部位的普通混凝土；

2）应先浇筑宽度超过 1.2m 的洞口下部空腔，并及时将完成浇筑的孔口封堵。

4 混凝土浇筑完毕后应立即清除粘在墙体上的多余混凝土。

5 雨后施工时，墙体空腔内不应存有明水。不宜在雨中浇筑混凝土。新浇筑完成的混凝土要防止雨水冲刷。

6 当墙体空腔内的混凝土强度达到 5MPa 后，方可拆除临时支撑。

8 验 收

8.1 一般规定

8.1.1 各分项工程检验批的划分宜按楼层、结构缝

或施工区段划分。

8.1.2 工程中使用的钢筋、水泥、外加剂等应复试合格后再使用。

8.1.3 钢筋、预埋管、预埋件、固定卡子等必须按规定进行隐蔽验收。

8.1.4 纤维石膏空心大板复合墙体的各分项工程应归于混凝土结构子分部工程。

8.1.5 各分项工程的检验批质量应按主控项目和一般项目验收，其验收可采用本规程附录 A 中的表格。

8.1.6 检验批合格判定应符合下列规定：

　　1 主控项目的质量应经抽样检验合格；

　　2 一般项目的质量应经抽样检验合格，除有专门要求外，一般项目的合格点率应不低于80%，且不得有严重缺陷；

　　3 应具有完整的施工操作依据、质量检查记录。

8.1.7 分项工程质量验收应符合下列规定：

　　1 分项工程所含检验批均应符合合格质量的规定；

　　2 分项工程所含检验批的质量验收记录应完整。

8.1.8 分部工程质量验收应符合下列规定：

　　1 分部工程所含分项工程均应符合合格质量的规定；

　　2 分部工程所含分项工程的质量验收记录应完整。

8.1.9 纤维石膏空心大板工程的检查数量每个检验批应至少抽查10%，并不得少于3间；不足3间时应全数检查。

8.2 墙板工程

Ⅰ　主控项目

8.2.1 墙板的品种、规格、性能应符合设计要求。有隔声、隔热、阻燃、防潮等特殊要求的工程，板材应有相应性能等级的检测报告。

　　检验数量：按进场批次检查。

　　检验方法：观察；检查产品合格证书、进场验收记录和性能检测报告。

8.2.2 安装墙板所需的定位卡、连接件的位置、数量及连接方法应符合设计要求。

　　检查数量：全数检查。

　　检验方法：观察；尺量检查；检查隐蔽工程验收记录。

8.2.3 墙板安装必须符合设计要求。

　　检查数量：按有代表性自然间抽查10%。

　　检验方法：观察。

Ⅱ　一般项目

8.2.4 墙板的外观质量应符合表8.2.4的规定。

　　检验数量：全数检查。

　　检验方法：观察和量测。

表8.2.4　墙板外观质量规定

项次	项　　目	质量要求
1	外表面不平整	≤3mm
2	缺棱（长不大于50mm，深不大于10mm）	不超过3处
3	掉角（不大于50mm×50mm）	不超过3处

8.2.5 墙板的几何尺寸允许偏差应符合表8.2.5的规定。

　　检验数量：按同种规格每100件为一批，随机抽取三件进行检查。

　　检验方法：量测。

表8.2.5　纤维石膏空心墙板几何尺寸允许偏差

项次	项　目		允许偏差（mm）
1	截面尺寸	长度	0，－10
2		高度	0，－10
3		厚度	±3
4	侧向弯曲		1.5L/1000且≤12，L为单块板长度

8.3 钢筋工程

Ⅰ　主控项目

8.3.1 受力钢筋的品种、规格和数量必须符合设计要求和产品标准的规定。

　　检验数量：抽查有代表性自然间总数的10%，且不应少于三间。

　　检验方法：观察，钢尺量测。

8.3.2 绑扎接头应牢固、可靠。

　　检验数量：抽查有代表性自然间总数的10%，且不应少于三间。

　　检验方法：观察。

8.3.3 相邻构件受力钢筋的连接必须符合国家现行有关标准的规定。

　　检验数量：全数检查。

　　检验方法：观察。

8.3.4 纵向受力钢筋与基础（或圈梁）插筋的连接必须符合国家现行有关标准的规定。

　　检验数量：全数检查。

　　检验方法：观察、钢尺量测。

Ⅱ　一般项目

8.3.5 钢筋安装位置允许偏差应符合表8.3.5的

规定：

表 8.3.5 钢筋安装位置允许偏差

项　目	允许偏差 （mm）	检验方法
长	±10	钢尺检查
钢筋骨架宽、高	+3，-5	钢尺检查
间距	±10	钢尺检查
保护层厚度	±5	钢尺检查
箍筋间距	±20	钢尺检查，连续 三档取最大值

检验数量：抽查有代表性自然间总数的 10%，且不应少于三间。

检验方法：钢尺量测。

8.3.6 竖向单根钢筋宜按空腔中心位置敷设，其允许偏差应为 15mm。

检验数量：全数检查。

检验方法：观察。

8.4 模 板 工 程

Ⅰ 主控项目

8.4.1 安装现浇结构的上层模板及其支架时，下层楼板应具有承受上层荷载的承载能力，或加设支架；上、下层支架的立柱应对准，并铺设垫板。

检查数量：全数检查。

检查方法：对照模板设计文件和施工技术方案观察。

8.4.2 在涂刷模板隔离剂时，不得玷污钢筋和混凝土接槎处。

检查数量：全数检查。

检查方法：观察。

Ⅱ 一 般 项 目

8.4.3 模板安装应符合下列规定：

1 模板的接缝不应漏浆；在浇筑混凝土前，木模板应浇水湿润，但模板内不应有积水；

2 模板与混凝土的接触面应清理干净并涂刷隔离剂，但不得采用影响结构性能或妨碍装饰工程的隔离剂；

3 浇筑混凝土前，模板内的杂物应清理干净；

4 对清水混凝土工程及装饰混凝土工程，应使用能达到设计效果的模板；

检验数量：全数检查；

检验方法：观察。

8.4.4 对跨度不小于 4m 的现浇钢筋混凝土梁、板，

其模板应按设计要求起拱；当设计无具体要求时，起拱高度宜为跨度的 1/1000～3/1000。

检查数量：在同一检验批内，对梁，应抽查构件数量的 10%，且不宜少于 3 件；对板，应按有代表性的自然间抽查 10%，且不应少于 3 间；对大空间结构板可按纵、横轴线划分检查面，抽查 10%，且不少于 3 面。

检查方法：水准仪或拉线、钢尺检查。

8.4.5 固定在模板上的预埋件、预留孔和预留洞均不得遗漏，且应安装牢固，其允许偏差应符合表8.4.5 的规定。

检查数量：对墙和板，应按有代表性的自然间抽查 10%，且不应少于 3 间；对大空间结构，墙可按相邻轴线间高度 5m 左右划分检查面，板可按纵横轴线划分检查面，抽查 10%，均不应少于 3 面。

检验方法：钢尺检查。

表 8.4.5 预埋件和预留孔、洞的允许偏差

项　目		允许偏差（mm）
预埋钢板中心线位置		3
预埋管、预留孔中心线位置		3
插 筋	中心线位置	5
	外露长度	+10，0
预留洞	中心线位置	10
	尺寸	+10，0

注：检查中心线位置时，应沿纵、横两个方向量测，并取其中的较大值。

8.4.6 现浇结构模板安装的允许偏差及检验方法应符合表 8.4.6 的规定。

检查数量：对墙和板，应按代表性的自然间抽查 10%，且不应少于 3 间；对大空间结构，墙可按相邻轴线间高度 5m 左右划分检查面，板可按纵横轴线划分检查面，应抽查 10%，均不应少于 3 面。

**表 8.4.6 现浇结构模板安装的
允许偏差及检验方法**

项　目		允许偏差 （mm）	检验方法
轴线位置		5	钢尺检查
底模上表面标高		±5	水准仪或拉线、钢尺检查
截面内部尺寸	基础	±10	钢尺检查
	柱、墙、梁	+4，-5	钢尺检查
层高垂直度	不大于 5m	6	经纬仪或吊线、钢尺检查
	大于 5m	8	经纬仪或吊线、钢尺检查

续表 8.4.6

项 目	允许偏差（mm）	检验方法
相邻两板高低差	2	钢尺检查
表面平整度	5	2m靠尺和塞尺检查

注：检查中心线位置时，应沿纵、横两个方向量测，并取其中的较大值。

8.5 普通混凝土工程

8.5.1 普通混凝土工程的质量验收应符合现行国家标准《混凝土结构工程施工质量验收规范》GB 50204相关规定。

Ⅰ 主 控 项 目

8.5.2 现浇结构的外观质量不应有严重缺陷。对已经出现的严重缺陷，应由施工单位提出技术处理方案，并经监理（建设）、设计单位认可后进行处理。对经处理的部位，应重新检查验收。

检查数量：全数检查。

检验方法：观察，检查技术处理方案及落实情况。

外观质量缺陷的严重程度应按现行国家标准《混凝土结构工程施工质量验收规范》GB 50204－2002第8章现浇结构分项工程标准第8.1.1条执行。

8.5.3 现浇结构不应有影响结构性能和使用功能的尺寸偏差。

对超过尺寸允许偏差且影响结构性能和安装、使用功能的部位，施工单位应提出技术处理方案，并经监理（建设）、设计单位认可后进行处理。对经处理的部位，应重新检查验收。

检查数量：全数检查。

检验方法：量测，检查技术处理方案及落实情况。

Ⅱ 一 般 项 目

8.5.4 现浇结构的外观质量不宜有一般缺陷。

对已经出现的一般缺陷，应由施工单位按技术处理方案进行处理，并重新检查验收。

检查数量：全数检查。

检验方法：观察，检查技术处理方案及落实情况。

8.5.5 纤维石膏空心大板复合墙体工程结构尺寸允许偏差和检验方法应符合表8.5.5的规定：

表 8.5.5 纤维石膏空心大板复合墙体工程结构尺寸允许偏差和检验方法

序号	项目名称	允许偏差（mm）	检查方法
1	轴线位置	5	经纬仪、钢尺

续表 8.5.5

序号	项目名称		允许偏差（mm）	检查方法
2	垂直度	每层	5	经纬仪或拉线、钢尺
		全高 H	(H/1000，且≤30mm)	经纬仪或拉线、钢尺
3	楼层高度	每层	±10	水准仪或拉线、钢尺
		全高	±30	水准仪、钢尺
4	表面平整度		5	2m靠尺、塞尺
5	相邻纤维石膏空心大板表面高差		5	钢尺
6	上、下窗口偏移		±15	经纬仪、钢尺
7	门窗洞口宽度		±10	钢尺
8	门窗洞口高度		+15，−5	钢尺

注：检查轴线位置时，应沿纵、横两个方向量测，取其中较大值。

8.6 自密实混凝土工程

Ⅰ 主 控 项 目

8.6.1 自密实混凝土拌合物的性能应符合本规程第3章的规定。

检验数量：在施工前，质量验收人员与混凝土供应商应确认所提供的混凝土拌合物的全部性能满足要求；在施工中，对坍落度和坍落扩展度每天至少应进行两次试验，上、下午各一次；在施工过程中，当对混凝土拌合物的质量有怀疑时，应对流动性、充填性和抗离析性三项性能进行试验。

检验方法：检查试验报告。坍落扩展度、充填性、流动性、抗离析性。

8.6.2 验收过程和结果应详细记录。

8.6.3 混凝土质量验收应符合下列规定：

1 强度检验应按现行国家标准《普通混凝土力学性能试验方法标准》GB/T 50081进行检验，并按现行国家标准《混凝土强度检验评定标准》GB/T 50107进行评定。

2 匀质性检验应在墙板表面采用直径为100mm或75mm的钻头钻芯取样。首先观察石子的均匀状况，然后测量表面砂浆层的厚度，其厚度不应大于15mm。

3 耐久性检验方法应按现行国家标准《普通混凝土长期性能和耐久性能试验方法标准》GB/T 50082的规定进行，性能指标应满足设计要求。

Ⅱ 一 般 项 目

8.6.4 自密实混凝土的一般项目同普通混凝土工程。

8.7 工 程 验 收

8.7.1 纤维石膏空心大板墙体分项工程验收时，应提供下列文件和记录：

　　1 施工图及设计变更文件；

　　2 纤维石膏空心大板产品的合格证和出厂检验报告；

　　3 工程定位测量、放线记录；

　　4 原材料合格证和进场复验报告、按规定实施的见证取样送检报告；

　　5 混凝土配合比试验报告；

　　6 混凝土试件的性能试验报告；

　　7 混凝土工程施工记录和自密实混凝土检查记录；

　　8 冬期施工记录；

　　9 隐蔽工程验收记录；

　　10 各分项工程验收记录；

　　11 工程重大质量问题的处理和验收记录；

　　12 其他必要的文件和记录。

8.7.2 工程验收前是否对纤维石膏空心大板墙体进行结构实体检验，应由监理单位、建设单位、设计单位、施工单位共同商定。

8.7.3 当纤维石膏空心大板墙体结构施工质量不符合要求时，应按下列规定处理：

　　1 经返工、返修或更换构件、部件的检验批，应重新进行验收；

　　2 经有资质的检测单位检测鉴定达到设计要求的检验批，应予以验收；

　　3 经有资质的检测单位鉴定达不到设计要求，但经原设计单位核算并确认可满足安全和使用功能的检验批，可予以验收；

　　4 经返修或加固处理能够满足结构安全使用要求的分项工程，可根据技术处理方案和协商文件进行验收。

附录 A 分项工程（检验批）质量验收记录表

A.0.1 分项工程（检验批）的质量验收记录应由施工项目专业质量检查员填写，监理工程（建设单位专业技术负责人）组织项目专业质量检查员等进行验收，并应按表 A.0.1 记录。

表 A.0.1 分项工程（检验批）质量验收记录表

工程名称		分项目工程名称			验收部位	项目经理
施工单位			专业工长			
施工执行标准名称及编号						
分包单位		分包项目经理			施工班组长	

	质量验收规范的规定	施工单位检查评定记录			监理（建设）单位验收记录	
主控项目	1					
	2					
	3					
	4					
	5					
	6					
	7					
	8					
一般项目	1					
	2					
	3					
	4					
施工单位检查结果评定		项目专业质量检查员：				年 月 日
监理（建设）单位验收结论		监理工程师(建设单位项目专业技术负责人)				年 月 日

本规程用词说明

1 为便于在执行本规程条文时区别对待，对要求严格程度不同的用词说明如下：

1）表示很严格，非这样做不可的：
正面词采用"必须"，反面词采用"严禁"；
2）表示严格，在正常情况下均应这样做的：
正面词采用"应"，反面词采用"不应"或"不得"；
3）表示允许稍有选择，在条件许可时首先应这样做的：
正面词采用"宜"，反面词采用："不宜"；
4）表示有选择，在一定条件下可以这样做的，采用"可"。

2 条文中指明应按其他有关标准执行的写法为："应符合……的规定"或"应按……执行"。

引用标准名录

1 《砌体结构设计规范》GB 50003

2 《建筑结构荷载规范》GB 50009

3 《混凝土结构设计规范》GB 50010

4 《建筑抗震设计规范》GB 50011

5 《普通混凝土力学性能试验方法标准》GB/T 50081

6 《普通混凝土长期性能和耐久性能试验方法标准》GB/T 50082

7 《混凝土强度检验评定标准》GB/T 50107

8 《民用建筑热工设计规范》GB 50176

9 《公共建筑节能设计标准》GB 50189

10 《混凝土结构工程施工质量验收规范》GB 50204

11 《严寒和寒冷地区居住建筑节能设计标准》JGJ 26

12 《普通混凝土配合比设计规程》JGJ 55

13 《建筑施工安全检查标准》JGJ 59

14 《夏热冬暖地区居住建筑节能设计标准》JGJ 75

15 《建筑工程冬期施工规程》JGJ 104

16 《夏热冬冷地区居住建筑节能设计标准》JGJ 134

17 《外墙外保温工程技术规程》JGJ 144

中华人民共和国行业标准

纤维石膏空心大板复合墙体结构技术规程

JGJ 217—2010

条 文 说 明

制 定 说 明

《纤维石膏空心大板复合墙体结构技术规程》JGJ 217-2010 经住房和城乡建设部 2010 年 10 月 21 日以第 790 号公告批准、发布。

本规程制定过程中，编制组进行了深入细致的调查研究，同时参考了国外先进技术法规、技术标准，通过对纤维石膏空心大板物理力学性能、灌芯石膏空心大板力学性能、配筋墙体构件受力性能进行试验研究，取得了该墙体结构承载力计算公式及重要技术参数。

为便于广大设计、施工、科研、学校等单位有关人员在使用本标准时能正确理解和执行条文规定，《纤维石膏空心大板复合墙体结构技术规程》编制组按章、节、条顺序编制了本规程的条文说明，对条文规定的目的、依据以及执行中需注意的有关事项进行了说明，还着重对强制性条文的强制性理由作了解释。但是，本条文说明不具备与规程正文同等的法律效力，仅供使用者作为理解和把握标准规定的参考。在使用中如果发现本条文说明有不妥之处，请将意见函寄山东省建设建工（集团）有限责任公司。

目 次

1 总 则

1.0.1 在我国全面禁用黏土砖之后，纤维石膏空心大板复合墙体结构无疑是一种很好的替代品。纤维石膏空心大板复合墙体是从澳大利亚引进的纤维石膏大板生产技术，结合中国国情研究开发的一种新结构体系。它具有节约耕地（替代黏土砖）、废物利用（可利用工业石膏）、环保（石膏的呼吸功能利于居住）、使用有效面积大（此种结构墙体厚仅120mm）等优点。因此，非常适应我国多层房屋中推广应用。

1.0.2 按照现行国家标准《建筑抗震设防分类标准》GB 50223 的规定，纤维石膏空心大板复合墙体结构可用于多层居住建筑、丙类及以下多层公共建筑，当用于乙类公共建筑时应采取加强措施，如增加双板墙等。

2 术语和符号

2.1.1 国外也称速成墙。

2.1.5 标准的纤维石膏空心大板空腔为：230mm×94mm，而经过组拼后形成的空腔有："一"形、"L"形、"十"形、"T"形，可参见本规程第6.1节和第6.2节中的图示，因此芯柱有多种形式。

3 材 料

3.1 纤维石膏空心大板

3.1.1 工厂生产线生产的纤维石膏空心大板的形状和规格尺寸详见图1，可以根据设计要求切割成不同规格尺寸。

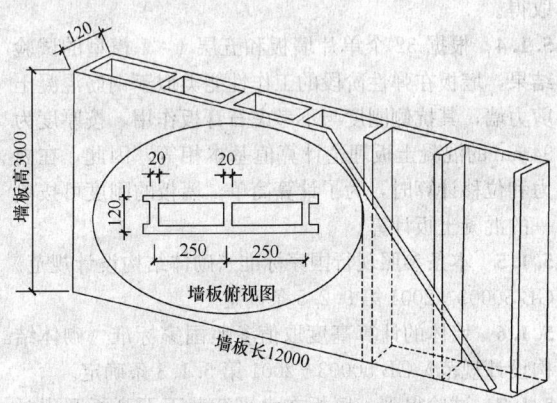

图 1 纤维石膏空心大板示意图
（单位：mm）

3.1.2 墙板主要力学性能、物理性能指标应满足表1要求。

表 1 墙板主要力学性能、物理性能指标及检验标准

项 目		单位	性能指标	检验标准
力学性能	抗压强度	MPa	≥1	《工业灰渣混凝土空心隔墙条板》JG 3063
	抗折破坏载荷（单孔）	kN	>4	《玻璃纤维增强水泥轻质多孔隔墙条板》GB/T 19631
	24h单点吊挂力	N	≥800	《建筑隔墙用轻质板》JG/T 169
	抗弯破坏载荷	—	≥1倍板重	《工业灰渣混凝土空心隔墙条板》JG 3063
	抗冲击性	次	≥3	《工业灰渣混凝土空心隔墙条板》JG 3063
物理性能	面密度（干燥状态）	kg/m²	40±10%	《工业灰渣混凝土空心隔墙条板》JG 3063
	传热系数	W/(m²·K)	2.0	《绝热材料稳态热阻及有关特性的测定 热流计法》GB/T 10295
	隔声量	dB	>30	《声学 建筑和建筑构件隔声测量 第3部分：建筑构件空气声隔声的实验室测量》GB/T 19889.3
	质量吸水率	—	≤10%	《工业灰渣混凝土空心隔墙条板》JG 3063
	干燥收缩值	mm/m	≤0.25	《建筑隔墙用轻质板》JG/T 169
	软化系数	—	≥0.6	《石膏砌块》JC/T 698

注：纤维石膏空心大板的材料性能要求同时参考了纤维石膏空心大板有关规定。

3.1.3 石膏粉应采用 α 石膏粉及 β 石膏粉按一定比例混合而成的混合石膏粉。其细度为通过 0.2mm 方孔筛，筛余不宜大于 5%。

3.1.4 玻璃纤维检验项目及标准见表 2。

表 2 E 级玻璃纤维检验项目及标准

检 验 项 目	标 准 值
线密度 Tex	2400±5%
碱金属氧化物含量%	≤0.8
含水率%	≤0.1
可燃物含量 N/Tex	1.2±0.2
分束率%	≥85
硬挺度（mm）	130±10
依据标准	《玻璃纤维无捻粗纱》GB/T 18369

注：E 级无碱无捻玻璃纤维用量为 $700±50g/m^2$，按生产工艺及生产工序，分三次加入。

3.1.5 纤维石膏空心大板隔声依据现行国家标准《声学 建筑和建筑构件隔声测量 第 3 部分：建筑构件空气声隔声的实验室测量》GB/T 19889.3 标准检测。

3.1.6 纤维石膏空心大板的热工计算，以现行国家标准《绝热材料稳态热阻及有关特性的测定 热流计法》GB/T 10295 为根据。

4 基本设计规定

4.1 一 般 规 定

4.1.2 纤维石膏空心大板复合墙体结构建筑的地下室应采用现浇混凝土结构或其他类型的结构。

4.1.4 纤维石膏空心大板复合墙体结构建筑外墙上的门、窗洞口和其他洞口周边也应采取防水措施处理。

4.2 结 构 布 置

4.2.1、4.2.2、4.2.3、4.2.5 纤维石膏空心大板复合墙体结构建筑的抗震性能，在我国尚未积累实际经验，这方面宜从严要求。

4.2.1 纤维石膏空心大板复合墙体结构建筑的层高和总高度的限制，是结合墙板结构自身的特性，依据实验数据计算分析，并参照现行国家标准《建筑抗震设计规范》GB 50011 的规定确定的。

4.2.6 纤维石膏空心大板复合墙体结构伸缩缝的最

大间距设置，是结合墙板结构自身的特性，并参照现行国家标准《混凝土结构设计规范》GB 50010 的剪力墙结构的规定确定的。

4.3 建筑节能设计

4.3.1 我国幅员辽阔，各地区气候变化较大。按照现行国家标准《民用建筑热工设计规范》GB 50176 全国建筑热工设计分区图规定，我国共分严寒地区、寒冷地区、夏热冬冷地区、夏热冬暖地区和温和地区等五个分区。在同一地区，按节能要求和夏季隔热要求计算确定的外墙和屋顶保温、隔热厚度不同时，应取两者中的较大值。

4.3.2、4.3.3 楼梯间隔墙、底层地面圈梁或地梁部位，以及底层周边地面的保温，应符合现行有关行业标准的规定。

4.4 荷载与地震作用

4.4.3 除本规程有特殊规定外，地震作用计算和抗震验算应采用现行国家标准《建筑抗震设计规范》GB 50011 规定的底部剪力法。纤维石膏空心大板复合墙体结构建筑，本规程仅限制在 6 层及以下，是以剪力变形为主，且质量和刚度沿高度分布比较均匀，因此可采用底部剪力简化方法。

5 结 构 设 计

5.1 一 般 规 定

5.1.1、5.1.2 根据现行国家标准《建筑结构可靠度设计统一标准》GB 50068，纤维石膏空心大板复合墙体结构仍采用概率极限状态设计原则和分项系数表达式。关于 γ_{RE} 的取值，根据现行国家标准《建筑抗震设计规范》GB 50011 中剪力墙的规定取得。

5.1.4 根据 32 个单片墙板和五层 1：1 模型的试验结果，墙板在弹性阶段的工作性能类似于钢筋混凝土剪力墙，其抗侧刚度与不考虑石膏板作用，按厚度为 94mm 的混凝土板理论计算值基本相等，因此，在内力和位移计算时，为了计算简单，墙板的刚度可按单一的混凝土板计算。

5.1.5 本条参照现行国家标准《砌体结构设计规范》GB 50003 - 2001 第 9.2.5 条确定。

5.1.6 墙体的计算高度取值参照国家标准《砌体结构设计规范》GB 50003 - 2001 第 5.1.3 条确定。

5.1.7 试验得到，墙板在水平荷载下石膏板开裂时的位移约为墙板高度的（1.2～2）/1000，但由于实践经验较少，偏于安全起见，规定了层间弹性位移角的限制。

5.1.8 当高厚比较大时，墙板将发生失稳破坏，材

料得不到充分发挥，因此对墙板的高厚比进行限制。

5.2 构件承载力计算

5.2.2 根据试验，空心纤维石膏墙板的抗压强度平均值为 1.52MPa，均方差为 0.1MPa，抗压强度标准值为 1.36MPa，取材料分项系数 1.6，空心纤维石膏墙板的抗压强度设计值为 0.85MPa。

根据试验，灌芯纤维石膏空心大板的抗压强度 $f_g = f + \alpha\eta f_c$，f 为空心纤维石膏空心大板的抗压强度，α 为灌芯率即灌孔混凝土面积和空心纤维石膏空心大板毛截面积的比值，$\alpha = 0.72$，η 为灌芯增强系数，根据试验 $\eta = 1.13$，因此，$f_g = f + 0.81 f_c$。由于未灌芯的纤维石膏空心大板抗压强度较低，偏于安全起见，在计算不予考虑，考虑孔内混凝土无法正常养护，所以取 $f_g = 0.64 f_c$。

根据试验结果，受压构件的稳定性系数可按下式计算：

$$\varphi = \frac{1}{1 + 0.00048\beta^2 + 0.000029\beta^3}\left(1 - \frac{2e}{b}\right) \quad (1)$$

5.2.3 本条参照现行国家标准《砌体结构设计规范》GB 50003-2001 第 9.2.3 条确定。

5.2.4 根据 18 个受压无筋墙板的抗剪试验，试验结果为：

$$V_m \leqslant (0.054 - 0.024\lambda) f_{g,m} bh + 0.262 N_k \quad (2)$$

试验值与按上式计算值的平均值为 1.12，变异系数为 0.18，参照现行国家标准《砌体结构设计规范》GB 50003-2001 第 9.3.1 条、第 10.4.2 条和第 10.4.3 条，得到无筋墙板的抗剪强度计算公式为：

$$V \leqslant \frac{1}{\gamma_{RE}}\left[(0.05 - 0.02\lambda) f_g bh + 0.12 N \frac{A_w}{A}\right] \quad (3)$$

对于竖向配筋墙板，其抗剪强度有所提高但提高的幅度有限，偏于安全仍可按上式计算。

5.2.5 根据试验，当梁直接作用于墙板上时，由于板肋的影响，力的扩散受到限制，局压承载力提高有限，且梁下石膏板受集中力的作用容易产生裂缝，因此，梁不宜直接作用于复合墙体上，当梁直接作用于复合墙体上时必须要设置垫梁，因此，梁下的局部受压可参照现行国家标准《混凝土结构设计规范》GB 50010 的有关规定计算。

5.2.7 将洞口上部板肋剔除，不考虑石膏板的作用，则形成钢筋混凝土的过梁，因此，过梁的计算可按混凝土受弯构件计算。

6 构造要求

6.1 一般规定

6.1.1 混凝土保护层厚度是指纤维石膏空心大板壁内侧与混凝土截面至钢筋外边缘的距离。

6.1.3 当在板内设置暗圈梁时，对单板墙通过增加暗圈梁宽度来提高其刚度。

6.2 墙体构造

6.2.1、6.2.3、6.2.4、6.2.5 纵横墙交接处，通过设置芯柱以提高纵横墙的连接。在底部加强部位，芯柱的钢筋适当加强。双板墙设置的芯柱，应设置箍筋；同时在双板墙间通过拉结钢筋、端部芯柱，大于5m 的墙在中间部位增设芯柱来加强各墙板间的连接。

6.2.2 墙体端部和洞口位置设置纵向钢筋对墙体进行适当加强。

7 施 工

7.1 一般规定

7.1.1 纤维石膏空心大板是一种在工厂制作的新型轻质玻璃纤维石膏空心大板。纤维石膏空心大板是以建筑石膏、玻璃纤维、水及添加剂为原料在工厂制作的空心标准大板（长 12m，高 3m，厚 0.12m）。

纤维石膏空心大板可做承重内、外墙、围护墙，根据设计图纸的板材切割尺寸在工厂将标准大板切割成房屋组件后运至施工现场进行快速拼装，可组合成各种建筑。

由于纤维石膏空心大板是标准大板，可随意切割组合，墙板内有芯孔，可在墙内安装管线和管道，墙板表面光滑洁净，不用抹灰，便于室内装饰装修，施工速度快，施工占地少，基本实现了建筑墙体的工厂化生产。

7.1.2 由于纤维石膏空心大板生产过程控制较严，要达到产品几何尺寸精度、物理力学性能指标，确保产品质量，应在专业工厂内采用专门设备生产。纤维石膏空心大板的产品标准目前应由生产企业负责提供。

7.1.4 自密实混凝土是一种新型混凝土。其配合比设计、外加剂选用、性能检验和施工操作与普通混凝土均有所区别，使用中应按本规程及和现行自密实混凝土应用技术有关规定执行。

7.2 墙体工程主要施工工序

7.2.1 图 7.2.1 标示了纤维石膏空心大板工程的主要施工顺序。对于个体单位工程，可根据施工图及施工条件作适当调整。

7.3 墙板安装施工

7.3.1、7.3.2 条文规定是对纤维石膏空心大板安装工艺的提示，以利于提高工效和安装质量。

7.4 钢筋施工

7.4.1 钢筋原材料进场时应检查产品合格证、出厂

检验报告和取样复验报告，并对外观及力学性能进行检查。如不符合要求或存在性能明显不正常现象，应采取措施处理，否则不得应用于工程。

钢筋加工制作的形状和尺寸，钢筋连接的搭接位置和长度，应符合设计要求和本规程要求，并遵照现行有关标准的规定，质量必须合格。

7.6 普通混凝土施工

7.6.1 普通混凝土的施工及验收应符合现行国家标准《混凝土结构工程施工质量验收规范》GB 50204 的规定。

7.7 自密实混凝土施工

7.7.1 自密实混凝土的粗骨料粒径不宜过大，一般不宜大于 20mm。粒径过大会影响混凝土拌合物的流动性和充填性。其拌合物的 6 项性能指标是相互关联的，其中比较重要、起关键作用的是流动性、充填性、抗离析性和保塑性。坍落度与坍落扩展度是由流动性、充填性、抗离析性和保塑性决定的；反之，如只控制坍落度与坍落扩展度，则不一定能满足流动性、充填性、抗离析性和保塑性的要求。

7.7.2 墙体芯孔自密实混凝土与普通混凝土相比有其特殊性。因而，其施工除应符合现行国家标准《混凝土结构工程施工质量验收规范》GB 50204 的规定外，尚应符合下列规定：

  1 隐蔽工程的检查和记录对保证工程质量十分重要，必须认真做好，本条规定了检查数量和检测方法。

  2 对混凝土浇筑提出了下列要求：

　　1）规定了混凝土浇筑的次序。一定要在芯孔

混凝土全部浇筑完毕后再浇筑圈梁和楼板。

　　2）先浇筑宽度超过 1.2m 洞口下部墙板中的芯孔，是为了防止超过 1.2m 洞口下部墙板中的芯孔内出现空洞。浇筑后应及时将墙上部的浇筑孔堵上，以防止浇筑上部墙体时混凝土外溢。

  3 混凝土浇筑完毕应立即清除粘在纤维石膏空心大板上多余的混凝土，以免影响建筑物的外观质量。

  4 雨后应检查孔内是否有积水，如有积水应排干净。雨天浇筑混凝土会劣化混凝土拌合物性能和混凝土力学性能。如果必须在雨天浇筑混凝土，则应采取防止混凝土与雨水接触的措施。

  5 自密实混凝土冬期施工与普通混凝土一样，应按现行行业标准《建筑工程冬期施工规程》JGJ 104 执行。

  6 自密实混凝土由于流动性大、缓凝时间长，故对墙板的侧压力大，过早拆除支撑，可能导致工程事故。

8 验 收

8.6 自密实混凝土工程

8.6.3 混凝土质量验收的匀质性检验，按钻芯法检测混凝土强度技术的有关规定执行。

8.7 工 程 验 收

8.7.1 本条规定了纤维石膏空心大板分项工程在工程验收后应形成的文件资料。

中华人民共和国行业标准

建筑玻璃应用技术规程

Technical specification for application of architectural glass

JGJ 113—2009

批准部门：中华人民共和国住房和城乡建设部
施行日期：２００９年１２月１日

中华人民共和国住房和城乡建设部
公　告

第 347 号

关于发布行业标准
《建筑玻璃应用技术规程》的公告

现批准《建筑玻璃应用技术规程》为行业标准，编号为 JGJ 113-2009，自 2009 年 12 月 1 日起实施。其中，第 8.2.2、9.1.2 条为强制性条文，必须严格执行。原《建筑玻璃应用技术规程》JGJ 113-2003 同时废止。

本规程由我部标准定额研究所组织中国建筑工业出版社出版发行。

中华人民共和国住房和城乡建设部
2009 年 7 月 9 日

前　言

根据原建设部《关于印发〈2006 年工程建设标准规范制订、修订计划（第一批）〉的通知》（建标〔2006〕77 号）的要求，规程编制组经广泛调查研究，认真总结实践经验，参考有关国际标准和国外先进标准，并在广泛征求意见基础上，修订了本规程。

本规程主要技术内容：1. 总则；2. 术语；3. 基本规定；4. 材料；5. 建筑玻璃抗风压设计；6. 建筑玻璃防热炸裂设计与措施；7. 建筑玻璃防人体冲击规定；8. 百叶窗玻璃和屋面玻璃设计；9. 地板玻璃设计；10. 水下用玻璃设计；11. 安装。

本规程修订主要技术内容是：1. 增加了基本规定和地板玻璃设计；2. 删除了室内空心玻璃砖隔断一章；3. 修订了术语、材料、建筑玻璃抗风压设计、建筑玻璃防人体冲击规定、百叶窗玻璃和屋面玻璃设计及安装。

本规程中以黑体字标志的条文为强制性条文，必须严格执行。

本规程由住房和城乡建设部负责管理和对强制性条文的解释，由中国建筑材料科学研究总院负责具体技术内容的解释。执行过程中如有意见或建议，请寄送中国建筑材料科学研究总院（地址：北京市朝阳区管庄东里一号；邮政编码：100024）。

本规程主编单位：中国建筑材料科学研究总院
本规程参编单位：北京市建筑设计研究院
　　　　　　　　上海耀华皮尔金顿玻璃股份有限公司
　　　　　　　　珠海市晶艺特种玻璃工程公司
　　　　　　　　北京金易格幕墙装饰工程公司

北京江河幕墙股份有限公司
中国南玻集团
中国建筑科学研究院
东莞市坚朗五金制品有限公司
郑州中原应用技术研究开发有限公司
杭州之江有机硅化工有限公司
广州市白云化工实业有限公司
渤海铝幕墙装饰工程有限公司
北京新立基真空玻璃技术有限公司
秦皇岛耀华玻璃股份有限公司
创奇公司北京代表处
格兰特工程玻璃（中山）有限公司
阳光壹佰置业集团有限公司

本规程主要起草人员：	刘忠伟	马眷荣	徐　游
	孙大海	王德勤	班广生
	黄张智	许武毅	姜　仁
	厉　敏	张德恒	刘　明
	曾　容	葛砚刚	田延中
	蒋　毅	曹　阳	刘　军
	周永文	罗铁生	王敬敏
本规程主要审查人员：	顾泰昌	黄小坤	黄　圻
	宋协昌	张佰恒	王洪涛
	石民祥	郑金峰	李少甫
	施伯年	崔庆辉	莫英光
	杨红波	臧曙光	

目 次

Contents

1 总 则

1.0.1 为使建筑玻璃在建筑工程中的应用做到安全可靠、经济合理、实用和美观，制定本规程。

1.0.2 本规程适用于建筑玻璃的设计及安装。

1.0.3 建筑玻璃的应用，除应符合本规程的规定外，尚应符合国家现行有关标准的规定。

2 术 语

2.0.1 建筑玻璃 architectural glass
应用于建筑物上玻璃的统称。

2.0.2 玻璃中部强度 strength on center area of glass
荷载垂直玻璃板面，玻璃中部的断裂强度。

2.0.3 玻璃边缘强度 strength on border area of glass
荷载垂直玻璃板面，玻璃边缘的断裂强度。

2.0.4 玻璃端面强度 strength on edge of glass
荷载垂直玻璃断面，玻璃端面的抗拉强度。

2.0.5 单片玻璃 single glass
平板玻璃、镀膜玻璃、着色玻璃、半钢化玻璃和钢化玻璃等的统称。

2.0.6 有框玻璃 framed glazing
被具有足够刚度的支承部件连续地包住所有边的玻璃。

2.0.7 屋面玻璃 roof glass
安装在建筑物屋顶，并且与水平面夹角小于 75°的玻璃。

2.0.8 地板玻璃 floor and stairway glazing
作为地面使用的玻璃，包括玻璃地板、玻璃通道和玻璃楼梯踏板用玻璃。

2.0.9 前部余隙 front clearance
玻璃外侧表面与压条或凹槽前端竖直面之间的距离。

2.0.10 后部余隙 back clearance
玻璃内侧表面与凹槽后端竖直面之间的距离。

2.0.11 边缘间隙 edge clearance
玻璃边缘与凹槽底面之间的距离。

2.0.12 嵌入深度 edge cover
玻璃边缘到可见线之间的距离。

3 基 本 规 定

3.1 荷载及其效应

3.1.1 作用在建筑玻璃上的风荷载、雪荷载和活载应按现行国家标准《建筑结构荷载规范》GB 50009 的有关规定计算。

3.1.2 建筑玻璃承载能力极限状态，应根据荷载效应的基本组合进行荷载（效应）组合，按下式进行设计：

$$\gamma_0 S \leqslant R \qquad (3.1.2)$$

式中 γ_0——结构重要性系数，取值不应小于 1.0；
S——荷载效应基本组合设计值；
R——玻璃抗力设计值。

3.1.3 玻璃板在荷载按标准组合作用下产生的最大挠度值应符合下式规定：

$$d_f \leqslant [d] \qquad (3.1.3)$$

式中 d_f——玻璃板在荷载按标准组合作用下产生的最大挠度值；
$[d]$——玻璃板挠度限值。

3.2 设 计 准 则

3.2.1 建筑玻璃强度设计值应根据荷载方向、荷载类型、最大应力点位置、玻璃种类和玻璃厚度选择。

3.2.2 用于建筑外围护结构上的建筑玻璃应进行玻璃热工性能计算。玻璃传热系数的计算方法可按本规程附录 A 执行，玻璃遮阳系数可按现行国家标准《建筑玻璃 可见光透射比、太阳光直接透射比、太阳能总透射比、紫外线透射比及有关窗玻璃参数的测定》GB/T 2680 执行。

3.2.3 设计使用中空玻璃时，宜进行玻璃结露点计算，计算方法可按本规程附录 B 执行。

3.2.4 当考虑地震作用时，风荷载和地震作用应按荷载效应基本组合进行荷载（效应）组合，且建筑玻璃的最大许用跨度可按照本规程第 5.2 节的方法进行计算。

4 材 料

4.1 玻 璃

4.1.1 建筑物可根据功能要求选用平板玻璃、中空玻璃、真空玻璃、钢化玻璃、夹层玻璃、夹丝玻璃、着色玻璃、镀膜玻璃、压花玻璃等。

4.1.2 建筑玻璃外观、质量和性能应符合下列国家现行标准的规定：

    1《平板玻璃》GB 11614

    2《建筑用安全玻璃 第 2 部分：钢化玻璃》GB 15763.2

    3《建筑用安全玻璃 第 3 部分：夹层玻璃》GB 15763.3

    4《建筑用安全玻璃 第 4 部分：均质钢化玻璃》GB 15763.4

5 《半钢化玻璃》GB/T 17841

6 《中空玻璃》GB/T 11944

7 《镀膜玻璃 第1部分：阳光控制镀膜玻璃》GB/T 18915.1

8 《镀膜玻璃 第2部分：低辐射镀膜玻璃》GB/T 18915.2

9 《着色玻璃》GB/T 18701

10 《真空玻璃》JC/T 1079

11 《夹丝玻璃》JC 433

12 《压花玻璃》JC/T 511

4.1.3 玻璃强度设计值可按下式计算：

$$f_g = c_1 c_2 c_3 c_4 f_0 \qquad (4.1.3)$$

式中　f_g——玻璃强度设计值；

c_1——玻璃种类系数；

c_2——玻璃强度位置系数；

c_3——荷载类型系数；

c_4——玻璃厚度系数；

f_0——短期荷载作用下，平板玻璃中部强度设计值，取28MPa。

4.1.4 玻璃种类系数应按表4.1.4取值。

表 4.1.4　玻璃种类系数 c_1

玻璃种类	平板玻璃	半钢化玻璃	钢化玻璃	夹丝玻璃	压花玻璃
c_1	1.0	1.6~2.0	2.5~3.0	0.5	0.6

4.1.5 玻璃强度位置系数应按表4.1.5取值。

表 4.1.5　玻璃强度位置系数 c_2

强度位置	中部强度	边缘强度	端面强度
c_2	1.0	0.8	0.7

4.1.6 荷载类型系数应按表4.1.6取值。

表 4.1.6　荷载类型系数 c_3

荷载类型	平板玻璃	半钢化玻璃	钢化玻璃
短期荷载 c_3	1.0	1.0	1.0
长期荷载 c_3	0.31	0.50	0.50

4.1.7 玻璃厚度系数应按表4.1.7取值。

表 4.1.7　玻璃厚度系数 c_4

玻璃厚度	5mm~12mm	15mm~19mm	≥20mm
c_4	1.00	0.85	0.70

4.1.8 在短期荷载下，平板玻璃、半钢化玻璃和钢化玻璃强度设计值可按表4.1.8取值。

表 4.1.8　短期荷载下玻璃强度
设计值 f_g（N/mm²）

种类	厚度(mm)	中部强度	边缘强度	端面强度
平板玻璃	5~12	28	22	20
	15~19	24	19	17
	≥20	20	16	14
半钢化玻璃	5~12	56	44	40
	15~19	48	38	34
	≥20	40	32	28
钢化玻璃	5~12	84	67	59
	15~19	72	58	51
	≥20	59	47	42

4.1.9 在长期荷载作用下，平板玻璃、半钢化玻璃和钢化玻璃强度设计值可按表4.1.9取值。

表 4.1.9　长期荷载作用下玻璃
强度设计值 f_g（N/mm²）

种类	厚度(mm)	中部强度	边缘强度	端面强度
平板玻璃	5~12	9	7	6
	15~19	7	6	5
	≥20	6	5	4
半钢化玻璃	5~12	28	22	20
	15~19	24	19	17
	≥20	20	16	14
钢化玻璃	5~12	42	34	30
	15~19	36	29	26
	≥20	30	24	21

注：1　钢化玻璃强度设计值可达平板玻璃强度设计值的2.5~3.0倍，表中数值是按3倍取的；如达不到3倍，可按2.5倍取值，也可根据实测结果予以调整。

2　半钢化玻璃强度设计值可达平板玻璃强度设计值的1.6~2.0倍，表中数值是按2倍取的；如达不到2倍，可按1.6倍取值，也可根据实测结果予以调整。

4.1.10 夹层玻璃和中空玻璃强度设计值应按所采用玻璃的类型确定。

4.2　玻璃安装材料

4.2.1 玻璃安装材料应符合下列国家现行标准的规定：

1 《聚氨酯建筑密封胶》JC/T 482

2 《聚硫建筑密封胶》JC/T 483

3 《丙烯酸酯建筑密封胶》JC/T 484

4 《建筑窗用弹性密封胶》JC/T 485

5 《硅酮建筑密封胶》GB/T 14683

6 《塑料门窗用密封条》GB 12002

7 《建筑橡胶密封垫——预成型实心硫化的结构密封垫用材料规范》HG/T 3099

8 《建筑用硅酮结构密封胶》GB 16776

9 《幕墙玻璃接缝用密封胶》JC/T 882

10 《中空玻璃用弹性密封胶》JC/T 486

11 《中空玻璃用复合密封胶条》JC/T 1022

12 《建筑物隔热用硬质聚氯酯泡沫塑料》QB/T 3806

4.2.2 支承块宜采用挤压成形的未增塑 PVC、增塑 PVC 或邵氏 A 硬度为 80～90 的氯丁橡胶等材料制成。

4.2.3 定位块和弹性止动片宜采用有弹性的非吸附性材料制成。

5 建筑玻璃抗风压设计

5.1 风荷载计算

5.1.1 作用在建筑玻璃上的风荷载设计值应按下式计算:

$$w = \gamma_w w_k \qquad (5.1.1)$$

式中　w——风荷载设计值, kPa;

　　　w_k——风荷载标准值, kPa;

　　　γ_w——风荷载分项系数, 取 1.4。

5.1.2 当风荷载标准值的计算结果小于 1.0kPa 时, 应按 1.0kPa 取值。

5.2 抗风压设计

5.2.1 用于室外的建筑玻璃应进行抗风压设计, 并应同时满足承载力极限状态和正常使用极限状态的要求。幕墙玻璃抗风压设计应按现行行业标准《玻璃幕墙工程技术规范》JGJ 102 执行。

5.2.2 除中空玻璃以外的建筑玻璃承载力极限状态设计, 可采用考虑几何非线性的有限元法进行计算, 且最大应力设计值不应超过短期荷载作用下玻璃强度设计值。矩形建筑玻璃的最大许用跨度也可按下列方法计算:

1 最大许用跨度可按下式计算:

$$L = k_1(w + k_2)^{k_3} + k_4 \qquad (5.2.2)$$

式中　w——风荷载设计值, kPa;

　　　L——玻璃最大许用跨度, mm;

k_1、k_2、k_3、k_4——常数, 根据玻璃的长宽比进行取值。

2 k_1、k_2、k_3、k_4 的取值应符合下列规定:

　1) 对于四边支承和两对边支承的单片矩形平板玻璃、单片矩形半钢化玻璃、单片矩形钢化玻璃和普通矩形夹层玻璃, 其 k_1、k_2、k_3、k_4 可按本规程附录 C 取值。

夹层玻璃的厚度应为去除胶片后玻璃净厚度和。三边支承可按两边支撑取值。

　2) 对于夹丝玻璃和压花玻璃, 其 k_1、k_2、k_3、k_4 可按本规程附录 C 中平板玻璃的 k_1、k_2、k_3、k_4 取值。按本规程式 (5.2.2) 计算玻璃最大许用跨度时, 风荷载设计值应按本规程式 (5.1.1) 的计算值除以玻璃种类系数取值。

　3) 对于真空玻璃, 其 k_1、k_2、k_3、k_4 可按本规程附录 C 中普通夹层玻璃的 k_1、k_2、k_3、k_4 取值。

　4) 对于半钢化夹层玻璃和钢化夹层玻璃, 其 k_1、k_2、k_3、k_4 可按本规程附录 C 中普通夹层玻璃的 k_1、k_2、k_3、k_4 取值。按本规程式 (5.2.2) 计算玻璃最大许用跨度时, 风荷载设计值应按本规程式 (5.1.1) 的计算值除以玻璃种类系数取值。

　5) 当玻璃的长宽比超过 5 时, 玻璃的 k_1、k_2、k_3、k_4 应按长宽比等于 5 进行取值。

　6) 当玻璃的长宽比不包含在本规程附录 C 中时, 可先分别计算玻璃相邻两长宽比条件下的最大许用跨度, 再采用线性插值法计算其最大许用跨度。

5.2.3 除中空玻璃以外的建筑玻璃正常使用极限状态设计, 可采用考虑几何非线性的有限元法计算, 且挠度最大值应小于跨度 a 的 1/60。四边支承和两对边支承矩形玻璃正常使用极限状态也可按下列规定设计:

1 四边支承和两对边支承矩形玻璃单位厚度跨度限值应按下式计算:

$$\left[\frac{L}{t}\right] = k_5(w_k + k_6)^{k_7} + k_8 \qquad (5.2.3)$$

式中　$\left[\dfrac{L}{t}\right]$——玻璃单位厚度跨度限值;

　　　w_k——风荷载标准值, kPa;

k_5、k_6、k_7、k_8——常数, 可按本规程附录 C 取值。

2 设计玻璃跨度 a 除以玻璃厚度 t, 不应大于玻璃单位厚度跨度限值 $\left[\dfrac{L}{t}\right]$。如果大于 $\left[\dfrac{L}{t}\right]$, 就增加玻璃厚度, 直至小于 $\left[\dfrac{L}{t}\right]$。

5.2.4 作用在中空玻璃上的风荷载可按荷载分配系数分配到每片玻璃上, 荷载分配系数可按下列公式计算:

1 直接承受风荷载作用的单片玻璃:

$$\xi_1 = 1.1 \times \frac{t_1^3}{t_1^3 + t_2^3} \qquad (5.2.4-1)$$

式中　ξ_1——荷载分配系数;

　　　t_1——外片玻璃厚度, mm;

t_2——内片玻璃厚度，mm。

    2 不直接承受风荷载作用的单片玻璃：

$$\xi = \frac{t_2^3}{t_1^3 + t_2^3} \qquad (5.2.4\text{-}2)$$

式中 ξ——荷载分配系数；

      t_1——外片玻璃厚度，mm；

      t_2——内片玻璃厚度，mm。

5.2.5 中空玻璃的承载力极限状态设计和正常使用极限状态设计，可根据分配到每片玻璃上的风荷载，采用本规程第 5.2.2 条和第 5.2.3 条的方法进行计算。

6 建筑玻璃防热炸裂设计与措施

6.1 防热炸裂设计

6.1.1 当平板玻璃、着色玻璃、镀膜玻璃、压花玻璃和夹丝玻璃明框安装且位于向阳面时，应进行热应力计算，且玻璃边部承受的最大应力值不应超过玻璃端面强度设计值。半钢化玻璃和钢化玻璃可不进行热应力计算。

6.1.2 玻璃端面强度设计值可按本规程式（4.1.3）计算，也可按表 6.1.2 取值。

表 6.1.2 玻璃端面强度设计值

品　　种	厚度（mm）	端面设计值（N/mm²）
平板玻璃着色玻璃镀膜玻璃	3～12	20
	15～19	17
压花玻璃	6，8，10	12
夹丝玻璃	6，8，10	10

注：夹层玻璃、真空玻璃和中空玻璃端面强度设计值与单片玻璃相同。

6.1.3 在日光照射下，建筑玻璃端面应力应按下式计算：

$$\sigma_h = 0.74 E \alpha \mu_1 \mu_2 \mu_3 \mu_4 (T_c - T_s) \qquad (6.1.3)$$

式中 σ_h——玻璃端面应力，N/mm²；

    E——玻璃弹性模量，可按 0.72×10^5 N/mm² 取值；

    α——玻璃线膨胀系数，可按 10^{-5}/℃取值；

    μ_1——阴影系数，按表 6.1.3-1 取值；

    μ_2——窗帘系数，按表 6.1.3-2 取值；

    μ_3——玻璃面积系数，按表 6.1.3-3 取值；

    μ_4——边缘温度系数，按表 6.1.3-4 取值；

    T_c——玻璃中部温度，其计算方法应符合本规程附录 D 的规定；

    T_s——窗框温度，其计算方法应符合本规程附录 D 的规定。

表 6.1.3-1 阴 影 系 数

阴影形状					
系数	1.3	1.6	1.7	1.7	
	适用于阴影宽度大于 100mm 情况，如门边立柱、门窗横挡或其他				树木、广告牌等在玻璃上形成三角阴影

表 6.1.3-2 窗 帘 系 数

窗帘形式	薄丝织品		厚丝织品	百叶窗
窗帘与玻璃的距离（mm）	<100	≥100	<100	≥100
系　数	1.3	1.1	1.5	1.3

表 6.1.3-3 玻璃面积系数

面积（m²）	0.5	1.0	1.5	2.0	2.5	3.0	4.0	5.0	6.0
系数	0.95	1.00	1.04	1.07	1.09	1.10	1.12	1.14	1.16

表 6.1.3-4 边缘温度系数

安装形式	固 定 窗	开 启 扇
油灰、非结构密封垫	0.95	0.75
实心条＋弹性密封胶	0.80	0.65
泡沫条＋弹性密封胶	0.65	0.50
结构密封垫	0.55	0.48

6.2 防热炸裂措施

6.2.1 玻璃安装时，不得在玻璃周边造成缺陷。对于易发生热炸裂的玻璃，应对玻璃边部进行精加工。

6.2.2 玻璃内侧窗帘、百叶窗及其他遮蔽物与玻璃之间距离不应小于 50mm。

7 建筑玻璃防人体冲击规定

7.1 一 般 规 定

7.1.1 安全玻璃最大许用面积应符合表 7.1.1-1 的规定；有框平板玻璃、真空玻璃和夹丝玻璃的最大许用面积应符合表 7.1.1-2 的规定。

表 7.1.1-1 安全玻璃最大许用面积

玻璃种类	公称厚度（mm）	最大许用面积（m²）
钢化玻璃	4	2.0
	5	3.0
	6	4.0
	8	6.0
	10	8.0
	12	9.0

续表 7.1.1-1

玻璃种类	公称厚度（mm）			最大许用面积(m²)
夹层玻璃	6.38	6.76	7.52	3.0
	8.38	8.76	9.52	5.0
	10.38	10.76	11.52	7.0
	12.38	12.76	13.52	8.0

表 7.1.1-2 有框平板玻璃、真空玻璃和夹丝玻璃的最大许用面积

玻璃种类	公称厚度（mm）	最大许用面积(m²)
有框平板玻璃真空玻璃	3	0.1
	4	0.3
	5	0.5
	6	0.9
	8	1.8
	10	2.7
	12	4.5
夹丝玻璃	6	0.9
	7	1.8
	10	2.4

7.1.2 安全玻璃暴露边不得存在锋利的边缘和尖锐的角部。

7.2 玻璃的选择

7.2.1 活动门玻璃、固定门玻璃和落地窗玻璃的选用应符合下列规定：

    1 有框玻璃应使用符合本规程表 7.1.1-1 的规定的安全玻璃。

    2 无框玻璃应使用公称厚度不小于 12mm 的钢化玻璃。

7.2.2 室内隔断应使用安全玻璃，且最大使用面积应符合本规程表 7.1.1-1 的规定。

7.2.3 人群集中的公共场所和运动场所中装配的室内隔断玻璃应符合下列规定：

    1 有框玻璃应使用符合本规程表 7.1.1-1 的规定、且公称厚度不小于 5mm 的钢化玻璃或公称厚度不小于 6.38mm 的夹层玻璃。

    2 无框玻璃应使用符合本规程表 7.1.1-1 的规定、且公称厚度不小于 10mm 的钢化玻璃。

7.2.4 浴室内玻璃应符合下列规定：

    1 淋浴隔断、浴缸隔断玻璃应使用符合本规程表 7.1.1-1 规定的安全玻璃。

    2 浴室内无框玻璃应使用符合本规程表 7.1.1-1 的规定、且公称厚度不小于 5mm 的钢化玻璃。

7.2.5 室内栏板用玻璃应符合下列规定：

    1 不承受水平荷载的栏板玻璃应使用符合本规程表 7.1.1-1 的规定、且公称厚度不小于 5mm 的钢化玻璃，或公称厚度不小于 6.38mm 的夹层玻璃。

    2 承受水平荷载的栏板玻璃应使用符合本规程表 7.1.1-1 的规定、且公称厚度不小于 12mm 的钢化玻璃或公称厚度不小于 16.76mm 钢化夹层玻璃。当栏板玻璃最低点离一侧楼地面高度在 3m 或 3m 以上、5m 或 5m 以下时，应使用公称厚度不小于 16.76mm 钢化夹层玻璃。当栏板玻璃最低点离一侧楼地面高度大于 5m 时，不得使用承受水平荷载的栏板玻璃。

7.2.6 室外栏板玻璃除应符合本规程第 7.2.5 条规定外，尚应进行玻璃抗风压设计。对有抗震设计要求的地区，尚应考虑地震作用的组合效应。

7.3 保护措施

7.3.1 安装在易于受到人体或物体碰撞部位的建筑玻璃，应采取保护措施。

7.3.2 根据易发生碰撞的建筑玻璃所处的具体部位，可采取在视线高度设醒目标志或设置护栏等防碰撞措施。碰撞后可能发生高处人体或玻璃坠落的，应采用可靠护栏。

8 百叶窗玻璃和屋面玻璃设计

8.1 百叶窗玻璃

8.1.1 当风荷载标准值不大于 1.0kPa 时，百叶窗使用的平板玻璃最大许用跨度应符合表 8.1.1 的规定。

表 8.1.1 百叶窗使用的平板玻璃最大许用跨度（mm）

公称厚度（mm）	玻璃宽度 d		
	$d \leqslant 100$	$100 < d \leqslant 150$	$150 < d \leqslant 225$
4	500	600	不允许使用
5	600	750	750
6	750	900	900

8.1.2 当风荷载标准值大于 1.0kPa 时，百叶窗玻璃最大许用跨度应按本规程第 5 章进行验算。

8.1.3 安装在易受人体冲击位置时，百叶窗玻璃除应符合本规程第 8.1.1 条或第 8.1.2 条的规定外，还应符合本规程第 7 章的规定。

8.2 屋面玻璃

8.2.1 两边支承的屋面玻璃，应支撑在玻璃的长边。

8.2.2 屋面玻璃必须使用安全玻璃。当屋面玻璃最高点离地面的高度大于 3m 时，必须使用夹层玻璃。用于屋面的夹层玻璃，其胶片厚度不应小于 0.76mm。

8.2.3 当屋面玻璃使用钢化玻璃时，钢化玻璃应进行均质处理。

8.2.4 上人屋面玻璃应按地板玻璃进行设计。

8.2.5 不上人屋面的活荷载除应符合现行国家标准《建筑结构荷载规范》GB 50009 的规定外，尚应符合

下列规定：

1 与水平面夹角小于30°的屋面玻璃，在玻璃板中心点直径为150mm的区域内，应能承受垂直于玻璃为1.1kN的活荷载标准值；

2 与水平面夹角大于或等于30°的屋面玻璃，在玻璃板中心直径为150mm的区域内，应能承受垂直玻璃为0.5kN的活荷载标准值。

8.2.6 当屋面玻璃采用中空玻璃时，集中活荷载应只作用中空玻璃上片玻璃。

8.2.7 屋面玻璃的最大应力设计值应按弹性力学计算，且最大应力不得超过长期荷载作用下的强度设计值。

8.2.8 屋面玻璃的强度设计值可按本规程式（4.1.3）计算，也可按本规程表4.1.9取值。

9 地板玻璃设计

9.1 一般规定

9.1.1 地板玻璃宜采用隐框支承或点支承。点支承地板玻璃连接件宜采用沉头式或背栓式连接件。

9.1.2 地板玻璃必须采用夹层玻璃，点支承地板玻璃必须采用钢化夹层玻璃。钢化玻璃应进行均质处理。

9.1.3 楼梯踏板玻璃表面应作防滑处理。

9.1.4 地板玻璃的孔、板边缘均应进行机械磨边和倒棱，磨边宜细磨，倒棱宽度不宜小于1mm。

9.1.5 地板夹层玻璃的单片厚度相差不宜大于3mm，且夹层胶片厚度不应小于0.76mm。

9.1.6 框支承地板玻璃单片厚度不宜小于8mm，点支承地板玻璃单片厚度不宜小于10mm。

9.1.7 地板玻璃之间的接缝不应小于6mm，采用的密封胶位移能力应大于玻璃板缝位移量计算值。

9.1.8 地板玻璃及其连接应能够适应主体结构的变形。

9.1.9 地板玻璃承受的风荷载和活荷载应符合现行国家标准《建筑结构荷载规范》GB 50009的规定。地板玻璃不应承受冲击荷载。

9.1.10 地板玻璃板面挠度最大值应小于其跨度的1/200。

9.1.11 地板玻璃最大应力不得超过长期荷载作用下的强度设计值，玻璃在长期荷载作用下的强度设计值可按本规程式（4.1.3）计算，也可按本规程表4.1.9采用。

9.2 框支承地板玻璃设计计算

9.2.1 框支承地板玻璃强度计算时，应取夹层玻璃的单片玻璃计算。

9.2.2 作用在夹层玻璃单片上的荷载可按下式计算：

$$q_i = \frac{t_i^3}{t_e^3} q \qquad (9.2.2)$$

式中 q_i ——分配到第i片玻璃上的荷载基本组合设计值；

t_i ——第i片玻璃的厚度；

t_e ——夹层玻璃的等效厚度；

q ——作用在地板玻璃上荷载基本组合设计值。

9.2.3 夹层玻璃的等效厚度t_e可按下式计算：

$$t_e = \sqrt[3]{t_1^3 + t_2^3 + \cdots + t_n^3} \qquad (9.2.3)$$

式中 t_e ——夹层玻璃的等效厚度；

t_1、$t_2 \cdots \cdots t_n$ ——分别为各单片玻璃的厚度；

n ——夹层玻璃的层数。

9.2.4 夹层玻璃中的单片玻璃的最大应力可用有限元方法计算，也可按下式计算：

$$\sigma_i = \frac{6mq_i a^2}{t_i^2} \qquad (9.2.4)$$

式中 σ_i ——第i片玻璃的最大应力，N/mm²；

q_i ——作用于第i片地板玻璃的荷载基本组合设计值，N/mm²；

a ——矩形玻璃板短边边长，mm；

t_i ——玻璃的厚度，mm；

m ——弯矩系数，可根据玻璃板短边与长边的长度之比按表9.2.4取值。

表9.2.4 四边支承玻璃板的弯矩系数 m

$\dfrac{a}{b}$	0.00	0.25	0.33	0.40	0.50	0.55	0.60	0.65
m	0.1250	0.1230	0.1180	0.1115	0.1000	0.0934	0.0868	0.0804
$\dfrac{a}{b}$	0.70	0.75	0.80	0.85	0.90	0.95	1.00	—
m	0.0742	0.0683	0.0628	0.0576	0.0528	0.0483	0.0442	—

注：$\dfrac{a}{b}$ 是玻璃板短边与长边的长度之比。

9.2.5 计算框支承地板夹层玻璃的最大挠度可按等效单片玻璃计算。计算框支承地板夹层玻璃的刚度时，应采用夹层玻璃的等效厚度。

9.2.6 在垂直于玻璃平面的荷载作用下，框支承地板玻璃的单片玻璃的最大挠度，可用有限元方法计算，也可按下列公式计算：

$$d_f = \frac{\mu q a^4}{D} \qquad (9.2.6-1)$$

$$D = \frac{E t_e^3}{12(1 - \nu^2)} \qquad (9.2.6-2)$$

式中 d_f ——在垂直于地板玻璃的荷载标准组合值作用下最大挠度，mm；

q ——垂直于该片地板玻璃的荷载标准组合值，N/mm²；

μ ——挠度系数，可根据玻璃短边与长边的

长度之比按表 9.2.6 选用；

D ——玻璃的刚度，N·mm；

E ——玻璃的弹性模量，可按 0.72×10^5 N/mm² 取值；

ν ——泊松比，可按 0.2 取值。

表 9.2.6　四边支承板的挠度系数 μ

$\dfrac{a}{b}$	0.00	0.20	0.25	0.33	0.50	0.55	0.60	0.65
μ	0.01302	0.01297	0.01282	0.01223	0.01013	0.00940	0.00867	0.00796

$\dfrac{a}{b}$	0.70	0.75	0.80	0.85	0.90	0.95	1.00	—
μ	0.00727	0.00663	0.00603	0.00547	0.00496	0.00449	0.00406	—

注：$\dfrac{a}{b}$ 是玻璃板短边与长边的长度之比。

9.3　四点支承地板玻璃设计计算

9.3.1　四点支承地板玻璃的单片玻璃最大应力可用有限元方法计算，也可按下式计算：

$$\sigma_i = \frac{6mq_i b^2}{t_i^2} \qquad (9.3.1)$$

式中　σ_i ——第 i 片玻璃的最大应力，N/mm²；

q_i ——作用于第 i 片地板玻璃的荷载基本组合设计值，N/mm²；

b ——支承点间玻璃面板长边边长，mm；

t_i ——玻璃的厚度，mm；

m ——弯矩系数，可根据支承点间玻璃板短边与长边的长度之比按表 9.3.1 取值。

表 9.3.1　四点支承玻璃板的弯矩系数 m

$\dfrac{a}{b}$	0.00	0.20	0.30	0.40	0.50	0.55	0.60	0.65
m	0.125	0.126	0.127	0.129	0.130	0.132	0.134	0.136

$\dfrac{a}{b}$	0.70	0.75	0.80	0.85	0.90	0.95	1.0	—
m	0.138	0.140	0.142	0.145	0.148	0.151	0.154	—

注：$\dfrac{a}{b}$ 是玻璃板短边与长边的长度之比。

9.3.2　夹层玻璃的挠度可按单片玻璃计算，但在计算玻璃刚度 D 时，应采用等效厚度 t_e。

9.3.3　在垂直于玻璃平面的荷载作用下，单片玻璃跨中挠度可用有限元方法计算，也可按下列公式计算：

$$d_f = \frac{\mu q b^4}{D} \qquad (9.3.3\text{-}1)$$

$$D = \frac{E t_e^3}{12(1-\nu^2)} \qquad (9.3.3\text{-}2)$$

式中　d_f ——在垂直于该片地板玻璃的荷载标准值作用下的挠度最大值，mm；

q ——垂直于该片地板玻璃的荷载标准组合值，N/mm²；

μ ——挠度系数，可根据玻璃支承点间短边与长边的长度之比按表 9.3.3 选用；

D ——玻璃的刚度，N·mm；

E ——玻璃的弹性模量，可按 0.72×10^5 N/mm² 取值；

ν ——泊松比。

表 9.3.3　四点支承板的挠度系数 μ

$\dfrac{a}{b}$	0.00	0.20	0.30	0.40	0.50	0.55	0.60	0.65
μ	0.01302	0.01317	0.01335	0.01367	0.01417	0.01451	0.01496	0.01555

$\dfrac{a}{b}$	0.70	0.75	0.80	0.85	0.90	0.95	1.0	—
μ	0.01630	0.01725	0.01842	0.01984	0.02157	0.02363	0.02603	—

注：$\dfrac{a}{b}$ 是玻璃板短边与长边的长度之比。

10　水下用玻璃设计

10.1　水下用玻璃性能要求

10.1.1　水下用玻璃应选用夹层玻璃。

10.1.2　水下用玻璃的设计应满足下式的要求：

$$\sigma \leqslant f_g \qquad (10.1.2)$$

式中　σ ——水压作用产生的玻璃截面最大弯曲应力设计值，N/mm²；

f_g ——长期荷载作用下玻璃的强度设计值，可按本规程式（4.1.3）计算，也可按本规程表 4.1.9 采用。

10.1.3　承受水压时，水下用玻璃板的挠度最大值不得大于其跨度的 1/200；安装框架的挠度最大值不得超过其跨度的 1/500。

10.2　水下用玻璃设计计算

10.2.1　水下用侧面玻璃的设计计算应符合下列规定：

1　四边支承矩形玻璃的最大弯曲应力设计值及最大挠度应按下列公式计算（图 10.2.1-1）。

$$\sigma = \beta_1 \frac{\rho H L^2}{n t^2} \qquad (10.2.1\text{-}1)$$

$$u = \alpha_1 \frac{\rho H L^4}{n t^3} \qquad (10.2.1\text{-}2)$$

式中　σ ——玻璃中部最大弯曲应力设计值，N/mm²；

u ——玻璃中部最大挠度，mm；

ρ——水密度，淡水按 1.00×10^3 取值，海水按 $1.01 \times 10^3 \sim 1.05 \times 10^3$ 取值，kg/m³；

H——水深，m；

L——跨度，m；

t——单片玻璃厚度，mm；

n——构成夹层玻璃的单片玻璃数；

β_1、α_1——玻璃边长比相关系数，应按表 10.2.1-1 及表 10.2.1-2 取值。

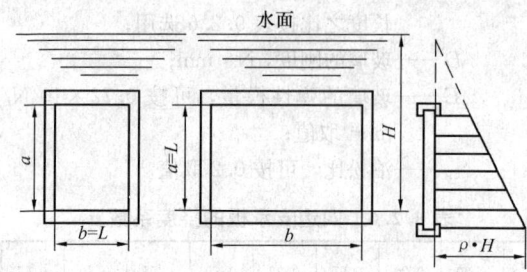

图 10.2.1-1 四边支承矩形侧面玻璃

表 10.2.1-1 系数 β_1 值

k \ H/a	1.0	1.2	1.4	1.6	1.8	2.0	2.5	3.0	4.0	6.0	10.0	∞
1.0	1.57	1.70	1.87	1.97	2.05	2.11	2.24	2.32	2.43	2.54	263	2.76
1.2	2.00	2.24	2.43	2.57	2.68	2.78	2.95	3.07	3.20	3.35	3.48	3.66
1.4	2.37	2.69	2.92	3.10	3.25	3.37	3.57	3.71	3.89	4.07	4.22	4.44
1.6	2.69	3.06	3.34	3.55	3.71	3.85	4.09	4.25	4.46	4.67	4.84	5.10
1.8	2.95	3.36	3.67	3.91	4.10	4.24	4.51	4.69	4.93	5.16	5.35	5.63
2.0	3.15	3.60	3.94	4.20	4.40	4.56	4.84	5.05	5.30	5.55	5.75	6.05
2.5	3.49	4.00	4.39	4.67	4.90	5.08	5.40	5.62	5.90	6.19	6.41	6.74
3.0	3.66	4.22	4.62	4.93	5.16	5.35	5.69	5.93	6.23	6.52	6.76	7.11
4.0	3.80	4.38	4.80	5.12	5.36	5.56	5.93	6.17	6.48	6.79	7.03	7.40
5.0	3.83	4.42	4.85	5.17	5.42	5.62	5.98	6.23	6.54	6.85	7.10	7.48

注：k 为长边与短边之比。

表 10.2.1-2 系数 α_1 值

k \ H/a	1.0	1.2	1.4	1.6	1.8	2.0	2.5	3.0	4.0	6.0	10.0	∞
1.0	3.09	3.59	3.93	4.20	4.41	4.58	4.88	5.09	5.34	5.60	5.79	6.09
1.2	4.28	4.96	5.46	5.84	6.14	6.36	6.78	7.07	7.34	7.77	8.06	8.48
1.4	5.34	6.41	6.84	7.32	7.68	7.98	8.51	8.87	9.33	9.75	10.11	10.64
1.6	6.26	7.26	8.03	8.58	9.00	9.36	9.98	10.40	10.91	11.43	11.85	12.47
1.8	7.01	8.16	8.99	9.62	10.10	10.49	11.19	11.66	12.24	12.81	13.28	13.98
2.0	7.61	8.87	9.78	10.46	10.98	11.40	12.17	12.68	13.31	13.94	14.45	15.20
2.5	8.63	10.07	11.09	11.87	12.47	12.95	13.80	14.37	15.09	15.81	16.38	17.25
3.0	9.18	10.71	11.81	12.62	13.26	13.77	14.69	15.29	16.05	16.82	17.43	18.35
4.0	9.62	11.22	12.38	13.23	13.89	14.43	15.38	16.02	16.83	17.63	18.27	19.23
5.0	9.74	11.36	12.51	13.38	14.06	14.60	15.57	16.22	17.03	17.84	18.48	19.46

注：k 为长边与短边之比。

2 三边支承矩形玻璃的最大弯曲应力设计值及最大挠度应按下列公式计算（图 10.2.1-2）。

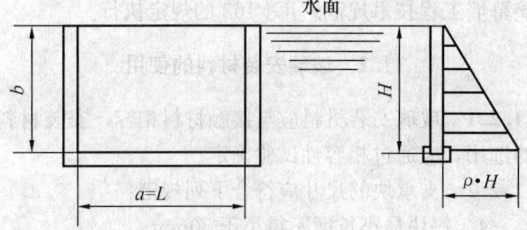

图 10.2.1-2　三边支承矩形侧面玻璃

玻璃中部：　　$\sigma = \beta_2 \dfrac{\rho H L^2}{n t^2}$　　（10.2.1-3）

玻璃边部：　　$\sigma_{边} = \beta_3 \dfrac{\rho H L^2}{n t^2}$　　（10.2.1-4）

玻璃中部：　　$u = \alpha_2 \dfrac{\rho H L^4}{n t^3}$　　（10.2.1-5）

玻璃边部：　　$u_{边} = \alpha_3 \dfrac{\rho H L^4}{n t^3}$　　（10.2.1-6）

式中　$\sigma_{边}$——玻璃边缘中心处最大弯曲应力设计值，N/mm²；

　　　$u_{边}$——玻璃边缘中心处最大挠度，mm；

β_2、β_3、α_2、α_3——与玻璃边长比有关的系数，应按表 10.2.1-3 取值。

表 10.2.1-3　系数 β_2、β_3、α_2、α_3 值

部位	系数	b/a 0.5	0.67	1.0	1.5	2.0
中部	β_2	0.87	1.32	1.99	2.72	3.17
	α_2	2.03	3.11	4.70	6.68	8.00
边部	β_3	1.18	1.59	1.95	1.85	1.55
	α_3	3.45	4.56	5.52	5.21	4.37

3 周边连续支承圆形玻璃板的最大弯曲应力设计值及最大挠度应按下列公式计算（图 10.2.1-3）。

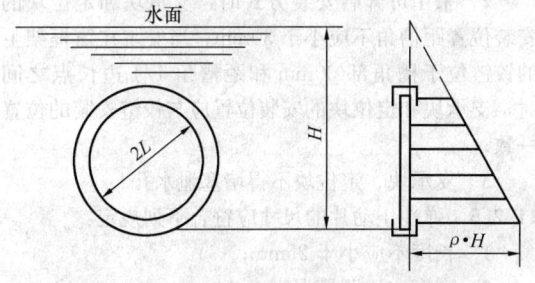

图 10.2.1-3　周边连续支承圆形侧面玻璃

$\sigma = \beta_4 \dfrac{\rho H L^2}{n t^2}$　　（10.2.1-7）

$u = \alpha_4 \dfrac{\rho H L^4}{n t^3}$　　（10.2.1-8）

式中　L——圆形水槽玻璃的半径，m；

β_4、α_4——与玻璃半径有关的系数，应按表 10.2.1-4 取值。

表 10.2.1-4　β_4、α_4 系数值

H/L	1.0	1.2	1.4	1.6	1.8	2.0
β_4	6.48	7.38	7.98	8.52	8.88	9.24
α_4	49.50	57.60	63.45	67.80	71.10	73.80
H/L	2.5	3.0	4.0	6.0	∞	
β_4	9.78	10.20	10.68	11.16	12.20	
α_4	78.75	82.05	86.10	90.30	98.40	

10.2.2 水底用玻璃的设计计算应符合下列规定：

1 四边支承矩形玻璃的最大弯曲应力设计值及最大挠度应按下列公式计算（图 10.2.2-1）。

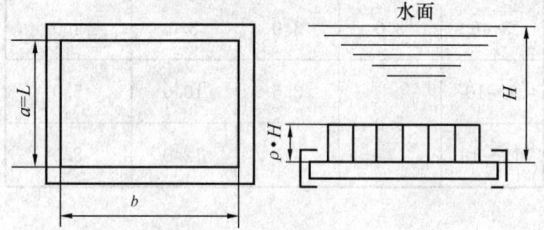

图 10.2.2-1　四边支承水底矩形玻璃

$\sigma = \beta_5 \dfrac{\rho H L^2}{n t^2}$　　（10.2.2-1）

$u = \alpha_5 \dfrac{\rho H L^4}{n t^3}$　　（10.2.2-2）

式中　β_5、α_5——与玻璃边长比有关的系数，应按表 10.2.2-1 取值。

表 10.2.2-1　β_5、α_5 系数值

b/a	1.0	1.2	1.4	1.6	1.8
β_5	2.72	3.62	4.41	5.07	5.60
α_5	6.30	8.76	11.10	12.87	14.52
b/a	2.0	3.0	4.0	6.0	∞
β_5	6.03	7.11	7.40	7.48	7.50
α_5	15.75	19.04	20.00	20.13	20.27

2 周边连续支承圆形玻璃的最大弯曲应力设计值及最大挠度应按下列公式计算（图 10.2.2-2）。

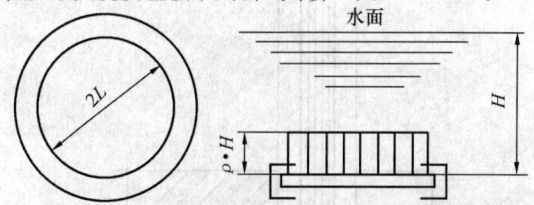

图 10.2.2-2　周边连续支承圆形水底玻璃

$\sigma = 12.2 \dfrac{\rho H L^2}{n t^2}$　　（10.2.2-3）

$u = 98.4 \dfrac{\rho H L^4}{n t^3}$　　（10.2.2-4）

11 安　　装

11.1　装配尺寸要求

11.1.1　单片玻璃、夹层玻璃和真空玻璃的最小装配尺寸应符合表 11.1.1-1 的规定。中空玻璃的最小安装尺寸应符合表11.1.1-2的规定（图 11.1.1）。

表 11.1.1-1　单片玻璃、夹层玻璃和真空玻璃的最小装配尺寸（mm）

玻璃公称厚度	前部余隙和后部余隙 a		嵌入深度 b	边缘间隙 c
	密封胶	胶　条		
3～6	3.0	3.0	8.0	4.0
8～10	5.0	3.5	10.0	5.0
12～19		4.0	12.0	8.0

表 11.1.1-2　中空玻璃的最小安装尺寸（mm）

玻璃公称厚度	前部余隙和后部余隙 a		嵌入深度 b	边缘间隙 c
	密封胶	胶　条		
4+A+4				
5+A+5	5.0	3.5	15.0	5.0
6+A+6				
8+A+8				
10+A+10	7.0	5.0	17.0	7.0
12+A+12				

注：A 为气体层的厚度，其数值可取 6mm、9mm、12mm、15mm、16mm。

11.1.2　凹槽宽度应等于前部余隙、玻璃公称厚度和后部余隙之和。

11.1.3　凹槽的深度应等于边缘间隙和嵌入深度

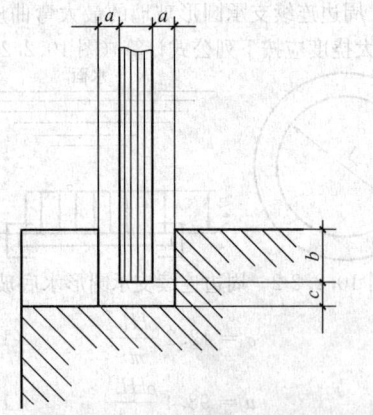

图 11.1.1　玻璃安装尺寸

之和。

11.1.4　幕墙玻璃的安装尺寸应按现行行业标准《玻璃幕墙工程技术规范》JGJ 102 的规定执行。

11.2　玻璃安装材料的使用

11.2.1　玻璃安装材料应与接触材料相容，安装材料的选用，应通过相容性试验确定。

11.2.2　支承块的尺寸应符合下列规定：

1　每块最小长度不得小于 50mm；

2　宽度应等于玻璃的公称厚度加上前部余隙和后部余隙；

3　厚度应等于边缘间隙。

11.2.3　定位块的尺寸应符合下列规定：

1　长度不应小于 25mm；

2　宽度应等于玻璃的厚度加上前部余隙和后部余隙；

3　厚度应等于边缘间隙。

11.2.4　支承块与定位块的位置应符合下列规定（图 11.2.4）：

1　采用固定安装方式时，支承块和定位块的安装位置应距离槽角为 1/10～1/4 边长位置之间；

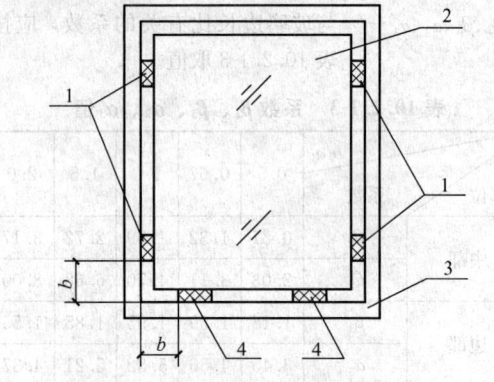

图 11.2.4　支承块和定位块安装位置
1—定位块；2—玻璃；3—框架；4—支承块

2　采用可开启安装方式时，支承块和定位块的安装位置距槽角不应小于 30mm。当安装在窗框架上的铰链位于槽角部 30mm 和距槽角 1/4 边长点之间时，支承块和定位块的安装位置应与铰链安装的位置一致；

3　支承块、定位块不得堵塞泄水孔。

11.2.5　弹性止动片的尺寸应符合下列规定：

1　长度不应小于 25mm；

2　高度应比凹槽深度小 3mm；

3　厚度应等于前部余隙或后部余隙。

11.2.6　弹性止动片位置应符合下列规定：

1　弹性止动片应安装在玻璃相对的两侧，弹性止动片之间的间距不应大于 300mm；

2　弹性止动片安装的位置不应与支承块和定位块的位置相同。

11.2.7 密封胶的应用应符合下列规定：

1 对于多孔表面的框材，框材表面应涂底漆。当密封胶用于塑料门窗安装时，应确定其适用性和相容性；

2 用密封胶安装时，应使用支承块、定位块、弹性止动片；

3 密封胶上表面不应低于槽口，并应做成斜面；下表面应低于槽口 3mm。

11.2.8 胶条材料的应用应符合下列规定：

1 对于多孔表面的框材，框材表面应涂底漆。胶条材料用于塑料门窗时，应确定其适用性和相容性；

2 胶条材料用于玻璃两侧与槽口内壁之间时，应使用支承块和定位块。

11.3 玻璃抗侧移的安装要求

11.3.1 玻璃的四边应留有间隙，框架允许水平变形量应大于因楼层变形引起的框架变形量。

11.3.2 框架允许水平变形量应按下式计算：

$$\Delta u = 2c\left(1 + \frac{H}{W}\frac{d}{c}\right) + S \qquad (11.3.2)$$

式中 Δu ——框架允许水平变形量，mm；

       d ——玻璃与框架纵向间隙，mm；

       c ——玻璃与框架横向间隙，mm；

       H ——框架槽内高度，mm；

       W ——框架槽内宽度，mm；

       S ——误差，可取 2~3mm。

11.3.3 玻璃安装采用的密封胶的位移能力级别不应小于 20HM。

附录 A   玻璃传热系数计算方法

A.0.1 单片玻璃和夹层玻璃传热系数应按下列方法计算：

1 玻璃热导应按下式计算：

$$h_t = \frac{\lambda}{d} \qquad (A.0.1-1)$$

式中 h_t ——玻璃热导，W/(m²·K)；

       λ ——玻璃导热系数，W/(m·K)；

       d ——玻璃厚度，夹层玻璃为除去胶片后玻璃的净厚度，m。

2 单片玻璃和夹层玻璃传热系数应按下式计算：

$$\frac{1}{U} = \frac{1}{h_e} + \frac{1}{h_t} + \frac{1}{h_i} \qquad (A.0.1-2)$$

式中 U ——单片玻璃和夹层玻璃传热系数，W/(m²·K)；

       h_e ——室外表面换热系数，W/(m²·K)；

       h_t ——玻璃热导，W/(m²·K)；

       h_i ——室内表面换热系数，W/(m²·K)。

A.0.2 中空玻璃和真空玻璃传热系数应按下列方法计算：

1 玻璃系统热导应按下式计算：

$$\frac{1}{h_t} = \sum_{n=1}^{N}\frac{1}{h_s} + \frac{d}{\lambda} \qquad (A.0.2-1)$$

式中 h_t ——玻璃系统热导，W/(m²·K)；

       h_s ——中空玻璃气体间隙层或真空玻璃间隙层热导，W/(m²·K)；

       N ——中空玻璃气体层数量；

       λ ——玻璃导热系数，W/(m·K)；

       d ——组成玻璃系统各单片玻璃厚度之和，m。

2 中空玻璃气体间隙层热导应按下式计算：

$$h_s = h_g + h_r \qquad (A.0.2-2)$$

式中 h_g ——中空玻璃气体间隙层气体热导（包括导热和对流）；

       h_r ——中空玻璃气体间隙层内两片玻璃之间辐射热导。

3 中空玻璃气体间隙层气体热导应按下式计算：

$$h_g = N_u\frac{\lambda}{s} \qquad (A.0.2-3)$$

式中 s ——气体层的厚度，m；

       λ ——气体导热系数，W/(m·K)；

       N_u ——努塞尔准数。

4 努塞尔准数应按下式计算：

$$N_u = A(G_r \cdot P_r)^n \qquad (A.0.2-4)$$

式中 G_r ——格拉晓夫准数；

       P_r ——普朗特准数；

       A、n ——常数和幂指数；当玻璃垂直时，$A=0.035$，$n=0.38$；当玻璃水平时，$A=0.16$，$n=0.28$；当玻璃倾斜 45°时，$A=0.10$，$n=0.31$。

如果 $N_u < 1$，则将 N_u 取为 1。

5 格拉晓夫准数应按下式计算：

$$G_r = \frac{9.81s^3\Delta T\rho^2}{T_m\mu^2} \qquad (A.0.2-5)$$

6 普朗特准数应按下式计算：

$$P_r = \frac{\mu c}{\lambda} \qquad (A.0.2-6)$$

式中 ΔT ——中空玻璃气体间隙层两玻璃内表面的温度差，K；

       ρ ——气体密度，kg/m³；

       μ ——气体动态黏度，kg/(m·s)；

       c ——气体比热容，J/(kg·K)；

       T_m ——玻璃平均温度，K。

7 真空玻璃间隙层热导应按下式计算：

$$h_s = h_c + h_z + h_r \qquad (A.0.2-7)$$

式中 h_s ——真空玻璃间隙层热导；

       h_c ——真空玻璃残余气体热导；

h_z——真空玻璃中支撑物热导；

h_r——真空玻璃间隙层内两片玻璃之间辐射热导。

    8 真空玻璃残余气体热导应按下式计算：

$$h_c = 0.6P \quad (A.0.2-8)$$

式中　P——真空玻璃中残余气体压强，Pa。

    9 真空玻璃中支撑物热导应按下式计算：

$$h_z = \frac{2\lambda a}{b^2} \quad (A.0.2-9)$$

式中　λ——玻璃导热系数，W/(m·K)；

    a——支撑物半径，m；

    b——支撑物方阵间距，m。

    10 中空玻璃气体间隙层内两片玻璃之间辐射热导和真空玻璃间隙层两片玻璃之间辐射热导应按下式计算：

$$h_r = 4\sigma \left(\frac{1}{\varepsilon_1} + \frac{1}{\varepsilon_2} - 1\right)^{-1} \times T_m^3$$

$$(A.0.2-10)$$

式中　ε_1、ε_2——中空玻璃气体间隙层或真空玻璃间隙层两片玻璃内表面在平均绝对温度 T_m 下的校正发射率。

    11 中空玻璃和真空玻璃传热系数应按下式计算：

$$\frac{1}{U} = \frac{1}{h_e} + \frac{1}{h_t} + \frac{1}{h_i} \quad (A.0.2-11)$$

式中　U——中空玻璃和真空玻璃传热系数，W/(㎡·K)；

    h_e——室外表面换热系数，W/(m²·K)；

    h_t——玻璃系统热导，W/(m²·K)；

    h_i——室内表面换热系数，W/(m²·K)。

A.0.3 计算玻璃传热系数有关参数取值应符合下列规定：

    1 玻璃导热系数 λ 应按 1 W/(m·K) 取值。

    2 未镀低辐射膜玻璃表面校正发射率应按 0.837 取值。

    3 中空玻璃气体间隙层两玻璃内表面的温度差 ΔT 可按 15K 取值。

    4 中空玻璃和真空玻璃平均温度（T_m）可按 283K 取值。

    5 斯蒂芬-波尔兹曼常数 σ 应按 5.67×10^{-8} W/(m²·K) 取值。

    6 室外表面换热系数应按下式计算：

$$h_e = 10.0 + 4.1v \quad (A.0.3-1)$$

式中　h_e——室外表面换热系数，W/(m²·K)；

    v——玻璃表面附近风速，m/s。

一般情况下，h_e 可按 23 W/(m²·K) 取值。

    7 室内表面换热系数应按下式计算：

$$h_i = 3.6 + 4.4\varepsilon/0.837 \quad (A.0.3-2)$$

式中　h_i——室内表面换热系数，W/(m²·K)；

    ε——玻璃室内表面校正发射率。

如果玻璃室内表面未镀低辐射膜，h_i 可按 8 W/(m²·K) 取值。

    8 气体特性应按表 A.0.3-1 取值。

表 A.0.3-1　气体特性

气体	温度 θ (℃)	密度 ρ (kg/m³)	动态黏度 μ [10^{-5}kg/(m·s)]	导热系数 λ [10^{-2}W/(m·K)]	比热容 c [10^3J/(kg·K)]
空气	-10	1.326	1.661	2.336	1.008
	0	1.277	1.711	2.416	
	+10	1.232	1.761	2.496	
	+20	1.189	1.811	2.576	
氩气	-10	1.829	2.038	1.584	0.519
	0	1.762	2.101	1.634	
	+10	1.699	2.164	1.684	
	+20	1.640	2.228	1.734	
氟化硫	-10	6.844	1.383	1.119	0.614
	0	6.602	1.421	1.197	
	+10	6.360	1.459	1.275	
	+20	6.118	1.497	1.354	
氪气	-10	3.832	2.260	0.842	0.245
	0	3.690	2.330	0.870	
	+10	3.560	2.400	0.900	
	+20	3.430	2.470	0.926	

    9 镀膜玻璃标准发射率（ε_n）取值应符合下列规定：

    1) 应在接近正常入射状况下，采用红外光谱仪测试玻璃反射曲线；

    2) 在反射曲线上，可按照表 A.0.3-2 给出的 30 个波长值，测定相应的反射率 $R_n(\lambda_i)$；

    3) 283K 温度下的标准反射率应按下式计算：

$$R_n = \frac{1}{30}\sum_{i=1}^{30} R_n(\lambda_i) \quad (A.0.3-3)$$

    4) 283K 温度下的标准发射率应按下式计算：

$$\varepsilon_n = 1 - R_n \quad (A.0.3-4)$$

表 A.0.3-2　用于测定 283K 下标准反射率 R_n 的波长（单位：μm）

序　号	波　长	序　号	波　长
1	5.5	11	11.8
2	6.7	12	12.4
3	7.4	13	12.9
4	8.1	14	13.5
5	8.6	15	14.2
6	9.2	16	14.8
7	9.7	17	15.6
8	10.2	18	16.3
9	10.7	19	17.2
10	11.3	20	18.1

续表 A.0.3-2

序 号	波 长	序 号	波 长
21	19.2	26	27.7
22	20.3	27	30.9
23	21.7	28	35.7
24	23.3	29	43.9
25	25.2	30	50.0

10 校正发射率 ε 应采用表 A.0.3-3 给出的系数乘以标准发射率 ε_n。

表 A.0.3-3 校正发射率与标准发射率之间的关系

标准发射率 ε_n	系数 $\varepsilon/\varepsilon_n$	标准发射率 ε_n	系数 $\varepsilon/\varepsilon_n$
0.03	1.22	0.5	1.00
0.05	1.18	0.6	0.98
0.1	1.14	0.7	0.96
0.2	1.10	0.8	0.95
0.3	1.06	0.89	0.94
0.4	1.03		

注：其他值可以通过线性插值或外推获得。

附录 B 建筑玻璃结露点计算方法

B.0.1 室内结露温度应按下列方法确定：

1 室内设计温度条件下的饱和水蒸气压 p_s 可在表 B.0.1 中查找。

2 室内设计温度条件下的水蒸气分压 p 应按室内湿度与该温度下饱和水蒸气压 p_s 的乘积取值。

3 室内结露温度可按表 B.0.1 中饱和水蒸气压等于水蒸气分压 p 的温度取值。

表 B.0.1 不同温度下的饱和水蒸气压 p_s（mmhg）

t(℃)	p_s	t(℃)	p_s	t(℃)	p_s
-20	0.772	0	4.579	20	17.53
-19	0.850	1	4.926	21	18.65
-18	0.935	2	5.294	22	19.82
-17	1.027	3	5.685	23	21.06
-16	1.128	4	6.101	24	22.37
-15	1.238	5	6.543	25	23.75
-14	1.357	6	7.013	26	25.21
-13	1.627	7	7.513	27	26.74
-12	1.780	8	8.045	28	28.35
-11	1.946	9	8.609	29	30.04
-10	2.194	10	9.209	30	31.82
-9	2.326	11	9.844	31	33.70
-8	2.514	12	10.51	32	35.66
-7	2.715	13	11.23	33	37.73
-6	2.931	14	11.98	34	39.90
-5	3.163	15	12.78	35	42.18
-4	3.410	16	13.63	36	44.56
-3	3.673	17	14.53	37	47.07
-2	3.956	18	15.47	38	49.69
-1	4.258	19	16.47	39	52.44

续表 B.0.1

t(℃)	p_s	t(℃)	p_s	t(℃)	p_s
40	55.32	61	156.4	82	384.9
41	58.34	62	163.8	83	400.6
42	61.50	63	171.4	84	416.8
43	64.80	64	179.3	85	433.6
44	68.26	65	187.5	86	450.9
45	71.88	66	196.1	87	468.7
46	75.65	67	205.0	88	487.1
47	79.60	68	214.2	89	506.1
48	83.71	69	223.7	90	525.8
49	92.51	70	233.7	91	546.1
50	97.20	71	243.9	92	567.0
51	102.1	72	254.6	93	588.6
52	107.2	73	265.7	94	610.9
53	109.7	74	277.2	95	633.9
54	112.5	75	289.1	96	657.6
55	118.0	76	301.4	97	682.1
56	123.8	77	314.1	98	707.3
57	129.8	78	327.3	99	733.2
58	136.1	79	341.0	100	760.0
59	142.6	80	350.7		
60	149.4	81	369.7		

B.0.2 玻璃室内侧表面温度应按下式计算：

$$T = T_i - \frac{U}{h_i}(T_i - T_e) \quad (B.0.2)$$

式中 T ——玻璃室内侧表面温度，K；

T_i ——建筑物室内温度，K；

T_e ——建筑物室外温度，K；

h_i ——室内对流换热系数，W/(m²·K)；

U ——玻璃传热系数，W/(m²·K)。

B.0.3 可按下列方法进行玻璃结露判定：

1 当玻璃室内侧表面温度计算值大于室内结露温度时，可判定为玻璃不会产生结露；

2 当玻璃室内侧表面温度计算值小于等于室内结露温度时，可判定为玻璃会产生结露。

附录 C 玻璃抗风压设计计算参数

C.0.1 单片矩形平板玻璃的 k_1、k_2、k_3 和 k_4 应按表 C.0.1 取值。

C.0.2 单片矩形钢化玻璃的 k_1、k_2、k_3 和 k_4 应按表 C.0.2 采用。

C.0.3 单片矩形半钢化玻璃的 k_1、k_2、k_3 和 k_4 应按表 C.0.3 采用。

C.0.4 普通矩形夹层玻璃的 k_1、k_2、k_3 和 k_4 应按表 C.0.4 采用。

C.0.5 建筑玻璃的 k_5、k_6、k_7 和 k_8 应按表 C.0.5 采用。

表 C.0.1 单片矩形平板玻璃的抗风压设计计算参数

t (mm)	常数	四边支撑：b/a								两边支撑
		1.00	1.25	1.50	1.75	2.00	2.25	3.00	5.00	
3	k_1	1558.4	1373.2	1313.4	1343.4	1381.9	1184.5	667.6	655.7	585.6
	k_2	0.25	0.20	0.200	0.30	0.40	0.30	−0.30	0	0
	k_3	−0.6124	−0.6071	−0.6423	−0.7112	−0.7642	−0.7255	−0.4881	−0.5000	−0.5
	k_4	4.20	−1.40	−22.68	−12.60	−11.20	2.80	−8.40	0	0
4	k_1	2050.7	1807.5	1725.7	1758.9	1804.6	1549.8	884.0	867.8	774.9
	k_2	0.237712	0.190170	0.190170	0.285254	0.380339	0.285254	−0.285250	0	0
	k_3	−0.6124	−0.6071	−0.6423	−0.7112	−0.7642	−0.7255	−0.4881	−0.5000	−0.5
	k_4	5.70	−1.90	−30.78	−17.10	−15.20	3.80	−11.40	0	0
5	k_1	2527.1	2227.9	2124.1	2159.0	2210.3	1901.2	1094.8	1074.2	959.3
	k_2	0.228312	0.182649	0.182649	0.273974	0.365299	0.273974	−0.273970	0	0
	k_3	−0.6124	−0.6071	−0.6423	−0.7112	−0.7642	−0.7255	−0.4881	−0.5000	−0.5
	k_4	7.20	−2.40	−38.88	−21.60	−19.20	4.80	−14.40	0	0
6	k_1	2990.8	2637.2	2511.3	2546.6	2602.4	2241.4	1301.2	1276.2	1139.7
	k_2	0.220697	0.176558	0.176558	0.264836	0.353115	0.264836	−0.264840	0	0
	k_3	−0.6124	−0.6071	−0.6423	−0.7112	−0.7642	−0.7255	−0.4881	−0.5000	−0.5
	k_4	8.70	−2.90	−46.98	−26.10	−23.20	5.80	−17.40	0	0
8	k_1	3843.7	3390.2	3222.3	3255.6	3317.7	2863.4	1683.3	1649.9	1473.4
	k_2	0.209295	0.167436	0.167436	0.251154	0.334872	0.251154	−0.251150	0	0
	k_3	−0.6124	−0.6071	−0.6423	−0.7112	−0.7642	−0.7255	−0.4881	−0.5000	−0.5
	k_4	11.55	−3.85	−62.37	−34.65	−30.8	7.7	−23.1	0	0
10	k_1	4709.2	4154.6	3942.6	3970.9	4036.8	3490.2	2074.0	2031.8	1814.4
	k_2	0.200004	0.160003	0.160003	0.240005	0.320006	0.240005	−0.240000	0	0
	k_3	−0.6124	−0.6071	−0.6423	−0.7112	−0.7642	−0.7255	−0.4881	−0.5000	−0.5
	k_4	14.55	−4.85	−78.57	−43.65	−38.8	9.7	−29.1	0	0
12	k_1	5548.0	4895.6	4639.5	4660.5	4728.2	4094.0	2455.2	2404.1	2146.9
	k_2	0.192461	0.153969	0.153969	0.230953	0.307937	0.230953	−0.230950	0	0
	k_3	−0.6124	−0.6071	−0.6423	−0.7112	−0.7642	−0.7255	−0.4881	−0.5000	−0.5
	k_4	17.55	−5.85	−94.77	−52.65	−46.80	11.70	−35.10	0	0
15	k_1	6685.2	5900.5	5582.8	5590.3	5657.8	4907.6	2975.3	2911.9	2600.3
	k_2	0.183827	0.147062	0.147062	0.220593	0.294124	0.220593	−0.220590	0	0
	k_3	−0.6124	−0.6071	−0.6423	−0.7112	−0.7642	−0.7255	−0.4881	−0.5000	−0.5
	k_4	21.75	−7.25	−117.45	−65.25	−58.00	14.50	−43.50	0	0
19	k_1	8056.1	7112.3	6717.8	6704.5	6768.0	5881.7	3607.1	3528.2	3150.6
	k_2	0.175127	0.140102	0.140102	0.210152	0.280203	0.210152	−0.210150	0	0
	k_3	−0.6124	−0.6071	−0.6423	−0.7112	−0.7642	−0.7255	−0.4881	−0.500	−0.5
	k_4	27.0	−9.0	−145.8	−81.0	−72.0	18.0	−54.0	0	0
25	k_1	10118.2	8935.8	8421.5	8368.2	8419.2	7334.6	4566.2	4462.9	3985.3
	k_2	0.164398	0.131519	0.131519	0.197278	0.263037	0.197278	−0.197280	0	0
	k_3	−0.6124	−0.6071	−0.6423	−0.7112	−0.7642	−0.7255	−0.4881	−0.5000	−0.5
	k_4	35.25	−11.75	−190.35	−105.75	−94.00	23.50	−70.50	0	0

表 C.0.2　单片矩形钢化玻璃的抗风压设计计算参数

t (mm)	常数	四边支撑：b/a								两边支撑
		1.00	1.25	1.50	1.75	2.00	2.25	3.00	5.00	
4	k_1	3594.2	3152.6	3108.6	3374.9	3634.8	3012.9	1382.5	1372.1	1225.3
	k_2	0.594280	0.475424	0.475424	0.713136	0.950848	0.713136	−0.100000	0	0
	k_3	−0.6124	−0.6071	−0.6423	−0.7112	−0.7642	−0.7255	−0.4881	−0.5000	−0.5
	k_4	5.70	−1.90	−30.78	−17.10	−15.20	3.80	−11.40	0	0
5	k_1	4429.2	3885.9	3826.2	4142.5	4452.0	3696.0	1712.3	1698.5	1516.8
	k_2	0.570780	0.456624	0.456624	0.684935	0.913247	0.684935	−0.100000	0	0
	k_3	−0.6124	−0.6071	−0.6423	−0.7112	−0.7642	−0.7255	−0.4881	−0.5000	−0.5
	k_4	7.20	−2.40	−38.88	−21.60	−19.20	4.80	−14.40	0	0
6	k_1	5241.9	4599.7	4523.7	4886.2	5241.8	4357.5	2035.1	2017.9	1801.9
	k_2	0.551743	0.441394	0.441394	0.662091	0.882788	0.662091	−0.100000	0	0
	k_3	−0.6124	−0.6071	−0.6423	−0.7112	−0.7642	−0.7255	−0.4881	−0.5000	−0.5
	k_4	8.70	−2.90	−46.98	−26.10	−23.20	5.80	−17.40	0	0
8	k_1	6736.6	5913.0	5804.5	6246.7	6682.5	5566.5	2632.7	2608.8	2329.6
	k_2	0.523238	0.418590	0.418590	0.627885	0.837180	0.627885	−0.100000	0	0
	k_3	−0.6124	−0.6071	−0.6423	−0.7112	−0.7642	−0.7255	−0.4881	−0.5000	−0.5
	k_4	11.55	−3.85	−62.37	−34.65	−30.80	7.70	−23.10	0	0
10	k_1	8253.7	7246.3	7101.9	7619.1	8131.1	6785.1	3243.8	3212.6	2868.8
	k_2	0.500010	0.400008	0.400008	0.600012	0.800016	0.600012	−0.100000	0	0
	k_3	−0.6124	−0.6071	−0.6423	−0.7112	−0.7642	−0.7255	−0.4881	−0.5000	−0.5
	k_4	14.55	−4.85	−78.57	−43.65	−38.80	9.70	−29.10	0	0
12	k_1	9723.8	8538.8	8357.3	8942.2	9523.6	7959.0	3839.9	3801.2	3394.5
	k_2	0.481152	0.384922	0.384922	0.577382	0.769843	0.577382	−0.100000	0	0
	k_3	−0.6124	−0.6071	−0.6423	−0.7112	−0.7642	−0.7255	−0.4881	−0.5000	−0.5
	k_4	17.55	−5.85	−94.77	−52.65	−46.80	11.70	−35.10	0	0
15	k_1	11716.9	10291.5	10056.5	10726.3	11396.0	9540.7	4653.4	4604.1	4111.4
	k_2	0.459568	0.367655	0.367655	0.551482	0.735309	0.551482	−0.100000	0	0
	k_3	−0.6124	−0.6071	−0.6423	−0.7112	−0.7642	−0.7255	−0.4881	−0.5000	−0.5
	k_4	21.75	−7.25	−117.45	−65.25	−58.00	14.50	−43.50	0	0
19	k_1	14119.6	12405.0	12101.1	12864.1	13632.2	11434.2	5641.5	5578.5	4981.6
	k_2	0.437817	0.350254	0.350254	0.525381	0.700508	0.525381	−0.100000	0	0
	k_3	−0.6124	−0.6071	−0.6423	−0.7112	−0.7642	−0.7255	−0.4881	−0.5000	−0.5
	k_4	27.0	−9.0	−145.8	−81.0	−72.0	18.0	−54.0	0	0
25	k_1	17733.9	15585.7	15170.0	16056.4	16958.2	14258.8	7141.5	7056.4	6301.3
	k_2	0.410996	0.328797	0.328797	0.493195	0.657593	0.493195	−0.100000	0	0
	k_3	−0.6124	−0.6071	−0.6423	−0.7112	−0.7642	−0.7255	−0.4881	−0.5000	−0.5
	k_4	35.25	−11.75	−190.35	−105.75	−94.00	23.50	−70.50	0	0

表C.0.3 单片矩形半钢化玻璃的抗风压设计计算参数

t (mm)	常数	四边支撑：b/a								两边支撑
		1.00	1.25	1.50	1.75	2.00	2.25	3.00	5.00	
3	k_1	2078.2	1826.7	1776.3	1876.6	1979.1	1665.8	839.7	829.4	740.7
	k_2	0.40	0.32	0.32	0.48	0.64	0.48	−0.10	0	0
	k_3	−0.6124	−0.6071	−0.6423	−0.7112	−0.7642	−0.7255	−0.4881	−0.5000	−0.5
	k_4	4.2	−1.4	−22.68	−12.6	−11.2	2.8	−8.4	0	0
4	k_1	2734.6	2404.4	2333.9	2457.1	2584.4	2179.6	1111.9	1097.7	980.2
	k_2	0.380339	0.304271	0.304271	0.456407	0.608543	0.456407	−0.100000	0	0
	k_3	−0.6124	−0.6071	−0.6423	−0.7112	−0.7642	−0.7255	−0.4881	−0.5000	−0.5
	k_4	5.70	−1.90	−30.78	−17.10	−15.20	3.80	−11.40	0	0
5	k_1	3370.0	2963.6	2872.6	3015.9	3165.4	2673.7	1377.1	1358.8	1213.4
	k_2	0.365299	0.292239	0.292239	0.438359	0.584478	0.438359	−0.100000	0	0
	k_3	−0.6124	−0.6071	−0.6423	−0.7112	−0.7642	−0.7255	−0.4881	−0.5000	−0.5
	k_4	7.20	−2.40	−38.88	−21.60	−19.20	4.80	−14.40	0	0
6	k_1	3988.4	3508.0	3396.3	3557.3	3727.0	3152.2	1636.7	1614.3	1441.6
	k_2	0.353115	0.282492	0.282492	0.423738	0.564985	0.423738	−0.100000	0	0
	k_3	−0.6124	−0.6071	−0.6423	−0.7112	−0.7642	−0.7255	−0.4881	−0.5000	−0.5
	k_4	8.70	−2.90	−46.98	−26.10	−23.20	5.80	−17.40	0	0
8	k_1	5125.6	4509.6	4357.8	4547.8	4751.4	4026.9	2117.3	2087.0	1863.7
	k_2	0.334872	0.267898	0.267898	0.401847	0.535796	0.401847	−0.100000	0	0
	k_3	−0.6124	−0.6071	−0.6423	−0.7112	−0.7642	−0.7255	−0.4881	−0.5000	−0.5
	k_4	11.55	−3.85	−62.37	−34.65	−30.80	7.70	−23.10	0	0
10	k_1	6279.9	5526.5	5331.9	5547.0	5781.4	4908.4	2608.8	2570.1	2295.1
	k_2	0.320006	0.256005	0.256005	0.384008	0.51201	0.384008	−0.100000	0	0
	k_3	−0.6124	−0.6071	−0.6423	−0.7112	−0.7642	−0.7255	−0.4881	−0.5000	−0.5
	k_4	14.55	−4.85	−78.57	−43.65	−38.80	9.70	−29.10	0	0
12	k_1	7398.5	6512.2	6274.4	6510.3	6771.5	5757.6	3088.2	3041.0	2715.6
	k_2	0.307937	0.24635	0.24635	0.369525	0.4927	0.369525	−0.100000	0	0
	k_3	−0.6124	−0.6071	−0.6423	−0.7112	−0.7642	−0.7255	−0.4881	−0.5000	−0.5
	k_4	17.55	−5.85	−94.77	−52.65	−46.80	11.70	−35.10	0	0

表C.0.4 普通矩形夹层玻璃的抗风压设计计算参数

t (mm)	常数	四边支撑：b/a								两边支撑
		1.00	1.25	1.50	1.75	2.00	2.25	3.00	5.00	
6	k_1	2899.0	2556.1	2434.7	2469.9	2524.9	2174.2	1260.2	1236.1	1103.9
	k_2	0.222109	0.177687	0.177687	0.266531	0.355375	0.266531	−0.266530	0	0
	k_3	−0.6124	−0.6071	−0.6423	−0.7112	−0.7642	−0.7255	−0.4881	−0.5000	−0.5
	k_4	8.40	−2.80	−45.36	−25.20	−22.40	5.60	−16.80	0	0
8	k_1	3799.6	3351.2	3185.6	3219.1	3280.9	2831.3	1663.5	1630.6	1456.1
	k_2	0.209821	0.167857	0.167857	0.251785	0.335714	0.251785	−0.251790	0	0
	k_3	−0.6124	−0.6071	−0.6423	−0.7112	−0.7642	−0.7255	−0.4881	−0.5000	−0.5
	k_4	11.40	−3.80	−61.56	−34.20	−30.40	7.60	−22.80	0	0

t (mm)	常数	四边支撑：b/a								两边支撑
		1.00	1.25	1.50	1.75	2.00	2.25	3.00	5.00	
10	k_1	4666.6	4117.0	3907.1	3935.8	4001.6	3459.4	2054.7	2013.0	1797.6
	k_2	0.200421	0.160337	0.160337	0.240505	0.320673	0.240505	−0.240510	0	0
	k_3	−0.6124	−0.6071	−0.6423	−0.7112	−0.7642	−0.7255	−0.4881	−0.5000	−0.5
	k_4	14.40	−4.80	−77.76	−43.20	−38.40	9.60	−28.80	0	0
12	k_1	5506.6	4859.1	4605.1	4626.5	4694.2	4064.3	2436.3	2385.7	2130.4
	k_2	0.192806	0.154245	0.154245	0.231367	0.30849	0.231367	−0.231370	0	0
	k_3	−0.6124	−0.6071	−0.6423	−0.7112	−0.7642	−0.7255	−0.4881	−0.5000	−0.5
	k_4	17.40	−5.80	−93.96	−52.20	−46.40	11.60	−34.80	0	0
16	k_1	7042.7	6216.4	5879.0	5881.5	5948.3	5162.3	3139.6	3072.2	2743.4
	k_2	0.181404	0.145123	0.145123	0.217685	0.290247	0.217685	−0.217690	0	0
	k_3	−0.6124	−0.6071	−0.6423	−0.7112	−0.7642	−0.7255	−0.4881	−0.5000	−0.5
	k_4	23.10	−7.70	−124.74	−69.30	−61.60	15.40	−46.20	0	0
20	k_1	8590.8	7585.1	7160.0	7137.2	7198.3	6259.8	3854.9	3769.7	3366.3
	k_2	0.172113	0.13769	0.13769	0.206536	0.275381	0.206536	−0.206540	0	0
	k_3	−0.6124	−0.6071	−0.6423	−0.7112	−0.7642	−0.7255	−0.4881	−0.5000	−0.5
	k_4	29.10	−9.70	−157.14	−87.30	−77.60	19.40	−58.20	0	0
24	k_1	10081.6	8903.5	8391.3	8338.8	8390.1	7308.9	4549.1	4446.2	3970.4
	k_2	0.16457	0.131656	0.131656	0.197484	0.263312	0.197484	−0.197480	0	0
	k_3	−0.6124	−0.6071	−0.6423	−0.7112	−0.7642	−0.7255	−0.4881	−0.5000	−0.5
	k_4	35.10	−11.70	−189.54	−105.30	−93.60	23.40	−70.20	0	0

表 C.0.5　建筑玻璃的抗风压设计计算参数

常数	四边支撑：b/a								两边支撑
	1.00	1.25	1.50	1.75	2.00	2.25	3.00	5.00	
k_5	603.79	459.45	350.14	291.45	261.60	222.19	204.68	197.89	195.45
k_6	−0.10	−0.10	−0.15	−0.15	−0.10	−0.10	−0.10	0	0
k_7	−0.5247	−0.5022	−0.4503	−0.4149	−0.3970	−0.3556	−0.3335	−0.3320	−0.3333
k_8	1.64	2.06	1.29	0.95	1.10	0.29	−0.05	0.03	

附录 D　玻璃板中心温度和边框温度的计算方法

D.0.1 单片玻璃板中心温度 T_c 应按下式计算：

$$T_c = 0.012 I_0 \cdot a + 0.65 t_o + 0.35 t_i \quad (D.0.1)$$

式中 I_0——日照量，W/m^2；

t_o——室外温度，℃；

t_i——室内温度，℃；

a——玻璃的吸收率。

D.0.2 夹层玻璃中心温度 T_c 应按下列公式计算：

1 当中间膜厚为 0.38mm 时

$$T_{co} = I_0 (3.32 A_o + 3.28 A_i) \times 10^{-3} + 0.654 t_o + 0.346 t_i$$
$$(D.0.2-1)$$

$$T_{ci} = I_0 (3.28 A_o + 3.39 A_i) \times 10^{-3} + 0.642 t_o + 0.357 t_i \quad (D.0.2-2)$$

2 当中间膜厚为 0.76mm 时

$$T_{co} = I_0 (3.36 A_o + 3.25 A_i) \times 10^{-3} + 0.658 t_o + 0.342 t_i \quad (D.0.2-3)$$

$$T_{ci} = I_0 (3.25 A_o + 3.44 A_i) \times 10^{-3} + 0.636 t_o + 0.3645 t_i \quad (D.0.2-4)$$

3 当中间膜厚为 1.52mm 时

$$T_{ci} = I_0 (3.39 A_o + 3.17 A_i) \times 10^{-3} + 0.665 t_o + 0.335 t_i \quad (D.0.2-5)$$

$$T_{ci} = I_0 (3.17 A_o + 3.58 A_i) \times 10^{-3} + 0.622 t_o + 0.378 t_i \quad (D.0.2-6)$$

4 A_o、A_i 应分别按下式计算：

$$A_o = a_o \quad (D.0.2-7)$$

$$A_i = \tau_o \cdot a_i \qquad (D.0.2\text{-}8)$$

式中 T_{co}——室外侧玻璃中部温度,℃;

$\quad T_{ci}$——室内侧玻璃中部温度,℃;

$\quad A_o$——室外侧玻璃总吸收率;

$\quad A_i$——室内侧玻璃总吸收率;

$\quad a_o$——室外侧玻璃的吸收率;

$\quad a_i$——室内侧玻璃的吸收率;

$\quad \tau_o$——室外侧玻璃的透过率。

D.0.3 中空玻璃中心温度 T_0 应按下列公式计算:

1 当空气层厚为 6mm 时

$$T_{co} = I_0(4.11A_o + 2.01A_i) \times 10^{-3}$$
$$+ 0.788t_o + 0.212t_i \qquad (D.0.3\text{-}1)$$

$$T_{ci} = I_0(2.01A_o + 5.75A_i) \times 10^{-3}$$
$$+ 0.394t_o + 0.606t_i \qquad (D.0.3\text{-}2)$$

2 当空气层厚为 9mm 时

$$T_{co} = I_0(4.08A_o + 1.89A_i) \times 10^{-3} + 0.801t_o$$
$$+ 0.199t_i \qquad (D.0.3\text{-}3)$$

$$T_{ci} = I_0(1.89A_o + 5.97A_i) \times 10^{-3}$$
$$+ 0.370t_o + 0.630t_i \qquad (D.0.3\text{-}4)$$

3 当空气层厚为 12mm 时

$$T_{co} = I_0(4.17A_o + 1.74A_i) \times 10^{-3}$$
$$+ 0.817t_o + 0.183t_i \qquad (D.0.3\text{-}5)$$

$$T_{ci} = I_0(1.74A_o + 6.25A_i) \times 10^{-3}$$
$$+ 0.340t_o + 0.660t_i \qquad (D.0.3\text{-}6)$$

4 以上公式中 A_o、A_i 应分别按下式计算:

$$A_o = a_o[1 + \tau_o \cdot r_i/(1 - r_o \cdot r_i)] \quad (D.0.3\text{-}7)$$

$$A_i = a_i \cdot \tau_o/(1 - r_o \cdot r_i) \qquad (D.0.3\text{-}8)$$

式中 r_o——室外侧玻璃反射率;

$\quad r_i$——室内测玻璃反射率。

D.0.4 装配玻璃板边框温度 T_s 应按下式计算:

$$T_s = 0.65t_o + 0.35t_i \qquad (D.0.4)$$

式中 t_o——室外温度,℃;

$\quad t_i$——室内温度,℃。

D.0.5 计算玻璃中部温度 T_c 和边框温度 T_s 时,应选用所需的气象参数和玻璃参数。

D.0.6 室外温度,夏季时应取 10 年内最低温度值,室内温度 t_i 应取室内设定的温度值,可取冬季为 20℃,夏季为 25℃。

D.0.7 玻璃的光学性能应根据其产品说明确定。

本规程用词说明

1 为便于在执行本规程条文时区别对待,对要求严格程度不同的用词说明如下:

　　1)表示很严格,非这样做不可的:

　　　　正面词采用"必须",反面词采用"严禁";

　　2)表示严格,在正常情况下均应这样做的:

　　　　正面词采用"应",反面词采用"不应"或"不得";

　　3)表示允许稍有选择,在条件许可时首先应这样做的:

　　　　正面词采用"宜",反面词采用"不宜";

　　　　表示有选择,在一定条件下可以这样做的,采用"可"。

2 条文中指明应按其他有关标准执行的写法为:"应符合……的规定"或"应按……执行"。

引用标准名录

　　1 《建筑结构荷载规范》GB 50009

　　2 《建筑玻璃 可见光透射比、太阳光直接透射比、太阳能总透射比、紫外线透射比及有关窗玻璃参数的测定》GB/T 2680

　　3 《平板玻璃》GB 11614

　　4 《中空玻璃》GB/T 11944

　　5 《塑料门窗用密封条》GB 12002

　　6 《硅酮建筑密封胶》GB /T 14683

　　7 《建筑用安全玻璃 第 2 部分:钢化玻璃》GB 15763.2

　　8 《建筑用安全玻璃 第 3 部分:夹层玻璃》GB 15763.3

　　9 《建筑用安全玻璃 第 4 部分:均质钢化玻璃》GB 15763.4

　　10 《建筑用硅酮结构密封胶》GB 16776

　　11 《半钢化玻璃》GB/T 17841

　　12 《着色玻璃》GB/T 18701

　　13 《镀膜玻璃 第 1 部分:阳光控制镀膜玻璃》GB/T 18915.1

　　14 《镀膜玻璃 第 2 部分:低辐射镀膜玻璃》GB/T 18915.2

　　15 《玻璃幕墙工程技术规范》JGJ 102

　　16 《夹丝玻璃》JC 433

　　17 《聚氨酯建筑密封胶》JC/T 482

　　18 《聚硫建筑密封胶》JC/T 483

　　19 《丙烯酸酯建筑密封胶》JC/T 484

　　20 《建筑窗用弹性密封胶》JC/T 485

　　21 《中空玻璃用弹性密封胶》JC/T 486

　　22 《压花玻璃》JC/T 511

　　23 《幕墙玻璃接缝用密封胶》JC/T 882

　　24 《中空玻璃用复合密封胶条》JC/T 1022

　　25 《真空玻璃》JC/T 1079

　　26 《建筑橡胶密封垫——预成型实心硫化的结构密封垫用材料规范》HG/T 3099

　　27 《建筑物隔热用硬质聚氯酯泡沫塑料》QB/T 3806

中华人民共和国行业标准

建筑玻璃应用技术规程

JGJ 113—2009

条 文 说 明

修 订 说 明

《建筑玻璃应用技术规程》JGJ 113－2009 经住房和城乡建设部 2009 年 7 月 9 日以第 347 公告批准发布。

本规程是在《建筑玻璃应用技术规程》JGJ 113－2003 的基础上修订而成的，上一版的主编单位是中国建筑材料科学研究院，参编单位是北京市建筑设计研究院、北京嘉寓装饰工程有限公司、威卢克斯（中国）有限公司、广东金刚玻璃科技股份有限公司、上海耀华皮尔金顿玻璃股份有限公司和中国南玻科技控股股份有限公司，主要起草人员是刘忠伟、马眷荣、徐游、葛砚刚、田家玉、郭成林、文森叟、夏卫文、詹锴、谢丽美、熊伟、许武毅。本次修订的主要技术内容是：1. 增加了基本规定和地板玻璃设计；2. 删除了室内空心玻璃砖隔断一章；3. 修订了术语、材料、建筑玻璃抗风压设计、建筑玻璃防人体冲击规定、百叶窗玻璃和屋面玻璃设计及安装。

本规程修订过程中，编制组进行了国内外建筑玻璃应用情况的调查研究，总结了我国工程建设中应用建筑玻璃的实践经验，同时参考了澳大利亚国家标准《建筑玻璃选择与安装》AS 1288。

为便于广大设计、施工、科研、学校等单位有关人员在使用本规程时能正确理解和执行条文规定，《建筑玻璃应用技术规程》编制组按章、节、条顺序编制了本规程的条文说明，对条文规定的目的、依据以及执行中需要注意的有关事项进行说明，还着重对强制性条文的强制性理由作了解释。但是，本条文说明不具备与标准正文同等的法律效力，仅供使用者作为理解和把握标准规定的参考。

目　次

1 总　则

1.0.1 应用于建筑物上的一切玻璃统称为建筑玻璃。为了使建筑玻璃设计、材料选用、性能要求和安装等有章可循，使建筑玻璃应用做到安全可靠、经济合理和实用美观，制定了本规程。

本规程主要参照英国、澳大利亚和日本等国家的相关标准，并在抗风压方面做了大量实验。编制组就建筑玻璃的应用对有关建筑设计部门及施工单位进行了调研，查阅了大量相关国家及行业标准，在此基础之上，制定适合我国国情的建筑玻璃应用规程。

本次修订是以原《建筑玻璃应用技术规程》JGJ 113—2003 为基础，考虑了现行有关国家标准和行业标准的有关规定，调研、总结了我国近年来建筑玻璃应用科研成果和经验而完成。

1.0.2 本条规定了本规程的适用范围，本规程适用于建筑物内外部玻璃的设计及安装。

1.0.3 由于建筑玻璃的应用要满足抗风压、防热炸裂、活荷载及有关人体冲击安全性等要求，因而对材料的性能、设计及安装都有严格的要求，除应执行本规范外，尚应符合现行国家和行业有关标准和规范的要求。

建筑玻璃装配所用的大多数材料均有国家和行业标准，必须选用符合国家和行业标准的合格产品。

在建筑玻璃设计和安装中，密切相关的规范还有下列国家和行业标准：《木结构设计规范》GB 50005、《钢结构设计规范》GB 50017、《混凝土结构设计规范》GB 50010、《建筑设计防火规范》GB 50016、《高层民用建筑设计防火规范》GB 50045、《木结构工程施工质量验收规范》GB 50206 和《建筑装饰装修工程质量验收规范》GB 50210 等。

2 术　语

2.0.1 建筑玻璃

建筑玻璃一般分为用于建筑外围护结构玻璃和内部玻璃，例如玻璃幕墙、玻璃屋面、玻璃门窗、玻璃雨篷、玻璃栏板、玻璃楼梯、玻璃地板、游泳馆水下观察窗等。建筑物采用的玻璃通常有平板玻璃以及由平板玻璃作为原片制作的深加工玻璃，如钢化玻璃、半钢化玻璃、夹层玻璃、镀膜玻璃和中空玻璃等。

2.0.2 玻璃中部强度

荷载垂直玻璃板面，玻璃中部的断裂强度。例如在风荷载等均布荷载作用下，四边支撑矩形玻璃板最大弯曲应力位于中部，玻璃所表现出的强度称为中部强度，是玻璃强度最大的位置。

2.0.3 玻璃边缘强度

荷载垂直玻璃板面，玻璃边缘的断裂强度。例如在风荷载等均布荷载作用下，三边支撑或两对边支撑矩形玻璃板自由边位置，或单边支撑矩形玻璃支撑边位置，玻璃所表现出的强度称为边缘强度。

2.0.4 玻璃端面强度

端面指玻璃切割后的横断面，荷载垂直玻璃端面，玻璃端面的抗拉强度。例如在风荷载等均布荷载作用下，全玻璃幕墙的玻璃肋两边位置；温差应力作用下，玻璃板边部位置，玻璃所表现出的强度称为端面强度。

3 基本规定

3.1 荷载及其效应

3.1.1、3.1.2 当建筑玻璃用于建筑物立面时，作用玻璃上的荷载主要是风荷载。地板玻璃和屋面玻璃除风荷载外，还可能有永久荷载、雪荷载和活荷载，这些荷载应按现行国家标准《建筑结构荷载规范》GB 50009 的有关规定计算，其组合需按基本组合进行。玻璃抗力设计值 R，需要按不同玻璃种类、荷载类型和荷载作用部位进行选择。

3.1.3 计算挠度时，荷载按标准组合。不同使用条件下，玻璃板挠度限值是不一样的，在风荷载作用下，玻璃板挠度限值一般取玻璃板跨度的 $\frac{1}{60}$，但水下玻璃和地板玻璃除外。

3.2 设计准则

3.2.1 根据荷载方向和最大应力位置将玻璃强度分为中部强度、边缘强度和端面强度。这三种强度数值不同，因此应用时应注意正确选用。同时玻璃在长期荷载和短期荷载作用下强度值也不同，玻璃种类和厚度都影响玻璃强度值，使用时应注意区分。

3.2.2 用于建筑外围护结构上的玻璃与建筑节能性能密切相关，因此建筑玻璃热工性能非常重要，国家和行业相关节能设计标准和规范对玻璃热工性能都提出了规范和要求。玻璃是透明材料，其热工性能用传热系数和遮阳系数表征，为此规定用于建筑外围护结构玻璃应进行玻璃传热系数和遮阳系数的计算。

3.2.3 如果使用单片玻璃，冬季一般都会发生结露，因此不必进行玻璃结露计算，设计使用中空玻璃，对计算玻璃结露才有意义，设计使用正确可以实现不结露。

3.2.4 地震作用等短期均布荷载作用与风荷载相近，可以按照风荷载进行设计计算。

4 材 料

4.1 玻 璃

4.1.1 为便于设计人员的选用，本条列出了市场上现有的大多数建筑玻璃品种。其中镀膜玻璃包括阳光控制镀膜玻璃和低辐射玻璃，阳光控制镀膜玻璃能将60%左右的太阳热能挡住，可见光透过率一般在20%～60%范围内，遮阳系数一般为0.23～0.56。低辐射玻璃有在线和离线两种生产方式，辐射率一般在0.1～0.25。

4.1.2 常用建筑玻璃大都有相应的国家或行业标准，其质量和性能需符合现行相关标准的规定。

4.1.3 玻璃强度与玻璃种类、玻璃厚度、受荷载部位、荷载类型等因素有关，本条文采用相应的调整系数计算。

4.1.4 玻璃强度与玻璃种类有关，目前世界各国均采用玻璃种类调整系数的处理方式，本条采用的调整系数与原《建筑玻璃应用技术规程》JGJ 113—2003相同。

4.1.5 玻璃是脆性材料，在其表面存在大量微裂纹，玻璃强度与微裂纹尺寸、形状和密度有关，通常玻璃边部裂纹尺寸大、密度大，所以玻璃边缘强度低。在澳大利亚国家标准《建筑玻璃选择与安装》AS 1288中规定，玻璃边缘强度取中部强度的80%，在《玻璃幕墙工程技术规范》JGJ 102中取玻璃端面强度为中部的70%，本条参考这两项规定取值。

4.1.6 作用在玻璃上的荷载分短期荷载和长期荷载，风荷载和地震作用为短期荷载，而重力荷载和水荷载等为长期荷载。短期荷载对玻璃强度没有影响，而长期荷载将使玻璃强度下降，原因是长期荷载将加速玻璃表面微裂纹扩展，因而其强度下降。钢化玻璃表面存在压应力层，将起到抑制表面微裂纹扩张的作用，因此在长期荷载作用下，平板玻璃和钢化玻璃、半钢化玻璃强度下降值是不同的。通常钢化玻璃和半钢化玻璃在长期荷载作用下，其强度下降到原值的50%左右，而平板玻璃将下降至原值的30%左右，本条参考澳大利亚国家标准《建筑玻璃选择与安装》AS 1288制定。

4.1.7 实验结果表明，玻璃越厚，其强度越低，本条参考《玻璃幕墙工程技术规范》JGJ 102制定。

4.1.8 在短期荷载和地震作用下，常用玻璃的强度设计值（本规程表4.1.8）是按公式（4.1.3）计算得来的，便于使用。

4.1.9 在长期荷载作用下，常用玻璃的强度设计值（本规程表4.1.9）是按公式（4.1.3）计算得来的，便于使用。

4.1.10 构成夹层玻璃和中空玻璃的玻璃板通常称其为原片，夹层玻璃和中空玻璃的强度设计值按构成其原片玻璃强度设计值取值。

4.2 玻璃安装材料

4.2.1 常用玻璃安装材料大都有相应的国家或行业标准，故应按国家现行标准的规定执行。

4.2.3、4.2.4 支承块起支承玻璃的作用；定位块用于玻璃边缘，避免玻璃周边与框直接接触，并使玻璃在门窗框中正确定位；弹性止动片通常与不凝固混合物或硫化型混合物一同使用，防止其受载时移动。所以，支承块、定位块和弹性止动片的性能对玻璃的安装和密封材料的耐久性有一定的影响，故对其性能应有要求。

5 建筑玻璃抗风压设计

5.1 风荷载计算

5.1.1 风荷载的分项系数按《建筑结构荷载规范》GB 50009执行。

5.1.2 关于建筑玻璃最小风荷载标准值各国取值不同，澳大利亚国家标准《建筑玻璃选择与安装》AS 1288规定为0.5kPa；英国标准《建筑玻璃装配》BS 6262中规定为0.6kPa；日本标准《建筑玻璃工程应用》JASS 17中规定为1.0kPa。考虑我国具体实情，确定最小风荷载标准值取1.0kPa。它表明，当建筑玻璃受到小于1.0kPa的风荷载标准值作用时，为了安全起见，应按1.0kPa进行设计。

5.2 抗风压设计

5.2.1 目前国外建筑玻璃抗风压设计多采用一种半经验公式，如澳大利亚标准和日本标准中均有相应公式，现将它们叙述如下：

日本公式：

$$w_k \cdot A = \frac{K}{F}\left(t + \frac{t^2}{4}\right) \qquad (1)$$

式中 w_k ——风荷载标准值；

　　A ——玻璃面积；

　　t ——玻璃的厚度；

　　K ——玻璃的品种系数（与抗风压调整系数有关）；

　　F ——安全因子，一般取2.50，此时对应的失效概率为1‰。

此公式的具体形式为：

$$w_k \cdot A = 0.3\alpha\left(t + \frac{t^2}{4}\right) \qquad (2)$$

式中 α ——抗风压调整系数。

澳大利亚国家标准《建筑玻璃选择与安装》AS 1288—1989版中的公式；

玻璃厚度　$t \leqslant 6mm$，$w_k \cdot A = 0.2\alpha \times t^{1.8}$　（3）

玻璃厚度　$t > 6mm$，$w_k \cdot A = 0.2\alpha \times t^{1.6} + 1.9\alpha$　（4）

上述风压公式都满足 $w_k \cdot A = f(t)$ 的形式，其中 $f(t)$ 是玻璃厚度 t 的函数，确定风压公式的关键在于 $f(t)$ 的函数形式及其参数系数。

在制订《建筑玻璃应用技术规程》JGJ 113—1997 版时，编制组做了大量抗风压实验验证，通过分析比较，确定采用澳大利亚的风压公式。在修订《建筑玻璃应用技术规程》JGJ 113－2003 版时继续使用。

在公式（3）和（4）中，对于任何长宽比的矩形玻璃，都采用同一面积，这里存在着误差，因为同等面积条件下，不同长宽比的矩形玻璃，其承载力是不同的。对于平板玻璃、半钢化玻璃和钢化玻璃，仅采用抗风压调整系数处理也存在着误差，因为这三种玻璃沿玻璃断面的内应力分布是不同的，因此其承载力也不同。由于玻璃在风荷载作用下的力学性能研究试验量巨大，耗时长，因此各国在当时基本上都是采用类似的计算方法，基本能满足设计要求。

澳大利亚国家标准《建筑玻璃选择与安装》AS 1288－2006 版中采用了新的方法，考虑了矩形玻璃长宽比的影响，将原来计算玻璃板面积，改为计算不同长宽比条件下的最大跨度。考虑了不同种类玻璃的各自特性，对平板玻璃、半钢化玻璃和钢化玻璃分别采用不同的计算参数。中空玻璃由原来两片玻璃同时考虑，改为按荷载分配系数各自独立计算。同时增加了玻璃板挠度限值计算方法，其精确度比 1989 版的更高、更合理、更全面，因此，本标准在本次修订中参考采用。

5.2.2　建筑玻璃在风荷载作用下的边形非常大，已远远超出弹性力学范围，应考虑几何非线性。风荷载是短期荷载，所以玻璃强度值应按短期荷载强度值采用。工程上采用非矩形玻璃的情况很多，如菱形、梯形、三角形，不规则多边形等等，对于任何形状建筑玻璃都可采用考虑几何非线性的有限元法进行计算。

矩形建筑玻璃是工程上用量最大的，由于形状规则，除可采用有限元方法外，也可采用本规程给出的设计计算方法。对于任意尺寸的矩形玻璃，其边长分别为 b 和 a，其长宽比为 b/a，根据选择的品种，如平板、半钢化、钢化或夹层玻璃，试选其厚度，采用附录 C 中相应的 k_1、k_2、k_3、k_4 参数，可计算出最大许用跨度 L，如果所设计玻璃的跨度小于最大许用跨度 L，则计算通过，满足玻璃承载力极限设计条件。如果所设计玻璃的跨度大于最大许用跨度 L，则需增加玻璃厚度，直至所设计玻璃的跨度小于最大许用跨度 L。

由于夹层玻璃厚度按玻璃净厚度计算，中间层胶片不计算在内，真空玻璃在构造和传力方面与夹层玻璃相似，因此真空玻璃的 k_1、k_2、k_3、k_4 参数可采用普通夹层玻璃的 k_1、k_2、k_3、k_4 取值。

三边支撑比两对边支撑有利，因此对于三边支撑的情况可采用两对边支撑的情况设计和取值。

由于夹丝玻璃、压花玻璃和平板玻璃同属退火玻璃，其沿玻璃厚度断面方向内应力相似，k_1、k_2、k_3、k_4 参数相同，可采用风荷载设计值除以抗风压调整系数的方法，但风荷载设计值增加了。

同样道理，计算半钢化夹层玻璃和钢化夹层玻璃最大许用跨度时，可按附录 C 中普通夹层玻璃采用相应系数，风荷载设计值应除以抗风压调整系数，风荷载设计值降低了。

5.2.3　对于建筑玻璃正常使用极限状态的设计，目前世界各国大多采用最大挠度限值为跨度的 1/60，本规程也采用这一限值。对于任何形状的建筑玻璃，都可采用考虑几何非线性的有限元法计算。

矩形建筑玻璃是工程上用量最大的，由于形状规则，除可采用有限元方法外，也可采用本规程给出的设计计算方法。玻璃正常使用极限状态设计时的挠度限值与玻璃种类无关，单位厚度玻璃的挠度限值与厚度无关，因此 k_5、k_6、k_7、k_8 参数对于所有矩形玻璃都是一样的。

例如，风荷载标准值：$w_k = 1.2kPa$，风荷载设计值：$w = 1.68kPa$，玻璃尺寸：$b = 1800mm$，$a = 1200mm$，$b/a = 1.5$，四边支撑，选择钢化玻璃。选择 4mm 厚度的钢化玻璃进行试算。

在附录 C 表 C.0.2 中 4mm 玻璃厚度一栏查得：$k_1 = 3108.6$，$k_2 = 0.475424$，$k_3 = -0.6423$，$k_4 = -30.78$。按照本规程式（5.2.2）计算得：$L = 1867mm$。由于 a 小于 L，因此 4mm 厚钢化玻璃满足承载力极限状态设计要求。

根据 $b/a = 1.5$，在附录 C 表 C.0.5 中查得：$k_5 = 350.14$，$k_6 = -0.15$，$k_7 = -0.4503$，$k_4 = 1.29$。按照本规程式（5.2.3）计算得：$\left[\dfrac{L}{t}\right] = 258$，由于 $a/t = 300$，大于 $\left[\dfrac{L}{t}\right]$，因此 4mm 厚钢化玻璃不满足正常使用极限状态设计要求，玻璃应增加厚度。对于 5mm 厚玻璃，$a/t = 240$，小于 $\left[\dfrac{L}{t}\right]$，因此 5mm 厚钢化玻璃满足正常使用极限状态设计要求。

结论：5mm 厚钢化玻璃既满足承载力极限状态设计要求，又满足正常使用极限状态设计要求，设计通过。

5.2.4　中空玻璃两片玻璃之间的传力是靠间隙层中的气体，对于风荷载这种瞬时荷载，气体也会在一定程度上被压缩，因此外片玻璃风荷载分配系数适当加大是合理的。

6 建筑玻璃防热炸裂设计与措施

6.1 防热炸裂设计

6.1.1 只有明框安装的建筑玻璃才存在阳光辐照下玻璃中部与边部的温差，才需要进行玻璃热应力的计算与设计。玻璃热炸裂是由于玻璃的热应力引起，玻璃热应力最大值位于玻璃板的边部，且热应力属平面内应力，因此玻璃强度设计值取端面强度设计值。由于半钢化玻璃和钢化玻璃抗热冲击能力强，一般情况下没有发生热炸裂的可能，因此不必进行热应力计算。

6.1.2 一般说来，玻璃的内部热应力的大小，不仅与玻璃的吸热系数、弹性模量、线膨胀系数有关，而且还与玻璃的安装情况及使用情况有关，本条的公式就是综合考虑各种条件而定出的实用公式。

玻璃表面的阴影使玻璃板温度分布发生变化，与无阴影的玻璃相比，热应力增加，两者之间的比值用阴影系数 μ_1 表示。

在相同的日照量的情况下，玻璃内侧装窗帘或百叶与未装的场合相比，玻璃的热应力增加，其比值用窗帘系数 μ_2 表示。

在相同的温度下，不同板面玻璃的热应力值与 $1m^2$ 面积的玻璃的热应力的比值用面积系数 μ_3 表示。

边缘温度系数由下式定义：

$$\mu_4 = \frac{T_c - T_e}{T_c - T_s} \qquad (5)$$

式中 μ_4 ——边缘温度系数；

T_c ——玻璃中部温度，℃；

T_e ——玻璃边缘温度，℃；

T_s ——窗框温度，℃。

表 6.1.3-4 所对应的一些参考图见图 1。

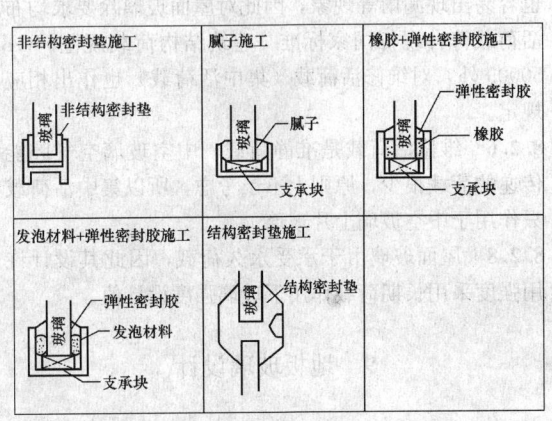

图 1 表 6.1.3-4 所对应的参考图

6.2 防热炸裂措施

6.2.1 玻璃在裁切、运输、搬运过程中都容易在边部造成裂纹，这将极大地影响玻璃的端面设计强度，所以在安装时应注意玻璃周边无伤痕。

6.2.2 玻璃的使用和维护情况也直接影响到玻璃内部的热应力，本条是为了防止玻璃的温度升高得太高或局部温差过大。窗帘等遮蔽物如果紧挨在玻璃上，将影响玻璃热量的散发，从而使玻璃温度升高，热应力加大。

7 建筑玻璃防人体冲击规定

7.1 一 般 规 定

7.1.1 符合现行国家标准规定的钢化玻璃和夹层玻璃以及由它们构成的复合产品，都统称为安全玻璃。玻璃是典型的脆性材料，作用在玻璃上的外力超过允许限度，玻璃就会破碎。这些外力包括风压、地震力、人体的冲击或飞来的物体等。本章仅考虑玻璃受人体冲击的情况，所以进行玻璃选择不能仅根据本章的内容。在考虑其他外力的作用时，对玻璃的要求可能会更严格，这种情况下，应遵循更为严格的规定。为将玻璃给人体伤害降低到最小，定义钢化玻璃和夹层玻璃以及由它们构成的复合产品为安全玻璃，这是因为相比较而言，钢化玻璃和夹层玻璃一般不会给人体带来切割伤害。钢化玻璃和夹层玻璃的性能和破碎特性如下。

（1）钢化玻璃

钢化玻璃的强度一般可达平板玻璃强度的 3 倍以上，且其韧性较平板玻璃有极大的增加，抗冲击强度一般可达平板玻璃的 4～5 倍，因此钢化玻璃在正常使用过程中不易发生破裂，这是定义钢化玻璃为安全玻璃的原因之一。其二，钢化玻璃破碎时，整块玻璃全部破碎成钝角小颗粒，一般不会给人体带来切割伤害。

（2）夹层玻璃

在碎裂的情况下，夹层玻璃碎片将牢固地粘附在透明的 PVB 胶片上而不飞溅或落下，这是定义夹层玻璃为安全玻璃的原因之一。其二，如果冲击力不是特别强，碎片整体会短时留在框架内不外落，一般不会伤人。

减小人体冲击在玻璃上可能造成的伤害有多种方法，其中最有效的方法是避免人体撞在玻璃上，但许多情况下，从设计角度无法实现，因此，要提高玻璃的强度，适当选择玻璃。采用撞上去不至于破裂的玻璃（如 10mm 以上的钢化玻璃）可以从根本上消除玻璃碎片对人体的割伤和刺伤，但这并不意味着人体不会受到其他伤害。玻璃虽然不破裂，但是人体吸收了

冲击的绝大部分能量，可能会受到挫伤、撞伤等伤害。因此，应允许使用受冲击后破碎，但不严重伤人的玻璃，如夹层玻璃和钢化玻璃。

如果按表 7.1.1-2 那样限制平板玻璃的最大许用面积，那么它破碎时对人体的伤害就会大大减小。因此，在建筑物某些特定的位置，可以使用平板玻璃和夹丝玻璃。

本规程表 7.1.1-1 和表 7.1.1-2 的数据引自澳大利亚国家标准 AS 1288《建筑玻璃选择与安装》和国家现行标准《建筑用安全玻璃　第 2 部分：钢化玻璃》GB 15763.2 以及《夹丝玻璃》JC 433。

7.1.3　未经处理的玻璃边缘非常锋利，一般情况下，玻璃边缘均被包裹在框架槽中，人体接触不到。而暴露边是人体容易接触和划碰的，锋利的边缘会造成割伤，因此，暴露边应进行如倒角、磨边等边部加工，以消除人体割伤的危险。

7.2　玻璃的选择

7.2.1　门和固定门是易受人体冲击的主要危险区域，因此对有框架支承时，使用安全玻璃必须限制其使用板面。无框架玻璃门和固定门如果使用夹层、夹丝或平板玻璃，一旦受冲击破裂，由于没有框架支承大块的碎片，碎片会脱落，飞散，造成人体的严重伤害。所以应采用一种撞上去不易破裂，即使破裂，碎片也不易伤人的玻璃，12mm 以上厚度的钢化玻璃恰好合乎要求。支承部件不符合有框玻璃要求的玻璃，称为无框玻璃。

7.2.2　室内玻璃隔断易受人体冲击，因此应采用安全玻璃。

7.2.3　本条仅适用于人体冲击玻璃的情况，不适用于抵抗球类（如壁球）冲击的玻璃，此类玻璃应进行专门的强度核算，不属于本章的范围。

7.2.4　浴室内的地板、墙壁经常沾水，当人走动或用手扶墙时，易出现打滑现象。当人不慎摔倒后，可能会撞击与浴室有关系的玻璃窗或淋浴屏。这种危险在整个淋浴过程中均存在，因此应使用符合表 7.1.1-1 的安全玻璃，以防冲撞玻璃后，人体受到严重伤害。

7.2.5　本条中指出的水平荷载，是人体的背靠、俯靠和手的推、拉等，承受水平荷载栏板玻璃的安全性非常重要，因此对使用的玻璃品种、厚度和使用高度都有严格的限制，这里高度基本上是按一个楼层高度考虑的。有些宾馆大堂楼层比较高，因此限制的高度取 5m。

7.2.6　用于室外的栏板玻璃同时承受风荷载，因此用于室外的栏板玻璃除考虑人体冲击安全外，还需进行抗风压设计和地震作用。

7.3　保护措施

7.3.1　保护设施能够使人警觉有玻璃存在，又能阻挡人体对玻璃猛烈的冲击，同时又起到了装饰作用。

7.3.2　防止由于人体冲击玻璃而造成的伤害，最根本最有效的方法就是避免人体对玻璃的冲击。在玻璃上作出醒目的标志以表明它的存在，或者使人不易靠近玻璃，如护栏等，就可以从一定程度上达到这种目的。

8　百叶窗玻璃和屋面玻璃设计

8.1　百叶窗玻璃

8.1.1　百叶窗是两对边支撑，且支撑边为短边，承受的主要荷载为风荷载，为确保安全，平板玻璃可以使用，但对其应用尺寸进行严格限制。为便于应用，表 8.1.1 可用来直接选择玻璃。

8.1.2　本条给出选择百叶窗玻璃的一般原则，即应考虑风荷载。

8.1.3　百叶窗玻璃除符合风荷载以外，安装在可能遭受人体冲击位置时，应满足第 5 章人体冲击安全规定。

8.2　屋面玻璃

8.2.1　支撑在长边受力合理，增加屋面玻璃安全性。

8.2.2　屋面玻璃对其安全性要求极高，安全玻璃在合理使用条件下，具有安全可靠的性能，因此必须使用安全玻璃。尽管钢化玻璃破碎后形成细小的颗粒，但也会给人体带来伤害，特别是当玻璃位于人头顶高度较高时危害性更大，因此规定在一定高度条件下必须使用夹层玻璃，且对 PVB 胶片的厚度作出规定，避免夹层玻璃破碎后发生坠落。

8.2.3　屋面钢化玻璃如发生自爆，危险性是比较大的，均质处理可降低玻璃的自爆率。

8.2.4　地板玻璃要求的安全性比屋面玻璃高，因此上人屋面玻璃应按地板玻璃设计。

8.2.5　玻璃屋面与传统屋面相比较，玻璃容易破碎，也容易出现漏雨等现象，因此对屋面玻璃除要求均布活荷载符合现行国家标准《建筑结构荷载规范》GB 50009 外，对维修活荷载（集中活荷载）也作出相应规定。

8.2.6　维修活荷载是准静荷载，中空玻璃空气腔能传递的荷载很少，原则上不予考虑，所以集中活荷载只作用于中空玻璃上片玻璃。

8.2.8　屋面玻璃由于承受永久荷载，因此其设计许用强度采用长期荷载作用下玻璃强度设计值。

9　地板玻璃设计

9.1　一　般　规　定

9.1.1　地板玻璃为供人行走及放置家具等的地面，

故不适合有凸出地面的连接件等妨碍人行的物体。

9.1.2 玻璃为脆性材料，易破裂，钢化玻璃有自爆现象，而且有局部破坏时整体立即爆裂的破坏特点，因此，应当考虑当有一层玻璃破坏时，地板玻璃仍然有足够的承载力，所以地板玻璃必须采用夹层玻璃。点支承地板玻璃在支撑点会产生应力集中，钢化玻璃强度较高，可减少玻璃破坏，所以点支撑地板玻璃必须采用钢化夹层玻璃。

9.1.3 楼梯踏板玻璃应当作防滑处理，避免行人滑倒发生意外。

9.1.4 细磨边可消除玻璃加工过程中产生的玻璃边缘微裂缝，提高玻璃强度。

9.1.6 由于对地板玻璃变形要求极严格，因此应尽量采用厚玻璃。

9.1.7 硅酮建筑密封胶填塞的缝隙可以释放温度应力和消除装配误差。胶缝小于 6mm 时很难保证施工质量。胶条在人行或外力作用下有脱落的可能，因此不提倡使用普通的胶条密封。

9.1.9 玻璃属于脆性材料，而且还存在整体破坏的危险。因此不应承受冲击荷载。冲击荷载是指动态作用使地板玻璃产生的加速度不可忽略不计的作用。例如较大的设备振动等。人行及人的冲击荷载对地板玻璃产生的加速度一般均可忽略不计，属于静荷载。

9.1.10 对框支承地板玻璃，跨度是指短边边长；对点支承地板玻璃，跨度是指支承点间长边边长。玻璃地板也是地板的一种，走在上面应给人以安全感，特别是玻璃地板更是如此，所以对地板玻璃挠度变形应严格限制，本条参考现行国家标准《混凝土结构设计规范》GB 50010 中对屋盖、楼板及楼梯的挠度限值。

9.1.11 地板玻璃由于承受永久荷载，因此其设计许用强度采用长期荷载作用下玻璃强度设计值。

9.2 框支承地板玻璃设计计算

9.2.1 夹层玻璃是由两层以上单片玻璃组合而成，因此夹层玻璃的强度取单片玻璃计算。

9.2.2 夹层玻璃每片玻璃的变形是完全相同的，因此荷载分配系数服从玻璃厚度三次方关系。

9.2.3 夹层玻璃可等效成一片单片玻璃，其厚度称为等效厚度。

9.2.4 由于地板玻璃变形限制很严，一般允许变形不超过玻璃板厚。此时其几何非线性效应不明显，可以按照线性方法计算，计算精度满足工程需要。

9.3 四点支承地板玻璃设计计算

9.3.1~9.3.3 第 9.3.1 条至第 9.3.3 条的计算方法和要求与本规程第 9.2.1 条至第 9.2.3 条的相同。

10 水下用玻璃设计

10.1 水下用玻璃性能要求

10.1.1 水下玻璃如果发生破裂后果将非常严重，因此单片玻璃不能使用，夹层玻璃即使其中一片玻璃破裂，也不会造成灾难性事故，给人们及时更换玻璃留有时间。

10.1.2 水下玻璃由于承受水荷载荷载，因此其设计许用强度采用长期荷载作用下玻璃强度设计值。

10.1.3 由于变形过大不仅会对玻璃周边约束产生一系列问题，如造成密封胶失效、漏水等，而且会产生观视图像变形，不能满足观看者的视觉要求，同时玻璃变形过大也给观察者以不安全感，因此对于水下用玻璃挠曲变形要求比较严格。

10.2 水下用玻璃设计计算

由于水下玻璃对挠度变形要求极为严格，玻璃变形很小，完全符合弹性力学计算理论，本节给出的计算公式是依据弹性力学理论给出的。对三边支撑的水下玻璃不仅要计算玻璃中部的应力和变形，自由边的应力和变形也要计算。

11 安 装

11.1 装配尺寸要求

11.1.1 玻璃是脆性材料，不能与边框直接接触，玻璃安装尺寸的要求是保证玻璃在荷载作用下，在框架内不与边框直接接触，并保证玻璃能够适当的变形。玻璃公称厚度越大，最小安装尺寸越大，这是因为玻璃公称厚度越大，玻璃板面可能越大，因此其变形量就越大，玻璃在框架内需要的变形环境就越大。其中前部余隙和后部余隙 a 是为了保证玻璃在水平荷载作用下玻璃不与边框直接接触；嵌入深度 b 为了保证玻璃在水平荷载作用下玻璃不脱框；边缘间隙 c 为了保证玻璃在环境温差作用下不与边框接触，同时也保证玻璃在一定量建筑主体结构变形条件下玻璃不被挤碎。

11.1.2、11.1.3 凹槽的宽度和深度与玻璃装配尺寸密切相关，这里给出了它们之间的关系。

11.2 玻璃安装材料的使用

11.2.1 玻璃安装材料如果与相关材料彼此不相容，可能造成材料的变性，使安装材料失效。

11.2.2 支承块不承受风荷载，只承受玻璃的重量，支承块的最小宽度应等于玻璃的公称厚度加上前部余隙和后部余隙，保证玻璃下部支撑完整。为了取得良

好支承情况，支承块的长度可根据玻璃板面的大小和厚度适当增加长度，增加长度可减小玻璃边部支承点的边部应力，增加支承块的承载能力。

11.2.3 定位块用于玻璃的边缘与框架之间，防止玻璃在框架内的滑动，定位块一般不承受其他外力的荷载，所以其长度要求没有支承块大，但其厚度和宽度要求均与支承块相同。

11.2.4 支承块不一定只位于玻璃的一边缘，应根据具体情况，确定使用支承块的位置（见本规程图11.2.4），例如，水平旋转窗，可开启角度在90°至180°之间的情况，玻璃的上、下两边均应布置支承块。

11.2.5 弹性止动片的使用是为了保证玻璃在水平荷载作用下玻璃不与边框直接接触。

11.2.7、11.2.8 使用密封胶安装时应使用弹性止动片，使用胶条安装时可不使用弹性止动片，因为胶条已起到弹性止动片的作用。

11.3 玻璃抗侧移的安装要求

11.3.1 玻璃的抗剪切变形性能较差，在玻璃破坏之前，其本身的平面内变形是非常小的。由于楼层之间的变形而使框架变形时，框架和玻璃在间隙内的活动可以"吸收"变形，如果一点间隙都没有，即使楼层变形很小，也会使玻璃破坏。

11.3.2 图2表明了本规程式（11.3.2）的意义。当楼层产生层间位移时，框架变形为平行四边形，当平行四边形对角线中短的一方长度和玻璃的对角线长度相等时，玻璃会被框架挤压，可能造成玻璃破裂。因此，边缘间隙越大，框架的允许变形量就越大，在抗震上就越有效。

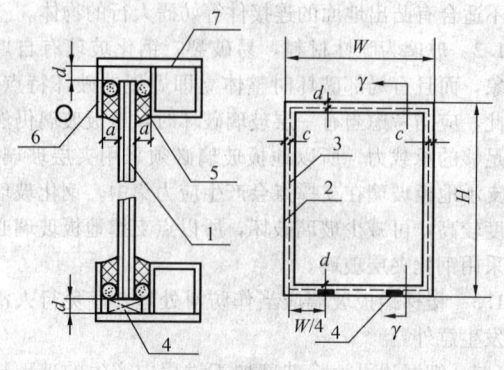

图2 玻璃抗侧移配合尺寸示意

1—玻璃；2—框架槽底；3—玻璃边缘；4—支承块；
5—弹性密封材料；6—衬垫材料；7—框架

11.3.3 地震引起的楼层变形所造成的框架变形，会将外力传递到玻璃上，所以应选用弹性密封材料以吸收这种外力。

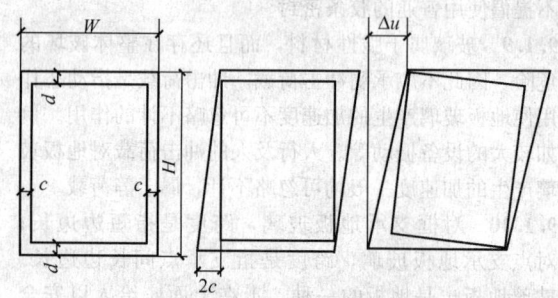

图3 窗框的变形与玻璃的关系

中华人民共和国行业标准

型钢水泥土搅拌墙技术规程

Technical specification for soil mixed wall

JGJ/T 199—2010

批准部门：中华人民共和国住房和城乡建设部
施行日期：２０１０年１０月１日

中华人民共和国住房和城乡建设部
公 告

第 514 号

关于发布行业标准
《型钢水泥土搅拌墙技术规程》的公告

现批准《型钢水泥土搅拌墙技术规程》为行业标准，编号为 JGJ/T 199-2010，自 2010 年 10 月 1 日起实施。

本规程由我部标准定额研究所组织中国建筑工业

出版社出版发行。

中华人民共和国住房和城乡建设部
2010 年 3 月 15 日

前 言

根据住房和城乡建设部《关于印发〈2008 年工程建设标准规范制订、修订计划(第一批)〉的通知》(建标[2008]102 号)的要求，规程编制组经广泛调查研究，认真总结有关国际标准和国外先进标准，并在广泛征求意见的基础上，制定本规程。

本规程主要技术内容是：1. 总则；2. 术语和符号；3. 基本规定；4. 设计；5. 施工；6. 质量检查与验收；以及相关附录。

本规程由住房和城乡建设部负责管理，由上海现代建筑设计(集团)有限公司负责具体技术内容的解释。在执行过程中，如有意见或建议请寄送上海现代建筑设计(集团)有限公司(地址：上海市石门二路 258 号；邮编：200041)。

本规程主编单位：上海现代建筑设计(集团)有限公司
　　　　　　　　浙江环宇建设集团有限公司

本规程参编单位：中国建筑科学研究院
　　　　　　　　华东建筑设计研究院有限公司
　　　　　　　　天津大学
　　　　　　　　同济大学建筑设计研究院
　　　　　　　　上海万康机械施工有限公司
　　　　　　　　绍兴市星宇地基基础有限公司
　　　　　　　　上海广大基础工程有限公司
　　　　　　　　上海强劲基础工程有限公司
　　　　　　　　上海申元岩土工程有限公司

本规程主要起草人员：高承勇　王卫东　桂业琨
　　　　　　　　　　刘文革　梁志荣　陈绍炳
　　　　　　　　　　钱力航　周国勇　宋青君
　　　　　　　　　　朱玉明　郑　刚　贾　坚
　　　　　　　　　　陈　凡　朱其良　吴国明
　　　　　　　　　　宋伟民　翁其平　刘　畅
　　　　　　　　　　刘传平　刘陕南　章兆雄
　　　　　　　　　　沈　健　李忠诚　丁良浩
　　　　　　　　　　谢小林　金　喜　金伟光
　　　　　　　　　　邸国恩　陈荣斌　胡晓虎
　　　　　　　　　　童宏伟

本规程主要审查人员：叶可明　宋二祥　袁内镇
　　　　　　　　　　王建华　周国钧　吴永红
　　　　　　　　　　李耀良　林　靖　周杜鑫
　　　　　　　　　　章履远

目　次

Contents

1 总　则

1.0.1 为了在型钢水泥土搅拌墙基坑支护工程中做到安全可靠、技术先进、经济合理、确保质量及保护环境，制定本规程。

1.0.2 本规程适用于填土、淤泥质土、黏性土、粉土、砂性土、饱和黄土等地层建筑物（构筑物）和市政工程基坑支护中型钢水泥土搅拌墙的设计、施工和质量检查与验收。对淤泥、泥炭土、有机质土以及地下水具有腐蚀性和无工程经验的地区，必须通过现场试验确定其适用性。

1.0.3 型钢水泥土搅拌墙的设计与施工应综合考虑工程地质与水文地质、周边环境条件与要求；重视地方经验，因地制宜，并与地基加固、基坑降水和土方开挖等相结合，合理选择型钢水泥土搅拌墙的工艺参数；强化施工质量控制与管理，确保基坑和主体结构施工的安全，并满足周边环境保护的要求。

1.0.4 本规程规定了型钢水泥土搅拌墙的设计、施工和质量检查与验收的基本技术要求。当本规程与国家法律、行政法规的规定相抵触时，应按国家法律、行政法规的规定执行。

1.0.5 型钢水泥土搅拌墙的设计、施工及质量检查与验收除应符合本规程外，尚应符合国家现行有关标准的规定。

2　术语和符号

2.1　术　语

2.1.1 基坑支护　retaining and protecting for excavation

为保证地下主体结构施工和基坑及周边环境的安全，对基坑采取的临时性支挡、加固与地下水控制等措施。

2.1.2 型钢水泥土搅拌墙　soil mixed wall

在连续套接的三轴水泥土搅拌桩内插入型钢形成的复合挡土截水结构。

2.1.3 三轴水泥土搅拌桩　soil-cement pile mixed by three shafts

以水泥作为固化主剂，通过三轴搅拌机将固化剂和地基土强制搅拌，使地基土硬化成具有连续性、抗渗性和一定强度的桩体。

2.1.4 截水帷幕　waterproof curtain

用于阻隔或减少地下水通过基坑侧壁与基底流入基坑而设置的幕墙状竖向截水体。

2.1.5 套接一孔法施工　mixing with one shaft overlap

在三轴水泥土搅拌桩施工中，先施工的搅拌桩与后施工的搅拌桩有一孔重复搅拌搭接的施工方式。

2.1.6 减摩材料　friction reducing agent

当型钢水泥土搅拌墙中型钢需回收时，为减少拔除时的摩阻力而涂抹在内插型钢表面的材料。

2.1.7 外加剂　admixture

为改善水泥土搅拌桩水泥土的性能或保证施工质量，在水泥浆液中掺加的化学物质。

2.2　符　号

2.2.1 抗力和材料性能

f——型钢的抗弯强度设计值；

f_v——型钢的抗剪强度设计值；

τ——水泥土抗剪强度设计值；

τ_{ck}——水泥土抗剪强度标准值。

2.2.2 作用和作用效应

M_k——作用于型钢水泥土搅拌墙的弯矩标准值；

V_k——作用于型钢水泥土搅拌墙的剪力标准值；

V_{1k}——作用于型钢与水泥土之间单位深度范围内的错动剪力标准值；

V_{2k}——作用于水泥土墙最薄弱截面处单位深度范围内的剪力标准值；

q_k——作用于型钢水泥土搅拌墙的计算截面处的侧压力强度标准值；

τ_1——作用于型钢与水泥土之间的错动剪应力设计值；

τ_2——作用于水泥土墙最薄弱截面处的局部剪应力设计值。

2.2.3 几何参数

b——相邻搅拌桩中心间距；

D——搅拌桩设计直径；

d_{e1}——型钢翼缘处水泥土墙体的有效厚度；

d_{e2}——水泥土最薄弱截面处墙体的有效厚度；

I——型钢沿弯矩作用方向的毛截面惯性矩；

L_1——相邻型钢翼缘之间的净距；

L_2——水泥土相邻最薄弱截面的净距；

S——型钢计算剪应力处以上毛截面对中和轴的面积矩；

t_w——型钢腹板厚度；

W——型钢沿弯矩作用方向的截面模量。

2.2.4 计算系数

γ_0——支护结构重要性系数。

3　基本规定

3.0.1 型钢水泥土搅拌墙作为基坑支护结构，其设计原则、勘察要求、荷载作用、承载力与变形计算和稳定性验算等应符合现行行业标准《建筑基坑支护技术规程》JGJ 120 的有关规定。

3.0.2 型钢水泥土搅拌墙的水泥土搅拌桩所用水泥

宜采用普通硅酸盐水泥。内插型钢可采用焊接型钢或轧制型钢。

3.0.3 型钢水泥土搅拌墙施工前应掌握施工区域的地质资料，查明周边环境、不良地质现象及地下障碍物，并应编制施工组织设计。

3.0.4 型钢水泥土搅拌墙应分阶段进行质量检验，检验程序和组织应符合现行国家标准《建筑工程施工质量验收统一标准》GB 50300 的有关规定；质量检验标准除应符合本规程有关规定外，尚应符合现行国家标准《建筑地基基础工程施工质量验收规范》GB 50202 的有关规定。

3.0.5 型钢水泥土搅拌墙基坑工程施工期间，包括内插型钢拔除时，应对支护结构和周边环境进行监测。监测要求应符合现行国家标准《建筑基坑工程监测技术规范》GB 50497 的有关规定。

4 设 计

4.1 一 般 规 定

4.1.1 型钢水泥土搅拌墙中三轴水泥土搅拌桩的直径宜采用 650mm、850mm、1000mm；内插的型钢宜采用 H 型钢。

4.1.2 型钢水泥土搅拌墙的选型应根据基坑开挖深度、周边环境条件、场地工程地质和水文地质条件、基坑形状与规模、支撑或锚杆体系的设置等综合确定。

4.1.3 型钢水泥土搅拌墙应根据支护结构的特性、基坑的使用要求、周边环境条件、施工条件以及地基土的物理力学性质、地下水条件等因素进行设计计算。设计计算尚应分别符合基坑分层开挖、设置支撑或锚杆、地下主体结构分层施工与换撑等施工期的各种工况。

4.1.4 型钢水泥土搅拌墙的计算变形容许值应根据周边环境条件和基坑开挖深度综合确定。

4.1.5 型钢水泥土搅拌墙中的三轴水泥土搅拌桩和型钢应符合下列要求：

　1 搅拌桩 28d 龄期无侧限抗压强度不应小于设计要求且不宜小于 0.5MPa。

　2 水泥宜采用强度等级不低于 P·O 42.5 级的普通硅酸盐水泥，材料用量和水灰比应结合土质条件和机械性能等指标通过现场试验确定，并宜符合表 4.1.5 的规定。计算水泥用量时，被搅拌土体的体积可按搅拌桩单桩圆形截面面积与深度的乘积计算。在型钢依靠自重和必要的辅助设备可插入到位的前提下水灰比宜取小值。

　3 在填土、淤泥质等特别软弱的土中以及在较硬的砂性土、砂砾土中，钻进速度较慢时，水泥用量宜适当提高。

表 4.1.5　三轴水泥土搅拌桩材料用量和水灰比

土质条件	单位被搅拌土体中的材料用量		水灰比
	水泥 （kg/m³）	膨润土 （kg/m³）	
黏性土	≥360	0～5	1.5～2.0
砂性土	≥325	5～10	1.5～2.0
砂砾土	≥290	5～15	1.2～2.0

　4 内插型钢宜采用 Q235B 级钢和 Q345B 级钢，规格、型号及有关要求宜按国家现行标准《热轧 H 型钢和部分 T 型钢》GB/T 11263 和《焊接 H 型钢》YB 3301 选用。

4.1.6 型钢水泥土搅拌墙中的三轴水泥土搅拌桩可作为截水帷幕，搅拌桩应采用套接一孔法施工。其抗渗性能应满足墙体自防渗要求，在砂性土中搅拌桩施工宜外加膨润土。

4.1.7 型钢水泥土搅拌墙中型钢的间距和平面布置形式应根据计算确定，常用的内插型钢布置形式可采用密插型、插二跳一型和插一跳一型（图 4.1.7）三种。

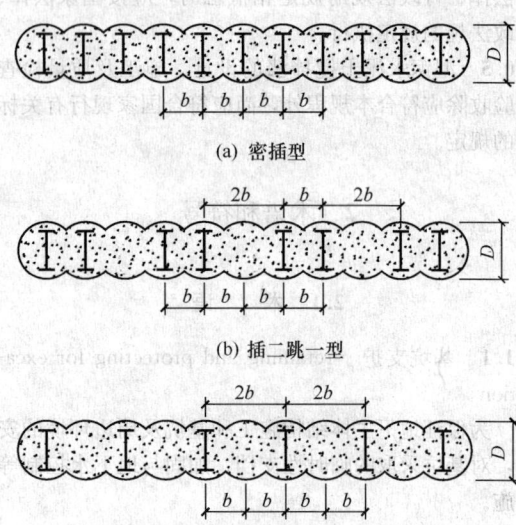

(a) 密插型

(b) 插二跳一型

(c) 插一跳一型

图 4.1.7　内插型钢布置形式

4.2 设 计 计 算

4.2.1 型钢水泥土搅拌墙支护结构的计算与验算应包括下列内容：

　1 内力和变形计算；

　2 整体稳定性验算；

　3 抗倾覆稳定性验算；

　4 坑底抗隆起稳定性验算；

　5 抗渗流稳定性验算；

　6 基坑外土体变形估算。

4.2.2 型钢水泥土搅拌墙的墙体计算抗弯刚度，只

应计算内插型钢的截面刚度。在进行支护结构内力和变形计算以及基坑抗隆起、抗倾覆、整体稳定性等各项稳定性分析时，支护结构的深度应取型钢的插入深度，不应计入型钢端部以下水泥土搅拌桩的作用。

4.2.3 水泥土搅拌桩的入土深度，除应满足型钢的插入要求之外，尚应满足基坑抗渗流稳定性的要求。

4.2.4 型钢水泥土搅拌墙内插型钢的截面承载力应按下列规定验算：

1 作用于型钢水泥土搅拌墙的弯矩全部由型钢承担，并应符合下式规定：

$$\frac{1.25\gamma_0 M_k}{W} \leqslant f \qquad (4.2.4\text{-}1)$$

式中：γ_0——支护结构重要性系数，按照现行行业标准《建筑基坑支护技术规程》JGJ 120取值；

M_k——作用于型钢水泥土搅拌墙的弯矩标准值（N·mm）；

W——型钢沿弯矩作用方向的截面模量（mm³）；

f——型钢的抗弯强度设计值（N/mm²）。

2 作用于型钢水泥土搅拌墙的剪力全部由型钢承担，并应符合下式规定：

$$\frac{1.25\gamma_0 V_k S}{I t_w} \leqslant f_v \qquad (4.2.4\text{-}2)$$

式中：V_k——作用于型钢水泥土搅拌墙的剪力标准值（N）；

S——型钢计算剪应力处以上毛截面对中和轴的面积矩（mm³）；

I——型钢沿弯矩作用方向的毛截面惯性矩（mm⁴）；

t_w——型钢腹板厚度（mm）；

f_v——型钢的抗剪强度设计值（N/mm²）。

4.2.5 型钢水泥土搅拌墙应对水泥土搅拌桩桩身局部受剪承载力进行验算。局部受剪承载力应包括型钢与水泥土之间的错动受剪承载力和水泥土最薄弱截面处的局部受剪承载力，并应按以下规定进行验算：

1 型钢与水泥土之间的错动受剪承载力［图4.2.5（a）］应按下列公式进行计算：

$$\tau_1 \leqslant \tau \qquad (4.2.5\text{-}1)$$

$$\tau_1 = \frac{1.25\gamma_0 V_{1k}}{d_{e1}} \qquad (4.2.5\text{-}2)$$

$$V_{1k} = q_k L_1/2 \qquad (4.2.5\text{-}3)$$

$$\tau = \frac{\tau_{ck}}{1.6} \qquad (4.2.5\text{-}4)$$

式中：τ_1——作用于型钢与水泥土之间的错动剪应力设计值（N/mm²）；

V_{1k}——作用于型钢与水泥土之间单位深度范围内的错动剪力标准值（N/mm）；

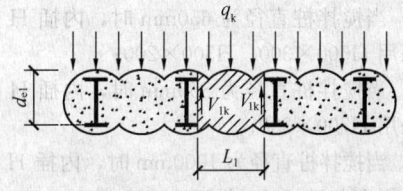

(a) 型钢与水泥土间错动受剪承载力验算图

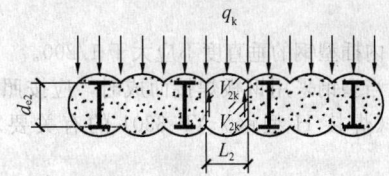

(b) 水泥土最薄弱截面局部受剪承载力验算图

图4.2.5 搅拌桩局部受剪承载力计算示意

q_k——作用于型钢水泥土搅拌墙计算截面处的侧压力强度标准值（N/mm²）；

L_1——相邻型钢翼缘之间的净距（mm）；

d_{e1}——型钢翼缘处水泥土墙体的有效厚度（mm）；

τ——水泥土抗剪强度设计值（N/mm²）；

τ_{ck}——水泥土抗剪强度标准值（N/mm²），可取搅拌桩28d龄期无侧限抗压强度的1/3。

2 在型钢间隔设置时，水泥土搅拌桩最薄弱截面的局部受剪承载力［图4.2.5（b）］应按下列公式进行计算：

$$\tau_2 \leqslant \tau \qquad (4.2.5\text{-}5)$$

$$\tau_2 = \frac{1.25\gamma_0 V_{2k}}{d_{e2}} \qquad (4.2.5\text{-}6)$$

$$V_{2k} = q_k L_2/2 \qquad (4.2.5\text{-}7)$$

式中：τ_2——作用于水泥土最薄弱截面处的局部剪应力设计值（N/mm²）；

V_{2k}——作用于水泥土最薄弱截面处单位深度范围内的剪力标准值（N/mm）；

L_2——水泥土相邻最薄弱截面的净距（mm）；

d_{e2}——水泥土最薄弱截面处墙体的有效厚度（mm）。

4.3 构 造

4.3.1 型钢水泥土搅拌墙中的搅拌桩应符合下列规定：

1 当搅拌桩达到设计强度，且龄期不小于28d后方可进行基坑开挖；

2 搅拌桩的入土深度宜比型钢的插入深度深0.5m～1.0m；

3 搅拌桩体的垂直度不应大于1/200。

4.3.2 型钢水泥土搅拌墙中内插劲性芯材宜采用H型钢，H型钢截面型号宜按下列规定选用：

1 当搅拌桩直径为 650mm 时，内插 H 型钢截面宜采用 H500×300、H500×200；

2 当搅拌桩直径为 850mm 时，内插 H 型钢截面宜采用 H700×300；

3 当搅拌桩直径为 1000mm 时，内插 H 型钢截面宜采用 H800×300、H850×300。

4.3.3 型钢水泥土搅拌墙中内插型钢应符合下列规定：

1 内插型钢的垂直度不应大于 1/200。

2 当型钢采用钢板焊接而成时，应按照现行行业标准《焊接 H 型钢》YB 3301 的有关要求焊接成型。

3 型钢宜采用整材；当需采用分段焊接时，应采用坡口焊等强焊接。对接焊缝的坡口形式和要求应符合现行行业标准《建筑钢结构焊接技术规程》JGJ 81 的有关规定，焊缝质量等级不应低于二级。单根型钢中焊接接头不宜超过 2 个，焊接接头的位置应避免设在支撑位置或开挖面附近等型钢受力较大处；相邻型钢的接头竖向位置宜相互错开，错开距离不宜小于 1m，且型钢接头距离基坑底面不宜小于 2m。

4 对于周边环境条件要求较高，桩身在粉土、砂性土等透水性较强的土层中或对搅拌桩抗裂和抗渗要求较高时，宜增加型钢插入密度。

5 型钢水泥土搅拌墙的转角部位宜插型钢。

6 除环境条件有特殊要求外，内插型钢宜预先采取减摩措施，并拔除回收。

4.3.4 型钢水泥土搅拌墙的顶部应设置封闭的钢筋混凝土冠梁。冠梁宜与第一道支撑的腰梁合二为一。冠梁的高度和宽度应由设计计算确定，计算时应考虑型钢穿过对冠梁截面的削弱影响，同时应满足起拔型钢时的需要，并应符合下列规定：

1 冠梁截面高度不应小于 600mm，截面宽度宜比搅拌桩直径大 350mm。

2 内插型钢应锚入冠梁，冠梁主筋应避开型钢设置。型钢顶部高出冠梁顶面不应小于 500mm，型钢与冠梁间的隔离材料应采用不易压缩的材料。

3 冠梁的箍筋宜采用四肢箍，直径不宜小于 8mm，间距不应大于 200mm；在冠梁与支撑交点位置，箍筋宜适当加密。由于内插型钢而未能设置封闭箍筋的部位宜在型钢翼缘外侧设置封闭箍筋予以加强。

4.3.5 型钢水泥土搅拌墙支护体系的腰梁应符合下列规定：

1 型钢水泥土搅拌墙可采用型钢（或组合型钢）腰梁或钢筋混凝土腰梁，并结合钢管支撑、型钢（或组合型钢）支撑、钢筋混凝土支撑等内支撑体系或锚杆体系设置。

2 型钢水泥土搅拌墙支护体系的腰梁宜完整、

封闭，并与支撑体系连成整体。钢筋混凝土腰梁在转角处应按刚节点进行处理，并通过构造措施确保腰梁体系连接的整体性。

3 钢腰梁或钢筋混凝土腰梁应采用托架（或牛腿）和吊筋与内插型钢连接。水泥土搅拌桩、H 型钢与钢腰梁之间的空隙应用钢楔块或高强度等级细石混凝土填实。

4.3.6 当采用竖向斜撑并需支撑在型钢水泥土搅拌墙冠梁上时，应在内插型钢与冠梁之间设置竖向抗剪构件。

4.3.7 在型钢水泥土搅拌墙中搅拌桩桩径变化处或型钢插入密度变化处，搅拌桩桩径较大区段或型钢插入密度较大区段宜作适当延伸过渡。

4.3.8 型钢水泥土搅拌墙与其他形式支护结构连接处，应采取有效措施确保基坑的截水效果。

5 施 工

5.1 施 工 设 备

5.1.1 三轴水泥土搅拌桩施工应根据地质条件和周边环境条件、成桩深度、桩径等选用不同形式和不同功率的三轴搅拌机，与其配套的桩架性能参数应与搅拌机的成桩深度相匹配，钻杆及搅拌叶片构造应满足在成桩过程中水泥和土能充分搅拌的要求。

5.1.2 三轴搅拌桩机应符合以下规定：

1 搅拌驱动电机应具有工作电流显示功能；

2 应具有桩架垂直度调整功能；

3 主卷扬机应具有无级调速功能；

4 采用电机驱动的主卷扬机应有电机工作电流显示，采用液压驱动的主卷扬机应有油压显示；

5 桩架立柱下部搅拌轴应有定位导向装置；

6 在搅拌深度超过 20m 时，应在搅拌轴中部位置的立柱导向架上安装移动式定位导向装置。

5.1.3 注浆泵的工作流量应可调节，其额定工作压力不宜小于 2.5MPa，并应配置计量装置。

5.2 施 工 准 备

5.2.1 基坑工程实施前，应掌握工程的性质与用途、规模、工期、安全与环境保护要求等情况，并应结合调查得到的施工条件、地质状况及周围环境条件等因素编制施工组织设计。

5.2.2 水泥土搅拌桩施工前，对施工场地及周围环境进行调查应包括机械设备和材料的运输路线、施工场地、作业空间、地下障碍物的状况等。对影响水泥土搅拌桩成桩质量及施工安全的地质条件（包含地层构成、土性、地下水等）必须详细调查。

5.2.3 施工现场应先进行场地平整，清除搅拌桩施工区域的表层硬物和地下障碍物，遇明浜、暗塘或低

洼地等不良地质条件时应抽水、清淤、回填素土并分层夯实。现场道路的承载能力应满足桩机和起重机平稳行走的要求。

5.2.4 水泥土搅拌桩施工前，应按照搅拌桩桩位布置图进行测量放样并复核验收。根据确定的施工顺序，安排型钢、配套机具、水泥等物资的放置位置。

5.2.5 根据型钢水泥土搅拌墙的轴线开挖导向沟，应在沟槽边设置搅拌桩定位型钢，并应在定位型钢上标出搅拌桩和型钢插入位置。

5.2.6 若采用现浇的钢筋混凝土导墙，导墙宜筑于密实的土层上，并高出地面 100mm，导墙净距应比水泥土搅拌桩设计直径宽 40mm～60mm。

5.2.7 搅拌桩机和供浆系统应预先组装、调试，在试运转正常后方可开始水泥土搅拌桩施工。

5.2.8 施工前应通过成桩试验确定搅拌下沉和提升速度、水泥浆液水灰比等工艺参数及成桩工艺；测定水泥浆从输送管到达搅拌机喷浆口的时间。当地下水有侵蚀性时，宜通过试验选用合适的水泥。

5.2.9 型钢定位导向架和竖向定位的悬挂构件应根据内插型钢的规格尺寸制作。

5.3 水泥土搅拌桩施工

5.3.1 水泥土搅拌桩施工时桩机就位应对中，平面允许偏差应为 ±20mm，立柱导向架的垂直度不应大于 1/250。

5.3.2 搅拌下沉速度宜控制在 0.5m/min～1m/min，提升速度宜控制在 1m/min～2m/min，并保持匀速下沉或提升。提升时不应在孔内产生负压造成周边土体的过大扰动，搅拌次数和搅拌时间应能保证水泥土搅拌桩的成桩质量。

5.3.3 对于硬质土层，当成桩有困难时，可采用预先松动土层的先行钻孔套打方式施工。

5.3.4 浆液泵送量应与搅拌下沉或提升速度相匹配，保证搅拌桩中水泥掺量的均匀性。

5.3.5 搅拌机头在正常情况下应上下各一次对土体进行喷浆搅拌，对含砂量大的土层，宜在搅拌桩底部 2m～3m 范围内上下重复喷浆搅拌一次。

5.3.6 水泥浆液应按设计配比和拌浆机操作规定拌制，并应通过滤网倒入具有搅拌装置的贮浆桶或贮浆池，采取防止浆液离析的措施。在水泥浆液的配比中可根据实际情况加入相应的外加剂，各种外加剂的用量均宜通过配比试验及成桩试验确定。

5.3.7 三轴水泥土搅拌桩施工过程中，应严格控制水泥用量，宜采用流量计进行计量。因搁置时间过长产生初凝的浆液，应作为废浆处理，严禁使用。

5.3.8 施工时如因故停浆，应在恢复喷浆前，将搅拌机头提升或下沉 0.5m 后再喷浆搅拌施工。

5.3.9 水泥土搅拌桩搭接施工的间隔时间不宜大于 24h，当超过 24h 时，搭接施工时应放慢搅拌速度。

若无法搭接或搭接不良，应作为冷缝记录在案，并应经设计单位认可后，在搭接处采取补救措施。

5.3.10 采用三轴水泥土搅拌桩进行土体加固时，在加固深度范围以上的土层被扰动区应采用低掺量水泥回掺加固。

5.3.11 若长时间停止施工，应对压浆管道及设备进行清洗。

5.3.12 搅拌机头的直径不应小于搅拌桩的设计直径。水泥土搅拌桩施工过程中，搅拌机头磨损量不应大于 10mm。

5.3.13 搅拌桩施工时可采用在螺旋叶片上开孔、添加外加剂或其他辅助措施，以避免黏土附着在钻头叶片上。

5.3.14 型钢水泥土搅拌墙施工过程中应按本规程附录 A 填写每组桩成桩记录表及相应的报表。

5.4 型钢的插入与回收

5.4.1 型钢宜在搅拌桩施工结束后 30min 内插入，插入前应检查其平整度和接头焊缝质量。

5.4.2 型钢的插入必须采用牢固的定位导向架，在插入过程中应采取措施保证型钢垂直度。型钢插入到位后应用悬挂构件控制型钢顶标高，并与已插好的型钢牢固连接。

5.4.3 型钢宜依靠自重插入，当型钢插入有困难时可采用辅助措施下沉。严禁采用多次重复起吊型钢并松钩下落的插入方法。

5.4.4 拟拔出回收的型钢，插入前应先在干燥条件下除锈，再在其表面涂刷减摩材料。完成涂刷后的型钢，在搬运过程中应防止碰撞和强力擦挤。减摩材料如有脱落、开裂等现象应及时修补。

5.4.5 型钢拔除前水泥土搅拌墙与主体结构地下室外墙之间的空隙必须回填密实。在拆除支撑和腰梁时应将残留在型钢表面的腰梁限位或支撑抗剪构件、电焊疤等清除干净。型钢起拔宜采用专用液压起拔机。

5.5 环 境 保 护

5.5.1 型钢水泥土搅拌墙施工前，应掌握下列周边环境资料：

　　1 邻近建筑物（构筑物）的结构、基础形式及现状；

　　2 被保护建筑物（构筑物）的保护要求；

　　3 邻近管线的位置、类型、材质、使用状况及保护要求。

5.5.2 对环境保护要求高的基坑工程，宜选择挤土量小的搅拌机头，并应通过试成桩及其监测结果调整施工参数。当邻近保护对象时，搅拌下沉速度宜控制在 0.5m/min～0.8m/min，提升速度宜控制在 1m/min 内；喷浆压力不宜大于 0.8MPa。

5.5.3 施工中产生的水泥土浆，可集积在导向沟内

或现场临时设置的沟槽内，待自然固结后方可外运。

5.5.4 周边环境条件复杂、支护要求高的基坑工程，型钢不宜回收。

5.5.5 对需回收型钢的工程，型钢拔出后留下的空隙应及时注浆填充，并应编制包括浆液配比、注浆工艺、拔除顺序等内容的专项方案。

5.5.6 在整个施工过程中，应对周边环境及基坑支护体系进行监测。

6 质量检查与验收

6.1 一般规定

6.1.1 型钢水泥土搅拌墙的质量检查与验收应分为施工期间过程控制、成墙质量验收和基坑开挖期检查三个阶段。

6.1.2 型钢水泥土搅拌墙施工期间过程控制的内容应包括：验证施工机械性能，材料质量，检查搅拌桩和型钢的定位、长度、标高、垂直度，搅拌桩的水灰比、水泥掺量，搅拌下沉与提升速度，浆液的泵压、泵送量与喷浆均匀度，水泥土试样的制作，外加剂掺量，搅拌桩施工间歇时间及型钢的规格，拼接焊缝质量等。

6.1.3 在型钢水泥土搅拌墙的成墙质量验收时，主要应检查搅拌桩体的强度和搭接状况、型钢的位置偏差等。

6.1.4 基坑开挖期间应检查开挖面墙体的质量，腰梁和型钢的密贴状况以及渗漏水情况等。

6.1.5 采用型钢水泥土搅拌墙作为支护结构的基坑工程，其支撑（或锚杆）系统、土方开挖等分项工程的质量验收应按国家现行标准《建筑地基基础工程施工质量验收规范》GB 50202 和《建筑基坑支护技术规程》JGJ 120 等有关规定执行。

6.2 检查与验收

6.2.1 浆液拌制选用的水泥、外加剂等原材料的检验项目及技术指标应符合设计要求和国家现行有关标准的规定。

  检查数量：按批检查。

  检验方法：查产品合格证及复试报告。

6.2.2 浆液水灰比、水泥掺量应符合设计和施工工艺要求，浆液不得离析。

  检查数量：按台班检查，每台班不应少于3次。

  检验方法：浆液水灰比应用比重计抽查；水泥掺量应用计量装置检查。

6.2.3 焊接 H 型钢焊缝质量应符合设计要求和现行行业标准《焊接 H 型钢》YB 3301 和《建筑钢结构焊接技术规程》JGJ 81 的有关规定。H 型钢的允许偏差应符合表 6.2.3 的规定，检查记录时可采用本规

程附录 B 的样式进行填写。

表 6.2.3 H 型钢允许偏差

序号	检查项目	允许偏差（mm）	检查数量	检查方法
1	截面高度	±5.0	每根	用钢尺量
2	截面宽度	±3.0	每根	用钢尺量
3	腹板厚度	−1.0	每根	用游标卡尺量
4	翼缘板厚度	−1.0	每根	用游标卡尺量
5	型钢长度	±50	每根	用钢尺量
6	型钢挠度	$L/500$	每根	用钢尺量

注：表中 L 为型钢长度。

6.2.4 水泥土搅拌桩施工前，当缺少类似土性的水泥土强度数据或需通过调节水泥用量、水灰比以及外加剂的种类和数量以满足水泥土强度设计要求时，应进行水泥土强度室内配比试验，测定水泥土 28d 无侧限抗压强度。试验用的土样，应取自水泥土搅拌桩所在深度范围内的土层。当土层分层特征明显、土性差异较大时，宜分别配置水泥土试样。

6.2.5 基坑开挖前应检验水泥土搅拌桩的桩身强度，强度指标应符合设计要求。水泥土搅拌桩的桩身强度宜采用浆液试块强度试验确定，也可以采用钻取桩芯强度试验确定。桩身强度检测方法应符合下列规定：

  1 浆液试块强度试验应取刚搅拌完成而尚未凝固的水泥土搅拌桩浆液制作试块，每台班应抽检 1 根桩，每根桩不应少于 2 个取样点，每个取样点应制作 3 件试块。取样点应设置在基坑坑底以上 1m 范围内和坑底以上最软弱土层处的搅拌桩内。试块应及时密封水下养护 28d 后进行无侧限抗压强度试验。

  2 钻取桩芯强度试验应采用地质钻机并选择可靠的取芯钻具，钻取搅拌桩施工后 28d 龄期的水泥土芯样，钻取的芯样应立即密封并及时进行无侧限抗压强度试验。抽检数量不应少于总桩数的 2%，且不得少于 3 根。每根桩的取芯数量不宜少于 5 组，每组不宜少于 3 件试块。芯样应在全桩长范围内连续钻取的桩芯上选取，取样点应沿桩长不同深度和不同土层处的 5 点，且在基坑坑底附近应设取样点。钻取桩芯得到的试块强度，宜根据钻取桩芯过程中芯样的情况，乘以 1.2～1.3 的系数。钻孔取芯完成后的空隙应注浆填充。

  3 当能够建立静力触探、标准贯入或动力触探等原位测试结果与浆液试块强度试验或钻取桩芯强度试验结果的对应关系时，也可采用原位试验检验桩身强度。

6.2.6 水泥土搅拌桩成桩质量检验标准应符合表 6.2.6 的规定。

表 6.2.6 水泥土搅拌桩成桩质量检验标准

序号	检查项目	允许偏差或允许值	检查数量	检查方法
1	桩底标高	+50mm	每根	测钻杆长度
2	桩位偏差	50mm	每根	用钢尺量
3	桩径	±10mm	每根	用钢尺量钻头
4	施工间歇	<24h	每根	查施工记录

表 6.2.7 型钢插入允许偏差

序号	检查项目	允许偏差或允许值	检查数量	检查方法
1	型钢顶标高	±50mm	每根	水准仪测量
2	型钢平面位置	50mm（平行于基坑边线）	每根	用钢尺量
		10mm（垂直于基坑边线）	每根	用钢尺量
3	形心转角	3°	每根	量角器测量

6.2.7 型钢插入允许偏差应符合表 6.2.7 的规定。

6.2.8 型钢水泥土搅拌墙验收的抽检数量不宜少于总桩数的 5%，记录表样式可采用本规程附录 C。

附录 A 型钢水泥土搅拌墙施工记录表

表 A 型钢水泥土搅拌墙施工记录表

编号：

工程名称				分项工程				钻机型号			搅拌桩直径（m）		
施工单位				外加剂名称				水泥强度等级及批号			场地地面标高（m）		
序号	桩位编号	设计桩长（m）	工作时间			搅拌下沉喷浆		搅拌提升喷浆		水泥用量（kg/m³）	试样编号	水泥浆量（m³）	水灰比	H型钢		插H型钢		备注
			开始时间	结束时间	合计（min）	时间（min）	深度（m）	时间（min）	深度（m）					顶标高（m）	长度（m）	开始时间	结束时间	

班组长：　　　　　质检员：　　　　技术负责人：　　　　监理工程师：　　　　　　年 月 日

附录B H型钢检查记录表

表B H型钢检查记录表

施工单位：　　　　　　　　　　　　　　　　　　　　　　　　　　　　　　　　　　　编号：

序号	型钢编号	长度偏差(mm)	对接焊缝质量	型钢挠度	截面高度(mm)	截面宽度(mm)	腹板厚度(mm)	翼缘板厚度(mm)	备注
1									
2									
3									
4									
5									
6									
7									
8									
9									
10									
11									
12									
13									
14									
15									

质检员：　　　　　　　　　　　　　监理工程师：　　　　　　　　　　　　　　年 月 日

附录C 型钢水泥土搅拌墙施工验收记录表

表C 型钢水泥土搅拌墙施工验收记录表

编号：

工程名称		施工单位	
桩　号		验收日期	
搅拌桩顶标高（m）		桩体强度	
设计直径（mm）		设计桩长（m）	
成桩直径（mm）		实际桩长（m）	
出现的问题及处理方法			
型钢规格（mm）		型钢插入底标高（m）	
型钢对接焊缝质量		型钢平面位置偏差（mm）	
检查意见			
验收意见			
施工单位	专职质检员： 技术负责人：	监理单位	监理工程师：
	年 月 日		年 月 日

本规程用词说明

1　为了便于在执行本规程条文时区别对待，对于要求严格程度不同的用词说明如下：

  1）表示很严格，非这样做不可的：

    正面词采用"必须"，反面词采用"严禁"；

  2）表示严格，在正常情况下均应这样做的：

    正面词采用"应"，反面词采用"不应"或"不得"；

  3）表示允许稍有选择，在条件允许时首先应这样做的：

    正面词采用"宜"，反面词采用"不宜"；

  4）表示有选择，在一定条件下可以这样做的，采用"可"。

2　条文中指明应按其他有关标准执行的写法为："应符合……的规定"或"应按……执行"。

引用标准名录

1　《建筑地基基础工程施工质量验收规范》GB 50202

2　《建筑工程施工质量验收统一标准》GB 50300

3　《建筑基坑工程监测技术规范》GB 50497

4　《热轧 H 型钢和部分 T 型钢》GB/T 11263

5　《建筑钢结构焊接技术规程》JGJ 81

6　《建筑基坑支护技术规程》JGJ 120

7　《焊接 H 型钢》YB 3301

中华人民共和国行业标准

型钢水泥土搅拌墙技术规程

JGJ/T 199—2010

条 文 说 明

制 订 说 明

《型钢水泥土搅拌墙技术规程》JGJ/T 199 - 2010，经住房和城乡建设部 2010 年 3 月 15 日以第 514 号公告批准、发布。

本规程制订过程中，编制组对国内型钢水泥土搅拌墙技术进行了调查，全面总结了已有的工程经验，开展了室内模型试验和现场试验。

为便于广大设计、施工、科研、学校等单位有关人员在使用本规程时能正确理解和执行条文规定，《型钢水泥土搅拌墙技术规程》编制组按章、节、条顺序编制了本规程的条文说明，对条文说明规定的目的、依据以及执行中需注意的有关事项进行了说明。但是，本条文说明不具备与规程正文同等的法律效力，仅供使用者作为理解和把握规程规定的参考。

目 次

1 总 则

1.0.1 型钢水泥土搅拌墙作为基坑工程的一种支护结构形式，是我国从日本通过技术引进（SMW工法）结合中国实际消化吸收、再创新的工程技术，该技术已在上海、天津等软土地区得到较广泛的应用，国内越来越多的地区也开始采用该技术。但国内目前尚没有该技术统一的专项标准，由于各地区土层地质条件的差异，其设计和施工方法不尽相同，且缺乏相应的检验要求，使得型钢水泥土搅拌墙的设计、施工水平参差不齐，有些甚至影响了基坑的安全。为使型钢水泥土搅拌墙技术的设计、施工和检验规范化，做到安全可靠、技术先进、经济合理、确保质量及保护环境，制定本规程。

1.0.2 本条规定明确了规程的适用范围，型钢水泥土搅拌墙一般适用于填土、淤泥质土、黏性土、粉土、砂性土、饱和黄土等地层。对于杂填土地层，施工前需清除地下障碍物；对于粗砂、砂砾等粗粒砂性土地层，应注意有无明显的流动地下水，以防止固化剂尚未硬化时流失而影响工程质量。

在无工程经验及特殊地层地区，必须通过现场试验确定型钢水泥土搅拌墙的适用性。淤泥、泥炭土、有机质土、地下水具有腐蚀性的地层中含有影响搅拌桩固化剂硬化的成分，会对搅拌桩的质量造成不利的影响，因此，须通过现场试验确定型钢水泥土搅拌墙的可行性和适用性；对湿陷性土、冻土、膨胀土、盐渍土等特殊土，本规程尚不能考虑其固有的特殊性质的影响，其特殊性质的影响需根据地区经验加以考虑，并通过现场试验确定型钢水泥土搅拌墙的适用性后，方可按本规程的相关内容进行设计与施工。

作为截水帷幕和土体加固的三轴水泥土搅拌桩的施工和质量检查与验收，可参照执行本规程的相关规定。

1.0.3 型钢水泥土搅拌墙仅为基坑工程中的一个分项，其设计、施工和质量检查与验收应纳入整个基坑工程的范畴中，必须与基坑工程的其他分项（包括地基加固、基坑降水、支护体系和土方开挖等）相结合，并结合工程地方经验，综合考虑工程地质条件、水文地质条件、主体结构与基坑情况、周边环境条件与要求、工程造价等因素，切实做到精心设计、精心施工，确保基坑工程和主体结构的施工安全，满足周边环境保护的要求。

3 基 本 规 定

3.0.1 型钢水泥土搅拌墙是以内插型钢作为主要受力构件，三轴水泥土搅拌桩作为截水帷幕的复合挡土

截水结构。套接一孔法（图1）是指在连续的三轴水泥土搅拌桩中有一个孔是完全重叠的施工工法。

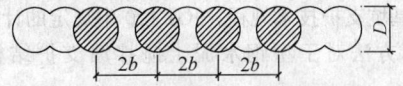

图 1 套接一孔法示意

型钢水泥土搅拌墙技术1994年首次应用于上海静安寺环球商场基坑工程，自1997年在上海东方明珠国际会议中心基坑工程中应用后，开始大量应用于基坑工程。经过多年的消化吸收和推广应用，在我国应用型钢水泥土搅拌墙作为基坑支护结构的地区逐渐增多，从沿海大部分软土地区到内陆部分城市都有应用。本规程编制过程中进行了广泛的调研，收集了全国各地共46项型钢水泥土搅拌墙应用案例。工程案例涉及上海、浙江、江苏、天津、北京、福建、武汉等省市，所在地区的土质条件多种多样。从案例反映的情况来看，型钢水泥土搅拌墙技术在我国的应用范围越来越广，适用于填土、淤泥质土、黏性土、粉土、砂性土、饱和黄土等地层。

目前国内也有四轴水泥土搅拌桩施工设备，日本有五轴水泥土搅拌桩施工设备，当其施工工艺与本规程中相关规定类似，并有地区经验时也可以采用。

型钢水泥土搅拌墙作为基坑支护结构是基坑支挡结构的一部分，应遵照现行行业标准《建筑基坑支护技术规程》JGJ 120 中规定，采用弹性支点法进行支护结构受力与变形计算（图2），并进行稳定性计算。

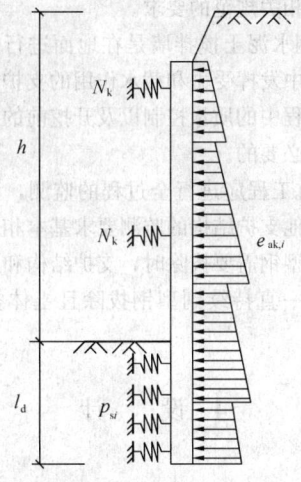

图 2 板式支护体系弹性支点法计算示意

N_k——按荷载标准组合计算的轴向拉力值或轴向压力值；

p_{si}——土对挡土构件的分布反力；

$e_{ak,i}$——主动土压力强度标准值

本规程编制期间先后收集到的46项全国范围内的工程实例，挑选出18个有现场变形实测数据且土层资料较为完整的工程，采用《建筑基坑支护技术规程》JGJ 120 中关于支护结构的计算模式与计算方法

进行了复算工作。变形计算值与实测值的比较结果（图3）表明二者总体上较为吻合。表明目前采用《建筑基坑支护技术规程》JGJ 120 中规定的计算模式和计算方法对于型钢水泥土搅拌墙支护结构是适用的。

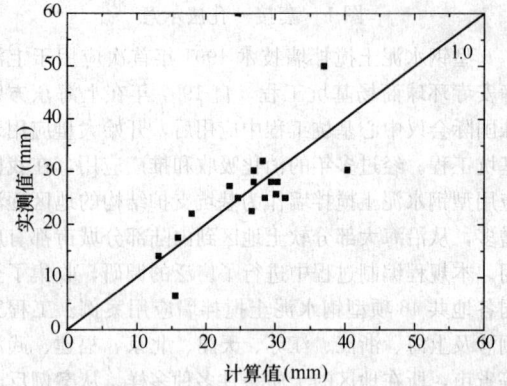

图3　变形计算值与实测值比较（18个工程）

3.0.2　目前，工程中多采用普通硅酸盐水泥进行三轴水泥土搅拌桩的施工，相关经验积累都是建立在此基础上的。我国幅员辽阔，各地土层条件差异较大，若在工程中采用其他品种的水泥，应通过室内和现场试验确定施工参数，积累经验。

内插型钢多采用标准型号的型钢，也有工程中采用非标准的焊接型钢，但需要通过设计计算来确定非标准型钢的具体参数，并满足各种工况下型钢受力、变形计算和相关规范的要求。

3.0.4　型钢水泥土搅拌墙是在地面进行施工，在基坑开挖过程中发挥受力和截水作用的支护结构，因此加强施工过程中的质量控制以及开挖前的质量检查与验收工作是必要的。

3.0.5　基坑工程应进行全过程的监测，型钢水泥土搅拌墙与其他支护结构的监测要求基本相同，不同点在于当内插型钢需要拔除时，支护结构和周边环境的监测工作应一直持续到型钢拔除且土体空隙处理完毕后。

4　设　计

4.1　一般规定

4.1.1　型钢水泥土搅拌墙技术从日本引进，日本常用的三轴水泥土搅拌桩设备有 550 和 850 两个系列，其中 550 系列中水泥土搅拌桩直径有 550mm、600mm、650mm 三种，850 系列中有 850mm 和 900mm 两种，每种直径对应相应的水泥土搅拌桩施工设备。国内引进的机械设备多为直径 650mm 和 850mm 两种，经过改进，还有施工直径达到 1000mm 的国产化机械设备，目前国内工程中大量应用的多为

650mm、850mm 和 1000mm 三种。

4.1.2　型钢水泥土搅拌墙的适用开挖深度与支护结构变形控制要求、场地土质条件、搅拌桩直径、内插型钢密度以及水泥土强度等因素有关。增加内插型钢的刚度、密度和提高水泥土强度，可以提高型钢水泥土搅拌墙的适用开挖深度。

型钢水泥土搅拌墙的设计在满足安全的前提下，应充分考虑到经济合理和方便施工，以取得最大的经济效益。同一个基坑，有时可以采用不同的支护结构设计方案，如选择直径较小的搅拌桩，通过增加插入型钢的密度、增加基坑内支撑的设置和增加其他加固措施等来弥补。

型钢水泥土搅拌墙是挡土和截水复合支护结构。基坑开挖过程中如发生较大侧向变形，可能会导致水泥土搅拌桩开裂，不仅影响其截水效果，甚至会削弱水泥土抗剪能力，给基坑工程带来安全隐患。出于基坑工程的质量和安全性的考虑，型钢水泥土搅拌墙的适用深度宜结合支护结构的稳定性、承载能力和变形控制要求综合确定。

上海地区土质软弱，浅层以黏性土为主。根据近几年完成的众多工程实例，在建筑基坑常规支撑设置下，搅拌桩直径为 650mm 的型钢水泥土搅拌墙适用于开挖深度不大于 8.0m 的基坑；搅拌桩直径为 850mm 的型钢水泥土搅拌墙适用于开挖深度不大于 11.0m 的基坑；搅拌桩直径为 1000mm 的型钢水泥土搅拌墙适用于开挖深度不大于 13.0m 的基坑。但在市政基坑中，也有通过增加支撑道数，而加大开挖深度的例子。

另外，在收集到的各地工程案例中，型钢水泥土搅拌墙结合锚杆体系的工程案例相对很少，设计人员在相关的构造和适用性方面应注重地方经验的积累，综合比较后采用。

4.1.3　型钢水泥土搅拌墙同时具有挡土和截水的作用，支护结构本身占用的场地空间较小，内插型钢可以回收重复利用。适宜在场地狭窄、严禁遗留刚性地下障碍物或经济效益显著的情况下采用。

4.1.4　基坑支护结构都应根据基坑周围环境保护要求确定变形控制指标，型钢水泥土搅拌墙的变形控制还应满足内插型钢拔除回收等的要求。基坑开挖过程中应避免发生较大变形造成水泥土开裂，影响其截水效果以及对水泥土抗剪能力的削弱。

4.1.5　型钢水泥土搅拌墙中三轴水泥土搅拌桩和内插型钢都应根据设计要求和工艺特点确定相应的材料及其合理用量。

1　水泥土搅拌桩的桩身强度

三轴水泥土搅拌桩的强度是工程中矛盾比较集中的问题。实际应用中往往出现这样的问题：设计要求高，需要达到 1.0MPa，现场施工难以达到，而且采用不同方法进行强度检验时得出的结果往往差异较

大，但工程实践中也出现过部分低于设计强度要求的基坑工程也可以顺利实施，没有产生水泥土的局部剪切破坏。针对这个问题，本规程编制组从多方面对三轴水泥土搅拌桩的强度问题进行了研究。

从设计角度，型钢水泥土搅拌墙应进行素水泥土段的错动受剪承载力和薄弱面局部受剪承载力计算，通过对本规程编制过程中收集到的 46 项工程实例进行计算，得到了水泥土的受剪承载力要求；根据水泥土的抗压强度和抗剪强度的换算关系，可以得出水泥土的最小抗压强度指标；经过三维有限元分析复核，得出在开挖深度 10m 左右的基坑工程中，水泥土搅拌桩的桩身强度不宜低于 0.5MPa。

从施工角度，本规程编制组分别在上海、苏州、武汉、宁波、天津等地进行了三轴水泥土搅拌桩的现场试验，采用常规的施工工艺和参数分别单独打设了 5 根连续套接的三轴水泥土搅拌桩，对不同龄期三轴水泥土搅拌桩进行不同方法的强度检测，得到实测强度的第一手资料。

从检测角度，在上述试验场地，分别采用室内试验、原位试验、浆液试块强度试验、钻取桩芯强度试验等方法分别对 7d、14d 和 28d 的三轴水泥土搅拌桩进行了桩身强度检测。经过分析与判断，5 个试验工程的水泥土搅拌桩 28d 取芯强度值都在 0.40MPa 以上，考虑取芯过程中对芯样的损伤，对取芯试块强度乘以系数 1.2～1.3（平均 1.25）作为水泥土搅拌桩的强度，则三轴水泥土搅拌桩的最低强度指标也基本上在 0.5MPa 左右。

因此，从设计、施工和检测角度可以得出，软弱土层中开挖深度 10m 左右的基坑工程，水泥土的无侧限抗压强度不宜低于 0.5MPa。在实际工程设计中，特别是在基坑开挖深度较深、土层较为软弱的情况下，设计人员应根据土层条件、开挖深度和型钢间距进行素水泥土段的受剪承载力计算，依据设计计算的结果提出具体的水泥土搅拌桩的强度要求。

2 水泥土搅拌桩采用的水泥

水泥强度是影响水泥土搅拌桩强度的重要因素，日本的三轴水泥土搅拌桩施工多采用高炉水泥，其 28d 龄期的抗压强度达到 61.0MPa，基本上接近我国 P62.5 级硅酸盐水泥的强度要求。我国的工程实践中三轴水泥土搅拌桩施工多采用 P·O42.5 级普通硅酸盐水泥。当土层软弱、开挖较深或对三轴水泥土搅拌桩的桩身强度有较高要求时，也可以采用更高强度等级的水泥。

3 水泥土搅拌桩中的水泥用量、水灰比控制和膨润土

三轴水泥土搅拌桩的水泥用量和水灰比直接关系到三轴水泥土搅拌桩的桩身强度和施工质量。对于不同的土层条件，三轴水泥土搅拌桩的水泥用量和水灰比控制都不尽相同。编制组结合日本成熟的经验综合

考虑国内的主要土层条件、施工水平和施工现状，提出了具有普遍意义的水泥用量和水灰比控制指标。水泥用量宜根据不同的土质条件、施工效率及型钢的插入综合确定，当土质条件存在差异时，水泥用量也应有所差别。当水泥用量相同时，淤泥质黏土的加固强度明显优于砂性土。目前，国内以黏性土为主的地区，三轴水泥土搅拌桩多采用 20% 的水泥掺入比，被搅拌土体的质量按照 1800kg/m³ 计算，单位加固土体的水泥用量即为 360kg。由于施工机械的原因，当在较硬的土层中施工时，钻进速度较慢，需要适当提高水泥浆液用量保证搅拌桩机的正常运作。当水泥浆液注入量过多时，由于水泥土搅拌桩中的含水量增多，反而会降低强度和防水性能。

水泥浆应根据地质条件、施工条件不同确定合适的配合比。水泥浆液的水灰比不仅影响水泥土搅拌桩的强度和防水性能，也影响到注浆泵的压送能力以及黏性土中水泥土搅拌桩的均一性和工作效率。在施工条件允许范围内，水灰比越小，搅拌桩的强度及防水性能越好。膨润土的加入可以改善水泥浆液的黏稠度，有助于提高水泥土搅拌桩的搅拌均匀性，增强成桩后的桩体抗渗透性能。

由于我国幅员辽阔，各个地区施工水平和施工机械能力存在差异，实际应用中各项材料用量还需要根据实际情况进行适当的调整，并积累地区经验，确定合理、适用、可行的控制指标。

4 水泥用量的计算

三轴水泥土搅拌桩单幅桩由 3 个圆形截面搭接组成。对于首开幅，单幅桩的被搅拌土体体积应为 3 个圆形截面面积与深度的乘积；采用套接一孔法连续施工时，后续单幅桩的被搅拌土体体积应为 2 个圆形截面面积与深度的乘积，圆形相互搭接的部分应重复计算。

4.1.6 三轴水泥土搅拌桩除作为型钢水泥土搅拌墙的一部分外，也可以单独用作与其他支护结构结合的截水帷幕、水利工程中永久性截水帷幕以及地基加固等，其设计要求应分别遵照相应规范的规定，一般情况下渗透系数宜达到 $1×10^{-7}$cm/s。一般情况下基坑工程中不进行截水帷幕渗透系数的专项检测，根据工程实践经验，当水泥土搅拌桩桩体搅拌均匀且满足设计强度要求时，其抗渗能力也可以达到要求。对于重大工程和永久性截水帷幕，应按设计要求进行渗透性试验，确定截水效果。

4.1.7 型钢水泥土搅拌墙中的内插型钢应均匀布置，工程实践中内插型钢的间距不宜超过 $2b$，即"跳一"布置。当出现特殊情况，需要增大内插型钢间距时，应验算水泥土搅拌桩的局部受剪承载力。

4.2 设 计 计 算

4.2.1 型钢水泥土搅拌墙作为基坑支护结构，其设

计计算方法应遵照现行行业标准《建筑基坑支护技术规程》JGJ 120 中的相关规定。有经验时，土体变形估算也可以采用有限元数值模拟的方法进行。

4.2.2 型钢水泥土搅拌墙是由三轴水泥土搅拌桩和内插型钢组成的，起到既挡土又截水的双重功效，在型钢水泥土搅拌墙的设计中型钢和水泥土的相互作用是个值得探讨的问题。我国型钢水泥土搅拌墙之所以能够在大量工程中广泛采用，其中很重要的原因就是内插型钢在基坑工程结束后可以回收重复利用，大大降低了工程造价。但需要回收的型钢表面要涂上减摩材料以降低型钢与水泥土间的粘结力，这直接影响了型钢与水泥土之间的相互作用。

针对型钢与水泥土的组合刚度问题，编制组采用不同截面和含钢量的水泥土结合型钢的组合梁进行了室内模型试验，试验中采用不同的加载方式对涂减摩材料和不涂减摩材料的组合梁分别进行了试验，通过量测挠度的方式，得出组合梁的刚度，并与单独型钢的刚度进行对比分析。主要试验研究成果如下：

1 在正常工作条件下，当墙体变位较小时，水泥土对墙体的刚度提高作用是显著的，水泥土对型钢水泥土搅拌墙的刚度有提高作用。按照不考虑水泥土刚度提高作用求得的墙体变位值比适当考虑水泥土刚度提高作用求得的墙体变位值大。

2 墙体趋于弯曲破坏时，在弯曲破坏发生处，型钢与水泥土的粘结会完全破坏，此时，型钢单独受力，当在型钢上涂刷减摩材料时，型钢与水泥土的粘结破坏现象更为明显。故验算承载能力极限状态下型钢水泥土搅拌墙的受弯承载力时，不应考虑水泥土的贡献。

3 不同含钢量的型钢水泥土组合梁其破坏模式有所不同，含钢量较低的大截面组合梁由于有水泥土的约束，其破坏形式为加载平面内的弯曲破坏；相反，含钢量较高的小截面梁中水泥土的约束则相对较弱，其破坏模式更多为加载平面外的失稳破坏，因此加载过程中水泥土的约束对型钢水泥土搅拌墙刚度的发挥及稳定性有着重要作用。

根据本次试验工作和国内外研究成果，从基坑工程安全角度出发，采用承载能力极限状态进行型钢水泥土搅拌墙的受力计算中不考虑水泥土的作用。

4.2.3 型钢水泥土搅拌墙是复合挡土截水结构，水泥土搅拌桩作为截水体系应深入到基底以下一定深度。当基坑工程遇到承压水问题时，水泥土搅拌桩除应满足基坑开挖到底时基坑抗渗流稳定性外，还应结合基坑工程总体设计满足承压水处理的要求，截断或部分截断承压含水层。当截断承压水需要加深三轴水泥土搅拌桩时，深度宜控制在 30m 以内；超过 30m 时，宜采用接钻杆的方式进行施工。

4.2.4 型钢水泥土搅拌墙作为支护结构的一种，其内力与变形设计应遵照现行行业标准《建筑基坑支护

技术规程》JGJ 120 中的有关规定，M_k、V_k 分别是采用弹性支点法进行计算得到的作用于型钢水泥土搅拌墙的弯矩和剪力。进行承载力计算时，可根据包络图取最大值，作用内力应分别乘以支护结构重要性系数（γ_0）和设计分项系数（1.25）。

4.2.5 基坑外侧水土压力作用下，型钢水泥土搅拌墙的素水泥土段需要承担局部剪应力，应进行型钢边缘之间素水泥土段的错动受剪承载力和受剪截面面积最小的最薄弱面受剪承载力验算。根据型钢间水泥土抗剪破坏模式，最大剪应力出现在坑外水土压力最大的区域，一般位于开挖面位置。

在大多数工程中的局部受剪承载力验算时，型钢与水泥土之间的错动受剪承载力作为控制指标，水泥土最薄弱面受剪承载力验算作为校核。在进行型钢与水泥土间错动受剪承载力计算时，d_{e1} 应取迎坑面型钢边缘至迎坑面水泥土搅拌桩边缘的距离，基坑开挖过程中为避免迎坑面水泥土掉落伤人，多将型钢外侧的水泥土剥落。

对水泥土抗剪强度标准值 τ_c 与 28d 无侧限抗压强度 q_u 换算关系，原冶金部建筑研究总院 SMW 工法研究组的研究成果如下：当垂直压应力 $\sigma_0 = 0$ 和 $q_u = 1MPa \sim 5MPa$ 时，水泥土的抗剪强度 $\tau_c = (0.3 \sim 0.45)q_u$，当 σ_0 较小时，$\tau_c < q_u/2$；当 σ_0 较大时，$\tau_c \approx q_u/2$。而日本标准根据试验得到的抗剪强度和单轴抗压强度的关系，当 $q_u < 3MPa$ 时，抗剪强度 $\tau_c > q_u/3$。当抗压强度 $q_u < 3MPa$ 时，抗剪强度 τ_c 可一律取为 $q_u/3$。

虽然目前工程中搅拌桩的取芯强度普遍不高，但从实际应用情况来看，工程均可以安全实施，并未因为局部抗剪不足而发生破坏。综合以上国内外的研究成果以及型钢水泥土搅拌墙技术的实际应用情况，水泥土抗剪强度标准值 τ_c 取 $q_u/3$ 是合理的。与行业标准《建筑基坑支护技术规程》JGJ 120 中对于支护结构的设计安全水准的相关规定相统一，在确保总安全系数为 2 的前提下，进行水泥土的抗剪计算时考虑 1.6 的材料抗力分项系数以及 1.25 的荷载分项系数。

4.3 构 造

4.3.1 当在工期紧张等情况下满足不了水泥土搅拌墙龄期达到 28d 要求时，可通过加早强剂等特殊措施保证水泥土搅拌墙在土方开挖时的强度满足设计要求。

4.3.2 型钢水泥土搅拌墙是水泥土与型钢等劲性芯材的组合结构，芯材宜采用型钢等抗弯强度较高的劲性材料。工程中常用 H488×300×11×18、H500×200×10×16、H700×300×13×24、H800×300×14×26 的标准 H 型钢，经过计算也有采用如 H700×300×12×14、H850×300×16×24 的非标准型钢。目前也有个别工程采用了钢管、拉森板桩、混凝土桩

等作内插劲性材料。

4.3.3 现行国家标准《热扎 H 型钢和部分 T 型钢》GB/T 11263 规定了热扎 H 型钢的尺寸、外形、重量及允许偏差、技术要求、试验方法、检验规则、包装、标志及质量证明书。本规程的内插型钢可按现行国家标准《热扎 H 型钢和部分 T 型钢》GB/T 11263 取用热扎型钢。

行业标准《焊接 H 型钢》YB 3301 规定了焊接 H 型钢梁的型号、尺寸、外形、重量及允许偏差、技术要求、焊接工艺方法等。标准还对焊接 H 型钢梁的焊缝作了明确的要求，即钢板对接焊缝及 H 型钢的角焊缝的质量检查，可参照现行国家标准《钢焊缝手工超声波探伤方法和探伤结果分级》GB/T 11345。行业标准《焊接 H 型钢》YB 3301 未规定事宜，应按行业标准《建筑钢结构焊接技术规程》JGJ 81 有关规定执行。

不同开挖深度的基坑，设计对型钢规格和长度要求不尽相同。一般情况下，内插型钢宜采用整材，当特定条件下型钢需采用分段焊接时，为达到分段型钢焊接质量的可控性以及施工的规范化，确保支护结构的安全，本规程规定分段型钢焊接应采用坡口焊接，焊接等级不低于二级。考虑到型钢现场焊接以及二级焊缝抽检率仅为 20% 的因素，本条文另外对型钢焊接作了具体要求。单根型钢中焊接接头数量、焊接位置，以及相邻型钢的接头竖向位置错开等要求由设计人员根据工程的实际情况确定，焊接接头的位置应避免在型钢受力较大处（如支撑位置或开挖面附近）设置。

基坑转角部位（特别是阳角处）由于水、土侧压力作用受力集中，变形较大，宜插型钢增强墙体刚度，转角处的型钢宜按基坑边线角平分线方向插入（图4）。

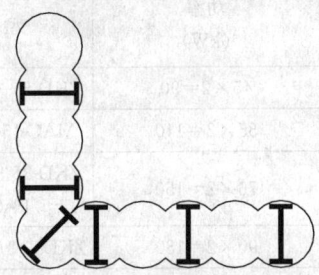

图 4　型钢水泥土搅拌墙转
角位置内插型钢构造

4.3.4 在板式支护体系中，冠梁对提高围护体系的整体性，并使围护桩和支撑体系形成共同受力的稳定结构体系具有重要作用（图5）。当采用型钢水泥土搅拌墙时，由于桩身由两种刚度相差较大的材料组成，冠梁作用的重要性更加突出。

1　为便于型钢拔除，型钢需锚入冠梁，并高于冠梁顶部一定高度。一般该高度值不应小于500mm，根据具体情况略有差异；同时，型钢顶端不宜高于自然地面。

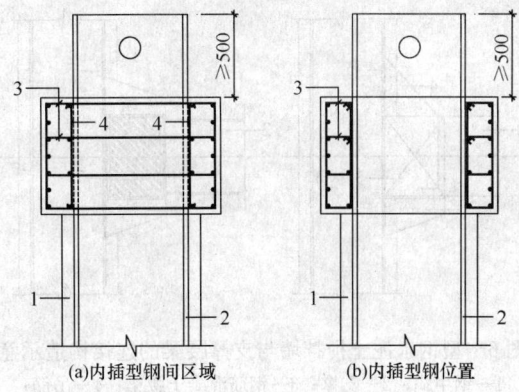

（a)内插型钢间区域　　　（b)内插型钢位置

图 5　型钢水泥土搅拌墙冠梁配筋构造示意
1—水泥土搅拌桩；2—H 型钢；3—冠梁
小封闭箍筋；4—拉筋

2　型钢整个截面锚入冠梁，为便于今后拔除，冠梁和型钢之间采用一定的材料隔离，因此型钢对冠梁截面的削弱是不能忽略的。

综合上述两个方面的因素，对于型钢水泥土搅拌墙的冠梁，必须保证一定的宽度和高度，同时在构造上也应有一定的加强措施。

冠梁与型钢的接触处，一般需采用一定的隔离材料。若隔离材料在围护受力后产生较大的压缩变形，对控制基坑总的变形量是不利的。因此，一般采用不易压缩的材料如油毡等。

冠梁的箍筋直径和间距由计算确定，一般采用四肢箍。对于因内插型钢导致箍筋不能封闭的部位，宜在型钢翼缘部位外侧设置小封闭箍筋构成小边梁予以加强。

4.3.5　在型钢水泥土搅拌墙基坑的支护体系中，支撑与腰梁的连接、腰梁与型钢的连接以及钢腰梁的拼接，特别是后两者是保证整个腰梁支撑体系的整体性的关键。应对节点的构造充分重视，节点构造应严格按设计图纸施工。钢支撑杆件的拼接一般应满足等强度的要求，但在实际工程中钢腰梁的拼接受现场施工条件限制，很难达到这一要求，应在构造上对拼接方式予以加强，如附加缀板、设置加劲肋板等。同时，应尽量减少钢腰梁的接头数量，拼接位置也尽量放在腰梁受力较小的部位。

支撑腰梁应与型钢水泥土搅拌墙进行可靠连接，图6为工程实践中采用的两种连接构造，供参考。

当基坑面积较大，需分块开挖，或在市政工程狭长形基坑中，常碰到腰梁不能统一形成整体就需部分先开挖的情况（所谓"开口基坑"），这时对于支撑体系尤其是钢腰梁的设置有一些需要特别注意的地方：

1　当采用水平斜支撑体系时，应考虑沿腰梁长度方向的水平力作用对型钢水泥土搅拌墙的影响，一般不应直接利用墙体型钢传递水平力，以免造成型钢和水泥土之间的纵向拉裂，对墙体抗渗产生不利影响。应根据设计计算结果在型钢和腰梁之间设置抗剪构件。

2　当基坑转角处支撑体系采用水平斜撑时，需考

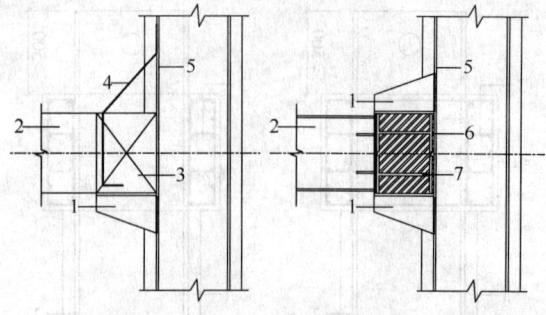

图 6　型钢水泥土搅拌墙与支撑腰梁的连接构造示意
1—钢牛腿；2—支撑；3—钢筋混凝土腰梁；4—吊筋；
5—内插型钢；6—高强度细石混凝土填实；7—钢腰梁

虑双向水平力对支撑体系的作用，应采取加强措施防止腰梁和支撑的移位失稳。腰梁在转角处应设在同一水平面上，并有可靠的构造措施连成整体。腰梁与墙体的接触面宜用钢楔块或高强度的细石混凝土嵌填密实，使腰梁与墙体型钢间可以均匀传递水平剪切力。当与斜撑相连的腰梁长度不足以传递计算水平力时，除在腰梁和型钢间设置抗剪构件外，还应结合采用合理的基坑开挖措施，以确保支撑水平分力的可靠传递。

3 当内支撑采用钢支撑且需要预加轴力时，应按计算确定预加的轴力大小，防止预加轴力过大引起型钢水泥土搅拌墙向基坑外侧偏变形而影响周边环境安全。

4.3.6 当基坑内支撑体系中采用斜撑时，需考虑支撑竖向分力产生的冠梁沿型钢向上的剪力，并在型钢与冠梁之间设置抗剪构件（如抗剪角钢、栓钉等）。

4.3.7 当型钢水泥土搅拌墙中搅拌桩桩径发生变化，或型钢插入密度发生改变，为防止支护结构刚度的突变对整体支护结构受力不利，宜将较大直径的搅拌桩或型钢插入密度较大的区段作适当延伸过渡。

4.3.8 当采用型钢水泥土搅拌墙与其他支护结构（如地下连续墙等）共同作为支护结构时，在两种支护结构连接处（图7）应采取高压喷射注浆等截水措施。

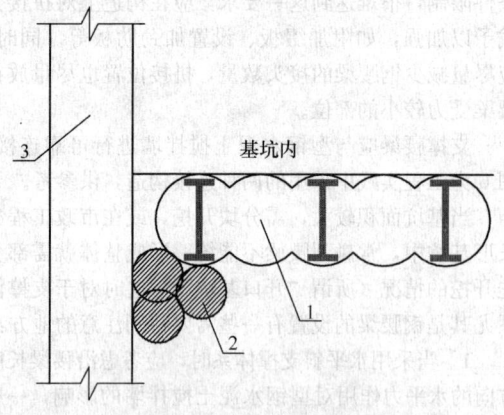

图 7　型钢水泥土搅拌墙与其他
形式支护结构的连接示意
1—型钢水泥土搅拌墙；2—高压喷射注浆
填充截水；3—其他支护结构

5 施　　工

5.1 施 工 设 备

5.1.1 三轴搅拌机有螺旋式和螺旋叶片式两种搅拌机头，搅拌转速也有高低两挡转速（高速挡 35r/min～40r/min 和低速挡 16r/min）。砂性土及砂砾性土中施工时宜采用螺旋式搅拌机头，黏性土中施工时宜采用螺旋叶片式搅拌机头。

在实际工程施工中，型钢水泥土搅拌墙的施工深度取决于三轴搅拌桩机的施工能力，一般情况下施工深度不超过45m。为了保证施工安全，当搅拌深度超过30m时，宜采用钻杆连接方法施工（加接长杆施工的搅拌桩水泥用量可根据试验确定）。国内常用三轴水泥土搅拌桩施工设备参见表1。

表 1　国内常用三轴水泥土搅拌桩施工设备参考表

	序　号	型　号	桩架高度 （m）	成桩长度 （m）
桩机	1	SPA135 柴油履带式桩机	33	25
	2	SF808 电液式履带式桩机	36	28
	3	SF558 电液式履带式桩机	30	22
	4	D36.5 步履式桩机	36.5	36
	5	DH608 步履式桩机	34.4	27.7
	6	JB180 步履式桩机	39	32
	7	JB250 步履式桩机	45	38
	8	LTZJ42.5 步履式桩机	42.5	42.5

	常用桩径 （mm）	功率 （kW）	型　号
三轴动力头	650	45×2＝90	ZKD-65-3 MAC-120
		55×2＝110	MAC-150 PAS-150
	850	75×2＝150	ZKD-85-3 MAC-200 PAS-200
		90×2＝180	ZKD85-3A MAC-240
		75×3＝225	ZKD85-3B
	1000	75×3＝225	ZKD100-3
		90×3＝270	ZKD100-3A

	型　号	流量（L/min）			
		1	2	3	4
注浆泵	BW-250	250	145	90	45
	BW-320	320	230	165	90
	BW-120	120			
	BW-200	200			

注：表中成桩长度是指不接加长杆时的最大施工长度。

5.1.2 本条要求三轴搅拌桩机所具备的功能是保证水泥土搅拌桩成墙质量的基本条件。图8为三轴搅拌桩机构造示意。

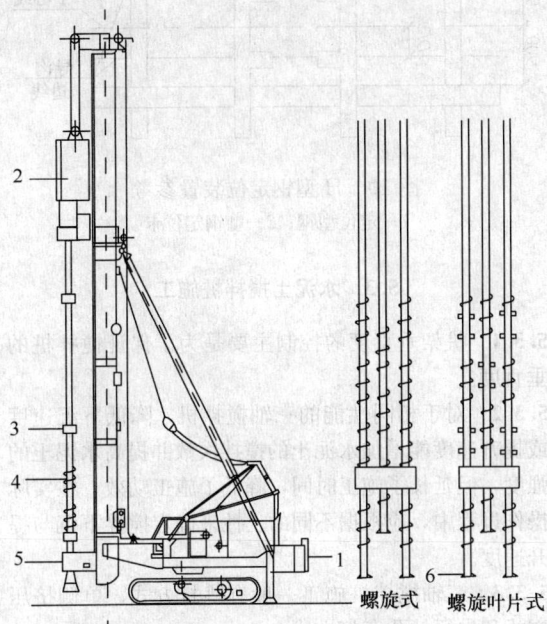

图8 三轴搅拌桩机构造示意
1—桩架；2—动力头；3—连接装置；
4—钻杆；5—支承架；6—钻头

5.1.3 注浆泵应保证其实际流量与搅拌机的喷浆钻进下沉或喷浆提升速度相匹配，使水泥掺量在水泥土桩中均匀分配。下沉喷浆工艺的喷浆压力比提升喷浆工艺要高，在实际施工中喷浆压力大小应根据土质特性来控制，常控制在0.8MPa～1.0MPa。一般来说，配备具有较高工作压力的注浆泵，其故障发生相对较少，施工效率也较高。

配置计量装置的目的是控制总的水泥用量满足设计要求，为了保证搅拌桩的均匀性，操作人员应根据进尺来调整水泥浆的泵送量。

5.2 施 工 准 备

5.2.1 本条涉及范围较广，为此作如下说明：

1 充分了解工程的目的和型钢水泥土搅拌桩墙的用途。

2 充分理解设计的要求、即水泥土搅拌桩的精度和质量标准等。

3 根据地质条件、工程的规模和工期决定机械设备类型、数量及人员配置。

4 选购材料、制定运输与贮存计划。

5 根据上述1～4条，结合施工条件、环境保护要求、安全、经济性等因素，制定切实可行的方案。

6 施工计划要随实际状况的变化作适当的调整，具有一定的灵活性。

5.2.2 进行现场调查时，预先整理好调查范围，进行对照确认。表2列举了现场调查项目的内容。

表2 现场调查项目的内容

调查项目	具体内容	调查确认的内容
一般事项	工程概要	工程名称、工程地点、发包方、设计监理方、施工方、工程规模
周边状况	通行道路	道路宽，交通范围、高度限制；
	运输出入口	宽、高、坡度可否旋转；
	近邻协议	协议内容（作业日，时间，振动、噪声限制）；
	周边环境	相邻地界，邻近设施，到作业场所的距离；
	地下水井	周边地下水的应用情况、水质
场地状况	场地	施工范围，机械设备的组装、解体场所，机械设备作业场所，材料堆场，材料运输通路，弃土堆场，地基承载力（必要时地基加固），平整度，降雨时的状况；
	地下障碍物及埋设物、地上障碍物	有无地下埋设水管和今后的管线规划，有无旧水井、防空洞、旧构筑物的残余，有无架空线；
	其他	有无树木等突出物
地质条件	地质柱状图、土性	地质钻孔位置，各种土层物理力学指标（无侧限抗压强度等、含水量、渗透系数等），颗粒分析，有无有机质土等特殊土；
	地下水	地下水位，水位的变化，有无承压水和承压水的水头大小，有无地下水流及状况
与相邻构筑物的关系	地上构筑物	离工程位置最近点的距离，结构与基础情况；
	地下构筑物	离工程位置最近点的距离，构筑物的深度和位置，构筑物材质状况；
	设备	有无对振动有敏感的精密仪器和设备

螺旋式　螺旋叶片式

续表2

调查项目	具体内容	调查确认的内容
关联事项	地下主体结构情况	施工目的，设计意图，和桩体位置的关系，基坑开挖程序
用水用电	用水用电	供水能力（水管直径、水量），有无动力用电源、功率
其他	施工困难之处	施工有困难的部位，开挖后易渗水的部位，施工管理达不到标准的部位，其他

5.2.5 定位型钢设置应牢固，搅拌桩位置和型钢插入位置标志要清晰。导向沟开挖和定位型钢设置见图9和表3。

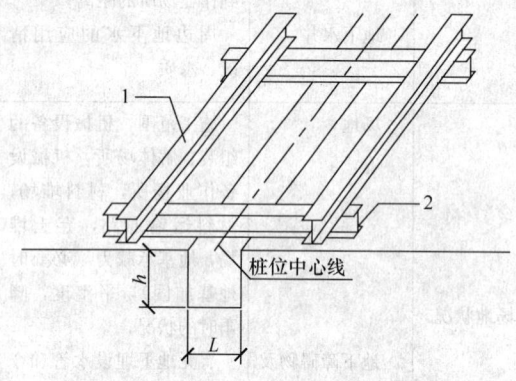

图9 导向沟开挖和定位型钢设置参考
1—上定位型钢；2—下定位型钢

表3 搅拌桩直径与各参数关系参考表

搅拌桩直径（mm）	h（m）	L（m）	上定位型钢		下定位型钢	
			规格	长度（m）	规格	长度（m）
650	1～1.5	1.0	H300×300	8～12	H200×200	2.5
850	1～1.5	1.2	H350×350	8～12	H200×200	2.5
1000	1～1.5	1.4	H400×400	8～12	H200×200	2.5

5.2.8 在正式施工前，按施工组织设计中的水泥浆液配合比与水泥土搅拌桩成墙工艺进行试成桩，是确定不同地质条件下适合的成桩工艺，确保工程质量的重要途径。通过试成桩确定实际成桩步骤、水泥浆液的水灰比、注浆泵工作流量、三轴搅拌桩头下沉或提升速度及复搅速度，对地质条件复杂或重要工程是必需的。

5.2.9 H型钢定位装置详见图10。

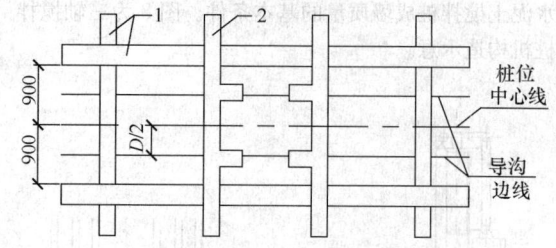

图10 H型钢定位装置参考
1—定位型钢；2—型钢定位卡

5.3 水泥土搅拌桩施工

5.3.1 桩架垂直度的控制主要是为了保证搅拌桩的垂直度。

5.3.2 对于相同性能的三轴搅拌机，降低下沉速度或提升速度能增加水泥土的搅拌次数并提高水泥土的强度，但延长了施工时间，降低了施工功效。在实际操作过程中，应根据不同的土性来确定搅拌下沉与提升速度。

5.3.3 三轴搅拌桩施工一般有跳打方式、单侧挤压方式和先行钻孔套打方式。

1 跳打方式
该方式适用于 N（标贯基数）值30以下的土层，是常用的施工顺序（图11）。先施工第一单元，然后施工第二单元，第三单元的A轴和C轴插入到第一单元的C轴及第二单元的A轴孔中，两端完全重叠。依此类推，施工完成水泥土搅拌桩。

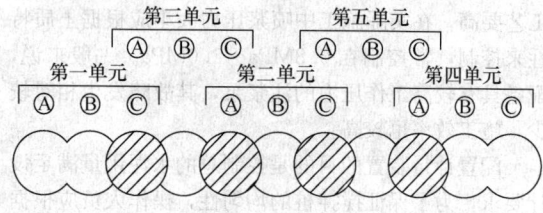

图11 跳打方式施工顺序

2 单侧挤压方式
该方式适用于 N 值30以下的土层。受施工条件的限制，搅拌桩机无法来回行走或搅拌桩转角处常用这种施工顺序（图12），先施工第一单元，第二单元的A轴插入第一单元的C轴中，边孔重叠施工，依此类推，施工完成水泥土搅拌桩。

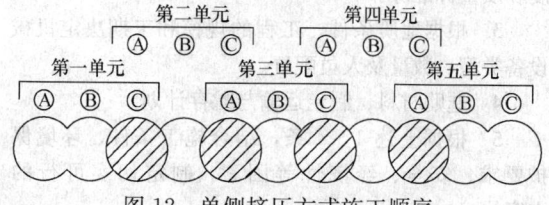

图12 单侧挤压方式施工顺序

3 先行钻孔套打方式

适用于 N 值 30 以上的硬质土层，在水泥土搅拌桩施工时，用装备有大功率减速机的钻孔机，先行施工如图 13 所示的 a1、a2、a3 等孔，局部松散硬土层。然后用三轴搅拌机用跳打或单侧挤压方式施工完成水泥土搅拌桩。搅拌桩直径与先行钻孔直径关系参见表 4。先行钻孔施工松动土层时，可加入膨润土等外加剂加强孔壁稳定性。

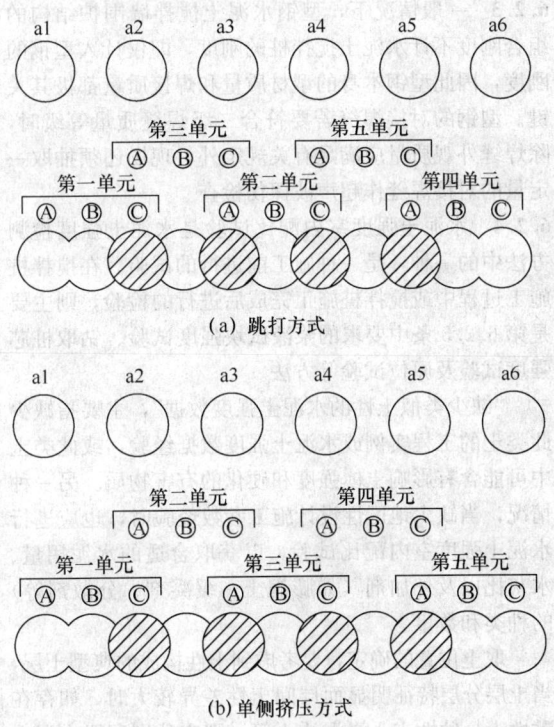

（a）跳打方式

（b）单侧挤压方式

图 13　先行钻孔套打方式

表 4　搅拌桩直径与先行钻孔直径关系表（mm）

搅拌桩直径	650	850	1000
先行钻孔直径	400~650	500~850	700~1000

5.3.4 在实际工程中，水泥土搅拌桩的质量问题突出反映在搅拌不均匀，局部区域水泥含量太少、甚至没有，导致土方开挖后发生渗水。为了保证水泥土搅拌桩中水泥掺量的均匀性与水泥强度指标，施工时的注浆量与搅拌下沉（提升）速度必须匹配，以保证水泥掺量的均匀性。

5.3.5 在砂性较重的土层中施工搅拌桩，为避免底部堆积过厚的砂层，利于型钢插入，可在底部重复喷浆搅拌（图 14）。图中 T 按常规的下沉与提升速度确定。

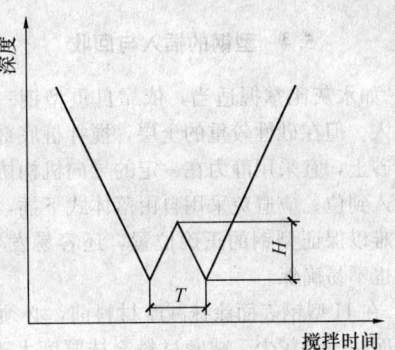

图 14　水泥土搅拌桩搅拌工艺

5.3.6 在水泥浆液的配制过程中可根据实际需要加入相对应的外加剂：

1 膨润土

加入膨润土能防止水泥浆液的离析。在易坍塌土层可防止孔壁坍塌，并能防止孔壁渗水，减小在硬土层的搅拌阻力。

2 增黏剂

加入了增黏剂的水泥浆液主要用于渗透性高及易坍塌的地层中。

3 缓凝剂

施工工期长或者芯材插入时需抑制初期强度的情况下使用缓凝剂。

4 分散剂

分散剂能分散水泥土中的微小粒子，在黏性土地基中能提高水泥浆液与土的搅拌性能，从而提高水泥土的成桩质量；钻孔阻力较大的地基，分散剂能使水泥土的流动性变大，能改善施工操作性。由此能降低废土量，利于 H 型钢插入，提高清洗粘附在搅拌钻杆上水泥土的能力。但是对于均等粒度的砂性或砂砾地层，水泥浆液或水泥土的黏性很低，要注意水泥浆液发生水分流失的情况。

5 早强剂

早强剂能提高水泥土早期强度，并且对后期强度无显著影响。其主要作用在于加速水泥水化速度，促进水泥土早期强度的发展。现市场上已有掺入早强剂的水泥。

5.3.10 当采用三轴水泥土搅拌桩进行土体加固时，加固有效范围往往位于基坑底附近区域，而搅拌桩施工从地面开始搅拌至加固范围的底部，导致加固范围以上的土体因搅拌也被扰动，因此宜对加固范围以上部分土体进行低掺量加固（掺量约为 8%~10%），这对控制基坑变形是有利的。

5.3.13 水泥土搅拌桩在黏性土层施工时，黏土易粘在搅拌头的叶片上，与叶片一起旋转，影响搅拌效果，俗称"糊钻"。对此可使用添加外加剂（如分散剂），增加搅拌头上刮刀数量，及经常清理钻头与螺旋叶片上黏土的方法处理。在螺旋叶片上开孔的主要目的是减少黏土的粘附面积，从而减小粘附力。

5.4 型钢的插入与回收

5.4.3 如水灰比掌握适当，依靠自重型钢一般都能顺利插入。但在砂性较重的土层，搅拌桩底部易堆积较厚的砂土，宜采用静力在一定的导向机构协助下将型钢插入到位。应避免采用自由落体式下插，这种方式不仅难以保证型钢的正确位置，还容易发生偏转，垂直度也不易确保。

5.4.4 在H型钢表面涂抹减摩材料前，必须清除H型钢表面铁锈和灰尘。减摩材料涂抹厚度大于1mm，并涂抹均匀，以确保减摩材料层的粘结质量。

5.4.5 将型钢表面的腰梁限位或支撑抗滑构件、焊疤等清除干净是为了使型钢能顺利拔出。

5.5 环境保护

5.5.2 螺旋式和螺旋叶片式搅拌机头在施工过程中能通过螺旋效应排土，因此挤土量较小。与双轴水泥土搅拌桩和高压旋喷桩相比，三轴水泥土搅拌桩施工过程中的挤土效应相对较小，对周边环境的影响较小。

条文中推荐的参数是根据试成桩时的实测结果而提出的，一些环境保护要求高的工程宜通过试验来确定相应参数。

5.5.4 型钢回收过程中，不论采取何种方式来减少对周边环境的影响，影响还是存在的。因此，对周边环境保护要求特别高的工程，以不拔为宜。

6 质量检查与验收

6.1 一般规定

6.1.1 型钢水泥土搅拌墙质量检查与验收的三个阶段能全面控制和反映型钢水泥土搅拌墙的施工质量。三个阶段中，第一阶段为施工过程的质量控制，是确保整桩及搅拌墙质量的基础，应把好每道工序关，严格按操作规程及相应标准检查，随时纠正不符合要求的操作。第二阶段为抽查，按本规程的相应要求实施，如有不符合要求的，应与设计配合，采取补救措施后，方能进行下阶段工作。第三阶段是开挖时的检查，主要是墙体渗漏、型钢偏位等，如严重或偏位过多，也应采取措施及时处置。

6.1.5 为与现行国家标准《建筑工程施工质量验收统一标准》GB 50300衔接，型钢水泥土搅拌墙基坑支护工程可划分为型钢水泥土搅拌墙、土方开挖、钢或钢筋混凝土支撑系统三个分项工程。具体操作时把型钢水泥土搅拌墙、土方开挖、钢或钢筋混凝土支撑系统归入"有支护土方"子分部工程中参与验收。

6.2 检查与验收

6.2.2 水泥土搅拌桩在型钢水泥土搅拌墙围护结构中起到止水、承受水土压力在型钢间产生的剪力的作用，同时水泥土还能有效地控制型钢的侧移和扭转，提高结构的整体稳定性，使型钢的强度能够充分发挥，因而水泥土必须具有一定的强度。而决定强度的主要因素是水泥掺量及水灰比，相对而言，水灰比的检查相对容易些（可以用比重计检查，一般为1.5～2.0，当土质较干时，浆液相对密度可适当降低）。水泥掺量的检查除了整根桩的用量需满足设计要求外，尚应检查其均匀性。

6.2.3 一般情况下，型钢水泥土搅拌墙围护结构的组合刚度不计水泥土搅拌桩的刚度，即仅计入型钢的刚度，因此型钢本身的型材质量和焊接质量都极其关键。型钢的对接焊缝若要符合二级焊缝质量等级时，除焊缝外观质量应满足有关规定外，现场还须抽取一定量的对接焊缝作超声波探伤检查。

6.2.4 水泥土强度室内配比试验是水泥土强度检测方法中的一种，是一种施工前进行的试验。在搅拌桩施工过程中或搅拌桩施工完成后进行的检验，则主要是第6.2.5条中要求的浆液试块强度试验、钻取桩芯强度试验及原位试验等方法。

"缺少类似土性的水泥土强度数据"，主要指缺少此类土的工程实例或水泥土强度数据经验，或此类土中可能含有影响土体强度和硬化的有害物质。另一种情况，当缺少地区性设计施工参数经验时，也应进行水泥土强度室内配比试验，以获取合适的水泥用量、水灰比以及外加剂（如膨润土、缓凝剂、分散剂等）的种类和数量。

取土位置的确定，要考虑到土性构成的典型土层，当土层分层特征明显而层间土性差异较大时，如存在黏性土、砂性土、淤泥质土等，则应分别配置水泥土试样。进行水泥土强度室内配比试验时，应同时测试土的物理特性（湿重度、含水量、颗粒分析曲线等），还应进行土的力学特性（强度、压缩性等）试验。

衡量水泥土的强度特性，一般以水泥土28d无侧限抗压强度值为标准。由现场采取土样并根据实际施工中使用的水灰比、水泥掺量进行的室内配比试验，得出的强度值一般会偏高，这与其搅拌均匀程度、实际水泥用量（无泛浆量）、养护条件等因素有关。因此其强度试验值难以完全反映在地下经过现场搅拌成型的水泥土搅拌桩实际强度。

目前水泥土的室内物理、力学试验尚未形成统一的操作规程，一般是利用现有的土工试验仪器和砂浆、混凝土试验仪器，按照土工、砂浆（或混凝土）的试验操作规程进行试验。试样制备应采用原状土样（不应采用风干土样）。水泥土试块宜取边长为70.7mm的立方体。为便于与钻取桩芯强度试验等作对比，水泥土试块也可制成直径100mm、高径比1：1的圆柱体。

6.2.5 型钢水泥土搅拌墙中的水泥土搅拌桩应进行

桩身强度检测。检测方法宜采用浆液试块强度试验，现场采取搅拌桩一定深度处的水泥土混合浆液，浆液应立即密封并进行水下养护，于28d龄期进行无侧限抗压强度试验。当进行浆液试块强度试验存在困难时，也可以在28d龄期时进行钻取桩芯强度试验，钻取的芯样应取自搅拌桩的不同深度，芯样应立即密封并及时进行无侧限抗压强度试验。

实际工程中，当能够建立原位试验结果与浆液试块强度试验或钻取桩芯强度试验结果的对应关系时，也可采用浆液试块强度试验或钻取桩芯强度试验结合原位试验方法综合检验桩身强度，此时部分浆液试块强度试验或钻取桩芯强度试验可用原位试验代替。

条文中确定搅拌桩取样数量时，每根桩或单桩系指三轴搅拌机经过一次成桩工艺形成的一幅三头搅拌桩，包括三个搭接的单头。

型钢水泥土搅拌墙作为基坑围护结构的一种形式，实际应用已经有10多年的历史，但国内对于三轴水泥土搅拌桩的强度及其检测方法的研究相对不足，认识上还存在相当的分歧。这主要表现在：

首先，目前工程中对搅拌桩强度的争议较大，各种规范的要求也不统一，而工程实践中通过钻取桩芯强度试验得到的搅拌桩强度值普遍较低，特别是比一般规范、手册中要求的数值要低。

其次，国内尚无专门的水泥土搅拌桩检测技术规范，虽然相关规范对搅拌桩的强度及检测都有一些相应的要求，但这些要求并不统一、不系统且不全面。

在搅拌桩的强度试验中，几种方法都存在不同程度的缺陷，浆液试块强度试验不能真实地反映桩身全断面在场地内一定深度土层中的养护条件；钻孔取芯对芯样有一定破坏，检测出的无侧限抗压强度值离散性较大，且数值偏低；原位试验目前还缺乏大量的对比数据来建立搅拌桩强度与试验值之间的关系。

另一方面，相比国外特别是日本，目前国内对水泥土搅拌桩的施工过程质量控制还比较薄弱，如为保证施工时墙体的垂直度，从而使墙体有较好的完整性，需校验钻机的纵横垂直度；带计重装置的每立方米注浆量是保证墙体完整性和施工质量的重要施工过程控制参数，需要在施工中加强检测；以上这些还未有效地建立起来。因此，为了保证水泥土搅拌桩的施工质量和工程安全，对其强度进行检测是必不可少的重要手段。

1 浆液试块强度试验

在搅拌桩施工过程中采取浆液进行浆液试块强度试验，是在搅拌桩刚搅拌完成、水泥土处于流动状态时，及时沿桩长范围内进行取样，采用浸水养护一定龄期后，通过单轴无侧限抗压强度试验，获取试块的强度试验值。

浆液试块强度试验应采用专用的取浆装置获取搅拌桩一定深度处的浆液，严禁取用桩顶泛浆和搅拌头带出的浆液。取得的水泥土混合浆液应制备于专用的

封闭养护罐中浸水养护，浆液灌装前宜在养护罐内壁涂抹薄层黄油以便于将来脱模，养护温度宜保持与取样点的土层温度相近。养护罐的脱模尺寸及试验样块制备、养护龄期达到后进行无侧限抗压强度试验等，可参照第6.2.4条条文说明中水泥土强度室内配比试验的方法和要求进行。

浆液试块强度试验采取搅拌桩一定深度处尚未凝固的水泥土浆液，主要目的是为了克服钻孔取芯强度检测过程中不可避免的强度损失，使强度试验更具可操作性和合理性。目前在日本一般将取样器固定于型钢上，并将型钢插入刚刚搅拌完成的搅拌桩内获取浆液。

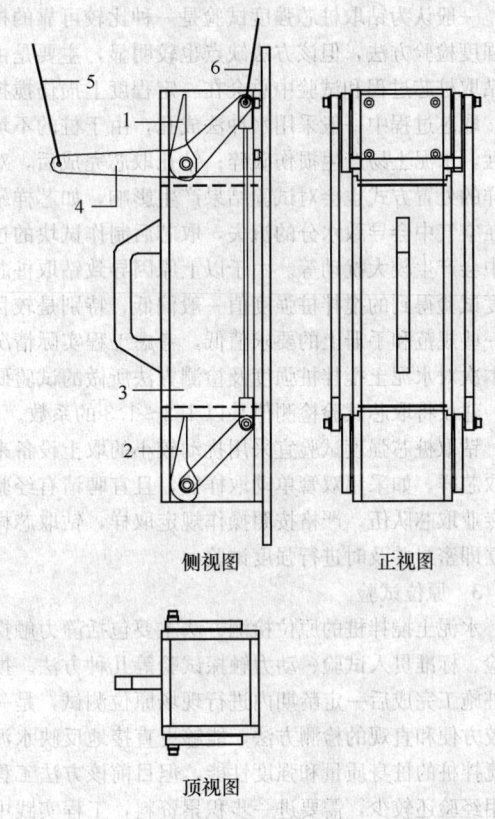

侧视图　　　　正视图

顶视图

图15　水泥土浆液取样装置示意
1—上盖板；2—下盖板；3—养护罐；4—控制摆杆；
5—牵引绳A；6—牵引绳B

图15是一种简易的水泥土浆液取样装置示意。原理很简单，取样装置附着于三轴搅拌桩机的搅拌头并送达取样点指定标高。送达过程由拉紧牵引绳B使得上下盖板打开，此时取样器处于敞开状态，保证水泥土浆液充分灌入，就位后由牵引绳A拉动控制摆杆关闭上下盖板，封闭取样罐，使浆液密封于取样罐中，取样装置随搅拌头提升至地面后可取出取样罐，得到浆液。整个过程操作也较方便。

浆液试块强度试验对施工中的搅拌桩没有损伤，成本较低，操作过程也较简便，且试块质量较好，试验结果离散性小。目前在日本普遍采用此方法（钻取桩芯强度试验方法一般很少用），作为搅拌桩强度检验和施工

质量控制的手段。随着各地型钢水泥土搅拌墙的广泛应用和浆液取样装置的完善普及，宜加以推广发展。

2 钻取桩芯强度试验

钻取桩芯强度试验为在搅拌桩达到一定龄期后，通过地质钻机，连续钻取全桩长范围内的桩芯，并对取样点芯样进行无侧限抗压强度试验。取样点应沿桩长不同深度和不同土层处的5点，以反映桩深不同处的水泥土强度，在基坑坑底附近应设取样点。钻取桩芯宜采用直径不小于$\phi 110$的钻头，试块宜直接采用圆柱体，直径即为所取的桩芯芯样直径，宜采用1：1的高径比。

一般认为钻取桩芯强度试验是一种比较可靠的桩身强度检验方法，但该方法缺点也较明显，主要是由于钻取桩芯过程和试验中总会在一定程度上损伤搅拌桩；取芯过程中一般采用水冲法成孔，由于桩的不均匀性，水泥土易产生损伤破碎；钻孔取芯完成后，对芯样的处置方式也会对试验结果产生影响，如芯样暴露在空气中会导致水分的流失，取芯后制作试块的过程中会产生较大扰动等。由于以上原因导致钻取桩芯强度试验得到的搅拌桩强度值一般偏低，特别是较目前一些规范和手册上的要求值低，考虑工程实际情况和本次对水泥土搅拌桩强度及检测方法所做的试验研究，建议将取芯试验检测值乘以1.2～1.3的系数。

钻取桩芯强度试验宜采用扰动较小的取土设备来获取芯样，如采用双管单动取样器，且宜聘请有经验的专业取芯队伍，严格按照操作规定取样，钻取芯样应立即密封并及时进行强度试验。

3 原位试验

水泥土搅拌桩的原位检测方法主要包括静力触探试验、标准贯入试验、动力触探试验等几种方法。搅拌桩施工完成后一定龄期内进行现场原位测试，是一种较方便和直观的检测方法，能够更直接地反映水泥土搅拌桩的桩身质量和强度性能，但目前该方法工程应用经验还较少，需要进一步积累资料，工程实践中宜结合浆液试块或钻取桩芯强度试验综合检验水泥土搅拌桩强度。

静力触探试验轻便、快捷，能较好地检测水泥土桩身强度沿深度的变化，但静力触探试验最大的问题是当探头因遇到搅拌桩内的硬块时或因探杆刚度较小而易发生探杆倾斜。因此，确保探杆的垂直度很重要，建议试验时采用杆径较大的探杆，试验过程中也可采用测斜探头来控制探杆的垂直度。

标准贯入试验和动力触探试验在试验仪器、工作原理方面相似，都是以锤击数作为水泥土搅拌桩强度的评判标准。标准贯入试验除了能较好地检测水泥土桩身强度外，尚能取出搅拌桩芯样，直观地鉴别水泥土桩身的均匀性。

4 水泥土搅拌桩强度及检测方法试验研究

为配合本次规程的编制，编制组专门组织力量，

在上海、天津、武汉、宁波、苏州等地，共进行了6个场地的水泥土搅拌桩强度试验，每个场地均专门打设5根三轴水泥土搅拌桩，采取套接一孔施工工艺，不插型钢，深度一般在15m～25m之间，桩径为$\phi 850$或$\phi 1000$。在专门施工的三轴水泥土搅拌桩内分别进行了7d、14d、28d龄期条件下的钻取桩芯强度试验和多种现场原位试验（静力触探试验、标准贯入试验、重型动力触探试验等），部分试验在搅拌施工过程中采取浆液进行了浆液试块强度试验。以下从3个方面对本次试验结果进行介绍。

1）浆液试块强度试验

为配合本次规程编制，在上海解放大厦工程场地专门进行了浆液试块强度和钻取桩芯试块强度的对比试验，表5为取芯与取浆液单轴抗压强度对比。

表5 水泥土取芯与取浆液单轴抗压强度对比

水泥土龄期(d)	取浆液强度平均值(MPa)	取芯强度平均值(MPa)	取浆强度值/取芯强度值
7	0.19	0.12	1.6
14	0.34	0.21	1.6
28	0.54	0.41	1.3

通过试验可以得出以下结论：

从试验结果看，28d取浆试块强度平均值为0.54MPa，同时进行的28d取芯试块强度平均值为0.41MPa，取浆强度值与取芯强度值二者的比值在1.3～1.6之间。可见，由于取芯过程中对芯样的损伤而使试验强度值偏低。考虑到上海地方标准《地基处理技术规范》与《基坑工程设计规程》的条文说明中允许对双轴搅拌桩的取芯强度试验值乘以补偿系数（约1.1～1.4），综合分析，如考虑取芯过程中对芯样的损伤，同时又适当考虑安全储备，对取芯试块强度乘以系数1.2～1.3作为水泥土搅拌桩的强度是合适的。

取浆强度试验结果相对于取芯强度试验结果比较均匀、离散性小，更加接近于搅拌桩的实际强度。

由于取浆试块强度检测方法是通过专用设备获取搅拌桩施工后一定深度且尚未凝固的水泥土浆液，不会对搅拌桩桩身的强度和止水性能带来损伤，是值得推广的一种方法。

取浆试验现场操作方便，但取浆试验需要在浆液获取后进行养护，养护条件可能与搅拌桩现场条件存在一定差别，需要进一步规范和制定相应的标准。

2）钻取桩芯强度试验

在上海、天津、宁波、苏州、武汉等地共6个工程进行了现场取芯试验，其中武汉地区试验由于取芯过程中芯样破坏较为严重，芯样基本不成形，未纳入分析统计。表6为各地水泥土搅拌桩钻取桩芯试块单轴抗压强度一览表。

表 6　各地水泥土搅拌桩钻取桩芯试块单轴抗压强度一览表

背景工程	钻芯试块抗压强度平均值（MPa）		
	7d	14d	28d
上海市半淞园路电力电缆隧道工程	0.13	—	0.44
上海市解放日报大厦工程	0.12	0.21	0.41
苏州轨道交通1号线钟南街站	0.17	0.41	0.78
天津高银 Metropolitan 中央商务区	0.48	4.33	6.40
宁波市福庆路—宁穿路城市道路工程	0.06	—	0.49

表 7　各地水泥土桩静力触探比贯入阻力 P_s 平均值一览表

背景工程	静力触探比贯入阻力 P_s 平均值（MPa）		
	7d	14d	28d
上海市半淞园路电力电缆隧道工程	1.60	—	4.25
上海市解放日报大厦工程	2.00	3.00	3.90
苏州轨道交通1号线钟南街站	2.68	4.78	—
武汉葛洲坝国际广场工程	2.84	—	—

表 8　各地水泥土桩标准贯入击数平均值一览表

背景工程	标准贯入击数平均值（击）		
	7d	14d	28d
上海市半淞园路电力电缆隧道工程	7.9	—	12.7
上海市解放日报大厦工程	5.7	10.4	13.4
苏州轨道交通1号线钟南街站	18.7	26.2	—
武汉葛洲坝国际广场工程	11.5	—	18.0
宁波市福庆路—宁穿路城市道路工程	14.5	—	16.2

表 9　各地水泥土桩重型动力触探击数平均值一览表

背景工程	重型动力触探击数平均值（击）		
	7d	14d	28d
上海市半淞园路电力电缆隧道工程	6.0	—	10.0
苏州轨道交通1号线钟南街站	9.4	11.9	—
武汉葛洲坝国际广场工程	6.6	—	9.5
宁波市福庆路—宁穿路城市道路工程	5.3	—	7.8

通过对上述地区进行搅拌桩取芯强度试验可以得出以下结论：

取芯强度试验是搅拌桩强度检测的常规方法，但由于取芯强度试验周期长，取芯过程中试样扰动较大，并且水泥土搅拌凝固后变得松脆等因素影响，导致取样和试块制作的困难增大，取芯试验强度损失较大，试验结果一般偏小。

由表 6 可见，各地水泥土搅拌桩 28d 取芯强度值为 0.41MPa～6.40MPa，试验结果离散性较大，但一般强度值都在 0.40MPa 以上。如果考虑试验误差，去掉试验值最高的天津高银中央商务区工程试验结果和最低的上海市解放日报大厦工程试验结果，28d 强度平均值为 0.57MPa。搅拌桩强度较目前一般规范和手册上要求的强度值要低。考虑到日本搅拌桩 28d 强度控制值采用 0.50MPa，将目前普遍要求的 28d 无侧限抗压强度值适当降低是合适的。

以上 5 个不同地区工程水泥土搅拌桩 28d 取芯强度值都在 0.40MPa 以上，考虑取芯过程中对芯样的损伤，结合上述对取浆与取芯强度试验的对比，对取芯试块强度值乘以系数 1.2～1.3（平均 1.25）作为水泥土搅拌桩的强度，则工程实际中，对搅拌桩 28d 龄期的无侧限抗压强度取值可定为不小于 0.50MPa。

通过试验发现，水泥土强度不但与龄期有关，还与土层性质有关，在同等条件下，粉质黏土搅拌的水泥土试块强度较粉土、粉砂搅拌的水泥土试块强度低。搅拌桩套打区域与非套打区域的强度未检测到有明显差异。

3）现场原位试验

表 7、表 8、表 9 分别为在上海、天津、宁波、苏州、武汉等地工程进行的静力触探、标准贯入和重型触探三种现场原位试验结果的统计表。

对搅拌桩进行的现场原位试验结果总结如下：

静力触探试验轻便、快捷，能较直观地反映水泥土搅拌桩桩体的成桩质量和强度特性。标准贯入试验

和重型动力触探试验在试验仪器、工作原理方面相似，都是以锤击数作为水泥土搅拌桩强度的评判标准。静力触探、标准贯入和重型动力触探三种原位试验都能比较直观地反应搅拌桩的成桩质量和强度特性。

从试验过程和试验结果看，在上海等软土地区可以进行水泥土搅拌桩 7d、14d 和 28d 龄期的静力触探试验、标准贯入试验和重型动力触探试验。相对来说，标准贯入试验和重型动力触探试验人为因素影响较多一些，误差相对较大，试验精度稍差一些。

基于在上海、天津、苏州、武汉、宁波等地进行的静力触探试验、标准贯入试验和重型动力触探试验发现，随着搅拌桩龄期的增加，静力触探比贯入阻力、标准贯入试验和重型动力触探试验的锤击数都相应增加，规律性较好，这三种方法都可以作为搅拌桩强度检测的辅助方法。

目前静力触探、标准贯入和重型动力触探三种原位试验工程应用经验还较少，尚未建立原位试验结果与搅拌桩强度值之间的对应关系，需要进一步积累资料。

5 搅拌桩强度与渗透系数

型钢水泥土搅拌墙中的水泥土搅拌桩不仅仅起到截水作用，同时还作为受力构件，只是在设计计算中，未考虑其刚度作用。因此，对水泥土搅拌桩的强度指标和渗透系数都需确保满足要求。

根据型钢水泥土搅拌墙的实际工程经验和室内试验结果，当水泥土搅拌桩的强度能得到保证，渗透系数一般在 10^{-7} cm/s 量级，基本上处于不透水的情况。目前型钢水泥土搅拌墙工程和水泥土搅拌桩单作隔水的工程中出现的一些漏水情况，往往是由于基坑变形产生裂缝或水泥土搅拌桩搭接不好引起的。同时，通过室内渗透试验测得的渗透系数一般与实际桩体的渗透系数相差较大。因此，本条重点强调工程中应检测水泥土搅拌桩的桩身强度，如水泥土搅拌桩单独用作与其他支护结构结合的截水帷幕、水利工程中永久性截水帷幕隔水，也可根据设计要求和工程重要性单独进行渗透试验。

6.2.6、6.2.7 表 6.2.6 和表 6.2.7 中关于标高规定的允许偏差中"一"表示在设计标高以下，即"一50mm"表示比设计标高低 50mm，相反"+50mm"表示在设计标高以上 50mm。

6.2.8 该条是指对整个工程的质量进行验收。在执行时，建议抽查验收的桩号与桩体强度抽查时的桩号一致。

中华人民共和国行业标准

施工现场临时建筑物技术规范

Technical code of temporary building of construction site

JGJ/T 188—2009

批准部门：中华人民共和国住房和城乡建设部
施行日期：２０１０年７月１日

中华人民共和国住房和城乡建设部

公 告

第 420 号

关于发布行业标准
《施工现场临时建筑物技术规范》的公告

现批准《施工现场临时建筑物技术规范》为行业标准，编号为 JGJ/T 188-2009，自 2010 年 7 月 1 日起实施。

本规范由我部标准定额研究所组织中国建筑工业出版社出版发行。

中华人民共和国住房和城乡建设部

2009 年 10 月 30 日

前 言

根据原建设部《关于印发〈2007 年工程建设标准规范制订、修订计划（第一批）〉的通知》（建标[2007] 125 号）的要求，规范编制组经广泛调查研究，认真总结实践经验，参考有关国际标准和国外先进标准，并在广泛征求意见的基础上，制定了本规范。

本规范的主要技术内容是：1. 总则；2. 术语；3. 基本规定；4. 基地与总平面；5. 建筑设计；6. 建筑防火；7. 结构设计；8. 建筑设备；9. 施工安装；10. 质量验收；11. 使用与维护；12. 拆除与回收；附录 A 活动房质量检查表；附录 B 建筑设备安装质量检查记录表；附录 C 临时建筑工程质量验收记录表。

本规范由住房和城乡建设部负责管理，由福建建科建筑设计院有限公司负责具体技术内容的解释。执行过程中如有意见或建议，请寄送福建建科建筑设计院有限公司（地址：福州市鼓楼区省府路 83 号运管大厦七层，邮编 350001，E-mail：codetemp@163.com）。

本 规 范 主 编 单 位：福建建科建筑设计院有限公司
　　　　　　　　　　　中国建筑第七工程局有限公司

本 规 范 参 编 单 位：福建省工程建设科学技术标准化协会

本 规 范 参 加 单 位：福建省建筑设计研究院
　　　　　　　　　　　福建二建建设集团公司
　　　　　　　　　　　福建六建建设集团有限公司
　　　　　　　　　　　中建七局第三建筑有限公司
　　　　　　　　　　　福建省建设工程质量安全监督总站
　　　　　　　　　　　榕东活动房股份有限公司
　　　　　　　　　　　莆田学院
　　　　　　　　　　　中南大学防灾科学与安全技术研究所
　　　　　　　　　　　陕西省建设工程质量安全监督总站

本规范主要起草人员：王韶国　陈国灿　焦安亮
　　　　　　　　　　　梁章旋　王建国　晏　音
　　　　　　　　　　　程宏伟　林卫东　郭筱莹
　　　　　　　　　　　陈汉民　吴平春　刘忠群
　　　　　　　　　　　薛经秋　王世杰　杨家轩
　　　　　　　　　　　王凤官　徐志胜　姚建强
　　　　　　　　　　　塚本博亮

本规范主要审查人员：叶可明　温伯银　王　甦
　　　　　　　　　　　郝玉柱　张忠庚　李达明
　　　　　　　　　　　郑云河　宋　波　冯　凯

目次

Contents

1 总 则

1.0.1 为加强房屋建筑工程和市政公用工程施工现场临时建筑物工程建设和使用管理，保障作业人员的安全和健康，保护生态环境，节约资源，规范施工现场临时建筑物的建设和使用，制定本规范。

1.0.2 本规范适用于房屋建筑工程和市政公用工程施工现场临时建筑物的设计、施工安装、验收、使用与维护、拆除与回收。

1.0.3 施工现场临时建筑物的建设和使用应执行国家有关节能、节地、节水、节材和环境保护等法规。

1.0.4 本规范规定了施工现场临时建筑物的建设、使用、拆除及回收的基本技术要求。当本规范与国家法律、行政法规的规定相抵触时，应按国家法律、行政法规的规定执行。

1.0.5 施工现场临时建筑物的建设、使用、拆除及回收除应符合本规范外，尚应符合国家现行有关标准的规定。

2 术 语

2.0.1 施工现场 construction site

房屋建筑工程、市政公用工程的施工作业区、办公区和生活区。

2.0.2 施工现场临时建筑物 temporary building of construction site

施工现场使用的暂设性的办公用房、生活用房、围挡等建（构）筑物，简称临时建筑。

2.0.3 装配式活动房 prefabricated mobile house

以轻钢为主要受力构件和轻质板材做围护，能够方便快捷地进行组装与拆卸，可重复使用的建筑物，简称活动房。

2.0.4 轻型屋面砌体建筑 masonry building with light roof

采用块材砌筑的墙体、轻型瓦材和木（或钢木）屋架、轻钢屋架组成的暂设性建筑，简称砌体建筑。

2.0.5 拆卸 disassemble

将装配式建筑的构、配件拆解并卸下的过程。

2.0.6 拆除 demolition

对建筑物无法重复使用的构件进行肢解、破碎、拆毁的过程。

3 基 本 规 定

3.0.1 临时建筑应由专业技术人员编制施工组织设计，并应经企业技术负责人批准后方可实施。临时建筑的施工安装、拆卸或拆除应编制施工方案，并应由专业人员施工、专业技术人员现场监督。

3.0.2 临时建筑建设场地应具备路通、水通、电通、讯通和平整的条件。

3.0.3 临时建筑、施工现场、道路及其他设施的布置应符合消防、卫生、环保和节约用地的有关要求。

3.0.4 临时建筑层数不宜超过两层。

3.0.5 临时建筑设计使用年限应为 5 年。

3.0.6 临时建筑结构选型应遵循可循环利用的原则，并应根据地理环境、使用功能、荷载特点、材料供应和施工条件等因素综合确定。

3.0.7 临时建筑不宜采用钢筋混凝土楼面、屋面结构；严禁采用钢管、毛竹、三合板、石棉瓦等搭设简易的临时建筑物；严禁将夹芯板作为活动房的竖向承重构件使用。

3.0.8 临时建筑所采用的原材料、构配件和设备等，其品种、规格、性能等应满足设计要求并符合国家现行标准的规定，不得使用已被国家淘汰的产品。

3.0.9 活动房主要承重构件的设计使用年限不应小于 20 年，并应有生产企业、生产日期等标志。活动房构件的周转使用次数不宜超过 10 次，累计使用年限不宜超过 20 年。当周转使用次数超过 10 次或累计使用年限超过 20 年时，应进行质量检测，合格后方可继续使用。

3.0.10 临时建筑应根据当地气候条件，采取抵抗风、雪、雨、雷电等自然灾害的措施。

4 基地与总平面

4.1 基 地

4.1.1 临时建筑不应建造在易发生滑坡、坍塌、泥石流、山洪等危险地段和低洼积水区域，应避开水源保护区、水库泄洪区、濒险水库下游地段、强风口和危房影响范围，且应避免有害气体、强噪声等对临时建筑使用人员的影响。

4.1.2 当临时建筑建造在河沟、高边坡、深基坑边时，应采取结构加强措施。

4.1.3 临时建筑不应占压原有的地下管线；不应影响文物和历史文化遗产的保护与修复。

4.1.4 临时建筑的选址与布局应与施工组织设计的总体规划协调一致。

4.2 总 平 面

4.2.1 办公区、生活区和施工作业区应分区设置，且应采取相应的隔离措施，并应设置导向、警示、定位、宣传等标识。

4.2.2 办公区、生活区宜位于建筑物的坠落半径和塔吊等机械作业半径之外。

4.2.3 临时建筑与架空明设的用电线路之间应保持安全距离。临时建筑不应布置在高压走廊范围内。

4.2.4 办公区应设置办公用房、停车场、宣传栏、密闭式垃圾收集容器等设施。

4.2.5 生活用房宜集中建设、成组布置，并宜设置室外活动区域。

4.2.6 厨房、卫生间宜设置在主导风向的下风侧。

5 建 筑 设 计

5.1 一 般 规 定

5.1.1 临时建筑各类用房的功能配置，应根据建设规模与现场情况确定。

5.1.2 临时建筑的平面设计应根据场地条件、使用要求、结构选型、生产制作等情况确定，并应符合现行国家标准《建筑模数协调统一标准》GBJ 2 的规定。

5.1.3 餐厅、资料室应设在临时建筑的底层，会议室宜设在临时建筑的底层。

5.1.4 办公用房、宿舍宜采用活动房，围挡宜选用彩钢板。

5.1.5 临时建筑的体形宜规整，应有自然通风和采光，并应满足节能要求。

5.1.6 临时建筑外窗可开启面积不应小于整窗面积的30%，并应有良好的气密性、水密性和保温隔热性能。办公用房和宿舍的窗地面积比不宜小于1/7。

5.1.7 严寒和寒冷地区外门应采取防寒措施。夏热冬暖和夏热冬冷地区的外窗宜设置外遮阳。

5.1.8 屋面、外墙、外门窗应采取防止雨、雪渗漏的措施。

5.1.9 临时建筑地面应采取防水、防潮、防虫等措施，且应至少高出室外地面150mm。临时建筑周边应排水通畅、无积水。

5.1.10 临时建筑屋面应为不上人屋面。

5.2 办 公 用 房

5.2.1 办公用房宜包括办公室、会议室、资料室、档案室等。

5.2.2 办公用房室内净高不应低于2.5m。

5.2.3 办公室的人均使用面积不宜小于4m²，会议室使用面积不宜小于30m²。

5.3 生 活 用 房

5.3.1 生活用房宜包括宿舍、食堂、餐厅、厕所、盥洗室、浴室、文体活动室等。

5.3.2 宿舍应符合下列规定：

1 宿舍内应保证必要的生活空间，人均使用面积不宜小于2.5m²，室内净高不应低于2.5m。每间宿舍居住人数不宜超过16人。

2 宿舍内应设置单人铺，层铺的搭设不应超过2层。

3 宿舍内宜配置生活用品专柜，宿舍门外宜配置鞋柜或鞋架。

5.3.3 食堂应符合下列规定：

1 食堂与厕所、垃圾站等污染源的距离不宜小于15m，且不应设在污染源的下风侧。

2 食堂宜采用单层结构，顶棚宜吊顶。

3 食堂应设置独立的操作间、售菜（饭）间、储藏间和燃气罐存放间。

4 操作间应设置冲洗池、清洗池、消毒池、隔油池；地面应做硬化和防滑处理。

5 食堂应配备机械排风和消毒设施。操作间油烟应经处理后方可对外排放。

6 食堂应设置密闭式泔水桶。

5.3.4 厕所、盥洗室、浴室应符合下列规定：

1 施工现场应设置自动水冲式或移动式厕所。

2 厕所的厕位设置应满足男厕每50人、女厕每25人设1个蹲便器，男厕每50人设1m长小便槽的要求。蹲便器间距不应小于900mm，蹲位之间宜设置隔板，隔板高度不宜低于900mm。

3 盥洗间应设置盥洗池和水嘴。水嘴与员工的比例宜为1:20，水嘴间距不宜小于700mm。

4 淋浴间的淋浴器与员工的比例宜为1:20，淋浴器间距不宜小于1000mm。

5 淋浴间应设置储衣柜或挂衣架。

6 厕所、盥洗室、淋浴间的地面应做硬化和防滑处理。

5.3.5 施工现场宜单独设置文体活动室，使用面积不宜小于50m²。

6 建 筑 防 火

6.0.1 临时建筑场地应设有消防车道，且消防车道的宽度不应小于4.0m，净空高度不应小于4.0m。

6.0.2 临时建筑的耐火等级、最多允许层数、最大允许长度、防火分区的最大允许建筑面积应符合表6.0.2的规定。

表 6.0.2 临时建筑的耐火等级、最多允许层数、最大允许长度、防火分区的最大允许建筑面积

临时建筑	耐火等级	最多允许层数	最大允许长度（m）	防火分区的最大允许建筑面积（m²）
宿舍	四级	2	60	600
办公用房	四级	2	60	600
食堂	四级	1	60	600

6.0.3 防火间距应符合下列规定：

1 临时建筑距易燃易爆危险物品仓库等危险源的距离不应小于 16m。

2 对于成组布置的临时建筑，每组数量不应超过 10 幢，幢与幢之间的间距不应小于 3.5m，组与组之间的间距不应小于 8.0m。

6.0.4 安全疏散应符合下列规定：

1 临时建筑的安全出口应分散布置。每个防火分区、同一防火分区的每个楼层，其相邻两个安全出口最近边缘之间的水平距离不应小于 5.0m。

2 对于两层临时建筑，当每层的建筑面积大于 200m² 时，应至少设两个安全出口或疏散楼梯；当每层的建筑面积不大于 200m² 且第二层使用人数不超过 30 人时，可只设置一个安全出口或疏散楼梯。当临时建筑超过两层时，应按现行国家规范《建筑设计防火规范》GB 50016 执行。

3 房间门至疏散楼梯的距离不应大于 25.0m，采用自熄性轻质材料做芯材的彩钢夹芯板作围护结构的房间门至疏散楼梯的距离不应大于 15.0m。

4 疏散楼梯和走廊的净宽度不应小于 1.0m，楼梯扶手高度不应低于 0.9m，外廊栏杆高度不应低于 1.05m。

6.0.5 使用温度超过 80℃ 的场所，不应采用自熄性轻质材料做芯材的彩钢夹心板。

6.0.6 厨房墙体的耐火极限不应低于 0.50h。厨房灶具、烟道等高温部位应采取防火隔热措施。

6.0.7 每 100m² 临时建筑应至少配备两具灭火级别不低于 3A 的灭火器，厨房等用火场所应适当增加灭火器的配置数量。

7 结构设计

7.1 一般规定

7.1.1 临时建筑的结构设计应采用以概率理论为基础的极限状态设计方法，以分项系数设计表达式进行计算。

7.1.2 临时建筑结构应按照承载能力极限状态和正常使用极限状态进行设计。

7.1.3 临时建筑结构设计应满足抗震、抗风要求，并应进行地基和基础承载力计算。

7.1.4 临时建筑的结构安全等级不应低于三级；结构重要性系数不应小于 0.9。

7.1.5 临时建筑的抗震设防类别应为丁类。

7.1.6 临时建筑的结构计算模型应符合其主要受力特征和构造状况。

7.1.7 临时建筑的结构体系应符合下列规定：

1 应采用几何不变体系；

2 结构布置宜规则、对称，质量和刚度沿建筑物高度方向的变化宜均匀；

3 所有构件之间应有可靠的连接和必要的锚固、支撑，保证结构的刚度和整体性；

4 应具有直接、合理的传力途径。

7.1.8 办公用房、宿舍宜采用钢框架、钢排架或门式刚架等承重结构体系；食堂宜选用钢框架或门式刚架等轻型钢结构承重结构体系。

7.1.9 活动房和砌体建筑的层高、总高度及跨度限值不宜超过表 7.1.9 的规定。

表 7.1.9 活动房和砌体建筑的层高、总高度及跨度限值

结构类型	层数	层高(m)	总高度(m)	跨度(m)
活动房	单层	5.5	5.5	9.1
	二层	3.5	6.5	9.1
砌体建筑	单层	4.0	4.0	6.0

7.1.10 附着在临时建筑上的设施、设备应与主体结构有可靠的连接，并应进行受力验算。

7.1.11 钢结构主要受力构件的防火保护层应根据临时建筑的耐火等级进行设计。

7.1.12 在活动房的设计文件中应明确钢材除锈等级与方法、防火与防腐涂料性能及涂层厚度等要求。

7.1.13 活动房闭口截面构件沿全长和端部均应焊接封闭。当主构件采用两根 C 型薄壁型钢焊接制作时，应在 C 型薄壁型钢外侧接缝处进行防水密封处理。

7.2 材 料

7.2.1 现浇混凝土强度等级不应低于 C20，预制混凝土构件的强度等级不应低于 C25。

7.2.2 钢筋混凝土构件用的纵向受力钢筋宜选用 HRB400 级和 HRB335 级热轧钢筋，箍筋宜选用 HRB335、HPB235 级热轧钢筋。

7.2.3 活动房承重结构用的钢材宜根据结构形式、荷载特征以及工作环境等因素综合选用，并应符合下列规定：

1 冷弯薄壁型钢、轻型热轧钢、圆钢拉杆和连结钢板等，应采用符合现行国家标准《碳素结构钢》GB/T 700 的 Q235 钢或《低合金高强度结构钢》GB/T 1591 的 Q345 钢。

2 冷弯薄壁型钢的性能指标应满足现行国家标准《冷弯型钢》GB/T 6725 及相关标准的要求。

7.2.4 钢材的强度设计值、性能指标应满足现行国家标准《钢结构设计规范》GB 50017 和《冷弯薄壁型钢结构技术规范》GB 50018 的要求，并应符合下列规定：

1 经退火、焊接和热镀锌等处理的冷弯薄壁型钢构件不得采用冷弯效应的强度设计值。

2 采用厚度小于 4mm 的钢材或冷弯薄壁型钢时，钢材的强度设计值应降低 5%。

7.2.5 承重砌体材料的选用应符合下列规定：

1 烧结多孔砖、蒸压粉煤灰砖、蒸压灰砂砖的强度等级不应低于 MU10。

2 混凝土砌块的强度等级不应低于 MU5.0。

3 石材的强度等级不应低于 MU20。

4 砌筑砂浆强度等级不应低于 M2.5。

7.2.6 轻型瓦材屋面用承重木材的强度等级应符合现行国家标准《木结构设计规范》GB 50005 的规定。

7.2.7 压型钢板可选用具有 PE 涂层的彩钢板或镀锌钢板。用于非承重的彩钢板厚度不应小于 0.4mm；彩钢板用于屋面时，彩钢板的厚度不应小于 0.5mm。

7.2.8 用于承重彩钢夹芯板的芯材体积密度不应小于 15kg/m³，用于非承重彩钢夹芯板的芯材体积密度不应小于 12kg/m³；板与芯材的粘结强度不应小于 0.1MPa。

7.2.9 计算下列情况的结构构件和连接时，本规范第 7.2.4 条规定的强度设计值，应乘以下列相应的折减系数：

1 平面格构式檩条的端部主要受压腹杆：0.85；

2 单面连接的单角钢杆件：

1）按轴心受力计算构件强度和连接：0.85；

2）按轴心受压计算构件稳定性：0.6 +0.0014λ；

注：其中 λ 为杆件的长细比。

3 两构件的连接采用搭接或其间填有垫板的连接以及单盖板的不对称连接：0.90。

上述几种情况同时存在时，其折减系数应连乘。

7.3 荷载与荷载效应

7.3.1 楼面均布活荷载标准值及其组合值系数应符合表 7.3.1 的规定。

表 7.3.1 楼面均布活荷载标准值及其组合值系数

序 号	类 别	标准值（kN/m²）	组合值系数（Ψ_c）
1	宿舍	2.0	0.7
2	走廊、楼梯	3.5	0.7
3	办公室	2.0	0.7
4	会议室	2.0	0.7
5	食堂	2.5	0.7
6	资料室	2.5	0.9
7	不上人屋面	0.5	0.7

注：1 屋面均布活荷载与雪荷载不同时考虑，应取两者中的较大值；

2 栏杆顶部水平荷载宜取 1.0kN/m；

3 当实际荷载较大时，应按实际情况取值；

4 表中未列出的楼面均布活荷载标准值应按现行国家标准《建筑结构荷载规范》GB 50009 执行。

7.3.2 风荷载、雪荷载的取值应按现行国家标准《建筑结构荷载规范》GB 50009 执行。

7.3.3 临时建筑结构在永久荷载、可变荷载作用下的内力和变形宜采用弹性分析的方法计算。

7.3.4 分析临时建筑结构的刚架、屋架、檩条的内力时，应考虑由于负风压作用引起构件内力变化的不利影响，且永久荷载的荷载分项系数应取 1.0。

7.3.5 临时建筑结构构件按承载能力极限状态设计时，应根据现行国家标准《建筑结构荷载规范》GB 50009 的要求采用荷载效应的基本组合进行计算。

7.3.6 临时建筑结构构件按正常使用极限状态设计时，应采用荷载效应的标准组合计算变形，并应符合相关变形限值的要求。

7.3.7 计算临时建筑结构构件和连接时，荷载效应组合、荷载分项系数、荷载组合系数的取值，应满足现行国家标准《建筑结构荷载规范》GB 50009 的有关要求。

7.4 地基与基础

7.4.1 基础应埋入稳定土层，埋置深度不宜小于 0.3m，严寒与寒冷地区基础埋深应符合现行行业标准《冻土地区建筑地基基础设计规范》JGJ 118 的有关规定。

7.4.2 同一结构单元的基础宜采用同一类型，基础底面宜埋置在同一标高上，当基础底面不在同一标高上时，应按 1∶2 的台阶逐步放坡。

7.4.3 临时建筑宜采用天然地基，并应符合下列规定：

1 地基承载力特征值不应小于 60kPa，当遇到松散填土、暗浜时，应根据地基承载力要求进行地基处理或加固；

2 对于符合本规范表 7.1.9 限值的临时建筑，可按照工程项目或邻近场地的岩土工程勘察报告进行地基承载力验算；

3 对于不符合本规范表 7.1.9 限值的临时建筑，应按照临时建筑所在位置的岩土工程勘察报告进行地基承载力验算。

7.4.4 活动房宜采用预制混凝土基础。活动房基础设计除应满足现行国家标准《建筑地基基础设计规范》GB 50007 和《混凝土结构设计规范》GB 50010 的有关要求外，尚应符合下列规定：

1 单层活动房的基底宽度不应小于 300mm，厚度不应小于 150mm；

2 两层活动房的基底宽度不应小于 500mm，厚度不应小于 200mm。

7.4.5 砌体建筑、砌体围挡宜采用砖、石砌筑的条形基础或混凝土条形基础；基础的构造和尺寸应满足现行国家标准《建筑地基基础设计规范》GB 50007

的规定外，尚应符合下列规定：

1 基底宽度不应小于 300mm，厚度不应小于 150mm；

2 软弱土层上的砌体条形基础应设置地圈梁。地圈梁宽度不宜小于 200mm，高度不应小于 120mm；纵向钢筋不应小于 4φ12，箍筋直径不应小于 φ6，箍筋间距不应大于 250mm；

3 砌体围挡基础顶面宜高出地面 0.2m。

7.4.6 彩钢板围挡宜采用预制混凝土基础，基础的构造和尺寸除应满足现行国家标准《建筑地基基础设计规范》GB 50007 的要求外，尚应符合下列规定：

1 基础宽度不应小于 300mm；

2 基础厚度不应小于 150mm。

7.4.7 湿陷性黄土、膨胀土等特殊地质上的地基基础应按国家现行有关标准的规定进行处理。

7.5 活动房设计与构造要求

7.5.1 活动房的设计应遵循标准化、定型化及通用化的原则。

7.5.2 活动房结构构件设计应符合现行国家标准《冷弯薄壁型钢结构技术规范》GB 50018、《钢结构设计规范》GB 50017 的规定。

7.5.3 活动房节点应按照通用性强、连接可靠、坚固耐用、适应多次拆装的原则进行设计；各结构构件之间的连接应采用螺栓连接，不得采用现场焊接。

7.5.4 钢柱脚可采用预埋锚栓与柱脚板连接的外露式做法，并应符合下列规定：

1 柱脚底面应至少高出室内地面 50mm；

2 门式刚架结构承重体系可采用铰接柱脚；钢排架、钢框架承重体系应采用刚接柱脚；

3 柱脚锚栓应采用 Q235 钢或 Q345 钢制作，直径不宜小于 16mm，数量不应少于 4 根。锚固长度不宜小于锚栓直径的 25 倍；当锚栓的锚固长度小于锚栓直径的 25 倍时，可加锚板，锚板厚度不宜小于 12mm。

7.5.5 活动房的节点构造应符合下列规定：

1 活动房杆件的轴线宜汇交于节点中心；

2 钢排架承重体系中的梁与柱或主梁与次梁之间应采用直径不小于 12mm 的螺栓连接，连接螺栓的数量应根据计算确定，并不应少于 2 个。

7.5.6 活动房的柱间垂直支撑宜分布均匀，并应符合下列规定：

1 当采用钢排架轻型钢结构承重体系时，在山墙、端跨应设置外墙柱间垂直支撑，中间跨应间隔设置柱间垂直支撑。长度每超过 18m 应增设一道隔墙，并应符合山墙的规定；

2 当采用钢框架或门式刚架轻型钢结构承重体系时，在山墙、两端跨和外墙纵向长度每 45m 应设置一道柱间垂直支撑；

3 当采用带花篮式调节螺栓的交叉圆钢作为外墙柱间垂直支撑时，圆钢的直径不应小于 10mm，圆钢与构件的夹角应在 30°～60°之间，宜为 45°；

4 当房屋高度大于 1.6 倍的柱距时，柱间垂直支撑宜分层设置。

7.5.7 当采用钢排架轻型钢结构承重体系时，应设置屋面垂直支撑，并应符合下列规定：

1 在设置纵向柱间垂直支撑的开间应同时设置屋面垂直支撑；

2 当屋架跨度不大于 6m 时，沿跨度方向设置的屋面垂直支撑不应少于 2 道；

3 当屋架跨度大于 6m 时，沿跨度方向设置的屋面垂直支撑不应少于 3 道。

7.5.8 活动房屋面水平支撑的设置应符合下列规定：

1 设置纵向柱间支撑的开间宜同时设置屋面横向水平支撑。当采用钢排架轻型钢结构承重体系时，宜在屋架的上、下弦同时设置屋面横向水平支撑；

2 未设置屋面垂直支撑的屋架间，相应于屋面垂直支撑的屋架上、下弦节点处应沿房屋纵向设置通长的刚性系杆；

3 在柱顶、屋脊处设置沿房屋纵向通长的刚性系杆，刚性系杆可由檩条兼作，檩条应按压弯杆件验算其强度、刚度和稳定性；

4 由支撑斜杆组成的水平桁架，其直腹杆应按刚性系杆考虑。

7.5.9 山墙屋架的腹杆与山墙立柱宜上下对齐，在立柱与腹杆连接处沿立柱内、外两侧应设置长度不小于 2m 的条形连接件，并应采用螺栓连接。

7.5.10 楼板、屋面板应与主体结构可靠连接，并应符合下列规定：

1 采用木楼板时，宜将木格栅和木楼板预制成标准的装配单元，木楼板装配单元的支承长度不应小于 35mm。木格栅的间距不应大于 600mm。木格栅可采用矩形、木基材工字形截面，截面尺寸应通过计算确定；

2 上弦节点处的檩条与屋架上弦应通过檩托板用螺栓连接；

3 穿透屋面螺栓处应采取防渗漏措施。

7.5.11 活动房结构构件的厚度应符合下列规定：

1 主要承重构件的钢板厚度不应小于 2.0mm，且不宜大于 6.0mm；用于檩条和墙梁的冷弯薄壁型钢的壁厚不应小于 1.5mm；用于 H 型钢主刚架的钢板厚度不宜小于 2.3mm；

2 结构构件中受压板件的最大宽厚比应符合现行国家标准《冷弯薄壁型钢结构技术规范》GB 50018 的规定。

7.5.12 构件的允许长细比不宜超过表 7.5.12 的限值。

表 7.5.12　构件的允许长细比

构　件　类　别	允许长细比
主要承重构件 （如受压柱、梁式桁架中的受压杆等）	150
其他构件及支撑	200
受拉构件	350
门式刚架	180

注：张紧的圆钢拉条的长细比不受此限。

7.5.13　活动房的层间位移不宜大于柱高的 1/150；当采用门式刚架时，层间位移不宜大于柱高的 1/60。

7.5.14　受弯构件的允许挠度应符合表 7.5.14 的规定。

表 7.5.14　受弯构件的允许挠度

构　件　类　别	允许竖向挠度
楼（屋）面梁、桁架	$L/200$
檩条、楼面板、屋面板、围护墙板	$L/150$
门式刚架	$L/180$
悬挑构件	$L/400$

注：L 为受弯构件的长度。

7.5.15　走道托架应采用螺栓与结构柱可靠连接，当走廊宽度超过 1.0m 时，走道托架端部应设置落地柱。

7.5.16　活动房结构构件不宜采取对接焊接的方式进行拼接，当需要采用焊接时，焊接的形式、焊缝质量等级要求、焊接质量保证措施等除应满足现行国家标准《冷弯薄壁型钢结构技术规范》GB 50018 的要求外，尚应符合下列规定：

1　梁、柱的拼接应设置在杆件内力较小的节间内，且应与杆件等强；

2　每根构件的接头不应超过 1 个；

3　焊接材料应与主体金属材料相匹配，当不同强度等级的钢材连接时，可采用与低强度钢材相适应的焊条；

4　焊缝的布置宜对称于构件的形心轴。

7.6　砌体建筑设计与构造要求

7.6.1　砌体建筑的结构静力计算应采用刚性方案，横墙间距不应大于 16m，并应符合下列规定：

1　墙体布置应闭合，纵横墙的布置宜均匀对称，在平面内宜对齐；同一轴线上的窗间墙宽度宜均匀；纵、横交接处应有拉结措施；烟道、通风道等竖向孔道不应削弱墙体承载力；

2　横墙中开有洞口时，洞口的水平截面面积不应超过横墙面积的 50%；

3　横墙长度不宜小于其高度；

4　承重墙厚度不宜小于 180mm。

7.6.2　砌体建筑的屋盖宜采用钢木或轻钢屋架。

7.6.3　砌体建筑应在屋架下设置闭合的钢筋混凝土圈梁，并应符合下列规定：

1　圈梁宽度应与墙厚相同，高度不应小于 120mm，圈梁纵向配筋不应少于 4φ10，钢筋搭接长度应根据受拉钢筋确定，箍筋宜为 φ6@250mm；

2　纵横墙交接处的圈梁应有可靠的连接；

3　圈梁与屋盖之间应采取可靠的锚固措施。

7.6.4　砌体建筑应在外墙、大房间四角设置钢筋混凝土构造柱，并应符合下列规定：

1　构造柱与墙体的连接处的墙体应砌成马牙槎；

2　应沿墙高每隔 500mm 设 2φ6 拉结钢筋，每边伸入墙内不少于 1m。

7.6.5　屋盖应有足够的承载力和刚度；屋架端部应用直径不小于 φ14 的锚栓与圈梁或构造柱锚固，锚栓的数量应经过计算确定，且不应少于 2 根。

7.6.6　檩条与屋架上弦锚固应根据屋架跨度、支撑方式及使用条件选用螺栓或其他可靠的锚固方法。

7.6.7　屋盖应根据结构的形式和跨度、屋面构造及荷载等情况选用上弦横向支撑或垂直支撑。

7.7　围　挡

7.7.1　围挡宜选用彩钢板、砌体等硬质材料搭设，并应保证施工作业人员和周边行人的安全。

7.7.2　在软土地基上、深基坑影响范围内、城市主干道、流动人员较密集地区及高度超过 2m 的围挡应选用彩钢板。

7.7.3　彩钢板围挡应符合下列规定：

1　围挡的高度不宜超过 2.5m；

2　当高度超过 1.5m 时，宜设置斜撑，斜撑与水平地面的夹角宜为 45°；

3　立柱的间距不宜大于 3.6m；

4　横梁与立柱之间应采用螺栓可靠连接；

5　围挡应采取抗风措施。

7.7.4　砌体围挡的高厚比、强度应符合现行国家标准《砌体结构设计规范》GB 50003 的规定。

7.7.5　砌体围挡的结构构造应符合下列规定：

1　砌体围挡不应采用空斗墙砌筑方式；

2　砌体围挡厚度不宜小于 200mm，并应在两端设置壁柱，壁柱尺寸不宜小于 370mm×490mm，壁柱间距不应大于 5.0m；

3　单片砌体围挡长度大于 30m 时，宜设置变形缝，变形缝两侧均应设置端柱；

4　围挡顶部应采取防雨水渗透措施；

5　壁柱与墙体间应设置拉结钢筋，拉结钢筋直径不应小于 6mm，间距不应大于 500mm，伸入两侧墙内的长度均不应小于 1000mm。

8 建筑设备

8.1 一般规定

8.1.1 建筑设备设计应做到安全可靠、经济合理、维护管理方便，并应整体协调。

8.1.2 临时建筑应考虑声、光、废弃物等对环境的影响，并应采取综合治理措施，确保周边环境安全。

8.1.3 临时建筑应采用节能和节水措施，并应采用节能型设备和节水型器具。

8.2 给水排水

8.2.1 临时建筑宜设置室内、外给水排水系统。

8.2.2 临时建筑的市政引入管上应设水表，各用水点可根据管理的需要分别设置水表。

8.2.3 临时建筑的水源可采用市政水源或自备水源。生活给水的饮用水系统、杂用水系统和热水系统的水质应满足使用要求，并应符合国家现行有关卫生标准的规定。

8.2.4 临时建筑的用水定额，宜根据用途、卫生器具完善程度和区域条件等因素，按现行国家标准《建筑给水排水设计规范》GB 50015 及有关标准确定。

8.2.5 生活给水系统应充分利用城镇给水管网的水压直接供水。当城镇管网的压力无法满足使用要求，且供水条件许可时，宜采用管网叠压供水方式。

8.2.6 市政引入管严禁与自备水源供水管道直接连接。生活饮用水管网严禁与非饮用水管网连接。严禁生活饮用水管道与大便器（或槽）直接连接。

8.2.7 临时建筑的生活用水和施工用水，应在引入管后分成各自独立的给水管网，其中施工用水管网的起端应采取防回流污染措施。

8.2.8 当采用非饮用水或自备水源作为施工、冲洗和浇洒等用水时，应采取防止误饮误用的措施。

8.2.9 生活饮用水池（或水箱）应与其他用水的水池（或水箱）分开设置，且应有明显的标识。生活饮用水池（或水箱）应采用独立的结构形式，不宜埋地设置，且应采取防污染措施。

8.2.10 临时建筑各用水点压力应满足使用要求。各配水横管的给水压力大于 0.35MPa 时，应设置减压或调压设施。

8.2.11 室内、外给水系统应采用卫生安全、耐压、耐腐蚀、连接密封性好的管材、配件和阀门，并应采取有效措施防止管网漏损现象。

8.2.12 在严寒地区和寒冷地区等有可能结冻的场所，给水排水管道和设施应采取防冻措施。

8.2.13 临时建筑宜设置饮水供应点，饮水供应点不得设在易被污染的场所。

8.2.14 浴室等场所宜设置热水供应系统。热水供应

系统热源的选择，应根据施工现场、当地气候和自然资源条件综合确定，宜优先利用可再生能源。

8.2.15 燃气热水器、电热水器必须带有保证使用安全的装置。当采用燃气作为热源时，除平衡式燃气热水器外，其他燃气热水器不得设置在淋浴室内，并应设置可靠的通风排气设施。

8.2.16 卫生器具内无水封时，在室内排水沟与室外排水管道连接处应设置水封装置，且水封深度不得小于 50mm。

8.2.17 生活饮用水储水箱（或水池）的泄水管和溢流管、开水器和热水器的排水管不得与污、废水管道系统直接连接，应采取间接排水的方式。

8.2.18 食堂内排水宜与其他排水系统分开单独设置，并应采取隔油处理措施。

8.2.19 化粪池距离地下水取水构筑物不得小于 30m。

8.2.20 室内、外排水应有组织地排放，不得污染周边环境和水体。

8.2.21 排水系统应按污水和雨水分流的原则设计。在水资源紧缺地区，宜根据施工现场和区域降雨情况，采取雨水收集回用的措施。

8.2.22 排入城市下水道、明沟（或明渠）和自然水体的污、废水应根据排放要求进行处理，并应达到规定的排放标准。

8.2.23 临时建筑消防给水设置应根据各类用房的性质、面积、层数等因素，按照国家现行有关防火规范执行。

8.3 采暖、通风与空调

8.3.1 严寒地区和寒冷地区临时建筑宜设采暖设施。

8.3.2 最热月平均室外气温不低于 25℃地区的临时建筑可设置空调设备。

8.3.3 当办公室、会议室、宿舍、文体活动室及餐厅等房间设置空调时，夏季室内设计温度不宜低于 26℃，冬季室内设计温度不宜高于 18℃。

8.3.4 当公共浴室设置采暖设施时，采暖室内设计温度宜为 25℃，并应有防止烫伤的措施。

8.3.5 临时建筑内严禁采用明火采暖。

8.3.6 设置空调及采暖时，宜采用单元式空调机或多联式空调机。

8.3.7 除电力充足和供电政策支持外，不应采用直接电热式采暖供热设备。

8.3.8 浴室、厕所、盥洗室等，当利用自然通风不能满足室内卫生要求时，应设置机械通风，其排风换气次数不应小于 10 次/h。

8.3.9 空调室外机应统一安装，其安装位置应统一设计。室外机应设置在通风良好、便于散热的地方，并应避开人行通道。

8.3.10 空调设备的冷凝水应有组织排放。冷凝水不

应直接与污水管或雨水管连接。

8.4 电　气

8.4.1 临时建筑的低压配电应采用交流 50Hz、220/380V。当由施工专用变压器或独立变压器供电时，低压配电系统接地形式应采用 TN 系统；当由地区共用低压电网供电时，低压配电系统接地形式应与原系统一致。

8.4.2 变配电室设置应符合下列规定：

1 应靠近电源进线侧，不宜设在多尘、水雾或有腐蚀性气体的场所。当无法远离多尘、水雾或有腐蚀性气体的场所时，不应设在污染源的下风侧；

2 不应设在有剧烈振动或有易燃易爆物的场所；

3 不应设在厕所、浴室、厨房或其他经常积水场所的正下方，也不宜与厕所、浴室、厨房或其他经常积水场所贴邻。

8.4.3 自备发电机电源必须与城市供电线路电源连锁，严禁并列运行。

8.4.4 室外配电采用架空线路时，架空线必须采用绝缘导线。架空线必须架设在专用电杆上，严禁架设在树木、脚手架及其他设施上。

8.4.5 接户线的档距不宜大于 25m，档距超过 25m 时，宜设接户杆。

8.4.6 接户线在档距内不得有接头，进线处离地高度不得小于 2.5m，进户线过墙处应穿管保护。接户线最小截面应符合表 8.4.6 规定。

表 8.4.6　接户线最小截面

接户线架设方式	接户线长度（m）	接户线截面（mm²）	
		铜　线	铝　线
架空或沿墙敷设	10～25	6.0	10.0
	<10	4.0	6.0

8.4.7 室外配电采用电缆线路时，严禁沿地面明敷。电缆线路应采用悬挂式架空或埋地敷设，并应避免机械损伤和介质腐蚀。

8.4.8 室内配线必须采用绝缘导线或电缆。木屋盖吊顶内的电线应采用金属管配线，或采用带金属保护层的绝缘导线。

8.4.9 室内配线应根据配线类型采用瓷瓶、瓷（或塑料）夹、嵌绝缘槽、穿电工套管、金属线槽、阻燃型刚性塑料导管（或槽）或钢索敷设。

8.4.10 电器和导体的选择、配电线路的保护和敷设，应符合现行国家标准《低压配电设计规范》GB 50054 的有关规定。

8.4.11 每幢临时建筑进线处应设置电源箱，并应设置具有隔离作用及短路保护、过负载保护和接地故障保护作用的电器。

8.4.12 漏电保护器的选择应符合现行国家标准《剩余电流动作保护电器的一般要求》GB/Z 6829 和《剩余电流动作保护装置安装和运行》GB 13955 的规定。

8.4.13 临时建筑的照明应优先采用高效光源和节能灯具。照度应符合现行国家标准《建筑照明设计标准》GB 50034 的有关规定。

8.4.14 照明方式的确定应符合下列规定：

1 工作场所应设置一般照明。

2 同一场所内的不同区域有不同照度要求时，应采用分区一般照明。

3 对于部分作业面照度要求较高，只采用一般照明不能满足要求的场所，宜采用混合照明。

8.4.15 照明控制方式的选择应符合下列规定：

1 应充分利用天然光并根据天然光的照度变化控制各分区的电气照明。

2 根据照明使用特点，可采取分区控制灯光或适当增设照明开关。

8.4.16 白炽灯、卤钨灯、荧光高压汞灯及其镇流器等不应直接安装在木构件等可燃材料上。

直接安装在可燃材料表面的灯具，应采用标有 Ⓕ 标志的灯具。

8.4.17 照明系统中的每一单相分支回路电流不宜超过 16A，光源数量不宜超过 25 个。当插座为单独回路时，每一回路插座数量不宜超过 10 个（或组），用于计算机电源的插座数量不宜超过 5 个（或组）。

8.4.18 在照明分支回路中不应采用三相低压断路器对多个单相分支回路进行控制和保护。

8.4.19 配电回路应将照明回路和插座回路分开，插座回路应有防漏电保护措施。食堂的用电设备终端配电回路应装设剩余电流动作保护器。

8.4.20 用于插座回路和用电设备终端配电回路的剩余电流动作保护器的额定动作电流值不应大于 30mA，额定动作时间不应大于 0.1s。

潮湿或有腐蚀介质场所配电的剩余电流动作保护器，其额定动作电流值不应大于 15mA，额定动作时间不应大于 0.1s。安装于潮湿或有腐蚀介质场所的剩余电流动作保护器应采用防溅型产品。

8.4.21 宿舍每居室用电负荷标准应按使用要求确定，且不宜小于 1.5kW。

8.4.22 宿舍每居室电源插座的数量应按使用要求确定，且不应少于 2 个。电源插座不宜集中在同一面墙上设置。当居室内设置空调器、洗浴用电热水器、机械换排气装置等，应另设专用电源插座。

8.4.23 接地装置宜采用共用接地网，接地电阻值应按设备要求的最小值确定。

8.4.24 临时建筑应设总等电位联结。有洗浴设施的卫生间应设局部等电位联结。

8.4.25 临时建筑的电气防火、应急照明和疏散指示标志应符合现行国家标准《建筑设计防火规范》GB 50016 的有关规定。

8.4.26 办公室应设置电话终端插座，并宜设置宽带信息插座。文体活动室宜设电视终端插座。

9 施工安装

9.1 一般规定

9.1.1 临时建筑的构件应按设计要求制作。活动房、轻钢屋架等构件制作应在生产车间内完成，不得在施工现场进行。

9.1.2 原材料、构配件和设备进场时，应提供相应的产品合格证、材质证明和检测报告；对于活动房，还应提供建筑、结构图纸和安装施工说明书及使用说明书。

9.1.3 临时建筑施工前应对结构构件的质量进行检查。当结构构件的变形、缺陷超出允许偏差时，应进行处理，并应经检验合格后方可使用。

9.1.4 进场的构件、设备和材料应根据施工顺序和场地情况合理布置堆放区域，分类堆放，避免挤压变形、冲击损伤，并应有防水、防火、防倾倒措施。

9.1.5 钢构件主梁起拱量宜为主梁跨度的2‰～3‰。

9.1.6 临时建筑安装施工前，应根据设计图纸和施工专项方案对操作工人进行技术交底。

9.1.7 块材、水泥、钢筋、外加剂等除应有产品的合格证书、产品性能检测报告外，尚应有材料主要性能的进场复验报告。

9.1.8 临时建筑的场地及基础应符合下列规定：

1 场地应平整、坚实，平整偏差不应大于50mm，并应做好有组织排水；

2 地基承载力及地基处理应满足设计要求，并应查清基础部位是否存在溶洞、坟墓等地下空洞；

3 基础混凝土强度、预埋件的位置及标高应符合设计要求。基础施工完成后应经过相关负责人验收；

4 混凝土基础梁的质量宜符合现行国家标准《混凝土结构工程施工质量验收规范》GB 50204和《建筑地基基础工程施工质量验收规范》GB 50202的有关规定。基础定位轴线、截面尺寸、支承顶面和地脚螺栓位置允许偏差应符合表9.1.8的规定：

表9.1.8 基础定位轴线、截面尺寸、支承顶面和地脚螺栓位置允许偏差

项 目		允许偏差（mm）
基础梁定位轴线		5
基础上柱的定位轴线		3
基础截面尺寸		+20, -10
支承顶面	标高	±5
	水平度	3/1000

续表9.1.8

项 目		允许偏差（mm）
地脚螺栓	任意两螺栓中心线距离	±2
	伸出长度	+20, 0
	螺纹长度	+20, 0

5 基础的混凝土强度应达到设计强度的75%后，方可进行上部建筑物的施工或安装。

9.1.9 临时建筑的施工安装应采取安全防护措施。

9.2 活动房施工

9.2.1 活动房原材料、构配件和设备进场时，应按下列规定进行验收：

1 钢构件不应明显变形、损坏和严重锈蚀，油漆应完好。构配件的焊接部位不得脱焊、焊缝表面不得有裂纹、焊瘤等缺陷；

2 楼梯踏步板与外廊走道板应有防滑措施。栏杆构造和高度应符合本规范第6.0.4条的规定；

3 彩钢夹芯板外观质量要求和尺寸允许偏差应分别符合表9.2.1-1和表9.2.1-2的规定；

表9.2.1-1 彩钢夹芯板外观质量要求

项目	质 量 要 求
板面	板面平整，色泽均匀，无明显凹凸、翘曲、变形、伤痕
表面	表面清洁、无胶痕与油污，表面烤漆附着量应符合相关规定
切口	切口平直，板面向内弯包
芯板	切面整齐，无剥落，接缝处无明显间隙

表9.2.1-2 彩钢夹芯板尺寸允许偏差（mm）

项 目	长 度		宽度	厚度	对角线	
	≤3000	>3000			≤6000	>6000
允许偏差	±3	±5	±2	±2	≤4	≤6

4 构配件验收记录应按本规范附录A中表A.0.1执行。

9.2.2 安装前应对活动房的平面位置和标高等定位线进行复测，并应对基础、轴线等进行复核及验收，无误后方可进入下道工序。

9.2.3 活动房的主要受力构件在安装过程中应保证其稳定，并应在安装就位后进行校正、固定。

9.2.4 主框架安装应符合下列规定：

1 安装顺序宜从山墙一端向另一端推进；刚架在形成稳定的空间体系前，应采用临时支撑或拉索给予固定；

2 梁、柱、屋架等构件之间采用螺栓连接时，

接触面必须紧贴严密，螺栓孔应无损、干净、螺栓应紧固。

9.2.5 墙板安装应符合下列规定：

1 嵌入式墙板安装，可在型钢柱安装时镶入槽内，也可在型钢柱就位后从上方滑入槽内。上、下板之间的搭接缝应采用企口缝，上板的外侧面向下搭接，搭接长度应为 8mm～15mm；

2 墙板不得现场裁割；

3 墙板在安装过程中应轻拿轻放，不得拖拽、损坏表面及边角。

9.2.6 门窗安装应符合下列规定：

1 门窗搬运时应选择合理的着力点，表面应用软质材料衬垫；

2 门窗可与墙壁板同时就位安装，并应在校正其垂直度、平整度和固定后，在接缝处施打玻璃密封胶。安装完成后应对框和玻璃进行成品保护。

9.2.7 屋面板的安装应符合下列规定：

1 屋面板安装应在屋架、檩条安装固定后进行；

2 瓦楞形彩钢夹芯板与檩条间应采用对穿螺栓连接。屋面板的螺栓孔应在工厂内预留，不得现场打孔，孔内应设置带法兰的尼龙管，孔的位置应设置在瓦楞的顶部。螺栓应设有橡胶套圈和金属垫圈，螺栓间距不应大于 500mm；

3 屋面板应安装平稳、檐口平直，板的搭接方向应正确一致。屋面包角钢板、泛水钢板等构件的搭接应顺主导风向或顺水流方向，搭接部位应符合设计要求，搭接长度不应小于 100mm。屋脊引水板应用自钻钉固定在屋面板上；

4 铺设屋面板时，不得集中堆荷，作业人员也不得在未固定的屋面板上行走；

5 屋面板安装完毕后，应安装屋面垂直支撑。

9.2.8 楼板、地板安装应符合下列规定：

1 楼板、地板安装应在楼、地面梁和水平拉杆安装完毕后进行。楼板、地板应搁置在楼、地面梁（或桁架）上，应安装牢固平稳，锁定装置应齐全有效；

2 木地板、木格栅的安装质量应符合现行国家标准《木结构工程施工质量验收规范》GB 50206 和《建筑地面工程施工质量验收规范》GB 50209 的有关规定；

3 楼板、地板应安装平稳，拼缝紧密。楼板、地板与墙板之间的缝隙应采用 30mm×5mm 的压边条封边。

9.2.9 楼梯、栏杆安装应符合下列规定：

1 结构构件安装完毕后，可立即安装楼梯。楼板铺设完毕后，应立即安装栏杆。楼梯与楼面梁之间应用螺栓可靠连接，栏杆与楼面、楼梯应连接牢靠；

2 楼梯的坡度应符合设计要求。楼梯与楼面梁之间应用螺栓可靠连接，栏杆与楼面、楼梯应连接牢靠；

9.2.10 金属构件防锈油漆受到破坏时，应补刷相同颜色防锈漆。

9.2.11 活动房钢构件与其他材料之间应防止相互腐蚀，并应符合下列规定：

1 金属管线与钢构件之间应设置橡胶垫；

2 墙体与基础之间应有防潮措施。

9.2.12 活动房应进行施工质量检查，并应按本规范附录 A 中表 A.0.2 执行。

9.3 砌体建筑施工

9.3.1 砌体建筑施工质量宜符合现行国家标准《混凝土结构工程施工质量验收规范》GB 50204、《砌体工程施工质量验收规范》GB 50203 的有关规定。

9.3.2 砌筑砂浆应按砂浆配合比配制，并在砂浆保塑时间内使用完毕，不得使用隔夜砂浆。

9.3.3 砌块（或砖）在砌筑前，应按国家现行有关标准的要求润湿。

9.3.4 墙体转角处及墙体与钢筋混凝土构造柱之间必须按设计要求设置拉结钢筋。

9.3.5 砌体每日砌筑高度不应大于 2.4m，每次连续砌筑高度不应大于 1.5m。

9.3.6 砌体的转角处和交接处应同时砌筑，留置的临时间断处应砌成斜槎。

9.3.7 砌筑时铺浆应均匀、平整，并应随铺随砌；灰缝砂浆应饱满，不得出现透明缝、瞎缝和假缝。

9.3.8 应在砌体完成 3d 后进行屋架安装工序。

9.3.9 砌体的轴线及垂直度允许偏差应符合表 9.3.9 的规定。

表 9.3.9 砌体的轴线及垂直度允许偏差

项次	项 目			允许偏差（mm）	检验方法
1	轴线			10.0	用经纬仪和尺检查
2	垂直度	每 层		5.0	用2m托线板检查
		全高	≤10m	10.0	用经纬仪、吊线和尺检查
			>10m	20.0	

9.3.10 钢木屋架制作应符合下列规定：

1 所用原木的材质应符合现行国家标准《木结构设计规范》GB 50005 的有关规定；

2 钢木屋架下弦圆钢拉杆应平直，连接应采用双绑条焊连接，不得采用搭接焊连接；

3 钢木屋架节点制作应保证钢、木接触处的正确角度；

4 钢木屋架应就地卧式组装，并应有合适的组装平台。

9.3.11 砌体建筑屋盖施工时，应有防止屋架倾覆的措施。

9.4 围挡施工

9.4.1 砌体围挡施工除宜符合现行国家标准《砌体工程施工质量验收规范》GB 50203 的规定外，尚应符合下列规定：

　　1 砌体基础宜符合现行国家标准《建筑地基基础工程施工质量验收规范》GB 50202 的有关规定；

　　2 砌筑砂浆强度等级不应低于设计要求；

　　3 墙体与壁柱之间应设置 2φ6@500 的拉结筋。

9.4.2 彩钢板围挡构件进场验收应符合下列规定：

　　1 彩钢板的高度应满足设计要求，其波距、波高及侧向弯曲尺寸允许偏差应符合表 9.4.2 的规定；

　　2 彩钢板的基板不应有裂纹，涂层不应有肉眼可见的裂纹、剥落等缺陷。

9.4.3 彩钢板围挡的施工应符合下列规定：

　　1 彩钢板围挡的立柱设置应符合本规范第 7.7.3 条的规定；

表 9.4.2　彩钢板的波距、波高及侧向弯曲尺寸允许偏差（mm）

项　　目			允许偏差
波　距			2.0
波　高	彩色压型钢板	截面高度≤70	1.5
		截面高度>70	2.0
侧向弯曲	在测量长度 L_1 的范围内		20.0

　　注：L_1 为测量长度，指板长扣除两端各 0.5m 后的实际长度（小于 10m）或扣除两端后任选的 10m 长度。

　　2 彩钢板与横梁之间应采用铆钉或螺栓连接，间距不宜大于 200mm；

　　3 彩钢板与地面之间应保持 20mm～50mm 的间距；

　　4 彩钢板受到损伤或油漆剥落的部位应采用防锈漆及时补刷。

9.5 建筑设备安装

9.5.1 建筑设备安装质量宜符合现行国家标准《建筑给水排水及采暖工程施工质量验收规范》GB 50242、《通风与空调工程施工质量验收规范》GB 50243、《建筑工程电气施工质量验收规范》GB 50303 的有关规定。

9.5.2 给水排水管道安装应符合下列规定：

　　1 给水管道接口应严密不渗漏，管道应进行水压试验，试验压力应为管道压力的 1.5 倍；

　　2 给水管道不得直接穿越污水井、化粪池、公共厕所等污染源；

　　3 给水管道在埋地时，宜在当地的冰冻线以下；当在冰冻线以上铺设时，应采取可靠的保温措施。在无冰冻地区，埋地敷设时，管顶的覆土厚度不得小于 500mm；

　　4 给水、排水管道穿越道路时，埋深不宜小于 700mm；当埋深小于 700mm 时，应加钢套管进行保护；

　　5 排水管道埋设前应进行闭水试验。排水应通畅、无堵塞，管接口应无渗漏；

　　6 食堂的烹调、备餐部位上方，不得设置排水管道；

　　7 配电房上方不得设置给水、排水管道。

9.5.3 卫生间、厨房、浴室地面坡向应正确，排水应通畅，无积水；管道穿楼板部位不得渗漏。

9.5.4 公共厨房设置的排气装置管道接口应严密，排气应通畅。

9.5.5 空调设备安装位置应满足设计要求，支架安装应牢固。

9.5.6 电器配置应满足设计要求。配电箱、柜的金属框架接地应可靠，装有电器的可开启门与框架的接地端子间应用裸编织铜线连接，且应有标识。

9.5.7 电线、电缆敷设应符合下列规定：

　　1 电缆进入电缆沟、配电房时，其出入口应密封；

　　2 电线、电缆敷设后应进行绝缘电阻测试，其绝缘电阻值应符合设计规定；

　　3 室内电器线路宜采用 PVC 管（或槽）明敷，布线宜整齐美观；

　　4 线路不得有绝缘老化及接长使用的情况。

9.5.8 插座间的接地线不得串联连接。

9.5.9 接地装置应符合下列规定：

　　1 连接应采用搭接焊，焊接应牢固可靠，焊缝不应有咬肉、夹渣、裂缝、气孔等缺陷；

　　2 圆钢与圆钢、圆钢与扁钢连接时，焊接长度应为圆钢直径的 6 倍，并应双面施焊。扁钢与扁钢连接时，焊接长度应为扁钢宽度的 2 倍，且不得少于三面施焊；

　　3 当采用人工接地极时，垂直接地体应与地面垂直，当有两个以上接地极时，其间距应大于 5m；

　　4 接地电阻应满足设计要求。

9.5.10 建筑设备应进行安装质量检查，并按本规范附录 B 执行。

10 质量验收

10.1 一般规定

10.1.1 临时建筑宜在施工安装完工后进行一次性验收。

10.1.2 临时建筑的质量验收应按本规范附录 C 的规定执行。

10.1.3 临时建筑相关技术文件和验收合格报告等验收资料应单独汇编成册，并应移交使用单位归档保管。

10.1.4 临时建筑应在验收合格后，方可交付使用。当临时建筑工程质量不符合要求时，可按照现行国家标准《建筑工程施工质量验收统一标准》GB 50300 的规定进行处理，并应在重新验收合格后交付使用。

10.2 活动房验收

10.2.1 活动房安装质量验收宜符合现行国家标准《钢结构工程施工质量验收规范》GB 50205、《冷弯薄壁型钢结构技术规范》GB 50018、《建筑装饰装修工程质量验收规范》GB 50210 的有关规定。

10.2.2 活动房质量验收应提交下列文件资料：

1 设计图纸及施工方案；

2 原材料、构配件的质量合格证及进场复验报告、验收记录；

3 隐蔽工程验收资料；

4 混凝土及砂浆强度检验报告；

5 不合格项的处理记录及验收记录。

10.2.3 活动房质量验收合格应符合下列规定：

1 各分项工程质量均应符合质量标准；

2 质量控制资料和其他资料文件应完整；

3 有关安全及功能的检验和复验结果应符合本规范的要求；

4 观感质量应符合本规范的要求。

10.3 砌体建筑验收

10.3.1 砌体建筑质量验收宜符合现行国家标准《砌体工程施工质量验收规范》GB 50203、《混凝土结构工程施工质量验收规范》GB 50204、《建筑装饰装修工程质量验收规范》GB 50210、《建筑地面工程质量验收规范》GB 50209 的有关规定。

10.3.2 砌体建筑质量验收应提交下列文件：

1 施工执行的技术标准、施工图纸及施工方案；

2 原材料、构件的质量合格证及进场复验报告；

3 钢筋接头的试验报告；

4 混凝土及砂浆配合比报告；

5 混凝土及砂浆试件抗压强度试验报告；

6 混凝土工程施工记录；

7 隐蔽工程验收资料。

10.3.3 砌体建筑质量验收合格应符合下列规定：

1 有关分项、子分部工程质量验收应合格；

2 质量控制资料应完整；

3 观感质量验收应合格。

10.3.4 对有裂缝的砌体验收，应符合下列规定：

1 对有可能影响结构安全性的砌体裂缝，应由有资质的检测单位检测鉴定，需返修或加固处理的，应在返修或加固后进行二次验收；

2 对不影响结构安全性的砌体裂缝，宜予以验收，对明显影响使用功能和观感质量的裂缝，应进行处理。

10.3.5 对混凝土强度的检验，宜以在混凝土建筑地点制备并与结构实体同条件养护的试件强度为依据；也可根据合同的约定，采用非破损或局部破损的检测方法，按国家现行有关标准的规定进行。

10.4 围挡验收

10.4.1 砌体围挡质量验收宜符合现行国家标准《砌体工程施工质量验收规范》GB 50203 的有关规定。

10.4.2 砌体围挡质量验收应提交下列文件：

1 有关部门审批文件和施工方案；

2 原材料合格证；

3 砂浆强度检测报告；

4 施工质量检验评定表。

10.4.3 砌体围挡质量验收合格应符合下列规定：

1 有关分项工程施工质量验收应合格；

2 质量控制资料应完整；

3 观感质量验收应合格。

10.4.4 围挡质量验收合格应符合下列规定：

1 应按有关方审核确认的验收方案进行验收；

2 施工质量检查、验收标准应符合相关标准的规定；

3 施工质量验收的主要内容应包括围挡的基础、构件节点、防腐蚀处理及围挡的标高、强度、尺寸等。

10.5 建筑设备验收

10.5.1 建筑设备质量验收宜符合现行国家标准《建筑给水排水及采暖工程施工质量验收规范》GB 50242、《通风与空调工程施工质量验收规范》GB 50243、《建筑电气工程施工质量验收规范》GB 50303 的有关规定。

10.5.2 建筑设备质量验收应提交下列文件：

1 有关部门审批文件和施工方案；

2 建筑设备合格证；

3 建筑设备检测报告；

4 施工质量检验评定表。

10.5.3 建筑设备质量验收合格应符合下列规定：

1 有关分部、分项工程施工质量验收应合格；

2 质量控制资料应完整；

3 观感质量验收应符合下列规定：

1）墙板预留的水、电、空调等设施安装部位应正确；

2）给水排水管道安装应牢固、接头严密、通水后无渗漏、使用方便；

3）电气电线管槽应牢固，接头及插座等应接线牢固、位置适宜、绝缘完整有效；

4）电气照明灯具和开关应安装牢固、位置适宜、使用方便；

5）空调室外机安装应牢固，空调冷媒管安装应平整、美观。

11 使用与维护

11.1 使 用

11.1.1 临时建筑使用单位应建立健全安全保卫、卫生防疫、消防、生活设施的使用和生活管理等各项管理制度。

11.1.2 活动房应按照使用说明书的规定使用。

11.1.3 活动房超过设计使用年限时，应对房屋结构和围护系统进行全面检查，并应对结构安全性能进行评估，合格后方可继续使用。

11.1.4 临时建筑使用单位应定期对生活区住宿人员进行安全、治安、消防、卫生防疫、环境保护等宣传教育。

11.1.5 临时建筑使用单位应建立临时建筑防风、防汛、防雨雪灾害等应急预案，在风暴、洪水、雨雪来临前，应组织进行全面检查，并应采取可靠的加固措施。

11.1.6 临时建筑在使用过程中，不应更改原设计的使用功能。楼面的使用荷载不宜超过设计值；当楼面的使用荷载超过设计值时，应对结构进行安全评估。

11.1.7 临时建筑在使用过程中，不得随意开洞、打孔或对结构进行改动，不得擅自拆除隔墙和围护构件。

11.1.8 生活区内不得存放易燃、易爆、剧毒、放射源等化学危险物品。活动房内不得存放有腐蚀性的化学材料。

11.1.9 在墙体上安装吊挂件时，应满足结构受力的要求。

11.1.10 严禁擅自安装、改造和拆除临时建筑内的电线、电器装置和用电设备，严禁使用电炉等大功率用电设备。

11.1.11 使用空调、采暖设备的临时建筑，其室内温度控制应符合本规范第 8.3.3 条、第 8.3.4 条的规定。

11.1.12 围挡的使用应符合下列规定：

1 严禁在彩钢板等轻体围挡或紧靠围挡架设广告或宣传标牌；

2 对围挡应定期进行检查，当出现开裂、沉降、倾斜等险情时，应立即采取相应加固措施；

3 堆场的物品、弃土等不得紧靠围挡堆载，堆场离围挡的安全距离不应小于 1.0m；

4 围挡上的灯光照明设置和使用等，应符合现行行业标准《施工现场临时用电安全技术规范》JGJ

46 的规定。

11.2 维 护

11.2.1 临时建筑使用单位应建立健全维护管理制度，组织相关人员对临时建筑的使用情况进行定期检查、维护，并应建立相应的使用台账记录。对检查过程中发现的问题和安全隐患，应及时采取相应措施。

11.2.2 周转使用规定年限内的活动房重新组装前，应对主要构件进行检查维护，达到质量要求的方可使用。

11.2.3 活动房构配件的维护应符合下列规定：

1 承重架焊缝不得开焊，锈蚀严重的焊缝应进行除锈补焊；

2 构配件的活动连接部位维修后应涂抹防锈油保护。

11.2.4 当构件和板材产生弯曲变形时，应及时修复或更换。

11.2.5 当门窗及配件出现断裂、损坏时，应及时修复或更换。

12 拆除与回收

12.1 一 般 规 定

12.1.1 临时建筑的拆除应符合现行行业标准《建筑拆除工程安全技术规范》JGJ 147 的规定。

12.1.2 临时建筑的拆除应遵循"谁安装、谁拆除"的原则；当出现可能危及临时建筑整体稳定的不安全情况时，应遵循"先加固、后拆除"的原则。

12.1.3 拆除施工前，施工单位应编制拆除施工方案、安全操作规程及采取相关的防尘降噪、堆放、清除废弃物等措施，并应按规定程序进行审批，对作业人员进行技术交底。

12.1.4 临时建筑拆除前，应做好拆除范围内的断水、断电、断燃气等工作。拆除过程中，现场用电不得使用被拆临时建筑中的配电线。

12.1.5 临时建筑的拆除应符合环保要求，拆下的建筑材料和建筑垃圾应及时清理。楼面、操作平台不得集中堆放建筑材料和建筑垃圾。建筑垃圾宜按规定清运，不得在施工现场焚烧。

12.1.6 拆除区周围应设立围栏、挂警告牌，并应派专人监护，严禁无关人员逗留。当遇到五级以上大风、大雾和雨雪等恶劣天气时，不得进行临时建筑的拆除作业。

12.1.7 拆除高度在 2m 及以上的临时建筑时，作业人员应在专门搭设的脚手架上或稳固的结构部位上操作，严禁作业人员站在被拆墙体、构件上作业。

12.1.8 临时建筑拆除后，场地宜及时清理干净。当没有特殊要求时，地面宜恢复原貌。

12.2 活动房拆卸

12.2.1 活动房拆卸顺序应遵循"先安装的构件后拆卸、后安装的构件先拆卸"的原则。

12.2.2 活动房的支撑杆件应逐跨、逐榀拆除，并应防止活动房整体失稳倒塌。拆卸长杆件时，应至少两人配合操作，拆卸的长杆件应放置平稳或直接传递到地面。

12.2.3 拆卸有支撑（或屋）架的活动房时，应先拆卸面板与钢架之间的连接件，使面板与钢架体脱离开；拆卸无固定支撑（或屋）架的活动房时，必须对钢架采取可靠的临时固定措施。

12.2.4 操作人员严禁站在构件上采用晃动、撬动或用大锤砸钢架的方法进行拆卸。

12.2.5 拆下的工作面板、构件、钢丝绳等材料，应及时传至地面，不得高空抛掷。

12.3 砌体建筑拆除

12.3.1 人工拆除砌体建筑的作业流程应按自上而下、先非承重构件、后承重构件的搭建施工逆顺序进行。

12.3.2 对于存在结构安全隐患的砌体建筑应采用机械进行破坏性拆除，严禁人工进行拆除作业。

12.3.3 禁止采用立体交叉方式进行拆除作业。砌体建筑确需采用倾覆法拆除的，倾覆物与相邻建（构）筑物间必须满足安全距离要求。

12.3.4 在高处进行拆除作业时应先设置溜放槽，体积小、重量轻的构件宜通过溜放槽溜下，体积较大或沉重的材料应用吊绳或起重机吊下，禁止向下抛掷。砌体建筑的屋架宜采用起重机配合拆卸。

12.4 回　　收

12.4.1 拆卸周转使用的活动房时，应采取措施避免损伤构配件，构件拆卸后应分类堆放在安全区域。

12.4.2 结构构件应平稳放在支撑座上，支撑座之间的距离，应以不使钢结构产生残余变形为限。屋架、桁架、梁等宜垂直堆放。

12.4.3 变形和损坏的构配件应及时进行维修，并经抽样检验，性能满足要求后，方可再利用。

12.4.4 活动房钢构件重新涂装的质量应符合现行国家标准《钢结构工程施工质量验收规范》GB 50205的有关规定。

12.4.5 活动房构件在露天环境中存放时，应采取防腐蚀措施。

附录 A　活动房质量检查表

A.0.1 活动房构配件进场验收记录应符合表 A.0.1

规定的格式。

表 A.0.1　活动房构配件进场验收记录

工程名称			编　号	
构件、配件名称			进场日期	
材料品种		规格	进场数量	
生产企业			出厂批号	

验收情况：
1. 数量　　件，　　包。
2. 表面质量情况检查
损坏：
破包：
污染：
3. 存放地点
4. 附件：
生产企业资质：
构配件合格证：
材料质量证明：
检测报告：
建筑、结构图纸、安装施工说明书、使用说明书：

验收意见：

质检员：　　　　材料员：　　　　年　月　日

A.0.2 活动房质量检查记录应符合表 A.0.2 规定的格式。

表 A.0.2　活动房质量检查记录

工程名称		使用单位		建筑面积	
建设单位		安装单位		层数	
监理单位					

	检查项目	检查情况	使用单位验收意见
主控项目	1. 构件应提供出厂合格证		
	2. 钢构件不应明显变形、损坏和严重锈蚀		
	3. 构配件的焊接部位不得脱焊，焊缝表面不得有裂纹、焊瘤等缺陷		
	4. 主要受力构件的防火保护层应符合设计要求		
	5. 基础的混凝土、砂浆强度应合设计要求		

续表 A.0.2

检查项目		检查情况	使用单位验收意见
主控项目	6. 楼板质量应符合设计要求，锁定装置应齐全有效		
	7. 节点螺栓规格、数量应符合设计要求，螺栓应紧固		
	8. 支撑体系应符合设计要求，花篮式调节螺栓的锁定装置应完好		
	9. 屋面、外墙、外门窗防止雨、雪渗漏措施应符合设计要求		
一般项目	1. 主构件采用 2 根 C 型薄壁型钢焊接制作的，应在 C 型薄壁型钢外侧接缝处进行防水密封处理		
	2. 非承重的彩钢板厚度不应小于 0.4mm；彩钢板用于屋面时，彩钢板的厚度不应小于 0.5mm		
	3. 墙板应无明显变形、损坏；不得现场裁割		
	4. 外窗气密性、水密性、保温隔热性能应符合设计要求		
	5. 嵌入式墙板安装应平整，上下搭接缝应采用企口缝，外侧板应向下搭接，搭接长度 8mm~15mm		
	6. 楼板、地板应安装平稳、拼缝紧密，楼板、地板与墙板之间的缝隙应采用 30mm×5mm 的压边条封边		
	7. 楼梯的坡度应符合设计要求。楼梯与楼面梁之间应用螺栓可靠连接，栏杆与楼面、楼梯应连接牢靠		
	8. 穿透屋面螺栓处的防渗漏措施应符合设计要求。屋面板的固定螺栓、防水垫圈、金属垫圈、尼龙套管等应齐全、连接可靠		
	9. 屋面板应安装平稳，檐口平直，板的搭接方向应正确一致。屋面包角钢板、泛水钢板等构件的搭接应顺主导风向或顺水流方向，搭接部位、长度应符合设计要求。屋脊引水板应固定牢固		
	10. 门窗垂直度和平整度应符合规范要求，接缝处应用玻璃胶密封，门窗框和玻璃应有成品保护措施		
	11. 钢构件油漆应完好，外露螺栓应有防护措施		
	12. 活动房周边排水应通畅、无积水		

续表 A.0.2

检查项目			允许偏差 (mm)	检查记录 1 2 3 4 5 6 7 8 9 10	使用单位验收意见
允许偏差	基础	基础截面尺寸	+20、-10		
		建筑物定位轴线	5		
		基础上柱的定位轴线	3		
		支承顶面 标高	±5		
		支承顶面 水平度	3/1000		
		现浇基础地脚螺栓 任意两螺栓中心线距离	±2		
		现浇基础地脚螺栓 伸出长度	+20、0		
		现浇基础地脚螺栓 螺纹长度	+20、0		
		装配式基础螺栓孔 中心线水平位置	5		
		装配式基础螺栓孔 中心线与顶面距离	±3		
	柱子安装	底层柱底轴线对定位轴线的偏差	3		
		柱子定位轴线	1		
		柱子垂直度(单层)	10		
		柱子垂直度(二层、全高)	15		
	桁架(梁)安装	跨中垂直度	10		
		侧向弯曲矢高	L/1000		
	楼板安装	支承面标高	±5		
		支承长度	±3		
		表面平整度	5		
	整体尺寸	主体结构的整体垂直度	15		
		主体结构的平面弯曲	20		
	檩条安装	檩条间距	±5		
		弯曲矢高	5		
	钢梯及栏杆安装	楼梯平台 平台标高	±15		
		楼梯平台 平台柱垂直度	10		
		楼梯平台 平台梁垂直度	10		
		楼梯平台 平台梁侧向弯曲	10		
		楼梯段 水平度	10		
		楼梯段 垂直度	10		
		栏杆 栏杆高度	+15、-5		
		栏杆 立柱间距	5		
		栏杆 立柱垂直度	5		

自检结论： 项目负责人： 　　　　　年 月 日	使用单位验收意见： 项目负责人： 　　　　　年 月 日

注：1 主控项目必须全部符合要求；
　　2 一般项目每项合格率达到 80% 才能视为合格；
　　3 允许偏差项目最大偏差不得大于允许偏差的 1.5 倍，每项合格率达到 75% 为合格。

附录B 建筑设备安装质量检查记录表

表B 建筑设备安装质量检查记录

工程名称		使用单位		建筑面积	
建设单位		安装单位		层数	
监理单位					

	检查项目	检查情况	使用单位验收意见
主控项目	1. 原材料、配件和设备进场时，应提供相应的产品合格证		
	2. 自备发电机电源必须应与外电线路电源连锁，严禁并列运行		
	3. 室外配电采用电缆线路时，严禁沿地面明敷，电缆线路应采用悬挂式架空或埋地敷设，并应避免机械损伤和介质腐蚀。埋地电缆路径应设方位标志		
	4. 用于插座回路和用电设备终端配电回路的剩余电流动作保护器的额定动作电流值不应大于30mA，额定动作时间不应大于0.1s		
	5. 向潮湿或有腐蚀介质场所配电的剩余电流动作保护器，其额定动作电流值不应大于15mA，额定动作时间不应大于0.1s。安装于潮湿或有腐蚀介质场所的剩余电流动作保护器应采用防溅型产品		
	6. 绝缘电阻、接地电阻应满足设计要求		
一般项目	1. 给水管道接口应严密、不渗漏		
	2. 排水管道埋设前应进行闭水试验。排水应通畅、无堵塞，管接口无渗漏		
	3. 卫生间、厨房、浴室地面坡向应正确、排水通畅、无积水；管道穿楼板部位不得渗漏		
	4. 公共厨房设置的排气装置管道接口应严密、排气通畅		
	5. 空调设备的支架安装应牢固		
	6. 配电箱、柜的金属框架接地应可靠		
	7. 室内电器线路宜采用PVC管（槽）明敷，布线宜整齐美观，线路不得有绝缘老化及接长使用的情况		

续表B

	检查项目	检查情况	使用单位验收意见
一般项目	8. 防火间距、安全疏散、灭火器配置应符合设计和规范要求，消防通道应通畅；厨房等用火场所防火隔热措施应有效；木地板等可燃材料宜做防火处理		
	9. 接地装置焊接应牢固可靠		
	10. 插座间的接地线不得串联连接		
	11. 临时建筑应设总等电位联结。有洗浴设施的卫生间应设局部等电位联结		

自检结论： 项目负责人： 年 月 日	使用单位验收意见： 项目负责人： 年 月 日

附录C 临时建筑工程质量验收记录表

表C 临时建筑工程质量验收记录

工程名称			
建设单位		项目负责人	
施工总承包单位		项目经理	
临时建筑施工单位		项目负责人	
监理单位		总监理工程师	
临时建筑用途		临时建筑层数	

项目	质量控制资料	安全和主要使用功能	观感质量	验收结论	检（核）查人
地基与基础					
主体结构					
建筑屋面					
建筑门窗					
建筑设备					

综合验收结果：
临时建筑施工单位：（盖章） 项目负责人：

生产或租赁单位：（盖章） 项目负责人：
使用单位：（盖章） 项目负责人：

年 月 日

本规范用词说明

1 为了便于在执行本规范条文时区别对待，对要求严格程度不同的用词说明如下：

    1）表示很严格，非这样做不可的用词：

    正面词采用"必须"，反面词采用"严禁"。

    2）表示严格，在正常情况下均应这样做的用词：

    正面词采用"应"，反面词采用"不应"或"不得"。

    3）表示允许稍有选择，在条件许可时首先应这样做的用词：

    正面词采用"宜"，反面词采用"不宜"。

    4）表示有选择，在一定条件下可以这样做的用词，采用"可"。

2 条文中指明按其他有关标准执行的写法为："应符合……的规定"或"应按……执行"。

引用标准名录

1 《建筑模数协调统一标准》GBJ 2
2 《砌体结构设计规范》GB 50003
3 《木结构设计规范》GB 50005
4 《建筑地基基础设计规范》GB 50007
5 《建筑结构荷载规范》GB 50009
6 《混凝土结构设计规范》GB 50010
7 《建筑抗震设计规范》GB 50011
8 《建筑给水排水设计规范》GB 50015
9 《建筑设计防火规范》GB 50016
10 《钢结构设计规范》GB 50017
11 《冷弯薄壁型钢结构技术规范》GB 50018
12 《建筑照明设计标准》GB 50034
13 《低压配电设计规范》GB 50054
14 《建筑物防雷设计规范》GB 50057
15 《建筑地基基础工程施工质量验收规范》GB 50202
16 《砌体工程施工质量验收规范》GB 50203
17 《混凝土结构工程施工质量验收规范》GB 50204
18 《钢结构工程施工质量验收规范》GB 50205
19 《木结构工程施工质量验收规范》GB 50206
20 《建筑地面工程施工质量验收规范》GB 50209
21 《建筑装饰装修工程质量验收规范》GB 50210
22 《建筑给水排水及采暖工程施工质量验收规范》GB 50242
23 《通风与空调工程施工质量验收规范》GB 50243
24 《建筑工程施工质量验收统一标准》GB 50300
25 《建筑电气工程施工质量验收规范》GB 50303
26 《建筑物电子信息系统防雷技术规范》GB 50343
27 《施工现场临时用电安全技术规范》JGJ 46
28 《建筑拆除工程安全技术规范》JGJ 147
29 《碳素结构钢》GB/T 700
30 《低合金高强度结构钢》GB/T 1591
31 《冷弯型钢》GB/T 6725
32 《剩余电流动作保护电器的一般要求》GB/Z 6829
33 《剩余电流动作保护装置安装和运行》GB 13955
34 《钢结构防火涂料》GB 14907

中华人民共和国行业标准

施工现场临时建筑物技术规范

JGJ/T 188—2009

条 文 说 明

制 订 说 明

《施工现场临时建筑物技术规范》JGJ/T 188-2009，经住房和城乡建设部 2009 年 10 月 30 日以第420 号公告批准发布。

本规范制订过程中，编制组进行了建筑工程施工现场活动房使用情况的调查研究，总结了建筑工程施工现场临时建筑物实践经验和地震灾区过渡安置房建设经验，同时参考了国外先进技术法规、技术标准，通过活动房构件的损伤性能试验，取得了活动房构件的合理周转次数等重要技术参数。

为便于广大设计、施工、科研、学校等单位有关人员在使用本规范时能正确理解和执行条文规定，《施工现场临时建筑物技术规范》编制组按章、节、条顺序编制了本规范的条文说明，对条文规定的目的、依据以及执行中需注意的有关事项进行了说明。但是，本条文说明不具备与标准正文同等的法律效力，仅供使用者作为理解和把握规范规定的参考。

目　次

1 总 则

1.0.1 本条是依据建设工程安全、建筑节能等有关方面的法律、法规和房屋建筑工程、市政公用工程施工现场临时建筑物的现状，确定本规范实施的目的。

1.0.2 本规范主要是对房屋建筑工程、市政公用工程施工现场的活动房、轻型屋面砌体建筑等临时建筑的设计、施工安装、验收、使用与维护、拆除与回收等进行规范。对于特殊环境条件下的，或其他类型的临时建筑应依据现行国家标准进行个体设计。

1.0.3 "四节一环保"的规定是我国的一项重要国策，临时建筑也必须落实国家相关法律的要求。

1.0.5 本条说明本规范与其他相关标准的关系。

2 术 语

本章给出了本规范使用的 6 个术语。由于本规范引用了《钢结构防火涂料》GB 14907 等 30 个规范标准，因此在相关规范标准中出现的与本规范相关的术语不再一一列出。

在编写本章术语时，主要参考了《建筑结构设计术语和符号标准》GB/T 50083 - 97 等国家现行标准中的相关术语。

本标准的术语是从建筑工程施工现场临时建筑物工程质量管理的角度赋予其涵义的，但涵义不一定是术语的定义。同时，还给出了相应的推荐性英文术语，该英文术语不一定是国际上通用的术语，仅供参考。

2.0.5 拆卸临时建筑的主要产物为可再利用的材料或构配件。

2.0.6 拆除临时建筑的主要产物为建筑垃圾。

3 基 本 规 定

3.0.1 目前临时建筑的搭、拆随意性较强，搭、拆安全事故时有发生。因此规定临时建筑的搭、拆应由专业人员施工，专业技术人员现场监督。

3.0.2 本条规定了临时建筑建设场地应具备的条件。

3.0.3 本条规定了临时建筑及其他设施应满足的有关要求。

3.0.5 本条根据《建筑结构可靠度设计统一标准》GB 50068 的有关规定编制。

3.0.6 临时建筑结构选型需要注意以下几个方面：

1 临时建筑结构选型应根据地理环境、使用功能、荷载特点、工程地质、水文地质条件以及材料供应和施工条件等，按照安全可靠、经济合理和施工方便等原则，结合建筑功能、模数等因素综合分析选用

相应的结构体系。

2 临时建筑结构设计应充分体现标准化、定型化、多样化及通用化的原则，实行工厂预制成品、现场组装，以充分适应构件标准化设计、工厂化生产、通用化应用、多样化组合的特点，以满足在正常维护条件下重复使用的要求。

3 由于活动房具有拆装方便、可重复利用等优点，目前在施工现场临时建筑中得到广泛的应用。此外，不少施工现场仍采用砌体结构，故本规范主要对该两种常用结构形式提出具体的设计要求（对砌体结构仅提出资源消耗较低的轻型屋面与结构形式）。

4 临时建筑尚可采用钢框架、钢排架、门式刚架等可循环利用的轻钢结构承重体系并按相应的国家标准进行设计。

3.0.7 限制现浇钢筋混凝土楼、屋面结构主要从资源节约的角度考虑；严禁采用钢管、毛竹等搭设简易临时建筑物，则主要从安全方面考虑，并参照了建设部建质〔2003〕186 号文件《关于预防施工工棚倒塌事故的通知》进行制定。

3.0.8 本条规定了临时建筑所采用的原材料、构配件和设备的品种、规格、性能等要求。同时，规定了不得违反国家政策使用已被淘汰的产品。

3.0.9 为确保使用安全，本条对活动房主要承重构件的设计使用年限、周转次数和主要承重构件的标志进行了规定：

1 根据现行国家标准《建筑结构可靠度设计统一标准》GB 50068，易于替换的结构构件设计使用年限为 25 年。考虑活动房构件拆卸频繁损伤累积的因素，适当降低活动房构件的使用年限。

2 由于活动房主要承重构件的设计使用年限为不少于 20 年且可多次周转使用，用于同一临时建筑的不同构件出厂时间有可能不同，为便于管理，本规范规定了主要承重构件应有构件名称、规格、生产企业及生产日期等标志。

3 根据中南大学防灾科学与安全技术研究所提供的《活动房结构构件损伤性能测试试验报告》，活动房构件周转次数不宜超过 10 次。

4 活动房构件拆卸后应及时维修保养，以延长其使用寿命，并应抽样检验，合格后方可重复使用。

3.0.10 沿海地区应考虑台风影响，北方地区应考虑雪灾的影响，夏季应考虑雷击的影响等。

4 基地与总平面

4.1 基 地

4.1.1 本条规定了临时建筑选址的原则。

4.1.2 本条规定了临时建筑地基条件受限时需要采取措施，对结构进行加强。

4.1.3 本条规定了临时建筑不应影响城市既有设施和文物保护。

4.1.4 在施工组织设计中应对临时建筑的选址和布局进行统一规划。

4.2 总 平 面

4.2.1 施工现场各区域的布置需既相对独立又便于联系。

4.2.2 人员较为密集的办公区、生活区应避免受施工作业产生的坠落物等潜在危险影响。因场地条件限制不能满足本条规定时，应采取设置防护网和警示标志等防护措施。

4.2.3 本条规定了临时建筑的布置应确保避免外电设施对其安全的影响。

4.2.4 本条规定了办公区应设置的主要设施。

4.2.5 为节约用地和方便管理，生活用房宜集中布置，形成相对独立的生活组团。

4.2.6 厨房、厕所设置在生活区主导风向的下风侧，可减少对生活区的空气污染。

5 建 筑 设 计

5.1 一 般 规 定

5.1.1 临时建筑的功能设置和建筑面积应与工程建设规模和现场情况相适应，在满足施工现场使用的前提下应尽可能节约投资和节省用地。

5.1.2 本条规定了临时建筑的平面设计应便于标准化生产和装配式施工。

5.1.3 从疏散安全和结构安全角度考虑，人员密集、荷载较大的餐厅、资料室应布置在底层，会议室宜布置在底层。

5.1.4 适合标准化设计和施工的办公用房、宿舍等临时建筑宜采用装配式活动房，以方便生产制作、装配施工和循环使用。

5.1.5 本条规定了临时建筑的体形与平面设计应简单规整，且应满足通风、采光、卫生和节能的基本要求。

5.1.6 临时建筑的外窗设置应同时满足采光、通风、防水和节能要求。

5.1.7 夏热冬暖和夏热冬冷地区，由于太阳辐射原因，应在其外窗设置外遮阳，以减少太阳辐射热。严寒和寒冷地区外门应设置防寒措施，以满足保温和节能要求。

5.1.8 本条规定了临时建筑应与永久性建筑一样，易发生渗漏的部位不得有渗漏。

5.1.9 本条既是建筑地基安全的要求，也是环境卫生的需要。

5.2 办 公 用 房

5.2.1 本条规定了办公用房功能设置的内容。

5.2.2、5.2.3 本条根据现行行业标准《办公建筑设计规范》JGJ 67 而定。

5.3 生 活 用 房

5.3.1 本条规定了生活用房功能设置的内容。

5.3.2 本条从满足居住卫生、舒适的角度对宿舍的设计和使用作出规定：

　　1 为保证临时建筑宿舍内部必要的生活空间，本条参照现行行业标准《宿舍建筑设计规范》JGJ 36 和现行国家标准《住宅建筑规范》GB 50368，对宿舍室内净高、通道宽度、居住人数作了规定。

　　2 本款是为满足临时建筑宿舍内部居住舒适的要求。

　　3 本款是为保证临时建筑宿舍内部生活需求和基本卫生要求而作的规定。

5.3.3 本条是为保证食堂的卫生安全而定。

5.3.4 本条是对临时建筑的厕所、盥洗室和浴室作出的规定。厕所蹲位、盥洗池水嘴与淋浴器数量的确定是根据大量施工现场临时建筑的调研数据和参照现行行业标准《宿舍建筑设计规范》JGJ 36 的有关规定而制定的。

5.3.5 大、中型项目宜单独设置文体活动室，小型项目或条件不能满足的大、中型项目，文体活动室可与会议室合并使用。

6 建 筑 防 火

6.0.1~6.0.4 本条主要参数综合了现行国家标准《建筑设计防火规范》GB 50016 的有关规定并结合临时建筑的特点而制定。

6.0.5 采用自熄性聚苯乙烯泡沫塑料或其他自熄性轻质材料做芯材的彩钢夹芯板，使用温度不得超过80℃，如用作厨房灶间，则必须加设防火墙。

6.0.7 临时建筑应配备灭火器等消防设施，厨房等危险场所应增加其数量。

7 结 构 设 计

7.1 一 般 规 定

7.1.1、7.1.2 主要依据《建筑结构可靠度设计统一标准》GB 50068、《钢结构设计规范》GB 50017 和《冷弯薄壁型钢结构技术规范》GB 50018 等现行国家标准制定的。

7.1.3 临时建筑地基基础和结构设计宜根据以下要求进行：

1 临时建筑的地基基础设计应满足现行国家标准《建筑地基基础设计规范》GB 50007 的计算和构造的相关规定。

2 活动房的结构设计应满足现行国家标准《冷弯薄壁型钢结构技术规范》GB 50018、《钢结构设计规范》GB 50017、《建筑结构荷载规范》GB 50009 等相关技术标准的规定和构造要求。

3 砌体建筑、砌体围挡的结构设计应满足现行国家标准《混凝土结构设计规范》GB 50010、《砌体结构设计规范》GB 50003、《木结构设计规范》GB 50005、《建筑结构荷载规范》GB 50009 等技术标准的规定和构造要求。

4 考虑地震设防时，尚应满足现行国家标准《建筑抗震设计规范》GB 50011 的要求。

5 在保证结构安全的前提下，可适当简化设计和构造措施。

7.1.4 特殊用途的临时建筑安全等级可为一级（结构重要性系数可取为 1.1）或二级（结构重要性系数可取为 1.0）。

7.1.5 对于特殊用途的临时建筑，可根据其重要程度适当调整其抗震设防类别，但不得低于丁类。

7.1.6 为确保临时建筑结构的计算简图能够反映实际结构的受力状况，特作此规定。

7.1.7 临时建筑采用标准化的结构体系设计需注意以下问题：

1 临时建筑结构结构布置宜对称、规则，力学模型清晰，应避免沿高度方向的抗侧力刚度突变；

2 临时建筑的结构构件应合理选择截面尺寸，避免整个构件失稳或构件局部失稳而导致结构破坏，临时建筑中各结构构件之间的连接应能保证临时建筑具有良好的整体性；

3 钢结构临时房屋构件尺寸的划分应合理，以便于构件的制作、搬运、吊装与维护，节点设计要做到安全、可靠、耐用、通用，适应反复安装、拆卸的要求；钢结构活动房屋的结构构件在施工现场应采用螺栓连接方式。

7.1.9 本条依据以下两个方面对活动房的层高、总高度、跨度进行了规定：

1 根据调查，目前市场上，单层活动房的层高不超过 5.5m，跨度不超过 9.1m；两层活动房的层高不超过 3.5m；总高度不超过 6.5m，跨度不超过 9.1m 的活动房使用量比较大，具有较成熟的施工、安装、拆卸、维护的经验。

2 从资源节约、施工简便、安全可靠的角度考虑，兼顾目前部分地区仍在使用砌体临时建筑的事实，本规范对高资源消耗、施工机械化水平较低的砌体结构的使用范围作了较严格的规定。

7.1.10 设计上应考虑附着在临时建筑上的设施、设备支架等对主体结构的不利影响。

7.1.12 活动房设计文件中对钢材的除锈、防火及防腐的要求是评价构件是否满足设计要求的依据。

活动房的钢结构构件应按设计要求进行表面处理。一般情况下除锈前钢材表面原始锈蚀等级不低于国家现行标准《涂装前钢材表面锈蚀等级和除锈等级》GB 8923 中 B 级的要求，且不论何种构件其表面原始锈蚀等级不应为 D 级。

除锈方法应符合现行国家标准《钢结构工程施工质量验收规范》GB 50205 和《涂装前钢材表面锈蚀等级和除锈等级》GB 8923 的要求，经过手工或喷砂处理后的钢结构基材表面不应有焊渣、焊疤、灰尘、油污、水和毛刺等。

一般情况下，涂装干漆膜总厚度：室外不应小于 $150\mu m$，室内不应小于 $125\mu m$，其允许偏差为 $-25\mu m$。每遍涂层干漆膜厚度的允许偏差为 $-5\mu m$。

7.1.13 对构件进行封闭有利于构件内部防腐。

7.2 材 料

7.2.1 本条依据以下几个方面对现浇混凝土、预制混凝土的强度值进行了规定：

1 本条主要根据现行国家标准《混凝土结构设计规范》GB 50010 制定的。

2 预制混凝土构件反复拆卸、搬运、重复使用，构件容易碰伤受损，因此预制混凝土构件的强度等级适当提高。

3 根据现行国家标准《混凝土结构设计规范》GB 50010，对临时建筑的混凝土结构构件，可不考虑混凝土的耐久性要求。

4 混凝土的强度设计值、物理性能指标应按现行国家标准《混凝土结构设计规范》GB 50010 的有关规定采用。

7.2.2 带肋钢筋性能指标不应低于现行国家标准《钢筋混凝土用热轧带肋钢筋》GB 1499.2 中规定的 HRB335 钢筋的标准，光圆钢筋的性能指标不低于现行国家标准《钢筋混凝土用热轧光圆钢筋》GB 1499.1 中规定的 HPB235 钢筋的标准。

7.2.4 本条主要根据现行国家标准《钢结构设计规范》GB 50017、《冷弯薄壁型钢结构技术规范》GB 50018 的有关规定制定的。

7.2.5 本条主要根据现行国家标准《砌体结构设计规范》GB 50003 制定的。

承重砌体材料的强度设计值、物理性能指标应按现行国家标准《砌体结构设计规范》GB 50003 的有关规定采用。

7.2.7 本条主要根据中华人民共和国住房和城乡建设部发布的《地震区过渡安置房建设技术导则》制定的。

7.2.8 若芯材体积密度过低，彩钢夹芯板的强度和外观质量很难保证。且体积密度过低的泡沫在阻燃性

能上不易控制。

7.2.9 本条主要参照现行国家标准《冷弯薄壁型钢结构技术规范》GB 50018 提出的。

7.3 荷载与荷载效应

7.3.1 施工、检修集中荷载可按现行国家标准《建筑结构荷载规范》GB 50009 的规定取值。

7.3.2 基本风压、基本雪压按现行国家标准《建筑结构荷载规范》GB 50009 的规定采用，地面粗糙度按不小于 B 类考虑；临时建筑风振系数一般情况下可取为 1.0；沿江、湖、海边的空旷地区临时建筑，在设计时应适当提高基本风压的取值。

7.4 地基与基础

7.4.3 可依据下列情况决定是否进行地基承载力验算：

1 当临时建筑的层数超过 2 层或房屋总高度超过 6.5m 时，必须根据资质单位提供的岩土工程勘察报告和现行国家标准《建筑地基基础设计规范》GB 50007 的有关规定进行地基的承载力和稳定性计算。

2 依据现行国家标准《建筑地基基础设计规范》GB 50007 的有关规定，当地基承载力特征值不小于 60kPa 时，可不进行地基变形验算。

3 有较大的地面堆载时，应根据地基承载力要求进行地基处理或加固。

7.4.4 本条在执行时应注意以下要求：

1 活动房宜优先考虑自带基础方案。

2 从资源节约的角度考虑，当采用柱下钢筋混凝土独立基础或砌体条形基础时，除应根据现行国家标准《建筑地基基础设计规范》GB 50007 的有关规定进行计算外，尚需设置钢筋混凝土圈梁。

3 圈梁的宽度不宜小于 150mm，高度不宜小于 120mm，配置纵向钢筋不应小于 4φ10，箍筋不应小于 φ6，钢筋间距不应大于 250mm。圈梁顶面应高出周围场地 150mm 左右。

7.4.7 湿陷性黄土、膨胀土等特殊地质上的地基基础设计应满足现行国家标准《湿陷性黄土地区建筑规范》GB 50025、《膨胀土地区建筑技术规范》GBJ 112 等的规定。

7.5 活动房设计与构造要求

7.5.2 活动房结构构件设计可依据下列规定进行：

1 钢排架、门式刚架、钢框架依据现行国家标准《冷弯薄壁型钢结构技术规范》GB 50018、《钢结构设计规范》GB 50017 的有关规定，对临时建筑结构构件的强度、刚度、整体稳定性、局部稳定性进行计算。

2 活动杆件的计算长度可按现行国家标准《钢结构设计规范》GB 50017-2003 第 5.3 节的规定采用。

7.5.3 活动房的节点设计除应符合本条规定外，尚应符合以下要求：

1 节点的形式和构造应遵从标准化和通用化的原则。

2 主梁与钢柱、主梁与次梁之间应采用连接钢板和高强度螺栓可靠连接。

3 节点应根据现行国家标准《冷弯薄壁型钢结构技术规范》GB 50018、《钢结构设计规范》GB 50017 的规定校核其强度和稳定性。

4 有抗震设防要求的活动房节点，除应根据《钢结构设计规范》GB 50017 按最不利荷载组合效应进行弹性设计外，还应采取抗震构造措施。

7.5.4 从构配件的重复利用的角度考虑，建议钢柱脚采用外露式的做法。

7.5.5 若杆件的轴线未汇交于节点中心，应在薄弱处增设加强板或采取其他措施增强节点的抗剪能力和刚度。

7.5.9 设置条形连接件是为了抵抗向上的风吸力，增强墙体和屋面体系的整体性，防止在飓风作用下，屋面与墙体分离。

7.5.11 活动房主要采用冷弯薄壁型钢作为承重构件；多次拆卸、搬运、安装后，冷弯薄壁型钢容易损伤、变形，因此主要承重构件和连接钢板的厚度应从严控制。

7.5.12～7.5.14 这三条主要根据现行国家标准《冷弯薄壁型钢结构技术规范》GB 50018、《钢结构设计规范》GB 50017 的有关规定制定的。

7.6 砌体建筑设计与构造要求

7.6.1 本条主要根据现行国家标准《砌体结构设计规范》GB 5003 制定的。

7.6.2 钢木屋架的设计应符合现行国家标准《木结构设计规范》GB 50005 等相关规范的规定；轻钢屋架的设计应符合现行国家标准《冷弯薄壁型钢结构技术规范》GB 50018 等相关规范的规定。

7.6.5 当屋盖作为砌体墙体的侧向支承时，为确保水平力的可靠传递，屋盖应有足够的承载力和刚度；沿墙体方向锚固连接的抵抗力不应小于 3.0kN/m。

7.6.6 为加强结构的整体性，保证支撑系统的正常工作，下列部位的檩条应与桁架上弦锚固：

1 支撑的节点处（包括参加工作的檩条）。

2 为保证桁架上弦侧向稳定所需的支承点。

3 屋架的脊节点处。

4 上弦横向支撑的斜杆应用螺栓与桁架上弦锚固。

7.6.7 屋架的支撑设计应符合现行国家标准《木结构设计规范》GB 50005 等相关规范的规定。

7.7 围 挡

7.7.1、7.7.2 主要根据原建设部文件建质〔2003〕186号文件《建设部关于预防施工工棚倒塌事故的通知》制定的，并从安全、资源节约的角度考虑对砌体围挡的适用范围作了严格的规定。

7.7.3 彩钢板围挡除应满足本规范要求外，尚需注意下列要求：

1 斜撑应按拉杆设计，并校核其受压稳定性；斜支撑与水平地面的夹角应大于30°，且小于60°；

2 当彩钢板围挡的高度小于1.5m时，可采用悬臂结构，此时立柱与预制混凝土基础之间的连接应符合固定端的构造要求；

3 在保证结构安全的前提下，可适当简化设计和构造措施；

4 彩钢板围挡可不考虑地震作用的影响。

7.7.5 砌体围挡顶部采取防止雨水渗透的目的是防止雨水渗入墙中而影响墙体的稳定性。

8 建 筑 设 备

8.1 一 般 规 定

8.1.1 本条是设计必须遵守的准则，而注重整体协调，是民用建筑设计的固有特性所决定的，临时建筑也不例外。设计应依据相关设计规程、规范和标准。

8.1.2 防治污染、保护生态环境是我国的一项重要国策。本条是对确保周边环境安全等提出的要求。

施工单位的施工组织设计中，必须提出行之有效的控制扬尘的技术路线和方案，并切实履行，以减少施工活动对大气环境的污染。

施工现场应制定降噪措施，使噪声排放满足或优于现行国家标准《建筑施工场界噪声限值》GB 12523的要求。

施工工地污水排放应满足现行国家标准《污水综合排放标准》GB 8978的要求。

施工场地电焊操作以及夜间作业时所使用的强照明灯光等所产生的眩光，是施工过程光污染的主要来源。施工单位应选择适当的照明方式并采取适宜的技术措施，尽量减少夜间对非照明区、周边区域环境的光污染。

8.1.3 本条是对设备、管材及其配件等产品选择提出要求，推广应用节能型设备和节水型器具，是在积极落实国家节能的国策。

8.2 给 水 排 水

8.2.1 给水排水系统是施工现场生活的最基本条件，系统的设置应根据临时建筑的用途、文明工地的要求以及给水排水条件等综合考虑。

8.2.2 给水引入管设置水表有利于用水的计量和管理，有利于施工现场的节约用水。各用水点的水表可根据用户单位、临时建筑性质等具体情况按管理需要的原则设置。

8.2.3 临时建筑的水源应根据建设地点、供水条件确定，当无法采用市政供水时，可采用经处理后符合卫生标准的自备水源作为生活饮用水，或将自备水源作为生活杂用水使用。

生活饮用水（包括热水）是指生食品的洗涤、烹饪、盥洗、沐浴、衣物洗涤、家具擦洗、地面擦洗的用水，其水质应符合现行国家标准《生活杂用水水质标准》CJ/T 48的要求。

8.2.4 临时建筑的用水定额除与区域水资源条件，当地经济发展状况，气象条件、生活习惯、节水技术政策要求等因素有关外，还需考虑到建筑的临时性，生活用水设施相对较简单以及其他条件限制等多种因素，可根据施工现场的实际情况，按相关用水定额的指标采用低值。

8.2.5 为了节约能源，宜充分利用市政管网的供水压力最大限度地满足节能要求和减少生活饮用水的二次污染。由于临时建筑为不超过两层的临时用房，以及轻型结构体系。因此在管网压力有限和供水条件允许时，可选用直接供水的方式，充分利用管网余压满足使用的要求。

8.2.6 本条系根据国家标准《室外给水设计规范》GB 50013、《建筑给水排水设计规范》GB 50015中的有关规定编写。

结合国内发生的由于管道连接错误造成饮用水污染事故，为确保生活饮用水的安全，故作出限制。严禁生活饮用水管道与大便器（槽）直接连接，是指严禁生活饮用水管道采用普通阀门连接和控制直接冲洗大便器或大便槽。普通阀门即使阀门出口端装有虹吸破坏装置，亦不得用于大便器（槽）的直接冲洗。

8.2.7 施工现场的用水供给除临时建筑的生活用水外，尚需提供建筑工地的施工用水。由于施工现场的特殊性，工地的各用水点相对较简单和不规范，极易受到污、废水和污染物的污染（输水软管直接与施工机械连接或直接放置在地面），一旦系统管网出现负压回流时，将污染生活供水管网和生活饮用水，产生卫生安全事故。因此将临时建筑的生活饮用水管网与施工用水管网分开独立设置，在施工供水管起端采取防回流污染措施（设置倒流防止器等），保证生活饮用水不被污染和卫生安全。

8.2.8 施工现场的管理、人员等情况较为复杂，因此在采用非饮用水和自备水源作为施工用水的场所，为了防止误饮误用是十分重要的和必要的。常规做法是挂牌，牌上写上"非饮用水"、"此水不能喝"等字样。如有外国人员出入的场所尚应配有英文，如"No Drinking"或"Can't drinknig water"。

8.2.9 主要依据《二次供水设施卫生规范》GB 17051 的规定。施工现场的施工等其他用水，由于防护条件有限，易受回流污染，因此宜将生活饮用水池（箱）单独设置。为了便于识别防止误用，宜设置明显的标识。此外，施工现场场地条件、环境相对较差，埋地水池的卫生防护及溢排水条件受限，极易受污染，影响生活饮用水水质，因此不宜埋地。

8.2.10 用水点压力是指在此压力下卫生器具的出流满足使用要求，卫生器具正常使用的压力为 0.20MPa～0.30MPa，从节水和满足使用舒适考虑，当配水横管给水压力大于 0.35 MPa 时，宜设置减压或调压设施，否则易损坏供水附件，也造成水的浪费。

8.2.11 临时建筑的室内、外管网、配水管件的跑、冒、滴、漏现象相对较为普遍，浪费了大量的水资源，因此对临时建筑中所采用的管材、配件和阀门等材料的质量要求予以强调，目的是减少漏损，节约用水。

8.2.12 在严寒地区和寒冷地区由于低温原因，易使给水排水管道和设施的水体产生结冰现象和损坏，而影响使用。因此应采取防冻技术措施，以达到保护目的。

8.2.13 建设工地由于条件有限，环境卫生相对较差，以及存在粉尘等污染情况，因此宜选择卫生、安全的场所设置饮水点，保证施工及管理人员的饮水卫生。

8.2.14 节约能源是我国的基本国策，从节约能源的角度出发，针对临时建筑所在地区的实际情况，综合考虑热源选择方案。在有条件的施工场所，宜优先选择建设工地的余热、废热以及其他可再生能源。

8.2.15 燃气热水器和电热水器的使用均存在安全性问题，因此选用这些局部加热设备均要按其产品标准、相关安全技术通则、安装及验收规程中的有关要求进行考虑，采取有效、可靠和保证人身安全的必要措施。同时安装尚应符合电气等相关专业的设计、施工要求。

8.2.16 构造内无水封的卫生器具，室内排水沟与室外排水管道连接处，应隔绝室外管道中有毒、有害气体、爬虫等窜入室内，污染室内环境。其形式有存水弯、水封盆、水封井等方式。水封深度系专业技术上措施统一要求。

8.2.18 设置单独排水系统收集处理食堂的食用油脂。食堂的食用油脂的污水排入下水道时，随着水温下降，污水挟带的油脂颗粒便开始凝固，并附着在管壁上，逐渐缩小管道断面，最后完全堵塞管道，设置隔油池是十分必要的。

8.2.19 根据我国现行的《生活饮用水卫生标准》GB 5749，规定分散式给水水源的卫生防护地带应符合下列要求："……以地下水为水源时，水井周围 30m 的范围内，不得设置渗水厕所、渗水坑、粪坑、垃圾堆和废渣等污染源……"，化粪池的构造中虽采取抹水泥砂浆防渗处理，但不可避免有渗漏现象，故本规范取用《生活饮用水卫生标准》中规定的下限值。

8.2.20 强调有组织地排放，是为了保护工程建设过程的周边环境和水体。

8.2.21 排水系统应按污水和雨水分流的原则是保护水体不受污染的必要措施。我国有许多地区严重缺水，已影响城市正常生活和生产，雨水收集回用成为必然的选择。

8.2.22 排入城镇排水系统的污水水质，必须符合现行的《污水综合排放标准》GB 8978、《污水排入城市下水道水质标准》CJ 3082 等有关标准的规定。

8.2.23 应从防止和减少火灾危害，保护人身和财产安全出发，根据临时建筑可燃物多少、火灾危险性、火灾蔓延速度等情况，配置消防给水设施。

8.3 采暖、通风与空调

8.3.1 严寒地区和寒冷地区的临时建筑可根据当地的具体情况确定是否设置采暖设施。

8.3.2 根据现行国家标准《民用建筑热工设计规范》GB 50176 的热工分区，夏热冬暖和夏热冬冷地区的主要分区指标——最热月平均温度的下限是 25℃，据此作为安装空调设备的界限。

8.3.3 本条文的设计温度取值是综合现行国家标准《采暖通风与空气调节设计规范》GB 50019－2003 第 3.1.3 条及现行国家行业标准《办公建筑设计规范》JGJ 67－2006 第 7.2.2 条的规定制定的。临时建筑为普通办公，按三类标准考虑。

8.3.4 公共浴室采暖室内设计温度取值参考全国民用建筑工程设计技术措施《暖通空调·动力》表 1.2.24。

8.3.6 由于临时建筑使用周期较短，采暖及空调采用单元式空调机或多联式空调机拆装灵活、使用方便，且通常不具备使用集中热源或气源的条件。根据我们调查的情况，除严寒地区外，目前我国临时建筑的采暖及空调基本上都是采用单元式空调机。

8.3.7 对于电力有富裕且电价较优惠的地区，可采用电加热设备采暖。但是一般情况下是不应采用这种方式采暖的。合理利用能源、提高能源利用率、节约能源是我国的基本国策。用高品位的电能直接用于转换为低品位的热能进行采暖，热效率低，运行费用高，是不合适的。

8.3.8 按照本规范中建筑专业的设计要求，公共淋浴室及厕所、盥洗室等均要求采用自然采光。当房间内无法自然形成良好的对流通风条件，室内不能满足卫生要求时，应采用机械通风。

8.3.9 空调室外机随意安装将影响建筑外立面的美

观，应统一设计。

8.3.10 空调冷凝水随意排放影响环境卫生，应有组织排放。冷凝水不应直接与污水管或雨水管连接，以防污水或雨水管内的异味或雨水从空调机冷凝水盘外溢。

8.4 电 气

8.4.1 本条考虑临时建筑的用电安全，规定低压配电电压等级及系统接地形式。当由施工专用变压器或独立变压器供电时，其系统接地形式推荐采用TN—S系统。

8.4.2 变配电室若设在多尘、水雾或有腐蚀性气体的场所，或设在有剧烈振动、有易燃易爆物的场所，将严重影响变配电室的安全运行；设在厕所、浴室、厨房或其他经常积水场所的正下方或贴邻，难于避免变配电室进水而遭淹渍，影响变配电室的安全运行。

8.4.3 自备发电机电源与市电线路电源必须采取可靠措施防止并列运行，目的在于保证自备电源的专用性，防止市电线路电源系统故障时自备电源向市电线路电源系统负荷送电而失去作用。

8.4.4 为了安全运行，规定了导线类别；结合施工现场实际，强调架空线路要设置专用电杆。

8.4.5、8.4.6 低压接户线一般档距在25m以内，绝缘线对地距离只要人举手（或举物）碰不到，一般2.5m是可以的。

8.4.7 本条为避免室外配电电缆线路遭受高温、水泡、干扰及外力破坏、介质腐蚀等不利因素影响而出现事故隐患或导致故障，对室外配电电缆线路敷设作出的规定。

8.4.8 为了安全运行，规定了导线类别；在建筑吊顶内，人员不易进入，平时不易进行观察和监视，为保证线路运行安全和防火要求，规定木屋盖吊顶内的电线，应采用金属管配线，或采用带金属保护层的绝缘导线。

8.4.9 确保防火、阻燃要求，塑料导管（槽）及附件必须选用非火焰蔓延类制品。

8.4.11 考虑防间接电击保护，本条规定是为防止人身电击采取的必要措施。

8.4.13 在选择光源和灯具时，不单要比较其价格，更应进行全寿命期的综合经济分析比较，因为一些高效、长寿命光源和高效灯具，虽价格较高，但在同样的照度标准要求下，使用数量减少，运行维护费用降低，经济上和技术上可能更为合理。

8.4.14 本条规定了确定照明方式的原则。

8.4.15 本条要求合理选择照明控制方式，有利于节电。

8.4.16 火灾实例表明，白炽灯、卤钨灯、荧光高压汞灯及其镇流器等直接安装在可燃构件或可燃装修材料上，容易发生火灾。直接安装在可燃材料表面的灯具，当灯具发热部件紧贴在安装表面上时，必须采用带有 ▽F 标志的灯具，可以避免一般灯具的发热导致可燃材料的燃烧。

8.4.17 本条主要是从用电安全上考虑。既兼顾控制的灵活性、方便性，又考虑用电的安全性。

8.4.18 采用三相断路器时如其中一相发生故障也会引起三相跳闸，从而扩大了停电范围，因此应当避免出现这种情况。

8.4.19 本条是为避免插座回路故障引起照明断电所作的规定。考虑到插座回路主要用于插接移动式电气设备，要求插座回路应有防漏电保护措施。同时，为确保使用餐饮设施电器设备安全，规定其终端配电回路应装设漏电电流保护电器。

8.4.20 本条是根据现行国家标准《剩余电流动作保护电器的一般要求》GB/Z 6829、《剩余电流动作保护装置安装和运行》GB 13955，以及《电流通过人和家畜的效应 第1部分：常用部分》GB/T 13870.1的规定制定的。

8.4.21 本条根据现行行业标准《宿舍建筑设计规范》JGJ 36 的规定制定。用电负荷标准中，包括灯具和插座，其中考虑了小型电器。近年来，宿舍中使用的各种电器数量在不断增多，本条制定一个最低用电负荷标准，作为居室用电的下限值。

8.4.22 本条根据现行行业标准《宿舍建筑设计规范》JGJ 36 的规定制定。为安全用电和方便使用者，规定每居室电源插座的最低数量，供小型移动电器使用。负荷较大的电器应另设专用电源插座。

8.4.24 建筑物的总等电位联结和局部等电位联结，是保护接地的措施，涉及用电设备和人身安全。

8.4.25 临时建筑的电气防火、应急照明和疏散指示标志设计仍应符合现行国家有关规范的规定。

8.4.26 由于信息系统的快速发展，电话、电视已成为现代生活的必需品，计算机网络系统也日益普及，这条规定主要考虑方便使用。

9 施 工 安 装

9.1 一 般 规 定

9.1.1 如采用钢木屋架，为防止运输造成结构变形或损坏，可就地组装。

9.1.2 本条规定了原材料、构配件和设备的质量保证要求。

9.1.7 虽然临时砌体建筑的使用时间较短，但牵涉结构安全问题的原材料还是应符合永久性建筑的相应规定。

9.1.8 任何的建（构）筑物基础均十分重要，因此作出具体的规定。

9.2 活动房施工

9.2.1 构配件有许多技术参数，这些参数均影响到活动房的安全、功能、美观等，因此进场时应根据本条规定逐一核对。

9.2.2 活动房的平面位置关系到施工现场的规划和使用，应认真进行复核。

9.2.3 构件的稳定关系到施工安全。

9.2.4 正确的安装次序和安装方法能确保施工安全并提高施工效率。

9.2.6 门窗质量关系到节能、采光、通风、防水、使用等诸多功能，应该认真执行。

9.2.7 屋面板的安装较为复杂，性能要求也较多，必须按相关要求执行。

9.2.8 本条规定是为了保证楼板、地板使用安全和防止板缝落灰。

9.2.9 本条规定是为了保证楼梯、栏杆结构和使用的安全。

9.2.11 本条是考虑以下原因制定的：

　　1 当金属管线与钢构件之间接触时会发生电化学腐蚀，因此有必要在两者之间增加橡胶垫圈，阻断电化学腐蚀的通道。

　　2 防潮垫一方面是为了防止基础中的湿气腐蚀钢构件，另一方面是避免钢构件与基础材料相接触导致化学物质对钢材的腐蚀。

9.2.12 考虑到活动房安装施工是由不同的企业进行，为便于有关单位验收使用，将本规范相关的重要规定列入表 A.0.2。

9.3 砌体建筑施工

9.3.1 砌体建筑施工有较成熟的经验，对在本节未列出的可执行国家现行规范的有关规定。

9.3.2~9.3.9 是参照现行国家标准《砌体工程施工质量验收规范》GB 50203 编制的，并对砌体所用的原材料、施工工艺、施工质量等方面的主要因素给予明确，便于检查和监控。

9.3.10 构件组装工作平台应测平，并加以固定，使构件重心线在同一水平面上。

9.4 围挡施工

9.4.1~9.4.3 现场围挡有多种做法，考虑到各地的经济状况、习惯做法，对其中两种较常见的围挡施工从保证围挡结构安全作出一些规定。未明确的其他做法也应按本规范的规定编制专项方案。

9.5 建筑设备安装

9.5.1 本条明确了临时建筑物中安装也需满足国家相应的验收规范。

9.5.2 给水管道经试压合格后方能保证其使用功能；

给水管道不得穿越污水井、化粪池、公共厕所等是为了保证给水管不受到二次污染；冰冻线以下是为防止管道内流体结冻而采取的措施；为保证穿道路的管道不被车辆等重物压坏而作的规定；隐蔽或埋地的管道做闭水试验主要是防止排水管道本身及接口渗漏；食堂的主副食操作烹调备餐部位上方不得设置排水管是从食品安全上考虑，防止排水管道渗漏引起的污染；配电房上方不得安装给水排水管是为了防止水管渗漏引起的电气故障，保证人身及财产的安全。

9.5.3 使用功能上的要求。

9.5.4 厨房应设置专用的排气设施或装置，并不得影响周围居民的生活。

9.5.6 正常情况下，保护地线内应无电流通过，其电位与接地装置的电位相同。各接地点连接应可靠不松动，且应标识明显。在通电运行中，应确保人身、设备安全。

9.5.7 出入口密封是防止小动物进入配电设备，引起元器件短路故障的保护措施，同时也兼具防渗水的要求；电线、电缆绝缘阻值符合规范规定是保证导线的使用功能，不存在漏电隐患；临时建筑建议明敷设主要是直观、方便检修，若条件许可也可暗敷。

9.5.8 若接地线串接，故障发生后，易导致其后续插座无接地线，不能保证其使用安全。

9.5.9 接地装置可靠与否、阻值是否满足要求直接关系到接地系统的安全性能，故应认真检测，记录完整。

9.5.10 建筑设备安装验收单独列表是考虑到设备安装常常由多个不同的企业或施工单位进行，列表便于有关单位验收使用。

10 质量验收

10.1 一般规定

10.1.1 本条是根据调查有关省的临时建筑的建设和使用管理情况，并参照现行国家标准《建筑工程施工质量验收统一标准》GB 50300 的有关规定编制的。

10.1.2 临时建筑施工完成后，临时建筑施工单位的项目负责人应先组织自验，合格后向使用单位办理验收移交手续。验收移交工作应由使用单位组织临时建筑施工单位、生产或租赁等相关单位进行。

10.1.3 本条根据临时建筑的使用管理情况规定了技术文件等档案的管理要求，其保存时间至临时建筑拆除。

10.1.4 在保证临时建筑的使用安全的情况下，可酌情选择现行国家标准《建筑工程施工质量验收统一标准》GB 50300 的相应规定参照执行。

10.2 活动房验收

10.2.1 本条规定活动房施工质量中涉及结构和使用

安全的检查与验收应执行相应的验收规范。

10.2.2 本条是结合临时建筑的建设情况，参照现行国家标准《钢结构工程施工质量验收规范》GB 50205 的有关规定编制的。

10.2.3 本条是结合临时建筑的建设情况，参照现行国家标准《钢结构工程施工质量验收规范》GB 50205 的有关规定编制的。

10.3 砌体建筑验收

10.3.2 本条是结合临时建筑的建设情况，参照国家现行标准《砌体工程施工质量验收规范》GB 50203、《混凝土结构工程施工质量验收规范》GB 50204 的有关规定编制的。

10.3.3 本条是结合临时建筑的建设情况，参照国家现行标准《砌体工程施工质量验收规范》GB 50203、《混凝土结构工程施工质量验收规范》GB 50204 的有关规定编制的。

10.3.4 本条是结合临时建筑的建设和使用情况，参照现行国家标准《砌体工程施工质量验收规范》GB 50203 的有关规定编制的。鉴于砌体常发生裂缝，因此对有裂缝的砌体按是否有影响结构安全性的砌体裂缝区别对待，并进行相应的处理。

10.3.5 本条是结合临时建筑的施工情况，参照现行国家标准《混凝土结构工程施工质量验收规范》GB 50204 的有关规定编制的。

10.4 围挡验收

10.4.2 本条是结合砌体围挡的施工情况，参照现行国家标准《砌体工程施工质量验收规范》GB 50203 的有关规定编制的。

10.4.3 本条是结合砌体围挡的施工情况，参照现行国家标准《砌体工程施工质量验收规范》GB 50203 的有关规定编制的。

10.4.4 依据审核确认的方案和参照类似结构的标准复核验收，重点是基础稳固、节点安全可靠。

10.5 建筑设备验收

10.5.1 本条规定建筑设备施工质量中涉及安全的检查与验收应满足国家相应的验收规范的强制性条文的规定。

10.5.2、10.5.3 这两条是结合临时建筑的建筑设备建设和使用情况，参照现行国家标准《建筑给水排水及采暖工程施工质量验收规范》GB 50242、《通风与空调工程施工质量验收规范》GB 50243、《建筑电气工程施工质量验收规范》GB 50303 的有关规定编制的。同时列出了建筑设备观感质量验收的主要内容。

11 使用与维护

11.1 使 用

11.1.2 活动房生产企业应编制使用说明书，对活动房运输、安装、使用过程的注意事项作出规定，并在活动房出厂时提供给使用方。

11.1.3 活动房超过规定使用年限时，其构配件可能会有不同程度的损坏，并导致结构安全性能下降，应对房屋结构和维护系统进行全面检查，并对结构安全性能进行评估合格后方可继续使用。对超过使用年限，但不能及时拆除的活动房，使用单位应采取相应的措施加强管理，避免造成伤害事故。

11.1.5 临时建筑防台风、防汛、防雨雪灾害等性能相对较弱，应采取相应的应急措施。

11.1.6 临时建筑物在使用过程中，楼地面的使用荷载如超过设计限制，应由设计单位或制作企业对其结构设计进行验证。

11.1.12 针对围挡使用过程中常发生的安全事故类型作出的规定。

11.2 维 护

11.2.1～11.2.5 本节对临时建筑日常使用过程中进行维护以及重复使用的构配件等进行维护作出规定。

12 拆除与回收

12.1 一 般 规 定

12.1.1 本条规定了拆除工程应执行的有关标准。

12.1.2 本条规定了临时建筑拆除的原则。

12.1.3 本条规定了临时建筑拆除前应做的准备工作。

12.1.4 本条规定了临时建筑拆除前应当做好拆除范围内的断水、断电、断气等工作，现场用电应另外设置配电线路。

12.1.5 本条规定了临时建筑拆除应当符合环保要求。

12.1.6 本条规定了拆除区的安全条件，拆除作业时应满足的气候条件。

12.1.7 本条规定了拆除高度在 2m 及以上的临时建筑时，作业人员应遵守的操作规程。

12.1.8 本条规定了拆除后场地须达到的标准。

12.2 活动房拆卸

12.2.1 本条规定了人工拆除活动房屋作业流程应遵循的先后顺序。

12.2.2 本条规定了支撑杆件拆除的有关要求。

12.2.3 本条分别规定了拆卸有支撑架和无支撑架临时建筑的拆卸要求。

12.2.4 本条规定了操作人员应执行的拆卸方法。

12.3 砌体建筑拆除

12.3.1 本条规定了人工拆除砌体建筑的作业流程。

12.3.2 本条规定了存在结构安全问题隐患的砌体建筑拆除的方法。

12.3.3 本条规定了禁止采用的拆除作业方式；规定了倾覆拆除的倾覆物与相邻建（构）筑物间必须达到安全距离。

12.3.4 本条规定了在高处进行拆除时材料的运送方法。

12.4 回　收

12.4.1～12.4.5 规定了临时建筑的构、配件拆卸后的产品保护及维修要求，以便回收利用。

8

检 测 · 加 固

8

中华人民共和国行业标准

房屋建筑与市政基础设施工程检测分类标准

Classification standard of test for building and
municipal engineering

JGJ/T 181—2009

批准部门：中华人民共和国住房和城乡建设部
施行日期：２０１０年８月１日

中华人民共和国住房和城乡建设部
公　告

第 445 号

关于发布行业标准《房屋建筑与
市政基础设施工程检测分类标准》的公告

现批准《房屋建筑与市政基础设施工程检测分类标准》为行业标准，编号为 JGJ/T 181－2009，自 2010 年 8 月 1 日起实施。

本标准由我部标准定额研究所组织中国建筑工业

出版社出版发行。

中华人民共和国住房和城乡建设部
2009 年 11 月 24 日

前　言

根据原建设部《关于印发〈2005 年工程建设标准规范制订、修订计划（第一批）〉的通知》（建标函〔2005〕84 号）的要求，标准编制组经广泛调查研究，认真总结实践经验，参考有关国际标准和国外先进标准，并在广泛征求意见的基础上，制定本标准。

本标准的主要技术内容是：总则、基本规定、工程材料检测、工程实体检测、工程环境检测等。

本标准由住房和城乡建设部负责管理，由广州市建筑科学研究院有限公司负责具体技术内容的解释。执行过程中如有意见或建议，请寄送广州市建筑科学研究院有限公司（地址：广州市白云大道北 833 号；邮政编码：510440）。

本标准主编单位：广州市建筑科学研究院有限公司
国家建筑工程质量监督检验中心

本标准参编单位：上海市建筑科学研究院（集团）有限公司
同济大学
北京市市政工程研究院
辽宁省建设科学研究院
中国建筑材料科学研究总院
山东省建筑科学研究院
江苏省建筑科学研究院有限公司
广东省建设工程质量安全监督检测总站
国家空调设备质量监督检验中心
甘肃省建筑科学研究院
广州建设工程质量安全检测中心有限公司
广州市华软科技发展有限公司
无锡建仪仪器机械有限公司
沈阳紫微机电设备有限公司

本标准主要起草人：任　俊　姜　红　朱基千
萧　岩　张元发　吴裕锦
关淑君　孟小平　王春波
倪竹君　曹　阳　袁庆华
汪志功　田华强　杨　波
潘奇俊　范　伟　冯力强
吴　冰

本标准主要审查人：何星华　徐天平　吴战鹰
牛兴荣　潘延平　陈凤旺
张元勃　宋　波　冯　雅
朱立建

目　　次

Contents

1 总　则

1.0.1 为了统一房屋建筑和市政基础设施工程检测的分类方法，使检测的分类更加合理化、规范化，提高检测的质量与水平，使检测结果科学、合理、适用、可比，制定本标准。

1.0.2 本标准适用于房屋建筑和市政基础设施工程检测的分类。

1.0.3 本标准依据房屋建筑和市政基础设施工程在建设阶段及使用阶段的技术要求确定检测领域、类别、项目及参数。

1.0.4 本标准规定了房屋建筑和市政基础设施工程检测分类的基本技术要求。当本标准与国家法律、行政法规的规定相抵触时，应按国家法律、行政法规的规定执行。

1.0.5 房屋建筑和市政基础设施工程检测的分类除应符合本标准的规定外，尚应符合国家现行有关标准的规定。

2 基本规定

2.1 一般规定

2.1.1 本标准所指房屋建筑工程包括与房屋建筑物和附属构筑物设施相关的地基与基础、主体结构、建筑给水排水、采暖通风、建筑电气、智能建筑及装饰装修工程。

2.1.2 本标准所指市政基础设施工程包括城市道路、桥梁、供水、排水、污水处理、燃气、热力、垃圾处理、防洪等设施的土建和管道安装工程。

2.1.3 房屋建筑和市政基础设施工程检测应分为检测领域、类别、项目及参数 4 个层次。

2.1.4 在工程建设领域中涉及的建筑材料和原材料检测代码及参数，应选用国家现行有关标准确定的检测代码及参数。

2.1.5 名称不同而检测技术方法基本相同或相近的检测代码及参数，在参数表中可并列，未列出的相近参数也可采用本标准给出的检测代码。

2.1.6 同一检测代码及参数存在多种检测方法时，涉及不同检测能力的方法应在参数后括号内分别列出。

2.2 检测领域

2.2.1 房屋建筑和市政基础设施工程的检测领域应符合表 2.2.1 的规定。

表 2.2.1 房屋建筑和市政基础设施工程检测领域

序号	代码	领　域	Domain
1	Q	工程材料	Construction materials

续表 2.2.1

序号	代码	领　域	Domain
2	P	工程实体	Construction entity
3	Z	工程环境	Construction environment

2.3 检测类别

2.3.1 工程材料领域的检测应按使用功能进行分类。当一种材料有多种使用功能时，应划入在工程中的主要功能类别中。工程材料领域检测类别划分应符合表 2.3.1 的规定。

表 2.3.1 工程材料领域检测类别

序号	代码	类　别	Sort
1	Q03	混凝土结构材料	Concrete structure materials
2	Q04	墙体材料	Masonry structure materials
3	Q05	金属结构材料	Metal structure materials
4	Q06	木结构材料	Timber structure materials
5	Q07	膜结构材料	Membrane structure materials
6	Q08	预制混凝土构配件	Component of precast concrete
7	Q09	砂浆材料	Mortar materials
8	Q10	装饰装修材料	Decorating and refurbishing materials
9	Q11	门窗幕墙	Door window and curtain wall
10	Q12	防水材料	Waterproof materials
11	Q13	嵌缝密封材料	Joint sealing materials
12	Q14	胶粘剂	Adhesive
13	Q15	管道材料及配件	Pipeline materials and pipe-fittings
14	Q16	电气材料	Electrical materials
15	Q17	保温吸声材料	Thermal insulation and acoustic materials
16	Q18	道桥材料	Materials for road and bridge
17	Q19	道桥构配件	Component for road and bridge
18	Q20	防腐绝缘材料	Anti-corrosion insulation materials

2.3.2 工程实体领域的检测应按照工程部位进行分类，并应包括工程监测、施工机具、安全防护用品等类别。工程实体领域检测类别划分应符合表2.3.2的规定。

表 2.3.2 工程实体领域检测类别

序号	代码	类 别	Sort
1	P21	地基与基础工程	Subgrade and foundation engineering
2	P22	主体结构工程	Structure engineering
3	P23	装饰装修工程	Decorating and refurbishing engineering
4	P24	防水工程	Waterproof engineering
5	P25	建筑给水、排水及采暖工程	Water supply, drainage and heating engineering
6	P26	通风与空调工程	Ventilation and air-conditioning engineering
7	P27	建筑电气工程	Building electrical engineering
8	P28	智能建筑工程	Intelligent building engineering
9	P29	建筑节能工程	Energy efficient of building construction
10	P30	道路工程	Road engineering
11	P31	桥梁工程	Bridge engineering
12	P32	隧道工程与城市地下工程	Tunnel engineering and urban underground engineering
13	P33	市政给水排水、热力与燃气工程	Municipal water supply and drainage, thermodynamic and gas engineering
14	P34	工程监测	Engineering monitoring
15	P35	施工机具	Construction equipment
16	P36	安全防护用品	Safety facilities

2.3.3 工程环境领域检测应按照环境特点进行分类。工程环境领域检测类别划分应符合表2.3.3的规定。

表 2.3.3 工程环境领域检测类别

序号	代码	类 别	Sort
1	Z37	热环境	Thermal environment
2	Z38	光环境	Light environment

续表 2.3.3

序号	代码	类 别	Sort
3	Z39	声环境	Acoustic environment
4	Z40	空气质量	Air quality

2.4 检 测 代 码

2.4.1 房屋建筑和市政基础设施工程检测代码的分级与排列应符合下列规定：

　1 检测代码分为如下4级：

　　1）第1级1位，领域代码；

　　2）第2级2位，类别代码；

　　3）第3级2位，项目代码；

　　4）第4级2位，参数代码。

　2 检测代码应按图2.4.1所示顺序排列。

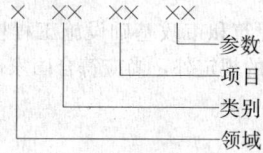

图 2.4.1 检测代码排列示意

2.4.2 本标准未列入的检测类别、检测项目、检测参数可用"补×"依次排列。

2.4.3 检测代码及项目的标准变更造成参数的名称变更时，检测代码不应改变。

3 混凝土结构材料

3.1 一 般 规 定

3.1.1 混凝土结构材料的检测代码及项目应符合表3.1.1的规定。

表 3.1.1 混凝土结构材料检测代码及项目

序号	代码	项 目	Item
1	Q0302	水泥	Cement
2	Q0303	砂	Sand
3	Q0304	石	Stone
4	Q0305	轻骨料	Lightweight aggregate
5	Q0306	混凝土用水	Concrete water consumption
6	Q0307	外加剂	Additives
7	Q0308	掺合料	Admixtures
8	Q0309	钢筋	Steel bar
9	Q0310	钢筋焊接	Steel bar joint
10	Q0311	钢筋机械连接	Mechanical connection of steel bar

序号	代码	项　目	Item
11	Q0312	普通混凝土	Ordinary concrete
12	Q0313	轻骨料混凝土	Lightweight aggregate concrete
13	Q0314	钢纤维	Steel fiber
14	Q0315	钢绞线、钢丝	Steel wire and strand
15	Q0316	预应力筋用锚具、夹具和连接器	Anchorage, grip and coupler for prestressing tendons
16	Q0317	预应力混凝土用波纹管	Corrugated-pipe for prestressed concrete
17	Q0318	灌浆材料	Grouting materials
18	Q0319	混凝土结构加固用纤维	Fiber for concrete structure streng-thening
19	Q0320	混凝土结构加固用纤维复合材	Fiber composites for concrete structure strengthening

3.2　水　泥

3.2.1　水泥的检测代码及参数应符合表 3.2.1 的规定。

表 3.2.1　水泥的检测代码及参数

序号	代码	参　数	Parameter
1	Q030201	密度	Density
2	Q030202	细度	Fineness
3	Q030203	比表面积	Specific surface area
4	Q030204	水泥标准稠度用水量	Water requirement for normal consistency for cement paste
5	Q030205	凝结时间	Setting time
6	Q030206	安定性	Soundness
7	Q030207	胶砂强度（ISO 法、快速法）	Mortar strength (ISO method, rapid method)
8	Q030208	胶砂流动度	Mortar fluidity
9	Q030209	胶砂干缩	Drying shrinkage of mortar
10	Q030210	自应力	Self-stressing
11	Q030211	保水率	Water retentively
12	Q030212	不透水性	Water impermeability

序号	代码	参　数	Parameter
13	Q030213	白度	Whiteness
14	Q030214	色差	Color difference
15	Q030215	颜色耐久性	Color durability
16	Q030216	耐磨性	Abrasion resistance
17	Q030217	膨胀率	Percentage of expansion
18	Q030218	水化热	Heat of hydration
19	Q030219	烧失量	Loss on ignition
20	Q030220	不溶物	Insoluble residue
21	Q030221	二氧化硅	Silica
22	Q030222	三氧化二铁	Ferrictri oxide
23	Q030223	三氧化二铝	Alumina
24	Q030224	氧化钙	Calcium oxide
25	Q030225	氧化镁	Magnesium oxide
26	Q030226	硫酸盐和三氧化硫	Sulphate and sulfur trioxide
27	Q030227	二氧化钛	Titanium dioxide
28	Q030228	一氧化锰	Manganese oxide
29	Q030229	氧化钾和氧化钠	Potassium oxide and sodium oxide
30	Q030230	硫化物	Sulfide
31	Q030231	氟	Fluorine
32	Q030232	游离氧化钙	Free calcium oxide
33	Q030233	氯离子含量	Chloride ion content

3.3　砂

3.3.1　砂的检测代码及参数应符合表 3.3.1 的规定。

表 3.3.1　砂的检测代码及参数

序号	代码	参　数	Parameter
1	Q030301	筛分析/颗粒级配	Sieve analysis/Particle size grading
2	Q030302	表观密度（标准法、简易法）	Apparent density (standard method, simple method)
3	Q030303	吸水率	Water absorption
4	Q030304	堆积密度	Stacking density
5	Q030305	紧密密度	Compact density
6	Q030306	含水率（标准法、快速法）	Water content (standard method, rapid method)

序号	代码	参　数	Parameter
7	Q030307	含泥量（标准法、虹吸管法）	Soil content (standard method, siphon method)
8	Q030308	泥块含量	Soil block content
9	Q030309	石粉含量	Stone powder content
10	Q030310	人工砂压碎指标	Crush index of artifioial sand
11	Q030311	有机物含量	Organism content
12	Q030312	云母含量	Mica content
13	Q030313	轻物质含量	Content of light substance
14	Q030314	坚固性	Soundness
15	Q030315	硫酸盐及硫化物含量	Sulphide and sulphate content
16	Q030316	氯离子含量	Chloride ion content
17	Q030317	海砂贝壳含量	Content of shell for sea sand
18	Q030318	碱活性（快速法、砂浆长度法）	Alkali-aggregate reaction (rapid method, mortar length method)

3.4　石

3.4.1　石的检测代码及参数应符合表 3.4.1 的规定。

表 3.4.1　石的检测代码及参数

序号	代码	参　数	Parameter
1	Q030401	筛分析/颗粒级配	Sieve analysis/Particle size grading
2	Q030402	表观密度（标准法、简易法）	Apparent density (standard method, simple method)
3	Q030403	含水率	Water content
4	Q030404	吸水率	Water absorption
5	Q030405	堆积密度	Stacking density
6	Q030406	紧密密度	Compact density
7	Q030407	含泥量	Soil content
8	Q030408	泥块含量	Soil block content
9	Q030409	针片状颗粒的总含量	Content of spiculate and flaky grain
10	Q030410	有机物含量	Organism content
11	Q030411	坚固性	Soundness

序号	代码	参　数	Parameter
12	Q030412	岩石抗压强度	Compressive strength of rock
13	Q030413	压碎指标	Crushing index
14	Q030414	硫酸盐及硫化物含量	Sulphide and sulphate content
15	Q030415	碱活性（岩相法、快速法、砂浆长度法、岩石柱法）	Alkali-aggregate reaction (Lithofacies method, rapid method, mortar length method, rock column method)

3.5　轻骨料

3.5.1　轻骨料的检测代码及参数应符合表 3.5.1 的规定。

表 3.5.1　轻骨料的检测代码及参数

序号	代码	参　数	Parameter
1	Q030501	筛分析/颗粒级配	Sieve analysis/Particle size grading
2	Q030502	堆积密度	Stacking density
3	Q030503	紧密堆积密度	Compact density
4	Q030504	表观密度	Apparent density
5	Q030505	吸水率	Water absorption
6	Q030506	软化系数	Soften coefficient
7	Q030507	粒型系数	Coefficient of grain shape
8	Q030508	含泥量及黏土块含量	Soil and soil block content
9	Q030509	匀质性指标	Homogeneity index
10	Q030510	煮沸质量损失	Boiling weight loss
11	Q030511	筒压强度	Cylinder compressive strength
12	Q030512	烧失量	Loss on ignition
13	Q030513	硫化物及硫酸盐含量	Sulphide and sulphate content
14	Q030514	有机物含量	Organism content
15	Q030515	有害物质含量	Harmful substance content

3.6 混凝土用水

3.6.1 混凝土用水的检测代码及参数应符合表 3.6.1 的规定。

表 3.6.1 混凝土用水的检测代码及参数

序号	代码	参 数	Parameter
1	Q030601	pH	pH
2	Q030602	不溶物	Insoluble matter
3	Q030603	可溶物	Soluble matter
4	Q030604	氯离子含量	Chloride ion content
5	Q030605	硫酸盐	Sulphate content
6	Q030606	碱含量	Alkali content

3.7 外 加 剂

3.7.1 外加剂的检测代码及参数应符合表 3.7.1 的规定。

表 3.7.1 外加剂的检测代码及参数

序号	代码	参 数	Parameter
1	Q030701	细度	Fineness
2	Q030702	密度	Density
3	Q030703	含固量	Solid content
4	Q030704	含水率	Water content
5	Q030705	水泥净浆流动度	Fluidity for cement paste
6	Q030706	pH	pH
7	Q030707	表面张力	Surface tension
8	Q030708	水泥砂浆工作性/砂浆减水率	Work-ability of cement mortar
9	Q030709	比表面积	Specific surface area
10	Q030710	减水率	Water reducing ratio
11	Q030711	坍落度增加值/坍落度保留值	Slump increase/Slump retaining value
12	Q030712	凝结时间/凝结时间差	Setting time/Setting time difference
13	Q030713	48h 吸水量比	Water sorption ratio in 48h
14	Q030714	含气量	Air content

续表 3.7.1

序号	代码	参 数	Parameter
15	Q030715	常压泌水率比	Ratio of water-segregation rate at normal atmospheric pressure
16	Q030716	压力泌水率比	Ratio of water-segregation rate at a certain atmospheric pressure
17	Q030717	净浆安定性	Soundness of cement paste
18	Q030718	抗压强度/抗压强度比	Compressive strength/Compressive strength ratio
19	Q030719	抗折强度	Bending strength
20	Q030720	限制膨胀率	Percentage of restrained expansion
21	Q030721	收缩率比	Shrinkage ratio
22	Q030722	透水压力比	Leaking pressure ratio
23	Q030723	渗透高度比	Leaking height ratio
24	Q030724	需水量比	Water requirement ratio
25	Q030725	冻融强度损失率比	Ratio of compressive strength loss after freeze-thaw circle
26	Q030726	相对耐久性指标	Relative endurance index
27	Q030727	泡沫性能	Foam performance
28	Q030728	氯离子含量	Chloride ion content
29	Q030729	还原糖	Reducing sugar
30	Q030730	总 碱 量（$Na_2O + 0.658K_2O$）	Total alkali content（$Na_2O+0.658K_2O$）
31	Q030731	硫酸钠	Sodium sulphate
32	Q030732	钢筋锈蚀	Steel corrosion
33	Q030733	氧化镁	Magnesium oxide

序号	代码	参 数	Parameter
34	Q030734	三氧化硫	Sulfur trioxide
35	Q030735	烧失量	Loss on ignition
36	Q030736	硅灰中二氧化硅	Silica content in silicon fume
37	Q030737	吸铵值	Ammonium absorption value
38	Q030738	活性指数	Activity index

3.8 掺合料

3.8.1 掺合料的检测代码及参数应符合表 3.8.1 的规定。

表 3.8.1 掺合料的检测代码及参数

序号	代码	参 数	Parameter
1	Q030801	细度	Fineness
2	Q030802	比表面积	Specific surface area
3	Q030803	松散密度	Loose density
4	Q030804	白度	Whiteness
5	Q030805	需水量	Water requirement
6	Q030806	含水量	Water content
7	Q030807	流动度比	Fluidity ratio
8	Q030808	抗压强度比	Compressive strength ratio
9	Q030809	安定性	Soundness
10	Q030810	均匀性	Uniformity
11	Q030811	活性指数	Activity index
12	Q030812	碱含量	Alkali content
13	Q030813	吸铵值	Ammonium absorption value
14	Q030814	105℃挥发物含量/含水量	Volatile substances content at 105℃/Water content
15	Q030815	质量系数	Quality coefficient
16	Q030816	二氧化钛	Titanium dioxide
17	Q030817	氧化亚锰	Manganese oxide
18	Q030818	氟化物	Fluoride content
19	Q030819	硫化物	Sulphide content
20	Q030820	硅灰石含量	Wollastonite content
21	Q030821	烧失量	Loss on ignition
22	Q030822	三氧化硫	Sulphur trioxide

序号	代码	参 数	Parameter
23	Q030823	二氧化硅	Silica
24	Q030824	游离氧化钙	Free calcium oxide
25	Q030825	氯离子含量	Chloride ion content

3.9 钢 筋

3.9.1 钢筋的检测代码及参数应符合表 3.9.1 的规定。

表 3.9.1 钢筋的检测代码及参数

序号	代码	参 数	Parameter
1	Q030901	尺寸	Dimension
2	Q030902	外观	Appearance er
3	Q030903	重量	Weight
4	Q030904	伸长率	Elongation
5	Q030905	屈服强度	Yield strength
6	Q030906	抗拉强度	Tensile strength
7	Q030907	断面收缩率	Percentage reduction of area
8	Q030908	冷弯	Cold bending
9	Q030909	反向弯曲	Back bend
10	Q030910	冲击	Impacting
11	Q030911	疲劳试验	Fatigue test
12	Q030912	应力松弛率	Stress relaxation
13	Q030913	碳	Carbon
14	Q030914	硅	Silicon
15	Q030915	锰	Manganese
16	Q030916	硫	Sulfur
17	Q030917	磷	Phosphorus
18	Q030918	铬	Chromium
19	Q030919	镍	Nickel
20	Q030920	铜	Copper
21	Q030921	氮	Nitrogen
22	Q030922	砷	Arsenic
23	Q030923	碳当量	Carbon equivalent
24	Q030924	晶粒度	Grain size

3.10 钢筋焊接

3.10.1 钢筋焊接的检测代码及参数应符合表

3.10.1 的规定。

表 3.10.1 钢筋焊接的检测代码及参数

序号	代码	参 数	Parameter
1	Q031001	抗拉强度	Tensile strength
2	Q031002	剪切强度	Shear strength
3	Q031003	弯曲	Bending
4	Q031004	冲击	Impacting
5	Q031005	疲劳	Fatigue
6	Q031006	硬度	Hardness
7	Q031007	钢筋焊接网的抗剪力	Shear resistance of welded wire fabric
8	Q031008	应变时效敏感性	Strain ageing susceptibility

3.11 钢筋机械连接

3.11.1 钢筋机械连接的检测代码及参数应符合表 3.11.1 的规定。

表 3.11.1 钢筋机械连接的检测代码及参数

序号	代码	参 数	Parameter
1	Q031101	外观	Appearance
2	Q031102	尺寸	Dimension
3	Q031103	抗拉强度	Tensile strength
4	Q031104	屈服强度	Yield strength
5	Q031105	单向拉伸	Unidirectional tension
6	Q031106	接头拧紧力矩	Twisting moment tight on coupling
7	Q031107	高应力反复抗压	Reverse compression in high stress
8	Q031108	大变形反复拉压	Repeated pressure and tension under large strain
9	Q031109	总伸长率	Total extension percentage
10	Q031110	非弹性变形	Inelastic deformation
11	Q031111	残余变形	Residual deformation

3.12 普通混凝土

3.12.1 普通混凝土的检测代码及参数应符合表 3.12.1 的规定。

表 3.12.1 普通混凝土的检测代码及参数

序号	代码	参 数	Parameter
1	Q031201	坍落度与坍落扩展度	Slump and slump flow

续表 3.12.1

序号	代码	参 数	Parameter
2	Q031202	拌合物稠度	Consistence of concrete mixed
3	Q031203	拌合物凝结时间	Setting time of concrete mixed
4	Q031204	拌合物泌水	Bleeding of concrete mixed
5	Q031205	拌合物压力泌水	Stressing bleeding of concrete mixed
6	Q031206	拌合物表观密度	Apparent density of concrete mixed
7	Q031207	拌合物含气量	Air content of concrete mixed
8	Q031208	拌合物配合比分析	Mixture ratio analysis of concrete mixed
9	Q031209	抗压强度	Compressive strength
10	Q031210	抗拉强度	Tensile strength
11	Q031211	抗折强度	Bending strength
12	Q031212	抗渗性能	Permeability resistance
13	Q031213	收缩率	Shrinkage
14	Q031214	抗冻性能	Frost resistance
15	Q031215	耐磨性能	Abrasion resistance
16	Q031216	抗压疲劳强度	Compressive fatigue strength
17	Q031217	弯拉强度	Tensile strength in bending
18	Q031218	静力受压弹性模量	Modulus of elasticity in static compression
19	Q031219	动弹性模量	Modulus of elasticity in dynamic compression
20	Q031220	受压徐变	Creep of concrete
21	Q031221	碳化	Carbonation of concrete
22	Q031222	钢筋锈蚀	Steel corrosion
23	Q031223	氯离子含量	Chloride ion content

3.13 轻骨料混凝土

3.13.1 轻骨料混凝土的检测代码及参数除应包括本标准表 3.12.1 的内容外，其他检测代码及参数尚应符合表 3.13.1 的规定。

表 3.13.1　轻骨料混凝土的其他检测代码及参数

序号	代码	参　数	Parameter
1	Q031301	干表观密度	Dry apparent density
2	Q031302	吸水率	Water absorption
3	Q031303	线膨胀系数	Linear expansion coefficient
4	Q031304	软化系数	Soften coefficient

3.14　钢　纤　维

3.14.1　钢纤维的检测代码及参数应符合表 3.14.1 的规定。

表 3.14.1　钢纤维的检测代码及参数

序号	代码	参　数	Parameter
1	Q031401	尺寸	Dimension
2	Q031402	外观	Appearance
3	Q031403	抗拉强度	Tensile strength
4	Q031404	弯折性能	Bending property
5	Q031405	杂质	Impurity

3.15　钢绞线、钢丝

3.15.1　钢绞线、钢丝的检测代码及参数应符合表 3.15.1 的规定。

表 3.15.1　钢绞线、钢丝的检测代码及参数

序号	代码	参　数	Parameter
1	Q031501	外观	Appearance
2	Q031502	尺寸	Dimension
3	Q031503	伸直性	Unbend properties
4	Q031504	质量	Mass
5	Q031505	屈服力	Yield force
6	Q031506	条件屈服荷载	Yield load in some condition
7	Q031507	规定非比例延伸力	Proof strength, non-proportional extension
8	Q031508	破断拉力	Breaking loading
9	Q031509	抗拉强度	Tensile strength
10	Q031510	最大力	Maximum force
11	Q031511	断后伸长率	Percentage elongation after fracture
12	Q031512	最大力总伸长率	Percentage total elongation at maximum force
13	Q031513	断裂收缩率	Percentage reduction of area

续表 3.15.1

序号	代码	参　数	Parameter
14	Q031514	应力松弛性能	Stress relaxation properties
15	Q031515	弹性模量	Elastic modulus
16	Q031516	疲劳性能	Fatigue properties
17	Q031517	偏斜拉伸性能	Skew tension properties
18	Q031518	延性（反复弯曲、断面减缩）	Ductility (reverse bend, constriction)
19	Q031519	应力腐蚀	Stress corrosion
20	Q031520	弯曲试验	Bending test
21	Q031521	扭转试验	Twisting test
22	Q031522	镀层重量	Coating weight
23	Q031523	钢丝缠绕试验	Winding wire test
24	Q031524	镦头强度	Strength of upsetting end

3.16　预应力筋用锚具、夹具和连接器

3.16.1　预应力筋用锚具、夹具和连接器检测代码及参数应符合表 3.16.1 的规定。

表 3.16.1　预应力筋用锚具、夹具和连接器的检测代码及参数

序号	代码	参　数	Parameter
1	Q031601	硬度	Hardness
2	Q031602	锚具效率系数	Activity factor of anchorage device
3	Q031603	夹具效率系数	Activity factor of jig
4	Q031604	总应变	Total strain
5	Q031605	相对位移	Relative displacement
6	Q031606	实测极限拉力	Measured limit rally
7	Q031607	疲劳荷载性能	Fatigue load property
8	Q031608	周期荷载性能	Periodic load property
9	Q031609	锚固的内缩量	Amount of anchoring shrinkage
10	Q031610	锚固摩阻损失	Friction loss of anchoring
11	Q031611	张拉锚固工艺性能	Processing properties of stretching anchor

3.17 预应力混凝土用波纹管

3.17.1 预应力混凝土用波纹管的检测代码及参数应符合表3.17.1的规定。

表 3.17.1 预应力混凝土用波纹管的检测代码及参数

序号	代码	参　数	Parameter
1	Q031701	尺寸	Dimension
2	Q031702	外观	Appearance
3	Q031703	集中荷载下径向刚度	Stiffness of neck direction on concentrated load
4	Q031704	均布荷载下径向刚度	Stiffness of neck direction on even load
5	Q031705	荷载作用后抗渗漏	Leaking resistance after loading
6	Q031706	抗弯曲渗漏	Bending leakage resistance
7	Q031707	环刚度	Ring stiffness
8	Q031708	局部横向荷载	Local lateral loading
9	Q031709	柔韧性	Flexible property
10	Q031710	耐冲击性	Impacting resistance

3.18 灌浆材料

3.18.1 水泥基灌浆材料的检测代码及参数应符合表3.18.1的规定。

表 3.18.1 水泥基灌浆材料的检测代码及参数

序号	代码	参　数	Parameter
1	Q031801	粒径	Grain size
2	Q031802	凝结时间	Setting time
3	Q031803	泌水率	Bleeding rate
4	Q031804	流动度	Fluidity
5	Q031805	抗压强度	Compressive strength
6	Q031806	竖向膨胀率	Vertical expansion ratio
7	Q031807	钢筋握裹强度	Wrapping strength of rod
8	Q031808	对钢筋锈蚀作用	Corrosion on steel

3.19 混凝土结构加固用纤维

3.19.1 混凝土结构加固用纤维的检测代码及参数应符合表3.19.1的规定。

表 3.19.1 混凝土结构加固用纤维的检测代码及参数

序号	代码	参　数	Parameter
1	Q031901	抗拉强度	Tensile strength
2	Q031902	弹性模量	Elastic modulus
3	Q031903	伸长率	Elongation percentage

3.20 混凝土结构加固用纤维复合材

3.20.1 混凝土结构加固用纤维复合材的检测代码及参数应符合表3.20.1的规定。

表 3.20.1 混凝土结构加固用纤维复合材的检测代码及参数

序号	代码	参　数	Parameter
1	Q032001	单位面积质量	Quality in unit area
2	Q032002	尺寸	Dimension
3	Q032003	纤维体积含量	Fiber volume content
4	Q032004	抗拉强度	Tensile strength
5	Q032005	弹性模量	Elastic modulus
6	Q032006	伸长率	Elongation percentage

4 墙 体 材 料

4.1 一 般 规 定

4.1.1 墙体材料检测代码及项目应符合表4.1.1的规定。

表 4.1.1 墙体材料检测代码及项目

序号	代码	项　目	Item
1	Q0402	砖	Brick
2	Q0403	砌块	Block
3	Q0404	墙板	Board

4.2 砖

4.2.1 砖的检测代码及参数应符合表4.2.1的规定。

表 4.2.1 砖的检测代码及参数

序号	代码	参　数	Parameter
1	Q040201	尺寸	Dimension
2	Q040202	外观	Appearance
3	Q040203	体积密度	Bulk density

序号	代码	参 数	Parameter
4	Q040204	吸水率	Water absorption
5	Q040205	饱和系数	Saturation coefficient
6	Q040206	含水率	Water content
7	Q040207	孔洞率	Core ratio
8	Q040208	孔洞结构	Core structure
9	Q040209	抗折强度	Bending strength
10	Q040210	抗压强度	Compressive strength
11	Q040211	石灰爆裂	Lime bloating
12	Q040212	泛霜	Efflorescence
13	Q040213	保水性	Water retentively
14	Q040214	透水系数	Coefficient of percolating water
15	Q040215	冻融/抗冻性	Freeze-thaw recycle/ Frost resistance
16	Q040216	干燥收缩	Dry shrinkage
17	Q040217	碳化	Carbonization
18	Q040218	耐磨	Wear ability
19	Q040219	软化系数	Soften coefficient
20	Q040220	抗风化性能	Antiweatherability

4.3 砌 块

4.3.1 砌块的检测代码及参数应符合表 4.3.1 的规定。

表 4.3.1 砌块的检测代码及参数

序号	代码	参 数	Parameter
1	Q040301	尺寸	Dimension
2	Q040302	外观	Appearance
3	Q040303	块体密度/干体积密度	Bulk density /Drying bulk density
4	Q040304	空心率	Void content
5	Q040305	含水率	Water content
6	Q040306	吸水率	Water absorption
7	Q040307	相对含水率	Relative water content
8	Q040308	抗压强度	Compressive strength
9	Q040309	抗折强度	Bending strength
10	Q040310	劈裂抗拉强度	Tensile strength
11	Q040311	轴心抗压强度	Axial compressive strength

序号	代码	参 数	Parameter
12	Q040312	静力受压弹性模量	Modulus of elasticity in static compression
13	Q040313	软化系数	Soften coefficient
14	Q040314	干燥收缩	Drying shrinkage
15	Q040315	碳化系数	Carbonation index
16	Q040316	抗冻性	Frost resistance
17	Q040317	抗渗性	Permeability resistance
18	Q040318	干湿循环	Drying-moisture cycle
19	Q040319	抗风化性能	Antiweatherability

4.4 墙 板

4.4.1 墙板的检测代码及参数应符合表 4.4.1 的规定。

表 4.4.1 墙板的检测代码及参数

序号	代码	参 数	Parameter
1	Q040401	尺寸	Dimension
2	Q040402	外观	Appearance
3	Q040403	面密度	Surface density
4	Q040404	含水率	Water content
5	Q040405	抗冲击	Impact resistance
6	Q040406	抗弯破坏荷载	Utmost load at bending
7	Q040407	抗压强度	Compressive strength
8	Q040408	吊挂力	Hanging force resistance
9	Q040409	粘结强度	Cohesive strength
10	Q040410	剥离性能	Peel properties
11	Q040411	干燥收缩值	Drying shrinkage value
12	Q040412	面板干缩率	Dry shrinkage ratio of slab
13	Q040413	抗折强度保留率（耐久性）	Retaining rate of bending strength (durability)
14	Q040414	浸水 24h 厚度膨胀	Thickness expansion in water for 24h
15	Q040415	抗冻性	Frost resistance
16	Q040416	自然含湿状态下抗折强度	Bending strength in nature moisture state
17	Q040417	浸水 24h 抗折强度	Bending strength in water for 24h

序号	代码	参　数	Parameter
18	Q040418	垂直平面抗拉强度	Tensile strength in plumb plane
19	Q040419	抗折弹性模量	Elastic module in bending
20	Q040420	握螺钉力	Nail-holding power
21	Q040421	防火性能	Fireproofing performance

5 金属结构材料

5.1 一般规定

5.1.1 金属结构材料检测代码及项目应符合表 5.1.1 的规定。

表 5.1.1 金属结构材料检测代码及项目

序号	代码	项　目	Item
1	Q0502	钢材	Steel
2	Q0503	紧固件	Fastener
3	Q0504	螺栓球	Bolted-ball
4	Q0505	焊接球	Welded-ball
5	Q0506	焊接材料	Welding Material
6	Q0507	焊接接头	Welding joints

5.2 钢材

5.2.1 钢材的原材料检测代码及参数除应包括本标准表 3.9.1 的内容外，其他检测代码及参数尚应符合表 5.2.1 的规定。

表 5.2.1 钢材原材料的其他检测代码及参数

序号	代码	参　数	Parameter
1	Q050201	硬度（布氏、洛氏、维氏）	Hardness (Brinell, Rockwell, Vickers)
2	Q050202	冲击（U型缺口、V型缺口、常温、低温）	Impact (U notch, V notch, normal temperature, low temperature)
3	Q050203	低倍组织	Macroscopic structure
4	Q050204	内部缺陷	Inside imperfection
5	Q050205	晶粒度	Grain size

序号	代码	参　数	Parameter
6	Q050206	显微组织	Microstructure
7	Q050207	抗压强度	Compressive strength
8	Q050208	抗剪强度	Shearing strength
9	Q050209	端面承压	End surface pressurization
10	Q050210	弹性模量	Elastic modulus
11	Q050211	剪变模量	Shear modulus
12	Q050212	线膨胀系数	Coefficient of linear expansion
13	Q050213	残余延伸强度	Extension of the residual strength
14	Q050214	非比例延伸强度	Non-ratio of the residual strength
15	Q050215	缺口偏斜拉伸	Tensile skewed gap
16	Q050216	扭转	Torsion
17	Q050217	反复弯曲	Repeatedly bending
18	Q050218	镍	Nickel
19	Q050219	铬	Chromium
20	Q050220	钼	Molybdenum
21	Q050221	钒	Vanadium
22	Q050222	钛	Titanium
23	Q050223	锆	Zirconium
24	Q050224	铝	Aluminum
25	Q050225	铜	Copper
26	Q050226	硼	Boron
27	Q050227	碳当量	Carbon equivalent
28	Q050228	裂纹敏感性指数	Crack sensitivity

5.3 紧固件

5.3.1 紧固件检测代码及参数应符合表 5.3.1 的规定。

表 5.3.1 紧固件检测代码及参数

序号	代码	参　数	Parameter
1	Q050301	尺寸	Dimension
2	Q050302	外观	Appearance
3	Q050303	拉力荷载	Pulling force load
4	Q050304	冲击吸收功	Impact

序号	代码	参 数	Parameter
5	Q050305	硬度	Hardness
6	Q050306	脱碳层	Decarburized layer
7	Q050307	保证荷载	Proof load
8	Q050308	紧固轴力	Firm shaft strength
9	Q050309	扭矩系数	Twisting moment modulus
10	Q050310	抗滑移系数	Slip coefficient of faying surface

5.4 螺 栓 球

5.4.1 螺栓球检测代码及参数应符合表5.4.1的规定。

表5.4.1 螺栓球检测代码及参数

序号	代码	参 数	Parameter
1	Q050401	尺寸	Dimension
2	Q050402	外观	Appearance
3	Q050403	抗拉强度	Tensile strength
4	Q050404	伸长率	Percentage elongation
5	Q050405	冲击	Impact
6	Q050406	硬度	Hardness
7	Q050407	拉力荷载	Pulling force load

5.5 焊 接 球

5.5.1 焊接球检测代码及参数应符合表5.5.1的规定。

表5.5.1 焊接球检测代码及参数

序号	代码	参 数	Parameter
1	Q050501	尺寸	Dimension
2	Q050502	外观	Appearance
3	Q050503	抗拉强度	Tensile strength
4	Q050504	伸长率	Percentage elongation
5	Q050505	抗压承载力	Bearing capacity
6	Q050506	壁厚减薄量	Reduction in wall thickness
7	Q050507	拉力荷载	Pulling force load
8	Q050508	压力荷载	Pressure load

5.6 焊 接 材 料

5.6.1 焊接材料检测代码及参数除化学成分应符合本标准表5.2.1的规定外，其他检测代码及参数尚应符合表5.6.1的规定。

表5.6.1 焊接材料的其他检测代码及参数

序号	代码	参 数	Parameter
1	Q050601	尺寸	Dimension
2	Q050602	外观	Appearance
3	Q050603	抗拉强度	Tensile strength
4	Q050604	熔敷金属拉伸	Deposited metal tension
5	Q050605	V型缺口冲击	V notches impact

5.7 焊 接 接 头

5.7.1 焊接接头检测代码及参数除化学成分应符合本标准表5.2.1的规定外，其他检测代码及参数尚应符合表5.7.1的规定。

表5.7.1 焊接接头的其他检测代码及参数

序号	代码	参 数	Parameter
1	Q050701	接头拉伸	Joint tensile
2	Q050702	接头弯曲	Joint bend
3	Q050703	V型缺口冲击	V notches impact
4	Q050704	接头压扁	Joint squash
5	Q050705	硬度	Hardness
6	Q050706	焊缝外观质量	Appearance
7	Q050707	宏观金相	Macro metallographic

6 木结构材料

6.1 一 般 规 定

6.1.1 木结构材料检测代码及项目应符合表6.1.1的规定。

表6.1.1 木结构材料检测代码及项目

序号	代码	项 目	Item
1	Q0602	原木	Log
2	Q0603	锯木	Sawn lumber
3	Q0604	胶合材	Glued lumber
4	Q0605	连接件	Connector screw

6.2 原　木

6.2.1 原木的检测代码及参数应符合表 6.2.1 的规定。

表 6.2.1　原木的检测代码及参数

序号	代码	参　数	Parameter
1	Q060201	尺寸	Size
2	Q060202	缺陷	Defect
3	Q060203	材质评定	Log quality appraising
4	Q060204	材积	Volume

6.3 锯　木

6.3.1 锯木（包括方木、板材及规格材）的检测代码及参数应符合表 6.3.1 的规定。

表 6.3.1　锯木的检测代码及参数

序号	代码	参　数	Parameter
1	Q060301	外观	Appearance
2	Q060302	尺寸	Dimension
3	Q060303	木材缺陷	Defect in timber
4	Q060304	含水率	Water content
5	Q060305	干缩性	Drying shrinkage
6	Q060306	密度	Density
7	Q060307	硬度	Hardness
8	Q060308	吸水性	Water absorption
9	Q060309	透水性	Water permeability of wood
10	Q060310	湿胀性	Swelling of wood
11	Q060311	抗劈力	Cleaving resistance
12	Q060312	握钉力	Nail-holding power
13	Q060313	抗弯强度	Bending strength
14	Q060314	抗弯弹性模量	Modulus of elasticity in bending
15	Q060315	冲击韧性	Impact toughness
16	Q060316	顺纹/横纹抗压强度	Compressive strength parallel/ perpendicular to grain
17	Q060317	顺纹/横纹抗拉强度	Tensile strength parallel/perpendicular to grain
18	Q060318	顺纹抗剪强度	Shearing strength parallel to grain

序号	代码	参　数	Parameter
19	Q060319	横纹抗压弹性模量	Modulus of elasticity in compression perpendicular to grain
20	Q060320	pH	pH
21	Q060321	天然耐腐性	Natural decay resistance to corrosion
22	Q060322	天然耐久性	Natural durability
23	Q060323	耐火性能	Fire resistance

6.4 胶 合 材

6.4.1 胶合材的检测代码及参数应符合表 6.4.1 的规定。

表 6.4.1　胶合材的检测代码及参数

序号	代码	参　数	Parameter
1	Q060401	尺寸	Dimension
2	Q060402	密度	Density
3	Q060403	含水率	Water content
4	Q060404	极限体积膨胀率	Limitation volume expansion rate
5	Q060405	吸水厚度膨胀率	Expansion rate of water-absorption thickness
6	Q060406	24h 吸水率	Water-absorption of 24h
7	Q060407	极限吸水率	Limitation water-absorption
8	Q060408	硬度	Hardness
9	Q060409	含砂量	Sand content
10	Q060410	表面吸收性能	Absorption property of surface
11	Q060411	内结合强度	Tensile strength perpendicular to the plane of the board
12	Q060412	静曲强度和弹性模量	Bending strength and elastic module
13	Q060413	握螺钉力	Nail-holding power
14	Q060414	表面结合强度	Surface bonding strength
15	Q060415	表面胶合强度	Surface adhesive strength
16	Q060416	胶合强度	Adhesive strength

序号	代码	参数	Parameter
17	Q060417	胶层剪切强度	Shear strength
18	Q060418	抗拉强度	Tensile strength
19	Q060419	浸渍剥离性能	Glue bond strength
20	Q060420	冲击韧性	Impact toughness
21	Q060421	低温冲击韧性	Impact toughness at low temperature
22	Q060422	耐高温性能	High temperature resistance
23	Q060423	表面耐水蒸气性能	Steam resistance of surface
24	Q060424	顺纹抗压强度	Compressive strength parallel to grain
25	Q060425	湿循环性	Wet cycling
26	Q060426	处理后静曲强度	Bending strength after treatment
27	Q060427	表面耐划痕性能	Anti-scratch of surface
28	Q060428	表面耐龟裂性能	Map-cracking resistance of surface
29	Q060429	表面耐冷热循环性能	Thermal-cold cycling resistance of surface
30	Q060430	色泽稳定性	Color stability
31	Q060431	尺寸稳定性	Dimension stability
32	Q060432	表面耐污染性	Anti-fouling of surface
33	Q060433	表面耐磨性	Abrasion resistance of surface
34	Q060434	表面耐香烟灼烧性能	Cigarette burning resistance of surface
35	Q060435	表面耐干热性	Dry heat resistance
36	Q060436	滞燃性能	Anti-burning property
37	Q060437	耐沸水性能	Boiling water resistance
38	Q060438	抗冲击性能	Impact property
39	Q060439	耐老化性能	Aging resistance
40	Q060440	室外型人造板加速老化性能	Accelerated aging performance of outdoor wood-based panels

序号	代码	参数	Parameter
41	Q060441	耐开裂性能	Cracking resistance
42	Q060442	后成型性能	After-molding performance
43	Q060443	防静电性能	Static electricity resistance

6.5 连 接 件

6.5.1 连接件的检测代码及参数应符合表 6.5.1 的规定。

表 6.5.1 连接件的检测代码及参数

序号	代码	参数	Parameter
1	Q060501	外观	Appearance
2	Q060502	尺寸	Dimension
3	Q060503	重量	Weight
4	Q060504	抗拉强度	Tensile strength
5	Q060505	屈服强度	Yield strength
6	Q060506	伸长率	Elongation rate
7	Q060507	冷弯试验	Cold bending test
8	Q060508	冲击性能	Impact property
9	Q060509	最小拉力荷载	Minimum pulling force load
10	Q060510	最小破坏力矩	Minimum breaking torque
11	Q060511	螺母保证荷载	Proof load of nut

7 膜结构材料

7.1 一 般 规 定

7.1.1 膜结构材料检测代码及项目应符合表 7.1.1 的规定。

表 7.1.1 膜结构材料检测代码及项目

序号	代码	项目	Item
1	Q0702	膜材	Membrane material
2	Q0703	索材	Cable material
3	Q0704	连接件	Connector screw

7.2 膜 材

7.2.1 膜材的检测代码及参数应符合表 7.2.1 的规定。

表 7.2.1　膜材的检测代码及参数

序号	代码	参　数	Parameter
1	Q070201	外观	Appearance
2	Q070202	厚度	Thickness
3	Q070203	面密度	Surface density
4	Q070204	抗拉强度	Tensile strength
5	Q070205	撕裂强度	Tear strength
6	Q070206	伸长率	Elongation rate
7	Q070207	涂层粘附强度	Adhesive strength of coating
8	Q070208	膜面连接强度	Connection strength on surface of membrane
9	Q070209	弹性模量及泊松比	Elastic module and Poisson's ratio
10	Q070210	剪切模量	Shear modulus
11	Q070211	耐徐变性能	Creep resistance property
12	Q070212	膜面水密性	Water tightness performance on surface of membrane
13	Q070213	膜面气密性	Air permeability performance on surface of membrane
14	Q070214	阻燃性能	Flame retardant property
15	Q070215	耐候性能	Weather resistance
16	Q070216	耐磨性能	Abrasion resistance

7.3　索　材

7.3.1　索材的检测代码及参数应符合表 7.3.1 的规定。

表 7.3.1　索材的检测代码及参数

序号	代码	参　数	Parameter
1	Q070301	外观	Appearance
2	Q070302	尺寸	Dimension
3	Q070303	重量	Weight
4	Q070304	镀锌层重量	Zn-coat weight
5	Q070305	抗拉强度	Tensile strength
6	Q070306	屈服强度	Yield strength
7	Q070307	伸长率	Elongation rate
8	Q070308	松弛试验	Relaxation test
9	Q070309	反复弯折性能	Reverse bending property
10	Q070310	扭转次数	Twisting times

7.4　连　接　件

7.4.1　连接件的检测代码及参数应符合表 7.4.1 的规定。

表 7.4.1　连接件的检测代码及参数

序号	代码	参　数	Parameter
1	Q070401	外观	Appearance
2	Q070402	尺寸	Dimension
3	Q070403	重量	Weight
4	Q070404	硬度	Hardness
5	Q070405	抗拉强度	Tensile strength
6	Q070406	伸长率	Elongation rate
7	Q070407	断面收缩率	Percentage reduction of area
8	Q070408	冲击性能	Impact property

8　预制混凝土构配件

8.1　一　般　规　定

8.1.1　预制混凝土构配件检测代码及项目应符合表 8.1.1 的规定。

表 8.1.1　预制混凝土构配件检测代码及项目

序号	代码	项　目	Item
1	Q0802	混凝土块材	Concrete bulk
2	Q0803	预制混凝土梁板	Precast concrete floor
3	Q0804	预制混凝土桩	Precast concrete pile
4	Q0805	盾构管片	Shield segment

8.2　混凝土块材

8.2.1　混凝土块材检测代码及参数应符合表 8.2.1 的规定。

表 8.2.1　混凝土块材检测代码及参数

序号	代码	参　数	Parameter
1	Q080201	外观	Appearance
2	Q080202	尺寸	Dimension
3	Q080203	抗折强度	Flexural strength of concrete block
4	Q080204	抗压强度	Compressive strength
5	Q080205	吸水率	Water absorption ratio

续表 8.2.1

序号	代码	参 数	Parameter
6	Q080206	耐磨性	Abrasion resistance
7	Q080207	渗透性能	Penetrating capacity
8	Q080208	防滑性能	Anti-skid property
9	Q080209	抗冻及抗盐冻性	Anti-frozen and anti-salty frozen
10	Q080210	颜色耐久性	Color durability

8.3 预制混凝土梁板

8.3.1 预制混凝土梁板的检测代码及参数应符合表 8.3.1 的规定。

表 8.3.1 预制混凝土梁板的检测代码及参数

序号	代码	参 数	Parameter
1	Q080301	外观	Appearance
2	Q080302	尺寸	Dimension
3	Q080303	混凝土强度	Concrete strength
4	Q080304	钢筋保护层厚度	The cover thickness on steel
5	Q080305	承载力试验	Loading test
6	Q080306	挠度	Bending deflection
7	Q080307	抗裂/裂缝宽度	Anti-cracking/Crack breadth
8	Q080308	抗折试验	Flexural strength test
9	Q080309	冻融试验	Freeze and thaw test
10	Q080310	预应力张拉应力	The pre-stressed tensile stress
11	Q080311	预应力孔道摩阻系数	Pre-stressed passage-way frictional coefficient

8.4 预制混凝土桩

8.4.1 预制混凝土桩的检测代码及参数应符合表 8.4.1 的规定。

表 8.4.1 预制混凝土桩的检测代码及参数

序号	代码	参 数	Parameter
1	Q080401	外观	Appearance
2	Q080402	尺寸	Dimension
3	Q080403	混凝土抗压强度	Compressive strength of concrete
4	Q080404	抗弯性能	Bending property

8.5 盾构管片

8.5.1 盾构管片的检测代码及参数应符合表 8.5.1 的规定。

表 8.5.1 盾构管片的检测代码及参数

序号	代码	参 数	Parameter
1	Q080401	外观	Appearance
2	Q080402	尺寸	Dimension
3	Q080403	混凝土抗压强度	Compressive strength of concrete
4	Q080404	抗渗性能	Permeability resistance
5	Q080405	抗弯性能	Bending property
6	Q080406	抗拔性能	Uplift property

9 砂 浆 材 料

9.1 一 般 规 定

9.1.1 砂浆材料检测代码及项目应符合表 9.1.1 的规定。

表 9.1.1 砂浆材料检测代码及项目

序号	代码	项 目	Item
1	Q0902	石灰	Lime
2	Q0903	石膏	Gypsum
3	Q0904	砂浆外加剂	Additives of mortar
4	Q0905	普通砂浆	Ordinary mortar
5	Q0906	特种砂浆	Special mortar

9.2 石 灰

9.2.1 石灰的检测代码及参数应符合表 9.2.1 的规定。

表 9.2.1 石灰的检测代码及参数

序号	代码	参 数	Parameter
1	Q090201	细度	Fineness
2	Q090202	生石灰消化速度	Slaking rate of lime
3	Q090203	产浆量	Yield of lime
4	Q090204	未消化残渣含量	Unhydrated grain content
5	Q090205	体积安定性	Soundness
6	Q090206	游离水	Free water

序号	代码	参 数	Parameter
7	Q090207	石灰结合水	Hydration water of lime
8	Q090208	二氧化碳	Carbon dioxide
9	Q090209	酸不溶物	Acid insoluble substance
10	Q090210	烧失量	Loss on ignition
11	Q090211	二氧化硅	Silica
12	Q090212	三氧化二铁	Ferric trioxide
13	Q090213	三氧化二铝	Alumina
14	Q090214	氧化钙	Calcium oxide
15	Q090215	氧化镁	Magnesium oxide
16	Q090216	氧化钾和氧化钠	Potassium oxide and sodium oxide
17	Q090217	二氧化钛	Titanium dioxide
18	Q090218	五氧化二磷	Phosphoric anhydride
19	Q090219	游离二氧化硅	Free silica

9.3 石　膏

9.3.1 石膏的检测代码及参数应符合表 9.3.1 的规定。

表 9.3.1　石膏的检测代码及参数

序号	代码	参 数	Parameter
1	Q090301	标准稠度用水量	Water requirement for normal consistency
2	Q090302	凝结时间	Setting time
3	Q090303	抗折强度	Bending strength
4	Q090304	抗压强度	Compressive strength
5	Q090305	硬度	Hardness
6	Q090306	结晶水含量	Content of crystallization water
7	Q090307	硫酸根含量	Content of SO_4^{2-}

9.4 砂浆外加剂

9.4.1 砂浆外加剂的检测代码及参数应符合表 9.4.1的规定。

表 9.4.1　砂浆外加剂的检测代码及参数

序号	代码	参 数	Parameter
1	Q090401	固体含量	Solid content
2	Q090402	含水量	Water content

序号	代码	参 数	Parameter
3	Q090403	密度	Density
4	Q090404	细度	Fineness
5	Q090405	分层度	Delamination degree
6	Q090406	含气量	Air content
7	Q090407	凝结时间差	Setting time/Setting time difference
8	Q090408	总碱量	Total alkali content
9	Q090409	氯离子含量	Chloride ion content
10	Q090410	透水压力比	Leaking pressure ratio
11	Q090411	渗透高度比	Leaking height ratio
12	Q090412	48h 吸水量	Water sorption ratio in 48h
13	Q090413	泌水率比	Ratio of water-segregation rate
14	Q090414	净浆安定性	Soundness of cement paste
15	Q090415	抗压强度比	Compressive strength ratio
16	Q090416	抗冻性	Frost resistance
17	Q090417	砌体抗压强度比	Compressive strength ratio of brickwork
18	Q090418	砌体抗剪强度比	Shear strength ratio of brickwork
19	Q090419	28d 收缩率比	Shrinkage ratio of 28d

9.5 普 通 砂 浆

9.5.1 普通砂浆的检测代码及参数应符合表 9.5.1 的规定。

表 9.5.1　普通砂浆的检测代码及参数

序号	代码	参 数	Parameter
1	Q090501	强度	Strength
2	Q090502	稠度	Consistency
3	Q090503	分层度	Delamination degree
4	Q090504	凝结时间	Setting time
5	Q090505	保水性	Water retention property
6	Q090506	14d 拉伸粘结强度	Tensile bond strength at 14d
7	Q090507	抗渗等级	Impermeability grade

9.6 特 种 砂 浆

9.6.1 特种砂浆的检测代码及参数除应包括本标准表 9.5.1 的内容外，其他检测代码及参数尚应符合表 9.6.1 的规定。

表 9.6.1 特种砂浆其他检测代码及参数

序号	代码	参 数	Parameter
1	Q090601	流动度	Fluidity
2	Q090602	拉伸粘结强度	Tensile bond strength
3	Q090603	剪切粘结强度	Shear bond strength
4	Q090604	堆积密度	Packing density
5	Q090605	干密度	Dry density
6	Q090606	湿表观密度	Wet apparent density
7	Q090607	干表观密度	Dry apparent density
8	Q090608	含气量	Air content
9	Q090609	滑移	Sliding
10	Q090610	耐磨度比	Wear resistance ratio
11	Q090611	表面强度（压痕直径）	Surface strength (indentation diameter)
12	Q090612	颜色（与标准样比）	Colour (comparing to standard sample)
13	Q090613	耐碱性	Alkali resistance
14	Q090614	耐热性	Heat resistance
15	Q090615	抗冻性	Frost resistance
16	Q090616	28d 收缩率	Shrinkage ratio at 28d
17	Q090617	耐磨性	Abrasion resistance
18	Q090618	抗冲击性	Impact resistance
19	Q090619	尺寸变化率	Dimensional change
20	Q090620	竖向膨胀率	Vertical expansion
21	Q090621	钢筋握裹强度（圆钢）	Bonding strength of steel
22	Q090622	高强聚合物砂浆抗折强度	Flexural strength of high strength polymer mortar
23	Q090623	软化系数	Soften coefficient
24	Q090624	难燃性	Nonflammable property

10 装饰装修材料

10.1 一 般 规 定

10.1.1 装饰装修材料检测代码及项目应符合表 10.1.1 的规定。

表 10.1.1 装饰装修材料检测代码及项目

序号	代码	项 目	Item
1	Q1002	建筑涂料	Building coating
2	Q1003	陶瓷砖	Ceramic tile
3	Q1004	瓦	Tile
4	Q1005	壁纸（布）	Wallpaper
5	Q1006	普通装饰板材	Ordinary decorative plate
6	Q1007	天然饰面石材	Natural decorative stone
7	Q1008	人工装饰石材	Artificial decorative stone
8	Q1009	竹木地板	Bamboo and wood floor

10.1.2 装饰装修材料有害物质含量检测应符合本标准第 40 章的规定。

10.2 建 筑 涂 料

10.2.1 建筑涂料的检测代码及参数应符合表 10.2.1 的规定。

表 10.2.1 建筑涂料的检测代码及参数

序号	代码	参 数	Parameter
1	Q100201	容器中状态	State in container
2	Q100202	涂膜外观	Paint film appearance
3	Q100203	干燥时间	Drying time
4	Q100204	施工性/刷涂性	Workability/Brushability
5	Q100205	固体含量/不挥发物含量	Solid content/Involatile content
6	Q100206	储存稳定性（常温、低温、高温）	Storage stability (normal temperature, low temperature, high temperature)
7	Q100207	附着力（划圈法、划格法）	Adhesion (roll method, square method)
8	Q100208	粘结强度（标准状态、浸水后、冻融循环后）	Cohesive strength (standard state, after soaking, after freezing and thawing)
9	Q100209	抗压强度	Compressive strength
10	Q100210	干密度	Dry density
11	Q100211	拉伸强度	Tensile strength
12	Q100212	断裂伸长率	Percentage elongation at fracture
13	Q100213	硬度（摆杆、铅笔）	Hardness (swing-rod, pencil)

序号	代码	参 数	Parameter
14	Q100214	细度	Fineness
15	Q100215	透水性	Water permeability
16	Q100216	吸水量	Water absorption
17	Q100217	柔韧性	Flexibility
18	Q100218	黏度（旋转法、流出时间）	Viscosity (revolving, flowing time)
19	Q100219	固化速度	Curing rate
20	Q100220	遮盖力	Capacity of coverage for coating
21	Q100221	白度	Whiteness
22	Q100222	对比率	Contraction rate
23	Q100223	闪点	Flash point
24	Q100224	动态抗开裂性	Dynamic cracking resistance
25	Q100225	结皮性	Soil crust
26	Q100226	光泽	Glossiness
27	Q100227	重涂适应性	Recoating adaptability
28	Q100228	回黏性	Viscosity
29	Q100229	溶剂可溶物的硝基	Nitro of solvent soluble matter
30	Q100230	苯酐含量	Phthalic anhydride content
31	Q100231	防锈性	Rust prevention
32	Q100232	耐弯曲性	Bending resistance
33	Q100233	耐冲击性	Impact resistance
34	Q100234	耐干擦性	Dry-cleaning resistance
35	Q100235	耐水性	Water resistance
36	Q100236	耐碱性	Alkali resistance
37	Q100237	耐酸性	Acid resistance
38	Q100238	耐醇性	Alcohol resistance
39	Q100239	耐候性（暴晒）	Weather resistance (outdoor exposure)
40	Q100240	耐人工老化性	Artificial aging resistance
41	Q100241	耐曝热性	Resistance to heat and dry
42	Q100242	耐干热性	Dry heat resistance
43	Q100243	耐湿热性	Wet heat resistance

序号	代码	参 数	Parameter
44	Q100244	耐热性	Heat resistance
45	Q100245	耐温变性/耐冻融循环性	Temperature change resistance /Freeze-thaw resistance
46	Q100246	耐盐雾性	Salt spray resistance
47	Q100247	耐盐水性	Salt water resistance
48	Q100248	耐磨性	Abrasion resistance
49	Q100249	耐洗刷性	Scrub resistance
50	Q100250	耐沾污性	Stain resistance
51	Q100251	耐溶剂油性	Solvent oil resistance
52	Q100252	耐挥发性溶剂	Volatile solvent resistance
53	Q100253	耐燃时间	Time of burning resistance
54	Q100254	火焰传播比值	Blaze spread ratio
55	Q100255	阻火性	Flame retardant property
56	Q100256	防火性能/耐火性能	Fireproofing/Fire resistance

10.3　陶　瓷　砖

10.3.1　陶瓷砖的检测代码及参数应符合表 10.3.1 的规定。

表 10.3.1　陶瓷砖的检测代码及参数

序号	代码	参 数	Parameter
1	Q100301	尺寸	Dimension
2	Q100302	外观	Appearance
3	Q100303	吸水率	Water absorption
4	Q100304	光泽度	Gloss index
5	Q100305	线性热膨胀系数	Linear thermal expansion
6	Q100306	湿膨胀	Moisture expansion
7	Q100307	小色差	Chromatic aberration
8	Q100308	摩擦系数	Friction coefficient
9	Q100309	显气孔率	Apparent porosity
10	Q100310	断裂模数和破坏强度	Rupture modulus and breaking strength
11	Q100311	抗冲击性	Shock resistance
12	Q100312	有釉砖耐磨性	Abrasive resistance of glazed brick

续表 10.3.1

序号	代码	参　数	Parameter
13	Q100313	无釉砖耐磨深度	Wear-resistant depth of unglazed brick
14	Q100314	抗热震性	Heat shock resistance
15	Q100315	抗釉裂性	Crazing resistance
16	Q100316	抗冻性	Frost resistance
17	Q100317	耐化学腐蚀性	Chemical corrosion resistance
18	Q100318	耐污染性	Stain resistance
19	Q100319	铅和镉溶出量	Lead and cadmium release

10.4　瓦

10.4.1 瓦的检测代码及参数应符合表 10.4.1 的规定。

表 10.4.1　瓦的检测代码及参数

序号	代码	参　数	Parameter
1	Q100401	尺寸	Dimension
2	Q100402	外观	Appearance
3	Q100403	含水率	Water content
4	Q100404	吸水率	Water absorption
5	Q100405	表观密度	Apparent density
6	Q100406	孔隙率	Porosity
7	Q100407	不透水性/抗渗性能	Water impermeability
8	Q100408	抗折/抗弯曲	Bending resistance
9	Q100409	抗冲击性	Impact resistance
10	Q100410	承载力	Load
11	Q100411	干缩率	Drying shrinkage ratio
12	Q100412	湿胀率	Moisture expansion ratio
13	Q100413	抗冻性	Frost resistance
14	Q100414	耐急冷急热	Thermal shock resistance

10.5　壁　纸

10.5.1 壁纸的检测代码及参数应符合表 10.5.1 的规定。

表 10.5.1　壁纸的检测代码及参数

序号	代码	参　数	Parameter
1	Q100501	尺寸	Dimension
2	Q100502	外观	Appearance
3	Q100503	质量	Mass
4	Q100504	纵、横向强度	Longitudinal and transverse strength
5	Q100505	粘贴牢度/粘接性/剥离强度	Cohesive fastness/Adhesiveness/Peel strength
6	Q100506	退色性/耐光色牢度/耐光等级	Colour fastness/Colour fastness to light/Grade of light resistance
7	Q100507	耐摩擦色牢度试验/耐摩擦色牢度/耐摩擦等级	Test for colour fastness to rubbing/Colour fastness to rubbing/Grade of rubbing resistance
8	Q100508	遮蔽性	Defilade quality
9	Q100509	湿润拉伸负荷	Wetness tensile charge
10	Q100510	胶粘剂可试性	Triable capability of bond
11	Q100511	可洗性/耐擦洗性	Washable/Scrub resistance

10.6　普通装饰板材

10.6.1 普通装饰板材的检测代码及参数应符合表 10.6.1 的规定。

表 10.6.1　普通装饰板材的检测代码及参数

序号	代码	参　数	Parameter
1	Q100601	尺寸	Dimension
2	Q100602	外观	Appearance quality
3	Q100603	涂层厚度	Thickness of coating
4	Q100604	面密度	Surface density
5	Q100605	铅笔硬度	lead pencil rigidity
6	Q100606	涂层柔韧性	Flexibility of coating
7	Q100607	粘结强度	Adhesive strength
8	Q100608	附着力	Adhesion
9	Q100609	弯曲强度/断裂荷载/抗折强度/抗弯承载力	Bending strength/Breaking load/Bending strength/Bending load

序号	代码	参　数	Parameter
10	Q100610	弯曲弹性模量	Elastic module in bending
11	Q100611	抗拉强度	Tensile strength
12	Q100612	光泽度偏差	Gloss deviation
13	Q100613	握螺钉力	Screw holding capability
14	Q100614	贯穿阻力	Transfixion resistance
15	Q100615	含水率	Water content
16	Q100616	不透水性	Water impermeability
17	Q100617	干缩率	Drying shrinkage ratio
18	Q100618	湿胀率	Wet expansion ratio
19	Q100619	受潮挠度	Moisture deflection
20	Q100620	表面吸水量	Surface water absorption
21	Q100621	护面纸与石膏芯的粘结	Adhesion between surface paper and gypsum core
22	Q100622	双面镀锌量	Zinc content on both side
23	Q100623	镀锌层厚度	Zn-coat thickness
24	Q100624	氯离子含量	Chloride ion content
25	Q100625	抗返卤性	Impermeabi Lity resistance
26	Q100626	抗冻性	Frost resistance
27	Q100627	褪色性	Depigment capability
28	Q100628	热翘曲量	Thermal warpage
29	Q100629	热膨胀系数	Coefficient of thermal expansion
30	Q100630	热变形温度	Thermal deformation temperature
31	Q100631	耐冲击性/抗冲击强度	Impact resistance
32	Q100632	耐磨耗性	Wear resistance
33	Q100633	耐沸水性	Boiling water resistance
34	Q100634	耐温差性	Thermal gradient resistance
35	Q100635	耐沾污性	Stain resistance
36	Q100636	耐洗刷性	Scrubbing resistance
37	Q100637	耐油性	Oil resistance
38	Q100638	耐溶剂性	Solvent resistance
39	Q100639	耐酸性	Acid resistance

序号	代码	参　数	Parameter
40	Q100640	耐碱性	Alkali resistance
41	Q100641	耐盐雾性	Salt spray resistance
42	Q100642	老化性能（人工气候、紫外线、热）	Ageing capability (Accelerated weathering ageing, ultraviolet-ray, heat)
43	Q100643	燃烧性能/耐火极限/遇火稳定性/最高使用温度/防火性能	Burning behaviour/Fire-resistant limit /Fire stability/Maximum service temperature/Fire safety

10.7　天然饰面石材

10.7.1　天然饰面石材的检测代码及参数应符合表 10.7.1 的规定。

表 10.7.1　天然饰面石材的检测代码及参数

序号	代码	参　数	Parameter
1	Q100701	尺寸	Dimension
2	Q100702	外观	Appearance
3	Q100703	角度	Angle
4	Q100704	平面度	Flatness
5	Q100705	体积密度	Volume density
6	Q100706	吸水率	Water absorption
7	Q100707	压缩强度（干燥、水饱和、冻融循环）	Compressive strength (dry, wet and after freezing)
8	Q100708	弯曲强度（干燥、水饱和）	Flexural strength (dry, wet)
9	Q100709	肖氏硬度	Shore hardness
10	Q100710	真密度	True density
11	Q100711	真气孔率	True porosity
12	Q100712	耐磨性	Abrasion resistance
13	Q100713	抗冻性	Frost resistance
14	Q100714	镜面光泽度	Mirror luster
15	Q100715	耐酸性	Acid resistance

10.8　人工装饰石材

10.8.1　人工装饰石材的检测代码及参数应符合表 10.8.1 的规定。

表 10.8.1　人工装饰石材的检测代码及参数

序号	代码	参数	Parameter
1	Q100801	尺寸	Dimension
2	Q100802	密度	Density
3	Q100803	吸水率	Water absorption
4	Q100804	弯曲强度	Bending strength
5	Q100805	抗压强度	Compressive strength
6	Q100806	表面光泽度	Surface glossiness
7	Q100807	表面巴氏硬度	Surface hardness
8	Q100808	线膨胀系数	Coefficient of linear expansion
9	Q100809	耐磨性	Abrasion resistance
10	Q100810	耐酸碱性	Acid and alkali resistance

10.9　竹 木 地 板

10.9.1　竹木地板的检测代码及参数应符合表 10.9.1 的规定。

表 10.9.1　竹木地板的检测代码及参数

序号	代码	参数	Parameter
1	Q100901	尺寸	Dimension
2	Q100902	加工精度	Machining precision
3	Q100903	外观	Presentation quality
4	Q100904	密度	Density
5	Q100905	含水率	Water content
6	Q100906	吸水厚度膨胀率	Thickness expansion rate after absorbing water
7	Q100907	静曲强度	Strength in static bending
8	Q100908	内结合强度	Internal bond strength
9	Q100909	表面胶合强度	Surface adhesive strength
10	Q100910	弹性模量	Elastic modulus
11	Q100911	尺寸稳定性	Stability of dimension
12	Q100912	浸渍剥离试验	Dipping and pelling test
13	Q100913	表面硬度	Surface hardness
14	Q100914	漆膜附着力	Adhesion of paint film
15	Q100915	漆膜的硬度	Hardness of paint film
16	Q100916	集中载荷	Concentrated load
17	Q100917	支撑承载能力	Supporting and bearing capacity

续表 10.9.1

序号	代码	参数	Parameter
18	Q100918	表面抗冲击	Surface shock resistance
19	Q100919	表面耐磨	Surface abrasion resistance
20	Q100920	表面漆膜光泽度	Surface glossiness of paint film
21	Q100921	表面耐干热	Surface dry heat resistance
22	Q100922	表面耐冷热循环性能	Surface cold and heat circulate inheritance
23	Q100923	表面耐污染	Surface pollution tolerance
24	Q100924	表面耐水蒸气	Surface water vapor resistance
25	Q100925	表面耐龟裂	Surface crack resistance
26	Q100926	表面耐划痕	Surface scratch resistance
27	Q100927	表面耐香烟灼烧	Surface cigarette burning resistance
28	Q100928	防火性能	Fire resistance

11　门 窗 幕 墙

11.1　一 般 规 定

11.1.1　门窗幕墙检测代码及项目应符合表 11.1.1 的规定。

表 11.1.1　门窗幕墙检测代码及项目

序号	代码	项目	Item
1	Q1102	建筑玻璃	Building glass
2	Q1103	铝型材	Aluminum
3	Q1104	门窗	Door and window
4	Q1105	幕墙	Curtain wall
5	Q1106	密封条	Seal strip
6	Q1107	执手	Window lock
7	Q1108	合页、铰链	Hinge
8	Q1109	传动锁闭器	Transmission fitting lock
9	Q1110	滑撑	Slip support
10	Q1111	撑挡	Support
11	Q1112	滑轮	Pulley

序号	代码	项 目	Item
12	Q1113	半圆锁	Semi-circle lock
13	Q1114	限位器	Displacement restrictor
14	Q1115	幕墙支承装置	Supporting device of curtain wall

11.2 建 筑 玻 璃

11.2.1 建筑玻璃的热工性能检测代码及参数应符合本标准表37.4.1的规定，光学性能检测代码及参数应符合本标准表38.4.1的规定，其他检测代码及参数应符合表11.2.1的规定。

表11.2.1 建筑玻璃的其他检测代码及参数

序号	代码	参 数	Parameter
1	Q110201	尺寸	Dimension
2	Q110202	外观	Appearance
3	Q110203	平整度	Level
4	Q110204	弹性模量	Elastic modulus
5	Q110205	剪切模量	Shear modulus
6	Q110206	泊松比	Poisson's ratio
7	Q110207	平均线性热膨胀系数	Factor of average linear thermal expansion
8	Q110208	弯曲强度	Bending strength
9	Q110209	弯曲度	Circumflexion
10	Q110210	碎片状态	Fragment state
11	Q110211	表面应力	Surface stress
12	Q110212	落球冲击性能	Impact property
13	Q110213	散弹袋冲击性能	Shot bag impact properties
14	Q110214	抗风压性能	Wind load resistance
15	Q110215	耐寒性能	Cold resistance
16	Q110216	耐磨性	Abrasion resistance
17	Q110217	耐酸性	Acid resistance
18	Q110218	耐碱性	Alkali resistance
19	Q110219	耐温度变化性	Temperature's change resistance
20	Q110220	耐紫外线辐照性能	Ultraviolet irradiation-resistance
21	Q110221	耐热性能	Heat resistance
22	Q110222	气候循环耐久性能	Climate circulating durability

序号	代码	参 数	Parameter
23	Q110223	耐热冲击性能	Heat shock impact properties
24	Q110224	表面耐冷热循环性能	Surface cold and heat cycling durability
25	Q110225	耐湿性	Damp resistance
26	Q110226	耐燃烧性	Flaming resistance
27	Q110227	耐火性能	Time of flaming resistance

11.3 铝 型 材

11.3.1 铝型材的检测代码及参数应符合表11.3.1的规定。

表11.3.1 铝型材的检测代码及参数

序号	代码	参 数	Parameter
1	Q110301	尺寸	Dimension
2	Q110302	规定非比例伸长应力	Proof strength, non-proportional extension
3	Q110303	伸长率	Percentage extension
4	Q110304	抗拉强度	Tensile strength
5	Q110305	维氏硬度	Vickers hardness
6	Q110306	韦氏硬度	Webster hardness
7	Q110307	膜厚/涂层厚度	Coating thickness/Thickness of coating
8	Q110308	漆膜附着力/附着力	Adhesion of paint film/Adhesion
9	Q110309	氧化膜封孔质量	Quality of sealed anodic oxide coating
10	Q110310	抗弯曲性	Bending resistance
11	Q110311	纵向剪切试验	Shear test of lengthways
12	Q110312	横向拉伸试验	Tensile test of transverse
13	Q110313	颜色和色差	Colour and colour difference
14	Q110314	压痕硬度	Printing hardness
15	Q110315	抗扭试验	Twisting resistance test
16	Q110316	光泽	Glossiness
17	Q110317	应力开裂试验	Stress cracking test
18	Q110318	耐盐雾腐蚀性	Salt spray resistance

序号	代码	参 数	Parameter
19	Q110319	耐湿热性	Resistance to heat and humidity
20	Q110320	耐冲击性	Impact resistance
21	Q110321	耐蚀性	Corrosion resistance
22	Q110322	水中浸泡试验、湿热试验	Marinate in water, wetness and heat test
23	Q110323	脆性试验	Brittleness test
24	Q110324	耐磨性	Abrasion resistance
25	Q110325	高温持久负荷试验	Permanence of high temperature charge test
26	Q110326	热循环试验	Thermal cycling test
27	Q110327	耐化学稳定性	Chemical resistance
28	Q110328	耐沸水性	Boiling water resistance

11.4 门 窗

11.4.1 门窗热工性能检测代码及参数应符合本标准表 37.5.1 的规定,光学性能检测代码及参数应符合本标准表 38.5.1 的规定,声学性能检测代码及参数应符合本标准表 39.7.1 的规定,其他检测代码及参数应符合表 11.4.1 的规定。

表 11.4.1 门窗的其他检测代码及参数

序号	代码	参 数	Parameter
1	Q110401	尺寸	Dimension
2	Q110402	整体强度	Integral strength
3	Q110403	抗风压性能	Wind load resistance performance
4	Q110404	水密性能	Water tightness performance
5	Q110405	气密性能	Air permeability performance
6	Q110406	垂直荷载强度	Vertical load strength
7	Q110407	启闭力(开关力)	Opening and closing force
8	Q110408	悬端吊重	Suspension load
9	Q110409	翘曲	Warping
10	Q110410	角强度	Angle strength
11	Q110411	冲击(软物、硬物)	Impact (software, hardware)

序号	代码	参 数	Parameter
12	Q110412	扭曲性能	Torsion performance
13	Q110413	对角线变形	Diagonal deformation
14	Q110414	耐候性	Weather resistance
15	Q110415	耐火性能	Fire performance

11.5 幕 墙

11.5.1 幕墙热工性能检测代码及参数应符合本标准表 37.5.1 的规定,其他检测代码及参数应符合表 11.5.1 的规定。

表 11.5.1 幕墙的其他检测代码及参数

序号	代码	参 数	Parameter
1	Q110501	气密性能	Air permeability performance
2	Q110502	水密性能	Water tightness performance
3	Q110503	抗风压性能	Wind load resistance performance
4	Q110504	平面内变形性能	Deformation performance in plane of curtain wall
5	Q110505	热循环性能	Thermal cycling performance
6	Q110506	承载力性能(结构性能)	Load-carrying performance (structural performance)
7	Q110507	抗震性能	Earthquake resistant performance
8	Q110508	抗冲击性能	Impact property
9	Q110509	防爆炸冲击波性能	Explosion resistance performance
10	Q110510	防火性能	Fire prevention performance
11	Q110511	防雷性能	Lightning protection performance
12	Q110512	防电磁(红外、声波)干扰性能	Electromagnetic interference resistance performance (Infra-red, acoustic wave)

11.6 密 封 条

11.6.1 密封条的检测代码及参数应符合表 11.6.1 的规定。

表 11.6.1　密封条的检测代码及参数

序号	代码	参　数	Parameter
1	Q110601	加热收缩率	Shrinkage after heat
2	Q110602	尺寸	Dimension
3	Q110603	邵尔 A 硬度	Shore A hardness
4	Q110604	100% 定伸强度	Strength at 100% maintained extension
5	Q110605	拉伸断裂强度	Tensile strength at break
6	Q110606	拉伸断裂伸长率	Tensile elongation at break
7	Q110607	热空气老化性能	Thermal ageing property
8	Q110608	压缩永久变形（压缩率为30%）	Compressions set（compression rate 30%）
9	Q110609	脆性温度	Brittleness temperature
10	Q110610	耐臭氧性	Ozone-resistance
11	Q110611	空气渗透性能	Air permeability performance
12	Q110612	机械性能	Mechanical property

11.7　执　手

11.7.1　执手的检测代码及参数应符合表 11.7.1 的规定。

表 11.7.1　执手的检测代码及参数

序号	代码	参　数	Parameter
1	Q110701	耐蚀性	Corrosion resistance
2	Q110702	膜厚度	Coating thickness
3	Q110703	涂层附着力	Adhesion of coating
4	Q110704	配合功能	Assorted function
5	Q110705	转动力	Rotational strength
6	Q110706	拉力	Pulling force
7	Q110707	反复启闭	Repeated opening and closing

11.8　合页、铰链

11.8.1　合页、铰链的检测代码及参数应符合表 11.8.1 的规定。

表 11.8.1　合页、铰链的检测代码及参数

序号	代码	参　数	Parameter
1	Q110801	耐蚀性	Corrosion resistance
2	Q110802	膜厚度	Coating thickness

续表 11.8.1

序号	代码	参　数	Parameter
3	Q110803	涂层附着力	Adhesion of coating
4	Q110804	径向间隙	Radial clearance
5	Q110805	铆钉扭矩	Pin torque
6	Q110806	角部合页调整范围	Adjusting scope of corner hinge
7	Q110807	承载级	Bear the weight of progression
8	Q110808	反复启闭	Repeated opening and closing

11.9　传动锁闭器

11.9.1　传动锁闭器的检测代码及参数应符合表 11.9.1 的规定。

表 11.9.1　传动锁闭器的检测代码及参数

序号	代码	参　数	Parameter
1	Q110901	锁柱、锁块静拉力	Static tensile strength of lock rod
2	Q110902	偏心调整性能	Properties of eccentricity adjustment
3	Q110903	齿轮、齿条间隙量	Blank holder gap of gear-rack
4	Q110904	空载转动力矩	No-load moment of gyration
5	Q110905	牢固度	Fastness
6	Q110906	耐蚀性	Corrosion resistance
7	Q110907	反复启闭	Repeated opening and closing

11.10　滑　撑

11.10.1　滑撑的检测代码及参数应符合表 11.10.1 的规定。

表 11.10.1　滑撑的检测代码及参数

序号	代码	参　数	Parameter
1	Q111001	启闭力	Opening and closing force
2	Q111002	悬端吊重	Suspension load
3	Q111003	反复启闭	Repeated opening and closing

11.11　撑　挡

11.11.1　撑挡的检测代码及参数应符合表 11.11.1

的规定。

表 11.11.1　撑挡的检测代码及参数

序号	代码	参　数	Parameter
1	Q111101	直线度	Linearity
2	Q111102	耐蚀性	Corrosion resistance
3	Q111103	锁紧力	Locking force
4	Q111104	摩擦力	Friction
5	Q111105	开启力	Opening force
6	Q111106	锁定式撑挡手柄开启力矩	Opening force moment of locking support's handle
7	Q111107	摩擦力差值	Friction difference
8	Q111108	抗拉性能	Tensile property
9	Q111109	抗弯性能	Flexural property
10	Q111110	反复启闭	Repeated opening and closing

11.12　滑　轮

11.12.1　滑轮的检测代码及参数应符合表 11.12.1 的规定。

表 11.12.1　滑轮的检测代码及参数

序号	代码	参　数	Parameter
1	Q111201	耐蚀性	Corrosion resistance
2	Q111202	最大承载能力	Maximum load-carrying capacity
3	Q111203	轮轴与轴承配合性能	Cooperation properties of wheel shaft and bearing
4	Q111204	轮体径向跳动量	Radial run-out of pulley
5	Q111205	轮体轴向窜动量	Axial movement of pulley
6	Q111206	轮轴与轮架配合性能	Complexation property of wheel axle and frame
7	Q111207	轮体表面压痕深度	Indentation depth of surface
8	Q111208	表面粗糙度	Surface roughness
9	Q111209	反复启闭	Repeated opening and closing

11.13　半　圆　锁

11.13.1　半圆锁的检测代码及参数应符合表 11.13.1 的规定。

表 11.13.1　半圆锁的检测代码及参数

序号	代码	参　数	Parameter
1	Q111301	转动力矩	Moment of gyration
2	Q111302	拉压性能	Extension and compression property
3	Q111303	耐蚀性	Corrosion resistance
4	Q111304	反复启闭	Repeated opening and closing

11.14　限　位　器

11.14.1　限位器的检测代码及参数应符合表 11.14.1 的规定。

表 11.14.1　限位器的检测代码及参数

序号	代码	参　数	Parameter
1	Q111401	开启限位器性能	Restricted opening device performance

11.15　幕墙支承装置

11.15.1　幕墙支承装置的检测代码及参数应符合表 11.15.1 的规定。

表 11.15.1　幕墙支承装置的检测代码及参数

序号	代码	参　数	Parameter
1	Q111501	连接件螺杆的径向承载力	Radial bearing capacity of connector screw
2	Q111502	连接件螺杆的轴向承载力	Axial bearing capacity of connector screw
3	Q111503	单爪的承载力	Bearing capacity of single claw
4	Q111504	吊夹承载力	Bearing capacity of clamp

12　防水材料

12.1　一　般　规　定

12.1.1　防水材料检测代码及项目应符合表 12.1.1 的规定。

表 12.1.1　防水材料的检测代码及项目

序号	代码	项　目	Item
1	Q1202	防水卷材	Waterproof rolls
2	Q1203	防水涂料	Waterproof coating

序号	代码	项　目	Item
3	Q1204	道桥防水材料	Waterproof material for road and bridge

12.2　防水卷材

12.2.1　防水卷材的检测代码及参数应符合表12.2.1的规定。

表 12.2.1　防水卷材的检测代码及参数

序号	代码	参　数	Parameter
1	Q120201	外观	Appearance
2	Q120202	尺寸	Dimension
3	Q120203	卷重	Weight of per roll
4	Q120204	可溶物含量	Soluble matter content
5	Q120205	不透水性	Water impermeability
6	Q120206	尺寸稳定性/热处理尺寸变化率	Dimensional stability / Change in dimensions on heating
7	Q120207	拉伸强度/拉力	Tensile strength
8	Q120208	延伸率/断裂伸长率	Elongation at break
9	Q120209	柔度/低温弯折性	Flexibility
10	Q120210	剪切性能	Shear property
11	Q120211	剥离性能	Peel property
12	Q120212	抗穿孔性	Anti-perforation property
13	Q120213	撕裂强度	Tear strength
14	Q120214	剪切状态下的粘合性	Adhesive property on shear force
15	Q120215	邵尔A硬度	Shore A hardness
16	Q120216	粘合性能	Adhesive property
17	Q120217	热老化处理	Heat ageing
18	Q120218	人工气候加速老化	Accelerated weathering ageing
19	Q120219	加热伸缩量	Flex after heating
20	Q120220	耐化学侵蚀	Chemical resistantance
21	Q120221	耐碱性	Alkali resistance
22	Q120222	臭氧老化	Ozone ageing
23	Q120223	耐热度/耐热性	Heat resistance
24	Q120224	水蒸气透湿率	Vapor penetration capacity

12.3　防水涂料

12.3.1　防水涂料的检测代码及参数应符合表12.3.1的规定。

表 12.3.1　防水涂料的检测代码及参数

序号	代码	参　数	Parameter
1	Q120301	外观	Appearance
2	Q120302	干燥时间/表干时间/实干时间	Tack-free time
3	Q120303	固体含量	Solid content
4	Q120304	密度	Density
5	Q120305	适用时间	Application time
6	Q120306	拉伸强度	Tensile strength
7	Q120307	延伸性/断裂伸长率	Elongation at break
8	Q120308	撕裂强度	Tearing strength
9	Q120309	不透水性	Water impermeability
10	Q120310	柔度/低温弯折性	Flexibility
11	Q120311	潮湿基面粘结强度	Adhesion strength on wet surface
12	Q120312	粘结强度	Adhesion strength
13	Q120313	抗折强度	Bending strength
14	Q120314	抗渗性	Permeability resistance
15	Q120315	加热伸缩率	Flex after heating
16	Q120316	定伸时老化	Aging at stretching
17	Q120317	恢复率	Recovery
18	Q120318	抗冻性	Frost resistance
19	Q120319	耐热性	Heat resistance
20	Q120320	抗裂性	Cracking resistance
21	Q120321	人工气候加速老化（紫外线处理）	Accelerated weathering ageing (ultraviolet radiation treatment)
22	Q120322	热老化处理	Heat aging
23	Q120323	耐化学侵蚀（盐处理、酸处理、碱处理）	Chemical resistance (salt, acid, alkali)
24	Q120324	耐碱性	Alkali resistance
25	Q120325	臭氧老化	Ozone aging

12.4　道桥防水材料

12.4.1　道桥防水材料的检测代码及参数除应包括本

标准表 12.2.1、表 12.3.1 的内容外，其他检测代码及参数尚应符合表 12.4.1 的规定。

表 12.4.1　道桥防水材料的其他检测代码及参数

序号	代码	参　数	Parameter
1	Q120401	沥青涂盖层厚度	Thickness of pitchy
2	Q120402	干燥性	Drying property
3	Q120403	渗油性	Qil penetration
4	Q120404	50℃剪切强度	Shearing strength at 50℃
5	Q120405	50℃粘结强度	Bonding strength at 50℃
6	Q120406	热碾压后抗渗性	Permeability resistance after heat rolling
7	Q120407	接缝变形能力	Deformation capacity of joint
8	Q120408	抗硌破	Anti-pierce
9	Q120409	渗水系数	Permeability coefficient
10	Q120410	高温抗剪	High temperature shearing
11	Q120411	低温抗裂	Cracking resistance at low temperature
12	Q120412	低温延伸率	Elongation at low temperature
13	Q120413	涂料与水泥混凝土粘结强度	Sticking together strength of dope to cement concrete
14	Q120414	抗冻性	Frost resistance
15	Q120415	盐处理性能/耐盐水	Aridized capability / Brine resistance

13　嵌缝密封材料

13.1　一　般　规　定

13.1.1　嵌缝密封材料检测代码及项目应符合表 13.1.1 的规定。

表 13.1.1　嵌缝密封材料检测代码及项目

序号	代码	项　目	Item
1	Q1302	定型嵌缝密封材料	Preformed joint sealing material
2	Q1303	无定型嵌缝密封材料	Amorphous joint sealing material

13.2　定型嵌缝密封材料

13.2.1　定型嵌缝密封材料的检测代码及参数应符合表 13.2.1 的规定。

表 13.2.1　定型嵌缝密封材料的检测代码及参数

序号	代码	参　数	Parameter
1	Q130201	尺寸	Dimension
2	Q130202	外观	Appearance
3	Q130203	拉伸强度	Tensile strength
4	Q130204	断裂伸长率	Elongation at break
5	Q130205	压缩永久变形	Compression set
6	Q130206	压缩强度	Compression strength
7	Q130207	压缩力	Compression force
8	Q130208	拉伸-压缩循环性能	Extension-compression cycle
9	Q130209	水蒸气渗透率	Vapor permeability rate
10	Q130210	剥离粘结性	Peel properties
11	Q130211	恢复率	Elastic recovery
12	Q130212	硬度	Hardness
13	Q130213	体积收缩率	Volume shrinkage
14	Q130214	撕裂强度	Crack strength
15	Q130215	脆性温度	Brittleness temperature
16	Q130216	热老化	Thermal aging
17	Q130217	紫外线处理	Ultraviolet radiation treatment

13.3　无定型嵌缝密封材料

13.3.1　无定型嵌缝密封材料的检测代码及参数应符合表 13.3.1 的规定。

表 13.3.1　无定型嵌缝密封材料的检测代码及参数

序号	代码	参　数	Parameter
1	Q130301	外观	Appearance
2	Q130302	密度	Density
3	Q130303	挤出性	Extrudability
4	Q130304	适用期	Application life
5	Q130305	施工度	Workability consistency
6	Q130306	表干时间	Tack-free time
7	Q130307	挥发性	Volatility
8	Q130308	渗出性	Bleeding

续表 13.3.1

序号	代码	参 数	Parameter
9	Q130309	固体含量	Solid content
10	Q130310	渗出指数	Bleeding index
11	Q130311	低温储存稳定性	Storage stability at low temperature
12	Q130312	初期耐水性	Initial water-resistance
13	Q130313	下垂度	Slump
14	Q130314	低温柔性	Low-temperature flexibility
15	Q130315	储存期	Storage life
16	Q130316	使用寿命	Service life
17	Q130317	拉伸粘结性	Tensile properties
18	Q130318	拉伸强度	Tensile strength
19	Q130319	断裂伸长率	Elongation at break
20	Q130320	定伸粘结性	Tensile properties at maintained extension
21	Q130321	剥离粘结性	Peel properties
22	Q130322	恢复率	Elastic recovery
23	Q130323	拉伸-压缩循环性	Extension-compression cycle
24	Q130324	油灰附着力	Putty adhesion
25	Q130325	油灰结膜时间	Putty film-forming time
26	Q130326	油灰龟裂试验	Putty map cracking test
27	Q130327	油灰操作性	Putty finishability
28	Q130328	与混凝土粘结强度	Adhesion strength with concrete
29	Q130329	相容性	Compatibility
30	Q130330	耐候性	Weather resistance
31	Q130331	防霉性能	Mildew resistance
32	Q130332	热老化	Thermal aging
33	Q130333	紫外线处理	Ultraviolet radiation treatment
34	Q130334	污染性	Staining

14 胶 粘 剂

14.1 一 般 规 定

14.1.1 胶粘剂检测代码及项目应符合表 14.1.1 的规定。

表 14.1.1 胶粘剂检测代码及项目

序号	代码	项 目	Item
1	Q1402	结构用胶粘剂	Structural adhesive
2	Q1403	非结构用胶粘剂	Decorating adhesive

14.2 结构用胶粘剂

14.2.1 结构用胶粘剂的检测代码及参数应符合表 14.2.1 的规定。

表 14.2.1 结构用胶粘剂的检测代码及参数

序号	代码	参 数	Parameter
1	Q140201	外观	Appearance
2	Q140202	pH	pH
3	Q140203	黏度	Viscosity
4	Q140204	固体含量/不挥发物含量	Solid content
5	Q140205	储存稳定性	Stability for storage
6	Q140206	适用期	Pot life
7	Q140207	涂胶量	Spread
8	Q140208	密度	Density
9	Q140209	可操作时间	Working time
10	Q140210	晾置时间	Open assembly time
11	Q140211	凝胶时间	Gel time
12	Q140212	弹性模量（弯曲、拉伸）	Elastic module (in bending, tension)
13	Q140213	压缩强度	Compressive strength
14	Q140214	拉伸强度	Tensile strength
15	Q140215	抗剪强度	Shearing strength
16	Q140216	受拉极限变形	Ultimate deformation in tension
17	Q140217	正拉粘结强度	Adhesion strength under tensile stress
18	Q140218	拉伸剪切强度	Tensile shear strength
19	Q140219	层间剪切强度	Interlaminar shear strength
20	Q140220	弯曲强度	Bending strength
21	Q140221	拉剪强度	Tension-shearing strength
22	Q140222	压剪强度（标准条件、浸水、热处理、冻融循环）	Compression-shearing strength

序号	代码	参　数	Parameter
23	Q140223	T剥离强度	T peel strength
24	Q140224	180°剥离强度	Peel strength at 180°
25	Q140225	剪切状态下的粘合性	Adhesion properties under shearing strength
26	Q140226	粘结强度	Cohesive strength
27	Q140227	滑移	Sliding
28	Q140228	伸长率	Percentage elongation
29	Q140229	触变指数	Thixotropic exponential
30	Q140230	不均匀扯离强度	Uneven tear strength
31	Q140231	冲击强度	Impact strength
32	Q140232	拉伸胶粘原始强度	Original strength of tensile adhesion
33	Q140233	拉伸胶粘强度（浸水后、热老化后）	Tensile adhesion strength (after soaking, heat aging)
34	Q140234	冻融循环后的拉伸胶粘强度	Tensile adhesion strength after freezing-thawing cycles
35	Q140235	压缩剪切胶粘原强度	Original strength in compression-shearing
36	Q140236	压缩剪切胶粘强度（浸水后、热老化后、高低温交变循环后）	Original strength in compression-shearing (after soaking, heat aging)
37	Q140237	剪切胶粘强度（浸水后、高温下）	Shearing adhesion strength (after soaking in water, under high temperature)
38	Q140238	透水性	Water permeability
39	Q140239	柔韧性（压折比、开裂应变）	Flexibility
40	Q140240	24h吸水量	Water absorption for 24h
41	Q140241	水蒸气透过湿流密度	Moisture density of water vapor penetration
42	Q140242	抗裂性	Breaking resistance
43	Q140243	对接接头拉伸强度	Butt joint tensile strength

序号	代码	参　数	Parameter
44	Q140244	疲劳性能	Fatigue
45	Q140245	热变形温度	Thermal deformation temperature
46	Q140246	耐温性能	Thermal resistance
47	Q140247	冻融性能	Temperature variation properties
48	Q140248	耐老化性能	Resistance to deterioration on weathering
49	Q140249	耐久性	Durability
50	Q140250	防霉性	Scrub resistance

14.3 非结构用胶粘剂

14.3.1 非结构用胶粘剂的检测代码及参数应符合表 14.3.1 的规定。

表 14.3.1 非结构用胶粘剂的检测代码及参数

序号	代码	参　数	Parameter
1	Q140301	外观	Appearance
2	Q140302	pH	pH
3	Q140303	黏度	Viscosity
4	Q140304	固体含量/不挥发物含量	Solid content
5	Q140305	储存稳定性	Stability for storage
6	Q140306	适用期	Pot life
7	Q140307	涂胶量	Spread
8	Q140308	粘结强度	Cohesive strength
9	Q140309	密度	Density
10	Q140310	晾置时间	Open assembly time
11	Q140311	滑移	Sliding
12	Q140312	凝胶时间	Gel time
13	Q140313	防霉性	Scrub resistance
14	Q140314	拉伸强度	Tensile strength
15	Q140315	拉伸剪切强度	Lap-joint strength
16	Q140316	耐水性	Water resistance
17	Q140317	耐久性	Permanence resistance
18	Q140318	胶接强度	Bonding strength
19	Q140319	耐候性	Weather resistance
20	Q140320	水压爆破强度	Bursting strength
21	Q140321	胶膜特性	Membrane characteristic
22	Q140322	卫生指标	Sanitary performance

15 管网材料

15.1 一般规定

15.1.1 管网材料检测代码及项目应符合表 15.1.1 的规定。

表 15.1.1 管网材料检测代码及项目

序号	代码	项目	Item
1	Q1502	金属管材管件	Metal pipe and pipe-fitting
2	Q1503	塑料管材管件	Plastic pipe and pipe-fitting
3	Q1504	复合管材	Composite pipe
4	Q1505	混凝土管	Concrete pipe
5	Q1506	陶土管、瓷管	Clay tube
6	Q1507	检查井盖和雨水箅	Inspection manhole lid
7	Q1508	阀门	Valve

15.2 金属管材管件

15.2.1 金属管材管件化学性能除应包括本标准表 3.9.1 的内容外,其他检测代码及参数应符合表 15.2.1 的规定。

表 15.2.1 金属管材管件的其他检测代码及参数

序号	代码	参数	Parameter
1	Q150201	外观	Appearance
2	Q150202	尺寸	Dimension
3	Q150203	管件表面的防锈处理	Antirust treatment of fitting surface
4	Q150204	涂覆/热镀锌层	Coating/Hot-dip galvanizing
5	Q150205	管环抗弯强度	Flexural strength
6	Q150206	管材的扩口试验	Expanding test of pipe
7	Q150207	管材的压扁试验	Flattening test of pipe
8	Q150208	水压试验/工作压力/管材的液压试验/耐压试验/公称压力/过载压力	Hydraulic pressure test

续表 15.2.1

序号	代码	参数	Parameter
9	Q150209	气密性试验/密封性	Air tightness test
10	Q150210	爆破试验	Bursting test
11	Q150211	表面硬度	Surface hardness
12	Q150212	布氏硬度	Brinell hardness
13	Q150213	含氧量	Oxygen content
14	Q150214	弯曲性能	Bending property
15	Q150215	负压试验	Negative pressure test
16	Q150216	拉拔试验	Pull-out test
17	Q150217	抗拉强度	Tensile strength
18	Q150218	交变弯曲试验	Alternate bending test
19	Q150219	振动试验	Vibration test
20	Q150220	延伸率	Extending rate
21	Q150221	负压密封性和漏气速率检查	Examination of negative pressure sealing and air leakage rate
22	Q150222	挠性接头转角检查	Angular examination of flexible hinge
23	Q150223	挠性接头管端间隙检查	Pipe gap examination of flexible hinge
24	Q150224	橡胶密封圈的试验	Test of rubber sealing ring
25	Q150225	温度变化试验	Temperature change test
26	Q150226	涡流探伤	Eddy current detection
27	Q150227	卫生试验	Sanitation test

15.3 塑料管材管件

15.3.1 塑料管材管件的检测代码及参数应符合表 15.3.1 的规定。

表 15.3.1 塑料管材管件的检测代码及参数

序号	代码	参数	Parameter
1	Q150301	外观	Appearance
2	Q150302	尺寸	Dimension
3	Q150303	密度	Density
4	Q150304	维卡软化温度	Vicat softening temperature
5	Q150305	拉伸强度	Tensile strength
6	Q150306	涂层厚度	Coating thickness

序号	代码	参数	Parameter
7	Q150307	断裂伸长率	Elongation at break
8	Q150308	纵向回缩率/纵向尺寸收缩率	Longitudinal reversion
9	Q150309	环刚度/环柔度	Ring stiffness
10	Q1503010	静液压强度/耐液压性能/静液压试验/系统静液压试验/静内压强度/液压试验	Hydrostatic strength
11	Q150311	坠落试验	Falling test
12	Q150312	简支梁冲击试验	Simply-supported beam impact test
13	Q150313	冲击强度/落锤冲击试验	Blowing strength/Drop hammer blowing test
14	Q150314	循环压力冲击试验/水锤试验	Impact test under cyclical pressure/ Water hammer test
15	Q150315	扁平试验/压扁性能	Flattening test
16	Q150316	耐拉拔试验	Test of resistance to pull out
17	Q150317	耐弯曲试验	Test of resistance to bending
18	Q150318	冷弯曲率半径	Cold bending radius
19	Q150319	附着力试验	Adhesion test
20	Q150320	压缩复原	Compress reversion
21	Q150321	耐环境应力开裂	Resistance to cracking under environmental stress
22	Q150322	撕裂试验	Tear test
23	Q150323	鞍形旁通的冲击强度	Impacting strength of tapping bypass
24	Q150324	熔接强度	Fusion strength
25	Q150325	耐裂纹扩展	Resistance to crack growth
26	Q150326	耐慢速裂纹增长锥体试验	Cone test of resistance to slow crack growth
27	Q150327	蠕变比率	Creep ratio

序号	代码	参数	Parameter
28	Q150328	交联度	Degree of crosslinking
29	Q150329	不透光性	Opacity
30	Q150330	氯离子含量	Chloride ion content
31	Q150331	挥发分含量	Volatiles content
32	Q150332	水分含量	Water content
33	Q150333	炭黑含量	Carbon black content
34	Q150334	炭黑分散与颜料分散	Carbon black dispersion and pigment dispersion
35	Q150335	粗糙度	Roughness
36	Q150336	腐蚀度	Corrosion degree
37	Q150337	熔体质量流动速率	Melt mass-flow rate
38	Q150338	真空试验/真空性能	Vacuum test
39	Q150339	螺纹试验	Thread test
40	Q150340	耐气体组分	Resistance to gas composition
41	Q150341	二氯甲烷浸渍试验	Dichloromethane test
42	Q150342	氧化诱导时间	Oxidation induction time
43	Q150343	透氧率	Oxygen permeability
44	Q150344	丙酮浸泡	Acetone immersion
45	Q150345	针孔试验	Pin-hole test
46	Q150346	耐候性	Weather resistance
47	Q150347	热稳定性（常态、静液压状态下）	Thermal stability (under the condition of static water pressure)
48	Q150348	热循环试验	Thermal cycle test
49	Q150349	烘箱试验	Film oven test
50	Q150350	密封性能/系统通用性	Sealing performance/ System applicability
51	Q150351	耐弯曲密封性试验	Bend-resistant seal test
52	Q150352	卫生性能	Sanitary performance

15.4 复合管材

15.4.1 复合管材的检测代码及参数应符合表15.4.1的规定。

表 15.4.1 复合管材的检测代码及参数

序号	代码	参　数	Parameter
1	Q150401	外观	Appearance
2	Q150402	尺寸	Dimension
3	Q150403	密度	Density
4	Q150404	拉伸强度/轴向拉伸强度	Tensile strength/Axial tensile strength
5	Q150405	断裂伸长率	Elongation at break
6	Q150406	延伸率	Extending ratio
7	Q150407	纵向尺寸收缩率/纵向回缩率	Longitudinal reversion
8	Q150408	管刚度/环刚度	Pipe stiffness/Ring stiffness
9	Q150409	管环径向拉伸力	Radial tension of pipe circle
10	Q150410	静液压试验	Hydrostatic pressure test
11	Q150411	爆破试验/爆破强度试验	Bursting test/Bursting strength test
12	Q150412	压扁试验/扁平试验	Flattening test
13	Q150413	弯曲模量	Modulus of bending
14	Q150414	挠曲度	Deflection degree
15	Q150415	管环最小平均剥离力	The minimum average peel force of pipe circle
16	Q150416	剥离试验/撕裂试验	Peel test/Tearing test
17	Q150417	T 剥离强度	T peel strength
18	Q150418	慢速裂纹增长性能	Slow crack growth
19	Q150419	层间粘合强度	Bonding strength of inter layer
20	Q150420	耐应力开裂/耐环境应力开裂	Resistance to stress-cracking/Resistance to cracking under environmental stress
21	Q150421	平行板外载刚度	Parallel-plate load stiffness
22	Q150422	受压开裂稳定性	Cracking stability under condition of compression
23	Q150423	扩径试验	Expanding test
24	Q150424	水锤试验	Water hammer test

续表 15.4.1

序号	代码	参　数	Parameter
25	Q150425	气密试验	Air tightness test
26	Q150426	通气试验	Ventilation test
27	Q150427	熔体质量流动速率	Melt flow rate
28	Q150428	树脂不可溶分含量	Insoluble matter content of resin
29	Q150429	热稳定性	Thermal stability
30	Q150430	热循环试验	Thermo-cycling test
31	Q150431	氧化诱导时间	Oxidation induction time
32	Q150432	交联度	Degree of crosslinking
33	Q150433	巴氏硬度	Barkhausen hardness
34	Q150434	脆化温度	Brittle temperature
35	Q150435	炭黑含量	Carbon black content
36	Q150436	熔融指数	Melting index
37	Q150437	真空减压试验	Vacuum decompression test
38	Q150438	挥发分含量	Volatiles content
39	Q150439	熔合线检验	Welded joint test
40	Q150440	熔体流动速率	Melt flow rate
41	Q150441	密封性能试验/系统适用性	Sealing performance test/System applicability
42	Q150442	耐化学性能	Chemical environmental resistance
43	Q150443	耐气体组分性能	Resistance to gas composition
44	Q150444	耐候性	Weather resistance
45	Q150445	耐腐蚀试验	Corrosion resistance
46	Q150446	卫生性能	Sanitary performance

15.5　混　凝　土　管

15.5.1　混凝土管的检测代码及参数应符合表 15.5.1 的规定。

表 15.5.1　混凝土管的检测代码及参数

序号	代码	参　数	Parameter
1	Q150501	外观	Appearance
2	Q150502	尺寸	Dimension

序号	代码	参 数	Parameter
3	Q150503	管体混凝土强度	Strength of concrete tube
4	Q150504	内水压力	Internal water pressure
5	Q150505	渗漏试验	Leakage test
6	Q150506	保护层厚度	Protection layer thickness
7	Q150507	外压试验	External pressure test

15.6 陶土管、瓷管

15.6.1 陶土管、瓷管的检测代码及参数应符合表 15.6.1的规定。

表 15.6.1 陶土管、瓷管的检测代码及参数

序号	代码	参 数	Parameter
1	Q150601	尺寸	Dimension
2	Q150602	抗外压强度	Outer compression strength resistance
3	Q150603	弯曲强度	Bending strength
4	Q150604	吸水率	Water absorption
5	Q150605	水压	Hydraulic pressure
6	Q150606	耐酸性	Acid resistance

15.7 检查井盖和雨水箅

15.7.1 检查井盖和雨水箅的检测代码及参数应符合表 15.7.1的规定。

表 15.7.1 检查井盖和雨水箅检测代码及参数

序号	代码	参 数	Parameter
1	Q150701	外观	Appearance
2	Q150702	尺寸	Dimension
3	Q150703	吸水率	Rate of water absorption
4	Q150704	抗压强度	Compressive strength
5	Q150705	抗折强度	Flexural strength
6	Q150706	抗冲击韧性	Impact resistance toughness
7	Q150707	弯曲强度	Bending strength
8	Q150708	冲击强度	Impact strength
9	Q150709	压缩强度	Compression strength
10	Q150710	拉伸强度	Tensile strength
11	Q150711	弹性模量	Elasticity module

序号	代码	参 数	Parameter
12	Q150712	残余变形	Residual deformation
13	Q150713	双层井盖环链拉力强度	Tensile strength of loop chain
14	Q150714	耐酸性	Acid resistance
15	Q150715	耐碱性	Alkali resistance
16	Q150716	耐热性/热老化	Heat resistance/Thermal aging
17	Q150717	耐候性	Weather resistance
18	Q150718	抗疲劳性能	Fatigue resistance
19	Q150719	抗冻性能/抗冻融性	Frost resistance/Freeze-thaw resistance
20	Q150720	热老化抗折强度	Flexural strength after heat aging
21	Q150721	人工老化抗折强度	Flexural strength after artificial aging
22	Q150722	雨水箅泄水能力	Dispatch ability

15.8 阀门

15.8.1 阀门的检测代码及参数应符合表 15.8.1的规定。

表 15.8.1 阀门检测代码及参数

序号	代码	参 数	Parameter
1	Q150801	外观	Appearance
2	Q150802	标志	Mark
3	Q150803	尺寸	Dimension
4	Q150804	泄漏率	Leakage
5	Q150805	排放压力	Emission pressure
6	Q150806	开启高度	Opening height
7	Q150807	背压力	Backpressure
8	Q150808	回座压力	Return pressure
9	Q150809	机械特性	Mechanical characteristics
10	Q150810	整定压力	Adjusting pressure deviation
11	Q150811	超过压力	Exceeding pressure
12	Q150812	启闭压	Startup and close compressive stress difference
13	Q150813	排量	Discharge
14	Q150814	壳体强度	Shell strength

续表 15.8.1

序号	代码	参数	Parameter
15	Q150815	密封性能	Sealing property
16	Q150816	压力特性	Pressure characteristics deviation
17	Q150817	流量特性	Flow characteristics deviation
18	Q150818	最大流量	The maximum flow
19	Q150819	调压性能	Voltage-adjusting property
20	Q150820	最低工作压力	The minimum work pressure
21	Q150821	最高工作压力	The maximum work pressure
22	Q150822	排空气能力	Air discharge capacity
23	Q150823	排水温度	Water discharge temperature
24	Q150824	漏气量	Gas leakage
25	Q150825	热凝结水排量试验	Test of heat condensation exhausting
26	Q150826	上密封试验	Up-sealing test

16 电 气 材 料

16.1 一 般 规 定

16.1.1 电气材料检测代码及项目应符合表 16.1.1 的规定。

表 16.1.1 电气材料检测代码及项目

序号	代码	项 目	Item
1	Q1602	电线电缆	Electric wire and cable
2	Q1603	通信电缆	Communication cable
3	Q1604	通信光缆	Communication fiber optic cable
4	Q1605	电线槽	Wire slots
5	Q1606	塑料绝缘电工套管	Plastic electrical installation conduits
6	Q1607	埋地式电缆导管	Buried pipes for power cable
7	Q1608	低压熔断器	Low voltage fuse
8	Q1609	低压断路器	Low voltage circuit breaker
9	Q1610	灯具	Luminaries
10	Q1611	开关、插头、插座	Switches, plugs, socket-outlets

16.2 电 线 电 缆

16.2.1 电缆绝缘和护套材料非电性能检测代码及参数应符合表 16.2.1 的规定。

表 16.2.1 电缆绝缘和护套材料非电性能检测代码及参数

序号	代码	参 数	Parameter
1	Q160201	尺寸	Dimension
2	Q160202	标记	Mark
3	Q160203	密度	Density
4	Q160204	吸水量	Water absorption
5	Q160205	收缩率	Shrinkage ratio
6	Q160206	抗张强度	Tensile strength
7	Q160207	断裂伸长率	Percentage elongation at break
8	Q160208	低温弯曲性能	Flexural property at low temperature
9	Q160209	低温卷绕性能	Winding property at low temperature
10	Q160210	低温拉伸性能	Tensile property at low temperature
11	Q160211	低温冲击性能	Low-temperature impact properties
12	Q160212	耐臭氧性能	Ozone resistance
13	Q160213	热延伸率	Thermal elongation
14	Q160214	护套浸矿物油后抗张强度	Tensile strength of sheath disposed by mineral oil
15	Q160215	高温压力试验	Pressure test at high temperature
16	Q160216	抗开裂性能	Cracking resistance
17	Q160217	失重	Weight loss
18	Q160218	热稳定性	Thermal stability
19	Q160219	耐环境应力开裂	Resistance to environmental stress cracking
20	Q160220	抗氧化性能（空气热老化后的卷绕试验）	Oxidation resistance (wrapping test after thermal aging in air)
21	Q160221	熔体指数	Melt flow index
22	Q160222	聚乙烯中炭黑及矿物质填料含量	Carbon black and mineral filler content in PE
23	Q160223	热老化	Thermal aging

16.2.2 电线电缆电气性能检测代码及参数应符合表16.2.2的规定。

表16.2.2 电线电缆电气性能检测代码及参数

序号	代码	参数	Parameter
24	Q160224	导体直流电阻	Measurement of DC resistance of conductors
25	Q160225	绝缘电阻	Determining insulation resistance
26	Q160226	耐交流电压	AC voltage resistance
27	Q160227	耐电痕	Tracking resistance
28	Q160228	体积电阻率	Volume resistively
29	Q160229	绝缘线芯工频火花试验	AC spark test of insulated cores
30	Q160230	挤出防蚀护套火花试验	Spark of extruded anti-corrosion protective sheaths
31	Q160231	介质损失角正切值	Measurement of dielectric dissipation factor
32	Q160232	局部放电量	Partial discharge
33	Q160233	表面电阻	Surface resistance

16.2.3 成品电缆物理机械性能检测代码及参数应符合表16.2.3的规定。

表16.2.3 成品电缆物理机械性能检测代码及参数

序号	代码	参数	Parameter
34	Q160234	曲挠	Flexure test
35	Q160235	弯曲性能	Bending test
36	Q160236	荷重断芯试验	Breaking of wire core under weight
37	Q160237	绝缘线芯撕离试验	Tearing test of insulated conductors
38	Q160238	不延燃性能	No extension combustion
39	Q160239	外护层环烷酸铜含量	Copper naphthenate content of protective coverings
40	Q160240	外护层耐厌氧性细菌腐蚀	Test for anaerobe-corrosion of protective coverings
41	Q160241	盐浴槽试验	Saline bath test
42	Q160242	腐蚀扩展试验	Corrosion spread test
43	Q160243	挤出外套刮磨试验	Test for abrasion of extruded oversheaths

续表16.2.3

序号	代码	参数	Parameter
44	Q160244	抗撕性能	Tearing resistance
45	Q160245	氧化诱导期试验	Test for oxidative inductive time
46	Q160246	耐磨性能	Abrasion resistance
47	Q160247	耐热	Heat tolerance
48	Q160248	锡焊试验	Tin welding test

16.2.4 电线电缆燃烧检测代码及参数应符合表16.2.4的规定。

表16.2.4 电线电缆燃烧检测代码及参数

序号	代码	参数	Parameter
49	Q160249	燃烧试验	Burning test
50	Q160250	耐火特性试验	Test on fire-resisting characteristics
51	Q160251	燃烧烟浓度测定	Measurement of smoke density

16.3 通信电缆

16.3.1 通信电缆的物理性能检测代码及参数应符合表16.3.1的规定。

表16.3.1 通信电缆的物理性能检测代码及参数

序号	代码	参数	Parameter
1	Q160301	外观	Appearance
2	Q160302	尺寸	Dimension
3	Q160303	标记	Mark
4	Q160304	护套密度	Density
5	Q160305	介质损伤因数	Dissipation Factor
6	Q160306	低温脆化温度	Brittle temperature at low temperature
7	Q160307	可剥离性	Strippability
8	Q160308	老化前断裂伸长率	Percentage elongation at fracture before thermal aging
9	Q160309	延伸性	Dilatability
10	Q160310	抗张强度	Tensile strength
11	Q160311	压扁试验	Flattening test
12	Q160312	冲击试验	Blowing test
13	Q160313	扭转试验	torsion testing
14	Q160314	反复弯曲	Reverse bend test
15	Q160315	绝缘收缩	Insulation shrinkage

序号	代码	参 数	Parameter
16	Q160316	低温卷绕试验	Winding test on low temperature
17	Q160317	冷弯曲	Cold bending
18	Q160318	热老化后的卷绕试验	Winding test after thermal aging
19	Q160319	热老化后的断裂伸长率	Percentage elongation at fracture after thermal aging
20	Q160320	热老化后的抗张强度	Tensile strength after thermal aging
21	Q160321	高温压力试验	Compression test on high temperature
22	Q160322	热冲击试验	Thermal shock test
23	Q160323	电缆火焰传播性能	Characteristics of flame-spreading
24	Q160324	收缩率	Shrinkage ratio
25	Q160325	含卤气体释放	Halogen gas release
26	Q160326	烟雾发生	Smoke generator
27	Q160327	绝缘的气密性	Air impermeability of insulation
28	Q160328	绝缘的完整性	Integrity of insulation
29	Q160329	绝缘收缩	Shrinkage of insulation
30	Q160330	氧化诱导期	Oxidation induction period
31	Q160331	耐环境应力开裂	Improvement of environmental stress cracking
32	Q160332	浸水稳定性	Water logged stabilization
33	Q160333	混炼稳定性	Mixing stabilization
34	Q160334	炭黑含量	Content of carbon black
35	Q160335	纵包复合屏蔽带的搭盖率	Overlay rate of shielded layer
36	Q160336	编织密度	Density of basketwork
37	Q160337	吸收系数	Absorb coefficient
38	Q160338	吊线的最小拉断力	The minimum snaping force of cable
39	Q160339	分离吊线所需的撕裂力	Tearing force needed for separate cable

序号	代码	参 数	Parameter
40	Q160340	纵包钢塑复合带的搭盖宽度	Width of steel/PE laminated tape
41	Q160341	附着力	Adhesion
42	Q160342	导体过热后绝缘收缩率	Insulation shrinkage after conductor overheat
43	Q160343	抗压缩性	Anti-compression
44	Q160344	抗磨性	Wear resistance
45	Q160345	耐燃烧性	Burning resistance
46	Q160346	抗腐蚀性	Corrosion protective properties
47	Q160347	渗水试验	Water permeability test
48	Q160348	滴流试验	Trickle test
49	Q160349	导体的混线和断线	Mixed and broken circuit of conductor
50	Q160350	熔体流动速率	Melt flow rate
51	Q160351	绝缘的冷弯曲	Cold bending of insulation
52	Q160352	密度	Density
53	Q160353	成束电缆延燃性能	Characteristic of flame spread

16.3.2 通信电缆的电气性能检测代码及参数应符合表 16.3.2 的规定。

表 16.3.2 通信电缆的电气性能检测代码及参数

序号	代码	参 数	Parameter
54	Q160354	体积电阻率	Volume electric resistively
55	Q160355	特性阻抗	Property impedance
56	Q160356	介电强度	Dielectric strength
57	Q160357	相对介电常数	Dielectric constant
58	Q160358	绝缘电阻	Insulation resistance
59	Q160359	漏电流试验	Leakage current test
60	Q160360	导体直流电阻	DC resistance of conductor
61	Q160361	线对直流电阻不平衡	DC resistance unbalance between cable pairs
62	Q160362	工作电容	Mutual capacitance
63	Q160363	电容不平衡	Capacitance unbalance

序号	代码	参　数	Parameter
64	Q160364	转移阻抗	Surface transfer impedance
65	Q160365	群传播速度/传播时延	Propagation speed
66	Q160366	屏蔽衰减	Shield attenuation
67	Q160367	衰减	Attenuation
68	Q160368	衰减串扰比	Attenuation to near end crosstalk rate (ACR)
69	Q160369	综合衰减串扰比	Power sum attenuation to near end crosstalk rate (ACR)
70	Q160370	近端串音	Near-end crosstalk (NEXT) loss
71	Q160371	综合近端串音	Power sum near-end crosstalk (PSNEXT) loss
72	Q160372	等效远端串音	Equal level far-end crosstalk (ELFEXT)
73	Q160373	综合远端串音	Power sum equal level far-end crosstalk (PSELFEXT)
74	Q160374	延迟偏离	Delay deviation
75	Q160375	回波损耗	Return loss

16.4　通信光缆

16.4.1　综合布线用室内光缆的检测代码及参数应符合表16.4.1的规定。

表 16.4.1　综合布线用室内光缆的检测代码及参数

序号	代码	参　数	Parameter
1	Q160401	标记	Mark
2	Q160402	识别色谱	Chromatogram
3	Q160403	光纤涂覆层剥除力	Peeling force of coating film
4	Q160404	光纤强度筛选水平	Screening level of optical fibers strength
5	Q160405	光纤强度动态疲劳系数	Dynamic fatigue factor of optical fibers strength
6	Q160406	尺寸	Dimension
7	Q160407	衰减	Attenuation
8	Q160408	模式带宽	Model band width
9	Q160409	拉伸性能	Tensile property
10	Q160410	压扁性能	Flattening test
11	Q160411	允许弯曲半径	Allowed bending radius

序号	代码	参　数	Parameter
12	Q160412	衰减温度特性	Temperature property of attenuation
13	Q160413	阻燃性	Flame retardant
14	Q160414	不延燃性	No extension combustion
15	Q160415	发烟浓度	Smoke concentration
16	Q160416	腐蚀性	Corrosive action
17	Q160417	火花试验时塑料套的完整性	Integrity of plastic sheath in spark testing
18	Q160418	对地绝缘电阻	Insulation esistance
19	Q160419	耐电压强度	Dielectric strength
20	Q160420	渗水性	Permeability

16.5　电 线 槽

16.5.1　电线槽的检测代码及参数应符合表16.5.1的规定。

表 16.5.1　电线槽的检测代码及参数

序号	代码	参　数	Parameter
1	Q160501	外观	Appearance
2	Q160502	尺寸	Dimension
3	Q160503	冲击性能	Impact property
4	Q160504	氧指数	Oxygen exponent
5	Q160505	耐电压	Voltage withstanding
6	Q160506	绝缘电阻	Insulation resistance
7	Q160507	耐热性能	Heat resistance
8	Q160508	负载变形性能	Load metamorphose characteristic
9	Q160509	外负载性能	External load characteristic
10	Q160510	水平燃烧性能	Horizontal burning characteristic
11	Q160511	垂直燃烧性能	Vertical burning characteristic
12	Q160512	烟密度等级	Smoke density rank

16.6　塑料绝缘电工套管

16.6.1　塑料绝缘电工套管的检测代码及参数应符合表16.6.1的规定。

表 16.6.1 塑料绝缘电工套管的检测代码及参数

序号	代码	参　数	Parameter
1	Q160601	外观	Appearance
2	Q160602	尺寸	Dimension
3	Q160603	冲击性能	Impact property
4	Q160604	氧指数	Oxygen exponent
5	Q160605	耐电压	Voltage withstanding
6	Q160606	绝缘电阻	Insulation resistance
7	Q160607	耐热性能	Heat resistance
8	Q160608	抗压性能	Compression strength
9	Q160609	弯曲性能	Bending property
10	Q160610	弯扁性能	Flattening property
11	Q160611	跌落性能	Dropping property
12	Q160612	自熄时间	Self-quench time
13	Q160613	电气连续性试验	Electrical continuity test
14	Q160614	防护能力	Protection capacity
15	Q160615	直流电阻	DC resistance
16	Q160616	连续电阻	Continuous resistance

16.7　埋地式电缆导管

16.7.1　地下通信管道用塑料管的检测代码及参数应符合表 16.7.1 的规定。

表 16.7.1 地下通信管道用塑料管的检测代码及参数

序号	代码	参　数	Parameter
1	Q160701	外观	Appearance
2	Q160702	尺寸	Dimension
3	Q160703	弯曲度	Curvature
4	Q160704	落锤冲击试验	Drop hammer blowing test
5	Q160705	环刚度	Ring stiffness
6	Q160706	扁平试验	Flattening test
7	Q160707	连接密封试验	Joint sealing test
8	Q160708	冷弯曲试验	Bending test after air-cooled
9	Q160709	拉伸屈服强度	Tensile strength
10	Q160710	断裂伸长率	Percentage elongation at fracture

续表 16.7.1

序号	代码	参　数	Parameter
11	Q160711	纵向回缩率	Longitudinal reversion
12	Q160712	维卡软化温度	Vicat softening temperature
13	Q160713	耐外负荷性能	External load resistance
14	Q160714	静摩擦因数	Friction coefficient
15	Q160715	环片热压缩力	Heat compression of ring piece
16	Q160716	体积电阻率	Volume resistivity
17	Q160717	树脂不可熔分含量	Content of resin indissolution
18	Q160718	撞击性能	Impacting property
19	Q160719	弯曲负载热变形温度	Thermal deformation temperature after bending load
20	Q160720	浸水后弯曲强度保留率	Bending strength reservation after water soaking
21	Q160721	巴氏硬度	Barkhausen hardness
22	Q160722	氧指数	Oxygen index
23	Q160723	滑动摩擦系数	Sliding friction coefficient
24	Q160724	热阻系数	Heat-resistance coefficient

16.8　低压熔断器

16.8.1　低压熔断器的检测代码及参数应符合表 16.8.1 的规定。

表 16.8.1 低压熔断器的检测代码及参数

序号	代码	参　数	Parameter
1	Q160801	绝缘电阻	Insulation resistance
2	Q160802	电气强度	Electric strength
3	Q160803	温升与耗散功率	Temperature uptrend and power dissipation
4	Q160804	动作验证	Operate test
5	Q160805	分断能力	Breaking capacity
6	Q160806	截断电流特性	Cut-off current characteristic
7	Q160807	过电流选择性和I²t特性	Over-current discrimination and I²t characteristic

序号	代码	参　数	Parameter
8	Q160808	外壳防护等级	Protective casing class
9	Q160809	耐热特性	Heat-proof characteristic
10	Q160810	触头不变坏	Contact invariability
11	Q160811	机械试验	Mechanical test

16.9　低压断路器

16.9.1　低压断路器的检测代码及参数应符合表 16.9.1 的规定。

表 16.9.1　低压断路器的检测代码及参数

序号	代码	参　数	Parameter
1	Q160901	标志的耐久性	Durability of mark
2	Q160902	爬电距离和电气间隙	Creepage distance and clearance
3	Q160903	螺钉、载流部件和连接的可靠性	Reliability of screw, current carrier and connector
4	Q160904	连接外部导体的接线端子的可靠性	Reliability of connection terminal
5	Q160905	电击保护	Eletroshock protection
6	Q160906	介电强度	Dielectric strength
7	Q160907	绝缘电阻	Insulation resistance
8	Q160908	温升	Temperature rise
9	Q160909	剩余电流条件下的动作特性	Action character at surplus current
10	Q160910	时间-（过）电流特性	Time-current characteristic
11	Q160911	瞬时脱扣特性	Instantaneous tripping characteristic
12	Q160912	28d 试验	28d testing
13	Q160913	自由脱扣机构	Trip-free framework
14	Q160914	周围温度对脱扣特性的影响	The effect of temperature around on tripping characteristic
15	Q160915	机械和电气寿命	Mechanical and electrical lifetime

序号	代码	参　数	Parameter
16	Q160916	短路电流下的性能	Property under condition of short-circuit
17	Q160917	耐机械振动和撞击性能	Mechanical vibration and impact resistance
18	Q160918	耐热性	Heat resistance
19	Q160919	耐异常发热和耐燃性	Anomalistic heat-proof and bruning-proof characteristic
20	Q160920	防锈性能	Anti-rust property
21	Q160921	在额定电压极限下，操作试验装置	Operating test device at rated voltage limitation
22	Q160922	电源电压故障时，断路器的工作状况	Working status under condition of voltage fault
23	Q161223	在过电流时，不动作电流的极限值	Limitation of non-action current at over-current
24	Q160924	在浪涌电流作用下，防止误脱扣的性能	Property of enduring wrong release under condition of surge current
25	Q160925	绝缘耐冲击电压的性能	Voltage withstanding property of insulation
26	Q160926	接地故障电流含有直流分量时，断路器的工作状况	Working status of circuit when grounding fault current contain DC component
27	Q160927	可靠性	Reliability
28	Q160928	电子元件抗老化性能	Aging of electronic components
29	Q160929	电磁兼容试验	Electromagnetic compatibility test

16.10　灯　具

16.10.1　灯具的检测代码及参数应符合表 16.10.1 的规定。

表 16.10.1　灯具的检测代码及参数

序号	代码	参　数	Parameter
1	Q161001	标记	Mark
2	Q161002	结构	Structure
3	Q161003	外部接线和内部接线	External wiring and internal wiring

序号	代码	参　数	Parameter
4	Q161004	接地规定	Earth connection define
5	Q161005	防触电保护	Protection against electric shock
6	Q161006	防尘、防固体异物和防水	Dust-proof, solid foreign matter-proof and water-proof
7	Q161007	绝缘电阻	Insulation resistance
8	Q161008	电气强度	electric strength
9	Q161009	爬电距离和电气间隙	Creepage distance and clearance
10	Q161010	耐久性试验和热试验	Durability test and heat test
11	Q161011	耐热、耐火和耐电痕	Heat, fire resistance and tracking resistance
12	Q161012	螺纹接线端子	Thread terminal
13	Q161013	无螺纹接线端子和电气连接件	Screwless terminal and electric connection part
14	Q161014	插入损耗	Inversion loss
15	Q161015	骚扰电压	Disturbance voltage
16	Q161016	辐射电磁骚扰	Radiant electromagnetic disturbance
17	Q161017	谐波电流	Harmonic current

16.11　开关、插头、插座

16.11.1　开关、插头、插座的检测代码及参数应符合表 16.11.1 的规定。

表 16.11.1　开关、插头、插座的检测代码及参数

序号	代码	参　数	Parameter
1	Q161101	标志	Mark
2	Q161102	尺寸	Dimension
3	Q161103	防触电保护	Protection against electric shock
4	Q161104	接地措施	Grounding Measurement
5	Q161105	端子	Connector
6	Q161106	固定式插座的结构	Structure of fixed socket
7	Q161107	插头和移动式插座的结构	Structure of moving socket and plug

序号	代码	参　数	Parameter
8	Q161108	耐老化、防有害进水和防潮	Aging resistance, prevention against water and moisture
9	Q161109	绝缘电阻	Insulation resistance
10	Q161110	电气强度	Electrie strength
11	Q161111	接地触头的工作	Working of grounding contact
12	Q161112	温升	Temperature rise
13	Q161113	分断容量	Breaking capacity
14	Q161114	正常操作	Operator naturally
15	Q161115	拔出插头所需的力	Mechanics of main plug
16	Q161116	软缆及其连接	Flexible cable and connection
17	Q161117	机械强度	Mechanical strength
18	Q161118	耐热	Heat tolerance
19	Q161119	螺钉、载流部件及其连接	Screw, current carrier and connector
20	Q161120	爬电距离和电气间隙	Creepage distance and clearance
21	Q161121	耐非正常热、耐燃和耐漏电起痕	Resistance to flame and surface tracking wheel
22	Q161122	防锈性能	Anti-rust property
23	Q161123	带绝缘套的插销的附加试验	Annexation test of plug with insulation layer
24	Q161124	开关机构	Mechanism of switch
25	Q161125	开关外壳提供的防护和防潮	Protecting and anti-wet of switch
26	Q161126	通断能力	Breaking capacity

17　保温吸声材料

17.1　一　般　规　定

17.1.1　保温吸声材料检测代码及项目应符合表 17.1.1 的规定。

表 17.1.1　保温吸声材料检测代码及项目

序号	代码	项　　目	Item
1	Q1702	无机颗粒材料	Inorganic granular materials

序号	代码	项　目	Item
2	Q1703	发泡材料	Organic foam materials
3	Q1704	纤维材料	Fiber Materials
4	Q1705	涂料	Coatings
5	Q1706	复合板	Composite board

17.1.2 保温吸声材料的热工性能参数检测应符合表 37.4.1 的规定。

17.1.3 保温吸声材料的声学性能参数检测应符合表 39.6.1 的规定。

17.2 无机颗粒材料

17.2.1 无机颗粒保温吸声材料的检测代码及参数应符合表 17.2.1 的规定。

表 17.2.1 无机颗粒保温吸声材料的检测代码及参数

序号	代码	参　数	Parameter
1	Q170201	外观	Appearance
2	Q170202	尺寸	Dimension
3	Q170203	密度	Density
4	Q170204	体积密度	Bulk density
5	Q170205	含水率/质量含水率	Water content
6	Q170206	吸水率	Water absorption
7	Q170207	吸湿率	Moisture absorption
8	Q170208	憎水率	Water repellent property
9	Q170209	抗压强度	Compressive strength
10	Q170210	抗折强度	Antiflex strength
11	Q170211	抗拉强度/高温后抗拉强度	Tensile strength/ Tensile strength after heating
12	Q170212	断裂载荷/纵向断裂载荷	Breaking load/ Longitudinal breaking load
13	Q170213	粘结强度	Adhesive strength
14	Q170214	氯离子含量	Chloride ion content
15	Q170215	燃烧性能	Combustion performance
16	Q170216	pH	pH
17	Q170217	产品正面色度	Front chrominance
18	Q170218	堆积密度	Packing density
19	Q170219	堆积密度均匀性	Uniformity of packing density
20	Q170220	粒径	Grain size
21	Q170221	颗粒级配	Grain composition
22	Q170222	筛余量	Screen residue
23	Q170223	表面吸水量	Surface soakage
24	Q170224	悬浮体性能	Suspension performance
25	Q170225	脱色力	Discolouring power
26	Q170226	活性度	Activity degree
27	Q170227	匀温灼热线收缩率	Shrinkage against uniform temperature
28	Q170228	最高使用温度	Maximum service temperature
29	Q170229	氟离子	Fluorinion
30	Q170230	硅酸根离子	Silicon acid ion
31	Q170231	钠离子	Sodium ion
32	Q170232	游离酸	Free acid

17.3 发 泡 材 料

17.3.1 发泡保温吸声材料的检测代码及参数应符合表 17.3.1 的规定。

表 17.3.1 发泡保温吸声材料的检测代码及参数

序号	代码	参　数	Parameter
1	Q170301	外观	Appearance
2	Q170302	尺寸	Dimension
3	Q170303	密度	Density
4	Q170304	体积密度	Bulk density
5	Q170305	含水率/质量含水率	Water content
6	Q170306	吸水率	Water absorption
7	Q170307	吸湿率	Moisture absorption
8	Q170308	憎水率	Water repellent property
9	Q170309	抗压强度	Compressive strength
10	Q170310	抗折强度	Antiflex strength
11	Q170311	抗拉强度/高温后抗拉强度	Tensile strength/ Tensile strength after heating
12	Q170312	断裂载荷/纵向断裂载荷	Breaking load/ Longitudinal breaking load
13	Q170313	粘结强度	Adhesive strength
14	Q170314	氯离子含量	Chloride ion content
15	Q170315	燃烧性能	Combustion performance
16	Q170316	pH	pH

序号	代码	参　数	Parameter
17	Q170317	表观密度	Apparent density
18	Q170318	尺寸稳定性	Dimensional stability
19	Q170319	熔结性	Sintering performance
20	Q170320	氧指数	Oxygen index
21	Q170321	透湿系数	Moisture permeability
22	Q170322	阻湿因子	Moisture resistance factor
23	Q170323	断裂伸长	Extension at break
24	Q170324	压缩永久变形/压缩回弹率	Permanent compressive deformation/Compression resilience ratio
25	Q170325	回弹性	Resilience
26	Q170326	撕裂强度	Tearing strength
27	Q170327	压缩性能	Compressive properties
28	Q170328	压陷性能	Impression property
29	Q170329	真空吸水率	Vacuum water absorption
30	Q170330	抗老化性	Aging resistance
31	Q170331	抗臭氧性	Ozone resistance
32	Q170332	低温耐久性	Endurance in low temperature

17.4 纤 维 材 料

17.4.1 纤维保温吸声材料的检测代码及参数应符合表 17.4.1 的规定。

表 17.4.1 纤维保温吸声材料的检测代码及参数

序号	代码	参　数	Parameter
1	Q170401	外观	Appearance
2	Q170402	尺寸	Dimension
3	Q170403	密度	Density
4	Q170404	体积密度	Bulk density
5	Q170405	含水率/质量含水率	Water content
6	Q170406	吸水率	Water absorption
7	Q170407	吸湿率	Moisture absorption
8	Q170408	憎水率	Water repellent property
9	Q170409	抗压强度	Compressive strength
10	Q170410	抗折强度	Antiflex strength
11	Q170411	抗拉强度/高温后抗拉强度	Tensile strength/ Tensile strength after heating

序号	代码	参　数	Parameter
12	Q170412	断裂载荷/纵向断裂载荷	Breaking load/ Longitudinal breaking load
13	Q170413	粘结强度	Adhesive strength
14	Q170414	氯离子含量	Chloride ion content
15	Q170415	燃烧性能	Combustion performance
16	Q170416	pH	pH
17	Q170417	渣球含量	Shot content
18	Q170418	粒度分布	Grain fineness distribution
19	Q170419	纤维强度	Fiber strength
20	Q170420	纤维平均直径	Average diameter of fiber
21	Q170421	管壳偏心度	Pipe section eccentricity
22	Q170422	加热线收缩/加热永久线变化	Temperature linear contraction/ Permanent linear change after heating
23	Q170423	热荷重收缩温度	Temperature for shrinkage under hot load
24	Q170424	外覆层透湿阻	Cladding moisture penetrating resistance
25	Q170425	二氧化硅	Silica
26	Q170426	三氧化铁	Ferric trioxide
27	Q170427	三氧化铝	Alumina
28	Q170428	二氧化锆	Zirconia
29	Q170429	浸出液离子含量	Ion content in lixivium
30	Q170430	有机物含量	Organic matter content
31	Q170431	硫酸盐	sulphate
32	Q170432	酸度系数	Coefficient of acidity
33	Q170433	缝毡缝合质量	Felt sewing quality
34	Q170434	包重	Package weight

17.5 涂 料

17.5.1 涂料保温吸声材料的检测代码及参数应符合表 17.5.1 的规定。

表 17.5.1 涂料保温吸声材料的检测代码及参数

序号	代码	参　数	Parameter
1	Q170501	外观	Appearance
2	Q170502	尺寸	Dimension

序号	代码	参 数	Parameter
3	Q170503	密度	Density
4	Q170504	体积密度	Bulk density
5	Q170505	含水率/质量含水率	Water content
6	Q170506	吸水率	Water absorption
7	Q170507	吸湿率	Moisture absorption
8	Q170508	憎水率	Water repellent property
9	Q170509	抗压强度	Compressive strength
10	Q170510	抗折强度	Antiflex strength
11	Q170511	抗拉强度/高温后抗拉强度	Tensile strength/Tensile strength after heating
12	Q170512	断裂载荷/纵向断裂载荷	Breaking load/ Longitudinal breaking load
13	Q170513	粘结强度	Adhesive strength
14	Q170514	氯离子含量	Chloride ion content
15	Q170515	燃烧性能	Combustion performance
16	Q170516	pH	pH
17	Q170517	浆体密度	Slurry density
18	Q170518	干密度	Dry density
19	Q170519	体积收缩率	Volume shrinkage ratio
20	Q170520	放射性	Radioactivity

17.6 复 合 板

17.6.1 复合板保温吸声材料的检测代码及参数应符合表 17.6.1 的规定。

表 17.6.1 复合板保温吸声材料的检测代码及参数

序号	代码	参 数	Parameter
1	Q170601	外观	Appearance
2	Q170602	尺寸	Dimension
3	Q170603	密度	Density
4	Q170604	体积密度	Bulk density
5	Q170605	含水率/质量含水率	Water content
6	Q170606	吸水率	Water absorption
7	Q170607	吸湿率	Moisture absorption
8	Q170608	憎水率	Water repellent property
9	Q170609	抗压强度	Compressive strength
10	Q170610	抗折强度	Antiflex strength

序号	代码	参 数	Parameter
11	Q170611	抗拉强度/高温后抗拉强度	Tensile strength/Tensile strength after heating
12	Q170612	断裂载荷/纵向断裂载荷	Breaking load/ Longitudinal breaking load
13	Q170613	粘结强度	Adhesive strength
14	Q170614	氯离子含量	Chloride ion content
15	Q170615	燃烧性能	Combustion performance
16	Q170616	pH	pH
17	Q170617	直角偏离度	Right angle deflection
18	Q170618	面密度	Planar density
19	Q170619	剥离性能	Peeling performance
20	Q170620	抗弯承载力	Bending resistance
21	Q170621	气干面密度	Air drying density
22	Q170622	面板干缩率	Panel shrinkage coefficient
23	Q170623	轴向载荷	Axial load
24	Q170624	横向载荷	Transverse load
25	Q170625	弯曲破坏载荷	Load of rupture in bending
26	Q170626	抗折载荷	Antiflex load
27	Q170627	抗冲击性能	Impact property
28	Q170628	抗冻性	Frost resistance
29	Q170629	耐火极限	Fire resistance limit
30	Q170630	受潮挠度	Wetted deflection

18 道 桥 材 料

18.1 一 般 规 定

18.1.1 道桥材料检测代码及项目应符合表 18.1.1 的规定。

表 18.1.1 道桥材料检测代码及项目

序号	代码	项 目	Item
1	Q1802	石料	Rock fill
2	Q1803	粗集料	Coarse aggregate
3	Q1804	细集料	Fine aggregate
4	Q1805	矿粉	Mineral Filler
5	Q1806	沥青	Asphalt
6	Q1807	沥青混合料	Asphalt Mixtures
7	Q1808	无机结合料稳定材料	Stabilized materials of inorganic binder
8	Q1809	土工合成材料	Geosynthetics

18.2 石　　料

18.2.1 石料检测代码及参数应符合表 18.2.1 的规定。

表 18.2.1　石料检测代码及参数

序号	代码	参　数	Parameter
1	Q180201	含水率	Water content
2	Q180202	密度	Density
3	Q180203	毛体积密度	Gross volume density
4	Q180204	孔隙率	Porosity ratio
5	Q180205	吸水率	Water absorption ratio
6	Q180206	饱水率	Water saturation ratio
7	Q180207	抗冻性	Frost resistance
8	Q180208	坚固性	Solidity
9	Q180209	抗压强度	Compressive strength
10	Q180210	抗剪强度	Shearing strength
11	Q180211	抗折强度	Bending strength
12	Q180212	磨耗	Wearing
13	Q180213	间接抗拉强度	Indirect tensile strength
14	Q180214	抗压静弹性模量	Compression steady elastic modulus
15	Q180215	点荷载	Spot loading
16	Q180216	耐污染	Pollution tolerance

18.3 粗　集　料

18.3.1 粗集料检测代码及参数应符合表 18.3.1 的规定。

表 18.3.1　粗集料检测代码及参数

序号	代码	参　数	Parameter
1	Q180301	筛分	Screening
2	Q180302	密度及吸水率（网篮法、容量瓶法）	Density and water absorption ratio (net method, cubage bottle method)
3	Q180303	含水率	Water content
4	Q180304	吸水率	Water absorption ratio
5	Q180305	堆积密度及空隙率	The piled density and percentage of voids
6	Q180306	含泥量及泥块含量	Soil content and soil block content
7	Q180307	针片状颗粒含量（标准仪法、游标卡尺法）	Content of chipped grain (standard meter method, vernier caliper method)

续表 18.3.1

序号	代码	参　数	Parameter
8	Q180308	有机物含量	The organic content
9	Q180309	坚固性	Robustness
10	Q180310	压碎值	Compressed crush value
11	Q180311	磨耗（洛杉矶法、道瑞试验）	Wearing (Los Angeles method, Daldry test)
12	Q180312	软弱颗粒试验	Soft grain test
13	Q180313	磨光值	Polish value
14	Q180314	冲击值	Impact value
15	Q180315	碱活性（岩相法、砂浆长度法）	Alkali-aggregate reaction (lithofacies method, mortar length method)
16	Q180316	抑制集料碱活性效能试验	Restraining aggregate alkali activated effect test
17	Q180317	破碎砾石含量	Broken stone content
18	Q180318	集料碱值	Aggregate alkali value
19	Q180319	钢渣活性及膨胀性	Steel scoria activated and expansion properties

18.4 细　集　料

18.4.1 细集料检测代码及参数应符合表 18.4.1 的规定。

表 18.4.1　细集料检测代码及参数

序号	代码	参　数	Parameter
1	Q180401	筛分	Screening
2	Q180402	表观密度	Apparent density
3	Q180403	密度及吸水率	Density and water absorption ratio
4	Q180404	堆积密度及紧装密度	The piled density and the tight attire density
5	Q180405	含水率	Water content
6	Q180406	含泥量	The content of soil
7	Q180407	砂当量	Granulated substance equivalent
8	Q180408	泥块含量	mud content
9	Q180409	有机质含量	Organic content
10	Q180410	云母含量	Mica content
11	Q180411	轻物质含量	Light material content

序号	代码	参数	Parameter
12	Q180412	膨胀率	Expansion
13	Q180413	坚固性	Ruggedness
14	Q180414	三氧化硫	Sulfur trioxide
15	Q180415	棱角性（间隙率法、流动时间法）	Angularity (clearance rate method, flowing time method)
16	Q180416	亚甲蓝	Methylene blue
17	Q180417	压碎指标	Compressed crush index

18.5 矿 粉

18.5.1 矿粉检测代码及参数应符合表18.5.1的规定。

表18.5.1 矿粉检测代码及参数

序号	代码	参数	Parameter
1	Q180501	筛分析	Sieve analyzing
2	Q180502	密度	Density
3	Q180503	亲水系数	Water affinity coefficient
4	Q180504	塑性指数	Plasticity index
5	Q180505	加热安定性	Stability against heating up

18.6 沥 青

18.6.1 沥青检测代码及参数应符合表18.6.1的规定。

表18.6.1 沥青检测代码及参数

序号	代码	参数	Parameter
1	Q180601	沥青密度与相对密度	Asphalt density and relative density
2	Q180602	沥青针入度	Asphalt penetration
3	Q180603	沥青延度	Asphalt ductility
4	Q180604	沥青软化点	Asphalt soft point
5	Q180605	沥青溶解度	Asphalt solubility
6	Q180606	沥青蒸发损失	Asphalt evaporating loss
7	Q180607	沥青薄膜加热/旋转薄膜加热	Asphalt film heating/ rotating film heating
8	Q180608	沥青闪点与燃点（克利夫兰开口杯法）	Flash point and burning point of asphalt (Cleveland's snap ring method)

序号	代码	参数	Parameter
9	Q180609	沥青含水量	Asphalt water content
10	Q180610	沥青脆点	Asphalt crisp point
11	Q180611	沥青灰分含量	Asphalt ash content
12	Q180612	沥青蜡含量	Asphalt sacrificial content
13	Q180613	沥青与粗集料的粘附性	Adhesive ability of asphalt and rough aggregate
14	Q180614	沥青化学组分	Asphalt chemical composition
15	Q180615	沥青黏度（毛细管法、真空减压毛细管法、道路沥青标准黏度计法、恩格拉黏度计法、赛波特重质油黏度计法、布氏旋转黏度计法）	Asphalt viscosity (capillary method, vacuum decompression capillary method, asphalt standard viscosity meter method, Engelhard viscosity meter method, Saybolt heavy oil viscosity meter method, Brielle rotating viscosity meter method)
16	Q180616	沥青黏韧性	Viscosity and toughness of asphalt
17	Q180617	沥青酸值	Asphalt acid value
18	Q180618	沥青浮标度	The asphalt floating the scale
19	Q180619	液体石油沥青蒸馏试验	Distillation test of liquid petroleum asphalt
20	Q180620	液体石油沥青闪点（泰格开口杯法）	Flash point of liquid petroleum asphalt
21	Q180621	煤沥青蒸馏试验	Distillation test of coal asphalt
22	Q180622	煤沥青焦油酸含量	Tar acid content of coal asphalt
23	Q180623	煤沥青酚含量	Hydroxybenzene content of coal asphalt
24	Q180624	煤沥青萘含量（色谱柱法、抽滤法）	Naphthalene content of coal asphalt (chromatographic column method, extract percolation method)
25	Q180625	煤沥青甲苯不溶物含量	Content of toluene nonsolute of coal asphalt

序号	代码	参　数	Parameter
26	Q180626	乳化沥青蒸发残留物含量	Content of remained substances after evaporation of emulsified bitumen
27	Q180627	乳化沥青筛上剩余量含量	Remained content on screen of emulsified bitumen
28	Q180628	乳化沥青微粒离子电荷	Ionic charge of emulsified bitumen mote
29	Q180629	乳化沥青与矿料黏附性	Adhesive ability of emulsified bitumen and mineral material
30	Q180630	乳化沥青储存稳定性	Storage stability of emulsified bitumen
31	Q180631	乳化沥青低温储存稳定性	Storage stability at low temperature of emulsified bitumen
32	Q180632	乳化沥青水泥拌和	Blend of emulsified bitumen and cement
33	Q180633	乳化沥青破乳速度	Emulsified bitumen breaking speed test
34	Q180634	乳化沥青与矿料的拌和	Blend of emulsified bitumen and mineral material
35	Q180635	沥青与石料的低温粘结性	Low temperature viscosity of asphalt and stone material
36	Q180636	聚合物改性沥青离析	Polymer modified asphalt segregation
37	Q180637	沥青弹性恢复	Asphalt elasticity restoration
38	Q180638	沥青抗剥落剂性能	Properties of asphalt peeling resistance additive
39	Q180639	改性沥青用合成橡胶乳液	Modified asphalt using composed rubber latex

18.7　沥青混合料

18.7.1　沥青混合料检测代码及参数应符合表18.7.1的规定。

表 18.7.1　沥青混合料检测代码及参数

序号	代码	参　数	Parameter
1	Q180701	压实沥青混合料密度（表干法、水中重法、蜡封法、体积法）	Compaction bituminous mixture density (surface dry method, weight in water method, wax sealing method, cubage method)
2	Q180702	马歇尔稳定度	Marshall stability
3	Q180703	理论最大相对密度（真空法、溶剂法）	Theory most greatly relative density (vacuum method, solvent method)
4	Q180704	单轴压缩（圆柱体法、棱柱体法）	Single axle compression (cylinder method, prism method)
5	Q180705	弯曲	Bending
6	Q180706	劈裂	Cleavage
7	Q180707	饱水率	Water saturation ratio
8	Q180708	三轴压缩	Triple-shaft compression
9	Q180709	车辙	Rut
10	Q180710	线收缩系数	Linear shrinkage coefficient
11	Q180711	沥青含量（射线法、离心分离法、回流式抽提仪法、脂肪抽提器法）	Asphalt content (radiation method, centrifugal separating method, circumfluence extractor method, fat extractor method)
12	Q180712	矿料级配	Mineral materials grading
13	Q180713	从沥青混合料中回收沥青（阿布森法、旋转蒸发器法）	Distilling asphalt from asphalt mixture (Abson method, evaporator rotating method)
14	Q180714	弯曲蠕变	Bending creep
15	Q180715	冻融劈裂	Frost thawing cleavage
16	Q180716	渗水试验	Seep experiment
17	Q180717	表面构造深度	Superficial structure depth
18	Q180718	谢伦堡沥青析漏	Kallen Fort asphalt analysis of leakage
19	Q180719	肯塔堡飞散	Abrasion by use of Cantabria method
20	Q180720	加速老化	Accelerated aging
21	Q180721	乳化沥青稀浆封层混合料稠度	Consistency of sealing course of diluted emulsified bitumen mixture

序号	代码	参　数	Parameter
22	Q180722	乳化沥青稀浆封层混合料湿轮磨耗	Wheel moisture wear of sealing course of diluted emulsified bitumen mixture
23	Q180723	乳化沥青稀浆封层混合料初凝时间	Initial solidification time of sealing course of diluted emulsified bitumen mixture
24	Q180724	乳化沥青稀浆封层混合料固化时间	Solidifying period of sealing course of diluted emulsified bitumen mixture
25	Q180725	乳化沥青稀浆封层混合料碾压	Compaction of sealing course of diluted emulsified bitumen mixture

18.8　无机结合料稳定材料

18.8.1　除水泥、石灰外，其他无机结合料稳定材料的检测代码及参数应符合表 18.8.1 的规定。

表 18.8.1　无机结合料的检测代码及参数

序号	代码	参　数	Parameter
1	Q180801	含水量	Water content
2	Q180802	最大干密度、最佳含水量	Max dry density and optimal water content
3	Q180803	无侧限抗压强度	Unconfined compressive strength
4	Q180804	间接抗拉强度	Indirect tensile strength
5	Q180805	室内抗压回弹模量	Indoor compression resilience modulus
6	Q180806	水泥或石灰稳定土中水泥或石灰剂量	The amount of cement or lime in stabilized soil

18.9　土工合成材料

18.9.1　土工合成材料检测代码及参数应符合表 18.9.1 的规定。

表 18.9.1　土工合成材料的检测代码及参数

序号	代码	参　数	Parameter
1	Q180901	单位面积质量	Quality of unit area
2	Q180902	厚度（厚度试验仪法、无侧限抗压强度试验仪法）	Thickness（thickness detector method, free-from-lateral-restrain detector for compressive strength）
3	Q180903	土工格栅网孔尺寸	The net size of geotechnique grid
4	Q180904	土工网网孔尺寸	The size of geotechnical grid lattice
5	Q180905	格栅温度收缩	Grid shrinkage by temperature
6	Q180906	条带拉伸	Strip tensile
7	Q180907	握持拉伸	Holding tensile
8	Q180908	撕裂试验	Tearing test
9	Q180909	顶破强度（圆球顶破试验、CBR 顶破试验）	Jacking damage intensity（ball penetration test, CBR penetration test）
10	Q180910	刺破试验	Piercing test
11	Q180911	落锥穿透试验	Dropping awl penetration test
12	Q180912	直剪摩擦试验	Direct shearing friction test
13	Q180913	拉拔摩擦试验	Pulling friction test
14	Q180914	蠕变试验	Creeping test
15	Q180915	孔径试验（筛分法、显微镜测读法）	Hole diameter test（screen method, microscope observation method）
16	Q180916	垂直渗透系数	Vertical penetration coefficient
17	Q180917	水平渗透系数	Level penetration coefficient
18	Q180918	淤堵试验	Choking test
19	Q180919	拼接强度	Splicing intensity
20	Q180920	平面内水流量	Flowing quantity within plane
21	Q180921	湿筛孔径	Wet screen aperture
22	Q180922	摩擦系数	Friction coefficient
23	Q180923	抗紫外线性能	Anti-ultraviolet ray performance

序号	代码	参 数	Parameter
24	Q180924	抗酸碱性能	Anti-acid and anti-alkali performance
25	Q180925	抗氧化性能	Anti- oxidation capacity
26	Q180926	抗磨损性能	Anti- abrasion
27	Q180927	蠕变性能	Creeping properties
28	Q180928	外观	Appearance
29	Q180929	钠基颗粒状膨润土单位面积含量	Content of clay particle of bentonite of natrium per unit area
30	Q180930	抗拉强度	Tensile strength
31	Q180931	膨润土膨胀指数	Bentonite expansion index
32	Q180932	导水系数/渗透率	Transmissibility coefficient/Penetration rate
33	Q180933	穿刺强度	Pierce strength
34	Q180934	延伸率	Elongation
35	Q180935	抗静水压	Anti-hydrostatic pressure
36	Q180936	低温柔韧性	Flexibility
37	Q180937	剥离强度	Peel strength

19 道桥构配件

19.1 一 般 规 定

19.1.1 道桥构配件检测代码及项目应符合表 19.1.1 的规定。

表 19.1.1 道桥构配件检测代码及项目

序号	代码	项 目	Item
1	Q1902	桥梁支座	Bridge support
2	Q1903	桥梁伸缩装置	Bridge expansion and contraction installment

19.2 桥 梁 支 座

19.2.1 桥梁支座检测代码及参数应符合表 19.2.1 的规定。

表 19.2.1 桥梁支座检测代码及参数

序号	代码	参 数	Parameter
1	Q190201	外观	Appearance
2	Q190202	尺寸	Dimension

序号	代码	参 数	Parameter
3	Q190203	内在质量	Inner quality
4	Q190204	抗压弹性模量	Modulus of elasticity in compression perpendicular
5	Q190205	抗剪弹性模量	Shear modulus
6	Q190206	极限抗压强度	Compressive ultimate strength
7	Q190207	抗剪粘结性能	Anti- shearing of bonding properties
8	Q190208	抗剪老化	Anti- cuts the aging
9	Q190209	摩擦系数	Friction coefficient
10	Q190210	转角试验	Corner experiment
11	Q190211	承载力（竖向、水平）	Bearing capacity （vertical, horizontal）
12	Q190212	摩阻系数	Frictional coefficient
13	Q190213	转动力矩	Torque
14	Q190214	中心受压条件下竖向压缩变形	Deformation of vertical compression under center compression
15	Q190215	荷载条件下盆环径向变形	Radial deformation of basin ring under loading
16	Q190216	支座相对滑动面摩擦系数	Friction coefficient of relative faces of bearing
17	Q190217	平面滑动摩擦系数	Plane skidding friction coefficient
18	Q190218	转动力矩和转动摩擦	Torque and rotation friction

19.3 桥梁伸缩装置

19.3.1 桥梁伸缩装置检测代码及参数应符合表 19.3.1 的规定。

表 19.3.1 桥梁伸缩装置检测代码及参数

序号	代码	参 数	Parameter
1	Q190301	外观	Appearance
2	Q190302	内在质量（剖切检查）	Inner quality (dissection examination)
3	Q190303	拉伸、压缩时最大水平摩阻力	Maximum horizontal friction when stretch, compression
4	Q190304	拉伸、压缩时变位均匀性	Dislodges the uniformity when stretch, compression

序号	代码	参 数	Parameter
5	Q190305	拉伸、压缩时最大竖向变形	Maximum vertical deviation or distortion when stretch, compression
6	Q190306	相对错位后拉伸、压缩试验	The stretch and compressive test after the relative dislocation
7	Q190307	最大荷载时中梁应力、横梁应力、应变、水平力	Mid beam stress and crossbeam stress, strain, level strength at the largest load
8	Q190308	防水性能	Waterproof performance
9	Q190309	拉伸装置水平摩阻力	Tensile facility horizontal friction
10	Q190310	拉伸装置变位均匀性	Tensile facility dislodges the uniformity
11	Q190311	拉伸装置竖向高度变形	Deformation of vertical height of tensile facility
12	Q190312	加载疲劳试验	Loading endurance test
13	Q190313	密封防水试验	Seal waterproofing experiment
14	Q190314	防砂石嵌入试验	The test of guarding against the sand and crushed stone to insert

20 防腐绝缘材料

20.1 一 般 规 定

20.1.1 防腐绝缘材料检测代码及项目应符合表20.1.1的规定。

表 20.1.1 防腐绝缘材料检测代码及项目

序号	代码	项 目	Item
1	Q2002	石油沥青	Petroleum asphalt
2	Q2003	环氧煤沥青	Epoxy coal tar asphalt
3	Q2004	煤焦油磁漆底漆	Coal tar enamel primer
4	Q2005	煤焦油磁漆	Coal tar enamel

序号	代码	项 目	Item
5	Q2006	煤焦油磁漆和底漆组合	Compages of coal tar enamel and primer
6	Q2007	缠带及基毡	Enlace belt and fundus felt
7	Q2008	聚乙烯防腐胶带	Polyethylene anti-corrosion belt
8	Q2009	聚乙烯防腐胶带底漆	Polyethylene anti-corrosion belt primer
9	Q2010	聚乙烯热塑涂层底漆	Polyethylene thermo-plastic coating primer
10	Q2011	聚乙烯	Polyethylene
11	Q2012	中碱玻璃布	Medium alkali glass fabric
12	Q2013	聚氯乙烯工业薄膜	Polyethylene industrial thin film

20.2 石 油 沥 青

20.2.1 石油沥青防腐绝缘材料检测代码及参数应符合表20.2.1的规定。

表 20.2.1 石油沥青防腐绝缘材料检测代码及参数

序号	代码	参 数	Parameter
1	Q200201	含水量	Water content
2	Q200202	黏度	Viscosity
3	Q200203	蒸馏体积	Distill volume
4	Q200204	蒸馏后残留物	Leftover after distill
5	Q200205	闪点	Flash point

20.3 环 氧 煤 沥 青

20.3.1 环氧煤沥青检测代码及参数应符合表20.3.1的规定。

表 20.3.1 环氧煤沥青检测代码及参数

序号	代码	参 数	Parameter
1	Q200301	厚度	Thickness
2	Q200302	尺寸	Dimension
3	Q200303	拉伸强度（纵向、横向）	Tensile strength (longitudinal, cross)
4	Q200304	断裂伸长率	Percentage elongation at fracture
5	Q200305	耐寒性	Cold resistance
6	Q200306	耐热性	Heat resistance

20.4 煤焦油磁漆底漆

20.4.1 煤焦油磁漆底漆检测代码及参数应符合表20.4.1的规定。

表 20.4.1 煤焦油磁漆底漆检测代码及参数

序号	代码	参 数	Parameter
1	Q200401	流出时间	Outflow hour
2	Q200402	闪点	Flash point
3	Q200403	干燥时间-表干（25℃）	Drying hour- surface dry
4	Q200404	干燥时间-实干（25℃）	Drying hour-actual dry
5	Q200405	挥发物	Volatile substances
6	Q200406	干提取物灰分	Dry extract of ash

20.5 煤焦油磁漆

20.5.1 煤焦油磁漆检测代码及参数应符合表20.5.1的规定。

表 20.5.1 煤焦油磁漆检测代码及参数

序号	代码	参 数	Parameter
1	Q200501	软化点	Intenerate point
2	Q200502	针入度	Penetration
3	Q200503	加热后软化点变化	Change of intenerate point at heating
4	Q200504	加热后针入度变化	Change of penetration at heating
5	Q200505	压痕	Indentation
6	Q200506	灰分（质量）	Ash (quality)
7	Q200507	吸水率	Water absorption ratio

20.6 煤焦油磁漆和底漆组合

20.6.1 煤焦油磁漆和底漆组合检测代码及参数应符合表20.6.1的规定。

表 20.6.1 煤焦油磁漆和底漆组合检测代码及参数

序号	代码	参 数	Parameter
1	Q200601	流淌	Flow
2	Q200602	冷弯	Cold bending
3	Q200603	粘结相容性	Adhesion compatibility
4	Q200604	低温脆裂和剥离	Embrittlement and peel at low temperature

续表 20.6.1

序号	代码	参 数	Parameter
5	Q200605	冲击最大剥离面积	Impact maximum peel area
6	Q200606	阴极剥离	Cathode peel

20.7 缠带及基毡

20.7.1 缠带及基毡检测代码及参数应符合表20.7.1的规定。

表 20.7.1 缠带及基毡检测代码及参数

序号	代码	参 数	Parameter
1	Q200701	尺寸	Dimension
2	Q200702	单位面积质量	Weight per unit area
3	Q200703	拉伸强度（纵向、横向）	Tensile strength (longitudinal, cross)
4	Q200704	耐水性	Water resistance
5	Q200705	涂装温度下的稳定性	Stability under daub temperature
6	Q200706	柔韧性	Flexility

20.8 聚乙烯防腐胶带

20.8.1 聚乙烯防腐胶带检测代码及参数应符合表20.8.1的规定。

表 20.8.1 聚乙烯防腐胶带检测代码及参数

序号	代码	参 数	Parameter
1	Q200801	尺寸	Dimension
2	Q200802	基膜拉伸强度	Tensile strength of film
3	Q200803	基膜断裂伸长率	Rupture elongation ratio of film
4	Q200804	剥离强度	Peel strength
5	Q200805	体积电阻率	Volume resistance ratio
6	Q200806	电器强度	Wiring intension
7	Q200807	耐热老化试验	Heat aging resistant experiment
8	Q200808	吸水率	Absorption of water
9	Q200809	水蒸气渗透率	Vapour infiltrate ratio

20.9 聚乙烯防腐胶带底漆

20.9.1 聚乙烯防腐胶带底漆检测代码及参数应符合

表 20.9.1 的规定。

表 20.9.1　聚乙烯防腐胶带底漆检测代码及参数

序号	代码	参 数	Parameter
1	Q200901	固体含量	Solid content
2	Q200902	表干时间	Tack-free time
3	Q200903	黏度	Viscosity

20.10　聚乙烯热塑涂层底漆

20.10.1　聚乙烯热塑涂层底漆检测代码及参数应符合表 20.10.1 的规定。

表 20.10.1　聚乙烯热塑涂层底漆检测代码及参数

序号	代码	参 数	Parameter
1	Q201001	软化点	Intenerate point
2	Q201002	加热损失	Heating loss
3	Q201003	热分解温度	Heat decompound temperature
4	Q201004	剪切强度	Shearing strength
5	Q201005	剥离强度	Peeling strength

20.11　聚 乙 烯

20.11.1　聚乙烯检测代码及参数应符合表 20.11.1 的规定。

表 20.11.1　聚乙烯检测代码及参数

序号	代码	参 数	Parameter
1	Q201101	密度	Density
2	Q201102	熔体指数	Melt index
3	Q201103	拉伸强度	Tensile strength
4	Q201104	断裂伸长率	Rupture elongation ratio
5	Q201105	维卡软化点	Vicat intenerate point
6	Q201106	脆化温度	Brittle temperature
7	Q201107	耐环境应力开裂时间	Cracking time resist environmental stress
8	Q201108	耐击穿电压	Resistance voltage
9	Q201109	体积电阻率	Volume resistance ratio

20.12　中碱玻璃布

20.12.1　中碱玻璃布检测代码及参数应符合表 20.12.1 的规定。

表 20.12.1　中碱玻璃布检测代码及参数

序号	代码	参 数	Parameter
1	Q201201	尺寸	Dimension
2	Q201202	密度	Density
3	Q201203	含碱量	Alkali content

20.13　聚乙烯工业薄膜

20.13.1　聚乙烯工业薄膜检测代码及参数应符合表 20.13.1 的规定。

表 20.13.1　聚乙烯工业薄膜检测代码及参数

序号	代码	参 数	Parameter
1	Q201301	尺寸	Dimension
2	Q201302	拉伸强度	Tensile strength
3	Q201303	断裂伸长率	Elongation percentage after fracture
4	Q201304	耐寒性	Cold resistant
5	Q201305	耐热性	Heat resistance

21　地基与基础工程

21.1　一 般 规 定

21.1.1　建筑与市政工程的地基与基础工程检测代码及项目应符合表 21.1.1 的规定。

表 21.1.1　地基与基础工程检测代码及项目

序号	代码	项 目	Item
1	P2102	土工试验	Soil test
2	P2103	地基	Subgrade
3	P2104	基础	Foundation
4	P2105	支护结构	Retaining structure

21.2　土 工 试 验

21.2.1　土工试验参数应符合表 21.2.1 的规定。

表 21.2.1　土工试验参数

序号	代码	参 数	Parameter
1	P210201	含水率（烘箱干燥法、酒精燃烧法、比重法、碳化钙气压法）	Water content (oven drying method, alcohol combustion method, specific gravity method, calcium carbide pneumatic sealing method)
2	P210202	密度（环刀法、蜡封法、灌水法、灌砂法、电动取土器法）	Density (core cutter method, sealing wax method, water replacement method, sand replacement method, dynamoelectric sampler method)
3	P210203	土粒比重（比重瓶法、浮称法、虹吸筒法）	Soil particle specific gravity (pycnometer method, hydrometer method, siphon method)

序号	代码	参 数	Parameter
4	P210204	颗粒分析（密度计法、移液管法、筛析法、比重计法）	Particle size analysis (density meter method, pipette method, sieving method, hydrometer method)
5	P210205	界限含水率（液限塑限联合测定法、碟式仪液限、滚搓法塑限、收缩皿法塑限）	Limit water content (liquid-plastic limit combined method, liquid limit test by disc apparatus, plastic limit test by rolling, shrinkage limit)
6	P210206	砂的相对密度	Relative density of sand
7	P210207	土最大干密度与最优含水率（击实试验）	The maximum dry density and optimum water content of soil (compaction test)
8	P210208	承载比	Bearing capacity ratio
9	P210209	回弹模量（杠杆压力仪法、强度仪法）	Rebound modulus (lever pressure apparatus method, strength apparatus method)
10	P210210	渗透系数	Coefficient of permeability
11	P210211	压缩系数和固结系数（固结试验）	Compression coefficient and consolidation coefficient (consolidation test)
12	P210212	湿陷系数和溶滤变形系数（湿陷试验）	Coefficient of collapsibility and deformation coefficient of lixiviation (collapsibility test)
13	P210213	抗剪强度（三轴压缩试验、直接剪切试验、大三轴剪切试验）	Shear strength (triaxial compression test, direct shear test, large triaxial shear test)
14	P210214	无侧限抗压强度	Unconfined compressive strength
15	P210215	膨胀率	Expansion rate
16	P210216	膨胀力	Expansion force
17	P210217	收缩系数	Shrinkage factor

序号	代码	参 数	Parameter
18	P210218	冻土密度（浮称法、联合测定法、环刀法、充砂法）	Frozen soil density (hydrometer method, combined testing method, core cutter method, sand-filled method)
19	P210219	冻结温度	Freezing temperature
20	P210220	未冻含水率	Unfrozen water content
21	P210221	冻土导热系数	Frozen soil thermal conductivity coefficient
22	P210222	冻胀量	Frost-heave capacity
23	P210223	冻土融化压缩系数	Frozen soil thaw compressibility
24	P210224	酸碱度	Acidity and alkalinity
25	P210225	易溶盐总量	Gross content of soluble salts
26	P210226	碳酸根和重碳酸根含量	Determination of carbonate and bicarbonate
27	P210227	氯根含量	Determination of chloride
28	P210228	硫酸根含量（EDTA 络合容量法，比浊法）	Determination of sulphate (EDTA complexometric volumetric method, turbidimetric method)
29	P210229	钙离子含量	Determination of calcium ion
30	P210230	镁离子含量	Determination of magnesium ion
31	P210231	钠离子含量	Determination of sodium ion
32	P210232	钾离子含量	Determination of potassium ion
33	P210233	中溶盐（石膏）含量	Medium soluble salts (gypsum)
34	P210234	难溶盐（碳酸钙）含量	Slightly soluble salts (carbonate)
35	P210235	有机质含量	Organic matter content
36	P210236	土的离心含水当量	Centrifugal equivalent water content
37	P210237	天然稠度	Natural consistency

序号	代码	参 数	Parameter
38	P210238	毛细管水上升高度	Capillary rise
39	P210239	粗粒土和巨粒土最大干密度	Maximum dry density of coarse-grained soil and extra coarse-grained
40	P210240	烧失量	Loss on ignition
41	P210241	阳离子交换量（EDTA-氨盐快速法、草酸氨-氯化氨法）	Cation exchange capacity (CEC) (CEC by EDTA-ammonium quick method, CEC by ammonium oxalate and ammonium chloride)
42	P210242	硅含量	Determination of silicon
43	P210243	倍半氧化物总量	Gross content of R_2O_3

21.3 地 基

21.3.1 地基检测代码及参数应符合表 21.3.1 的规定。

表 21.3.1 地基检测代码及参数

序号	代码	参 数	Parameter
1	P210301	地基土承载力（标准贯入试验、轻型圆锥动力触探试验、重型圆锥动力触探试验、超重型圆锥动力触探试验、静力触探试验、平板荷载试验、旁压试验、十字板剪切试验）	Bearing capacity of foundation soil (standard penetration test, light dynamic penetration test, heavy dynamic penetration test, extra heavy dynamic penetration test, single cone penetration test, shallow plate loading test, pressuremeter test, vane shear test)
2	P210302	地基动力特性（强迫振动法、自由振动法、振动衰减测试、地脉动测试、单孔法波速测试、跨孔法波速测试、面波法波速测试、循环荷载板测试、振动三轴和共振柱测试）	Dynamic properties of subsoil (forced vibration method, free vibration method, vibration attenuation test, micro-tremor test, single hole wave velocity measurement, cross hole wave velocity measurement, surface wave velocity measurement, cyclic plate loading test, dynamic triaxial and resonant column test)

序号	代码	参 数	Parameter
3	P210303	复合地基桩身完整性（动力触探、钻芯法、低应变法、高应变法）	Pile quality of composite subgrade (dynamic penetration test, core drilling method, low strain integrity testing, high strain dynamic testing)
4	P210304	复合地基单桩承载力（静载法、高应变法）	Composite subgrade bearing capacity of single pile (static loading test, high strain dynamic testing)
5	P210305	复合地基承载力	Bearing capacity of composite subgrade
6	P210306	岩基承载力	Bearing capacity of rock foundation

21.4 基 础

21.4.1 基础包括浅基础、桩基础。浅基础的基础持力层性质检测代码及参数应符合表 21.3.1 的规定。

21.4.2 桩基础检测代码及参数应符合表 21.4.2 的规定。

表 21.4.2 桩基础检测代码及参数

序号	代码	参 数	Parameter
1	P210401	单桩竖向抗压承载力（静载法、高应变法）	Vertical bearing capacity of single pile [static loading test, high strain integrity testing (CAPWAP method)]
2	P210402	单桩竖向抗拔承载力	Vertical uplift resistance of single pile
3	P210403	单桩水平承载力	Lateral resistance of single pile
4	P210404	桩身完整性（低应变法、声波透射法、钻芯法、高应变法）	Pile integrity (low strain integrity testing, Acoustic transmission method, core drilling method, high strain dynamic testing)
5	P210405	桩身混凝土强度（钻芯法）	Pile shaft concrete compressive strength (core drilling method)

序号	代码	参　数	Parameter
6	P210406	桩侧摩阻力（桩身内力法、基岩内桩侧摩阻力法）	Side friction resistance (pile internal force testing, side friction resistance testing in rock foundation)
7	P210407	桩端阻力	Pile tip resistance

21.5　支　护　结　构

21.5.1　基坑支护结构中混凝土灌注桩、地下连续墙、水泥土桩的检测代码及参数应符合本标准表 21.4.2 的规定，其他类型支护结构的检测代码及参数应符合表 21.5.1 的规定。

表 21.5.1　基坑支护结构其他检测代码及参数

序号	代码	参　数	Parameter
1	P210501	喷射混凝土厚度	Shotcrete thickness
2	P210502	喷射混凝土强度（回弹法、切割法、钻芯法）	Shotcrete strength (rebound method, cutting method, core drilling method)
3	P210503	土钉承载力	Bearing capacity of soil nailing
4	P210504	土层锚杆承载力	Bearing capacity of soil anchor
5	P210505	岩层锚杆承载力	Bearing capacity of rock anchor
6	P210506	预应力锚索承载力	Bearing capacity of prestrssed anchor

22　主体结构工程

22.1　一　般　规　定

22.1.1　建筑与市政工程的主体结构工程检测代码及项目应符合表 22.1.1 的规定。

表 22.1.1　主体结构工程检测代码及项目

序号	代码	项　目	Item
1	P2202	混凝土结构	Concrete structure
2	P2203	砌体结构	Masonry structure
3	P2204	钢结构	Steel structure
4	P2205	钢管混凝土结构	Steel tube concrete structure

序号	代码	项　目	Item
5	P2206	木结构	Timber structure
6	P2207	膜结构	Membrane structure

22.1.2　构件的热工性能参数检测参数应符合表 37.5.1 的规定。

22.1.3　构件的声学性能参数检测参数应符合表 39.7.1 的规定。

22.2　混　凝　土　结　构

22.2.1　混凝土结构的检测代码及参数应符合表 22.2.1 的规定。

表 22.2.1　混凝土结构检测代码及参数

序号	代码	参　数	Parameter
1	P220201	外观	Appearance
2	P220202	裂缝	Crack
3	P220203	缺陷（超声法、冲击反射法）	Internal defect (UT, impact method)
4	P220204	尺寸与偏差	Dimension and deviation
5	P220205	结构构件承载力	Load-carrying capacity
6	P220206	结构构件挠度	Deflection of structure member
7	P220207	结构构件倾斜	Inclination of structure member
8	P220208	损伤	Damage
9	P220209	动态特性（正波法、初速度法、随机激振法、人工爆破模拟地震法）	Dynamic characteristics (Harmonic wave method, initial velocity method, vibration mode, damping ratio)
10	P220210	混凝土强度（回弹法、超声回弹综合法、钻芯法、后装拔出法）	Concrete strength (rebound method, ultrasonic-rebound combined method, drilled core method, post-install pull-out method)
11	P220211	f-CaO 对混凝土质量影响	Effect of f-CaO on concrete quality
12	P220212	混凝土中氯离子含量	Chloride ion content in concrete
13	P220213	钢筋连接	Connections of steel bars

续表 22.2.1

序号	代码	参 数	Parameter
14	P220214	钢筋配置	Location of reinforcement
15	P220215	保护层厚度	Thickness of concrete cover
16	P220216	钢筋锈蚀	Steel corrosion

22.3 砌 体 结 构

22.3.1 砌体结构的检测代码及参数应符合表 22.3.1 的规定。

表 22.3.1 砌体结构检测代码及参数

序号	代码	参 数	Parameter
1	P220301	外观	Appearance
2	P220302	裂缝	Crack
3	P220303	尺寸	Dimension
4	P220304	构件承载力	Load-carrying capacity
5	P220305	构件倾斜	Inclination of structure member
6	P220306	损伤	Damage
7	P220307	动态特性（正波法、初速度法、随机激振法、人工爆破模拟地震法）	Dynamic characteristics (Harmonic wave method, initial velocity method, vibration mode, damping ratio)
8	P220308	砌体抗压强度（轴压法、扁顶法）	Compressive strength of masonry (axial compression method, flat jack method)
9	P220309	砌体抗剪强度（双剪法、原位单剪法）	Shearing strength of masonry (double shear method, single shear method)
10	P220310	砌筑砂浆强度（推出法、筒压法、砂浆片剪法、点荷法）	Strength of masonry mortar (push out method, column method, mortar flake method, point load method)
11	P220311	砂浆强度的匀质性（回弹法、射钉法、贯入法）	Uniformity of mortar strength (rebound method, power actuated method, penetration method)

22.4 钢 结 构

22.4.1 钢结构的检测代码及参数应符合表 22.4.1 的规定。

表 22.4.1 钢结构检测代码及参数

序号	代码	参 数	Parameter
1	P220401	外观	Appearance
2	P220402	裂缝	Crack
3	P220403	缺陷（超声法、冲击反射法）	Internal defect (UT, impact method)
4	P220404	尺寸与偏差	Dimension and deviation
5	P220405	构件承载力	Load-carrying capacity
6	P220406	构件挠度	Deflection of structure member
7	P220407	构件垂直度	Inclination of structure member
8	P220408	损伤	Damage
9	P220409	动态特性（正波法、初速度法、随机激振法、人工爆破模拟地震法）	Dynamic characteristics (Harmonic wave method, initial velocity method, vibration mode, damping ratio)
10	P220410	焊缝外观	Quality of welding connection appearance
11	P220411	焊缝内在质量(UT、MT、RT、PT)	Weld inner defect (Ultrasonic testing, magnetic particle testing, radiographic testing, penetration testing)
12	P220412	铆钉、铆孔尺寸	Size of rivet and rivet hole
13	P220413	构件尺寸与安装偏差	Dimension of member and deviation for installation
14	P220414	裂纹	Crack
15	P220415	锈蚀	Corrosion
16	P220416	局部变形	Partial distortion
17	P220417	终拧扭矩	Torque
18	P220418	涂装外观	Painting appearance
19	P220419	涂层厚度	Thickness of coating
20	P220420	涂层附着力	Adhesion of coating
21	P220421	涂层耐冲击力	Impact resistance

22.5 钢管混凝土结构

22.5.1 钢管混凝土结构的检测代码及参数应符合表 22.5.1 的规定。

表 22.5.1 钢管混凝土结构检测代码及参数

序号	代码	参　数	Parameter
1	P220501	钢管焊缝外观缺陷	Weld imperfection of steel pipe
2	P220502	钢管焊缝质量（UT）	Weld quality of steel pipe（UT）
3	P220503	焊接接头拉伸	Tensile of welding joints
4	P220504	焊接接头面弯	Face bending of welding joints
5	P220505	焊接接头背弯	Back bending of welding joints
6	P220506	混凝土强度	Concrete strength
7	P220507	混凝土缺陷	Concrete defect
8	P220508	构件尺寸与偏差	Dimension and deviation

22.6 木　结　构

22.6.1 木结构的检测代码及参数应符合表 22.6.1 的规定。

表 22.6.1 木结构检测代码及参数

序号	代码	参　数	Parameter
1	P220601	外观	Appearance
2	P220602	裂缝	Crack
3	P220603	缺陷（超声法、冲击反射法）	Defection（ultrasonic method, impact-echo method)
4	P220604	尺寸与偏差	Dimension and deviation
5	P220605	构件承载力	Load-carrying capacity
6	P220606	构件挠度	Deflection of structure member
7	P220607	构件倾斜	Inclination of structure member
8	P220608	损伤	Damage
9	P220609	动态特性（正波法、初速度法、随机激振法、人工爆破模拟地震法）	Dynamic characteristics (Harmonic wave method, initial velocity method, vibration mode, damping ratio)
10	P220610	连接形式	Connection

续表 22.6.1

序号	代码	参　数	Parameter
11	P220611	节点位移	Displacement of node
12	P220612	连接松弛变形	Deformation for bound relaxation
13	P220613	屋架支撑系统的稳定状态	Stable state of roof jacks
14	P220614	木楼面系统的振动	Vibration of timber floor
15	P220615	防护剂的透入度和保持量	Penetration and retention of protective agent

22.7 膜　结　构

22.7.1 膜结构除混凝土构件、钢构件的检测代码及参数应符合表 22.2.1、表 22.4.1 的规定外，其他检测代码及参数应符合表 22.7.1 的规定。

表 22.7.1 膜结构其他检测代码及参数

序号	代码	参　数	Parameter
1	P220701	金属构件尺寸与偏差	Dimension and deviation
2	P220702	拼缝质量	Gap quality
3	P220703	膜面受力及偏差	Force on surface of membrane and displacement
4	P220704	膜材裂纹	Crack of film
5	P220705	涂层擦伤	Scratch of coating
6	P220706	支承体系预张力	Pre-tensioned bearing system

23 装饰装修工程

23.1 一　般　规　定

23.1.1 装饰装修工程检测代码及项目应符合表 23.1.1 的规定。

表 23.1.1 装饰装修工程检测代码及项目

序号	代码	项　目	Item
1	P2302	抹灰	Plastering
2	P2303	门窗	Windows and doors
3	P2304	粘接与锚固	Felting and anchor

23.2 抹　　灰

23.2.1 抹灰工程检测代码及参数应符合表 23.2.1

的规定。

表 23.2.1　抹灰工程检测代码及参数

序号	代码	参　数	Parameter
1	P230201	尺寸	Dimension
2	P230202	平整度	Surface evenness
3	P230203	空鼓（红外成像）	Hollowing Infrared imagery test
4	P230204	基层含水率	Water content of decoration
5	P230205	基层 pH	pH of decoration
6	P230206	粘结强度	Adhesive strength

23.3　门　窗

23.3.1　门窗现场检测代码及参数应符合表 23.3.1 的规定。

表 23.3.1　门窗现场检测代码及参数表

序号	代码	参　数	Parameter
1	P230301	尺寸	Dimension
2	P230302	平整度	Surface evenness
3	P230303	抗风压性能	Wind resistance performance
4	P230304	水密性能	Water tightness performance
5	P230305	气密性能	Air permeability performance

23.4　粘结与锚固

23.4.1　粘结与锚固现场检测代码及参数应符合表 23.4.1 的规定。

表 23.4.1　粘结与锚固现场检测代码及参数

序号	代码	参　数	Parameter
1	P230401	后锚固件抗拉强度	Tensile strength of post-installed fastenings
2	P230402	后锚固件拉剪强度	Tension-shear strength of post-installed fastenings
3	P230403	饰面砖粘结强度	Adhesive strength of tapestry brick

24　防 水 工 程

24.1　一 般 规 定

24.1.1　防水工程包括建筑与市政工程的地下防水和

屋面防水工程，检测代码及项目应符合表 24.1.1 的规定。

表 24.1.1　防水工程检测代码及项目

序号	代码	项　目	Item
1	P2402	地下防水工程	Underground waterproof
2	P2403	屋面防水工程	Roofing waterproof

24.2　地下防水工程

24.2.1　地下防水工程检测代码及参数应符合表 24.2.1 的规定。

表 24.2.1　地下防水工程的检测代码及参数

序号	代码	参　数	Parameter
1	P240201	湿渍	Wet mark
2	P240202	渗水	Seep water
3	P240203	积水量	Catchment well seeper quantity
4	P240204	防水层厚度	Waterproof layer thickness
5	P240205	防水层搭接缝缺陷	Lap slot disfigurement in waterproof layer
6	P240206	金属板防水层焊缝缺陷	Welding line disfigurement of plate waterproof layer
7	P240207	注浆效果（钻孔取芯、压水或空气、渗透水量测）	Infuse serosity impact (drill to get core, press water or air, infiltrated water quantity measurement)

24.3　屋面防水工程

24.3.1　屋面防水工程检测代码及参数应符合表 24.3.1 的规定。

表 24.3.1　屋面防水工程的检测代码及参数

序号	代码	参　数	Parameter
1	P240301	防水层表面缺陷	Surface disfigurement waterproof layer
2	P240302	卷材搭接宽度	Lap width of sheets
3	P240303	找平层的排水坡度	Drain grade of leveling layer

续表 24.3.1

序号	代码	参　数	Parameter
4	P240304	找平层表面平整度	Surface evenness of leveling layer
5	P240305	保温层的含水率	Water content of heat preservation layer
6	P240306	保温层厚度	Thickness of heat preservation
7	P240307	细石混凝土钢筋位置	Reinforcing steel bar position in little aggregate concrete

25　建筑给水、排水及采暖工程

25.1　一般规定

25.1.1　建筑给水、排水及采暖安装工程检测代码及项目应符合表 25.1.1 的规定。

表 25.1.1　建筑给水、排水及采暖安装工程检测代码及项目

序号	代码	项　目	Item
1	P2502	建筑给水、排水工程	Water supply and drainage of building
2	P2503	采暖供热系统	Heating supply system

25.1.2　建筑给水、排水及采暖安装工程的电气检测应符合本标准第 27 章的规定。

25.2　建筑给水、排水工程

25.2.1　建筑给水、排水工程检测代码及参数应符合表 25.2.1 的规定。

表 25.2.1　建筑给水、排水工程检测代码及参数

序号	代码	参　数	Parameter
1	P250201	尺寸	Dimension
2	P250202	弯曲半径	Bending radius
3	P250203	水压试验	Hydraulic pressure test
4	P250204	管道坡度	Slope of pipeline
5	P250205	水泵/水泵轴承温升	Temperature rise of pump bearing
6	P250206	灌水试验	Irrigation test
7	P250207	通球试验	Pigging test

25.3　采暖供热系统

25.3.1　采暖供热系统检测代码及参数应符合表 25.3.1 的规定。

表 25.3.1　采暖供热系统检测代码及参数

序号	代码	参　数	Parameter
1	P250301	尺寸	Dimension
2	P250302	管道坡度	Slope of pipeline
3	P250303	室外管网水力平衡度	Heat transfer efficiency of outdoor heating network
4	P250304	供热系统补水率	Rate supply water of providing heat system
5	P250305	室外管网输送效率	Heat transfer efficiency of outdoor heating network
6	P250306	采暖锅炉运行效率	Operating efficiency of fired boiler
7	P250307	水压试验	Hydraulic pressure test
8	P250308	风机轴承径向单振幅	Radial swing of draft fan bearing
9	P250309	风机轴承温度	Fan bearing temperature
10	P250310	炉墙砌筑砂浆含水率	Water content of aquiferous mortar
11	P250311	管道及设备保温层厚度及平整度	Thickness of insulating layer and level of heating pipe and equipment
12	P250312	室外管网热损失率	Heat loss rate of outdoor pipe network
13	P250313	耗电输热比	The ratio of consume the electricity to transmit heat

26　通风与空调工程

26.1　一般规定

26.1.1　通风与空调工程检测代码及项目应符合表 26.1.1 的规定。

表 26.1.1　通风与空调工程检测代码及项目

序号	代码	项　目	Item
1	P2602	系统安装	System installation
2	P2603	系统测定与调整	Measurement and adjustment of system synthetic effectiveness

26.1.2 通风与空调工程检测中电气检测应符合本标准第 27 章的规定。

26.2 系 统 安 装

26.2.1 系统安装检测代码及参数应符合表 26.2.1 的规定。

表 26.2.1 系统安装检测代码及参数

序号	代码	参 数	Parameter
1	P260201	尺寸	Dimension
2	P260202	管道强度	Pipeline strength
3	P260203	漏风量/漏风率	Air leakage
4	P260204	系统风量	System wind volume
5	P260205	系统风压	System air-pressure
6	P260206	制冷机组真空度/真空压力	Vacuum of assemble refrigerating machine
7	P260207	燃气系统管道压力试验	Compression rate of isolator
8	P260208	燃气系统管道无损检测	Lossless harm of gas system pipe
9	P260209	吸/排气压力	Suction and discharge pressure
10	P260210	制冷机组/管道/阀门气密性	Air-tightness of assemble refrigerating machine/pipeline/valve
11	P260211	系统水流量	System water flow
12	P260212	水泵泄漏量	Leakage of water pump
13	P260213	水压试验	Hydrostatic pressure test
14	P260214	排气温度	Discharge temperature
15	P260215	设备轴承外壳温度	Bearing temperature
16	P260216	制冷剂管道坡度	Slope deflection of refrigerant pipeline
17	P260217	洁净度	Cleaning degree
18	P260218	生物安全实验室围护结构严密性	Airtight of building envelope
19	P260219	油压	Oil pressure
20	P260220	高效空气过滤器检漏	HEPA scan leakage test
21	P260221	制冷机组充注制冷剂检漏	Refrigerant leakage of assemble refrigerating machine
22	P260222	高效空气过滤器垫料压缩率	Compression rate of HEPA

26.3 系统测定与调整

26.3.1 系统测定与调整检测代码及参数应符合表 26.3.1 的规定。

表 26.3.1 系统测定与调整检测代码及参数

序号	代码	参 数	Parameter
1	P260301	室内空气含尘浓度	Dust concentration
2	P260302	空气有害气体浓度	Harmful gas concentration
3	P260303	室内空气洁净度	Indoor air cleanliness
4	P260304	室内浮游菌和尘降菌	Airborne viable particles and colony forming unit
5	P260305	室内自净时间	Cleanliness recovery characteristic
6	P260306	区域内气流速度、气流组织	Velocity and air distribution at zone
7	P260307	空气温度场和湿度场	Indoor air temperature and humidity field
8	P260308	室内温度（或湿度）波动范围和区域温差	Indoor fluctuation of air temperature (humidity) and conditioned zone temperature difference
9	P260309	除尘器阻力和效率	Resistance and efficiency of dust collector
10	P260310	域间静压差	Static pressure difference between air conditioned zone
11	P260311	单向气流流线平行度	Parallelity of unidirectional flow line
12	P260312	单向流洁净室室内截面平均风速	Section average velocity in unidirectional flow clean room system
13	P260313	空气油烟、酸雾净化效率	Clean efficiency
14	P260314	吸气罩罩口气流特性	Airflow speciality of capturing hood
15	P260315	设备泄漏量	Leakage rate
16	P260316	表面导静电性能	Static electricity performance
17	P260317	设备冷量	Cooling capacity of equipment

序号	代码	参　数	Parameter
18	P260318	设备热量	Quantity of heat of equipment
19	P260319	设备风量	Air rate of equipment
20	P260320	设备风压	Wind pressure of equipment
21	P260321	设备功率	Capacity of equipment
22	P260322	额定热回收效率	Heat recovery efficiency
23	P260323	单位风量耗功率	Air rate capacity per unit

序号	代码	参　数	Parameter
8	P270208	泄漏电流	Leakage current
9	P270209	绝缘电阻	Insulation resistance
10	P270210	直流电阻	DC resistance
11	P270211	介质损耗角正切值 tgδ 及电容值	Dielectric dissipation factor tgδ and capacitance
12	P270212	耦合电容器的局部放电	Local discharge of coupling condenser
13	P270213	低压电器采用的脱扣器的整定	Trip setting of low-voltage equipment

27　建筑电气工程

27.1　一般规定

27.1.1　建筑电气工程检测代码及项目应符合表27.1.1的规定。

表 27.1.1　建筑电气工程检测代码及项目

序号	代码	项　目	Item
1	P2702	电气设备交接试验	Hand-over test of electrical equipment
2	P2703	照明系统	Lighting system
3	P2704	建筑防雷	Protection of structures against lightning
4	P2705	建筑物等电位连接	Equipotential arrangement on the buildings

27.2　电气设备交接试验

27.2.1　电气设备交接试验检测代码及参数应符合表27.2.1的规定。

表 27.2.1　电气设备交接试验检测代码及参数

序号	代码	参　数	Parameter
1	P270201	电压	Voltage
2	P270202	直流耐压	DC voltage-resistant
3	P270203	交流耐压	AC voltage-resistant
4	P270204	工频放电电压	AC discharge voltage
5	P270205	直流参考电压	DC reference voltage
6	P270206	电缆线路的相位	Phase of cable
7	P270207	持续电流	Continuous current

27.3　照明系统

27.3.1　照明系统的检测代码及参数应符合表27.3.1的规定。

表 27.3.1　照明系统检测代码及参数

序号	代码	参　数	Parameter
1	P270301	绝缘电阻	Insulationg resistance
2	P270302	空载自动投切试验	Automatic switch-over test

27.4　建筑防雷

27.4.1　建筑防雷的检测代码及参数应符合表27.4.1的规定。

表 27.4.1　建筑防雷检测代码及参数

序号	代码	参　数	Parameter
1	P270401	规格	Specification
2	P270402	尺寸	Dimension
3	P270403	保护范围	Protective area
4	P270404	防腐	Anticorrosion
5	P270405	焊接质量	Welding quality
6	P270406	接地电阻值	Ground resistance

27.5　建筑物等电位连接

27.5.1　建筑物等电位连接检测代码及参数应符合表27.5.1的规定。

表 27.5.1　建筑物等电位连接检测代码及参数

序号	代码	参　数	Parameter
1	P270501	等电位接地端子板规格	Specification of terminal plate bounding ground terminal

序号	代码	参 数	Parameter
2	P270502	接地线规格	Specification of earth conductor
3	P270503	浪涌保护器(SPD)尺寸	Specification of SPD

28 智能建筑工程

28.1 一 般 规 定

28.1.1 智能建筑工程检测代码及项目应符合表 28.1.1 的规定。

表 28.1.1 智能建筑工程检测代码及项目

序号	代码	项 目	Item
1	P2802	通信网络系统	Telecommunication network cabling system
2	P2803	综合布线系统	Genetic cabling system

28.2 通信网络系统

28.2.1 通信网络系统的检测代码及参数应符合表 28.2.1 的规定。

表 28.2.1 通信网络系统检测代码及参数

序号	代码	参 数	Parameter
1	P280201	直流电压	DC voltage
2	P280202	模拟呼叫接通率	Call completion ratio
3	P280203	线路衰减	Connection attenuation
4	P280204	缆线输出电平	Cable output voltage level
5	P280205	系统输出电平	System output voltage level
6	P280206	系统载噪比	System carrier-to-noise ratio
7	P280207	载波互调比	Carrier to inter-modulation ratio
8	P280208	交扰调制比	Cross modulation ratio
9	P280209	回波值	Echo value
10	P280210	色/亮度时延差	Chromaticity/brightness time delay

序号	代码	参 数	Parameter
11	P280211	载波交流声	Carrier hum
12	P280212	伴音和调频广播的声音	Audio and FM radio sound
13	P280213	输出信噪比	Output signal to noise ratio
14	P280214	声压级	Sound pressure level
15	P280215	频宽	Frequency bandwidth
16	P280216	不平衡度	Unbalance degree
17	P280217	阻抗匹配	Impedance matching
18	P280218	放声系统分布	Public address system distributing
19	P280219	数据采样速度	Critical data sampling rate
20	P280220	系统响应时间	System response time

28.3 综合布线系统

28.3.1 综合布线系统铜缆链路电气性能检测代码及参数应符合表 28.3.1 的规定。

表 28.3.1 综合布线系统铜缆链路电气性能检测代码及参数

序号	代码	参 数	Parameter
1	P280301	连接图	Wire map
2	P280302	布线长度	Length
3	P280303	衰减	Attenuation
4	P280304	近端串音(两端)	Near end cross talk (NEXT)
5	P280305	回波损耗	Return loss
6	P280306	衰减对近端串扰比值	Attenuation to near end cross talk rate (ACR)
7	P280307	等效远端串扰	Equal level far end cross talk (ELFEXT)
8	P280308	综合功率近端串扰	Power sum near end cross talk (PSNEXT)
9	P280309	综合功率衰减对近端串扰比值	Power sum attenuation to near end cross talk rate (PSACR)
10	P280310	综合功率等效远端串扰	Power sum equal level far end cross talk (PS ELFEXT)
11	P280311	插入损耗	Insertion loss

序号	代码	参 数	Parameter
12	P280312	屏蔽层导通	Shielded layer conduction
13	P280313	传输延时	Transfer delay
14	P280314	连通性检测	Connectivity test
15	P280315	链路长度	Reflection test on fiber link
16	P280316	电阻（接地、绝缘）	Ground wire and ground resistance

29 建筑节能工程

29.1 一般规定

29.1.1 建筑节能工程检测代码及项目应符合表 29.1.1 的规定。

表 29.1.1 建筑节能工程检测代码及项目

序号	代码	项 目	Item
1	P2902	墙体	Wall
2	P2903	幕墙	Panel wall
3	P2904	门窗	Windows and doors
4	P2905	屋面	Roof
5	P2906	地面	Floor
6	P2907	采暖	Heating
7	P2908	通风与空调	Ventilation and air-conditioning
8	P2909	空调与采暖系统冷热源及管网	Cold and heat source and pipe network of air-conditioning and heating system
9	P2910	配电与照明	Electrical distribution and lighting
10	P2911	监测与控制	Monitor and control
11	P2912	围护结构实体	Building enclosure entity

29.2 墙 体

29.2.1 墙体节能检测中，保温材料检测代码及参数应符合本标准第 17 章的规定，材料热工性能检测代码及参数应符合本标准表 37.4.1 的规定，构件热工性能检测代码及参数应符合表 37.5.1 的规定，其他

检测代码及参数应符合表 29.2.1 的规定。

表 29.2.1 墙体节能其他检测代码及参数

序号	代码	参 数	Parameter
1	P290201	增强网焊点抗拉力	Welding spot tensile strength of reinforced mesh cloth
2	P290202	增强网抗腐蚀性能	Anti-corrosion of strengthen net
3	P290203	外保温耐候性	Weather resistance performance of heat insulation
4	P290204	保温板材与基层的粘结强度现场拉拔试验	Field pull-off test of bond strength between insulation plank and skin coat
5	P290205	后置锚固件锚固力现场拉拔试验	Field pull-off test of anchored force for the rear anchorage

29.3 幕 墙

29.3.1 幕墙节能检测中保温材料检测代码及参数应符合本标准第 17 章的规定，玻璃检测代码及参数应符合本标准第 37 章、第 38 章的规定，幕墙气密性能检测应符合本标准表 11.5.1 的规定。

29.4 门 窗

29.4.1 门窗检测中玻璃及外遮阳设施热工检测代码及参数应符合本标准第 37 章的规定，光学检测代码及参数应符合本标准第 38 章的规定，密封条性能检测代码及参数应符合表 11.6.1 的规定，门窗气密性能检测代码及参数应符合表 11.4.1 的规定，外遮阳设施其他检测代码及参数应符合表 29.4.1 的规定。

表 29.4.1 外遮阳设施其他检测代码及参数

序号	代码	参 数	Parameter
1	P290401	结构尺寸	Structure size
2	P290402	安装位置	Install position
3	P290403	安装角度	Install angle
4	P290404	转动或活动范围	Sphere of rotation or action

29.5 屋 面

29.5.1 屋面节能检测中保温材料检测代码及参数应符合本标准第 17 章的规定，热工性能检测代码及参数应符合本标准第 37 章的规定，玻璃热工与光学检测代码及参数应符合本标准第 37 章、第 38 章的规定，采光屋面的气密性检测代码及参数应符合表

11.4.1 的规定。

29.6 地　　面

29.6.1　地面检测中保温材料检测代码及参数应符合本标准第17章的规定，热工性能检测代码及参数应符合本标准第37章的规定。

29.7 采　　暖

29.7.1　采暖节能检测中保温材料检测代码及参数应符合本标准第17章的规定，散热器检测代码及参数应符合表29.7.1的规定。

表 29.7.1　散热器检测代码及参数

序号	代码	参　数	Parameter
1	P290701	散热器单位散热量	Heat dissipation amounts per unit of radiator
2	P290702	散热器金属热强度	Metal heat intensity of radiator

29.7.2　风机盘管检测代码及参数应符合表29.7.2的规定。

表 29.7.2　风机盘管检测代码及参数

序号	代码	参　数	Parameter
3	P290703	供冷量	Cooling capacity
4	P290704	供热量	Heating capacity
5	P290705	风量	Air volume
6	P290706	出口静压	Outlet air static pressure
7	P290707	噪声	Noise
8	P290708	功率	Power

29.8 通风与空调

29.8.1　通风与空调检测中保温材料检测代码及参数应符合本标准第17章的规定，热工性能检测代码及参数应符合本标准第37章的规定，系统检测代码及参数应符合本标准第26章的规定。

29.9 空调与采暖系统冷热源及管网

29.9.1　空调与采暖系统冷热源及管网检测中保温材料检测代码及参数应符合本标准第17章的规定，热环境及材料热工性能检测应符合本标准第37章的规定，采暖供热系统检测代码及参数应符合本标准第25章的规定。

29.10 配电与照明

29.10.1　配电与照明节能工程的检测代码及参数除应包括本标准第16章、第27章和第38章的内容外，

其他检测代码及参数尚应符合表29.10.1的规定。

表 29.10.1　配电与照明节能工程的其他检测代码及参数

序号	代码	参　数	Parameter
1	P291001	灯具效率	Lamp efficiency
2	P291002	镇流器能效	Ballast efficiency
3	P291003	照明设备谐波含量	Illumination harmonic content
4	P291004	功率密度	Capacity density

29.11 监测与控制

29.11.1　监测与控制节能的检测代码及参数除应包括本标准第28章的内容外，其他检测代码及参数尚应符合表29.11.1的规定。

表 29.11.1　监测与控制节能的检测代码及参数

序号	代码	参　数	Parameter
1	P291101	采样速度	Sampling velocity
2	P291102	响应时间	Respond time

29.12 围护结构实体

29.12.1　围护结构节能实体现场检测代码及参数除应包括本标准表37.5.1的内容外，其他检测代码及参数应符合表29.12.1的规定。

表 29.12.1　围护结构节能实体现场其他检测代码及参数

序号	代码	参　数	Parameter
1	P291201	保温层构造（钻芯法）	Insulation drilled core method

30　道 路 工 程

30.1 一 般 规 定

30.1.1　道路工程检测代码及项目应符合表30.1.1的规定。

表 30.1.1　道路工程检测代码及项目

序号	代码	项　目	Item
1	P3002	路基土石方工程	Roadbed earthwork project
2	P3003	道路排水设施	Drainage facilities in road

续表 30.1.1

序号	代码	项 目	Item
3	P3004	挡土墙等防护工程	Protective engineering as retaining wall
4	P3005	路面工程	Pavement engineering

30.1.2 道路工程检测中路基土、桩基应符合本标准第 21 章的规定。

30.2 路基土石方工程

30.2.1 路基土石方工程检测代码及参数应符合表 30.2.1 的规定。

表 30.2.1 路基土石方工程检测代码及参数

序号	代码	参 数	Parameter
1	P300201	路基平整度（直尺法、平整度仪法）	Roughness of pavement (straightedge measurement, test using traffic loading accumulation gauge)
2	P300202	路基弯沉值（贝克曼梁法、自动弯沉仪法、落锤式弯沉仪法、激光弯沉仪法）	Bending gauge of roadbed (Beckman beam test, automatic bending gauge, dropping hammer bending gauge, laser bending gauge)
3	P300203	路基回弹模量（承载板法、贝克曼梁法、CBR 法）	Resilient modulus of road base (loading plank method, Beckman beam test, CBR method)

30.3 道路排水设施

30.3.1 道路排水设施（管线、涵洞）的检测代码及参数应符合表 30.3.1 的规定。

表 30.3.1 道路排水设施（管线、涵洞）的检测代码及参数

序号	代码	参 数	Parameter
1	P300301	轴线及高程偏差	Axial line and elevation deviation
2	P300302	断面形状（尺量法、断面扫描仪法）	Form of section (ruler measurement, profile scanning method)
3	P300303	接口密闭性试验、满水或闭水试验（气压法、水压法）	Joint tightness test, full water and waterproof texts (air pressure methods, water pressure methods)

30.4 挡土墙等防护工程

30.4.1 挡土墙等防护工程检测代码及参数应符合表 30.4.1 的规定。

表 30.4.1 挡土墙等防护工程检测代码及参数

序号	代码	参 数	Parameter
1	P300401	挡土墙与墙后土体空隙（雷达扫描探查）	Inspection of gap between retaining wall and back filling (radar scanning test)
2	P300402	锚杆抗拔力（拉拔仪法、应力测量法）	Anchor rod pulling test (pulling instrument, stress detecting method)
3	P300403	预应力锚索张力（锚下压力测量法、应力测量法）	Tension of prestress anchor cable (press of anchor detecting method, stress detecting method)

30.5 路 面 工 程

30.5.1 路面工程的检测代码及参数应符合表 30.5.1 的规定。

表 30.5.1 路面工程的检测代码及参数

序号	代码	参 数	Parameter
1	P300501	道路面层厚度（钻孔法、雷达扫描法）	Thickness of pavement (drilling method, radar scanning)
2	P300502	水泥混凝土路面弯拉强度（钻芯劈裂法）	Bending intensity of cement concrete pavement (coring tearing test)
3	P300503	路面平整度（平整度仪法、直尺法、车载颠簸累积仪法、激光路面平整度仪法）	Roughness of pavement (roughness teste, straight-edge measurement test, u-sing traffic loading accumulation gauge)
4	P300504	沥青路面压实度（钻芯法、核子密度法）	Asphalt pavement compactness (coring method, nuclear density method)
5	P300505	路面构造深度（手工铺砂法、电动铺砂仪法、激光构造深度仪法）	Depth of paving structure (manual sand paving, electrical gauge for sand paving, laser detector of structure depth)

序号	代码	参　数	Parameter
6	P300506	路面弯沉值（贝克曼梁法、自动弯沉仪法、落锤式弯沉仪法、激光弯沉仪法）	Bending value (Beckman beam test, automatic bending gauge, dropping hammer bending detector, laser bending gauge)
7	P300507	路面抗滑性能（摆式仪法、横向摩擦系数法、摩擦系数测定车法）	Slip resistance of pavement (pendulum meter test, crosswise friction coefficient test, friction coefficient vehicle test)
8	P300508	路面渗水系数（渗水仪法）	Leakage ratio (leakage detector)

31　桥梁工程

31.1　一般规定

31.1.1　桥梁检测代码及项目应符合表 31.1.1 的规定。

表 31.1.1　桥梁检测代码及项目

序号	代码	项　　目	Item
1	P3102	桥梁上部结构	Bridge upper structure
2	P3103	成桥	Cable-stayed bridge

31.1.2　桥梁下部包括桥墩、承台、桩基、支座等检测代码及参数应符合本标准第 21 章、第 22 章的规定。

31.2　桥梁上部结构

31.2.1　桥梁上部结构检测参数除应符合本标准第 22 章的规定外，其他检测代码及参数应符合表 31.2.1 的规定。

表 31.2.1　桥梁上部结构其他检测代码及参数

序号	代码	参　数	Parameter
1	P310201	梁体尺寸及安装位置（光学测量法、GPS 法）	Dimension of steel beam and position installed (optical measurement, GPS system method)
2	P310202	防水层粘结强度/防水层剥离强度（拉拔仪法、剥离仪法）	Cohesive strength of waterproof coating/Peeling strength of waterproof coating (pulling gauge method, test using peeler)
3	P310203	吊索、拉索索位及预应力索索位置偏差	Deviations of anchorages of hanging cable, drawing cable and pre-stressed cable
4	P310204	吊索、拉索张力（应力测量法、频率法）	Tension of hanging cable and drawing cable (stress detecting method, frequency method)
5	P310205	预应力索张力及孔道摩阻系数测试（锚下压力测试法、应力测量法）	Tension of pre-stressed cable and friction resistance coefficient of shielding duct (press of anchor detecting method, stress detecting method)
6	P310206	组合梁桥剪力钉焊接强度	Welding intensity of shearing rivet for composite beam bridge
7	P310207	扶手、栏杆水平抗推力	Horizontal thrust resistance of passenger railing

31.3　成　桥

31.3.1　成桥的主体结构检测代码及参数除应符合本标准第 22 章的规定外，其他检测代码及参数应符合表 31.3.1 的规定。

表 31.3.1　成桥其他检测代码及参数

序号	代码	参　数	Parameter
1	P310301	桥梁坐标和几何线型（光学测量法、GPS 法）	Coordinate and geometrical outline of bridge (optical measurement, GPS system test)
2	P310302	桥梁控制截面变形和应力测试（桥梁荷载试验）	Controlling the cross-section deformation and testing stress of bridge (bridge loading test)
3	P310303	桥梁自振频率、阻尼系数、振型、冲击系数测定（桥梁动力试验）	Self vibration, damping coefficient, vibration type and impact coefficient of bridge (bridge dynamic test)

32 隧道工程与城市地下工程

32.1 一般规定

32.1.1 隧道工程与城市地下工程检测代码及项目应符合表 32.1.1 的规定。

表 32.1.1 隧道工程与城市地下工程检测代码及项目

序号	代码	项目	Item
1	P3202	主体结构	Main structure

32.1.2 隧道工程与城市地下工程基础检测代码及参数应符合本标准第 21 章的规定。

32.2 主体结构

32.2.1 隧道工程及地下工程主体结构检测代码及参数除应符合本标准第 22 章的规定外,其他检测代码及参数应符合表 32.2.1 的规定。

表 32.2.1 主体结构其他检测代码及参数

序号	代码	参数	Parameter
1	P320201	轴线和几何形状(光学测量法、断面扫描仪法、GPS法)	Axial line and geometrical outline of tunnel (optical measurement, profile scanning meter, GPS system test)
2	P320202	盾构法施工管片拼装误差	Assemblance error of pipe members construction using shieldmethod
3	P320203	衬砌厚度(光学测量法、雷达扫描法)	Masonry liner thickness (optical measurement, laser scanning test)
4	P320204	衬砌或管片背后注浆密实度	Compactness of mortar for masonry or pipe members back
5	P320205	相邻轨道交通运营线路轨距和轨道平面横、纵倾斜变化	Incline variation horizontally and vertically of tracks plane, space between adjacent tracks of transportation running lines
6	P320206	围护结构(护壁桩、地下连续墙、预应力锚索、锚杆)完好性检测	Quality test for protection structure (piles protecting wall, continuous wall, double-support prestressed anchor and anchorage rod)

33 市政给水排水、热力与燃气工程

33.1 一般规定

33.1.1 市政给水排水、热力与燃气工程检测代码及项目应符合表 33.1.1 的规定。

表 33.1.1 市政给水排水、热力与燃气工程检测代码及项目

序号	代码	项目	Item
1	P3302	构筑物	Building
2	P3303	工程管网	Engineering network

33.2 构筑物

33.2.1 构筑物工程的地基和基础应符合本标准第 21 章的规定,主体结构的检测代码及参数应符合本标准第 22 章的规定,其他检测代码及参数应符合表 33.2.1 的规定。

表 33.2.1 构筑物工程其他检测代码及参数

序号	代码	参数	Parameter
1	P330201	固定钢支架水平推力	Horizontal thrust of fixed steel false-work
2	P330202	土壤腐蚀性评价(电阻率法、电位法、线性极化法)	Soil corrosiveness appraisal (resistance method, potentiometer method, linearity polarization method)

33.3 工程管网

33.3.1 工程管网的地基和基础检测代码及参数应符合本标准第 21 章的规定,其他检测代码及参数应符合表 33.3.1 的规定。

表 33.3.1 工程管网其他检测代码及参数

序号	代码	参数	Parameter
1	P330301	管道坐标和轴线偏差	Coordinate and axial deviation of pipeline
2	P330302	钢管焊缝几何偏差	Geometrical deviation of steel pipe welding seam
3	P330303	钢管表面保护涂层厚度	Thickness of anti-corrosion film coated on the surface of steel pipe
4	P330304	柔性管道施工变形(光学测量法、尺量法、变形检测仪法)	Deformation of flexible pipeline construction (optical measurement, ruler measurement, electromechanical test)

续表 33.3.1

序号	代码	参　数	Parameter
5	P330305	阀门、凝水器、波形补偿器强度和严密性	Valve, water condenser, strength and tightness of bellow expansion joint
6	P330306	防腐层完整性（直流密度法、交流法、保护电位法）	Quality test of anticorrosive course (direct current density test, alternating current density test, current potential protection test)
7	P330307	防腐层厚度（直接度量法、测厚仪法）	Thickness of anti-corrosion coating (direct measure method, thickness gauge)
8	P330308	防腐层粘结力	Intensity of anti corrosive coating
9	P330309	防腐层绝缘性	Insulation of anti corrosive coating
10	P330310	管道保护电位	Protective electric potential for pipeline
11	P330311	保护层粘结力	Viscosity of protection film
12	P330312	管壁厚度	Thickness of pipe wall
13	P330313	保温层厚度（直接度量法、测厚仪法）	Heat insulation thickness (direct measure method, thickness gauge)
14	P330314	管线强度试验	Intensity test for pipeline
15	P330315	管道严密性试验（压力试验）	Air-tight test for pipeline (pressure test)
16	P330316	管道吹扫	The pipeline blows and sweeps
17	P330317	排水管道闭水试验	Drainage pipeline tight test
18	P330018	给水管道水压试验	Water pressure test of supply pipeline
19	P330019	阴极保护系统检测	Negative pole protecting system test

34 工 程 监 测

34.1 一 般 规 定

34.1.1 建筑与市政工程监测代码及项目应符合表 34.1.1 的规定。

表 34.1.1　工程监测项目

序号	代码	项　目	Item
1	P3402	基坑及支护结构	Foundation pit and underground engineering
2	P3403	建（构）筑物	Building/Structure
3	P3404	道桥工程	Municipal infrastructure
4	P3405	隧道及地下工程	Tunnel and underground engineering
5	P3406	高支模	High-supported formwork

34.2 基坑及支护结构

34.2.1 基坑及支护结构监测代码及参数应符合表 34.2.1 的规定。

表 34.2.1　基坑及支护结构监测代码及参数

序号	代码	参　数	Parameter
1	P340201	支护结构位移	Supporting structure displacement
2	P340202	支撑轴力	Supporting axis force
3	P340203	支撑变形	Bracing system distortion
4	P340204	土钉变形	Soil nailing deformation
5	P340205	土层锚杆变形	Soil anchor deformation
6	P340206	岩层锚杆变形	Rock anchor deformation
7	P340207	预应力锚索变形	Prestrssed anchor deformation
8	P340208	立轴（柱）变形	Column deformation
9	P340209	桩墙内力	Pile wall internal force
10	P340210	土侧向变形	Sidewise deformation of soil
11	P340211	土压力	Earth pressure
12	P340212	基坑底隆起	Ground heave of the bottom
13	P340213	孔隙水压力	Pore water pressure
14	P340214	基坑渗漏水量	Groundwater leakage of foundation
15	P340215	地下水位	Groundwater level

34.3 建 (构) 筑物

34.3.1 建 (构) 筑物监测代码及参数应符合表 34.3.1 的规定。

表 34.3.1 建 (构) 筑物监测代码及参数

序号	代码	参数	Parameter
1	P340301	沉降	Sedimentation
2	P340302	水平位移	Horizontal displacement
3	P340303	倾斜	Incline
4	P340304	裂缝	Crack
5	P340305	挠度	Deflection ratio

34.4 道 桥 工 程

34.4.1 道桥工程监测代码及参数应符合表 34.4.1 的规定。

表 34.4.1 道桥工程监测代码及参数

序号	代码	参数	Parameter
1	P340401	桥梁施工过程变形监测（光学测量法、传感器法、GPS法、连通管或电水平尺法）	Monitoring of deformation during the construction of bridge (optical measurement、electromechanical test、GPS measurment、communicating pipe or leveling rod method)
2	P340402	桥梁施工过程内力监测	Monitoring of inner force during the construction of bridge
3	P340403	桥梁沉降观测	Observation of bridge settlement

34.5 隧道及地下工程

34.5.1 隧道及地下工程监测代码及参数应符合表 34.5.1 的规定。

表 34.5.1 隧道及地下工程监测代码及参数

序号	代码	参数	Parameter
1	P340501	主体结构变形和内力观测	Observation of inner force and deviation of soil body
2	P340502	拱顶沉降	Arch top settlement
3	P340503	洞壁收敛	Tunnel wall convergence
4	P340504	衬砌或结构内力观测	Observation of inner force of masonry liner or structure

续表 34.5.1

序号	代码	参数	Parameter
5	P340505	现况地面和地下构筑物内力	Inner force of existing ground and underground structures
6	P340506	篷盖、中桩或永久结构位移变形和内力观测	Observation of the inner force of overlay, king pile and permanent structure
7	P340507	地下工程周边环境和地下管线安全监测（光学测量法、应力测量法）	Inspection of surrounding environment and underground pipeline security (optical observation, stress detecting method)
8	P340508	现况地面和地下构筑物或重要地下管线变形	Deformation of existing ground, underground structures or important underground pipelines

34.6 高 支 模

34.6.1 高支模监测代码及参数应符合表 34.6.1 的规定。

表 34.6.1 高支模监测代码及参数

序号	代码	参数	Parameter
1	P340601	基础沉降	Foundation sedimentation
2	P340602	支架沉降	Scaffolding sedimentation
3	P340603	支架位移	Scaffolding displacement

35 施 工 机 具

35.1 一 般 规 定

35.1.1 施工机具检测代码及项目应符合表 35.1.1 的规定。

表 35.1.1 施工机具检测代码及项目

序号	代码	项目	Item
1	P3502	金属脚手架扣件	Metal scaffold connector
2	P3503	金属组合钢模板	Combined steel formwork
3	P3504	高处作业吊篮	Temporarily installed suspended access equipment

续表 35.1.1

序号	代码	项　目	Item
4	P3505	高空作业平台	Aerial work platform
5	P3506	塔式起重机	Tower cranes
6	P3507	建筑卷扬机	Construction winch
7	P3508	施工升降机	Building hoist
8	P3509	物料提升机	Material hoist

35.1.2 施工机具环境检测代码及参数应符合本标准第 37 章的规定。

35.2 金属脚手架扣件

35.2.1 金属脚手架扣件检测代码及参数应符合表35.2.1 的规定。

表 35.2.1　金属脚手架扣件检测代码及参数

序号	代码	参　数	Parameter
1	P350201	尺寸	Dimension
2	P350202	形状	Shape
3	P350203	位置	Position
4	P350204	外观	Appearance
5	P350205	重量	Weight
6	P350206	安装偏差	Installation deviation
7	P350207	涂层质量	Coating quality
8	P350208	铆接质量	Binding rivet quality
9	P350209	螺栓、螺母、垫圈	Bolt, nut and washer
10	P350210	抗滑性能	Anti-sliding performance
11	P350211	抗破坏性	Anti-destroy property
12	P350212	扭转刚度	Torsion rigidity
13	P350213	抗拉性能	Tensile performance
14	P350214	抗压性能	Compression performance
15	P350215	铸造缺陷	Casting flaw
16	P350216	架体基础	Frame base
17	P350217	构造稳定	Construct stability
18	P350218	架体防护	Frame safeguard
19	P350219	防坠装置	Prevent falling equipment

35.3 金属组合钢模板

35.3.1 金属组合钢模板检测代码及参数应符合表

35.3.1 的规定。

表 35.3.1　金属组合钢模板检测代码及参数

序号	代码	参　数	Parameter
1	P350301	尺寸	Dimension
2	P350302	形状	Shape
3	P350303	位置	Position
4	P350304	外观	Appearance
5	P350305	重量	Weight
6	P350306	安装偏差	Installation deviation
7	P350307	焊缝质量	Weld quality
8	P350308	涂层质量	Coating quality
9	P350309	角膜偏差	Film deviation
10	P350310	刚度试验	Rigidity test
11	P350311	强度试验	Strength test

35.4 高处作业吊篮

35.4.1 高处作业吊篮检测代码及参数应符合表35.4.1 的规定。

表 35.4.1　高处作业吊篮检测代码及参数

序号	代码	参　数	Parameter
1	P350401	尺寸	Dimension
2	P350402	形状	Shape
3	P350403	位置	Position
4	P350404	外观	Appearance
5	P350405	重量	Weight
6	P350406	安装偏差	Installation deviation
7	P350407	绝缘试验	Insulation test
8	P350408	安全锁锁绳速度试验	The locking rope speed test of safety lock
9	P350409	安全锁锁绳角度试验	The locking rope angle test of safety lock
10	P350410	安全锁静置滑移量	Long standing slide distance of safe lock
11	P350411	自由坠落锁绳距离试验	The locking rope distance test of free fall
12	P350412	空载运行试验	No-load operation test
13	P350413	额定运行试验	Rated-load operation test
14	P350414	超载运行试验	Over-load operation test
15	P350415	滑移距离	Slide distance
16	P350416	制动距离	Brake distance

序号	代码	参　数	Parameter
17	P350417	手动滑降速度试验	Manual falling speed test
18	P350418	悬吊平台强度和刚度试验	Strength and rigidity test for suspension platform
19	P350419	悬挂机构抗倾覆性及应力试验	Overturn performance and stress test of suspension mechanism
20	P350420	手动提升操作力测定	Manual hoist force test
21	P350421	电气控制系统检查	Electrical controlled system inspecting
22	P350422	可靠性试验	Reliability test

35.5　高空作业平台

35.5.1　高空作业平台检测代码及参数应符合表35.5.1的规定。

表 35.5.1　高空作业平台检测代码及参数

序号	代码	参　数	Parameter
1	P350501	尺寸	Dimension
2	P350502	形状	Shape
3	P350503	位置	Position
4	P350504	外观	Appearance
5	P350505	重量	Weight
6	P350506	安装偏差	Installation deviation
7	P350507	排放	Expand measure
8	P350508	平台下沉量	Platform lowering
9	P350509	平台滑转角度	Rotate angle of platform
10	P350510	护栏承载力	Platform dimension and loading capability measure of fence
11	P350511	手操纵力及行程	Manual force and running distance test
12	P350512	偏摆量	Offset distance
13	P350513	空载试验	No-load test
14	P350514	额定载荷试验	Rated-load test
15	P350515	承载能力	Load bearing capability
16	P350516	液压系统试验	Hydraulic system test

序号	代码	参　数	Parameter
17	P350517	安全保护装置	Safeguard equipment
18	P350518	稳定性试验	Stability test
19	P350519	可靠性试验	Reliability test
20	P350520	结构应力测量	Structure stress test
21	P350521	电气绝缘试验	Insulation test of electrical system
22	P350522	密封性能试验	Airproof performance test
23	P350523	调平机构试验	Leveling mechanism test
24	P350524	行走试验	Traveling test
25	P350525	结构安全系数	Structure safety factor
26	P350526	钢丝绳安全系数	Steel rope safety factor

35.6　塔式起重机

35.6.1　塔式起重机检测代码及参数应符合表35.6.1的规定。

表 35.6.1　塔式起重机检测代码及参数

序号	代码	参　数	Parameter
1	P350601	尺寸	Dimension
2	P350602	形状	Shape
3	P350603	位置	Position
4	P350604	外观	Appearance
5	P350605	重量	Weight
6	P350606	安装偏差	Installation deviation
7	P350607	空载试验	No-load test
8	P350608	速度参数	Speed parameter
9	P350609	载荷试验	Load test
10	P350610	超载 25% 静载试验	25% over load static test
11	P350611	超载 10% 动载试验	10% over load dynamic test
12	P350612	连续作业试验	Sequence working test
13	P350613	安全装置检验	Safeguard equipment test
14	P350614	钢结构试验	Steel structure test
15	P350615	可靠性试验	Reliability test

35.7 建筑卷扬机

35.7.1 建筑卷扬机检测代码及参数应符合表35.7.1的规定。

表 35.7.1 建筑卷扬机检测代码及参数

序号	代码	参 数	Parameter
1	P350701	尺寸	Dimension
2	P350702	形状	Shape
3	P350703	位置	Position
4	P350704	外观	Appearance
5	P350705	重量	Weight
6	P350706	安装偏差	Installation deviation
7	P350707	空载试验	No-load test
8	P350708	速度参数	Speed parameter
9	P350709	载荷下滑量	Load downslide distance
10	P350710	降电压启动	Lower voltage start
11	P350711	静载试验	Static load test
12	P350712	动载试验	Dynamic load test
13	P350713	温升	Temperature rise
14	P350714	渗漏	Leakage state
15	P350715	自重系统	Self-weight system
16	P350716	电气绝缘	Insulation of electrical system
17	P350717	操纵力及行程	Manual force and running distance
18	P350718	制动轮、离合器径跳	Radial jump of brake wheel and clutch
19	P350719	制动器、离合器接合面状况	Interface state of brake and clutch
20	P350720	可靠性试验	Reliability test

35.8 施工升降机

35.8.1 施工升降机检测代码及参数应符合表35.8.1的规定。

表 35.8.1 施工升降机检测代码及参数

序号	代码	参 数	Parameter
1	P350801	尺寸	Dimension
2	P350802	形状	Shape
3	P350803	位置	Position
4	P350804	外观	Appearance
5	P350805	重量	Weight

续表 35.8.1

序号	代码	参 数	Parameter
6	P350806	安装偏差	Installation deviation
7	P350807	速度参数	Speed parameter
8	P350808	绝缘电阻	Insulation resistance
9	P350809	空载试验	No-load test
10	P350810	额载试验	Rated-load test
11	P350811	超载试验	Over-load test
12	P350812	安全装置	Safeguard device
13	P350813	电机功率	Power of electromotor
14	P350814	吊笼坠落试验	Suspension platform falling test
15	P350815	结构应力试验	Structure stress test
16	P350816	可靠性试验	Reliability test

35.9 物料提升机

35.9.1 物料提升机检测代码及参数应符合表35.9.1的规定。

表 35.9.1 物料提升机检测代码及参数

序号	代码	参 数	Parameter
1	P350901	尺寸	Dimension
2	P350902	形状	Shape
3	P350903	位置	Position
4	P350904	外观	Appearance
5	P350905	重量	Weight
6	P350906	安装偏差	Installation deviation
7	P350907	导靴及导轨的安装间隙	Install clearance between guide shoe and lead rail
8	P350908	空载、额载试验	No-load and rated-load test
9	P350909	125%额载试验	125% rated-load test
10	P350910	自动平层精度	Automatic landing precision
11	P350911	油池温升	Oil pool temperature rise
12	P350912	提升速度	Hoist velocity
13	P350913	安全装置	Safeguard equipment
14	P350914	电阻（绝缘、接地）	Insulation resistance
15	P350915	断绳保护装置	Rope-break safeguard

36 安全防护用品

36.1 一般规定

36.1.1 安全防护用品检测代码及项目应符合表 36.1.1 的规定。

表 36.1.1 安全防护用品检测代码及项目

序号	代码	项目	Item
1	P3602	安全网	Safety nets
2	P3603	安全帽及安全带	Safety helmet and belt

36.2 安全网

36.2.1 安全网检测代码及参数应符合表 36.2.1 的规定。

表 36.2.1 安全网检测代码及参数

序号	代码	参数	Parameter
1	P360201	规格	Specification
2	P360202	重量	Weight
3	P360203	耐冲击性	Impact property
4	P360204	耐贯穿性	Perforation property
5	P360205	阻燃性能	Flame-retardant property
6	P360206	冲击性能	Impact property
7	P360207	断裂强力、断裂伸长	Breaking stress and extension at break
8	P360208	接缝部位抗拉强力	Stretching resistance at unwelded joint
9	P360209	梯形法撕裂强力	Trapezoidal method tearing stress
10	P360210	开眼环扣强力	Strength of round button with hole
11	P360211	老化后断裂强力保留率	Breaking strength reserve rate after aging test

36.3 安全帽及安全带

36.3.1 安全帽及安全带检测代码及参数应符合表 36.3.1 的规定。

表 36.3.1 安全帽及安全带检测代码及参数

序号	代码	参数	Parameter
1	P360301	冲击吸收性能	Impact absorbability

续表 36.3.1

序号	代码	参数	Parameter
2	P360302	耐穿刺性能	Puncture property
3	P360303	电阻绝缘性能	Resistance insulation property
4	P360304	阻燃性能	Flame-retardant property
5	P360305	抗静电性能	Antistatic property
6	P360306	侧向刚性	Side direction rigidity
7	P360307	静载荷试验	Static load test
8	P360308	冲击试验	Impact test

37 热 环 境

37.1 一般规定

37.1.1 热环境检测代码及项目应符合表 37.1.1 的规定。

表 37.1.1 热环境检测代码及项目

序号	代码	项目	Item
1	Z3702	气象	Meteorologic phenomena
2	Z3703	室内热环境	Indoort hermal environment
3	Z3704	材料热工性能	Thermal performance of materials
4	Z3705	构件热工性能	Thermal performance of component

37.2 气 象

37.2.1 气象检测代码及参数应符合表 37.2.1 的规定。

表 37.2.1 气象检测代码及参数

序号	代码	参数	Parameter
1	Z370201	风向	Wind direction
2	Z370202	风速	Wind speed
3	Z370203	空气温度	Air temperature outdoor
4	Z370204	黑球温度	Black globe temperature
5	Z370205	湿球温度	Wet globe temperature
6	Z370206	空气湿度	Humidity
7	Z370207	空气压力	Air pressure
8	Z370208	降水量	Amount of precipitation
9	Z370209	日照/日照时数	Incoming solar radiation/ Sunshine hours

续表37.2.1

序号	代码	参　数	Parameter
10	Z370210	太阳总辐射照度	Solar radiation intensity
11	Z370211	太阳散射辐射照度	Solar dispersion radiation intensity

37.3　室内热环境

37.3.1　室内热环境检测代码及参数应符合表37.3.1的规定。

表37.3.1　室内热环境检测代码及参数

序号	代码	参　数	Parameter
1	Z370201	空气温度	Air temperature indoor
2	Z370202	辐射温度	Radiation temperature indoor
3	Z370203	风速	Wind speed
4	Z370204	空气湿度	Humidity
5	Z370205	热舒适指标 PMV-PPD	Hot comfortable guide line
6	Z370206	湿球黑球温度 WBGT	Wet bulb globe temperature
7	Z370207	标准有效温度 SET	Standard effective temperature

37.4　材料热工性能

37.4.1　材料的热工性能检测代码及参数应符合表37.4.1的规定。

表37.4.1　材料热工性能检测代码及参数

序号	代码	参　数	Parameter
1	Z370401	导热系数（防护热板法、热流计法、圆桶法）	Heat conductivity (heat-flow meter method, cylinder method)
2	Z370402	蒸汽渗透系数	Vapor permeability
3	Z370403	比热容	Specific heat
4	Z370404	密度	Density
5	Z370405	太阳辐射吸收系数	Absorb coefficient of solar radiation
6	Z370406	中空玻璃露点温度	Dew-point temperature of hollow glass
7	Z370407	半球辐射率	Hemispherical emissivity

37.5　构件热工性能

37.5.1　构件热工性能检测代码及参数应符合表37.5.1的规定。

表37.5.1　建筑构件热工性能检测代码及参数

序号	代码	参　数	Parameter
1	Z370501	墙体传热系数（防护热箱法、热流计法）	Heat transfer coefficient of wall (the method of protection hot-box, heat flow meter apparatus)
2	Z370502	门窗传热系数（标定热箱法）	Heat transfer coefficient of window (the method of calibration hot-box)
3	Z370503	屋面传热系数（热流计法）	Heat transfer coefficient of roof (heat flow meter apparatus)
4	Z370504	构件表面温度	Surface temperature of component
5	Z370505	热流密度	Heat density
6	Z370506	热桥部位表面温度	Surface temperature thermal bridge
7	Z370507	热工缺陷	Thermal irregularities
8	Z370508	隔热性能	Thermal insolation

38　光　环　境

38.1　一　般　规　定

38.1.1　光环境检测代码及项目应符合表38.1.1的规定。

表38.1.1　光环境检测代码及项目

序号	代码	项　目	Item
1	Z3802	采光	Daylighting
2	Z3803	建筑照明	Lighting
3	Z3804	材料光学性能	Architectural lighting performance of materials
4	Z3805	外窗光学性能	Architectural lighting performance of windows

38.2　采　　光

38.2.1　采光检测代码及参数应符合表38.2.1的规定。

表 38.2.1　采光检测代码及参数

序号	代码	参 数	Parameter
1	Z380201	采光系数	Daylighting coefficient
2	Z380202	照度	Illumination
3	Z380203	亮度	Brightness
4	Z380204	反射系数	Reflectance coefficient
5	Z380205	采光均匀度	Uniformity of lighting

38.3　建筑照明

38.3.1　建筑照明检测代码及参数应符合表 38.3.1 的规定。

表 38.3.1　建筑照明检测代码及参数

序号	代码	参 数	Parameter
1	Z380301	照度	Illumination
2	Z380302	亮度	Brightness
3	Z380303	显色指数/光源显色性	Color rendering index/Colorimetric
4	Z380304	色温	Color temperature
5	Z380305	眩光	Glare
6	Z380306	建筑色彩	Classical architecture
7	Z380307	照明光源	Color of light sources
8	Z380308	光源颜色	Color rendering properties
9	Z380309	彩色建筑材料色度	Classical architecture

38.4　材料光学性能

38.4.1　材料光学性能检测代码及参数应符合表 38.4.1 的规定。

表 38.4.1　材料光学性能检测代码及参数

序号	代码	参 数	Parameter
1	Z380401	可见光透射比	Luminous transmittance of visible light
2	Z380402	可见光反射比	Luminous reflectance of visible light
3	Z380403	太阳光直接透射比	Solar direct transmittance
4	Z380404	太阳光直接反射比	Solar direct reflectance
5	Z380405	太阳光直接吸收比	Solar direct absorptance
6	Z380406	太阳能总透射比	Solar total transmittance

续表 38.4.1

序号	代码	参 数	Parameter
7	Z380407	遮蔽系数	Shade coefficient
8	Z380408	紫外线透射比	Ultraviolet-ray transmittance
9	Z380409	紫外线反射比	Ultraviolet-ray luminous reflectance
10	Z380410	光学变形	Optics deflection

38.5　外窗光学性能

38.5.1　外窗光学性能检测代码及参数应符合表 38.5.1 的规定。

表 38.5.1　外窗光学性能检测代码及参数

序号	代码	参 数	Parameter
1	Z380501	透光折减系数	Transmitting rebate factor

39　声　环　境

39.1　一　般　规　定

39.1.1　声环境检测代码及项目应符合表 39.1.1 的规定。

表 39.1.1　声环境检测代码及项目

序号	代码	项 目	Item
1	Z3902	声源	Sound source
2	Z3903	室内音质	Indoors acoustics
3	Z3904	噪声	Noise
4	Z3905	振动	Vibration
5	Z3906	材料声学性能	Acoustic performance of materials
6	Z3907	构件声学性能	Acoustic performance of component

39.2　声　　源

39.2.1　声源检测代码及参数应符合表 39.2.1 的规定。

表 39.2.1　声源检测代码及参数

序号	代码	参 数	Parameter
1	Z390201	声功率	Sound power
2	Z390202	声强	Sound intensity

序号	代码	参 数	Parameter
3	Z390203	响度级	Sound level
4	Z390204	室内声能密度	Indoor sound energy density
5	Z390205	混响时间	Reverberation time
6	Z390206	室内声压级	Indoor sound press level
7	Z390207	共振频率	Sympathetic vibration frequency

39.3 室内音质

39.3.1 室内音质检测代码及参数应符合表 39.3.1 的规定。

表 39.3.1 室内音质检测代码及参数

序号	代码	参 数	Parameter
1	Z390301	等效声级	Equivalent (continuous A-weighted) sound pressure level
2	Z390302	扩声特性	Acoustic amplifier character
3	Z390303	最高可用增益	Most useableness plus
4	Z390304	传输（幅度）频率特性	Transmission (scope) frequency character
5	Z390305	传输增益	Transmission plus
6	Z390306	最大声压级	Most sound press level
7	Z390307	声场均匀度	Uniformity of sound field
8	Z390308	背景噪声	Background yawp
9	Z390309	总噪声	Total yawp
10	Z390310	系统失真	System distortion
11	Z390311	反馈系数	Feedback coefficient
12	Z390312	音节清晰度	Syllable definition
13	Z390313	混响时间	Reverberation time

39.4 噪 声

39.4.1 噪声检测代码及参数应符合表 39.4.1 的规定。

表 39.4.1 噪声检测代码及参数

序号	代码	参 数	Parameter
1	Z390401	噪声级（A声级）	Yawp level (A-weighted)

39.5 振 动

39.5.1 振动检测代码及参数应符合表 39.5.1 的规定。

表 39.5.1 振动检测代码及参数

序号	代码	参 数	Parameter
1	Z390501	室内振动	Indoor vibration
2	Z390502	城市区域环境 Z 振级	Z vibrational level

39.6 材料声学性能

39.6.1 材料声学性能检测代码及参数应符合表 39.6.1 的规定。

表 39.6.1 材料声学性能检测代码及参数

序号	代码	参 数	Parameter
1	Z390601	吸声系数（驻波法、混响室法）	Sound absorption coefficient (standing wave method, reverberation chamber method)
2	Z390602	降噪系数	Denoise coefficient

39.7 构件声学性能

39.7.1 构件声学性能检测代码及参数应符合表 39.7.1 的规定。

表 39.7.1 构件声学性能检测代码及参数

序号	代码	参 数	Parameter
1	Z390701	墙体、门窗空气计权隔声量	Wall, window and door air average amount of sound insulation
2	Z390702	楼板空气计权隔声量	Building floor, air average amount of sound insulation
3	Z390703	楼板计权标准化撞击声隔声指数	Standard sound insulation index of floor under impact loading

40 空气质量

40.1 一般规定

40.1.1 空气质量检测代码及项目应符合表 40.1.1 的规定。

表 40.1.1　空气质量检测代码及项目

序号	代码	项　目	Item
1	Z4002	室内空气质量	Indoor air quality
2	Z4003	土壤放射性	Soil radon ^{222}Rn
3	Z4004	材料有害物质含量	Harmful substance content of building material

40.2　室内空气质量

40.2.1　室内空气质量检测代码及参数应符合表 40.2.1 的规定。

表 40.2.1　室内空气质量检测代码及参数

序号	代码	参　数	Parameter
1	Z400201	氡（空气中氡浓度闪烁瓶测量方法、径迹蚀刻法、双滤膜法、活性炭法）	Radon（Detect ^{222}Rn with flicker bottle method, track etching method, double-filter method, active carbon method）
2	Z400202	甲醛（AHMT 分光光度法、酚试剂分光光度法、气相色谱法、乙酰丙酮分光光度法）	Formaldehyde（AHMT spectrophotometric method, MBTH spectrophotometric method, gas chromatography, acetylacetone spectrophotometric method）
3	Z400203	氨 NH_3（靛酚蓝分光光度法、纳氏试剂分光光度法、离子选择电极法、次氯酸钠一水杨酸分光光度法）	Ammonia（Indophenol-blue spectrophotometric method, spectrophotometric method, ion selective electrode, NaOCl—$C_7H_6O_2$ spectrophotometry）
4	Z400204	苯	Benzene
5	Z400205	总挥发性有机化合物 TVOC（气相色谱法）	Total volatile organic compound TVOC（gas chromatography）
6	Z400206	二氧化硫 SO_2（甲醛溶液吸收-盐酸副玫瑰苯胺分光光度法）	Sulfur dioxide
7	Z400207	二氧化氮 NO_2（改进的 Saltzman 法）	Nitrogen dioxide（advanced Saltzaman）

续表 40.2.1

序号	代码	参　数	Parameter
8	Z400208	一氧化碳 CO（非分散红外法、不分光红外线气体分析法、气相色谱法、汞置换法）	Carbon oxide（non-dispersive infrared spectrometry, non-dispersive infrared gas analysis, gas chromatography, hydrargyrum replacement method）
9	Z400209	二氧化碳 CO_2（不分光红外线气体分析法、气相色谱法、容量滴定法）	Carbon dioxide（non-dispersive infrared gas analysis gas chromatography, volumetric titrimetry）
10	Z400210	臭氧 O_3（紫外光度法、靛蓝二磺酸钠分光光度法）	Ozone（ultraviolet photometric method, indigo disulphonate spectrophotometry）
11	Z400211	甲苯	Toluene
12	Z400212	二甲苯	Xylene
13	Z400213	苯并(α)芘	B(α)P
14	Z400214	可吸入颗粒物 PM10（撞击式—称重法）	Inhalable particles 10μm or less, PM10（impacting method）
15	Z400215	菌落总数（撞击法）	Total count of bacterial colonies（impacting method）
16	Z400216	新风量（示踪气体法）	Air change flow（tracer air method）

40.3　土壤放射性

40.3.1　土壤放射性检测代码及参数应符合表 40.3.1 的规定。

表 40.3.1　土壤放射性检测代码及参数

序号	代码	参　数	Parameter
1	Z400301	土壤氡浓度	Soil radon ^{222}Rn
2	Z400302	土壤表面氡析出率	Soil radon potential

40.4　材料有害物质含量

40.4.1　材料有害物质含量检测代码及参数应符合表 40.4.1 的规定。

表 40.4.1　材料有害物质含量的检测代码及参数

序号	代码	参　数	Parameter
1	Z400401	内照射指数	Internal exposure index

续表 40.4.1

序号	代码	参　数	Parameter
2	Z400402	外照射指数	External exposure index
3	Z400403	氨	Ammonia
4	Z400404	总挥发性有机化合物	Total volatile organic compounds
5	Z400405	苯	Benzene
6	Z400406	甲苯和二甲苯总和	Total of toluene and xylene
7	Z400407	游离甲苯二异氰酸酯	TDI (tolylene diisocyanate)
8	Z400408	可溶性铅	Soluble lead
9	Z400409	可溶性镉	Soluble cadmium
10	Z400410	可溶性铬	Soluble chromium
11	Z400411	可溶性汞	Soluble mercury
12	Z400412	游离甲醛	Formaldehyde
13	Z400413	钡	Barium
14	Z400414	砷	Arsenic
15	Z400415	硒	Selenium
16	Z400416	锑	Stibium
17	Z400417	氯乙烯单体	Chloroethylene
18	Z400418	挥发物	Volatile substances
19	Z400419	苯乙烯	Styrene
20	Z400420	4-苯基环己烯	4-phenylcyclohexane
21	Z400421	丁基羟基甲苯	BHT-butylated hydroxytoluene
22	Z400422	2-乙基己醇	2-ethyl-1-hexanol

本标准用词说明

1　为便于在执行本标准条文时区别对待，对要求严格程度不同的用词说明如下：

　　1）表示很严格，非这样做不可的：
　　　　正面词采用"必须"，反面词采用"严禁"；
　　2）表示严格，在正常情况下均应这样做的：
　　　　正面词采用"应"，反面词采用"不应"或"不得"；
　　3）表示允许稍有选择，在条件许可时首先应这样做的：
　　　　正面词采用"宜"，反面词采用"不宜"；
　　4）表示有选择，在一定条件下可以这样做的，采用"可"。

2　条文中指明应按其他有关标准执行的写法为："应符合……的规定"或"应按……执行"。

中华人民共和国行业标准

房屋建筑与市政基础设施工程检测分类标准

JGJ/T 181—2009

条 文 说 明

制 订 说 明

《房屋建筑与市政基础设施工程检测分类标准》JGJ/T181-2009，经住房和城乡建设部 2009 年 11 月 24 日以第 445 号公告批准、发布。

本标准制订过程中，编制组深入调研了房屋建筑与市政基础设施工程检测行业的检测特点，结合我国工程建设相关标准，参照了发达国家相关研究的成果。

为便于广大设计、施工、科研、学校等单位有关人员在使用本标准时能正确理解和执行条文规定，《房屋建筑与市政基础设施工程检测分类标准》编制组按章、节、条顺序编制了本标准的条文说明，对条文规定的目的、依据以及执行中需注意的有关事项进行了说明。但是，本条文说明不具备与标准正文同等的法律效力，仅供使用者作为理解和把握标准规定的参考。

目　次

1 总　则

1.0.1 本标准为规范房屋建筑和市政基础设施工程的检测分类而制定，是建设行业检测的基础标准。

目前存在问题如下：

1　实验室花费很大精力进行检测项目申报，但往往逻辑性差，分类不科学，不合理；

2　实验室对检测项目申报方式的不同，不能反映和比较实验室的能力；

3　评审专家花费大量的精力去指导申报实验室正确填报检测代码及项目，但因理解不同造成的差异很大；

4　行业管理部门对检测分类的不统一，影响对行业的规范管理。

编制本标准的意义如下：

1　方便实验室检测代码及项目管理，是检测实验室的必备技术文件；

2　规范检测分类，便于实验室之间比较能力；

3　方便了实验室计量认证和认可以及资质认定的评审工作；

4　统一相关材料的不同试验方法。

本标准的特点如下：

1　涉及专业多，包括材料、地基、结构、环境等；

2　涉及数千参数和标准；

3　分类科学，逻辑性强，具有权威性；

4　检测分类有我国行业分块的特色，也未涵盖所有的建设领域。

1.0.2 本标准参照《建筑工程施工质量验收统一标准》GB 50300 等现行国家、行业标准，同时考虑目前行业内大部分检测实验室的业务范围。

2 基本规定

2.1 一般规定

2.1.1 本标准的检测领域划分根据《中国标准文献分类法》，将所有的国家标准、行业标准与检测领域、检测对象对应起来，检测机构及其客户可以很方便地查阅上述标准。

检测的分类有许多方法，以往习惯用产品进行分类，根据房屋建筑与市政基础设施工程的特点，本标准依据检测能力进行分类。

本标准所列检测并不代表房屋建筑与市政基础设施工程建设及使用阶段检测的应检或全部领域、类别、项目及参数，建设及使用阶段具体检测要求应参照相关材料产品标准及工程质量规范、规程。

2.1.4 工程实体领域检测中涉及的工程材料检测，其参数已列在工程材料领域检测相关章节，在工程实体领域中不再重复。

2.1.5 物理意义相近表述不同的参数，可采用本标准相近参数的代码。

2.1.6 对相同参数，如涉及检测能力不同或资质要求有差异的则要求分别列出（如桩基础荷载的高应变法和静载法），否则不必（如化学参数的有关方法）。

2.3 检测类别

2.3.1 工程材料按其使用功能分入各类，当某一材料有多种功能时，将该材料归入主要功能所在的类别。本标准只列材料品种的检测代码及参数，不列具体产品的检测代码及参数。

在工程材料领域，以往习惯将水泥等称为产品，本标准将水泥定义为一类产品的总称，即项目。

2.3.2 工程实体领域的检测活动与材料检测不同，大都属于检查范围，所以本标准不列入工程实体领域以检查活动为主的项目。

建筑节能工程是新增加的单位工程分部工程，为强调和配合建筑节能工作，将其作为工程实体领域的一个检测类别。

工程监测、施工机具、安全防护用品本不属于工程实体领域，但目前工程质量检测大多涉及此类项目，且建设行业大多检测机构具有此类检测能力，为方便检测管理，本标准将工程监测、施工机具、安全防护用品列入工程实体领域的检测类别。

2.3.3 工程环境领域的热环境、光环境、声环境、室内空气质量具有明显的专业特殊要求，所以将材料热工性能、光学性能、声学性能、放射性污染等项目纳入环境检测领域，便于能力识别和管理。

2.4 检测代码

2.4.1 检测代码及参数代码分 4 级，以 7 位字符表示。对检测代码的规定便于计算机管理系统对检测的管理。

代码示例：

P220201——表示工程实体领域，主体结构工程类别，混凝土结构工程项目，检测参数为外观。

3 混凝土结构材料

3.1 一般规定

3.1.1 混凝土结构材料包括水泥等 19 个项目。

3.2 水　泥

3.2.1 水泥包括硅酸盐水泥、普通硅酸盐水泥、砌筑水泥、矿渣硅酸盐水泥、火山灰质硅酸盐水泥及粉煤灰硅酸盐水泥等，表 3.2.1 中检测代码及参数主要

依据以下相关标准：

《通用硅酸盐水泥》GB 175

《抗硫酸盐硅酸盐水泥》GB 748

《砌筑水泥》GB/T 3183

《白色硅酸盐水泥》GB/T 2015

《道路硅酸盐水泥》GB 13693

《低热微膨胀水泥》GB 2938

《铝酸盐水泥》GB 201

《快凝快硬硅酸盐水泥》JC 134

《明矾石膨胀水泥》JC/T 311

《中热硅酸盐水泥、低热硅酸盐水泥、低热矿渣硅酸盐水泥》GB 200

《I 型低碱度硫铝酸盐水泥》JC/T 737

《水泥密度测定方法》GB/T 208

《水泥细度检验方法 筛析法》GB/T 1345

《水泥比表面积测定方法 勃氏法》GB/T 8074

《水泥标准稠度用水量、凝结时间、安定性试验方法》GB/T 1346

《水泥压蒸安定性试验方法》GB/T 750

《水泥胶砂流动度测定方法》GB/T 2419

《水泥胶砂强度检验方法（ISO 法）》GB/T 17671

《水泥胶砂干缩试验方法》JC/T 603

《水泥强度快速检验方法》JC/T 738

《自应力水泥物理检验方法》JC/T 453

《水泥水化热测定方法》GB/T 12959

《水泥胶砂耐磨性试验方法》JC/T 421

《水泥化学分析方法》GB/T 176

《水泥原料中氯的化学分析方法》JC/T 420

《水泥组分的定量测定》GB/T 12960

《明矾石膨胀水泥及化学分析方法》JC/T 312

《铝酸盐水泥化学分析方法》GB/T 205

《彩色建筑材料色度测量方法》GB/T 11942

《色漆和清漆 人工气候老化和人工辐射曝露 滤过的氙弧辐射》GB/T 1865

3.3 砂

3.3.1 表 3.3.1 中检测代码及参数主要依据以下相关标准：

《建筑用砂》GB/T 14684

《普通混凝土用砂、石质量及检验方法标准》JGJ 52

3.4 石

3.4.1 表 3.4.1 中检测代码及参数主要依据以下相关标准：

《建筑用卵石、碎石》GB/T 14685

《普通混凝土用砂、石质量及检验方法标准》JGJ 52

3.5 轻骨料

3.5.1 轻骨料包括粉煤灰陶粒和陶砂、黏土陶粒和陶砂、页岩陶粒和陶砂、超轻陶粒和陶砂、自燃煤矸石、膨胀珍珠岩等，表 3.5.1 中检测代码及参数主要依据以下相关标准：

《轻集料及其试验方法 第 1 部分：轻集料》GB/T 17431.1

《膨胀珍珠岩》JC 209

《轻骨料混凝土技术规程》JGJ 51

《轻集料及其试验方法》GB17431.1 ～ GB 17431.2

3.6 混凝土用水

3.6.1 混凝土用水包括混凝土拌合用水、养护用水等，表 3.6.1 中检测代码及参数依据以下相关标准：

《混凝土用水标准》JGJ 63

3.7 外加剂

3.7.1 外加剂包括混凝土减水剂、高强高性能混凝土用矿物外加剂、混凝土泵送剂、混凝土防水剂、混凝土防冻剂、混凝土膨胀剂、喷射混凝土用速凝剂等，表 3.7.1 中外加剂检测代码及参数主要依据以下相关标准：

《混凝土外加剂》GB 8076

《混凝土外加剂匀质性试验方法》GB/T 8077

《高强高性能混凝土用矿物外加剂》GB/T 18736

《混凝土泵送剂》JC 473

《砂浆、混凝土防水剂》JC 474

《混凝土防冻剂》JC 475

《混凝土膨胀剂》GB 23439

《喷射混凝土用速凝剂》JC 477

3.8 掺合料

3.8.1 掺合料包括粉煤灰、矿渣、硅灰、磨细矿粉等。表 3.8.1 中掺合料检测代码及参数主要依据以下相关标准：

《用于水泥和混凝土中的粉煤灰》GB/T 1596

《硅酸盐建筑制品用粉煤灰》JC/T 409

《混凝土和砂浆用天然沸石粉》JG/T 3048

《用于水泥和混凝土中的粒化高炉矿渣粉》GB/T 18046

《用于水泥中的粒化高炉矿渣》GB/T 203

《硅灰石》JC/T 535

《水泥化学分析方法》GB/T 176

3.9 钢筋

3.9.1 钢筋包括热轧带肋钢筋、预应力钢筋、冷轧带肋钢筋、冷轧扭钢筋、盘条等，表 3.9.1 中检测代

码及参数依据以下相关标准：

《钢筋混凝土用钢　第 1 部分：热轧光圆钢筋》GB 1499.1

《钢筋混凝土用钢　第 2 部分：热轧带肋钢筋》GB 1499.2

《冷轧带肋钢筋》GB 13788

《冷轧扭钢筋》JG 190

《低碳钢热轧圆盘条》GB/T 701

《焊接用不锈钢盘条》GB/T 4241

《预应力混凝土用钢棒》GB/T 5223.3

《金属材料夏比摆锤冲击试验方法》GB/T 229

《金属材料　室温拉伸试验方法》GB/T 228

《金属材料　弯曲试验方法》GB/T 232

《钢筋混凝土用钢筋弯曲和反向弯曲试验方法》YB/T 5126

《金属材料　线材　反复弯曲试验方法》GB/T 238

《金属线材扭转试验方法》GB/T 239

《金属应力松弛试验方法》GB/T 10120

《金属材料　洛氏硬度试验　第 1 部分：试验方法（A、B、C、D、E、F、G、H、K、N、T 标尺）》GB/T 230.1

《金属材料　布氏硬度试验　第 1 部分：试验方法》GB/T 231.1

《钢铁及合金　碳含量测定　管式炉内燃烧后气体容量法》GB/T 223.69

《钢铁　酸溶硅和全硅含量的测定　还原型硅钼酸盐分光光度法》GB/T 223.5

《钢铁及合金化学分析方法　高碘酸钠（钾）光度法测定锰量》GB/T 223.63

《钢铁及合金化学分析方法　管式炉内燃烧后碘酸钾滴定法测定硫含量》GB/T 223.68

《钢铁及合金　磷含量测定　铋磷钼蓝分光光度法和锑磷钼蓝分光光度法》GB/T 223.59

3.10　钢筋焊接

3.10.1　表 3.10.1 中钢筋焊接接头检测代码及参数依据以下标准：

《焊接接头拉伸试验方法》GB/T 2651

《焊缝及熔敷金属拉伸试验方法》GB/T 2652

《焊接接头弯曲试验方法》GB/T 2653

《焊接接头硬度试验方法》GB/T 2654

《焊接接头冲击试验方法》GB/T 2650

《钢筋混凝土用钢筋焊接网》GB/T 1499.3

《钢筋焊接接头试验方法标准》JGJ/T 27

3.11　钢筋机械连接

3.11.1　钢筋机械连接接头包括套筒挤压接头、锥螺纹接头、滚轧直螺纹接头、镦粗直螺纹接头等。表

3.11.1 中钢筋机械连接检测代码及参数依据以下标准：

《钢筋机械连接通用技术规程》JGJ 107

《带肋钢筋套筒挤压连接技术规程》JGJ 108

《钢筋锥螺纹接头技术规程》JGJ 109

《滚轧直螺纹钢筋连接接头》JG 163

《镦粗直螺纹钢筋接头》JG 171

3.12　普通混凝土

3.13　轻骨料混凝土

3.12、3.13　表 3.12.1 与表 3.13.1 中普通混凝土与轻集料混凝土检测代码及参数主要依据以下相关标准：

《普通混凝土拌合物性能试验方法标准》GB/T 50080

《普通混凝土力学性能试验方法标准》GB/T 50081

《早期推定混凝土强度试验方法标准》JGJ/T 15

《混凝土及其制品耐磨性试验方法（滚珠轴承法）》GB/T 16925

《普通混凝土长期性能和耐久性能试验方法标准》GB/T 50082

《预拌混凝土》GB/T 14902

《粉煤灰混凝土应用技术规范》GBJ 146

《轻骨料混凝土技术规程》JGJ 51

3.14　钢　纤　维

3.14.1　表 3.14.1 中钢纤维检测代码及参数主要依据以下相关标准：

《公路水泥混凝土纤维材料　钢纤维》JT/T 524

《混凝土用钢纤维》YB/T 151

3.15　钢绞线、钢丝

3.16　预应力筋用锚具、夹具和连接器

3.15、3.16　表 3.15.1、表 3.16.1 中的检测代码及参数主要依据以下相关标准：

《预应力混凝土用钢丝》GB/T 5223

《预应力混凝土用钢绞线》GB/T 5224

《镀锌钢绞线》YB/T 5004

《金属材料　室温拉伸试验方法》GB/T 228

《金属应力松弛试验方法》GB/T 10120

《金属材料　线材　反复弯曲试验方法》GB/T 238

《金属线材扭转试验方法》GB/T 239

《金属材料　顶锻试验方法》YB/T 5293

《预应力筋用锚具、夹具和连接器》GB/T 14370

《预应力筋用锚具、夹具和连接器应用技术规程》
JGJ 85

3.17 预应力混凝土用波纹管

3.17.1 预应力混凝土用波纹管分为金属螺旋管和塑料波纹管。表 3.17.1 中预应力混凝土波纹管的检测代码及参数主要依据以下相关标准：

《预应力混凝土桥梁用塑料波纹管》JT/T 529
《预应力混凝土用金属波纹管》JG 225

3.18 灌 浆 材 料

3.18.1 表 3.18.1 水泥基灌浆材料的检测代码及参数主要依据以下相关标准：

《水泥基灌浆材料》JC/T 986
《混凝土裂缝用环氧树脂灌浆材料》JC/T 1041
《水泥基灌浆材料应用技术规范》GB/T 50448

3.19 混凝土结构加固用纤维

3.20 混凝土结构加固用纤维复合材

3.19、3.20 混凝土结构加固用纤维及纤维复合材的检测代码及参数主要依据以下相关标准：

《混凝土结构加固设计规范》GB 50367
《桥梁结构用碳纤维片材》JT/T 532

4 墙 体 材 料

4.1 一 般 规 定

4.1.1 墙体材料包括砖、砌块、墙板 3 个项目。

4.2 砖

4.2.1 砖包括烧结普通砖、烧结多孔砖、烧结空心砖和空心砌块、蒸压灰砂砖、蒸压灰砂空心砖等，表 4.2.1 中的检测代码及参数主要依据以下相关标准：

《烧结普通砖》GB 5101
《蒸压灰砂砖》GB 11945
《蒸压灰砂空心砖》JC/T 637
《混凝土多孔砖》JC 943
《烧结多孔砖》GB 13544
《烧结空心砖和空心砌块》GB 13545
《粉煤灰砖》JC 239
《砌墙砖试验方法》GB/T 2542
《混凝土实心砖》GB/T 21144

4.3 砌 块

4.3.1 砌块包括混凝土小型空心砌块、蒸压加气混凝土砌块和轻骨料混凝土砌块。表 4.3.1 中的检测代码及参数主要依据以下相关标准：

《普通混凝土小型空心砌块》GB 8239
《混凝土小型空心砌块试验方法》GB/T 4111
《轻集料混凝土小型空心砌块》GB/T 15229
《蒸压加气混凝土砌块》GB/T 11968
《蒸压加气混凝土性能试验方法》GB/T 11969

4.4 墙 板

4.4.1 墙板包括工业灰渣混凝土空心隔墙条板、玻璃纤维增强水泥（GRC）外墙内保温板、玻璃纤维增强水泥轻质多孔隔墙条板、石膏空心条板、水泥木屑板等，表 4.4.1 中墙板的检测代码及参数主要依据以下相关标准：

《金属面聚苯乙烯夹芯板》JC 689
《工业灰渣混凝土空心隔墙条板》JG 3063
《玻璃纤维增强水泥（GRC）外墙内保温板》JC/T 893
《玻璃纤维增强水泥轻质多孔隔墙条板》GB/T 19631
《建筑材料不燃性试验方法》GB/T 5464
《纤维水泥制品试验方法》GB/T 7019

5 金属结构材料

5.1 一 般 规 定

5.1.1 金属结构材料包括钢材等 6 个项目。

5.2 钢 材

5.2.1 表 5.2.1 中检测代码及参数依据以下标准：

《合金结构钢》GB/T 3077
《碳素结构钢》GB/T 700
《优质碳素结构钢》GB/T 699
《低合金高强度结构钢》GB/T 1591
《钢结构设计规范》GB 50017
《钢结构工程施工质量验收规范》GB 50205
《一般工程用铸造碳钢件》GB/T 11352
《耐候结构钢》GB/T 4171
《非调质机械结构钢》GB/T 15712
《金属材料 布氏硬度试验 第 1 部分：试验方法》GB/T 231.1
《金属材料 夏比摆锤冲击试验方法》GB/T 229
《钢的低倍组织及缺陷酸蚀检验法》GB 226
《结构钢低倍组织缺陷评级图》GB/T 1979
《钢的脱碳层深度测定法》GB/T 224
《金属平均晶粒度测定法》GB/T 6394
《钢的显微组织评定法》GB/T 13299
《建筑用压型钢板》GB/T 12755
《彩色涂层钢板及钢带》GB/T 12754
《金属材料 线材 反复弯曲试验方法》GB/T 238

5.3 紧 固 件

5.3.1 钢结构紧固件主要包括钢结构用螺栓、螺母、垫圈、螺栓连接副等。表5.3.1中检测代码及参数依据以下标准：

《紧固件机械性能　螺栓、螺钉和螺柱》GB/T 3098.1

《钢结构用高强度大六角头螺栓、大六角螺母、垫圈技术条件》GB/T 1231

《钢结构用扭剪型高强度螺栓连接副》GB/T 3632

《金属材料　室温拉伸试验方法》GB/T 228

《金属材料　维氏硬度试验　第1部分：试验方法》GB/T 4340.1

《金属材料　布氏硬度试验　第1部分：试验方法》GB/T 231

《金属材料　洛氏硬度试验方法　第1部分：试验方法（A、B、C、D、E、F、G、H、K、N、T标尺）》GB/T 230.1

《金属材料　夏比摆锤冲击试验方法》GB/T 229

《钢结构工程施工质量验收规范》GB 50205

《碳素结构钢》GB/T 700

《优质碳素结构钢》GB/T 699

《低合金高强度结构钢》GB/T 1591

《钢结构设计规范》GB 50017

《钢结构工程施工质量验收规范》GB 50205

《一般工程用铸造碳钢件》GB/T 11352

《耐候结构钢》GB/T 4171

5.4 螺 栓 球

5.4.1 表5.4.1中螺栓球节点检测代码及参数依据以下标准：

《钢网架螺栓球节点》JG 10

《钢结构工程施工质量验收规范》GB 50205

《低中压锅炉用无缝钢管》GB 3087

《低压流体输送用焊接钢管》GB/T 3091

《直缝电焊钢管》GB/T 13793

《矿山流体输送用电焊钢管》GB/T 14291

《网架结构设计与施工规程》JGJ 7

《钢网架检验及验收标准》JG 12

《黑色金属硬度及强度换算值》GB/T 1172

《钢网架螺栓球节点用高强度螺栓》GB/T 16939

5.5 焊 接 球

5.5.1 表5.5.1中焊接球节点检测代码及参数依据以下标准：

《钢网架焊接球节点》JG 11

《钢结构工程施工质量验收规范》GB 50205

《低中压锅炉用无缝钢管》GB 3087

《低压流体输送用焊接钢管》GB/T 3091

《直缝电焊钢管》GB/T 13793

《矿山流体输送用电焊钢管》GB/T 14291

《网架结构设计与施工规程》JGJ 7

《钢网架检验及验收标准》JG 12

5.6 焊 接 材 料

5.6.1 表5.6.1中焊接材料检测代码及参数依据以下标准：

《碳钢焊条》GB/T 5117

《低合金钢焊条》GB/T 5118

《不锈钢焊条》GB/T 983

《堆焊焊条》GB/T 984

《铝及铝合金焊条》GB/T 3669

《铜及铜合金焊条》GB/T 3670

《铸铁焊条及焊丝》GB/T 10044

《碳钢药芯焊丝》GB/T 10045

《铜及铜合金焊丝》GB/T 9460

《铝及铝合金焊丝》GB/T 10858

《低合金钢药芯焊丝》GB/T 17493

《气体保护电弧焊用碳钢、低合金钢焊丝》GB/T 8110

《埋弧焊用碳钢焊丝和焊剂》GB/T 5293

《埋弧焊用低合金钢焊丝和焊剂》GB/T 12470

《焊缝及熔敷金属拉伸试验方法》GB/T 2652

《焊接接头硬度试验方法》GB 2654

《焊接接头冲击试验方法》GB 2650

5.7 焊 接 接 头

5.7.1 表5.7.1中焊接接头检测代码及参数依据以下标准：

《建筑钢结构焊接技术规程》JGJ 81

《焊接接头拉伸试验方法》GB/T 2651

《焊缝及熔敷金属拉伸试验方法》GB/T 2652

《焊接接头硬度试验方法》GB/T 2654

《焊接接头冲击试验方法》GB/T 2650

《金属材料　夏比摆锤冲击试验方法》GB/T 229

《钢的低倍组织及缺陷酸蚀检验法》GB 226

《结构钢低倍组织缺陷评级图》GB/T 1979

6 木结构材料

6.1 一 般 规 定

6.1.1 木结构材料包括原木等4个项目。

6.2 原木～6.5 连接件

6.2.1～6.5.1 表6.2.1、表6.3.1、表6.4.1、表6.5.1中检测代码及参数主要依据以下相关标准：

《木材物理力学试验方法总则》GB/T 1928
《木结构工程施工质量验收规范》GB 50206
《木材年轮宽度和晚材率测定方法》GB/T 1930
《木材含水率测定方法》GB/T 1931
《木材干缩性测定方法》GB/T 1932
《木材密度测定方法》GB/T 1933
《木材吸水性测定方法》GB/T 1934.1
《木材湿涨性测定方法》GB/T 1934.2
《木材顺纹抗压强度试验方法》GB/T 1935
《木材抗弯强度试验方法》GB/T 1936.1
《木材抗弯弹性模量测定方法》GB/T 1936.2
《木材顺纹抗剪强度试验方法》GB/T 1937
《木材顺纹抗拉强度试验方法》GB/T 1938
《木材横纹抗压试验方法》GB/T 1939
《木材冲击韧性试验方法》GB/T 1940
《木材硬度试验方法》GB/T 1941
《木材抗劈力试验方法》GB/T 1942
《木材横纹抗压弹性模量测定方法》GB/T 1943
《木材耐久性能　第1部分：天然耐腐性实验室试验方法》GB/T 13942.1
《木材耐久性能　第2部分：天然耐久性野外试验方法》GB/T 13942.2
《木材横纹抗拉强度试验方法》GB/T 14017
《木材握钉力试验方法》GB/T 14018
《木材pH值测定方法》GB/T 6043
《木材顺纹抗压弹性模量测定方法》GB/T 15777
《胶合板》GB/T 9846

7　膜结构材料

7.1　一般规定

7.1.1　膜结构材料包括膜材、索材、连接件等项目。膜结构使用的金属连接件包括螺栓、夹板、夹具、索具和锚具等。

7.2　膜材~7.4　连接件

7.2.1~7.4.1　表7.2.1、表7.3.1、表7.4.1中检测代码及参数主要依据以下相关标准：
《膜结构技术规程》CECS 158
《增强材料　机织物试验方法　第5部分：玻璃纤维拉伸断裂强力和断裂伸长的测定》GB/T 7689.5
《800~2000纳米光谱反射比副基准操作技术规范》JJF 1335
《建筑材料难燃性试验方法》GB/T 8625
《塑料实验室光源暴露试验方法　第2部分：氙弧灯》GB/T 16422.2

8　预制混凝土构配件

8.1　一般规定

8.1.1　预制混凝土构配件包括混凝土块材等4个项目。

8.2　混凝土块材

8.2.1　混凝土块材包括混凝土路面砖、路缘石、防撞墩、隔离墩、挂板、地袱等。表8.2.1混凝土块材检测代码及参数依据以下相关标准：
《混凝土路面砖》JC/T 446
《混凝土路缘石》JC 899
《透水砖》JC/T 945

8.3　预制混凝土梁板

8.3.1　预制混凝土梁板主要包括：钢筋混凝土和预应力钢筋混凝土梁、板类构件，表8.3.1混凝土预制构配件的检测代码及参数依据以下相关标准：
《预应力混凝土空心板》GB/T 14040

8.4　预制混凝土桩

8.4.1　预应力和预制混凝土桩包括先张法预应力混凝土管桩和先张法预应力混凝土薄壁管桩、预制钢筋混凝土实心方桩、预制钢筋混凝土空心方桩等。表8.4.1中所列检测代码及参数主要依据以下标准：
《先张法预应力混凝土管桩》GB 13476
《先张法预应力混凝土薄壁管桩》JC 888
《预制钢筋混凝土方桩》JC 934

8.5　盾构管片

8.5.1　盾构管片为地下工程盾构施工用预制混凝土构件，表8.5.1中所列检测代码及参数主要依据以下标准：
《混凝土结构工程施工质量验收规范》GB 50204
《地下铁道工程施工及验收规范》GB 50299
《盾构法隧道施工与验收规范》GB 50446

9　砂浆材料

9.1　一般规定

9.1.1　砂浆材料包括石灰、石膏、外加剂、普通砂浆、特种砂浆等项目。

9.2　石　灰

9.2.1　石灰包括石灰粉、生石灰、消石灰等，表9.2.1中检测代码及参数主要依据以下相关标准：

《建筑生石灰》JC/T 479

《建筑生石灰粉》JC/T 480

《建筑消石灰粉》JC/T 481

《建筑石灰试验方法　物理试验方法》JC/T 478.1

《建材用石灰石化学分析方法》GB/T 5762

9.3　石　膏

9.3.1　表9.3.1中检测代码及参数主要依据以下相关标准：

《建筑石膏》GB/T 9776

《粉刷石膏》JC/T 517

《建筑石膏　结晶水含量的测定》GB/T 17669.2

《建筑石膏　净浆物理性能的测定》GB/T 17669.4

《建筑石膏　力学性能的测定》GB/T 17669.3

9.4　砂浆外加剂

9.4.1　表9.4.1中检测代码及参数主要依据以下相关标准：

《砌筑砂浆增塑剂》JG/T 164

《砂浆、混凝土防水剂》JC 474

9.5　普通砂浆

9.5.1　普通砂浆包括砌筑砂浆、抹灰砂浆、地面砂浆、防水砂浆等。表9.5.1中检测代码及参数主要依据以下相关标准：

《建筑砂浆基本性能试验方法标准》JGJ/T 70

9.6　特种砂浆

9.6.1　特种砂浆包括瓷砖粘结砂浆、耐磨地坪砂浆、界面处理砂浆、特种防水砂浆、自流平砂浆、灌浆砂浆、外保温粘结砂浆、外保温抹面砂浆、无机集料保温砂浆等。表9.6.1中检测代码及参数主要依据以下相关标准：

《预拌砂浆》JG/T 230

《水泥砂浆抗裂性能试验方法》JC/T 951

《钢丝网水泥用砂浆力学性能试验方法》GB/T 7897

《建筑保温砂浆》GB/T 20473

《陶瓷墙地砖胶粘剂》JC/T 547

《混凝土地面用水泥基耐磨材料》JC/T 906

《聚合物水泥防水砂浆》JC/T 984

《地面用水泥基自流平砂浆》JC/T 985

《无机防水堵漏材料》JC 900

《水泥基灌浆材料》JC/T 986

《陶瓷墙地砖填缝剂》JC/T 1004

《墙体保温用膨胀聚苯乙烯板胶粘剂》JC/T 992

《外墙外保温用膨胀聚苯乙烯板抹面胶浆》JC/T 993

《混凝土界面处理剂》JC/T 907

10　装饰装修材料

10.1　一般规定

10.1.1　装饰装修材料包括建筑涂料、陶瓷砖等项目。

10.1.2　材料有害物质含量检测在能力方面与室内空气质量检测接近，列入第40章。

10.2　建筑涂料

10.2.1　建筑涂料包括钢结构防火涂料、水溶性内墙涂料、合成树脂乳液砂壁状建筑涂料、外墙无机建筑涂料、建筑外墙用腻子、建筑室内用腻子、合成树脂乳液外墙涂料、合成树脂乳液内墙涂料、溶剂型外墙涂料、复层建筑涂料、水溶性内墙涂料等。表10.2.1中建筑涂料的检测代码及参数主要依据以下相关标准：

《色漆和清漆　用旋转黏度计测定黏度　第1部分：以高速剪切速率操作的锥板黏度计》GB/T 9751.1

《涂料贮存稳定性试验方法》GB/T 6753.3

《涂料细度测定法》GB/T 1724

《漆膜附着力测定方法》GB 1720

《涂料遮盖力测定法》GB/T 1726

《色漆和清漆　摆杆阻尼试验》GB/T 1730

《漆膜柔韧性测定法》GB/T 1731

《漆膜耐冲击测定法》GB/T 1732

《漆膜耐水性测定法》GB/T 1733

《色漆和清漆　耐磨性的测定　旋转橡胶砂轮法》GB/T 1768

《色漆和清漆　铅笔法测定漆膜硬度》GB/T 6739

《色漆和清漆　人工气候老化和人工辐射曝露　滤过的氙弧辐射》GB/T 1865

《色漆和清漆　漆膜的划格试验》GB/T 9286

《色漆、清漆和塑料　不挥发物含量的测定》GB/T 1725

《色漆和清漆　用流出杯测定流出时间》GB/T 6753.4

《建筑涂料　涂层耐碱性的测定》GB/T 9265

《建筑涂料　涂层耐洗刷性的测定》GB/T 9266

《建筑涂料涂层耐沾污性试验方法》GB/T 9780

《建筑涂料涂层耐冻融循环性测定法》JG/T 25

《建筑涂料涂层试板的制备》JG/T 23

《饰面型防火涂料》GB 12441

《色漆和清漆　不含金属颜料的色漆漆膜的20°、60°和85°镜面光泽的测定》GB/T 9754

《涂料印花色浆　色光、着色力及颗粒细度的测

定》GB/T 10664

《涂料产品包装通则》GB/T 13491

《机械工业产品用塑料、涂料、橡胶材料人工气候老化试验方法 荧光紫外灯》GB/T 14522

《危险货物涂料包装检验安全规范》GB 19457

《合成树脂乳液外墙涂料》GB/T 9755

《合成树脂乳液内墙涂料》GB/T 9756

《溶剂型外墙涂料》GB/T 9757

《复层建筑涂料》GB/T 9779

《钢结构防火涂料》GB 14907

《水溶性内墙涂料》JC/T 423

《合成树脂乳液砂壁状建筑涂料》JG/T 24

《外墙无机建筑涂料》JG/T 26

《建筑外墙用腻子》JG/T 157

《建筑室内用腻子》JG/T 3049

10.3 陶 瓷 砖

10.3.1 陶瓷砖是指由黏土和其他无机非金属原料，经成型、烧结等工艺生产的，用于装饰和保护建筑物墙面及地面的板状或块状陶瓷制品。陶瓷砖按成型方式不同，分为干压陶瓷砖、挤压陶瓷砖。根据吸水率高低将陶瓷砖分为 5 类：瓷质砖（$E \leqslant 0.5\%$）、炻瓷砖（$0.5\% < E \leqslant 3\%$）、细炻砖（$3\% < E \leqslant 6\%$）、炻质砖（$6\% < E \leqslant 10\%$）、陶质砖（$E > 10\%$）。陶瓷砖根据其表面施釉与否分为有釉和无釉砖。按用途分为外墙砖、内墙砖、地砖等。表 10.3.1 中陶瓷砖的检测代码及参数主要依据以下相关标准：

《陶瓷砖试验方法 第 1 部分：抽样和接收条件》GB/T 3810.1

《陶瓷砖试验方法 第 2 部分：尺寸和表面质量的检验》GB/T 3810.2

《陶瓷砖试验方法 第 3 部分：吸水率、显气孔率、表观相对密度和容重的测定》GB/T 3810.3

《陶瓷砖试验方法 第 4 部分：断裂模数和破坏强度的测定》GB/T 3810.4

《陶瓷砖试验方法 第 5 部分：用恢复系数确定砖的抗冲击性》GB/T 3810.5

《陶瓷砖试验方法 第 6 部分：无釉砖耐磨深度的测定》GB/T 3810.6

《陶瓷砖试验方法 第 7 部分：有釉砖表面耐磨性的测定》GB/T 3810.7

《陶瓷砖试验方法 第 8 部分：线性热膨胀的测定》GB/T 3810.8

《陶瓷砖试验方法 第 9 部分：抗热震性的测定》GB/T 3810.9

《陶瓷砖试验方法 第 10 部分：湿膨胀的测定》GB/T 3810.10

《陶瓷砖试验方法 第 11 部分：有釉砖抗釉裂性的测定》GB/T 3810.11

《陶瓷砖试验方法 第 12 部分：抗冻性的测定》GB/T 3810.12

《陶瓷砖试验方法 第 13 部分：耐化学腐蚀性的测定》GB/T 3810.13

《陶瓷砖试验方法 第 14 部分：耐污染性的测定》GB/T 3810.14

《陶瓷砖试验方法 第 15 部分：有釉砖铅和镉溶出量的测定》GB/T 3810.15

《陶瓷砖试验方法 第 16 部分：小色差的测定》GB/T 3810.16

《建筑饰面材料镜向光泽度测定方法》GB/T 13891

《陶瓷砖》GB/T 4100

10.4 瓦

10.4.1 瓦包括烧结瓦、玻璃纤维增强水泥波瓦与脊瓦、混凝土瓦、玻纤镁质胶凝材料波瓦及脊瓦、钢丝网石棉水泥小波瓦、石棉水泥波瓦及其脊瓦、彩喷片状模塑料（SMC）瓦等。表 10.4.1 主要依据以下相关标准：

《烧结瓦》GB/T 21149

《玻璃纤维增强水泥波瓦及其脊瓦》JC/T 567

《混凝土瓦》JC/T 746

《玻纤镁质胶凝材料波瓦及脊瓦》JC/T 747

《纤维水泥波瓦及其脊瓦》GB/T 9772

《钢丝网石棉水泥小波瓦》JC/T 851

《彩喷片状模塑料（SMC）瓦》JC/T 944

10.5 壁 纸

10.5.1 壁纸按所用材料的不同可分为纸质壁纸、软木壁纸、蛭石壁纸、植绒壁纸、塑料壁纸、自然纤维壁纸、金属壁纸、玻璃纤维装饰布、无纺墙布、纺绸墙布等。表 10.5.1 中的壁纸检测代码及参数主要依据以下相关标准：

《聚氯乙烯壁纸》QB/T 3805

10.6 普通装饰板材

10.6.1 普通装饰板材包括金属面聚苯乙烯夹芯板、金属面硬质聚氨酯夹芯板、金属面岩棉、矿渣棉夹芯板、镁铝曲面装饰板、铝塑复合板、水泥木屑板、石膏空心条板、石膏装饰吸声板、塑料装饰吊顶板、玻璃装饰吊顶板、珍珠岩吸声装饰板、矿棉吸声装饰板、玻璃棉装饰吊顶板、铝合金装饰吊顶板、钙塑天花板、聚苯乙烯泡沫塑料吸声板、纤维装饰板、轻质硅酸钙吊顶板、水泥平板及玻镁平板等。表 10.6.1 中普通装饰板材的检测代码及参数主要依据以下相关标准：

《水泥木屑板》JC/T 411

《石膏空心条板》JC/T 829

《金属面岩棉、矿渣棉夹芯板》JC/T 869

《金属面硬质聚氨酯夹芯板》JC/T 868

《金属面聚苯乙烯夹芯板》JC 689

《钢丝网架水泥聚苯乙烯夹芯板》JC 623

《建筑幕墙用铝塑复合板》GB/T 17748

《美铝曲面装饰板》JC/T 489

《纸面石膏板》GB/T 9775

《嵌装式装饰石膏板》JC/T 800

《装饰石膏板》JC/T 799

《吸声用穿孔石膏板》JC/T 803

《装饰纸面石膏板》JC/T 997

《石膏刨花板》LY/T 1598

《维纶纤维增强水泥平板》JC/T 671

《纤维水泥平板　第1部分：无石棉纤维水泥平板》JC/T 412.1

《纤维水泥平板　第2部分：温石棉纤维水泥平板》JC/T 412.2

《石膏空心条板》JC/T 829

《玻镁平板》JC 688

《纤维增强低碱度水泥建筑平板》JC/T 626

《建筑用轻钢龙骨》GB/T 11981

《玻璃纤维增强水泥轻质多孔隔墙条板》GB/T 19631

《纤维增强硅酸钙板　第1部分：无石棉硅酸钙板》JC/T 564.1

《纤维增强硅酸钙板　第2部分：温石棉硅酸钙板》JC/T 564.2

10.7　天然饰面石材

10.7.1　天然饰面石材包括干挂饰面石材、异型装饰石材、天然花岗石建筑板材、天然大理石建筑板材等。表10.7.1所列参数依据以下标准：

《天然饰面石材试验方法　第1部分：干燥、水饱和、冻融循环后压缩强度试验方法》GB/T 9966.1

《天然饰面石材试验方法　第2部分：干燥、水饱和弯曲强度试验方法》GB/T 9966.2

《天然饰面石材试验方法　第3部分：体积密度、真密度、真气孔率、吸水率试验方法》GB/T 9966.3

《天然饰面石材试验方法　第4部分：耐磨性试验方法》GB/T 9966.4

《天然饰面石材试验方法　第5部分：肖氏硬度试验方法》GB/T 9966.5

《天然饰面石材试验方法　第6部分：耐酸性试验方法》GB/T 9966.6

《天然饰面石材试验方法　第7部分：检测板材挂件组合单元挂装强度试验方法》GB/T 9966.7

《天然饰面石材试验方法　第8部分：用均匀静态压差检测石材挂装系统结构强度试验方法》GB/T 9966.8

《建筑饰面材料镜向光泽度测定方法》GB/T 13891

《干挂饰面石材及其金属挂件　第一部分：干挂饰面石材》JC 830.1

《干挂饰面石材及其金属挂件　第二部分：金属挂件》JC 830.2

《异型装饰石材　第2部分：花线》JC/T 847.2

《异型装饰石材　第3部分：实心柱体》JC/T 847.3

《天然花岗石建筑板材》GB/T 18601

《天然大理石建筑板材》GB/T 19766

10.8　人工装饰石材

10.8.1　人工装饰石材可分为水泥型人造石、聚酯型人造石、复合型人造石和烧结型人造石。表10.8.1中检测代码及其参数依据以下相关标准：

《出口人造石检验方法》SN/T 0308

10.9　竹木地板

10.9.1　竹木地板包括竹、木及其复合材料地板。竹木地板包括浸渍纸层压木质地板、浸渍胶模纸饰面人造板、实木复合地板、抗静电木质活动地板、体育馆用木质地板、浸渍纸层压木质地板、实木地板、竹地板等，表10.9.1中检测代码及参数依据以下相关标准：

《人造板及饰面人造板理化性能试验方法》GB/T 17657

《家具表面漆膜附着力交叉切割测定法》GB/T 4893.4

《色漆和清漆　漆膜的划格试验》GB/T 9286

《色漆和清漆　铅笔法测定漆膜硬度》GB/T 6739

《木材硬度试验方法》GB/T 1941

《实木地板　第1部分：技术要求》GB/T 15036.1

《实木地板　第2部分：检验方法》GB/T 15036.2

《浸渍纸层压木质地板》GB/T 18102

《体育馆用木质地板》GB/T 20239

《竹地板》GB/T 20240

《抗静电木质活动地板》LY/T 1330

《实木集成地板》LY/T 1614

《实木复合地板》GB/T 18103

11　门窗幕墙

11.1　一般规定

11.1.1　门窗幕墙包括门窗、建筑玻璃、铝型材等

项目。

11.2 建筑玻璃

11.2.1 建筑玻璃包括浮法玻璃、普通平板玻璃、钢化玻璃、中空玻璃、贴膜玻璃、夹层玻璃、镀膜玻璃、着色玻璃等。玻璃的热工性能和光学性能因专业原因分到热环境和光环境检测类别中。表11.2.1中检测代码及参数主要依据以下相关标准：

《钠钙硅酸玻璃化学分析方法》GB/T 1347

《纤维玻璃化学分析方法》GB/T 1549

《石英玻璃化学成分分析方法》GB/T 3284

《石英玻璃热变色性试验方法》GB/T 4121

《透明石英玻璃气泡、气线检验方法》GB/T 5949

《玻璃耐沸腾混合碱水溶液　浸蚀性的试验方法和分级》GB/T 6580

《玻璃在98℃耐水性的颗粒试验方法和分级》GB/T 6582

《石英玻璃热稳定性检验方法》GB/T 10701

《玻璃密度测定　沉浮比较法》GB/T 14901

《玻璃耐沸腾盐酸浸蚀性的重量试验方法和分级》GB/T 15728

《玻璃　平均线热膨胀系数的测定》GB/T 16920

《玻璃　平均线性热膨胀系数试验方法》JC/T 679

《平板玻璃平整度试验方法》JC 292

《石英玻璃制品内应力检验方法》JC/T 655

《玻璃材料弯曲强度试验方法》JC/T 676

《建筑玻璃均布静载模拟风压试验方法》JC/T 677

《玻璃材料弹性模量、剪切模量和泊松比试验方法》JC/T 678

11.3 铝型材

11.3.1 铝型材包括基材、阳极氧化、着色型材、电泳涂漆型材、粉末喷涂型材、氟碳漆喷涂型材、隔热型材、铝及铝合金轧制板材。表11.3.1中检测代码及参数主要依据以下相关标准：

《铝合金建筑型材》GB 5237.1～5237.6

《金属材料　室温拉伸试验方法》GB/T 228

《铝合金韦氏硬度试验方法》YS/T 420

《金属维氏硬度试验》GB/T 4340.1～4340.4

《非磁性基体金属上非导电覆盖层　覆盖层厚度测量　涡流法》GB/T 4957

《色漆和清漆　漆膜的划格试验》GB/T 9286

《人造气氛腐蚀试验　盐雾试验》GB/T 10125

《色漆和清漆　不含金属颜料的色漆漆膜的20°、60°和85°镜面光泽的测定》GB/T 9754

《色漆和清漆　色漆的目视比色》GB/T 9761

《色漆和清漆　巴克霍尔兹压痕试验》GB/T 9275

《漆膜耐冲击性测定法》GB/T 1732

《色漆和清漆　弯曲试验（圆柱轴）》GB/T 6742

《漆膜耐湿热测定法》GB/T 1740

11.4 门　窗

11.4.1 门窗包括铝合金门窗、PVC塑料门窗、木窗、钢门窗等。表11.4.1门窗的检测代码及参数表主要依据以下相关标准：

《未增塑聚氯乙烯（PVC-U）塑料门窗力学性能及耐候性试验方法》GB/T 11793

《钢门窗》GB/T 20909

《建筑外门窗气密、水密、抗风压性能分级及其检测方法》GB/T 7106

《铝合金门窗》GB/T 8478

《建筑用窗承受机械力的检测方法》GB/T 9158

《建筑木门、木窗》JG/T 122

《钢天窗　上悬钢天窗》JG/T 3004.1

《推拉钢窗》JG/T 3014.1

《未增塑聚氯乙烯　（PVC-U）塑料窗》JG/T 140

《平开、推拉彩色涂层钢板门窗》JG/T 3041

《推拉不锈钢窗》JG/T 41

《塑料门窗工程技术规程》JGJ 103

11.5 幕　墙

11.5.1 幕墙包括玻璃幕墙、金属幕墙、石材幕墙等。表11.5.1幕墙的检测代码及参数主要依据以下相关标准：

《建筑幕墙工程技术规程》（玻璃幕墙分册）DGJ 08-56

《半钢化玻璃》GB/T 17841

《建筑装饰装修工程质量验收规范》GB 50210

《建筑幕墙气密、水密、抗风压性能检测方法》GB/T 15227

《玻璃幕墙光学性能》GB/T 18091

《建筑幕墙平面内变形性能检测方法》GB/T 18250

《建筑幕墙抗震性能振动台试验方法》GB/T 18575

《点支式玻璃幕墙支承装置》JG 138

《吊挂式玻璃幕墙支承装置》JG 139

《玻璃幕墙工程技术规范》JGJ 102

《金属与石材幕墙工程技术规范》JGJ 133

《玻璃幕墙工程质量检验标准》JGJ/T 139

《建筑幕墙》GB/T 21086

11.6 密　封　条

11.6.1 表11.6.1密封条的检测代码及参数主要依据以

下相关标准：

《塑料门窗用密封条》GB/T 12002

《建筑门窗密封毛条技术条件》JC/T 635

11.7 执 手

11.7.1 表 11.7.1 中执手的检测代码及参数主要依据以下相关标准：

《建筑门窗五金件 传动机构用执手》JG/T 124

《建筑门窗五金件 旋压执手》JG/T 213

《平开铝合金窗执手》QB/T 3886

《铝合金门窗拉手》QB/T 3889

11.8 合页、铰链

11.8.1 表 11.8.1 中合页、铰链的检测代码及参数主要依据以下相关标准：

《建筑门窗五金件 合页（铰链）》JG/T 125

《塑料门窗合页（铰链）》QB/T 1235

11.9 传动锁闭器

11.9.1 表 11.9.1 传动锁闭器的检测代码及参数主要依据以下相关标准：

《建筑门窗五金件 传动锁闭器》JG/T 126

11.10 滑 撑

11.10.1 表 11.10.1 中滑撑的检测代码及参数主要依据以下相关标准：

《建筑门窗五金件 滑撑》JG/T 127

《铝合金窗不锈钢滑撑》QB/T 3888

11.11 撑 挡

11.11.1 表 11.11.1 中撑挡的检测代码及参数主要依据以下相关标准：

《建筑门窗五金件 撑挡》JG/T 128

《铝合金窗撑挡》QB/T 3887

11.12 滑 轮

11.12.1 表 11.12.1 滑轮的检测代码及参数主要依据以下相关标准：

《建筑门窗五金件 滑轮》JG/T 129

《推拉铝合金门窗用滑轮》QB/T 3892

11.13 半 圆 锁

11.13.1 表 11.13.1 中半圆锁的检测代码及参数主要依据以下相关标准：

《建筑五金件 单点锁闭器》JG/T 130

11.14 限 位 器

11.14.1 表 11.14.1 中限位器的检测代码及参数主要依据以下相关标准：

《聚氯乙烯（PVC）门窗固定片》JG/T 132

《铝合金门插销》QB/T 3885

《铝合金窗锁》QB/T 3890

11.15 幕墙支承装置

11.15.1 幕墙支承装置包括点支式玻璃幕墙支承装置和吊挂式玻璃幕墙支承装置。表 11.15.1 中幕墙支承装置的检测代码及参数主要依据以下相关标准：

《点支式玻璃幕墙支承装置》JG 138

《吊挂式玻璃幕墙支承装置》JG 139

12 防 水 材 料

12.1 一 般 规 定

12.1.1 防水材料有防水卷材、防水涂料、道桥防水材料等项目。

12.2 防 水 卷 材

12.2.1 防水卷材包括高分子防水片材、聚合物改性沥青防水卷材、沥青防水卷材、聚氯乙烯防水卷材、弹性体改性沥青防水卷材、高分子防水材料、改性沥青聚乙烯胎防水卷材、自粘橡胶沥青防水卷材、塑性体改性沥青防水卷材、改性沥青聚乙烯胎防水卷材、沥青复合胎柔性防水卷材、自粘聚合物改性沥青聚酯胎防水卷材、氯化聚乙烯防水卷材、三元丁橡胶防水卷材、氯化聚乙烯-橡胶共混防水卷材等。表 12.2.1 中检测代码及参数主要依据以下相关标准：

《建筑防水卷材试验方法 第 1 部分：沥青和高分子防水卷材 抽样规则》GB/T 328.1

《建筑防水卷材试验方法 第 2 部分：沥青防水卷材 外观》GB/T 328.2

《建筑防水卷材试验方法 第 3 部分：高分子防水卷材 外观》GB/T 328.3

《建筑防水卷材试验方法 第 4 部分：沥青防水卷材 厚度、单位面积质量》GB/T 328.4

《建筑防水卷材试验方法 第 5 部分：高分子防水卷材 厚度、单位面积质量》GB/T 328.5

《建筑防水卷材试验方法 第 6 部分：沥青防水卷材 长度、宽度和平直度》GB/T 328.6

《建筑防水卷材试验方法 第 7 部分：高分子防水卷材 长度、宽度、平直度和平整度》GB/T 328.7

《建筑防水卷材试验方法 第 8 部分：沥青防水卷材 拉伸性能》GB/T 328.8

《建筑防水卷材试验方法 第 9 部分：高分子防水卷材 拉伸性能》GB/T 328.9

《建筑防水卷材试验方法 第 10 部分：沥青和高分子防水卷材 不透水性》GB/T 328.10

《建筑防水卷材试验方法 第 11 部分：沥青防水卷材 耐热性》GB/T 328.11

《建筑防水卷材试验方法 第 12 部分：沥青防水卷材 尺寸稳定性》GB/T 328.12

《建筑防水卷材试验方法 第 13 部分：高分子防水卷材 尺寸稳定性》GB/T 328.13

《建筑防水卷材试验方法 第 14 部分：沥青防水卷材 低温柔性》GB/T 328.14

《建筑防水卷材试验方法 第 15 部分：高分子防水卷材 低温弯折性》GB/T 328.15

《建筑防水卷材试验方法 第 16 部分：高分子防水卷材 耐化学液体（包括水）》GB/T 328.16

《建筑防水卷材试验方法 第 17 部分：沥青防水卷材 矿物料粘附性》GB/T 328.17

《建筑防水卷材试验方法 第 18 部分：沥青防水卷材 撕裂性能（钉杆法）》GB/T 328.18

《建筑防水卷材试验方法 第 19 部分：高分子防水卷材 撕裂性能》GB/T 328.19

《建筑防水卷材试验方法 第 20 部分：沥青防水卷材 接缝剥离性能》GB/T 328.20

《建筑防水卷材试验方法 第 21 部分：高分子防水卷材 接缝剥离性能》GB/T 328.21

《建筑防水卷材试验方法 第 22 部分：沥青防水卷材 接缝剪切性能》GB/T 328.22

《建筑防水卷材试验方法 第 23 部分：高分子防水卷材 接缝剪切性能》GB/T 328.23

《建筑防水卷材试验方法 第 24 部分：沥青和高分子防水卷材 抗冲击性能》GB/T 328.24

《建筑防水卷材试验方法 第 25 部分：沥青和高分子防水卷材 抗静态荷载》GB/T 328.25

《建筑防水卷材试验方法 第 26 部分：沥青防水卷材 可溶物含量（浸涂材料含量）》GB/T 328.26

《建筑防水卷材试验方法 第 27 部分：沥青和高分子防水卷材 吸水性》GB/T 328.27

《硫化橡胶或热塑性橡胶 拉伸应力应变性能的测定》GB/T 528

《硫化橡胶或热塑性橡胶 撕裂强度的测定（裤形、直角形和新月形试样）》GB/T 529

《硫化橡胶低温脆性的测定 单试样法》GB/T 1682

《硫化橡胶或热塑性橡胶与织物粘合强度的测定》GB/T 532

《硫化橡胶或热塑性橡胶 热空气加速老化和耐热试验》GB/T 3512

《硫化橡胶或热塑性橡胶 耐臭氧龟裂静态拉伸试验》GB/T 7762

《建筑防水材料老化试验方法》GB/T 18244

《改性沥青聚乙烯胎防水卷材》GB 18967

《弹性体改性沥青防水卷材》GB 18242

《自粘橡胶沥青防水卷材》JC 840

《塑性体改性沥青防水卷材》GB 18243

《防水沥青与防水卷材术语》GB/T 18378

《沥青复合胎柔性防水卷材》JC/T 690

《自粘聚合物改性沥青防水卷材》GB 23441

《高分子防水材料 第 1 部分：片材》GB 18173.1

《聚氯乙烯防水卷材》GB 12952

《氯化聚乙烯防水卷材》GB 12953

《三元丁橡胶防水卷材》JC/T 645

《氯化聚乙烯-橡胶共混防水卷材》JC/T 684

《高分子防水卷材胶粘剂》JC 863

12.3 防水涂料

12.3.1 防水涂料包括聚氨酯防水涂料、聚合物乳液建筑防水涂料、溶剂型橡胶沥青防水涂料、聚合物水泥防水涂料、聚氯乙烯弹性防水涂料、水性聚氯乙烯焦油防水涂料、水乳型沥青防水涂料、溶剂型橡胶沥青防水涂料等。表 12.3.1 所列参数依据以下标准：

《建筑防水涂料试验方法》GB/T 16777

《建筑防水材料老化试验方法》GB/T 18244

《聚氨酯防水涂料》GB/T 19250

《聚合物乳液建筑防水涂料》JC/T 864

《聚合物水泥防水涂料》GB/T 23445

《水乳型沥青防水涂料》JC/T 408

《溶剂型橡胶沥青防水涂料》JC/T 852

12.4 道桥防水材料

12.4.1 道桥防水材料包括道（路）桥用改性沥青防水卷材、塑性体（APP）沥青防水卷材、（水性沥青基）防水涂料等。表 12.4.1 中检测代码及参数主要依据以下标准：

《道桥用防水涂料》JC/T 975

《道桥用改性沥青防水卷材》JC/T 974

13 嵌缝密封材料

13.1 一般规定

13.1.1 嵌缝密封材料包括定型嵌缝密封材料（密封条和压条等）和非定型嵌缝密封材料（密封膏或嵌缝膏等）。嵌缝密封材料品种有聚氨酯建筑密封胶、聚硫建筑密封膏、丙烯酸酯建筑密封膏、建筑用弹性密封剂、中空玻璃用弹性密封胶、硅酮建筑密封胶、建筑用硅酮结构密封胶、混凝土建筑接缝用密封胶、幕墙玻璃接缝用密封胶、石材用建筑密封胶、彩色涂层钢板用建筑密封胶、建筑用防霉密封胶、中空玻璃用弹性密封胶、中空玻璃用丁基热熔密封胶、丁基橡胶防水密封胶粘带、道桥接缝用密封胶等。

13.2 定型嵌缝密封材料

13.3 无定型嵌缝密封材料

13.2.1～13.3.1 表 13.2.1、表 13.3.1 中检测代码及参数主要依据以下标准：

《建筑密封材料试验方法 第 1 部分：试验基材的规定》GB/T 13477.1

《建筑密封材料试验方法 第 2 部分：密度的测定》GB/T 13477.2

《建筑密封材料试验方法 第 3 部分：使用标准器具测定密封材料挤出性的方法》GB/T 13477.3

《建筑密封材料试验方法 第 4 部分：原包装单组分密封材料挤出性的测定》GB/T 13477.4

《建筑密封材料试验方法 第 5 部分：表干时间的测定》GB/T 13477.5

《建筑密封材料试验方法 第 6 部分：流动性的测定》GB/T 13477.6

《建筑密封材料试验方法 第 7 部分：低温柔性的测定》GB/T 13477.7

《建筑密封材料试验方法 第 8 部分：拉伸粘结性的测定》GB/T 13477.8

《建筑密封材料试验方法 第 9 部分：浸水后拉伸粘结性的测定》GB/T 13477.9

《建筑密封材料试验方法 第 10 部分：定伸粘结性的测定》GB/T 13477.10

《建筑密封材料试验方法 第 11 部分：浸水后定伸粘结性的测定》GB/T 13477.11

《建筑密封材料试验方法 第 12 部分：同一温度下拉伸-压缩循环后粘结性的测定》GB/T 13477.12

《建筑密封材料试验方法 第 13 部分：冷拉-热压后粘结性的测定》GB/T 13477.13

《建筑密封材料试验方法 第 14 部分：浸水及拉伸-压缩循环后粘结性的测定》GB/T 13477.14

《建筑密封材料试验方法 第 15 部分：经过热、透过玻璃的人工光源和水曝露后粘结性的测定》GB/T 13477.15

《建筑密封材料试验方法 第 16 部分：压缩特性的测定》GB/T 13477.16

《建筑密封材料试验方法 第 17 部分：弹性恢复率的测定》GB/T 13477.17

《建筑密封材料试验方法 第 18 部分：剥离粘结性的测定》GB/T 13477.18

《建筑密封材料试验方法 第 19 部分：质量与体积变化的测定》GB/T 13477.19

《建筑密封材料试验方法 第 20 部分：污染性的测定》GB/T 13477.20

《聚氨酯建筑密封胶》JC/T 482

《聚硫建筑密封胶》JC/T 483

《丙烯酸酯建筑密封胶》JC/T 484

《建筑窗用弹性密封胶》JC/T 485

《中空玻璃用弹性密封胶》JC/T 486

《硅酮建筑密封胶》GB/T 14683

《建筑用硅酮结构密封胶》GB 16776

《混凝土建筑接缝用密封胶》JC/T 881

《幕墙玻璃接缝用密封胶》JC/T 882

《石材用建筑密封胶》JC/T 883

《彩色涂层钢板用建筑密封胶》JC/T 884

《建筑用防毒密封胶》JC/T 885

《中空玻璃用丁基热熔密封胶》JC/T 914

《丁基橡胶防水密封胶粘带》JC/T 942

《道桥接缝用密封胶》JC/T 976

《水泥混凝土路面嵌缝密封材料》JT/T 589

《高分子防水材料 第 2 部分：止水带》GB 18173.2

《高分子防水材料 第 3 部分：遇水膨胀橡胶》GB 18173.3

《膨润土橡胶遇水膨胀止水条》JG/T 141

14 胶 粘 剂

14.1 一 般 规 定

14.1.1 胶粘剂按产品类型划分，包括有水性胶粘剂和溶剂型胶粘剂；按用途划分胶粘剂包括陶瓷墙地砖胶粘剂、幕墙用胶粘剂、结构加固用胶粘剂、高分子防水卷材粘结剂、结构用粘结剂等。胶粘剂包括聚乙酸乙烯酯乳液木材胶粘剂、溶剂型硬聚氯乙烯塑料胶粘剂、HY-919 环氧型硬聚氯乙烯塑料管胶粘剂、水溶性聚乙烯醇缩甲醛胶粘剂、酮醛聚氨酯胶粘剂、陶瓷墙地砖胶粘剂、壁纸胶粘剂、天花板胶粘剂、半硬质聚氯乙烯块状塑料地板胶粘剂、木地板胶粘剂、干挂石材幕墙用环氧胶粘剂、陶瓷墙地砖胶粘剂、高分子防水卷材胶粘剂等。

14.2 结构用胶粘剂

14.2.1 结构用胶粘剂包括幕墙用胶粘剂及结构加固用胶粘剂等，表 14.2.1 中检测代码及参数主要依据以下标准：

《胶粘剂 180°剥离强度试验方法 挠性材料对刚性材料》GB/T 2790

《胶粘剂 T 剥离强度试验方法 挠性材料对挠性材料》GB/T 2791

《高强度胶粘剂剥离强度的测定 浮辊法》GB/T 7122

《胶粘剂对接接头拉伸强度的测定》GB/T 6329

《胶粘剂拉伸剪切强度测定（刚性材料对刚性材料）》GB/T 7124

《胶粘剂剪切冲击强度试验方法》GB/T 6328

《树脂浇铸体性能试验方法》GB/T 2567

《混凝土结构加固设计规范》GB 50367

《胶粘剂劈裂强度试验方法（金属对金属）》GB/T 7749

《胶粘剂拉伸剪切蠕变性能试验方法（金属对金属）》GB/T 7750

《液态胶粘剂密度的测定方法　重量杯法》GB/T 13354

《胶粘剂的 pH 值测定》GB/T 14518

《胶粘剂粘度的测定》GB/T 2794

《胶粘剂不挥发物含量的测定》GB/T 2793

《胶粘剂适用期和贮存期的测定》GB/T 7123.2

《胶粘剂适用期的测定》GB/T 7123.1

《无机胶粘剂套接扭转剪切强度试验方法》GB/T 14903

《热熔胶粘剂热稳定性测定》GB/T 16998

《建筑胶粘剂试验方法　第 1 部分：陶瓷砖胶粘剂试验方法》GB/T 12954.1

《生活饮用水输配水设备及防护材料的安全性评价标准》GB/T 17219

《流体输送用热塑性塑料管材耐内压试验方法》GB/T 6111

14.3　非结构用胶粘剂

14.3.1　非结构用胶粘剂包括陶瓷墙地砖胶粘剂、壁纸胶粘剂、天花板胶粘剂、半硬质聚氯乙烯块状塑料地板胶粘剂、木地板胶粘剂、干挂石材幕墙用环氧胶粘剂、陶瓷墙地砖胶粘剂、高分子防水卷材胶粘剂等。表 14.3.1 中检测代码及参数主要依据以下标准：

《膨胀聚苯板薄抹灰外墙外保温系统》JG 149

《胶粘剂不挥发物含量的测定方法》GB/T 2793

《胶粘剂粘度的测定》GB/T 2794

《胶粘剂对接接头拉伸强度的测定》GB/T 6329

《胶粘剂拉伸剪切强度的测定　（刚性材料对刚性材料）》GB/T 7124

《无机胶粘剂套接压缩剪切强度试验方法》GB/T 11177

《聚乙酸乙烯酯乳液木材胶粘剂》HG 2727

《建筑胶粘剂试验方法　第 1 部分：陶瓷砖胶粘剂试验方法》GB/T 12954.1

《胶粘剂耐化学试剂性能的测定方法　金属与金属》GB/T 13353

《液态胶粘剂密度的测定方法　重量杯法》GB/T 13354

《木材胶粘剂及其树脂检验方法》GB/T 14074

《胶粘剂的 pH 值测定》GB/T 14518

《木材工业胶粘剂用脲醛、酚醛、三聚氰胺甲醛树脂》GB/T 14732

《无机胶粘剂套接扭转剪切强度试验方法》GB/T 14903

《热熔胶粘剂软化点的测定　环球法》GB/T 15332

《胶粘剂分类》GB/T 13553

《热熔胶粘剂热稳定性测定》GB/T 16998

《胶粘剂术语》GB/T 2943

《胶粘剂产品包装、标志、运输和贮存的规定》HG/T 3075

《胶粘剂　主要破坏类型的表示法》GB/T 16997

《胶粘剂压缩剪切强度试验方法　木材与木材》GB/T 17517

《厌氧胶粘剂扭矩强度的测定（螺纹紧固件）》GB/T 18747.1

《厌氧胶粘剂剪切强度的测定（轴和套环试验法）》GB/T 18747.2

《胶粘剂适用期的测定》GB/T 7123.1

《胶粘剂适用期和贮存期的测定》GB/T 7123.2

《胶粘剂剪切冲击强度试验方法》GB/T 6328

《陶瓷墙地砖胶粘剂》JC/T 547

《壁纸胶粘剂》JC/T 548

《天花板胶粘剂》JC/T 549

《聚氯乙烯块状塑料地板胶粘剂》JC/T 550

《木地板胶粘剂》JC/T 636

《干挂石材幕墙用环氧胶粘剂》JC 887

《高分子防水卷材胶粘剂》JC 863

《胶粘剂的 pH 值测定》GB/T 14518

《树脂浇铸体性能试验方法》GB/T 2567

《硬聚氯乙烯（PVC-U）塑料管道系统用溶剂型胶粘剂》QB/T 2568

15　管　网　材　料

15.2　金属管材管件

15.2.1　金属管材管件包括铸铁管、连接件、法兰、铜管、铜管接头等。表 15.2.1 中检测代码及参数主要依据以下标准：

《金属材料　室温拉伸试验方法》GB/T 228

《金属管　液压试验方法》GB/T 241

《金属管　扩口试验方法》GB/T 242

《金属管　压扁试验方法》GB/T 246

《铜及铜合金加工材残余应力检验方法　氨薰试验法》GB/T 10567

《铜、镍及其合金管材和棒材断口检验法》YS/T 336

《电真空器件用无氧铜含氧量金相检验方法》YS/T 335

《铜及铜合金化学分析方法》GB/T 5121

《铜及铜合金拉制管》GB/T 1527

《铜及铜合金挤制管》YS/T 662

《铜管接头 第1部分：钎焊式管件》GB/T 11618.1

《铜管接头 第2部分：卡压式管件》GB/T 11618.2

《柔性机械接口灰口铸铁管》GB/T 6483

《柔性机械接口灰口铸铁管件》GB/T 6483

《梯唇型橡胶圈接口铸铁管件》YB/T 5226

《灰口铸铁管件》GB/T 3420

《连续铸铁管》GB/T 3422

《铸铁管法兰盖》GB/T 17241.2

《带颈螺纹铸铁管法兰》GB/T 17241.3

《带颈平焊和带颈承插焊铸铁管法兰》GB/T 17241.4

《管端翻边 带颈松套铸铁管法兰》GB/T 17241.5

《整体铸铁法兰》GB/T 17241.6

《铸铁管法兰 技术条件》GB/T 17241.7

《水及燃气管道用球墨铸铁管、管件和附件》GB/T 13295

《排水用柔性接口铸铁管、管件及附件》GB/T 12772

《可锻铸铁管路连接件》GB/T 3287

《喷灌用金属薄壁管及管件》JB/T 7870

《钢板制对焊管件》GB/T 13401

《锻制承插焊和螺纹管件》GB/T 14383

《可锻铸铁管路连接件》GB/T 3287

《钢制法兰管件》GB/T 17185

《钢制对焊无缝管件》GB/T 12459

《化工产品中水分含量的测定 卡尔·费休法（通用方法）》GB/T 6283

《不锈钢卡压式管件》GB/T 19228.1

《不锈钢卡压式管件连接用薄壁不锈钢管》GB/T 19228.2

《不锈钢卡压式管件用橡胶O型密封圈》GB/T 19228.3

《铜及铜合金无缝管材外形尺寸及允许偏差》GB/T 16866

《铝及铝合金管材压缩试验方法》GB/T 3251

《金属材料高温拉伸试验方法》GB/T 4338

《钛及钛合金管材超声波探伤方法》GB/T 12969.1

15.3 塑料管材管件

15.3.1 塑料管材管件包括聚氯乙烯、聚乙烯、聚丙烯、丙烯腈-丁二烯-苯乙烯（ABS）等塑料管材和管件。表15.3.1中检测代码及参数主要依据以下标准：

《建筑排水用硬聚氯乙烯（PVC-U）管材》GB/T 5836.1

《建筑排水用硬聚氯乙烯（PVC-U）管件》GB/T 5836.2

《给水用硬聚氯乙烯（PVC-U）管材》GB/T 10002.1

《给水用硬聚氯乙烯（PVC-U）管件》GB/T 10002.2

《无压埋地排污、排水用硬聚氯乙烯（PVC-U）管材》GB/T 20221

《低压输水灌溉用硬聚氯乙烯（PVC-U）管材》GB/T 13664

《排水用芯层发泡硬聚氯乙烯（PVC-U）管材》GB/T 16800

《埋地排水用硬聚氯乙烯（PVC-U）结构壁管道系统 第1部分：双壁波纹管材》GB/T 18477.1

《埋地排水用硬聚氯乙烯（PVC-U）结构壁管道系统 第3部分：双层轴向中空壁管材》GB/T 18477.3

《埋地用聚乙烯（PE）结构壁管道系统 第1部分：聚乙烯双壁波纹管材》GB/T 19472.1

《埋地用聚乙烯（PE）结构壁管道系统 第2部分：聚乙烯缠绕结构壁管材》GB/T 19472.2

《冷热水系统用热塑性塑料管材和管件》GB/T 18991

《冷热水用氯化聚氯乙烯（PVC-C）管道系统 第1部分：总则》GB/T 18993.1

《冷热水用氯化聚氯乙烯（PVC-C）管道系统 第2部分：管材》GB/T 18993.2

《冷热水用氯化聚氯乙烯（PVC-C）管道系统 第3部分：管件》GB/T 18993.3

《工业用氯化聚氯乙烯（PVC-C）管道系统 第1部分：总则》GB/T 18998.1

《工业用氯化聚氯乙烯（PVC-C）管道系统 第2部分：管材》GB/T 18998.2

《工业用氯化聚氯乙烯（PVC-C）管道系统 第3部分：管件》GB/T 18998.3

《冷热水用聚丙烯管道系统 第1部分：总则》GB/T 18742.1

《冷热水用聚丙烯管道系统 第2部分：管材》GB/T 18742.2

《冷热水用聚丙烯管道系统 第3部分：管件》GB/T 18742.3

《聚乙烯压力管材与管件连接的耐拉拔试验》GB/T 15820

《水及燃气管道用球墨铸铁管、管件和附件》GB/T 13295

《丙烯腈-丁二烯-苯乙烯（ABS）压力管道系统 第1部分：管材》GB/T 20207.1

《丙烯腈-丁二烯-苯乙烯（ABS）压力管道系统

第 2 部分：管件》GB/T 20207.2

《灌溉用聚乙烯（PE）管材　由插入式管件引起环境应力开裂敏感性的试验方法和技术要求》GB/T 15819

《聚乙烯管材与管件热稳定性试验方法》GB/T 17391

《聚乙烯管材　耐慢速裂纹增长锥体试验方法》GB/T 19279

《燃气用埋地聚乙烯（PE）管道系统　第 1 部分：管材》GB 15558.1

《冷热水用聚丁烯（PB）管道系统　第 2 部分：总则》GB/T 19473.1

《冷热水用聚丁烯（PB）管道系统　第 2 部分：管材》GB/T 19473.2

《冷热水用聚丁烯（PB）管道系统　第 3 部分：管件》GB/T 19473.3

《燃气用埋地聚乙烯（PE）管道系统　第 2 部分：管件》GB 15558.2

《建筑排水用高密度聚乙烯（HDPE）管材及管件》CJ/T 250

《流体输送用热塑性塑料管材　公称外径和公称压力》GB/T 4217

《流体输送用热塑性塑料管材耐内压试验方法》GB/T 6111

《热塑性塑料管材纵向回缩率的测定》GB/T 6671

《热塑性塑料管材　环刚度的测定》GB/T 9647

《热塑性塑料管材通用壁厚表》GB/T 10798

《硬聚氯乙烯（PVC-U）管材　二氯甲烷浸渍试验方法》GB/T 13526

《热塑性塑料管材耐外冲击性能试验方法　时针旋转法》GB/T 14152

《流体输送用塑料管材液压瞬时爆破和耐压试验方法》GB/T 15560

《热塑性塑料管材　拉伸性能测定　第 1 部分：试验方法总则》GB/T 8804.1

《热塑性塑料管材　拉伸性能测定　第 2 部分：硬聚氯乙烯（PVC-U）、氯化聚氯乙烯（PVC-C）和高抗冲聚氯乙烯（PVC-HI）管材》GB/T 8804.2

《热塑性塑料管材　拉伸性能测定　第 3 部分：聚烯烃管材》GB/T 8804.3

《热塑性塑料管材、管件及阀门通用术语及其定义》GB/T 19278

《流体输送用热塑性塑料管材　耐快速裂纹扩展（RCP）的测定　小尺寸稳态试验（S4 试验）》GB/T 19280

《塑料管道系统　硬聚氯乙烯（PVC-U）管材弹性密封圈式承口接头　偏角密封试验方法》GB/T 19471.1

《塑料管道系统　硬聚氯乙烯（PVC-U）管材弹性密封圈式承口接头　负压密封试验方法》GB/T 19471.2

《热塑性塑料管材蠕变比率的试验方法》GB/T 18042

《聚烯烃管材、管件和混配料中颜料或炭黑分散的测定方法》GB/T 18251

《塑料管道系统　用外推法确定热塑性塑料材料以管材形式的长期静液压强度》GB/T 18252

《交联聚乙烯（PE-X）管材与管件　交联度的试验方法》GB/T 18474

《热塑性塑料压力管材和管件用材料分级和命名　总体使用（设计）系数》GB/T 18475

《流体输送用聚烯烃管材　耐裂纹扩展的测定切口管材裂纹慢速增长的试验方法（切口试验）》GB/T 18476

《流体输送用热塑性塑料管材　简支梁冲击试验方法》GB/T 18743

《技术制图　管路系统的图形符号　管件》GB/T 6567.3

《技术制图　管路系统的图形符号　管路、管件和阀门等图形符号的轴测图画法》GB/T 6567.5

《硬聚氯乙烯（PVC-U）管件坠落试验方法》GB/T 8801

《热塑性塑料管材、管件　维卡软化温度的测定》GB/T 8802

《注射成型硬质聚氯乙烯（PVC-U）、氯化聚氯乙烯（PVC-C）、丙烯腈-丁二烯-苯乙烯三元共聚物（ABS）和丙烯腈-苯乙烯-丙烯酸盐三元共聚物（ASA）管件热烘箱试验方法》GB/T 8803

《硬质塑料管材弯曲度测量方法》QB/T 2803

《塑料管道系统　塑料部件尺寸的测定》GB/T 8806

《离心浇铸玻璃纤维增强不饱和聚酯树脂夹砂管管件》JC/T 696

《塑料　聚乙烯环境应力开裂试验方法》GB/T 1842

《塑料管材和管件　聚乙烯（PE）鞍形旁通抗冲击试验方法》GB/T 19712

15.4　复　合　管　材

15.4.1　复合管材包括铝塑复合管材和钢塑复合管材等，表 15.4.1 中检测代码及参数主要依据以下标准：

《塑料　非泡沫塑料密度的测定　第 1 部分：浸渍法、液体比重瓶法和滴定法》GB/T 1033.1

《生活饮用水输配水设备及防护材料的安全性评价标准》GB/T 17219

《铝及铝合金管材外形尺寸及允许偏差》GB/T 4436

《铝及铝合金冷拉薄壁管材涡流探伤方法》GB/T 5126

《无管芯重力热管铝管材》GB/T 9082.1

《聚乙烯管材和管件炭黑含量的测定（热失重法）》GB/T 13021

《结构用不锈钢复合管》GB/T 18704

《塑料管道系统 塑料部件尺寸的测定》GB/T 8806

《塑料试样状态调节和试验的标准环境》GB/T 2918

《交联聚乙烯（PE-X）管材与管件交联度的试验方法》GB/T 18474

《流体输送用塑料管材液压瞬时爆破和耐压试验方法》GB/T 15560

《铝塑复合压力管 第1部分：铝管搭接焊式铝塑管》GB/T 18997.1

《铝塑复合压力管 第2部分：铝管对接焊式铝塑管》GB/T 18997.2

《给水衬塑复合钢管》CJ/T 136

《内衬不锈钢复合钢管》CJ/T 192

《建筑排水用高密度聚乙烯（HDPE）管材及管件》CJ/T 250

《钢塑复合压力管用双热熔管件》CJ/T 237

15.5 混 凝 土 管

15.5.1 表15.5.1中检测代码及参数主要依据以下标准：

《混凝土和钢筋混凝土排水管》GB/T 11836

15.6 陶土管、瓷管

15.6.1 表15.6.1中陶土管、瓷管的检测代码及参数主要依据以下标准：

《陶管尺寸及偏差测量方法》GB/T 2837

《陶管抗外压强度试验方法》GB/T 2832

《陶管弯曲强度试验方法》GB/T 2833

《陶管吸水率试验方法》GB/T 2834

《陶管水压试验方法》GB/T 2836

《陶管耐酸性能试验方法》GB/T 2835

15.7 检查井盖和雨水箅

15.7.1 检查井盖和雨水箅包括铸铁检查井盖（雨水箅）、钢纤维混凝土检查井盖（雨水箅）、检查井双层井盖、聚合物基复合材料检查井盖（雨水箅）、再生树脂复合材料检查井盖（雨水箅）、预制装配式钢筋混凝土检查井、排水专用混凝土模块等。表15.7.1中检测代码及参数主要依据以下标准：

《铸铁检查井盖》CJ/T 3012

《钢纤维混凝土检查井盖》JC 889

《再生树脂复合材料检查井盖》CJ/T 121

《聚合物基复合材料检查井盖》CJ/T 211

15.8 阀 门

15.8.1 本标准指的阀门包括各种金属或塑料材料制成的安全阀、减压阀、闸阀、截止阀、止回阀、旋塞阀、球阀、蝶阀、隔膜阀、气瓶阀等。表15.8.1中检测代码及参数主要依据以下标准：

《金属阀门 结构长度》GB/T 12221

《多回转阀门驱动装置的连接》GB/T 12222

《部分回转阀门驱动装置的连接》GB/T 12223

《钢制阀门 一般要求》GB/T 12224

《通用阀门 法兰连接铁制闸阀》GB/T 12232

《通用阀门 铁制截止阀与升降式止回阀》GB/T 12233

《石油、天然气工业用螺柱连接阀盖的钢制闸阀》GB/T 12234

《石油、石化及相关工业用钢制截止阀和升降式止回阀》GB/T 12235

《石油、化工及相关工业用的钢制旋启式止回阀》GB/T 12236

《石油、石化及相关工业用的钢制球阀》GB/T 12237

《法兰和对夹连接弹性密封蝶阀》GB/T 12238

《工业阀门 金属隔膜阀》GB/T 12239

《铁制旋塞阀》GB/T 12240

《安全阀 一般要求》GB/T 12241

《弹簧直接载荷式安全阀》GB/T 12243

《减压阀 一般要求》GB/T 12244

《先导式减压阀》GB/T 12246

《通用阀门 铁制旋启式止回阀》GB/T 13932

《水利水电工程钢闸门制造、安装及验收规范》GB/T 14173

《铁制和铜制螺纹连接阀门》GB/T 8464

《管线用钢制平板闸阀》JB/T 5298

《液控止回蝶阀》JB/T 5299

《排污阀》JB/T 6900

《管线球阀 技术条件》GB/T 19672

《紧凑型钢制阀门》JB/T 7746

《针形截止阀》JB/T 7747

《金属密封蝶阀》JB/T 8527

《压力释放装置性能试验规范》GB/T 12242

《减压阀 性能试验方法》GB/T 12245

《蒸汽疏水阀 试验方法》GB/T 12251

《工业阀门 压力试验》GB/T 13927

《通用阀门 流量系数和流阻系数的试验方法》JB/T 5296

《阀门的检验与试验》JB/T 9092

16 电气材料

16.1 一般规定

16.1.1 电气材料主要包括电线电缆、通信光缆、线槽、各种电缆导管、断路器、灯具、开关、插头、插座等项目。

16.2 电线电缆

16.2.1~16.2.4 电线电缆的检测代码及参数分为：电缆绝缘和护套材料非电性能、电线电缆电性能、成品电缆物理机械性能、电线电缆燃烧的参数。表16.2.1、表16.2.2、表16.2.3、表16.2.4中检测代码及参数主要依据以下标准：

《额定电压450/750V及以下聚氯乙烯绝缘电缆 第1部分：一般要求》GB/T 5023.1

《额定电压450/750V及以下聚氯乙烯绝缘电缆 第2部分：试验方法》GB/T 5023.2

《额定电压450/750V及以下聚氯乙烯绝缘电缆 第3部分：固定布线用无护套电缆》GB/T 5023.3

《额定电压450/750V及以下聚氯乙烯绝缘电缆 第4部分：固套电缆》GB/T 5023.4

《额定电压450/750V及以下聚氯乙烯绝缘电缆 第5部分：软电缆（软线）》GB/T 5023.5

《额定电压450/750V及以下聚氯乙烯绝缘电缆 第6部分：电梯电缆和挠性连接用电缆》GB/T 5023.6

《额定电压450/750V及以下聚氯乙烯绝缘电缆 第7部分：2芯或多芯屏蔽和非屏蔽软电缆》GB/T 5023.7

《额定电压450/750V及以下聚氯乙烯绝缘电缆电线和软线 第1部分：一般规定》JB 8734.1

《额定电压450/750V及以下聚氯乙烯绝缘电缆电线和软线 第2部分：固定布线用电缆电线》JB 8734.2

《额定电压450/750V及以下聚氯乙烯绝缘电缆电线和软线 第3部分：连接用软电线》JB 8734.3

《额定电压450/750V及以下聚氯乙烯绝缘电缆电线和软线 第4部分：安装用电线》JB 8734.4

《额定电压450/750V及以下聚氯乙烯绝缘电缆电线和软线 第5部分：屏蔽电线》JB 8734.5

《额定电压450/750V及以下橡皮绝缘电缆 第1部分：一般要求》GB/T 5013.1

《额定电压450/750V及以下橡皮绝缘电缆 第2部分：试验方法》GB/T 5013.2

《额定电压450/750V及以下橡皮绝缘电缆 第3部分：耐热硅橡胶绝缘电缆》GB/T 5013.3

《额定电压450/750V及以下橡皮绝缘电缆 第4部分：软线和软电缆》GB/T 5013.4

《额定电压450/750V及以下橡皮绝缘电缆 第5部分：电梯电缆》GB/T 5013.5

《额定电压450/750V及以下橡皮绝缘电缆 第7部分：耐热乙烯－乙酸乙酯橡皮绝缘电缆》GB/T 5013.7

《额定电压1kV（Um=1.2kV）到35kV（Um=40.5kV）挤包绝缘电力电缆及附件 第1部分：额定电压1kV（Um=1.2kV）和3kV（Um=3.6kV）电缆》GB/T 12706.1

《额定电压1kV（Um=1.2kV）到35kV（Um=40.5kV）挤包绝缘电力电缆及附件 第2部分：额定电压6kV（Um=7.2kV）到30kV（Um=36kV）电缆》GB/T 12706.2

《额定电压1kV（Um=1.2kV）到35kV（Um=40.5kV）挤包绝缘电力电缆及附件 第3部分：额定电压35kV（Um=40.5kV）电缆》GB/T 12706.3

《额定电压1kV（Um=1.2kV）到35kV（Um=40.5kV）挤包绝缘电力电缆及附件 第4部分：额定电压6kV（Um=7.2kV）到35kV（Um=40.5kV）电力电缆附件试验要求》GB/T 12706.4

《阻燃和耐火电线电缆通则》GB/T 19666

《阻燃及耐火电缆：塑料绝缘阻燃及耐火电缆分级和要求 第1部分：阻燃电缆》GA 306.1

《阻燃及耐火电缆：塑料绝缘阻燃及耐火电缆分级和要求 第2部分：耐火电缆》GA 306.2

《电缆和光缆绝缘和护套材料通用试验方法 第11部分：通用试验方法 厚度和外形尺寸测量 机械性能试验》GB/T 2951.11

《电缆和光缆绝缘和护套材料通用试验方法 第12部分：通用试验方法 热老化试验方法》GB/T 2951.12

《电缆和光缆绝缘和护套材料通用试验方法 第13部分：通用试验方法 密度测定方法 吸水试验 收缩试验》GB/T 2951.13

《电缆和光缆绝缘和护套材料通用试验方法 第14部分：通用试验方法 低温试验》GB/T 2951.14

《电缆和光缆绝缘和护套材料通用试验方法 第21部分：弹性体混合料专用试验方法 耐臭氧试验 热延伸试验 浸矿物油试验》GB/T 2951.21

《电缆和光缆绝缘和护套材料通用试验方法 第31部分：聚氯乙烯混合料专用试验方法 高温压力试验 抗开裂试验》GB/T 2951.31

《电缆和光缆绝缘和护套材料通用试验方法 第32部分：聚氯乙烯混合料专用试验方法 失重试验 热稳定性试验》GB/T 2951.32

《电缆和光缆绝缘和护套材料通用试验方法 第41部分：聚乙烯和聚丙烯混合料专用试验方法 耐环境应力开裂试验 熔体指数测量方法 直接燃烧法

测量聚乙烯中炭黑和（或）矿物质填料含量 热重分析法（TGA）测量碳黑含量 显微镜法评估聚乙烯中碳黑分散度》GB/T 2951.41

《电缆和光缆绝缘和护套材料通用试验方法 第42部分：聚乙烯和聚丙烯混合料专用试验方法 高温处理后抗张强度和断裂伸长率试验 高温处理后卷绕试验 空气热老化后的卷绕试验 测定质量的增加 长期热稳定性试验 铜催化氧化降解试验方法》GB/T 2951.42

《电缆和光缆绝缘和护套材料通用试验方法 第51部分：填充膏专用试验方法 滴点 油分离 低温脆性 总酸值 腐蚀性 23℃时的介电常数 23℃和100℃时的直流电阻率》GB/T 2951.51

《电线电缆电性能试验方法 第1部分：总则》GB/T 3048.1

《电线电缆电性能试验方法 第2部分：金属材料电阻率试验》GB/T 3048.2

《电线电缆电性能试验方法 第3部分：半导电橡塑材料体积电阻率试验》GB/T 1048.3

《电线电缆电性能试验方法 第4部分：导体直流电阻试验》GB/T 3048.4

《电线电缆电性能试验方法 第5部分：绝缘电阻试验》GB/T 3048.5

《电线电缆电性能试验方法 第7部分：耐电痕试验》GB/T 3048.7

《电线电缆电性能试验方法 第8部分：交流电压试验》GB/T 3048.8

《电线电缆电性能试验方法 第9部分：绝缘线芯火花试验》GB/T 3048.9

《电线电缆电性能试验方法 第10部分：挤出护套火花试验》GB/T 3048.10

《电线电缆电性能试验方法 第11部分：介质损耗角正切试验》GB/T 3048.11

《电线电缆电性能试验方法 第12部分：局部放电试验》GB/T 3048.12

《电线电缆电性能试验方法 第13部分：冲击电压试验》GB/T 3048.13

《电线电缆电性能试验方法 第14部分：直流电压试验》GB/T 3048.14

《电线电缆电性能试验方法 第16部分：表面电阻试验》GB/T 3048.16

《电缆的导体》GB/T 3956

《电线电缆识别标志方法 第1部分：一般规定》GB/T 6995.1

《电线电缆识别标志方法 第2部分：标准颜色》GB/T 6995.2

《电线电缆识别标志方法 第3部分：电线电缆识别标志》GB/T 6995.3

《电线电缆识别标志方法 第4部分：电气装备电线电缆绝缘线芯识别标志》GB/T 6995.4

《电线电缆识别标志方法 第5部分：电力电缆绝缘线芯识别标志》GB/T 6995.5

《电缆和光缆在火焰条件下的燃烧试验 第11部分：单根绝缘电线电缆火焰垂直蔓延试验 试验装置》GB/T 18380.11

《电缆和光缆在火焰条件下的燃烧试验 第12部分：单根绝缘电线电缆火焰垂直蔓延试验 1kW预混合型火焰试验方法》GB/T 18380.12

《电缆和光缆在火焰条件下的燃烧试验 第13部分：单根绝缘电线电缆火焰垂直蔓延试验 测定燃烧的滴落（物）/微粒的试验方法》GB/T 18308.13

《电缆和光缆在火焰条件下的燃烧试验 第21部分：单根绝缘细电线电缆火焰垂直蔓延试验 试验装置》GB/T 18380.21

《电缆和光缆在火焰条件下的燃烧试验 第22部分：单根绝缘细电线电缆火焰垂直蔓延试验 扩散型火焰试验方法》GB/T 18380.22

《电缆和光缆在火焰条件下的燃烧试验 第31部分：垂直安装的成束电线电缆火焰垂直蔓延试验 试验装置》GB/T 18380.31

《电缆和光缆在火焰条件下的燃烧试验 第32部分：垂直安装的成束电线电缆火焰垂直蔓延试验 AF/R类》GB/T 18380.32

《电缆和光缆在火焰条件下的燃烧试验 第33部分：垂直安装的成束电线电缆火焰垂直蔓延试验 A类》GB/T 18380.33

《电缆和光缆在火焰条件下的燃烧试验 第34部分：垂直安装的成束电线电缆火焰垂直蔓延试验 B类》GB/T 18380.34

《电缆和光缆在火焰条件下的燃烧试验 第35部分：垂直安装的成束电线电缆火焰垂直蔓延试验 C类》GB/T 18380.35

《电缆和光缆在火焰条件下的燃烧试验 第36部分：垂直安装的成束电线电缆火焰垂直蔓延试验 D类》GB/T 18380.36

《在火焰条件下电缆或光缆的线路完整性试验 第11部分：试验装置 火焰温度不低于750℃的单独供火》GB/T 19216.11

《在火焰条件下电缆或光缆的线路完整性试验 第21部分：试验步骤和要求 额定电压0.6/1.0kV及以下电缆》GB/T19216.21

《电工电子产品着火危险试验 第1部分：着火试验术语》GB/T 5169.1

《电工电子产品着火危险试验 第5部分：试验火焰 针焰试验方法 装置、确认试验方法和导则》GB/T 5169.5

《电工电子产品着火危险试验 第10部分：灼热丝/热丝基本试验方法 灼热丝装置和通用试验方法》

GB/T 5169.10

《电工电子产品着火危险试验 第12部分：灼热丝/热丝基本试验方法 材料的灼热丝可燃性试验方法》GB/T 5169.12

《电工电子产品着火危险试验 第11部分：灼热丝/热丝基本试验方法 成品的灼热丝可燃性试验方法》GB/T 5169.11

16.3 通信电缆

16.3.1、16.3.2 通信电缆的检测代码及参数分为物理性能和电气性能，表16.3.1、表16.3.2中检测代码及参数主要依据以下标准：

《数字通信用对绞或星绞多芯对称电缆 第1部分：总规范》GB/T 18015.1

《数字通信用对绞或星绞多芯对称电缆 第2部分：水平层布线电缆 分规范》GB/T 18015.2

《数字通信用对绞或星绞多芯对称电缆 第21部分：水平层布线电缆 空白详细规范》GB/T 18015.21

《数字通信用对绞或星绞多芯对称电缆 第3部分：工作区布线电缆 分规范》GB/T 18015.3

《数字通信用对绞或星绞多芯对称电缆 第31部分：工作区布线电缆 空白详细规范》GB/T 18015.31

《数字通信用对绞或星绞多芯对称电缆 第4部分：垂直布线电缆 分规范》GB/T 18015.4

《数字通信用对绞或星绞多芯对称电缆 第6部分：具有600MHz及以下传输特性的对绞或星绞对称电缆工作区布线》GB/T 18015.6

《数字通信用对绞或星绞多芯对称电缆 第41部分：垂直布线电缆 空白详细规范》GB/T 18015.41

《电话网用户铜芯室内线》YD/T 840

《接入网用同轴电缆 第1部分：同轴用户电缆一般要求》YD/T 897.1

《数字通信用对绞/星绞对称电缆 第1部分：总则》YD/T 838.1

《数字通信用实心聚烯烃绝缘水平对绞电缆》YD/T 1019

《大楼通信综合布线系统 第2部分：电缆、光缆技术要求》YD/T 926.2

《大楼通信综合布线系统 第3部分：连接硬件和接插软线技术要求》YD/T 926.3

16.4 通信光缆

16.4.1 表16.4.1中检测代码及参数主要依据以下标准：

《大楼通信综合布线系统 第2部分：电缆、光缆技术要求》YD/T 926.2

《通信光缆系列 第3部分：综合布线用室内光缆》GB/T 13993.3

16.5 电线槽

16.5.1 表16.5.1中检测代码及参数主要依据以下标准：

《难燃绝缘聚氯乙烯电线槽及配件》QB/T1614

《塑料 用氧指数法测定燃烧行为 第1部分：导则》GB/T 2406.1

《塑料 用氧指数法测定燃烧行为 第2部分：室温试验》GB/T 2406.2

16.6 塑料绝缘电工套管

16.6.1 表16.6.1中检测代码及参数主要依据以下标准：

《电气安装用导管配件的技术要求 第1部分：通用要求》GB/T 16316

《电气安装用导管 特殊要求——刚性绝缘材料平导管》GB/T 14823.2

《建筑用绝缘电工套管及配件》JG 3050

《电气安装用阻燃PVC塑料平导管通用技术条件》GA 305

《塑料 用氧指数法测定燃烧行为 第1部分：导则》GB/T 2406.1

《塑料 用氧指数法测定燃烧行为 第2部分：室温试验》GB/T 2406.2

《电气安装用导管的技术要求通用要求》GB/T 1338.1

《电气安装用导管 特殊要求——金属导管》GB/T 14823.1

16.7 埋地式电缆导管

16.7.1 表16.7.1中检测代码及参数主要依据以下标准：

《地下通信管道用塑料管 第1部分：总则》YD/T 841.1

《地下通信管道用塑料管 第2部分：实壁管》YD/T 841.2

《地下通信管道用塑料管 第3部分：双壁波纹管》YD/T 841.3

《地下通信管道用塑料管 第5部分：梅花管》YD/T 841.5

《埋地式高压电力电缆用氯化聚氯乙烯（PVC-C）套管》QB/T 2479

《电力电缆用导管技术条件 第1部分：总则》DL/T 802.1

《电力电缆用导管技术条件 第2部分：玻璃纤维增强塑料电缆导管》DL/T 802.2

《电力电缆用导管技术条件 第3部分：氯化聚氯乙烯及硬聚氯乙烯塑料电缆导管》DL/T 802.3

《电力电缆用导管技术条件 第 4 部分：氯化聚氯乙烯及硬聚氯乙烯塑料双壁波纹电缆导管》DL/T 802.4

《电力电缆用导管技术条件 第 5 部分：纤维水泥电缆导管》DL/T 802.5

《电力电缆用导管技术条件 第 6 部分：承插式混凝土预制电缆导管》DL/T 802.6

《塑料试样状态调节和试验的标准环境》GB/T 2918

《塑料管道系统 塑料部件尺寸的测定》GB/T 8806

《硬质塑料管材弯曲度测定方法》QB/T 2803

《塑料 非泡沫塑料密度的测定 第 1 部分：浸渍法、液体比重瓶法和滴定法》GB/T 1033.1

《热塑性塑料管材、管件 维卡软化温度的测定》GB/T 8802

《塑料滑动摩擦磨损试验方法》GB 3960

《固体绝缘材料体积电阻率和表面电阻率试验方法》GB/T 1410

《热塑性塑料管材耐外冲击性能试验方法 时针旋转法》GB/T 14152

《热塑性塑料管材 环刚度的测定》GB/T 9647

《热塑性塑料管材 拉伸性能测定 第 2 部分：硬聚氯乙烯（PVC-U）、氯化聚氯乙烯（PVC-C）和高抗冲聚氯乙烯（PVC-HI）管材》GB/T 8804.2

《热塑性塑料管材纵向回缩率的测定》GB/T 6671

《纤维增强塑料拉伸性能试验方法》GB/T 1447

《纤维增强塑料弯曲性能试验方法》GB/T 1449

《纤维增强塑料树脂不可溶分含量试验方法》GB 2576

《纤维增强热固性塑料管平行板外载性能试验方法》GB/T 5352

《塑料 负荷变形温度的测定 第 1 部分：通用试验方法》GB/T 1634.1

《塑料 负荷变形温度的测定 第 2 部分：塑料、硬橡胶和长纤维增强复合材料》GB/T 1634.2

《玻璃纤维增强塑料老化性能试验方法》GB/T 2573

《纤维增强塑料巴氏（巴柯尔）硬度试验方法》GB/T 3854

《纤维增强塑料燃烧性能试验方法 氧指数法》GB/T 8924

《纤维增强塑料导热系数试验方法》GB/T 3139

16.8 低压熔断器

16.8.1 表 16.8.1 中的检测代码及参数主要依据如下相关标准：

《低压熔断器 第 1 部分：基本要求》GB/T 13539.1

16.9 低压断路器

16.9.1 表 16.9.1 中的检测代码及参数主要依据如下相关标准：

《低压开关设备和控制设备 第 2 部分：断路器》GB 14048.2

《低压开关设备和控制 第 1 部分：总则》GB/T 14048.1

《家用和类似用途的不带过电流保护的剩余电流动作断路器（RCCB）第 1 部分：一般规则》GB 16916.1

《电气附件 家用及类似场所用过电流保护断路器 第 1 部分：用于交流的断路器》GB 10963.1

《家用及类似场所用过电流保护断路器 第 2 部分：用于交流和直流的断路器》GB/T 10963.2

《家用和类似用途的带过电流保护的剩余电流动作断路器（RCBO） 第 1 部分：一般规则》GB 16917.1

16.10 灯 具

16.10.1 灯具指能透光、分配和改变光源光分布的器具，包括除光源外所有用于固定和保护光源所需的全部零、部件，以及与电源连接所必需的线路附件。表 16.10.1 的检测代码及参数主要依据如下相关标准：

《灯具 第 1 部分：一般要求与试验》GB 7000.1

《灯具 第 2-22 部分：特殊要求 应急照明灯具》GB 7000.2

《庭园用的可移式灯具安全要求》GB 7000.3

《灯具 第 2-10 部分：特殊要求 儿童用可移式灯具》GB 7000.4

《道路与街路照明灯具安全要求》GB 7000.5

《灯具 第 2-6 部分：特殊要求 带内装式钨丝灯变压器或转换器的灯具》GB 7000.6

《投光灯具安全要求》GB 7000.7

《灯具 第 2-18 部分：特殊要求 游泳池和类似场所用灯具》GB 7000.8

《灯具 第 2-20 部分：特殊要求 灯串》GB 7000.9

《灯具 第 2-1 部分：特殊要求 固定式通用灯具》GB 7000.10

《灯具 第 2-4 部分：特殊要求 可移式通用灯具》GB 7000.11

《灯具 第 2-2 部分：特殊要求 嵌入式灯具》GB 7000.12

《灯具 第 2-8 部分：特殊要求 手提灯》GB 7000.13

《灯具 第 2-19 部分：特殊要求 通风式灯具》

GB 7000.14

《灯具 第2-17部分：特殊要求 舞台灯光、电视、电影及摄影场所（室内外）用灯具》GB 7000.15

《医院和康复大楼诊所用灯具安全要求》GB 7000.16

《电气照明和类似设备的无线电骚扰特性的限值和测量方法》GB 17743

《电磁兼容 限值 谐波电流发射限值（设备每相输入电流≤16A）》GB 17625.1

《消防应急灯具》GB 17945

《消防应急照明灯具通用技术条件》GA 54

《消防电子产品环境试验方法及严酷等级》GB 16838

16.11 开关、插头、插座

16.11.1 表16.11.1中开关、插头、插座的检测代码及参数主要依据如下相关标准：

《家用和类似用途插头插座 第一部分：通用要求》GB 2099.1

《家用和类似用途固定式电气装置的开关 第1部分：通用要求》GB 16915.1

17 保温吸声材料

17.1 一般规定

17.1.1 保温吸声材料包括无机颗粒材料、发泡材料、纤维材料、涂料、复合板等项目，保温吸声材料的热工性能、声学性能列入第37章、第39章。

17.2 无机颗粒材料

17.2.1 无机颗粒保温吸声材料包括膨胀珍珠岩、膨胀珍珠岩绝热制品、硅酸钙绝热制品、膨胀蛭石、膨胀蛭石制品、海泡石等。表17.2.1检测代码及参数主要依据如下相关标准：

《绝热材料及相关术语》GB/T 4132

《膨胀珍珠岩绝热制品》GB/T 10303

《硅酸钙绝热制品》GB/T 10699

《膨胀珍珠岩》JC 209

《膨胀蛭石》JC 441

《膨胀蛭石制品》JC 442

《海泡石》JC/T 574

17.3 发泡材料

17.3.1 有机泡沫保温吸声材料包括绝热用模塑聚苯乙烯泡沫塑料、绝热用挤塑聚苯乙烯泡沫塑料、软质聚氨酯泡沫塑料、柔性泡沫橡塑绝热制品、泡沫玻璃绝热制品、建筑物隔热用硬质聚氨酯泡沫塑料等。表17.3.1的检测代码及参数主要依据如下相关标准：

《绝热用模塑聚苯乙烯泡沫塑料》GB/T 10801.1

《绝热用挤塑聚苯乙烯泡沫塑料（XPS）》GB/T 10801.2

《通用软质聚醚型聚氨酯泡沫塑料》GB/T 10802

《柔性泡沫橡塑绝热制品》GB/T 17794

《泡沫玻璃绝热制品》JC/T 647

《建筑物隔热用硬质聚氨酯泡沫塑料》QB/T 3806

17.4 纤维材料

17.4.1 纤维保温吸声材料包括绝热用岩棉、矿渣棉、玻璃棉及其制品、绝热用玻璃棉及其制品、绝热用硅酸铝棉及其制品、建筑绝热用玻璃棉制品、吸声用玻璃棉制品、吸声板用粒状棉、矿物棉喷涂绝热层等。表17.4.1纤维类保温吸声材料的检测代码及参数主要依据如下相关标准：

《绝热用岩棉、矿渣棉及其制品》GB/T 11835

《绝热用玻璃棉及其制品》GB/T 13350

《绝热用硅酸铝棉及其制品》GB/T 16400

《建筑绝热用玻璃棉制品》GB/T 17795

《吸声用玻璃棉制品》JC/T 469

《吸声板用粒状棉》JC/T 903

《矿物面喷涂绝热层》JC/T 909

17.5 涂 料

17.5.1 涂料保温吸声材料包括硅酸钙、硅藻土绝热制品等。表17.5.1涂料类保温吸声材料的检测代码及参数主要依据如下相关标准：

《硅酸盐复合绝热涂料》GB/T 17371

17.6 复 合 板

17.6.1 复合板类保温吸声材料包括钢丝网架水泥聚苯乙烯夹芯板、矿渣棉装饰吸声板、金属棉聚苯乙烯夹芯板、金属面硬质聚氨酯夹芯板、金属岩棉、矿渣棉夹芯板、玻璃纤维增强水泥（GRC）外墙内保温板、吸声用穿孔纤维水泥板等。表17.6.1的检测代码及参数主要依据如下相关标准：

《钢丝网架水泥聚苯乙烯夹芯板》JC 623

《金属面硬质聚氨酯夹芯板》JC/T 868

《金属面岩棉 矿渣棉夹芯板》JC/T 869

《玻璃纤维增强水泥（GRC）外墙内保温板》JC/T 893

《吸声用穿孔纤维水泥板》JC/T 566

18 道桥材料

18.1 一般规定

18.1.1 道桥材料包括石料、粗集料、细集料、矿

粉、沥青等项目。

18.2 石　料

18.2.1　表18.2.1道路用石料检测代码及参数主要依据以下相关标准：

《城市道路路基工程施工及验收规范》CJJ 44
《公路路基施工技术规范》JTG F10
《公路工程岩石试验规程》JTG E41
《公路路基路面现场测试规程》JTG E60
《公路工程质量检验评定标准第一册　土建工程》JTG F80/1

18.3 粗　集　料

18.3.1　表18.3.1粗集料检测代码及参数主要依据以下相关标准：

《城市道路路基工程施工及验收规范》CJJ 44
《公路路基施工技术规范》JTG F10
《公路工程集料试验规程》JTG E42
《公路路基路面现场测试规程》JTG E60
《公路工程质量检验评定标准第一册　土建工程》JTG F80/1

18.4 细　集　料

18.4.1　表18.4.1细集料性能检测代码及参数主要依据以下相关标准：

《城市道路路基工程施工及验收规范》CJJ 44
《公路路基施工技术规范》JTG F10
《公路工程集料试验规程》JTG E42
《公路路基路面现场测试规程》JTG E60
《公路工程质量检验评定标准第一册　土建工程》JTG F80/1

18.5 矿　粉

18.5.1　表18.5.1矿粉性能检测代码及参数主要依据以下相关标准：

《城市道路路基工程施工及验收规范》CJJ 44
《公路路基施工技术规范》JTG F10
《公路工程集料试验规程》JTG E42
《公路路基路面现场测试规程》JTG E60
《公路工程质量检验评定标准第一册　土建工程》JTG F80/1

18.6 沥　青

18.6.1　表18.6.1沥青材料性能检测代码及参数主要依据以下相关标准：

《公路工程沥青及沥青混合料试验规程》JTJ 052
《城市道路路基工程施工及验收规范》CJJ 44
《公路工程质量检验评定标准第一册　土建工程》JTG F80/1

18.7 沥青混合料

18.7.1　沥青混合料包括沥青稳定碎石混合料（密级配、半开级配、开级配沥青碎石混合料）、SMA（沥青玛蹄脂碎石）混合料、OGFC（开级配沥青磨耗层）混合料等。表18.7.1沥青混合料检测代码及参数主要依据以下相关标准：

《公路工程沥青及沥青混合料试验规程》JTJ 052
《城市道路路基工程施工及验收规范》CJJ 44
《公路工程质量检验评定标准第一册　土建工程》JTG F80/1

18.8 无机结合料稳定材料

18.8.1　无机结合料稳定材料包括水泥稳定土、石灰稳定土、水泥石灰综合稳定土、石灰粉煤灰稳定土、水泥粉煤灰稳定土和水泥石灰粉煤灰稳定土等。表18.8.1无机结合料稳定材料的检测代码及参数主要依据以下相关标准：

《粉煤灰石灰类道路基层施工及验收规程》CJJ 4
《钢渣石灰类道路基层施工及验收规程》CJJ 35
《城市道路路基工程施工及验收规范》CJJ 44
《公路路基施工技术规范》JTG F10
《公路工程无机结合料稳定材料试验规程》JTG E51
《公路路基路面现场测试规程》JTG E60
《公路工程质量检验评定标准第一册　土建工程》JTG F80/1

18.9 土工合成材料

18.9.1　土工合成材料包括土工织物、土工膜、土工复合材料和土工特种材料、膨润土防水毯等。表18.9.1土工合成材料检测代码及参数主要依据以下相关标准：

《土工合成材料测试规程》SL/T 235
《城市道路路基工程施工及验收规范》CJJ 44
《公路工程质量检验评定标准第一册　土建工程》JTG F80/1

19　道桥构配件

19.1 一　规　定

19.1.1　道桥构配件包括桥梁支座、桥梁伸缩装置等项目。

19.2 桥　梁　支　座

19.2.1　桥梁支座主要包括：桥梁板式橡胶支座、桥梁四氟板式橡胶支座、盆式支座、球型支座等。表19.2.1桥梁支座检测代码及参数依据以下相关标准：

《公路桥梁板式橡胶支座》JT/T 4

《公路桥梁盆式支座》JT/T 391

19.3 桥梁伸缩装置

19.3.1 桥梁伸缩装置主要包括：桥梁模数式伸缩装置、梳齿板式伸缩装置、橡胶式伸缩装置、异型板式伸缩装置、桥梁波形伸缩装置等。表19.3.1桥梁伸缩装置检测代码及参数依据以下相关标准：

《公路桥梁伸缩装置》JT/T 327

《公路桥梁波形伸缩装置》JT/T 502

20 防腐绝缘材料

20.1 一般规定～20.13 聚乙烯工业薄膜

20.1.1～20.13.1 表20.2.1～表20.13.1中的检测代码及参数主要依据以下相关标准：

《埋地钢质管道石油沥青防腐层技术标准》SY/T 0420

《埋地钢质管道环氧煤沥青防腐层技术标准》SY/T 0447

《埋地钢质管道煤焦油瓷漆外防腐层技术标准》SY/T 0379

《埋地钢质管道聚乙烯防腐层技术标准》SY/T 0413

《钢质管道聚乙烯胶粘带防腐层技术标准》SY/T 0414

《辐射交联聚乙烯热收缩带（套）》SY/T 4054

《钢质管道单层熔结环氧粉末外涂层技术规范》SY/T 0315

《钢结构、管道涂装技术规程》YB/T 9256

21 地基与基础工程

21.1 一般规定

21.1.1 地基与基础工程包括建筑与市政工程的土工试验、地基、基础、支护结构等项目。

21.2 土工试验

21.2.1 表21.2.1中土工试验的检测代码及参数依据下列相关标准：

《土工试验方法标准》GB/T 50123

《公路土工试验规程》JTG E40

21.3 地基

21.3.1 表21.3.1中地基检测代码及参数依据下列相关标准：

《岩土工程勘察规范》GB 50021

《地基动力特性测试规范》GB/T 50269

《建筑地基基础设计规范》GB 50007

《建筑地基处理技术规范》JGJ 79

《公路路基施工技术规范》JTG F10

21.4 基础

21.4.2 基础包括浅基础、桩基础。浅基础的基础持力层性质检测代码及参数参照地基项目，表21.4.2中桩基础检测代码及参数主要依据下列相关标准：

《建筑基桩检测技术规范》JGJ 106

《建筑地基基础设计规范》GB 50007

《建筑桩基技术规范》JGJ 94

21.5 支护结构

21.5.1 表21.5.1中基坑支护结构检测代码及参数主要依据下列相关标准：

《基坑土钉支护技术规程》CECS 96

《建筑基坑支护技术规程》JGJ 120

《建筑地基基础设计规范》GB 50007

《钻芯法检测混凝土强度技术规程》CECS 03

22 主体结构工程

22.1 一般规定

22.1.1 主体结构工程包括房屋及市政工程的混凝土结构、砌体结构、钢结构等项目。

22.2 混凝土结构

22.2.1 表22.2.1混凝土结构检测代码及参数主要依据以下相关标准：

《回弹法检测混凝土抗压强度技术规程》JGJ/T 23

《超声回弹综合法检测混凝土强度技术规程》CECS 02

《钻芯法检测混凝土强度技术规程》CECS 03

《后装拔出法检测混凝土强度技术规程》CECS 69

《混凝土结构工程施工质量验收规范》GB 50204

《超声法检测法检测混凝土缺陷技术规程》CECS 21

《建筑结构检测技术标准》GB/T 50344

《混凝土结构试验方法标准》GB 50152

《预应力混凝土用钢绞线》GB/T 5224

《预应力混凝土用钢丝》GB/T 5223

《预应力筋用锚具、夹具和连接器》GB/T 14370

《预应力筋用锚具、夹具和连接器应用技术规程》JGJ 85

《预应力混凝土用金属波纹管》JG 225

22.3 砌 体 结 构

22.3.1 砌体结构包括砖砌体、砌块砌体和石砌体结构等。表22.3.1中砌体结构检测代码及参数主要依据以下相关标准：

《砌体工程施工质量验收规范》GB 50203

《砌体工程现场检测技术标准》GB/T 50315

《建筑结构检测技术标准》GB/T 50344

《建筑砂浆基本性能试验方法标准》JGJ/T 70

《贯入法检测砌筑砂浆抗压强度技术规程》JGJ/T 136

22.4 钢 结 构

22.4.1 表22.4.1中钢结构检测代码及参数主要依据以下相关标准：

《建筑钢结构焊接技术规程》JGJ 81

《钢焊缝手工超声波探伤方法和探伤结果分级》GB/T 11345

《压力设备无损检测》JB/T 4730.1～4370.6

《钢结构高强螺栓连接的设计、施工及验收规程》JGJ 82

《钢结构工程施工质量验收规范》GB 50205

《涂装前钢材表面锈蚀等级和除锈等级》GB/T 8923

《建筑结构检测技术标准》GB/T 50344

《网架结构工程质量检验评定标准》JGJ 78

《钢结构超声波探伤及质量分级法》JG/T 203

《铝合金建筑型材》GB/T 5237.1～5237.6

《钢焊缝手工超声波探伤方法和探伤结果分级》GB/T 11345

《锻钢件超声波探伤方法》JB/T 8467

《无损检测 焊缝磁粉检测》JB/T 6061

《钢结构超声波探伤及质量分级法》JG/T 203

《无损检测 磁粉检测 第1部分：总则》GB/T 15822.1

《复合钢板超声波检验方法》GB/T 7734

《无损检测 符号表示法》GB/T 14693

《钢结构用高强度大六角头螺栓、大六角螺母、垫圈技术条件》GB/T 1231

《建筑安装工程金属熔化焊焊缝射线照相检测标准》CECS 70

《无缝钢管超声波探伤检验方法》GB/T 5777

《无损检测 金属管道熔化焊环向对接接头射线照相检测方法》GB/T 12605

《铸钢件渗透检测》GB/T 9443

《铸钢件磁粉检测》GB/T 9444

《无损检测 接触式超声斜射检测方法》GB/T 11343

《无损检测 术语 超声检测》GB/T 12604.1

《无损检测 术语 射线照相检测》GB/T 12604.2

《无损检测 术语 渗透检测》GB/T 12604.3

《无损检测 术语 磁粉检测》GB/T 12604.5

《无损检测 人员资格鉴定与认证》GB/T 9445

22.5 钢管混凝土结构

22.5.1 表22.5.1中钢管混凝土结构检测代码及参数依据以下标准：

《建筑结构检测技术标准》GB/T 50344

《钢结构工程施工质量验收规范》GB 50205

《超声法检测混凝土缺陷技术规程》CECS 21

《钢管混凝土结构设计与施工规程》CECS 28

22.6 木 结 构

22.6.1 木结构包括原木结构、方木结构、胶合木结构和胶合板结构。表22.6.1中木结构的其他检测代码及参数主要依据以下相关标准：

《木材抗弯强度试验方法》GB/T 1936.1

《木材物理力学试验方法总则》GB/T 1928

《木材顺纹抗拉强度试验方法》GB/T 1938

《木材含水率测定方法》GB/T 1931

《木结构工程施工质量验收规范》GB 50206

《木结构试验方法标准》GB/T 50329

《建筑结构检测技术标准》GB/T 50344

22.7 膜 结 构

22.7.1 膜结构包括张拉膜结构、骨架式膜结构、索系膜结构和充气式膜结构。表22.7.1膜结构检测代码及参数主要依据以下相关标准：

《膜结构技术规程》CECS 158

《增强材料 机织物试验方法 第5部分：玻璃纤维拉伸断裂强力和断裂伸长的测定》GB/T 7689.5

《800～2000 纳米光谱反射比副基准操作技术规范》JJF 1335

《建筑玻璃可见光透射比、太阳光直接透射比、太阳能总透比、紫外线透射比及有关窗玻璃参数的测定》GB/T 2680

《建筑材料难燃性试验方法》GB/T 8625

《塑料实验室光源暴露试验方法 第2部分：氙弧灯》GB/T 16422.2

23 装饰装修工程

23.1 一 般 规 定

23.1.1 装饰装修工程检测包括抹灰工程、门窗工程、粘结与锚固等项目。

23.2 抹 灰

23.2.1 表 23.2.1 中装饰装修工程检测代码及参数主要依据以下标准：

《建筑装饰装修工程质量验收规范》GB 50210

《建筑涂饰工程施工及验收规程》JGJ/T 29

《民用建筑设计通则》GB 50352

《建筑地面工程施工质量验收规范》GB 50209

《木质地板铺装、验收和使用规范》GB/T 20238

《木地板铺设面层验收规范》WB/T 1016

《建筑内部装修设计防火规范》GB/T 50222

《金属与石材幕墙工程技术规范》JGJ 133

23.3 门 窗

23.3.1 表 23.3.1 门窗物理性能现场检测代码及参数主要依据以下标准：

《建筑外窗气密、水密、抗风压性能现场检测方法》JG/T 211

23.4 粘结与锚固

23.4.1 表 23.4.1 粘结与锚固检测代码及参数主要依据以下标准：

《外墙饰面砖工程施工及验收规程》JGJ 126

《建筑工程饰面砖粘结强度检验标准》JGJ 110

《混凝土结构后锚固技术规程》JGJ 145

24 防 水 工 程

24.1 一 般 规 定

24.1.1 防水工程包括建筑与市政工程的地下防水和屋面防水工程等项目。本章主要针对与防水性能有关的包括找平层、保温层、防水层等检测。

24.2 地下防水工程

24.2.1 表 24.2.1 地下防水工程检测代码及参数主要依据以下标准：

《增强氯化聚乙烯橡胶卷材防水工程技术规程》CECS 63

《地下工程防水技术规范》GB 50108

《地下防水工程质量验收规范》GB 50208

24.3 屋面防水工程

24.3.1 表 24.3.1 屋面防水工程检测代码及参数主要依据以下标准：

《柔毡屋面防水工程技术规程》CECS 29

《屋面工程技术规范》GB 50345

《屋面工程质量验收规范》GB 50207

25 建筑给水、排水及采暖工程

25.1 一 般 规 定

25.1.1、25.1.2 建筑给水、排水及采暖安装工程检测包括建筑给水、排水工程，采暖供热系统等项目。

25.2 建筑给水、排水工程

25.2.1 表 25.2.1 中给水、排水安装工程的检测代码及参数主要依据以下相关标准：

《建筑给水排水及采暖工程施工质量验收规范》GB 50242

《压缩机、风机、泵安装工程施工及验收规范》GB 50275

25.3 采暖供热系数

25.3.1 表 25.3.1 中采暖安装工程的检测代码及参数主要依据以下相关标准：

《建筑给水排水及采暖工程施工质量验收规范》GB 50242

《压缩机、风机、泵安装工程施工及验收规范》GB 50275

《地面辐射供暖技术规程》JGJ 142

26 通风与空调工程

26.1 一 般 规 定

26.1.1 通风与空调工程检测包括系统安装、系统测定与调整等项目。

26.2 系 统 安 装

26.2.1 系统安装包括风管、风管部件规格及材料，风管系统，通风与空调设备，空调制冷系统，空调水系统与设备。表 26.2.1 系统安装检测代码及参数主要依据以下标准：

《通风与空调工程施工质量验收规范》GB 50243

《医院洁净手术部建筑技术规范》GB 50333

《生物安全实验室建筑技术规范》GB 50346

《医院消毒卫生标准》GB 15982

《机械设备安装工程施工及验收通用规范》GB 50231

《制冷设备、空气分离设备安装工程施工及验收规范》GB 50274（涉及制冷设备的本体安装）

《锅炉安装工程施工及验收规范》GB 50273

《压缩机、风机、泵安装工程施工及验收规范》GB 50275

《声环境质量标准》GB 3096

《采暖通风与空气调节设备噪声声功率级的测定工程法》GB 9068

《工业锅炉水质》GB/T 1576

26.3 系统测定与调整

26.3.1 建筑系统综合效能测定与调整包括通风除尘系统、空调系统、恒温恒湿空调系统、净化空调系统的综合效能测定。表26.3.1通风除尘系统综合效能检测代码及参数主要依据以下标准：

《氨制冷系统安装工程施工及验收规范》SBJ 12

《机械设备安装工程施工及验收通用规范》GB 50231

《制冷设备、空气分离设备安装工程施工及验收规范》GB 50274（涉及制冷设备的本体安装）

《声环境质量标准》GB 3096

《采暖通风与空气调节设备噪声声功率级的测定工程法》GB 9068

27 建筑电气工程

27.1 一 般 规 定

27.1.1 建筑电气工程包括电气设备交接试验、照明系统、建筑防雷、建筑物等电位连接等项目。

27.2 电气设备交接试验～27.5 建筑物等电位连接

27.2.1～27.5.1 建筑防雷包括接闪器、引下线和接地装置。建筑物等电位连接包括等电位连接系统、共用接地系统、屏蔽系统、浪涌保护器等。表27.2.1、表27.3.1、表27.4.1、表27.5.1中检测代码及参数主要依据以下相关标准：

《电气装置安装工程 电气设备交接试验标准》GB 50150

《建筑电气工程施工质量验收规范》GB 50303

《民用建筑电气设计规范》JGJ 16

《建筑物防雷设计规范》GB 50057（2000年版）

《建筑物电子信息系统防雷技术规范》GB 50343

《建筑物电气装置 第7部分：特殊装置或场所的要求 第706节：狭窄的可导电场所》GB 16895.8

28 智能建筑工程

28.1 一 般 规 定

28.1.1 智能建筑工程包括通信网络系统、综合布线系统等项目。

28.2 通信网络系统

28.2.1 通信网络系统包括电话交换系统、会议电视系统、接入网设备、卫星数字电视及有线电视系统、公共广播与紧急广播系统。表28.2.1中所列参数主要依据以下相关标准：

《智能建筑工程质量验收规范》GB 50339

《智能建筑工程检测规程》CECS 182

《综合布线系统工程验收规范》GB 50312

《建筑电气工程施工质量验收规范》GB 50303

《电气装置安装工程 电气设备交接试验标准》GB 50150

《综合布线系统电气特性通用测试方法》YD/T 1013

28.3 综合布线系统

28.3.1 综合布线系统包括系统安装质量、系统性能、系统管理。

《综合布线系统工程验收规范》GB 50312

《大楼通信综合布线系统 第1部分：总规范》YD/T 926.1

29 建筑节能工程

29.1 一 般 规 定

29.1.1 建筑节能工程参照《建筑节能工程施工质量验收规范》GB 50411分为墙体、幕墙、门窗、屋面、地面、采暖、通风与空调、通风与空调冷热源及管网、配电与照明、监测与控制、围护结构实体等项目。

29.2 墙 体

29.2.1 表29.2.1中墙体节能检测中材料检测代码及参数主要依据以下相关标准：

《建筑节能工程施工质量验收规范》GB 50411

《外墙外保温工程技术规程》JCJ 144

《墙体保温用膨胀聚苯乙烯板胶粘剂》JC/T 992

《外墙外保温用膨胀聚苯乙烯板抹面胶浆》JC/T 993

《胶粉聚苯颗粒外墙外保温系统》JG 158

《膨胀聚苯板薄抹灰外墙外保温系统》JG 149

《玻璃纤维网布耐碱性试验方法 氢氧化钠溶液浸泡法》GB/T 20102

《增强用玻璃纤维网布 第2部分：聚合物基外墙外保温用玻璃纤维网布》JC 561.2

《居住建筑节能检测标准》JGJ/T 132

29.7 采 暖

29.7.1 表29.7.1中采暖检测中保温材料检测代码及参数主要依据以下相关标准：

《采暖散热器散热量测定方法》GB/T 13754

《风机盘管机组》GB/T 19232

29.9 空调与采暖系统冷热源及管网

29.9.1 表 29.9.1 中空调与采暖系统冷热源及管网检测代码及参数主要依据以下相关标准：

《建筑节能工程施工质量验收规范》GB 50411

《通风与空调工程施工质量验收规范》GB 50243

《通 风 与 空 调 系 统 性 能 检 测 规 程》DG/TJ 08—19802

29.10 配电与照明

29.10.1 表 29.10.1 中配电与照明节能工程检测代码及参数主要依据以下相关标准：

《建筑节能工程施工质量验收规范》GB 50411

《建筑电气工程施工质量验收规范》GB 50303

29.11 监测与控制

29.11.1 表 29.11.1 中监测与控制的检测代码及参数主要依据以下相关标准：

《智能建筑工程质量验收规范》GB 50339

《智能建筑工程检测规程》CECS 182

30 道 路 工 程

30.1 一 般 规 定

30.1.1 道路工程包括路基土石方工程、道路排水设施、道路防护工程、路面工程等项目。

30.2 路基土石方工程

30.2.1 表 30.2.1 路基土石方工程检测代码及参数依据以下相关标准：

《粉煤灰石灰类道路基层施工及验收规程》CJJ 4

《钢渣石灰类道路基层施工及验收规程》CJJ 35

《城市道路路基工程施工及验收规范》CJJ 44

《公路路基施工技术规范》JTG F10

《公路工程岩石试验规程》JTG E41

《公路工程无机结合料稳定材料试验规程》JTG E51

《公路工程集料试验规程》JTG E42

《公路路基路面现场测试规程》JTG E60

《公路勘测规范》JTG C10

《公路工程质量检验评定标准 第一册 土建工程》JTG F80/1

30.3 道路排水设施

30.3.1 表 30.3.1 道路排水设施（管线、涵洞）的检测代码及参数依据以下相关标准：

《混凝土排水管道工程闭气检验标准》CECS 19

《给水排水管道工程施工及验收规范》GB 50268

30.4 挡土墙等防护工程

30.4.1 表 30.4.1 挡土墙等防护工程检测代码及参数依据以下相关标准：

《建筑变形测量规范》JGJ 8

《岩土锚杆（索）技术规程》CECS 22

30.5 路 面 工 程

30.5.1 表 30.5.1 路面工程的检测代码及参数依据以下相关标准：

《乳化沥青路面施工及验收规程》CJJ 42

《公路水泥混凝土路面施工技术规范》JTG F30

《公路路面基层施工技术规范》JTJ 034

《公路沥青路面施工技术规范》JTG F40

《公路路基路面现场测试规程》JTG E60

《公路工程质量检验评定标准 第一册 土建工程》JTG F80/1

31 桥 梁 工 程

31.1 一 般 规 定

31.1.1 桥梁检测包括上部结构和成桥等项目。

31.2 桥梁上部结构

31.2.1 表 31.2.1 中桥梁上部结构检测代码及参数依据以下相关标准：

《建筑变形测量规范》JGJ 8

《钢结构高强度螺栓连接的设计、施工及验收规程》JGJ 82

31.3 成 桥

31.3.1 表 31.3.1 中成桥检测代码及参数依据以下相关标准：

《建筑结构检测技术标准》GB/T 50344

《建筑变形测量规范》JGJ 8

《钢结构高强度螺栓连接的设计、施工及验收规程》JGJ 82

《城市人行天桥与人行地道技术规范》CJJ 69

《全球定位系统城市测量技术规程》CJJ 73

《公路桥涵施工技术规范》JTJ 041

32 隧道工程与城市地下工程

32.1 一 般 规 定

32.1.1 隧道工程与城市地下工程检测包括主体结构等项目。

32.2 主 体 结 构

32.2.1 表 32.2.1 主体结构工程检测代码及参数依据以下相关标准：

《地下铁道工程施工及验收规范》GB 50299
《建筑变形测量规范》JGJ 8
《全球定位系统城市测量技术规程》CJJ 73
《孔隙水压力测试规程》CECS 55
《砌体工程现场检测技术标准》GB/T 50315
《建筑结构检测技术标准》GB/T 50344
《锚杆喷射混凝土支护技术规范》GB 50086
《建筑基坑支护技术规程》JGJ 120

33 市政给水排水、热力与燃气工程

33.1 一 般 规 定

33.1.1 市政给水排水、热力与燃气工程包括构筑物、工程管网等项目。

33.2 构 筑 物

33.2.1 表 33.2.1 构筑物工程的检测代码及参数主要依据以下相关标准：

《给水排水构筑物工程施工及验收规范》GB 50141
《砌体工程现场检测技术标准》GB/T 50315
《混凝土排水管道工程闭气检验标准》CECS 19
《给水排水管道工程施工及验收规范》GB 50268
《排水管（渠）工程施工质量检验标准》DBJ 01-13

33.3 工 程 管 网

33.3.1 表 33.3.1 工程管网检测代码及参数主要依据以下相关标准：

《给水排水管道工程施工及验收规范》GB 50268
《建筑安装工程金属熔化焊焊缝射线照相检测标准》CECS 70
《城镇供热管网工程施工及验收规范》CJJ 28
《建筑变形测量规范》JGJ 8
《全球定位系统城市测量技术规程》CJJ 73
《工业金属管道工程施工及验收规范》GB 50235
《现场设备、工业管道焊接工程施工及验收规范》GB 50236
《城镇燃气埋地钢质管道腐蚀控制技术规程》CJJ 95
《聚乙烯燃气管道工程技术规程》CJJ 63
《汽车用燃气加气站技术规范》CJJ 84
《城镇直埋供热管道工程技术规程》CJJ/T 81
《城镇燃气输配工程施工及验收规范》CJJ 33
《城镇燃气埋地钢质管道腐蚀控制技术规程》

CJJ 95

34 工 程 监 测

34.1 一 般 规 定

34.1.1 建筑与市政工程监测包括基坑及支护结构等项目。

34.2 基坑及支护结构

34.2.1 表 34.2.1 中基坑及支护结构监测参数主要依据以下相关标准：

《建筑地基基础设计规范》GB 50007
《建筑基坑支护技术规程》JGJ 120
《工程测量规范》GB 50026
《建筑变形测量规范》JGJ 8
《建筑基坑支护设计规程》JGJ 120
《建筑边坡工程技术规范》GB 50330

34.3 建 (构) 筑 物

34.3.1 表 34.3.1 中建（构）筑物监测参数主要依据以下相关标准：

《建筑变形测量规范》JGJ 8
《工程测量规范》GB 50026
《建筑地基基础设计规范》GB 50007

34.4 道 桥 工 程

34.4.1 表 34.4.1 中道桥工程监测参数依据以下相关标准：

《工程测量规范》GB 50026
《地下轨道交通工程测量规范》GB 50308
《全球定位系统（GPS）测量规范》GB/T 18314
《城市测量规范》CJJ 8
《地铁设计规范》GB 50157
《城市桥梁工程施工与质量验收规范》CJJ 2
《公路钢筋混凝土及预应力混凝土桥涵设计规范》JTG D62
《公路桥涵设计通用规范》JTG D60
《城市人行天桥与人行地道技术规范》CJJ 69
《全球定位系统城市测量技术规程》CJJ 73
《城市桥梁养护技术规范》CJJ 99
《排水管道维护安全技术规程》CJJ 6
《城镇燃气设施运行、维护和抢修安全技术规程》CJJ 51
《建筑变形测量规范》JGJ 8

34.5 隧道及地下工程

34.6 高 支 模

34.5.1、34.6.1 表 34.5.1 与表 34.6.1 中监测参数

依据以下相关标准：

《建筑变形测量规范》JGJ 8

《工程测量规范》GB 50026

35 施工机具

35.1 一般规定

35.1.1 施工机具检测包括金属脚手架扣件等项目。

35.2 金属脚手架扣件

35.2.1 表 35.2.1金属脚手架扣件检测代码及参数主要依据以下相关标准：

《钢管脚手架扣件》GB 15831

《碳素结构钢》GB/T 700

《普通螺纹基本尺寸》GB/T 196

《半圆头铆钉》GB/T 867

《平垫圈 C 级》GB/T 95

《可锻铸铁件》GB/T 9440

《一般工程用铸造碳钢件》GB/T 11352

《低压流体输送用焊接钢管》GB/T 3091

35.3 金属组合钢模板

35.3.1 表 35.3.1金属组合钢模板检测代码及参数主要依据以下相关标准：

《组合钢模板技术规范》GB 50214

《组合钢模板质量检验评定标准》YB/T 9251

35.4 高处作业吊篮

35.4.1 表 35.4.1中高处作业吊篮检测代码及参数主要依据以下相关标准：

《高处作业吊篮》GB 19155

《塔式起重机安全规程》GB 5144

《起重机械用钢丝绳检验和报废实用规范》GB/T 5972

《一般用途钢丝绳》GB/T 20118

《擦窗机》GB 19154

35.5 高空作业平台

35.5.1 表 35.5.1高空作业平台检测代码及参数主要依据以下相关标准：

《高空作业机械安全规则》JG 5099

《臂架式高空作业平台》JG/T 5101

《剪叉式高空作业平台》JG/T 5100

《套筒油缸式高空作业平台》JG/T 5102

《桅柱式高空作业平台》JG/T 5103

《桁架式高空作业平台》JG/T 5104

35.6 塔式起重机

35.6.1 表 35.6.1塔式起重机检测代码及参数主要

依据以下相关标准：

《塔式起重机》GB/T 5031

《塔式起重机安全规程》GB 5144

35.7 建筑卷扬机

35.7.1 表 35.7.1建筑卷扬机检测代码及参数主要依据以下相关标准：

《建筑卷扬机》GB/T 1955

《起重机械用钢丝绳检验和报废实用规范》GB 5972

《一般用途钢丝绳》GB/T 20118

《电气装置安装工程 电气设备交接试验标准》GB 50150

35.8 施工升降机

35.8.1 表 35.8.1施工升降机检测代码及参数主要依据以下相关标准：

《施工升降机》GB/T 10054

《塔式起重机》GB/T 5031

《龙门架及井架物料提升机安全技术规范》JGJ 88

35.9 物料提升机

35.9.1 表 35.9.1物料提升机检测代码及参数主要依据以下相关标准：

《起重机械用钢丝绳检验和报废实用规范》GB 5972

《龙门架及井架物料提升机安全技术规范》JGJ 88

《建筑施工安全检查标准》JGJ 59

《建筑施工高处作业安全技术规范》JGJ 80

36 安全防护用品

36.1 一般规定

36.1.1 安全防护用品检测包括安全网、安全帽及安全带等项目。

36.2 安全网

36.2.1 表 36.2.1中安全网参数主要依据以下标准：

《安全网》GB 5725

《纺织品 燃烧性能试验 垂直法》GB/T 5455

《绳索 有关物理和机械性能的测定》GB/T 8834

36.3 安全帽及安全带

36.3.1 表 36.3.1中安全帽及安全带检测代码及参数主要依据以下标准：

《安全帽》GB 2811

《安全帽测试方法》GB/T 2812

《安全带》GB 6095

《安全带测试方法》GB/T 6096

37 热 环 境

37.1 一 般 规 定

37.1.1 热环境检测包括气象等项目。

37.2 气 象

37.2.1 气象检测所依据标准规范如下：

《气象雷达参数测试方法》GB/T 12649

37.3 室内热环境

37.3.1 室内热环境检测所依据标准规范如下：

《热环境 根据 WBGT 指数（湿球黑球温度）对作业人员热负荷的评价》GB/T 17244

《中等热环境 PMV 和 PPD 指数的测定及热舒适条件的规定》GB/T 18049

37.4 材料热工性能

37.4.1 材料的热工性能检测所依据的规范如下：

《绝热材料稳态热阻及有关特性的测定 防护热板法》GB/T 10294

《绝热材料稳态热阻及有关特性的测定 热流计法》GB/T 10295

《建筑材料水蒸气透过性能试验方法》GB/T 17146

《玻璃导热系数试验方法》JC/T 675

37.5 构件热工性能

37.5.1 围护结构热工性能现场检测依据的相关标准如下：

《居住建筑节能检测标准》JGJ/T 132

《绝热 稳态传热性质的测定 标定和防护热箱法》GB/T 13475

《建筑节能工程施工验收规范》GB 50411

《建筑工程施工质量验收统一标准》GB 50300

《民用建筑节能设计标准》JGJ 26

《公共建筑节能设计标准》GB 50189

38 光 环 境

38.1 一 般 规 定

38.1.1 光环境检测包括采光、照明等项目。

38.2 采 光

38.2.1 采光检测所依据的相关标准如下：

《采光测量方法》GB/T 5699

《公共场所采光系数测定方法》GB/T 18204.20

《公共场所照度测定方法》GB/T 18204.21

38.3 建 筑 照 明

38.3.1 建筑照明检测所依据的相关标准如下：

《照明测量方法》GB/T 5700

《照明光源颜色的测量方法》GB/T 7922

《光源显色性评价方法》GB/T 5702

《彩色建筑材料色度测量方法》GB/T 11942

《室内影院和鉴定放映室的银幕亮度》GB/T 4645

38.4 材料光学性能

38.4.1 玻璃光学性能检测所依据的相关标准如下：

《建筑玻璃可见光透射比、太阳光直接透射比、太阳能总透射比、紫外线透射比及有关窗玻璃参数的测定》GB/T 2680

38.5 外窗光学性能

38.5.1 外窗光学性能检测所依据的相关标准如下：

《建筑外窗采光性能分级及检测方法》GB/T 11976

39 声 环 境

39.1 一 般 规 定

39.1.1 声环境检测包括声源、室内音质、噪声、振动等项目。

39.2 声 源

39.2.1 声源检测所依据的相关标准如下：

《建筑隔声评价标准》GB/T 50121

《声环境质量标准》GB 3096

《建筑施工场界噪声测量方法》GB 12524

《工业企业噪声测量规范》GBJ 122

《建筑机械与设备 噪声测量方法》JG/T 5079.2

《采暖通风与空气调节设备噪声声功率级的测定 工程法》GB/T 9068

39.3 室 内 音 质

39.3.1 室内音质检测所依据的相关标准如下：

《厅堂扩声特性测量方法》GB/T 4959

《厅堂混响时间测量规范》GBJ 76

《体育馆声学设计及测量规程》JGJ/T 131

39.4 噪　声

39.4.1 噪声检测所依据的相关标准如下：

《工业企业噪声测量规范》GBJ 122

《声环境质量标准》GB 3096

《建筑施工场界噪声测量方法》GB 12524

《建筑机械与设备　噪声测量方法》JG/T5079.2

《采暖通风与空气调节设备噪声声功率级的测定　工程法》GB/T 9068

39.5 振　动

39.5.1 振动检测所依据的相关标准如下：

《驻波管法吸声系数与声阻抗率测量规范》GBJ 88

《体育馆声学设计及测量规程》JGJ/T 131

39.6 材料声学性能

39.6.1 材料声学性能检测所依据的规范如下：

《建筑吸声产品的吸声性能分级》GB/T 16731

《声学　阻抗管中吸声系数和声阻抗的测量　第1部分：驻波比法》GB/T 18696.1

《声学　阻抗管中吸声系数和声阻抗的测量　第2部分：传递函数法》GB/T 18696.2

《声学　隔声罩的隔声性能测定　第1部分：实验室条件下测量（标示用）》GB/T 18699.1

《声学　隔声罩的隔声性能测定　第2部分：现场测量（验收和验证用）》GB/T 18699.2

《声学　隔声间的隔声性能测定　实验室和现场测量》GB/T 19885

《建筑隔声评价标准》GB/T 50121

《建筑隔声测量规范》GBJ 75

39.7 构件声学性能

39.7.1 围护结构声学性能检测所依据的相关标准如下：

《声学　环境噪声的描述、测量与评价　第1部分：基本参量与评价方法》GB/T 3222.1

《绿色建筑评价标准》GB/T 50378

《建筑隔声测量规范》GBJ 75

《建筑门窗空气声隔声性能分级及检测方法》GB/T 8485

《声学　建筑和建筑构件隔声测量　第1部分：侧向传声受抑制的实验室测试设施要求》GB/T 19889.1

《声学　建筑和建筑构件隔声测量　第2部分：数据精密度的确定、验证和应用》GB/T 19889.2

《声学　建筑和建筑构件隔声测量　第3部分：建筑构件空气声隔声的实验室测量》GB/T 19889.3

《声学　建筑和建筑构件隔声测量　第4部分：房间之间空气声隔声的现场测量》GB/T 19889.4

《声学　建筑和建筑构件隔声测量　第6部分：楼板撞击声隔声的实验室测量》GB/T 19889.6

《声学　建筑和建筑构件隔声测量　第7部分：楼板撞击声隔声的现场测量》GB/T 19889.7

《采暖通风与空气调节术语标准》GB 50155

40　空　气　质　量

40.1　一　般　规　定

40.1.1 空气质量检测包括室内空气等项目。

40.2　室内空气质量

40.2.1 表40.2.1室内空气质量检测代码及参数主要依据以下标准：

《民用建筑工程室内环境污染控制规范》GB 50325

《环境地表γ辐射剂量率测定规范》GB/T 14583

《公共场所空气中甲醛测定方法》GB/T 18204.26

《居住区大气中苯、甲苯和二甲卫生检验标准方法　气相色谱法》GB/T 11737

《公共场所空气中氨测定方法》GB/T 18204.25

《混凝土外加剂中释放氨的限量》GB 18588

《空气质量　甲醛的测定　乙酰丙酮分光光度法》GB/T 15516

《空气质量　甲苯、二甲苯、苯乙烯的测定　气相色谱法》GB/T 14677

《工作场所空气有毒物质测定锰及其化合物》GBZ/T 160.13

《空气质量　氨的测定　离子选择电极法》GB/T 14669

《环境空气中氡的标准测量方法》GB/T 14582

《室内空气质量标准》GB/T 18883

40.3　土壤放射性

40.3.1 表40.3.1中土壤放射性检测代码及参数主要依据以下标准：

《民用建筑工程室内环境污染控制规范》GB 50325

40.4　材料有害物质含量

40.4.1 材料有害物质含量包括人造板及其制品中甲醛释放限量、溶剂型木器涂料中有害物质限量、内墙涂料中有害物质限量、胶粘剂中有害物质限量、木家具中有害物质限量、壁纸中有害物质限量、聚氯乙烯卷材地板中有害物质限量、地毯、地毯衬垫及地毯胶粘剂有害物质限量、混凝土外加剂释放氨的限量、

色漆和清漆"可溶性"金属含量等，表 40.4.1 中检测代码及参数主要依据以下相关标准：

《室内装饰装修材料　人造板及其制品中甲醛释放限量》GB 18580

《室内装饰装修材料　溶剂型木器涂料中有害物质限量》GB 18581

《室内装饰装修材料　内墙涂料中有害物质限量》GB 18582

《室内装饰装修材料　胶粘剂中有害物质限量》GB 18583

《室内装饰装修材料　木家具中有害物质限量》GB 18584

《室内装饰装修材料　壁纸中有害物质限量》GB 18585

《室内装饰装修材料　聚氯乙烯卷材地板中有害物质限量》GB 18586

《室内装饰装修材料　地毯、地毯衬垫及地毯胶粘剂有害物质释放限量》GB 18587

《混凝土外加剂中释放氨的限量》GB 18588

《色漆和清漆用漆基　异氰酸酯树脂中二异氰酸酯单体的测定》GB/T 18446

《色漆和清漆　可溶性　金属含量的测定　第 1 部分：铅含量的测定　火焰原子吸收光谱法和双硫腙分光光度法》GB/T 9758.1

《色漆和清漆　可溶性　金属含量的测定　第 4 部分：镉含量的测定　火焰原子吸收光谱法和极谱法》GB/T 9758.4

《色漆和清漆　可溶性　金属含量的测定　第 6 部分：色漆的液体部分中铬总含量的测定　火焰原子吸收光谱法》GB/T 9758.6

《色漆和清漆　可溶性　金属含量的测定　第 7 部分：色漆和颜料部分和水可稀释漆的液体部分的汞含量的测定　无焰原子吸收光谱法》GB/T 9758.7

中华人民共和国行业标准

建筑工程施工过程结构分析与监测技术规范

Technical code for construction process analyzing
and monitoring of building engineering

JGJ/T 302—2013

批准部门：中华人民共和国住房和城乡建设部
施行日期：2 0 1 4 年 1 月 1 日

中华人民共和国住房和城乡建设部
公 告

第 63 号

住房城乡建设部关于发布行业标准
《建筑工程施工过程结构分析与监测技术规范》的公告

现批准《建筑工程施工过程结构分析与监测技术规范》为行业标准，编号为 JGJ/T 302 - 2013，自 2014 年 1 月 1 日起实施。

本规范由我部标准定额研究所组织中国建筑工业出版社出版发行。

中华人民共和国住房和城乡建设部
2013 年 6 月 24 日

前 言

根据住房和城乡建设部《关于印发〈2009 年工程建设标准规范制订、修订计划（第一批）〉的通知》（建标〔2009〕88 号）的要求，规范编制组经广泛调查研究，认真总结实践经验，参考有关国际标准和国外先进标准，并在广泛征求意见的基础上，编制本规范。

本规范的主要技术内容是：1 总则；2 术语和符号；3 基本规定；4 施工过程结构分析；5 变形监测；6 应力监测；7 温度和风荷载监测；8 成果整理。

本规范由住房和城乡建设部负责管理，由中国建筑股份有限公司负责具体技术内容的解释。执行过程中如有意见或建议，请寄送中国建筑股份有限公司（地址：北京市三里河路 15 号中建大厦；邮政编码：100037）。

本 规 范 主 编 单 位：中国建筑股份有限公司
中建八局第一建设有限公司

本 规 范 参 编 单 位：中国建筑科学研究院
华东建筑设计研究院有限公司
中建一局集团建设发展有限公司

中国新兴保信建设总公司
中建华海测绘科技有限公司
中建钢构有限公司
清华大学
武汉大学
北京银泰建预应力工程有限公司
北京拉特激光精密仪器有限公司

本规范主要起草人员：毛志兵　彭明祥　刘军进
王　建　张胜良　秦家顺
林　冰　郭际明　刘　创
赵　静　潘宠平　陈振明
戴立先　刘小刚　吴延宏
周予启　戴连双　许曙东
刘洪云　徐代胜　刘　杨

本规范主要审查人员：许溶烈　赵基达　洪立波
过静君　张其林　冯　跃
胡玉银　范　重　朱忠义
陈跃熙

目　次

Contents

1 总　则

1.0.1 为在建筑工程施工过程结构分析与监测中做到安全适用、确保质量、技术先进、经济合理，制定本规范。

1.0.2 本规范适用于建筑工程施工过程结构分析与监测。

1.0.3 建筑工程施工过程结构分析与监测除应符合本规范外，尚应符合国家现行有关标准的规定。

2　术语和符号

2.1　术　语

2.1.1 施工过程　construction process

为完成建筑工程建造而进行的施工活动。

2.1.2 施工过程结构分析　structure analysis in construction process

对工程结构从开始施工直至竣工这一时间段内的全过程或局部过程所进行的结构分析和计算工作。

2.1.3 设计目标位形　design objective shape

在设定荷载状态下，设计期望的建成结构的实际位形。

2.1.4 预变形技术　pre-deformation technique

为使建造成型的结构实现设计目标位形所采取的结构分析技术、构件加工尺寸预调以及现场安装定位预调等施工技术。

2.1.5 施工过程监测　monitoring in construction process

为掌握施工期间建筑结构受力及位形状态、保证结构安全而开展的监测活动。

2.1.6 监测技术　monitoring technique

针对变形、应力、环境影响等内容开展的各种人工或自动化测量技术。

2.1.7 变形监测　deformation monitoring

为获得关注的结构、构件或节点的变形位移而开展的测量工作。

2.1.8 应力监测　stress monitoring

为获得关注的结构、构件或节点的应力或应变而开展的测量工作。

2.1.9 监测点　monitoring point

直接或间接设置在被监测对象上能反映其某种变化的观测点。

2.1.10 监测频次　monitoring frequency

单位时间内的监测次数。

2.1.11 限值　limited value

施工过程中，对结构安全性和使用性相关指标设定的不应超出的界限值。

2.1.12 预警值　alarming value

依据规范规定、设计要求、工程经验或施工过程结构分析结果等，针对变形与应力监测项，设定的应引起相关单位以预警关注的参照值。

2.1.13 柔性结构　flexible structure

组成部件的弯曲刚度影响很小、主要以轴向刚度或者薄膜刚度形成的强几何非线性结构体系，如索膜结构、索网结构等。轴向力对组成部件横向变形的影响大于5%的结构体系，可看作强几何非线性结构体系。

2.1.14 刚性结构　rigid structure

组成部件的轴向刚度或者薄膜刚度影响很小、主要以弯曲刚度形成的弱几何非线性结构体系。轴向力对组成部件横向变形的影响小于5%的结构体系，可看作弱几何非线性结构体系。

2.1.15 监测周期　time interval of monitoring

前后两次监测的时间间隔。

2.2　符　号

D——两点间的距离；

m_d——测距中误差；

m_β——测角中误差；

m_Δ——水准测量每千米往返测高差中数的中误差；

m_Z——一测回垂准测量标准偏差。

3　基 本 规 定

3.1　一 般 规 定

3.1.1 下列建筑工程应进行施工过程结构分析：

　　1 建筑高度不小于250m的高层建筑；

　　2 跨度不小于60m的柔性大跨结构或跨度不小于120m的刚性大跨结构；

　　3 带有不小于18m悬挑楼盖或50m悬挑屋盖结构的工程；

　　4 设计文件有要求的工程。

3.1.2 下列建筑工程应进行施工过程结构监测：

　　1 建筑高度不小于300m的高层建筑；

　　2 跨度不小于60m的柔性大跨结构或跨度不小于120m的刚性大跨结构；

　　3 带有不小于25m悬挑楼盖或50m悬挑屋盖结构的工程；

　　4 设计文件有要求的工程。

3.1.3 施工过程结构监测工作应按表3.1.3的监测内容，根据结构受力特点确定监测项目。

3.1.4 施工过程中宜对下列构件或节点进行选择性监测：

　　1 应力变化显著或应力水平高的构件；

2 结构重要性突出的构件或节点；

3 变形显著的构件或节点；

4 施工过程中需准确了解或严格控制结构内力或位形的构件或节点；

5 设计文件要求的构件和节点。

3.1.5 施工过程结构分析和施工监测应编制专项方案，并报相关单位审批。

表 3.1.3　施工过程结构监测内容

	变形监测			应力监测	环境监测	
	基础沉降	结构竖向变形	结构平面变形		温度	风
高层建筑	★	▲	▲	★	★	▲
刚性大跨结构	▲	★	○	★	★	○
柔性大跨结构	▲	★	▲	★	★	○
长悬臂结构	▲	★	○	★	★	○
高空连体或大跨转换结构	○	★	▲	★	★	○

注：★应监测项；▲宜监测项；○可监测项。

3.1.6 监测作业人员应经过专业技术培训，行业规定的特殊工种必须持证上岗。

3.1.7 监测设备与仪器应通过计量标定，采集及传输设备性能应满足工程监测需要。

3.1.8 监测设备作业环境宜满足下列要求：

1 作业时监测电子设备、导线电缆等宜远离大功率无线电发射源、高压输电线和微波无线电信号传输通道；

2 采用卫星定位系统测量时，视场内障碍物高度角不宜超过 15°；

3 监测接收设备宜远离强烈反射信号的大面积水域、大型建筑、金属网以及热源等。

3.1.9 监测时应考虑现场安装条件和施工交叉作业影响，并应对监测设备、仪器和监测点采取可靠的保护措施。

3.1.10 施工过程结构分析与监测工作的程序，可按以下工作程序流程实施（图 3.1.10）。

3.1.11 建设单位负责施工过程结构分析与监测的管理工作，并组织勘察、设计、施工、监测、监理等单位具体实施。

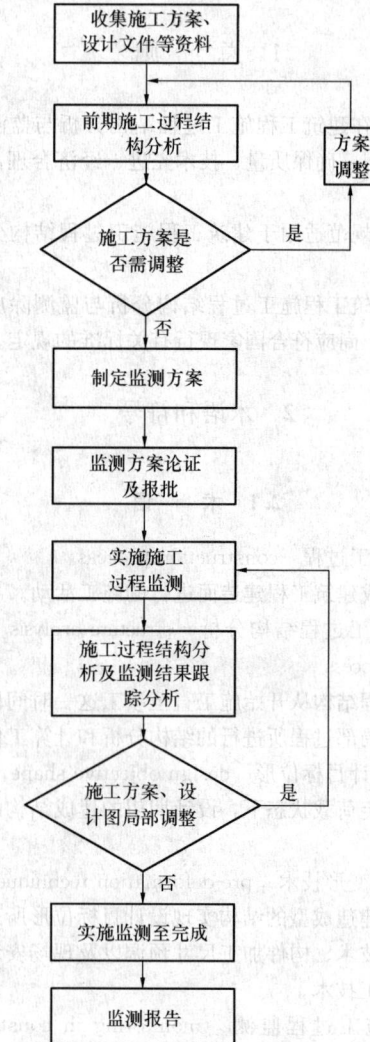

图 3.1.10　工作程序流程图

3.2　变形监测精度要求

3.2.1 建筑工程变形监测测量精度应根据地质条件、建筑规模、建筑高度、结构类型、结构跨度、结构复杂程度和设计要求等因素确定。

3.2.2 建筑工程变形监测不应低于现行行业标准《建筑变形测量规范》JGJ 8 中二级变形测量等级对应的精度要求。高层建筑和大跨结构的变形观测精度宜按表 3.2.2 确定。

表 3.2.2　变形观测精度要求

监测项目		大跨结构	高层建筑		
			$H{\leq}100m$	$100m{<}H$ $<250m$	$H{\geq}250m$
水平位移观测点坐标中误差		±1.0mm	±1.5mm	插值处理	±3.0mm
竖向观测中误差	建筑物主体承重构件竖向变形监测	±1.0mm	±1.0mm	插值处理	±2.0mm

续表3.2.2

监测项目		大跨结构	高层建筑		
			$H\leqslant100m$	$100m<H<250m$	$H\geqslant250m$
竖向观测中误差	水平构件竖向相对挠度中误差	±1.0mm	±0.5mm		
	地基沉降观测中误差	±0.3mm(首层)、±0.5mm(地下室底板)	±0.3mm(首层)、±0.5mm(地下室底板)		

注：1 H为建筑物的结构高度；
　　2 观测点中误差，指观测点相对测站点(如工作基点)的中误差。

3.3 监测仪器管理

3.3.1 监测仪器应按国家有关规定定期检定，计量合格后方可使用。

3.3.2 监测仪器使用前应进行检验校准，使用的仪器应满足测量精度和量程需求。

3.3.3 作业期间，使用监测仪器应严格遵守技术规定和操作要求。

3.3.4 监测仪器应经常保养。

4 施工过程结构分析

4.1 一般规定

4.1.1 施工过程结构分析应建立合理的分析模型，反映施工过程中结构状态、刚度变化过程，施加与施工状况相一致的荷载与作用，得出结构内力和变形。

4.1.2 施工过程结构分析应依据设计文件、施工方案或现场施工记录。现场施工记录宜包括：
　　1 施工期间各层的施工进度与各主要结构构件的安装过程记录；
　　2 施工机械、施工设备或临时堆载等分布及变化；
　　3 施工过程中模板和支撑的重量、支承方式、安装和拆除时机；
　　4 构件连接方式的变化记录；
　　5 建筑物所处环境的相关记录；
　　6 混凝土同条件养护试件的强度试验记录；
　　7 室内装修与围护结构施工、设备安装记录；
　　8 其他施工过程结构分析需要的相关记录。

4.1.3 建筑工程进行施工过程监测时，宜同步进行施工过程结构分析。施工过程结构分析中应计入对监测结果有影响的主要荷载作用及因素。施工过程分析结果宜与监测结果对比分析，当发现结构分析模型不合理时，应修正分析模型，并重新计算。

4.1.4 施工过程分析结果与设计分析结果有较大差异时，应查明原因，确定处理方案。尚应和设计单位

沟通，共同商定解决方法。

4.2 分析内容和方法

4.2.1 应根据工程实际情况从下列项中选择合适的分析工况：
　　1 施工全过程结构分析；
　　2 部分施工过程结构分析；
　　3 部分施工过程局部结构分析；
　　4 施工临时加强措施结构分析。

4.2.2 施工过程结构分析宜采用有限元数值模拟分析方法进行，按工程精度需要，合理计入结构构件的安装和刚度生成、支撑的设置和拆除等对结构刚度变化影响的因素；尚应考虑几何非线性的影响。

4.3 荷载与作用

4.3.1 施工过程结构分析应考虑永久荷载和可变荷载，可根据工程实际需要计入温度作用、地基沉降、风荷载作用。

4.3.2 永久荷载和可变荷载包括结构自重、附加恒载(地面铺装荷载、固定的设备荷载)、幕墙荷载、施工活荷载(模板及支撑、施工机械)等。除结构自重外，上述荷载应根据现场实际情况，并结合施工进度具体确定。当无准确数据时，施工人员、模板及支撑以及临时少量堆载引起的楼面施工活荷载可按表4.3.2执行。

表4.3.2 工作面上施工活荷载标准值

序号	工作状态描述	均布荷载(kN/m²)
1	少量人工，手动工具，零星建筑堆材，无脚手架	0.5~0.6
2	少量人工，手动操作的小型设备，为进行轻型结构施工用的脚手架	1.0~1.2
3	人员较集中，有中型设备，为进行中型结构施工用的脚手架	2.2~2.5
4	人员很集中，有较大型设备，为进行较重型结构施工用的脚手架	3.5~4.0

4.3.3 当结构内力和变形受环境温度影响较大时，宜计入结构均匀温度变化作用的影响；特殊需要时，还宜计入日照引起的结构不均匀温度作用。

4.3.4 施工过程结构安全性受风荷载影响较明显时，宜计入风荷载的影响。确定风荷载时，宜考虑建筑物主体实际建造进度、外围护结构安装进度等因素。

4.4 计算模型及参数

4.4.1 结构分析模型和基本假定应与结构施工状况相符合。

4.4.2 分析模型施工阶段划分段数应结合工程设计文件、分析精度需要、分析效率、施工方案综合确定。

4.4.3 分析时各阶段的结构自重、面层等恒载与施工堆载、设备等施工活荷载宜根据实际情况分别考虑施加，荷载细分程度应满足分析精度。

4.4.4 材料性能设计指标应按设计文件及国家现行有关标准的规定采用。

4.4.5 施工过程分析时，框架-剪力墙或剪力墙结构中的连梁刚度不宜折减；现浇钢筋混凝土框架梁的梁端负弯矩调幅系数宜取 1.0。

4.4.6 混凝土结构宜考虑混凝土实测强度与设计要求偏差的影响。

4.4.7 对于超高层混凝土建筑结构宜考虑混凝土收缩与徐变的影响。

4.5 分析结果及评价

4.5.1 施工阶段应对结构和构件进行承载力验算和变形验算。承载力验算宜采用荷载效应的基本组合；变形验算应采用荷载效应的标准组合。

4.5.2 对施工过程结构分析得出的计算结果，应进行分析判断，确认其合理有效后，方可用于评判施工方案的合理性和安全性，并作为现场监测结果的对比依据。

4.5.3 施工过程结构分析发现构件承载力不足或变形过大时，应调整施工方案或经设计单位同意后对构件作加强处理。

4.5.4 当施工过程模拟分析得到的结构位形和设计目标位形差异较大时，建设单位、设计单位、施工单位宜共同商讨解决方案。确定方案采用预变形技术分析时，应采用荷载效应的标准组合。

4.5.5 施工过程结构分析结果与监测结果对比时，宜采用荷载标准组合的效应值，当温度影响较为显著时，应计入温度作用的影响。

4.5.6 可根据施工过程结构分析结果对初定监测方案的合理性进行验证和判断，有误差可对监测内容、监测构件、监测点位作适当调整。

4.5.7 对需进行监测的构件或节点，应提供与监测周期、监测内容相一致的计算分析结果，并宜提出相应的限值要求和不同重要程度的预警值。

4.5.8 以下情况发生时宜进行预警：

    1 变形、应力监测值接近规范限值或设计要求时；

    2 当监测结果超过施工过程分析结果 40%以上时；

    3 当施工期间结构可能出现较大的荷载或作用时。

4.5.9 预警值可依据设计要求、施工过程结构分析结果由各方协商确定或按下列规定执行：

    1 应力预警值按构件承载能力设定时，可设三级，分别取构件承载力设计值对应监测值的 50%、70%、90%；

    2 变形预警值按设计要求或规范限值要求设定时，可设三级，分别取规定限值的 50%、70%、90%；

    3 预警值按施工过程结构分析结果设定时，可取理论分析结果的 130%。

5 变形监测

5.1 一般规定

5.1.1 变形监测分为水平位移监测、垂直位移监测、角位移监测。

5.1.2 监测工作开始前，监测单位应进行资料收集、现场踏勘调研，并根据设计要求和环境条件选埋监测点、建立变形监测网。

5.1.3 变形监测网的组成与要求应符合下列规定：

    1 基准点，应埋设在变形区以外，点位应稳定、安全、可靠。

    2 工作基点，应选在相对稳定且方便使用的位置，每期变形观测时均应将其与基准点进行联测。

    3 变形监测点，应布设在能反映监测体变形特征的部位。点位布局合理、观测方便，标志设置牢固、易于保存。

5.1.4 基准点的标石、标志埋设后，应达到稳定后方可开始观测，并定期复测。复测周期应视基准点所在位置稳定情况确定，前期应 1～2 个月复测一次，稳定后 3～6 个月复测一次。

5.1.5 变形监测基准应与施工坐标和高程系统一致，宜可与国家或地方坐标和高程系统联测。

5.1.6 首次观测不应少于两次独立观测，并满足现行国家标准《工程测量规范》GB 50026 限差的要求后，取平均值作为初始值。

5.1.7 监测频次的确定应以系统反映监测对象的主要变化过程为原则，宜根据变形速率、变形特征、监测精度、工程地质条件等因素综合确定。

5.1.8 处理观测数据，定期向委托方等单位提交监测报告。当变形出现异常情况时，应立即通知相关单位采取措施。

5.1.9 高层建筑地上结构的层间压缩变形观测宜采用精密几何水准测量方法，由每次测量的高程差得到压缩变形值。

5.2 观测仪器

5.2.1 采用卫星定位技术时，接收机的选用应符合表 5.2.1 规定：

表 5.2.1　卫星定位系统接收机型号分类

仪器等级	I	II
接收机类型	双频	单频、双频
标称精度	$m_d \leqslant (3 + D \times 10^{-6})$	$m_d \leqslant (5 + D \times 10^{-6})$

注：m_d——基线长度中误差（mm）；

　　D——基线长度（km）。

5.2.2　采用全站仪时，仪器选用应符合表 5.2.2 规定：

表 5.2.2　全站仪型号分类

仪器等级	I	II
标称测角精度	$m_\beta \leqslant 0.5$	$0.5 < m_\beta \leqslant 1.0$
标称测距精度	$m_d \leqslant (1 + D \times 10^{-6})$	$m_d \leqslant (2 + 2D \times 10^{-6})$

注：m_β——测角中误差（"）；

　　D——测距边长（km）；

　　m_d——测距中误差（mm）。

5.2.3　采用水准仪观测时，仪器选用应符合表 5.2.3 规定：

表 5.2.3　水准仪型号分类

仪器等级	I	II
标称精度	$m_\Delta \leqslant 0.45$	$m_\Delta \leqslant 1.0$

注：m_Δ——每公里往返测高差中数的中误差（mm）。

5.2.4　采用静力水准仪时，仪器选用应符合表 5.2.4 规定：

表 5.2.4　静力水准仪标准型号分类

仪器等级	I	II
仪器类型	封闭式	封闭式
读数方式	接触式	接触式
两次观测高差较差（mm）	±0.1	±0.3
环线或附合路线闭合差（mm）	$\pm 0.1\sqrt{n}$	$\pm 0.3\sqrt{n}$

注：n——高差个数。

5.2.5　采用垂准仪时，仪器选用应符合表 5.2.5 规定：

表 5.2.5　垂准仪型号分类

仪器等级	I	II
标称精度	$m_Z \leqslant 1/200000$	$m_Z \leqslant 1/100000$
读数接收指示器（mm）	0.01	0.1

注：m_Z——一测回垂准测量标准偏差。

5.3　监测控制网

5.3.1　监测控制网包括水平位移监测控制网和垂直位移监测控制网。

5.3.2　水平位移控制网可采用卫星定位测量、边角测量、导线测量，采用基准线控制测量应设立检验校核点。

5.3.3　水平位移基准点应采用带有强制归心装置的观测墩，建造应稳固，便于观测；照准标志应有明显的几何中心。

5.3.4　水平位移监测基准网的主要技术要求，应符合表 5.3.4-1 和表 5.3.4-2 规定：

表 5.3.4-1　边角网、导线网观测的技术要求

等级	相邻基准点的相对点位中误差（mm）	测角中误差（"）	测距中误差（mm）	水平角观测测回数 I	水平角观测测回数 II
一级	1.0	0.7	0.5	6	9
二级	3.0	1.4	1.0	4	6

表 5.3.4-2　卫星定位测量基准网观测的技术要求

等级	相邻基准点的相对点位中误差（mm）	卫星截止高度角（°）	有效观测卫星数	观测时间长度（min）	采样间隔（s）
一级	1.0	≥15	≥6	≥720	15
二级	3.0	≥15	≥5	≥360	15

5.3.5　垂直位移监测控制网应采用几何水准测量方法建立。

5.3.6　垂直位移监测基准点应埋设在变形区外原状土层、裸露的基岩或稳固的既有建（构）筑物上。

5.3.7　垂直位移监测基准网的技术要求应符合表 5.3.7 规定：

表 5.3.7　垂直位移监测基准网的主要技术要求

等级	相邻基准点高差中误差（mm）	每站高差中误差（mm）	附合或环线闭合差（mm）	往返较差、检测已测高差较差（mm）
一级	±0.3	±0.1	$0.2\sqrt{n}$	$0.3\sqrt{n}$
二级	±0.5	±0.3	$0.6\sqrt{n}$	$0.8\sqrt{n}$

注：n——测站数。

5.3.8　工作基点测量应符合下列规定：

1　需进行建筑物内部变形监测的项目，应设置内部工作基点，每期变形观测时均应与基准点进行联测，点位精度应符合监测基准网要求；

2　平面坐标工作基点的竖向投测，应结合工程特点、投测高度等因素综合考虑；

3　采用垂准仪竖向投测平面工作基点应符合表 5.3.8 规定：投测高度应控制在 100m 之内，超过 100m 时，应增设接力基点层；

表 5.3.8　垂准仪竖向投测技术要求

等级	测回数 I级垂准仪	测回数 II级垂准仪
一级	2	—
二级	1	2

4 高程工作基点传递采用几何水准联系测量方法进行。

5.4 水平变形监测

5.4.1 水平变形监测仪器可选用经纬仪、全站仪、卫星定位接收机等设备。

5.4.2 水平变形监测包括建筑结构平面位置变化，结构在施工过程中的相对、绝对和扭转的位移量。

5.4.3 监测点位布设位置应符合下列规定：

1 设计文件要求的监测点；

2 施工过程中结构安全性突出的特征构件；

3 变形较显著的关键点、建筑物承重墙、柱等；

4 建筑物不同结构分界处的两侧。

5.4.4 监测点照准觇标宜采用反射棱镜、反射片等观测标志。

5.4.5 测定监测点任意方向的水平位移可采用交会法、极坐标法、激光雷达扫描等。当测定监测点在特定方向位移时，可使用基准线法。

5.4.6 水平角测量应符合下列规定：

1 水平角测量应在目标成像清晰稳定的有利观测时间进行；

2 水平角观测宜采用方向观测法；技术要求应符合表5.4.6的规定；

表5.4.6　方向观测法的技术要求

仪器类型	两次重读差 （mm）	半测回归零差 （mm）	一测回2C较差 （mm）	同一方向各测回较差 （mm）
I	1	6	9	6
II	3	8	13	9

3 观测过程中仪器气泡中心位置偏离装置中心不应超过一格。

5.4.7 距离测量应符合下列规定：

1 光电测距仪测量时，应采用测回法，测回间应重新照准目标。技术要求应符合表5.4.7的规定。

表5.4.7　光电测距观测技术要求

仪器等级	一测回读数较差 （mm）	单程测回较差 （mm）	往返或不同时段较差
I	3	5	$2(a+bD)$
II	6	10	

注：a——固定误差（mm）；b——比例误差（10^{-6}）；D——距离（km）。

2 采用钢瓦尺测量时，应进行高差、尺长、温度改正。

5.4.8 测距边的水平距离计算应符合下列规定：

1 应根据仪器检测结果进行加、乘常数的改正；

2 应进行气象改正；

3 两点间的高差值，宜采用水准测量结果；

4 用测定两点间的高差计算测距边的水平距离应按式（5.4.8）计算：

$$D = \sqrt{s^2 - h^2} \qquad (5.4.8)$$

式中：D——测距边两端点仪器与棱镜平均高程面的水平距离（m）；

s——经气象、加、乘常数等改正后的斜距；

h——测距仪与反光镜的高差。

5.5 垂直变形监测

5.5.1 垂直位移监测宜采用几何水准测量法和静力水准测量法。

5.5.2 垂直位移监测点的布设应尽量和水平位移点位一致，并宜符合下列规定：

1 筏形基础、箱形基础底板或其他基础角部及中部位置；

2 建筑物角部、沿承重外墙10m～20m或间隔2～3个柱距；

3 沉降缝、后浇带交接处两侧；

4 电梯井和核心筒的转角处；

5 大跨结构的支座、跨中，跨间监测点间距不宜大于30m，且不少于5个点；

6 长悬臂结构的支座及悬挑端点，监测点间距不宜大于10m。

5.5.3 垂直位移监测点设置应符合下列规定：

1 监测标志应稳固、测量方便、易于保护；

2 墙柱上的监测标志宜距结构板面300mm；

3 监测标志裸露部位应采用耐氧化材料。

5.5.4 几何水准观测应符合下列规定：

1 仪器安置应避免有空压机、起重机、搅拌机等重型设备振动影响；

2 每次观测应记录观测时间段、天气状况、荷载累加、施工进度等；

3 应固定观测线路、观测方法、仪器设备、人员，并采用相同数据处理程序；

4 每测段往测和返测的测站数应为偶数；

5 由往测转向返测时，两标尺应互换位置，并应重新架设仪器。

5.5.5 静力水准观测应符合下列规定：

1 观测标志的埋设应根据具体使用静力水准仪的型号、样式及现场情况确定；

2 连通管任何一段的高度均应低于蓄液罐底部，但不宜低于200mm；

3 观测前，应对观测起始零点差进行检验；

4 观测读数应在液体完全呈静态下进行。

5.5.6 技术要求应符合下列规定：

1 几何水准垂直位移监测技术要求应符合表5.5.6-1规定：

表 5.5.6-1　几何水准垂直位移监测技术要求

等级	观测高程中误差（mm）	相邻监测点的高差中误差（mm）	每站高差中误差（mm）	附合或环线闭合差（mm）	检测已测高差较差（mm）
一级	0.3	$0.1\sqrt{n}$	0.1	$0.2\sqrt{n}$	$0.3\sqrt{n}$
二级	0.5	$0.3\sqrt{n}$	0.3	$0.6\sqrt{n}$	$0.8\sqrt{n}$

注：n——测站数。

2　几何水准观测技术要求应符合表 5.5.6-2 规定：

表 5.5.6-2　水准观测的技术要求

等级	水准尺	视线长度（m）	前后视距差（m）	前后视距累积差（m）	视线距地面最低高度（m）	同一测站观测两次高差较差（mm）
一级	钢瓦条码尺	3～15	0.3	1.0	0.8	0.2
二级	钢瓦条码尺	3～30	0.5	1.5	0.6	0.4

3　静力水准观测技术要求应符合表 5.5.6-3 的规定：

表 5.5.6-3　静力水准观测的主要技术要求

等级	仪器类型	读数方式	两次观测高差较差（mm）	环线及符合路线闭合差（mm）
一级	封闭式	接触式	0.15	$0.15\sqrt{n}$
二级	封闭式	接触式	0.30	$0.30\sqrt{n}$

注：n——高差个数。

5.6　监测周期

5.6.1　水平变形监测与垂直位移监测周期宜一致，监测工作宜从基础施工开始。

5.6.2　高层建筑地下结构施工阶段，楼层每增加一层观测一次；地上结构施工期间，楼层每增加 3～6 层观测一次；监测时间间隔不宜超过 1 个月。

5.6.3　大跨结构监测周期宜按结构类型、施工方案和设计文件要求确定。

5.6.4　当遇施工过程停工，在重新开工时应加测一次。

5.6.5　监测过程中，遇监测数据达到预警值、发生变形异常、极端天气状况、周围环境较大变化等情况，应增加监测次数。

5.7　数据处理及分析

5.7.1　每次观测结束后，应进行数据平差计算处理，并对主要平差结果进行统计分析，宜采用数据库方式

进行结果存储。

5.7.2　变形监测的各项原始记录应齐全，包括粗差剔除的数据。

5.7.3　监测数据的分析可采用图表分析、统计分析、对比分析和建模分析等方法。

5.7.4　当变形监测值达到本规范第 4.5.8 所规定的预警值或出现影响结构安全的异常情况时，应向委托方及相关单位通报。

6　应　力　监　测

6.1　一　般　规　定

6.1.1　应力监测应根据工程结构特点，结合监测部位、监测对象、监测精度、环境条件、监测频次等因素，选用合适的监测方法。

6.1.2　构件截面处的应力可通过应力应变计直接测量，也可通过测量力、位移、自振频率或磁通量等参量后换算。

6.1.3　应力监测点应合理布设，宜与变形监测点统筹布置。

6.1.4　妥善保护监测仪器和设备，做好巡查工作，发现损坏应维修或更换。

6.1.5　当通过测量应变值推定监测点应力值时，宜对监测对象材料的弹性模量进行测量。

6.2　监测仪器及方法

6.2.1　应力监测内容和传感器类型选用宜符合表 6.2.1 的规定，采集设备应与其相匹配。

表 6.2.1　应力监测传感器选用及精度要求

监测对象	测量内容	监测仪器类型	精度指标
钢、混凝土、钢筋	应变	电阻应变计、光纤光栅应变计、振弦式应变计等	0.2%F.S，且 $4\mu\varepsilon$
预应力筋或索	索力	穿心式压力传感器、油压表、拾振器、磁通量传感器、弓式测力仪等	1.0%F.S

注：F.S 为测量设备或元件的满量程。

6.2.2　在温度变化较大的环境中进行应力监测时，应优先选用具有温度补偿措施或温度敏感性低的应变计，或采取有效措施消除温差引起的应变影响。

6.2.3　采用光纤光栅传感器监测时，应考虑应变和温度的相互影响。光纤布设应避免过度弯折，光器件的连接应保持光接头的清洁。

6.2.4　采用油压表测力时，其精度不应低于 0.4 级，且与千斤顶配套使用。当达到张拉最大值时，油压表

的读数宜为量程的 25%～75%。

6.2.5 采用振动频率法测量索力时，两端铰接的细长索索力可按下式计算：

$$T = \frac{4 \times \overline{m} \times L^2 \times f_n^2}{n^2} \qquad (6.2.5)$$

式中：T——索力（N）；

$\overline{m}$——拉索单位长度质量（kg/m）；

L——拉索长度（m）；

f_n——横向振动第 n 阶频率（Hz）；

n——索横向振动振型阶数。

6.2.6 拾振器的频率响应范围下限应低于测试索段最低主要频率分量的 1/10，上限应大于最高有用频率分量值；动态信号采集仪器的动态范围应大于 130dB。

6.2.7 磁通量传感器应与索体一起标定后使用，不同索体材料、不同索截面尺寸应分别进行标定。

6.2.8 直径不大于 36mm 索体索可采用弓式测力仪测量，其索力可按下式计算：

$$T = P \times l/(4\delta) \qquad (6.2.8)$$

式中：T——索力（N）；

P——弓式测力仪测量时施加的横向推力（kN）；

l——测力计支承长度（mm）；

δ——索横向相对变形量（mm）。

6.2.9 测量索力时，压力传感器、磁通量传感器仪器应和索配套标定后使用。

6.3 监测点布设与安装

6.3.1 传感器和监测设备安装前，应编制安装方案。内容宜包括埋设时间节点、埋设方法、电缆连接和走向、保护要求、仪器检验、测读方法等。

6.3.2 构件上监测点布设传感器的数量和方向应符合下列规定：

1 对受弯构件应在弯矩最大的截面上沿截面高度布置测点，每个截面不应少于 2 个；当需要量测沿截面高度的应变分布规律时，布置测点数不应少于 5 个；对于双向受弯构件，在构件截面边缘布置的测点不应少于 4 个；

2 对轴心受力构件，应在构件量测截面两侧或四周沿轴线方向相对布置测点，每个截面不应少于 2 个；

3 对受扭构件，宜在构件量测截面的两长边方向的侧面对应部位上布置与扭转轴线成 45°方向的测点；

4 对复杂受力构件，可通过布设应变片量测各应变计的应变值解算出监测截面的主应力大小和方向。

6.3.3 传感器的安装应符合下列规定：

1 传感器应与构件可靠连接；

2 应变计安装位置各方向偏离监测截面位置不应大于 30mm；应变计安装角度偏差不应大于 2°；

3 锚索计的安装应确保其与索体呈同心状态；

4 磁通量传感器穿过索体安装完成后，应与索体可靠连接，防止在吊装或施工过程中滑动移位；

5 振动频率法测量索力的加速度传感器布设位置距支座距离不应小于 0.17 倍索长。

6.3.4 传感器、仪器、导线和电缆宜采用适当的方式进行保护，发现问题应处理。

6.3.5 监测仪器安装完成后，应记录测点实际位置，绘制测点布置图。

6.4 量测及记录

6.4.1 应力监测应按照本规范第 6.4.2 条规定的频次进行，量测宜在环境温度和结构本体温度变化相对缓和的时段内进行，同时记录结构施工进度、荷载状况、环境条件等。

6.4.2 应力监测频次，应符合下列规定：

1 结构施工期间每个月至少监测 1 次；

2 高层建筑每施工完成 3～6 层楼面应监测 1 次；

3 结构施工过程中重要的阶段性节点应进行监测；

4 结构上的荷载发生明显变化或进行特殊工序施工时，应增加监测次数。

6.4.3 传感器安装完成前后应记录读数，并以安装完成后的稳定读数作为初始值。

6.4.4 自动采集监测系统应定期检查和保养，保证系统正常工作。

6.4.5 监测数据出现异常，应分析原因，并进行复测。

6.4.6 当应力监测值达到本规范第 4.5.8 条预警值或出现影响结构安全的异常情况时，应向委托方及相关单位通报。

6.5 应力监测结果及分析

6.5.1 监测数据处理应修正系统误差，剔除粗差。

6.5.2 根据监测结果计算相邻测次间的应力增量和累积值，形成图表。

6.5.3 根据实际的施工进度或结构荷载变化情况，将应力监测结果与施工过程结构分析结果对比分析，评价结构或构件的工作状态，提交分析报告。

7 温度和风荷载监测

7.1 温 度 监 测

7.1.1 温度监测应包括环境温度和结构温度监测。

7.1.2 温度监测可采用水银温度计、接触式温度传

感器、热敏电阻温度传感器或红外线测温仪进行，测量精度不应低于 0.5℃。

7.1.3 环境温度监测宜将温度传感器置于离地 1.5m 高、空气流通的百叶箱内进行监测。

7.1.4 监测结构温度的传感器可布设于构件内部或表面。当日照引起的结构温差较大时，宜在结构迎光面和背光面分别设置传感器。

7.1.5 当需要监测日温度的变化规律时，宜采用自动监测系统进行连续监测；采用人工读数时，监测频次不宜少于每小时 1 次。

7.1.6 温度监测报告宜包括日平均温度、日最高气温和日最低气温等信息；对结构温度分布监测时，应包括监测点的温度，绘制温度分布图等。

7.2 风荷载监测

7.2.1 风荷载监测内容宜包括风速、风向、结构表面风压监测。

7.2.2 风速测量精度不宜小于 0.5m/s，表面风压测量精度不宜低于 10Pa。

7.2.3 施工过程中结构风荷载监测宜将风速仪安装在结构顶面的专设支架上，当需要监测风压在结构表面的分布时，在结构表面上设风压盒进行监测。

7.2.4 风荷载监测宜采用自动采集系统进行连续监测。

7.2.5 风荷载监测报告宜包括脉动风速、平均风速、风向和风压等数据，绘制风压分布图。

8 成果整理

8.0.1 各项监测资料、计算资料和技术结果应真实、完整，条理清晰，结论明确。

8.0.2 施工过程结构分析，应在结构施工前提交技术报告，当施工期间需进行跟踪分析时应按分析次数提交跟踪分析报告。分析报告应包括下列内容：

　1　项目概况；
　2　主要施工方法及施工阶段划分；
　3　分析模型及分析方法；
　4　施工过程结构的验算结果；
　5　分析及评价；
　6　附图附表。

8.0.3 施工监测过程中，每期监测工作完成后应提交阶段性工作报告，工作报告应包括下列内容：

　1　本期结构施工状态及监测实施内容；
　2　与前一次观测间的变化量；
　3　本期和前期观测的累计结果；
　4　本期观测后的累计量与施工过程分期的对比结果；
　5　相应的说明及分析、建议等。

8.0.4 当监测工作全部完成后，应提交监测技术报告，技术报告应包括下列内容：

　1　施工监测技术要求；
　2　施工方案及进度说明；
　3　监测实施情况及作业中的异常现象；
　4　监测结果表；
　5　施工过程、时间、监测量相关曲线图；
　6　其他影响因素的相关曲线图；
　7　监测结论和评价；
　8　附图、附表等相关附件。

8.0.5 当建筑施工过程结构分析及监测工作完成后，应提交综合结果报告，综合结果报告应包括下列内容：

　1　施工过程监测技术方案；
　2　施工过程结构分析报告及跟踪分析报告；
　3　施工过程监测各阶段报告及监测技术报告；
　4　施工过程结构分析与监测对比分析报告；
　5　项目实施结果评价报告。

8.0.6 需要提交的分析资料、监测资料、计算资料和技术结果应进行归档。

附录 A　建筑物垂直位移记录表

表 A　建筑物垂直位移记录表

建筑物垂直位移记录表				编　号		
工程名称				测量仪器		
荷载累加情况描述				环境条件		
上期观测时间				本期观测时间		
点号	初始值 (m)	上期观测值 (m)	本期观测值 (m)	本期变形值 (mm)	累计变形值 (mm)	备注
记录人（签字）				审核人（签字）		

附录 B　建筑物水平位移记录表

表 B　建筑物水平位移记录表

建筑物水平位移记录表			编　号		
工程名称			测量仪器		
荷载累加情况描述			环境条件		
上期观测时间			本期观测时间		
点号	初始值（m）	上期观测值（m）	本期观测值（m）	本期变形值（mm）	累计变形值（mm）	备注
记录人（签字）			审核人（签字）		

附录 C　应力应变传感器安装记录表

表 C　应力应变传感器安装记录表

应力应变传感器安装记录表			编　号		
工程名称			环境温度		
结构部位			安装日期		
测点编号	传感器编号	传感器类型	安装前读数	安装完成时读数	备注

安装图示及现场条件：

记录人（签字）		测试人（签字）	

附录 D 应力应变观测记录表

表 D 应力应变观测记录表

应力应变观测记录表				编 号						
工程名称				环境温度						
结构部位				安装日期						
测点编号	传感器编号	传感器类型	弹性模量/标定值	初读数	前次读数	本次读数	本次增量	累计增量	应力/内力	备注
现场条件说明:										
记录人 (签字)			测试人 (签字)							

附录 E 环境条件记录表

表 E 环境条件记录表

环境条件记录表				编 号			
工程名称				记录内容		□温度 □风	
测试位置				测试仪器			
日期	时间	测点编号	测试仪器	温度	风速	风向	备注
记录人 (签字)				测试人 (签字)			

本规范用词说明

1 为便于在执行本规范条文时区别对待,对要求严格程度不同的用词说明如下:

1) 表示很严格,非这样做不可的用词:

正面词采用"必须",反面词采用"严禁";

2) 表示严格,在正常情况下均应这样做的用词;

正面词采用"应",反面词采用"不应"或"不得";

3) 表示允许稍有选择,在条件许可时首先应这样做的用词:

正面词采用"宜",反面词采用"不宜";

4) 表示有选择,在一定条件下可以这样做的,采用"可"。

2 条文中指明应按其他有关标准执行的写法为"应按……执行"或"应符合……规定"。

引用标准名录

1 《工程测量规范》GB 50026

2 《建筑变形测量规范》JGJ 8

中华人民共和国行业标准

建筑工程施工过程结构分析与监测技术规范

JGJ/T 302—2013

条 文 说 明

制 订 说 明

《建筑工程施工过程结构分析与监测技术规范》JGJ/T 302-2013 经过住房和城乡建设部 2013 年 6 月 24 日以第 63 号公告批准、发布。

本规范制订过程中，编制组总结了近年来国内重大工程项目施工过程结构分析和监测技术的实践经验和科技成果，对施工过程结构分析和监测技术作出了规定，明确了施工过程结果分析内容和方法、变形监测点的布置和变形监测周期的管理要求。

为了便于广大建设、监理、施工、科研、学校等单位有关技术人员在使用本规程时能够正确理解和执行条文规定，《建筑工程施工过程结构分析与监测技术规范》编制组按章、节、条顺序编制了本规程的条文说明，对条文规定的目的、依据和执行中需要注意的有关事项进行了说明。但是，本条文说明不具备与标准正文同等的法律效力，仅供使用者作为理解和把握标准规定参考。

目 次

3 基 本 规 定

3.1 一 般 规 定

3.1.1 建筑物采用非常规施工方法或存在结构转换、大悬挑、有连体结构、斜柱等复杂结构部位，或同材料主承重构件（尤其是钢筋混凝土构件）轴向平均应力水平存在较大差异时，本条规定的限值宜适当减小。

1 针对建筑高度不小于 250m 高层建筑提出应进行施工过程模拟分析的几点考虑方面如下：

　　1）现行行业标准《高层建筑混凝土结构技术规程》JGJ 3-2010第 5.1.9 条规定"复杂高层建筑及房屋高度大于 150m 的其他高层建筑结构，应考虑施工过程的影响"。进行施工过程模拟分析的技术要求比考虑施工过程影响的技术要求要高，因此进行施工过程模拟分析的结构高度限值应比 150m 高度值要大。

　　2）施工过程模拟分析方法较为复杂、计算工作量及分析难度大，对软件以及技术人员的要求较高。国内新建的 250m 以上的高层建筑的所占比例相对较小，涉及面限定在较小范围内时，可操作性更强些。

　　3）国内目前设计现状是，常规高层建筑高度小于 200m 时，通常不进行施工过程结构分析；当高度超过 250m 时，则有较多的建筑物进行施工过程结构分析。超过 250m 或接近 250m 进行了较精细施工过程结构分析的部分高层建筑工程案例有：①75 层 337m 高的天津津塔，结构较为规则，采用'框架＋钢板剪力墙'系统；②290m 高香港长江中心，采用了钢筋混凝土筒体结构和钢管混凝土柱与钢梁组成外框结构的混合结构体系；③330m 高北京国贸三期，外圈型钢混凝土框架筒体与内部的型钢混凝土核心筒组成筒中筒结构；④246m 高卡塔尔多哈办公楼，采用偏置在平面北侧的钢筋混凝土和外部混凝土交叉网格筒支承。

　　鉴于以上几点，为尽可能与国内设计人员习惯做法基本保持一致，提高重大工程施工过程的结构安全性和建筑外形的合理控制，在涉及面相对较小的前提下，规程本条提出了对超过 250m 的超高层建筑要求进行施工过程结构分析的要求。

2 关于大跨或悬挑结构的限值规定是基于以下考虑：

　　1）施工过程对大跨结构最终受力状态的影响，与多种因素有关，仅依靠跨度进行讨论是不全面的，为此对刚性大跨结构和柔性大跨结构进行了区分处理。

　　2）条文中的"刚性大跨结构"是指网格结构、实腹梁（含拱）、桁架等结构形式。由于这类结构形式的刚度较大，跨度较小时非线性效应不明显，根据既有工程经验，规定当跨度大于 120m 时应进行施工过程结构分析。

　　3）条文中的"柔性大跨结构"是指索网结构（平面索网、曲面索网）、索膜结构、部分刚度较小的张拉索杆结构等结构形式。这类结构形式不但刚度相对较小，而且其刚度与预应力水平、预应力建立过程、结构拓扑等因素有着密切关系，所以施工过程对结构的受力状态有较大影响。根据既有工程经验，规定当柔性结构跨度大于 60m 时应进行施工过程结构分析。

　　4）悬挑结构的结构冗余度较低，安全性问题较为突出，最低要求限值应相对较低。本条中的悬挑楼盖结构不仅包含楼面悬挑梁，也包括结构高度跨越数个楼层的悬挑桁架。

3 设计文件有要求的工程，宜由设计人员根据建筑物以下所列两方面复杂性的程度来确定是否需进行施工过程模拟分析：

　　1）建筑造型和功能引起的结构复杂性。结构复杂性包括多方面，如建筑造型复杂（如建筑外形扭转、建筑物整体向外倾斜等）、特殊施工方法（如构件延迟安装、大悬挑结构采用逐步悬臂外延施工、高空连桥整体提升等）、特殊结构体系（如悬挂结构等）、结构受力复杂（含托换多层剪力墙或柱的大跨转换结构）。由于具体指标无法精确确定，由设计人员自行确定，并提出要求。

　　2）施工过程中结构受力和变形的复杂性。主要体现在：①施工过程中结构受力状态与一次整体结构成型加载分析结果存在较大差异；②施工过程中结构位形与设计目标位形或一次整体结构成型加载分析结果存在较大差异。

　　因结构造型或受力、变形复杂，高度小于 250m 进行施工过程结构分析的高层建筑案例有：①234m 高的 CCTV 新台址主楼，具有高位连体、超大悬挑、结构双向倾斜等复杂结构特征；②148m 高陕西法门寺合十舍利塔，双手合十造型，型钢混凝土结构，先向外倾斜角度 54°、再向内收 54°。

3.1.2 高层建筑施工过程监测工作是确保高层建筑施工安全和质量的重要工作内容，监测的各项观测数据资料为高层施工结构分析的正确性及指导施工提供

数据保障。但由于施工监测存在经济代价大、工作量大、周期长、现场操作难度大等不利情况，因此，要求监测项目的高度或跨度限值不宜小于要求施工过程结构分析的高度或跨度限值。本条第4款中设计文件有要求的工程可按本规程第3.1.1条条文说明相关解释来理解。

3.1.3 具备不同结构受力特点的结构应采用不同的监测项，本表确定原则主要基于以下几点考虑：

1 对大跨结构或大跨转换结构、长悬臂结构、高空连体，竖向变形值是施工期间结构安全性控制的一个非常重要的指标，提出了应进行监测的技术要求。

2 对于长悬臂结构，高空连体、大跨转换结构施工期间安全性关注的重点为局部结构体，重点关注其相对支承部位的相对竖向变形即可，因此对基础沉降的监测要求可适当放松。高空连体采用隔震支座或滑动支座时，高空连体通常与主体结构之间存在相对变形，此时，宜对连体与主体结构之间的平面相对变形进行监测。

3 应力监测是直观了解构件受力状态的最佳手段，是实现施工期间结构安全性的一个最重要的方法，因此，对所有要进行施工期间安全性控制的结构均提出应进行应力监测的技术要求。需注意的是，对于混凝土结构，混凝土收缩和徐变对应力监测结果有较为显著的影响，因此，应力监测时，宜制作无约束的混凝土试块，安装同型号的应力传感器，准确记录从混凝土初凝开始的应变全过程发展曲线，为后期数据分析处理，以及监测与施工过程结构分析结果对比提供基础数据。

4 环境的变化，尤其是温度作用对超高、超大跨度结构的影响非常显著，环境温度值的测量可以为后期数据分析处理，以及监测与施工过程结构分析结果对比提供基础数据。风荷载具有瞬时性，而在施工期间，结构通常为弹性体，风荷载的影响较小，可相对放松其监测要求；对于超高层建筑，为了解风荷载沿高度方向的分布，进而进一步提高我们高层建筑风荷载取值的准确合理性，提出了高层建筑宜进行风荷载监测的技术要求，以更好的积累基础数据。

大跨结构、转换结构、长悬臂结构、高空连体结构在竖向变形或结构平面变形监测时，应包括其下部支承点的变形监测项目。

3.1.4 经和设计单位、建设单位协商后，应对施工过程中结构安全性突出的重要构件和节点进行监测，内容包括应力、变形、沉降、振动、加速度等。

3.1.7 监测仪器、采集及传输设备宜实用、经济；鼓励选用先进可靠、高精度的监测设备。采集频次较密、同步性要求较高的监测项目宜选用自动采集系统。

3.1.11 结构施工过程分析与监测工作是一项涉及设计、施工、监测与监理等单位的多方协同工作，基于设计文件的合理性、施工过程分析的准确性、监测数据的真实性、监理过程的严肃性、对异常情况处理的有效性，只有建设单位才能组织各相关单位协同工作，并对项目建设全过程负责，所以，结构施工过程分析与监测应由建设单位负责，并组织各相关单位具体实施，做到责任明确，过程可控，结果可靠。实施过程中各方应明确职责、密切配合，确保施工过程分析合理准确、监测数据真实可靠、施工过程安全可控、符合设计文件规定。

1 建设单位职责

1）委托专业单位进行结构施工过程分析与监测工作；

2）向专业单位提供设计文件、施工方案等技术资料；

3）组织相关单位审核结构施工过程分析结果、监测方案和监测报告；

4）组织各相关单位对监测报告的异常状况进行处理。

2 施工过程结构分析单位职责

1）根据设计文件、施工方案等技术资料，进行施工过程结构分析；

2）根据计算结果提交分析报告，对结构在施工过程中的安全性进行评价，并提出进行结构施工监测应关注的结构部位和相应的监测预警值。

3 勘察和设计单位职责

1）根据设计计算结果，在设计文件中明确需要监测的结构部位和相应技术要求，并提出监测预警值；

2）参与施工过程结构分析工作，对施工过程结构分析结果报告和监测方案进行审核；

3）根据施工过程分析结果与监测数据，核查施工图纸，修改图纸错误；

4）对监测反馈的报警数据进行核对或确认，提出处理建议。

4 施工单位职责

1）编制施工组织设计及结构施工方案，明确不同施工阶段工况及施工荷载；

2）根据结构施工过程分析结果，对施工方案进行优化或调整；

3）当监测发现的结构异常确认后，采取有效、可靠的措施进行处置。

5 专业监测单位职责

1）根据设计文件要求和施工过程结构分析结果制定监测方案；

2）根据审核通过的监测方案实施施工过程监测工作，按期提交监测结果和报告；

3）对监测发现的结构反应异常情况，通报相

关单位，并提交相关数据为异常情况处理提供依据。

6 监理单位职责

1）审核监测人员资质，对重要环节进行旁站监理；

2）监督、检查监测实施方案的执行情况，定期审核监测报告；

3）监督、检查施工单位包含加固措施的施工技术方案的落实情况，及时进行核对、签认。

3.2 变形监测精度要求

3.2.2 正文表3.2.2中精度要求确定时，基于如下考虑：

1 竖向位移监测时主要包括三大类情况：①常规的地基沉降测量；②建筑物竖向承重构件的压缩变形引起的竖向变形；③建筑物内部的水平构件在重力荷载作用下的竖向变形。这三种情况引起竖向变形发生的原因是完全不同的，量级上面也存在差别，因此，建议在确定竖向位移观测点坐标中误差时分别提出要求。

2 竖向位移监测1——地基沉降观测点坐标中误差的确定方法

现行行业标准《建筑变形测量规范》JGJ 8-2007第3.0.6条有如下规定："沉降量、平均沉降量等绝对沉降的测定中误差，对于特高精度要求的工程可按地基条件，结合经验具体分析确定；对于其他精度要求的工程，可按低、中、高压缩性地基土或微风化、中风化、强风化地基岩石的类别及建筑对沉降的敏感程度的大小分别选±0.5mm、±1.0mm、±2.5mm"。本规范要求进行施工监测的项目，通常规模较大，因此，确定基础底板沉降观测点坐标中误差时按±0.5mm确定；当观测点埋设在首层时，由于减少了竖向传递过程，因此中误差要求提高至±0.30mm。

3 竖向位移监测2——水平构件竖向相对挠度中误差的确定方法

现行行业标准《建筑变形测量规范》JGJ 8-2007第3.0.7条有如下规定："高层建筑层间相对位移、竖直构件的挠度、垂直偏差等结构段变形的测定中误差，不应超过其变形允许值分量的1/6。对于科研及特殊目的的变形量测定中误差，可根据需要将上述各项中误差乘以1/5~1/2系数后采用"。可按表1执行。

实际工程施工阶段，水平构件的竖向变形实际发生值通常会比设计允许最大变形值要小，主要有几方面因素：①施工阶段的主要重量为结构自重，楼面附加恒荷载（如装修荷载、建筑面层等）、活荷载可能还没施加；②对于混凝土水平构件而言，当测量堆载

或卸载作用下的变形时，混凝土徐变引起的变形值增加效应会很小。估算施工期间结构自重荷载为正常使用时荷载标准值的1/2~1/3，可按表1执行。

表1 变形监测偏差取值

	设计要求的挠跨比要求	施工期间荷载值	测量误差控制在施工期间变形允许的比例	进一步提高精度要求系数
常规取值	1/250~1/400	1/2~1/3	≤1/6	1/5~1/2
计算观测中误差的取用值	1/400	1/3	1/6	1/5

水平构件竖向变形监测中误差取值＝$L/(400\times3\times6\times5)=L/36000$（$L$为结构跨度）

对于跨度60m结构，竖向变形监测中误差计算值要求＝60000/36000=1.667mm。

对于跨度30m结构，竖向变形监测中误差计算值要求＝30000/36000=0.83mm。

考虑到水平构件竖向相对变形测量与地基沉降测量接近，因此，对于跨度30m结构中误差要求可参考首层地面地基沉降测中误差值，即0.5mm。对于60m跨度结构，可以按跨度等比例放松，即放大至1mm；60m以上跨度不再进一步放松。该限制应该是测量可以达到的，同样也能满足计算所需精度要求。

4 竖向位移监测3——高层建筑物主体承重构件竖向压缩变形监测

竖向压缩变形监测的中误差值确定与建筑物在施工期间的累计竖向压缩变形值密切相关。可按表2执行。

$$\Delta=\frac{PH}{EA}=\frac{\sigma H}{E}=\frac{nf_cH}{E} \tag{1}$$

式中：Δ——指高度为H，平均轴压力P作用下的构件的压缩变形值；

E——竖向构件的弹性模量；

A——构件的截面面积；

n——轴压比（对混凝土材料而言）；

f_c——混凝土材料的设计强度；

$$\frac{\Delta}{H}=\frac{nf_c}{E} \tag{2}$$

$$\frac{\Delta}{H}=\frac{nf_c}{E}=\frac{0.5\times19.1}{3.25\times10^4}=\frac{1}{3403}$$

则高层建筑竖向压缩变形测量的中误差估算值＝$\frac{1}{3403}\times\frac{1}{3}\times\frac{1}{6}\times\frac{1}{3}=\frac{1}{183762}$

对于250m高的高层建筑，则估算中误差值＝250000/183762=1.36mm。考虑到实际测量技术因素、测试结果有效性等因素，规程中将高度超过

250m的竖向变形观测点坐标中误差定为±2.0mm。对于100m高度以下的高层建筑，因为高程向上传递的次数会减少，所以中误差限值应加严。大跨建筑物的高度通常更低，压缩变形值更小，中误差限值需进一步加严。

表2　竖向压缩变形监测误差取值

设计要求的轴压比 n	混凝土设计强度 f_c（C30～C80）取常见C40左右	施工期间荷载标准值与设计值比值	测量误差控制在施工期间变形允许的比例	进一步提高精度要求系数
常规取值	0.7～0.95（混凝土柱）0.5～0.6（剪力墙）	14.3～35.9	1/2～1/3	1/5～1/2
计算观测中误差的取用值	0.5	按C40平均考虑19.1	1/3	1/6	1/3

　　5　水平位移监测1——高层建筑水平位移监测中误差的确定方法

　　对于250m以上高层建筑，施工期间引起结构水平位移的主要为风荷载。表3粗略估算出的水平位移监测点坐标中误差。

表3　水平位移监测点坐标误差取值

风荷载下的层间位移角设计限值	顶点位移/总高得到的总位移角要比最大层间位移角小	施工期间时间较短，实际可遇最大风荷载值要小	施工期间幕墙未安装，透风导致风荷载降低	精度要求
分析取用值（仅估算用）	1/500	2/3	1/8	1/6×1/3

　　水平位移监测点坐标中误差＝$h/500×2/3×1/8×1/6×1/3＝1/108000$

　　250m高度位置处，水平位移监测点坐标中误差估算值＝250000/108000＝2.31mm。考虑到实际测量技术因素、测试结果有效性等因素，规程中将高度超过250m的水平位移观测点坐标中误差定为±3.0mm。

　　规程正文表3.2.2中规定的观测精度中水平位移精度对于大跨结构相当于《建筑变形测量规范》JGJ 8的一级，对于高层相当于二级；沉降观测中地下室精度相当于现行行业标准《建筑变形测量规范》JGJ 8的二级，首层略高但达不到一级。因此，提出了"建筑工程变形监测不应低于现行行业标准《建筑变形测量规范》JGJ 8中二级变形测量等级对应的精度要求"。

　　地基沉降观测中的首层通常指±0.000标高附近的结构楼板。

4　施工过程结构分析

4.1　一般规定

4.1.2　从实际可行性角度出发，构件安装记录不要求针对每一单独杆件进行，而是将同一时间段内的一组构件甚至若干楼层的安装情况进行记录；时间段长度的选取以满足施工过程结构分析精度需要为宜。构件安装记录中宜包括构件延迟安装、后浇带连接、构件铰接和刚接之间的转换时机等特殊做法。

4.1.3　现场监测结果受到的影响因素较多，其中有多项因素存在一定的不确定性，如施工过程中的活荷载、地基沉降情况、结构上因日照产生的不均匀温度作用、传感器的漂移、混凝土的收缩徐变特性等。因此，当监测结果与施工过程模拟计算结果之间存在不一致，应进行分析，查明原因。

4.1.4　国内目前设计习惯做法是：计算模型结构一次整体成型后，再施加竖向、水平荷载进行分析。对于复杂建筑物（超高层建筑、带转换层结构、非满堂支撑缓慢均匀整体卸载施工的大跨结构等），该种简化分析方法与考虑施工过程进行的结构分析结果可能出现较大差异。当出现差异时，可尝试下列解决途径：

　　1）施工单位尝试调整施工方案，研究是否可能通过改进施工方案减小该种差异性；

　　2）如仅是施工期间，结构或构件安全性不足，结构整体成型受力状态无明显变化，则可研究采用临时补强加固，完成后再拆除的方案；

　　3）既定条件下，施工方案较为合理时，应进一步和设计单位沟通，将施工过程结构分析结果作为初始受力状态，与后续荷载作用组合后进行结构设计，宜进行补强处理。

4.2　分析内容和方法

4.2.1　将施工过程结构分析按关注对象的区域大小、涉及的施工过程长短进行了细分。实际操作时，应根据实际工程结构关注部位及涉及的施工过程时间区段合理确定分析内容。有些情况下，仅需对整体结构中的某一部分进行施工过程结构分析即可满足工程需要，此种情况下，要求进行施工全过程主体全结构分析就会带来不必要的工作量。比如，某较规则结构中

仅局部设有大跨转换桁架，为了解转换桁架在施工过程中的内力变化情况，可建立转换桁架相关楼层及其上下方若干楼层的子结构计算模型。

施工临时加强措施的分析，包括大型塔吊设备及对塔楼结构的影响分析、施工临时胎架及对结构的影响分析等。目前工程中较多使用的超高层建筑附着塔吊，其重量和塔吊工作时产生的水平力需要通过塔楼外框或核心筒向下传递。大型施工胎架有些情况下支撑在主体结构（例如地下室顶板或基础底板）上，有些情况下需要与主体结构拉结。上述情况下都会对主体结构产生影响，通过结构分析验证施工中主体结构、临时措施结构及相关结构构件的安全性或采取临时加固措施。

4.2.2 施工过程中结构刚度随着构件的安装和刚度生成不断变化，如混凝土构件的浇筑和强度生成、索和预应力筋的张拉、后浇带封闭、构件铰接转刚接、延迟构件后安装。支撑的设置和拆除对构件的内力分布也会产生影响，支承的设置和拆除有时可以通过构件自重施加时机的不同进行模拟；支撑设置或拆除对整体结构受力状态和变形有较大影响时，尚应在计算模型中建模反映。柔性索结构分析，宜考虑几何非线性，从而准确反映索体刚度。

4.3 荷载与作用

4.3.2 室内装修荷载主要指：找平层、建筑面层、粉刷层、轻质隔墙等；工作面上施工活荷载标准值参考 ASCE 37-02，可按表 4 执行。

表 4 施工活荷载参考值

类　　别		均布荷载参考值 psf（kN/m²）
微量负载	稀少的人；手动工具；少量建筑材料	20（0.96）
轻度负载	稀少的人；手动操作的设备；轻型结构施工中的脚手架	25（1.2）
中等负载	人员集中；中型结构施工中的脚手架	50（2.4）
重度负载	需电动设备放置的材料；重型结构施工中的脚手架	75（3.59）

注：表中荷载不包括恒荷载、施工恒荷载、固定材料负载。

4.3.3 结构均匀温度变化可以根据关注的时间段以及可获得的温度数据的情况，按日平均气温或月平均气温进行取值。在围护结构没有封闭情况下，对于钢结构应考虑极端气温，对于混凝土可考虑日平均气温，限于多方面原因，以往通常的分析中不考虑不均匀温度作用的影响，主要基于以下原因：

1 日照不均匀温升的数据难以准确获得；

2 日照不均匀温升时刻处于变化过程中，因此，某一个固定的安装时间段内，没有一个固定对应的日照不均匀温度场；

3 现有的分析手段也受到一定的限制。因此，对绝大多数结构在规程中均不提出计入不均匀温升影响的要求。

对于超高层类的建筑，其施工周期通常较长，不同施工时间段安装构件的季节温度（可取该时间段内的日平均气温）均不相同，该温度对建筑物的变形产生显著影响，从提高计算结果精度并兼顾可行性角度出发，提出了宜计入结构均匀升温或降温作用影响的要求。

4.3.4 作用在施工过程中结构上的风荷载应考虑幕墙尚未安装，透风面积与建成后建筑不同，因此，风荷载体型系数宜作调整；施工过程中结构刚度不断变化，风载下结构的振动特性也是变化的，风振系数或阵风系数也需根据施工进度作必要调整。

4.4 计算模型及参数

4.4.1 计算分析时宜计入地基沉降等边界变形的影响。有条件时，宜将施工过程关注结构体与其支承结构或基础建立统一计算模型，进行整体施工过程结构分析。

4.4.2 施工过程结构分析时，高层建筑沿高度方向分段数一般不宜小于 8 段，每段层数不宜超过 4～6 层。当精度分析要求高或需要进行施工预变形分析时，分段数宜适当增加。高层建筑采取核心筒超前施工，外围框架延后施工时，施工阶段划分应能在计算模型中真实反映。

4.4.3 实际结构特别是钢-混凝土混合结构施工过程中，混凝土楼板浇筑往往会滞后主体结构施工一段时间，此外，面层、吊顶、幕墙等附加恒载往往滞后更多。上述荷载的施加顺序应已满足分析精度为宜。

4.4.5 施工过程中，剪力墙中连梁通常都处于弹性工作状态，这与地震作用下，连梁可能受损或破坏有明显不同，所以在施工过程结构分析时，连梁刚度不进行折减。施工过程中，楼面上作用的荷载通常比结构设计时采用的荷载要小，因此，施工过程中框架梁梁端负弯矩要小于正常设计值。因此，施工过程中框架梁的梁端负弯矩调幅程度应小于正常设计时的梁端负弯矩调整幅度。《高层建筑混凝土结构技术规程》JGJ 3 中规定现浇框架梁梁端负弯矩调幅系数宜取 0.8～0.9，因此，施工过程结构分析时框架梁梁端负弯矩调幅系数宜取 1.0。

4.4.6 实际工程施工中，混凝土强度通常会比设计要求的强度要高，为提高施工过程结构分析结果的准确度，当条件许可时，宜采用实际混凝土设计强度值对应的混凝土弹性模量作为输入参数。

4.4.7 混凝土收缩或混凝土徐变特性对结构位形产生影响包括多种原因：

1 混凝土的收缩和徐变的发展过程目前国内外尚无十分精确的计算公式。

2 发展过程是与众多因素相关的非线性曲线。

3 现有的分析手段尚不充分，因此，准确的、定量分析的难度很大，无法要求每一实际工程施工过程结构分析时计入其影响。

4 混凝土收缩和徐变可能对结构安全性产生不利影响或对结构位形产生设计或建设单位不可接受的偏差时，本规范建议采用简化方法评估其影响。

5 简化方法举例：

1）选取单榀模型进行混凝土收缩和徐变的影响分析，得出规律后，推算到整体结构中去；

2）假定混凝土强度为0或为设计强度的25%、50%、75%、100%等多种不同情况，分别进行验算；

3）将混凝土收缩换算为当量的降温荷载进行考虑。

4.5 分析结果及评价

4.5.1 承载力验算除包括一般的构件承载力验算外，还包括必要的结构整体稳定、抗倾覆、抗滑移验算等；变形验算包括结构整体变形验算（例如超高层结构在水平荷载或作用下的最大层间位移角、大跨结构的挠度等）和局部构件的挠度验算等。

本条在现行国家标准《建筑结构荷载规范》GB 50009相关规定的基础上作了调整，调整主要体现在两方面：

1 与整个建筑的服役期相比，施工过程期间相对较短，且使用人群数量相对较少，偶然荷载出现的概率更低，因此在承载力验算时未提及偶然荷载作用，变形验算时也未提及频遇组合及准永久组合。

2 在一些特殊情况下，施工期间局部荷载可能会很大，但其变异系数可能较小，且在短时间内会被移除，对该类荷载的分项系数值可允许适当放松。规定中采用了宜按荷载效应的基本组合进行荷载组合的要求。

4.5.3 施工过程结构分析得到的构件内力仅为初始部分，因此，初始构件内力满足极限承载力要求，并不能表明该构件就是安全的。施工过程结构分析的结构内力的限值通常是由主体结构设计人员掌握的。鉴于施工过程结构分析的操作单位与设计单位常常不是同一主体，因此，要求将施工过程考虑是否出现较大构件内力差异的情况反馈给主体结构设计人员。

4.5.4 当施工过程结构分析后得到的结构位形和设计目标位形差异较大，提出构件加工预调值和结构施工安装预调值供实际施工时采用。由于施工过程预变

形技术难度大，需消耗一定的时间和费用，且需要施工单位和设计单位的配合以及监理单位的现场检查，方能顺利实施。因此，本条规定，确有必要，且需相关各方同意后，方可实施施工过程预变形技术。

1 设计目标位形

结构位形与荷载状态是相对应的，因此，确定施工模拟的目标位形时也需指定一个荷载状态。具体确定时，可和主体结构设计人员沟通后确定，通常设计要求的目标位形为结构施工图中所表述的形态，该位形对应的荷载状态可取（结构自重＋附加恒载作用）或（结构自重＋附加恒载作用＋0.5活载）。

2 施工安装预调值

在每个施工步的构件吊装或混凝土模板安装过程中，实际安装点位与设计目标位形之间的差值称为施工安装预调值。

3 加工预调值

主要针对钢结构构件而言。为避免考虑施工安装预调值后，钢构件与下部已安装结构之间出现超出常规焊缝高度的缝隙，或钢构件长度偏大无法安装到位的情况，需对钢构件的长度做必要的调整，该调整值定义为加工预调值。对于混凝土结构，由于混凝土构件的长度仅受支模情况控制，因此，可不考虑构件加工预调值。

4.5.5 施工过程监测时，地震作用通常不会发生、而风荷载则是瞬时作用，因此，为保证可比性，与施工监测结果做对比用途的施工过程结构分析中采用荷载标准组合的效益值即可，不宜计入风荷载和地震作用影响。

4.5.7 预警值的设定因工程实际情况而异，一般应由原设计人员会同相关各方根据工程结构特点及施工模拟分析结果确定。监测人员应将监测结果通报设计及相关各方，如监测结果与分析结果较为接近，一般无需预警；如监测结果应力或变形较分析结果放大很多，应分析处理，具体超出多少因工程而异，本处规定超过50%为一般规定，供工程实际参考。此外，当变形或应力值较大时，例如达到限制的50%、70%时，可作为预警值提醒相关各方。

4.5.8 以下几种情况宜考虑预警：

1 变形、应力监测值接近规范限值或设计要求时；

2 当监测结果明显大于（一般超过40%）施工过程分析结果时；

3 当施工期间结构可能出现较大的荷载或作用（例如台风、强震、极端气温变化等）时。

为实际操作方便，本文给出了设计无明确规定时预警值确定方法。第1款应力预警值取构件达到承载力设计值对应的监测值的一定比例，是在构件应力较大时提出预警，以免构件超过设计承载力。第2款变形预警值取构件达到规定限值（一般为规范限值）一

定比例，是在构件变形较大时提出预警，以免构件在施工过程中出现过大变形。第 3 款主要针对构件应力或变形较小，但与分析结果差异较大的情况，可取差别超过 40% 作为预警值以引起相关人员注意。

4.5.9　结构分析为监测方案提供理论依据，并且根据分析结果初步确定预警值形成预警方案。预警值的设定因工程实际情况而异，一般应由原设计人员会同相关各方根据工程结构特点及施工模拟分析结果确定。监测人员应将监测结果通报设计及相关各方，如监测结果与分析结果较为接近，一般无需预警；如监测结果应力或变形较分析结果放大很多（本文规定当设计无明确要求时，可考虑取达到分析结果的 130% 作为预警值），应分析处理。

5　变　形　监　测

5.1　一　般　规　定

5.1.1　垂直位移监测主要分为沉降观测和压缩变形观测。沉降主要是指建筑物整体垂直位移的变化，压缩变形主要是指结构节、多节间的相对位移变化。

5.1.2　踏勘调研和资料收集是监测工作的先决条件。监测之前，监测方须与设计、施工、业主、施工过程分析单位、监理单位进行充分的沟通，了解监测目的和意图。监测技术方案应对监测目的、监测内容、监测点布设、观测方法等方面做出细致的规定。

5.1.3　基准点、工作基点是变形监测的基础设施，要确保点位稳定、可靠，同时应构成便于检校的几何图形。变形监测点标志应埋设牢固并便于识别，对易遭破坏部位的监测点应加保护装置。

5.1.4　基准点的稳定是一个相对概念，受环境、时间等因素影响。变化速率控制在一定的范围内，以对变形监测不造成影响为原则，即可以认为基准点稳定。

5.1.5　变形监测基准应保证监测和施工的统一性。

5.1.7　在变形监测过程中，监测体的变形量、变形速率等发生显著变化时，应调整监测频次。

5.1.9　高层建筑受自重及其他荷载影响，受压变形明显，宜根据建筑物高度，分成若干监测段进行监测。

5.2　观　测　仪　器

5.2.1　卫星定位系统以其高精度、全天候、高效率、多功能、易操作特点，广泛应用于建筑施工监测领域。

5.2.2　全站仪的制造技术、标称精度都在逐步提高，在监测过程中，为了满足监测精度的要求，宜使用测角中误差不大于 $1''$、测距中误差不大于 $(2+2D\times10^{-6})$ mm 的高精度全站仪。

5.2.3　国家划分水准仪等级是按仪器所能达到的每公里往返测高差中数的中误差指标确定。

鼓励采用高精度电子水准仪，电子水准仪进行自动读数和记录，可减弱读数误差，读数客观，并能提高工作效率。

5.2.4　静力水准仪是利用连通管测定两点间高差的仪器，在进行连续不间断监测时具有相对优越性。为满足高精度监测的技术要求，表 5.2.4 对静力水准仪的型号及技术要求做了相应规定。

5.2.5　垂准仪主要用于平面坐标工作基点的竖向传递。表 5.2.5 对所投入的垂准仪的标称精度做了规定。

5.3　监　测　控　制　网

5.3.2　水平位移监测控制网一般为一次布设的独立网，导线网、边角网是常用的监测基准网的布网形式。卫星定位技术在变形监测基准网中，发挥的作用越来越重要，基准线是最简单的监测基准网，但须在基准线两端设立校核点。

5.3.3　由于水平监测基准网的观测精度和点位的稳定性要求较高，观测墩一般采用强制归心装置。照准标志应具有图像反差大、图案对称、相位差小。以确保本身不变形的特点。

5.3.8　工作基点测量应符合下列规定：

　　4　高程工作基点传递采用几何水准联系测量方法进行。设置在 ±0.000 以下楼层的工作基点的高程传递，按照精密几何水准测量的方法进行。设置在 ±0.000 以上较高楼层的工作基点的高程传递，采用精密光学水准仪配合铟钢尺按联系测量的方法进行。

5.4　水平变形监测

5.4.4　使用基准线法测定位移时，应在基准线两端向外的延长线上，埋设两个基准点，并设两个以上检核点，并根据基准点或检核点对基准线端点进行改正。

5.4.6　测距前应预先将仪器、气压表、温度计打开，使其与外界条件相适应，经过一段时间再观测。

5.5　垂直变形监测

5.5.1　当采用静力水准测量方法时，联系测量应采用几何水准测量方法进行高程传递。

5.5.2　变形监测点，应设立在能反映监测体变形特征的位置或监测断面上。监测断面一般分为：关键断面、重要断面和一般断面。上述位置的设置基本符合变形监测点的要求。

5.5.3　为保证监测的连续性，监测标志应考虑装修阶段因地面或墙柱装饰面施工而破坏或掩盖观测点。建筑物沉降观测点位标志埋设在地下结构时，埋设时应考虑地下室积水、空气湿度大、光线暗、尺长限制等因素。

5.7 数据处理及分析

5.7.1 采用专业软件进行数据平差计算处理，变形监测专业软件一般分为观测记录软件、平差计算软件和分析软件三个层次。

1 观测记录软件是在外业测量时使用的记录软件，包括全站仪、数字水准仪内嵌程序记录软件和外接电子手簿方式记录软件；

2 平差处理软件应采用严密平差模型，具有观测数据粗差探测、基准点稳定性分析、多余观测分量计算、基于稳定点组的拟稳平差和多个已知点的约束平差等功能；

3 分析软件根据平差结果进行综合分析，计算相邻两期各坐标分量变形量和累计变形量，绘制荷载、时间、位移量相关曲线图。

5.7.3 进行数据分析的目的是充分利用监测数据，正确有效的指导设计和施工。

6 应 力 监 测

6.1 一 般 规 定

6.1.3 结构变形反映的结构在空间位形上的总体变化，而应力是监测截面上的局部受力反映，二者可以相互补充和验证。

6.1.5 材料弹性模量可通过轴向拉伸试验时的应力增量除以应变增量确定。

6.2 监测仪器及方法

6.2.2 直接测量是指直接将敏感元件安装于构件表面或内部，形成协同变形的整合，敏感元件测出的应变为构件测点处的应变；间接测量指构件在受力过程中出现明显扭转或防护要求不能在表面直接安装敏感元件，而采用测量间接值来计算构件受力的测量方法。

6.2.6 固定在检测钢索上的伺服式加速度计可采集出索的振动信号，经过快速傅立叶变换（FFT）可准确得到钢索的一阶或多阶横向自振频率 f_n。在脉动或简单扰动情况下，以检测一阶或二阶模态为主。索体前二阶横向振动模态示意如图 1 所示。

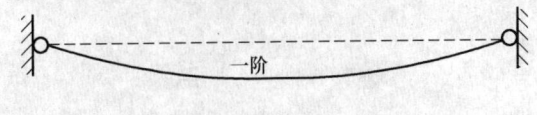

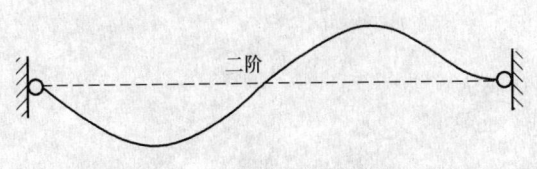

图 1 索体前二阶横向振动模态示意图

6.2.8 磁通量法的测量索力的原理是利用导磁率与应力之间的线性关系，通过测量缠绕在索体上的线圈组成电磁感应系统的磁通量变化确定索力。

6.2.9 采用弓式测力仪测量工作原理如图 2。

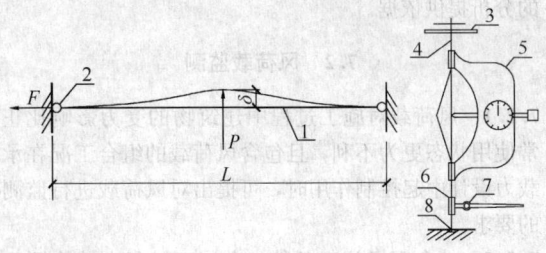

图 2 三点弯曲法测量索力工作原理图
1—拉索；2—支座；3—悬空杆；4—拉索；5—索内力测定仪；6—调节机构；7—扭力扳手；8—支座

6.3 监测点布设与安装

6.3.1 应力监测测点的布置应具有代表性，使监测成果反映结构应力分布及最大应力的大小和方向，以便和计算结果及模型试验成果进行对比以及与其他监测资料综合分析。监测方案的制定应结合现场结构施工方案、工作条件等综合考虑。为获得构件的总应力，传感器在安装时宜在构件无应力状态下进行，尤其对于钢结构工程，焊接和螺栓连接时，在构件内已经产生安装应力，若构件安装完成后再安装传感器，则只能获得此安装态后监测构件的应力增量。

6.4 量测及记录

6.4.1 施工过程结构上监测的应力结果与结构完成的安装进度有关，并受结构上的施工荷载分布、设施设备及环境条件的影响，比较一致的监测条件易于比较在不同施工阶段下应力的变化情况，为将来施工过程实测结果与施工过程模拟分析结果之间进行比较分析提供依据。对于升温或降温等强烈变化过程，可以在一段时间内进行中多次监测，以获得特定过程下的应力变化情况。

6.4.2 阶段性节点包括关键楼层或结构部位的施工、结构后浇带封闭、结构封顶完成等。采用整体吊装、滑移就位、临时支撑、张拉成形、预加应力、合龙拼装等工艺施工时，结构施工安装期间相关联的结构构件内力会发生较大变化，进行监测时应予以关注。

7 温度和风荷载监测

7.1 温 度 监 测

7.1.4 为反映结构上平均气温，环境温度监测点可设在结构内部距楼面高 1.5m 的代表性空间内。对于大部分结构，仅需监测无日照下的结构体温度，而对

受不均匀日照温度影响较大的重点关注构件，可提出对其不均匀温度场进行监测的要求。对于部分受不均匀温度场影响程度较大的特殊构件，则要求测量其不均匀温度的分布，从而为该构件受不均匀温度作用下的分析提供依据。

7.2 风荷载监测

7.2.1 风荷载对施工过程中建筑物的受力影响比正常使用状态更为不利，且包含风荷载的组合工况在承载力设计中起控制作用时，可提出对风荷载进行监测的要求。

7.2.3 结合现场施工条件，在施工过程中结构顶为施工面，不易安装监测桅杆时，可将风速仪安装于高于结构顶面的施工塔吊顶部。进行最高点的风速和风向测量，并通过风压高度变化系数公式、估算的风荷载体型系数确定出作用在建筑物表面的风荷载值。对其他风荷载敏感的建筑，或高层建筑有验证要求时，可监测建筑物表面的风压分布情况。记录的环境风速情况，主要用来与建筑物顶部风速比较，从而了解风力沿高度的变化情况。

8 成 果 整 理

8.0.3 监测结果主要包括各阶段的结果汇总；监测期间的各测点应力变化曲线；监测结果与模拟分析对比曲线；预测方法及其效果评估；对监测期间的异常情况的处理记录及结果等。

8.0.4 监测结论与评价主要是对变形和应力监测结果进行总结，评价结构施工期间的工作状态，对监测信息反馈效果进行总结，提出开展同类工作有益的建议等。

8.0.5 施工过程结构分析与监测对比分析报告，目的了解结构分析理论值与实际值之间误差，以指导施工，确保安全。

中华人民共和国行业标准

建筑工程检测试验技术管理规范

Code for technical management of building engineering
inspection and testing

JGJ 190—2010

批准部门：中华人民共和国住房和城乡建设部
施行日期：2 0 1 0 年 7 月 1 日

中华人民共和国住房和城乡建设部
公　告

第 477 号

关于发布行业标准《建筑工程
检测试验技术管理规范》的公告

　　现批准《建筑工程检测试验技术管理规范》为行业标准，编号为 JGJ 190‐2010，自 2010 年 7 月 1 日起实施。其中，第 3.0.4、3.0.6、3.0.8、5.4.1、5.4.2、5.7.4 条为强制性条文，必须严格执行。

　　本规范由我部标准定额研究所组织中国建筑工业出版社出版发行。

中华人民共和国住房和城乡建设部
2010 年 1 月 8 日

前　言

　　根据住房和城乡建设部《关于印发〈2008 年工程建设标准规范制订、修订计划（第一批）〉的通知》（建标［2008］102 号）的要求，规范编制组经广泛调查研究，认真总结实践经验，参考有关国际标准和国外先进标准，并在广泛征求意见的基础上，制定本规范。

　　本规范的主要技术内容是：1. 总则；2. 术语；3. 基本规定；4. 检测试验项目；5. 管理要求。

　　本规范中以黑体字标志的条文为强制性条文，必须严格执行。

　　本规范由住房和城乡建设部负责管理和对强制性条文解释，由中国建筑一局（集团）有限公司负责具体技术内容的解释。执行过程中如有意见或建议，请寄送中国建筑一局（集团）有限公司（地址：北京市西四环南路 52 号中建一局大厦 1311 室，邮编：100161）。

　　本 规 范 主 编 单 位：中国建筑一局（集团）有限公司
　　　　　　　　　　　　　浙江勤业建工集团有限公司

　　本 规 范 参 编 单 位：昆山市建设工程质量检测中心
　　　　　　　　　　　　　宁波三江检测有限公司
　　　　　　　　　　　　　中建一局集团第二建筑有限公司
　　　　　　　　　　　　　中建一局集团第三建筑有限公司
　　　　　　　　　　　　　中建一局集团第五建筑有限公司
　　　　　　　　　　　　　中建一局华江建设有限公司
　　　　　　　　　　　　　上海中益建筑工程有限公司
　　　　　　　　　　　　　北京四环恒信建设工程检测有限公司
　　　　　　　　　　　　　中建钢构江苏有限公司

本规范主要起草人员：	吴月华	邵东升	陈　红
	李　钟	张俊生	马洪晔
	刘　源	安红印	杨晓毅
	薛　刚	陈振明	熊爱华
	李松岷	张培建	陈　娣
	张月钢	蒋屹军	金　元
	冯定军	左旭平	杨焕宝
	张　军	曹安民	

本规范主要审查人员：	杨嗣信	高小旺	林松涛
	张元勃	林　寿	龚　剑
	黄伟江	胡耀林	张丙吉

目次

Contents

1 总　则

1.0.1 为规范建筑工程施工现场检测试验技术管理方法，提高建筑工程施工现场检测试验技术管理水平，制定本规范。

1.0.2 本规范适用于建筑工程施工现场检测试验的技术管理。

1.0.3 本规范规定了建筑工程施工现场检测试验技术管理的基本要求。当本规范与国家法律、行政法规的规定相抵触时，应按国家法律、行政法规的规定执行。

1.0.4 建筑工程施工现场检测试验技术管理除应执行本规范外，尚应符合国家现行有关标准的规定。

2 术　语

2.0.1 检测试验　inspection and testing

依据国家有关标准和设计文件对建筑工程的材料和设备性能、施工质量及使用功能等进行测试，并出具检测试验报告的过程。

2.0.2 检测机构　inspection and testing organ

为建筑工程提供检测服务并具备相应资质的社会中介机构，其出具的报告为检测报告。

2.0.3 企业试验室　in-house testing laboratory

施工企业内部设置的为控制施工质量而开展试验工作的部门，其出具的报告为试验报告。

2.0.4 现场试验站　testing station at construction site

施工单位根据工程需要在施工现场设置的主要从事试样制取、养护、送检以及对部分检测试验项目进行试验的部门。

3 基 本 规 定

3.0.1 建筑工程施工现场检测试验技术管理应按以下程序进行：

　1　制订检测试验计划；

　2　制取试样；

　3　登记台账；

　4　送检；

　5　检测试验；

　6　检测试验报告管理。

3.0.2 建筑工程施工现场应配备满足检测试验需要的试验人员、仪器设备、设施及相关标准。

3.0.3 建筑工程施工现场检测试验的组织管理和实施应由施工单位负责。当建筑工程实行施工总承包时，可由总承包单位负责整体组织管理和实施，分包单位按合同确定的施工范围各负其责。

3.0.4 施工单位及其取样、送检人员必须确保提供的检测试样具有真实性和代表性。

3.0.5 承担建筑工程施工检测试验任务的检测单位应符合下列规定：

　1　当行政法规、国家现行标准或合同对检测单位的资质有要求时，应遵守其规定；当没有要求时，可由施工单位的企业试验室试验，也可委托具备相应资质的检测机构检测；

　2　对检测试验结果有争议时，应委托共同认可的具备相应资质的检测机构重新检测；

　3　检测单位的检测试验能力应与其所承接检测试验项目相适应。

3.0.6 见证人员必须对见证取样和送检的过程进行见证，且必须确保见证取样和送检过程的真实性。

3.0.7 检测方法应符合国家现行相关标准的规定。当国家现行标准未规定检测方法时，检测机构应制定相应的检测方案并经相关各方认可，必要时应进行论证或验证。

3.0.8 检测机构应确保检测数据和检测报告的真实性和准确性。

3.0.9 建筑工程施工检测试验中产生的废弃物、噪声、振动和有害物质等的处理、处置，应符合国家现行标准的相关规定。

4 检测试验项目

4.1 材料、设备进场检测

4.1.1 材料、设备的进场检测内容应包括材料性能复试和设备性能测试。

4.1.2 进场材料性能复试与设备性能测试的项目和主要检测参数，应依据国家现行相关标准、设计文件和合同要求确定。常用建筑材料进场复试项目、主要检测参数和取样依据可按本规范附录A的规定确定。

4.1.3 对不能在施工现场制取试样或不适于送检的大型构配件及设备等，可由监理单位与施工单位等协商在供货方提供的检测场所进行检测。

4.2 施工过程质量检测试验

4.2.1 施工过程质量检测试验项目和主要检测试验参数应依据国家现行相关标准、设计文件、合同要求和施工质量控制的需要确定。

4.2.2 施工过程质量检测试验的主要内容应包括：土方回填、地基与基础、基坑支护、结构工程、装饰装修等5类。施工过程质量检测试验项目、主要检测试验参数和取样依据可按表4.2.2的规定确定。

表 4.2.2　施工过程质量检测试验项目、主要检测试验参数和取样依据

序号	类别	检测试验项目	主要检测试验参数	取样依据	备注
1	土方回填	土工击实	最大干密度	《土工试验方法标准》GB/T 50123	
			最优含水率		
		压实程度	压实系数*	《建筑地基基础设计规范》GB 50007	
2	地基与基础	换填地基	压实系数*或承载力	《建筑地基处理技术规范》JGJ 79 《建筑地基基础工程施工质量验收规范》GB 50202	
		加固地基、复合地基	承载力		
		桩基	承载力	《建筑基桩检测技术规范》JGJ 106	
			桩身完整性		钢桩除外
3	基坑支护	土钉墙	土钉抗拔力	《建筑基坑支护技术规范》JGJ 120	
		水泥土墙	墙身完整性		
			墙体强度		设计有要求时
		锚杆、锚索	锁定力		
4	结构工程	钢筋连接	机械连接工艺检验*	抗拉强度	《钢筋机械连接通用技术规程》JGJ 107	
			机械连接现场检验			
			钢筋焊接工艺检验*	抗拉强度		适用于闪光对焊、气压焊接头
				弯曲		
			闪光对焊	抗拉强度		
				弯曲	《钢筋焊接及验收规程》JGJ 18	
			气压焊	抗拉强度		
				弯曲		适用于水平连接筋
			电弧焊、电渣压力焊、预埋件钢筋T形接头	抗拉强度		
			网片焊接	抗剪力		热轧带肋钢筋
				抗拉强度		冷扎带肋钢筋
				抗剪力		
		混凝土	混凝土配合比设计	工作性	《普通混凝土配合比设计规程》JGJ 55	指工作度、坍落度和坍落扩展度等
				强度等级		
			混凝土性能	标准养护试件强度	《混凝土结构工程施工质量验收规范》GB 50204 《混凝土外加剂应用技术规范》GB 50119 《建筑工程冬期施工规程》JGJ 104	同条件养护28d转标准养护28d试件强度和受冻临界强度试件按冬期施工相关要求增设，其他同条件试件根据施工需要留置
				同条件试件强度*（受冻临界、拆模、张拉、放张和临时负荷等）		
				同条件养护28d转标准养护28d试件强度		
				抗渗性能	《地下防水工程质量验收规范》GB 50208 《混凝土结构工程施工质量验收规范》GB 50204	有抗渗要求时

序号	类别	检测试验项目	主要检测试验参数	取样依据	备注
4	结构工程	砌筑砂浆 砂浆配合比设计	强度等级	《砌筑砂浆配合比设计规程》JGJ 98	
			稠度		
		砂浆力学性能	标准养护试件强度	《砌体工程施工质量验收规范》GB 50203	冬期施工时增设
			同条件养护试件强度		
	钢结构	网架结构焊接球节点、螺栓球节点	承载力	《钢结构工程施工质量验收规范》GB 50205	安全等级一级、$L \geqslant 40m$ 且设计有要求时
		焊缝质量	焊缝探伤		
		后锚固（植筋、锚栓）	抗拔承载力	《混凝土结构后锚固技术规程》JGJ 145	
5	装饰装修	饰面砖粘贴	粘结强度	《建筑工程饰面砖粘结强度检验标准》JGJ 110	

注：带有"＊"标志的检测试验项目或检测试验参数可由企业试验室试验，其他检测试验项目或检测试验参数的检测应符合相关规定。

4.2.3 施工工艺参数检测试验项目应由施工单位根据工艺特点及现场施工条件确定，检测试验任务可由企业试验室承担。

4.3 工程实体质量与使用功能检测

4.3.1 工程实体质量与使用功能检测项目应依据国家现行相关标准、设计文件及合同要求确定。

4.3.2 工程实体质量与使用功能检测的主要内容应包括实体质量及使用功能等2类。工程实体质量与使用功能检测项目、主要检测参数和取样依据可按表 4.3.2 的规定确定。

表 4.3.2 工程实体质量与使用功能检测项目、主要检测参数和取样依据

序号	类别	检测项目	主要检测参数	取样依据
1	实体质量	混凝土结构	钢筋保护层厚度	《混凝土结构工程施工质量验收规范》GB 50204
			结构实体检验用同条件养护试件强度	
		围护结构	外窗气密性能（适用于严寒、寒冷、夏热冬冷地区）	《建筑节能工程施工质量验收规范》GB 50411
			外墙节能构造	

序号	类别	检测项目	主要检测参数	取样依据
2	使用功能	室内环境污染物	氡	《民用建筑工程室内环境污染控制规范》GB 50325
			甲醛	
			苯	
			氨	
			TVOC	
		系统节能性能	室内温度	《建筑节能工程施工质量验收规范》GB 50411
			供热系统室外管网的水力平衡度	
			供热系统的补水率	
			室外管网的热输送效率	
			各风口的风量	
			通风与空调系统的总风量	
			空调机组的水流量	
			空调系统冷热水、冷却水总流量	
			平均照度与照明功率密度	

5 管理要求

5.1 管理制度

5.1.1 施工现场应建立健全检测试验管理制度，施工项目技术负责人应组织检查检测试验管理制度的执行情况。

5.1.2 检测试验管理制度应包括以下内容：
1 岗位职责；
2 现场试样制取及养护管理制度；
3 仪器设备管理制度；
4 现场检测试验安全管理制度；
5 检测试验报告管理制度。

5.2 人员、设备、环境及设施

5.2.1 现场试验人员应掌握相关标准，并经过技术培训、考核。

5.2.2 施工现场配置的仪器、设备应建立管理台账，按有关规定进行计量检定或校准，并保持状态完好。

5.2.3 施工现场试验环境及设施应满足检测试验工作的要求。

5.2.4 单位工程建筑面积超过 10000m² 或造价超过1000 万元人民币时，可设立现场试验站。现场试验站的基本条件应符合表 5.2.4 的规定。

表 5.2.4 现场试验站基本条件

项 目	基 本 条 件
现场试验人员	根据工程规模和试验工作的需要配备，宜为 1 至 3 人
仪器设备	根据试验项目确定。一般应配备：天平、台（案）秤、温度计、湿度计、混凝土振动台、试模、坍落度筒、砂浆稠度仪、钢直（卷）尺、环刀、烘箱等
设施	工作间（操作间）面积不宜小于 15m²，温、湿度应满足有关规定
	对混凝土结构工程，宜设标准养护室，不具备条件时可采用养护箱或养护池。温、湿度应符合有关规定

5.3 施工检测试验计划

5.3.1 施工检测试验计划应在工程施工前由施工项目技术负责人组织有关人员编制，并应报送监理单位进行审查和监督实施。

5.3.2 根据施工检测试验计划，应制订相应的见证取样和送检计划。

5.3.3 施工检测试验计划应按检测试验项目分别编制，并应包括以下内容：

1 检测试验项目名称；
2 检测试验参数；
3 试样规格；
4 代表批量；
5 施工部位；
6 计划检测试验时间。

5.3.4 施工检测试验计划编制应依据国家有关标准的规定和施工质量控制的需要，并应符合以下规定：

1 材料和设备的检测试验应依据预算量、进场计划及相关标准规定的抽检率确定抽检频次；

2 施工过程质量检测试验应依据施工流水段划分、工程量、施工环境及质量控制的需要确定抽检频次；

3 工程实体质量与使用功能检测应按照相关标准的要求确定检测频次；

4 计划检测试验时间应根据工程施工进度计划确定。

5.3.5 发生下列情况之一并影响施工检测试验计划实施时，应及时调整施工检测试验计划：

1 设计变更；
2 施工工艺改变；
3 施工进度调整；
4 材料和设备的规格、型号或数量变化。

5.3.6 调整后的检测试验计划应按照本规范第5.3.1 条的规定重新进行审查。

5.4 试样与标识

5.4.1 进场材料的检测试样，必须从施工现场随机抽取，严禁在现场外制取。

5.4.2 施工过程质量检测试样，除确定工艺参数可制作模拟试样外，必须从现场相应的施工部位制取。

5.4.3 工程实体质量与使用功能检测应依据相关标准抽取检测试样或确定检测部位。

5.4.4 试样应有唯一性标识，并应符合下列规定：

1 试样应按照取样时间顺序连续编号，不得空号、重号；

2 试样标识的内容应根据试样的特性确定，宜包括：名称、规格（或强度等级）、制取日期等信息；

3 试样标识应字迹清晰、附着牢固。

5.4.5 试样的存放、搬运应符合相关标准的规定。

5.4.6 试样交接时，应对试样的外观、数量等进行检查确认。

5.5 试样台账

5.5.1 施工现场应按照单位工程分别建立下列试样台账：

1 钢筋试样台账；
2 钢筋连接接头试样台账；
3 混凝土试件台账；

4 砂浆试件台账；

5 需要建立的其他试样台账。

5.5.2 现场试验人员制取试样并做出标识后，应按试样编号顺序登记试样台账。

5.5.3 检测试验结果为不合格或不符合要求时，应在试样台账中注明处置情况。

5.5.4 试样台账应作为施工资料保存。

5.5.5 试样台账的格式可按本规范附录 B 执行。通用试样台账的格式可按本规范附录 B 中表 B-1 执行，钢筋试样台账的格式可按本规范附录 B 中表 B-2 执行，钢筋连接接头试样台账的格式可按本规范附录 B 中表 B-3 执行，混凝土试件台账的格式可按本规范附录 B 中表 B-4 执行，砂浆试件台账的格式可按本规范附录 B 中表 B-5 执行。

5.6 试 样 送 检

5.6.1 现场试验人员应根据施工需要及有关标准的规定，将标识后的试样及时送至检测单位进行检测试验。

5.6.2 现场试验人员应正确填写委托单，有特殊要求时应注明。

5.6.3 办理委托后，现场试验人员应将检测单位给定的委托编号在试样台账上登记。

5.7 检测试验报告

5.7.1 现场试验人员应及时获取检测试验报告，核查报告内容。当检测试验结果为不合格或不符合要求时，应及时报告施工项目技术负责人、监理单位及有关单位的相关人员。

5.7.2 检测试验报告的编号和检测试验结果应在试样台账上登记。

5.7.3 现场试验人员应将登记后的检测试验报告移交有关人员。

5.7.4 对检测试验结果不合格的报告严禁抽撤、替换或修改。

5.7.5 检测试验报告中的送检信息需要修改时，应由现场试验人员提出申请，写明原因，并经施工项目技术负责人批准。涉及见证检测报告送检信息修改时，尚应经见证人员同意并签字。

5.7.6 对检测试验结果不合格的材料、设备和工程实体等质量问题，施工单位应依据相关标准的规定进行处理，监理单位应对质量问题的处理情况进行监督。

5.8 见 证 管 理

5.8.1 见证检测的检测项目应按国家有关行政法规及标准的要求确定。

5.8.2 见证人员应由具有建筑施工检测试验知识的专业技术人员担任。

5.8.3 见证人员发生变化时，监理单位应通知相关单位，办理书面变更手续。

5.8.4 需要见证检测的检测项目，施工单位应在取样及送检前通知见证人员。

5.8.5 见证人员应对见证取样和送检的全过程进行见证并填写见证记录。

5.8.6 检测机构接收试样时应核实见证人员及见证记录，见证人员与备案见证人员不符或见证记录无备案见证人员签字时不得接收试样。

5.8.7 见证人员应核查见证检测的检测项目、数量和比例是否满足有关规定。

附录 A 常用建筑材料进场复试项目、主要检测参数和取样依据

表 A 常用建筑材料进场复试项目、主要检测参数和取样依据

序号	类别	名 称（复试项目）	主要检测参数	取样依据
1	混凝土组成材料	通用硅酸盐水泥	胶砂强度	《通用硅酸盐水泥》GB 175
			安定性	
			凝结时间	
		砌筑水泥	安定性	《砌筑水泥》GB/T 3183
			强度	
		天然砂	筛分析	《普通混凝土用砂、石质量及检验方法标准》JGJ 52 《建筑用砂》GB/T 14684
			含泥量	
			泥块含量	
		人工砂	筛分析	
			石粉含量（含亚甲蓝试验）	

续表 A

序号	类别	名 称 （复试项目）	主要检测参数	取样依据
1	混凝土组成材料	石	筛分析	《普通混凝土用砂、石质量及检验方法标准》JGJ 52
			含泥量	
			泥块含量	
		轻集料	颗粒级配（筛分析）	《轻集料及其试验方法 第1部分：轻集料》GB/T 17431.1 《轻集料及其试验方法 第2部分：轻集料试验方法》GB/T 17431.2
			堆积密度	
			筒压强度（或强度标号）	
			吸水率	
		粉煤灰	细度	《粉煤灰混凝土应用技术规范》GBJ 146
			烧失量	
			需水量比（同一供灰单位，一次/月）	
			三氧化硫含量（同一供灰单位，一次/季）	
		普通减水剂 高效减水剂	pH 值	《混凝土外加剂》GB 8076
			密度（或细度）	
			减水率	
		早强减水剂	密度（或细度）	《混凝土外加剂》GB 8076
			钢筋锈蚀	
			减水率	
			1d 和 3d 抗压强度	
		缓凝减水剂 缓凝高效减水剂	pH 值	《混凝土外加剂》GB 8076
			密度（或细度）	
			混凝土凝结时间	
			减水率	
		引气减水剂	pH 值	《混凝土外加剂》GB 8076
			密度（或细度）	
			减水率	
			含气量	
		早强剂	钢筋锈蚀	《混凝土外加剂》GB 8076
			密度（或细度）	
			1d 和 3d 抗压强度比	
		缓凝剂	pH 值	《混凝土外加剂》GB 8076
			密度（或细度）	
			混凝土凝结时间	
		泵送剂	pH 值	《混凝土泵送剂》JC 473
			密度（或细度）	
			坍落度增加值	
			坍落度保留值	
		防冻剂	钢筋锈蚀	《混凝土防冻剂》JC 475
			密度（或细度）	
			R_{-7} 和 R_{+28} 抗压强度比	

续表 A

序号	类别	名　称（复试项目）	主要检测参数		取样依据
1	混凝土组成材料	膨胀剂	限制膨胀率		《混凝土膨胀剂》GB 23439
		引气剂	pH 值		《混凝土外加剂》GB 8076
			密度（或细度）		
			含气量		
		防水剂	pH 值		《砂浆、混凝土防水剂》JC 474
			钢筋锈蚀		
			密度（或细度）		
		速凝剂	密度（或细度）		《喷射混凝土用速凝剂》JC 477
			1d 抗压强度		
			凝结时间		
2	钢材	热轧光圆钢筋	拉伸（屈服强度、抗拉强度、断后伸长率）		《钢筋混凝土用钢　第 1 部分：热轧光圆钢筋》GB 1499.1
			弯曲性能		
		热轧带肋钢筋	拉伸（屈服强度、抗拉强度、断后伸长率）		《钢筋混凝土用钢　第 2 部分：热轧带肋钢筋》GB 1499.2
			弯曲性能		
		碳素结构钢低合金高强度结构钢	拉伸（屈服强度、抗拉强度、断后伸长率）	复试条件：《钢结构工程施工质量验收规范》GB 50205 相关规定	《钢及钢产品　力学性能试验取样位置及试样制备》GB/T 2975 《碳素结构钢》GB/T 700 《低合金高强度结构钢》GB/T 1591
			弯曲		
			冲击		
		钢筋混凝土用余热处理钢筋	拉伸（屈服强度、抗拉强度、伸长率）		《钢筋混凝土用余热处理钢筋》GB 13014
			冷弯		
		冷轧带肋钢筋	拉伸（抗拉强度、伸长率）		《冷轧带肋钢筋混凝土结构技术规程》JGJ 95
			弯曲或反复弯曲		
		冷轧扭钢筋	拉伸（抗拉强度、延伸率）		《冷轧扭钢筋混凝土构件技术规程》JGJ 115
			冷弯		
		预应力混凝土用钢绞线	最大力		《预应力混凝土用钢绞线》GB/T 5224
			规定非比例延伸力		
			最大力总伸长率		

序号	类别	名 称 （复试项目）	主要检测参数	取样依据
3	钢结构连接件及防火涂料	扭剪型高强度螺栓连接副	预拉力	《钢结构工程施工质量验收规范》GB 50205 《钢结构用扭剪型高强度螺栓连接副》GB/T 3632
		高强度大六角头螺栓连接副	扭矩系数	《钢结构工程施工质量验收规范》GB 50205 《钢结构用高强度大六角头螺栓、大六角螺母、垫圈技术条件》GB/T 1231
		螺栓球节点钢网架高强度螺栓	拉力载荷	《钢结构工程施工质量验收规范》GB 50205
		高强度螺栓连接摩擦面	抗滑移系数	《钢结构工程施工质量验收规范》GB 50205
		防火涂料	粘结强度	《钢结构工程施工质量验收规范》GB 50205
			抗压强度	
4	防水材料	铝箔面石油沥青防水卷材	拉力	《铝箔面石油沥青防水卷材》JC/T 504
			柔度	
			耐热度	
		改性沥青聚乙烯胎防水卷材	拉力	《改性沥青聚乙烯胎防水卷材》GB 18967
			断裂延伸率	
			低温柔度	
			耐热度（地下工程除外）	
			不透水性	
		弹性体改性沥青防水卷材	拉力	《弹性体改性沥青防水卷材》GB 18242
			延伸率（G 类除外）	
			低温柔性	
			不透水性	
			耐热性（地下工程除外）	
		塑性体改性沥青防水卷材	拉力	《塑性体改性沥青防水卷材》GB 18243
			延伸率（G 类除外）	
			低温柔性	
			不透水性	
			耐热性（地下工程除外）	
		自粘聚合物改性沥青防水卷材	拉力	《自粘聚合物改性沥青防水卷材》GB 23441
			最大拉力时延伸率	
			沥青断裂延伸率（适用于 N 类）	
			低温柔性	
			耐热度（地下工程除外）	
			不透水性	
		高分子防水片材	断裂拉伸强度	《高分子防水材料 第 1 部分：片材》GB 18173.1
			扯断伸长率	
			不透水性	
			低温弯折	

续表 A

序号	类别	名称（复试项目）	主要检测参数	取样依据
4	防水材料	聚氯乙烯防水卷材	拉力（适合于 L、W 类）	《聚氯乙烯防水卷材》GB 12952
			拉伸强度（适合于 N 类）	
			断裂伸长率	
			不透水性	
			低温弯折性	
		氯化聚乙烯防水卷材	拉力（适合于 L、W 类）	《氯化聚乙烯防水卷材》GB 12953
			拉伸强度（适合于 N 类）	
			断裂伸长率	
			不透水性	
			低温弯折性	
		氯化聚乙烯-橡胶共混防水卷材	拉伸强度	《氯化聚乙烯-橡胶共混防水卷材》JC/T 684
			断裂伸长率	
			不透水性	
			脆性温度	
		水乳型沥青防水涂料	固体含量	《水乳型沥青防水涂料》JC/T 408
			不透水性	
			低温柔度	
			耐热度	
			断裂伸长率	
		聚氨酯防水涂料	固体含量	《聚氨酯防水涂料》GB/T 19250
			断裂伸长率	
			拉伸强度	
			低温弯折性	
			不透水性	
		聚合物乳液建筑防水涂料	固体含量	《聚合物乳液建筑防水涂料》JC/T 864
			断裂延伸率	
			拉伸强度	
			不透水性	
			低温柔性	
		聚合物水泥防水涂料	固体含量	《聚合物水泥防水涂料》GB/T 23445
			断裂伸长率（无处理）	
			拉伸强度（无处理）	
			低温柔性（适用于 I 型）	
			不透水性	
		止水带	拉伸强度	《高分子防水材料 第二部分 止水带》GB 18173.2
			扯断伸长率	
			撕裂强度	
		制品型膨胀橡胶	拉伸强度	《高分子防水材料 第3部分 遇水膨胀橡胶》GB/T 18173.3
			扯断伸长率	
			体积膨胀倍率	
		腻子型膨胀橡胶	高温流淌性	《高分子防水材料 第3部分 遇水膨胀橡胶》GB/T 18173.3
			低温试验	
			体积膨胀倍率	
		聚硫建筑密封胶	拉伸粘结性	《聚硫建筑密封胶》JC/T 483
			低温柔性	
			施工度	
			耐热度（地下工程除外）	

序号	类别	名　称 （复试项目）	主要检测参数	取样依据
4	防水材料	聚氨酯建筑密封胶	拉伸粘结性	《聚氨酯建筑密封胶》JC/T 482
			低温柔性	
			施工度	
			耐热度（地下工程除外）	
		丙烯酸酯建筑密封胶	拉伸粘结性	《丙烯酸酯建筑密封胶》JC/T 484
			低温柔性	
			施工度	
			耐热度（地下工程除外）	
		建筑用硅酮结构密封胶	拉伸粘结性	《建筑用硅酮结构密封胶》GB 16776
		水泥基渗透结晶型防水材料	抗折强度	《水泥基渗透结晶型防水材料》GB 18445
			湿基面粘结强度	
			抗渗压力	
5	砖及砌块	烧结普通砖	抗压强度	《烧结普通砖》GB 5101
		烧结多孔砖		《烧结多孔砖》GB 13544
		烧结空心砖和空心砌块	抗压强度	《烧结空心砖和空心砌块》GB 13545
		蒸压灰砂空心砖		《蒸压灰砂空心砖》JC/T 637
		粉煤灰砖	抗压强度 抗折强度	《粉煤灰砖》JC 239
		蒸压灰砂砖		《蒸压灰砂砖》GB 11945
		粉煤灰砌块		《粉煤灰砌块》JC 238
		普通混凝土小型空心砌块	抗压强度	《普通混凝土小型空心砌块》GB 8239
		轻集料混凝土小型空心砌块	强度等级	《轻集料混凝土小型空心砌块》GB/T 15229
			密度等级	
		蒸压加气混凝土砌块	立方体抗压强度	《蒸压加气混凝土砌块》GB 11968
			干密度	
6	装饰装修材料	人造木板、饰面人造木板	游离甲醛释放量或游离甲醛含量	《室内装饰装修材料　人造板及其制品中甲醛释放限量》GB 18580
		室内用花岗石	放射性	《天然花岗石建筑板材》GB/T 18601
		外墙陶瓷面砖	吸水率	《陶瓷砖》GB/T 4100
			抗冻性（适用于寒冷地区）	
7	幕墙材料	石材	弯曲强度	《建筑装饰装修工程质量验收规范》GB 50210
			冻融循环后压缩强度（适用于寒冷地区）	
		铝塑复合板	180°剥离强度	《建筑幕墙用铝塑复合板》GB/T 17748
		玻璃	传热系数	《建筑节能工程施工质量验收规范》GB 50411
			遮阳系数	
			可见光透射比	
			中空玻璃露点	

续表 A

序号	类别	名　称 （复试项目）	主要检测参数	取样依据
7	幕墙材料	双组分硅酮结构胶	相容性	《建筑装饰装修工程质量验收规范》GB 50210
			拉伸粘结性（标准条件下）	
		幕墙样板	气密性能（当幕墙面积大于 3000m² 或建筑外墙面积的 50% 时，应制作幕墙样板）	《建筑节能工程施工质量验收规范》GB 50411
			水密性能	
			抗风压性能	
		隔热型材	抗拉强度	《建筑节能工程施工质量验收规范》GB 50411
			抗剪强度	
8	节能材料	建筑外门窗	气密性能	《建筑装饰装修工程质量验收规范》GB 50210 《建筑节能工程施工质量验收规范》GB 50411
			水密性能	
			抗风压性能	
			传热系数（适用于严寒、寒冷和夏热冬冷地区）	
			中空玻璃露点	
			玻璃遮阳系数 可见光透射比	适用于夏热冬冷和夏热冬暖地区
		绝热用模塑聚苯乙烯泡沫塑料（适用墙体及屋面）	表观密度	《建筑节能工程施工质量验收规范》GB 50411
			压缩强度	
			导热系数	
		绝热用挤塑聚苯乙烯泡沫塑料（适用墙体及屋面）	压缩强度	《建筑节能工程施工质量验收规范》GB 50411
			导热系数	
		胶粉聚苯颗粒（适用墙体及屋面）	导热系数	《建筑节能工程施工质量验收规范》GB 50411
			干表观密度	
			抗压强度	
		胶粘材料（适用墙体）	拉伸粘结强度	《建筑节能工程施工质量验收规范》GB 50411 《外墙外保温工程技术规程》JGJ 144
		瓷砖胶粘剂（适用墙体）	拉伸胶粘强度	《建筑节能工程施工质量验收规范》GB 50411 《陶瓷墙地砖胶粘剂》JC/T 547
		耐碱型玻纤网格布（适用墙体）	断裂强力（经向、纬向）	《建筑节能工程施工质量验收规范》GB 50411 《外墙外保温工程技术规程》JGJ 144
			耐碱强力保留率（经向、纬向）	
		保温板钢丝网架（适用墙体）	焊点抗拉力	《建筑节能工程施工质量验收规范》GB 50411
			抗腐蚀性能（镀锌层质量或镀锌层均匀性）	
		保温砂浆（适用屋面、地面）	导热系数	《建筑节能工程施工质量验收规范》GB 50411 《建筑保温砂浆》GB/T 20473
			干密度	
			抗压强度	

续表 A

序号	类别	名　称 （复试项目）	主要检测参数	取样依据
8	节能材料	抹面胶浆、抗裂砂浆（适用抹面）	拉伸粘结强度	《建筑节能工程施工质量验收规范》GB 50411 《外墙外保温工程技术规程》JGJ 144
		岩棉、矿渣棉、玻璃棉、橡塑材料（适用采暖）	导热系数	《建筑节能工程施工质量验收规范》GB 50411
			密度	
			吸水率	
		散热器	单位散热量	《建筑节能工程施工质量验收规范》GB 50411
			金属热强度	
		风机盘管机组	供冷量	《建筑节能工程施工质量验收规范》GB 50411
			供热量	
			风量	
			出口静压	
			噪声	
			功率	
		电线、电缆（适用低压配电系统）	截面	《建筑节能工程施工质量验收规范》GB 50411
			每芯导体电阻值	

附录 B　试　样　台　账

表 B-1　通用试样台账

检测试验项目：

试样编号	品种/种类	规格/等级	产地/厂别	代表数量	其他参数		是否见证	取样人	取样日期	送检日期	委托编号	报告编号	检测试验结果	备注

表 B-2　钢筋试样台账

试样编号	种类	规格 (mm)	牌号 (级别)	厂别	代表数量 (t)	炉罐号	是否见证	取样人	取样日期	送检日期	委托编号	报告编号	检测试验结果	备注

表 B-3　钢筋连接接头试样台账

试样编号	接头类型	接头等级	代表数量	原材试样编号	公称直径 (mm)	是否见证	取样人	取样日期	送检日期	委托编号	报告编号	检测试验结果	备注

表 B-4　混凝土试件台账

试件编号	浇筑部位	强度、抗渗等级	配合比编号	成型日期	试件类型	养护方式	是否见证	制作人	送检日期	委托编号	报告编号	检测试验结果	备注

注：1　试件类型是指抗压强度试件和抗渗试件；2　养护方式包括：标准养护、同条件养护或同条件养护28d转标准养护28d。

表 B-5　砂浆试件台账

试件编号	砌筑部位	强度等级	砂浆种类	配合比编号	成型时间	养护方式	是否见证	制作人	送检日期	委托编号	报告编号	检测试验结果	备注

注：1　砂浆种类是指水泥砂浆或混合砂浆；2　养护方式：标准养护或同条件养护。

本规范用词说明

1 为便于在执行本规范条文时区别对待，对要求严格程度不同的用词说明如下：

1）表示很严格，非这样做不可的用词：

正面词采用"必须"，反面词采用"严禁"；

2）表示严格，在正常情况均应这样做的用词：

正面词采用"应"，反面词采用"不应"或"不得"；

3）表示允许稍有选择，在条件许可时首先应这样做的用词：

正面词采用"宜"，反面词采用"不宜"；

4）表示有选择，在一定条件下可以这样做的用词，采用"可"。

2 条文中指明应按其他有关标准、规范执行的写法为"应符合……的规定"或"应按……执行"。

引用标准名录

1 《建筑地基基础设计规范》GB 50007
2 《混凝土外加剂应用技术规范》GB 50119
3 《土工试验方法标准》GB/T 50123
4 《粉煤灰混凝土应用技术规范》GBJ 146
5 《建筑地基基础工程施工质量验收规范》GB 50202
6 《砌体工程施工质量验收规范》GB 50203
7 《混凝土结构工程施工质量验收规范》GB 50204
8 《钢结构工程施工质量验收规范》GB 50205
9 《地下防水工程质量验收规范》GB 50208
10 《建筑装饰装修工程质量验收规范》GB 50210
11 《民用建筑工程室内环境污染控制规范》GB 50325
12 《建筑节能工程施工质量验收规范》GB 50411
13 《通用硅酸盐水泥》GB 175
14 《碳素结构钢》GB/T 700
15 《钢结构用高强度大六角头螺栓、大六角螺母、垫圈技术条件》GB/T 1231
16 《钢筋混凝土用钢 第1部分：热轧光圆钢筋》GB 1499.1
17 《钢筋混凝土用钢 第2部分：热轧带肋钢筋》GB 1499.2
18 《低合金高强度结构钢》GB/T 1591
19 《钢及钢产品 力学性能试验取样位置及试样制备》GB/T 2975
20 《砌筑水泥》GB/T 3183
21 《钢结构用扭剪型高强度螺栓连接副》GB/T 3632
22 《陶瓷砖》GB/T 4100
23 《烧结普通砖》GB 5101
24 《预应力混凝土用钢绞线》GB/T 5224
25 《混凝土外加剂》GB 8076
26 《普通混凝土小型空心砌块》GB 8239
27 《蒸压灰砂砖》GB 11945
28 《蒸压加气混凝土砌块》GB 11968
29 《聚氯乙烯防水卷材》GB 12952
30 《氯化聚乙烯防水卷材》GB 12953
31 《钢筋混凝土用余热处理钢筋》GB 13014
32 《烧结多孔砖》GB 13544
33 《烧结空心砖和空心砌块》GB 13545
34 《建筑用砂》GB/T 14684
35 《轻集料混凝土小型空心砌块》GB/T 15229
36 《建筑用硅酮结构密封胶》GB 16776
37 《轻集料及其试验方法 第1部分：轻集料》GB/T 17431.1
38 《轻集料及其试验方法 第2部分：轻集料试验方法》GB/T 17431.2
39 《建筑幕墙用铝塑复合板》GB/T 17748
40 《高分子防水材料 第1部分：片材》GB 18173.1
41 《高分子防水材料 第二部分 止水带》GB 18173.2
42 《高分子防水材料 第3部分 遇水膨胀橡胶》GB/T 18173.3
43 《弹性体改性沥青防水卷材》GB 18242
44 《塑性体改性沥青防水卷材》GB 18243
45 《水泥基渗透结晶型防水材料》GB 18445
46 《室内装饰装修材料 人造板及其制品中甲醛释放限量》GB 18580
47 《天然花岗石建筑板材》GB/T 18601
48 《改性沥青聚乙烯胎防水卷材》GB 18967
49 《聚氨酯防水涂料》GB/T 19250
50 《建筑保温砂浆》GB/T 20473
51 《混凝土膨胀剂》GB 23439
52 《自粘聚合物改性沥青防水卷材》GB 23441
53 《聚合物水泥防水涂料》GB/T 23445
54 《钢筋焊接及验收规程》JGJ 18
55 《普通混凝土用砂、石质量及检验方法标准》JGJ 52
56 《普通混凝土配合比设计规程》JGJ 55
57 《建筑地基处理技术规范》JGJ 79
58 《冷轧带肋钢筋混凝土结构技术规程》JGJ 95
59 《砌筑砂浆配合比设计规程》JGJ 98

中华人民共和国行业标准

建筑工程检测试验技术管理规范

JGJ 190—2010

条 文 说 明

制 订 说 明

《建筑工程检测试验技术管理规范》JGJ 190 - 2010，经住房和城乡建设部 2010 年 1 月 8 日以第 477 号公告批准、发布。

本规范制订过程中，编制组进行了建筑工程施工现场检测管理工作的调查研究，总结了我国建筑工程施工现场检测试验技术管理的实践经验，并与国内相关标准进行了协调。

为便于广大设计、施工、科研、学校等单位有关人员在使用本规范时能正确理解和执行条文规定，编制组按章、节、条顺序编制了本规范的条文说明。对条文规定的目的、依据以及执行中需注意的有关事项进行了说明，还着重对强制性条文的强制性理由作了解释。但是，本条文说明不具备与标准正文同等的法律效力，仅供使用者作为理解和把握规范规定的参考。在使用过程中如果发现本条文说明有不妥之处，请将意见函寄中国建筑一局(集团)有限公司。

目 次

1 总 则

1.0.2 本规范的适用范围为"建筑工程施工现场检测试验",其含义是指在施工现场制取试样、按有关规定送检并由检测机构或企业试验室出具检测试验报告的施工检测试验活动。施工过程中进行的其他各种检验、检查及测试等活动均不属于本规范"建筑工程检测试验技术管理"的范畴。

2 术 语

术语是在本规范中出现的,其含义需要加以界定、说明或解释的重要词汇。尽管在确定和解释术语时尽可能考虑了习惯性和通用性,但理论上术语只在本规范中有效,列出的目的主要是避免理解错误。当本规范列出的术语在本规范以外使用时,应注意其可能含有与本规范不同的含义。

3 基 本 规 定

3.0.2 本条主要针对目前部分施工现场未能配备满足建筑工程施工现场检测试验工作需要的现场试验人员、仪器设备、设施或相关标准,将出现严重影响施工质量的情况而制订的。本条依据科学管理方法,从人、机、料、法、环五个方面提出了现场开展检测试验工作应具备的基本条件,这是保证建筑施工质量的重要前提,必须给予足够的重视。

3.0.4 检测试样的真实性和代表性对工程质量的判定至关重要,必须明确责任,因此本条列为强制性条文。

本条所指检测试样的"真实性",是指该试样应当是按照有关规定真实制取,而非造假、替换或采用其他方式形成的假试样;而"代表性"则是指该试样的取样方法、取样数量(抽样率)、制取部位等符合有关标准的规定,能够代表受检对象的实际质量状况。

由于取样和送检人员均隶属于施工单位,故本条规定施工单位应对所提供的检测试样的真实性和代表性承担法律责任,而取样或试样送检工作是由取样或送检人员负责具体实施的,故相应人员也应对所提供试样的真实性、代表性承担相应的法律责任。

3.0.5 本规范中的检测单位指检测机构和企业试验室的统称。检测单位的确定,目前国家尚无统一规定,部分地区提出了地方性要求。本规范根据现行有关行政法规和各地实际情况提出了确定检测机构的基本原则,即:当行政法规和现行标准要求由具备资质的检测机构检测时,应遵守其规定;没有要求时,可由承担施工任务的施工企业内部试验室承担。

为确保检测试验工作质量,检测单位应具备与承

接的检测试验项目相适应的检测试验能力。

3.0.6 本条系依据行政法规和住房和城乡建设部的相关规章作出的规定,其目的是通过"见证"来保证取样和送检"过程"的真实性。因此本条列为强制性条文。

本条明确规定监理单位及其见证人员应对"过程"的真实性承担法律责任,是对行政法规、规章作出的进一步阐释,使其责任更加明确,更具有可操作性。依据本条规定,监理单位及其派出的见证人员应通过到现场观察,对取样、送检过程的真实性予以证实,并应当对"过程"的真实性负责。对"过程"真实性的观察要素应包括:取样地点或部位、取样时间、取样方法、试样数量(抽样率)、试样标识、存放及送检等。

3.0.8 检测数据和检测报告是判定工程质量是否满足现行国家标准及设计要求的最重要的依据,为了真实反映工程质量状况,检测数据必须准确、可靠;检测报告必须真实、有效。检测机构是检测数据和检测报告的提供者,应当依法承担上述责任,故将本条列为强制性条文。

3.0.9 建筑工程施工检测试验过程中,可能会产生废弃物、噪声等污染,各种污染的处置方法不同,本规范未作出统一要求,本条仅给出了处理或处置原则,具体处理方法应符合安全、环保等相关规定。

4 检测试验项目

4.2 施工过程质量检测试验

4.2.3 正确确定施工工艺参数对于保证施工质量具有重要意义,但由于各项施工工艺参数的确定比较复杂,难以具体给出,故本条给出三项原则性规定:

1 施工工艺参数检测试验项目,应由施工单位根据工艺特点及现场施工条件确定;

2 检测方法及检测要求应执行相应的标准规定;

3 施工工艺参数检测试验由于其仅涉及施工工艺,并不反映工程的实际质量,故检测试验任务可由企业试验室承担。

4.3 工程实体质量与使用功能检测

4.3.1、4.3.2 工程实体质量检测项目仅列出《混凝土结构工程施工质量验收规范》GB 50204 和《建筑节能工程施工质量验收规范》GB 50411 中规定的实体检测项目。

使用功能检测项目仅指《建筑节能工程施工质量验收规范》GB 50411 中的系统节能性能检测和《民用建筑工程室内环境污染控制规范》GB 50325 中的室内环境污染物检测。

在施工过程中,当合同有约定或相关行政法规及标准有要求时,应遵循其规定。

5 管 理 要 求

5.2 人员、设备、环境及设施

5.2.1~5.2.4 为了使施工现场检测试验管理工作具有较好的可操作性，在对全国各地施工现场检测试验管理情况调查研究的基础上，本节提出了现场试验资源配备的基本要求。

对现场试验站的要求，是依据大多数施工现场的试验需求，并考虑到实施成本等因素确定的。由于工程规模不同，各地管理要求也不尽相同，故本规范仅列出了应当设立现场试验站的最低条件(面积或造价)和试验站的基本配置要求。当单位工程建筑面积或造价未达到本规范规定时，也可根据具体情况设立现场试验站。现场试验站配备的试验人员、设备、环境及设施，可根据工程的具体情况、专业要求和当地管理部门的规定加以调整。在大型或特殊工程施工现场设置的检测机构(包括分支机构)或企业试验室不在本条规定范围内。

5.3 施工检测试验计划

5.3.1~5.3.4 编制检测试验计划是做好施工质量控制的重要环节，属于质量控制中的预控措施。有了计划，才能合理配置、利用检测试验资源，使施工检测试验工作做到有的放矢，规范有序，避免漏检错检。本节对检测试验计划的内容、编制依据、编制要求及调整作出了具体规定，可方便施工现场有关人员具体实施。由于检测试验计划是依据预算量、材料进场计划和流水段划分等确定的，故在施工过程中情况发生变化并影响检测试验计划实施时，应根据实际情况及时加以调整。

本条要求监理单位审查施工单位制定的施工检测试验计划，主要是通过审查这一控制手段，防止施工检测试验项目的漏做、少做，同时也避免盲目多做。因此监理单位应当了解检测试验计划的内容，并提出修改建议。

各省、市对见证取样的检测项目及比例规定有所不同，一些标准对某些检测项目也有见证的要求。为做好见证取样和送检工作，保证见证检测项目及其抽检比例符合规定，监理单位应根据施工检测试验计划制订相应的见证取样和送检计划。

监理单位对检测试验计划的实施进行监督是保证施工单位检测试验活动按计划进行的必要手段。

5.4 试样与标识

5.4.1、5.4.2 此两条均为强制性条文，是针对进场材料和施工过程质量检测试验试样制取作出的严格规定。只有在施工现场随机抽取或在相应施工部位制取的试样，才是对工程实体质量的真实反映。故这两条特别强调除确定工艺参数可制作模拟试样外，其他试样均应在现场内制取。

上述规定还可进一步理解为：检测试验试样既不得在现场以外的任何其他地点制作，也不得由生产厂家或供应商直接向检测单位提供。

5.4.4 试样的标识不仅能够方便检测试验工作中的试样管理，也是试样身份的证明。本条要求试样标识具有唯一性且试样应连续编号，既保证检测试验工作有序进行，还可以在一定程度上防止出现假试样或"备用"试样，避免出现补做或替换试样等违规现象。

5.5 试 样 台 账

5.5.1 建筑工程的施工周期一般比较长，为确保检测试验工作按照检测试验计划和施工进度顺利实施，做到不漏检、不错检，并保证检测试验工作的可追溯性，对检测频次较高的检测试验项目应建立试样台账，以便管理。

5.5.3、5.5.4 检测试验结果是施工质量控制情况的真实反映，将不合格或不符合要求的检测试验结果及处置情况在台账中注明，并将台账作为资料保存，不仅能真实反映施工质量的控制过程，还能为检测试验工作的追溯提供依据。

5.7 检测试验报告

5.7.4 检测试验报告应真实反映工程质量，当出现检测试验结果不合格时，其检测试验报告的意义更为重要。但部分施工人员出于种种原因，特别担心工程质量不合格会受到处罚或影响工程验收等，采取了抽撤、替换或修改不合格检测试验报告的违规做法，掩盖了工程质量的真实情况，后果极其严重，必须加以制止，故本规范将本条列为强制性条文。

5.7.5 检测试验报告的数据和结论由检测单位给出，检测单位对其真实性和准确性承担法律责任，因此不得进行修改。但检测试验报告中的送检信息则是由现场试验人员提供，由于施工单位管理水平的差异和个人工作能力的不同，当检测试验报告中的送检信息填写不全或出现错误时，允许对其进行修改，但应当按照规定的程序经过审批后实施。本条是结合施工现场的实际情况，对检测试验报告中送检信息不全或出现错误时，对检测试验报告进行修改而提出的具体要求。

中华人民共和国国家标准

工程结构加固材料安全性鉴定技术规范

Technical code for safety appraisal of engineering structural strengthening materials

GB 50728—2011

主编部门：四川省住房和城乡建设厅
批准部门：中华人民共和国住房和城乡建设部
施行日期：２０１２年５月１日

中华人民共和国住房和城乡建设部
公　告

第 1213 号

关于发布国家标准《工程结构
加固材料安全性鉴定技术规范》的公告

现批准《工程结构加固材料安全性鉴定技术规范》为国家标准，编号为 GB 50728－2011，自 2012 年 5 月 1 日起实施。其中，第 3.0.1、3.0.5、4.1.4、4.2.2、4.4.2、4.5.2、5.2.5、6.1.4、7.1.5、8.2.1、8.2.4、8.3.4、8.4.2、9.1.2、9.3.1、12.1.2、12.1.3 条为强制性条文，必须严格执行。

本规范由我部标准定额研究所组织中国建筑工业出版社出版发行。

中华人民共和国住房和城乡建设部

2011 年 12 月 5 日

前　　言

本规范是根据原建设部《关于印发〈二〇〇〇至二〇〇一年工程建设国家标准制订、修订计划〉的通知》（建标［2001］87 号）的要求，由四川省建筑科学研究院和中国华西企业股份有限公司会同有关单位编制完成的。

本规范在编制过程中，编制组开展了各种工程结构加固材料和制品安全性鉴定方法的专题研究；进行了广泛的调查分析和重点项目的验证性试验和检验试用；总结了二十多年来我国加固材料和制品的性能设计、质量控制和工程应用的经验，并与国外先进的标准、规范进行了比较分析和借鉴。在此基础上以多种方式广泛征求了有关单位和社会公众的意见并进行了检验和对检验效果的评估。据此，还对主要条文进行了反复修改，最后经审查定稿。

本规范共分 12 章和 19 个附录。主要技术内容包括：总则、术语、基本规定、结构胶粘剂、裂缝注浆料、结构加固用水泥基灌浆料、结构加固用聚合物改性水泥砂浆、纤维复合材、钢丝绳、合成纤维改性混凝土和砂浆、钢纤维混凝土、后锚固连接件。

本规范中以黑体字标志的条文为强制性条文，必须严格执行。

本规范由住房和城乡建设部负责管理和对强制性条文的解释，由四川省住房和城乡建设厅负责日常管理，由四川省建筑科学研究院负责具体技术内容的解释。为充分提高规范的质量，请各使用单位在执行本规范过程中，结合工程实践，注意总结经验，积累数据、资料，随时将意见和建议寄交成都市一环路北三段 55 号住房和城乡建设部建筑物鉴定与加固规范管理委员会（四川省建筑科学研究院内，邮编：610081）。

本 规 范 主 编 单 位：四川省建筑科学研究院
　　　　　　　　　　　中国华西企业股份有限公司

本 规 范 参 编 单 位：同济大学
　　　　　　　　　　　湖南大学
　　　　　　　　　　　福州大学
　　　　　　　　　　　武汉大学
　　　　　　　　　　　中国科学院大连化学物理研究所
　　　　　　　　　　　重庆市建筑科学研究院
　　　　　　　　　　　南京玻璃纤维研究设计院
　　　　　　　　　　　上海加固行建筑技术工程公司
　　　　　　　　　　　亨斯迈先进化工材料（广东）有限公司
　　　　　　　　　　　大连凯华新技术工程有限公司
　　　　　　　　　　　厦门中连结构胶有限公司
　　　　　　　　　　　湖南固特邦土木技术发展有限公司
　　　　　　　　　　　吴江得力建筑结构胶厂
　　　　　　　　　　　慧鱼集团（太仓）有限公司
　　　　　　　　　　　喜利得（中国）商贸有限

公司

武汉长江加固技术有限
公司

武汉武大巨成加固实业有
限公司

上海怡昌碳纤维材料有限
公司

上海同华特种土木工程有
限公司

本规范主要起草人员：高永昭　梁　坦　陈跃熙
　　　　　　　　　　　梁　爽　黄光洪　吴善能

王文军　张首文　贺曼罗
卓尚木　林文修　卜良桃
包兆鼎　王立民　张成英
陈友明　彭　勃　孙永根
刘　兵　张　智　侯发亮
保英明　周海明　张坦贤
刘延年　黎红兵

本规范审查人员：刘西拉　戴宝城　高小旺
　　　　　　　　赵世琦　蒋松岩　弓俊青
　　　　　　　　邱洪兴　张天宇　石建光
　　　　　　　　高旭东　毕　琼　单远铭

目 次

Contents

1 总 则

1.0.1 为加强对工程结构加固中应用的有关材料及制品的质量控制和技术管理,确保工程结构加固工程的质量和安全,制定本规范。

1.0.2 本规范适用于结构加固工程中应用的材料及制品的安全性检验与鉴定。

1.0.3 工程结构加固材料及制品的应用安全性鉴定结论应为工程加固选用材料的依据;不得用以替代加固材料及制品进入施工现场的取样复验。

1.0.4 工程结构加固材料及制品的应用安全性鉴定,应由国家有关主管部门批准的具备相应资格的检验、鉴定机构受理。

1.0.5 本规范应与现行国家标准《混凝土结构加固设计规范》GB 50367、《砌体结构加固设计规范》GB 50702、《建筑结构加固工程施工质量验收规范》GB 50550 等配套使用。

1.0.6 工程结构加固材料及制品的应用安全性检验与鉴定,除应执行本规范外,尚应符合国家现行有关标准的规定。

2 术 语

2.0.1 鉴定 appraisal

实施一组工作活动,其目的在于证明一种加固材料或制品在参与工程结构承重构件受力过程中的可靠性(包括安全性、适用性和耐久性)。

2.0.2 验证性试验 verificity test

证明一种加固材料或制品的性能是否符合规定要求的试验。

2.0.3 抽样 sampling

随机抽取或按一定规则组成样本的过程。

2.0.4 样本 sample

按规定方式取自总体的一个或若干个的个体,用以提供关于总体的信息,并作为可能判定总体某一特征的基础。

2.0.5 材料性能标准值 characteristic value of a material property

材料性能的基本代表值。该值应根据符合规定质量的材料性能概率分布的某一分位数确定。在工程结构中,通常取该分位数为 0.05。

2.0.6 基材 substrate

胶接工程中的加固件与原构件同是被粘物,但两者性质不同,为便于区别,而将原构件或其被粘部分称为基材。

2.0.7 结构胶粘剂 structural adhesive

用于承重结构或构件胶接的、能长期承受设计应力和环境作用的胶粘剂,简称结构胶。

2.0.8 底胶 primer

用于被加固构件(基材)的表面处理,为防止表面污染和改善表层粘结性能而使用的胶粘剂。

2.0.9 修补胶 putty

用于被加固构件(基材)表面缺陷修补、找平的胶粘剂。为适应工程结构现场使用条件,一般要求修补胶能在室温条件下固化,且对胶粘表面无苛求。

2.0.10 结构用界面胶 interfacial adhesive for structure

在工程结构加固工程中,为改善新旧混凝土或旧混凝土与新增面层的粘结能力而使用的胶粘剂,也称结构用混凝土界面剂。

2.0.11 裂缝压注胶 pressure injection adhesive for cracks

采用低黏度改性环氧类胶液配制的、以压力注入结构或构件裂缝腔内、具有一定粘结能力的胶粘剂。当仅用于封闭、填充裂缝时,称为"裂缝封闭用压注胶";当用于恢复开裂构件的整体性和抗拉强度时,称为"裂缝修复用压注胶";两者不得混淆。

2.0.12 室温固化 room temperature curing

对未经改性的结构胶,指能在不低于 15℃ 的室温下进行正常化学反应的固化过程;对改性的结构胶,指能在不低于 5℃ 的室温下进行正常化学反应的固化过程。

2.0.13 低温固化 low temperature curing

能在低于 5℃ 的低温环境中进行正常化学反应的固化过程。对工程结构加固用的低温固化型胶粘剂,一般按其反应所要求的自然温度分为 -5℃、-10℃ 和 -20℃ 三档。

2.0.14 老化 ageing

胶接件的性能随时间降低的现象。在工程结构设计中,需要考虑的老化现象有湿热老化、热老化以及其他环境作用的老化等。

2.0.15 聚合物改性水泥砂浆 polymer modified cement mortar

以高分子聚合物为增强粘结性能的改性材料配制而成的水泥砂浆。

2.0.16 灌浆料 grouting material

一种高流态、可塑性良好的灌注材料。工程结构用的灌浆料,应具有不分层、不分化、固化收缩极小、体积稳定的物理特性,并具有符合规定要求的粘结性能和力学性能。一般分为改性环氧类灌浆料和改性水泥基类灌浆料。

2.0.17 裂缝注浆料 injection grouting for cracks

灌浆料的一个系列。主要用于压注宽度为 1.5mm～5.0mm 的混凝土裂缝和砌体裂缝。因不用粗骨料,而改称为"注浆料"以示与一般灌浆料的区别。

2.0.18 纤维复合材 fibre reinforced polymer

采用高强度或高模量连续纤维按一定规则排列并经专门处理而成的、具有纤维增强效应的复合材料。

2.0.19 纤维混凝土 fibre concrete

在水泥基混凝土中掺入方向无规则，但分布均匀的短纤维所形成的复合材料。当主要用于提高混凝土强度时，称为纤维增强混凝土；当主要用于改善混凝土抗裂性或韧性时，一般称为纤维改性混凝土。

2.0.20 不锈钢纤维 stainless steel fibre reinforced concrete

仅指适用于混凝土或砂浆面层加固的、以熔抽法生产的、掺有镍、铬组分的不锈钢短纤维。一般多用于对防腐蚀和耐热性有严格要求的重要结构。

2.0.21 不锈钢丝绳 stainless wire ropes

采用不锈钢细钢丝编制而成的金属股芯、内外不涂敷油脂的钢丝绳。在工程结构加固工程中，一般用于聚合物砂浆面层的配筋。当为单股钢丝绳时，也称为不锈钢绞线。

2.0.22 镀锌钢丝绳 zinc-coated steel wire ropes

采用锌层质量不低于 AB 级的镀锌钢丝编制而成的金属股芯、内外不涂敷油脂的钢丝绳。在有可靠阻锈措施的条件下，可替代不锈钢丝绳用于无化学介质腐蚀的室内环境中。当为单股钢丝绳时，也称为镀锌钢绞线。

2.0.23 植筋 bonded rebars

以锚固型结构胶，将带肋钢筋或全螺纹螺杆胶接固定于混凝土或砌体基材锚孔中的一种后锚固连接件。

3 基 本 规 定

3.0.1 凡涉及工程安全的工程结构加固材料及制品，必须按本规范的要求通过安全性鉴定。

3.0.2 申请安全性鉴定的加固材料或制品应符合下列条件：

　　1 已具备批量供应能力；

　　2 基本试验研究资料齐全，且已经过试点工程或工程试用；

　　3 材料或制品的毒性和燃烧性能，已分别通过卫生部门和消防部门的检验与鉴定。

3.0.3 加固材料或制品的安全性鉴定取样应符合下列规定：

　　1 安全性鉴定的样本，应由独立鉴定机构从检验批中按一定规则抽取的样品构成。在任何情况下，均不得使用特别制作的或专门挑选的样本，也不得使用委托单位自行抽样的样本。

　　2 每一性能项目所需的试样（或试件，以下同），应至少取自 3 个检验批次；每一批次应至少抽取一组试样；每组试样的数量应符合下列规定：

　　　　1）当检验结果以平均值表示时，其有效试样数不应少于 5 个；

　　　　2）当检验结果以标准值表示时，其有效试样数不应少于 15 个。

3.0.4 安全性鉴定的检验及检验结果的整理，应符合下列规定：

　　1 按本规范第 3.0.3 条规定抽取的试样，当需加工成试件时，应按所采用检验方法标准的要求进行加工，并进行检验前的状态调节；

　　2 安全性鉴定采用的试验方法应符合本规范附录 A 的规定；

　　3 检验应在规定的温湿度环境中进行；其程序与操作方法应严格按规定执行；

　　4 当个别数据的正常性受到怀疑时，应首先查找该数据异常的物理原因；若确实无法查明时，方允许按现行国家标准《正态样本离群值的判断与处理》GB/T 4883 进行判断和处理，不得随意取舍；

　　5 安全性鉴定的检验结果，应直接与本规范规定的合格指标进行比较，并据以作出合格与否的判定。在这过程中，不计其置信区间估计值对判定的有利影响。

3.0.5 根据安全性鉴定检验结果确定的材料性能标准值，应具有按规定置信水平确定的 95% 的强度保证率。

3.0.6 工程结构加固材料性能标准值的计算方法应符合本规范附录 B 的规定。计算所取的置信水平（γ），应符合下列规定：

　　1 对置信水平取值有经验可依的加固材料：

　　　　1）结构胶粘剂：γ 应取为 0.90；

　　　　2）碳纤维复合材：γ 应取为 0.99；

　　　　3）芳纶纤维复合材：γ 应取为 0.95；

　　　　4）玻璃纤维复合材：γ 应取为 0.90；

　　　　5）不锈钢丝：γ 应取为 0.95；

　　　　6）镀锌钢丝：γ 应取为 0.90；

　　　　7）混凝土：γ 应取为 0.75；

　　　　8）砂浆：γ 应取为 0.60。

　　2 对置信水平取值无经验可依的加固材料，应按试验结果的变异系数 C_{vs} 的置信上限 C_{vu} 值，由表 3.0.6 查得 γ 值。

表 3.0.6 按变异系数置信上限确定的 γ 值

变异系数 C_{vs} 的置信上限 C_{vu} 值	≤0.07	≤0.11	≤0.15	≤0.25	≤0.30
计算材料性能标准值采用的 γ 值	0.99	0.95	0.90	0.75	0.60

　　3 变异系数置信上限 C_{vu} 值，应按现行国家标准《正态分布变差系数置信上限》GB/T 11791 规定的方法计算；计算时取 C_{vu} 的置信水平为 0.90。

3.0.7 经安全性检验合格的结构加固材料或制品，应提出安全性鉴定报告。鉴定报告所附的检验报告中，应具体说明检验所采用的取样规则、取样对象、取样方法和时间。检验报告中不得使用"本报告仅对来样负责"的措词，若存在此类措词，该报告无效。

3.0.8 工程加固材料或制品应用安全性鉴定合格的资格保留期为4年。

4 结构胶粘剂

4.1 一般规定

4.1.1 工程结构加固用的结构胶，应按胶接基材的不同，分为混凝土用胶、结构钢用胶、砌体用胶和木材用胶等，每种胶还应按其现场固化条件的不同，划分为室温固化型、低温固化型和高湿面（或水下）固化型等三种类型结构胶。必要时，尚应根据使用环境的不同，区分为普通结构胶、耐温结构胶和耐介质腐蚀结构胶等。安全性鉴定时，应分别进行取样、检验与评定。

4.1.2 室温固化型结构胶的使用说明书，应按下列规定标明其最高使用温度类别；其相应的合格评定标准由本章各节作出规定：

  1 Ⅰ类适用的温度范围为−45℃～60℃；

  2 Ⅱ类适用的温度范围为−45℃～95℃；

  3 Ⅲ类适用的温度范围为−45℃～125℃。

4.1.3 工程结构用的结构胶粘剂，其设计使用年限应符合下列规定：

  1 当用于既有建筑物加固时，宜为30年；

  2 当用于新建工程（包括新建工程的加固改造）时应为50年；

  3 当结构胶到达设计使用年限时，若其胶粘能力经鉴定未发现有明显退化者，允许适当延长其使用年限，但延长的年限须由鉴定机构通过检测，会同建筑产权人共同确定。

4.1.4 经安全性鉴定合格的结构胶，凡被发现有改变粘料、固化剂、改性剂、添加剂、颜料、填料、载体、配合比、制造工艺、固化条件等情况时，均应将该胶粘剂视为未经鉴定的胶粘剂。

4.1.5 申请安全性鉴定时，应随同研制报告提供有标题、编号和日期的使用说明书。说明书至少应包括下列内容：

  1 结构胶的基本化学组成和载体类型；

  2 配制说明，包括组分、配比、加料顺序、配胶时必需的环境控制及配好的结构胶适用期（可操作时间）；

  3 推荐的基材表面处理方法及其详细说明；

  4 胶粘剂施工环境控制；

  5 涂布或压注工艺操作及要求的详细说明；

  6 固化程序，包括典型的时间、温度、压力以及各参数极限值的说明；

  7 储存要求及储存期。

4.2 以混凝土为基材的结构胶

4.2.1 本节规定适用于以混凝土结构构件为基材（基层）粘结钢材、粘贴纤维复合材、种植锚固件等用的结构胶以及需配套使用的底胶和修补胶的安全性鉴定。

4.2.2 以混凝土为基材，室温固化型的结构胶，其安全性鉴定应包括基本性能鉴定、长期使用性能鉴定和耐介质侵蚀能力鉴定。鉴定时，应遵守下列规定：

  1 结构胶的基本性能应分别符合表4.2.2-1、表4.2.2-2或表4.2.2-3的要求。

  2 结构胶的长期使用性能鉴定应符合表4.2.2-4中的下列要求：

    1）对设计使用年限为30年的结构胶，应通过耐湿热老化能力的检验；

    2）对设计使用年限为50年的结构胶，应通过耐湿热老化能力和耐长期应力作用能力的检验；

    3）对承受动荷载作用的结构胶，应通过抗疲劳能力检验；

    4）对寒冷地区使用的结构胶，应通过耐冻融能力检验。

  3 结构胶的耐介质侵蚀能力应符合表4.2.2-5的要求。

表4.2.2-1 以混凝土为基材，粘贴钢材用结构胶基本性能鉴定标准

<table>
<tr><td rowspan="3">检验项目</td><td rowspan="3">检验条件</td><td colspan="4">鉴定合格指标</td></tr>
<tr><td colspan="2">Ⅰ类胶</td><td rowspan="2">Ⅱ类胶</td><td rowspan="2">Ⅲ类胶</td></tr>
<tr><td>A级</td><td>B级</td></tr>
<tr><td colspan="2">抗拉强度(MPa)</td><td>≥30</td><td>≥25</td><td>≥30</td><td>≥35</td></tr>
<tr><td rowspan="2">受拉弹性模量(MPa)</td><td>涂布胶</td><td colspan="2" rowspan="6">在(23±2)℃、(50±5)%RH条件下，以2mm/min加荷速度进行测试</td><td colspan="2">≥3.2×10³</td></tr>
<tr><td>压注胶</td><td>≥2.5×10³</td><td>≥2.0×10³</td><td colspan="2">≥3.0×10³</td></tr>
<tr><td colspan="2">伸长率(%)</td><td>≥1.2</td><td>≥1.0</td><td colspan="2">≥1.5</td></tr>
<tr><td colspan="2">抗弯强度(MPa)</td><td>≥45</td><td>≥35</td><td>≥45</td><td>≥50</td></tr>
<tr><td colspan="6">且不得呈碎裂状破坏</td></tr>
<tr><td colspan="2">抗压强度(MPa)</td><td colspan="4">≥65</td></tr>
<tr><td rowspan="5">钢对钢拉伸抗剪强度(MPa)</td><td>标准值
(23±2)℃、(50±5)%RH</td><td>≥15</td><td>≥12</td><td></td><td>≥18</td></tr>
<tr><td rowspan="4">平均值</td><td></td><td></td><td></td><td></td></tr>
<tr><td>(60±2)℃、10min</td><td>≥17</td><td>≥14</td><td>—</td><td>—</td></tr>
<tr><td>(95±2)℃、10min</td><td>—</td><td>—</td><td>≥17</td><td></td></tr>
<tr><td>(125±3)℃、10min</td><td></td><td></td><td></td><td>≥14</td></tr>
<tr><td>(−45±2)℃、30min</td><td>≥17</td><td>≥14</td><td></td><td>≥20</td></tr>
<tr><td>钢对钢对接粘结抗拉强度(MPa)</td><td rowspan="3">在(23±2)℃、(50±5)%RH条件下，按所执行试验方法标准规定的加荷速度测试</td><td>≥33</td><td>≥27</td><td>≥33</td><td>≥38</td></tr>
<tr><td>钢对钢T冲击剥离长度(mm)</td><td>≤25</td><td>≤40</td><td colspan="2">≤15</td></tr>
<tr><td>钢对C45混凝土正拉粘结强度(MPa)</td><td colspan="4">≥2.5，且为混凝土内聚破坏</td></tr>
</table>

续表 4.2.2-1

检验项目	检验条件	鉴定合格指标			
		Ⅰ类胶 A级	Ⅰ类胶 B级	Ⅱ类胶	Ⅲ类胶
热变形温度(℃)	固化、养护21d，到期使用0.45MPa弯曲应力的B法测定	≥65	≥60	≥100	≥130
不挥发物含量(%)	(105±2)℃、(180±5)min	≥99			

注：表中各项性能指标，除标有标准值外，均为平均值。

表 4.2.2-2 以混凝土为基材，粘贴纤维复合材用结构胶基本性能鉴定要求

检验项目		检验条件	鉴定合格指标			
			Ⅰ类胶 A级	Ⅰ类胶 B级	Ⅱ类胶	Ⅲ类胶
胶体性能	抗拉强度(MPa)	在(23±2)℃、(50±5)%RH条件下，以2mm/min加荷速度进行测试	≥38	≥30	≥38	≥40
	受拉弹性模量(MPa)		≥2.4×10³	≥1.5×10³	≥2.0×10³	
	伸长率(%)		≥1.5			
	抗弯强度(MPa)		≥50	≥40	≥45	≥50
			且不得呈碎裂状破坏			
	抗压强度(MPa)		≥70			
粘结能力	钢对钢拉伸抗剪强度(MPa) 平均值 标准值	(23±2)℃、(50±5)%RH	≥14	≥10	≥16	
		(60±2)℃、10min	≥16	≥12	—	—
		(95±2)℃、10min	—	—	≥15	—
		(125±3)℃、10min	—	—	—	≥13
		(−45±2)℃、30min	≥16	≥12	≥18	
	钢对钢粘结抗拉强度(MPa)	在(23±2)℃、(50±5)%RH条件下，按所执行试验方法标准规定的加荷速度测试	≥40	≥32	≥40	≥43
	钢对钢T冲击剥离长度(mm)		≤20	≤35	≤20	
	钢对C45混凝土正拉粘结强度(MPa)		≥2.5，且为混凝土内聚破坏			
	热变形温度(℃)	使用0.45MPa弯曲应力的B法	≥65	≥60	≥100	≥130
	不挥发物含量(%)	(105±2)℃、(180±5)min	≥99			

注：表中各项指标，除标有标准值外，均为平均值。

表 4.2.2-3 以混凝土为基材，锚固用结构胶基本性能鉴定标准

检验项目		检验条件	鉴定合格指标			
			Ⅰ类胶 A级	Ⅰ类胶 B级	Ⅱ类胶	Ⅲ类胶
胶体性能	劈裂抗拉强度(MPa)	在(23±2)℃、(50±5)%RH条件下，以2mm/min加荷速度进行测试	≥8.5	≥7.0	≥10	≥12
	抗弯强度(MPa)		≥50	≥40	≥50	≥55
			且不得呈碎裂状破坏			
	抗压强度(MPa)		≥60			
粘结能力	钢对钢拉伸抗剪强度(MPa) 平均值 标准值	(23±2)℃、(50±5)%RH	≥10	≥8	≥12	
		(60±2)℃、10min	≥11	≥9	—	—
		(95±2)℃、10min	—	—	≥11	—
		(125±3)℃、10min	—	—	—	≥10
		(−45±2)℃、30min	≥12	≥10	≥13	
	约束拉拔条件下带肋钢筋（或全螺杆）与混凝土粘结强度 (23±2)℃、(50±5)%RH	C30 φ25 l=150	≥11	≥8.5	≥11	≥12
		C60 φ25 l=125	≥17	≥14	≥17	≥18
	钢对钢T冲击剥离长度(mm)	(23±2)℃、(50±5)%RH	≤25	≤40	≤20	
	热变形温度(℃)	使用0.45MPa弯曲应力的B法	≥65	≥60	≥100	≥130
	不挥发物含量(%)	(105±2)℃、(180±5)min	≥99			

注：表中各项指标，除标有标准值外，均为平均值。

表 4.2.2-4　以混凝土为基材，结构胶长期使用性能鉴定标准

检验项目		检验条件	鉴定合格指标			
			Ⅰ类胶		Ⅱ类胶	Ⅲ类胶
			A级	B级		
耐环境作用	耐湿热老化能力	在 50℃、95% RH 环境中老化 90d（B 级胶为 60d）后，冷却至室温进行钢对钢拉伸抗剪试验	与室温下短期试验结果相比，其抗剪强度降低率（%）：≤12	≤18	≤10	≤12
	耐热老化能力	在下列温度环境中老化 30d 后，以同温度进行钢对钢拉伸抗剪试验	与同温度 10min 短期试验结果相比，其抗剪强度降低率：			
		(80±2)℃	≤5	不要求	—	—
		(95±2)℃	—	—	≤5	—
		(125±3)℃	—	—	—	≤5
	耐冻融能力	在−25℃↗35℃冻融循环温度下，每次循环 8h，经 50 次循环后，在室温下进行钢对钢拉伸抗剪试验	与室温下，短期试验结果相比，其抗剪强度降低率不大于 5%			
耐应力作用能力	耐长期应力作用能力	在 (23±2)℃、(50±5)% RH 环境中承受 4.0MPa 剪应力持续作用 210d	钢对钢拉伸抗剪试件不破坏，且蠕变的变形值小于 0.4mm			
	耐疲劳应力作用能力	在室温下，以频率为 5Hz，应力比为 5：1.5，最大应力为 4.0MPa 的疲劳荷载下进行钢对钢拉伸抗剪试验	经 2×10⁶ 次等幅正弦波疲劳荷载作用后，试件不破坏			

注：若在申请安全性鉴定前已委托有关科研机构完成该品牌结构胶耐长期应力作用能力的验证性试验与合格评定工作，且该评定报告已通过安全性鉴定机构的审查，则允许免作此项检验，而改作楔子快速测定（附录C）。

表 4.2.2-5　以混凝土为基材，结构胶耐介质侵蚀性能鉴定标准

应检验性能	介质环境及处理要求	鉴定合格指标	
		与对照组相比强度下降率（%）	处理后的外观质量要求
耐盐雾作用	5% NaCl 溶液；喷雾压力 0.08MPa；试验温度 (35±2)℃；每 0.5h 喷雾一次，每次 0.5h；盐雾自由沉降在试件上；作用持续时间：A 级胶及Ⅱ、Ⅲ类胶 90d；B 级胶 60d；到期进行钢对钢拉伸抗剪强度试验	≤5	不得有裂纹或脱胶

续表 4.2.2-5

应检验性能	介质环境及处理要求	鉴定合格指标	
		与对照组相比强度下降率（%）	处理后的外观质量要求
耐海水浸泡作用（仅用于水下结构胶）	海水或人造海水；试验温度(35±2)℃；浸泡时间：A级胶 90d；B级胶 60d；到期进行钢对钢拉伸抗剪强度试验	≤7	不得有裂纹或脱胶
耐碱性介质作用	Ca(OH)₂ 饱和溶液；试验温度(35±2)℃；浸泡时间：A 级胶及Ⅱ、Ⅲ类胶 60d；B 级胶 45d；到期进行钢对混凝土正拉粘结强度试验	不下降，且为混凝土破坏	不得有裂纹、剥离或起泡
耐酸性介质作用	5%H₂SO₄ 溶液；试验温度 (35±2)℃；浸泡时间：各类胶均为 30d；到期进行钢对混凝土正拉粘结强度试验	混凝土破坏	不得有裂纹或脱胶

4.2.3　以混凝土为基材的结构胶，其性能检验的技术细节要求，应符合下列规定：

1　钢试片的粘合面应经喷砂处理合格。

2　钢试片周边应采取防腐蚀的保护措施。当采用防腐漆涂刷时，漆层不得沾染胶层。

3　锚固型结构胶的胶体抗弯强度试验，其试件厚度应为 8mm。

4　检验用的人造海水配方，应符合表 4.2.3 的规定。

5　各检验项目适用的试验方法标准应符合本规范附录 A 的规定。

表 4.2.3　人造海水配方

成　分	含量（g/L）	成　分	含量（g/L）
NaCl	24.5	NaHCO₃	0.201
MgCl₂·6H₂O	11.1	KBr	0.101
Na₂SO₄	4.09	H₃BO₂	0.0270
CaCl₂	1.16	SrCl₂·6H₂O	0.0420
KCl	0.695	NaF	0.0030

4.2.4　以混凝土为基材，低温固化型结构胶的安全性鉴定，应遵守下列规定：

1　试件的制作与测试应符合以下要求：

1）应在胶粘剂使用说明书中标示的最低温度下，静置胶样各组分 24h，使温度达到平衡状态。此时，胶样各组分应无结晶析出。

2）应立即使用经过温度平衡的胶样配制胶液并粘合试件。

3）应在该低温环境中，静置固化试件至规定的时间。

4）应采用本规范附录 A 规定的测试方法标准，对试件进行测试。

2 低温固化型结构胶基本性能鉴定要求应符合表4.2.4的规定。

表4.2.4 低温固化型结构胶基本性能鉴定要求

检验项目	检验条件	鉴定合格指标
钢对钢拉伸抗剪强度标准值（MPa）	低温固化、养护7d，到期立即在（23±2）℃、（50±5）%RH条件下测试	与室温固化型同品种、A级结构胶合格指标相比，强度下降不大于10%
	低温固化、养护7d，再在（23±2）℃下养护3d，到期立即在（23±2）℃、（50±5）%RH条件下测试	与室温固化型同品种、A级结构胶合格指标相比，强度不下降
钢对钢粘结抗拉强度（MPa）		≥30
钢对C45混凝土正拉粘结强度（MPa）	低温固化、养护7d，再在（23±2）℃下养护3d，到期立即在（23±2）℃、（50±5）%RH条件下测试	≥2.5，且为混凝土内聚破坏
钢对钢T冲击剥离长度（mm）		≤35

3 低温固化型结构胶长期使用性能和耐介质侵蚀性能的鉴定，应以低温固化、养护7d，再在（23±2）℃下养护3d的试件进行检验。其检验结果应达到同品种A级胶的合格指标要求。

4.2.5 以混凝土为基材，湿面施工、水下固化型结构胶的安全性鉴定，应符合下列规定：

1 试件的制作与测试要求：

1）应在5℃环境中进行配胶、拌胶并粘合具有湿面（无浮水）的试件。

2）应在静水中固化、养护试件至规定时间。

3）应采用本规范附录A规定的试验方法标准对试件进行测试。

2 湿面施工、水下固化型结构胶基本性能鉴定要求，应符合表4.2.5的规定。

表4.2.5 湿面施工、水下固化型结构胶基本性能鉴定要求

检验项目	检验条件	鉴定合格指标
钢对钢拉伸抗剪强度标准值（MPa）	水下固化、养护7d，到期立即在5℃条件下测试	≥10
	水下固化、养护7d的试件，晾干3d后，再在水下浸泡30d到期立即测试	≥8
钢对钢拉伸抗剪强度平均值（MPa）	在室温下进行干态粘合的试件，经7d固化、养护后立即测试	应达到同品种A级胶合格指标的要求
钢对钢T冲击剥离长度平均值（mm）		
钢对C45混凝土正拉粘结强度平均值（MPa）		

3 湿面施工、水下固化型结构胶长期使用性能的鉴定，应以水下固化、养护7d，再晾干3d的试件进行检验。其检验结果应达到同品种A级胶的合格指标要求。

4 湿面施工、水下固化型结构胶耐介质腐蚀性能检验可仅作耐海水浸泡一项。经过90d浸泡的试件与浸泡前对照组相比，其钢对钢拉伸抗剪强度的下降百分率不应大于10%。

4.3 以砌体为基材的结构胶

4.3.1 以钢筋混凝土为面层的组合砌体构件，其加固用结构胶的安全性鉴定应按以混凝土为基材的结构胶的规定进行。

4.3.2 以素砌体为基材，粘贴钢板、纤维复合材及种植带肋钢筋、全螺纹螺杆和化学锚栓用的结构胶，其基本性能的安全性鉴定应分别按以混凝土为基材相应用途的B级胶的规定进行。

4.4 以钢为基材的结构胶

4.4.1 本节规定适用于以钢结构构件为基材（基层）粘结加固材料用的结构胶及其配套底胶和修补胶的安全性鉴定。

4.4.2 以钢为基材粘合碳纤维复合材或钢加固件的室温固化型结构胶，其安全性鉴定应包括基本性能鉴定和耐久性能鉴定。鉴定时，应符合下列规定：

1 钢结构加固用胶的设计使用年限，均应按不少于50年确定。

2 结构胶的基本性能和耐久性能鉴定，应分别符合表4.4.2-1、表4.4.2-2和表4.4.2-3的要求；其耐侵蚀介质性能的鉴定应符合本规范表4.2.2-5的要求。

3 胶的粘结能力检验，其破坏模式应为胶层内聚破坏，而不应为粘结界面的粘附破坏。当胶层内聚破坏的面积占粘合面积85%以上时，均可视为正常的内聚破坏。

4 用于安全性检验的钢材表面处理方法（包括脱脂、除锈、糙化、钝化等），应按结构胶使用说明书采用，检验人员应按说明书规定的程序和方法严格执行。

5 当有使用底胶的要求时，检验、鉴定对其性能的要求，不应低于配套结构胶的标准。对粘结钢材用的底胶，尚应使用耐蚀底胶。

4.4.3 以钢为基材结构胶检验项目适用的试验方法标准应符合本规范附录A的规定。

4.5 以木材为基材的结构胶

4.5.1 本节规定适用于以干燥木材为基材粘结木材的室温固化型结构胶的安全性鉴定。

注：干燥木材系指平均含水率不大于15%的方木和原木，或表面含水率为12%的板材。

表 4.4.2-1　以钢为基材，粘贴钢加固件的结构胶基本性能鉴定标准

检验项目	检验条件	鉴定合格指标			
		I类胶		II类胶	III类胶
		AAA级	AA级		
胶体性能　抗拉强度(MPa)	试件浇注毕养护至7d，到期立即在：(23±2)℃、(50±5)%RH条件下测试	≥45	≥35	≥45	≥50
受拉弹性模量(MPa)　涂布胶		≥4.0×10³	≥3.5×10³	≥3.5×10³	
受拉弹性模量(MPa)　压注胶		≥3.0×10³	≥2.7×10³	≥2.7×10³	
伸长率(%)　涂布胶		≥1.5		≥1.7	
伸长率(%)　压注胶		≥1.8		≥2.0	
抗弯强度(MPa)		≥50		≥60	
		且不得呈碎裂状破坏			
抗压强度(MPa)		≥65		≥70	
粘结能力　钢对钢拉伸抗剪强度(MPa)　标准值	试件粘合后养护7d，到期立即在(23±2)℃、(50±5)%RH条件下测试	≥18	≥15	≥18	
平均值　(95±2)℃；10min		—	—	≥16	—
平均值　(125±3)℃；10min					≥14
平均值　(-45±2)℃；30min		≥20	≥17	≥19	
钢对钢对接接头抗拉强度(MPa)		≥40	≥33	≥35	≥38
钢对钢T冲击剥离长度(mm)		≤10	≤20	≤6	
钢对钢不均匀扯离强度(kN/m)		≥30	≥25	≥35	
热变形温度(℃)	使用0.45MPa弯曲应力的B法	≥65		≥100	≥130

注：表中各项性能指标，除标有标准值外，均为平均值。

表 4.4.2-2　以钢为基材，粘贴碳纤维复合材的结构胶基本性能鉴定标准

检验项目	检验条件	鉴定合格指标			
		I类胶		II类胶	III类胶
		AAA级	AA级		
胶体性能　抗拉强度(MPa)	试件浇注毕养护至7d，到期立即在(23±2)℃、(50±5)%RH条件下测试	≥50	≥40	≥50	≥45
受拉弹性模量(MPa)　涂布胶		≥3.3×10³	≥2.8×10³	≥3.0×10³	
受拉弹性模量(MPa)　压注胶		≥2.5×10³		≥2.5×10³	
伸长率(%)　涂布胶		≥1.7		≥2.0	
伸长率(%)　压注胶		≥2.0		≥2.3	
抗弯强度(MPa)		≥50		≥60	
		且不得呈碎裂状破坏			
抗压强度(MPa)		≥65		≥70	

续表 4.4.2-2

检验项目	检验条件	鉴定合格指标			
		I类胶		II类胶	III类胶
		AAA级	AA级		
粘结能力　钢对钢拉伸抗剪强度(MPa)　标准值	试件粘合后养护7d，到期立即在(23±2)℃、(50±5)%RH条件下测试	≥17	≥14	≥17	
平均值　(95±2)℃；10min		—	—	≥15	
平均值　(125±3)℃；10min		—	—		≥12
平均值　(-45±2)℃；30min		≥19	≥16	≥19	
钢对钢对接接头抗拉强度(MPa)	试件粘合后养护7d，到期立即在(23±2)℃、(50±5)%RH条件下测试	≥45	≥40	≥45	≥38
钢对钢T冲击剥离长度(mm)		≤10	≤20	≤6	
钢对钢不均匀扯离强度(kN/m)		≥30	≥25	≥35	
热变形温度(℃)	使用0.45MPa弯曲应力的B法	≥65		≥100	≥130

注：表中各项性能指标，除标有标准值外，均为平均值。

表 4.4.2-3　以钢为基材，结构胶耐久性能鉴定要求

检验项目	检验条件	鉴定合格指标			
		I类胶		II类胶	III类胶
		A级	B级		
耐环境作用　耐湿热老化能力	在50℃、95%RH环境中老化90d后，冷却至室温进行钢对钢拉伸抗剪强度试验	与室温下短期试验结果相比，其抗剪强度降低率(%)：≤12	≤18	≤10	≤15
耐热老化能力　(60±2)℃恒温	在下列温度环境中老化90d后，以同温度进行钢对钢拉伸抗剪试验	与同温度短期试验结果相比，其抗剪强度平均降低率(%)：≤5	≤10	—	—
耐热老化能力　(95±2)℃恒温		—	—	≤5	—
耐热老化能力　(125±3)℃恒温		—	—	—	≤7
耐冻融能力	在-25℃至35℃冻融循环温度下，每次循环8h，冷50次循环后，在室温下进行钢对钢拉伸抗剪试验	与室温下短期试验结果相比，其抗剪强度平均降低率(%)不大于5%			
耐应力作用能力　耐长期剪应力作用能力	在各类最高使用温度下，承受5.0MPa剪应力，持续作用210d	钢对钢拉伸抗剪试件不破坏，且蠕变的变形值小于0.4mm			
耐疲劳作用能力	在室温下，以频率为5Hz，应力比为5：1、最大应力为5.0MPa的疲劳荷载下进行钢对钢拉伸抗剪试验	经5×10^6次等幅正弦波疲劳荷载作用后，试件未破坏			

4.5.2 木材与木材粘结室温固化型结构胶安全性鉴定标准应符合表 4.5.2 的规定。

表 4.5.2 木材与木材粘结室温固化型结构胶安全性鉴定标准

检验的性能		鉴定合格指标	
		红松等软木松	栎木或水曲柳
粘结性能	胶缝顺木纹方向抗剪强度（MPa） 干试件	≥6.0	≥8.0
	胶缝顺木纹方向抗剪强度（MPa） 湿试件	≥4.0	≥5.5
	木材对木材横纹正拉粘结强度 f_t^b（MPa）	$f_t^b \geqslant f_{t,90}$，且为木材横纹撕拉破坏	
耐环境作用性能	以20℃水浸泡 48h→−20℃冷冻 9h→室温放置 15h→70℃烘 10h 为一循环，经8个循环后，测定胶缝顺纹抗剪破坏形式	沿木材剪坏的面积不得少于剪面面积的75%	

4.6 裂缝压注胶

4.6.1 本章规定适用于混凝土和砌体结构构件裂缝压注胶的安全性鉴定。

4.6.2 裂缝压注胶分为裂缝封闭胶和裂缝修复胶两类。封闭胶用于封闭和填充裂缝；修复胶用于恢复混凝土构件的整体性和部分强度。

4.6.3 混凝土裂缝封闭胶安全性鉴定的检验项目及合格指标，应符合以混凝土为基材粘结纤维复合材的B级胶的规定。

4.6.4 混凝土裂缝修复胶安全性鉴定标准应符合表4.6.4的规定。

表 4.6.4 混凝土裂缝修复胶安全性鉴定标准

检验项目		检验条件	鉴定合格指标
胶体性能	抗拉强度（MPa）	浇注毕养护 7d，到期立即在（23±2）℃、（50±5）%RH 条件下测试	≥25
	受拉弹性模量（MPa）		≥1.5×10³
	伸长率（%）		≥1.7
	抗弯强度（MPa）		≥30 且不得呈碎裂破坏
	抗压强度（MPa）		≥50
	无约束线性收缩率（%）	浇注毕养护 7d，到期立即在（23±2）℃条件下测试	≤0.3
粘结能力	钢对钢拉伸抗剪强度（MPa）	粘合毕养护 7d，到期立即在（23±2）℃、（50±5）%RH 条件下测试	≥15
	钢对钢对接抗拉强度（MPa）		≥20
	钢对干态混凝土正拉粘结强度（MPa）		≥2.5，且为混凝土内聚破坏
	钢对湿态混凝土正拉粘结强度（MPa）		≥1.8，且为混凝土内聚破坏
	耐湿热老化性能	在50℃、（95±3）%RH 环境中老化 90d，冷却至室温进行钢对钢拉伸抗剪强度试验	与室温下相比，短期试验结果相比，其抗剪强度降低率不大于18%

注：1 表中各项性能指标均为平均值；
2 干态混凝土指含水率不大于6%的硬化混凝土；湿态混凝土指饱和含水率状态下的硬化混凝土。

4.7 结构加固用界面胶、底胶和修补胶

4.7.1 承重结构新旧混凝土连接用界面胶的安全性鉴定应符合下列规定：

　　1 界面胶干态粘结的基本性能、长期使用性能和耐介质侵蚀性能应按配套结构胶的鉴定检验标准确定；

　　2 界面胶在混凝土对混凝土湿态粘结条件下的压缩抗剪强度，应符合本规范附录N的要求；

　　3 界面胶在钢对钢湿态粘结条件下的拉伸抗剪强度，应符合本规范第4.2.5条第2款的要求；

　　4 对重要结构，界面胶胶体的无约束线性收缩率 CS 应符合下列规定：

　　　　1) 当不加填料时，CS≤0.4%；

　　　　2) 当加填料时，CS≤0.2%。

4.7.2 当胶接的设计要求使用底胶时，应对结构胶配套的底胶进行安全性鉴定。底胶的安全性鉴定标准应符合表4.7.2的规定。

表 4.7.2 底胶安全性鉴定标准

检验项目	检验要求	鉴定合格指标
钢对钢拉伸抗剪强度（MPa）	1 试件的粘合面应经喷砂处理	≥20，且为结构胶的胶层内聚破坏
钢对混凝土正拉粘结强度（MPa）	2 试件应先涂刷底胶，待指干时再涂刷结构胶，粘合后固化养护 7d，到期立即测试	≥2.5，且为混凝土内聚破坏
钢对钢 T 冲击剥离长度（mm）	3 测试条件：（23±2）℃、（50±5）%RH	≤25
耐湿热老化能力	1 采用钢对钢拉伸抗剪试件，涂胶要求同本表上栏 2 试件固化后，置于（50±2）℃、（95~98）%RH 环境中老化 90d，到期在室温下测试其抗剪强度	与对照组相比，其强度降低率不大于12%

注：表中各项性能指标均为平均值。

4.7.3 结构加固用的修补胶，其安全性鉴定的检验项目及合格指标应按配套结构胶的要求确定。

4.8 结构胶涉及工程安全的工艺性能要求

4.8.1 结构胶涉及工程安全的工艺性能，也应作为安全性鉴定的一个组成部分进行检验和鉴定。Ⅰ类胶的检验项目及其合格指标应符合表4.8.1的规定，Ⅱ、Ⅲ类胶的检验项目及其合格指标应按Ⅰ类A级胶的标准采用。

4.8.2 结构胶工艺性能检验的技术细节要求，应符合下列规定：

　　1 测定结构胶初黏度和触变指数用的试样，其拌胶量应以250g为准。

　　2 当按黏度上升判定法检测受检胶的适用期时，

宜以胶的初黏度测值为基值,并按下列规定进行判定:

  1)对一般结构胶:以黏度上升至基值 1.5 倍的时间,定为该胶的适用期;

  2)对灌注型结构胶:以黏度上升至基值 2.5 倍的时间,定为该胶的适用期。

表 4.8.1 Ⅰ类结构胶工艺性能鉴定标准

结构胶粘剂类别及其用途				工艺性能鉴定合格指标				
				混合后初黏度 (mPa·s)	触变指数	25℃下垂流度 (mm)	在各季节试验温度下测定的适用期 (min)		
							春秋用 (23℃)	夏用 (30℃)	冬用 (10℃)
适用于涂刷	底胶			≤600	—	—	≥60	≥30	60~180
	修补胶			—	≥3.0	≤2.0	≥50	≥35	50~180
	纤维复合材料结构胶	织物	A级	—	≥3.0	—	≥90	≥60	90~240
			B级	—	≥2.2	—	≥80	≥45	80~240
		板材	A级	—	≥4.0	≤2.0	≥50	—	50~180
	涂布型粘钢结构胶		A级	—	≥4.0	≤2.0	≥50	—	50~180
			B级	—	≥3.0	≤2.0	≥40	—	40~180
适用于压力灌注	压注型粘钢结构胶		A级	≤1000	—	—	≥40	—	40~210
	裂缝修复胶	0.05≤ω<0.2	A级	≤150	—	—	≥50	—	50~210
		0.2≤ω<0.5	A级	≤300	—	—	≥40	—	40~180
		0.5≤ω<1.5	A级	≤800	—	—	≥30	—	30~180
	锚固用快固型结构胶		A级	—	≥4.0	≤2.0	10~25	5~15	25~60
	锚固用非快固型结构胶		A级	—	≥4.0	≤2.0	≥40	≥30	40~120
			B级	—	≥4.0	≤2.0	≥40	≥25	40~120

注:1 表中的指标,除已注明外,均是在 (23±0.5)℃试验温度条件下测定;

  2 表中符号 ω 为裂缝宽度,其单位为毫米。

  3 测定胶液垂流度(下垂度)的模具,其深度应为 3mm,且干燥箱温度应调节到 (25±2)℃。

  4 当表 4.8.1 中仅给出 A 级胶的指标时,表明该用途不允许使用 B 级胶。

  5 当裂缝宽度 ω 大于 1.5mm 时,宜改用裂缝注浆料修补裂缝。

  6 结构胶工艺性能各检验项目适用的试验方法标准应符合本规范附录 A 的规定。

5 裂缝注浆料

5.1 一般规定

5.1.1 封闭、填充混凝土和砌体裂缝用的注浆料,应按其所使用粘结材料的不同,分为改性环氧基注浆料和改性水泥基注浆料。改性环氧基注浆料又分为室温固化型和低温固化型两种,水泥基注浆料又分为常温环境用和高温环境用两种。安全性鉴定时,应分别进行取样、检验与评定。

5.1.2 采用符合本规范安全性要求的裂缝注浆料的设计使用年限应符合下列规定:

  1 对改性环氧基裂缝注浆料,应按本规范第 4.1.3 条的规定执行;

  2 对常温环境使用的改性水泥基裂缝注浆料,应按设计使用年限不少于 50 年进行设计;高温环境使用的裂缝注浆料应按用户与设计单位共同商定的使用年限,且不大于 30 年进行设计。

5.1.3 经安全性鉴定合格的裂缝注浆料,凡被发现有改变用料、配合比或工艺的情况时,均应将其视为未经鉴定的注浆料。

5.2 裂缝注浆料的安全性鉴定

5.2.1 改性环氧基裂缝注浆料安全性鉴定的检验项目及合格指标应符合表 5.2.1 的规定。

表 5.2.1 改性环氧基裂缝注浆料安全性鉴定标准

检验项目		检验条件	鉴定合格指标
浆体性能	劈裂抗拉强度 (MPa)	浆体浇注毕养护 7d,到期立即在:(23±2)℃、(50±5)%RH 条件下以 2mm/min 的加荷速度进行测试	≥7.0
	抗弯强度 (MPa)		≥25 且不得呈碎裂状破坏
	抗压强度 (MPa)		≥60
粘结能力	钢对钢拉伸剪切强度标准值 (MPa)	试件粘合毕养护 7d,到期立即在:(23±2)℃、(50±5)%RH 条件下进行测试	≥7.0
	钢对钢粘抗拉强度 (mm)		≥15
	钢对混凝土正拉粘结强度 (MPa)		≥2.5,且为混凝土内聚破坏
	耐湿热老化能力 (MPa)	在 50℃、98%RH 环境中老化 90d 后,冷却至室温进行钢对钢拉伸抗剪强度试验	老化后的抗剪强度平均降低率应不大于 20%

注:表中各项性能指标均为平均值。

5.2.2 改性水泥基裂缝注浆料安全性鉴定标准,应符合表 5.2.2 的规定。

表 5.2.2 改性水泥基裂缝注浆料安全性鉴定标准

检验项目	龄期 (d)	检验条件	合格指标
抗压强度 (MPa)	3	采用 40mm×40mm×160mm 的试件,按 GB/T 17671 规定的方法在 (23±2)℃、(50±5)%RH 条件下检测	≥25.0
	7		≥35.0
	28		≥55.0
劈裂抗拉强度 (MPa)	7	采用 GB 50550 规定的试件尺寸和测试方法进行检测	≥3.0
	28		≥4.0

续表 5.2.2

检验项目	龄期 (d)	检验条件	合格指标
抗折强度 (MPa)	7	采用GB 50550规定的试件尺寸和测试方法进行检测	≥5.0
	28		≥8.0
与混凝土正拉粘结强度 (MPa)	28	采用GB 50550规定的注浆料浇注成型方法和测试方法进行检测	≥1.5
耐施工负温作用能力 (抗压强度比,%)	(−7+28)	采用GB/T 50448规定的养护条件和测试方法进行检测	≥80
	(−7+56)		≥90

注：(−7+28) 表示在规定的负温下养护7d再转标准养护28d，余类推。

5.2.3 用于高温环境的改性水泥基注浆料的性能，除应符合表 5.2.2 的安全性要求外，尚应符合表 5.2.3 的耐热性能要求。

表 5.2.3 用于高温环境的改性水泥基注浆料耐热性能指标

使用环境温度	抗压强度比 (%)	抗热震性 (20 次)
按注浆料使用说明书规定的耐热性能指标确定，但不高于 500℃	≥100	1 试件热震后表面无脱落； 2 热震后试件浸水端抗压强度与对照组标准养护 28d 的抗压强度比≥90%

5.2.4 裂缝注浆料涉及工程安全的工艺性能要求，应符合表 5.2.4 的规定。

表 5.2.4 裂缝注浆料涉及工程安全的工艺性能标准

检验项目		注浆料性能指标	
		改性环氧类	改性水泥基类
初始黏度 (mPa·s)		≤1500	—
流动度 (自流)	初始值 (mm)	—	≥380
	30min 保留率 (%)	—	≥90
竖向膨胀率	3h (%)	—	≥0.10
	24h 与 3h 之差值 (%)	—	≥0.020
23℃下 7d 无约束线性收缩率 (%)		≤0.20	—
泌水率 (%)		—	0
25℃测定的可操作时间 (min)		≥60	≥90
适合注浆的裂缝宽度 ω (mm)		1.5<ω<3.0	3.0<ω<5.0 且符合材料说明书规定

5.2.5 改性环氧基裂缝注浆料中不得含有挥发性溶剂和非反应性稀释剂；改性水泥基裂缝注浆料中氯离子含量不得大于胶凝材料质量的 0.05%。任何注浆料均不得对钢筋及金属锚固件和预埋件产生腐蚀作用。

6 结构加固用水泥基灌浆料

6.1 一般规定

6.1.1 本章规定适用于结构加固用水泥基灌浆料的安全性鉴定。

6.1.2 当不同标准给出的安全性鉴定的检验项目及合格指标有低于本规范要求时，对工程结构加固用的水泥基灌浆料，必须执行本规范的规定。

6.1.3 采用符合本规范安全性要求的水泥基灌浆料，其结构加固后的使用年限，应按本规范第 5.1.2 条第 2 款确定。

6.1.4 经安全性鉴定合格的灌浆料，凡被发现有改变用料成分、配合比或工艺的情况时，均应视为未经鉴定的灌浆料。

6.2 水泥基灌浆料的安全性鉴定

6.2.1 工程结构加固水泥基灌浆料安全性鉴定的检验项目及合格指标，应符合表 6.2.1-1 和表 6.2.1-2 的规定。

表 6.2.1-1 结构加固用水泥基灌浆料安全性鉴定标准

检验项目	龄期 (d)	检验条件	合格指标
抗压强度 (MPa)	1	采用边长为100mm立方体试件，按GB/T 50081规定的方法在 (23±2)℃、(50±5)%RH条件下进行检测	≥20.0
	3		≥40.0
	28		≥60.0
劈裂抗拉强度 (MPa)	7	采用直径为100mm的圆柱形试件，按GB/T 50081规定的方法进行检测	≥2.5
	28		≥3.5
抗折强度 (MPa)	7	采用 100mm×100mm×400mm 的试件，按 GB/T 50081规定的方法进行检测	≥6.0
	28		≥9.0
与钢筋握裹强度 (MPa)	28	采用 φ20mm 光面钢筋，埋入浆体长度为 200mm，按 DL/T 5150规定的方法进行检测	≥5.0
对钢筋腐蚀作用	0 (新拌浆料)	采用GB 8076规定的试样和方法进行检测	无
耐施工负温作用能力 (抗压强度比,%)	(−7+28)	采用GB/T 50448规定的养护条件和测试方法进行检测	≥80
	(−7+56)		≥90

注：(−7+28) 表示在规定的负温下养护7d再转标准养护28d，余类推。

**表 6.2.1-2　结构用灌浆料涉及工程安全的
工艺性能鉴定标准**

检 验 项 目			合格指标
重要工艺性能要求	一般用途的最大骨料粒径（mm）		≤4.75
	流动度	初始值（mm）	≥320
		30min 保留率（%）	≥90
	竖向膨胀率（%）	3h	≥0.10
		24h 与 3h 之差值	0.02～0.30
	泌水率（%）		0

注：1　表中各项目的性能检验，应以灌浆料使用说明书
　　　规定的最大用水量制作试样。
　　2　用于增大截面加固法的灌浆料，其最大骨料粒径
　　　应为 20mm。

6.2.2　当结构加固用灌浆料应用于高温环境时，灌浆料的安全性能鉴定，除应符合本规范第 6.2.1 条的要求外，尚应进行耐温性能检验，其检验结果应符合表 6.2.2 的规定。

表 6.2.2　用于高温环境的灌浆料耐热性能鉴定标准

使用环境温度	抗压强度比	热震性（20 次）
按灌浆料使用说明书中耐热性能指标确定，但不高于 500℃	加热至受检温度，并恒温 3h 的试件抗压强度与未加热试件的 28d 抗压强度之比≥95%	按 GB/T 50448 规定的方法测试结果应符合下列要求： 1）试件表面应无崩裂、脱落 2）热震后的试件浸水端抗压强度与标准养护 28d 的抗压强度比≥90%

7　结构加固用聚合物改性水泥砂浆

7.1　一般规定

7.1.1　工程结构加固用的聚合物改性水泥砂浆，按聚合物材料的状态分为乳液类和干粉类。对重要结构加固，应选用乳液类。聚合物改性水泥砂浆中采用的聚合物材料，应为改性环氧类、改性丙烯酸酯类、改性丁苯类或改性氯丁胶类聚合物，不得使用聚乙烯醇类、苯丙类、氯偏类聚合物以及乙烯-醋酸乙烯共聚物。

7.1.2　使用聚合物改性水泥砂浆的工程结构加固工程，其设计使用年限宜按 30 年确定。当用户要求按 50 年设计时，应具有耐应力长期作用鉴定合格的证书。

7.1.3　承重结构加固使用的聚合物改性砂浆分为Ⅰ级和Ⅱ级，应分别按下列规定采用：

　1　对混凝土结构：

　　1）当原构件混凝土强度等级不低于 C30 时，应采用Ⅰ级聚合物改性水泥砂浆；

　　2）当原构件混凝土强度等级低于 C30 时，应采用Ⅰ级或Ⅱ级聚合物改性水泥砂浆。

　2　对砌体结构：若无特殊要求，可采用Ⅱ级聚合物改性水泥砂浆。

7.1.4　聚合物改性水泥砂浆长期使用的环境温度不应高于 60℃。

7.1.5　经安全性鉴定合格的聚合物改性水泥砂浆，凡被发现有改变用料成分配合比或工艺的情况时，均应视为未经鉴定的聚合物改性水泥砂浆。

7.2　聚合物改性水泥砂浆的安全性鉴定

7.2.1　以混凝土或砖砌体为基材的结构用聚合物改性水泥砂浆的安全性鉴定分为基本性能鉴定和长期使用性能鉴定。鉴定的检验项目及合格指标应分别符合表 7.2.1-1 及表 7.2.1-2 的要求。

**表 7.2.1-1　聚合物改性水泥砂浆基本性能
鉴定标准（MPa）**

检 验 项 目			检 验 条 件	鉴定合格指标	
				Ⅰ级	Ⅱ级
浆体性能	劈裂抗拉强度		浆体成型后，不拆模，湿养护 3d；然后拆侧模，仅留底模再湿养护 25d（个别为 4d）到期立即在（23±2）℃、（50±5）%RH 条件下进行测试	≥7	≥5.5
	抗折强度			≥12	≥10
	抗压强度	7d		≥40	≥30
		28d		≥55	≥45
粘结能力	与钢丝绳粘结抗剪强度	标准值	粘结工序完成后，静置湿养护 28d，到期立即在（23±2）℃、（50±5）%RH 条件下进行测试	≥9	≥5
	与混凝土正拉粘结强度			≥2.5，且为混凝土内聚破坏	

注：表中指标，除注明为标准值外，均为平均值。

**表 7.2.1-2　聚合物改性水泥砂浆长期
使用性能鉴定标准**

检 验 项 目		检 验 条 件	鉴定合格指标	
			Ⅰ级	Ⅱ级
耐环境作用能力	耐湿热老化能力	在 50℃、RH 为 98% 环境中，老化 90d（Ⅱ级聚合物砂浆为 60d）后，其室温下钢丝绳与浆体粘结（钢套筒法）抗剪强度降低率（%）	≤10	≤15
	耐冻融性能	在 -25℃ 至 35℃ 冻融交变流环境中，经受 50 次循环（每次循环 8h）后，其室温下钢丝绳与浆体粘结（钢套筒法）抗剪强度降低率（%）	≤5	≤10
	耐水性能	在自来水浸泡 30d 后，拭去浮水进行测试，其室温下钢标准块与基材的正拉粘结强度（MPa）	≥1.5，且为基材内聚破坏	

8 纤维复合材

8.1 一般规定

8.1.1 工程结构加固用的纤维复合材，包括碳纤维复合材、玻璃纤维复合材和芳纶纤维复合材。为增韧目的，允许以混编或增层方式使用部分玄武岩纤维，但不得单独使用玄武岩纤维复合材。

8.1.2 纤维复合材的纤维必须为连续纤维；其受力方式必须设计成仅承受拉应力作用。

8.1.3 纤维复合材抗拉强度标准值应根据本规范第3.0.5条规定的置信水平，按强度保证率为95%的要求确定。

8.1.4 纤维复合材的安全性鉴定必须与所选用的配套结构胶同时进行。若该品牌纤维拟与其他品牌结构胶配套使用，应分别按下列项目重作适配性检验：

    1 纤维复合材抗拉强度；

    2 纤维复合材与混凝土正拉粘结强度；

    3 纤维复合材层间剪切强度。

8.2 碳纤维复合材

8.2.1 承重结构加固用的碳纤维，其材料品种和规格必须符合下列规定：

    1 对重要结构，必须选用聚丙烯腈基（PAN基）12k或12k以下的小丝束纤维，严禁使用大丝束纤维；

    2 对一般结构，除使用聚丙烯腈基12k或12k以下的小丝束纤维外，若有适配的结构胶，尚允许使用不大于15k的聚丙烯腈基碳纤维。

8.2.2 碳纤维复合材按其性能分为Ⅰ、Ⅱ、Ⅲ三个等级。安全性鉴定时，应按委托方报的等级进行检验。鉴定结果仅予以确认，不得因该检验批试样性能较高而给予升级。

8.2.3 碳纤维复合材安全性鉴定，应先对申请鉴定的材料进行下列确认工作：

    1 应通过检查检验批的中文标志、批号和包装的完整性，以确认取样的有效性；

    2 应通过测定碳纤维的k数和导电性，以确认该批材料的真实性；

    3 应通过核查结构胶的安全性鉴定报告，以确认粘结材料的可靠性。

8.2.4 碳纤维复合材安全性鉴定的检验项目及合格指标，应符合表8.2.4的规定。

表 8.2.4 碳纤维复合材安全性鉴定标准

检验项目		鉴定合格指标				
		单向织物			条形板	
		高强Ⅰ级	高强Ⅱ级	高强Ⅲ级	高强Ⅰ级	高强Ⅱ级
抗拉强度 (MPa)	标准值	≥3400	≥3000	—	≥2400	≥2000
	平均值			≥3000		

续表 8.2.4

检验项目	鉴定合格指标				
	单向织物			条形板	
	高强Ⅰ级	高强Ⅱ级	高强Ⅲ级	高强Ⅰ级	高强Ⅱ级
受拉弹性模量 (MPa)	≥2.3×10⁵	≥2.0×10⁵	≥2.0×10⁵	≥1.6×10⁵	≥1.4×10⁵
伸长率 (%)	≥1.6	≥1.5	≥1.3	≥1.6	≥1.4
弯曲强度 (MPa)	≥700	≥600	≥500	—	—
层间剪切强度 (MPa)	≥45	≥35	≥30	≥50	≥40
纤维复合材与基材正拉粘结强度 (MPa)	对混凝土和砌体基材：≥2.5，且为基材内聚破坏；对钢基材：≥3.5，且不得为粘附破坏				
单位面积质量 (g/m²) 人工粘贴	≤300				
真空灌注	≤450				
纤维体积含量 (%)	—			≥65	≥55

注：表中指标，除注明标准值外，均为平均值。

8.3 芳纶纤维复合材

8.3.1 承重结构用的芳纶纤维品种，应符合下列规定：

    1 弹性模量不得低于$8.0×10^4$ MPa；

    2 饱和含水率不得大于4.5%。

8.3.2 芳纶纤维复合材按其性能分为Ⅰ级和Ⅱ级。安全性鉴定时，应按委托方报的等级进行检验。鉴定结果仅予以确认，不得因该检验批试样性能较高而给予升级。

8.3.3 结构加固用芳纶纤维复合材的安全性鉴定前，应先对送检材料进行下列确认工作：

    1 应通过检查检验批的中文标志、批号和包装的完整性，以确认取样的有效性；

    2 应通过测定芳纶纤维的饱和含水率，以确认该材料型号的可信性；

    3 应通过核查结构胶的安全性鉴定报告，以确认粘结材料的可靠性。

8.3.4 芳纶纤维复合材安全性鉴定的检验项目及合格指标，应符合表8.3.4的规定。

表 8.3.4 芳纶纤维复合材安全性鉴定标准

检验项目		鉴定合格指标			
		单向织物		条形板	
		高强度Ⅰ级	高强度Ⅱ级	高强度Ⅰ级	高强度Ⅱ级
抗拉强度 (MPa)	标准值	≥2100	≥1800	≥1200	≥800
	平均值	≥2300	≥2000	≥1700	≥1200
受拉弹性模量 E_f (MPa)		≥1.1×10⁵	≥8.0×10⁴	≥7.0×10⁴	≥6.0×10⁴
伸长率 (%)		≥2.2	≥2.6	≥2.5	≥3.0
弯曲强度 (MPa)		≥400	≥300	—	—
层间剪切强度 (MPa)		≥40	≥30	≥45	≥35
与混凝土基材正拉粘结强度 (MPa)		≥2.5，且为混凝土内聚破坏			
纤维体积含量 (%)		—		≥60	≥50
单位面积质量 (g/m2) 人工粘贴		≤450			
真空灌注		≤650			

注：表中指标，除注明标准值外，均为平均值。

8.4 玻璃纤维复合材

8.4.1 工程结构加固用的玻璃纤维，应为连续纤维，且应采用高强 S 玻璃纤维或碱金属氧化物含量小于 0.8% 的 E 玻璃纤维；严禁使用中碱 C 玻璃纤维和高碱 A 玻璃纤维。

8.4.2 玻璃纤维复合材安全性鉴定的检验项目及合格指标，应符合表 8.4.2 的规定。

表 8.4.2 玻璃纤维复合材安全性鉴定标准

检 验 项 目		鉴 定 合 格 指 标	
		高强玻璃纤维	E 玻璃纤维
抗拉强度标准值（MPa）		≥2200	≥1500
受拉弹性模量（MPa）		≥1.0×10^5	≥7.2×10^4
伸长率（%）		≥2.5	≥1.8
弯曲强度（MPa）		≥600	≥500
层间剪切强度（MPa）		≥40	≥35
纤维复合材与混凝土正拉粘结强度（MPa）		≥2.5，且为混凝土内聚破坏	
单位面积质量（g/m²）	人工粘贴	≤450	≤600
	真空灌注	≤550	≤750

注：表中指标，除注明标准值外，均为平均值。

9 钢 丝 绳

9.1 一 般 规 定

9.1.1 本章规定适用于制作结构加固用钢丝绳的钢丝及钢丝绳的安全性鉴定。

9.1.2 工程结构加固用的钢丝绳分为高强度不锈钢丝绳和高强度镀锌钢丝绳两类。选用时，应符合下列规定：

　　1 重要结构，或结构处于腐蚀介质环境、潮湿环境和露天环境时，应采用高强度不锈钢丝绳；

　　2 处于正常温、湿度室内环境中的一般结构，当采用高强度镀锌钢丝绳时，应采取有效的阻锈措施；

　　3 结构加固用钢丝绳的内外均不得涂有油脂。

9.2 制绳用的钢丝

9.2.1 当采用高强度不锈钢丝制绳时，应采用碳含量不大于 0.15% 及硫、磷含量分别不大于 0.025% 和 0.035% 的优质不锈钢制丝。

9.2.2 当采用高强度镀锌钢丝制绳时，应采用硫、磷含量均不大于 0.30% 的优质碳素结构钢制丝；其锌层重量及镀锌质量应根据结构的重要性，分别符合现行国家标准《钢丝镀锌层》GB/T 15393 对 A 级或 AB

级的规定。

9.2.3 钢丝的安全性鉴定分为化学成分鉴定和力学性能鉴定，应以钢丝生产企业出具的质量保证书为依据。安全性鉴定机构仅负责审查证书的可信性和有效性。

9.3 钢丝绳的安全性鉴定

9.3.1 结构用钢丝绳安全性鉴定的检验项目及合格指标，应符合表 9.3.1 的规定。

表 9.3.1 高强钢丝绳安全性鉴定标准

种类	符号	高强不锈钢丝绳			高强镀锌钢丝绳		
		钢丝绳公称直径（mm）	抗拉强度标准值（MPa）	弹性模量平均值（MPa）	钢丝绳公称直径（mm）	抗拉强度标准值（MPa）	弹性模量平均值（MPa）
6×7+IWS	ϕ^f	2.4～4.0	1800	≥1.05×10^5	2.5～4.5	1650	≥1.30×10^5
			1700			1560	
1×19	ϕ^s	2.5	1560		2.5	1560	

9.3.2 钢丝绳的抗拉强度及弹性模量，应按本规范附录 A 规定的试验方法标准进行测定。

9.3.3 对钢丝绳的基本性能进行安全性鉴定时，其计算用的截面面积应按表 9.3.3 的规定值采用。

表 9.3.3 钢丝绳计算用截面面积

种类	钢丝绳公称直径（mm）	钢丝直径（mm）	计算用截面面积（mm²）
6×7+IWS	2.4	0.27	2.81
	2.5	0.28	3.02
	3.0	0.32	3.94
	3.05	0.34	4.45
	3.2	0.35	4.71
	3.6	0.40	6.16
	4.0	0.44	7.45
	4.2	0.45	7.79
	4.5	0.50	9.62
1×19	2.5	0.50	3.73

10 合成纤维改性混凝土和砂浆

10.1 一 般 规 定

10.1.1 本章规定适用于以聚丙烯腈纤维、改性聚酯纤维、聚酰胺纤维、聚乙烯醇纤维和聚丙烯纤维配制的合成纤维改性混凝土或砂浆的安全性鉴定。

10.1.2 当需采用其他品种合成纤维替代时，其安全性鉴定的指标不应低于被替代的纤维。

10.1.3 在工程结构加固工程中，合成纤维改性混凝土或砂浆主要用于下列场合：

1 防止新增混凝土或砂浆的早期塑性收缩开裂;

2 限制新增混凝土或砂浆在使用过程中的干缩裂缝和温度裂缝;

3 增强新增混凝土或砂浆的弯曲韧性、耐冲击性和耐疲劳能力;

4 提高混凝土或砂浆的抗渗性和抗冻性。

当用于结构增韧、增强目的时,应采用聚丙烯腈纤维、改性聚酯纤维、聚酰胺纤维和聚乙烯醇纤维;当仅用于限裂目的时,还可采用聚丙烯纤维。

10.2 合成纤维改性混凝土和砂浆的安全性鉴定

10.2.1 结构加固用的合成纤维,其细观形态和几何特征应符合表 10.2.1 的规定。

表 10.2.1 合成纤维的形态识别和几何尺寸的控制要求

检测项目	识别标志与控制指标				
	聚丙烯腈纤维（腈纶纤维）	改性聚酯纤维（涤纶纤维）	聚酰胺纤维（尼龙纤维）	聚乙烯醇纤维（PVA纤维）	聚丙烯纤维（丙纶纤维）
纤维形态	束状,纵向有纹理	束状	束状,易分散成丝	集束	单丝或膜裂
截面形状	肾形或圆形	三角形	圆形	异形	圆形和异形
纤维直径（mm）	20～27	10～15	23～30	10～14	10～15
纤维长度（mm）	12～20	6～20	6～19	6～20	6～20

10.2.2 结构加固用的合成纤维,其安全性鉴定标准应符合表 10.2.2 的规定。

表 10.2.2 合成纤维安全性鉴定标准

检验项目	鉴定合格指标				
	聚丙烯腈纤维（腈纶纤维）	改性聚酯纤维（涤纶纤维）	聚酰胺纤维（尼龙纤维）	聚乙烯醇纤维（PVA纤维）	聚丙烯纤维（丙纶纤维）
抗拉强度（MPa）	≥600	≥600	≥600	≥800	≥280
拉伸弹性模量（MPa）	≥1.7×10⁴	≥1.4×10⁴	≥5×10³	≥1.2×10⁴	≥3.7×10³
伸长率（%）	≥15	≥20	≥18	≥5	≥18
吸水率（%）	<2	<0.4	<4	<2	<0.1
熔点（℃）	240	250	220	210	175
再生链烯烃（再生塑料）含量	不允许	不允许	不允许	不允许	不允许
毒性	无	无	无	无	无

10.2.3 用于防止混凝土或砂浆早期塑性收缩开裂的合成纤维,其纤维体积率一般应控制在 0.1%～0.4%范围内;若有特殊要求,应通过试配确定。用

于混凝土或砂浆增韧的合成纤维,其纤维体积率应控制在 0.5%～1.5%范围内;在能达到设计要求的情况下,应采用较低的纤维体积率。

10.2.4 采用合成纤维增韧的硬化混凝土或砂浆,其安全性鉴定应符合下列规定:

1 混凝土强度等级和砂浆强度等级分别不应低于 C20 和 M10;

2 按本规范附录 N 确定的弯曲韧性指标——剩余强度指数 RSI 不应小于 40%;

3 硬化混凝土或砂浆的抗冻性应分别符合现行有关标准的要求;

4 合成纤维改性混凝土的强度等级,应按普通混凝土的强度等级确定。但当纤维掺率大于 0.5%时,应按普通混凝土的强度等级降低一级采用。

11 钢纤维混凝土

11.1 一般规定

11.1.1 本章规定适用于以碳钢纤维、合金钢纤维和不锈钢纤维配制的纤维增强混凝土的安全性鉴定。

11.1.2 在工程结构加固中,钢纤维主要用于对增强、增韧、抗震、抗冲击、抗疲劳和抗爆等有较高要求的结构构件或其局部部位,其中,不锈钢纤维还适用于对耐腐蚀和耐高温有严格要求的重要结构。

11.2 钢纤维混凝土的安全性鉴定

11.2.1 工程结构加固用钢纤维的几何特征应符合下列要求:

1 应采用异形纤维,但不应采用圆直钢丝切断型纤维、波浪形纤维及直角钩纤维。

2 熔抽型工艺仅允许用于不锈钢纤维;不允许用于碳钢纤维和合金钢纤维。

3 钢纤维的几何参数应符合表 11.2.1 的规定。

表 11.2.1 工程结构加固用钢纤维几何参数要求

检验项目	合格参数	检验项目	合格参数
纤维等效直径（mm）	0.40～0.90	纤维长径比	40～80
纤维长度（mm）	35～60	纤维几何形状合格率	≥85%

11.2.2 工程结构加固用的钢纤维,其抗拉强度等级应符合下列规定:

1 对普通混凝土,应采用 380 级或 600 级（490级）;

2 对高强混凝土,应采用 600 级（490 级）或 1000 级（830 级）。

注:括号内的值适用于不锈钢纤维。

11.2.3 当钢纤维用钢板制作时，允许用切断成型的母材作抗拉强度试验，并用以表示钢纤维的抗拉强度等级。

11.2.4 抗拉强度等级符合本章第11.2.2条及第11.2.3条规定的钢纤维，其质量应符合下列要求：

    1 单根钢纤维在不低于15℃室温条件下，应能经受绕$\phi 3$圆棒弯折90°不断裂的检验；

    2 钢纤维表面不应有油污及影响粘结的杂质，且不得有锈蚀。

11.2.5 钢纤维混凝土采用的钢纤维体积率应符合下列规定：

    1 当用于增强、增韧目的时，钢纤维体积率应控制在1.2%～2.0%范围内，并应符合设计的要求；

    2 当仅用于防裂目的时，钢纤维体积率应控制在0.5%～1.0%范围内，并应符合设计的要求；

    3 当用于有特殊要求的场合时，钢纤维体积率应由设计单位通过试配和检验确定。

11.2.6 工程结构加固用钢纤维混凝土的弯曲韧性检验确定的韧性指数I_5不应低于5。

11.2.7 有抗疲劳、抗冲击要求的钢纤维混凝土，其安全性鉴定，除应符合本章规定外，尚应通过专家组设计的检验方案的鉴定。

11.2.8 符合本章各条规定的钢纤维混凝土，可评为对结构加固工程适用的钢纤维增强（或改性）混凝土。

12 后锚固连接件

12.1 一般规定

12.1.1 本章的规定适用于以普通混凝土为基材的后锚固连接件的安全性鉴定。

12.1.2 工程结构用的后锚固连接件应采用胶接植筋、胶接全螺纹螺杆和有机械锁紧效应的自扩底锚栓、模扩底锚栓和特殊倒锥形化学锚栓。

12.1.3 在考虑地震作用的结构中，严禁使用膨胀型锚栓作为承重构件的连接件。

12.1.4 后锚固连接件的安全性鉴定，应包括基材和锚固件的材质鉴定以及连接的性能鉴定。

12.2 基材及锚固件材质鉴定

12.2.1 混凝土基材的安全性鉴定应符合下列规定：

    1 当采用胶接植筋和胶接全螺纹螺杆时，其基材混凝土的强度等级应符合下列规定：

        1) 当新增构件为悬挑结构构件时，其基材混凝土强度等级不得低于C25级；

        2) 当新增构件为其他结构构件时，其基材混凝土强度等级不得低于C20级。

    2 当采用锚栓时，其基材混凝土的强度等级：

对重要结构，不得低于C30级；对一般结构，不得低于C25级。

12.2.2 对碳素钢、合金钢和不锈钢锚栓的安全性鉴定，应分别符合表12.2.2-1、表12.2.2-2的规定。

表12.2.2-1 碳素钢及合金钢锚栓的安全性能指标

性 能 等 级	4.8	5.8	6.8	8.8
抗拉强度标准值 f_{stk}（MPa）	≥400	≥500	≥600	≥800
屈服强度标准值 f_{yk}或$f_{s0.2k}$（MPa）	≥320	≥400	≥480	≥640
伸长率δ_s（%）	≥14	≥10	≥8	≥12
受拉弹性模量（MPa）	≥2.0×10⁵			

注：性能等级4.8表示：$f_{stk}=400$；$f_{yk}/f_{stk}=0.8$。

表12.2.2-2 不锈钢（奥氏体A_1、A_2、A_4）锚栓性能指标

性能等级	抗拉强度标准值 f_{stk}（MPa）	屈服强度标准值 f_{yk}（MPa）	伸长值 δ
50	≥500	≥210	≥0.6d
70	≥700	≥450	≥0.4d
80	≥800	≥600	≥0.3d

12.2.3 胶接植筋的钢筋应采用HRB400级及HRB335级的带肋钢筋。胶接全螺纹钢螺杆应采用Q235和Q345的钢螺杆。鉴定时，钢筋和螺杆的强度指标应分别按现行国家标准《混凝土结构设计规范》GB 50010和《钢结构设计规范》GB 50017的规定采用。

12.3 后锚固连接性能安全性鉴定

12.3.1 后锚固连接的承载力鉴定，应采用破坏性检验方法（附录U），其检验结果的评定，应符合下列规定：

    1 当检验结果符合下列要求时，其锚固承载力评为合格：

$$N_{u,m} \geqslant [\gamma_u]N_t \quad (12.3.1-1)$$

且

$$N_{u,min} \geqslant 0.85N_{u,m} \quad (12.3.1-2)$$

式中：$N_{u,m}$——受检验锚固件极限抗拔力实测平均值；

    $N_{u,min}$——受检验锚固件极限抗拔力实测最小值；

    N_t——受检验锚固件连接的轴向受拉承载力设计值，应按现行国家标准《混凝土结构加固设计规范》GB 50367的规定计算确定；

    $[\gamma_u]$——破坏性检验安全系数，按表12.3.1

取用。

2 当 $N_{u,m}$<$[\gamma_u]N_t$，或 $N_{u,min}$<$0.85N_{u,m}$ 时，应评为锚固承载力不合格。

表 12.3.1 检验用安全系数 $[\gamma_u]$

锚固件种类	破坏类型	
	钢材破坏	非钢材破坏
植筋	≥1.45	不允许
锚栓	≥1.65	≥3.5

12.3.2 后锚固连接的专项性能检验与鉴定，应按现行行业标准《混凝土用膨胀型、扩孔型建筑锚栓》JG160 附录 F 的规定执行。通过该专项检验的后锚固连接，可作出其抗震或抗疲劳性能符合安全使用的鉴定。

附录 A 安全性鉴定适用的试验方法标准

A.0.1 结构胶粘剂胶体性能的测定，应采用下列试验方法标准：

1 现行国家标准《塑料试样状态调节和试验的标准环境》GB/T 2918；

2 现行国家标准《树脂浇注体性能试验方法》GB/T 2567；

3 本规范附录 E《富填料胶粘剂胶体及聚合物改性水泥砂浆体劈裂抗拉强度测定方法》；

4 本规范附录 P《胶粘剂浇注体（胶体）收缩率测定方法》。

A.0.2 结构胶粘剂粘结能力的测定，应采用下列试验方法标准：

1 现行国家标准《胶粘剂拉伸剪切强度的测定（刚性材料对刚性材料）》GB/T 7124；

2 现行国家标准《胶粘剂对接接头拉伸强度的测定》GB/T 6329；

3 现行国家军用标准《胶粘剂高温拉伸剪切强度试验方法（金属与金属）》GJB 444；

4 本规范附录 F《结构胶粘剂 T 冲击剥离长度测定方法及评定标准》；

5 本规范附录 G《粘结材料粘合加固材与基材的正拉粘结强度试验室测定方法及评定标准》；

6 本规范附录 K《约束拉拔条件下胶粘剂粘结钢筋与基材混凝土的粘结强度测定方法》；

7 本规范附录 N《混凝土对混凝土粘结的压缩抗剪强度测定方法及评定标准》。

A.0.3 结构胶粘剂耐环境和长期应力作用能力的测定，应采用下列试验方法标准：

1 本规范附录 C《胶接耐久性楔子快速测定法》；

2 本规范附录 J《结构胶粘剂和聚合物改性水泥砂浆湿热老化性能测定方法》；

3 本规范附录 L《结构胶粘剂耐热老化性能测定方法》；

4 现行国家军用标准《胶接耐久性试验方法》GJB 3383（方法 105）；

5 本规范附录 M《胶接试件耐疲劳应力作用能力测定方法》；

6 现行国家标准《木结构试验方法标准》GB/T 50329。

A.0.4 结构胶粘剂物理化学性能的测定，应采用下列试验方法标准：

1 现行国家标准《胶粘剂适用期的测定》GB/T 7123.1；

2 现行国家标准《塑料负荷变形温度的测定》GB/T 1634.2；

3 现行国家标准《建筑密封材料试验方法 流动性的测定》GB/T 13477.6；

4 本规范附录 H《结构胶粘剂不挥发物含量测定方法》；

5 本规范附录 Q《结构胶粘剂初黏度测定方法》；

6 本规范附录 R《结构胶粘剂触变指数测定方法》。

A.0.5 水泥基注浆料和灌浆料性能的测定，应采用下列试验方法标准：

1 现行国家标准《水泥基灌浆材料应用技术规范》GB/T 50448 附录 A；

2 现行国家标准《混凝土外加剂应用技术规范》GB 50119 附录 C；

3 本规范附录 S《聚合物改性水泥砂浆体和灌浆料浆体抗折强度测定方法》；

4 现行行业标准《耐火浇注料抗热震性试验方法（水急冷法）》YB/T 2206.2；

5 现行行业标准《水工混凝土试验规程》DL/T 5150。

A.0.6 纤维复合材性能的测定，应采用下列试验方法标准：

1 现行国家标准《定向纤维增强塑料拉伸性能试验方法》GB/T 3354；

2 现行国家标准《单向纤维增强塑料弯曲性能试验方法》GB/T 3356；

3 现行国家标准《碳纤维增强塑料纤维体积含量试验方法》GB/T 3366；

4 现行国家标准《增强制品试验方法 第 3 部分：单位面积质量的测定》GB/T 9914.3；

5 本规范附录 D《纤维复合材层间剪切强度测定方法》。

A.0.7 钢丝绳抗拉强度和弹性模量的测定，应采用

下列试验方法标准：

1 现行国家标准《金属材料　拉伸试验　第 1 部分：室温试验方法》GB/T 228.1；

2 现行行业标准《光缆用镀锌钢绞线》YB/T 098（附录 A）。

A.0.8 纤维改性混凝土或砂浆弯曲韧性的测定应采用本规范附录 T《合成纤维改性混凝土弯曲韧性测定方法》。

A.0.9 后锚固连接性能的测定，应采用下列试验方法标准：

1 现行国家标准《紧固件机械性能　螺栓、螺钉和螺柱》GB/T 3098.1；

2 现行国家标准《紧固件机械性能　不锈钢螺栓、螺钉和螺柱》GB/T 3098.6；

3 本规范附录 U《锚固承载力检验方法》；

4 现行行业标准《混凝土用膨胀型、扩孔型建筑锚栓》JG 160，附录 F《专项性能检验》。

附录 B　材料性能标准值计算方法

B.0.1 材料性能标准值（f_k），应根据抽样检验结果按下式确定：

$$f_k = m_f - ks \qquad (B.0.1)$$

式中：m_f——按 n 个试件算得的材料性能平均值；

　　　s——按 $n-1$ 个试件算得的材料性能标准差，宜采用计算器的统计模式（MODE S）计算；

　　　k——与 α、c 和 n 有关的材料性能标准值计算系数，由表 B.0.1 查得；

　　　α——正态概率分布的分位值，根据材料性能标准值所要求的 95% 保证率，取 $\alpha = 0.05$；

　　　γ——检测加固材料性能所取的置信水平（置信度），按本规范第 3 章第 3.0.6 条的规定进行确定。

表 B.0.1　材料性能标准值计算系数 k 值

n	$\alpha=0.05$ 时的 k 值				n	$\alpha=0.05$ 时的 k 值			
	$\gamma=0.99$	$\gamma=0.95$	$\gamma=0.90$	$\gamma=0.75$		$\gamma=0.99$	$\gamma=0.95$	$\gamma=0.90$	$\gamma=0.75$
3	—	—	5.310	3.804	15	3.102	2.566	2.329	1.991
4	—	5.145	3.957	2.680	20	2.807	2.396	2.208	1.933
5	—	4.202	3.400	2.463	25	2.632	2.292	2.132	1.895
6	5.409	3.707	3.092	2.336	30	2.516	2.220	2.080	1.869
7	4.730	3.399	2.894	2.250	45	2.313	2.092	1.986	1.821
10	3.739	2.911	2.568	2.103	50	2.296	2.065	1.965	1.811

附录 C　胶接耐久性楔子快速测定法

C.1　适用范围及应用条件

C.1.1 本方法适用于结构胶耐久性能的快速复验与评定。

C.1.2 采用本方法进行耐久性能检验的结构胶应符合下列条件：

1 该结构胶已通过胶体性能、粘结能力、耐老化作用及耐长期应力作用的检验；

2 被检验的样品来源于批量生产的结构胶的随机抽样。

C.2　仪器、设备及工具

C.2.1 适用的仪器、设备及工具应包括：

1 湿热老化试验箱；

2 工具显微镜或 5 倍～30 倍放大镜；

3 游标卡尺，精度为 0.002；

4 楔子推进装置，匀速要求应为（30±5）mm/min；

5 划针，应能在不锈钢表面划出显著的划痕；

6 铜槌；

7 台钳（必要时）。

C.2.2 湿热老化试验箱，其性能应符合现行国家标准《湿热试验箱技术条件》GB/T 10586 的要求。湿热箱内环境条件应为（50±2）℃、（95～100）%RH。

C.3　楔 子 制 备

C.3.1 制作楔子的材料，不得与结构胶发生电解、锈蚀及其他化学反应作用。

C.3.2 本方法推荐采用 2Cr13 不锈钢制作楔子，当有使用经验时，也允许采用 LY12CZ 铝合金制作。楔子试件形式及尺寸见图 C.3.2。不锈钢楔子经清理洁净后可以反复使用。

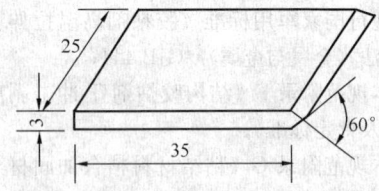

图 C.3.2　楔子试件形式及尺寸（mm）

C.4　试板及试件制作

C.4.1 试件由胶接试板加工而成，并应符合下列规定：

1 用 3mm 厚的不锈钢板材，加工成 160mm× 160mm 的试板两块，经粘合后可制作试件 5 个（图 C.4.1）。

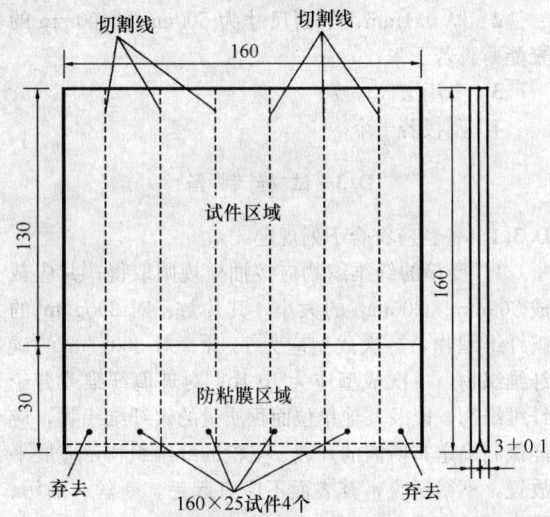

图 C.4.1　试板形式和尺寸（mm）

2　试板表面在涂胶前应经表面处理，处理方法应符合该胶粘剂使用说明书的规定。若使用说明书未作出规定，应采用喷砂法处理。

3　按所采用结构胶的胶接工艺胶接试板，但胶接前应注意先在非胶接区放置好防粘膜（图 C.4.1）。防粘膜可用厚度小于 0.1mm 的聚四氟乙烯薄膜制作。

4　粘合后的试板，应在(23±2)℃温度条件养护 7d。到期时，将试板按图 C.4.1 的要求加工出 5 个试件。试件加工时不允许使用冷却液，以保证胶层不受油污侵蚀；应控制切削速度，使试件表面温度不超过 60℃。

C.4.2　若有使用经验，允许不用试板加工试件，而直接采用 3mm×25mm×160mm 的钢片制作试件。

C.4.3　试件胶层的厚度量测应符合下列要求：

1　每一试件至少需要在 3 个不同位置的测点来量测胶层厚度；

2　每个测点分别在其两侧各读数一次，并精确至 0.01mm；

3　取 3 个测点总平均值作为该试件胶层厚度标准值。

C.4.4　试件数量，应按每一型号结构胶的试件总数不少于 20 个确定。

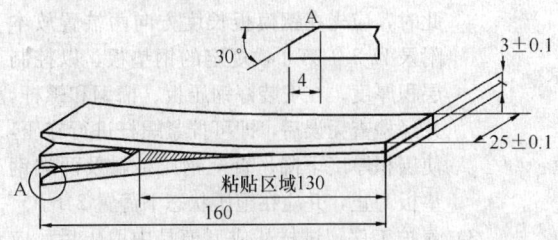

图 C.5.1　试件与楔块示意图（mm）

C.5　试 验 步 骤

C.5.1　在试件非胶接区端部，取出防粘膜，塞进楔

子，直至楔子顶端与试件平齐（图 C.5.1），用楔子推进装置顶入楔块时，不允许有大的冲力，也不允许造成塑性变形。

C.5.2　用工具显微镜或放大镜观察试件两侧胶体裂缝的位置，以划针划出明显标记。

C.5.3　用游标卡尺测量楔子与试件两夹板接触点至划线标记处的距离，以"mm"计，并以两侧量值 l_0' 和 l_0'' 的平均值作为初始裂缝长度 l_0。l_0' 和 l_0'' 相差大于 5mm，则该试件作废。

C.5.4　将试件置放于温度为(50±2)℃、相对湿度为 95％以上的湿热老化箱中保持 240h(10d)。每 24h (1d)取出试件观察其裂缝尖端位置一次，并做好划线的标记。同时，测量楔块与试件两夹板接触点至划线标记的距离，以"mm"计，并分别记为 l_{F1}、l_{F2}……l_{F9}；第 10 次记录的 l_{F10}，即最终裂缝长度，改记为 l_F。

C.5.5　将经过 240h (10d) 湿热处理的试件剥开，观测裂缝的破坏形式，确定是内聚破坏、粘附破坏还是混合破坏，并做好详细记录。

C.6　试验结果整理

C.6.1　按下式计算平均裂缝伸长量 Δl，如图 C.6.1 所示。

$$\Delta l = l_F - l_0 \qquad (C.6.1)$$

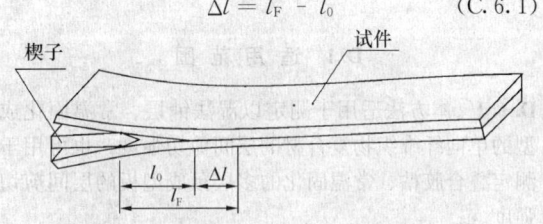

图 C.6.1　裂缝开展示意图

C.6.2　根据 10 次量测的裂缝 Δl 值，绘制 Δl-t 曲线图（t 为试验时间，按 h 或 d 计）。

C.7　试验结果的评定

C.7.1　试件破坏形式及其正常性判别应符合下列规定：

1　破坏形式的划分：

1）内聚破坏：沿胶粘剂内部破坏；

2）粘附破坏：沿胶粘剂与楔子界面破坏；

3）混合破坏：粘合区内出现两种破坏形式。

2　破坏形式的正常性判别：

1）当破坏形式为结构胶内聚破坏，或虽出现混合破坏，但内聚破坏形式的破坏面积占粘合面积的 75％以上，均可判为正常破坏；

2）当破坏形式为粘附破坏，或粘附破坏面积大于 25％时，均应判为粘结不良破坏。

C.7.2　当结构胶的试验过程表现及试验结果符合下

列要求时，应判为耐久性快速检验合格：

1 Δl-t 曲线走势很快平稳，且渐近于水平线；

2 经湿热老化后的裂缝伸长量 Δl 不大于 15mm。

C.8 试 验 报 告

C.8.1 楔子试验报告应包括下列内容：

1 试验项目名称；

2 试样来源：

   1) 不锈钢板的牌号、规格及表面处理方法；

   2) 结构胶的品种、型号和批号；

   3) 抽样规则及抽样数量。

3 试件制备方法及养护条件；

4 试件编号及试件尺寸；

5 试验环境和条件；

6 试验设备的型号及检定日期；

7 试件老化后的裂缝扩展状态描述及主要试验现象；

8 试验结果整理和计算；

9 合格评定结论；

10 试验人员、校核人员及试验日期。

附录 D 纤维复合材层间剪切强度测定方法

D.1 适 用 范 围

D.1.1 本方法适用于测定以湿法铺层、常温固化成型的单向纤维织物复合材的层间剪切强度；也可用于测定叠合胶粘、常温固化的多层预成型板的层间剪切强度。

D.1.2 本方法测定的纤维复合材层间剪切强度可用于纤维材料与胶粘剂的适配性评定。

D.2 试样成型模具

D.2.1 试样成型模具的制备应符合下列规定：

1 成型模具由一对尺寸为 400mm×300mm×25mm 光洁的钢板组成，其中一块作为压板，另一块作为织物铺层的模板。在模具的上下各有一对长 500mm 的 10 号或 12 号槽钢；在槽钢端部钻有 $D=18mm$ 的螺孔，并配有 4 根用于拧紧施压的直径 $d=16mm$ 的螺杆、螺帽及套在螺杆上的压力弹簧，作为纤维织物粘合成试样时的施压工具。

2 成型模具的钢板，应经刨平后在铣床上铣平，其加工面的表面光洁度应为 $\overset{6.3}{\bigtriangledown}$ 级。

3 成型模具尚应配有 2 块长 300mm、宽 20mm、厚 4mm 的钢垫板，用于控制织物铺层经加压后应达到的标准厚度。

D.2.2 辅助工具及材料应符合下列规定：

1 可测力的活动扳手 4 把；

2 厚 0.1mm、平面尺寸为 500mm×400mm 的聚酯薄膜若干张；

3 专用滚筒一支；

4 刮板若干个。

D.3 试 样 制 备

D.3.1 备料应符合下列规定：

1 受检的纤维织物应按抽样规则取得；并应裁成 300mm×200mm 的大小。其片数：对 $200g/m^2$ 的碳纤维织物，一次成型应为 14 片；对 $300g/m^2$ 的碳纤维织物，一次成型应为 10 片；对玻璃纤维或芳纶纤维织物，以及其他单位面积质量的碳纤维织物，应经试制确定其所需的片数。受检的纤维织物，应展平放置，不得折叠；其表面不应有起毛、断丝、油污、粉尘和皱褶。

2 受检的预成型板应按抽样规则取得；并应截成长 300mm 的片材 3 片，但不得使用板端 50mm 长度内的材料作试样。受检的板材，应平直，无划痕，纤维排列应均匀，无污染。

3 受检的胶粘剂，应按抽样规则取得；并应按一次成型需用量由专业人员配制；用剩的胶液不得继续使用。配制及使用胶液的工艺要求应符合该胶粘剂使用说明书的规定。

D.3.2 试样制备应符合下列规定：

1 纤维织物复合材试样的制备应符合下列要求：

   1) 湿法铺层工序：应在室温条件下，安装好钢模板，经清理洁净后，将聚酯薄膜铺在其板面上，铺时应充分展平，不得有皱褶和破裂口。在薄膜上用刮板均匀涂布胶液，随即进行铺层（即敷上一层纤维织物）；铺层时，应用刮板和滚筒刮平、压实，使胶液充分浸渍织物，使纤维顺直、方向一致；然后再涂胶、再铺层，逐层重复上述操作，直至全部铺完，并在最上层纤维织物面上铺放一张聚酯薄膜。

   2) 施压成型工序：应在顶层铺放聚酯薄膜后，即可安装钢压板，准备进入施压成型工序。施压成型全过程也应在室温条件下进行。此时，应先在钢模板长度方向两端置放本附录 D.2.1 第 3 款规定的钢垫板，以控制层积厚度。在安装好钢压板、槽钢和螺杆，并经检查无误后，即可拧紧螺杆进行施压，使层积厚度下降，直至钢压板触及两端钢垫板为止，并应在施压状态下静置 24h。

   3) 养护工序：试样从成型模具中取出后，应继续养护 144h，养护温度应控制在 (23±2)℃。严禁采用人工高温的养护方法。在养护期间不得扰动或进行任何机械加工，也不得受到日晒、雨淋或受潮。

2 预成型板试样的制备应符合下列要求：

    1）应采用 3 块条形板胶粘叠合而成的试样；

    2）制备时，可利用上述成型模具进行涂胶、粘贴、加压（不加垫板）和养护；

    3）加压和养护时间应符合本条第 1 款第 3 项的规定。

D.4 试 件 制 作

D.4.1 试件应从试样中部切取；最外一个试件距试样边缘不应小于 30mm，加工试件宜用金刚石车刀，且宜在用水润滑后进行锯、刨或磨光等作业。试件边缘应光滑、平整、相互平行。试件加工人员应穿戴防尘眼镜、防护衣帽及口罩，严防粉尘粘附皮肤。

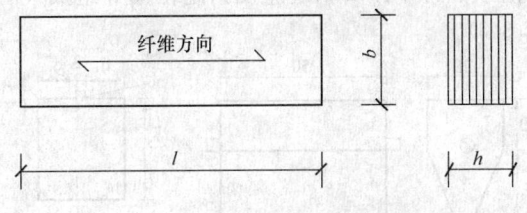

图 D.4.2 试件形状及尺寸符号

l—试件长度；h—试件高度；b—试件宽度

D.4.2 一般情况下，应取试件长度 l＝30mm±1mm；宽度 b＝6.0mm±0.5mm；对纤维织物制成的试件，其厚度按模压确定，即 h＝4mm±0.2mm；对预成型板粘合成的试样，其厚度若大于 4mm，允许在机床上单面细加工到 4mm（图 D.4.2）。每组试件数量不应少于 5 个；若需确定试验结果的标准差，每组试件数量不应少于 15 个；仲裁试验的试件数量应加倍。

D.5 试 验 条 件

D.5.1 试件状态调节、试验设备及试验的标准环境应符合现行国家标准《纤维增强塑料性能试验方法总则》GB/T 1446 的规定。

D.5.2 试验装置（图 D.5.2）的加载压头及支座与

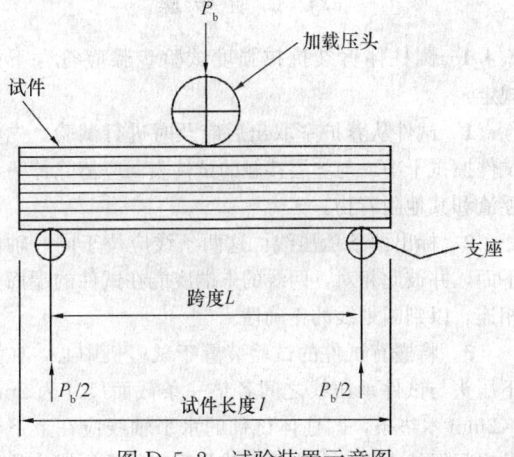

图 D.5.2 试验装置示意图

试件的抵承面应为圆柱曲面；加载压头及支座应采用 45 号钢制作，其表面应光滑，无凹陷及疤痕等缺陷。加载压头的半径 R 应为 3mm±0.1mm；支座圆柱半径 r 应为（1.5mm～2.0mm）±0.1mm，加荷压头和支座的长度宜比试件的宽度大 4mm。

D.6 试 验 步 骤

D.6.1 试验前应对试件外观进行检查，其外观质量应符合现行国家标准《纤维增强塑料性能试验方法总则》GB/T 1446 的要求。

D.6.2 试件应置于试验装置的中心位置上。其跨度应调整为 L＝20mm，且误差不应大于 0.3mm；加载压头的轴线应位于两支座之间的中央，且应与支座轴线平行。

D.6.3 以（1～2）mm/min 的加荷速度连续加荷至试件破坏；记录最大荷载 P_b 及试件破坏形式。

D.6.4 当试验出现下列情形之一时，即可确认试件已破坏，并可立即停止试验：

    1 荷载读数已较峰值下降 30％；

    2 加荷压头移动的行程已超过试件的名义厚度（即 4mm）；

    3 试件分离成两片。

D.7 试 验 结 果

D.7.1 试件层间剪切强度应按下式计算：

$$f_s = \frac{3P_b}{4bh} \qquad (D.7.1)$$

式中：f_s——层间剪切强度（MPa）；

    P_b——试件破坏时的最大荷载（N）；

    b——试件宽度（mm）；

    h——试件厚度（mm）。

D.7.2 试件破坏形式及正常性判别，应符合下列规定：

    1 试件的破坏典型形式（图 D.7.2）：

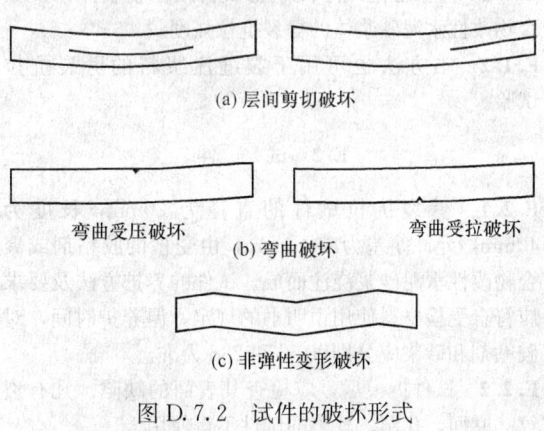

(a) 层间剪切破坏

弯曲受压破坏　　　　　弯曲受拉破坏

(b) 弯曲破坏

(c) 非弹性变形破坏

图 D.7.2 试件的破坏形式

    1）层间剪切破坏（图 D.7.2a）；

    2）弯曲破坏：或呈上边缘纤维压皱，或呈下边缘纤维拉断（图 D.7.2b）；

3) 非弹性变形破坏（图 D.7.2c）。

2 破坏正常性判别及处理：

1) 当发生图 D.7.2（a）形式的破坏时，属层间剪切正常破坏；当发生图 D.7.2（b）或（c）的破坏时，属非层间剪切的不正常破坏；

2) 当一组试件中仅有一根破坏不正常时，可重作试验，但试件数量应加倍。若重作试验全数破坏正常，仍可认为该组试验结果可以使用；若仍有试件破坏不正常，则应认为该种纤维与所配套的胶粘剂在适配性上不良，并应重新对胶粘剂进行改性，或改用其他型号胶粘剂配套。

D.7.3 试验报告应包括下列内容：

1 受检纤维材料及其胶粘剂的来源、品种、型号和批号；

2 取样规则及抽样数量；

3 试件制备方法及养护条件；

4 试件的编号和尺寸；

5 试验环境的温度和相对湿度；

6 试验设备的型号、量程及检定日期；

7 加荷方式及加荷速度；

8 试样的破坏荷载及破坏形式；

9 试验结果的整理和计算；

10 取样、试验、校核人员及试验日期。

附录 E 富填料胶粘剂胶体及聚合物改性水泥砂浆体劈裂抗拉强度测定方法

E.1 适 用 范 围

E.1.1 本方法适用于测定富填料结构胶胶体以及聚合物改性水泥砂浆体的劈裂抗拉强度。

E.1.2 本方法也可用于裂缝注浆料的劈裂抗拉试验。

E.2 试 件

E.2.1 劈裂抗拉试件的直径为 20mm，长度为 40mm，允许偏差为 ±0.1mm，由受检的胶粘剂或聚合物改性水泥砂浆浇注而成。试件的养护方法及要求应符合受检材料使用说明书的规定，但养护时间，对胶粘剂和砂浆应分别以 7d 和 28d 为准。

E.2.2 试件拆模后，应检查其表面的缺陷。凡有裂纹、麻面、孔洞、缺陷的试件不得使用。

E.2.3 劈裂抗拉试的试件数量，每组不应少于 5 个。

E.3 试验设备及装置

E.3.1 劈裂抗拉试件的制作应在专门的模具中浇注而成。模具可自行设计，但应便于脱模，且不应伤及试件；模具的内壁应经抛光，其光洁度应达到 $\sqrt[6.3]{}$。其他技术要求应符合现行行业标准《混凝土试模》JG 237 的规定。

E.3.2 劈裂抗拉试件的加载，应采用最大压力标定值不大于 4kN 的压力试验机；其力值的示值误差不应大于 1‰；每年应检定一次。试件的破坏荷载应处于试验机标定满负荷的 20%～80% 之间。

E.3.3 劈拉试验装置，应采用 45 号钢制作；由加载钢压头、带小压头钢底座及钢定位架等组成（图 E.3.3）。

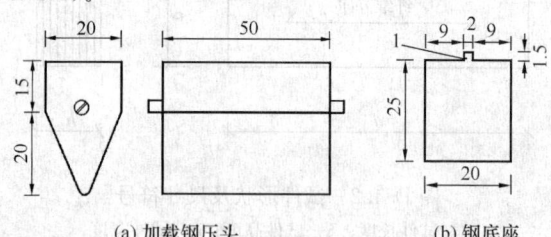

(a) 加载钢压头 　　　　　　(b) 钢底座

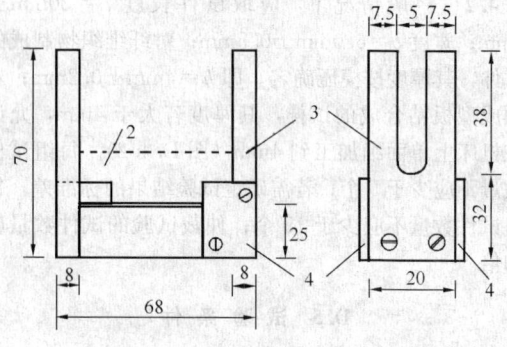

(c) 试验装置的组装

图 E.3.3 劈拉试验装置（mm）

1—小压头；2—试件安装位置；3—定位架；4—挡板

E.4 试 验 步 骤

E.4.1 圆柱体劈裂抗拉强度试验步骤应符合下列规定：

1 试件从养护室取出后应及时进行试验。先将试件擦拭干净，与垫条接触的试件表面应清除掉一切浮渣和其他附着物。

2 标出两条承压线。这两条线应位于同一轴向平面，并彼此相对，两线的末端应能在试件的端面上相连，以判断划线的正确性。

3 将嵌有试件的试验装置于试验机中心，在上下压头与试件承压线之间各垫一条截面尺寸为 2mm×2mm 木垫条，圆柱体试件的水平轴线应在上下垫条之间保持水平，与水平轴线相垂直的承压线应位于

垫条的中心，其上下位置应对准（图 E.4.1）。

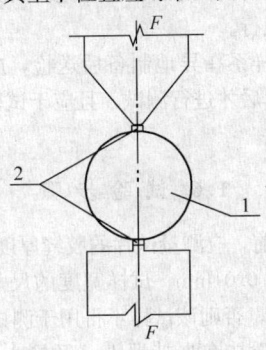

图 E.4.1　试件安装示意图
1—试件；2—木垫条

4　施加荷载应连续均匀地进行，并控制在 1min
～1.5min 内破坏。

5　试件破坏时，应记录其最大荷载值及破坏
形式。

E.4.2　当按本附录第 E.4.1 条规定的试验步骤进行
试验时，若试件的破坏形式不是劈裂破坏，应检查试
件的上下对中情况是否符合要求；若对中没有问题，
应检查试件的原材料是否固化不良，或不属于富填料
的粘结材料。

E.5　试 验 结 果

E.5.1　圆柱体试件劈裂抗拉强度试验结果的整理应
符合下列规定：

1　圆柱体劈裂抗拉强度应按下式计算，计算精
确至 0.01MPa：

$$f_{ct} = \frac{2F}{\pi dl} = \frac{0.637F}{dl} \qquad (E.5.1)$$

式中：f_{ct}——圆柱体劈裂抗拉强度测试值（MPa）；

　　　F——试件破坏荷载（N）；

　　　d——劈裂面的试件直径（mm）；

　　　l——试件的长度（mm）。

2　圆柱体劈裂抗拉强度有效值应按下列规定进
行确定：

1）以 5 个测值的算术平均值作为该组试件的
有效强度值；

2）若一组测值中，有一最大值或最小值，与
中间值之差大于 15% 时，以中间值作为该
组试件的有效强度值；

3）若最大值和最小值与中间值之差均大于
15%，则该组试验结果无效，应重做。

E.5.2　当需要计算劈裂抗拉试验结果的标准差及变
异系数时，应至少有 15 个有效强度值。

E.5.3　试验报告应包括下列内容：

1　受检材料的来源、品种、型号和批号；

2　取样规则及抽样数量；

3　试件制备方法及养护条件；

4　试件的编号和尺寸；

5　试验环境的温度和相对湿度；

6　试验设备的型号、量程及检定日期；

7　加荷方式及加荷速度；

8　试样的破坏荷载及破坏形式；

9　试验结果的整理和计算；

10　取样、试验、校核人员及试验日期。

附录 F　结构胶粘剂 T 冲击剥离
长度测定方法及评定标准

F.1　适 用 范 围

F.1.1　本标准适用于室温固化结构胶粘剂韧性重要
标志——T 冲击剥离长度的测定。

F.1.2　抗震设防区建筑加固所使用结构胶粘剂的韧
性要求，可按本标准进行测试与合格评定。

F.2　原　　理

F.2.1　以一对软钢薄片胶接成 T 冲击剥离试样，在
规定的条件下，对试样未胶接端施加冲击力，使试样
沿其胶接线产生剥离。韧性不同的结构胶粘剂，其剥
离长度有显著差别，从中可判别出其韧性的优劣。

F.2.2　通过测量试样剥离长度以及对不同型号胶粘
剂测试数据的比较分析，可制定出以剥离长度为指标
的、简易、实用的结构胶粘剂韧性合格评定标准。

F.3　试 验 装 置

F.3.1　采用自由落体式冲击剥离试验装置，如图
F.3.1 所示。

F.3.2　冲击剥离试验装置采用 45 号钢制作，其表面
应作防锈处理。

F.3.3　试验装置的零部件加工应符合下列要求：

1　作为自由落体的冲击块，应采用 45 号钢制
作，其质量应为 900^{+5}_{0} g；

2　自由滑落导杆应笔直，其表面加工的光洁度
应达到 $\triangledown\triangledown\triangledown^{6.3}$ 级；其设计控制的自由落下高度 H 应为
305mm±1mm。

F.3.4　试验夹具的加工，应能使试样安装后的导杆
轴线通过试样两孔中心。

F.4　试　　样

F.4.1　T 冲击剥离试样由一对 Q235 薄钢片胶接而
成（图 F.4.1）。

F.4.2　试片加工的允许偏差应符合下列规定：

1　试片弯折后长度 l：±1mm；

2　试片宽度 b：仅允许有 0.2mm 负偏差；

3　试片厚度 t：+0.1mm，且不得有负偏差。

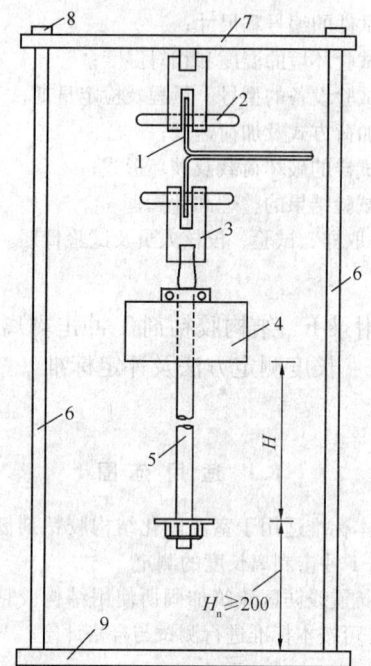

图 F.3.1　冲击剥离试验装置示意图（mm）

1—T形剥离试件；2—φ10 销棒；3—夹持器；4—冲击块 P；
5—φ20 导杆；6—φ20 圆钢杆；7—顶板（厚 20）；
8—螺母；9—底板（厚 16）

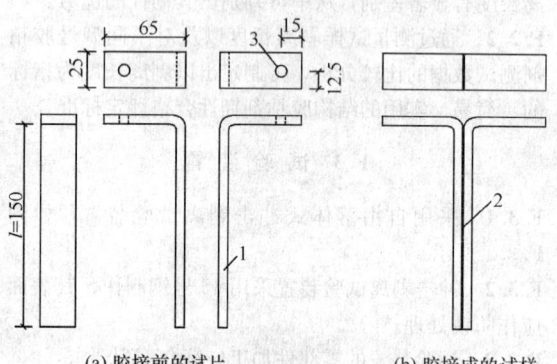

(a) 胶接前的试片　　　　(b) 胶接成的试样

图 F.4.1　T 冲击剥离试样尺寸（mm）
1—试片厚度 $t=1.0$；2—胶缝；3—φ12 孔

F.4.3　试片胶接前应按结构胶粘剂对碳钢表面处理的要求，进行机械喷砂处理。

F.4.4　试样制备应按结构胶粘剂使用说明书规定的胶接工艺及设计要求的胶层厚度进行。胶后的试样应在加压状态下，固化养护 7d；若有关各方同意，允许采用快速固化养护法，即：胶粘、加压后立即置入烘箱，在(50 ± 2)℃条件下连续烘 24h，经自然冷却并静置 16h 后进行试验。

F.4.5　每组试样不应少于 5 个。

F.5　试 验 条 件

F.5.1　试验环境温度应为(23 ± 2)℃，相对湿度应

为 55%～70%。仲裁试验必须按标准的湿度条件 45%～55%执行。

F.5.2　若试样系在异地制备后送检，应在试验室环境下放置 12h 后才进行测试，且应于试验报告上作异地制备的记载。

F.6　试 验 步 骤

F.6.1　试验前，应测量试片的胶缝厚度和胶缝长度，应分别精确到 0.01mm。试样宽度的尺寸偏差应符合 F.4.2 的要求，否则该试样不得用于测试。

F.6.2　将试样挂在夹持器上，经检查对中无误后，用手将作为自由落体的冲击块提至设计高度 H；突然松手，让钢块自由落下，使试样产生剥离。

F.6.3　测量并记录试样的剥离长度，精确到 0.1mm。

F.7　试验结果表示

F.7.1　试验结果以 5 个试样测得的剥离长度的平均值表示。

F.7.2　若 5 个试样中，有一个试样的剥离长度大于其余 4 个试样剥离长度平均值的 25%，表明胶粘工艺有问题，应重新制作 5 个试样进行测试。原测试结果应全部作废，不得参与新测试结果的计算。

F.7.3　试件破坏后的残样应按原状妥为保存，在未经设计人员观察并确认前不得销毁。

F.8　试验结果评定

F.8.1　T 形试样抗冲击剥离的试验结果，应按表 F.8.1 的冲击剥离韧性标准进行评定。

表 F.8.1　结构胶粘剂冲击剥离的韧性评定标准

使用对象	结构胶粘剂等级	平均剥离长度（mm）	评定结论
混凝土结构加固工程	A 级	≤20	韧性符合 A 级胶要求
	B 级	≤35	韧性符合 B 级胶要求
钢结构加固工程	AAA 级（3A 级）	≤6	韧性符合 3A 级要求
	AA 级（2A 级）	≤12	韧性符合 2A 级要求

F.9　试 验 报 告

F.9.1　结构胶粘剂抗冲击剥离能力测试及其韧性评定的报告应包括下列内容：

1　受检结构胶粘剂来源、品种、型号和批号；

2　取样规则及抽样数量；

3　试样制备方法及固化养护条件；

4 试样编号、尺寸、外观质量、数量；

5 试验环境温度和相对湿度；

6 冲击装置的自由落体冲击块质量、自由落下高度；

7 试样剥离长度（应为经设计人员观察后确认的剥离长度）；

8 试验结果的整理、计算和评定；

9 取样、测试、校核人员及测试日期。

附录 G 粘结材料粘合加固材与基材的正拉粘结强度试验室测定方法及评定标准

G.1 适用范围

G.1.1 本方法适用于试验室条件下以结构胶粘剂、界面胶（剂）或聚合物改性水泥砂浆为粘结材料粘合（包括涂布、喷抹、浇注等）下列加固材料与基材，在均匀拉应力作用下发生内聚、粘附或混合破坏的正拉粘结强度测定：

1 纤维复合材与基材混凝土；

2 钢板与基材混凝土；

3 结构用聚合物改性水泥砂浆层与基材混凝土；

4 结构界面胶（剂）与基材混凝土。

G.2 试验设备

G.2.1 拉力试验机的力值量程选择，应使试样的破坏荷载发生在该机标定的满负荷的 20%～80% 之间，力值的示值误差不得大于 1%。

G.2.2 试验机夹持器的构造应能使试件垂直对中固定，不产生偏心和扭转的作用。

G.2.3 试件夹具应由带拉杆的钢夹套与带螺杆的钢标准块构成，且应以 45 号碳钢制作。其形状及主要尺寸如图 G.2.3 所示。

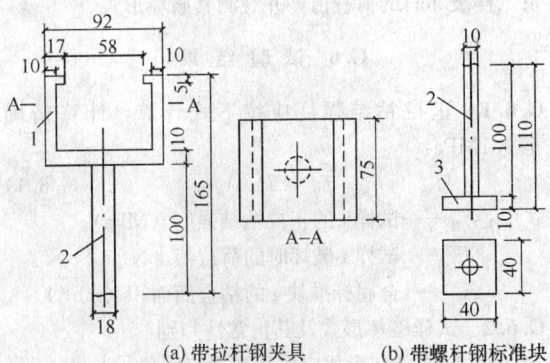

图 G.2.3 试件夹具及钢标准块尺寸（mm）
(a) 带拉杆钢夹具　(b) 带螺杆钢标准块
1—钢夹具；2—螺杆；3—标准块

G.3 试 件

G.3.1 试验室条件下测定正拉粘结强度应采用组合式试件，其构造应符合下列规定：

1 以胶粘剂为粘结材料的试件应由混凝土试块（图 G.3.1-1）、胶粘剂、加固材料（如纤维复合材或钢板等）及钢标准块相互粘合成（图 G.3.1-2a）；

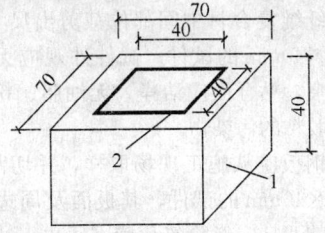

图 G.3.1-1 混凝土试块形式及尺寸（mm）
1—混凝土试块；2—预切缝

2 以结构用聚合物改性水泥砂浆为粘结材料的试件应由混凝土试块（图 G.3.1-1）、结构界面胶（剂）涂布层、现浇的聚合物改性水泥砂浆层及钢标准块相互粘合而成（图 G.3.1-2b）。

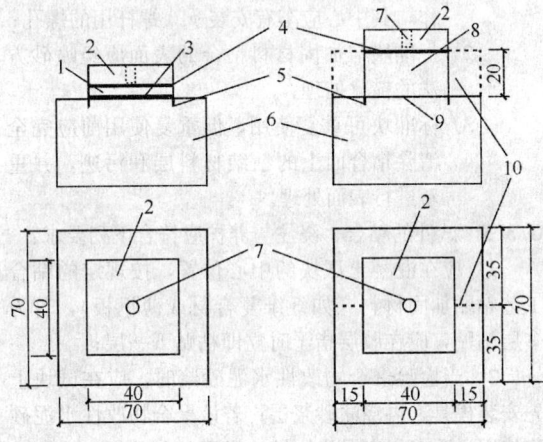

(a) 胶粘剂粘贴的试件　　(b) 聚合物砂浆浇筑的试件
图 G.3.1-2 正拉粘结强度试验的试件及尺寸（mm）
1—加固材料；2—钢标准块；3—受检胶的胶缝；4—粘贴标准块的快固胶；5—预切缝；6—混凝土试块；7—φ10 螺孔；8—现浇聚合物砂浆层（或复合砂浆层）；9—结构界面胶（剂）；10—虚线部分表示浇筑砂浆用可拆卸模具的安装位置

G.3.2 试样组成部分的制备应符合下列规定：

1 受检粘结材料应按其使用说明书规定的工艺要求进行制备。

2 混凝土试块的尺寸应为 70mm×70mm×40mm，其混凝土强度等级，对 A 级和 B 级胶粘剂均应为 C40～C45；对 A 级和 B 级界面胶（剂），应分别为 C40 和 C25。对 I 级和 II 级聚合物砂浆，其试块强度等级与界面胶（剂）的要求相同。试块浇筑后应经 28d 标准养护；试块使用前，应以专用的机械切出深度约 5mm 的预切缝，缝宽约 2mm，如图 G.3.1-1

所示。预切缝围成的方形平面，其净尺寸应为40mm×40mm，并应位于试块的中心。混凝土试块的粘贴面（方形平面）应作打毛处理。打毛深度应达骨料新面，且手感粗糙，无尖锐突起。试块打毛后应清理洁净，不得有松动的骨料和粉尘。

　　3　受检加固材料的取样应符合下列要求：

　　　　1）纤维复合材应按规定的抽样规则取样，从纤维复合材中间部位裁剪出尺寸为40mm×40mm的试件；试件外观应无划痕和折痕，粘合面应洁净，无油脂、粉尘等影响胶粘的污染物；

　　　　2）钢板应从施工现场取样，并切割成40mm×40mm的试件，其板面及周边应加工平整，且应经除氧化膜、锈皮、油污和喷砂处理；粘合前，尚应用工业丙酮擦洗干净；

　　　　3）聚合物砂浆和复合砂浆，应从一次性进场的批量中随机抽取其各组分，然后在试验室进行配制和浇注。

　　4　钢标准块的制作应符合下列要求：

　　　　1）钢标准块（图G.2.3b）宜用45号碳钢制作，其中心应车有安装φ10螺杆用的螺孔；

　　　　2）标准块与加固材料粘合的表面应经喷砂方法的糙化处理；

　　　　3）标准块可重复使用，但重复使用前应完全清除粘合面上的粘结材料层和污迹，并重新进行表面处理。

G.3.3　试件的粘合、浇注与养护应符合下列要求：

　　1　应在混凝土试块的中心位置，按规定的粘合工艺粘贴加固材料（如纤维复合材或薄钢板），若为多层粘贴，应在胶层指干时立即粘贴下一层；

　　2　当检验聚合物改性水泥砂浆时，应在试块上先安装模具，再浇注砂浆层；若该聚合物改性水泥砂浆使用说明书规定需涂刷结构界面胶（剂）时，还应在混凝土试块上先刷上专门的界面胶（剂），再浇注砂浆层；

　　3　试件粘贴或浇注时，应采取措施防止胶液或砂浆流入预切缝。粘贴或浇注完毕后，应按受检材料使用说明书规定的工艺要求进行加压、养护，分别经7d固化（胶粘剂）或28d硬化（砂浆）后，用快固化的高强胶粘剂将钢标准块粘贴在试件表面。每一道作业均应检查各层之间的对中情况。

G.3.4　对结构胶粘剂的加压、养护，若工期紧，且征得有关各方同意，允许采用以下快速固化、养护制度：

　　1　在50℃条件下烘24h；热烘过程中允许有±2℃的偏差；

　　2　自然冷却至23℃后，再静置16h，即可贴上标准块。

G.3.5　试件应安装在钢夹具（图G.3.5）内并拧上

传力螺杆。安装完成后各组成部分的对中标志线应在同一轴线上。

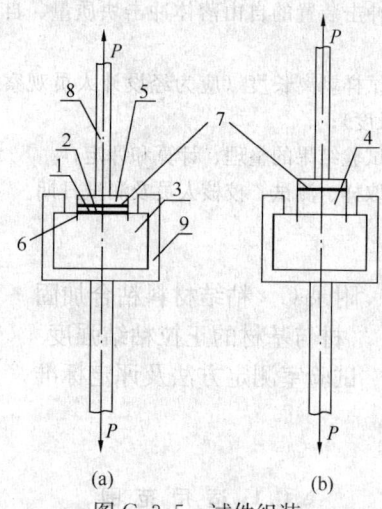

图G.3.5　试件组装

1—受检胶粘剂；2—被粘合的纤维复合材或钢板；3—混凝土试块；4—聚合物砂浆层；5—钢标准块；6—混凝土试块预切缝；7—快固化高强胶粘剂的胶缝；8—传力螺杆；9—钢夹具

G.3.6　常规试验的试样数量每组不应少于5个，仲裁试验的试样数量应加倍。

G.4　试　验　环　境

G.4.1　试验环境应保持在温度（23±2）℃，相对湿度45%～70%。对仲裁性试验，相对湿度应控制在45%～55%。

G.4.2　若试样系在异地制备后送检，应在试验标准环境条件下放置24h后才进行试验，且应于检验报告上作异地制备的记载。

G.5　试　验　步　骤

G.5.1　将安装在夹具内的试件（图G.3.5）置于试验机上下夹持器之间，并调整至对中状态后夹紧。

G.5.2　以3mm/min的均匀速率加荷直至破坏。记录试样破坏时的荷载值，并观测其破坏形式。

G.6　试　验　结　果

G.6.1　正拉粘结强度应按下式计算，计算精确至0.1MPa：

$$f_{ti} = P_i/A_{ai} \tag{G.6.1}$$

式中：f_{ti}——试样i的正拉粘结强度（MPa）；

　　　　P_i——试样i破坏时的荷载值（N）；

　　　　A_{ai}——金属标准块i的粘合面面积（mm²）。

G.6.2　试样破坏形式及其正常性判别：

　　1　试样破坏形式应按下列规定划分：

　　　　1）内聚破坏：应分为基材混凝土内聚破坏和受检粘结材料的内聚破坏，后者可见于使

用低性能、低质量的胶粘剂（或聚合物砂浆和复合砂浆）的场合；

2）粘附破坏（层间破坏）：应分为胶层或砂浆层与基材之间的界面破坏及胶层与纤维复合材或钢板之间的界面破坏；

3）混合破坏：粘合面出现两种或两种以上的破坏形式。

2 破坏形式正常性判别，应符合下列规定：

1）当破坏形式为基材混凝土内聚破坏，或虽出现两种或两种以上的混合破坏形式，但基材混凝土内聚破坏形式的破坏面积占粘合面面积85%以上，均可判为正常破坏；

2）当破坏形式为粘附破坏、粘结材料内聚破坏或基材混凝土内聚破坏面积少于85%的混合破坏，均应判为不正常破坏。

注：钢标准块与检验用高强、快固化胶粘剂之间的界面破坏，属检验技术问题，应重新粘贴；不参与破坏形式正常性评定。

G.7 试验结果的合格评定

G.7.1 组试验结果的合格评定，应符合下列规定：

1 当一组内每一试件的破坏形式均属正常时，应舍去组内最大值和最小值，而以中间三个值的平均值作为该组试验结果的正拉粘结强度推定值。若该推定值不低于本规范规定的相应指标，则可评该组试件正拉粘结强度检验结果合格。

2 当一组内仅有一个试件的破坏形式不正常，允许以加倍试件重做一组试验。若试验结果全数达到上述要求，则仍可评该组为试验合格组。

G.7.2 检验批试验结果的合格评定应符合下列要求：

1 若一检验批的每一组均为试验合格组，则应评该批粘结材料的正拉粘结性能符合安全使用的要求；

2 若一检验批中有一组或一组以上为不合格组，则应评该批粘结材料的正拉粘结性能不符合安全使用要求；

3 若检验批由不少于20组试件组成，且仅有一组被评为试验不合格组，则仍可评该批粘结材料的正拉粘结性能符合使用要求。

G.7.3 试验报告应包括下列内容：

1 受检材料的品种、型号和批号；

2 抽样规则及抽样数量；

3 试件制备方法及养护条件；

4 试件的编号和尺寸；

5 试验环境的温度和相对湿度；

6 仪器设备的型号、量程和检定日期；

7 加荷方式及加荷速度；

8 试件的破坏荷载及破坏形式；

9 试验结果整理和计算；

10 取样、测试、校核人员及测试日期。

附录 H 结构胶粘剂不挥发物含量测定方法

H.1 适用范围

H.1.1 本方法适用于室温固化的改性环氧类和改性乙烯基酯类结构胶粘剂不挥发物含量的测定。

H.1.2 本方法的测定结果，可用以判断被检测的胶粘剂中是否掺有影响结构胶粘剂性能和质量的挥发性成分。

H.2 仪器设备

H.2.1 测定胶粘剂不挥发物含量用的仪器设备应符合下列要求：

1 电热鼓风干燥箱（烘箱），其温度波动不应大于±2℃；

2 温度计应备有两种，其测温范围分别为0℃～150℃和0℃～250℃；

3 称量容器应采用铝制称量盒或耐温称量瓶，其直径宜为50mm，高度宜为30mm；

4 称量天平应为分析天平，其感量应为1mg，最大称量应为200g；

5 干燥器应为有密封盖的玻璃干燥器，数量应不少于4个，且均应盛有蓝变色硅胶；

6 胶皿，其制皿材料与胶粘剂原材料之间应不发生化学反应。

H.3 测试前准备工作

H.3.1 仪器设备校正要求：对分析天平及烘箱温控系统，均应按国家计量部门的检定规程定期检定，不得使用已超过检定有效期的仪器设备。

H.3.2 烘干硅胶要求：将两个干燥器所需的硅胶量，置于200℃烘箱中烘烤约8h，至完全蓝变色后取出，分成两份放入干燥器待用。

H.3.3 称量盒（瓶）的烘干要求：应在约105℃的烘箱中，置入所需数量的空称量盒（瓶），揭开盖子烘至恒重，恒重以最后两次称量之差不超过0.002g为准。达到恒重时，记录其质量后再放进干燥器待用。

H.4 取样与状态调节

H.4.1 取样要求：应在包装完好、未启封的结构胶粘剂检验批中，随机抽取一件。经检查中文标志无误后，拆开包装，从每一组分容器中各称取样品约50g，分别盛于取胶皿，签封后送检测机构。

H.4.2 样品状态调节要求：应将所取的各组分样品

连同取胶皿放进干燥器内，在试验室正常温湿度条件下静置一夜，调节其状态。

H.5 测试步骤

H.5.1 制作试样要求：

1 应根据该胶粘剂使用说明书规定的配合比，按配制 30g 胶粘剂分别计算并称取每一组分的用量；经核对无误后，倒入调胶器皿中混合均匀；

2 应用两个称量盒（瓶）从混合均匀的胶液中，各称取一份试样，每份约 1g，分别记其净质量为 m_{01} 和 m_{02}，称量应准确至 0.001g；

3 应将两份试样同时置于 40_0^{+2}℃的环境中固化 24h；

4 应将已固化的两份试样移入已调节好温度的烘箱中，在 105℃±2℃条件下，烘烤 180min±5min；

5 取出两份试样，放入干燥器中冷却至室温；

6 分别称量两份试样，记其净质量为 m_{11} 和 m_{12}，称量应精确至 0.001g。

H.6 结果表示

H.6.1 一次平行试验取得的两个结果，可按式（H.6.1-1）和式（H.6.1-2）分别计算试样 1 和试样 2 的不挥发物含量测值，取三位有效数字：

$$x_1 = \frac{m_{11}}{m_{01}} \times 100\% \qquad (H.6.1-1)$$

$$x_2 = \frac{m_{12}}{m_{02}} \times 100\% \qquad (H.6.1-2)$$

式中：x_1 和 x_2——分别为试样 1 和试样 2 的不挥发物含量测值（%）；

m_{01} 和 m_{02}——分别为试样 1 和试样 2 加热前的净质量（g）；

m_{11} 和 m_{12}——分别为试样 1 和试样 2 加热后的净质量（g）。

H.6.2 在完成第一次平行试验后，尚应按同样的步骤完成第二次平行试验，并得到相应的不挥发物含量测值 x_3 和 x_4。测试结果以两次平行试验的平均值表示。

H.7 试验报告

H.7.1 试验报告应包括下列内容：

1 受检结构胶粘剂的品种、型号和批号；

2 取样规则和取样数量；

3 试样制备方法；

4 试样编号；

5 测试环境温度和相对湿度；

6 分析天平型号、精确度和检定日期；

7 测试结果及计算确定的该胶粘剂不挥发物含量；

8 取样、测试、校核人员及测试日期。

附录 J 结构胶粘剂和聚合物改性水泥砂浆湿热老化性能测定方法

J.1 适用范围及应用条件

J.1.1 本方法适用于结构胶粘剂和聚合物改性水泥砂浆耐老化性能的验证性试验。

J.1.2 采用本方法进行老化试验的结构胶粘剂或聚合物改性水泥砂浆应已通过其他项目的安全性能检验。

J.2 试验设备及试验用水

J.2.1 试件的老化应在可程式恒温恒湿试验机中进行。该机老化箱内的温度和相对湿度应能自动控制、连续记录，并保持稳定；箱内的空气流速应能保持在 0.5m/s～1.0m/s；箱壁和箱顶的冷凝水应能自动除去，不得滴在试件上。

J.2.2 试验机用水应采用蒸馏水或去离子水；未经纯化的冷凝水不得再重复利用。仲裁性试验机用水，还应要求其电阻率不得小于 500Ω·m。湿球系统也应采用相同水质的水。每次试验前应更换湿球纱布及剩水，且纱布使用期不得超过 30d。

J.2.3 试验机电源应为双电源，并应能在工作电源断电时自动切换；任何原因引起的短时间断电，均应记录在案备查。

J.3 试 件

J.3.1 对结构胶粘剂老化性能的测定应采用钢对钢拉伸剪切试件，并应按现行国家标准《胶粘剂拉伸剪切强度的测定（刚性材料对刚性材料）》GB/T 7124 的规定和要求制备，粘接用的金属试片应为粘合面经过喷砂处理的 45 号钢。对聚合物改性水泥砂浆的老化性能测定应采用符合国家标准《建筑结构加固工程施工质量验收规范》GB 50550-2010 附录 R 规定的钢套筒式试件。

J.3.2 试件的数量不应少于 15 个，且应随机均分为 3 组；其中一组为对照组，另两组为老化试验组。

J.3.3 试件胶缝静置固化 7d 后，应对金属外露表面涂以防锈油漆进行密封，但应防止油漆沾染胶缝。

J.4 试 验 条 件

J.4.1 湿热条件应符合下列规定：

1 温度：应保持 50℃$_{-1}^{+2}$℃；

2 相对湿度：应保持 95%～100%；

3 恒温、恒湿时间：自箱内温、湿度达到规定值算起，应为 60d 或 90d。

J.4.2 升温、恒温及降温过程的控制：

1 升温制度：应在1.5h～2h内使老化箱内温度自25℃$^{+3}_{-1}$℃连续、均匀地升至50℃$^{+3}_{-1}$℃，相对湿度也应升至95％以上。此过程中试样表面应有凝结水出现。

2 恒温、恒湿制度：老化箱内有效工作区的温、湿度达到规定值后，应分布均匀，且无明显波动，并按传感器的示值进行实时监控。

3 降温制度：应在连续恒温达到90d时立即开始降温，且应在1.5h～2h内从50℃连续、均匀地降至25℃±2℃，但相对湿度仍应保持在95％以上。

J.5 试 验 步 骤

J.5.1 老化性能测定的步骤应符合下列规定：

1 试件经7d（对聚合物改性水泥砂浆为28d）固化后，应立即先测定对照组试件的初始抗剪强度。

2 将老化试验组的试件放入老化箱内，试件相互之间、试件与箱壁之间不得接触。对仲裁性试验，试样与箱壁、箱底和箱顶的距离均不应少于150mm。

3 老化试验的温度和湿度控制应按本附录第J.4节的规定和要求进行。

4 在试验过程中，若需取出或放入试样，开启箱门的时间应短暂，防止试样表面出现凝结水珠。

5 在恒温、恒湿达到30d时，应取出一组试件进行抗剪试验。若试件抗剪强度降低百分率大于15％，该老化试验便应中止，并直接判为不合格；不得继续进行试验。若抗剪强度降低百分率小于15％，应继续进行至规定时间。

6 试验达到90d（对B级胶为60d），并自然降温至35℃时，即可将试样取出置于密闭器皿中，待与室温平衡后，逐个进行抗剪破坏试验，且每组试验均应在30min内完成。

J.6 试 验 结 果

J.6.1 老化试验完成后，应按下式计算抗剪强度降低百分率，取两位有效数字：

$$\rho_{R,i} = \frac{R_{0,i} - R_i}{R_{0,i}} \times 100\% \qquad (J.6.1)$$

式中：$\rho_{R,i}$——第i组老化试验后抗剪强度降低百分率（％）；

$R_{0,i}$——对照组试样初始抗剪强度算术平均值；

R_i——经老化试验后第i组试样抗剪强度算术平均值。

J.7 试 验 报 告

J.7.1 湿热老化试验报告应包括下列各项内容：

1 受检材料来源、品种、型号和批号；

2 取样规则及取样数量；

3 试样制备及试样编号；

4 试验条件和试样状态调节过程；

5 仪器设备型号及检定日期；

6 试验开始和结束日期、实验室的温度及相对湿度；

7 试验过程老化箱内温湿度控制情况（若遇短时间停电，应作记录）；

8 试件的破坏荷载及破坏形式；

9 试验结果的整理和计算；

10 取样、测试、校核人员及测试日期。

附录 K 约束拉拔条件下胶粘剂粘结钢筋与基材混凝土的粘结强度测定方法

K.1 适 用 范 围

K.1.1 本方法适用于以锚固型胶粘剂粘结带肋钢筋与基材混凝土，在约束拉拔条件下测定其粘结强度。

K.1.2 本方法也可用于以锚固型胶粘剂粘合全螺纹螺杆与基材粘结强度的测定。

K.2 试验设备和装置

K.2.1 由油压穿心千斤顶、力值传感器、钢制夹具、约束用的钢垫板等组成的约束拉拔式粘结强度检测仪（图K.2.1）。宜配备300kN和60kN穿心千斤顶各一台，其力值传感器测量精度应达±1.0％，试件破坏荷载应处于拉拔装置标定满负荷的20％～80％之间。若需测定拉拔过程的位移，尚应配备位移传感器和力-位移数据同步采集仪及笔记本电脑和适用的绘图程序。拉拔仪应每年检定一次。

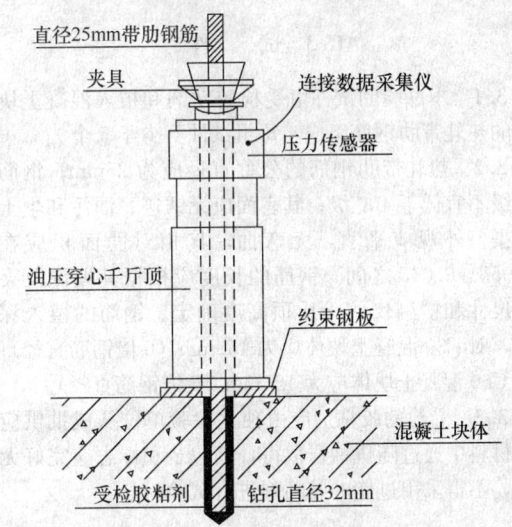

图 K.2.1 约束拉拔式粘结强度检测仪示意图

K.2.2 约束用的钢垫板应为中心开孔的圆形钢板，钢板直径不应小于180mm，板中心应开有直径为36mm的圆孔，板厚为15mm～20mm，上下板面应

刨平。

K.2.3 植筋用的混凝土块体应按种植 15 根 $\phi25$ 带肋钢筋进行设计，并应符合下列规定：

    1 块体尺寸：其长度、宽度和高度应分别不小于 1260mm、1060mm 和 250mm。

    2 块体混凝土强度等级：一块应为 C30 级；另一块应为 C60 级。

    3 块体配筋：仅配置架立钢筋和箍筋（图 K.2.3）。若需吊装，尚应设置吊环。必要时，还可在块体底部配少量纵向钢筋，钢筋保护层厚度为 30mm。吊环预埋位置及底部配筋位置可根据实际情况确定。

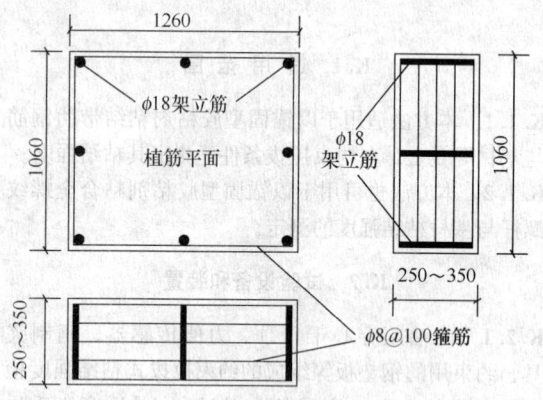

图 K.2.3 植筋用混凝土块体配筋图

    4 外观要求：混凝土表面应抹平整。

K.2.4 植筋用的钻孔机械，可根据试验设计的要求进行选择。当采用水钻机械时，钻孔后，应对孔壁进行糙化处理。

K.3 试 件

K.3.1 本试验的试件由受检胶粘剂和植入混凝土块体的热轧带肋钢筋组成，每组试件不少于 5 个。

K.3.2 热轧带肋钢筋的公称直径应为 25mm；钢筋等级不宜低于 400 级；其表面应无锈迹、油污和尘土污染；外观应平直，无弯曲，其相对肋面积应在 0.055～0.065 之间。钢筋的长度应根据其埋深及夹具尺寸和检测仪的千斤顶高度确定。钢筋的植入深度，对 C30 混凝土块体应为 150mm（6 倍钢筋直径）；对 C60 混凝土块体应为 125mm（5 倍钢筋直径）。

K.3.3 受检的胶粘剂应由独立检验单位从成批供应的材料中通过随机抽样取得，其包装和标志应完好无损，不得采用过期的胶粘剂进行试验。

K.4 植 筋

K.4.1 植筋前应检测混凝土块材钻孔部位的含水率，其检测结果应符合试验设计的要求。

K.4.2 钻孔的直径及其实测的偏差应符合该胶粘剂使用说明书的规定。

K.4.3 植筋前的清孔，应采用专门的清孔设备，但清孔的吹和刷的次数应比该胶粘剂使用说明书规定的次数减少一半。若使用说明书的规定为两吹一刷，则实际操作时只吹一次而不再刷；若使用说明书未规定清孔的方法和次数，则试验时不得进行清孔。

K.4.4 植筋胶液的调制和注胶方法应严格按胶粘剂使用说明书的规定执行。

K.4.5 在注入胶液的孔中，应立即插入钢筋，并按顺时针方向边转边插，直至达到规定的深度。

K.4.6 植筋完毕应静置养护 7d，养护的条件应按使用说明书的规定执行。养护到期的当天应立即进行拉拔试验，若因故推迟不得超过 1d。

K.5 拉 拔 试 验

K.5.1 试验环境的温度应为 23℃±2℃，相对湿度应不大于 70%。若受检的胶粘剂对湿度敏感，相对湿度应控制在 45%～55%。

K.5.2 试验步骤应符合下列规定：

    1 将粘结强度检测仪的空心千斤顶穿过钢筋安装在混凝土块体表面的钢垫板上，并通过其上部的夹具夹持植筋试件，并仔细对中、夹持牢固；

    2 启动可控油门，均匀、连续地施荷，并控制在 2min～3min 内破坏；

    3 记录破坏时的荷载值及破坏形式。

K.6 试 验 结 果

K.6.1 约束拉拔条件下的粘结强度 $f_{b,c}$，应按下式计算：

$$f_{b,c} = N_u / \pi d_0 l_b \qquad (K.6.1)$$

式中：N_u——拉拔的破坏荷载（N）；

      d_0——钢筋公称直径（mm）；

      l_b——钢筋锚固深度（mm）。

K.6.2 破坏形式应符合下列情况，若遇到钢筋先屈服的情况，应检查其原因，并重新制作试件进行试验。

    1 胶粘剂与混凝土粘合面粘附破坏；

    2 胶粘剂与钢筋粘合面粘附破坏；

    3 混合破坏。

K.6.3 试验报告应包括下列内容：

    1 受检胶粘剂的品种、型号和批号；

    2 抽样规则及抽样数量；

    3 钻孔、清孔及植筋方法；

    4 植筋实测的埋深及植筋编号；

    5 试验环境的温度和相对湿度；

    6 仪器设备的型号、量程和检定日期；

    7 加荷方式及加荷速度；

    8 试件破坏荷载及破坏形式；

    9 试验结果的整理和计算；

    10 试验人员、校核人员及试验日期。

附录 L 结构胶粘剂耐热老化性能测定方法

L.1 适用范围及应用条件

L.1.1 本方法适用于结构胶粘剂耐热老化性能的验证性试验。

L.1.2 采用本方法进行热老化试验的结构胶粘剂应已通过其他项目的安全性能检验。

L.2 试验设备及试验用水

L.2.1 试件的热老化应在可程式恒温试验箱中进行。该老化箱内的温度应能自动控制、连续记录，并保持稳定，箱内的空气流速应能保持在 0.5m/s～1.0m/s。

L.2.2 试验机电源应为双电源，并应能在工作电源断电时自动切换。任何原因引起的短时间断电，均应记录在案备查。

L.3 试 件

L.3.1 热老化性能的测定应采用钢对钢拉伸剪切试件，并应按现行国家标准《胶粘剂拉伸剪切强度的测定（刚性材料对刚性材料）》GB/T 7124 的规定和要求制备，粘结用的金属试片应为粘合面经过喷砂处理的 45 号钢。

对聚合物改性水泥砂浆的热老化性能测定应采用符合国家标准《建筑结构加固工程施工质量验收规范》GB 50550－2010 附录 R 规定的钢套筒式试件。

L.3.2 试件的数量不应少于 15 个，且应随机均分为 3 组。其中一组为对照组，另两组为老化试验组。

L.3.3 试件胶粘后应静置固化 7d。

L.4 试 验 条 件

L.4.1 温度条件应符合下列规定：

1 温度：对 I 类胶应保持 80℃$^{+2}_{-1}$℃；对 II 类胶应保持 95℃$^{+2}_{-1}$℃；对 III 类胶应保持 125℃$^{+3}_{-2}$℃；

2 恒温时间：自箱内温达到规定值算起，应为 90d。

L.4.2 升温、恒温及降温过程的控制应符合下列要求：

1 升温制度要求：应在 1.5h～2h 内，使老化箱内温度自 25℃$^{+3}_{-1}$℃连续、均匀地升至规定的高温；

2 恒温制度要求：应使老化箱内有效工作区的温度保持均匀，不得有明显波动，且应按传感器的示值进行实时监控；

3 降温制度要求：应在连续恒温达到 90d 时立即开始降温，且应在 1.5h～2h 内连续、均匀地降至

（25±2）℃。

L.5 试 验 步 骤

L.5.1 热老化性能测定的步骤应符合下列规定：

1 试件经 7d（对聚合物改性水泥砂浆为 28d）固化后应立即先测定对照组试件同温度（见本附录 L.4.1 的规定）的初始抗剪强度。

2 将老化试验组的试件放入老化箱内，试件相互之间、试件与箱壁之间不得接触。对仲裁性试验，试样与箱壁、箱底和箱顶的距离均不应少于 150mm。

3 老化试验的温度和湿度控制应按本附录第 L.4 节的规定和要求进行。

4 在试验过程中，若需取出或放入试样，开启箱门的时间应短暂，防止试样表面出现凝结水珠。

5 在恒温达到 30d 时，应取出一组试件在带有高温炉的试验机中进行抗剪试验。若试件抗剪强度降低百分率平均大于 10%，该老化试验便应中止，并直接判为不合格，不得继续进行试验。若抗剪强度降低百分率小于 10%，尚应继续进行至规定时间。

6 试验达到 90d，立即将试样逐个取出在带有高温炉的试验机中进行同温度抗剪破坏试验，且每组试验均应在 30min 内完成。

L.6 试 验 结 果

L.6.1 老化试验完成后，应按下式计算抗剪强度降低百分率，取两位有效数字：

$$\rho_{R,i} = \frac{R_{0,i} - R_i}{R_{0,i}} \times 100\% \qquad (L.6.1)$$

式中：$\rho_{R,i}$——第 i 组老化试验后抗剪强度降低百分率（%）；

$R_{0,i}$——对照组试样初始抗剪强度算术平均值；

R_i——经老化试验后第 i 组试样抗剪强度算术平均值。

L.7 试 验 报 告

L.7.1 湿热老化试验报告应包括下列各项内容：

1 受检材料来源、品种、型号和批号；

2 取样规则及取样数量；

3 试样制备及试样编号；

4 试验条件和试样状态调节过程；

5 仪器设备型号及检定日期；

6 试验开始和结束日期、实验室的温度及相对湿度；

7 试验过程老化箱内温度控制情况（若遇短时间停电，应作记录）；

8 试件的破坏荷载及破坏形式；

9 试验结果的整理和计算；

10 取样、测试、校核人员及测试日期。

附录 M 胶接试件耐疲劳应力
作用能力测定方法

M.1 适 用 范 围

M.1.1 本方法适用于测定标准剪切试件在规定的试验条件下的胶粘剂拉伸剪切疲劳强度。

M.1.2 采用本方法测定胶粘剂拉伸剪切疲劳强度时,其频率可根据用户的要求确定。当频率未规定时,本方法推荐的频率为5Hz。

M.2 试 验 设 备

M.2.1 试验机应能施加正弦波形的循环荷载。试验机应配有适宜的夹具,能牢固地夹住试件,并便于试件与荷载轴线对中。荷载应精确至±2%。

M.3 试 件

M.3.1 试件形状和尺寸如图M.3.1-1和图M.3.1-2所示,允许任选一种。

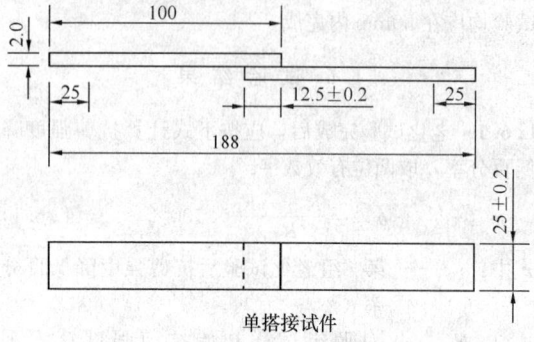

单搭接试件

图M.3.1-1 试件形状和尺寸(一)(mm)

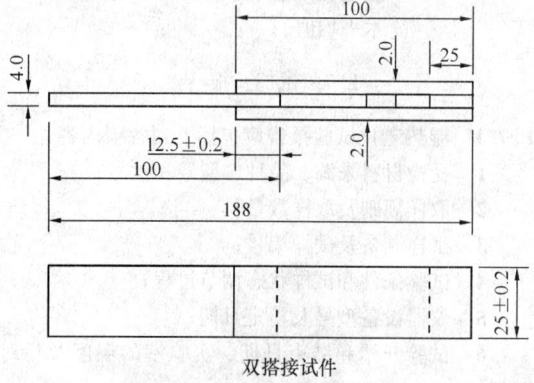

双搭接试件

图M.3.1-2 试件形状和尺寸(二)(mm)

M.3.2 试件数目至少为25个。

M.4 试 验 步 骤

M.4.1 试件预处理

试件应在(23±2)℃和(50±5)%RH的室内环境中,进行试验状态调节,且不少于16h。

M.4.2 试件安装

将试件置于试验机夹具中牢固地夹紧,试件轴线与夹头轴线应呈一直线,夹头棱边距搭接头棱边为25mm。

M.4.3 施加荷载

按M.1.2的规定值,施加交变荷载并定时检查,试验应连续进行到试件破坏或直至所施加的循环应力次数达到最大要求。

M.4.4 记录破坏时的循环次数和相应荷载以及每个试件的破坏情况。

M.5 试 验 报 告

M.5.1 试验报告应包括下列内容:

1 胶的品牌、型号及批号;

2 试验设备型号;

3 试件数量及编号;

4 试验环境的温、湿度;

5 频率、最大应力及应力比;

6 破坏或停止试验时的循环次数和相应荷载;

7 每个试件的破坏情况;

8 试验人员、校核人员和试验日期与时间。

附录 N 混凝土对混凝土粘结的压缩抗剪
强度测定方法及评定标准

N.1 适 用 范 围

N.1.1 本方法适用于承重结构混凝土与混凝土粘结的下列项目测定:

1 界面胶(剂)粘结的压缩抗剪强度;

2 混凝土湿面胶接的压缩抗剪强度。

N.1.2 当需检验聚合物改性水泥砂浆或水泥复合砂浆面层与混凝土基材粘结的压缩抗剪强度时,也可采用本方法。

N.2 试验设备及装置

N.2.1 压力试验机的加荷能力,应使试件的破坏荷载处于试验机标定满负荷的20%~80%之间,试验机的示值误差不应大于1%。

N.2.2 剪切加荷装置的构造应为单剪受力方式(图N.2.2),并应采用45号碳钢制作。其零部件的加工允许偏差应取为±0.1mm。

N.2.3 测定界面剂粘合面剪切强度的试件,应以混凝土凸形块为试坯经专门加工而成。混凝土凸形块应在特制的模具中浇注成型。该模具应为钢模,采用45号碳钢制作。其设计和加工应符合下列要求:

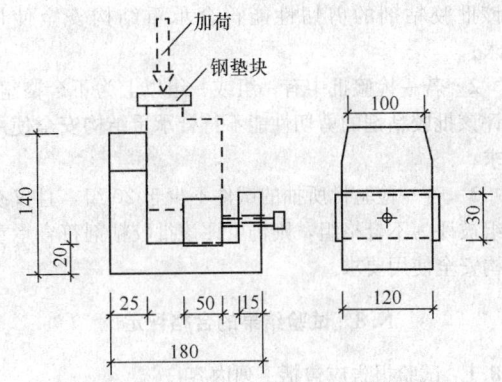

图 N.2.2 剪切加荷装置构造示意图（mm）

1 模具应可拆卸，且拆卸的构造不应在操作时伤及试坯；

2 模具内表面的光洁度应达 $\overline{\triangledown}^{6.3}$ 级；

3 模具加工的允许偏差应符合下列规定：

  1）模内净截面各边尺寸允许偏差为 ±0.10mm，模内净长度尺寸允许偏差为 ±0.50mm；

  2）模具各相邻平面的夹角应为 90°，其允许偏差为±6′；

  3）模具各边组成的上、下两表面，其平面度的允许偏差为短边长度的±1.0%。

N.3 试坯和试件的制备

N.3.1 制作凸形块（图 N.3.1）的混凝土应符合下列要求：

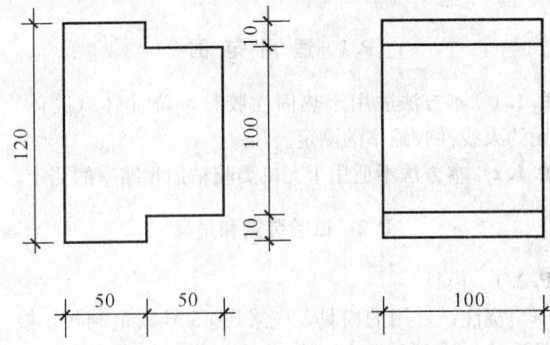

图 N.3.1 混凝土凸形块（mm）

1 水泥应为强度等级不低于 42.5 级的普通硅酸盐水泥，其质量应符合现行国家标准《通用硅酸盐水泥》GB 175 的规定；

2 细骨料应为中国 ISO 标准砂，其质量应符合现行国家标准《水泥胶砂强度检验方法（ISO 法）》GB/T 17671 的规定；

3 粗骨料应为最大颗粒直径不大于 5mm 的碎石或卵石，其质量应符合现行国家标准《普通混凝土用砂、石质量及检验方法标准》JGJ 52 的规定；

4 拌合用水应为饮用水；

5 混凝土的配合比应按 C40 强度等级确定；

6 每次配制混凝土，应制作一组标准尺寸的试块，供检验其强度等级使用。

N.3.2 试坯浇注成型后，应覆盖塑料薄膜进行养护，其养护制度及拆模时间应符合现行国家标准《普通混凝土力学性能试验方法标准》GB/T 50081 的规定。配制混凝土时制作的试块应随同试坯在同条件下进行养护。

N.3.3 试坯拆模后，应检查其外观质量。凡有裂纹、麻面、孔洞、缺损的试坯均应弃用。

N.3.4 测定界面胶（剂）压缩剪切粘结强度时，其试件的制备应符合下列规定：

1 试坯养护到期后，立即置入剪切加荷装置，在压力试验机中加荷至试坯凸出部分完全剪断；

2 弃去试坯的凸出部分，将留下的棱柱形部分作为涂刷界面胶（剂）的基材；

3 清除基材剪断面的松动骨料及粉尘；

4 按界面胶（剂）使用说明书的规定，在基材剪断面上涂刷界面胶（剂）并嵌入原钢模；

5 当涂刷的胶液晾置至指干时，将新配制的细石混凝土填补钢模内原凸出部分的空缺（对砂浆面层与混凝土基材粘结的试验，应改用聚合物改性水泥砂浆填补空缺），经捣实后重新形成的凸形试件，即为本试验方法所使用的试件；

6 新成型的试件，应按本附录 N.3.2 的要求进行养护。

N.3.5 测定结构胶水下或高湿态粘结的压缩抗剪强度时，其试件的制备应符合下列规定：

1 试坯养护到期后，立即置入剪切加荷装置，在压力试验机中加荷至试坯凸出部分完全剪断；

2 清除试件剪断面的松动骨料及粉尘后，将试件剪断的两部分均浸没于水中直至吸水饱和；

3 按结构胶使用说明书的规定，调配结构胶，并涂刷在拭去浮水的试件剪断面上；涂刷时应注意修补剪伤的局部细小缺陷，若修补有困难，应弃用该试件；

4 将涂好胶的试件重新拼好，并嵌入原钢模内，经 7d 固化、养护后，即成为本试验所使用的试件。

N.4 试 验 条 件

N.4.1 试验应在养护到期的当日进行，若因故需推迟试验日期，应征得有关方面一致同意，且不得超过 1d。

N.4.2 试验应在室温为 23℃±2℃ 的环境中进行，仲裁性试验或对环境湿度敏感的胶粘，其试验环境的相对湿度应控制在（50±5）% 之间。

N.5 试 验 步 骤

N.5.1 试验时应将试件置入剪切加荷装置，通过调

整可移动的下支承块，使试件恰好触及加荷装置的侧壁，而又不产生挤压应力为度。

N.5.2 开动压力试验机，以连续、均匀的 3mm/min～5mm/min 的速度施加压缩剪切荷载，直至试件破坏，记录最大荷载值，并记录粘合面破坏形式（如内聚破坏、粘附破坏、混合破坏等）。

N.6 试 验 结 果

N.6.1 胶粘剂粘接面压缩抗剪强度 f_{vu} 应按下式计算，取三位有效数字：

$$f_{vu} = P_v/A_v \qquad (N.6.1)$$

式中：P_v——压缩剪切施加的最大荷载值（破坏荷载值）（N）；

A_v——剪切面面积（mm²）。

N.6.2 试件的破坏形式及其正常性判别应符合下列规定：

1 试件破坏形式应按下列规定划分：

1）混凝土内聚破坏——破坏发生在混凝土内部；

2）粘附破坏——破坏发生在涂刷胶粘剂的原剪断面上；

3）混合破坏。

2 破坏形式正常性判别准则，应符合下列规定：

1）混凝土内聚破坏，或混凝土内聚破坏面积占粘合面积 85% 以上的混合破坏，均可判为正常破坏；

2）粘附破坏，或混凝土内聚破坏面积少于85% 的混合破坏，均应判为不正常破坏。

N.7 试验结果的合格评定

N.7.1 组试验结果的合格评定，应符合下列规定：

1 当一组内每一试件的破坏形式均属正常时，以组内最小值作为该组试验结果的粘结剪切强度推定值。若该推定值不低于表 N.7.1 规定的合格指标，则可评该组试件粘结剪切强度检验结果合格。

表 N.7.1 胶粘剂粘结剪切强度合格指标

检验项目	胶粘剂等级	合 格 指 标	
混凝土对混凝土压缩抗剪强度（MPa）	A 级	≥4.0	且为混凝土内聚破坏
	B 级	≥3.0	

注：界面胶不分等级，均应按 A 级胶执行。

2 当一组内仅有一个试件的破坏形式不正常，允许以加倍试件重做一组试验。若试验结果全数达到上述要求，仍可评该组为试验合格组。

N.7.2 检验批试验结果的合格评定，应符合下列规定：

1 若一检验批中每一组均为试验合格组，则应

评该批胶粘剂的剪切性能符合承重结构安全使用要求；

2 若一检验批中有一组或一组以上为不合格组，应评该批胶粘剂的剪切性能不符合承重结构安全使用要求；

3 若一检验批所抽的试件不少于 20 组，且仅有一组被评为不合格组，则仍可评该批胶粘剂符合承重结构安全使用要求。

N.8 试验结果的合格评定

N.8.1 试验报告应包括下列内容：

1 受检胶粘剂的品种、型号和批号；

2 抽样规则及抽样数量；

3 试坯及试件制备方法及养护条件；

4 试件的编号和尺寸；

5 试验环境温度和相对湿度；

6 仪器设备的型号、量程和检定日期；

7 加荷方式及加荷速度；

8 试件的破坏荷载及破坏形式；

9 试验结果整理和计算；

10 试验人员、校核人员及试验日期。

N.8.2 当委托方有要求时，试验报告应附有试验结果合格评定报告，且合格评定标准应符合本附录的规定。

附录 P 胶粘剂浇注体（胶体）收缩率测定方法

P.1 适 用 范 围

P.1.1 本方法适用于热固性胶粘剂浇注体（胶体）无约束线性收缩率的测定。

P.1.2 本方法不适用于无机类胶粘剂收缩率的测定。

P.2 试验装置和量具

P.2.1 模具

浇注试件用的模具，应采用 45 号碳钢制作，模具形式、构造和尺寸如图 P.2.1 所示，模具内腔尺寸的允许偏差为 ±0.01mm；模具内腔的端面应垂直于模具长轴方向；模具内腔表面应平整、光滑，其光洁度应为 3.2。

P.2.2 浇注工具：可采用注射器或灌胶杯，并配有抹平浇注体（试件）表面用的刮刀。

P.2.3 胶液浇注过程中产生的气泡，宜使用真空脱泡装置或振动台清除；若胶液的气泡较少，也可采用针挑法清除。

P.2.4 测量模具内腔净长度及试件长度用的量具，其测量精度应为 0.01mm。量具应经计量部门检定，并应在有效检定周期内使用。

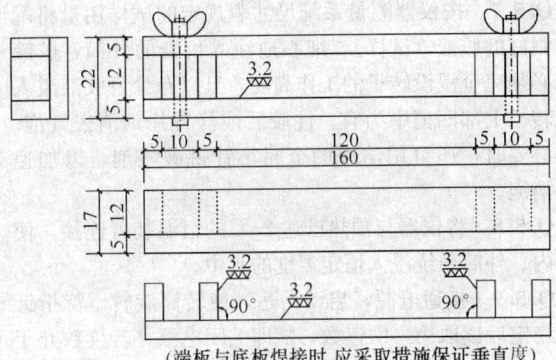

(端板与底板焊接时,应采取措施保证垂直度)

图 P.2.1　浇注试件用的模具形式及尺寸（mm）

P.3　试　　件

P.3.1　测量无约束线性收缩率的试件，应为浇注成型的长方体；其尺寸为 12mm×12mm×120mm；试件尺寸的精确度由模具内腔的加工精确度保证，不另行规定。试件数量为每组不少于 5 个。

P.3.2　试件应采用浇注法制备，并应符合下列要求：

　1　制备浇注体试件的模具，应事先置于(23±2)℃、(50±5)%RH 环境（即标准）环境中平衡 24h，到期立即在该温、湿度环境中，测量其内腔的净长度 L_0，精确到 0.01mm，经检查无误后，置于标准环境中待用。

　2　模具外表面及内腔表面均应仔细涂刷优质隔离剂，涂刷的质量应经专人检查认可。

　3　用于浇注试件的胶液应按其使用说明书配制，且拌胶的速度应受控制，以防止气泡的产生。

　4　拌好的胶液应仔细注入模具。在整个浇注过程中应注意防止胶液产生气泡，若有气泡应采取措施消除。胶液浇注饱满后，应使用刮刀抹平浇注体的表面。若发现有麻面等缺陷，应及时填补密实。

　5　试件浇注完毕后，应连同模具在标准环境中放置 2d 后脱模，然后敞开放在一个平面上，无约束地以同样温、湿度条件再养护 19d。

P.4　收缩率的测量

P.4.1　浇注体试件经 21d 养护后，应立即在标准环境中进行无约束线性收缩率测量。

P.4.2　为测定浇注体试件的无约束线性收缩率，应使用量具测量其长度，精确至 0.01mm，并取两个方向测值的算术平均值作为试件长度的测量值 L_s。

P.4.3　浇注体试件的无约束线性收缩率应按下式计算：

$$CS = \frac{L_0 - L_s}{L_0} \times 100 \qquad (P.4.3)$$

式中：L_0——模具内腔在标准环境中净长度测量值（mm）；

　　　L_s——浇注体试件 21d 长度测量值（mm）。

P.5　试　验　报　告

P.5.1　试验报告应包括下列内容：

　1　受检胶粘剂的品种、型号和批号；

　2　取样规则及抽样数量；

　3　试件制备方法及固化、养护条件；

　4　试验环境的温度和相对湿度；

　5　量具名称、型号、量程和检定日期；

　6　试件尺寸及编号；

　7　试件外观质量；

　8　测量方法；

　9　试验结果的整理和计算；

　10　试验人员、校核人员及试验日期。

附录 Q　结构胶粘剂初黏度测定方法

Q.1　基　本　规　定

Q.1.1　为统一结构胶粘剂混合后初黏度的测试方法，使所测黏度的测量误差能控制在 0.5% 以内，并在各试验室之间具有可再现性，制定本规定。

Q.1.2　结构胶粘剂应按其流变特性分为两类：

　1　近似牛顿流体特性的结构胶粘剂，其黏度一般低于 $8×10^4$ mPa·s；

　2　非牛顿流体特性的结构胶，其黏度一般大于 $8×10^4$ mPa·s。

Q.1.3　当加固工程测定结构胶的初黏度时，其所使用的仪器应符合下列规定：

　1　当黏度的估计值不大于 $8×10^4$ mPa·s 时，可使用游丝扭矩式旋转黏度计或具有规定剪切速率的同轴双圆筒旋转黏度计进行测试；

　2　当黏度的估计值大于 $8×10^4$ mPa·s 时，应统一使用具有规定剪切速率的同轴双圆筒旋转黏度计进行测试。

Q.2　仪　器　设　备

Q.2.1　测量黏度仪器的选用，应符合下列规定：

　1　对近似牛顿流体的结构胶粘剂，宜使用旋转黏度计；

　2　对非牛顿流体的结构胶粘剂，宜使用双圆筒旋转黏度计。

Q.2.2　配套设备应符合下列要求：

　1　恒温浴（槽）：应能保持 23℃±0.2℃，且在 20℃～100℃ 范围内可调。

　2　温度计：分度应为 0.1℃。

　3　容器：应按黏度计使用说明书的规定，选用合适的形状和尺寸。

Q.3 试验条件

Q.3.1 试验温度应统一定为 23℃±0.2℃。若用于个别工程项目的实时控制，也可按设计规定的试验温度进行测试，但应在仪器使用说明书允许范围内。

Q.3.2 测量系统选择应符合下列要求：

1 对旋转黏度计，应按该仪器提供的量程表，决定转子号及转速。

2 对双圆筒旋转黏度计，应统一采用 D 转子系统，取剪切速率为 $7.204s^{-1}$，即转速为 65r/min。

Q.4 试 样 制 备

Q.4.1 结构胶初始黏度检测的抽样量应以 250g 为准。

Q.4.2 测试前，应将抽样取得的各组分，置于 23℃～25℃恒温试验室中调节其状态不少于 6h。

Q.4.3 在称量试样前，应将试样各组分（包括其容器）置于恒温水浴中 30min～60min，然后按配合比分别称量所需的质量。

Q.4.4 对易吸湿的或含有挥发性物质的试样，应密封于容器中。

Q.5 试 验 步 骤

（A）估计黏度值小于 $8×10^4$mPa·s 的胶液

Q.5.1 试样各组分经搅拌混合成均匀胶液后，倒入直径为 70mm 的烧杯或直筒形容器内，并置于恒温浴中准确控制胶液温度。若试样含有气泡，应在注入前，完全去掉。

Q.5.2 将保护架安装在仪器上。安装前应先熟悉旋入方向。

Q.5.3 按仪器使用说明书给出的量程表（mPa·s），选择转子号及转速（r/min）。

Q.5.4 按仪器使用说明书规定的操作方法和步骤，先旋转升降组，让转子缓缓浸入胶液中，直至转子液面标志和液面齐平。然后启动电机，转动变速旋钮，使所选转速数对准转速指示点，使转子在胶液中旋转，待指针趋于稳定立即读数，然后关闭电源，又重新启动仪器，进行第二、第三次读数。

Q.5.5 若指针读数不处于 30 格～90 格之间，应更换转子号及转速；重新制备试样进行测试。原胶液试样应弃去，不得继续使用。若更换转子号及转速，仍测不出黏度，应改用同轴双圆筒旋转黏度计进行测试。

（B）估计黏度值大于 $8×10^4$mPa·s 的胶液

Q.5.6 按规定的剪切速率选择转筒、转速及固定筒，并按仪器使用说明书规定的步骤和方法安装好仪器。

Q.5.7 按仪器测量系统尺寸表规定的试样用量将配制好的胶液（试样），细心地注入仪器的外筒，胶液必须完全浸没转子的工作高度，且以有少量胶液溢入转子上部凹槽中为宜。注胶后应静置片刻消去气泡。必要时，还可用洁净的金属小针挑破气泡，以加速消泡。

Q.5.8 将仪器与预热已达 23℃的恒温装置连接，使内、外筒系统浸入恒定温度的水中。

Q.5.9 接通电源，启动马达，使转筒旋转。待指针稳定后读取第一次读数，随即关闭电源。若读数介于表盘满刻度的 20%～90%之间，则认为读数有效。随即又重新启动电源两次，分别读取第二、三两次读数。

Q.5.10 测量结束后，应立即用丙酮或其他适用的洗液，彻底清洗黏度计转子系统及内外筒等零部件，不得因延误此项作业而损坏仪器。

Q.6 结果计算与表示

Q.6.1 结构胶粘剂混合后的初黏度 η（mPa·s）应按下式计算：

$$\eta = K \cdot a \qquad (Q.6.1)$$

式中：K——仪器常数（mPa·s），应按仪器使用说明书给出的仪器常数表取值；

a——3 次读数平均值。若其中一个读数与平均值之间相差较显著，应采用格拉布斯（Grubbs）检验法进行判定，不得随意舍弃。

Q.6.2 结果表示：测定的黏度值应取 3 位有效数字，并应以括号形式注明下列参数值：

1 对旋转黏度计测定的黏度，应表示为 η（23℃）值；

2 对双圆筒旋转黏度计测定的黏度，应表示为 η（23℃，$7.204s^{-1}$）值；

3 对其他仪器测定的黏度，应表示为 η（23℃，选用的剪切速率）值。

Q.6.3 试验报告应包括下列内容：

1 受检材料品种、型号和批号；

2 抽样规则及抽样数量；

3 试样制备及调节方法；

4 试样编号；

5 试验环境温度和相对湿度；

6 仪器设备的型号、量程和检定日期；

7 采用的转子系统、转速、剪切速率；

8 恒温浴（槽）的水温及其偏差；

9 黏度测定值；

10 试验人员、校核人员及试验日期。

附录 R　结构胶粘剂触变指数测定方法

R.1　适 用 范 围

R.1.1　本方法适用于以不同转速下动力黏度比值表征结构胶粘剂触变性能的触变指数（thixotropic index）测定。

R.1.2　对常温下施工的涂刷型结构胶粘剂，其工艺性能所要求的触变性，可通过测定其触变指数进行评估。

R.2　仪器和设备

R.2.1　旋转黏度计：当采用牛顿流体黏度计时，其转子速度应有 6r/min 和 60r/min 两种；当采用非牛顿流体黏度计时，若其转子速度设置不同，允许用 5.6r/min 和 65r/min 替代。

　　注：对掺有填料的胶粘剂，应采用 NXS-11A 型黏度计。

R.2.2　恒温浴槽：应能在 20℃～100℃ 范围内可调，且恒定水温的误差不大于 0.2℃。

R.2.3　温度计的分度应为 0.1℃。

R.2.4　容器应按所使用旋转式黏度计的说明书确定容器形状和尺寸。

R.3　试　　样

R.3.1　结构胶粘剂各组分应从检验批中随机抽取，并在试验室置放不少于 24h。测试前，应按该胶粘剂使用说明书规定的配合比，在 23℃±0.5℃ 的室温下进行拌合均匀后，作为测定胶液黏度的试样。

R.3.2　试样应均匀、色泽一致，无结块。

R.3.3　试样量应能满足旋转式黏度计测试需要。

R.4　试 验 步 骤

R.4.1　将盛有试样的容器放入已升温至试验温度的恒温浴（槽）中，使试样温度与试验温度 23℃±0.5℃ 平衡，并保持试样温度均匀。

R.4.2　将 6r/min（或 5.6r/min）的转子垂直浸入试样中的部位，并使液面达到转子液位标线。

R.4.3　按黏度计说明书规定的操作方法启动黏度计，读取旋转的指针稳定后的第一次读数。关闭马达后再重新启动两次，分别读取指针第二次和第三次稳定后的读数。

R.4.4　将 6r/min（或 5.6r/min）的转子更换为 60r/min（或 65r/min）的转子，重复上述步骤，测量其指针稳定后的读数，共三次。

R.5　结果计算与表示

R.5.1　按旋转黏度计使用说明书规定的方法，分别计算 6r/min（或 5.6r/min）和 60r/min（或 65r/min）的黏度 η_6（或 $\eta_{5.6}$）和 η_{60}（或 η_{65}）。计算时，指针读数值 α，取 3 次读数的平均值，且取有效数 3 位。黏度的单位以"mPa·s"表示。

R.5.2　触变指数 I_t 应按下式计算，取两位有效数，并应注明试验的温度：

对中、低黏度胶液：$I_t = \eta_6 / \eta_{60}$ 　　　(R.5.2-1)

对高黏度胶液：$I_t = \eta_{5.6} / \eta_{65}$ 　　　(R.5.2-2)

R.5.3　试验报告应包括下列内容：

1　受检材料来源、品种、型号和批号；

2　取样规则及抽样数量；

3　试样制备及试样编号；

4　试验条件及试样状态调节过程；

5　仪器设备型号及检定日期；

6　采用的转子号及转速；

7　恒温浴槽的水温及其偏差；

8　黏度测定值及触变指数的计算；

9　试验人员、校核人员及试验日期。

附录 S　聚合物改性水泥砂浆体和灌浆料浆体抗折强度测定方法

S.1　适 用 范 围

S.1.1　本方法适用于结构加固用聚合物改性水泥砂浆体和灌浆料浆体抗折强度的测定。

S.1.2　本方法不适用于测定低强度普通水泥砂浆体的抗折强度。

S.2　试验装置和设备

S.2.1　浇注试件用的模具应符合下列要求：

1　应为可拆卸的钢制模具，其钢材宜为 45 号碳钢，模具内表面的光洁度应达 $\overset{6.3}{\bigtriangledown}$。

2　模具内部净尺寸应为 30mm×30mm×120mm 及 40mm×40mm×160mm 两种；其允许偏差应符合下列规定：

　　1）模内净截面各边尺寸的偏差不得超过 0.20mm，模内净长度的偏差不得超过 1mm；

　　2）组装后模内各相邻面的夹角应为 90°，其不垂直度不应超过±0.5°；

　　3）模具各边组成的上表面，其平面度偏差不得超过短边长度的 1.5%。

3　模具的拆卸构造不应在操作时伤及试件。

S.2.2　当浇注试件需经振实成型时，振实台的技术性能和质量应符合现行行业标准《水泥胶砂试体成型振实台》JC/T 682 的规定。

S.2.3　抗折试验使用的压力试验机应为液压式压力

试验机，其测量精度应达±1.0%。试验机应能均匀、连续、速度可控地施加荷载。试件破坏荷载应处于压力机标定满负荷的20%～80%之间。

S.2.4 试件的支座和加载压头应为直径10mm～15mm、长度分别为35mm和45mm的45号碳钢圆柱体。分配荷载的钢板，应采用45号碳钢制成，其尺寸应根据试件的尺寸分别取为10mm×35mm×50mm和10mm×45mm×60mm。

S.2.5 抗折试验装置，应为图S.2.5所示的三分点加荷装置。

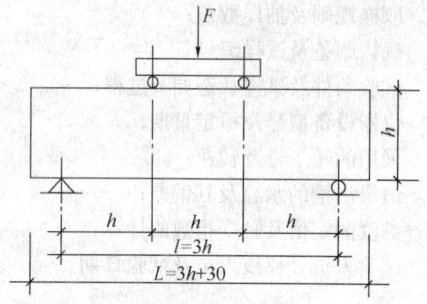

图S.2.5 抗折试验装置（mm）

S.3 取 样 规 则

S.3.1 验证性试验用的抗折试样，应在试验室按该受检材料使用说明书的要求专门配制，并按每盘拌合物取样制作一组试件，每组不少于5个试件的原则确定应拌合的盘数。拌合时试验室的温度应在23℃±2℃。若需采用搅拌机拌合时，宜采用符合现行行业标准《行星式水泥胶砂搅拌机》JC/T 681要求的搅拌机。

S.3.2 工程质量检验用的抗折试样，应在现场随机选取3盘拌合物，每盘取样制作一组试件，每组试件不应少于4个。

S.3.3 拌合物取样后，应在该受检材料使用说明书规定的适用期（按min计）内浇注成试件；不得使用逾期的拌合物浇注试件。

S.4 试 件 制 备

S.4.1 试件形式及尺寸：当测定聚合物砂浆及复合砂浆抗折强度时，应采用30mm×30mm×120mm的棱柱形试件；当测定灌浆料抗折强度时，应采用40mm×40mm×160mm的棱柱形试件。

S.4.2 试件应在符合本附录第S.2.1条要求的模具中制作、浇注、捣实和养护。其养护制度和拆模时间应按该受检材料使用说明书确定，但为结构加固提供设计、施工依据的试件，其养护时间应以28d为准。

S.4.3 若需评估浆体强度增长的正常性，可增加试件组数，在浇注后1d、3d、7d等时段拆模进行强度试验。

S.4.4 试件拆模后，应检查试件表面的缺陷；凡有裂纹、麻点、孔洞、缺损的试件应弃用。

S.5 试 验 步 骤

S.5.1 试件养护到期后应及时进行试验，若因故需推迟试验不得超过1d。

S.5.2 在试验机中安装试件（图S.2.5）时，应以试件成型时的侧面作为加荷的承压面，并应从试验机前后两面对试件进行对中，若发现试件与支座或施力点接触不严或不稳时，应予以垫平。

S.5.3 试件加荷应均匀、连续，并应控制在1.5min～2.0min内破坏，破坏时除应记录试验机荷载示值外，还应记录破坏点位置及破坏形式。当试件的破坏点位于两集中荷载作用线之间时为正常破坏；若破坏点位于集中荷载作用线与支座之间时为非正常破坏，应检查其发生原因，并经整改后重新制作试件进行试验。

S.6 试 验 结 果

S.6.1 正常破坏的试件，其抗折强度值 f_b 应按下式计算，精确至0.1MPa：

$$f_b = Pl_b/bh^2 \qquad (S.6.1)$$

式中：P——试件破坏荷载（N）；

l_b——试件跨度（mm）；

b 和 h——试件截面的宽度和高度。

S.6.2 一组试件的抗折强度值的确定应符合下列规定：

1 当一组试件的破坏均属正常破坏时，以全组测值的算术平均值表示；

2 当一组试件中仅有1个测值为非正常破坏时，应弃去该测值，而以其余3个测值的算术平均值表示；

3 当一组试件中非正常破坏值不止一个时，该组试验无效。

S.6.3 试验报告应包括下列内容：

1 受检材料的来源、品种、型号和批号；

2 取样规则及抽样数量；

3 试件制备方法及养护条件；

4 试件的编号和尺寸；

5 试验环境的温度和相对湿度；

6 仪器设备的型号、量程和检定日期；

7 加荷方式及加荷速度；

8 试件破坏荷载及破坏形式；

9 试验结果的整理和计算；

10 取样、试验、校核人员及试验日期。

附录T 合成纤维改性混凝土弯曲韧性测定方法

T.1 适 用 范 围

T.1.1 本方法适用于合成纤维改性混凝土弯曲韧性

的表征值——弯曲剩余强度指数的测定。

T.1.2 本方法也可用于合成纤维改性砂浆弯曲剩余强度指数的测定。

T.2 试 验 装 置

T.2.1 本试验采用的试验机宜为螺杆传动式或液压式试验机,其变形控制可采用开环控制系统。

T.2.2 试件的钢底板应采用不锈钢制作,其尺寸应为 100mm×12mm×350mm。

T.2.3 加荷装置应采用三分点加荷方式的试验架。

T.2.4 挠度测量装置应设计成直接测得纯挠度的测量系统(图 T.2.4)。若有条件,可将荷载与挠度的输出信号经放大器与 $x-y$ 记录仪相连接,直接绘制荷载-挠度曲线。

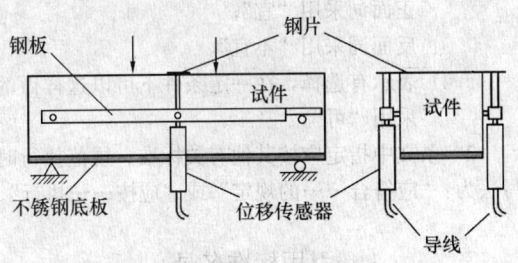

图 T.2.4 弯曲试验挠度测量示意图

T.3 试 件

T.3.1 试件形式、尺寸及数量应符合下列规定:

试件截面尺寸应为 100mm×100mm,试件长度应为 350mm,并应设计成梁式试件。梁的计算跨度应为 300mm。每组试件不应少于 10 个。其中 5 个作抗折强度试验;另 5 个作本试验。

T.3.2 试件的混凝土强度等级,应按试验设计确定,但不得低于 C25。

T.3.3 合成纤维的分布应通过采取正确的投料、浇注和振捣方法,使纤维在混凝土拌合过程中呈方向不规则的均匀分布。

T.3.4 混凝土试件应经 7d 的标准养护,然后按一般要求养护至第 28 天进行试验。

T.4 试 验 步 骤

T.4.1 在量测试件尺寸后,将 12mm 厚的不锈钢垫块垫放于梁式试件的底部。

T.4.2 在试验机中安装带垫板的梁式试件及加荷装置。然后以 (0.5±0.1) mm/min 的加荷速率施加荷载,直至挠度达到 0.20mm。此时,若试件已开裂,即可卸载,并取掉不锈钢钢垫板。若试件开裂不在三分点内,则该试件的试验结果无效。

T.4.3 对取掉钢垫板的梁式试件,以 0.1mm/min 的加荷速度继续进行加荷,测得剩余荷载-挠度全曲线。

T.4.4 在剩余荷载-挠度全曲线上,以量尺在图上找出对应于挠度为 0.5mm、0.75mm、1.0mm 及 1.25mm 的各荷载值(单位为"N"),并用公式(T.4.4)求取这 4 个荷载值的平均值:

$$P_r = (P_{0.5} + P_{0.75} + P_{1.0} + P_{1.25})/4 \quad (T.4.4)$$

T.4.5 按式 (T.4.5) 计算该梁式试件的剩余强度值 f_r,并精确至 0.01MPa:

$$f_r = P_r l/bh^2 \quad (T.4.5)$$

式中:l——梁式试件跨度;

b 和 h——分别为梁宽和梁高。

T.4.6 根据本试验结果及抗折强度试验结果,可按下式计算该组梁式试件的弯曲剩余强度指数 I_r 值:

$$I_r = \overline{f_r} / \overline{f_m} \times 100(\%) \quad (T.4.6)$$

式中:$\overline{f_r}$ 和 $\overline{f_m}$——分别为该组 5 个试件的剩余强度和抗折强度平均值,计算精确至 0.01MPa。

附录 U 锚固承载力检验方法

U.1 适 用 范 围

U.1.1 本方法适用于混凝土结构后锚固抗拔承载力的破坏性检验。

U.1.2 本方法适用的后锚固件为带肋钢筋、全螺纹螺杆、自扩底锚栓、模扩底锚栓和特殊倒锥形锚栓。

U.2 取 样 规 则

U.2.1 后锚固件抗拔承载力检验的取样,应以同品种、同规格、同强度等级、同批号的后锚固件为一检验批,并应从每一检验批所含的后锚固件中随机抽取。

U.2.2 破坏性检验的取样数量,应为每一检验批后锚固件总数的 0.1%,且不少于 5 个进行检验。

U.2.3 当不同行业标准的取样规则与本规范不一致时,对承重结构加固用的后锚固承载力检验,必须按本规范的规定执行。

U.3 种植后锚固件的基材

U.3.1 种植后锚固件的基材,应采用强度等级为 C30 的混凝土块体。块体的设计应符合下列规定:

1 块体尺寸:宜按一组 5 个后锚固件单行排列进行设计;也可取为 1800mm×600mm×300mm;

2 块体配筋:仅在块体周边配置架立钢筋和箍筋;若需吊装尚应设置吊环;

3 外观要求:混凝土表面应平整,且无裂缝。

U.3.2 混凝土块体的制作,应按所要求的强度等级进行配合比设计。块体浇注后应经 28d 标准养护。在养护期间应保持混凝土处于湿润状态,以防出现早期

裂纹。

U.4 仪器设备要求

U.4.1 检测用的加荷设备，可采用专门的拉拔仪或自行组装的拉拔装置，但应符合下列要求：

1 设备的加荷能力应比预计的检验荷载值至少大 20%，且应能连续、平稳、速度可控地运行；

2 设备的测力系统，其整机误差不得超过全量程的 ±2%，且应具有峰值储存功能；

3 设备的液压加荷系统在短时（≤5min）保持荷载期间，其降荷值不得大于 5%；

4 设备的夹持器应能保持力线与锚固件轴线的对中；

5 设备的支承点与植筋的净间距不应小于 $6d$（d 为植筋或锚栓的直径），且不应小于 125mm；设备的支承点与锚栓的净间距不应小于 $2h_{ef}$（h_{ef} 为有效埋深）。

U.4.2 当委托方要求检测重要结构锚固件连接的荷载-位移曲线时，现场测量位移的装置，应符合下列要求：

1 仪表的量程不应小于 50mm，其测量的误差不应超过 ±0.02mm；

2 测量位移装置应能与测力系统同步工作和连续记录，测出锚固件相对于混凝土表面的垂直位移，并绘制荷载-位移的全程曲线。

U.4.3 若受条件限制，允许采用百分表，以手工操作进行分段记录。此时，在试样到达荷载峰值前，其位移记录点应在 12 点以上。

U.4.4 现场检验用的仪器设备应定期送检定机构检定。若遇到下列情况之一时，还应及时重新检定：

1 读数出现异常；

2 被拆卸检查或更换零部件后。

U.5 检验步骤与方法

U.5.1 非胶粘的后锚固件在混凝土块体上安装完毕，经检查合格后即可开始检验其承载力。胶粘的后锚固件，其检验应在胶粘剂固化 7d 时立即进行。若因故需推迟检验日期，除应征得鉴定机构同意外，尚不得超过 3d。

U.5.2 检验后锚固拉拔承载力的加荷宜采用连续加荷制度，且应符合下列规定：

1 对锚栓，应以均匀速率加荷，控制在 2min～3min 时间内发生破坏；

2 对植筋，应以均匀速率加荷，控制在 2min～7min 时间内发生破坏。

U.5.3 检验结果以后锚固连接抗拔力的实测平均值 $N_{u,m}$ 及实测最小值 $N_{u,min}$ 表示，并按本规范第 12.3.1 条的规定进行合格评定。

本规范用词说明

1 为便于在执行本规范条文时区别对待，对要求严格程度不同的用词说明如下：

1）表示很严格，非这样做不可的用词：

正面词采用"必须"；

反面词采用"严禁"。

2）表示严格，在正常情况下均应这样做的用词：

正面词采用"应"；

反面词采用"不应"或"不得"。

3）表示允许稍有选择，在条件许可时首先应这样做的用词：

正面词采用"宜"；

反面词采用"不宜"。

4）表示有选择，在一定条件下可以这样做的，采用"可"。

2 条文中指定应按其他有关标准、规范执行时，写法为："应符合……的规定"或"应按……执行"。

引用标准名录

国 家 标 准

1 《混凝土结构设计规范》GB 50010

2 《钢结构设计规范》GB 50017

3 《混凝土外加剂应用技术规范》GB 50119

4 《木结构试验方法标准》GB/T 50329

5 《混凝土结构加固设计规范》GB 50367

6 《水泥基灌浆料应用技术规范》GB/T 50448

7 《建筑结构加固工程施工质量验收规范》GB 50550

8 《砌体结构加固设计规范》GB 50702

9 《塑料负荷变形温度的测定》GB/T 1634.2

10 《树脂浇注体拉伸强度试验方法》GB/T 2568

11 《树脂浇注体压缩强度试验方法》GB/T 2569

12 《树脂浇注体弯曲强度试验方法》GB/T 2570

13 《紧固件机械性能 螺栓、螺钉和螺柱》GB/T 3098

14 《定向纤维增强塑料拉伸性能试验方法》GB/T 3354

15 《单向纤维增强塑料弯曲性能试验方法》GB/T 3356

16 《碳纤维增强塑料纤维体积含量试验方法》GB/T 3366

17 《正态样本离群值的判断与处理》GB/T 4883

18 《胶粘剂对接接头拉伸强度的测定》GB/T 6329

19 《胶粘剂适用期的测定》GB/T 7123.1

20 《胶粘剂拉伸剪切强度的测定（刚性材料对刚性材料）》GB/T 7124

21 《混凝土外加剂》GB 8076

22 《增强制品试验方法 第3部分：单位面积质量的测定》GB/T 9914.3

23 《正态分布变差系数置信上限》GB/T 11791

24 《液态胶粘剂密度测定方法 重量杯法》GB/T 13354

25 《建筑密封材料试验方法 流动性的测定》GB/T 13477.6

26 《钢丝镀锌层》GB/T 15393

国家军用标准

1 《胶粘剂——不均匀扯离强度试验方法（金属与金属）》GJB 94

2 《胶粘剂高温拉伸剪切强度试验方法（金属与金属）》GJB 444

3 《胶接耐久性试验方法》GJB 3383

行 业 标 准

1 《水工混凝土试验规程》DL/T 5150

2 《混凝土用膨胀型、扩孔型建筑锚栓》JG 160

3 《耐火浇注料抗热震性试验方法（水急冷法）》YB/T 2206.2

4 《混凝土试模》JG 237

中华人民共和国国家标准

工程结构加固材料安全性鉴定技术规范

GB 50728—2011

条 文 说 明

制 订 说 明

《工程结构加固材料安全性鉴定技术规范》GB 50728－2011经住房和城乡建设部2011年12月5日以第1213号公告批准、发布。

本规范制订过程中，编制组进行了广泛的调查研究，总结了我国工程结构加固材料的研制和使用经验；参考了国外有关技术标准。同时，有不少单位和学者还进行了卓有成效的试验研究，为本规范制订提供了有参考价值的数据和资料。

为便于广大生产企业、监督检验、设计、施工、业主、管理等单位和部门的有关人员在使用本规范时能正确理解和执行条文规定，《工程结构加固材料安全性鉴定技术规范》编制组按章、节、条顺序编制了本规范的条文说明，对条文规定的目的、依据以及执行中应注意的有关事项进行了说明。但条文说明不具备与规范正文同等的效力，仅供使用者作为理解和把握规范规定的参考。

目 次

1 总　　则

1.0.1　本条规定了制定本规范的目的和要求。这里应说明的是，本规范作为工程结构加固材料应用安全性鉴定的国家标准，主要是针对为保障安全、质量、卫生、环保和维护公共利益所必须达到的最低指标和最低要求作出统一的规定。至于更高的要求和更优的性能指标，则应由其他层次的标准，如专业性很强的行业标准、以新技术应用为主的推荐性标准和企业标准等在国家标准基础上进行优化和提高。然而，在前一段时间里，这一最基本的标准化原则，却由于种种原因而没有得到遵循，出现了上述标准对安全、质量的要求反而低于国家标准的不正常情况。为此，在实施本规范过程中，若遇到这类情况，一定要从国家标准是保证工程结构加固材料安全性的最低标准这一基点出发，按照《中华人民共和国标准化法》和建设部第25号令的规定来实施本规范，只有这样，才能做好安全性鉴定工作，以避免结构加固材料在未使用前，就留有安全隐患。

1.0.2、1.0.3　这两条对本规范的适用范围和具体用途作了明确的规定，并着重指出，本规范主要作为建设单位和设计单位选料的依据，其所以不能用来替代加固材料进场的复验，是因为在批量材料进入施工现场前，其间还要经过几个流通环节；任一环节均可能由于某种原因而造成对加固材料质量的影响。因此，不能以持有安全性鉴定证书为理由而免去进场取样复验这一程序。

另外，还需要说明的是，上述鉴定不包括传统工艺生产的通用材料，如水泥、钢筋、型钢、普通混凝土和普通水泥砂浆等材料。这些材料的安全性已为广大技术人员所了解，无需重新鉴定，只需通过进场复验即可。

1.0.6　本条属原则性规定，未特指哪些具体标准规范。

2 术　　语

2.0.1～2.0.23　本规范采用的术语及其定义，是根据下列原则确定的：

1　凡现行工程建设国家标准已作出规定的，一律加以引用，不再另行给出命名和定义；

2　凡现行工程建设国家标准尚未规定的，由本规范参照国家标准和国外先进标准给出命名和定义；若国际标准和国外先进标准尚无这方面术语，则由本规范自行命名和定义；

3　当现行工程建设国家标准虽已有该术语，但若定义不准确或概括的内容不全时，由本规范完善其定义。

3 基本规定

3.0.1　工程结构加固的可靠性，虽然取决于设计、材料、施工、工艺、监理、检验等诸多因素的质量，但实际工程的统计数据表明，因加固材料性能不符合使用要求所造成的安全问题占有很大的比重，其后果甚至是极其严重的。因此，必须在加固材料进入加固现场前，便对它进行系统的安全性检验与鉴定，以确认其性能和质量是否能达到安全使用的要求。

3.0.2　处于研制阶段的加固材料或制品，由于其组分、配方、规格、工艺等尚未定型，且产量很少，是无法进行安全性鉴定的。为此，本规范给出了参与鉴定的条件。其中应指出的是，本规范规定的鉴定项目，不涉及毒性和耐火的检验内容。因此，在参与结构安全性鉴定前，还需先通过卫生部门和消防部门的检验与鉴定。

3.0.3　为了保证安全性检验取样的代表性和可靠性，本条对取样必须遵守的基本原则作出了两款规定。应指出的是：这两款规定是取样工作的最低要求，而不是最佳要求。因此，在具体执行时，还可根据检验项目的不定性，适当增加检验批次，以提高检验结果的精确性。

3.0.4　本条系对检验过程控制及检验结果提出的基本要求。这些要求对保证检验工作正常进行、检验结果正确整理至关重要，应严格执行。

3.0.5、3.0.6　这是根据现行国家标准《正态分布完全样本可靠度单侧置信下限》GB/T 4885、《正态分布变差系数置信上限》GB/T 11791、《混凝土结构加固设计规范》GB 50367 的有关规定，并参照国际标准、欧洲标准、美国 ACI 标准和乌克兰国家标准等所给出的置信水平进行制定的。由于考虑了样本大小和置信水平的影响，更能实现鉴定所要求的 95% 保证率。

3.0.7　当前国内加固材料、制品的性能和质量，之所以每况愈下，其中的主要原因之一就是检测机构的责任心缺失。其具体表现就是发放不负责任的"仅对来样负责"的检测报告，以逃避责任。

4 结构胶粘剂

4.1 一般规定

4.1.1　为了使结构胶粘剂（以下简称结构胶）具有各类工程结构安全使用所要求的性能和质量，必须根据基材的种类、特性、胶的固化条件和使用环境等的不同分别进行设计和配制，才能使不同品种的结构胶均具有良好的使用性能、耐久性能和经济性。同时，安全性鉴定时，应分别进行取样、检验和评定。另

外，应指出的是，本规范之所以不包括中、高温固化型的结构胶，主要是因为其所要求的粘结设备和工艺条件很复杂，在工程结构施工现场条件下一般很难做到。即使有少数施工单位做得到，也只能作为个案处理。因此，当工程有条件使用中、高温固化工艺时，其鉴定标准由本规范管理机构另行专门提供。

4.1.2 在胶粘工艺不受限制的情况下，胶粘剂一般按常温、中温、高温和特高温分成四类，适用温度的范围，分别为（-55～80)℃、（-55～120)℃、（-55～150)℃和（-55～210)℃。但这在工程结构施工现场的常温胶接的条件下，是很难达到的。为此，本规范根据调查和验证性试验的结果，分为（-45～60)℃、（-45～95)℃、（-45～125)℃和（-45～150)℃四类，但本规范仅列Ⅰ、Ⅱ、Ⅲ类，而对Ⅳ类胶则作为个案处理。因为前三类已有较成熟的工艺，而第Ⅳ类胶的常温固化工艺还很不成熟，需要采取特殊的措施。

4.1.3 结构胶粘剂的使用年限，在一定范围内，是可以根据其所采用的主粘料、固化剂、改性材和其他添加剂进行设计的。目前加固常用的结构胶，一般是按 30 年使用年限设计的。因此，若要进一步提高其使用年限，则应进行专门设计，并应按本规范的要求通过专项的检验与鉴定。为了保证新建工程使用结构胶的安全，凡通过该专项鉴定的结构胶，在供应时均应出具"可安全工作 50 年"的质量保证书，并承担相应的法律责任。

4.1.4 这是因为粘料、固化剂、改性剂、添加剂、颜料、填料、载体、配合比、制造工艺、固化条件的任一改变，均有可能改变结构胶粘剂的性能和质量。因此，应将有上述任一变更的胶粘剂视为未经鉴定的胶粘剂。这是胶粘剂行业公认的规则，且涉及使用的安全问题，故必须作为强制性条文予以严格执行。

4.2 以混凝土为基材的结构胶

4.2.2 以混凝土为基材的结构胶，其安全性鉴定包括基本性能鉴定、长期使用性能鉴定和耐侵蚀性介质作用能力的鉴定。现分别说明如下：

1 基本性能鉴定

由胶体性能鉴定与粘结性能构成（见表 4.2.2-1、表 4.2.2-2 及表 4.2.2-3)，对该表的构成需要指出两点：

1）在基本性能检验中，之所以纳入了胶体性能检验，是因为胶粘剂在承重结构中的应用，虽不以胶体的形式出现，但胶体的性能却与胶的粘结能力有着显著的相关性。例如：胶体拉伸强度高，其粘结强度也高；胶体的弯曲破坏呈韧性，则粘结的韧性也好。尤其是胶体的检验，由于不涉及被粘物的表面处理和粘结方式的影响问题，更

能反映胶的质量优劣。与此同时，还可借以判断受检结构胶在选料、配方、固化条件和胶的性能设计与控制上是否存在欠缺和不协调等问题。

2）本条series列的粘结性能指标和要求，是参照国外有关标准（包括著名品牌胶的企业标准)，经本规范编制组所组织的验证性试验复核与调整后确定的。尤其是Ⅰ类胶，还经过了 GB 50367 近五年的实施，在大量工程实践中，验证了其可靠性。因此，专家论证认为：本条所制定的鉴定标准较为稳健、安全、可信。

2 长期使用性能

由耐环境作用能力的鉴定与耐长期应力作用能力的鉴定构成（见表 4.2.2-4)，其中需要指出的是：

1）对胶的热老化性能鉴定标准，是参照原航空工业部 HB 5398，经使用温度调整和试验验证后制定的。至于热老化时间，则是根据工程结构胶使用时间较长的特点，参照国外名牌耐温胶的检验时间作了较大幅度的延长，即从 200h 提升到 720h。但试验表明，胶的性能变化仍然较为规律，可以按 720h 的强度降低率重新制定合格指标。

2）对胶的耐长期应力作用能力的检验，虽由于利用了 Findley 理论和公式，可以在 5000h（210d）左右完成，但对安全性检验来说，还是嫌时间长了。为此，在表注中给出了可以改做楔子快速检验的条件。该检验方法是我国军用国家标准参照国外著名企业标准提出的。对耐长期应力作用能力较差的结构胶，具有较强的检出能力，已为我国军用标准采用多年。经本规范编制组验证表明该方法可以应用于工程结构。

3 耐介质侵蚀性能

在胶的耐介质侵蚀性能的检验中，之所以要做耐弱酸作用，是因为考虑到即使处于一般环境中的胶接构件，也会遇到酸雨、酸雾以及工业区大气污染的作用。另外，应注意的是本项检验结果不能用于有酸性蒸汽的工业建筑。因为它们需要通过耐酸结构胶的专门检验，其鉴定标准应由有关行业另行制定。

4.2.4 低温固化型结构胶之所以具有低温固化能力，是因为它在主粘料、固化剂和其他改性剂的选择和应用上有着针对性的考虑。以环氧类结构胶为例，其设计很好地解决了如何获得足够的环氧开环活性；如何提高固化剂和稀释剂的反应活性；如何筛选适用的胶粘工艺等关键技术问题。基于这些系统性的技术措施所配制的低温固化型结构胶，从使用要求来说，其性能应与室温固化型结构胶无显著差别，但它毕竟是在

低温下固化的,故在安全性鉴定中,既应考核它固化后在室温条件下的常规表现,又要考核它在低温条件下性能的稳定性。为此,提出了对低温固化型结构胶鉴定的专门要求。

4.2.5 湿面(或水下)固化型结构胶,是指能在潮湿面上或饱含水分的粘合面上正常固化的胶粘剂。对这类胶的要求,是它的涂布性必须具有能牢固地附着在水分子集结的被粘物表面上的能力。与此同时,还应要求其所使用的固化剂和促进剂能在湿面和水下进行反应。目前国内已有不少品牌结构胶,不仅具有上述能力,而且还能获得不低于15MPa拉伸粘结抗剪强度平均值。据此,要求这类胶粘剂应能通过本规范的各项检验与鉴定。

4.3 以砌体为基材的结构胶

4.3.1 以钢筋混凝土为面层的组合砌体构件,它的表面特性及其与结构胶的相容性,均与混凝土基材无显著差异。因此,其所用的结构胶的安全性鉴定应按以混凝土为基材的结构胶进行。

4.3.2 传统的概念认为,砌体加固用的结构胶,其性能和质量还可以比混凝土用的B级胶再低一个档次,以取得更好的经济效益。但自从弃用第一代未改性的结构胶以来,很多研制的数据表明,只要选用的改性材料和方法正确,其所配制的砌体用胶,在基本性能和耐久性能的合格指标制定上,很难做到与混凝土用的B级胶有显著差别,成本也不可能有大的下降。因此,本规范规定砌体用胶的安全性鉴定标准按混凝土用的B级胶确定,亦即可以直接采用B级胶,而无需另行配制砌体结构的专用胶。

4.4 以钢为基材的结构胶

4.4.2 钢结构用胶安全性鉴定的标准,系按以下5个原则制定的:

1 被粘物——钢材的表面处理应正确、到位,且符合该胶粘剂使用说明书的要求;

2 胶与被粘物表面应具有相容性,且不致腐蚀被粘物,也不致形成弱界面;

3 粘结的破坏形式,应为胶层内聚破坏,不得为粘附破坏;

4 检验指标应首先保证胶接的蠕变满足安全使用要求,在这一前提下,尽可能提高其剥离强度和断裂韧性;

5 钢结构构件的防护措施,应符合现行国家标准《钢结构设计规范》GB 50017的规定。

4.5 以木材为基材的结构胶

4.5.1 木材为传统的建筑材料,其粘结所采用的胶粘剂品种很多,但从工程结构的承载能力要求来考虑,本规范的规定仅适用于安全性能良好的少数几种

结构胶,如:改性间苯二酚-甲醛树脂胶和改性环氧树脂胶等。因为工程结构对胶接的耐水性、耐久性和韧性的要求十分严格,从而使得众多的木材常用胶难以入选,这一点在选择木材粘结用胶时必须予以高度关注。

4.5.2 粘结木材用的结构胶,其安全性鉴定标准的检验项目虽然较少,但它是以下列原则为前提制定的:

1 木材的树种应符合结构用材的要求,尤其是它的含脂率、扭斜纹的斜率应得到控制;

2 木材的含水率应符合现行木结构设计规范对胶合木结构用材的要求;

3 粘结用的木材,其表面应经过刨光,以及除油污处理;

4 粘结用的结构胶应能在室温的条件下正常固化;

5 木材的胶接工艺已定型,且已在胶粘剂使用说明书中予以规定。

4.6 裂缝压注胶

4.6.2 裂缝处理用的结构胶,虽分为裂缝封闭和裂缝修复两类,但当裂缝较大时,一般均只能起到封闭的作用。在《建筑结构加固工程施工质量验收规范》GB 50550中,规定修复胶的适用范围为0.05mm~1.5mm,这一规定与本规范是一致的。执行时,应予以注意。

4.6.3 裂缝封闭胶之所以规定要按纤维复合材B级结构胶的性能指标配制,是因为封闭裂缝一般使用E玻璃纤维布、碳纤维布或无纺布;因此,要求其所使用的胶粘剂应具有较好的湿润性、渗透性和耐久性,而价格又不能太昂贵。经筛选认为B级结构胶较为合适,故规定其安全性鉴定标准应按B级纤维复合材用胶执行。

4.6.4 对裂缝修复胶的胶体性能检验,除了常规项目外,还要求进行无约束线性收缩率检验。这是因为过大的收缩率将影响胶层的粘结能力,使构件的整体性恢复达不到要求。

4.7 结构加固用界面胶、底胶和修补胶

4.7.1 根据现行行业标准生产的界面处理剂,由于其性能要求很低,无法在承重结构加固中应用。因此,有必要另行制定结构加固用界面胶安全性鉴定的检验项目和合格指标。与此同时,为了区别起见,还必须将结构加固用的界面剂更名为界面胶,以防止混淆所导致的负面影响。

对结构加固用的界面胶,其安全性鉴定的性能要求主要有三个方面:一是其基本性能、长期使用性能和耐介质侵蚀性能应与配套的结构胶相当,并具有相容性。二是其粘结抗剪性能,应不受界面高含水率的

影响，在富含水分子的粘合面中能够正常固化，并具有所要求的抗剪强度。三是它的线性收缩率应受到控制，以保证其工作的可靠性。基于上述要求，制定了界面胶安全性鉴定的规定和要求。

4.7.2 对底胶的要求主要有 4 项：

一是其钢对钢拉伸抗剪强度应略高于配套的结构胶；

二是其拉伸抗剪的破坏模式，应是结构胶的胶层内聚破坏，而不是结构胶与底胶的粘附破坏，也不应是底胶与钢试件间的粘附破坏；

三是底胶与被粘物表面必须相容，不应腐蚀被粘的金属件；

四是底胶的耐老化性能应与结构胶相当。

基于以上要求，制定了底胶安全性鉴定标准。

4.7.3 结构加固用的修补胶，也称找平胶；主要用于修补被粘物表面的局部小缺陷。其安全性鉴定，除了要求其性能与配套结构胶相当外，还要求其使用能适应现场施工的条件，即：要求较低的固化温度和固化压力，且对胶接表面无苛求。

4.8 结构胶涉及工程安全的工艺性能要求

4.8.1 结构胶工艺性能的优劣，直接关系到其粘结性能的可靠性。因此，本条对结构胶涉及工程安全的重要工艺性能指标作出了具体规定。从表 4.8.1 所列的项目可知：大多数均为本专业人员所熟悉，无需再加以说明。其中只有"触变指数"一项略为生疏，需要作一些说明。为此，应先说明什么是胶粘剂的触变性。所谓的触变性，是指胶液在一定剪切速率作用下，其剪应力随时间延长而减小的特性。在胶粘工艺上具体表现为：搅动下，胶液黏度迅速下降，便于涂刷；停止时，胶液黏度立即增大，不会随意流淌。这一特性对粘钢、粘贴纤维复合材的预成型板和植筋都很重要，因为既可减轻劳动强度，又能保证涂刷的均匀性和胶缝厚度的可控性，故有必要检验涂刷型和锚固型结构胶粘剂的触变性。为此，必须引入触变性的表征量——触变指数 I_t。该指数的测定方法是在规定的温度（一般为 23℃）下，采用两个相差悬殊的剪切速率，分别测定一种胶粘剂的表观黏度 η_1 和 η_2，且令 $\eta_1 > \eta_2$，则 $I_t = \dfrac{\eta_1}{\eta_2}$。当以 I_t 的测值来描述该胶粘剂的触变性大小时，可以从不同配方胶液的表现情况中看出，I_t 值大的胶液，其触变性也大，反之亦然。这里应指出的是：胶液的触变指数并非越大越好。因为过大的触变指数，意味着该胶液的初始黏度很大。虽然在涂刷过程中，其黏度会很快下降，但涂刷一停止，其所下降的黏度会立即升高。从而使胶液没有时间让气泡逃逸，以致将因脱泡性变差而影响到胶粘剂的粘结强度。至于粘贴纤维织物的胶粘剂，虽也要求便于涂刷，但同时还要求胶液对纤维具有良好的浸润、渗透性。这一性质显然与触变性相左。但试验表明：可以通过协调，使两项指标均处于可以接受的范围内。表 4.8.1 中的初黏度和触变指数的指标就是按协调结果，并考虑到现场条件和经济因素后所确定的可接受的标准。

4.8.2 对本条需要说明的是，结构胶适用期之所以选用黏度上升法测定，是因为此法较为直观而易行，并便于技术人员在检验时进行判断。

5 裂缝注浆料

5.1 一般规定

5.1.1 本规范对裂缝注浆料的分类之所以仅涉及结构加固用途的范畴，主要是因为普通注浆料，已有行业标准，如 JC/T 986 等控制其质量即可。

裂缝注浆料，对改性环氧类胶粘剂而言，仅划分为室温固化型和低温固化型两种。因为本规范要求，它们均应能够在干燥或潮湿（无浮水）环境中固化。这一点在选择胶粘剂时，必须予以注意。至于中、高温固化型的胶粘剂，其所以未予列入，主要是考虑到在现场条件下很难做到。

另外，在工业建筑中应用注浆料时，可能遇到高温环境问题。因此，规定了耐温型注浆料的使用环境温度，但考虑到注浆料在高温环境下的使用经验较少，故暂限在 500℃以下使用。若有可靠的工程实践经验，也可适当调高使用环境的温度，但应以更严格的抗热震次数进行检验。

5.1.2 正常使用情况下，裂缝注浆料的设计使用年限与水泥砂浆和细石混凝土相应。高温环境使用的裂缝注浆料，由于其水化产物在长期高温下的稳定性尚不明确，因而其设计使用年限，应由业主与设计单位共同商定，且不宜大于 30 年。

5.2 裂缝注浆料的安全性鉴定

5.2.1 改性环氧基裂缝注浆料主要用于混凝土构件。由于注浆料中含有一定比例的细骨料，故在检测项目的设置与合格指标的取值要求上均低于裂缝修复胶。这种注浆料适合于压注宽度为 1.5mm～5.0mm 的裂缝。

5.2.2、5.2.3 改性水泥基裂缝注浆料可用于混凝土构件和砌体构件。其安全性鉴定标准，是参照国内外有关的企业标准，经验证和调整后制定的。这里需要指出的是，高温环境下使用的裂缝注浆料，需要满足的是它的耐温性能要求，而非耐火性能要求。尽管引用的是耐火浇注料的试验方法，但所规定的项目和指标是有差别的。

5.2.4 本条规定了裂缝注浆料涉及工程安全的工艺性能要求。其中需要指出的是环氧基注浆料的初始黏度

要求，给出的是最高允许值。若裂缝宽度不大或气温较低，最好能控制在 600mPa·s～1000mPa·s 之间较易压注，但严禁使用非活性的溶剂和稀释剂进行调节。

5.2.5 制定本条系基于以下两点考虑：

1 在改性环氧类裂缝注浆料中掺加挥发性溶剂和非反应性稀释剂，是目前制售劣质注浆料的主要手段之一。其后果是大大降低注浆料的性能和质量，影响其在工程结构中的安全使用。

2 在改性水泥基裂缝注浆料中，氯离子含量过高，将引起钢筋很快锈蚀，从而将严重影响结构构件受力性能和耐久性。

本条为强制性条文，必须严格执行。

6 结构加固用水泥基灌浆料

6.1 一般规定

6.1.1、6.1.2 本规范规定的工程结构加固用的水泥基灌浆料，系针对承重结构的加固用途设计的，况且又是对安全、质量要求仅达可接受水平的国家标准，因而，当遇到其他层次标准的要求还低于国家标准时，必须执行本规范的规定。

这里需要指出的是，因灌浆料的粗骨料细而少，致使其弹性模量、徐变、收缩均显著大于混凝土，而更接近于水泥砂浆。故在混凝土增大截面加固工程中，宜优先采用粗骨料直径在 10mm～16mm 之间的减缩混凝土或自密实混凝土；只有在必要的情况下，才考虑采用灌浆料。这一点在设计人员的思想上必须明确，不应任意扩大其适用范围。

6.1.4 这是因为浆料组分、配合比和工艺的任一改变，均有可能改变灌浆料的性能和质量。因此，一经变动，便应视为未经鉴定的灌浆料。这是为保证结构加固用灌浆料安全使用的一个重要措施，必须严格执行。

6.2 水泥基灌浆料的安全性鉴定

6.2.1、6.2.2 水泥基灌浆料的安全性鉴定标准，系参照国外有关的标准，经验证和调整后制定的。其检验项目与裂缝注浆料基本相同，但在指标的确定上，考虑了灌浆料含有粗骨料的因素，因而有显著差别。另外，灌浆料的使用环境温度，也参照国外有关标准作了调整。

7 结构加固用聚合物改性水泥砂浆

7.1 一般规定

7.1.1 国际上，一般将砂浆中掺加的聚合物分为三个类型，并赋予不同的名称：一是聚合物砂浆，由于其组分中不含水泥，也称为树脂砂浆；二是聚合物浸渍砂浆，其英文名称为：Polymer Impregnated Mortar，简称 PIM；三是聚合物改性水泥砂浆，即本章所要鉴定的材料。这里应提请注意的是，市售的普通聚合物改性水泥砂浆，其性能要求远低于结构加固用的聚合物改性水泥砂浆。因此，在使用上不允许等同对待，也不得随意混淆。

结构加固用的聚合物改性水泥砂浆，按聚合物材料的状态分为干粉类（powder）和乳液类（emulsion）。对重要结构构件的加固，应选用乳液类。因为与干粉类聚合物相比，乳液类虽运输、储存较为麻烦，但它对水泥基材料的改性效果较为显著而稳定。

聚合物改性水泥砂浆中采用的聚合物材料，应有成功的工程应用经验（如改性环氧、改性丙烯酸酯、丁苯、氯丁等），不得使用耐水性差的水溶性聚合物（如聚乙烯醇等），禁止采用可能加速钢筋锈蚀的氯偏乳液、显著影响耐久性能的苯丙乳液等以及对人体健康有危害的其他聚合物。

7.1.2 考虑到聚合物的老化问题，大多数国家均将其设计使用年限定为 30 年；如果到期复查表明其性能尚未明显劣化，仍可适当延长其使用年限。本规定与 GB 50367 的规定是一致的。

7.1.4 在聚合物改性水泥砂浆研制过程中，多做过 80℃ 条件下的砂浆粘结性能和耐久性能。尽管如此，但本规范还是将它们的长期使用环境温度定为 60℃。因为在这个温控条件下，聚合物不会出现热变形问题。

7.1.5 在聚合物改性水泥砂浆中，聚合物、水泥、其他化学添加剂等存在着适应性的问题，随意变更其中任何一种原材料的种类、品牌、配比，都极易导致不适应的现象，出现如破乳、缓凝、引气等问题。因此，对配方、配合比或工艺的任何改变，均应重新检验；另外，也不允许施工单位自行配制未经安全性鉴定的聚合物改性水泥砂浆。

7.2 聚合物改性水泥砂浆的安全性鉴定

7.2.1 聚合物改性水泥砂浆包括聚合物成膜和水泥水化两个同时进行的过程。因此，试件的标准养护方法与常用的水泥强度测试有一定的差异，采用先湿养、后干养的方法。与普通水泥砂浆相比，聚合物改性水泥砂浆具有韧性好（折压比大）、粘结强度高的显著特点。因此，对其性能首先要求有较高的抗折强度和良好的粘结性能（能使老混凝土基材破坏）。本条对浆体的折压比虽未提出要求，但在制定折、压指标时，已考虑了这个因素。另外，应指出的是：通过采用高效减水剂降低水灰比的手段，不含聚合物的普通高强砂浆虽然更容易达到所要求的浆体抗折及抗压强度，但普通高强砂浆的粘结能力仍难满足安全使用

要求。因此，在聚合物改性水泥砂浆的性能检测中，不能仅注重其浆体的抗折、抗压强度，而更应注重其界面粘结强度和折压比，以保证能用到优质聚合物所配制的改性水泥砂浆。

8 纤维复合材

8.1 一般规定

8.1.1 对本条规定需要说明两点：

一是芳纶纤维（芳族聚酰胺纤维），虽然具有不少优越的特性，但它属于人工合成的有机材料，对它的使用，应有防护面层。

二是玄武岩纤维，由于它的弹性模量低，生产工艺尚未定型，因而，以混编方式与碳纤维共用，较能发挥它的增韧作用。

8.1.2 纤维复合材主要用于传递拉应力，故必须采用连续纤维才能设计成仅承受拉应力的作用。

8.1.4 考虑到不同品牌、型号的纤维束，其所用的偶联剂的不同，以及制作工艺的不同，因而与所使用的结构胶存在着适配性问题。故规定纤维复合材的安全性鉴定必须与所选用的结构胶配套进行。

8.2 碳纤维复合材

8.2.1 对本条的规定需要说明以下三点：

1 碳纤维按其主原料分为三类，即聚丙烯腈（PAN）基碳纤维、沥青（PITCH）基碳纤维和粘胶（RAYON）基碳纤维。从结构加固性能要求来考量，只有 PAN 基碳纤维最符合承重结构的安全性和耐久性要求；粘胶基碳纤维的性能和质量差，不能用于承重结构的加固；沥青基碳纤维只有中、高模量的长丝，可用于需要高刚性材料的加固场合，但在通常的建筑结构加固中很少遇到这类用途，况且在国内尚无实际使用经验，因此，本规范规定：对承重结构加固，必须选用聚丙烯腈基（PAN 基）碳纤维。另外，应指出的是最近新推出的玄武岩纤维，由于其强度和弹性模量很低，只能用于替代无碱玻璃纤维，而不能用以替代碳纤维。

2 当采用聚丙烯腈基碳纤维时，对重要结构，还必须采用 12k 或 12k 以下的小丝束；严禁使用大丝束纤维；其所以作出这样严格的规定，主要是因为小丝束的抗拉强度十分稳定，离散性很小，其变异系数均在 5% 以下，且胶液容易浸润、渗透，故在生产和使用过程中，均能对其性能和质量进行有效地控制；而大丝束则不然，其变异系数高达 15%～18%，甚至更大。在试验和试用中所表现出的可靠性较差，故不能作为承重结构加固材料使用。

3 应指出的是，k 数大于 12，但不大于 24 的碳纤维，虽仍属小丝束的范围，但由于我国工程结构使

用碳纤维的时间还很短，所积累的成功经验均是从 12k 及 15k 碳纤维的试验和工程中取得的；对大于 15k 的小丝束碳纤维所积累的试验数据和工程使用经验均嫌不足。因此规定：对一般结构，仅允许使用 15k 及 15k 以下的碳纤维。这一点应提请加固设计单位注意。

8.2.2 碳纤维的性能和质量，是可以通过对原材料的选择以及对制作工艺的改良与控制进行设计的。因而在大量生产时，不同型号的碳纤维，其性能、质量和价格不仅有了显著差别，而且这种差别，对大量生产的碳纤维而言，还是很稳定的。这就为制定检验、鉴定标准提供了基本依据。在这种情况下，本规范按照可接受水平的概念，给每个等级材料所制定的性能和质量指标，均属于下限值。这对一次抽样结果来说，完全是有可能高于此限值的，但不会高于高一等级的平均水平。如果是多次抽样，其平均水平也只是越来越接近于本等级碳纤维的总体水平。因此，不能按一次好的抽样结果，便据以作出升级的决定，而只能对其所申报的等级予以确认。

8.2.3 本条规定了安全性鉴定前应对受检材料的真实性进行的确认工作，使安全性鉴定建立在可信的基础上。

8.2.4 表 8.2.4 给出的碳纤维复合材安全性鉴定标准，是在参照日、美、德、法等国有关标准的基础上，经验证和调整后制定的。试用表明较为稳健、可靠，对次品检出能力较强，能满足工程结构选材的要求。

其中，需要说明的是：Ⅲ级碳纤维织物之所以未给出其复合材抗拉强度的标准值，是因为该级材料的强度离散性较大，不宜用数理统计方法确定其标准值。在这种情况下，正在修订的 GB 50367 拟在制定其抗拉强度设计值时，采用抗拉强度平均值为基准，按安全系数法进行确定。据此，本表也相应给出了Ⅲ级碳纤维复合材的抗拉强度平均值，以供实际应用。

另外，应指出的是：纤维复合材与基材的正拉粘结强度检验一栏中，对钢基材的粘结破坏形式，之所以只规定："不得为粘附破坏"，是因为粘附破坏最不安全；至于胶层内聚破坏及内聚破坏占 85% 的混合破坏，在强度达到规定值的前提下，对钢材的粘结而言，都是可以接受的。

8.3 芳纶纤维复合材

8.3.1 芳纶纤维的品种和型号不少，只有符合本条规定的芳纶纤维，其性能和质量才能满足工程结构的使用要求。凡不符合本条规定的材料，不应接受其参与安全性鉴定。

8.3.2 参阅本规范第 8.2.2 条的条文说明。

8.3.3 参阅本规范第 8.2.3 条的条文说明。

8.3.4 由于芳纶纤维复合材在我国工程结构工程上

使用的时间较短，所积累的经验不多，对它的安全性鉴定，必须持积极慎重的态度。因而本条所给出的检验项目和指标均是参照国外公司的标准，经验证性试验和调整后制定的。但评估认为：通过本规范鉴定的芳纶复合材可以在混凝土结构加固中安全使用。

8.4 玻璃纤维复合材

8.4.1 工程结构加固用的玻璃纤维，之所以不能用含碱量高的品种，主要是因为这类玻璃纤维很容易被水泥中的碱性所腐蚀，且强度低，耐水、耐老化性能差，故在混凝土结构加固中应严禁使用这类玻璃纤维，以确保加固工程的安全。

8.4.2 迄今在工程结构中，对玻璃纤维复合材仅推荐用于混凝土和砌体结构的加固，故未给出以钢为基材的检验项目和指标。

表 8.4.2 的安全性鉴定标准，是以南京玻璃纤维研究院的数据为基础，参照国外标准的指标，经验证性试验和专家调整后制定的。该标准经 GB 50367 试行近 6 年，其反馈信息表明：是安全、可行的。

9 钢 丝 绳

9.1 一 般 规 定

9.1.1 本条之所以加上一注，要求设计、施工单位不得错用术语，主要是因为同直径的钢丝绳与钢绞线，其截面特性及粘结能力有着显著差别。若因此而错用了材料，将导致工程出现安全问题。然而，迄今仍有少数设计人员为了避开现行国家标准《混凝土结构加固设计规范》GB 50367 较严格规定的约束，故意在施工图上将 6×7＋IWS 规格的钢丝绳也写成钢绞线。因此，应视为很严重的问题，必须责成设计单位纠正。

9.1.2 考虑到我国目前小直径钢丝绳，采用高强度不锈钢丝制作的价格昂贵，因此，根据国内试验、试用的结果，引入了高强度镀锌的钢丝绳；在区分环境介质和采取阻锈措施的条件下，将两类钢丝绳分别用于重要结构和一般结构，从而可以收到降低造价和合理利用材料的效果。

另外，之所以规定结构加固用的钢丝绳，其内外不得涂有油脂，是因为一般用途的钢丝绳，在制绳时普遍涂有油脂。如果用涂有油脂的钢丝绳作为加固材料，其粘结能力将大幅度下降。为了防止出现这个问题，应在订货时提出不允许涂油脂的条款，作为进场复验时拒收的依据。

9.2 制绳用的钢丝

9.2.1 本条给出的不锈钢丝牌号，只是作为可用材料的示例，不含非用这个品牌不可的意思。

9.2.2 本条给出的镀锌钢丝级别，只是作为可接受等级的举例，不含非用这个等级不可的意思。

9.2.3 优质钢丝的出厂检验，均较为严格，其质量分布情况也较为均匀，因此，在安全性鉴定时，可仅审查其合格证书的可信性和有效性，只有对材料外观质量有怀疑时，才取样进行检验。

9.3 钢丝绳的安全性鉴定

9.3.1、9.3.2 工程结构加固用的钢丝绳，其安全性鉴定标准，是参照我国航空用绳的相应标准，经验证和调整后制定的。至于安全性鉴定、检验所必需使用的钢丝绳计算截面面积，则是参照原国家标准《圆股钢丝绳》GB 1102－74 确定的。其所以采用原标准，除了其算法较稳健外，还因为现行标准删去了这部分内容，而其他行业标准的算法又很不一致。因此，决定仍按原标准的算法采用。

10 合成纤维改性混凝土和砂浆

10.1 一 般 规 定

10.1.1 根据国内外工程经验，结合纤维的几何参数、物理力学特征，经筛选后，确定了五种纤维可用作混凝土和砂浆的防裂、限裂的改性材料。从大连理工大学等单位所作的统计（见下表1），可以对表列的四种纤维混凝土的主要性能参数有个概括的了解。

表 1 常用纤维混凝土主要性能参数与同强度等级素混凝土的比较

项 目	掺量及变化	聚丙烯腈纤维混凝土	聚丙烯纤维混凝土	聚酰胺纤维混凝土
收缩裂缝	降低比例(%)	58~73	55	57
	纤维掺量(kg/m³)	0.5~1.0	0.9	0.9
28d收缩率	降低比例(%)	11~14	10	12
	纤维掺量(kg/m³)	0.5~1.0	0.9	0.9
相同水压下渗透高度降低	降低比例(%)	44~56	29~43	30~41
	纤维掺量(kg/m³)	0.5~1.0	0.9	0.9
50 次冻融循环强度损失	损失比例(%)	0.2~0.4	0.6	0.5~0.7
	纤维掺量(kg/m³)	0.5~1.0	0.9	0.9
冲击耗能	提高比例(%)	42~62	70	80
	纤维掺量(kg/m³)	1.0~2.0	1.0~2.0	1.0~2.0
弯曲疲劳强度	提高比例(%)	9~12	6~8	—
	纤维掺量(kg/m³)	1.0	1.0	—

注：1 表中收缩裂缝降低的试验基体采用砂浆，其余各项试验基体采用混凝土；
2 表中性能适用于中等强度等级(CF20~CF40)的混凝土。

10.1.2 为了使新开发的合成纤维品种也能用于工程

结构加固，作出了本条规定。

10.1.3 近十多年来，合成纤维混凝土（或砂浆）已在许多行业中得到广泛的应用。本条所列的只是在工程结构加固、修补中的应用场合，可供开发的用途还有不少。根据国内外经验，其应用已在下列领域中取得了较好效果。

　1　混凝土、砂浆加固面层的防裂；

　2　作为纤维复合材、粘钢的防护层；

　3　路面、桥面的限裂；

　4　屋面、地下室、储液池的防渗漏；

　5　喷射混凝土、泵送混凝土的改性；

　6　墙体的砂浆抹面；

　7　板、壳混凝土置换；

　8　水工建筑物、隧道衬砌的防渗、防裂；

　9　寒冷地区新增构件的防冻害等。

10.2　合成纤维改性混凝土和砂浆的安全性鉴定

10.2.1 为保证鉴定的可靠性，给出了各品种合成纤维的细观形态的识别标志和几何特征的控制要求，应指出的是：几何特征处于控制范围内的合成纤维，其应用效果较为显著。

10.2.2 表10.2.2所列的合成纤维安全性鉴定标准，是参照国内外有关规程和文献资料，经验证和调整后制定的。

　这里需要指出的是，对于防止和减小混凝土（或砂浆）早期塑性收缩开裂而言，由于塑性阶段混凝土（或砂浆）基材的抗拉强度和弹性模量极低，故对纤维力学性能要求不高，只要保证纤维间距不超过阻裂要求的临界值，且纤维分散均匀，与基材粘结良好，就能起到阻裂作用。但对硬化后混凝土的增韧要求而言，则需要纤维抗拉强度和弹性模量高，才能在裂缝间起到配筋的阻裂作用，约束裂缝的开展。因此，要注意选用适宜的纤维品种。

10.2.3 考虑到纤维体积率太大时，可能影响所配制混凝土（或砂浆）的强度，故规定：只要能达到设计要求的阻裂、增韧作用，就应该采用较低的纤维体积率。

10.2.4 本条规定了采用合成纤维增韧的混凝土（或砂浆）的安全性鉴定要求。

　对本条需要说明的是：合成纤维混凝土（或砂浆）的弯曲韧性之所以用剩余弯拉强度（ARS）与其名义弯拉强度（MOR）之比的无量纲韧性指标 RSI（%）表示，是因为有如下几点考虑：

　1　利用 ASTM-C 1399 的方法，可以测出纤维混凝土（或砂浆）梁的荷载-挠度曲线的下降段；

　2　对试验机的要求，由必须采用闭环控制系统变为可用开环控制系统；

　3　评价体系不再关注很难测定的初裂点，而依

靠剩余强度又可较真实地反映纤维对混凝土（或砂浆）的阻裂增韧作用；

　4　韧性指标采用剩余强度表示，与当前结构设计概念较易衔接；

　5　在峰值荷载后，剩余承载力的提高是纤维增韧程度的体现；

　6　试验方法简易，设备容易解决。

11　钢纤维混凝土

11.1　一　般　规　定

11.1.1、11.1.2 这两条规定了钢纤维混凝土的适用范围和选用的品种，其中，应指出的是，不锈钢纤维虽然价格较昂贵，但它具有耐腐蚀和耐高温的良好性能。因此，在有些工程结构加固工程中，还需要应用它。

11.2　钢纤维混凝土的安全性鉴定

11.2.1 碳钢熔抽型纤维，因制作过程中产生氧化皮，对粘结性能不利，故不允许使用；而不锈钢熔抽异形纤维，由于生产过程中加入了镍铬组分，不仅使之具有耐热性能，而且成本较低，所以在工程上使用很多。

　另外，表11.2.1规定的几何参数要求，是参照国内外有关标准，经验证和调整后确定的。试用表明，能满足工程的需要。

　这里需要指出的是，之所以采用等效直径，是因为本规范仅允许使用异形钢纤维，不允许使用圆直的钢纤维。

　所谓的等效直径（equivalent diameter），是指当纤维截面为非圆形时，按截面面积相等概念换算成圆形截面的直径，也可按质量等效概念换算为圆柱体尺寸，推算出等效直径。

11.2.2 试验表明，钢纤维的抗拉强度不仅需要分级，而且还与混凝土的强度等级有关，但遗憾的是，迄今为止各行业用的钢纤维尚无统一的强度等级标准。本规范的钢纤维抗拉强度等级系参照行业标准《钢纤维混凝土》JG/T 3064 和《混凝土用钢纤维》YB/T 151制定的，并根据工程结构加固工程使用经验，与混凝土强度等级挂钩。另外，应说明的是，抗拉强度等级括号内的数值，系供不锈钢纤维使用的。

11.2.3 考虑到钢纤维长度过短，夹持较难，故允许其抗拉强度试验可用母材替代，但应注意的是这一措施并不能完全解决问题。对熔抽和铣削工艺制作的钢纤维，仍然需要另行设计专门的夹具。

11.2.4 弯折90°不断裂的检验，主要是为了保证钢纤维不致在施工过程中发生脆断。这在国内外标准均有类似的规定。

11.2.5 本条仅给出适用于工程结构加固的钢纤维体积率，不涉及对其他行业是否适用的问题。

11.2.6、11.2.7 这两条是针对目前钢纤维混凝土的应用体系尚未建立的状况，给出了安全性鉴定的最低要求，实际执行时，尚可补充设计提出的要求。

12 后锚固连接件

12.1 一般规定

12.1.2 本条需要说明的是，胶接全螺纹螺杆属于胶接植筋的一种，不能擅自称为"定型化学锚栓"。自切底锚栓和模扩底锚栓的应用，不能使用普通的钻具，而须由厂家随供货配有专用钻具。凡不带钻具的锚栓均不得在工程中使用。另外，特殊倒锥形锚栓，旧称为"定型化学锚栓"，亦即所谓的"糖葫芦型锚栓"。由于"定型化学锚栓"这一名称，已被不诚信的厂商滥用，故改称为较易识别的"特殊倒锥形锚栓"，以便与全螺纹螺杆彻底区分。

12.1.3 膨胀型锚栓在承重结构中应用不断出现危及安全的问题，且在地震灾害中破坏尤为严重，故已被各省工程建设部门禁用很长时间。本条的规定只是重申这一禁令。

12.2 基材及锚固件材质鉴定

12.2.1 本条的规定系参照现行国家标准《混凝土加固设计规范》GB 50367制定的，但根据汶川5·12

大地震的震害经验，对一般结构的基材混凝土强度等级作了调整，以确保抗震设防区的工程安全。

12.2.2 本条中碳钢及合金钢锚栓用钢的性能等级及指标，系参照现行国家标准《紧固件机械性能 螺栓、螺钉和螺柱》GB/T 3098.1制定的；不锈钢锚栓用钢的性能等级及指标，系参照现行国家标准《紧固件机械性能 不锈钢螺栓、螺钉和螺柱》GB/T 3098.6制定的；但由于在后锚固工程中仅采用部分性能等级，故有必要转录这部分标准，以便于设计使用。

12.3 后锚固连接性能安全性鉴定

12.3.1 对本条规定，需说明以下两点：

1 后锚固连接的承载力检验，之所以应采用破坏性检验方法，是因为其检出劣质锚固件和不良锚固工艺的能力最强，且样本量可比非破损检验小得多。故在安全性鉴定的检验中，禁止以非破损检验取代破坏性检验。

2 后锚固连接承载力的设计值，应按现行国家标准《混凝土结构加固设计规范》GB 50367规定的受拉承载力设计值的计算方法确定；不得采用厂家所谓的"技术手册"的推荐值。

本条为强制性条文，必须严格执行。

12.3.2 涉及后锚固连接安全性的专项性能检验项目和合格指标，在JG 160标准中已作出规定，故不再重复，仅要求应按该标准执行。

中华人民共和国国家标准

砌体工程现场检测技术标准

Technical standard for site testing of masonry engineering

GB/T 50315—2011

主编部门：四川省住房和城乡建设厅
批准部门：中华人民共和国住房和城乡建设部
施行日期：２０１２年３月１日

中华人民共和国住房和城乡建设部
公 告

第 1108 号

关于发布国家标准
《砌体工程现场检测技术标准》的公告

现批准《砌体工程现场检测技术标准》为国家标准，编号为GB/T 50315-2011，自2012年3月1日起实施。原《砌体工程现场检测技术标准》GB/T 50315-2000 同时废止。

本标准由我部标准定额研究所组织中国建筑工业

出版社出版发行。

中华人民共和国住房和城乡建设部

2011 年 7 月 29 日

前 言

本标准是根据住房和城乡建设部《关于印发〈2009年工程建设标准规范制订、修订计划〉的通知》（建标〔2009〕88号）的要求，由四川省建筑科学研究院和成都建筑工程集团总公司会同有关单位共同对原国家标准《砌体工程现场检测技术标准》GB/T 50315-2000 进行修订而成的。

本标准在修订过程中，修订组经广泛调查研究，认真总结实践经验，采纳了砌体工程现场检测技术的最新成果；开展了砌体工程现场检测方法的专题研究；对各项检测方法进行了推广至烧结多孔砖砌体的验证性试验；参考有关国际标准和国外先进标准，并在征求意见的基础上，修订本标准，最后经审查定稿。

本标准共分15章，主要内容包括：总则、术语和符号、基本规定、原位轴压法、扁顶法、切制抗压试件法、原位单剪法、原位双剪法、推出法、筒压法、砂浆片剪切法、砂浆回弹法、点荷法、烧结砖回弹法、强度推定。

本次修订的主要技术内容是：

1. 将标准的适用范围从主要适用于烧结普通砖砌体扩大至烧结多孔砖砌体；

2. 新增了切制抗压试件法、原位双砖双剪法、砂浆片局压法、烧结砖回弹法、特细砂砂浆筒压法等检测方法；

3. 取消了未能广泛推广的砂浆射钉法；

4. 统一了原位轴压法和扁顶法的砌体抗压强度计算公式；

5. 为适应《砌体结构工程施工质量验收规范》

GB 50203 关于砌筑砂浆强度等级评定标准的变化，对检测的砂浆强度推定方法作了调整；

6. 进一步明确了各检测方法的特点、用途和限制条件。

本标准由住房和城乡建设部负责管理，由四川省建筑科学研究院负责具体技术内容的解释。在执行过程中，请各单位结合砌体工程现场检测工作的实施，注意总结经验，积累检测数据、资料、检测方法的创新做法，如有意见和建议，请寄送四川省建筑科学研究院（成都市一环路北三段55号；邮编：610081；网址：www.scjky.com.cn），以供今后修订时参考。

本 标 准 主 编 单 位：四川省建筑科学研究院
　　　　　　　　　　　成都建筑工程集团总公司

本 标 准 参 编 单 位：西安建筑科技大学
　　　　　　　　　　　湖南大学
　　　　　　　　　　　重庆市建筑科学研究院
　　　　　　　　　　　陕西省建筑科学研究院
　　　　　　　　　　　河南省建筑科学研究院有限公司
　　　　　　　　　　　江苏省建筑科学研究院有限公司
　　　　　　　　　　　山西四建集团有限公司科研所
　　　　　　　　　　　南充市建设工程质量检测中心
　　　　　　　　　　　山东省建筑科学研究院
　　　　　　　　　　　上海市建筑科学研究院（集团）有限公司

                    宁夏回族自治区建筑科学
                    研究院

本标准主要起草人员：吴　体　张　静　王永维
　　　　　　　　　　王庆霖　施楚贤　侯汝欣
　　　　　　　　　　林文修　雷　波　李双珠
　　　　　　　　　　周国民　顾瑞南　崔士起
　　　　　　　　　　陈大川　曾　伟　张　涛
　　　　　　　　　　甘立刚　李　峰　蒋利学

唐　军　凌程建　肖承波
高永昭　梁　爽　王耀南
孔旭文　王　枫　颜丙山
赵歆冬

本标准主要审查人员：邸小坛　严家熺　张昌叙
　　　　　　　　　　刘立新　程才渊　苑振芳
　　　　　　　　　　向　学　张　扬　韩　放
　　　　　　　　　　张国堂　王增培

目 次

Contents

1 总　则

1.0.1 为在砌体工程现场检测中，贯彻执行国家技术政策，做到技术先进、数据准确、安全可靠，制定本标准。

1.0.2 本标准适用于砌体工程中砖砌体、砌筑砂浆和砌筑块体的现场检测和强度推定。

1.0.3 砌体工程的现场检测，除应符合本标准外，尚应符合国家现行有关标准的规定。

2　术语和符号

2.1　术　语

2.1.1 检测单元　test unit

每一楼层且总量不大于 250m³ 的材料品种和设计强度等级均相同的砌体。

2.1.2 测区　test zone

在一个检测单元内，随机布置的一个或若干个检测区域。

2.1.3 测点　test point

在一个测区内，按检测方法的要求，随机布置的一个或若干个检测点。

2.1.4 原位轴压法　the method of axial compression in situ

采用原位压力机在墙体上进行抗压测试，检测砌体抗压强度的方法。

2.1.5 扁式液压顶法　the method of flat jack in situ

采用扁式液压千斤顶在墙体上进行抗压测试，检测砌体的受压应力、弹性模量、抗压强度的方法，简称扁顶法。

2.1.6 切制抗压试件法　the method of test on specimen cut from wall

从墙体上切割、取出外形几何尺寸为标准抗压砌体试件，运至试验室进行抗压测试的方法。

2.1.7 原位砌体通缝单剪法　the method of shear along one horizontal mortar joint in situ

在墙体上沿单个水平灰缝进行抗剪测试，检测砌体抗剪强度的方法，简称原位单剪法。

2.1.8 原位双剪法　the method of shear along two horizontal mortar joint in situ

采用原位剪切仪在墙体上对单块或双块顺砖进行双面抗剪测试，检测砌体抗剪强度的方法。

2.1.9 推出法　the method of push out

采用推出仪从墙体上水平推出单块丁砖，测得水平推力及推出砖下的砂浆饱满度，以此推定砌筑砂浆抗压强度的方法。

2.1.10 筒压法　the method of compression in cylinder

将取样砂浆破碎、烘干并筛分成符合一定级配要求的颗粒，装入承压筒并施加筒压荷载，检测其破损程度（筒压比），根据筒压比推定砌筑砂浆抗压强度的方法。

2.1.11 砂浆片剪切法　the method of shear on mortar flake

采用砂浆测强仪检测砂浆片的抗剪强度，以此推定砌筑砂浆抗压强度的方法。

2.1.12 砂浆回弹法　the method of mortar rebound

采用砂浆回弹仪检测墙体、柱中砂浆表面的硬度，根据回弹值和碳化深度推定其强度的方法。

2.1.13 点荷法　the method of point load

在砂浆片的大面上施加点荷载，推定砌筑砂浆抗压强度的方法。

2.1.14 砂浆片局压法　the method of local compression on mortar flake

采用局压仪对砂浆片试件进行局部抗压测试，根据局部抗压荷载值推定砌筑砂浆抗压强度的方法。

2.1.15 烧结砖回弹法　the method of fired brick rebound

采用专用回弹仪检测烧结普通砖或烧结多孔砖表面的硬度，根据回弹值推定其抗压强度的方法。

2.1.16 槽间砌体　masonry between two channels

采用原位轴压法和扁顶法在砖墙上检测砌体的抗压强度时，开凿的两个水平槽之间的砌体。

2.1.17 筒压比　cylindrical compressive ratio

采用筒压法检测砂浆强度时，砂浆试样经筒压测试并筛分后，留在孔径 5mm 筛以上的累计筛余量与该试样总量的比值，简称筒压比。

2.2　符　号

2.2.1 几何参数

A——构件或试件的截面面积；

b——宽度；试件截面边长；

h——高度；试件截面高度；测点间的距离；

l——长度；

d——砂浆碳化深度；

r——半径；点荷法的作用半径；

t——厚度；试件厚度；

H——砌体抗压试件的高度。

2.2.2 作用、效应与抗力、计算指标

N——实测破坏荷载值；

f_m——砌体抗压强度平均值；

$f_{v,m}$——砌体抗剪强度平均值；

τ——砂浆片的抗剪强度；

f_1——砖的抗压强度值；

f_2——砌筑砂浆抗压强度值；

f_2'——砌筑砂浆抗压强度推定值；

σ_0——测点上部墙体的平均压应力。

2.2.3 系数

ξ_1——原位轴压法、扁顶法测定砌体抗压强度的换算系数；

ξ_2——推出法的砖品种修正系数；

ξ_3——推出法的砂浆饱满度修正系数；

ξ_4——点荷法的荷载作用半径修正系数；

ξ_5——点荷法的试件厚度修正系数。

2.2.4 其他

B——水平灰缝的砂浆饱满度；

η——筒压法中的筒压比；

R——砖或砂浆的回弹值；

n_1——同一测区的测点（测位）数；

n_2——同一检测单元的测区数。

3 基 本 规 定

3.1 适 用 条 件

3.1.1 对新建砌体工程，检验和评定砌筑砂浆或砖、砖砌体的强度，应按现行国家标准《砌体结构设计规范》GB 50003、《砌体结构工程施工质量验收规范》GB 50203、《建筑工程施工质量验收统一标准》GB 50300、《砌体基本力学性能试验方法标准》GB/T 50129 等的有关规定执行；当遇到下列情况之一时，应按本标准检测和推定砌筑砂浆或砖、砖砌体的强度：

1 砂浆试块缺乏代表性或试块数量不足。

2 对砖强度或砂浆试块的检验结果有怀疑或争议，需要确定实际的砌体抗压、抗剪强度。

3 发生工程事故或对施工质量有怀疑和争议，需要进一步分析砖、砂浆和砌体的强度。

3.1.2 对既有砌体工程，在进行下列鉴定时，应按本标准检测和推定砂浆强度、砖的强度或砌体的工作应力、弹性模量和强度：

1 安全鉴定、危房鉴定及其他应急鉴定。

2 抗震鉴定。

3 大修前的可靠性鉴定。

4 房屋改变用途、改建、加层或扩建前的专门鉴定。

3.1.3 各种检测方法的选用应按本标准第 3.4 节的规定执行。

3.2 检测程序及工作内容

3.2.1 现场检测工作应按规定的程序进行（图 3.2.1）。

3.2.2 调查阶段应包括下列工作内容：

1 收集被检测工程的图纸、施工验收资料、砖与砂浆的品种及有关原材料的测试资料。

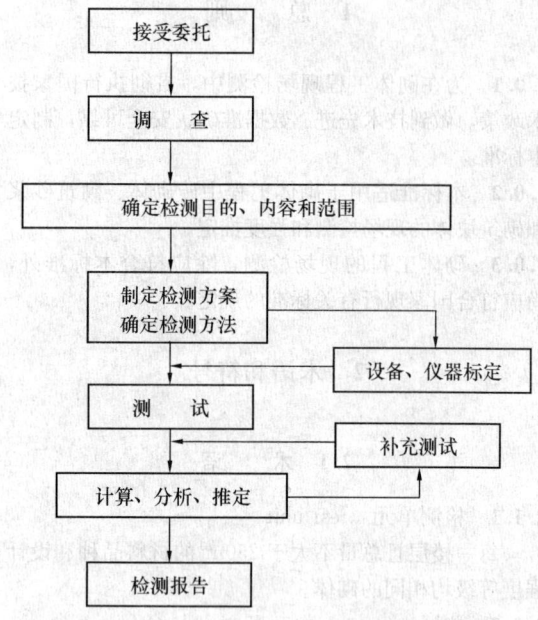

图 3.2.1 现场检测程序

2 现场调查工程的结构形式、环境条件、砌体质量及其存在问题，对既有砌体工程，尚应调查使用期间的变更情况。

3 工程建设时间。

4 进一步明确检测原因和委托方的具体要求。

5 以往工程质量检测情况。

3.2.3 检测方案应根据调查结果和检测目的、内容和范围制定，应选择一种或数种检测方法，必要时应征求委托方意见并认可。对被检测工程应划分检测单元，并应确定测区和测点数。

3.2.4 测试设备、仪器应按相应标准和产品说明书规定进行保养和校准，必要时尚应按使用频率、检测对象的重要性适当增加校准次数。

3.2.5 计算、分析和强度推定过程中，出现异常情况或测试数据不足时，应及时补充测试。

3.2.6 检测工作完毕，应及时出具符合检测目的的检测报告。

3.2.7 现场测试结束时，砌体如因检测造成局部损伤，应及时修补砌体局部损伤部位。修补后的砌体，应满足原构件承载能力和正常使用的要求。

3.2.8 从事测试和强度推定的人员，应经专门培训合格后，再参加测试和撰写报告。

3.2.9 现场检测工作，应采取确保人身安全和防止仪器损坏的安全措施，并应采取避免或减小污染环境的措施。

3.2.10 现场检测和抽样检测，环境温度和试件（试样）温度均应高于 0℃。

3.3 检测单元、测区和测点

3.3.1 当检测对象为整栋建筑物或建筑物的一部分时，应将其划分为一个或若干个可以独立进行分析的结构单元，每一结构单元应划分为若干个检测单元。

3.3.2 每一检测单元内，不宜少于6个测区，应将单个构件（单片墙体、柱）作为一个测区。当一个检测单元不足6个构件时，应将每个构件作为一个测区。

采用原位轴压法、扁顶法、切制抗压试件法检测，当选择6个测区确有困难时，可选取不少于3个测区测试，但宜结合其他非破损检测方法综合进行强度推定。

3.3.3 每一测区应随机布置若干测点。各种检测方法的测点数，应符合下列要求：

1 原位轴压法、扁顶法、切制抗压试件法、原位单剪法、筒压法，测点数不应少于1个。

2 原位双剪法、推出法，测点数不应少于3个。

3 砂浆片剪切法、砂浆回弹法、点荷法、砂浆片局压法、烧结砖回弹法，测点数不应少于5个。

注：回弹法的测位，相当于其他检测方法的测点。

3.3.4 对既有建筑物或应委托方要求仅对建筑物的部分或个别部位检测时，测区和测点数可减少，但一个检测单元的测区数不宜少于3个。

3.3.5 测点布置应能使测试结果全面、合理反映检测单元的施工质量或其受力性能。

3.4 检测方法分类及其选用原则

3.4.1 砌体工程的现场检测方法，可按对砌体结构的损伤程度，分为下列几类：

1 非破损检测方法，在检测过程中，对砌体结构的既有力学性能没有影响。

2 局部破损检测方法，在检测过程中，对砌体结构的既有力学性能有局部的、暂时的影响，但可修复。

3.4.2 砌体工程的现场检测方法，可按测试内容分为下列几类：

1 检测砌体抗压强度可采用原位轴压法、扁顶法、切制抗压试件法。

2 检测砌体工作应力、弹性模量可采用扁顶法。

3 检测砌体抗剪强度可采用原位单剪法、原位双剪法。

4 检测砌筑砂浆强度可采用推出法、筒压法、砂浆片剪切法、砂浆回弹法、点荷法、砂浆片局压法。

5 检测砌筑块体抗压强度可采用烧结砖回弹法、取样法。

3.4.3 检测方法可按表3.4.3选择。

表3.4.3 检测方法

序号	检测方法	特 点	用 途	限制条件
1	原位轴压法	1. 属原位检测，直接在墙体上测试，检测结果综合反映了材料质量和施工质量； 2. 直观性、可比性较强； 3. 设备较重； 4. 检测部位有较大局部破损	1. 检测普通砖和多孔砖砌体的抗压强度； 2. 火灾、环境侵蚀后的砌体剩余抗压强度	1. 槽间砌体每侧的墙体宽度不应小于1.5m；测点宜选在墙体长度方向的中部； 2. 限用于240mm厚砖墙
2	扁顶法	1. 属原位检测，直接在墙体上测试，检测结果综合反映了材料质量和施工质量； 2. 直观性、可比性较强； 3. 扁顶重复使用率较低； 4. 砌体强度较高或轴向变形大时，难以测出抗压强度； 5. 设备较轻； 6. 检测部位有较大局部破损	1. 检测普通砖和多孔砖砌体的抗压强度； 2. 检测古建筑和重要建筑的受压工作应力； 3. 检测砌体弹性模量； 4. 火灾、环境侵蚀后的砌体剩余抗压强度	1. 槽间砌体每侧的墙体宽度不应小于1.5m；测点宜选在墙体长度方向的中部； 2. 不适用于测试墙体破坏荷载大于400kN的墙体
3	切制抗压试件法	1. 属取样检测，检测结果综合反映了材料质量和施工质量； 2. 试件尺寸与标准抗压试件相同；直观性、可比性较强； 3. 设备较重，现场取样时有水污染； 4. 取样部位有较大局部破损；需切割、搬运试件； 5. 检测结果不需换算	1. 检测普通砖和多孔砖砌体的抗压强度； 2. 火灾、环境侵蚀后的砌体剩余抗压强度	取样部位每侧的墙体宽度不应小于1.5m，且应为墙体长度方向的中部或受力较小处
4	原位单剪法	1. 属原位检测，直接在墙体上测试，检测结果综合反映了材料质量和施工质量； 2. 直观性强； 3. 检测部位有较大局部破损	检测各种砖砌体的抗剪强度	测点选在窗下墙部位，且承受反作用力的墙体应有足够长度

序号	检测方法	特点	用途	限制条件
5	原位双剪法	1. 属原位检测，直接在墙体上测试，检测结果综合反映了材料质量和施工质量； 2. 直观性较强； 3. 设备较轻便； 4. 检测部位局部破损	检测烧结普通砖和烧结多孔砖砌体的抗剪强度	—
6	推出法	1. 属原位检测，直接在墙体上测试，检测结果综合反映了材料质量及施工质量； 2. 设备较轻便； 3. 检测部位局部破损	检测烧结普通砖、烧结多孔砖、蒸压灰砂砖或蒸压粉煤灰砖墙体的砂浆强度	当水平灰缝的砂浆饱满度低于65%时，不宜选用
7	筒压法	1. 属取样检测； 2. 仅需利用一般混凝土试验室的常用设备； 3. 取样部位局部损伤	检测烧结普通砖和烧结多孔砖墙体中的砂浆强度	—
8	砂浆片剪切法	1. 属取样检测； 2. 专用的砂浆测强仪及其标定仪，较为轻便； 3. 测试工作较简便； 4. 取样部位局部损伤	检测烧结普通砖和烧结多孔砖墙体中的砂浆强度	—
9	砂浆回弹法	1. 属原位无损检测，测区选择不受限制； 2. 回弹仪有定型产品，性能较稳定，操作简便； 3. 检测部位的装修面层仅局部损伤	1. 检测烧结普通砖和烧结多孔砖墙体中的砂浆强度； 2. 主要用于砂浆强度均质性检查	1. 不适用于砂浆强度小于2MPa的墙体； 2. 水平灰缝表面粗糙且难以磨平时，不得采用
10	点荷法	1. 属取样检测； 2. 测试工作较简便； 3. 取样部位局部损伤	检测烧结普通砖和烧结多孔砖墙体中的砂浆强度	不适用于砂浆强度小于2MPa的墙体

序号	检测方法	特点	用途	限制条件
11	砂浆片局压法	1. 属取样检测； 2. 局压仪有定型产品，性能较稳定，操作简便； 3. 取样部位局部损伤	检测烧结普通砖和烧结多孔砖墙体中的砂浆强度	适用范围限于： 1. 水泥石灰砂浆强度：1MPa～10MPa； 2. 水泥砂浆强度：1MPa～20MPa
12	烧结砖回弹法	1. 属原位无损检测，测区选择不受限制； 2. 回弹仪有定型产品，性能较稳定，操作简便； 3. 检测部位的装修面层仅局部损伤	检测烧结普通砖和烧结多孔砖墙体中的砖强度	适用范围限于：6MPa～30MPa

3.4.4 选用检测方法和在墙体上选定测点，尚应符合下列要求：

1 除原位单剪法外，测点不应位于门窗洞口处。

2 所有方法的测点不应位于补砌的临时施工洞口附近。

3 应力集中部位的墙体以及墙梁的墙体计算高度范围内，不应选用有较大局部破损的检测方法。

4 砖柱和宽度小于3.6m的承重墙，不应选用有较大局部破损的检测方法。

3.4.5 现场检测或取样检测时，砌筑砂浆的龄期不应低于28d。

3.4.6 检测砌筑砂浆强度时，取样砂浆试件或原位检测的水平灰缝应处于干燥状态。

3.4.7 各类砖的取样检测，每一检测单元不应少于一组；应按相应的产品标准，进行砖的抗压强度试验和强度等级评定。

3.4.8 采用砂浆片局压法取样检测砌筑砂浆强度时，检测单元、测区的确定，以及强度推定，应按本标准的有关规定执行；测试设备、测试步骤、数据分析应按现行行业标准《择压法检测砌筑砂浆抗压强度技术规程》JGJ/T 234 的有关规定执行。

4 原位轴压法

4.1 一般规定

4.1.1 原位轴压法（图4.1.1）适用于推定240mm厚普通砖砌体或多孔砖砌体的抗压强度。

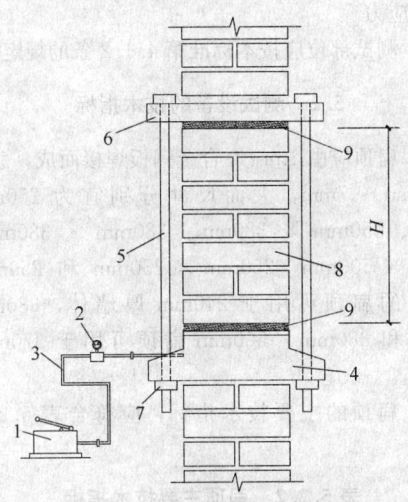

图 4.1.1 原位轴压法测试装置
1—手动油泵；2—压力表；3—高压油管；4—扁式
千斤顶；5—钢拉杆（共 4 根）；6—反力板；7—螺母；
8—槽间砌体；9—砂垫层；H—槽间砌体高度

4.1.2 测试部位应具有代表性，并应符合下列要求：

1 测试部位宜选在墙体中部距楼、地面 1m 左右的高度处；槽间砌体每侧的墙体宽度不应小于 1.5m。

2 同一墙体上，测点不宜多于 1 个，且宜选在沿墙体长度的中间部位；多于 1 个时，其水平净距不得小于 2.0m。

3 测试部位不得选在挑梁下、应力集中部位以及墙梁的墙体计算高度范围内。

4.2 测试设备的技术指标

4.2.1 原位压力机主要技术指标，应符合表 4.2.1 的要求。

表 4.2.1 原位压力机主要技术指标

项 目	指 标		
	450 型	600 型	800 型
额定压力（kN）	400	550	750
极限压力（kN）	450	600	800
额定行程（mm）	15	15	15
极限行程（mm）	20	20	20
示值相对误差（%）	±3	±3	±3

4.2.2 原位压力机的力值，应每半年校验一次。

4.3 测 试 步 骤

4.3.1 在测点上开凿水平槽孔时，应符合下列要求：

1 上、下水平槽的尺寸应符合表 4.3.1 的要求。

表 4.3.1 水平槽尺寸

名 称	长度（mm）	厚度（mm）	高度（mm）
上水平槽	250	240	70
下水平槽	250	240	≥110

2 上、下水平槽孔应对齐。普通砖砌体，槽间砌体高度应为 7 皮砖；多孔砖砌体，槽间砌体高度应为 5 皮砖。

3 开槽时，应避免扰动四周的砌体；槽间砌体的承压面应修平整。

4.3.2 在槽孔间安放原位压力机（图 4.1.1）时，应符合下列要求：

1 在上槽内的下表面和扁式千斤顶的顶面，应分别均匀铺设湿细砂或石膏等材料的垫层，垫层厚度可取 10mm。

2 应将反力板置于上槽孔，扁式千斤顶置于下槽孔，应安放四根钢拉杆，并应使两个承压板上下对齐后，应沿对角两两均匀拧紧螺母并调整其平行度；四根钢拉杆的上下螺母间的净距误差不大于 2mm。

3 正式测试前，应进行试加荷载测试，试加荷载值可取预估破坏荷载的 10%。应检查测试系统的灵活性和可靠性，以及上下压板和砌体受压面接触是否均匀密实。经试加荷载，测试系统正常后应卸荷，并应开始正式测试。

4.3.3 正式测试时，应分级加荷。每级荷载可取预估破坏荷载的 10%，并应在 1min～1.5min 内均匀加完，然后恒载 2min。加荷至预估破坏荷载的 80% 后，应按原定加荷速度连续加荷，直至槽间砌体破坏。当槽间砌体裂缝急剧扩展和增多，油压表的指针明显回退时，槽间砌体达到极限状态。

4.3.4 测试过程中，发现上下压板与砌体承压面因接触不良，致使槽间砌体呈局部受压或偏心受压状态时，应停止测试，并应调整测试装置，重新测试，无法调整时应更换测点。

4.3.5 测试过程中，应仔细观察槽间砌体初裂裂缝与裂缝开展情况，并应记录逐级荷载下的油压表读数、测点位置、裂缝随荷载变化情况简图等。

4.4 数 据 分 析

4.4.1 根据槽间砌体初裂和破坏时的油压表读数，应分别减去油压表的初始读数，并应按原位压力机的校验结果，计算槽间砌体的初裂荷载值和破坏荷载值。

4.4.2 槽间砌体的抗压强度，应按下式计算：

$$f_{uij} = \frac{N_{uij}}{A_{ij}} \qquad (4.4.2)$$

式中：f_{uij}——第 i 个测区第 j 个测点槽间砌体的抗压强度（MPa）；

N_{uij}——第 i 个测区第 j 个测点槽间砌体的受压破坏荷载值（N）；

A_{ij}——第 i 个测区第 j 个测点槽间砌体的受压面积（mm^2）。

4.4.3 槽间砌体抗压强度换算为标准砌体的抗压强度，应按下列公式计算：

$$f_{mij} = \frac{f_{uij}}{\xi_{1ij}} \qquad (4.4.3-1)$$

$$\xi_{1ij} = 1.25 + 0.60\sigma_{0ij} \qquad (4.4.3-2)$$

式中：f_{mij}——第 i 个测区第 j 个测点的标准砌体抗压强度换算值（MPa）；

ξ_{1ij}——原位轴压法的无量纲的强度换算系数；

σ_{0ij}——该测点上部墙体的压应力（MPa），其值可按墙体实际所承受的荷载标准值计算。

4.4.4 测区的砌体抗压强度平均值，应按下式计算：

$$f_{mi} = \frac{1}{n_1} \sum_{j=1}^{n_1} f_{mij} \qquad (4.4.4)$$

式中：f_{mi}——第 i 个测区的砌体抗压强度平均值（MPa）；

n_1——第 i 个测区的测点数。

5 扁 顶 法

5.1 一般规定

5.1.1 扁顶法（图 5.1.1）适用于推定普通砖砌体或多孔砖砌体的受压弹性模量、抗压强度或墙体的受

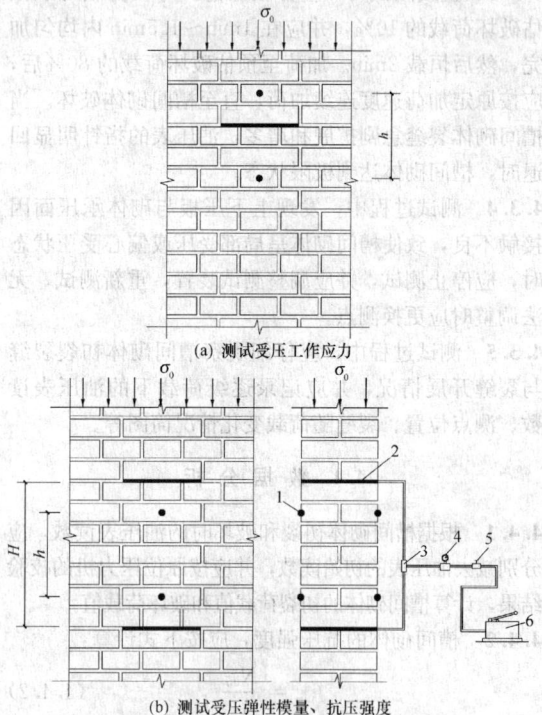

(a) 测试受压工作应力

(b) 测试受压弹性模量、抗压强度

图 5.1.1 扁顶法测试装置与变形测点布置

1—变形测量脚标（两对）；2—扁式液压千斤顶；3—三通接头；4—压力表；5—溢流阀；6—手动油泵；H—槽间砌体高度；h—脚标之间的距离

压工作应力。

5.1.2 测试部位应按本标准第 4.1.2 条的规定执行。

5.2 测试设备的技术指标

5.2.1 扁顶应由 1mm 厚合金钢板焊接而成，总厚度宜为 5mm～7mm，大面尺寸分别宜为 250mm×250mm、250mm×380mm、380mm×380mm 和 380mm×500mm。250mm×250mm 和 250mm×380mm 的扁顶可用于 240mm 厚墙体，380mm×380mm 和 380mm×500mm 扁顶可用于 370mm 厚墙体。

5.2.2 扁顶的主要技术指标，应符合表 5.2.2 的要求。

表 5.2.2 扁顶主要技术指标

项 目	指 标
额定压力（kN）	400
极限压力（kN）	480
额定行程（mm）	10
极限行程（mm）	15
示值相对误差（%）	±3

5.2.3 每次使用前，应校验扁顶的力值。

5.2.4 手持式应变仪和千分表的主要技术指标，应符合表 5.2.4 的要求。

表 5.2.4 手持式应变仪和千分表的主要技术指标

项 目	指 标
行程（mm）	1～3
分辨率（mm）	0.001

5.3 测试步骤

5.3.1 测试墙体的受压工作应力时，应符合下列要求：

1 在选定的墙体上，应标出水平槽的位置，并应牢固粘贴两对变形测量的脚标[图 5.1.1(a)]。脚标应位于水平槽正中并跨越该槽；普通砖砌体脚标之间的距离应相隔 4 条水平灰缝，宜取 250mm；多孔砖砌体脚标之间的距离应相隔 3 条水平灰缝，宜取 270mm～300mm。

2 使用手持应变仪或千分表在脚标上测量砌体变形的初读数时，应测量 3 次，并应取其平均值。

3 在标出水平槽位置处，应剔除水平灰缝内的砂浆。水平槽的尺寸应略大于扁顶尺寸。开凿时不应损伤测点部位的墙体及变形测量脚标。槽的四周应清理平整，并应除去灰渣。

4 使用手持式应变仪或千分表在脚标上测量开槽后的砌体变形值时，应待读数稳定后再进行下一步

测试工作。

5　在槽内安装扁顶，扁顶上下两面宜垫尺寸相同的钢垫板，并应连接测试设备的油路（图5.1.1）。

6　正式测试前的试加荷载测试，应符合本标准第4.3.2条第3款的规定。

7　正式测试时，应分级加荷。每级荷载应为预估破坏荷载值的5%，并应在1.5min～2min内均匀加完，恒载2min后应测读变形值。当变形值接近开槽前的读数时，应适当减小加荷级差，并应直至实测变形值达到开槽前的读数，然后卸荷。

5.3.2　实测墙体的砌体抗压强度或受压弹性模量时，应符合下列要求：

1　在完成墙体的受压工作应力测试后，应开凿第二条水平槽，上下槽应互相平行、对齐。当选用250mm×250mm扁顶时，普通砖砌体两槽之间的距离应相隔7皮砖；多孔砖砌体两槽之间的距离应相隔5皮砖。当选用250mm×380mm扁顶时，普通砖砌体两槽之间的距离应相隔8皮砖；多孔砖砌体两槽之间的距离应相隔6皮砖。遇有灰缝不规则或砂浆强度较高而难以凿槽时，可在槽孔处取出1皮砖，安装扁顶时应采用钢制楔形垫块调整其间隙。

2　应按本标准第5.3.1条第5款的规定在上下槽内安装扁顶。

3　试加荷载，应符合本标准第4.3.2条第3款的规定。

4　正式测试时，加荷方法应符合本标准第4.3.3条的规定。

5　当槽间砌体上部压应力小于0.2MPa时，应加设反力平衡架后再进行测试。当槽间砌体上部压应力不小于0.2MPa时，也宜加设反力平衡架后再进行测试。反力平衡架可由两块反力板和四根钢拉杆组成。

5.3.3　当测试砌体受压弹性模量时，尚应符合下列要求：

1　应在槽间砌体两侧各粘贴一对变形测量脚标[图5.1.1(b)]，脚标应位于槽间砌体的中部。普通砖砌体脚标之间的距离应相隔4条水平灰缝，宜取250mm；多孔砖砌体脚标之间的距离应相隔3条水平灰缝，宜取270mm～300mm。测试前应记录标距值，并应精确至0.1mm。

2　正式测试前，应反复施加10%的预估破坏荷载，其次数不宜少于3次。

3　测试时，加荷方法应符合本标准第4.3.3条的要求，并应测记逐级荷载下的变形值。

4　累计加荷的应力上限不宜大于槽间砌体极限抗压强度的50%。

5.3.4　当仅测定砌体抗压强度时，应同时开凿两条水平槽，并应按本标准第5.3.2条的要求进行测试。

5.3.5　测试记录内容应包括描绘测点布置图、墙体砌筑方式、扁顶位置、脚标位置、轴向变形值、逐级荷载下的油压表读数、裂缝随荷载变化情况简图等。

5.4　数据分析

5.4.1　数据分析时，应根据扁顶力值的校验结果，将油压表读数换算为测试荷载值。

5.4.2　墙体的受压工作应力，应等于按本标准第5.3.1条规定实测变形值达到开凿前的读数时所对应的应力值。

5.4.3　砌体在有侧向约束情况下的受压弹性模量，应按现行国家标准《砌体基本力学性能试验方法标准》GB/T 50129的有关规定计算；当换算为标准砌体的受压弹性模量时，计算结果应乘以换算系数0.85。

5.4.4　槽间砌体的抗压强度，应按本标准式（4.4.2）计算。

5.4.5　槽间砌体抗压强度换算为标准砌体的抗压强度，应按本标准式（4.4.3-1）和式（4.4.3-2）计算。

5.4.6　测区的砌体抗压强度平均值，应按本标准式（4.4.4）计算。

6　切制抗压试件法

6.1　一般规定

6.1.1　切制抗压试件法适用于推定普通砖砌体和多孔砖砌体的抗压强度。检测时，应使用电动切割机，在砖墙上切割两条竖缝，竖缝间距可取370mm或490mm，应人工取出与标准砌体抗压试件尺寸相同的试件，并应运至试验室，砌体抗压测试应按现行国家标准《砌体基本力学性能试验方法标准》GB/T 50129的有关规定执行。

6.1.2　在砖墙上选择切制试件的部位，应符合本标准第4.1.2条的要求。

6.1.3　当宏观检查墙体的砌筑质量差或砌筑砂浆强度等级低于M2.5（含M2.5）时，不宜选用切制抗压试件法。

6.2　测试设备的技术指标

6.2.1　切割墙体竖向通缝的切割机，应符合下列要求：

1　机架应有足够的强度、刚度、稳定性。

2　切割机应操作灵活，并应固定和移动方便。

3　切割机的锯切深度不应小于240mm。

4　切割机上的电动机、导线及其连接的接点应具有良好的防潮性能。

5　切割机宜配备水冷却系统。

6.2.2　测试设备应选择适宜吨位的长柱压力试验机，其精度（示值的相对误差）不应大于2%。预估抗压

试件的破坏荷载值，应为压力试验机额定压力的
20%～80%。

6.3 测试步骤

6.3.1 选取切制试件的部位后，应按现行国家标准
《砌体基本力学性能试验方法标准》GB/T 50129的有
关规定，确定试件高度 H 和试件宽度 b（图6.3.1），
并应标出切割线。在选择切割线时，宜选取竖向灰缝
上、下对齐的部位。

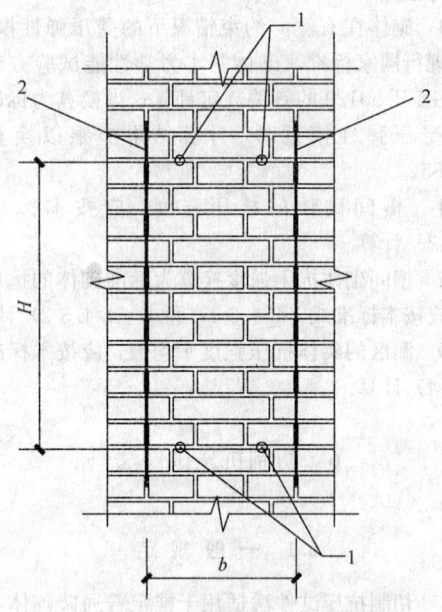

图6.3.1 切制普通砖砌体抗压试件
1—钻孔；2—切割线；H—试件高度；b—试件宽度

6.3.2 应在拟切制试件上、下两端各钻2个孔，并
应将拟切制试件捆绑牢固，也可采用其他适宜的临时
固定方法。

6.3.3 应将切割机的锯片（锯条）对准切割线，并
垂直于墙面，然后应启动切割机，并应在砖墙上切出
两条竖缝。切割过程中，切割机不得偏转和移位，并
应使锯片（锯条）处于连续水冷却状态。

6.3.4 应凿掉切制试件顶部一皮砖；应适当凿取试
件底部砂浆，并应伸进撬棍，应将水平灰缝撬松动，
然后应小心抬出试件。

6.3.5 试件搬运过程中，应防止碰撞，并应采取减
小振动的措施。需要长距离运输试件时，宜用草绳等
材料紧密捆绑试件。

6.3.6 试件运至试验室后，应将试件上下表面大致
修理平整；应在预先找平的钢垫板上坐浆，然后应将
试件放在钢垫板上；试件顶面应用1:3水泥砂浆找
平。试件上、下表面的砂浆应在自然养护3d后，再
进行抗压测试。测量试件受压变形值时，应在宽侧面
上粘贴安装百分表的表座。

6.3.7 量测试件截面尺寸时，除应符合现行国家标

准《砌体基本力学性能试验方法标准》GB/T 50129
的有关规定外，在量测长边尺寸时，尚应除去长边两
端残留的竖缝砂浆。

6.3.8 切制试件的抗压试验步骤，应包括试件在试
验机底板上的对中方法、试件顶面找平方法、加荷制
度、裂缝观察、初裂荷载及破坏荷载等检测及测试事
项，均应符合现行国家标准《砌体基本力学性能试验
方法标准》GB/T 50129的有关规定。

6.4 数据分析

6.4.1 单个切制试件的抗压强度，应按本标准式
（4.4.2）计算。

6.4.2 测区的砌体抗压强度平均值，应按本标准式
（4.4.4）计算。

6.4.3 计算结果表示被测墙体的实际抗压强度值，
不应乘以强度调整系数。

7 原位单剪法

7.1 一般规定

7.1.1 原位单剪法适用于推定砖砌体沿通缝截面的
抗剪强度。检测时，测试部位宜选在窗洞口或其他洞
口下三皮砖范围内，试件具体尺寸应符合图7.1.1的
规定。

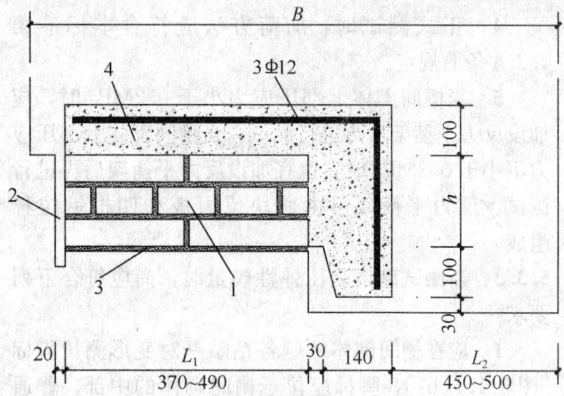

图7.1.1 原位单剪试件大样
1—被测砌体；2—切口；3—受剪灰缝；
4—现浇混凝土传力件；
h—三皮砖的高度；B—洞口宽度；L_1—剪切
面长度；L_2—设备长度预留空间

7.1.2 试件的加工过程中，应避免扰动被测灰缝。

7.1.3 测试部位不应选在后砌窗下墙处，且其施工
质量应具有代表性。

7.2 测试设备的技术指标

7.2.1 测试设备应包括螺旋千斤顶或卧式液压千斤
顶、荷载传感器及数字荷载表等。试件的预估破坏荷

载值应为千斤顶、传感器最大测量值的 20%～80%。

7.2.2 检测前，应标定荷载传感器及数字荷载表，其示值相对误差不应大于 2%。

7.3 测 试 步 骤

7.3.1 在选定的墙体上，应采用振动较小的工具加工切口，现浇钢筋混凝土传力件（图 7.3.1）的混凝土强度等级不应低于 C15。

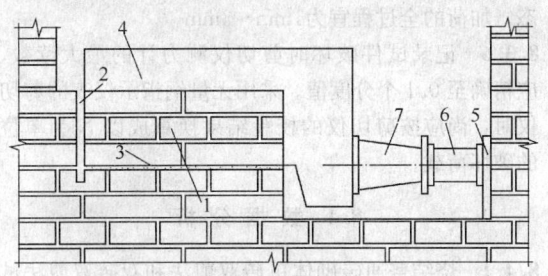

图 7.3.1 原位单剪法测试装置

1—被测砌体；2—切口；3—受剪灰缝；4—现浇
混凝土传力件；5—垫板；6—传感器；7—千斤顶

7.3.2 测量被测灰缝的受剪面尺寸，应精确至 1mm。

7.3.3 安装千斤顶及测试仪表，千斤顶的加力轴线与被测灰缝顶面应对齐（图 7.3.1）。

7.3.4 加荷时应匀速施加水平荷载，并应控制试件在 2min～5min 内破坏。当试件沿受剪面滑动、千斤顶开始卸荷时，应判定试件达到破坏状态；应记录破坏荷载值，并应结束测试；应在预定剪切面（灰缝）破坏，测试有效。

7.3.5 加荷测试结束后，应翻转已破坏的试件，检查剪切面破坏特征及砌体砌筑质量，并应详细记录。

7.4 数 据 分 析

7.4.1 数据分析时，应根据测试仪表的校验结果，进行荷载换算，并应精确至 10N。

7.4.2 砌体的沿通缝截面抗剪强度应按下式计算：

$$f_{vij} = \frac{N_{vij}}{A_{vij}} \tag{7.4.2}$$

式中：f_{vij}——第 i 个测区第 j 个测点的砌体沿通缝截面抗剪强度（MPa）；

N_{vij}——第 i 个测区第 j 个测点的抗剪破坏荷载（N）；

A_{vij}——第 i 个测区第 j 个测点的受剪面积（mm²）。

7.4.3 测区的砌体沿通缝截面抗剪强度平均值，应按下式计算：

$$f_{vi} = \frac{1}{n_1} \sum_{j=1}^{n_1} f_{vij} \tag{7.4.3}$$

式中：f_{vi}——第 i 个测区的砌体沿通缝截面抗剪强度平均值（MPa）。

8 原位双剪法

8.1 一 般 规 定

8.1.1 原位双剪法（图 8.1.1）应包括原位单砖双剪法和原位双砖双剪法。原位单砖双剪法适用于推定各类墙厚的烧结普通砖或烧结多孔砖砌体的抗剪强度，原位双砖双剪法仅适用于推定 240mm 厚墙的烧结普通砖或烧结多孔砖砌体的抗剪强度。检测时，应将原位剪切仪的主机安放在墙体的槽孔内，并应以一块或两块并列完整的顺砖及其上下两条水平灰缝作为一个测点（试件）。

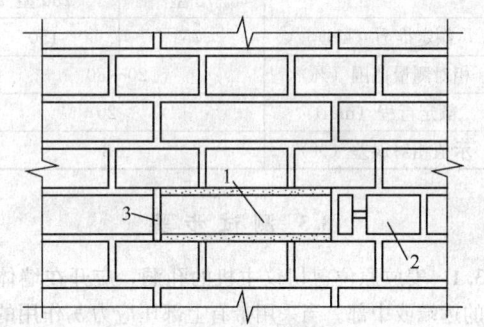

图 8.1.1 原位双剪法测试示意

1—剪切试件；2—剪切仪主机；3—掏空的竖缝

8.1.2 原位双剪法宜选用释放或可忽略受剪面上部压应力 σ_0 作用的测试方案；当上部压应力 σ_0 较大且可较准确计算时，也可选用在上部压应力 σ_0 作用下的测试方案。

8.1.3 在测区内选择测点，应符合下列要求：

 1 测区应随机布置 n_1 个测点，对原位单砖双剪法，在墙体两面的测点数量宜接近或相等。

 2 试件两个受剪面的水平灰缝厚度应为 8mm～12mm。

 3 下列部位不应布设测点：

  1） 门、窗洞口侧边 120mm 范围内；

  2） 后补的施工洞口和经修补的砌体；

  3） 独立砖柱。

 4 同一墙体的各测点之间，水平方向净距不应小于 1.5m，垂直方向净距不应小于 0.5m，且不应在同一水平位置或纵向位置。

8.2 测试设备的技术指标

8.2.1 原位剪切仪的主机应为一个附有活动承压钢板的小型千斤顶。其成套设备如图 8.2.1 所示。

8.2.2 原位剪切仪的主要技术指标应符合表 8.2.2 的规定。

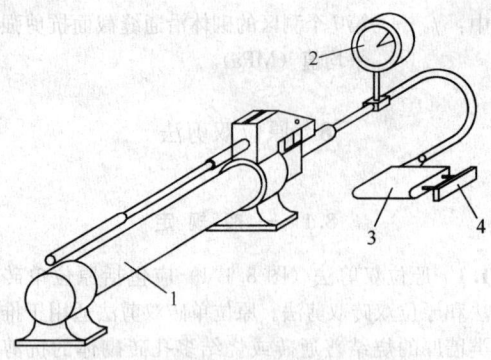

图 8.2.1 成套原位剪切仪示意

1—油泵；2—压力表；3—剪切仪主机；4—承压钢板

表 8.2.2 原位剪切仪主要技术指标

项　目	指　标	
	75 型	150 型
额定推力（kN）	75	150
相对测量范围（%）	20～80	
额定行程（mm）	＞20	
示值相对误差（%）	±3	

8.3　测 试 步 骤

8.3.1　安放原位剪切仪主机的孔洞，应开在墙体边缘的远端或中部。当采用带有上部压应力 σ_0 作用的测试方案时，应按图 8.1.1 所示制备出安放主机的孔洞，并应清除四周的灰缝。原位单砖双剪试件的孔洞截面尺寸，普通砖砌体不得小于 115mm×65mm；多孔砖砌体不得小于 115mm×110mm。原位双砖双剪试件的孔洞截面尺寸，普通砖砌体不得小于 240mm×65mm；多孔砖砌体不得小于 240mm×110mm；应掏空、清除剪切试件另一端的竖缝。

8.3.2　当采用释放试件上部压应力 σ_0 的测试方案时，尚应按图 8.3.2 所示，掏空试件顶部两皮砖之上的一条水平灰缝，掏空范围，应由剪切试件的两端向上按45°角扩散至灰缝 4，掏空长度应大于 620mm，深度应大于 240mm。

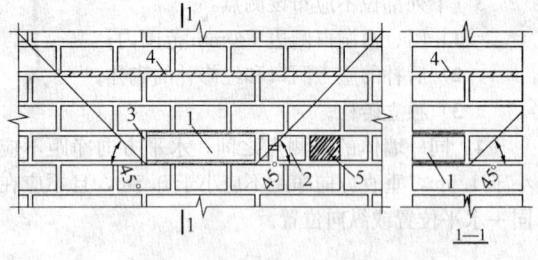

图 8.3.2　释放 σ_0 方案示意

1—试样；2—剪切仪主机；3—掏空竖缝；
4—掏空水平灰缝；5—垫块

8.3.3　试件两端的灰缝应清理干净。开凿清理过程中，严禁扰动试件；发现被推砖块有明显缺棱掉角或

上、下灰缝有松动现象时，应舍去该试件。被推砖的承压面应平整，不平时应用扁砂轮等工具磨平。

8.3.4　测试时，应将剪切仪主机放入开凿好的孔洞中（图 8.3.2），并应使仪器的承压板与试件的砖块顶面重合，仪器轴线与砖块轴线应吻合。开凿孔洞过长时，在仪器尾部应另加垫块。

8.3.5　操作剪切仪，应匀速施加水平荷载，并应直至试件和砌体之间产生相对位移，试件达到破坏状态。加荷的全过程宜为1min～3min。

8.3.6　记录试件破坏时剪切仪测力计的最大读数，应精确至 0.1 个分度值。采用无量纲指示仪表的剪切仪时，尚应按剪切仪的校验结果换算成以 N 为单位的破坏荷载。

8.4　数 据 分 析

8.4.1　烧结普通砖砌体单砖双剪法和双砖双剪法试件沿通缝截面的抗剪强度，应按下式计算：

$$f_{vij} = \frac{0.32 N_{vij}}{A_{vij}} - 0.70\sigma_{0ij} \qquad (8.4.1)$$

式中：A_{vij}——第 i 个测区第 j 个测点单个灰缝受剪截面的面积（mm^2）；

σ_{0ij}——该测点上部墙体的压应力（MPa），当忽略上部压应力作用或释放上部压应力时，取为 0。

8.4.2　烧结多孔砖砌体单砖双剪法和双砖双剪法试件沿通缝截面的抗剪强度，应按下式计算：

$$f_{vij} = \frac{0.29 N_{vij}}{A_{vij}} - 0.70\sigma_{0ij} \qquad (8.4.2)$$

式中：A_{vij}——第 i 个测区第 j 个测点单个灰缝受剪截面的面积（mm^2）；

σ_{0ij}——该测点上部墙体的压应力（MPa），当忽略上部压应力作用或释放上部压应力时，取为 0。

8.4.3　测区的砌体沿通缝截面抗剪强度平均值，应按本标准式（7.4.3）计算。

9　推 出 法

9.1　一 般 规 定

9.1.1　推出法（图 9.1.1）适用于推定 240mm 厚烧结普通砖、烧结多孔砖、蒸压灰砂砖或蒸压粉煤灰砖墙体中的砌筑砂浆强度，所测砂浆的强度宜为 1MPa～15MPa。检测时，应将推出仪安放在墙体的孔洞内。推出仪应由钢制部件、传感器、推出力峰值测定仪等组成。

9.1.2　选择测点应符合下列要求：

　　1　测点宜均匀布置在墙上，并应避开施工中的预留洞口。

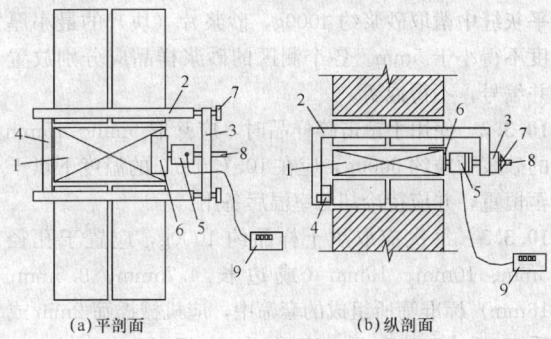

图 9.1.1　推出仪及测试安装示意

1—被推出丁砖；2—支架；3—前梁；4—后梁；5—传
感器；6—垫片；7—调平螺钉；8—加荷螺杆；9—推出
力峰值测定仪

2 被推丁砖的承压面可采用砂轮磨平，并应清理干净。

3 被推丁砖下的水平灰缝厚度应为 8mm～12mm。

4 测试前，被推丁砖应编号，并应详细记录墙体的外观情况。

9.2　测试设备的技术指标

9.2.1 推出仪的主要技术指标应符合表 9.2.1 的要求。

表 9.2.1　推出仪的主要技术指标

项　　目	指　　标
额定推力（kN）	30
相对测量范围（%）	20～80
额定行程（mm）	80
示值相对误差（%）	±3

9.2.2 力值显示仪器或仪表应符合下列要求：

1 最小分辨值应为 0.05kN，力值范围应为 0kN～30kN。

2 应具有测力峰值保持功能。

3 仪器读数显示应稳定，在 4h 内的读数漂移应小于 0.05kN。

9.3　测试步骤

9.3.1 取出被推丁砖上部的两块顺砖（图 9.3.1），应符合下列要求：

1 应使用冲击钻在图 9.3.1 所示 A 点打出约 40mm 的孔洞。

2 应使用锯条自 A 至 B 点锯开灰缝。

3 应将扁铲打入上一层灰缝，并应取出两块顺砖。

4 应使用锯条锯切被推丁砖两侧的竖向灰缝，并应直至下皮砖顶面。

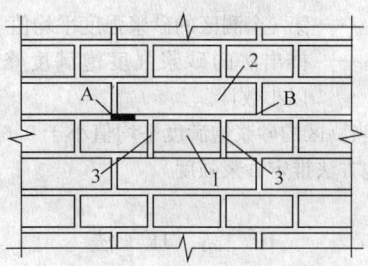

图 9.3.1　试件加工步骤示意

1—被推丁砖；2—被取出的
两块顺砖；3—掏空的竖缝

5 开洞及清缝时，不得扰动被推丁砖。

9.3.2 安装推出仪（图 9.1.1），应使用钢尺测量前梁两端与墙面距离，误差应小于 3mm。传感器的作用点，在水平方向应位于被推丁砖中间；铅垂方向距被推丁砖下表面之上的距离，普通砖为 15mm，多孔砖应为 40mm。

9.3.3 旋转加荷螺杆对试件施加荷载时，加荷速度宜控制在 5kN/min。当被推丁砖和砌体之间发生相对位移时，应认定试件达到破坏状态，并应记录推出力 N_{ij}。

9.3.4 取下被推丁砖时，应使用百格网测试砂浆饱满度 B_{ij}。

9.4　数据分析

9.4.1 单个测区的推出力平均值，应按下式计算：

$$N_i = \xi_{2i} \frac{1}{n_1} \sum_{j=1}^{n_1} N_{ij} \qquad (9.4.1)$$

式中：N_i——第 i 个测区的推出力平均值（kN），精确至 0.01kN；

$\quad N_{ij}$——第 i 个测区第 j 块测试砖的推出力峰值（kN）；

$\quad \xi_{2i}$——砖品种的修正系数，对烧结普通砖和烧结多孔砖，取 1.00，对蒸压灰砂砖或蒸压粉煤灰砖，取 1.14。

9.4.2 测区的砂浆饱满度平均值，应按下式计算：

$$B_i = \frac{1}{n_1} \sum_{j=1}^{n_1} B_{ij} \qquad (9.4.2)$$

式中：B_i——第 i 个测区的砂浆饱满度平均值，以小数计；

$\quad B_{ij}$——第 i 个测区第 j 块测试砖下的砂浆饱满度实测值，以小数计。

9.4.3 当测区的砂浆饱满度平均值不小于 0.65 时，测区的砂浆强度平均值，应按下列公式计算：

$$f_{2i} = 0.30 \left(\frac{N_i}{\xi_{3i}} \right)^{1.19} \qquad (9.4.3-1)$$

$$\xi_{3i} = 0.45 B_i^2 + 0.90 B_i \qquad (9.4.3-2)$$

式中：f_{2i}——第 i 个测区的砂浆强度平均值（MPa）；

ξ_{3i}——推出法的砂浆强度饱满度修正系数，以小数计。

9.4.4 当测区的砂浆饱满度平均值小于 0.65 时，宜选用其他方法推定砂浆强度。

10 筒 压 法

10.1 一 般 规 定

10.1.1 筒压法适用于推定烧结普通砖或烧结多孔砖砌体中砌筑砂浆的强度，不适用于推定高温、长期浸水、遭受火灾、环境侵蚀等砌筑砂浆的强度。检测时，应从砖墙中抽取砂浆试样，并应在试验室内进行筒压荷载测试，应测试筒压比，然后换算为砂浆强度。

10.1.2 筒压法所测试的砂浆品种及其强度范围，应符合下列要求：

1 砂浆品种应包括中砂、细砂配制的水泥砂浆，特细砂配制的水泥砂浆，中砂、细砂配制的水泥石灰混合砂浆，中砂、细砂配制的水泥粉煤灰砂浆，石灰石质石粉砂与中砂、细砂混合配制的水泥石灰混合砂浆和水泥砂浆。

2 砂浆强度范围应为 2.5MPa～20MPa。

10.2 测试设备的技术指标

10.2.1 承压筒（图 10.2.1）可用普通碳素钢或合金钢制作，也可用测定轻骨料筒压强度的承压筒代替。

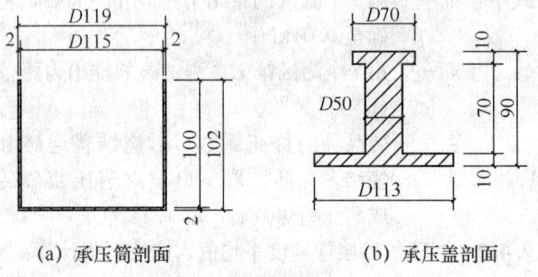

(a) 承压筒剖面　　　(b) 承压盖剖面

图 10.2.1 承压筒构造

10.2.2 水泥跳桌技术指标，应符合现行国家标准《水泥胶砂流动度测定方法》GB/T 2419 的有关规定。

10.2.3 其他设备和仪器应包括 50kN～100kN 压力试验机或万能试验机；砂摇筛机；干燥箱；孔径为 5mm、10mm、15mm（或边长为 4.75mm、9.5mm、16mm）的标准砂石筛（包括筛盖和底盘）；称量为 1000g，感量为 0.1g 的托盘天平。

10.3 测 试 步 骤

10.3.1 在每一测区，应从距墙表面 20mm 以里的水平灰缝中凿取砂浆约 4000g，砂浆片（块）的最小厚度不得小于 5mm。各个测区的砂浆样品应分别放置并编号，不得混淆。

10.3.2 使用手锤击碎样品时，应筛取 5mm～15mm 的砂浆颗粒约 3000g，应在 105℃±5℃ 的温度下烘干至恒重，并应待冷却至室温后备用。

10.3.3 每次应取烘干样品约 1000g，应置于孔径 5mm、10mm、15mm（或边长 4.75mm、9.5mm、16mm）标准筛所组成的套筛中，应机械摇筛 2min 或手工摇筛 1.5min；应称取粒级 5mm～10mm（4.75mm～9.5mm）和 10mm～15mm（9.5mm～16mm）的砂浆颗粒各 250g，混合均匀后作为一个试样；应制备三个试样。

10.3.4 每个试样应分两次装入承压筒。每次宜装 1/2，应在水泥跳桌上跳振 5 次。第二次装料并跳振后，应整平表面。

无水泥跳桌时，可按砂、石紧密体积密度的测试方法颠击密实。

10.3.5 将装试样的承压筒置于试验机上时，应再次检查承压筒内的砂浆试样表面是否平整，稍有不平时，应整平；应盖上承压盖，并应按 0.5kN/s～1.0kN/s 加荷速度或 20s～40s 内均匀加荷至规定的筒压荷载值后，立即卸荷。不同品种砂浆的筒压荷载值，应符合下列要求：

1 水泥砂浆、石粉砂浆应为 20kN。

2 特细砂水泥砂浆应为 10kN。

3 水泥石灰混合砂浆、粉煤灰砂浆应为 10kN。

10.3.6 施加荷载过程中，出现承压盖倾斜状况时，应立即停止测试，并应检查承压盖是否受损（变形），以及承压筒内砂浆试样表面是否平整。出现承压盖受损（变形）情况时，应更换承压盖，并应重新制备试样。

10.3.7 将施压后的试样倒入由孔径 5（4.75）mm 和 10（9.5）mm 标准筛组成的套筛中，应装入摇筛机摇筛 2min 或人工摇筛 1.5min，并应筛至每隔 5s 的筛出量基本相符。

10.3.8 应称量各筛筛余试样的重量，并应精确至 0.1g，各筛的分计筛余量和底盘剩余量的总和，与筛分前的试样重量相比，相对差值不得超过试样重量的 0.5%；当超过时，应重新进行测试。

10.4 数 据 分 析

10.4.1 标准试样的筒压比，应按下式计算：

$$\eta_{ij} = \frac{t_1 + t_2}{t_1 + t_2 + t_3} \qquad (10.4.1)$$

式中：η_{ij}——第 i 个测区中第 j 个试样的筒压比，以小数计；

t_1、t_2、t_3——分别为孔径 5（4.75）mm、10（9.5）mm 筛的分计筛余量和底盘中剩余量

(g)。

10.4.2 测区的砂浆筒压比，应按下式计算：

$$\eta_i = \frac{1}{3}(\eta_{i1} + \eta_{i2} + \eta_{i3}) \quad (10.4.2)$$

式中：η_i——第 i 个测区的砂浆筒压比平均值，以小数计，精确至 0.01；

η_{i1}、η_{i2}、η_{i3}——分别为第 i 个测区三个标准砂浆试样的筒压比。

10.4.3 测区的砂浆强度平均值应按下列公式计算：

水泥砂浆：

$$f_{2i} = 34.58(\eta_i)^{2.06} \quad (10.4.3-1)$$

特细砂水泥砂浆：

$$f_{2i} = 21.36(\eta_i)^{3.07} \quad (10.4.3-2)$$

水泥石灰混合砂浆：

$$f_{2i} = 6.10(\eta_i) + 11.0(\eta_i)^{2.0} \quad (10.4.3-3)$$

粉煤灰砂浆：

$$f_{2i} = 2.52 - 9.40(\eta_i) + 32.80(\eta_i)^{2.0}$$
$$(10.4.3-4)$$

石粉砂浆：

$$f_{2i} = 2.70 - 13.90(\eta_i) + 44.90(\eta_i)^{2.0}$$
$$(10.4.3-5)$$

11 砂浆片剪切法

11.1 一 般 规 定

11.1.1 砂浆片剪切法（图 11.1.1）适用于推定烧结普通砖或烧结多孔砖砌体中的砌筑砂浆强度。检测时，应从砖墙中抽取砂浆片试样，并应采用砂浆测强仪测试其抗剪强度，然后换算为砂浆强度。

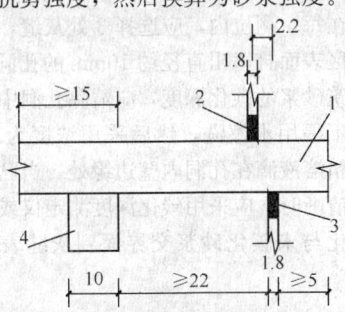

图 11.1.1 砂浆测强仪工作原理
1—砂浆片；2—上刀片；
3—下刀片；4—条钢块

11.1.2 从每个测点处，宜取出两个砂浆片，应一片用于检测、一片备用。

11.2 测试设备的技术指标

11.2.1 砂浆测强仪的主要技术指标应符合表

11.2.1 的要求。

表 11.2.1 砂浆测强仪主要技术指标

项 目		指 标
上下刀片刃口厚度(mm)		1.8±0.02
上下刀片中心间距(mm)		2.2±0.05
测试荷载 N_v 范围(N)		40～1400
示值相对误差(%)		±3
刀片行程	上刀片(mm)	>30
	下刀片(mm)	>3
刀片刃口面平面度(mm)		0.02
刀片刃口棱角线直线度(mm)		0.02
刀片刃口棱角垂直度(mm)		0.02
刀片刃口硬度(HRC)		55～58

11.2.2 砂浆测强标定仪的主要技术指标应符合表 11.2.2 的要求。

表 11.2.2 砂浆测强标定仪主要技术指标

项 目	指 标
标定荷载 N_b 范围（N）	40～1400
示值相对误差（%）	±1
N_b 作用点偏离下刀片中心线距离（mm）	±0.2

11.3 测 试 步 骤

11.3.1 制备砂浆片试件，应符合下列要求：

1 从测点处的单块砖大面上取下的原状砂浆大片，应编号，并应分别放入密封袋内。

2 一个测区的墙面尺寸宜为 0.5m×0.5m。同一个测区的砂浆片，应加工成尺寸接近的片状体，大面、条面应均匀平整，单个试件的各向尺寸，厚度应为 7mm～15mm，宽度应为 15mm～50mm，长度应按净跨度不小于 22mm 确定（图 11.1.1）。

3 试件加工完毕，应放入密封袋内。

11.3.2 砂浆试件含水率，应与砌体正常工作时的含水率基本一致。试件呈冻结状态时，应缓慢升温解冻。

11.3.3 砂浆片试件的剪切测试，应符合下列程序：

1 应调平砂浆测强仪，并应使水准泡居中；

2 应将砂浆片试件置于砂浆测强仪内（图 11.1.1），并应用上刀片压紧；

3 应开动砂浆测强仪，并应对试件匀速连续施加荷载，加荷速度不宜大于 10N/s，直至试件破坏。

11.3.4 试件未沿刀片刃口破坏时，此次测试应作废，应取备用试件补测。

11.3.5 试件破坏后，应记读压力表指针读数，并应换算成剪切荷载值。

11.3.6 用游标卡尺或最小刻度为 0.5mm 的钢板尺量测试件破坏截面尺寸时，应每个方向量测两次，并应分别取平均值。

11.4 数据分析

11.4.1 砂浆片试件的抗剪强度，应按下式计算：

$$\tau_{ij} = 0.95 \frac{V_{ij}}{A_{ij}} \qquad (11.4.1)$$

式中：τ_{ij}——第 i 个测区第 j 个砂浆片试件的抗剪强度（MPa）；

$\quad\quad V_{ij}$——试件的抗剪荷载值（N）；

$\quad\quad A_{ij}$——试件破坏截面面积（mm^2）。

11.4.2 测区的砂浆片抗剪强度平均值，应按下式计算：

$$\tau_i = \frac{1}{n_1} \sum_{j=1}^{n_1} \tau_{ij} \qquad (11.4.2)$$

式中：τ_i——第 i 个测区的砂浆片抗剪强度平均值（MPa）。

11.4.3 测区的砂浆抗压强度平均值，应按下式计算：

$$f_{2i} = 7.17\tau_i \qquad (11.4.3)$$

11.4.4 当测区的砂浆抗剪强度低于 0.3MPa 时，应对本标准式（11.4.3）的计算结果乘以表 11.4.4 的修正系数。

表 11.4.4 低强砂浆的修正系数

τ_i (MPa)	>0.30	0.25	0.20	<0.15
修正系数	1.00	0.86	0.75	0.35

12 砂浆回弹法

12.1 一般规定

12.1.1 砂浆回弹法适用于推定烧结普通砖或烧结多孔砖砌体中砌筑砂浆的强度，不适用于推定高温、长期浸水、遭受火灾、环境侵蚀等砌筑砂浆的强度。检测时，应用回弹仪测试砂浆表面硬度，并应用浓度为 1%～2% 的酚酞酒精溶液测试砂浆碳化深度，应以回弹值和碳化深度两项指标换算为砂浆强度。

12.1.2 检测前，应宏观检查砌筑砂浆质量，水平灰缝内部的砂浆与其表面的砂浆质量应基本一致。

12.1.3 测位宜选在承重墙的可测面上，并应避开门窗洞口及预埋件等附近的墙体。墙面上每个测位的面积宜大于 0.3m²。

12.1.4 墙体水平灰缝砌筑不饱满或表面粗糙且无法磨平时，不得采用砂浆回弹法检测砂浆强度。

12.2 测试设备的技术指标

12.2.1 砂浆回弹仪的主要技术性能指标应符合表 12.2.1 的要求，其示值系统宜为指针直读式。

表 12.2.1 砂浆回弹仪主要技术性能指标

项　目	指　标
标称动能（J）	0.196
指针摩擦力（N）	0.5±0.1
弹击杆端部球面半径（mm）	25±1.0
钢砧率定值（R）	74±2

12.2.2 砂浆回弹仪的检定和保养，应按国家现行有关回弹仪的检定标准执行。

12.2.3 砂浆回弹仪在工程检测前后，均应在钢砧上进行率定测试。

12.3 测试步骤

12.3.1 测位处应按下列要求进行处理：

1 粉刷层、勾缝砂浆、污物等应清除干净。

2 弹击点处的砂浆表面，应仔细打磨平整，并应除去浮灰。

3 磨掉表面砂浆的深度应为 5mm～10mm，且不应小于 5mm。

12.3.2 每个测位内应均匀布置 12 个弹击点。选定弹击点应避开砖的边缘、灰缝中的气孔或松动的砂浆。相邻两弹击点的间距不应小于 20mm。

12.3.3 在每个弹击点上，应使用回弹仪连续弹击 3 次，第 1、2 次不应读数，应仅记读第 3 次回弹值，回弹值读数应估读至 1。测试过程中，回弹仪应始终处于水平状态，其轴线应垂直于砂浆表面，且不得移位。

12.3.4 在每一测位内，应选择 3 处灰缝，并应采用工具在测区表面打凿出直径约 10mm 的孔洞，其深度应大于砌筑砂浆的碳化深度，应清除孔洞中的粉末和碎屑，且不得用水擦洗，然后采用浓度为 1%～2% 的酚酞酒精溶液滴在孔洞内壁边缘处，当已碳化与未碳化界限清晰时，应采用碳化深度测定仪或游标卡尺测量已碳化与未碳化砂浆交界面到灰缝表面的垂直距离。

12.4 数据分析

12.4.1 从每个测位的 12 个回弹值中，应分别剔除最大值、最小值，将余下的 10 个回弹值计算算术平均值，应以 R 表示，并应精确至 0.1。

12.4.2 每个测位的平均碳化深度，应取该测位各次测量值的算术平均值，应以 d 表示，并应精确至 0.5mm。

12.4.3 第 i 个测区第 j 个测位的砂浆强度换算值，

应根据该测位的平均回弹值和平均碳化深度值，分别按下列公式计算：

$d \leqslant 1.0$mm 时：

$$f_{2ij} = 13.97 \times 10^{-5} R^{3.57} \qquad (12.4.3-1)$$

1.0mm$< d < 3.0$mm 时：

$$f_{2ij} = 4.85 \times 10^{-4} R^{3.04} \qquad (12.4.3-2)$$

$d \geqslant 3.0$mm 时：

$$f_{2ij} = 6.34 \times 10^{-5} R^{3.60} \qquad (12.4.3-3)$$

式中：f_{2ij}——第 i 个测区第 j 个测位的砂浆强度值（MPa）；

d——第 i 个测区第 j 个测位的平均碳化深度（mm）；

R——第 i 个测区第 j 个测位的平均回弹值。

12.4.4 测区的砂浆抗压强度平均值，应按下式计算：

$$f_{2i} = \frac{1}{n_1} \sum_{j=1}^{n_1} f_{2ij} \qquad (12.4.4)$$

13 点 荷 法

13.1 一 般 规 定

13.1.1 点荷法适用于推定烧结普通砖或烧结多孔砖砌体中的砌筑砂浆强度。检测时，应从砖墙中抽取砂浆片试样，并应采用试验机或专用仪器测试其点荷载值，然后换算为砂浆强度。

13.1.2 从每个测点处，宜取出两个砂浆大片，应一片用于检测、一片备用。

13.2 测试设备的技术指标

13.2.1 测试设备应采用额定压力较小的压力试验机，最小读数盘宜为 50kN 以内。

13.2.2 压力试验机的加荷附件，应符合下列要求：

1 钢质加荷头应为内角为 60°的圆锥体，锥底直径应为 40mm，锥体高度应为 30mm；锥体的头部应为半径为 5mm 的截球体，锥球高度应为 3mm（图13.2.2）；其他尺寸可自定。加荷头应为 2 个。

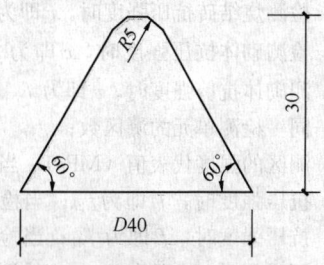

图 13.2.2　加荷头端部尺寸示意

2 加荷头与试验机的连接方法，可根据试验机的具体情况确定，宜将连接件与加荷头设计为一个整体附件。

13.2.3 在符合本标准第 13.2.2 条要求的前提下，也可采用其他专用加荷附件或专用仪器。

13.3 测 试 步 骤

13.3.1 制备试件，应符合下列要求：

1 从每个测点处剥离出砂浆大片。

2 加工或选取的砂浆试件应符合下列要求：

1） 厚度为 5mm～12mm；

2） 预估荷载作用半径为 15mm～25mm；

3） 大面应平整，但其边缘可不要求非常规则。

3 在砂浆试件上应画出作用点，并应量测其厚度，应精确至 0.1mm。

13.3.2 在小吨位压力试验机上、下压板上应分别安装上、下加荷头，两个加荷头应对齐。

13.3.3 将砂浆试件水平放置在下加荷头上时，上、下加荷头应对准预先画好的作用点，并应使上加荷头轻轻压紧试件，然后应缓慢匀速施加荷载至试件破坏。加荷速度宜控制试件在 1min 左右破坏，应记录荷载值，并应精确至 0.1kN。

13.3.4 应将破坏后的试件拼接成原样，测量荷载实际作用点中心到试件破坏线边缘的最短距离，即荷载作用半径，应精确至 0.1mm。

13.4 数 据 分 析

13.4.1 砂浆试件的抗压强度换算值，应按下列公式计算：

$$f_{2ij} = (33.30 \xi_{4ij} \xi_{5ij} N_{ij} - 1.10)^{1.09}$$
$$(13.4.1-1)$$

$$\xi_{4ij} = \frac{1}{0.05 r_{ij} + 1} \qquad (13.4.1-2)$$

$$\xi_{5ij} = \frac{1}{0.03 t_{ij} (0.10 t_{ij} + 1) + 0.40}$$
$$(13.4.1-3)$$

式中：N_{ij}——点荷载值（kN）；

ξ_{4ij}——荷载作用半径修正系数；

ξ_{5ij}——试件厚度修正系数；

r_{ij}——荷载作用半径（mm）；

t_{ij}——试件厚度（mm）。

13.4.2 测区的砂浆抗压强度平均值，应按本标准式（12.4.4）计算。

14 烧结砖回弹法

14.1 一 般 规 定

14.1.1 烧结砖回弹法适用于推定烧结普通砖砌体或烧结多孔砖砌体中砖的抗压强度，不适用于推定表面已风化或遭受冻害、环境侵蚀的烧结普通砖砌体或烧结多孔砖砌体中砖的抗压强度。检测时，应用回弹仪

测试砖表面硬度，并应将砖回弹值换算成砖抗压强度。

14.1.2 每个检测单元中应随机选择 10 个测区。每个测区的面积不宜小于 1.0m²，应在其中随机选择 10 块条面向外的砖作为 10 个测位供回弹测试。选择的砖与砖墙边缘的距离应大于 250mm。

14.2 测试设备的技术指标

14.2.1 烧结砖回弹法的测试设备，宜采用示值系统为指针直读式的砖回弹仪。

14.2.2 砖回弹仪的主要技术性能指标，应符合表 14.2.2 的要求。

表 14.2.2 砖回弹仪主要技术性能指标

项 目	指 标
标称动能（J）	0.735
指针摩擦力（N）	0.5±0.1
弹击杆端部球面半径（mm）	25±1.0
钢砧率定值（R）	74±2

14.2.3 砖回弹仪的检定和保养，应按国家现行有关回弹仪的检定标准执行。

14.2.4 砖回弹仪在工程检测前后，均应在钢砧上进行率定测试。

14.3 测 试 步 骤

14.3.1 被检测砖应为外观质量合格的完整砖。砖的条面应干燥、清洁、平整，不应有饰面层、粉刷层，必要时可用砂轮清除表面的杂物，并应磨平测面，同时应用毛刷刷去粉尘。

14.3.2 在每块砖的测面上应均匀布置 5 个弹击点。选定弹击点时应避开砖表面的缺陷。相邻两弹击点的间距不应小于 20mm，弹击点离砖边缘不应小于 20mm，每一弹击点应只能弹击一次，回弹值读数应估读至 1。测试时，回弹仪应处于水平状态，其轴线应垂直于砖的测面。

14.4 数 据 分 析

14.4.1 单个测位的回弹值，应取 5 个弹击点回弹值的平均值。

14.4.2 第 i 测区第 j 个测位的抗压强度换算值，应按下列公式计算：

1 烧结普通砖：
$$f_{1ij} = 2 \times 10^{-2} R^2 - 0.45R + 1.25$$
$$(14.4.2-1)$$

2 烧结多孔砖：

$$f_{1ij} = 1.70 \times 10^{-3} R^{2.48} \quad (14.4.2-2)$$

式中：f_{1ij}——第 i 测区第 j 个测位的抗压强度换算值（MPa）；

R——第 i 测区第 j 个测位的平均回弹值。

14.4.3 测区的砖抗压强度平均值，应按下式计算：

$$f_{1i} = \frac{1}{10} \sum_{j=1}^{n_1} f_{1ij} \quad (14.4.3)$$

14.4.4 本标准所给出的全国统一测强曲线可用于强度为 6MPa～30MPa 的烧结普通砖和烧结多孔砖的检测。当超出本标准全国统一测强曲线的测强范围时，应进行验证后使用，或制定专用曲线。

15 强 度 推 定

15.0.1 检测数据中的歧离值和统计离群值，应按现行国家标准《数据的统计处理和解释 正态样本离群值的判断和处理》GB/T 4883 中有关格拉布斯检验法或狄克逊检验法检出和剔除。检出水平 α 应取 0.05，剔除水平 α 应取 0.01；不得随意舍去歧离值，从技术或物理上找到产生离群原因时，应予剔除；未找到技术或物理上的原因时，则不应剔除。

15.0.2 本标准的各种检测方法，应给出每个测点的检测强度值 f_{ij}，以及每一测区的强度平均值 f_i，并应以测区强度平均值 f_i 作为代表值。

15.0.3 每一检测单元的强度平均值、标准差和变异系数，应按下列公式计算：

$$\bar{x} = \frac{1}{n_2} \sum_{i=1}^{n_2} f_i \quad (15.0.3-1)$$

$$s = \sqrt{\frac{\sum_{i=1}^{n_2} (\bar{x} - f_i)^2}{n_2 - 1}} \quad (15.0.3-2)$$

$$\delta = \frac{s}{\bar{x}} \quad (15.0.3-3)$$

式中：$\bar{x}$——同一检测单元的强度平均值（MPa）。当检测砂浆抗压强度时，$\bar{x}$ 即为 $f_{2,m}$；当检测烧结砖抗压强度时，$\bar{x}$ 即为 $f_{1,m}$；当检测砌体抗压强度时，$\bar{x}$ 即为 f_m；当检测砌体抗剪强度时，$\bar{x}$ 即为 $f_{v,m}$；

n_2——同一检测单元的测区数；

f_i——测区的强度代表值（MPa）。当检测砂浆抗压强度时，f_i 即为 f_{2i}；当检测烧结砖抗压强度时，f_i 即为 f_{1i}；当检测砌体抗压强度时，f_i 即为 f_{mi}；当检测砌体抗剪强度时，f_i 即为 f_{vi}；

s——同一检测单元，按 n_2 个测区计算的强度标准差（MPa）；

δ——同一检测单元的强度变异系数。

15.0.4 对在建或新建砌体工程，当需推定砌筑砂浆抗压强度值时，可按下列公式计算：

1 当测区数 n_2 不小于 6 时，应取下列公式中的较小值：

$$f_2' = 0.91 f_{2,\mathrm{m}} \qquad (15.0.4\text{-}1)$$

$$f_2' = 1.18 f_{2,\min} \qquad (15.0.4\text{-}2)$$

式中：f_2'——砌筑砂浆抗压强度推定值（MPa）；

$f_{2,\min}$——同一检测单元，测区砂浆抗压强度的最小值（MPa）。

2 当测区数 n_2 小于 6 时，可按下式计算：

$$f_2' = f_{2,\min} \qquad (15.0.4\text{-}3)$$

15.0.5 对既有砌体工程，当需推定砌筑砂浆抗压强度值时，应符合下列要求：

1 按国家标准《砌体工程施工质量验收规范》GB 50203‐2002 及之前实施的砌体工程施工质量验收规范的有关规定修建时，应按下列公式计算：

1) 当测区数 n_2 不小于 6 时，应取下列公式中的较小值：

$$f_2' = f_{2,\mathrm{m}} \qquad (15.0.5\text{-}1)$$

$$f_2' = 1.33 f_{2,\min} \qquad (15.0.5\text{-}2)$$

2) 当测区数 n_2 小于 6 时，可按下式计算：

$$f_2' = f_{2,\min} \qquad (15.0.5\text{-}3)$$

2 按《砌体结构工程施工质量验收规范》GB 50203‐2011 的有关规定修建时，可按本标准第 15.0.4 条的规定推定砌筑砂浆强度值。

15.0.6 当砌筑砂浆强度检测结果小于 2.0MPa 或大于 15MPa 时，不宜给出具体检测值，可仅给出检测值范围 $f_2 < 2.0$MPa 或 $f_2 > 15$MPa。

15.0.7 砌筑砂浆强度的推定值，宜相当于被测墙体所用块体作底模的同龄期、同条件养护的砂浆试块强度。

15.0.8 当需要推定每一检测单元的砌体抗压强度标准值或砌体沿通缝截面的抗剪强度标准值时，应分别按下列要求进行推定：

1 当测区数 n_2 不小于 6 时，可按下列公式推定：

$$f_k = f_\mathrm{m} - k \cdot s \qquad (15.0.8\text{-}1)$$

$$f_{v,k} = f_{v,\mathrm{m}} - k \cdot s \qquad (15.0.8\text{-}2)$$

式中：f_k——砌体抗压强度标准值（MPa）；

f_m——同一检测单元的砌体抗压强度平均值（MPa）；

$f_{v,k}$——砌体抗剪强度标准值（MPa）；

$f_{v,\mathrm{m}}$——同一检测单元的砌体沿通缝截面的抗剪强度平均值（MPa）；

k——与 α、C、n_2 有关的强度标准值计算系数，应按表 15.0.8 取值；

α——确定强度标准值所取的概率分布下分位数，取 0.05；

C——置信水平，取 0.60。

表 15.0.8 计算系数

n_2	6	7	8	9	10	12	15	18
k	1.947	1.908	1.880	1.858	1.841	1.816	1.790	1.773
n_2	20	25	30	35	40	45	50	
k	1.764	1.748	1.736	1.728	1.721	1.716	1.712	

2 当测区数 n_2 小于 6 时，可按下列公式推定：

$$f_k = f_{mi,\min} \qquad (15.0.8\text{-}3)$$

$$f_{v,k} = f_{vi,\min} \qquad (15.0.8\text{-}4)$$

式中：$f_{mi,\min}$——同一检测单元中，测区砌体抗压强度的最小值（MPa）；

$f_{vi,\min}$——同一检测单元中，测区砌体抗剪强度的最小值（MPa）。

3 每一检测单元的砌体抗压强度或抗剪强度，当检测结果的变异系数 δ 分别大于 0.2 或 0.25 时，不宜直接按式（15.0.8-1）或式（15.0.8-2）计算，应检查检测结果离散性较大的原因，若查明系混入不同母体所致，宜分别进行统计，并应分别按式（15.0.8-1）～式（15.0.8-4）确定本标准值。如确系变异系数过大，则应按式（15.0.8-3）和式（15.0.8-4）确定本标准值。

15.0.9 既有砌体工程，当采用回弹法检测烧结砖抗压强度时，每一检测单元的砖抗压强度等级，应符合下列要求：

1 当变异系数 $\delta \leqslant 0.21$ 时，应按表 15.0.9-1、表 15.0.9-2 中抗压强度平均值 $f_{1,\mathrm{m}}$、抗压强度标准值 f_{1k} 推定每一检测单元的砖抗压强度等级。每一检测单元的砖抗压强度标准值，应按下式计算：

$$f_{1k} = f_{1,\mathrm{m}} - 1.8s \qquad (15.0.9)$$

式中：f_{1k}——同一检测单元的砖抗压强度标准值（MPa）。

表 15.0.9-1 烧结普通砖抗压强度等级的推定

抗压强度推定等级	抗压强度平均值 $f_{1,\mathrm{m}} \geqslant$	变异系数 $\delta \leqslant 0.21$	变异系数 $\delta > 0.21$
		抗压强度标准值 $f_{1k} \geqslant$	抗压强度的最小值 $f_{1,\min} \geqslant$
MU25	25.0	18.0	22.0
MU20	20.0	14.0	16.0
MU15	15.0	10.0	12.0
MU10	10.0	6.5	7.5
MU7.5	7.5	5.0	5.5

表 15.0.9-2　烧结多孔砖抗压强度等级的推定

抗压强度推定等级	抗压强度平均值 $f_{1,m} \geqslant$	变异系数 $\delta \leqslant 0.21$	变异系数 $\delta > 0.21$
		抗压强度标准值 $f_{1k} \geqslant$	抗压强度的最小值 $f_{1,min} \geqslant$
MU30	30.0	22.0	25.0
MU25	25.0	18.0	22.0
MU20	20.0	14.0	16.0
MU15	15.0	10.0	12.0
MU10	10.0	6.5	7.5

2 当变异系数 $\delta > 0.21$ 时，应按表 15.0.9-1、表 15.0.9-2 中抗压强度平均值 $f_{1,m}$、以测区为单位统计的抗压强度最小值 $f_{1i,min}$ 推定每一测区的砖抗压强度等级。

15.0.10 各种检测强度的最终计算或推定结果，砌体的抗压强度和抗剪强度均应精确至 0.01MPa，砌筑砂浆强度应精确至 0.1MPa。

本标准用词说明

　1 为了便于在执行本标准条文时区别对待，对要求严格程度不同的用词说明如下：

　　1）表示很严格，非这样做不可的用词：
　　　　正面词采用"必须"，反面词采用"严禁"；

　　2）表示严格，在正常情况下均应这样做的用词：

　　　　正面词采用"应"，反面词采用"不应"或"不得"；

　　3）表示允许稍有选择，在条件许可时首先这样做的用词：
　　　　正面词采用"宜"，反面词采用"不宜"；

　　4）表示有选择，在一定条件下可以这样做的用词，采用"可"。

　2 条文中指明应按其他有关标准、规范执行时，写法为："应符合……的规定"或"应按……执行"。

引用标准名录

　1《砌体结构设计规范》GB 50003

　2《砌体基本力学性能试验方法标准》GB/T 50129

　3《砌体工程施工质量验收规范》GB 50203—2002

　4《砌体结构工程施工质量验收规范》GB 50203—2011

　5《建筑工程施工质量验收统一标准》GB 50300

　6《水泥胶砂流动度测定方法》GB/T 2419

　7《数据的统计处理和解释　正态样本离群值的判断和处理》GB/T 4883

　8《择压法检测砌筑砂浆抗压强度技术规程》JGJ/T 234

中华人民共和国国家标准

砌体工程现场检测技术标准

GB/T 50315—2011

条 文 说 明

修 订 说 明

《砌体工程现场检测技术标准》GB/T 50315 - 2011，经住房和城乡建设部 2011 年 7 月 29 日以第 1108 号公告批准、发布。

本标准是在《砌体工程现场检测技术标准》GB/T 50315 - 2000 的基础上修订而成，上一版的主编单位是四川省建筑科学研究院，参编单位是西安建筑科技大学、陕西省建筑科学研究院、河南省建筑科学研究院、宁夏回族自治区建筑工程研究所、湖南大学，主要起草人员是王永维、侯汝欣、王秀逸、雷波、李双珠、周国民、施楚贤、王庆霖、梁爽、杨亚青、郭起坤。

本次修订的主要技术内容是：1. 将标准的适用范围从主要适用于烧结普通砖砌体扩大至烧结多孔砖砌体；2. 新增了切制抗压试件法、原位双砖双剪法、砂浆片局压法、烧结砖回弹法、特细砂砂浆筒压法等检测方法；3. 取消了未能广泛推广的砂浆射钉法；4. 统一了原位轴压法和扁顶法的砌体抗压强度计算公式；5. 为适应新的《砌体结构工程施工质量验收规范》GB 50203 关于砌筑砂浆强度等级评定标准的变化，对检测的砂浆强度推定方法作了调整；6. 进一步明确了各检测方法的特点、用途和限制条件。

本标准在修订过程中，编制组进行了深入广泛的调查研究，总结了我国在砌体工程现场检测领域自上一版标准颁布实施以来在研究、施工、检测等方面工作的实践经验，同时参考了国内外先进技术法规、技术标准，并对切制抗压试件法、原位双砖双剪法、筒压法检测特细砂砂浆、烧结砖回弹法等进行了试验研究，同时也对部分检测方法用于多孔砖砌体的现场检测进行了研究或验证性试验。

为便于广大设计、施工、科研、检测、学校等单位有关人员在使用本标准时能正确理解和执行条文规定，《砌体工程现场检测技术标准》编制组按章、节、条顺序编制了本标准的条文说明，对条文规定的目的、依据以及执行中需注意的有关事项进行了说明。但是，本条文说明不具备与标准正文同等的法律效力，仅供使用者作为理解和把握标准规定的参考。

目　次

1 总 则

1.0.1 砌体工程的现场检测是进行可靠性鉴定的基础。我国从 20 世纪 60 年代开始不断地进行广泛研究，积累了丰硕的成果，为了筛选出其中技术先进、数据可靠、经济合理的检测方法来满足量大面广的建筑物鉴定加固的需要，原国家计委和建设部在 20 世纪 90 年代初下达了制定《砌体工程现场检测技术标准》的任务，上一版的《砌体工程现场检测技术标准》GB/T 50315 - 2000（以下简称原标准）于 2000年发布实施。本次修订对上一版标准颁布实施以来各科研、施工、检测等单位使用本标准的经验进行总结，并结合检测技术的最新进展，调整部分检测方法的适用范围，增加了部分检测方法。

1.0.2 本标准所列方法主要是为已有建筑物和一般构筑物进行可靠性鉴定时，采集现场砌体强度参数而制定的方法，在某些具体情况下亦可用于建筑物施工验收阶段。

3 基 本 规 定

3.1 适 用 条 件

3.1.1、3.1.2 本条文是对原标准第 1.0.2 条的适用范围进一步明确，特别强调对新建工程、改建和扩建工程中的新建部分，不能替代现行国家标准《砌体结构设计规范》GB 50003、《砌体结构工程施工质量验收规范》GB 50203、《建筑工程施工质量验收统一标准》GB 50300、《砌体基本力学性能试验方法标准》GB/T 50129 的规定。仅是在出现本节所述情况时，可用本标准所列方法进行现场检测，综合考虑砂浆、砖和砌筑质量对砌体各项强度的影响，作为工程是否验收还是应作处理的依据。还应特别指出的是，本标准检测和推定的砂浆强度是以同类块材为砂浆试块底模、自然养护、同龄期的砂浆强度。

3.2 检测程序及工作内容

3.2.1 本条给出一般检测程序的框图，当有特殊需要时，亦可按鉴定需要进行检测。有些方法的复合使用，本标准未作详细规定（如有的先用一种非破损方法大面积普查，根据普查结果再用其他方法在重点部位和发现问题处重点检测），由检测人员综合各方法特点调整检测程序。本次修订增加了制定检测方案、确定检测方法的内容，应在检测工作开始前，根据委托要求、检测目的、检测内容和范围等制定检测方案（包括抽样方案、部位等），确定检测方法。

3.2.2 调查阶段是重要的阶段，应尽可能了解和搜集有关资料，不少情况下，委托方提不出足够的原始

资料，还需要检测人员到现场收集；对重要的检测，可先行初检，根据初检结果进行分析，进一步收集资料。

关于砌筑质量，因为砌体工程系操作工人手工操作，即使同一栋工程也可能存在较大差异；材料质量如块材、砌筑砂浆强度，也可能存在较大差异。在编制检测方案和确定测区、测点时，均应考虑这些重要因素。

3.2.4 设备仪器的校验非常重要，有的方法还有特殊的规定。每次试验时，试验人员应对设备的可用性作出判定并记录在案。对一些重要或特殊工程（如重大事故检测鉴定），宜在检测工作开始前和检测工作结束后对检测设备进行检定，以对设备性能进行确认。

3.2.10 规定环境温度和试件（试样）温度均应高于0℃，是避免试件（试样）中的水结冰，引起检测结果失真。

3.3 检测单元、测区和测点

3.3.1 明确提出了检测单元的概念及确定方法，检测单元是根据下列几项因素规定的：（1）检测是为鉴定采集基础数据，对建筑物鉴定时，首先应根据被鉴定建筑物的结构特点和承重体系的种类，将该建筑物划分为一个或若干个可以独立进行分析（鉴定）的结构单元，故检测时应根据鉴定要求，将建筑物划分成同样的结构单元；（2）在每一个结构单元，采用对新施工建筑同样的规定，将同一材料品种、同一等级250m³ 砌体作为一个母体，进行测区和测点的布置，我们将此母体称作为"检测单元"；故一个结构单元可以划分为一个或数个检测单元；（3）当仅仅对单个构件（墙片、柱）或不超过 250m³ 的同一材料、同一等级的砌体进行检测时，亦将此作为一个检测单元。

3.3.2、3.3.3 测区和测点的数量，主要依据砌体工程质量的检测需要，检测成本（工作量），与现有检验与验收标准的衔接，以及各检测方法的科研工作基础，运用数理统计理论，作出的统一规定。原标准规定，每一检测单元为 6 个测区，此次修订改为不宜少于 6 个测区。被测工程情况复杂时，宜增加测区数。

3.3.4 本条为新增加条文。总结近年来检测工作实践经验，增加此条文。有时委托方仅要求检测建筑物的某一部分或个别部位时，可根据具体情况减少测区数。但为了便于统计分析，准确反映工程质量状况，规定不宜少于 3 个测区。

3.3.5 本条为新增加条文。砌体工程的施工质量差异往往较大，块体、砂浆的离散性也较大，布置测点时应考虑这些因素。

3.4 检测方法分类及其选用原则

3.4.1 现场检测一般都是在建筑物建成后，根据第

3.1.1 条和第 3.1.2 条所述原因进行检测，大量的检测是在建筑物使用过程中的检测，砌体均进入了工作状态。一个好的现场检测方法是既能取得所需的信息，又在检测过程中和检测后对砌体既有性能不造成负影响。但这两者有一定矛盾，有时一些局部破损方法能提供更多更准确的信息，提高检测精度。鉴于砌体结构的特点，一般情况下局部的破损易于修复，修复后对砌体的既有性能无影响或影响甚微。故本标准除纳入非破损检测方法外，还纳入了局部破损检测法，供使用者根据构件允许的破损程度进行选择。

3.4.2、3.4.3 现在的现场检测，主要是根据不同目的获得砌体抗压强度、砌体抗剪强度、砌筑砂浆强度、砌筑块材强度，本标准分别推荐了几种方法。对同一目的，本标准推荐了多种检测方法，这里存在一个选择的问题。首先，这些方法均通过标准编制组的统一考核评估，误差均在可接受的范围，方法之间的误差亦在可接受范围。方法的选择除充分考虑各种方法的特点、用途和限制条件外，使用者应优先选择本地区常用方法，尤其是本地区检测人员熟悉的方法。因为方法之间的误差与检测人员对其熟悉掌握的程度密切相关。同时，本标准为推荐性国家标准，方法的选择还宜与委托方共同确定，并在合同中加以确认，以避免不同检测方法由于诸多影响因素造成结果差异可能引起的争议。

本标准的检测方法均进行过专门的研究，研究成果通过鉴定并取得试用经验，有的还制订了地方标准。在本标准编制过程中，专门进行了较大规模的验证性考核试验，编制组全体成员参加和监督了考核全过程，通过这些材料和实践的认真分析，编制组讨论了各种方法的特点，适用范围和应用的局限性，并汇总于表 3.4.3 中。

本标准此次修订过程中，为扩大应用范围和纳入新的检测方法，再次进行较大规模考核性试验，并吸取了各参编单位和国内近十年来的砌体现场检测科研成果，决定将各种检测方法的应用范围扩充至烧结多孔砖砌体及其块体、砂浆的强度检测，增加了切制抗压试件法、原位双砖双剪法、特细砂砂浆筒压法、砂浆片局压法、烧结砖回弹法。

根据本标准近十年来的应用经验和科研成果，对检测方法的特点、用途、限制条件作了适当调整，如：

（1）对原位轴压法、扁顶法、切制抗压试件法、原位单剪法，明确适用于普通砖砌体和多孔砖砌体；

（2）原位轴压法、扁顶法、切制抗压试件法可用于"火灾、环境侵蚀后的砌体剩余抗压强度"，这为火灾、环境侵蚀后的砌体工程检测工作，提供了重要技术依据；

（3）对原位轴压法、扁顶法的限制条件，增加了"测点宜选在墙体长度方向的中部"；

（4）原位单砖双剪法改为原位双剪法；

（5）各种砂浆检测方法，明确可用于烧结多孔砖砌体；

（6）对砂浆回弹法，明确"主要用于砂浆强度均质性检查"。

3.4.4 同原标准相比，本条新增加了第 1、2、3 三款。其中第 1、2 款主要是考虑检测部位应有代表性；第 3 款是从安全考虑，对局部破损方法的一个限制，这些墙体最好用非破损方法检测，或宏观检查和经验判断基础上，在相邻部位具体检测，综合推定其强度。

原标准规定"小于 2.5m 的墙体，不宜选用有局部破损的检测方法"。本次修订修改为"小于 3.6m 的承重墙体，不应选用有较大局部破损的检测方法"。主要是考虑原位轴压法、扁顶法、切制抗压试件法试件两侧墙体宽度不应小于 1.5m，测点宽度为 0.24m 或 0.37m，综合考虑后要求墙体的宽度不应小于 3.6m。此外，承重墙的局部破损对其承载力的影响大于自承重墙体，故此次修订特别强调的是对承重墙体的限制条件，对自承重墙体长度，检测人员可根据墙体在砌体结构中的重要性，适当予以放宽。

3.4.5、3.4.6 此两条均为新增加条文。对砌筑砂浆强度的检测，提出两项限制条件。

3.4.7 本条为新增加条文。从砖墙中凿取完整砖块，进行强度检测，属于砖的取样检测方法。一栋房屋或一个结构单元可能划分成数个检测单元，每一检测单元抽取砖块组数不应少于 1 组，其抽检组数多于现行国家标准《砌体结构工程施工质量验收规范》GB 50203 的规定，为真实、全面反应一栋工程或一个结构单元的用砖质量，适当增加抽样组数是必要的。四川省建筑科学研究院和重庆市建筑科学研究院曾分别做过多次检测，对一批烧结普通砖，数次抽样检测，其强度等级可能相差 1 级～2 级。

3.4.8 砂浆片局压法即现行推荐性行业标准《择压法检测砌筑砂浆抗压强度技术规程》JGJ/T 234 中的择压法。该规程是一本新编检测规程，配套检测设备已批量生产。江苏省建筑科学研究院等单位进行了系统试验研究，以及验证性试验和较长时间的试点应用。在此基础上，编制了行业标准。为利于推广该方法，将该方法纳入本标准。考虑到检测的砂浆片是承受局部抗压荷载，故将该方法的名称改为"砂浆片局压法"。此外，为避免重复，本标准未列砂浆片局压法条文。

4 原位轴压法

4.1 一般规定

4.1.1 原位轴压法是西安建筑科技大学在扁顶法基

础上提出的，具有设备使用时间长、变形适应能力强、操作简便的优点。对砂浆强度低、砌体压缩变形较大或砌体强度较高的墙体均可应用。其缺点是原位压力机较重，其中油缸式液压扁顶重约25kg，搬运比较费力。重庆市建筑科学研究院也对原位轴压法进行了较多的试验和试点应用工作，试验用砖有页岩砖、蒸压灰砂砖、煤渣砖，证明砖的品种对试验结果无影响。重庆市建筑科学研究院主编了四川省地方标准《原位轴压法测定砌体抗压强度技术规程》DB 51/5007-94。在上述工作基础上，本标准编制组又组织了两次验证性考核，决定将原位轴压法纳入本标准。

原位轴压法属原位测试砌体抗压强度的方法，与测试砖及砂浆的强度间接推算砌体抗压强度相比，更为直观和可靠。测试结果除能反映砖和砂浆的强度外，还反映了砌筑质量对砌体抗压强度的影响，一些工程事故分析和科研单位对比砌体抗压试验资料表明，砌体的原材料强度指标相同，由于砌筑质量不同，砌体抗压强度可相差一倍以上。因而这是原位轴压法的优点。

本标准2000年颁布时仅适用于240mm厚的普通砖砌体，近年来西安建筑科技大学、重庆市建筑科学研究院、上海市建筑科学研究院等单位进行了一系列多孔砖砌体的对比试验，表明原位轴压法亦可应用于多孔砖砌体的原位砌体抗压强度测试，因此本标准修订时扩大了原位轴压法的应用范围。

4.1.2 本条对测试部位作了规定。本条是在试验和使用经验的基础上，为满足测试数据可靠、操作简便、保证房屋安全等要求而规定的。

测试部位要求离楼、地面1m高度，是考虑压力机和手动油泵之间连接的高压油管一般长约2m，这样在试验过程中，手动泵、油压表放在楼、地面上即可。同时此高度对人工搬运压力机也较为省力。两侧约束墙体的宽度不小于1.5m；同一墙体上多于1个测点时，水平净距不得小于2.0m，这两项规定都是为了保证槽间砌体有足够的约束墙体，防止因约束不足出现的约束墙体剪切破坏，从而准确地测定砌体抗压强度。在横墙上试验时，一般使两侧约束墙肢宽度相近，测点取在横墙中间。

规定"测试部位不得选在挑梁下，应力集中部位以及墙梁的墙体计算高度范围内"，一是为了确保结构安全，这些部位承受的荷载较大，测试时墙体的较大局部破损对其正常受力不利；二是这些墙体上的应力分布较为复杂，计算分析时不宜准确计算测点上的压应力。

4.2 测试设备的技术指标

4.2.1 原位压力机是1987年由西安建筑科技大学研制的，在研制过程中，必须解决两个关键问题：一个是在扁顶高度尺寸受限制的条件下，当扁顶工作压力

高达20MPa以上时，保证严格的密封和防尘；另一个是当油缸遇到偏心荷载作用时，防止油缸内腔和柱塞的同心受到破坏而造成油缸泄漏和缩短寿命。对此采用了内腔特殊油路、柱塞上加设球铰调整偏心等方法，以合理解决两者之间相互制约的矛盾。各单位研制更大吨位或其他新型的原位压力机，亦应遵守本标准的规定。

同原标准相比，增加了近年研制的800型原位压力机的技术指标。该机可满足较高砌体强度检测工作的需要。

4.3 测试步骤

4.3.1 试验时，上水平槽内放置反力板，下水平槽内放置液压扁顶。

试验表明，对240mm厚的墙体，两槽之间的净距为450mm～500mm（普通砖两槽之间7皮砖，90mm高的多孔砖5皮砖）是最佳距离。两槽相隔较大时，槽间砌体强度将趋向砌体的局部受压强度；两槽间距过小时，水平灰缝过少，砌体强度将接近块体强度。一般情况下，两槽相隔450mm～500mm时，可获得槽间砌体的最低强度。

4.3.2 考虑到目前国内砌体砌筑水平和块体上下大面的平整度，为保证槽间砌体均匀受压，在扁式千斤顶及反力板与块体的接触面上需加设垫层，如铺设快硬石膏浆或均匀铺设湿细砂。

放置反力板和扁式千斤顶时，应使上、下两个承压板对齐，并用四根钢拉杆的螺母调整其平整度，使两个承压板间四根钢拉杆的长度误差不超过2mm，再由扁式千斤顶的球铰进一步调整，以保证槽间砌体均匀受压。

4.3.3～4.3.5 参照现行国家标准《砌体基本力学性能试验方法标准》GB/T 50129作出这三条的规定。

由于试验人员对原位压力机操作熟练程度存在差异等原因，试验过程中，槽间砌体可能出现局部受压或偏心受压的情况，使试验结果偏低，此时应中止试验。并视槽间砌体状况，调整试验装置、垫平承压板与砌体的接触面，重新试验或更换测点。

4.4 数据分析

4.4.1～4.4.4 槽间砌体抗压强度值，是在有侧向约束条件下测得的，其强度值高于现行国家标准《砌体基本力学性能试验方法标准》GB/T 50129规定的在无侧向约束条件下测得的标准试件的抗压强度。为了便于与现行国家标准《砌体结构设计规范》GB 50003对比和使用，应将槽间砌体抗压强度换算为相应标准试件的抗压强度，即将槽间砌体抗压强度除以强度换算系数 ξ_{1ij}，该系数是通过墙体中槽间砌体抗压强度和同条件下标准试件抗压强度对比试验确定的。

有限元分析和试验均表明，槽间砌体两侧的约束

墙肢宽度和约束墙肢上的压应力 σ_{0ij} 是影响其大小的主要因素,当约束墙肢宽度达到 1.0m 以上时,即可提供足够的约束而可不考虑约束墙肢宽度的影响,因此本标准第 4.1.2 条规定,测点两侧均应有 1.5m 宽的墙体。在确定强度换算系数 ξ_{1ij} 时可仅考虑 σ_{0ij} 影响,σ_{0ij} 越大,槽间砌体强度越高,ξ_{1ij} 也越大。

西安建筑科技大学、重庆市建筑科学研究院、上海市建筑科学研究院共完成实心砖砌体原位轴压法试验 37 组(每组 2 个~3 个测点),标准试件砌体抗压强度为(1.88~10.36)MPa,σ_0 为(0~1.19)MPa。采用线性回归,回归方程为 $\xi = 1.34 + 0.555\sigma_0$。西安建筑科技大学、重庆市建筑科学研究院、上海市建筑科学研究院进行的 59 个多孔砖砌体对比试验,标准试件砌体抗压强度为(2.0~5.26)MPa,σ_0 为(0~0.69)MPa,回归方程为 $\xi = 1.25 + 0.77\sigma_0$。两类砌体分别按各自回归公式计算 ξ 值,比较结果见表 1:

表 1　实心砖砌体与多孔砖砌体 ξ 计算值比较

σ_0(MPa)	0	0.1	0.2	0.3	0.4	0.5	0.6	0.7
实心砖砌体	1.34	1.396	1.451	1.507	1.562	1.618	1.673	1.729
多孔砖砌体	1.25	1.327	1.404	1.481	1.558	1.635	1.712	1.789
差值	0.09	0.069	0.047	0.023	0.004	-0.017	-0.039	-0.06
相对差值(%)	6.7	4.9	3.2	1.52	0.25	-1	-2.3	-3.5

由表 1 可见,以 σ_0 为参数两种砌体的 ξ 计算值相差很小,仅 σ_0 为零时,两者相差 6.7%,多数情况相差均在 4% 以内。表明两类砌体约束性能没有显著差异,可以采用统一的强度换算系数表达式。不分砌体类别,按全部试验数据进行回归统计,回归方程为:

$$\xi_{1ij} = 1.275 + 0.625\sigma_{0ij} \qquad (1)$$

回归方程相关系数 0.683,为公式简化,并与扁顶法协调,本次修订采用式(2)

$$\xi_{1ij} = 1.25 + 0.6\sigma_{0ij} \qquad (2)$$

试验值与式(2)计算值平均比值 $\mu = 1.033$,变异系数 $\delta = 0.143$。

试验表明,当 $\sigma_{0ij}/f_m > 0.4$ 时(f_m 为砌体抗压强度),ξ_{1ij} 将不再随 σ_{0ij} 线性增长,考虑到在实际工程中 σ_{0ij} 一般均在 $0.4f_m$ 以下,故采用了运算简便的线性表达式。

可按两种方法取用 σ_{0ij}:第一,一般情况下,用理论方法计算,即计算传至该槽间砌体以上的所有墙体及楼屋盖荷载标准值,楼层上的可变荷载标准值可根据实际情况确定,然后换算为压应力值。在此需要特别指出的是,可变荷载应按实际调查情况确定,而不是选用现行国家标准《建筑结构荷载规范》GB 50009 的规定值;计算时是取荷载标准值,而不是荷载设计值,即不考虑永久荷载和可变荷载的分项系数。第二,对于重要的鉴定性试验,宜采用实测压应力值。

5　扁　顶　法

5.1　一　般　规　定

5.1.1　扁顶法是湖南大学研究的检测原位砌体承载力和砌体受压性能的一项检测技术。在砖墙内开凿水平灰缝槽,此时应力释放,在槽内装入扁式液压千斤顶(简称扁顶)后进行应力恢复,从而直接测得墙体的受压工作应力,并通过测定槽间砌体的抗压强度和轴向变形值确定其标准砌体抗压强度和弹性模量。

本方法设备较轻便、易于操作、直观可靠,并可使测定墙体受压工作应力、砌体弹性模量和砌体抗压强度一次完成。

扁顶法是在试验墙体上部所承受的均匀压应力为(0~1.37)MPa,标准砌体抗压强度最大为 3.04MPa 的情况下,为试验结果和理论分析所证实。对于 8 层及 8 层以下的民用房屋,采用本方法确定砖墙中砌体抗压强度有足够的准确性。

因墙体所承受的主应力方向已定,且垂直方向的主压应力是主要控制应力,当沿水平灰缝开凿一条应力解除槽[图 5.1.1(a)],槽周围的墙体应力得到部分解除,应力重新分布。在槽的上下设置变形测量点,可直接观测到因开槽而带来的相对变形变化,即因应力解除而产生的变形释放。将扁顶装入恢复槽内,向其供油压,当扁顶内压力平衡了预先存在的垂直于灰缝槽口面的静态应力时,即应力状态完全恢复,所求墙体受压工作应力即由扁顶内的压力表显示。分析表明,当扁顶施压面积与开槽面积之比等于或大于 0.8 时,用变形恢复来控制应力恢复相当准确。

在墙体内开凿两条水平灰缝槽[图 5.1.1(b)]并装入扁顶,则扁顶间所限定的砌体(槽间砌体),相当于试验一个原位标准砌体试件。对上下两个扁顶供油压,便可测得砌体的变形特征(如砌体弹性模量)和砌体的极限抗压强度。

湖南大学补充研究了扁顶法在烧结多孔砖砌体中的应用。经过本标准编制组统一组织的验证性考核试验,证明该方法用于烧结普通砖砌体和烧结多孔砖砌体,具有较高的精度。对于其他各种砖砌体,其受力性能与上述两种砖砌体没有明显差异,扁顶的工作原理也相同。因此,扁顶法可用于检测各种砖砌体的弹性模量和抗压强度。

5.1.2　本条为对测试部位的规定。

5.2 测试设备的技术指标

5.2.1~5.2.3 在扁顶法中,扁式液压千斤顶既是出力元件又是测力元件,要求扁顶的厚度小于水平灰缝厚度,且具有较大的垂直变形能力,一般需采用1Cr18Ni9Ti 等优质合金钢薄板制成。当扁顶的顶升变形小于10mm,或取出一皮砖安设扁顶试验时,应增设钢制可调楔形垫块,以确保扁顶可靠的工作。扁顶的定型尺寸有 250mm×250mm×5mm 和 250mm×380mm×5mm 等,可视被测墙体的厚度加以选用。

5.3 测试步骤

5.3.1~5.3.3 应用扁顶法,须根据测试目的采用不同的试验步骤,主要应注意下列四点:

1 仅测定墙体的受压工作应力,在测点只开凿一条水平灰缝槽,使用1个扁顶。

2 测定墙体受压工作应力和砌体抗压强度:在测点先开凿一条水平槽,使用一个扁顶测定墙体受压工作应力;然后开凿第二条水平槽,使用两个扁顶测定砌体弹性模量和砌体抗压强度。

3 仅测定墙内砌体抗压强度,同时开凿两条水平槽,使用两个扁顶。

4 测试砌体抗压强度和弹性模量时,不论 σ_0 大小,均宜加设反力平衡架。

5.4 数据分析

5.4.1~5.4.5 扁顶法、原位轴压法中,槽间砌体的受力状态与标准砌体的受力状态有较大的差异,为了研究槽间砌体的上部垂直压应力(σ_{0ij})和两侧墙肢约束的影响,运用4节点平面矩形单元,对墙体应力进行了有限元分析。在此基础上,考虑到砌体的塑性变形性能,建立了两槽间砌体的计算受力图形。根据 Alexander 垂直于扁顶的岩石应力公式,推导得到槽间砌体的极限状态方程为

$$(a+k\sigma_{0ij})f_{uij} = (b+m\sigma_{0ij})f_{m.ij} \qquad (3)$$

式(3)表明,σ_{0ij} 是强度换算系数的重要因素:上部垂直压应力 σ_{0ij} 一方面使槽间砌体所承受的垂直荷载增大即产生不利影响;另一方面 σ_{0ij} 又对该砌体起侧向约束作用,使槽间砌体抗压强度提高,即产生有利影响。

湖南大学的试验研究表明:扁顶法用于多孔砖砌体时,多孔砖砌体槽间砌体的破坏形态及两侧墙体的约束性能,与普通砖砌体没有明显的差异。对于普通砖砌体和多孔砖砌体,可以采用统一的强度换算系数。

试验结果分析表明,当 $\sigma_{0ij}/f_m < 0.4$ 时,ξ_{1ij} 与 σ_{0ij} 基本符合线性增长关系,而在实际工程中,σ_{0ij} 一般在 $0.4f_m$ 以下。因此,扁顶法和原位轴压法中的强度换算系数 ξ_{1ij},可以统一采用以 σ_{0ij} 为参数的线性表达式。

对湖南大学的 14 组扁顶法试验数据和西安建筑科技大学、重庆市建筑科学研究院、上海市建筑科学研究院的 97 组原位轴压法试验数据,按照最小二乘法进行回归分析,得到 ξ_{ij} 的线性表达式,为

$$\xi_{1ij} = 1.27 + 0.61\sigma_{0ij} \qquad (4)$$

为应用简便,本方法建议按式(5)计算:

$$\xi_{1ij} = 1.25 + 0.60\sigma_{0ij} \qquad (5)$$

其相关系数为 0.73。对本标准编制组统一组织的扁顶法验证性考核试验数据,按照上式计算得到理论强度换算系数 ξ_{1ij},与实测强度换算系数 ξ_{1ij} 相比,其平均相对误差为 21.8%。

自 1985 年至今,仅湖南大学土木系采用扁顶法已在百余幢房屋的测定中应用,其中新建房屋墙体承载力测定占 80%,工程事故原因分析试验占 8%,旧房加层或改造对旧房的可靠性测定占 12%。

6 切制抗压试件法

6.1 一般规定

6.1.1 本方法属取样测试砌体抗压强度的方法。以往一些科研或检测单位采用人工打凿制取试件的方法,进行过该项测试工作,本标准吸取了这些单位取样试验的经验。江苏省建筑科学研究院研制了金刚砂轮切割机,使用该机器从砖墙上锯切出的抗压试件,几何尺寸较为规整,切割过程中对试件扰动相对较小,优于人工打凿制取的试件。江苏省建筑科学研究院和四川省建筑科学研究院对切制抗压试件和人工砌筑的标准砌体抗压试件进行了对比试验,总结出一套较成熟的取样试验方法。本次修订将这一方法纳入本标准。

6.1.2 对在砖墙上选取试件部位提出限制条件。从砖墙上切割、取出砌体抗压试件,对墙体正常受力性能产生一定的不利影响,因此对取样部位必须予以限制。具体限制部位与原位轴压法相同。

6.1.3 针对被测工程的具体情况,对本方法的适用性提出限制条件。如:施工质量较差或砌筑砂浆强度较低的工程,装修较豪华的工程,均不宜采用本方法。切割墙体过程中,难以避免的振动可能会对低强度砂浆的砌体试件产生不利影响;搬运过程中,亦可能扰动试件;冷却用水对取样现场造成较大的临时污染。选用本方法应综合考虑以上诸多不利因素。

6.2 测试设备的技术指标

6.2.1 考虑到切制试件时,一方面要尽量减小对试件和原墙体的扰动和影响,另一方面切制的试件尺寸要满足要求,同时要便于操作,结合江苏省建筑科学研究院研制的电动切割机及其使用情况,提出切割机

的技术指标和原则要求。满足本条要求的其他切割机具亦可使用。

6.3 测 试 步 骤

6.3.1 竖向切割线选在竖向灰缝上、下对齐的部位，可增加试件中整块砖的数量，使之尽量接近人工砌筑的标准抗压试件。

6.3.2～6.3.5 一般情况下，可采用 8 号钢丝事先捆绑试件，是预防切割过程中或从墙中取出试件时，试件松动或断成两截。当砌筑砂浆强度较高时，如大于 M7.5，也可省略此步骤。

以往切割试件时，曾发生下述情况：由于切割机的锯片没有始终垂直于墙面，切制试件的两个窄侧面与两个宽侧面不垂直，分别大于或小于 90°角；或留有错动的切割线，窄侧面不是一个光滑平面。这给准确量测受压截面尺寸带来困难，影响测试结果。因此，要求切割过程中，锯片应始终垂直于墙面，且不得移位。

6.4 数 据 分 析

6.4.1～6.4.3 对比试验结果表明，从砖墙上切制出的砌体抗压试件，其抗压强度低于人工砌筑的标准砌体抗压试件，造成这一差异的主要原因是：标准试件每皮为 3 块整砖（240mm×370mm），且水平灰缝厚度、砂浆饱满度、砖块横平竖直的程度等施工因素均优于大墙墙体；切制试件多了一条竖向灰缝（见本标准图 6.3.1），每皮均有半块砖或少半块砖。但同现行国家标准《砌体结构设计规范》GB 50003 的砌体抗压强度平均值公式的计算值相比，两者基本相当。从偏于安全方面考虑，对测试结果不再乘以大于 1.0 的修正系数。

7 原位单剪法

7.1 一 般 规 定

7.1.1 原位砌体通缝单剪法主要是依据国内以往砖砌体单剪试验方法并参照原苏联的砌体抗剪试验方法编制的。现行国家标准《砌体基本力学性能试验方法标准》GB/T 50129 已将砌体单剪试验方法改为双剪试验方法，但单剪、双剪两种方法的对比试验结果通过 t 检验，没有显著性差异，只是前者的变异系数略大，作为一种长期使用过的经验方法，仍有其实用性。

测点选在窗洞口下部，对墙体损伤较小，便于安放检测设备，且没有上部压应力等因素的影响，测试结果直接、准确。

7.1.3 加工、制备试件过程中，被测灰缝如发生明显的扰动，应舍去此试件。

7.2 测试设备的技术指标

7.2.1 试件的预估破坏荷载值，可按试探性试验确定，也可按现行国家标准《砌体结构设计规范》GB 50003 的公式计算。

7.2.2 本方法所用检测仪表，使用频率往往较低，经常是放置一段较长时间后再次使用，故要求每次进行工程检测前，应进行标定。

7.3 测 试 步 骤

7.3.1 使用手提切片砂轮或木工锯在墙体上开凿切口，对墙体扰动很小，可不考虑其不利影响。

7.3.2、7.3.3 谨慎地作好施加荷载前的各项工作，尤其是正确地安装加荷系统及测试仪表，是获得准确测试结果的必要保证。千斤顶加力轴线严格对准被测灰缝的上表面，可减小附加弯矩和撕拉应力，或避免灰缝处于压应力状态。

7.3.4 编写本条系参照现行国家标准《砌体基本力学性能试验方法标准》GB/T 50129 的规定。

7.3.5 检查剪切面破坏特征及砌体砌筑质量，有利于对试验结果进行分析。

7.4 数 据 分 析

7.4.1～7.4.3 根据试验结果所进行的抗剪强度计算属常规计算。

8 原位双剪法

8.1 一 般 规 定

8.1.1 原位单砖双剪法是陕西省建筑科学研究院研究的砌体抗剪强度检测方法，原位双砖双剪法是西安建筑科技大学、陕西省建筑科学研究院、上海市建筑科学研究院共同研究的砌体抗剪强度检测方法。

本标准 2000 年颁布时仅适用于烧结普通砖砌体，标准颁布以来在烧结普通砖砌体上已经取得较好的效果。近年来西安建筑科技大学、重庆市建筑科学研究院、上海市建筑科学研究院等单位进行了一系列多孔砖砌体的对比试验，表明原位双剪法亦可应用于多孔砖砌体的原位抗剪强度测试，因此本标准修订时扩大了原位双剪法的应用范围。对于其他各种块材的同尺寸规格的普通砖和多孔砖砌体，有待补充一些基本试验数据，才可应用。但就其原理而言，它也是适用的。

与测试砂浆的强度间接推算砌体抗剪强度相比，测试结果除能反映砂浆强度对砌体抗剪强度的影响外，还反映了砌筑质量对砌体抗剪强度的影响，这是原位双剪法的优点。

8.1.2 应用原位双剪法时，如条件允许，宜优先采

用释放上部压应力 σ_0 或布点时受剪试件上部砖皮数较少、σ_0 可忽略的试验方案，该试验方案可避免由于 σ_0 引起的附加误差，但释放应力时，对砌体损伤稍大。当采用有上部压应力 σ_0 作用下的试验方案时，可按理论计算 σ_0 值。

8.1.3 墙体的正、反手砌筑面，施工质量多有差异，故规定正反手砌筑面的测点数量宜相近或相等。

为保证墙体能够提供足够的反力和约束，对洞口边试件的布设作了限制。为确保结构安全，严禁在独立砖柱和窗间墙上设置测点。后补的施工洞口和经修补的砌体无代表性，故规定不应在其上设置测点。

同原标准相比，同一墙体的各测点水平方向的净距由 0.62m 改为 1.5m，且各测点不应在同一水平位置或轴向位置。这些规定主要是为原位剪切仪提供足够的支座反力，避免支座处的砌体先于试件破坏，以及测点太密对墙体造成较大损伤。

8.2 测试设备的技术指标

8.2.1 原位剪切仪的主机是一个便携式千斤顶，其他（如油泵、压力表、油管）则为商品部件，易于拆卸和组装，便于运输、保管和使用。

8.2.2 对于现场检测仪器，示值相对误差为 ±3% 是一个比较实用的指标。砌体结构工程的抗剪强度变异系数一般较大，在这种情况下，仪器的测量能力指数有时可达 10：1，富余量偏大，但考虑到测量过程中的其他因素（如块材尺寸、上部垂直压力等）这个富余也是必要的。

原位剪切仪已由陕西省建筑科学研究院研制成功并可批量生产，但其应有的计量校准周期尚无确切资料。参考一般同类仪器，可暂定半年为其检验周期。

8.3 测试步骤

8.3.1 本条要求放置主机的孔洞应开在离砌体边缘远端，其目的是要保证墙体提供足够的反力和约束。孔洞尺寸以能安放原位剪切仪主机及其附件为准。

8.3.2 掏空的灰缝 4（图 8.3.2），必须满足完全释放上部压应力的需要，以确保测试精度。

8.3.3 试件块材的完整性及上、下灰缝质量是影响测试结果的主要因素，为了减小测试附加误差，必须严加控制这两个因素。

8.3.4 原位剪切仪主机轴线与被推砖轴线的吻合程度，对试验结果将产生较大影响，故要求两者轴线重合。

8.3.5 原位双剪法的加荷速度，是引自现行国家标准《砌体基本力学性能试验方法标准》GB/T 50129 中的砌体通缝抗剪强度试验方法。

8.4 数 据 分 析

8.4.1～8.4.3 按照原位单砖双剪法的试验模式，当

进行试验的墙体厚度大于砖宽时，参加工作的剪切面除试件的上、下水平灰缝外，尚有：沿砌体厚度方向相邻竖向灰缝作为第三个剪切面参加工作；在不释放试件上部垂直压应力时，上部垂直压应力对测试结果的影响；原位单砖双剪法试件尺寸为《砌体基本力学性能试验方法标准》GB/T 50129 试件的 1/3，因此其结果含有尺寸效应的影响，且其受力模式与标准试件也有所不同。为此，开展了一系列的对比试验，以确定它们各自的修正系数。

根据陕西省建筑科学研究院的研究成果，当有上部压应力作用时，按剪摩擦破坏模式考虑正应力对抗剪强度的影响，由此得到正文烧结普通砖砌体的推定公式（8.4.1）。式（8.4.1）中，上部压应力作用下的摩擦系数 0.70 是按现行《砌体结构设计规范》GB 50003 及相关砌体抗剪试验资料取用的。

采用原位双砖双剪法的试验时，参加工作的剪切面除试件的上、下水平灰缝外，尚有：在不释放试件上部垂直压应力时，上部垂直压应力对测试结果的影响；原位双砖双剪法试件尺寸为《砌体基本力学性能试验方法标准》GB/T 50129 试件的 2/3，因此其结果含有尺寸效应的影响，且其受力模式与标准试件也有所不同。采用双砖双剪测试可以排除两个顺砖间竖向灰缝砂浆的作用，但由于竖缝砂浆多不饱满且因砂浆的收缩，其对抗剪强度的影响有限，根据陕西省建筑科学研究院的研究成果，试件顺砖竖缝的影响在 5% 之内，该误差在砌体抗剪强度的离散范围之内，因此，根据西安建筑科技大学、上海市建筑科学研究院和陕西省建筑科学研究院的试验研究成果，并偏于安全，确定对烧结普通砖砌体仍可采用正文中式（8.4.1）计算。

对烧结多孔砖砌体，依据陕西省建科院近年进行的烧结多孔砖砌体单砖双剪法对比试验，没有上部压应力时，抗剪强度推定公式为：$f_{vij} = \dfrac{0.313 N_{vij}}{A_{vij}}$，双砖双剪法为：$f_{vij} = \dfrac{0.33 N_{vij}}{A_{vij}}$。鉴于修正系系数与多孔砖砌体标准试件的通缝抗剪强度比较得到，其修正系数与普通砖砌体十分接近，说明尺寸效应与受力模式对抗剪强度的影响，两种砌体没有显著差异。但对多孔砖砌体，推定的抗剪强度包含孔洞中砂浆的销键作用，考虑到我国规范对普通砖砌体和多孔砖砌体采用相同抗剪强度计算公式，根据试验结果，多孔砖砌体的通缝抗剪强度大约是普通砖砌体的（1.1～1.2）倍，为与我国规范一致，也偏于安全，并与普通砖砌体一样，不区分单砖双剪和双砖双剪法，试验数据统一分析，修正系数为 0.326，将修正系数除以 1.12，以使推定的抗剪强度与普通砖砌体大致相当，由此得到正文烧结多孔砖砌体的推定公式(8.4.2)。

9 推 出 法

9.1 一 般 规 定

9.1.1 本条所定义的推出法，主要测定推出力和砂浆饱满度两项参数，据此推定砌筑砂浆抗压强度，它综合反映了砌筑砂浆的质量状况和施工质量水平，与我国现行的施工规范及工程质量评定标准相结合，较为适合我国国情。该方法是河南省建筑科学研究院研究的，并编制了河南省地方标准，在此基础上，经过验证性考核试验，纳入了本标准。

建立推出法测强曲线时，选用了烧结普通砖和灰砂砖，故对其他砖尚需通过试验验证。本条规定砂浆测强范围为 1.0MPa～15MPa，超过此范围时，绝对误差较大。

9.1.2 在建立测强曲线时，灰缝厚度按现行国家标准《砌体结构工程施工质量验收规范》GB 50203 的规定，控制在 8mm～12mm 之间进行对比试验。据有关资料介绍，不同灰缝厚度对推出力有影响。因此本条规定，现场测试时，所选推出砖下的灰缝厚度应在 8mm～12mm 之间。

9.2 测试设备的技术指标

9.2.1 砂浆强度在 15MPa 以下时，最大推出力一般均小于 30kN，研制该套测试设备时，按极限推力为 35kN 进行设计；为安全起见，规定加荷螺杆施加的额定推力为 30kN。

推出被测丁砖时，位移是很小的，规定加荷螺杆行程不小于 80mm，主要是考虑测试时，现场安装方便。

9.2.2 仪器的峰值保持功能，可使抗剪破坏时的最大推力保持下来，从而提高测试精度，减少人为读数误差。

仪器性能稳定性是准确测量数据的基础，一般要求能连续工作 4h 以上。校验推出力峰值测定仪时，在 4h 内读数漂移小于 0.05kN，即可认为仪器的稳定性能良好。

9.3 测 试 步 骤

9.3.1 推出法推定砌筑砂浆抗压强度是一种在墙上直接测试的原位检测技术，本条对加力测试前的准备工作步骤作了较详细而明确的规定。

9.3.2 传感器作用点的位置直接影响被推出砖下灰缝的受力状况，本方法在试验研究时，均是使传感器的作用点水平方向位于被推出砖中间，铅垂方向位于被推出砖下表面之上 15mm 处进行推出试验，故在现场测试时应与此要求保持一致，横梁两端和墙之间的距离可通过挂钩上的调整螺钉进行调整。

9.3.3 试验表明，加荷速度过快会使试验数据偏高，因此规定加荷速度控制在 5kN/min 左右，以提高测试数据的准确性。

9.3.4 本条规定的推出砖下砂浆饱满度的测试方法及所用的工具，按现行国家标准《砌体结构工程施工质量验收规范》GB 50203 的有关规定执行。

9.4 数 据 分 析

9.4.1、9.4.2 在建立推出法测强曲线时，是以测区的推出力均值 N_i 及砂浆饱满度均值 B_i 进行统计分析的，这两条的规定主要是为了和建立曲线时的试验协调一致。

目前我国建筑工程所用的普通砖主要为烧结砖和蒸压砖两大类，常见的烧结砖为机制黏土砖，蒸压砖为蒸压灰砂砖和蒸压粉煤灰砖。对比试验结果表明，蒸压砖的"$f_2 - N$"曲线和黏土砖"$f_2 - N$"曲线存在显著差异，本标准第 9.4.3 条中的计算公式是以黏土砖为基准建立起来的，对蒸压砖 N_i 值尚应乘以修正系数后，方可代入式（9.4.3-1）进行计算。

9.4.3 在测试技术和数据处理方法基本一致的条件下，通过试验室对比试验及现场对比试验，共计 198 组试验数据，经统计分析而得出曲线，最后归纳为式（9.4.3-1），该式的相对标准差 $s_r = 20.9\%$，平均相对误差 $s_r = 16.7\%$。

采用推出法测试普通砖砌体和多孔砖砌体时，系采用同一种推出仪，因多孔砖块体较厚，推出仪的荷载作用线上移，增加了被测砖块的上翘分力，导致推出力值降低。对比试验表明，多孔砖砌体的砂浆销键作用不明显。因此，推出法测试烧结普通砖砌体和烧结多孔砖砌体，采用同一计算公式。

10 筒 压 法

10.1 一 般 规 定

10.1.1 筒压法是由山西四建集团有限公司等十个单位试验研究成功的测试砂浆强度方法，并编制了山西省地方标准。在此基础上，经过验证性考核试验，纳入了本标准。

山西省建四公司和重庆市建筑科学研究院对筒压法是否适用于烧结多孔砖砌体中的砌筑砂浆检测问题，分别进行了对比试验，结果证明，筒压法现有计算公式同样适用。为此，将筒压法的适用范围扩大至烧结多孔砖砌体。

本方法对遭受火灾、环境侵蚀的砌筑砂浆未进行试验研究，故规定不得在这些条件下应用。

10.1.2 本条明确规定了筒压法的适用范围，应用本方法时，使用范围不得外延。当超过此范围时，筒压法的测试误差较大。

10.2 测试设备的技术指标

10.2.1～10.2.3 本方法所用的设备、仪器、工具，一般建材试验室均已具备。其中的承压筒，可参照正文中的图 10.2.1，自行加工。以往测试时，曾出现过承压盖受力变形的问题，此次修订，适当增大了承压盖的截面尺寸，提高了其刚度和整体牢固性。

10.3 测试步骤

10.3.1 为保证所取砂浆试样的质量较为稳定，避免外部环境及碳化等因素的影响，提高制备粒径大于 5mm 试样的成品率，规定只取距墙面 20mm 以里的水平灰缝的砂浆，且砂浆片厚度不得小于 5mm。取样的具体数量，可视砂浆强度而定，高者可少取，低者宜多取，以足够制备 3 个标准试样并略有富余为准。

10.3.2 对样品进行烘干，是为消除砂浆湿度对强度的影响，亦利于筛分。

10.3.3 为便于筛分，每次取烘干试样 1kg。筛分分为：本条中筒压试验前的分级筛分和本标准第 10.3.6 条筒压试验后的分级筛分。每次筛分的时间对测定筒压比值均有影响。筛分时间应取不同品种、不同强度的砂浆筛分时，均能较快稳定下来的时间。经测定，用 YS-2 型摇摆式筛分机需 120s，人工摇筛需 90s。为简化操作，增强可比性，将上述两类筛分时间予以统一，取同一值，但人工筛分，人为影响因素较大，尤其对低强砂浆，应注意摇筛强度保持一致。具备摇筛机的试验室，应选用机械摇筛。

承压筒内装入的试样数量，对测试筒压比值有一定影响，经对比试验分析，确定每个标准试样数量 500g。

每个测区取 3 个有效标准试样，可避免测试值的单向偏移，并减小抽样总体的变异系数。

山西四建集团有限公司使用圆孔筛和方孔筛对筒压试验进行了对比试验，结果证明无显著区别。此次修订增加了可使用方孔标准筛的规定。

10.3.4 为减小装料和施压前的搬运对装料密实程度的影响，制定了两次装料，两次振动的程序，使承压前的筒内试样的紧密程度基本一致。

10.3.5 筒压荷载较低时，砂浆强度越高则筒压比值越拉不开档次；筒压荷载较高时，砂浆强度越低，则筒压比值越拉不开档次。经过试验值的统计分析，对不同品种砂浆分别选用了不同的筒压荷载值。本条所定的筒压荷载值，在常用砂浆强度范围内，是合适的。

关于加荷速度，经检测，在 20s～70s 内加荷至规定的筒压荷载时，对筒压比值的影响并不显著；恒荷时间，在 0s～60s 范围内，对筒压比值亦无显著性影响。本条关于加荷制度的规定，是基于这两方面的

试验结果。

10.3.7 人工摇筛的人为影响因素较大，亦如前述，对低强砂浆，在筛分过程中，由于颗粒之间及颗粒与筛具之间的摩擦碰撞，不断产生粒径小于 5mm 的颗粒，不能像砂石筛分那样精确定量。

10.3.8 筛分前后，试样量的相对差值若超过 0.5%，则试验工作可能有误，对检测结果（筒压比）有影响。

10.4 数据分析

10.4.1、10.4.2 筒压比以 5mm 筛的累计筛余比值表示，可较为准确地反映砂浆颗粒的破损程度，据此推定砂浆强度。破损程度大，砂浆强度低；破损程度小，砂浆强度高。

10.4.3 本条原所列式（10.4.3-1）、式（10.4.3-3）、式（10.4.3-4）、式（10.4.3-5）四个公式，系根据试验结果，经 1861 个不同条件组合的回归优选确定的，相关指数均在 0.85 以上。

依据南充市建设工程质量检测中心和重庆市建筑科学研究院分别进行的试验研究，共同进行了归纳分析，得出筒压法检测特细砂水泥砂浆强度的计算式（10.4.3-2），本次修订纳入了该公式。

11 砂浆片剪切法

11.1 一般规定

11.1.1、11.1.2 砂浆片剪切法是宁夏回族自治区建筑科学研究院研究的一种取样测试方法，通过测试砂浆片的抗剪强度，换算为相当于标准砂浆试块的抗压强度。

试验研究表明，砂浆品种、砂子粒径、龄期等因素对本方法的测试无显著影响。据此规定了本方法的适用范围。

11.2 测试设备的技术指标

11.2.1、11.2.2 砂浆片属小试件，破坏荷载较小，对力值精度、刀片定位精度要求较高，为此宁夏回族自治区建筑科学研究院研制了定型仪器。

砌筑砂浆测强仪采用液压系统施加试验荷载，示值系统为量程 0MPa～0.16MPa、0MPa～1MPa 的带有被动针的 0.4 级压力表，该仪器重量轻、体积小、测强范围广、测试方便，可携带至现场检测，使砂浆片剪切法具有现场检测与取样检测两方面的优点。

砌筑砂浆测强标定仪系砌筑砂浆测强仪出厂定、使用中定期校验的专用仪器；其计量标准器系三等标准测力计（压力环），需经计量部门定期检验。

11.3 测试步骤

11.3.1、11.3.2 将砂浆片的大面、条面加工成规则

形状，有利于试件正常受力，且便于在条形钢块与下刀片刃口面上平稳放置，以及试件与上下刀片刃口面良好的接触。

建筑物基础与上部结构两部分比较，砌体内砂浆的含水率往往有较大差异。中、低强度的砂浆，软化系数较大且非定值。为了准确测试砂浆在结构部位受力时的实际强度，应考虑含水率这一影响因素。砂浆试件存于密封袋内，避免水分散失，使其含水率接近工程实际情况。对于±0.000以上主体结构的砌筑砂浆片试件，一般可不考虑水率这一影响因素。

砂浆片试件尺寸在本条规定的范围内，其宽度和厚度（即受剪面积）对试验结果没有不良的影响。

11.3.3 加荷速度过快，可能造成试件被冲击破坏，测试结果失真。低强砂浆可选用较小的加荷速度，高强砂浆的加荷速度亦不宜大于10N/s。

11.4 数据分析

11.4.1 一次连续砌墙高度对灰缝中的砂浆紧密程度有一定影响，即初始压应力对砂浆片强度有影响。但在工程的检测工作中，多数情况无法准确判定压砖皮数。这时，施工时砌体的初始压力修正系数可取0.95。该值大体对应砂浆试件在砌体中承受6皮砖的初始压力。工程中的多数灰缝如此。

11.4.2~11.4.4 按照本方法所限定的试验条件，对比试验表明，砂浆试块强度与砂浆片抗剪值之间具有较好的线性相关关系，经回归分析并简化后，即为式(11.4.3)。

12 砂浆回弹法

12.1 一般规定

12.1.1 砂浆回弹法是四川省建筑科学研究院研究的砂浆强度无损检测方法，并编制了四川省地方标准。通过试验研究和验证性考核试验，证明砂浆回弹值同砂浆强度及碳化深度有较好的相关性，故将此方法纳入本标准。

原标准颁布施行后，重庆市建筑科学研究院、山东省建筑科学研究院均开展了回弹法检测多孔砖砌体中的砂浆强度的研究，山东省建筑科学研究院、四川省建筑科学研究院还分别在四川省建筑科学研究院进行了验证性试验。根据以上试验资料综合分析，回弹法检测烧结多孔砖砌体中的砂浆强度，同检测烧结普通砖砌体中的砂浆强度，无显著性区别，故将该法的应用范围扩大至烧结多孔砖砌体。

本方法对经受高温、长期浸水、冰冻、化学侵蚀、火灾等情况的砖砌体，以及其他块材的砌体，未进行专门研究，故不适用。

12.1.3 测位是回弹测强中的最小测量单位，相当于其他检测方法中的测点，类似于现行行业标准《回弹法检测混凝土抗压强度技术规程》JGJ/T 23的测区。

墙面上的部分灰缝，由于灰缝较薄或不够饱满等原因，不适宜于布置弹击点，因此一个测位的墙面面积宜大于0.3m²。

12.2 测试设备的技术指标

12.2.1~12.2.3 四川省建筑科学研究院与有关建筑仪器生产厂合作，研制出适宜于砂浆测强用的专用回弹仪，其结构合理，性能稳定可靠，符合现行国家标准《回弹仪》GB/T 9138的规定，已经批量生产，投放市场。

回弹仪的技术性能是否稳定可靠，是影响砂浆回弹测强准确性的关键因素之一，因此，回弹仪必须符合产品质量要求，并获得专业质检机构检验合格后方可使用；使用过程中，应定期检验、维修与保养。

12.3 测试步骤

12.3.1 砌体灰缝被测处平整与否，对回弹值有较大的影响，故要求用扁砂轮或其他工具进行仔细打磨至平整。此外，墙体表面的砂浆往往失水较快，强度低，磨掉表面约5mm~10mm后，能够检测出接近墙体核心区的砂浆强度，也减小了碳化因素对砂浆强度的影响。

12.3.2 经对比试验，每个测位分别使用回弹仪弹击10点、12点、16点，回弹均值的波动性小，变异系数均小于0.15。为便于计算和排除测试中视觉、听觉等人为误差，经异常数据分析后，决定每一测位弹击12点，计算时采用稳健统计，去掉一个最大值，一个最小值，以10个弹击点的算术平均值作为该测位的有效回弹测试值。

12.3.3 在常用砂浆的强度范围内，每个弹击点的回弹值随着连续弹击次数的增加而逐步提高，经第三次弹击后，其提高幅度趋于稳定。如果仅弹击一次，读数不稳，且对低强砂浆，回弹仪往往不起跳；弹击3次与5次相比，回弹值约低5%。由此选定：每个弹击点连续弹击3次，仅读记第3次的回弹值。测强回归公式亦按此确定。

正确地操作回弹仪，可获得准确而稳定的回弹值，故要求操作回弹仪时，使之始终处于水平状态，其轴线垂直于砂浆表面，且不得移位。

12.3.4 同混凝土相比，砂浆的强度低，密实度较差，又因掺加了混合材料，所以碳化速度较快。碳化增加了砂浆表面硬度，从而使回弹值增大。砂浆的碳化深度和速度，同龄期、密实性、强度等级、品种及砌体所处环境条件均有关系，因而碳化值的离散性较大。为保证推定砂浆强度值的准确性，一定要求对每一测位都要准确地测量碳化深度值。

12.4 数据分析

12.4.3、12.4.4 本方法研究过程中，曾根据原材料、砂浆品种、碳化深度、干湿程度等建立了16条测强曲线，经化简合并，剔除次要因素，按碳化深度整理而成本条中的三个计算公式。公式的相关系数均在0.85以上，满足精度要求。由于现场情况的复杂性和人为操作误差，回弹强度与标准立方体砂浆试块抗压强度比较，有时相对误差略大，故本标准表3.4.3关于砂浆回弹法"用途"一栏中指出是"主要用于砂浆强度均质性检查"，请使用者注意这一规定。

13 点 荷 法

13.1 一 般 规 定

13.1.1、13.1.2 点荷法属取样测试方法，由中国建筑科学研究院研究成功并提供给本标准。经本标准编制组对烧结普通砖砌体和烧结多孔砖砌体中的砌筑砂浆统一组织的两次验证性考核试验，其测试结果与标准砂浆试块强度吻合性较好。

对于其他块材砌体中的砂浆强度，本方法未进行专门试验，所以仅限于推定烧结砖砌体中的砌筑砂浆强度。

13.2 测试设备的技术指标

13.2.1 试样的点荷值较低，为保证测试精度，规定选用读数精度较高的小吨位压力试验机。

13.2.2 制作加荷头的关键是确保其端部截球体的尺寸。截球体尺寸与一般试验机上的布式硬度测头一致。

13.3 测 试 步 骤

13.3.1 从砖砌体中取出砂浆薄片的方法，可采用手工方法，也可采用机械取样方法，如可用混凝土取芯机钻取带灰缝的芯样，用小锤敲击芯样，剥离出砂浆片。后者适用于砂浆强度较高的砖砌体，且备有钻机的单位。

砂浆薄片过厚或过薄，将增大测试值的离散性，最大厚度波动范围不应超过5mm～20mm，宜为10mm～15mm。现行国家标准《砌体结构工程施工质量验收规范》GB 50203规定灰缝厚度为(10±2)mm，所以选取适宜厚度的砂浆薄片并不困难。作用半径即荷载作用点至试样破坏线边缘的最小距离，其波动范围宜取15mm～25mm。

13.3.2～13.3.4 试验过程中，应使上、下加荷头对准，两轴线重合并处于铅垂线方向；砂浆试样保持水平。否则，将增大测试误差。

一个试样破坏后，可能分成几个小块。应将试样

拼合成原样，以荷载作用点的中心为起点，量测最小破坏线直线的长度即作用半径，以及实际厚度。

13.4 数 据 分 析

13.4.1、13.4.2 式(13.4.1-1)～式(13.4.1-3)是中国建筑科学研究院在经验回归公式的基础上略作简化处理而得到的。经在实际工程中应用的效果检验，和本标准编制组统一组织的验证试验，准确性较好。

14 烧结砖回弹法

14.1 一 般 规 定

14.1.1 湖南大学对回弹法检测砌体中烧结普通砖和烧结多孔砖的抗压强度进行了较系统的研究，回弹法具有非破损性、检测面广和测试简便迅速的优点，在实际工程的检测中应用较广。

目前，我国已有多家单位对砌体中烧结普通砖的回弹法进行了研究，并制定了相应的国家标准和地方标准。这些标准的测强公式存在一定的差异。另外，烧结多孔砖的应用日趋广泛，但对砌体中多孔砖的回弹法没有相应的检测标准。基于上述原因，有必要在全国范围内对烧结普通砖和烧结多孔砖的回弹法作出统一规定。湖南大学依据试验研究、与现有标准的对比和回归分析，建立了砌体中烧结普通砖和烧结多孔砖的统一回弹测强曲线，并经本标准编制组统一组织的验证性考核试验，证明统一回弹测强曲线具有较好的检测精度，成为新纳入本标准的方法。

本方法对表面已风化或遭受冻害、化学侵蚀的砖，未进行专门研究，故不适用。

14.1.2 《烧结普通砖》GB 5101和《烧结多孔砖和多孔砌块》GB 13544规定进行砖的强度试验时，试样的数量为10块砖，由10块砖的抗压强度平均值、强度标准值、变异系数或单块砖最小抗压强度值来评定砖的抗压强度等级。因此，规定每一检测单元中回弹测区数应为10个，且每个测区中测位数应为10个。

14.2 测试设备的技术指标

14.2.1 指针直读式砖回弹仪性能稳定，示值准确，应用方便、可靠。

14.2.2 回弹仪的技术性能是影响回弹法测试精度的重要因素。符合表14.2.2的回弹仪，可消除或减小因仪器因素导致的误差，提高检测精度。

14.2.3、14.2.4 回弹仪在使用过程中，因检修、零件松动、拉簧疲劳、遭受撞击等都可能改变其标准状态，因而应按本条要求由专业检定单位对仪器进行检定。

14.3 测试步骤

14.3.1 对受潮或被雨淋湿后的砖进行回弹，回弹值会降低，因此被检测砖表面应为自然干燥状态。被检测砖平整、清洁与否，对回弹值亦有较大的影响，故要求用砂轮将被检测砖表面打磨至平整，并用毛刷刷去粉尘。

14.3.2 参考行业标准《回弹仪评定烧结普通砖强度等级的方法》JC/T 796、国家标准《建筑结构检测技术标准》GB/T 50344及其他相关地方标准的规定，每块砖在测面上均匀布置5个弹击点，取其平均值。为保证操作规范，避免检测过程中的异常误差，规定检测时回弹仪应始终处于水平状态，其轴线应始终垂直于砖的测面。

14.4 数据分析

14.4.1 根据湖南大学在实际工程中的检测结果，选取回弹值在30～48之间的37组数据，并按照四川省、安徽省和福建省的三部地方标准中给出的回弹测强公式，经计算得到相应的换算抗压强度值，共计111组数据。最后，采用抛物线函数式按照最小二乘法进行回归分析，建立了适用于烧结普通砖的回弹测强公式：

$$f_{1ij} = 0.02R^2 - 0.45R + 1.25 \qquad (6)$$

其相关系数为0.97，与本标准编制组统一组织的验证性考核试验结果相比较，其相对误差为17.0%，满足精度要求。

对于烧结多孔砖的回弹测强关系，湖南大学制作了施加一定竖向压力的多孔砖砌体，对砌体中的砖进行回弹测试，并作了砖的抗压强度试验，得到209组实测回弹值-抗压强度数据，将209组数据分别以回弹值相近（回弹值极差不大于0.5）的为一组，得到23组多孔砖试件回弹平均值与抗压强度平均值，并与河南省建筑科学研究院通过试验得到的10组数据共33组回弹值-抗压强度数据按最小二乘法进行回归分析，建立了适用于烧结多孔砖的回弹测强公式，为

$$f_{1ij} = 0.0017R^{2.48} \qquad (7)$$

其相关系数为0.70，与本标准编制组统一组织的验证性考核试验结果相比较，其相对误差为20.5%。

15 强 度 推 定

15.0.1 异常值的检出和剔除，宜以测区为单位，对其中的 n_1 个测点的检测值进行统计分析。一般情况下，n_1 值较小，也可以检测单元为单位，以单元的所有测点为对象，合并进行统计分析。

当检出歧离值后（特别是对砌体抗压或抗剪强度进行分析时），需首先检查产生歧离值的技术上的或物理上的原因，如砌体所用材料和施工质量可能与其他测点的墙片不同，检测人员读数和记录是否有错等。当这些物理因素一一排除后，方可进行是否剔除的计算，即判断是否为统计离群值。

对于一项具体工程，其某项强度值的总体标准差是未知的，格拉布斯检验法和狄克逊检验法适用于这种情况；这两种检验法也是土木工程技术人员常用的方法。所以，本标准决定采用这两种方法。

15.0.2、15.0.3 各种方法每个测点的检验强度值，是根据检测结果按相应公式计算后得出的。其中，推出法、筒压法仅需给出测区的检测强度值。

15.0.4、15.0.5 为了与新颁布的《砌体结构工程施工质量验收规范》GB 50203-2011保持协调，本标准对按照不同施工验收规范施工的砌体工程采用不同的砂浆强度推定方法。其中式（15.0.4-1）、式（15.0.4-2）和式（15.0.5-1）、式（15.0.5-2），分别与国家标准《砌体结构工程施工质量验收规范》GB 50203-2011和原国家标准《砌体工程施工质量验收规范》GB 50203-2002一致。在推定砌筑砂浆抗压强度时，对按照《砌体结构工程施工质量验收规范》GB 50203-2011施工的砌体工程，采用式（15.0.4-1）、式（15.0.4-2）和式（15.0.4-3）；对按照《砌体工程施工质量验收规范》GB 50203-2002及之前颁布实施的砌体施工质量验收规范施工的砌体工程，采用式（15.0.5-1）、式（15.0.5-2）和式（15.0.5-3）。当测区数少于6个时，本标准从严控制，规定以测区的最小检测值作为砂浆强度推定值，即式（15.0.4-3）、式（15.0.5-3）。

15.0.8 本条提出了根据砌体抗压强度或抗剪强度的检测平均值分别计算强度标准值的4个公式。它们不同于现行国家标准《砌体结构设计规范》GB 50003确定标准值的方法。砌体结构设计规范是依据全国范围内众多试验资料确定标准值；本标准的检测对象是具体的单项工程，两者是有区别的。本标准采用了现行国家标准《民用建筑可靠性鉴定标准》GB 50292确定强度标准值的方法，即式（15.0.8-1）～式（15.0.8-4）。

15.0.9 参照产品标准《烧结普通砖》GB 5101、《烧结多孔砖和多孔砌块》GB 13544推定回弹法检测烧结砖的强度等级。本条所列公式和表格，与上述产品标准一致。

中华人民共和国国家标准

砌体基本力学性能试验方法标准

Standard for test method of basic mechanics
properties of masonry

GB/T 50129—2011

主编部门：四川省住房和城乡建设厅
批准部门：中华人民共和国住房和城乡建设部
施行日期：2 0 1 2 年 3 月 1 日

中华人民共和国住房和城乡建设部
公 告

第 1109 号

关于发布国家标准
《砌体基本力学性能试验方法标准》的公告

现批准《砌体基本力学性能试验方法标准》为国家标准，编号为 GB/T 50129-2011，自 2012 年 3 月 1 日起实施。原《砌体基本力学性能试验方法标准》GBJ 129-90 同时废止。

本标准由我部标准定额研究所组织中国建筑工业出版社出版发行。

中华人民共和国住房和城乡建设部

2011 年 7 月 29 日

前 言

本标准是根据住房和城乡建设部《关于印发〈2009 年工程建设标准规范制订、修订计划〉的通知》(建标〔2009〕88 号)的要求，由四川省建筑科学研究院和山西四建集团有限公司会同有关单位共同对原国家标准《砌体基本力学性能试验方法标准》GBJ 129-90 进行修订而成的。

本标准在修订过程中，修订组总结了 1990 年原标准颁布实施以来新的砌体试验方法科研成果，并进行了必要的补充试验，并在全国范围内广泛征求有关科研、教学、设计等单位的意见，经反复讨论、修改、充实，最后经审查定稿。

本标准共分 7 章，主要技术内容包括：总则、术语和符号、基本规定、砌体抗压强度试验方法、砌体沿通缝截面抗剪强度试验方法、砌体弯曲抗拉强度试验方法、试验资料的整理分析。

本标准主要修订内容是：1. 增加编制试验方案的具体要求；2. 增加砌体偏心抗压试验方法和砌体长柱试验的规定；3. 砌体抗压试件截面尺寸和高厚比可根据块体尺寸和试验目的稍有调整；4. 根据试验目的，对砂浆试块底模作出新的规定；5. 增加试件与试验机压板调平方法的规定；6. 增加试验资料整理、分析的内容。

本标准由住房和城乡建设部负责管理，四川省建筑科学研究院负责具体内容的解释。在执行过程中，请各单位结合试验工作实践，认真总结经验，并将意见和建议寄交成都市一环路北三段 55 号四川省建筑科学研究院《砌体基本力学性能试验方法标准》管理组（邮编：610081；E-mail：kzs@scjky.cn)。

本标准主编单位：四川省建筑科学研究院
山西四建集团有限公司

本标准参编单位：湖南大学
重庆市建筑科学研究院
西安建筑科技大学
辽宁省建设科学研究院
山东省建筑科学研究院
江苏省建筑科学研究院有限公司
长沙理工大学

本标准主要起草人：吴 体　杜 锐　侯汝欣
施楚贤　林文修　王永维
王庆霖　梁建国　崔士起
张书禹　顾瑞南　甘立刚
凌程建　肖承波　李 峰
黄 靓

本标准主要审查人：陈行之　邸小坛　刘立新
孙伟民　严家熹　苑振芳
张昌叙　张 扬　周炳章
唐岱新　雷宏刚

目 次

Contents

1 总　则

1.0.1 为了规范砌体基本力学性能的试验方法，为砌体结构研究、设计和施工质量检验提供准确可靠试验数据，制定本标准。

1.0.2 本标准适用于砌体结构工程各类砌体的基本力学性能试验与检验。对研制的新型块体或砌筑砂浆，亦应按本标准进行砌体基本力学性能试验。

1.0.3 本标准砌体试件所用的块体材料为砖、砌块、料石和毛石。有关块体材料及砌筑砂浆的力学性能，应按国家现行有关标准进行检验。

1.0.4 砌体基本力学性能的试验，除应符合本标准的规定外，尚应符合国家现行有关标准的规定。

2　术语和符号

2.1　术　语

2.1.1　砖　brick

本标准所指的砖，系指砌体结构中承重墙体用砖，按品种划分，包括烧结砖和非烧结砖（蒸压砖、混凝土砖），实心砖和多孔砖，以及新研制的小尺寸承重用砖。

2.1.2　混凝土小型空心砌块　concrete small hollow block

由普通混凝土或轻集料混凝土制成，主规格尺寸为390mm×190mm×190mm，空心率为25%～50%的块体，简称小砌块。

2.1.3　中型砌块　medium block

长度大于390mm，高度大于190mm，厚度为墙体厚度的砌块。

2.1.4　几何对中　geometrical centering

砌体抗压试验中，四个侧面的竖向中线对准压力试验机上下压板的中心线。

2.1.5　物理对中　physical centering

砌体抗压试件几何对中后，施加一个大小为预估破坏荷载值5%～20%的荷载，测量两个宽侧面轴向变形值，通过调整试件位置和改善垫平措施，使其相对误差不大于10%。

2.1.6　研究性试验　investigative test

为科学研究工作进行的试验。

2.1.7　检验性试验　verifying test

为检验砌体结构工程质量或砌体材料质量进行的试验。

2.1.8　新型砌筑砂浆　new mortar

系指预拌砂浆、专用砂浆和掺加各种新型外加剂的砌筑砂浆。

2.2　符　号

x_i——试件强度的测定值；

n——一组砌体试件的数量；

m_x——样本均值；

s——样本标准差；

δ——变异系数；

b——试件宽度；

t——试件厚度；

H——试件高度；

h——试件截面高度；

e_0——受压试件轴向力的偏心距；

β——试件高厚比；

ε——逐级荷载下的轴向应变值；

ε_{tr}——逐级荷载下的横向应变值；

Δl、Δl_{tr}——分别为逐级荷载下的轴向和横向变形值；

l、l_{tr}——分别为轴向和横向测点间的距离；

L——抗弯试件的计算跨度；

σ——逐级荷载下的应力值；

E——试件的弹性模量（N/mm^2）；

$\varepsilon_{0.4}$——对应于应力为$0.4f_{c,i}$时的轴向应变值；

φ_0——轴心受压构件的稳定系数；

$f_{c,i}$——试件的抗压强度；

$f_{v,i}$——试件沿通缝截面的抗剪强度；

$f_{t,i}$——试件的弯曲抗拉强度。

3　基本规定

3.0.1 砌体试验之前，应编制详细的试验方案。试验方案应包括：

1　试验目的和要求；

2　原材料质量检测；

3　块体适宜含水率及其控制方法；

4　砂浆配合比设计，包括水泥砂浆、水泥石灰混合砂浆、预拌砂浆或专用砂浆的配合比设计；

5　试件尺寸、组数，每组试件数量；

6　预估试件极限荷载；

7　加荷方法、加荷程序、加荷设备及其精度检验；

8　试验测量的内容、方法和仪表布置；

9　试验进度；

10　试验人员安排计划；

11　试验数据及试验资料统计分析、试验报告撰写要求；

12　安全及环保措施。

3.0.2 砌体试验按照试验用途可分为研究性试验和检验性试验两类，并应符合下列规定：

1　研究性试验的试件组数及每组试件的数量，

应符合数理统计要求，并按专门的试验设计或试验目的确定。对抗压试验，每组试件不宜少于 6 件，对抗剪和抗弯试验，每组试件不宜少于 9 件；

2 研制的新型块体或砌筑砂浆的研究性砌体试验，宜砌筑同条件的烧结普通砖砌体对比试件，对比试件组数及每组试件数量可根据试验目的适当减少；

3 检验性试验的试件组数及每组试件的数量，可由检测单位规定。但在同等条件下，每组试件的数量，对轴心和偏心抗压试验，不宜少于 3 件；对抗剪和抗弯试验，不宜少于 6 件。

3.0.3 砌体试件的砌筑和养护，除应符合现行国家标准《砌体结构工程施工质量验收规范》GB 50203 的有关规定外，尚应符合下列规定：

1 对同类别、同强度等级砂浆或同一对比组的试件，应由一名中等技术水平的瓦工，采用分层流水作业法砌筑，并应使每盘砂浆均匀地用于各个试件；对于检验施工质量的砌体试件，尚宜在现场砌筑；

2 试件砌筑过程中，应随时检查砂浆饱满度。当试验后检查时，对抗压试件，每组应选 3 件，每件检查数量不少于 3 个块体；对抗剪或抗弯试件，应对每个破坏截面进行检查；

3 试件砌筑完毕，应立即在其顶部平压四皮砖或一皮砌块，平压时间不宜少于 14d；

4 试件室内养护时间不应少于 28d，实验室温度宜为 15℃～25℃；

5 检验性试验，当试件在室外砌筑和养护时，试件表面宜覆盖塑料薄膜并采取遮阳措施，日平均气温不应低于 5℃；

6 试件在养护期内平均气温低于 15℃时，应适当延长养护时间，用砂浆试块强度控制试验时间。

3.0.4 试件砌筑前，应按国家相应的现行试验方法标准确定块体抗压强度及强度等级。

1 砖应按现行国家标准《砌墙砖试验方法》GB/T 2542 的有关规定采用；

2 砌块应按现行国家标准《混凝土小型空心砌块试验方法》GB/T 4111 的有关规定采用；

3 石材应按现行国家标准《砌体结构设计规范》GB 50003 的有关规定采用；

4 砌体抗压的研究性试验，块体试验组数不宜少于 3 组或 30 件；其他砌体试验，块体试验组数不应少于 1 组或 10 件。

3.0.5 砌筑砂浆力学性能应按现行行业标准《建筑砂浆基本性能试验方法标准》JGJ/T 70 的有关规定进行试验。砌筑砂浆抗压试件的制作数量和养护条件，应符合下列规定：

1 对研究性试验，每盘砂浆应制作一组砂浆试件，每组砂浆试件的数量不应少于 6 件。但对同类别、同强度等级砂浆的砌体试件，砂浆试件组数不应少于两组。当需用砂浆试件强度控制砌体试件的试验

时间，组数宜增加 1 组～2 组。每组砂浆试件拆模后，3 件置于标准条件下养护，3 件与砌体试件同条件养护。制作砂浆试件的底模，应采用砌体试验用的块体，块体底模的含水率，不宜大于 2%。当研究工作需考虑不同材质底模对砂浆强度的影响时，还应按 JGJ/T 70 的要求制作相同组数的钢底模砂浆试件，每组砂浆试件为 3 件，拆模后置于标准条件下养护；

2 对检验性试验，砂浆试件的制作由检测单位根据检验目的，可本条第 1 款确定；

3 砌筑砂浆试件应与砌体试件同时进行试验。

3.0.6 试验采用的加荷架、荷载分配梁等设备，应有足够的强度、刚度和稳定性。测量仪表的示值相对误差，不应大于 2%。

3.0.7 试验时，应观察并记录试件在试验过程中的变化情况，发现异常情况应终止试验，查明原因并采取纠正措施，保证试验结果不受影响后，方可继续进行试验。对试件各受力阶段宜拍摄照片或摄像。

3.0.8 试件砌筑和试验之前，试验负责人应对工作人员进行技术交底和安全交底。试验时应采取确保人身安全和防止仪表损坏的安全措施及必要的环保措施。其中，长柱试件周围宜设置防护栏杆。

4 砌体抗压强度试验方法

4.1 试 件

4.1.1 对于外形尺寸为 240mm×115mm×53mm 的普通砖和外形尺寸为 240mm×115mm×90mm 的各类多孔砖，其标准砌体抗压试件（图 4.1.1）的截面尺寸 tb（厚度×宽度）应采用 240mm×370mm 或 240mm×490mm。其他外形尺寸砖的标准砌体抗压试件，其截面尺寸可稍作调整。试件高度 H 应按高厚比 β 确定，β 值应为 3～5。试件厚度和宽度的制作允许误差，应为±5mm。

4.1.2 主规格尺寸为 390mm×190mm×190mm 的混凝土小型空心砌块的标准砌体抗压试件（图 4.1.2），其厚度应为砌块厚度，试件宽度宜为主规格砌块长度的 1.5～2 倍，高度应为五皮砌块加灰缝厚度。其他规格砌块的标准砌体抗压试件，可按照本条要求确定截面尺寸和高度。

4.1.3 中型砌块的标准砌体抗压试件，其厚度应为砌块厚度；宽度应为主规格砌块的长度；高度应为三皮砌块高加灰缝厚度。中间一皮砌块应有一条竖向灰缝。

4.1.4 料石的标准砌体抗压试件的厚度宜为 200mm～250mm，宽度宜为 350mm～400mm；毛石的标准砌体抗压试件的厚度宜为 400mm，宽度宜为 700mm～800mm；两类试件的高度均应按高厚比为 3～5 确定。料石砌体试件的中间一皮石块，应有一条竖向

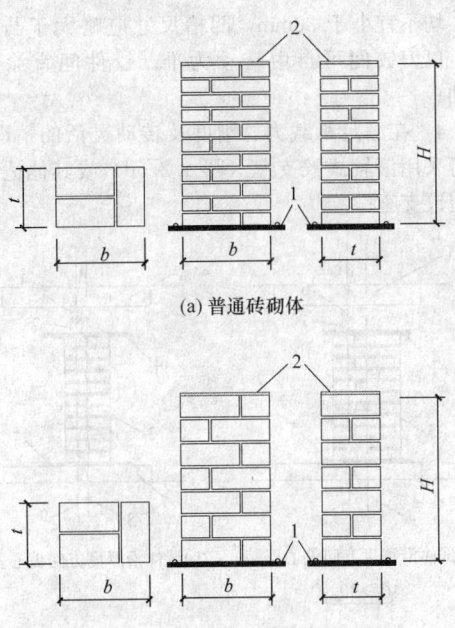

(a) 普通砖砌体

(b) 多孔砖砌体

图 4.1.1　砖的标准砌体抗压试件

1—钢垫板；2—找平砂浆

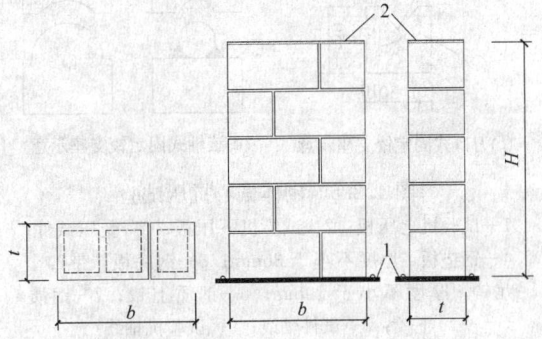

图 4.1.2　小砌块的标准砌体抗压试件

1—钢垫板；2—找平砂浆

灰缝。

4.1.5 T形、十字形、环形等异形截面的标准砌体抗压研究性试验，试件边长应为块体宽度的整数倍，试件截面折算厚度可近似取 3.5 倍截面回转半径，试件高度应按高厚比为 3～5 确定。

4.1.6 高厚比 β 值大于 5 的各类长柱试件抗压试验，其截面尺寸宜按本标准第 4.1.1～4.1.5 条确定。

4.1.7 各类砌体抗压试件应砌筑在带吊钩的刚性垫板或厚度不小于 10mm 的钢垫板上。垫板应事先找平；试件顶部宜采用厚度为 10mm 的 1：3 水泥砂浆找平，并应采用水平尺检查其平整度。

4.2 试验步骤

4.2.1 砌体抗压试验之前的准备工作，应符合下列规定：

　　1 试件应作外观检查，当有施工缺陷、碰撞或其他损伤痕迹时，应作记录；当试件破损严重时，应舍去该试件；

　　2 在试件四个侧面上，应画出竖向中线；当试件为偏心受压时，应画出偏心荷载作用线；

　　3 在试件高度的 1/4、1/2 和 3/4 处，应分别测量试件的厚度与宽度，测量精度应为 1mm。测量结果应采用平均值。试件的高度，应以垫板顶面为基准，量至找平层顶面确定；

　　4 试件的安装，应先将试件吊起，清除粘在垫板下的杂物，然后置于试验机的下压板上。试件就位时，对于轴心抗压试验，应使试件四个侧面的竖向中线对准试验机的上下压板中线；对于单向偏心抗压试验，应使试件在该偏心方向两个侧面的偏心荷载作用线对准试验机的上下压板中线。当试验机的上、下压板小于试件截面尺寸时，应加设刚性垫板；当试件承压面与试验机压板的接触不均匀紧密时，尚应垫平；

　　5 宜采用快硬石膏浆或其他快硬浆料将试件顶面垫平。将快硬石膏或其他快硬浆料抹在试件顶面并初步抹平后，启动试验机，使上压板将多余的石膏或浆料挤出。石膏浆硬化时间不宜少于 40min；其他快硬浆料硬化时间，根据浆料品种、硬化速度确定，不宜少于 20min。快硬石膏或其他快硬浆料与试验机上压板之间，宜垫一层起隔离作用的纸张等薄材料。

4.2.2 安装测量试件变形的仪表，应符合下列规定：

　　1 当测量轴心抗压试件的轴向变形值时，应在试件两个宽侧面的竖向中线上，通过粘贴于试件表面的表座，安装千分表或其他测量变形的仪表。测点间的距离，宜为试件高度的 1/3，且为一个块体厚加一条灰缝厚的倍数。当测量试件的横向变形时，应在宽侧面的水平中线上安装仪表，测点与试件边缘的距离不应小于 50mm，标距不小于宽度的 1/2，且跨 1 条竖缝；

　　2 当测量单向偏心抗压试件的轴向变形值时，根据研究内容，宜在偏心方向两个侧面上增设轴向测量仪表，测量截面轴向应变分布情况；同时，宜在轴心受压的两个侧面上布设轴向测量仪表，测量两个侧面变形的差值；

　　3 当测量轴心抗压或偏心抗压的长柱试件的变形时，除应符合本条第 1 款和第 2 款的规定外，还应安装测量试件侧向弯曲变形的仪表，沿试件高度布设的仪表不宜少于 3 只（图 4.2.2）。仪表基座不得接触试件及试验机上、下压板；

　　4 对试件施加预估破坏荷载 5%，检查仪表的灵敏性和安装的牢固性。

4.2.3 对不需测量变形值的轴心抗压试件，可采用几何对中、分级施加荷载方法，并应符合下列规定：

　　1 每级荷载应为预估破坏荷载值的 10%，并应在 1min～1.5min 内均匀加完；恒荷 1min～2min 后施加下一级荷载。施加荷载时，不得冲击试件；

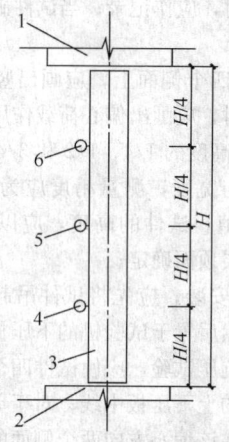

图 4.2.2 长柱侧向弯曲仪表布置示意

1—试验机上压板；2—试验机下压板；3—受压
构件；4—仪表1；5—仪表2；6—仪表3

2 加荷至预估破坏荷载值的 50% 后，宜将每级荷载减小至预估破坏荷载值的 5%。当试件出现第一条受力裂缝后，将每级荷载恢复到预估破坏荷载值的 10%；

3 加荷至预估破坏荷载值的 80% 后，可按原定加荷速度继续加荷，直至试件破坏。试验机的测力计指针明显回退时，应定为该试件丧失承载能力而达到破坏状态。其最大荷载读数应为该试件的破坏荷载值。

4.2.4 对需要测量变形值、确定砌体弹性模量的轴心抗压试件，宜采用物理对中、分级均匀施加荷载方法，并应符合下列规定：

1 在预估破坏荷载值的 5% 至 20% 区间内，反复预压 3 次～5 次。两个宽侧面轴向变形值的相对误差，不应超过 10%，当超过时，应重新调整试件位置或重新垫平试件；

2 预压后，应卸荷并记录初始读数，按本标准第 4.2.3 条规定的施加荷载方法逐级加荷，并应同时测量、记录变形值；

3 当加荷至预估破坏荷载值的 80% 时，应拆除仪表，然后将试件连续加荷至破坏。

注：预估破坏荷载值，可按试探性试验确定，也可按现行国家标准《砌体结构设计规范》GB 50003 的公式计算。

4.2.5 砌体试件的偏心抗压试验，应符合下列规定：

1 根据试验方案，应按图 4.2.5a 或图 4.2.5b 安装试件。图中 e_0 为试验方案中的偏心距；

2 在试件顶部受压钢板和试验机上压板之间，应设置固定铰支座，铰支座可采用刀口式铰支座；

3 铰支座上铰件和下铰件的宽度和高度均不宜小于 50mm，长度不应小于砌体偏心抗压试件的厚度（图 4.2.5a）或宽度（图 4.2.5b）。刀口式铰支座（图 4.2.5c）下刀铰件的凹槽深度和上刀铰件凸出长

度，均不宜小于 30mm，凹槽尺寸应略大于凸齿尺寸，以刀铰间可自由转动为准。铰件间宜涂抹润滑油；

4 在满足承载力、刚度及转动灵活的情况下，也可采用滚轴式铰支座（图 4.2.5d）或其他适宜的固定铰支座；

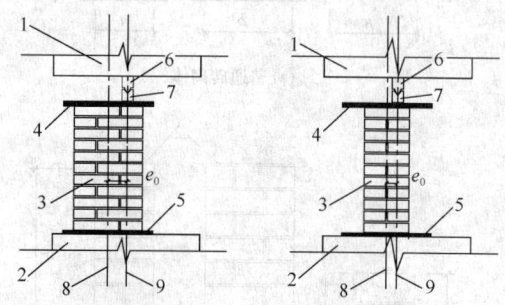

(a)试件沿宽度方向偏心安装　(b)试件沿厚度方向偏心安装

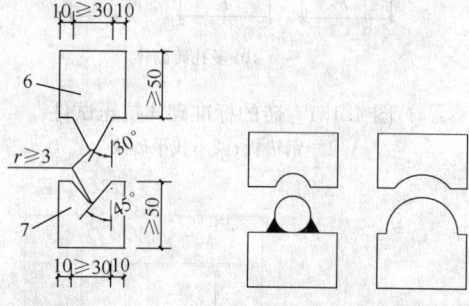

(c)刀口式固定铰支座示意　(d)滚轴式固定铰支座示意

图 4.2.5　砌体偏心抗压试验

1—试验机上压板；2—试验机下压板；3—受压试件；
4—钢垫板，厚度不小于 30mm；5—钢底板，带四个
吊钩，厚度不小于 10mm；6—钢质上铰；7—钢质
下铰；8—试件轴线；9—试验机轴线

5 偏心抗压试验步骤，同轴心抗压试验步骤。

6 进行偏心抗压试验的同时，应进行一组同条件的轴心抗压试验。

4.2.6 长柱试件宜砌筑在试验室的台座上，采用加荷架、千斤顶和测力计等组成的加荷系统对试件施加轴心或偏心荷载；也可采用安全可靠的吊装方法，将试件运至长柱压力试验机上，进行轴心或偏心抗压试验。

4.2.7 试验过程中，应观察和捕捉第一条受力裂缝，并在试件上绘出裂缝位置、长度，标注初裂荷载值。对安装有变形测量仪表的试件，应观察变形值突然增大时可能出现的裂缝。荷载逐级增加时，应观察和描绘裂缝发展变化情况。试件破坏后，应立即绘制裂缝图、标记主要裂缝与对应荷载值，记录破坏特征。

4.3　结果计算

4.3.1 单个标准砌体试件的轴心抗压强度 $f_{c,i}$，应按下式计算，其计算结果取值应精确至 0.01N/mm²：

$$f_{c,i} = \frac{N}{A} \qquad (4.3.1)$$

式中：$f_{c,i}$——试件的抗压强度（N/mm²）；

　　　N——试件的抗压破坏荷载值（N）；

　　　A——试件的截面面积（mm²），按本标准第4.2.1条测得的试件平均宽度和平均厚度计算。

4.3.2 对偏心抗压试件的抗压强度，应考虑偏心距 e_0（相对偏心距 e_0/b）的影响，以相同情况轴心抗压试件抗压强度为基准进行对比分析。对进行了变形测量的偏心抗压试件，应按试验方案对变形值进行计算，对其规律性进行分析。

4.3.3 单个轴心抗压标准砌体试件的弹性模量 E、泊松比 ν 的实测值，应按下列步骤计算：

　1 逐级荷载下的轴向应变 ε 和横向应变 ε_{tr}，应按下列公式计算：

$$\varepsilon = \frac{\Delta l}{l} \qquad (4.3.3-1)$$

$$\varepsilon_{tr} = \frac{\Delta l_{tr}}{l_{tr}} \qquad (4.3.3-2)$$

式中：ε——逐级荷载下的轴向应变值；

　　　ε_{tr}——逐级荷载下的横向应变值；

　　Δl，Δl_{tr}——分别为逐级荷载下的轴向和横向变形值（mm）；

　　　l，l_{tr}——分别为轴向和横向测点间的距离（mm）。

　2 逐级荷载下的应力 σ，应按下式计算：

$$\sigma = \frac{N_i}{A} \qquad (4.3.3-3)$$

式中：σ——逐级荷载下的应力值（N/mm²）；

　　　N_i——试件承受的逐级荷载值（N）。

　3 应力与轴向应变的关系曲线应以 σ 为纵坐标、ε 为横坐标绘制。根据曲线，应取应力 σ 等于 $0.4f_{c,i}$ 时的割线模量为该试件的弹性模量，并应按下式计算：

$$E = \frac{0.4f_{c,i}}{\varepsilon_{0.4}} \qquad (4.3.3-4)$$

式中：E——试件的弹性模量（N/mm²）；

　　　$\varepsilon_{0.4}$——对应于应力为 $0.4f_{c,i}$ 时的轴向应变值。

　4 应力与泊松比的关系曲线应以 σ 为纵坐标、泊松比 ν 为横坐标绘制。根据曲线，应取应力 σ 等于 $0.4f_{c,i}$ 时的泊松比为该试件的泊松比。逐级应力对应的泊松比，应按下式计算：

$$\nu = \frac{\varepsilon_{tr}}{\varepsilon} \qquad (4.3.3-5)$$

4.3.4 中型砌块砌体试件的高厚比 β 大于 5 时，应计入稳定性对试验结果的影响，其抗压强度 $f_{c,i}$ 值，可按下式计算：

$$f_{c,i} = \frac{N}{\varphi_0 A} \qquad (4.3.4)$$

式中：φ_0——轴心受压构件的稳定系数，按现行国家标准《砌体结构设计规范》GB 50003

计算。

4.3.5 对长柱试件的试验结果，应综合考虑轴向稳定性、偏心影响、轴向变形及侧向挠曲变形进行分析。

5 砌体沿通缝截面抗剪强度试验方法

5.0.1 砌体沿通缝截面抗剪试件的几何尺寸和制作应符合下列规定：

　1 普通砖的砌体抗剪试件，应采用由 9 块砖组成的双剪试件（图 5.0.1-1）。其他规格砖块的砌体抗剪试件，亦应采用此种双剪试件形式，但试件尺寸可作相应的调整。

　2 中、小型砌块的砌体抗剪试件，应采用图 5.0.1-2 所示的双剪试件。也可采用表面质量和材质均相同的较小块体，按图 5.0.1-1 或图 5.0.1-2 制作抗剪试件。

　3 砌筑试件时，竖向灰缝的砂浆应填塞饱满。对吸水率较小或吸水速度较慢的块体，其砌体抗剪试件砌筑完毕，宜覆盖塑料薄膜等材料予以保湿养护。

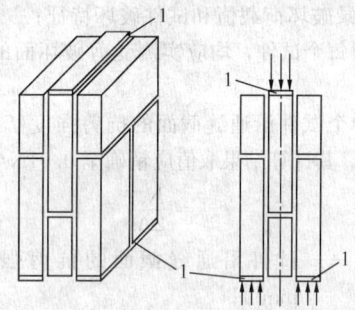

图 5.0.1-1　砖砌体双
剪试件及其受力情况
1—砂浆抹面

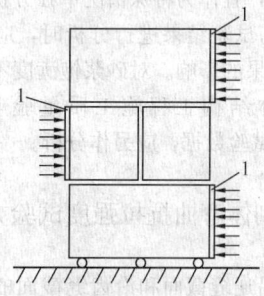

图 5.0.1-2　中、小块砌体
双剪试件及其受力情况
1—砂浆抹面

5.0.2 砖砌体抗剪试件的砂浆强度达到 100% 以后，可将试件立放，先后对承压面和加荷面采用 1:3 水泥砂浆找平，找平层厚度不宜小于 10mm。上下找平层应相互平行并垂直于受剪面的灰缝。其平整度可采用水平尺和直角尺检查。水平加荷的中、小型砌块砌

体抗剪试件，其三个受力面也应找平，并应垂直于水平灰缝。

5.0.3 砌体抗剪试件应按下列步骤和要求进行抗剪试验：

1 测量受剪面尺寸，测量精度应为 1mm；

2 将砖砌体抗剪试件立放在试验机下压板上，试件的中心线应与试验机上、下压板轴线重合。试验机上下压板与试件的接触应密合。当上部不密合时，可垫 10mm 厚木条或较硬橡胶条；当下部不密合时，可采用在两个受力面下垫湿砂等适宜的调平措施；也可采用本标准第 4.2.1 条第 5 款的调平措施；

3 对中、小型砌块砌体抗剪试验，尚应采用由加荷架、千斤顶和测力计组成的水平加荷系统。对较高的中型砌块砌体抗剪试件，应加设侧向支撑；试件与台座间宜采用湿砂垫平，不宜加设滚轴。对外形尺寸较小的砌块砌体抗剪试件，也可采用砖砌体抗剪试件的试验方法，在试验机上进行试验；

4 抗剪试验应采用匀速连续加荷方法，并应避免冲击。加荷速度宜按试件在 1min～3min 内破坏进行控制。当有一个受力面被剪坏即认为试件破坏，应记录破坏荷载值和试件破坏特征；

5 对每个试件，均应实测受剪破坏面的砂浆饱满度。

5.0.4 单个试件沿通缝截面的抗剪强度 $f_{v,i}$，应按下式计算，其计算结果取值应精确至 0.01N/mm²：

$$f_{v,i} = \frac{N_v}{2A} \qquad (5.0.4)$$

式中：$f_{v,i}$——试件沿通缝截面的抗剪强度（N/mm²）；

N_v——试件的抗剪破坏荷载值（N）；

A——试件的一个受剪面的面积（mm²）。

5.0.5 若块体先于受剪面灰缝破坏时，该试件的试验值应予注明，宜作为特殊情况单独分析。

5.0.6 对抗剪试验结果进行分析时，应考虑砂浆饱满度对试验结果的影响。对砂浆饱满度不符合现行国家标准《砌体结构工程施工质量验收规范》GB 50203 规定的试验数据，应另作分析。

6 砌体弯曲抗拉强度试验方法

6.0.1 砌体沿通缝截面和沿齿缝截面的弯曲抗拉强度试验，宜采用简支梁三分点集中加荷的方法。

6.0.2 普通砖砌体抗弯试件尺寸（图 6.0.2-1 和图 6.0.2-2），应符合下列规定：

1 截面高度和宽度，均应为 240mm；

2 试件计算跨度，对于沿通缝抗弯试件，不应小于 720mm；对于沿齿缝抗弯试件，不应小于 1000mm；

3 试件的总长度宜为试件跨度加 60mm。其他

规格块体的砌体抗弯试件尺寸，可按具体情况作相应调整，但试件跨度不应小于截面高度的 3 倍。

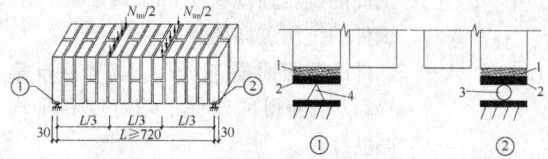

图 6.0.2-1　砖砌体沿通缝截面抗弯试验方法
1—水泥砂浆找平层；2—钢垫板；3—圆钢棒；4—角钢

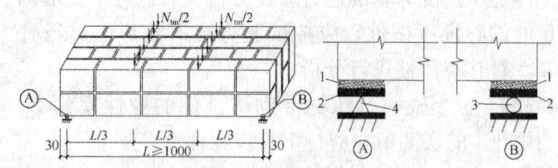

图 6.0.2-2　砖砌体沿齿缝截面抗弯试验方法
1—水泥砂浆找平层；2—钢垫板；3—圆钢棒；4—角钢

6.0.3 沿通缝截面抗弯的砌体试件应立砌；试验时应将试件放平，再安装到试验机或试验台座上。沿齿缝截面抗弯的砌体试件应平砌，根据试验要求可采用一顺一丁、三顺一丁或其他砌筑形式；试验时应以长边为轴旋转 90°，平移至试验机或试验台座上。试件的支座处和荷载作用处，应预先采用 1∶3 水泥砂浆找平，找平层的厚度不应小于 10mm，宽度不应小于 50mm 或加荷垫板宽度。当加荷设备的荷载作用面与试件受荷面接触不密合时，应按本标准第 4.2.1 条第 4 款有关要求处理。

6.0.4 固定铰支座的固定铰可选用边长不小于 50mm 的等边角钢，滚动铰支座的滚轴可选用直径不小于 50mm 的圆形钢棒。固定铰支座和滚动铰支座上表面应处于同一水平面上。

6.0.5 加荷的设备，宜采用压力试验机。当受条件限制时，可采用由试验台座、加荷架、千斤顶和测力计等组成的加荷系统。

6.0.6 砌体试件应按下列步骤与要求进行抗弯试验：

1 在试件上标出支座与荷载作用线的准确位置，并在纯弯区段的中部测量截面尺寸，测量精确度应为 1mm；随机选取 3 个试件，测其自重并计算平均值，精确至 10N；

2 在试验机或试验台座上，按简支梁三分点集中加荷的要求使试件准确就位；

3 抗弯试验应采用匀速连续加荷方法，加荷速度宜按试件在 3min～5min 内破坏进行控制。试件破坏后，应立即记录破坏荷载值和破坏特征；

4 整理与分析砌体抗弯试验结果时，应注明是沿通缝截面还是沿齿缝截面，不得混淆。

当试件破坏处在跨中 1/3 长度之外，视为非正常破坏，应舍去该项试验数据。

6.0.7 单个试件沿通缝截面或沿齿缝截面的弯曲抗

拉强度 $f_{t,i}$，应按下式计算，其计算结果取值应精确至 0.01N/mm^2：

$$f_{t,i} = \frac{(N_t + 0.75G)L}{bh^2} \qquad (6.0.7)$$

式中：$f_{t,i}$——试件的弯曲抗拉强度（N/mm^2）；

N_t——试件的抗弯破坏荷载值，包括荷载分配梁等附件的自重（N）；

G——试件的自重（N）；

L——抗弯试件的计算跨度（mm）；

b——试件的截面宽度（mm）；

h——试件的截面高度（mm）。

7 试验资料的整理分析

7.0.1 试验完毕，应及时整理下列原始试验资料：

1 试验方案及实施过程中的变更情况；

2 块体和砌筑砂浆的试验结果；

3 测试仪表校核记录；

4 试验前试件外观质量检查情况，包括几何尺寸、施工缺陷及损伤状况；

5 试验数据记录；

6 试件的裂缝图、破坏特征文字描述、照片或录像；

7 试验异常情况记录。

7.0.2 每组的单个试件的强度试验值应按现行国家标准《数据的统计处理和解释 正态样本离群值的判断和处理》GB/T 4883 中格拉布斯检验法或狄克逊检验法，检出其中的歧离值，剔除统计离群值。检出水平取 0.05，剔除水平取 0.01。不得仅依据计算分析即舍去歧离值，尚应检查是否系材料或施工质量变化以及人为因素等原因导致出现歧离值。当从技术或物理上找到产生离群原因，应剔除歧离值；当未找到技术或物理上的原因，则不应剔除。

7.0.3 砌体基本力学性能的各项试验结果，当需要采用统计指标表示时，应按下列公式进行计算。当试件数量较少时，仅计算均值。

1 均值应按下式计算：

$$m_x = \frac{1}{n}\sum_{i=1}^{n} x_i \qquad (7.0.3\text{-}1)$$

2 标准差应按下式计算：

$$s = \sqrt{\frac{1}{n-1}\sum_{i=1}^{n}(x_i - m_x)^2} \qquad (7.0.3\text{-}2)$$

3 变异系数（以百分率计）应按下式计算：

$$\delta = \frac{s}{m_x} \times 100\% \qquad (7.0.3\text{-}3)$$

式中：x_i——试件强度的测定值（N/mm^2）；

n——一组砌体试件的数量。

7.0.4 当需要将砌体强度试验值与理论计算值进行比较时，应以材料（砂浆、块体）强度实测平均值确定其理论计算值，并宜给出试验值与理论计算值的比值及其平均值。

7.0.5 研究性试验，烧结普通砖之外的新型块体或砌筑砂浆的砌体强度试验值，宜与同条件砌筑的烧结普通砖砌体强度试验值进行比较和分析，不宜仅与理论值进行比较。

7.0.6 对砌体试件的破坏过程及其特征应进行描述和分析，必要时配以典型试件裂缝图和照片。

7.0.7 根据试验目的，应对试验结果进行分析。当需要作回归分析时，宜采用最小二乘法拟合试验曲线，求出经验公式，并宜给出试验散点图和回归曲线的比较图。对试验中出现的新问题或超出试验目的的新现象，应进行阐述。对试验工作中的不足之处，应总结经验教训。

本标准用词说明

1 为了便于在执行本标准条文时区别对待，对要求严格程度不同的用词说明如下：

　　1）表示很严格，非这样做不可的用词：

　　　　正面词采用"必须"，反面词采用"严禁"；

　　2）表示严格，在正常情况下均应这样做的用词：

　　　　正面词采用"应"，反面词采用"不应"或"不得"；

　　3）表示允许稍有选择，在条件许可时首先这样做的用词：

　　　　正面词采用"宜"，反面词采用"不宜"；

　　4）表示有选择，在一定条件下可以这样做的，采用"可"。

2 标准中指明应按其他有关标准执行的写法为："应符合……的规定"或"应按……执行"。

引用标准名录

1 《砌体结构设计规范》GB 50003

2 《砌体结构工程施工质量验收规范》GB 50203

3 《砌墙砖试验方法》GB/T 2542

4 《混凝土小型空心砌块试验方法》GB/T 4111

5 《数据的统计处理和解释 正态样本离群值的判断和处理》GB/T 4883

6 《建筑砂浆基本性能试验方法标准》JGJ/T 70

中华人民共和国国家标准

砌体基本力学性能试验方法标准

GB/T 50129—2011

条 文 说 明

修 订 说 明

《砌体基本力学性能试验方法标准》GB/T 50129 - 2011，经住房和城乡建设部 2011 年 7 月 29 日以第 1109 号公告批准、发布。

本标准是在《砌体基本力学性能试验方法标准》GBJ 129 - 90 的基础上修订而成，上一版的主编单位是四川省建筑科学研究院，参编单位是山东省建筑科学研究院、湖南大学、辽宁省建筑科学研究院；主要起草人员是侯汝欣、曹居易、汪权信、施楚贤、王增泽、陈安析。本次修订的主要技术内容是：1. 增加编制试验方案的具体要求；2. 增加砌体偏心抗压试验方法和砌体长柱试验的规定；3. 砌体抗压试件截面尺寸和高厚比可根据块体尺寸和试验目的稍有调整；4. 根据试验目的，对砂浆试块底模作出新的规定；5. 增加试件与试验机压板调平方法的规定；6. 增加试验资料整理、分析的内容。

本规程修订过程中，编制组进行了深入广泛的调查研究，总结了我国在砌体基本力学性能试验领域自上一版标准颁布实施以来在研究、设计、施工等方面工作的实践经验，同时参考了国内外先进技术法规、技术标准，并对不同截面尺寸和高厚比的试件对试验结果的影响以及偏心抗压试验的加荷方法等进行了试验研究。

为便于广大设计、施工、科研、检测、学校等单位有关人员在使用本标准时能正确理解和执行条文规定，《砌体基本力学性能试验方法标准》编制组按章、节、条顺序编制了本标准的条文说明，对条文规定的目的、依据以及执行中需注意的有关事项进行了说明。但是，本条文说明不具备与标准正文同等的法律效力，仅供使用者作为理解和把握标准规定的参考。

目　次

1 总　　则

1.0.1 砌体基本力学性能试验，是一项量大面广的工作。过去由于缺乏统一的试验方法，不仅使不同单位的试验结果难以对比和引用，而且还影响到工程质量检验工作的顺利进行。本标准颁布施行 20 年来，众多高校、科研单位在砌体结构试验研究中，采纳了本标准，为砌体结构研究和砌体结构设计、施工规范的编制工作，作出了积极贡献，同时积累和丰富了砌体试验方法的经验。此次修订，吸收了这些试验工作经验，使之进一步满足砌体结构研究和生产建设检验工作的需要。

1.0.2 本标准是根据砌体结构试验工作必须统一的技术内容，作出必要且可能的规定。多年以来，我国推行墙体材料改革工作，大量新型砌体块材和新型砌筑砂浆应用于建筑工程中，为保证工程结构的安全性，对这些新型材料应按本标准进行应用试验和检验。

1.0.3 砌体试件系由块体和砂浆砌筑而成，块体材料和砌筑砂浆的质量对砌体的工作性能与承载能力有很大影响。为此，本条要求对块体材料和砌筑砂浆进行必要的质量检验，以便为砌体试验提供基础数据，做好试验设计和试验分析工作。

1.0.4 标准总是配套使用的，一本标准中不应重复现行其他标准已有的规定。因此，在执行本标准时，尚应符合现行国家有关标准的要求。

3 基 本 规 定

3.0.1 本条系新增条文，对试验方案提出了具体要求。有些砌体试验结果存在一些缺陷，试验方案编制得不够详细是其原因之一。为此，这次修订时增加了编制试验方案的内容。

3.0.2 在实际工作中，根据不同的试验目的，砌体基本力学性能试验可分为研究性试验和检验性试验两类。过去因对这个前提未予明确，致使在确定试件数量与抽样方法时，产生不应有的混乱。因此，有必要加以区分。

　　原《砖石结构设计规范》GBJ 3-73 对于砌体抗压试件数量的规定，基本是根据检验性试验要求制定的。因此，本标准的检验性试验的每组试件数量仍沿用此规定。砌体抗剪和抗弯试验，由于检验值较为离散，每组试件数量有必要适当增加，根据四川省建筑科学研究院和国内其他科研单位、高校多年积累的数据，规定每组不应少于 6 个试件。

　　关于研究性试验，考虑到一般有专门的试验设计，所以原标准未具体规定每组试件数量。但实践经验表明，有些单位的研究性试验工作，试件数量明显偏少，此次修订时增加了每组试件数量的规定。

　　关于本条第 3 款，需要特别说明的是：我国《砌体结构设计规范》GB 50003、《砌体结构工程施工质量验收规范》GB 50203、《砌体工程现场检测技术标准》GB/T 50315 均是以烧结普通砖砌体为依据编制并逐步扩展的，积累了大量试验研究资料和丰富的工程实践经验。新型砖材或新型砌筑砂浆的研究性试验，应与同条件的烧结普通砖砌体试验进行比较，以便得出可靠结论。又由于砌体试验结果受人工砌筑和试验条件影响很大，因此新增加了此款规定。

3.0.3 本条对砌体试件的砌筑和养护作了具体规定。

　　1 已有的试验资料表明，不同技术水平瓦工砌筑的试件，其砌体基本力学性能指标相差可达 50% 以上。本款规定由中等技术水平的瓦工砌筑试件，可使试件的砌筑质量有一定的代表性。所谓中等技术水平，一般可理解为经过技术考核合格的四、五级工。

　　2 砂浆饱满度对砌体抗压、抗剪和抗弯强度均有较大影响。四川省建筑科学研究院曾进行过水平灰缝的砂浆饱满度 ξ_f 对砌体抗压强度影响的试验，对抗压强度影响系数得出如下回归公式：

$$\Psi_\text{f} = 0.2 + 0.8\xi_\text{f} + 0.4\xi_\text{f}^2$$

　　式中当 $\xi_\text{f} = 0.73$ 时，$\Psi_\text{f} = 1.0$，表示水平灰缝的砂浆饱满度为 0.73 的砌体抗压试件，其抗压强度可达到现行国家标准《砌体结构设计规范》GB 50003 规定的强度指标。现行国家标准《砌体结构工程施工质量验收规范》GB 50203 规定，水平灰缝的砂浆饱满度不得低于 80%。

　　砂浆饱满度对砌体抗剪和抗弯强度的影响更大。为了准确掌握砂浆饱满度对砌体试验值的具体影响程度，应对砂浆饱满度进行仔细检查。

　　3 砂浆初凝之前，对试件施加适当的初始压应力（如对砖砌体压四皮砖），可改善砂浆与砖的粘结性能，减小试验结果的离散性。这样做，与墙体的实际施工情况也较为接近。一般情况下，施工现场每天砌筑墙体的高度为一步脚手架（约 1.2m～1.5m）。这样，多数砖层在砂浆初凝前已获得适当的初始压应力。

　　4 试件室内养护温度主要是参照国际标准《砌体试验方法》ISO 9652-4 和美国 ASTM《砌体抗压强度的标准试验方法》有关内容制定的。ISO 9652-4 标准规定的养护温度为 15℃～25℃，美国规定的养护温度为 16℃～24℃。当气温低于 15℃时，砂浆强度的增长速度将显著地缓慢。在这种情况下，若仍按固定的天数进行养护，将得不到预期的砂浆强度。改按砂浆实测强度控制试件养护时间较为科学、合理。

3.0.5 同原标准相比，砂浆试件的制作方法和制作数量作了较大修改。修改理由如下：现行行业标准《建筑砂浆基本性能试验方法标准》JGJ/T 70 将砂浆试件的块材底模改为钢底模。采用钢底模成型的砂浆

试件强度明显低于块材底模的砂浆试件强度，降低系数随不同块材品种及其含水率而变化。此外，高强砂浆降低幅度小，低强砂浆降低幅度大。1956年以来，我国陆续开展了系统的砌体结构试验研究工作，几十年来均是以砌体试验用块材作底模成型砂浆试块，现行国家标准《砌体结构设计规范》GB 50003-2001以及之前的砌体结构设计规范（GBJ 3-73、GBJ 3-88）的砌体设计计算指标均是以块材底模的砂浆试件强度为基础而确定的。砌体工程的施工质量检验和相应的检测标准《砌体工程现场检测技术标准》GB/T 50315也是如此。若改为钢底模，砌体结构设计计算指标和国家标准GB/T 50315的检测方法难以作相应调整。在现有的试验数据条件下，对于不同块材，现在常用的砌筑砂浆强度等级M5、M7.5、M10、M15尚不能准确换算为钢底模的砂浆强度等级。

本标准是为砌体结构设计和砌体工程质量检测服务的，考虑到砌体试验研究、砌体工程检测的历史和现实情况，仍要求制作砂浆试件的底模为块材底模；又考虑到与新的砂浆试验标准衔接，逐步积累以钢底模砂浆试块为基础的砌体试验数据，规定了研究性试验还应制作钢底模的砂浆试件。

3.0.6 对自行设计的各类加荷架及其他附属设备，本标准只提出原则要求，新加工的设备，应经试验或试用，符合技术要求和安全后方可使用。

3.0.8 砌体试件较笨重，试验工作易发生工伤事故。应采取必要的措施，确保安全。

4 砌体抗压强度试验方法

4.1 试 件

4.1.1～4.1.6 确定各类砌体抗压试件的外形尺寸，依据如下：

1 主要参考资料：

原国家标准《砖石结构设计规范》GBJ 3-73附录四：砖石砌体抗压强度的试验方法；

四川省建筑科学研究院等单位：混凝土小型空心砌块与砌体力学性能试验方法（JGJ 14-82）；

四川省建筑科学研究院等单位：中型砌块砌体抗压强度的试验方法（JGJ 5-80）；

山东省建筑科学研究院：乱毛石砌体抗压试验方法；

福建省建筑科学研究院：关于石材与石砌体试验方法中的几个问题；

有关单位的砌体抗压强度和弹性模量的试验报告。

2 编制原标准GBJ 129-90时，经与《砌体结构设计规范》编制组协商，砖砌体标准抗压试件的截面尺寸，由过去的370mm×490mm改为240mm×370mm。

3 根据重庆市建筑科学研究院和四川省建筑科学研究院分别进行的对比试验，砖砌体截面尺寸为240mm×370mm与240mm×490mm，对砌体抗压试验结果无显著性区别；抗压试件高厚比β值为3、4、5时，对砌体抗压试验结果无显著性区别。详见背景材料。

4 关于混凝土小型空心砌块砌体试件截面尺寸对抗压强度的影响，四川省建筑科学研究院、原哈尔滨建筑工程学院等单位的试验资料表明，当试件厚度（如190mm）相同时，宽度（如390mm、590mm、790mm）对抗压强度没有显著性影响。这表明材质相同的无限长墙体，用单位宽度的单元体进行试验、分析和计算是可行的；试件厚度从190mm增加至390mm，抗压强度下降约25%，这是由于截面增加的竖向灰缝削弱了砌体的整体性造成的。几个单位的试验结果，见表1和表2。

表1 不同截面对小型砌块砌体抗压强度的影响

试件数量 n	厚度 t (mm)	宽度 b (mm)	高厚比 β	砌块强度 f₁ (N/mm²)	砂浆强度 f₂ (N/mm²)	砌体强度（N/mm²）			f_{190}/f_{590}	f_{390}/f_{190} (f_{390}/f_{590})	备 注	试验单位
						f_{590}	f_{190}	f_{390}				
10	190	790	3.1	8.8	6.1	6.31	6.36		1.01		试件宽度对试验结果无影响	广东省建筑科学研究院
6	190	790	3.1	5.2	11.0	3.69	3.69		1.00			
(16)								平均	1.00			
8	185	385	3.2	7.5	5.9	6.89	5.07		0.74		试件宽度对试验结果无影响	贵州省建材所
9	185	385	3.2	7.5	10.3	5.31	6.30		1.19			
8	190	390	3.1	8.4	2.4	4.15	4.02		0.97			
(25)								平均	0.97			
3	185	585	2.6		2.9	3.9	3.9		1.00		试件宽度对试验结果无影响	第七冶金建设公司建研所
3	185	785	2.6		2.9	3.9	3.9		1.00			
3	385	385	2.6		2.9	3.9		2.8		(0.72)		
3	385	585	2.6		2.9	3.9		2.7		(0.69)	试件厚度对试验结果有影响	
3	385	785	2.6		2.9	3.9		2.9		(0.74)		
(15)								平均	1.00	(0.72)		

续表1

试件数量 n	厚度 t (mm)	宽度 b (mm)	高厚比 β	砌块强度 f₁ (N/mm²)	砂浆强度 f₂ (N/mm²)	f590	f190	f390	f190/f590	f390/f190 (f390/f590)	备 注	试验单位
6	240	485	4.0	2.53	2.6		1.88			f750/f485=1.09	试件宽度对试验结果无影响	原哈建院,浮石砌块,t检验,没有区别
6	240	750	3.0	2.53	2.6		2.05					
19			2.56	6.8	2.5		2.39	2.10		0.88	试件厚度对试验结果有影响	陕西省建筑科学研究院
32			2.56	6.4	2.5		2.28	2.80		0.80		
15			2.56	5.9	5.3		2.45	2.91		0.84		
15			2.56	4.6	5.3		2.35	1.93		0.82		
15			2.56	4.6	9.6		2.75	2.52		0.91		
(96)								平均		0.85		
10	390	390	3.0	13.8	4.3	9.57		6.44		(0.67)	试件厚度对试验结果有影响	四川省建筑科学研究院
5	390	590	3.0	13.8	4.3	9.57		6.29		(0.66)		
5	390	790	3.0	13.8	4.3	9.57		7.04		(0.74)		
(20)								平均		(0.69)		

注：f_{590} 指砌体尺寸为 190mm×590mm×600mm 的抗压平均强度；f_{190}、f_{390} 分别表示 190mm、390mm 厚不同宽度砌体的抗压平均强度。

表2　试件宽度对小型砌块砌体抗压强度的影响

厚度 t (mm)	宽度 b (mm)	高厚比 β	f590	f390	f390/f590	t检验
140	590	4.3	5.84		0.94	f590=f390
140	390	4.3		5.49		
190	590	3.2	4.34		0.91	f590=f390
190	390	3.2		3.96		

试验单位：四川省建筑科学研究院

国际标准《砌体试验方法》ISO 9652-4 规定砌体抗压试件尺寸如下表所示：

表3　砌体抗压试件尺寸要求

墙片宽度 b	墙片厚度 t	墙片高度 h
2 个块体	1 个块体	3≤h/t≤15；h/b≥1；h≥5 层块材高度

原标准与 ISO 标准比较，小砌块砌体抗压试件的宽度和试件高度明显偏小。此次修订，试件截面宽度恢复到原行业标准《混凝土小型空心砌块建筑技术规程》JGJ 14-82 的规定值，并考虑向 ISO 标准靠拢，将试件宽度调整为 1.5～2.0 倍的块体长度；试件高度为 5 皮砌块加灰缝厚度，即 β=5。根据对比试验，高厚比 β 值为 3 和 5 时，砌体抗压试验结果无显著性区别。

4.1.7　要求试件的垫板事先找平和顶部用 1：3 水泥砂浆找平，是为使试件上下面平行而受力均匀。个别单位对此重视不够，致使试件过早开裂，破坏荷载值偏低，且离散性大，故应强调试件上下表面的平整度。

4.2　试验步骤

4.2.1　本条是关于试验准备工作的具体规定，有两点需要说明：

①常用的试件对中有两种方法，但由于对中所耗费的时间相差悬殊，因而宜根据试验目的选用。当不需测量变形值时，宜用快捷的几何对中方法，即试件四个侧面的竖向中线对准试验机上下压板的中垂线；当需要测量变形值时，宜用物理对中方法，即在规定应力条件下 ($\sigma \approx 0.2 f_{c.m}$)，通过调整试件位置或将试件顶部垫平等方法，使两侧仪表测得的轴向变形值，其相对误差小于 10%。采用物理对中方法，所测变形值较为准确，但需要较长的试验准备时间。

②抗压试件表面与试验机压板是否紧密接触对试验结果及其离散性影响很大。试件底部有带吊钩的钢板，钢板与试验机下压板之间一般能够紧密接触，若钢板有微小变形，通过垫湿砂或薄钢板等措施，容易使两者紧密接触。人工在试件顶部抹水泥砂浆找平层的方法，不可能使表面非常平整；过去采用垫湿砂的措施，试件顶部四周 10mm～20mm 的湿砂被试验机上压板部分挤出，难以做到均匀密实。同原标准相比，此次修订增加了试件顶部垫平的具体措施。美国

进行砌体抗压试验，是在试件顶部抹快硬石膏，通过试验机上压板施加压力将石膏压平，以达到紧密接触的目的；四川省建筑科学研究院分别使用快硬石膏或快速防水堵漏材料抹在试件顶部，施加约 5%～10% 试件承载力的荷载，使试验机上压板将多余浆料挤出，待浆料硬化后再进行抗压试验。这一具体措施，能够使试件顶部和试验机上压板之间完全紧密接触，减小了试验误差，收到了较好的效果。故根据四川省建筑科学研究院的实践经验并参考美国的做法，将这一具体措施纳入本标准。

4.2.2 轴向变形的测点标距，规定约为标准试件高度的1/3，且为一个块体加一条灰缝厚的倍数，约为 250mm～350mm。试验机压板对试件的变形有一定约束，影响区域的高度约为试件厚度的尺寸。前已规定，试件高厚比为：$\beta=3～5$。这样，测试区间正好在试件高度中部，可以避开试验机压板对试件约束的影响。测试长柱轴向变形的测点标距，可适当放大些，如400mm～500mm，这样能够获得更准确的轴向变形值。

4.2.3 原国家标准 GBJ 3-73 附录四规定："试验时采用等速分级加荷，每级荷载约等于破坏荷载的10%，直至破坏为止。"四川省建筑科学研究院等单位曾提出混凝土小型空心砌块和中型砌块砌体的抗压试验方法，规定除分级加荷外，还分别增加了加荷速度一般为每分钟 0.1N/mm² ～1N/mm² 和 0.3N/mm² ～0.5N/mm² 的规定。

四川省建筑科学研究院曾用砖砌体进行过加荷速度与加荷方式对抗压强度影响的试验。试验分成四组，加荷方式分连续加荷与分级加荷两种，加荷速度从每分钟 0.571N/mm² ～2.85N/mm²。试验结果表明，快速加荷的试验值略高，平均约高5%，慢速加荷的试验值略低。由于砖砌体的匀质性较差，这样的差异并不算大。如果将四组 12 个试件的试验结果混合统计，变异系数 $\delta=0.092$，属于正常变异范围。

美国 ASTM《砌体抗压强度的标准试验方法》规定："从零到预估破坏荷载的1/2区间内，可以按任意适当的速度加荷，在这之后，调整试验机的控制装置，在 1min～2min 内，按均匀速度施加完剩余荷载。"这个速度比本标准规定的速度要快得多。

规定加荷速度，是避免试件在受力过程中承受冲击荷载。本标准的规定，可以达此目的。

4.2.4 根据以往各单位习惯做法，并参考混凝土弹性模量测试方法，编制本条条文。同混凝土相比，砌筑砂浆强度较低，塑性变形值较大，因此反复预压的相对应力值应低于混凝土。本标准规定在 5%～20% 预估破坏荷载区间反复预压 3 次～5 次，主要目的是使砌体在低应力状态下的变形基本趋于线性关系，同时消除构造方面的变形。

试验表明，采用几何对中及快硬石膏调平措施

后，试件两个侧面的轴向变形值较为接近，基本可达到物理对中的效果，从而减少了试验工作量。

4.2.5 砌体偏心抗压试验，是砌体力学性能的一项重要试验内容，此次修订增加了这个项目。以往各单位在进行偏心抗压试验时，是在试件顶部加设调整偏心距的固定铰支座，国家标准《砌体结构设计规范》GB 50003-2001（GBJ 3-73、GBJ 3-88）中的偏心影响系数即是在这种试验条件下得到的。故本标准采用此种加荷方法。

4.2.6 无筋长柱试件搬运困难，宜在台座上砌筑试件并进行试验；如果采取安全可靠的吊装方法，也可运至长柱压力试验机上进行试验。

4.2.7 初裂荷载是研究性试验中的一项重要试验数据，往往不易准确判断；观察初裂裂缝以肉眼可见为准，并注意测量仪表的变形值突变时可能出现裂缝。裂缝图和破坏特征可说明试件是否属于正常破坏，以及块材、砂浆对试验结果的影响，它是科学分析的重要依据，故应认真作好记录。宜对典型破坏试件拍摄照片。

4.3 结 果 计 算

4.3.1 单个试件抗压强度 $f_{c,i}$ 的计算精度，一般要求准确至 0.01N/mm²。对于检验性试验，此精度已经足够了；至于研究性试验，如果需要更高的精度，由研究者自定。一组试件抗压强度平均值按式 (7.0.3-1) 计算。

4.3.2 偏心抗压试验多属于研究性试验，科研人员可根据试验目的对试验数据进行分析。

4.3.3 计算砌体弹性模量 E 值时，砌体应力 σ 取 $0.4f_{c,i}$，应变 ε 取与 $0.4f_{c,i}$ 对应的应变值 $\varepsilon_{0.4}$，作此规定，一是与国家标准《砌体结构设计规范》GB 50003 协调一致，二是此时的砌体受力正常，尚未出现初裂裂缝，可以假定变形值基本处于弹性变形阶段。

4.3.4 参考国家标准《砌体结构设计规范》GB 50003 和原行业标准《中型砌块建筑设计与施工规程》JGJ 5，引入式 (4.3.4)。

5 砌体沿通缝截面抗剪强度试验方法

5.0.1 在分析以往习用砌体单剪试验方法的优缺点后，通过单剪与双剪的对比试验，并参考英国的砌体抗剪试验方法，以及美、德等国关于砌体抗剪方法的标准和文献，本标准采纳双剪试件作为砖砌体沿通缝截面抗剪试验的标准试件。双剪试件的优点是立放稳定，加荷方便，受力明确，基本消除了弯曲应力的影响，荷载通过灰缝以剪力形式传递，且试验的变异系数相对较小；缺点是两个受剪面往往不能同时破坏，不过这也反映了砖砌体剪应力分布不均匀且难以克服施工因素影响的客观规律。

四川省建筑科学研究院使用三种强度等级的水泥石灰砂浆，同一批普通黏土砖，运用双剪方法和原国家标准 GBJ 3-73 所依据的单剪方法（简称73规范法）进行对比试验，结果如下：

表4 双剪法和73规范法对比实验结果

砂浆强度 (N/mm²)	双剪方法		73规范法		t 检验
	受剪面尺寸 (mm)	$f_{v,m}$ (N/mm²)	受剪面尺寸 (mm)	$f'_{v,m}$ (N/mm²)	
7.59	240×370	0.578	370×370	0.605	$f_{v,m} = f'_{v,m}$
4.96	240×370	0.446	370×370	0.412	$f_{v,m} = f'_{v,m}$
3.48	240×370	0.288	370×370	0.159	$f_{v,m} > f'_{v,m}$

从双剪试件受力过程的宏观现象分析，只要保证三条砂浆抹面的施工质量（表面平整、上下抹面平行且垂直于受剪灰缝），两个受剪面能够共同受力，试验结果较为理想。多数情况是一个受剪面破坏，也有一先一后或同时破坏者。从对比试验结果分析，两种方法的试验值极为接近，从而避免了因改变试验方法而设计规范中的抗剪强度设计值必须做较大调整的可能性。

此外，四川省建筑科学研究院完成一组砖砌体双剪试件变异系数试验。50个试件的抗剪强度平均值 $f_{v,m} = 0.394$N/mm²，标准差 $s = 0.0576$N/mm²，变异系数 $\delta = 0.146$。用 W 法进行正态性检验，给定危险率 $\alpha = 0.05$，计算 $W = 0.957$，大于 $W(n, \alpha) = 0.947$，不能否定原子样母体是正态分布的。这组试验数据表明，双剪方法的试验结果的变异性较小。

混凝土小型空心砌块和其他品种小型砌块的砌体抗剪试验，考虑到应与砖砌体双剪试件形式一致，并根据浙江大学的试验，也由单剪试件改为双剪试件形式。中型砌块砌体抗剪试验，也照此执行，但由于试件较高，需加侧向支撑。中、小型砌块的砌体抗剪试验，均采用水平方向加荷的方法。为减小试件与试验台座之间的摩擦力，根据试件宽度的大小，应在试件底部加设（3~4）个滚轴或垫湿砂。

原标准颁布施行20年以来，许多高校、科研单位按此方法进行了砌体抗剪试验，取得了较好的试验结果。有的单位建议改为尺寸更小的小试件进行抗剪试验，这样使用一般万能试验机即可进行试验，能够给一般检测单位的试验工作创造便利条件。根据四川省建筑科学研究院以往用小试件进行抗剪试验的试验结果，小试件的抗剪强度显著偏高。这项建议有待通过进一步对比试验予以验证。有些体量较大的万能试验机，配以条形钢板等配件，也能够进行砌体抗剪试验。如河南省建筑科学研究院等单位就曾在万能试验机上进行普通砖和多孔砖的砌体抗剪试验。

试验时，曾发生一个受剪面上的三块砖（240mm×370mm）仅有两块砖上的受剪灰缝（240mm×240mm）破坏，原因是竖向灰缝不饱满，该灰缝不能传递剪力。故此次修订增加了竖向灰缝应填塞饱满的规定。

5.0.2、5.0.3 试件受力处的砂浆找平层是否平行并垂直于受剪灰缝，对其受力性能影响较大，要求试验工人认真做好抹面工作，最好在工作台上使用简易夹具抹面。如仍不能保证平整，则在试验时应垫平。

抗剪试验时，试件的变形极小，故不要求测量变形值。根据砂浆强度的高低，加荷速度控制在1min~3min内使试件破坏。

在天气炎热干燥的气候条件下，吸水率较小的混凝土砖或吸水速度较慢的蒸压灰砂砖、蒸压粉煤灰砖，其砌体表面的灰缝会因失水较快而收缩，试件表面10mm~20mm范围的砂浆不能与砖很好地粘结，在砌筑好试件后，宜覆盖塑料薄膜予以保湿养护。

5.0.4 试验中发现，多数试件的两个受剪面不能同时破坏，有施工和试验两方面的原因。施工影响因素较多，很难保证两条灰缝的砂浆与砖的切向粘结力完全一致。试验因素则主要是三条砂浆抹面不易做到准确平行，但两条灰缝均受力则是确定无疑的。由此判断，两条灰缝或一强一弱，或受力一大一小，不能同时破坏亦属正常现象。用式（5.0.4）计算的抗剪强度，与实际的抗剪强度相比，实为偏小值。因而这项计算方法偏于安全。

5.0.5 试验中发现，强度较低的烧结多孔砖或混凝土多孔砖的抗剪试件，砖块可能先于受剪灰缝破坏，即灰缝的抗剪荷载大于砖块所能承受的抗压荷载。在进行统计分析时，应单独分析，但也不宜舍去该项试验值。

6 砌体弯曲抗拉强度试验方法

6.0.1 砌体结构在水平荷载（如风荷载、地震作用、挡土墙的土压力、贮仓中散状物荷载等）作用下，承受弯矩；一般砖砌过梁，亦承受弯矩。为确定砖砌体受弯承载能力，提出砌体弯曲抗拉强度试验方法。

6.0.2 1970年前后，为编制砌体结构设计规范，四川省建筑科学研究院进行了砖砌体沿通缝截面和沿齿缝截面的弯曲抗拉试验。试件截面的高度 h 为370mm，宽度 b 为240mm；跨度 L，前者为800mm，后者为1000mm。均采用单点集中加荷方法。试验结果被1973年颁布试行的《砖石结构设计规范》GBJ 3-73采用。本标准即以该项试验工作为基础，并作了以下修改和补充：

①参照一般梁式构件的试验方法，将单点集中加荷改为三分点集中加荷。试件中部三分之一区间内为

纯弯区段，受力更为明确。单点加荷的试件，破坏截面往往不在最大弯矩处，试验结果不够理想。

②原试件的跨高比 $L/h<3$，剪力影响较大，属于深梁受力形式；新试件的跨高比改为 $L/h \geqslant 3$。

③试件截面高度由 370mm 改为 240mm。

④齿缝抗弯试验，将试件沿轴向旋转 90°，以模拟砖砌挡土墙等类墙体的弯曲破坏模式。

为了验证上述第一至第三项因素对砖砌体抗弯强度的影响，分别使用页岩砖和七孔多孔砖，进行砌体沿通缝截面抗弯的对比试验，结果见表 5 和表 6。从表 5 所列对比试验结果分析，加荷方式、跨高比 L/h 及试件高度 h 对抗弯强度的影响较小（仅就试验条件范围内的变化而言）。若将每批砂浆强度的各组试件当作同一母体，混合统计，则砂浆强度为 4.7N/mm² 的一批砌体试件，抗弯试验值的变异系数 $\delta=0.19$，另一批的变异系数 $\delta=0.13$，均在砌体抗弯试验值变异的正常范围之内。表 6 是两种跨高比的七孔多孔砖砌体抗弯对比试验，跨高比分别为 2.4 和 3.5，共两组，抗弯试验值的比值分别为 1.16 和 0.81，有高有低，比表 5 中括号内的比值离散性要大些，原因是多孔砖砌体抗弯强度受砌筑质量的影响比普通砖更为显著。但是，若从对比组之间抗弯强度的极差分析，仅为 0.05N/mm² 左右，这一差值是较小的。

根据上述试验结果，并考虑到砌体抗弯强度变异系数一般较大（$\delta=0.2\sim0.24$）的实际情况，原《砖石结构设计规范》所依据的抗弯试验方法，同本方法相比，在试验结果的具体数据上，没有大的差别。因此，试验方法的变更对砌体结构设计规范没有影响。当然，无论从理论分析出发，还是从一般抗弯试验的习惯作法出发，本方法所推荐的加荷方式、跨高比和试件高度，更为妥当。

表 5　页岩砖砌体沿通缝截面抗弯对比试验结果

试件 $f_{tm,m}$ 试验条件	$b \times h \times L$ $=240 \times 115$ $\times 900$ (mm)	$b \times h \times L$ $=240$ $\times 240 \times 800$ (mm)	$b \times h \times L$ $=240 \times 370$ $\times 800$ (mm)	$b \times h \times L$ $=240 \times 240$ $\times 1100$ (mm)	混合统计 $f_{tm,m}$ (N/mm²)	混合 统计 δ
1	2	3	4	5	6	7
加荷方式	三分点	单点	单点	三分点		
L_0/h	7.8	3.3	2.2	4.6		
砂浆强度 4.7 (N/mm²)	0.365 (0.90)	0.447	0.409	0.42	0.402	0.19
	0.370 (预压)	(1.09)	(1.00)	(1.02)		
砂浆强度 3.2 (N/mm²)	0.398 (1.10)	0.335 (0.93)	0.361 (1.00)	0.352 (0.98)	0.36	0.13

注：1　第 4 列为原试验方法及其试验结果；
　　2　括号内数字均为与原试验方法的比值；
　　3　每组试件数量为 3 件。

表 6　多孔砖砌体跨高比对抗弯试验结果的影响

试件尺寸 $b \times h \times L$ (mm)	L_0/h	砂浆强度 (N/mm²)	抗弯强度 $f'_{tm,m}$ (N/mm²)	比值
240×460×1090	2.4	4.6	0.402	1.16
180×240×850	3.5		0.348	
240×460×1090	2.4	2.9	0.257	0.81
180×240×850	3.5		0.316	

试验中有一组试件（即表 5 中 $b \times h \times L=240$mm $\times 115$mm $\times 900$mm，砂浆强度为 4.7N/mm² 的一组），其中三个试件在成型后预压 1200N 重的铁砝码，（每半天预压 200N，分六次压完），平均预压应力 $\sigma_0=0.043$N/mm²，试验结果分别为 0.375、0.396、0.339N/mm²，平均为 0.370N/mm²；仅预压四皮砖的试件则分别为 0.446、0.268、0.382N/mm²，平均为 0.382N/mm²。单纯从平均值对比，差别较小，但试件经过预压后，试验值的离散性较小，极差仅为 0.057N/mm²，未预压者极差接近 0.2N/mm²，说明还是预压者效果好。考虑到有些砌体抗弯构件（如砖砌平拱过梁）没有预压应力，一般砖墙也可能短时间停工，所以本标准没有规定对试件进行较大应力的预压，只规定砌完试件后平压四皮砖块。

6.0.3　本条是对试件砌筑和试验的要求。

齿缝抗弯试件旋转 90°，然后进行试验，是吸取了国际标准《砌体试验方法》ISO 9652-4 的做法。该标准抗弯试件的受力简图（图 1），与本标准相似，只是将试件立放、加荷方法为侧向加荷，因而未考虑试件自重的作用，详见图 1。

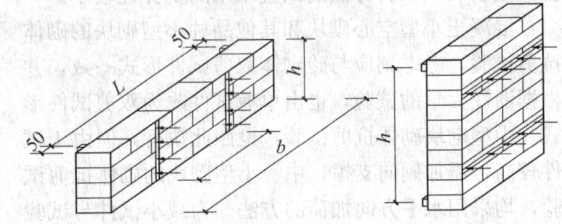

图 1　国际标准 ISO 9652-4 砌体抗弯强度
试验加载简图

沿齿缝截面抗弯试验表明，对于中、高强度等级的砂浆，试件沿砖和竖向灰缝破坏，断裂面较为整齐，类似于素混凝土梁受弯时的破坏状况。

6.0.4　对固定铰支座和滚动铰支座提出一般要求。试验者可根据本单位具体情况，以保证固定铰支座的上钢板能自由转动、滚动铰支座的滚轴能自由滚动为原则，设计和使用其他形式、尺寸的铰支座。

6.0.5　本标准对自行设计的加荷系统不作具体规定，只提原则要求。ISO 9652-4 的砌体抗弯试验方法中，也只提供试件受力简图，未规定具体的试验设备。

6.0.6　抗弯试验，试件呈脆性破坏，一般不需要测

量受弯变形值，故规定使用匀速连续加荷制度。

6.0.7 式（6.0.7）系按一般材料力学公式推导而得，与砌体抗压、抗剪强度计算公式相比较，考虑了砌体试件自重的影响。抗压、抗剪计算可不考虑试件自重的影响，对抗弯计算则不容许忽略。

7 试验资料的整理分析

7.0.2 对于一项具体试验工作，其强度值的总体标准差是未知的，格拉布斯检验法和狄克逊检验法适用于这种情况。这两种检验法也是土木工程技术人员常用的方法。所以本标准推荐这两种方法。

以组内 n 个试验值为一个计算单元，检出歧离值，剔除统计离群值。一般情况下，n 值很小，抗剪值或抗弯值的离散性又往往较大，不宜轻易舍去统计离群值；尚应与其他组的试验值横向比较分析。也可采用其他统计方法如稳健统计法，去掉一个最大值和一个最小值对组内数据进行分析。

7.0.4 砌体试件用的块体和砌筑砂浆，其强度平均值和强度等级值有时存在较大差异，国家标准《砌体结构设计规范》GB 50003 中的计算指标是以块体、砂浆的强度平均值统计给出的，但设计应用时是以强度等级确定计算指标的。研究分析工作和设计应用是不同的。根据上述情况作出此条规定。试验研究工作应以强度平均值作为技术分析的依据。

7.0.5 我国积累了大量烧结普通砖、混合砂浆（或水泥砂浆）的砌体强度试验资料，国家标准《砌体结构设计规范》GB 50003 据此给出了强度平均值、标准值、设计值的回归计算公式。工人砌筑质量和试验条件对砌体强度试验值影响很大。对烧结普通砖之外的新型砖材或新型砌筑砂浆的砌体试验，若不同时砌筑和试验同条件的烧结普通砖砌体，而直接将试验结果与国家标准 GB 50003 回归计算公式进行比较分析，则忽略了工人砌筑质量和试验条件对试验结果的影响，可能得出试验值偏高或偏低的结论。

中华人民共和国国家标准

钢结构现场检测技术标准

Technical standard for in-site testing of steel structure

GB/T 50621—2010

主编部门：中华人民共和国住房和城乡建设部
批准部门：中华人民共和国住房和城乡建设部
施行日期：2 0 1 1 年 6 月 1 日

中华人民共和国住房和城乡建设部
公 告

第 738 号

关于发布国家标准
《钢结构现场检测技术标准》的公告

现批准《钢结构现场检测技术标准》为国家标准，编号为 GB/T 50621-2010，自 2011 年 6 月 1 日起实施。

本标准由我部标准定额研究所组织中国建筑工业出版社出版发行。

中华人民共和国住房和城乡建设部

2010 年 8 月 18 日

前 言

根据原建设部《关于印发〈二〇〇四年工程建设国家标准制订、修订计划〉的通知》（建标［2004］第 67 号）的要求，由中国建筑科学研究院会同有关单位共同编制完成的。

本标准在编制过程中，编制组经广泛调查研究，认真总结实践经验，参考有关国际标准和国外先进标准，并在广泛征求意见的基础上，最后经审查定稿。

本标准共分 14 章和 4 个附录，主要技术内容包括：总则、术语和符号、基本规定、外观质量检测、表面质量的磁粉检测、表面质量的渗透检测、内部缺陷的超声波检测、高强度螺栓终拧扭矩检测、变形检测、钢材厚度检测、钢材品种检测、防腐涂层厚度检测、防火涂层厚度检测、钢结构动力特性检测。

本标准由住房和城乡建设部负责管理，由中国建筑科学研究院负责具体技术内容的解释。执行过程中如有意见或建议，请寄送中国建筑科学研究院（地址：北京市北三环东路 30 号，邮编：100013；E-mail: standards@cabr.com.cn）。

本 标 准 主 编 单 位：中国建筑科学研究院
本 标 准 参 编 单 位：上海市建筑科学研究院（集团）有限公司
深圳市太科检验有限公司
中冶建筑研究总院有限公司
安徽省建筑科学研究设计院
上海材料研究所
广东省建筑科学研究院
北京市机械施工有限公司
国家建筑工程质量监督检验中心

本标准主要起草人员：袁海军　尹　荣　冷小克
段　斌　项炳泉　陶　里
段向胜　施天敏　任胜谦
徐教宇　邓　浩　王久明
许　君

本标准主要审查人员：贺明玄　周明华　柴　昶
高小旺　郁银泉　朱　丹
张宣关　林松涛　王明贵
陈友泉　周　安

目　次

Contents

1 总　　则

1.0.1 为了在钢结构现场检测中，做到安全适用、数据准确、确保质量、便于操作，制定本标准。

1.0.2 本标准适用于钢结构中有关连接、变形、钢材厚度、钢材品种、涂装厚度、动力特性等的现场检测及检测结果的评价。

1.0.3 钢结构现场检测除应符合本标准的规定外，尚应符合国家现行有关标准的规定。

2 术语和符号

2.1 术　　语

2.1.1 现场检测　in-site testing

对钢结构实体实施的原位检查、测量和检验等工作。

2.1.2 目视检测　visual testing

用人的肉眼或借助低倍放大镜，对材料表面进行直接观察的检测方法。

2.1.3 无损检测　nondestructive testing

对材料或工件实施的一种不损害其使用性能或用途的检测方法。

2.1.4 磁粉检测　magnetic particle testing

利用缺陷处漏磁场与磁粉的相互作用，显示铁磁性材料表面和近表面缺陷的无损检测方法。

2.1.5 渗透检测　penetrant testing

利用毛细管作用原理检测材料表面开口性缺陷的无损检测方法。

2.1.6 超声波检测　ultrasonic testing

利用超声波在介质中遇到界面产生反射的性质及其在传播时产生衰减的规律，来检测缺陷的无损检测方法。

2.1.7 射线检测　radiographic testing

利用被检工件对透入射线的不同吸收来检测缺陷的无损检测方法。

2.1.8 线型缺陷　linear defects

缺陷的长度与宽度之比大于3。

2.1.9 圆型缺陷　circular defects

缺陷的长度与宽度之比小于或等于3。

2.1.10 焊缝缺陷　weld defects

焊缝中的裂纹、未焊透、未熔合、夹渣、气孔等。

2.1.11 焊缝裂纹　weld crack

焊缝中原子结合遭到破坏，而导致在新界面上产生缝隙。

2.1.12 未焊透　lack of penetration

母材金属未熔化，焊接金属未进入母材金属内而导致接头根部的缺陷。

2.1.13 未熔合　lack of fusion

焊接金属与母材金属之间或焊接金属之间未熔化结合在一起的缺陷。

2.1.14 焊缝夹渣　weld slag inclusion

焊接后残留在焊缝中的熔渣、金属氧化物夹杂等。

2.1.15 平面型缺陷　planar defects

两维尺寸的缺陷，例如，裂纹、未熔合以及钢板的分层、层状撕裂等。

2.1.16 体积型缺陷　volume defects

三维尺寸的缺陷，例如，气孔、夹渣、夹杂等。

2.2 符　　号

2.2.1 几何参数

β——斜探头的折射角；

K——斜探头的斜率（即 $\tan\beta$）；

L——线型缺陷的显示长度；

d——圆型缺陷的主轴长度；

b——试块或焊缝宽度；

D_e——声源有效直径；

ΔL——缺陷指示长度；

S——声程；

δ——母材或被测物的厚度；

W——探头接触面宽度；

λ——波长。

2.2.2 力学参数

T_c——施工终拧扭矩值。

3 基 本 规 定

3.1 钢结构检测的分类

3.1.1 钢结构的检测可分为在建钢结构的检测和既有钢结构的检测。

3.1.2 当遇到下列情况之一时，应按在建钢结构进行检测：

1 在钢结构材料检查或施工验收过程中需了解质量状况；

2 对施工质量或材料质量有怀疑或争议；

3 对工程事故，需要通过检测，分析事故的原因以及对结构可靠性的影响。

3.1.3 当遇到下列情况之一时，应按既有钢结构进行检测：

1 钢结构安全鉴定；

2 钢结构抗震鉴定；

3 钢结构大修前的可靠性鉴定；

4 建筑改变用途、改造、加层或扩建前的鉴定；

5 受到灾害、环境侵蚀等影响的鉴定；

6 对既有钢结构的可靠性有怀疑或争议。

3.1.4 钢结构的现场检测应为钢结构质量的评定或钢结构性能的鉴定提供真实、可靠、有效的检测数据和检测结论。

3.2 检测工作程序与基本要求

3.2.1 钢结构检测工作的程序，宜按图 3.2.1 的框图进行。

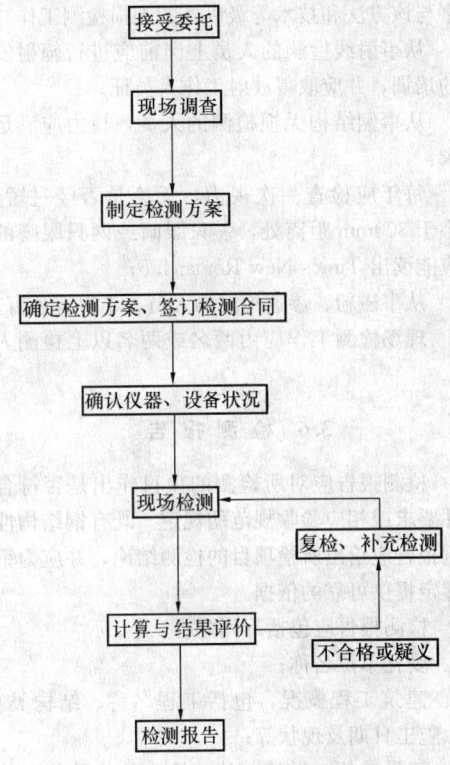

图 3.2.1 检测工作程序框图

3.2.2 现场调查宜包括下列工作内容：

1 收集被检测钢结构的设计图纸、设计文件、设计变更、施工记录、施工验收和工程地质勘察报告等资料；

2 调查被检测钢结构现状，环境条件，使用期间是否已进行过检测或维修加固情况以及用途与荷载等变更情况；

3 向有关人员进行调查；

4 进一步明确委托方的检测目的和具体要求。

3.2.3 检测项目应根据现场调查情况确定，并应制定相应的检测方案。检测方案宜包括下列主要内容：

1 概况，主要包括设计依据、结构形式、建筑面积、总层数，设计、施工及监理单位，建造年代等；

2 检测目的或委托方的检测要求；

3 检测依据，主要包括检测所依据的标准及有关的技术资料等；

4 检测项目和选用的检测方法以及检测的数量；

5 检测人员和仪器设备情况；

6 检测工作进度计划；

7 所需要委托方与检测单位的配合工作；

8 检测中的安全措施；

9 检测中的环保措施。

3.2.4 检测的原始记录，应记录在专用记录纸上；记录数据应准确、字迹清晰、信息完整，不得追记、涂改，如有笔误，应进行杠改，并应由修改人签署姓名及日期。当采用自动记录时，应符合有关要求。原始记录应由检验及审核人员签字。

3.2.5 当发现检测数据数量不足或检测数据出现异常情况时，应进行补充检测。

3.3 无损检测方法的选用

3.3.1 钢结构焊缝常用的无损检测可采用磁粉检测、渗透检测、超声波检测和射线检测。

3.3.2 钢结构的无损检测宜根据无损检测方法的适用范围以及建筑结构状况和现场条件按表 3.3.2 选择。

表 3.3.2 无损检测方法的选用

序号	检测方法	适用范围
1	磁粉检测	铁磁性材料表面和近表面缺陷的检测
2	渗透检测	表面开口性缺陷的检测
3	超声波检测	内部缺陷的检测，主要用于平面型缺陷的检测
4	射线检测	内部缺陷的检测，主要用于体积型缺陷的检测

3.3.3 当钢结构中焊缝采用磁粉检测、渗透检测、超声波检测和射线检测时，应经目视检测合格且焊缝冷却到环境温度后进行。对于低合金结构钢等有延迟裂纹倾向的焊缝应在 24h 后进行检测。

3.3.4 当采用射线检测钢结构内部缺陷时，在检测现场周边区域应采取相应的防护措施。射线检测可按现行国家标准《金属熔化焊焊接接头射线照相》GB/T 3323 的有关规定执行。

3.4 抽样比例及合格判定

3.4.1 钢结构现场检测可采用全数检测或抽样检测。当抽样检测时，宜采用随机抽样或约定抽样方法。

3.4.2 当遇到下列情况之一时，宜采用全数检测：

1 外观缺陷或表面损伤的检查；

2 受检范围较小或构件数量较少；

3 构件质量状况差异较大；

4 灾害发生后对结构受损情况的识别；

5 委托方要求进行全数检测。

3.4.3 在建钢结构按检验批检测时，其抽样检测的比例及合格判定应符合现行国家标准《钢结构工程施

工质量验收规范》GB 50205的规定。

3.4.4 既有钢结构计数抽样检测时，其每批抽样检测的最小样本容量不应小于表3.4.4的限定值。

表3.4.4　既有钢结构抽样检测的最小样本容量

检验批的容量	最小样本容量			检验批的容量	最小样本容量		
	A	B	C		A	B	C
3～8	2	2	3	151～280	13	32	50
9～15	2	3	5	281～500	20	50	80
16～25	3	5	8	501～1200	32	80	125
26～50	5	8	13	1201～3200	50	125	200
51～90	5	13	20	3201～10000	80	200	315
91～150	8	20	32	—	—	—	—

注：1　表中A、B、C为检测类别，检测类别A适用于一般施工质量的检测，检测类别B适用于结构质量或性能的检测，检测类别C适用于结构质量或性能的严格检测或复检。

　　2　无特别说明时，样本为构件。

3.4.5 既有钢结构计数抽样检测时，根据检验批中的不合格数，判断检验批是否合格。检验批的合格判定，应符合下列规定：

　　1 计数抽样检测的对象为主控项目时，应按表3.4.5-1判定；

　　2 计数抽样检测的对象为一般项目时，应按表3.4.5-2判定。

表3.4.5-1　主控项目的判定

样本容量	合格判定数	不合格判定数	样本容量	合格判定数	不合格判定数
2～5	0	1	80	7	9
8～13	1	2	125	10	11
20	2	3	200	14	15
32	3	4	＞315	21	22
50	5	6	—	—	—

表3.4.5-2　一般项目的判定

样本容量	合格判定数	不合格判定数	样本容量	合格判定数	不合格判定数
2～5	1	2	32	8	9
8	2	3	50	10	11
13	3	4	80	14	15
20	5	6	≥125	21	22

3.5　检测设备和检测人员

3.5.1 钢结构检测所用的仪器、设备和量具应有产品合格证、计量检定机构出具的有效期内的检定（校

准）证书，仪器设备的精度应满足检测项目的要求。检测所用检测试剂应标明生产日期和有效期，并应具有产品合格证和使用说明书。

3.5.2 检测人员应经过培训取得上岗资格；从事钢结构无损检测的人员应按现行国家标准《无损检测人员资格鉴定与认证》GB/T 9445进行相应级别的培训、考核，并持有相应考核机构颁发的资格证书。

3.5.3 取得不同无损检测方法的各技术等级人员不得从事与该方法和技术等级以外的无损检测工作。

3.5.4 从事射线检测的人员上岗前应进行辐射安全知识的培训，并应取得放射工作人员证。

3.5.5 从事钢结构无损检测的人员，视力应满足下列要求：

　　1 每年应检查一次视力，无论是否经过矫正，在不小于300mm距离处，一只眼睛或两只眼睛的近视力应能读出 Times New Roman4.5；

　　2 从事磁粉、渗透检测的人员，不得有色盲。

3.5.6 现场检测工作应由两名或两名以上检测人员承担。

3.6　检 测 报 告

3.6.1 检测报告应对所检测的项目作出是否符合设计文件要求或相应验收规范的规定。既有钢结构性能的检测报告应给出所检项目的检测结论，并应为钢结构的鉴定提供可靠的依据。

3.6.2 检测报告应包括下列内容：

　　1 委托单位名称；

　　2 建筑工程概况，包括工程名称、结构类型、规模、施工日期及现状等；

　　3 建设单位、设计单位、施工单位及监理单位名称；

　　4 检测原因、检测目的、以往检测情况概述；

　　5 检测项目、检测方法及依据的标准；

　　6 抽样方案及数量；

　　7 检测日期，报告完成日期；

　　8 检测项目中的主要分类检测数据和汇总结果，检测结论；

　　9 主检、审核和批准人员的签名。

4　外观质量检测

4.1　一 般 规 定

4.1.1 本章适用于钢结构现场外观质量的检测。

4.1.2 直接目视检测时，眼睛与被检工件表面的距离不得大于600mm，视线与被检工件表面所成的夹角不得小于30°，并宜从多个角度对工件进行观察。

4.1.3 被测工件表面的照明亮度不宜低于160lx；当对细小缺陷进行鉴别时，照明亮度不得低于540lx。

4.2 辅 助 工 具

4.2.1 对细小缺陷进行鉴别时,可使用 2 倍～6 倍的放大镜。

4.2.2 对焊缝的外形尺寸可用焊缝检验尺进行测量。

4.3 外 观 质 量

4.3.1 钢材表面不应有裂纹、折叠、夹层,钢材端边或断口处不应有分层、夹渣等缺陷。

4.3.2 当钢材的表面有锈蚀、麻点或划伤等缺陷时,其深度不得大于该钢材厚度负偏差值的 1/2。

4.3.3 焊缝外观质量的目视检测应在焊缝清理完毕后进行,焊缝及焊缝附近区域不得有焊渣及飞溅物。焊缝焊后目视检测的内容应包括焊缝外观质量、焊缝尺寸,其外观质量及尺寸允许偏差应符合现行国家标准《钢结构工程施工质量验收规范》GB 50205 的有关规定。

4.3.4 高强度螺栓连接副终拧后,螺栓丝扣外露应为 2 扣～3 扣,其中允许有 10％的螺栓丝扣外露 1 扣或 4 扣;扭剪型高强度螺栓连接副终拧后,未拧掉梅花头的螺栓数不宜多于该节点总螺栓数的 5％。

4.3.5 涂层不应有漏涂,表面不应存在脱皮、泛锈、龟裂和起泡等缺陷,不应出现裂缝,涂层应均匀、无明显皱皮、流坠、乳突、针眼和气泡等,涂层与钢基材之间和各涂层之间应粘结牢固,无空鼓、脱层、明显凹陷、粉化松散和浮浆等缺陷。

5 表面质量的磁粉检测

5.1 一 般 规 定

5.1.1 本章适用于铁磁性材料熔化焊焊缝表面或近表面缺陷的检测。

5.1.2 钢结构铁磁性原材料的表面或近表面缺陷,可按照本章的规定进行检测。

5.2 设 备 与 器 材

5.2.1 磁粉探伤装置应根据被测工件的形状、尺寸和表面状态选择,并应满足检测灵敏度的要求。

5.2.2 对于磁轭法检测装置,当极间距离为 150mm、磁极与试件表面间隙为 0.5mm 时,其交流电磁轭提升力应大于 45N,直流电磁轭提升力应大于 177N。

5.2.3 对接管子和其他特殊试件焊缝的检测可采用线圈法、平行电缆法等。对于铸钢件可采用通过支杆直接通电的触头法,触头间距宜为 75mm～200mm。

5.2.4 磁悬液施加装置应能均匀地喷洒磁悬液到试件上。磁粉探伤仪的其他装置应符合现行国家标准《无损检测 磁粉检测 第 3 部分:设备》GB/T

15822.3 的有关规定。

5.2.5 磁粉检测中的磁悬液可选用油剂或水剂作为载液。常用的油剂可选用无味煤油、变压器油、煤油与变压器油的混合液;常用的水剂可选用含有润滑剂、防锈剂、消泡剂等的水溶液。

5.2.6 在配制磁悬液时,应先将磁粉或磁膏用少量载液调成均匀状,再在连续搅拌中缓慢加入所需载液,应使磁粉均匀弥散在载液中,直至磁粉和载液达到规定比例。磁悬液的检验应按现行国家标准《无损检测 磁粉检测 第 2 部分:检测介质》GB/T 15822.2 规定的方法进行。

5.2.7 对用非荧光磁粉配置的磁悬液,磁粉配制浓度宜为 10g/L～25g/L;对用荧光磁粉配置的磁悬液,磁粉配制浓度宜为 1g/L～2g/L。

5.2.8 用荧光磁悬液检测时,应采用黑光灯照射装置。当照射距离试件表面为 380mm 时,测定紫外线辐射强度不应小于 10W/m²。

5.2.9 检查磁粉探伤装置、磁悬液的综合性能及检定被检区域内磁场的分布规律等可用灵敏度试片进行测试。

5.2.10 A 型灵敏度试片应采用 100μm 厚的软磁材料制成;型号有 1 号,2 号,3 号三种,其人工槽深度应分别为 15μm,30μm 和 60μm,A 型灵敏度试片的几何尺寸应符合图 5.2.10 的规定。

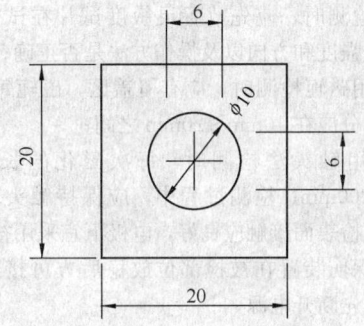

图 5.2.10 A 型灵敏度
试片的尺寸(mm)

5.2.11 当磁粉检测中使用 A 型灵敏度试片有困难时,可用与 A 型材质和灵敏度相同的 C 型灵敏度试片代替。C 型灵敏度试片厚度应为 50μm,人工槽深度应为 15μm,其几何尺寸应符合图 5.2.11 的规定。

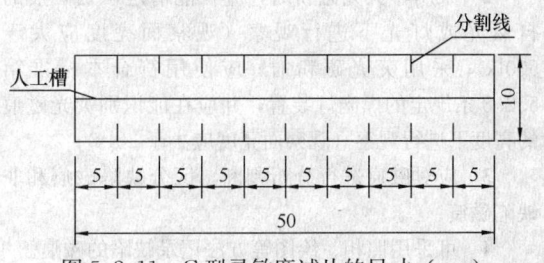

图 5.2.11 C 型灵敏度试片的尺寸(mm)

5.2.12 在连续磁化法中使用的灵敏度试片，应将刻有人工槽的一侧与被检试件表面紧贴。可在灵敏度试片边缘用胶带粘贴，但胶带不得覆盖试片上的人工槽。

5.3 检测步骤

5.3.1 磁粉检测应按照预处理、磁化、施加磁悬液、磁痕观察与记录、后处理等步骤进行。

5.3.2 预处理应符合下列要求：

1 应对试件探伤面进行清理，清除检测区域内试件上的附着物（油漆、油脂、涂料、焊接飞溅、氧化皮等）；在对焊缝进行磁粉检测时，清理区域应由焊缝向两侧母材方向各延伸 20mm 的范围；

2 根据工件表面的状况、试件使用要求，选用油剂载液或水剂载液；

3 根据现场条件、灵敏度要求，确定用非荧光磁粉或荧光磁粉；

4 根据被测试件的形状、尺寸选定磁化方法。

5.3.3 磁化应符合下列规定：

1 磁化时，磁场方向宜与探测的缺陷方向垂直，与探伤面平行；

2 当无法确定缺陷方向或有多个方向的缺陷时，应采用旋转磁场或采用两次不同方向的磁化方法。采用两次不同方向的磁化时，两次磁化方向间应垂直；

3 检测时，应先放置灵敏度试片在试件表面，检验磁场强度和方向以及操作方法是否正确；

4 用磁轭检测时，应有覆盖区，磁轭每次移动的覆盖部分应在 10mm～20mm 之间；

5 用触头法检测时，每次磁化的长度宜为 75mm～200mm；检测过程中，应保持触头端干净，触头与被检表面接触应良好，电极下宜采用衬垫；

6 探伤装置在被检部位放稳后方可接通电源，移去时应先断开电源。

5.3.4 在施加磁悬液时，可先喷洒一遍磁悬液使被测部位表面湿润，在磁化时再次喷洒磁悬液。磁悬液宜喷洒在行进方向的前方，磁化应一直持续到磁粉施加完成为止，形成的磁痕不应被流动的液体所破坏。

5.3.5 磁痕观察与记录应按下列要求进行：

1 磁痕的观察应在磁悬液施加形成磁痕后立即进行；

2 采用非荧光磁粉时，应在能清楚识别磁痕的自然光或灯光下进行观察（观察面亮度应大于 500lx）；采用荧光磁粉时，应使用符合本标准第 5.2.8 条规定的黑光灯装置，并应在能识别荧光磁痕的亮度下进行观察（观察面亮度应小于 20lx）；

3 应对磁痕进行分析判断，区分缺陷磁痕和非缺陷磁痕；

4 可采用照相、绘图等方法记录缺陷的磁痕。

5.3.6 检测完成后，应按下列要求进行后处理：

1 被测试件因剩磁而影响使用时，应及时进行退磁；

2 对被测部位表面应清除磁粉，并清洗干净，必要时应进行防锈处理。

5.4 检测结果的评价

5.4.1 磁粉检测可允许有线型缺陷和圆型缺陷存在。当缺陷磁痕为裂纹缺陷时，应直接评定为不合格。

5.4.2 评定为不合格时，应对其进行返修，返修后应进行复检。返修复检部位应在检测报告的检测结果中标明。

5.4.3 检测后应填写检测记录。所填写内容宜符合本标准附录 A 的规定。

6 表面质量的渗透检测

6.1 一般规定

6.1.1 本章适用于钢结构焊缝表面开口性缺陷的检测。

6.1.2 钢结构原材料表面开口性缺陷的检测可按本章的规定进行。

6.1.3 渗透检测的环境及被检测部位的温度宜在 10℃～50℃范围内。当温度低于 10℃或高于 50℃时，应按现行行业标准《承压设备无损检测　第 5 部分：渗透检测》JB/T 4730.5 的规定进行灵敏度的对比试验。

6.2 试剂与器材

6.2.1 渗透剂、清洗剂、显像剂等渗透检测剂的质量应符合现行行业标准《无损检测　渗透检测用材料》JB/T 7523 的有关规定。并宜采用成品套装喷罐式渗透检测剂。采用喷罐式渗透检测剂时，其喷罐表面不得有锈蚀，喷罐不得出现泄漏。应使用同一厂家生产的同一系列配套渗透检测剂，不得将不同种类的检测剂混合使用。

6.2.2 现场检测宜采用非荧光着色渗透检测，渗透剂可采用喷罐式的水洗型或溶剂去除型，显像剂可采用快干式的湿显像剂。

6.2.3 渗透检测应配备铝合金试块（A 型对比试块）和不锈钢镀铬试块（B 型灵敏度试块），其技术要求应符合现行行业标准《无损检测　渗透检测用试块》JB/T 6064 的有关规定。

6.2.4 试块的选用应符合下列规定：

1 当进行不同渗透检测剂的灵敏度对比试验、同种渗透检测剂在不同环境温度条件下的灵敏度对比试验时，应选用铝合金试块（A 型对比试块）；

2 当检验渗透检测剂系统灵敏度是否满足要求及操作工艺正确性时，应选用不锈钢镀铬试块（B 型

灵敏度试块）。

6.2.5 试块灵敏度的分级应符合下列规定：

1 当采用不同灵敏度的渗透检测剂系统进行渗透检测时，不锈钢镀铬试块（B型灵敏度试块）上可显示的裂纹区号应符合表6.2.5-1的规定；

表6.2.5-1 不同灵敏度等级下显示的裂纹区号

检测系统的灵敏度	显示的裂纹区号	检测系统的灵敏度	显示的裂纹区号
低	2~3	高	4~5
中	3~4		

2 不锈钢镀铬试块（B型灵敏度试块）裂纹区的长径显示尺寸应符合表6.2.5-2的规定。

表6.2.5-2 不锈钢镀铬试块裂纹区的长径显示尺寸

裂纹区号	1	2	3	4	5
裂纹长径(mm)	5.5~6.5	3.7~4.5	2.7~3.5	1.6~2.4	0.8~1.6

6.2.6 检测灵敏度等级的选择应符合下列规定：

1 焊缝及热影响区应采用"中灵敏度"检测，使其在不锈钢镀铬试块（B型灵敏度试块）中可清晰显示"3~4"号裂纹；

2 焊缝母材机加工坡口、不锈钢工件应采用"高灵敏度"检测，使其在不锈钢镀铬试块（B型灵敏度试块）中可清晰显示"4~5"号裂纹。

6.3 检 测 步 骤

6.3.1 渗透检测应按照预处理、施加渗透剂、去除多余渗透剂、干燥、施加显像剂、观察与记录、后处理等步骤进行。

6.3.2 预处理应符合下列规定：

1 对检测面上的铁锈、氧化皮、焊接飞溅物、油污以及涂料应进行清理。应清理从检测部位边缘向外扩展30mm的范围；机加工检测面的表面粗糙度（R_a）不宜大于12.5μm，非机械加工面的粗糙度不得影响检测结果；

2 对清理完毕的检测面应进行清洗；检测面应充分干燥后，方可施加渗透剂。

6.3.3 施加渗透剂时，可采用喷涂、刷涂等方法，使被检测部位完全被渗透剂所覆盖。在环境及工件温度为10℃~50℃的条件下，保持湿润状态不应少于10min。

6.3.4 去除多余渗透剂时，可先用无绒洁净布进行擦拭。在擦除检测面上大部分多余的渗透剂后，再用蘸有清洗剂的纸巾或布在检测面上朝一个方向擦洗，直至将检测面上残留渗透剂全部擦净。

6.3.5 清洗处理后的检测面，经自然干燥或用布、纸擦干或用压缩空气吹干。干燥时间宜控制在5min~

10min之间。

6.3.6 宜使用喷罐型的快干湿式显像剂进行显像。使用前应充分摇动，喷嘴宜控制在距检测面300mm~400mm处进行喷涂，喷涂方向宜与被检测面成30°~40°的夹角，喷涂应薄而均匀，不应在同一处多次喷涂，不得将湿式显像剂倾倒至被检面上。

6.3.7 迹痕观察与记录应按下列要求进行：

1 施加显像剂后宜停留7min~30min后，方可在光线充足的条件下观察迹痕显示情况；

2 当检测面较大时，可分区域检测；

3 对细小迹痕，可用5倍~10倍放大镜进行观察；

4 缺陷的迹痕可采用照相、绘图、粘贴等方法记录。

6.3.8 检测完成后，应将检测面清理干净。

6.4 检测结果的评价

6.4.1 渗透检测可允许有线型缺陷和圆型缺陷存在。当缺陷迹痕为裂纹缺陷时，应直接评定为不合格。

6.4.2 评定为不合格时，应对其进行返修。返修后应进行复检。返修复检部位应在检测报告的检测结果中标明。

6.4.3 检测后应填写检测记录。所填写内容宜符合本标准附录B的规定。

7 内部缺陷的超声波检测

7.1 一 般 规 定

7.1.1 本章适用于母材厚度不小于8mm、曲率半径不小于160mm的碳素结构钢和低合金高强度结构钢对接全熔透焊缝，使用A型脉冲反射法手工超声波的质量检测。对于母材壁厚为4mm~8mm、曲率半径为60mm~160mm的钢管对接焊缝与相贯节点焊缝应按照现行行业标准《钢结构超声波探伤及质量分级法》JG/T 203的有关规定执行。

7.1.2 探伤人员应了解工件的材质、结构、曲率、厚度、焊接方法、焊缝种类、坡口形式、焊缝余高及背面衬垫、沟槽等实际情况。

7.1.3 根据质量要求，检验等级可按下列规定划分为A、B、C三级：

1 A级检验：采用一种角度探头在焊缝的单面单侧进行检验，只对允许扫查到的焊缝截面进行探测。一般可不要求作横向缺陷的检验。母材厚度大于50mm时，不得采用A级检验。

2 B级检验：宜采用一种角度探头在焊缝的单面双侧进行检验，对整个焊缝截面进行探测。母材厚度大于100mm时，应采用双面双侧检验；当受构件

的几何条件限制时，可在焊缝的双面单侧采用两种角度的探头进行探伤；条件允许时要求作横向缺陷的检验。

3 C 级检验：至少应采用两种角度探头在焊缝的单面双侧进行检验，且应同时作两个扫查方向和两种探头角度的横向缺陷检验。母材厚度大于 100mm 时，宜采用双面双侧检验。

7.1.4 钢结构焊缝质量的超声波探伤检验等级应根据工件的材质、结构、焊接方法、受力状态选择，当结构设计和施工上无特别规定时，钢结构焊缝质量的超声波探伤检验等级宜选用 B 级。

7.1.5 钢结构中 T 形接头、角接接头的超声波检测，除用平板焊缝中提供的各种方法外，尚应考虑到各种缺陷的可能性，在选择探伤面和探头时，宜使声束垂直于该焊缝中的主要缺陷。在对 T 形接头、角接接头进行超声波检测时，探伤面和探头的选择应符合本标准附录 D 的规定。

7.2　设备与器材

7.2.1 模拟式和数字式的 A 型脉冲反射式超声仪的主要技术指标应符合表 7.2.1 的规定。

表 7.2.1　A 型脉冲反射式超声仪的主要技术指标

仪器部件	项　目	技术指标
超声仪主机	工作频率	2MHz～5MHz
	水平线性	≤1%
	垂直线性	≤5%
	衰减器或增益器总调节量	≥80dB
	衰减器或增益器每档步进量	≤2dB
	衰减器或增益器任意 12dB 内误差	≤±1dB
探头	声束轴线水平偏离角	≤2°
	折射角偏差	≤2°
	前沿偏差	≤1mm
超声仪主机与探头的系统	在达到所需最大检测声程时，其有效灵敏度余量	≥10dB
	远场分辨率	直探头：≥30dB
		斜探头：≥6dB

7.2.2 超声仪、探头及系统性能的检查应按现行行业标准《无损检测　A 型脉冲反射式超声检测系统工作性能测试方法》JB/T 9214 规定的方法测试，其周期检查项目及时间应符合表 7.2.2 的规定。

表 7.2.2　超声仪、探头及系统性能的周期检查项目及时间

检查项目	检查时间
前沿距离 折射角或 K 值 偏离角	开始使用及每隔 5 个工作日

续表 7.2.2

检查项目	检查时间
灵敏度余量 分辨率	开始使用、修理后及每隔 1 个月
超声仪的水平线性 超声仪的垂直线性	开始使用、修理后及每隔 3 个月

7.2.3 探头的选择应符合下列规定：

1 纵波直探头的晶片直径宜在 10mm～20mm 范围内，频率宜为 1.0MHz～5.0MHz。

2 横波斜探头应选用在钢中的折射角为 45°、60°、70° 或 K 值为 1.0、1.5、2.0、2.5、3.0 的横波斜探头，其频率宜为 2.0MHz～5.0MHz。

3 纵波双晶探头两晶片之间的声绝缘应良好，且晶片的面积不应小于 150mm²。

4 探伤面与斜探头的折射角 β（或 K 值）应根据材料厚度、焊缝坡口形式等因素选择，检测不同板厚所用探头角度宜按表 7.2.3 采用。

表 7.2.3　不同板厚所用探头角度

板厚 δ（mm）	检验等级			探伤法	推荐的折射角 β（K 值）
	A 级	B 级	C 级		
8～25	单面单侧	单面双侧 或双面单侧		直射法及一次反射法	70°（K2.5）
25～50					70° 和 60°（K2.5 或 K2.0）
50～100	—			直射法	45° 和 60° 并用或 45° 和 70° 并用（K1.0 和 K2.0 并用或 K1.0 和 K2.5 并用）
>100	—	双面双侧			45° 和 60° 并用（K1.0 和 K2.0 并用）

7.2.4 标准试块的形状和尺寸应与图 7.2.4 相符。标准试块的制作技术要求应符合现行行业标准《无损

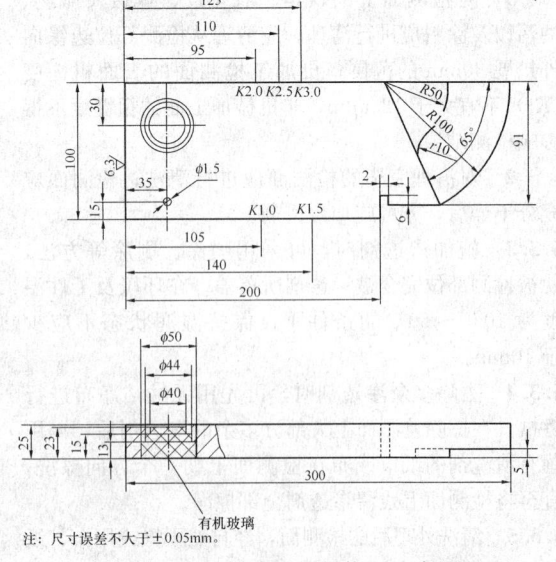

注：尺寸误差不大于 ±0.05mm。

图 7.2.4　标准试块的形状和尺寸（mm）

检测 超声检测用试块》JB/T 8428 的有关规定。

7.2.5 对比试块的形状和尺寸应与图 7.2.5 相符。对比试块应采用与被检测材料相同或声学特性相近的钢材制成。

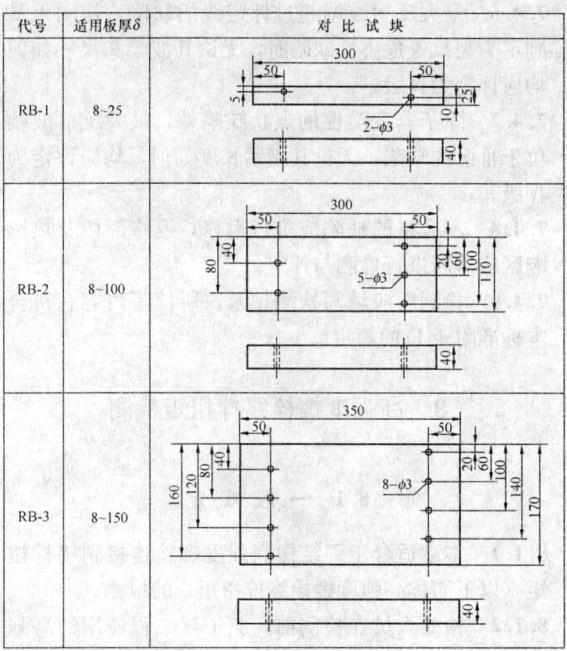

注：1 尺寸公差±0.1mm；
　　2 各边垂直度不大于0.1；
　　3 表面粗糙度不大于6.3μm；
　　4 标准孔与加工面的平行度不大于0.05。

图 7.2.5 对比试块的形状和尺寸（mm）

7.3 检 测 步 骤

7.3.1 检测前，应对超声仪的主要技术指标（如斜探头入射点、斜率 K 值或角度）进行检查确认；应根据所测工件的尺寸调整仪器时基线，并应绘制距离-波幅（DAC）曲线。

7.3.2 距离-波幅（DAC）曲线应由选用的仪器、探头系统在对比试块上的实测数据绘制而成。当探伤面曲率半径 R 小于等于 $W^2/4$ 时，距离-波幅（DAC）曲线的绘制应在曲面对比试块上进行。距离-波幅（DAC）曲线的绘制应符合下列要求：

1 绘制成的距离-波幅曲线（图 7.3.2）应由评定线 EL、定量线 SL 和判废线 RL 组成。评定线与定量线之间（包括评定线）的区域规定为Ⅰ区，定量线与判废线之间（包括定量线）的区域规定为Ⅱ区，判废线及其以上区域规定为Ⅲ区。

2 不同检验等级所对应的灵敏度要求应符合表 7.3.2 的规定。表中的 DAC 应以 $\phi3$ 横通孔作为标准反射体绘制距离-波幅曲线（即 DAC 曲线）。在满足被检工件最大测试厚度的整个范围内绘制的距离-波幅曲线在探伤仪荧光屏上的高度不得低于满刻度的 20%。

表 7.3.2 距离-波幅曲线的灵敏度

检验等级 板厚(mm) 距离-波幅曲线	A 级	B 级	C 级
	8~50	8~300	8~300
判废线	DAC	DAC-4dB	DAC-2dB
定量线	DAC-10dB	DAC-10dB	DAC-8dB
评定线	DAC-16dB	DAC-16dB	DAC-14dB

7.3.3 超声波检测应包括探测面的修整、涂抹耦合剂、探伤作业、缺陷的评定等步骤。

7.3.4 检测前应对探测面进行修整或打磨，清除焊接飞溅、油垢及其他杂质，表面粗糙度不应超过 $6.3\mu m$。当采用一次反射或串列式扫查检测时，一侧修整或打磨区域宽度应大于 $2.5K\delta$；当采用直射检测时，一侧修整或打磨区域宽度应大于 $1.5K\delta$。

7.3.5 应根据工件的不同厚度选择仪器时基线水平、深度或声程的调节。当探伤面为平面或曲率半径 R 大于 $W^2/4$ 时，可在对比试块上进行时基线的调节；当探伤面曲率半径 R 小于等于 $W^2/4$ 时，探头楔块应磨成与工件曲面相吻合的形状，反射体的布置可参照对比试块确定，试块宽度应按下式进行计算：

$$b \geqslant 2\lambda S/D_e \qquad (7.3.5)$$

式中：b——试块宽度（mm）；
　　　λ——波长（mm）；
　　　S——声程（mm）；
　　　D_e——声源有效直径（mm）。

7.3.6 当受检工件的表面耦合损失及材质衰减与试块不同时，宜考虑表面补偿或材质补偿。

7.3.7 耦合剂应具有良好透声性和适宜流动性，不应对材料和人体有损伤作用，同时应便于检测后清理。当工件处于水平面上检测时，宜选用液体类耦合剂；当工件处于竖立面检测时，宜选用糊状类耦合剂。

7.3.8 探伤灵敏度不应低于评定线灵敏度。扫查速度不应大于 150mm/s，相邻两次探头移动区域应保持有探头宽度 10%的重叠。在查找缺陷时，扫查方式可选用锯齿形扫查、斜平行扫查和平行扫查。为确定缺陷的位置、方向、形状、观察缺陷动态波形，可采用前后、左右、转角、环绕等四种探头扫

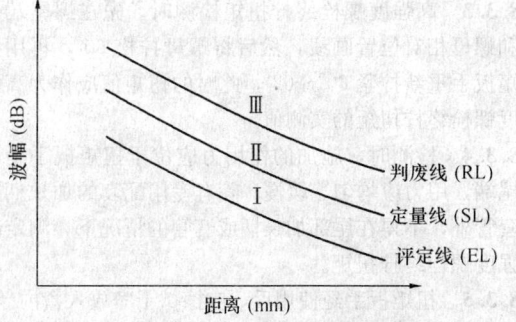

图 7.3.2 距离-波幅曲线示意图

查方式。

7.3.9 对所有反射波幅超过定量线的缺陷,均应确定其位置、最大反射波幅所在区域和缺陷指示长度。缺陷指示长度的测定可采用以下两种方法:

　　1 当缺陷反射波只有一个高点时,宜用降低6dB相对灵敏度法测定其长度;

　　2 当缺陷反射波有多个高点时,则宜以缺陷两端反射波极大值之处的波高降低6dB之间探头的移动距离,作为缺陷的指示长度(图7.3.9)。

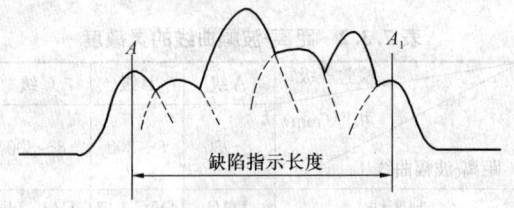

图 7.3.9 端点峰值测长法

　　3 当缺陷反射波在Ⅰ区未达到定量线时,如探伤者认为有必要记录时,可将探头左右移动,使缺陷反射波幅降低到评定线,以此测定缺陷的指示长度。

7.3.10 在确定缺陷类型时,可将探头对准缺陷作平动和转动扫查,观察波形的相应变化,并可结合操作者的工程经验作出判断。

7.4 检测结果的评价

7.4.1 最大反射波幅位于DAC曲线Ⅱ区的非危险性缺陷,其指示长度小于10mm时,可按5mm计。

7.4.2 在检测范围内,相邻两个缺陷间距不大于8mm时,两个缺陷指示长度之和作为单个缺陷的指示长度;相邻两个缺陷间距大于8mm时,两个缺陷分别计算各自指示长度。

7.4.3 最大反射波幅位于Ⅱ区的非危险性缺陷,可根据缺陷指示长度 ΔL 进行评级。不同检验等级,不同焊缝质量评定等级的缺陷指示长度限值应符合表7.4.3的规定。

表 7.4.3 焊缝质量评定等级的
缺陷指示长度限值(mm)

检验等级 板厚 (mm) 评定等级	A 级 8～50	B 级 8～300	C 级 8～300
Ⅰ	$2\delta/3$, 最小 12	$\delta/3$,最小 10, 最大 30	$\delta/3$,最小 10, 最大 20
Ⅱ	$3\delta/4$, 最小 12	$2\delta/3$,最小 12, 最大 50	$\delta/2$,最小 10, 最大 30
Ⅲ	δ, 最小 20	$3\delta/4$,最小 16, 最大 75	$2\delta/3$,最小 12, 最大 50
Ⅳ	超过Ⅲ级者		

注:焊缝两侧母材厚度 δ 不同时,取较薄侧母材厚度。

7.4.4 最大反射波幅不超过评定线(未达到Ⅰ区)的缺陷应评为Ⅰ级。

7.4.5 最大反射波幅超过评定线,但低于定量线的非裂纹类缺陷应评为Ⅰ级。

7.4.6 最大反射波幅超过评定线的缺陷,检测人员判定为裂纹等危害性缺陷时,无论其波幅和尺寸如何均应评定为Ⅳ级。

7.4.7 除了非危险性的点状缺陷外,最大反射波幅位于Ⅲ区的缺陷,无论其指示长度如何,均应评定为Ⅳ级。

7.4.8 不合格的缺陷应进行返修,返修部位及热影响区应重新进行检测与评定。

7.4.9 检测后应填写检测记录。所填写内容宜符合本标准附录D的规定。

8 高强度螺栓终拧扭矩检测

8.1 一 般 规 定

8.1.1 本章适合于钢结构高强度螺栓连接副终拧扭矩(以下简称高强度螺栓终拧扭矩)的检测。

8.1.2 检测人员在检测前,应了解工程使用的高强度螺栓的型号、规格、扭矩施加方式。

8.1.3 对高强度螺栓终拧扭矩的施工质量检测,应在终拧1h之后、48h之内完成。

8.2 检 测 设 备

8.2.1 扭矩扳手示值相对误差的绝对值不得大于测试扭矩值的3%。扭矩扳手宜具有峰值保持功能。

8.2.2 扭矩扳手的最大量程应根据高强度螺栓的型号、规格进行选择。工作值宜控制在被选用扳手的量限值20%～80%范围内。

8.3 检 测 技 术

8.3.1 在对高强度螺栓的终拧扭矩进行检测前,应清除螺栓及周边涂层。螺栓表面有锈蚀时,应进行除锈处理。

8.3.2 对高强度螺栓终拧扭矩的检测,应经外观检查或小锤敲击检查合格后进行。

8.3.3 高强度螺栓终拧扭矩检测时,先在螺尾端头和螺母相对位置画线,然后将螺母拧松60°,再用扭矩扳手重新拧紧60°～62°,此时的扭矩值应作为高强度螺栓终拧扭矩的实测值。

8.3.4 检测时,施加的作用力应位于扭矩扳手手柄尾端,用力应均匀、缓慢。除有专用配套的加长柄或套管外,不得在尾部加长柄或套管的情况下,测定高强度螺栓终拧扭矩。

8.3.5 扭矩扳手经使用后,应擦拭干净放入盒内。

8.3.6 长期不用的扭矩扳手,在使用前应先预加载

3次，使内部工作机构被润滑油均匀润滑。

8.4 检测结果的评价

8.4.1 高强度螺栓终拧扭矩的实测值宜在 $0.9T_c$ ～ $1.1T_c$ 范围内。

8.4.2 小锤敲击检查发现有松动的高强度螺栓，应直接判定其终拧扭矩不合格。

9 变 形 检 测

9.1 一 般 规 定

9.1.1 本章适用于钢结构或构件变形检测。

9.1.2 变形检测可分为结构整体垂直度、整体平面弯曲以及构件垂直度、弯曲变形、跨中挠度等项目。

9.1.3 在对钢结构或构件变形进行检测前，宜先清除饰面层；当构件各测试点饰面层厚度接近，且不明显影响评定结果，可不清除饰面层。

9.2 检 测 设 备

9.2.1 钢结构或构件变形的测量可采用水准仪、经纬仪、激光垂准仪或全站仪等仪器。

9.2.2 用于钢结构或构件变形的测量仪器及其精度宜符合现行行业标准《建筑变形测量规范》JGJ 8 的有关规定，变形测量级别可按三级考虑。

9.3 检 测 技 术

9.3.1 应以设置辅助基准线的方法，测量结构或构件的变形；对变截面构件和有预起拱的结构或构件，尚应考虑其初始位置的影响。

9.3.2 测量尺寸不大于6m的钢构件变形，可用拉线、吊线锤的方法，并应符合下列规定：

1 测量构件弯曲变形时，从构件两端拉紧一根细钢丝或细线，然后测量跨中位置构件与拉线之间的距离，该数值即是构件的变形。

2 测量构件的垂直度时，从构件上端吊一线锤直至构件下端，当线锤处于静止状态后，测量吊锤心与构件下端的距离，该数值即是构件的顶端侧向水平位移。

9.3.3 测量跨度大于6m的钢构件挠度，宜采用全站仪或水准仪，并按下列方法进行检测：

1 钢构件挠度观测点应沿构件的轴线或边线布设，每一构件不得少于3点；

2 将全站仪或水准仪测得的两端和跨中的读数相比较，可求得构件的跨中挠度；

3 钢网架结构总拼完成及屋面工程完成后的挠度值检测，对跨度24m及以下钢网架结构测量下弦中央一点；对跨度24m以上钢网架结构测量下弦中央一点及各向下弦跨度的四等分点。

9.3.4 尺寸大于6m的钢构件垂直度、侧向弯曲矢高以及钢结构整体垂直度与整体平面弯曲宜采用全站仪或经纬仪检测。可用计算测点间的相对位置差的方法来计算垂直度或弯曲度，也可采用通过仪器引出基准线，放置量尺直接读取数值的方法。

9.3.5 当测量结构或构件垂直度时，仪器应架设在与倾斜方向成正交的方向线上，且宜距被测目标（1～2）倍目标高度的位置。

9.3.6 钢构件、钢结构安装主体垂直度检测，应测量钢构件、钢结构安装主体顶部相对于底部的水平位移与高差，并分别计算垂直度及倾斜方向。

9.3.7 当用全站仪检测，且现场光线不佳、起灰尘、有振动时，应用其他仪器对全站仪的测量结果进行对比判断。

9.4 检测结果的评价

9.4.1 在建钢结构或构件变形应符合设计要求和现行国家标准《钢结构工程施工质量验收规范》GB 50205 及《钢结构设计规范》GB 50017 等的有关规定。

9.4.2 既有钢结构或构件变形应符合现行国家标准《民用建筑可靠性鉴定标准》GB 50292、《工业建筑可靠性鉴定标准》GB 50144等的有关规定。

10 钢材厚度检测

10.1 一 般 规 定

10.1.1 本章适用于超声波原理测量钢结构构件的厚度。

10.1.2 钢材的厚度应在构件的3个不同部位进行测量，取3处测试值的平均值作为钢材厚度的代表值。

10.1.3 对于受腐蚀后的构件厚度，应将腐蚀层除净、露出金属光泽后再进行测量。

10.2 检 测 设 备

10.2.1 超声测厚仪的主要技术指标应符合表10.2.1的规定。

表10.2.1 超声测厚仪的主要技术指标

项　目	技 术 指 标
显示最小单位	0.1mm
工作频率	5MHz
测量范围	板材：1.2mm～200mm 管材下限：$\phi 20 \times 3$
测量误差	±（δ/100+0.1）mm，δ为被测构件的厚度
灵敏度	能检出距探测面80mm，直径2mm的平底孔

10.2.2 超声测厚仪应随机配有校准用的标准块。

10.3 检 测 步 骤

10.3.1 在对钢结构钢材厚度进行检测前，应清除表

面油漆层、氧化皮、锈蚀等，并打磨至露出金属光泽。

10.3.2 检测前应预设声速，并应用随机标准块对仪器进行校准，经校准后方可进行测试。

10.3.3 将耦合剂涂于被测处，耦合剂可用机油、化学浆糊等。在测量小直径管壁厚度或工件表面较粗糙时，可选用粘度较大的甘油。

10.3.4 将探头与被测构件耦合即可测量，接触耦合时间宜保持1s～2s。在同一位置宜将探头转过90°后作二次测量，取二次的平均值作为该部位的代表值。在测量管材壁厚时，宜使探头中间的隔声层与管子轴线平行。

10.3.5 测厚仪使用完毕后，应擦去探头及仪器上的耦合剂和污垢，保持仪器的清洁。

10.4 检测结果的评价

10.4.1 钢材的厚度偏差应以设计图纸规定的尺寸为基准进行计算；并应符合相应产品标准的规定。

11 钢材品种检测

11.1 一般规定

11.1.1 本章适用于采用化学成分分析方法判断国产结构钢钢材的品种。

11.2 钢材取样与分析

11.2.1 取样所用工具、机械、容器等应预先进行清洗。

11.2.2 钢材取样时，应避开钢结构在制作、安装过程中有可能受切割火焰、焊接等热影响的部位。

11.2.3 在取样部位可用钢锉打磨构件表面，除去表面油漆、锈斑，直至露出金属光泽。

11.2.4 屑状试样宜采用电钻钻取。同一构件钢材宜选取3个不同部位进行取样，每个部位的试样重量不宜少于5g。取样过程中应避免受热而引起屑状试样发蓝、发黑的现象，也不得使用水、油或其他滑油剂。取样时，宜去掉钢材表面1mm以内的浅层试样。

11.2.5 宜采用化学分析法测定试样中C、Mn、Si、S、P五元素的含量。对于低合金高强度结构钢，必要时，可进一步测定试样中V、Nb、Ti三元素的含量。

11.2.6 采用化学分析法测定钢材中C、Mn、Si、S、P、V、Nb、Ti等元素的含量时，其操作与测定应符合现行国家标准《钢铁 总碳硫含量的测定 高频感应炉燃烧后红外吸收法（常规方法）》GB/T 20123和《钢铁及合金化学分析方法》GB/T 223中相应元素化学分析方法的有关规定。

11.3 钢材品种的判别

11.3.1 钢材的品种应根据钢材中C、Mn、Si、S、P五元素或C、Mn、Si、S、P、V、Nb、Ti八元素的含量，对照现行国家标准《碳素结构钢》GB/T 700、《低合金高强度结构钢》GB/T 1591中的化学成分含量进行判别。

12 防腐涂层厚度检测

12.1 一般规定

12.1.1 本章适用于钢结构防腐涂层厚度的检测。

12.1.2 防腐涂层厚度的检测应在涂层干燥后进行。检测时构件的表面不应有结露。

12.1.3 同一构件应检测5处，每处应检测3个相距50mm的测点。测点部位的涂层应与钢材附着良好。

12.1.4 使用涂层测厚仪检测时，应避免电磁干扰。

12.1.5 防腐涂层厚度检测，应经外观检查合格后进行。

12.2 检测设备

12.2.1 涂层测厚仪的最大量程不应小于1200μm，最小分辨率不应大于2μm，示值相对误差不应大于3%。

12.2.2 测试构件的曲率半径应符合仪器的使用要求。在弯曲试件的表面上测量时，应考虑其对测试准确度的影响。

12.3 检测步骤

12.3.1 确定的检测位置应有代表性，在检测区域内分布宜均匀。检测前应清除测试点表面的防火涂层、灰尘、油污等。

12.3.2 检测前对仪器应进行校准。校准宜采用二点校准，经校准后方可测试。

12.3.3 应使用与被测构件基体金属具有相同性质的标准片对仪器进行校准，也可用待涂覆构件进行校准。检测期间关机再开机后，应对仪器重新校准。

12.3.4 测试时，测点距构件边缘或内转角处的距离不宜小于20mm。探头与测点表面应垂直接触，接触时间宜保持1s～2s，读取仪器显示的测量值，对测量值应进行打印或记录。

12.4 检测结果的评价

12.4.1 每处3个测点的涂层厚度平均值不应小于设计厚度的85%，同一构件上15个测点的涂层厚度平均值不应小于设计厚度。

12.4.2 当设计对涂层厚度无要求时，涂层干漆膜总厚度：室外应为150μm，室内应为125μm，其允许偏

差应为—25μm。

13 防火涂层厚度检测

13.1 一 般 规 定

13.1.1 本章适用于钢结构厚型防火涂层厚度检测。

13.1.2 防火涂层厚度的检测应在涂层干燥后进行。

13.1.3 楼板和墙体的防火涂层厚度检测，可选两相邻纵、横轴线相交的面积为一个构件，在其对角线上，按每米长度选1个测点，每个构件不应少于5个测点。

13.1.4 梁、柱构件的防火涂层厚度检测，在构件长度内每隔3m取一个截面，且每个构件不应少于2个截面。对梁、柱构件的检测截面宜按图13.1.4所示布置测点。

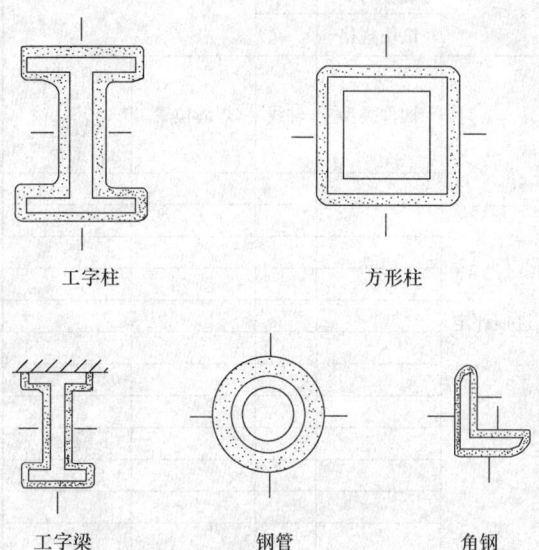

工字柱　　　　　　　方形柱

工字梁　　　　钢管　　　　角钢

图13.1.4　测点示意图

13.1.5 防火涂层厚度检测，应经外观检查合格后进行。

13.2 检 测 量 具

13.2.1 对防火涂层的厚度可采用探针和卡尺进行检测，用于检测的卡尺尾部应有可外伸的窄片。测量设备的量程应大于被测的防火涂层厚度。

13.2.2 检测设备的分辨率不应低于0.5mm。

13.3 检 测 步 骤

13.3.1 检测前应清除测试点表面的灰尘、附着物等，并应避开构件的连接部位。

13.3.2 在测点处，应将仪器的探针或窄片垂直插入防火涂层直至钢材防腐涂层表面，并记录标尺读数，测试值应精确到0.5mm。

13.3.3 当探针不易插入防火涂层内部时，可采取防火涂层局部剥除的方法进行检测。剥除面积不宜大于15mm×15mm。

13.4 检测结果的评价

13.4.1 同一截面上各测点厚度的平均值不应小于设计厚度的85%，构件上所有测点厚度的平均值不应小于设计厚度。

14 钢结构动力特性检测

14.1 一 般 规 定

14.1.1 本章适用于钢结构动力特性的检测。通过测试结构动力输入处和响应处的应变、位移、速度或加速度等时程信号，可获取结构的自振频率、模态振型、阻尼等结构动力性能参数。

14.1.2 符合下列情况之一的钢结构，宜对结构动力特性进行检测：

1 需要进行抗震、抗风、工作环境或其他激励下的动力响应计算的结构；

2 需要通过动力参数进行结构损伤识别和故障诊断的结构；

3 在某种动力作用下，局部动力响应过大的结构。

14.2 检 测 设 备

14.2.1 应根据被测参数选择合适的位移计、速度计、加速度计和应变计，被测频率应落在传感器的频率响应范围内。

14.2.2 检测前应根据预估被测参数的最大幅值，选择合适的传感器和动态信号测试仪的量程范围，并应提高输出信号的信噪比。

14.2.3 动态信号测试仪应具备低通滤波，低通滤波截止频率应小于采样频率的0.4倍，并应防止信号发生频率混淆。

14.2.4 动态信号测试系统的精度、分辨率、线性度、时漂等参数应符合国家现行有关标准的要求。

14.3 检 测 技 术

14.3.1 检测前应根据检测目的制定检测方案，必要时应进行计算。根据方案准备合适的信号测试系统。

14.3.2 结构动力特性检测可采用环境随机振动激励法。对于仅需获得结构基本模态的，可采用初始位移法、重物撞击法等方法，如结构模态密集或结构特别重要且条件许可时，可采用稳态正弦激振方法或频率扫描法。对于大型复杂结构宜采用多点激励法。对于单点激励法测试结果，必要时可采用多点激励法进行校核。

14.3.3 根据振动频率，确定动态信号测试仪采样间

隔和采样时长；采样频率应满足采样定理的基本要求。

14.3.4 确定传感器的安装方式，安装谐振频率要远高于测试频率。

14.3.5 传感器安装位置宜避开振型节点和反节点处。

14.3.6 结构动力特性测试作业时，应保证不产生对结构性能有明显影响的损伤，也应避免环境对测试系统的干扰。

14.4 检测数据分析

14.4.1 数据处理前，应对记录的信号进行零点漂移、波形和信号起始相位的检验。

14.4.2 对记录的信号可进行截断、去直流、积分、微分和数字滤波等信号预处理。

14.4.3 根据激励方式和结构特点，可选择时域、频域方法或小波分析等信号处理方法。

14.4.4 采用频域方法进行数据处理时，宜根据信号类型选择不同的窗函数处理。

14.4.5 检测数据处理后，应根据需要提供所测结构的自振频率、阻尼比和振型以及动力反应最大幅值、时程曲线、频谱曲线等分析结果。

附录 A 磁粉检测记录

表 A 钢结构磁粉检测记录

工程名称			委托单位	
检测设备			设备型号	
设备编号			检定日期	
熔焊方法			规格/材质	
设计等级			检测数量	
检测依据			检测日期	
磁粉检测条件	磁粉种类		磁粉记录（草图或照片）	
	磁化方法			
	磁化时间			
	磁场方向			
	磁场电流			
	磁极间距			
	磁悬液施加方法			
	磁悬液浓度			
	退磁情况			
	试片规格			
	灵敏度			
磁痕评定	构件类型	轴线	焊缝位置	缺陷性质、尺寸、数量、部位
返修情况				
检验员		MT___级	审核人	MT___级

附录 B 渗透检测记录

表 B 钢结构渗透检测记录

工程名称			委托单位	
渗透温度			规格/材质	
熔焊方法			表面状态	
设计等级			检测数量	
检测依据			检测日期	
渗透检测条件	渗透剂型号		渗透记录（草图或照片）	
	清洗剂型号			
	显像剂型号			
	渗透时间			
	显像时间			
	观察时间			
	试块规格			
迹痕评定	构件类型	轴线	焊缝位置	缺陷性质、尺寸、数量、部位
返修情况				
检验员		PT___级	审核人	PT___级

附录 C T形接头、角接接头的超声波检测

C.0.1 T形接头的超声波检测，探伤面和探头的选择应符合下列要求：

1 采用 K1 探头在腹板一侧作直射法和一次反射法探测焊缝及腹板侧热影响区的裂纹，如图 C.0.1-1 所示。

2 为探测腹板及翼板间未焊透或翼板侧焊缝下层状撕裂等缺陷，可采用直探头或斜探头在翼板外侧探测，也可在翼板内侧用 K1 探头作一次反射法探测，如图 C.0.1-2 所示。

3 T形接头检测应根据腹板厚度选择探头角度，

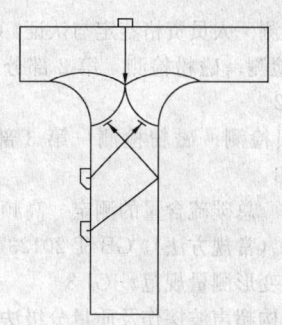

图 C.0.1-1　探测焊缝与腹板侧热
影响区的裂纹

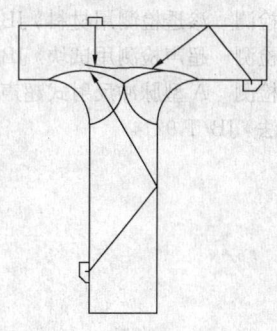

图 C.0.1-2　探测腹板与翼板间
未焊透或翼板侧焊缝下层状撕裂

探头选择应符合表 C.0.1 的规定。

表 C.0.1　不同腹板厚度选用的探头角度

腹板厚度（mm）	探头折射角（K 值）
<25	70°（K2.5）
25～50	60°（K2.5 或 K2.0）
>50	45°（K1 或 K1.5）

C.0.2　角接接头的超声波检测，探伤面和探头的选择应符合图 C.0.2 和表 C.0.1 的要求。

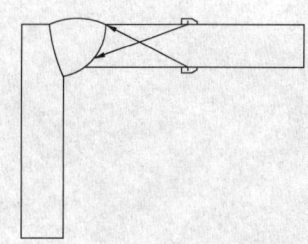

图 C.0.2　角接接头的超声波检测

附录 D　超声波检测记录

表 D　钢结构超声波检测记录

工程名称		委托单位		
检测设备		设备型号		
设备编号		检定日期		
材　质		厚　度		
焊缝种类	对接平缝○　对接环缝○　角接纵缝○　T形焊缝○　管接口缝○			
焊接方法		探伤面状态		修整○　轧制○ 机加○
探伤时机	焊后○　热处理后○	耦合剂		机油○　甘油○ 浆糊○
探伤方式	垂直○　斜角○　单探头○　双探头○　串列探头○			
扫描调节	深度○　水平○　声程○	比例		试块
探头尺寸		探头 K 值		探头频率
探伤灵敏度		表面补偿		
设计等级		检测数量		
评定等级		检测日期		
检测依据				
探伤部位示意图				

	构件类型	轴线	焊缝位置	探伤长度	显示情况	备注
探伤结果及返修情况						

检验员		UT___级	审核人		UT___级

本标准用词说明

1　为了便于在执行本标准条文时区别对待，对要求严格程度不同的用词说明如下：

　　1）表示很严格，非这样做不可的用词：
　　　　正面词采用"必须"；反面词采用"严禁"。
　　2）表示严格，在正常情况下均应这样做的用词：
　　　　正面词采用"应"；反面词采用"不应"或"不得"。
　　3）表示允许稍有选择，在条件许可时首先这样做的用词：

正面词采用"宜";反面词采用"不宜"。

    4）表示有选择，在一定条件下可以这样做的，采用"可"。

    2 条文中指明应按其他有关标准、规范执行时，写法为："应符合……的规定"或"应按……执行"。

引用标准名录

  1 《钢结构设计规范》GB 50017

  2 《工业建筑可靠性鉴定标准》GB 50144

  3 《钢结构工程施工质量验收规范》GB 50205

  4 《民用建筑可靠性鉴定标准》GB 50292

  5 《钢铁及合金化学分析方法》GB/T 223

  6 《碳素结构钢》GB/T 700

  7 《低合金高强度结构钢》GB/T 1591

  8 《金属熔化焊焊接接头射线照相》GB/T 3323

  9 《无损检测　人员资格鉴定与认证》GB/T 9445

  10 《无损检测　磁粉检测　第2部分：检测介质》GB/T 15822.2

  11 《无损检测　磁粉检测　第3部分：设备》GB/T 15822.3

  12 《钢铁　总碳硫含量的测定　高频感应炉燃烧后红外吸收法（常规方法）》GB/T 20123

  13 《建筑变形测量规范》JGJ 8

  14 《钢结构超声波探伤及质量分级法》JG/T 203

  15 《承压设备无损检测　第5部分：渗透检测》JB/T 4730.5

  16 《无损检测　渗透检测用试块》JB/T 6064

  17 《无损检测　渗透检测用材料》JB/T 7523

  18 《无损检测　超声检测用试块》JB/T 8428

  19 《无损检测　A型脉冲反射式超声检测系统工作性能测试方法》JB/T 9214

中华人民共和国国家标准

钢结构现场检测技术标准

GB/T 50621—2010

条 文 说 明

制　定　说　明

《钢结构现场检测技术标准》GB/T 50621-2010 经住房和城乡建设部 2010 年 8 月 18 日以第 738 号公告批准、发布。

为便于广大建设、监理、设计、施工、房屋业主和市政基础设计管理部门有关人员在使用本标准时，能正确理解和执行条文规定。《钢结构现场检测技术标准》编制组按章、节、条顺序编制了本标准的条文说明，对条文规定的目的、依据以及执行中需注意的有关事项进行了说明。但是，本条文说明不具备与标准正文同等的法律效力，仅供使用者作为理解和把握标准参考。

目　次

1 总 则

1.0.1 近些年来，钢结构工程发展较快，钢结构占建筑工程中的份额越来越大，目前已经制订了一些钢结构材料强度及构件质量的检测标准，但是，尚无一本，既适用于工程现场检测，又有具体可操作性的钢结构技术标准。因此，需要制定一本钢结构现场检测技术标准，为钢结构工程质量的评定和既有钢结构性能的鉴定提供技术保障。

另外，虽然金属无损检测方面，有现行行业标准《承压设备无损检测》JB/T 4730.1～4730.6、《无损检测 焊缝磁粉检测》JB/T 6061 等，但基本上是针对机械、船舶、承压设备等行业。而建筑钢结构相对于这些行业而言，其质量等级要求较低，也无密闭性的要求，显然不能依据现行其他行业的标准对建筑钢结构进行检测。

1.0.2 钢结构检测内容很多，具体检测内容可按现行国家标准《建筑结构检测技术标准》GB/T 50344 的相关要求执行，考虑到现行国家标准《建筑结构检测技术标准》GB/T 50344 中缺少相应检测方法和操作过程，本标准从钢结构的特点出发，解决钢结构检测中常用的、重要的有关检测方法和操作过程（表1）。

**表1 钢结构中的主要问题与
本标准各章节的对应关系**

钢结构的特点	与钢结构特点相对应的现实	拟解决的问题	各章节的对应关系
工业化程度高	工厂制造、工地安装	连接质量	第4～8章
钢材强度高	构件尺寸较小	弯曲失稳 钢材品种 整体动力特性	第9章 第11章 第14章
容易锈蚀	锈蚀后截面减小 喷涂防腐材料	锈蚀后的厚度 防腐涂层厚度	第10章 第12章
耐火性较差	喷涂防火材料	防火涂层厚度	第13章

因此，本标准适用于钢结构中有关连接、变形、钢材厚度、钢材品种、涂装厚度、动力特性等方面质量的现场检测及相应检测结果的评价。鉴于钢网架一般采用无缝钢管制作而成，其钢管焊接缺陷的超声波检测有其自身的特点，本标准第7章"一般规定"中强调，对于母材壁厚为 4mm～8mm、曲率半径为 60mm～160mm 的钢管对接焊缝与相贯节点焊缝应按照现行行业标准《钢结构超声波探伤及质量分级法》JG/T 203 执行。

本标准中所列方法是在工程现场可完成的，且检测时或检测后不会对钢结构的安全产生不利影响。本标准中所涉及的检测项目，并非是指现场检测需对各项

目均做检测。对一个具体工程而言，应根据具体情况而定。

1.0.3 本条规定在钢结构的检测工作中，除执行本标准的规定外，尚应执行国家现行的有关标准、规范的规定。这些现行的国家有关标准、规范主要是《建筑工程施工质量验收统一标准》GB 50300、《钢结构工程施工质量验收规范》GB 50205、《建筑结构检测技术标准》GB/T 50344、《民用建筑可靠性鉴定标准》GB 50292、《工业建筑可靠性鉴定标准》GB 50144、《建筑抗震鉴定标准》GB 50023 以及相应的钢结构材料强度检测标准等。

2 术语和符号

2.1 术 语

本标准给出了有关钢结构检测方面的专用术语，这些术语仅从本标准的角度赋予其涵义，但涵义不一定是术语的定义。同时还分别给出了相应的推荐性英文术语，该英文术语不一定是国际上的标准术语，仅供参考。

对工程建设而言，通常所说的无损检测是指在检测过程中，对结构的既有性能没有影响的检测。但在其他行业（如机械、特种设备、船泊等）中，无损检测这一术语有其特定的含义，一般来说，是指磁粉检测、渗透检测、超声波检测、射线检测等方法。为保证与其他行业在术语上的一致性，因此，本标准中所说的无损检测专指磁粉检测、渗透检测、超声波检测、射线检测等方法，而非工程建设中所说的广义上的无损检测。

2.2 符 号

本标准给出的符号都是本标准各章节中所引用的。

3 基 本 规 定

3.1 钢结构检测的分类

3.1.2 一般情况下，钢结构工程的施工质量验收应按现行国家标准《建筑工程施工质量验收统一标准》GB 50300 和《钢结构工程施工质量验收规范》GB 50205 进行验收。

3.1.3 本条规定了既有钢结构应按本标准进行检测的情况。既有钢结构在使用过程中，不仅需要经常性的管理与维护，而且还需要进行必要的检测、检查与维修，才能全面完成设计所预期的功能。有的既有钢结构或因设计、施工、使用不当而需要加固，因用途变更而需要改造，因当地抗震设防烈度改变

而需要抗震鉴定或因受到灾害、环境侵蚀影响需要鉴定等等；还有些钢结构，虽然使用多年，但影响其可靠性的根本问题还是施工质量问题。对于这些既有钢结构应进行结构性能的鉴定。要做好这些鉴定工作，经常需要对有关连接、变形、钢材厚度、涂装厚度、钢材强度、结构动力特性等进行检测，以便了解既有钢结构的可靠性等方面的实际情况，为鉴定提供真实、可靠和有效的依据。

3.2 检测工作程序与基本要求

3.2.1 本条阐述了钢结构检测的流程和几个主要阶段。程序框图中所描述的一般钢结构检测从接受委托到出具检测报告的各个阶段。对于特殊情况的检测，则应根据钢结构检测的目的确定其检测程序框图和相应的内容。

3.2.2 检测工作中的现场调查和有关资料的调查是非常重要的。了解结构的状况和收集有关资料，不仅有利于较好地制定检测方案，而且有助于确定检测的内容和重点。现场调查主要是了解被检测钢结构的现状缺陷或使用期间的加固维修，以及用途和荷载等变更情况，同时应与委托方探讨确定检测的目的、内容和重点。

有关的资料主要是指钢结构的设计图、设计变更、施工记录和验收资料、加固图和维修记录等。当缺乏有关资料时，应向有关人员进行调查。当建筑结构受到灾害或邻近工程施工的影响时，尚应调查钢结构受到损伤前的情况。

3.2.3 钢结构的检测方案应根据检测的目的、钢结构现状的调查结果来制定，宜包括概况、检测的目的、检测依据、检测项目、选用的检测方法和检测数量等以及所需要的配合、安全和环保措施等。

3.2.4 本条规定了现场检测原始记录的要求，这些要求是根据原始记录的重要性和为了规范检测人员的行为而提出的。

3.3 无损检测方法的选用

3.3.3 本条规定主要为防止不做目视检测，直接对钢结构焊缝进行无损检测。有些焊缝有可能存在严重的错边、弧坑，但无损检测未发现焊缝超标的缺陷，实际上由于错边过大、弧坑过深已严重影响构件的承载力，仅做无损检测也就失去了意义。

在焊接过程中、焊缝冷却过程及以后的相当长的一段时间可能产生裂纹。普通碳素钢产生延迟裂纹的可能性很小，在焊缝冷却到环境温度后即可进行外观检查。对于低合金结构钢等有延迟裂纹倾向的焊缝，尚应满足焊接 24h 后这一时限的要求。

3.3.4 本标准中之所以未将射线检测单列一章，详细阐述射线检测的内容，主要原因有：1）大多结构形式不适合贴 X 光片，无法透照；2）设备笨重，高

空作业难度大、不安全；3）设安全区影响太大，在施工现场难以保证。

另外，编制组制作了对接焊试件，进一步验证超声检测与射线检测对缺陷的敏感程度。用 2 块 300mm×110mm×11mm 的 Q235 钢板制作成对接焊试件，在焊缝处人为制作深 2mm、直径 1.5mm 的圆孔和长 30mm 的未熔合缺陷。超声检测对未熔合缺陷较敏感，对圆孔反射不明显；而射线检测能清晰显示圆孔，而对未熔合缺陷不敏感。因此，射线检测主要适合于体积型缺陷的检测，而对平面型缺陷（如裂纹、未熔合等）不敏感。在钢结构中确有必要进行射线检测时，可按照现行国家标准《金属熔化焊焊接接头射线照相》GB/T 3323 的要求进行检测。

3.4 抽样比例及合格判定

3.4.2 本条提出了采用全数检测方式的适用情况。全数检测并不意味对整个工程的全部构件（区域）进行检测，也可以是对应于检验批内的全部构件（区域）。

3.4.4 本条引自现行国家标准《建筑结构检测技术标准》GB/T 50344 中的第 3.3.13 条，规定了钢结构按检验批检测时抽样的最小样本容量，其目的是要保证抽样检测结果具有代表性。最小样本容量不是最佳的样本容量，实际检测时可根据具体情况和相应技术规程的规定确定样本容量，但样本容量不应少于表 3.4.4 的限定量。

3.4.5 本条引自现行国家标准《建筑结构检测技术标准》GB/T 50344-2004 中的第 3.3.14 条。以表 3.4.5-2 为例说明使用方法。当为一般项目抽样时，样本容量为 20，在 20 个试样中有 5 个或 5 个以下的试样被判为不合格时，检测批可判为合格；当 20 个试样中有 6 个或 6 个以上的试样被判为不合格时则该检测批可判为不合格。

一般项目的允许不合格率为 10%，主控项目的允许不合格率为 5%。主控项目和一般项目应按相应工程施工质量验收规范确定。对于本标准而言，磁粉检测、渗透检测、超声波检测、高强度螺栓终拧扭矩检测、防腐涂层厚度检测、防火涂层厚度检测、钢材强度检测等属于主控项目的内容，外观质量的目视检测、钢材厚度检测属于一般项目的内容。

3.5 检测设备和检测人员

3.5.2、3.5.3 对实施钢结构检测的人员提出了资格方面的要求。

常用的钢结构的无损检测方法有超声波检测（UT）、射线检测（RT）、磁粉检测（MT）、渗透检测（PT）。在各种方法中，对检测人员分为三个等级：Ⅰ级（初级）、Ⅱ级（中级）、Ⅲ级（高级）。

以机械工程学会超声波检测培训为例，各等级的差别如下：

1　Ⅰ级（初级）——报考人需接受 40 小时的培训，通过理论考试、实际操作考试；Ⅰ级持证人员能进行检测，但不能编写检测报告，不能对检测结果作评定。

2　Ⅱ级（中级）——报考人需接受 120 小时的培训，通过理论考试、实际操作考试；Ⅱ级持证人员既能进行检测，又能编写检测报告。

3　Ⅲ级（高级）——要求报考人已取得Ⅱ级证，再接受 40 小时的培训，通过理论（含专门技术、通用技术）考试、编制工艺考试；Ⅲ级持证人员能检测、编写检测报告，可对技术问题作解释。

3.5.5　从事钢结构无损检测的人员，由于无损检测的方法不同，其人员的视力要求是不一样的。

4　外观质量检测

4.1　一般规定

4.1.2、4.1.3　在对钢结构进行目视检测时，除了检测人员应具备正常的视力外，保证适当的视角及足够的照明是必不可少的。必要时，可使用辅助灯光照明。

4.2　辅助工具

4.2.1　放大镜的放大倍数愈大，其焦距愈小，在现场目视检测时，过小焦距不宜于观察，因此，放大镜的放大倍数不宜过大。

4.2.2　焊缝检验尺由主尺、多用尺和高度标尺构成，可用于测量焊接母材的坡口角度、间隙、错位及焊缝高度、焊缝宽度和角焊缝高度。

5　表面质量的磁粉检测

5.1　一般规定

5.1.1　本条规定的铁磁性材料是指碳素结构钢、低合金结构钢、沉淀硬化钢和电工钢等，而铝、镁、铜、钛及其合金和奥氏体不锈钢，以及用奥氏体钢焊条焊接的焊缝都不能用磁粉检测。熔焊焊缝的内部缺陷不能用磁粉检测。

磁粉检测又分干法和湿法两种，通常干法检测所用的磁粉颗粒较大，所以检测灵敏度较低。湿法流动性好，可采用比干法更加细的磁粉，使磁粉更易于被微小的漏磁场所吸附，因此湿法比干法的检测灵敏度高。因此，钢结构中磁粉检测采用湿法。

5.1.2　原材料的表面和近表面缺陷检测可以按照本章规定的一些基本原则来实施。

5.2　设备与器材

5.2.1　根据探伤构件的形状、尺寸、焊缝形式，选择方便、快捷、有利于缺陷检出的磁化方式，磁化方法有磁轭法、线圈法、平行电缆法或触头法等。

5.2.2　磁轭探伤设备需进行计量检定，提升力的检定结果必须达到规定要求以上方可使用。磁轭的磁极间距不能太大，太大不能有效磁化构件，影响探伤结果。

5.2.3　小的管子、轴类等对接焊缝可用通电线圈进行磁化，但应注意构件的长度与直径之比值，该比值越小越难磁化。大的管类构件可用缠绕电缆的方法，用表面绝缘的通电电缆紧贴构件绕成线圈，被检区域应在线圈范围内。检测较长的角焊缝可用单根绝缘通电电缆沿焊缝平行放置，返回电缆应尽量远离检测区域。用两支杆触头按一定间距直接通电进行磁化的方法，既方便又灵活，但应注意触头间距离。间距过小，电极附近磁化电流密度过大，易产生非相关磁痕；间距过大，磁场变弱，需加大磁化电流，易烧灼探测构件表面，所以，一般此方法常用于铸钢件探伤。

5.2.4　目前在钢结构磁粉检测中，磁化设备种类较多，但其磁化性能必须符合现行国家标准《无损检测　磁粉检测　第 3 部分：设备》GB/T 15822.3 的规定。

5.2.5　钢结构工程中较多采用水做载液，可降低成本，又无火险隐患，检测后焊缝表面易于作防腐、防锈处理。

5.2.6　磁悬液喷洒装置其喷嘴喷出的液体要均匀，喷洒时需控制液流大小，避免高速液流冲刷掉已形成的缺陷显示。

5.2.7　磁悬液的浓度直接影响其检验的灵敏度。浓度过低，易引起小缺陷漏检，浓度过高会干扰缺陷的显示，所以应控制磁悬液的配置浓度。

5.2.8　用荧光磁粉或荧光磁悬液时，检测应在暗区进行，暗区的白光照度应小于 20lx。

5.2.10、5.2.11　灵敏度试片是磁粉探伤时必备的工具，用来检查探伤设备、磁粉、磁悬液的综合使用性能，以及人员操作方式是否适当。常用的有 A 型、C 型灵敏度试片和磁场指示器等。不同型号的三种 A 型灵敏度试片，其分数值越小的试片，所需要的有效磁场强度越大，其检测灵敏度就越高。

A 型灵敏度试片上的圆形和十字形人工槽可以确定有效磁场的方向。在狭窄部位探伤，当放置 A 型灵敏度试片有困难时，可用尺寸较小的 C 型灵敏度试片。C 型灵敏度试片使用时可沿分割线切成 5mm×10mm 的小片。

在试片上看到与人工刻槽相对应的磁痕显示，但并不代表实际能检测缺陷的大小。灵敏度试片的磁痕

显示只代表在某磁场作用下，试片中人工缺陷处的漏磁场达到了探伤灵敏度要求。

5.2.12 在使用 A 型灵敏度试片时，人工槽一侧应向内，向外一侧应是没有开口槽的，正确磁化和喷洒磁粉后，试片上会出现十字和圆形磁痕显示。

5.3 检测步骤

5.3.1 焊缝磁粉探伤应等焊缝冷却到环境温度后进行，低合金结构钢焊缝必须在焊后 24h 后才可以探伤。磁粉检测的步骤应按先后工序。

5.3.2 焊缝磁粉探伤的检测面宽度应包括焊缝及热影响区域，焊缝及向母材两侧各延伸 20mm。应除去焊缝及热影响区表面的杂物、油漆层，不然会影响探伤结果。

5.3.3 磁化及磁粉施加要求：

1 磁场方向应垂直于探测的缺陷方向，这样有利于缺陷的检出。

2 旋转磁场可用交叉磁轭仪，它可产生椭圆形旋转磁场，检测各方向上的缺陷，只需一次磁化探伤；而用磁轭检测时，就必须在焊缝走向上要呈 +45°和 −45°的方向分别进行磁化。

3 在探测前，应将灵敏度试片粘贴在焊缝边上先进行试片检验，试片磁痕显示正确后，方可进行探伤检测。

4 用磁轭检测时，磁轭每次移动应有重叠区域，以防缺陷漏检。在检测中，应避免交叉磁轭的四个磁极与探测构件表面间产生空隙，空隙会降低磁化效果。

5 用触头法检测时，应尽量减少触点的过热，以防烧伤检测面。在电接触部位可加垫铅板或铜丝编织带作成的圆盘，不可用锌作为衬垫。衬垫和编织物厚度应均匀。

5.3.4 焊缝表面较粗糙时，不利于小缺陷的检出，可用砂纸或局部打磨来改善表面状况。

5.3.5 可借助 2 倍～10 倍的放大镜对磁痕进行观察，在观察中应区分缺陷磁痕和伪缺陷磁痕，有疑义的磁痕显示应采用其他有效方法进行验证。

5.3.6 一般而言，建筑钢结构焊缝上的剩磁很低，无需退磁。如有特殊要求必须退磁的，可用交变磁场进行退磁。

5.4 检测结果的评价

5.4.1 缺陷的磁痕显示可有多种形态，按长宽比分为线型磁痕和圆型磁痕。裂纹是危险性缺陷，在焊缝中不允许存在。

5.4.2 对不合格缺陷进行打磨去除，对返修后的区域进行复检时，应采用相同的磁粉检验方法和质量评定标准。返修复检的部位应在检测报告中标明，以便对其进行核查。

5.4.3 检测记录是整个探伤过程的重要环节，应在记录中填写主要的信息。

6 表面质量的渗透检测

6.1 一般规定

6.1.1 本条规定该检测方法用于金属材料表面开口性缺陷的检测。检测灵敏度随工件表面光洁度的提高而增高。该方法不仅用于钢铁材料也用于各种不锈钢材料和有色金属材料。在钢结构工程中主要用于角焊缝、磁粉探伤有困难或效果不佳的焊缝，例如对接双面焊焊缝清根检测、焊缝坡口母材分层检测等。

6.2 试剂与器材

6.2.1 渗透剂、清洗剂、显像剂等应对被检焊缝及母材无腐蚀作用，而且应便于携带和现场的使用。当检测含镍合金材料时，检测剂中的硫含量不应超过残留物重量的 1%；当检测奥氏体不锈钢或钛合金材料时，检测剂中的氯和氟含量之和不应超过残留物重量的 1%。

6.2.2 对于建筑钢结构的焊缝而言，一般情况下不选择荧光渗透剂，通常选择溶剂去除型非荧光渗透剂，采用喷涂方式。当采用喷罐套装检测剂时一定要注意有效期，超过有效期的检测剂不可继续使用。

6.2.3 A 型铝合金试块主要用于检测剂的性能测试；B 型不锈钢镀铬试块则用于根据被检工件和设计要求，确定检测灵敏度的级别时使用。A 型铝合金试块在其表面上，应分别具有宽度不大于 $3\mu m$、$3\mu m \sim 5\mu m$ 和大于 $5\mu m$ 等三类尺寸的非规则分布的开口裂纹，且每块试块上有不大于 $3\mu m$ 的裂纹不得少于两条。

6.2.5 各种试块使用后必须彻底清洗，清洗干净后将其放入丙酮或乙醇溶液中浸泡 30min，晾干或吹干后，将试块放置在干燥处保存。

6.3 检测步骤

6.3.1、6.3.2 渗透检测过程中工件表面的处理很重要，工件表面光洁度越高，检测灵敏度也越高。通常采用机械打磨或钢丝刷清理工件表面，再用清洗溶剂将清理面擦洗干净。不允许用喷砂、喷丸等可能堵塞表面开口性缺陷的清理方法。当焊接的焊道或其他表面不规则形状影响检测时，应将其打磨平整。清洗时，可采用溶剂、洗涤剂或喷罐套装的清洗剂。清洗后的工件表面，经自然挥发或用适当的强风使其充分干燥。

6.3.4 多余渗透剂清洗是渗透检测中的重要环节，清洗不足会使其底反差减小，无法辨别缺陷迹痕，过度清洗又会将缺陷中的渗透剂清洗掉，使缺陷迹痕难以显现，达不到检测目的。通常采用擦洗的方式清除

多余渗透剂，不可用冲洗或泡洗的方式进行清除。

6.4 检测结果的评价

6.4.1 缺陷的迹痕显示可有多种形态，按长宽比分为线型迹痕和圆型迹痕。裂纹是危险性缺陷，在焊缝中不允许存在。

6.4.2 对不合格缺陷进行打磨去除，对返修后的区域进行复检时，应采用相同的渗透检验方法和灵敏度等级。返修复检的部位应在检测报告中标明，以便对其进行核查。

7 内部缺陷的超声波检测

7.1 一般规定

7.1.1 用超声波检测缺陷时，对于板厚小于8mm的焊缝，难以对缺陷进行精确定位，因此，本章提出了对不同板厚、不同曲率半径的构件进行检测，应满足不同的要求。对壁厚为4mm～8mm管、球节点焊缝等曲率半径较小的构件焊缝进行超声波检测，应按现行行业标准《钢结构超声波探伤及质量分级法》JG/T 203执行，这本标准中对探头、标准试块、T形焊接接头距离—波幅曲线的灵敏度及缺陷定量等均有专门的要求。

7.1.3 检验工作的难度系数按A、B、C顺序逐渐增高。

7.1.5 T形焊接接头是钢结构中的常见焊接形式，直探头从端面对焊缝进行探伤易发现焊接质量缺陷，因此，除按一般要求进行检测外，宜用直探头从端面对焊缝质量进行超声波探伤。

7.3 检测步骤

7.3.8 探伤灵敏度确定时，在扫查横向缺陷时应在本标准表7.3.2的基础上提高6dB。

7.3.10 判断缺陷的性质，是对钢结构质量评估的重要一环。常见缺陷类型的反射波特性见表2。

表2 常见缺陷类型的反射波特性

缺陷类型	反射波特性	备注
裂缝	一般呈线状或面状，反射明显。探头平行移动时，反射波不会很快消失；探头转动时，多峰波的最大值交替错动	危险性缺陷
未焊透	表面较规则，反射明显。沿焊缝方向移动探头时，反射波较稳定；在焊缝两侧扫查时，得到的反射波大致相同	危险性缺陷

缺陷类型	反射波特性	备注
未熔合	从不同方向绕缺陷探测时，反射波高度变化显著。垂直于焊缝方向探动时，反射波较高	危险性缺陷
夹渣	属于体积型缺陷，反射不明显。从不同方向绕缺陷探测时，反射波高度变化不明显，反射波较低	非危险性缺陷
气孔	属于体积型缺陷。从不同方向绕缺陷探测时，反射波高度变化不明显	非危险性缺陷

7.4 检测结果的评价

7.4.3 对最大反射波幅位于Ⅱ区的非危险性缺陷，应根据缺陷指示长度ΔL来评定缺陷等级。在工程检测中，经常出现理解不准确或误判的情况，以下举例说明缺陷指示长度限值的计算。如某焊缝评定采用B级检验、板厚10mm、Ⅱ评定等级，计算出$2\delta/3$为7mm，但此值小于最小值（12mm），因此，其缺陷指示长度限值为12mm；如某焊缝评定采用B级检验、板厚为90mm、Ⅱ评定等级，计算出$2\delta/3$为60mm，但此值大于最大值（50mm），因此，其缺陷指示长度限值为50mm。在质量评级时，应先根据板厚计算限值，然后比较大小，最后确定评定用的缺陷长度限值。也就是说，对于薄板是以最小值控制，对于厚板是以最大值控制。为便于检测人员查阅，根据表7.4.3的要求，计算出部分不同板厚时的缺陷长度限值（表3）。

表3 缺陷指示长度限值（mm）

板厚 \ 检验等级 评定等级	A级			B级			C级		
	Ⅰ	Ⅱ	Ⅲ	Ⅰ	Ⅱ	Ⅲ	Ⅰ	Ⅱ	Ⅲ
8～15	12	12	20	10	12	16	10	10	12
20	13	15	20	10	13	16	10	10	13
25	17	19	25	10	17	19	10	12	17
30	20	22	30	10	20	22	10	15	20
35	23	26	35	12	23	26	12	14	23
40	27	30	40	13	27	30	13	20	27
45	30	34	45	15	30	34	15	23	30
50	33	38	50	17	33	38	17	25	33
55	—	37	41	18	37	41	18	24	37
60	—	40	45	20	40	45	20	30	40
65	—	43	49	22	43	49	20	30	43

检验等级 评定等级 板厚	A级			B级			C级		
	Ⅰ	Ⅱ	Ⅲ	Ⅰ	Ⅱ	Ⅲ	Ⅰ	Ⅱ	Ⅲ
70	—	—	—	23	47	52	20	30	47
75	—	—	—	25	50	56	20	30	50
80	—	—	—	27	50	60	20	30	50
85	—	—	—	28	50	64	20	30	50
90	—	—	—	30	50	67	20	30	50
95	—	—	—	30	50	71	20	30	50
100～300	—	—	—	30	50	75	20	30	50

8 高强度螺栓终拧扭矩检测

8.1 一般规定

8.1.1 高强度螺栓连接副分大六角头高强度螺栓连接副和扭剪型高强度螺栓连接副。大六角头高强度螺栓连接副形式包括一个螺栓、一个螺母和两个垫圈（图1），扭剪型高强度螺栓连接副形式包括一个螺栓、一个螺母和一个垫圈（图2）。

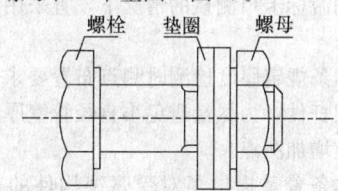

图1 大六角头高强度螺栓连接副

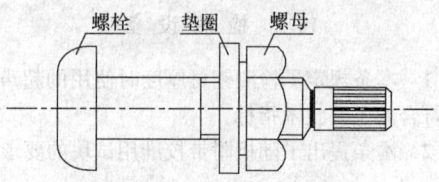

图2 扭剪型高强度螺栓连接副

由于扭剪型高强度螺栓尾部带有梅花头，尾部梅花头被拧掉者视同其终拧扭矩达到质量要求，一般不需对其终拧扭矩进行检测，所以，本章所述的高强度螺栓终拧扭矩是针对高强度大六角头螺栓而言的。当扭剪型高强度螺栓尾部梅花头未被拧掉时，应按本章要求对其进行检测。

8.1.3 现行国家标准《钢结构工程施工质量验收规范》GB 50205规定高强螺栓终拧1h后，48h内应进行终拧扭拒检查。

为了解高强度螺栓轴力、扭矩随时间而变化的规律，本标准主编单位上海市建筑科学研究院制作了大六角头高强度螺栓试件进行试验。螺栓规格为M20，初始扭值为388N·m，经历不同的时间段后，测

量其轴力、扭矩，高强度螺栓轴力、扭矩随时间而变化见表4。

表4 高强度螺栓轴力、扭矩随时间而变化

经历的时间 （h）	轴力值 （kN）	扭矩值 （N·m）	变化率
0	160.2	388.0	—
1	157.2	380.7	1.87%
2	157.0	380.3	2.00%
3	156.8	379.8	2.12%
24	156.0	377.8	2.62%
48	155.6	376.9	2.87%
120	155.6	376.9	2.87%
144	155.6	376.9	2.87%

从表4可知，高强度螺栓扭矩在1h内变化最大，在48h内已趋于稳定。本试验进一步验证了现行国家标准《钢结构工程施工质量验收规范》GB 50205中规定的"扭矩检验应在终拧1h之后、48h之内完成"，是比较合理的。

8.2 检测设备

8.2.1 为防止扭矩扳手出现过大的误差，在使用前，可采用挂配重的方法，对扭矩扳手进行使用前的自校。

8.3 检测技术

8.3.2 可用小锤（0.3kg）敲击的方法对高强度大六角头螺栓进行普查。敲击检查时，一手扶螺栓（或螺母），另一手敲击，要求螺母（或螺栓头）不偏移、不松动，锤声清脆。

8.3.3 为了解高强度螺栓扭矩与拧紧角度的关系，编制组制作了M20、M24两种规格的大六角头高强度螺栓试件各3个进行试验。将各高强度螺栓拧到终拧扭矩值后，在螺尾端头和螺母相对位置画线。为便于控制转角大小，在连接板上沿螺母的6个平面向外划出延长线。然后将螺母拧松60°，再用扭矩扳手重新拧紧至60°、63°、66°时，测定高强度螺栓的扭矩值，同一规格螺栓的扭矩平均值的变化趋势见图3。

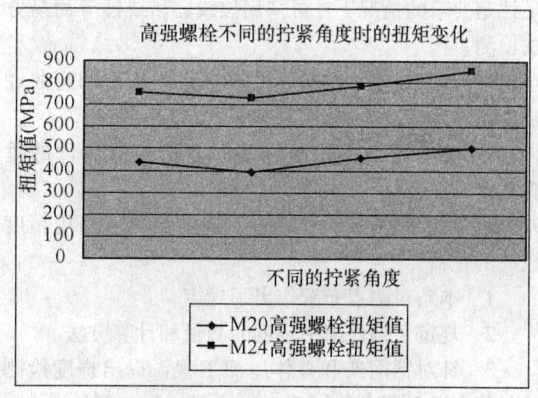

图3 拧紧角度与扭矩平均值的关系
（后3个点拧紧角度分别为60°、63°、66°）

从图中可知，如果采用"将螺母拧松 60°，再用扭矩扳手将螺母拧回原位（重新拧紧 60°）"的方法，检测高强度螺栓扭矩值，其结果将降低 4%～10%。如果"将螺母拧松 60°，再用扭矩扳手重新拧紧 63°"后，再检测高强度螺栓扭矩值，其结果将偏高 4% 左右，因此，在检测高强度螺栓终拧扭矩时，"将螺母拧松 60°，再用扭矩扳手重新拧紧 60°～62°"比较合理。

螺尾端头和螺母上的线重合时为 60°转角，为较准确地定出 2°旋转角，可先划出扭矩扳手手柄一侧在连接板的投影线，再距螺栓中心 600mm 处，在连接板上顺时针方向向前 21mm 定出一点，由该点与螺栓中心相连而成的线，即为旋转 2°后手柄指定一侧在连接板的投影线。

8.3.4 检测时，应根据检测人员的具体情况调整操作姿势，防止操作失效时人员跌倒。扳手手柄上宜施加拉力而不是推力。

9 变形检测

9.1 一般规定

9.1.1 本条提出了钢结构变形大致包括结构整体变形和构件变形。

9.1.2 本条提出了钢结构变形的检测项目。造成钢结构变形的原因有重力荷载、地基沉降、火灾、地震影响、外因损伤、构件加工和安装偏差等，根据变形的原因和检测目的，确定变形检测项目。

9.2 检测设备

9.2.1 本条规定了变形检测所用的仪器。

9.2.2 本条规定了变形检测的仪器要求。

9.3 检测技术

9.3.1 本条阐述变形检测的基本原理。

9.3.2 在构件尺寸不大于 6m 时，检测精度能够满足评定要求的情况下，可采用拉线、吊线锤等简易方法检测。

 1 本条提出了用拉线的方法检测构件的弯曲和挠度。

 2 本条提出了用吊线锤的方法检测构件的垂直度。

9.3.3 对于跨度较大的构件，挠度检测可采用精度较高的仪器。

 1 本条对测点布置作出了规定。

 2 规定了构件跨中挠度的测量和计算方法。

 3 针对钢网架和整体屋面工程，提出挠度检测的具体方法和要求。

9.3.4 规定了大尺寸构件的垂直度和竖向弯曲的检测方法。

9.3.5 为保证测量精度和准确性，结构或构件的倾斜方向应与检测仪器的视线垂直。

9.3.7 全站仪受现场环境条件的影响较大，现场光线不佳、起灰尘、有振动时，均影响全站仪的测量结果。

9.4 检测结果的评价

9.4.2 对既有建筑的整体垂直度进行检测时，如发现个别测点超过规范要求，宜进一步查明其是否由外饰面不平或结构施工时超标引起的。避免因外饰面不一致而引起对结果的误判。

10 钢材厚度检测

10.1 一般规定

10.1.1 当在构件横截面或外侧无法用游标卡尺直接测量厚度时，可采用超声波原理测量钢结构构件的厚度。由于耦合不良、探头磨损等因素，超声测厚仪的测量误差往往比直接用游标卡尺的大，在构件横截面或外侧可用游标卡尺测量的情况下，宜采用游标卡尺测量。

10.1.2 本条规定厚度检测时测点布置要求。对于钢网架、桁架杆件，为尽量避免小直径管壁厚度检测时的误差，宜增加测点。

10.1.3 本条着重提出了对受腐蚀构件的表面处理要求。

10.2 检测设备

10.2.1 本条规定了检测钢材厚度时使用的超声测厚仪应符合的主要技术指标。

10.2.2 本条提出了随机附带校准用试块的要求。

10.3 检测步骤

10.3.1 本条提出了在对钢材厚度进行测量前的表面处理要求，以减小测量误差。打磨宜采用砂纸或钢丝刷或抛光片等方法，不宜采用手提砂轮打磨，砂轮打磨易损伤钢材本体。

10.3.2 本条提出了测量前仪器的准备工作。

10.3.3 本条提出了不同测量对象时耦合剂的选用。对于小直径管壁或工件表面较粗糙时，由于探头与工件表面间空隙较大，为保证有良好的耦合效果，宜选用粘度较大的甘油作耦合剂。

10.3.4 在同一位置将探头转过 90°后作二次测量，是为了减小测量误差。

11 钢材品种检测

11.1 一般规定

11.1.1 在既有钢结构中，经常由于原始资料丢失，需要了解钢材的强度。通常情况下，钢材的强度宜选用现场截取钢材试样的方法进行检测，但从钢结构中取样后，会影响结构承载力，因此，本章针对这种情况，提出用化学成分分析方法判断钢材的品种，确定钢材品种后，由鉴定人员再依据钢材的品种来定出相应的钢材设计强度。考虑到进口钢材与国产钢材的化学成分有一定差异，因此，本方法适用于对国产钢材的品种进行判定。

11.2 钢材取样与分析

11.2.1 对取样所用工具、机械、容器等进行清洗是为了防止取样用具不清洁而影响钢材中化学元素含量测定的准确度。

11.2.2 当钢材受切割火焰、焊接等的热影响，有可能会引起钢材中元素含量的变化。

11.2.3 在取样部位上的表面油漆、锈斑，会影响钢材化学成分的测定结果，在取样前可用钢锉打磨构件表面，直至露出金属光泽。

11.2.4 同一构件宜选取 3 个不同部位进行取样，是为了防止钢材材质不均匀而影响检测结果。在对钢材进行化学成分的测定时，屑状试样不宜过少。取样过程中屑状试样会因温度过高而引起发蓝、发黑的现象，而过高的温度同样有可能引起钢材中元素含量的变化。在取样时，使用水、油或其他滑油剂，会影响化学成分的含量。去掉钢材表面 1mm 以内的浅层试样，是为了避免试样受表层脱碳层、渗碳层的影响。

11.2.5 钢材中 C、Mn、Si、S、P 是一般常规化学分析中需测定的五元素。对于低合金高强度结构钢，有时需要测定试样中 V、Nb、Ti 三元素的含量。

11.3 钢材品种的判别

11.3.1 从现行国家标准《碳素结构钢》GB/T 700、《低合金高强度结构钢》GB/T 1591 中所规定的 Mn 元素含量来看，碳素结构钢与低合金高强度结构钢两者的 Mn 元素含量有较大差别，因此，可根据 Mn 元素含量较容易区分是碳素结构钢，还是低合金高强度结构钢。当 Mn 元素含量为 0.30%～0.80%时，可判断该钢材属于碳素结构钢；当 Mn 元素含量为1.00%～1.70%时，可判断该钢材属于低合金高强度结构钢。

根据现行国家标准《钢结构设计规范》GB 50017，碳素结构钢主要是指 Q235 钢，低合金高强度结构钢主要有 Q345 钢、Q390 钢和 Q420 钢。当然，仅从钢材中 C、Mn、Si、S、P 五元素含量的大

小，难以准确判断属于低合金高强度结构钢中的何种钢，对于既有钢结构中使用的早期钢材，根据国内、外相关资料，钢材的抗拉强度与钢材的化学元素含量间存在一定的相关性（$\sigma_b = 285 + 7C + 2Si + 0.06Mn + 7.5P$，以 0.01%计），可从该式进一步大致了解钢材的强度范围。

12 防腐涂层厚度检测

12.1 一般规定

12.1.1 目前钢结构防腐涂层以油漆类材料为主，一些特殊的工程或部位采用橡胶、塑料等材料。对防腐效果的判定以涂层厚度为指标。

防腐涂层的设计厚度与涂层种类、环境条件、构件重要性等因素有关，目前常用的油漆种类及涂层厚度见表 5。

表 5 油漆种类及涂层厚度

序　号	涂层（油漆）种类	涂层厚度（μm）
1	油性酚醛、醇酸漆	70～200
2	无机富锌漆	80～150
3	有机硅漆	100～150
4	聚氨酯漆	100～200
5	氯化橡胶漆	150～300
6	环氧树脂漆	150～250
7	氟碳漆	100～200

12.1.5 在防腐涂层厚度检测前，应对涂层的外观质量进行检查。如存在外观质量问题，应进行修补，并在修补后检测涂层厚度。

12.2 检测设备

12.2.1 检测防腐涂层厚度的仪器较多，根据测试原理，可分为磁性测厚仪、超声测厚仪、涡流测厚仪等。对检测使用何种仪器不做规定，仪器的量程、分辨率及误差符合要求即可用于检测。目前的涂层测厚仪最大量程一般在 $1000\mu m$～$1500\mu m$ 左右，最小分辨率为 $1\mu m$～$2\mu m$，示值相对误差小于 3%，可以满足一般检测需要。如涂层厚度较厚，可局部取样直接测量厚度。

12.2.2 大部分仪器探头面积较小，但构件曲率半径过小，会导致一些型号的仪器探头无法与测点有效贴合，增大测试误差。

12.3 检测步骤

12.3.1 清除测试点表面的防火涂层等时，应注意避

免损伤防腐涂层。

12.3.2 零点校准和二点校准是测厚仪校准的常用方法。为减少仪器的测试误差，宜采用二点校准。二点校准是在零点校准的基础上，在厚度大致等于预计的待测涂层厚度的标准片上进行一次测量，调节仪器上的按钮，使其达到标准片的标称值。

12.3.3 可用于铜、铝、锌、锡等材料防腐涂层厚度的检测，为减少测试误差，校准时垫片材质应与基体金属基本相同。校准时所选用的标准片厚度应与待测涂层厚度接近。

12.3.4 测试时，仪器探头与涂层接触力度应适中，避免用力过大导致测点涂层变薄。试件边缘、阴角、水平圆管下表面等部位的涂层一般较厚，检测数据不具代表性。

13 防火涂层厚度检测

13.1 一般规定

13.1.1 钢结构防火涂料分膨胀型和非膨胀型，主要有超薄型、薄型、厚型3种。对于超薄型防火涂层厚度，可参照本标准第12章的方法进行检测。

13.1.4 受施工工艺、涂层材料等影响，构件不同位置的防火涂层厚度可能不同，对水平向构件，测点应布置在构件顶面、侧面、底面；对竖向构件，测点应布置在不同高度处。对于桁架或网架结构而言，应将其杆件作为构件，按梁、柱构件的测量方法进行检测。

13.2 检测量具

13.2.1 常用防火涂层类型及相应厚度见表6。

表6 常用防火涂层类型及相对应的厚度

序号	涂层类型	涂层厚度（mm）
1	超薄型	≤3
2	薄型	3～7
3	厚型	7～45

厚型防火涂层通常超出涂层测厚仪的最大量程，一般情况下，用卡尺、探针检测较为适宜。

13.2.2 防火涂层可抹涂、喷涂施工，其涂层厚度值较离散，过高的检测精度在实际工程中意义不大，同时为方便检测操作，对超薄型、薄型、厚型涂层的检测精度统一规定为不低于0.5mm。

13.3 检测步骤

13.3.1 构件的连接部位的涂层厚度可能偏大，检测数据不具代表性。

13.3.2 对于厚型防火涂层表面凹凸不平的情况，为便于检测，可用砂纸将涂层表面适当打磨平整。

13.3.3 检测后，宜修复局部剥除的防火涂层。

14 钢结构动力特性检测

14.1 一般规定

14.1.2 本条规定了适用于动力特性检测的对象，通过动力特性检测能为结构的理论分析、结构损伤识别和采取减振措施提供依据。

14.2 检测设备

14.2.1、14.2.2 传感器按测试参数分类可分为位移计、速度计、加速度计和应变计，按工作原理分可分为电阻式、电容式、电动势式和电量式等类型，每种类型的传感器都有一定的使用特性，同一种类型的传感器有不同的测量范围，在选择传感器时应考虑被测参数的频率、幅值的要求，综合确定适合的传感器。在满足被测结构动态响应的同时，尽可能地提高输出信号的信噪比。

14.2.3 根据测试的需求，保留有用的频段信号，对无用的频段信号、噪声进行抑制，从而提高信噪比。为防止部分频谱的相互重叠，一般选择采样频率为处理信号中最高频率的2.5倍或更高，对0.4倍采样频率以上频段进行低通滤波，防止离散的信号频谱与原信号频谱不一致。

14.2.4 动态信号测试系统由传感器、动态信号测试仪组成，动态信号测试系统应满足相关规范的要求。

14.3 检测技术

14.3.1 检测前应了解被测结构的结构形式、材料特性、结构或构件截面尺寸等，选择检测采用的激励方式，估计被测参数的幅度变化和频率响应范围。对于复杂的结构，宜通过计算分析来确定其范围。检测前制定完整详细的检测方案，准备好检测设备。

14.3.2 环境随机振动激励法无需测量荷载，直接从响应信号中识别模态参数，可以对结构实现在线模态分析，能够比较真实的反应结构的工作状态，而且测试系统相对简单，但由于精度不高，应特别注意避免产生虚假模态；对于复杂的结构，单点激励能量一般较小，很难使整个结构获得足够能量振动起来，结构上的响应信号较小，信噪比过低，不宜单独使用，在条件允许的情况下宜采用多点激励方法。对于相对简单结构，可采用初始位移法、重物撞击法等方法进行激励，对于复杂重要结构，在条件许可的情况下，采用稳态正弦激振方法。

14.3.3 信号的时间分辨率和采样间隔有关，采样间隔越小，时域中取值点之间越细密。信号的频域分辨率和采样时长有关，信号长度越长，频域分辨率越高。根据测试需要，选择适合的采样间隔和采样时

长，同时必须满足采样定理的基本要求。

14.3.4 传感器的安装谐振频率是控制测试系统频率的关键，传感器与被测物的连接刚度和传感的质量本身构成了一个弹簧和质量二阶单自由度系统，安装谐振频率越高，测试的响应信号越能反应结构实际响应状态。一般而言，以下几种安装方式的安装谐振频率由高到低依次为：

    1 传感器与被测物采用螺栓直接连接（一般称为刚性连接）；

    2 传感器与被测物体用薄层胶、石蜡等直接粘贴；

    3 用螺栓将传感器安装在垫座上；

    4 传感器吸附在磁性垫座上；

    5 传感器吸附在厚磁性垫座上，垫座与被测物体采用钉子连接固定，且垫座与被测物体间悬空；

    6 传感器通过触针与被测物体接触。

14.3.5 节点处某些模态无法被激发出来，传感器安装位置应远离节点，尽可能选择能量输出较大的位置，提高传感器信号输出信噪比。

14.4 检测数据分析

14.4.1 对原始信号进行分析前，应仔细核对，避免产生差错。

14.4.2 对记录的原始信号进行转换、滤波、放大等处理，提高信号的信噪比，为信号的计算分析做好准备。

14.4.3 根据检测中采用的激励方式，选择合适的信号处理方法，减少信号因截断、转换等造成的分析误差，提供所测结构的相关模态参数。

中华人民共和国国家标准

木结构试验方法标准

Standard for test methods of timber structures

GB/T 50329—2012

主编部门：中华人民共和国住房和城乡建设部
批准部门：中华人民共和国住房和城乡建设部
施行日期：２０１２年１２月１日

中华人民共和国住房和城乡建设部
公　告

第 1499 号

住房城乡建设部关于发布国家标准
《木结构试验方法标准》的公告

现批准《木结构试验方法标准》为国家标准，编号为 GB/T 50329 - 2012，自 2012 年 12 月 1 日起实施。原《木结构试验方法标准》GB/T 50329 - 2002 同时废止。

本标准由我部标准定额研究所组织中国建筑工业出版社出版发行。

中华人民共和国住房和城乡建设部
2012 年 10 月 11 日

前　言

根据原建设部《关于印发〈2006 年工程建设标准规范制订、修订计划（第二批）〉的通知》（建标〔2006〕136 号）的要求，本标准由重庆大学会同国内有关单位，经过广泛调查研究，认真总结实践经验，参考有关国际标准和国外先进标准，并在广泛征求意见的基础上修订完成。

本标准修订后共有 14 章 9 个附录。主要修订内容有以下几方面：

1　增加了"英文目次"；

2　增加了"2 术语和符号"一章；

3　调整了试验设备的精度要求，增加了"试验机数显测力系统的精度要求"；

4　根据编制组关于梁弯曲试验的研究，参考 ISO 标准和 ASTM 标准的做法，对梁弯曲试验、轴心压杆试验和偏心压杆试验的加载速度进行了统一和调整；

5　根据编制组对齿板连接的理论和试验研究结果，增加了"11 齿板连接试验方法"一章；

6　根据编制组对轻型木桁架的理论和试验研究，增加了轻型木桁架试验方法的内容，并将其纳入原标准"12 屋架试验方法"中；考虑到桁架不仅在屋盖中，而且在楼盖中的广泛应用，将该章改为"14 桁架试验方法"；同时，根据各单位的反馈意见，在参考欧洲相关规范的基础上，调整了桁架的加载程序，缩短了加载时间，增加了连续加载方式；

7　为避免规范之间重复，取消了附录 A（原附录 E）中关于"用化学滴定法测定防护剂的保持量"的内容；

8　根据附录在正文中出现的先后，调整了附录的顺序；

9　按建标〔2008〕182 号文《工程建设标准编写规定》的要求，对全部条文进行了修改和调整；

10　增加了"引用标准目录"。

本标准由住房和城乡建设部负责管理，由重庆大学负责具体技术内容的解释。执行过程中如有意见和建议，请寄送重庆大学土木工程学院《木结构试验方法标准》管理组（地址：重庆市沙坪坝区沙北街 83 号，邮编：400045），或传真：023-65123511。

本 标 准 主 编 单 位：重庆大学
　　　　　　　　　　　中国新兴保信建设总公司
本 标 准 参 编 单 位：四川大学
　　　　　　　　　　　同济大学
　　　　　　　　　　　中国建筑西南设计研究院有限公司
　　　　　　　　　　　哈尔滨工业大学
　　　　　　　　　　　中国林业科学研究院
　　　　　　　　　　　苏州皇家整体住宅系统股份有限公司
本标准主要起草人员：周淑容　崔　佳　黄　浩
　　　　　　　　　　　戴连双　张新培　何敏娟
　　　　　　　　　　　杨学兵　熊　刚　李　强
　　　　　　　　　　　任海青　祝恩淳　倪　竣
　　　　　　　　　　　何桂荣　王永兵　梁海涛
本标准主要审查人员：王永维　林文修　古天纯
　　　　　　　　　　　陆伟东　余培明　杨　军
　　　　　　　　　　　王林安　林利民　吴冬平

目　次

Contents

1 总 则

1.0.1 为确保木结构试验的质量，正确评价木结构、木构件及其连接的基本性能，统一木结构的试验方法，制定本标准。

1.0.2 本标准适用于房屋和一般构筑物中承重的木结构、木构件及其连接在短期荷载作用下的静力试验。

1.0.3 木结构的试验方法除应符合本标准外，尚应符合国家现行有关标准的规定。

2 术语和符号

2.1 术 语

2.1.1 静力试验 static test

在静载荷作用下观测研究结构、构件或连接的承载力、刚度和应力、变形分布的试验。

2.1.2 平衡含水率 equilibrium moisture content

木材在一定空气状态（温度、相对湿度）下最后达到的稳定含水率。

2.1.3 破坏性试验 destructive test

按规定的条件和要求，对结构、构件或连接进行直到破坏为止的试验。

2.1.4 纯弯曲弹性模量 pure bending modulus of elasticity

梁弯曲试验中，根据纯弯段变形计算得到的弹性模量。

2.1.5 表观弹性模量 apparent modulus of elasticity

梁弯曲试验中，根据全跨变形计算得到的弹性模量。

2.1.6 等效弹性模量 equivalent modulus of elasticity

轴心压杆试验中，将临界荷载按照欧拉公式换算得到的弹性模量。

2.1.7 齿连接 notch and tooth connection

将受压构件的端头做成齿榫，抵承在另一构件的齿槽内以传递压力的一种连接方式。

2.1.8 圆钢销连接 round dowel connection

将圆钢销插入木构件的开孔中连接多个木构件以传递拉（或压）力的一种连接方式。

2.1.9 胶合指形连接（简称指接） finger joint

用专门的木工铣床将木材加工成相同齿距和断面的斜锥状指形榫和槽，涂胶后相互插入形成指形接头的连接方式。

2.1.10 齿板连接 truss plate connection

用齿板（经表面镀锌处理的钢板冲压而成的带齿金属板）连接多个木构件以传递拉力、剪力等荷载的

一种连接方式，目前主要用于轻型木桁架的节点连接或杆件接长。

2.1.11 齿板主轴 principal axis of truss plate

齿板单位宽度受拉承载力较高的方向，即齿板上沿齿槽的方向。

2.2 符 号

2.2.1 作用和作用效应

F——荷载；当钢材达到屈服点时圆钢销连接试件所承受的力；

F_b——木材横纹承压比例极限荷载；

F_u——试件破坏时的荷载；齿连接破坏时齿槽承压面上的压力；

ΔF——荷载增量；

$F_{\alpha,\beta}$——齿板连接的板齿极限承载力试验值；

$F_{v,\theta}$——齿板连接的受剪极限承载力试验值；

F_s——齿板连接在连接处产生 0.8mm 滑移时板齿的承载力试验值；

$F_{t,\beta}$——齿板连接的受拉极限承载力试验值；

P_u——桁架节点荷载的最大破坏值；

P_k——桁架节点荷载的标准值；

σ_{cri}——轴心压杆试验失稳破坏时的临界应力；

σ_c——偏压试件破坏时的压应力；

σ_m——在杆端初始偏心弯矩作用下偏压试件破坏时的弯曲应力；

τ_m——齿连接试件沿剪面破坏的平均剪应力；

ω——挠度；

$\Delta\omega$——在荷载增量 ΔF 作用下，在测量挠度的标距 l_0 范围内或全跨度内梁所产生的中点挠度。

2.2.2 材料性能和抗力

E_0——轴心压杆的初始弹性模量；

E_c——木材顺纹受压弹性模量；

E_m——梁的纯弯曲弹性模量；

$E_{m,app}$——梁的表观弹性模量；

f_c——木材标准小试件顺纹抗压强度；无柱效应试件的顺纹抗压强度；

$f_{c,90}$——木材横纹承压比例极限；

f_m——木材标准小试件抗弯强度；

f'_m——梁的抗弯强度；

f_{gv}——胶粘试件的剪切强度；

f_{fm}——胶合指形连接的抗弯强度；

f_v——木材标准小试件顺纹抗剪强度；

$n_{r,u}$——齿板连接板齿的极限强度试验值；

$n_{s,u}$——齿板连接板齿的抗滑移极限强度试验值；

$t_{r,u}$——齿板连接受拉极限强度试验值；

$v_{\theta,u}$——齿板连接受剪极限强度试验值；

w——木材含水率；

ρ——试验用木材的全干相对密度；

$\bar{\rho}$——试验用木材树种或树种组合的平均全干相对密度。

2.2.3 几何参数

A——试件的截面面积；

A_v——胶粘试件的剪切面面积；

A_t——胶粘试件剪切面沿木材破坏的面积；

I——试件的截面惯性矩；

W——试件的截面抵抗矩；

a——加载点至支承点之间的距离；平行于齿板主轴方向的齿板长度；

b——试件的截面宽度；垂直于齿板主轴方向的齿板长度；

b_v——齿连接试件的剪切面宽度；

h——试件的截面高度；

l——试件的跨度（或长度）；轴心压杆试件的计算长度；桁架的计算跨度；

l_0——测量挠度（或变形）的标距；

l_v——齿连接试件的剪切面长度；齿板连接处平行于荷载方向的齿板剪切面长度；

l_w——齿板连接处垂直于荷载方向的齿板宽度；

α——齿连接中齿槽承压面上的压力和试件剪切面之间的夹角；齿连接中荷载作用方向与木纹之间的夹角；

β——齿板连接中荷载作用方向与齿板主轴的夹角；

θ——齿板主轴与木纹之间的夹角；

λ——试件的长细比。

2.2.4 计算系数及其他

S——试验机所运行的最小行程；

p_v——胶粘试件剪切面沿木材部分破坏的百分率；

v——试验机压头的运行速度；

γ——修正系数；

ψ_A——齿连接试件沿剪面破坏平均剪应力的相对值。

3 基 本 规 定

3.1 试 验 设 计

3.1.1 木结构试验前，应先进行试验设计。试验设计应根据具体试验目的和要求，对试材选择、试件设计及制作、试件数量、试验设备、试验程序以及预期试验结果等进行综合分析，制定详细设计方案。必要时应进行预试验。

注：在木结构工程施工质量验收中，当需测定木结构中经防护剂处理木材的化学药剂的透入度和保持量时，应按照附录 A 的规定进行。

3.1.2 当需验证某种计算方法或结构构造的正确性时，应根据该方法或构造的适用范围和要求验证的项目，按验证性试验进行试验设计和试验。

3.1.3 当需对成批构件进行检验验收、对某些结构和构件的质量有疑义或对已有木结构需通过试验手段进行可靠性鉴定时，应按检验的要求进行抽样，并按检验性试验进行试验设计和试验。

3.1.4 试验方案的选择，应确保试验设备及试验人员的安全。

3.2 试材及试件

3.2.1 验证性试验所用试材的选择和存放应符合下列规定：

1 同批试用木材应采用同一树种或同一树种组合，并应有确切的树种名称和产地。有条件时宜从林区采样。

2 试验用木材从林区采样时，所有生材的端头都应涂上可以延缓水分挥发和防止木材开裂的蜡质材料或其他能起封闭作用的涂料，并应及时运回。当临时堆放试材的环境湿度较高时，应在样品上涂刷防腐剂。

3 当条件受限制时，试验用木材可采用商品材，但每根试材应有确切的树种名称。

4 试验用木材必须在干燥的室内存放。试材应离地面 30cm 分层堆放，每根试材的上下左右应留有供空气流通的空隙。

3.2.2 检验性试验所用试材、试件的选择和存放应符合下列规定：

1 当按送来的原件进行检验时，在存放期间应妥为保存，不得损伤和改变原件的形状、性质及其木材含水率。

2 当需在已有建筑物或某一结构中取样进行检验时，应遵守先进行结构加固后取样的原则。

3.2.3 除特定研究内容外，试验用木材必须在室内自然风干至当地的平衡含水率。

试材在风干存储期间，可采用电测法检查试材表面的含水率。但在制作试件前，必须抽取 3 根～5 根试材，各在距端部 400mm 处，锯一块 15mm 厚的试片用烘干法测含水率，证实已达到当地平衡含水率，才允许制作试件和进行试验。

木材的平衡含水率应符合本标准附录 B 所提供的估计值。

3.2.4 试验用木材的材质等级应在试验设计中事先明确，不得任意改变。木材材质等级应按现行国家标准《木结构设计规范》GB 50005 的要求确定。

3.2.5 试件的制作和检查应符合下列要求：

1 对验证性试验所用试件，其制作质量和偏差应符合现行国家标准《木结构工程施工质量验收规范》GB 50206 中的有关规定；对检验性试验所用试件，应按原样进行测定，并按现行国家标准《木结构

工程施工质量验收规范》GB 50206 的规定评定其制作质量。

2 测量试件关键部位的设计尺寸不应少于三次，并取其平均值。

3.2.6 试验前，应取得该批试验所用木材基本材性的有关数据，并应符合下列要求：

1 在制作试件的同时，应从靠近试件两端的试材上切取所需的标准小试件。

2 各种标准小试件的制作要求、含水率测定及试验方法均应符合现行国家标准的有关规定。

3 各种标准小试件的数量，除应符合本标准中该项试验方法的要求外，尚应符合本标准第 4 章有关试验数据的统计规定。

3.2.7 试验完成后，应立即在试件破坏部位附近切取含水率试样，用烘干法测含水率。试样的尺寸宜为 20mm×20mm×20mm，数量不应少于 3 个，含水率取试验平均值。若以 15mm 厚的整截面试片测含水率，可仅取一个试样。

3.3 试验设备和条件

3.3.1 试验设备应符合下列要求：

1 试验机或其他加载设备，试验前必须经过检验校正方可使用。试验机的精确度应符合现行行业标准《拉力、压力和万能试验机》JJG 139 中准确度级别为 1 级的规定；其他加载设备的示值误差应在 ±3% 以内。

2 变形测量仪表应在试验前进行校正，其精度应小于 1% 测试位移；当测试位移小于 2mm 时，精度应小于 0.03mm。

3 加载装置、支承装置、侧向支撑装置以及安设观测仪表的装置均应牢固，且应彼此分开独立、互不干扰，并保证在试验过程中不受影响。

4 加载装置中直接安放在试件上的传力装置，其自重力不宜大于所施加最大荷载的 10%。

3.3.2 木结构应在正常的温度和湿度的环境中进行试验。当条件许可时，木结构试验应在室内温度为 20℃±2℃、相对湿度为 65%±5% 的环境中进行。不宜在露天情况下进行木结构试验。在现场进行木结构检验性试验时应搭设遮挡风雨的临时设施。

3.4 试验记录和报告

3.4.1 木结构的试验记录应符合下列规定：

1 试验应作好详细记录，按测定内容、使用仪表的不同情况，分别采用相应的记录表格；记录时不得涂改原始数据，当发现记录错误时，应将更正数字记在原数字上方。

2 试件的缺陷（木节、斜纹、裂缝等）应在试验前标绘在记录纸上，并标明它们的位置和大小尺寸（图 3.4.1）。

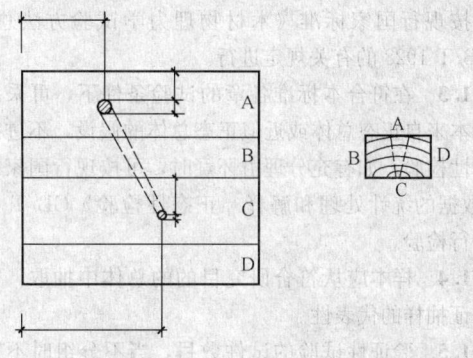

图 3.4.1 木节记录

3 试件的破坏情况应作详细描述。对破坏类型（剪、拉、压、弯坏或斜纹撕裂等）、破坏位置等应详细标注记录在记录纸上。破坏过程中的各种迹象均应作出描述。所有试件的破坏截面附近的一段木材均应保留备查。

3.4.2 试验结果的整理应包括下列主要内容：

1 该批木材标准小试件的统计资料，包括其平均值、变异系数、准确指数等。

2 各试件的标准小试件试验的平均值，当需分析其组内变异时尚应列出其变异系数。

3 各试件的荷载-变形的关系曲线，比例极限、破坏荷载及对应于这些荷载的变形值，破坏时的强度及其与标准小试件强度的比值，破坏荷载与设计荷载的比值。

3.4.3 试验报告应包括下列内容：

1 试材的树种名称、来源或产地、木材等级、木材含水率、试件制作等情况以及有关木材标准小试件的力学性质。

2 试验设备的情况，包括加载设备、支承装置、测量荷载及变形的装置。当采用侧向支撑时，应描绘其简图。

3 试验程序的情况，包括加载方式、加载速度、荷载分级以及试验步骤等。

4 试验所得的主要资料，包括经过计算所得的各种破坏强度、破坏特征、荷载-变形曲线和其他资料。

5 若试验过程中有更改或变动，应说明变更内容及其依据或理由。

6 试验人员、时间、地点和环境的情况。

4 试验数据的统计方法

4.1 一般规定

4.1.1 在进行木结构构件和连接试验数据的统计处理时，除应符合有关数据统计处理的国家标准外，尚应符合本章的规定。

4.1.2 各项木材物理力学性质试验数据的统计分析，

应按现行国家标准《木材物理力学试验方法总则》GB/T 1928 的有关规定进行。

4.1.3 在符合本标准各章的试验条件下，可采用该样本来自正态总体或近似正态总体的假设，不进行正态性检验。如有充分理由怀疑时，可按现行国家标准《数据的统计处理和解释　正态性检验》GB/T 4882 进行检验。

4.1.4 样本应从符合研究目的的总体中抽取，并应保证抽样的代表性。

4.1.5 验证性试验的试件数目，当不分组时不宜少于 10 个；当分组时每组试件数目不应少于 5 个。

4.1.6 检验性试验，宜根据检验目的，对检验批量、抽样方法和数量、验收函数和验收界限等，按国家现行标准执行；对尚无国家标准的，宜在统计分析的基础上，由有关各方协商确定。

4.1.7 对专门问题的研究性试验，试件的分组及每组试件数目，应根据研究目的、试验所需费用和时间综合分析确定，并应符合下列规定：

1 当分组时，每组试件数目不宜少于 5 个，也不宜超过 10 个。

2 当用成对试件确定换算系数时，其试件数目不宜少于 10 对。

3 当需检验分布时，试件总数不宜少于 30 个。

4 当进行回归分析时，自变量（控制变量）的取值不宜少于 7 个，且试验设计时应合理确定自变量的起点和终点。

4.1.8 在进行正态样本的统计分析中，不应随意剔除观测值或修正观测值。若发现有离群值时，允许离群值的个数大于 1 或等于 1，并应按下列规定进行判断和处理：

1 离群值的检验方法应按现行国家标准《数据的统计处理和解释　正态样本离群值的判断和处理》GB/T 4883 的规定选用。

2 离群值的统计检验的显著性水平（检出水平）α 应取 0.05。

3 对离群值，应寻找产生离群值的技术上、物理上的原因，作为处理离群值的依据，有充分理由时，允许剔除或修正。

4 离群值表现为统计上离群时，允许剔除或进行修正；判断离群值是否统计上离群的统计检验的显著性水平（剔除水平）α^* 应取 0.01。

5 歧离值、被剔除或修正的观测值及其理由，应予记录备查。

6 剔除离群值后，宜追加适宜的观测值计入样本。

4.1.9 试验结果的数字修约应符合现行国家标准《数值修约规则与极限数值的表示和判定》GB/T 8170 的有关规定。

4.2 参 数 估 计

4.2.1 根据研究目的，参数估计应分别采用点估计和区间估计进行。

4.2.2 均值的点估计，应在剔除离群值后，用包含 n 个观测值 x_i（$i=1, 2, \cdots, n$）的数据的算术平均值 $\bar{x}$ 估计正态分布的均值 μ。算术平均值 $\bar{x}$ 应按下式计算：

$$\bar{x} = \frac{1}{n} \sum_{i=1}^{n} x_i \qquad (4.2.2)$$

4.2.3 标准差的点估计，应用 n 个数据的标准差 s 估计正态分布总体的标准差 σ。标准差 s 应按下式计算：

$$s = \sqrt{\frac{1}{n-1} \sum_{i=1}^{n} (x_i - \bar{x})^2} \qquad (4.2.3)$$

4.2.4 变异系数可根据本标准公式（4.2.2）和公式（4.2.3）计算的结果，按下式计算：

$$C_v = s / |\bar{x}| \qquad (4.2.4)$$

式中：C_v——变异系数；

$\quad\quad$ s——标准差；

$\quad\quad$ $\bar{x}$——算术平均值。

4.2.5 均值的区间估计，置信水平应取 0.95，并应根据研究目的确定双侧或单侧的置信区间。

4.2.6 总体均值的双侧置信区间可按下式计算：

$$\bar{x} - \frac{t_{0.975}}{\sqrt{n}} s < \mu < \bar{x} + \frac{t_{0.975}}{\sqrt{n}} s \qquad (4.2.6)$$

式中：μ——总体均值。

$t_{0.975}$ 的取值应按表 4.2.6 确定。

表 4.2.6 $t_{0.975}$ 和 $t_{0.95}$ 的值

n	2	3	4	5	6	7	8	9	10
$t_{0.975}$	12.71	4.303	3.182	2.776	2.571	2.447	2.365	2.306	2.262
$t_{0.95}$	6.314	2.920	2.353	2.132	2.015	1.943	1.895	1.860	1.833
n	11	12	13	14	15	16	17	18	19
$t_{0.975}$	2.228	2.201	2.179	2.160	2.145	2.131	2.120	2.110	2.101
$t_{0.95}$	1.812	1.976	1.782	1.771	1.761	1.753	1.746	1.740	1.734
n	20	21	22	23	24	25	26	27	28
$t_{0.975}$	2.093	2.086	2.080	2.074	2.069	2.064	2.060	2.056	2.052
$t_{0.95}$	1.729	1.725	1.721	1.717	1.714	1.711	1.708	1.706	1.703
n	29	30	40	50	60	120	∞	—	—
$t_{0.975}$	2.048	2.045	2.024	2.008	2.000	1.980	1.960	—	—
$t_{0.95}$	1.701	1.699	1.682	1.676	1.673	1.656	1.645	—	—

4.2.7 总体均值的单侧置信区间可按下列公式计算：

$$\mu < \bar{x} + \frac{t_{0.95}}{\sqrt{n}} s \qquad (4.2.7-1)$$

或者

$$\mu > \overline{x} - \frac{t_{0.95}}{\sqrt{n}}s \qquad (4.2.7\text{-}2)$$

式中：$t_{0.95}$ 的取值应按本标准表 4.2.6 确定。

4.2.8 当有特殊研究需要时，才确定总体方差的置信区间。该置信区间在 $n \geqslant 25$ 时由下面的双重不等式计算：

$$\frac{s^2}{1 + \mu_{0.975}\sqrt{2/(n-1)}} < \sigma^2 < \frac{s^2}{1 - \mu_{0.975}\sqrt{2/(n-1)}}$$
$$(4.2.8\text{-}1)$$

式中：$\mu_{0.975}$ 取 1.96。

或用下式确定单侧上置信区间：

$$\sigma^2 < \frac{(n-1)s^2}{c_{0.05,n-1}} \qquad (4.2.8\text{-}2)$$

式中：$c_{0.05,n-1}$ 的取值应按表 4.2.8 确定。

表 4.2.8 $c_{0.05,n-1}$ 值

$n-1$	24	25	26	27	28	29	30	35	40	45	50	75
$c_{0.05,n-1}$	13.8	14.6	15.4	16.2	16.9	17.7	18.5	22.5	26.5	30.6	34.8	56.1

4.3 回归分析

4.3.1 本标准的回归分析应采用最小二乘法，在建立回归公式的同时，应计算剩余标准差和相关系数（或相关指数）。

4.3.2 回归公式仅适用于已经观测到的自变量（控制变量）的起点和终点之间的范围，不得外推使用；当需外推时，应有充分的理论根据或有进一步试验数据验证。

4.3.3 对建立的回归公式能否满足实际使用要求，应视研究目的而定，但其相关系数的绝对值宜大于 0.85。

5 梁弯曲试验方法

5.1 一般规定

5.1.1 梁弯曲试验方法适用于测定梁受弯时的弹性模量和强度。梁包括整截面的锯材矩形截面梁，以及矩形截面和工字形截面胶合梁。

　注：在木结构工程施工质量验收中，当需检测结构板材抗弯质量时，可按照附录 C 和附录 D 的规定进行。

5.1.2 梁的弯曲试验应采用对称两点匀速加载的方法，观测荷载和挠度之间的关系，获得所需的各种数据和信息。

5.1.3 梁的纯弯曲弹性模量，应采用在规定的标距内测定的梁在纯弯矩作用下的最大挠度值计算；梁的表观弹性模量，应采用梁全跨度内测得的最大挠度值计算。

5.1.4 梁的抗弯强度，应使梁的测定截面位于规定的标距内承受纯弯矩作用，根据梁破坏时测得的最终破坏荷载计算。

5.2 试件设计及制作

5.2.1 制作梁的弯曲试验试件时，试材的来源、树种、干燥处理、加工制作、尺寸测量以及梁试件的记载等均应符合本标准第 3 章的规定。

5.2.2 梁试件的跨度与截面高度的比值宜取 18，两端支点处试件的外伸长度不应少于截面高度的 1/2。

5.2.3 梁的截面尺寸应在规定的标距内测量，测量精度应为 0.1mm。

5.2.4 当需确定梁的抗弯强度与标准小试件的抗弯强度（或木材的其他基本材性）之间的比值时，应在试验之前，在该根梁的两端试材中各切取受弯标准小试件不应少于 5 个，顺纹受压标准小试件不应少于 3 个。

5.2.5 当需确定梁的弯曲弹性模量与标准小试件的弯曲弹性模量（或木材的其他基本材性）之间的比值时，应在试验之前，在该根梁的两端试材中各切取弯曲弹性模量小试件和顺纹受压标准小试件均不应少于 5 个。

5.3 试验设备与装置

5.3.1 试验所用的试验机应符合下列要求：

　1 有足够的空间容纳试件及有关装置，且梁的挠曲变形不应受到限制。

　2 测力系统应事先校正，并应符合本标准第 3.3.1 条的要求，荷载读数盘的最小分格不应大于 200N；当采用数显测力系统时，其分辨率不应大于 200N。

　3 试验机的支承臂长度应大于梁试件的长度。对跨度特别大的梁可在反力架上进行试验。

5.3.2 梁试件在支座处的支承装置应符合下列规定：

　1 梁试件的下表面应采用支座钢垫板传递支座反力。支座钢垫板的宽度不得小于梁截面的宽度，长度和厚度应根据木材横纹承压强度和钢材抗弯强度确定。

　2 梁两端的反力支座均应采用滚轴支座，滚轴应设置在支座钢垫板的下面并垂直于梁的长度方向，并应保证梁端的自由转动或移动，两端滚轴之间的距离即梁的跨度应保持不变。

　3 当梁的截面高度和宽度的比值大于或等于 3 时，在反力支座与加载点之间应安装足够的侧向支撑，该侧向支撑应保证试验梁在加载平面内的自由变形而不产生摩擦作用和侧向移动。

5.3.3 梁试件的加载装置应符合下列规定：

　1 梁试件上的荷载应通过安设在梁上表面的加载

钢垫板传递。加载钢垫板的宽度应等于或大于梁截面宽度，长度和厚度应根据木材横纹承压强度和钢板抗弯强度确定；若试验仅测量梁在纯弯矩作用区段的挠度，钢垫板的长度不应大于梁截面高度的1/2。

2 加载钢垫板的上表面应与加载弧形钢垫块的弧面接触。弧形钢垫块的上表平面的刻槽应与荷载分配梁的刀口对正。弧形钢垫块的弧面曲率半径应为梁截面高度的2倍～4倍，弧面的弦长不应小于梁的截面高度。

3 在弧形钢垫块之上应设荷载分配梁。荷载分配梁可采用工字钢或槽钢制作，其刚度应按施加的最大荷载设计。分配梁的两端应分别带有刀口，刀口与梁上的弧形钢垫块上的刻槽应抵触良好。刀口和刻槽均应垂直于梁的跨度方向。

4 在荷载分配梁的中央应设置球座，与试验机上的上压头对正，宜将分配梁连系在试验机的上压头上。

5.3.4 梁试件的挠度测量装置应符合下列规定：

1 测量梁在荷载作用下产生的挠度时，可采用U形挠度测量装置（图5.3.4-1、图5.3.4-2）。此U形装置应自重轻并具有足够的刚度，可采用轻金属（例如铝）制作。U形装置的两端应钉在梁的中性轴上，并在其中央安设百分表测量梁中性轴中央的挠度。

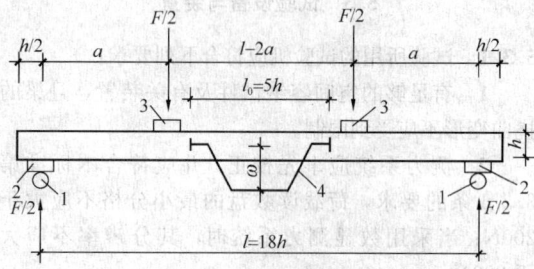

图5.3.4-1 梁纯弯区挠度的测量装置
1—滚轴支座；2—支座钢垫板；3—加载钢垫板；
4——U形挠度测量装置

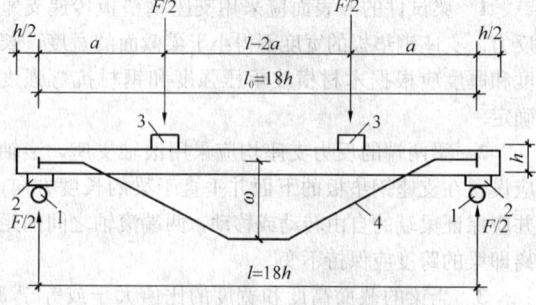

图5.3.4-2 梁全跨度挠度的测量装置
1—滚轴支座；2—支座钢垫板；
3—加载钢垫板；4—U形挠度测量装置

2 当梁的跨度很大时，可采用挠度计直接测量梁两端及跨度中央的位移值而求得梁的挠度。

5.4 试 验 步 骤

5.4.1 梁试件宜采用对称三分点加载装置，两个加载点之间的距离宜等于梁截面高度的6倍（图5.3.4-1、图5.3.4-2）。当测定梁纯弯区挠度时，加载钢垫板之间的净距不应小于梁截面高度的5倍（图5.3.4-1），且不应小于400mm。如不能满足以上条件，两个加载点之间允许增加的距离不应大于截面高度的1.5倍，或试件的两个反力支座之间允许增加的距离不应大于截面高度的3倍。

5.4.2 梁的弯曲弹性模量应按下列试验程序进行测定：

1 加载装置、支承装置和挠度测量装置应安装牢固，在梁的跨度方向应保证对称受力，并应防止梁出平面的扭曲。

2 安装在梁上表面以上的各种装置的重量应计入加载数值内，并应在这些装置未放在梁上时进行试验机读数盘调零。

3 应预先估计荷载 F_1 值和 F_0 值，荷载从 F_0 增加到 F_1 时记录相应的挠度值，再卸载到 F_0，反复进行5次而挠度无明显差异时，取相近三次挠度差的平均值作为梁的挠度测定值 $\Delta\omega$，相应的荷载增量可按下式计算：

$$\Delta F = F_1 - F_0 \qquad (5.4.2)$$

式中：ΔF——荷载增量（N）；

F_1——取小于比例极限的力（N）；

F_0——取大于将试件和装置压密实的力（N）。

5.4.3 梁的弯曲弹性模量试验应采用无冲击影响的加载方式。

当采用连续加载时，试验机压头的运行速度不得超过按下式计算的允许值：

$$v = 5 \times 10^{-5} \times \frac{a}{3h}(3l - 4a) \qquad (5.4.3)$$

式中：v——试验机压头的运行速度（mm/s）；

a——加载点至支承点之间的距离（mm）；

l——试件的跨度（mm）；

h——试件的截面高度（mm）。

5.4.4 梁的抗弯强度试验应采用无冲击影响的加载方式，其加载速度应使荷载从零开始约经5min～10min即达到最大荷载。

5.4.5 当需测定梁的比例极限及绘制荷载-挠度的关系曲线时（图5.4.5），试验机压头的运行速度应按本标准第5.4.3条采用；从加载开始，试验机压头所运行的最小行程应按下式计算：

$$S = 45 \times 10^{-3}h \qquad (5.4.5)$$

式中：S——试验机所运行的最小行程（mm）。

5.4.6 当接近比例极限时、开始出现局部破坏时及最终破坏时，应记录相应的荷载及挠度值。确定各种挠度值时，应扣除由于装置不紧密或其他原因所引起

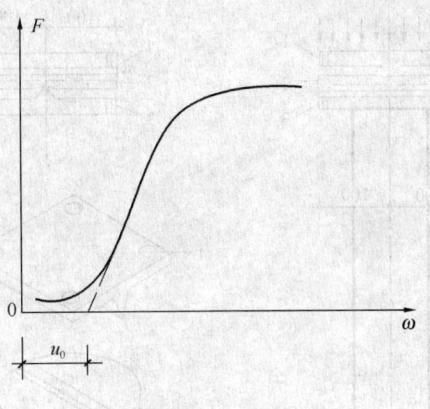

图 5.4.5　荷载-挠度关系曲线

u_0—不紧密的变形；F——荷载；ω——挠度

的松弛变形。

5.5　试验结果及整理

5.5.1　梁在纯弯矩区段内的纯弯曲弹性模量应按下式计算：

$$E_m = \frac{al_0 \Delta F}{16I\Delta\omega} \qquad (5.5.1)$$

式中：E_m——梁在纯弯矩区段内的纯弯曲弹性模量（N/mm²），应记录和计算到三位有效数字；

　　　l_0——测量挠度的 U 形装置的标距，此处等于 $5h$（mm）；

　　　ΔF——荷载增量（N），按本标准公式（5.4.2）计算；

　　　I——试件的截面惯性矩（mm⁴）；

　　　$\Delta\omega$——在荷载增量 ΔF 作用下，在测量挠度的标距 l_0 内梁所产生的中点挠度（mm）。

5.5.2　梁在全跨度内的表观弹性模量应按下式计算：

$$E_{m,app} = \frac{a\Delta F}{48I\Delta\omega}(3l_0^2 - 4a^2) \qquad (5.5.2)$$

式中：$E_{m,app}$——梁在全跨度内的表观弹性模量（N/mm²），应记录和计算到三位有效数字；

　　　l_0——测量挠度的 U 形装置的标距，此处等于梁的跨度 l（mm）；

　　　$\Delta\omega$——在荷载增量 ΔF 作用下，在全跨度内梁所产生的中点挠度（mm）。

5.5.3　当同时测得同一根梁试件在全跨度内和纯弯矩区段内的两种挠度值时，可根据本标准第5.5.1条和第5.5.2条的计算结果，按下式计算该梁的剪切模量：

$$G = \frac{1.2h^2}{(1.5l^2 - 2a^2)\left[(1/E_{m,app}) - (1/E_m)\right]}$$

$$(5.5.3)$$

式中：G——梁的剪切模量（N/mm²），应记录和计算到三位有效数字。

5.5.4　梁的抗弯强度应按下式计算：

$$f'_m = \frac{aF_u}{2W} \qquad (5.5.4)$$

式中：f'_m——梁的抗弯强度（N/mm²），应记录和计算到三位有效数字；

　　　F_u——试件破坏时的荷载（N）；

　　　W——试件的截面抵抗矩（mm³）。

5.5.5　梁弯曲试验数据的整理汇总可按表 5.5.5 进行。

表 5.5.5　梁弯曲试验主要试验资料汇总表

试件编号	截面尺寸 $b \times h$ (mm)	跨度 l (mm)	加载点至支承点距离 a (mm)	U形装置标距 l_0 (mm)	含水率 w (%)	标距 l_0 内挠度 $\Delta\omega$	破坏荷载 ΔF (N)	抗弯强度 f_m (N/mm²)	纯弯曲弹性模量 E_m (N/mm²)	表观弹性模量 $E_{m,app}$ (N/mm²)	剪切模量 G (N/mm²)

标准小试件抗弯强度 f_m（N/mm²）						标准小试件弹性模量 E（N/mm²）					
实验室温度			空气相对湿度			试验日期			记录人		

6　轴心压杆试验方法

6.1　一般规定

6.1.1　轴心压杆试验方法适用于测定整截面的锯材或胶合矩形截面构件轴心受压失稳破坏时的临界荷载。

　　注：当需测定无柱效应短构件顺纹受压的应力-应变曲线时，可按本标准附录 E 的方法进行。

6.1.2　轴心压杆试验是在保证承重柱承受压力的条件下，匀速加载直至破坏的过程中取得所需要的数据和信息。

6.1.3　轴心压杆试验试件轴线的对中方法，应符合下列规定：

　1　除有专门要求按物理轴线对中外，对验证性、检验性和一般的研究性试验均可采用几何轴线对中。

　2　采用几何轴线对中时，应保证试件截面的几何中心、双向刀铰的中心和试验机压头的中心重合在一条纵向轴线上。

　3　采用物理轴线对中时，应在加载后，观察试件同一截面的四个侧面的应变值是否相等，若不相等，应调整试件位置，直至测得的应变值与其平均值相差不超过 5%。

6.2　试件设计及制作

6.2.1　轴心压杆试验的试件可采用正方形截面，试

件的截面边宽不宜小于 100mm，长度不应小于截面边宽的 6 倍。

6.2.2 制作轴心压杆试件的木材的材质等级应符合本标准第 3.2.4 条的规定。木材的主要缺陷应位于试件长度中央 1/4 长度范围内，靠近杆件端部 1 倍截面宽度范围内不得有斜纹以外的其他任何缺陷，且斜纹率不应大于 10%。

6.2.3 轴心受压试件的制作、检查、含水率测定等除应符合本标准第 3 章的规定外，试件应加工平直，四个侧面应相互垂直，两个端面应光洁平整，并与试件的轴线垂直，制作时宜借助制作模具用的平板等工具进行检验。

6.2.4 在制作试件之前，应从靠近压杆两端面的试材中切取标准小试件，每端各切取顺纹受压强度小试件和弹性模量小试件均不应少于 3 个。

6.2.5 轴心压杆试件和标准小试件宜同时制作、同时试验。若不能及时试验，轴心压杆试件和标准小试件应存放在同一环境中，保证不改变木材已达到的室内气干平衡含水率状态。

6.3 试验设备与装置

6.3.1 轴心压杆试验所用的试验机应符合下列要求：
　　1 有足够的空间容纳试件的长度及有关装置。
　　2 可使压头均匀运行并能控制其速度。
　　3 精度除应符合本标准第 3.3.1 条的要求外，液压式万能试验机荷载读数盘的最小分格不宜大于 200N；液压式长柱试验机荷载盘读数的最小分格不宜大于 1000N；当采用数显测力系统时，其分辨率不应大于 200N。

6.3.2 轴心压杆试验的支承装置应符合下列要求：
　　1 能各向自由转动。
　　2 可准确地轴线传力。
　　3 能均匀地分布荷载。
　　支承装置可采用球铰（或称球座）或专门设计的双向刀铰。

6.3.3 当采用球铰作为轴心压杆试验的支承装置时，应符合下列要求：
　　1 球的半径宜小，可为试件截面尺寸最大边的 1 倍～2 倍。
　　2 球座的上、下面应为正方形的平面并具有可与试件的承压面准确对中的、对准球心的十字刻划线。
　　3 球座的正方形表面应略大于试件的承压面。

6.3.4 当采用双向刀铰作为轴心压杆试验的支承装置（图 6.3.4）时，应符合下列要求：
　　1 双向刀铰应保证可在试件截面的相互垂直的两个轴线上绕任何轴线转动。
　　2 刀口接触面宜小，应转动灵敏。
　　3 双向刀铰的上下表面应为正方形，并具有对

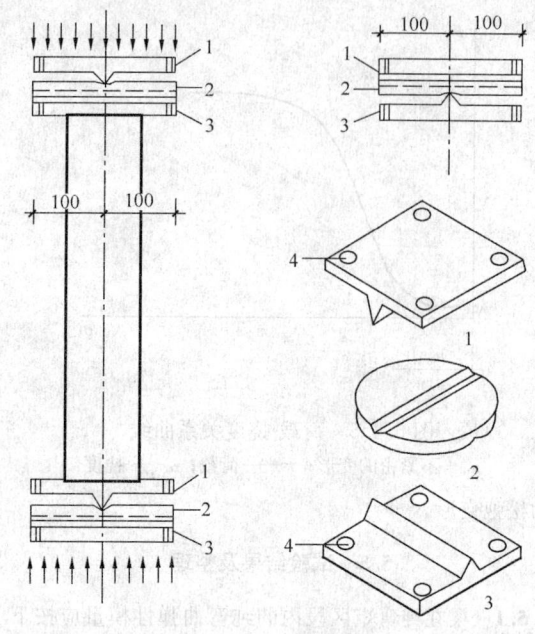

图 6.3.4　双向刀铰
1、3—带刀口的矩形钢板；2—有双向刀槽的圆形钢板；
4—孔径 16 螺栓 φ10

准中心的十字形刻划线或有其他保证对中的方法。
　　4 双向刀铰应预先固定在试验机的上、下压头上。
　　5 柱顶部和底部的双向刀铰的刀口放置方向应保证在任何方向柱的计算长度保持不变。

6.3.5 木材顺纹受压的压缩变形可用电阻应变仪或千分表测定。轴心压杆的侧向挠度宜采用行程为 50mm、精度为 0.01mm 的位移计和 X-Y 函数记录仪测定。

6.4 试验步骤

6.4.1 轴心压杆顺纹应变值的测定，应至少在柱的长度中央截面的 4 个侧面粘贴标距为 100mm 的电阻应变片各一片（图 6.4.1）。

6.4.2 轴心压杆试验在正式加载之前，应对安装好的试验柱进行预加载，预加荷载值 F_0 可取破坏荷载估计值的 1/50。

6.4.3 预加荷载到 F_0 后，用静态电阻应变仪测应变值 ε_0，再加荷载到 F_1 后测相应的应变值 ε_1，然后卸荷到 F_0，反复进行 5 次，随即以均匀的速度逐级加载至试件破坏，每级荷载为 ΔF，并读出各级荷载下的应变值。F_1 和 ΔF 应根据压杆的长细比和估计的破坏荷载确定，ΔF 可取预估破坏荷载的 1/15～1/20，F_1 值可取 ΔF 的 1 倍～2 倍。

6.4.4 轴心压杆侧向挠度的测定，应在试验柱长度中央截面的两个方向各安设一个位移传感器，测出各级荷载作用下的挠度值，并绘出荷载-挠度曲线。
　　位移传感器不宜直接与柱的表面接触，而宜采用

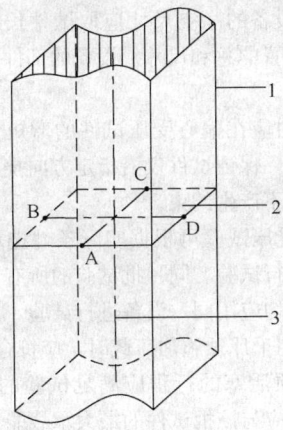

图 6.4.1 电阻应
变片粘贴位置

1—试件；2—试件中央截面；

3—试件中线；

A、B、C、D—粘贴电阻

应变片的位置

细绳、垂球和转向滑轮将位移传递到位移传感器上。

6.4.5 轴心压杆试验，宜采用连续均匀加载方式，其加载速度应使荷载从零开始约经 5min～10min 即达到最大荷载。

6.5 试验结果及整理

6.5.1 轴心压杆试件的初始弹性模量和初始相对偏心率可分别按下列公式计算：

1 初始弹性模量：

$$E_0 = \frac{F_1 - F_0}{A(\varepsilon_1 - \varepsilon_0)} \qquad (6.5.1\text{-}1)$$

式中：E_0——试件的初始弹性模量（N/mm²），记录和计算到三位有效数字；

A——试件的截面面积（mm²）；

ε_0 和 ε_1——按本标准第 6.4.3 条测得的，分别在荷载 F_0 和 F_1 作用下，4 个侧面平均应变值中相近三次应变值的平均值。

2 初始相对偏心率：

AC 方向：

$$m_{AC} = \frac{\varepsilon_A - \varepsilon_C}{\varepsilon_A + \varepsilon_C} \qquad (6.5.1\text{-}2)$$

BD 方向：

$$m_{BD} = \frac{\varepsilon_B - \varepsilon_D}{\varepsilon_B + \varepsilon_D} \qquad (6.5.1\text{-}3)$$

式中：ε_A、ε_B、ε_C、ε_D——分别为试件长度中央截面上 A、B、C、D 四个测点（图 6.4.1）的相近三次应变值读数的平均值。

6.5.2 轴心压杆试件失稳破坏时的临界应力及其与标准小试件顺纹抗压强度的比值，可分别按下列公式计算：

$$\sigma_{cri} = \frac{F_u}{A} \qquad (6.5.2\text{-}1)$$

$$\frac{\sigma_{cri}}{f_c} = \frac{F_u}{Af_c} \qquad (6.5.2\text{-}2)$$

式中：σ_{cri}——轴心压杆试件失稳破坏时的临界应力（N/mm²），记录和计算到三位有效数字；

f_c——木材标准小试件顺纹抗压强度（N/mm²）。

6.5.3 轴心压杆试件失稳破坏时的等效弹性模量及其与标准小试件顺纹受压弹性模量的比值，可分别按下列公式计算：

$$E_{equ} = \frac{F_u l^2}{\pi^2 I} \qquad (6.5.3\text{-}1)$$

$$\frac{E_{equ}}{E_c} = \frac{F_u l^2}{\pi^2 I E_c} \qquad (6.5.3\text{-}2)$$

式中：E_{equ}——轴心压杆试件失稳破坏时的等效弹性模量（N/mm²），记录和计算到三位有效数字；

l——轴心压杆试件的计算长度（mm）；

E_c——木材标准小试件顺纹受压弹性模量（N/mm²）。

6.5.4 轴心压杆试验的主要试验数据可按表 6.5.4 填写。

表 6.5.4　轴心压杆试验主要试验资料汇总表

试件编号	截面尺寸 $b \times h$ (mm)	计算长度 l (mm)	含水率 w (%)	标准小试件		初始相对偏心率		初始弹性模量 E_0 (N/mm²)	破坏荷载 F_u (N)	临界应力 σ_{cri} (N/mm²)	等效弹性模量 E_{equ} (N/mm²)
				抗压强度 f_c (N/mm²)	受压弹性模量 E_c (N/mm²)	m_{AC}	m_{BD}				
实验室温度		空气相对湿度			试验日期		记录人				

7 偏心压杆试验方法

7.1 一般规定

7.1.1 偏心压杆试验方法适用于测定整截面的锯材或胶合矩形截面构件偏心受压时的破坏荷载。

7.1.2 偏心压杆试验是采用偏心压力均匀地分布于试件的端部截面（图 7.1.2），试件两端的偏心距 e 相等、单向弯曲的方法，匀速加载至破坏的过程中取得所需要的数据和信息。

7.1.3 偏心压杆的试验设计，应保证垂直于弯矩作用平面的压屈破坏荷载估计值大于弯矩作用平面内破坏的偏心荷载估计值。

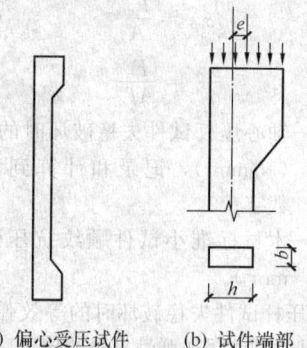

(a) 偏心受压试件　　(b) 试件端部

图 7.1.2　偏心受压试件

7.2　试件设计及制作

7.2.1　偏心受压试件的截面最小边宽不宜小于 60mm。在弯矩作用平面内，试件的最小长细比不宜小于 35，最大长细比应根据试验设备的净空尺寸确定，且不宜超过 150。

7.2.2　偏心受压试件两端的偏心距 e 应相等（图 7.1.2），试件压力的相对偏心率 m 宜在 0.3～10.0 的范围内。在弯矩作用平面内，应在偏心受压试件的两端各胶粘一段木块，作为偏心压力的"牛腿"（图 7.2.2），木块的木纹方向应与试件轴线一致。

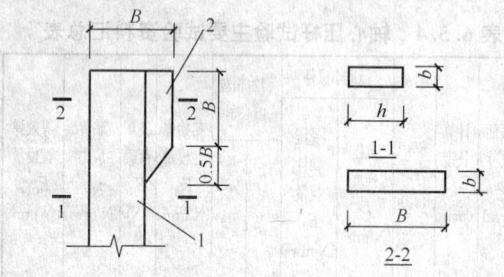

图 7.2.2　牛腿
1—试件；2—牛腿

7.2.3　制作偏心受压试件的木材的材质等级应符合本标准第 3.2.4 条的规定，木材的主要缺陷应位于试件长度中央 1/2 长度范围内；试件的加工以及试件的原始资料、记录等，均应符合本标准第 3 章的要求。

7.2.4　偏心受压试件的两个端面应与试件的轴线垂直，试件的四个侧面应相互垂直，且应加工光洁平整。制作时应借助刨光的钢板、角尺及其他工具对端面进行严格检查。

7.2.5　在制作偏心受压试件之前，应从靠近试件两个端面的试材中切取标准小试件，每端分别切取顺纹受压强度小试件、顺纹受压弹性模量小试件以及静力弯曲小试件各 3 个。

7.3　试验仪表和设备

7.3.1　用于偏心受压试验的机械装置和仪表设备，均应符合本标准第 3.3.1 条的有关要求。

7.3.2　试验设备的净空尺寸应取试件长度及其有关支承和加载装置的总和尺寸。设备的部件不应妨碍试件的对中校准。

7.3.3　必要时应在偏心受压试件的弯矩作用平面外设置侧向支撑，保证试件仅沿指定方向挠曲，且对挠曲方向的变形不产生约束。

7.3.4　偏心受压试验可根据实际条件选用长柱试验机或承力架进行试验。同一批试验的所有试件，不分长细比大小，均应用同一设备进行试验。

7.3.5　当采用千斤顶施加荷载时，应符合下列要求：

1　千斤顶活塞的行程应满足试验的加载要求，千斤顶的吨位应与该批试件的最大承载能力相适应。

2　千斤顶应牢固固定在承力架底部的横梁上。

3　应在千斤顶液压缸的外表面上标出用于试件对中的、互相垂直的两对轴线。

4　千斤顶活塞的顶面应保持水平。安装试件时，应用水准尺进行检验。

7.3.6　当采用压力传感器测定荷载大小时，应选择吨位约为该批试件最大荷载 1.2 倍的压力传感器。

7.3.7　测量偏心受压试件的挠度，应采用量程不小于 100mm 的挠度计或位移传感器。对大挠度试件，宜安装滑动标尺测量试验后期的挠度值。

测量挠度的仪表宜布置在偏心受压试件长度的中点和上、下支承处。

7.3.8　测量试件边缘纤维的应变宜采用电阻应变仪，电阻应变片宜分别布置在试件长度中点处的弯曲凹侧和凸侧，标距宜为 100mm。

7.4　试　验　步　骤

7.4.1　偏心受压试件两端应采用单向刀铰支承（图 7.4.1）。在单向刀铰的刀槽与试件的端面之间，应设置厚度不小于 20mm 的刨光钢压头板，刀槽与钢压头板应有构造连接。

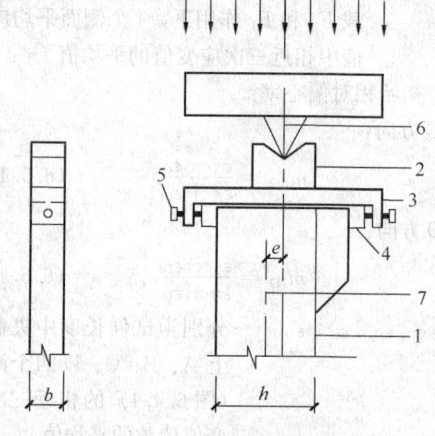

图 7.4.1　单向刀铰装置
1—试件；2—刀槽；3—钢压头板；4—钢板；5—螺钉；
6—刀槽及压头板中线；7—试件中线

7.4.2 当采用承力架进行偏心受压试验时，试件上端单向刀铰的刀刃应固定在承力架的上部横梁上；下端单向刀铰的刀刃宜固定在压力传感器上。两个刀刃的中线应上下对直，并与千斤顶液压缸外表面上标出的一对轴线重合。试件安装完毕后，应检查上下刀刃是否对准。

7.4.3 单向刀铰的刀槽及钢压头板应固定在试件的端部，钢压头板两侧宜各附一块用于就位微调的、带丝孔和螺钉的钢板（图7.4.1）。

7.4.4 偏心压杆试验的加载速度应使试件从荷载为零开始经 5min～10min 即达到最大荷载。

7.5 试验结果及整理

7.5.1 偏心压杆试验的主要试验数据可按表 7.5.1填写；典型的荷载-挠度曲线以及其他有关细节应按本标准第 3.4 节的要求进行。

表 7.5.1 偏心压杆试验主要试验资料汇总表

试件编号	截面尺寸 $b\times h$ (mm)	长细比 λ	相对偏心率 m 或偏心距 e (mm)	标准小试件		破坏荷载 F_u (N)	破坏挠度 ω (mm)	含水率 w (%)	木节尺寸 (mm)
				顺纹抗压强度 f_c (N/mm²)	抗弯强度 f_m (N/mm²)				
实验室温度		空气相对湿度		试验日期		记录人			

7.5.2 偏心压杆试验结果的相对值可分别按下列公式计算：

1 相对偏心率：

$$m = \frac{6e}{h} \qquad (7.5.2\text{-}1)$$

2 试件破坏时压应力的相对值：

$$\frac{\sigma_c}{f_c} = \frac{F_u}{bh f_c} \qquad (7.5.2\text{-}2)$$

3 试件破坏时杆端初始偏心弯矩产生的弯曲应力的相对值：

$$\frac{\sigma_m}{f_m} = \frac{6e F_u}{bh^2 f_m} \qquad (7.5.2\text{-}3)$$

式中：m——相对偏心率；

e——初始偏心距，取荷载与试件轴线之间的距离（mm）；

b——试件的截面宽度（mm）；

h——试件的截面高度（mm）；

σ_c——在初始偏心距为 e 的条件下偏压试件破坏时的压应力（N/mm²）；

σ_m——在杆端初始偏心弯矩作用下试件破坏时的弯曲应力（N/mm²）；

f_c——木材标准小试件顺纹抗压强度（N/mm²）；

f_m——木材标准小试件抗弯强度（N/mm²）。

7.5.3 根据表 7.5.1 所列资料，对不同长细比的试件，应分别整理绘出压力-弯矩关系图。

8 横纹承压比例极限测定方法

8.1 一般规定

8.1.1 横纹承压比例极限测定方法适用于测定木构件横纹承压比例极限。

8.1.2 横纹承压比例极限测定是根据试验测定的荷载-变形曲线，按下述规则确定比例极限点的坐标位置：曲线上该点的切线与荷载轴夹角的正切值，应取该曲线直线部分与荷载轴夹角的正切值的 1.5 倍，以该点坐标对应的荷载值为该试件横纹承压的比例极限。

8.1.3 木构件横纹承压按其受力方式可分为下列三种形式：

1 全表面横纹承压（图 8.1.3a）。

2 中间局部表面横纹承压（图 8.1.3b）。

3 尽端局部表面横纹承压（图 8.1.3c）。

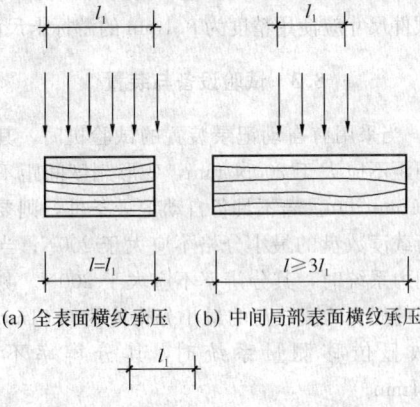

(a) 全表面横纹承压　(b) 中间局部表面横纹承压

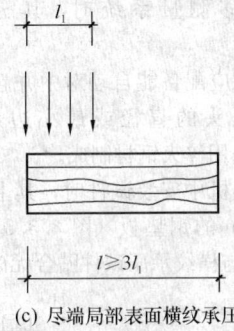

(c) 尽端局部表面横纹承压

图 8.1.3　木构件横纹承压的三种受力形式

8.1.4 按本方法测定的木构件横纹承压比例极限，不要求进行含水率换算，但应保证横纹承压试件的含水率调控至气干平衡含水率状态时，方可进行试验。

8.2 试件设计及制作

8.2.1 横纹承压试件应从结构实际用材中选取，其

材质除应符合本标准第3章规定外，加工后的试件还应符合下列要求：

    1 截面上无髓心和钝棱。

    2 在承压范围内无木节。

    3 无水平方向或斜向裂缝，竖向裂缝的深度不得大于试件截面高度的1/5。

    4 木材年轮的弦线与试件截面底边的夹角不宜大于15°。

8.2.2 横纹承压试件尺寸应按承压方式确定：

    1 对全表面横纹承压为 120mm×120mm×180mm。

    2 对中间局部表面横纹承压和尽端局部表面横纹承压为 120mm×120mm×360mm。

    若受条件限制，允许采用 80mm×80mm×120mm 和 80mm×80mm×240mm 的横纹承压试件分别代替以上两种试件，但其试验结果应乘以尺寸影响系数 ψ_b 予以修正。对常用树种木材，ψ_b 可取0.9。

8.2.3 横纹承压试件加工时，其横截面尺寸的允许偏差为±3mm，长度的允许偏差为±6mm。横纹承压试件的四角高度，在宽度方向彼此相差不应大于0.5mm，在长度方向彼此相差不应大于1.0mm。

    试件尺寸应使用精度为 0.1mm 的游标卡尺测量。

8.3 试验设备与装置

8.3.1 当采用有自动记录装置的试验机时，其荷载刻度间距不应大于 200N/mm，变形刻度间距不应大于 0.01mm/mm。若不具备自动记录条件，则要求试验机荷载读数盘的最小分格不应大于 200N；当采用数显测力系统时，其分辨率不应大于 200N。测量试件变形的仪表的读数盘的最小分格应为 0.01mm；当采用数显位移测量系统时，其分辨率不应大于 0.01mm。

8.3.2 试验机应配备能自动对中并且均匀加载的球座式压头，压头的直径或最小边尺寸不应小于 60mm，且应采用淬火钢材制成。

8.3.3 在试验机中安装试件时，其上下均应设置厚度不小于 20mm 的钢垫板（图 8.3.3），钢垫板表面应光洁平整，与横纹承压试件贴合无肉眼可见缝隙。

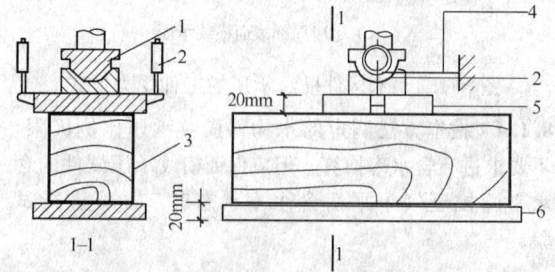

图 8.3.3 横纹承压试验装置
1—球形压头；2—百分表；3—木试件；4—百分表架（固定于独立支点上）；5、6—钢垫板（厚度不小于20mm）

8.4 试验步骤

8.4.1 试验前，应测量横纹承压试件的尺寸，测量值应读到 0.1mm，并应符合下列规定：

    1 应在截面宽度中点，测量横纹承压试件长度 l。

    2 应在横纹承压试件承压面长度中点，测量截面宽度 b。

8.4.2 当采用有自动记录装置的试验机进行试验时，应对横纹承压试件均匀施加荷载，并在加载开始后 10min±2min 内达到试件的比例极限，再以同样速度加载至荷载-变形图明显偏离直线轨迹为止。

8.4.3 当采用无自动记录装置的试验机进行试验时，除应按本标准第 8.4.2 条控制加载速度外，尚应按相等的荷载增量 ΔF，测读每级荷载下的试件变形，并按表 8.4.3 进行记录。在估计的比例极限范围内，至少应有 10 级荷载的读数，超出此范围后，尚应有 3 级~4 级荷载的读数。

    荷载增量 ΔF 的确定，可在正式试验前，用 3 个试件进行探索试验，对针叶树种木材，ΔF 可试用 4kN；对阔叶树种木材，ΔF 可试用 8kN。

表 8.4.3 横纹承压比例极限试验记录表

项 目		加载序号	时间		荷载（kN）			变形值	
			加卸荷	读数	每级 ΔF	累计	为标荷 %	No.1	No.2
树种									
试件尺寸	宽度								
	长度								
受压面积									
比例极限荷载									
比例极限应力									
备注									

实验室温度	空气相对湿度	试验日期	记录人

8.4.4 试验完毕后，应立即从横纹承压试件中部锯取厚度为 15mm 的整截面小试件，用于测量横纹承压试件的含水率。

8.5 试验结果及整理

8.5.1 根据试验取得的横纹承压试件的荷载-变形值，绘制荷载-变形曲线图，按本标准第 8.1.2 条规定的方法从图上确定比例极限荷载 F_b。

8.5.2 当试验机未配备精度符合要求的自动记录装置时，应根据测读记录绘制荷载-变形图。绘制时，其荷载轴（纵坐标）刻度间距不应大于 400N/mm，变形轴（横坐标）刻度间距不应大于 0.01mm/mm。

8.5.3 横纹承压试件的比例极限应按下式计算:

$$f_{c,90} = \frac{F_b}{b \times l_1} \qquad (8.5.3)$$

式中: $f_{c,90}$ ——试件横纹承压比例极限(N/mm²),
试验结果的记录和计算应精确至
0.1N/mm²;

F_b ——试件横纹承压比例极限荷载(N);

l_1 ——试件承压面长度(mm),见图 8.1.3。

9 齿连接试验方法

9.1 一般规定

9.1.1 齿连接试验方法适用于测定木结构单齿连接
或双齿连接的抗剪强度。

9.1.2 齿连接试验是利用专门设计的加载装置,保
证压力与被试木材的木纹成交角的条件下,采用匀速
加载、测定试件的破坏荷载的方法,计算出齿连接的
抗剪强度。

9.2 试件设计及制作

9.2.1 齿连接试件的设计应符合下列规定:

    1 试件截面的宽度不应小于 40mm,高度不应
小于 60mm,高度与宽度的比值不应大于 1.5。

    2 试件的齿槽深度应符合下列规定:

      1)单齿连接不应小于 20mm;

      2)双齿连接第一齿深度不宜小于 10mm,第
二齿深度应比第一齿深度大至少 10mm;

      3)试件齿槽的最大深度不得大于试件全截面
高度的 1/3。

    3 试件的剪面长度应符合下列规定:

      1)单齿连接不宜小于齿槽深度的 4 倍;

      2)双齿连接不宜小于齿槽深度的 6 倍。

    4 齿连接的承压面必须与压力方向垂直,压力
与剪面之间的夹角应与工程实际相符。

    5 试件在剪面长度以外长度上的净截面高度,
应等于剪面长度内的全截面高度减去齿槽深度。

9.2.2 齿连接试件的材质应符合下列要求:

    1 试件剪面附近不得有木节和水平裂缝,其他
部位不得有较大的缺陷。

    2 试件的年轮弦线宜与剪面垂直,所有试件的
年轮弦线与试件截面底边的夹角不宜小于 60°。

9.2.3 齿连接试件加工的允许偏差为:宽度和高度
±1mm;长度±2mm;齿槽深度±0.1mm;剪面长度
±1mm。

9.2.4 在制作齿连接试件的同时,应在试件试材受
剪面一端预留 50mm,用以制作顺纹受剪标准小试件
3 个。顺纹受剪标准小试件受剪面的年轮方向应与齿
连接受剪面的年轮方向相同。

9.2.5 当试验目的为专门研究剪面长度 l_v 与齿槽深
度 h_c 的比值对齿连接平均抗剪强度 τ_m 的影响时,试
件和试材宜符合下列要求:

    1 试材宜从林区采样,取胸高以上的原木段,
长度不应小于 4.8m。

    2 沿原木段纵向锯成至少 7 根试条,每根试条
应按需要锯成不同长度的试材至少 7 段,每段制成至
少 7 个试件。

    3 同一组中的 7 个试件应分别从不同的 7 根试
条中各切取 1 个试件,并应有规律地相互错开。

    4 试件截面的宽度宜取 40mm,高度宜取
60mm,试件的长度应能保证安设足够的钢销,并经
计算确定。

9.3 试验设备与装置

9.3.1 齿连接试验可采用万能试验机或其他加压设
备,并应符合本标准第 3.3.1 条的有关要求。

9.3.2 齿连接试验的加载装置,对试件截面宽度为
40mm,高度为 60mm 的齿连接试件,宜采用专门设
计的三角形支承架(图 9.3.2-1);对试件截面宽度大

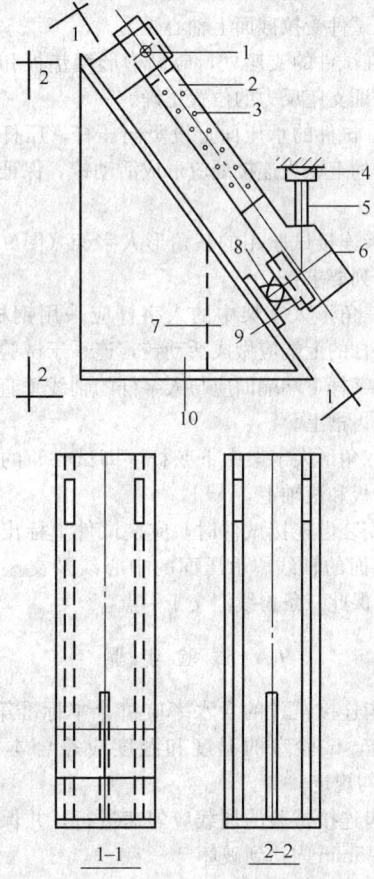

图 9.3.2-1 三角形支承架

1—圆柱形铰;2—钢夹板;3—圆钢销;4—球
座;5—压头;6—试件;7—肋;8—滚动轴
承;9—槽形钢垫板;10—底座

于 40mm 和高度大于 60mm 的齿连接试件，宜采用专门设计的三角形人字架（图 9.3.2-2）。

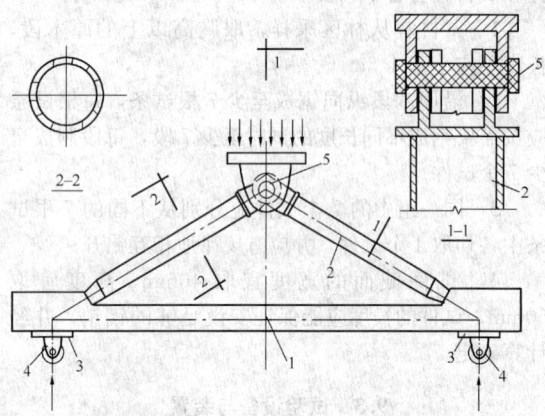

图 9.3.2-2 三角形人字架
1—试件；2—人字杆；3—钢垫板；4—滚轴；5—活动铰

9.3.3 齿连接试验用的三角形支承架（图 9.3.2-1）应符合下列要求：

1 支承架顶端与试件的连接应采用圆柱形铰，利用钢夹板和圆钢销与试件连接。圆钢销的孔位应正确，保证试件受拉截面上轴心受力。

2 在试件的支座处，应设槽形钢垫板和滚动轴承，并保证支座反力的位置正确。

3 在试件的承压面上设竖向压杆，压杆的上端与试验机的上压头连接处应形成活动铰，保证垂直方向传力。

9.3.4 齿连接试验用的三角形人字架（图 9.3.2-2）应符合下列要求：

1 三角形人字架中的人字杆应采用钢材制作，两根人字杆的上端应做成活动铰，连系于试验机的上压头；人字杆下端端面应与人字杆的轴线垂直，抵承在试件的齿槽上。

2 三角形人字架中下弦杆（即试件）的两端应放在钢垫板和滚轴上。

9.3.5 安装齿连接试件时，应在试件上标出试件齿槽下净截面的轴线、承压面的中心线及支座的反力线，并确保此三条力线汇交于一点。

9.4 试 验 步 骤

9.4.1 齿连接试件的含水率应符合本标准第 3.2.3 条的规定，试验室的温度和湿度应符合本标准第 3.3.2 条的规定。

9.4.2 齿连接试验的加载应匀速进行，并保证试件在 3min～5min 内达到破坏。

9.4.3 齿连接试件破坏后，应在试件剪面下切取 3 个木块以测定含水率，并立即称其重量。

9.4.4 顺纹受剪标准小试件破坏后应立即测定其含水率。

9.4.5 齿连接试件破坏后应描绘端部横截面年轮方向及试件破坏状况。

9.4.6 齿连接试验时，应采取措施保证试验设备和人员的安全。

9.5 试验结果及整理

9.5.1 齿连接试验记录可按表 9.5.1 进行。

表 9.5.1 齿连接试验记录表

项目 \ 试件类别	齿连接试件			顺纹受剪标准小试件		
试件编号						
剪面尺寸（mm）	$l_v=$	$l_v=$	$l_v=$	$l_b=$	$l_b=$	$l_b=$
	$b_v=$	$b_v=$	$b_v=$	$b_b=$	$b_b=$	$b_b=$
破坏压力（N）	$F_u=$	$F_u=$	$F_u=$	$F=$	$F=$	$F=$
剪应力（N/mm²）	$\tau_m=\dfrac{F_u\cos\alpha}{l_v b_v}$			$f_v=\dfrac{F}{l_b b_b}$		
平均值：						
$\psi_v=\dfrac{\tau_m}{f_v}$						
加载速度						
含水率 w（%）						
年轮方向破坏状况描述						
实验室温度	空气相对湿度		试验日期		记录人	

9.5.2 齿连接试件沿剪面破坏的平均剪应力应按下式计算：

$$\tau_m = \frac{F_u\cos\alpha}{l_v b_v} \qquad (9.5.2)$$

式中：τ_m——齿连接试件沿剪面破坏的平均剪应力（N/mm²），记录和计算到三位有效数字；

F_u——齿连接试件破坏时齿槽承压面上的压力（N）；

α——F_u 和试件剪面之间的夹角；

l_v——齿连接试件的剪切面长度（mm）；

b_v——齿连接试件的剪切面宽度（mm）。

9.5.3 齿连接试件沿剪面破坏时平均剪应力的相对值应按下式计算：

$$\psi_v = \frac{\tau_m}{f_v} \qquad (9.5.3)$$

式中：ψ_v——齿连接试件沿剪面破坏平均剪应力的相对值；

f_v——木材标准小试件顺纹抗剪强度（N/mm²）。

9.5.4 当齿连接试验符合本标准第 9.2.5 条的规定时，齿连接试验结果的回归分析应符合本标准第 4.3

节的规定。

10 圆钢销连接试验方法

10.1 一般规定

10.1.1 圆钢销连接试验方法适用于测定木结构圆钢销连接承弯破坏时的承载能力和变形。

10.1.2 圆钢销连接试验是在保证圆钢销双剪连接顺木纹对称受力的条件下，匀速加载直至破坏的过程中测得接合缝间的相对滑移变形值和其他有关资料和信息。

10.2 试件设计及制作

10.2.1 对称双剪圆钢销连接试件（图 10.2.1）的设计尺寸应符合下列规定：

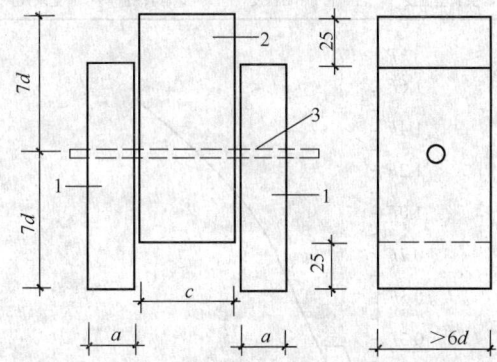

图 10.2.1 试件形式

1—边部木构件；2—中部木构件；3—圆钢销

1 圆钢销直径 d 宜取 12mm～18mm。

2 试件中部木构件的厚度 c 应大于 $5d$；边部木构件的厚度 a 应大于 $2.5d$。

3 试件中部木构件及边部木构件的宽度应大于 $6d$；中部木构件及边部木构件的长度应取 $14d$ 减去 25mm。

10.2.2 制作圆钢销连接试件的木材应为气干木材，组成每个试件的三个木构件应从同一根试材中相邻部位下料，在试材下料部位附近应同时切取 3 个顺纹受压标准小试件。

10.2.3 圆钢销连接试件的制作应符合下列要求：

1 试件中两个边部木构件的年轮应对称放置。

2 每个木构件应四面刨光平整，端部的承压面应与轴线垂直。

3 每个试件的三个木构件应叠置后一次钻通连接，钻头直径与孔径应一致，进钻速度不应大于 120mm/min，电钻的转速宜取 300r/min。

4 中间木构件的两个侧面和边部木构件的内侧面应刨光取直。连接试件时，木构件之间的结合缝处应留 1mm 的缝隙。

10.2.4 圆钢销连接试件中的圆钢销应符合下列要求：

1 圆钢销可直接采用 Q235 圆钢，不宜再进行表面加工。

2 圆钢销应取自同一根圆钢条，宜每隔三个圆钢销取一段圆钢做力性试件，用于测定钢材的屈服强度和抗拉极限强度。

3 圆钢销的端部宜做成圆锥形，可用锤轻轻敲击插入被连接木构件。

4 圆钢销的两端宜伸出被连接木构件表面 20mm。

10.3 试验设备与装置

10.3.1 圆钢销连接试验的加载设备宜采用 1000kN 万能试验机。试验机的精度应符合本标准第 3.3.1 条的有关要求。

10.3.2 测量圆钢销连接的相对滑移宜采用量程不小于 20mm 的百分表。

10.3.3 百分表应采用专门的铁制夹具（图 10.3.3）固定牢固，该夹具可用螺钉与试件的边部木构件连接，且不得阻碍试件接合缝处的相对滑移变形。

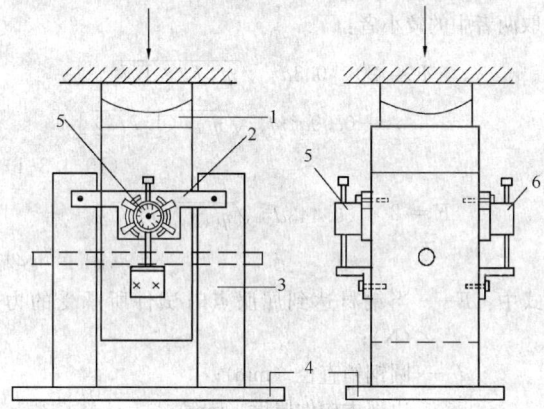

图 10.3.3 试件的装置

1—球座；2—铁制夹具；3—试件；4—钢板；
5—百分表 a；6—百分表 b

10.4 试验步骤

10.4.1 圆钢销连接试件的安装应符合下列要求：

1 固定百分表的铁制夹具应安设在试件的前后两侧，宜靠近边部木构件上端，百分表的触针应位于中部木构件的中心线上。

2 圆钢销连接试件应平稳安放在试验机下压头的钢板上，试件的轴心线应对准试验机上、下压头的中心。

10.4.2 圆钢销连接试验的加载程序（图 10.4.2）应符合下列规定：

1 按本标准第 10.4.3 条估算当钢材达到屈服点时圆钢销连接试件所承受的力 F；

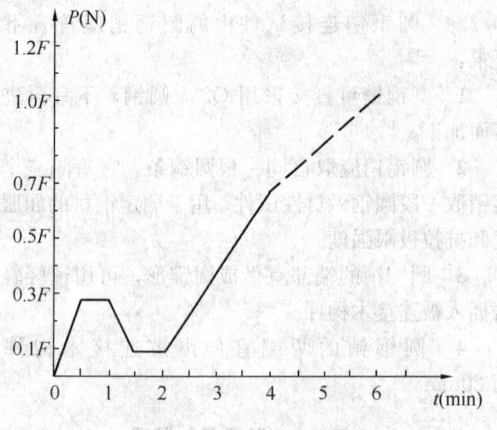

图 10.4.2 加载程序

2 加载到 $0.3F$，持荷 30s；

3 卸载到 $0.1F$，再持荷 30s；

4 按每级荷载 $0.1F$ 加载到 $0.7F$，每级加载的时间间隔为 30s；

5 加载到 $0.7F$ 后，减慢加载速度，仍逐级加载至试件破坏。

10.4.3 对一根圆钢销的顺纹对称双剪连接，当钢材达到屈服点时试件所承受的力可按下列两式估算，并取两者中的较小者：

$$F = 2 \times \left[0.3d^2 \sqrt{\eta f_c f_y \times 1.7} \right.$$
$$\left. + 0.09a^2 \eta f_c \sqrt{\eta f_c / (1.7 f_y)} \right]$$
$$(10.4.3\text{-}1)$$

$$F = 2 \times \left(0.443 d^2 \sqrt{\eta f_c f_y \times 1.7} \right)$$
$$(10.4.3\text{-}2)$$

式中：F——当钢材达到屈服点时试件所承受的力（N）；

d——圆钢销直径（mm）；

a——边部木构件厚度（mm）；

f_c——标准小试件的顺纹抗压强度（N/mm²）；

f_y——圆钢销的钢材屈服强度（N/mm²）；

η——木材承压折减系数，当 $d \geqslant 14$mm 时取 0.8；当 $d < 14$mm 时取 0.85。

10.4.4 圆钢销连接试验出现下列破坏特征之一时可终止试验：

1 圆钢销在试件的中部木构件中发生弯曲且在边部木构件表面出孔处销的末端上翘而表现出反向挤压现象，试件的相对变形达到 10mm 以上。

2 圆钢销在试件的中部及边部木构件中均发生弯曲，圆钢销的末端虽无明显上翘现象，但试件的相对变形达到 15mm 以上。

10.5 试验结果及整理

10.5.1 圆钢销连接试验的记录可按表 10.5.1 进行，并绘出荷载-变形曲线（图 10.5.1）。

表 10.5.1 圆钢销连接试验记录表

试件编号	圆钢销连接试件相对变形(mm)				标准小试件抗压强度 (N/mm²)
荷载值	百分表 a 测读值	百分表 b 测读值	$(a+b)/2$	总变形 u	$f_c = \Sigma f_{c,i}/n$
0					
$0.1F$					圆钢销连接试件含水率 w（%）
$0.2F$					
$0.3F$					标准小试件含水率 w（%）
...					
$1.0F$					
$1.1F$					
...					
实验室温度		空气相对湿度		试验日期	记录人

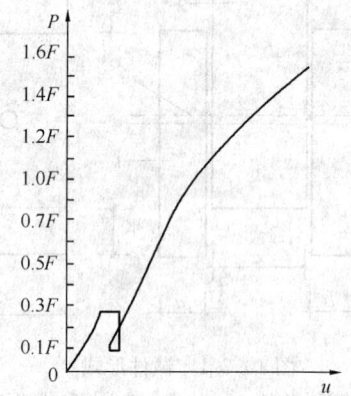

图 10.5.1 荷载-变形曲线
P—荷载；u—变形

10.5.2 圆钢销连接试验数据的整理汇总可按表 10.5.2 进行。

表 10.5.2 圆钢销连接试验结果汇总表

试件编号	试件尺寸 (mm)			标准小试件顺纹抗压强度 f_c (N/mm²)	钢材屈服强度 f_y (N/mm²)	钢材抗拉强度 f_{us} (N/mm²)	估计荷载 F (kN)	F 作用下的变形 (mm)	设计荷载 F_d (kN)	F_d 下的变形 (mm)	变形为 10mm 时荷载 (kN)	变形为 15mm 时荷载 (kN)	破坏类型
	a	c	d										

注：*设计荷载 F_d 按现行国家标准《木结构设计规范》GB 50005 计算。

11 齿板连接试验方法

11.1 一般规定

11.1.1 齿板连接试验方法适用于测定木结构齿板连接的板齿极限承载力、板齿抗滑移极限承载力、受拉极限承载力和受剪极限承载力。

11.1.2 齿板连接试验是在保证齿板连接中木构件不破坏的前提下,对齿板连接试件匀速加载直至破坏的过程中取得相应的极限承载力。

11.2 试件设计及制作

11.2.1 齿板连接试件的设计应符合下列规定:

1 齿板应成对对称设置于试件两侧。

2 垂直于荷载作用方向的齿板宽度不应小于40mm,齿板边沿距木构件边沿的距离不应小于10mm(图 11.2.1)。

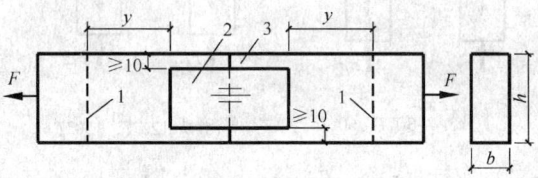

图 11.2.1 齿板连接试件

1—夹具端部位置;2—齿板;3—木构件

3 沿荷载作用方向的齿板长度应根据试验测试内容确定,并应符合本标准第 11.2.2 条的要求。

4 齿板连接试件的尺寸和形状应根据齿板尺寸、夹具类型以及试验测试内容确定,并应保证齿板端部到夹具端部或试验机压头的距离 y 不应小于 $1.5h$(图 11.2.1)。

11.2.2 沿荷载作用方向的齿板长度应符合下列要求:

1 对板齿极限承载力和抗滑移极限承载力试验,齿板长度应取试验时板齿发生破坏的最大长度。

2 对齿板连接受拉极限承载力试验,齿板长度应取试验时齿板被拉断时的长度。

3 对齿板连接受剪极限承载力试验,齿板长度应取试验时齿板沿剪切面发生剪切破坏的长度。

11.2.3 齿板连接试件的材质应符合下列要求:

1 试验用齿板应与工程中实际使用的齿板一致,同一组齿板连接试件中齿板厚度误差应控制在 ±5%内。

2 试验用木材的材质等级应符合本标准第3.2.4 条的规定,尺寸应与工程中实际使用的木材尺寸一致,且被连接木构件的厚度相差不应超过 0.5mm。

3 同一个齿板连接试件相连木构件应取自同一根木材的相邻部位,同一组齿板连接试件中各试件用木材应取自同一树种或树种组合的不同木材;确定板齿极限承载力和抗滑移极限承载力时,木材的全干相对密度应为 $0.82\bar{\rho}\pm0.03$。

4 齿板连接区域的木材不应有木节、裂纹和钝棱等缺陷。

5 当确定板齿极限承载力和抗滑移极限承载力时,木材的含水率应为 15%±5%,木材的年轮应与木材的宽面相正切。

11.2.4 确定板齿极限承载力和抗滑移极限承载力时,应分别按下列四种情况进行试验:

1 荷载平行于木纹及齿板主轴($\alpha = 0°$,$\beta = 0°$)(图 11.2.4a)。

2 荷载平行于木纹但垂直于齿板主轴($\alpha = 0°$,$\beta = 90°$)(图 11.2.4b)。

3 荷载垂直于木纹但平行于齿板主轴($\alpha = 90°$,$\beta = 0°$)(图 11.2.4c)。

4 荷载垂直于木纹及齿板主轴($\alpha = 90°$,$\beta = 90°$)(图 11.2.4d)。

对第 3 款和第 4 款,设计齿板时应使齿板连接试件水平木构件上的齿板长度 l_1 小于竖向木构件上的齿板长度 l_2,并使 $l_1 \geqslant 0.7h$(图 11.2.4c 和图 11.2.4d)。

注:α——荷载作用方向与木纹之间的夹角。

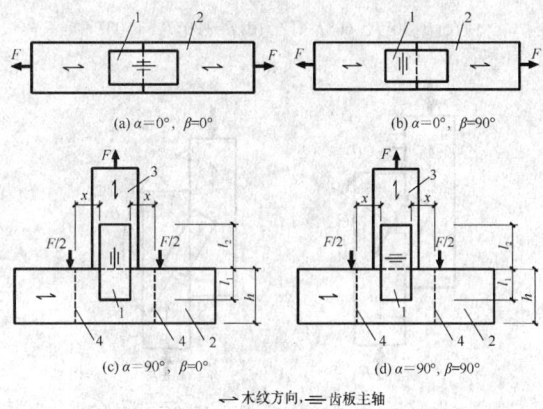

图 11.2.4 板齿极限承载力和抗滑移极限承载力试件

1—齿板;2—水平木构件;3—竖向木构件;4—夹具内侧边沿线

11.2.5 确定齿板连接受拉极限承载力时,应分别按下列两种情况进行试验:

1 荷载平行于齿板主轴($\beta=0°$)(图 11.2.4a)。

2 荷载垂直于齿板主轴($\beta=90°$)(图11.2.4b)。

11.2.6 确定齿板连接受剪极限承载力时,试件可设计成单剪(图 11.2.6-1)或双剪(图 11.2.6-2),并

应根据齿板主轴与木纹之间的夹角 θ，按表 11.2.6 所列情况分别进行试验。

表 11.2.6　齿板主轴与木纹之间的夹角 θ

θ	0°	30°T	30°C	60°T	60°C	90°	120°T	120°C	150°T	150°C

注：角度后面的符号"T"表示齿板连接为剪-拉复合受力情况；符号"C"表示齿板连接为剪-压复合受力情况；0°与90°表示纯剪情况。

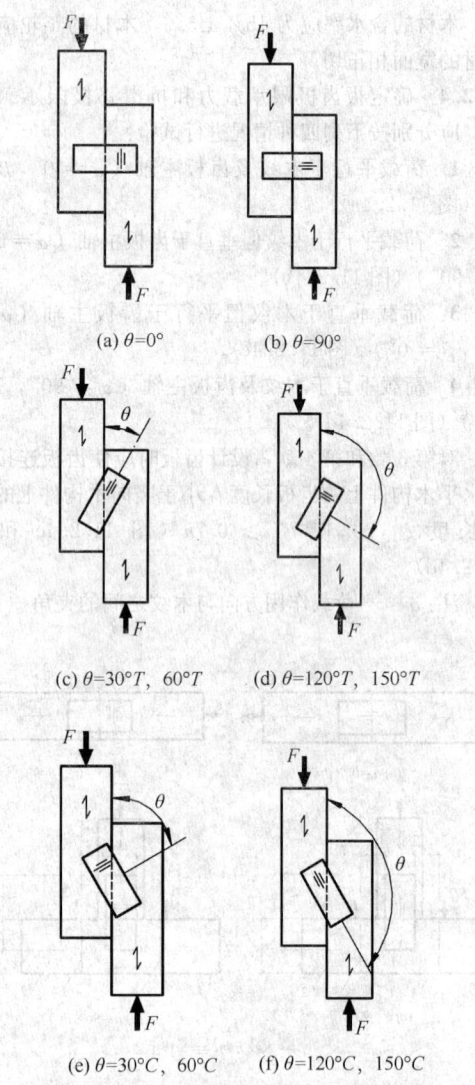

(a) $\theta=0°$　　(b) $\theta=90°$

(c) $\theta=30°T$, $60°T$　　(d) $\theta=120°T$, $150°T$

(e) $\theta=30°C$, $60°C$　　(f) $\theta=120°C$, $150°C$

←→ 木纹方向,═ 齿板主轴

图 11.2.6-1　单剪连接试件

11.2.7　齿板连接试件的加工制作应符合下列规定：

1　试件的加工应采用平压的方式进行，加工前应用清洗剂清洗齿板以去除油污。

2　木构件两端端部应加工垂直、平整。

3　制作板齿限承载力和抗滑移极限承载力试件时，应将齿板上位于木材端距 a_0 及边距 e_0 内的齿去除，去齿时不应损伤齿板的基板（图 11.2.7）。

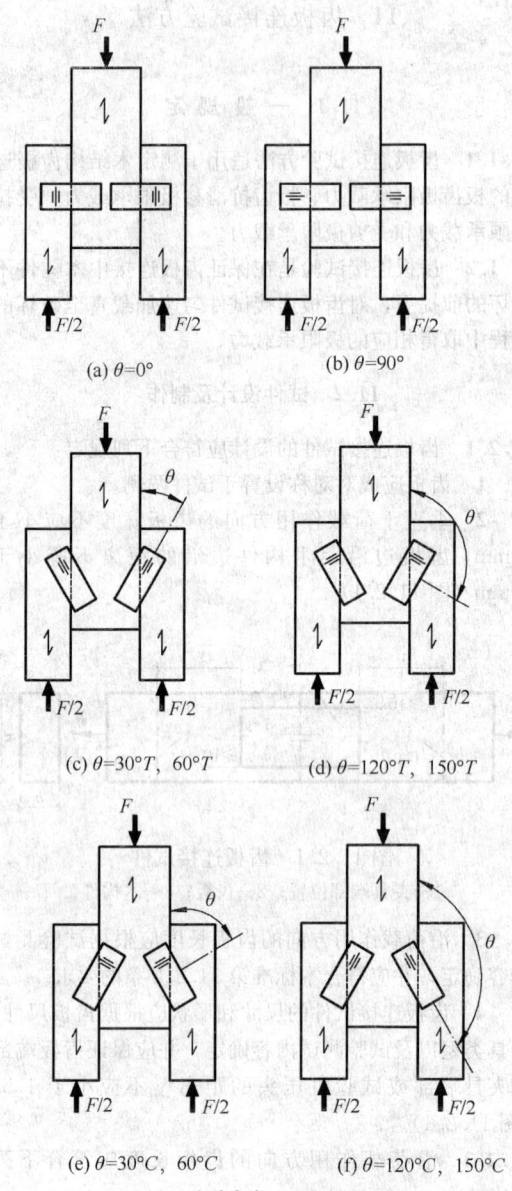

(a) $\theta=0°$　　(b) $\theta=90°$

(c) $\theta=30°T$, $60°T$　　(d) $\theta=120°T$, $150°T$

(e) $\theta=30°C$, $60°C$　　(f) $\theta=120°C$, $150°C$

←→ 木纹方向,═ 齿板主轴

图 11.2.6-2　双剪连接试件

注：1　端距 a_0 为平行于试件木纹测量时，连接处齿板的最外列齿到木构件端部的距离，取 12mm 或 1/2 齿长的较大者；

2　边距 e_0 为垂直于试件木纹测量时，连接处齿板的最外排齿到木构件边沿的距离，取 6mm 或 1/4 齿长的较大者。

4　安装齿板时，应将板齿全部压入木材，齿板与木材间应无空隙，并且不得出现倒齿现象。

5　安装齿板时，不应使用钉子等进行定位。

11.2.8　齿板连接试件制作完成后，应在温度为 20℃±2℃、相对湿度为 65%±5% 的实验室放置至少 7d 后方可进行试验。

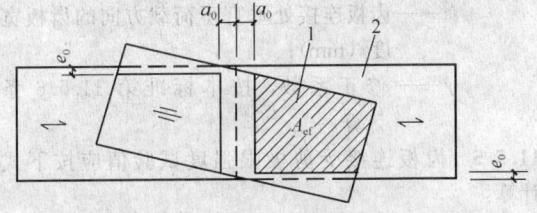

→木纹方向，═齿板主轴

图 11.2.7　齿板端距 a_0 及边距 e_0

1—齿板；2—木构件

11.3　试验设备与装置

11.3.1　齿板连接试件宜在万能试验机上进行试验，并应符合本标准第 3.3.1 条的有关要求。

11.3.2　测量试件变形时宜采用量程不小于 15mm 的位移测量仪，精度应为 0.01mm。位移测量仪应对称安装在未连接齿板一侧的木构件上。

11.3.3　当试验时的作用力为拉力时，齿板连接试件的夹具应保证加载过程中试件不出现打滑等现象，必要时应对夹具处的木构件进行加强。

11.3.4　安装齿板连接试件时，试件的轴心线应与试验机夹具的中心对齐。

11.3.5　安装图 11.2.4c 和图 11.2.4d 中水平木构件上的夹具时，应使夹具内侧边沿到齿板边沿的距离 x 在 $h/4 \sim h$ 之间。

11.4　试 验 步 骤

11.4.1　试验前，应测量齿板基板的厚度，精确到 0.02mm。齿板连接试件加工完成后，应测量连接每侧齿板的长度和宽度，精确到 1.0mm，并应符合下列要求：

　　1　对板齿极限承载力和抗滑移极限承载力试件，应统计连接每侧齿板中板齿的数量。

　　2　对受拉极限承载力试件，应测量垂直于荷载作用方向的齿板宽度。

　　3　对受剪极限承载力试件，应测量平行于荷载作用方向的齿板受剪面长度。

11.4.2　制作齿板用钢板应按现行国家标准《金属材料　拉伸试验　第 1 部分：室温试验方法》GB/T 228.1 进行材性试验。

11.4.3　试验时实验室的温度和湿度应符合本标准第 3.3.2 条的规定。

11.4.4　应按 0.1 倍预估破坏荷载进行预加载，加载过程中不应出现夹具打滑等现象。

11.4.5　齿板连接试验的加载应匀速进行，并在 5min～20min 之内达到试件的极限承载力。当采用等位移加载时，加载速度应为 1.0mm/min±0.5mm/min，并记录加载速度。

11.4.6　当齿板连接试件破坏或者荷载出现明显下降

时，应停止加载。

11.4.7　对板齿极限承载力和抗滑移极限承载力试件，应在试验完成后立即在齿板先拔出一侧木构件上，在齿板和夹具之间靠近齿板附近切取一块厚度为 15mm 无缺陷的整截面木材，用于测试木材的含水率和全干相对密度。

11.4.8　试件破坏后应描绘并记录试件的破坏状况。

11.5　试验结果及整理

11.5.1　齿板连接试验记录可按表 11.5.1-1～表 11.5.1-3 进行。

表 11.5.1-1　板齿极限承载力和抗滑移
极限承载力试验记录表

试验类型	试件编号	齿板规格 $a \times b$ (mm)	连接一侧齿板尺寸 $a_1 \times b_1$ (mm)			连接一侧齿板齿数			木构件含水率 w (%)	全干相对密度 ρ	位移为 0.8mm 时荷载 (kN)	破坏荷载 (kN)	破坏形态
			左前	左后	右前 右后	左前	左后	右前 右后					
$\alpha = 0°$ $\beta = 0°$													
$\alpha = 0°$ $\beta = 90°$													
$\alpha = 90°$ $\beta = 0°$													
$\alpha = 90°$ $\beta = 90°$													

实验室温度　　　空气相对湿度　　　加载速度　　　试验日期　　　记录人

注：a、a_1 表示平行于齿板主轴方向的齿板长度；b、b_1 表示垂直于齿板主轴方向的齿板长度。

表 11.5.1-2　齿板连接受拉极限承载力试验记录表

试验类型	试件编号	齿板规格 $a \times b$ (mm)	垂直于荷载方向的齿板宽度 l_w (mm)		破坏荷载 (kN)	破坏形态
			正面	背面		
$\beta = 0°$						
$\beta = 90°$						

实验室温度　　　空气相对湿度　　　加载速度　　　试验日期　　　记录人

表 11.5.1-3　齿板连接受剪极限承载力试验记录表

试验类型	试件编号	齿板规格 $a \times b$ (mm)	齿板剪切面长度 l_v(mm)				破坏荷载 (kN)	破坏形态
			正面		背面			
			左	右	左	右		
$\theta = 0°$								
$\theta = 30°T$								
$\theta = 30°C$								
...								

实验室温度	空气相对湿度	加载速度	试验日期	记录人

11.5.2 板齿的极限强度试验值应按下式计算：

$$n_{r,u} = \frac{F_{\alpha,\beta}}{2A_{ef}} \qquad (11.5.2)$$

式中：$n_{r,u}$ —— 板齿的极限强度试验值（N/mm²），计算结果保留三位有效数字；

$F_{\alpha,\beta}$ —— 按本标准第 11.2.4 条的齿板连接试件进行试验所得板齿极限承载力试验值（N）；

A_{ef} —— 齿板表面有效面积（mm²），取连接一侧齿板覆盖木构件的面积减去端距 a_0 和边距 e_0 内的齿板面积（图 11.2.7）。

11.5.3 板齿的抗滑移极限强度试验值应按下式计算：

$$n_{s,u} = \frac{F_s}{2A_{ef}} \qquad (11.5.3)$$

式中：$n_{s,u}$ —— 板齿的抗滑移极限强度试验值（N/mm²），计算结果保留三位有效数字；

F_s —— 按本标准第 11.2.4 条的齿板连接试件进行试验时，连接处产生 0.8mm 滑移时对应的承载力试验值（N）。

11.5.4 齿板连接受拉极限强度试验值应按下式计算：

$$t_{r,u} = \frac{F_{t,\beta}}{2l_w} \times \gamma \qquad (11.5.4)$$

式中：$t_{r,u}$ —— 齿板连接受拉极限强度试验值（N/mm²），计算结果保留三位有效数字；

$F_{t,\beta}$ —— 按本标准第 11.2.5 条的齿板连接试件进行试验所得齿板连接受拉极限承载力试验值（N）；

l_w —— 齿板连接处垂直于荷载方向的齿板宽度（mm）；

γ —— 修正系数，按本标准第 11.5.6 条计算。

11.5.5 齿板连接受剪极限强度试验值应按下式计算：

$$v_{\theta,u} = \frac{F_{v,\theta}}{ml_v} \times \gamma \qquad (11.5.5)$$

式中：$v_{\theta,u}$ —— 齿板连接受剪极限强度试验值（N/mm），计算结果保留三位有效数字；

$F_{v,\theta}$ —— 按本标准第 11.2.6 条的齿板连接试件进行试验所得齿板连接受剪极限承载力试验值（N）；该值应取荷载-滑移曲线上的最大荷载值，若相连两木构件之间的相对滑移超过 6mm 或 6 倍齿板厚度的较大值，则应取该较大值所对应的荷载值；

m —— 齿板受剪面数目，单剪：$m = 2$，双剪：$m = 4$；

l_v —— 齿板连接处平行于荷载方向的齿板剪切面长度（mm）。

11.5.6 修正系数 γ 应按下式计算：

$$\gamma = \frac{f_u}{f_{us}} \qquad (11.5.6)$$

式中：f_u —— 用于制作齿板的钢板型号所规定的最小极限抗拉强度（N/mm²）；

f_{us} —— 用于制作齿板的钢板的极限抗拉强度实测值（N/mm²）。其值应取按本标准第 11.4.2 条测得的、扣除镀锌层厚度之后 3 个试件极限抗拉强度的平均值。

11.5.7 试验报告应包括下列内容：

1 木构件的尺寸、树种、密度和强度等级。

2 齿板的尺寸、齿板连接试件的尺寸。

3 齿板的特征，包括板齿的尺寸和间距、钢板涂层厚度以及用于制作齿板的钢板型号和力学性能（包括抗拉强度、屈服强度、伸长率等）。

4 齿板连接试件加工和试验时，木构件的含水率。

5 试验记录表。

6 齿板连接试件的破坏荷载、破坏形态、极限承载力、荷载-变形曲线等。

12　胶粘能力检验方法

12.1　一般规定

12.1.1 胶粘能力检验方法适用于检验承重木结构所用胶粘剂的胶粘能力。

注：1 在木结构工程施工质量验收中，当需检测构件胶缝质量时，可按照附录 F 的规定进行；

2 当需评估新研制耐水性胶粘剂的胶粘耐久性时，可按照附录 G 的方法进行。

12.1.2 胶粘能力检验是根据木材用胶粘结后的胶缝在顺木纹方向的抗剪强度进行判别。

12.1.3 检验胶粘剂的胶粘能力时，应符合下列规定：

1 用于胶合的试条，应采用气干密度不小于 $0.47g/cm^3$ 的红松、云杉或材性相近的其他软木松类木材或栎木、水曲柳制作。当采用其他树种木材时，应得到技术主管部门的认可。

2 木材胶合时，在温度为 20℃±2℃、相对湿度为 50%～70% 的条件下，应控制木材的含水率在 8%～10%。

3 胶液的黏度及其工作活性应符合附录 H 的检验要求。

4 检验每一批号的胶粘剂，应采用胶合成的两对试条制作胶粘试件。每对试条应制成 4 个胶粘试件，2 个胶粘试件做干态试验，2 个胶粘试件做湿态试验。根据每种状态 4 个胶粘试件的试验结果，按本标准第 12.5 节的判定规则进行判别。

12.2 试件设计及制作

12.2.1 试条由两块已刨光的 25mm × 60mm × 320mm 木条组成（图 12.2.1a），木纹应与木条的长度方向平行，年轮与胶合面的夹角应为 40°～90°，不得采用有木节、斜（涡）纹、虫蛀、裂纹或有树脂溢出的木材。

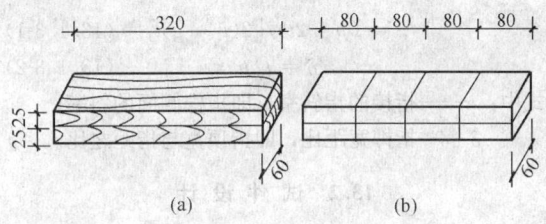

图 12.2.1 试条的形状与尺寸

12.2.2 试条的制作应符合下列要求：

1 试条胶合前，胶合面应重新细刨光达到保证洁净和密合的要求，边角应完整。

2 胶面应在刨光后 2h 内涂胶，涂胶前，应清除胶合面上的木屑和污垢。

3 涂胶后应放置 15min 再叠合加压，压力可取 $0.4N/mm^2$～$0.6N/mm^2$。

4 在胶合过程中，室温宜为 20℃～25℃。

5 对于热压固化胶粘剂，应采用与工艺相同的热压时间、温度和压力热压胶合试条。

6 试条应在室温不低于 16℃ 的加压状态下放置 24h，卸压后养护 24h，方可加工胶粘试件。

12.2.3 加工胶粘试件时，应将试条截成四块（图 12.2.1b），按图 12.2.3 所示的形式和尺寸制成 4 个顺纹剪切的胶粘试件。

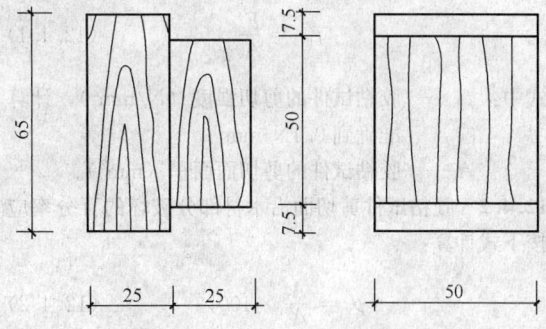

图 12.2.3 胶缝顺纹剪切胶粘试件

制成后的胶粘试件应用钢角尺和游标卡尺进行检查，胶粘试件端面应平整，并应与侧面相垂直，胶粘试件剪面尺寸的允许偏差应为 ±0.5mm。

12.3 试验要求

12.3.1 胶粘试件应放置于专门的剪切装置（图 12.3.1）中，并在木材试验机上进行试验，试验机测力盘读数的最小分格不应大于 150N；当采用数显测力系统时，其分辨率不应大于 150N。

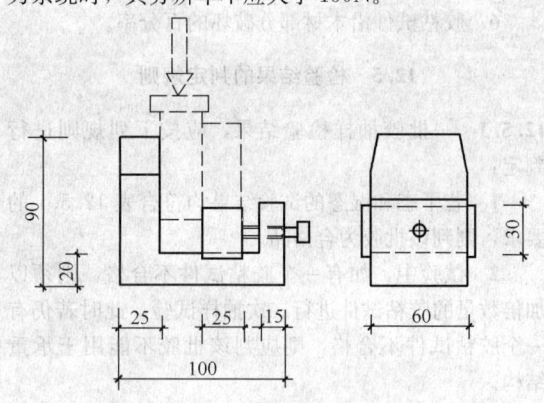

图 12.3.1 胶缝剪切试验装置

12.3.2 干态试验应在胶合后第三天进行，且不应晚于第五天；湿态试验应在胶粘试件浸水 24h 后立即进行。

12.3.3 胶粘试件的试验应符合下列要求：

1 试验前，应用游标卡尺测量试件剪切面尺寸，准确读到 0.1mm。

2 试件装入剪切装置时，应调整螺钉，使试件的胶缝处于正确的受剪位置。

3 试验时，应使试验机球座式压头与试件顶端的钢垫块对中，采用匀速连续加载方式，并保证试件在 3min～5min 内达到破坏。

4 试件破坏后，应记录荷载最大值，并应测量试件剪切面上沿木材剪坏的面积，且应精确至 3%。

12.4 试验结果及整理

12.4.1 胶粘试件的剪切强度应按下式计算：

$$f_{gv} = \frac{F_u}{A_v} \qquad (12.4.1)$$

式中：f_{gv}——胶粘试件的剪切强度（N/mm²），计算准确到 0.1N/mm²；

A_v——胶粘试件的剪切面面积（mm²）。

12.4.2 胶粘试件剪切面沿木材部分破坏的百分率应按下式计算：

$$p_v = \frac{A_t}{A_v} \times 100\% \qquad (12.4.2)$$

式中：p_v——剪切面沿木材部分破坏的百分率（%），计算准确到 1%；

A_t——胶粘试件剪切面沿木材破坏的面积（mm²）。

12.4.3 试验记录应包括下列内容：

1 胶的名称、批号和生产厂家。

2 胶粘试件的树种名称与材质情况。

3 胶粘试件尺寸的测量值。

4 加载速度。

5 破坏荷载和破坏特征。

6 胶粘试件沿木材部分破坏的百分率。

12.5 检验结果的判定规则

12.5.1 一批胶抽样检验结果，应按下列规则进行判定：

1 若干态和湿态的试验结果均符合表 12.5.1 的要求，则判该批胶为合格品。

2 试验中，如有一个胶粘试件不合格，则须以加倍数量的胶粘试件进行二次抽样试验，此时若仍有一个胶粘试件不合格，则应判该批胶不能用于承重结构。

3 若胶粘试件强度低于表 12.5.1 的规定值，但其沿木材部分破坏率不小于 75%，仍可认为该批胶为合格品。

表 12.5.1 承重胶合木结构用胶
胶粘能力的最低要求

胶粘试件状态	胶缝顺纹剪切强度值（N/mm²）	
	红松等软木松类	柞木或水曲柳
干态	5.9	7.8
湿态	3.9	5.4

12.5.2 对常用的耐水性胶种，可仅做干态试验，并应按本标准第 12.5.1 条的判定规则进行判别。

13 胶合指形连接试验方法

13.1 一般规定

13.1.1 胶合指形连接试验方法适用于测定承重的整体木构件的胶合指形连接和胶合木构件中单层木板的胶合指形连接（以下简称指接）的抗弯强度。

13.1.2 指接的抗弯强度试验，除应符合本章的规定外，尚应符合本标准第 3 章、第 4 章和第 5 章的有关规定。

13.1.3 指接必须是用专门的木工铣床加工成的，且在木材端头形成的指形接头。指榫（图 13.1.3）的几何关系应按下列公式计算：

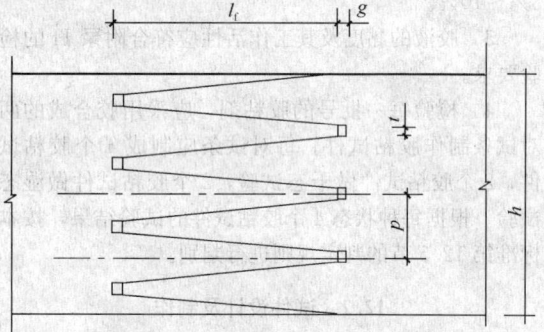

图 13.1.3 指榫的几何关系

l_f—指接长度（指长），指榫根部至指顶的长度；p—指距，两相邻指榫中线之间的距离；t—指顶宽，指榫顶部的宽度；g—指顶隙，两指榫对接胶合后，指顶与对应谷底之间的空隙；h—木板厚

$$z = (p - 2t)/[2(l_f - g)] \qquad (13.1.3-1)$$
$$\delta = t/p \qquad (13.1.3-2)$$

式中：z——指接的指斜率，即指榫侧面的斜率；

δ——指榫宽距比，即指顶宽与指距之比。

13.2 试件设计

13.2.1 制作指接试件用的试材和胶合工艺，除应符合本标准外，尚应符合现行国家标准《木结构设计规范》GB 50005 的有关规定。

13.2.2 指接的指榫长度不应小于 20mm。指接应位于指接试件长度的中央，在指接试件中央 1/2 长度范围内不得有任何木节和其他缺陷，试件的其余部分不得有较大的缺陷。

13.2.3 对承重的整截面指接胶合木材，指接试件的高度不应小于 75mm，在截面的最小边内不得少于 3 个指榫。

试验应取 30 个指接试件，其中 15 个试件在截面为立放条件下进行试验（图 13.2.3-1）；其余 15 个试件在截面为平放条件下进行试验（图 13.2.3-2）。

13.2.4 叠层胶合木构件中单层木板指接的试件应符

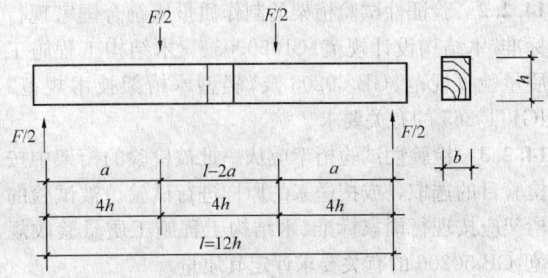

图 13.2.3-1 整截面指接试件截面
立放位置的试验

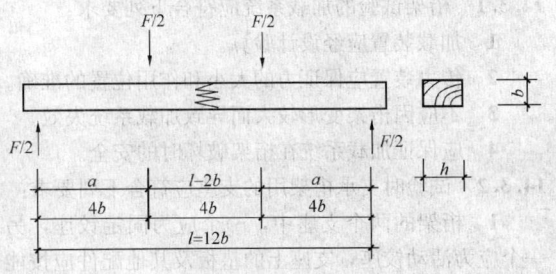

图 13.2.3-2 整截面指接试件截面
平放位置的试验

合下列要求：

1 试件的宽度（木板的宽度）宜采用 100mm。

2 当采用一般针叶材和软质阔叶材时，试件的截面高度（即木板厚度）不得大于 40mm。

3 当采用硬木松或硬质阔叶材时，试件截面高度不宜大于 30mm。

试验应取 15 个指接试件，在试件截面为平放条件下进行试验（图 13.2.4）。

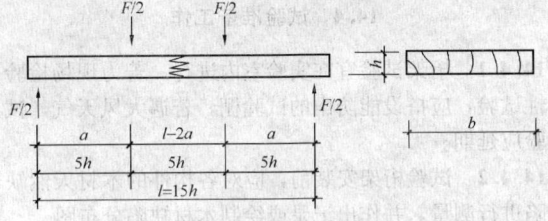

图 13.2.4 单层木板指接试验

13.3 试 验 步 骤

13.3.1 木材指接抗弯强度的测定，应采用三分点加载并应按本标准第 5.4.1 条及第 5.4.4 条的有关规定进行试验。

13.3.2 对承重的整截面构件的指接试验，试件的跨度与受力方向截面高度的比值应取 12，加载点至反力支座之间的距离应取截面高度的 4 倍（图 13.2.3-1、图 13.2.3-2）。

13.3.3 对叠层胶合木中单层木板的指接试验，试件的跨度与截面高度的比值应取 15，加载点至反力支座之间的距离应取截面高度的 5 倍（图 13.2.4）。

13.3.4 试件的荷载最大值、破坏形式、加载至破坏

所经历的时间、木材的含水率及气干密度应作记录。测定含水率和气干密度的试件应从指接接头的两侧各取 3 个。

13.4 试验结果及整理

13.4.1 对指长不小于 20mm 的木材指接抗弯强度试验，试件的破坏形式为下列情况之一者属于正常破坏：

1 木材在指榫根部破坏。

2 沿指榫的胶合缝破坏，但沿木材部分破坏的百分率不小于 75%。

13.4.2 承重的整截面指接木材的胶合指接抗弯强度应按下列公式计算：

1 当试件截面为立放位置时（图 13.2.3-1）：

$$f_{fm} = \frac{3aF_u}{bh^2} \tag{13.4.2-1}$$

2 当试件截面为平放位置时（图 13.2.3-2）：

$$f_{fm} = \frac{3aF_u}{hb^2} \tag{13.4.2-2}$$

式中：f_{fm}——整截面胶合指形连接的抗弯强度（N/mm²），应记录和计算到三位有效数字。

13.4.3 叠层胶合木构件中单层木板的胶合指接抗弯强度应按下式计算：

$$f_{fm} = \frac{3aF_u}{bh^2} \tag{13.4.3}$$

式中：f_{fm}——单层木板胶合指形连接的抗弯强度（N/mm²），应记录和计算到三位有效数字；

h——试件的截面高度，取单层木板的厚度（mm）。

13.4.4 指接抗弯强度的标准值应按下式计算：

$$f_{fm,k} = \bar{x} - 1.991s \tag{13.4.4}$$

式中：$\bar{x}$——15 个胶合指形连接抗弯强度试验值的平均值，其值可按本标准中的公式（4.2.2）计算；

s——15 个胶合指形连接抗弯强度试验值的标准差，其值可按本标准中的公式（4.2.3）计算。

13.4.5 指接试件指榫的几何尺寸、胶合条件及抗弯强度等应分别按表 13.4.5-1、表 13.4.5-2 和表 13.4.5-3 填写。

表 13.4.5-1 指榫的几何尺寸

指长 l_f(mm)	指距 p (mm)	指顶宽 t (mm)	指顶隙 g (mm)	指斜率 $z = (p - 2t) / [2(l_f - g)]$	宽距比 $\delta = t/p$

表 13.4.5-2 指接的胶合条件

胶粘剂品种	纵向压力(N/mm²)	侧压力(N/mm²)	车间温度(℃)	固化和养护制度

表 13.4.5-3 指接试件抗弯试验结果

试件类型	试件编号	破坏荷载 F_u (N)	达到破坏时间 (s)	试件截面高度 h (mm)	试件截面宽度 b (mm)	试件跨度 l (mm)	加载点到支座距离 a (mm)	弯曲强度 f_m (N/mm²)	含水率 w (%)	气干密度 (g/cm³)	破坏形式

14 桁架试验方法

14.1 一般规定

14.1.1 桁架试验方法适用于普通木桁架、胶合木桁架、钢木桁架以及轻型木桁架的短期静力试验。

14.1.2 试验的桁架应按下列要求进行验算，并应核定其设计荷载：

  1 对木构件及其连接，应按国家现行标准《木结构设计规范》GB 50005 或《轻型木桁架技术规范》JGJ/T 265 的有关要求进行验算。

  2 除桁架的保险螺栓、系紧螺栓以及轻型木桁架的齿板连接节点外，桁架中的其他钢材部分应按现行国家标准《钢结构设计规范》GB 50017 的有关要求进行验算。

  3 对破坏性试验的桁架，其加载点处木材的局部承压应力应按能承受 3 倍以上设计荷载进行验算。

14.1.3 当专门检验桁架中木构件及其连接的破坏强度时，桁架中的钢拉杆及其连接应进行加强设计以保证能承受 3 倍以上设计荷载；加强设计的钢拉杆及其连接，不应损伤节点部位的木材，其构造应便于安装。

14.2 试验桁架的选料及制作

14.2.1 验证性试验桁架的选料应符合下列要求：

  1 桁架中各类木构件的材质等级应符合国家现行标准《木结构设计规范》GB 50005 或《轻型木桁架技术规范》JGJ/T 265 的有关规定，不得采用其他等级的木材代替。木材的强度应按现行国家标准《木结构设计规范》GB 50005 的有关规定进行强度等级检验。

  2 轻型木桁架中使用的齿板及连接件应符合国家现行标准《轻型木桁架技术规范》JGJ/T 265 的有关规定。

  3 桁架中所用钢材，除应有出厂检验合格证明外，尚应在使用前抽样测定其抗拉强度、屈服强度、伸长率，对圆钢还应进行冷弯试验。

14.2.2 验证性试验桁架的制作质量应符合国家现行标准《木结构设计规范》GB 50005、《木结构工程施工质量验收规范》GB 50206 及《轻型木桁架技术规范》JGJ/T 265 的有关要求。

14.2.3 检验性试验桁架应从一批被检验的桁架中按检验目的选取，或按送来的原样进行试验。被试验的桁架应按现行国家标准《木结构工程施工质量验收规范》GB 50206 的有关要求评定其质量。

14.3 试验设备

14.3.1 桁架试验的加载系统应符合下列要求：

  1 加载装置应经设计验算。

  2 传力装置应保证力的大小和作用位置的准确。

  3 不应因桁架变形较大而导致加载系统失效。

  4 应保证加载系统在桁架破坏时的安全。

14.3.2 试验时支承桁架用的支座应符合下列要求：

  1 桁架的两个支座中，一个应为固定铰座，另一个应为活动铰座，支座上的垫板及其他配件应能承受 3.5 倍以上的设计荷载进行设计。

  2 在静力台上进行试验时，桁架的支座宜采用可调整高度和对中的工具式活动钢支座。

  3 若无静力台或在现场进行试验，支墩及其基础应经验算，不得有明显的不均匀沉降或侧倾，两个支墩之间的距离应等于桁架的跨度，允许偏差应为±10mm，两支墩高度的相对偏差不应大于 5mm。

14.3.3 试验桁架应根据试验目的设置上弦侧向支撑，侧向支撑的构造应牢固，但不得妨碍桁架在荷载平面内的自由移动，也不得对桁架工作起卸载作用。

14.4 试验准备工作

14.4.1 桁架试验宜在实验室内进行。若为现场检验性试验，应搭设能防雨的试验棚，若遇大风天气，试验应延期。

14.4.2 试验桁架安装前，应对各构件的木材天然缺陷进行测量，并作出记录或绘制木材缺陷分布图。

14.4.3 轻型木桁架试验前，应记录齿板的安装位置、齿板尺寸及节点处杆件之间的安装缝隙。

14.4.4 试验桁架安装就位后，其安装偏差不应超过现行国家标准《木结构工程施工质量验收规范》GB 50206 规定的允许偏差；轻型木桁架的安装偏差不应超出现行行业标准《轻型木桁架技术规范》JGJ/T 265 规定的允许偏差。

14.4.5 试验仪表的安装应符合试验设计的要求，应有防止意外触动和损坏的保护措施，并应保证测读的方便和安全。

14.5 桁架试验

14.5.1 试验桁架的加载点应符合桁架实际工作情况，当无专门要求时，可仅在上弦加载。

14.5.2 加载前，应记录力传感器及位移传感器读数或进行调零操作。

14.5.3 桁架试验可采用分级加载制度（图14.5.3a）或连续加载制度（图14.5.3b），试验的加载程序（图14.5.3）应分为三个加载阶段：预加载阶段（T_1）、标准荷载加载阶段（T_2）、破坏性加载阶段（T_3）。

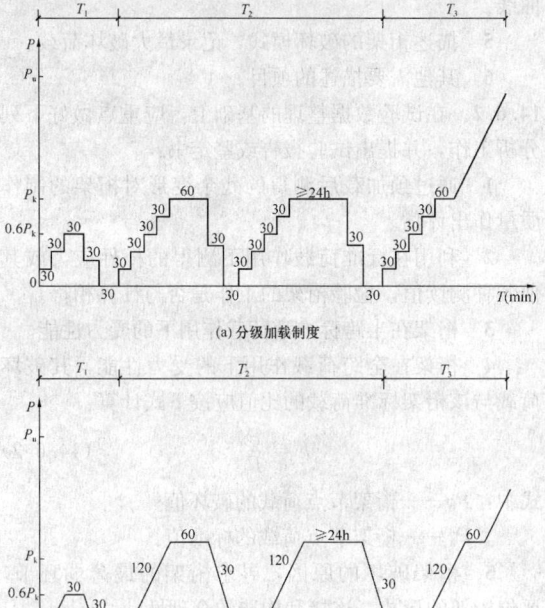

图 14.5.3　桁架试验加载程序
注：标准荷载 $P_k = 1.0$ 恒载 $+ 1.0$ 活载。

14.5.4 当采用分级加载制度（图14.5.3a）时，加载阶段 T_1 的加载程序应符合下列规定：

1 按照每级荷载 $0.2P_k$ 加载至 $0.6P_k$，每级加载的时间间隔宜为 30min，加载至 $0.6P_k$ 后持荷 30min。

2 分两级卸载，每级卸载的时间间隔宜为 30min，空载 30min 后测读残余变形。

14.5.5 当采用连续加载制度（图14.5.3b）时，加载阶段 T_1 的加载程序应符合下列规定：

1 采用恒定速率加载至 $0.6P_k$，加载时间宜为 60min，加载至 $0.6P_k$ 后持荷 30min。

2 按照恒定速率卸载，卸载时间宜为 30min，空载 30min 后测读残余变形。

14.5.6 当采用分级加载制度（图14.5.3a）时，加载阶段 T_2 的加载程序应符合下列规定：

1 应在每级加载及每级卸载完成后每隔 10min 测读一次数据。

2 按每级荷载 $0.2P_k$ 加载至 P_k，每级加载的时间间隔宜为 30min，加载至 P_k 后持荷 60min。

3 持荷完成后分两级卸载，时间间隔宜为 30min，卸载完成后，空载 30min。

4 再次按每级荷载 $0.2P_k$ 加载至 P_k，每级加载的时间间隔宜为 30min，加载至 P_k 后持荷 24h，持荷期间每 60min 测读一次数据。对变形收敛较慢的桁架，持荷时间应适当延长。

5 持荷完成后，分两级卸载，时间间隔为 30min，空载 30min 后按本标准第 14.5.8 条进行破坏性加载。

14.5.7 当采用连续加载制度（图14.5.3b）时，加载阶段 T_2 的加载程序应符合下列规定：

1 应在加载及卸载期间每隔 10min 测读一次数据。

2 采用恒定速率加载至 P_k，加载时间宜为 120min，加载至 P_k 后，持荷 60min。

3 按照恒定速率卸载，卸载时间宜为 30min，卸载完成后空载 30min。

4 按照恒定速率加载至 P_k，加载时间宜为 120min，加载至 P_k 后持荷 24h，持荷期间每 60min 测读一次数据。对变形收敛较慢的桁架，持荷时间应适当延长。

5 按照恒定速率卸载，卸载时间宜为 30min，空载 30min 后按本标准第 14.5.9 条进行破坏性加载。

14.5.8 当采用分级加载制度（图14.5.3a）时，加载阶段 T_3 应按每级荷载 $0.2P_k$ 加载至 P_k，每级加载的时间间隔宜为 30min，加至 P_k 后持荷 60min；应在每级加载完成后及持荷期间每隔 10min 测读一次数据，持荷完成后应分别按下列三种情况继续加载：

1 对桁架中钢拉杆及其连接未按本标准第 14.1.3 条规定进行加强设计的桁架，应按每级荷载 $0.1P_k$ 加载至桁架破坏，每级加载的时间间隔为 10min，每级加载完成后应立即测读数据。

2 对桁架中钢拉杆及其连接已按本标准第 14.1.3 条规定进行加强设计的桁架，应按每级荷载 $0.2P_k$ 加载至 $2.0P_k$，每级加载的时间间隔为 10min，然后按每级荷载 $0.1P_k$ 加载至桁架破坏，每级加载的时间间隔为 10min。每级加载完成后应立即测读数据。

3 对轻型木桁架，应按每级 $0.2P_k$ 进行加载，每级加载的时间间隔为 10min，加载过程中观察杆件及节点状况，若齿板连接节点出现可见滑移或者板齿拔出，按每级荷载 $0.1P_k$ 加载至桁架破坏，每级加载的时间间隔为 10min。每级加载完成后应立即测读数据。

14.5.9 当采用连续加载制度（图14.5.3b）时，加载阶段 T_3 应采用恒定速率加载至 P_k，加载时间宜为 120min，加载至 P_k 后，持荷 60min；应在加载及持荷期间每 10min 测读一次数据，持荷完成后应分别按下列三种情况继续加载：

1 对桁架中钢拉杆及其连接未按本标准第 14.1.3 条规定进行加强设计的桁架，应按 $0.010P_k$/min 的加载

速率加载至桁架破坏，每10min测读一次数据。

 2 对桁架中钢拉杆及其连接已按本标准第14.1.3条规定进行加强设计的桁架，应按 $0.020P_\mathrm{k}/$ min 的加载速率加载至 $2.0P_\mathrm{k}$，然后按 $0.010P_\mathrm{k}/\mathrm{min}$ 的加载速率加载至桁架破坏，每10min测读一次数据。

 3 对轻型木桁架，应按 $0.020P_\mathrm{k}/\mathrm{min}$ 的加载速率加载，加载过程中观察杆件及节点状况，若齿板连接节点出现可见滑移或者板齿拔出，应按 $0.010P_\mathrm{k}/$ min 的加载速率加载至桁架破坏，每10min测读一次数据。

14.5.10 对破坏性试验的桁架，凡桁架出现下列破坏情况之一时，应终止试验：

 1 桁架中任一杆件或连接失去其承载能力。

 2 桁架的挠度突然急剧增大，在图14.5.10中其挠度差 $\Delta\omega$ 出现转折点。

 3 桁架中任一节点连接处的木材发生劈裂或连接的变形超过下列数值：

  节点连接的承压变形   8mm；

  螺栓连接的下弦拉力接头的相对滑移 20mm。

 4 对轻型木桁架，加载中出现齿板连接破坏或者荷载降至峰值荷载的80%以下。

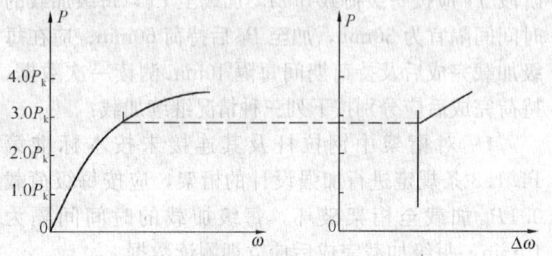

图 14.5.10 破坏试验时 P-ω 图

14.5.11 当桁架濒临破坏时，应以文字描述和绘图或拍照等方式记录其破坏全过程的实况；荷载超过 $2.0P_\mathrm{k}$ 后，严禁非指定观察人员接近现场。

14.5.12 桁架破坏后，应立即在破坏处附近锯取小试件，并应符合下列要求：

 1 木材含水率试件：沿构件长度方向取厚度15mm的整截面试片一片，立即进行第一次称量。

 2 标准小试件：

  1）若桁架为上弦压弯破坏，取顺纹受压及抗弯强度试件各5个；

  2）若桁架为端部剪切破坏，取顺纹受压和顺纹受剪试件各5个；

  3）在测定杆件应变附近部位取5个抗弯弹性模量试件，并立即测定该部位的木材含水率。

14.6 试验结果及整理

14.6.1 试验结束后，应按下列要求对试验记录进行整理：

 1 绘制上、下弦节点的荷载-位移图。

 2 绘制主要连接节点的荷载-变形（结合缝或齿板连接节点的相对滑移）关系曲线。

 3 绘制主要杆件的荷载-应变关系曲线。

 4 绘制桁架在破坏试验过程中的荷载-位移曲线。

 5 描述桁架的破坏模式，记录最大破坏荷载。

 6 其他需要描述的项目。

14.6.2 在试验数据整理的基础上，应重点做好下列分析工作，并提出试验报告或鉴定书：

 1 通过预加载后测得的残余变形对桁架的制作质量作出评估。

 2 利用在标准荷载作用下测得的杆件应力或其他各种测读值，检验桁架的工作是否与计算相符。

 3 桁架在半跨标准活荷载作用下的受力性能。

 4 桁架在全跨荷载作用下的受力性能，其破坏荷载与该桁架标准荷载的比值应按下式计算：

$$k = \frac{P_\mathrm{u}}{P_\mathrm{k}} \qquad (14.6.2)$$

式中：P_u——桁架节点荷载的破坏值；

   P_k——桁架节点荷载的标准值。

 5 桁架破坏的原因，寻求桁架的最薄弱环节，评价桁架的形式、连接和构造的合理性。

14.6.3 桁架可靠性评定应符合下列规定：

 1 桁架在预加载时的初始挠度（图14.6.3-1）或松弛变形，对桁架的正常工作和外观应无不良影响。

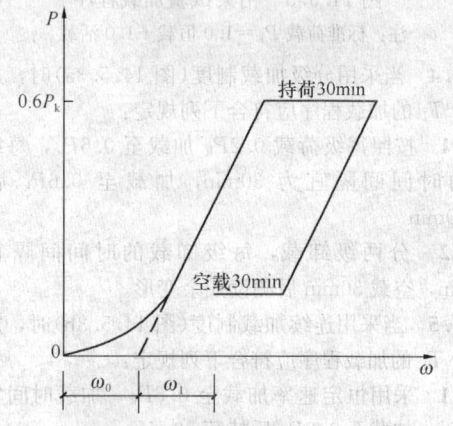

图 14.6.3-1 预加载的 P-ω 图
ω_0—初始挠度；ω_1—预加载的残余挠度
（即第一次残余挠度）

 2 轻型木桁架在标准荷载作用下的杆件变形及节点挠度应小于现行行业标准《轻型木桁架技术规范》JGJ/T 265规定的变形限值；其他桁架在标准荷载作用下的相对挠度 ω/l（图14.6.3-2）不应大于1/500。

 3 桁架在标准荷载下主要连接节点的变形（连接缝的相对滑移），不应大于下列数值：

  1）直接抵承连接   0.5mm；

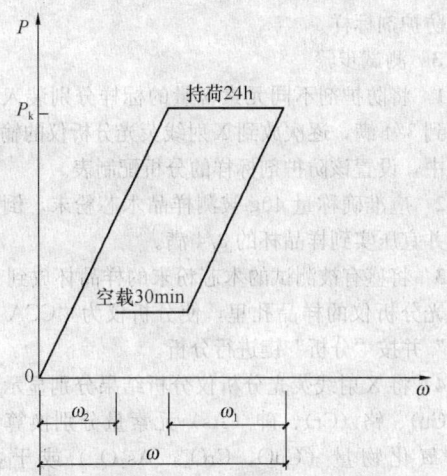

图 14.6.3-2　全跨荷载试验时桁架 P-ω 图

ω—全跨标准荷载作用下的最大挠度；ω_1—全跨标准荷载作用下持续期间的挠度增量；ω_2—全跨标准荷载试验时的残余挠度（第二次残余挠度）

　　2）齿连接　　　　　　　　　1.0mm；
　　3）螺栓连接　　　　　　　　2.0mm。
　　4 桁架最大破坏荷载与标准荷载之比值 k：对于一般木桁架，当木构件部分破坏时，不应小于 2.5；对新结构，不应小于 3.0。

附录 A　木材防护剂透入度和保持量的测定方法

A.1　一般规定

A.1.1 本方法适用于测定木材防护剂中含铜、锌、铬、砷、五氯酚等化学药剂的透入度和保持量。

A.1.2 当需测定木材防护剂的透入度作定性分析时，应采用化学药剂显色并测量木材样品被浸润部分显色长度的方法。

A.1.3 当需测定木材防护剂的保持量作定量分析时，可采用化学滴定方法或 X 射线荧光分析仪的方法。当采用化学滴定法测定防护剂的保持量时，可按现行行业标准《水载型防腐剂和阻燃剂主要成分的测定》SB/T 10404 进行。

A.2　被测样品的选择和制备

A.2.1 测定木材防护剂透入度和保持量的样品选择应具有代表性，取样部位应避开裂纹、木节、刻痕孔和避免"端部浸透"的影响。用空心钻钻取木芯样品的数量和长度应符合现行国家标准《木结构工程施工质量验收规范》GB 50206 的有关规定。

A.2.2 当测定木材防护剂的保持量时，尚需将干状

木芯样品用打击器或锤磨机粉碎成可通过 36 号试验筛的木芯粉末。

A.3　木材防护剂透入度的测定

A.3.1　仪器设备

　　测定木材防护剂透入度可采用表 A.3.1 的设备。

表 A.3.1　测木材防护剂透入度的设备

设备名称	空心钻	平板直尺	指示剂瓶		表面皿
设备要求	孔径 $\phi 5mm$ 或 $\phi 10mm$	量程 150mm	棕色带滴管，100mL	白色带滴管，100mL	直径 $\phi 70mm$ 或 $\phi 90mm$

A.3.2　指示剂配制

　　1 对含铜防护剂，应采用 0.5g 铬天青和 5g 醋酸钠先后溶于 80mL 蒸馏水中混匀成浓缩液，然后再稀释至 500mL 蒸馏水溶液作为显色剂储存备用。

　　2 对含砷防护剂，应采用三种显色剂联合使用：
　　1）1 号显色剂：取 3.5g 钼酸铵溶于 90mL 蒸馏水，再加入 9mL 浓盐酸，限当天使用；
　　2）2 号显色剂：取 1g 茴香胺（邻氨基苯甲醚）溶于 99g 的浓度为 1.7% 的稀盐酸中，储存在棕色瓶备用，有效期 7d；
　　3）3 号显色剂：取 30g 氯化亚锡溶于 100mL 的 1：1 的盐酸溶液中（1 份浓盐酸加 1 份水），储存在棕色瓶备用，有效期 7d。

　　3 对含铬防护剂，应采用 0.5g 羟基萘磺酸溶于 100mL 的浓度为 1% 的硫酸溶液中作为试液备用。

　　4 对含五氯酚防护剂，应采用 4.0g 醋酸铜溶于 100g 的水中，再溶入 0.5g 乳化剂备用；取 0.4g 醋酸银溶于 100g 的水中备用。临试验时，将以上两种溶液再加异丙醇和蒸馏水等量合并，混合均匀，注入滴瓶作为试液备用。

　　5 对含锌防护剂，应采用铁氰酸钾、碘化钾和淀粉（可溶）各 1g，分别溶入 100mL 蒸馏水中备用，其中可溶淀粉须先用少许水浸湿，然后加水至 100mL，并在烧杯中加热，不断搅拌直到全部溶解。试验时，将三种溶液各取 10mL 混匀作为显色剂使用，有效期 3d。

A.3.3　试验步骤

　　1 测定含铜防护剂的透入度，应将它的显色剂分装于 50mL 滴管玻瓶中并顺滴在木芯上，凡含铜的木芯部分应立即显示深蓝色。

　　2 测定含砷防护剂的透入度，应将三种显色剂分装于滴管玻瓶中，并按 1、2、3 号显色剂的顺序先后点滴在木芯上，每种显示剂浸入木芯后应干燥 1min，当三种显色剂试验完毕时，含砷的木芯部分应呈蓝绿色，无砷部分呈橙红色。

　　3 测定含铬防护剂的透入度，应将木芯放置在白色滤纸上并用试液不断滴在木芯上，经过 10min 后予以冲洗，然后检测滤纸，若呈现紫红色的部分，则

证明该部分的铬未起固定作用，CCA（铜、铬、砷）防护剂有流失的可能性。

4 测定含五氯酚石油防护剂的透入度，应在测试的木芯上滴浸它的显色剂，则含五氯酚的木芯部分立即显示红色；无五氯酚的木芯部分，若木芯木材为松木类时呈绿色，木材为花旗松类时呈黄色或橄榄色。

5 测定含锌防护剂的透入度，应将它的三种显示剂各取 10mL 混匀后，直接点滴在木芯上，含锌的木芯部分应立即呈深蓝色，无锌的木芯部分应保持原色。

6 测定有色的木材防腐油、环烷酸铜石油等防护剂的透入度，可直接在木芯上测量，对浅色的环烷酸铜、五氯酚石油，允许采用含有 5% 的红染料（碳酸钙）干粉喷刷显色。

A.3.4 试验结果及判别

每个试件试验完毕后应按下列规定进行记录和判别：

1 木材防护剂的透入度应以测定木芯显色部分的长度（mm）来表示。

2 测量木芯显色部分的长度宜将试样放置在距离眼睛适当的位置用平板直尺测量，每一试件应测量三次，取其平均值，并记录和计算到三位有效数字。

3 当无双方协议时，该批试样的木材防护剂透入度的平均值，若符合现行国家标准《木结构工程施工质量验收规范》GB 50206 的有关规定值时，则应判定为质量合格。

A.4 用 X 射线荧光分析法测定含铜、铬、砷防护剂的保持量

A.4.1 仪器及设备

采用 X 射线荧光分析应具备表 A.4.1 的仪器和设备，并经检验合格。

表 A.4.1 用 X 射线荧光分析的设备

设备名称	X射线荧光分析仪	高速强剪切混合乳化机	精密微量天平	托盘天平	电热恒温干燥箱	容量瓶
设备要求	200系列	实验用	分度值为0.001mg	—	具有自动定温装置	250mL
数量	1台	1台	1台	1台	1台	5个

A.4.2 标样制作

1 制作标样应按 CCA（铜铬砷）防护剂标准配方分别称取共 70g（准确至 0.001g），加蒸馏水 30g 按工艺要求在实验用高强剪切混合乳化机内配制成有效浓度为 70% 的 CCA 木材防护剂。

2 应从有效浓度为 70% 的 CCA 木材防护剂中称取 0.45g、0.75g、1.04g、1.34g、1.64g 及 1.94g 分别装入 6 个容量瓶内，并分别稀释为 0.3%、

0.5%、0.7%、0.9%、1.1% 及 1.3% 不同元素含量的该防护剂标样。

A.4.3 测试步骤

1 将防护剂不同元素含量的标样分别装入样品杯加到 3/4 满，逐次放到 X 射线荧光分析仪的输入分析仪中，设置该防护剂标样的分析配制表。

2 应准确称量 40g 被测样品木芯粉末，倒入样品杯并宜压实到样品杯的 3/4 满。

3 将盛有被测试的木芯粉末的样品杯放到 X 射线荧光分析仪的样品孔里，使分析仪为"CCA 分析状态"并按"分析"键进行分析。

4 将 X 射线荧光分析仪分析结果分别显示出的铜（Cu）、铬（Cr）、砷（As）元素量分别换算成相应的氧化物量（CuO，CrO_3，As_2O_5）或干盐量（$CuSO_4 \cdot 5H_2O$，$Na_2Cr_2O_7 \cdot 2H_2O$，$As_2O_5 \cdot 2H_2O$）。

A.4.4 结果计算

1 经防护剂处理的木材中含 CCA 的有效成分重量百分率（%）应按下式计算：

$$T = \frac{C}{W_0} \times 100\% \qquad (\text{A.4.4-1})$$

式中：C——被测试的样品中含各种氧化物量或干盐量的总和（g）；

W_0——被测试的木芯粉末的重量（g）。

2 经防护剂处理的干燥木材中含 CCA 的保持量应按下式计算：

$$D = \frac{T \times \rho_0}{100} \qquad (\text{A.4.4-2})$$

式中：D——CCA 的保持量（有效成分氧化物或干盐）（kg/m³）；

T——有效成分重量百分率（%）；

ρ_0——木材烘干后的密度（kg/m³）。

3 当需测定干燥木材的密度时，应在被测试木材中取 75mm×50mm×25mm 的木块在 105℃ 的恒温干燥箱中烘至恒重以计算其密度。

A.5 石灰煅烧银量滴定法测定五氯酚防护剂的保持量

A.5.1 适用范围及方法要点

本方法是将五氯酚燃烧，使其中的氯原子转化为氯离子（释出原子与氢氧化钙），然后用银定量法测氯，并换算成五氯酚含量。本方法适用于任何含氯的有机物。

A.5.2 仪器

使用的仪器应包括：马福炉（能恒温在 800℃～900℃之间）、瓷坩埚（带盖 100mL）、酸滴定管、碱滴定管、烧杯、抽滤器。

A.5.3 试剂及试剂制备

氢氧化钙：分析纯、粉末状。

硝酸钾：分析纯、粉末状。

浆硝酸：分析纯。

0.1N 的 $AgNO_3$ 溶液：取 16.9g 分析纯硝酸银溶解于 1000mL 的容量瓶，并稀释到刻度。然后以荧光黄做指示剂，以三个锥形瓶分别称量 0.14g～0.15g 分析纯氯化钠，用 100mL 水稀释，滴入 2 滴～3 滴荧光黄指示剂，以该硝酸银溶液进行滴定，得出其准确当量浓度。

0.1N 的 NH_4CNS 溶液：称量 7.6g 分析纯硫氰酸铵，在 1000mL 容量瓶中稀释到刻度，然后以硫酸铁铵硝酸溶液（铁铵矾）做指示剂，用标准 0.1N 硝酸银溶液进行滴定，得出其准确当量浓度。

铁铵矾指示剂：10g 硫酸铁铵溶于 10mL 浓硝酸稀释到 100mL。

A.5.4 测试步骤

1 在 100mL 瓷坩埚中放入 10g1:9 硝酸钾、氢氧化钙混合物，称重，用骨勺在混合物上做一小窝，将被测样品木芯粉末 5g 倒入后再覆上 20g 该混合物，称重。

2 上述坩埚盖好，放入调温在 800℃～900℃ 的马福炉中，燃烧半小时。

3 取出冷却，转移燃烧后的混合物于 400mL 烧杯中，用少量硝酸洗涤坩埚，再用蒸馏水洗两次，一并倒入烧杯。

4 在置于冷水浴的烧杯中慢慢加入硝酸进行中和，直到溶液使刚果红试纸呈蓝色为止。

5 在中和后的溶液中滴进 15mL 标准的 0.1N 硝酸银溶液，以玻璃棒搅拌到生成的白色氯化银胶状沉淀被絮凝。

6 抽吸过滤，用蒸馏水洗两次沉淀，滤液应澄清。转移入锥形瓶中，滴入 3 滴～4 滴指示剂，以 0.1N 的 NH_4CNS 溶液滴定到溶液呈红色为止。记录 NH_4CNS 标准溶液的滴定用量。

A.5.5 结果计算

防护木材中五氯酚的含率应按下式确定：

$$PCP = \frac{266.5N_2\left(15-\frac{N_1V}{N_2}\right)}{5W_0} \quad (A.5.5)$$

式中：PCP——防护剂中五氯酚的含率（%）；

N_1——NH_4CNS 溶液的准确当量浓度；

N_2——$AgNO_3$ 溶液的准确当量浓度；

V—— NH_4CNS 标准溶液的滴定用量（mL）；

W_0——被测样品木芯粉末的重量（g）。

附录 B 我国部分城市木材平衡含水率估计值

表 B 我国部分城市木材平衡含水率估计值（%）

城市	月 份												年平均
	一	二	三	四	五	六	七	八	九	十	十一	十二	
克山	18.0	16.4	13.5	10.5	9.9	13.3	15.5	15.1	14.9	13.7	14.6	16.1	14.3
齐齐哈尔	16.0	14.6	11.9	9.8	9.4	12.5	13.6	13.1	13.8	12.9	13.5	14.5	12.9
佳木斯	16.0	14.8	13.2	11.0	10.3	13.2	14.5	14.5	13.4	13.9	14.9		13.7
哈尔滨	17.2	15.1	12.4	10.8	10.1	13.4	14.5	14.5	14.4	13.4	15.2		13.6
牡丹江	15.8	14.2	12.9	11.1	10.8	13.2	14.5	14.5	13.7	14.5	16.0		13.5
长春	14.3	13.8	11.7	10.0	10.1	13.5	15.7	14.6	13.5	13.5	14.6		13.3
四平	15.2	13.7	12.0	10.0	10.2	13.2	15.4	14.5	13.1	13.3	13.4		13.2
沈阳	14.1	13.1	11.0	9.9	11.4	13.0	15.7	15.0	13.6	14.3	14.5		13.4
大连	12.6	12.8	12.3	10.6	12.3	14.5	14.6	14.6	12.6	12.5			13.0
乌兰浩特	12.5	11.3	9.9	9.1	8.6	11.0	12.1	11.9	11.1	11.2		12.8	11.2
包头	12.2	11.8	8.5	8.1	9.4	10.4	12.5	11.8	10.3	11.9	13.4		10.7
乌鲁木齐	16.0	18.8	15.5	14.6	8.5	8.8	8.4	8.0	8.7	11.2	15.9	18.7	12.1
银川	13.6	13.0	9.2	8.4	9.5	12.5	12.5	13.8	11.8				11.8
兰州	13.5	11.3	10.1	9.4	8.9	9.3	10.0	11.4	12.1	12.2	14.3		11.3
西宁	12.0	10.3	14.2	13.0	10.0	11.3	14.6	10.7	11.2	14.3			11.5
西安	13.7	14.2	13.4	13.1	13.0	9.8	13.7	16.0	15.5	15.5	15.2		14.3
北京	10.3	10.7	8.5	9.8	11.2	12.2	15.2	14.2	11.2	12.2	10.8		11.4
天津	11.6	12.1	11.6	9.7	10.5	11.9	14.5	15.2	12.7	13.3	12.1		12.1
太原	12.3	11.6	10.9	9.1	9.2	9.8	13.6	12.6	12.2		12.6		11.7
济南	12.3	12.8	11.1	9.0	9.6	9.8	13.5	15.0	11.0		12.6		11.7
青岛	13.2	14.6	14.4	11.2	12.4	14.6	15.4	15.2	13.6	13.4	13.5		14.4
徐州	15.7	14.7	14.2	11.6	12.4	11.2	15.0	16.0		13.4	14.4		13.9
南京	14.9	15.2	14.8	13.2	14.4	13.4	15.3	15.9	15.5	15.5			14.9
上海	15.8	16.8	16.3	14.7	15.0	16.5	15.1	15.2	15.2	15.5	15.9		16.0
芜湖	16.9	17.1	17.0	15.1	16.0	16.0	14.7	14.7	14.9	14.9	14.9		15.8
杭州	16.3	18.0	17.6	16.0	16.4	16.4	15.2	14.7	16.5	16.7	17.0		16.5
温州	15.9	18.1	19.4	19.7	18.4	17.0	16.1	14.9	14.4	14.4	15.1		17.3
崇安	14.7	16.5	17.6	16.0	15.5	15.0	13.1	14.2	14.2	14.3	14.4		15.0
南平	15.8	17.1	16.6	16.3	17.0	15.4	14.8	15.6	14.9	15.8	16.4		16.1
福州	15.1	16.8	17.6	18.1	17.0	15.6	13.4	13.5	14.2	14.2	15.4		15.6
永安	16.5	17.7	17.6	16.9	17.0	15.3	14.5	14.6	15.0	16.0	17.7		16.3
厦门	14.5	15.5	16.6	16.4	15.7	14.5	13.3	12.6	12.5	12.1	13.8		15.2
郑州	13.2	14.0	14.1	11.2	12.0	10.2	14.0	13.2	12.4	13.4	13.0		12.4

续表 B

城市	一	二	三	四	五	六	七	八	九	十	十一	十二	年平均
洛阳	12.9	13.5	13.0	11.9	10.6	10.2	13.7	15.9	11.1	12.4	13.2	12.8	12.7
武汉	16.4	16.7	16.0	16.0	15.5	15.2	15.3	15.0	14.5	14.5	14.8	15.3	15.4
宜昌	15.5	14.7	15.7	16.0	15.8	11.7	11.1	14.2	14.8	14.4	15.6		15.1
长沙	18.0	19.5	19.2	18.1	16.5	15.4	14.3	14.3	15.5	15.5	16.1		16.5
衡阳	19.0	20.6	19.7	18.5	15.1	13.6	13.0	14.1	16.7	19.0	17.0		16.9
南昌	16.4	19.3	18.2	17.4	17.0	16.1	14.1	15.0	14.5	14.7	15.2		16.0
九江	16.0	17.1	16.5	16.7									15.8
桂林	13.7	15.4	16.8	15.6	14.8	14.8	12.7	13.2	12.6	12.8			14.4
南宁	14.7	16.1	17.4	16.0	14.8	15.3	15.3	13.6					15.4
广州	13.3	16.0	17.3	17.6	15.6	15.6	10.2	12.4	12.9				15.1
海口												17.3	17.3
成都	15.9	16.4	14.4	16.2	16.8	18.3	18.7	18.3	17.6	17.4			16.0
雅安	15.8	15.8	14.8						17.7	17.6	17.0		15.7
重庆	17.4	15.4	14.9	14.8	15.4	14.8	18.0	18.2					15.9
康定	12.8	11.5	12.2	11.8	12.2	12.6							13.9
宜宾	17.0	16.4	15.4	14.9	16.2	17.3	18.7	17.9	17.7				16.3
昌都	9.4	8.8	9.1	9.5	10.2	12.7	13.3	13.4	11.9	9.8	9.8		10.2
昆明	12.7	11.0	10.9	9.8	12.9	15.6	15.3	14.9					13.8
贵阳	17.7	16.1	15.3	14.6	15.0	14.7	16.0	15.9	16.1				15.4
拉萨	7.2	7.2	7.6	7.7	7.6	12.2	12.7	11.9	9.0	7.2	7.8		8.6

附录 C 木基结构板材弯曲试验方法之一 ——集中静载和冲击荷载试验

C.1 一般规定

C.1.1 本方法适用于木基结构板材在集中静载和冲击荷载作用下的弯曲试验。

C.1.2 试验模拟木基结构板材用作楼面板或屋面板的使用条件。

 1 屋面板：应进行在干态和湿态两种条件下的试验。

 2 楼面板：应进行在干态和湿态重新干燥两种条件下的试验。

 注：根据房屋使用情况，也可只进行一种条件下的试验或按房屋实际使用条件进行试验。

C.2 基本原理

C.2.1 模拟屋面板或楼面板实际受力情况，将板材试件平置在 3 根等距的支承构件上，形成双跨连续板，根据板材两端边缘的支承情况分为 3 种受力状态，在最不利位置加载。

C.3 仪器设备

C.3.1 集中静载：

 1 加载装置——荷载应通过球座平稳加载，可采用不同方式加压至极限荷载，准确度应在 ±1% 以内。

 2 加载盘——需用两个钢盘，厚度至少 13mm，直径 76mm 的钢盘除用于测定刚度外也用于测定集中荷载下的强度，直径 25mm 的钢盘只用于测定强度（表 C.3.1）。

 加载盘与试件接触的边缘应制成半径不超过 1.5mm 的圆形倒角。

表 C.3.1 测定强度时钢盘直径的选用 （mm）

使用条件	应 用 情 况		
	屋面板	楼面板一	楼面板二
湿态	76	76	76
干态	76	76	25
湿后重新干燥	—	76	25

注：工程使用中，楼面板有两类使用工况：楼面板一为上覆有其他非结构层（如垫层和装饰面层等）的情况；楼面板二为单层楼面板，无上覆层。

 3 挠度计安装在固定于支承构件的三脚架上（图 C.3.1），每格读数为 0.02mm，准确度应为 ±1%。

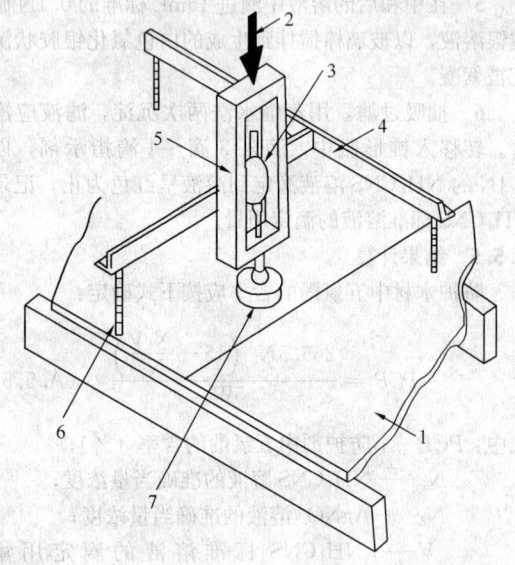

图 C.3.1 集中静载试验装置

1—试件；2—荷载；3—百分表；4—百分表支架；
5—荷载架；6—螺杆（用于调整高度）；7—加载盘
（应能自动调平）

C.3.2 冲击荷载：用专门皮袋（底部直径 230mm～

265mm，高710mm)装入直径为 2.4mm 的钢珠，从不同高度降落形成冲击。皮袋及钢珠的总重按板材的试验跨度确定（表 C.3.2）。

皮袋及钢珠的降落高度用标杆确定，标杆上的滑动指针每格为 152mm。

表 C.3.2　冲击荷载试验用落体（皮袋及钢珠）重量

板材的试验跨度 S（mm）	皮袋和钢珠总重（kg）
S≤610	13.6
610<S≤1200	27.3
S>1200	待定

C.4　试件的准备

C.4.1　板材试件数量：每种试验条件至少 10 个试件。

C.4.2　板材试件尺寸：

1　试件长度：垂直于支承构件跨越两个跨间的试件长度，$L=2S$（S 为实际制品的跨度）。

2　试件宽度：试件宽度不应小于 595mm。当试件四边支承时，试件宽度即为板材的标准宽度；当试件端部不完全支承或无支承时，试件宽度不应小于 595mm。

3　试件厚度：试件经过湿度调节后量测的厚度。

4　应在湿度调节之前按所要求的尺寸切割板材试件。

C.4.3　板材试件的湿度调节：在试验前应模拟板材可能发生的实际使用条件调节板材试件的含水率。用于屋面板的板材应调节到干态和湿态两种条件（见本条第 1 款和第 2 款）；用于楼面板的板材应调节到干态和湿后重新干燥两种条件（见本条第 1 款和第 3 款），或按本条第 2 款试验。

1　干态试验——在 20℃±3℃ 和 65%±5% 的相对湿度的条件下将板材试件调节至少 2 周使其达到恒重和不变的含水率。

2　湿态试验——将板材用水喷淋其上表面连续 3d 处于湿态，避免板材表面局部积水或任一部分没入水中。

3　重新干燥试验——将板材处于湿态 3d 后重新调节到干态。

C.4.4　板材试件的安装应符合下列要求：

1　将调节好的板材试件安装在支承构件上，支承构件、钉合模式以及安装细节必须和实际工况一致。

2　支承构件可为工程中使用的，密度在 0.40g/cm³～0.55g/cm³ 之间的任何树种，含水率不应超过 20%。

3　若试件和支承构件采用钉连接，则宜使用双头钉。

4　组装完毕后，应立即在实验室环境下进行测试。

C.5　试验步骤

C.5.1　集中静载试验（图 C.5.1）应符合下列要求：

1　集中静载应施加在板材试件上表面支承构件间的中线上。

2　当板材试件四边支承时，集中荷载应施加在宽度的中点处。

3　当试件板边未支承或不完全支承时（例如用企口连接），集中荷载应施加在距板边 65mm 处。

4　当加载点相距不小于 455mm，并处于不同的跨度，且其他试验无导致破坏的迹象时，板材试件可多次使用。

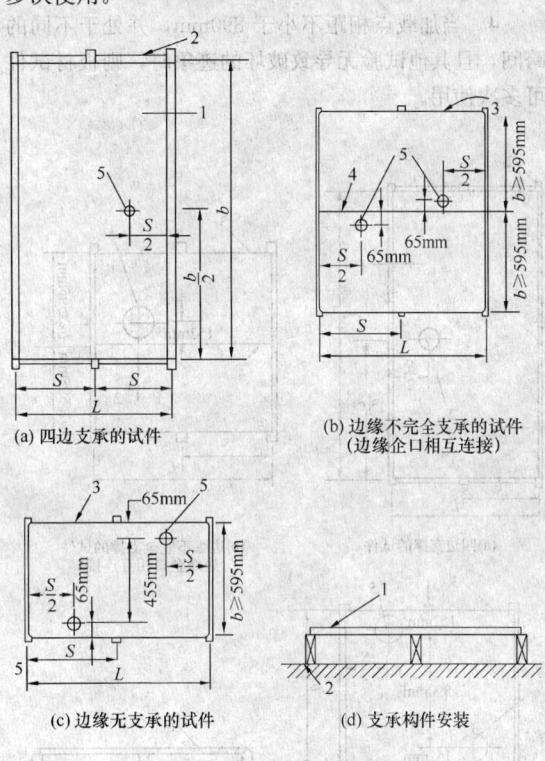

(a) 四边支承的试件　　(b) 边缘不完全支承的试件（边缘企口相互连接）

(c) 边缘无支承的试件　　(d) 支承构件安装

图 C.5.1　集中静载试验

1—板材试件；2—支承构件（支承在试验平台上；端部被夹持以防试验时转动或垂直移动）；3—无支承的边缘；4—不完全支承的边缘；5—加载点

C.5.2　测定刚度：应使用直径 76mm 的加载盘，在加载点下面量测相对于支座的板材试件挠度。应采用 2.5mm/min 的加载速度连续加载至 890N 并记录挠度计的读数，然后卸荷。

C.5.3　测定屋面板和楼面板一的强度：应按表 C.3.1 的规定采用直径为 76mm 的加载盘，分别测定屋面板干态和湿态的强度、楼面板一干态和重新干燥（如果需要则包括湿态）的强度。

用 5mm/min 的加载速度从零逐渐加载至最大荷载。

C.5.4 测定楼面板二的强度：应按表 C.3.1 的规定采用直径为 25mm 的加载盘测定楼面板二干态和重新干燥的强度，并应符合下列要求：

1 用 5mm/min 的加载速度加载至最大荷载。

2 如果需要测定楼面板二湿态的强度，则应采用直径为 76mm 的加载盘。用 5mm/min 的加载速度从零加载至最大荷载。

C.5.5 冲击荷载试验（图 C.5.5）应符合下列要求：

1 冲击荷载应施加在板材试件上表面支承构件间的中线上。

2 当板材四边支承时，冲击荷载应施加在宽度的中点。

3 当试件板边未支承或不完全支承时（例如用企口连接），冲击荷载应施加在距板边 152mm 处。

4 当加载点相距不小于 890mm，并处于不同的跨间，且其他试验无导致破坏的迹象时，则板材试件可多次使用。

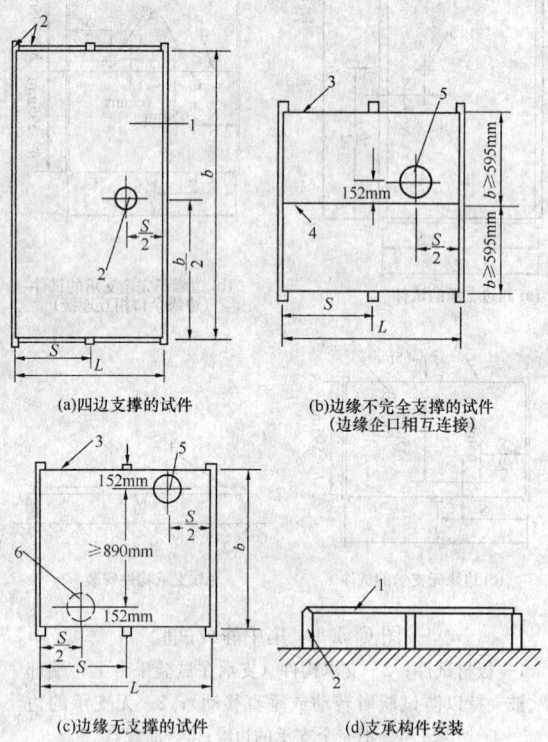

(a)四边支撑的试件

(b)边缘不完全支撑的试件（边缘企口相互连接）

(c)边缘无支撑的试件

(d)支承构件安装

图 C.5.5　冲击荷载试验

1—板材试件；2—支承构件（支承在试验平台上，端部被夹持以防试验时转动或垂直移动）；3—无支承的边缘；4—不完全支承的边缘；5—加载点；6—补充加载点

C.5.6 在冲击荷载试验前，应用直径为 76mm 的加载盘在冲击荷载加载点（图 C.5.5）施加集中静载 890N，并量测相对于支座的板材挠度。

C.5.7 卸去集中静载试验装置，降落皮袋施加冲击荷载，并应符合下列要求：

1 皮袋应落在板材试件上表面的加载点，起始的降落高度为 152mm，每次按 152mm 递增，应在邻近的支承构件上面的板材试件上表面到皮袋的底面量测降落高度。

2 在每次落袋之后，应用直径为 76mm 的加载盘施加 890N 的集中荷载在冲击荷载试验的加载点上，并量测挠度。

3 在冲击荷载试验的加载点上按 5mm/min 的加载速度增加集中荷载，直至达到规定的保证荷载。作为保证荷载而施加的集中荷载应按板材预期的用途经有关方面同意确定。当板材确能承受保证荷载，即可卸荷。

4 重复第 1 款到第 3 款的程序继续冲击荷载试验直至下列任一种情况：

　1）达到规定的降落高度；

　2）达到板材已不能再承受规定的保证荷载，即确定极限冲击荷载时的降落高度。

C.6　试　验　结　果

C.6.1 试验数据记录应包括：

1 集中静载 890N 作用下的挠度。

2 冲击荷载试验前在集中荷载 890N 作用下的挠度和每次落袋后的挠度。

3 当发生第一个显著的损坏时的集中荷载和落袋高度、所用的保证荷载、冲击荷载试验终止时的最大降落高度或最大冲击荷载时的降落高度。

C.6.2 试验数据分析应包括：

1 在 890N 集中荷载作用下的最小、最大和平均挠度。

2 楼面板一和楼面板二的最小、最大和平均极限集中荷载。

3 每次冲击荷载增量后在 890N 集中荷载作用下的最小、最大和平均挠度。

4 在冲击荷载作用后，承受规定的保证荷载的试验达到规定的降落高度所占的百分率。

5 在极限冲击荷载下，最小、最大和平均落袋高度。

6 出现第一个显著的损坏时最小、最大和平均集中静载。

7 出现第一个显著的损坏时的最小、最大和平均冲击荷载。

C.6.3 试验报告应包括下列内容：

1 试验日期。

2 板材试件的特征：制造商、来源、尺寸、试件厚度以及其他有关的性能。

3 试验装置的详情，包括支承系统和连接措施以及其他有关的构造细部。

4 试验技术：湿度调节、仪器设备的配置、加载盘尺寸、加载点的定位、落袋重量的确定、保证荷

载的采用，降落高度上限的规定以及本试验方法尚存在的问题。

附录 D 木基结构板材弯曲试验方法之二
——均布荷载试验

D.1 一般规定

D.1.1 本方法适用于木基结构板材在均布荷载作用下的弯曲试验。

D.1.2 试验模拟木基结构板材用作楼面板或屋面板的使用条件：

　　1 屋面板：应进行在干态条件下的试验。

　　2 楼面板：应进行在干态和湿态重新干燥两种条件下的试验。

D.2 基本原理

D.2.1 模拟屋面板或楼面板实际受力情况，将板材试件平置在 3 根等距的支承构件上形成双跨连续板，用真空舱内的负压使板材均布荷载，测定板材的挠度。

D.3 仪器设备

D.3.1 均布荷载试验装置（图 D.3.1）应符合下列要求：

　　1 支承构件应平置在真空舱的底槽上，并与其牢固固定，防止在试验时转动或下挠。

　　2 真空舱：由一个有足够强度和刚度的底槽，以板材试件作盖，用厚度为 0.15mm 的聚乙烯膜覆盖后，周边用胶带封闭牢固形成的密封舱。

　　3 真空泵用来在试件下面形成负压。

　　4 压力计用来测定试件的荷载。

　　5 挠度计应安装在刚性的三脚架上，三脚架应固定在支承构件上。

D.4 试件的准备

D.4.1 板材试件数量：每种试验条件至少 10 个试件。

D.4.2 板材试件尺寸应符合下列要求：

　　1 试件长度应垂直支承构件跨越两个试验跨度。

　　2 试件宽度不应小于 595mm，当跨度大于 610mm 时，试件宽度不应小于 1200mm。

D.4.3 板材试件的湿度调节应按本标准第 C.4.3 条规定的方法进行，并应符合下列要求：

　　1 用于屋面板的板材仅进行干态试验。

　　2 用于楼面板的板材应进行干态和重新干燥两种条件下的试验。

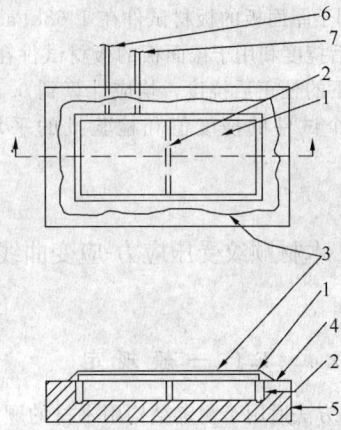

图 D.3.1 真空舱试验装置

1—板材试件；2—支承构件（支承在真空舱上防止转动或下挠）；3—封闭真空舱的聚乙烯膜；4—密封带；5—真空舱；6—接真空泵；7—接压力计

D.5 试验步骤

D.5.1 启动真空泵施加均匀荷载，应以 2.4kPa/min 的速度加载。

D.5.2 将挠度计安置在均布荷载双跨连续板最大挠度的位置，即从侧边支承构件的中心线至跨中 0.4215S 与板材试件宽度中心线的交点处（图 D.5.2）。挠度计的量测精度应达到 0.025mm。

　　按 1.2kPa 的增量记录挠度值直至极限荷载或所需要的保证荷载。

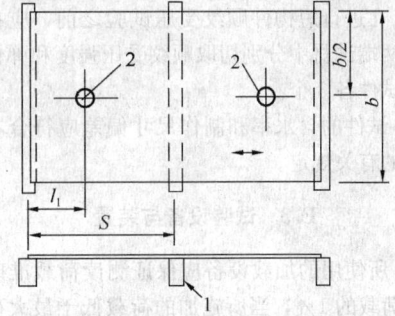

图 D.5.2 均布荷载试验

S—支承构件的中心线距离；l_1——对于双跨连续板为 0.4215S；b—试件宽度；1—支承构件（用于支承板材试件，防止试件转动和垂直移动）；2—挠度测量点

D.6 试验结果

D.6.1 确定荷载-挠度曲线的直线段的挠度测量数据不应少于 6 个。

D.6.2 为确定指定荷载下的挠度，应先将荷载-挠度曲线的斜线平移至通过原点，然后校正各组曲线。

D.6.3 用于屋面板的板材试件在 1.68kPa 荷载作用下的校正后挠度和用于楼面板的板材试件在 4.79kPa 荷载作用下的校正后挠度，均应计算到 0.1mm 的精确度。每个试件的挠度值和检验批的平均值均应列入。

附录 E 木材顺纹受压应力-应变曲线测定法

E.1 一 般 规 定

E.1.1 本方法适用于测定结构用木材的顺纹受压弹性模量和应力-应变曲线。结构用木材是指按目测分级的具有明确的材质等级的木材。

E.1.2 本方法是对无柱效应的短构件进行顺纹受压试验，试验时应保证木材轴心受力、匀速加载直至破坏，在规定的标距内测量变形值，用以确定弹性模量或应力-应变曲线。

E.2 试件设计及制作

E.2.1 测定木材顺纹受压弹性模量或应力-应变曲线的试件，应采用正方形截面，试件的截面边宽不宜小于 60mm，高度不应大于截面宽度的 6 倍。两个端面必须平整、相互平行并垂直于纵轴线。

E.2.2 木材的主要缺陷应位于试件截面宽度和试件顺纹长度的中央。靠近试件端部 1 倍截面宽度的长度范围内不得有斜纹以外的其他任何缺陷，且木纹倾斜率不应大于 10%。

E.2.3 在进行短构件顺纹受压试验之前，应在每一个试件两端试中分别切取顺纹受压强度和弹性模量标准小试件各 3 个。

E.2.4 试件的含水率和制作尺寸偏差应符合本标准第 3 章的有关规定。

E.3 试验设备与装置

E.3.1 所使用的加载设备应保证测读荷载准确读到所施加荷载的 1%，当所施加的荷载低于最大荷载的 10% 时，应保证准确读到最大荷载的 0.1%。

E.3.2 安装试件时，应将一个球座放置在试件的上部端面上，试件的几何轴线对准球座和试验机的中心线，并应从两个方向对正。

E.3.3 测量应变值时，应在试件的 4 个面上的中心线上安设测量木材压缩变形的计量器，计量器可采用千分表，规定的标距不应小于 100mm，也不应大于试件截面宽度的 4 倍，计量器的读数应同步进行。

E.4 试 验 步 骤

E.4.1 测定顺纹受压弹性模量，要预先估计荷载 F_1 值（小于比例极限的力）和 F_0 值（试件无松弛变形

的力），使荷载从 F_0 增加到 F_1，读压缩应变值，再卸荷到 F_0，反复进行 5 次，无异常时取相近 3 次读数的平均值作为测定值，然后逐级匀速加载直至破坏，并读出每级荷载下的压缩应变值。

E.4.2 测定木材的应变值试验，应采用连续匀速加载，试验机压头运行速度不得大于下式的计算值：

$$v = 5 \times 10^{-5} l \qquad (E.4.2)$$

式中：v——试验机压头运行速度（mm/s）；
 l——试件顺木纹方向的长度（mm）。

E.5 试 验 结 果

E.5.1 无柱效应试件的顺纹受压弹性模量应按下式计算：

$$E_c = \frac{l_0}{A} \frac{\Delta F}{\Delta l_0} \qquad (E.5.1)$$

式中：E_c——木材顺纹受压弹性模量（N/mm²），应记录和计算到三位有效数字；
 l_0——测量变形的标距（mm）；
 ΔF——荷载增量（N），其值为 $\Delta F = F_1 - F_0$；
 Δl_0——在荷载增量 ΔF 作用下的压缩变形，取四个面的平均值（mm）。

E.5.2 无柱效应试件的顺纹抗压强度应按下式计算：

$$f_c = \frac{F_u}{A} \qquad (E.5.2)$$

式中：f_c——木材顺纹抗压强度（N/mm²），应记录和计算到三位有效数字。

E.5.3 绘制无柱效应试件的顺纹受压应力-应变曲线时，宜以应力 σ 或它的相对值 σ/f_c 为纵坐标，以与应力相对应的应变值 ε 或它的相对值 ε/E_c 为横坐标。

附录 F 构件胶缝抗剪试验方法

F.1 一 般 规 定

F.1.1 本方法适用于测试构件胶缝的顺纹抗剪强度。

F.2 基 本 原 理

F.2.1 本方法是将剪应力作用于胶缝直到发生破坏，记录破坏荷载和评定木材破坏的百分率。

F.3 仪 器 设 备

F.3.1 试验机：一台已经校准的试验机能按第 F.3.2 条的要求将压力施加到剪切装置，测量最大荷载的准确度应在 ±3% 以内。

F.3.2 剪切装置：剪切装置的柱面支承应能自动调整，保证试件端部承载，宽度方向应力均匀分布（图 F.3.2）。

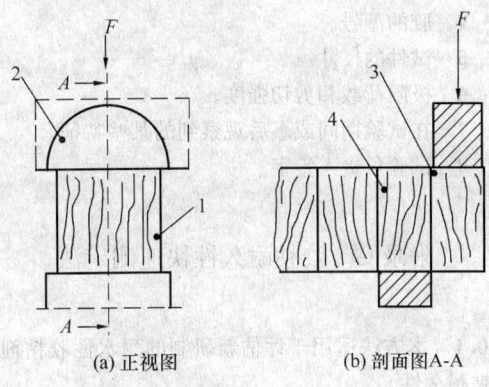

(a) 正视图 (b) 剖面图A-A

图 F.3.2　夹持试件的剪切装置

1—试件；2—柱面支承；3—剪切面；4—将试条夹紧

F.4　试件设计及制作

F.4.1　试件：试件的形状可按图 F.4.1-1 或图 F.4.1-2 选取，并应符合下列要求：

1　当采用图 F.4.1-1 的标准试件时，试件的宽度 b 宜为 40mm～50mm，厚度 t 宜为 40mm～50mm。

2　当采用图 F.4.1-2 钻取的木芯试件时，试件的长度 l 宜为 70mm～80mm，直径 d 宜为 35mm，侧面宽度 a 宜为 23mm，厚度 t 宜为 26mm。

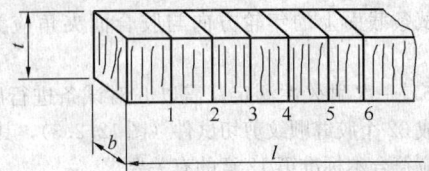

图 F.4.1-1　标准试件

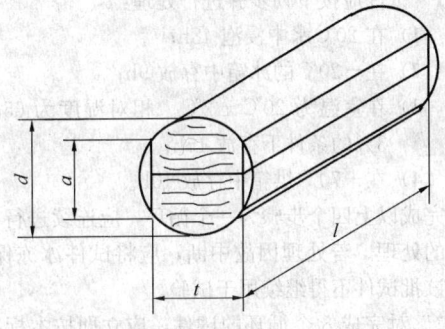

图 F.4.1-2　钻取的木芯试件

注：木芯应沿长度方向切出两个垂直于胶缝的相互平行的平面，使试件具有一个矩形的剪切面。为了准确钻取木芯，建议采用一个适用的钻架。

3　制作试件时应保证承压面平整且相互平行，并垂直木纹。

F.4.2　采样方法：

1　试验条应从层板胶合木构件的全截面中截取。至少应从全截面高度的上、中、下三区各截取 3 条胶缝。若截面少于 10 层，则全部胶缝均应测试（图 F.4.2）。

注：全截面试件宜在层板胶合木构件有足够的压力区段截取。实际上往往是在层板胶合木构件达不到所要求的压力，如果在这种情况下确定胶缝的抗剪强度，那么构件胶缝的质量应被认可。

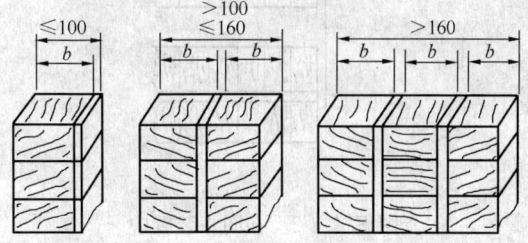

图 F.4.2　从全截面试件中切出的试验条

2　试验条应尽可能包括层板胶合木构件的全截面宽度（图 F.4.2），需要测试的试验条数目应满足表 F.4.2 的规定。

表 F.4.2　试验条的数目

全截面宽度（mm）	试验条数目
≤100	1
>100，≤160	2
>160	3

3　如果两个或更多的层板胶合木构件在一个装置上夹紧加压时，试验条必须按照本条第 2 款所要求的数量，从每个构件中截取。

4　当需要测试的胶缝位于层板胶合木构件的中部时，应进行钻孔取样。钻孔应垂直于层板胶合木构件的表面，使需测试的胶缝恰好位于木芯的中心线上。

F.4.3　标志：每个试验条都应加永久性标志，标明该试验条从层板胶合木构件截面的切出位置（图 F.4.3-1 和图 F.4.3-2）。

注：1　若层板胶合木构件为垂直层叠胶合木，则构件的前侧可标 U，背侧可标 L；层板胶合木构件的胶缝编号，应从构件底部开始（图 F.4.1-1）；

2　如果两根层板胶合木构件是在同一装置中加压，则在底部的构件的试验条应添加一个下标1，从上部构件中截取的试验条应添加一个下标2（图 F.4.3-2）。

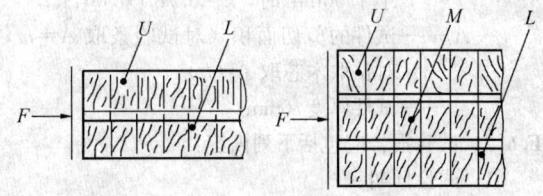

图 F.4.3-1　从垂直层叠胶合构件中
切出的试验条各部位标志

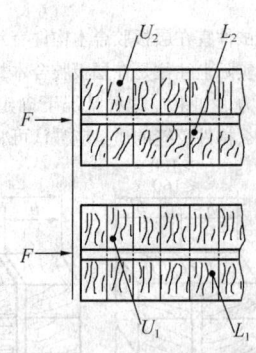

图 F.4.3-2 在同一装置中
加压的层板胶合木构件中切出
的试验条各部位标志

F.5 试验步骤

F.5.1 全部试件应在空气温度为 20℃±2℃ 和相对湿度为 65%±5% 的标准人工气候条件下达到平衡含水率。对于内部质量检验，试件木材的含水率应控制在 8%～13% 的范围内。

F.5.2 采用游标卡尺量测试件的尺寸和剪切面积，准确到 0.5mm。

F.5.3 将试件置于剪切试验装置中（图 F.3.2），应将胶缝准确定位，使胶缝与剪切面的距离不超过 1mm。沿木纹方向施加荷载。

F.5.4 加载的速率应保持常数，并应在 20s 后发生破坏。

F.5.5 估计木材破坏的总百分率，将其四舍五入后接近一个被 5 能除尽的数字。

F.5.6 每个试过的试验条，应留下不少于 5 条剩下的胶缝，用以标志有次序的数目、构件数量、胶合日期及按第 F.4.3 条规定的试件出处，按检验单位的要求，储存一个时期。

F.6 试验结果

F.6.1 试件胶缝的剪切强度可按下式计算：

$$f_{Jv} = k \frac{F_u}{A_v} \qquad (F.6.1)$$

式中：f_{Jv}——试件胶缝的剪切强度（N/mm²），计算结果保留两位有效数字；

k——修正系数，当顺木纹方向的试件厚度小于 50mm 时，$k=0.78+0.0044t$；

A_v——试件的剪切面积（对试验条取 $A=bt$，对钻取木芯取 $A=lt$）；

t——试件厚度（mm）。

F.6.2 试验报告应包括下列内容：

1 试验日期。

2 试件的标志及所切出的层板胶合木构件，其他有关情况，例如预先气干。

3 木材的树种和等级。

4 胶的型号。

5 试件的尺寸。

6 极限荷载和剪切强度。

7 在试验期间或事后观察到的某些特征。

8 试验负责人签字。

附录 G 胶粘耐久性快速测定法

G.0.1 本方法适用于评估新研制的耐水性胶粘剂的胶粘耐久性。

注：在木结构工程施工质量验收中，当需检测构件胶缝脱胶率时，可按照附录 J 的规定进行。

G.0.2 本方法是根据提高环境强度以加速胶粘剂老化的原理，以试验破坏模式与室外暴露自然老化作用结果相似为条件，对胶粘的耐久性进行定性评估。

G.0.3 用于耐久性测定的胶液，其质量应经本标准第 12 章规定的方法检验通过。

G.0.4 用于耐久性测定的试条，应以软木松类木材制作，试条应全部取自同一段木材，且不得有木节、斜（涡）纹、虫蛀、裂纹、髓心和有树脂溢出等缺陷，试条截面上的年轮方向与胶合面夹角应为 60°～90°。

G.0.5 一次耐久性测定，需以 8 对试条进行胶合，加工成 32 个胶缝顺纹剪切试件（图 12.2.3），其加工质量应符合本标准第 12 章的有关要求。

G.0.6 胶粘耐久性的测定应按下列方法进行：

1 试件应按下列步骤进行处理：

1） 在 20℃水中浸泡 48h；

2） 在 -20℃ 的冰箱中存放 9h；

3） 在室温为 20℃±2℃、相对湿度为 65%±3% 的条件下存放 15h；

4） 在 +70℃ 烘箱中存放 10h。

完成以上四个步骤为一个循环，应连续进行 8 个循环的处理。若处理因故中断，应将试件冰冻保存，否则该批试件不得继续用于试验。

2 对完成 8 个循环的试件，应立即按本标准第 12 章规定的干湿方法进行试验至破坏。

3 试件破坏后，当其剪切面有 75% 以上的面积系沿木材部分破坏时，则认为该胶粘剂的胶粘耐久性满足使用要求。

附录 H 胶液工作活性测定法

H.0.1 本方法适用于胶液工作活性的测定。

H.0.2 胶液工作活性可根据其黏度的测定结果确定，承重结构用胶的胶液黏度应符合该胶种的产品标

准规定的要求。

H.0.3 胶液黏度可使用经过计量认证的黏度计测定，并应连续测定 3 次，以其平均值表示测定结果。在测定过程中，胶液的温度应始终保持在 20℃±2℃。

H.0.4 胶液黏度测定完毕后，应立即用适当的清洗剂清洗黏度计及盛胶容器。

附录 J 构件胶缝脱胶试验方法

J.1 一般规定

J.1.1 本附录提供确定层板胶合木控制胶缝完整性的 3 种脱胶试验方法。

J.2 基本原理

J.2.1 构成内应力是由于木材内部的含水率梯度，其结果是产生对胶缝的垂直拉应力。当胶结质量不高时，将出现胶缝脱胶。

J.3 仪器设备

J.3.1 压力容器：压力容器应能在至少 600kPa（绝对压力 700kPa）压力下和构成至少 85kPa（绝对压力 15kPa）的真空下安全运转，并应配备抽气泵或其他与其功能相同的设备，用以形成至少 600kPa（绝对压力 700kPa）的压力，并能抽至少 85kPa（绝对压力 15kPa）压力的真空。

J.3.2 干燥箱：干燥箱中空气循环的速度为 2m/s～3m/s，箱中的温度和空气的相对湿度按不同试验方法应符合表 J.3.2 的要求。

表 J.3.2 干燥箱按不同试验方法控制人工气候

试验方法	温度（℃）	相对湿度（%）
A	60～70	<15
B	65～75	8～10
C	27～30	25～35

J.3.3 天平：准确度为 5g。

J.4 试件设计及制作

J.4.1 试件（图 J.4.1）应按能代表生产正常运转的原则来选择，并应符合下列要求：

1 试件应取自需进行试验的层板胶合木构件的全截面，即沿垂直木纹方向切割。

2 试件顺木纹方向长度应取（75±5）mm。

3 试件端面应用锐利的锯或其他工具切割，切

割面应光滑。

4 若截面宽度 b 大于 300mm，可将试件切割为两个或更多个试件。

5 每个试件的截面高度不小于 130mm，若截面高度 h 大于 600mm，则可将其切割成两个或更多个试件，其高度不小于 300mm。

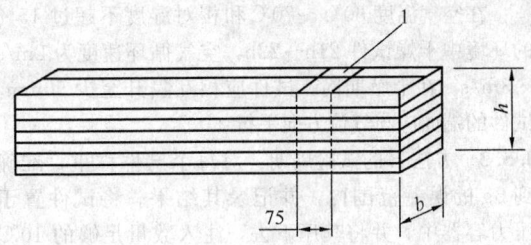

图 J.4.1 从层板胶合木构件切割出的试件
1—试件

J.5 试验步骤

J.5.1 一般规定：从试件端面起按毫米量度胶缝的总长度。将试件按所选定的试验方法进行不同的周期试验，每种试验方法所需的试验周期应符合表 J.5.1 的规定。只有当按本标准第 J.6.2 条求得的总脱胶百分率大于预定的最大值，才有必要进行一次额外周期试验。

在干性循环的末尾，从试件端面量度胶缝开胶的长度（mm）。在木节处开胶应忽略不计，木材因开裂或其他原因引起破坏不应包括在脱胶之内。孤立的短于 3mm 的脱胶及与最近的脱胶相距大于 5mm 的脱胶皆应忽略不计。

注：1 若是木材发生分离，即使非常贴近胶缝，亦应定义为木材破坏或木材开裂。宜采用放大镜来判别破坏发生于胶缝或是木材。探测缝隙宜采用厚度为 0.08mm 到 0.10mm 的塞尺。

2 由于木节处或节群区的胶缝在严峻的暴露环境下是不耐久的，故木节处发生的脱胶不计入脱胶面积。

表 J.5.1 不同试验方法所需的周期

试验方法	初始周期	额外周期
A	2	1
B	1	1
C	1	0

J.5.2 方法 A 的试验周期：将试件置于压力容器中，并将其压下去，注入数量足够的 10℃～20℃的

水，使试件没入水中。用钢丝网等器具将试件分隔开，使试件的全部端面自由地暴露在水中。抽真空达到 70kPa～85kPa（即相当于海平面 15kPa～30kPa 绝对压力），并保持 5min。然后释放真空，加压到 500kPa～600kPa（绝对压力 600kPa～700kPa），保持 1h。试件仍然完全没于水中，重复真空施压循环，达到两个循环浸水周期，总共需要 130min。

在空气温度 60℃～70℃ 和相对湿度不超过 15% 的环境中干燥试件 21h～22h，空气循环速度为 2m/s～3m/s。在干燥期间，试件应相互隔开至少 50mm，试件的端面应与气流方向平行。

J.5.3 方法 B 的试验周期：对每个试件称重，准确到 5g 的误差范围内，并记录其结果。将试件置于压力容器中，并将其压下去，注入数量足够的 10℃～20℃ 的水，使试件没入水中。用钢丝网等器具将试件分隔开，使全部端面自由地暴露在水中。抽真空达到 70kPa～85kPa（相当于海平面 15kPa～30kPa 的绝对压力），保持 30min，然后释放真空，加压到 500kPa～600kPa（绝对压力 600kPa～700kPa），保持 2h。

在空气温度 65℃～75℃ 和相对湿度 8%～10% 的环境中干燥试件 10h～15h，空气循环速度为 2m/s～3m/s。在干燥期间，试件应相互隔开至少 50mm，试件的端面应与气流方向平行。

在干燥箱中的时间应由试件的体积控制，只有当试件的体积控制在干燥箱容积的 15% 以内时，才可观测并记录试件的脱胶。

J.5.4 方法 C 的试验周期：将试件置于压力容器中，注入数量足够的 10℃～20℃ 的水，使试件没入水中。用钢丝网等器具将试件分隔开，使全部端面自由地暴露水中。抽真空达到 70kPa～85kPa（相当于海平面 15kPa～30kPa 的绝对压力），保持 30min。然后释放真空，加压到 500kPa～600kPa（绝对压力 600kPa～700kPa），保持 2h。试件仍没在水中，重复真空施压循环，达到两个循环浸水周期，总共需 5h。

在空气温度 25℃～30℃ 和相对湿度 25%～35% 的范围内干燥试件约 90h，空气循环速度为 2m/s～3m/s。在干燥期间，试件应相互隔开至少 50mm，试件的端面应与气流方向平行。

J.6 试 验 结 果

J.6.1 一般规定：应计算每个试件的脱胶百分率。如果有额外周期，应计算额外周期前后的结果。

J.6.2 总脱胶率：每一试件的总脱胶百分率可按下式计算：

$$J = \frac{l_d}{l_g} \times 100\% \qquad (J.6.2)$$

式中：J——总脱胶百分率（%）；

l_d——总脱胶长度（mm）；

l_g——总胶缝长度（mm）。

J.6.3 最大脱胶率：一个试件一条胶缝的最大脱胶率可按下式计算：

$$J_{max} = \frac{l_{d,max}}{2l_{g1}} \times 100\% \qquad (J.6.3)$$

式中：J_{max}——试件的最大脱胶率（%）；

$l_{d,max}$——最大脱胶长度（mm）；

l_{g1}——一条胶缝长度（mm）。

J.6.4 试验报告应包括下列内容：

1 试验日期。

2 试件的说明及从哪些构件中切割。其他有关的情况，例如关于预处理的情况。

3 木材的树种。

4 胶的类型。

5 试验方法。

6 经过规定的周期以及必需的附加周期后的总脱胶率和最大脱胶率。

7 试验期间或试验后观察到的试验特征。

8 试验负责人签字。

本标准用词说明

1 为便于在执行本标准条文时区别对待，对要求严格程度不同的用词说明如下：

1) 表示很严格，非这样做不可的用词：

正面词采用"必须"，反面词采用"严禁"；

2) 表示严格，在正常情况下均应这样做的用词：

正面词采用"应"，反面词采用"不应"或"不得"；

3) 表示允许稍有选择，在条件许可时，首先应这样做的用词：

正面词采用"宜"，反面词采用"不宜"；

4) 表示有选择，在一定条件下可以这样做的用词，采用"可"。

2 条文中指明应按其他有关标准、规范执行的写法为："应符合……的要求或规定"或"应按……执行"。

引用标准目录

1 《木结构设计规范》GB 50005

2 《木结构工程施工质量验收规范》GB 50206

3 《钢结构设计规范》GB 50017

4 《木材物理力学试验方法总则》GB/T 1928

5 《数据的统计处理和解释 正态性检验》GB/T 4882

6 《数据的统计处理和解释　正态样本离群值的判断和处理》GB/T 4883

7 《数值修约规则与极限数值的表示和判定》GB/T 8170

8 《金属材料　拉伸试验　第 1 部分：室温试验

方法》GB/T 228.1

9 《轻型木桁架技术规范》JGJ/T 265

10 《拉力、压力和万能试验机》JJG 139

11 《水载型防腐剂和阻燃剂主要成分的测定》SB/T 10404

中华人民共和国国家标准

木结构试验方法标准

GB/T 50329—2012

条 文 说 明

修 订 说 明

《木结构试验方法标准》GB/T 50329－2012，经住房和城乡建设部于 2012 年 10 月 11 日以第 1499 号公告批准、发布。

本标准是在《木结构试验方法标准》GB/T 50329－2002 的基础上修订而成，上一版的主编单位是重庆大学土木工程学院，参编单位是四川省建筑科学研究院、哈尔滨工业大学土木工程学院；主要起草人员是 黄绍胤 、 周仕祯 、王永维、梁坦、倪仕珠、樊承谋、 王振家 。本次修订的主要技术内容是：1 补充了试验设备的精度要求；2 通过对比 ISO 标准和 ASTM 标准，结合我国具体情况，修改和统一了梁弯曲试验、轴心压杆试验和偏心压杆试验的加载速度；3 增加了"齿板连接试验方法"的内容；4 将原标准"屋架试验方法"改为"桁架试验方法"，增加了轻型木桁架试验方法的内容，调整了桁架的加载程序，增加了连续加载方式；5 取消了附录 A（原附录 E）中关于"用化学滴定法测定防护剂的保持量"的内容。

本标准在修订过程中，编制组进行了广泛的调查和大量的理论与试验研究，总结了各单位对木结构相关方面的实践经验，参考了 ISO 标准、美国 ASTM 标准、加拿大 CSA 标准和欧洲 EN 规范，并进行了大量国产齿板连接节点试验和轻型木桁架试验，总结出了齿板连接和轻型木桁架的试验方法。

为便于广大设计、施工、检测、科研、学校等单位有关人员在使用本标准时能正确理解和执行条文规定，《木结构试验方法标准》编制组按章、节、条顺序编制了本标准的条文说明，对条文规定的目的、依据以及执行中需注意的有关事项进行了说明。但是，本条文说明不具备与标准正文同等的法律效力，仅供使用者作为理解和把握标准规定的参考。

目　次

1 总　　则

1.0.1　本条主要是阐明制定本标准的目的。

众所周知，试验结果与其所采用的试验方法有密切关系，试验方法各异，试验数据悬殊，若试验方法不当，有时甚至得出相反的或不合实际的结论。

为适应市场经济的发展，消除贸易障碍，技术标准的统一和通用是商业活动中的重要协约依据。欧盟为实现其目标，早就着手技术标准的统一化工作，其中包括木结构设计规范和试验方法标准。

我国在工程建设标准主管部门的领导下，制定了《建筑结构可靠度设计统一标准》GB 50068，采用了以概率论为基础的极限状态设计方法，为建立这种设计方法需要大量的、系统的调查、实测和试验数据，这些试验统计数据的得来，自然需要一个统一的、可靠的试验方法。

本标准的服务宗旨是确保木结构试验的质量，正确评价木结构、木构件及其连接的基本性能，统一木结构的试验方法，为《木结构设计规范》GB 50005提供试验数据，使试验结果科学地、正确地反映木结构、木构件及其连接的受力性能，并使不同试验机构的试验数据能相互比较和引用，以及力求与国际标准相协调，进一步促进对外交流。

1.0.2　本标准的适用范围主要是工业与民用房屋和一般构筑物中的木结构。即包括普通方木和原木结构、胶合木结构、钢木组合结构和轻型木结构。主要说明两点：

1　木构筑物系指一般工业与民用上应用的栈桥、平台、塔架等承重结构。

2　本标准中的主要内容是木结构的构件和连接，它们是木结构的基本组成部分，它们的试验方法亦可适用于临时性建筑设施以及施工过程中的工具式木结构。

1.0.3　本条主要是明确规范、标准的配套使用。但在写法上，国外标准在总则中对引用标准名称一一列出，同时在后面有关条文中又要说明直接有关的引用标准名称。我国标准、规范为了避免重复，按照住房和城乡建设部《工程建设标准编写规定》的标准写法。

2　术语和符号

2.1　术　　语

考虑到本标准中的术语和符号较多，为了便于使用者理解，本次修订增加了"术语和符号"一章。本节列出了标准中出现的主要术语，主要根据《木结构设计规范》GB 50005、《木结构工程施工质量验收规范》GB 50206及参照国际上木结构的相关术语进行编写，如齿板连接、轻型木桁架等。

2.2　符　　号

结合本次标准的修订情况，本节给出了本标准各章中所引用的主要符号，并分别作出了定义。

3　基　本　规　定

3.1　试　验　设　计

3.1.1　本条的目的是为了强调遵守本标准和试验设计（试验方案）的重要性。当需要时宜在正式试验前进行预备试验或试探性试验。

3.1.2、3.1.3　由于试验的目的性不同，试验所用的试材、试件制作和数量，以及试验条件等要求都有所差别。在本标准2002版的征求意见稿中，按试验的目的性不同，划分为研究性试验、验证性试验和检验性试验。经征求专家意见，认为：

1　研究性试验一般只能在有较高水平的研究单位进行，且为数不多。

2　研究性试验不能规定过于具体，例如研究含水率、木材缺陷等对承载能力的影响，研究试验就需要设置一些变化因素。

3　研究性试验的范围很广，有时也接近于验证性试验。

考虑到我国在《木结构设计规范》编制过程中，有的试验也属于研究性试验，又不宜不予纳入，因此，本标准按试验的目的性不同，适用于验证性试验和检验性试验，而对研究性试验在写法上采用淡化处理，不与前两者并列、退居配合地位，当涉及时，用"对于专门问题的研究试验，应……"的写法分述于有关条文中。

3.1.4　设计试验方案时，应充分考虑试验过程中可能出现的试验现象，特别是试件的破坏情况可能造成的后果，并采取必要的防护措施，以保证试验设备及试验人员的安全。

3.2　试材及试件

3.2.1　除了检验性试验按送来的原样妥为保存外，对于验证性试验和专门问题的研究试验，制作试件用的木材应合理地选择和存放。本条的规定是根据木材树种多，易腐、易蛀、易裂等特殊性质和我国多年的使用和试验的经验，为保证试验质量和试验数据的正确性而制定。

3.2.3　含水率对杆件、连接以及桁架等结构用木材受力性质的影响，明显地不同于标准小试件的木材，把用于标准小试件力学性质考虑含水率影响的换算公式应用于结构用木材，实践证明是不适合的，因为影

响结构用木材力学性质的，还有更多的复杂因素。

为了消除含水率的影响，根据国内外经验，通常采取控制木材含水率的办法。在制作试件之前，试材必须在室内自然风干达到平衡含水率，这样基本上可以反映木结构房屋使用中的木材含水率状态。在满足这一条件下，木构件、连接以及桁架等足尺试件的静力试验所得的数据可以不进行含水率换算。

为保持含水率的一致性，要求试材达到室内气干平衡含水率，这是本标准对木材含水率的基本要求，对于某些试验还可能有附加规定，在本标准的有关条文中还会提出或予以强调。

本标准的附录 B 列出的我国部分城市木材平衡含水率估计值，采用的是北京光华木材厂《木材蒸汽干燥法实践》的附表。

3.2.4 鉴于木材材质等级不同，对结构用木材受力性质的影响复杂、导致试验数据分散过大，故作此条规定。

3.2.5 本条是关于试件的制作和检查的某些共性要求，对于不同的试验项目还有某些具体要求，分别列于本标准的有关章节。

3.2.6 本条规定是为了取得足尺试件（杆件、连接）的受力性质和标准小试件的受力性质之间的对比资料，以及该批试材的基本材性的信息。对于不同试验项目的具体要求，分别列于本标准的有关章节。

各种标准小试件的制作要求、含水率测定及试验方法应符合现行国家标准 GB/T 1927～GB/T 1943 中的有关规定，如《木材物理力学试材采集方法》GB/T 1927、《木材物理力学试验方法总则》GB/T 1928、《木材含水率测定方法》GB/T 1931、《木材抗弯强度试验方法》GB/T 1936.1 等。

3.2.7 虽然足尺试件的试验数据可不进行含水率换算，但为了掌握试验情况和做好试验监督，仍需进行含水率测定。

3.3 试验设备和条件

3.3.1 本条是根据 ISO 标准和我国一般的设备条件而定，系各种试验的共同要求，某些试验的特殊要求分别列于本标准有关章节。

3.3.2 本条对木结构试验的条件提出要求，是基于木材的特点提出来的，木材的含水率、温度以及后面条文中提到的加载速度对木材力学性能影响较为敏感，为使试验数据科学、方便比较和应用，需对上述三个因素进行规定。

本条文中"正常温度和湿度的……"，是指正常的自然气候条件，在此条件下木材的含水率达到平衡含水率。

本条文中建议的适宜温度和湿度（20℃±2℃和65％±5％）是根据 ISO 标准提出的。

3.4 试验记录和报告

3.4.1～3.4.3 参考国外标准和我国实践经验制定。为避免重复，将各章的共同部分订为本条文，未能概括的内容列入有关各章。

4 试验数据的统计方法

4.1 一般规定

本章首先说明两点：

1 本章内容是针对木结构试验的特点和它的试验数据统计的需要，主要列出试件数量、离群值的判断和处理、参数估计和回归分析等问题的有关规定。由于这些问题在木结构试验中的重要性和应用的广泛性不同，有关条文规定的具体化程度也不相同，有的较为详细具体，有的仅给原则上的指示。

2 按统计学理论，每种试验方法应给出重复性 r 和再现性 R 的水平，但由于试验工作量和费用的巨大，一般工程试验的试验方法标准都难以办到。本标准是在不同单位多次试验、多次改进的经验总结的基础上制定的，虽未明确给出重复性 r 和再现性 R 的水平，但在实际应用中是可以满足工程试验要求的。

4.1.1、4.1.2 有关统计学名词及符号、数据的统计处理和解释、抽样程序及抽样表等统计学内容已有相应国家规范，但不完全。根据木结构构件及连接试验的特点，应作一些必要补充规定，同时，上述国家规范已有规定的，可以根据实际情况选择。为方便使用，同时避免使用者选择时可能造成的混乱，本章已集中进行统一选择。然而统计学内容非常丰富，本章不可能亦不必要全部包括。凡本章没有列的内容，应根据"统计学"进行。

4.1.3 对于样本来自正态总体或近似正态总体的判断，可以根据物理上的、技术上的知识，也可通过与考查对象有同样性质的以往数据进行正态性检验，木结构安全度研究组在 1978 年～1980 年对建筑常用木材强度分布进行了研究，尽管木材各种性质不同，可能各自有其更好的分布类型，但总的结论是"不论大小试件，其强度的概率分布均可通过正态性检验"。同时，根据中心极限定理，木结构构件和连接的抗力系由多个随机变量相乘而得，所以一般确认为结构构件抗力服从对数正态分布。

4.1.4～4.1.7 试验设计是搞好研究和最终得出期望的试验结果的重要一环，应根据具体研究目的而定，但从历史经验看，至关重要的是确定好试件数量。构件和连接试验不同于小试件，足尺试件的选材、制作及试验所需费用较大，且试验时间较长，过多的试件数显然不合适；但若试件数量过少，试验误差必将过大。因此本章规定了一些试件数量的下限值。分组试

验时，每组试验值的平均值是最重要的特征值，而平均值的误差与试件数量 n 的开方值成反比，n 增大时，其平均值的误差减少，当 n 从 1 增加至 5 时，其误差减小很快，当 $n=5$ 或 6 时开始变慢，当 $n>10$ 时，误差随 n 的变化已不显著，通常 $n=10$ 或 12 已经够了；对做试验困难的情况，试件数量最少应不少于 5。不分组时试验仍规定不少于 10。

回归分析时，为更好地找出变量间的关系，自变量数不宜太少，不然难以找出较为准确的回归公式。经研究商定，不宜少于 7 个。由于回归公式已确定，不得外推延长使用，所以应研究好自变量的起点和终点，若无把握可将起点和终点之间的距离根据具体对象适当放大一些。

对检验性试验，本标准的任务是给出试验方法，对抽样方法则应满足相关标准的规定，本标准中只给出如第 4.1.6 条文所述的原则指示。

4.1.8 离群值将给研究的问题带来不利影响，应认真对待。离群值产生的原因多种多样：有的是人为差错；有的是试验条件发生未被人发觉的改变；有的是不慎混入其他母体的试验数据；有的反映了本身的变异；有的表示新的规律；所以不能不查明原因，就贸然舍弃其中任一个观测值。

当原因判断不明或试验者经验甚为不足时，应利用数理统计准则加以判别。考虑到构件试验的难度，以及由于剔除离群数据往往有一种心理上的吸引力，会产生一定主观希望剔除的愿望（因为剔除后，似乎可以得出比较有规律的情况，或主观希望达到的结论）。因此，为慎重起见，剔除水平 α^* 取 0.01 而不是通常的 0.05。

在我们的研究中，往往是在未知标准差情况下进行，离群值检验常用方法有格拉布斯检验法、狄克逊检验法和偏度、峰度检验法，可按现行国家标准《数据的统计处理和解释 正态样本离群值的判断和处理》GB/T 4883 的有关规定选用。

应重视离群值给出的信息，在一段时间后，考查检出的离群值的全体，往往能明显地发现其物理原因和系统倾向，又若各个样本中出现离群值较为经常，又常不能明确其物理原因，则应怀疑分布的正态性假定，因此，应对离群情况予以详细记录，并作定期分析。

4.2 参 数 估 计

4.2.1 本标准适用于对抽自正态总体的随机样本的一系列试验的基础上，估计该总体的参数，或者利用试验所得的数据计算出一个区间，使得这个区间以给定的概率包含总体的参数。

4.2.5 置信水平是置信区间包含总体均值的概率，一般考虑为 0.95 和 0.99 两个水平。本标准根据过去经验，仅考虑 0.95 一个水平。

4.2.8 方差的区间估计不常用，仅在特殊研究时才需要估计 s^2 的良好程度如何。使用一种类似确定母体均值置信区间的方法，也可把母体方差 σ^2 的置信区间推导出来，但当 n 较小时，则结果很不精确，当 $n \geqslant 25$ 时，可近似认为样本量足够大，可以应用本标准中公式（4.2.8-1），但通常公式（4.2.8-2）单侧上置信界限更为有用。

4.3 回 归 分 析

4.3.1 当问题涉及两个或更多变量时，常常会对变量之间的函数关系感兴趣。但是，如一个或两个变量（在有两个变量的情况时）都是随机的，则在这两个变量的值之间就设有特殊的关系——给定一个变量（控制变量）的一个值，则另一变量就有一系列的可能值——这样就要求一个概率的描述，如果利用一个随机变量的均值和方差作为另一变量的值的函数来描述两个变量之间的概率关系，这就是所谓回归分析。在工程学中，回归分析已被广泛用来确定两个（或更多）变量之间的经验关系。

4.3.3 相关系数绝对值越大，方差的减小也愈大，按回归方程得出的预计值也愈精确，一般工程研究其相关系数绝对值不宜小于 0.85。

5 梁弯曲试验方法

5.1 一 般 规 定

5.1.1 本方法适用于整截面的锯材矩形截面梁，以及矩形截面和工字形截面胶合梁。对于原木以及其他不规则截面的梁也可参考使用。

本方法可用于测定梁的抗弯强度、纯弯曲弹性模量、表观弹性模量以及剪切模量。

5.1.2 本条说明两点：

1 对称两点加载是梁弯曲试验的基本原则，对于不同的试验项目可以有不同的具体规定，但都必须遵守这一基本原则。

2 梁试验的用途较广，通过试验可获得多个方面的数据和信息。例如：

1）用于制定构件分级规则和标准规格的数据。

2）用于制定构件强度的设计值或验算其可靠度方面的数据。

3）木材的各种缺陷影响构件力学性质的数据。

4）研究不同树种、不同等级和不同尺寸的构件强度性质方面的数据。

5）树龄或生长环境等不同条件影响力学性质的数据。

6）确定产品价格所需的各种力学性质的数据。

7）制造胶合构件的各种因子（如截面高度、斜度、切口、板的接头形式如指接接头等

以及其他胶合工艺）的影响的数据。

　　8）在非破损试验中寻找力学性质同它的物理性质相关的数据。

　　9）防腐药剂或其他化学因素影响构件力学性质的数据。

5.1.3 按照我国现行国家标准《木材抗弯强度试验方法》GB/T 1936.1 的规定，测定木材标准小试件的弯曲弹性模量采用的是全跨度内的挠度，然而国际标准无论是标准小试件试验（ISO 3349）或梁试验（ISO 8375）均采用纯弯矩区段内的挠度，两者有一定的差别又各有优缺点：

　　对标准小试件来说，采用全跨度（240mm）内的挠度比纯弯区（仅长 80mm）内的挠度易于获得变化较小的数据，但混入了由于剪切变形产生的挠度；采用纯弯区内的挠度可以排除剪切变形影响，但要准确测定有一定困难，为此，国际标准 ISO 3349 中列出了两种加载方式，即三分点加载和四分点加载，且跨度为 240mm～320mm，也就是说，纯弯区允许由 80mm 增加到 160mm。对于大截面的梁，无论测定纯弯区内的挠度或全跨度内的挠度都是不难办到的。本方法同时列入了两种挠度的测量方法，基于以下三点：

　　1 采用全跨度内的挠度以符合我国实用习惯，并和我国木材标准小试件试验的现行国家标准 GB/T 1936.1 相协调。

　　2 同时列出纯弯区内挠度的测定方法，与国际标准 ISO 8375 相一致，便于促进对外交流。

　　3 如果同一试件同时测定两种挠度，还可利用本标准中公式（5.5.3）算得梁的剪切模量 G，此剪切模量在木构件或连接的局部强度计算和设计中可能会用到，同时也说明了纯弯曲弹性模量 E_m 和表观弹性模量 $E_{m,app}$ 的关系以及二者的区别而不致混淆。

　　此外，按我国现行国家标准 GB/T 1936.1 标准小试件测定方法测得的弯曲弹性模量并非纯弯曲弹性模量 E_m，实质上是表观弹性模量 $E_{m,app}$。在长期的工程应用中已习惯该方法测得弯曲弹性模量的数值代表木材的弹性模量，并记为 E。

5.1.4 梁的测定截面应位于梁的纯弯区段内，例如，当需测定对木材力学性能影响最大缺陷处截面的抗弯强度时，应使该截面位于梁的纯弯区段内。

5.2　试件设计及制作

5.2.1～5.2.5 系根据我国实践经验制定，梁试件的长度应根据试件的跨度与截面高度的比值（即跨高比）确定，跨高比宜取 18。为保证梁的跨度为 $18h$，两端支点处试件外伸长度不应少于 $0.5h$，此处 h 为梁的截面高度。其中 18 系根据 ISO 8375 标准提出。

5.3　试验设备与装置

5.3.1～5.3.4 根据我国设备情况和实践经验而制定

并与国际标准 ISO 8375 保持一致，荷载分配梁刀口下面的弧形钢垫块能使试验时保证荷载传递的着力点位置正确，又能保证梁的变形不受约束。

5.4　试　验　步　骤

5.4.1 参考 ISO 8375 和美国标准 ASTM D198 而制定。

5.4.2～5.4.6 根据我国实践经验并参考国际标准 ISO 8375 和美国标准 ASTM D198 而制定。其中说明几点：

　　1 第5.4.2条第3款要求预先估计荷载 F_1 和 F_0 值，可采用下列方法：

　　　1）根据拟订试验设计的负责人的经验；

　　　2）或者做一根梁的探索性试验；

　　　3）或者试取 F_1 值等于按现行国家标准《木结构设计规范》GB 50005 计算的设计值的 0.9 倍～1.0 倍；试取 F_0 为 F_1 的 1% ～5%。

　　2 公式（5.4.3）是用来计算加载速度的允许值，此公式是遵照国际标准 ISO 8375 的规定：梁的边缘纤维的应变值的增长速度为每秒 5×10^{-5}，并运用材料力学的一般方法而导出的。

　　当恰好符合 $l=18h$ 且 $a=6h$ 时，公式（5.4.3）变为：

$$v = 3h \times 10^{-3} \text{（mm/s）}$$

　　该条给出的普通公式，是为了提高本标准对不同情况的适应性。

　　3 第5.4.4条中，加载速度的调整参考了中国林业科学研究院的研究实践，并对比了国际标准 ISO 8375 和美国 ASTM D4761、ASTM D198 的规定，最后参照 ISO 8375 标准改写。

　　4 第5.4.5条中，公式（5.4.5）来自 ISO 8375，其目的是为了取得至少的挠度值，从而可以从荷载-挠度曲线图中明显看出直线部分的情况。

　　5 第5.4.6条中，当出现裂缝响声、木纤维发生皱褶等现象时，即可认为开始出现了局部破坏。

5.5　试验结果及整理

5.5.1～5.5.4 公式（5.5.1）、公式（5.5.2）、公式（5.5.3）及公式（5.5.4）是根据定义和运用材料力学的一般方法而导出的，其中公式（5.5.3）是考虑了剪切变形和弯曲变形共同产生的挠度，式中 1.2 为矩形截面的形状系数。

　　这些公式和 ISO 8375 中相应的公式都是一致的。

6　轴心压杆试验方法

6.1　一　般　规　定

6.1.1、6.1.2 本方法是根据我国有关单位：四川省

建筑科学研究院、广东省建筑科学研究院、新疆建筑科学研究院和重庆大学（原重庆建筑大学）等单位的实践经验和参考国际标准 ISO 8375 和美国标准 ASTM D198 而制定的。

本方法主要适用于整截面的锯材或由薄板叠层胶合矩形截面的承重柱试验。原木或由薄板叠层胶合的工字形柱也可参考使用。

本方法是采取措施保证被试验的承重柱轴心受力、匀速加载直至破坏，从而根据不同的试验研究目的，取得所需的各种试验数据和信息。例如，可测得和使用有关下列数据：

1 为制定压杆的强度设计值或验算其可靠度所需的有关数据。

2 为求得木材某种缺陷对轴心压杆受力的影响。

3 用于校正柱的现行设计公式或进行柱的某种理论分析。

4 新利用树种为选择适合的轴心压杆稳定系数 φ 值曲线所需的数据。

6.1.3 本方法主要采用几何轴线对中的方法，这样可以与工程实际以及设计、施工规范相一致。对于原木、非矩形截面或特殊要求的研究试验才采用按物理轴线对中的方法。

6.2 试件设计及制作

6.2.1 原来我国试验的试件长度最短为截面边宽的 5 倍，为了与 1SO 8375 标准一致，现取为 6 倍。本试验方法的主要目的是为了得到相关的系数，故对截面尺寸作了相应的规定，对其他截面尺寸试件的试验，可参照执行。

6.2.2、6.2.3 实践表明，木材缺陷（木节、斜纹、裂缝等）、含水率及试件尺寸的偏差对轴心压杆试验结果的影响是很大的，常导致试验数据异常分散，故本方法根据我国经验作了严格规定。

6.2.4 为了使柱子试验的结果能与其基本材性作对比，故作此规定。每种标准小试件的数目每端不应少于 3 个，即总数不应少于 6 个，才符合本标准第 4 章的规定。

6.2.5 由于气候原因会使制作好的长柱变得不直，故本条要求同时制作、立即同时进行试验。

6.3 试验设备与装置

6.3.1~6.3.5 关于球座的规定参考了美国标准 ASTM D198，当采用球铰作为支承装置时，球的半径宜小，以利于灵活转动和准确对中。其余规定是根据我国的试验设备的情况而制定。本方法推荐的双向刀铰，使用效果好，在条文中作了具体规定和详图。

6.4 试验步骤

6.4.2、6.4.3 本方法的试验程序分两步：首先测初

始偏心率和初始弹性模量；其次匀速加载直至破坏，测定相应的挠度及破坏荷载。其中，预加载的目的是检查试验装置是否可靠和所用测量仪表的工作是否正常。预加荷载 F_0 及最终破坏荷载都要在未正式试验之前进行估计。预加荷载 F_0 一般可取破坏荷载估计值的 1/50，最终破坏荷载一般采用下列方法进行估计：

1 根据制定试验设计负责人的经验。

2 或者做一根试探试验。

3 或者试取破坏荷载估计值等于按现行国家标准《木结构设计规范》GB 50005 计算的设计值的 2 倍。

6.4.4 测定轴心受压柱的侧向挠度所用的位移传感器（例如百分表或电子位移计）的触针尖端都不宜与柱的表面直接接触，以防位移受阻或触针滑脱。

6.4.5 根据我国实践经验，并对比了国际标准 ISO 8375 和 ASTM D4761、ASTM D198 的规定，最后参照 ISO 8375 标准改写。

6.5 试验结果及整理

6.5.1~6.5.4 本节列出的试验结果是起码的要求，还应根据试验研究的目的，列出木材缺陷、初始挠度、应力-挠度曲线等结果。

7 偏心压杆试验方法

7.1 一般规定

7.1.1 本试验方法主要根据重庆大学（原重庆建筑大学）、四川省建筑科学研究院等单位所做大量木构件偏压试验的实践经验编写而成。

本方法提供的试验数据可满足下列项目的需要：

1 研究木构件在偏心压力短期作用下的极限承载能力和变形性能。

2 验证偏压或压弯构件的现行设计计算公式或理论假设。

3 研究木材缺陷及其他因素对偏压或压弯构件的承载能力的影响。

4 研究偏压或压弯构件的可靠度及其有关统计参数。

5 确定新树种利用所需的调整系数。

6 确定树龄及其他自然因素对构件性能的影响。

7 确定防腐及其他化学处理对构件性能的影响。

7.1.2 偏压试验通常设计成等端弯矩单向弯曲试验。偏心荷载的合力要位于试件截面的长轴上，并保证偏心弯矩平面在试验中能与试件的通过其截面长轴的纵向对称平面相一致。

偏心压力应均匀地作用于试件整个端面上。其目的不仅可使偏心压力的偏心距在试验的全过程中始终

保持不变；同时又可避免试件端面在试验中出现开裂。

7.1.3 为了防止试件在垂直于弯矩作用平面的方向发生压屈破坏而作此条规定。破坏荷载的估计，一般可采用下列方法：

1 根据拟订试验设计的负责人的经验，或预做试探性试验。

2 或者按现行国家标准《木结构设计规范》GB 50005 计算的设计值进行估计：对垂直于弯矩作用平面可按轴心受压构件进行计算，破坏荷载的估计值取设计值的 2.0 倍～2.5 倍；对弯矩作用平面内可按压弯构件进行计算，破坏荷载的估计值取设计值的 2.5 倍～3.0 倍。

3 对冷杉树种某些专门问题的研究性试验，偏压木构件的破坏荷载 F_u 值也可试用下述公式进行估算：

$$F_u = \frac{R_c A}{1 + \frac{6(e + f_F)R_c}{hR_b}}$$

式中：R_c——试件的顺纹抗压强度，取该组试件的标准小试件顺纹抗压极限强度平均值乘以疵病及尺寸影响系数 0.754；

R_b——试件的横向弯曲强度，取该组试件的标准小试件横向弯曲极限强度平均值乘以疵病及尺寸影响系数 0.558；

A——试件的截面面积；

h——试件的弯矩作用平面内的截面高度；

e——试件的偏心距；

f_F——预计的试件跨中最大破坏挠度，可按下式估算：

$$f_F = \frac{\lambda^2 hR_c}{24E_c\left(3 - \dfrac{R_b}{R_c}\right)}$$

式中：λ——试件的长细比；

E_c——试件的顺纹抗压弹性模量，取该组试件的标准小试件顺纹抗压弹性模量平均值乘以疵病及尺寸影响系数 0.792。

以上公式由原重庆建筑大学提出，其计算值与试验数据吻合甚佳。

7.2 试件设计及制作

7.2.1、7.2.2 试件分组时，试件的最小长细比不宜取得太小。这主要考虑到两个问题：

1 当"牛腿"较长时，若试件太短，则会出现"牛腿"伸展至试件长度中央附近，从而用"牛腿"加强了试件的工作区段，人为提高其承载能力。

2 试验实践表明，试件太短时，试件可能因纵向剪裂而破坏。所以分组时，可按试件压力的最大相对偏心率（或偏心距）及试件截面尺寸算出"牛腿"长度，进而大致求得试件长细比的一个相应的下限值。

试件压力的相对偏心率 $m = 6e/h$，其中 h 为试件在偏心弯矩作用平面内的截面尺寸，e 为偏心压力的偏心距，相对偏心率的取值要有利于偏心距为一整数（以毫米为单位），$m = 0.3 \sim 10.0$ 是常用范围。

为了做到试件端面全表面均匀承压，不论偏心压力的相对偏心率的大小，均须在试件两端各胶粘一块"牛腿"。"牛腿"的厚度按试件截面尺寸及其偏心压力的相对偏心率计算确定。"牛腿"的其他尺寸根据实践经验而制定，见图 7.2.2。当受条件限制，"牛腿"的长度无法满足图 7.2.2 的要求时，亦可经过一定试验检验后，适当缩短"牛腿"的长度。

7.2.4 本条目的在于保证偏心压力平行于试件轴线，并垂直作用于试件端面（包括"牛腿"在内）的全表面。

为保证试件轴向平直，减小试件的初弯度，试件制作宜以机械加工为主。试件制成后，在试验前要采取措施防止试件弯曲。制作完毕到试验之间，时间不宜太长。

7.3 试验仪表和设备

7.3.2 当用承力架做试验时，试件按长细比分组，其每组长细比的取值，都应使试件长度及其支承装置和加载设备的总和，均与调整后的承力架上、下横梁间的净空相适应。

7.3.5 本条根据实践经验制定。为将千斤顶固定在承力架的下部横梁上，可把千斤顶的底座点焊在一块预先钻有螺栓孔的钢板上。该钢板放在下部横梁上，对准螺栓孔，经找平后，再用螺栓将钢板与横梁连牢。

7.3.7 偏压试件在试验的初始阶段挠曲很小，其跨中最大挠度一般以 0.1mm 计；但在试件破坏前的阶段，有些试件（长细比较大者）则挠曲很厉害，跨中最大挠度达 100mm 以上。因此，试验时采用的测量挠度的仪表，应既能测定 0.1mm 的小变形，又能度量 100mm 的大挠度。

7.4 试 验 步 骤

7.4.1 单向刀铰是根据我国实践经验自行设计的，试验实践表明，单向刀铰能保证试件在偏心弯矩平面内自由挠曲，而在弯矩平面外无挠曲。刀槽的中心线与试件的轴线之间的距离即构成所需的偏心距 e。

为将刀槽或刀刃与钢压头板在构造上加以连接，可在两者接触面的中心处各攻丝深约 10mm，再用螺杆（长约 20mm）将两者拧在一起。考虑到刀槽（或刀刃）要有相当高的硬度，因此，它们应先攻丝后淬火。

7.4.2 计算试件的长细比时，试件长度应包含其两端的刀槽（或刀刃）在内。

7.4.3 刀槽、刀刃和钢压头板没有定型的标准规格，其尺寸应由试验者根据试件的具体情况设计确定，并自行加工制造。

7.4.4 根据我国实践经验，并对比了国际标准 ISO 8375 和 ASTM D4761、ASTM D198 的规定，最后参照 ISO 8375 标准改写。

偏心压杆试验过程中出现下列情况之一，即认为试件达到破坏：

1 试件发生折断。

2 试件发生纵向剪裂。

3 挠度迅速增大而荷载加不上去。

8 横纹承压比例极限测定方法

8.1 一般规定

8.1.1、8.1.2 木材横纹承压时，随着压力的增大，在外观上只是产生压缩，而无明显的破坏特征出现，因此，难以确定强度指标的极限值。针对这一特点，一般多采用专门定义的比例极限应力来表示其横纹承压的能力。木材横纹承压的比例极限之所以需要专门定义，是因为木材属于弹粘体材料，比例极限不像钢材那样明确，不同的测定方法将得到不一致的结果。本标准采用的定义是参照国际标准 ISO 3132 拟定的。其优点是方法简便，而其效果与逐段回归得到的数值十分相近。

8.1.3 木构件横纹承压之所以需要按其受力方式分为三种形式，是因为中间局部表面横纹承压时，其受力将得到承压面以外两边木材纤维的支持，从而使其强度显著高于全表面横纹承压；至于尽端局部表面横纹承压，其受力虽不如中间局部表面横纹承压，但仍优于全表面横纹承压。因此，有必要加以区别对待。另外，还需指出的是，"局部表面横纹承压"仅指沿构件长度（即顺纹方向）的局部表面横纹承压，而不包括沿截面宽度方向的局部表面横纹承压，因为木材纤维横向联系很弱，在局部宽度承压的条件下，其两侧纤维不能起到应有的支持作用。

8.1.4 一般的含水率换算公式仅适用于截面尺寸很小的标准小试件，如果引用于换算截面尺寸较大的木构件，不仅误差很大，而且得不到有规律的结果。但这并不等于说，木构件的强度试验不考虑含水率的影响，只是改而将试件的含水率严格调控至气干状态再进行试验。这时，各试件之间的含水率差异很小，而又很接近实际工作条件下的构件含水率状态，因此能保证试验结果的实用性。

8.2 试件设计及制作

8.2.1 木构件的试验结果，不可避免地存在着波动，在一般情况下，造成这种波动的主要原因有三：

一是由试验的偶然误差所引起；

二是由材料的固有变异性所产生；

三是由各种干扰因素所致。

前两种原因造成的波动无法避免。但干扰因素的影响，则必须尽可能采取有效措施予以消除。当按本条的规定选材时，可将主要干扰因素的影响减小到较低的程度。

8.2.2 木构件横向承压试件的尺寸，是根据不同尺寸试件的试验结果确定的。试验表明，当全表面承压试件的承压面尺寸大于或等于 120mm×180mm，局部表面承压试件的承压面尺寸大于或等于 120mm×120mm 时，其比例极限的测定值趋于稳定，因此，选这两组尺寸作为标准尺寸。若试件尺寸改为 80mm×80mm，则应乘以尺寸系数 ψ_b，本条文取 ψ_b 值等于 0.9，是根据试验确定的。

8.2.3 通过对试件加工质量与试件受力状态的对比观测结果表明，要保证试件在试验中受力不受加工偏差的影响，只控制试件每一标定尺寸的偏差不超过允许值是不够的，还必须进一步把有关尺寸之间的相对偏差控制在允许的范围内，才能使试件处于正常的受力状态。这一点在加工中容易被忽视，因此，本条作了明确而具体的规定，以保证测试结果的有效性。

8.3 试验设备与装置

8.3.1 本条是根据有关国际标准的规定，在考察了不同型号国产设备的技术条件后拟定的，因而能在使用国产设备的前提下，保证试验结果的精度符合国际标准的要求。

8.3.2、8.3.3 这两条要求都是为保证试件均匀受力、均匀压缩而提出的。在试验中，必须全面加以执行，才能取得可供确定比例极限使用的数据。

8.4 试验步骤

8.4.1 根据国际标准 ISO 3132 的规定，承压面的尺寸应在统一指定的位置上量取。这样做的好处是可以复检量测的结果，从而也使实测数据的有效性得到更好的保证。

8.4.2、8.4.3 本标准采用的加载方式是参照目前国际上常用的控制加载总时间，并均匀移动试验机压头的施荷方式拟定的。其优点在于可以不必处理加载后期所遇到的无法控制匀速变形或匀速施荷等问题。

8.5 试验结果及整理

8.5.1～8.5.3 在整理试验结果时，若遇到荷载-变形图中直线部分的各试验点不在一直线上时，宜用回归方法确定该直线。至于回归直线的上界点应取哪一个试验点，可先凭目测选择一点，然后通过对加入该点和去掉该点对相关系数的影响来确定。

9 齿连接试验方法

9.1 一般规定

9.1.1、9.1.2 本方法是在编制《木结构设计规范》期间使用过的两种试验方案进行总结分析后拟订的。

一种方案为三角形支承架（图 9.3.2-1），即本方法所采用的第一方案。

另一种方案为人字架，相当于一个简单的没有腹杆的三角形桁架，桁架的上弦即人字杆，采用钢材制作。两根人字杆的上端为活动铰，连系于试验机的上压头；人字杆的下端抵承在下弦（即试件）的齿槽上。下弦的两端为滚动支座，见图 9.3.2-2。

第一种方案被试木材的一端为受剪端；第二种方案被试木材的两端均为受剪端。

木结构规范组进行过大量齿连接试验之后，长沙铁道学院专门进行过两种方案的对比试验。试材为湘西靖县产马尾松，在同一段试材上，使两种方案的木材受剪面成为相邻部位。试件分为 4 组：剪面长度与齿槽深度的比值分别为 4、6、8、10；试件共 34 对。

根据现行国家标准《数据的统计处理和解释 在成对观测值情形下两个均值的比较》GB 3361，将上述试验结果进行整理和统计分析，两种方案的均值确有显著差异，第一方案比第二方案平均高出 9%。

经讨论研究，认为第二方案的破坏剪面是被试木材的两端之一，时而左端，时而右端，不如第一方案是唯一的剪面破坏。但是第一方案的加载装置仅适用于小截面的试件，当试件截面较大时仍必须采用第二方案。经审查会议决定：两种方案同时列入，并在第 9.3.2 条中规定了两种方案各自的适用范围。

9.2 试件设计及制作

9.2.1 本条是根据现行国家标准《木结构设计规范》GB 50005，结合试件要求而制定的。压力与剪面之间的夹角应按工程实际选取，按常用情况可取为 $26°34'$。

9.2.2~9.2.5 执行条文时，需要注意几点：

1 应严格遵守试材必须达到气干材的规定，为此常需将锯解后的试条试材放置在室内空气相对湿度约为 65%、温度约为 20℃ 的环境中持续一年以上，切不可急于求成，用人工烘干法干燥试条。

2 除第 9.2.5 条外，都可采用商品材锯解试条，但应符合本标准第 3.2.1 条的规定。

3 试条试材截面尺寸应比试件的截面尺寸大 3mm~5mm，以考虑翘曲变形后取直刨平的影响；如果备料时直接将试条锯成短段，则试材余量可减至 1mm~2mm。

9.3 试验设备与装置

9.3.1 万能试验机上的测力盘应符合两个要求：

1 试件破坏时测力盘指针至少应超过测力盘圆周的 1/3。

2 测力盘每格读数值应小于破坏荷载的 1%。

9.3.3 制作齿连接试验专用三角形支承架时应注意以下几点：

1 三角形底座由钢板焊成，要求有足够的刚度和承载力，对滚动轴承下的钢板尚要求有足够的硬度，为此，此块钢板宜采用硬质合金钢或采用淬火钢材，并须刨平。

2 试件用钢夹板和圆钢销与底座上端"耳状"夹板（厚度 20mm）通过圆柱形轴（直径 30mm）相连，与木材连接的钢夹板厚度不小于 10mm，圆钢销的直径取为 10mm，圆钢销的个数由计算确定并取偶数。圆钢销的设计承载力应大于试件抗剪极限承载力的 1.5 倍。若试件为硬质阔叶材，必要时圆钢销及钢夹板可用 Q345 钢或其他合金钢制成。

3 槽形钢垫板用以均匀分布试件支座反力，其尺寸大小应按木材横纹承压强度计算确定。

4 在槽形钢垫板的下面应焊接滚动轴承，保证试验机压头的压力、试件齿下净截面轴线的拉力与通过滚动轴承传递的支座反力三力交汇于一点。

9.3.4 三角形人字架强调人字杆必须用钢材制作，并保证人字杆的上端为活动铰。

9.4 试验步骤

9.4.1~9.4.6 说明和强调以下几点：

1 为什么要求控制木材含水率和试验室温度？有两方面的原因：一方面木材在纤维饱和点以下，含水率对木材强度的影响颇为敏感，含水率高则强度低，通常呈指数函数关系，只有在相同含水率条件下木材强度才具有可比性；另一方面木材纤维素是天然的高聚物，温度高时大分子键运动活泼，分子间力减弱，导致木材强度低，只有当介质温度相同的条件下试验结果才具有可比性。要统一这两方面的要求，最可行的办法就是试件必须风干至平衡含水率后，方可进行试验。

2 三力线汇交于一点至为重要，必须严格遵守，仔细对中。理论和试验表明：若支座反力线向内偏移，将恶化齿连接抗剪工作，抗剪强度急剧降低；若向外偏移则抗剪强度也会产生很大的影响。两者均不能得出正确结果。

3 试验表明，加载速度愈快则强度愈高。

4 齿连接抗剪试验呈脆性破坏，试验时应特别注意设备和人员的安全。

9.5 试验结果及整理

9.5.1~9.5.4 根据我国实践经验制定。

10 圆钢销连接试验方法

10.1 一 般 规 定

10.1.1、10.1.2 本方法是参照现行国际标准 ISO 6891 并结合我国实践经验而制定。说明三点：

1 除专门问题的研究试验外，一般都以顺木纹对称双剪连接作为典型的形式，当需进行横木纹或斜木纹受力的销连接试验时，可另行设计试件和装置，并按本方法进行试验。

2 圆钢销连接要求做全过程破坏试验，从而获得更多的数据和信息，例如比例极限、变形为 1mm、2mm、10mm 时的承载力以及其他各种数据。

3 根据编制组关于螺栓连接和圆钢销连接的对比试验，螺栓连接的承载力可以达到圆钢销连接承载力的 1.2 倍，考虑到实际工程中木材收缩的影响，设计时没有考虑螺栓连接的这种有利作用。因此，当需对螺栓连接进行试验时，可参考本方法进行试验，但试验时应将螺母松开，不宜考虑夹紧作用的有利影响。

10.2 试件设计及制作

10.2.1～10.2.4 说明几点：

1 对称双剪圆钢销连接试件的设计尺寸是根据现行国家标准《木结构设计规范》GB 50005 而规定的。

2 制作圆钢销连接试件时，试件的三个木构件应叠置后一次钻通连接，而不应分别钻孔后再连接。

3 圆钢销可直接采用 Q235 圆钢，除特殊研究外，不得在车床加工，以保证和工程实际所用圆钢销一致。

4 圆钢销不得采用其他钢材代替，因 Q235 钢具有足够的塑性，理论分析和规范中的计算公式都已考虑了这种塑性性质。

10.3 试验设备与装置

10.3.1～10.3.3 万能试验机的吨位采用 1000kN，理由同条文说明 9.3.1。

10.4 试 验 步 骤

10.4.2～10.4.4 说明以下三点：

1 预先估计圆钢销连接当钢材屈服时试件所受到的力 F，它仅是为了在加载程序中使用，它总是小于终止试验时的荷载。

2 先预加载 $0.3F$ 并且持续 30s 的目的在于使连接紧密，以消除由于连接松弛引起的非弹性变形，这一过程不可忽视。

3 圆钢销连接破坏时具有很大的塑性变形，当荷载达到一定程度后，变形继续增加而荷载增加很少，为了获得更多的数据和信息，要求直到圆钢销被压弯、变形至少达到第 10.4.4 条规定数值方可终止试验。

11 齿板连接试验方法

11.1 一 般 规 定

11.1.1、11.1.2 本方法是根据重庆大学、中国新兴保信建设总公司、同济大学和四川大学等有关单位所做的大量试验的实践经验，并参考美国标准 ASTM D1761、加拿大标准 CSA S347 以及欧洲标准 EN1075 而制定。

本方法主要用于测试齿板连接中的板齿和齿板的各种极限承载力，因此要求连接中的木构件在试验过程中不先于齿板发生破坏。

11.2 试件设计及制作

11.2.1 关于齿板的尺寸，由于不同厂家生产的齿板型号和规格不同，其承载力也不相同，即使是相同的测试内容，试验所采用的齿板尺寸也不尽相同，因此很难对齿板的尺寸进行定量的规定。齿板的尺寸一般可参照相似的试验确定，必要时可通过尝试性试验确定。

条文第 2 款规定齿板宽度不应小于 40mm，主要考虑了齿板连接在实际工程结构中使用时的构造要求，即齿板与桁架弦杆、腹杆的最小连接尺寸不应小于 40mm。

条文第 4 款确定试件尺寸时，规定了齿板端部到夹具端部或试验机压头的距离 y 不应小于 $1.5h$，其主要目的是为了减小或避免试件端部约束对齿板连接性能产生影响。

11.2.2 本条文对沿荷载作用方向的齿板长度的要求，说明如下：

1 对板齿极限承载力和抗滑移极限承载力试验，齿板长度应取试验时保证齿板不被拉断的前提下板齿发生拔出破坏的最大长度，该长度一般需要通过尝试性试验确定。

2 对齿板连接受拉极限承载力试验，齿板的长度应在该条第 1 款的基础上适当增加，以使试件破坏时齿板被拉断而板齿不被拔出。当试验用齿板长度不能保证试验过程中齿板被拉断（在一些被连接木构件密度较低的试件中可能会发生这种现象，即试验时板齿明显拔出但齿板仍未被拉断）时，可在距连接节点中线不小于 50mm 处用夹具夹紧齿板再进行试验，或者改用密度较高的木构件进行连接后重新试验。

3 在齿板连接受剪极限承载力试验中，齿板的长度应在该条第 1 款的基础上适当增加，以使加载时

试件沿齿板剪切面发生剪切破坏，在齿板被剪坏前允许齿板边沿出现局部屈曲现象。

根据重庆大学土木工程学院周淑容和黄浩等做的关于齿板连接节点性能的试验结果（试验采用苏州皇家整体住宅系统股份有限公司设计的齿板），认为可根据齿板的长宽比选择齿板尺寸。表 1 为本次试验中不同测试内容情况下，试验所用齿板的长宽比范围，可供其他规格的齿板连接试验参考。

表 1　不同测试内容齿板的长宽比范围

测试内容 / 荷载方向	荷载平行于齿板主轴方向	荷载垂直于齿板主轴方向
板齿极限承载力和板齿抗滑移极限承载力试验	3.0~4.0	约 2.0
齿板连接受拉极限承载力试验	4.0~5.0	2.5~3.0
齿板连接受剪极限承载力试验	不同荷载方向，取 3.0~4.0	

11.2.3　该条第 3 款对齿板连接试验所用木材的选择进行了规定，理由如下：

1　要求同一个试件相连木构件应取自同一根木材的相邻部位，目的是使被连接木构件的密度相当，否则，试验时齿板可能会在密度较小一侧提前拔出而破坏，从而导致该试件的承载力偏低。

2　要求同一组试件中各试件所用木材应取自同一树种或树种组合的不同木材，是为了使木构件的抽样具有一定的代表性。

3　对板齿极限承载力和抗滑移极限承载力试验用木材的全干相对密度提出了规定，主要是考虑木构件的全干相对密度对板齿的承载力影响较大。

11.2.4　该条第 3 款和第 4 款是为了得到荷载垂直于木纹时板齿的极限承载力和抗滑移极限承载力，为了保证试验时齿板连接的破坏能够发生在荷载与木纹相垂直的水平木构件上，要求设计齿板时，应使水平木构件上的齿板长度 l_1 小于竖向木构件上的齿板长度 l_2，并使 $l_1 \geq 0.7h$，此处 h 为水平木构件的截面高度。

11.3　试验设备与装置

11.3.3　对于齿板连接承载力较高的试件，在拉力作用下，夹具处很容易出现打滑等现象，为了夹紧试件，可能会在夹具处施加较大的荷载而使木材发生破坏，致使荷载无法加上去。为了防止夹具处木材破坏，在必要时应对夹具处的木构件进行加强。

11.3.4　安装试件时，试件的轴心线应与试验机夹具的中心对齐，目的是减小试件加载过程中由于偏心而产生弯矩等不利影响。

11.3.5　图 11.2.4c 和图 11.2.4d 的试验目的是确定板齿的极限承载力和抗滑移极限承载力，试验过程中

应避免试件中的木构件先于齿板发生破坏。在试件加载过程中，图 11.2.4c 和图 11.2.4d 中的水平木构件处于横纹受拉状态，木材很容易劈裂。为了避免水平木构件劈裂，在满足该条规定的同时，夹具内侧边沿到齿板边沿的距离 x 应尽可能小，并且不应影响位移测量设备的安装，以保证试件的破坏为发生在水平木构件上的板齿破坏而不是木构件破坏。

11.4　试验步骤

11.4.6　齿板连接试件的破坏形式主要有以下几种：

1　对板齿极限承载力和抗滑移极限承载力试验，试件的破坏是试件连接一侧或两侧的板齿不同程度拔出后，荷载无法再增加。

2　对齿板连接受拉极限承载力试验，试件的破坏为齿板被拉断。

3　对齿板连接受剪极限承载力试验，根据不同的受力情况，试件将分别发生剪拉破坏、剪压破坏和纯剪破坏。对于剪拉破坏，通常会伴随齿板端部板齿拔出，而后荷载无法增加；对于剪压破坏，通常是在试件的受剪面上齿板发生相互错动的同时在中部发生局部鼓曲现象，而后荷载无法增加；而纯剪破坏，可能是齿板被剪坏，也可能是受剪面齿板发生了较大的错动，致使荷载无法增加。

11.5　试验结果及整理

11.5.4、11.5.5　公式（11.5.4）和（11.5.5）中 γ 为修正系数。因为齿板连接的受拉和受剪极限承载力主要受齿板所用钢板性能影响，引入 γ 系数的目的是为了确定齿板连接的极限强度，并最终确定设计值。

第 11.5.5 条中关于 $F_{v,\theta}$ 的取值，通常取齿板连接试件的试验结果所得到的荷载-滑移曲线上的最大荷载值；考虑到试验时节点的变形可能会很大，同时参考欧洲规范的做法，当被连接两木构件之间相对滑移超过 6mm 或 6 倍齿板厚度的较大值时，则应取该较大值所对应的荷载值。

12　胶粘能力检验方法

12.1　一般规定

12.1.1　由于决定一种胶能否用于承重结构，需要根据若干试验得到的指标进行综合评价，才能做出最后的结论。因而本标准明确了本方法仅供检验使用，也就是说，作为检验的对象必须是批量生产的商品胶，而不是正在研制的新胶种，这一点必须在使用时予以注意。

12.1.2、12.1.3　用胶粘结木材，通常以两项指标来衡量其粘结能力，一是沿木材顺纹方向的胶缝抗剪强度；另一是垂直于木纹方向的胶缝抗拉强度。但后者

的试验结果不如前者稳定，因此，作为检验的用途，一般可仅用胶缝的抗剪强度进行判别。但需要指出的是，在本方法中并非任何树种的木材都可以用来检验胶的粘结能力。因为有些树种结构疏松，抗剪强度很低，用做试件容易误判胶的粘结能力合格；有些树种胶着力差，用做试件容易误判胶的粘结能力不合格。因此，本条对试件的树种及其气干密度作了具体规定。

12.2 试件设计及制作

12.2.2 执行本条应注意的是：经过重新细刨光的试件，宜成对合拢，以保护其胶合面的洁净。若在涂胶前受到沾污，可用丙酮沾在脱脂棉花上予以清洗。

12.2.3 加工剪切试件时，主要应保证试件受荷端面与支承端面之间的相互平行。这是使试件在剪切装置中保持正确受力状态的关键。

12.3 试验要求

12.3.2 执行本条应注意，湿态试验的试件在浸水过程中不能浮在水面，宜采用铁栅等将其浸没水中。另外，湿态试验应按时进行，不能随意延长浸水时间，以免使试件数据失效。

12.3.3 为了使试验结果能够随时得到复查，宜将破坏的试件保留到试验报告完成为止。这一点对于沿木材部分破坏率低的试件尤为重要，因为可能需要重新检查其破坏原因。

12.4 试验结果及整理

12.4.1、12.4.2 在执行中应注意的是，有些试件可能在浸水过程中已脱开。对这些试件的湿态剪切强度极限 f_{gv} 应取为 0，但应记载它的剪切面是否仍粘有一层薄薄的木纤维，以供分析使用。

12.5 检验结果的判定规则

12.5.1 本条的规则是参照前苏联标准制定的，经我国多年使用未发现有什么问题，因而又继续予以引用。

12.5.2 本条中的常用耐水胶种，一般可理解为苯酚-甲醛树脂胶、间苯二酚树脂胶以及用间苯二酚改性的酚醛树脂胶等。

13 胶合指形连接试验方法

13.1 一 般 规 定

13.1.1 制定本方法时考虑以下几点：

1 本方法的试验对象包括整截面的结构指接材和胶合木构件中的单层木板的指接。

2 本方法的任务是提供指接接头抗弯强度的数据，而不包括由指接构成的承重用的指接木材和叠层胶合木材的分级方法，因为它们的分级方法不只是依赖于指接抗弯强度一项，而应按有关标准进行。

3 有的国家采用指接的抗拉强度试验，本方法是参照欧盟推荐性标准《指接针叶锯材》和其他有关标准而制定。指接的抗弯强度试验方法简易，并且试验数据的离散性小于抗拉强度试验，所以采用抗弯强度作为测定指接强度的指标。

13.1.3 关于指接的符号，我国林业部门编制的国家标准《指接材 非结构用》GB/T 21140 与欧盟标准和国际标准 ISO 10983 略有不同。

考虑到欧盟标准已为国际标准 ISO 所接受，为了与国际标准靠拢，促进国外交流，且其符号简单并含英文字义，易于记忆和使用，因此采用本条所订符号。

13.2 试 件 设 计

13.2.1～13.2.4 根据我国现行国家标准《木结构设计规范》GB 50005、欧盟标准《木结构设计统一规则》和《指接针叶锯材》等标准制定。

13.3 试 验 步 骤

13.3.1～13.3.4 ISO 10983 中规定指接材抗弯强度试验的试件跨度与截面高度的比值（即跨高比）不小于 10，结合我国经验，本方法对试件的跨度作了规定，对整截面指接试件及单层木板指接试件，跨高比分别取为 12 和 15。指接试验步骤同本标准梁抗弯强度的测定方法。

13.4 试验结果及整理

13.4.1 本条根据中国林业科学研究院的试验和建议制定。

13.4.2、13.4.3 指接试件的抗弯强度按材料力学的公式计算。

13.4.4 为了测定指定的强度，凡是在木材缺陷处破坏的试件，均不能代表指接的强度，必须排除，并至少补充 15 个试件。

由于只有 15 个有效数据，指接抗弯强度的标准值是根据 ISO 标准取置信水平为 0.75，并按现行国家标准《正态分布完全样本可靠度置信下限》GB/T 4885 而确定的。

14 桁 架 试 验 方 法

14.1 一 般 规 定

14.1.1 本方法适用范围中所指的桁架，应理解为用作屋盖或楼盖结构的平面桁架，包括普通方木或原木桁架、胶合木桁架、钢木桁架以及轻型木桁架；不包

括空间网架，也不包括中国穿斗式木结构。

其中，轻型木桁架是指采用规格材制作桁架杆件，并由齿板在桁架节点处将各杆件连接而成的木桁架，其最早应用于北美，目前在国内应用较多。

14.1.2、14.1.3 桁架试验按其试验目的可分为验证性和检验性试验两类，因为它的全套测定项目工作量很大而又不是每类试验都需要全做。因此，宜根据不同的试验目的和要求，选择必需测定的项目以节约人力、物力和时间。对桁架的验证性试验，应做破坏试验；对检验性试验可根据检验的目的和要求可做破坏试验或非破损试验。

试验桁架应按照相关规范进行验算，计算杆件及节点的理论承载力，以便试验过程中及时对照、分析试验现象。执行本条文应注意：

当钢木桁架需要做破坏试验时，宜准备两套钢构件，一套按设计荷载设计，用于测定桁架工作性能；另一套按 3 倍设计荷载设计，用于做破坏试验，以保证桁架能沿木构件部分破坏。试验时首先用第一套钢构件组装，直至破坏试验开始前才换上第二套钢构件。由于增加了更换构件的工序，因而要求第二套钢构件的设计，不仅要考虑便于安装，而且还不能改变桁架节点原来的传力方式。

当桁架试验的破坏发生于木构件部分时，其破坏荷载一般为设计荷载的 2.5 倍～3.0 倍，在这种情况下，倘若忽略了对加载点钢垫板的受力和上弦杆木材承压的验算，便有可能因承压应力过大而使钢垫板陷入木材，切断纤维，造成不应有的应力集中。如果情况严重，还可能引起上弦杆在加载点处发生不正常的破坏。因此，本条规定了该部位木材的局部承压应按能承受 3 倍以上的设计荷载进行验算。

14.2　试验桁架的选料及制作

14.2.1、14.2.2 桁架试验不可能做得很多，即使是验证性试验，也需要先充分掌握其构件和连接的基本性能后，才能进而考虑通过少量的桁架试验综合评估其系统功能。因此，要求在做好试验设计的同时，还应做好选料与加工工作。需要说明的是，本条之所以只要求按现行规范严格选料与加工制作，而不要求选用上好材料，由高级工人进行制作，主要是因为只有在最接近规范要求的情况下，才最能说明问题，最能取得对工程实践有指导作用的试验结果。

14.2.3 桁架检验的目的性很明确。一般是在委托方对它的安全性或施工质量有怀疑时才提出来的。因此，选择外观质量相对最差的桁架进行测定，最易弄清疑点，查出隐患。这样，也更有利于对要求检验的问题作出正确的判断。

14.3　试验设备

14.3.1～14.3.3 长期经验表明，桁架试验中常见的

问题是桁架变形较大导致的加载系统失效（如吊篮触地、加载系统行程不够等）、传力偏心、支座条件与设计不符以及侧向支撑失效等。特别是侧向支撑失效，往往造成桁架在荷载不大的情况下很快失稳破坏，或者出现实际加载效果与设计不符的现象。因此，有必要引起试验人员的重视。

14.4　试验准备工作

14.4.1 桁架试验需要使用较多的仪器设备，且试验的要求较高，因此宜在正规的结构实验室内进行，不推荐进行现场试验。只有对检验性试验，当无法解决桁架运输时，才考虑进行就地检验，并应搭设能防雨的试验棚，在大风天停止试验。因此，现场试验费用高，不宜提倡。

14.4.4 执行本条文需要注意的是，当试验桁架是使用过的旧桁架时，其安装偏差可能不满足本条的要求，在这种情况下，不宜强行校正，而只需逐项记录其实际偏差，提供分析试验结果时使用。

14.5　桁架试验

14.5.3 桁架试验可采用分级加载制度或连续加载制度，试验包含三个加载阶段：预加载阶段（T_1）、标准荷载加载阶段（T_2）、破坏性加载阶段（T_3），分别达到检测试验装置、变形检测及极限承载力检测的目的。

14.5.4～14.5.9 桁架试验各加载阶段的加载程序（各级加载的间隔时间、持荷时间、卸载后空载时间等）的规定参考了欧盟标准 prEN595：1991 的做法，并综合了《木结构试验方法标准》GB/T 50329 - 2002 中的相关规定。当采用分级加载时，各级荷载的时间间隔包含了加载时间及数据测读时间。

第14.5.4 条、第14.5.5 条规定了预加载阶段 T_1 的加载程序，通过预加载检查以下各项准备工作的质量：

1 桁架受力是否正常。

2 仪表运行及读数是否符合要求。

3 加载装置是否正常工作。

4 对仪表、设备和试验人员采取的安全保护措施是否有效。

凡不符合要求者，应经调整校正后方可进行试验。

第14.5.6 条、第14.5.7 条中，应按照加载阶段 T_2 的加载程序进行全跨标准荷载或半跨标准荷载加载，全跨标准荷载或半跨标准荷载加载分为两阶段，两阶段均需分别加载至标准荷载。标准荷载加载的第二阶段，之所以需要有足够的持续荷载时间，是因为这时的桁架挠度值反映的是结构刚度，根据以往的经验，木桁架荷载持续的时间对桁架变形有一定的影响，本条参照欧盟标准并结合我国经验，将持荷时间

取为 24h 及以上，对于变形收敛较慢的情况，还应适当延长持荷时间。执行时应注意的是，倘若在持续荷载期间，木桁架的变形无收敛趋势，则应及时检查其变形异常的原因，以便作出必要的处理。

第 14.5.8 条、第 14.5.9 条中，桁架破坏试验加载后期应缩小荷载级差，以取得较准确的破坏荷载值。

桁架试验时，当采用人工操作仪表进行测读时，各种仪表应有专人负责测读和记录，每次测读的顺序应一致，且全部数据应在 1.5min 内测读完毕。当采用自动记录仪表为主进行测读时，供电应有保证，电压应保持稳定，且有断电保护器；应采取措施保证不同测读系统同步工作；若试验需在持续荷载条件下进行较长时间观测，应采取措施消除各种干扰因素对液压加载系统和自动记录仪表工作的影响。

14.5.11 桁架破坏性试验有一定的危险性，特别是当破坏发生于杆件的情况。桁架临近破坏时，应特别注意安全。

14.5.12 过去从试验破坏的桁架上锯取小试件时，对取样的部位和数量没有统一的规定，全凭个人的经验决定。因此，不仅试件数量大多偏少（1 个～3 个），而且取样的部位也带有很大的随意性。所有这些混乱情况，都对试验结果的整理带来很多问题。为此，本条对锯取小试件的部位、种类和数量作了统一的规定。在执行中应特别注意的是，不要随意减少试件的数量，因为本条对试件数量的规定是根据统计的最低要求确定的。

14.6 试验结果及整理

14.6.3 《轻型木桁架技术规范》JGJ/T 265 中对轻型木桁架及其杆件的变形限值进行了规定，试验时测得的实际变形值应小于该限值。对于其他桁架，变形限值参照本条规定执行。

本条第 4 款，关于破坏荷载与标准荷载的比值 k 的取值规定是根据我国设计经验并参照前苏联有关标准确定的，经不少单位多年使用后认为较为合理、可靠。

中华人民共和国国家标准

混凝土结构现场检测技术标准

Technical standard for in-situ inspection of concrete structure

GB/T 50784—2013

批准部门：中华人民共和国住房和城乡建设部
施行日期：2 0 1 3 年 9 月 1 日

中华人民共和国住房和城乡建设部
公 告

第 1634 号

住房城乡建设部关于发布国家标准
《混凝土结构现场检测技术标准》的公告

现批准《混凝土结构现场检测技术标准》为国家标准，编号为 GB/T 50784-2013，自 2013 年 9 月 1 日起实施。

本标准由我部标准定额研究所组织中国建筑工业

出版社出版发行。

中华人民共和国住房和城乡建设部

2013 年 2 月 7 日

前 言

本标准是根据原建设部《关于印发〈二○○四年工程建设国家标准制定、修订计划〉的通知》（建标〔2004〕67 号）的要求，由中国建筑科学研究院和中国新兴建设开发总公司会同有关单位共同编制完成。

本标准在编制过程中，编制组经广泛调查研究，认真总结实践经验，参考有关国际标准和国外先进标准，并在广泛征求意见的基础上，经反复讨论、修改，最后经审查定稿。

本标准共分 12 章 7 个附录，主要技术内容包括：总则、术语和符号、基本规定、混凝土力学性能检测、混凝土长期性能和耐久性能检测、有害物质含量及其作用效应检验、混凝土构件缺陷检测、构件尺寸偏差与变形检测、混凝土中的钢筋检测、混凝土构件损伤检测、环境作用下剩余使用年限推定、结构构件性能检验等。

本标准由住房和城乡建设部负责管理，由中国建筑科学研究院负责具体技术内容的解释。本标准在执行过程中，请各单位认真总结经验，注意积累资料，如发现需要修改或补充之处，请将意见或建议寄至中国建筑科学研究院（地址：北京市北三环东路 30 号，邮编：100013，E-mail：standards@cabr.com.cn）。

本标准主编单位：中国建筑科学研究院
　　　　　　　　　中国新兴建设开发总公司

本 标 准 参 编 单 位：北京市政工程研究院
　　　　　　　　　　　北京市建设监理协会
　　　　　　　　　　　北京智博联科技有限公司
　　　　　　　　　　　全军工程与环境质量监督总站
　　　　　　　　　　　重庆市建筑科学研究院
　　　　　　　　　　　广东省建筑科学研究院
　　　　　　　　　　　江苏省建筑科学研究院
　　　　　　　　　　　辽宁省建设科学研究院
　　　　　　　　　　　山东省建筑科学研究院
　　　　　　　　　　　山西省建筑科学研究院

本标准主要起草人员：邸小坛　彭立新　汪道金
　　　　　　　　　　　由世岐　崔士起　成　勃
　　　　　　　　　　　徐天平　濮存亭　王自强
　　　　　　　　　　　彭尚银　张元勃　盛国赛
　　　　　　　　　　　魏利国　王宇新　翟传明
　　　　　　　　　　　管　钧　李　栋　汤东婴
　　　　　　　　　　　王景贤　黄选明　徐　骋

本标准主要审查人员：陈肇元　高小旺　张国堂
　　　　　　　　　　　冯力强　张　鑫　吴晓广
　　　　　　　　　　　胡孔国　刘新生　吴月华
　　　　　　　　　　　杨健康　吕　岩　袁庆华

目　　次

次　目

Contents

1 总　则

1.0.1 为规范混凝土结构现场检测工作程序，合理选择检测方法，正确评价混凝土结构性能，保证检测工作质量，制定本标准。

1.0.2 本标准适用于房屋建筑、市政工程和一般构筑物中混凝土结构的现场检测，不适用于轻骨料混凝土结构的现场检测。

1.0.3 混凝土结构现场检测除应符合本标准外，尚应符合国家现行有关标准的规定。

2　术语和符号

2.1　术　语

2.1.1 混凝土结构现场检测　in-situ inspection of concrete structure

对混凝土结构实体实施的原位检查、检验和测试以及对从结构实体中取得的样品进行的检验和测试分析。

2.1.2 工程质量检测　inspection of structural quality

为评定混凝土结构工程质量与设计要求或与施工质量验收规范规定的符合性所实施的检测。

2.1.3 结构性能检测　inspection of structural performance

为评估混凝土结构安全性、适用性、耐久性或抗灾害能力所实施的检测。

2.1.4 荷载检验　load test

通过施加作用力以检验构件的承载力、刚度、抗裂性或裂缝宽度等参数为目的的检测。

2.1.5 复检　recheck

为验证检测数据的有效性，对已受检的对象所实施的现场检测。

2.1.6 补充检测　additional test

为补充已获得的数据所实施的现场检测。

2.1.7 重新检测　renewal test

不计入已有的检测数据和结果，以新的检测数据和结果为准的现场检测。

2.1.8 直接测试方法　method of direct measurement

直接获得待判定参数数值的检测方法。

2.1.9 间接测试方法　method of indirect measurement

利用间接的参数并经换算关系获得待判定参数数值的检测方法。

2.1.10 检验批　inspection lot

由检测项目相同、质量要求和生产工艺等基本相同、环境条件或损伤程度相近的一定数量构件或区域构成的检测对象。

2.1.11 个体　individual

可以单独取得一个检验或检测数据的区域或构件。

2.1.12 换算值　conversion value

在按认可的试验方法建立间接参数与判定参数之间或者非标准状态与标准状态待测参数之间的换算关系基础上获得的待测参数值。

2.1.13 推定值　reference value

对样本中每个个体的检测值进行统计分析并应用一定的规则得到的代表检验批总体性能的统计值。

2.1.14 随机抽样　random sampling

使检验批中每个个体具有相同被抽检概率的抽样方法。

2.1.15 约定抽样　agreed sampling

由委托方指定且不满足随机抽样原则的样本抽取方法。

2.1.16 计数抽样　method of attributes

以样本中个体不合格数或不合格点的数量对检验批总体的符合性作出判定的抽样方法。

2.1.17 计量抽样　method of variables

以样本中各个体数据的统计量对检验批总体的符合性作出判定或对检验批总体参数进行推定的抽样方法。

2.1.18 分层计量抽样　stratified sampling

首先在检验批中抽取区域或构件，然后在抽取的区域或构件上按规定的要求布置测区的抽样方法。

2.1.19 分位数　quantile

与随机变量分布函数的某一概率相对应的值，常用的分位数有 0.5 分位数和 0.05 分位数。

2.1.20 特征值　characteristic value

总体中具有 95% 保证率的值。

2.2　符　号

$f_{cu,e}$ ——混凝土抗压强度推定值；

$f^c_{cu,i}$ ——检验批或构件第 i 个测区混凝土抗压强度换算值；

$f^c_{cu,ai}$ ——检验批或构件第 i 个测区修正后混凝土抗压强度换算值；

$m_{f^c_{cu}}$ ——检验批测区混凝土抗压强度换算值的平均值；

$s_{f^c_{cu}}$ ——检验批测区混凝土抗压强度换算值的标准差；

$f^c_{cor,i}$ ——第 i 个芯样试件混凝土抗压强度换算值；

$f^c_{cor,m}$ ——样本中芯样试件混凝土抗压强度换算值的平均值；

$f^c_{cu,j,i}$ ——检验批第 j 个构件上第 i 个测区混凝土抗压强度换算值；

$m_{f^c_{cu,j}}$ ——检验批第 j 个构件测区混凝土抗压强度

换算值的平均值；

$\Delta_{f_{cu,e}}$ ——检验批混凝土抗压强度推定区间上限与下限差值；

$m_{\Delta f}$ ——检验批混凝土抗压强度推定区间上限与下限均值；

$f_{t,cor,i}$ ——第 i 个芯样试件劈裂抗拉强度；

$f_{t,e}$ ——混凝土抗拉强度推定值；

N ——检验批容量；

n ——样本容量；

n_j ——检验批第 j 个构件上布置的测区数；

s ——样本标准差；

m ——样本均值；

μ_u ——均值推定区间的上限值；

μ_l ——均值推定区间的下限值；

$k_{0.5}$ ——0.5分位数推定区间限值系数；

$k_{0.05,l}$ ——0.05分位数推定区间下限值系数；

$k_{0.05,u}$ ——0.05分位数推定区间上限值系数；

Δ_{tot} ——总体修正量；

Δ_{loc} ——对应样本修正量；

η_{loc} ——对应样本修正系数；

η ——对应修正系数。

3 基 本 规 定

3.1 检测范围和分类

3.1.1 混凝土结构现场检测应分为工程质量检测和结构性能检测。

3.1.2 当遇到下列情况之一时，应进行工程质量的检测：

1 涉及结构工程质量的试块、试件以及有关材料检验数量不足；

2 对结构实体质量的抽测结果达不到设计要求或施工验收规范要求；

3 对结构实体质量有争议；

4 发生工程质量事故，需要分析事故原因；

5 相关标准规定进行的工程质量第三方检测；

6 相关行政主管部门要求进行的工程质量第三方检测。

3.1.3 当遇到下列情况之一时，宜进行结构性能检测：

1 混凝土结构改变用途、改造、加层或扩建；

2 混凝土结构达到设计使用年限要继续使用；

3 混凝土结构使用环境改变或受到环境侵蚀；

4 混凝土结构受偶然事件或其他灾害的影响；

5 相关法规、标准规定的结构使用期间的鉴定。

3.2 检测工作的基本程序与要求

3.2.1 混凝土结构现场检测工作宜按图3.2.1的程序进行。

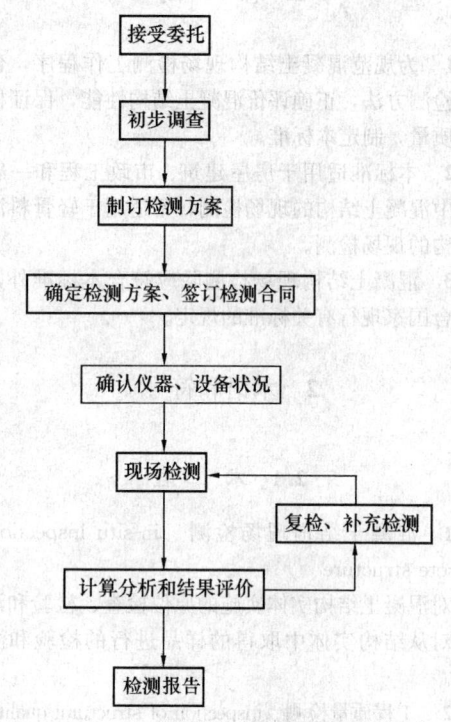

图 3.2.1 混凝土结构现场检测
工作程序框图

3.2.2 混凝土结构现场检测工作可接受单方委托，存在质量争议时宜由当事各方共同委托。

3.2.3 初步调查应以确认委托方的检测要求和制定有针对性的检测方案为目的。初步调查可采取踏勘现场、搜集和分析资料及询问有关人员等方法。

3.2.4 检测方案应征询委托方意见。

3.2.5 混凝土结构现场检测方案宜包括下列主要内容：

1 工程或结构概况，包括结构类型、设计、施工及监理单位，建造年代或检测时工程的进度情况等；

2 委托方的检测目的或检测要求；

3 检测的依据，包括检测所依据的标准及有关的技术资料等；

4 检测范围、检测项目和选用的检测方法；

5 检测的方式、检验批的划分、抽样方法和检测数量；

6 检测人员和仪器设备情况；

7 检测工作进度计划；

8 需要委托方配合的工作；

9 检测中的安全与环保措施。

3.2.6 现场检测所用仪器、设备的适用范围和检测精度应满足检测项目的要求。检测时，所用仪器、设备应在检定或校准周期内，并应处于正常状态。

3.2.7 现场检测工作应由本机构不少于两名检测人

员承担，所有进入现场的检测人员应经过培训。

3.2.8 现场检测的测区和测点应有明晰标注和编号，必要时标注和编号宜保留一定时间。

3.2.9 现场检测获取的数据或信息应符合下列要求：

　　1 人工记录时，宜用专用表格，并应做到数据准确、字迹清晰、信息完整，不应追记、涂改，当有笔误时，应进行杠改并签字确认；

　　2 仪器自动记录的数据应妥善保存，必要时宜打印输出后经现场检测人员校对确认；

　　3 图像信息应标明获取信息的时间和位置。

3.2.10 现场取得的试样应及时标识并妥善保存。

3.2.11 当发现检测数据数量不足或检测数据出现异常情况时，应进行补充检测或复检，补充检测或复检应有必要的说明。

3.2.12 混凝土结构现场检测工作结束后，应及时提出针对由于检测造成结构或构件局部损伤的修补建议。

3.3　检测项目和检测方法

3.3.1 混凝土结构现场检测应依据委托方提出的检测目的合理确定检测项目。

3.3.2 混凝土结构现场检测可在下列项目中选取必要的项目进行检测：

　　1 混凝土力学性能检测；

　　2 混凝土长期性能和耐久性能检测；

　　3 混凝土有害物质含量及其效应检测；

　　4 混凝土构件尺寸偏差与变形检测；

　　5 混凝土构件缺陷检测；

　　6 混凝土中钢筋的检测；

　　7 混凝土构件损伤的识别与检测；

　　8 结构或构件剩余使用年限检测；

　　9 荷载检验；

　　10 其他特种参数的专项检测。

3.3.3 混凝土结构现场检测，应根据检测类别、检测目的、检测项目、结构实际状况和现场具体条件选择适用的检测方法。

3.3.4 工程质量检测时，应选用直接法或间接法与直接法相结合的综合检测方法。

3.3.5 当将试验室对标准试件的试验技术用于现场取样检测时，应符合下列规定：

　　1 取样试件的尺寸应符合相应试验方法标准对试件的要求；

　　2 取样试件的数量不应少于标准试验方法要求的试件数量；

　　3 取样试件检验步骤应与试验方法标准的规定一致。

3.3.6 当采用检测单位自行开发或引进的检测方法时，应符合下列规定：

　　1 该方法应通过技术鉴定；

　　2 该方法应已与成熟的方法进行比对试验；

　　3 检测单位应有相应的检测细则，并应提供测试误差或测试结果的不确定度；

　　4 在检测方案中应予以说明并经委托方同意。

3.4　检测方式与抽样方法

3.4.1 混凝土结构现场检测可采取全数检测或抽样检测两种检测方式。抽样检测时，宜随机抽取样本。当不具备随机抽样条件时，可按约定方法抽取样本。

3.4.2 遇到下列情况时宜采用全数检测方式：

　　1 外观缺陷或表面损伤的检查；

　　2 受检范围较小或构件数量较少；

　　3 检验指标或参数变异性大或构件状况差异较大；

　　4 灾害发生后对结构受损情况的外观检查；

　　5 需减少结构的处理费用或处理范围；

　　6 委托方要求进行全数检测。

3.4.3 批量检测可根据检测项目的实际情况采取计数抽样方法、计量抽样方法或分层计量抽样方法进行检测；当产品质量标准或施工质量验收规范的规定适用于现场检测时，也可按相应的规定进行抽样。

3.4.4 计数抽样时检验批最小样本容量宜按表3.4.4的规定确定，分层计量抽样时检验批中受检构件的最少数量可按表3.4.4的规定确定。

表 3.4.4　检验批最小样本容量

检验批的容量	检测类别和样本最小容量			检验批的容量	检测类别和样本最小容量		
	A	B	C		A	B	C
2~8	2	2	3	91~150	8	20	32
9~15	2	3	5	151~280	13	32	50
16~25	3	5	8	281~500	20	50	80
26~50	3	8	13	501~1200	32	80	125
51~90	5	13	20	—			

注：1　检测类别A适用于施工质量的检测，检测类别B适用于结构质量或性能的检测，检测类别C适用于结构质量或性能的严格检测或复检；

　　2　无特别说明时，样本单位为构件。

3.4.5 计数抽样检验批的符合性判定应符合下列规定：

　　1 检测的对象为主控项目时按表3.4.5-1的规定确定；

　　2 检测的对象为一般项目时按表3.4.5-2的规定确定。

表 3.4.5-1　主控项目的判定

样本容量	合格判定数	不合格判定数	样本容量	合格判定数	不合格判定数
2~5	0	1	50	5	6
8~13	1	2	80	7	8
20	2	3	125	10	11
32	3	4	—		

表 3.4.5-2 一般项目的判定

样本容量	合格判定数	不合格判定数	样本容量	合格判定数	不合格判定数
2～5	1	2	32	7	8
8	2	3	50	10	11
13	3	4	80	14	15
20	5	6	125	21	22

3.4.6 对符合正态分布的性能参数可对该参数总体特征值或总体均值进行推定，推定时应提供被推定值的推定区间，标准差未知时计量抽样和分层计量抽样的推定区间限值系数可按表 3.4.6 的规定确定。

表 3.4.6 标准差未知时计量抽样和分层计量抽样的推定区间限值系数

样本容量 n	标准差未知时推定区间上限值与下限值系数					
	0.5分位值		0.05分位值			
	$k_{0.5}$ (0.05)	$k_{0.5}$ (0.1)	$k_{0.05,u}$ (0.05)	$k_{0.05,l}$ (0.05)	$k_{0.05,u}$ (0.1)	$k_{0.05,l}$ (0.1)
5	0.95339	0.68567	0.81778	4.20268	0.98218	3.39983
6	0.82264	0.60253	0.87477	3.70768	1.02822	3.09188
7	0.73445	0.54418	0.92037	3.39947	1.06516	2.89380
8	0.66983	0.50025	0.95803	3.18729	1.09570	2.75428
9	0.61985	0.46561	0.98987	3.03124	1.12153	2.64990
10	0.57968	0.43735	1.01730	2.91096	1.14378	2.56837
11	0.54648	0.41373	1.04127	2.81499	1.16322	2.50262
12	0.51843	0.39359	1.06247	2.73634	1.18041	2.44825
13	0.49432	0.37615	1.08141	2.67050	1.19576	2.40240
14	0.47330	0.36085	1.09848	2.61443	1.20958	2.36311
15	0.45477	0.34729	1.11397	2.56600	1.22213	2.32898
16	0.43826	0.33515	1.12812	2.52366	1.23358	2.29900
17	0.42344	0.32421	1.14112	2.48626	1.24409	2.27240
18	0.41003	0.31428	1.15311	2.45295	1.25379	2.24862
19	0.39782	0.30521	1.16423	2.42304	1.26277	2.22720
20	0.38665	0.29689	1.17458	2.39600	1.27113	2.20778
21	0.37636	0.28921	1.18425	2.37142	1.27893	2.19007
22	0.36686	0.28210	1.19330	2.34896	1.28624	2.17385
23	0.35805	0.27550	1.20181	2.32832	1.29310	2.15891
24	0.34984	0.26933	1.20982	2.30929	1.29956	2.14510
25	0.34218	0.26357	1.21739	2.29167	1.30566	2.13229
26	0.33499	0.25816	1.22455	2.27530	1.31143	2.12037
27	0.32825	0.25307	1.23135	2.26005	1.31690	2.10924
28	0.32189	0.24827	1.23780	2.24578	1.32209	2.09881
29	0.31589	0.24373	1.24395	2.23241	1.32704	2.08903
30	0.31022	0.23943	1.24981	2.21984	1.33175	2.07982
31	0.30484	0.23536	1.25540	2.20800	1.33625	2.07113
32	0.29973	0.23148	1.26075	2.19682	1.34055	2.06292
33	0.29487	0.22779	1.26588	2.18625	1.34467	2.05514
34	0.29024	0.22428	1.27079	2.17623	1.34862	2.04776
35	0.28582	0.22092	1.27551	2.16672	1.35241	2.04075
36	0.28160	0.21770	1.28004	2.15768	1.35605	2.03407
37	0.27755	0.21463	1.28441	2.14906	1.35955	2.02771
38	0.27368	0.21168	1.28861	2.14085	1.36292	2.02164
39	0.26997	0.20884	1.29266	2.13300	1.36617	2.01583
40	0.26640	0.20612	1.29657	2.12549	1.36931	2.01027
41	0.26297	0.20351	1.30035	2.11831	1.37233	2.00494
42	0.25967	0.20099	1.30399	2.11142	1.37526	1.99983
43	0.25650	0.19856	1.30752	2.10481	1.37809	1.99493
44	0.25343	0.19622	1.31094	2.09846	1.38083	1.99021
45	0.25047	0.19396	1.31425	2.09235	1.38348	1.98567
46	0.24762	0.19177	1.31746	2.08648	1.38605	1.98130
47	0.24486	0.18966	1.32058	2.08081	1.38854	1.97708
48	0.24219	0.18761	1.32360	2.07535	1.39096	1.97302
49	0.23960	0.18563	1.32653	2.07008	1.39331	1.96909
50	0.23710	0.18372	1.32939	2.06499	1.39559	1.96529
60	0.21574	0.16732	1.35412	2.02216	1.41536	1.93327
70	0.19927	0.15466	1.37364	1.98987	1.43095	1.90903
80	0.18608	0.14449	1.38959	1.96444	1.44366	1.88988
90	0.17521	0.13610	1.40294	1.94376	1.45429	1.87428
100	0.16604	0.12902	1.41433	1.92654	1.46335	1.86125
110	0.15818	0.12294	1.42421	1.91191	1.47121	1.85017
120	0.15133	0.11764	1.43289	1.89929	1.47810	1.84059
130	0.14531	0.11298	1.44060	1.88827	1.48421	1.83222
140	0.13995	0.10883	1.44750	1.87852	1.48969	1.82481
150	0.13514	0.10510	1.45372	1.86984	1.49462	1.81820
160	0.13080	0.10174	1.45938	1.86203	1.49911	1.81225
170	0.12685	0.09868	1.46456	1.85497	1.50321	1.80686
180	0.12324	0.09588	1.46931	1.84854	1.50697	1.80196
190	0.11992	0.09330	1.47370	1.84265	1.51044	1.79746
200	0.11685	0.09092	1.47777	1.83724	1.51366	1.79332
250	0.10442	0.08127	1.49443	1.81547	1.52683	1.77667
300	0.09526	0.07415	1.50687	1.79964	1.53665	1.76454
400	0.08243	0.06418	1.52453	1.77776	1.55057	1.74773
500	0.07370	0.05739	1.53671	1.76305	1.56017	1.73641

3.4.7 推定区间的置信度宜为 0.90，并使错判概率和漏判概率均为 0.05。特殊情况下，推定区间的置信度可为 0.85，使漏判概率为 0.10，错判概率仍为 0.05。推定区间可按下列公式计算：

　　1 检验批标准差未知时，总体均值的推定区间

应按下列公式计算：

$$\mu_u = m + k_{0.5}s \qquad (3.4.7\text{-}1)$$
$$\mu_l = m - k_{0.5}s \qquad (3.4.7\text{-}2)$$

式中：μ_u——均值推定区间的上限值；

μ_l——均值推定区间的下限值；

m——样本均值；

s——样本标准差。

2 检验批标准差为未知时，计量抽样检验批具有95％保证率特征值的推定区间上限值和下限值可按下列公式计算：

$$x_{0.05,u} = m - k_{0.05,u}s \qquad (3.4.7\text{-}3)$$
$$x_{0.05,l} = m - k_{0.05,l}s \qquad (3.4.7\text{-}4)$$

式中：$x_{0.05,u}$——特征值推定区间的上限值；

$x_{0.05,l}$——特征值推定区间的下限值。

3.4.8 对计量抽样检测结果推定区间上限值与下限值之差值宜进行控制。

3.5 检 测 报 告

3.5.1 检测报告应结论明确、用词规范、文字简练，对于容易混淆的术语和概念应以文字解释或图例、图像说明。

3.5.2 检测报告应包括下列内容：

1 委托方名称；

2 建筑工程概况，包括工程名称、地址、结构类型、规模、施工日期及现状等；

3 设计单位、施工单位及监理单位名称；

4 检测原因、检测目的及以往相关检测情况概述；

5 检测项目、检测方法及依据的标准；

6 检验方式、抽样方法、检测数量与检测的位置；

7 检测项目的主要分类检测数据和汇总结果、检测结果、检测结论；

8 检测日期，报告完成日期；

9 主检、审核和批准人员的签名；

10 检测机构的有效印章。

3.5.3 检测机构应就委托方对报告提出的异议作出解释或说明。

4 混凝土力学性能检测

4.1 一 般 规 定

4.1.1 混凝土力学性能检测可分为混凝土抗压强度、劈裂抗拉强度、抗折强度和静力受压弹性模量等检测项目。

4.1.2 混凝土力学性能检测的测区或取样位置应布置在无缺陷、无损伤且具有代表性的部位；当发现构件存在缺陷、损伤或性能劣化现象时，应在检测报告

中予以描述。

4.1.3 当委托方有特定要求时，可对存在缺陷、损伤或性能劣化现象的部位进行混凝土力学性能的专项检测。

4.2 混凝土抗压强度检测

4.2.1 混凝土抗压强度的现场检测应提供结构混凝土在检测龄期相当于边长为150mm立方体试件抗压强度特征值的推定值。

4.2.2 混凝土抗压强度可采用回弹法、超声-回弹综合法、后装拔出法、后锚固法等间接法进行现场检测。当具备钻芯法检测条件时，宜采用钻芯法对间接法检测结果进行修正或验证。

4.2.3 混凝土抗压强度现场检测的操作和单个构件混凝土抗压强度特征值的推定应按本标准附录A执行。

4.2.4 当采取钻芯法对间接法检测结果进行修正时，芯样样本宜按本标准附录B的规定进行异常值判别和处理。

4.2.5 采用钻芯法对间接法检测结果进行修正应按本标准附录C执行。

4.2.6 批量检测混凝土抗压强度时，宜采取分层计量抽样方法。检验批受检构件数量可按下列方法确定：

1 按相应的检测技术规程的规定确定；

2 按委托方的要求确定；

3 按本标准表3.4.4的规定确定。

4.2.7 检验批测区总数或芯样总数应满足推定区间限值要求，确定检验批测区数量时宜考虑受检混凝土抗压强度的变异性。当不能确定混凝土抗压强度变异性时，可取混凝土抗压强度变异系数为0.15来确定检验批测区数量。

4.2.8 当不需要提供每个受检构件混凝土强度推定值且总测区数满足推定区间限值要求时，每个构件布置的测区数量可适当减少，但不宜少于3个。

4.2.9 混凝土抗压强度的批量检测应符合下列规定：

1 将混凝土抗压强度和质量状况相近的同类构件划分为一个检验批。

2 按本标准第4.2.6条确定受检构件数量。

3 在检验批中随机选取受检构件，按预先确定的测区数或芯样总数在每个构件上均匀布置测区或取样点，按选定的方法进行测试，得到每个测区或每个芯样的混凝土换算强度。

4.2.10 批量检测混凝土抗压强度时，样本换算强度平均值和样本换算强度标准差应按下列公式计算：

$$m_{f_{cu}^c} = \frac{1}{n}\sum_{i=1}^{n} f_{cu,i}^c \qquad (4.2.10\text{-}1)$$

$$s_{f_{cu}^c} = \sqrt{\frac{\sum_{i=1}^{n}(f_{cu,i}^c - m_{f_{cu}^c})^2}{n-1}} \qquad (4.2.10\text{-}2)$$

式中：$m_{f_{cu}^c}$ ——样本换算强度平均值，精确至 0.1MPa；

　　n ——样本容量，取获得换算强度的测区总数或芯样总数；

　　$f_{cu,i}^c$ ——测区或芯样换算强度值，精确至 0.1MPa；

　　$s_{f_{cu}^c}$ ——样本换算强度标准差，精确至 0.01MPa。

4.2.11 批量检测混凝土抗压强度时，检验批混凝土抗压强度推定区间上限值、下限值、上限与下限差值及其均值应按下列公式计算：

$$f_{cu,u} = m_{f_{cu}^c} - k_{0.05,u} s_{f_{cu}^c} \quad (4.2.11\text{-}1)$$

$$f_{cu,l} = m_{f_{cu}^c} - k_{0.05,l} s_{f_{cu}^c} \quad (4.2.11\text{-}2)$$

$$\Delta_{f_{cu,e}} = f_{c,u} - f_{c,l} \quad (4.2.11\text{-}3)$$

$$m_{\Delta f} = \frac{f_{cu,u} + f_{cu,l}}{2} \quad (4.2.11\text{-}4)$$

式中：$f_{cu,u}$ ——推定区间上限值，精确至 0.1MPa；

　　$f_{cu,l}$ ——推定区间下限值，精确至 0.1MPa；

　　$\Delta_{f_{cu,e}}$ ——推定区间上限与下限的差值，精确至 0.1MPa；

　　$m_{\Delta f}$ ——推定区间上限与下限的均值，精确至 0.1MPa。

4.2.12 检验批混凝土抗压强度的推定应符合下列规定：

　　1 当推定区间上限与下限差值不大于 5.0MPa 和 $0.1m_{\Delta f}$ 两者之间的较大值时，检验批混凝土抗压强度推定值可根据实际情况在推定区间内取值。

　　2 当推定区间上限与下限差值大于 5.0MPa 和 $0.1m_{\Delta f}$ 两者之间的较大值时，宜采取下列措施之一进行处理，直至满足本条第 1 款的规定：

　　　　1）增加样本容量，进行补充检测；

　　　　2）细分检验批，进行补充检测或重新检测。

　　3 当推定区间上限与下限差值大于 5.0MPa 和 $0.1m_{\Delta f}$ 两者之间的较大值且不具备本条第 2 款条件时，不宜进行批量推定。

　　4 工程质量检测时，当检验批混凝土抗压强度推定值不小于设计要求的混凝土抗压强度等级时，可判定检验批混凝土抗压强度符合设计要求。

　　5 结构性能检测时，可采用检验批混凝土抗压强度推定值作为结构复核的依据。

4.3 混凝土劈裂抗拉强度检测

4.3.1 混凝土劈裂抗拉强度应采用取样法进行检测，检测结果可作为结构性能评定的依据。

4.3.2 混凝土劈裂抗拉强度的试件和测试应符合下列规定：

　　1 混凝土芯样直径为 100mm 或 150mm 且宜大于骨料最大粒径 3 倍，芯样长度宜大于直径的 2 倍；

　　2 将芯样切割、磨平，制成高径比为 2.0±0.1

的芯样试件；

　　3 在芯样试件上标出两条承压线，两条承压线彼此相对并应位于同一轴向平面，两线的末端在芯样试件的端面相连；

　　4 按现行国家标准《普通混凝土力学性能试验方法标准》GB/T 50081 的相关规定进行劈裂试验，确定试件的破坏荷载；

　　5 单个试件的劈裂抗拉强度应按下式计算：

$$f_{t,cor,i} = \frac{2F_i}{\pi \times d \times l} = 0.637 F_i / A_i \quad (4.3.2)$$

式中：$f_{t,cor,i}$ ——试件劈裂抗拉强度，精确至 0.1MPa；

　　F_i ——试件破坏荷载（N）；

　　A_i ——试件劈裂面积（mm²）；

　　l ——试件高度（mm）；

　　d ——劈裂面试件直径（mm）。

4.3.3 单个构件混凝土劈裂抗拉强度应按下列规定进行检测和推定：

　　1 从构件上钻取芯样，芯样位置应均匀分布；

　　2 应将取得的芯样加工成 3 个试件；

　　3 应按本标准第 4.3.2 条的规定检测每个芯样试件的劈裂抗拉强度；

　　4 该构件混凝土劈裂抗拉强度的推定值可按芯样试件劈裂抗拉强度的最小值确定。

4.3.4 批量检测混凝土劈裂抗拉强度应符合下列规定：

　　1 应将混凝土强度等级和质量状况相近的同类构件划分为一个检验批；

　　2 受检构件数量应按本标准表 3.4.4 确定；

　　3 每个受检构件上的取样数量不宜超过 2 个，总取样数量不应少于 10 个；

　　4 应按本标准第 4.3.2 条的规定检测每个芯样试件的劈裂抗拉强度。

4.3.5 批量检测混凝土劈裂抗拉强度时，样本劈裂抗拉强度平均值和样本劈裂抗拉强度标准差应按下列公式计算：

$$m_{f_t} = \frac{1}{n} \sum_{i=1}^{n} f_{t,cor,i} \quad (4.3.5\text{-}1)$$

$$s_{f_t} = \sqrt{\frac{\sum_{i=1}^{n} (f_{t,cor,i} - m_{f_t})^2}{n-1}} \quad (4.3.5\text{-}2)$$

式中：m_{f_t} ——样本劈裂抗拉强度平均值，精确至 0.1MPa；

　　n ——样本容量，取试件数量；

　　s_{f_t} ——试件劈裂抗拉强度标准差，精确至 0.01MPa。

4.3.6 批量检测混凝土劈裂抗拉强度时，检验批混凝土劈裂抗拉强度推定区间上限与下限差值及其均值应按下列公式计算：

$$\Delta_{f_{t,e}} = (k_{0.05,l} - k_{0.05,u})s_{f_t} \qquad (4.3.6\text{-}1)$$

$$m_{\Delta f} = \frac{(k_{0.05,u} + k_{0.05,l})s_{f_t}}{2} \qquad (4.3.6\text{-}2)$$

式中：$\Delta_{f_{t,e}}$——推定区间上限与下限的差值，精确
  　　　　至 0.1MPa；

　　　$m_{\Delta f}$——推定区间上限与下限的均值，精确
  　　　　至 0.1MPa。

4.3.7 检验批混凝土劈裂抗拉强度可按下列规定进行推定：

　　1 当推定区间上限与下限差值不大于 $0.1m_{\Delta f}$ 时，检验批混凝土劈裂抗拉强度推定值应按下式进行计算：

$$f_{t,e} = m_{f_t} - k_{0.05}s_{f_t} \qquad (4.3.7\text{-}1)$$

式中：$f_{t,e}$——检验批混凝土劈裂抗拉强度推定值。

　　2 当推定区间上限与下限差值大于 $0.1m_{\Delta f}$ 时，该检验批混凝土劈裂抗拉强度推定值可按下式计算：

$$f_{t,e} = f_{t,min} \qquad (4.3.7\text{-}2)$$

式中：$f_{t,min}$——试件劈裂抗拉强度最小值。

4.4 混凝土抗折强度检测

4.4.1 混凝土抗折强度宜采用取样法检测。当无法取得抗折强度试件时，可按本标准第 4.3 节检测混凝土劈裂抗拉强度，再按进行验证的劈裂抗拉强度与抗折强度关系曲线得到抗折强度换算值。

4.4.2 混凝土抗折强度的取样和试件的测试应符合下列规定：

　　1 从混凝土实体中切割混凝土试样，选择无缺陷的试样加工成截面为 100mm×100mm、长度为 400mm 的试件，试件中不应含有纵向钢筋。

　　2 应按现行国家标准《普通混凝土力学性能试验方法标准》GB/T 50081 的有关规定进行抗折试验，检测试件抗折破坏荷载。

　　3 当试件的下边缘断裂位置处于两个集中荷载作用线之间时，试件的抗折强度应按下式计算：

$$f_{t,i} = \frac{0.85 \times F_i \times l}{bh^2} \qquad (4.4.2)$$

式中：F_i——试件破坏荷载（N）；

　　　$f_{t,i}$——试件抗折强度，精确至 0.1MPa；

　　　l——支座间跨度（mm）；

　　　b——试件截面宽度（mm）；

　　　h——试件截面高度（mm）。

4.4.3 单个构件混凝土抗折强度应按下列规定进行检测和推定：

　　1 应在构件上切割试样，加工成 3 个试件；

　　2 应按本标准第 4.4.2 条的规定检测每个试件的抗折强度；

　　3 该构件混凝土抗折强度的推定值可按试件抗折强度最小值确定。

4.4.4 检验批混凝土抗折强度可按本标准第 4.3.4

条和第 4.3.5 条的有关规定进行检测和推定。

4.5 混凝土静力受压弹性模量检测

4.5.1 混凝土静力受压弹性模量应采用取样法检测。

4.5.2 检测混凝土静力受压弹性模量应符合下列规定：

　　1 应将混凝土强度等级相同、质量状况相近的构件划为一个检验批；

　　2 在结构实体中随机钻取芯样，芯样直径为 100mm 且宜大于骨料最大粒径 3 倍，芯样的高度与直径之比大于 2；

　　3 应对芯样进行处理，形成高度满足 $2d\pm0.05d$，端面的平面度公差不应大于 0.1mm 且端面与侧面垂直度为 $90°\pm1°$ 的试件；

　　4 当混凝土轴心抗压强度已知时，应采用 6 个试件，用于测试混凝土静力受压弹性模量；当混凝土轴心抗压强度未知时，尚应在对应部位增加 6 个试件，用于确定混凝土轴心抗压强度；

　　5 应按现行国家标准《普通混凝土力学性能试验方法标准》GB/T 50081 的相关规定检测每个试件的静力受压弹性模量和轴心抗压强度。

4.5.3 当混凝土轴心抗压强度未知时，控制荷载的轴心抗压强度值应按下式计算：

$$f_p = \frac{1}{6} \sum_{i=1}^{6} f_{c,i} \qquad (4.5.3)$$

式中：f_p——控制荷载的轴心抗压强度值，精确至 0.1MPa；

　　　$f_{c,i}$——试件轴心抗压强度值，精确至 0.1MPa。

4.5.4 结构混凝土在检测龄期静力受压弹性模量推定值的确定应符合下列规定：

　　1 当试件的轴心抗压强度值与用以确定检验控制荷载的轴心抗压强度值相差超过后者的 20% 时，剔除该试件的静力受压弹性模量；

　　2 计算余下全部试件静力受压弹性模量的平均值；

　　3 以此平均值作为结构混凝土在检测龄期静力受压弹性模量的推定值。

4.6 缺陷与性能劣化区混凝土力学性能参数检测

4.6.1 缺陷与性能劣化区混凝土力学性能参数应采用取样法进行测试。

4.6.2 缺陷与劣化区混凝土力学性能参数的检测可提供单一测区的测试值，也可提供若干测区测试值的平均值。

4.6.3 当需要确定缺陷与性能劣化区混凝土力学性能参数下降量时，可采取在正常区域取样比对的方法。

5 混凝土长期性能和耐久性能检测

5.1 一般规定

5.1.1 结构混凝土抗渗性能、抗冻性能、抗氯离子渗透性能和抗硫酸盐侵蚀性能等长期耐久性能应采用取样法进行检测。

5.1.2 取样检测结构混凝土长期性能和耐久性能时，芯样最小直径应符合表 5.1.2 的规定：

表 5.1.2 芯样最小直径（mm）

骨料最大粒径	31.5	40.0	63.0
最小直径	100	150	200

5.1.3 取样位置应在受检区域内随机选取，取样点应布置在无缺陷的部位。当受检区域存在明显劣化迹象时，取样深度应考虑劣化层的厚度。

5.1.4 当委托方有要求时，可对特定部位的混凝土长期性能和耐久性能进行专项检测。

5.2 取样法检测混凝土抗渗性能

5.2.1 取样法检测混凝土抗渗性能的操作与试件处理宜符合下列规定：

1　每个受检区域取样不宜少于 1 组，每组宜由不少于 6 个直径为 150mm 的芯样构成；

2　芯样的钻取方向宜与构件承受水压的方向一致；

3　宜将内部无明显缺陷的芯样加工成符合现行国家标准《普通混凝土长期性能和耐久性能试验方法标准》GB/T 50082 有关规定的抗渗试件，每组抗渗试件为 6 个。

5.2.2 逐级加压法检测混凝土抗渗性能应符合下列规定：

1　应将同组的 6 个抗渗试件置于抗渗仪上进行封闭；

2　应按现行国家标准《普通混凝土长期性能和耐久性能试验方法标准》GB/T 50082 的逐级加压法对同组试件进行抗渗性能的检测；

3　当 6 个试件中的 3 个试件表面出现渗水或检测的水压高于规定数值或设计指标，在 8h 内出现表面渗水的试样少于 3 个时可停止试验，并应记录此时的水压力 H（精确至 0.1MPa）。

5.2.3 混凝土在检测龄期实际抗渗等级的推定值可按下列规定确定：

1　当停止试验时，6 个试件中有 2 个试件表面出现渗水，该组混凝土抗渗等级的推定值可按下式计算：

$$P_e = 10H \qquad (5.2.3-1)$$

2　当停止试验时，6 个试件中有 3 个试件表面出现渗水，该组混凝土抗渗等级的推定值可按下式计算：

$$P_e = 10H - 1 \qquad (5.2.3-2)$$

3　当停止试验时，6 个试件中少于 2 个试件表面出现渗水，该组混凝土抗渗等级的推定值可按下式计算：

$$P_e > 10H \qquad (5.2.3-3)$$

式中：P_e——结构混凝土在检测龄期实际抗渗等级的推定值；

H——停止试验时的水压力（MPa）。

5.2.4 渗水高度法检测混凝土抗渗性能应符合下列规定：

1　应将同组的 6 个抗渗试件分别压入试模并进行可靠密封；

2　应按现行国家标准《普通混凝土长期性能和耐久性能试验方法标准》GB/T 50082 的渗水高度法对同组试件进行抗渗性能的检测；

3　稳压过程中应随时注意观察试件端面的渗水情况；

4　当某一个试件端面出现渗水时，应停止该试件试验并记录时间，此时该试件的渗水高度应为试件高度；

5　当端面未出现渗水时，24h 后应停止试验，取出试件；将试件沿纵断面对中劈裂为两半，用防水笔描出渗水轮廓线；并应在芯样劈裂面中线两侧各 60mm 的范围内，用钢尺沿渗水轮廓线等间距量测 10 点渗水高度，读数精确至 1mm；

6　单个试件渗水高度和相对渗透系数应按下式计算：

$$\bar{h}_i = \frac{\sum_{j=1}^{10} h_j}{10} \qquad (5.2.4-1)$$

式中：h_j——第 i 个试件第 j 个测点处的渗水高度（mm）；

$\bar{h}_i$——第 i 个试件平均渗水高度（mm）；当某一个试件端面出现渗水时，该试件的平均渗水高度为试件高度。

7　一组试件渗水高度应按下式计算：

$$\bar{h} = \frac{\sum_{j=1}^{6} h_i}{6} \qquad (5.2.4-2)$$

5.2.5 当委托方有要求时，可按上述方法对缺陷、疏松处混凝土的实际抗渗性能进行测试，每组抗渗试件可少于 6 个，但不应少于 3 个，并应提供每个试件的检测结果。

5.3 取样慢冻法检测混凝土抗冻性能

5.3.1 取样慢冻法检测混凝土抗冻性能时，取样和

试样的处理应符合下列规定：

　　1　在受检区域随机布置取样点，每个受检区域取样不应少于 1 组，每组应由不少于 6 个直径不小于 100mm 且长度不小于直径的芯样组成；

　　2　将无明显缺陷的芯样加工成高径比为 1.0 的抗冻试件，每组应由 6 个抗冻试件组成；

　　3　将 6 个试件同时放在 20℃±2℃ 水中，浸泡 4d 后取出 3 个试件开始慢冻试验，余下 3 个试件用于强度比对，继续在水中养护。

5.3.2　慢冻试验应符合下列规定：

　　1　应将浸泡好的试样用湿布擦除表面水分，编号并分别称取其质量；

　　2　应按现行国家标准《普通混凝土长期性能和耐久性能试验方法标准》GB/T 50082 慢冻法的有关规定进行冻融循环试验；

　　3　在每次循环时应注意观察试样的表面损伤情况，当发现损伤时应称量试样的质量；

　　4　当 3 个试件的质量损失率的算术平均值为 5%±0.2% 或冻融循环超过预期的次数时应停止试验，并应记录停止试验时的循环次数；

　　5　试件平均质量损失率按下式计算：

$$\Delta w = \frac{1}{3}\sum_{i=1}^{3}\frac{W_{0i} - W_{ni}}{W_{0i}} \times 100 \qquad (5.3.2)$$

式中：Δw——N 次冻融循环后的平均质量损失率，精确至 0.1%；

　　　　W_{ni}——N 次冻融循环后第 i 个芯样的质量（g）；

　　　　W_{0i}——冻融循环试验前第 i 个芯样的质量（g）。

5.3.3　抗压强度损失率应按下列规定检测：

　　1　应将 3 个冻融试件与 3 个比对试件晾干，同时进行端面修整，并应使 6 个试件承压面的平整度、端面平行度及端面垂直度符合现行国家标准《普通混凝土力学性能试验方法标准》GB/T 50081 的有关规定；

　　2　检测试件的抗压强度，应分别计算 3 个冻融试件与 3 个比对试件的平均抗压强度；

　　3　冻融循环试件的抗压强度损失率应按下式计算：

$$\lambda_f = (f_{cor,d,m0} - f_{cor,d,m})/f_{cor,d,m0} \qquad (5.3.3)$$

式中：λ_f——N_f 次冻融循环后的混凝土抗压强度损失率，精确至 0.1%；

　　　　$f_{cor,d,m0}$——3 个比对试件的平均抗压强度，精确至 0.1MPa；

　　　　$f_{cor,d,m}$——N_f 次冻融循环后 3 个冻融试件的平均抗压强度，精确至 0.1MPa。

5.3.4　取样慢冻法混凝土抗冻性能可按下列规定进行评价：

　　1　当 λ_f 不大于 0.25 时，可以停止冻融循环时的冻融循环次数 N_d 作为结构混凝土在检测龄期实际抗冻性能的检测值 $N_{d,e}$；

　　2　当 λ_f 大于 0.25 时，$N_{d,e}$ 可按下式计算：

$$N_{d,e} = 0.25N_d/\lambda_f \qquad (5.3.4)$$

5.4　取样快冻法检测混凝土的抗冻性能

5.4.1　取样快冻法检测混凝土抗冻性能时，取样和试样的处理应符合下列规定：

　　1　在受检区域随机布置取样点，每个受检区域应钻取芯样数量不应少于 3 个，芯样直径不宜小于 100mm，芯样高径比不应小于 4；

　　2　将无明显缺陷的芯样加工成高径比为 4.0 的抗冻试件，每组应由 3 个抗冻试件组成；

　　3　成型同样形状尺寸，中心埋有热电偶的测温试件，其所用混凝土的抗冻性能应高于抗冻试件；

　　4　应将 3 个抗冻试件浸泡 4d 后开始进行快冻试验。

5.4.2　快冻试验应符合下列规定：

　　1　将浸泡好的试件用湿布擦除表面水分，编号并分别称取其质量和检测动弹性模量；

　　2　按现行国家标准《普通混凝土长期性能和耐久性能试验方法标准》GB/T 50082 快冻法的有关规定进行冻融循环试验和中间的动弹性模量和质量损失率的检测；

　　3　当出现下列 3 种情况之一时停止试验：

　　　1）冻融循环次数超过预期次数；

　　　2）试件相对动弹性模量小于 60%；

　　　3）试件质量损失率达到 5%。

5.4.3　试件相对动弹性模量应按下式计算：

$$P = \frac{1}{3}\sum_{i=1}^{3}\frac{f_{ni}^2}{f_{0i}^2} \times 100 \qquad (5.4.3)$$

式中：P——经 N 次冻融循环后一组试件的相对动弹性模量（%），精确至 0.1；

　　　　f_{ni}——N 次冻融循环后第 i 个芯样试件横向基频（Hz）；

　　　　f_{0i}——冻融循环试验前测得的第 i 个试件横向基频初始值（Hz）。

5.4.4　试件质量损失率应按下式计算：

$$\Delta w = \frac{1}{3}\sum_{i=1}^{3}\frac{W_{0i} - W_{ni}}{W_{0i}} \times 100 \qquad (5.4.4)$$

式中：Δw——N 次冻融循环后一组试件的平均质量损失率（%），精确至 0.1；

　　　　W_{ni}——N 次冻融循环后第 i 个试件质量（g）；

　　　　W_{0i}——冻融循环试验前测得的第 i 个试件质量（g）。

5.4.5　混凝土在检测龄期实际抗冻性能的检测值可采取下列方法表示：

　　1　用符号 F_e 后加停止冻融循环时对应的冻融循

环次数表示；

2 用抗冻耐久性系数表示，抗冻耐久性系数推定值可按下式计算：

$$DF_e = P \times N_d / 300 \qquad (5.4.5)$$

式中：DF_e——混凝土抗冻耐久性系数推定值；

N_d——停止试验时冻融循环的次数。

5.5 氯离子渗透性能检测

5.5.1 结构混凝土抗氯离子渗透性能可采用快速氯离子迁移系数法和电通量法检测。

5.5.2 采用快速检测氯离子迁移系数法时，取样与测试应符合下列规定：

1 在受检区域随机布置取样点，每个受检区域取样不应少于 1 组；每组应由不少于 3 个直径 100mm 且长度不小于 120mm 的芯样组成；

2 将无明显缺陷的芯样从中间切成两半，加工成 2 个高度为 50mm±2mm 的试件，分别标记为内部试件和外部试件；将 3 个外部试件作为一组，对应的 3 个外部试件作为另一组；

3 按现行国家标准《普通混凝土长期性能和耐久性能试验方法标准》GB/T 50082 的有关规定分别对两组试件进行试验，试验面为中间切割面；

4 按规定进行数据取舍后，分别确定两组氯离子迁移系数测定值；

5 当两组氯离子迁移系数测定值相差不超过 15% 时，应以两组平均值作为结构混凝土在检测龄期氯离子迁移系数推定值；

6 当两组氯离子迁移系数测定值相差超过 15% 时，应以分别给出两组氯离子迁移系数测定值，作为结构混凝土内部和外部在检测龄期氯离子迁移系数推定值。

5.5.3 采用电通量法时，取样与测试应符合下列规定：

1 在受检区域随机布置取样点，每个受检区域取样不应少于 1 组；每组应由不少于 3 个直径 100mm 且长度不小于 120mm 的芯样组成；

2 应将无明显缺陷且无钢筋、无钢纤维的芯样从中间切成两半，加工成 2 个高度为 50mm±2mm 的试件，分别标记为内部试件和外部试件；将 3 个外部试件作为一组，对应的 3 个外部试件作为另一组；

3 应按现行国家标准《普通混凝土长期性能和耐久性能试验方法标准》GB/T 50082 的有关规定分别对两组试件进行试验，试验面应为中间切割面；

4 按规定进行数据取舍后，应分别确定两组电通量测定值；

5 当两组电通量测定值相差不超过 15% 时，应以两组平均值作为结构混凝土在检测龄期电通量推定值；

6 当两组氯离子迁移系数测定值相差超过 15% 时，应以分别给出两组电通量测定值，作为结构混凝土内部和外部在检测龄期电通量推定值。

5.6 抗硫酸盐侵蚀性能检测

5.6.1 取样检测抗硫酸盐侵蚀性能时，取样与测试应符合下列规定：

1 在受检区域随机布置取样点，每个受检区域取样不应少于 1 组；每组应由不少于 6 个直径不小于 100mm 且长度不小于直径的芯样组成；

2 应将无明显缺陷的芯样加工成 6 个高度为 100mm±2mm 的试件，取 3 个做抗硫酸盐侵蚀试验，另外 3 个作为抗压强度对比试件；

3 应按现行国家标准《普通混凝土长期性能和耐久性能试验方法标准》GB/T 50082 有关规定进行硫酸盐溶液干湿交替的试验；

4 当试件出现明显损伤或干湿交替次数超过预期的次数时，应停止试验，进行抗压强度检测，并应计算混凝土强度耐腐蚀系数。

5.6.2 抗压强度及强度耐蚀系数应按下列规定检测：

1 将 3 个硫酸盐侵蚀试件与 3 个比对试件晾干，同时进行端面修整，使 6 个试件承压面的平整度、端面平行度及端面垂直度应符合国家现行标准《普通混凝土力学性能试验方法标准》GB/T 50081 的有关规定；

2 测试试件的抗压强度，应分别计算 3 个硫酸盐侵蚀试件和 3 个比对试件的抗压强度平均值；

3 强度耐蚀系数应按下式计算：

$$K_f = \frac{f_{cor,s,m}}{f_{cor,s,m0}} \times 100 \qquad (5.6.2)$$

式中：K_f——强度耐蚀系数，精确至 0.1%；

$f_{cor,s,m0}$——3 个对比试件的抗压强度平均值，精确至 0.1MPa；

$f_{cor,s,m}$——3 个硫酸盐侵蚀试件抗压强度平均值，精确至 0.1MPa。

5.6.3 混凝土抗硫酸盐等级可按下列规定进行推定：

1 当强度耐蚀系数在 75%±5% 范围内时，混凝土抗硫酸盐等级可用停止试验时的干湿循环次数表示；

2 当强度耐蚀系数超过 75%±5% 范围时，混凝土抗硫酸盐等级可按下式计算：

$$N_{SR} = N_S \times K_f / 0.75 \qquad (5.6.3)$$

式中：N_{SR}——推定的混凝土抗硫酸盐等级；

N_S——停止试验时的干湿循环次数。

6 有害物质含量及其作用效应检验

6.1 一般规定

6.1.1 结构混凝土中的有害物质含量宜通过化学分

析方法测定,有害物质或其反应产物的分布情况也可通过岩相分析方法测定。

6.1.2 测定有害物质含量时,应将有害物质区分为混入和渗入两种类型。

6.1.3 受检区域应在现场查勘的基础上确定或由委托方指定。

6.1.4 对受检区域混凝土中的有害物质含量进行总体评价时,取样位置应在该区域混凝土中随机确定;每个区域混凝土钻取芯样不应少于 3 个,芯样直径不应小于最大骨料粒径的两倍,且不应小于 100mm,芯样长度宜贯穿整个构件,或不应小于100mm。

6.1.5 当需要确定受检区域不同深度混凝土中有害物质含量时,可将钻取的芯样从外到里分层切割,同一受检区域中的所有芯样分层切割规则应保持一致。

6.1.6 对已确认存在的有害物质宜通过取样试验检验其对混凝土的作用效应,当确认存在的有害物质含量超过相关标准要求时,应通过取样试验确定其对混凝土的可能影响。

6.1.7 通过取样试验检验有害物质对混凝土的作用效应时,宜在不怀疑存在有害物质的部位钻取芯样进行比对。

6.1.8 对某一特定部位进行评价时,宜在出现明显质量缺陷或损伤的位置取样,其检测结果不宜用于评价该部位以外的混凝土。

6.2 氯离子含量检测

6.2.1 混凝土中氯离子含量的检测结果宜用混凝土中氯离子与硅酸盐水泥用量之比表示,当不能确定混凝土中硅酸盐水泥用量时,可用混凝土中氯离子与胶凝材料用量之比表示。

6.2.2 混凝土氯离子含量测定所用试样的制备应符合下列规定:

1 将混凝土试件破碎,剔除石子;

2 将试样缩分至 100g,研磨至全部通过 0.08mm 的筛;

3 用磁铁吸出试样中的金属铁屑;

4 将试样置于 105℃~110℃烘箱中烘干 2h,取出后放入干燥器中冷却至室温备用。

6.2.3 试样中氯离子含量的化学分析应符合现行国家标准《建筑结构检测技术标准》GB/T 50344 的有关规定。

6.2.4 混凝土中氯离子与硅酸盐水泥用量的百分数应按下式计算:

$$P_{Cl,p} = P_{Cl,m}/P_{p,m} \times 100\% \qquad (6.2.4)$$

式中:$P_{Cl,p}$——混凝土中氯离子与硅酸盐水泥用量的质量百分数;

$P_{Cl,m}$——按本标准第 6.2.3 条测定的试样中氯离子的质量百分数;

$P_{p,m}$——试样中硅酸盐水泥的质量百分数。

6.2.5 当不能确定试样中硅酸盐水泥的质量百分数时,混凝土中氯离子与胶凝材料的质量百分数可按下式计算:

$$P_{Cl,t} = P_{Cl,m}/\lambda_c \qquad (6.2.5)$$

式中:$P_{Cl,t}$——氯离子与胶凝材料的质量百分数;

λ_c——根据混凝土配合比确定的混凝土中胶凝材料与砂浆的质量比。

6.3 混凝土中碱含量检测

6.3.1 混凝土中碱含量应以单位体积混凝土中碱含量表示。

6.3.2 混凝土碱含量测定所用试样的制备应符合本标准第 6.2.2 条的规定。

6.3.3 混凝土总碱含量的检测应按符合下列规定:

1 混凝土总碱含量的检测操作应符合现行国家标准《水泥化学分析方法》GB/T 176 的有关规定;

2 样品中氧化钾质量分数、氧化钠质量分数和氧化钠当量质量分数应按下列公式计算:

$$w_{K_2O} = \frac{m_{K_2O}}{m_s \times 1000} \times 100 \qquad (6.3.3-1)$$

$$w_{Na_2O} = \frac{m_{Na_2O}}{m_s \times 1000} \times 100 \qquad (6.3.3-2)$$

$$w_{Na_2O,eq} = w_{Na_2O} + 0.658 w_{K_2O} \qquad (6.3.3-3)$$

式中:w_{K_2O}——样品中氧化钾的质量分数(%);

w_{Na_2O}——样品中氧化钠的质量分数(%);

$w_{Na_2O,eq}$——样品中氧化钠当量的质量分数,即样品的碱含量(%);

m_{K_2O}——100mL 被检测溶液中氧化钾的含量(mg);

m_{Na_2O}——100mL 被检测溶液中氧化钠的含量(mg);

m_s——样品的质量(g)。

3 样品中氧化钠当量质量分数的检测值应以 3 次测试结果的平均值表示;

4 单位体积混凝土中总碱含量应按下式计算:

$$m_{a,t} = \frac{\rho(m_{cor} - m_c)}{m_{cor}} \times \overline{w}_{Na_2O,eq} \qquad (6.3.3-4)$$

式中:$m_{a,t}$——单位体积混凝土中总碱含量(kg);

ρ——芯样的密度(kg/m³),按实测值;无实测值时取 2500kg/m³;

m_{cor}——芯样的质量(g);

m_c——芯样中骨料的质量(g);

$\overline{w}_{Na_2O,eq}$——样品中氧化钠当量的质量分数的检测值(%)。

6.3.4 混凝土可溶性碱含量的检测应按符合下列规定:

1 准确称取 25.0g(精确至 0.01g)样品放入

500mL 锥形瓶中，加入 300mL 蒸馏水，用振荡器振荡 3h 或 80℃水浴锅中用磁力搅拌器搅拌 2h，然后在弱真空条件下用布氏漏斗过滤。将滤液转移到一个 500mL 的容量瓶中，加水至刻度。

2 混凝土可溶性碱含量的检测操作应符合现行国家标准《水泥化学分析方法》GB/T 176 的有关规定。

3 样品中氧化钾质量分数、氧化钠质量分数和氧化钠当量质量分数应按下列公式计算：

$$w_{K_2O}^S = \frac{m_{K_2O}}{m_s \times 1000} \times 100 \quad (6.3.4-1)$$

$$w_{Na_2O}^S = \frac{m_{Na_2O}}{m_s \times 1000} \times 100 \quad (6.3.4-2)$$

$$w_{Na_2O_{eq}}^S = w_{Na_2O}^S + 0.658 w_{K_2O}^S \quad (6.3.4-3)$$

式中：$w_{K_2O}^S$——样品中可溶性氧化钾的质量分数（%）；

$\quad\quad w_{Na_2O}^S$——样品中可溶性氧化钠的质量分数（%）；

$\quad\quad w_{Na_2O_{eq}}^S$——样品中可溶性氧化钠当量的质量分数，即样品的可溶性碱含量（%）。

4 样品中氧化钠当量质量分数的检测值应以 3 次测试结果的平均值表示。

5 单位体积中混凝土中可溶性碱含量应按下式计算：

$$m_{a,s} = \frac{\rho(m_{cor} - m_c)}{m_{cor}} \times \overline{w}_{Na_2O_{eq}}^S \quad (6.3.4-4)$$

式中：$m_{a,s}$——单位体积混凝土中的可溶性碱含量（kg）。

6.4 取样检验碱骨料反应的危害性

6.4.1 当混凝土碱含量检测值超过相应规范要求时，应采取检验骨料碱活性或检验试件膨胀率的方法检验是否存在碱骨料反应引起的潜在危害。

6.4.2 混凝土中骨料碱活性可按下列步骤进行检验：

1 将钻取的芯样破碎后，挑出石子；

2 将 3 个芯样的石子充分混合后破碎，用筛筛取 0.15mm～0.63mm 的部分作试验用料；

3 按现行行业标准《普通混凝土用砂、石质量及检验方法标准》JGJ 52 的有关规定检验骨料的膨胀率；

4 当骨料膨胀值小于 0.1%时，可判定受检混凝土中骨料的膨胀率符合检验标准的要求；

5 当骨料膨胀值不小于 0.1%时，可取样检验试件膨胀率。

6.4.3 试件膨胀率检验法的取样及试样的加工应符合下列规定：

1 从受检区域随机钻取直径不小于 75mm 的芯样，芯样的长度不应小于 275mm，芯样数量不应少于 3 个；

2 将无明显缺陷的芯样加工成长度为 275mm±3mm 的试样，并应在端面安装直径为 5mm～7mm、长度为 25mm 的不锈钢测头。

6.4.4 试件膨胀率应按下列规定检验：

1 应按现行国家标准《普通混凝土长期性能和耐久性能试验方法标准》GB/T 50082 的有关规定进行检验。

2 单个试件的膨胀率可按下式计算：

$$\varepsilon_t = (L_t - L_0)/(L_0 - 2\Delta) \times 100 \quad (6.4.4)$$

式中：ε_t——试件在 t 天的膨胀率，精确至 0.001%；

$\quad\quad L_t$——试件在 t 天的长度（mm）；

$\quad\quad L_0$——试件的基准长度（mm）；

$\quad\quad \Delta$——测头长度（mm）。

3 可以 3 个试件膨胀率的算术平均值作为该测试期的膨胀率检测值。

4 每次检测时应观察试件开裂、变形、渗出物和反应生成物及变化情况。

6.4.5 当检验周期超过 52 周且膨胀率小于 0.04%时，可停止检验并判定受检混凝土未见碱骨料反应的潜在危害。

6.4.6 当出现下列情况之一且检验周期不超过 52 周时，可停止检验并判定受检混凝土存在碱骨料反应所引起的潜在危害。

1 混凝土试件膨胀率超过 0.04%；

2 混凝土试件开裂或反应生成物大量增加。

6.5 取样检验游离氧化钙的危害性

6.5.1 当安定性存在疑问的水泥用于混凝土结构后或混凝土外观质量检查发现可能存在游离氧化钙不良影响时，可采取取样检验的方法检验是否存在游离氧化钙引起的潜在危害。

6.5.2 检验所用试件的制备应符合下列规定：

1 按约定抽样方法在怀疑区域钻取混凝土芯样，芯样的直径为 70mm～100mm，同一部位同时钻取两个芯样，同一受检区域应取得上述混凝土芯样三组；

2 在每个芯样上截取一个无外观缺陷、厚度为 10mm 的薄片试件，同时将芯样加工成高径比为 1.0 的抗压试件，抗压试件不应存在钢筋或明显的外观缺陷。

6.5.3 试件的检测应符合下列规定：

1 将所有薄片和取自同一部位的 2 个抗压试件中的 1 个放入沸煮箱的试架上进行沸煮，调整好沸煮箱内的水位，使能保证在整个沸煮过程中都超过试件，不需中途添补试验用水，同时又能保证在 30min±5min 内升至沸腾。将试样放在沸煮箱的试架上，在 30min±5min 内加热至沸，恒沸 6h，关闭沸煮箱

自然降至室温；

2 对沸煮过的试件进行外观检查；

3 将沸煮过的抗压试件晾置 3d，并与对应的未沸煮的抗压试件同时进行抗压强度测试；

4 每组试件抗压强度变化率和所有试件抗压强度变化率的平均值应按下列公式计算：

$$\xi_{cor,i} = (f^*_{cor,i} - f_{cor,i})/f^*_{cor,i} \times 100 \qquad (6.5.3\text{-}1)$$

$$\xi_{cor,m} = \frac{1}{3} \sum_{i=1}^{3} \xi_{cor,i} \qquad (6.5.3\text{-}2)$$

式中：$\xi_{cor,i}$——第 i 组试件抗压强度变化率（%）；

$f_{cor,i}$——第 i 组沸煮试件抗压强度（MPa）；

$f^*_{cor,i}$——第 i 组未沸煮芯样试件抗压强度（MPa）；

$\xi_{cor,m}$——试件抗压强度变化率的平均值（%）。

6.5.4 当出现下列情况之一时，可判定游离氧化钙对混凝土质量有潜在危害：

1 有两个或两个以上沸煮试件（包括薄片试件和芯样试件）出现开裂、疏松或崩溃等现象；

2 试件抗压强度变化率的平均值大于 30%；

3 仅有一个薄片试件出现开裂、疏松或崩溃等现象，并有一组试件抗压强度变化率大于 30%。

7 混凝土构件缺陷检测

7.1 一般规定

7.1.1 混凝土构件缺陷检测宜分为外观缺陷检测和内部缺陷检测。

7.1.2 混凝土构件外观缺陷应按现行国家标准《混凝土结构工程施工质量验收规范》GB 50204 的有关规定进行分类并判定其严重程度。

7.2 外观缺陷检测

7.2.1 现场检测时，宜对受检范围内构件外观缺陷进行全数检查；当不具备全数检查条件时，应注明未检查的构件或区域。

7.2.2 混凝土构件外观缺陷的相关参数可根据缺陷的情况按下列方法检测：

1 露筋长度可用钢尺或卷尺量测；

2 孔洞直径可用钢尺量测，孔洞深度可用游标卡尺量测；

3 蜂窝和疏松的位置和范围可用钢尺或卷尺量测，委托方有要求时，可通过剔凿、成孔等方法量测蜂窝深度；

4 麻面、掉皮、起砂的位置和范围可用钢尺或卷尺测量；

5 表面裂缝的最大宽度可用裂缝专用测量仪器量测，表面裂缝长度可用钢尺或卷尺量测。

7.2.3 混凝土构件外观缺陷应按缺陷类别进行分类汇总，汇总结果可用列表或图示的方式表述并宜反映外观缺陷在受检范围内的分布特征。

7.3 内部缺陷检测

7.3.1 对怀疑存在内部缺陷的构件或区域宜进行全数检测，当不具备全数检测条件时，可根据约定抽样原则选择下列构件或部位进行检测：

1 重要的构件或部位；

2 外观缺陷严重的构件或部位。

7.3.2 混凝土构件内部缺陷宜采用超声法进行双面对测，当仅有一个可测面时，可采用冲击回波法和电磁波反射法进行检测，对于判别困难的区域应进行钻芯验证或剔凿验证。

7.3.3 超声法检测混凝土构件内部缺陷时声学参数的测量应符合下列规定：

1 应根据检测要求和现场操作条件，确定缺陷测试部位（简称测位）；

2 测位混凝土表面应清洁、平整，必要时可用砂轮磨平或用高强度快凝砂浆抹平；抹平砂浆应与待测混凝土良好粘结；

3 在满足首波幅度测读精度的条件下，应选择较高频率的换能器；

4 换能器应通过耦合剂与混凝土测试表面保持紧密结合，耦合层内不应夹杂泥沙或空气；

5 检测时应避免超声传播路径与内部钢筋轴线平行，当无法避免时，应使测线与该钢筋的最小距离不小于超声测距的 1/6；

6 应根据测距大小和混凝土外观质量，设置仪器发射电压、采样频率等参数，检测同一测位时，仪器参数宜保持不变；

7 应读取并记录声时、波幅和主频值，必要时存取波形；

8 检测中出现可疑数据时应及时查找原因，必要时应进行复测校核或加密测点补测。

7.3.4 超声法检测混凝土构件内部不密实区可按本标准附录 D 的有关规定进行。

7.3.5 超声法检测混凝土构件裂缝深度可按本标准附录 E 的有关规定进行。

7.3.6 混凝土构件内部缺陷检测应提供有关测位的选择方式、位置、外观质量描述以及缺陷的性质和分布特征等信息。

8 构件尺寸偏差与变形检测

8.1 一般规定

8.1.1 构件尺寸偏差与变形检测可分为截面尺寸及偏差、倾斜、挠度、裂缝和地基沉降等检测项目。

8.1.2 检测构件尺寸偏差与变形时，应采取措施消除构件表面抹灰层、装修层等造成的影响。

8.1.3 工程质量检测时，检验批的划分、抽样方法及判别规则应符合现行国家标准《混凝土结构工程施工质量验收规范》GB 50204 的有关规定。

8.1.4 地基沉降的检测应符合现行行业标准《建筑变形测量规范》JGJ 8 的有关规定。

8.2 构件截面尺寸及其偏差检测

8.2.1 单个构件截面尺寸及其偏差的检测应符合下列规定：

1 对于等截面构件和截面尺寸均匀变化的变截面构件，应分别在构件的中部和两端量取截面尺寸；对于其他变截面构件，应选取构件端部、截面突变的位置量取截面尺寸；

2 应将每个测点的尺寸实测值与设计图纸规定的尺寸进行比较，计算每个测点的尺寸偏差值；

3 应将构件尺寸实测值作为该构件截面尺寸的代表值。

8.2.2 批量构件截面尺寸及其偏差的检测应符合下列规定：

1 将同一楼层、结构缝或施工段中设计截面尺寸相同的同类型构件划为同一检验批；

2 在检验批中随机选取构件，按本标准第3.4.4条的有关规定确定受检构件数量；

3 按本标准第 8.2.1 条对每个受检构件进行检测。

8.2.3 结构性能检测时，检验批构件截面尺寸的推定应符合下列规定：

1 应按本标准第 3.4.5 条进行符合性判定；

2 当检验批判定为符合且受检构件的尺寸偏差最大值不大于偏差允许值 1.5 倍时，可设计的截面尺寸作为该批构件截面尺寸的推定值；

3 当检验批判定为不符合或检验批判定为符合但受检构件的尺寸偏差最大值大于偏差允许值 1.5 倍时，宜全数检测或重新划分检验批进行检测；

4 当不具备全数检测或重新划分检验批检测条件时，宜以最不利检测值作为该批构件尺寸的推定值。

8.3 构件倾斜检测

8.3.1 构件倾斜检测时宜对受检范围内存在倾斜变形的构件进行全数检测，当不具备全数检测条件时，可根据约定抽样原则选择下列构件进行检测：

1 重要的构件；

2 轴压比较大的构件；

3 偏心受压构件；

4 倾斜较大的构件。

8.3.2 构件倾斜检测应符合下列规定：

1 构件倾斜可采用经纬仪、激光准直仪或吊锤的方法检测，当构件高度小于 10m 时，可使用经纬仪或吊锤测量；当构件高度大于或等于 10m 时，应使用经纬仪或激光准直仪测量；

2 检测时应消除施工偏差或截面尺寸变化造成的影响；

3 检测时宜分别检测构件在所有相交轴线方向的倾斜，并提供各个方向的倾斜值。

8.3.3 倾斜检测应提供构件上端对于下端的偏离尺寸及其与构件高度的比值。

8.4 构件挠度检测

8.4.1 构件挠度检测时宜对受检范围内存在挠度变形的构件进行全数检测，当不具备全数检测条件时，可根据约定抽样原则选择下列构件进行检测：

1 重要的构件；

2 跨度较大的构件；

3 外观质量差或损伤严重的构件；

4 变形较大的构件。

8.4.2 构件挠度检测应符合下列规定：

1 构件挠度可采用水准仪或拉线的方法进行检测；

2 检测时宜消除施工偏差或截面尺寸变化造成的影响；

3 检测时应提供跨中最大挠度值和受检构件的计算跨度值。当需要得到受检构件挠度曲线时，应沿跨度方向等间距布置不少于 5 个测点。

8.4.3 当需要确定受检构件荷载—挠度变化曲线时，宜采用百分表、挠度计、位移传感器等设备直接测量挠度值。

8.5 构件裂缝检测

8.5.1 裂缝检测时宜对受检范围内存在裂缝的构件进行全数检测，当不具备全数检测条件时，可根据约定抽样原则选择下列构件进行检测：

1 重要的构件；

2 裂缝较多或裂缝宽度较大的构件；

3 存在变形的构件。

8.5.2 裂缝检测时宜区分受力裂缝和非受力裂缝。

8.5.3 裂缝检测宜符合下列规定：

1 对构件上存在的裂缝宜进行全数检查，并记录每条裂缝的长度、走向和位置；当构件存在的裂缝较多时，可用示意图表示裂缝的分布特征；

2 对于构件上较宽的裂缝，宜检测裂缝宽度；

3 必要时可选择较宽的裂缝，检测裂缝深度；

4 对于处于变化中或快速发展中的裂缝宜进行监测。

9 混凝土中的钢筋检测

9.1 一般规定

9.1.1 混凝土中的钢筋检测可分为钢筋数量和间距、混凝土保护层厚度、钢筋直径、钢筋力学性能及钢筋锈蚀状况等检测项目。

9.1.2 混凝土中的钢筋宜采用原位实测法检测；采用间接法检测时，宜通过原位实测法或取样实测法进行验证并可根据验证结果进行适当的修正。

9.2 钢筋数量和间距检测

9.2.1 混凝土中钢筋数量和间距可采用钢筋探测仪或雷达仪进行检测，仪器性能和操作要求应符合现行行业标准《混凝土中钢筋检测技术规程》JGJ/T 152 的有关规定。

9.2.2 当遇到下列情况之一时，应采取剔凿验证的措施：

　1　相邻钢筋过密，钢筋间最小净距小于钢筋保护层厚度；

　2　混凝土（包括饰面层）含有或存在可能造成误判的金属组分或金属件；

　3　钢筋数量或间距的测试结果与设计要求有较大偏差；

　4　缺少相关验收资料。

9.2.3 检测梁、柱类构件主筋数量和间距时应符合下列规定：

　1　测试部位应避开其他金属材料和较强的铁磁性材料，表面应清洁、平整；

　2　应将构件测试面一侧所有主筋逐一检出，并在构件表面标注出每个检出钢筋的相应位置；

　3　应测量和记录每个检出钢筋的相对位置。

9.2.4 检测墙、板类构件钢筋数量和间距时应符合下列规定：

　1　在构件上随机选择测试部位，测试部位应避开其他金属材料和较强的铁磁性材料，表面应清洁、平整；

　2　在每个测试部位连续检出 7 根钢筋，少于 7 根钢筋时应全部检出，并宜在构件表面标注出每个检出钢筋的相应位置；

　3　应测量和记录每个检出钢筋的相对位置；

　4　可根据第一根钢筋和最后一根钢筋的位置，确定这两个钢筋的距离，计算出钢筋的平均间距；

　5　必要时应计算钢筋的数量。

9.2.5 梁、柱类构件的箍筋可按本标准第 9.2.4 条检测，当存在箍筋加密区时，宜将加密区内箍筋全部测出。

9.2.6 单个构件的符合性判定应符合下列规定：

　1　梁、柱类构件主筋实测根数少于设计根数时，该构件配筋应判定为不符合设计要求；

　2　梁、柱类构件主筋的平均间距与设计要求的偏差大于相关标准规定的允许偏差时，该构件配筋应判定为不符合设计要求；

　3　墙、板类构件钢筋的平均间距与设计要求的偏差大于相关标准规定的允许偏差时，该构件配筋应判定为不符合设计要求；

　4　梁、柱类构件的箍筋可按墙、板类构件钢筋进行判定。

9.2.7 批量检测钢筋数量和间距时应符合下列规定：

　1　将设计文件中钢筋配置要求相同的构件作为一个检验批；

　2　按本标准表 3.4.4 的规定确定抽检构件的数量；

　3　随机选取受检构件；

　4　按本标准第 9.2.3 条或第 9.2.4 条的方法对单个构件进行检测；

　5　按本标准第 9.2.6 条对受检构件逐一进行符合性判定。

9.2.8 对检验批符合性判定应符合下列规定：

　1　根据检验批中受检构件的数量和其中不符合构件的数量应按本标准表 3.4.5-1 进行检验批符合性判定；

　2　对于梁、柱类构件，检验批中一个构件的主筋实测根数少于设计根数，该批应直接判为不符合设计要求；

　3　对于墙、板类构件，当出现受检构件的钢筋间距偏差大于偏差允许值 1.5 倍时，该批应直接判为不符合设计要求；

　4　对于判定为符合设计要求的检验批，可建议采用设计的钢筋数量和间距进行结构性能评定；对于判定为不符合设计要求的检验批，宜细分检验批后重新检测或进行全数检测。当不能进行重新检测或全数检测时，可建议采用最不利检测值进行结构性能评定。

9.3 混凝土保护层厚度检测

9.3.1 混凝土保护层厚度宜采用钢筋探测仪进行检测并应通过剔凿原位检测法进行验证。

9.3.2 剔凿原位检测混凝土保护层厚度应符合下列规定：

　1　采用钢筋探测仪确定钢筋的位置；

　2　在钢筋位置上垂直于混凝土表面成孔；

　3　以钢筋表面至构件混凝土表面的垂直距离作为该测点的保护层厚度测试值。

9.3.3 采用剔凿原位检测法进行验证时，应符合下列规定：

　1　应采用钢筋探测仪检测混凝土保护层厚度；

2 在已测定保护层厚度的钢筋上进行剔凿验证，验证点数不应少于本标准表 3.4.4 中 B 类且不应少于 3 点；构件上能直接量测混凝土保护层厚度的点可计为验证点；

3 应将剔凿原位检测结果与对应位置钢筋探测仪检测结果进行比较，当两者的差异不超过±2mm 时，判定两个测试结果无明显差异；

4 当检验批有明显差异校准点数在本标准表 3.4.5-2 控制的范围之内时，可直接采用钢筋探测仪检测结果；

5 当检验批有明显差异校准点数超过本标准表 3.4.5-2 控制的范围时，应对钢筋探测仪量测的保护层厚度进行修正；当不能修正时应采取剔凿原位检测的措施。

9.3.4 工程质量检测时，混凝土保护层厚度的抽检数量及合格判定规则，宜按现行国家标准《混凝土结构工程施工质量验收规范》GB 50204 的有关规定执行。

9.3.5 结构性能检测时，检验批混凝土保护层厚度检测应符合下列规定：

1 应将设计要求的混凝土保护层厚度相同的同类构件作为一个检验批，按本标准表 3.4.4 中 A 类确定受检构件的数量；

2 随机抽取构件，对于梁、柱类应对全部纵向受力钢筋混凝土保护层厚度进行检测；对于墙、板类应抽取不少于 6 根钢筋（少于 6 根钢筋时应全检），进行混凝土保护层厚度检测；

3 将各受检钢筋混凝土保护层厚度检测值按本标准第 3.4.7 条计算均值推定区间；

4 当均值推定区间上限值与下限值的差值不大于其均值的 10%时，该批钢筋混凝土保护层厚度检测值可按推定区间上限值或下限值确定；

5 当均值推定区间上限值与下限值的差值大于其均值的 10%时，宜补充检测或重新划分检验批进行检测。当不具备补充检测或重新检测条件时，应以最不利检测值作为该检验批混凝土保护层厚度检测值。

9.4 混凝土中钢筋直径检测

9.4.1 混凝土中钢筋直径宜采用原位实测法检测；当需要获得钢筋截面积精确值时，应采取取样称量法进行检测或采取取样称量法对原位实测法进行验证。当验证表明检测精度满足要求时，可采用钢筋探测仪检测钢筋公称直径。

9.4.2 原位实测法检测混凝土中钢筋直径应符合下列规定：

1 采用钢筋探测仪确定待检钢筋位置，剔除混凝土保护层，露出钢筋；

2 用游标卡尺测量钢筋直径，测量精确

到 0.1mm；

3 同一部位应重复测量 3 次，将 3 次测量结果的平均值作为该测点钢筋直径检测值。

9.4.3 取样称量法检测钢筋直径应符合下列规定：

1 确定待检测的钢筋位置，沿钢筋走向凿开混凝土保护层，截除长度不小于 300mm 的钢筋试件；

2 清理钢筋表面的混凝土，用 12%盐酸溶液进行酸洗，经清水漂净后，用石灰水中和，再以清水冲洗干净；擦干后在干燥器中至少存放 4h，用天平称重；

3 钢筋实际直径按下式计算：

$$d = 12.74 \sqrt{w/l} \qquad (9.4.3)$$

式中：d——钢筋实际直径，精确至 0.01mm；

w——钢筋试件重量，精确至 0.01g；

l——钢筋试件长度，精确至 0.1mm。

9.4.4 采用钢筋探测仪检测钢筋公称直径应符合现行行业标准《混凝土中钢筋检测技术规程》JGJ/T 152 的有关规定。

9.4.5 检验批钢筋直径检测应符合下列规定：

1 检验批宜按钢筋进场批次划分；当不能确定钢筋进场批次时，宜将同一楼层或同一施工段中相同规格的钢筋作为一个检验批；

2 应随机抽取 5 个构件，每个构件抽检 1 根；

3 应采用原位实测法进行检测；

4 应将各受检钢筋直径检测值与相应钢筋产品标准进行比较，确定该受检钢筋直径是否符合要求；

5 当检验批受检钢筋直径均符合要求时，应判定该检验批钢筋直径符合要求；当检验批存在 1 根或 1 根以上受检钢筋直径不符合要求时，应判定该检验批钢筋直径不符合要求；

6 对于判定为符合要求的检验批，可建议采用设计的钢筋直径参数进行结构性能评定；对于判定为不符合要求的检验批，宜补充检测或重新划分检验批进行检测。当不具备补充检测或重新检测条件时，应以最小检测值作为该批钢筋直径检测值。

9.5 构件中钢筋锈蚀状况检测

9.5.1 混凝土中钢筋锈蚀状况应在对使用环境和结构现状进行调查并分类的基础上，按约定抽样原则进行检测。

9.5.2 混凝土中钢筋锈蚀状况宜采用原位检测、取样检测等直接法进行检测，当采用混凝土电阻率、混凝土中钢筋电位、锈蚀电流、裂缝宽度等参数间接推定混凝土中钢筋锈蚀状况时，应采用直接检测法进行验证。

9.5.3 原位检测可采用游标卡尺直接量测钢筋的剩余直径、蚀坑深度、长度及锈蚀物的厚度，推算钢筋的截面损失率。取样检测可通过截取钢筋，按本标准第 9.4.3 条检测剩余直径并计算钢筋的截面损失率。

9.5.4 钢筋的截面损失率应按下式进行计算，当钢筋的截面损失率大于 5%，应按本标准第 9.6 节进行锈蚀钢筋的力学性能检测。

$$l_{s,a} = (d/d_s)^2 \times 100\% \qquad (9.5.4)$$

式中：d ——钢筋直径实测值，精确至 0.1mm；

d_s ——钢筋公称直径；

$l_{s,a}$ ——钢筋的截面损失率，精确至 0.1%。

9.5.5 混凝土中钢筋电位的检测应符合现行行业标准《混凝土中钢筋检测技术规程》JGJ/T 152 的有关规定。

9.5.6 混凝土的电阻率宜采用四电极混凝土电阻率检测仪进行检测；混凝土中钢筋锈蚀电流宜采用基于线形极化原理的检测仪器进行检测。检测时，应按相关仪器说明进行操作。

9.5.7 采用综合分析判定方法检测裂缝宽度、钢筋保护层厚度、混凝土强度、混凝土碳化深度、混凝土中有害物质含量等参数时应符合本标准的相关规定。

9.6 钢筋力学性能检测

9.6.1 混凝土中钢筋的力学性能应采用取样法进行检测，截取钢筋试件应符合下列规定：

1 截取钢筋时应采取必要措施，确保受检构件和结构的安全；

2 钢筋截取位置宜选在在应力较小的部位；

3 钢筋试件的长度应满足钢筋力学性能试验方法的要求。

9.6.2 需要进行批量检测时，检验批应根据进场批次进行划分；当无法确定进场批次或无法确定进场批次与结构中位置的对应关系时，检验批宜以同一楼层或同一施工段中的同类构件划分。

9.6.3 工程质量检测时，钢筋抽检数量和合格判定规则应按相关产品标准的要求执行。对于判定为符合要求的检验批，可采用设计规范规定的钢筋力学性能参数进行结构性能评定；对于判定为不符合要求的检验批，应提供每个受检钢筋的检测数据。必要时，建议进行结构性能检测。

9.6.4 结构性能检测时，检验批钢筋力学性能检测应符合下列规定：

1 将配置有同一规格钢筋的构件作为一个检验批，并应按本标准表 3.4.4 确定受检构件的数量；

2 随机抽取构件，每个构件截取 1 根钢筋，截取钢筋总数不应少于 6 根；当检测结果仅用于验证时，可随机截取 2 根钢筋进行力学性能检验；

3 应将各受检钢筋力学性能检测值按本标准第 3.4.7 条计算特征值推定区间；

4 当特征值推定区间上限值与下限值的差值不大于其均值的 10%时，该批钢筋力学性能检测值可按推定区间下限值确定；当特征值推定区间上限值与下限值的差值大于其均值的 10%时，宜补充检测或重

新划分检验批进行检测。当不具备补充检测或重新检测条件时，应以最小检测值作为该批钢筋力学性能检测值。

9.6.5 受损钢筋的力学性能宜在损伤状况调查基础上分类进行检测，同一损伤类别中的钢筋应根据约定抽样原则选取，并宜取力学参数的最低检测值作为该类别受损钢筋力学性能的检测值。

10 混凝土构件损伤检测

10.1 一般规定

10.1.1 混凝土构件的损伤可分为火灾损伤、环境作用损伤和偶然作用损伤等。

10.1.2 混凝土构件的损伤检测应在损伤原因识别的基础上，根据损伤程度选择检测项目和相应的检测方法。

10.1.3 对损伤结构进行全面检测前，应检查可能出现的结构坍塌、构件或配件脱落等安全隐患，并应对检测现场可能存在的有毒、有害物质等进行调查。

10.1.4 对于碰撞等偶然作用造成的局部损伤，可记录损伤的位置与损伤的程度。

10.1.5 混凝土构件的受损伤影响层厚度可按本标准附录 F、附录 G 的有关规定进行检测。

10.2 火灾损伤检测

10.2.1 混凝土结构的火灾损伤检测，应通过全面的外观检查将损伤识别为下列五种状态：

1 未受火灾影响；

2 表面或表层性能劣化；

3 构件损伤；

4 构件破坏；

5 局部坍塌。

10.2.2 未受火灾影响状态的识别特征应为装饰层完好或仅出现被熏黑现象。对该状态的区域可选取少量构件进行混凝土强度、构件尺寸和构件钢筋配置情况的抽查。

10.2.3 表面或表层性能劣化状态的识别特征应为装饰层脱落、构件混凝土被熏黑或混凝土表面颜色改变。

10.2.4 对表面或表层性能劣化状态的区域，除应按本标准第 10.2.2 条进行检测外，宜进行下列专项的检测：

1 受影响层厚度；

2 可能存在的空鼓区域；

3 受影响层的混凝土力学性能。

10.2.5 对构件损伤状态的识别特征应为混凝土出现龟裂、剥落、钢筋外露等，但构件不应有超过有关规范限值的位移与变形。

10.2.6 对构件损伤状态的区域除进行适量的常规检测外，宜进行下列项目的专项检测：

    1 逐个记录损伤的位置或面积；

    2 逐个检测损伤的程度，检测裂缝的宽度或深度，检测混凝土损伤层的厚度；

    3 检测损伤层混凝土力学性能；

    4 取样检测钢筋力学性能；

    5 梁板类构件可能存在的挠度和墙柱类构件可能存在的倾斜。

10.2.7 构件破坏状态的识别特征应为梁板类构件产生明显不可恢复性变形、严重开裂，墙柱类构件产生明显的倾斜和梁柱节点出现位移或破坏。

10.2.8 对构件破坏状态的区域应对构件逐个予以说明并取得现场的影像资料，检测构件的位移或变形。

10.2.9 对于已坍塌部分，可进行范围的描述并取得现场情况的影像资料。

10.2.10 对于难以现场检测的性能参数时，评估火场温度对其的影响，可采取模拟试验的方法。

10.3 环境作用损伤检测

10.3.1 遇到下列情况之一时，可对环境作用造成的构件损伤进行检测：

    1 硬化混凝土遭受冻融影响；

    2 新拌混凝土遭受冻害影响；

    3 硫酸盐侵蚀的环境；

    4 高温、高湿环境；

    5 造成钢筋锈蚀的一般环境和氯盐侵蚀环境；

    6 化学物质影响环境；

    7 生物侵蚀环境；

    8 气蚀和磨损条件。

10.3.2 环境作用损伤的检测，应通过外观检查将其识别成下列四种状态：

    1 未见材料性能劣化；

    2 存在材料性能劣化；

    3 出现构件损伤；

    4 构件结构性能受到严重影响。

10.3.3 现场检查时宜以下列现象或状况作为未见构件材料性能劣化状态的识别依据：

    1 建筑装饰层完好无损；

    2 构件抹灰层完好无损；

    3 构件混凝土暴露但不存在遭受环境作用的条件。

10.3.4 现场检查时宜以下列现象或状况作为存在材料性能劣化状态的识别依据：

    1 构件混凝土暴露在室外环境中且使用年数较长；

    2 构件混凝土暴露在室外环境中且有附着的生物；

    3 构件浸泡在水中；

    4 出现渗水的构件；

    5 直接与土壤接触的部分；

    6 直接暴露在水流或高速气流的部分；

    7 直接暴露在侵蚀性气体或液体中的构件；

    8 受到摩擦影响的表面；

    9 冬期施工且未采取蓄热养护措施构件的表层。

10.3.5 对存在材料性能劣化状态区域的检测应包括下列项目：

    1 外观状态检查；

    2 性能受影响层厚度检测；

    3 影响层混凝土力学性能检测。

10.3.6 当需要推定碳化等造成的材料性能劣化区域剩余使用年限时，可按本标准第 11 章进行检验。

10.3.7 现场检查时宜以下列现象或状况作为出现损伤构件状态的识别依据，出现损伤的构件应评定为达耐久性极限状态的构件。

    1 构件出现裂缝，包括顺筋裂缝、贯通断面裂缝和表面裂纹和龟裂；

    2 混凝土保护层脱落；

    3 构件混凝土出现起砂现象；

    4 构件混凝土水泥石脱落；

    5 裸露的钢筋出现锈蚀现象。

10.3.8 出现损伤构件的检测项目宜包括损伤的面积、深度和位置，必要时应提出进行构件承载力评定的建议。

10.3.9 现场检查时宜以下列现象或状况作为构件结构性能受到严重影响状态的识别依据；对于受到严重影响的构件应建议进行构件承载力评定。

    1 混凝土大面积剥落；

    2 钢筋明显锈蚀；

    3 构件出现明显的不可恢复性变形。

10.3.10 对于受到严重影响的构件宜进行下列项目的检测：

    1 钢筋锈蚀量及锈蚀钢筋的力学性能；

    2 混凝土损伤深度、面积与位置；

    3 构件变形的检测。

11 环境作用下剩余使用年限推定

11.1 一 般 规 定

11.1.1 环境作用下剩余使用年限推定宜提供自检测时刻起至出现构件损伤标志时的剩余使用年限的估计值。

11.1.2 环境作用下剩余使用年限推定可分为碳化剩余使用年限和冻融损伤剩余使用年限等项目。

11.1.3 环境作用下剩余使用年限推定宜对结构中混凝土品种相同、所处的环境情况和防护措施基本相近的构件进行归并、分类，从每个类别中选择典型构件

或区域进行检测。

11.2 碳化剩余使用年限推定

11.2.1 碳化剩余使用年限推定可用于推定自检测时刻起至钢筋开始锈蚀的剩余年限或检测时刻起至钢筋具备锈蚀条件的剩余年限。

11.2.2 碳化剩余使用年限可采用已有碳化模型、校准碳化模型或实测碳化模型的方法进行推定。

11.2.3 利用已有碳化模型和校准碳化模型的方法时，均应检测构件混凝土实际碳化深度并确定构件混凝土实际碳化时间。

11.2.4 已有碳化模型的验证应符合下列规定：

1 应将混凝土实际碳化时间、混凝土参数及环境实际参数带入选定的碳化模型，计算碳化深度。

2 实测碳化深度与计算碳化深度之差的绝对值应按下式计算：

$$\Delta_D = |D_0 - D_{cal}| \qquad (11.2.4)$$

式中：Δ_D ——实测碳化深度与计算碳化深度之差的绝对值，精确至 0.1mm；

D_0 ——实测碳化深度，精确至 0.1mm；

D_{cal} ——实测碳化深度，精确至 0.1mm。

3 当满足 Δ_D 不大于 2mm 或 Δ_D 不大于 $0.1D_0$ 时，可利用该模型推定碳化剩余使用年限；当两个条件均不能满足时，应采取校准碳化模型的方法。

11.2.5 利用已有碳化模型推定碳化剩余使用年限可按下列步骤进行：

1 将钢筋的实际保护层厚度带入选定的碳化模型，计算碳化达到钢筋表面所需的时间。

2 碳化达到钢筋表面的剩余时间按下式计算：

$$t_e = t_c - t_0 \qquad (11.2.5)$$

式中：t_e ——碳化达到钢筋表面的剩余时间（年）；

t_c ——碳化达到钢筋表面的时间（年）；

t_0 ——已经碳化的时间（年）。

3 对于干湿交替环境或室外环境，以 t_e 作为钢筋开始锈蚀的剩余年限；对于干燥环境，以 t_e 作为钢筋具备锈蚀条件的剩余年限。

11.2.6 选定碳化模型校准应符合下列规定：

1 将碳化模型的所有参数实测值或经验值代入选定碳化模型计算碳化深度；

2 将计算碳化深度与实测碳化深度进行比较，确定应调整的参数、参数的系数或参数在碳化模型的函数关系；

3 采用调整后的模型计算 D_{cal}，直至满足本标准第 11.2.4 条第 3 款的要求。

11.2.7 利用校准碳化模型的碳化剩余年限应使用校正后的碳化模型按本标准第 11.2.5 条的有关规定进行推定。

11.2.8 实测碳化模型的确定应符合下列规定：

1 实测不应少于 20 个碳化深度数据；

2 应计算碳化深度均值推定区间；

3 当均值推定区间上限值与下限值的差值不大于其均值的 10% 时，应以均值作为该批混凝土碳化深度的代表值；

4 碳化系数可按下式计算：

$$k_c = D_m / \sqrt{t_0} \qquad (11.2.8-1)$$

式中：k_c ——碳化系数；

D_m ——该批混凝土碳化深度的代表值；

t_0 ——已经碳化的时间（年）。

5 实测碳化模型可用下式表示：

$$D = k_c \sqrt{t} \qquad (11.2.8-2)$$

11.2.9 利用实测碳化模型碳化剩余年限的推定应符合本标准第 11.2.5 条的有关规定。

11.3 冻融损伤剩余使用年限推定

11.3.1 冻融损伤剩余使用年限可用于推定自检测时刻起至混凝土出现表面损伤的剩余年限。

11.3.2 冻融损伤剩余使用年限可采用取样比对冻融试验的方法推定。

11.3.3 取样比对冻融试验方法应从结构中取得遭受冻融影响和未遭受冻融影响试样，进行冻融试验，通过比较推定冻融损伤剩余年限。

11.3.4 取样及试样的加工应符合下列规定：

1 在受到相同冻融影响的构件上钻取混凝土芯样，芯样数量不应少于 6 个，芯样直径不应小于 100mm，长度不应小于 200mm，所有芯样均应带有受冻影响层；

2 将同组的 6 个芯样编号，并将每个芯样锯切成两个试件，试件的高度不应小于 100mm，其中带有受影响表面的芯样应作为测试试件，未受冻融影响的芯样应作为比对试件；

3 应对同组的 6 个测试试件和 6 个比对试件同时进行冻融试验。

11.3.5 冻融试验和相关参数的确定可按下列步骤进行：

1 混凝土经历冻融环境的实际年数用 t_0 表示；

2 将 12 个试件浸泡 4h～5h，晾至表干，检测试件表面的里氏硬度值，测试试件检测面为遭受冻融影响的表面，测试结果用 LH_{ci} 表示；比对试件的检测面为与测试试件最接近的表面，测试结果用 $LH_{bo,i}$ 表示；

3 称量所有试件的质量并分别予以记录；

4 按现行国家标准《普通混凝土长期性能和耐久性能试验方法标准》GB/T 50082 的有关规定对 12 个试件进行冻融循环试验；

5 对于测试试件，每次冻融循环观察试样的损伤情况，并称取试件的质量。当试样的质量损失率达到 5% 或冻融循环超过 300 次时可停止试验，记录试件经受的冻融循环次数 $N_{D,i}$；

6 对于比对试件，每次冻融循环后将试件取出，晾至表干，检测受冻融检验面的里氏硬度 $LH_{b,i}$，当 $LH_{b,i}$ 小于 $LH_{c,i}$ 时，继续试验至比对试件满足 $LH_{b,i}$ $= LH_{c,i}$，然后停止试验，记录该试件经历的冻融循环次数 $N_{d,i0}$。

11.3.6 取样比对冻融检验方法的检验结果可按下列方法计算：

1 试件年当量冻融循环次数可按下式计算：

$$N_{cal,i} = N_{d,i0}/t_0 \qquad (11.3.6-1)$$

式中：$N_{cal,i}$——试件年当量冻融循环次数计算值；

$N_{d,i0}$——比对试件表面硬度降至与测试试件表面硬度值相当时所经历的标准冻融循环次数；

t_0——已经冻融的时间（年）。

2 测试试件出现表面损伤时的换算年数可按下式计算：

$$t_{cal,i} = N_{D,i}/N_{cal,i} \qquad (11.3.6-2)$$

式中：$t_{cal,i}$——测试试件出现表面损伤时的换算年数；

$N_{D,i}$——测试试样停止试验时所经历的冻融循环次数。

11.3.7 结构混凝土冻融损伤剩余年限 t_e 可按下列方法推定：

1 当 6 个测试试件均为超过规定的冻融循环次数而停止冻融试验时，可取换算年数中的最小值作为 t_e；

2 当 6 个测试试件部分为超过规定的冻融循环次数而停止冻融试验时，可将这部分数据舍弃，取剩余换算年数中的最大值作为 t_e；

3 当 6 个测试试件均为质量损失达到限值而停止试验时，可计算换算年数的算术平均值 $t_{cal,m}$ 和换算年数的最小值 $t_{cal,min}$，以 $t_{cal,min} \sim t_{cal,m}$ 作为 t_e 的推定区间。

12 结构构件性能检验

12.1 一般规定

12.1.1 结构构件性能检验可分为静载检验和动力测试。

12.1.2 结构构件性能检验时，应根据现场调查、检测和计算分析的结果，预测检验过程中结构的性能，并应考虑相邻的结构构件、组件或整个结构之间的影响。

12.1.3 现场批量生产的预制构件结构性能检验应符合现行国家标准《混凝土结构工程施工质量验收规范》GB 50204 的有关规定。

12.2 静载检验

12.2.1 静载检验可分为结构构件的适用性检验、安全性检验和承载力检验。

12.2.2 静载检验构件应按约定抽样原则从结构实体中选取，选取时应综合考虑下列因素：

1 该构件计算受力最不利；

2 该构件施工质量较差、缺陷较多或病害及损伤较严重；

3 便于搭设脚手架，设置测点或实施加载。

12.2.3 静载检验所用仪器仪表的精度要求、安装调试以及数据的测读和记录应符合现行国家标准《混凝土结构试验方法标准》GB/T 50152 的有关规定。

12.2.4 静载检验所用荷载和加载图式应符合计算简图，当采用等效荷载时，应对等效荷载产生的差别作适当修正。

12.2.5 确定检验荷载应符合下列规定：

1 结构构件适用性检验荷载应根据结构构件正常使用极限状态荷载短期效应组合的设计值和加载图式经换算确定。荷载短期效应组合的设计值应按现行国家标准《建筑结构荷载规范》GB 50009 的有关规定计算确定，或由设计文件提供。

2 结构构件安全性检验荷载应根据结构构件承载能力极限状态荷载效应组合的设计值和加载图式经换算确定。荷载效应组合的设计值应按现行国家标准《建筑结构荷载规范》GB 50009 的有关规定计算确定，或由设计文件提供。

3 结构构件承载力检验荷载应根据结构构件承载能力极限状态荷载效应组合的设计值、加载图式和承载力检验标志经换算确定。

4 当设计有专门要求时，宜采用设计要求的检验荷载值。

12.2.6 静载检验应选择下列基本观测项目进行观测：

1 构件的最大挠度；

2 支座处的位移；

3 控制截面应变；

4 裂缝的出现与扩展情况。

12.2.7 进行结构构件适用性检验时，尚应根据委托方的要求选择下列参数进行观测：

1 装饰装修层的应变；

2 管线位移和变形；

3 设备的相对位移及运行情况。

12.2.8 检验荷载应分级施加，每级荷载、累积荷载及其作用下观测数据的数值应通过计算分析确定。

12.2.9 静载检验时，可选择下列指标作为停止加载工作的标志：

1 控制测点变形达到或超过规范允许值；

2 控制测点应变达到或超过计算理论值；

3 出现裂缝或裂缝宽度超过规范允许值；

4 出现检验标志；

5 检验荷载超过计算值。

12.2.10 每级荷载施加后应稳定测读相应的测试数据并及时与计算值进行比较，观察构件、支承的表面情况，必要时应观察相邻构件、附属设备与设施等的状态变化，当出现本标准第 12.2.9 条的现象时可停止加载。

12.2.11 全部荷载加完后或停止加载工作后应进行下列工作：

　　1 应分级卸载，测读数据，观察并记录构件表面情况；

　　2 卸除全部荷载并达到变形恢复持续时间后，应再次测读数据，观察并记录表面情况。

12.2.12 当按现行国家标准《混凝土结构设计规范》GB 50010 规定的挠度允许值进行检验时，挠度数据整理应符合下列规定：

　　1 消除支座沉降影响后实测的跨中最大挠度应按下式计算：

$$a_{\mathrm{q}}^{0} = u_{\mathrm{m}}^{0} - \frac{u_{l}^{0} + u_{\mathrm{r}}^{0}}{2} \qquad (12.2.12\text{-}1)$$

式中：a_{q}^{0}——消除支座沉降影响后实测的跨中最大挠度；

　　　　u_{l}^{0}——左端支座的沉降位移实测值；

　　　　u_{r}^{0}——右端支座的沉降位移实测值；

　　　　u_{m}^{0}——包括支座沉降在内的跨中挠度实测值。

　　2 考虑自重等修正后的跨中最大挠度可按下式计算：

$$a_{\mathrm{s}}^{0} = (a_{\mathrm{q}}^{0} + a_{\mathrm{g}}^{0})\psi \qquad (12.2.12\text{-}2)$$

式中：a_{s}^{0}——考虑自重等修正后的跨中最大挠度；

　　　　a_{g}^{0}——构件自重和加载设备重产生的跨中挠度值；

　　　　ψ——用等效集中荷载代替均布荷载时的修正系数。

　　3 考虑自重等修正后的跨中最大挠度可按下式计算：

$$a_{\mathrm{g}}^{\mathrm{c}} = \frac{M_{\mathrm{g}}}{M_{\mathrm{b}}} a_{\mathrm{b}}^{0} \qquad (12.2.12\text{-}3)$$

式中：M_{g}——构件自重和加载设备重产生的跨中弯矩值；

　　　　M_{b}、a_{b}^{0}——从外加荷载开始至弯矩—挠度曲线出现拐点的前一级荷载产生的跨中弯矩值和跨中挠度实测值。

　　4 构件长期挠度可按下式计算：

$$a_{l}^{0} = \frac{M_{l}(\theta - 1) + M_{\mathrm{s}}}{M_{\mathrm{s}}} a_{\mathrm{s}}^{0} \qquad (12.2.12\text{-}4)$$

式中：a_{l}^{0}——构件长期挠度值；

　　　　M_{l}——按荷载长期效应组合计算的弯矩值；

　　　　M_{s}——按荷载短期效应组合计算的弯矩值；

　　　　θ——考虑荷载长期效应组合对挠度增大的影响系数。

　　5 确定受弯构件的弹性挠度曲线，可采用有限

差分法，此时测点数目不应少于 5 个。

12.2.13 静载检验检测报告除应满足本标准第 3.5.3 条要求外，还应提供下列内容：

　　1 检验过程描述；

　　2 测点布置、荷载简图；

　　3 主要测点相对残余变形；

　　4 主要测点实测变形与荷载的关系曲线；

　　5 主要测点实测变形与相应的理论计算值的对照表及关系曲线。

12.2.14 静载检验结果可按下列规定进行评定：

　　1 在构件适用性检验荷载作用下，经修正后的实测挠度值和裂缝宽度不应大于现行国家标准《混凝土结构设计规范》GB 50010 等相关设计规范要求的限值、附属设备、设施未出现影响正常使用的状态，此时，受检构件适用性可评定为满足要求。

　　2 在构件安全性检验荷载作用下，当受检构件无明显破坏迹象，实测挠度值满足下列条件之一时，可评定受检构件安全性满足要求。

　　　1）实测挠度值小于相应的理论计算值；

　　　2）实测挠度与荷载基本保持线性关系；

　　　3）构件残余挠度不大于最大挠度的 20%。

12.2.15 结构构件承载力的荷载检验应按下列规定进行：

　　1 宜将受检构件从结构中移出，在场地附近按现行国家标准《混凝土结构工程施工质量验收规范》GB 50204 的有关规定进行检验。

　　2 确有把握时，构件承载力的检验可在原位进行，完成检验目标后应迅速卸载。

　　3 构件极限状态承载能力荷载检验停止加载或合格性判定指标，应按现行国家标准《混凝土结构试验方法标准》GB/T 50152 中相应承载力极限状态的标志确定。

12.3 动 力 测 试

12.3.1 动力测试可适用于结构动力特性测试和结构动力反应的检测。

12.3.2 结构动力特性测试宜选用脉动试验法，在满足测试要求的前提下也可选用初位移等其他激振方法。

12.3.3 混凝土结构动力反应宜选用可稳定再现的动荷载作为检验荷载。当需确定基桩施工、设备运行等非标准动荷载作用下的动力反应时，应对该动荷载的再现性进行约定。

12.3.4 动力测试的测试系统，可采用电磁式测试系统、压电式测试系统、电阻应变式测试系统或光电式测试系统。在选择测试系统时，应注意选择测振仪器的技术指标，使传感器、放大器、记录装置组成的测试系统的灵敏度、动态范围、幅频特性和幅值范围等技术指标满足被测结构动力特性范围的要求。

12.3.5 动力测试前，应对测试系统的灵敏度、幅频特性、相频特性线性度等进行标定，标定宜采用系统标定。

12.3.6 结构动力特性测试时，测点布置应结合混凝土结构形式综合确定，并宜避开振型的节点。

12.3.7 检测结构振型时，可选用下列方法：

1 在所要检测混凝土结构振型的峰、谷点上布设测振传感器，用放大特性相同的多路放大器和记录特性相同的多路记录仪，同时测记各测点的振动响应信号。

2 将结构分成若干段，选择某一分界点作为参考点，在参考点和各分界点分别布设测振传感器（拾振器），用放大特性相同的多路放大器和记录特性相同的多路记录仪，同时测记各测点的振动响应信号。

12.3.8 结构动力特性测试的数据处理，应符合下列规定：

1 时域数据处理：对记录的测试数据应进行零点漂移、记录波形和记录长度的检验；被测试结构的自振周期，可在记录曲线上比较规则的波形段内取有限个周期的平均值；被测试结构的阻尼比，可按自由衰减曲线求取，在采用稳态正弦波激振时，可根据实测的共振曲线采用半功率点法求取；被测试结构各测点的幅值，应采用记录信号幅值除以测试系统的增益，并应按此求得振型。

2 频域数据处理：对频域中的数据应采用滤波、零均值化方法进行处理；被测试结构的自振频率，可采用自谱分析或傅里叶谱分析方法求取；被测试结构的阻尼比，宜采用自相关函数分析、曲线拟合法或半功率点法确定；被测试结构的振型，宜采用自谱分析、互谱分析或传递函数分析方法确定；对于复杂结构的测试数据，宜采用谱分析、相关分析或传递函数分析等方法进行分析。

附录 A 混凝土抗压强度现场检测方法

A.1 一般规定

A.1.1 本方法适用于结构或构件混凝土抗压强度的检测。

A.1.2 混凝土抗压强度可采用回弹法、超声—回弹综合法、后装拔出法、后锚固法等间接法进行检测，也可采用直接检测抗压强度的钻芯法进行检测。

A.1.3 检测混凝土抗压强度所用仪器应通过技术鉴定，并应具有产品合格证书和检定证书。

A.1.4 除了有特殊的检测目的之外，混凝土抗压强度检测方法的选择应符合下列规定：

1 采用回弹法时，被检测混凝土的表层质量应具有代表性，且混凝土的抗压强度和龄期不应超过相

应技术标准限定的范围；

2 采用超声回弹综合法时，被检测混凝土的内外质量应无明显差异，并宜具有超声对测面；

3 采用后装拔出法和后锚固法时，被检测混凝土的表层质量应具有代表性；

4 当被检测混凝土的表层质量不具有代表性时，应采用钻芯法；

5 回弹法、超声回弹综合法或后装拔出法的检测结果，宜进行钻芯修正或利用同条件养护立方体试块的抗压强度进行修正。

A.1.5 采用钻芯法对回弹法、超声回弹综合法、后装拔出法或后锚固法进行修正时，应符合本标准附录C的规定。

A.2 回弹法检测混凝土抗压强度

A.2.1 回弹法所采用的回弹仪应符合现行行业标准《混凝土回弹仪》JJG 817 的有关规定，并应符合下列标准状态的要求：

1 水平弹击时，在弹击锤脱钩的瞬间，回弹仪弹击锤的冲击能量应为 2.207J；

2 弹击锤与弹击杆碰撞的瞬间，弹击弹簧应处于自由状态；

3 在洛氏硬度 HRC 为 60±2 的钢砧上，回弹仪的率定值应为 80±2。

A.2.2 回弹法测区应符合下列规定：

1 当需要进行单个构件推定时，每个构件布置的测区数不宜少于 10 个；当不需要进行单个构件推定时，每个构件布置的测区数可适当减少，但不应少于 3 个；

2 测区离构件端部或施工缝边缘的距离不宜小于 0.2m；

3 测区应选在使回弹仪处于水平方向检测混凝土浇筑侧面。当不能满足这一要求时，可使回弹仪处于非水平方向检测混凝土浇筑侧面、表面或底面；

4 测区宜选在构件的两个对称可测面上，也可选在一个可测面上，且应均匀分布。在构件的重要部位和薄弱部位应布置测区；

5 测区面积不宜大于 0.04m²；

6 检测面应为混凝土面，并应清洁、平整，不应有疏松、浮浆及蜂窝、麻面；

7 测区应有清晰的编号。

A.2.3 测区回弹值测量应符合下列规定：

1 检测时，回弹仪的轴线应始终垂直于检测面，缓慢施压，准确读数，快速复位。

2 测点应在测区范围内均匀分布，相邻两测点的净距不宜小于 20mm；测点距外露钢筋、预埋件的距离不宜小于 30mm。弹击时应避开气孔和外露石子，同一测点只应弹击一次，读数估读至 1。每一个测区应记取 16 个回弹值。

3 同一测区 16 个回弹值中的 3 个最大值和 3 个最小值应直接剔除，计算余下的 10 个回弹值的平均值。

4 应根据现行行业标准《回弹法检测混凝土抗压强度技术规程》JGJ/T 23 的有关规定对回弹平均值进行修正，以修正后的平均值作为该测区回弹值的代表值。

A.2.4 碳化深度值测量应符合下列规定：

1 回弹值测量完毕后，应在有代表性的位置测量碳化深度值；测量数不应少于构件测区数的 30%，取其平均值作为该构件所有测区的碳化深度值；

2 碳化深度值测量可按本标准附录 F 中方法进行。

A.2.5 测区混凝土抗压强度换算值应根据现行行业标准《回弹法检测混凝土抗压强度技术规程》JGJ/T 23 的有关规定进行计算。

A.2.6 单个构件混凝土抗压强度推定应符合下列规定：

1 当构件测区数量不少于 10 个时，该构件混凝土抗压强度推定值可按下式计算：

$$f_{cu,e} = m_{f_{cu}^c} - 1.645 s_{f_{cu}^c} \qquad (A.2.6\text{-}1)$$

式中　$f_{cu,e}$ ——构件混凝土抗压强度推定值，精确至 0.1MPa；

　　　$m_{f_{cu}^c}$ ——测区换算强度平均值，精确至 0.1MPa；

　　　$s_{f_{cu}^c}$ ——测区换算强度标准差，精确至 0.01MPa。

2 当构件测区数量少于 10 个时，该构件混凝土抗压强度推定值应按下式计算：

$$f_{cu,e} = f_{cu,min} \qquad (A.2.6\text{-}2)$$

式中　$f_{cu,min}$ ——测区换算强度最小值，精确至 0.1MPa。

A.3　超声回弹综合法检测混凝土抗压强度

A.3.1 超声回弹综合法所采用的回弹仪应符合本标准第 A.2.1 条的要求。

A.3.2 超声回弹综合法所采用的超声仪应符合现行行业标准《混凝土超声波检测仪》JG/T 5004 的有关规定；换能器的工作频率宜在 50kHz～100kHz 范围内，其实测主频与标称主频相差不应超过±10%。

A.3.3 超声回弹综合法测区除应符合本标准第 A.2.2 条的要求外，尚应符合下列规定：

1 测区应选在构件的两个对称可测面上，并宜避开钢筋密集区；

2 同一个构件上的超声测距宜基本一致；

3 超声测线距与其平行的钢筋距离不宜小于 30mm。

A.3.4 测区回弹值测量应符合本标准第 A.2.3 条的要求。

A.3.5 测区声速测量应符合下列规定：

1 超声测点应布置在回弹测试的对应测区内，每一个测区布置 3 个测点；

2 超声测试时，换能器应通过耦合剂与混凝土测试面良好耦合；

3 声时测量应精确至 0.1μs，测距测量应精确至 1mm，声速计算精确至 0.01km/s；

4 以同一测区 3 个测点声速的平均值作为该测区声速的代表值。

A.3.6 测区混凝土抗压强度换算值计算应符合规定：

1 当不进行芯样修正时，测区混凝土抗压强度宜采用专用测强曲线或地区测强曲线换算；

2 当进行芯样修正时，测区混凝土抗压强度可按下列公式进行计算：

当粗骨料为卵石时：

$$f_{cu,i}^c = 0.0056 v_{ai}^{1.439} R_{ai}^{1.769} + \Delta_{cu,z} \quad (A.3.6\text{-}1)$$

当粗骨料为碎石时：

$$f_{cu,i}^c = 0.0162 v_{ai}^{1.656} R_{ai}^{1.410} + \Delta_{cu,z} \quad (A.3.6\text{-}2)$$

式中：$f_{cu,i}^c$ ——测区混凝土抗压强度换算值，精确至 0.1MPa；

　　　v_{ai} ——测区声速代表值，精确至 0.01km/s；

　　　R_{ai} ——测区回弹代表值，精确至 0.1；

　　　$\Delta_{cu,z}$ ——修正量，按本标准附录 C 计算，当无修正时，$\Delta_{cu,z}$ 等于 0。

A.3.7 单个构件混凝土抗压强度推定应符合本标准第 A.2.6 条的要求。

A.4　后装拔出法检测混凝土抗压强度

A.4.1 后装拔出法所采用的拔出仪应满足下列要求：

1 额定拔出力应大于测试范围内的最大拔出力；

2 工作行程对于圆环式拔出试验装置不应小于 4mm；对于三点式拔出试验装置不应小于 6mm；

3 测力装置应具有峰值保持功能；

4 允许示值偏差应为±2%。

A.4.2 后装拔出法测区除应符合本标准第 A.2.2 条的要求外，尚应符合下列规定：

1 每个构件布置 3 个测区；当需要进行单个构件推定且出现最大拔出力或最小拔出力与中间值之差大于中间值的 15% 时，应在最小拔出力测区附近加测 2 个测区；

2 测区宜布置在混凝土浇筑侧面；当不能满足时，可布置在混凝土浇筑表面或底面；

3 在构件的重要部位和薄弱部位应布置测区；

4 测区离构件端部或施工缝边缘的距离不宜小于 4 倍锚固深度；相邻测区距离不宜小于 10 倍锚固深度。

A.4.3 拔出试验应符合下列规定：

1 在钻孔过程中，钻头应始终与混凝土表面保持垂直，垂直度偏差不应大于 3°。钻孔直径应不应小于仪器规定值 0.1mm，且不应大于 1.0mm，钻孔深度应比锚固深度深 20mm～30mm，锚固深度允许偏差应为 ±0.8mm。

2 在混凝土孔壁磨环形槽时，磨槽机的定位圆盘应始终紧靠混凝土表面回转，磨出的环形槽应规整；环形槽深度应为 3.6mm～4.5mm。

3 应将胀簧插入成型孔内，通过胀杆使胀簧锚固台阶完全嵌入环形槽内。

4 拔出仪应与锚固拉杆对中连接，并与混凝土检测面垂直。

5 连续均匀施加拔出力，速度应控制在 0.5kN/s～1.0kN/s。

6 应继续施加拔出力至混凝土开裂破坏、测力显示器读数不再增加为止，记录极限拔出力，精确至 0.1kN。

A.4.4 测区混凝土抗压强度换算值计算应符合下列规定：

1 当不进行芯样修正时，测区混凝土抗压强度宜采用专用测强曲线或地区测强曲线换算；

2 当进行芯样修正时，测区混凝土抗压强度可按下式进行计算：

$$f_{cu,i}^c = 1.5F_i - 5.8 + \Delta_{cu,z} \qquad (A.4.4)$$

式中：$f_{cu,i}^c$ ——测区混凝土抗压强度换算值，精确至 0.1MPa；

F_i ——极限拔出力，精确至 0.1kN；

$\Delta_{cu,z}$ ——修正量，按本标准附录 C 计算，当无修正时，$\Delta_{cu,z}$ 等于 0。

A.4.5 单个构件混凝土抗压强度推定应符合下列规定：

1 当最大拔出力和最小拔出力与中间值之差均小于中间值的 15% 时，应以测区换算强度最小值作为该构件混凝土抗压强度推定值；

2 当最大拔出力或最小拔出力与中间值之差大于中间值的 15% 时，应计算换算强度最小值和其附近加测的 2 个测区换算强度的平均值，以该平均值与前一次的中间值的较小值作为该构件混凝土抗压强度推定值。

附录 B 芯样混凝土抗压强度异常数据判别和处理

B.1 一般规定

B.1.1 本方法适用于芯样混凝土抗压强度异常数据的判别和处理。

B.1.2 在采用钻芯法修正或验证其他无损检测方法时，宜对芯样混凝土抗压强度异常值进行判别或处理。

B.1.3 本方法可在双侧情形判断样本中的异常值，即异常值是在两端都可能出现的极端值。

B.1.4 本方法规定在样本中检出异常值的个数的上限不应超过 2 个，当超过了 2 个时，对此样本的代表性，应作慎重的研究和处理。

B.2 异常值检验

B.2.1 统计量应按下式计算：

$$t = \left| \frac{m_x - x_k}{s_x} \sqrt{\frac{n-1}{n}} \right| \qquad (B.2.1)$$

式中：t ——统计量；

x_k ——样本中芯样强度最大值或最小值；

m_x ——余下的 $n-1$ 个芯样强度平均值；

s_x ——余下的 $n-1$ 个芯样强度标准差；

n ——芯样样本数量。

B.2.2 当计算统计量 t 大于临界值 t_a 时，可认为 x_k 系粗大误差构成的异常值。

B.2.3 临界值 t_a 可按表 B.2.3 取值。

表 B.2.3 临界值 t_a

芯样数量（个）	4	5	6	7	8	9
t_a	2.92	2.35	2.13	2.02	1.94	1.89
芯样数量（个）	10	11	12	13	14	15
t_a	1.86	1.83	1.81	1.80	1.78	1.77

B.3 异常值处理

B.3.1 对检出的异常值，应寻找产生异常值的原因，作为处理异常值的依据。

B.3.2 剔出异常值应符合下列规定：

1 高端异常值可直接剔除；

2 在有充分理由说明其异常原因时，可剔除低端异常值；

3 当无充分理由说明其异常原因时，在低端异常值芯样邻近位置重新取样复测，根据复测结果，判断是否剔除。

B.3.3 芯样剔除应由主检签字认可，并应记录剔除的理由和必要的说明。

附录 C 混凝土换算抗压强度钻芯修正方法

C.0.1 本方法适用于混凝土换算抗压强度的钻芯修正。

C.0.2 钻芯修正可采用总体修正量、对应样本修正量、对应样本修正系数或一一对应修正系数等修正方法，并宜优先采用总体修正量方法。

C. 0. 3 钻芯修正时，芯样试件的数量和取芯位置应符合下列要求：

1 芯样数量可按下式预估：

$$n_{cor,r} = 400\delta^2 \qquad (C.0.3)$$

式中：$n_{cor,r}$——芯样数量；

δ——混凝土抗压强度变异系数。

对于直径 100mm 的芯样，芯样数量尚不应少于 6 个；对于小直径芯样，芯样数量尚不应少于 9 个。

2 芯样应从间接法受检构件中随机抽取，取芯位置应符合本标准第 A.5.3 条的规定。

3 当采用的间接法为无损检测方法时，取芯位置应与间接法相应的测区重合。

4 当采用的间接法对结构有损伤时，取芯位置应布置在间接法相应的测区附近。

C. 0. 4 当采用总体修正量法时，芯样抗压强度应按本标准第 3.4.7 条的规定确定推定区间，推定区间上限与下限差值不应大于其均值的 10%。总体修正量和相应的修正可按下列公式计算：

$$\Delta_{tot} = f_{cor,m} - f_{cu,m}^c \qquad (C.0.4-1)$$

$$f_{cu,ai}^c = f_{cu,i}^c + \Delta_{tot} \qquad (C.0.4-2)$$

式中：Δ_{tot}——总体修正量（MPa）；

$f_{cor,m}$——芯样抗压强度的平均值（MPa）；

$f_{cu,m}^c$——测区混凝土换算强度的平均值（MPa）；

$f_{cu,ai}^c$——修正后测区混凝土换算强度；

$f_{cu,i}^c$——修正前测区混凝土换算强度。

C. 0. 5 当采用对应样本修正量法时，修正量和相应的修正可按下列公式计算：

$$\Delta_{loc} = f_{cor,m} - f_{cu,r,m}^c \qquad (C.0.5-1)$$

$$f_{cu,ai}^c = f_{cu,i}^c + \Delta_{loc} \qquad (C.0.5-2)$$

式中：Δ_{loc}——对应样本修正量（MPa）；

$f_{cu,r,m}^c$——与芯样对应的测区换算强度均值（MPa）。

C. 0. 6 当采用对应样本修正系数方法时，修正系数和相应的修正可按下列公式计算：

$$\eta_{loc} = f_{cor,m}/f_{cu,r,m}^c \qquad (C.0.6-1)$$

$$f_{cu,ai}^c = \eta_{loc} \times f_{cu,i}^c \qquad (C.0.6-2)$$

式中：η_{loc}——对应样本修正系数。

C. 0. 7 当采用——对应修正系数方法时，修正系数和相应的修正可按下列公式计算：

$$\eta = \frac{1}{n_{cor,r}} \sum_{i=1}^{n_{cor,r}} f_{cor,i}/f_{cu,r,i}^c \qquad (C.0.7-1)$$

$$f_{cu,ai}^c = \eta \times f_{cu,i}^c \qquad (C.0.7-2)$$

式中：η———对应修正系数；

$f_{cor,i}$——第 i 个芯样试件混凝土立方体抗压强度换算值（MPa）；

$f_{cu,r,i}^c$——与芯样对应的第 i 个测区被修正方法的换算抗压强度（MPa）。

C. 0. 8 对单个构件或检验批混凝土抗压强度进行推

定时，应以修正后测区混凝土换算强度进行计算。

附录 D 混凝土内部不密实区超声检测方法

D. 0. 1 超声法检测混凝土内部缺陷时被测部位应满足下列要求：

1 被测部位应具有可进行检测的测试面，并保证测线能穿过被检测区域；

2 测试范围应大于有怀疑的区域，使测试范围内具有同条件的正常混凝土；

3 总测点数不应少于 30 个，且其中同条件的正常混凝土的对比用测点数不应少于总测点数的 60%，且不少于 20 个。

D. 0. 2 检测结合面质量时应根据结合面位置确定测试部位，被测部位应具有使声波垂直或斜穿过结合面的测试条件。

D. 0. 3 超声法检测混凝土内部缺陷时测点布置应符合下列规定：

1 当构件具有两对相互平行的测试面时，宜采用对测法，应在测试部位两对相互平行的测试面上分别画出等间距的网格，网格间距可为 100mm～300mm，大型构件可适当放宽，编号确定对应的测点位置（图 D.0.3-1）。

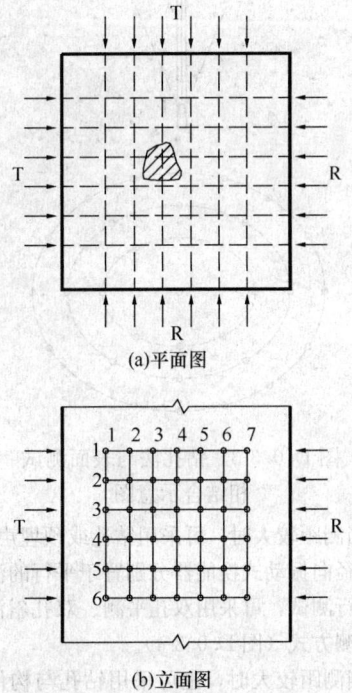

(a)平面图

(b)立面图

图 D.0.3-1 两对平行测试面对测法示意图

2 当构件具有一对相互平行的测试面时，宜采用对测和斜测相结合的方法，应在测试部位相互平行的测试面上分别画出等间距的网格，网格间距可为 100mm～300mm，大型构件可适当放宽，在对测的基

础上进行交叉斜测（图 D.0.3-2）。

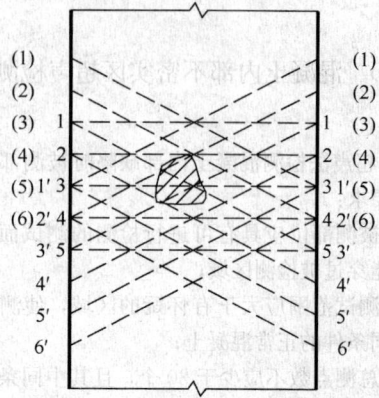

图 D.0.3-2　一对平行测试面斜测法示意图

3　当构件只具有一个测试面时，宜采用钻孔和表面测试相结合的方法，应在测试面中心钻孔，孔中放置径向振动式换能器作为发射点，以钻孔为中心不同半径的圆周上布置平面换能器的接收测点，同一圆周上测点间距一般为 100mm～300mm，不同圆周的半径相差 100mm～300mm，大型构件可适当放宽，同一圆周上的测点作为同一个构件数据进行分析（图 D.0.3-3）。

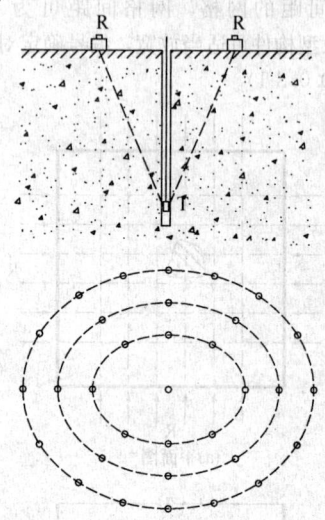

图 D.0.3-3　钻孔法与表面测试
相结合示意图

4　当测距较大时，可采用钻孔或预埋声测管法，应用两个径向振动式换能器分别置于平行的测孔或声测管中进行测试，可采用双孔平测、双孔斜测、扇形扫测的检测方式（图 D.0.3-4）。

5　当测距较大时，也可采用钻孔与构件表面对测相结合的方法，钻孔中径向振动式换能器发射，构件表面的平面换能器接收。可采用对测、斜测、扇形扫描的检测方式（图 D.0.3-5）。

6　当构件测试面不平行而是具有一对相互垂直或有一定夹角的测试面时，应在一对测试面上分别画

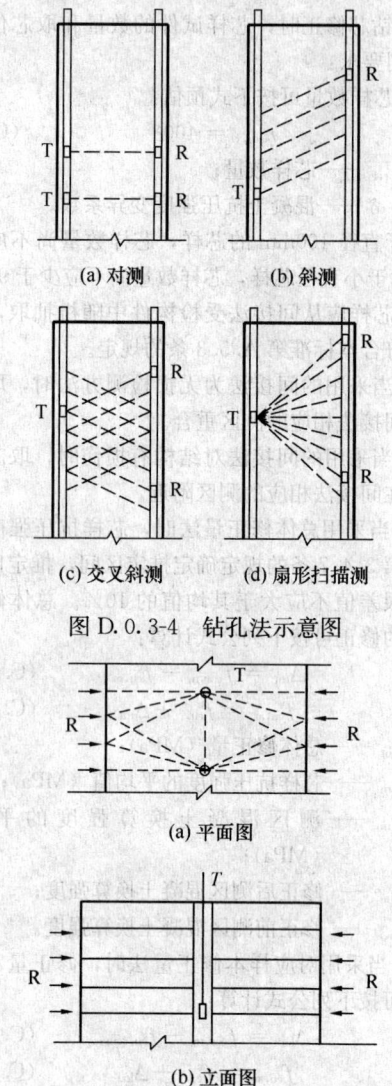

(a) 对测　　　(b) 斜测

(c) 交叉斜测　　　(d) 扇形扫描测

图 D.0.3-4　钻孔法示意图

(a) 平面图

(b) 立面图

图 D.0.3-5　钻孔法与表面对测结合法示意图

上等间距的网格，网格间距一般为 100mm～300mm，测线应尽可能与测试面垂直且尽可能均匀分布地穿过被测部位（图 D.0.3-6）。

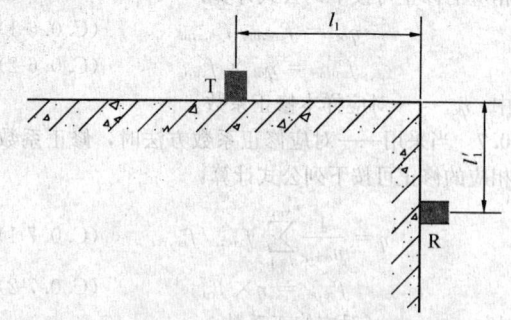

图 D.0.3-6　一对不平行测试面斜测法示意图

7　混凝土结合面质量检测时换能器连线应垂直或斜穿过结合面测量每个测点的声时、波幅、主频和测距，对发生畸变的波形应存储或记录（图 D.0.3-7）。

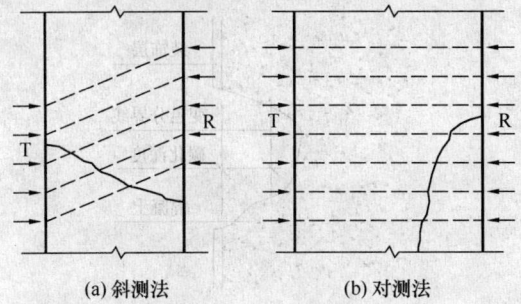

|(a) 斜测法|(b) 对测法|

图 D.0.3-7　结合面质量对测或斜测法示意图

8　对同一测试区域在测试时应保证测试系统以及工作参数的一致性，并尽可能保证测距和测线倾斜角度的一致性。

D.0.4　声学参数异常点的判定应符合下列规定：

1　将测区内各测点的声速、波幅由大到小顺序排列，并按下式计算异常情况的判断值，当被测构件声速异常偏大时，可根据实际情况直接剔除。

$$x_0 = m_x - \lambda_1 s_x \qquad (\text{D.0.4-1})$$

式中：x_0——声学参数异常情况的判断值；

　　　m_x——各测点的声学参数平均值；

　　　s_x——各测点的声学参数标准差；

　　　λ_1——系数，$\lambda_1 = \Phi^{-1}(1/n)$。

2　当测区内某测点声学参数被判为异常时，可按下列公式进一步判别其相邻测点是否异常：

$$x_0 = m_x - \lambda_2 s_x \qquad (\text{D.0.4-2})$$
$$x_0 = m_x - \lambda_3 s_x \qquad (\text{D.0.4-3})$$

式中：λ_2——当测点网格状布置时所取的系数，$\lambda_2 = \Phi^{-1}(\sqrt{1/4n})$；

　　　λ_3——当测点单排布置时所取的系数，$\lambda_3 = \Phi^{-1}(\sqrt{1/2n})$。

3　当被测构件上有怀疑的区域范围较大，在同一构件中不能满足本标准第 D.0.1 条的要求时，可选择同条件的正常构件进行检测，按正常构件声学参数的均值和标准差以及被测构件的测点数，计算异常数据的判断值，以此判断值对被测构件声学参数进行判断，确定声学参数异常点。

4　当被测构件缺陷的匀质性较好或缺陷区域的厚度较薄（结合面），导致计算出的异常数据判断值与经验值相比明显偏低时，可采用声学参数的经验判断值进行判断，确定声学参数异常点。

5　当被测构件测点数不满足本标准第 D.0.1 条的要求、无法进行统计法判断时，或当测线的测距或倾斜角度不一致、幅度值不具有可比性时，可将有怀疑测点的声参数与同条件的正常混凝土区域测点的声参数进行比较，当有怀疑测点的声参数明显低于正常混凝土测点声参数，该点可判为声学参数异常点。

D.0.5　混凝土内部缺陷的位置和范围应结合声参数异常点的分布及波形状况进行综合判定。

附录 E　混凝土裂缝深度超声单面平测方法

E.0.1　当结构的裂缝部位只有一个可测面，裂缝的估计深度不大于 500mm 且比被测构件厚度至少小 100mm 以上时，可采用单面平测法检测混凝土裂缝深度。

E.0.2　单面平测法检测混凝土裂缝深度时，受检裂缝两侧均应具有清洁、平整且无裂缝的检测面，检测面宽度均不宜小于估计的缝深；被测裂缝中不应有积水或泥浆等。

E.0.3　单面平测法检测裂缝深度应按下列步骤进行：

1　应将 T 和 R 换能器置于裂缝附近同一侧，以两个换能器内边缘间距（l'_i）等于 100mm、150mm、200mm……分别读取 4 个以上的声时值（t_i），求出声时与测距之间的回归直线方程：

$$l = a + bt \qquad (\text{E.0.3-1})$$

式中：l——测距（mm）；

　　　t——与测距 l 对应的声时值（μs）；

　　　a——回归直线方程的常数项（mm）；

　　　b——回归系数即平测法声速 v（km/s）。

2　各测点超声实际传播的距离 l_i 应按下式计算

$$l_i = l'_i + |a| \qquad (\text{E.0.3-2})$$

3　应将 T、R 换能器分别置于以裂缝为对称的两侧（图 E.0.3），对应不同的 l'_i 值分别测读声时值 t_i^0。

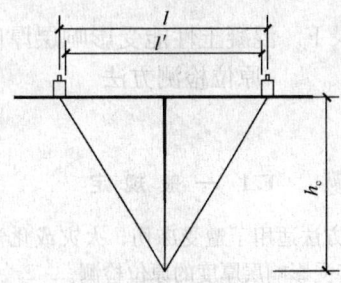

图 E.0.3　跨缝测试示意图

E.0.4　对应于不同测距的裂缝深度及裂缝深度的极差和裂缝深度的平均值应按下列公式计算：

$$h_{ci} = \frac{l_i}{2}\sqrt{\left(\frac{t_i^0 v}{l_i}\right)^2 - 1} \qquad (\text{E.0.4-1})$$

$$m_{h,c} = \frac{1}{n}\sum_{i=1}^{n} h_{ci} \qquad (\text{E.0.4-2})$$

$$\Delta_h = h_{max} - h_{min} \qquad (\text{E.0.4-3})$$

$$\delta_{\Delta_h} = \frac{\Delta_h}{m_{h,c}} \times \% \qquad (\text{E.0.4-4})$$

式中：h_{ci}——第 i 点裂缝深度计算值（mm）；

　　　l_i——不跨缝平测时第 i 点的超声波实际传播距离（mm）；

t_i^0 ——第 i 点跨缝平测的声时值（μs）；

v ——裂缝区域的混凝土声速，可取用平测法声速（km/s）；

$m_{h,c}$ ——各测点裂缝深度计算值的平均值（mm）；

h_{max} ——最大裂缝深度计算值；

h_{min} ——最小裂缝深度计算值；

n ——跨缝测点数。

E.0.5 各测点的裂缝计算深度的极差应满足下列规定：

1 当 $m_{h,c} \leqslant 30mm$ 时，绝对极差不应大于10mm；

2 当 $30mm < m_{h,c} < 300mm$ 时，相对极差不应大于 30%；

3 当 $m_{h,c} \geqslant 300mm$ 时，绝对极差不应大于 90mm。

E.0.6 受检裂缝深度应按下列规定确定：

1 当各测点的裂缝计算深度的极差满足本标准第 E.0.5 条要求时，应取裂缝深度计算值的平均值作为受检裂缝的深度。

2 当各测点的裂缝计算深度的极差不满足第 E.0.5 条要求时，应将各测点的测距 l_i' 与裂缝深度计算值的平均值 $m_{h,c}$ 进行比较，将 $l_i' < m_{h,c}$ 和 $l_i' > 3m_{h,c}$ 的数据直接剔除后，重新计算极差。

3 当重新计算仍不能满足本标准第 E.0.5 条要求时，应补充检测或重新检测。

附录 F 混凝土性能受影响层厚度原位检测方法

F.1 一 般 规 定

F.1.1 本方法适用于遭受冻伤、火灾或化学腐蚀后混凝土性能受影响层厚度的原位检测。

F.1.2 混凝土性能受影响层厚度应根据受影响层混凝土物理性质或化学性质的可能变化选择碳化深度测试方法或超声法进行检测。

F.1.3 原位检测宜进行取样验证，混凝土性能受影响层厚度的取样检测可按本标准附录 G 进行。

F.2 碳化深度测试方法

F.2.1 单个测区碳化深度的测试可按下列步骤操作：

1 在混凝土表面布置测孔，根据预估的碳化深度选择测孔直径；

2 清扫孔内碎屑和粉末；

3 向孔内喷洒浓度为 1% 的酚酞试液，喷洒量以表面均匀湿润但不流淌；

4 当已碳化和未碳化界限清楚时，测量已碳化

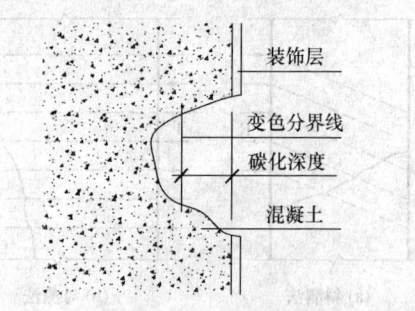

图 F.2.1 碳化深度测孔示意图

和未碳化交界面至混凝土表面的垂直距离即为碳化深度，测量不应少于 3 次，取其平均值，精确至0.5mm。

F.2.2 当碳化深度用于损伤程度评定时，测区和测孔的布置应符合下列规定：

1 根据表面损伤状况进行分类，将表面损伤状况相近的构件作为一个损伤类别；

2 对每个损伤类别按约定抽样方法选择受检构件或受检区域；

3 每个损伤类别布置不应少于 6 个测区，测区宜布置在有代表性的部位；

4 每个测区应布置 3 个测孔，取 3 个测孔碳化深度的平均值作为该测区碳化深度的代表值；

5 提供每个测区的碳化深度检测值；

6 以每个类别中最大的碳化深度作为该类别混凝土性能受影响层的厚度。

F.3 表面损伤层厚度超声检测方法

F.3.1 超声检测表面损伤层厚度时，测区的布置应符合下列规定：

1 根据表面损伤状况进行分类，将表面损伤状况相近的构件作为一个损伤类别；

2 对每个损伤类别按约定抽样方法选择受检构件或受检区域；

3 每个损伤类别布置不应少于 3 个测区，测区宜布置在有代表性的部位；

4 测区表面应平整并处于干燥状态，且无接缝和饰面层；

5 以每个类别中最大的损伤深度作为该类别混凝土性能受影响层的厚度。

F.3.2 单个测区表面损伤层厚度的检测应符合下列规定：

1 表面损伤层厚度检测宜选用频率较低的厚度振动式换能器；

2 测试时，T 换能器应耦合好，并保持不动；将 R 换能器依次耦合在间距为 30mm 的 1、2、3、……测点位置上，读取相应的声时值 t_1、t_2、t_3、……，并测量每次 T、R 换能器内边缘之间的距离 l_1、l_2、l_3、……（图 F.3.2-1）；

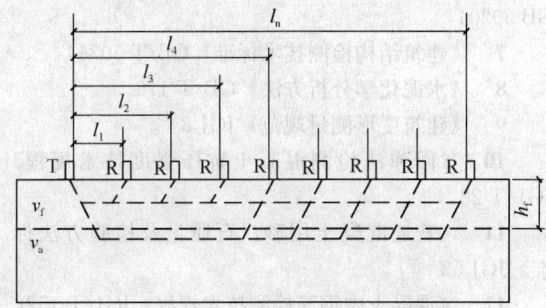

图 F.3.2-1 超声检测损伤层厚度示意图

3 每个测区布置的测点数不应少于 6 个，损伤层较厚或不均匀时，应适当增加测点数；

4 用各测点的声时值 t_i 和对应的距离 l_i 绘制"时-距"图（图 F.3.2-2）。分别用图中转折点前、后数据求出损伤和未损伤混凝土的"l-t"回归直线方程：

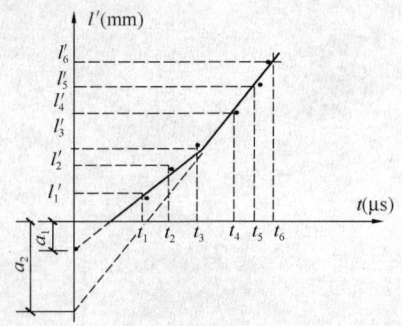

图 F.3.2-2 超声检测损伤层"时-距"图

损伤混凝土：

$$l_f = a_1 + b_1 t_f \qquad (F.3.2\text{-}1)$$

未损伤混凝土：

$$l_a = a_2 + b_2 t_a \qquad (F.3.2\text{-}2)$$

5 测区损伤层厚度应按下列公式计算：

$$l_0 = \frac{a_1 b_2 - a_2 b_1}{b_2 - b_1} \qquad (F.3.2\text{-}3)$$

$$h_f = \frac{l_0}{2}\sqrt{\frac{b_2 - b_1}{b_2 + b_1}} \qquad (F.3.2\text{-}4)$$

附录 G 混凝土性能受影响层厚度取样检测方法

G.0.1 本方法适用于混凝土性能受影响层厚度的取样检测。

G.0.2 混凝土性能受影响层厚度可根据造成影响因素的特点，通过湿润深度、里氏硬度和碳化深度的测试结果进行判定。

G.0.3 湿润深度法测试应符合下列规定：

1 将混凝土芯样进行冲洗后，放入干净水中浸泡 2h；

2 将芯样从水中取出，表面朝上直立放置在通风阴凉处；

3 定时观察芯样侧面湿润程度的情况变化，当芯样侧面出现明显的湿润分界线时，测量两个相互垂直直径对应的 4 个测点湿润分界线至芯样上表面的垂直距离，读数精确至 0.1mm；

4 取 4 个测点测值的平均值作为该芯样湿润深度的代表值；

5 湿润深度的代表值可作为该芯样所在部位混凝土性能受影响层厚度的判定值。

G.0.4 里氏硬度法测试应符合下列规定：

1 将混凝土芯样冲洗后、擦干并晾置面干。

2 沿两个相互垂直直径对应的 4 个测点在芯样侧面画出 4 条平行于芯样轴线的测试线。

3 沿每条测试线分别从芯样上表面开始以 5mm 的间距，连续测试里氏硬度；当连续 3 个测试数据相差不超过 5 时，停止测试。

4 将测点离上表面的距离与对应的里氏硬度值进行数据分析，得到里氏硬度值突变时的测点位置参数。

5 4 个测线位置参数测值的算术平均值可作为该芯样所在部位混凝土性能受影响层厚度的判定值。

G.0.5 碳化深度法测试应符合下列规定：

1 将混凝土芯样冲洗后晾干；

2 将芯样对中劈开，在两个新劈开面的中间部位喷洒浓度为 1% 的酚酞试液，喷洒量以表面均匀湿润但不流淌；

3 测量每个劈开面的中间及两侧各 1/4 半径对应部位的碳化深度读数精确至 0.1mm；

4 取两个新劈开面共 6 个测点的碳化深度平均值作为该芯样碳化深度的代表值；

5 碳化深度的代表值可作为该芯样所在部位混凝土性能受影响层厚度的判定值。

本标准用词说明

1 为了便于在执行本标准条文时区别对待，对要求严格程度不同的用词说明如下：

1) 表示很严格，非这样做不可的：
正面词采用"必须"；反面词采用"严禁"；

2) 表示严格，在正常情况下均应这样做的：
正面词采用"应"；反面词采用"不应"或"不应"；

3) 表示允许稍有选择，在条件许可时首先这样做的：
正面词采用"宜"；反面词采用"不宜"；

4) 表示有选择，在一定条件下可以这样做的，采用"可"。

2 标准中指明应按其他有关标准执行的写法为：

"应符合……的规定"或"应按……执行"。

引用标准名录

1 《建筑结构荷载规范》GB 50009

2 《混凝土结构设计规范》GB 50010

3 《普通混凝土力学性能试验方法标准》GB/T 50081

4 《普通混凝土长期性能和耐久性能试验方法标准》GB/T 50082

5 《混凝土结构试验方法标准》GB/T 50152

6 《混凝土结构工程施工质量验收规范》GB 50204

7 《建筑结构检测技术标准》GB/T 50344

8 《水泥化学分析方法》GB/T 176

9 《建筑变形测量规范》JGJ 8

10 《回弹法检测混凝土抗压强度技术规程》JGJ/T 23

11 《普通混凝土用砂、石质量及检验方法标准》JGJ 52

12 《混凝土中钢筋检测技术规程》JGJ/T 152

13 《混凝土回弹仪》JJG 817

14 《混凝土超声波检测仪》JG/T 5004

中华人民共和国国家标准

混凝土结构现场检测技术标准

GB/T 50784—2013

条 文 说 明

制 订 说 明

《混凝土结构现场检测技术标准》GB/T 50784－2013，经住房和城乡建设部 2013 年 2 月 7 日以第 1634 号公告批准、发布。

本标准制订过程中，编制组进行了广泛、深入的调查研究，总结了我国混凝土结构现场检测的实践经验，同时参考了国外先进技术法规、技术标准，通过试验比对，取得了适合混凝土结构现场检测的重要技术参数。

为便于广大检测、鉴定、设计、施工、科研、学校等单位有关人员在使用本标准时能正确理解和执行条文规定，《混凝土结构现场检测技术标准》编制组按章、节、条顺序编制了本标准的条文说明，对条文规定的目的、依据以及执行中需注意的有关事项进行了说明。但是，本条文说明不具备与标准正文同等的法律效力，仅供使用者作为理解和把握标准规定的参考。

目 次

1 总　　则

1.0.1 本条提出了编制本标准的宗旨。

1.0.2 本条规定了本标准的适用范围，适用范围与《混凝土结构设计规范》GB 50010 一致。

1.0.3 混凝土结构现场检测综合性强、涉及面广，与设计、施工、鉴定、评估密切相关。本标准未涉及的内容，应执行国家现行的有关标准、规范的规定。特种混凝土结构尚应执行相关行业标准的规定。

2　术语和符号

2.1　术　　语

本章所给出的术语为本标准的专用术语，除了与有关标准协调外，多数仅从本标准的角度赋予其涵义，但涵义不一定是术语的定义。同时还分别给出了相应的推荐性英文术语，该英文术语不一定是国际上的标准术语，仅供参考。

2.1.1 现场检测包括两个方面的内容，一是通过对混凝土结构实体实施原位检查、检验、和测试直接获得检测数据；二是在试验室通过对结构实体中取得的样品进行检验、测试获得检测数据。

2.1.2 工程质量检测有严格的抽样方法、检测方法、评价指标和判定规则，检测应给出明确的符合性结论。为区别于质量验收时的合格评定，本标准中工程质量检测结果只提供符合性结论。

2.1.3 结构性能检测的目的是为结构性能评定提供数据。

2.1.4 现场静载检验主要针对受弯构件，可检验构件的承载力、刚度、抗裂性或裂缝宽度等指标，本标准未包括基桩的抗压、抗拔试验。

2.1.5 本术语专指验证检测数据有效性的复检，检测方法的有效性应通过其他方式确认。对于破坏性试验应对留存的或重新取得的同类样品按照同一种试验方法进行检测。

2.1.6 检测前受检参数的实际情况是未知的，在数据分析和处理中可能出现需要补充数据的情况，如受检参数的变异性大导致推定区间长度不能满足检测精度要求、异常数据处理后导致样本数量不能满足标准要求等。

补充检测得到的数据可与原检测数据合并处理。

2.1.7 由于检测中的失误导致检测数据失效或其他原因导致检测结果不被接受时，需要重新检测。重新检测一般由另一家检测单位实施，无异议时，也可由原检测单位实施。重新检测得到的数据不应与原检测数据合并处理。

2.1.9 不能直接测量的性能参数，通过一定的换算关系利用间接的物理量得到的该性能参数值；或者非标准状态下直接测量的性能参数，通过一定的换算关系得到的该性能参数相当于标准状态下的值。

2.1.10 现场检测常遇到的是批量检测，即通过样本数据确定或评估检验批总体质量状况和性能指标。实现批量检测的前提之一是正确划分检验批，同一检验批中受检参数的实际值应是相近的。不能正确划分检验批将导致推定结果没有代表性或推定结果明显偏低。

2.1.11 可以单独取得一个检验或检测数据的区域或构件。现场检测时个体一般指测点或测区，当可用一个数值表示构件受检参数检测值时，个体可以为构件。如以构件上各测点混凝土保护层厚度的平均值作为该构件混凝土保护层厚度检测值时，可以把该构件作为一个个体。

2.1.12 间接测试方法的原理是在间接物理量与待测参数之间的换算关系基础上获得待测参数值。如回弹法检测混凝土强度是根据测区回弹值通过换算曲线得到测区混凝土抗压强度换算值。

2.1.13 一般而言，推定值是与置信水平相关的，因此，推定值是一个区间。由于样本数量的限制和习惯做法，为与相关标准协调，本标准中也存在以样本均值或样本最小值作为总体推定值的规定。

2.1.14 通过样本数据确定或评估检验批总体质量状况和性能指标时，应采用随机抽样。

2.1.15 由于条件限制或出于特定的检测目的，由委托方确定或由委托方与检测方协商确定的样本抽取方法。约定抽样检测时，应注明抽样方法的形成过程并提供每个受检个体的检测数据，不宜根据样本数据推定总体性能参数值。有时，约定抽样隐含着对总体进行评价，如选择损伤最严重的构件进行静载检验。

2.1.16 分层抽样是随机抽样的一种类型，可以更好地保证样本的代表性。分层抽样先抽取一级样本（构件），再抽取次级样本（测区），此时总的样本量为次级样本量之和。

2.1.17 计数抽样方法不要求待测参数服从正态分布，且概念明确、易于理解，但不能提供待测参数的具体指标，如均值、变异系数。

2.1.18 本标准中的计量抽样方法严格意义上属于统计估值，即以检验批样本数据的统计量对检验批总体性能指标进行推定，要求待测参数服从正态分布。

2.1.19 对于正态分布，0.5 分位数对应的数值在概念上与均值相同，0.05 分位数对应的数值在概念上与具有 95% 保证率的特征值相同。

2.2　符　　号

本节的符号符合现行国家标准《建筑结构设计术语和符号标准》GB/T 50083 的有关规定。

3 基本规定

3.1 检测范围和分类

3.1.1 本条对混凝土结构现场检测进行了分类。

工程质量检测是对工程质量的状况与设计要求的指标或规范限定的指标比较并判定其符合性的工作，这项工作注重的是有关当事方的合法权益，在抽样方法、检测方法、评价指标和判定规则上不允许偏离，检测应给出明确的符合性结论。

结构性能检测是确定结构性能参数的实际状况，一般应给出受检参数的推定值或代表值，为结构性能评定提供数据与信息，便于评定机构采取适当处理措施。

工程质量检测和结构性能检测之间存在相互转化的过程，工程质量检测为不符合的工程，往往需要进一步做结构性能检测，以便采取适当的加固处理措施或进行让步验收；即使工程质量检测为符合的工程，当改变用途时，为利用实际结构的某些性能参数，也需要进一步做结构性能检测。同样，结构性能检测的数据，必要时也可作为工程质量评定的依据。

3.1.2 本条规定了进行混凝土结构工程质量检测的几种情况，在这些情况下一般要求检测必须给出明确的符合性结论。

3.1.3 本条规定了进行混凝土结构性能检测的几种情况，在这些情况下仅进行工程质量检测有时不能提供足够、必要的数据和信息。

3.2 检测工作的基本程序与要求

3.2.1 本条规定了混凝土结构现场检测工作的基本程序。

检测工作自身的质量应有一套程序来保证，对于一般混凝土结构现场检测工作，程序框图中描述的从接受委托到检测报告的各个阶段都是必不可少的。

对于特殊情况的检测，则应根据检测的目的确定其检测程序和相应的内容。

3.2.2 存在质量争议的工程质量检测宜由当事各方共同委托，一方面可以保证检测工作的公正、公平性，保护当事各方利益，另一方面有利于检测结论的接受和采信，避免重复检测及由此产生的费用和时间损失。司法鉴定涉及的检测工作应满足相应程序要求。

3.2.3 了解结构的状况和收集有关资料，不仅有利于较好地制定检测方案，而且有助于确定检测的内容和重点。现场调查主要是了解被检测结构的现状缺陷或使用期间的加固维修及用途和荷载等变更情况，同时应与委托方商定检测的目的、范围、内容和重点。

有关的资料主要是指结构的设计图、设计变更、施工记录和验收资料、加固图和维修记录等。当缺乏有关资料时，应向有关人员进行调查。当结构受到灾害或邻近工程施工的影响时，尚应确认结构受到损伤前的情况。

3.2.4 检测方案常常作为检测合同的附件，征询委托方意见，是为了进一步明确检测目的、范围、项目以及采用的检测方法，避免可能产生的纠纷。检测方案经过检测机构内部的审定，是为了保证检测工作的准确性和有效性。

3.2.5 本条规定了检测方案的主要内容。混凝土结构现场检测中的安全问题包括检测人员、检测仪器设备、受检结构及相邻构件的安全问题。

3.2.6 本条对现场检测所用仪器、设备提出要求。在检定或校准周期内的仪器设备并不都处于正常状态，实施检测时，应进行必要的校验。

3.2.7 本条对从事混凝土结构现场检测工作的人员提出要求。

3.2.8 现场检测的测区和测点应有明晰标注和编号，不仅方便检测机构内部的检查，也有利于相关方对检测工作的监督，同时，便于对异常数据进行追踪和复检。保留时间可根据工程具体情况确定。

3.2.9 本条对现场检测获取的数据或信息提出要求。

仪器自动记录时，将自动记录的数据转换成专用记录格式打印输出，是为了便于对原始记录长期保存；图像信息应标明获取信息的位置和时间是为了保证原始记录的可追溯性。

3.2.10 现场取得的试样应与结构实体上取样位置形成对应关系，才能根据试样的检测分析结果评价结构实体对应区域的性能。混淆现场取得的试样可能造成错误的判断；丢失现场取得的试样甚至引起异议导致全部检测无效。

3.2.11 为了避免人为随意舍弃数据，同时考虑到复检或补充检测要重新进入现场，容易造成误解，因此进行复测或补充检测时应有必要的说明。

3.2.12 混凝土结构现场检测工作不应对受检结构或构件造成安全隐患，因此混凝土结构现场检测工作结束后，应及时提出针对因检测造成的结构或构件局部损伤的修补建议。

3.3 检测项目和检测方法

3.3.1 检测机构不应进行与委托方检测目的无关的检测或过度检测。

3.3.2 本条提出了混凝土结构现场检测的检测项目，这些检测项目是根据相关设计规范、验收规范和鉴定标准确定的。

3.3.3 当同一个检测参数存在多种检测方法时，应尽量选择直观、明了、无损、经济的检测方法。

3.3.4 本条强调优先使用直接法，直接法的系统不确定性（偏差）小，概念明确，争议相对较小。当不

具备采用直接法对较多构件进行检测的条件时，允许使用间接法与直接法相结合的综合检测方法。

3.3.5 把成熟的试验方法用于现场的取样检测是行业内的共识，条件是取样试件与标准试件基本一致。

3.3.6 为了促进检测技术的发展，鼓励检测单位开发或引进检测仪器及检测方法。本条对采用检测单位自行开发或引进的检测仪器及检测方法时应遵守的规定提出要求。

3.4 检测方式与抽样方法

3.4.1 现场检测一般有全数检测和抽样检测两种方式。

3.4.2 本条提出了采用全数检测方式的适用情况。所谓全数检测并不意味对整个工程的全部构件（区域）进行检测，全数对应于检验批内的全部构件（区域），当检验批缩小至单个构件时，全数对应于该构件可布置的测区。

对按计数抽样方法判定为不合格的检验批进行全数检测，不仅可以更准确地确定该检验批的结构性能状况，而且可以缩小处理范围、减少相应的结构处理费用。

3.4.3 抽样检验的目的是通过样本质量特征来推定总体质量状况，抽样方法分成计数抽样方法、计量抽样方法两种情况。计数抽样方法有明确的抽检量和验收概率的计算方法，对检测量的总体分布类型无特殊要求，但检测结果不能充分反映检测量的质量状况信息。计量抽样方法要求检测量的总体分布服从正态分布，抽检量和验收概率依赖于检验批总体的变异性，但检测结果能更多地反映检测量的质量状况信息。混凝土结构现场检测中会涉及一些个体如何划分的问题，例如，混凝土强度检测的个体为测区时，检验批的总量就是一个不确定量或者称为无限大量，给抽样检测带来困难。根据目前检测单位的习惯，本标准采取分层抽样方法，先随机抽取构件，在每个受检构件上均匀布置测区，这种方法也是抽样规则允许的。

有些产品质量标准对抽样有专门的规定，如钢筋、预制构件等应按规定的抽样方法进行抽样。

3.4.4 根据国家现行标准《验收抽样检验导则》GB/T 13393 和实际工作经验，总体分布服从正态分布时，计量抽样检查方案比计数抽样检查方案所需的样本小。考虑到混凝土结构现场检测时采用计量抽样检查方案的检测项目都是关键项目（如混凝土强度），将计量抽样检查方案和计数抽样检查方案所需最小样本统一进行规定。

3.4.5 依据国家现行标准《计数抽样检验程序 第1部分：按接收质量限（AQL）检索的逐批检验抽样计划》GB/T 2828.1 给出了混凝土结构检测的计数抽样的样本容量和正常一次抽样的判定方法。一般项目的允许不合格率为10%，主控项目的允许不合格率

为5%。主控项目和一般项目应按《混凝土结构工程施工质量验收规范》GB 50204 确定。当其他检测项目按计数方法进行评定时，可按上述方法实施。

3.4.6 国家现行标准《建筑结构可靠度设计统一标准》GB 50068 对材料性能和几何参数提出如下要求：材料强度的标准值可按其概率分布的 0.05 分位值确定。材料弹性模量、泊松比等物理性能的标准值可按其概率分布的 0.5 分位值确定。结构构件的几何参数的标准值可采用设计规定的公称值，或根据几何参数概率分布的某个分位值确定。

当总体均值和标准差未知时，根据样本数据确定分位数时，需要用到非中心参数为 δ 的 t 分布。

国家现行标准《正态分布分位数与变异系数的置信限》GB/T 10094 提供了根据样本容量及给定置信水平，确定分位数 x_p 置信区间的方法，该标准提供的最大样本容量为 120 个。考虑采用回弹法等无损检测方法现场检测混凝土强度时，样本容量往往大于120 个，将最大样本容量增加到 500 个。

本条依据国家现行标准《正态分布完全样本可靠度置信下限》GB/T 4885 并补充了部分数据，给出了样本容量与推定区间限值系数的对应关系表。

3.4.7 根据抽样检测的理论，随机抽样不能得到被推定参数的准确数值，只能得到被推定参数的估计值，因此推定结果应该是一个区间。

由于只定义了合格质量水平，未定义极限质量水平，本条中的错判概率和漏判概率不能完全等同于生产方风险和用户方风险。

3.4.8 本条对计量抽样检验批检测结果的推定区间进行了限制，在置信度相同的前提下，推定区间越小，推定结果的不确定性越小。样本的标准差 s 和样本容量 n 决定了推定区间的大小，因此减小样本的标准差 s 或增加样本的容量 n 是减小检测结果不确定性的措施。对于无损检测方法来说，增加样本容量相对容易实现，对于局部破损的取样检测方法和原位检测方法来说，增加样本容量相对难于实现。对于后者来说，减小测试误差更为重要。

3.5 检测报告

3.5.1 检测报告是工程质量评定和结构性能评估的依据。

当报告中出现容易混淆的术语和概念时，应以文字解释或图例、图像说明。

3.5.2 本条提出检测报告应包括的内容，保证信息的完整性。

3.5.3 检测机构对检测数据和检测结论的真实有效性负责，对检测机构提出的检测结论委托方未必完全接受。当委托方对报告提出的异议时，应进行内部审查。当审查表明检测结论正确时应予以解释或说明，当审查表明检测结论错误时应予以纠正。

4 混凝土力学性能检测

4.1 一般规定

4.1.1 混凝土结构设计是以混凝土抗压强度（混凝土强度等级）为依据，其他的力学性能指标如劈裂抗拉强度、抗折强度、静力受压弹性模量等是根据混凝土抗压强度按照一定的换算关系得到的，就具体工程而言，有时需要这些参数的实测值。

4.1.2 混凝土强度非破损检测方法的测强曲线都是基于表面无损伤和无缺陷的试件建立的，当用于表面有缺陷和损伤部位测试时，测试结果会有系统不确定性或偏差。

构件存在缺陷、损伤或性能劣化现象，应按照缺陷和损伤项目进行检测。

4.1.3 近年来，确定缺陷或损伤等部位混凝土力学性能要求逐渐增多，特别是确定性能劣化与损伤部位混凝土的力学性能是结构性能评定作出处理决策的重要依据，增加性能劣化部位混凝土力学性能的测试很有必要。

4.2 混凝土抗压强度检测

4.2.1 混凝土结构设计参数是依据混凝土强度等级取值的，结构中混凝土不具备标准养护的条件，检测时的龄期又不能正好是28d，现场抽样检测应提供检测龄期结构混凝土相当于150mm立方体试件抗压强度具有95%的特征值的推定值。

4.2.2 钻芯法检测结果直观、明确、可信度高、争议小，但对结构有局部损伤。

4.2.3 回弹法、超声-回弹综合法、后装拔出法、后锚固法和钻芯法检测混凝土抗压强度已有成熟的应用经验，本标准附录A对回弹法、超声-回弹综合法、后装拔出法和钻芯法检测混凝土抗压强度提出了一些基本要求。

4.2.4 本条提出的钻芯法修正是减小系统不确定性的有效措施。

间接法检测结果的不确定性（偏差）有三个因素，检测操作的不确定性，检测方法的不确定性（系统偏差）和样本不完备性造成的不确定性。

修正指的是根据芯样抗压强度和对应部位无损测试数据的关系对所有测试数据进行必要的调整，验证指的是根据芯样抗压强度对无损测试数据的准确性进行评估。

鉴于芯样样本数据直接影响检测结果的准确性，应对芯样样本中的异常数据进行识别和处理。本标准附录B规定了异常值判别和处理方法。

4.2.5 混凝土抗压强度检测时，钻芯法检测和间接法检测是两个独立的随机事件，采用两个独立随机事件的个体进行比较，缺乏必要的理论依据且离散性大。

采用钻芯法对无损检测结果进行修正本质上属于均值修正，即保证无损法检测结果和钻芯法检测结果在均值意义上一致，因此，应优先采用总体修正法进行修正。

为了与已有的相关检测技术标准协调，本标准附录C规定了几种修正方法。

4.2.6 批量检测混凝土抗压强度时，首先需要划分检验批和确定检验批容量。考虑混凝土结构的实际情况并适应检测中的习惯做法，采取分层抽样方法，先抽取构件，再布置测区。

在检测方法有效的前提下，检测结果的准确性仅与标准差和样本容量有关。尽管如此，为了避免过大划分检验批，导致抽样比例过小的情况，增加了最小样本容量要求。

现场检测大多数都是委托检测，委托方提出更高要求时，可根据委托方要求的数量抽取构件。

4.2.7 计量抽样检测结果的准确性可以通过控制推定区间的大小来保证，推定区间的大小仅与样本标准差和样本容量相关，为了保证检测结果的准确性，应根据样本标准差的变化调整样本容量。

根据经验，超声-回弹综合法和回弹法检测结果的变异系数在0.05～0.08之间，拔出法和钻芯法变异系数明显增大，在0.08～0.15之间。变异系数的估计需要靠检测机构的工程经验，一般情况下取0.15时，可以满足本标准第4.2.10条对推定区间的限制。

4.2.8 当无需推定检验批中单个构件混凝土抗压强度特征值时应把测区尽量布置在较多的构件上，使检测结果更具有代表性，此时每个构件上的测区数量可不受相关检测技术标准的限制。当需要推定检验批中单个构件混凝土抗压强度时，每个构件上的测区数量应满足附录A和相关检测技术标准的要求。

4.2.9 正确划分检验批是保证根据样本数据进行总体推定的基础。

将混凝土设计强度等级相同，原材料、配合比、成型工艺、养护条件基本一致且龄期和质量状况相近的同类构件划分为一个检验批

由于混凝土强度增长具有早期快、后期慢的特点，当检验批中混凝土龄期相差不超过检测时最短龄期的10%时，可视为龄期相近。

不易判别混凝土质量状况时（如不同损伤状况），应尽量缩小检验批范围。

4.2.12 本条提出混凝土抗压强度推定原则。

对于符合设计要求的检验批中的个别强度明显偏低的构件，宜建议进行专项处理。

4.3 混凝土劈裂抗拉强度检测

4.3.1 现行国家标准《混凝土结构设计规范》GB

50010 提供的混凝土抗拉强度设计值是从混凝土立方体抗压强度换算得到的，而不同品种混凝土的抗拉强度与抗压强度的换算关系有较大的差异。

采用轴心受拉（正拉）检测混凝土的抗拉强度，受偏心和应力分布的影响较大，采用劈裂试验可以更加稳定的检测结果。

4.3.2 取样检测混凝土抗拉强度的试验方法与现行国家标准《普通混凝土力学性能试验方法标准》GB/T 50081 规定的圆柱体试件劈裂抗拉强度试验方法基本相同，主要差异在于龄期与养护方法。当芯样长度 l 无法满足 $2d$ 的要求时，可采用长度为 $1d$ 的试件。此时，应在检测报告中特别注明。

4.3.3 虽然用最小值作为特征值的推定值错判概率一般大于 5%，且随着取样数量的增加，最小值出现的概率增大。但考虑检测结果的可靠性和实际可操作性，取测试数据的最小值作为推定值是检测评定中经常使用的方法。

4.3.4 本条规定了批量检测混凝土劈裂抗拉强度时的最小抽样数量。

4.3.7 本条规定了批量检测混凝土劈裂抗拉强度时推定原则。

    1 当推定区间满足要求时，采用推定区间上限值作为强度推定值；

    2 当推定区间不满足要求且出现较低值时，采用最小值作为强度推定值。

4.4 混凝土抗折强度检测

4.4.1 公路工程中需要测定混凝土抗折强度。

劈裂抗拉强度与抗折强度关系曲线可按相关行业标准确定。

劈裂抗拉强度与抗折强度关系曲线可采用切割试件进行验证，当无切割试件时，可采用相同配合比混凝土分别成型 6 块标准抗折试件和 6 块圆柱体劈裂试件，同条件养护 28d，当抗折强度均值与劈裂试块的换算抗折强度均值的比值在 0.9～1.1 之间时，可直接采用换算抗折强度。当抗折强度均值与劈裂试块的换算抗折强度均值的比值不在 0.9～1.1 之间时，应按修正量法进行修正。

4.4.2 本条对混凝土抗折强度的试件及其强度测试作出规定，有效抗折数据是指下边缘断裂位置处于两个集中荷载作用线之间试件的抗折强度测试值。

4.4.4 一般情况下不易采用取样法批量检测混凝土抗折强度，可通过劈裂抗拉强度与抗折强度关系曲线得到抗折强度的换算值。

4.5 混凝土静力受压弹性模量检测

4.5.1 对损伤结构进行性能评估时，需要了解结构混凝土静力受压弹性模量实际情况。静力受压弹性模量宜根据损伤检测结果针对不同的混凝土类别采用取

样法进行检测。

4.5.2 现行国家标准《普通混凝土力学性能试验方法标准》GB/T 50081 中规定的试件数量为 6 个，其中 3 个做抗压强度检验，3 个做静力受压弹性模量试验，有数据舍弃的规定。

与标准试块相比，芯样混凝土强度和弹性模量的变异性大，因此，相应增加了试件数量。

4.5.3 本条规定了控制荷载的轴心抗压强度值的确定方法。

如果已有混凝土立方体抗压强度检测值，也可通过换算关系确定轴心抗压强度值。

4.5.4 现行国家标准《工程结构可靠性设计统一标准》GB 50153 规定：材料弹性模量、泊松比等物理性能的标准值可按其概率分布的 0.5 分位值确定。

按此方法得到静力受压弹性模量值 $E_{cor,m}$ 与依据 $f_{cu,e}$ 计算的弹性模量和依据 $f_{cu,k}$ 计算的弹性模量之间必然存在差异，但是 $E_{cor,m}$ 更接近结构混凝土实际的情况。

4.6 缺陷与性能劣化区混凝土力学性能参数检测

本节提出缺陷与性能劣化区混凝土力学性能参数的测试方法，主要目的是为了定量评价缺陷与性能劣化对混凝土结构性能的影响，为混凝土结构性能鉴定提供数据。

5 混凝土长期性能和耐久性能检测

5.1 一般规定

5.1.1 现行国家标准《普通混凝土长期性能和耐久性能试验方法标准》GB/T 50082 是针对混凝土材料性能的检测，要求使用标准状态下的试件。现场检测是对结构实体中混凝土性能进行检测，本质上属于结构性能检测。现场检测所用试件不具备标准养护条件，有些试件的尺寸与试验方法标准规定的尺寸不完全一致，检测时混凝土龄期一般也不是 28d，取样只能测定结构混凝土在检测龄期时的实际性能参数。

由于相关设计规范和质量验收标准尚未对结构混凝土性能的合格指标有相应的规定，按照本章得到的检测结果不宜用于工程质量检测，只用于结构性能评估时参考。

5.1.2 试件尺寸与骨料最大粒径的关系对试验结果影响较大。

5.1.3 取样检测结构混凝土长期性能和耐久性能，不宜进行批量检测。现场查勘时，应根据混凝土的质量状况进行归并分类，根据约定抽样原则在不同质量类别的混凝土布置受检区域，检测结果的代表性应预先确认。

5.2 取样法检测混凝土抗渗性能

5.2.1 按现行国家标准《普通混凝土长期性能和耐久性能试验方法标准》GB/T 50082 的有关规定对抗渗试件侧面进行处理，使得芯样试件的尺寸基本符合该标准的要求，该标准规定的标准试件为截锥体，锥体上面直径 175mm，下面直径 185mm，高度 150mm。

5.2.2~5.2.4 与现行国家标准《普通混凝土长期性能和耐久性能试验方法标准》GB/T 50082 的有关规定基本一致。

5.3 取样慢冻法检测混凝土抗冻性能

5.3.1 本条对取样慢冻法检测结构混凝土抗冻性能时的取样操作与试件处理提出规定。现行国家标准《普通混凝土长期性能和耐久性能试验方法标准》GB/T 50082 的规定标准试件为立方体，最小棱长为 100mm，现场检测取得立方体试件比较困难，鉴于圆柱体试件的比表面积最大，采用圆柱体试件的受冻情况可能更加严重。

5.3.2 现行国家标准《普通混凝土长期性能和耐久性能试验方法标准》GB/T 50082 要求的试件组数较多，主要用于分阶段比对抗压强度，以便判断强度损失率达到 25% 时冻融循环次数。结构混凝土抗冻性能检测不可能取得这样多的芯样，同时芯样混凝土抗压强度自身的离散性大。建议仅取两组，一组冻融，另一组比对，判定停止冻融循环试验主要靠冻融试件的质量损失率。计算质量损失率时应按现行国家标准《普通混凝土长期性能和耐久性能试验方法标准》GB/T 50082 的有关规定进行数值处理。

5.3.3 本条对取样慢冻法检测结构混凝土抗冻性能时抗压强度损失率的测定进行规定。考虑芯样混凝土抗压强度自身的离散性大，计算中不进行数据的舍弃。

5.3.4 本条提出取样慢冻法检测结构混凝土抗冻性能测定结果的评价原则。

5.4 取样快冻法检测混凝土的抗冻性能

5.4.1 本条对取样快冻法检测结构混凝土抗冻性能时的取样操作与试件处理提出规定。《普通混凝土长期性能和耐久性能试验方法标准》GB/T 50082 规定标准试件为棱柱体，试件数量 3 个，试件长度为 400mm，主要是为了准确测得基振频率。

5.4.2~5.4.5 本条提出的试验方法与现行国家标准《普通混凝土长期性能和耐久性能试验方法标准》GB/T 50082 的有关规定基本一致。

5.5 氯离子渗透性能检测

本节提出的试验方法与《普通混凝土长期性能和耐久性能试验方法标准》GB/T 50082 的有关规定基本一致。

5.6 抗硫酸盐侵蚀性能检测

5.6.1 本条对取样检测结构混凝土抗硫酸盐侵蚀性能的取样操作与试件处理提出规定。

5.6.2 本条提出的试验方法与《普通混凝土长期性能和耐久性能试验方法标准》GB/T 50082 的有关规定基本一致。

5.6.3 本条提出取样法检测结构混凝土抗硫酸盐侵蚀性能测定结果的评价原则。结构混凝土抗硫酸盐侵蚀性能检测值应根据混凝土强度耐腐蚀系数进行修正。

6 有害物质含量及其作用效应检验

6.1 一般规定

6.1.1 对混凝土造成不利影响的有害物质很多，如硫酸盐、氯盐、游离氧化钙、低品质骨料等，其中有些可采用化学分析方法测定其含量，有些也可通过岩相分析方法确认其是否存在。鉴于有害物质的品种很多，进行化学分析前，应根据既有信息判断可能存在的有害物质并选择合理的分析方法。本章仅对常见的氯离子和碱含量提出分析方法，其他有害物质可按现行国家标准《水泥化学分析方法》GB/T 176 等进行化学分析。

6.1.2 混凝土的有害物质有"混入"和"渗入"两种进入方式。"混入"大多与原材料品质和施工管理有关，"渗入"与使用环境有关。一般而言，"混入"的有害物质在同一批混凝土中的分布是均匀的，而"渗入"的有害物质在同一批混凝土中的分布是不均匀的和有梯度的。

6.1.4 为了保证检测结果的客观公正性，对某一区域混凝土的有害物质含量进行评价时，取样位置应在该区域混凝土中随机确定，取样应有一定的数量。

6.1.5 针对"渗入"的有害物质，分层检测有害物质含量，可以得到有害物质的分布梯度和渗入规律，便于进行混凝土耐久性评估。

6.1.6 有害物质的存在并不必然对混凝土产生不利影响，有害物质的作用效应一般需通过一定的条件才能体现，通过取样试验检验已确认存在的有害物质对混凝土的作用效应，为进一步的处理提供参考。

6.1.7 导致混凝土性能劣化、出现损伤的原因很多，有时混凝土性能劣化并不是有害物质造成的，而是由其他原因引起的。通过取样试验检验对混凝土的作用效应时，在不怀疑存在有害物质的部位钻取芯样进行比对，有利于更准确判定混凝土性能劣化的原因，以便更有效地进行处理。

6.2 氯离子含量检测

6.2.1 现行国家标准《混凝土结构设计规范》GB 50010 的限值为氯离子与胶凝材料的比值,有些国家的限值为是氯离子与混凝土质量的比值或氯离子与硅酸盐水泥的比值。硬化混凝土中,硅酸盐水泥的水化物具有结合或平衡氯离子的能力,掺和料对于提高硅酸盐水泥水化物结合或平衡氯离子的作用不明显,混凝土中的骨料不能结合氯离子。用氯离子与硅酸盐水泥用量之比值作为限值可能较好。

6.2.2 本条对结构混凝土中氯离子含量测定所用样品的制备进行规定。

混凝土中氯离子含量一般较少,采用砂浆制取试样,既可提高分析结果的稳定性和准确性,也可排除骨料中相应成分的干扰。

6.2.3 本条提出水溶性氯离子含量的化学分析方法。

混凝土中氯离子可以分为水溶性氯离子和酸溶性氯离子(总氯含量),造成钢筋锈蚀的主要是水溶性氯离子。

当需要测定混凝土中总氯离子含量时,可参照相关试验方法标准进行检测。

6.2.4 本条提出了混凝土中氯离子与硅酸盐水泥用量的百分比的确定方法。

砂浆试样中硅酸盐水泥用量可按混凝土配合比换算。一些国际标准提供了混凝土中硅酸盐水泥用量的测定方法,对这些方法进行验证后,可用于混凝土中硅酸盐水泥用量的直接测定。

6.2.5 本条提出混凝土中氯离子与胶凝材料用量的百分比的计算方法。计算时宜确认原始配合比的有效性。

6.3 混凝土中碱含量检测

6.3.1 本条提出了混凝土中碱含量检测结果的表示方法,目的是与相关标准的限值要求保持一致。

6.3.2 本条对结构混凝土中碱含量测定所用样品的制备进行规定。

6.3.3 本条对结构混凝土中总碱含量的测定进行规定。

6.3.4 本条对结构混凝土中水溶性碱含量的测定进行规定。

6.4 取样检验碱骨料反应的危害性

6.4.1 碱骨料反应是碱活性骨料与碱之间的反应,碱骨料反应的发生还与环境条件有关。混凝土中碱含量超过相应规范要求时,并不必然存在碱骨料反应所引起的潜在危害。为了避免不必要的处理,可进一步检测骨料的碱活性或测试试件的碱骨料反应。

6.4.2 本条规定了骨料碱活性快速试验方法。当受

检混凝土中骨料为非碱活性时,碱含量没有限制。

6.4.3~6.4.6 除试件龄期和尺寸以外,其他与现行国家标准《普通混凝土长期性能和耐久性能试验方法标准》GB/T 50082 的有关规定基本一致。

6.5 取样检验游离氧化钙的危害性

6.5.1 本条规定了取样检验混凝土中游离氧化钙影响的条件。

由于水泥安定性检验结果与水泥熟化程度有关,存在安定性问题的水泥在一定的条件下才能引起混凝土体积不稳定。

6.5.2 本条规定了检验混凝土中游离氧化钙影响的试件制作方法。

6.5.3、6.5.4 规定了混凝土中游离氧化钙影响的取样检验方法。

7 混凝土构件缺陷检测

7.1 一般规定

7.1.1 本条规定了混凝土构件缺陷检测的内容。

7.1.2 现行国家标准《混凝土结构工程施工质量验收规范》GB 50204 确定的外观缺陷包括露筋、蜂窝、孔洞、夹渣、疏松、裂缝、连接部位缺陷、缺棱掉角、棱角不直、翘曲不平、飞边、凸肋等外形缺陷和表面麻面、掉皮、起砂等外表缺陷。

7.2 外观缺陷检测

7.2.1 混凝土结构的质量问题常常通过外观缺陷表现出来,外观缺陷检查是进一步检测的基础,现场检测时,应对受检范围内构件外观缺陷进行全数检查,特别是对存在修补痕迹的部位应重点检查。当不具备全数检查条件时,为了避免以偏概全,对未检查的构件或区域应进行说明。

7.2.2 本条提出了混凝土构件外观缺陷的相关参数的测定方法。

7.2.3 本条对混凝土构件外观缺陷检测结果的表述方式提出要求,用列表或图示的方式表述便于检测报告的理解和使用,从而有利于正确评价外观缺陷对结构性能、使用功能或耐久性的影响。

7.3 内部缺陷检测

7.3.1 混凝土构件内部缺陷一般都是独立的事件,不具备批量检测的条件,宜对怀疑存在缺陷的构件或区域进行全数检测。当怀疑存在缺陷的构件数量较多、区域范围较大时或受检测条件限制不能进行全数检测时,可根据约定抽样原则进行检测。

7.3.2 超声对测法检测混凝土构件内部缺陷是目前公认的成熟的检测方法,已有大量成功应用经验,当

仅有一个可测面时，采用超声法检测存在困难，此时可采用冲击回波法和电磁波反射法（雷达仪）进行检测。非破损方法检测混凝土构件内部缺陷，基本上都是通过波（超声波、应力波和电磁波）的传播特性、透射、反射规律来间接得到内部缺陷的相关信息，受检混凝土性能、含水量及缺陷特性等因素影响检测的准确性，因此，对于判别困难的区域宜通过钻取混凝土芯样或剔凿进行验证。

7.3.3 超声在介质中传播会出现衰减现象，衰减不仅与测距有关，也与频率有关；超声传播路径中的缺陷会导致声波产生反射、散射、绕射等现象，从而改变接收波的声时、波幅、主频，引起波形变化。本条对声学参数的测量提出要求，目的是为了排除干扰，保证检测的精确度。

8 构件尺寸偏差与变形检测

8.1 一般规定

8.1.1 本条提出了构件尺寸偏差与变形的主要检测项目，这些检测项目源于相关验收规范和鉴定标准的要求。

8.1.2 构件表面的抹灰层、装修层会对检测结果的准确性造成不利影响。

8.2 构件截面尺寸及其偏差检测

8.2.1 本条对单个构件截面尺寸及其偏差的检测提出要求，本条的符合性指与设计要求的符合性，在检测报告中宜表述为"符合设计要求"或"不符合设计要求"。

8.2.2 本条与《混凝土结构工程施工质量验收规范》GB 50204 的相关要求有一定的差别，原因是本标准适用于第三方检测，着重于结构性能参数的确认。

8.2.3 本条规定了构件截面尺寸推定值的确定方法。
构件尺寸按其概率分布的 0.5 分位值确定，采用计量抽样方法检测时应满足本标准的相关规定。

8.3 构件倾斜检测

8.3.1 本条对检测构件倾斜时的抽样方法作出规定。
构件倾斜一般不具备批量检测条件。检测时，应使重要的构件和最不利状况得到充分的检验。

8.3.2 本条规定了构件倾斜的检测方法。

8.4 构件挠度检测

8.4.1 本条对检测构件挠度的抽样方法作出规定。
构件挠度一般不具备批量检测条件。检测时，应使重要的构件和最不利状况得到充分的检验。

8.4.2 本条规定了构件挠度的检测方法。

8.5 构件裂缝检测

8.5.1 本条对检测构件裂缝的抽样方法作出规定。
构件裂缝一般不具备批量检测条件。检测时，应使重要的构件和最不利状况得到充分的检验。

8.5.2 本条规定了构件裂缝的检测分类。

8.5.3 本条规定了构件挠度的检测方法。

9 混凝土中的钢筋检测

9.1 一般规定

9.1.1 本条提出了混凝土中钢筋的主要检测项目，这些检测项目源于相关验收规范和鉴定标准的要求。

9.1.2 原位实测法指剔除混凝土保护层后在原位对钢筋进行的直接检测方法。间接检测方法具有方便、快捷、对结构无损伤等特点，但其准确性依赖于特定的条件。实际结构千变万化，施工质量参差不齐，为保证检测结果的可靠性，宜进行验证并可根据验证结果进行适当的修正。

9.2 钢筋数量和间距检测

9.2.1 采用钢筋探测仪和雷达仪检测钢筋数量和间距，其精度可以满足要求。由于电磁屏蔽作用，当多层配筋时，钢筋探测仪和雷达仪难以测定内层钢筋；当钢筋间距较小时，还可能会出现漏检的情况。

9.2.2 本条规定了应进行剔凿验证的情况。

9.2.3 本条规定了梁、柱类构件主筋数量和间距的检测方法。

9.2.4 本条规定了墙、板类构件钢筋数量和间距的检测方法。

9.2.5 本条规定了梁、柱类构件箍筋数量和间距的检测方法。

9.2.6 本条提出了单个构件钢筋数量和间距符合性判定规则。
现行国家标准《混凝土结构工程施工质量验收规范》GB 50204规定的检测方法和判定规则针对的是未浇筑混凝土时的钢筋安装质量，本标准提出的检测方法和判定规则针对的是已浇筑混凝土后的钢筋位置实际状况。由于混凝土浇筑过程中的扰动，以现行国家标准《混凝土结构工程施工质量验收规范》GB 50204 规定的检测方法和判定规则来检测和评定实际结构混凝土中的钢筋是偏严的，本标准提出均值验收是符合实际情况的。

9.2.7 本条提出了构件钢筋数量和间距批量检测时的检测方法。

9.2.8 本条提出了工程质量检测时检验批符合性判定规则和相应的措施。
钢筋的间距按计数检验法进行检验，根据检验批

中受检构件的数量和其中不合格构件的数量进行检验批合格判定。

对于梁、柱类构件，钢筋间距符合不能保证钢筋数量符合，从保证结构安全考虑，检验批中一个构件的主筋实测根数少于设计根数，该批直接判为不符合。

对于判定为不符合的批宜进行全数检测。如果不具备全数检测条件，可细分检验批后重新检测，以缩小处理的范围。

9.3 混凝土保护层厚度检测

9.3.1 由于混凝土介电常数受含水率影响大，混凝土保护层厚度不宜采用基于电磁波反射法的雷达仪进行检测。基于电磁感应法的钢筋探测仪也不能确保相应的精度要求，需要采用剔凿原位法对这些方法的检测结果进行验证。

9.3.2 本条提出了混凝土保护层厚度的剔凿原位检测方法。

9.3.3 本条提出了采用钢筋探测仪检测混凝土保护层厚度时的验证方法。

9.3.4 工程质量检测时，《混凝土结构工程施工质量验收规范》GB 50204 已有规定。

9.3.5 结构性能检测时，混凝土保护层厚度用于计算构件有效截面高度和评估耐久年限，检测时宜与构件截面尺寸、碳化深度同时检测。

9.4 混凝土中钢筋直径检测

9.4.1 钢筋直径是关系到混凝土结构安全的重要参数，目前尚无准确检测混凝土中钢筋直径的间接测试方法。考虑到常用的钢筋公称直径最小的级差也有 2mm，实践证明采用钢筋探测仪区分不同公称直径的钢筋具有可行性，尽管如此，此方法仍应慎用。

既有混凝土结构中钢筋可能出现不均匀锈蚀，甚至出现非标准尺寸钢筋，原位实测法的检测结果也会出现偏差，此时应采用取样称量法进行检测或进行验证。

9.4.2 混凝土保护层剔除的长度和深度应满足准确测量的要求。测量的项目和方法应满足相关钢筋产品标准如现行国家标准《钢筋混凝土用钢 第 2 部分：热轧带肋钢筋》GB 1499.2 的有关规定。对于带肋钢筋应同时测量内径和外径，以便计算肋高。

9.4.3 应尽可能截取外露的钢筋。公式（9.4.3）是根据钢材密度 7.85g/cm³ 计算钢筋直径，严格意义上来说是不同截面形式钢筋的当量直径。

9.4.4 现行行业标准《混凝土中钢筋检测技术规程》JGJ/T 152 已有具体的规定。

9.4.5 本条规定了检验批符合性判定规则。

结构性能检测时，对于带肋钢筋宜以内径为检测参数，将内径检测值乘以 1.03 的系数作为钢筋直径

的检测值。当钢筋锈蚀严重时，应采取取样称量法进行验证。

9.5 构件中钢筋锈蚀状况检测

9.5.1 钢筋锈蚀状况不具备批量检测的条件，宜在对使用环境和结构现状进行调查并分类的基础上，选取使用环境恶劣、外观损伤严重的区域或关键构件进行检测。

9.5.2 间接方法受混凝土状态（如含水率等）的影响较大，存在较大的不确定性。

9.5.6 测试结果的判定可参考下列建议：

1 钢筋锈蚀电流与钢筋锈蚀速率及构件损伤年限判别见表 1。

表 1 钢筋锈蚀电流与钢筋锈蚀速率及构件损伤年限判别

序号	锈蚀电流 I_{corr} （μA/cm²）	锈蚀速率	保护层出现损伤年限
1	<0.2	钝化状态	—
2	0.2～0.5	低锈蚀速率	>15 年
3	0.5～1.0	中等锈蚀速率	10～15 年
4	1.0～10	高锈蚀速率	2～10 年
5	>10	极高锈蚀速率	不足 2 年

2 混凝土电阻率与钢筋锈蚀状况判别见表 2。

表 2 混凝土电阻率与钢筋锈蚀状态判别

序号	混凝土电阻率 （kΩcm）	钢筋锈蚀状态判别
1	>100	钢筋不会锈蚀
2	50～100	低锈蚀速率
3	10～50	钢筋活化时，可出现中高锈蚀速率
4	<10	电阻率不是锈蚀的控制因素

9.5.7 有关研究提出了钢筋锈蚀深度与裂缝宽度、混凝土保护层厚度的关系。

9.6 钢筋力学性能检测

9.6.1 虽然有研究资料表明，可采用硬度或化学成分分析得到钢材的极限抗拉强度换算值，并通过屈强比得到钢材的屈服强度值，但在钢筋上的应用尚存在较大的不确定性；为了保证检测结果的准确性，混凝土中的钢筋力学性能宜采用取样检测。

本条提出了钢筋试件的截取原则，工程事故原因分析时，可不受本条限制。

9.6.2 当无法确定进场批次或无法确定进场批次与结构上位置的对应关系时，检验批应以同一楼层或同一施工段中的同类构件划分，缩小检验批范围，可减少处理费用。

9.6.3 工程质量检测时，检验批的划分应有明确的依据，在此前提下，钢筋抽检数量和合格判定规则按相关产品标准的要求执行。

9.6.4 结构性能检测无须作出符合性判定，但要提供钢筋力学性能的特征值供评定单位参考。在结构中不可能找到力学性能最差的钢筋，但在检验批划分正确的情况下，由于钢筋力学性能的变异性不大（变异系数 0.06），通过抽样检测可以得到一定置信水平下的推定值。当特征值推定区间上限值与下限值的差值大于其均值的 10% 时，又不具备补充检测或重新检测条件时，应以最小检测值作为该批钢筋直径检测值。

9.6.5 损伤钢筋无法形成严格意义上的检验批，现场取样也不易抽到损伤最严重的钢筋，现行结构设计规范使用钢筋材料强度具有不小于 95% 的特征值作为标准值，为保证结构安全，使用最小值。

10 混凝土构件损伤检测

10.1 一般规定

10.1.1 本条根据损伤原因对混凝土构件的损伤进行分类，这种分类不具备完整性。本章规定了针对常见损伤的检测。

10.1.2 进行损伤程度的识别，便于分类处理。

10.1.3 损伤结构不同于一般的结构，存在较多的安全隐患，检测现场存在的有毒有害物质对检测人员可能造成潜在的危害。

10.1.4 储运仓库中的柱、交通设施中的桥墩宜受车辆的碰撞，由此造成的局部损伤，可记录损伤的位置与损伤的程度。

10.2 火灾损伤检测

10.2.1 本条提出了火灾损伤的 5 种状况，大面积坍塌的混凝土结构一般已没必要性进行构件损伤检测。

10.2.2 对未受火灾影响状态的区域进行少量构件的抽查，可以为评估火灾对混凝土性能影响程度提供基准数据。同时，在对火灾后混凝土结构安全性能评估时，评定机构也需要了解结构工程施工质量的情况。

10.2.3 本条提出了表面或表层材料性能劣化状态的识别特征。

10.2.4 本条规定了表面或表层性能劣化状态的检测项目。

10.2.5 本条提出了构件损伤状态的识别特征。

10.2.6 本条规定了构件损伤状态的检测项目。

10.2.7 本条提出了构件破坏状态的识别特征。

10.2.8 本条规定了构件破坏状态的检测项目和检测方法。

10.2.9 对于已坍塌部分，已没必要性再进行构件损

伤检测。当需要分析坍塌原因时，应根据实际需要选择检测项目，此时宜优先采用直接法进行检测。

10.2.10 对于难以现场检测的性能参数，如火灾对已封锚的预应力钢筋的影响等，当需要评估火场温度对其影响时，可采取模拟试验的方法。

10.3 环境作用损伤检测

本节针对混凝土构件环境作用损伤的检测提出规定，通过外观检查将其识别成 4 种状态的目的是为了有针对性地进行检测。

11 环境作用下剩余使用年限推定

11.1 一般规定

11.1.1 环境作用下剩余使用年限与结构所处的环境情况和构件的防护措施密切相关，剩余使用年限内结构所处的环境情况和构件的防护措施均应没有明显改变。

11.1.2 环境作用下混凝土结构性能退化或损伤机理有多种，包括大气环境和氯盐环境下钢筋锈蚀、严寒环境中混凝土冻融损伤、碱骨料反应、硫酸盐等化学侵蚀以及物理磨损等。基于认识水平、技术成熟度、工程实际需要和应用可行性考虑，本标准提出碳化剩余使用年限和冻融损伤剩余使用年限的推定方法。

11.1.3 环境作用下剩余使用年限推定时有关参数的取值可以采用下列方式：

　　1 对结构中的构件进行归并、分类，从每个类别中选择典型构件或最不利构件进行检测，获得参数值；

　　2 对结构中的构件进行归并、分类，从每个类别中随机选取构件进行检测，获得参数的平均值；

　　3 对结构中的构件进行归并、分类，从每个类别中随机选取构件进行检测，获得参数的随机分布模型。

　　环境作用下剩余使用年限推定一般不具有批量检测的可能性，本标准从实用的角度出发，采用约定抽样方法进行，获得典型或最不利参数值。

11.2 碳化剩余使用年限推定

11.2.1 混凝土中钢筋锈蚀不仅与碳化有关，还如环境中的相对湿度、氧气的输送机制、混凝土保护层厚度等条件有关。根据环境条件，碳化剩余使用年限可分为钢筋开始锈蚀的剩余年限和钢筋具备锈蚀条件的剩余年限。碳化剩余使用年限不能等同于结构剩余使用寿命。

11.2.2 国内外相关研究中描叙混凝土碳化发展规律的一般公式形式为 $D = k_c \sqrt{t}$，其中碳化系数 k_c 是与混凝土组成和混凝土所处环境有关的参数。《混凝土

结构耐久性评定标准》CECS 220 提出了碳化系数估算公式,可作为已有碳化模型。当已有碳化模型的精度不能满足要求时,可采用校准已有碳化模型和利用实测数据回归模型的方法。

11.2.3 混凝土实际碳化深度 D_0 可按本标准附录 F 或附录 G 中规定的方法检测;混凝土实际碳化时间 t_0 为自混凝土浇筑时刻起至检测时刻止历经的年限。

11.2.4 根据碳化模型计算的碳化深度不可能与实测碳化深度完全一致,本条规定了利用已有碳化模型推断碳化剩余使用年限的应用条件。

11.2.5 本条规定了利用已有碳化模型推断碳化剩余使用年限 t_e 的工作步骤。

11.2.6 本条规定了对选定碳化模型的校准方法。

11.2.7 本条规定了利用校准已有碳化模型的方法推断碳化剩余年限的工作步骤。

11.2.8 本条规定了实测模型的确定方法。$D=k_c\sqrt{t}$ 是公认的碳化发展规律,实测的碳化深度是个随机变量,严格意义上来说,碳化系数 k_c 也是一个随机变量,存在一个可靠度的问题。考虑与其他标准协调和便于应用,本标准采用均值,即具有 50%保证率。

11.2.9 本条规定了利用实测推断碳化剩余年限的工作步骤。

11.3 冻融损伤剩余使用年限推定

11.3.1 现行国家标准《混凝土结构设计规范》GB 50010、《混凝土结构耐久性设计规范》GB/T 50476、《普通混凝土长期性能和耐久性能试验方法标准》GB/T 50082 规定的混凝土抗冻融性能力与实际的环境作用没有直接关联关系。

11.3.2 取样比对检验方法关键要解决标准冻融循环试验与实际环境冻融作用之间联系问题。

11.3.3 取样比对冻融检验方法的基本原理。

11.3.4 将每个芯样锯切成两个试件时,应保证比对试件未受冻融影响。

11.3.5 冻融损伤最终表现为混凝土强度降低,由于混凝土强度与硬度存在一定的关系,可用硬度变化来反映强度变化。选用里氏硬度值的目的是避免测定硬度时对试件的损伤。

11.3.6 通过年当量冻融循环次数把标准冻融试验条件与实际的环境作用联系起来。混凝土冻融损伤是一个累计效应,实际环境下的冻融作用与标准冻融循环制度相差很多,年当量冻融循环次数是平均效应。

11.3.7 推断冻融损伤剩余使用年限时以质量损失率达到 5%作为结构混凝土冻融损伤的极限状态。

12 结构构件性能检验

12.1 一般规定

12.1.1 荷载作用下结构的实际工作状况(挠度、应变)和结构自身的模态特征(自振频率、振型等)可根据结构参数通过计算确定。由于计算都是在一定的计算模型和本构关系基础上进行的,实际结构往往与计算模型不完全相符,损伤等对结构计算参数的影响也难以定量表述,当对计算确定的结构性能有异议或难以通过计算确定结构性能时,可通过荷载试验进行检验。

一般考虑进行荷载试验的情况有:

1 采用新结构体系、新材料、新工艺建造的混凝土结构,需验证或评估结构的设计和施工质量的可靠程度;

2 外观质量较差的结构,需鉴定外观缺陷对其结构性能的实际影响程度;

3 既有混凝土结构出现损伤后,需鉴定损伤对其结构性能的实际影响程度;

4 缺少设计图纸、施工资料或结构体系复杂、受力不明确,难以通过计算确定结构性能;

5 现行设计规范和施工验收规范要求的验证检测。

12.1.2 动力测试可检验结构的模态特征(自振频率、振型及阻尼比)和动力反应特性。

12.1.3 结构构件性能检验在结构实体上进行的,由于受检结构和构件性能的不确定性,结构构件性能检验存在一定的风险,结构构件性能检验不仅可能造成受检构件的破坏,而且也可能造成相邻构件甚至整个结构的坍塌。因此,要求由具备实际经验的结构工程师负责制定试验方案和指导现场试验。

12.2 静载检验

12.2.1 现行国家标准《混凝土结构设计规范》GB 50010 要求的正常使用极限状态指标只包括受弯构件的挠度限值和构件的裂缝及裂缝宽度限值,不能涵盖构件适用性的所有方面。满足上述限值的构件,也会出现其他适用性的问题,如装修层开裂、防水层破坏等。当这类检验进行施工质量的评定时,可能会出现正常使用极限状态指标评定为合格的构件又存在明显的适用性问题。

现行国家标准《混凝土结构试验方法标准》GB/T 50152 和《混凝土结构工程施工质量验收规范》GB 50204 针对不同的极限状态标志确定的承载力试验荷载,本质上属于极限状态承载能力和安全裕度的检验。结构实体中构件静载试验,针对的是具体的构件,考虑到结构安全,一般不进行承载能力极限状态的检验,而实际工作中又需要通过荷载试验验证受检构件承载能力能否满足要求。

12.2.2 结构性能静载试验一般不能实现批量检测,只对单个构件进行检测,有时单个构件的试验结果又作为该类构件进行处理的依据,因此,试验构件的选取宜在结构现状检查的基础上,按照约定抽样原则选

取并应使最不利构件得到检验。

12.2.3 现行国家标准《混凝土结构试验方法标准》GB/T 50152 有具体要求。

12.2.4 荷载试验应尽量采用与标准荷载相同的荷载，但由于客观条件的限制，试验荷载与标准荷载会有所不同，此时，应根据效应等效的原则计算试验荷载。本条仅提出原则性要求，试验荷载的具体计算，应按各专业相关标准、规范的要求进行。

12.2.5 由于各专业（公路、铁道等）工程结构可靠度设计统一标准和设计规范在极限状态承载能力和荷载组合的特点，本条仅提出原则性要求，试验荷载的具体计算，应按各专业相关标准、规范的要求进行。

就建筑结构而言：

1 构件适用性检验荷载的效应不应小于可变作用标准值的效应与永久作用标准值的效应之和，即：

$$Q_s = G_k + Q_k$$

式中：Q_s——构件适用性短期结构构件性能检验值；

G_k——永久荷载标准值；

Q_k——可变荷载标准值。

2 构件安全性检验荷载的效应不应小于可变作用设计值的效应与永久作用设计值的效应之和，即：

$$Q_d = \gamma_G G_k + \gamma_Q Q_k$$

式中：Q_d——构件安全性结构构件性能检验值；

γ_G——永久荷载分项系数，一般取 1.2；

γ_Q——可变荷载分项系数，一般取 1.4。

3 构件极限状态承载能力检验荷载的效应不应小于可变和永久作用设计值的效应之和与承载力检验系数允许值之乘积，即：

$$Q_u = [\gamma_u](\gamma_G G_k + \gamma_Q Q_k)$$

式中：Q_u——对应不同检验指标的结构构件性能检验值；

$[\gamma_u]$——对应不同检验指标的承载力检验系数，按《混凝土结构试验方法标准》GB/T 50152 取值。

12.2.6 在进行静载检验时，观测项目主要包括三个方面：整体变形观测（挠度、扭转、支座沉降、转动等）、局部变形观测（应变）和现象观测（裂缝出现及裂缝宽度变化情况、混凝土压溃等）。

一般根据计算分析结果，选择变形较大或受力最不利截面作为控制截面，对于受弯构件一般选择跨中。

12.2.7 构件适用性的范围很广，由于混凝土构件变形可能造成附属设施破损和附属设备运行不正常，因此，尚应根据委托方的具体要求选择观测项目。

12.2.8 在进行静载检验时，试验荷载应分级施加，一般情况下分为（4～5）级。分级施加试验荷载的目

的为了保证受检结构安全，更好地控制试验的进行。具体的分级要求按现行国家标准《混凝土结构试验方法标准》GB/T 50152 的有关规定执行。

12.2.9 本条规定了静载检验停止加载工作的标志。上述判定指标只有第 1 款、第 2 款为有关规范提出的限制，其他各款的限值应根据实际情况确定，此外本条仅提出部分可能出现问题。

构件承载力的检验可不受本条限制。

12.2.10 对试验数据的实时处理便于试验人员及时了解和判断结构的工作状态，避免出现安全事故。

12.2.11 荷载作用下持续时间和变形恢复持续时间按现行国家标准《混凝土结构试验方法标准》GB/T 50152 的有关规定执行。相对残余变形（残余变形与弹性变形的比值）的大小反映结构是否处于弹性状态，由于混凝土材料并不是完全弹性材料，对于构件承载力检验，荷载作用下持续时间和变形恢复持续时间不应少于 24h，在此条件下可根据最大变形值、相对残余变形和变形值与相应的理论计算值的关系综合判断构件承载能力。一般情况下，相对残余变形小于 20%作为判断构件承载能力的关键指标。

12.2.12 构件的挠度控制指标是考虑长期变形的，因此应对短期荷载作用下的变形进行换算。本条的换算方法与现行国家标准《混凝土结构设计规范》GB 50010 和《混凝土结构试验方法标准》GB/T 50152 的有关规定一致。

12.2.13 本条对荷载试验应提供的信息提出要求，便于检测报告使用者对荷载试验过程和结果有更详细的了解。

12.2.14 关于安全的结论，仅对受检结构构件有效。

12.2.15 结构构件承载力原位检验存在较大的风险。

12.3 动力测试

12.3.1 结构动力特性测试包括自振频率、振型和阻尼系数，这些参数是结构自身的模态参数，结构损伤可以通过这些模态参数进行识别，构件加固前、后状况也可通过模态参数的变化进行评估。结构动力反应不仅与结构自身状况有关，也与外加动力荷载有关。

12.3.2 混凝土结构的脉动是一种很微小的振动，脉动源来自地壳内部微小的振动、车辆交通和设备运行引起的微小振动以及风引起的振动。利用结构的脉动响应来确定其动力特性，称为脉动试验。脉动试验不需要任何激振设备，对结构不会造成损伤且不影响结构的使用，是一种有效简便的方法。在桥梁检测中，也可利用跳车试验进行激振。

12.3.3 混凝土结构动力反应随动荷载的变化而变化，因此，宜选用可稳定再现的动荷载作为试验荷载。实际检测中常常涉及基桩施工、设备运行等非标准动荷载作用下的结构动力反应，为了避免纠纷，应对该动荷载的再现性进行约定。

12.3.4 由于被测结构动力特性的变化和动力荷载的变化，不宜对测试系统作出统一的规定。

12.3.5 分部标定中间环节多，操作麻烦，且精度不高。

12.3.6 结构动力特性测试时，测点布置应结合混凝土结构形式和计算分析的结果综合确定，振型节点处信号弱，尽可能避开。

12.3.7 当传感器的数量不足时，可进行分段测试。

12.3.8 现代测振仪器已实现数字化和集成化，可以对数据进行快速、实时分析。

中华人民共和国国家标准

混凝土结构试验方法标准

Standard for test method of concrete structures

GB/T 50152—2012

主编部门：中华人民共和国住房和城乡建设部
批准部门：中华人民共和国住房和城乡建设部
施行日期：２０１２年８月１日

中华人民共和国住房和城乡建设部
公　告

第 1268 号

关于发布国家标准
《混凝土结构试验方法标准》的公告

现批准《混凝土结构试验方法标准》为国家标准，编号为 GB/T 50152-2012，自 2012 年 8 月 1 日起实施。原《混凝土结构试验方法标准》GB 50152-92 同时废止。

本标准由我部标准定额研究所组织中国建筑工业出版社出版发行。

中华人民共和国住房和城乡建设部

2012 年 1 月 21 日

前　言

本标准根据原建设部《关于印发〈2007 年工程建设标准规范制订、修订计划（第一批）〉的通知》（建标〔2007〕125 号）的要求，由中国建筑科学研究院会同有关单位，在原国家标准《混凝土结构试验方法标准》GB 50152-92 的基础上进行修订而成。

本标准在修订过程中，总结和吸收了我国多年积累的成熟有效经验和科技成果，在广泛征求意见的基础上，最后经审查定稿。

本标准共分 11 章和 2 个附录，主要技术内容有：总则、术语和符号、基本规定、材料性能、试验加载、试验量测、实验室试验、预制构件试验、原位加载试验、结构监测与动力测试和试验安全等。

本次修订采用了较严密的材料性能试验方法；增加了预制构件产品试验、原位加载试验、结构监测等内容；纳入了近年普遍应用的新型设备、仪器和仪表。同时总结已有的试验资料和工程实践经验，增加了结构现场加载和量测的方法，补充完善了构件的承载力标志及相应的加载系数，使试验判断更具可执行性。

本标准由住房和城乡建设部负责管理，由中国建筑科学研究院负责具体技术内容的解释。执行过程中如有意见或建议，请寄送中国建筑科学研究院国家标准《混凝土结构试验方法标准》管理组（地址：北京市北三环东路 30 号；邮编：100013）。

本标准主编单位：中国建筑科学研究院
　　　　　　　　　中建国际建设有限公司

本标准参编单位：国家建筑工程检测中心
　　　　　　　　　清华大学
　　　　　　　　　同济大学
　　　　　　　　　重庆大学
　　　　　　　　　中冶集团建筑研究总院
　　　　　　　　　铁道科学研究院
　　　　　　　　　北京工业大学
　　　　　　　　　华侨大学

本标准主要起草人员：南建林　田春雨　徐有邻
　　　　　　　　　　　刘　刚　顾祥林　张　川
　　　　　　　　　　　郭子雄　闫维明　聂建国
　　　　　　　　　　　刘小弟　王永焕　牛　斌
　　　　　　　　　　　张彬彬　段向胜　陈　烈
　　　　　　　　　　　刘　梅　沙　安　翟　斌

本标准主要审查人员：陈肇元　周炳章　康谷贻
　　　　　　　　　　　李晓明　邸小坛　林松涛
　　　　　　　　　　　陶梦兰　刘立新　郑文忠
　　　　　　　　　　　薛伟辰　潘　毅

目次

Contents

1 总　则

1.0.1 为确保混凝土结构试验的质量，研究和正确评价混凝土结构和构件的性能，统一混凝土结构的试验方法，制定本标准。

1.0.2 本标准适用于房屋和一般构筑物的钢筋混凝土结构、预应力混凝土结构的试验，包括：实验室试验、预制构件试验、结构原位加载试验、结构监测及动力特性测试。有特殊要求的试验，处于高温、负温、侵蚀性介质等环境条件下的结构试验，以及混凝土结构构件其他类型的试验，应符合国家现行相关标准的规定或专门的试验要求。

1.0.3 混凝土结构试验除应符合本标准的规定外，尚应符合国家现行相关标准的规定。

2　术语和符号

2.1　术　语

2.1.1 试件　specimen

结构试验的对象，试验时用于加载和量测的混凝土结构或构件。

2.1.2 探索性试验　exploratory test

为科学研究及开发新技术（材料、工艺、结构形式）等目的而进行的探讨结构性能和规律的试验。

2.1.3 验证性试验　verifying test

为证实科研假定和计算模型、核验新技术（材料、工艺、结构形式）的可靠性等目的而进行的试验。

2.1.4 实验室试验　laboratory test

在实验室条件下模拟结构或构件受力状态而进行的探索性试验或验证性试验。

2.1.5 预制构件试验　test of prefabricated members

为检验预制构件产品结构性能而进行的试验。

2.1.6 原位加载试验　field loading test

对既有工程结构现场进行加载和量测的试验。

2.1.7 结构监测　structural monitoring

对处于施工阶段或使用阶段的结构进行持续量测的试验。

2.1.8 动力性能测试　test for structural dynamic parameters

对结构的动力特性参数和动力荷载效应进行测试的试验。

2.1.9 等效加载　equivalent loading

模拟结构或构件的实际受力状态，使试件控制截面上主要内力相等或相近的加载方式。

2.1.10 加载模式　loading mode

试验荷载在试件上布置的形式，包括荷载类型、作用位置和加载方式等。

2.1.11 临界试验荷载值　critical load value of tests

试验中控制试件各个特定受力状态的荷载值，包括试件自重及加载设备重量。

2.1.12 使用状态试验荷载值　test load value for serviceability limit states

试验时对应于结构正常使用极限状态的荷载值，根据构件设计控制截面的内力计算值与试验加载模式经换算确定。

2.1.13 承载力状态荷载设计值　design load value for ultimate limited states

承载能力极限状态下，根据构件设计控制截面上的内力设计值与试验加载模式经换算确定的荷载值。

2.1.14 加载系数　coefficient of loading

承载力试验时，与不同承载力标志所对应的各临界试验荷载值相对于承载力状态荷载设计值的倍数。

2.1.15 承载力试验荷载值　test load value for load-bearing capacity

试验时对应于结构承载能力极限状态的荷载值，对验证性试验为承载力状态荷载设计值与加载系数、结构重要性系数的乘积。

2.1.16 试验加载值　additional test load value

试验时扣除试件自重及加载设备重量后实际对试件施加的荷载值。

2.1.17 试验标志　mark of inspection

试件达到确定的临界状态时观察到的试验现象或量测限值。

2.1.18 试验计算值　predicted value of tests

根据分析模型按材料实际指标计算确定的试件的试验预估值。

2.1.19 抗裂检验系数　coefficient of crack-resisting inspection

试件开裂检验荷载实测值与使用状态试验荷载值的比值。

2.1.20 承载力检验系数　coefficient of load-bearing inspection

试件承载力检验荷载实测值与承载力状态荷载设计值的比值。

2.2　符　号

2.2.1 材料性能

E_s^c ——钢筋的弹性模量实测值；

f_{cu}^c ——与试件同条件养护混凝土立方体试块抗压强度的实测值；

f_y^c、f_{st}^c ——钢筋的屈服强度、极限强度实测值；

δ_{gt}^c ——钢筋最大力下总伸长率（均匀伸长率）的实测值。

2.2.2 作用和作用效应

G ——试件自重；

W ——加载设备重量；

Q_{cr}^o、F_{cr}^o ——以均布荷载、集中荷载形式表达的试件开裂荷载实测值；

Q_{cr}^c、F_{cr}^c ——以均布荷载、集中荷载形式表达的试件开裂荷载计算值；

$[Q_{cr}]$、$[F_{cr}]$ ——以均布荷载、集中荷载形式表达的试件开裂荷载允许值；

Q_s、F_s ——以均布荷载、集中荷载形式表达的使用状态试验荷载值；

Q_d、F_d ——以均布荷载、集中荷载形式表达的承载力状态荷载设计值；

$Q_{u,i}^o$、$F_{u,i}^o$ ——以均布荷载、集中荷载形式表达的，试件出现第 i 类承载力标志时的承载力试验荷载实测值；

a_s^o、$[a_s]$ ——试件挠度检验的实测值、允许值；

a_s^c ——使用状态试验荷载作用下，按实配钢筋确定的试件短期挠度计算值；

$w_{s,max}^o$、$[w_{max}]$ ——使用状态试验荷载下，最大裂缝宽度的实测值、允许值。

2.2.3 计算系数及其他

ψ ——简支受弯构件等效加载时的挠度修正系数；

γ_{cr}、$[\gamma_{cr}]$ ——试件抗裂检验系数的实测值、允许值；

$\gamma_{u,i}$、$[\gamma_u]_i$ ——试件第 i 类承载力标志对应的承载力检验系数的实测值、允许值；

$\gamma_{u,i}$ ——第 i 类承载力标志对应的加载系数。

3 基 本 规 定

3.0.1 混凝土结构试验前，应根据试验目的制定试验方案。试验方案宜包括下列内容：

1 试验目的：试验的背景及需要达到的目的；

2 试件方案：试验试件设计、预制构件试验中试件的选择、结构原位加载试验和结构监测中试件或试验区域的选取等；

3 加载方案：试件的支承及加载模式、荷载控制方法、荷载分级、加载限值、持荷时间、卸载程序等。对于结构监测应根据实际工程情况确定荷载作用的方式；

4 量测方案：确定试验所需的量测项目、测点布置、仪器选择、安装方式、量测精度、量程复核等；

5 判断准则：根据试验目的，确定试验达到不同临界状态时的试验标志，作为判断结构性能的标准；

6 安全措施：保证试验人员人身安全以及设备、仪表安全的措施。对结构进行原位加载试验和结构监测时，宜避免结构出现不可恢复的永久性损伤。

3.0.2 试验记录应在试验现场完成，关键性数据宜实时进行分析判断。现场试验记录的数据、文字、图表应真实、清晰、完整，不得任意涂改。结构试验的原始记录应由记录人签名，并宜包括下列内容：

1 钢筋和混凝土材料力学性能的检测结果；

2 试验试件形状、尺寸的量测与外观质量的观察检查记录；

3 试验加载过程的现象观察描述；

4 试验过程中仪表测读数据记录及裂缝草图；

5 试件变形、开裂、裂缝宽度、屈服、承载力极限等临界状态的描述；

6 试件破坏过程及破坏形态的描述；

7 试验影像记录。

3.0.3 试验记录的初步整理、分析宜包括下列内容：

1 荷载与位移或变形的关系曲线；

2 试件的变形或位移分布图；

3 试件的裂缝数量、裂缝宽度增长的表格或曲线；

4 试件的裂缝形态图及描述；

5 试件的破坏状态和性质；

6 对其他有关的试验参数的测读数据也应进行相应的整理和初步分析。

3.0.4 试验结束后应对试验结果进行下列分析：

1 试验现象描述应按照实测的加载过程，结合实测的钢筋、混凝土应变，对各级荷载作用下混凝土裂缝的产生和发展、钢筋受力、达到临界状态以及最终破坏的特征及形态等进行描述；

2 根据试验目的，应对试件的加载位移关系、加载应变关系等进行分析，求得试件开裂、屈服、极限承载力的荷载实测值及相应位移、延性指标等量值，并分析其他需要探讨和验证的内容；

3 对于探索性试验，应根据系列试件的试验结果，确定影响结构性能的主要参数，分析其受力机理及变化规律，结合已有的理论进行推导，引申出新的理论或经验公式，用以指导更深入的科学研究或工程实践；

4 对于验证性试验，应根据试件的试验结果和初步分析，对已有的结构理论、计算方法和构造措施进行复核和验证，并提出改进、完善的建议。

3.0.5 试验报告应包括下列内容：

1 试验概况：试验背景、试验目的、构件名称、试验日期、试验单位、试验人员和记录编号等；

2 试验方案：试件设计、加载设备及加载方式、量测方案；

3 试验记录：记录加载程序、仪表读数、试验现象的数据、文字、图像及视频资料；

4 结果分析：试验数据的整理，试验现象及受力机理的初步分析；

5 试验结论：根据试验及分析结果得出的判断及结论。

3.0.6 试验报告应准确全面，并应符合下列规定：

1 试验报告应满足试验目的和试验方案的要求；

2 对于试验数据的数字修约应满足运算规则，计算精度应符合相应的要求；

3 试验报告中的图表应准确、清晰；

4 必要时还应进行试验参数与试验结果的误差分析。

3.0.7 试验记录及试验报告应分类整理，妥善存档保管。

4 材料性能

4.0.1 混凝土结构试验中用于计算和分析的有关材料性能的参数应通过实测确定。

4.0.2 实验室试验中试件的混凝土性能参数，当有可靠经验时可按下列方法确定：

1 同批浇筑试件的每一强度等级混凝土，应制作不少于 6 个立方体试块作为一组，并与试件同条件养护；试验周期较长时，宜适当增加试件组数；需要测定不同龄期混凝土强度或有其他特殊要求时，可根据试验需要适当增加试块的组数；

2 混凝土立方体抗压强度实测值应在每组立方体试块抗压强度实测值中，去掉最大值和最小值，取其余试块抗压强度实测值的平均值；

3 根据混凝土立方体抗压强度实测值 f^c_{cu}，按下列公式推算混凝土的轴心抗压强度 f^c_c、轴心抗拉强度 f^c_t 及弹性模量 E^c_c 等性能参数，并作为计算分析的依据。

$$f^c_c = \alpha_{c1} f^c_{cu} \quad (4.0.2\text{-}1)$$

$$f^c_t = 0.395 \left(f^c_{cu} \right)^{0.55} \quad (4.0.2\text{-}2)$$

$$E^c_c = \frac{10^5}{2.2 + \dfrac{34.7}{f^c_{cu}}} \quad (\text{N/mm}^2) \quad (4.0.2\text{-}3)$$

式中：f^c_{cu}——混凝土的立方体抗压强度实测值；

f^c_c——混凝土实际轴心抗压强度的推算值；

f^c_t——混凝土实际轴心抗拉强度的推算值；

α_{c1}——混凝土棱柱体与立方体的抗压强度比值，对 C50 及以下取 0.76，对 C80 取 0.82，中间线性取值；

E^c_c——混凝土实际弹性模量的推算值。

4 测定材料性能的混凝土试块试验方法应符合现行国家标准《普通混凝土力学性能试验方法标准》GB/T 50081 的有关规定。

4.0.3 试件的钢筋材料性能测试应符合下列规定：

1 钢筋试样应在制作试件的同批钢筋中抽取，每种规格的钢筋按有关标准取不少于 2 个试样；

2 应根据需要测定钢筋的屈服强度、极限强度、弹性模量和最大力下的总伸长率；

3 钢筋的材性实测值应取钢筋材性试样测试结果的平均值；

4 当试验有需要时，可测定钢筋的应力-应变曲线；

5 根据试验目的，还可进行冷弯、反复弯曲、冲击韧性及可焊性、机械连接性能等试验。

4.0.4 当需要进一步核实试件的材性参数时，可在试验完成后直接从试件受力较小的部位钻取混凝土芯样或截取钢筋试样，补充进行力学性能测试。

4.0.5 进行结构原位加载试验及结构监测时，宜根据现行国家标准《建筑结构检测技术标准》GB/T 50344 等规定的方法，对结构中的钢筋、混凝土材料性能进行检测、评估取值，并应符合下列规定：

1 当有条件时宜根据施工资料或已有的材料性能的试验资料，确定其性能参数；

2 结构实体材料的取样应有代表性；

3 材料样品的取样，应减少对既有结构的损伤；

4 混凝土材料实体强度宜根据不少于两种检测方法得到的结果，综合分析确定。

4.0.6 当其他材料、部件及钢筋焊接、机械连接、预应力筋的锚夹具和连接器、植筋、浆锚接头等对试验结果有明显影响时，也应对其进行性能测试。

5 试验加载

5.1 支承装置

5.1.1 试验试件的支承应满足下列要求：

1 支承装置应保证试验试件的边界约束条件和受力状态符合试验方案的计算简图；

2 支承试件的装置应有足够的刚度、承载力和稳定性；

3 试件的支承装置不应产生影响试件正常受力和测试精度的变形；

4 为保证支承面紧密接触，支承装置上下钢垫板宜预埋在试件或支墩内；也可采用砂浆或干砂将钢垫板与试件、支墩垫平。当试件承受较大支座反力时，应进行局部承压验算。

5.1.2 简支受弯试件的支座应符合下列规定：

1 简支支座应仅提供垂直于跨度方向的竖向反力；

2 单跨试件和多跨连续试件的支座，除一端应为固定铰支座外，其他应为滚动铰支座（图 5.1.2-1）；铰支座的长度不宜小于试件在支承处的宽度；

3 固定铰支座应限制试件在跨度方向的位移，

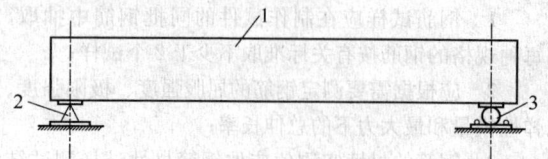

图 5.1.2-1　简支受弯试件的支承方式
1—试件；2—固定铰支座；3—滚动铰支座

但不应限制试件在支座处的转动；滚动铰支座不应影响试件在跨度方向的变形和位移，以及在支座处的转动（图 5.1.2-2）；

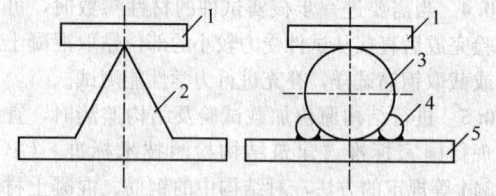

(a) 固定铰支座

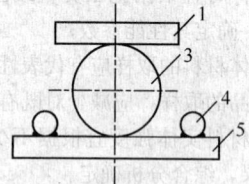

(b) 滚动铰支座

图 5.1.2-2　铰支座的形式
1—上垫板；2—带刀口的下垫板；3—钢滚轴；
4—限位钢筋；5—下垫板

4　各支座的轴线布置应符合计算简图的要求；当试件平面为矩形时，各支座的轴线应彼此平行，且垂直于试件的纵向轴线；各支座轴线间的距离应等于试件的试验跨度；

5　试件铰支座的长度不宜小于试件的宽度；上垫板的宽度宜与试件的设计支承宽度一致；垫板的厚宽比不宜小于 1/6；钢滚轴直径宜按表 5.1.2 取用；

表 5.1.2　钢滚轴的直径

支座单位长度上的荷载（kN/mm）	直径（mm）
<2.0	50
2.0~4.0	60~80
2.0~6.0	80~100

6　当无法满足上述理想简支条件时，应考虑支座处水平移动受阻引起的约束力或支座处转动受阻引起的约束弯矩等因素对试验的影响。

5.1.3　悬臂试件的支座应具有足够的承载力和刚度，并应满足对试件端部嵌固的要求。悬臂支座可采用图 5.1.3 所示的形式，上支座中心线和下支座中心线至梁端的距离宜分别为设计嵌固长度 c 的 1/6 和 5/6，上、下支座的承载力和刚度应符合试验要求。

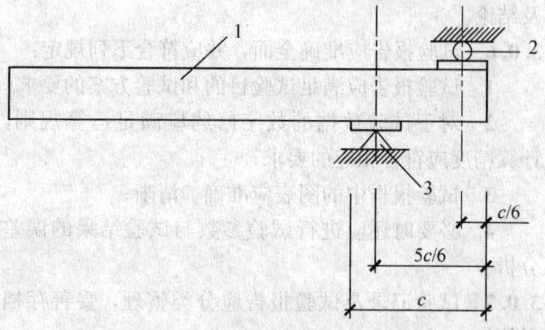

图 5.1.3　悬臂试件嵌固端支座设置
1—悬臂试件；2—上支座；3—下支座

5.1.4　四角简支及四边简支双向板试件的支座宜采用图 5.1.4 所示的形式，其他支承形式双向板试件的简支支座可按图 5.1.4 的原则设置。

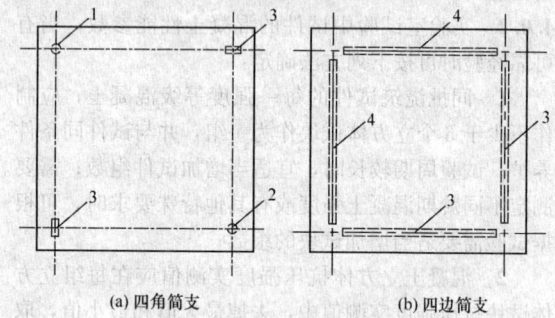

(a) 四角简支　　　　　(b) 四边简支

图 5.1.4　简支双向板的支承方式
1—钢球；2—半圆钢球；3—滚轴；4—角钢

5.1.5　受压试件的端支座应符合下列规定：

1　支座对试件只提供沿试件轴向的反力，无水平反力，也不应发生水平位移；试件端部能够自由转动，无约束弯矩；

2　受压试件支座可采用图 5.1.5-1 和图 5.1.5-2 所示的形式；轴心受压和双向偏心受压试件两端宜设置球形支座，单向偏心受压试件两端宜设置沿偏压方向的刀口支座，也可采用球形支座，刀口支座和球形支座中心应与加载点重合；

3　对于刀口支座，刀口的长度不应小于试件截面的宽度；安装时上下刀口应在同一平面内，刀口的中心线应垂直于试件发生纵向弯曲的平面，并应与试验机或荷载架的中心线重合；刀口中心线与试件截面形心间的距离应取为加载设定的偏心矩；

4　对于球形支座，轴心加载时支座中心正对试件截面形心；偏心加载时支座中心与试件截面形心间的距离应取为加载设定的偏心矩；当在压力试验机上作单向偏心受压试验时，若试验机的上、下压板之一布置球铰时，另一端也可以设置刀口支座；

5　如在试件端部进行加载，应进行局部承压验

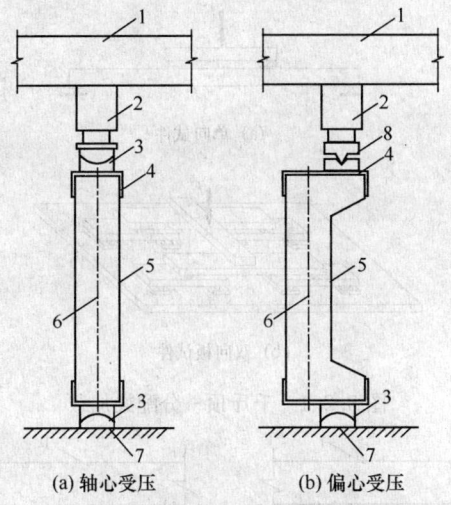

图 5.1.5-1 受压构件的支座布置

1—门架；2—千斤顶；3—球形支座；4—柱头钢套；
5—试件；6—试件几何轴线；7—底座；8—刀口支座

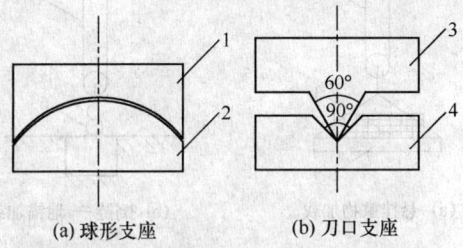

图 5.1.5-2 受压构件的支座

1—上半球；2—下半球；3—刀口；4—刀口座

算，必要时应设置柱头保护钢套或对柱端进行局部加强，但不应改变柱头的受力状态（图 5.1.5-3）。

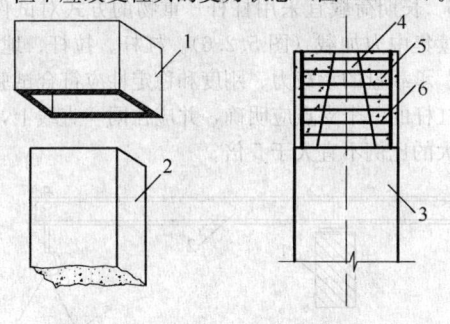

图 5.1.5-3 受压试件的局部加强

1—保护钢套；2—柱头；3—预制柱；
4—榫头；5—后浇混凝土；6—加密箍筋

5.1.6 当对试件进行扭转加载试验时，试件支座的转动平面应彼此平行，并均应垂直于试件的扭转轴线。纯扭试验支座不应约束试件的轴向变形；针对自由扭转、约束扭转、弯剪扭复合受力的试验，应根据实际受力情况对支座作专门的设计。

5.1.7 当进行开口薄壁受弯试件的加载试验时，应

设置专门的薄壁试件定形架或卡具（图 5.1.7），以固定截面形状，避免加载引起试件扭曲失稳破坏。

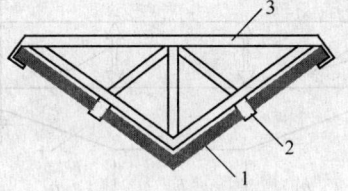

图 5.1.7 开口薄壁试件的定形架

1—薄壁构件；2—卡具；3—定形架

5.1.8 侧向稳定性较差的屋架、桁架、薄腹梁等受弯试件进行加载试验时，应根据试件的实际情况设置平面外支撑或加强顶部的侧向刚度，保持试件的侧向稳定。平面外支撑及顶部的侧向加强设施的刚度和承载力应符合试验要求，且不应影响试件在平面内的正常受力和变形。不单独设置平面外支撑时，也可采用构件拼装组合的形式进行加载试验（图 5.1.8）。

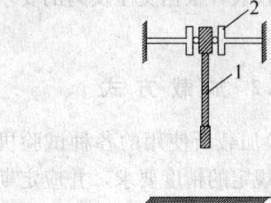

(a) 设置平面外支撑

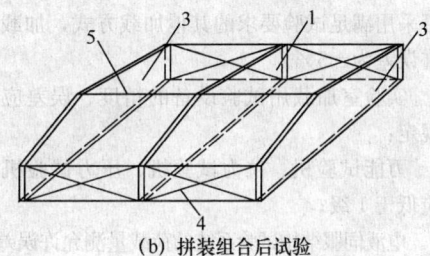

(b) 拼装组合后试验

图 5.1.8 薄腹试件的试验

1—试件；2—侧向支撑；3—辅助构件；
4—横向支撑；5—上弦系杆

5.1.9 重型受弯构件进行足尺试验时，可采用水平相背放置的两榀试件，两端用拉杆连接互为支座，采用对顶加载的方式进行试验（图 5.1.9）。试件应水平卧放，构件下部应设置滚轴，保证试件在受力平面内的自由变形，拉杆的承载力和抗拉刚度应进行验算，并应符合试验要求。

5.1.10 试验时试件支座下的支墩和地基应符合下列规定：

1 支墩和地基在试验最大荷载作用下的总压缩变形不应超过试件挠度值的 1/10；

2 连续梁、四角支承和四边支承双向板等试件需要两个以上的支墩时，各支墩的刚度应相同；

3 单向试件两个铰支座的高差应符合支座设计

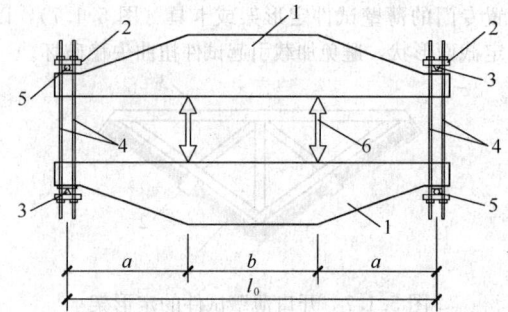

图 5.1.9　试件互为支座的对顶加载

1—试件；2—支座钢板；3—刀口支座；
4—拉杆；5—滚动铰支座；6—千斤顶

的要求，其允许偏差为试件跨度的 1/200；双向板试件支墩在两个跨度方向的高差和偏差均应满足上述要求；

4 多跨连续试件各中间支墩宜采用可调式支墩，并宜安装力值量测仪表，根据支座反力的要求调节支墩的高度。

5.2 加 载 方 式

5.2.1 实验室试验加载所使用的各种试验机应符合本标准第 5.2.2 条规定的精度要求，并应定期检验校准、有处于有效期内的合格证书；非实验室条件进行的预制构件试验、原位加载试验等受场地、条件限制时，可采用满足试验要求的其他加载方式，加载量值的允许误差为±5%。

5.2.2 实验室加载用试验设备的精度、误差应符合下列规定：

1 万能试验机、拉力试验机、压力试验机的精度不应低于 1 级；

2 电液伺服结构试验系统的荷载量测允许误差为量程的±1.5%。

5.2.3 采用千斤顶进行加载时，宜采用本标准第 6.2.1 条规定的力值量测仪表直接测定加载量值。对非实验室条件进行的试验，也可采用油压表测定千斤顶的加载量。油压表的精度不应低于 1.5 级，并应与千斤顶配套进行标定，绘制标定的油压表读值—荷载曲线，曲线的重复性允许误差为±5.0%。同一油泵带动的各个千斤顶，其相对高差不应大于 5m。

5.2.4 对需在多处加载的试验，可采用分配梁系统进行多点加载（图 5.2.4）。采用分配梁进行试验加载时，分配比例不宜大于 4∶1；分配级数不应大于 3 级；加载点不应多于 8 点。分配梁的刚度应满足试验要求，其支座应采用单跨简支支座。

5.2.5 当通过滑轮组、捯链等机械装置悬挂重物或依托地锚进行集中力加载时（图 5.2.5），宜采用拉力传感器直接测定加载量，拉力传感器宜串联在靠近试件一端的拉索中；当悬挂重物加载时，也可通过称

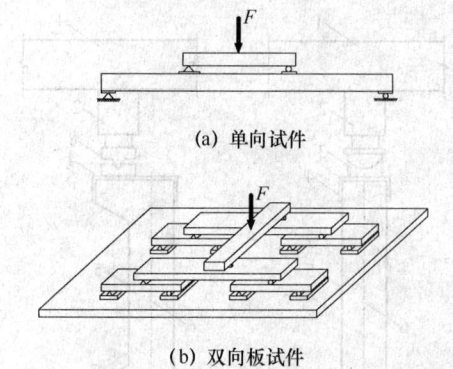

(a) 单向试件

(b) 双向板试件

图 5.2.4　千斤顶—分配梁加载

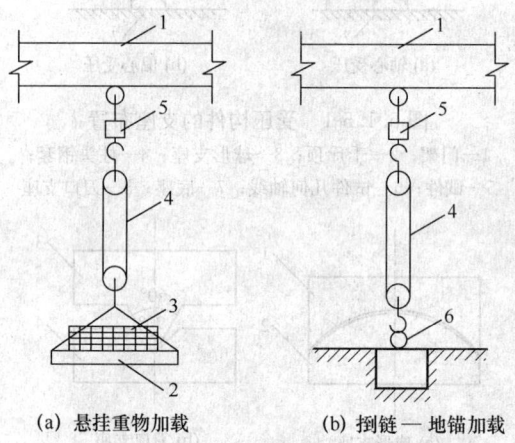

(a) 悬挂重物加载　　(b) 捯链—地锚加载

图 5.2.5　悬挂重物集中力加载

1—试件；2—承载盘；3—重物；
4—滑轮组或捯链；5—拉力传感器；6—地锚

量加载物的重量控制加载值。

5.2.6 长期荷载宜采用杠杆—重物的方式对试件进行持续集中力加载（图 5.2.6）。杠杆、拉杆、地锚、吊索、承载盘的承载力、刚度和稳定性应符合试验要求；杠杆的三个支点应明确，并应在同一直线上，加载放大的比例不宜大于 5 倍。

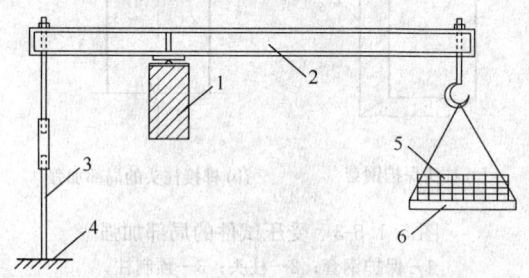

图 5.2.6　杠杆集中力加载示意

1—试件；2—杠杆；3—拉杆；4—地锚；
5—重物；6—承载盘

5.2.7 墙板试件上端长度方向的均布线荷载，宜采用横梁将集中力分散，加载横梁应与试件紧密接触。当需要分段施加不同的线荷载时，横梁应分段设置。

5.2.8 同时进行竖向和侧向水平加载的试件，当发

生水平侧向位移时，施加竖向荷载的千斤顶应采用水平滑动装置保证作用位置不变（图5.2.8）。

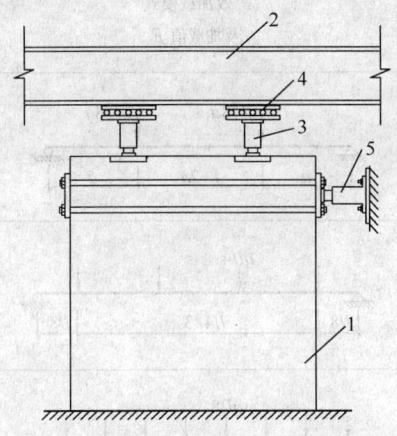

图5.2.8　剪力墙试件的加载示意

1—剪力墙试件；2—竖向加载反力架；3—竖向加载
千斤顶；4—滑动小车；5—水平加载千斤顶

5.2.9　集中力加载作用处的试件表面应设置钢垫板，钢垫板的面积及厚度应由垫板刚度及混凝土局部受压承载力验算确定。钢垫板宜预埋在试件内，也可采用砂浆或干砂垫平，保持试件稳定支承及均匀受力。

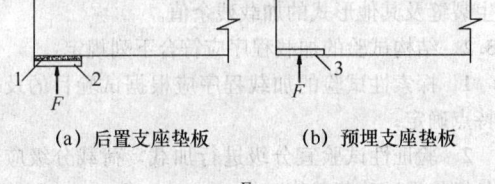

（a）后置支座垫板　　（b）预埋支座垫板

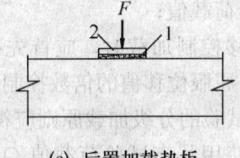

（c）后置加载垫板

图5.2.9　集中力作用处的垫板

1—砂浆；2—垫板；3—预埋钢板

5.2.10　当采用重物进行加载时，应符合下列规定：

1　加载物应重量均匀一致，形状规则；

2　不宜采用有吸水性的加载物；

3　铁块、混凝土块、砖块等加载物重量应满足加载分级的要求，单块重量不宜大于250N；

4　试验前应对加载物称重，求得其平均重量；

5　加载物应分堆码放，沿单向或双向受力试件跨度方向的堆积长度宜为1m左右，且不应大于试件跨度的1/6～1/4；

6　堆与堆之间宜预留不小于50mm的间隙，避免试件变形后形成拱作用（图5.2.10）。

5.2.11　当采用散体材料进行均布加载时，应满足下列要求：

1　散体材料可装袋称量后计数加载，也可在构

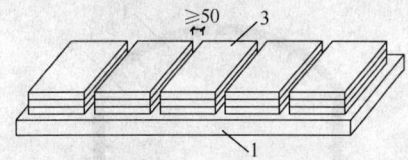

（a）单向板按区段分堆码放

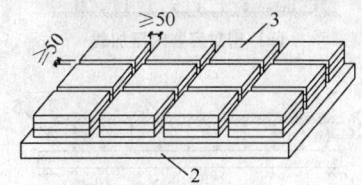

（b）双向板按区域分堆码放

图5.2.10　重物均布加载

1—单向板试件；2—双向板试件；3—堆载

件上表面加载区域周围设置侧向围挡，逐级称量加载并均匀摊平（图5.2.11）；

2　加载时应避免加载散体外漏。

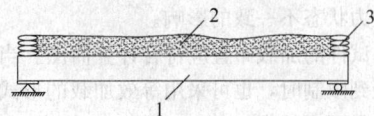

图5.2.11　散体均布加载

1—试件；2—散体材料；3—围挡

5.2.12　当采用流体（水）进行均布加载时，应有水囊、围堰、隔水膜等有效防止渗漏的措施（图5.2.12）。加载可以用水的深度换算成荷载加以控制，也可通过流量计进行控制。

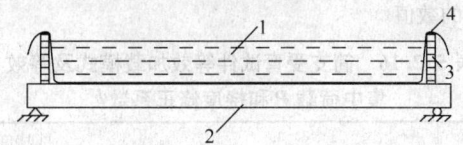

图5.2.12　水压均布加载

1—水；2—试件；3—围堰；4—水囊或防水膜

5.2.13　对密封容器进行内压加载试验时，可采用气压或水压进行均布加载（图5.2.13a）；也可依托固定物利用气囊或水囊进行加载（图5.2.13b）；气压加载还可以施加任意方向的压力。加载应满足下列要求：

1　气囊或水囊加压状态下不应泄漏；

2　气囊或水囊应有依托，侧边不宜伸出试件的外边缘；

3　气压计或液压表的精度不应低于1.0级。

5.2.14　试验试件宜采用与其实际受力状态一致的正位加载。当需要采用卧位、反位或其他异位加载方式时，应防止试件在就位过程中产生裂缝、不可恢复的

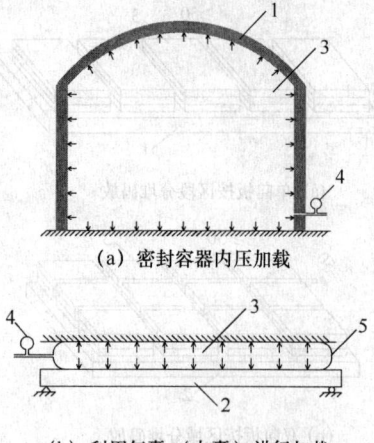

（a）密封容器内压加载

（b）利用气囊（水囊）进行加载

图 5.2.13 气压或水压均布加载

1—密封容器；2—试件；3—压
缩空气或压力水；4—气压计或液压
表；5—气囊或水囊

挠曲或其他附加变形，并应考虑试件自重作用方向与
其实际受力状态不一致的影响。

5.2.15 试件的加载布置应符合计算简图。当试验加
载条件受到限制时，也可采用等效加载的形式。等效
加载应满足下列要求：

　　1 控制截面或部位上主要内力的数值相等；

　　2 其余截面或部位上主要内力和非主要内力的
数值相近、内力图形相似；

　　3 内力等效对试验结果的影响可明确计算。

5.2.16 当采用集中力模拟均布荷载对简支受弯试件
进行等效加载时，可按表 5.2.16 所示的方式进行加
载。加载值 P 及挠度实测值的修正系数 ψ 应采用表中
所列的数值。

**表 5.2.16　简支受弯试件等效加载模式及等效
集中荷载 P 和挠度修正系数 ψ**

名　称	等效加载模式 及加载值 P		挠度修 正系数 ψ
均布 荷载	q ，l		1.00
四分点 集中力 加载	$ql/2$　　$ql/2$ ，$l/4$　$l/2$　$l/4$		0.91
三分点 集中力 加载	$3ql/8$　$3ql/8$ ，$l/3$　$l/3$　$l/3$		0.98

续表 5.2.16

名　称	等效加载模式 及加载值 P		挠度修 正系数 ψ
剪跨 a 集中力 加载	$ql/8a$　　$ql/8a$ ，a　$l-2a$　a		计算 确定
八分点 集中力 加载	$ql/4$ ，$l/8$　$l/4×3$　$l/8$		0.97
十六分 点集中 力加载	$ql/8$ ，$l/16$　$l/8×7$　$l/16$		1.00

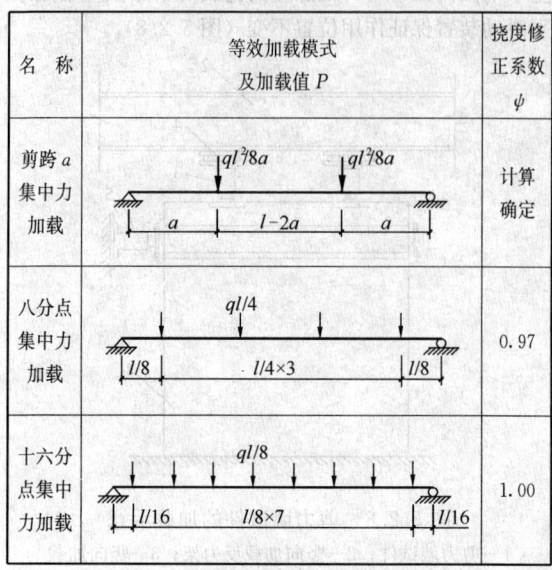

5.3 加 载 程 序

5.3.1 结构试验开始前应进行预加载，检验支座是
否平稳，仪表及加载设备是否正常，并对仪表设备进
行调零。预加载应控制试件在弹性范围内受力，不应
产生裂缝及其他形式的加载残余值。

5.3.2 结构试验的加载程序应符合下列规定：

　　1 探索性试验的加载程序应根据试验目的及受
力特点确定；

　　2 验证性试验宜分级进行加载，荷载分级应包
括各级临界试验荷载值；

　　3 当以位移控制加载时，应首先确定试件的屈
服位移值，再以屈服位移值的倍数控制加载等级。

5.3.3 验证性试验的分级加载原则应符合下列规定：

　　1 在达到使用状态试验荷载值 Q_s（F_s）以前，
每级加载值不宜大于 $0.20Q_s$（$0.20F_s$）；超过 Q_s
（F_s）以后，每级加载值不宜大于 $0.10Q_s$
（$0.10F_s$）；

　　2 接近开裂荷载计算值 Q_{cr}（F_{cr}）时，每级加
载值不宜大于 $0.05Q_s$（$0.05F_s$）；试件开裂后每级
加载值可取 $0.10Q_s$（$0.10F_s$）；

　　3 加载到承载能力极限状态的试验阶段时，每
级加载值不应大于承载力状态荷载设计值 Q_d（F_d）
的 0.05 倍。

5.3.4 验证性试验每级加载的持荷时间应符合下列
规定：

　　1 每级荷载加载完成后的持荷时间不应少于
5min～10min，且每级加载时间宜相等；

　　2 在使用状态试验荷载值 Q_s（F_s）作用下，持
荷时间不应少于 15min；在开裂荷载计算值 Q_{cr}（F_{cr}）
作用下，持荷时间不宜少于 15min；如荷载达到开裂
荷载计算值前已经出现裂缝，则在开裂荷载计算值下

的持荷时间不应少于 5min~10min；

3 跨度较大的屋架、桁架及薄腹梁等试件，当不再进行承载力试验时，使用状态试验荷载值 Q_s（F_s）作用下的持荷时间不宜少于 12h。

5.3.5 分级加载试验时，试验荷载的实测值应按下列原则确定：

1 在持荷时间完成后出现试验标志时，取该级荷载值作为试验荷载实测值；

2 在加载过程中出现试验标志时，取前一级荷载值作为试验荷载实测值；

3 在持荷过程中出现试验标志时，取该级荷载和前一级荷载的平均值作为试验荷载实测值。

5.3.6 当采用缓慢平稳的持续加载方式时，取出现试验标志时所达到的最大荷载值作为试验荷载实测值。

5.3.7 当要求获得试件的实际承载力和破坏形态时，在试件出现承载力标志后，宜进行后期加载。后期加载应加载到荷载减退、试件断裂、结构解体等破坏状态，探讨试件的承载力裕量、破坏形态及实际的抗倒塌性能。后期加载的荷载等级及持荷时间应根据具体情况确定，可适当增大加载间隔，缩短持荷时间，也可进行连续慢速加载直至试件破坏。

5.3.8 对于需要研究试件恢复性能的试验，加载完成以后应按阶段分级卸载。卸载和量测应符合下列规定：

1 每级卸载值可取为承载力试验荷载值的 20%，也可按各级临界试验荷载逐级卸载；

2 卸载时，宜在各级临界试验荷载下持荷并量测各试验参数的残余值，直至卸载完毕；

3 全部卸载完成以后，宜经过一定的时间后重新量测残余变形、残余裂缝形态及最大裂缝宽度等，以检验试件的恢复性能。恢复性能的量测时间，对于一般结构构件取为 1h，对新型结构和跨度较大的试件取为 12h，也可根据需要确定时间。

5.3.9 试件的自重和作用在其上的加载设备的重量，应作为试验荷载的一部分，并经计算后从加载值中扣除。试件自重和加载设备的重量应经实测或计算取得，并根据加载模式进行换算，对验证性试验其数值不宜大于使用状态试验荷载值的 20%。

5.3.10 当试件承受多组荷载作用时，施加于试件不同部位上的各组荷载宜按同一个比例加载和卸载。当试验方案对各组荷载的加载制度有特别要求时，应按确定的试验方案进行加载。

6 试验量测

6.1 一般规定

6.1.1 结构试验的量测方案应符合下列原则：

1 应根据试验目的及探讨规律所需的参数，确定量测项目；

2 量测仪表布置的位置应有代表性，能够反映试件的结构性能；

3 应选择能够满足量测量程和精度要求的仪表及支架等附属设备；

4 除基本测点外，尚应布置一定数量的校核性测点；

5 在满足试验分析需要的条件下，宜简化量测方案，控制量测数量。

6.1.2 混凝土结构试验时，量测内容宜根据试验目的在下列项目中选择：

1 荷载：包括均布荷载、集中荷载或其他形式的荷载；

2 位移：试件的变形、挠度、转角或其他形式的位移；

3 裂缝：试件的开裂荷载、裂缝形态及裂缝宽度；

4 应变：混凝土及钢筋的应变；

5 根据试验需要确定的其他项目。

6.1.3 混凝土结构试验用的量测仪表，应符合有关精度等级的要求，并应定期检验校准、有处于有效期内的合格证书。人工读数的仪表应进行估读，读数应比所用量测仪表的最小分度值小一位。仪表的预估试验量程宜控制在量测仪表满量程的 30%~80% 范围之内。

6.1.4 为及时记录试验数据并对量测结果进行初步整理，宜选用具有自动数据采集和初步整理功能的配套仪器、仪表系统。

6.1.5 结构静力试验采用人工测读时，应符合下列规定：

1 应按一定的时间间隔进行测读，全部测点读数时间应基本相同；

2 分级加载时，宜在持荷开始时预读，持荷结束时正式测读；

3 环境温度、湿度对量测结果有明显影响时，宜同时记录环境的温度和湿度。

6.2 力值量测

6.2.1 结构试验中测量集中加载力值的仪表可选用荷载传感器、弹簧式测力仪等。各种力值量测仪表的测量应符合下列规定：

1 荷载传感器的精度不应低于 C 级；对于长期试验，精度不应低于 B 级；

荷载传感器仪表的最小分度值不宜大于被测力值总量的 1.0%，示值允许误差为量程的 1.0%；

2 弹簧式测力仪的最小分度值不应大于仪表量程的 2.0%，示值允许误差为量程的 1.5%；

3 当采用分配梁及其他加载设备进行加载时，

宜通过荷载传感器直接量测施加于试件的力值,利用试验机读数或其他间接测量方法计算力值时,应计入加载设备的重量;

4 当采用悬挂重物加载时,可通过直接称量加载物的重量计算加载力值,并应计入承载盘的重量;称量加载物及承载盘重量的仪器允许误差为量程的±1.0%。

6.2.2 均布加载时,应按下列规定确定施加在试件上的荷载:

1 重物加载时,以每堆加载物的数量乘以单重,再折算成区格内的均布加载值;称量加载物重量的衡器允许误差为量程的±1.0%;

2 散体装在容器内倾倒加载,称量容器内的散体重量,以加载次数计算重量,再折算成均布加载值;称量容器内散体重量的衡器允许误差为量程的±1.0%;

3 水加载以量测水的深度,再乘以水的重度计算均布加载值,或采用精度不低于1.0级的水表按水的流量计算加载量,再换算为荷载值;

4 气体加载以气压计量测加压气体的压力,均布加载量按气囊与试件表面实际接触的面积乘气压值计算确定;气压表的精度等级不应低于1.5级。

6.3 位移及变形的量测

6.3.1 位移量测的仪器、仪表可根据精度及数据采集的要求,选用电子位移计、百分表、千分表、水准仪、经纬仪、倾角仪、全站仪、激光测距仪、直尺等。

6.3.2 试验中应根据试件变形量测的需要布置位移量测仪表,并由量测的位移值计算试件的挠度、转角等变形参数。试件位移量测应符合下列规定:

1 应在试件最大位移处及支座处布置测点;对宽度较大的试件,尚应在试件的两侧布置测点,并取量测结果的平均值作为该处的实测值;

2 对具有边肋的单向板,除应量测边肋挠度外,还宜量测板宽中央的最大挠度;

3 位移量测应采用仪表测读。对于试验后期变形较大的情况,可拆除仪表改用水准仪—标尺量测或采用拉线—直尺等方法进行量测(图6.3.2)。

4 对屋架、桁架挠度测点应布置在下弦杆跨中或最大挠度的节点位置上,需要时也可在上弦杆节点处布置测点;

5 对屋架、桁架和具有侧向推力的结构构件,还应在跨度方向的支座两端布置水平测点,量测结构在荷载作用下沿跨度方向的水平位移;

6.3.3 量测试件挠度曲线时,测点布置应符合下列要求:

1 受弯及偏心受压构件量测挠度曲线的测点应沿构件跨度方向布置,包括量测支座沉降和变形的测

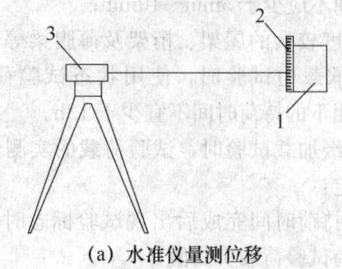

(a) 水准仪量测位移

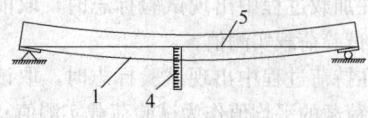

(b) 拉线直尺量测挠度

图6.3.2 试验后期位移量测方法
1—试件;2—标尺;3—水准仪;
4—直尺;5—拉线

点在内,测点不应少于五点;对于跨度大于6m的构件,测点数量还宜适当增多;

2 对双向板、空间薄壳结构量测挠度曲线的测点应沿二个跨度或主曲率方向布置,且任一方向的测点数包括量测支座沉降和变形的测点在内不应少于五点;

3 屋架、桁架量测挠度曲线的测点应沿跨度方向各下弦节点处布置。

6.3.4 确定悬臂构件自由端的挠度实测值时,应消除支座转角和支座沉降的影响。

6.3.5 各种位移量测仪器、仪表的精度、误差应符合下列规定:

1 百分表、千分表和钢直尺的误差允许值应符合国家现行相关标准的规定;

2 水准仪和经纬仪的精度分别不应低于DS_3和DJ_2;

3 位移传感器的准确度不应低于1.0级;位移传感器的指示仪表的最小分度值不宜大于所测总位移的1.0%,示值允许误差为量程的1.0%;

4 倾角仪的最小分度值不宜大于5″,电子倾角计的示值允许误差为量程的1.0%。

6.4 应变的量测

6.4.1 应变量测仪表应根据试验目的以及对试件混凝土和钢筋应变测量的要求进行选择。钢筋和混凝土的应变宜采用电阻应变计、振弦式应变计、光纤光栅应变计、引伸仪等进行量测。

6.4.2 当采用电阻应变计量测应变时,应有可靠的温度补偿措施。在温度变化较大的地方采用机械式应变仪量测应变时,应对温度影响进行修正。

6.4.3 量测结构构件应变时,测点布置应符合下列要求:

1 对受弯构件应在弯矩最大的截面上沿截面高度布置测点，每个截面不宜少于2个（图6.4.3a）；当需要量测沿截面高度的应变分布规律时，布置测点数不宜少于5个（图6.4.3b）；

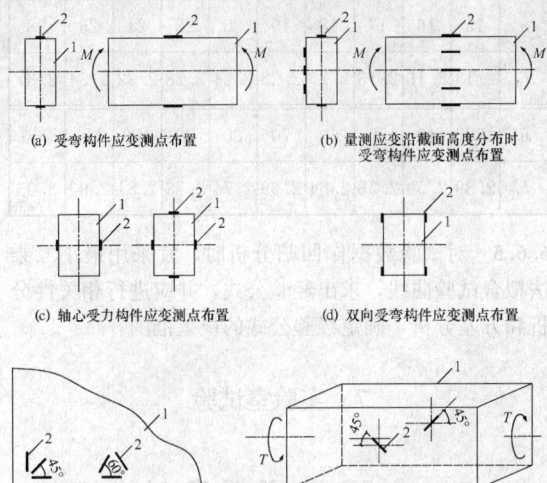

(a) 受弯构件应变测点布置
(b) 量测应变沿截面高度分布时受弯构件应变测点布置
(c) 轴心受力构件应变测点布置
(d) 双向受弯构件应变测点布置
(e) 三向应变测点布置
(f) 受纯扭构件应变测点布置

图6.4.3　构件应变测点布置
1—试件；2—应变计

2 对轴心受力构件，应在构件量测截面两侧或四侧沿轴线方向相对布置测点，每个截面不应少于2个（图6.4.3c）；

3 对偏心受力构件，量测截面上测点不应少于2个（图6.4.3c）；如需量测截面应变分布规律时，测点布置应与受弯构件相同（图6.4.3b）；

4 对于双向受弯构件，在构件截面边缘布置的测点不应少于4个（图6.4.3d）；

5 对同时受剪力和弯矩作用的构件，当需要量测主应力大小和方向及剪应力时，应布置45°或60°的平面三向应变测点（图6.4.3e）；

6 对受扭构件，应在构件量测截面的两长边方向的侧面对应部位上布置与扭转轴线成45°方向的测点（图6.4.3f）；测点数量应根据研究目的确定。

6.4.4 各种应变量测仪表的精度及其他性能应符合下列规定：

1 金属粘贴式电阻应变计或电阻片的技术等级不应低于C级，其应变计电阻、灵敏系数、蠕变和热输出等工作特性应符合相应等级的要求；量测混凝土应变的应变计或电阻片的长度不应小于50mm和4倍粗骨料粒径；

2 电阻应变仪的准确度不应低于1.0级，其示值误差、稳定度等技术指标应符合该级别的相应要求；

3 振弦式应变计的允许误差为量程的±1.5%；

4 光纤光栅应变计的允许误差为量程的±1.0%；

5 手持式引伸仪的准确度不应低于1级，分辨率不宜大于标距的0.5%，示值允许误差为量程的1.0%；

6 当采用千分表或位移传感器等位移计构成的装置测量应变时，其标距允许误差为±1.0%，最小分度值不宜大于被测总应变的1.0%，位移计的精度应符合本标准第6.3.5条的要求。

6.5　裂缝的量测

6.5.1 试件混凝土的开裂可采用下列方法进行判断：

1 直接观察法：在试件表面刷白，用放大镜或电子裂缝观测仪观察第一次出现的裂缝；

2 仪表动态判定法：当以重物加载时，荷载不变而量测位移变形的仪表读数持续增大；当以千斤顶加载时，在某变形下位移不变而荷载读数持续减小，则表明试件已经开裂；

3 挠度转折法：对大跨度试件，根据加载过程中试件的荷载—变形关系曲线转折判断开裂并确定开裂荷载；

4 应变量测判断法：在试件的最大主拉应力区，沿主拉应力方向连续布置应变计监测应变值的发展。当某应变计的应变增量有突变时，应取当时的荷载值作为开裂荷载实测值，且判断裂缝就出现在该应变计所跨的范围内。

6.5.2 裂缝出现以后应在试件上描绘裂缝的位置、分布、形态；记录裂缝宽度和对应的荷载值或荷载等级；并全过程观察记录裂缝形态和宽度的变化；绘制构件裂缝形态图；并判断裂缝的性质及类型。

6.5.3 裂缝宽度量测位置应按下列原则确定：

1 对梁、柱、墙等构件的受弯裂缝应在构件侧面受拉主筋处量测最大裂缝宽度；对上述构件的受剪裂缝应在构件侧面斜裂缝最宽处量测最大裂缝宽度；

2 板类构件可在板面或板底量测最大裂缝宽度；

3 其余试件应根据试验目的，量测预定区域的裂缝宽度。

6.5.4 试件裂缝的宽度可选用刻度放大镜、电子裂缝观测仪、振弦式测缝计、裂缝宽度检验卡等仪表进行测量，量测仪表应符合下列规定：

1 刻度放大镜最小分度不宜大于0.05mm；

2 电子裂缝观察仪的测量精度不应低于0.02mm；

3 振弦式测缝计的量程不应大于50mm，分辨率不应大于量程的0.05%；

4 裂缝宽度检验卡最小分度值不应大于0.05mm。

6.5.5 对试验加载前已存在的裂缝，应进行量测和标志，初步分析裂缝的原因和性质，并跨裂缝作石膏标记。试验加载后，应对已存在裂缝的发展进行观测和记录，并通过对石膏标记上裂缝的量测，确定裂缝宽度的变化。

6.6 试验结果的误差与统计分析

6.6.1 对试验结果宜进行误差分析，试验直接量测数据的末位数字所代表的计量单位应与所用仪表的最小分度值相对应。

6.6.2 一定数量的同类直接量测结果，统计特征值应按下列公式计算：

平均值

$$m_x = \frac{1}{n} \sum_{i=1}^{n} x_i \qquad (6.6.2-1)$$

标准差

$$s_x = \sqrt{\frac{\sum_{i=1}^{n} (x_i - m_x)^2}{n-1}} \qquad (6.6.2-2)$$

变异系数

$$\delta_x = \frac{s_x}{m_x} \qquad (6.6.2-3)$$

式中：x_i——第 i 个量测值；

n——量测数量。

6.6.3 直接量测参量 x_i 的结果误差，可取所用量测仪表的精度作为基本试验误差；对间接量测结果 y 的最大绝对误差 Δy、最大相对误差 δy 和标准差 s_y，应按误差传递法则按下列公式进行分析：

$$y = f(x_1, x_2, \cdots, x_n) \qquad (6.6.3-1)$$

$$\Delta y = \left| \frac{\partial f}{\partial x_1} \right| \Delta x_1 + \left| \frac{\partial f}{\partial x_2} \right| \Delta x_2 + \cdots + \left| \frac{\partial f}{\partial x_n} \right| \Delta x_n$$
$$(6.6.3-2)$$

$$\delta y = \frac{\Delta y}{|y|} = \left| \frac{\partial f}{\partial x_1} \right| \frac{\Delta x_1}{|y|} + \left| \frac{\partial f}{\partial x_2} \right| \frac{\Delta x_2}{|y|} + \cdots$$
$$+ \left| \frac{\partial f}{\partial x_n} \right| \frac{\Delta x_n}{|y|} \qquad (6.6.3-3)$$

$$s_y = \sqrt{\left(\frac{\partial f}{\partial x_1} \right)^2 s_{x1}^2 + \left(\frac{\partial f}{\partial x_2} \right)^2 s_{x2}^2 + \cdots + \left(\frac{\partial f}{\partial x_n} \right)^2 s_{xn}^2}$$
$$(6.6.3-4)$$

式中：x_i——直接量测参量；

y——间接测量结果；

Δx_i——直接量测参量 x_i 的基本试验误差；

Δy——间接量测结果 y 的最大绝对误差；

δy——间接量测结果 y 的最大相对误差；

s_y——间接量测结果 y 的标准差；

n——直接量测参量的数量。

6.6.4 对试验中多次量测系列数据中与其余量测值有明显差异的可疑数据 x_i，可按下式决定取舍：

$$\left| \frac{x_i - m_x}{s_x} \right| \leqslant d_n \qquad (6.6.4)$$

式中：n——量测数量；

d_n——合理的误差限值，按表 6.6.4 取值。

表 6.6.4 试验值舍弃标准

n	5	6	7	8	9	10	11	12	13	14
d_n	1.65	1.73	1.80	1.86	1.92	1.96	2.00	2.04	2.07	2.10
n	15	16	17	18	19	20	22	24	26	28
d_n	2.13	2.16	2.18	2.20	2.22	2.24	2.28	2.32	2.34	2.37
n	30	40	50	60	70	80	90	100	150	200
d_n	2.39	2.50	2.58	2.64	2.69	2.74	2.78	2.81	2.93	3.03

6.6.5 对试验数据作回归分析时，宜采用最小二乘法拟合试验曲线，求出经验公式，并应进行相关性分析和方差分析，确定经验公式的误差范围。

7 实验室试验

7.1 一般规定

7.1.1 实验室试验应按探索性试验或验证性试验，根据试验目的不同采取相应的试验方法。

7.1.2 实验室试验应包括下列内容：

   1 试验方案设计；

   2 试件的制作、养护和安装；

   3 材料性能试验；

   4 试验加载、量测及试验现象的观测及记录；

   5 试验结果的整理及分析；

   6 试验报告及结论。

7.1.3 实验室试验应充分利用实验室的加载控制系统、量测和数据采集、分析系统等有利条件；当在室外进行试验时应采取必要的遮盖和屏蔽措施。

7.1.4 实验室进行的探索性试验和验证性试验，钢筋的主要力学性能指标和混凝土的立方体抗压强度值与设计要求值的允许偏差宜为 ±10%。

7.2 试验方案

7.2.1 探索性试验的试件设计宜符合下列原则：

   1 试件的几何形状、结构尺寸、截面配筋数量、配筋形式以及构造措施等参数，宜具有代表性；

   2 宜通过改变主要影响参数而形成系列试件，通过试验对比寻求该参数变化对结构性能影响的定量规律；

   3 当影响参数较多时，可采用正交设计方法对试件的多个参数进行组合；

   4 试件尺寸宜接近实际结构构件，减小尺寸效应的影响；

   5 试件与试验装置之间的连接、支承方式应能合理、有效地模拟结构构件的受力状态。

7.2.2 验证性试验的试件设计宜符合下列原则：

1 试件的材料、几何形状、尺寸、配筋等参数的确定宜满足表 7.2.2 所示的结构模型与原型结构的相似关系；试件的配筋形式以及构造措施宜与原型结构相似；当表 7.2.2 所示的结构模型与原型结构的相似关系无法完全满足时，可按照等强度、等刚度的原则进行等效换算；

2 试件设计宜减小缩尺效应的影响，构造连接类的验证性试验宜采用足尺试件或大比例的模拟试件；

3 试件与加载设备、支承装置之间的连接方式及构造措施应能合理、有效地反映原型结构的边界约束条件。

表 7.2.2 混凝土结构试验模型与原型结构的相似关系

类型	物理量	量纲	一般模型	同材料缩尺模型
混凝土材料性能	应力 σ_c	$[FL^{-2}]$	S_σ	1
	应变 ε_c	—	1	1
	弹性模量 E_c	$[FL^{-2}]$	S_σ	1
	泊松比 μ_c	—	1	1
	质量密度 ρ_c	$[FL^{-3}]$	S_σ/S_L	$1/S_L$
钢筋材料性能	应力 σ_s	$[FL^{-2}]$	S_σ	1
	应变 ε_s	—	1	1
	弹性模量 E_s	$[FL^{-2}]$	S_σ	1
	粘结应力 ν	$[FL^{-2}]$	S_σ	1
几何特性	几何尺寸 L	$[L]$	S_L	S_L
	线位移 u	$[L]$	S_L	S_L
	角位移 θ	—	1	1
	钢筋面积 A_s	$[L^2]$	S_L^2	S_L^2
荷载	集中荷载 P	$[F]$	$S_\sigma S_L^2$	S_L^2
	线荷载 q_l	$[FL^{-1}]$	$S_\sigma S_L$	S_L
	面荷载 q	$[FL^{-2}]$	S_σ	1
	力矩 M	$[FL]$	$S_\sigma S_L^3$	S_L^3

注：表中 S_L、S_σ 分别为模型的几何尺寸和应力相似系数。

7.2.3 试件的材料宜采用与真实结构一致的钢筋和混凝土。缩尺模型中，当采用小直径的光圆钢筋模拟原结构中的大直径变形钢筋时，宜在光圆钢筋表面压痕，模拟变形钢筋的粘结作用。采用细石混凝土制作缩尺模型时，粗骨料的粒径不宜小于 5mm。

7.2.4 试件的支座、加载区域以及与加载设备连接的设计应留有余量，确保其在试验过程中的承载力及刚度。承受集中荷载的部位，应采取预埋钢筋网片或钢垫板等局部加强措施。内埋量测元件的布置应合理，并应采取有效的保护措施。

7.2.5 方案设计时宜采用数值模拟方法或简化计算方法，分析试件内力、变形分布变化的规律，为确定试件的几何尺寸及相似比、主要参数的影响、量测方案、试验设备的容量等提供依据。

7.2.6 应根据试验目的计算下列荷载及变形参数：

1 试件自重及加载设备的重量；

2 试件在各种临界状态下相应的荷载及变形预估值，包括开裂荷载、屈服荷载、屈服变形、极限荷载及相应的变形等；

3 计算加载值应扣除试件自重及加载设备重量，加载设备的加载能力应留有余量。

7.2.7 实验室试验宜采用电子式的加载控制设备和数据采集系统，试验加载设备宜具有荷载控制和位移控制的能力，并可在试验过程中相互进行切换。

7.2.8 试验加载制度应根据试验研究目的及实验室的具体条件确定。当需要通过试验研究结构屈服后的力学性能时，宜采用屈服前由力值控制加载、屈服后由位移控制加载的加载制度。

7.2.9 对于验证性试验，可在一定条件下通过改变加载方式利用同一试件进行不同荷载工况下的多次试验。不同工况的试验应按照荷载效应由低到高的顺序进行。

7.2.10 对需要研究结构恢复性能的试验，应按本标准第 5.3.7 条的规定进行分级卸载，并在卸载后对残余值进行量测。

7.2.11 实验室试验的量测方案应符合下列规定：

1 应按本标准第 7.2.6 条的要求分析试件内力、变形分布变化的规律，从而确定内力和变形的重点量测部位，并按第 6.2 节～第 6.5 节的要求布置传感器；

2 应在试件的对称位置布置一定数量的校核性量测点，并通过测量值的对比复核，确认测量数据的可靠性；

3 当试件加载至可能发生破坏阶段时，位移计、应变计的布置应兼顾试验量测数据的有效性和仪器仪表的安全。

7.3 试验过程及结果

7.3.1 试验开始前应进行下列准备工作：

1 试验前应测试同条件养护的混凝土试块以及钢筋试样的性能，并确定材料的性能参数；

2 应按实测的材料参数，事先计算各级临界试验荷载值及量测指标的预估值，作为试验分级加载和现象观测的依据；

3 根据试验方案安装试件、加载设备和量测仪器、仪表；对试件进行预加载，并对测试设备进行调试；

4 将试件表面刷白并绘制方格，标示各个侧面所在的方位，并有利于在试验过程中观察、描绘裂缝

及准确记录试验现象。

7.3.2 试验过程中应进行下列工作：

   1 加载数值及数据采集应专人负责并及时记录；

   2 应有专人负责观察裂缝，描绘和记录裂缝形态及发展趋势，测读最大裂缝宽度，并在裂缝边标注相应的荷载值（或荷载等级）及相应的裂缝宽度；

   3 加载过程中应对比实测数据与预估值，判断试件是否达到预计的开裂、屈服、承载力标志等临界状态；在接近预估的临界状态时，可根据实际情况适当减小加载级差，以便更准确地量测、确定各临界状态的荷载、变形等试验参数；

   4 当进行试验的后期加载时，应采取必要的措施预防加载设备倒塌、仪表损坏，保障实验人员的安全。

7.3.3 验证性试验当出现表7.3.3所列的标志之一时，即应判断该试件已达到承载能力极限状态。

表7.3.3　承载力标志及加载系数 $\gamma_{u,i}$

受力类型	标志类型（i）	承载力标志	加载系数 $\gamma_{u,i}$
受拉、受压、受弯	1	弯曲挠度达到跨度的1/50或悬臂长度的1/25	1.20(1.35)
	2	受拉主筋处裂缝宽度达到1.50mm或钢筋应变达到0.01	1.20(1.35)
	3	构件的受拉主筋断裂	1.60
	4	弯曲受压区混凝土受压开裂、破碎	1.30(1.50)
	5	受压构件的混凝土受压破碎、压溃	1.60
受剪	6	构件腹部斜裂缝宽度达到1.50mm	1.40
	7	斜裂缝端部出现混凝土剪压破坏	1.40
	8	沿构件斜截面斜拉裂缝，混凝土撕裂	1.45
	9	沿构件斜截面斜压裂缝，混凝土破碎	1.45
	10	沿构件叠合面、接槎面出现剪切裂缝	1.45
受扭	11	构件腹部斜裂缝宽度达到1.50mm	1.25
受冲切	12	沿冲切锥面顶、底的环状裂缝	1.45
局部受压	13	混凝土压陷、劈裂	1.40
	14	边角混凝土剥裂	1.50
钢筋的锚固、连接	15	受拉主筋锚固失效，主筋端部滑移达到0.2mm	1.50
	16	受拉主筋在搭接连接头处滑移，传力性能失效	1.50
	17	受拉主筋搭接脱离或在焊接、机械连接处断裂，传力中断	1.60

注：1 表中加载系数与承载力状态荷载设计值、结构重要性系数的乘积为相应承载力标志的临界试验荷载值；详见本标准第9.3.6条的有关规定；

   2 当混凝土强度等级不低于C60时，或采用无明显屈服钢筋为受力主筋时，取用括号中的数值；

   3 试验中当试验荷载不变而钢筋应变持续增长时，表示钢筋已经屈服，判断为标志2。

7.3.4 实验室试验宜按本标准第5.3.7条的要求进行后期加载，直至出现下列破坏现象：

   1 荷载达到最大值后自动减退；

   2 水平构件弯折、断裂或构件解体；

   3 竖向构件屈曲、压溃或构件倾覆；

   4 根据研究目的确定的破坏状态。

7.3.5 试件的应力、应变可根据下列要求进行分析整理：

   1 各级试验荷载作用下试件控制截面上的应力、应变分布；

   2 试件控制截面上最大应力（应变）—荷载关系曲线；

   3 试件内钢筋和混凝土的极限应变；

   4 试件复杂应力区剪应力和主应力的大小以及主应力的方向。

7.3.6 当要求将试验结果与理论计算结果进行比较时，可绘制试件实测与理论的荷载—位移关系曲线，并计算试件开裂荷载、短期挠度、屈服荷载、承载力试验荷载等计算值与实测值的比值，以及这些比值的平均值、标准差或变异系数。

8 预制构件试验

8.1 一般规定

8.1.1 批量生产的预制混凝土构件宜进行型式检验，型式检验应符合下列规定：

   1 应按本章及本标准第7章验证性试验的要求进行试件结构性能的试验研究；

   2 检验各项结构性能是否符合要求，并留有一定的裕量；

   3 根据试验检验结果的分析、复核，调整并确定有关预制构件的材料和工艺参数；

   4 宜进行后期加载，探讨试件的承载力裕量及破坏形态；

   5 宜卸载探讨试件挠度、裂缝等的恢复性能；

   6 对有特殊要求的预制构件，还应对其性能设计的有关参数进行检测、复核。

8.1.2 批量生产的预制混凝土构件，生产单位在批量生产之前宜进行首件检验；当生产工艺、设备、原材料等有较大调整变化时，也宜进行首件检验。首件检验应符合下列规定：

   1 应按标准设计要求及本标准第7章验证性试验的要求进行检验；

   2 应进行正常使用极限状态及承载能力极限状态的各项性能检验；

   3 宜在本条第2款的基础上进行加载直至试件破坏，检验预制构件承载力的裕量及破坏形态。

8.1.3 批量生产的预制混凝土构件，应根据现行国

家标准《混凝土结构工程施工质量验收规范》GB 50204的规定按产品检验批抽样进行合格性检验。预制构件的合格性检验应符合下列规定：

  1 钢筋混凝土构件和允许出现裂缝的预应力混凝土构件，应进行承载力、挠度和裂缝宽度检验；

  2 要求不出现裂缝的预应力混凝土构件，应进行承载力、挠度和抗裂检验；

  3 预应力混凝土构件中的非预应力杆件，应按钢筋混凝土构件的要求进行检验。

8.1.4 叠合构件底部的预制构件，应在同条件养护的混凝土立方体试块抗压强度达到设计强度等级以后，在其上部浇筑后浇层混凝土，并在后浇层混凝土强度达到设计要求后进行结构性能检验。后浇层要求、叠合试件结构性能检验允许值及试验方法等，应由设计文件规定或根据《混凝土结构工程施工质量验收规范》GB 50204的有关规定，按实配钢筋相应的检验要求确定。

8.1.5 对一般梁、板类叠合构件的结构性能检验，后浇层混凝土强度等级宜与底部预制构件相同，厚度宜取底部预制构件厚度的1.5倍；当预制底板为预应力板时，还应配置界面抗剪构造钢筋。

8.1.6 墙板、柱、桩等竖向预制构件宜按本标准第5.1.5条的方法，采用在两端对顶加载、同时施加横向荷载的方式加载。也可采用水平位按受弯构件进行加载试验，进行间接结构性能检验。当采用间接结构性能检验时，设计文件应根据预制构件的截面形状、尺寸、预应力状况及材料强度等，计算其在受弯条件下的效应，并给出相应的试验加载方案及挠度、裂缝控制、承载力等结构性能检验允许值。

8.1.7 对设计方法成熟、生产数量较少的大型预制构件，当采取加强材料和制作质量检验的措施时，可仅作挠度、抗裂及裂缝宽度检验；当采取上述措施并有可靠实践经验时，也可不作结构性能检验。

8.1.8 预制构件结构性能检验的检验指标及合格性判断方法，应根据现行国家标准《混凝土结构工程施工质量验收规范》GB 50204的有关规定确定。

8.2 试 验 方 案

8.2.1 混凝土预制构件应采用短期静力加载试验的方式进行结构性能检验。有特殊要求的预制构件，由设计文件对其试验方法作出专门规定。

8.2.2 试件的结构性能检验指标及其检验允许值，应根据构件的受力特点和混凝土强度等级由设计文件计算确定。结构性能检验应在同条件养护的混凝土立方体抗压强度达到设计要求后进行。当试件在混凝土尚未达到设计强度等级，或在超过规定的龄期后进行结构性能检验时，检验所需的结构性能试验参数和检验允许值宜作相应的调整。

8.2.3 试验用的加载设备及量测仪表应预先进行标定或校准。试验应在0℃以上的温度中进行。蒸汽养护后的试件，应在出池冷却至常温后进行试验。

8.2.4 试件加载应根据设计文件规定的加载要求、试件类型及设备条件等，按荷载效应等效的原则选择下列方式：

  1 荷重块加载适用于板类构件的均布加载；

  2 千斤顶加载适用于集中加载，可采用分配梁系统实现多点加载，并用荷载传感器量测力值，也可采用油压表读数，并计算力值；

  3 梁或桁架等大型受弯构件加载时应有侧向限位装置，也可并列拼装后在面板上加载；重型梁可采用对顶加载的方法。

8.2.5 试件的试验荷载布置应符合设计文件的规定。当试验荷载的布置不能完全与设计规定相符时，应按荷载效应等效的原则换算。换算应使试件试验的内力图形与设计的内力图形相似，并使控制截面上的主要内力值相等。但改变荷载布置形式对试件其他部位产生不利影响并可能影响试验结果时，应采取相应的措施。

8.2.6 预制构件试验应按阶段分级加载，加载等级、持荷时间等应符合本标准第5.3节的有关规定。型式检验加载到试件出现承载力标志后宜进行后期加载；首件检验应加载到试件出现承载力标志；合格性检验可加载至所有规定的项目通过检验，直接判为合格不再继续加载。

8.2.7 预制构件结构性能试验的检验记录应在现场完成，试验检验记录应真实，不得任意涂改。试验检验记录表可采用附录A的格式，并应包括下列内容：

  1 试验检验背景：

   1）试件的生产单位、名称、型号、生产工艺类型、生产日期、所代表的验收批号；

   2）试验日期、试验检验报告编号、试验单位和试验人员。

  2 试验检验方案：

   1）试件参数：试件的形状、尺寸、配筋、保护层厚度、混凝土强度等的设计值及实测值；

   2）试验参数：加载模式、加载方法、荷载代表值、仪表位置及编号等；

   3）结构性能检验允许值：挠度、最大裂缝宽度、抗裂、承载力等项目的检验允许值。

  3 试验记录：

   1）加载程序：等级、数值、时间等；

   2）仪表记录：读数、量测参数变化等；

   3）裂缝观测：开裂荷载、裂缝发展、宽度变化、裂缝分布图等；

   4）现象描述：临界试验荷载下的现象观察、承载力标志及破坏特征的简单描述等。

  4 检验结论：

1）挠度、裂缝宽度、抗裂、承载力等检验分
项的判断；

2）结构性能检验结论。

8.3 试验过程及结果

8.3.1 试验开始前应进行下列准备工作：

1 量测试件的实际尺寸和变形情况，并检查试
件的表面，在试件上标出已有的裂缝和缺陷；

2 根据试验方案安装试件、加载设备和量测仪
器仪表，对试件进行预加载，并对测试设备进行
调试；

3 计算各级临界试验荷载值及检验指标的预估
值，作为试验分级加载和现象观测的依据。

8.3.2 使用状态试验应按本标准第 5.3.3 条、第
5.3.4 条的规定分级加载至各级临界试验荷载值，观
察各种试验现象，并对比各检验指标的实测值、预估
值及允许值，判断试件是否满足挠度检验、抗裂或裂
缝宽度检验等性能要求。

8.3.3 预制构件进行挠度检验时，应在使用状态试
验荷载值下持荷结束时量测试件的变形，将扣除支座
沉降、试件自重和加载设备重量的影响，并按加载模
式进行修正后的挠度作为挠度检验实测值 a_s^o。

8.3.4 预制构件的抗裂检验系数实测值按下列公式
进行计算：

采用均布加载时 $\quad \gamma_{cr} = \dfrac{Q_{cr}^o}{Q_s}$ （8.3.4-1）

采用集中力加载时 $\quad \gamma_{cr} = \dfrac{F_{cr}^o}{F_s}$ （8.3.4-2）

式中：γ_{cr} ——试件的抗裂检验系数实测值；

Q_{cr}^o、F_{cr}^o ——以均布荷载、集中荷载形式表达的试件
开裂荷载实测值；

Q_s、F_s ——以均布荷载、集中荷载形式表达的试件
使用状态试验荷载值。

8.3.5 预制构件进行裂缝宽度检验时，应在使用状
态试验荷载值下持荷结束时量测最大裂缝的宽度，并
取量测结果的最大值作为最大裂缝宽度实测值 $w_{s,max}^o$。

8.3.6 对试件进行承载力检验时，应按本标准第
5.3.3 条的规定分级进行加载，当试件出现本标准表
7.3.3 所列的任一种承载力标志（第 i 种）时，即认
为该试件已达到承载能力极限状态，应停止加载，并
按本标准第 5.3.5 条的规定取相应的试验荷载值作为
承载力检验荷载实测值 $Q_{u,i}^o$（$F_{u,i}^o$）。如加载至最大的
临界试验荷载值，仍未出现任何承载力标志，则应停
止加载并判定试件满足承载力要求。

8.3.7 试件的承载力检验系数实测值 $\gamma_{u,i}$ 应按下列公
式进行计算：

当采用均布加载时 $\quad \gamma_{u,i} = \dfrac{Q_{u,i}^o}{Q_d}$ （8.3.7-1）

当采用集中力加载时 $\quad \gamma_{u,i} = \dfrac{F_{u,i}^o}{F_d}$ （8.3.7-2）

式中：$Q_{u,i}^o$、$F_{u,i}^o$ ——以均布荷载、集中荷载形式表
达的，试件出现第 i 类承载力标
志时的承载力试验荷载实测值；

Q_d、F_d ——以均布荷载、集中荷载形式表
达的承载力状态荷载设计值。

9 原位加载试验

9.1 一般规定

9.1.1 对下列类型结构可进行原位加载试验：

1 对怀疑有质量问题的结构或构件进行结构性
能检验；

2 改建、扩建再设计前，确定设计参数的系统
检验；

3 对资料不全、情况复杂或存在明显缺陷的结
构，进行结构性能评估；

4 采用新结构、新材料、新工艺的结构或难以
进行理论分析的复杂结构，需通过试验对计算模型或
设计参数进行复核、验证或研究其结构性能和设计
方法；

5 需修复的受灾结构或事故受损结构。

9.1.2 原位加载试验分为下列类型，可根据具体情
况选择进行：

1 使用状态试验，根据正常使用极限状态的检
验项目验证或评估结构的使用功能；

2 承载力试验，根据承载能力极限状态的检验
项目验证或评估结构的承载能力；

3 其他试验，对复杂结构或有特殊使用功能要
求的结构进行的针对性试验。

9.1.3 结构原位试验的试验结果应能反映被检结构
的基本性能。受检构件的选择应遵守下列原则：

1 受检构件应具有代表性，且宜处于荷载较大、
抗力较弱或缺陷较多的部位；

2 受检构件的试验结果应能反映整体结构的主
要受力特点；

3 受检构件不宜过多；

4 受检构件应能方便地实施加载和进行量测；

5 对处于正常服役期的结构，加载试验造成的
构件损伤不应对结构的安全性和正常使用功能产生明
显影响。

9.1.4 原位加载试验的试验荷载值当考虑后续使用
年限的影响时，其可变荷载调整系数宜根据现行国家
标准《工程结构可靠性设计统一标准》GB 50153、
《建筑结构荷载规范》GB 50009 的相关规定，并结合
受检构件的具体情况确定。

9.1.5 试验结构的自重，当有可靠检测数据时，可
根据实测结果对其计算值作适当调整。

9.1.6 原位试验应根据结构特点和现场条件选择恰

当的加载方式，并根据不同试验目的确定最大加载限值和各临界试验荷载值。直接加载试验应严格控制加载量，避免超加载造成超出预期的永久性结构损伤或安全事故。计算加载值时应扣除构件自重及加载设备的重量。

9.1.7 根据原位加载试验的类型和目的，试验的最大加载限值应按下列原则确定：

1 仅检验构件在正常使用极限状态下的挠度、裂缝宽度时，试验的最大加载限值宜取使用状态试验荷载值，对钢筋混凝土结构构件取荷载的准永久组合，对预应力混凝土结构构件取荷载的标准组合；

2 当检验构件承载力时，试验的最大加载限值宜取承载力状态荷载设计值与结构重要性系数 γ_0 乘积的 1.60 倍；

3 当试验有特殊目的或要求时，试验的最大加载限值可取各临界试验荷载值中的最大值。

9.1.8 试验前应收集结构的各类相关信息，包括原设计文件、施工和验收资料、服役历史、后续使用年限内的荷载和使用功能、已有的缺陷以及可能存在的安全隐患等。还应对材料强度、结构损伤和变形等进行检测。

9.1.9 对装配式结构中的预制梁、板，若不考虑后浇面层的共同工作，应将板缝、板端或梁端的后浇面层断开，按单个构件进行加载试验。

9.2 试 验 方 案

9.2.1 结构原位加载试验应采用短期静力加载试验的方式进行结构性能检验，并应根据检验目的和试验条件按下列原则确定加载方法：

1 加载形式应能模拟结构的内力，根据受检构件的内力包络图，通过荷载的调配使控制截面的主要内力等效；并在主要内力等效的同时，其他内力与实际受力的差异较小；

2 对超静定结构，荷载布置均应采用受检构件与邻近区域同步加载的方式；加载过程应能保证控制截面上的主要内力按比例逐级增加；

3 可采用多种手段组合的加载方式，避免加载重物堆积过多，增加试验工作量；

4 对预计出现裂缝或承载力标志等现象的重点观测部位，不应堆积加载物；

5 宜根据试验目的控制加载量，避免造成不可恢复的永久性损伤或局部破坏；

6 应考虑合理简捷的卸载方式，避免发生意外。

9.2.2 原位加载试验宜采用一次加载的模拟方式。应根据试验目的，通过计算调整荷载的布置，使受检构件各控制截面的主要内力同步受到检验。当一种加载模式不能同时使试验所要求的各控制截面的主要内力等效时，也可对受检构件的不同控制截面分别采用不同的荷载布置方式，通过多次加载使各控制截面的

主要内力均受到检验。

9.2.3 原位加载试验的加载方式及程序应遵守本标准第 5.2 节～第 5.4 节的有关要求，根据实际条件选择下列加载方式：

1 楼板、屋盖宜采用上表面重物堆载；

2 梁类构件宜采用悬挂重物或捯链—地锚加载，或通过相邻板区域加载；

3 水平荷载宜采用捯链加载的形式；

4 可在内力等效的条件下综合应用上述加载方法。

9.2.4 加载过程中结构出现下列现象时应立即停止加载，分析原因后如认为需继续加载，宜增加荷载分级，并应采取相应的安全措施：

1 控制测点的变形、裂缝、应变等已达到或超过理论控制值；

2 结构的裂缝、变形急剧发展；

3 出现本标准表 7.3.3 所列的承载力标志；

4 发生其他形式的意外试验现象。

9.2.5 原位加载试验的测点数量不宜过多；但对荷载、挠度等重要检验参数宜布置可直接观测的仪表，并宜采用不同的量测方法对比、校核试验量测的结果。原位加载试验过程中宜进行下列观测：

1 荷载—变形关系；

2 控制截面上的混凝土应变；

3 试件的开裂、裂缝形态以及裂缝宽度的发展情况；

4 试件承载力标志的观测；

5 卸载过程中及卸载后，试件挠度及裂缝的恢复情况及残余值。

9.2.6 对采用新结构、新材料、新工艺的结构以及各类大型或复杂结构，当通过确定范围内的原位加载试验，验证计算模型或设计参数时，试验宜符合下列要求：

1 加载方式宜采用悬吊加载，荷载下部应采取保护措施，防止加载对结构造成损伤；

2 现场试验荷载不宜超过使用状态试验荷载值。

9.2.7 对结构进行破坏性的原位加载试验时，应根据结构特点和试验目的制定试验方案，研究其结构受力特点、残余承载能力、破坏模式、延性指标等性能。在结构进入塑性阶段后，加载宜采用变形控制的方式。荷载施加及结构变形均应在可控范围内，并应采取措施确保人员和设备的安全。

9.3 试验检验指标

9.3.1 受弯构件应按下列方式进行挠度检验：

1 当按现行国家标准《混凝土结构设计规范》GB 50010 规定的挠度允许值进行检验时，应符合下式要求：

$$a_s^0 \leqslant [a_s] \qquad (9.3.1-1)$$

式中：a_s^o——在使用状态试验荷载值作用下，构件的
挠度检验实测值；

[a_s]——挠度检验允许值，按本标准第 9.3.2 条
的有关规定计算。

2 当设计要求按实配钢筋确定的构件挠度计算
值进行检验，或仅检验构件的挠度、抗裂或裂缝宽度
时，除应符合公式（9.3.1-1）的要求外，还应符合
下式要求：

$$a_s^o \leqslant 1.2a_s^c \qquad (9.3.1\text{-}2)$$

式中：a_s^c——在使用状态试验荷载值作用下，按实配
钢筋确定的构件短期挠度计算值。

注：直接承受重复荷载的混凝土受弯构件，当进
行短期静力加载试验时，a_s^c 值应按使用状态下静力
荷载短期效应组合相应的刚度值确定。

9.3.2 挠度检验允许值应按下列公式计算：

对钢筋混凝土受弯构件

$$[a_s] = [a_f]/\theta \qquad (9.3.2\text{-}1)$$

对预应力混凝土受弯构件

$$[a_s] = \frac{M_k}{M_q(\theta - 1) + M_k}[a_f] \qquad (9.3.2\text{-}2)$$

式中：[a_s]——挠度检验允许值；

M_k——按荷载的标准组合计算所得的弯矩，
取计算区段内的最大弯矩值；

M_q——按荷载的准永久组合计算所得的弯
矩，取计算区段内的最大弯矩值；

θ——考虑荷载长期效应组合对挠度增大的
影响系数，按现行国家标准《混凝土
结构设计规范》GB 50010 的有关规
定取用；

[a_f]——构件挠度设计的限值，按现行国家
标准《混凝土结构设计规范》GB
50010 的有关规定取用。

9.3.3 构件裂缝宽度检验应符合下式要求：

$$w_{s,\text{max}}^o \leqslant [w_{\text{max}}] \qquad (9.3.3)$$

式中：$w_{s,\text{max}}^o$——在使用状态试验荷载值作用下，构
件的最大裂缝宽度实测值；

[w_{max}]——构件的最大裂缝宽度检验允许值，
按表 9.3.3 取用。

表 9.3.3　构件的最大裂缝宽度检验允许值（mm）

设计规范的限值 w_{lim}	检验允许值 [w_{max}]
0.10	0.07
0.20	0.15
0.30	0.20
0.40	0.25

9.3.4 预应力混凝土构件应按下列方式进行抗裂
检验：

1 按抗裂检验系数进行抗裂检验时，应符合下
列公式要求：

$$\gamma_{\text{cr}} \geqslant [\gamma_{\text{cr}}] \qquad (9.3.4\text{-}1)$$

采用均布加载时 $\quad \gamma_{\text{cr}} = \dfrac{Q_{\text{cr}}^o}{Q_s} \qquad (9.3.4\text{-}2)$

采用集中力加载时 $\quad \gamma_{\text{cr}} = \dfrac{F_{\text{cr}}^o}{F_s} \qquad (9.3.4\text{-}3)$

式中：　γ_{cr}——构件的抗裂检验系数实测值；

[γ_{cr}]——构件的抗裂检验系数允许值，按本
标准第 9.3.5 条的有关规定计算；

Q_{cr}^o、F_{cr}^o——以均布荷载、集中荷载形式表达的
构件开裂荷载实测值；

Q_s、F_s——以均布荷载、集中荷载形式表达的
构件使用状态试验荷载值。

2 按开裂荷载值进行抗裂检验时，应符合下列
公式的要求：

采用均布加载时 $\quad Q_{\text{cr}}^o \geqslant [Q_{\text{cr}}] \qquad (9.3.4\text{-}4)$

$$[Q_{\text{cr}}] = [\gamma_{\text{cr}}]Q_s \qquad (9.3.4\text{-}5)$$

采用集中力加载时 $\quad F_{\text{cr}}^o \geqslant [F_{\text{cr}}] \qquad (9.3.4\text{-}6)$

$$[F_{\text{cr}}] = [\gamma_{\text{cr}}]F_s \qquad (9.3.4\text{-}7)$$

式中：[Q_{cr}]、[F_{cr}]——以均布荷载、集中荷载形式
表达的构件的开裂荷载允
许值。

9.3.5 抗裂检验系数允许值应根据现行国家标准
《混凝土结构设计规范》GB 50010 有关构件抗裂验算
边缘应力计算的有关规定，按下式进行计算：

$$[\gamma_{\text{cr}}] = 0.95\frac{\sigma_{\text{pc}} + \gamma f_{\text{tk}}}{\sigma_{\text{sc}}} \qquad (9.3.5)$$

式中：[γ_{cr}]——抗裂检验系数允许值；

σ_{sc}——使用状态试验荷载值作用下抗裂验
算边缘混凝土的法向应力；

γ——混凝土构件截面抵抗矩塑性影响系
数，按现行国家标准《混凝土结构
设计规范》GB 50010 计算确定；

f_{tk}——检验时的混凝土抗拉强度标准值，
根据设计的混凝土强度等级，按现
行国家标准《混凝土结构设计规范》
GB 50010 的有关规定取用；

σ_{pc}——检验时抗裂验算边缘的混凝土预压
应力计算值，按现行国家标准《混
凝土结构设计规范》GB 50010 的有
关规定确定。计算预压应力值时，
混凝土的收缩、徐变引起的预应力
损失值宜考虑时间因素的影响。

9.3.6 出现承载力标志的构件应按下列方式进行承
载力检验：

1 当按现行国家标准《混凝土结构设计规范》
GB 50010 的要求进行检验时，应满足下列公式的
要求：

$$\gamma_{u,i} \geqslant \gamma_0[\gamma_u]_i \qquad (9.3.6\text{-}1)$$

当采用均布加载时 $\gamma_{u,i}^0 = \dfrac{Q_{u,i}^0}{Q_d}$ (9.3.6-2)

当采用集中力加载时 $\gamma_{u,i}^0 = \dfrac{F_{u,i}^0}{F_d}$ (9.3.6-3)

式中：$[\gamma_u]_i$——构件的承载力检验系数允许值，根据试验中所出现的承载力标志类型 i，取用本标准表 7.3.3 中相应的加载系数值；

$\gamma_{u,i}^0$——构件的承载力检验系数实测值；

γ_0——构件重要性系数，按第 9.3.7 条第 1 款的有关规定取用；

$Q_{u,i}^0$、$F_{u,i}^0$——以均布荷载、集中荷载形式表达的承载力检验荷载实测值；

Q_d、F_d——以均布荷载、集中荷载形式表达的承载力状态荷载设计值。

2 当设计要求按构件实配钢筋的承载力进行检验时，应满足下式要求：

$$\gamma_{u,i} \geqslant \gamma_0 \eta [\gamma_u]_i \qquad (9.3.6-4)$$

式中：η——构件承载力检验修正系数，按本标准第 9.3.7 条第 2 款的有关规定计算。

9.3.7 承载力检验系数允许值计算中的重要性系数和修正系数按下列方法确定：

1 重要性系数 γ_0，构件重要性系数可根据其所在结构的安全等级按表 9.3.7 选用。一般情况取二级，当设计有专门要求时应予以说明。

表 9.3.7 重要性系数 γ_0

所在结构的安全等级	构件重要性系数 γ_0
一级	1.1
二级	1.0
三级	0.9

2 承载力检验修正系数 η，当设计要求按构件实配钢筋的承载力进行检验时，构件承载力检验的修正系数应按下式计算：

$$\eta = \dfrac{R_i(f_c, f_s, A_s^0 \cdots)}{\gamma_0 S_i} \qquad (9.3.7)$$

式中：η——构件承载力检验修正系数；

$R_i(\cdot)$——根据实配钢筋确定的构件第 i 类承载力标志所对应承载力的计算值，应按现行国家标准《混凝土结构设计规范》GB 50010 中有关承载力计算公式的右边项计算；

S_i——构件第 i 类承载力标志对应的承载能力极限状态下的内力组合设计值。

9.4 试验结果的判断

9.4.1 使用状态试验结果的判断应包括下列检验项目：

1 挠度；

2 开裂荷载；

3 裂缝形态和最大裂缝宽度；

4 试验方案要求检验的其他变形。

9.4.2 使用状态试验应按本标准第 5.3.3 条、第 5.3.4 条的规定对结构分级加载至各级临界试验荷载值，并按第 9.3 节的要求检验结构的挠度、抗裂或裂缝宽度等指标是否满足正常使用极限状态的要求。

9.4.3 如使用状态试验结构性能的各检验指标全部满足要求，则应判断结构性能满足正常使用极限状态的要求。

9.4.4 混凝土结构需进行承载力试验时，应按本标准第 5.3.3 条的规定逐级对结构进行加载，当结构主要受力部位或控制截面出现本标准表 7.3.3 所列的任一种承载力标志时，即认为结构已达到承载能力极限状态，应按本标准第 5.3.5 条的规定确定承载力检验荷载实测值，并按第 9.3.6 条的规定进行承载力检验和判断。

9.4.5 如承载力试验直到最大加载限值，结构仍未出现任何承载力标志，则应判断结构满足承载能力极限状态的要求。

10 结构监测与动力测试

10.1 一般规定

10.1.1 结构监测包括施工阶段监测和使用阶段监测，监测方法和内容应根据结构所处阶段的特点和监测要求确定。对大跨、高耸等对振动敏感的混凝土结构，监测内容宜包括动力特性测试。

10.1.2 监测应选择结构的代表性或关键性部位，监测结果应能反映结构的整体受力状态或关键部位的结构性能。

10.1.3 结构监测系统宜根据监测目的，从量测仪器仪表系统、数据采集与传输系统、数据分析及损伤识别和定位系统、安全评估系统等基本功能模块中作合理的选择和组合。

10.1.4 结构监测可选择本标准第 6.2 节～第 6.5 节所列的各类量测仪表，也可根据监测项目及相关要求，合理选择本标准附录 B 所列的仪表和传感器。所选仪表和传感器的量测范围、量测精度等指标应符合测试的要求。

10.1.5 结构监测的仪器仪表系统应符合下列规定：

1 根据结构监测内容和分析的要求，选择合适的参数和适当的监测位置及安装方式，建立可靠的结构监测系统；

2 结构监测系统仪器仪表的选用应满足监测项目要求的量程、最大采样频率、线性度、灵敏度、分

辨率、迟滞、重复性、漂移、供电方式和寿命；动力特性测试的传感器还要注意传感器的频响函数和动态校准；

　　3　结构监测系统的仪器仪表应安装稳定，有较强的抗干扰能力；设备、仪器均应有防风、防雨雪、防晒等保护措施；监测过程中应采取有效措施确保预埋传感器元件及导线不受损伤。

10.2　施工阶段监测

10.2.1　施工阶段监测应通过对施工过程中结构的状态进行实时识别、调整和预测，确保施工过程中受监测结构的物理和力学性能指标始终处于允许的安全范围内，确保结构能够符合设计的要求。对施工阶段内力变化复杂的结构，可通过结构监测验证分析模型和设计理论，或对施工中的不确定性问题进行研究。

10.2.2　下列类型结构宜进行施工阶段监测：

　　1　施工过程中工序交错、受力复杂、多工作面协同建设的结构；

　　2　大体积混凝土结构、超长结构、特殊截面等受温度变化、混凝土收缩、徐变、日照等环境因素影响显著的特殊结构；

　　3　受到邻近施工作业影响的重要结构，也宜在施工阶段进行有针对性的监测。

10.2.3　施工阶段结构监测内容应根据监测目的和结构的特点、施工方法、环境因素等确定，宜包括结构体形和构件变形的监测、结构重要部位钢筋、混凝土应变的监测以及结构振动的监测等。

10.2.4　施工阶段结构的监测，应根据测试项目、测试环境和施工周期，选择方便、可靠和耐久性较好的监测传感器和仪器仪表。如还需继续对结构进行使用阶段的监测，则应选择并布置满足使用阶段长期监测要求的仪器仪表。

10.2.5　在编制施工阶段结构监测方案时，应根据施工方案和监测、控制的要求，对结构进行分析，提供经计算确定的参数正常范围和预警值。监测参数应与正常范围及预警值进行实时分析比较和判断，并根据监测结果对施工状态进行判断。监测结果应及时反馈给设计、施工部门，以验证设计与施工方案，并在出现异常情况时及时指导调整设计与施工的方案。

10.3　使用阶段监测

10.3.1　使用阶段结构监测宜采用无损监测方式，从正在使用的结构中实时获取并处理数据，评估结构的工作状态和性能，识别可能发生的损伤和结构性能退化，对结构性能的变化趋势进行预测，并为采取针对性措施提供指导。对使用阶段受力复杂或所处环境特殊的结构，可通过结构监测验证分析模型和设计理论，为结构维护和其他类似工程的设计提供依据。

10.3.2　对新型、复杂、设计使用年限较长、使用环境特殊的重要结构，为保证其使用的可靠性，可进行使用阶段的结构监测。使用阶段结构监测根据结构重要性可分为实时的在线监测和适时的定期监测。

10.3.3　使用阶段结构监测结果应能评估结构的主要力学性能，并预测其变化趋势。监测内容应根据监测目的和结构特点、使用功能、环境条件，从下列项目中选择相关的内容：

　　1　环境条件：包括结构所处环境的温度、湿度、气压、风力、风向等参数；

　　2　结构的整体性能：包括特定环境和使用条件下，结构材料特性、整体静力状态和动力特性的变化情况，也包括结构在强风、强地面运动下的非线性特性等；

　　3　结构关键部位的局部性能：包括结构边界和连接条件，构件、节点及连接部分的疲劳问题，构件的应力状态、损伤、变形以及预应力损失等；

　　4　材料性能劣化：包括混凝土的碳化、疏松、粉化、破碎等损伤以及钢筋锈蚀等。

10.3.4　使用阶段监测应根据环境条件和监测期的要求选用技术成熟、性能稳定、耐久性能好、易于维护的仪器仪表。传感器及数据采集传输系统的精度、量程等应符合测试的要求。使用阶段监测的数据通信与传输系统在确保可靠的前提下，可根据实际情况选择有线网络或无线传输。

10.3.5　对进行使用阶段监测的结构，宜在施工阶段即进行相应参数的监测，并与使用阶段的监测相互衔接，使监测信息具有连续性、完整性和可靠性。

10.3.6　结构材料性能劣化的监测可根据需要选择下列方法：

　　1　观察法：直接观察构件表面混凝土的外观状态，根据裂缝、疏松、粉化、破碎以及顺筋开裂、褐色锈渍等现象加以判断；必要时可用水润法判断微小裂缝；

　　2　剔凿法：对怀疑有缺陷的部位，可将混凝土剔凿到一定深度，观察其内部的裂缝、破损情况，或钢筋表面的锈蚀程度，也可用钻芯法作更深的取样和观察；

　　3　碳化深度测定：配合剔凿，利用酚酞试液测定混凝土的碳化深度。

10.3.7　在编制使用阶段监测方案时，应分析结构可能出现的异常行为，明确监控参数的正常范围和预警值。使用阶段监测应根据当前监测结果并参考结构长期监测的数据，判断结构的实时工作状态和安全性，并预测结构性能的变化趋势。

10.4　结构动力特性测试

10.4.1　对大跨、超高、对振动有特殊要求的混凝土结构或当动力特性对结构的可靠性评估起重要作用时，宜进行结构动力特性测试。

10.4.2　动力特性测试系统应由激励系统、传感器和

动态信号采集分析系统组成。测试仪器的灵敏度和频率响应等性能指标应满足测试要求，并应在使用前对其性能指标进行校准。

10.4.3 动力特性测试项目可包括结构自振频率、振型和阻尼比等动力特性的测试以及结构受振动源激励后的位移、速度、加速度以及动应变等动力响应的测试，测试时应根据需要选择不同的测量参数。

10.4.4 动力特性测试方案应明确测试目的、主要测试内容、测试仪器和设备、测试方法以及测点布置等。测试前应大致了解振动类型、幅值和结构固有的动力特性，并预估对结构起主导作用或危害最大的主要动荷载及其特性。

10.4.5 现场动力特性测试可按下列步骤进行：

    1 根据测试方案准备仪器和设备，确定合适的量测范围；

    2 根据场地情况、测试要求和结构特点布置测点；

    3 在测点布置传感器，传感器的主轴方向应与测点主振动方向一致；

    4 连接导线（包括屏蔽线和接地线），对整个测量系统进行调试；

    5 合理设置测试参数；

    6 采集数据并保存。

10.4.6 对结构自振频率、振型和阻尼比等动力特性参数的测试及动力响应测试应同步量测多通道的时域曲线，采样频率应满足采样定理的要求。

10.4.7 为计算结构动力特性参数，动力特性测试数据的分析处理可采用频域分析法或时域分析法。对环境激励下的非平稳随机过程，也可同时在时、频两域进行联合分析。

10.4.8 结构动力特性和动力响应影响的评价，应根据现场的调查状况、结构及人体的容许限值，通过分析论证，提出评价意见。

11 试 验 安 全

11.0.1 结构试验方案应包含保证试验过程中人身和设备仪表安全的措施及应急预案。试验前试验人员应学习、掌握试验方案中的安全措施及应急预案；试验中应设置熟悉试验工作的安全员，负责试验全过程的安全监督。

11.0.2 制定结构加载方案时，应采用安全性高、有可靠保护措施的加载方式，避免在加载过程中结构破坏或加载能量释放伤及试验人员或造成设备、仪表损坏。

11.0.3 在试验准备工作中，试验试件、加载设备、荷载架等的吊装，设备仪表、电气线路等的安装，试验后试件和试验装置的拆除，均应符合有关建筑安装工程安全技术规定的要求。吊车司机、起重工、焊工、电工等试验人员需经专业培训，且具有相应的资质。试验加载过程中，所有设备、仪表的使用均应严格遵守有关的操作规程。

11.0.4 试验用的荷载架、支座、支墩、脚手架等支承及加载装置均应有足够的安全储备，现场试验的地基应有足够的承载力和刚度。安装试件的固定连接件、螺栓等应经过验算，并保证发生破坏时不致弹出伤人。

11.0.5 试验过程中应确保人员安全，试验区域应设置明显的标志。试验过程中，试验人员测读仪表、观察裂缝和进行加载等操作均应有可靠的工作台或脚手架。工作台和脚手架不应妨碍试验结构的正常变形。

11.0.6 试验人员应与试验设施保持足够的安全距离，或设置专门的防护装置，将试件与人员和设备隔离，避免因试件、堆载或试验设备倒塌及倾覆造成伤害。对可能发生试件脆性破坏的试验，应采取屏蔽措施，防止试件突然破坏时碎片或者锚具等物体飞出危及人身、仪表和设备的安全。

11.0.7 对桁架、薄腹梁等容易倾覆的大型结构构件，以及可能发生断裂、坠落、倒塌、倾覆、平面外失稳的试验试件，应根据安全要求设置支架、撑杆或侧向安全架，防止试件倒塌危及人员及设备安全。支架、撑杆或侧向安全架与试验试件之间应保持较小间隙，且不应影响结构的正常变形；悬吊重物加载时，应在加载盘下设置可调整支垫，并保持较小间隙，防止因试件脆性破坏造成的坠落（图 11.0.7）。

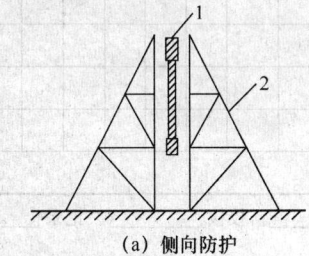

(a) 侧向防护

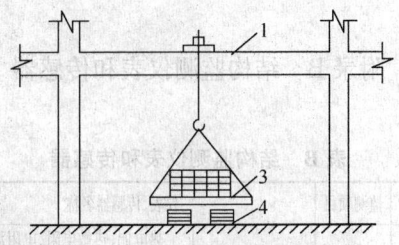

(b) 重物加载架下部设置可调整支垫

图 11.0.7 安全措施示意

1—试件；2—侧向防护；3—加
载架；4—可调整支垫

11.0.8 试验用的千斤顶、分配梁、仪表等应采取防坠落措施。仪表宜采用防护罩加以保护。当加载至接近试件极限承载力时，宜拆除可能因结构破坏而损坏的仪表，改用其他量测方法；对需继续量测的仪表，应采取有效的保护措施。

附录A 预制构件结构性能试验检验记录表

表A 预制构件结构性能试验检验记录表

委托单位____ 构件名称型号____ 生产工艺____ 生产日期____ 编号____

项目	外形尺寸(mm)	主筋规格数量	保护层厚度(mm)	混凝土强度(kN/mm²)	构件自重(kN/m²)(kN)	标准荷载或准永久荷载(kN/m²)(kN)	设计荷载(kN/m²)(kN)	检验允许值 挠度(mm)$[a_s]$	最大裂缝宽度(mm)$[w_{max}]$	抗裂检验系数$[\gamma_{cr}]$	承载力检验系数$[\gamma_u]$
设计											
实测											

加载模式、仪表位置编号：　　　　　　　　　　试验现象（裂缝情况、破坏特征等）：

荷载 Q(kN/m²) 或 F(kN) 等级	时间	加载	累计	量测记录 仪表编号 A	B	C	D	挠度(mm)	最大裂缝宽度(mm) __侧	__侧	试验现象记录
0											
1											
2											
3											
4											
...											
20											
结论											

负责_____ 校核_____ 记录_____ 试验单位(公章)　　　　试验日期_____

附录B 结构监测仪表和传感器

表B 结构监测仪表和传感器

类型	监测项目	仪表、传感器名称
环境监测类	温度（接触式温度计）	热电偶、热敏电阻、电阻温度监测器、半导体温度传感器、膨胀式温度计、光纤光栅温度计
	温度（非接触式温度计）	红外测温仪、光学温度计
	湿度	电子湿度计
	风速	热式风速仪、叶轮风速计、热线式风速计、光电型风速计
荷载监测类	荷载传感器	应变式压力传感器、压电式压力传感器、压阻式压力传感器、测定索力用压力传感器、压力环、磁通量索力计
	车载传感器	石英压电传感器、光纤称重传感器、压力薄膜传感器、弯板式称重系统、动态称重系统

续表B

类型	监测项目	仪表、传感器名称
变形监测类	位移、倾角	位移计、倾角仪、卫星定位系统、电子测距器、全站仪
结构效应监测类	应力、应变	磁弹性仪、电阻应变计、振弦应变计、光纤光栅应变计、手持式引伸仪
	位移	位移计、激光测距仪、有两次积分功能的综合型加速度计、微波干涉仪
	转角	倾角仪
	加速度	加速度计
	速度	磁电式速度计、有单次积分功能的综合型加速度计
材料特性监测类	锈蚀	钢筋锈蚀仪、埋入式钢筋混凝土腐蚀监测系统
	裂缝	裂缝数显显微镜、裂缝宽度测试仪、裂缝深度测试仪
	疲劳	混凝土疲劳计

本标准用词说明

1 为了便于在执行本标准条文时区别对待，对要求严格程度不同的用词说明如下：

  1）表示很严格，非这样做不可的用词：
     正面词采用"必须"，反面词采用"严禁"；

  2）表示严格，在正常情况均应这样做的用词：
     正面词采用"应"，反面词采用"不应"或"不得"；

  3）表示允许稍有选择，在条件许可时首先应这样做的用词：
     正面词采用"宜"，反面词采用"不宜"；

  4）表示有选择，在一定条件下可以这样做的用词：采用"可"。

2 条文中指明应按其他有关标准执行的写法为："应符合……的规定"或"应按……执行"。

引用标准名录

1 《建筑结构荷载规范》GB 50009

2 《混凝土结构设计规范》GB 50010

3 《普通混凝土力学性能试验方法标准》GB/T 50081

4 《工程结构可靠性设计统一标准》GB 50153

5 《混凝土结构工程施工质量验收规范》GB 50204

6 《建筑结构检测技术标准》GB/T 50344

中华人民共和国国家标准

混凝土结构试验方法标准

GB/T 50152—2012

条 文 说 明

修 订 说 明

《混凝土结构试验方法标准》GB/T 50152－2012
经住房和城乡建设部 2012 年 1 月 21 日以第 1268 号
公告批准、发布。

本标准是在《混凝土结构试验方法标准》GB
50152－92 的基础上修订而成的，上一版的主编单位
是中国建筑科学研究院。

本标准修订过程中，修订组进行了广泛的调查研
究，总结了我国科研、工程设计、施工、检验检测等
领域的实践经验，同时参考了国外的先进科研成果和
试验技术，许多单位和学者进行了卓有成效的试验和
研究，为本次修订提供了极有价值的参考资料。

为便于广大科研院校、设计、施工、检测等单位
和有关人员在使用本标准时能正确理解和执行条文规
定，《混凝土结构试验方法标准》修订组按章、节、
条顺序编制了本标准的条文说明。对条文规定的目
的、依据以及执行中需要注意的有关事项进行了说
明。但是条文说明不具备与标准正文同等的效力，仅
供使用者作为理解和把握标准规定的参考。

目 次

1 总 则

1.0.1 混凝土结构是我国主要的建筑结构形式，近年来随着科学研究和工程实践的发展，混凝土结构试验技术也取得了长足的进步。为适应新试验技术、新试验方法的变化，满足当前混凝土结构科学研究和工程应用的需要，制定本标准。

1.0.2 原标准主要适用于实验室试验，本次修订后标准的覆盖范围有了较大的扩展。

1.0.3 本标准编制所依据的主要规范以及应协调、配套使用的规范、标准主要包括：《建筑结构荷载规范》GB 50009、《混凝土结构设计规范》GB 50010、《混凝土结构工程施工规范》GB 50666、《混凝土结构工程施工质量验收规范》GB 50204、《建筑结构检测技术标准》GB/T 50344 等。

2 术语和符号

本标准的术语是根据现行国家标准《工程结构设计基本术语和通用符号》GBJ 132、《建筑结构设计术语和符号标准》GB/T 50083 等结合具体情况给出的。

本次修订对试验内容进行了补充和调整，根据试验特点和试验场所将试验分为：实验室试验、预制构件试验、原位加载试验和结构监测。

实验室试验多采用缩尺模型，研究内容和方法非常丰富，根据试验目的不同可分为探索性试验或验证性试验。

预制构件试验一般在预制厂进行，主要为生产服务，对象为预制构件产品，针对性很强，根据试验目的和要求的不同可分为型式检验、首件检验和合格性检验，均属于验证性试验。

原位加载试验在既有结构的现场进行。结构监测包括施工阶段和使用阶段的监测，也包括针对大跨、超高等复杂结构进行的动力特性测试。两类试验均属于验证性试验。

试验计算值、使用状态试验荷载值、承载力试验荷载值、试验加载值、试验标志以及检验系数等概念属于本标准特有的术语或具有特别含义的用词，在术语中单独列出以便于理解和应用。

术语中提及的计算应采用材料实测值或根据实测值推算得到的性能参数，而不应采用设计规范给出的材料标准值或设计值进行计算。

3 基 本 规 定

3.0.1 试验前应根据试验目的制定详细的试验方案，以指导试验顺利进行。本条列举了试验方案应包括的基本内容。试验方案是试验进行全过程的指导性文件，需经过审核后执行。

对预制构件产品的合格性检验，试件方案是样品的抽样检验方案。对结构原位加载试验、结构监测及动力特性测试，则需根据试验目的以及实际情况，选择整体结构、代表性区域或局部构件进行试验。

试验方案中还应包括安全措施，以保护试验人员和试验设备的安全。尤其在进行原位加载试验时，应采取必要的支撑和防护措施，防止结构发生意外破坏，造成设备损坏或试验人员的伤害。

3.0.2 为真实反映试验情况，应在试验现场及时记录试验现象。而为准确掌握和控制试验状态，对力、位移等关键性数据宜实时进行采集、分析和判断。本条列举了结构试验的原始记录的主要内容。对实验室试验应基本满足上述要求，其他类型的试验，则可根据试验目的和具体条件适当简化。

3.0.3 记录整理与试验现象的初步分析宜在试验后及时进行，这对于得出正确的试验结论十分重要，本条提出了对试验的原始记录进行初步整理、分析的要求。试验记录中试件的位移或变形指对试验过程起控制作用的挠度、伸缩、倾角等，试件的破坏性质应区分延性破坏或脆性破坏。

3.0.4 对试验结果进行深入分析是由试验实践上升到结构理论的关键步骤。除应对试验资料的深入分析、计算、归纳、总结以外，探索性试验和验证性试验还有不同的侧重，本条作了简要的说明。

3.0.5 试验报告是试验过程的真实反映和试验成果的集中体现，应准确、清楚、全面地反映科研或工程背景、探讨目的、试验方案、详尽的试验过程和现象描述、量测结果等。报告应实事求是，并根据试验结果进行分析，得出试验结论。实验室试验的报告应基本满足上述要求，其他类型试验可根据实际情况作适当的简化。

3.0.6 本条提出了试验报告撰写和数据处理的要求。

3.0.7 试验的原始过程、数据记录和处理过程、试验报告等技术资料应完整保存，注释清楚，并分类存档。试验资料应可供长期查询、复核及追溯。

4 材 料 性 能

4.0.1 由于混凝土结构试验研究的是结构或构件的实际性能，故应采用材料的实际性能参数进行计算和分析。材料的实际性能参数应通过材料试样的试验量测确定，并以此作为试验分析的依据。混凝土结构试验中，需测定实际性能参数的材料应包括钢筋和混凝土。钢板、钢筋焊接、机械连接、砂浆和结构胶等材料或部件的性能参数可根据相关标准或专门的规定确定。

4.0.2 实践表明，混凝土立方体试块的抗压试验最简单，结果最稳定，且能够推导其他的性能参数。棱

柱体试样及轴拉试样测定混凝土强度和弹性模量的试验比较复杂且试验离散性相对较大，本条规定可只进行混凝土立方体抗压强度试验，并直接采用成熟的公式推算材料的其他参数。

公式（4.0.2-1）～公式（4.0.2-3）建立了混凝土各种性能参数与立方体抗压强度的对应关系。这些关系是根据大量试验统计分析结果，按照《混凝土结构设计规范》GB 50010 条文说明有关内容确定的，计算式中将材料标准值替换为实测值。由于采用同条件试块，参数换算时不考虑试验试件与混凝土试块之间的修正以及变异系数的影响。

对于有特殊要求的情况，如轻骨料混凝土或其他特种混凝土，则需要通过材料试验测量实际的性能参数而不能采用上述公式直接推算。

4.0.3 钢筋的性能参数测定应根据现行国家标准《钢筋混凝土用钢》GB 1499、《金属材料 拉伸试验 第 1 部分：室内试验方法》GB/T 228.1 等方法进行。钢筋的断口伸长率受到局部颈缩的影响，并不反映钢筋真正的变形性能（延性），故伸长率指标应采用最大力下的总伸长率（均匀伸长率）。

考虑钢筋基圆面积率、截面尺寸偏差等的影响，钢筋实际的弹性模量与理论弹性模量之间存在差异，试验分析时宜通过称重等方法确定钢筋的实际截面，并采用钢筋弹性模量的实测值。

4.0.4 当试验前未能测定材料性能或者对测得的数据有怀疑时，可在试验后，从试件上受力较小且混凝土未开裂的区域钻取芯样，测定混凝土材料性能参数；从钢筋未屈服部位截取出钢筋试样，测定钢筋的材料性能参数。

4.0.5 处于施工阶段且留有同条件养护试块的结构，混凝土实体强度由同条件养护试块确定，其他情况可采用钻芯强度及其他各种间接测强方法确定的推定强度。由于回弹法、超声法等间接测强的方法误差较大，宜采用多种方法进行检测，并根据其结果经综合分析，确定混凝土的实体强度。也可采用钻芯法等直接测强方法对间接测强的结果进行必要的修正。

4.0.6 除钢筋、混凝土以外其他材料及部件的性能试验，按相关标准或专门规定执行。如钢筋焊接和机械连接试验分别按照《钢筋焊接接头试验方法标准》JGJ/T 27 和《钢筋机械连接技术规程》JGJ 107 进行，预应力筋的锚夹具、连接器试验按照《预应力筋用锚具、夹具和连接器》GB/T 14370 进行，植筋试验按照《混凝土结构后锚固技术规程》JGJ 145 进行。

5 试 验 加 载

5.1 支 承 装 置

5.1.1 本条为对试验支承装置的原则性要求。设置

试件的支承装置时，应使试件的受力状态符合试验方案的要求，避免因试验装置的刚度、承载力、稳定性不足而影响试验结果。同时支承装置在试验时的受力变形应不影响构件在加载过程的受力、变形。

5.1.2 本条为对简支梁以及单向简支板等简支受弯试件支座的规定。试验中也可采用其他形式的支座构造，但应满足本条的要求。对无法满足理想简支条件时，一般情况下水平移动受阻会在加载之初引起水平推力，在加载后期引起水平拉力，而转动受阻会引起阻止正常受力变形的约束弯矩。

5.1.3 本条给出了悬臂试件嵌固端的支座形式，在受弯、受剪情况下支座应不产生水平力，不发生水平向及竖向位移及转动，符合嵌固端支座受力状态的要求。试验也可采用其他构造形式的支座，但应满足上述要求。

5.1.4 本条给出了常用的两种简支双向板支座形式，支座只提供向上的竖向反力而无水平力和弯矩，允许有水平方向的位移和转动，但应保证不发生水平滑脱。其他支承形式的简支双向板，支座形式可参考图5.1.4 的方式进行布置。支座应具有足够的承载力和刚度，钢球、滚轴及角钢与试件之间应设置垫板。

5.1.5 受压试件端支座的构造要求体现在下列 3 个方面：

 1 在试件的竖向受力方向，支座提供轴向力并可随试件变形产生竖向位移；

 2 水平方向不产生水平位移，也无水平力；

 3 支座不约束试件端部的自由转动，无约束弯矩。

为此，受压试件的端支座应采用球形支座和刀口支座，并根据受力状态进行布置。为避免试件端部局压破坏影响整体试验结果，本条还提出了对试件端部进行加强的构造措施。

5.1.6 由于实际结构中受纯扭的构件很少，受扭试件试验时的实际受力工况往往比较复杂，难以对支座作统一的规定。应根据试验所模拟的具体受力状态，对支座进行设计。

5.1.7 在进行 V 形折板等开口薄壁试件的受弯、受剪承载力试验时，容易发生试件的屈曲失稳或局部破坏，为此应在支座或跨中设置定形架或卡具，保持截面形状，避免屈曲失稳。对于专门考察稳定性能的开口薄壁试件，则应按照实际情况设置支座。

5.1.8 薄腹试件平面外刚度较小，加载时容易侧向丧失稳定，发生侧弯，甚至翻倒，故应布置可靠的侧向支撑。侧向支撑的设置一般可利用现有结构、反力墙或在两侧设置撑杆或者三脚架，也可拼装组合成稳定的结构组件后进行加载试验。

5.1.9 吊车梁等重型结构构件所受的荷载和构件尺寸很大，一般试验机的加载能力已难以满足要求，故可以采用两榀试件互为支座的对顶加载方式。但拉杆

的刚度和承载力应满足试验要求，且平卧的加载试件下应设置滚轴以减少摩擦，使试件能够自由变形。

5.1.10　本条针对简支和连续受弯试件的受力状态，规定了对支墩和地基的要求。主要保证试件的水平状态并防止过大的支座沉降影响试验结果。对于其他受力条件复杂的试件，其支墩根据试验的要求确定。

5.2　加载方式

5.2.1　对实验室试验的各种试验机、千斤顶等加载设备提出精度和定期检验合格证的要求，有利于保证试验结果的准确性。对结构现场的原位加载等试验，受各种客观因素的影响，要求加载设备具有很高的精度并进行定期校准往往存在较大困难，故允许适当放宽要求。根据工程经验和常规的误差要求，加载精度确定为±5%。

5.2.2　本条对实验室加载最常用的试验机提出了精度和误差要求，实验室可根据本身条件及试验要求采用更高精度的加载设备。

5.2.3　千斤顶是最常用的加载设备之一，对实验室试验千斤顶只作为加载设备，加载量值由压力传感器直接测定。对预制构件试验和原位加载试验，如不便采用压力传感器，允许通过油压表读数计算千斤顶的加载量，但精度较低，本条提出了保证量测力值精度的措施。

5.2.4　试验可采用分配梁进行多点加载，但一般不应超过三级，否则难以保证试验装置的精度和稳定性。分配梁应具有足够的刚度，避免发生过大的变形而影响力的分配、分配梁支座的稳定以及试件的变形。

5.2.5　现场进行的预制构件试验和原位加载试验可采用悬挂重物、捯链一地锚等方式进行加载。荷载值宜采用荷载传感器直接测定，对于原位加载试验，受条件限制或为简化荷载量测，也可采用称重的方法，但总荷载值应考虑试件自重及加载装置的重量。

5.2.6　长期荷载采用杠杆集中力加载的优点是加载装置简单、荷载值稳定，且不受徐变变形等因素的影响。通过杠杆的方式可以减少加载所需重物的数量，如加载量不大，也可采用重物直接加载。

5.2.7　为模拟墙体试件上端的受力状态，一般采用加载横梁将集中力转化成均布荷载。横梁应有较大的承载力和刚度，加载横梁和试件顶面之间宜采用水泥砂浆或干砂垫层，保证其接触紧密，否则易因竖向加载不均匀而在试件顶部产生竖向裂缝。当混凝土的强度较高时，也可以在试件顶部设计承力和刚度较大的横梁，并与试件浇筑成一体。

5.2.8　剪力墙试件同时承受竖向和水平荷载，为避免水平位移对竖向加载装置和加载值的影响，竖向千斤顶与加载横梁之间可设置滑动装置。滑动装置应有足够的受压承载力，并应尽量减少摩擦。

5.2.9　集中荷载作用处的混凝土存在局部承压问题，故支座及加载点应采取预埋或后置钢板的构造措施。垫板的作用是垫稳试件并将集中力分散。采用砂浆找平，目的是保持试件支承的稳定性和试件均匀受力。

5.2.10　预制板类构件试验及结构现场原位试验常采用重物直接加载的形式，本条对重物加载提出了有关要求。在单块加载物重量均匀的前提下，可方便地通过加载物数量控制加载重量。如受试验条件限制，采用吸水性强的加载物时，应有防止含水率变化的措施，并应在试验后抽检复核加载量是否有变化。要求加载物形状规则，主要是为便于堆积码放。分堆码放重物之间的空隙不宜过小，这是因为试件在加载后期弯曲变形较大，重物之间留有足够空隙可避免其互相接触形成拱作用卸载。

5.2.11　散体加载主要用于现场进行板类试件或者楼盖的原位加载试验。散体材料多为就地取用的砂或碎石，本条列出了对散体加载方式的要求。

5.2.12　流体加载主要用于现场进行板类试件或者楼盖的原位加载试验。一般利用水作为加载物，加载的均匀度好，但应有效地控制加载量并防止渗漏。为保证荷载的均匀，液体底部水平度应予以保证；加载后期构件挠度较大时，宜考虑跨中与支座处液体深度不均匀的影响。

5.2.13　气压（水压）加载一般用于密封容器的原位加载试验，如油库、水箱、气柜、安全壳等，也可用于普通构件的均布加载。本条提出了气压（水压）加载试验的一般要求，当采用水压加载时，应考虑水自重的影响。当容器密封性不满足试验要求时，可以设置气囊（水囊）以保持压力的稳定。

5.2.14　试件一般应正位加载，不具备正位加载的条件时，可采用卧位、反位等异位加载方式，但应考虑因此而引起的与正常受力状态差异的影响。如预应力构件采用反位试验时，很可能由于预应力与自重作用的叠加在预拉区域产生裂缝。

5.2.15　等效加载是指用局部加载模拟对结构或构件上的实际荷载效应，通常为用集中加载模拟均布加载。本条提出了等效加载的原则及注意事项，如受弯构件的均布加载试验采用等效集中力加载时，除应满足主要内力（弯矩）等效外，还应考虑次要内力（剪力等）相近。此外，计算挠度时需要考虑变形（挠度）差异的修正。

5.2.16　本条通过表格列出了简支受弯试件等效加载的具体做法。其中挠度修正系数是指试件在均布荷载下跨中挠度与等效加载时试件跨中挠度的比值。

5.3　加载程序

5.3.1　试验预加载的主要目的是检验试验装置及仪表、设备，并对其进行相应的调整。同时也对垫层等进行压实，消除试件与装置之间的空隙，使试件支垫

平稳。

5.3.2 对静力试验，应根据不同试验的目的确定加载程序。本条列举了探索性和验证性试验的不同加载原则，后者应对事先确定的各级临界试验荷载（挠度、裂缝、承载力等）加以检验。位移加载则以屈服位移值的倍数或分位值控制。

为便于加载控制和试验现象的观测，试验前应根据试验要求分别确定下列临界试验荷载值：

1） 试件的挠度、裂缝宽度试验，应确定使用状态试验荷载值 Q_s（F_s）；

2） 试件的抗裂试验应确定开裂荷载计算值 Q_{cr}（F_{cr}）；

3） 试件的承载力试验应预估承载力试验荷载值，对验证性试验还应计算承载力状态荷载设计值 Q_d（F_d）。

1 验证性试验中使用状态试验荷载值 Q_s（F_s）应根据试件设计控制截面在正常使用极限状态下的内力计算值和试验加载模式经换算确定。正常使用极限状态下的内力计算值应根据现行国家标准《建筑结构荷载规范》GB 50009 计算确定，对钢筋混凝土构件、预应力混凝土构件应分别采用荷载（效应）的准永久组合和标准组合；正常使用极限状态下的内力计算值也可由设计文件提供；

2 试件的开裂荷载计算值 Q_{cr}（F_{cr}）应根据结构构件设计控制截面的开裂内力计算值和试验加载模式经换算确定。

1）验证性试验

正截面抗裂试验的开裂内力计算值应按下式计算：

$$S_{cr}^c = [\gamma_{cr}]S_s \qquad (1)$$

式中：S_{cr}^c —— 正截面抗裂试验的开裂内力计算值；

S_s —— 正常使用极限状态下的内力计算值；

$[\gamma_{cr}]$ —— 构件抗裂检验系数允许值，按公式（4）计算。

预应力构件采用均布加载或集中加载方式进行抗裂检验时，开裂荷载计算值 Q_{cr}、F_{cr} 也可直接按下列公式进行计算：

$$Q_{cr} = [\gamma_{cr}]Q_s \qquad (2)$$

或

$$F_{cr} = [\gamma_{cr}]F_s \qquad (3)$$

式中：Q_{cr}、F_{cr} —— 以均布荷载、集中荷载形式表达的开裂荷载计算值；

$[\gamma_{cr}]$ —— 抗裂检验系数允许值；

Q_s、F_s —— 以均布荷载、集中荷载形式表达的使用状态试验荷载值。

抗裂检验系数允许值 $[\gamma_{cr}]$ 按下式计算：

$$[\gamma_{cr}] = 0.95 \frac{\sigma_{pe} + \gamma f_{tk}}{\sigma_{sc}} \qquad (4)$$

式中：σ_{pe} —— 试验时抗裂验算边缘的混凝土预压应力计算值，应按现行国家标准《混凝土结构设计规范》GB 50010 的有关规定确定。计算预压应力值时，混凝土的收缩、徐变引起的预应力损失值宜考虑时间因素的影响；

f_{tk} —— 试验时的混凝土抗拉强度标准值，根据设计的混凝土强度等级，按现行国家标准《混凝土结构设计规范》GB 50010 的有关规定取用，当采用立方体抗压强度实测值时按内插取值；

γ —— 混凝土构件的截面抵抗矩塑性影响系数，应按现行国家标准《混凝土结构设计规范》GB 50010 的有关规定取用；

σ_{sc} —— 使用状态试验荷载值作用下抗裂验算边缘混凝土的法向应力。

2）探索性试验

正截面抗裂试验的开裂内力计算值应按下列公式计算：

轴心受拉构件

$$N_{cr}^c = (f_t^0 + \sigma_{pe})A_0^0 \qquad (5)$$

受弯构件

$$M_{cr}^c = (\gamma f_t^0 + \sigma_{pe})W_0^0 \qquad (6)$$

偏心受拉和偏心受压构件

$$N_{cr}^c = \frac{\gamma f_t^0 + \sigma_{pe}}{\dfrac{e_0}{W_0^0} \pm \dfrac{1}{A_0^0}} \qquad (7)$$

式中：N_{cr}^c —— 轴心受拉、偏心受拉和偏心受压构件正截面开裂轴向力计算值；

M_{cr}^c —— 受弯构件正截面开裂弯矩计算值；

A_0^0 —— 由实际几何尺寸计算的构件换算截面面积；

W_0^0 —— 由实际几何尺寸计算的换算截面受拉边缘的弹性抵抗矩；

e_0 —— 轴向力对构件截面形心的偏心矩；

γ —— 混凝土构件的截面抵抗矩塑性影响系数，应按现行国家标准《混凝土结构设计规范》GB 50010 的有关规定取用；

f_t^0 —— 混凝土的抗拉强度实测值。

注：公式（7）右边项中，当轴向力为拉力时取正号，为压力时取负号。

3 承载力试验荷载预估值应根据构件受力类型和本标准表 7.3.3 所列的承载力标志类型、设计控制截面相应的内力计算值 $S_{u,i}$ 和试验加载模式经换算确定。当可能出现多种承载力标志时，应按多个承载力试验荷载预估值依次进行加载试验。

验证性试验承载力状态荷载设计值 Q_d（F_d），应

根据承载能力极限状态下试件设计控制截面的内力组合设计值 S_i 和试验加载模式经换算确定。

试件达到承载能力极限状态时的内力计算值 $S^c_{u,i}$ 应按下列方法进行计算：

1）验证性试验

当按设计规范规定进行试验时，应按下式计算：

$$S^c_{u,i} = \gamma_0 \gamma_{u,i} S_i \qquad (8)$$

式中：$S^c_{u,i}$ ——试件出现第 i 类承载力标志对应的承载能力极限状态的内力计算值；

γ_0 ——结构重要性系数；

$\gamma_{u,i}$ ——第 i 类承载力标志对应的加载系数，按本标准表 7.3.3 取用；

S_i ——试件第 i 类承载力标志对应的承载能力极限状态下的内力组合设计值。

当设计要求按实配钢筋的构件承载力进行试验时应按下式计算：

$$S^c_{u,i} = \gamma_0 \eta \gamma_{u,i} S_i \qquad (9)$$

式中：η ——构件的承载力检验修正系数，按下式计算：

$$\eta = \frac{R_i\ (f_c, f_s, A^0_s \cdots)}{\gamma_0 S_i} \qquad (10)$$

式中：$R_i\ (\cdot)$ ——根据实配钢筋 A^0_s 确定的试件出现第 i 类承载力标志对应的承载力计算值，应按现行国家标准《混凝土结构设计规范》GB 50010 中有关承载力计算公式的右边项计算，材料强度应取设计值。

2）探索性试验

试件出现第 i 类承载力标志对应的承载能力极限状态的内力计算值，应根据其受力特点、材料的实测强度、构件的实际配筋和实测几何参数按下式进行计算：

$$S^c_{u,i} = R_i\ (f^0_c, f^0_s, A^0_s, a^0 \cdots) \qquad (11)$$

5.3.3 分级加载是按正常使用极限状态、承载能力极限状态的顺序按预定的步距逐级进行加载。接近开裂荷载计算值时加密荷载步距以准确测得开裂荷载值，接近承载力试验荷载值时应加密荷载步距，以得到准确的承载力检验荷载实测值，并避免试件发生突然性的破坏。

5.3.4 探索性试验的持荷时间由研究需要确定；为提高试验效率并反映混凝土强度提高后塑性减小的趋势，验证性试验的持荷时间较原标准缩短。对新型结构、跨度较大的屋架、桁架及薄腹梁等试件试验，一般不作承载力阶段的试验，而只检验使用状态。为了充分检验其弹塑性能并确保安全，在使用状态试验荷载下宜持荷 12h。

5.3.5、5.3.6 为统一试验过程中荷载取值的方法，

本条明确规定了试验荷载实测值的确定方法。该方法简单实用、概念明确。经多年实践检验，证明切实可行。

5.3.7 为探讨混凝土结构构件的延性和抗倒塌性能，宜进行后期加载，即在结构完成承载能力极限状态检验后继续加载，直至出现本标准第 7.3.4 条所述的各种承载力破坏现象。后期加载可根据试验目的进行，一般采用油压千斤顶或伺服助动器进行加载。宜按位移控制，缓慢持续加载直至试验结束。

5.3.8 恢复性能是混凝土结构的重要性能，本条提出了加载试验后逐级卸载的规定，以及卸载后对恢复性能的检验内容。

5.3.9 试件及加载设备自重相对较大时，不可忽视其对试验结果的影响。通常应作为试件上的荷载考虑。加载设备重量不宜过大，以避免安装过程中试件产生较大的变形和应力，影响试验量测结果。

5.3.10 静力试验时，试件上的各组荷载之间应保持固定的比例，同步进行加载和卸载。对于有特殊要求的结构，应根据实际受力特点或试验方案的特殊要求进行加载和卸载。如剪力墙的试验，一般应保持竖向荷载不变，水平荷载逐级增加。

6 试验量测

6.1 一般规定

6.1.1 作用（加载控制等）和作用效应（应力、变形、位移等）的量测，是结构分析的定量依据，本条给出了试验量测方案应遵循的原则。

在制定试验方案时，宜预先对试件进行预估性的计算分析，根据分析结果确定最不利位置及关键部位，据此确定量测项目并布置测点。在满足量测要求的前提下，测点数量不宜过多，但为了避免偶然因素导致的仪表工作不正常或故障，应适当布置校核性测点以便于对数据的可靠性作出判断。

6.1.2 本条为一般混凝土结构试验所需测试的项目，应根据试验目的和具体情况从中选择，其中应变量测比较复杂，可根据具体情况决定取舍。

6.1.3 对量测仪表的有效性要求，体现在仪表具备定期经检验校准的合格证，并处于计量有效期内。

本条提出了仪表量程的要求。预计量程过大则测量误差偏大；预计量程过小则试验过程中容易超出量程范围导致数据缺失或损坏仪表。因此，需要根据预计值选择合适的仪表量程。如果仪表在全量程范围内呈良好的线性，则预估量程也可低于满量程的 30%。

仪表精度的选用既要注意满足量测要求，也要避免盲目追求高精度。

6.1.4 近年来试验技术不断发展，具有自动量测、记录和初步整理功能的仪器、仪表大量出现。具备条

件时，宜优先选择能够自动连续进行数据采集和初步整理的仪表系统。这有利于保证数据测读、处理的速度和精度，并有助于现场试验分析和判断。

6.1.5 由于混凝土构件的变形在一定程度上与持荷时间有关，因此多个仪表的同一次测读应做到基本同时。对于分级加载的静力试验，为反映持荷期间作用和作用效应可能发生的变化，宜在加到某级荷载后，先进行一次预测读，持荷结束后再进行正式测读。

6.2 力值量测

6.2.1 本条提出了对集中加载力值量测仪表的要求，除量测精度的要求外，还强调了试验中应重视采用分配梁、悬挂重物等方式加载时设备重量的影响。

6.2.2 本条确定了均布加载时，各种加载形式加载值的计算方法。

6.3 位移及变形的量测

6.3.1 本条给出了常用的位移测量仪表。一般选用电子位移计、百分表、千分表、倾角仪等精度较高的仪表，原位加载试验或结构监测时也可根据试验要求，选用水准仪、经纬仪、全站仪、激光测距仪、直尺、挠度计、连通管等精度略低的仪器。除本条的建议以外，倾角、曲率、扭角等变形的量测，可以用基本仪表和各类转换元件，配以不同的附件及夹具，制作成曲率计、扭角计等各种适用的量测仪表。

6.3.2 本条对构件的弯曲变形测量方法进行了说明。加载后期挠度过大时往往已超出量程，为继续量测并保护仪表安全，可以拆除仪表，改用拉线—直尺或者水准仪—标尺等方法量测结构或构件的竖向变形。此类方法也经常在结构原位加载试验变形—位移的量测中应用。

试件自重和加载设备重量产生的挠度值一般在开始试验量测时已经产生，所以实测值未包含这部分变形，故分析试件总挠度时需要通过计算考虑试件在自重和加载设备重量作用下的挠度计算值。

6.3.3 为给出真实反映受弯及偏心受压构件挠度曲线特点的数据，本条对量测仪表布置的位置、间距及数量提出了要求。

6.3.4 悬臂构件自由端在各级试验荷载作用下直接量测得到的挠度实测值，包括了支座转角和沉降的影响，故试验中应同步量测支座的变形并在数据处理时进行修正以消除其影响。

6.3.5 本条列出了部分常见位移量测仪器、仪表的精度及误差要求。根据现行国家标准《指示表》GB/T 1219 和《金属直尺》GB/T 9056 的规定，百分表、千分表和钢直尺的误差允许值应符合表1的规定。

表1　百分表、千分表和钢直尺的误差允许值

名称	量程 S (mm)	最大允许误差 (μm)							回程误差 (μm)	重复性 (μm)
		任意 0.05mm	任意 0.1mm	任意 0.2mm	任意 0.5mm	任意 1mm	任意 2mm	全量程		
百分表 (分度值 0.01 mm)	S≤3							±14		
	3<S≤5			±5	±8	±10	±12	±16	3	3
	5<S≤10							±20		
	10<S≤20							±25	5	4
	20<S≤30							±35	7	
	30<S≤50				±15			±40	8	5
	50<S≤100							±50	9	
千分表 (分度值 0.001 mm)	S≤1	±2	—					±5	0.3	0.6
	1<S≤3	±2.5	—	±3.5	±5	±6		±8	0.5	
	3<S≤5	±2.5	—	±3.5	±5	±6		±8	0.5	
千分表 (分度值 0.002 mm)	S≤1		±3	±4				±7	0.6	0.6
	1<S≤3		±3	±4	±5	±6		±9		
	3<S≤5				±5	±6		±11		
	5<S≤10							±12		
钢直尺	150,300,500							150		
	600、1000							200		

根据现行行业标准《水准仪检定规程》JJG 425 和《光学经纬仪检定规程》JJG 414 分别对水准仪和经纬仪的分级提出要求，其精度不应低于 DS_3 和 DJ_2。

6.4 应变的量测

6.4.1 本条中给出了常用的应变测量仪表，各种应变传感器需要配套相应的数据采集系统进行量测和记录。

6.4.2 为消除温度对量测结果的影响，电阻应变计可采用桥路补偿法，也可采用自补偿应变片等方法。

6.4.3 本条给出了量测各种试件应变时测点布置的有关要求。

6.4.4 本条提出对各种应变量测仪表的精度及性能的要求。根据现行国家标准《金属粘贴式电阻应变计》GB/T 13992 规定，电阻应变计的单项工作特性分为 A、B、C 三个等级，根据现行国家行业标准《电阻应变仪检定规程》JJG 623 对应变仪各项技术指标的有关规定，电阻应变仪的准确度级别应不低于 1.0 级。

6.5 裂缝的量测

6.5.1 对混凝土结构试验，尤其是抗裂性能检验，开裂判断是试验现象观测的重点。本条给出了判断试件混凝土开裂的各种方法。第1种方法最简单，适用

于小型试件的试验；第2种方法也很有效，但须与直接观察配合；第3种方法适用于大跨度试件；第4种方法的成本较高，适用于对特定部位抗裂要求较高或难以直接观测开裂的特定部位，如对高腐蚀环境中的结构开裂的判断，也可用于结构监测。

6.5.2 本条提出对裂缝观察、量测的基本要求。裂缝形态图上一般应该包括：裂缝出现的顺序编号（宜以数字或字母标注）、每级荷载裂缝发展延伸的位置（可以在缝端标注荷载值，也可以标注荷载级别），并宜标出裂缝宽度测读的位置及宽度的数值。

6.5.3 本条规定了对不同构件观察、量测裂缝的位置，目的是为了更好地通过分析裂缝形态，反映试件的受力状态。

6.5.4 本条中给出了常用的裂缝宽度测量仪表及精度要求；也可选用其他的仪表测量裂缝宽度，但量测精度应符合试验要求。裂缝宽度检验卡可以简便地量测裂缝宽度，但应经校准后使用。

6.5.5 由于各种原因，试验试件往往在加载前就已具有裂缝。本条对试件既有裂缝的观测作出了规定，以区别加载后形成的受力裂缝。

6.6 试验结果的误差与统计分析

6.6.1 试验误差对试验结果的影响程度是不同的，如果试验误差对试验结果的精确性或正确性存在较明显的影响，应当进行试验结果的误差分析。通过误差分析可以判定试验结果的准确性和影响试验精度的主要方面，便于改进试验方案，提高试验质量。根据误差的性质和产生原因，可分为系统误差、偶然误差和过失误差。前两种误差可以根据误差分析采取针对性措施减少其影响；而过失误差由于无规律可循，应避免其产生。

6.6.2 对同一参数多次测量的误差可认为服从正态分布，统计特征值可以根据正态分布的规律计算。

6.6.3 本条按误差传递法则给出了分析间接量测结果最大绝对误差、最大相对误差和标准差的方法。

6.6.4 对同一参量的多次量测结果中，个别数据明显异常，且不能对其作出合理解释，应当将其从试验数据中删除。通常认为随机误差服从正态分布，本条按照数据分析中常用的肖维纳（Chauvenet）鉴别准则给出了异常数据取舍的标准。

7 实验室试验

7.1 一般规定

7.1.1 根据试验目的的不同，实验室试验基本分为探索性试验和验证性试验两种类型。

探索性试验是为研究结构在不同作用下的内力、变形等效应，分析其受力机理，确定影响结构抗力的

因素和参数，探讨其变化规律，为建立结构理论、计算模型或经验公式提供科学的试验依据。验证性试验是针对已有的结构理论、分析模型、计算方法、构造措施等进行限定目标的试验，通过试验验证并修改、调整相应的计算方法、设计参数、构造措施等，使其更加科学、合理、完善。

探索性试验一般侧重于基本理论，相应于本领域的基础研究；验证性试验一般已有理论模式或工程背景。两类试验由于目的不同，试验方式也存在一定差异。

7.1.2 本条为对实验室试验基本内容的要求，与预制构件试验、原位加载试验和结构监测相比，实验室试验需要专门设计和制作试件，不仅试验类型多样，而且涵盖的内容比较全面。

7.1.3 探索性和验证性试验有较复杂多样的研究目标和较精确的加载、量测要求，故应尽量选择在专门的结构实验室中进行。当受场地条件的限制而不得已在室外进行时，应满足本条所要求的基本试验条件。

7.1.4 探索性试验需要研究试件和试验参数对结构性能的影响及其变化规律，而这些规律往往与试件的材料强度有密切的相关性；验证性试验是针对特定的理论模式或工程背景，试件材料强度的准确模拟是得到正确结论的重要条件。因此，钢筋和混凝土作为主要的承载受力材料，虽然难免存在一定的离散性，但与设计要求不应偏差过大。钢筋有屈服强度、极限强度、弹性模量和最大力下的总伸长值等多种指标，本条所要求的主要力学性能指标是针对与试验目的和试验结果直接相关的指标。

7.2 试验方案

7.2.1 本条规定了探索性试验中试件设计应符合的基本原则。探索性试验是为研究各参数对结构性能的影响的规律，往往需要分别改变不同参数的取值，以形成系列试件。参数较多时简单进行排列组合会导致试件数量增多，试验成本和工作量大幅增加，可采用正交设计等方法进行试件设计的优化。

7.2.2 本条规定了验证性试验中试件设计应符合的基本原则。静力试验中，质量密度的相似比即为试验模型与原型结构自重的相似比。一般材料难以满足质量密度相似比，可以通过在构件上增加均匀分布的配重或者施加集中力模拟自重的相似关系。

7.2.3 本条为对试件钢筋与混凝土材料的要求。足尺试件的材料与原结构相同；小尺寸或者小比例试件中，为了模型制作与浇筑方便，一般采用小直径钢筋与细石混凝土，其材料性能与原型结构有所不同。本条提出了减小差别的措施，必要时还应对细石混凝土材料的弹性模量进行实测。

7.2.4 由于试验试件的材料强度、约束条件等存在

一定的不确定性，试件的支座、加载区域、与加载设备的连接装置等在设计时应留有一定的安全余量，避免刚度不足或者在试件正常破坏前发生局部支承破坏，导致试验无法完成或者发生危险。如果装置是重复利用的，还要考虑其反复受力作用及反复安装拆卸过程对其性能的影响。

7.2.5 为保证试验的目的性和针对性，试验前的理论分析非常重要。对于较复杂的试验试件，宜采用有限元分析等方法，计算试件的内力和变形，或进行受力全过程的分析。根据分析结果校核并指导试验方案的制定。

7.2.6 为避免试验时盲目加载，应通过预先计算的结果（预估值）指导试验的加载程序，控制各种临界状态，并与实测的试验结果进行相互对比分析。考虑模型材料性能与设计要求可能存在的偏差，方案编制阶段计算上述指标时，钢筋、混凝土的材料性能参数可采用设计要求值，到正式试验前，应按照第4章中的规定取实测值进行修正。

7.2.7 实验室试验对加载、量测及数据采集系统的技术要求应高于其他类型的试验。调查表明国内科研单位及高校的试验室大多具备电子式的加载控制和数据采集系统，为提高试验的精度，本条建议优先采用自动控制加载和自动进行量测的试验系统。根据试验加载制度要求，在不同试验阶段可能需要综合应用力值控制加载和位移控制加载两种方式，故加载设备宜具备试验过程中进行力—位移加载控制切换的能力。

7.2.8 对于静力试验，试件在弹性阶段刚度较大，力增长较快，宜采用力值控制的加载制度；试件屈服后刚度降低，力值变化减小，位移增长较快，宜按照屈服位移的整倍数进行位移分级加载。试验后期也可采用连续、缓慢的加载方式。

7.2.9 对同一试件进行不同工况的验证性试验时，应先进行使用状态试验，再进行承载力试验，最后进行后期加载。

7.2.10 恢复性能是混凝土结构的重要受力性能，一般结构宜进行承载受力后恢复性能试验。主要为分级卸载及全部卸载状态下残余量的量测。

7.2.11 实验室试验条件较好且对量测的精度有较高的要求，为准确掌握重点部位的内力和变形情况，应布置较多的力值、位移、应变及裂缝测点。利用试件的对称性布置校核性量测点，可保证测试数据的完整性和准确性，也可防止个别传感器失效导致的数据缺失。

7.3 试验过程及结果

7.3.1 本条规定了试验前需进行的各项准备工作。试验前应根据实测的材料参数计算试件各临界状态的预估值，这对于有效控制试验的过程十分必要。混凝

土试件表面刷白、画格是为便于观测和描绘裂缝，方格线间距一般为100mm，大型试件可适当加大。试件、加载设备及量测仪器、仪表安装就位后，为检验系统工作是否正常，应进行预加载和量测设备的调试。

7.3.2 本条为试验工作的具体内容，包括加载、观察、量测、判断、记录、安全等。对采用自动记录和显示仪器的实验室试验，应随时进行观察和分析。当无自动记录和显示仪器时，试验过程中测读的数据宜在现场进行初步计算，随时整理并作出关键参数变化的规律或曲线。测读的数据宜与试验现象及事先分析预估的结果进行对比，进行初步分析并提出简单结论。

7.3.3 本条详细规定了试件的承载力标志，当出现表中任何一种标志时，表明试件已达到相应受力类型的承载能力极限状态。表7.3.3将试验中可能发生的承载力标志归纳为6类17种，是根据近年来大量试验及工程调查资料，在综合分析的基础上加以归纳和补充、完善的。表中所列的加载系数用于承载力检验中计算相应的临界试验荷载值。原标准已有相应的检验系数允许值，本次修订根据受力类型和承载力检验标志的性质（延性、非延性、脆性）以及对结构安全的影响，对相应的系数作了适当调整：其中延性标志系数不变，非延性标志的系数提高0.05，脆性标志的系数提高0.10。

7.3.4 需要研究结构构件的抗连续倒塌极限状态时，应进行后期加载。即在试件达到表7.3.3所列的承载力标志以后继续加载，直至试件完全丧失承载能力或者没有必要继续加载为止。本条第1款的破坏状态一般可取达到峰值后抗力下降15%的状态。

7.3.5、7.3.6 条文对实验室试验结果整理与分析的基本内容提出了要求。

8 预制构件试验

预制构件的检验试验包括型式检验、首件检验和合格性检验三种类型，本章主要对其中的合格性检验方法进行规定。型式检验和首件检验的承载力、挠度和裂缝宽度（或抗裂性）检验可按本章的方法进行，其后期加载性能、恢复性能等试验可按照本标准第7章验证性试验的方法进行。为便于实际工程应用，本章还对生产数量较少的大型和异形预制构件、竖向预制构件以及叠合结构的预制构件的合格性检验试验方法作出了规定。

8.1 一般规定

8.1.1 预制构件标准图设计时宜进行验证性的型式检验，由于按标准设计生产的预制构件产品数量大、环境多样、工况复杂，故其型式检验应严格控制，并

应通过加载试验全面检验其材料、工艺参数及构件的结构性能。型式检验的试件除了必须进行使用状态和承载力各项目检验以外，还宜按本标准第7章的方法进行后期加载，以确定安全裕量、破坏形态及恢复性能。

经过型式检验验证的标准设计不仅是成批生产预制构件的依据，也是预制构件结构性能检验的重要依据。但目前我国很多预制构件标准图的表达不够明确，往往不能直接给出试验检验所需的试验参数，致使在构件试验检验中经常发生误判或漏判。为明确产品质量要求，标准图应完整表达试验检验的全部参数，指导试验人员正确地执行。为此，标准设计应明确给出下列内容：

1 结构性能检验的试验方案：试件的支承方式、跨度、加载形式、加载点位置和量测方法等；

2 结构性能检验所需的荷载代表值：试件自重、使用状态试验荷载值、承载力试验荷载值；还应给出扣除构件自重及加载设备重量后相应的加载值；考虑到加载方式的多样性，扣除构件自重和加载设备重量的加载值是指在加载检验状态下，根据实际加载方式，为使试件在设计控制截面上的荷载效应值达到设计目标，经换算后确定的实际外加荷载值；

3 结构性能检验允许值应包括：试件的短期挠度允许值、抗裂检验系数允许值或开裂荷载允许值，最大裂缝宽度允许值以及在达到不同承载力标志时的承载力检验系数允许值；

4 对有特殊要求的预制构件，应由标准图或设计文件规定相应的检验允许值及试验方法。

8.1.2 预制构件在批量生产之前由生产单位进行首件检验的作用是通过加载试验确定试生产的构件合格与否、探讨检验裕量、调整和优化生产相关的材料及工艺。首件检验的试件宜加载到出现承载力标志，以确定承载力裕量及破坏形态。

首件检验属于验证性试验，故试验应按照本章及本标准第7章中验证性试验的要求进行。

8.1.3 批量生产的预制构件产品应按检验批抽样进行合格性检验，产品检验合格后方能出厂并投入工程使用。本条列出了产品合格性检验要求的结构性能检验项目。检验批的划分和代表数量及检验试件的抽样规则按现行国家标准《混凝土结构工程施工质量验收规范》GB 50204 的有关规定执行。

对于桁架、吊车梁、预制柱等难以进行加载试验的大型预制构件或异形预制构件，可采用加强材料、制作质量控制的措施替代部分或全部结构性能检验，具体方法参见现行国家标准《混凝土结构工程施工质量验收规范》GB 50204 的相关规定。

8.1.4、8.1.5 传统叠合结构的预制件不作检验或只进行预制构件的抗裂检验，试验结果极不稳定且不能全面反映叠合件的结构性能。经调查研究及试验分析，应模拟两阶段成形后的整体叠合构件，在浇筑后浇层混凝土后进行结构性能检验。

本次修订所规定的叠合结构试验方法改为加后浇层混凝土形成完整的叠合结构试件后，进行全面的结构性能检验。鉴于预制底部构件上后浇层混凝土厚度、强度及配筋的不确定性很大，对应的叠合结构试验试件只能按确定条件下的构件进行结构性能检验。为简化和统一，取叠合层混凝土强度与底部预制构件相等，厚度为预制件的1.5倍（对应底部预制构件为总高度的0.4），上层配筋根据设计要求确定（通常板不配筋，梁配构造筋，必要时根据实际情况配受力钢筋），由此计算结构性能检验允许值，并进行加载检验、判断。

8.1.6 对竖向预制构件模拟受力工况进行加载试验比较困难，原标准没有竖向预制构件的结构性能检验要求，实际工程中一般情况下也不作结构性能试验检验。本条增补了检验要求，对预制墙板及小预制柱宜同时施加轴力及横向力，进行组合加载检验。对预制柱及预制桩，因为难以模拟实际的受力状态，可根据已有的实践经验，按受弯构件作相应的检验，以间接试验检验的方式反映构件应有的结构性能。

8.1.7 对大型竖向预制构件，如果设计方法成熟、生产数量较少，也可以根据施工验收规范的规定对其材料质量和工艺制作水平进行评定和验收，不再进行结构性能的试验。

8.1.8 预制构件结构性能检验的检验荷载取值、检验指标要求以及合格性判定方法，在现行国家标准《混凝土结构工程施工质量验收规范》GB 50204 的结构性能检验相关内容中均有相应的规定，有关预制构件产品的检验和验收应遵守执行。

8.2 试验方案

8.2.1 预制构件试验方法采用短期静力加载试验的方式，一般在 4h～8h 内即可完成。特殊构件应由设计文件提出专门的试验检验要求。

8.2.2 混凝土龄期及强度对检验结果有一定影响，一般按 28d 确定试验龄期；试件龄期过短可能因混凝土未达到强度而承载力不足；试件龄期过长则容易因混凝土徐变、预应力筋松弛而降低抗裂性能。因此，对非标准龄期试验时的检验允许值宜作相应的调整，设计文件也宜给出不同龄期的检验允许值。

8.2.3 本条对试验的温度条件、试验设备等准备工作进行了规定。试验前应检查试件的反拱或下垂等实际状态，并将试件已有的缺陷加以标记，以备试验分析之用。

8.2.4 本条为各种预制构件试验加载方式的特点及选择原则，包括均布、集中加载以及对大型预制构件

的专门加载方法。

8.2.5 本条规定主要内力等效的加载原则，目的是模拟试件控制截面上的主要内力值符合设计计算的结果，以满足检验的基本要求。

8.2.6 根据试验目的不同，本条规定了适用于型式检验、首件检验和合格性检验的不同加载要求。

合格性检验的目的仅在于判断从检验批中抽取的试件是否合格，因此可依次进行常规的挠度、裂缝宽度（或抗裂）和承载力等检验，如果试验中一项或几项达不到检验允许值，可直接判定不合格并结束试验；如果所有项目均达到检验允许值，可判定合格并结束试验，并不一定要求加载到出现承载力标志或破坏。

首件检验要求通过试验掌握试件的破坏形态和检验裕量，因此试验宜加载到试件出现承载力标志或破坏。

型式检验则要求全面检验、调整和优化预制构件的材料、工艺参数及构件的结构性能，因此宜通过后期加载、卸载等试验掌握构件的延性、安全裕量和卸载恢复性能等。

8.2.7 预制构件结构性能检验的目的和内容比较明确，试验结果可全面反映在试验检验记录表中，故在试验成果整理方面较其他类型结构试验可适当简化。为保证结构性能检验的有效性，本条对结构性能的试验检验记录应包括的内容作了详细说明，并在附录 A 中给出了预制构件结构性能试验检验记录表格以供参考使用。

8.3 试验过程及结果

本节主要针对预制构件产品合格性检验的加载试验过程及结果，型式检验和首件检验可按照实验室试验的有关规定进行。合格性检验的指标和判断方法应符合现行国家标准《混凝土结构工程施工质量验收规范》GB 50204 的有关要求。

9 原位加载试验

9.1 一 般 规 定

9.1.1 结构原位加载试验是为检验结构的结构性能而在实体结构上进行的试验，本条根据不同试验目的列举了原位加载试验的类型。此类试验具有下列特点：

1 工程改扩建或验收时，缺乏工程资料、对质量存在怀疑或存在质量缺陷，需要通过试验来判定质量是否符合设计要求或确定有关参数。此类试验的性质接近预制构件产品的合格性检验，目的是对结构的安全性进行评估；但与预制构件合格性检验的区别在于，试验对象不是成批的预制构件产品而是确定的实

体结构，试验一般无需检验所有的结构性能，且不宜造成难以修复的损伤。

2 采用新结构、新材料、新工艺的结构或难以进行理论分析的复杂结构，需要通过试验复核、验证设计参数或研究其性能和设计分析方法。此类试验属验证性试验，可为以后类似结构的设计和推广应用积累经验和提供实测数据以供参考。

3 原位加载试验与实验室试验的区别在于，试验对象不是模型而是实体结构，试验为非破坏性试验。

9.1.2 结构原位加载试验一般不需要检验全部性能，只需根据结构的具体情况和实际需要，验证特定状态下的性能指标。如果仅需要验证正常使用极限状态下的性能，则进行使用状态试验；如果需要验证其受弯、受剪等承载能力，则进行承载力试验；有其他特定的试验目的时，试验方式应根据试验目的具体确定。

一般情况下，由于试验后结构仍需继续使用，原位加载试验宜控制在结构承载能力范围内。试验最大荷载取值满足性能检验的要求即可，一般不宜加载到结构出现不可恢复且影响使用功能的缺陷。

9.1.3 结构原位试验受到加载方式、试验条件、使用要求等诸多因素的限制，加载区域不宜过大，也不宜进行多次试验。因此受检构件或受检区域的选择非常关键，需要兼顾试验的代表性和客观试验条件的可能性，并考虑试验后结构的继续使用。

9.1.4 1998 年的国际标准《结构可靠性总原则》ISO 2394 提出了可以依据用户提出的使用年限，对可变作用采用修正系数的方法加以修正。对既有结构引入可变荷载考虑结构后续使用年限调整系数的目的，是为解决后续使用年限与设计基准期不同时，对可变荷载标准值的调整问题。当后续使用年限与设计基准期不同时，采用调整系数对荷载的标准值进行调整。确定结构的合理后续使用年限应综合考虑原设计的使用年限、结构的具体情况（包括实际尺寸、配筋、材料强度、已有缺陷等）和后期使用的需要等因素。

现行国家标准《工程结构可靠性设计统一标准》GB 50153 - 2008 附录 A.1 给出了设计使用年限为 5 年、50 年和 100 年时，考虑后续使用年限偏于安全的可变荷载调整系数分别为 0.9、1.0 和 1.1，当后续使用年限不为上述值时，可按线性内插确定。

根据后续使用年限定义的可变荷载标准值与设计基准期定义的标准值具有相同概率分位值的原则，当可变荷载服从极值 I 型分布时，可得到不同后续使用年限的荷载调整系数如表 2 所示。当后续使用年限不为表中数值时，可按线性内插确定。对比《工程结构可靠性设计统一标准》GB 50153—2008 的规定可以看出，该标准的安全度是相当充裕的。

表 2 后续使用年限及相应的荷载调整系数

后续使用年限 T（年）	5	10	20	30	50	75	100
楼面活荷载	0.84	0.86	0.92	0.96	1.00	1.04	1.06
风荷载	0.65	0.76	0.86	0.92	1.00	1.06	1.11
雪荷载	0.71	0.80	0.89	0.94	1.00	1.05	1.09

当结构原位荷载试验表明结构性能达不到要求时，可经修补、加固后继续使用；也可出于经济的原因保持结构现状，但通过改变功能降低使用荷载，或减少后续使用年限以降低荷载取值，使结构性能符合设计要求。

9.1.5 结构设计时，考虑施工离差的影响，结构自重设计值需要乘荷载分项系数加以放大。但通过原位荷载试验验证结构的性能时，由于结构已实际存在，其自重是确定的数值，因此结构自重可根据结构实际检测结果加以调整。

9.1.6 结构原位试验应根据结构的具体情况和可能的条件选择加载方式，并应控制加载量，避免造成意外的结构损伤或安全事故。

9.1.7 与其他类型试验不同，结构原位加载过程需要高度重视对受检结构的保护。试验前应采用结构的实际参数计算确定各级临界试验加载值，并设定最大加载限值。试验的最大加载限值是原位加载试验最重要的指标之一，合理确定该限值一方面可以避免荷载超出合理范围，造成结构损伤或安全事故；另一方面可以避免加载量不足，达不到试验检验的目的。

计算确定的最大加载限值并非试验一定要达到的荷载值。如试验中结构性能检验指标均处于允许范围内，则可分级加载到最大加载限值，表明结构性能可满足要求；如试验中结构某检验项目提前达到允许值，则应停止加载，并按照本标准第 9.4.2 条和第 9.4.4 条的规定进行判断和处理。

承载力试验的最大加载限值应取各种临界试验荷载值中的最大值。根据表 7.3.3 最大的承载力加载系数为 1.60，因此承载力试验的最大加载限值可取荷载基本组合值与结构重要性系数 γ_0 乘积的 1.60 倍。当试验不需要检验表 7.3.3 的全部项目时，最大加载限值可直接取所检验项目对应的各临界试验荷载值的最大值。

9.1.8 试验之前掌握试验结构的基本情况，对编制试验方案和确定合理的后续使用年限是非常必要的。试验结论中对结构性能的评估和建议措施，也应基于通过调查获得的结构现状。除一般的信息资料应当完整以外，还应根据结构特点和试验目的进行针对性的重点调查。如果工程资料缺失或载明的结构情况与实际结构存在较大出入时，应当对受检结构进行现场检测。

9.1.9 装配式结构构件的边界条件直接影响试验结果和对结果的判断，对边界的处理方法应根据试验目的确定。如试验需要模拟实际边界条件，则应直接在实体结构上进行加载试验；如果需要通过试验来检验预制构件本身的性能、质量，则试验前应将受检构件与后浇层及相邻构件进行隔离，按单个构件受力进行加载试验。

9.2 试 验 方 案

9.2.1 本条提出了结构原位加载的原则，即内力模拟而非荷载模拟、按比例逐级加载、加载限值的控制等。

为了使结构试验时的工作状态与实际情况接近，加载形式应与结构设计的计算简图一致；但受试验条件限制，一般采用与计算简图不同的等效加载形式来模拟实际受力，使受检构件产生的内力图形与计算简图相近。等效加载无法做到轴力、弯矩和剪力等所有内力的同步模拟，但要求控制截面上的主要内力与计算内力值相等。

采用等效荷载时必须考虑由于加载形式改变对结构试验结果的两方面影响，即内力图形改变和挠度的改变。对关系明确的影响，试验结果可通过计算加以修正，如采用集中荷载模拟均布荷载时变形值（挠度）变化的影响和修正，可参考本标准第 5.2.16 条。

9.2.2 在结构试验中经常遇到一种加载形式不能同时反映受检构件各个控制截面所要求的极限状态的情况。在此情况下，可采用几种不同的加载形式分别对同一受检构件进行多次试验。多次试验的顺序应当进行合理安排，先检验结构安全储备较大的项目，避免试验早期即出现塑性变形或破坏，导致无法检验其他性能。

9.2.3 原位加载试验与在实验室试验不同，加载受到现场条件的制约。试验机、千斤顶等液压设备很少使用，而是较多采用结构上部的重物堆积、下部悬挂重物等重物加载方式，或采用捯链—地锚等机械加载方式。加载方式的选择应因地制宜，除须考虑便于取材、操作方便、计量准确等因素外，尚应特别重视加载方式的安全性，避免在加载过程中出现结构脆性破坏、失稳或重物坠落等情况。

对重物加载方式，采用结构下部悬挂重物并设置高度可调整的保护支垫，比采用上部堆载安全性更高；采用自动计量的液体加载，比采用人工堆载安全性高。试验采用结构上部堆载方式时，宜在结构下部设置保护性支撑以防止试验过程中发生意外坍塌危及人员和设备的安全。

9.2.4 原位加载试验的加载过程需要重视实体结构的保护，试验之前应根据试验类型计算控制测点的应变和挠度，并作为加载控制值。当荷载未达到临界试验荷载而结构已经出现本条所列的四种情况时，如继

续加载将可能造成结构的永久损伤或影响试验安全。一般情况下，除非有特殊的试验要求，不应再继续加载。

9.2.5 原位加载试验的观测和初步分析判断宜在现场完成。试验的荷载-位移关系曲线、裂缝情况和关键部位的荷载、挠度、位移等量测数据直接影响到对试验现象的分析和试验结果的判断。因此试验过程中应自动显示或同步绘制荷载-位移关系曲线，荷载、挠度等重要指标信息在试验过程中应能随时观测确定。由于原位加载试验容易受到环境条件的干扰，因此试验量测宜选择稳定可靠的仪表，且测点数量不宜过多，以突出量测重点并确保重要指标的准确。

9.2.6 通过试验验证计算模型和设计参数的原位加载试验，属验证性试验，虽然希望较全面了解结构的性能，但由于在实际结构上进行，因此试验荷载值宜加以限制。

9.2.7 破坏性原位加载试验的试验对象已经无保护价值，因此可根据研究的目的制定试验方案，探讨结构在荷载作用下的破坏模式和后期性能。但由于现场的破坏性试验具有较大的危险性，因此试验方案应确保人员和设备的安全。

9.3 试验检验指标

9.3.1 本条列出了挠度检验的两种方法：一种为按设计规范规定的限值折算成短期挠度允许值检验；另一种为按设计实配钢筋计算值检验，后者应留有20%检验裕量。

9.3.2 受弯构件的挠度检验允许值，是根据设计规范由设计的允许限值，考虑荷载长期作用效应的影响折算成短期值而确定的。

9.3.3 最大裂缝宽度检验允许值，是根据设计规范的限值，并考虑荷载长期作用效应的影响，折算成短期值而确定的。

9.3.4 本条提出了预应力构件抗裂检验的要求。为提高抗裂检验的可执行性，易于试验操作和判断，增加了通过比较开裂荷载实测值与允许值的大小，进行抗裂检验判断的方法。

9.3.5 本条根据现行国家标准《混凝土结构设计规范》GB 50010确定了抗裂检验系数允许值的计算方法，其中允许值为计算值的95%，预留了5%的检验裕量。根据设计规范计算的抗裂检验系数计算值，与混凝土强度及预压应力值有关。考虑时间对混凝土的实际强度及预应力损失的影响，不同龄期时检验系数允许值可作适当的调整。

9.3.6 承载力检验中试件出现任何一种检验标志，都表明试件已达到相应受力类型的承载能力极限状态。鉴于结构原位加载试验进行承载力检验的目的仅是判断结构是否满足承载力要求，无法预测和调整构件的设计参数和破坏形态，故承载力检验是以最先出现的承载力标志来判断受力类型及承载力是否满足要求的。只要试验中出现任何一种检验标志即应停止继续加载，并以相应的试验荷载值来判断承载力是否满足要求。

承载力检验可有两种形式：按规范限值要求或按设计实配钢筋，应根据检验目的和要求进行选择。原位加载试验的承载力检验系数允许值应按照本标准表7.3.3中相应的加载系数进行取值。

9.3.7 本条为承载力检验系数允许值计算中构件重要性系数 γ_0 和承载力检验修正系数 η 的确定方法。重要性系数根据受检构件所在结构的安全等级确定。当按构件实配钢筋计算而进行承载力检验时，修正系数按本条提供的公式计算，其中承载力及内力可为弯矩、剪力、轴力或扭矩等，应根据结构受力和承载力标志类型而定。

9.4 试验结果的判断

9.4.1 使用状态试验的检验项目由结构的使用功能和适用性确定。挠度、开裂荷载、裂缝宽度等指标可按照设计规范正常使用极限状态下的要求确定。当结构有舒适性要求时，还应按照本标准第10.3节的方法检验自振频率、振幅、加速度等指标。

9.4.2 使用状态试验主要检验构件的开裂荷载以及构件在使用状态试验荷载值下的挠度、最大裂缝宽度等指标。由于是短期加载试验，而规范的有关限值均考虑了荷载的长期作用效应，因此试验检验允许值均应将规范限值折算为短期荷载试验允许值，该值一般较规范允许值严格。

9.4.3 如在加载到相应的临界试验荷载值之前，任一构件的任一指标超过检验允许值，均应判定结构不满足正常使用极限状态的检验要求。根据本标准第5.3.5条确定相应的检验荷载实测值，并将该实测荷载作为结构满足使用状态的最大荷载组合值，可返算结构可承受的最大使用荷载值。

9.4.4 承载力试验中，结构受检构件主要受力部位或控制截面出现表7.3.3所列的任何一种承载力标志，都表明结构或构件已达到相应受力类型的承载能力极限状态。试验前应对结构进行必要的计算分析，对其极限承载力和可能出现的标志进行预估。但承载力试验存在不确定性，每种标志对应的临界试验荷载值又不相同，故承载力检验以最先出现的承载力标志来判断承载力是否满足要求。只要试验中出现任何一种检验标志即停止继续加载，并以检验荷载实测值来判断承载力是否满足要求。

出于经济方面考虑，对经试验达不到预定要求的结构，一般应根据具体情况选择加固或限制使用荷载的方法，使得结构性能仍能够达到要求；对于同时进行了使用状态与承载力试验的结构，由于两个阶段试验根据检验荷载实测值分别得到的结构可承受最大使

用荷载值一般情况下是不同的，而结构应同时满足正常使用极限状态和承载能力极限状态的要求，故应取较小值。

9.4.5 不同的承载力标志对应的检验要求不同，试验以最早出现的承载力标志进行合格性判断。如最早出现承载力标志时的承载力检验系数已大于或等于该标志对应的加载系数，则可判断结构满足承载力要求。如加载至第 9.1.7 条规定的最大限值仍未出现任何承载力标志，则表明结构各承载力标志对应的检验系数实测值均大于允许值，应直接判定受检构件的承载力满足要求。

10 结构监测与动力测试

10.1 一般规定

10.1.1 结构的生命周期包括设计、施工、使用和退役四个阶段。针对实体结构进行的监测按阶段分为两类，一类是针对复杂结构或特殊结构的施工过程监测，该类监测周期相对较短；另一类是针对结构使用过程中的长期监测，该类监测也被称作结构健康监测，周期往往很长，甚至是全寿命周期的监测，对监测设备的要求较高。

10.1.2 结构监测受到很多因素的制约，监测仪表成本也较高，一般只是针对重点关注部位的主要指标进行监测，并以此来了解结构的性能和状态，因此监测部位的选择至关重要。监测部位一类是结构中受力关键的部位，尤其是日常难以检查或无法检查的多条传力途径汇集的关键部位，另一类是能反映结构整体性能和受力状态的代表性部位。

10.1.3 结构监测系统包括量测仪器仪表系统、数据采集与传输系统、数据分析及损伤识别和定位系统、安全评估系统四个基本模块，但由于结构形式的多样性和测试要求的差异，监测设备的选择和组成具有非常大的灵活性，应因地制宜进行选择。

10.1.4 量测仪器仪表系统可根据测试要求，从本标准第 6.2 节～第 6.5 节或附录 B 所列的各类量测仪表中进行选择。数据的采集和传输系统应具有以下功能：

    1 无人值守条件下连续运行的功能，可在特殊状况下进行特殊采集和人工干预采集；

    2 数据采集软件应具有数据采集和缓存管理的功能；

    3 系统具有实时自诊断的功能。

数据分析及损伤识别和定位系统主要进行监测数据的基本分析和高级分析，分析数据来自实时现场采集和定期人工采集。结构损伤识别的方法有养护管理评估法、模型比对评估法、趋势分析评估法、动静结合评估法、局部损伤评估法、累积损伤及剩余寿命评估法等。

安全评估系统是结构监测系统的核心，系统根据预设的要求，对结构的不正常表现作出及时诊断并找出其根源，预测未来的发展趋势，避免安全隐患。结构安全评估系统可分为在线评估和离线评估两部分，在线评估主要对实时采集的监测数据进行基本的统计分析和趋势分析，设立预警系统，给出结构的初步安全状态评估；离线评估主要对各种监测数据进行有限元分析、模态分析等综合性的高级分析，并对结构的安全性、适用性和耐久性给出定性或定量的评判。

10.1.5 结构监测仪器仪表系统除了要满足结构试验的常规要求外，由于所使用的环境条件复杂、监测周期长，因此对其可靠性和稳定性应提出更高的要求。

10.2 施工阶段监测

10.2.1 对施工阶段结构进行监测的目的在于评估结构在施工过程中不断变化的受力工况和环境条件下的工作状态，监测和评估结果是指导结构下一步施工的依据。与使用阶段监测不同，施工阶段监测周期较短，但结构自身及其受力状态始终处于变化之中，因此通过监测所获得的实际结构的动—静力行为可用来掌握结构的实际工作状态，以指导施工，还可验证施工模拟分析的模型、结果和设计计算假定，并开展其他相关研究。

10.2.2 施工阶段结构监测适用于特殊或复杂结构中对结构性能影响显著，但又难以事先予以预判的各种性能指标的监测，这些性能指标由于受到客观条件限制或各种随机因素的影响，施工前难以定量探讨。由于监测结果包含了各种因素的综合影响，故通过对实测数据的分析和判断，比设计阶段做了诸多假定的理论分析更能真实反映结构的实际受力状态，对施工中需要采取的措施更具有针对性和指导性。施工阶段的监测周期较使用阶段监测要短，对设备仪器的耐久性和稳定性要求也略低。

10.2.3 施工阶段结构监测的具体项目根据工程的实际情况和特点而定，监测方案应突出关注的重点，并配合进行其他相关项目的测试，以校核和验证测试结果，确保施工状态符合预定要求，并确保结构安全。

10.2.4 施工阶段监测的仪器仪表可选择与监测周期相应的短期监测仪器仪表，如钢弦式传感器、手持式应变计等仪器等。如需继续进行使用阶段的监测，则应选用稳定性和耐久性更好，并能满足长期监测要求的仪器仪表。

10.2.5 事先通过分析计算确定施工阶段监测参数的正常范围和预警值，才能在施工过程中实时对监测数据进行分析判断，反馈给相关部门并及时采取相应对策。

10.3 使用阶段监测

10.3.1 对使用阶段结构进行监测的目的，在于评估结构在长期使用过程中不断变化的工作状态。与设计阶段的考虑不同，监测结构并对其进行安全性评估并非只考虑时间的影响，而是基于结构在使用阶段的实际承载受力状态。因此，使用阶段的监测更加客观，更能保障结构的耐久性及整个生命周期运行成本的合理配置。使用阶段监测和评估的结果，是对结构进行维修、加固或拆除等决策的依据。

虽然绝大多数结构使用阶段的监测都是从监控与评估出发的，但由于这些结构的力学和结构特点以及所处的特定环境，在设计阶段往往难以完全掌握和预测其材料特性和力学行为，分析时只能以很多假定条件为前提。因此，通过监测所获得的实际结构的动-静力行为，还可以用来验证理论模型和计算假定。另外，监测实际结构还可以作为研究类似结构的"现场实验室"，通过监测探索和研究未知领域。

10.3.2 由于使用阶段监测技术难度大、监测成本高，目前主要应用在核安全壳、大型的桥梁、大跨空间结构、超高层建筑、重要的公共建筑等结构中。这些受监测的结构，其力学性能、结构特点以及所处的特定环境，在设计阶段往往难以完全掌握和预测。因此，通过对结构进行监测，可以验证结构分析模型、计算假定和设计方法的合理性，为以后的设计和建造提供依据，进而使结构设计方法与相应的标准、规范得以改进。

监测应以简单、实用、性能可靠为原则。使用阶段的监测可以采用实时在线监测或适时的定期监测；也可将实时监测、定期监测与人工检测相结合，获得更加全面的测试指标和结构状态的信息。

10.3.3 针对不同的环境条件、使用功能和结构特点，使用阶段监测应该因地制宜，有针对性地对监测项目进行取舍，并区分主要和一般监测项目，以便突出重点，以较低的监测成本达到预期目的。

10.3.4 使用阶段的结构监测由于周期往往很长，选择仪器仪表时，应特别关注其稳定性、可靠性、耐久性及具有方便维护的性能。各个传感子系统宜采用独立模块设计，单个传感器或数据采集单元维护或更换时，应不至于影响整个系统的运行。

10.3.5 使用阶段的结构监测数据传输系统一般由三级网络系统构成，分别是工作站与服务器之间的一级传输网络、工作站与工作站之间的二级传输网络、传感器与工作站之间的三级传输网络。由于传输线路仅需要布设一次，实际工程的各级传输网络均较多地采用有线传输的方式，在条件受限等情况下，一级和二级传输网络也可采用无线传输方式。

使用阶段量测到的应变、变形等指标均为相对量。从施工阶段即开始监测有助于更加全面地掌握结

构的性能参数。

10.3.6 对使用寿命较长或环境条件恶劣的混凝土结构，材料性能劣化状态的监测是结构使用阶段监测的重要内容，主要包括混凝土的碳化深度、结构混凝土的开裂及破损、钢筋的锈蚀等。由于测试手段的局限性，一般需要采取人工观察及辅助检测的方法。更深入的耐久性监测应按照有关标准及专门的规定进行。

10.3.7 使用阶段结构监测系统应存储各种历史监测数据，与当前监测的结果进行对比、分析，并对结构的安全性、适用性和耐久性给出定性或定量的评价，为结构维护、维修提供依据。

10.4 结构动力特性测试

10.4.1 结构振动的影响表现在三个方面：

1 对结构的损害，如工厂振动、施工振动和交通振动等导致结构或构件的开裂、基础变形或下沉等；

2 对人体的影响，振动影响人体的舒适度甚至危害人的健康；

3 对仪器、设备的影响。

受振动影响明显的混凝土结构主要包括大跨结构、超高结构等，由于自振频率较低，振动影响显著。还有部分结构由于使用功能的原因，对振动影响提出更高的要求，需要通过动力特性测试，确定振动影响程度，便于采取相应措施。

10.4.2 结构动力特性测试可根据测试目的选择下列人工激励或天然脉动激励方式和设备：

1 激励方式

原位测试结构的自振频率、基本振型和阻尼比时，激励方式宜采用天然脉动条件下的环境激励方式，测试时应避免外界机械、车辆等引发的振动。

需要测试结构平面内多个振型时，宜选用稳态正弦扫频激振法。

需要测试结构空间振型时，宜选用多振源相位控制同步的稳态正弦扫频激振法。

2 激振设备

当采用稳态正弦扫频激振法时，宜采用旋转惯性机械起振机，也可采用液压伺服激振器。激振器的位置和激振力应合理选择，防止被测试结构的振型畸变，激振器激振位置避开结构低阶振型节点或节线。

3 量测仪器

目前动态信号采集分析系统多采用高度集成的模块化设计，集信号调理器、低通滤波器、放大器、抗混滤波器、A/D 转换器等功能于一体。随着无线传输技术的发展，各种组合式测试系统还可采用无线传输的方式。

动力特性测试系统仪器中的某些原件的电气性能和机械性能会因使用程度和时间而有所变化，各类传感器、放大器和采集记录等设备需配套使用，且需要

定期进行校准。校准内容主要包括灵敏度、频率响应和线性度，根据需要有时尚需进行自振频率、阻尼系数、横向灵敏度等项目的校准。仪器的校准方法有分部校准和系统校准两种，为保证各级仪器之间的耦合和匹配关系，并取得较高的精度，宜采用系统校准法。

10.4.3 本条列举了一般的动力特性测试项目，具体项目和测量参数应根据结构特点和测试目的确定。对吊车梁等承受移动荷载的结构，有时还需要测定结构的动力系数。

10.4.4 动力特性测试前应编制测试方案并进行必要的计算分析，在明确测试目的和主要项目的前提下，通过分析预估所测试参数的大致范围，以便选择合适的仪器和设备，并选择合理的测点和采样频率、数据采集时间等测试参数。

10.4.5 本条列举了一般动力特性测试的基本步骤，布置传感器时应考虑下列要求：

1 测定结构动力特性时，传感器安装的位置应能反映结构的动力特性；

2 传感器在结构平面内的布置，对于规则结构，以测试平动振动为主，测试时传感器应安放在典型结构层靠近质心位置；对于不规则结构，除测试平动振动外，尚应在典型结构层的平面端部设置传感器，测试结构的扭转振动；

3 传感器沿结构竖向宜均匀布置，且尽量避开存在人为干扰的位置；

4 传感器与结构之间应有良好的接触，不应有架空隔热板等隔离层，并应可靠固定；

5 传感器的灵敏度主轴方向应与测试方向一致；

6 当进行环境激励的动力特性测试时，如传感器数量不足需要作多次测试，每次测试中应至少保留一个共同的参考点。

现场测试保存数据后进行简单处理和分析。如实测结果与预估情况基本一致，则现场测试结束；如实测结果与预估情况相差较大，并导致不满足数据分析的要求，则需要调整仪器设备或测试参数，然后重新进行测试。

10.4.6 采样是将连续振动信号在时间上的离散化，理论上采样频率越高，所得离散信号就越逼近于原信号，但过高的采样频率对固定长度的信号，采集到过大的数据量，给计算机增加不必要的计算工作量和存储空间；若数据量限定，则采样时间过短，会导致一些数据被排斥在外。如采样频率过低，采样点间隔过远，则离散信号不足以反映原有信号波形特征，无法使信号复原，造成频率混叠。根据采样定理，不产生频率混叠的最低采样频率应为最高分析频率的2倍，结构动力特性测试的采样频率一般可取结构最高阶频率的3倍～5倍，如最高阶频率估计不准，则可取4倍～10倍。

10.4.7 计算结构动力特性参数的频域分析法，是基于结构频响函数在频域内分析结构的自振频率、阻尼比和振型等模态参数的方法。时域分析法是基于结构脉响函数在时间域内分析结构动力特性参数的方法。为减小各种干扰因素的影响，对频域数据应采用滤波、零均值化等方法进行预处理；对时域数据应进行零点漂移、记录波形和记录长度检验等预处理。

结构的自振频率可采用自功率谱或傅里叶谱方法进行计算；结构的阻尼比可采用半功率点法或自相关函数进行计算，有激励条件时可按时程自由衰减曲线求取；结构的振型宜采用自谱分析、互谱分析或传递函数分析等方法计算。

10.4.8 结构动力特性和动力响应影响分析与评价的目的在于验证理论计算，为工程结构的设计积累技术资料或通过分析结构的振动现象，寻找减小振动的途径，因此进行动力性能测试已经成为结构监测的重要内容。振动对结构损害及人体舒适度影响的有关容许限值，可参照国内外的相关标准。

结构动力特性与结构的性能有直接的关系，因此根据结构自振频率、振型、阻尼比等动力特性的测试结果，可从下列几方面对结构性能进行分析和判断：

1 结构频率的实测值如果大于理论值，说明结构实际刚度比理论估算值偏大或实际质量比理论估算偏小；反之说明结构实际刚度比理论估算偏小或实际质量比理论估算偏大。如结构使用一段时间后自振频率减小，则可能存在开裂或其他不正常现象。

2 结构振型应当与计算吻合，如果存在明显差异，应分析结构的荷载分布、施工质量或计算模型可能存在的误差，并应分析其影响和应对措施。

3 结构的阻尼比实测值如果大于理论值，说明结构耗散外部输入能量的能力强，振动衰减快；反之说明结构耗散外部输入能量的能力差，振动衰减慢；如阻尼比过大，应判断是否因裂缝等不正常因素所致。

11 试验安全

11.0.1 试验方案中安全措施是重点考虑的内容之一，安全措施和责任应落实到人，并认真执行。

11.0.2 试验应选择安全性高的加载方式并制定完善的安全措施，如采用可控的位移加载、带可调整支垫的悬挂重物加载等方式。

11.0.3 试验设备和试件安装中的安全措施及相关人员的资质，与建筑安装工程的要求基本相同，应参照安装工程的有关规定执行。

11.0.4 设计承力装置时，应考虑试验过程中的各种不利因素以及动力效应的影响，且留有足够的安全储备。

11.0.5 本条规定了试验过程中保护试验人员操作和

观测安全的措施。

11.0.6 对可能在试验过程中出现的各种意外，如试件或装置的倒塌、倾覆、高强度混凝土的崩裂、预应力筋断裂导致的锚具弹出等，均应予以足够的重视，必要时应采取专门的防护措施。试验前应对可能发生破坏的部位进行预测，并进行屏蔽和防护。试验过程中危险部位的数据量测宜采用自动仪表，试验现象可采用摄像机等进行记录。

11.0.7 本条列出了对大型试件或结构原位加载应采取的安全措施，可供试验参考，试验者也可根据试验条件和经验采取其他合理措施。

11.0.8 对位移的测量，在破坏前可拆除位移计、百分表，采用激光测距仪、水准仪或拉线—直尺等仪器测量位移。

中华人民共和国国家标准

混凝土强度检验评定标准

Standard for evaluation of concrete compressive strength

GB/T 50107—2010

主编部门：中华人民共和国住房和城乡建设部
批准部门：中华人民共和国住房和城乡建设部
施行日期：２０１０年１２月１日

中华人民共和国住房和城乡建设部
公 告

第 594 号

关于发布国家标准
《混凝土强度检验评定标准》的公告

现批准《混凝土强度检验评定标准》为国家标准，编号为 GB/T 50107-2010，自 2010 年 12 月 1 日起实施。原《混凝土强度检验评定标准》GBJ 107-87 同时废止。

本标准由我部标准定额研究所组织中国建筑工业

出版社出版发行。

中华人民共和国住房和城乡建设部
2010 年 5 月 31 日

前 言

本标准是根据原建设部《关于印发〈二〇〇二～二〇〇三年度工程建设国家标准制订、修订计划〉的通知》（建标［2003］102 号）的要求，标准编制组经广泛调查研究，认真总结实践经验，参考有关国际标准和国外先进标准，并在广泛征求意见的基础上，修订本标准。

本标准主要内容包括：1 总则；2 术语和符号；3 基本规定；4 混凝土的取样与试验；5 混凝土强度的检验评定。

本标准修订的主要内容是：1 增加了术语和符号；2 补充了试件取样频率的规定；3 增加了 C60 及以上高强混凝土非标准尺寸试件确定折算系数的方法；4 修改了评定方法中标准差已知方案的标准差计算公式；5 修改了评定方法中标准差未知方案的评定条文；6 修改了评定方法中非统计方法的评定条文。

本标准由住房和城乡建设部负责管理，由中国建筑科学研究院负责具体技术内容的解释。执行过程中如有意见和建议，请寄送中国建筑科学研究院《混凝土强度检验评定标准》管理组（地址：北京市北三环东路 30 号，邮政编码：100013；电子信箱：standards@cabr.com.cn）。

本 标 准 主 编 单 位：中国建筑科学研究院

本 标 准 参 编 单 位：北京建工集团有限责任公司
　　　　　　　　　　　湖南大学
　　　　　　　　　　　北京市建筑工程安全质量监督总站
　　　　　　　　　　　上海建工材料工程有限公司
　　　　　　　　　　　西安建筑科技大学
　　　　　　　　　　　云南建工混凝土有限公司
　　　　　　　　　　　舟山市建筑工程质量监督站
　　　　　　　　　　　北京东方建宇混凝土科学技术研究院
　　　　　　　　　　　贵州中建建筑科研设计院
　　　　　　　　　　　沈阳北方建设股份有限公司
　　　　　　　　　　　广东省建筑科学研究院

本标准主要起草人：张仁瑜　韩素芳　史志华
　　　　　　　　　艾永祥　黄政宇　张元勃
　　　　　　　　　陈尧亮　尚建丽　田冠飞
　　　　　　　　　李昕成　周岳年　路来军
　　　　　　　　　林力勋　孙亚兰　盛国赛
　　　　　　　　　王宇杰　王淑丽　王景贤

本标准主要审查人员：夏靖华　陈肇元　陈改新
　　　　　　　　　　谢永江　陈基发　白生翔
　　　　　　　　　　邸小坛　牛开民　赵顺增
　　　　　　　　　　石云兴　龚景齐　杨晓梅
　　　　　　　　　　郝挺宇　杨思忠　高 杰

目 次

Contents

1 总　则

1.0.1 为了统一混凝土强度的检验评定方法，保证混凝土强度符合混凝土工程质量的要求，制定本标准。

1.0.2 本标准适用于混凝土强度的检验评定。

1.0.3 混凝土强度的检验评定，除应符合本标准外，尚应符合国家现行有关标准的规定。

2 术语和符号

2.1 术　语

2.1.1 混凝土　concrete

由水泥、骨料和水等按一定配合比，经搅拌、成型、养护等工艺硬化而成的工程材料。

2.1.2 龄期　age of concrete

自加水搅拌开始，混凝土所经历的时间，按天或小时计。

2.1.3 混凝土强度　strength of concrete

混凝土的力学性能，表征其抵抗外力作用的能力。本标准中的混凝土强度是指混凝土立方体抗压强度。

2.1.4 合格性评定　evaluation of conformity

根据一定规则对混凝土强度合格与否所作的判定。

2.1.5 检验批　inspection batch

由符合规定条件的混凝土组成，用于合格性评定的混凝土总体。

2.1.6 检验期　inspection period

为确定检验批混凝土强度的标准差而规定的统计时段。

2.1.7 样本容量　sample size

代表检验批的用于合格评定的混凝土试件组数。

2.2 符　号

$m_{f_{cu}}$ ——同一检验批混凝土立方体抗压强度的平均值；

$f_{cu,k}$ ——混凝土立方体抗压强度标准值；

$f_{cu,min}$ ——同一检验批混凝土立方体抗压强度的最小值；

$S_{f_{cu}}$ ——标准差未知评定方法中，同一检验批混凝土立方体抗压强度的标准差；

σ_0 ——标准差已知评定方法中，检验批混凝土立方体抗压强度的标准差；

$\lambda_1,\lambda_2,\lambda_3,\lambda_4$ ——合格评定系数；

$f_{cu,i}$ ——第 i 组混凝土试件的立方体抗压强度代表值；

n ——样本容量。

3 基本规定

3.0.1 混凝土的强度等级应按立方体抗压强度标准值划分。混凝土强度等级应采用符号 C 与立方体抗压强度标准值（以 N/mm^2 计）表示。

3.0.2 立方体抗压强度标准值应为按标准方法制作和养护的边长为 150mm 的立方体试件，用标准试验方法在 28d 龄期测得的混凝土抗压强度总体分布中的一个值，强度低于该值的概率应为 5%。

3.0.3 混凝土强度应分批进行检验评定。一个检验批的混凝土应由强度等级相同、试验龄期相同、生产工艺条件和配合比基本相同的混凝土组成。

3.0.4 对大批量、连续生产混凝土的强度应按本标准第 5.1 节中规定的统计方法评定。对小批量或零星生产混凝土的强度应按本标准第 5.2 节中规定的非统计方法评定。

4 混凝土的取样与试验

4.1 混凝土的取样

4.1.1 混凝土的取样，宜根据本标准规定的检验评定方法要求制定检验批的划分方案和相应的取样计划。

4.1.2 混凝土强度试样应在混凝土的浇筑地点随机抽取。

4.1.3 试件的取样频率和数量应符合下列规定：

　1　每 100 盘，但不超过 100m³ 的同配合比混凝土，取样次数不应少于一次；

　2　每一工作班拌制的同配合比混凝土，不足 100 盘和 100m³ 时其取样次数不应少于一次；

　3　当一次连续浇筑的同配合比混凝土超过 1000m³ 时，每 200m³ 取样不应少于一次；

　4　对房屋建筑，每一楼层、同一配合比的混凝土，取样不应少于一次。

4.1.4 每批混凝土试样应制作的试件总组数，除满足本标准第 5 章规定的混凝土强度评定所必需的组数外，还应留置为检验结构或构件施工阶段混凝土强度所必需的试件。

4.2 混凝土试件的制作与养护

4.2.1 每次取样应至少制作一组标准养护试件。

4.2.2 每组 3 个试件应由同一盘或同一车的混凝土中取样制作。

4.2.3 检验评定混凝土强度用的混凝土试件，其成型方法及标准养护条件应符合现行国家标准《普通混凝土力学性能试验方法标准》GB/T 50081 的规定。

4.2.4 采用蒸汽养护的构件，其试件应先随构件同条件养护，然后应置入标准养护条件下继续养护，两段养护时间的总和应为设计规定龄期。

4.3 混凝土试件的试验

4.3.1 混凝土试件的立方体抗压强度试验应根据现行国家标准《普通混凝土力学性能试验方法标准》GB/T 50081 的规定执行。每组混凝土试件强度代表值的确定，应符合下列规定：

1 取 3 个试件强度的算术平均值作为每组试件的强度代表值；

2 当一组试件中强度的最大值或最小值与中间值之差超过中间值的 15% 时，取中间值作为该组试件的强度代表值；

3 当一组试件中强度的最大值和最小值与中间值之差均超过中间值的 15% 时，该组试件的强度不应作为评定的依据。

注：对掺矿物掺合料的混凝土进行强度评定时，可根据设计规定，可采用大于 28d 龄期的混凝土强度。

4.3.2 当采用非标准尺寸试件时，应将其抗压强度乘以尺寸折算系数，折算成边长为 150mm 的标准尺寸试件抗压强度。尺寸折算系数按下列规定采用：

1 当混凝土强度等级低于 C60 时，对边长为 100mm 的立方体试件取 0.95，对边长为 200mm 的立方体试件取 1.05；

2 当混凝土强度等级不低于 C60 时，宜采用标准尺寸试件；使用非标准尺寸试件时，尺寸折算系数应由试验确定，其试件数量不应少于 30 对组。

5 混凝土强度的检验评定

5.1 统计方法评定

5.1.1 采用统计方法评定时，应按下列规定进行：

1 当连续生产的混凝土，生产条件在较长时间内保持一致，且同一品种、同一强度等级混凝土的强度变异性保持稳定时，应按本标准第 5.1.2 条的规定进行评定。

2 其他情况应按本标准第 5.1.3 条的规定进行评定。

5.1.2 一个检验批的样本容量应为连续的 3 组试件，其强度应同时符合下列规定：

$$m_{f_{cu}} \geqslant f_{cu,k} + 0.7\sigma_0 \tag{5.1.2-1}$$

$$f_{cu,min} \geqslant f_{cu,k} - 0.7\sigma_0 \tag{5.1.2-2}$$

检验批混凝土立方体抗压强度的标准差应按下式计算：

$$\sigma_0 = \sqrt{\frac{\sum_{i=1}^{n} f_{cu,i}^2 - n m_{f_{cu}}^2}{n-1}} \tag{5.1.2-3}$$

当混凝土强度等级不高于 C20 时，其强度的最小值尚应满足下式要求：

$$f_{cu,min} \geqslant 0.85 f_{cu,k} \tag{5.1.2-4}$$

当混凝土强度等级高于 C20 时，其强度的最小值尚应满足下列要求：

$$f_{cu,min} \geqslant 0.90 f_{cu,k} \tag{5.1.2-5}$$

式中：$m_{f_{cu}}$——同一检验批混凝土立方体抗压强度的平均值（N/mm²），精确到 0.1（N/mm²）；

$f_{cu,k}$——混凝土立方体抗压强度标准值（N/mm²），精确到 0.1（N/mm²）；

σ_0——检验批混凝土立方体抗压强度的标准差（N/mm²），精确到 0.01（N/mm²）；当检验批混凝土强度标准差 σ_0 计算值小于 2.5N/mm² 时，应取 2.5N/mm²；

$f_{cu,i}$——前一个检验期内同一品种、同一强度等级的第 i 组混凝土试件的立方体抗压强度代表值（N/mm²），精确到 0.1（N/mm²）；该检验期不应少于 60d，也不得大于 90d；

n——前一检验期内的样本容量，在该期间内样本容量不应少于 45；

$f_{cu,min}$——同一检验批混凝土立方体抗压强度的最小值（N/mm²），精确到 0.1（N/mm²）。

5.1.3 当样本容量不少于 10 组时，其强度应同时满足下列要求：

$$m_{f_{cu}} \geqslant f_{cu,k} + \lambda_1 \cdot S_{f_{cu}} \tag{5.1.3-1}$$

$$f_{cu,min} \geqslant \lambda_2 \cdot f_{cu,k} \tag{5.1.3-2}$$

同一检验批混凝土立方体抗压强度的标准差应按下式计算：

$$S_{f_{cu}} = \sqrt{\frac{\sum_{i=1}^{n} f_{cu,i}^2 - n m_{f_{cu}}^2}{n-1}} \tag{5.1.3-3}$$

式中：$S_{f_{cu}}$——同一检验批混凝土立方体抗压强度的标准差（N/mm²），精确到 0.01（N/mm²）；当检验批混凝土强度标准差 $S_{f_{cu}}$ 计算值小于 2.5N/mm² 时，应取 2.5N/mm²；

λ_1，λ_2——合格评定系数，按表 5.1.3 取用；

n——本检验期内的样本容量。

表 5.1.3　混凝土强度的合格评定系数

试件组数	10~14	15~19	≥20
λ_1	1.15	1.05	0.95
λ_2	0.90	0.85	

5.2 非统计方法评定

5.2.1 当用于评定的样本容量小于 10 组时，应采用非统计方法评定混凝土强度。

5.2.2 按非统计方法评定混凝土强度时，其强度应同时符合下列规定：

$$m_{f_{cu}} \geqslant \lambda_3 \cdot f_{cu,k} \qquad (5.2.2\text{-}1)$$

$$f_{cu,min} \geqslant \lambda_4 \cdot f_{cu,k} \qquad (5.2.2\text{-}2)$$

式中：λ_3，λ_4——合格评定系数，应按表 5.2.2 取用。

表 5.2.2　混凝土强度的非统计法合格评定系数

混凝土强度等级	<C60	≥C60
λ_3	1.15	1.10
λ_4	0.95	

5.3 混凝土强度的合格性评定

5.3.1 当检验结果满足第 5.1.2 条或第 5.1.3 条或第 5.2.2 条的规定时，则该批混凝土强度应评定为合格；当不能满足上述规定时，该批混凝土强度应评定为不合格。

5.3.2 对评定为不合格批的混凝土，可按国家现行的有关标准进行处理。

本标准用词说明

1 为便于在执行本标准条文时区别对待，对要求严格程度不同的用词说明如下：

1）表示很严格，非这样做不可的：

正面词采用"必须"，反面词采用"严禁"；

2）表示严格，在正常情况下均应这样做的：

正面词采用"应"，反面词采用"不应"或"不得"；

3）表示允许稍有选择，在条件许可时首先应这样做的：

正面词采用"宜"，反面词采用"不宜"；

4）表示有选择，在一定条件下可以这样做的，采用"可"。

2 条文中指定应按其他有关标准执行时，写法为"应符合……的规定"或"应按……执行"。

引用标准名录

《普通混凝土力学性能试验方法标准》GB/T 50081

中华人民共和国国家标准

混凝土强度检验评定标准

GB/T 50107—2010

条 文 说 明

制 订 说 明

《混凝土强度检验评定标准》GB/T 50107 - 2010，经住房和城乡建设部 2010 年 5 月 31 日以第 594 公告批准、发布。

为便于广大设计、施工、科研、学校等单位有关人员在使用本标准时能正确理解和执行条文规定，

《混凝土强度检验评定标准》编制组按章、节、条、款顺序编制了本标准的条文说明，对条文规定的目的、依据以及执行中需注意的有关事项进行了说明。但是，本条文说明不具备与标准正文同等的法律效力，仅供使用者作为理解和把握标准规定的参考。

目 次

1 总　则

混凝土强度是影响混凝土结构可靠性的重要因素,为保证结构的可靠性,必须进行混凝土的生产控制和合格性评定。本标准是关于混凝土抗压强度检验评定的具体规定,它对保证混凝土工程质量,提高混凝土生产的质量管理水平,以及提高企业经济效益等都具有重大作用。

2　术语和符号

2.1　术　语

2.1.1　本条规定了混凝土的基本组成和生产工艺。随着混凝土技术的发展,现代的混凝土组成往往还包括外加剂和矿物掺合料等。

2.1.5　检验批在《混凝土强度检验评定标准》GBJ 107-87 中称为验收批。

3　基本规定

3.0.1　混凝土强度等级由符号 C 和混凝土强度标准值组成。强度标准值以 $5N/mm^2$ 分段划分,并以其下限值作为示值。在现行国家标准《混凝土结构设计规范》GB 50010-2002 中规定的混凝土强度等级有:C15、C20、C25、C30、C35、C40、C45、C50、C55、C60、C65、C70、C75、C80 等,在该规范条文说明中指出,混凝土垫层可用 C10 混凝土。

3.0.3　混凝土强度的分布规律,不但与统计对象的生产周期和生产工艺有关,而且与统计总体的混凝土配制强度和试验龄期等因素有关,大量的统计分析和试验研究表明:同一等级的混凝土,在龄期相同、生产工艺和配合比基本一致的条件下,其强度的概率分布可用正态分布来描述。因此,本条规定检验批应由试件强度等级和试验龄期相同、生产工艺条件和配合比基本相同的混凝土组成,以保证所评定的混凝土的强度基本符合正态分布,这是由于本标准的抽样检验方案是基于检验数据服从正态分布而制定的。其中的生产工艺条件包括了养护条件。

3.0.4　规定了有条件的混凝土生产单位以及样本容量不少于 10 组时,均应采用统计法进行混凝土强度的检验评定。统计法由于样本容量大,能够更加可靠地反映混凝土的强度信息。

4　混凝土的取样与试验

4.1　混凝土的取样

4.1.1　根据采用的检验评定方法,制定检验批的划

分方案和相应的取样计划,是为了避免因施工、制作、试验等因素导致缺少混凝土强度试件。

4.1.2　对混凝土强度进行合格评定时,保证混凝土取样的随机性,是使所抽取的试样具有代表性的重要条件。此外考虑到搅拌机出料口的混凝土拌合物,经运输到达浇筑地点后,混凝土的质量还可能会有变化,因此规定试样应在浇筑地点抽取。预拌混凝土的出厂和交货检验与现行国家标准《预拌混凝土》GB/T 14902 的规定相同。

4.1.3　应用统计方法对混凝土强度进行检验评定时,取样频率是保证预期检验效率的重要因素,为此规定了抽取试样的频率。在制定取样频率的要求时,考虑了各种类型混凝土生产单位的生产条件及工程性质的特点,取样频率既与搅拌机的搅拌盘(罐)数和混凝土总方量有关,也与工作班的划分有关。这样规定,对不同规模的混凝土生产单位和施工现场都有较好的实用性。

一盘指搅拌混凝土的搅拌机一次搅拌的混凝土。一个工作班指 8h。

当一次连续浇筑同配合比的混凝土超过 $1000m^3$ 时,整批混凝土均按每 $200m^3$ 取样不应少于一次。

4.1.4　每批混凝土应制作的试件数量,应满足评定混凝土强度的需要。对用以检查混凝土在施工(生产)过程中强度的试件,其养护条件应与结构或构件相同,它的强度只作为评定结构或构件能否继续施工的依据,两类试件不得混同。

4.2　混凝土试件的制作与养护

4.2.1～4.2.3　混凝土试件的成型和养护方法,应考虑其代表性。对用于评定的混凝土强度试件,应采用标准方法成型,之后置于标准养护条件下进行养护,直到设计要求的龄期。

4.2.4　采用蒸汽养护的构件,考虑到混凝土经蒸汽养护后,对其后期强度增长(指设计规定龄期)存在不利的影响,因此规定在评定蒸汽养护构件的混凝土强度时,其试件应先随构件同条件养护,然后置入标养室继续养护,两段养护时间的总和等于设计规定龄期。

4.3　混凝土试件的试验

4.3.1　试验误差能够导致一组内 3 个试件的强度试验结果有较大的差异。试验误差可用盘内变异系数来衡量。国内外试验研究结果表明,盘内混凝土强度变异系数一般在 5%左右。本条文规定,当组内 3 个试件强度的最大值或最小值与中间值之差超过中间值的 15%时,也即 3 倍的盘内变异系数时,应舍弃最大值和最小值,而取中间值为该组试件强度的代表值。这种规定造成的检验误差,与取组内平均值方案造成的检验误差比较,两者差别不大,但取中间值应用

方便。

为了改善混凝土性能和节能减排，目前多数混凝土中掺有矿物掺合料，尤其是大体积混凝土。实验表明，掺加矿物掺合料混凝土的强度与纯水泥混凝土相比，早期强度较低，而后期强度发展较快，在温度较低条件下更为明显。为了充分利用掺加矿物掺合料混凝土的后期强度，本标准以注的形式规定，其混凝土强度进行合格评定时的试验龄期可以大于28d，具体龄期应由设计部门规定。

4.3.2 当采用非标准尺寸试件将其抗压强度折算为标准尺寸试件抗压强度时，折算系数需要通过试验确定。本条规定了试验的最少试件数量，有利于提高换算系数的准确性。

一个对组为两组试件，一组为标准尺寸试件，一组为非标准尺寸试件。

5 混凝土强度的检验评定

5.1 统计方法评定

5.1.1～5.1.3 对本节各条说明如下：

1 根据混凝土强度质量控制的稳定性，本标准将评定混凝土强度的统计法分为两种：标准差已知方案和标准差未知方案。

标准差已知方案：指同一品种的混凝土生产，有可能在较长的时期内，通过质量管理，维持基本相同的生产条件，即维持原材料、设备、工艺以及人员配备的稳定性，即使有所变化，也能很快予以调整而恢复正常。由于这类生产状况，能使每批混凝土强度的变异性基本稳定，每批的强度标准差 σ_0 可根据前一时期生产累计的强度数据确定。符合以上情况时，采用标准差已知方案，即第 5.1.2 条的规定。一般来说，预制构件生产可以采用标准差已知方案。

标准差已知方案的 σ_0 由同类混凝土、生产周期不应少于60d且不宜超过90d、样本容量不少于45的强度数据计算确定。假定其值延续在一个检验期内保持不变。3个月后，重新按上一个检验期的强度数据计算 σ_0 值。

此外，标准差的计算方法由极差估计法改为公式计算法。同时，当计算得出的标准差小于 2.5N/mm² 时，取值为2.5N/mm²。

标准差未知方案：指生产连续性较差，即在生产中无法维持基本相同的生产条件，或生产周期较短，无法积累强度数据以资计算可靠的标准差参数，此时检验评定只能直接根据每一检验批抽样的样本强度数据确定，即第 5.1.3 条的规定。为了提高检验的可靠性，本标准要求每批样本组数不少于 10 组。

2 本次修订对《混凝土强度检验评定标准》GBJ 107-87 中标准差未知统计法的修改原则如下：

将原验收界限前面的系数去掉，即 $[0.9f_{cu,k}]$ 改为 $[1.0f_{cu,k}]$，并把验收函数系数 λ_1 调整为：

试件组数	10～14	15～19	≥20
λ_1	1.15	1.05	0.95

并取消《混凝土强度检验评定标准》GBJ 107-87 第4.1.3 条公式中 $S_{f_{cu}} \geq 0.06f_{cu,k}$ 的规定。

验收函数中的 λ_1 系数确定如下：根据《建筑工程施工质量验收统一标准》GB 50300-2001 第 3.0.5 条的规定，生产方风险和用户方风险均应控制在 5% 以内。同时，设定可接收质量水平 $AQL = f_{cu,k} + 1.645\sigma$（可接收质量水平相当于 $f_{cu,k}$ 具有不低于 95% 的保证率），极限质量水平 $LQ = f_{cu,k} + 0.2533\sigma$（极限质量水平相当于 $f_{cu,k}$ 具有不低于 60% 的保证率）。调整 λ_1 的值，采用蒙特卡罗（Monte-Carlo）法进行多次模拟计算，在生产方供应的混凝土质量水平较好（数据离散性较小）的情况下，得到生产方风险（即错判概率 α）和用户方风险（漏判概率 β）基本可控制在 5% 左右；当混凝土质量水平较差（数据离散性较大）时，也能使用户方风险始终控制在 5% 以内。

本标准新方案与原标准的对比计算结果表明，新方案均严于原标准。对小于 C30 的混凝土，两者相差不大。但随着混凝土强度等级的提高（标准差随之降低），新方案比原标准越来越严格，但仍在适度范围。

在第 5.1.2 条、5.1.3 条中规定强度标准差计算值 $S_{f_{cu}}$ 不应小于 2.5N/mm²，是因为在实际评定中会出现 $S_{f_{cu}}$ 过小的现象。其原因往往是统计的混凝土检验期过短，对混凝土强度的影响因素反映不充分造成的。虽然也有质量控制好的企业可以达到这样的水平，但对于全国平均水平来讲，是达不到的。

公式 (5.1.2-2)、(5.1.2-4)、(5.1.2-5) 及 (5.1.3-2) 是关于最小值限制条件，其作用旨在防止出现实际的标准差过大情况，或避免出现混凝土强度过低的情况。

5.2 非统计方法评定

5.2.2 《混凝土强度检验评定标准》GBJ 107-87 中非统计方法所选用的参数是在过去混凝土强度普遍不高的情况下规定的。而随着混凝土不断高强化，高强混凝土应用越来越多时，原规定对强度等级为 C60 及以上的高强混凝土是过于严格的。因此，本次修订在采用蒙特卡罗法模拟计算的基础上，对 C60 及以上强度等级的高强混凝土评定作了适当调整。

中华人民共和国国家标准

混凝土质量控制标准

Standard for quality control of concrete

GB 50164—2011

主编部门：中华人民共和国住房和城乡建设部
批准部门：中华人民共和国住房和城乡建设部
施行日期：２０１２年５月１日

中华人民共和国住房和城乡建设部
公 告

第 969 号

关于发布国家标准
《混凝土质量控制标准》的公告

现批准《混凝土质量控制标准》为国家标准，编号为 GB 50164-2011，自 2012 年 5 月 1 日起实施。其中，第 6.1.2 条为强制性条文，必须严格执行。原《混凝土质量控制标准》GB 50164-92 同时废止。

本标准由我部标准定额研究所组织中国建筑工业出版社出版发行。

2011 年 4 月 2 日

前 言

本标准是根据原建设部《关于印发〈2005年工程建设标准规范制订、修订计划（第一批）〉的通知》（建标［2005］84 号）的要求，由中国建筑科学研究院和北京中关村开发建设股份有限公司会同有关单位，并在原《混凝土质量控制标准》GB 50164-92 的基础上修订完成的。

本标准在编制过程中，编制组经广泛调查研究，认真总结实践经验、参考有关国际标准和国外先进标准，并在广泛征求意见的基础上，最后经审查定稿。

本标准共分 7 章和 1 个附录，主要技术内容是：总则、原材料质量控制、混凝土性能要求、配合比控制、生产控制水平、生产与施工质量控制、混凝土质量检验。

本标准修订的主要技术内容是：增加氯离子含量等质量控制指标；修订了混凝土拌合物稠度等级划分；补充混凝土耐久性质量控制指标；修订了混凝土生产控制的强度标准差要求；修订了混凝土组成材料计量结果的允许偏差；修订了混凝土蒸汽养护质量控制指标；增加混凝土质量检验等内容。

本标准中以黑体字标志的条文为强制性条文，必须严格执行。

本标准由住房和城乡建设部负责管理和对强制性条文的解释，由中国建筑科学研究院负责具体技术内容的解释。执行过程中如有意见和建议，请寄送中国建筑科学研究院（地址：北京市北三环东路 30 号，邮政编码：100013）。

本 标 准 主 编 单 位：中国建筑科学研究院
北京中关村开发建设股份有限公司

本 标 准 参 编 单 位：甘肃土木工程科学研究院
西安建筑科技大学
深圳大学
中建商品混凝土有限公司
贵州中建建筑科研设计院有限公司
中国建筑第二工程局深圳分公司
建研建材有限公司
北京天恒泓混凝土有限公司
宁波金鑫商品混凝土有限公司
重庆市建筑科学研究院
黑龙江省寒地建筑科学研究院
云南建工混凝土有限公司
山东省建筑科学研究院
上海市建筑科学研究院（集团）有限公司
浙江中科仪器有限公司
北京京辉混凝土有限公司
中设建工集团有限公司
浙江国泰建设集团有限公司
中国水利水电第三工程局有限公司

杭州中豪建设工程有限公司

北京城建亚泰建设工程有限公司

本标准主要起草人员：冷发光　丁　威　韦庆东
周永祥　杜　雷　尚建丽
王卫仑　武铁明　钟安鑫
许远峰　高金枝　陆士强
孟国民　朱卫中　李章建
鲁统卫　韩建军　谢岳庆

李帼英　田冠飞　洪昌华
袁勇军　谢凯军　姬脉兴
张伟尧　吴尧庆　费　恺
何更新　纪宪坤　王　晶
赖文帧

本标准主要审查人员：石云兴　郝挺宇　罗保恒
闻德荣　蔡亚宁　朋改非
封孝信　姜福田　陶梦兰
戴会生

目　次

Contents

1 总　　则

1.0.1 为加强混凝土质量控制，促进混凝土技术进步，确保混凝土工程质量，制定本标准。

1.0.2 本标准适用于建设工程的普通混凝土质量控制。

1.0.3 混凝土质量控制除应符合本标准的规定外，尚应符合国家现行有关标准的规定。

2 原材料质量控制

2.1 水　　泥

2.1.1 水泥品种与强度等级的选用应根据设计、施工要求以及工程所处环境确定。对于一般建筑结构及预制构件的普通混凝土，宜采用通用硅酸盐水泥；高强混凝土和有抗冻要求的混凝土宜采用硅酸盐水泥或普通硅酸盐水泥；有预防混凝土碱-骨料反应要求的混凝土工程宜采用碱含量低于 0.6% 的水泥；大体积混凝土宜采用中、低热硅酸盐水泥或低热矿渣硅酸盐水泥。水泥应符合现行国家标准《通用硅酸盐水泥》GB 175 和《中热硅酸盐水泥　低热硅酸盐水泥　低热矿渣硅酸盐水泥》GB 200 的有关规定。

2.1.2 水泥质量主要控制项目应包括凝结时间、安定性、胶砂强度、氧化镁和氯离子含量，碱含量低于 0.6% 的水泥主要控制项目还应包括碱含量，中、低热硅酸盐水泥或低热矿渣硅酸盐水泥主要控制项目还应包括水化热。

2.1.3 水泥的应用应符合下列规定：

1 宜采用新型干法窑生产的水泥。

2 应注明水泥中的混合材品种和掺加量。

3 用于生产混凝土的水泥温度不宜高于 60℃。

2.2 粗 骨 料

2.2.1 粗骨料应符合现行行业标准《普通混凝土用砂、石质量及检验方法标准》JGJ 52 的规定。

2.2.2 粗骨料质量主要控制项目应包括颗粒级配、针片状颗粒含量、含泥量、泥块含量、压碎值指标和坚固性，用于高强混凝土的粗骨料主要控制项目还应包括岩石抗压强度。

2.2.3 粗骨料在应用方面应符合下列规定：

1 混凝土粗骨料宜采用连续级配。

2 对于混凝土结构，粗骨料最大公称粒径不得大于构件截面最小尺寸的 1/4，且不得大于钢筋最小净间距的 3/4；对混凝土实心板，骨料的最大公称粒径不宜大于板厚的 1/3，且不得大于 40mm；对于大体积混凝土，粗骨料最大公称粒径不宜小于 31.5mm。

3 对于有抗渗、抗冻、抗腐蚀、耐磨或其他特殊要求的混凝土，粗骨料中的含泥量和泥块含量分别不应大于 1.0% 和 0.5%；坚固性检验的质量损失不应大于 8%。

4 对于高强混凝土，粗骨料的岩石抗压强度应至少比混凝土设计强度高 30%；最大公称粒径不宜大于 25mm；针片状颗粒含量不宜大于 5% 且不应大于 8%；含泥量和泥块含量分别不应大于 0.5% 和 0.2%。

5 对粗骨料或用于制作粗骨料的岩石，应进行碱活性检验，包括碱-硅酸反应活性检验和碱-碳酸盐反应活性检验；对于有预防混凝土碱-骨料反应要求的混凝土工程，不宜采用有碱活性的粗骨料。

2.3 细 骨 料

2.3.1 细骨料应符合现行行业标准《普通混凝土用砂、石质量及检验方法标准》JGJ 52 的规定；混凝土用海砂应符合现行行业标准《海砂混凝土应用技术规范》JGJ 206 的有关规定。

2.3.2 细骨料质量主要控制项目应包括颗粒级配、细度模数、含泥量、泥块含量、坚固性、氯离子含量和有害物质含量；海砂主要控制项目除应包括上述指标外尚应包括贝壳含量；人工砂主要控制项目除应包括上述指标外尚应包括石粉含量和压碎值指标，人工砂主要控制项目可不包括氯离子含量和有害物质含量。

2.3.3 细骨料的应用应符合下列规定：

1 泵送混凝土宜采用中砂，且 300μm 筛孔的颗粒通过量不宜少于 15%。

2 对于有抗渗、抗冻或其他特殊要求的混凝土，砂中的含泥量和泥块含量分别不应大于 3.0% 和 1.0%；坚固性检验的质量损失不应大于 8%。

3 对于高强混凝土，砂的细度模数宜控制在 2.6～3.0 范围之内，含泥量和泥块含量分别不应大于 2.0% 和 0.5%。

4 钢筋混凝土和预应力混凝土用砂的氯离子含量分别不应大于 0.06% 和 0.02%。

5 混凝土用海砂应经过净化处理。

6 混凝土用海砂氯离子含量不应大于 0.03%，贝壳含量应符合表 2.3.3-1 的规定。海砂不得用于预应力混凝土。

表 2.3.3-1　混凝土用海砂的贝壳含量(按质量计,%)

混凝土强度等级	≥C60	C55～C40	C35～C30	C25～C15
贝壳含量	≤3	≤5	≤8	≤10

7 人工砂中的石粉含量应符合表 2.3.3-2 的规定。

表 2.3.3-2　人工砂中石粉含量（%）

混凝土强度等级		≥C60	C55～C30	≤C25
石粉含量	MB<1.4	≤5.0	≤7.0	≤10.0
	MB≥1.4	≤2.0	≤3.0	≤5.0

8　不宜单独采用特细砂作为细骨料配制混凝土。

9　河砂和海砂应进行碱-硅酸反应活性检验；人工砂应进行碱-硅酸反应活性检验和碱-碳酸盐反应活性检验；对于有预防混凝土碱-骨料反应要求的工程，不宜采用有碱活性的砂。

2.4　矿物掺合料

2.4.1　用于混凝土中的矿物掺合料可包括粉煤灰、粒化高炉矿渣粉、硅灰、沸石粉、钢渣粉、磷渣粉；可采用两种或两种以上的矿物掺合料按一定比例混合使用。粉煤灰应符合现行国家标准《用于水泥和混凝土中的粉煤灰》GB/T 1596 的有关规定，粒化高炉矿渣粉应符合现行国家标准《用于水泥和混凝土中的粒化高炉矿渣粉》GB/T 18046 的有关规定，钢渣粉应符合现行国家标准《用于水泥和混凝土中的钢渣粉》GB/T 20491 的有关规定，其他矿物掺合料应符合相关现行国家标准的规定并满足混凝土性能要求；矿物掺合料的放射性应符合现行国家标准《建筑材料放射性核素限量》GB 6566 的有关规定。

2.4.2　粉煤灰的主要控制项目应包括细度、需水量比、烧失量和三氧化硫含量，C 类粉煤灰的主要控制项目还应包括游离氧化钙含量和安定性；粒化高炉矿渣粉的主要控制项目应包括比表面积、活性指数和流动度比；钢渣粉的主要控制项目应包括比表面积、活性指数、流动度比、游离氧化钙含量、三氧化硫含量、氧化镁含量和安定性；磷渣粉的主要控制项目应包括细度、活性指数、流动度比、五氧化二磷含量和安定性；硅灰的主要控制项目应包括比表面积和二氧化硅含量。矿物掺合料的主要控制项目还应包括放射性。

2.4.3　矿物掺合料的应用应符合下列规定：

1　掺用矿物掺合料的混凝土，宜采用硅酸盐水泥和普通硅酸盐水泥。

2　在混凝土中掺用矿物掺合料时，矿物掺合料的种类和掺量应经试验确定。

3　矿物掺合料宜与高效减水剂同时使用。

4　对于高强混凝土或有抗渗、抗冻、抗腐蚀、耐磨等其他特殊要求的混凝土，不宜采用低于Ⅱ级的粉煤灰。

5　对于高强混凝土和有耐腐蚀要求的混凝土，当需要采用硅灰时，不宜采用二氧化硅含量小于90%的硅灰。

2.5　外加剂

2.5.1　外加剂应符合国家现行标准《混凝土外加剂》GB 8076、《混凝土防冻剂》JC 475 和《混凝土膨胀剂》GB 23439 的有关规定。

2.5.2　外加剂质量主要控制项目应包括掺外加剂混凝土性能和外加剂匀质性两方面，混凝土性能方面的主要控制项目应包括减水率、凝结时间差和抗压强度比，外加剂匀质性方面的主要控制项目应包括 pH 值、氯离子含量和碱含量；引气剂和引气减水剂主要控制项目还应包括含气量；防冻剂主要控制项目还应包括含气量和 50 次冻融强度损失率比；膨胀剂主要控制项目还应包括凝结时间、限制膨胀率和抗压强度。

2.5.3　外加剂的应用除应符合现行国家标准《混凝土外加剂应用技术规范》GB 50119 的有关规定外，尚应符合下列规定：

1　在混凝土中掺用外加剂时，外加剂应与水泥具有良好的适应性，其种类和掺量应经试验确定。

2　高强混凝土宜采用高性能减水剂；有抗冻要求的混凝土宜采用引气剂或引气减水剂；大体积混凝土宜采用缓凝剂或缓凝减水剂；混凝土冬期施工可采用防冻剂。

3　外加剂中的氯离子含量和碱含量应满足混凝土设计要求。

4　宜采用液态外加剂。

2.6　水

2.6.1　混凝土用水应符合现行行业标准《混凝土用水标准》JGJ 63 的有关规定。

2.6.2　混凝土用水主要控制项目应包括 pH 值、不溶物含量、可溶物含量、硫酸根离子含量、氯离子含量、水泥凝结时间差和水泥胶砂强度比。当混凝土骨料为碱活性时，主要控制项目还应包括碱含量。

2.6.3　混凝土用水的应用应符合下列规定：

1　未经处理的海水严禁用于钢筋混凝土和预应力混凝土。

2　当骨料具有碱活性时，混凝土用水不得采用混凝土企业生产设备洗涮水。

3　混凝土性能要求

3.1　拌合物性能

3.1.1　混凝土拌合物性能应满足设计和施工要求。混凝土拌合物性能试验方法应符合现行国家标准《普通混凝土拌合物性能试验方法标准》GB/T 50080 的有关规定；坍落度经时损失试验方法应符合本标准附录 A 的规定。

3.1.2 混凝土拌合物的稠度可采用坍落度、维勃稠度或扩展度表示。坍落度检验适用于坍落度不小于10mm的混凝土拌合物，维勃稠度检验适用于维勃稠度5s～30s的混凝土拌合物，扩展度适用于泵送高强混凝土和自密实混凝土。坍落度、维勃稠度和扩展度的等级划分及其稠度允许偏差应分别符合表3.1.2-1、表3.1.2-2、表3.1.2-3和表3.1.2-4的规定。

表3.1.2-1 混凝土拌合物的坍落度等级划分

等级	坍落度（mm）
S1	10～40
S2	50～90
S3	100～150
S4	160～210
S5	≥220

表3.1.2-2 混凝土拌合物的维勃稠度等级划分

等级	维勃稠度（s）
V0	≥31
V1	30～21
V2	20～11
V3	10～6
V4	5～3

表3.1.2-3 混凝土拌合物的扩展度等级划分

等级	扩展度（mm）	等级	扩展度（mm）
F1	≤340	F4	490～550
F2	350～410	F5	560～620
F3	420～480	F6	≥630

表3.1.2-4 混凝土拌合物稠度允许偏差

拌合物性能		允许偏差		
坍落度（mm）	设计值	≤40	50～90	≥100
	允许偏差	±10	±20	±30
维勃稠度（s）	设计值	≥11	10～6	≤5
	允许偏差	±3	±2	±1
扩展度（mm）	设计值	≥350		
	允许偏差	±30		

3.1.3 混凝土拌合物应在满足施工要求的前提下，尽可能采用较小的坍落度；泵送混凝土拌合物坍落度设计值不宜大于180mm。

3.1.4 泵送高强混凝土的扩展度不宜小于500mm；自密实混凝土的扩展度不宜小于600mm。

3.1.5 混凝土拌合物的坍落度经时损失不应影响混凝土的正常施工。泵送混凝土拌合物的坍落度经时损失不宜大于30mm/h。

3.1.6 混凝土拌合物应具有良好的和易性，并不得离析或泌水。

3.1.7 混凝土拌合物的凝结时间应满足施工要求和混凝土性能要求。

3.1.8 混凝土拌合物中水溶性氯离子最大含量应符合表3.1.8的要求。混凝土拌合物中水溶性氯离子含量应按照现行行业标准《水运工程混凝土试验规程》JTJ 270中混凝土拌合物中氯离子含量的快速测定方法或其他准确度更好的方法进行测定。

表3.1.8 混凝土拌合物中水溶性氯离子最大含量
（水泥用量的质量百分比，%）

环境条件	水溶性氯离子最大含量		
	钢筋混凝土	预应力混凝土	素混凝土
干燥环境	0.30		
潮湿但不含氯离子的环境	0.20		
潮湿且含有氯离子的环境、盐渍土环境	0.10	0.06	1.00
除冰盐等侵蚀性物质的腐蚀环境	0.06		

3.1.9 掺用引气剂或引气型外加剂混凝土拌合物的含气量宜符合表3.1.9的规定。

表3.1.9 混凝土含气量

粗骨料最大公称粒径（mm）	混凝土含气量（%）
20	≤5.5
25	≤5.0
40	≤4.5

3.2 力学性能

3.2.1 混凝土的力学性能应满足设计和施工的要求。混凝土力学性能试验方法应符合现行国家标准《普通混凝土力学性能试验方法标准》GB/T 50081的有关规定。

3.2.2 混凝土强度等级应按立方体抗压强度标准值（MPa）划分为C10、C15、C20、C25、C30、C35、C40、C45、C50、C55、C60、C65、C70、C75、C80、C85、C90、C95和C100。

3.2.3 混凝土抗压强度应按现行国家标准《混凝土强度检验评定标准》GB/T 50107的有关规定进行检验评定，并应合格。

3.3 长期性能和耐久性能

3.3.1 混凝土的长期性能和耐久性能应满足设计要求。试验方法应符合现行国家标准《普通混凝土长期

性能和耐久性能试验方法标准》GB/T 50082 的有关规定。

3.3.2 混凝土的抗冻性能、抗水渗透性能和抗硫酸盐侵蚀性能的等级划分应符合表3.3.2的规定。

表3.3.2　混凝土抗冻性能、抗水渗透性能和抗硫酸盐侵蚀性能的等级划分

抗冻等级（快冻法）	抗冻标号（慢冻法）	抗渗等级	抗硫酸盐等级
F50	F250	D50	P4	KS30
F100	F300	D100	P6	KS60
F150	F350	D150	P8	KS90
F200	F400	D200	P10	KS120
＞F400	＞D200	P12	KS150
		＞P12	＞KS150

3.3.3 混凝土抗氯离子渗透性能的等级划分应符合下列规定：

1 当采用氯离子迁移系数（RCM法）划分混凝土抗氯离子渗透性能等级时，应符合表3.3.3-1的规定，且混凝土龄期应为84d。

表3.3.3-1　混凝土抗氯离子渗透性能的等级划分（RCM法）

等级	RCM-I	RCM-II	RCM-III	RCM-IV	RCM-V
氯离子迁移系数 D_{RCM}（RCM法）（$\times 10^{-12}$ m²/s）	$D_{RCM} \geqslant 4.5$	$3.5 \leqslant D_{RCM} < 4.5$	$2.5 \leqslant D_{RCM} < 3.5$	$1.5 \leqslant D_{RCM} < 2.5$	$D_{RCM} < 1.5$

2 当采用电通量划分混凝土抗氯离子渗透性能等级时，应符合表3.3.3-2的规定，且混凝土龄期宜为28d。当混凝土中水泥混合材与矿物掺合料之和超过胶凝材料用量的50％时，测试龄期可为56d。

表3.3.3-2　混凝土抗氯离子渗透性能的等级划分（电通量法）

等级	Q-I	Q-II	Q-III	Q-IV	Q-V
电通量 Q_s（C）	$Q_s \geqslant 4000$	$2000 \leqslant Q_s < 4000$	$1000 \leqslant Q_s < 2000$	$500 \leqslant Q_s < 1000$	$Q_s < 500$

3.3.4 混凝土抗碳化性能等级划分应符合表3.3.4的规定。

表3.3.4　混凝土抗碳化性能的等级划分

等级	T-I	T-II	T-III	T-IV	T-V
碳化深度 d（mm）	$d \geqslant 30$	$20 \leqslant d < 30$	$10 \leqslant d < 20$	$0.1 \leqslant d < 10$	$d < 0.1$

3.3.5 混凝土早期抗裂性能等级划分应符合表3.3.5的规定。

表3.3.5　混凝土早期抗裂性能的等级划分

等级	L-I	L-II	L-III	L-IV	L-V
单位面积上的总开裂面积 C（mm²/m²）	$C \geqslant 1000$	$700 \leqslant C < 1000$	$400 \leqslant C < 700$	$100 \leqslant C < 400$	$C < 100$

3.3.6 混凝土耐久性能应按现行行业标准《混凝土耐久性检验评定标准》JGJ/T 193 的有关规定进行检验评定，并应合格。

4　配合比控制

4.0.1 混凝土配合比设计应符合现行行业标准《普通混凝土配合比设计规程》JGJ 55 的有关规定。

4.0.2 混凝土配合比应满足混凝土施工性能要求，强度以及其他力学性能和耐久性能应符合设计要求。

4.0.3 对首次使用、使用间隔时间超过三个月的配合比应进行开盘鉴定，开盘鉴定应符合下列规定：

1 生产使用的原材料应与配合比设计一致。

2 混凝土拌合物性能应满足施工要求。

3 混凝土强度评定应符合设计要求。

4 混凝土耐久性能应符合设计要求。

4.0.4 在混凝土配合比使用过程中，应根据混凝土质量的动态信息及时调整。

5　生产控制水平

5.0.1 混凝土工程宜采用预拌混凝土。

5.0.2 混凝土生产控制水平可按强度标准差（σ）和实测强度达到强度标准值组数的百分率（P）表征。

5.0.3 混凝土强度标准差（σ）应按式（5.0.3）计算，并宜符合表5.0.3的规定。

$$\sigma = \sqrt{\frac{\sum_{i=1}^{n} f_{cu,i}^2 - n m_{fcu}^2}{n-1}} \qquad (5.0.3)$$

式中：σ——混凝土强度标准差，精确到0.1MPa；

$f_{cu,i}$——统计周期内第 i 组混凝土立方体试件的抗压强度值，精确到0.1MPa；

m_{fcu}——统计周期内 n 组混凝土立方体试件的抗压强度的平均值，精确到0.1MPa；

n——统计周期内相同强度等级混凝土的试件组数，n 值不应小于30。

表 5.0.3 混凝土强度标准差（MPa）

生产场所	强度标准差 σ		
	<C20	C20～C40	≥C45
预拌混凝土搅拌站 预制混凝土构件厂	≤3.0	≤3.5	≤4.0
施工现场搅拌站	≤3.5	≤4.0	≤4.5

5.0.4 实测强度达到强度标准值组数的百分率（P）应按公式 5.0.4 计算，且 P 不应小于 95%。

$$P = \frac{n_0}{n} \times 100\% \qquad (5.0.4)$$

式中：P——统计周期内实测强度达到强度标准值组数的百分率，精确到 0.1%；

n_0——统计周期内相同强度等级混凝土达到强度标准值的试件组数。

5.0.5 预拌混凝土搅拌站和预制混凝土构件厂的统计周期可取一个月；施工现场搅拌站的统计周期可根据实际情况确定，但不宜超过三个月。

6 生产与施工质量控制

6.1 一般规定

6.1.1 混凝土生产施工之前，应制订完整的技术方案，并应做好各项准备工作。

6.1.2 混凝土拌合物在运输和浇筑成型过程中严禁加水。

6.2 原材料进场

6.2.1 混凝土原材料进场时，供方应按规定批次向需方提供质量证明文件。质量证明文件应包括型式检验报告、出厂检验报告与合格证等，外加剂产品还应提供使用说明书。

6.2.2 原材料进场后，应按本标准第 7.1 节的规定进行进场检验。

6.2.3 水泥应按不同厂家、不同品种和强度等级分批存储，并应采取防潮措施；出现结块的水泥不得用于混凝土工程；水泥出厂超过 3 个月（硫铝酸盐水泥超过 45d）应进行复检，合格者方可使用。

6.2.4 粗、细骨料堆场应有遮雨设施，并应符合有关环境保护的规定；粗、细骨料应按不同品种、规格分别堆放，不得混入杂物。

6.2.5 矿物掺合料存储时，应有明显标记，不同矿物掺合料以及水泥不得混杂堆放，应防潮防雨，并应符合有关环境保护的规定；矿物掺合料存储期超过 3 个月时，应进行复检，合格者方可使用。

6.2.6 外加剂的送检样品应与工程大批量进货一致，并应按不同的供货单位、品种和牌号进行标识，单独

存放；粉状外加剂应防止受潮结块，如有结块，应进行检验，合格者应经粉碎至全部通过 $600\mu m$ 筛孔后方可使用；液态外加剂应储存在密闭容器内，并应防晒和防冻，如有沉淀等异常现象，应经检验合格后方可使用。

6.3 计 量

6.3.1 原材料计量宜采用电子计量设备。计量设备的精度应符合现行国家标准《混凝土搅拌站（楼）》GB/T 10171 的有关规定，应具有法定计量部门签发的有效检定证书，并应定期校验。混凝土生产单位每月应自检 1 次；每一工作班开始前，应对计量设备进行零点校准。

6.3.2 每盘混凝土原材料计量的允许偏差应符合表 6.3.2 的规定，原材料计量偏差应每班检查 1 次。

表 6.3.2 各种原材料计量的
允许偏差（按质量计，%）

原材料种类	计量允许偏差	原材料种类	计量允许偏差
胶凝材料	±2	拌合用水	±1
粗、细骨料	±3	外加剂	±1

6.3.3 对于原材料计量，应根据粗、细骨料含水率的变化，及时调整粗、细骨料和拌合用水的称量。

6.4 搅 拌

6.4.1 混凝土搅拌机应符合现行国家标准《混凝土搅拌机》GB/T 9142 的有关规定。混凝土搅拌宜采用强制式搅拌机。

6.4.2 原材料投料方式应满足混凝土搅拌技术要求和混凝土拌合物质量要求。

6.4.3 混凝土搅拌的最短时间可按表 6.4.3 采用；当搅拌高强混凝土时，搅拌时间应适当延长；采用自落式搅拌机时，搅拌时间宜延长 30s。对于双卧轴强制式搅拌机，可在保证搅拌均匀的情况下适当缩短搅拌时间。混凝土搅拌时间应每班检查 2 次。

表 6.4.3 混凝土搅拌的最短时间（s）

混凝土坍落度 (mm)	搅拌机机型	搅拌机出料量（L）		
		<250	250～500	>500
≤40	强制式	60	90	120
>40 且<100	强制式	60	60	90
≥100	强制式		60	

注：混凝土搅拌的最短时间系指全部材料装入搅拌筒起，到开始卸料止的时间。

6.4.4 同一盘混凝土的搅拌匀质性应符合下列规定：

1 混凝土中砂浆密度两次测值的相对误差不应大于 0.8%。

2 混凝土稠度两次测值的差值不应大于表 3.1.2-4 规定的混凝土拌合物稠度允许偏差的绝对值。

6.4.5 冬期施工搅拌混凝土时，宜优先采用加热水的方法提高拌合物温度，也可同时采用加热骨料的方法提高拌合物温度。当拌合用水和骨料加热时，拌合用水和骨料的加热温度不应超过表 6.4.5 的规定；当骨料不加热时，拌合用水可加热到 60℃以上。应先投入骨料和热水进行搅拌，然后再投入胶凝材料等共同搅拌。

表 6.4.5 拌合用水和骨料的最高加热温度（℃）

采用的水泥品种	拌合用水	骨料
硅酸盐水泥和普通硅酸盐水泥	60	40

6.5 运 输

6.5.1 在运输过程中，应控制混凝土不离析、不分层，并应控制混凝土拌合物性能满足施工要求。

6.5.2 当采用机动翻斗车运输混凝土时，道路应平整。

6.5.3 当采用搅拌罐车运送混凝土拌合物时，搅拌罐在冬期应有保温措施。

6.5.4 当采用搅拌罐车运送混凝土拌合物时，卸料前应采用快档旋转搅拌罐不少于 20s。因运距过远、交通或现场等问题造成坍落度损失较大而卸料困难时，可采用在混凝土拌合物中掺入适量减水剂并快档旋转搅拌罐的措施，减水剂掺量应有经试验确定的预案。

6.5.5 当采用泵送混凝土时，混凝土运输应保证混凝土连续泵送，并应符合现行行业标准《混凝土泵送施工技术规程》JGJ/T 10 的有关规定。

6.5.6 混凝土拌合物从搅拌机卸出至施工现场接收的时间间隔不宜大于 90min。

6.6 浇 筑 成 型

6.6.1 浇筑混凝土前，应检查并控制模板、钢筋、保护层和预埋件等的尺寸、规格、数量和位置，其偏差值应符合现行国家标准《混凝土结构工程施工质量验收规范》GB 50204 的有关规定，并应检查模板支撑的稳定性以及接缝的密合情况，应保证模板在混凝土浇筑过程中不失稳、不跑模和不漏浆。

6.6.2 浇筑混凝土前，应清除模板内以及垫层上的杂物；表面干燥的地基土、垫层、木模板应浇水湿润。

6.6.3 当夏季天气炎热时，混凝土拌合物入模温度不应高于 35℃，宜选择晚间或夜间浇筑混凝土；现场温度高于 35℃时，宜对金属模板进行浇水降温，但不得留有积水，并宜采取遮挡措施避免阳光照射金属模板。

6.6.4 当冬期施工时，混凝土拌合物入模温度不应低于 5℃，并应有保温措施。

6.6.5 在浇筑过程中，应有效控制混凝土的均匀性、密实性和整体性。

6.6.6 泵送混凝土输送管道的最小内径宜符合表 6.6.6 的规定；混凝土输送泵的泵压应与混凝土拌合物特性和泵送高度相匹配；泵送混凝土的输送管道应支撑稳定，不漏浆，冬期应有保温措施，夏季施工现场最高气温超过 40℃时，应有隔热措施。

表 6.6.6 泵送混凝土输送管道的最小内径（mm）

粗骨料最大公称粒径	输送管道最小内径
25	125
40	150

6.6.7 不同配合比或不同强度等级泵送混凝土在同一时间段交替浇筑时，输送管道中的混凝土不得混入其他不同配合比或不同强度等级混凝土。

6.6.8 当混凝土自由倾落高度大于 3.0m 时，宜采用串筒、溜管或振动溜管等辅助设备。

6.6.9 浇筑竖向尺寸较大的结构物时，应分层浇筑，每层浇筑厚度宜控制在 300mm～350mm；大体积混凝土宜采用分层浇筑方法，可利用自然流淌形成斜坡沿高度均匀上升，分层厚度不应大于 500mm；对于清水混凝土浇筑，可多安排振捣棒，应边浇筑混凝土边振捣，宜连续成型。

6.6.10 自密实混凝土浇筑布料点应结合拌合物特性选择适宜的间距，必要时可以通过试验确定混凝土布料点下料间距。

6.6.11 应根据混凝土拌合物特性及混凝土结构、构件或制品的制作方式选择适当的振捣方式和振捣时间。

6.6.12 混凝土振捣宜采用机械振捣。当施工无特殊振捣要求时，可采用振捣棒进行捣实，插入间距不应大于振捣棒振动作用半径的一倍，连续多层浇筑时，振捣棒应插入下层拌合物约 50mm 进行振捣；当浇筑厚度不大于 200mm 的表面积较大的平面结构或构件时，宜采用表面振动成型；当采用干硬性混凝土拌合物浇筑成型混凝土制品时，宜采用振动台或表面加压振动成型。

6.6.13 振捣时间宜按拌合物稠度和振捣部位等不同情况，控制在 10s～30s 内，当混凝土拌合物表面出现泛浆，基本无气泡逸出，可视为捣实。

6.6.14 混凝土拌合物从搅拌机卸出后到浇筑完毕的

延续时间不宜超过表 6.6.14 的规定。

表 6.6.14　混凝土拌合物从搅拌机卸出后到浇筑完毕的延续时间（min）

混凝土生产地点	气　温	
	≤25℃	>25℃
预拌混凝土搅拌站	150	120
施工现场	120	90
混凝土制品厂	90	60

6.6.15　在混凝土浇筑同时，应制作供结构或构件出池、拆模、吊装、张拉、放张和强度合格评定用的同条件养护试件，并应按设计要求制作抗冻、抗渗或其他性能试验用的试件。

6.6.16　在混凝土浇筑及静置过程中，应在混凝土终凝前对浇筑面进行抹面处理。

6.6.17　混凝土构件成型后，在强度达到 1.2MPa 以前，不得在构件上面踩踏行走。

6.7　养　护

6.7.1　生产和施工单位应根据结构、构件或制品情况、环境条件、原材料情况以及对混凝土性能的要求等，提出施工养护方案或生产养护制度，并应严格执行。

6.7.2　混凝土施工可采用浇水、覆盖保湿、喷涂养护剂、冬季蓄热养护等方法进行养护；混凝土构件或制品厂生产可采用蒸汽养护、湿热养护或潮湿自然养护等方法进行养护。选择的养护方法应满足施工养护方案或生产养护制度的要求。

6.7.3　采用塑料薄膜覆盖养护时，混凝土全部表面应覆盖严密，并应保持膜内有凝结水；采用养护剂养护时，应通过试验检验养护剂的保湿效果。

6.7.4　对于混凝土浇筑面，尤其是平面结构，宜边浇筑成型边采用塑料薄膜覆盖保湿。

6.7.5　混凝土施工养护时间应符合下列规定：

1　对于采用硅酸盐水泥、普通硅酸盐水泥或矿渣硅酸盐水泥配制的混凝土，采用浇水和潮湿覆盖的养护时间不得少于 7d。

2　对于采用粉煤灰硅酸盐水泥、火山灰质硅酸盐水泥、复合硅酸盐水泥配制的混凝土，或掺加缓凝剂的混凝土以及大掺量矿物掺合料混凝土，采用浇水和潮湿覆盖的养护时间不得少于 14d。

3　对于竖向混凝土结构，养护时间宜适当延长。

6.7.6　混凝土构件或制品厂的混凝土养护应符合下列规定：

1　采用蒸汽养护或湿热养护时，养护时间和养护制度应满足混凝土及其制品性能的要求。

2　采用蒸汽养护时，应分为静停、升温、恒温和降温四个养护阶段。混凝土成型后的静停时间不宜少于 2h，升温速度不宜超过 25℃/h，降温速度不宜

超过 20℃/h，最高和恒温温度不宜超过 65℃；混凝土构件或制品在出池或撤除养护措施前，应进行温度测量，当表面与外界温差不大于 20℃时，构件方可出池或撤除养护措施。

3　采用潮湿自然养护时，应符合本节第 6.7.2 条～第 6.7.5 条的规定。

6.7.7　对于大体积混凝土，养护过程应进行温度控制，混凝土内部和表面的温差不宜超过 25℃，表面与外界温差不宜大于 20℃。

6.7.8　对于冬期施工的混凝土，养护应符合下列规定：

1　日均气温低于 5℃时，不得采用浇水自然养护方法。

2　混凝土受冻前的强度不得低于 5MPa。

3　模板和保温层应在混凝土冷却到 5℃方可拆除，或在混凝土表面温度与外界温度相差不大于 20℃时拆模，拆模后的混凝土亦应及时覆盖，使其缓慢冷却。

4　混凝土强度达到设计强度等级的 50% 时，方可撤除养护措施。

7　混凝土质量检验

7.1　混凝土原材料质量检验

7.1.1　原材料进场时，应按规定批次验收型式检验报告、出厂检验报告或合格证等质量证明文件，外加剂产品还应具有使用说明书。

7.1.2　混凝土原材料进场时应进行检验，检验样品应随机抽取。

7.1.3　混凝土原材料的检验批量应符合下列规定：

1　散装水泥应按每 500t 为一个检验批；袋装水泥应按每 200t 为一个检验批；粉煤灰或粒化高炉矿渣粉等矿物掺合料应按每 200t 为一个检验批；硅灰应按每 30t 为一个检验批；砂、石骨料应按每 400m³ 或 600t 为一个检验批；外加剂应按每 50t 为一个检验批；水应按同一水源不少于一个检验批。

2　当符合下列条件之一时，可将检验批量扩大一倍。

1）对经产品认证机构认证符合要求的产品。

2）来源稳定且连续三次检验合格。

3）同一厂家的同批出厂材料，用于同时施工且属于同一工程项目的多个单位工程。

3　不同批次或非连续供应的不足一个检验批量的混凝土原材料应作为一个检验批。

7.1.4　原材料的质量应符合本标准第 2 章的规定。

7.2　混凝土拌合物性能检验

7.2.1　在生产施工过程中，应在搅拌地点和浇筑地点分别对混凝土拌合物进行抽样检验。

7.2.2 混凝土拌合物的检验频率应符合下列规定：

　　1 混凝土坍落度取样检验频率应符合现行国家标准《混凝土强度检验评定标准》GB/T 50107 的有关规定。

　　2 同一工程、同一配合比、采用同一批次水泥和外加剂的混凝土的凝结时间应至少检验 1 次。

　　3 同一工程、同一配合比的混凝土的氯离子含量应至少检验 1 次；同一工程、同一配合比和采用同一批次海砂的混凝土的氯离子含量应至少检验 1 次。

7.2.3 混凝土拌合物性能应符合本标准第 3.1 节的规定。

7.3 硬化混凝土性能检验

7.3.1 硬化混凝土性能检验应符合下列规定：

　　1 强度检验评定应符合现行国家标准《混凝土强度检验评定标准》GB/T 50107 的有关规定，其他力学性能检验应符合设计要求和有关标准的规定。

　　2 耐久性能检验评定应符合现行行业标准《混凝土耐久性检验评定标准》JGJ/T 193 的有关规定。

　　3 长期性能检验规则可按现行行业标准《混凝土耐久性检验评定标准》JGJ/T 193 中耐久性检验的有关规定执行。

7.3.2 混凝土力学性能应符合本标准第 3.2 节的规定；长期性能和耐久性能应符合本标准第 3.3 节的规定。

附录 A　坍落度经时损失试验方法

A.0.1 本方法适用于混凝土坍落度经时损失的测定。

A.0.2 取样与试样的制备应符合现行国家标准《普通混凝土拌合物性能试验方法标准》GB/T 50080 的有关规定。

A.0.3 检测混凝土拌合物卸出搅拌机时的坍落度应按现行国家标准《普通混凝土拌合物性能试验方法标准》GB/T 50080 的有关规定执行，应在坍落度试验后立即将混凝土拌合物装入不吸水的容器内密闭搁置 1h，然后，应再将混凝土拌合物倒入搅拌机内搅拌 20s，卸出搅拌机后应再次测试混凝土拌合物的坍落度。

A.0.4 前后两次坍落度之差即为坍落度经时损失，计算应精确到 5mm。

本标准用词说明

　　1 为便于在执行本标准条文时区别对待，对要求严格程度不同的用词说明如下：

　　1） 表示很严格，非这样做不可的：

　　　　正面词采用"必须"，反面词采用"严禁"；

　　2） 表示严格，在正常情况下均应这样做的：

　　　　正面词采用"应"，反面词采用"不应"或"不得"；

　　3） 表示允许稍有选择，在条件许可时，首先应这样做的：

　　　　正面词采用"宜"，反面词采用"不宜"；

　　4） 表示有选择，在一定条件下可以这样做的，采用"可"。

　　2 条文中指明应按其他有关标准执行的写法为："应符合……的规定"或"应按……执行"。

引用标准名录

　　1 《普通混凝土拌合物性能试验方法标准》GB/T 50080

　　2 《普通混凝土力学性能试验方法标准》GB/T 50081

　　3 《普通混凝土长期性能和耐久性能试验方法标准》GB/T 50082

　　4 《混凝土强度检验评定标准》GB/T 50107

　　5 《混凝土外加剂应用技术规范》GB 50119

　　6 《混凝土结构工程施工质量验收规范》GB 50204

　　7 《通用硅酸盐水泥》GB 175

　　8 《中热硅酸盐水泥　低热硅酸盐水泥　低热矿渣硅酸盐水泥》GB 200

　　9 《用于水泥和混凝土中的粉煤灰》GB/T 1596

　　10 《建筑材料放射性核素限量》GB 6566

　　11 《混凝土外加剂》GB 8076

　　12 《混凝土搅拌机》GB/T 9142

　　13 《混凝土搅拌站（楼）》GB/T 10171

　　14 《用于水泥和混凝土中的粒化高炉矿渣粉》GB/T 18046

　　15 《用于水泥和混凝土中的钢渣粉》GB/T 20491

　　16 《混凝土膨胀剂》GB 23439

　　17 《混凝土泵送施工技术规程》JGJ/T 10

　　18 《普通混凝土用砂、石质量及检验方法标准》JGJ 52

　　19 《普通混凝土配合比设计规程》JGJ 55

　　20 《混凝土用水标准》JGJ 63

　　21 《混凝土耐久性检验评定标准》JGJ/T 193

　　22 《海砂混凝土应用技术规范》JGJ 206

　　23 《水运工程混凝土试验规程》JTJ 270

　　24 《混凝土防冻剂》JC 475

中华人民共和国国家标准

混凝土质量控制标准

GB 50164—2011

条 文 说 明

修 订 说 明

《混凝土质量控制标准》GB 50164－2011，经住房和城乡建设部2011年4月2日以第969号公告批准发布。

本标准是在原《混凝土质量控制标准》GB 50164－92的基础上修订而成。上一版的主编单位为中国建筑科学研究院，参加单位有：西安冶金建筑学院、北京市第一建筑构件厂、上海市建工材料公司、中建三局深圳工程地盘管理公司、上海市建筑构件研究所、中国科学院系统科学研究所。主要起草人有：韩素芳、耿维恕、钟炯垣、曹天霞、胡企才、彭冠群、许鹤力、吴传义。

本标准修订的主要技术内容是：增加氯离子含量等质量控制指标；修订了混凝土拌合物稠度等级划分；补充混凝土耐久性质量控制指标；修订了混凝土生产控制的强度标准差要求；修订了混凝土组成材料计量结果的允许偏差；修订了混凝土蒸汽养护质量控制指标；增加混凝土质量检验等内容。

本标准修订过程中，编制组进行了广泛而深入的调查研究，总结了我国工程建设中混凝土质量控制的实践经验，同时参考了国外先进技术标准，通过试验取得了混凝土质量控制的重要技术参数。

为便于广大设计、生产、施工、科研、学校等单位有关人员在使用本标准时能正确理解和执行条文规定，《混凝土质量控制标准》编制组按章、节、条顺序编制了本标准的条文说明，供使用者参考。但是，本条文说明不具备与标准正文同等的法律效力，仅供使用者作为理解和把握标准规定的参考。

目 次

1 总 则

1.0.1 混凝土质量控制是工程建设的重要环节，体现着混凝土工程的整体技术水平，对于保证混凝土工程质量和促进混凝土技术进步具有重要意义。

1.0.2 混凝土质量控制包括对现浇混凝土和预制混凝土的质量控制，除一些特殊专业工程外，建设行业一般混凝土工程都适用。

1.0.3 与本标准有关的、难以详尽的技术要求，应符合国家现行标准的有关规定。

2 原材料质量控制

2.1 水 泥

2.1.1 在混凝土工程中，根据设计、施工要求以及工程所处环境合理选用水泥是十分重要的。硅酸盐水泥或普通硅酸盐水泥胶砂强度较高并掺加混合材较少，适合配制高强度混凝土，可掺用较多的矿物掺合料来改善高强混凝土的施工性能；由于掺加混合材较少，有利于配制抗冻混凝土。有预防混凝土碱-骨料反应要求的混凝土工程，采用碱含量不大于 0.6% 的低碱水泥是基本要求。采用低水化热的水泥，有利于限制大体积混凝土由温度应力引起的裂缝。

2.1.2 水泥质量主要控制项目为混凝土工程全过程中质量检验的主要项目。细度为选择性指标，没有列入主要控制项目，但水泥出厂检验报告中有细度检验内容；三氧化硫、烧失量和不溶物等化学项目可在选择水泥时检验，工程质量控制可以出厂检验为依据。

2.1.3 新型干法窑生产的水泥的质量稳定性较好；现行国家标准《通用硅酸盐水泥》GB 175 已经规定检验报告内容应包括混合材品种和掺加量，落实这一规定对混凝土质量控制很重要；当前建设工程对水泥的需求量很大，存在水泥出厂运到工程现场时温度过高的情况，水泥温度过高时拌制混凝土对混凝土性能不利，应予以控制。

2.2 粗 骨 料

2.2.1 现行行业标准《普通混凝土用砂、石质量及检验方法标准》JGJ 52 的内容不仅包括骨料一般质量及检验方法，还包括了不同混凝土强度等级和耐久性条件下对骨料的要求。

2.2.2 粗骨料中有害物质含量没有列入主要控制项目，实际工程中一般在选择料场时根据情况需要才进行检验。

2.2.3 连续级配粗骨料堆积相对紧密，空隙率比较小，有利于节约其他原材料，而其他原材料一般比粗骨料价格高，也有利于改善混凝土性能。混凝土中粗

骨料最大公称粒径应考虑到结构或构件的截面尺寸以及钢筋间距，粗骨料最大公称粒径太大不利于混凝土浇筑成型；对于大体积混凝土，粗骨料最大公称粒径太小则限制混凝土变形作用较小。对于有抗渗、抗冻、抗腐蚀、耐磨或其他特殊要求的混凝土，坚固性检验是保证粗骨料性能稳定的重要方法。高强混凝土对粗骨料要求较高，如果粗骨料粒径太大或（和）针片状颗粒含量较多，不利于混凝土中骨料合理堆积和应力合理分布，直接影响混凝土强度；骨料含泥（包括泥块）较多将明显影响高强混凝土强度；工程实践表明，用于高强混凝土的岩石的抗压强度比混凝土设计强度高 30% 是可行的。对于有预防混凝土碱-骨料反应要求的混凝土工程，避免采用有碱活性的粗骨料是首选方案。

2.3 细 骨 料

2.3.1 当采用海砂作为混凝土细骨料时，质量控制应执行现行行业标准《海砂混凝土应用技术规范》JGJ 206 的规定，该规范规定了用于混凝土的海砂的质量标准。除此之外，一般细骨料应执行现行行业标准《普通混凝土用砂、石质量及检验方法标准》JGJ 52 的规定。

2.3.2 我国长期持续大规模建设，河砂资源日益枯竭，人工砂取代河砂用作混凝土细骨料是大势所趋。我国人工砂质量问题主要是石粉含量高、颗粒级配差和细度模数偏大，采用高水平的制砂设备可以解决这些问题，虽然设备投入大，但可以节约大量胶凝材料并提高混凝土性能，总体核算，十分经济。人工砂与碎石往往处于同一石料场，通常在选择料场时根据情况需要才检验氯离子含量和有害物质含量。

2.3.3 对于混凝土，尤其是对于有特殊性能要求的混凝土，如有抗渗、抗冻要求的混凝土和高强混凝土等，含泥（包括泥块）较多都对混凝土性能有不利的影响。

当采用海砂作为混凝土细骨料时，首要是须采用专用设备对海砂进行淡水淘洗并使之符合现行行业标准《海砂混凝土应用技术规范》JGJ 206 的要求。海砂的氯离子含量控制比河砂严格得多，河砂指标为 0.06%。现行行业标准《海砂混凝土应用技术规范》JGJ 206 对贝壳含量的控制指标（见本标准表 2.3.3-1）比现行行业标准《普通混凝土用砂、石质量及检验方法标准》JGJ 52 略宽，是经多年试验进行修正的。

对于人工砂中的石粉含量，根据我国人工砂生产现状和混凝土质量控制要求，本标准表 2.3.3-2 中的控制指标是比较合理的，既比较适合混凝土性能的要求，又可促进人工砂生产水平的提高，因为目前我国许多地区人工砂的石粉含量大于 10%，质量水平较差。MB 为人工砂中亚甲蓝测定值，测试方法应符合

现行行业标准《普通混凝土用砂、石质量及检验方法标准》JGJ 52 的规定。

我国部分地区有特细砂资源，如重庆地区的特细河砂和云南的特细山砂等，目前特细砂与人工砂混合使用效果较好，但如果单独采用作为细骨料配制结构混凝土，混凝土收缩趋势较大，工程质量控制难度较大。

对于有预防混凝土碱-骨料反应要求的混凝土工程，避免采用有碱活性的细骨料是首选方案。

2.4 矿物掺合料

2.4.1 粉煤灰、粒化高炉矿渣粉、硅灰、钢渣粉、磷渣粉等矿物掺合料为活性粉体材料，掺入混凝土中能改善混凝土性能和降低成本，这些矿物掺合料列入国家标准或行业标准，在本条列出的标准中包括了对这些矿物掺合料的质量规定。

2.4.2 列入的矿物掺合料的主要控制项目是在混凝土工程中质量检验的主要项目，目前在实际工程中实行情况逐步规范。其他项目可在选择矿物掺合料时检验，工程质量控制可以出厂检验为依据。

2.4.3 硅酸盐水泥和普通硅酸盐水泥中混合材掺量相对较少，有利于掺加矿物掺合料，其他通用硅酸盐水泥中混合材掺量较多，再掺加矿物掺合料易于过量。矿物掺合料品种多，质量差异比较大，掺量范围较宽，用于混凝土时只有经过试验验证，才能实施混凝土质量的控制。采用适宜质量等级的矿物掺合料，有利于控制对性能有特殊要求的混凝土质量。

2.5 外 加 剂

2.5.1 国家现行标准《混凝土外加剂》GB 8076、《混凝土防冻剂》JC 475 和《混凝土膨胀剂》GB 23439 是我国关于外加剂产品的几本主要标准。

2.5.2 列入的外加剂的主要控制项目是在混凝土工程中质量检验的主要项目，其他项目可在选择外加剂时检验，工程质量控制可以出厂检验为依据。

2.5.3 现行国家标准《混凝土外加剂应用技术规范》GB 50119 规定了不同剂种外加剂的应用技术要求。外加剂品种多，质量差异比较大，掺量范围较宽，用于混凝土时只有经过试验验证，才能实施混凝土质量的控制。含有氯盐配制的外加剂引起的钢筋锈蚀问题对钢筋混凝土和预应力混凝土具有严重的危害。液态外加剂易于在混凝土中均匀分布。

2.6 水

2.6.1 混凝土用水包括拌合用水和养护用水。现行行业标准《混凝土用水标准》JGJ 63 包括了对各种水用于混凝土的规定。

2.6.2 混凝土用水主要控制项目在实际工程基本落实。

2.6.3 未经处理的海水含有大量氯盐，会引起严重的钢筋锈蚀，危及混凝土结构的安全性；混凝土企业设备洗涮水中碱含量高，与碱活性骨料一起配制混凝土易产生碱-骨料反应。

3 混凝土性能要求

3.1 拌合物性能

3.1.1 混凝土设计和施工都会提出对坍落度等混凝土拌合物性能的要求，如果混凝土拌合物出了问题，则硬化混凝土质量无法保证，因此，混凝土拌合物性能是混凝土质量控制的重点之一。现行国家标准《普通混凝土拌合物性能试验方法标准》GB/T 50080 未规定坍落度经时损失试验方法。

3.1.2 扩展度即坍落扩展度。混凝土拌合物的坍落度、维勃稠度、扩展度的等级划分以及稠度允许偏差与欧洲标准一致，也与原标准差异不大。允许偏差是指可以接受的实测值与设计值的差值。

3.1.3～3.1.7 这些条文的规定是工程实践的经验总结，在执行过程中已经取得了较好的质量控制效果。其中，泵送混凝土拌合物稠度的控制指标允许存在本标准表 3.1.2-4 中的允许偏差。自密实混凝土的扩展度的控制指标略大于国外标准 550mm 的指标，比较适合于我国工程实际情况。以拌合物坍落度设计值 180mm 为例，正文表 3.1.2-4 规定其允许偏差为 30mm，则实际控制范围应为 150mm～210mm。

3.1.8 按环境条件影响氯离子引起钢锈的程度简明地分为四类，并规定了各类环境条件下的混凝土中氯离子最大含量。本条规定与现行国家标准《混凝土结构设计规范》GB 50010 是协调的，也与欧美国家控制氯离子的趋势一致。测定混凝土拌合物中氯离子的方法，与测试硬化后混凝土中氯离子的方法相比，时间大大缩短，有利于混凝土质量控制。表 3.1.8 中的氯离子含量系相对混凝土中水泥用量的百分比，与控制氯离子相对混凝土中胶凝材料用量的百分比相比，偏于安全。

3.1.9 本条规定是针对一般环境条件下混凝土而言。对处于潮湿或水位变动的寒冷和严寒环境以及盐冻环境的混凝土可高于表 3.1.9 的规定，但最大含气量宜控制在 7.0% 以内。

3.2 力 学 性 能

3.2.1 混凝土的力学性能主要包括抗压强度、轴压强度、弹性模量、劈裂抗拉强度和抗折强度等。

3.2.2 立方体抗压强度标准值系指按标准方法制作和养护的边长为 150mm 的立方体试件在 28d 龄期用标准试验方法测得的具有 95% 保证率的抗压强度值（以 MPa 计）。

3.2.3 现行国家标准《混凝土强度检验评定标准》GB/T 50107 规定了混凝土取样、试件的制作与养护、试验、混凝土强度检验与评定，为各建设行业所采用。

3.3 长期性能和耐久性能

3.3.1 混凝土质量控制不仅仅是对混凝土拌合物性能和力学性能进行控制，还应包括混凝土长期性能和耐久性能的控制，以往对混凝土长期性能和耐久性能控制重视不够。本标准中的长期性能包括收缩和徐变。混凝土长期性能和耐久性能控制以满足设计要求为目标。

3.3.2 抗冻等级和抗渗等级的划分与我国各行业的标准规范是协调的，涵盖了各行业设计标准划分的全部等级。混凝土工程的结构（包括构件）混凝土基本都采用抗冻等级（快冻法），符号为 F；建材行业中的混凝土制品基本还沿用抗冻标号（慢冻法），符号为 D；抗渗等级是采用逐级加压的试验方法，为各行业通用的设计指标。

抗硫酸盐等级及其划分是在多年试验研究和工程实践的基础上制定的，并已经列入现行行业标准《混凝土耐久性检验评定标准》JGJ/T 193；抗硫酸盐侵蚀试验方法也已经列入现行国家标准《普通混凝土长期性能和耐久性能试验方法标准》GB/T 50082。一般在混凝土处于硫酸盐侵蚀环境时会对混凝土抗硫酸盐侵蚀性能提出设计要求。一般而言，抗硫酸盐等级为 KS120 的混凝土具有较好的抗硫酸盐侵蚀性能，抗硫酸盐等级超过 KS150 的混凝土具有优异的抗硫酸盐侵蚀性能。

3.3.3 按照氯离子迁移系数将混凝土抗氯离子渗透性能划分为五个等级，从 I 级到 V 级，表示混凝土抗氯离子渗透性能越来越高。同样，按电通量划分的混凝土抗氯离子渗透性能等级意义类同。

与 I ～ V 级对应的混凝土耐久性水平推荐意见见表 1，该表定性地描述了等级中代号所代表的混凝土耐久性能的高低。这种定性评价仅对混凝土材料本身而言，至于是否符合工程实际的要求，则需要结合设计和施工要求进行确定。

表 1　等级代号与混凝土耐久性水平推荐意见

等级代号	I	II	III	IV	V
混凝土耐久性水平推荐意见	差	较差	较好	好	很好

混凝土氯离子迁移系数往往是针对海洋等氯离子侵蚀环境的控制指标，此类环境的工程由于耐久性需要，混凝土中一般都掺入较多的矿物掺合料，规定 84d 龄期指标相对比较合理。目前 84d 龄期指标已经被工程普遍采用，如我国杭州湾大桥和马来西亚槟城

第二跨海大桥等。一般而言，84d 龄期的混凝土氯离子迁移系数小于 2.5×10^{-12} m^2/s，表明混凝土具有较好的抗氯离子渗透性能；氯离子迁移系数小于 1.5×10^{-12} m^2/s，表明混凝土具有优异的抗氯离子渗透性能。

当采用电通量作为混凝土抗氯离子渗透性能的控制指标时，对于大掺量矿物掺合料的混凝土，28d 的试验结果可能不能准确反映混凝土真实的抗氯离子渗透性能，故允许采用 56d 的测试值进行评定。本标准明确了大掺量矿物掺合料的涵义：混凝土中水泥混合材与矿物掺合料之和超过胶凝材料用量的 50%。

本标准电通量的等级划分部分参照了 ASTM C 1202-05 的规定（见表 2）。我国其他有关标准也是参考该标准制订的。

表 2　基于电通量的氯离子渗透性

电通量（C）	>4000	2000～4000	1000～2000	100～1000	<100
氯离子渗透性评价	高	中等	低	很低	可忽略

3.3.4 快速碳化试验碳化深度小于 20mm 的混凝土，其抗碳化性能较好，通常可满足大气环境下 50 年的耐久性要求。在大气环境下，有其他腐蚀介质侵蚀的影响，混凝土的碳化会发展得快一些。快速碳化试验碳化深度小于 10mm 的混凝土的碳化性能良好；许多强度等级高、密实性好的混凝土，在碳化试验中会出现测不出碳化的情况。

3.3.5 混凝土早期的抗裂性能系统试验研究表明，单位面积上的总开裂面积在 100mm^2/m^2 以内的混凝土抗裂性能好；当单位面积上的总开裂面积超过 1000mm^2/m^2 时，混凝土的抗裂性能较差。由于试验周期短，可用于混凝土配合比的对比和筛选，对混凝土裂缝控制具有良好的效果。

3.3.6 现行行业标准《混凝土耐久性检验评定标准》JGJ/T 193 包括了混凝土抗冻性能、抗水渗透性能、抗硫酸盐侵蚀性能、抗氯离子渗透性能、抗碳化性能和早期抗裂性能的检验评定。

4　配合比控制

4.0.1 多年以来，现行行业标准《普通混凝土配合比设计规程》JGJ 55 在混凝土工程领域普遍采用，可操作性强，效果良好。

4.0.2 混凝土配合比不仅应满足混凝土强度要求，还应满足混凝土施工性能和耐久性能的要求。目前应通过配合比控制加强对混凝土耐久性能的控制。

4.0.3 对于首次使用、使用间隔时间超过三个月的混凝土配合比，在使用前进行配合比审查和核准是不

可省略的。生产使用的原材料应与配合比设计一致是指原材料的品种、规格、强度等级等指标应相同。以水泥为例，即指采用同一厂家生产的同品种、同强度等级和同批次水泥。

4.0.4 在混凝土配合比使用过程中，现场会出现各种情况，需要对混凝土配合比进行适当调整，比如因气候或施工情况变化可能影响混凝土质量，则需要适当调整混凝土配合比。

5 生产控制水平

5.0.1 预拌混凝土包括预拌混凝土搅拌站、预制混凝土构件厂和施工现场搅拌站生产的混凝土，具体定义为：在搅拌站生产、通过运输设备送至使用地点、交付时为拌合物的混凝土。

5.0.2 混凝土强度标准差（σ）、实测强度达到强度标准值组数的百分率（P）是表征生产控制水平的重要指标。

5.0.3、5.0.4 按强度评价混凝土生产控制水平主要体现在：强度满足要求，分散性小，且合格保证率高。因此，不仅仅要看混凝土强度是否满足评定要求，还要看反映强度分散程度的标准差的大小以及实测强度达到强度标准值组数的百分率，其中重点是强度标准差指标。近年来，我国预拌混凝土生产质量控制水平得到提高，全国范围统计的强度标准差基本可以达到修订前的标准的优良水平，因此，本次修订取消了原有的强度标准差一般水平，将强度标准差优良水平稍作调整后作为控制水平。

5.0.5 施工现场集中搅拌站的混凝土生产不及预拌混凝土搅拌站和预制混凝土构件厂规律，因此，统计周期可根据实际情况延长，但不宜超过3个月。

6 生产与施工质量控制

6.1 一般规定

6.1.1 完整的生产施工技术方案能够充分研究确定各个环节及相互联系的控制技术，有利于做好充分准备，保证混凝土工程的顺利实施，进而保证混凝土工程质量。

6.1.2 在生产施工过程中向混凝土拌合物中加水会严重影响混凝土力学性能、长期性能和耐久性能，对混凝土工程质量危害极大，必须严格禁止。

6.2 原材料进场

6.2.1 混凝土原材料进场时，应具有质量证明文件。质量证明文件应存档备案作为原材料验收文件的一部分。

6.2.2 原材料进场检验对于混凝土质量控制具有极

其重要的意义，因为原材料质量是混凝土质量的基本保证。

6.2.3 水泥在潮湿情况下容易结块，水泥结块后质量受到影响；水泥出厂超过3个月（硫铝酸盐水泥超过45d）属于过期，对质量重新进行检验是必要的。

6.2.4 混凝土骨料含水情况变化是长期以来影响混凝土质量的重要因素，很难在混凝土生产过程中对骨料含水情况变化做相应的准确调控。解决这一问题的最好办法就是建造大棚等遮雨设施，可大大提高混凝土质量的控制水平。建造大棚等遮雨设施一次性投资有限，可节约大量调控付出的材料成本和为质量问题付出的代价，经济上非常合算。目前国内许多搅拌站已经实施这一措施。

6.2.5 工程中存在将矿物掺合料和水泥搞错的质量事故，因此，区分矿物掺合料和水泥不得大意。

6.2.6 应杜绝外加剂送检样品与工程大批量进货不一致的情况。粉状外加剂受潮结块会影响质量，混凝土拌合时也不利于均匀分布；有些液态外加剂经过日晒和冻融后质量会下降，储存时应予以注意。

6.3 计 量

6.3.1 采用电子计量设备进行原材料计量对混凝土生产质量控制意义重大，无论是规模生产可控性还是控制精度，都是现代混凝土生产所要求的。混凝土生产企业应重视计量设备的自检和零点校准，保证计量设备运行质量。

6.3.2 由于拌合用水和外加剂用量对混凝土性能影响较大，所以本次修订提高拌合用水和外加剂计量控制水平（原来允许偏差为2%），目前计量设备可以满足要求。

6.3.3 在执行配合比进行计量时，粗、细骨料计量包含了骨料含水，拌合用水计量则应把相当于骨料含水的水扣除。

6.4 搅 拌

6.4.1 预拌混凝土搅拌站、预制混凝土构件厂和施工现场搅拌站都是采用强制式搅拌机，一些条件落后的情况还在使用自落式搅拌机。

6.4.2 原材料投料方式主要是指混凝土搅拌时原材料投料的顺序以及顺序之间的间隔时间。

6.4.3 目前，预拌混凝土搅拌站、预制混凝土构件厂和施工现场搅拌站基本采用双卧轴强制式搅拌机，采用的搅拌时间一般都少于表6.4.3给出的最短时间，但只要能保证混凝土搅拌均匀，就是允许的。

6.4.4 本条规定旨在直接控制混凝土搅拌质量，并给出具体控制指标。

6.4.5 在执行本条规定时，重点应注意通过骨料和热水搅拌使热水降温后，再加入水泥等胶凝材料搅拌。

6.5 运　输

6.5.1 广泛采用的搅拌罐车是控制混凝土拌合物性能稳定的重要运输工具。

6.5.2 采用机动翻斗车运输混凝土时，如果道路颠簸，容易导致混凝土分层和离析。

6.5.3 由于要控制混凝土拌合物入模温度不低于5℃，所以对搅拌罐车的搅拌罐作出保温的规定。

6.5.4 卸料之前采用快档旋转搅拌的目的是将拌合物搅拌均匀，利于泵送施工。搅拌罐车卸料困难或混凝土坍落度损失过大情况时有发生，较多情况是现场施工组织不力，不能及时浇筑混凝土而导致压车，这时可向罐车内掺加适量减水剂并搅拌均匀以改善拌合物稠度，但是应经过试验确定。

6.5.5 保证混凝土的连续泵送非常重要。尤其对大体积混凝土和不留施工缝的结构混凝土等。

6.5.6 随着混凝土外加剂技术的发展，调整混凝土拌合物的可操作时间并满足硬化混凝土性能要求比较容易实现，因此，控制混凝土出机至现场接收不超过90min是可行的。

6.6 浇 筑 成 型

6.6.1 支模质量直接影响混凝土施工质量，如模板失稳或跑模会打乱混凝土浇筑节奏，影响混凝土质量；支模质量也对混凝土外观质量有直接影响。

6.6.2 表面干燥的地基土、垫层、木模板具有吸水性，会造成混凝土表面失水过多，容易产生外观质量问题。

6.6.3 混凝土拌合物入模温度过高，对混凝土硬化过程有影响，加大了控制难度，因此，避免高温条件浇筑混凝土是比较合理的选择。

6.6.4 混凝土拌合物入模温度过低，对水泥水化和混凝土强度发展不利，混凝土在冬期容易被冻伤。

6.6.5 混凝土浇筑质量控制目标为浇筑的均匀性、密实性和整体性。

6.6.6 如果混凝土粗骨料粒径太大而输送管道内径太小，会突出粗骨料与管道的摩阻力，混凝土的摩阻力也增大，在压力下，影响浆体对粗骨料包覆，易于堵泵。

6.6.7 无论采用车泵还是拖泵，都应避免输送管道中的混凝土混入其他不同配合比或不同强度等级混凝土，在工程中存在搞混引起质量事故的问题。

6.6.8 当混凝土自由倾落高度过大时，采用串筒、溜管或振动溜管等辅助设备有利于避免混凝土离析。

6.6.9 混凝土分层浇筑厚度过大不利于混凝土振捣，影响混凝土的成型质量，清水混凝土可采用边浇筑边振捣以利于形成质量均匀、颜色一致的混凝土表面。

6.6.10 自密实混凝土浇筑布料点往往选择多个，可避免自密实混凝土流动距离过远，影响混凝土的自密

实效果。

6.6.11～6.6.13 一般结构混凝土通常使用振捣棒进行插入振捣，较薄的平面结构可采用平板振捣器进行表面振捣，竖向薄壁且配筋较密的结构或构件可采用附壁振动器进行附壁振动，当采用干硬性混凝土成型混凝土制品时可采用振动台或表面加压振动。振捣（动）时间要适宜，避免混凝土密实不够或分层。

6.6.14 虽然通过混凝土外加剂技术，可以调整混凝土拌合物的可操作时间并满足硬化混凝土性能要求，但控制混凝土从搅拌机卸出到浇筑完毕的延续时间对混凝土浇筑质量仍然非常重要，抓紧时间尽早完成浇筑有利于浇筑成型各方面的操作。

6.6.15 同条件养护试件可以比较客观地反映结构和构件实体的混凝土质量情况。

6.6.16 在混凝土终凝前对浇筑面进行抹面处理有利于抑制表面裂缝，提高表面质量。

6.6.17 混凝土硬化不足时人为踩踏会给混凝土造成伤害；构件底模及其支架拆除过早会使上面结构荷载和施工荷载对混凝土构件造成伤害的可能性增大。混凝土在自然保湿养护下强度达到1.2MPa的时间可按表3估计。混凝土强度的发展还受混凝土强度等级、配合比设计、构件尺寸、施工工艺等因素影响。

表3　混凝土强度达到1.2MPa的时间估计（h）

水泥品种	外界温度（℃）			
	1～5	5～10	10～15	15以上
硅酸盐水泥 普通硅酸盐水泥	46	36	26	20
矿渣硅酸盐水泥 火山灰质硅酸盐水泥 粉煤灰硅酸盐水泥	60	38	28	22

注：掺加矿物掺合料的混凝土可适当增加时间。

6.7 养　护

6.7.1 混凝土养护是水泥水化及混凝土硬化正常发展的重要条件，混凝土养护不好往往会前功尽弃。在工程中，制订施工养护方案或生产养护制度应作为必不可少的规定，并应有实施过程的养护记录，供存档备案。

6.7.2 养护应同时注意湿度和温度，原则是：湿度要充分，温度应适宜。

6.7.3 混凝土成型后立即用塑料薄膜覆盖可以预防混凝土早期失水和被风吹，是比较好的养护措施。对于难以潮湿覆盖的结构立面混凝土等，可采用养护剂进行养护，但养护效果应通过试验验证。

6.7.4 本规定可有效减少混凝土表面水分损失，有利于混凝土表面裂缝的控制。

6.7.5 粉煤灰硅酸盐水泥、火山灰质硅酸盐水泥和

复合硅酸盐水泥配制的混凝土，或掺加缓凝剂的混凝土以及大掺量矿物掺合料混凝土中胶凝材料水化速度慢，达到性能要求的水化时间长，因此，相应需要的养护时间也长。

6.7.6 采用蒸汽养护时，在可接受生产效率范围内，混凝土成型后的静停时间长一些有利于减少混凝土在蒸养过程中的内部损伤；控制升温速度和降温速度慢一些，可减小温度应力对混凝土内部结构的不利影响；控制最高和恒温温度不宜超过 65℃ 比较合适，最高不应超过 80℃。

6.7.7 大体积混凝土温度控制，可有效控制混凝土内部温度应力对混凝土浇筑体结构的不利影响，减小裂缝产生的可能性。

6.7.8 对于冬期施工的混凝土，同样应注意避免混凝土内外温差过大，有效控制混凝土温度应力的不利影响。混凝土强度不低于 5MPa 即具有了一定的非冻融循环大气条件下的抗冻能力，这个强度也称抗冻临界强度。

7 混凝土质量检验

7.1 混凝土原材料质量检验

7.1.1 混凝土原材料质量检验应包括型式检验报告、出厂检验报告或合格证等质量证明文件的查验和收存。

7.1.2 应在混凝土原材料进场时检验把关，不合格的原材料不能进场。

7.1.3 混凝土原材料每个检验批的量不能多于规定的量。

7.1.4 符合本标准第 2 章规定的原材料为质量合格，可以验收。

7.2 混凝土拌合物性能检验

7.2.1 坍落度与和易性检验在搅拌地点和浇筑地点都要进行，搅拌地点检验为控制性自检，浇筑地点检验为验收检验；凝结时间检验可以在搅拌地点进行。

7.2.2 水泥和外加剂及其相容性是影响混凝土凝结时间的主要因素，且不同批次的水泥和外加剂对混凝土凝结时间的影响可能变化。对于海砂混凝土，关键是控制海砂的氯离子含量，因此，相应于每批海砂的混凝土都应检验混凝土氯离子含量。

7.2.3 符合本标准第 3.1 节规定的混凝土拌合物为质量合格，可以验收。

7.3 硬化混凝土性能检验

7.3.1 我国现行标准《混凝土强度检验评定标准》GB/T 50107 和《混凝土耐久性检验评定标准》JGJ/T 193 中包括了相应于混凝土强度和混凝土耐久性的检验规则。

7.3.2 符合本标准第 3.2 节和第 3.3 节规定的硬化混凝土为质量合格，可以验收。

附录 A 坍落度经时损失试验方法

A.0.1 坍落度经时损失是混凝土拌合物性能的重要方面，现行国家标准《普通混凝土拌合物性能试验方法标准》GB/T 50080 中尚未规定具体试验标准。

A.0.2 取样与试样的制备与现行国家标准《普通混凝土拌合物性能试验方法标准》GB/T 50080 一致。

A.0.3 坍落度经时损失测定是在现行国家标准《普通混凝土拌合物性能试验方法标准》GB/T 50080 中坍落度试验方法的基础上进行的，试验条件与坍落度试验方法相同。本方法规定测定经过 1h 的坍落度损失为标准做法；如果工程需要，也可参照此方法测定经过不同时间的坍落度损失。

A.0.4 坍落度经时损失可以为负值，表示经过一段时间后，混凝土坍落度反而有所增大。

中华人民共和国行业标准

高强混凝土强度检测技术规程

Technical specification for strength testing of high strength concrete

JGJ/T 294—2013

批准部门：中华人民共和国住房和城乡建设部
施行日期：2 0 1 3 年 1 2 月 1 日

中华人民共和国住房和城乡建设部

公 告

第 26 号

住房城乡建设部关于发布行业标准
《高强混凝土强度检测技术规程》的公告

现批准《高强混凝土强度检测技术规程》为行业标准,编号为 JGJ/T 294 - 2013,自 2013 年 12 月 1 日起实施。

本规程由我部标准定额研究所组织中国建筑工业出版社出版发行。

中华人民共和国住房和城乡建设部

2013 年 5 月 9 日

前 言

根据原建设部《关于印发〈二〇〇二~二〇〇三年度工程建设城建、建工行业标准制订、修订计划〉的通知》(建标〔2003〕104 号)的要求,规程编制组经广泛调查研究,认真总结实践经验,参考有关标准,并在广泛征求意见的基础上,制定本规程。

本规程主要技术内容是:1. 总则;2. 术语和符号;3. 检测仪器;4. 检测技术;5. 混凝土强度的推定;6. 检测报告。

本规程由住房和城乡建设部负责管理,由中国建筑科学研究院负责具体技术内容的解释。执行过程中如有意见和建议,请寄送中国建筑科学研究院(地址:北京市北三环东路 30 号,邮政编码:100013)。

本规程主编单位:中国建筑科学研究院

本规程参编单位:甘肃省建筑科学研究院
山西省建筑科学研究院
中山市建设工程质量检测中心
重庆市建筑科学研究院
贵州中建建筑科学研究院
河北省建筑科学研究院
深圳市建设工程质量检测中心
山东省建筑科学研究院
广西建筑科学研究设计院
沈阳市建设工程质量检测中心
陕西省建筑科学研究院

本规程参加单位:乐陵市回弹仪厂

本规程主要起草人员:张荣成 冯力强 邱 平
魏利国 朱艾路 林文修
张 晓 强万明 陈少波
崔士起 李杰成 陈伯田
王宇新 王先芬 颜丙山
黎 刚 谢小玲 边智慧
赵士永 郑 伟 陈灿华
赵 强 赵 波 王金山
孔旭文 王金环 蒋莉莉
肖 嫦 张翼鹏 贾玉新
晏大玮 孟康荣 文恒武
魏超琪

本规程主要审查人员:艾永祥 张元勃 李启棣
国天逯 胡耀林 路来军
周聚光 郝挺宇 王文明
黄政宇 王若冰 金 华

目　次

Contents

1 总 则

1.0.1 为检测工程结构中的高强混凝土抗压强度，保证检测结果的可靠性，制定本规程。

1.0.2 本规程适用于工程结构中强度等级为 C50～C100 的混凝土抗压强度检测。本规程不适用于下列情况的混凝土抗压强度检测：

　　1 遭受严重冻伤、化学侵蚀、火灾而导致表里质量不一致的混凝土和表面不平整的混凝土；

　　2 潮湿的和特种工艺成型的混凝土；

　　3 厚度小于 150mm 的混凝土构件；

　　4 所处环境温度低于 0℃ 或高于 40℃ 的混凝土。

1.0.3 当对结构中的混凝土有强度检测要求时，可按本规程进行检测，其强度推定结果可作为混凝土结构处理的依据。

1.0.4 当具有钻芯试件或同条件的标准试件作校核时，可按本规程对 900d 以上龄期混凝土抗压强度进行检测和推定。

1.0.5 当采用回弹法检测高强混凝土强度时，可采用标称动能为 4.5J 或 5.5J 的回弹仪。采用标称动能为 4.5J 的回弹仪时，应按本规程附录 A 执行，采用标称动能为 5.5J 的回弹仪时，应按本规程附录 B 执行。

1.0.6 采用本规程的方法检测及推定混凝土强度时，除应符合本规程外，尚应符合国家现行有关标准的规定。

2 术语和符号

2.1 术 语

2.1.1 测区 testing zone

　　按检测方法要求布置的具有一个或若干个测点的区域。

2.1.2 测点 testing point

　　在测区内，取得检测数据的检测点。

2.1.3 测区混凝土抗压强度换算值 conversion value of concrete compressive strength of testing zone

　　根据测区混凝土中的声速代表值和回弹代表值，通过测强曲线换算所得的该测区现龄期混凝土的抗压强度值。

2.1.4 混凝土抗压强度推定值 estimation value of strength for concrete

　　测区混凝土抗压强度换算值总体分布中保证率不低于 95% 的结构或构件现龄期混凝土强度值。

2.1.5 超声回弹综合法 ultrasonic-rebound combined method

　　通过测定混凝土的超声波声速值和回弹值检测混凝土抗压强度的方法。

2.1.6 回弹法 rebound method

　　根据回弹值推定混凝土强度的方法。

2.1.7 超声波速度 velocity of ultrasonic wave

　　在混凝土中，超声脉冲波单位时间内的传播距离。

2.1.8 波幅 amplitude of wave

　　超声脉冲波通过混凝土被换能器接收后，由超声波检测仪显示的首波信号的幅度。

2.2 符 号

e_r ——相对标准差；

$f_{cu,i}^c$ ——结构或构件第 i 个测区的混凝土抗压强度换算值；

$f_{cu,e}^c$ ——结构混凝土抗压强度推定值；

$f_{cu,min}^c$ ——结构或构件最小的测区混凝土抗压强度换算值；

$f_{cor,i}^c$ ——第 i 个混凝土芯样试件的抗压强度；

$f_{cu,i}^c$ ——第 i 个同条件混凝土标准试件的抗压强度；

$f_{cu,i0}^c$ ——第 i 个测区修正前的混凝土强度换算值；

$f_{cu,i1}^c$ ——第 i 个测区修正后的混凝土强度换算值；

l_i ——第 i 个测点的超声测距；

$m_{f_{cu}^c}$ ——结构或构件测区混凝土抗压强度换算值的平均值；

n ——测区数、测点数、立方体试件数、芯样试件数；

R_i ——第 i 个测点的有效回弹值；

R ——测区回弹代表值；

$s_{f_{cu}^c}$ ——结构或构件测区混凝土抗压强度换算值的标准差；

T_k ——空气的摄氏温度；

t_i ——第 i 个测点的声时读数；

t_0 ——声时初读数；

v ——测区混凝土中声速代表值；

v_k ——空气中声速计算值；

v^0 ——空气中声速实测值；

v_i ——第 i 个测点的混凝土中声速值；

Δ_{tot} ——测区混凝土强度修正量。

3 检测仪器

3.1 回 弹 仪

3.1.1 回弹仪应具有产品合格证和检定合格证。

3.1.2 回弹仪的弹击锤脱钩时，指针滑块示值刻线应对应于仪壳的上刻线处，且示值误差不应超过 ±0.4mm。

3.1.3 回弹仪率定应符合下列规定：

1 钢砧应稳固地平放在坚实的地坪上；

2 回弹仪应向下弹击；

3 弹击杆应旋转 3 次，每次应旋转 90°，且每旋转 1 次弹击杆，应弹击 3 次；

4 应取连续 3 次稳定回弹值的平均值作为率定值。

3.1.4 当遇有下列情况之一时，回弹仪应送法定计量检定机构进行检定：

1 新回弹仪启用之前；

2 超过检定有效期；

3 更换零件和检修后；

4 尾盖螺钉松动或调整后；

5 遭受严重撞击或其他损害。

3.1.5 当遇有下列情况之一时，应在钢砧上进行率定，且率定值不合格时不得使用：

1 每个检测项目执行之前和之后；

2 测试过程中回弹值异常时。

3.1.6 回弹仪每次使用完毕后，应进行维护。

3.1.7 回弹仪有下列情况之一时，应将回弹仪拆开维护：

1 弹击超过 2000 次；

2 率定值不合格。

3.1.8 回弹仪拆开维护应按下列步骤进行：

1 将弹击锤脱钩，取出机芯；

2 擦拭中心导杆和弹击杆的端面、弹击锤的内孔和冲击面等；

3 组装仪器后做率定。

3.1.9 回弹仪拆开维护应符合下列规定：

1 经过清洗的零部件，除中心导杆需涂上微量的钟表油外，其他零部件均不得涂油；

2 应保持弹击拉簧前端钩入拉簧座的原孔位；

3 不得转动尾盖上已定位紧固的调零螺钉；

4 不得自制或更换零部件。

3.2 混凝土超声波检测仪器

3.2.1 混凝土超声波检测仪应具有产品合格证和校准证书。

3.2.2 混凝土超声波检测仪可采用模拟式和数字式。

3.2.3 超声波检测仪应符合现行行业标准《混凝土超声波检测仪》JG/T 5004 的规定，且计量检定结果应在有效期内。

3.2.4 应符合下列规定：

1 应具有波形清晰、显示稳定的示波装置；

2 声时最小分度值应为 0.1μs；

3 应具有最小分度值为 1dB 的信号幅度调整系统；

4 接收放大器频响范围应为 10kHz～500kHz，总增益不应小于 80dB，信噪比为 3：1 时的接收灵敏度不应大于 50μV；

5 超声波检测仪的电源电压偏差在额定电压的 ±10% 的范围内时，应能正常工作；

6 连续正常工作时间不应少于 4h。

3.2.5 模拟式超声波检测仪除应符合本规程第 3.2.4 条的规定外，尚应符合下列规定：

1 应具有手动游标和自动整形两种声时测读功能；

2 数字显示应稳定，声时调节应在 20μs～30μs 范围内，连续静置 1h 数字变化不应超过 ±0.2μs。

3.2.6 数字式超声波检测仪除应符合本规程第 3.2.4 条的规定外，尚应符合下列规定：

1 应具有采集、储存数字信号并进行数据处理的功能；

2 应具有手动游标测读和自动测读两种方式，当自动测读时，在同一测试条件下，在 1h 内每 5min 测读一次声时值的差异不应超过 ±0.2μs；

3 自动测读时，在显示器的接收波形上，应有光标指示声时的测读位置。

3.2.7 超声波检测仪器使用时的环境温度应为 0℃～40℃。

3.2.8 换能器应符合下列规定：

1 换能器的工作频率应在 50kHz～100kHz 范围内；

2 换能器的实测主频与标称频率相差不应超过 ±10%。

3.2.9 超声波检测仪在工作前，应进行校准，并应符合下列规定：

1 应按下式计算空气中声速计算值（v_k）：

$$v_k = 331.4 \sqrt{1 + 0.00367 T_k} \qquad (3.2.9)$$

式中：v_k ——温度为 T_k 时空气中的声速计算值（m/s）；

T_k ——测试时空气的温度（℃）。

2 超声波检测仪的声时计量检验，应按"时-距"法测量空气中声速实测值（v^0），且 v^0 相对 v_k 误差不应超过 ±0.5%。

3 应根据测试需要配置合适的换能器和高频电缆线，并应测定声时初读数（t_0），检测过程中更换换能器或高频电缆线时，应重新测定 t_0。

3.2.10 超声波检测仪应至少每年保养一次。

4 检 测 技 术

4.1 一 般 规 定

4.1.1 使用回弹仪、混凝土超声波检测仪进行工程检测的人员，应通过专业培训，并持证上岗。

4.1.2 检测前宜收集下列有关资料：

1 工程名称及建设、设计、施工、监理单位名称；

2 结构或构件的部位、名称及混凝土设计强度等级；

3 水泥品种、强度等级、砂石品种、粒径、外加剂品种、掺合料类别及等级、混凝土配合比等；

4 混凝土浇筑日期、施工工艺、养护情况及施工记录；

5 结构及现状；

6 检测原因。

4.1.3 当按批抽样检测时，同时符合下列条件的构件可作为同批构件：

1 混凝土设计强度等级、配合比和成型工艺相同；

2 混凝土原材料、养护条件及龄期基本相同；

3 构件种类相同；

4 在施工阶段所处状态相同。

4.1.4 对同批构件按批抽样检测时，构件应随机抽样，抽样数量不宜少于同批构件的 30%，且不宜少于 10 件。当检验批中构件数量大于 50 时，构件抽样数量可按现行国家标准《建筑结构检测技术标准》GB/T 50344 进行调整，但抽取的构件总数不宜少于 10 件，并应按现行国家标准《建筑结构检测技术标准》GB/T 50344 进行检测批混凝土的强度推定。

4.1.5 测区布置应符合下列规定：

1 检测时应在构件上均匀布置测区，每个构件上的测区数不应少于 10 个；

2 对某一方向尺寸不大于 4.5m 且另一方向尺寸不大于 0.3m 的构件，其测区数量可减少，但不应少于 5 个。

4.1.6 构件的测区应符合下列规定：

1 测区应布置在构件混凝土浇筑方向的侧面，并宜布置在构件的两个对称的可测面上，当不能布置在对称的可测面上时，也可布置在同一可测面上；在构件的重要部位及薄弱部位应布置测区，并应避开预埋件；

2 相邻两测区的间距不宜大于 2m；测区离构件边缘的距离不宜小于 100mm；

3 测区尺寸宜为 200mm×200mm；

4 测试面应清洁、平整、干燥，不应有接缝、饰面层、浮浆和油垢；表面不平处可用砂轮适度打磨，并擦净残留粉尘。

4.1.7 结构或构件上的测区应注明编号，并应在检测时记录测区位置和外观质量情况。

4.2 回弹测试及回弹值计算

4.2.1 在构件上回弹测试时，回弹仪的纵轴线应始终与混凝土成型侧面保持垂直，并应缓慢施压、准确读数、快速复位。

4.2.2 结构或构件上的每一测区应回弹 16 个测点，或在待测超声波测区的两个相对测试面各回弹 8 个测点，每一测点的回弹值应精确至 1。

4.2.3 测点在测区范围内宜均匀分布，不得分布在气孔或外露石子上。同一测点应只弹击一次，相邻两测点的间距不宜小于 30mm；测点距外露钢筋、铁件的距离不宜小于 100mm。

4.2.4 计算测区回弹值时，在每一测区内的 16 个回弹值中，应先剔除 3 个最大值和 3 个最小值，然后将余下的 10 个回弹值按下式计算，其结果作为该测区回弹值的代表值：

$$R = \frac{1}{10} \sum_{i=1}^{10} R_i \qquad (4.2.4)$$

式中：R——测区回弹代表值，精确至 0.1；

R_i——第 i 个测点的有效回弹值。

4.3 超声测试及声速值计算

4.3.1 采用超声回弹综合法检测时，应在回弹测试完毕的测区内进行超声测试。每一测区应布置 3 个测点。超声测试宜优先采用对测，当被测构件不具备对测条件时，可采用角测和单面平测。

4.3.2 超声测试时，换能器辐射面应采用耦合剂使其与混凝土测试面良好耦合。

4.3.3 声时测量应精确至 0.1μs，超声测距测量应精确至 1mm，且测量误差应在超声测距的 ±1% 之内。声速计算应精确至 0.01km/s。

4.3.4 当在混凝土浇筑方向的两个侧面进行对测时，测区混凝土中声速代表值应为该测区中 3 个测点的平均声速值，并应按下式计算：

$$v = \frac{1}{3} \sum_{i=1}^{3} \frac{l_i}{t_i - t_0} \qquad (4.3.4)$$

式中：v——测区混凝土中声速代表值（km/s）；

l_i——第 i 个测点的超声测距（mm）；

t_i——第 i 个测点的声时读数（μs）；

t_0——声时初读数（μs）。

5 混凝土强度的推定

5.0.1 本规程给出的强度换算公式适用于配制强度等级为 C50～C100 的混凝土，且混凝土应符合下列规定：

1 水泥应符合现行国家标准《通用硅酸盐水泥》GB 175 的规定；

2 砂、石应符合现行行业标准《普通混凝土用砂、石质量及检验方法标准》JGJ 52 的规定；

3 应自然养护；

4 龄期不宜超过 900d。

5.0.2 结构或构件中第 i 个测区的混凝土抗压强度换算值应按本规程第 3 章的规定，计算出所用检测方法对应的测区测试参数代表值，并应优先采用专用测强曲线或地区测强曲线换算取得。专用测强曲线和地

区测强曲线应按本规程附录 C 的规定制定。

5.0.3 当无专用测强曲线和地区测强曲线时，可按本规程附录 D 的规定，通过验证后，采用本规程第 5.0.4 条或第 5.0.5 条给出的全国高强混凝土测强曲线公式，计算结构或构件中第 i 个测区混凝土抗压强度换算值。

5.0.4 当采用回弹法检测时，结构或构件第 i 个测区混凝土强度换算值，可按本规程附录 A 或附录 B 查表得出。

5.0.5 当采用超声回弹综合法检测时，结构或构件第 i 个测区混凝土强度换算值，可按下式计算，也可按本规程附录 E 查表得出：

$$f_{cu,i}^c = 0.117081 v^{0.539038} \cdot R^{1.33947} \quad (5.0.5)$$

式中：$f_{cu,i}^c$——结构或构件第 i 个测区的混凝土抗压强度换算值（MPa）；

R——4.5J 回弹仪测区回弹代表值，精确至 0.1。

5.0.6 结构或构件的测区混凝土换算强度平均值可根据各测区的混凝土强度换算值计算。当测区数为 10 个及以上时，应计算强度标准差。平均值和标准差应按下列公式计算：

$$m_{f_{cu}^c} = \frac{1}{n} \sum_{i=1}^{n} f_{cu,i}^c \quad (5.0.6-1)$$

$$s_{f_{cu}^c} = \sqrt{\frac{\sum_{i=1}^{n} (f_{cu,i}^c)^2 - n(m_{f_{cu}^c})^2}{n-1}} \quad (5.0.6-2)$$

式中：$m_{f_{cu}^c}$——结构或构件测区混凝土抗压强度换算值的平均值（MPa），精确至 0.1MPa；

$s_{f_{cu}^c}$——结构或构件测区混凝土抗压强度换算值的标准差（MPa），精确至 0.01MPa；

n——测区数。对单个检测的构件，取一个构件的测区数；对批量检测的构件，取被抽检构件测区数之总和。

5.0.7 当检测条件与测强曲线的适用条件有较大差异或曲线没有经过验证时，应采用同条件标准试件或直接从结构构件测区内钻取混凝土芯样进行推定强度修正，且试件数量或混凝土芯样不应少于 6 个。计算时，测区混凝土强度修正量及测区混凝土强度换算值的修正应符合下列规定：

1 修正量应按下列公式计算：

$$\Delta_{tot} = \frac{1}{n} \sum_{i=1}^{n} f_{cor,i} - \frac{1}{n} \sum_{i=1}^{n} f_{cu,i}^c \quad (5.0.7-1)$$

$$\Delta_{tot} = \frac{1}{n} \sum_{i=1}^{n} f_{cu,i} - \frac{1}{n} \sum_{i=1}^{n} f_{cu,i}^c \quad (5.0.7-2)$$

式中：Δ_{tot}——测区混凝土强度修正量（MPa），精确到 0.1MPa；

$f_{cor,i}$——第 i 个混凝土芯样试件的抗压强度；

$f_{cu,i}$——第 i 个同条件混凝土标准试件的抗压强度；

$f_{cu,i}$——对应于第 i 个芯样部位或同条件混凝土标准试件的混凝土强度换算值；

n——混凝土芯样或标准试件数量。

2 测区混凝土强度换算值的修正应按下式计算：

$$f_{cu,i1}^c = f_{cu,i0}^c + \Delta_{tot} \quad (5.0.7-3)$$

式中：$f_{cu,i0}^c$——第 i 个测区修正前的混凝土强度换算值（MPa），精确到 0.1MPa；

$f_{cu,i1}^c$——第 i 个测区修正后的混凝土强度换算值（MPa），精确到 0.1MPa。

5.0.8 结构或构件的混凝土强度推定值（$f_{cu,e}$）应按下列公式确定：

1 当该结构或构件测区数少于 10 个时，应按下式计算：

$$f_{cu,e} = f_{cu,min}^c \quad (5.0.8-1)$$

式中：$f_{cu,min}^c$——结构或构件最小的测区混凝土抗压强度换算值（MPa），精确到 0.1MPa。

2 当该结构或构件测区数不少于 10 个或按批量检测时，应按下式计算：

$$f_{cu,e} = m_{f_{cu}^c} - 1.645 s_{f_{cu}^c} \quad (5.0.8-2)$$

5.0.9 对按批量检测的结构或构件，当该批构件混凝土强度标准差出现下列情况之一时，该批构件应全部按单个构件检测：

1 该批构件的混凝土抗压强度换算值的平均值（$m_{f_{cu}^c}$）不大于 50.0MPa，且标准差（$s_{f_{cu}^c}$）大于 5.50MPa；

2 该批构件的混凝土抗压强度换算值的平均值（$m_{f_{cu}^c}$）大于 50.0MPa，且标准差（$s_{f_{cu}^c}$）大于 6.50MPa。

6 检 测 报 告

6.0.1 检测报告应信息完整、齐全，并宜包括下列内容：

1 工程名称；

2 工程地址；

3 委托单位；

4 设计单位；

5 监理单位

6 施工单位；

7 检测部位；

8 混凝土浇筑日期；

9 检测原因；

10 检测依据；

11 检测时间；

12 检测仪器；

13 检测结果；

14 报告批准人、审核人和主检人签字;
15 出具报告日期;
16 检测单位公章。

6.0.2 检测报告宜采用本规程附录F的格式,并可增加所检测构件平面分布图。

附录A 采用标称动能4.5J回弹仪推定混凝土强度

A.0.1 标称动能为4.5J的回弹仪应符合下列规定:

1 水平弹击时,在弹击锤脱钩的瞬间,回弹仪的标称动能应为4.5J;

2 在配套的洛氏硬度为HRC60±2钢砧上,回弹仪的率定值应为88±2。

A.0.2 采用标称动能为4.5J回弹仪时,结构或构件的第i个测区混凝土强度换算值可按表A.0.2直接查得。

表A.0.2 采用标称动能为4.5J回弹仪时测区混凝土强度换算值

R	$f^c_{cu,i}$	R	$f^c_{cu,i}$	R	$f^c_{cu,i}$	R	$f^c_{cu,i}$
28.0	—	42.0	37.6	56.0	58.9	70.0	83.4
29.0	20.6	43.0	39.0	57.0	60.6	71.0	85.2
30.0	21.8	44.0	40.5	58.0	62.2	72.0	87.1
31.0	23.0	45.0	41.9	59.0	63.9	73.0	89.0
32.0	24.3	46.0	43.4	60.0	65.6	74.0	90.9
33.0	25.5	47.0	44.9	61.0	67.3	75.0	92.9
34.0	26.8	48.0	46.4	62.0	69.0	76.0	94.8
35.0	28.1	49.0	47.9	63.0	70.8	77.0	96.8
36.0	29.4	50.0	49.4	64.0	72.5	78.0	98.7
37.0	30.7	51.0	51.0	65.0	74.3	79.0	100.7
38.0	32.1	52.0	52.5	66.0	76.1	80.0	102.7
39.0	33.4	53.0	54.1	67.0	77.9	81.0	104.8
40.0	34.8	54.0	55.7	68.0	79.7	82.0	106.8
41.0	36.2	55.0	57.3	69.0	81.5	83.0	108.8

注: 1 表内未列数值可用内插法求得,精度至0.1MPa;
　　 2 表中R为测区回弹代表值,$f^c_{cu,i}$为测区混凝土强度换算值;
　　 3 表中数值是根据曲线公式$f_{cu,i}=-7.83+0.75R+0.0079R^2$ 计算得出。

附录B 采用标称动能5.5J回弹仪推定混凝土强度

B.0.1 标称动能为5.5J的回弹仪应符合下列规定:

1 水平弹击时,在弹击锤脱钩的瞬间,回弹仪的标称动能应为5.5J;

2 在配套的洛氏硬度为HRC60±2钢砧上,回弹仪的率定值应为83±1。

B.0.2 采用标称动能为5.5J回弹仪时,结构或构件的第i个测区混凝土强度换算值可按表B.0.2直接查得。

表B.0.2 采用标称动能为5.5J回弹仪时的测区混凝土强度换算值

R	$f^c_{cu,i}$	R	$f^c_{cu,i}$	R	$f^c_{cu,i}$	R	$f^c_{cu,i}$
35.6	60.2	39.0	65.2	42.4	70.3	45.8	75.3
35.8	60.5	39.2	65.5	42.6	70.6	46.0	75.6
36.0	60.8	39.4	65.8	42.8	70.9	46.2	75.9
36.2	61.1	39.6	66.1	43.0	71.2	46.4	76.1
36.4	61.4	39.8	66.4	43.2	71.5	46.6	76.4
36.6	61.7	40.0	66.7	43.4	71.8	46.8	76.7
36.8	62.0	40.2	67.0	43.6	72.0	47.0	77.0
37.0	62.3	40.4	67.3	43.8	72.3	47.2	77.3
37.2	62.6	40.6	67.6	44.0	72.6	47.4	77.6
37.4	62.9	40.8	67.9	44.2	72.9	47.6	77.9
37.6	63.2	41.0	68.2	44.4	73.2	47.8	78.2
37.8	63.5	41.2	68.5	44.6	73.5	48.0	78.5
38.0	63.8	41.4	68.8	44.8	73.8	48.2	78.8
38.2	64.1	41.6	69.1	45.0	74.1	48.4	79.1
38.4	64.4	41.8	69.4	45.2	74.4	48.6	79.3
38.6	64.7	42.0	69.7	45.4	74.7	48.8	79.6
38.8	64.9	42.2	70.0	45.6	75.0	49.0	79.9

注: 1 表内未列数值可用内插法求得,精度至0.1MPa;
　　 2 表中R为测区回弹代表值,$f^c_{cu,i}$为测区混凝土强度换算值;
　　 3 表中数值根据曲线公式$f_{cu,i}=2.51246R^{0.889}$ 计算。

附录C 建立专用或地区高强混凝土测强曲线的技术要求

C.0.1 混凝土应采用本地区常用水泥、粗骨料、细骨料,并应按常用配合比制作强度等级为C50~C100、边长150mm的混凝土立方体标准试件。

C.0.2 试件应符合下列规定:

1 试模应符合现行行业标准《混凝土试模》JG 237的规定;

2 每个强度等级的混凝土试件数宜为39块,并应采用同一盘混凝土均匀装模振捣成型;

3 试件拆模后应按"品"字形堆放在不受日晒雨淋处自然养护;

4 试件的测试龄期宜分为 7d、14d、28d、60d、90d、180d、365d 等；

5 对同一强度等级的混凝土，应在每个测试龄期测试 3 个试件。

C.0.3 试件的测试应按下列步骤进行：

1 试件编号：将被测试件四个浇筑侧面上的尘土、污物等擦拭干净，以同一强度等级混凝土的 3 个试件作为一组，依次编号；

2 选择测试面，标注测点：在试件测试面上标示超声测点，并取试块浇筑方向的侧面为测试面，在两个相对测试面上分别标出相对应的 3 个测点（图 C.0.3）；

3 测量试件的超声测距：采用钢卷尺或钢板尺，在两个超声测试面的两侧边缘处对应超声波测点高度逐点测量两测试面的垂直距离（l_1、l_2、l_3），取两边缘对应垂直距离的平均值作为测点的超声测距值；

4 测量试件的声时值：在试件两个测试面的对应测点位置涂抹耦合剂，将一对发射和接收换能器耦合在对应测点上，并始终保持两个换能器的轴线在同一直线上，逐点测读声时（t_1、t_2、t_3）；

5 计算声速值：分别计算 3 个测点的声速值（v_i），并取 3 个测点声速的平均值作为该试件的混凝土中声速代表值（v）；

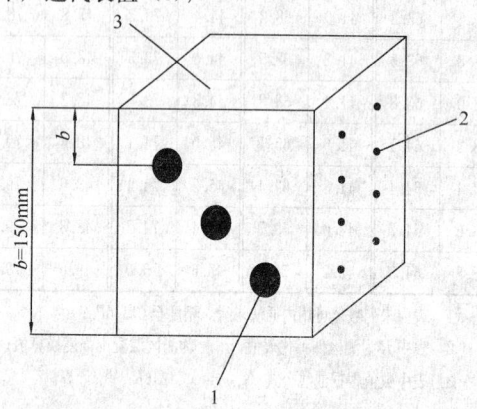

图 C.0.3 声时测量测点布置示意
1—超声测点；2—回弹测点；3—混凝土浇筑面

6 测量回弹值：先将试件超声测试面的耦合剂擦拭干净，再置于压力机上下承压板之间，使另外一对侧面朝向便于回弹测试的方向，然后加压至 60kN～100kN，并保持此压力；分别在试件两个相对侧面上按本规程第 4.2.2 条规定的水平测试方法各测 8 点回弹值，精确至 1；剔除 3 个最大值和 3 个最小值，取余下 10 个有效回弹值的平均值作为该试件的回弹代表值 R，计算精确至 0.1；

7 抗压强度试验：回弹值测试完毕后，卸荷将回弹测试面放置在压力机承压板正中，按现行国家标准《普通混凝土力学性能试验方法标准》GB/T 50081 的规定速度连续均匀加荷至破坏；计算抗压强度实测值 f_{cu}，精确至 0.1MPa。

C.0.4 测强曲线应按下列步骤进行计算：

1 数据整理：将各试件测试所得的声速值（v）、回弹值（R）和试件抗压强度实测值（f_{cu}）汇总；

2 回归分析：得出回弹法或超声回弹综合法测强曲线公式；

3 误差计算：测强曲线的相对标准差（e_r）应按下式计算：

$$e_r = \sqrt{\frac{\sum\limits_{i=1}^{n}\left(\dfrac{f_{cu,i}^c}{f_{cu,i}}-1\right)^2}{n}} \times 100\% \quad (C.0.4)$$

式中：e_r——相对标准差；

$f_{cu,i}$——第 i 个立方体标准试件的抗压强度实测值（MPa）；

$f_{cu,i}^c$——第 i 个立方体标准试件按相应检测方法的测强曲线公式计算的抗压强度换算值（MPa）。

C.0.5 所建立的专用或地区测强曲线的抗压强度相对标准差（e_r）应符合下列规定：

1 超声回弹综合法专用测强曲线的相对标准差（e_r）不应大于 12%；

2 超声回弹综合法地区测强曲线的相对标准差（e_r）不应大于 14%；

3 回弹法专用测强曲线的相对标准差（e_r）不应大于 14%；

4 回弹法地区测强曲线的相对标准差（e_r）不应大于 17%。

C.0.6 建立专用或地区高强混凝土测强曲线时，可根据测强曲线公式给出测区混凝土抗压强度换算表。

C.0.7 测区混凝土抗压强度换算时，不得在建立测强曲线时的标准立方体试件强度范围之外使用。

附录 D 测强曲线的验证方法

D.0.1 在采用本规程测强曲线前，应进行验证。

D.0.2 回弹仪应符合本规程第 3.1 节的规定，超声波检测仪应符合本规程第 3.2 节的规定。

D.0.3 测强曲线可按下列步骤进行验证：

1 根据本地区具体情况，选用高强混凝土的原材料和配合比，制作强度等级 C50～C100，边长为 150mm 混凝土立方体标准试件各 5 组，每组 6 块，并自然养护；

2 按 7d、14d、28d、60d 和 90d，进行欲验证测强曲线对应方法的测试和试件抗压试验；

3 根据每个试件测得的参数，计算出对应方法的换算强度；

4 根据实测试件抗压强度和换算强度，按下式计算相对标准差（e_r）：

$$e_r = \sqrt{\dfrac{\sum\limits_{i=1}^{n}\left(\dfrac{f_{cu,i}^c}{f_{cu,i}} - 1\right)^2}{n}} \times 100\% \qquad (D.0.3)$$

式中：e_r——相对标准差；

$f_{cu,i}$——第 i 个立方体标准试件的抗压强度实测值（MPa）；

$f_{cu,i}^c$——第 i 个立方体标准试件按相应的检测方法测强曲线公式计算的抗压强度换算值（MPa）。

5 当 e_r 小于等于 15％时，可使用本规程测强曲线；当 e_r 大于 15％，应采用钻取混凝土芯样或同条件标准试件对检测结果进行修正或另建立测强曲线；

6 测强曲线的验证也可采用高强混凝土结构同条件标准试件或采用钻取混凝土芯样的方法，按本条第 1～5 款的要求进行，试件数量不得少于 30 个。

附录 E 超声回弹综合法测区混凝土强度换算表

表 E 超声回弹综合法测区混凝土强度换算表

R＼v／f_{cu}^c	3.18	3.20	3.22	3.24	3.26	3.28	3.30	3.32	3.34	3.36	3.38	3.40	3.42
28.0	—	—	—	—	—	—	—	—	—	—	—	—	—
29.0	—	—	20.0	20.1	20.1	20.2	20.3	20.3	20.4	20.5	20.5	20.6	20.7
30.0	20.8	20.9	20.9	21.0	21.1	21.2	21.2	21.3	21.4	21.4	21.5	21.6	21.6
31.0	21.7	21.8	21.9	22.0	22.0	22.1	22.2	22.2	22.3	22.4	22.5	22.5	22.6
32.0	22.7	22.8	22.8	22.9	23.0	23.1	23.2	23.3	23.3	23.4	23.4	23.5	23.6
33.0	23.6	23.7	23.8	23.8	24.0	24.0	24.1	24.2	24.3	24.3	24.4	24.5	24.6
34.0	24.6	24.7	24.7	24.8	24.9	25.0	25.1	25.2	25.3	25.3	25.4	25.5	25.6
35.0	25.6	25.7	25.7	25.8	25.9	26.0	26.1	26.2	26.3	26.3	26.4	26.5	26.6
36.0	26.6	26.6	26.8	26.9	26.9	27.0	27.1	27.2	27.3	27.4	27.4	27.5	27.6
37.0	27.5	27.6	27.7	27.8	27.9	28.0	28.1	28.2	28.3	28.4	28.5	28.6	28.7
38.0	28.5	28.6	28.8	28.8	28.9	29.1	29.2	29.3	29.4	29.4	29.5	29.6	29.7
39.0	29.6	29.7	29.8	29.9	30.0	30.1	30.1	30.2	30.3	30.4	30.5	30.6	30.7
40.0	30.6	30.7	30.7	30.8	30.9	31.1	31.2	31.3	31.4	31.5	31.6	31.7	31.8
41.0	31.6	31.7	31.8	31.9	32.0	32.1	32.2	32.3	32.4	32.4	32.6	32.7	32.8
42.0	32.6	32.7	32.7	32.9	33.0	33.1	33.2	33.3	33.4	33.5	33.6	33.7	33.8
43.0	33.7	33.8	33.9	34.0	34.1	34.2	34.4	34.5	34.6	34.7	34.8	34.9	35.0
44.0	34.7	34.8	35.0	35.1	35.2	35.3	35.4	35.5	35.7	35.8	35.9	36.0	36.1
45.0	35.8	35.9	36.0	36.2	36.3	36.4	36.5	36.6	36.8	36.9	37.0	37.1	37.2
46.0	36.9	37.0	37.1	37.2	37.4	37.5	37.6	37.7	37.8	38.0	38.1	38.2	38.3
47.0	37.9	38.1	38.2	38.3	38.4	38.6	38.7	38.8	39.0	39.1	39.2	39.3	39.5
48.0	39.0	39.2	39.3	39.4	39.5	39.6	39.7	39.9	40.0	40.1	40.2	40.3	40.5
49.0	40.1	40.2	40.4	40.5	40.7	40.8	40.9	41.1	41.2	41.3	41.5	41.6	41.7

续表 E

R＼v／f_{cu}^c	3.18	3.20	3.22	3.24	3.26	3.28	3.30	3.32	3.34	3.36	3.38	3.40	3.42
50.0	41.2	41.3	41.5	41.6	41.8	41.9	42.0	42.2	42.3	42.5	42.6	42.7	42.9
51.0	42.3	42.5	42.6	42.7	42.9	43.0	43.2	43.3	43.5	43.6	43.7	43.9	44.0
52.0	43.4	43.6	43.7	43.9	44.0	44.2	44.3	44.4	44.6	44.7	44.9	45.0	45.2
53.0	44.6	44.7	44.9	45.0	45.2	45.3	45.4	45.6	45.7	45.9	46.0	46.2	46.3
54.0	45.7	45.8	46.0	46.1	46.3	46.4	46.6	46.8	46.9	47.1	47.2	47.4	47.5
55.0	46.8	47.0	47.1	47.3	47.4	47.6	47.8	47.9	48.1	48.2	48.4	48.5	48.7
56.0	48.0	48.1	48.3	48.4	48.6	48.8	48.9	49.1	49.2	49.4	49.6	49.7	49.9
57.0	49.1	49.3	49.4	49.6	49.8	49.9	50.1	50.3	50.4	50.6	50.7	50.9	51.1
58.0	50.3	50.4	50.6	50.8	50.9	51.1	51.3	51.4	51.6	51.8	51.9	52.1	52.3
59.0	51.4	51.6	51.8	51.9	52.1	52.3	52.5	52.6	52.8	53.0	53.1	53.3	53.5
60.0	52.6	52.8	52.9	53.1	53.3	53.5	53.7	53.8	54.0	54.2	54.4	54.5	54.7
61.0	53.8	54.0	54.1	54.3	54.5	54.7	54.9	55.0	55.2	55.4	55.6	55.7	55.9
62.0	55.0	55.1	55.3	55.5	55.7	55.9	56.1	56.2	56.4	56.6	56.8	57.0	57.2
63.0	56.1	56.3	56.5	56.7	56.9	57.1	57.3	57.5	57.6	57.8	58.0	58.2	58.4
64.0	57.3	57.5	57.7	57.9	58.1	58.3	58.5	58.7	58.9	59.1	59.3	59.4	59.6
65.0	58.5	58.7	58.9	59.1	59.3	59.5	59.7	59.9	60.1	60.3	60.5	60.7	60.9
66.0	59.7	59.9	60.2	60.4	60.6	60.8	61.0	61.1	61.3	61.5	61.7	61.9	62.1
67.0	61.0	61.2	61.4	61.6	61.8	62.0	62.2	62.4	62.6	62.8	63.0	63.2	63.4
68.0	62.2	62.4	62.6	62.8	63.0	63.2	63.4	63.6	63.8	64.1	64.3	64.5	64.7
69.0	63.4	63.6	63.8	64.1	64.3	64.5	64.7	64.9	65.1	65.3	65.5	65.7	65.9
70.0	64.6	64.9	65.1	65.3	65.5	65.7	65.9	66.2	66.4	66.6	66.8	67.0	67.2
71.0	65.9	66.1	66.3	66.5	66.8	67.0	67.2	67.4	67.6	67.9	68.1	68.3	68.5
72.0	67.1	67.4	67.6	67.8	68.0	68.3	68.5	68.7	68.9	69.1	69.4	69.6	69.8
73.0	68.4	68.6	68.8	69.1	69.3	69.5	69.8	70.0	70.2	70.4	70.7	70.9	71.1
74.0	69.6	69.9	70.1	70.3	70.6	70.8	71.0	71.3	71.5	71.7	72.0	72.2	72.4
75.0	70.9	71.1	71.4	71.6	71.8	72.1	72.3	72.6	72.8	73.0	73.3	73.5	73.7
76.0	72.2	72.4	72.6	72.9	73.1	73.4	73.6	73.9	74.1	74.3	74.6	74.8	75.0
77.0	73.4	73.7	73.9	74.2	74.4	74.7	74.9	75.2	75.4	75.6	75.9	76.1	76.4
78.0	74.7	75.0	75.2	75.5	75.7	76.0	76.2	76.5	76.7	77.0	77.2	77.5	77.7
79.0	76.0	76.3	76.5	76.8	77.0	77.3	77.5	77.8	78.0	78.3	78.5	78.8	79.0
80.0	77.3	77.5	77.8	78.1	78.3	78.6	78.8	79.1	79.4	79.6	79.9	80.1	80.4
81.0	78.6	78.8	79.1	79.4	79.6	79.9	80.2	80.4	80.7	80.9	81.2	81.5	81.7
82.0	79.9	80.2	80.4	80.7	81.0	81.2	81.5	81.8	82.0	82.3	82.6	82.8	83.1
83.0	81.2	81.5	81.7	82.0	82.3	82.6	82.8	83.1	83.4	83.6	83.9	84.2	84.4
84.0	82.5	82.8	83.1	83.3	83.6	83.9	84.2	84.4	84.7	85.0	85.3	85.5	85.8
85.0	83.8	84.1	84.4	84.7	84.9	85.2	85.5	85.8	86.1	86.3	86.6	86.9	87.2
86.0	85.1	85.4	85.7	86.0	86.3	86.6	86.9	87.1	87.4	87.7	88.0	88.3	88.5
87.0	86.5	86.8	87.1	87.3	87.6	87.9	88.2	88.5	88.8	89.1	89.4	89.6	89.9
88.0	87.8	88.1	88.4	88.7	89.0	89.3	89.6	89.9	90.2	90.4	90.7	91.0	91.3
89.0	89.1	89.4	89.7	90.0	90.3	90.6	90.9	91.2	91.5	91.8	92.1	92.4	92.7
90.0	90.5	90.8	91.1	91.4	91.7	92.0	92.3	92.6	92.9	93.2	93.5	93.8	94.1

R \ f^c_{cu} v	3.44	3.46	3.48	3.50	3.52	3.54	3.56	3.58	3.60	3.62	3.64	3.66	3.68
28.0	—	—	—	20.0	20.0	20.1	20.2	20.2	20.3	20.3	20.4	20.5	20.5
29.0	20.7	20.8	20.9	20.9	21.0	21.1	21.1	21.2	21.3	21.3	21.4	21.4	21.5
30.0	21.7	21.8	21.8	21.9	22.0	22.0	22.1	22.2	22.2	22.3	22.4	22.4	22.5
31.0	22.7	22.7	22.8	22.9	23.0	23.0	23.1	23.1	23.2	23.3	23.4	23.4	23.5
32.0	23.7	23.7	23.8	23.9	24.0	24.0	24.1	24.2	24.2	24.3	24.4	24.5	24.5
33.0	24.7	24.7	24.8	24.9	25.0	25.0	25.1	25.2	25.3	25.3	25.4	25.5	25.6
34.0	25.7	25.7	25.8	25.9	26.0	26.1	26.1	26.2	26.3	26.4	26.5	26.5	26.6
35.0	26.7	26.8	26.8	26.9	27.0	27.1	27.2	27.3	27.3	27.4	27.5	27.6	27.7
36.0	27.7	27.8	27.9	28.0	28.0	28.1	28.2	28.3	28.4	28.5	28.6	28.6	28.7
37.0	28.7	28.8	28.9	29.0	29.1	29.2	29.3	29.4	29.4	29.5	29.6	29.7	29.8
38.0	29.8	29.9	30.0	30.1	30.2	30.2	30.3	30.4	30.5	30.6	30.7	30.8	30.9
39.0	30.8	30.9	31.0	31.1	31.2	31.3	31.4	31.5	31.6	31.7	31.8	31.9	32.0
40.0	31.9	32.0	32.1	32.2	32.3	32.4	32.5	32.6	32.7	32.8	32.9	33.0	33.1
41.0	33.0	33.1	33.2	33.3	33.4	33.5	33.6	33.7	33.8	33.9	34.0	34.1	34.2
42.0	34.0	34.2	34.3	34.4	34.5	34.6	34.7	34.8	34.9	35.0	35.1	35.2	35.3
43.0	35.1	35.2	35.4	35.5	35.6	35.7	35.8	35.9	36.0	36.1	36.2	36.3	36.4
44.0	36.2	36.3	36.5	36.6	36.7	36.8	36.9	37.0	37.1	37.2	37.4	37.5	37.6
45.0	37.3	37.5	37.6	37.7	37.8	37.9	38.0	38.2	38.3	38.4	38.5	38.6	38.7
46.0	38.5	38.6	38.7	38.8	38.9	39.1	39.2	39.3	39.4	39.5	39.6	39.8	39.9
47.0	39.6	39.7	39.8	39.9	40.1	40.2	40.3	40.4	40.6	40.7	40.8	40.9	41.0
48.0	40.7	40.8	41.0	41.1	41.2	41.3	41.5	41.6	41.7	41.8	42.0	42.1	42.2
49.0	41.8	42.0	42.1	42.2	42.4	42.5	42.6	42.8	42.9	43.0	43.1	43.3	43.4
50.0	43.0	43.1	43.3	43.4	43.5	43.7	43.8	43.9	44.1	44.2	44.3	44.5	44.6
51.0	44.1	44.3	44.4	44.6	44.7	44.8	45.0	45.1	45.2	45.4	45.5	45.6	45.8
52.0	45.3	45.5	45.6	45.7	45.9	46.0	46.2	46.3	46.4	46.6	46.7	46.8	47.0
53.0	46.5	46.6	46.8	46.9	47.1	47.2	47.3	47.5	47.6	47.8	47.9	48.1	48.2
54.0	47.7	47.8	48.0	48.1	48.2	48.4	48.5	48.7	48.8	49.0	49.1	49.3	49.4
55.0	48.8	49.0	49.1	49.3	49.4	49.6	49.8	49.9	50.1	50.2	50.4	50.5	50.6
56.0	50.0	50.2	50.3	50.5	50.7	50.8	51.0	51.1	51.3	51.4	51.6	51.7	51.9
57.0	51.2	51.4	51.6	51.7	51.9	52.0	52.2	52.3	52.5	52.7	52.8	53.0	53.1
58.0	52.4	52.6	52.8	52.9	53.1	53.3	53.4	53.6	53.7	53.9	54.1	54.2	54.4
59.0	53.6	53.8	54.0	54.2	54.3	54.5	54.7	54.8	55.0	55.1	55.3	55.5	55.6

R \ f^c_{cu} v	3.44	3.46	3.48	3.50	3.52	3.54	3.56	3.58	3.60	3.62	3.64	3.66	3.68
60.0	54.9	55.0	55.2	55.4	55.6	55.7	55.9	56.1	56.2	56.4	56.6	56.7	56.9
61.0	56.1	56.3	56.4	56.6	56.8	57.0	57.1	57.3	57.5	57.7	57.8	58.0	58.2
62.0	57.3	57.5	57.7	57.9	58.0	58.2	58.4	58.6	58.8	58.9	59.1	59.3	59.5
63.0	58.6	58.8	58.9	59.1	59.3	59.5	59.7	59.8	60.0	60.2	60.4	60.6	60.7
64.0	59.8	60.0	60.2	60.4	60.6	60.8	60.9	61.1	61.3	61.5	61.7	61.9	62.0
65.0	61.1	61.3	61.5	61.6	61.8	62.0	62.2	62.4	62.6	62.8	63.0	63.1	63.3
66.0	62.3	62.5	62.7	62.9	63.1	63.3	63.5	63.7	63.9	64.1	64.3	64.5	64.6
67.0	63.6	63.8	64.0	64.2	64.4	64.6	64.8	65.0	65.2	65.4	65.6	65.8	66.0
68.0	64.9	65.1	65.3	65.5	65.7	65.9	66.1	66.3	66.5	66.7	66.9	67.1	67.3
69.0	66.2	66.4	66.6	66.8	67.0	67.2	67.4	67.6	67.8	68.0	68.2	68.4	68.6
70.0	67.4	67.7	67.9	68.1	68.3	68.5	68.7	68.9	69.1	69.3	69.5	69.7	69.9
71.0	68.7	68.9	69.2	69.4	69.6	69.8	70.0	70.2	70.4	70.6	70.9	71.1	71.3
72.0	70.0	70.2	70.5	70.7	70.9	71.1	71.3	71.6	71.8	72.0	72.2	72.4	72.6
73.0	71.3	71.6	71.8	72.0	72.2	72.4	72.7	72.9	73.1	73.3	73.5	73.8	74.0
74.0	72.6	72.9	73.1	73.3	73.6	73.8	74.0	74.2	74.4	74.7	74.9	75.1	75.3
75.0	74.0	74.2	74.4	74.7	74.9	75.1	75.3	75.6	75.8	76.0	76.2	76.5	76.7
76.0	75.3	75.5	75.8	76.0	76.2	76.5	76.7	76.9	77.2	77.4	77.6	77.8	78.1
77.0	76.6	76.9	77.1	77.3	77.6	77.8	78.0	78.3	78.5	78.7	79.0	79.2	79.4
78.0	77.9	78.2	78.4	78.7	78.9	79.2	79.4	79.6	79.9	80.1	80.4	80.6	80.8
79.0	79.3	79.5	79.8	80.0	80.3	80.5	80.8	81.0	81.3	81.5	81.7	82.0	82.2
80.0	80.6	80.9	81.1	81.4	81.6	81.9	82.1	82.4	82.6	82.9	83.1	83.4	83.6
81.0	82.0	82.2	82.5	82.8	83.0	83.3	83.5	83.8	84.0	84.3	84.5	84.8	85.0
82.0	83.3	83.6	83.9	84.1	84.4	84.6	84.9	85.2	85.4	85.7	85.9	86.2	86.4
83.0	84.7	85.0	85.2	85.5	85.8	86.0	86.3	86.5	86.8	87.1	87.3	87.6	87.8
84.0	86.1	86.3	86.6	86.9	87.1	87.4	87.7	87.9	88.2	88.5	88.7	89.0	89.3
85.0	87.4	87.7	88.0	88.3	88.5	88.8	89.1	89.3	89.6	89.9	90.1	90.4	90.7
86.0	88.8	89.1	89.4	89.7	89.9	90.2	90.5	90.8	91.0	91.3	91.6	91.8	92.1
87.0	90.2	90.5	90.8	91.1	91.3	91.6	91.9	92.2	92.4	92.7	93.0	93.3	93.5
88.0	91.6	91.9	92.2	92.5	92.7	93.0	93.3	93.6	93.9	94.2	94.4	94.7	95.0
89.0	93.0	93.3	93.6	93.9	94.2	94.4	94.7	95.0	95.3	95.6	95.9	96.2	96.4
90.0	94.4	94.7	95.0	95.3	95.6	95.9	96.2	96.4	96.7	97.0	97.3	97.6	97.9

R＼f_{cu}^c＼v	3.70	3.72	3.74	3.76	3.78	3.80	3.82	3.84	3.86	3.88	3.90	3.92	3.94
28.0	20.6	20.6	20.7	20.8	20.8	20.9	20.9	21.0	21.1	21.1	21.2	21.2	21.3
29.0	21.6	21.6	21.7	21.8	21.8	21.9	21.9	22.0	22.1	22.1	22.2	22.3	22.3
30.0	22.6	22.6	22.7	22.8	22.8	22.9	23.0	23.0	23.1	23.2	23.2	23.3	23.4
31.0	23.6	23.7	23.7	23.8	23.9	23.9	24.0	24.1	24.1	24.2	24.3	24.3	24.4
32.0	24.6	24.7	24.8	24.8	24.9	25.0	25.0	25.1	25.2	25.2	25.3	25.4	25.5
33.0	25.6	25.7	25.8	25.9	25.9	26.0	26.1	26.2	26.2	26.3	26.4	26.5	26.5
34.0	26.7	26.8	26.8	26.9	27.0	27.1	27.2	27.2	27.3	27.4	27.5	27.5	27.6
35.0	27.7	27.8	27.9	28.0	28.1	28.1	28.2	28.3	28.4	28.5	28.5	28.6	28.7
36.0	28.8	28.9	29.0	29.1	29.1	29.2	29.3	29.4	29.5	29.6	29.6	29.7	29.8
37.0	29.9	30.0	30.1	30.1	30.2	30.3	30.4	30.5	30.6	30.7	30.7	30.8	30.9
38.0	31.0	31.1	31.2	31.2	31.3	31.4	31.5	31.6	31.7	31.8	31.9	32.0	32.0
39.0	32.1	32.2	32.3	32.3	32.4	32.5	32.6	32.7	32.8	32.9	33.0	33.1	33.2
40.0	33.2	33.3	33.4	33.5	33.6	33.7	33.7	33.8	33.9	34.0	34.1	34.2	34.3
41.0	34.3	34.4	34.5	34.6	34.7	34.8	34.9	35.0	35.1	35.2	35.3	35.4	35.5
42.0	35.4	35.5	35.6	35.7	35.8	35.9	36.0	36.1	36.2	36.3	36.4	36.5	36.6
43.0	36.5	36.6	36.8	36.9	37.0	37.1	37.2	37.3	37.4	37.5	37.6	37.7	37.8
44.0	37.7	37.8	37.9	38.0	38.1	38.2	38.3	38.4	38.6	38.7	38.8	38.9	39.0
45.0	38.8	38.9	39.1	39.2	39.3	39.4	39.5	39.6	39.7	39.8	40.0	40.1	40.2
46.0	40.0	40.1	40.2	40.3	40.5	40.6	40.7	40.8	40.9	41.0	41.1	41.3	41.4
47.0	41.2	41.3	41.4	41.5	41.6	41.8	41.9	42.0	42.1	42.2	42.3	42.5	42.6
48.0	42.3	42.5	42.6	42.7	42.8	43.0	43.1	43.2	43.3	43.4	43.6	43.7	43.8
49.0	43.5	43.6	43.8	43.9	44.0	44.2	44.3	44.4	44.5	44.7	44.8	44.9	45.0
50.0	44.7	44.8	45.0	45.1	45.2	45.4	45.5	45.6	45.7	45.9	46.0	46.1	46.3
51.0	45.9	46.0	46.2	46.3	46.4	46.6	46.7	46.8	47.0	47.1	47.2	47.4	47.5
52.0	47.1	47.3	47.4	47.5	47.7	47.8	47.9	48.1	48.2	48.3	48.5	48.6	48.7
53.0	48.3	48.5	48.6	48.8	48.9	49.0	49.2	49.3	49.5	49.6	49.7	49.9	50.0
54.0	49.6	49.7	49.9	50.0	50.1	50.3	50.4	50.6	50.7	50.8	51.0	51.1	51.3
55.0	50.8	50.9	51.1	51.2	51.4	51.5	51.7	51.8	52.0	52.1	52.3	52.4	52.5
56.0	52.0	52.2	52.3	52.5	52.6	52.8	52.9	53.1	53.2	53.4	53.5	53.7	53.8
57.0	53.3	53.4	53.6	53.7	53.9	54.1	54.2	54.4	54.5	54.7	54.8	55.0	55.1
58.0	54.5	54.7	54.9	55.0	55.2	55.3	55.5	55.6	55.8	56.0	56.1	56.3	56.4

R＼f_{cu}^c＼v	3.70	3.72	3.74	3.76	3.78	3.80	3.82	3.84	3.86	3.88	3.90	3.92	3.94
59.0	55.8	56.0	56.1	56.3	56.4	56.6	56.8	56.9	57.1	57.2	57.4	57.6	57.7
60.0	57.1	57.2	57.4	57.6	57.7	57.9	58.1	58.2	58.4	58.5	58.7	58.9	59.0
61.0	58.3	58.5	58.7	58.9	59.0	59.2	59.4	59.5	59.7	59.9	60.0	60.2	60.4
62.0	59.6	59.8	60.0	60.1	60.3	60.5	60.7	60.8	61.0	61.2	61.3	61.5	61.7
63.0	60.9	61.1	61.3	61.4	61.6	61.8	62.0	62.1	62.3	62.5	62.7	62.8	63.0
64.0	62.2	62.4	62.6	62.8	62.9	63.1	63.3	63.5	63.7	63.8	64.0	64.2	64.4
65.0	63.5	63.7	63.9	64.1	64.3	64.4	64.6	64.8	65.0	65.2	65.3	65.5	65.7
66.0	64.8	65.0	65.2	65.4	65.6	65.8	66.0	66.1	66.3	66.5	66.7	66.9	67.1
67.0	66.1	66.3	66.5	66.7	66.9	67.1	67.3	67.5	67.7	67.9	68.1	68.2	68.4
68.0	67.5	67.7	67.9	68.1	68.3	68.4	68.6	68.8	69.0	69.2	69.4	69.6	69.8
69.0	68.8	69.0	69.2	69.4	69.6	69.8	70.0	70.2	70.4	70.6	70.8	71.0	71.2
70.0	70.1	70.3	70.5	70.8	71.0	71.2	71.4	71.6	71.8	72.0	72.2	72.4	72.6
71.0	71.5	71.7	71.9	72.1	72.3	72.5	72.7	72.9	73.1	73.3	73.5	73.7	73.9
72.0	72.8	73.0	73.3	73.5	73.7	73.9	74.1	74.3	74.5	74.7	74.9	75.1	75.3
73.0	74.2	74.4	74.6	74.8	75.1	75.3	75.5	75.7	75.9	76.1	76.3	76.5	76.7
74.0	75.6	75.8	76.0	76.2	76.4	76.6	76.9	77.1	77.3	77.5	77.7	77.9	78.2
75.0	76.9	77.1	77.4	77.6	77.8	78.0	78.3	78.5	78.7	78.9	79.1	79.4	79.6
76.0	78.3	78.5	78.8	79.0	79.2	79.4	79.7	79.9	80.1	80.3	80.6	80.8	81.0
77.0	79.7	79.9	80.1	80.4	80.6	80.8	81.1	81.3	81.5	81.7	82.0	82.2	82.4
78.0	81.1	81.3	81.5	81.8	82.0	82.2	82.5	82.7	82.9	83.2	83.4	83.6	83.9
79.0	82.5	82.7	82.9	83.2	83.4	83.7	83.9	84.1	84.4	84.6	84.8	85.1	85.3
80.0	83.9	84.1	84.3	84.6	84.8	85.1	85.3	85.6	85.8	86.0	86.3	86.5	86.8
81.0	85.3	85.5	85.8	86.0	86.3	86.5	86.7	87.0	87.2	87.5	87.7	88.0	88.2
82.0	86.7	86.9	87.2	87.4	87.7	87.9	88.2	88.4	88.7	88.9	89.2	89.4	89.7
83.0	88.1	88.4	88.6	88.9	89.1	89.4	89.6	89.9	90.1	90.4	90.6	90.9	91.1
84.0	89.5	89.8	90.0	90.3	90.6	90.8	91.1	91.3	91.6	91.8	92.1	92.3	92.6
85.0	90.9	91.2	91.5	91.7	92.0	92.3	92.5	92.8	93.0	93.3	93.6	93.8	94.1
86.0	92.4	92.7	92.9	93.2	93.5	93.7	94.0	94.3	94.5	94.8	95.0	95.3	95.6
87.0	93.8	94.1	94.4	94.6	94.9	95.2	95.5	95.7	96.0	96.3	96.5	96.8	97.1
88.0	95.3	95.5	95.8	96.1	96.4	96.6	96.9	97.2	97.5	97.7	98.0	98.3	98.6
89.0	96.7	97.0	97.3	97.6	97.8	98.1	98.4	98.7	99.0	99.2	99.5	99.8	100.1
90.0	98.2	98.5	98.7	99.0	99.3	99.6	99.9	100.2	100.4	100.7	101.0	101.3	101.6

R \ v / f^c_{cu}	3.96	3.98	4.00	4.02	4.04	4.06	4.08	4.10	4.12	4.14	4.16	4.18	4.20
28.0	21.4	21.4	21.5	21.5	21.6	21.6	21.7	21.8	21.8	21.9	21.9	22.0	22.0
29.0	22.4	22.4	22.5	22.6	22.6	22.7	22.7	22.8	22.9	22.9	23.0	23.0	23.1
30.0	23.4	23.5	23.5	23.6	23.7	23.7	23.8	23.9	23.9	24.0	24.0	24.1	24.2
31.0	24.5	24.5	24.6	24.7	24.7	24.8	24.9	24.9	25.0	25.1	25.1	25.2	25.3
32.0	25.5	25.6	25.7	25.7	25.8	25.9	25.9	26.0	26.1	26.1	26.2	26.3	26.4
33.0	26.6	26.7	26.7	26.8	26.9	27.0	27.0	27.1	27.2	27.2	27.3	27.4	27.5
34.0	28.8	28.9	28.9	29.0	29.1	29.2	29.2	29.3	29.4	29.5	29.6	29.6	29.7
35.0	28.8	28.9	28.9	29.0	29.1	29.2	29.2	29.3	29.4	29.5	29.6	29.6	29.7
36.0	29.9	30.0	30.0	30.1	30.2	30.3	30.4	30.5	30.5	30.6	30.7	30.8	30.8
37.0	31.0	31.1	31.2	31.3	31.3	31.4	31.5	31.6	31.7	31.8	31.8	31.9	32.0
38.0	32.1	32.2	32.3	32.4	32.5	32.6	32.6	32.7	32.8	32.9	33.0	33.1	33.2
39.0	33.3	33.4	33.4	33.5	33.6	33.7	33.8	33.9	34.0	34.1	34.2	34.2	34.3
40.0	34.4	34.5	34.6	34.7	34.8	34.9	35.0	35.1	35.2	35.2	35.3	35.4	35.5
41.0	35.6	35.7	35.8	35.9	36.0	36.0	36.1	36.2	36.3	36.4	36.5	36.6	36.7
42.0	36.7	36.8	36.9	37.0	37.1	37.2	37.3	37.4	37.5	37.6	37.7	37.8	37.9
43.0	37.9	38.0	38.1	38.2	38.3	38.4	38.5	38.6	38.7	38.8	38.9	39.0	39.1
44.0	39.1	39.2	39.3	39.4	39.5	39.6	39.7	39.8	39.9	40.0	40.1	40.2	40.3
45.0	40.3	40.4	40.5	40.6	40.7	40.8	40.9	41.0	41.2	41.2	41.3	41.4	41.5
46.0	41.5	41.6	41.7	41.8	41.9	42.0	42.2	42.3	42.4	42.5	42.6	42.7	42.8
47.0	42.7	42.8	42.9	43.0	43.2	43.3	43.4	43.5	43.6	43.7	43.8	44.0	44.1
48.0	43.9	44.0	44.2	44.3	44.4	44.5	44.6	44.7	44.9	45.0	45.1	45.2	45.3
49.0	45.1	45.3	45.4	45.5	45.6	45.8	45.9	46.0	46.1	46.2	46.4	46.5	46.6
50.0	46.4	46.5	46.6	46.8	46.9	47.0	47.1	47.3	47.4	47.5	47.6	47.8	47.9
51.0	47.6	47.8	47.9	48.0	48.1	48.3	48.4	48.5	48.7	48.8	48.9	49.0	49.2
52.0	48.9	49.0	49.1	49.3	49.4	49.5	49.7	49.8	49.9	50.1	50.2	50.3	50.5
53.0	50.1	50.3	50.4	50.6	50.7	50.8	51.0	51.1	51.2	51.4	51.5	51.6	51.8
54.0	51.4	51.6	51.7	51.8	52.0	52.1	52.2	52.4	52.5	52.7	52.8	52.9	53.1
55.0	52.7	52.8	53.0	53.1	53.3	53.4	53.5	53.7	53.8	54.0	54.1	54.2	54.4
56.0	54.0	54.1	54.3	54.4	54.6	54.7	54.9	55.0	55.1	55.3	55.4	55.6	55.7
57.0	55.3	55.4	55.6	55.7	55.9	56.0	56.2	56.3	56.5	56.6	56.8	56.9	57.1
58.0	56.6	56.7	56.9	57.0	57.2	57.3	57.5	57.6	57.8	57.9	58.1	58.2	58.4

R \ v / f^c_{cu}	3.96	3.98	4.00	4.02	4.04	4.06	4.08	4.10	4.12	4.14	4.16	4.18	4.20
59.0	57.9	58.0	58.2	58.4	58.5	58.7	58.8	59.0	59.1	59.3	59.4	59.6	59.7
60.0	59.2	59.4	59.5	59.7	59.8	60.0	60.2	60.3	60.5	60.6	60.8	60.9	61.1
61.0	60.5	60.7	60.8	61.0	61.2	61.3	61.5	61.7	61.8	62.0	62.1	62.3	62.5
62.0	61.9	62.0	62.2	62.4	62.5	62.7	62.9	63.0	63.2	63.4	63.5	63.7	63.8
63.0	63.2	63.4	63.5	63.7	63.9	64.0	64.2	64.4	64.6	64.7	64.9	65.1	65.2
64.0	64.5	64.7	64.9	65.1	65.2	65.4	65.6	65.8	65.9	66.1	66.3	66.4	66.6
65.0	65.9	66.1	66.2	66.4	66.6	66.8	67.0	67.1	67.3	67.5	67.7	67.8	68.0
66.0	67.2	67.4	67.6	67.8	68.0	68.2	68.3	68.5	68.7	68.9	69.1	69.2	69.4
67.0	68.6	68.8	69.0	69.2	69.4	69.5	69.7	69.9	70.1	70.3	70.5	70.6	70.8
68.0	70.0	70.2	70.4	70.6	70.7	70.9	71.1	71.3	71.5	71.7	71.9	72.1	72.2
69.0	71.4	71.6	71.8	71.9	72.1	72.3	72.5	72.7	72.9	73.1	73.3	73.5	73.7
70.0	72.8	73.0	73.2	73.3	73.5	73.7	73.9	74.1	74.3	74.5	74.7	74.9	75.1
71.0	74.1	74.4	74.6	74.8	75.0	75.2	75.4	75.6	75.8	75.9	76.1	76.3	76.5
72.0	75.6	75.8	76.0	76.2	76.4	76.6	76.8	77.0	77.2	77.4	77.6	77.8	78.0
73.0	77.0	77.2	77.4	77.6	77.8	78.0	78.2	78.4	78.6	78.8	79.0	79.2	79.4
74.0	78.4	78.6	78.8	79.0	79.2	79.4	79.6	79.9	80.1	80.3	80.5	80.7	80.9
75.0	79.8	80.0	80.2	80.4	80.7	80.9	81.1	81.3	81.5	81.7	81.9	82.2	82.4
76.0	81.2	81.4	81.7	81.9	82.1	82.3	82.5	82.8	83.0	83.2	83.4	83.6	83.8
77.0	82.7	82.9	83.1	83.3	83.5	83.8	84.0	84.2	84.4	84.7	84.9	85.1	85.3
78.0	84.1	84.3	84.5	84.8	85.0	85.2	85.5	85.7	85.9	86.1	86.4	86.6	86.8
79.0	85.5	85.8	86.0	86.2	86.5	86.7	86.9	87.2	87.4	87.6	87.8	88.1	88.3
80.0	87.0	87.2	87.5	87.7	87.9	88.2	88.4	88.6	88.9	89.1	89.3	89.6	89.8
81.0	88.4	88.7	88.9	89.2	89.4	89.6	89.9	90.1	90.4	90.6	90.8	91.1	91.3
82.0	89.9	90.2	90.4	90.6	90.9	91.1	91.4	91.6	91.9	92.1	92.3	92.6	92.8
83.0	91.4	91.6	91.9	92.1	92.4	92.6	92.9	93.1	93.4	93.6	93.8	94.1	94.3
84.0	92.9	93.1	93.4	93.6	93.9	94.1	94.4	94.6	94.9	95.1	95.4	95.6	95.8
85.0	94.3	94.6	94.9	95.1	95.4	95.6	95.9	96.1	96.4	96.6	96.9	97.1	97.4
86.0	95.8	96.1	96.3	96.6	96.9	97.1	97.4	97.6	97.9	98.2	98.4	98.7	98.9
87.0	97.3	97.6	97.8	98.1	98.4	98.6	98.9	99.2	99.4	99.7	99.9	100.2	100.5
88.0	98.8	99.1	99.4	99.6	99.9	100.2	100.4	100.7	101.0	101.2	101.5	101.7	102.0
89.0	100.3	100.6	100.9	101.1	101.4	101.7	102.0	102.2	102.5	102.8	103.0	103.3	103.6
90.0	101.8	102.1	102.4	102.7	102.9	103.2	103.5	103.8	104.0	104.3	104.6	104.8	105.1

R \ f_{cu}^c \ v	4.22	4.24	4.26	4.28	4.30	4.32	4.34	4.36	4.38	4.40	4.42	4.44	4.46
28.0	22.1	22.2	22.2	22.3	22.3	22.4	22.4	22.5	22.5	22.6	22.7	22.7	22.8
29.0	23.2	23.2	23.3	23.3	23.4	23.5	23.5	23.6	23.6	23.7	23.7	23.8	23.9
30.0	24.2	24.3	24.4	24.4	24.5	24.5	24.6	24.7	24.7	24.8	24.8	24.9	25.0
31.0	25.3	25.4	25.4	25.5	25.6	25.6	25.7	25.8	25.8	25.9	26.0	26.0	26.1
32.0	26.4	26.5	26.6	26.6	26.7	26.8	26.8	26.9	27.0	27.0	27.1	27.2	27.2
33.0	27.5	27.6	27.7	27.7	27.8	27.9	27.9	28.0	28.1	28.2	28.2	28.3	28.4
34.0	29.8	29.9	29.9	30.0	30.1	30.2	30.2	30.3	30.4	30.5	30.5	30.6	30.7
35.0	29.8	29.9	29.9	30.0	30.1	30.2	30.2	30.3	30.4	30.5	30.5	30.6	30.7
36.0	30.9	31.0	31.1	31.2	31.2	31.3	31.4	31.5	31.6	31.6	31.7	31.8	31.9
37.0	32.1	32.2	32.2	32.3	32.4	32.5	32.6	32.7	32.7	32.8	32.9	33.0	33.1
38.0	33.2	33.3	33.4	33.5	33.6	33.7	33.8	33.8	33.9	34.0	34.1	34.2	34.3
39.0	34.4	34.5	34.6	34.7	34.8	34.9	34.9	35.0	35.1	35.2	35.3	35.4	35.5
40.0	35.6	35.7	35.8	35.9	36.0	36.1	36.2	36.2	36.3	36.4	36.5	36.6	36.7
41.0	36.8	36.9	37.0	37.1	37.2	37.3	37.4	37.5	37.6	37.6	37.7	37.8	37.9
42.0	38.0	38.1	38.2	38.3	38.4	38.5	38.6	38.7	38.8	38.9	39.0	39.1	39.2
43.0	39.2	39.3	39.4	39.5	39.6	39.7	39.8	39.9	40.0	40.1	40.2	40.3	40.4
44.0	40.5	40.6	40.7	40.8	40.9	41.0	41.1	41.2	41.3	41.4	41.5	41.6	41.7
45.0	41.7	41.8	41.9	42.0	42.1	42.2	42.3	42.4	42.5	42.6	42.7	42.8	42.9
46.0	42.9	43.0	43.2	43.3	43.4	43.5	43.6	43.7	43.8	43.9	44.0	44.1	44.2
47.0	44.2	44.3	44.4	44.5	44.6	44.7	44.9	45.0	45.1	45.2	45.3	45.4	45.5
48.0	45.4	45.6	45.7	45.8	45.9	46.0	46.1	46.3	46.4	46.5	46.6	46.7	46.8
49.0	46.7	46.8	47.0	47.1	47.2	47.3	47.4	47.5	47.7	47.8	47.9	48.0	48.1
50.0	48.0	48.1	48.2	48.4	48.5	48.6	48.7	48.9	49.0	49.1	49.2	49.3	49.5
51.0	49.3	49.4	49.5	49.7	49.8	49.9	50.0	50.2	50.3	50.4	50.5	50.7	50.8
52.0	50.6	50.7	50.8	51.0	51.1	51.2	51.4	51.5	51.6	51.7	51.9	52.0	52.1
53.0	51.9	52.0	52.2	52.3	52.4	52.6	52.7	52.8	52.9	53.1	53.2	53.3	53.5
54.0	53.2	53.3	53.5	53.6	53.7	53.9	54.0	54.1	54.3	54.4	54.6	54.7	54.8
55.0	54.5	54.7	54.8	54.9	55.1	55.2	55.4	55.5	55.6	55.8	55.9	56.0	56.1
56.0	55.9	56.0	56.1	56.3	56.4	56.6	56.7	56.8	57.0	57.1	57.3	57.4	57.5
57.0	57.2	57.3	57.5	57.6	57.8	57.9	58.1	58.2	58.4	58.5	58.6	58.8	58.9
58.0	58.5	58.7	58.8	59.0	59.1	59.3	59.4	59.6	59.7	59.9	60.0	60.2	60.3

R \ f_{cu}^c \ v	4.22	4.24	4.26	4.28	4.30	4.32	4.34	4.36	4.38	4.40	4.42	4.44	4.46
59.0	59.9	60.1	60.2	60.4	60.5	60.7	60.8	61.0	61.1	61.3	61.4	61.6	61.7
60.0	61.3	61.4	61.6	61.7	61.9	62.0	62.2	62.3	62.5	62.7	62.8	63.0	63.1
61.0	62.6	62.8	62.9	63.1	63.3	63.4	63.6	63.7	63.9	64.1	64.2	64.4	64.5
62.0	64.0	64.2	64.3	64.5	64.7	64.8	65.0	65.1	65.3	65.5	65.6	65.8	65.9
63.0	65.4	65.6	65.7	65.9	66.1	66.2	66.4	66.6	66.7	66.9	67.0	67.2	67.4
64.0	66.8	67.0	67.1	67.3	67.5	67.6	67.8	68.0	68.1	68.3	68.5	68.6	68.8
65.0	68.2	68.4	68.5	68.7	68.9	69.1	69.2	69.4	69.6	69.7	69.9	70.1	70.2
66.0	69.6	69.8	69.9	70.1	70.3	70.5	70.7	70.8	71.0	71.2	71.4	71.5	71.7
67.0	71.0	71.2	71.4	71.5	71.7	71.9	72.1	72.3	72.4	72.6	72.8	73.0	73.2
68.0	72.4	72.6	72.8	73.0	73.2	73.3	73.5	73.7	73.9	74.1	74.3	74.4	74.6
69.0	73.9	74.0	74.2	74.4	74.6	74.8	75.0	75.2	75.4	75.5	75.7	75.9	76.1
70.0	75.3	75.5	75.7	75.9	76.1	76.2	76.4	76.6	76.8	77.0	77.2	77.4	77.6
71.0	76.7	76.9	77.1	77.3	77.5	77.7	77.9	78.1	78.3	78.5	78.7	78.9	79.1
72.0	78.2	78.4	78.6	78.8	79.0	79.2	79.4	79.6	79.8	80.0	80.2	80.4	80.6
73.0	79.6	79.8	80.0	80.2	80.5	80.7	80.9	81.1	81.3	81.5	81.7	81.9	82.1
74.0	81.1	81.3	81.5	81.7	81.9	82.1	82.3	82.5	82.7	83.0	83.2	83.4	83.6
75.0	82.6	82.8	83.0	83.2	83.4	83.6	83.8	84.0	84.2	84.5	84.7	84.9	85.1
76.0	84.1	84.3	84.5	84.7	84.9	85.1	85.3	85.5	85.8	86.0	86.2	86.4	86.6
77.0	85.5	85.8	86.0	86.2	86.4	86.6	86.8	87.1	87.3	87.5	87.7	87.9	88.1
78.0	87.0	87.2	87.5	87.7	87.9	88.1	88.3	88.6	88.8	89.0	89.2	89.4	89.7
79.0	88.5	88.7	89.0	89.2	89.4	89.6	89.8	90.1	90.3	90.5	90.8	91.0	91.2
80.0	90.0	90.3	90.5	90.7	90.9	91.2	91.4	91.6	91.8	92.1	92.3	92.5	92.7
81.0	91.5	91.8	92.0	92.2	92.5	92.7	92.9	93.2	93.4	93.6	93.8	94.1	94.3
82.0	93.0	93.3	93.5	93.8	94.0	94.2	94.5	94.7	94.9	95.2	95.4	95.6	95.9
83.0	94.6	94.8	95.0	95.3	95.5	95.8	96.0	96.2	96.5	96.7	97.0	97.2	97.4
84.0	96.1	96.3	96.6	96.8	97.1	97.3	97.6	97.8	98.0	98.3	98.5	98.8	99.0
85.0	97.6	97.9	98.1	98.4	98.6	98.9	99.1	99.4	99.6	99.9	100.1	100.3	100.6
86.0	99.2	99.4	99.7	99.9	100.2	100.4	100.7	100.9	101.2	101.4	101.7	101.9	102.2
87.0	100.7	101.0	101.2	101.5	101.7	102.0	102.2	102.5	102.8	103.0	103.3	103.5	103.8
88.0	102.3	102.5	102.8	103.0	103.3	103.6	103.8	104.1	104.3	104.6	104.9	105.1	105.4
89.0	103.8	104.1	104.4	104.6	104.9	105.1	105.4	105.7	105.9	106.2	106.4	106.7	107.0
90.0	105.4	105.7	105.9	106.2	106.5	106.7	107.0	107.3	107.5	107.8	108.1	108.3	108.6

续表 E

R \ f_{cu}^c / v	4.48	4.50	4.52	4.54	4.56	4.58	4.60	4.62	4.64	4.66	4.68	4.70	4.72
28.0	22.8	22.9	22.9	23.0	23.0	23.0	23.1	23.1	23.2	23.3	23.3	23.4	23.5
29.0	23.9	24.0	24.0	24.1	24.1	24.2	24.3	24.3	24.4	24.4	24.5	24.5	24.6
30.0	25.0	25.1	25.1	25.2	25.3	25.3	25.4	25.4	25.5	25.6	25.6	25.7	25.7
31.0	26.1	26.2	26.3	26.3	26.4	26.5	26.5	26.6	26.6	26.7	26.8	26.8	26.9
32.0	27.3	27.3	27.4	27.5	27.5	27.6	27.7	27.7	27.8	27.9	27.9	28.0	28.1
33.0	28.4	28.5	28.6	28.6	28.7	28.8	28.8	28.9	29.0	29.0	29.1	29.2	29.2
34.0	30.8	30.8	30.9	31.0	31.1	31.1	31.2	31.3	31.3	31.4	31.5	31.6	31.6
35.0	30.8	30.8	30.9	31.0	31.1	31.1	31.2	31.3	31.3	31.4	31.5	31.6	31.6
36.0	31.9	32.0	32.1	32.2	32.2	32.3	32.4	32.5	32.6	32.6	32.7	32.8	32.9
37.0	33.1	33.2	33.3	33.4	33.5	33.5	33.6	33.7	33.8	33.8	33.9	34.0	34.1
38.0	34.3	34.4	34.5	34.6	34.7	34.7	34.8	34.9	35.0	35.1	35.2	35.2	35.3
39.0	35.6	35.6	35.7	35.8	35.9	36.0	36.1	36.1	36.2	36.3	36.4	36.5	36.6
40.0	36.8	36.9	37.0	37.0	37.1	37.2	37.3	37.4	37.5	37.6	37.7	37.7	37.8
41.0	38.0	38.1	38.2	38.3	38.4	38.5	38.6	38.6	38.7	38.8	38.9	39.0	39.1
42.0	39.3	39.4	39.4	39.5	39.6	39.7	39.8	39.9	40.0	40.1	40.2	40.3	40.4
43.0	40.5	40.6	40.7	40.8	40.9	41.0	41.1	41.2	41.3	41.4	41.5	41.6	41.7
44.0	41.8	41.9	42.0	42.1	42.2	42.3	42.4	42.5	42.6	42.7	42.8	42.9	43.0
45.0	43.1	43.2	43.3	43.4	43.5	43.6	43.7	43.8	43.9	44.0	44.1	44.2	44.3
46.0	44.3	44.4	44.6	44.7	44.8	44.9	45.0	45.1	45.2	45.3	45.4	45.5	45.6
47.0	45.6	45.7	45.9	46.0	46.1	46.2	46.3	46.4	46.5	46.6	46.7	46.8	46.9
48.0	46.9	47.0	47.2	47.3	47.4	47.5	47.6	47.7	47.8	47.9	48.1	48.2	48.3
49.0	48.2	48.4	48.5	48.6	48.7	48.8	48.9	49.1	49.2	49.3	49.4	49.5	49.6
50.0	49.6	49.7	49.8	49.9	50.0	50.2	50.3	50.4	50.5	50.6	50.8	50.9	51.0
51.0	50.9	51.0	51.1	51.3	51.4	51.5	51.6	51.8	51.9	52.0	52.1	52.2	52.4
52.0	52.2	52.4	52.5	52.6	52.7	52.9	53.0	53.1	53.2	53.4	53.5	53.6	53.7
53.0	53.6	53.7	53.8	54.0	54.1	54.2	54.4	54.5	54.6	54.7	54.9	55.0	55.1
54.0	54.9	55.1	55.2	55.3	55.5	55.6	55.7	55.9	56.0	56.1	56.3	56.4	56.5
55.0	56.3	56.4	56.6	56.7	56.9	57.0	57.1	57.3	57.4	57.5	57.7	57.8	57.9
56.0	57.7	57.8	58.0	58.1	58.2	58.4	58.5	58.7	58.8	58.9	59.1	59.2	59.3
57.0	59.1	59.2	59.4	59.5	59.6	59.8	59.9	60.1	60.2	60.3	60.5	60.6	60.8
58.0	60.5	60.6	60.8	60.9	61.0	61.2	61.3	61.5	61.6	61.8	61.9	62.0	62.2

续表 E

R \ f_{cu}^c / v	4.48	4.50	4.52	4.54	4.56	4.58	4.60	4.62	4.64	4.66	4.68	4.70	4.72
59.0	61.9	62.0	62.2	62.3	62.5	62.6	62.7	62.9	63.0	63.2	63.3	63.5	63.6
60.0	63.3	63.4	63.6	63.7	63.9	64.0	64.2	64.3	64.5	64.6	64.8	64.9	65.1
61.0	64.7	64.8	65.0	65.1	65.3	65.5	65.6	65.8	65.9	66.1	66.2	66.4	66.5
62.0	66.1	66.3	66.4	66.6	66.7	66.9	67.1	67.2	67.4	67.5	67.7	67.8	68.0
63.0	67.5	67.7	67.9	68.0	68.2	68.3	68.5	68.7	68.8	69.0	69.1	69.3	69.5
64.0	69.0	69.1	69.3	69.5	69.6	69.8	70.0	70.1	70.3	70.5	70.6	70.8	70.9
65.0	70.4	70.6	70.8	70.9	71.1	71.3	71.4	71.6	71.8	71.9	72.1	72.3	72.4
66.0	71.9	72.0	72.2	72.4	72.6	72.7	72.9	73.1	73.2	73.4	73.6	73.8	73.9
67.0	73.3	73.5	73.7	73.9	74.0	74.2	74.4	74.6	74.7	74.9	75.1	75.3	75.4
68.0	74.8	75.0	75.2	75.3	75.5	75.7	75.9	76.1	76.2	76.4	76.6	76.8	76.9
69.0	76.3	76.5	76.6	76.8	77.0	77.2	77.4	77.6	77.7	77.9	78.1	78.3	78.5
70.0	77.8	77.9	78.1	78.3	78.5	78.7	78.9	79.1	79.2	79.4	79.6	79.8	80.0
71.0	79.2	79.4	79.6	79.8	80.0	80.2	80.4	80.6	80.8	80.9	81.1	81.3	81.5
72.0	80.7	80.9	81.1	81.3	81.5	81.7	81.9	82.1	82.3	82.5	82.7	82.9	83.0
73.0	82.3	82.4	82.6	82.8	83.0	83.2	83.4	83.6	83.8	84.0	84.2	84.4	84.6
74.0	83.8	84.0	84.2	84.4	84.6	84.8	85.0	85.2	85.4	85.6	85.8	86.0	86.2
75.0	85.3	85.5	85.7	85.9	86.1	86.3	86.5	86.7	86.9	87.1	87.3	87.5	87.7
76.0	86.8	87.0	87.2	87.4	87.6	87.8	88.0	88.3	88.5	88.7	88.9	89.1	89.3
77.0	88.3	88.5	88.8	89.0	89.2	89.4	89.6	89.8	90.0	90.2	90.4	90.6	90.9
78.0	89.9	90.1	90.3	90.5	90.7	90.9	91.2	91.4	91.6	91.8	92.0	92.2	92.4
79.0	91.4	91.6	91.9	92.1	92.3	92.5	92.7	92.9	93.2	93.4	93.6	93.8	94.0
80.0	93.0	93.2	93.4	93.6	93.9	94.1	94.3	94.5	94.7	95.0	95.2	95.4	95.6
81.0	94.5	94.8	95.0	95.2	95.4	95.7	95.9	96.1	96.3	96.6	96.8	97.0	97.2
82.0	96.1	96.3	96.6	96.8	97.0	97.2	97.5	97.7	97.9	98.2	98.4	98.6	98.8
83.0	97.7	97.9	98.1	98.4	98.6	98.8	99.1	99.3	99.5	99.8	100.0	100.2	100.5
84.0	99.2	99.5	99.7	100.0	100.2	100.4	100.7	100.9	101.1	101.4	101.6	101.8	102.1
85.0	100.8	101.1	101.3	101.6	101.8	102.0	102.3	102.5	102.8	103.0	103.2	103.5	103.7
86.0	102.4	102.7	102.9	103.2	103.4	103.6	103.9	104.1	104.4	104.6	104.9	105.1	105.3
87.0	104.0	104.3	104.5	104.8	105.0	105.3	105.5	105.8	106.0	106.2	106.5	106.7	107.0
88.0	105.6	105.9	106.1	106.4	106.6	106.9	107.1	107.4	107.6	107.9	108.1	108.4	108.6
89.0	107.2	107.5	107.7	108.0	108.3	108.5	108.8	109.0	109.3	109.5	109.8	110.0	—
90.0	108.8	109.1	109.4	109.6	109.9	—	—	—	—	—	—	—	—

R \ v, f^c_{cu}	4.74	4.76	4.78	4.80	4.82	4.84	4.86	4.88	4.90	4.92	4.94	4.96	4.98
28.0	23.5	23.6	23.6	23.7	23.7	23.8	23.8	23.9	23.9	24.0	24.1	24.1	24.2
29.0	24.7	24.7	24.8	24.8	24.9	24.9	25.0	25.0	25.1	25.2	25.2	25.3	25.3
30.0	25.8	25.9	25.9	26.0	26.0	26.1	26.1	26.2	26.3	26.3	26.4	26.4	26.5
31.0	27.0	27.0	27.1	27.1	27.2	27.3	27.3	27.4	27.4	27.5	27.6	27.6	27.7
32.0	28.1	28.2	28.3	28.3	28.4	28.4	28.5	28.6	28.6	28.7	28.8	28.8	28.9
33.0	29.3	29.4	29.4	29.5	29.6	29.6	29.7	29.8	29.8	29.9	30.0	30.0	30.1
34.0	31.7	31.8	31.9	31.9	32.0	32.1	32.1	32.2	32.3	32.4	32.4	32.5	32.6
35.0	31.7	31.8	31.9	31.9	32.0	32.1	32.1	32.2	32.3	32.4	32.4	32.5	32.6
36.0	32.9	33.0	33.1	33.2	33.2	33.3	33.4	33.4	33.5	33.6	33.7	33.7	33.8
37.0	34.2	34.2	34.3	34.4	34.5	34.5	34.6	34.7	34.8	34.8	34.9	35.0	35.1
38.0	35.4	35.5	35.6	35.6	35.7	35.8	35.9	36.0	36.0	36.1	36.2	36.3	36.4
39.0	36.6	36.7	36.8	36.9	37.0	37.1	37.1	37.2	37.3	37.4	37.5	37.6	37.6
40.0	37.9	38.0	38.1	38.2	38.3	38.3	38.4	38.5	38.6	38.7	38.8	38.9	38.9
41.0	39.2	39.3	39.4	39.5	39.5	39.6	39.7	39.8	39.9	40.0	40.1	40.2	40.2
42.0	40.5	40.6	40.7	40.7	40.8	40.9	41.0	41.1	41.2	41.3	41.4	41.5	41.6
43.0	41.8	41.9	42.0	42.0	42.1	42.2	42.3	42.4	42.5	42.6	42.7	42.8	42.9
44.0	43.1	43.2	43.3	43.4	43.5	43.6	43.7	43.7	43.8	43.9	44.0	44.1	44.2
45.0	44.4	44.5	44.6	44.7	44.8	44.9	45.0	45.1	45.2	45.3	45.4	45.5	45.6
46.0	45.7	45.8	45.9	46.0	46.1	46.2	46.3	46.4	46.5	46.6	46.7	46.8	46.9
47.0	47.0	47.1	47.3	47.4	47.5	47.6	47.7	47.8	47.9	48.0	48.1	48.2	48.3
48.0	48.4	48.5	48.6	48.7	48.8	48.9	49.0	49.2	49.3	49.4	49.5	49.6	49.7
49.0	49.7	49.9	50.0	50.1	50.2	50.3	50.4	50.5	50.6	50.7	50.9	51.0	51.1
50.0	51.1	51.2	51.3	51.4	51.6	51.7	51.8	51.9	52.0	52.1	52.3	52.4	52.5
51.0	52.5	52.6	52.7	52.8	52.9	53.1	53.2	53.3	53.4	53.5	53.7	53.8	53.9
52.0	53.9	54.0	54.1	54.2	54.3	54.5	54.6	54.7	54.8	54.9	55.1	55.2	55.3
53.0	55.2	55.4	55.5	55.6	55.7	55.9	56.0	56.1	56.2	56.4	56.5	56.6	56.7
54.0	56.6	56.8	56.9	57.0	57.2	57.3	57.4	57.5	57.7	57.8	57.9	58.0	58.2
55.0	58.1	58.2	58.3	58.4	58.6	58.7	58.8	59.0	59.1	59.2	59.4	59.5	59.6
56.0	59.5	59.6	59.7	59.9	60.0	60.1	60.3	60.4	60.5	60.7	60.8	60.9	61.1
57.0	60.9	61.0	61.2	61.3	61.4	61.6	61.7	61.9	62.0	62.1	62.3	62.4	62.5
58.0	62.3	62.5	62.6	62.8	62.9	63.0	63.2	63.3	63.5	63.6	63.7	63.9	64.0

R \ v, f^c_{cu}	4.74	4.76	4.78	4.80	4.82	4.84	4.86	4.88	4.90	4.92	4.94	4.96	4.98
59.0	63.8	63.9	64.1	64.2	64.3	64.5	64.6	64.8	64.9	65.1	65.2	65.3	65.5
60.0	65.2	65.4	65.5	65.7	65.8	66.0	66.1	66.3	66.4	66.5	66.7	66.8	67.0
61.0	66.7	66.8	67.0	67.1	67.3	67.4	67.6	67.7	67.9	68.0	68.2	68.3	68.5
62.0	68.1	68.3	68.5	68.6	68.8	68.9	69.1	69.2	69.4	69.5	69.7	69.8	70.0
63.0	69.6	69.8	69.9	70.1	70.3	70.4	70.6	70.7	70.9	71.0	71.2	71.3	71.5
64.0	71.1	71.3	71.4	71.6	71.7	71.9	72.1	72.2	72.4	72.5	72.7	72.9	73.0
65.0	72.6	72.8	72.9	73.1	73.3	73.4	73.6	73.7	73.9	74.1	74.2	74.4	74.6
66.0	74.1	74.3	74.4	74.6	74.8	74.9	75.1	75.3	75.4	75.6	75.8	75.9	76.1
67.0	75.6	75.8	75.9	76.1	76.3	76.5	76.6	76.8	77.0	77.1	77.3	77.5	77.6
68.0	77.1	77.3	77.5	77.6	77.8	78.0	78.2	78.3	78.5	78.7	78.8	79.0	79.2
69.0	78.6	78.8	79.0	79.2	79.3	79.5	79.7	79.9	80.1	80.2	80.4	80.6	80.8
70.0	80.2	80.3	80.5	80.7	80.9	81.1	81.2	81.4	81.6	81.8	82.0	82.1	82.3
71.0	81.7	81.9	82.1	82.3	82.4	82.6	82.8	83.0	83.2	83.4	83.5	83.7	83.9
72.0	83.2	83.4	83.6	83.8	84.0	84.2	84.4	84.6	84.7	84.9	85.1	85.3	85.5
73.0	84.8	85.0	85.2	85.4	85.6	85.7	85.9	86.1	86.3	86.5	86.7	86.9	87.1
74.0	86.3	86.5	86.7	86.9	87.1	87.3	87.5	87.7	87.9	88.1	88.3	88.5	88.7
75.0	87.9	88.1	88.3	88.5	88.7	88.9	89.1	89.3	89.5	89.7	89.9	90.1	90.3
76.0	89.5	89.7	89.9	90.1	90.3	90.5	90.7	90.9	91.1	91.3	91.5	91.7	91.9
77.0	91.1	91.3	91.5	91.7	91.9	92.1	92.3	92.5	92.7	92.9	93.1	93.3	93.5
78.0	92.6	92.9	93.1	93.3	93.5	93.7	93.9	94.1	94.3	94.5	94.7	94.9	95.1
79.0	94.2	94.5	94.7	94.9	95.1	95.3	95.5	95.7	95.9	96.2	96.4	96.6	96.8
80.0	95.8	96.1	96.3	96.5	96.7	96.9	97.1	97.4	97.6	97.8	98.0	98.2	98.4
81.0	97.4	97.7	97.9	98.1	98.3	98.6	98.8	99.0	99.2	99.4	99.6	99.9	100.1
82.0	99.1	99.3	99.5	99.7	100.0	100.2	100.4	100.6	100.8	101.1	101.3	101.5	101.7
83.0	100.7	100.9	101.1	101.4	101.6	101.8	102.0	102.3	102.5	102.7	102.9	103.2	103.4
84.0	102.3	102.5	102.8	103.0	103.2	103.5	103.7	103.9	104.2	104.4	104.6	104.8	105.1
85.0	103.9	104.2	104.4	104.6	104.9	105.1	105.3	105.6	105.8	106.0	106.3	106.5	106.7
86.0	105.6	105.8	106.1	106.3	106.5	106.8	107.0	107.2	107.5	107.7	108.0	108.2	108.4
87.0	107.2	107.5	107.7	108.0	108.2	108.4	108.7	108.9	109.2	109.4	109.6	—	—
88.0	108.9	109.1	109.4	109.6	109.9	—	—	—	—	—	—	—	—

R \\ v / f_{cu}^c	5.00	5.02	5.04	5.06	5.08	5.10	5.12	5.14	5.16	5.18	5.20	5.22	5.24
28.0	24.2	24.3	24.3	24.4	24.4	24.5	24.5	24.6	24.6	24.7	24.7	24.8	24.8
29.0	25.4	25.4	25.5	25.5	25.6	25.6	25.7	25.7	25.8	25.8	25.9	26.0	26.0
30.0	26.6	26.6	26.7	26.7	26.8	26.8	26.9	27.0	27.0	27.1	27.1	27.2	27.2
31.0	27.7	27.8	27.9	27.9	28.0	28.0	28.1	28.2	28.2	28.3	28.3	28.4	28.5
32.0	28.9	29.0	29.1	29.1	29.2	29.3	29.3	29.4	29.4	29.5	29.6	29.6	29.7
33.0	30.2	30.2	30.3	30.4	30.4	30.5	30.6	30.6	30.7	30.7	30.8	30.9	30.9
34.0	32.6	32.7	32.8	32.8	32.9	33.0	33.1	33.1	33.2	33.3	33.3	33.4	33.5
35.0	32.6	32.7	32.8	32.8	32.9	33.0	33.1	33.1	33.2	33.3	33.3	33.4	33.5
36.0	33.9	34.0	34.0	34.1	34.2	34.3	34.3	34.4	34.5	34.5	34.6	34.7	34.8
37.0	35.2	35.2	35.3	35.4	35.5	35.5	35.6	35.7	35.8	35.8	35.9	36.0	36.1
38.0	36.4	36.5	36.6	36.7	36.7	36.8	36.9	37.0	37.1	37.1	37.2	37.3	37.4
39.0	37.7	37.8	37.9	38.0	38.0	38.1	38.2	38.3	38.4	38.4	38.5	38.6	38.7
40.0	39.0	39.1	39.2	39.3	39.4	39.4	39.5	39.6	39.7	39.8	39.9	39.9	40.0
41.0	40.3	40.4	40.5	40.6	40.7	40.8	40.8	40.9	41.0	41.1	41.2	41.3	41.4
42.0	41.7	41.7	41.8	41.9	42.0	42.1	42.2	42.3	42.4	42.5	42.5	42.6	42.7
43.0	43.0	43.1	43.2	43.3	43.4	43.4	43.5	43.6	43.7	43.8	43.9	44.0	44.1
44.0	44.3	44.4	44.5	44.6	44.7	44.8	44.9	45.0	45.1	45.2	45.3	45.4	45.5
45.0	45.7	45.8	45.9	46.0	46.1	46.2	46.3	46.4	46.5	46.6	46.7	46.8	46.8
46.0	47.0	47.1	47.2	47.3	47.4	47.5	47.6	47.7	47.8	47.9	48.0	48.1	48.2
47.0	48.4	48.5	48.6	48.7	48.8	48.9	49.0	49.1	49.2	49.3	49.4	49.6	49.7
48.0	49.8	49.9	50.0	50.1	50.2	50.3	50.4	50.5	50.7	50.8	50.9	51.0	51.1
49.0	51.2	51.3	51.4	51.5	51.6	51.7	51.9	52.0	52.1	52.2	52.3	52.4	52.5
50.0	52.6	52.7	52.8	52.9	53.0	53.2	53.3	53.4	53.5	53.6	53.7	53.8	53.9
51.0	54.0	54.1	54.2	54.4	54.5	54.6	54.7	54.8	54.9	55.0	55.2	55.3	55.4
52.0	55.4	55.5	55.7	55.8	55.9	56.0	56.1	56.3	56.4	56.5	56.6	56.7	56.8
53.0	56.9	57.0	57.1	57.2	57.3	57.5	57.6	57.7	57.8	58.0	58.1	58.2	58.3
54.0	58.3	58.4	58.5	58.7	58.8	58.9	59.0	59.2	59.3	59.4	59.5	59.7	59.8
55.0	59.7	59.9	60.0	60.1	60.3	60.4	60.5	60.6	60.8	60.9	61.0	61.2	61.3
56.0	61.2	61.3	61.5	61.6	61.7	61.9	62.0	62.1	62.3	62.4	62.5	62.6	62.8
57.0	62.7	62.8	62.9	63.1	63.2	63.3	63.5	63.6	63.7	63.9	64.0	64.1	64.3

R \\ v / f_{cu}^c	5.00	5.02	5.04	5.06	5.08	5.10	5.12	5.14	5.16	5.18	5.20	5.22	5.24
58.0	64.1	64.3	64.4	64.6	64.7	64.8	65.0	65.1	65.2	65.4	65.5	65.7	65.8
59.0	65.6	65.8	65.9	66.1	66.2	66.3	66.5	66.6	66.8	66.9	67.0	67.2	67.3
60.0	67.1	67.3	67.4	67.6	67.7	67.8	68.0	68.1	68.3	68.4	68.6	68.7	68.8
61.0	68.6	68.8	68.9	69.1	69.2	69.4	69.5	69.7	69.8	69.9	70.1	70.2	70.4
62.0	70.1	70.3	70.4	70.6	70.7	70.9	71.0	71.2	71.3	71.5	71.6	71.8	71.9
63.0	71.7	71.8	72.0	72.1	72.3	72.4	72.6	72.7	72.9	73.0	73.2	73.3	73.5
64.0	73.2	73.3	73.5	73.7	73.8	74.0	74.1	74.3	74.4	74.6	74.7	74.9	75.1
65.0	74.7	74.9	75.0	75.2	75.4	75.5	75.7	75.8	76.0	76.2	76.3	76.5	76.6
66.0	76.3	76.4	76.6	76.7	76.9	77.1	77.2	77.4	77.6	77.7	77.9	78.0	78.2
67.0	77.8	78.0	78.1	78.3	78.5	78.6	78.8	79.0	79.1	79.3	79.5	79.6	79.8
68.0	79.4	79.5	79.7	79.9	80.0	80.2	80.4	80.6	80.7	80.9	81.1	81.2	81.4
69.0	80.9	81.1	81.3	81.5	81.6	81.8	82.0	82.1	82.3	82.5	82.7	82.8	83.0
70.0	82.5	82.7	82.9	83.0	83.2	83.4	83.6	83.7	83.9	84.1	84.3	84.4	84.6
71.0	84.1	84.3	84.4	84.6	84.8	85.0	85.2	85.3	85.5	85.7	85.9	86.1	86.2
72.0	85.7	85.9	86.0	86.2	86.4	86.6	86.8	87.0	87.1	87.3	87.5	87.7	87.9
73.0	87.3	87.5	87.6	87.8	88.0	88.2	88.4	88.6	88.8	88.9	89.1	89.3	89.5
74.0	88.9	89.1	89.3	89.4	89.6	89.8	90.0	90.2	90.4	90.6	90.8	91.0	91.1
75.0	90.5	90.7	90.9	91.1	91.3	91.5	91.6	91.8	92.0	92.2	92.4	92.6	92.8
76.0	92.1	92.3	92.5	92.7	92.9	93.1	93.3	93.5	93.7	93.9	94.1	94.3	94.5
77.0	93.7	93.9	94.1	94.3	94.5	94.7	94.9	95.1	95.3	95.5	95.7	95.9	96.1
78.0	95.4	95.6	95.8	96.0	96.2	96.4	96.6	96.8	97.0	97.2	97.4	97.6	97.8
79.0	97.0	97.2	97.4	97.6	97.8	98.0	98.2	98.4	98.7	98.9	99.1	99.3	99.5
80.0	98.6	98.9	99.1	99.3	99.5	99.7	99.9	100.1	100.3	100.5	100.7	101.0	101.2
81.0	100.3	100.5	100.7	100.9	101.2	101.4	101.6	101.8	102.0	102.2	102.4	102.6	102.9
82.0	102.0	102.2	102.4	102.6	102.8	103.0	103.3	103.5	103.7	103.9	104.1	104.3	104.6
83.0	103.6	103.8	104.1	104.3	104.5	104.7	105.0	105.2	105.4	105.6	105.8	106.1	106.3
84.0	105.3	105.5	105.7	106.0	106.2	106.4	106.6	106.9	107.1	107.3	107.6	107.8	108.0
85.0	107.0	107.2	107.4	107.7	107.9	108.1	108.4	108.6	108.8	109.0	109.3	109.5	109.7
86.0	108.7	108.9	109.1	109.4	109.6	—	—	—	—	—	—	—	—

R $\diagdown$ v / f_{cu}^c	5.26	5.28	5.30	5.32	5.34	5.36	5.38	5.40	5.42	5.44	5.46	5.48	5.50
28.0	24.9	24.9	25.0	25.0	25.1	25.1	25.2	25.2	25.3	25.3	25.4	25.4	25.5
29.0	26.1	26.1	26.2	26.2	26.3	26.3	26.4	26.4	26.5	26.6	26.6	26.7	26.7
30.0	27.3	27.3	27.4	27.5	27.5	27.6	27.6	27.7	27.7	27.8	27.8	27.9	28.0
31.0	28.5	28.6	28.6	28.7	28.7	28.8	28.9	28.9	29.0	29.0	29.1	29.1	29.2
32.0	29.7	29.8	29.9	29.9	30.0	30.1	30.1	30.2	30.2	30.3	30.4	30.4	30.5
33.0	31.0	31.1	31.1	31.2	31.3	31.3	31.4	31.4	31.5	31.6	31.6	31.7	31.8
34.0	33.5	33.6	33.7	33.7	33.8	33.9	33.9	34.0	34.1	34.2	34.2	34.3	34.4
35.0	33.5	33.6	33.7	33.7	33.8	33.9	33.9	34.0	34.1	34.2	34.2	34.3	34.4
36.0	34.8	34.9	35.0	35.0	35.1	35.2	35.3	35.3	35.4	35.5	35.5	35.6	35.7
37.0	36.1	36.2	36.3	36.3	36.4	36.5	36.6	36.6	36.7	36.8	36.9	36.9	37.0
38.0	37.4	37.5	37.6	37.7	37.7	37.8	37.9	38.0	38.0	38.1	38.2	38.3	38.4
39.0	38.8	38.8	38.9	39.0	39.1	39.2	39.2	39.3	39.4	39.5	39.6	39.6	39.7
40.0	40.1	40.2	40.3	40.3	40.4	40.5	40.6	40.7	40.8	40.8	40.9	41.0	41.1
41.0	41.4	41.5	41.6	41.7	41.8	41.9	42.0	42.0	42.1	42.2	42.3	42.4	42.5
42.0	42.8	42.9	43.0	43.1	43.2	43.2	43.3	43.4	43.5	43.6	43.7	43.8	43.8
43.0	44.2	44.3	44.3	44.4	44.5	44.6	44.7	44.8	44.9	45.0	45.1	45.2	45.2
44.0	45.6	45.6	45.7	45.8	45.9	46.0	46.1	46.2	46.3	46.4	46.5	46.6	46.7
45.0	46.9	47.0	47.1	47.2	47.3	47.4	47.5	47.6	47.7	47.8	47.9	48.0	48.1
46.0	48.3	48.4	48.5	48.6	48.7	48.8	48.9	49.0	49.1	49.2	49.3	49.4	49.5
47.0	49.8	49.9	50.0	50.1	50.2	50.3	50.4	50.5	50.6	50.7	50.8	50.9	51.0
48.0	51.2	51.3	51.4	51.5	51.6	51.7	51.8	51.9	52.0	52.1	52.2	52.3	52.4
49.0	52.6	52.7	52.8	52.9	53.0	53.1	53.3	53.4	53.5	53.6	53.7	53.8	53.9
50.0	54.1	54.2	54.3	54.4	54.5	54.6	54.7	54.8	54.9	55.0	55.1	55.3	55.4
51.0	55.5	55.6	55.7	55.8	56.0	56.1	56.2	56.3	56.4	56.5	56.6	56.7	56.9
52.0	57.0	57.1	57.2	57.3	57.4	57.5	57.7	57.8	57.9	58.0	58.1	58.2	58.4
53.0	58.4	58.6	58.7	58.8	58.9	59.0	59.1	59.3	59.4	59.5	59.6	59.7	59.9
54.0	59.9	60.0	60.2	60.3	60.4	60.5	60.6	60.8	60.9	61.0	61.1	61.3	61.4
55.0	61.4	61.5	61.7	61.8	61.9	62.0	62.2	62.3	62.4	62.5	62.7	62.8	62.9
56.0	62.9	63.0	63.2	63.3	63.4	63.5	63.7	63.8	63.9	64.1	64.2	64.3	64.4
57.0	64.4	64.5	64.7	64.8	64.9	65.1	65.2	65.3	65.5	65.6	65.7	65.8	66.0

R $\diagdown$ v / f_{cu}^c	5.26	5.28	5.30	5.32	5.34	5.36	5.38	5.40	5.42	5.44	5.46	5.48	5.50
58.0	65.9	66.1	66.2	66.3	66.5	66.6	66.7	66.9	67.0	67.1	67.3	67.4	67.5
59.0	67.5	67.6	67.7	67.9	68.0	68.1	68.3	68.4	68.5	68.7	68.8	69.0	69.1
60.0	69.0	69.1	69.3	69.4	69.5	69.7	69.8	70.0	70.1	70.2	70.4	70.5	70.7
61.0	70.5	70.7	70.8	71.0	71.1	71.2	71.4	71.5	71.7	71.8	72.0	72.1	72.2
62.0	72.1	72.2	72.4	72.5	72.7	72.8	73.0	73.1	73.3	73.4	73.5	73.7	73.8
63.0	73.6	73.8	73.9	74.1	74.2	74.4	74.5	74.7	74.8	75.0	75.1	75.3	75.4
64.0	75.2	75.4	75.5	75.7	75.8	76.0	76.1	76.3	76.4	76.6	76.7	76.9	77.0
65.0	76.8	76.9	77.1	77.3	77.4	77.6	77.7	77.9	78.0	78.2	78.3	78.5	78.7
66.0	78.4	78.5	78.7	78.8	79.0	79.2	79.3	79.5	79.6	79.8	80.0	80.1	80.3
67.0	80.0	80.1	80.3	80.5	80.6	80.8	80.9	81.1	81.3	81.4	81.6	81.7	81.9
68.0	81.6	81.7	81.9	82.1	82.2	82.4	82.6	82.7	82.9	83.1	83.2	83.4	83.5
69.0	83.2	83.3	83.5	83.7	83.8	84.0	84.2	84.4	84.5	84.7	84.9	85.0	85.2
70.0	84.8	85.0	85.1	85.3	85.5	85.7	85.8	86.0	86.2	86.3	86.5	86.7	86.9
71.0	86.4	86.6	86.8	86.9	87.1	87.3	87.5	87.6	87.8	88.0	88.2	88.3	88.5
72.0	88.0	88.2	88.4	88.6	88.8	88.9	89.1	89.3	89.5	89.7	89.8	90.0	90.2
73.0	89.7	89.9	90.1	90.2	90.4	90.6	90.8	91.0	91.1	91.3	91.5	91.7	91.9
74.0	91.3	91.5	91.7	91.9	92.1	92.3	92.4	92.6	92.8	93.0	93.2	93.4	93.6
75.0	93.0	93.2	93.4	93.6	93.7	93.9	94.1	94.3	94.5	94.7	94.9	95.1	95.2
76.0	94.6	94.8	95.0	95.2	95.4	95.6	95.8	96.0	96.2	96.4	96.6	96.8	97.0
77.0	96.3	96.5	96.7	96.9	97.1	97.3	97.5	97.7	97.9	98.1	98.3	98.5	98.7
78.0	98.0	98.2	98.4	98.6	98.8	99.0	99.2	99.4	99.6	99.8	100.0	100.2	100.4
79.0	99.7	99.9	100.1	100.3	100.5	100.7	100.9	101.1	101.3	101.5	101.7	101.9	102.1
80.0	101.4	101.6	101.8	102.0	102.2	102.4	102.6	102.8	103.0	103.2	103.4	103.6	103.8
81.0	103.1	103.3	103.5	103.7	103.9	104.1	104.3	104.5	104.8	105.0	105.2	105.4	105.6
82.0	104.8	105.0	105.2	105.4	105.6	105.8	106.1	106.3	106.5	106.7	106.9	107.1	107.3
83.0	106.5	106.7	106.9	107.1	107.4	107.6	107.8	108.0	108.2	108.4	108.7	108.9	109.1
84.0	108.2	108.4	108.7	108.9	109.1	109.3	109.5	109.8	—	—	—	—	—
85.0	109.9	—	—	—	—	—	—	—	—	—	—	—	—

R \ f$_{cu}^c$ \ v	5.52	5.54	5.56	5.58	5.60	5.62	5.64	5.66	5.68	5.70	5.72	5.74	5.76
28.0	25.5	25.6	25.6	25.7	25.7	25.8	25.8	25.9	25.9	26.0	26.0	26.1	26.1
29.0	26.8	26.8	26.9	26.9	27.0	27.0	27.1	27.1	27.2	27.2	27.3	27.3	27.4
30.0	28.0	28.1	28.1	28.2	28.2	28.3	28.3	28.4	28.4	28.5	28.5	28.6	28.7
31.0	29.3	29.3	29.4	29.4	29.5	29.5	29.6	29.7	29.7	29.8	29.8	29.9	29.9
32.0	30.5	30.6	30.7	30.7	30.8	30.8	30.9	30.9	31.0	31.1	31.1	31.2	31.2
33.0	31.8	31.9	31.9	32.0	32.1	32.1	32.2	32.2	32.3	32.4	32.4	32.5	32.6
34.0	34.4	34.5	34.6	34.6	34.7	34.8	34.8	34.9	35.0	35.0	35.1	35.2	35.2
35.0	34.4	34.5	34.6	34.6	34.7	34.8	34.8	34.9	35.0	35.0	35.1	35.2	35.2
36.0	35.7	35.8	35.9	36.0	36.0	36.1	36.2	36.2	36.3	36.4	36.4	36.5	36.6
37.0	37.1	37.2	37.2	37.3	37.4	37.4	37.5	37.6	37.7	37.7	37.8	37.9	37.9
38.0	38.4	38.5	38.6	38.7	38.7	38.8	38.9	38.9	39.0	39.1	39.2	39.2	39.3
39.0	39.8	39.9	39.9	40.0	40.1	40.2	40.2	40.3	40.4	40.5	40.6	40.6	40.7
40.0	41.2	41.2	41.3	41.4	41.5	41.6	41.6	41.7	41.8	41.9	42.0	42.0	42.1
41.0	42.5	42.6	42.7	42.8	42.9	43.0	43.0	43.1	43.2	43.3	43.4	43.4	43.5
42.0	43.9	44.0	44.1	44.2	44.3	44.4	44.4	44.5	44.6	44.7	44.8	44.9	45.0
43.0	45.3	45.4	45.5	45.6	45.7	45.8	45.9	46.0	46.0	46.1	46.2	46.3	46.4
44.0	46.8	46.8	46.9	47.0	47.1	47.2	47.3	47.4	47.5	47.6	47.7	47.7	47.8
45.0	48.2	48.3	48.4	48.5	48.6	48.6	48.7	48.8	48.9	49.0	49.1	49.2	49.3
46.0	49.6	49.7	49.8	49.9	50.0	50.1	50.2	50.3	50.4	50.5	50.6	50.7	50.8
47.0	51.1	51.2	51.3	51.4	51.5	51.6	51.7	51.8	51.9	52.0	52.1	52.2	52.3
48.0	52.5	52.6	52.7	52.8	52.9	53.0	53.1	53.2	53.3	53.4	53.5	53.6	53.7
49.0	54.0	54.1	54.2	54.3	54.4	54.5	54.6	54.7	54.8	54.9	55.0	55.1	55.2
50.0	55.5	55.6	55.7	55.8	55.9	56.0	56.1	56.2	56.3	56.4	56.6	56.7	56.8
51.0	57.0	57.1	57.2	57.3	57.4	57.5	57.6	57.7	57.8	58.0	58.1	58.2	58.3
52.0	58.5	58.6	58.7	58.8	58.9	59.0	59.1	59.3	59.4	59.5	59.6	59.7	59.8
53.0	60.0	60.1	60.2	60.3	60.4	60.6	60.7	60.8	60.9	61.0	61.1	61.3	61.4
54.0	61.5	61.6	61.7	61.9	62.0	62.1	62.2	62.3	62.4	62.6	62.7	62.8	62.9
55.0	63.0	63.1	63.3	63.4	63.5	63.6	63.8	63.9	64.0	64.1	64.2	64.4	64.5
56.0	64.6	64.7	64.8	64.9	65.0	65.2	65.3	65.4	65.6	65.6	65.8	65.9	66.1
57.0	66.1	66.2	66.4	66.5	66.6	66.7	66.9	67.0	67.1	67.3	67.4	67.5	67.6
58.0	67.7	67.8	67.9	68.1	68.2	68.3	68.5	68.6	68.7	68.8	69.0	69.1	69.2
59.0	69.2	69.4	69.5	69.6	69.8	69.9	70.0	70.2	70.3	70.4	70.6	70.7	70.8
60.0	70.8	70.9	71.1	71.2	71.4	71.5	71.6	71.8	71.9	72.0	72.2	72.3	72.4
61.0	72.4	72.5	72.7	72.8	72.9	73.1	73.2	73.4	73.5	73.6	73.8	73.9	74.1
62.0	74.0	74.1	74.3	74.4	74.6	74.7	74.8	75.0	75.1	75.3	75.4	75.6	75.7
63.0	75.6	75.7	75.9	76.0	76.2	76.3	76.5	76.6	76.8	76.9	77.0	77.2	77.3
64.0	77.2	77.3	77.5	77.6	77.8	77.9	78.1	78.2	78.4	78.5	78.7	78.8	79.0
65.0	78.8	79.0	79.1	79.3	79.4	79.6	79.7	79.9	80.0	80.2	80.3	80.5	80.6
66.0	80.4	80.6	80.7	80.9	81.1	81.2	81.4	81.5	81.7	81.8	82.0	82.1	82.3
67.0	82.1	82.2	82.4	82.5	82.7	82.9	83.0	83.2	83.3	83.5	83.7	83.8	84.0
68.0	83.7	83.9	84.0	84.2	84.4	84.5	84.7	84.8	85.0	85.2	85.3	85.5	85.7
69.0	85.4	85.5	85.7	85.9	86.0	86.2	86.4	86.5	86.7	86.9	87.0	87.2	87.3
70.0	87.0	87.2	87.4	87.5	87.7	87.9	88.0	88.2	88.4	88.5	88.7	88.9	89.0
71.0	88.7	88.9	89.0	89.2	89.4	89.6	89.7	89.9	90.0	90.2	90.4	90.6	90.7

R \ f$_{cu}^c$ \ v	5.52	5.54	5.56	5.58	5.60	5.62	5.64	5.66	5.68	5.70	5.72	5.74	5.76
72.0	90.4	90.5	90.7	90.9	91.1	91.2	91.4	91.6	91.8	91.9	92.1	92.3	92.5
73.0	92.0	92.2	92.4	92.6	92.8	92.9	93.1	93.3	93.5	93.7	93.8	94.0	94.2
74.0	93.7	93.9	94.1	94.3	94.5	94.6	94.8	95.0	95.2	95.4	95.6	95.7	95.9
75.0	95.4	95.6	95.8	96.0	96.2	96.4	96.5	96.7	96.9	97.1	97.3	97.5	97.7
76.0	97.1	97.3	97.5	97.7	97.9	98.1	98.3	98.5	98.7	98.8	99.0	99.2	99.4
77.0	98.9	99.0	99.2	99.4	99.6	99.8	100.0	100.2	100.4	100.6	100.8	101.0	101.2
78.0	100.6	100.8	101.0	101.2	101.4	101.6	101.8	101.9	102.1	102.3	102.5	102.7	102.9
79.0	102.3	102.5	102.7	102.9	103.1	103.3	103.5	103.7	103.9	104.1	104.3	104.5	104.7
80.0	104.0	104.2	104.4	104.7	104.9	105.1	105.3	105.5	105.7	105.9	106.1	106.3	106.5
81.0	105.8	106.0	106.2	106.4	106.6	106.8	107.0	107.2	107.4	107.6	107.8	108.0	108.2
82.0	107.5	107.7	108.0	108.2	108.4	108.6	108.8	109.0	109.2	109.4	109.6	109.8	—
83.0	109.3	109.5	109.7	109.9									

注：1　表内未列数值可用内插法求得，精度至 0.1MPa；

　　2　表中 v 为测区声速代表值，R 为 4.5J 回弹仪测区回弹代表值，f_{cu}^c 为测区混凝土强度换算值。

附录 F　高强混凝土强度检测报告

检测单位名称：

报告编号：　　　　　　　　　　共 页 第 页

工程名称			
工程地址			
委托单位			
设计单位			
监理单位			
施工单位			
混凝土浇筑日期			
检测原因		检测日期	
检测依据		检测仪器	
混凝土强度检测结果			
构件名称、轴线编号	混凝土强度换算值（MPa）		构件混凝土强度推定值（MPa）
	平均值	标准差	最小值
强度修正量 Δ_{tot}			
强度批推定值（MPa）$n=$	$m_{f_{cu}^c}=$　MPa	$s_{f_{cu}^c}=$　MPa	$f_{cu,e}=$　MPa
测强曲线	规程，地区，专用	备注	

批准：　　　　　审核：　　　　　主检：　　　　　年 月 日

本规程用词说明

1　为便于在执行本规程条文时区别对待，对要求严格程度不同的用词说明如下：

1）表示很严格，非这样做不可的用词：

正面词采用"必须"，反面词采用"严禁"；

2）表示严格，在正常情况下均应这样做的用词：

正面词采用"应"；反面词采用"不应"或"不得"；

3）表示允许稍有选择，在条件许可时首先应这样做的用词：

正面词采用"宜"；反面词采用"不宜"；

4）表示有选择，在一定条件下可以这样做的用词，采用"可"。

2　条文中指明应按其他有关标准执行的写法为："应符合……的规定"或"应按……执行"。

引用标准名录

1　《普通混凝土力学性能试验方法标准》GB/T 50081

2　《建筑结构检测技术标准》GB/T 50344

3　《通用硅酸盐水泥》GB 175

4　《普通混凝土用砂、石质量及检验方法标准》JGJ 52

5　《混凝土试模》JG 237

6　《混凝土超声波检测仪》JG/T 5004

中华人民共和国行业标准

高强混凝土强度检测技术规程

JGJ/T 294—2013

条 文 说 明

制 订 说 明

《高强混凝土强度检测技术规程》JGJ/T 294 - 2013，经住房和城乡建设部 2013 年 5 月 9 日以第 26 号文公告批准、发布。

本规程编制过程中，编制组开展了大量的实验研究和工程质量检测，取得了高强混凝土强度检测的重要技术参数。

为便于广大工程设计、施工、科研、学校等单位有关人员在使用本规程时能正确理解和执行条文规定，《高强混凝土强度检测技术规程》编制组按章、节、条顺序编制了本规程的条文说明。对条文规定的目的、依据以及执行中需要注意的有关事项进行了说明。但是，本条文说明不具备与规程正文同等的法律效力，仅供使用者作为理解和把握规程规定的参考。

目 次

1 总 则

1.0.1 为 C50 及以上强度等级的混凝土抗压强度检测，制定本规程。

1.0.2 本规程所述的混凝土材料是符合现行国家有关标准的、由一般机械搅拌或泵送的配制强度等级为 C50～C100 的混凝土。在检测仪器技术性能允许的前提下，可适当放宽对仪器工作环境温度的限制。

1.0.3 在正常情况下，应当按现行国家标准《混凝土结构工程施工质量规范》GB 50204 及《混凝土强度检验评定标准》GB/T 50107 验收评定混凝土强度，不允许用本规程取代国家标准对制作混凝土标准试件的要求。但是，由于管理不善、施工质量不良，试件与结构中混凝土质量不一致或对混凝土标准试件检验结果有怀疑时，可以按本规程进行检测，推定混凝土强度，并作为处理混凝土质量问题的主要依据。

1.0.4 本规程测强曲线为 900d 的期龄。如果检测 900d 以上期龄混凝土强度，需钻取混凝土芯样（或同条件标准试件）对测强曲线进行修正。

3 检测仪器

3.1 回 弹 仪

3.1.1 回弹仪属于量具，在使用之前，应当由法定计量检定机构进行检定，使检测精度得到保证。

3.1.2 确认回弹仪标称动能的具体检查方法。满足该条款要求后方可投入使用。检查方法是：先将回弹仪刻度尺从仪壳上拆下，露出指针滑块。然后将弹击杆压缩至外露长度约 1/3 时，用手将指针滑块拨至刻度尺率定值对应的仪壳刻线以上的高度，继续施压至弹击锤脱钩，按住按钮，观察指针滑块示值刻线停留位置。此时的停留位置应与仪壳上的上刻线对齐。否则需调整尾盖上的螺栓。率定时应采用与回弹仪配套的质量为 20.0kg 的钢砧。

3.1.3 回弹仪每次使用前，通常都要进行率定。本条给出具体率定方法和率定值计算方法。

3.1.4、3.1.5 对回弹仪检定和率定的条件划分。回弹仪的检定和率定，直接关系到检测精度。

3.1.6～3.1.9 由于回弹仪的使用环境中，粉尘含量较高，加之仪器内各相互移动的部件间有相对磨损。因此，必须经常地做好维护和保养工作。保养工作结束后，将回弹仪外壳和弹击杆擦拭干净，使弹击杆处于外伸状态并装入仪器盒内，水平置于干燥阴凉处。需要注意的是，维护保养的人员必须是对回弹仪工作原理很熟悉的，或经过相应技术培训的技术人员。

4 检测技术

4.1 一般规定

4.1.2 本条中的第 1～6 款资料系对结构或构件检测混凝土强度所需要的资料。

4.1.3 当按批抽样检测时，四个条件同时相同，方可视为同批构件。

4.1.4 为按批检测时，对构件数量的要求。

4.1.5 对测区布置的规定和要求。其中第 2 款的规定，对某一方向尺寸不大于 4.5m 且另一方向尺寸不大于 0.3m 的同批构件按批抽样检测时，最少测区数量可以为 5 个。

4.1.6、4.1.7 对在构件上布置测区的规定和要求。为了解构件强度变化情况，应当将测区编号记录下来，以供强度分析计算使用。

4.2 回弹测试及回弹值计算

4.2.1 考虑到高强混凝土多用于竖向承载的构件，所以绝大多数检测面为混凝土浇筑侧面，本规程的测强曲线就是在混凝土成型侧面建立的。因此，测区换算强度按混凝土浇筑侧面对应的测强曲线计算。测试时回弹仪的轴线方向应与结构或构件的测试面相垂直。

4.2.2、4.2.3 规定测区测点数量和测点位置。

4.3 超声测试及声速值计算

4.3.1 3 个超声测点应布置在回弹测试的同一测区内。由于测强曲线建立时采用了超声对测方法，所以，实际工程检测时应优先采用对测的方法。当被测构件不具备对测条件时（如地下室外墙面），可采用角测或平测法。平测时两个换能器的连线应与附近钢筋的轴线保持 40°～50°夹角，以避免钢筋的影响。大量实践证明，平测时测距宜采用 350mm～450mm，以便使接收信号首波清晰易辨认。角测和平测的具体测试方法可参照现行标准《超声回弹综合法检测混凝土强度技术规程》CECS 02：2005。

4.3.2 使用耦合剂是为了保证换能器辐射面与混凝土测试面达到完全面接触，排除其间的空气和杂物。同时，每一测点均应使耦合层达到最薄，以保持耦合状态一致，这样才能保证声时测量条件的一致性。

4.3.3 本条对声时读数和测距量测的精度提出了严格要求。因为声速值准确与否，完全取决于声时和测距量测是否准确可靠。

4.3.4 规定了测区混凝土中声速代表值的计算方法。测区混凝土中声速代表值是取超声测距除以测区内 3 个测点混凝土中声时平均值。当超声测点在浇筑方向的侧面对测时，声速不做修正。如果超声测试采用了

角测或平测，应考虑参照现行标准《超声回弹综合法检测混凝土强度技术规程》CECS 02：2005 的有关规定，事先找到声速的修正系数对声速进行修正。

声时初读数 t_0 是声时测试值中的仪器及发、收换能器系统的声延时，是每次现场测试开始前都应确认的声参数。

5 混凝土强度的推定

5.0.1 具体说明了本规程给出的全国高强混凝土测强曲线公式适用范围。由于高强混凝土在施工过程中，早期强度的增长情况备受关注。因此，建立测强曲线公式时，采用了最短龄期为 1d 的试验数据。测强曲线公式在短龄期的适用，有利于采用本规程为控制短龄期高强混凝土质量提供技术依据。该条所提及的高强混凝土所用水、外加剂和掺合料等尚应符合国家有关标准要求。

5.0.2 实践证明专用测强曲线精度高于地区测强曲线，而地区测强曲线精度高于全国测强曲线。所以本条鼓励优先采用专用测强曲线或地区测强曲线。

5.0.3 如果检测部门未建立专用或地区测强曲线，可使用本规程给出的全国测强曲线。为了掌握全国测强曲线在本地区的检测精度情况，应对其进行验证。

5.0.5 对全国 11 个省、直辖市提供的 4000 余组数据回归分析后得到如表 1 所示的测强曲线公式。

表 1 测强曲线公式和统计分析指标

检测方法	测强曲线公式	相关系数 r	相对标准差 e_r	平均相对误差 δ	试件龄期 (d)	试件强度范围 (MPa)
超声回弹综合法	$f^c_{cu,i} = 0.117081 v^{0.539038} \cdot R^{1.33947}$	0.90	16.1%	±12.9%	1～900	7.4～113.8

考虑到高强混凝土质量控制时，需要掌握高强混凝土在强度增长过程的强度变化情况，公式的强度应用范围定为 20.0MPa～110.0MPa。建立表 1 中所示的测强曲线公式时，所用仪器为混凝土超声波检测仪和标称动能为 4.5J 回弹仪。

5.0.6 结构或构件混凝土强度的平均值和标准差是用各测区的混凝土强度换算值计算得出的。当按批推定混凝土强度时，如果测区混凝土强度标准差超过本规程第 5.0.9 条规定，说明该批构件的混凝土制作条件不尽相同，混凝土强度质量均匀性差，不能按批推定混凝土强度。

5.0.7 当现场检测条件与测强曲线的适用条件有较大差异时，应采用同条件立方体标准试件或在测区钻取的混凝土芯样试件进行修正。为了与《建筑结构检测技术标准》GB/T 50344－2004 所规定的修正量法相协调，本规程采用了修正量法。按式（5.0.7-1）或式（5.0.7-2）计算修正量。这里需要注意的是，1 个混凝土芯样钻取位置只能制作 1 个芯样试件进行抗压试验。混凝土芯样直径宜为 100mm，高径比为 1。此外，规程中所说的混凝土芯样抗压强度试验，仅是参照现行标准《钻芯法检测混凝土强度技术规程》CECS 03 的规定进行。

5.0.8 按本规程推定的混凝土抗压强度，不能等同于施工现场取样成型并标准养护 28d 所得的标准试件抗压强度。因此，在正常情况下混凝土强度的验收与评定，应按现行国家标准执行。

当构件测区数少于 10 个时，应按式（5.0.8-1）计算推定抗压强度。当构件测区数不少于 10 个或按批推定构件混凝土抗压强度时，应按式（5.0.8-2）计算推定抗压强度。注意批推定构件混凝土抗压强度时的强度平均值和标准差，应采用该检验批中所有抽检构件的测区强度来计算。

当结构或构件的测区抗压强度换算值中出现小于 20.0MPa 的值时，该构件混凝土抗压强度推定值 $f_{cu,e}$ 应取小于 20MPa。若测区换算值小于 20.0MPa 或大于 110.0MPa，因超出了本规程强度换算方法的规定适用范围，故该测区的混凝土抗压强度应表述为"<20.0MPa"，或">110.0MPa"。若构件测区中有小于 20.0MPa 的测区，因不能计算构件混凝土的强度标准差，则该构件混凝土的推定强度应表述为"<20.0MPa"；若构件测区中有大于 110.0MPa 的测区，也不能计算构件混凝土的强度标准差，此时，构件混凝土抗压强度的推定值取该构件各测区中最小的测区混凝土抗压强度换算值。

5.0.9 对按批量检测的构件，如该批构件的混凝土质量不均匀，测区混凝土强度标准差大于规定的范围，则该批构件应全部按单个构件进行强度推定。

考虑到实际工程中可能会出现结构或构件混凝土未达到设计强度等级的情况，$m_{f^c_{cu}} \leqslant 50MPa$ 的情形是存在的。本条中混凝土抗压强度平均值 $m_{f^c_{cu}} \leqslant 50MPa$ 和 $m_{f^c_{cu}} > 50MPa$ 时，对标准差 $s_{f^c_{cu}}$ 的限值，沿用了《超声回弹综合法检测混凝土强度技术规程》CECS 02：2005 中的规定。

6 检 测 报 告

要求检测报告的信息尽量齐全。对于较复杂的工程，还需要在检测报告中反映工程概况、所检测构件种类及分布等信息。对于检测结果，可以与设计强度等级对应的强度相对比，给出是否满足设计要求的结论。

中华人民共和国行业标准

回弹法检测混凝土抗压强度技术规程

Technical specification for inspecting of concrete
compressive strength by rebound method

JGJ/T 23—2011

批准部门：中华人民共和国住房和城乡建设部
施行日期：２０１１年１２月１日

中华人民共和国住房和城乡建设部
公　告

第 1000 号

关于发布行业标准《回弹法检测
混凝土抗压强度技术规程》的公告

现批准《回弹法检测混凝土抗压强度技术规程》为行业标准，编号为 JGJ/T 23－2011，自 2011 年 12 月 1 日起实施。原行业标准《回弹法检测混凝土抗压强度技术规程》JGJ/T 23－2001 同时废止。

本规程由我部标准定额研究所组织中国建筑工业出版社出版发行。

中华人民共和国住房和城乡建设部
2011 年 5 月 3 日

前　　言

根据住房和城乡建设部《关于印发〈2008 年工程建设标准规范制订、修订计划（第一批）〉的通知》（建标〔2008〕102 号）的要求，规程编制组经过广泛的调查研究，认真总结实践经验，参考有关国际标准和国外先进标准，并在广泛征求意见的基础上，修订了本规程。

本规程的主要技术内容是：1. 总则；2. 术语和符号；3. 回弹仪；4. 检测技术；5. 回弹值计算；6. 测强曲线；7. 混凝土强度的计算。

修订的主要技术内容是：1. 增加了数字式回弹仪的技术要求；2. 增加了泵送混凝土测强曲线及测区强度换算表。

本规程由住房和城乡建设部负责管理，陕西省建筑科学研究院负责具体技术内容的解释。执行过程中如有意见或建议，请寄送陕西省建筑科学研究院（地址：西安市环城西路北段 272 号，邮政编码：710082，E-mail：sjkwhw@126.com）。

本 规 程 主 编 单 位：陕西省建筑科学研究院
浙江海天建设集团有限公司

本 规 程 参 编 单 位：浙江省建筑科学设计研究院有限公司
中国建筑科学研究院
乐陵市回弹仪厂

四川省建筑科学研究院
舟山市博远科技开发有限公司
江苏省建筑科学研究院
贵州中建建筑科研设计院
浙江省建设工程检测协会
四川华西混凝土工程有限公司
广州穗监工程质量安全检测中心
山东省建筑科学研究院
中山市建设工程质量检测中心

本规程主要起草人员：文恒武　卢锡雷　魏超琪
徐国孝　张仁瑜　王明堂
彭泽杨　应培新　崔士起
周岳年　顾瑞南　朱艾路
张　晓　诸华丰　马　林
郭　林　吴福成　王金山
吴照海

本规程主要审查人员：罗骐先　黄政宇　王福川
薛永武　郝挺宇　叶　健
童寿兴　朱金根　国天逴
王文明　张荣成

目　次

Contents

1 总 则

1.0.1 为统一使用回弹仪检测普通混凝土抗压强度的方法，保证检测精度，制定本规程。

1.0.2 本规程适用于普通混凝土抗压强度（以下简称混凝土强度）的检测，不适用于表层与内部质量有明显差异或内部存在缺陷的混凝土强度检测。

1.0.3 使用回弹法进行检测的人员，应通过专门的技术培训。

1.0.4 回弹法检测混凝土强度除应符合本规程外，尚应符合国家现行有关标准的规定。

2 术语和符号

2.1 术 语

2.1.1 测区 test area

检测构件混凝土强度时的一个检测单元。

2.1.2 测点 test point

测区内的一个回弹检测点。

2.1.3 测区混凝土强度换算值 conversion value of concrete compressive strength of test area

由测区的平均回弹值和碳化深度值通过测强曲线或测区强度换算表得到的测区现龄期混凝土强度值。

2.1.4 混凝土强度推定值 estimation value of strength for concrete

相应于强度换算值总体分布中保证率不低于95%的构件中的混凝土强度值。

2.2 符 号

d_m —— 测区的平均碳化深度值。

$f_{cu,i}^c$ —— 测区混凝土强度换算值。

$f_{cor,m}$ —— 芯样试件混凝土强度平均值。

$f_{cu,m}$ —— 同条件立方体试块混凝土强度平均值。

$f_{cu,m0}$ —— 对应于钻芯部位或同条件试块回弹测区混凝土强度换算值的平均值。

$f_{cor,i}$ —— 第 i 个混凝土芯样试件的抗压强度。

$f_{cu,i}$ —— 第 i 个混凝土立方体试块的抗压强度。

$f_{cu,i0}^c$ —— 修正前第 i 个测区的混凝土强度换算值。

$f_{cu,i1}^c$ —— 修正后第 i 个测区的混凝土强度换算值。

$f_{cu,min}^c$ —— 构件中测区混凝土强度换算值的最小值。

$f_{cu,e}$ —— 构件混凝土强度推定值。

$m_{f_{cu}^c}$ —— 测区混凝土强度换算值的平均值。

$S_{f_{cu}^c}$ —— 构件测区混凝土强度换算值的标准差。

R_i —— 测区第 i 个测点的回弹值。

R_m —— 测区或试块的平均回弹值。

$R_{m\alpha}$ —— 回弹仪非水平方向检测时，测区的平均回弹值。

R_m^t —— 回弹仪在水平方向检测混凝土浇筑表面时，测区的平均回弹值。

R_m^b —— 回弹仪在水平方向检测混凝土浇筑底面时，测区的平均回弹值。

R_a^t —— 回弹仪检测混凝土浇筑表面时，回弹值的修正值。

R_a^b —— 回弹仪检测混凝土浇筑底面时，回弹值的修正值。

$R_{a\alpha}$ —— 非水平方向检测时，回弹值的修正值。

Δ_{tot} —— 测区混凝土强度修正量。

3 回 弹 仪

3.1 技 术 要 求

3.1.1 回弹仪可为数字式的，也可为指针直读式的。

3.1.2 回弹仪应具有产品合格证及计量检定证书，并应在回弹仪的明显位置上标注名称、型号、制造厂名（或商标）、出厂编号等。

3.1.3 回弹仪除应符合现行国家标准《回弹仪》GB/T 9138 的规定外，尚应符合下列规定：

　　1 水平弹击时，在弹击锤脱钩瞬间，回弹仪的标称能量应为 2.207J；

　　2 在弹击锤与弹击杆碰撞的瞬间，弹击拉簧应处于自由状态，且弹击锤起跳点应位于指针指示刻度尺上的"0"处；

　　3 在洛氏硬度 HRC 为 60±2 的钢砧上，回弹仪的率定值应为 80±2；

　　4 数字式回弹仪应带有指针直读示值系统；数字显示的回弹值与指针直读示值相差不应超过 1。

3.1.4 回弹仪使用时的环境温度应为（−4～40）℃。

3.2 检 定

3.2.1 回弹仪检定周期为半年，当回弹仪具有下列情况之一时，应由法定计量检定机构按现行行业标准《回弹仪》JJG 817 进行检定：

　　1 新回弹仪启用前；

　　2 超过检定有效期限；

　　3 数字式回弹仪数字显示的回弹值与指针直读示值相差大于1；

　　4 经保养后，在钢砧上的率定值不合格；

　　5 遭受严重撞击或其他损害。

3.2.2 回弹仪的率定试验应符合下列规定：

　　1 率定试验应在室温为（5～35）℃的条件下进行；

　　2 钢砧表面应干燥、清洁，并应稳固地平放在刚度大的物体上；

　　3 回弹值应取连续向下弹击三次的稳定回弹结

果的平均值；

4 率定试验应分四个方向进行，且每个方向弹击前，弹击杆应旋转 90 度，每个方向的回弹平均值均应为 80±2。

3.2.3 回弹仪率定试验所用的钢砧应每 2 年送授权计量检定机构检定或校准。

3.3 保　养

3.3.1 当回弹仪存在下列情况之一时，应进行保养：

1 回弹仪弹击超过 2000 次；

2 在钢砧上的率定值不合格；

3 对检测值有怀疑。

3.3.2 回弹仪的保养应按下列步骤进行：

1 先将弹击锤脱钩，取出机芯，然后卸下弹击杆，取出里面的缓冲压簧，并取出弹击锤、弹击拉簧和拉簧座。

2 清洁机芯各零部件，并应重点清理中心导杆、弹击锤和弹击杆的内孔及冲击面。清理后，应在中心导杆上薄薄涂抹钟表油，其他零部件不得抹油。

3 清理机壳内壁，卸下刻度尺，检查指针，其摩擦力应为(0.5～0.8)N。

4 对于数字式回弹仪，还应按产品要求的维护程序进行维护。

5 保养时，不得旋转尾盖上已定位紧固的调零螺丝，不得自制或更换零部件。

6 保养后应按本规程第 3.2.2 条的规定进行率定。

3.3.3 回弹仪使用完毕，应使弹击杆伸出机壳，并应清除弹击杆、杆前端球面以及刻度尺表面和外壳上的污垢、尘土。回弹仪不用时，应将弹击杆压入机壳内，经弹击后按下按钮，锁住机芯，然后装入仪器箱。仪器箱应平放在干燥阴凉处。当数字式回弹仪长期不用时，应取出电池。

4　检　测　技　术

4.1　一般规定

4.1.1 采用回弹法检测混凝土强度时，宜具有下列资料：

1 工程名称、设计单位、施工单位；

2 构件名称、数量及混凝土类型、强度等级；

3 水泥安定性，外加剂、掺合料品种，混凝土配合比等；

4 施工模板，混凝土浇筑、养护情况及浇筑日期等；

5 必要的设计图纸和施工记录；

6 检测原因。

4.1.2 回弹仪在检测前后，均应在钢砧上做率定试验，并应符合本规程第 3.1.3 条的规定。

4.1.3 混凝土强度可按单个构件或按批量进行检测，并应符合下列规定：

1 单个构件的检测应符合本规程第 4.1.4 条的规定。

2 对于混凝土生产工艺、强度等级相同，原材料、配合比、养护条件基本一致且龄期相近的一批同类构件的检测应采用批量检测。按批量进行检测时，应随机抽取构件，抽检数量不宜少于同批构件总数的 30% 且不宜少于 10 件。当检验批构件数量大于 30 个时，抽样构件数量可适当调整，并不得少于国家现行有关标准规定的最少抽样数量。

4.1.4 单个构件的检测应符合下列规定：

1 对于一般构件，测区数不宜少于 10 个。当受检构件数量大于 30 个且不需提供单个构件推定强度或受检构件某一方向尺寸不大于 4.5m 且另一方向尺寸不大于 0.3m 时，每个构件的测区数量可适当减少，但不应少于 5 个。

2 相邻两测区的间距不应大于 2m，测区离构件端部或施工缝边缘的距离不宜大于 0.5m，且不宜小于 0.2m。

3 测区宜选在能使回弹仪处于水平方向的混凝土浇筑侧面。当不能满足这一要求时，也可选在使回弹仪处于非水平方向的混凝土浇筑表面或底面。

4 测区宜布置在构件的两个对称的可测面上，当不能布置在对称的可测面上时，也可布置在同一可测面上，且应均匀分布。在构件的重要部位及薄弱部位应布置测区，并应避开预埋件。

5 测区的面积不宜大于 0.04m^2。

6 测区表面应为混凝土原浆面，并应清洁、平整，不应有疏松层、浮浆、油垢、涂层以及蜂窝、麻面。

7 对于弹击时产生颤动的薄壁、小型构件，应进行固定。

4.1.5 测区应标有清晰的编号，并宜在记录纸上绘制测区布置示意图和描述外观质量情况。

4.1.6 当检测条件与本规程第 6.2.1 条和第 6.2.2 条的适用条件有较大差异时，可采用在构件上钻取的混凝土芯样或同条件试块对测区混凝土强度换算值进行修正。对同一强度等级混凝土修正时，芯样数量不应少于 6 个，公称直径宜为 100mm，高径比应为 1。芯样应在测区内钻取，每个芯样应只加工一个试件。同条件试块修正时，试块数量不应少于 6 个，试块边长应为 150mm。计算时，测区混凝土强度修正量及测区混凝土强度换算值的修正应符合下列规定：

1 修正量应按下列公式计算：

$$\Delta_{tot} = f_{cor,m} - f_{cu,m0}^c \qquad (4.1.6-1)$$

$$\Delta_{tot} = f_{cu,m} - f_{cu,m0}^c \qquad (4.1.6-2)$$

$$f_{cor,m} = \frac{1}{n}\sum_{i=1}^{n} f_{cor,i} \qquad (4.1.6\text{-}3)$$

$$f_{cu,m} = \frac{1}{n}\sum_{i=1}^{n} f_{cu,i} \qquad (4.1.6\text{-}4)$$

$$f_{cu,m0}^{c} = \frac{1}{n}\sum_{i=1}^{n} f_{cu,i}^{c} \qquad (4.1.6\text{-}5)$$

式中：Δ_{tot}——测区混凝土强度修正量（MPa），精确到 0.1MPa；

$f_{cor,m}$——芯样试件混凝土强度平均值（MPa），精确到 0.1MPa；

$f_{cu,m}$——150mm 同条件立方体试块混凝土强度平均值（MPa），精确到 0.1MPa；

$f_{cu,m0}^{c}$——对应于钻芯部位或同条件立方体试块回弹测区混凝土强度换算值的平均值（MPa），精确到 0.1MPa；

$f_{cor,i}$——第 i 个混凝土芯样试件的抗压强度；

$f_{cu,i}$——第 i 个混凝土立方体试块的抗压强度；

$f_{cu,i}^{c}$——对应于第 i 个芯样部位或同条件立方体试块测区回弹值和碳化深度值的混凝土强度换算值，可按本规程附录 A 或附录 B 取值；

n——芯样或试块数量。

2 测区混凝土强度换算值的修正应按下式计算：

$$f_{cu,i1} = f_{cu,i0} + \Delta_{tot} \qquad (4.1.6\text{-}6)$$

式中：$f_{cu,i0}$——第 i 个测区修正前的混凝土强度换算值（MPa），精确到 0.1MPa；

$f_{cu,i1}$——第 i 个测区修正后的混凝土强度换算值（MPa），精确到 0.1MPa。

4.2 回弹值测量

4.2.1 测量回弹值时，回弹仪的轴线应始终垂直于混凝土检测面，并应缓慢施压、准确读数、快速复位。

4.2.2 每一测区应读取 16 个回弹值，每一测点的回弹值读数应精确至 1。测点宜在测区范围内均匀分布，相邻两测点的净距离不宜小于 20mm；测点距外露钢筋、预埋件的距离不宜小于 30mm；测点不应在气孔或外露石子上，同一测点应只弹击一次。

4.3 碳化深度值测量

4.3.1 回弹值测量完毕后，应在有代表性的测区上测量碳化深度值，测点数不应少于构件测区数的 30%，应取其平均值作为该构件每个测区的碳化深度值。当碳化深度值极差大于 2.0mm 时，应在每一测区分别测量碳化深度值。

4.3.2 碳化深度值的测量应符合下列规定：

1 可采用工具在测区表面形成直径约 15mm 的孔洞，其深度应大于混凝土的碳化深度；

2 应清除孔洞中的粉末和碎屑，且不得用水擦洗；

3 应采用浓度为 1%～2% 的酚酞酒精溶液滴在孔洞内壁的边缘处，当已碳化与未碳化界线清晰时，应采用碳化深度测量仪测量已碳化与未碳化混凝土交界面到混凝土表面的垂直距离，并应测量 3 次，每次读数应精确至 0.25mm；

4 应取三次测量的平均值作为检测结果，并应精确至 0.5mm。

4.4 泵送混凝土的检测

4.4.1 检测泵送混凝土强度时，测区应选在混凝土浇筑侧面。

5 回弹值计算

5.0.1 计算测区平均回弹值时，应从该测区的 16 个回弹值中剔除 3 个最大值和 3 个最小值，其余的 10 个回弹值按下式计算：

$$R_m = \frac{\sum\limits_{i=1}^{10} R_i}{10} \qquad (5.0.1)$$

式中：R_m——测区平均回弹值，精确至 0.1；

R_i——第 i 个测点的回弹值。

5.0.2 非水平方向检测混凝土浇筑侧面时，测区的平均回弹值应按下式修正：

$$R_m = R_{m\alpha} + R_{a\alpha} \qquad (5.0.2)$$

式中：$R_{m\alpha}$——非水平方向检测时测区的平均回弹值，精确至 0.1；

$R_{a\alpha}$——非水平方向检测时回弹值修正值，应按本规程附录 C 取值。

5.0.3 水平方向检测混凝土浇筑表面或浇筑底面时，测区的平均回弹值应按下列公式修正：

$$R_m = R_m^{t} + R_a^{t} \qquad (5.0.3\text{-}1)$$

$$R_m = R_m^{b} + R_a^{b} \qquad (5.0.3\text{-}2)$$

式中：R_m^{t}、R_m^{b}——水平方向检测混凝土浇筑表面、底面时，测区的平均回弹值，精确至 0.1；

R_a^{t}、R_a^{b}——混凝土浇筑表面、底面回弹值的修正值，应按本规程附录 D 取值。

5.0.4 当回弹仪为非水平方向且测试面为混凝土的非浇筑侧面时，应先对回弹值进行角度修正，并应对修正后的回弹值进行浇筑面修正。

6 测 强 曲 线

6.1 一 般 规 定

6.1.1 混凝土强度换算值可采用下列测强曲线计算：

1 统一测强曲线：由全国有代表性的材料、成型工艺制作的混凝土试件，通过试验所建立的测强曲线。

2 地区测强曲线：由本地区常用的材料、成型工艺制作的混凝土试件，通过试验所建立的测强曲线。

3 专用测强曲线：由与构件混凝土相同的材料、成型养护工艺制作的混凝土试件，通过试验所建立的测强曲线。

6.1.2 有条件的地区和部门，应制定本地区的测强曲线或专用测强曲线。检测单位宜按专用测强曲线、地区测强曲线、统一测强曲线的顺序选用测强曲线。

6.2 统一测强曲线

6.2.1 符合下列条件的非泵送混凝土，测区强度应按本规程附录 A 进行强度换算：

1 混凝土采用的水泥、砂石、外加剂、掺合料、拌合用水符合国家现行有关标准；

2 采用普通成型工艺；

3 采用符合国家标准规定的模板；

4 蒸汽养护出池经自然养护 7d 以上，且混凝土表层为干燥状态；

5 自然养护且龄期为(14～1000)d；

6 抗压强度为(10.0～60.0)MPa。

6.2.2 符合本规程第 6.2.1 条的泵送混凝土，测区强度可按本规程附录 B 的曲线方程计算或按本规程附录 B 的规定进行强度换算。

6.2.3 测区混凝土强度换算表所依据的统一测强曲线，其强度误差值应符合下列规定：

1 平均相对误差(δ)不应大于±15.0%；

2 相对标准差(e_r)不应大于 18.0%。

6.2.4 当有下列情况之一时，测区混凝土强度不得按本规程附录 A 或附录 B 进行强度换算：

1 非泵送混凝土粗骨料最大公称粒径大于 60mm，泵送混凝土粗骨料最大公称粒径大于 31.5mm；

2 特种成型工艺制作的混凝土；

3 检测部位曲率半径小于 250mm；

4 潮湿及浸水混凝土。

6.3 地区和专用测强曲线

6.3.1 地区和专用测强曲线的强度误差应符合下列规定：

1 地区测强曲线：平均相对误差(δ)不应大于±14.0%，相对标准差(e_r)不应大于 17.0%。

2 专用测强曲线：平均相对误差(δ)不应大于±12.0%，相对标准差(e_r)不应大于 14.0%。

3 平均相对误差（δ）和相对标准差（e_r）的计算应符合本规程附录 E 的规定。

6.3.2 地区和专用测强曲线应按本规程附录 E 的方法制定。使用地区或专用测强曲线时，被检测的混凝土应与制定该类测强曲线混凝土的适应条件相同，不得超出该类测强曲线的适应范围，并应每半年抽取一定数量的同条件试件进行校核，当存在显著差异时，应查找原因，不得继续使用。

7 混凝土强度的计算

7.0.1 构件第 i 个测区混凝土强度换算值，可按本规程第 5 章所求得的平均回弹值（R_m）及按本规程第 4.3 条所求得的平均碳化深度值（d_m）由本规程附录 A、附录 B 查表或计算得出。当有地区或专用测强曲线时，混凝土强度的换算值宜按地区测强曲线或专用测强曲线计算或查表得出。

7.0.2 构件的测区混凝土强度平均值应根据各测区的混凝土强度换算值计算。当测区数为 10 个及以上时，还应计算强度标准差。平均值及标准差应按下列公式计算：

$$m_{f_{cu}^c} = \frac{\sum\limits_{i=1}^{n} f_{cu,i}^c}{n} \qquad (7.0.2\text{-}1)$$

$$S_{f_{cu}^c} = \sqrt{\frac{\sum\limits_{i=1}^{n}(f_{cu,i}^c)^2 - n(m_{f_{cu}^c})^2}{n-1}}$$

$$(7.0.2\text{-}2)$$

式中：$m_{f_{cu}^c}$——构件测区混凝土强度换算值的平均值（MPa），精确至 0.1MPa；

n——对于单个检测的构件，取该构件的测区数；对批量检测的构件，取所有被抽检构件测区数之和；

$S_{f_{cu}^c}$——结构或构件测区混凝土强度换算值的标准差（MPa），精确至 0.01MPa。

7.0.3 构件的现龄期混凝土强度推定值（$f_{cu,e}$）应符合下列规定：

1 当构件测区数少于 10 个时，应按下式计算：

$$f_{cu,e} = f_{cu,min}^c \qquad (7.0.3\text{-}1)$$

式中：$f_{cu,min}^c$——构件中最小的测区混凝土强度换算值。

2 当构件的测区强度值中出现小于 10.0MPa 时，应按下式确定：

$$f_{cu,e} < 10.0MPa \qquad (7.0.3\text{-}2)$$

3 当构件测区数不少于 10 个时，应按下式计算：

$$f_{cu,e} = m_{f_{cu}^c} - 1.645 S_{f_{cu}^c} \qquad (7.0.3\text{-}3)$$

4 当批量检测时，应按下式计算：

$$f_{cu,e} = m_{f_{cu}^c} - k S_{f_{cu}^c} \qquad (7.0.3\text{-}4)$$

式中：k——推定系数，宜取 1.645。当需要进行推定

强度区间时，可按国家现行有关标准的规定取值。

注：构件的混凝土强度推定值是指相应于强度换算值总体分布中保证率不低于95%的构件中混凝土抗压强度值。

7.0.4 对按批量检测的构件，当该批构件混凝土强度标准差出现下列情况之一时，该批构件应全部按单个构件检测：

1 当该批构件混凝土强度平均值小于 25MPa、$S_{f^c_{cu}}$ 大于 4.5MPa 时；

2 当该批构件混凝土强度平均值不小于 25MPa 且不大于 60MPa、$S_{f^c_{cu}}$ 大于 5.5MPa 时。

7.0.5 回弹法检测混凝土抗压强度报告可按本规程附录 F 的格式编写。

附录 A 测区混凝土强度换算表

表 A 测区混凝土强度换算表

平均回弹值 R_m	测区混凝土强度换算值 $f^c_{cu,i}$ (MPa)												
	平均碳化深度值 d_m (mm)												
	0.0	0.5	1.0	1.5	2.0	2.5	3.0	3.5	4.0	4.5	5.0	5.5	≥6
20.0	10.3	10.1	—	—	—	—	—	—	—	—	—	—	—
20.2	10.5	10.3	10.0	—	—	—	—	—	—	—	—	—	—
20.4	10.7	10.5	10.2	—	—	—	—	—	—	—	—	—	—
20.6	11.0	10.8	10.4	10.1	—	—	—	—	—	—	—	—	—
20.8	11.2	11.0	10.6	10.3	—	—	—	—	—	—	—	—	—
21.0	11.4	11.2	10.8	10.5	10.0	—	—	—	—	—	—	—	—
21.2	11.6	11.4	11.0	10.7	10.2	—	—	—	—	—	—	—	—
21.4	11.8	11.6	11.2	10.9	10.4	10.0	—	—	—	—	—	—	—
21.6	12.0	11.8	11.4	11.0	10.6	10.2	—	—	—	—	—	—	—
21.8	12.3	12.1	11.7	11.3	10.8	10.5	10.1	—	—	—	—	—	—
22.0	12.5	12.2	11.9	11.5	11.0	10.6	10.2	—	—	—	—	—	—
22.2	12.7	12.4	12.1	11.7	11.2	10.8	10.4	10.0	—	—	—	—	—
22.4	13.0	12.7	12.4	12.0	11.4	11.0	10.7	10.3	10.0	—	—	—	—
22.6	13.2	12.9	12.5	12.1	11.6	11.2	10.8	10.4	10.2	—	—	—	—
22.8	13.4	13.1	12.7	12.3	11.8	11.4	11.0	10.6	10.3	—	—	—	—
23.0	13.7	13.4	13.0	12.6	12.1	11.6	11.2	10.8	10.4	10.1	—	—	—
23.2	13.9	13.6	13.2	12.8	12.2	11.8	11.4	11.0	10.7	10.3	10.0	—	—
23.4	14.1	13.8	13.4	13.0	12.4	12.0	11.6	11.2	10.9	10.4	10.2	—	—
23.6	14.4	14.1	13.7	13.2	12.7	12.2	11.8	11.4	11.1	10.7	10.4	10.1	—
23.8	14.6	14.3	13.9	13.4	12.8	12.4	12.0	11.5	11.2	10.8	10.5	10.2	—
24.0	14.9	14.6	14.2	13.7	13.1	12.7	12.2	11.8	11.5	11.0	10.7	10.4	10.1
24.2	15.1	14.8	14.3	13.9	13.3	12.8	12.4	11.9	11.6	11.2	10.9	10.6	10.3
24.4	15.4	15.1	14.6	14.2	13.6	13.1	12.6	12.2	11.9	11.4	11.1	10.8	10.4
24.6	15.6	15.3	14.8	14.4	13.7	13.3	12.8	12.3	12.0	11.5	11.2	10.9	10.6
24.8	15.9	15.6	15.1	14.6	14.0	13.5	13.0	12.6	12.2	11.8	11.4	11.1	10.7
25.0	16.2	15.9	15.4	14.9	14.3	13.8	13.3	12.8	12.5	12.0	11.7	11.3	10.9

续表 A

平均回弹值 R_m	测区混凝土强度换算值 $f^c_{\mathrm{cu},i}$（MPa）												
	平均碳化深度值 d_m（mm）												
	0.0	0.5	1.0	1.5	2.0	2.5	3.0	3.5	4.0	4.5	5.0	5.5	≥6
25.2	16.4	16.1	15.6	15.1	14.4	13.9	13.4	13.0	12.6	12.1	11.8	11.5	11.0
25.4	16.7	16.4	15.9	15.4	14.7	14.2	13.7	13.2	12.9	12.4	12.0	11.7	11.2
25.6	16.9	16.6	16.1	15.7	14.9	14.4	13.9	13.4	13.0	12.5	12.2	11.8	11.3
25.8	17.2	16.9	16.3	15.8	15.1	14.6	14.1	13.6	13.2	12.7	12.4	12.0	11.5
26.0	17.5	17.2	16.6	16.1	15.4	14.9	14.4	13.8	13.5	13.0	12.6	12.2	11.6
26.2	17.8	17.4	16.9	16.4	15.7	15.1	14.6	14.0	13.7	13.2	12.8	12.4	11.8
26.4	18.0	17.6	17.1	16.6	15.8	15.3	14.8	14.2	13.9	13.3	13.0	12.6	12.0
26.6	18.3	17.9	17.4	16.8	16.1	15.6	15.0	14.4	14.1	13.5	13.2	12.8	12.1
26.8	18.6	18.2	17.7	17.1	16.4	15.8	15.3	14.6	14.3	13.8	13.4	12.9	12.3
27.0	18.9	18.5	18.0	17.4	16.6	16.1	15.5	14.8	14.6	14.0	13.6	13.1	12.4
27.2	19.1	18.7	18.1	17.6	16.8	16.2	15.7	15.0	14.7	14.1	13.8	13.3	12.6
27.4	19.4	19.0	18.4	17.8	17.0	16.4	15.9	15.2	14.9	14.3	14.0	13.4	12.7
27.6	19.7	19.3	18.7	18.0	17.2	16.6	16.1	15.4	15.1	14.5	14.1	13.6	12.9
27.8	20.0	19.6	19.0	18.2	17.4	16.8	16.3	15.6	15.3	14.7	14.2	13.7	13.0
28.0	20.3	19.7	19.2	18.4	17.6	17.0	16.5	15.8	15.4	14.8	14.4	13.9	13.2
28.2	20.6	20.0	19.5	18.6	17.8	17.2	16.7	16.0	15.6	15.0	14.6	14.0	13.3
28.4	20.9	20.3	19.7	18.8	18.0	17.4	16.9	16.2	15.8	15.2	14.8	14.2	13.5
28.6	21.2	20.6	20.0	19.1	18.2	17.6	17.1	16.4	16.0	15.4	15.0	14.3	13.6
28.8	21.5	20.9	20.0	19.4	18.5	17.8	17.3	16.6	16.2	15.6	15.2	14.5	13.8
29.0	21.8	21.1	20.5	19.6	18.7	18.1	17.5	16.8	16.4	15.8	15.4	14.6	13.9
29.2	22.1	21.4	20.8	19.9	19.0	18.3	17.7	17.0	16.6	16.0	15.6	14.8	14.1
29.4	22.4	21.7	21.1	20.2	19.3	18.6	17.9	17.2	16.8	16.2	15.8	15.0	14.2
29.6	22.7	22.0	21.3	20.4	19.5	18.8	18.2	17.5	17.0	16.4	16.0	15.1	14.4
29.8	23.0	22.3	21.6	20.7	19.8	19.1	18.4	17.7	17.2	16.6	16.2	15.3	14.5
30.0	23.3	22.6	21.9	21.0	20.0	19.3	18.6	17.9	17.4	16.8	16.4	15.4	14.7
30.2	23.6	22.9	22.2	21.2	20.3	19.6	18.9	18.2	17.6	17.0	16.6	15.6	14.9
30.4	23.9	23.2	22.5	21.5	20.6	19.8	19.1	18.4	17.8	17.2	16.8	15.8	15.1
30.6	24.3	23.6	22.8	21.9	20.9	20.2	19.4	18.7	18.0	17.5	17.0	16.0	15.2
30.8	24.6	23.9	23.1	22.1	21.2	20.4	19.7	18.9	18.2	17.7	17.2	16.2	15.4
31.0	24.9	24.2	23.4	22.4	21.4	20.7	19.9	19.2	18.4	17.9	17.4	16.4	15.5
31.2	25.2	24.4	23.7	22.7	21.7	20.9	20.2	19.4	18.6	16.1	17.6	16.6	15.7
31.4	25.6	24.8	24.1	23.0	22.0	21.2	20.5	19.7	18.9	18.4	17.8	16.9	15.8
31.6	25.9	25.1	24.3	23.3	22.3	21.5	20.7	19.9	19.2	18.6	18.0	17.1	16.0
31.8	26.2	25.4	24.6	23.6	22.5	21.7	21.0	20.2	19.4	18.9	18.2	17.3	16.2
32.0	26.5	25.7	24.9	23.9	22.8	22.0	21.2	20.4	19.6	19.1	18.4	17.5	16.4
32.2	26.9	26.1	25.3	24.2	23.1	22.3	21.5	20.7	19.9	19.4	18.6	17.7	16.6

平均回弹值 R_m	测区混凝土强度换算值 $f^c_{cu,i}$（MPa）												
	平均碳化深度值 d_m（mm）												
	0.0	0.5	1.0	1.5	2.0	2.5	3.0	3.5	4.0	4.5	5.0	5.5	≥6
32.4	27.2	26.4	25.6	24.5	23.4	22.6	21.8	20.9	20.1	19.6	18.8	17.9	16.8
32.6	27.6	26.8	25.9	24.8	23.7	22.9	22.1	21.3	20.4	19.9	19.0	18.1	17.0
32.8	27.9	27.1	26.2	25.1	24.0	23.2	22.3	21.5	20.6	20.1	19.2	18.3	17.2
33.0	28.2	27.4	26.5	25.4	24.3	23.4	22.6	21.7	20.9	20.3	19.4	18.5	17.4
33.2	28.6	27.7	26.8	25.7	24.6	23.7	22.9	22.0	21.2	20.5	19.6	18.7	17.6
33.4	28.9	28.0	27.1	26.0	24.9	23.1	23.1	22.3	21.4	20.7	19.8	18.9	17.8
33.6	29.3	28.4	27.4	26.4	25.2	24.2	23.3	22.6	21.7	20.9	20.0	19.1	18.0
33.8	29.6	28.7	27.7	26.6	25.4	24.4	23.5	22.8	21.9	21.1	20.2	19.3	18.2
34.0	30.0	29.1	28.0	26.8	25.6	24.6	23.7	23.0	22.1	21.3	20.4	19.5	18.3
34.2	30.3	29.4	28.3	27.0	25.8	24.9	23.9	23.2	22.3	21.5	20.6	19.7	18.4
34.4	30.7	29.8	28.6	27.2	26.0	25.0	24.1	23.4	22.5	21.7	20.8	19.8	18.6
34.6	31.1	30.2	28.9	27.4	26.2	25.2	24.3	23.6	22.7	21.9	21.0	20.0	18.8
34.8	31.4	30.5	29.2	27.6	26.4	25.4	24.5	23.8	22.9	22.1	21.2	20.2	19.0
35.0	31.8	30.8	29.6	28.0	26.8	25.8	24.8	24.0	23.2	22.3	21.4	20.4	19.2
35.2	32.1	31.1	29.9	28.2	27.0	26.0	25.0	24.2	23.4	22.5	21.6	20.6	19.4
35.4	32.5	31.5	30.2	28.6	27.3	26.4	25.4	24.4	23.7	22.8	21.8	20.8	19.6
35.6	32.9	31.9	30.6	29.0	27.6	26.6	25.7	24.7	24.0	23.0	22.0	21.0	19.8
35.8	33.3	32.3	31.0	29.3	28.0	27.0	26.0	25.0	24.3	23.3	22.2	21.2	20.0
36.0	33.6	32.6	31.2	29.6	28.2	27.2	26.2	25.2	24.5	23.5	22.4	21.4	20.2
36.2	34.0	33.0	31.6	29.9	28.6	27.5	26.5	25.5	24.8	23.8	22.6	21.6	20.4
36.4	34.4	33.4	32.0	30.3	28.9	27.9	26.8	25.8	25.1	24.1	22.8	21.8	20.6
36.6	34.8	33.8	32.4	30.6	29.2	28.2	27.1	26.1	25.4	24.4	23.0	22.0	20.9
36.8	35.2	34.1	32.7	31.0	29.6	28.5	27.5	26.4	25.7	24.6	23.2	22.2	21.1
37.0	35.5	34.4	33.0	31.2	29.8	28.8	27.7	26.6	25.9	24.8	23.4	22.4	21.3
37.2	35.9	34.8	33.4	31.6	30.2	29.1	28.0	26.9	26.2	25.1	23.7	22.6	21.5
37.4	36.3	35.2	33.8	31.9	30.5	29.4	28.3	27.2	26.6	25.4	24.0	22.9	21.8
37.6	36.7	35.6	34.1	32.3	30.8	29.7	28.6	27.5	26.8	25.7	24.2	23.1	22.0
37.8	37.1	36.0	34.5	32.6	31.2	30.0	28.9	27.8	27.1	26.0	24.5	23.4	22.3
38.0	37.5	36.4	34.9	33.0	31.5	30.3	29.2	28.1	27.4	26.2	24.8	23.6	22.5
38.2	37.9	36.8	35.2	33.4	31.8	30.6	29.5	28.4	27.7	26.5	25.0	23.9	22.7
38.4	38.3	37.2	35.6	33.7	32.1	30.9	29.8	28.7	28.0	29.8	25.3	24.1	23.0
38.6	38.7	37.5	36.0	34.1	32.4	31.2	30.1	29.0	28.3	27.0	25.5	24.4	23.2
38.8	39.1	37.9	36.4	34.4	32.7	31.5	30.4	29.3	28.5	27.2	25.8	24.6	23.5
39.0	39.5	38.2	36.7	34.7	33.0	31.8	30.6	29.6	28.8	27.4	26.0	24.8	23.7
39.2	39.9	38.5	37.0	35.0	33.3	32.1	30.8	29.8	29.0	27.6	26.2	25.0	25.0
39.4	40.3	38.8	37.3	35.3	33.6	32.4	31.0	30.0	29.2	27.8	26.4	25.2	24.2

续表 A

| 平均回弹值 R_m | 测区混凝土强度换算值 $f^c_{cu,i}$（MPa） | | | | | | | | | | | | |
| | 平均碳化深度值 d_m（mm） | | | | | | | | | | | | |
	0.0	0.5	1.0	1.5	2.0	2.5	3.0	3.5	4.0	4.5	5.0	5.5	≥6
39.6	40.7	39.1	37.6	35.6	33.9	32.7	31.2	30.2	29.4	28.0	26.6	25.4	24.4
39.8	41.2	39.6	38.0	35.9	34.2	33.0	31.4	30.5	29.7	28.2	26.8	25.6	24.7
40.0	41.6	39.9	38.3	36.2	34.5	33.3	31.7	30.8	30.0	28.4	27.0	25.8	25.0
40.2	42.0	40.3	38.6	36.5	34.8	33.6	32.0	31.1	30.2	28.6	27.3	26.0	25.2
40.4	42.4	40.7	39.0	36.9	35.1	33.9	32.3	31.4	30.5	28.8	27.6	26.2	25.4
40.6	42.8	41.1	39.4	37.2	35.4	34.2	32.6	31.7	30.8	29.1	27.8	26.5	25.7
40.8	43.3	41.6	39.8	37.7	35.7	34.5	32.9	32.0	31.2	29.4	28.1	26.8	26.0
41.0	43.7	42.0	40.2	38.0	36.0	34.8	33.2	32.3	31.5	29.7	28.4	27.1	26.2
41.2	44.1	42.3	40.6	38.4	36.3	35.1	33.5	32.6	31.8	30.0	28.7	27.3	26.5
41.4	44.5	42.7	40.9	38.7	36.6	35.4	33.8	32.9	32.0	30.3	28.9	27.6	26.7
41.6	45.0	43.2	41.4	39.2	36.9	35.7	34.2	33.3	32.4	30.6	29.2	27.9	27.0
41.8	45.4	43.6	41.8	39.5	37.2	36.0	34.5	33.6	32.7	30.9	29.5	28.1	27.2
42.0	45.9	44.1	42.2	39.9	37.6	36.3	34.9	34.0	33.0	31.2	29.8	28.5	27.5
42.2	46.3	44.4	42.6	40.3	38.0	36.6	35.2	34.3	33.3	31.5	30.1	28.7	27.8
42.4	46.7	44.8	43.0	40.6	38.3	36.9	35.5	34.6	33.6	31.8	30.4	29.0	28.0
42.6	47.2	45.3	43.4	41.1	38.7	37.3	35.9	34.9	34.0	32.1	30.7	29.3	28.3
42.8	47.6	45.7	43.8	41.4	39.0	37.6	36.2	35.2	34.3	32.4	30.9	29.5	28.6
43.0	48.1	46.2	44.2	41.8	39.4	38.0	36.6	35.6	34.6	32.7	31.3	29.8	28.9
43.2	48.5	46.6	44.6	42.2	39.8	38.3	36.9	35.9	34.9	33.0	31.5	30.1	29.1
43.4	49.0	47.0	45.1	42.6	40.2	38.7	37.2	36.3	35.3	33.3	31.8	30.4	29.4
43.6	49.4	47.4	45.4	43.0	40.5	39.0	37.5	36.6	35.5	33.6	32.1	30.6	29.6
43.8	49.9	47.9	45.9	43.4	40.9	39.4	37.9	36.9	35.9	33.9	32.4	30.9	29.9
44.0	50.4	48.4	46.4	43.8	41.3	39.8	38.3	37.3	36.3	34.3	32.8	31.2	30.2
44.2	50.8	48.8	46.7	44.2	41.7	40.1	38.6	37.6	36.6	34.5	33.0	31.5	30.5
44.4	51.3	49.2	47.2	44.6	42.1	40.5	39.0	38.0	36.9	34.9	33.3	31.8	30.8
44.6	51.7	49.6	47.6	45.0	42.4	40.8	39.3	38.2	37.2	35.2	33.6	32.1	31.0
44.8	52.2	50.1	48.0	45.4	42.8	41.2	39.7	38.6	37.6	35.5	33.9	32.4	31.3
45.0	52.7	50.6	48.5	45.8	43.2	41.6	40.1	39.0	37.9	35.8	34.3	32.7	31.6
45.2	53.2	51.1	48.9	46.3	43.6	42.0	40.4	39.4	38.3	36.2	34.6	33.0	31.9
45.4	53.6	51.5	49.4	46.6	44.0	42.3	40.7	39.7	38.6	36.4	34.8	33.2	32.2
45.6	54.1	51.9	49.8	47.1	44.4	42.7	41.1	40.0	39.0	36.8	35.2	33.5	32.5
45.8	54.6	52.4	50.2	47.5	44.8	43.1	41.5	40.4	39.3	37.1	35.5	33.9	32.8
46.0	55.0	52.8	50.6	47.9	45.2	43.5	41.9	40.8	39.7	37.5	35.8	34.2	33.1
46.2	55.5	53.3	51.1	48.3	45.5	43.8	42.2	41.1	40.0	37.7	36.1	34.4	33.3
46.4	56.0	53.8	51.5	48.7	45.9	44.2	42.6	41.4	40.3	38.1	36.4	34.7	33.6
46.6	56.5	54.2	52.0	49.2	46.3	44.6	42.9	41.8	40.7	38.4	36.7	35.0	33.9

续表 A

平均回弹值 R_{m}	测区混凝土强度换算值 $f^{\mathrm{c}}_{\mathrm{cu},i}$（MPa）												
	平均碳化深度值 d_{m}（mm）												
	0.0	0.5	1.0	1.5	2.0	2.5	3.0	3.5	4.0	4.5	5.0	5.5	≥6
46.8	57.0	54.7	52.4	49.6	46.7	45.0	43.3	42.2	41.0	38.8	37.0	35.3	34.2
47.0	57.5	55.2	52.9	50.0	47.2	45.2	43.7	42.6	41.4	39.1	37.4	35.6	34.5
47.2	58.0	55.7	53.4	50.5	47.6	45.8	44.1	42.9	41.8	39.4	37.7	36.0	34.8
47.4	58.5	56.2	53.8	50.9	48.0	46.2	44.5	43.3	42.1	39.8	38.0	36.3	35.1
47.6	59.0	56.6	54.3	51.3	48.4	46.6	44.8	43.7	42.5	40.1	40.0	36.6	35.4
47.8	59.5	57.1	54.7	51.8	48.8	47.0	45.2	44.0	42.8	40.5	38.7	36.9	35.7
48.0	60.0	57.6	55.2	52.2	49.2	47.4	45.6	44.4	43.2	40.8	39.0	37.2	36.0
48.2	—	58.0	55.7	52.6	49.6	47.8	46.0	44.8	43.6	41.1	39.3	37.5	36.3
48.4	—	58.6	56.1	53.1	50.0	48.2	46.4	45.1	43.9	41.5	39.6	37.8	36.6
48.6	—	59.0	56.6	53.5	50.4	48.6	46.7	45.5	44.3	41.8	40.0	38.1	36.9
48.8	—	59.5	57.1	54.0	50.9	49.0	47.1	45.9	44.6	42.2	40.3	38.4	37.2
49.0	—	60.0	57.5	54.4	51.3	49.4	47.5	46.2	45.0	42.5	40.6	38.8	37.5
49.2	—	—	58.0	54.8	51.7	49.8	47.9	46.6	45.4	42.8	41.0	39.1	37.8
49.4	—	—	58.5	55.3	52.1	50.2	48.3	47.1	45.8	43.2	41.3	39.4	38.2
49.6	—	—	58.9	55.7	52.5	50.6	48.7	47.4	46.2	43.6	41.7	39.7	38.5
49.8	—	—	59.4	56.2	53.0	51.0	49.1	47.8	46.5	43.9	42.0	40.1	38.8
50.0	—	—	59.9	56.7	53.4	51.4	49.5	48.2	46.9	44.3	42.3	40.4	39.1
50.2	—	—	60.0	57.1	53.8	51.9	49.9	48.5	47.2	44.6	42.6	40.7	39.4
50.4	—	—	—	57.6	54.3	52.3	50.3	49.0	47.7	45.0	43.0	41.0	39.7
50.6	—	—	—	58.0	54.7	52.7	50.7	49.4	48.0	45.4	43.4	41.4	40.0
50.8	—	—	—	58.5	55.1	53.1	51.1	49.8	48.4	45.7	43.7	41.7	40.3
51.0	—	—	—	59.0	55.6	53.5	51.5	50.1	48.8	46.1	44.1	42.0	40.7
51.2	—	—	—	59.4	56.0	54.0	51.9	50.5	49.2	46.4	44.4	42.3	41.0
51.4	—	—	—	59.9	56.4	54.4	52.3	50.9	49.6	46.8	44.7	42.7	41.3
51.6	—	—	—	60.0	56.9	54.8	52.7	51.3	50.0	47.2	45.1	43.0	41.6
51.8	—	—	—	—	57.3	55.2	53.1	51.7	50.3	47.5	45.4	43.3	41.8
52.0	—	—	—	—	57.8	55.7	53.6	52.1	50.7	47.9	45.8	43.7	42.3
52.2	—	—	—	—	58.2	56.1	54.0	52.5	51.1	48.3	46.2	44.0	42.6
52.4	—	—	—	—	58.7	56.5	54.4	53.0	51.5	48.7	46.5	44.4	43.0
52.6	—	—	—	—	59.1	57.0	54.8	53.4	51.9	49.0	46.9	44.7	43.3
52.8	—	—	—	—	59.6	57.4	55.2	53.8	52.3	49.4	47.3	45.1	43.6
53.0	—	—	—	—	60.0	57.8	55.6	54.2	52.7	49.8	47.6	45.4	43.9
53.2	—	—	—	—	—	58.3	56.1	54.6	53.1	50.2	48.0	45.8	44.3
53.4	—	—	—	—	—	58.7	56.5	55.0	53.5	50.5	48.3	46.1	44.6
53.6	—	—	—	—	—	59.2	56.9	55.4	53.9	50.9	48.7	46.4	44.9
53.8	—	—	—	—	—	59.6	57.3	55.8	54.3	51.3	49.0	46.8	45.3

平均回弹值 R_m	测区混凝土强度换算值 $f^c_{cu,i}$ (MPa)												
	平均碳化深度值 d_m (mm)												
	0.0	0.5	1.0	1.5	2.0	2.5	3.0	3.5	4.0	4.5	5.0	5.5	≥6
54.0	—	—	—	—	—	60.0	57.8	56.3	54.7	51.7	49.4	47.1	45.6
54.2	—	—	—	—	—	—	58.2	56.7	55.1	52.1	49.8	47.5	46.0
54.4	—	—	—	—	—	—	58.6	57.1	55.6	52.5	50.2	47.9	46.3
54.6	—	—	—	—	—	—	59.1	57.5	56.0	52.9	50.5	48.2	46.6
54.8	—	—	—	—	—	—	59.5	57.9	56.4	53.2	50.9	48.5	47.0
55.0	—	—	—	—	—	—	59.9	58.4	56.8	53.6	51.3	48.9	47.3
55.2	—	—	—	—	—	—	60.0	58.8	57.2	54.0	51.6	49.3	47.7
55.4	—	—	—	—	—	—	—	59.2	57.6	54.4	52.0	49.6	48.0
55.6	—	—	—	—	—	—	—	59.7	58.0	54.8	52.4	50.0	48.4
55.8	—	—	—	—	—	—	—	60.0	58.5	55.2	52.8	50.3	48.7
56.0	—	—	—	—	—	—	—	—	58.9	55.6	53.2	50.7	49.1
56.2	—	—	—	—	—	—	—	—	59.3	56.0	53.5	51.1	49.4
56.4	—	—	—	—	—	—	—	—	59.7	56.4	53.9	51.4	49.8
56.6	—	—	—	—	—	—	—	—	60.0	56.8	54.3	51.8	50.1
56.8	—	—	—	—	—	—	—	—	—	57.2	54.7	52.2	50.5
57.0	—	—	—	—	—	—	—	—	—	57.6	55.1	52.5	50.8
57.2	—	—	—	—	—	—	—	—	—	58.0	55.5	52.9	51.2
57.4	—	—	—	—	—	—	—	—	—	58.4	55.9	53.3	51.6
57.6	—	—	—	—	—	—	—	—	—	58.9	56.3	53.7	51.9
57.8	—	—	—	—	—	—	—	—	—	59.3	56.7	54.0	52.3
58.0	—	—	—	—	—	—	—	—	—	59.7	57.0	54.4	52.7
58.2	—	—	—	—	—	—	—	—	—	60.0	57.4	54.8	53.0
58.4	—	—	—	—	—	—	—	—	—	—	57.8	55.2	53.4
58.6	—	—	—	—	—	—	—	—	—	—	58.2	55.6	53.8
58.8	—	—	—	—	—	—	—	—	—	—	58.6	55.9	54.1
59.0	—	—	—	—	—	—	—	—	—	—	59.0	56.3	54.5
59.2	—	—	—	—	—	—	—	—	—	—	59.4	56.7	54.9
59.4	—	—	—	—	—	—	—	—	—	—	59.8	57.1	55.2
59.6	—	—	—	—	—	—	—	—	—	—	60.0	57.5	55.6
59.8	—	—	—	—	—	—	—	—	—	—	—	57.9	56.0
60.0	—	—	—	—	—	—	—	—	—	—	—	58.3	56.4

注：表中未注明的测区混凝土强度换算值为小于 10MPa 或大于 60MPa。

附录 B 泵送混凝土测区强度换算表

表 B 泵送混凝土测区强度换算表

平均回弹值 R_m	测区混凝土强度换算值 $f^c_{cu,i}$ (MPa) 平均碳化深度值 d_m (mm)												
	0.0	0.5	1.0	1.5	2.0	2.5	3.0	3.5	4.0	4.5	5.0	5.5	≥6
18.6	10.0	—	—	—	—	—	—	—	—	—	—	—	—
18.8	10.2	10.0	—	—	—	—	—	—	—	—	—	—	—
19.0	10.4	10.2	10.0	—	—	—	—	—	—	—	—	—	—
19.2	10.6	10.4	10.2	10.0	—	—	—	—	—	—	—	—	—
19.4	10.9	10.7	10.4	10.2	10.0	—	—	—	—	—	—	—	—
19.6	11.1	10.9	10.6	10.4	10.2	10.0	—	—	—	—	—	—	—
19.8	11.3	11.1	10.9	10.6	10.4	10.2	10.0	—	—	—	—	—	—
20.0	11.5	11.3	11.1	10.9	10.6	10.4	10.2	10.0	—	—	—	—	—
20.2	11.8	11.5	11.3	11.1	10.9	10.6	10.4	10.2	10.0	—	—	—	—
20.4	12.0	11.7	11.5	11.3	11.1	10.8	10.6	10.4	10.2	10.0	—	—	—
20.6	12.2	12.0	11.7	11.5	11.3	11.0	10.8	10.6	10.4	10.2	10.0	—	—
20.8	12.4	12.2	12.0	11.7	11.5	11.3	11.0	10.8	10.6	10.4	10.2	10.0	—
21.0	12.7	12.4	12.2	11.9	11.7	11.5	11.2	11.0	10.8	10.6	10.4	10.2	10.0
21.2	12.9	12.7	12.4	12.2	11.9	11.7	11.5	11.2	11.0	10.8	10.6	10.4	10.2
21.4	13.1	12.9	12.6	12.4	12.1	11.9	11.7	11.4	11.2	11.0	10.8	10.6	10.3
21.6	13.4	13.1	12.9	12.6	12.4	12.1	11.9	11.6	11.4	11.2	11.0	10.7	10.5
21.8	13.6	13.4	13.1	12.8	12.6	12.3	12.1	11.9	11.6	11.4	11.2	10.9	10.7
22.0	13.9	13.6	13.3	13.1	12.8	12.6	12.3	12.1	11.8	11.6	11.4	11.1	10.9
22.2	14.1	13.8	13.6	13.3	13.0	12.8	12.5	12.3	12.0	11.8	11.6	11.3	11.1
22.4	14.4	14.1	13.8	13.5	13.3	13.0	12.7	12.5	12.2	12.0	11.8	11.5	11.3
22.6	14.6	14.3	14.0	13.8	13.5	13.2	13.0	12.7	12.5	12.2	12.0	11.7	11.5
22.8	14.9	14.6	14.3	14.0	13.7	13.5	13.2	12.9	12.7	12.4	12.2	11.9	11.7
23.0	15.1	14.8	14.5	14.2	14.0	13.7	13.4	13.1	12.9	12.6	12.4	12.1	11.9
23.2	15.4	15.1	14.8	14.5	14.2	13.9	13.6	13.4	13.1	12.8	12.6	12.3	12.1
23.4	15.6	15.3	15.0	14.7	14.4	14.1	13.9	13.6	13.3	13.1	12.8	12.6	12.3
23.6	15.9	15.6	15.3	15.0	14.7	14.4	14.1	13.8	13.5	13.3	13.0	12.8	12.5
23.8	16.2	15.8	15.5	15.2	14.9	14.6	14.3	14.1	13.8	13.5	13.2	13.0	12.7
24.0	16.4	16.1	15.8	15.5	15.2	14.9	14.6	14.3	14.0	13.7	13.5	13.2	12.9
24.2	16.7	16.4	16.0	15.7	15.4	15.1	14.8	14.5	14.2	13.9	13.7	13.4	13.1
24.4	17.0	16.6	16.3	16.0	15.7	15.3	15.0	14.7	14.5	14.2	13.9	13.6	13.3
24.6	17.2	16.9	16.5	16.2	15.9	15.6	15.3	15.0	14.7	14.4	14.1	13.8	13.6
24.8	17.5	17.1	16.8	16.5	16.2	15.8	15.5	15.2	14.9	14.6	14.3	14.1	13.8

续表B

平均回弹值 R_m	测区混凝土强度换算值 $f^c_{cu,i}$（MPa）												
	平均碳化深度值 d_m（mm）												
	0.0	0.5	1.0	1.5	2.0	2.5	3.0	3.5	4.0	4.5	5.0	5.5	≥6
25.0	17.8	17.4	17.1	16.7	16.4	16.1	15.8	15.5	15.2	14.9	14.6	14.3	14.0
25.2	18.0	17.7	17.3	17.0	16.7	16.3	16.0	15.7	15.4	15.1	14.8	14.5	14.2
25.4	18.3	18.0	17.6	17.3	16.9	16.6	16.3	15.9	15.6	15.3	15.0	14.7	14.4
25.6	18.6	18.2	17.9	17.5	17.2	16.8	16.5	16.2	15.9	15.6	15.2	14.9	14.7
25.8	18.9	18.5	18.2	17.8	17.4	17.1	16.8	16.4	16.1	15.8	15.5	15.2	14.9
26.0	19.2	18.8	18.4	18.1	17.7	17.4	17.0	16.7	16.3	16.0	15.7	15.4	15.1
26.2	19.5	19.1	18.7	18.3	18.0	17.6	17.3	16.9	16.6	16.3	15.9	15.6	15.3
26.4	19.8	19.4	19.0	18.6	18.2	17.9	17.5	17.2	16.8	16.5	16.2	15.9	15.6
26.6	20.0	19.6	19.3	18.9	18.5	18.1	17.8	17.4	17.1	16.8	16.4	16.1	15.8
26.8	20.3	19.9	19.5	19.2	18.8	18.4	18.0	17.7	17.3	17.0	16.7	16.3	16.0
27.0	20.6	20.2	19.8	19.4	19.1	18.7	18.3	17.9	17.6	17.2	16.9	16.6	16.2
27.2	20.9	20.5	20.1	19.7	19.3	18.9	18.6	18.2	17.8	17.5	17.1	16.8	16.5
27.4	21.2	20.8	20.4	20.0	19.6	19.2	18.8	18.5	18.1	17.7	17.4	17.1	16.7
27.6	21.5	21.1	20.7	20.3	19.9	19.5	19.1	18.7	18.4	18.0	17.6	17.3	17.0
27.8	21.8	21.4	21.0	20.6	20.2	19.8	19.4	19.0	18.6	18.3	17.9	17.5	17.2
28.0	22.1	21.7	21.3	20.9	20.4	20.0	19.6	19.3	18.9	18.5	18.1	17.8	17.4
28.2	22.4	22.0	21.6	21.1	20.7	20.3	19.9	19.5	19.1	18.8	18.4	18.0	17.7
28.4	22.8	22.3	21.9	21.4	21.0	20.6	20.2	19.8	19.4	19.0	18.6	18.3	17.9
28.6	23.1	22.6	22.2	21.7	21.3	20.9	20.5	20.1	19.7	19.3	18.9	18.5	18.2
28.8	23.4	22.9	22.5	22.0	21.6	21.2	20.7	20.3	19.9	19.5	19.2	18.8	18.4
29.0	23.7	23.2	22.8	22.3	21.9	21.5	21.0	20.6	20.2	19.8	19.4	19.0	18.7
29.2	24.0	23.5	23.1	22.6	22.2	21.7	21.3	20.9	20.5	20.1	19.7	19.3	18.9
29.4	24.3	23.9	23.4	22.9	22.5	22.0	21.6	21.2	20.8	20.3	19.9	19.5	19.2
29.6	24.7	24.2	23.7	23.2	22.8	22.3	21.9	21.4	21.0	20.6	20.2	19.8	19.4
29.8	25.0	24.5	24.0	23.5	23.1	22.6	22.2	21.7	21.3	20.9	20.5	20.1	19.7
30.0	25.3	24.8	24.3	23.8	23.4	22.9	22.5	22.0	21.6	21.2	20.7	20.3	19.9
30.2	25.6	25.1	24.6	24.2	23.7	23.2	22.8	22.3	21.9	21.4	21.0	20.6	20.2
30.4	26.0	25.5	25.0	24.5	24.0	23.5	23.0	22.6	22.1	21.7	21.3	20.9	20.4
30.6	26.3	25.8	25.3	24.8	24.3	23.8	23.3	22.9	22.4	22.0	21.6	21.1	20.7
30.8	26.6	26.1	25.6	25.1	24.6	24.1	23.6	23.2	22.7	22.3	21.8	21.4	21.0
31.0	27.0	26.4	25.9	25.4	24.9	24.4	23.9	23.5	23.0	22.5	22.1	21.7	21.2
31.2	27.3	26.8	26.2	25.7	25.2	24.7	24.2	23.8	23.3	22.8	22.4	21.9	21.5
31.4	27.7	27.1	26.6	26.0	25.5	25.0	24.5	24.1	23.6	23.1	22.7	22.2	21.8
31.6	28.0	27.4	26.9	26.4	25.9	25.3	24.8	24.4	23.9	23.4	22.9	22.5	22.0
31.8	28.3	27.8	27.2	26.7	26.2	25.7	25.1	24.7	24.2	23.7	23.2	22.8	22.3
32.0	28.7	28.1	27.6	27.0	26.5	26.0	25.5	25.0	24.5	24.0	23.5	23.0	22.6

续表B

平均回弹值 R_m	测区混凝土强度换算值 $f^c_{cu,i}$（MPa）												
	平均碳化深度值 d_m（mm）												
	0.0	0.5	1.0	1.5	2.0	2.5	3.0	3.5	4.0	4.5	5.0	5.5	≥6
32.2	29.0	28.5	27.9	27.4	26.8	26.3	25.8	25.3	24.8	24.3	23.8	23.3	22.9
32.4	29.4	28.8	28.2	27.7	27.1	26.6	26.1	25.6	25.1	24.6	24.1	23.6	23.1
32.6	29.7	29.2	28.6	28.0	27.5	26.9	26.4	25.9	25.4	24.9	24.4	23.9	23.4
32.8	30.1	29.5	28.9	28.3	27.8	27.2	26.7	26.2	25.7	25.2	24.7	24.2	23.7
33.0	30.4	29.8	29.3	28.7	28.1	27.6	27.0	26.5	26.0	25.5	25.0	24.5	24.0
33.2	30.8	30.2	29.6	29.0	28.4	27.9	27.3	26.8	26.3	25.8	25.2	24.7	24.3
33.4	31.2	30.6	30.0	29.4	28.8	28.2	27.7	27.1	26.6	26.1	25.5	25.0	24.5
33.6	31.5	30.9	30.3	29.7	29.1	28.5	28.0	27.4	26.9	26.4	25.8	25.3	24.8
33.8	31.9	31.3	30.7	30.0	29.5	28.9	28.3	27.7	27.2	26.7	26.1	25.6	25.1
34.0	32.3	31.6	31.0	30.4	29.8	29.2	28.6	28.1	27.5	27.0	26.4	25.9	25.4
34.2	32.6	32.0	31.4	30.7	30.1	29.5	29.0	28.4	27.8	27.3	26.7	26.2	25.7
34.4	33.0	32.4	31.7	31.1	30.5	29.9	29.3	28.7	28.1	27.6	27.0	26.5	26.0
34.6	33.4	32.7	32.1	31.4	30.8	30.2	29.6	29.0	28.5	27.9	27.4	26.8	26.3
34.8	33.8	33.1	32.4	31.8	31.2	30.6	30.0	29.4	28.8	28.2	27.7	27.1	26.6
35.0	34.1	33.5	32.8	32.2	31.5	30.9	30.3	29.7	29.1	28.5	28.0	27.4	26.9
35.2	34.5	33.8	33.2	32.5	31.9	31.2	30.6	30.0	29.4	28.8	28.3	27.7	27.2
35.4	34.9	34.2	33.5	32.9	32.2	31.6	31.0	30.4	29.8	29.2	28.6	28.0	27.5
35.6	35.3	34.6	33.9	33.2	32.6	31.9	31.3	30.7	30.1	29.5	28.9	28.3	27.8
35.8	35.7	35.0	34.3	33.6	32.9	32.3	31.6	31.0	30.4	29.8	29.2	28.6	28.1
36.0	36.0	35.3	34.6	34.0	33.3	32.6	32.0	31.4	30.7	30.1	29.5	29.0	28.4
36.2	36.4	35.7	35.0	34.3	33.6	33.0	32.3	31.7	31.1	30.5	29.9	29.3	28.7
36.4	36.8	36.1	35.4	34.7	34.0	33.3	32.7	32.0	31.4	30.8	30.2	29.6	29.0
36.6	37.2	36.5	35.8	35.1	34.4	33.7	33.0	32.4	31.7	31.1	30.5	29.9	29.3
36.8	37.6	36.9	36.2	35.4	34.7	34.1	33.4	32.7	32.1	31.4	30.8	30.2	29.6
37.0	38.0	37.3	36.5	35.8	35.1	34.4	33.7	33.1	32.4	31.8	31.2	30.5	29.9
37.2	38.4	37.7	36.9	36.2	35.5	34.8	34.1	33.4	32.8	32.1	31.5	30.9	30.2
37.4	38.8	38.1	37.3	36.6	35.8	35.1	34.4	33.8	33.1	32.4	31.8	31.2	30.6
37.6	39.2	38.4	37.7	36.9	36.2	35.5	34.8	34.1	33.4	32.8	32.1	31.5	30.9
37.8	39.6	38.8	38.1	37.3	36.6	35.9	35.2	34.5	33.8	33.1	32.5	31.8	31.2
38.0	40.0	39.2	38.5	37.7	37.0	36.2	35.5	34.8	34.1	33.5	32.8	32.2	31.5
38.2	40.4	39.6	38.9	38.1	37.3	36.6	35.9	35.2	34.5	33.8	33.1	32.5	31.8
38.4	40.9	40.1	39.3	38.5	37.7	37.0	36.3	35.5	34.8	34.2	33.5	32.8	32.2
38.6	41.3	40.5	39.7	38.9	38.1	37.4	36.6	35.9	35.2	34.5	33.8	33.2	32.5
38.8	41.7	40.9	40.1	39.3	38.5	37.7	37.0	36.3	35.5	34.8	34.2	33.5	32.8
39.0	42.1	41.3	40.5	39.7	38.9	38.1	37.4	36.6	35.9	35.2	34.5	33.8	33.2
39.2	42.5	41.7	40.9	40.1	39.3	38.5	37.7	37.0	36.3	35.5	34.8	34.2	33.5

续表B

平均回弹值 R_m	测区混凝土强度换算值 $f^c_{cu,i}$（MPa）												
	平均碳化深度值 d_m（mm）												
	0.0	0.5	1.0	1.5	2.0	2.5	3.0	3.5	4.0	4.5	5.0	5.5	≥6
39.4	42.9	42.1	41.3	40.5	39.7	38.9	38.1	37.4	36.6	35.9	35.2	34.5	33.8
39.6	43.4	42.5	41.7	40.9	40.0	39.3	38.5	37.7	37.0	36.3	35.5	34.8	34.2
39.8	43.8	42.9	42.1	41.3	40.4	39.6	38.9	38.1	37.3	36.6	35.9	35.2	34.5
40.0	44.2	43.4	42.5	41.7	40.8	40.0	39.2	38.5	37.7	37.0	36.2	35.5	34.8
40.2	44.7	43.8	42.9	42.1	41.2	40.4	39.6	38.8	38.1	37.3	36.6	35.9	35.2
40.4	45.1	44.2	43.3	42.5	41.6	40.8	40.0	39.2	38.4	37.7	36.9	36.2	35.5
40.6	45.5	44.6	43.7	42.9	42.0	41.2	40.4	39.6	38.8	38.1	37.3	36.6	35.8
40.8	46.0	45.1	44.2	43.3	42.4	41.6	40.8	40.0	39.2	38.4	37.7	36.9	36.2
41.0	46.4	45.5	44.6	43.7	42.8	42.0	41.2	40.4	39.6	38.8	38.0	37.3	36.5
41.2	46.8	45.9	45.0	44.1	43.2	42.4	41.6	40.7	39.9	39.1	38.4	37.6	36.9
41.4	47.3	46.3	45.4	44.5	43.7	42.8	42.0	41.1	40.3	39.5	38.7	38.0	37.2
41.6	47.7	46.8	45.9	45.0	44.1	43.2	42.3	41.5	40.7	39.9	39.1	38.3	37.6
41.8	48.2	47.2	46.3	45.4	44.5	43.6	42.7	41.9	41.1	40.3	39.5	38.7	37.9
42.0	48.6	47.7	46.7	45.8	44.9	44.0	43.1	42.3	41.5	40.6	39.8	39.1	38.3
42.2	49.1	48.1	47.1	46.2	45.3	44.4	43.5	42.7	41.8	41.0	40.2	39.4	38.6
42.4	49.5	48.5	47.6	46.6	45.7	44.8	43.9	43.1	42.2	41.4	40.6	39.8	39.0
42.6	50.0	49.0	48.0	47.1	46.1	45.2	44.3	43.5	42.6	41.8	40.9	40.1	39.3
42.8	50.4	49.4	48.5	47.5	46.6	45.6	44.7	43.9	43.0	42.2	41.3	40.5	39.7
43.0	50.9	49.9	48.9	47.9	47.0	46.1	45.2	44.3	43.4	42.5	41.7	40.9	40.1
43.2	51.3	50.3	49.3	48.4	47.4	46.5	45.6	44.7	43.8	42.9	42.1	41.2	40.4
43.4	51.8	50.8	49.8	48.8	47.8	46.9	46.0	45.1	44.2	43.3	42.5	41.6	40.8
43.6	52.3	51.2	50.2	49.2	48.3	47.3	46.4	45.5	44.6	43.7	42.8	42.0	41.2
43.8	52.7	51.7	50.7	49.7	48.7	47.7	46.8	45.9	45.0	44.1	43.2	42.4	41.5
44.0	53.2	52.2	51.1	50.1	49.1	48.2	47.2	46.3	45.4	44.5	43.6	42.7	41.9
44.2	53.7	52.6	51.6	50.6	49.6	48.6	47.6	46.7	45.8	44.9	44.0	43.1	42.3
44.4	54.1	53.1	52.0	51.0	50.0	49.0	48.0	47.1	46.2	45.3	44.4	43.5	42.6
44.6	54.6	53.5	52.5	51.5	50.4	49.4	48.5	47.5	46.6	45.7	44.8	43.9	43.0
44.8	55.1	54.0	52.9	51.9	50.9	49.9	48.9	47.9	47.0	46.1	45.1	44.3	43.4
45.0	55.6	54.5	53.4	52.4	51.3	50.3	49.3	48.3	47.4	46.5	45.5	44.6	43.8
45.2	56.1	55.0	53.9	52.8	51.8	50.7	49.7	48.8	47.8	46.9	45.9	45.0	44.1
45.4	56.5	55.4	54.3	53.3	52.2	51.2	50.2	49.2	48.2	47.3	46.3	45.4	44.5
45.6	57.0	55.9	54.8	53.7	52.7	51.6	50.6	49.6	48.6	47.7	46.7	45.8	44.9
45.8	57.5	56.4	55.3	54.2	53.1	52.1	51.0	50.0	49.0	48.1	47.1	46.2	45.3
46.0	58.0	56.9	55.7	54.6	53.6	52.5	51.5	50.5	49.5	48.5	47.5	46.6	45.7
46.2	58.5	57.3	56.2	55.1	54.0	52.9	51.9	50.9	49.9	48.9	47.9	47.0	46.1
46.4	59.0	57.8	56.7	55.6	54.5	53.4	52.3	51.3	50.3	49.3	48.3	47.4	46.4

续表B

平均回弹值 R_m	测区混凝土强度换算值 $f^c_{cu,i}$ (MPa)												
	平均碳化深度值 d_m (mm)												
	0.0	0.5	1.0	1.5	2.0	2.5	3.0	3.5	4.0	4.5	5.0	5.5	≥6
46.6	59.5	58.3	57.2	56.0	54.9	53.8	52.8	51.7	50.7	49.7	48.7	47.8	46.8
46.8	60.0	58.8	57.6	56.5	55.4	54.3	53.2	52.2	51.1	50.1	49.1	48.2	47.2
47.0	—	59.3	58.1	57.0	55.8	54.7	53.7	52.6	51.6	50.5	49.5	48.6	47.6
47.2	—	59.8	58.6	57.4	56.3	55.2	54.1	53.0	52.0	51.0	50.0	49.0	48.0
47.4	—	60.0	59.1	57.9	56.8	55.6	54.5	53.5	52.4	51.4	50.4	49.4	48.4
47.6	—	—	59.6	58.4	57.2	56.1	55.0	53.9	52.8	51.8	50.8	49.8	48.8
47.8	—	—	60.0	58.9	57.7	56.6	55.4	54.4	53.3	52.2	51.2	50.2	49.2
48.0	—	—	—	59.3	58.2	57.0	55.9	54.8	53.7	52.7	51.6	50.6	49.6
48.2	—	—	—	59.8	58.6	57.5	56.3	55.2	54.1	53.1	52.0	51.0	50.0
48.4	—	—	—	60.0	59.1	57.9	56.8	55.7	54.6	53.5	52.5	51.4	50.4
48.6	—	—	—	—	59.6	58.4	57.3	56.1	55.0	53.9	52.9	51.8	50.8
48.8	—	—	—	—	60.0	58.9	57.7	56.6	55.5	54.4	53.3	52.2	51.2
49.0	—	—	—	—	—	59.3	58.2	57.0	55.9	54.8	53.7	52.7	51.6
49.2	—	—	—	—	—	59.8	58.6	57.5	56.3	55.2	54.1	53.1	52.0
49.4	—	—	—	—	—	60.0	59.1	57.9	56.8	55.7	54.6	53.5	52.4
49.6	—	—	—	—	—	—	59.6	58.4	57.2	56.1	55.0	53.9	52.9
49.8	—	—	—	—	—	—	60.0	58.8	57.7	56.6	55.4	54.3	53.3
50.0	—	—	—	—	—	—	—	59.3	58.1	57.0	55.9	54.8	53.7
50.2	—	—	—	—	—	—	—	59.8	58.6	57.4	56.3	55.2	54.1
50.4	—	—	—	—	—	—	—	60.0	59.0	57.9	56.7	55.6	54.5
50.6	—	—	—	—	—	—	—	—	59.5	58.3	57.2	56.0	54.9
50.8	—	—	—	—	—	—	—	—	60.0	58.8	57.6	56.5	55.4
51.0	—	—	—	—	—	—	—	—	—	59.2	58.1	56.9	55.8
51.2	—	—	—	—	—	—	—	—	—	59.7	58.5	57.3	56.2
51.4	—	—	—	—	—	—	—	—	—	60.0	58.9	57.8	56.6
51.6	—	—	—	—	—	—	—	—	—	—	59.4	58.2	57.1
51.8	—	—	—	—	—	—	—	—	—	—	59.8	58.7	57.5
52.0	—	—	—	—	—	—	—	—	—	—	60.0	59.1	57.9
52.2	—	—	—	—	—	—	—	—	—	—	—	59.5	58.4
52.4	—	—	—	—	—	—	—	—	—	—	—	60.0	58.8
52.6	—	—	—	—	—	—	—	—	—	—	—	—	59.2
52.8	—	—	—	—	—	—	—	—	—	—	—	—	59.7

注：表中未注明的测区混凝土强度换算值为小于10MPa或大于60MPa；

表中数值是根据曲线方程 $f = 0.034488R^{1.9400} 10^{(-0.0173d_m)}$ 计算。

附录 C 非水平方向检测时的回弹值修正值

表 C 非水平方向检测时的回弹值修正值

$R_{m\alpha}$	检测角度							
	向 上				向 下			
	90°	60°	45°	30°	−30°	−45°	−60°	−90°
20	−6.0	−5.0	−4.0	−3.0	+2.5	+3.0	+3.5	+4.0
21	−5.9	−4.9	−4.0	−3.0	+2.5	+3.0	+3.5	+4.0
22	−5.8	−4.8	−3.9	−2.9	+2.4	+2.9	+3.4	+3.9
23	−5.7	−4.7	−3.9	−2.9	+2.4	+2.9	+3.4	+3.9
24	−5.6	−4.6	−3.8	−2.8	+2.3	+2.8	+3.3	+3.8
25	−5.5	−4.5	−3.8	−2.8	+2.3	+2.8	+3.3	+3.8
26	−5.4	−4.4	−3.7	−2.7	+2.2	+2.7	+3.2	+3.7
27	−5.3	−4.3	−3.7	−2.7	+2.2	+2.7	+3.2	+3.7
28	−5.2	−4.2	−3.6	−2.6	+2.1	+2.6	+3.1	+3.6
29	−5.1	−4.1	−3.6	−2.6	+2.1	+2.6	+3.1	+3.6
30	−5.0	−4.0	−3.5	−2.5	+2.0	+2.5	+3.0	+3.5
31	−4.9	−4.0	−3.5	−2.5	+2.0	+2.5	+3.0	+3.5
32	−4.8	−3.9	−3.4	−2.4	+1.9	+2.4	+2.9	+3.4
33	−4.7	−3.9	−3.4	−2.4	+1.9	+2.4	+2.9	+3.4
34	−4.6	−3.8	−3.3	−2.3	+1.8	+2.3	+2.8	+3.3
35	−4.5	−3.8	−3.3	−2.3	+1.8	+2.3	+2.8	+3.3
36	−4.4	−3.7	−3.2	−2.2	+1.7	+2.2	+2.7	+3.2
37	−4.3	−3.7	−3.2	−2.2	+1.7	+2.2	+2.7	+3.2
38	−4.2	−3.6	−3.1	−2.1	+1.6	+2.1	+2.6	+3.1
39	−4.1	−3.6	−3.1	−2.1	+1.6	+2.1	+2.6	+3.1
40	−4.0	−3.5	−3.0	−2.0	+1.5	+2.0	+2.5	+3.0
41	−4.0	−3.5	−3.0	−2.0	+1.5	+2.0	+2.5	+3.0
42	−3.9	−3.4	−2.9	−1.9	+1.4	+1.9	+2.4	+2.9
43	−3.9	−3.4	−2.9	−1.9	+1.4	+1.9	+2.4	+2.9
44	−3.8	−3.3	−2.8	−1.8	+1.3	+1.8	+2.3	+2.8
45	−3.8	−3.3	−2.8	−1.8	+1.3	+1.8	+2.3	+2.8
46	−3.7	−3.2	−2.7	−1.7	+1.2	+1.7	+2.2	+2.7
47	−3.7	−3.2	−2.7	−1.7	+1.2	+1.7	+2.2	+2.7
48	−3.6	−3.1	−2.6	−1.6	+1.1	+1.6	+2.1	+2.6
49	−3.6	−3.1	−2.6	−1.6	+1.1	+1.6	+2.1	+2.6
50	−3.5	−3.0	−2.5	−1.5	+1.0	+1.5	+2.0	+2.5

注：1 $R_{m\alpha}$ 小于 20 或大于 50 时，分别按 20 或 50 查表；
　　2 表中未列入的相应于 $R_{m\alpha}$ 的修正值 $R_{m\alpha}$，可用内插法求得，精确至 0.1。

附录 D 不同浇筑面的回弹值修正值

表 D 不同浇筑面的回弹值修正值

R_m^t 或 R_m^b	表面修正值 (R_a^t)	底面修正值 (R_a^b)	R_m^t 或 R_m^b	表面修正值 (R_a^t)	底面修正值 (R_a^b)
20	+2.5	−3.0	36	+0.9	−1.4
21	+2.4	−2.9	37	+0.8	−1.3
22	+2.3	−2.8	38	+0.7	−1.2
23	+2.2	−2.7	39	+0.6	−1.1
24	+2.1	−2.6	40	+0.5	−1.0
25	+2.0	−2.5	41	+0.4	−0.9
26	+1.9	−2.4	42	+0.3	−0.8
27	+1.8	−2.3	43	+0.2	−0.7
28	+1.7	−2.2	44	+0.1	−0.6
29	+1.6	−2.1	45	0	−0.5
30	+1.5	−2.0	46	0	−0.4
31	+1.4	−1.9	47	0	−0.3
32	+1.3	−1.8	48	0	−0.2
33	+1.2	−1.7	49	0	−0.1
34	+1.1	−1.6	50	0	0
35	+1.0	−1.5			

注：1 R_m^t 或 R_m^b 小于 20 或大于 50 时，分别按 20 或 50 查表；

2 表中有关混凝土浇筑表面的修正系数，是指一般原浆抹面的修正值；

3 表中有关混凝土浇筑底面的修正系数，是指构件底面与侧面采用同一类模板在正常浇筑情况下的修正值；

4 表中未列入相应于 R_m^t 或 R_m^b 的 R_a^t 和 R_a^b，可用内插法求得，精确至 0.1。

附录 E 地区和专用测强曲线的制定方法

E.0.1 制定地区和专用测强曲线的试块应与欲测构件在原材料（含品种、规格）、成型工艺、养护方法等方面条件相同。

E.0.2 试块的制作、养护应符合下列规定：

1 应按最佳配合比设计 5 个强度等级，且每一强度等级不同龄期应分别制作不少于 6 个 150mm 立方体试块；

2 在成型 24h 后，应将试块移至与被测构件相同条件下养护，试块拆模日期宜与构件的拆模日期相同。

E.0.3 试块的测试应按下列步骤进行：

1 擦净试块表面，以浇筑侧面的两个相对面置于压力机的上下承压板之间，加压(60～100)kN（低强度试件取低值）；

2 在试块保持压力下，采用符合本规程第 3.1.3 条规定的标准状态的回弹仪和本规程第 4.2.1 条规定的操作方法，在试块的两个侧面上分别弹击 8 个点；

3 从每一试块的 16 个回弹值中分别剔除 3 个最大值和 3 个最小值，以余下的 10 个回弹值的平均值（计算精确至 0.1）作为该试块的平均回弹值 R_m；

4 将试块加荷直至破坏，计算试块的抗压强度值 f_{cu} (MPa)，精确至 0.1MPa；

5 按本规程第 4.3 节的规定在破坏后的试块边缘测量该试块的平均碳化深度值。

E.0.4 地区和专用测强曲线的计算应符合下列规定：

1 地区和专用测强曲线的回归方程式，应按每一试件测得的 R_m、d_m 和 f_{cu}，采用最小二乘法原理计算；

2 回归方程宜采用以下函数关系式：

$$f_{cu} = aR_m^b \cdot 10^{\alpha d_m} \qquad (E.0.4-1)$$

3 用下式计算回归方程式的强度平均相对误差 δ 和强度相对标准差 e_r，且当 δ 和 e_r 均符合本规程第 6.3.1 条规定时，可报请上级主管部门审批：

$$\delta = \pm \frac{1}{n} \sum_{i=1}^{n} \left| \frac{f_{cu,i}^c}{f_{cu,i}} - 1 \right| \times 100 \qquad (E.0.4-2)$$

$$e_r = \sqrt{\frac{1}{n-1} \sum_{i=1}^{n} \left(\frac{f_{cu,i}^c}{f_{cu,i}} - 1 \right)^2} \times 100$$

$$(E.0.4-3)$$

式中：δ ——回归方程式的强度平均相对误差（%），精确至 0.1；

e_r ——回归方程式的强度相对标准差（%），精确至 0.1；

$f_{cu,i}$ ——由第 i 个试块抗压试验得出的混凝土抗压强度值（MPa），精确至 0.1MPa；

$f_{cu,i}^c$ ——由同一试块的平均回弹值 R_m 及平均碳化深度值 d_m 按回归方程式算出的混凝土的强度换算值（MPa），精确至 0.1MPa；

n ——制定回归方程式的试件数。

附录 F　回弹法检测混凝土抗压强度报告

表 F　回弹法检测混凝土抗压强度报告

编号（　）第_____号　第_____页　共_____页

委 托 单 位_____　　施 工 单 位_____

工 程 名 称_____　　混 凝 土 类 型_____

强 度 等 级_____　　浇 筑 日 期_____

检 测 原 因_____　　检 测 依 据_____

环 境 温 度_____　　检 测 日 期_____

回弹仪型号_____　　回弹仪检定证号_____

检 测 结 果

构件	测区混凝土抗压强度换算值（MPa）			构件现龄期混凝土强度推定值（MPa）	备注
名称	编号	平均值	标准差	最小值	

（有需要说明的问题或表格不够请续页）

批准：_____　审核：_____

主检_____　上岗证书号_____　主检_____上岗证号书_____

报告日期_____年_____月_____日

本规程用词说明

1　为便于在执行本规程条文时区别对待，对于要求严格程度不同的用词说明如下：

　1) 表示很严格，非这样做不可的：

　　正面词采用"必须"；反面词采用"严禁"；

　2) 表示严格，在正常情况下均应这样做的：

　　正面词采用"应"；反面词采用"不应"或"不得"；

　3) 表示允许稍有选择，在条件许可时首先应这样做的：

　　正面词采用"宜"；反面词采用"不宜"；

　4) 表示有选择，在一定条件下可以这样做的，采用"可"。

2　条文中指明应按其他有关标准执行的写法为："应按……执行"或"应符合……规定"。

引用标准名录

1　《回弹仪》GB/T 9138

2　《回弹仪》JJG 817

中华人民共和国行业标准

回弹法检测混凝土抗压强度技术规程

JGJ/T 23—2011

条 文 说 明

修 订 说 明

《回弹法检测混凝土抗压强度技术规程》JGJ/T 23－2011，经住房和城乡建设部 2011 年 5 月 3 日以第 1000 号公告批准、发布。

本规程是在《回弹法检测混凝土抗压强度技术规程》JGJ/T 23－2001 的基础上修订而成。本规程第一版于 1985 年颁布实施，主编单位是陕西省建筑科学研究院，参编单位是中国建筑科学研究院、浙江省建筑科学研究院、四川省建筑科学研究院、贵州中建建筑科学研究院、重庆市建建筑科学研究院、天津建筑仪器试验机公司。

本规程经过 1992 年和 2001 年两次修订，本次为第三次修订。

为便于广大设计、生产、施工、科研、学校等单位有关人员在使用本规程时能正确理解和执行条文规定，本规程编制组按章、节、条顺序编制了本规程的条文说明，供使用者参考。但是，本条文说明不具备与规程正文同等的法律效力，仅供使用者作为理解和把握规程规定的参考。

目　次

1 总　则

1.0.1　统一回弹仪检测方法，保证检测精度是本规程制定的目的。回弹法在我国已使用了几十年，应用非常广泛，为了保证检测的准确性和可靠性，就必须统一检测方法。

1.0.2　本条所指的普通混凝土系主要由水泥、砂、石、外加剂、掺合料和水配制的密度为 $2000kg/m^3 \sim 2800kg/m^3$ 的混凝土。

1.0.3　由于本规程规定的方法是处理混凝土质量问题的依据，若不进行统一培训，则会对同一构件混凝土强度的推定结果存在着因人而异的混乱现象，因此本条规定，凡从事本项检测的人员应经过培训并持有相应的资格证书。

1.0.4　凡本规程涉及的其他有关方面，例如钻芯取样，高空、深坑作业时的安全技术和劳动保护等，均应遵守相应的标准和规范。

3 回　弹　仪

3.1 技 术 要 求

3.1.1　随着光电子技术在回弹仪上的应用，国内数字式回弹仪的技术水平有了很大的提高，技术上已经成熟，我国一些回弹仪企业生产的数字回弹仪性能已相当稳定。为了推广和应用先进技术，提高工作效率，减少人为产生的读数、记录、计算等过程出现差错，因此，本条规定可使用数字式回弹仪也可使用传统指针直读式回弹仪。

3.1.2　由于回弹仪为计量仪器，因此在回弹仪明显的位置上要标明名称、型号、制造厂名、生产编号及生产日期。

3.1.3　回弹仪的质量及测试性能直接影响混凝土强度推定结果的准确性。根据多年对回弹仪的测试性能试验研究，编制组认为：回弹仪的标准状态是统一仪器性能的基础，是使回弹法广泛应用于现场的关键所在；只有采用质量统一，性能一致的回弹仪，才能保证测试结果的可靠性，并能在同一水平上进行比较。在此基础上，提出了下列回弹仪标准状态的各项具体指标：

　1　水平弹击时，对于中型回弹仪弹击锤脱钩的瞬间，回弹仪的标准能量 E，即中型回弹仪弹击拉簧恢复原始状态所作的功为：

$$E = \frac{1}{2}KL^2 = \frac{1}{2} \times 784.532 \times 0.075^2 = 2.207J$$

$$\tag{3-1}$$

式中：K——弹击拉簧的刚度系数（N/m）；

　　　L——弹击拉簧工作时拉伸长度（m）。

　2　弹击锤与弹击杆碰撞瞬间，弹击拉簧应处于自由状态，此时弹击锤起跳点应相应于刻度尺上的"0"处，同时弹击锤应在相应于刻度尺上的"100"处脱钩，也即在"0"处起跳。

试验表明，当弹击拉簧的工作长度、拉伸长度及弹击锤的起跳点不符合以上规定的要求，即不符合回弹仪工作的标准状态时，则各仪器在同一试块上测得的回弹值的极差高达 7.82 分度值，调为标准状态后，极差为 1.72 分度值。

　3　检验回弹仪的率定值是否符合 80±2 的作用是：检验回弹仪的标称能量是否为 2.207J；回弹仪的测试性能是否稳定；机芯的滑动部分是否有污垢等。

当钢砧率定值达不到规定值时，不允许用混凝土试块上的回弹值予以修正，更不允许旋转调零螺丝人为地使其达到率定值。试验表明上述方法不符合回弹仪测试性能，破坏了零点起跳亦即使回弹仪处于非标准状态。此时，可按本规程第 3.3 节要求进行常规保养，若保养后仍不合格，可送检定单位检定。

　4　现有绝大多数数字式回弹仪都是在传统机械构造和标准技术参数的基础上实现回弹值的数字化采样的，即现有数字式回弹仪所得到的回弹值采样系统都是把回弹仪的指针示值实现数字化采样。也只有这种形式的数字回弹仪才符合现行回弹法技术规程的使用要求。

市场上少数劣质数字回弹仪采样系统所采用的技术手段落后、器件质量耐久性差，工作不久就经常出现采样数据与实际指针回弹值发生偏差的故障。如早期机械接触式数显回弹仪，由于采样系统的电阻片耐久性差，容易发生低值区严重磨损出现率定值（采样高值区）正确而实际检测值（采样低值区）严重失真的情况。

保留人工直读示值系统能使数字回弹仪的操作者在实际检测过程中随时核对数字回弹仪所显示的采样值是否与指针示值相同，及时发现仪器采样系统的故障。

如数字回弹仪不保留人工直读示值系统，检测单位或操作人员将难以及时发现和判断数字回弹仪采样系统的故障，极易造成检测结果错误，严重时将影响被测建筑物的安全性判断。

因此，规定数字式回弹仪应带有指针直读系统，这是保证数字式回弹仪的数字显示与指针显示一致性的基本要求。

3.1.4　环境温度异常时，对回弹仪的性能有影响，故规定了其使用时的环境温度。

3.2 检　定

3.2.1　本条指出，检定混凝土回弹仪的单位应由主管部门授权，并按照国家计量检定规程《回弹仪》JJG 817（新修订的计量检定规程将原《混凝土回弹仪》更名为《回弹仪》）进行。开展检定工作要备有

回弹仪检定器、拉簧刚度测量仪等设备。目前有的地区或部门不具备检定回弹仪的资格及条件，甚至不懂得回弹仪的标准状态，进行调整调零螺丝以使其钢砧率定值达到80±2的错误做法；有的没有检定设备也开展检定工作，以至于影响了回弹法的正确推广应用。因此，有必要强调检定单位的资格和统一检定回弹仪的方法。

目前，回弹仪生产不能完全保证每台新回弹仪均为标准状态，因此新回弹仪在使用前必须检定。回弹仪检定期限为半年，这样规定比较符合我国目前使用回弹仪的情况。原规程规定的6000次，是参照国内外有关试验资料而定的。一般情况下，如不超过这一界限，正常质量的弹击拉簧不会产生显著的塑性变形而影响其工作性能。但是，6000次如何具体定量，相对较困难，所以这次予以删除，用半年期限和其他参数控制。

3.2.2 本条给出了回弹仪的率定方法。

3.2.3 钢砧的钢芯硬度和表面状态会随着弹击次数的增加而变化，故规定钢砧应每两年校验一次。

3.3 保 养

3.3.1 本条主要规定了回弹仪常规保养的要求。

3.3.2 本条给出了回弹仪常规保养的步骤。进行常规保养时，必须先使弹击锤脱钩后再取出机芯，否则会使弹击杆突然伸出造成伤害。取机芯时要将指针轴向上轻轻抽出，以免造成指针片折断。此外，各零部件清洗完后，不能在指针轴上抹油，否则，使用中由于指针轴的油污垢，将使指针摩擦力变化，直接影响检测结果。数字式回弹仪结构和原理较复杂，其厂商已提供了使用和维护手册，应按该手册的要求进行维护和保养。

3.3.3 回弹仪每次使用完毕后，应及时清除表面污垢。不用时，应将弹击杆压入仪器内，必须经弹击后方可按下按钮锁住机芯，如果未经弹击而锁住机芯，将使弹击拉簧在不工作时仍处于受拉状态，极易因疲劳而损坏。存放时回弹仪应平放在干燥阴凉处，如存放地点潮湿将会使仪器锈蚀。

4 检测技术

4.1 一般规定

4.1.1 本条列举的1～6项资料，是为了对被检测的构件有全面、系统的了解。此外，必须了解水泥的安定性。如水泥安定性不合格则不能检测，如不能确切提供水泥安定性合格与否则应在检测报告上说明，以免产生由于后期混凝土强度因水泥安定性不合格而降低或丧失所引起的事故责任不清的问题。另外，也应了解清楚混凝土成型日期，这样可以推算出检测时构

件混凝土的龄期。

4.1.2 本条是为了保证在使用中及时发现和纠正回弹仪的非标准状态。

4.1.3 由于回弹法测试具有快速、简便的特点，能在短期内进行较多数量的检测，以取得代表性较高的总体混凝土强度数据，故规定：按批进行检测的构件，抽检数量不得少于同批构件总数的30%且构件数量不得少于10个。当检验批构件数量过多时，抽检构件数量可按照《建筑结构检测技术标准》GB/T 50344进行适当调整。

此外，抽取试样应严格遵守"随机"的原则，并宜由建设单位、监理单位、施工单位会同检测单位共同商定抽样的范围、数量和方法。

4.1.4 某一方向尺寸不大于4.5m且另一方向尺寸不大于0.3m时，作为是否需要10个测区数的界线。另外，当受检构件数量较多且混凝土质量较均匀时，如果还按10个测区，检测工作量太大，可以适当减少测区数量，但不得少于5个测区。

检测构件布置测区时，相邻两测区的间距及测区离构件端部或施工缝的距离应遵守本条规定。布置测区时，宜选在构件两个对称的可测面上。当可测面的对称面无法检测时，也可在一个检测面上布置测区。

检测面应为混凝土原浆面，已经粉刷的构件应将粉刷层清除干净，不可将粉刷层当作混凝土原浆面进行检测。如果养护不当，混凝土表面会产生疏松层，尤其在气候干燥地区更应注意，应将疏松层清除后方可检测，否则会造成误判。

对于薄壁小型构件，如果约束力不够，回弹时产生颤动，会造成回弹能量损失，使检测结果偏低。因此必须加以可靠支撑，使之有足够的约束力时方可检测。

4.1.5 在记录纸上描述测区在构件上的位置和外观质量（例如有无裂缝），目的是以备推定和分析处理构件混凝土强度时参考。

4.1.6 当检测条件与测强曲线的适用条件有较大差异时，例如龄期、成型工艺、养护条件等有差异时，可以采用钻取混凝土芯样或同条件试块进行修正，修正时试件数量应不少于6个。芯样数量太少代表性不够，且离散较大。如果数量过大，则钻取芯工作量太大，有些构件又不宜取过多芯样，否则影响其结构安全性，因此，规定芯样数量不少于6个。考虑到芯样强度计算时，不同的规格修正会带来新的误差，因此规定芯样的直径宜为100mm，高径比为1。另外，需要指出的是，此处每一个钻取芯样的部位均应在回弹测区内，先测定测区回弹值、碳化深度值，然后再钻取芯样。不可以将较长芯样沿长度方向截取为几个芯样试件来计算修正值。芯样的钻取、加工、计算可参照中国工程建设标准化协会标准《钻芯法检测混凝土强度技术规程》CECS 03的规定执行。同样，同条件试块修正时，试块数量不少于6个，试块边长应为150mm，避

免试块尺寸不同进行换算时带来二次误差。

为了更精确、合理的对测区混凝土强度进行修正，修订编制组经过反复讨论，推荐采用修正量方法对测区混凝土强度进行修正。具体理由如下：

1 国家标准《建筑结构检测技术标准》GB/T 50344－2004 的第 4.3.3 条文为"采用钻芯修正法时，宜选用总体修正量的方法。"中国工程建设标准化协会标准《钻芯法检测混凝土强度技术规程》CECS 03：2007 的第 3.3.1 条文为"对间接测强方法进行钻芯修正时，宜采用修正量的方法"。

2 经过数学公式的推定及查阅国内相关的技术文章，得出统一结论：修正量方法对测区强度进行修正后，只修正混凝土测区强度值，不会改变同一构件或同批构件的标准差。

3 根据 CECS 03：2007 的条文解释，修正量的概念与现行国家标准《数据的统计处理和解释 在成对观测值情形下两个均值的比较》GB/T 3361 的概念相符；欧洲标准《Assessment of in-suit compressive strength in structures and precast concrete components》BS EN 13791：2007 也采取修正量的方法。

4.2 回弹值测量

4.2.1 检测时，应注意回弹仪的轴线应始终垂直于混凝土检测面，并且缓慢施压不能冲击，否则回弹值读数不准确。

4.2.2 本条规定每一测区记取 16 点回弹值，它不包含弹击隐藏在薄薄一层水泥浆下的气孔或石子上的数值，这两种数值与该测区的正常回弹值偏差很大，很好判断。同一测点只允许弹击一次，若重复弹击则后者回弹值高于前者，这是因为经弹击后该局部位置较密实，再弹击时吸收的能量较小从而使回弹值偏高。

4.3 碳化深度值测量

4.3.1 本规程附录 A 中测区混凝土强度换算值由回弹值及碳化深度值两个因素确定，因此需要具体确定每一个测区的碳化深度值。当出现测区间碳化深度值极差大于 2.0mm 情况时，可能预示该构件混凝土强度不均匀，因此要求每一测区应分别测量碳化深度值。

4.3.2 由于现在所用水泥掺合料品种繁多，有些水泥水化后不能立即呈现碳化与未碳化的界线，需等待一段时间显现。因此本条规定了量测碳化深度时，需待碳化与未碳化界线清楚时再进行量测的内容。与回弹值一样，碳化深度值的测量准确与否，直接影响推定混凝土强度的准确性，因此在测量碳化深度值时应为垂直距离，并非孔洞中显现的非垂直距离。测量碳化深度值时应采用专用碳化深度测量仪，每个点测量 3 次，每次测量碳化深度可以精确到 0.25mm，3 次测量结果取平均值，精确到 0.5mm。当测区的碳化深度的极差大于 2.0mm 时，可能预示着该构件的混凝土强度不均匀，因此要求每一个测区均需要测量碳化深度值。征求意见稿中有些专家提出"用 2％的酚酞酒精溶液来显示碳化深度，效果较好"，经编制组的多次试验，1％的酚酞酒精溶液和 2％的酚酞酒精溶液差别不大，因此将原来规定的 1％的酒精酚酞溶液改为 1％～2％的酚酞酒精溶液。对于因养护不当及酸性隔离剂等因素引起的异常碳化，可用其他方法对检测结果进行修正。

4.4 泵送混凝土的检测

4.4.1 泵送混凝土的流动性大，其浇筑面的表面和底面性能相差较大，由于缺乏足够的具有说服力的实验数据，故规定测区应选在混凝土浇筑侧面。

5 回弹值计算

5.0.1 本条规定的测区平均回弹值计算方法和建立测强曲线时的取舍方法一致，不会引进新的误差。

5.0.2、5.0.3 由于现场检测条件的限制，有时不能满足水平方向检测混凝土浇筑侧面的要求，需按照规定修正。本规程附录 C 及附录 D 系参考国外有关标准和国内试验资料而制定的。

5.0.4 当检测时回弹仪为非水平方向且测试面为非混凝土的浇筑侧面时，应先按本规程附录 C 对回弹值进行角度修正，然后用上述按角度修正后的回弹值查本规程附录 D 再行修正，两次修正后的值可理解为水平方向检测混凝土浇筑侧面的回弹值。这种先后修正的顺序不能颠倒，更不允许分别修正后的值直接与原始回弹值相加减。

6 测强曲线

6.1 一般规定

6.1.1 我国地域辽阔，气候差别很大，混凝土材料种类繁多，工程分散，施工和管理水平参差不齐。在全国工程中使用回弹法检测混凝土强度，除应统一仪器标准，统一测试技术，统一数据处理，统一强度推定方法外，还应尽力提高检测曲线的精度，发挥各地区的技术作用。各地区使用统一测强曲线外，也可以根据各地的气候和原材料特点，因地制宜地制定和采用专用测强曲线和地区测强曲线。

6.1.2 对于有条件的地区如能建立本地区的测强区线或专用测强曲线，则可以提高该地区的检测精度。地区和专用测强曲线须经地方建设行政主管部门组织的审查和批准，方能实施。各地可以根据专用测强曲线、地区测强曲线、统一测强曲线的次序选用。

6.2 统一测强曲线

6.2.1 统一测强曲线经过了 20 多年的使用，对于非

泵送混凝土效果良好，这次修订时予以保留。本条给出了全国统一测强曲线的适应条件。

6.2.2 泵送混凝土在原材料、配合比、搅拌、运输、浇筑、振捣、养护等环节与传统的混凝土都有很大的区别。为了适用混凝土技术的发展，提高回弹法检测的精度，这次把泵送混凝土进行单独回归。本次各参加实验单位共取得泵送混凝土实验数据 9843 个，按照最小二乘法的原理，通过回归而得到的幂函数曲线方程为：

$$f = 0.034488R^{1.9400} 10^{(-0.0173d_m)}$$

其强度误差值为：平均相对误差 (δ) ±13.89%；相对标准差 (e_r) 17.24%；相关系数 (r)：0.878。

得到的指数方程为：

$$f = 5.1392e^{(0.0535R-0.0444d_m)}$$

其强度误差值为：平均相对误差 (δ) ±14.31%；相对标准差 (e_r) 17.69%；相关系数 (r)：0.870。

通过分析比较，最后采用幂函数曲线方程作为泵送混凝土的测强曲线方程。该曲线方程与全国部分地方曲线方程相比，在混凝土抗压强度区间（10.0～60.0）MPa 范围内，各地的测强曲线中回弹值既有一定的差异，同时又比较接近，这就充分说明了本次修订的泵送混凝土的测强曲线具有广泛的适应性和可靠性。

下面是全国部分地方曲线方程强度在（10.0～60.0）MPa 范围内的回弹区间：

陕西省　　　　回弹值 17.0～48.6　强度值（MPa）
　　　　　　　10.0～59.8

山东省　　　　回弹值 20.6～45.8　强度值（MPa）
　　　　　　　9.8～60.1

浙江省（碎石）回弹值 18.2～47.6　强度值（MPa）
　　　　　　　13.1～59.9

浙江省（卵石）回弹值 20.0～48.0　强度值（MPa）
　　　　　　　10.3～60.0

辽宁省　　　　回弹值 20.0～54.8　强度值（MPa）
　　　　　　　10.0～60.0

北京市　　　　回弹值 20.0～50.0　强度值（MPa）
　　　　　　　10.9～60.1

唐山市（2003 年）回弹值 20.0～47.6　强度值（MPa）
　　　　　　　14.5～60.0

成都市（1997 年）回弹值 35.0～43.6　强度值（MPa）
　　　　　　　31.9～60.2

温州市（2003 年）回弹值 27.0～47.2　强度值（MPa）
　　　　　　　17.4～60.2

焦作市　　　　回弹值 18.6～46.6　强度值（MPa）
　　　　　　　10.0～59.5

宁夏回族自治区 回弹值 21.0～46.2　强度值（MPa）
　　　　　　　11.2～60.3

本次修订的行标 回弹值 18.6～46.8　强度值（MPa）
　　　　　　　10.0～60.0

6.2.3 本条给出了对统一测强曲线误差的基本要求。

6.2.4 粗骨料最大公称粒径大于 60mm，已超出实验时试块及试件粗骨料的最大粒径，泵送混凝土粗骨料最大公称粒径大于 31.5mm 时已不能满足泵送的要求；构件生产中，有的并非一般机械成型工艺可以完成，例如混凝土轨枕，上、下水管道等，就需采用加压振动或离心法成型工艺，超出了该测强曲线的使用范围；对于在非平面的构件上测得的回弹值与在平面上测得的回弹值关系，国内目前尚无试验资料，现参照国外资料，规定凡测试部位的曲率半径小于 250mm 的构件一律不能采用该测强曲线；混凝土表面湿度对回弹法测强影响很大，应等待混凝土表面干燥后再进行检测。

6.3 地区和专用测强曲线

6.3.1 地区和专用测强曲线的强度误差值均应小于全国统一测强曲线，本条给出了地区和专用测强曲线的强度误差值要求。

6.3.2 地区和专用测强曲线的制定应按本规程附录 E 进行并报主管部门批准实施，使用中应注意其使用范围，只能在制定曲线时的试件条件范围内，例如龄期、原材料、外加剂、强度区间等，不允许超出该使用范围。这些测强曲线均为经验公式制定，因此决不能根据测强公式而任意外推，以免得出错误的计算结果。此外，应经常抽取一定数量的同条件试块进行校核，如发现误差较大时，应停止使用并应及时查找原因。

7　混凝土强度的计算

7.0.1 构件的每一测区的混凝土强度换算值，是由每一测区的平均回弹值及平均碳化深度值按照测强曲线计算或查表得出。

7.0.2 此条给出了测区混凝土强度平均值及标准差的计算方法。需要说明的是，在计算标准差时，强度平均值应精确至 0.01MPa，否则会因二次数据修约而增大计算误差。

7.0.3 当测区数量≥10 个时，为了保证构件的混凝土强度满足 95% 的保证率，采用数理统计的公式计算强度推定值；当构件测区数＜10 个时，因样本太少，取最小值作为强度推定值。此外，当构件中出现测区强度无法查出（如 f_{cu}＜10.0MPa 或 f_{cu}＞60MPa）时，因无法计算平均值及标准差，也只能以最小值作为该强度推定值。

7.0.4 当测区间的标准差过大时，说明已有某些系统误差因素起作用，例如构件不是同一强度等级，龄期差异较大等，不属于同一母体，因此不能按批进行推定。

7.0.5 检测报告是工程测试的最后结果，是处理混凝土质量问题的依据，宜按统一格式出具。

中华人民共和国行业标准

后锚固法检测混凝土抗压强度技术规程

Technical specification for inspection of concrete compressive
strength by post-installed adhesive anchorage method

JGJ/T 208—2010

批准部门：中华人民共和国住房和城乡建设部
施行日期：2010年10月1日

中华人民共和国住房和城乡建设部
公　告

第 550 号

关于发布行业标准《后锚固法检测混凝土抗压强度技术规程》的公告

现批准《后锚固法检测混凝土抗压强度技术规程》为行业标准，编号为 JGJ/T 208‑2010，自 2010 年 10 月 1 日起实施。

本规程由我部标准定额研究所组织中国建筑工业出版社出版发行。

中华人民共和国住房和城乡建设部

2010 年 4 月 17 日

前　言

根据住房和城乡建设部《关于印发〈2009 年工程建设标准规范制订、修订计划〉的通知》（建标〔2009〕88 号）的要求，规程编制组经广泛调研、认真总结实践经验、参考有关国际标准和国内先进标准，并在广泛征求意见的基础上，制定本规程。

本规程的主要技术内容是：1　总则；2　术语和符号；3　基本规定；4　后锚固法试验装置；5　检测技术；6　混凝土强度推定等。

本规程由住房和城乡建设部负责管理，由山东省建筑科学研究院负责具体技术内容的解释。执行过程中，如有意见或建议，请寄送山东省建筑科学研究院（济南市无影山路 29 号，邮编：250031）。

本 规 程 主 编 单 位：山东省建筑科学研究院
江苏盐城二建集团有限公司

本 规 程 参 编 单 位：国家建筑工程质量监督检验中心
甘肃省建设投资（控股）集团总公司
福建省建筑科学研究院
甘肃省建筑科学研究院
江苏省建筑科学研究院有限公司
辽宁省建设科学研究院
青岛理工大学
济南市工程质量与安全生产监督站
山东华森混凝土有限公司
烟台市建设工程质量监督站
东营市建筑工程质量检测站
日照市建设工程质量监督站
山东省乐陵市回弹仪厂

本规程主要起草人员：崔士起　王金山　肖春虎
张仁瑜　冯力强　叶　健
顾瑞南　由世岐　晏大玮
许世培　陈　松　于长江
孟康荣　于素健　张　晓
孔旭文　马全安　张惠平
申永俊　刘　强　谢慧东
王明堂　范　涛　张敬朋
丁元余　赵　晶

本规程主要审查人员：高小旺　傅传国　李　杰
郝挺宇　文恒武　路彦兴
卢同和　焦安亮　张维汇
毕建新

目　次

Contents

1 总　则

1.0.1 为规范后锚固法检测混凝土抗压强度（以下简称混凝土强度）技术，保证检测精度，制定本规程。

1.0.2 本规程适用于后锚固法检测普通混凝土强度。

1.0.3 后锚固法检测混凝土强度，除应符合本规程外，尚应符合国家现行有关标准的规定。

2　术语和符号

2.1　术　语

2.1.1 后锚固法　post-installed adhesive anchorage method

在已硬化混凝土中钻孔，并用高强胶粘剂植入锚固件，待胶粘剂固化后进行拔出试验，根据拔出力来推定混凝土强度的方法。

2.1.2 测点　test point

检测混凝土强度时，按本规程要求取得检测数据的检测点。

2.1.3 检测批　inspection lot

设计强度等级、原材料、配合比相同，生产工艺基本相同，养护条件基本一致且龄期相近，由一定数量构件构成的检测对象。

2.1.4 抽样检测　sampling inspection

从检测批中抽取样本，通过对样本的检测确定检测批混凝土强度的检测方法。

2.1.5 混凝土强度换算值　conversion value of concrete strength

通过测强曲线计算得到的现龄期混凝土强度值。相当于被检测混凝土在所处条件和龄期下，边长为150mm立方体试块的抗压强度值。

2.1.6 混凝土强度推定值　estimated value of concrete strength

相当于混凝土强度换算值总体分布中保证率不低于95%的强度值。

2.2　符　号

d_1——反力支撑圆环内径；

d_2——反力支撑圆环外径；

$f^c_{cor,i}$——第 i 个芯样试件混凝土强度换算值；

$f^c_{cor,m}$——芯样试件混凝土强度换算值的平均值；

$f^c_{cu,e}$——混凝土强度推定值；

$f^c_{cu,i}$——第 i 个测点混凝土强度换算值；

h_{ef}——锚固深度；

h_r——反力支撑圆环高度；

$m_{f^c_{cu}}$——测点混凝土强度换算值的平均值；

P_i——拔出力；

$s_{f^c_{cu}}$——测点混凝土强度换算值的标准差；

t——反力支撑圆环上壁厚度；

Δ_f——修正量。

3　基本规定

3.0.1 对新建工程，在正常情况下混凝土强度的检验与评定应按现行国家标准《混凝土结构工程施工质量验收规范》GB 50204 及《混凝土强度检验评定标准》GB/T 50107 执行。当需要推定既有建筑的混凝土强度时，可按本规程进行检测，检测结果可作为评价混凝土强度的依据。

3.0.2 当混凝土表层与内部的质量有明显差异时，应将表层混凝土清除干净后方可进行检测。

3.0.3 检测前宜具备下列资料：

1　工程名称及建设单位、设计单位、施工单位和监理单位名称；

2　被检测构件名称、混凝土设计强度等级及施工图纸；

3　粗骨料品种、最大粒径；

4　混凝土浇筑和养护情况以及混凝土的龄期；

5　混凝土试块强度资料以及相关的施工技术资料；

6　检测原因。

3.0.4 采用后锚固法进行检测的人员均应通过专项培训并考核合格。

3.0.5 现场检测作业应遵守有关安全环保规定。

3.0.6 有条件的单位或地区可制定专用测强曲线或地区测强曲线，计算混凝土强度换算值时应依次优先选用专用测强曲线、地区测强曲线和本规程统一测强曲线。专用和地区测强曲线的制定方法应符合本规程附录 A 的规定。

4　后锚固法试验装置

4.1　技术要求

4.1.1 后锚固法试验装置应由拔出仪、锚固件、钻孔机、定位圆盘及反力支承圆环等组成。

4.1.2 后锚固法试验装置应具有产品合格证，拔出仪应具有法定计量机构的校准合格证书。

4.1.3 后锚固法试验装置的反力支承圆环内径应为120mm，外径应为135mm，高度应为50mm，上壁厚应为15mm，允许误差应为±0.1mm；锚固深度应为（30±0.5）mm，锚固件（图4.1.3）尺寸允许误差应为±0.1mm。反力支承圆环和锚固件应采用屈服强度不小于355MPa的金属材料制作。

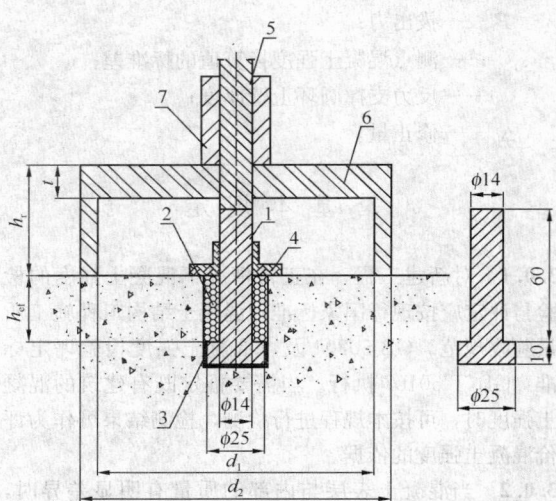

图 4.1.3 后锚固法试验装置示意图

1—锚固件；2—锚固胶；3—橡胶套；4—定位圆盘；
5—拉杆；6—反力支承圆环；7—拔出仪
d_1—反力支承圆环内径；d_2—反力支承圆环外径；
h_r—反力支承圆环高度；t—反力支承圆环上壁厚度；
h_{ef}—锚固深度

4.2 拔 出 仪

4.2.1 拔出仪应由加荷装置和测力装置两部分组成。

4.2.2 拔出仪应具备以下技术性能：

1 工作最大拔出力应在额定拔出力的（20～80)%范围以内；

2 工作行程不应小于6mm；

3 允许示值误差应为仪器额定拔出力的±2%；

4 测力装置应具有峰值保持功能。

4.2.3 当遇有下列情况之一时，拔出仪应送法定计量机构校准：

1 新拔出仪启用前；

2 经维修后；

3 出现异常时；

4 超过校准有效期限（有效期限为一年）；

5 遭受严重撞击或其他损害。

4.3 钻 孔 机

4.3.1 钻孔机可采用金刚石薄壁空心钻或冲击电锤。金刚石薄壁空心钻宜有水冷却装置。

4.3.2 钻孔机宜有控制垂直度及深度的装置。

4.4 锚 固 胶

4.4.1 锚固胶性能指标应符合表4.4.1的规定。

表 4.4.1 锚固胶性能

性 能 项 目	性能要求	试验方法
抗拉强度 （MPa）	≥40	

续表 4.4.1

性 能 项 目	性能要求	试验方法
受拉弹性模量 （MPa）	≥2500	GB/T 2567
伸长率 （%）	≥1.5	
抗压强度 （MPa）	≥70	GB/T 2567
混合后初黏度 （23℃时） （mPa·s）	≤1800	GB/T 22314
钢-钢拉伸 剪切强度 （MPa）	≥20	GB/T 2567

注：表中的性能指标均为平均值。

4.5 定位圆盘

4.5.1 定位圆盘宜设有注胶孔、排气孔和持压漏斗。

4.5.2 定位圆盘（图4.5.2）应能保证锚固件垂直于混凝土表面并可确定锚固深度。

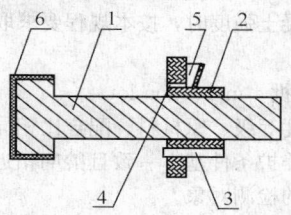

图 4.5.2 定位圆盘安装示意图

1—锚固件；2—定位圆盘；3—圆盘注胶孔；
4—圆盘排气孔；5—持压漏斗；6—橡胶套

5 检 测 技 术

5.1 一 般 规 定

5.1.1 检测混凝土强度可采用以下两种方式：

1 单个检测：适用于单个构件的检测，其检测结果不得扩大到未检测的构件或范围；

2 抽样检测：同一检测批构件总数不应少于9个，否则，应按单个检测。

5.1.2 抽样检测时，应进行随机抽样，且抽测构件最小数量应符合表5.1.2的规定。

表 5.1.2 随机抽测构件最小数量

同一检测批构件总数	9～15	16～25	26～50	51～90	91～150
抽测构件最小数量	3	5	8	13	20

续表 5.1.2

同一检测批构件总数	151~280	281~500	501~1200	1201~3200	3201~10000
抽测构件最小数量	32	50	80	125	200

5.1.3 测点布置应符合下列规定：

1 每一构件应均匀布置 3 个测点，最大拔出力或最小拔出力与中间值之差大于中间值的 15% 时，应在最小拔出力测点附近再加测 2 个测点；

2 测点应优先布置在混凝土浇筑侧面，混凝土浇筑侧面无法布置测点时，可在混凝土浇筑顶面布置测点，布置测点前，应清除混凝土表层浮浆，如混凝土浇筑面不平整时，应将测点部位混凝土打磨平整；

3 相邻两测点的间距不应小于 300mm，测点距构件边缘不应小于 150mm；

4 测点应避开接缝、蜂窝、麻面部位，且后锚固法破坏体破坏面无外露钢筋。

5.1.4 测点应标有编号，必要时宜描绘测点布置的示意图。

5.2 钻　孔

5.2.1 在钻孔过程中，钻头应始终与混凝土表面保持垂直。

5.2.2 成孔尺寸应符合下列规定：

1 钻孔直径应为 (27±1)mm；

2 钻孔深度应为 (45±5)mm。

5.3 清孔与锚固

5.3.1 钻孔完毕后，应清除孔内粉尘。当采用金刚石薄壁空心钻钻孔时，应使孔壁清洁、干燥。

5.3.2 应将定位圆盘与锚固件连接后注射锚固胶。待锚固胶固化后，方可进行拔出试验。

5.4 拔　出　试　验

5.4.1 拔出试验过程中，施加拔出力应连续、均匀，其速度应控制在 (0.5~1.0)kN/s。

5.4.2 施加拔出力至拔出仪测力装置读数不再增加为止，记录极限拔出力，精确至 0.1kN。

5.4.3 后锚固法试验时，应采取有效措施防止试验装置脱落。

5.4.4 当后锚固法试验出现下列异常情况之一时，应作详细记录，并将该值舍去，在其附近补测一个测点。

1 后锚固法破坏体呈非完整锥体破坏状态；

2 后锚固法破坏体的锥体破坏面上，有显著影响检测精度的缺陷或异物；

3 反力支承圆环外混凝土出现裂缝。

5.4.5 后锚固法检测后，应及时对检测造成的构件破损部位进行有效修补。

6 混凝土强度推定

6.1 测点混凝土强度换算值

6.1.1 当无专用测强曲线和地区测强曲线时，可采用本规程统一测强曲线式（6.1.1）或按本规程附录 B 计算混凝土强度换算值。

$$f_{cu,i} = 2.1667P_i + 1.8288 \qquad (6.1.1)$$

式中：$f_{cu,i}$——混凝土强度换算值（MPa），精确至 0.1MPa；

P_i——拔出力（kN），精确至 0.1kN。

6.1.2 本规程统一测强曲线适用于符合下列条件的混凝土：

1 符合普通混凝土用材料且粗骨料为碎石，其最大粒径不大于 40mm；

2 抗压强度范围为 (10~80) MPa；

3 采用普通成型工艺；

4 自然养护 14d 或蒸气养护出池后经自然养护 7d 以上。

6.2 钻　芯　修　正

6.2.1 当采用钻芯法修正时，钻取芯样应符合下列规定：

1 符合同一检测批的被检测构件应采用同一修正量；

2 同一检测批，若采用直径 100mm（高径比 1∶1）混凝土芯样时，芯样试件的数量不应少于 6 个；若采用直径小于 100mm（高径比 1∶1）的混凝土芯样时，芯样试件的直径不应小于 70mm，芯样试件的数量不应少于 9 个。

6.2.2 钻芯法修正应采用修正量法。修正后测点混凝土强度换算值应按下列公式计算：

$$f_{cu,i0} = f_{cu,i} + \Delta_f \qquad (6.2.2-1)$$

$$\Delta_f = f_{cor,m} - f_{cu,mj} \qquad (6.2.2-2)$$

$$f_{cor,m}^c = \frac{\sum_{i=1}^{n} f_{cor,i}^c}{n_1} \qquad (6.2.2-3)$$

式中：$f_{cor,m}^c$——芯样试件混凝土强度换算值的平均值（MPa），精确至 0.1MPa；

$f_{cor,i}^c$——第 i 个芯样试件混凝土强度换算值（MPa），精确至 0.1MPa；

$f_{cu,mj}^c$——与钻芯部位相应的后锚固法测点混凝土强度换算值的平均值（MPa），精确至 0.1MPa；

$f_{cu,i0}^c$——修正后测点混凝土强度换算值（MPa），精确至 0.1MPa；

$f_{cu,i}^c$——修正前测点混凝土强度换算值

（MPa），精确至 0.1MPa；

n_1——芯样数量；

Δ_f——修正量（MPa），精确至 0.1MPa。

6.2.3 钻芯后，应及时对钻芯造成的构件破损部位进行有效修补。

6.3 单 个 检 测

6.3.1 单个构件的拔出力计算值确定应符合下列规定：

1 当构件 3 个拔出力中的最大和最小值与中间值之差均小于中间值的 15% 时，应取最小值作为该构件拔出力计算值；

2 当按本规程第 5.1.3 条第 1 款加测时，加测的 2 个拔出力应和最小拔出力一起取平均值，再与前一次的拔出力中间值比较，取较小值作为该构件的拔出力计算值。

6.3.2 根据单个构件拔出力计算值，应按本规程 6.1.1 条计算其强度换算值，并应将此强度换算值作为单个构件混凝土强度推定值。

6.4 抽 样 检 测

6.4.1 抽样检测时，应按本规程 6.1.1 条计算每个测点混凝土强度换算值。

6.4.2 检测批混凝土的强度平均值、标准差，应按下列公式计算：

$$m_{f_{cu}^c} = \frac{\sum\limits_{i=1}^{n} f_{cu,i}^c}{n_2} \qquad (6.4.2\text{-}1)$$

$$s_{f_{cu}^c} = \sqrt{\frac{\sum\limits_{i=1}^{n} (f_{cu,i}^c)^2 - n_2 (m_{f_{cu}^c})^2}{n_2-1}} \qquad (6.4.2\text{-}2)$$

式中：$f_{cu,i}^c$——第 i 个测点混凝土强度换算值（MPa），精确至 0.1MPa；

$m_{f_{cu}^c}$——混凝土强度的平均值（MPa），精确至 0.1MPa；

n_2——检测批测点数之和；

$s_{f_{cu}^c}$——混凝土强度的标准差（MPa），精确至 0.01MPa。

6.4.3 抽样检测混凝土强度推定值应按下式计算：

$$f_{cu,e}^c = m_{f_{cu}^c} - 1.645 s_{f_{cu}^c} \qquad (6.4.3)$$

式中：$f_{cu,e}^c$——检测批混凝土强度推定值（MPa），精确至 0.1MPa。

6.4.4 由钻芯，修正方法确定检测批的混凝土强度推定值时，应采用修正后的样本算术平均值和标准差，并按本规程第 6.4.3 条规定的方法确定。

6.4.5 抽样检测时，检测批混凝土强度标准差限值应控制在表 6.4.5 的范围内，否则，应按本规程第 6.4.6 条的要求进行处理。

表 6.4.5 检测批混凝土强度标准差限值

强度平均值（MPa）	小于25时	不小于25且不大于60时	大于60且不大于80时
强度标准差最大限值（MPa）	4.5	5.5	6.5

6.4.6 当不能满足本规程第 6.4.5 条要求时，应在分析原因的基础上采取下列措施，并在检测报告中注明：

1 应分析施工条件及检测结果，重新划分检测批；

2 当采取上述措施仍不能满足要求或无条件采取上述措施时，宜按本规程第 6.3 节提供单个检测的结果。

附录 A 专用和地区测强曲线的制定方法

A.0.1 采用的后锚固法试验装置应符合本规程第 4 章的各项要求。

A.0.2 制定专用测强曲线的混凝土试块应采用与被检测混凝土相同的原材料和成型养护工艺制作；制定地区测强曲线的混凝土试块应采用本地区常用原材料和成型养护工艺制作。混凝土用水泥应符合现行国家标准《通用硅酸盐水泥》GB 175 的规定，混凝土用砂、石应符合现行行业标准《普通混凝土用砂、石质量及检验方法标准》JGJ 52 的规定，混凝土搅拌用水应符合现行行业标准《混凝土用水标准》JGJ 63 的规定。

A.0.3 试块的制作和养护应符合下列规定：

1 制定专用测强曲线时应根据使用要求按最佳配合比设计不少于 5 个强度等级，每一强度等级每一龄期应制作不少于 6 组后锚固法试件，每组应由 3 个 150mm 立方体试块和至少可布置 5 个测点的混凝土试件组成；

2 制定地区测强曲线时应按最佳配合比设计不少于 8 个强度等级，每一强度等级每一龄期每一有代表性区域应制作不少于 6 组后锚固法试件，每组应由 3 个 150mm 立方体试块和至少可布置 5 个测点的混凝土试件组成；

3 每组混凝土试件和相应的立方体试块应采用同批混凝土，同一龄期混凝土试件和立方体试块应在同一天内成型完毕；

4 在成型后的第二天，应将立方体试块移至与混凝土试件相同的条件下养护，立方体试块拆模日期应与混凝土试件的拆模日期相同。

A.0.4 拔出试验应按下列规定进行：

1 拔出试验测点宜布置在混凝土试件的浇筑侧面；

2 在每一混凝土试件上应进行 5 个拔出试验，

取平均值为该试件的拔出力计算值 P_m，精确至 0.1kN；

3 同条件制作的 3 个 150mm 立方体试块，应按现行国家标准《普通混凝土力学性能试验方法标准》GB/T 50081 进行立方体试块抗压强度试验，得到试块的立方体抗压强度值 f_{cu}，精确至 0.1MPa。

A.0.5 专用和地区测强曲线的计算应符合下列规定：

1 专用和地区测强曲线的回归方程式，应按每一混凝土试件求得的拔出力和对应的立方体试块抗压强度值，采用最小二乘法原理计算。

2 回归方程式可采用下式计算：

$$f_{cu}^c = A + BP_m \qquad (A.0.5-1)$$

式中：A、B——回归系数。

3 回归方程的平均相对误差 δ 及相对标准差 e_r，可按下列公式计算：

$$\delta = \pm \frac{1}{n} \sum_{i=1}^{n} \left| \frac{f_{cu,i}}{f_{cu,i}^c} - 1 \right| \times 100\% \qquad (A.0.5-2)$$

$$e_r = \sqrt{\frac{1}{n-1} \sum_{i=1}^{n} \left(\frac{f_{cu,i}}{f_{cu,i}^c} - 1 \right)^2} \times 100\% \qquad (A.0.5-3)$$

式中：e_r——回归方程式的强度相对标准差（%），精确至 0.1%；

$f_{cu,i}$——由第 i 个试块抗压试验得出的混凝土强度值（MPa），精确至 0.1MPa；

$f_{cu,i}^c$——对应于第 i 个试块按（A.0.5-1）计算的强度换算值（MPa），精确至 0.1MPa；

n——制定回归方程式的数据数量；

δ——回归方程式的强度平均相对误差（%），精确至 0.1%。

A.0.6 专用和地区测强曲线的强度误差应符合下列规定：

1 专用测强曲线：平均相对误差应为 ±10.0%，相对标准差不应大于 12.0%；

2 地区测强曲线：平均相对误差应为 ±12.0%，相对标准差不应大于 15.0%。

附录 B 测点混凝土强度换算表

表 B 测点混凝土强度换算表

拔出力（kN）	强度换算值（MPa）	拔出力（kN）	强度换算值（MPa）
3.8	10.1	4.4	11.4
4.0	10.5	4.6	11.8
4.2	10.9	4.8	12.2

拔出力（kN）	强度换算值（MPa）	拔出力（kN）	强度换算值（MPa）
5.0	12.7	12.4	28.7
5.2	13.1	12.6	29.1
5.4	13.5	12.8	29.6
5.6	14.0	13.0	30.0
5.8	14.4	13.2	30.4
6.0	14.8	13.4	30.9
6.2	15.3	13.6	31.3
6.4	15.7	13.8	31.7
6.6	16.1	14.0	32.2
6.8	16.6	14.2	32.6
7.0	17.0	14.4	33.0
7.2	17.4	14.6	33.5
7.4	17.9	14.8	33.9
7.6	18.3	15.0	34.3
7.8	18.7	15.2	34.8
8.0	19.2	15.4	35.2
8.2	19.6	15.6	35.6
8.4	20.0	15.8	36.1
8.6	20.5	16.0	36.5
8.8	20.9	16.2	36.9
9.0	21.3	16.4	37.4
9.2	21.8	16.6	37.8
9.4	22.2	16.8	38.2
9.6	22.6	17.0	38.7
9.8	23.1	17.2	39.1
10.0	23.5	17.4	39.5
10.2	23.9	17.6	40.0
10.4	24.4	17.8	40.4
10.6	24.8	18.0	40.8
10.8	25.2	18.2	41.3
11.0	25.7	18.4	41.7
11.2	26.1	18.6	42.1
11.4	26.5	18.8	42.6
11.6	27.0	19.0	43.0
11.8	27.4	19.2	43.4
12.0	27.8	19.4	43.9
12.2	28.3	19.6	44.3

拔出力(kN)	强度换算值(MPa)	拔出力(kN)	强度换算值(MPa)
19.8	44.7	27.0	60.3
20.0	45.2	27.2	60.8
20.2	45.6	27.4	61.2
20.4	46.0	27.6	61.6
20.6	46.5	27.8	62.1
20.8	46.9	28.0	62.5
21.0	47.3	28.2	62.9
21.2	47.8	28.4	63.4
21.4	48.2	28.6	63.8
21.6	48.6	28.8	64.2
21.8	49.1	29.0	64.7
22.0	49.5	29.2	65.1
22.2	49.9	29.4	65.5
22.4	50.4	29.6	66.0
22.6	50.8	29.8	66.4
22.8	51.2	30.0	66.8
23.0	51.7	30.2	67.3
23.2	52.1	30.4	67.7
23.4	52.5	30.6	68.1
23.6	53.0	30.8	68.6
23.8	53.4	31.0	69.0
24.0	53.8	31.2	69.4
24.2	54.3	31.4	69.9
24.4	54.7	31.6	70.3
24.6	55.1	31.8	70.7
24.8	55.6	32.0	71.2
25.0	56.0	32.2	71.6
25.2	56.4	32.4	72.0
25.4	56.9	32.6	72.5
25.6	57.3	32.8	72.9
25.8	57.7	33.2	73.8
26.0	58.2	33.2	73.8
26.2	58.6	33.4	74.2
26.4	59.0	33.6	74.6
26.6	59.5	33.8	75.1
26.8	59.9	34.0	75.5

拔出力(kN)	强度换算值(MPa)	拔出力(kN)	强度换算值(MPa)
34.2	75.9	35.4	78.5
34.4	76.4	35.6	79.0
34.6	76.8	35.8	79.4
34.8	77.2	36.0	79.8
35.0	77.7	36.2	80.3
35.2	78.1	—	—

本规程用词说明

1 为便于在执行本规程条文时区别对待，对要求严格程度不同的用词说明如下：

　　1）表示很严格，非这样做不可的：

　　　　正面词采用"必须"；反面词采用"严禁"；

　　2）表示严格，在正常情况下均应这样做的：

　　　　正面词采用"应"；反面词采用"不应"或"不得"；

　　3）表示允许稍有选择，在条件许可时首先应这样做的：

　　　　正面词采用"宜"；反面词采用"不宜"；

　　4）表示有选择，在一定条件下可以这样做的：

　　　　采用"可"。

2 条文中指明应按其他有关标准执行的写法为："应符合……的规定"或"应按……执行"。

引用标准名录

1 《普通混凝土力学性能试验方法标准》GB/T 50081

2 《混凝土强度检验评定标准》GB/T 50107

3 《工业建筑可靠性鉴定标准》GB 50144

4 《混凝土结构工程施工质量验收规范》GB 50204

5 《建筑结构检测技术标准》GB/T 50344

6 《民用建筑可靠性鉴定标准》GB 50292

7 《通用硅酸盐水泥》GB 175

8 《树脂浇铸体拉伸性能试验方法》GB/T 2567

9 《塑料环氧树脂黏度测定方法》GB/T 22314

10 《普通混凝土用砂、石质量及检验方法标准》JGJ 52

11 《混凝土用水标准》JGJ 63

中华人民共和国行业标准

后锚固法检测混凝土抗压强度技术规程

JGJ/T 208—2010

条 文 说 明

制 订 说 明

《后锚固法检测混凝土抗压强度技术规程》JGJ/T 208-2010，经住房和城乡建设部 2010 年 4 月 17 日以第 550 号公告批准、发布。

本规程制订过程中，编制组进行了广泛的调查研究，总结了我国工程建设混凝土强度无损检测领域的实践经验，同时参考了国外先进技术法规、技术标准，通过试验取得了后锚固法试验装置的重要技术参数。

为便于广大检测、监督、施工、监理、科研等单位有关人员在使用本规程时能正确理解和执行条文规定，《后锚固法检测混凝土抗压强度技术规程》编制组按章、节、条顺序编制了本规程的条文说明，对条文规定的目的、依据以及执行中需注意的有关事项进行了说明。但是，本条文说明不具备与规程正文同等的法律效力，仅供使用者作为理解和把握标准规定的参考。

目　次

1 总　则

1.0.1 后锚固法作为一种新的微破损方法，具有检测精度高、对结构损伤小、操作简单便捷等优点，具有广阔的应用前景。规范使用后锚固法检测混凝土强度的方法，推广使用后锚固法检测混凝土强度技术，保证检测精度，提高我国建筑工程质量检测技术水平，是制定本规程的目的。

1.0.2 本条所指的普通混凝土是干密度为（2000～2800）kg/m³ 的水泥混凝土。

3　基本规定

3.0.1 本规程的混凝土检测方法适用于新建工程非正常验收的混凝土强度检测和既有建筑的混凝土强度检测。在正常情况下，混凝土强度的检验与评定应按国家现行标准《混凝土结构工程施工质量验收规范》GB 50204 及《混凝土强度检验评定标准》GB/T 50107 执行。但是，在下列情况时，可按本规程进行检测及推定混凝土强度，并作为评价混凝土质量的依据。

　1　混凝土试块与结构的混凝土质量不一致或对试块检验结果有怀疑时；

　2　供试验用的混凝土试块数量不足时；

　3　待改建或扩建的旧结构物需要推定其混凝土强度时；

　4　其他需要检测、推定混凝土强度的情况。

3.0.2 后锚固法检测混凝土强度技术是通过测定混凝土表层 30mm 范围内后锚固法破坏体的拔出力，根据拔出力推定构件的混凝土抗压强度，因此，采用后锚固法检测混凝土强度时，要求被检测混凝土表层与内部质量一致。当混凝土表层与内部质量有明显差异时，应根据情况采取适当措施后方可进行检测。例如，遭受冻害、化学腐蚀、火灾及高温等损伤属于表层范围内时，应将受损伤混凝土清除干净后进行检测。

3.0.3 现场工程检测之前，应进行必要的资料准备，尽可能的全面了解有关原始记录和资料，为正确选择检测方案和推定混凝强度打下基础。

3.0.6 我国地域辽阔，气候差别很大，混凝土材料种类繁多，施工和管理水平参差不齐。因此，有条件的单位或地区宜制定专用测强曲线或地区测强曲线。专用测强曲线精度优于地区测强曲线，地区测强曲线精度优于本规程统一测强曲线。为提高后锚固法检测混凝土抗压强度技术的检测精度，使用时应按上述顺序依次优先选用测强曲线。专用或地区测强曲线应通过地方建设行政主管部门组织的审查和批准后方可使用。

4　后锚固法试验装置

4.1　技术要求

4.1.2 后锚固法试验装置的制造质量及拔出仪测力装置的计量精度直接关系到后锚固法检测混凝土强度的精度，因此规定了试验装置应具有产品合格证，拔出仪应具有法定计量机构的校准合格证书。

4.1.3 后锚固法检测混凝土强度试验过程中，其破坏体呈以下四种破坏形式（图1）：

　（a）锚固件拔断；

　（b）混凝土完整锥体破坏。后锚固法破坏体表面直径等于反力环内径，破坏体高度等于锚固深度；

　（c）锚固件拔脱破坏；

　（d）混凝土锥体及胶体粘结联合破坏。后锚固法破坏体高度小于锚固深度。

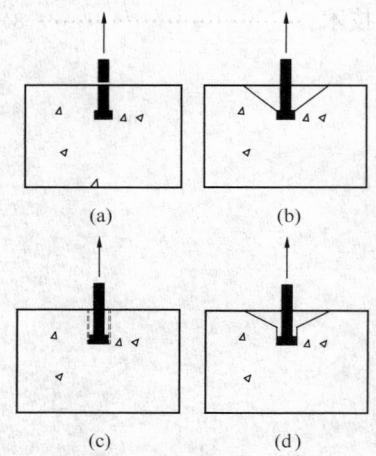

(a)　　　　　　　(b)

(c)　　　　　　　(d)

图 1　后锚固法破坏体破坏形式

　理论和试验研究表明：在锚固件尺寸确定的情况下，后锚固法破坏体的破坏形式主要与混凝土强度、反力支撑圆环内径、锚固深度、锚固胶的性能、孔壁状况等因素有关。混凝土破坏体高度随着锚固深度、混凝土强度的提高而减小，随着反力环直径的减小而减小。本规程的基本原理是选择适当的试验装置和试验参数，使后锚固法破坏体呈混凝土完整锥体破坏状态。经过理论研究和试验分析，规程编制组确定了正文要求的试验装置和试验参数。

4.2　拔　出　仪

4.2.2 拔出仪的工作行程是根据在后锚固试验过程中，混凝土的挤压、压缩变形及开裂分离变形的总和确定的。

　在试验过程中，为便于准确测读极限拔出力，拔出仪测力装置应具备峰值保持功能。

4.3 钻 孔 机

4.3.1、4.3.2 钻孔时，如操作不当，可能使成孔直径偏大或倾斜。为保证钻孔与混凝土表面垂直，并且钻孔一次到位，钻孔机宜具有能控制垂直度及深度的固定装置。

4.4 锚 固 胶

4.4.1 本条规定了锚固胶的性能指标。当锚固胶性能低于本规程的要求时，后锚固法破坏体可出现锚固件拔脱破坏、混凝土锥体及胶体粘结破坏等异常情况，不能保证检测精度。当环境温度或其他因素导致拔出试验时锚固胶固化不充分、实际强度偏低等情况时，可采取电加热、红外线加热、延长固化时间等措施使其充分固化，以避免出现异常情况。

4.5 定 位 圆 盘

4.5.1、4.5.2 定位圆盘能够实现水平方向锚固孔中的锚固胶无漏填，同时保证锚固件垂直于混凝土试件表面。定位圆盘设有与圆盘排气孔连通的持压漏斗。定位圆盘粘结固定在混凝土表面后，自底部圆盘注胶孔注射锚固胶，注胶速度应均匀缓慢，使孔内空气能够从持压漏斗中排净，要求锚固胶在持压漏斗中的液面高度超过钻孔的孔壁最上边缘，以保证注胶饱满。

5 检 测 技 术

5.1 一 般 规 定

5.1.1 单个检测用于单个板、柱、梁、墙、基础等构件的混凝土强度检测，单个构件可按《工业建筑可靠性鉴定标准》GB 50144 或《民用建筑可靠性鉴定标准》GB 50292 划分。

某些大型结构如烟囱、水塔等构筑物可按施工顺序划分为若干个检测区域，每个检测区域作为一个独立构件，根据检测区域数量，可选择单个检测，也可选择抽样检测。

5.1.2 依据《计数抽样检验程序第 1 部分：按接收质量限（AQL）检索的逐批检验抽样计划》GB/T 2828.1-2003，规定抽样检测随机抽测构件最小数量，检测过程中，以构件总数作为检测批的容量，随机抽测构件最小数量应满足表 5.1.2 中的要求；也可在大型构件上布置若干检测区域，以检测区域总数作为检测批的容量。

5.1.3 检测时应注意：

1 后锚固法试验对测点部位造成局部损伤，所以在单个构件上不宜布置较多的测点。按单个检测时，在一个构件上先布置 3 个测点，然后根据 3 个测点拔出力的离散程度决定是否增加测点，如离散较大，则加测 2 个测点。

2 编制组试验分析表明：混凝土浇筑底面的数据离散性较大，不应布置测点。侧面和顶面可布置测点，测强曲线是建立在混凝土试件浇筑侧面的基础上，因此规定优先检测混凝土浇筑侧面。检测面应平整，反力支承圆环面应与混凝土面完全接触。当检测面不平整时，反力支承边界约束条件不能保证。因此检测面应平整，如平整度较差时应进行磨平处理。

5.1.4 在构件上标记测点的目的是：便于观察和分析不同构件、不同部位混凝土质量状况；查找最小拔出力测点部位，以便在其附近增加测点；当试验出现异常时便于分析其原因。

5.2 钻 孔

5.2.1 钻孔垂直度偏差直接影响锚固件的安装质量。因此，在钻孔过程中，钻头应始终与混凝土表面保持垂直。

5.2.2 为锚固可靠及保证检测精度，本条规定了成孔尺寸要求。

5.3 清孔与锚固

5.3.1 孔壁残留的粉尘会降低胶粘剂与混凝土之间的粘结效果。为保证检测精度，应保证清孔的质量，避免出现异常破坏。

5.4 拔 出 试 验

5.4.1 施加拔出力的速度对后锚固法破坏体的拔出力有影响，如果速度快，将导致拔出力偏高；如果速度慢，将导致拔出力偏低。为避免这一影响，实际操作时施加拔出力的速度应与制定本规程测强曲线时施加拔出力的速度相一致。

5.4.5 后锚固法检测后，为保证结构的工作性能，对混凝土破损部位应及时进行有效修补。修补方法常采用比其实际强度高一个强度等级的微膨胀混凝土进行修补，修补前应清理干净并充分湿润，修补后应充分养护。亦可采用其他的有效方法进行修补。

6 混凝土强度推定

6.1 测点混凝土强度换算值

6.1.1 规程编制组在山东、江苏、甘肃、福建、辽宁等地区大量试验数据的基础上，经数据处理得出《后锚固法检测混凝土抗压强度技术规程》JGJ/T 208 统一测强曲线。

统一测强曲线：

$$f^c_{cu,i} = 2.1667P_i + 1.8288 \qquad (6.1.1)$$

式中：$f^c_{cu,i}$——混凝土强度换算值（MPa），精确至 0.1MPa；

P_i ——拔出力（kN），精确至 0.1kN。

该回归方程的相关系数 $r=0.909$，平均相对误差 $\delta=10.84\%$，相对标准差 $e_r=13.21\%$。

计算混凝土强度的换算值时应依次优先选用专用测强曲线和地区测强曲线。若无上述曲线时，可采用本规程统一测强曲线。

6.1.2 本规程编制组进行了立方体抗压强度为（10～100）MPa 普通混凝土后锚固法试验研究，考虑到与其他规范的衔接，本规程将后锚固法检测普通混凝土强度技术的适用范围定为（10～80）MPa。

6.2 钻芯修正

6.2.2 修正量的概念与国家标准《数据的统计处理和解释在成对观测值情形下两个均值的比较》GB/T 3361 的概念相符。修正量法只对间接方法测得的混凝土强度的平均值进行修正，不修正标准差。

$$f_{cu,i0}^c = f_{cu,i}^c + \Delta_f \qquad (6.2.2\text{-}1)$$

$$m_{f_{cu,0}^c} = m_{f_{cu}^c} + \Delta_f \qquad (6.2.2\text{-}2)$$

$$s_{f_{cu,0}^c} = \sqrt{\frac{\sum\limits_{i=1}^{n} (f_{cu,i0}^c - m_{f_{cu,0}^c})^2}{n_1 - 1}} \qquad (6.2.2\text{-}3)$$

将式（6.2.2-1）和式（6.2.2-2）代入式（6.2.2-3），得：

$$s_{f_{cu,0}^c} = s_{f_{cu}^c} \qquad (6.2.2\text{-}4)$$

式中：$m_{f_{cu,0}^c}$ ——修正后强度平均值；

$s_{f_{cu,0}^c}$ ——修正后强度标准差。

6.2.3 构件钻芯后，为保证结构的工作性能，对混凝土破损部位应及时进行有效修补。修补方法常采用比其实际强度高一个强度等级的微膨胀混凝土进行修补，修补前应清理干净并充分湿润，修补后应充分养护。亦可采用其他的有效方法进行修补。

6.3 单个检测

6.3.1 当单个构件 3 个拔出力中最大和最小拔出力与中间值之差均小于中间值的 15% 时，说明构件混凝土强度的均匀性较好，且检测误差较小，不必加测。为提高保证率，将最小值作为该构件拔出力计算值。

当单个构件 3 个拔出力中最大或最小拔出力与中间值之差大于中间值的 15% 时，说明混凝土强度均匀性较差或检测误差较大，为证实最小拔出力的真实性，消除试验误差，在最小拔出力测点附近加测 2 个测点，此时拔出力计算值的取值方法仍然是本着提高保证率的原则确定的。

6.4 抽样检测

6.4.2 本条规定了检测批混凝土强度平均值和标准差的计算方法。

6.4.5 本条对抽样检测的标准差进行限制，当标准差过大时，说明这些测区不属于同一母体，不能按批进行检测。

6.4.6 本条对检测批混凝土强度标准差超出界限后可采取的相应措施作出规定。

中华人民共和国行业标准

贯入法检测砌筑砂浆抗压
强度技术规程

Technical specification for testing compressive strength
of masonry mortar by penetration resistance method

JGJ/T 136—2001

批准部门：中华人民共和国建设部
施行日期：２００２年１月１日

2

关于发布行业标准《贯入法检测砌筑砂浆抗压强度技术规程》的通知

建标〔2001〕219号

根据建设部《关于印发〈一九九九年工程建设城建、建工行业标准制订、修订计划〉的通知》（建标〔1999〕309号）的要求，由中国建筑科学研究院主编的《贯入法检测砌筑砂浆抗压强度技术规程》，经审查，批准为行业标准，该标准编号为 JGJ/T 136—2001，自2002年1月1日起施行。

本标准由建设部建筑工程标准技术归口单位中国建筑科学研究院负责管理，中国建筑科学研究院负责具体解释，建设部标准定额研究所组织中国建筑工业出版社出版。

中华人民共和国建设部
2001年10月31日

前　言

根据建设部建标〔1999〕309号文的要求，规程编制组经广泛调查研究，认真总结实践经验，参考有关国际标准和国外先进标准，并在广泛征求意见的基础上，制定了本规程。

本规程的主要技术内容是：1　总则；2　术语、符号；3　检测仪器；4　检测技术；5　砂浆抗压强度计算；6　检测报告；附录A　贯入仪校准；附录B　贯入深度测量表校准；附录C　砂浆抗压强度贯入检测记录表；附录D　砂浆抗压强度换算表；附录E　专用测强曲线制定方法等。

本规程由建设部建筑工程标准技术归口单位中国建筑科学研究院归口管理，授权由主编单位负责具体解释。

本规程主编单位是：中国建筑科学研究院
（地址：北京市北三环东路30号，邮政编码：100013）。

本规程参加单位是：福建省建筑科学研究院、安徽省建筑科学研究设计院、河北省建筑科学研究院。

本规程主要起草人员是：张仁瑜、叶　健、邹道金、路彦兴、陈　松。

目　次

1 总　则

1.0.1 为了规范贯入法检测砌筑砂浆抗压强度技术，保证砌体工程现场检测的质量，制定本规程。

1.0.2 本规程适用于工业与民用建筑砌体工程中砌筑砂浆抗压强度的现场检测，并作为推定抗压强度的依据。本规程不适用于遭受高温、冻害、化学侵蚀、火灾等表面损伤的砂浆检测，以及冻结法施工的砂浆在强度回升期阶段的检测。

1.0.3 对砌筑砂浆抗压强度进行检测时，除应执行本规程外，尚应符合国家现行的有关强制性标准的规定。

2　术语、符号

2.1　术　语

2.1.1 贯入法检测　test of penetration resistance method

根据测钉贯入砂浆的深度和砂浆抗压强度间的相关关系，采用压缩工作弹簧加荷，把一测钉贯入砂浆中，由测钉的贯入深度通过测强曲线来换算砂浆抗压强度的检测方法。

2.1.2 测孔　pin hole

贯入试验时，贯入测钉在灰缝上所形成的孔。

2.1.3 砂浆抗压强度换算值　calculating compressive strength of masonry mortar

由构件的贯入深度平均值通过测强曲线计算得到的砌筑砂浆抗压强度值。相当于被测构件在该龄期下同条件养护的边长为 70.7mm 一组立方体试块的抗压强度平均值。

2.2　符　号

d_i^0——第 i 个测点的贯入深度测量表的不平整度读数；

d_i'——第 i 个测点的贯入深度测量表读数；

d_i——第 i 个测点的贯入深度值；

$f_{2,j}$——第 j 个构件的砂浆抗压强度换算值；

$f_{2,\min}$——同批构件中砂浆抗压强度换算值的最小值；

$f_{2,e}$——砂浆抗压强度推定值；

$f_{2,e1}$——砂浆抗压强度推定值之一；

$f_{2,e2}$——砂浆抗压强度推定值之二；

m_{d_j}——第 j 个构件的贯入深度平均值；

m_{f_2}——同批构件砂浆抗压强度换算值的平均值；

s_{f_2}——同批构件砂浆抗压强度换算值的标准差；

δ_{f_2}——同批构件砂浆抗压强度换算值的变异系数。

3　检测仪器

3.1　仪器及性能

3.1.1 贯入法检测使用的仪器应包括贯入式砂浆强度检测仪（简称贯入仪，图 3.1.1）、贯入深度测量表。

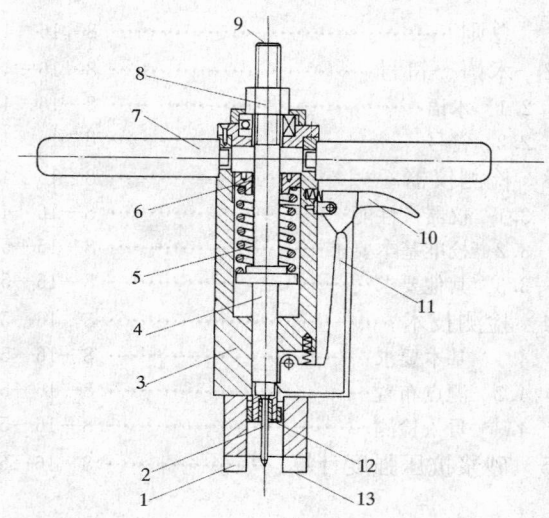

图 3.1.1　贯入仪构造示意图
1—扁头；2—测钉；3—主体；4—贯入杆；
5—工作弹簧；6—调整螺母；7—把手；
8—螺母；9—贯入杆外端；10—扳机；
11—挂钩；12—贯入杆端面；13—扁头端面

3.1.2 贯入仪及贯入深度测量表必须具有制造厂家的产品合格证、中国计量器具制造许可证及法定计量部门的校准合格证，并应在贯入仪的明显位置具有下列标志：名称、型号、制造厂名、商标、出厂日期和中国计量器具制造许可证标志 CMC 等。

3.1.3 贯入仪应满足下列技术要求：

——贯入力应为 800±8N；

——工作行程应为 20±0.10mm。

3.1.4 贯入深度测量表（图 3.1.4）应满足下列技术要求：

——最大量程应为 20±0.02mm；

——分度值应为 0.01mm。

3.1.5 测钉长度应为 40±0.10mm，直径应为 3.5mm，尖端锥度应为 45°。测钉量规的量规槽长度应为 $39.5^{+0.10}_{0}$ mm。

3.1.6 贯入仪使用时的环境温度应为 —4～40℃。

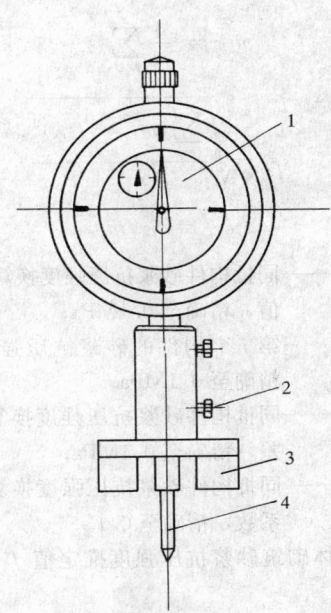

图 3.1.4　贯入深度测量表示意图
1—百分表；2—锁紧螺钉；
3—扁头；4—测头

3.2　校准基本要求

3.2.1　正常使用过程中，贯入仪、贯入深度测量表（通称为仪器）应由法定计量部门每年至少校准一次。校准应符合本规程附录 A、附录 B 的规定。

3.2.2　当遇到下列情况之一时，仪器应送法定计量部门进行校准：

——新仪器启用前；

——超过校准有效期；

——更换主要零件或对仪器进行过调整；

——检测数据异常；

——零部件松动；

——遭遇撞击或其他损坏；

——累计贯入次数为 10000 次。

3.3　其他要求

3.3.1　贯入仪在闲置和保存时，工作弹簧应处于自由状态。

3.3.2　贯入仪不得随意拆装。

4　检测技术

4.1　基本要求

4.1.1　检测人员应通过相应专业培训。检测过程中应做到正确和安全操作。

4.1.2　用贯入法检测的砌筑砂浆应符合下列要求：

——自然养护；

——龄期为 28d 或 28d 以上；

——自然风干状态；

——强度为 0.4～16.0MPa。

4.1.3　检测砌筑砂浆抗压强度时，委托单位应提供下列资料：

——建设单位、设计单位、监理单位、施工单位和委托单位名称；

——工程名称、结构类型、有关图纸；

——原材料试验资料、砂浆品种、设计强度等级和配合比；

——砌筑日期、施工及养护情况；

——检测原因。

4.2　测点布置

4.2.1　检测砌筑砂浆抗压强度时，应以面积不大于 25m² 的砌体构件或构筑物为一个构件。

4.2.2　按批抽样检测时，应取龄期相近的同楼层、同品种、同强度等级砌筑砂浆且不大于 250m³ 砌体为一批，抽检数量不应少于砌体总构件数的 30%，且不应少于 6 个构件。基础砌体可按一个楼层计。

4.2.3　被检测灰缝应饱满，其厚度不应小于 7mm，并应避开竖缝位置、门窗洞口、后砌洞口和预埋件的边缘。

4.2.4　多孔砖砌体和空斗墙砌体的水平灰缝深度应大于 30mm。

4.2.5　检测范围内的饰面层、粉刷层、勾缝砂浆、浮浆以及表面损伤层等，应清除干净；应使待测灰缝砂浆暴露并经打磨平整后再进行检测。

4.2.6　每一构件应测试 16 点。测点应均匀分布在构件的水平灰缝上，相邻测点水平间距不宜小于 240mm，每条灰缝测点不宜多于 2 点。

4.3　贯入检测

4.3.1　贯入检测应按下列程序操作：

1　将测钉插入贯入杆的测钉座中，测钉尖端朝外，固定好测钉；

2　用摇柄旋紧螺母，直至挂钩挂上为止，然后将螺母退至贯入杆顶端；

3　将贯入仪扁头对准灰缝中间，并垂直贴在被测砌体灰缝砂浆的表面，握住贯入仪把手，扳动扳机，将测钉贯入被测砂浆中。

4.3.2　每次试验前，应清除测钉上附着的水泥灰渣等杂物，同时用测钉量规检验测钉的长度；测钉能够通过测钉量规槽时，应重新选用新的测钉。

4.3.3　操作过程中，当测点处的灰缝砂浆存在空洞或测孔周围砂浆不完整时，该测点应作废，另选测点补测。

4.3.4　贯入深度的测量应按下列程序操作：

1　将测钉拔出，用吹风器将测孔中的粉尘吹干

净；

2 将贯入深度测量表扁头对准灰缝，同时将测头插入测孔中，并保持测量表垂直于被测砌体灰缝砂浆的表面，从表盘中直接读取测量表显示值 d_i' 并记录在本规程附录 C 的记录表中，贯入深度应按下式计算：

$$d_i = 20.00 - d_i' \qquad (4.3.4)$$

式中 d_i'——第 i 个测点贯入深度测量表读数，精确至 0.01mm；

d_i——第 i 个测点贯入深度值，精确至 0.01mm。

3 直接读数不方便时，可用锁紧螺钉锁定测头，然后取下贯入深度测量表读数。

4.3.5 当砌体的灰缝经打磨仍难以达到平整时，可在测点处标记，贯入检测前用贯入深度测量表测读测点处的砂浆表面不平整度读数 d_i^0，然后再在测点处进行贯入检测，读取 d_i'，则贯入深度应按下式计算：

$$d_i = d_i^0 - d_i' \qquad (4.3.5)$$

式中 d_i——第 i 个测点贯入深度值，精确至 0.01mm；

d_i^0——第 i 个测点贯入深度测量表的不平整度读数，精确至 0.01mm；

d_i'——第 i 个测点贯入深度测量表读数，精确至 0.01mm。

5 砂浆抗压强度计算

5.0.1 检测数值中，应将 16 个贯入深度值中的 3 个较大值和 3 个较小值剔除，余下的 10 个贯入深度值可按下式取平均值：

$$m_{dj} = \frac{1}{10} \sum_{i=1}^{10} d_i \qquad (5.0.1)$$

式中 m_{dj}——第 j 个构件的砂浆贯入深度平均值，精确至 0.01mm；

d_i——第 i 个测点的贯入深度值，精确至 0.01mm。

5.0.2 根据计算所得的构件贯入深度平均值 m_{dj}，可按不同的砂浆品种由本规程附录 D 查得其砂浆抗压强度换算值 $f_{2,j}^c$。其他品种的砂浆可按本规程附录 E 的要求建立专用测强曲线进行检测。有专用测强曲线时，砂浆抗压强度换算值的计算应优先采用专用测强曲线。

5.0.3 在采用本规程附录 D 的砂浆抗压强度换算表时，应首先进行检测误差验证试验，试验方法可按本规程附录 E 的要求进行，试验数量和范围应按检测的对象确定，其检测误差应满足本规程第 E.0.10 条的规定，否则应按本规程附录 E 的要求建立专用测强曲线。

5.0.4 按批抽检时，同批构件砂浆应按下列公式计算其平均值和变异系数：

$$m_{f_2^c} = \frac{1}{n} \sum_{j=1}^{n} f_{2,j}^c \qquad (5.0.4\text{-}1)$$

$$s_{f_2^c} = \sqrt{\frac{\sum_{j=1}^{n} (m_{f_2^c} - f_{2,j}^c)^2}{n-1}} \qquad (5.0.4\text{-}2)$$

$$\delta_{f_2^c} = s_{f_2^c} / m_{f_2^c} \qquad (5.0.4\text{-}3)$$

式中 $m_{f_2^c}$——同批构件砂浆抗压强度换算值的平均值，精确至 0.1MPa；

$f_{2,j}^c$——第 j 个构件的砂浆抗压强度换算值，精确至 0.1MPa；

$s_{f_2^c}$——同批构件砂浆抗压强度换算值的标准差，精确至 0.1MPa；

$\delta_{f_2^c}$——同批构件砂浆抗压强度换算值的变异系数，精确至 0.1。

5.0.5 砌体砌筑砂浆抗压强度推定值 $f_{2,e}^c$ 应按下列规定确定：

1 当按单个构件检测时，该构件的砌筑砂浆抗压强度推定值应按下式计算：

$$f_{2,e}^c = f_{2,j}^c \qquad (5.0.5\text{-}1)$$

式中 $f_{2,e}^c$——砂浆抗压强度推定值，精确至 0.1MPa；

$f_{2,j}^c$——第 j 个构件的砂浆抗压强度换算值，精确至 0.1MPa。

2 当按批抽检时，应按下列公式计算：

$$f_{2,e1}^c = m_{f_2^c} \qquad (5.0.5\text{-}2)$$

$$f_{2,e2}^c = \frac{f_{2,\min}^c}{0.75} \qquad (5.0.5\text{-}3)$$

式中 $f_{2,e1}^c$——砂浆抗压强度推定值之一，精确至 0.1MPa；

$f_{2,e2}^c$——砂浆抗压强度推定值之二，精确至 0.1MPa；

$m_{f_2^c}$——同批构件砂浆抗压强度换算值的平均值，精确至 0.1MPa；

$f_{2,\min}^c$——同批构件中砂浆抗压强度换算值的最小值，精确至 0.1MPa。

应取公式（5.0.5-2）和（5.0.5-3）中的较小值作为该批构件的砌筑砂浆抗压强度推定值 $f_{2,e}^c$。

5.0.6 对于按批抽检的砌体，当该批构件砌筑砂浆抗压强度换算值变异系数不小于 0.3 时，则该批构件应全部按单个构件检测。

6 检 测 报 告

6.0.1 砌筑砂浆抗压强度的检测报告，应包括下列主要内容：

——建设单位名称；

——委托单位名称；

——设计单位名称；

——施工单位名称；

——监理单位名称；

——工程名称和结构类型或构件名称；

——施工日期；

——检测原因；

——检测环境；

——检测依据（所用标准名称及编号）；

——仪器名称、型号、编号及校准证号；

——所测砌筑砂浆的强度设计等级和抗压强度推定值；

——出具报告的单位名称（盖章），有关检测人员签字；

——检测及出具报告的日期；

——其他需要说明的事项，对于无法用文字表达清楚的内容，应附简图。

<h1 style="text-align:center">附录 A 贯入仪校准</h1>

<h2 style="text-align:center">A.1 贯入力校准</h2>

A.1.1 贯入力的校准应在弹簧拉压试验机上进行，校准时贯入仪的工作弹簧应处于自由状态（图 A.1.1）。

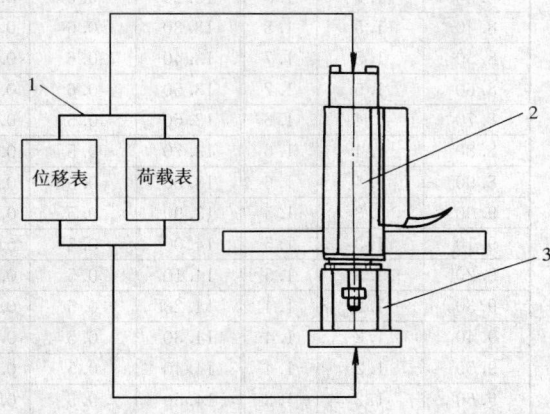

图 A.1.1 贯入力校准
1—弹簧拉压试验机；2—贯入仪；3—U 形架

A.1.2 弹簧拉压试验机的性能应符合下列规定：

——位移分度值应为 0.01mm；

——负荷分度值应为 0.1N；

——位移误差应为 ±0.01mm；

——负荷误差应小于 0.5%（示值误差）。

A.1.3 贯入力的校准应按下列步骤进行：

　1　将 U 形架平放在试验机工作台上，然后将贯入仪的贯入杆外端置于 U 形架的 U 形槽中；

　2　将弹簧拉压试验机压头与贯入杆端面接触；

　3　下压 20±0.10mm，弹簧拉压试验机读数应

为 800±8N。

<h2 style="text-align:center">A.2 工作行程校准</h2>

A.2.1 贯入仪贯入杆外端应先放在 U 形架的 U 形槽中，并用深度游标卡尺测量贯入仪在工作弹簧处于自由状态时的贯入杆端面至扁头端面的距离 l_0。

A.2.2 给贯入仪工作弹簧加荷，直至挂钩挂上为止，并应将螺母退至贯入杆外端。

A.2.3 应再将贯入仪贯入杆外端放在 U 形架的 U 形槽中，并用深度游标卡尺测量贯入仪在挂钩状态时的贯入杆端面至扁头端面的距离 l_1。

A.2.4 两个距离的差（$l_1 - l_0$）即为工作行程，并应满足 20±0.10mm。

<h1 style="text-align:center">附录 B 贯入深度测量表校准</h1>

B.0.1 贯入深度测量表上的百分表应经法定计量部门检定。

B.0.2 在百分表检定合格后，应再校准贯入深度测量表的测头外露长度。

　注：测头外露长度是指贯入深度测量表处于自由状态时，百分表指针对零位时的测头外露长度。

B.0.3 将测头外露部分压在钢制长方体量块上，直至扁头端面和量块表面重合（图 B.0.3）。此时贯入深度测量表的读数应为 20±0.02mm。

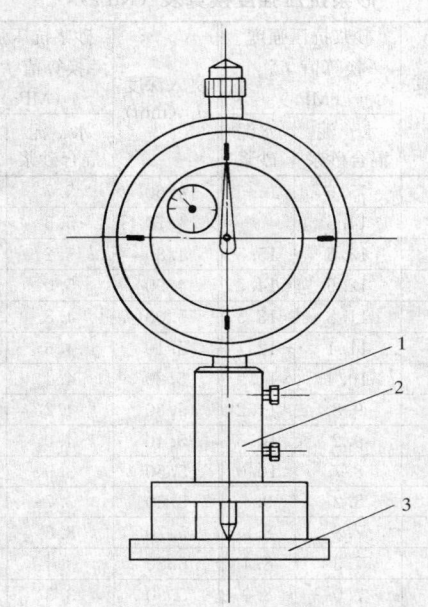

图 B.0.3 贯入深度测量表校准
1—校准调整螺母；2—贯入深度测量表
3—钢制长方体量块

附录 C 砂浆抗压强度贯入检测记录表

工程名称：　　　　　　　构件名称及编号：

贯入仪：型号及编号

砂浆品种：　　　　　　　检测环境：

序号	不平整度读数 d_i^0（mm）	贯入深度测量表读数 d_i'（mm）	贯入深度 d_i（mm）	序号	不平整度读数 d_i^0（mm）	贯入深度测量表读数 d_i'（mm）	贯入深度 d_i（mm）
1				9			
2				10			
3				11			
4				12			
5				13			
6				14			
7				15			
8				16			
备注							

贯入深度平均值 $m_{dj}=\dfrac{1}{10}\sum\limits_{i=1}^{10}d_i=$

砂浆抗压强度换算值 $f_{2,j}^c=$

复核：　　　　　检测：

　　　　　　　　　　　　　　　检测日期：　　年　月　日

附录 D 砂浆抗压强度换算表

表 D　砂浆抗压强度换算表（MPa）

贯入深度 d_i（mm）	砂浆抗压强度换算值 $f_{2,j}^c$（MPa）水泥混合砂浆	水泥砂浆	贯入深度 d_i（mm）	砂浆抗压强度换算值 $f_{2,j}^c$（MPa）水泥混合砂浆	水泥砂浆
2.90	15.6	—	4.60	5.7	6.6
3.00	14.5	—	4.70	5.5	6.3
3.10	13.5	15.5	4.80	5.2	6.0
3.20	12.6	14.5	4.90	5.0	5.7
3.30	11.8	13.5	5.00	4.8	5.5
3.40	11.1	12.7	5.10	4.6	5.3
3.50	10.4	11.9	5.20	4.4	5.0
3.60	9.8	11.2	5.30	4.2	4.8
3.70	9.2	10.5	5.40	4.0	4.6
3.80	8.7	10.0	5.50	3.9	4.5
3.90	8.2	9.4	5.60	3.7	4.3
4.00	7.8	8.9	5.70	3.6	4.1
4.10	7.3	8.4	5.80	3.4	4.0
4.20	7.0	8.0	5.90	3.3	3.8
4.30	6.6	7.6	6.00	3.2	3.7
4.40	6.3	7.2	6.10	3.1	3.6
4.50	6.0	6.9	6.20	3.0	3.4

贯入深度 d_i（mm）	砂浆抗压强度换算值 $f_{2,j}^c$（MPa）水泥混合砂浆	水泥砂浆	贯入深度 d_i（mm）	砂浆抗压强度换算值 $f_{2,j}^c$（MPa）水泥混合砂浆	水泥砂浆
6.30	2.9	3.3	11.20	0.8	1.0
6.40	2.8	3.2	11.30	0.8	0.9
6.50	2.7	3.1	11.40	0.8	0.9
6.60	2.6	3.0	11.50	0.8	0.9
6.70	2.5	2.9	11.60	0.8	0.9
6.80	2.4	2.8	11.70	0.8	0.9
6.90	2.4	2.7	11.80	0.7	0.9
7.00	2.3	2.6	11.90	0.7	0.8
7.10	2.2	2.6	12.00	0.7	0.8
7.20	2.2	2.5	12.10	0.7	0.8
7.30	2.1	2.4	12.20	0.7	0.8
7.40	2.0	2.3	12.30	0.7	0.8
7.50	2.0	2.3	12.40	0.7	0.8
7.60	1.9	2.2	12.50	0.7	0.8
7.70	1.9	2.1	12.60	0.6	0.7
7.80	1.8	2.1	12.70	0.6	0.7
7.90	1.8	2.0	12.80	0.6	0.7
8.00	1.7	2.0	12.90	0.6	0.7
8.10	1.7	1.9	13.00	0.6	0.7
8.20	1.6	1.9	13.10	0.6	0.7
8.30	1.6	1.8	13.20	0.6	0.7
8.40	1.5	1.8	13.30	0.6	0.7
8.50	1.5	1.7	13.40	0.6	0.6
8.60	1.5	1.7	13.50	0.6	0.6
8.70	1.4	1.6	13.60	0.5	0.6
8.80	1.4	1.6	13.70	0.5	0.6
8.90	1.4	1.6	13.80	0.5	0.6
9.00	1.3	1.5	13.90	0.5	0.6
9.10	1.3	1.5	14.00	0.5	0.6
9.20	1.3	1.5	14.10	0.5	0.6
9.30	1.2	1.4	14.20	0.5	0.6
9.40	1.2	1.4	14.30	0.5	0.6
9.50	1.2	1.4	14.40	0.5	0.6
9.60	1.2	1.3	14.50	0.5	0.5
9.70	1.1	1.3	14.60	0.5	0.5
9.80	1.1	1.3	14.70	0.4	0.5
9.90	1.1	1.2	14.80	0.4	0.5
10.00	1.1	1.2	14.90	0.4	0.5
10.10	1.0	1.2	15.00	0.4	0.5
10.20	1.0	1.2	15.10	0.4	0.5
10.30	1.0	1.1	15.20	0.4	0.5
10.40	1.0	1.1	15.30	0.4	0.5
10.50	1.0	1.1	15.40	0.4	0.5
10.60	0.9	1.1	15.50	0.4	0.5
10.70	0.9	1.1	15.60	0.4	0.5
10.80	0.9	1.0	15.70	0.4	0.5
10.90	0.9	1.0	15.80	0.4	0.5
11.00	0.9	1.0	15.90	0.4	0.4
11.10	0.8	1.0	16.00	0.4	0.4

贯入深度 d_i (mm)	砂浆抗压强度换算值 $f_{2,j}^c$ (MPa)		贯入深度 d_i (mm)	砂浆抗压强度换算值 $f_{2,j}^c$ (MPa)	
	水泥混合砂浆	水泥砂浆		水泥混合砂浆	水泥砂浆
16.10	0.4	0.4	17.00	—	0.4
16.20	0.4	0.4	17.10	—	0.4
16.30	0.4	0.4	17.20	—	0.4
16.40	0.4	0.4	17.30	—	0.4
16.50	0.4	0.4	17.40	—	0.4
16.60	0.4	0.4	17.50	—	0.4
16.70	—	0.4	17.60	—	0.4
16.80	—	0.4	17.70	—	0.4
16.90	—	0.4	—	—	—

注：①表内数据在应用时不得外推；

②表中未列数据，可用内插法求得，精确至 0.1MPa。

附录 E 专用测强曲线制定方法

E.0.1 制定专用测强曲线的试件应与检测砌体在原材料、成型工艺与养护方法等方面相同。

E.0.2 可按常用配合比设计 7 个强度等级，强度等级为 M0.4、M1、M2.5、M5、M7.5、M10、M15，也可按实际需要确定强度等级的数量，但实测抗压强度范围不得超出 0.4～16.0MPa。

E.0.3 每一强度等级制作不应少于 72 个尺寸为 70.7mm×70.7mm×70.7mm 的立方体试块，并应用同盘砂浆制作。采用普通粘土砖作底砖时，应按现行行业标准《建筑砂浆基本性能试验方法》（JGJ 70）的规定制作试块。

E.0.4 拆模后，试块应摊开进行自然养护，并应保证各个试块的养护条件相同。

E.0.5 同龄期同强度等级且同盘制作的试块表面应擦净，以六块试块进行抗压强度试验，同时以六块试块进行贯入深度试验。

E.0.6 应按现行行业标准《建筑砂浆基本性能试验方法》（JGJ 70）的规定进行砂浆试块的抗压强度试验，并应取六块试块的抗压强度平均值为代表值 f_2

（MPa），精确至 0.1MPa。

E.0.7 贯入试验时，应先将砂浆试块固定，按照本规程第 4 章的规定在砂浆试块的成型侧面进行贯入试验，每块试块应进行一次贯入试验，取六块试块的贯入深度平均值为代表值 m_d（mm），精确至 0.01mm。

E.0.8 也可采用同盘砂浆砌筑砌体，同时制作试块进行同条件养护，在砌体灰缝上进行贯入试验，用同条件养护砂浆试块进行抗压强度试验。

E.0.9 专用测强曲线的计算应符合下列规定：

1 专用测强曲线的回归方程式，应按每一组试块的 f_2 和对应一组的 m_d 数据，采用最小二乘法进行计算。

2 回归方程式宜采用下式：

$$f_2^c = \alpha \cdot m_d^\beta \qquad (E.0.9)$$

式中 α、β ——测强曲线回归系数；

m_d ——贯入深度平均值；

f_2^c ——砂浆抗压强度换算值。

E.0.10 建立的测强曲线尚应进行一定数量的误差验证试验，其平均相对误差不应大于 18%，相对标准差不应大于 20%。

本规程用词说明

1 为便于在执行本规程条文时区别对待，对要求严格程度不同的用词说明如下：

（1）表示很严格，非这样做不可的

正面词采用"必须"，反面词采用"严禁"；

（2）表示严格，在正常情况下均应这样做的

正面词采用"应"，反面词采用"不应"或"不得"；

（3）表示允许稍有选择，在条件许可时首先应这样做的

正面词采用"宜"，反面词采用"不宜"。

表示有选择，在一定条件下可以这样做的，采用"可"。

2 条文中指明应按其他有关标准执行的写法为，"应按……执行"或"应符合……要求（或规定）"。

中华人民共和国行业标准

贯入法检测砌筑砂浆抗压强度技术规程

JGJ/T 136—2001

条 文 说 明

前 言

《贯入法检测砌筑砂浆抗压强度技术规程》(JGJ/T 136—2001)，经建设部 2001 年 10 月 31 日以建标〔2001〕219 号文批准，业已发布。

为便于广大设计、施工、科研、质检、学校等单位的有关人员在使用本规程时能正确理解和执行条文规定，《贯入法检测砌筑砂浆抗压强度技术规程》编制组按章、节、条顺序编制了本规程的条文说明，供使用者参考。在使用中如发现本条文说明有不妥之处，请将意见函寄中国建筑科学研究院（地址：北京市北三环东路 30 号，邮政编码：100013）。

目 次

1 总　则

1.0.1 砌体中砌筑砂浆的抗压强度检测，一直没有较好的原位无损检测方法。在进行新建工程质量事故处理和既有建筑物鉴定时，往往缺乏必要的手段和依据。贯入法检测砌筑砂浆抗压强度技术在全国各地得到了广泛的应用，解决了许多工程质量问题，取得了良好的社会效益和经济效益。为了保证砌体工程现场检测的质量，迫切需要制定一本行业规程来规范和指导检测工作。

1.0.2 贯入法检测技术适用于工业与民用建筑砌体工程中的砌筑砂浆抗压强度检测。当砂浆遭受高温、冻害、化学侵蚀、表面粉蚀、火灾等时，将与建立测强曲线的砂浆在性能上有差异，且砂浆的内外质量可能存在较大不同，因而不再适用。

1.0.3 在正常情况下，砌筑砂浆强度的检验和评定应按国家现行标准《砌体工程施工及验收规范》（GB 50203）、《建筑工程质量检验评定标准》（GBJ 301）、《建筑砂浆基本性能试验方法》（JGJ 70）、《砌体基本力学性能试验方法标准》（GBJ 129）等执行。不允许用本规程取代制作试块的规定。但是，当砌筑砂浆的强度不符合有关标准规范要求或对其怀疑时，可按本规程进行检测，并作为抗压强度检测的依据。

3　检测仪器

3.1　仪器及性能

3.1.1 贯入式砂浆强度检测仪是针对砌体中灰缝砂浆检测的特殊要求，并通过试验研究而设计的。贯入深度测量表是用机械式百分表改制而成，机械式百分表精度高且可靠耐用。为了砌体灰缝检测的需要，贯入仪专门设计了扁头。

3.1.2 保证检测仪器的性能指标满足本规程的要求，限制粗制滥造和假冒伪劣仪器的使用。

3.1.3 贯入仪的基本性能是通过试验确定的。试验证明，选用贯入力为 800N 是比较合适的，可以保证在检测较高和较低强度的砂浆时都有很好的精度，同时能够满足砂浆强度为 0.4～16.0MPa 的检测要求。

3.2　校准基本要求

3.2.1～3.2.2 仪器的校准是为了保证仪器在标准状态下进行检测，仪器的标准状态是统一仪器性能的基础，是贯入法广泛应用的关键所在，只有采用质量统一、性能一致的仪器，才能保证检测结果的可靠性，并能在同一水平上进行比较。才能使一台仪器建立的测强曲线适用于所有同类仪器。由于仪器在使用过程中，因检修、零件松动、工作弹簧松弛等都可能改变其标准状态，因而应按本节的要求由法定计量部门对仪器进行校准。以确保仪器的检测精度。

3.3　其他要求

3.3.1 贯入仪在使用后，应将工作弹簧释放，使其处于自由状态时闲置和保管。若长时间使工作弹簧处于压缩状态时，将有可能改变工作弹簧的性能，使检测结果产生误差。

4　检测技术

4.1　基本要求

4.1.2 砂浆的含水量对检测结果有一定的影响，规定砂浆为自然风干状态可以避免含水量不同造成的影响。

4.2　测点布置

4.2.1～4.2.2 规定贯入法检测时构件的划分原则和取样原则。现场检测往往是工程质量事故的鉴定，取样数量应比正常抽检数量多。

4.2.3～4.2.6 在《砌体工程施工及验收规范》（GB 50203—98）第 4.2.3 条中规定，砖砌体的水平灰缝厚度和竖向灰缝宽度一般为 10mm，但不应小于 8mm，也不应大于 12mm。贯入仪的扁头厚度便是依据上述规定而设计为 6mm。当灰缝厚度小于 7mm 时，扁头便有可能伸不进灰缝而导致无法检测。为了检测方便，一般应选用灰缝较厚的部位进行检测。

贯入法是用来检测砌筑砂浆强度的，故测区内的灰缝砂浆应该外露。如外露灰缝不够整齐，还应该进行打磨至平整后才能进行检测，否则将对贯入深度的测量带来误差，且主要是负偏差。对于砂浆表面粉蚀，遭受高温、冻害、化学侵蚀、火灾等的砂浆，可以将损伤层磨去后再进行检测。

为了全面准确地反映构件中砌筑砂浆的强度，在一个构件内的测点应均匀分布。

4.3　贯入检测

4.3.2 测钉在试验中会受到磨损而变短，测钉的使用次数视所测砂浆的强度而定。测钉是否废弃，可用随贯入仪所附的测钉量规来测量，当测钉能够通过测钉量规槽时便应废弃。

4.3.4 贯入试验后的测孔内，由于贯入试验会积有一些粉尘，要用吹风器将测孔内的粉尘吹干净。否则将导致贯入深度测量结果偏浅。

贯入深度测量表直接测量的并不是贯入深度，而是相当于 20.00mm 长测钉的外露长度，故测钉的实际贯入深度 $d_i = 20.00mm - d_i'$。例如：贯入深度测量表的读数为 15.89mm，则贯入深度为 $20.00 - 15.89 = 4.11mm$。

4.3.5 在砌体灰缝表面不平整时进行检测，将可能导致强度检测结果偏低。在检测时先测量测点处的不平整度并进行扣除，将较大幅度提高检测精度。公式 $d_i = d_i^0 - d_i'$ 是由 $d_i = （20.00 - d_i'） - （20.00 - d_i^0）$ 简化得出的。

5　砂浆抗压强度计算

5.0.1 在一个测区内检测 16 个测点，在数据处理时将 3 个较大值和 3 个较小值剔除，是为了减少试验的粗大误差，在贯入试验时由于操作不正确、测试面状态不好或碰上砂浆内的孔洞或小石子等都会影响贯入深度，通过数据直接剔除基本上可以消除这些误差，比二倍标准差或三倍标准差剔除方法简单实用。

5.0.2～5.0.3 由于测强曲线是根据试验结果建立的，砂浆强度换算表中未列的数据表示未曾进行过试验，故在查表换算砂浆的抗压强度时，其强度范围不得超出表中所列数据范围。否则，可能带来较大的误差。本规程所建立的测强曲线的试验数据，取自北京、安徽、河北、浙江、山东等。当砂浆在材料、养护等方面存在差异时，可能导致较大的检测误差，故在使用时应先进行检测误差验证，检测误差满足要求时才能使用附录 D 的砂浆抗压强度换算表。专用测强曲线往往是针对某一地区、甚至是某一工程所用材料和施工条件所建立的测强曲线，具有针对性强，检测精度高，因而应优先使用。

随着建筑技术的发展，许多砂浆新品种不断出现，如干拌砂浆、掺加各种塑化剂的砂浆等，对于这些砂浆品种可单独建立专用测强曲线，若满足附录 E 的要求便可以使用。

5.0.5 主要参考《砌体工程施工及验收规范》（GB 50203—98）第 3.4.4 条推导得出的。砌筑砂浆抗压强度推定值因龄期、养护

条件等与标准试块不同，两者的结果并不完全相同。故称为"推定值"。

5.0.6 同批砌筑砂浆的抗压强度换算值的变异系数不小于0.3时，按照《砌筑砂浆配合比设计规程》(JGJ 98—2000)第5.1.3条的规定，变异系数超过0.3时，已属较差施工水平，可以认为它们已不属于同一母体，不能构成为同批砂浆，故应按单个构件检测。

砌筑砂浆抗压强度推定值相当于被测构件在该龄期下的同条件养护试块所对应的砂浆强度等级。

附录D 砂浆抗压强度换算表

附录D中所列砂浆抗压强度换算表，是在大量试验的基础上，通过对试验结果进行回归分析建立的测强曲线，根据测强曲线计算的砂浆抗压强度换算表，试验数据来自北京、安徽、河北、浙江、山东等省市，测强曲线的回归效果见表1。

表1　测强曲线的回归结果

砂浆品种	测强曲线	相关系数	平均相对误差（%）	相对标准差（%）
水泥混合砂浆	$f_{2,j} = 159.2906 m_d^{2.1801}$	−0.97	17.0	21.7
水泥砂浆	$f_{2,j} = 181.0213 m_d^{2.1730}$	−0.97	19.9	24.9

上述测强曲线在检验概率 $\alpha = 0.95$ 的条件下，均具有显著的相关性。

建立测强曲线时采用试块—试块方式，即同条件试块中，一组进行抗压强度试验，对应的另一组进行贯入试验。

中华人民共和国住房和城乡建设部
公告

中华人民共和国行业标准

择压法检测砌筑砂浆抗压强度
技 术 规 程

Technical specification for compressive strength
of masonry mortar bed testing by selective
pressing method

JGJ/T 234—2011

批准部门：中华人民共和国住房和城乡建设部
施行日期：２０１１年１２月１日

中华人民共和国住房和城乡建设部
公　告

第 900 号

关于发布行业标准《择压法检测
砌筑砂浆抗压强度技术规程》的公告

现批准《择压法检测砌筑砂浆抗压强度技术规程》为行业标准，编号为 JGJ/T 234 - 2011，自 2011 年 12 月 1 日起实施。

本规程由我部标准定额研究所组织中国建筑工业

出版社出版发行。

2011 年 1 月 28 日

前　言

根据住房和城乡建设部《关于印发〈2009 年工程建设标准规范制订、修订计划〉的通知》（建标〔2009〕88 号）的要求，规程编制组经广泛调查研究，认真总结实践经验，参考有关国际和国内先进标准，并在广泛征求意见的基础上，制定了本规程。

本规程的主要技术内容是：1 总则；2 术语和符号；3 择压仪；4 抽样与检测；5 强度计算与推定；6 检测报告。

本规程由住房和城乡建设部负责管理，由江苏省金陵建工集团有限公司负责具体技术内容的解释。执行过程中如有意见和建议，请寄送江苏省金陵建工集团有限公司（地址：南京市建邺区楠溪江东街 68 号旭建大厦 2 层，邮政编码：210019）。

本规程主编单位：江苏省金陵建工集团有限公司
　　　　　　　　江苏南通三建集团有限公司

本规程参编单位：江苏省建筑科学研究院有限公司
　　　　　　　　江苏科永和工程建设质量检测鉴定中心有限公司
　　　　　　　　国家建筑工程质量监督检验中心

四川省建筑科学研究院
山东省建筑科学研究院
陕西省建筑科学研究院
重庆市建筑科学研究院
南京工程学院
江苏三泰建设工程有限公司
扬州开发区建设局
江苏双龙集团有限公司
扬州大学

本规程主要起草人员：顾瑞南　韩　放　钱艺柏
　　　　　　　　　　盛胜刚　邸小坛　侯汝欣
　　　　　　　　　　崔士起　文恒武　林文修
　　　　　　　　　　徐　骋　宗　兰　陈树芝
　　　　　　　　　　李文龙　杨苏杭　张　伟
　　　　　　　　　　韩文星　王　枫　李正美
　　　　　　　　　　曹光中　杜　勇　钱承刚
　　　　　　　　　　郑　林　王金山　潘振华
　　　　　　　　　　叶鸿林　朱春银　杨鼎宜

本规程主要审查人员：高小旺　王永维　张书禹
　　　　　　　　　　叶　健　晏大玮　方　平
　　　　　　　　　　曹双寅　李延和　张赤宇

目 次

Contents

1 总 则

1.0.1 为规范择压法检测砌体结构砌筑砂浆抗压强度的技术方法，保证检测精度，制定本规程。

1.0.2 本规程适用于烧结普通砖、烧结多孔砖、烧结空心砖砌体结构中水泥砂浆、混合砂浆抗压强度的现场检测和推定。

1.0.3 从事择压法检测砌筑砂浆抗压强度的人员，应通过专门的技术培训。现场开展检测工作时，应遵守国家有关安全、劳动保护和环境保护的规定。

1.0.4 择压法检测砌筑砂浆抗压强度，除应符合本规程外，尚应符合国家现行有关标准的规定。

2 术语和符号

2.1 术 语

2.1.1 择压法 selective pressing method

选择砌体结构中有代表性的水平灰缝，取出砂浆片试样制作成试件，使用择压仪对其进行抗压试验，测得择压荷载值继而推定砌筑砂浆抗压强度的检测方法。

2.1.2 择压荷载值 load value for selective pressing

择压法检测砌筑砂浆抗压强度过程中，当试件破坏时，择压仪显示的读数值。

2.1.3 择压强度 strength of selective pressing

试件厚度换算后，受压面上单位面积的择压荷载值。

2.1.4 砌筑砂浆抗压强度推定值 estimation value of compressive strength for masonry mortar bed

砌体结构水平灰缝内的砌筑砂浆（水泥砂浆或混合砂浆）抗压强度推定值，为检测龄期的砌筑砂浆抗压强度。

2.2 符 号

A ——试件受压面积，取 78.54mm²。

f_2 ——砌筑砂浆推定强度等级所对应的立方体试块抗压强度平均值。

$f_{2,i,j}$ ——i 测区第 j 个砂浆试件的择压强度。

$f_{2,i}$ ——i 测区砂浆试件择压强度平均值。

$f_{2,i,cu}$ ——i 测区砂浆抗压强度换算值。

$f_{2,m}$ ——同一检测单元或单片墙内各测区砌筑砂浆抗压强度平均值。

$f_{2,min}$ ——同一检测单元中，测区砌筑砂浆抗压强度的最小值。

$N_{i,j}$ ——i 测区第 j 个砂浆试件的择压荷载值。

s ——一检测单元的强度标准差。

δ ——同一检测单元的强度变异系数。

$\xi_{i,j}$ ——i 测区第 j 个砂浆试件厚度换算系数。

3 择 压 仪

3.1 技 术 要 求

3.1.1 择压仪应包括反力架、测力系统、圆平压头、对中自调平系统、数显测读系统、加载手柄和积灰盖等部分（图 3.1.1）。

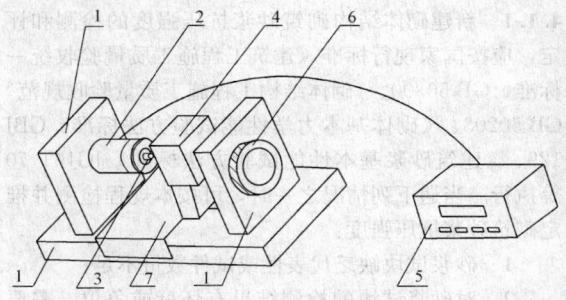

图 3.1.1 择压仪示意图

1—反力架；2—测力系统；3—圆平压头；4—对中自调平系统；5—数显测读系统；6—加载手柄；7—积灰盖

3.1.2 择压仪应具有产品出厂合格证，并应通过计量校准。

3.1.3 择压仪应满足下列技术要求：

1 整体结构应有足够强度和刚度；

2 择压仪用圆平压头的直径应为（10±0.05）mm，额定行程不应小于 18mm；

3 择压仪应设有对中自调平系统；

4 择压仪的极限压力应为 5000N；

5 数显测读系统示值的最小分度值不应大于 1N，且数显测读系统应具有峰值保持功能、断电保持功能和数据存储功能；

6 测力系统的力值误差不应大于 1N。

3.1.4 择压仪的使用环境温度宜为 5℃～35℃。数显测读系统应在室内自然环境下使用和放置，严禁与水接触。

3.2 校准与保养

3.2.1 择压仪的计量校准有效期应为 1 年，计量校准的结果应符合本规程第 3.1.3 条的规定。

3.2.2 当具有下列情况之一时，择压仪应进行校准：

1 新择压仪启用前；

2 超过校准有效期；

3 遭受严重撞击、跌落、振动等损伤；

4 维修后；

5 对检测结果有怀疑或争议时。

3.2.3 择压仪应定期保养，并应符合下列规定：

1 使用过程中，宜避免灰尘沾污仪器，若沾污灰尘应予清除；

2 机械转动摩擦部位应保持润滑；

3 使用后应清理干净；

4 不用时应予遮盖防护，并应使圆平压头处于不受荷载状态。

4 抽样与检测

4.1 一般规定

4.1.1 新建砌体结构砌筑砂浆抗压强度的检测和评定，应按国家现行标准《建筑工程施工质量验收统一标准》GB 50300、《砌体结构工程施工质量验收规范》GB 50203、《砌体基本力学性能试验方法标准》GBJ 129、《建筑砂浆基本性能试验方法标准》JGJ/T 70 等执行。当遇下列情况之一时，可按本规程检测并推定砌筑砂浆抗压强度：

1 砂浆试块缺乏代表性或试件数量不足；

2 对砂浆试块的检测结果有怀疑或争议，需要确定砌筑砂浆抗压强度。

4.1.2 既有建筑的砌体结构进行下列鉴定时，可按本规程检测并推定砌筑砂浆抗压强度：

1 砌体结构安全鉴定；

2 砌体结构抗震鉴定；

3 砌体结构改变用途、改建、加层、扩建或大修前的专门鉴定。

4.2 抽样与试件制作

4.2.1 抽样方法应符合下列规定：

1 当检测对象为整栋建筑物或建筑物的一部分时，可将其划分为一个或若干个独立的检测单元。对连续墙体划分检测单元时，每片墙的高度不宜大于3.5m，水平长度不宜大于6.0m。

2 当一个检测单元内的墙体多于6片时，随机抽样的墙片数量不应少于6片；当一个检测单元内不多于6片时，每片墙均应检测。每片墙内至少应布置1个测区，当每片墙布置2个或2个以上测区时，宜沿墙高均匀分布。当检测单元仅为单片墙时，测区不应少于2个。

3 每个测区的面积宜为0.5m×0.5m。

4 应随机在每个测区的水平灰缝内取出6个面积不小于30mm×30mm、厚度为8mm～16mm的砂浆片试样，其中1个应为备份试样，其余5个应为试验试样。试样的两面应相对平行。取得的试样应使用同一容器收置并编号入册。

4.2.2 砂浆试样应在深入墙体表面20mm以内抽取，不应在独立砖柱或长度小于1m的墙体上抽取，也不应在承重梁正下方的墙体上抽取。

4.2.3 试件制作应符合下列规定：

1 制作的试件最小中心线性长度不应小于

30mm；

2 试件受压面应平整和无缺陷，对于不平整的受压面，可用砂纸打磨；

3 试件表面的砂粒和浮尘应清除。

4.3 检 测

4.3.1 砂浆试样应在自然干燥的状态下进行检测；当砂浆试样处于潮湿状态时，应自然晾干或烘干。

4.3.2 砂浆试件的厚度应使用游标卡尺进行量测，测厚点应在择压作用面内，读数应精确至0.1mm，并应取3个不同部位厚度的平均值作为试件厚度。

4.3.3 在择压仪的两个圆平压头表面，应各贴一片厚度小于1mm、面积略大于圆平压头的薄橡胶垫。启动择压仪，应设置数显测读系统为峰值保持状态，并应确认计量单位为牛顿（N）。

4.3.4 砂浆试件应垂直对中放置在择压仪的两个压头之间，压头作用面边缘至砂浆试件边缘的距离不宜小于10mm。

4.3.5 对砂浆试件进行加荷试验时，加荷速率宜控制在每秒为预估破坏荷载的1/15～1/10，并应持续至试件破坏为止。择压荷载值应为砂浆试件破坏时择压仪数显测读系统显示的峰值，并应精确至1N。检测记录宜按本规程附录A的格式填写。

5 强度计算与推定

5.1 强 度 计 算

5.1.1 单个砂浆试件的择压强度应按下式计算：

$$f_{2,i,j} = \xi_{i,j} \cdot \frac{N_{i,j}}{A} \qquad (5.1.1)$$

式中：$N_{i,j}$——第 i 测区第 j 个砂浆试件破坏时试件择压荷载值，精确至1N；

A——试件受压面积，取 78.54mm²；

$\xi_{i,j}$——第 i 测区第 j 个砂浆试件厚度换算系数，按表 5.1.1 取值；

$f_{2,i,j}$——第 i 测区第 j 个砂浆试件的择压强度，精确至 0.1MPa。

表 5.1.1 砂浆试件厚度换算系数

试件厚度（mm）	8	9	10	11	12	13	14	15	16
厚度换算系数 $\xi_{i,j}$	1.25	1.11	1.00	0.91	0.83	0.77	0.71	0.67	0.62

注：表中未列出的值，可用内插法求得。

5.1.2 每个测区的择压强度平均值应按下式计算：

$$f_{2,i} = \frac{\sum_{j=1}^{5} f_{2,i,j}}{5} \qquad (5.1.2)$$

式中：$f_{2,i}$——第 i 测区砂浆试件择压强度平均值，精确至0.1MPa。

5.1.3 每个测区的砂浆抗压强度换算值应通过测强曲线换算取得，并应优先采用专用测强曲线。当无专用测强曲线时，可采用地区测强曲线。当无地区测强曲线或专用测强曲线时，可按下列公式计算：

1 水泥砂浆，可按下式计算：

$$f_{2,i,cu} = 0.635 f_{2,i}^{1.112} \qquad (5.1.3\text{-}1)$$

2 混合砂浆，可按下式计算：

$$f_{2,i,cu} = 0.511 f_{2,i}^{1.267} \qquad (5.1.3\text{-}2)$$

式中：$f_{2,i,cu}$——第 i 测区砂浆抗压强度换算值，精确至 0.1MPa。

5.1.4 有条件的单位或地区，可制定专用测强曲线或地区测强曲线。专用测强曲线或地区测强曲线的制定应符合本规程附录 B 的规定。

5.2 强度推定

5.2.1 每一检测单元的砌筑砂浆抗压强度平均值、标准差和变异系数，应分别按下列公式计算：

$$f_{2,m} = \frac{1}{n_2} \sum_{i=1}^{n_2} f_{2,i,cu} \qquad (5.2.1\text{-}1)$$

$$s = \sqrt{\frac{\sum_{i=1}^{n_2}(f_{2,m} - f_{2,i,cu})^2}{n_2 - 1}} \qquad (5.2.1\text{-}2)$$

$$\delta = \frac{s}{f_{2,m}} \qquad (5.2.1\text{-}3)$$

式中：$f_{2,m}$——同一检测单元内各测区砌筑砂浆抗压强度平均值（MPa）；

n_2——同一检测单元的测区数；

s——同一检测单元的强度标准差，精确至 0.01MPa；

δ——同一检测单元的强度变异系数，精确至 0.01。

5.2.2 每一检测单元的砌筑砂浆抗压强度，应按下列规定进行推定：

1 当墙片数大于或等于 6 片时，砌筑砂浆抗压强度推定值应符合下列公式的规定：

$$f_2 \leqslant f_{2,m} \qquad (5.2.2\text{-}1)$$

$$f_2 \leqslant \frac{4}{3} f_{2,min} \qquad (5.2.2\text{-}2)$$

2 当墙片数小于 6 片时，砌筑砂浆抗压强度推定值应符合下式的规定：

$$f_2 \leqslant f_{2,min} \qquad (5.2.2\text{-}3)$$

式中：f_2——砌筑砂浆抗压强度推定值（MPa），精确至 0.1MPa；

$f_{2,min}$——同一检测单元中，测区砌筑砂浆抗压强度的最小值（MPa）。

3 当检测结果的变异系数（δ）大于 0.35 时，应检查产生离散性的原因，且当离散性是因检测单元划分不当造成时，应重新划分检测单元进行检测，并可增加测区数进行补测，然后重新推定；当离散性是因其他原因造成时，可根据实际情况采取相应措施。

6 检测报告

6.0.1 检测报告应结论准确、用词规范、文字简练，并可按本规程附录 C 的格式填写。对于容易混淆的术语和概念，宜给出书面解释，也可附图说明。

6.0.2 检测报告应包括下列内容：

1 委托单位名称；

2 建筑工程概况，包括工程名称、结构类型、规模、施工日期、现状及结构平面图等；

3 施工单位名称；

4 检测原因；

5 检测项目、检测方法及依据的标准；

6 抽样方案及数量；

7 检测日期、报告完成日期；

8 检测数据和汇总结果、检测结论；

9 检测、审核和批准人员的签名。

附录 A 择压法检测砌筑砂浆抗压强度试验记录表

表 A 择压法检测砌筑砂浆抗压强度记录表

工程名称：＿＿＿＿＿ 择压仪编号：＿＿＿＿＿
施工单位：＿＿＿＿＿ 择压仪检验证号：＿＿＿＿＿
施工日期：＿＿＿＿＿ 单元编号：＿＿＿＿＿
委托单位：＿＿＿＿＿ 砂浆类别：＿＿＿＿＿
检测原因：＿＿＿＿＿ 检测日期：＿＿＿＿＿

测区	试件编号	厚度（mm）				厚度换算系数（内插法）	择压值（N）	试件择压强度（MPa）	测区择压强度（MPa）	抗压强度换算值（MPa）	备注
		1	2	3	均值						

检测：＿＿＿＿＿＿   记录：＿＿＿＿＿＿
校对：＿＿＿＿＿＿   审核：＿＿＿＿＿＿

附录 B 地区测强曲线和专用测强曲线的制定方法

B.0.1 制定地区测强曲线的试件（砂浆试块和试验用墙体）应与本地区常测结构或构件在原材料、砌筑工艺与养护方法等方面条件相同。制定专用测强曲线的试件应与拟检测结构或构件在原材料、砌筑工艺和养护方法等方面条件相同。采用的择压仪应符合本规程第 3 章的规定。

B.0.2 试件的制作和养护应符合下列规定：

1 制定地区测强曲线时，应按地区常用配合比设计 5 个砂浆强度等级，并按砖底模、钢底模分别为每一强度等级、每一龄期、每一有代表性的区域制作不少于 6 组砂浆试块，且每组均应为 3 个 70.7mm×70.7mm×70.7mm 的立方体试块。每一强度等级对应砌筑的试验墙片，规格不应小于 1.5m×1.5m，数量不应少于 2 片。

2 制定专用测强曲线时，应与拟检测砌体结构要求的相同材料和配合比选用 5 个砂浆强度等级。试件数量应与地区测强曲线的要求一致。

3 砂浆试块和墙体试件应同条件养护。

B.0.3 试验应符合下列规定：

1 同强度、同龄期的砂浆试块试验和择压法试验应同时进行；

2 砂浆试块的试验应按现行行业标准《建筑砂浆基本性能试验方法标准》JGJ/T 70 执行；

3 择压法试件应在相应试验墙体中分区域抽取，且有效试件数量不应少于 25 个，择压法试验应符合本规程第 4 章的规定。

B.0.4 地区测强曲线和专用测强曲线的计算均应符合下列规定：

1 地区测强曲线和专用测强曲线的回归方程式，应按每一砂浆试件求得的 $f_{2,i}$ 和 $f_{2,cu}$ 数据，采用最小二乘法原理计算；

2 回归方程宜符合下式规定：

$$f_{2,cu} = A f_{2,i}^{B} \qquad (B.0.4-1)$$

3 回归方程式的强度平均相对误差（δ）和强度相对标准差（e_r）应用下列公式计算：

$$\delta = \pm \frac{1}{n} \sum_{i=1}^{n} \left| \frac{f_{2,i}}{f_{2,cu}} - 1 \right| \times 100 \qquad (B.0.4-2)$$

$$e_r = \sqrt{\frac{1}{n-1} \sum_{i=1}^{n} \left(\frac{f_{2,i}}{f_{2,cu}} - 1 \right)^2} \times 100$$

$$\qquad (B.0.4-3)$$

式中：δ——回归方程式的强度平均相对误差（%），精确至 0.1；

e_r——回归方程式的强度相对标准差（%），精确至 0.1；

$f_{2,i}$——i 测区砂浆试件抗压强度平均值（MPa），精确至 0.01MPa；

$f_{2,cu}$——由同一试件的平均择压值 $f_{2,i}$ 按回归方程式算出的砂浆立方体抗压强度换算值（MPa），精确至 0.1MPa；

n——制定回归方程式的试件数。

B.0.5 地区测强曲线和专用测强曲线应符合下列规定：

1 对于地区测强曲线，平均相对误差不应大于 15.0%，相对标准差不应大于 20.0%；

2 对于专用测强曲线，平均相对误差不应大于 13.0%，相对标准差不应大于 18.0%。

B.0.6 当 δ 和 e_r 符合本规程第 B.0.5 条的规定后，应将测强曲线报请上级主管部门审批。

附录 C 择压法检测砌筑砂浆抗压强度报告

表 C 择压法检测砌筑砂浆抗压强度报告

编号（规考）第_____号　　　　第_____页共_____页

施工单位：_____　　委托单位：_____

工程名称：_____　　结构或构件名称：_____

施工日期：_____　　检测原因：_____

检测环境：_____　　检测依据：_____

择压仪厂：_____　　择压仪编号：_____

检测日期：_____　　择压仪检验证号：_____

检 测 结 果

构件		砌筑砂浆抗压强度换算值（MPa）			现龄期砌筑砂浆强度推定值（MPa）	备注
名称	编号	平均值	标准差	最小值		

批准：_____　　　　审核：_____

主检：_____　　　　上岗证号：_____

主检：_____　　　　上岗证号：_____

出具报告日期：____年____月____日　单位盖章：_____

本规程用词说明

1 为了便于在执行本规程条文时区别对待，对要求严格程度不同的用词说明如下：

1） 表示很严格，非这样做不可的：

正面词采用"必须"；反面词采用"严禁"。

2） 表示严格，在正常情况下均应这样做的：

正面词采用"应";反面词采用"不应"或 　　为:"应符合……的规定"或"应按……执行"。
"不得"。

3）表示允许稍有选择,在条件许可时首先这
　　样做的:
　　正面词采用"宜";反面词采用"不宜"。

4）表示有选择,在一定条件下可以这样做的,
　　采用"可"。

2　条文中指明应按其他有关标准执行的写法

引用标准名录

1　《砌体基本力学性能试验方法标准》GBJ 129

2　《砌体结构工程施工质量验收规范》GB 50203

3　《建筑工程施工质量验收统一标准》GB 50300

4　《建筑砂浆基本性能试验方法标准》JGJ/T 70

中华人民共和国行业标准

择压法检测砌筑砂浆抗压强度
技 术 规 程

JGJ/T 234—2011

条 文 说 明

制 定 说 明

《择压法检测砌筑砂浆抗压强度技术规程》JGJ/T
234-2011，经住房和城乡建设部 2011 年 1 月 28 日
以第 900 号公告批准、发布。

本规程制定过程中，编制组进行了全国范围内的
相关工程情况和国内外科技查新等的调查研究，总结
了我国近 10 年的砌体结构砌筑砂浆抗压强度检测鉴
定的实践经验，同时参考了国外先进技术法规、技术
标准，通过试验取得了择压法一些相关的重要技术参

数。

为便于广大设计、施工、科研、学校等单位有关
人员在使用本规程时能正确理解和执行条文规定，
《择压法检测砌筑砂浆抗压强度技术规程》编制组按
章、节、条顺序编制了本规程的条文说明，对条文规
定的目的、依据以及执行中需注意的有关事项进行了
说明。但是，本条文说明不具备与规程正文同等的法
律效力，仅供使用者作为理解和把握规程的参考。

目　次

1 总 则

1.0.1 建筑结构工程中，砌体结构面广量大，而砌体结构砌筑砂浆抗压强度是砌体结构质量和安全的重要性能指标之一，其现场检测评定的方法和技术有多种。择压法检测砌筑砂浆抗压强度方法和技术是由江苏省建筑科学研究院在 1996～1998 年负责完成的一项新的科研成果——"砌体结构砌筑砂浆抗压强度直接检测鉴定技术的研究"，并于 1999～2001 完成了江苏省地方标准的编制任务。"择压法"——择为选择，压为局部直接抗压，即选择局部直接抗压的方法。现编制的《择压法检测砌筑砂浆抗压强度技术规程》，系实现对砌体结构水平灰缝中取出的砂浆片通过直径为 10mm 圆平压头进行实质近似于直径为 10mm、高度为灰缝厚度的正圆柱体形砂浆进行局部直接抗压试验，测得其择压荷载值。由预先通过对比试验所建立的砂浆片试样抗压强度与同条件养护的砂浆试块立方体抗压强度的关系，推定砌体结构砌筑砂浆抗压强度。所测结果更直接、更准确、更合理、更科学。为此编制规程，以利推广应用。

1.0.2 本条规定了使用本规程检测及推定砌筑砂浆抗压强度的适用范围。

1.0.3 为更好地推广择压法检测砌筑砂浆抗压强度技术，保证检测质量，要求使用本规程进行工程检测和结果分析的人员均应通过专门的技术培训。

3 择 压 仪

3.1 技 术 要 求

3.1.1～3.1.4 规定了择压仪的仪器构成、技术要求和使用环境。由于择压仪是计量仪器，因此要在择压仪的明显位置上标明名称、型号、制造厂商、生产编号及生产日期。

3.2 校 准 与 保 养

3.2.1、3.2.2 规定了择压仪需要校准的情况。

3.2.3 本条规定了择压仪常规的保养要求及方法。

4 抽 样 与 检 测

4.1 一 般 规 定

4.1.1、4.1.2 规定了择压法检测砌筑砂浆抗压强度实际工程应用范围。

4.2 抽 样 与 试 件 制 作

4.2.1 本条规定了择压法检测砌筑砂浆抗压强度的砂浆试件抽样方法。试件抽样遵守"随机"的原则，并宜由建设单位、监理单位、施工单位会同检测单位共同商定抽样的范围、数量和方法。对有争议的墙体或推定强度明显偏低的墙体，采取细分检测单元或增加单元测区数量等措施。

4.2.2 本条规定了试样抽取的位置，主要考虑：1) 内外砂浆性状不一致；2) 抽取试样时砌体结构自身的安全性。

4.2.3 本条规定了试件制作的相关规定，试件边缘不要求非常规则。从水平灰缝中取出的原状砂浆片称作试样，试样经选择加工处理后用于择压试验的砂浆片称为试件。

4.3 检 测

4.3.3 在圆平压头表面各垫上一片薄橡胶垫，既可确保加载均匀，有缓冲作用，又避免圆平压头磨损。

4.3.5 圆平压头加荷速率大小对试件极限破坏荷载有影响，所以规定了加荷时的速率范围。

5 强度计算与推定

5.1 强 度 计 算

5.1.1 本条规定了单个砂浆试件的择压强度计算过程。由于现场检测条件的限制，砂浆试件有时不能符合 10mm 的厚度要求，故本条规定可按表 5.1.1 厚度换算系数进行换算。

5.1.3 本条规定了测区对应砂浆立方体试件的抗压强度换算值的计算方法，可用下列测强曲线计算：

　　1 统一测强曲线：由全国有代表性的材料、成型工艺所砌筑和成型的砌体和砂浆试件，通过试验所建立的测强曲线；

　　2 地区测强曲线：由该地区常用的材料、成型工艺所砌筑和成型的砌体和砂浆试件，通过试验所建立的测强曲线；

　　3 专用测量曲线：由与拟检测结构或构件采用相同的材料、成型、砌筑、养护工艺而制成的试件和墙体，通过试验所建立的测强曲线。

　　规程编制组在江苏、陕西、青海、黑龙江、山东、四川、广东、内蒙古、北京、上海等地区大量试验和验证数据的基础上，经数据处理得出《择压法检测砌筑砂浆抗压强度技术规程》统一测强曲线。

　　统一测强曲线：

　　水泥砂浆

$$f_{2,i,cu} = 0.635 f_{2,i}^{1.112}$$

　　混合砂浆

$$f_{2,i,cu} = 0.511 f_{2,i}^{1.267}$$

　　相关系数 $r=0.84$，平均相对误差 $\delta=17\%$，相对标准差 $e_r=20\%$。

5.1.4 建立地区和专用测强曲线可以提高该地区的检测精度。地区和专用测强曲线须经地方建设行政主管部门组织的审查和批准，方能实施。各地可以根据专用测强曲线、地区测强曲线、统一测强曲线的次序选用。

5.2 强度推定

5.2.1 规定了判定每一检测单元择压法检测砌筑砂浆抗压强度检测结果的离散性计算方法。

5.2.2 本条规定了检测单元的砌筑砂浆的抗压强度推定方法和离散性较大时的处理办法。

6 检测报告

6.0.1 检测报告是工程测试的最后结果，是掌握和控制砌体结构中砌筑砂浆抗压强度的依据，为避免检测报告格式混乱，因此提出检测报告的具体内容要求。

中华人民共和国行业标准

混凝土耐久性检验评定标准

Standard for inspection and assessment of concrete durability

JGJ/T 193—2009

批准部门：中华人民共和国住房和城乡建设部
施行日期：２０１０年７月１日

中华人民共和国住房和城乡建设部
公　告

第 430 号

关于发布行业标准《混凝土耐久
性检验评定标准》的公告

现批准《混凝土耐久性检验评定标准》为行业标准，编号为 JGJ/T 193－2009，自 2010 年 7 月 1 日起实施。

本标准由我部标准定额研究所组织中国建筑工业出版社出版发行。

中华人民共和国住房和城乡建设部

2009 年 11 月 9 日

前　言

根据原建设部《关于印发〈2005 年工程建设标准规范制订、修订计划（第一批）〉的通知》（建标〔2005〕84 号）的要求，编制组经广泛调研研究，认真总结实践经验，参考有关国际标准和国外先进标准，并在广泛征求意见的基础上，制定本标准。

本标准的主要技术内容是：1 总则；2 基本规定；3 性能等级划分与试验方法；4 检验；5 评定。

本标准由住房和城乡建设部负责管理，由中国建筑科学研究院负责具体技术内容的解释。执行过程中如有意见或建议，请寄送至中国建筑科学研究院建筑材料研究所《混凝土耐久性检验评定标准》标准编制组（地址：北京市北三环东路 30 号，邮编：100013；电子邮件：cabrconcrete@vip.163.com）。

本 标 准 主 编 单 位：中国建筑科学研究院
　　　　　　　　　　　中设建工集团有限公司
本 标 准 参 编 单 位：中国铁道科学研究院
　　　　　　　　　　　辽宁省建设科学研究院
　　　　　　　　　　　中冶集团建筑研究总院
　　　　　　　　　　　甘肃土木工程科学研究院
　　　　　　　　　　　南京水利科学研究院
　　　　　　　　　　　云南建工混凝土有限公司
　　　　　　　　　　　贵州中建建筑科研设计院
　　　　　　　　　　　广东省建筑科学研究院
　　　　　　　　　　　重庆市建筑科学研究院
　　　　　　　　　　　山东省建筑科学研究院
　　　　　　　　　　　中国建筑材料科学研究总院
　　　　　　　　　　　武汉大学
　　　　　　　　　　　深圳大学
　　　　　　　　　　　中国建筑第二工程局有限公司
　　　　　　　　　　　北京耐恒检测设备科技发展有限公司
　　　　　　　　　　　吉安市建筑工程质量检测中心
　　　　　　　　　　　建研建材有限公司

本标准主要起草人员：冷发光　张仁瑜　丁　威
　　　　　　　　　　　周永祥　谢永江　田冠飞
　　　　　　　　　　　王　元　郝挺宇　杜　雷
　　　　　　　　　　　陈永根　傅国君　张燕迟
　　　　　　　　　　　刘数华　李昕成　李章建
　　　　　　　　　　　王林枫　王新祥　杨再富
　　　　　　　　　　　王志刚　李景芳　王　玲
　　　　　　　　　　　邢　锋　王植槐　黄素平
　　　　　　　　　　　何更新　纪宪坤　王　晶
　　　　　　　　　　　韦庆东　鲍克蒙　田　凯
本标准主要审查人员：赵铁军　石云兴　陈改新
　　　　　　　　　　　闻德荣　朋改非　惠云玲
　　　　　　　　　　　赵顺增　蔡亚宁　张国志
　　　　　　　　　　　王　军　封孝信

目次

Contents

1 总 则

1.0.1 为规范混凝土耐久性能的检验评定方法，制定本标准。

1.0.2 本标准适用于建筑与市政工程中混凝土耐久性的检验与评定。

1.0.3 本标准规定了混凝土耐久性检验评定的基本技术要求。当本标准与国家法律、行政法规的规定相抵触时，应按国家法律、行政法规的规定执行。

1.0.4 混凝土耐久性的检验评定除应符合本标准的规定外，尚应符合国家现行有关标准的规定。

2 基 本 规 定

2.0.1 混凝土耐久性检验评定的项目可包括抗冻性能、抗水渗透性能、抗硫酸盐侵蚀性能、抗氯离子渗透性能、抗碳化性能和早期抗裂性能。当混凝土需要进行耐久性检验评定时，检验评定的项目及其等级或限值应根据设计要求确定。

2.0.2 混凝土原材料应符合国家现行有关标准的规定，并应满足设计要求；工程施工过程中，混凝土原材料的质量控制与验收应符合现行国家标准《混凝土结构工程施工质量验收规范》GB 50204 的规定。

2.0.3 对于需要进行耐久性检验评定的混凝土，其强度应满足设计要求，且强度检验评定应符合现行国家标准《混凝土强度检验评定标准》GBJ 107 的规定。

2.0.4 混凝土的配合比设计应符合现行行业标准《普通混凝土配合比设计规程》JGJ 55 中关于耐久性的规定。

2.0.5 混凝土的质量控制应符合现行国家标准《混凝土质量控制标准》GB 50164 的规定。

3 性能等级划分与试验方法

3.0.1 混凝土抗冻性能、抗水渗透性能和抗硫酸盐侵蚀性能的等级划分应符合表 3.0.1 的规定。

表 3.0.1 混凝土抗冻性能、抗水渗透性能和抗硫酸盐侵蚀性能的等级划分

抗冻等级（快冻法）	抗冻标号（慢冻法）	抗渗等级	抗硫酸盐等级
F50	F250	D50	KS30
F100	F300	D100	KS60
F150	F350	D150	KS90
F200	F400	D200	KS120
>F400	>D200	P4	KS150
		P6	>KS150
		P8	
		P10	
		P12	
		>P12	

3.0.2 混凝土抗氯离子渗透性能的等级划分应符合下列规定：

1 当采用氯离子迁移系数（RCM 法）划分混凝土抗氯离子渗透性能等级时，应符合表 3.0.2-1 的规定，且混凝土测试龄期应为 84d。

表 3.0.2-1 混凝土抗氯离子渗透性能的等级划分（RCM 法）

等级	RCM-Ⅰ	RCM-Ⅱ	RCM-Ⅲ	RCM-Ⅳ	RCM-Ⅴ
氯离子迁移系数 D_{RCM}（RCM 法）（$\times 10^{-12} m^2/s$）	$D_{RCM} \geq 4.5$	$3.5 \leq D_{RCM} < 4.5$	$2.5 \leq D_{RCM} < 3.5$	$1.5 \leq D_{RCM} < 2.5$	$D_{RCM} < 1.5$

2 当采用电通量划分混凝土抗氯离子渗透性能等级时，应符合表 3.0.2-2 的规定，且混凝土测试龄期宜为 28d。当混凝土中水泥混合材与矿物掺合料之和超过胶凝材料用量的 50% 时，测试龄期可为 56d。

表 3.0.2-2 混凝土抗氯离子渗透性能的等级划分（电通量法）

等级	Q-Ⅰ	Q-Ⅱ	Q-Ⅲ	Q-Ⅳ	Q-Ⅴ
电通量 Q_s（C）	$Q_s \geq 4000$	$2000 \leq Q_s < 4000$	$1000 \leq Q_s < 2000$	$500 \leq Q_s < 1000$	$Q_s < 500$

3.0.3 混凝土抗碳化性能的等级划分应符合表 3.0.3 的规定。

表 3.0.3 混凝土抗碳化性能的等级划分

等级	T-Ⅰ	T-Ⅱ	T-Ⅲ	T-Ⅳ	T-Ⅴ
碳化深度 d（mm）	$d \geq 30$	$20 \leq d < 30$	$10 \leq d < 20$	$0.1 \leq d < 10$	$d < 0.1$

3.0.4 混凝土早期抗裂性能的等级划分应符合表 3.0.4 的规定。

表 3.0.4 混凝土早期抗裂性能的等级划分

等级	L-Ⅰ	L-Ⅱ	L-Ⅲ	L-Ⅳ	L-Ⅴ
单位面积上的总开裂面积 c（mm^2/m^2）	$c \geq 1000$	$700 \leq c < 1000$	$400 \leq c < 700$	$100 \leq c < 400$	$c < 100$

3.0.5 混凝土耐久性检验项目的试验方法应符合现行国家标准《普通混凝土长期性能和耐久性能试验方法标准》GB/T 50082 的规定。

4 检 验

4.1 检验批及试验组数

4.1.1 同一检验批混凝土的强度等级、龄期、生产工艺和配合比应相同。

4.1.2 对于同一工程、同一配合比的混凝土，检验批不应少于一个。

4.1.3 对于同一检验批，设计要求的各个检验项目应至少完成一组试验。

4.2 取 样

4.2.1 取样方法应符合现行国家标准《普通混凝土拌合物性能试验方法标准》GB/T 50080 的规定。

4.2.2 取样应在施工现场进行，应随机从同一车（盘）中取样，并不宜在首车（盘）混凝土中取样。从车中取样时，应将混凝土搅拌均匀，并应在卸料量的 1/4~3/4 之间取样。

4.2.3 取样数量应至少为计算试验用量的 1.5 倍。计算试验用量应根据现行国家标准《普通混凝土长期性能和耐久性能试验方法标准》GB/T 50082 的规定计算。

4.2.4 每次取样应进行记录，取样记录应至少包括下列内容：

    1 耐久性检验项目；

    2 取样日期、时间和取样人；

    3 取样地点（实验室名称或工程名称、结构部位等）；

    4 混凝土强度等级；

    5 混凝土拌合物工作性；

    6 取样方法；

    7 试样编号；

    8 试样数量；

    9 环境温度及取样的混凝土温度（现场取样还应记录取样时的天气状况）；

    10 取样后的样品保存方法、运输方法以及从取样到制作成型的时间。

4.3 试件制作与养护

4.3.1 试件制作应在现场取样后 30min 内进行。

4.3.2 试件制作和养护应符合现行国家标准《普通混凝土力学性能试验方法标准》GB/T 50081 和《普通混凝土长期性能和耐久性能试验方法标准》GB/T 50082 的有关规定。

4.4 检 验 结 果

4.4.1 对于同一检验批只进行一组试验的检验项目，应将试验结果作为检验结果。对于抗冻试验、抗水渗透试验和抗硫酸盐侵蚀试验，当同一检验批进行一组以上试验时，应取所有组试验结果中的最小值作为检验结果。当检验结果介于本标准表 3.0.1 中所列的相邻两个等级之间时，应取等级较低者作为检验结果。

4.4.2 对于抗氯离子渗透试验、碳化试验、早期抗裂试验，当同一检验批进行一组以上试验时，应取所有组试验结果中的最大值作为检验结果。

5 评 定

5.0.1 混凝土的耐久性应根据混凝土的各耐久性检验项目的检验结果，分项进行评定。符合设计规定的检验项目，可评定为合格。

5.0.2 同一检验批全部耐久性项目检验合格者，该检验批混凝土耐久性可评定为合格。

5.0.3 对于某一检验批被评定为不合格的耐久性检验项目，应进行专项评审并对该检验批的混凝土提出处理意见。

本标准用词说明

1 为便于在执行本标准条文时区别对待，对要求严格程度不同的用词说明如下：

    1）表示很严格，非这样做不可的：

    正面词采用"必须"，反面词采用"严禁"；

    2）表示严格，在正常情况下均应这样做的：

    正面词采用"应"，反面词采用"不应"或"不得"；

    3）表示允许稍有选择，在条件许可时首先应这样做的：

    正面词采用"宜"，反面词采用"不宜"；

    4）表示有选择，在一定条件下可以这样做的采用"可"。

2 条文中指明应按其他有关标准执行的写法为："应符合……的规定"或"应按……执行"。

引用标准名录

    1 《混凝土强度检验评定标准》GBJ 107

    2 《普通混凝土拌合物性能试验方法标准》GB/T 50080

    3 《普通混凝土力学性能试验方法标准》GB/T 50081

    4 《普通混凝土长期性能和耐久性能试验方法标准》GB/T 50082

    5 《混凝土质量控制标准》GB 50164

    6 《混凝土结构工程施工质量验收规范》GB 50204

    7 《普通混凝土配合比设计规程》JGJ 55

中华人民共和国行业标准

混凝土耐久性检验评定标准

JGJ/T 193—2009

条 文 说 明

制 订 说 明

《混凝土耐久性检验评定标准》JGJ/T 193－2009，经住房和城乡建设部 2009 年 11 月 9 日以第 430 号公告批准、发布。

本标准制订过程中，编制组进行了广泛而深入的调查研究，总结了我国工程建设中混凝土耐久性检验评定的实践经验，同时参考了国外先进技术法规、技术标准，通过试验取得了混凝土耐久性检验评定的重要技术参数。

为便于广大设计、施工、科研、学校等单位有关人员在使用本标准时能正确理解和执行条文规定，《混凝土耐久性检验评定标准》编制组按章、节、条顺序编制了本标准的条文说明，对条文规定的目的、依据以及执行中需注意的有关事项进行了说明。但是，本条文说明不具备与标准正文同等的法律效力，仅供使用者作为理解和把握标准规定的参考。在使用中如果发现本条文说明有不妥之处，请将意见函寄中国建筑科学研究院建筑材料研究所《混凝土耐久性检验评定标准》标准编制组。

目 次

1 总 则

1.0.1 国家标准《普通混凝土长期性能和耐久性能试验方法标准》GB/T 50082 提出了若干混凝土耐久性的标准试验方法，但不包括对试验结果等级的评定，更不包括对工程混凝土耐久性检验结果的评定，而本标准则对混凝土耐久性检验评定作出规定。

1.0.2 本条规定了本标准的适用范围。本标准中的"混凝土"指"普通混凝土"，即干表观密度为 2000kg/m³～2800kg/m³ 的水泥混凝土，定义见《普通混凝土配合比设计规程》JGJ 55。

1.0.4 本标准的有关内容还应与相应的国家现行有关标准相协调，并避免与相关标准有不必要的重复。

2 基 本 规 定

2.0.1 用于不同工程的混凝土所需要的耐久性能不同，根据实际情况或设计要求来确定哪些混凝土耐久性项目需要进行检验评定。同时，即使同一检验批的混凝土，不同检验项目的等级或限值可能处于不同的级别，例如某混凝土样品，其抗氯离子渗透性处于Ⅲ级，而其早期抗裂性可能处于Ⅳ级。

本标准规定进行检验评定的混凝土耐久性项目，是当今工程中最主要的混凝土耐久性项目，可以满足工程对混凝土耐久性控制的基本要求。对于一些与耐久性相关的特殊项目，可按照设计要求进行。

2.0.2 原材料的质量控制是保证混凝土耐久性的重要环节，与原材料有关的现行标准有：《通用硅酸盐水泥》GB 175、《用于水泥和混凝土中的粉煤灰》GB/T 1596、《用于水泥和混凝土中的粒化高炉矿渣粉》GB/T 18046、《普通混凝土用砂、石质量及检验方法标准》JGJ 52、《混凝土用水标准》JGJ 63、《混凝土外加剂》GB 8076 以及《聚羧酸系高性能减水剂》JG/T 223 等。

《混凝土结构工程施工质量验收规范》GB 50204-2002 第 7.2 节对原材料的"主控项目"和"一般项目"进行了规定。

2.0.3 混凝土的耐久性检验评定应与强度检验评定结合，强度符合要求是耐久性检验评定的前提条件。

2.0.4 混凝土配合比设计是保证混凝土耐久性的重要环节，《普通混凝土配合比设计规程》JGJ 55 中保证混凝土耐久性的相关技术规定有：最大水胶比、最小胶凝材料用量等。

2.0.5 混凝土生产与施工是保证结构中混凝土耐久性的重要环节。为了最大限度保证按本标准进行的耐久性检验评定与实际结构中混凝土的耐久性相当，除了对原材料、配合比设计等提出要求外，还必须加强混凝土生产和施工阶段的质量控制。

3 性能等级划分与试验方法

3.0.1 混凝土的抗冻等级（快冻法）、抗冻标号（慢冻法）、抗渗等级、抗硫酸盐等级的试验方法已包含等级划分，同时，这些耐久性指标多数在国内已有较长的应用历史并已体现在相关的标准中，因此，本标准将它们单独列出，以便符合目前的工程设计习惯，且能与相关标准相协调。

1）抗冻等级的划分

美国《混凝土快速冻融试验方法标准》（Standard Test Method for Resistance of Concrete to Rapid Freezing and Thawing）ASTM C 666 确定的快速冻融法以耐久性指数 DF 来表征混凝土的抗冻融性能。DF 的计算以预设的总循环次数（最大为 300 次）为基础，实质上体现了混凝土试件耐受冻融循环的次数。我国《普通混凝土长期性能和耐久性能试验方法标准》GB/T 50082 以抗冻等级综合反映混凝土的抗冻性能。

《水工建筑物抗冰冻设计规范》DL/T 5082-1998 将按快冻法测试的抗冻等级分为 F400、F300、F200、F150、F100、F50 六级。《水运工程混凝土质量控制标准》JTJ 269-96 对水位变动区有抗冻要求的混凝土进行了规定，针对海水环境、淡水环境分别采用的混凝土抗冻等级有 F100、F150、F200、F250、F300、F350 六个等级。抗冻等级的适用范围可参考该标准的相关规定进行选用。

《水运工程混凝土质量控制标准》JTJ 269-96 对水位变动区有抗冻要求的混凝土进行了规定，见表1。《公路钢筋混凝土及预应力混凝土桥涵设计规范》JTG D62-2004 对水位变动区混凝土抗冻等级的要求与表1一致。

表1 水位变动区混凝土抗冻等级选定标准

建筑所在地区	海水环境		淡水环境	
	钢筋混凝土及预应力混凝土	素混凝土	钢筋混凝土及预应力混凝土	素混凝土
严重受冻地区（最冷月平均气温低于-8℃）	F350	F300	F250	F200
受冻地区（最冷月平均气温在-8℃～-4℃之间）	F300	F250	F200	F150
微冻地区（最冷月平均气温在-4℃～0℃之间）	F250	F200	F150	F100

注：1 试验过程中试件所接触的介质应与建筑物实际接触的介质相近；
　　2 开敞式码头和防波堤等建筑物混凝土应选用比同一地区高一级的抗冻等级。

《铁路混凝土结构耐久性设计暂行规定》对冻融环境进行了分类，并根据不同的设计使用年限和环境作用等级，规定设计使用年限分别为100年、60年和30年的混凝土抗冻等级（56d龄期）分别为≥F300、≥F250和≥F200。

对于有抗冻要求的结构，应根据气候分区、环境条件、结构构件的重要性以及用途等情况提出相应的抗冻等级要求，具体要求可参见相关标准。

2）抗冻标号的等级划分

根据目前结构混凝土慢冻法的研究结果，D25的混凝土抗冻性能很差，一般不能满足有抗冻要求的工程需要，因此本标准将D50作为抗冻标号的最低等级。考虑到慢冻法试验周期较长的实际情况，且D200也足以反映混凝土在慢冻条件下良好的耐久性能，D200以上不再进行更详细的划分。

3）抗渗等级的划分

采用逐级加压法测得的抗水渗透等级在我国有着广泛的应用。《混凝土质量控制标准》GB 50164-92将混凝土抗渗等级划分为S4、S6、S8、S10、S12五个等级〔各个标准中抗（水）渗等级的表示符号不同，应注意区分，有关标准中的S、W与本标准中的P含义相同〕。《普通混凝土配合比设计规程》JGJ 55-2000将抗渗混凝土（impermeable concrete）定义为抗渗等级等于或大于P6级的混凝土。《给水排水工程构筑物结构设计规范》GB 50069-2002根据最大作用水头与混凝土壁、板厚度之比值i_w来设计抗渗等级：i_w小于10时，抗渗等级为S4；i_w大于30时，抗渗等级为S8；介于二者之间的抗渗等级为S6。

《水工混凝土结构设计规范》DL/T 5057-1996将混凝土抗渗等级分为W2、W4、W6、W8、W10、W12六级。《水运工程混凝土施工规范》JTJ 268-1996以及《水运工程混凝土质量控制标准》JTJ 269-96按照最大作用水头与混凝土壁厚之比，对抗（水）渗等级作出了相应的规定（见表2）。《公路钢筋混凝土及预应力混凝土桥涵设计规范》JTG D62-2004对结构混凝土抗渗等级的要求与表2一致。

表2　混凝土抗渗等级

最大作用水头与混凝土壁厚之比	<5	5～10	11～15	16～20	>20
抗渗等级	W4	W6	W8	W10	W12

对于有抗渗要求的结构，应根据所承受的水头、水力梯度、水质条件和渗透水的危害程度等因素进行确定，具体要求可参见相关标准。

4）抗硫酸盐等级划分

抗硫酸盐侵蚀试验的评定指标为抗硫酸盐等级。《普通混凝土长期性能和耐久性能试验方法标准》

GB/T 50082规定：当抗压强度耐蚀系数低于75%，或者达到规定的干湿循环次数即可停止试验，此时记录的干湿循环次数即为抗硫酸盐等级。

抗硫酸盐侵蚀试验一般只有当工程环境中有较强的硫酸盐侵蚀时才进行该试验，因此，为保证此类工程具有足够的抗硫酸盐侵蚀性能，将下限值设为KS30。系统的试验结果表明，能够经历150次以上抗硫酸盐干湿循环的混凝土，具有优异的抗硫酸盐侵蚀性能，故将KS150定为分级的上限值。

3.0.2 按照氯离子迁移系数将混凝土抗氯离子渗透性能划分为五个等级，分别用RCM-Ⅰ、RCM-Ⅱ、RCM-Ⅲ、RCM-Ⅳ和RCM-Ⅴ来表示。从Ⅰ级到Ⅴ级，表示混凝土抗氯离子渗透性能越来越高。与Ⅰ～Ⅴ级对应的混凝土耐久性水平推荐意见见表3，该表定性地描述了等级代号所代表的混凝土耐久性能的高低。

同样，用Q-Ⅰ～Q-Ⅴ来代表按电通量划分的混凝土抗氯离子渗透性能等级，用T-Ⅰ～T-Ⅴ代表混凝土的抗碳化性能等级，用L-Ⅰ～L-Ⅴ代表混凝土的早期抗裂性能等级。从Ⅰ级到Ⅴ级的代号含义，均可参照表3理解。需要说明的是，这种定性评价仅对混凝土材料本身而言，至于是否符合工程实际的要求，则需要结合设计和施工要求进行确定。

表3　等级代号与混凝土耐久性水平推荐意见

等级代号	Ⅰ	Ⅱ	Ⅲ	Ⅳ	Ⅴ
混凝土耐久性水平推荐意见	差	较差	较好	好	很好

《普通混凝土长期性能和耐久性能试验方法标准》GB/T 50082规定抗氯离子渗透性试验（RCM法）的试验龄期可以为28d、56d或84d，这是为了照顾到所有的混凝土种类，并尽可能缩短试验周期。但是，测试混凝土氯离子迁移系数往往是针对海洋等氯离子侵蚀环境，而此类工程的混凝土中一般都需要掺入较多的矿物掺合料，若以28d龄期作为测试时间，则不够合理，而在84d龄期测试相对比较合理。因此，84d龄期的测试指标多为跨海桥梁等工程设计所采用，例如我国杭州湾大桥，以84d龄期的混凝土氯离子迁移系数作为控制要求，不同结构部位的控制阈值分别为：1.5×10^{-12} m²/s、2.5×10^{-12} m²/s、3.0×10^{-12} m²/s和3.5×10^{-12} m²/s。马来西亚槟城第二跨海大桥也以84d龄期抗氯离子迁移系数作为设计指标。

试验研究表明，如果84d龄期的混凝土氯离子迁移系数小于2.5×10^{-12} m²/s，则表明混凝土具有较好的抗氯离子渗透性能。因此，本标准以84d龄期的试验值进行评定。

《普通混凝土长期性能和耐久性能试验方法标准》

GB/T 50082 规定抗氯离子渗透性试验（电通量法）的试验龄期可以为 28d 或 56d。为缩短试验周期，对于以硅酸盐水泥为主要胶凝材料的混凝土，一般试验龄期为 28d。但是对于大掺量矿物掺合料的混凝土，28d 的试验结果可能不能准确反映混凝土真实的抗氯离子渗透性能，故允许采用 56d 的测试值进行评定。本标准明确了大掺量矿物掺合料的混凝土指：混凝土中水泥混合材与矿物掺合料之和超过胶凝材料用量的 50％，其中，胶凝材料用量包括水泥用量与矿物掺合料用量之和。

《铁路混凝土结构耐久性设计暂行规定》对氯盐环境进行了分类，并根据不同的设计使用年限和环境作用等级，规定了混凝土的电通量（56d）等级（见表 4）。另外，该标准还规定氯盐环境和化学侵蚀环境下混凝土的电通量一般不超过 1500C，有的则需要小于 800C 或 1000C。

表 4 混凝土的电通量

设计使用年限级别		一（100 年）	二（60 年）、三（30 年）
电通量(C)(56d)	<C30	<2000	<2500
	C30～C45	<1500	<2000
	≥C50	<1000	<1500

《海港工程混凝土结构防腐蚀技术规范》JTJ 275 - 2000 对高性能混凝土的电通量要求不超过 1000C。需要注意的是，该标准对电通量的测试龄期要求是：标准条件下养护 28d，试验应在 35d 内完成；对掺加粉煤灰或粒化高炉矿渣粉的混凝土，可按 90d 龄期的试验结果评定。

本标准电通量的等级划分部分参照了美国《用电通量法测试混凝土的抗氯离子侵入性能试验方法标准》(Standard Test Method for Electrical Indication of Concrete's Ability to Resist Chloride Ion Penetration) ASTM C 1202 的规定（表 5）。我国其他有关标准也是参考该标准制订。

表 5 基于电通量的氯离子渗透性

电通量（C）	>4000	2000～4000	1000～2000	100～1000	<100
氯离子渗透性评价	高	中等	低	很低	可忽略

3.0.3 系统的试验研究表明，在快速碳化试验中，碳化深度小于 20mm 的混凝土，其抗碳化性能较好，一般认为可满足大气环境下 50 年的耐久性要求。在工程实际中，碳化的发展规律也基本与此相近。在其他腐蚀介质的共同侵蚀下，混凝土的碳化会发展得更快。一般公认的是，碳化深度小于 10mm 的混凝土，其抗碳化性能良好。许多强度等级高、密实性好的混

凝土，在碳化试验中会出现测不出碳化的情况。目前，《轻骨料混凝土技术规程》JGJ 51 - 2002 根据不同的使用条件对砂轻混凝土的碳化深度进行了规定（表 6）。在抗碳化性能方面，有些种类的轻骨料混凝土与普通混凝土相近，有些种类则比普通混凝土略差一些。

表 6 砂轻混凝土的碳化深度值

等 级	使用条件	碳化深度（mm）
1	正常湿度，室内	≤40
2	正常湿度，室外	≤35
3	潮湿，室外	≤30
4	干湿交替	≤25

注：1　正常湿度系指相对湿度为 55％～65％；
　　2　潮湿系指相对湿度为 65％～80％；
　　3　碳化深度值相当于在正常大气条件下，即 CO_2 的体积浓度为 0.03％、温度为 20℃±3℃环境条件下，自然碳化 50 年时混凝土的碳化深度。

3.0.4 中国建筑科学研究院采用刀口法试验对混凝土早期的抗裂性能进行了系统的研究，结果发现，抗裂性能好的混凝土，单位面积上的总开裂面积很小，通常在 100mm²/m² 以内；当单位面积上的总开裂面积超过 1000mm²/m² 时，混凝土的抗裂性能较差；而单位面积上的总开裂面积在 700mm²/m² 左右时，混凝土抗裂性能也出现一个较为明显的变化。据此，将混凝土的早期抗裂性能进行了等级划分。

3.0.5 本标准规定的测试方法均出自《普通混凝土长期性能和耐久性能试验方法标准》GB/T 50082。

4 检　验

4.1 检验批及试验组数

4.1.1 本条为检验批的划分提供了明确的依据。

4.1.2 本条规定与《混凝土结构工程施工质量验收规范》GB 50204 协调。

4.1.3 混凝土耐久性检验项目的确定见本标准第 3.0.1 条的规定。例如，某一检验批按照设计要求需要对抗碳化性能和抗硫酸盐侵蚀性能进行检验评定时，需要各做不少于一组的抗碳化试验和抗硫酸盐侵蚀试验。

4.2 取　样

4.2.2 从同一盘或同一车混凝土中取样以保证试件制作的匀质性。由于搅拌设备、运输设备首次启用可能造成混凝土的组分不具有代表性，因此不宜在首盘或首车混凝土中取样。

4.2.4 取样记录包含了影响混凝土耐久性试验结果

的因素，有时对解释检验结果有用。因此，取样记录包含了多种信息。

4.3 试件制作与养护

4.3.1 本条规定了取样与试件制作的时间要求。

4.3.2 《普通混凝土力学性能试验方法标准》GB/T 50081 规定了一般混凝土试件的制作与养护，《普通混凝土长期性能和耐久性能试验方法标准》GB/T 50082 在此基础上针对具体的试验方法进行了更为详细的规定。

4.4 检验结果

4.4.1 按《普通混凝土长期性能和耐久性能试验方法标准》GB/T 50082 进行试验得到的结果为试验结果。如果检验批只进行了一组试验，试验结果即为检验结果。对于一组以上的试验结果，取偏于安全者作为检验结果，如：快冻法试验进行了 2 组，其试验结果分别为 F125 和 F150，取最小值 F125，但 F125 介于本标准表 3.0.1 所规定的 F100 和 F150 之间，此时取 F100 作为检验结果。

4.4.2 本条规定取偏于安全的试验结果作为检验结果。

5 评　　定

5.0.1 本条规定了对混凝土耐久性先进行分项评定。

5.0.2 在分项评定的基础上，对检验批的耐久性进行总体评定。

5.0.3 对于存在不合格检验项目的检验批，由专家进行评审并提出处理意见为妥。

中华人民共和国国家标准

普通混凝土长期性能和耐久性能
试验方法标准

Standard for test methods of long-term performance
and durability of ordinary concrete

GB/T 50082—2009

主编部门：中华人民共和国住房和城乡建设部
批准部门：中华人民共和国住房和城乡建设部
施行日期：２０１０年７月１日

中华人民共和国住房和城乡建设部
公　告

第 454 号

关于发布国家标准《普通混凝土长期性能和耐久性能试验方法标准》的公告

现批准《普通混凝土长期性能和耐久性能试验方法标准》为国家标准，编号为 GB/T 50082 - 2009，自 2010 年 7 月 1 日起实施。原《普通混凝土长期性能和耐久性能试验方法》GBJ 82 - 85 同时废止。

本标准由我部标准定额研究所组织中国建筑工业出版社出版发行。

中华人民共和国住房和城乡建设部

2009 年 11 月 30 日

前　　言

根据原建设部《关于印发〈二〇〇四年工程建设国家标准制订、修订计划〉的通知》（建标 [2004] 67 号）的要求，标准编制组经广泛调查研究，认真总结实践经验、参考有关国际标准和国外先进标准，并在广泛征求意见的基础上，修订本标准。

本标准的主要技术内容是：1. 总则；2. 术语；3. 基本规定；4. 抗冻试验；5. 动弹性模量试验；6. 抗水渗透试验；7. 抗氯离子渗透试验；8. 收缩试验；9. 早期抗裂试验；10. 受压徐变试验；11. 碳化试验；12. 混凝土中钢筋锈蚀试验；13. 抗压疲劳变形试验；14. 抗硫酸盐侵蚀试验；15. 碱-骨料反应试验。

本标准修订的主要技术内容是：1. 增加了术语一章；2. 增加了基本规定一章；3. 将试件的取样、制作和养护等修订为符合现行国家标准的规定；4. 修订和完善了快冻和慢冻试验方法；5. 增加了单面冻融试验方法；6. 动弹性模量试验方法中取消了敲击法并对共振法进行了完善；7. 将原抗渗试验修改为抗水渗透试验，并增加了渗水高度法；8. 增加了抗氯离子渗透试验方法，包括电通量法和快速氯离子迁移系数法（或称 RCM 法）；9. 收缩试验增加了非接触法，完善了原收缩试验方法；10. 增加了早期抗裂试验方法；11. 完善了受压徐变试验方法；12. 完善了碳化试验和混凝土中钢筋锈蚀试验方法；13. 将原标准中的抗压疲劳强度试验方法修改为抗压疲劳变形试验方法；14. 增加了抗硫酸盐侵蚀试验方法；15. 增加了碱-骨料反应试验方法。

本标准由住房和城乡建设部负责管理，由中国建筑科学研究院负责具体技术内容的解释。执行过程中如有意见和建议，请寄送中国建筑科学研究院建筑材料研究所国家标准《普通混凝土长期性能和耐久性能试验方法标准》管理组（地址：北京市北三环东路 30 号，邮政编码：100013；电子邮箱：cabrconcrete@vip.163.com）。

本标准主编单位：中国建筑科学研究院

本标准参编单位：中国铁道科学研究院

辽宁省建设科学研究院

清华大学

中冶集团建筑研究总院

甘肃土木工程科学研究院

云南省建筑科学研究院

贵州中建建筑科研设计院

河南省建筑科学研究院

哈尔滨工业大学

深圳市高新建商品混凝土有限公司

中建三局商品混凝土公司

深圳大学

云南建工混凝土有限公司

重庆市建筑科学研究院

中南大学

武汉大学

青岛理工大学

中国水利水电科学研究院

北京耐恒科技发展有限公司

北京三思行测控技术有限公司

上虞宏兴机械仪器制造有限公司

舟山市博远科技开发有限公司

无锡建仪仪器机械有限公司

天津市天宇实验仪器有限公司

天津市建筑仪器试验机公司

上海国际港务（集团）有限公司

武汉尚品科技有限公司

苏州市东华试验仪器有限公司

建研建材有限公司

本标准主要起草人：冷发光　戎君明　丁　威
　　　　　　　　　　谢永江　王　元　丁建彤

赵霄龙　田冠飞　郝挺宇
杜　雷　邓　岗　林力勋
赵铁军　张彩霞　巴恒静
张国林　郭延辉　武铁明
邢　锋　李章建　杨再富
谢友均　曾　力　周永祥
马孝轩　刘　岩　李金玉
王植槐　陆国良　张关来
诸华丰　徐锡中　王玉杰
潘　明　何更新　韦庆东
纪宪坤　罗文斌　曹　芳
王雪昌

本标准主要审查人：姜福田　阎培渝　闻德荣
　　　　　　　　　　石云兴　朋改飞　封孝信
　　　　　　　　　　张仁瑜　蔡亚宁　夏玲玲

目　次

Contents

1 总　则

1.0.1 为规范和统一混凝土长期性能和耐久性能试验方法，提高混凝土试验和检测水平，制定本标准。

1.0.2 本标准适用于工程建设活动中对普通混凝土进行的长期性能和耐久性能试验。

1.0.3 本标准规定了普通混凝土长期性能和耐久性能试验的基本技术要求，当本标准与国家法律、行政法规的规定相抵触时，应按国家法律、行政法规的规定执行。

1.0.4 普通混凝土长期性能和耐久性能试验除应符合本标准的规定外，尚应符合现行国家标准的规定。

2 术　语

2.0.1 普通混凝土　ordinary concrete

干表观密度为（2000～2800）kg/m³ 的水泥混凝土。

2.0.2 混凝土抗冻标号　resistance grade to freezing-thawing of concrete

用慢冻法测得的最大冻融循环次数来划分的混凝土的抗冻性能等级。

2.0.3 混凝土抗冻等级　resistance class to freezing-thawing of concrete

用快冻法测得的最大冻融循环次数来划分的混凝土的抗冻性能等级。

2.0.4 电通量法　test method for coulomb electric flux

用通过混凝土试件的电通量来反映混凝土抗氯离子渗透性能的试验方法。

2.0.5 快速氯离子迁移系数法　test method for rapid chloride ions migration coefficient(RCM)

通过测定混凝土中氯离子渗透深度，计算得到氯离子迁移系数来反映混凝土抗氯离子渗透性能的试验方法。简称为 RCM 法。

2.0.6 抗硫酸盐等级　resistance class to sulphate attack of concrete

用抗硫酸盐侵蚀试验方法测得的最大干湿循环次数来划分的混凝土抗硫酸盐侵蚀性能等级。

3 基本规定

3.1 混凝土取样

3.1.1 混凝土取样应符合现行国家标准《普通混凝土拌合物性能试验方法标准》GB/T 50080 中的规定。

3.1.2 每组试件所用的拌合物应从同一盘混凝土或同一车混凝土中取样。

3.2 试件的横截面尺寸

3.2.1 试件的最小横截面尺寸宜按表 3.2.1 的规定选用。

表 3.2.1　试件的最小横截面尺寸

骨料最大公称粒径(mm)	试件最小横截面尺寸(mm)
31.5	100×100 或 φ100
40.0	150×150 或 φ150
63.0	200×200 或 φ200

3.2.2 骨料最大公称粒径应符合现行行业标准《普通混凝土用砂、石质量及检验方法标准》JGJ 52 的规定。

3.2.3 试件应采用符合现行行业标准《混凝土试模》JG 237 规定的试模制作。

3.3 试件的公差

3.3.1 所有试件的承压面的平面度公差不得超过试件的边长或直径的 0.0005。

3.3.2 除抗水渗透试件外，其他所有试件的相邻面间的夹角应为 90°，公差不得超过 0.5°。

3.3.3 除特别指明试件的尺寸公差以外，所有试件各边长、直径或高度的公差不得超过 1mm。

3.4 试件的制作和养护

3.4.1 试件的制作和养护应符合现行国家标准《普通混凝土力学性能试验方法标准》GB/T 50081 中的规定。

3.4.2 在制作混凝土长期性能和耐久性能试验用试件时，不应采用憎水性脱模剂。

3.4.3 在制作混凝土长期性能和耐久性能试验用试件时，宜同时制作与相应耐久性能试验龄期对应的混凝土立方体抗压强度用试件。

3.4.4 制作混凝土长期性能和耐久性能试验用试件时，所采用的振动台和搅拌机应分别符合现行行业标准《混凝土试验用振动台》JG/T 245 和《混凝土试验用搅拌机》JG 244 的规定。

3.5 试验报告

3.5.1 委托单位提供的内容应包括下列项目：

1　委托单位和见证单位名称。

2　工程名称及施工部位。

3　要求检测的项目名称。

4　要说明的其他内容。

3.5.2 试件制作单位提供的内容应包括下列项目：

1　试件编号。

2　试件制作日期。

3　混凝土强度等级。

4 试件的形状及尺寸。

5 原材料的品种、规格和产地以及混凝土配合比。

6 养护条件。

7 试验龄期。

8 要说明的其他内容。

3.5.3 试验或检测单位提供的内容应包括下列项目：

1 试件收到的日期。

2 试件的形状及尺寸。

3 试验编号。

4 试验日期。

5 仪器设备的名称、型号及编号。

6 试验室温(湿)度。

7 养护条件及试验龄期。

8 混凝土实际强度。

9 测试结果。

10 要说明的其他内容。

4 抗冻试验

4.1 慢冻法

4.1.1 本方法适用于测定混凝土试件在气冻水融条件下，以经受的冻融循环次数来表示的混凝土抗冻性能。

4.1.2 慢冻法抗冻试验所采用的试件应符合下列规定：

1 试验应采用尺寸为 100mm×100mm×100mm 的立方体试件。

2 慢冻法试验所需要的试件组数应符合表4.1.2的规定，每组试件应为 3 块。

表 4.1.2 慢冻法试验所需要的试件组数

设计抗冻标号	D25	D50	D100	D150	D200	D250	D300	D300 以上
检查强度所需冻融次数	25	50	50 及 100	100 及 150	150 及 200	200 及 250	250 及 300	300 及设计次数
鉴定 28d 强度所需试件组数	1	1	1	1	1	1	1	1
冻融试件组数	1	1	2	2	2	2	2	2
对比试件组数	1	1	2	2	2	2	2	2
总计试件组数	3	3	5	5	5	5	5	5

4.1.3 试验设备应符合下列规定：

1 冻融试验箱应能使试件静止不动，并应通过气冻水融进行冻融循环。在满载运转的条件下，冷冻期间冻融试验箱内空气的温度应能保持在(−20~−18)℃范围内；融化期间冻融试验箱内浸泡混凝土试件的水温应能保持在(18~20)℃范围内；满载时冻融试验箱内各点温度极差不应超过2℃。

2 采用自动冻融设备时，控制系统还应具有自动控制、数据曲线实时动态显示、断电记忆和试验数据自动存储等功能。

3 试件架应采用不锈钢或者其他耐腐蚀的材料制作，其尺寸应与冻融试验箱和所装的试件相适应。

4 称量设备的最大量程应为 20kg，感量不应超过 5g。

5 压力试验机应符合现行国家标准《普通混凝土力学性能试验方法标准》GB/T 50081 的相关要求。

6 温度传感器的温度检测范围不应小于(−20~20)℃，测量精度应为±0.5℃。

4.1.4 慢冻试验应按照下列步骤进行：

1 在标准养护室内或同条件养护的冻融试验的试件应在养护龄期为 24d 时提前将试件从养护地点取出，随后应将试件放在(20±2)℃水中浸泡，浸泡时水面应高出试件顶面(20~30)mm，在水中浸泡的时间应为 4d，试件应在 28d 龄期时开始进行冻融试验。始终在水中养护的冻融试验的试件，当试件养护龄期达到 28d 时，可直接进行后续试验，对此种情况，应在试验报告中予以说明。

2 当试件养护龄期达到 28d 时应及时取出冻融试验的试件，用湿布擦除表面水分后应对外观尺寸进行测量，试件的外观尺寸应满足本标准第 3.3 节的要求，并应分别编号、称重，然后按编号置入试件架内，且试件架与试件的接触面积不宜超过试件底面的 1/5。试件与箱体内壁之间应至少留有 20mm 的空隙。试件架中各试件之间应至少保持 30mm 的空隙。

3 冷冻时间应在冻融箱内温度降至−18℃时开始计算。每次从装完试件到温度降至−18℃所需的时间应在(1.5~2.0)h内。冻融箱内温度在冷冻时应保持在(−20~−18)℃。

4 每次冻融循环中试件的冷冻时间不应小于 4h。

5 冷冻结束后，应立即加入温度为(18~20)℃的水，使试件转入融化状态，加水时间不应超过 10min。控制系统应确保在 30min 内，水温不低于10℃，且在 30min 后水温能保持在(18~20)℃。冻融箱内的水面应至少高出试件表面 20mm。融化时间不应小于 4h。融化完毕视为该次冻融循环结束，可进入下一次冻融循环。

6 每 25 次循环宜对冻融试件进行一次外观检查。当出现严重破坏时，应立即进行称重。当一组试件的平均质量损失率超过 5%，可停止其冻融循环试验。

7 试件在达到本标准表 4.1.2 规定的冻融循环次数后，试件应称重并进行外观检查，应详细记录试件表面破损、裂缝及边角缺损情况。当试件表面破损严重时，应先用高强石膏找平，然后应进行抗压强度

试验。抗压强度试验应符合现行国家标准《普通混凝土力学性能试验方法标准》GB/T 50081 的相关规定。

8 当冻融循环因故中断且试件处于冷冻状态时，试件应继续保持冷冻状态，直至恢复冻融试验为止，并应将故障原因及暂停时间在试验结果中注明。当试件处在融化状态下因故中断时，中断时间不应超过两个冻融循环的时间。在整个试验过程中，超过两个冻融循环时间的中断故障次数不得超过两次。

9 当部分试件由于失效破坏或者停止试验被取出时，应用空白试件填充空位。

10 对比试件应继续保持原有的养护条件，直到完成冻融循环后，与冻融试验的试件同时进行抗压强度试验。

4.1.5 当冻融循环出现下列三种情况之一时，可停止试验：

1 已达到规定的循环次数；

2 抗压强度损失率已达到 25％；

3 质量损失率已达到 5％。

4.1.6 试验结果计算及处理应符合下列规定：

1 强度损失率应按下式进行计算：

$$\Delta f_c = \frac{f_{c0} - f_{cn}}{f_{c0}} \times 100 \qquad (4.1.6\text{-}1)$$

式中：Δf_c ——N 次冻融循环后的混凝土抗压强度损失率（％），精确至 0.1；

f_{c0} ——对比用的一组混凝土试件的抗压强度测定值（MPa），精确至 0.1MPa；

f_{cn} ——经 N 次冻融循环后的一组混凝土试件抗压强度测定值（MPa），精确至 0.1MPa。

2 f_{c0} 和 f_{cn} 应以三个试件抗压强度试验结果的算术平均值作为测定值。当三个试件抗压强度最大值或最小值与中间值之差超过中间值的 15％时，应剔除此值，再取其余两值的算术平均值作为测定值；当最大值和最小值均超过中间值的 15％时，应取中间值作为测定值。

3 单个试件的质量损失率应按下式计算：

$$\Delta W_{ni} = \frac{W_{0i} - W_{ni}}{W_{0i}} \times 100 \qquad (4.1.6\text{-}2)$$

式中：ΔW_{ni} ——N 次冻融循环后第 i 个混凝土试件的质量损失率（％），精确至 0.01；

W_{0i} ——冻融循环试验前第 i 个混凝土试件的质量（g）；

W_{ni} ——N 次冻融循环后第 i 个混凝土试件的质量（g）。

4 一组试件的平均质量损失率应按下式计算：

$$\Delta W_n = \frac{\sum_{i=1}^{3} \Delta W_{ni}}{3} \times 100 \qquad (4.1.6\text{-}3)$$

式中：ΔW_n ——N 次冻融循环后一组混凝土试件的平

均质量损失率（％），精确至 0.1。

5 每组试件的平均质量损失率应以三个试件的质量损失率试验结果的算术平均值作为测定值。当某个试验结果出现负值，应取 0，再取三个试件的算术平均值。当三个值中的最大值或最小值与中间值之差超过 1％时，应剔除此值，再取其余两值的算术平均值作为测定值；当最大值和最小值与中间值之差均超过 1％时，应取中间值作为测定值。

6 抗冻标号应以抗压强度损失率不超过 25％或者质量损失率不超过 5％时的最大冻融循环次数按本标准表 4.1.2 确定。

4.2 快 冻 法

4.2.1 本方法适用于测定混凝土试件在水冻水融条件下，以经受的快速冻融循环次数来表示的混凝土抗冻性能。

4.2.2 试验设备应符合下列规定：

1 试件盒（图 4.2.2）宜采用具有弹性的橡胶材料制作，其内表面底部应有半径为 3mm 橡胶突起部分。盒内加水后水面应至少高出试件顶面 5mm。试件盒横截面尺寸宜为 115mm×115mm，试件盒长度宜为 500mm。

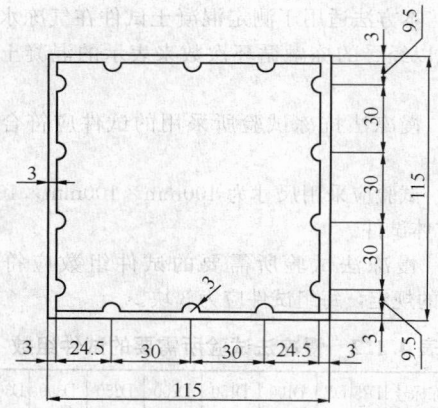

图 4.2.2 橡胶试件盒横截面示意图（mm）

2 快速冻融装置应符合现行行业标准《混凝土抗冻试验设备》JG/T 243 的规定。除应在测温试件中埋设温度传感器外，尚应在冻融箱内防冻液中心、中心与任何一个对角线的两端分别设有温度传感器。运转时冻融箱内防冻液各点温度的极差不得超过 2℃。

3 称量设备的最大量程应为 20kg，感量不应超过 5g。

4 混凝土动弹性模量测定仪应符合本标准第 5 章的规定。

5 温度传感器（包括热电偶、电位差计等）应在 (−20～20)℃ 范围内测定试件中心温度，且测量精度应为 ±0.5℃。

4.2.3 快冻法抗冻试验所采用的试件应符合如下

规定：

1 快冻法抗冻试验应采用尺寸为 100mm×100mm×400mm 的棱柱体试件，每组试件应为 3 块。

2 成型试件时，不得采用憎水性脱模剂。

3 除制作冻融试验的试件外，尚应制作同样形状、尺寸，且中心埋有温度传感器的测温试件，测温试件应采用防冻液作为冻融介质。测温试件所用混凝土的抗冻性能应高于冻融试件。测温试件的温度传感器应埋设在试件中心。温度传感器不应采用钻孔后插入的方式埋设。

4.2.4 快冻试验应按照下列步骤进行：

1 在标准养护室内或同条件养护的试件应在养护龄期为 24d 时提前将冻融试验的试件从养护地点取出，随后应将冻融试件放在（20±2）℃水中浸泡，浸泡时水面应高出试件顶面（20～30）mm。在水中浸泡时间应为 4d，试件应在 28d 龄期时开始进行冻融试验。始终在水中养护的试件，当试件养护龄期达到 28d 时，可直接进行后续试验。对此种情况，应在试验报告中予以说明。

2 当试件养护龄期达到 28d 时应及时取出试件，用湿布擦除表面水分后应对外观尺寸进行测量，试件的外观尺寸应满足本标准第 3.3 节的要求，并应编号、称量试件初始质量 W_{0i}；然后应按本标准第 5 章的规定测定其横向基频的初始值 f_{0i}。

3 将试件放入试件盒内，试件应位于试件盒中心，然后将试件盒放入冻融箱内的试件架中，并向试件盒中注入清水。在整个试验过程中，盒内水位高度应始终保持至少高出试件顶面 5mm。

4 测温试件盒应放在冻融箱的中心位置。

5 冻融循环过程应符合下列规定：

1）每次冻融循环应在（2～4）h 内完成，且用于融化的时间不得少于整个冻融循环时间的 1/4；

2）在冷冻和融化过程中，试件中心最低和最高温度应分别控制在（−18±2）℃和（5±2）℃内。在任意时刻，试件中心温度不得高于 7℃，且不得低于−20℃；

3）每块试件从 3℃降至−16℃所用的时间不得少于冷冻时间的 1/2；每块试件从−16℃升至 3℃所用时间不得少于整个融化时间的 1/2，试件内外的温差不宜超过 28℃；

4）冷冻和融化之间的转换时间不宜超过 10min。

6 每隔 25 次冻融循环宜测量试件的横向基频 f_{ni}。测量前应先将试件表面浮渣清洗干净并擦干表面水分，然后应检查其外部损伤并称量试件的质量 W_{ni}。随后应按本标准第 5 章规定的方法测量横向基频。测完后，应迅速将试件调头重新装入试件盒内并

加入清水，继续试验。试件的测量、称量及外观检查应迅速，待测试件应用湿布覆盖。

7 当有试件停止试验被取出时，应另用其他试件填充空位。当试件在冷冻状态下因故中断时，试件应保持在冷冻状态，直至恢复冻融试验为止，并应将故障原因及暂停时间在试验结果中注明。试件在非冷冻状态下发生故障的时间不宜超过两个冻融循环的时间。在整个试验过程中，超过两个冻融循环时间的中断故障次数不得超过两次。

8 当冻融循环出现下列情况之一时，可停止试验：

1）达到规定的冻融循环次数；

2）试件的相对动弹性模量下降到 60%；

3）试件的质量损失率达 5%。

4.2.5 试验结果计算及处理应符合下列规定：

1 相对动弹性模量应按下式计算：

$$P_i = \frac{f_{ni}^2}{f_{0i}^2} \times 100 \qquad (4.2.5\text{-}1)$$

式中：P_i——经 N 次冻融循环后第 i 个混凝土试件的相对动弹性模量（%），精确至 0.1；

f_{ni}——经 N 次冻融循环后第 i 个混凝土试件的横向基频（Hz）；

f_{0i}——冻融循环试验前第 i 个混凝土试件横向基频初始值（Hz）；

$$P = \frac{1}{3} \sum_{i=1}^{3} P_i \qquad (4.2.5\text{-}2)$$

式中：P——经 N 次冻融循环后一组混凝土试件的相对动弹性模量（%），精确至 0.1。相对动弹性模量 P 应以三个试件试验结果的算术平均值作为测定值。当最大值或最小值与中间值之差超过中间值的 15% 时，应剔除此值，并应取其余两值的算术平均值作为测定值；当最大值和最小值与中间值之差均超过中间值的 15% 时，应取中间值作为测定值。

2 单个试件的质量损失率应按下式计算：

$$\Delta W_{ni} = \frac{W_{0i} - W_{ni}}{W_{0i}} \times 100 \qquad (4.2.5\text{-}3)$$

式中：ΔW_{ni}——N 次冻融循环后第 i 个混凝土试件的质量损失率（%），精确至 0.01；

W_{0i}——冻融循环试验前第 i 个混凝土试件的质量（g）；

W_{ni}——N 次冻融循环后第 i 个混凝土试件的质量（g）。

3 一组试件的平均质量损失率应按下式计算：

$$\Delta W_n = \frac{\sum_{i=1}^{3} \Delta W_{ni}}{3} \times 100 \qquad (4.2.5\text{-}4)$$

式中：ΔW_n——N 次冻融循环后一组混凝土试件的平均质量损失率（%），精确至 0.1。

4 每组试件的平均质量损失率应以三个试件的质量损失率试验结果的算术平均值作为测定值。当某个试验结果出现负值，应取 0，再取三个试件的平均值。当三个值中的最大值或最小值与中间值之差超过 1% 时，应剔除此值，并应取其余两值的算术平均值作为测定值；当最大值和最小值与中间值之差均超过 1% 时，应取中间值作为测定值。

5 混凝土抗冻等级应以相对动弹性模量下降至不低于 60% 或者质量损失率不超过 5% 时的最大冻融循环次数来确定，并用符号 F 表示。

4.3 单面冻融法（或称盐冻法）

4.3.1 本方法适用于测定混凝土试件在大气环境中且与盐接触的条件下，以能够经受的冻融循环次数或者表面剥落质量或超声波相对动弹性模量来表示的混凝土抗冻性能。

4.3.2 试验环境条件应满足下列要求：

1 温度（20±2）℃。

2 相对湿度（65±5）%。

4.3.3 单面冻融法所采用的试验设备和用具应符合下列规定：

1 顶部有盖的试件盒（图 4.3.3-1）应采用不锈钢制成，容器内的长度应为（250±1）mm，宽度应为（200±1）mm，高度应为（120±1）mm。容器底部应安置高（5±0.1）mm 不吸水、浸水不变形且在试验过程中不得影响溶液组分的非金属三角垫条或支撑。

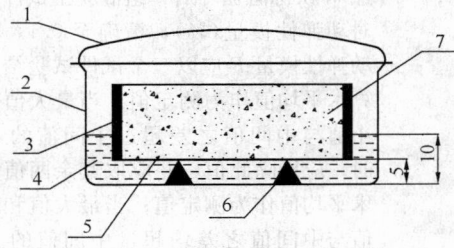

图 4.3.3-1　试件盒示意图（mm）
1—盖子；2—盒体；3—侧向封闭；4—试验液体；
5—试验表面；6—垫条；7—试件

2 液面调整装置（图 4.3.3-2）应由一支吸水管和使液面与试件盒底部间的距离保持在一定范围内的液

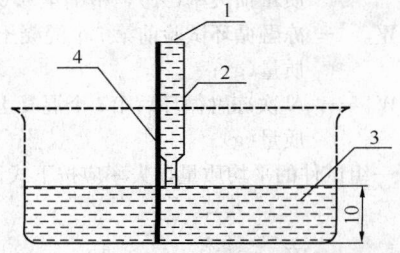

图 4.3.3-2　液面调整装置示意图
1—吸水装置；2—毛细吸管；3—试验
液体；4—定位控制装置

面自动定位控制装置组成，在使用时，液面调整装置应使液面高度保持在（10±1）mm。

3 单面冻融试验箱（图 4.3.3-3）应符合现行行业标准《混凝土抗冻试验设备》JG/T 243 的规定，试件盒应固定在单面冻融试验箱内，并应自动地按规定的冻融循环制度进行冻融循环。冻融循环制度（图 4.3.3-4）的温度应从 20℃开始，并应以（10±1）℃/h 的速度均匀地降至（-20±1）℃，且应维持 3h；然后应从 -20℃开始，并应以（10±1）℃/h 的速度均匀地升至（20±1）℃，且应维持 1h。

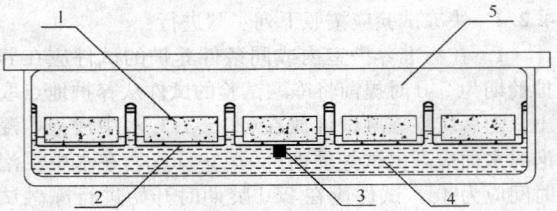

图 4.3.3-3　单面冻融试验箱示意图
1—试件；2—试件盒；3—测温度点（参考点）；
4—制冷液体；5—空气隔热层

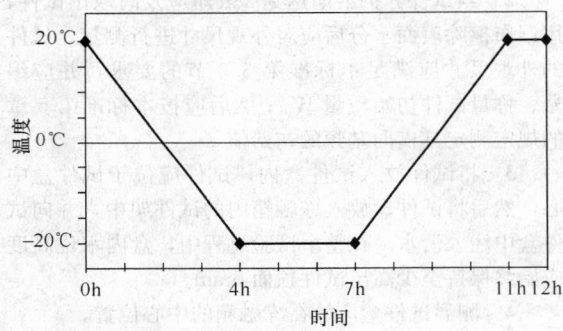

图 4.3.3-4　冻融循环制度

4 试件盒的底部浸入冷冻液中的深度应为（15±2）mm。单面冻融试验箱内应装有可将冷冻液和试件盒上部空间隔开的装置和固定的温度传感器，温度传感器应装在 50mm×6mm×6mm 的矩形容器内。温度传感器在 0℃时的测量精度不应低于±0.05℃，在冷冻液中测温的时间间隔应为（6.3±0.8）s。单面冻融试验箱内温度控制精度应为±0.5℃，当满载运转时，单面冻融试验箱内各点之间的最大温差不得超过 1℃。单面冻融试验箱连续工作时间不应少于 28d。

5 超声浴槽中超声发生器的功率应为 250W，双半波运行下高频峰值功率应为 450W，频率应为 35kHz。超声浴槽的尺寸应使试件盒与超声浴槽之间无机械接触地置于其中，试件盒在超声浴槽的位置应符合图 4.3.3-5 的规定，且试件盒和超声浴槽底部的距离不应小于 15mm。

6 超声波测试仪的频率范围应在（50~150）kHz 之间。

7 不锈钢盘（或称剥落物收集器）应由厚 1mm、

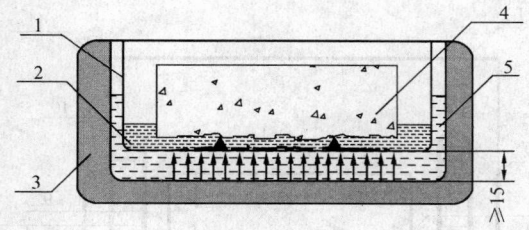

图 4.3.3-5 试件盒在超声浴槽中的位置示意图(mm)
1—试件盒；2—试验液体；3—超声浴槽；4—试件；5—水面积不小于110mm×150mm、边缘翘起为(10±2)mm的不锈钢制成的带把手钢盘。

8 超声传播时间测量装置(图4.3.3-6)应由长和宽均为(160±1)mm、高为(80±1)mm的有机玻璃制成。超声传感器应安置在该装置两侧相对的位置上，且超声传感器轴线距试件的测试面的距离应为35mm。

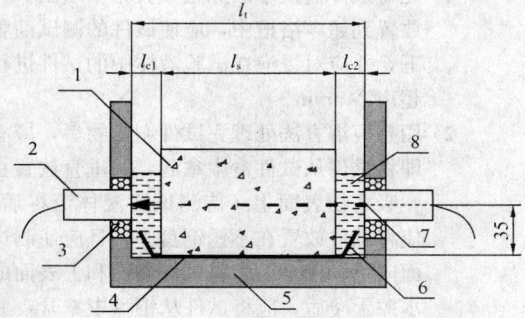

图 4.3.3-6 超声传播时间测量装置(mm)
1—试件；2—超声传感器(或称探头)；3—密封层；
4—测试面；5—超声容器；6—不锈钢盘；7—超声传播轴；8—试验溶液

9 试验溶液应采用质量比为97%蒸馏水和3%NaCl配制而成的盐溶液。

10 烘箱温度应为(110±5)℃。

11 称量设备应采用最大量程分别为10kg和5kg，感量分别为0.1g和0.01g各一台。

12 游标卡尺的量程不应小于300mm，精度应为±0.1mm。

13 成型混凝土试件应采用150mm×150mm×150mm的立方体试模，并附加尺寸应为150mm×150mm×2mm聚四氟乙烯片。

14 密封材料应为涂异丁橡胶的铝箔或环氧树脂。密封材料应采用在-20℃和盐侵蚀条件下仍保持原有性能，且在达到最低温度时不得表现为脆性的材料。

4.3.4 试件制作应符合下列规定：

1 在制作试件时，应采用150mm×150mm×150mm的立方体试模，应在模具中间垂直插入一片聚四氟乙烯片，使试模均分为两部分，聚四氟乙烯片不得涂抹任何脱模剂。当骨料尺寸较大时，应在试模

的两内侧各放一片聚四氟乙烯片，但骨料的最大粒径不得大于超声波最小传播距离的1/3。应将接触聚四氟乙烯片的面作为测试面。

2 试件成型后，应先在空气中带模养护(24±2)h，然后将试件脱模并放在(20±2)℃的水中养护至7d龄期。当试件的强度较低时，带模养护的时间可延长，在(20±2)℃的水中的养护时间应相应缩短。

3 当试件在水中养护至7d龄期后，应对试件进行切割。试件切割位置应符合图4.3.4的规定，首先应将试件的成型面切去，试件的高度应为110mm。然后将试件从中间的聚四氟乙烯片分开成两个试件，每个试件的尺寸应为150mm×110mm×70mm，偏差应为±2mm。切割完成后，应将试件放置在空气中养护。对于切割后的试件与标准试件的尺寸有偏差的，应在报告中注明。非标准试件的测试表面边长不应小于90mm；对于形状不规则的试件，其测试表面大小应能保证内切一个直径90mm的圆，试件的长高比不应大于3。

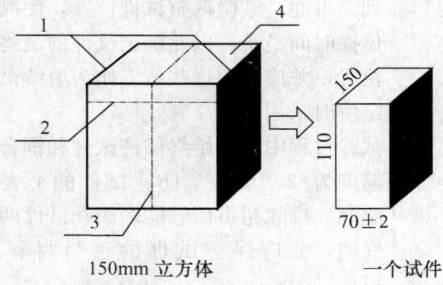

150mm 立方体　　　　一个试件

图 4.3.4 试件切割位置示意图(mm)
1—聚四氟乙烯片(测试面)；
2、3—切割线；4—成型面

4 每组试件的数量不应少于5个，且总的测试面积不得少于0.08m²。

4.3.5 单面冻融试验应按照下列步骤进行：

1 到达规定养护龄期的试件应放在温度为(20±2)℃、相对湿度为(65±5)%的实验室中干燥至28d龄期。干燥时试件应侧立并应相互间隔50mm。

2 在试件干燥至28d龄期前的(2～4)d，除测试面和与测试面相平行的顶面外，其他侧面应采用环氧树脂或其他满足本标准第4.3.3条要求的密封材料进行密封。密封前应对试件侧面进行清洁处理。在密封过程中，试件应保持清洁和干燥，并应测量和记录试件密封前后的质量 w_0 和 w_1，精确至0.1g。

3 密封好的试件应放置在试件盒中，并应使测试面向下接触垫条，试件与试件盒侧壁之间的空隙应为(30±2)mm。向试件盒中加入试验液体并不得溅湿试件顶面。试验液体的液面高度应由液面调整装置调整为(10±1)mm。加入试验液体后，应盖上试件盒的盖子，并应记录加入试验液体的时间。试件预吸水时间应持续7d，试验温度应保持为(20±2)℃。预吸水期

间应定期检查试验液体高度，并应始终保持试验液体高度满足(10±1)mm的要求。试件预吸水过程中应每隔(2~3)d测量试件的质量，精确至0.1g。

4 当试件预吸水结束之后，应采用超声波测试仪测定试件的超声传播时间初始值t_0，精确至0.1μs。在每个试件测试开始前，应对超声波测试仪器进行校正。超声传播时间初始值的测量应符合以下规定：

1) 首先应迅速将试件从试件盒中取出，并以测试面向下的方向将试件放置在不锈钢盘上，然后将试件连同不锈钢盘一起放入超声传播时间测量装置中(图4.3.3-6)。超声传感器的探头中心与试件测试面之间的距离应为35mm。应向超声传播时间测量装置中加入试验溶液作为耦合剂，且液面应高于超声传感器探头10mm，但不应超过试件上表面。

2) 每个试件的超声传播时间应通过测量离测试面35mm的两条相互垂直的传播轴得到。可通过细微调整试件位置，使测量的传播时间最小，以此确定试件的最终测量位置，并应标记这些位置作为后续试验中定位时采用。

3) 试验过程中，应始终保持试件和耦合剂的温度为(20±2)℃，防止试件的上表面被湿润。排除超声传感器表面和试件两侧的气泡，并应保护试件的密封材料不受损伤。

5 将完成超声传播时间初始值测量的试件按本标准第4.3.3条的要求重新装入试件盒中，试验溶液的高度应为(10±1)mm。在整个试验过程中应随时检查试件盒中的液面高度，并对液面进行及时调整。将装有试件的试件盒放置在单面冻融试验箱的托架上，当全部试件盒放入单面冻融试验箱中后，应确保试件盒浸泡在冷冻液中的深度为(15±2)mm，且试件盒在单面冻融试验箱的位置符合图4.3.5的规定。在冻融循环试验前，应采用超声浴方法将试件表面的疏松颗粒和物质清除，清除之物应作为废弃物处理。

6 在进行单面冻融试验时，应去掉试件盒的盖子。冻融循环过程宜连续不断地进行。当冻融循环过程被打断时，应将试件保存在试件盒中，并应保持试验液体的高度。

7 每4个冻融循环应对试件的剥落物、吸水率、超声波相对传播时间和超声波相对动弹性模量进行一次测量。上述参数测量应在(20±2)℃的恒温室中进行。当测量过程被打断时，应将试件保存在盛有试验液体的试验容器中。

8 试件的剥落物、吸水率、超声波相对传播时间和超声波相对动弹性模量的测量应按下列步骤进行：

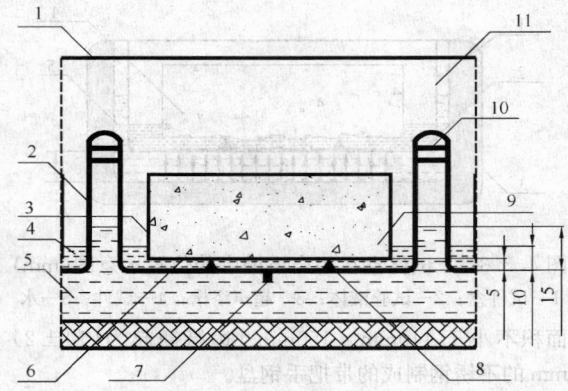

图4.3.5 试件盒在单面冻融试验箱中的位置示意图(mm)
1—试验机盖；2—相邻试件盒；3—侧向密封层；4—试验液体；5—制冷液体；6—测试面；7—测温度点(参考点)；8—垫条；9—试件；10—托架；11—隔热空气层

1) 先将试件盒从单面冻融试验箱中取出，并放置到超声浴槽中，应使试件的测试面朝下，并应对浸泡在试验液体中的试件进行超声浴3min。

2) 用超声浴方法处理完试件剥落物后，应立即将试件从试件盒中拿起，并垂直放置在一吸水物表面上。待测试面液体流尽后，应将试件放置在不锈钢盘中，且应使测试面向下。用干毛巾将试件侧面和上表面的水擦干净后，应将试件从钢盘中拿开，并将钢盘放置在天平上归零，再将试件放回到不锈钢盘中进行称量。应记录此时试件的质量w_n，精确至0.1g。

3) 称量后应将试件与不锈钢盘一起放置在超声传播时间测量装置中，并应按测量超声传播时间初始值相同的方法测定此时试件的超声传播时间t_n，精确至0.1μs。

4) 测量完试件的超声传播时间后，应重新将试件放入另一个试件盒中，并应按上述要求进行下一个冻融循环。

5) 将试件重新放入试件盒以后，应及时将超声波测试过程中掉落到不锈钢盘中的剥落物收集到试件盒中，并用滤纸过滤留在试件盒中的剥落物。过滤前应先称量滤纸的质量μ_i，然后将过滤后含有全部剥落物的滤纸置在(110±5)℃的烘箱中烘干24h，并在温度为(20±2)℃、相对湿度为(60±5)％的实验室中冷却(60±5)min。冷却后应称量烘干后滤纸和剥落物的总质量μ_o，精确至0.01g。

9 当冻融循环出现下列情况之一时，可停止试验，并应以经受的冻融循环次数或者单位表面面积剥落物总质量或超声波相对动弹性模量来表示混凝土抗

冻性能：

  1）达到 28 次冻融循环时；

  2）试件单位表面面积剥落物总质量大于 1500g/m² 时；

  3）试件的超声波相对动弹性模量降低到 80% 时。

4.3.6 试验结果计算及处理应符合下列规定：

 1 试件表面剥落物的质量 μ_s 应按下式计算：

$$\mu_s = \mu_b - \mu_f \quad (4.3.6-1)$$

式中：μ_s——试件表面剥落物的质量（g），精确至 0.01g；

   μ_f——滤纸的质量（g），精确至 0.01g；

   μ_b——干燥后滤纸与试件剥落物的总质量（g），精确至 0.01g。

 2 N 次冻融循环之后，单个试件单位测试表面面积剥落物总质量应按下式进行计算：

$$m_n = \frac{\sum \mu_s}{A} \times 10^6 \quad (4.3.6-2)$$

式中：m_n——N 次冻融循环后，单个试件单位测试表面面积剥落物总质量（g/m²）；

   μ_s——每次测试间隙得到的试件剥落物质量（g），精确至 0.01g；

   A——单个试件测试表面的表面积（mm²）。

 3 每组应取 5 个试件单位测试表面面积上剥落物总质量计算值的算术平均值作为该组试件单位测试表面面积上剥落物总质量测定值。

 4 经 N 次冻融循环后试件相对质量增长 Δw_n（或吸水率）应按下式计算：

$$\Delta w_n = (w_n - w_1 + \sum \mu_s)/w_0 \times 100 \quad (4.3.6-3)$$

式中：Δw_n——经 N 次冻融循环后，每个试件的吸水率（%），精确至 0.1；

   μ_s——每次测试间隙得到的试件剥落物质量（g），精确至 0.01g；

   w_0——试件密封前干燥状态的净质量（不包括侧面密封物的质量）（g），精确至 0.1g；

   w_n——经 N 次冻融循环后，试件的质量（包括侧面密封物）（g），精确至 0.1g；

   w_1——密封后饱水之前试件的质量（包括侧面密封物）（g），精确至 0.1g。

 5 每组应取 5 个试件吸水率计算值的算术平均值作为该组试件的吸水率测定值。

 6 超声波相对传播时间和相对动弹性模量应按下列方法计算：

  1）超声波在耦合剂中的传播时间 t_c 应按下式计算：

$$t_c = l_c / v_c \quad (4.3.6-4)$$

式中：t_c——超声波在耦合剂中的传播时间（μs），精确至 0.1μs；

   l_c——超声波在耦合剂中传播的长度（$l_{c1} + l_{c2}$）mm。l_c 应由超声探头之间的距离和测试试件的长度的差值决定；

   v_c——超声波在耦合剂中传播的速度 km/s。v_c 可利用超声波在水中的传播速度来假定，在温度为（20±5）℃时，超声波在耦合剂中传播的速度为 1440m/s（或 1.440km/s）。

  2）经 N 次冻融循环之后，每个试件传播轴线上传播时间的相对变化 τ_n 应按下式计算：

$$\tau_n = \frac{t_0 - t_c}{t_n - t_c} \times 100 \quad (4.3.6-5)$$

式中：τ_n——试件的超声波相对传播时间（%），精确至 0.1；

   t_0——在预吸水后第一次冻融之前，超声波在试件和耦合剂中的总传播时间，即超声波传播时间初始值（μs）；

   t_n——经 N 次冻融循环之后超声波在试件和耦合剂中的总传播时间（μs）。

  3）在计算每个试件的超声波相对传播时间时，应以两个轴的超声波相对传播时间的算术平均值作为该试件的超声波相对传播时间测定值。每组应取 5 个试件超声波相对传播时间计算值的算术平均值作为该组试件超声波相对传播时间的测定值。

  4）经 N 次冻融循环之后，试件的超声波相对动弹性模量 $R_{u,n}$ 应按下式计算：

$$R_{u,n} = \tau_n^2 \times 100 \quad (4.3.6-6)$$

式中：$R_{u,n}$——试件的超声波相对动弹性模量（%），精确至 0.1。

  5）在计算每个试件的超声波相对动弹性模量时，应先分别计算两个相互垂直的传播轴上的超声波相对动弹性模量，并应取两个轴的超声波相对动弹性模量的算术平均值作为该试件的超声波相对动弹性模量测定值。每组应取 5 个试件超声波相对动弹性模量计算值的算术平均值作为该组试件的超声波相对动弹性模量值测定值。

5 动弹性模量试验

5.0.1 本方法适用于采用共振法测定混凝土的动弹

性模量。

5.0.2 动弹性模量试验应采用尺寸为 100mm×100mm×400mm 的棱柱体试件。

5.0.3 试验设备应符合下列规定：

    1 共振法混凝土动弹性模量测定仪（又称共振仪）的输出频率可调范围应为（100～20000）Hz，输出功率应能使试件产生受迫振动。

    2 试件支承体应采用厚度约为 20mm 的泡沫塑料垫，宜采用表观密度为（16～18）kg/m³的聚苯板。

    3 称量设备的最大量程应为 20kg，感量不应超过 5g。

5.0.4 动弹性模量试验应按下列步骤进行：

    1 首先应测定试件的质量和尺寸。试件质量应精确至 0.01kg，尺寸的测量应精确至 1mm。

    2 测定完试件的质量和尺寸后，应将试件放置在支撑体中心位置，成型面应向上，并应将激振换能器的测杆轻轻地压在试件长边侧面中线的 1/2 处，接收换能器的测杆轻轻地压在试件长边侧面中线距端面 5mm 处。在测杆接触试件前，宜在测杆与试件接触面涂一薄层黄油或凡士林作为耦合介质，测杆压力的大小应以不出现噪声为准。采用的动弹性模量测定仪各部件连接和相对位置应符合图 5.0.4 的规定。

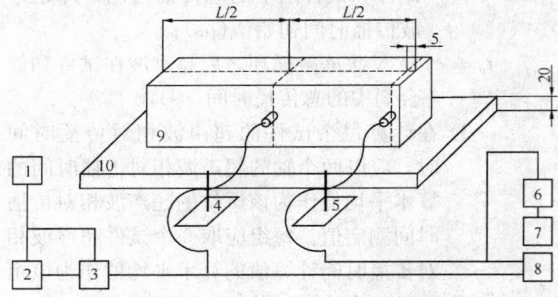

图 5.0.4　各部件连接和相对位置示意图
1—振荡器；2—频率计；3—放大器；4—激振换能器；
5—接收换能器；6—放大器；7—电表；8—示波器；
9—试件；10—试件支承体

    3 放置好测杆后，应先调整共振仪的激振功率和接收增益旋钮至适当位置，然后变换激振频率，并应注意观察指示电表的指针偏转。当指针偏转为最大时，表示试件达到共振状态，应以这时所显示的共振频率作为试件的基频振动频率。每一测量应重复测读两次以上，当两次连续测值之差不超过两个测值的算术平均值的 0.5% 时，应取这两个测值的算术平均值作为该试件的基频振动频率。

    4 当用示波器作显示的仪器时，示波器的图形调成一个正圆时的频率应为共振频率。在测试过程中，当发现两个以上峰值时，应将接收换能器移至距试件端部 0.224 倍试件长处，当指示电表示值为零时，应将其作为真实的共振峰值。

5.0.5 试验结果计算及处理应符合下列规定：

    1 动弹性模量应按下式计算：

$$E_d = 13.244 \times 10^{-4} \times WL^3 f^2/a^4 \quad (5.0.5)$$

式中：E_d——混凝土动弹性模量（MPa）；

    a——正方形截面试件的边长（mm）；

    L——试件的长度（mm）；

    W——试件的质量（kg），精确到 0.01kg；

    f——试件横向振动时的基频振动频率（Hz）。

    2 每组应以 3 个试件动弹性模量的试验结果的算术平均值作为测定值，计算应精确至 100MPa。

6　抗水渗透试验

6.1　渗水高度法

6.1.1 本方法适用于以测定硬化混凝土在恒定水压力下的平均渗水高度来表示的混凝土抗水渗透性能。

6.1.2 试验设备应符合下列规定：

    1 混凝土抗渗仪应符合现行行业标准《混凝土抗渗仪》JG/T 249 的规定，并应能使水压按规定的制度稳定地作用在试件上。抗渗仪施加水压力范围应为（0.1～2.0）MPa。

    2 试模应采用上口内部直径为 175mm、下口内部直径为 185mm 和高度为 150mm 的圆台体。

    3 密封材料宜用石蜡加松香或水泥加黄油等材料，也可采用橡胶套等其他有效密封材料。

    4 梯形板（图 6.1.2）应采用尺寸为 200mm×200mm 透明材料制成，并应画有十条等间距、垂直于梯形底线的直线。

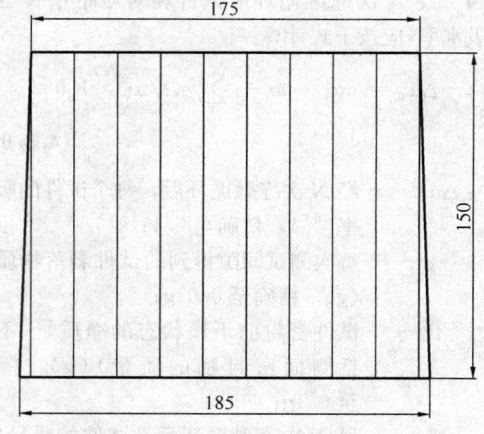

图 6.1.2　梯形板示意图（mm）

    5 钢尺的分度值应为 1mm。

    6 钟表的分度值应为 1min。

    7 辅助设备应包括螺旋加压器、烘箱、电炉、浅盘、铁锅和钢丝刷等。

    8 安装试件的加压设备可为螺旋加压或其他加压形式，其压力应能保证将试件压入试件套内。

6.1.3 抗水渗透试验应按照下列步骤进行：

1 应先按第 3 章规定的方法进行试件的制作和养护。抗水渗透试验应以 6 个试件为一组。

2 试件拆模后，应用钢丝刷刷去两端面的水泥浆膜，并应立即将试件送入标准养护室进行养护。

3 抗水渗透试验的龄期宜为 28d。应在到达试验龄期的前一天，从养护室取出试件，并擦拭干净。待试件表面晾干后，应按下列方法进行试件密封：

　　1）当用石蜡密封时，应在试件侧面裹涂一层熔化的内加少量松香的石蜡。然后应用螺旋加压器将试件压入经过烘箱或电炉预热过的试模中，使试件与试模底平齐，并应在试模变冷后解除压力。试模的预热温度，应以石蜡接触试模，即缓慢熔化，但不流淌为准。

　　2）用水泥加黄油密封时，其质量比应为（2.5～3）∶1。应用三角刀将密封材料均匀地刮涂在试件侧面上，厚度应为（1～2）mm。应套上试模并将试件压入，应使试件与试模底齐平。

　　3）试件密封也可以采用其他更可靠的密封方式。

4 试件准备好之后，启动抗渗仪，并开通 6 个试位下的阀门，使水从 6 个孔中渗出，水应充满试位坑，在关闭 6 个试位下的阀门后应将密封好的试件安装在抗渗仪上。

5 试件安装好以后，应立即开通 6 个试位下的阀门，使水压在 24h 内恒定控制在（1.2±0.05）MPa，且加压过程不应大于 5min，应以达到稳定压力的时间作为试验记录起始时间（精确至 1min）。在稳压过程中随时观察试件端面的渗水情况，当有某一个试件端面出现渗水时，应停止该试件的试验并应记录时间，并以试件的高度作为该试件的渗水高度。对于试件端面未出现渗水的情况，应在试验 24h 后停止试验，并及时取出试件。在试验过程中，当发现水从试件周边渗出时，应重新按本标准第 6.1.3 条的规定进行密封。

6 将从抗渗仪上取出来的试件放在压力机上，并应在试件上下两端面中心处沿直径方向各放一根直径为 6mm 的钢垫条，并应确保它们在同一竖直平面内。然后开动压力机，将试件沿纵断面劈裂为两半。试件劈开后，应用防水笔描出水痕。

7 应将梯形板放在试件劈裂面上，并用钢尺沿水痕等间距量测 10 个测点的渗水高度值，读数应精确至 1mm。当读数时若遇到某测点被骨料阻挡，可以靠近骨料两端的渗水高度算术平均值来作为该测点的渗水高度。

6.1.4 试验结果计算及处理应符合下列规定：

　　1 试件渗水高度应按下式进行计算：

$$\overline{h_i} = \frac{1}{10}\sum_{j=1}^{10} h_j \qquad (6.1.4\text{-}1)$$

式中：h_j ——第 i 个试件第 j 个测点处的渗水高度（mm）；

$\overline{h_i}$ ——第 i 个试件的平均渗水高度（mm）。应以 10 个测点渗水高度的平均值作为该试件渗水高度的测定值。

　　2 一组试件的平均渗水高度应按下式进行计算。

$$\overline{h} = \frac{1}{6}\sum_{i=1}^{6} \overline{h_i} \qquad (6.1.4\text{-}2)$$

式中：$\overline{h}$ ——一组 6 个试件的平均渗水高度（mm）。应以一组 6 个试件渗水高度的算术平均值作为该组试件渗水高度的测定值。

6.2　逐级加压法

6.2.1 本方法适用于通过逐级施加水压力来测定以抗渗等级来表示的混凝土的抗水渗透性能。

6.2.2 仪器设备应符合本标准第 6.1 节的规定。

6.2.3 试验步骤应符合下列规定：

　　1 首先应按本标准第 6.1.3 条的规定进行试件的密封和安装。

　　2 试验时，水压应从 0.1MPa 开始，以后应每隔 8h 增加 0.1MPa 水压，并应随时观察试件端面渗水情况。当 6 个试件中有 3 个试件表面出现渗水时，或加至规定压力（设计抗渗等级）在 8h 内 6 个试件中表面渗水试件少于 3 个时，可停止试验，并记下此时的水压力。在试验过程中，当发现水从试件周边渗出时，应按本标准第 6.1.3 条的规定重新进行密封。

6.2.4 混凝土的抗渗等级应以每组 6 个试件中有 4 个试件未出现渗水时的最大水压力乘以 10 来确定。混凝土的抗渗等级应按下式计算：

$$P = 10H - 1 \qquad (6.2.4)$$

式中：P ——混凝土抗渗等级；

H ——6 个试件中有 3 个试件渗水时的水压力（MPa）。

7　抗氯离子渗透试验

7.1　快速氯离子迁移系数法（或称 RCM 法）

7.1.1 本方法适用于以测定氯离子在混凝土中非稳态迁移的迁移系数来确定混凝土抗氯离子渗透性能。

7.1.2 试验所用试剂、仪器设备、溶液和指示剂应符合下列规定：

　　1 试剂应符合下列规定：

　　　　1）溶剂应采用蒸馏水或去离子水。

　　　　2）氢氧化钠应为化学纯。

　　　　3）氯化钠应为化学纯。

4) 硝酸银应为化学纯。

5) 氢氧化钙应为化学纯。

2 仪器设备应符合下列规定：

1) 切割试件的设备应采用水冷式金刚石锯或碳化硅锯。

2) 真空容器应至少能够容纳 3 个试件。

3) 真空泵应能保持容器内的气压处于（1～5）kPa。

4) RCM 试验装置（图 7.1.2）采用的有机硅橡胶套的内径和外径应分别为 100mm 和 115mm，长度应为 150mm。夹具应采用不锈钢环箍，其直径范围应为（105～115）mm、宽度应为 20mm。阴极试验槽可采用尺寸为 370mm×270mm×280mm 的塑料箱。阴极板应采用厚度为（0.5±0.1）mm、直径不小于 100mm 的不锈钢板。阳极板应采用厚度为 0.5mm、直径为（98±1）mm 的不锈钢网或带孔的不锈钢板。支架应由硬塑料板制成。处于试件和阴极板之间的支架头高度应为（15～20）mm。RCM 试验装置还应符合现行行业标准《混凝土氯离子扩散系数测定仪》JG/T 262 的有关规定。

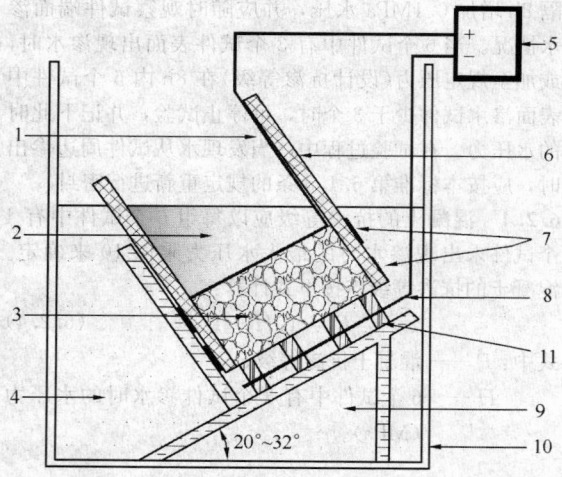

图 7.1.2 RCM 试验装置示意图

1—阳极板；2—阳极溶液；3—试件；4—阴极溶液；5—直流稳压电源；6—有机硅橡胶套；7—环箍；8—阴极板；9—支架；10—阴极试验槽；11—支撑头

5) 电源应能稳定提供（0～60）V 的可调直流电，精度应为±0.1V，电流应为（0～10）A。

6) 电表的精度应为±0.1mA。

7) 温度计或热电偶的精度应为±0.2℃。

8) 喷雾器应适合喷洒硝酸银溶液。

9) 游标卡尺的精度应为±0.1mm。

10) 尺子的最小刻度应为 1mm。

11) 水砂纸的规格应为（200～600）号。

12) 细锉刀可为备用工具。

13) 扭矩扳手的扭矩范围应为（20～100）N·m，测量允许误差为±5%。

14) 电吹风的功率应为（1000～2000）W。

15) 黄铜刷可为备用工具。

16) 真空表或压力计的精度应为±665Pa（5mmHg 柱），量程应为（0～13300）Pa（0～100mmHg 柱）。

17) 抽真空设备可由体积在 1000mL 以上的烧杯、真空干燥器、真空泵、分液装置、真空表等组合而成。

3 溶液和指示剂应符合下列规定：

1) 阴极溶液应为 10% 质量浓度的 NaCl 溶液，阳极溶液应为 0.3 mol/L 摩尔浓度的 NaOH 溶液。溶液应至少提前 24h 配制，并应密封保存在温度为（20～25）℃的环境中。

2) 显色指示剂应为 0.1 mol/L 浓度的 AgNO₃ 溶液。

7.1.3 RCM 试验所处的试验室温度应控制在（20～25）℃。

7.1.4 试件制作应符合下列规定：

1 RCM 试验用试件应采用直径为（100±1）mm，高度为（50±2）mm 的圆柱体试件。

2 在试验室制作试件时，宜使用 ϕ100mm×100mm 或 ϕ100mm×200mm 试模。骨料最大公称粒径不宜大于 25mm。试件成型后应立即用塑料薄膜覆盖并移至标准养护室。试件应在（24±2）h 内拆模，然后应浸没于标准养护室的水池中。

3 试件的养护龄期宜为 28d。也可根据设计要求选用 56d 或 84d 养护龄期。

4 应在抗氯离子渗透试验前 7d 加工成标准尺寸的试件。当使用 ϕ100mm×100mm 试件时，应从试件中部切取高度为（50±2）mm 的圆柱体作为试验用试件，并应将靠近浇筑面的试件端面作为暴露于氯离子溶液中的测试面。当使用 ϕ100mm×200mm 试件时，应先将试件从正中间切成相同尺寸的两部分（ϕ100mm×100mm），然后应从两部分中各切取一个高度为（50±2）mm 的试件，并应将第一次的切口面作为暴露于氯离子溶液中的测试面。

5 试件加工后应采用水砂纸和细锉刀打磨光滑。

6 加工好的试件应继续浸没于水中养护至试验龄期。

7.1.5 RCM 法试验应按下列步骤进行：

1 首先应将试件从养护池中取出来，并将试件表面的碎屑刷洗干净，擦干试件表面多余的水分。然后应采用游标卡尺测量试件的直径和高度，测量应精确到 0.1mm。应将试件在饱和面干状态下置于真空

容器中进行真空处理。应在 5min 内将真空容器中的气压减少至(1~5)kPa，并应保持该真空度 3h，然后在真空泵仍然运转的情况下，将用蒸馏水配制的饱和氢氧化钙溶液注入容器，溶液高度应保证将试件浸没。在试件浸没 1h 后恢复常压，并应继续浸泡(18±2)h。

2 试件安装在 RCM 试验装置前应采用电吹风冷风档吹干，表面应干净，无油污、灰砂和水珠。

3 RCM 试验装置的试验槽在试验前应用室温凉开水冲洗干净。

4 试件和 RCM 试验装置(图 7.1.2)准备好以后，应将试件装入橡胶套内的底部，应在与试件齐高的橡胶套外侧安装两个不锈钢环箍(图 7.1.5)，每个箍高度应为 20mm，并应拧紧环箍上的螺栓至扭矩(30±2)N·m，使试件的圆柱侧面处于密封状态。当试件的圆柱曲面可能有造成液体渗漏的缺陷时，应以密封剂保持其密封性。

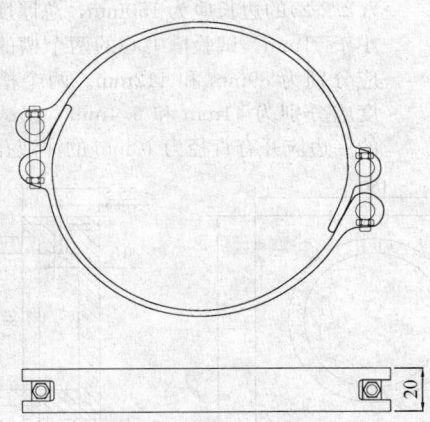

图 7.1.5 不锈钢环箍(mm)

5 应将装有试件的橡胶套安装到试验槽中，并安装好阳极板。然后应在橡胶套中注入约 300mL 浓度为 0.3mol/L 的 NaOH 溶液，并应使阳极板和试件表面均浸没于溶液中。应在阴极试验槽中注入 12L 质量浓度为 10% 的 NaCl 溶液，并应使其液面与橡胶套中的 NaOH 溶液的液面齐平。

6 试件安装完成后，应将电源的阳极(又称正极)用导线连至橡胶筒中阳极板，并将阴极(又称负极)用导线连至试验槽中的阴极板。

7.1.6 电迁移试验应按下列步骤进行：

1 首先应打开电源，将电压调整到(30±0.2)V，并应记录通过每个试件的初始电流。

2 后续试验应施加的电压(表 7.1.6 第二列)应根据施加 30V 电压时测量得到的初始电流值所处的范围(表 7.1.6 第一列)决定。应根据实际施加的电压，记录新的初始电流。应按照新的初始电流值所处的范围(表 7.1.6 第三列)，确定试验应持续的时间(表 7.1.6 第四列)。

3 应按照温度计或者电热偶的显示读数记录每一个试件的阳极溶液的初始温度。

表 7.1.6 初始电流、电压与试验时间的关系

初始电流 I_{30V} (用 30V 电压) (mA)	施加的电压 U (调整后) (V)	可能的新 初始电流 I_0(mA)	试验 持续时间 t(h)
$I_0 < 5$	60	$I_0 < 10$	96
$5 \leqslant I_0 < 10$	60	$10 \leqslant I_0 < 20$	48
$10 \leqslant I_0 < 15$	60	$20 \leqslant I_0 < 30$	24
$15 \leqslant I_0 < 20$	50	$25 \leqslant I_0 < 35$	24
$20 \leqslant I_0 < 30$	40	$25 \leqslant I_0 < 40$	24
$30 \leqslant I_0 < 40$	35	$35 \leqslant I_0 < 50$	24
$40 \leqslant I_0 < 60$	30	$40 \leqslant I_0 < 60$	24
$60 \leqslant I_0 < 90$	25	$60 \leqslant I_0 < 75$	24
$90 \leqslant I_0 < 120$	20	$60 \leqslant I_0 < 80$	24
$120 \leqslant I_0 < 180$	15	$60 \leqslant I_0 < 90$	24
$180 \leqslant I_0 < 360$	10	$60 \leqslant I_0 < 120$	24
$I_0 \geqslant 360$	10	$I_0 \geqslant 120$	6

4 试验结束时，应测定阳极溶液的最终温度和最终电流。

5 试验结束后应及时排除试验溶液。应用黄铜刷清除试验槽的结垢或沉淀物，并应用饮用水和洗涤剂将试验槽和橡胶套冲洗干净，然后用电吹风的冷风档吹干。

7.1.7 氯离子渗透深度测定应按下列步骤进行：

1 试验结束后，应及时断开电源。

2 断开电源后，应将试件从橡胶套中取出，并应立即用自来水将试件表面冲洗干净，然后应擦去试件表面多余水分。

3 试件表面冲洗干净后，应在压力试验机上沿轴向劈成两个半圆柱体，并应在劈开的试件断面立即喷涂浓度为 0.1 mol/L 的 $AgNO_3$ 溶液显色指示剂。

4 指示剂喷洒约 15min 后，应沿试件直径断面将其分成 10 等份，并应用防水笔描出渗透轮廓线。

5 然后应根据观察到的明显的颜色变化，测量显色分界线(图 7.1.7)离试件底面的距离，精确至 0.1mm。

6 当某一测点被骨料阻挡，可将此测点位置移动到最近未被骨料阻挡的位置进行测量，当某测点数据不能得到，只要总测点数多于 5 个，可忽略此测点。

7 当某测点位置有一个明显的缺陷，使该点测

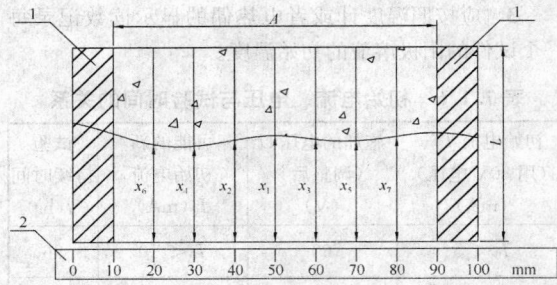

图 7.1.7　显色分界线位置编号
1—试件边缘部分；2—尺子；
A—测量范围；L—试件高度

量值远大于各测点的平均值，可忽略此测点数据，但应将这种情况在试验记录和报告中注明。

7.1.8 试验结果计算及处理应符合下列规定：

1 混凝土的非稳态氯离子迁移系数应按下式进行计算：

$$D_{RCM} = \frac{0.0239 \times (273 + T)L}{(U-2)t}$$
$$\left(X_d - 0.0238 \sqrt{\frac{(273+T)LX_d}{U-2}} \right) \quad (7.1.8)$$

式中：D_{RCM} —— 混凝土的非稳态氯离子迁移系数，精确到 $0.1 \times 10^{-12} \, m^2/s$；

$\quad U$ —— 所用电压的绝对值（V）；

$\quad T$ —— 阳极溶液的初始温度和结束温度的平均值（℃）；

$\quad L$ —— 试件厚度（mm），精确到 0.1mm；

$\quad X_d$ —— 氯离子渗透深度的平均值（mm），精确到 0.1mm；

$\quad t$ —— 试验持续时间（h）。

2 每组应以 3 个试样的氯离子迁移系数的算术平均值作为该组试件的氯离子迁移系数测定值。当最大值或最小值与中间值之差超过中间值的 15% 时，应剔除此值，再取其余两值的平均值作为测定值；当最大值和最小值均超过中间值的 15% 时，应取中间值作为测定值。

7.2 电通量法

7.2.1 本方法适用于测定以通过混凝土试件的电通量为指标来确定混凝土抗氯离子渗透性能。本方法不适用于掺有亚硝酸盐和钢纤维等良导电材料的混凝土抗氯离子渗透试验。

7.2.2 采用的试验装置、试剂和用具应符合下列规定：

1 电通量试验装置应符合图 7.2.2-1 的要求，并应满足现行行业标准《混凝土氯离子电通量测定仪》JG/T 261 的有关规定。

2 仪器设备和化学试剂应符合下列要求：

　1）直流稳压电源的电压范围应为（0～80）V，

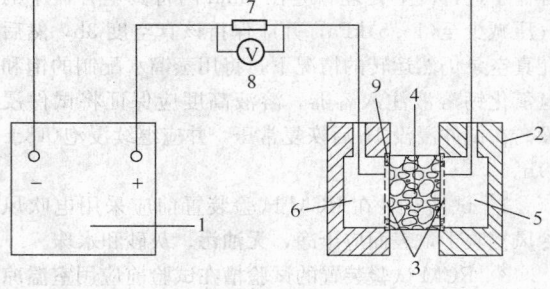

图 7.2.2-1　电通量试验装置示意图
1—直流稳压电源；2—试验槽；3—铜电极；4—混凝土试件；5—3.0%NaCl 溶液；6—0.3mol/L NaOH 溶液；7—标准电阻；8—直流数字式电压表；9—试件垫圈（硫化橡胶垫或硅橡胶垫）

电流范围应为（0～10）A。并应能稳定输出 60V 直流电压，精度应为 ±0.1V。

　2）耐热塑料或耐热有机玻璃试验槽（图 7.2.2-2）的边长应为 150mm，总厚度不应小于 51mm。试验槽中心的两个槽的直径应分别为 89mm 和 112mm。两个槽的深度应分别为 41mm 和 6.4mm。在试验槽的一边应开有直径为 10mm 的注液孔。

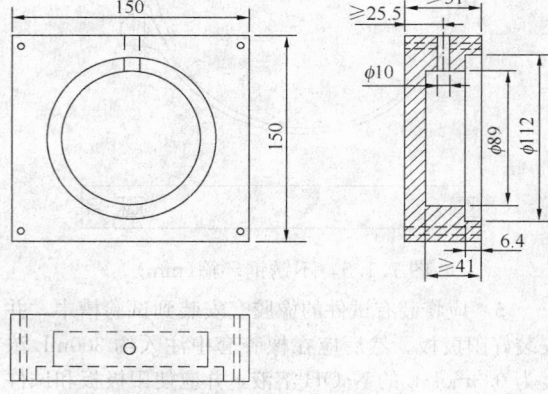

图 7.2.2-2　试验槽示意图（mm）

　3）紫铜垫板宽度应为（12±2）mm，厚度应为（0.50±0.05）mm。铜网孔径应为 0.95mm（64 孔/cm²）或者 20 目。

　4）标准电阻精度应为 ±0.1%；直流数字电流表量程应为（0～20）A，精度应为 ±0.1%。

　5）真空泵和真空表应符合本标准第 7.1.2 条的要求。

　6）真空容器的内径不应小于 250mm，并应能至少容纳 3 个试件。

　7）阴极溶液应用化学纯试剂配制的质量浓度为 3.0% 的 NaCl 溶液。

　8）阳极溶液应用化学纯试剂配制的摩尔浓度为

0.3mol/L 的 NaOH 溶液。

9）密封材料应采用硅胶或树脂等密封材料。

10）硫化橡胶垫或硅橡胶垫的外径应为 100mm、内径应为 75mm、厚度应为 6mm。

11）切割试件的设备应采用水冷式金刚锯或碳化硅锯。

12）抽真空设备可由烧杯（体积在 1000mL 以上）、真空干燥器、真空泵、分液装置、真空表等组合而成。

13）温度计的量程应为（0～120）℃，精度应为±0.1℃。

14）电吹风的功率应为（1000～2000）W。

7.2.3 电通量试验应按下列步骤进行：

1 电通量试验应采用直径（100±1）mm，高度（50±2）mm 的圆柱体试件。试件的制作、养护应符合本标准第 7.1.3 条的规定。当试件表面有涂料等附加材料时，应预先去除，且试样内不得含有钢筋等良导电材料。在试件移送试验室前，应避免冻伤或其他物理伤害。

2 电通量试验宜在试件养护到 28d 龄期进行。对于掺有大掺量矿物掺合料的混凝土，可在 56d 龄期进行试验。应先将养护到规定龄期的试件暴露于空气中至表面干燥，并应以硅胶或树脂密封材料涂刷试件圆柱侧面，还应填补涂层中的孔洞。

3 电通量试验前应将试件进行真空饱水。应先将试件放入真空容器中，然后启动真空泵，并应在 5min 内将真空容器中的绝对压强减少至（1～5）kPa，应保持该真空度 3h，然后在真空泵仍然运转的情况下，注入足够的蒸馏水或者去离子水，直至淹没试件，应在试件浸没 1h 后恢复常压，并继续浸泡（18±2）h。

4 在真空饱水结束后，应从水中取出试件，并抹掉多余水分，且应保持试件所处环境的相对湿度在 95% 以上。应将试件安装于试验槽内，并应采用螺杆将两试验槽和端面装有硫化橡胶垫的试件夹紧。试件安装好以后，应采用蒸馏水或者其他有效方式检查试件和试验槽之间的密封性能。

5 检查试件和试件槽之间的密封性后，应将质量浓度为 3.0% 的 NaCl 溶液和摩尔浓度为 0.3mol/L 的 NaOH 溶液分别注入试件两侧的试验槽中，注入 NaCl 溶液的试验槽内的铜网应连接电源负极，注入 NaOH 溶液的试验槽中的铜网应连接电源正极。

6 在正确连接电源线后，应在保持试验槽中充满溶液的情况下接通电源，并应对上述两铜网施加（60±0.1）V 直流恒电压，且应记录电流初始读数 I_0。开始时应每隔 5min 记录一次电流值，当电流值变化不大时，可每隔 10min 记录一次电流值；当电流变化很小时，应每隔 30min 记录一次电流值，直至通

电 6h。

7 当采用自动采集数据的测试装置时，记录电流的时间间隔可设定为（5～10）min。电流测量值应精确至±0.5mA。试验过程中宜同时监测试验槽中溶液的温度。

8 试验结束后，应及时排出试验溶液，并应用凉开水和洗涤剂冲洗试验槽 60s 以上，然后用蒸馏水洗净并用电吹风冷风档吹干。

9 试验应在（20～25）℃的室内进行。

7.2.4 试验结果计算及处理应符合下列规定：

1 试验过程中或试验结束后，应绘制电流与时间的关系图。应通过将各点数据以光滑曲线连接起来，对曲线作面积积分，或按梯形法进行面积积分，得到试验 6h 通过的电通量（C）。

2 每个试件的总电通量可采用下列简化公式计算：

$$Q = 900(I_0 + 2I_{30} + 2I_{60} + \cdots + 2I_t \cdots + 2I_{300} + 2I_{330} + I_{360})$$

$$(7.2.4\text{-}1)$$

式中：Q——通过试件的总电通量（C）；

I_0——初始电流（A），精确到 0.001A；

I_t——在时间 t（min）的电流（A），精确到 0.001A。

3 计算得到的通过试件的总电通量应换算成直径为 95mm 试件的电通量值。应通过将计算的总电通量乘以一个直径为 95mm 的试件和实际试件横截面积的比值来换算，换算可按下式进行：

$$Q_s = Q_x \times (95/x)^2 \qquad (7.2.4\text{-}2)$$

式中：Q_s——通过直径为 95mm 的试件的电通量（C）；

Q_x——通过直径为 x（mm）的试件的电通量（C）；

x——试件的实际直径（mm）。

4 每组应取 3 个试件电通量的算术平均值作为该组试件的电通量测定值。当某一个电通量值与中值的差值超过中值的 15% 时，应取其余两个试件的电通量的算术平均值作为该组试件的试验结果测定值。当有两个测值与中值的差值都超过中值的 15% 时，应取中值作为该组试件的电通量试验结果测定值。

8 收缩试验

8.1 非接触法

8.1.1 本方法主要适用于测定早龄期混凝土的自由收缩变形，也可用于无约束状态下混凝土自收缩变形的测定。

8.1.2 本方法应采用尺寸为 100mm×100mm×515mm 的棱柱体试件。每组应为 3 个试件。

8.1.3 试验设备应符合下列规定：

1 非接触法混凝土收缩变形测定仪（图 8.1.3）

应设计成整机一体化装置，并应具备自动采集和处理数据、能设定采样时间间隔等功能。整个测试装置（含试件、传感器等）应固定于具有避振功能的固定式实验台面上。

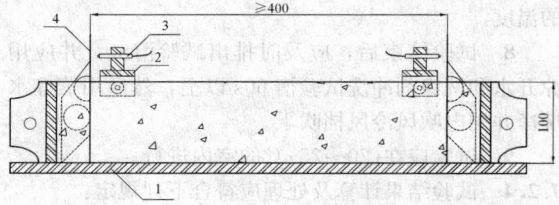

图 8.1.3 非接触法混凝土收缩
变形测定仪原理示意图(mm)
1—试模；2—固定架；3—传感器探头；4—反射靶

2 应有可靠方式将反射靶固定于试模上，使反射靶在试件成型浇筑振动过程中不会移位偏斜，且在成型完成后应能保证反射靶与试模之间的摩擦力尽可能小。试模应采用具有足够刚度的钢模，且本身的收缩变形应小。试模的长度应能保证混凝土试件的测量标距不小于 400mm。

3 传感器的测试量程不应小于试件测量标距长度的 0.5%或量程不应小于 1mm，测试精度不应低于 0.002mm。且应采用可靠方式将传感器测头固定，并应能使测头在测量整个过程中与试模相对位置保持固定不变。试验过程中应能保证反射靶能够随着混凝土收缩而同步移动。

8.1.4 非接触法收缩试验步骤应符合以下规定：

1 试验应在温度为(20±2)℃、相对湿度为(60±5)%的恒温恒湿条件下进行。非接触法收缩试验应带模进行测试。

2 试模准备后，应在试模内涂刷润滑油，然后应在试模内铺设两层塑料薄膜或者放置一片聚四氟乙烯(PTFE)片，且应在薄膜或者聚四氟乙烯片与试模接触的面上均匀涂抹一层润滑油。应将反射靶固定在试模两端。

3 将混凝土拌合物浇筑入试模后，应振动成型并抹平，然后应立即带模移入恒温恒湿室。成型试件的同时，应测定混凝土的初凝时间。混凝土初凝试验和早龄期收缩试验的环境应相同。当混凝土初凝时，应开始测读试件左右两侧的初始读数，此后应至少每隔 1h 或按设定的时间间隔测定试件两侧的变形读数。

4 在整个测试过程中，试件在变形测定仪上放置的位置、方向均应始终保持固定不变。

5 需要测定混凝土自收缩值的试件，应在浇筑振捣后立即采用塑料薄膜作密封处理。

8.1.5 非接触法收缩试验结果的计算和处理应符合下列规定：

1 混凝土收缩率应按照下式计算：

$$\varepsilon_{st} = \frac{(L_{10} + L_{1t}) + (L_{20} - L_{2t})}{L_0} \quad (8.1.5)$$

式中：ε_{st} ——测试期为 t (h)的混凝土收缩率，t 从初始读数时算起；

L_{10} ——左侧非接触法位移传感器初始读数(mm)；

L_{1t} ——左侧非接触法位移传感器测试期为 t (h)的读数(mm)；

L_{20} ——右侧非接触法位移传感器初始读数(mm)；

L_{2t} ——右侧非接触法位移传感器测试期为 t (h)的读数(mm)；

L_0 ——试件测量标距(mm)，等于试件长度减去试件中两个反射靶沿试件长度方向埋入试件中的长度之和。

2 每组应取 3 个试件测试结果的算术平均值作为该组混凝土试件的早龄期收缩测定值，计算应精确到 1.0×10^{-6}。作为相对比较的混凝土早龄期收缩值应以 3d 龄期测试得到的混凝土收缩值为准。

8.2 接 触 法

8.2.1 本方法适用于测定在无约束和规定的温湿度条件下硬化混凝土试件的收缩变形性能。

8.2.2 试件和测头应符合下列规定：

1 本方法应采用尺寸为 100mm×100mm×515mm 的棱柱体试件。每组应为 3 个试件。

2 采用卧式混凝土收缩仪时，试件两端应预埋测头或留有埋设测头的凹槽。卧式收缩试验用测头（图 8.2.2-1）应由不锈钢或其他不锈的材料制成。

3 采用立式混凝土收缩仪时，试件一端中心应

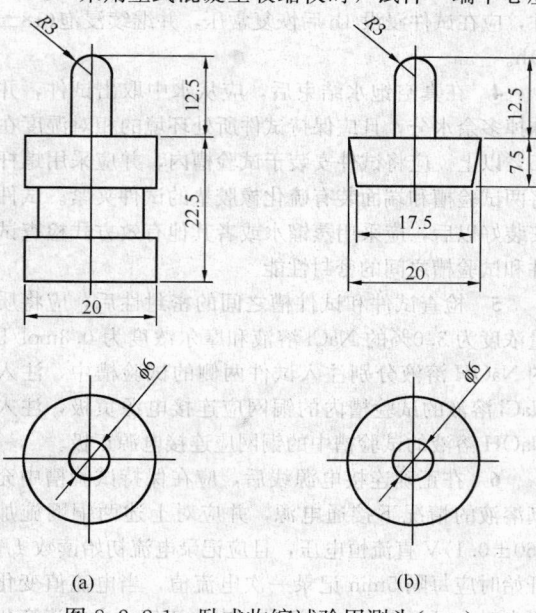

图 8.2.2-1 卧式收缩试验用测头(mm)
(a)预埋测头；(b)后埋测头

预埋测头(图 8.2.2-2)。立式收缩试验用测头的另外一端宜采用 M20mm×35mm 的螺栓(螺纹通长),并应与立式混凝土收缩仪底座固定。螺栓和测头都应预埋进去。

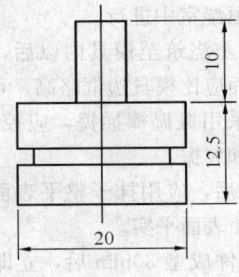
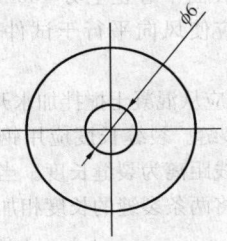

图 8.2.2-2　立式收缩试验用测头(mm)

4　采用接触法引伸仪时,所用试件的长度应至少比仪器的测量标距长出一个截面边长。测头应粘贴在试件两侧面的轴线上。

5　使用混凝土收缩仪时,制作试件的试模应具有能固定测头或预留凹槽的端板。使用接触法引伸仪时,可用一般棱柱体试模制作试件。

6　收缩试件成型时不得使用机油等憎水性脱模剂。试件成型后应带模养护(1~2)d,并保证拆模时不损伤试件。对于事先没有埋设测头的试件,拆模后应立即粘贴或埋设测头。试件拆模后,应立即送至温度为(20±2)℃、相对湿度为95%以上的标准养护室养护。

8.2.3　试验设备应符合下列规定:

1　测量混凝土收缩变形的装置应具有硬钢或石英玻璃制作的标准杆,并应在测量前及测量过程中及时校核仪表的读数。

2　收缩测量装置可采用下列形式之一:

1)　卧式混凝土收缩仪的测量标距应为540mm,并应装有精度为±0.001mm的千分表或测微器。

2)　立式混凝土收缩仪的测量标距和测微器同卧式混凝土收缩仪。

3)　其他形式的变形测量仪表的测量标距不应小于100mm及骨料最大粒径的3倍。并至少能达到±0.001mm的测量精度。

8.2.4　混凝土收缩试验步骤应按下列要求进行:

1　收缩试验应在恒温恒湿环境中进行,室温应保持在(20±2)℃,相对湿度应保持在(60±5)%。试件应放置在不吸水的搁架上,底面应架空,每个试件之间的间隙应大于30mm。

2　测定代表某一混凝土收缩性能的特征值时,试件应在3d龄期时(从混凝土搅拌加水时算起)从标准养护室取出,并应立即移入恒温恒湿室测定其初始长度,此后应至少按下列规定的时间间隔测量其变形读数:1d、3d、7d、14d、28d、45d、60d、90d、120d、150d、180d、360d(从移入恒温恒湿室内计时)。

3　测定混凝土在某一具体条件下的相对收缩值时(包括在徐变试验时的混凝土收缩变形测定)应按要求的条件进行试验。对非标准养护试件,当需要移入恒温恒湿室进行试验时,应先在该室内预置4h,再测其初始值。测量时应记下试件的初始干湿状态。

4　收缩测量前应先用标准杆校正仪表的零点,并应在测定过程中至少再复核1~2次,其中一次应在全部试件测读完后进行。当复核时发现零点与原值的偏差超过±0.001mm时,应调零后重新测量。

5　试件每次在卧式收缩仪上放置的位置和方向均应保持一致。试件上应标明相应的方向记号。试件在放置及取出时应轻稳仔细,不得碰撞表架及表杆。当发生碰撞时,应取下试件,并应重新以标准杆复核零点。

6　采用立式混凝土收缩仪时,整套测试装置应放在不易受外部振动影响的地方。读数时宜轻敲仪表或者上下轻轻滑动测头。安装立式混凝土收缩仪的测试台应有减振装置。

7　用接触法引伸仪测量时,应使每次测量时试件与仪表保持相对固定的位置和方向。每次读数应重复3次。

8.2.5　混凝土收缩试验结果计算和处理应符合以下规定:

1　混凝土收缩率应按下式计算:

$$\varepsilon_{st} = \frac{L_0 - L_t}{L_b} \qquad (8.2.5)$$

式中:ε_{st}——试验期为 t(d)的混凝土收缩率,t 从测定初始长度时算起;

L_b——试件的测量标距,用混凝土收缩仪测量时应等于两测头内侧的距离,即等于混凝土试件长度(不计测头凸出部分)减去两个测头埋入深度之和(mm)。采用接触法引伸仪时,即为仪器的测量标距;

L_0——试件长度的初始读数(mm);

L_t——试件在试验期为 t(d)时测得的长度读数(mm)。

2　每组应取3个试件收缩率的算术平均值作为该组混凝土试件的收缩率测定值,计算精确至 1.0×10^{-6}。

3　作为相互比较的混凝土收缩率值应为不密封

试件于 180d 所测得的收缩率值。可将不密封试件于 360d 所测得的收缩率值作为该混凝土的终极收缩率值。

9 早期抗裂试验

9.0.1 本方法适用于测试混凝土试件在约束条件下的早期抗裂性能。

9.0.2 试验装置及试件尺寸应符合下列规定：

1 本方法应采用尺寸为 800mm×600mm×100mm 的平面薄板型试件，每组应至少 2 个试件。混凝土骨料最大公称粒径不应超过 31.5mm。

2 混凝土早期抗裂试验装置（图 9.0.2）应采用钢制模具，模具的四边（包括长侧板和短侧板）宜采用槽钢或者角钢焊接而成，侧板厚度不应小于 5mm，模具四边与底板宜通过螺栓固定在一起。模具内应设有 7 根裂缝诱导器，裂缝诱导器可分别用 50mm×50mm、40mm×40mm 角钢与 5mm×50mm 钢板焊接组成，并应平行于模具短边。底板应采用不小于 5mm 厚的钢板，并应在底板表面铺设聚乙烯薄膜或者聚四氟乙烯片做隔离层。模具应作为测试装置的一个部分，测试时应与试件连在一起。

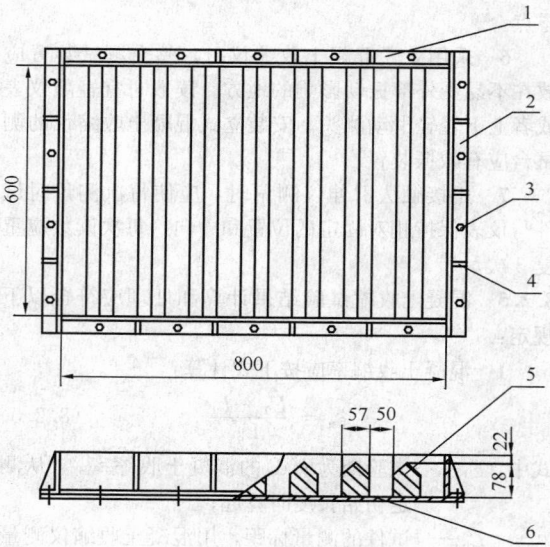

图 9.0.2　混凝土早期抗裂试验装置示意图(mm)
1—长侧板；2—短侧板；3—螺栓；4—加强肋；
5—裂缝诱导器；6—底板

3 风扇的风速应可调，并且应能够保证试件表面中心处的风速不小于 5m/s。

4 温度计精度不应低于±0.5℃。相对湿度计精度不应低于±1%。风速计精度不应低于±0.5m/s。

5 刻度放大镜的放大倍数不应小于 40 倍，分度值不应大于 0.01mm。

6 照明装置可采用手电筒或者其他简易照明

装置。

7 钢直尺的最小刻度应为 1mm。

9.0.3 试验应按下列步骤进行：

1 试验宜在温度为(20±2)℃，相对湿度为(60±5)％的恒温恒湿室中进行。

2 将混凝土浇筑至模具内以后，应立即将混凝土摊平，且表面应比模具边框略高。可使用平板表面式振捣器或者采用振捣棒插捣，应控制好振捣时间，并应防止过振和欠振。

3 在振捣后，应用抹子整平表面，并应使骨料不外露，且应使表面平实。

4 应在试件成型 30min 后，立即调节风扇位置和风速，使试件表面中心正上方 100mm 处风速为(5±0.5)m/s，并应使风向平行于试件表面和裂缝诱导器。

5 试验时间应从混凝土搅拌加水开始计算，应在(24±0.5)h 测读裂缝。裂缝长度应用钢直尺测量，并应取裂缝两端直线距离为裂缝长度。当一个刀口上有两条裂缝时，可将两条裂缝的长度相加，折算成一条裂缝。

6 裂缝宽度应采用放大倍数至少 40 倍的读数显微镜进行测量，并应测量每条裂缝的最大宽度。

7 平均开裂面积、单位面积的裂缝数目和单位面积上的总开裂面积应根据混凝土浇筑 24h 测量得到裂缝数据来计算。

9.0.4 试验结果计算及其确定应符合下列规定：

1 每条裂缝的平均开裂面积应按下式计算：

$$a = \frac{1}{2N} \sum_{i=1}^{N} (W_i \times L_i) \qquad (9.0.4-1)$$

2 单位面积的裂缝数目应按下式计算：

$$b = \frac{N}{A} \qquad (9.0.4-2)$$

3 单位面积上的总开裂面积应按下式计算：

$$c = a \cdot b \qquad (9.0.4-3)$$

式中：W_i——第 i 条裂缝的最大宽度(mm)，精确到 0.01mm；

L_i——第 i 条裂缝的长度(mm)，精确到 1mm；

N——总裂缝数目(条)；

A——平板的面积(m^2)，精确到小数点后两位；

a——每条裂缝的平均开裂面积(mm^2/条)，精确到 $1mm^2$/条；

b——单位面积的裂缝数目(条/m^2)，精确到 0.1 条/m^2；

c——单位面积上的总开裂面积(mm^2/m^2)，精确到 $1mm^2$/m^2。

4 每组应分别以 2 个或多个试件的平均开裂面积(单位面积上的裂缝数目或单位面积上的总开裂面

积)的算术平均值作为该组试件平均开裂面积(单位面积上的裂缝数目或单位面积上的总开裂面积)的测定值。

10 受压徐变试验

10.0.1 本方法适用于测定混凝土试件在长期恒定轴向压力作用下的变形性能。

10.0.2 试验仪器设备应符合下列规定:

  1 徐变仪应符合下列规定:

    1)徐变仪应在要求时间范围内(至少1年)把所要求的压缩荷载加到试件上并应能保持该荷载不变。

    2)常用徐变仪可选用弹簧式或液压式,其工作荷载范围应为(180~500)kN。

    3)弹簧式压缩徐变仪(图10.0.2)应包括上下压板、球座或球铰及其配套垫板、弹簧持荷装置以及2~3根承力丝杆。压板与垫板应具有足够的刚度。压板的受压面的平整度偏差不应大于0.1mm/100mm,并应能保证对试件均匀加荷。弹簧及丝杆的尺寸应按徐变仪所要求的试验吨位而定。在试验荷载下,丝杆的拉应力不应大于材料屈服点的30%,弹簧的工作压力不应超过允许极限荷载的80%,且工作时弹簧的压缩变形不得小于20mm。

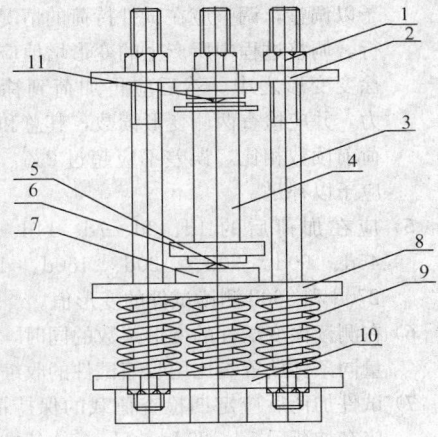

图 10.0.2　弹簧式压缩徐变仪示意图
1—螺母;2—上压板;3—丝杆;4—试件;
5—球铰;6—垫板;7—定心;8—下压板;
9—弹簧;10—底盘;11—球铰

    4)当使用液压式持荷部件时,可通过一套中央液压调节单元同时加荷几个徐变架,该单元应由储液器、调节器、显示仪表和一个高压源(如高压氮气瓶或高压泵)等组成。

    5)有条件时可采用几个试件串叠受荷,上下

压板之间的总距离不得超过1600mm。

  2 加荷装置应符合下列规定:

    1)加荷架应由接长杆及顶板组成。加荷时加荷架应与徐变仪丝杆顶部相连。

    2)油压千斤顶可采用一般的起重千斤顶,其吨位应大于所要求的试验荷载。

    3)测力装置可采用钢环测力计、荷载传感器或其他形式的压力测定装置。其测量精度应达到所加荷载的±2%,试件破坏荷载不应小于测力装置全量程的20%且不应大于测力装置全量程的80%。

  3 变形量测装置应符合下列规定:

    1)变形量测装置可采用外装式、内埋式或便携式,其测量的应变值精度不应低于0.001mm/m。

    2)采用外装式变形量测装置时,应至少测量不少于两个均匀地布置在试件周边的基线的应变。测点应精确地布置在试件的纵向表面的纵轴上,且应与试件端头等距,与相邻试件端头的距离不应小于一个截面边长。

    3)采用差动式应变计或钢弦式应变计等内埋式变形测量装置时,应在试件成型时可靠地固定该装置,应使其量测基线位于试件中部并应与试件纵轴重合。

    4)采用接触法引伸仪等便携式变形量测装置时,测头应牢固附置在试件上。

    5)量测标距应大于混凝土骨料最大粒径的3倍,且不少于100mm。

10.0.3 试件应符合下列规定:

  1 试件的形状与尺寸应符合下列规定:

    1)徐变试验应采用棱柱体试件。试件的尺寸应根据混凝土中骨料的最大粒径按表10.0.3选用,长度应为截面边长尺寸的3~4倍。

    2)当试件叠放时,应在每叠试件端头的试件和压板之间加装一个未安装应变量测仪表的辅助性混凝土垫块,其截面边长尺寸应与被测试件的相同,且长度应至少等于其截面尺寸的一半。

表10.0.3　徐变试验试件尺寸选用表

骨料最大公称粒径(mm)	试件最小边长(mm)	试件长度(mm)
31.5	100	400
40	150	≥450

  2 试件数量应符合下列规定:

    1)制作徐变试件时,应同时制作相应的棱柱

体抗压试件及收缩试件。

2）收缩试件应与徐变试件相同，并应装有与徐变试件相同的变形测量装置。

3）每组抗压、收缩和徐变试件的数量宜各为3个，其中每个加荷龄期的每组徐变试件应至少为2个。

3 试件制备应符合下列规定：

1）当要叠放试件时，宜磨平其端头。

2）徐变试件的受压面与相邻的纵向表面之间的角度与直角的偏差不应超过1mm/100mm。

3）采用外装式应变量测装置时，徐变试件两侧面应有安装量测装置的测头，测头宜采用埋入式，试模的侧壁应具有能在成型时使测头定位的装置。在对粘结的工艺及材料确有把握时，可采用胶粘。

4 试件的养护与存放方式应符合下列规定：

1）抗压试件及收缩试件应随徐变试件一并同条件养护。

2）对于标准环境中的徐变，试件应在成型后不少于24h且不多于48h时拆模，且在拆模之前，应覆盖试件表面。随后应立即将试件送入标准养护室养护到7d龄期（自混凝土搅拌加水开始计时），其中3d加载的徐变试验应养护3d。养护期间试件不应浸泡于水中。试件养护完成后应移入温度为(20±2)℃，相对湿度为(60±5)%的恒温恒湿室进行徐变试验，直至试验完成。

3）对于适用于大体积混凝土内部情况的绝湿徐变，试件在制作或脱模后应密封在保湿外套中（包括橡皮套、金属套筒等），且在整个试件存放和测试期间也应保持密封。

4）对于需要考虑温度对混凝土弹性和非弹性性质的影响等特定温度下的徐变，应控制好试件存放的试验环境温度，应使其符合希望的温度历史。

5）对于需确定在具体使用条件下的混凝土徐变值等其他存放条件，应根据具体情况确定试件的养护及试验制度。

10.0.4 徐变试验应符合下列规定：

1 对比或检验混凝土的徐变性能时，试件应在28d龄期时加荷。当研究某一混凝土的徐变特性时，应至少制备5组徐变试件并应分别在龄期为3d、7d、14d、28d和90d时加荷。

2 徐变试验应按下列步骤进行：

1）测头或测点应在试验前1d粘好，仪表安装好后应仔细检查，不得有任何松动或异常现象。加荷装置、测力计等也应予以检查。

2）在即将加荷徐变试件前，应测试同条件养护试件的棱柱体抗压强度。

3）测头和仪表准备好以后，应将徐变试件放在徐变仪的下压板后，应使试件、加荷装置、测力计及徐变仪的轴线重合。并应再次检查变形测量仪表的调零情况，且应记下初始读数。当采用未密封的徐变试件时，应在将其放在徐变仪上的同时，覆盖参比用收缩试件的端部。

4）试件放好后，应及时开始加荷。当无特殊要求时，应取徐变应力为所测得的棱柱体抗压强度的40%。当采用外装仪表或者接触法引伸仪时，应用千斤顶先加压至徐变应力的20%进行对中。两侧的变形相差应小于其平均值的10%，当超出此值时，应松开千斤顶卸荷，进行重新调整后，应再加荷到徐变应力的20%，并再次检查对中的情况。对中完毕后，应立即继续加荷直到徐变应力，应及时读出两边的变形值，并将此时两边变形的平均值作为在徐变荷载下的初始变形值。从对中完毕到测初始变形值之间的加荷及测量时间不得超过1min。随后应拧紧承力丝杆上端的螺母，并应松开千斤顶卸荷，且应观察两边变形值的变化情况。此时，试件两侧的读数相差不应超过平均值的10%，否则应予以调整，调整应在试件持荷的情况下进行，调整过程中所产生的变形增值应计入徐变变形之中。然后应再加荷到徐变应力，并应检查两侧变形读数，其总和与加荷前读数相比，误差不应超过2%。否则应予以补足。

5）应在加荷后的1d、3d、7d、14d、28d、45d、60d、90d、120d、150d、180d、270d和360d测读试件的变形值。

6）在测读徐变试件的变形读数的同时，应测量同条件放置参比用收缩试件的收缩值。

7）试件加荷后应定期检查荷载的保持情况，应在加荷后7d、28d、60d、90d各校核一次，如荷载变化大于2%，应予以补足。在使用弹簧式加载架时，可通过施加正确的荷载并拧紧丝杆上的螺母，来进行调整。

10.0.5 试验结果计算及其处理应符合下列规定：

1 徐变应变应按下式计算：

$$\varepsilon_{ct} = \frac{\Delta L_t - \Delta L_0}{L_b} - \varepsilon_t \qquad (10.0.5\text{-}1)$$

式中：ε_{ct}——加荷t(d)后的徐变应变(mm/m)，精确至0.001mm/m；

ΔL_t ——加荷 t(d)后的总变形值（mm），精确至 0.001mm；

ΔL_0 ——加荷时测得的初始变形值（mm），精确至 0.001mm；

L_b ——测量标距（mm），精确到 1mm；

ε_t ——同龄期的收缩值（mm/m），精确至 0.001mm/m。

2 徐变度应按下式计算：

$$C_t = \frac{\varepsilon_{ct}}{\delta} \qquad (10.0.5\text{-}2)$$

式中：C_t ——加荷 t(d)的混凝土徐变度（1/MPa），计算精确至 1.0×10^{-6}/（MPa）；

δ ——徐变应力（MPa）。

3 徐变系数应按下列公式计算：

$$\varphi_t = \frac{\varepsilon_{ct}}{\varepsilon_0} \qquad (10.0.5\text{-}3)$$

$$\varepsilon_0 = \frac{\Delta L_0}{L_b} \qquad (10.0.5\text{-}4)$$

式中：φ_t ——加荷 t(d)的徐变系数；

ε_0 ——在加荷时测得的初始应变值（mm/m），精确至 0.001mm/m。

4 每组应分别以 3 个试件徐变应变（徐变度或徐变系数）试验结果的算术平均值作为该组混凝土试件徐变应变（徐变度或徐变系数）的测定值。

5 作为供对比用的混凝土徐变值，应采用经过标准养护的混凝土试件，在 28d 龄期时经受 0.4 倍棱柱体抗压强度恒定荷载持续作用 360d 的徐变值。可用测得的 3 年徐变值作为终极徐变值。

11 碳 化 试 验

11.0.1 本方法适用于测定在一定浓度的二氧化碳气体介质中混凝土试件的碳化程度。

11.0.2 试件及处理应符合下列规定：

1 本方法宜采用棱柱体混凝土试件，应以 3 块为一组。棱柱体的长宽比不宜小于 3。

2 无棱柱体试件时，也可用立方体试件，其数量应相应增加。

3 试件宜在 28d 龄期进行碳化试验，掺有掺合料的混凝土可以根据其特性决定碳化前的养护龄期。碳化试验的试件宜采用标准养护，试件应在试验前 2d 从标准养护室取出，然后应在 60℃下烘 48h。

4 经烘干处理后的试件，除应留下一个或相对的两个侧面外，其余表面应采用加热的石蜡予以密封。然后应在暴露侧面上沿长度方向用铅笔以 10mm 间距画出平行线，作为预定碳化深度的测量点。

11.0.3 试验设备应符合下列规定：

1 碳化箱应符合现行行业标准《混凝土碳化试验箱》JG/T 247 的规定，并应采用带有密封盖的密闭容器，容器的容积应至少为预定进行试验的试件体积的两倍。碳化箱内应有架空试件的支架、二氧化碳引入口、分析取样用的气体导出口、箱内气体对流循环装置、为保持箱内恒温恒湿所需的设施以及温湿度监测装置。宜在碳化箱上设玻璃观察口对箱内的温度进行读数。

2 气体分析仪应能分析箱内二氧化碳浓度，并应精确至 ±1%。

3 二氧化碳供气装置应包括气瓶、压力表和流量计。

11.0.4 混凝土碳化试验应按下列步骤进行：

1 首先应将经过处理的试件放入碳化箱内的支架上。各试件之间的间距不应小于 50mm。

2 试件放入碳化箱后，应将碳化箱密封。密封可采用机械办法或油封，但不得采用水封。应开动箱内气体对流装置，徐徐充入二氧化碳，并测定箱内的二氧化碳浓度。应逐步调节二氧化碳的流量，使箱内的二氧化碳浓度保持在（20±3）%。在整个试验期间应采取去湿措施，使箱内的相对湿度控制在（70±5）%，温度应控制在（20±2）℃的范围内。

3 碳化试验开始后应每隔一定时期对箱内的二氧化碳浓度、温度及湿度作一次测定。宜在前 2d 每隔 2h 测定一次，以后每隔 4h 测定一次。试验中应根据所测得的二氧化碳浓度、温度及湿度随时调节这些参数，去湿用的硅胶应经常更换。也可采用其他更有效的去湿方法。

4 应在碳化到了 3d、7d、14d 和 28d 时，分别取出试件，破型测定碳化深度。棱柱体试件应通过在压力试验机上的劈裂法或者用干锯法从一端开始破型。每次切除的厚度应为试件宽度的一半，切后应用石蜡将破型后试件的切断面封好，再放入箱内继续碳化，直到下一个试验期。当采用立方体试件时，应在试件中部劈开，立方体试件应只作一次检验，劈开测试碳化深度后不得再重复使用。

5 随后应将切除所得的试件部分刷去断面上残存的粉末，然后应喷上（或滴上）浓度为 1% 的酚酞酒精溶液（酒精溶液含 20% 的蒸馏水）。约经 30s 后，应按原先标划的每 10mm 一个测量点用钢板尺测出各点碳化深度。当测点处的碳化分界线上刚好嵌有粗骨料颗粒，可取该颗粒两侧处碳化深度的算术平均值作为该点的深度值。碳化深度测量应精确至 0.5mm。

11.0.5 混凝土碳化试验结果计算和处理应符合下列规定：

1 混凝土在各试验龄期时的平均碳化深度应按下式计算：

$$\overline{d_t} = \frac{1}{n}\sum_{i=1}^{n} d_i \qquad (11.0.5)$$

式中：$\overline{d_t}$ ——试件碳化 t(d)后的平均碳化深度（mm），精确至 0.1mm；

d_i——各测点的碳化深度(mm);

n——测点总数。

2 每组应以在二氧化碳浓度为(20±3)%、温度为(20±2)℃、湿度为(70±5)%的条件下3个试件碳化28d的碳化深度算术平均值作为该组混凝土试件碳化测定值。

3 碳化结果处理时宜绘制碳化时间与碳化深度的关系曲线。

12 混凝土中钢筋锈蚀试验

12.0.1 本方法适用于测定在给定条件下混凝土中钢筋的锈蚀程度。本方法不适用于在侵蚀性介质中混凝土内的钢筋锈蚀试验。

12.0.2 试件的制作与处理应符合下列规定:

1 本方法应采用尺寸为 100mm×100mm×300mm 的棱柱体试件,每组应为 3 块。

2 试件中埋置的钢筋应采用直径为 6.5mm 的 Q235 普通低碳钢热轧盘条调直截断制成,其表面不得有锈坑及其他严重缺陷。每根钢筋长应为(299±1)mm,应用砂轮将其一端磨出长约 30mm 的平面,并用钢字打上标记。钢筋应采用 12%盐酸溶液进行酸洗,并经清水漂净后,用石灰水中和,再用清水冲洗干净,擦干后应在干燥器中至少存放 4h,然后应用天平称取每根钢筋的初重(精确到 0.001g)。钢筋应存放在干燥器中备用。

3 试件成型前应将套有定位板的钢筋放入试模,定位板应紧贴试模的两个端板,安放完毕后应使用丙酮擦净钢筋表面。

4 试件成型后,应在(20±2)℃的温度下盖湿布养护 24h 后编号拆模,并应拆除定位板。然后应用钢丝刷将试件两端部混凝土刷毛,并应用水灰比小于试件用混凝土水灰比、水泥和砂子比例为 1:2 的水泥砂浆抹上不小于 20mm 厚的保护层,并应确保钢筋端部密封质量。试件应在就地潮湿养护(或用塑料薄膜盖好)24h 后,移入标准养护室养护至 28d。

12.0.3 试验设备应符合下列规定:

1 混凝土碳化试验设备应包括碳化箱、供气装置及气体分析仪。碳化设备并应符合本标准第 11.0.3 条的规定。

2 钢筋定位板(图 12.0.3)宜采用木质五合板或薄木板等材料制作,尺寸应为 100mm×100mm,板上应钻有穿插钢筋的圆孔。

3 称量设备的最大量程应为 1kg,感量应为 0.001g。

12.0.4 混凝土中钢筋锈蚀试验应按下列步骤进行:

1 钢筋锈蚀试验的试件应先进行碳化,碳化应在 28d 龄期时开始。碳化应在二氧化碳浓度为(20±3)%、相对湿度为(70±5)%和温度为(20±2)℃的条

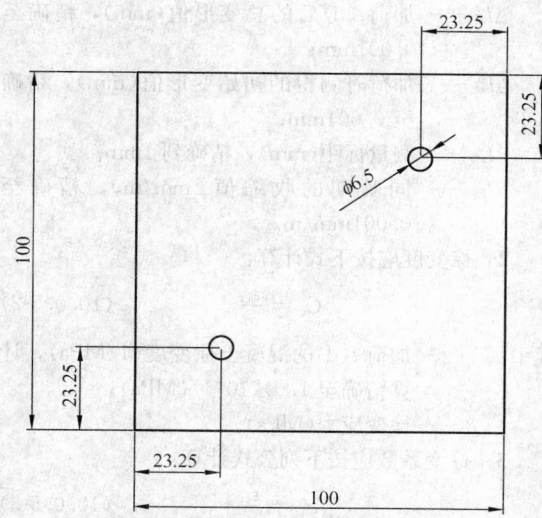

图 12.0.3 钢筋定位板示意图(mm)

件下进行,碳化时间应为 28d。对于有特殊要求的混凝土中钢筋锈蚀试验,碳化时间可再延长 14d 或者 28d。

2 试件碳化处理后应立即移入标准养护室放置。在养护室中,相邻试件间的距离不应小于 50mm,并应避免试件直接淋水。应在潮湿条件下存放 56d 后将试件取出,然后破型,破型时不得损伤钢筋。应先测出碳化深度,然后进行钢筋锈蚀程度的测定。

3 试件破型后,应取出试件中的钢筋,并应刮去钢筋上沾附的混凝土。应用 12%盐酸溶液对钢筋进行酸洗,经清水漂净后,再用石灰水中和,最后应以清水冲洗干净。应将钢筋擦干后在干燥器中至少存放 4h,然后应对每根钢筋称重(精确到 0.001g),并应计算钢筋锈蚀失重率。酸洗钢筋时,应在洗液中放入两根尺寸相同的同类无锈钢筋作为基准校正。

12.0.5 钢筋锈蚀试验结果计算和处理应符合以下规定:

1 钢筋锈蚀失重率应按下式计算:

$$L_w = \frac{w_0 - w - \dfrac{(w_{01} - w_1) + (w_{02} - w_2)}{2}}{w_0} \times 100$$

(12.0.5)

式中: L_w ——钢筋锈蚀失重率(%),精确至 0.01;

w_0 ——钢筋未锈前质量(g);

w ——锈蚀钢筋经过酸洗处理后的质量(g);

w_{01}、w_{02} ——分别为基准校正用的两根钢筋的初始质量(g);

w_1、w_2 ——分别为基准校正用的两根钢筋酸洗后的质量(g)。

2 每组应取 3 个混凝土试件中钢筋锈蚀失重率的平均值作为该组混凝土试件中钢筋锈蚀失重率测定值。

13 抗压疲劳变形试验

13.0.1 本方法适用于在自然条件下,通过测定混凝土在等幅重复荷载作用下疲劳累计变形与加载循环次数的关系,来反映混凝土抗压疲劳变形性能。

13.0.2 试验设备应符合下列规定:

1 疲劳试验机的吨位应能使试件预期的疲劳破坏荷载不小于试验机全量程的20%,也不应大于试验机全量程的80%。准确度应为Ⅰ级,加载频率应在(4~8)Hz之间。

2 上、下钢垫板应具有足够的刚度,其尺寸应大于100mm×100mm,平面度要求为每100mm不应超过0.02mm。

3 微变形测量装置的标距应为150mm,可在试件两侧相对的位置上同时测量。承受等幅重复荷载时,在连续测量情况下,微变形测量装置的精度不得低于0.001mm。

13.0.3 抗压疲劳变形试验应采用尺寸为100mm×100mm×300mm的棱柱体试件。试件应在振动台上成型,每组试件应至少为6个,其中3个用于测量试件的轴心抗压强度f_c,其余3个用于抗压疲劳变形性能试验。

13.0.4 抗压疲劳变形试验应按下列步骤进行:

1 全部试件应在标准养护室养护至28d龄期后取出,并应在室温(20±5)℃存放至3个月龄期。

2 试件应在龄期达3个月时从存放地点取出,应先将其中3块试件按照现行国家标准《普通混凝土力学性能试验方法标准》GB/T 50081测定其轴心抗压强度f_c。

3 然后应对剩下的3块试件进行抗压疲劳变形试验。每一试件进行抗压疲劳变形试验前,应先在疲劳试验机上进行静压变形对中,对中时应采用两次对中的方式。首次对中的应力宜取轴心抗压强度f_c的20%(荷载可近似取整数,kN),第二次对中应力宜取轴心抗压强度f_c的40%。对中时,试件两侧变形值之差应小于平均值的5%,否则应调整试件位置,直至符合对中要求。

4 抗压疲劳变形试验采用的脉冲频率宜为4Hz。试验荷载(图13.0.4)的上限应力σ_{max}宜取$0.66f_c$,下限应力σ_{min}宜取$0.1f_c$。有特殊要求时,上限应力和下限应力可根据要求选定。

5 抗压疲劳变形试验中,应于每$1×10^5$次重复加载后,停机测量混凝土棱柱体试件的累积变形。测量宜在疲劳试验机停机后15s内完成。应在对测试结果进行记录之后,继续加载进行抗压疲劳变形试验,直到试件破坏为止。若加载至$2×10^6$次,试件仍未破坏,可停止试验。

13.0.5 每组应取3个试件在相同加载次数时累积变

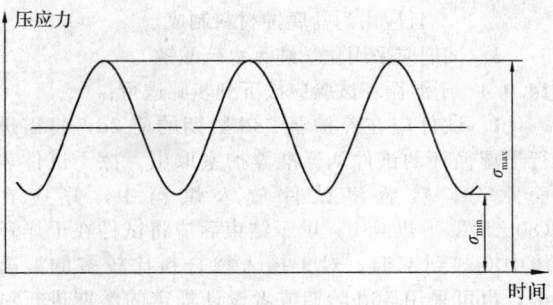

图13.0.4 试验荷载示意图

形的算术平均值作为该组混凝土试件在等幅重复荷载下的抗压疲劳变形测定值,精确至0.001mm/m。

14 抗硫酸盐侵蚀试验

14.0.1 本方法适用于测定混凝土试件在干湿交替环境中,以能够经受的最大干湿循环次数来表示的混凝土抗硫酸盐侵蚀性能。

14.0.2 试件应符合下列规定:

1 本方法应采用尺寸为100mm×100mm×100mm的立方体试件,每组应为3块。

2 混凝土的取样、试件的制作和养护应符合本标准第3章的要求。

3 除制作抗硫酸盐侵蚀试验用试件外,还应按照同样方法,同时制作抗压强度对比用试件。试件组数应符合表14.0.2的要求。

表14.0.2 抗硫酸盐侵蚀试验所需的试件组数

设计抗硫酸盐等级	KS15	KS30	KS60	KS90	KS120	KS150	KS150以上
检查强度所需干湿循环次数	15	15及30	30及60	60及90	90及120	120及150	150及设计次数
鉴定28d强度所需试件组数	1	1	1	1	1	1	1
干湿循环试件组数	1	2	2	2	2	2	2
对比试件组数	1	2	2	2	2	2	2
总计试件组数	3	5	5	5	5	5	5

14.0.3 试验设备和试剂应符合下列规定:

1 干湿循环试验装置宜采用能使试件静止不动,浸泡、烘干及冷却等过程应能自动进行的装置。设备应具有数据实时显示、断电记忆及试验数据自动存储的功能。

2 也可采用符合下列规定的设备进行干湿循环试验。

1)烘箱应能使温度稳定在(80±5)℃。

2)容器应至少能够装27L溶液,并应带盖,

且应由耐盐腐蚀材料制成。

3 试剂应采用化学纯无水硫酸钠。

14.0.4 干湿循环试验应按下列步骤进行：

1 试件应在养护至28d龄期的前2d，将需进行干湿循环的试件从标准养护室取出。擦干试件表面水分，然后将试件放入烘箱中，并应在(80±5)℃下烘48h。烘干结束后应将试件在干燥环境中冷却到室温。对于掺入掺合料比较多的混凝土，也可采用56d龄期或者设计规定的龄期进行试验，这种情况应在试验报告中说明。

2 试件烘干并冷却后，应立即将试件放入试件盒(架)中，相邻试件之间应保持20mm间距，试件与试件盒侧壁的间距不应小于20mm。

3 试件放入试件盒以后，应将配制好的5%Na₂SO₄溶液放入试件盒，溶液应至少超过最上层试件表面20mm，然后开始浸泡。从试件开始放入溶液，到浸泡过程结束的时间应为(15±0.5)h。注入溶液的时间不应超过30min。浸泡龄期应从将混凝土试件移入5%Na₂SO₄溶液中起计时。试验过程中宜定期检查和调整溶液的pH值，可每隔15个循环测试一次溶液pH值，应始终维持溶液的pH值在6~8之间。溶液的温度应控制在(25~30)℃。也可不检测其pH值，但应每月更换一次试验用溶液。

4 浸泡过程结束后，应立即排液，并应在30min内将溶液排空。溶液排空后应将试件风干30min，从溶液开始排出到试件风干的时间应为1h。

5 风干过程结束后应立即升温，应将试件盒内的温度升到80℃，开始烘干过程。升温过程应在30min内完成。温度升到80℃后，应将温度维持在(80±5)℃。从升温开始到开始冷却的时间应为6h。

6 烘干过程结束后，应立即对试件进行冷却，从开始冷却到将试件盒内的试件表面温度冷却到(25~30)℃的时间应为2h。

7 每个干湿循环的总时间应为(24±2)h。然后应再次放入溶液，按照上述3~6的步骤进行下一个干湿循环。

8 在达到本标准表14.0.2规定的干湿循环次数后，应及时进行抗压强度试验。同时应观察经过干湿循环后混凝土表面的破损情况并进行外观描述。当试件有严重剥落、掉角等缺陷时，应先用高强石膏补平后再进行抗压强度试验。

9 当干湿循环试验出现下列三种情况之一时，可停止试验：

1）当抗压强度耐蚀系数达到75%；
2）干湿循环次数达到150次；
3）达到设计抗硫酸盐等级相应的干湿循环次数。

10 对比试件应继续保持原有的养护条件，直到完成干湿循环后，与进行干湿循环试验的试件同时进行抗压强度试验。

14.0.5 试验结果计算及处理应按符合下列规定：

1 混凝土抗压强度耐蚀系数应按下式进行计算：

$$K_f = \frac{f_{cn}}{f_{c0}} \times 100 \qquad (14.0.5)$$

式中：K_f——抗压强度耐蚀系数(%)；

f_{cn}——为N次干湿循环后受硫酸盐腐蚀的一组混凝土试件的抗压强度测定值(MPa)，精确至0.1MPa；

f_{c0}——与受硫酸盐腐蚀试件同龄期的标准养护的一组对比混凝土试件的抗压强度测定值(MPa)，精确至0.1MPa；

2 f_{c0}和f_{cn}应以3个试件抗压强度试验结果的算术平均值作为测定值。当最大值或最小值，与中间值之差超过中间值的15%时，应剔除此值，并应取其余两值的算术平均值作为测定值；当最大值和最小值，均超过中间值的15%时，应取中间值作为测定值。

3 抗硫酸盐等级应以混凝土抗压强度耐蚀系数下降到不低于75%时的最大干湿循环次数来确定，并应以符号KS表示。

15 碱-骨料反应试验

15.0.1 本试验方法用于检验混凝土试件在温度38℃及潮湿条件养护下，混凝土中的碱与骨料反应所引起的膨胀是否具有潜在危害。适用于碱-硅酸反应和碱-碳酸盐反应。

15.0.2 试验仪器设备应符合下列要求：

1 本方法应采用与公称直径分别为20mm、16mm、10mm、5mm的圆孔筛对应的方孔筛。

2 称量设备的最大量程应分别为50kg和10kg，感量应分别不超过50g和5g，各一台。

3 试模的内测尺寸应为75mm×75mm×275mm，试模两个端板应预留安装测头的圆孔，孔的直径应与测头直径相匹配。

4 测头(埋钉)的直径应为(5~7)mm，长度应为25mm。应采用不锈金属制成，测头均应位于试模两端的中心部位。

5 测长仪的测量范围应为(275~300)mm，精度应为±0.001mm。

6 养护盒应由耐腐蚀材料制成，不应漏水，且应能密封。盒底部应装有(20±5)mm深的水，盒内应有试件架，且应能使试件垂直立在盒中。试件底部不应与水接触。一个养护盒宜同时容纳3个试件。

15.0.3 碱-骨料反应试验应符合下列规定：

1 原材料和设计配合比应按照下列规定准备：

1）应使用硅酸盐水泥，水泥含碱量宜为(0.9

±0.1)%（以 Na₂O 当量计，即 $Na_2O + 0.658K_2O$）。可通过外加浓度为 10% 的 NaOH 溶液，使试验用水泥含碱量达到 1.25%。

2）当试验用来评价细骨料的活性，应采用非活性的粗骨料，粗骨料的非活性也应通过试验确定，试验用细骨料细度模数宜为（2.7±0.2）。当试验用来评价粗骨料的活性，应用非活性的细骨料，细骨料的非活性也应通过试验确定。当工程用的骨料为同一品种的材料，应用该粗、细骨料来评价活性。试验用粗骨料应由三种级配：（20～16）mm、（16～10）mm 和（10～5）mm，各取 1/3 等量混合。

3）每立方米混凝土水泥用量应为（420±10）kg。水灰比应为 0.42～0.45。粗骨料与细骨料的质量比应为 6：4。试验中除可外加 NaOH 外，不得再使用其他的外加剂。

2 试件应按下列规定制作：

1）成型前 24h，应将试验所用所有原材料放入（20±5）℃的成型室。

2）混凝土搅拌宜采用机械拌合。

3）混凝土应一次装入试模，应用捣棒和抹刀捣实，然后应在振动台上振动 30s 或直至表面泛浆为止。

4）试件成型后应带模一起送入（20±2）℃、相对湿度在 95% 以上的标准养护室中，应在混凝土初凝前（1～2）h，对试件沿模口抹平并应编号。

3 试件养护及测量应符合下列要求：

1）试件应在标准养护室中养护（24±4）h 后脱模，脱模时应特别小心不要损伤测头，并应尽快测量试件的基准长度。待测试件应用湿布盖好。

2）试件的基准长度测量应在（20±2）℃的恒温室中进行。每个试件应至少重复测试两次，应取两次测值的算术平均值作为该试件的基准长度值。

3）测量基准长度后应将试件放入养护盒中，并盖严盒盖。然后应将养护盒放入（38±2）℃的养护室或养护箱里养护。

4）试件的测量龄期应从测定基准长度后算起，测量龄期应为 1 周、2 周、4 周、8 周、13 周、18 周、26 周、39 周和 52 周，以后可每半年测一次。每次测量的前一天，应将养护盒从（38±2）℃的养护室中取出，并放入（20±2）℃的恒温室中，恒温时间应为（24±4）h。试件各龄期的测量应与测量基准长度的方法相同，测量完毕后，应将试件调头放入养护盒中，并盖严盒盖。然后应将养护盒重新放回（38±2）℃的养护室或者养护箱中继续养护至下一测试龄期。

5）每次测量时，应观察试件有无裂缝、变形、渗出物及反应产物等，并应作详细记录。必要时可在长度测试周期全部结束后，辅以岩相分析等手段，综合判断试件内部结构和可能的反应产物。

4 当碱-骨料反应试验出现以下两种情况之一时，可结束试验：

1）在 52 周的测试龄期内的膨胀率超过 0.04%；

2）膨胀率虽小于 0.04%，但试验周期已经达 52 周（或一年）。

15.0.4 试验结果计算和处理应符合下列规定：

1 试件的膨胀率应按下式计算：

$$\varepsilon_t = \frac{L_t - L_0}{L_0 - 2\Delta} \times 100 \qquad (15.0.4)$$

式中：ε_t ——试件在 t（d）龄期的膨胀率（%），精确至 0.001；

L_t ——试件在 t（d）龄期的长度（mm）；

L_0 ——试件的基准长度（mm）；

Δ ——测头的长度（mm）。

2 每组应以 3 个试件测值的算术平均值作为某一龄期膨胀率的测定值。

3 当每组平均膨胀率小于 0.020% 时，同一组试件中单个试件之间的膨胀率的差值（最高值与最低值之差）不应超过 0.008%；当每组平均膨胀率大于 0.020% 时，同一组试件中单个试件的膨胀率的差值（最高值与最低值之差）不应超过平均值的 40%。

本标准用词说明

1 为便于在执行本标准条文时区别对待，对于要求严格的程度不同的用词、用语说明如下：

1）表示很严格，非这样做不可的词：

正面词采用："必须"；反面词采用"严禁"。

2）表示严格，在正常情况均应这样做的用词：

正面词采用："应"；反面词采用："不应"或"不得"。

3）表示允许稍有选择，在条件许可时，首先这样做的用词：

正面词采用"宜"；反面词采用"不宜"。

4）表示有选择，在一定条件下可以这样做，采用"可"。

2 条文中指定按照其他有关标准执行的写法为"应按照……执行"或"应符合……的规定"。

引用标准名录

1 《普通混凝土拌合物性能试验方法标准》GB/T 50080

2 《普通混凝土力学性能试验方法标准》GB/T 50081

3 《普通混凝土用砂、石质量及检验方法标准》JGJ 52

4 《混凝土试模》JG 237

5 《混凝土抗冻试验设备》JG/T 243

6 《混凝土试验用搅拌机》JG 244

7 《混凝土试验用振动台》JG/T 245

8 《混凝土碳化试验箱》JG/T 247

9 《混凝土抗渗仪》JG/T 249

10 《混凝土氯离子电通量测定仪》JG/T 261

11 《混凝土氯离子扩散系数测定仪》JG/T 262

中华人民共和国国家标准

普通混凝土长期性能和耐久性能
试验方法标准

GB/T 50082—2009

条 文 说 明

修 订 说 明

《普通混凝土长期性能和耐久性能试验方法标准》GB/T 50082－2009 经住房和城乡建设部 2009 年 11 月 30 日以公告第 454 号公告批准发布。

本标准是在《普通混凝土长期性能和耐久性能试验方法》GBJ 82－85 的基础上修订而成。上一版的主编单位为中国建筑科学研究院混凝土研究所，参编单位有：铁道部科学研究院铁道建筑研究所、湖南大学土木系、中国建筑第四工程局建筑科学研究所、太原工学院土木系、长沙铁道学院铁道工程系、黑龙江低温建筑研究所。主要起草人是吴兴祖、张耀芳、皮心喜、丁林宝、尹志府、马芸芳、张耀麟、崔静忠、黄伯瑜、钟美奏、陆建雯、姚挺舟、贾绿薇、冯克良。

本次修订的主要技术内容是：1. 增加了术语一章；2. 增加了基本规定一章；3. 将试件的取样、制作和养护等修订为符合现行国家标准的规定；4. 修订和完善了快冻和慢冻试验方法；5. 增加了单面冻融试验方法；6. 动弹性模量试验方法中取消了敲击法并对共振法进行了完善；7. 将原抗渗试验修改为抗水渗透试验，并增加了渗水高度法；8. 增加了抗氯离子渗透试验方法，包括电通量法和快速氯离子迁移系数法（或称 RCM 法）；9. 收缩试验增加了非接触法，完善了原收缩试验方法；10. 增加了早期抗裂试验方法；11. 完善了受压徐变试验方法；12. 完善了碳化试验和混凝土中钢筋锈蚀试验方法；13. 将原标准中的抗压疲劳强度试验方法修改为抗压疲劳变形试验方法；14. 增加了抗硫酸盐侵蚀试验方法；15. 增加了碱-骨料反应试验方法。

本标准修订过程中，编制组进行了广泛的调查研究，总结了我国工程建设混凝土耐久性试验方法领域的实践经验，同时参考了国外先进技术标准，如：Test Methods of Frost Resistance of Concrete（RILEM TC 176）；Test Method for Freeze-thaw Resistance of Concrete-tests with Sodium Chloride Solution（CDF）（RILEM TC 117-FDC）；Concrete，Mortar and Cement-Based Repair Materials：Chloride Migration Coefficient from Non-Steady-state Migration Experiments（NT BUILD 492）；Acceptance Criteria for Concrete with Synthetic Fibers（ICBO AC32）；Standard Test Method for Resistance of Concrete to Rapid Freezing and Thawing（ASTM C 666/C 666M-03）；Standard Test Method for Fundamental Tranverse，Longitudinal，and Torsional Resonant Frequencies of Concrete Specimens（ASTM C 215-02）；Standard Test Method for Electrical Indication of Concrete's Ability to Resist Chloride Ion Penetration （ASTM C 1202-07）；Standard Test Method for Creep of Concrete in Compression（ASTM C 512-02）；Water Absorption of Concrete（CSA A23.2-11C）；Potential Expansivity of Aggregates （Procedure for Length Change due to Alkali-aggregate Reaction in Concrete Prisms at 38℃）（A23.2-14A：2004）等。通过抗裂性能试验、收缩试验、抗硫酸盐侵蚀试验、抗氯离子渗透试验、抗冻试验以及有关仪器设备的验证试验等，取得了单位面积上的总开裂面积、早期收缩率、抗硫酸盐等级、抗冻等级、抗冻标号、电通量、氯离子迁移系数、渗水高度、抗渗等级、动弹性模量、碱-骨料反应膨胀值等重要技术参数。

为便于广大设计、施工、科研、学校等单位有关人员在使用本标准时能正确理解和执行条文规定，《普通混凝土长期性能和耐久性能试验方法标准》编制组按章、节、条顺序编制了本标准的条文说明，对条文规定的目的、依据以及执行中需注意的有关事项进行了说明，但是，本条文说明不具备与标准正文同等的法律效力，仅供使用者作为理解和把握标准规定的参考。

目　次

1 总 则

1.0.1 编制本标准的目的在于为设计、施工、监理、质检和科研等单位的有关人员，在确定或检验混凝土长期性能和耐久性能时，提供一个统一和规范的试验准则，使相关的试验及试验结果具有一致性和可比性，并有助于控制混凝土工程质量。

1.0.2 规定本标准的适用范围为建设工程普通混凝土长期性能和耐久性能试验。我国水工、水运、公路等行业都已有或正在编制相应的混凝土长期性能和耐久性能试验方法标准，其中多数内容基本上与本标准相同，但也有些试验方法因为使用条件和要求不同，在一些具体的参数或规定上往往很难一致，因此对于这些工程或行业中的混凝土长期性能和耐久性能试验方法，宜以相应专业标准为主要依据。

本标准规定的试验方法种类和数量与修订前的原标准《普通混凝土长期性能和耐久性能试验方法》GBJ 82-85（以下简称 GBJ 82-85）相比，有较大幅度的增加。原标准包括抗冻性能试验（慢冻法和快冻法）、动弹性模量试验（共振法和敲击法）、抗渗性能试验（逐级加压法）、收缩试验、受压徐变试验、碳化试验、混凝土中钢筋锈蚀试验、抗压疲劳强度试验等 8 类 10 种试验方法。

本标准包括抗冻试验（慢冻法、快冻法和单面冻融法）、动弹性模量试验（共振法）、抗水渗透试验（渗水高度法、逐级加压法）、抗氯离子渗透试验（RCM 法、电通量法）、收缩试验（非接触法、接触法）、早期抗裂试验、受压徐变试验、碳化试验、混凝土中钢筋锈蚀试验、抗压疲劳变形试验、抗硫酸盐侵蚀试验、碱-骨料反应试验，共 12 类 17 种试验方法。比原标准增加了 4 类 7 种试验方法。

1.0.3、1.0.4 本标准主要规定混凝土长期性能和耐久性能试验方法，在按照本标准进行有关混凝土长期性能和耐久性能试验时，不能违反国家法律、行政法规的规定。试验过程中还涉及其他一些标准，如《普通混凝土拌合物性能试验方法标准》GB/T 50080、《普通混凝土力学性能试验方法标准》GB/T 50081 以及相关的仪器设备、试模等标准，因此规定了进行混凝土长期性能和耐久性能试验，除执行本标准的规定外，尚应符合现行的国家其他设计、施工、标准规范的有关规定，尤其是有关强制性标准的有关规定。

2 术 语

2.0.1 本标准的普通混凝土是按照其干表观密度来定义的，而不是按照混凝土力学性能或者耐久性能来定义的，这可能与当前使用比较多的普通强度混凝土等术语的含义相互混淆，应注意区别。干表观密度在

（2000～2800）kg/m³ 之间的水泥混凝土都属于本标准规定的普通混凝土范畴。

2.0.2 本标准规定的抗冻标号主要是反映慢冻法的评价指标。慢冻法与快冻法的区别不仅仅是冻融时间长短不同，而且其冻融试验条件也不同。慢冻法是采用气冻水融的冻融方式，而快冻法是采用水冻水融的冻融方式，二者针对不同的环境条件和工程需要，应注意区别。

2.0.3 本标准规定的抗冻等级主要是反映快冻法的评价指标，以区别于慢冻法的评价指标。

2.0.4 电通量法又称为电量法、导电量法等，含义相同，本标准规定以测量通过混凝土试件的电通量（库仑值）来反映混凝土抗氯离子渗透性的试验方法。与美国 ASTM C1202 和 AASHTO T277 标准规定的方法原理相同。

2.0.5 RCM 是英文 rapid chloride migration coefficient 的缩写。作为标准方法一般指瑞典唐路平教授等提出的测量非稳态情况下氯离子迁移系数的方法，其原理是通过测量混凝土中氯离子渗透深度，计算得到氯离子迁移系数。该方法已经被列为北欧标准 NT BUILD 492《Concrete，Mortar and Cement-Based Repair Materials：Chloride Migration Coeffcient From Non-Steady-State Migration Experiments》等国际标准，目前正在被列为欧盟的标准。我国的《混凝土结构耐久性设计规范》GB/T 50476、《水工混凝土试验规程》SL 352 等国家标准和行业标准已经将 RCM 法列为标准方法。其原理与本标准相同，但操作方式与本标准的规定有一些区别。本标准是等同采用 NT BUILD 492 标准，而国内其他相似标准对 NT BUILD 492 规定的操作方式等作了较大修改。根据标准编制组与 NT BUILD 492 标准主编人和方法的发明人进行沟通和编制组的试验验证结果，认为等同采用原标准比较合适。

2.0.6 实践表明，在硫酸盐环境中，混凝土通常只有在干湿循环的条件下才会产生比较严重的破坏。本标准根据实践经验、试验验证并参考国外标准，制定了以干湿循环为基础的抗硫酸盐侵蚀试验方法。其评价指标为抗硫酸盐等级，其含义是混凝土试件在硫酸盐溶液中能够经受的最大干湿循环次数。美国等发达国家也是采用抗硫酸盐等级来评价混凝土的抗硫酸盐侵蚀能力。只是国外是以混凝土的表观破坏情况来分级，而本标准是根据干湿循环次数分级。

3 基 本 规 定

3.1 混凝土取样

3.1.1、3.1.2 规定了普通混凝土长期性能和耐久性能试验时取样方法。普通混凝土长期性能和耐久

性能试验时混凝土的取样方法与《普通混凝土拌合物性能试验方法标准》GB/T 50080中规定的方法基本相同。强调了每组试件所用的混凝土拌合物应从同一盘混凝土或同一车混凝土中取样，以减少取样误差。

对于普通混凝土长期性能和耐久性能试验，除制作进行检验的试件外，尚需制作相应数量的对比试件或者基准试件及辅助试件。这里的对比试件或者基准试件是指为确定长期性能或耐久性能相对指标时用以作为基准的试件，如抗冻标号测定中的标准养护试件，对比试件和基准试件必须与试验用试件用同一盘混凝土制作。辅助试件是指试验时不测取读数或者虽然测取读数但仅用以作为试验控制而不在结果计算中使用的，如耐久性指标测定中的温控试件及补空试件，辅助试件并不要求与试验用试件于同一盘混凝土制作。

3.2 试件的横截面尺寸

3.2.1 本条规定了普通混凝土长期性能和耐久性能试验时所用的试件横截面尺寸。条文中的表3.2.1列出了试件最小横截面尺寸与混凝土中骨料的最大公称粒径的关系，试件最小边长或者直径与骨料最大粒径约为3倍的数量关系见表1（条文中的表3.2.1）所示。

由于实际工程使用的骨料粒径多种多样，有时候难以满足本表要求，故本条用词为"宜"，表示允许有所选择。

表 1　试件最小横截面尺寸选用表

骨料最大公称粒径 （mm）	试件最小横截面尺寸 （mm）
31.5	100×100 或 φ100
40.0	150×150 或 φ150
63.0	200×200 或 φ200

3.2.2 根据新修订的《普通混凝土用砂、石质量及检验方法标准》JGJ 52-2006，骨料最大公称粒径指的是符合该标准中规定的公称粒级上限对应的圆孔筛的筛孔的公称直径。

石筛筛孔尺寸和碎石或卵石的颗粒级配范围分别见表2和表3所示。

表 2　石筛筛孔的公称直径与方孔筛尺寸（mm）

石的公称直径	石筛筛孔的公称直径	方孔筛筛孔边长
2.50	2.50	2.36
5.00	5.00	4.75
10.0	10.0	9.5
16.0	16.0	16.0

续表2

石的公称直径	石筛筛孔的公称直径	方孔筛筛孔边长
20.0	20.0	19.0
25.0	25.0	26.5
31.5	31.5	31.5
40.0	40.0	37.5
50.0	50.0	53.0
63.0	63.0	63.0
80.0	80.0	75.0
100.0	100.0	90.0

表 3　碎石或卵石的颗粒级配范围

级配情况	公称粒级	累计筛余，按质量（%）											
		方孔筛筛孔边长尺寸（mm）											
		2.36	4.75	9.5	16.0	19.0	26.5	31.5	37.5	53.0	63.0	75.0	90.0
连续粒级	5～10	95～100	80～100	0～15	0								
	5～16	95～100	85～100	30～60	0～10	0							
	5～20	95～100	90～100	40～80	—	0～10	0						
	5～25	95～100	90～100	—	30～70	—	0～5	0					
	5～31.5	95～100	90～100	70～90	—	15～45	—	0～5	0				
	5～40	—	95～100	90～100	—	70～90	—	30～65	—	0～5	0		
单粒级	10～20	—	95～100	85～100	—	0～15	0						
	16～31.5	—	95～100	—	85～100	—	—	0～10	0				
	20～40	—	—	95～100	—	80～100	—	—	0～10	0			
	31.5～63	—	—	—	95～100	—	75～100	45～75	—	0～10	0		
	40～80	—	—	—	—	95～100	—	70～100	—	30～60	0～10	0	

3.2.3 本条规定了制作混凝土试件所用的试模应满足《混凝土试模》JG 237标准的要求。

3.3 试件的公差

3.3.1 本条规定了混凝土试件承压面的平面度公差。参考了《普通混凝土力学性能试验方法标准》GB/T

50081 有关混凝土试件平面度的有关要求。

3.3.2 本条规定了混凝土试件相邻面的夹角及其公差。参考了《普通混凝土力学性能试验方法标准》GB/T 50081 有关混凝土试件相邻面的夹角及其公差的有关要求。由于抗渗试件为圆台形，故其相邻面夹角要求可以例外。

3.3.3 本条规定了混凝土试件尺寸公差的一般要求。由于普通混凝土长期性能和耐久性能试验涉及到 12 类 17 种试验方法，各试验方法所用的试件形状和尺寸不完全相同，试件尺寸公差对试验结果的影响也不一样。因此，各试验方法对相应的试件尺寸制作精度和公差也略有区别。本条只是规定一般的通用要求，各试验方法关于试件尺寸的特别公差要求在相应的单项试验方法标准中予以具体规定。

3.4 试件的制作和养护

3.4.1 此条规定了普通混凝土长期性能和耐久性能试验所用试件的制作和养护方法。混凝土长期性能和耐久性能试验所用的多数试件的制作和养护方法与力学性能试验所用试件的制作和养护方法基本相同，故规定应按照《普通混凝土力学性能试验方法标准》GB/T 50081 中规定的方法进行。但也有些特殊的试验，其试件的制作方法有例外，如非接触法收缩试验、早期抗裂试验等，对这些例外的试件制作方法，均在相应的试验方法标准中予以具体规定。

3.4.2 本条规定制作试件时不应采用机油等憎水性脱模剂。

试验证明，制作试件时用机油（尤其黏度大的机油）或者其他憎水性脱模剂，对混凝土长期性能和耐久性能试验结果有明显影响。尤其是对抗冻、收缩、抗硫酸盐侵蚀等与水分交换过程有关的试验结果影响比较显著。对于这类试件的制作，一般选用水性脱模剂或者采用塑料薄膜等代替脱模剂。

3.4.3 由于多数混凝土耐久性指标与强度指标有一定相关性，有些耐久性试验本身就是用强度指标来表达，且出具的试验报告也需要列出对应的强度等级和实测强度数据，故规定应同时制作强度试件。

3.4.4 《混凝土试验用搅拌机》JG 244 和《混凝土试验用振动台》JG/T 245 分别是《混凝土试验用搅拌机》JG 3036 和《混凝土试验用振动台》JG/T 3020 的修订版本，新标准从 2009 年 12 月 1 日开始实施。

3.5 试验报告

3.5.1~3.5.3 规定了进行混凝土长期性能和耐久性能试验时，应出具试验报告。并规定了有关单位（委托单位、试件制作单位和试验单位等）应为试验报告提供的具体内容，以供有关方使用。

4 抗 冻 试 验

4.1 慢 冻 法

4.1.1 本条规定了慢冻法适用范围和目的。

慢冻法抗冻性能指标以抗冻标号来表示，以供设计或科研时使用。

本标准采用三种混凝土抗冻性能试验方法——慢冻法、快冻法和单面冻融法（盐冻法）。慢冻法所测定的抗冻标号是我国一直沿用的抗冻性能指标，目前在建工、水工碾压混凝土以及抗冻性要求较低的工程中还在广泛使用。近年来虽然一些部门感到检验抗冻标号的试验方法所需要的试验周期长，劳动强度大，有以快冻法检验抗冻耐久性指标来替代的趋势，但是这个替代并不会很快实现。慢冻法采用的试验条件是气冻水融法，该条件对于并非长期与水接触或者不是直接浸泡在水中的工程，如对抗冻要求不太高的工业和民用建筑，以气冻水融"慢冻法"的试验方法为基础的抗冻标号测定法，仍然有其优点，其试验条件与该类工程的实际使用条件比较相符。况且慢冻法在我国已经有几十年的使用历史，经过广大工程技术人员多年实践和研究，已经积累了丰富的试验经验。本次修订对原标准慢冻法所采用的试验设备的技术要求进行了较大修改。原设备冻结和融化是分离的，操作麻烦、工作量大、误差大、不容易控制试验条件。目前的自动冻融循环设备，实现了电脑自动控制、冻融自动循环、数据曲线实时显示、断电自动记忆和试验数据自动存储等功能，消除了由于原慢冻设备的原始、冻融分离和人为干预等造成的误差，使试验过程更科学，工作量大大减少，试验结果更可靠。目前慢冻试验设备也有了相应的产品标准《混凝土抗冻试验设备》JG/T243。故本标准仍然保留慢冻试验方法。预计在今后比较长的一段时间内，我国仍然会是几种抗冻性指标同时并存的局面，因此，本标准同时列入几种相应的试验方法。

4.1.2 本条规定了慢冻法试验所使用的试件形状、尺寸、组数和每组试件的个数等应满足的要求。

慢冻法试验要成型三种试件：测定 28d 强度所需要的试件、冻融试件以及对比试件，这些要求与原标准基本相同，只是目前有些重要工程对抗冻要求较高，故对抗冻标号分级增加了 D300 以上的等级。本标准将抗冻标号按照：D25、D50、D100、D150、D200、D250、D300、D300 以上等 8 种情况规定了相应的试件数量。慢冻法试验对于设计抗冻标号在 D50 以上的，通常只需要两组冻融试件，一组在达到规定的抗冻标号时测试，一组在与规定的抗冻标号少 50 次时进行测试。抗冻标号在 D300 以上的，在 300 次和设计规定的次数进行测试。再高的等级可按照 50

次递增，增加相应试件数量。

4.1.3 本条规定了慢冻法试验设备有关要求。

1 对冻融试验箱的温度控制能力作了新的规定。原标准规定的冻结温度为（−20～−15）℃，融化温度为（15～20）℃。由于目前市场上的自动抗冻设备控温能力较原来的冰箱有较大提高，故本标准规定的冻结温度为（−20～−18）℃，融化温度为（18～20）℃。同时规定了满载时箱内温度极差不超过2℃，以保证箱内温度均匀性。目前市场供应的设备一般能够满足此温度控制能力要求。

2 规定慢冻试验用自动冻融设备应具备自动控制、数据曲线实时显示、断电记忆、数据自动存储功能等附加功能，以提高试验精度和水平。

3 将"框篮"名称改成更恰当的术语"试件架"。原标准规定框篮用钢筋焊接而成。实践证明，钢筋焊接的框篮很容易锈蚀，故本标准规定框篮应采用不锈钢或者耐腐蚀的材料制作。且试件架的尺寸应与试件、冻融试验箱等匹配。

4 鉴于实际工作中采用的试件质量可能会超过原标准规定的案秤量程的80%，并且为了与其他相关试验共用称量设备，因此将称量试件质量用的案秤最大量程提高到20kg，感量不超过5g。将"案秤"名称改成"称量设备"，以提高设备选择范围。

5 对压力试验机的要求，在国家标准《普通混凝土力学性能试验方法标准》GB/T 50081中有详细规定。

6 本标准增加了对慢冻试验设备所采用的热电偶、电位差计等传感器或温度检测仪量程和精度有关规定。规定其在（−20～20）℃范围内的测温精度不低于±0.5℃。

由于慢冻试验设备已有行业标准《混凝土抗冻试验设备》JG/T 243，故慢冻试验设备的其他要求还应符合该设备标准的有关规定。

4.1.4 本条规定了慢冻法抗冻试验应遵照的程序和步骤。

1 慢冻试验用试件的试验龄期一般为28d，设计有特殊要求时按照设计要求进行。科研中也可以采用其他龄期进行试验，试验数据可用来比对。浸泡试件用的水温由原标准的（15～20）℃调整为（20±2）℃，现在一般的试验室均建有混凝土标准养护室或恒温室，该温度条件很容易得到满足。浸泡时间统一为4d。按照国内标准规定，试件一般应进行标准养护，但有些行业或者研究项目可能要求试件直接在水中养护，对这种情况，本标准规定可以直接进行试验，不需要在抗冻试验前再进行4d的泡水，但在试验报告应注明这种养护方式。

2 规定了试件架与试件的接触面积。二者之间的接触面积不宜过大，一般试件架与试件的接触面积应小于试件底面的1/5。对于尺寸为100mm×100mm×100mm的抗冻试件，一般在底面垫上两条宽度为10mm的垫条即可满足此要求。为了减小冻融试验箱的空间，将试件之间的最小空隙距离由50mm调整到30mm，这样调整后对试验结果影响不大，但可以减少设备尺寸。试件与冻融试验箱内壁之间的最小距离仍然规定为20mm。

3 本标准除了将冻结温度范围从（−20～−15）℃调整到（−20～−18）℃外，还对冻融试验箱的降温速率进行了统一规定，即要求在（1.5～2.0）h内降到规定的冻结温度，这样可保证市场上的慢冻试验设备技术性能基本接近，确保试验结果具备可比性和可重复性。

4 由于不同尺寸的试件抗冻试验结果差别非常大，没有可比性，本标准将慢冻试验用的试件尺寸统一为一种：100mm×100mm×100mm。冻结（冷冻）时间也统一规定为不小于4h。这样可保证各单位采用的试验设备性能基本接近，试验结果更加具有可比性，也便于设备厂家在设备出厂时对调试设备有一个统一的要求。

5 本标准对试件冻结结束后的融化时间也作了与冻结时间类似的调整。其理由同上。

本标准对用于试件融化的水温作了调整。原标准规定融化期间水温应保持在（15～20）℃，本标准将其调整为（18～20）℃。一般的自动冻融设备能够达到此要求。

6 试件的外观检查主要是测量试件的尺寸，查看有无裂缝、破损和掉角等情况，并做好记录，以备分析试验结果用。规定了每25个循环就应检查一次试件的外观和质量损失情况。由于一个冻融试验箱往往同时进行多组试件的冻融试验，因此本标准规定对于某组试件的平均质量损失率达到5%时，可以停止对该组试件的冻融试验，其他没有达到此失重率的试件可继续进行冻融试验。

7 规定了试件何时需要进行抗压强度试验，以及在抗压强度试验前应该进行的外观检查工作内容和试件破损后的处理方法。试件表面严重破损后应采用高强石膏等材料找平后再进行抗压强度试验，否则试验结果不准确。一般高强石膏几小时即可达到相应强度。

8 本标准对慢冻试验时因故中断试验的时间和次数进行了规定。要求冻融循环中断后，应将试件保持在冻结状态，以免试件失水，影响试验结果。一般可将试件保存在原容器内，并用冰块围住。如条件不具备，可将试件在潮湿状态下用防水材料包裹，加以密封，防止水分损失。

本条还对试件连续处于融化状态下的时间和次数做了严格规定，因为验证试验表明，处于融化状态下中断试验时间过长或者次数过多或者对中断试验的试件处置不当，将对试验结果有较大影响。同时规定试

件处于融化状态下发生故障的时间不宜超过两个冻融循环的时间。特殊情况下，冻融循环中断时间超过两个冻融循环的次数不得超过两次。超过此规定的试验结果应作废。

9 在大多数情况下，总保持冻融试验设备中装满受测试件或者一直维持开始试验的试件数量，就可以很容易达到温度均匀性和所需时间的要求。如果冻融箱内不能装满试件或者有试件中途被取出来，应当使用空白试件来填充空位。这种处理方法同时可以保证试件本身和冻融箱内流体条件的一致性。

10 规定了对比试件应继续保持原有的养护条件（标准养护、水中养护或者自然养护等），对比试件是用来作为强度损失率的计算基准。

4.1.5 本条规定了慢冻法抗冻试验的结束条件。慢冻法抗冻试验结束的条件有三个：规定的冻融循环次数（如设计规定的抗冻标号）、抗压强度损失率达到25%、质量损失率达到5%。三个指标只要达到一个，即可停止试验。

前苏联（独联体）标准 ГОСГ 10060.2-95 规定的冻融结束条件为抗压强度损失率超过15%或质量损失率超过3%。我国原水工标准 SD 105-82 和国家标准 GBJ 82-85 分别规定为抗压强度损失率达到25%或质量损失率达到5%时停止试验。我国水工、公路、港口和建工的快冻法均规定质量损失率达到5%时即停止试验，考虑到我国的实际情况和标准的连续性，修订后的标准仍然采用质量损失率达到5%或强度损失率达到25%作为结束试验的条件。

4.1.6 本条规定了试验结果计算和处理的方法。试验结果得到三个指标：强度损失率、质量损失率和抗冻标号。

1、2 规定了抗压强度试验结果的处理方法。尤其是明确了对试验误差的处理方法。由于抗冻试验需要的周期往往较长（如抗冻标号为 D100 的混凝土，冻融试验时间最快需要约33d）。测得一个试验结果非常不容易。故规定在三个试件的抗压强度试验结果中，当有两个值与中间值之差均超过中间值的15%时，取中间值为测定值。而《普通混凝土力学性能试验方法标准》GB/T 50081对抗压强度试验结果处理方法的规定为：当有两个值与中间值之差均超过中间值的15%时，则试验结果无效。

本标准还对公式（4.1.6-1）有关参数的计算精度作了规定。抗压强度损失率计算至0.1%，三个试件抗压强度平均值精确至0.1MPa。

3 规定了单个试件的质量损失率计算公式，并规定了计算精度。

4、5 需要注意的是计算质量损失率时用的是同一组试件，而计算强度损失率时用的是两组试件。即计算质量损失并不需要对比试件。而是以同一组试件在冻融试验前后的质量变化来反映。

公式（4.1.6-3）中规定了一组三个试件的质量损失率平均值的计算方法，并对质量损失率的计算和误差处理作了一些特殊规定。由于抗冻试验初期，试件的质量可能还会增加，使得质量变化的计算结果可能出现负值。用负值计算很不方便，而且没有意义，因此本标准规定，当某个试验结果出现负值时，则取该值为 0 再进行计算。

质量损失率误差处理是按照试验结果差异的绝对数来处理，而不是像抗压强度试验结果那样，按照差异的相对数来处理。由于质量损失率最大值可取 5%（因超过 5%即可以停止试验），则两个试验结果的质量损失率的绝对数相差 1%，大约相当于相对数相差 20%。

6 根据混凝土试件所能经受的最大冻融循环次数，作为慢冻法试验时混凝土抗冻性的性能指标，该指标称为混凝土抗冻标号，并用符号 D 表示（符号同原标准）。

4.2 快 冻 法

4.2.1 本条规定了快冻试验方法的适用范围、目的和检验指标等。

快冻法采用的是水冻水融的试验方法，这与慢冻法的气冻水融方法有显著区别。

本试验方法是在《普通混凝土长期性能和耐久性能试验方法》GBJ 82-85 中快冻法的基础上，参照美国《Standard Test Method for Resistance of Concrete to Rapid Freezing and Thawing》ASTM C666/C666M-2003 和日本《混凝土快速冻融试验方法》JIS A 6204-2000 等标准修订而来，试验采用的参数、方法、步骤及对仪器设备的要求与美国 ASTM C666 基本相同。该方法在上述两国、加拿大及我国有着广泛的应用。在我国的铁路、水工、港工等行业，该方法已成为检验混凝土抗冻性的唯一方法。由于水工、港工等工程对混凝土抗冻性要求高，其冻融循环次数高达（200～300）次，且经常处于水环境中，因此如以慢冻法检验所耗费的时间及劳动量较大，故一般采用水冻水融为基础的快速冻融试验方法，以提高试验效率。ASTM C666 中混凝土抗冻性试验方法有 A 法和 B 法两种。A 法要求试件全部浸泡在清水（或 NaCl 盐溶液）中快速冻融，B 法要求试件在空气中冻结，水中溶解，但最终两方法均依靠测量试件的动弹性模量变化来实现对试件抗冻性的评定。虽然 ASTM C666 中存在两种方法，但在实际应用中，人们习惯于采用 A 法来评价混凝土的抗冻性。原 GBJ 82-85 中快冻法就是主要参考了 A 法编制的。在这次修订中我们也主要参考了 ASTM C666-2003 中的 A 法，并对原 GBJ 82-85 标准的部分条款进行了调整和补充。另外，日本规范 JIS A 6204-2000 中也是仅包含类似 ASTM C666 中 A 法的部分。

日本的洪悦郎等曾著文报道他们为拟订日本工业标准（JIS）的混凝土抗冻性试验方法所做的工作，指出搅拌温度、脱模前室内养护温度、脱模前试件上有无封闭覆盖及通风情况、试件尺寸，尤其是横向尺寸的差异、冻融开始的龄期、装载冻融试件的容器的形状等因素对冻融试验的结果影响重大。本标准对可能影响试验结果的上述因素予以了考虑。

4.2.2 本条对快冻试验所采用的试验设备应满足的技术要求等作了规定。

1 日本的洪悦郎指出，不同的试件容器，在试件周围产生的水膜厚度不同，也会影响试验结果。另外，容器中突起的棱条形状（矩形、半圆形或无棱条网格）也会影响抗冻性试验结果。另外，美日新规范中均要求使用橡胶类柔软的容器作为试件容器，禁止使用钢容器。由于条件所限，GBJ 82-85 中并未强制使用橡胶盒作为试验容器，而是规定使用钢容器。随着技术水平的不断提高，目前国内的大部分试验室中钢容器已被橡胶容器替代，因此在这次修订中提出使用橡胶容器，并对橡胶容器的尺寸、棱条形状等作了具体规定。

由于目前国内的橡胶盒容易损坏，价格比钢制的贵，而且试件盒一旦破损会对试验带来较大麻烦，考虑可操作性，因此本标准规定试件盒宜采用具有弹性的橡胶材料制作。实际操作时容许略有选择，如条件不具备或者原设备的钢制盒仍然完好，不必予以淘汰，这种情况可以使用钢制试件盒。如果是新加工的钢制盒，应采用不锈钢材料制作，盒内应垫以橡胶材料。

2 由于目前国内市场上部分抗冻试验设备质量较差，尤其是温度控制能力较差，为了促进我国抗冻试验设备质量的提高，保证试验质量，对抗冻试验设备的温度控制方法进行了更严格的规定。要求除了测温试件安装温度传感器外，还要在冻融试验箱的中心处以及试验箱中心与任意对角线两端处安装温度传感器，以便对试验箱温度进行监测，以保证试验箱温度均匀性和满足试验要求。

3 对案秤的量程作了新规定。因为快冻试验的试件质量已经接近 10kg，达到了原规定的案秤量程的上限。将"案秤"名称改成"称量设备"，以提高设备的选择范围。

4 对动弹性模量试验仪器在第 5 章有专门规定，应符合其要求。

5 规定了温度传感器（热电偶、电位差计等）在（-20~20）℃范围内的测量精度为±0.5℃，比美国 ASTM C666 规定的 1℃要求高。

4.2.3 本条规定了快冻试验所用试件的尺寸、形状、制作方法、每组试件个数和对测温试件的要求等。

1 本标准规定快冻试验应采用尺寸为 100mm× 100mm×400mm 的棱柱体试件。这与美国 ASTM C666 标准略有区别，ASTM C666 规定的试件也是棱柱体，但其截面和长度容许有一个变化范围：棱柱体试件的宽、厚度或者直径均不小于 75mm 且不大于 125mm；试件的长度不小于 275mm 且不大于 405mm。本标准规定的试件尺寸处于 ASTM C666 规定范围内，与日本 JIS A 6204 标准基本一致。

由于每个冻融循环制度设定得相对固定，试件中心的极限温度也相同，因此在试件尺寸不同，尤其是横向尺寸不同时，对于不同尺寸的单个试件其升降温的速率会产生一定的差别，而这势必影响到对混凝土抗冻性的正确评价。例如，把同样的混凝土制作成不同尺寸的抗冻试件后，由于横向尺寸不同导致的升降温速率差别，其抗冻性试验将得到不同的结果。为了避免这种情况，本标准将试件尺寸统一为 100mm× 100mm×400mm。

2 实践表明，成型试件时采用机油等憎水性脱模剂，会显著影响试件的抗冻性能。试验结果会过高估计混凝土的抗冻性，这对工程偏于不安全。为消除此影响，本标准规定，成型试件时不得采用憎水性脱模剂。这与《普通混凝土力学性能试验方法标准》GB/T 50081 规定的试模内表面涂一层矿物油或者其他不与混凝土发生反应的脱模剂有重要区别。这也是耐久性试验和力学性能试验对试件的要求显著不同之处。

3 对测温试件作了具体规定。由于实际操作中很多单位对测温试件所采用的冻融介质不统一，使得试验结果不具有可比性。本标准规定测温试件统一使用防冻液作为冻融介质，而其他试件必须采用水作为冻融介质。

原标准规定测温试件的传感器是预埋在试件中，但实际操作中往往采用在测温试件中钻孔，然后插入传感器的方法，而对传感器与测温试件之间的空隙又没有做很好的绝热处理，造成实际的冻融循环制度与标准规定的制度不符合，这通常会高估混凝土的抗冻性，给工程质量带来了隐患。本次修订后的标准严格规定了测温试件中的传感器应采用预埋方式，并且应保证埋设在试件中心位置。

4.2.4 本条规定了快冻试验的程序和操作步骤。

1 对于冻融开始的龄期，日本的 JIS 规范向 ASTM 规范看齐，都是 14d 龄期开始。试验证明，开始龄期越晚，抗冻性越好。原 GBJ 82-85 中快冻法规定，试验开始的龄期为 28d，考虑到标准的延续性和日益增加的大掺量矿物掺合料混凝土的应用，本次修订时仍规定试验开始龄期为 28d。

抗冻试验前，试件需要泡水 4d；水中养护的试件可以直接进行抗冻试验。这与慢冻法试验对试件预处理的规定相同。原标准规定浸泡试件的水温为（15~20）℃，本标准将浸泡试件的水温改成（20±2）℃，这在一般的标准养护室都很容易做到。

2 增加了对试件初始质量和初始动弹性模量或者基频初始值测量的规定。目前市场上有些动弹性模量测量仪可以直接读出试件的动弹性模量值,这可简化计算过程,提高试验效率。

3 规定了试件应位于试件盒的中心位置,这是为了使试件受温均匀。ASTM C666 规定试件周围的水层厚度为(1～3)mm,国内的公路行业标准《公路工程水泥及混凝土试验规程》JTG E30-2005、电力行业标准《水工混凝土试验规程》DL/T 5150-2001 以及水利行业标准《水工混凝土试验规程》SL 352-2006 等标准均规定试件顶面水层厚度为 20mm。原 GBJ 82-85 标准规定试件顶面的清水高度为 5mm 左右,为保持标准延续性,本次修订仍然将试件顶面清水高度规定为 5mm 左右,与美国标准基本接近,但比美国标准规定的(1～3)mm 更具有可操作性。实际上,若试件顶部的水面过高,在冻结时由于表层水先结冰,限制了表层下水的移动,因此在冻结时会对试件产生很大的压力,对试件造成破坏。

补充了对试件架的要求。规定试件盒应放入冻融箱内的试件架中。

4 规定了测温试件应处于冻融试验箱的中心位置。

5 规定了快冻法的冻融循环制度。

    1) 规定一个冻融循环持续的时间为(2～4)h。用于融化的时间不少于(0.5～1)h,与原标准一致。

    2) 对原标准的冻结和融化终了的温度作了调整。原标准规定冻结和融化终了时,试件中心温度分别为(-17±2)℃和(8±2)℃。本标准规定的冻结和融化终了试件中心温度分别为(-18±2)℃和(5±2)℃。冻结温度与原标准基本相同,融化温度比原标准降低了 3℃。

我国公路行业标准《公路工程水泥及混凝土试验规程》JTG E30-2005、电力行业标准《水工混凝土试验规程》DL/T 5150-2001 以及水利行业标准《水工混凝土试验规程》SL 352-2006 等标准均规定试件冻结和融化终了时试件中心温度分别为(-18±2)℃和(5±2)℃。这与美国 ASTM C666 标准规定的温度制度一致。为了使各行业的试验结果具有可比性,本标准将抗冻试验最高和最低温度进行了统一,与新修订的 ASTM C666 和公路、水工等标准规定的温度一致。

    3) 规定了冻结和融化时温度变化速率,以及试件的内外温差。

    4) 规定了冻结和融化过程的转换时间。转换时间不宜超过 10min,若转换时间过长,影响规定的冻融制度,从而影响试验结果。

6 规定了试件横向基频的测试时间间隔、基频的测试方法和有关要求。测试过程中防止待测试件损失水分是非常重要的,故试件的测量和外观等检查应迅速、及时。

7 规定了冻融循环中断时处理方法和试件从冻融箱取出时,应对试件空位进行补空。理由同本标准第 4.1.4 条第 8 款条文说明。

8 规定了快冻法冻融循环试验结束的条件。快冻法抗冻试验结束的条件有三个:规定的冻融循环次数(如设计规定的抗冻等级)、动弹性模量下降到初始值的 60%、质量损失率达到 5%。三个指标只要有一个达到,即可停止试验。

对于快冻法停止冻融循环试验的条件,本规范参照 JIS A 6204-2000,规定为冻融循环已达到规定的次数、相对动弹性模量已降到 60% 或质量损失率达 5% 时停止试验。而 ASTM C666 标准规定的停止试验条件为冻融循环已达 300 次、相对动弹性模量已降到 60% 即可停止,同时将试件长度增长达到 0.1% 作为可选的停止条件,考虑到测长要比称量试件的质量的操作复杂,本标准采用质量变化作为可选的停止试验条件。

4.2.5 本条规定了快冻法试验结果计算和处理的方法。

1 试件动弹性模量与试件质量、尺寸和横向基频等有关。相对动弹性模量计算时是针对同一个试件,质量和尺寸相同(除非有严重剥落),因此相对动弹性模量的计算只与横向基频有关。

2～4 质量损失率试验结果的计算和处理与慢冻法相同。

5 规定了抗冻等级确定的方法和表示符号。抗冻等级确定有三个条件:一是相对动弹性模量下降到 60%(即≤60%);二是质量损失率不超过 5%;三是冻融循环达到规定的次数。三个指标达到任何一个,以此时的冻融循环次数来确定抗冻等级。当以 300 次作为停止试验条件时,则抗冻等级≥F300。

快冻法抗冻等级用符号 F 表示,而慢冻法抗冻标号是用符号 D 表示,注意二者区别。

4.3 单面冻融法(或称盐冻法)

4.3.1 本条规定了单面冻融试验方法的适用范围和检验指标。

GBJ 82-85 中原有的混凝土抗冻性试验方法(快冻法)源自 ASTM C666,较适宜用于评价长期浸泡在水中并处于饱水状态下的混凝土抗冻性。在我国北方地区,冬季大量使用除冰盐对道路进行除冰,此时的混凝土道路及周边附属建筑物遭受的冻融往往不是饱水状态下水的冻融循环,而是干湿交替及盐溶液存在状态下冻融循环;冬季海港及海水建筑物,水位变动区附近的混凝土也并不是在饱水状态下遭受水

的冻融。对于上述情况下混凝土的抗冻性，用原有的混凝土抗冻性试验方法可能无法进行准确评估。为此，国际材料与结构研究实验联合会（RILEM）近年来做了大量的工作，成立了专门技术委员会，并在总结当代基础研究和现有实践基础之上，制定了推荐方案和评判依据。

1995 年，德国 Essen 大学建筑物理研究中心的 M. J. Setzer 教授提出了较为成熟的评价混凝土抗冻性的试验方法 RILEM TC 117-FDC，其中包括 CDF（CF）test（全名为 Capillary Suction of Deicing Chemicals and Freeze-thaw Test）。2002 年，在进一步研究的基础上，又提出了 RILEM TC 176，该方法中在对 CDF（CF）Test 的标准偏差和离散值进行了补充后提出了改进后的 CIF（CF）Test（全名为 Capillary Suction, Internal Damage and Freeze Thaw Test，毛细吸收、内部破坏和冻融试验）。另外欧洲暂行标准 prENV12390-9：2002《Testing Hardened Concrete-part 9：Freeze-thaw-scaling》也提出了类似的盐冻试验方法。

CIF（CF）test 可以对处于不饱水盐溶液冻融情况下的混凝土抗冻性进行评价。在本次标准的编制过程中参考了 RILEM TC 176：2002 中的 CIF（CF）test 和 prENV12390-9：2002，制定了盐冻环境下混凝土抗冻性的试验方法，本标准相当于等同采用 RILEM TC 176：2002 中的 CIF（CF）Test。由于该试验中试件只有一个面接触冻融介质，故将其定名为单面冻融法。由于冻融介质为盐溶液，故又称盐冻法。

4.3.2 本条规定了进行单面冻融试验时，试验室或者试验环境应满足的温度和湿度条件。该条件与第 8 章收缩试验室的条件相同。

4.3.3 本条规定了单面冻融试验所使用的设备和用具要求。

1 规定试件盒应采用不锈钢材料制作，因为试验用的冻融介质为 3%的 NaCl 溶液，会对其他金属材料造成腐蚀。如采用非金属材料，传热又太慢。

2 规定了液面调整装置的组成和结构。

3、4 规定了冻融试验箱应满足的技术条件。冻融试验箱可设计成自动循环装置，有关技术要求在《混凝土抗冻试验设备》JG/T 243 中有具体规定。

应注意单面冻融试验设备与快冻和慢冻设备有所区别，其结构形式、尺寸和温度制度都不一样。控温精度基本相同。温度传感器的精度要求较高，在 0℃的测温精度为±0.05℃，高于快冻和慢冻用的温度传感器±0.5℃的要求。

5 规定了超声浴槽的大小应与试件盒相匹配，以确保试件盒与超声浴槽没有机械接触，可通过在超声浴槽与试件盒之间注入一定量的水来保证无机械接触。市场上的产品可以满足本标准规定的功率要求。

6 超声波测试仪的频率范围为（50～150）kHz。

与第 5 章动弹性模量测定仪的频率范围不同，应注意区分。

7 剥落物收集器用于收集混凝土试件因盐冻破坏产生的剥落物。为防止锈蚀，应采用不锈钢材料制作。为方便操作，剥落物收集器应装有把手。

8 规定了超声波传播时间测量装置的尺寸和安装方法。要求超声波传感器安装在该装置两侧相对的位置上，且离试件的测试面应保持 35mm 的距离。这里测试面指接触试验液体（即 3%NaCl 溶液）的试件下表面。可参考本标准的图 4.3.3-6。

9 试验液体采用质量浓度为 3%的 NaCl 溶液，该浓度可用 30g NaCl 和 970g 的蒸馏水配制而成。试验用 NaCl 为化学纯试剂即可。

10 要求烘箱具备能够稳定维持温度在（110±5）℃的功能。

11 两种精度的天平，感为 0.01g 的用于称量试件的剥落物质量，感为 0.1g 的用于称量试件质量。

12 规定了游标卡尺的量程和精度。

13 PTFE 片的商品名称为聚四氟乙烯，一种塑料，英文名称为 Teflon。

14 由于单面冻融试验最低温度达到−20℃，且处于盐冻环境条件，故密封材料应具有抵抗低温、盐腐蚀和冻融破坏的能力。

4.3.4 本条规定了试件的制备、尺寸和数量要求。

1 在 RILEM TC 176：2002 的 CIF（CF）test 方法中，采用将边长为 150mm 的立方体试件沿聚四氟乙烯板切成 110mm×150mm×70mm（±2mm）的方法得到被测试件，本标准保留这种试件制作方法，因为边长为 150mm 的立方体试件在我国是抗压强度试验用标准试件，容易制备。一般来说，试件的长应大于所采用的超声波长，其最小的尺寸应大于所使用的骨料的最大粒径 2～3 倍。对于未破坏的混凝土而言，在频率为 50kHz 时，其波长为 90mm，适应骨料最大粒径 30mm 左右。成型试件时可根据骨料最大粒径大小，采用在试模中间或两侧放置 PTFE 片。

2 混凝土强度较低时，可适当推迟在空气中带模养护的时间（如带模养护 2d），但试件总的养护时间（从加水算起）应控制为 7d。

3 规定了标准试件和非标准试件的切割方法和尺寸要求。非标准试件主要是针对构件或者结构中切取的试件，这些试件不容易达到标准试件的尺寸要求。有时候会遇到形状不规则的试件。从构件或者结构中制取的试件，应让测试表面为实际结构或者构件的自然表面。本标准规定的标准试件尺寸为 150mm×110mm×70mm（±2mm）。非标准试件的高度宜为（70±5）mm，长高比应小于 3，一组 5 个试件的总表面积宜大于 0.08m²。实际制作标准试件有困难时，通常可能会采用尺寸为 150mm×150mm×70mm

（±5mm）的非标准试件，这可以通过将一个尺寸为150mm×150mm×150mm的立方体试件中间放一片PTFE材料将试件一分为二得到。

4 单面冻融试验的试件数量为5个，这是经过统计学的推算并有助于获得有效试验结果的最低要求。5个标准试件与溶液接触总测试面面积为0.0825m²，故规定总测试面积不少于0.08m²是可以得到满足的。

4.3.5 本条规定了单面冻融试验的程序和步骤。

1 试件从养护室取出来后的干燥时间为21d，此时试件的实际龄期为28d（7d养护＋21d干燥），干燥条件与本标准第8章收缩试验要求的环境条件相同。为保证干燥效果，要求试件应该侧立以及相互间隔50mm。

2 试件的密封很重要。只有对所有侧面密封，才能防止侧面发生剥落，保证试件处于单面吸水状态，否则在冻融的过程中有可能因为侧面的剥蚀而对试验结果产生影响。密封有两种方式，一是在试件进行吸水前3d，在试件的侧面紧紧地粘结一层20mm涂有异丁橡胶的铝箔；二是用可溶的环氧树脂对试件侧面进行密封，但不得污染试件的顶部和底部表面。为保证密封效果，试件应保持干净和干燥。

3 在向试验容器中添加试验液体（即质量浓度为3%的NaCl溶液）时，应保证不溅湿试件顶面，以保证试件处于毛细吸水状态。预吸水阶段应盖上容器盖子，以防止蒸发，但同时防止冷凝水滴落在试件上表面。

4 将试件从试件盒中取出等各种操作时，都应始终将试件的测试面朝下，这是为了防止试验液体湿润上表面。同时在各种操作时，不能损伤试件的密封材料。测量超声波传播时间初始值时需注意应测量两个传播轴上的传播时间。传播时间的数据在计算相对传播时间和动弹性模量时会用到。每个传播轴上的传播时间以测量得到的最小时间为准，这可通过微调试件的位置来实现。可通过对初始传播时间的测量位置做好标记，以作为后续试验中采用。计算超声波穿过试件的长度时，不应将侧面密封材料的厚度计入。

5、6 单边冻融试验时试件的安放可参考图4.3.3-1和图4.3.5。注意进行单面冻融循环试验时，应该去掉试件盒的盖子，这与预吸水时盖上盖子是不同的。但试件盒之间的接缝处必须密封严格，使试件上表面的空气层与试件盒底部的冷冻液隔离。进行单面冻融时试件的实际龄期已经达到35d（从试件加水成型开始计算，7d养护＋21d干燥＋7d预吸水）。

7、8 规定每四个循环对试件进行一次测量，测量的内容包括：试件剥落量、试件吸水量、超声波传播时间。

剥落物的收集是采用超声浴方法将试件上的剥落物先清除到剥落物收集器中。注意图4.3.3-5超声浴槽是专用装置，与图4.3.3-6的超声传播时间装置不同。测量剥落量应加上在进行超声浴之前，在冻融过程中进入试验液体中的剥落物。溶液中剥落物采用过滤方法进行提取。收集的程序为先对试件进行超声浴，然后将试件从超声浴中取出，放入剥落物收集器（不锈钢盘）中；再将试件放入测量超声波传播时间的装置，对试件进行超声波传播时间测量，每次测量超声传播时间的试件位置和方向应与测试初始超声传播时间所确定的试件位置和方向相同；将钢盘上的剥落物一起冲洗到装有试验溶液的容器中；最后将收集到全部剥落物的试验溶液进行过滤、干燥、称重，即可计算得到剥落物的质量。

测量完试件的超声传播时间后，需要将试件放入另一个试件盒中，因为装有测试件的前一个试件盒中的溶液需要进行过滤、容器需要重新清理、重新添加溶液等。

9 单面冻融试验停止的条件有三个：达到28次冻融循环；试件表面剥落量大于1500g/m²；试件的超声波相对动弹性模量降低到初始值的80%。满足三个条件中任何一个，即可停止试验。

水的温度及试件侧面上存在的气泡会对超声传播的时间造成影响，因此必须加以注意。

4.3.6 本条规定了试验数据的计算和处理方法。

1～3 计算N次冻融循环后每个试件剥落物的总质量时，应对每个试件在各次测试间歇得到的剥落物质量进行累加。

4、5 吸水率的计算是以试件饱水后的质量为计算基础。相当于饱和面干状态。

6 超声波相对传播时间的变化即为冻融前后超声波在试件中的传播时间之比。

计算超声波相对动弹性模量时，试件密度、尺寸、泊松比的变化可以被忽略。在该试验中采用传播时间作为相关参数时，对这些数据的要求并不是非常严格。超声波动弹性模量并不是一个我们熟知的工程学上的物理量，只作为参考。但用相对动弹性模量代替传播时间的相对变化，将会更加方便地表征试件的内部损伤。

吸水率、超声波相对传播时间和超声波相对动弹性模量等参数与试件的内部损伤一般有表4中的大概对应关系：

表4 吸水率、超声波相对传播时间和超声波相对动弹性模量等参数与试件的内部损伤的对应关系

混凝土损伤	轻微损伤	中等损伤	严重损伤
超声波相对传播时间（%）	＞95	95～80	80～60
超声波相对动弹性模量（%）	＞90	90～60	＜60
混凝土吸水率（%）	0～0.5	0.5～1.5	＞1.5

5 动弹性模量试验

5.0.1 本条规定了动弹性模量试验方法适用范围和目的。

本标准参考了美国 ASTM C215 等国外标准以及国内的公路、水工等行业标准，这些标准规定的方法基本一致。

动弹性模量测定，目前主要用于检验混凝土在各种因素作用下内部结构的变化情况。它是快冻法试验中检测的一个基本指标。因此列入耐久性测定的范畴之内。

动弹性模量一般以共振法进行测定，其原理是使试件在一个可调频率的周期性外力作用下产生受迫振动。如果这个外力的频率等于试件的基频振动频率，就会产生共振，试件的振幅达到最大。这样测得试件的基频频率后再由质量及几何尺寸等因素计算得出动弹性模量值。

注意本试验方法测试的动弹性模量与单面冻融试验方法中测试的动弹性模量所用仪器不同、原理不同、结果不同，应注意区分。

5.0.2 试件的尺寸由可变尺寸改成固定尺寸：100mm×100mm×400mm。这是针对快冻试验来规定的。

5.0.3 本条规定了动弹性模量试验所用仪器设备应满足的基本要求。

1 敲击法测定动弹性模量虽然是近年发展起来的一门新技术，但是目前国内使用较少，因此，本次未将其列入。进行混凝土动弹性模量测定时常用的频率范围一般为(100～20000)Hz，本方法对测量仪器提出的频率范围是现有产品所能达到的检验范围。

共振法混凝土动弹性模量测定仪一般在市场上都能够买到专用产品。

2 为了减少试验误差，试件支承体采用厚度约20mm泡沫塑料垫。为了使各单位采用的试件支承体材料的材质具有一致性，规定了宜采用密度为(16～18)kg/m³的聚苯板。

3 案秤的称量由原标准的10kg改为20kg。因为高强混凝土试件的质量许多都超过10kg。将"案秤"名称改成"称量设备"，以提高设备的选择范围。

5.0.4 本条规定了动弹性模量试验的操作程序和步骤。

1 动弹性模量参数的计算需要用到试件的质量和尺寸参数，故应该准确测量。

2 动弹性模量一般采用纵向振动和横向振动两种测定形式。不少单位的使用经验表明，用纵向法所得的测量结果稳定性和规律性都比较差，故在本标准中作为确定动弹性模量，仅列横向振动法作为标准方法。

3、4 目前生产的共振法动弹性模量测定仪一般

装有指示电表及示波器两个指示机构，但由于试件存在着阻尼，往往不能同时指示出共振点，有时两者会相差3%～4%之多。为了统一起见，本标准规定示值以电表为准，示波器图形作为参考。当电表示值达最高点时即可认为已经达到共振状态，示波器图形仅要求呈闭合的椭圆形即可。

目前市场上好的动弹性模量测定仪已经实现数字化显示，自动调整共振频率，使用更为方便。

5.0.5 本条规定了动弹性模量的计算方法。

修订后的标准将原标准中计算公式的系数合并为一个。原标准中计算动弹性模量时，在计算式中纳入试件尺寸修正系数 K。根据机械振动理论该 K 值为：

$$K = 1 + 6.585 \times (1 + 0.752\mu + 0.810\mu^2)(h/L)^2 \\ - 0.868(h/L)^4 - 0.8340 \times (1 + 0.2023\mu + 2.173\mu^2) \\ (h/L)^4 \div [1 + 6.338 \times (1 + 0.14081\mu \\ + 1.536\mu^2)(h/L)^2] \tag{1}$$

其中 μ 为材料的泊松比。据试验，混凝土在 $\sigma = (0.3 \sim 0.5)f_{cp}$ 的范围内，泊松比约为 $0.12 \sim 0.18$。本标准采用 $\mu = 0.15$，算出 (L/h) 分别为 3、4、5 三种常用跨高比的 K 值，供计算时使用。本次修订标准由于试件尺寸固定为 100mm×100mm×400mm，所以试件的跨高比是固定的，计算的修正系数 K 可以直接给出。因此，本标准中的动弹性模量计算式中没有修正系数 K。但采用长宽比为其他参数的试件时，可参照上述公式计算修正系数。

6 抗水渗透试验

6.1 渗水高度法

6.1.1 本条规定渗水高度法适用范围、目的。

本标准保留了 GBJ 82-85 原抗渗标号法（逐级加压法）。在新标准修订中增加了渗水高度法。由于可以通过渗水高度直接计算出相对渗透系数，故有些标准称为相对渗透系数法，因相对渗透系数是通过渗水高度来计算的，故二者在本质上是一致的。国外比较倾向于用渗水高度及相对渗透系数来评价混凝土抗渗性，我国已经逐渐积累了这方面的经验并且设备质量和水平有了较大提高。《水工混凝土试验规程》DL/T 5150-2001 和 SL 352-2006、《公路工程水泥及混凝土试验规程》JTG E30-2005、《水运工程混凝土试验规程》JTJ 270-98 等行业标准均列入了渗水高度法或相对渗透系数法，本标准在参考欧洲以及我国交通、电力、水利等行业最新的标准基础上，引入（平均）渗水高度方法，用于相对比较不同混凝土的渗透性，方法的名称定为渗水高度法。这种方法一般用于抗渗等级较高的混凝土。

6.1.2 渗水高度法使用的仪器设备与原标准中的逐

级加压法（抗渗标号法）基本相同，但本标准对设备作了更详细的规定，增加了密封材料、烘箱、电炉、磁盘、铁锅、钢丝刷、梯形板、钢尺、钟表等要求。

1 渗水高度法采用的水压力为 1.2MPa，因此规定混凝土抗渗仪的压力范围为 (0.1～2.0)MPa。这样实际施加的水压力为设备能施加最大水压力的 60%，比较合理和经济。该仪器也可以直接用于逐级加压法（抗渗等级的试验）。目前混凝土抗渗仪已经有产品标准《混凝土抗渗仪》JG/T 249，该标准对抗渗仪有关技术要求有具体规定。

2 原标准规定的是试件的形状和尺寸。本标准直接规定试模的形状（为圆台形）和尺寸。

3 本标准规定了两种以上的密封材料，实际操作时可根据方便来选择，关键是要保证密封效果。目前有研究表明，采用橡胶密封圈可以使操作更加简单和方便，但尚未得到推广。

4 为了方便测量渗水高度，本标准补充了对梯形板的规定。

5 钢尺：测量渗水高度用。

6~8 也是逐级加压法需要的工具和设备。如采用橡胶圈来密封，则可以不需要烘箱、电炉等工具。

6.1.3 本条规定了渗水高度法抗水渗透试验的程序和步骤。

1 国际标准如 ISO 标准和欧盟 EN 标准等，在采用渗水高度法进行试验时，对试件个数并没有明确规定，前苏联等国家的标准规定试件的数量为 6 个，目前我国水利等行业规定的试件数量为 6 个，也是沿用以前的逐级加压法的习惯做法。为保持标准的延续性，本标准规定在用渗水高度法试验时，应采用 6 个试件作为一组。

2 试件表面必须进行刷毛处理，以消除边界效应的影响。

3 规定了密封用材料操作方法。密封试件通常采用石蜡，经试验证明：采用黄油加水泥的方法进行密封，操作简单、可靠、效果好，故本标准增加了采用黄油加水泥的密封方法。由于原石蜡密封方法已经为多数试验人员熟悉，本标准仍然保留这种密封方法。同时指出也可以使用其他性能更好的密封材料。

4 安装试件前必须先启动抗渗仪，目的是检查试坑是否渗水正常。

5 抗渗仪应该能够保证在 24h 的加压期间，水压力稳定地维持在 (1.2±0.05)MPa。施加到规定水压力的时间不宜过长，应在 5min 内完成。

为了同时满足抗渗等级和渗水高度法的要求，本标准规定的水压值比欧洲标准规定的水压值高，欧洲标准施加的水压力为 (500±50)kPa，恒压时间为 (72±2)h。我国《水工混凝土试验规程》DL/T 5150-2001 和《水工混凝土试验规程》SL 352-2006 规定施加的水压力为 0.8MPa，恒压时间为 24h。我国《公路

工程水泥及水泥混凝土试验规程》JTG E30-2005 规定施加的压力为 (0.8±0.05)MPa，恒压时间为 24h，但上述标准同时规定，对于密实性高的混凝土，可以采用水压力为 1.0MPa 或 1.2MPa 进行试验。我国交通行业《水运工程混凝土试验规程》JTJ 270-98 规定施加的压力为 (1.20±0.05)MPa，恒压 24h。我国正在研究开发渗水量法，而渗水量法要求较高的水压力。对于渗水高度法，若施加的水压力太小，则渗透高度小，测量的误差大，因此本标准规定的水压力为 (1.20±0.05)MPa。

抗水渗透试验对试件的密封要求较高，所以规定了试验过程中应随时检查试件周围的渗水情况。

停止试验的条件是加压时间达到 24h。注意如果某个试件端面出现渗水，则应停止该试件的抗渗试验，其他试件则继续进行试验直到 24h。对于端面出现渗水的试件，其渗水高度为试件的高度，即为 150mm。

6 在压力机上劈裂试件时，应保证上下放置的钢垫条相互平行，并处于同一竖直面内，而且应放置在试件两端面的直径处，以保证劈裂面与端面垂直和便于准确测量渗水高度。

7 规定了渗水高度测读方法。

6.1.4 本条规定了渗水高度试验结果的计算和处理方法。

不同于欧洲标准规定渗水高度取最大渗水高度，本方法规定渗水高度值取 10 点平均高度为相对渗水高度，与我国交通、电力、水利、水运等行业标准规定一致。

6.2 逐级加压法

6.2.1 本条规定逐级加压法适用范围和目的。

本方法基本上保留了原标准的内容，但将抗渗标号改成了抗渗等级，以便与其他标准一致。逐级加压法尤其适用于抗渗等级较低的混凝土。

由于我国设计人员在设计混凝土抗渗性指标时，几乎所有工程设计使用原来的抗渗标号（抗渗等级），即逐级加压法测试的指标作为混凝土抗渗性的特征指标，而且国内相关标准如《混凝土结构设计规范》GB 50010、《水工混凝土结构设计规范》DL/T 5057、《轻骨料混凝土技术规程》JGJ 51、《地下防水工程质量验收规范》GB 50208、《给水排水工程构筑物结构设计规范》GB 50069、《混凝土质量控制标准》GB 50164 和众多的其他行业标准、地方标准等均引用抗渗标号或者抗渗等级指标。另外本方法在我国使用非常普遍，为大家所熟知，并已积累了非常丰富的经验和大量的数据。因此，本标准保留了本试验方法。

6.2.2 本条规定了逐级加压法对试验设备的要求。使用的设备与渗水高度法所使用的仪器设备完全相同。与原标准规定的设备也基本相同，但本标准对设

备作了更详细的规定，增加了密封材料、烘箱、电炉、磁盘、铁锅、钢丝刷、梯形板、钢尺、钟表等要求。

6.2.3 本条规定了逐级加压法试验的程序和步骤。

1 本方法规定的试件准备和处理等试验程序和步骤，与渗水高度法相同。

2 本方法规定的水压力在试验过程中是变化的，要求每 8h 变化一次压力，直到有 3 个试件渗水为止，或加至规定压力（设计抗渗等级）在 8h 内 6 个试件中表面渗水试件少于 3 个时，即可停止试验。

与渗水高度法一样，也需要随时注意观察试件周边是否渗水。

6.2.4 本条规定了逐级加压法测试的指标（抗渗等级）的确定方法。抗渗等级对应的是两个试件渗水或者是 4 个试件未出现渗水时的水压力值（单位 N/mm² 或者 MPa）的 10 倍，与原标准规定的原则一致。

本标准公式（6.2.4）有关抗渗等级的确定可能会有以下三种情况：

1 当某一次加压后，在 8h 内 6 个试件中有 2 个试件出现渗水时（此时的水压力为 H），则此组混凝土抗渗等级为：

$$P = 10H \qquad (2)$$

2 当某一次加压后，在 8h 内 6 个试件中有 3 个试件出现渗水时（此时的水压力为 H），则此组混凝土抗渗等级为：

$$P = 10H - 1 \qquad (3)$$

3 当加压至规定数字或者设计指标后，在 8h 内 6 个试件中表面渗水的试件少于 2 个（此时的水压力为 H），则此组混凝土抗渗等级为：

$$P > 10H \qquad (4)$$

7 抗氯离子渗透试验

7.1 快速氯离子迁移系数法（或称 RCM 法）

7.1.1 本条规定了 RCM 法试验目的和适用范围。

本次国家标准修订以 NT Build 492 - 1999.11 "Chloride Migration Coefficient from Non-steady-state Migration Experiments"（非稳态迁移试验得到的氯离子迁移系数法）的方法为蓝本进行了适当文字修改而成，基本上为等同采用。

氯离子迁移系数快速测定的试验原理和方法最早由唐路平等人在瑞典高校 CTH 提出，称 CTH 法（NT BUILD 492 - 1999.11）。以后德国亚琛工业大学土木工程研究所对这一试验方法的细节作了一些改动，如试件在试验前用超声浴而不用原来的饱和石灰水作真空饱水预处理，试件置于试验槽内的倾角为 32°而不是原来的 22°，且试验时采用的阴、阳极电解溶液也有所不同。这些差异对试验结果的影响尚待进

一步研究，国外已有对比试验认为，改动后的方法与原方法得出的结果无明显差别，国内的对比试验也得出相同的结果。NT BUILD 492 已被瑞士 SIA262/1 - 2003 标准和德国 BAW 标准草案（2004.05）采纳。NT BUILD 492 正在由 CEN TC 51（CEN TC 104）/WG12/TG5 讨论以进一步形成欧盟 EN 标准。

目前该方法在我国很多科研单位和工程单位得到了一定的应用，已经积累了较丰富的经验，而且已经开发成功有关试验仪器设备，并已经制定了有关设备标准《混凝土氯离子扩散系数测定仪》JG/T 262。

这种非稳态迁移方法测量得到的氯离子迁移（扩散）系数不能直接和别的方法（如非稳态浸泡试验和稳态迁移试验方法）测量得到的氯离子扩散系数进行比较。

7.1.2 本条规定了 RCM 法抗氯离子渗透试验所用的仪器、设备、化学试剂和溶液。

1 试剂主要是五种：蒸馏水、氢氧化钠、氯化钠、硝酸银、氢氧化钙。前三种与电通量法所用试剂相同。

2 规定了 RCM 法抗氯离子渗透试验需要的仪器设备。

1）~3）和 16）、17） 切割设备和真空装置与电通量法所需的设备可以通用。真空容器可自行设计，能够容纳 3 个以上试件并能与真空泵相匹配即可。采购真空泵时必须注意其抽真空能力应符合本标准要求。

4） RCM 测定装置在市场上已经有不同型号的商用产品。

5）~12）和 14）： 与电通量法试验需要的工具可以通用。

13） 扭矩扳手主要是拧紧箍用。

15） 黄铜刷用于清理试验设备。

3 规定了试验用溶液和指示剂的要求。

1） NaCl 溶液质量浓度为 10%，与电通量法试验所用的 3% 不同。NaOH 溶液浓度为 0.3mol/L 与电通量试验用的 NaOH 溶液的浓度相同。

2） 显色指示剂为针对氯离子具有显色反应的 $AgNO_3$ 溶液。

7.1.3 本条规定了试验室的温度条件，一般的试验室都能满足。

7.1.4 本条规定了试件的制作方法。

1 试件的形状统一为圆柱体。

2 规定可使用两种模具成型试件。

3 进行抗氯离子渗透试验的龄期一般为 28d。

由于多数矿物掺合料都可以提高混凝土抗氯离子渗透能力，其试验龄期也可以为 56d、84d，或者设计要求规定的试验龄期。

4 试件在制作和准备时应注意区分成型面、浇筑面。用不同高度的试件制作抗氯离子渗透试验用试件时，其与氯离子的暴露面有所不同。

5 试件加工后应打磨光滑，去除表面杂物，使试件表面平整和便于安装。

6 规定加工好的试件应继续在水中养护，以确保试件处于饱水状态。

7.1.5 本条规定了试件准备和安装方法。

1 首先测量试件尺寸。真空泵应能保证真空容器的绝对压力在几分钟内达到(1～5)kPa。选购真空泵时要注意其抽真空的能力。另外，能否达到规定的真空能力还与真空装置的密封性能有关，故安装真空装置时一定要保证密封，并采用专门的真空管与真空泵相连。

浸泡试件用的是饱和氢氧化钙溶液，这与电通量法使用蒸馏水或者去离子水作为浸泡溶液是不同的，操作时应注意这一点。

2 将试件表面清理干净以便安装到环箍中。

3 清理试验槽以便注入试验溶液。清洗试验槽用室温凉开水即可。

4 安装试件时密封很重要。紧固试件用的环箍可以自行加工。目前市场上也有专用的 RCM 测试仪可选用。

5 阴极溶液为 10％NaCl，可采用 100g NaCl 和 900g 蒸馏水配制，接近 2mol/L 的摩尔浓度。

6 电源连线正确与否很重要。电源阴极连接到浸泡在 NaCl 溶液中的阴极板上，电源阳极连接到浸泡在 NaOH 溶液中的阳极板上。

7.1.6 本条规定了试件在试验槽安装完毕后的电迁移操作方法。

1 规定初始电流统一以 30V 电压为基础来确定。

2 根据初始电流调整电压，按照调整后的电压再记录新的初始电流。根据新初始电流决定试验持续时间。试验的持续时间与通过试件的电流有关。电流大，持续的时间短，电流小，持续的时间就长。

3 记录阳极电解液（注意不是阴极电解液）中的初始温度，迁移系数的计算会用到此参数。

4 记录阳极电解液的最终温度，用于计算迁移系数。记录最终电流，观察电流变化情况用。

5 规定试验结束后应仔细清理试验设备和用具，以防生锈和便于保存等。

7.1.7 规定了氯离子渗透深度的测试方法。

1、2 拆卸试件是按照安装试件相反的顺序进行。可使用一个木制的圆棒协助将试件从橡胶套中取出来。

3、4 氯离子显色分界线对应的氯离子浓度约为 0.07mol/L。不同的观察者测量氯离子渗透深度的结果可能有所差异，但其误差通常在可接受的范围内。

5～7 将劈开后的试件等分为 10 等份，为消除边界效应的影响，通常只需要测量内部 6 等份（7 个测点）的氯离子渗透深度即可。为了消除因不均匀饱水或者可能的渗漏引起的边缘效应，一般不测量试件边缘 10mm 以内的显色深度。

由于测量氯离子渗透深度只需要使用劈开后的试件一半。另外一半可根据研究需要，用来测量氯离子含量或浓度分布。测量氯离子含量或者浓度分布通常可采用钻取粉末，然后溶于酸或者蒸馏水中，采用化学滴定方法分别测量得到酸溶性氯离子含量（总氯离子含量）或者水溶性氯离子含量（自由氯离子含量）。

7.1.8 本条规定了试验结果的计算方法。

通常可以按照 7.1.8 的简化公式进行计算氯离子迁移系数。需要精确计算时，可以按照以下公式进行计算。

$$D_{RCM} = \frac{RT}{zFE} \cdot \frac{X_d - \alpha\sqrt{X_d}}{t} \tag{5}$$

$$E = \frac{U-2}{L} \tag{6}$$

$$\alpha = 2\sqrt{\frac{RT}{zFE}} \cdot erf^{-1}\left(1 - \frac{2c_d}{c_0}\right) \tag{7}$$

式中：D_{RCM}——非稳态迁移系数，m^2/s；

z——离子化合价的绝对值，$z = 1$；

F——法拉第常数，$F = 9.648 \times 10^4 J/(V \cdot mol)$；

U——所用电压的绝对值，V；

R——气体常数，$R = 8.314 J/(K \cdot mol)$；

T——阳极溶液的初始温度和结束温度的平均值，K；

L——试件厚度，m；

X_d——氯离子渗透深度的平均值，m；

t——试验持续时间，s；

erf^{-1}——误差函数的逆函数；

c_d——氯离子颜色改变的浓度，普通混凝土 $c_d \approx 0.07$ mol/L；

c_0——阴极溶液中氯离子浓度，$c_0 \approx 2$ mol/L；

由于 $erf^{-1}\left(1 - \frac{2 \times 0.07}{2}\right) = 1.28$，可得以下简化式：

$$D_{RCM} = \frac{0.0239 \times (273 + T)L}{(U-2)t}$$
$$\left(X_d - 0.0238\sqrt{\frac{(273+T)LX_d}{U-2}}\right) \tag{8}$$

计算氯离子迁移系数时，应注意各参数的数量单位。

7.2 电通量法

7.2.1 本条规定了电通量法的试验目的和适用范围。

本试验方法是根据美国材料试验协会（ASTM）推荐的混凝土抗氯离子渗透性试验方法 ASTM C1202修改而成，该法也可叫直流电量法（或库仑电量法、导电量法），是目前国际上应用最为广泛的混凝土抗氯离子渗透性的试验方法之一。国内外使用该方法积累了大量的宝贵数据和经验，实践证明，该方法对于大多数普通混凝土是适用的，而且与其他电测法有较好的相关性，在大多情况下，相同混凝土配合比的电通量测试结果与氯离子浸泡试验方法（如 AASHTO T259）的测试结果之间具有很好相关性。

根据 ASTM C1202 的规定，对于已经利用本方法与长期氯离子浸泡试验方法之间已经建立相关性的各种混凝土，本试验方法均适用。

本试验方法用于有表面经过处理的混凝土时，例如采用渗入型密封剂处理的混凝土，应谨慎分析试验结果，因为本试验方法测试某些该类混凝土具有较低抗氯离子渗透性能，而采用90d氯离子浸泡试验方法测试对比混凝土板，却表现出较高抗氯离子渗透性能。

养护龄期对试验结果有重要影响，若大多数混凝土养护得当，随着龄期增加，其渗透性日益显著降低，因此分析试验结果时应考虑试验龄期的影响。

当混凝土中掺加亚硝酸钙时，本试验方法可能会导致错误结果。用本方法对掺加亚硝酸钙的混凝土和未掺加亚硝酸钙的对比混凝土测试，结果表明掺加亚硝酸钙的混凝土有更高库仑值，即具有更低的抗氯离子渗透性能。然而，长期氯离子浸泡试验表明掺加亚硝酸钙混凝土的抗氯离子渗透性能高于对比混凝土。

影响混凝土抗氯离子渗透性的因素有水灰比、外加剂、龄期、骨料种类、水化程度和养护方法等，采用本方法试验结果进行比较时，应注意这些因素的影响。

7.2.2 本条规定了试验采用的仪器、设备、试剂以及用具的有关要求。

1 实际采用的试验装置，在精度满足要求和符合本标准测试原理的情况下可自行设计。但宜采用自动测试电通量的装置，以减少和避免人为操作引起的误差。目前市场上已经有不同型号的商用产品，国家也已经制定了电通量测定仪的产品标准《混凝土氯离子电通量测定仪》JG/T 261。

2 主要的仪器设备和试剂与 ASTM C1202 基本相同。

1）直流电源应能够稳定输出 60V 电压，精度达到±0.1V的要求。电流在（0～10）A 范围内，可与 RCM 法通用电源。

2）试验槽或者电解槽一般采用耐热有机玻璃制作。其结构和尺寸应符合图 7.2.2-2 要求。由于电通量试验使用的标准试件直径为 100mm，试验槽凹陷处最大直径

应比试件直径大 1/8，即凹陷处最大直径约为 112mm 比较合适。

3）紫铜板用于固定铜网并提高导电性，不能缺少。铜网作为可通过溶液的电极，其孔数和尺寸应保证溶液能够与试件端面完全紧密结合。

4）标准电阻用于检测通过试件的电流。实际检测的是标准电阻上的电压，由于电阻为 1Ω，所以试件上的电压与通过试件的电流的数值是相同的。

5）、6）、12）组成抽真空装置。与 RCM 法的抽真空装置可以通用。

7）阴极溶液为 3％NaCl 溶液，这与 RCM 法不同。RCM 法阴极溶液为 10％ NaCl 溶液。

8）阳极溶液为 0.3mol/L NaOH 溶液，与 RCM 法的阳极溶液相同。

9）规定了用于密封试件侧面（圆柱面）的密封材料一般采用硅胶或者树脂，一般能够达到密封效果。当然也可以采用其他更可靠的耐热耐腐蚀密封材料。

10）原 ASTM C1202 采用三种密封方法，前两种都是采用密封胶（分别为低黏度和高黏度）等材料对试件进行密封。采用低黏度密封材料对试件密封时，需要将密封材料涂刷在铜垫片上，将铜网上垫上滤纸，以免铜网上粘上密封材料，此时试件的端部只有部分与溶液接触（约76.2mm 直径范围内与溶液接触）。采用高黏度密封材料时，只密封试件的端部外表面与试验盒之间的部分（因有铜片存在，实际上也是直径约76.2mm 范围内与溶液接触）；第三种为采用外径100mm、内径为 75mm 的硫化橡胶垫（垫片方式），溶液与试件端部接触实际上只有直径为 75mm 范围内的部分。主要有铜片的缘故，三种方式得到的试件与溶液的接触面积基本相同。

由于密封胶方式操作比较复杂，时间长；而垫片方式操作简单，可操作性更强，因此本标准推荐了垫片方式供选择。本标准规定采用内径为 75mm 的硫化橡胶垫的密封方式。

11）加工试件用切割设备，与 RCM 法相同。

13）温度计精度要求与 RCM 法相同。

14）电吹风用于清理试验槽。

7.2.3 本条规定了电通量法的试验步骤和程序。

1 ASTM C1202 允许的试件直径范围为（95～102）mm、厚度为 51mm，范围较大，考虑到我国混

凝土试件的模具和操作方便，以及为了与 RCM 法能够通用模具，本标准规定试件直径为（99～101）mm，厚度为（48～52）mm 的范围。与美国 ASTM C1202 的规定基本一致。

本试验未规定制作试件时允许使用的最大骨料粒径，研究表明骨料的最大粒径在工程常用的范围内（5～31.5）mm，用同一批次混凝土制作的试样，其试验结果具有很好的可重复性。

试件在运输和搬动过程中应防止受冻或者损坏。试件的表面受到改动处理，比如做过粗糙处理、用了密封剂、养护剂或者别的表面处理等，必须经过特殊处理使试验结果不受这些改动的影响，可采取切除改动部分，以消除表面影响。

由于试验结果是试件电阻的函数，试件中的钢筋和植入的导电材料对试验结果有很大影响，要注意试件中是否含有这种导电材料。当试件中存在纵向钢筋时，因为在试件的两个端头搭接了一个连续的电路通道，可能损坏试验装置，这种试验结果应作废。

2 规定了试件侧面应密封好，以防止试件侧面失水和导电等。

电通量试验一般在 28d 龄期进行。由于掺入掺合料较多的混凝土，在 28d 龄期时掺合料的作用不能得到充分反映，允许在 56d 龄期进行试验。设计有龄期规定时，应按设计要求的龄期进行试验。

3 真空饱水是保证各种试件处于相同或者基本相同条件的关键步骤。

4 试件安装后，可采用向试验槽灌入蒸馏水或者去离子水的方法来检查装置是否密封好。条件不具备时，也可以采用灌入冷开水来检查装置的密封情况。

5 灌注阴极和阳极溶液时应先在溶液槽或者试验槽上用防水笔做上标记，以免操作时出错，然后按照标记分别将有关电极连接到电源的正负极上。本标准规定配制氯化钠溶液和氢氧化钠溶液宜采用蒸馏水或者去离子水，如有困难，也可以采用可饮用水制作的凉开水配制溶液。

6、7 通过试件的电流是电通量方法测试的主要数据。如果采用电流表，可直接根据电流表显示的读数记录电流值。也可以采用万用表来检测电流值。采用自动采集电流数据时，需要注意数据的精度和准确性。

测试期间，电池盒（即试验槽）中溶液的温度不能高于 90℃，以避免损坏电池盒和导致溶液沸腾。一般可在电池盒顶部的 3mm 通气孔安装热电偶，通过它可监测溶液的温度。只有高渗透性混凝土才会出现高温现象。如果因为高温而终止测试，报告应记录下来并写清时间，该混凝土归类为具有非常高的氯离子渗透性能。

8 洗涤试验用具宜用蒸馏水，如无蒸馏水时或者现场条件不具备时，也可以采用可饮用水制作的凉开水（冷却到室温）洗刷试验槽和浸泡试件。

9 规定试验环境温度为（20～25）℃，一般具备恒温条件的试验室都能满足要求。

7.2.4 本条规定了试验结果计算和处理方法。

1 采用电流和时间曲线方式计算时，实际上是通过对曲线进行积分或者按照梯形面积进行计算。

2、3 一般手工测量电流时，通常采用本标准规定的简化公式进行计算。其本质就是梯形面积积分。

需要注意的是，本标准建立时是以直径为 95mm 的试件为标准试件的，所有电通量数据必须换算成直径为 95mm 的标准试件的电通量数据才能进行相互比较。换算的依据是通过试件的电通量与其面积成正比。采用自动采集数据的测试装置时，都具备自动进行积分计算电通量值和对试件尺寸进行换算的功能。

4 取值规则是以中值为基础。

8 收 缩 试 验

8.1 非 接 触 法

8.1.1 本条规定了非接触法的适用范围和目的。

由于混凝土品种增多以及矿物掺合料、外加剂等广泛使用，导致某些混凝土的早期收缩明显增大。混凝土早龄期（如前 3d）的体积变形最为复杂，包括全部塑性沉降收缩，而自生收缩、水泥水化的化学收缩以及混凝土表面失水产生的干燥收缩在早龄期也占较大比例。因此若在试件标养 3d 后测量变形的方法，只能测量从标准养护室移入恒温恒湿室开始，试件的长度变化，无法反映出早龄期 3d 之内，这个阶段的长度变化情况。

本次修订增加了对混凝土自初凝开始收缩变形的测试。此时混凝土尚没有足够强度，因此宜采用非接触的方法测试其收缩变形。混凝土自初凝开始至 GBJ 82－85 规定的开始测试时间之间的体积变形测试方法采用非接触法；其后的测试方法仍采用接触法。

非接触法收缩变形测量装置也可以用来测量自收缩。测量自收缩时要保证试件与外界无物质交换。

尽管采用非接触法收缩变形测量装置也可以测试混凝土后期收缩，但是由于非接触法收缩变形测量仪在测试过程中始终处于监测状态，如果采用此方法来测试后期收缩，则一对位移传感器在整个长期测试期内（例如 28d、180d）只能固定用于测试一个试件，难以做到一对位移传感器在短期内即可进行多个试件的测试，测试仪器利用效率很低，而位移传感器的价格往往较高，所以非接触法用于测试后期收缩很难被试验人员所接受，一般只用于混凝土的早期收缩测试。

8.1.2 本条规定了非接触法收缩试验所用的试件尺

寸。试件断面尺寸是根据混凝土中最大骨料粒径来选择。通常情况下，100mm×100mm×515mm 的试件可以满足大多数试验需要，因此规定 100mm×100mm×515mm 为标准试件，与原标准一致。

8.1.3 本条规定了非接触法有关仪器设备的要求。

1 本标准给出了非接触法收缩变形测定仪器的尺寸和原理示意图以供参考，也可自行设计，只要达到测试精度要求即可。

由于混凝土早期收缩测试间隔时间短，测试频繁，为了保证测试数据记录的及时性和准确性，减轻测试人员人工读数的负担，本试验方法规定非接触法混凝土收缩变形测定仪的测试数据应采用计算机全自动采集、处理。

为了保证试验质量和水平，非接触法收缩变形测定仪应设计成整机一体化装置，且具备自动采集和处理数据的功能。试验期间为防止测试装置受到振动而影响试验结果，应采用固定式实验台，试件、传感器等都应采用可靠方式固定于试验台上，例如采用磁力吸附装置固定于钢制实验台面上，或采用螺栓形式紧固于实验台面上。

2 由于试模是试验测试装置的一部分，因此试模的设计和加工质量非常重要，尤其是对反射靶的连接方式、位移传感器的固定方式应非常可靠。而且试模的刚度和变形性能也对试验结果有影响。要求在本标准规定的试验条件下，试模本身的刚度足够大，其收缩变形值应可以忽略不计。

由于测量标距过短将使试件的收缩绝对值过小，不易读数，影响测试的准确度，所以本标准限制试件的测试标距不得小于 400mm。

3 非接触法所用的位移传感器有多种类型，比如激光测长仪、声能传感器、电涡流传感器等，传感器的安装方式也有多种，反射靶构造也可以不拘泥于一种，只要达到测试精度要求即可。

反射靶能否随着混凝土收缩而同步移动，将决定着测试结果的真实性，决定着该测试方法的合理性和可行性，而反射靶能否与混凝土同步工作取决于反射靶构造形式及埋设方式。本方法示意图中显示的仅是一种方式，实际应用过程中也可以采取其他方式。

8.1.4 本条规定了非接触法收缩变形测量的步骤和程序。

1 规定了非接触法收缩试验应在恒温恒湿环境下进行，恒温恒湿环境与接触式方法要求的环境相同。由于试模是试验装置的一部分，因此非接触法混凝土收缩试验要求带模进行测试。

2 由于试件能否在试模内自由变形决定了测试结果的可靠性，因此要求试件能够在试模内自由变形。保证试件处于自由变形的方法有多种，本标准推荐了塑料薄膜和 PTFE 片两种方法。

3 因初始读数从混凝土初凝开始，因此进行非

接触法收缩试验的同时，应对取自同一盘或者同一部位的相同配合比的混凝土初凝时间进行试验。初凝试验和收缩试验应在同一地点进行。目前非接触法收缩变形测量仪都可以做成自动检测仪，因此测定的时间间隔可以在程序中自由设定，但间隔时间不大于 1h，以便得到较光滑的变形曲线。

5 非接触法收缩变形测量装置也可以用来测量自收缩。测量自收缩时要保证试件与外界无物质交换。理论上，可以用质量变化来反映有无物质交换，但是由于非接触收缩仪在整个测试过程中需要始终处于监测状态，不宜搬动试模及试件，所以，往往无法通过测试质量变化来反映有无物质交换。实际操作中，通常是采用将浇筑后的试件以塑料薄膜等密封的方式来保证无物质交换。

8.1.5 本条规定了非接触法收缩测试结果计算方法。

因每个试件带两个测头，两个测头均应分别进行读数。试验结果应根据两个测头读数的之和来计算。以 3 个试件得到的收缩算术平均值作为混凝土早期收缩值。

由于本标准规定，非接触法主要用来测试 3d 以内的混凝土收缩值，3d 以后收缩值采用接触法进行测试，所以规定作为相对比较的混凝土早期收缩值以 3d 龄期测试得到的收缩值为准。3d 龄期是以混凝土搅拌加水开始计算，但早期收缩从混凝土初凝开始进行测试。

8.2 接 触 法

8.2.1 本条规定了接触法的适用范围。本试验方法适合除外力和温度变化以外的因素所引起的试件长度变化。通常情况下收缩变形试验可用此方法。

本标准保留了原 GBJ 82 - 85 的收缩试验方法，也参考了国内外标准中的混凝土收缩测试方法，如中国交通部标准 JTJ 270 - 98，中国电力行业标准 DL/T 5150 - 2001，美国 ASTM C157/C157M - 2003 和 ASTM C490 - 2007，英国 BS 标准 BS1881：Part5，欧洲 EN 标准草案 prEN 480-3，日本标准 JIS A 1129：2001。

国内的 GBJ 82 - 85 以及交通部 JTJ 270 - 98、国家电力行业标准 DL/T 5150 - 2001 和水利行业标准 SL 352 - 2006 等采用的收缩仪基本都是卧式结构。美国 ASTMC 157，英国 BS1881 试验方法使用的比长仪属于立式结构。

GBJ 82 - 85 收缩试验方法中，采用混凝土卧式收缩仪，该仪器并非固定，在操作中，同一台收缩测试仪，对多个试件测试时，受到多次操作等影响，可能会造成误差，对操作人员的要求相对较高。但这种方法在我国已经使用多年，积累了大量的经验和数据，而且操作简单，可操作性强。只要严格按照操作程序进行试验，可以避免搬动操作造成的误差，故本标准保留了采用卧式混凝土收缩仪的试验方法。

8.2.2 本条规定了接触法收缩试验所用试件和测头要求。

1 接触法收缩试验所用试件与非接触法收缩试验所用试件尺寸等基本一样。所不同的是非接触法为带模测试，而接触法是脱模后测试。接触法混凝土收缩试验应以 100mm×100mm×515mm 的棱柱体为标准试件。根据骨料大小不同，也可以采用其他尺寸的试件。

2 采用卧式混凝土收缩仪时，测头有两种样式，一种适用于预埋的测头，一种适用于后埋（粘贴）的测头。

3 采用立式混凝土收缩仪时，试件的测头与卧式有所不同，应注意区别。

4 采用接触式引伸仪时，测钉不是在试件两端，而是粘贴在试件两个侧面的轴线上，这与卧式收缩仪对测头的要求不同。

5 不同收缩测定仪，对测头位置等要求不同，因而对试模的开孔要求也不同。

6 无论是接触法和非接触法收缩试验均要求混凝土表面不得有严重的脱模剂污染（自收缩测量可例外），以免影响试件与外界的湿度交换，影响收缩测试结果。本试验方法测量得到的实际上是干燥收缩和部分碳化收缩。这种收缩大小与试件内外水分交换方式有密切关系。而成型试件时采用的机油类憎水性脱模剂会影响试件与外界的水分交换，故本标准规定不得使用憎水性脱模剂。规定测试收缩前，试件的养护方式为标准养护。

8.2.3 本条规定了接触法收缩试验所用仪器设备的要求。

1 规定了收缩测定仪必须有校正用的标准杆，这是获得正确的收缩测量数据的重要条件。

2 目前专用的混凝土收缩测量仪一般只能测定标距为 540mm 的标准试件（试件本身长度为 515mm，两个测头外露长度总计为 25mm，所以总标距长为 540mm），但在很多场合下还必须使用各种形式的非标准试件进行收缩测量，故本试验方法同时允许使用接触式引伸仪。接触法收缩变形测量装置通常指卧式收缩测定仪，本标准规定采用精度为 0.001mm 的千分表。其他形式的测量装置，其精度应达到±0.001mm。

8.2.4 本条规定了接触法收缩变形试验程序和步骤。

1 规定收缩试验的标准试验条件为：温度(20±2)℃，相对湿度为(60±5)%，即要求恒温恒湿。要求放置试件的试件架本身不能吸水，试件的放置间距不能影响试件与空气的正常水分或湿度交换。

2 国外标准对收缩试验中测定初始长度读数的龄期规定得都比较早。如美国 ASTM C157 要求(23±0.5)h，日本 JIS A1129 要求 24h 初测，英国 BS 标准 BS1881：Part5 要求 24h。欧洲 EN 标准草案

prEN480-3 要求水中养护 3d 后拆模立即测定初始长度。由于 1d 时混凝土强度还非常低，这些标准要求测定初始读数后仍然要将试件送回水池标准养护，到 28d 移入恒温恒湿室。为了保证 24h 拆模时不损伤预埋测头，还规定用特殊构造的试模及拆除端板的装置。

根据我国目前的情况，以及考虑到有低强度等级的混凝土(现在混凝土都掺较多的掺合料，早期强度通常不高)、预养温度不高以及有时候还需要后埋测头等情况，故本标准规定一律在 3d 龄期测定初始长度读数。但混凝土拆模后必须在标准养护室养护到测定初始读数，否则将会有一部分收缩变形在测定初始读数以前就已经出现，影响试验的准确性。

由于我国收缩试验初始读数的龄期一直规定为 3d，已经积累了大量数据，考虑到标准连续性以及历史数据的可比性，本标准规定初始读数的试验龄期为 3d。

本标准规定收缩试验测试时间间隔为 1d、3d、7d、14d、28d、45d、60d、90d、120d、150d、180d 及 360d。其中 360d 是本次修订新增加的规定。

3 测量其他条件下收缩值，应按照相应的试验条件进行。非标准条件养护的试件在恒温室进行收缩试验前，应先预置 4h，再测试初始读数，以保证试件温度与室温基本相同。试件温度与室温不同，可能影响后续的收缩试验结果。对于从标准养护室取出来的试件，因其温度与恒温室接近，故不必进行预置，可直接测量初始读数。

4 随时用标准杆校对仪表的零点，对于获得正确的收缩试验结果非常重要。

5～7 收缩试验每次放置的位置和方向应一致，以减小试件放置带来的误差和便于快速测量读数。

8.2.5 本条规定接触法收缩试验结果的计算方法在本质上与非接触法一样，但计算公式的形式不同。

计算收缩测量值时，应注意试件的测量标距的取值。测量标距应扣除测头长度，即为测头内侧的净距离。

本标准规定作为相互比较的收缩值，以 180d 龄期收缩值为准。由于一般混凝土试件在 360d 后，干燥收缩基本完成，故本标准规定可以 360d 的收缩率值作为终极收缩率值。

9 早期抗裂试验

9.0.1 本条规定了早期抗裂试验方法的适用范围和目的。

原国标 GBJ 82-85 的收缩试验方法属于测量混凝土自由收缩的方法，难以直接评价或反映出混凝土的抗裂性能。研究收缩率的意义通常并不在于收缩数值大小本身，而是为了确定混凝土收缩对混凝土开裂

趋势的影响。约束收缩试验方法实际上是评价混凝土抗裂性能的试验方法，引入约束收缩试验方法，可以模拟工程中钢筋限制混凝土的状态，更加贴近工程现场的实际情况。

关于混凝土在约束状态下早期抗裂性能的试验方法，国内外的研究人员都作了一些研究工作，形成了一系列的方法，综合起来可以分为三大类：平板法、圆环法及棱柱体法。如美国混凝土协会 ACI-544 推荐的平板法，ICBO 推荐的平板法，美国道路工程师协会 AASHTO 推荐的圆环法，RILEM TC119-TCE 推荐的棱柱体法。本次修订在 ICBO 基础上，将其改进，经过试验验证后，形成了本标准的早期抗裂试验方法，本标准采用刀口诱导开裂，故可称其为刀口法。该方法操作简单、方便，对开裂敏感性好，容易达到试验目的。

9.0.2 本条规定了早期抗裂试验方法的装置以及对试件尺寸、每组试件个数、骨料最大粒径的要求。

1 试件为平板型。因抗裂试件使用的混凝土量较大，试模占地较多，经过验证试验表明，本方法可重复性好，故规定每组 2 个试件即可，当然也可用 2 个以上的试件进行试验。

2 试验装置可按照本标准规定的尺寸自行设计。市场上已有定型产品可供选择。加工抗裂试模或者装置，应保证其刚度和可拆卸性，以保证试验效果，并便于重复使用和维护。

3 试验用风扇以能够连续调节风速为宜。

4 本试验采用三种传感器：温度计、湿度计和风速计。市场上已有将三种传感器集成在一起的产品。

5～7 规定了裂缝宽度和长度的测量工具有关量程和精度要求。

9.0.3 本条规定了早期抗裂试验的步骤和程序。

1 规定试验宜在恒温恒湿室进行，以保证试验条件一致。条件不具备时，可在温度、湿度变化不大的大房间内进行试验。

2、3 试件成型制作时需注意混凝土密实性、平整度和试件厚度，试件太厚和太薄均影响试验结果。

4 实际操作时应注意风扇是否满足规定的风速要求。风速可采用手持式风速仪进行测定。同时应注意风向要求，以保证试验条件的一致性。

5、6 开始测读裂缝的时间统一规定为 24h。从混凝土搅拌加水开始计算时间，通常 24h 后裂缝即发展稳定，变化不大。

由于采用刀口诱导开裂，经过验证试验表明，裂缝基本上为直线，多数刀口上只有一条裂缝，个别刀口上有两条裂缝，一般情况下两条裂缝也基本上处于同一直线上，此时可将两条裂缝的长度分别测量后相加，折算成一条裂缝的长度。裂缝的宽度以最大宽度为准。

规定裂缝长度采用钢尺测量，裂缝宽度采用读数显微镜测量，显微镜放大倍数至少 40 倍。这种显微镜市场上容易采购，价格便宜，精度能够满足要求。

7 需要计算的开裂指标有 3 个，分别为：平均开裂面积、单位面积裂缝数目、单位面积总开裂面积。

9.0.4 本条规定了早期开裂试验结果计算及处理方法。

1 计算裂缝面积时，裂缝形状是近似按照三角形处理，故公式中有系数 1/2。

2、3 规定了单位面积裂缝条数和单位面积总开裂面积的计算公式。

4 一般采用单位面积上的总开裂面积来比较和评价混凝土的早期抗裂性能。

10 受压徐变试验

10.0.1 本条规定受压徐变试验的适用范围和目的。

10.0.2 本条规定了徐变试验仪器设备的有关要求。

1 规定了徐变仪的有关要求。

1）徐变仪有多种形式。加载能力及稳定性是主要要求。

2）国内外绝大多数采用弹簧持荷式徐变仪，经长期使用证明这种形式具有简单、可靠及占地少等优点，故在标准中予以采用。目前国内采用的弹簧持荷式徐变仪的具体结构、尺寸、层数有所不同，但只要构造及制作合理，测试的精度及准确性不会受明显影响。因此在本标准中不规定具体的构造形式和尺寸，只是对丝杆及弹簧做了一些规定。随着高强混凝土的应用，徐变仪的工作荷载范围要求提高。当需要测试高强度、大尺寸的试件时，徐变仪的工作荷载范围可能超过 800kN。

3）对丝杆及弹簧所提出的要求是为了使徐变仪在整个试验过程中有较好的持荷及调整能力。为了减少徐变仪在试验过程中发生应力松弛，要求丝杆的工作应力尽可能低，弹簧的工作压力不应超过允许极限荷载的 80%。但也不得选用吨位过大的弹簧。如果加荷时弹簧的压缩变形太小（如 20mm 以内），则在试验过程中试件所产生的变形将会造成很大的应力损失。弹簧过硬，其调整能力就较差。

4）规定了液压持荷部件的构成。

5）国内一般最多串叠 2 个试件，ASTM 允许串叠 3～5 个试件。按照 5 个 300mm 高的试件串叠计算，并考虑上下两头的垫

块高度，上下压板之间的总距离不得超过 1600mm。

2 规定了加荷装置的结构要求。加荷装置一般由加荷架、油压千斤顶、测力装置等组成。

3 规定了变形测量装置的要求。

变形测量一般以外装式（如带接长杆的千分表）或内埋式的量测装置为好。便携式的接触式引伸仪对仪器本身、测试人员的技术水平及测点的安装等都要求较高，使用时应予注意。

变形测量装置的精度要求为 1.0×10^{-6}，这比 ASTM、EN、JIS 草案提出的要求高，与水工混凝土试验规程的精度要求基本相同。原标准所提精度要求为 20×10^{-6}，与 1985 年版 RILEM 的标准要求相同。随着应变测试仪器精度的提高，新的精度要求可以得到满足。

10.0.3 本条规定了受压徐变试验对试件的要求。

1 规定了试件的形状和尺寸。

1）本标准中要求只采用棱柱体试件，这与 ASTM、EN、RILEM、JIS 和 DL/T 均要求或允许采用圆柱体试件有所不同。国内外标准中一般要求试件截面尺寸至少为粗骨料最大粒径的 3 倍，且不小于 100mm。建工行业一般采用 100mm × 100mm×400mm 的试件。

2）参考 ASTM C512 的规定，当试件叠放时，在每叠试件端头的试件和压板之间应加装一个辅助性混凝土垫块，以使得该叠试件的端部约束条件一致。

根据有关研究成果，棱柱体试件承压面约束区为距离端面 $a/2$ 的范围（a 为试件边长），故规定试件长度应比测量标距长出一个截面边长。

2 规定了试件的数量要求。

1）规定要同时制作至少 3 种试件：抗压试件、徐变试件、收缩试件，分别供确定荷载大小、测定徐变变形和测定收缩变形之用。

2）规定收缩试件应安装有与徐变试件相同的变形测量装置，确保测量精度相同。

3 规定了制备试件的要求。

1）徐变试件受压面之间的平行度及受压面与纵向表面的垂直度对试件加载时的对中有明显影响，为此需重视试模选择、成型、试件后处理等有关环节。

2）规定了角度公差。

3）规定了外装式应变测量装置对试件和试模的要求。

4 规定了试件养护和存放方式。

1）规定三种试件在相同条件下进行养护，使三种试件条件一致。

2）～5）原规程只规定了恒温恒湿（标准环境）这一种试件养护和存放方式，国外标准一般给出 2～4 种方式，《水工混凝土试验规程》（SL 352 和 DL/T 5150）规定只采用基本徐变养护方式（绝湿徐变），因为水工混凝土大多为大体积混凝土，内部接近绝湿状态。本标准规定了四种养护和存放方式：标准环境、绝湿环境、特定温度环境和其他条件。

对于在 3d 龄期加载的试件，标养时间为 3d。对于在 7d 以上龄期加载的试件，标养时间均为 7d，其他时间都放在温度为（20±2）℃，湿度为（60±5）% 的环境中待试。

10.0.4 本条规定了受压徐变试验的程序和步骤。

1 规定了加荷龄期。

原标准中要求的加荷龄期为 7d、14d、28d、90d，ASTM 标准中要求的加荷龄期为 2d、7d、28d、90d 和 360d，水工混凝土试验规程的要求与 ASTM 相近。由于近年来桥梁工程施加预应力的时间多为（3～5）d，建筑施工中拆模龄期也较 1980 年代时提前，故宜增加一组早龄期加载的试件（14d）。

2 规定了受压徐变试验的操作步骤和程序。

1）、2）规定了徐变试件安装的准备工作。需要施加的徐变应力大小由棱柱体试件的抗压强度决定，故在徐变试件加载前，应先取得棱柱体抗压强度数据。

3）原标准未要求覆盖参比用收缩试件的端部，本次修订参考 ASTM C512 - 2002 规定，增加了该项要求，以防止收缩试件端部失去水分。

4）徐变试验加载过程中的荷载对中是整个试验过程的关键。如果对中所用时间太长或反复加卸荷的次数过多，都会使一部分徐变变形在测定初始变形值之前就发生，这对徐变变形的测值，尤其对早期徐变测值影响很大，还会导致徐变系数偏小。为了减少这部分变形损失，本标准在相当于棱柱体或圆柱体抗压强度的 8% 的低应力情况下对中，可将加载过程中产生的徐变变形控制在仪表的误差范围内。荷载到达徐变应力后虽然试件两个对侧的变形读数可能有差别，但其读数平均值基本不受两边受力不匀的影响。

5）与国内外标准相比，原标准规定的观测频率最低，尤其是在第一周内和半年以后，其他标准一般要求第一周内每天读 1

次数，半年以后仍然每月至少读1~2次数。考虑到实际可操作性，保留了原标准规定的观测频次，但增加了270d龄期测量读数的要求。

6）测量徐变试件变形时，应同时测读收缩试件的变形，计算徐变参数时需要用到收缩变形值。

7）在进行试验设计和徐变仪选用时，应尽量考虑在整个试验过程中使荷载的损失小于规定的允许值。采用弹簧式徐变仪时，荷载的校核和补足可按以下步骤进行：先记下螺母的初始位置，用千斤顶加荷至75%徐变荷载，松开三个螺母，加荷到100%徐变荷载，此时，如果左右两表读数之和与校核前测得的读数相差不超过规定数值，可把三个螺母拧回原位，使上压板保持原有的位置；如校核结果荷载有较大的变化，则应在千斤顶保持100%徐变荷载的状态下，把三个螺母拧紧同样的角度，使上压板平衡向下压紧，松开千斤顶，检查千斤顶松开前后试件左右两表读数之和是否有显著差异，如差异过大，则应再次加压，调整螺母拧紧的程度。

随着现代混凝土强度等级的提高、徐变的减小，徐变试验过程中荷载的补足问题与以前相比没有那么麻烦，对于C50以上的混凝土，当徐变试验时间在一年左右时，一般不需要补足荷载。

10.0.5 规定了徐变试验结果计算及处理方法。

徐变试验通常会获得3个测试指标，徐变应变、徐变度和徐变系数。计算时应注意3个指标的数量单位。徐变应变、收缩率和初始应变等均精确到0.001mm/m，即1.0×10^{-6}。

11 碳化试验

11.0.1 本条规定了碳化试验方法的适用范围和目的。

混凝土抗碳化能力是耐久性的一个重要指标，尤其在评定大气条件下混凝土对钢筋的保护作用（混凝土的护筋性能）时起着关键作用。本标准规定的试验方法、步骤及参数是目前我国有关单位最常用的。

11.0.2 本条规定了碳化试验对试件的要求。

1 过去用立方体试件进行碳化试验，每个试件只能使用一次。现在不少单位都采用棱柱体试件。棱柱体试件碳化试验到一定龄期时从一端劈开试件测定碳化深度，然后用石蜡封头后还可以继续进行碳化试验。这样，由于在同一个试件上测量得到各龄期的碳化深度值，消除了因试件不同而形成的误差。

2 实际操作时立方体试件使用更方便，更容易得到，所以本标准规定也容许使用立方体试件，但因立方体试件只能使用一次，故其数量应该按照试验要求予以增加。

3 本标准规定，试件一般应在28d龄期进行碳化，但是掺粉煤灰等掺合料的混凝土水化比较慢，特别是大掺量掺合料混凝土水化更慢，如在28d就进行强制碳化，则混凝土掺合料后期的水化效果在很大程度上被排除，影响了对粉煤灰等掺合料的正确评价，在这种情况下，碳化试验宜在较长的养护期后进行。

4 碳化试验后混凝土断面上碳化层的界限是很不规则的，甚至是犬牙交错的，为了防止测量过程中人为因素的影响，标准规定在试验前即应画线，画线平行于试件长度方向，间距为10mm，以定出测点位置，碳化到规定龄期破型后就按照预定的测点测量碳化深度。

11.0.3 碳化试验设备与原标准规定基本一致。目前市场上已经有较成熟的碳化试验设备，而且我国已经有碳化试验设备的产品标准《混凝土碳化试验箱》JG/T247。

11.0.4 本条规定了碳化试验的步骤和程序。

1 试件在碳化箱内放置应有一定间距，保证各试件的暴露面的碳化条件一致。

2 本标准采用在(20±3)%浓度的二氧化碳介质中进行快速碳化试验。其理由是：

1）在(20±3)%浓度下混凝土的碳化速度，基本上保持自然碳化相同的规律，即 $x = \alpha \sqrt{t}$ 的关系。如浓度过高（如达到50%）则早期碳化速度很快，7d后速度明显减慢，碳化达到稳定。如浓度过低，如国外采用（1~4）%左右的浓度，这种情况与实际比较接近，但是碳化速度太慢，试验效率低。

2）在(20±3)%浓度下碳化28d，大致相当于在自然环境中50年的碳化深度，与一般耐久性的要求相符合。

碳化试验时，湿度对碳化速度有直接影响。湿度太高，混凝土中部分毛细孔被自由水所充满，二氧化碳不易渗入，因此试验中采用比较低的湿度条件。但是，混凝土的碳化过程是一个析湿的过程：

$$Ca(OH)_2 + CO_2 \longrightarrow CaCO_3 + H_2O \qquad (9)$$

尤其在碳化的前几天，析出的水分较多。因此要求试件在进入碳化箱前应在60℃下烘干48h，以利于前几天箱内的湿度控制。

本标准规定的碳化试验的温度条件为(20±2)℃，比原标准规定的(20±5)℃要严格。由于温度对混凝土碳化速度有很大影响，温度高，碳化速度快。目前的碳化试验设备可以满足该温度要求。

3 由于温度、湿度和二氧化碳的浓度条件对碳

化结果影响很大，故本标准规定应经常监测碳化试验设备的温度、湿度和二氧化碳浓度的变化情况。目前的碳化设备可自动调节温度和二氧化碳浓度等条件，但对湿度条件还应进行人工干预。目前一般采用硅胶做干燥剂来控制湿度，也可以采用其他更好的方式来控制湿度。

4 规定了不同形状和尺寸试件的碳化深度检查方法。碳化试验一般在碳化进行到 3d、7d、14d、28d 龄期时测量试件的碳化深度。试件破型可根据条件采用劈裂法和干锯法。

5 碳化深度一般采用 1％酚酞酒精溶液做指示剂来测定。酚酞指示剂与未碳化的混凝土碱性孔溶液反应变成红色，测量靠近边缘不变色部分的深度即为碳化深度。

11.0.5 本条规定了碳化试验结果计算和处理方法。

1 碳化试验结果常用两个指标来表示，即平均碳化深度和碳化速度系数。碳化速度系数实际上只代表在该试验条件下的碳化速度与时间的平方根关系式中的系数，从数量上等于一天的碳化深度，由于这个系数实际使用价值不高，而且计算准确性也差，不如直接用 28d 的碳化深度来表示比较直观，因此，在本标准中只考虑一种表达形式，即碳化深度。

测量时一般可选取 8～9 个测点进行测量，取各测点碳化深度的平均值作为该试件碳化深度测定值。

2 规定以碳化进行到 28d 的碳化深度结果作为比较基准。以 3 个试件碳化深度平均值作为该组混凝土试件碳化深度的测定值，用于对比各种混凝土的抗碳化能力以及对钢筋的保护作用。

3 规定应按照不同龄期的碳化深度绘制碳化深度与时间的关系曲线，用于反映碳化的发展规律。

12 混凝土中钢筋锈蚀试验

12.0.1 本条规定了混凝土中钢筋锈蚀试验的适用范围和目的。

本标准只规定了一种测量混凝土中钢筋锈蚀的试验方法，即直接破型测量钢筋质量损失的方法。本试验方法适合于大气条件下钢筋的锈蚀试验，以对比不同混凝土对钢筋的保护作用。不适用于含氯离子等侵蚀性介质环境条件下钢筋锈蚀试验。

我国常用的钢筋锈蚀测量方法有两种：一是直接测量被检钢筋的锈蚀面积及失重情况；二是测量钢筋在电化学过程中的极化程度，并根据所测量得到的极化曲线来判别钢筋有无锈蚀情况。鉴于后者只适用于溶液及水泥砂浆（未硬化或已硬化）中钢筋锈蚀的定性检验。混凝土中钢筋锈蚀的极化试验虽然做过一些尝试，尚需要进一步完善和改进，故本标准只采用破型直接检验钢筋质量损失的试验方法。

12.0.2 本条规定了试件的制作和处理要求。

1 规定了钢筋锈蚀试验的试件尺寸和数量。

2 规定了钢筋锈蚀试验用钢筋的规格、尺寸、数量及处理方式。由于锈蚀产物的质量与钢筋本身质量相比较小，故称量时应非常小心，称量仪器的精度至少应达到 0.001g。

3 制作试件时钢筋的定位非常重要，钢筋定位不准确，则试验结果不准确，因此实际操作时应小心谨慎。同时保持钢筋干净不被污染也非常重要。钢筋一旦被污染，将影响锈蚀速率，得到的试验结果就不准确。

4 试件成型后一般经过三个步骤的处理：一是在成型室养护 24h 后拆模；二是拆模后在端部刷毛，涂上不小于 20mm 厚的保护层砂浆；三是涂上保护层砂浆后的试件要经过潮湿养护 24h 后再移入标准养护室继续养护至 28d 龄期。要求端部砂浆的水灰比小于试件混凝土的水灰比，以保证其封和密封性能。

12.0.3 本条规定了混凝土中钢筋锈蚀试验有关设备和装置的要求。

1 由于本试验方法主要针对碳化引起的钢筋锈蚀，因此试件应先经过碳化。碳化所用的设备与混凝土碳化试验所用的设备完全相同。

2 规定了钢筋定位板的材质、尺寸等要求。

3 称量设备最好是电子秤，其操作较方便。

12.0.4 本条规定了混凝土中钢筋锈蚀试验的步骤和程序。

1 鉴于碳化是引起钢筋锈蚀的主要因素之一，一般混凝土在未碳化前能很好地保护钢筋。只有碳化达到钢筋表面以后，钢筋才开始锈蚀。为了在钢筋锈蚀试验中考虑这一重要影响，本标准规定钢筋锈蚀试件首先应经过 28d 碳化处理，也即大概相当于自然放置 50 年，再进行锈蚀试验。

2 钢筋锈蚀的加速锈蚀方法是一个比较关键的问题。我国曾经试验过多种加速钢筋锈蚀的方法，并认为用干湿循环法比较简单方便，但在近几年的实践中，发现干湿循环法也有不少缺点，其中：

1）加热干燥时烘箱的损坏率太高，如采用常温干燥则周期太长；

2）干湿循环本身对混凝土也是一个严峻的考验，有时候会出现顺钢筋位置的纵向裂缝，此时混凝土失去对钢筋的保护作用，试验只能作废；

3）在浸泡过程中往往会使混凝土中一些易溶成分渗出（例如氯离子），这就影响了测试的准确性。

因此有些单位建议改用标准养护代替干湿循环，这样可以节省劳动力，并有利于保持试验条件的一致性。由于标准养护条件下钢筋锈蚀的发展比干湿循环要慢（根据一些单位的反映试验周期需要延长一倍），因此本标准规定标养 56d 后破型查锈。由于混

凝土在饱水情况下氧气不易渗入，钢筋锈蚀的速度反而会降低，因此规定试件在标准养护室内应避免直接淋水，放置试件的格架应带有顶棚以阻挡养护水喷在试件上。

3 由于测量钢筋锈蚀程度采用酸洗的方法，而酸对未锈蚀的钢筋也会有一定破坏，为了避免酸洗本身带来的影响，本次修订时增加了用相同材质的未锈蚀钢筋来作为基准校正。

12.0.5 本条规定了试验结果的计算和处理方法。

钢筋锈蚀的试验结果有多种表示方法，本标准仅采用钢筋失重率作为表达指标。钢筋锈蚀面积表达法在锈蚀不大时很难分清锈蚀和未锈蚀的界限，而锈蚀严重时，却又不能反映它们程度上的差别，因此本标准未将锈蚀面积作为钢筋锈蚀的指标。

本标准对钢筋锈蚀失重率试验结果计算公式进行了修正。增加了测量基准校正钢筋质量的程序，以补偿因酸洗造成对钢筋未锈蚀部分的质量损失。

13 抗压疲劳变形试验

13.0.1 本条规定了抗压疲劳变形试验的适用范围和目的。

混凝土的抗压疲劳性能是混凝土的一项重要性质，但如何正确评价就成为一个难题。原有的疲劳试验方法（GBJ 82-85）采用混凝土的抗压疲劳强度来评价混凝土的疲劳性能。在中国铁道科学研究院等单位长期的试验过程中发现，该方法存在一定的缺陷，因此在此次修订时进行了改进。

在重复荷载作用下混凝土的纵向变形的变化规律可分为三个阶段，如图1所示。图中横坐标为重复荷载循环次数 N，纵坐标为纵向应变 ε。在第一阶段开始时，混凝土的纵向总应变发展较快，随后其增长速率逐渐降低，当纵向应变达到 ε'_{max} 时，第一阶段结束。第一阶段大约占总疲劳寿命的 10% 左右。在第二阶段，混凝土的纵向总应变增长速率基本为一定

值，混凝土的纵向总应变及纵向残余应变随荷载重复次数的增加基本呈线性规律变化，这一阶段占总疲劳寿命的 75% 左右。进入第三阶段后，混凝土的纵向总应变及残余应变发展很快，混凝土进入失稳破坏。我们称第三阶段开始时的混凝土纵向应变为混凝土失稳临界应变，以符号 ε_{us} 表示。这一阶段大约占混凝土总疲劳寿命的 15% 左右。

混凝土在重复荷载作用下，内部微裂缝和损伤的发展也可分为三个相应的阶段。第一阶段为混凝土内部微裂缝形成阶段。由于混凝土内部的薄弱环节存在，在这一阶段中，随着荷载重复次数的增加，在水泥和粗骨料结合处及水泥砂浆内部薄弱区迅速产生大量微裂缝，这表现在开始几周荷载重复时，混凝土的纵向残余变形和总变形发展较迅速，但随着重复次数的进一步增加，每周荷载循环形成的新裂缝的数目在逐渐减少，混凝土内部薄弱区域形成微裂缝的过程已趋近于完成。这些已形成的微裂缝由于遇到其他骨料和水泥石的约束，不能迅速发展，在宏观上表现为混凝土应变增长速率逐渐降低。当混凝土内部应力高度集中的薄弱区域和微裂缝形成基本完成后，混凝土的疲劳损伤进入占疲劳寿命绝大部分的损伤发展的第二阶段，即线性损伤随荷载重复次数的增加而线性增加。在此阶段，已形成的裂缝处于稳定扩展阶段。此时的线性累积损伤主要是在水泥砂浆中形成新的微裂缝中的累积。随损伤累积的增长，水泥砂浆的断裂韧度不断降低，当损伤达到一定程度后，这些微裂缝达到临界状态，从而导致裂缝的不稳定扩展，使疲劳损伤进入迅速增加的第三阶段。在这一损伤阶段，混凝土的超声波传播速度急剧降低，波幅急剧衰减，试件表面可见到明显裂缝。

根据以上分析可知，混凝土的疲劳破坏是由于骨料和砂浆间的粘结裂缝和砂浆内部的微裂缝贯穿而形成连续的、不稳定的裂缝而引起的，这与混凝土的静载破坏机理是一致的。Wittmann 和 Zaitsea 认为，对于给定材料，当该材料内部的裂缝长度达到临界长度后，这一裂缝将发生不稳定扩展，而和所施加的荷载种类和荷载历程无关。根据这一观点，可以认为，对混凝土材料而言，当混凝土内部裂缝发生不稳定扩展时，该裂缝的临界长度是一定的。这一临界长度取决于混凝土材料的性质。因此，当内部裂缝不稳定扩展时，由这些微裂缝导致的混凝土纵向应变是相同的，是混凝土的材料常数，和加载历史无关，即混凝土疲劳破坏时混凝土的纵向应变是相同的。混凝土疲劳破坏试验结果充分证明了这一结论的正确性。

由于混凝土内部裂缝失稳扩展时的裂缝临界长度及此时的混凝土纵向总应变和加载历史无关，对一次加载而言，超过裂缝临界长度和纵向总应变后，混凝土的纵向总应变迅速增加。对疲劳破坏而言，当超过这一数值后，随荷载作用次数的增加，混凝土纵向应

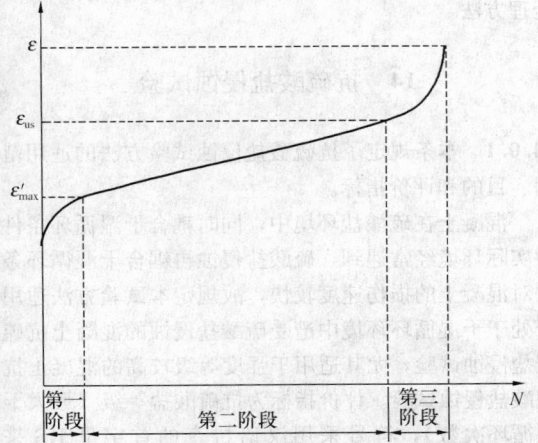

图 1　纵向应变随荷载重复次数的变化规律

变急剧增加，试件表面可见明显的沿加载方向的纵向裂缝，试件很快发生破坏，所以我们可以取裂缝失稳扩展时的临界裂缝长度或此时混凝土的纵向总应变作为判断混凝土破坏的疲劳破坏准则。由于裂缝失稳扩展时的临界裂缝长度较难确定，故取失稳扩展时混凝土的纵向总应变作为混凝土的疲劳破坏准则。这一结论和 Jan. Ove. Holmen 给出的"可以利用混凝土极限应变作为混凝土的疲劳破坏准则"是一致的。

基于上述论述，铁道科学研究院提出了以混凝土轴心受压重复应力下的混凝土纵向疲劳变形增量达到 $0.4f_c/E_c$ 作为混凝土疲劳失效的判据，其中 f_c 为混凝土的静载轴心抗压强度，E_c 为混凝土的原点切线弹性模量。

虽然可采用测量极限应变从而得到混凝土的极限疲劳性能，但由于疲劳变形增量限值的取值目前尚未有统一的认识，因此在本标准中不作规定，仅提供一种测量混凝土疲劳变形的方法，为今后进一步完善该方法提供数据。

13.0.2 本条规定了抗压疲劳变形试验的有关设备要求。

1、2 疲劳试验机与原标准规定相同。

3 由于本次修订后的疲劳试验从测试抗压疲劳强度改为测试抗压疲劳变形，因此，试验设备除了疲劳试验机外，增加了变形测量装置。变形测量装置要求在疲劳试验过程中具有较好的精度。

13.0.3 本条规定了疲劳试验应采用 6 个试件为一组，其中 3 个做变形试验，另外 3 个做轴心抗压强度。原标准规定测试疲劳抗压强度时规定用 9 个试件，其中 3 个做抗压强度试验，另外 6 个做抗压疲劳试验。由于测试指标和测试方法已经改变，试验过程已经不像抗压疲劳强度那样需要逐个进行初试，所以试件数量也减少了。

13.0.4 本条规定了抗压疲劳变形试验步骤和程序。

1 由于疲劳试验所持续的时间较长，为了减少第一个进行试验的试件与最后一个进行试验的试件因试验开始时间不同引起试验误差，标准规定试件应在室温(20±5)℃下存放 3 个月龄期才开始进行试验（不要求在标准养护室继续存放）。

2 用 3 块试件先确定轴心抗压强度，作为抗压疲劳变形试验确定荷载的基准。注意测轴心抗压强度时，试件龄期为 3 个月。

3 疲劳变形试验的试件对中很重要，实际操作时需仔细。因为疲劳试验与静力试验不同，试件内部应力调整能力比较低，因此在进行疲劳变形试验时要求对试件进行物理对中（受力情况下进行对中）。原标准采用一次对中的方式，本次修订改成两次对中，以保证对中效果。

4 规定了抗压疲劳变形试验的脉冲频率、上下限应力，

在等幅应力循环次数为 2×10^6 时，对于疲劳试验的上下限应力，不同的国家和标准作出了不同的规定，铁道科学研究院在其研究的基础上提出了相应的混凝土应力上下限水平，如表 5 所示。

表 5 在应力下限不同时不同文献中对混凝土应力上限水平的规定

设计规范或文献	混凝土应力下限水平 (σ_{min}/f_c)					
	0	0.1	0.2	0.3	0.4	0.5
铁道科学研究院建议	0.62	0.66	0.70	0.73	0.77	0.81
美国 ACI215 委员会建议	0.55	0.58	0.61	0.64	0.66	0.70
前苏联 снип2、05、03 规定	0.63	0.65	0.68	0.72	0.74	0.76
文献 1（日本）	0.57	0.64	0.74	0.74	0.79	0.83
文献 2（日本）	0.63	0.67	0.70	0.74	0.76	0.81
我国原 TJ 10 - 74 规定	0.55	0.56	0.62	0.68	0.74	0.79

从表可以看出，各设计规范和文献中提出的混凝土应力上下限水平差别不大，本标准的修订采用了铁道科学研究院建议的值，即疲劳的上限应力取 $0.66f_c$，下限应力取 $0.1f_c$（其中 f_c 表示混凝土的轴心抗压强度）。在有特殊要求时，上限应力和下限应力可根据要求按表选定。

5 为了简化试验，本标准取一种疲劳循环次数（200 万次）作为试验的基础。这与钢筋混凝土设计规范疲劳折减系数的取值原则基本上是一致的，也和目前钢材疲劳试验所采用的循环次数相同。

虽然 200 万次疲劳试验对混凝土来说可能没有达到稳定，且以后随着疲劳次数的增加其变形还会增加，但增加的幅度减慢了。虽然有些设计规范中还要求疲劳次数有更高的性能指标（如 700 万次），但要做一个 700 万次的疲劳试验需要试验机不断地运行 20d 左右，试验周期太长，不宜作为试验的基础。而 200 万次试验，大概需要试验机连续运行 6d 左右。

13.0.5 本条规定了抗压疲劳变形试验结果的计算和处理方法。

14 抗硫酸盐侵蚀试验

14.0.1 本条规定了抗硫酸盐侵蚀试验方法的适用范围、目的和评价指标。

混凝土在硫酸盐环境中，同时耦合干湿循环条件的实际环境经常遇到，硫酸盐侵蚀再耦合干湿循环条件对混凝土的损伤速度较快，故规定本试验方法适用于处于干湿循环环境中遭受硫酸盐侵蚀的混凝土抗硫酸盐侵蚀试验，尤其适用于强度等级较高的混凝土抗硫酸盐侵蚀试验。评价指标为抗硫酸盐等级（最大干湿循环次数），符号采用汉语拼音的首字母 KS 来表示。

14.0.2 本条规定了抗硫酸盐侵蚀试验所用的试件要求。

1 尺寸为 100mm×100mm×100mm 的立方体混凝土试件可以测量抗压强度指标，尺寸为 100mm×100mm×400mm 的棱柱体试件可以测量抗折强度指标，虽然在硫酸盐侵蚀试验中，抗折强度指标比抗压强度指标敏感，但抗折强度指标对结构受力计算和设计更有意义，且抗折强度试验结果离散性大，试验误差大，设备要求较高，操作不便，故本标准规定采用尺寸为 100mm×100mm×100mm 的立方体混凝土试件来进行抗硫酸盐侵蚀试验。

2 规定了混凝土取样、试件的制作和养护要求。

3 试件的数量应根据设计的抗硫酸盐等级来选择。

14.0.3 本条规定了抗硫酸盐侵蚀试验设备和试剂的有关要求。

1 国内用于硫酸盐侵蚀试验的干湿循环试验设备已经开发成功，经过试验验证表明其性能稳定，能够节省人力，减轻劳动强度，试验结果可靠，故本标准规定优先采用能够自动进行干湿循环的设备。

2 考虑到有些单位进行抗硫酸盐侵蚀试验的试验量可能不大，故本标准规定也可以采用一般的烘箱进行非自动干湿循环试验。27L 溶液一般可供 3 组试件试验。

3 规定了抗硫酸盐侵蚀试验需要的试剂的要求。

14.0.4 本条规定了抗硫酸盐侵蚀试验步骤和程序。

1 抗硫酸盐侵蚀试验的龄期规定为 28d。设计另有要求时按照设计规定龄期进行试验。由于混凝土掺入粉煤灰等掺合料后，混凝土抗硫酸盐侵蚀能力一般都会有所提高，而掺合料发挥作用通常需要较长龄期，因此对于掺入较大量掺合料的混凝土，其抗硫酸盐侵蚀试验的龄期可在 56d 进行。

因试件为标准养护，试件内含水率通常较高，需要先进行干燥才能进行抗硫酸盐侵蚀试验。干燥的时间规定为 48h。干燥温度以能够去除大部分毛细水分为原则。温度太高，则损伤试件或者去除了部分结合水，温度太低则速度慢，不能去除大部分毛细水分、且试验效率低。本标准规定干燥温度为(80±5)℃。

2 试件在干湿循环试验设备中应有一定间距，保证试件各表面能够有充足的溶液浸泡。

3、4 试件浸泡、放入溶液、排出溶液的总时间为 16h。本标准规定试验过程中应定期（一般为 15 个循环）测试一次溶液的 pH 值，始终维持溶液的 pH 值在 6～8 之间。这是因为刚开始试验时，试件中渗出物质较多，可能引起溶液 pH 值变化，影响试验结果。在后期，试件中的物质与溶液中物质处于平衡状态，溶液 pH 值变化较小，故试验初期应经常检查溶液的 pH 值，后期检查的间隔时间可以较长。溶液的 pH 值可以采用 1mol/L 的 H_2SO_4 溶液进行调节。

由于定期检测溶液的 pH 值操作比较麻烦，做相对比较试验时也可以不检测溶液的 pH 值，而是采取定期（通常为 1 个月）更换溶液的方法，保持溶液中的硫酸盐浓度维持基本不变。国内研究表明，这样做对试验结果影响不大。

5、6 规定了试件烘干温度为(80±5)℃，烘干时间为 6h，冷却时间为 2h，烘干和冷却总时间共 8h。

7 一个干湿循环的总时间为(24±2)h。这样便于计算时间和安排试验。

8 规定应按照设计需要或者表 14.0.2 要求进行中间检查和测试。

9 规定了抗硫酸盐侵蚀试验结束的三个条件：抗压强度耐蚀系数达到 75%、干湿循环试验达到 150 次或者达到设计规定的指标。三个指标只要有一个达到即可结束试验。

大量试验研究结果表明，当抗压强度耐蚀系数低于 75%，混凝土遭受硫酸盐侵蚀损伤就比较严重了。当干湿循环次数达到 150 次时，如果各种指标均表明混凝土硫酸盐抗侵蚀能力较好，则可以停止试验。验证试验表明，混凝土在硫酸盐溶液中进行干湿循环试验时，多数情况下试件的质量是增加的，即使质量减少，也很难达到 5% 的质量损失率要求，因此本标准未采纳其他标准和资料中推荐的质量损失率和质量耐蚀系数指标。

14.0.5 本条规定了抗硫酸盐侵蚀试验结果的计算和处理方法。

15 碱-骨料反应试验

15.0.1 本条规定了碱-骨料反应试验方法目的和适用范围。

本方法主要参考加拿大《Test Method for Potential Expansive of Cement-aggregate Combination (Concrete Prism Expansion Method)》CAN/CSA-A23.2-14A：2004 方法编写而成。也参考了欧洲材料与结构试验联合会（RILEM）下属的碱-骨料反应与预防委员会（TC 191 ARP）提出的混凝土棱柱体试验法（AAR-3），适用于检测骨料的碱活性。试验中把混凝土棱柱体在温暖潮湿的环境中养护 12 个月，以此种严酷条件激发骨料潜在的碱-骨料反应（Alkali-Aggregate Reacting，AAR）活性。我国《水工混凝土试验规程》SL 352 - 2006 中的碱-骨料反应（混凝土棱柱体法）也是根据相同的加拿大标准来制定的（版本不同而已）。

鉴于碱-骨料反应病害对混凝土耐久性的深重影响，以及《普通混凝土用砂、石质量及检验方法标准》中为预防碱-骨料病害已列入"砂浆长度法"、"快速砂浆棒法"和"岩石柱法"等检测骨料碱活性

的方法，在《普通混凝土长期性能与耐久性试验方法标准》中有必要列入"混凝土棱柱体法"，即用混凝土试件检测骨料碱活性的方法，以进一步完善我国检测混凝土骨料碱活性的试验方法系列，有利于更好地预防混凝土碱-骨料反应病害。

碱-骨料反应已给世界许多国家造成了重大损失，经验教训告诉我们：对付碱-骨料反应重在预防。若等工程结构出现 AAR 病害再去治理，往往难以处理，且花费巨大。

从国内各部门的标准中已看出，从原来只有骨料活性的鉴定标准，向前发展了一个层次，出现了评价掺合料抑制碱-硅反应的试验方法标准，这有非常现实的意义，因我国活性骨料分布很广，而工程建设量在很长一个时期内将保持世界第一的规模，将来不可避免地会把活性骨料（或潜在活性骨料）用于工程建设，如何评价抑制 AAR 的措施具有重要意义。目前我国结合一些重大工程刚开始这方面的工作。从国际水平看，应向更高一层的标准看齐，即着眼于建立预防 AAR 的综合体系，并制订相应的试验方法标准。

现在修订 GBJ 82 - 85，加入了有关碱-骨料反应的混凝土试验方法，以推动以下三方面的工作：

（1）提高 AAR 试验水平。如前所述，过去我们的工作偏重于砂浆棒法试验（20 世纪末以前主要是 40℃ 的传统砂浆棒法，之后是 80℃ 的快速砂浆棒法），与工程实际情况中间差一环：混凝土棱柱体试验。目前我国用此方法做出的试验数据极少，仅在某些大工程，如三峡大坝检测骨料活性时应用了此方法与其他方法对比。而目前国际上的测长试验，首先看有没有混凝土试验数据，若没有再考虑砂浆棒试验法的结果，因为前者与工程实际最为接近。我国幅员辽阔，骨料情况复杂，理应尽快建立各地骨料的混凝土棱柱体膨胀数据，避免单纯使用砂浆棒法可能带来的不良后果，重蹈发达国家覆辙。

（2）为建立预防 AAR 综合体系打好试验基础。从判断骨料碱活性的试验方法，到判断工程是否发生有害碱-骨料反应，都应使用混凝土棱柱体法，这是国外的一致趋势。我国目前一些评价掺合料抑制 AAR 的试验标准，多以快速砂浆棒法为主，还有小混凝土柱法，与国际上公认的棱柱体法缺乏可比性。况且抑制 AAR 的方法还有限制碱含量、使用特种外加剂等，若仅用快速砂浆棒法，不易科学评价其效果。今后无论检测骨料活性，还是判断某一工程是否存在 AAR 风险，除参照既有标准进行试验外，均应大量进行混凝土棱柱体试验。

（3）完善我国混凝土长期性能和耐久性能的试验方法体系。作为长期性能和耐久性能试验，国外的混凝土棱柱体试验一般 1～2 年，有的长达 10 年以上，这些数据为工程决策提供了宝贵参考依据。我国一些重大工程，如跨海公路桥梁、高速铁路桥梁、大坝等，已提出使用寿命 100 年的要求。若仅使用 2～4 周的砂浆棒试验评价 AAR 风险显然是不够的，必须针对实际工程的混凝土配合比，及早进行长期的混凝土试验，为评价长期的 AAR 风险提供可靠依据。

本次标准修订时引入的混凝土碱-骨料反应试验方法主要通过检测在规定的时间、湿度和温度条件下，混凝土棱柱体由于碱-骨料反应引起的长度变化，该法可用来评价粗骨料或者细骨料或者粗细混合骨料的潜在膨胀活性。也可以用来评价辅助胶凝材料（即掺合料）或含锂掺合料对碱-硅反应的抑制效果（但需要进行为期 2 年的试验）。由于本试验方法采用的是混凝土试件，故将其归入混凝土耐久性试验方法。

使用本方法时，应注意区分碱-骨料反应引起的膨胀和其他原因引起的膨胀，这些原因可能有（但不限于）以下几种：

1 骨料中存在诸如黄铁矿、磁黄铁矿和白铁矿等，这些矿物可能会氧化并水化后伴随膨胀发生，或者同时产生硫酸盐，引发硫酸盐对水泥浆体或者混凝土的破坏。

2 骨料中存在诸如石膏的硫酸盐，引发硫酸盐对水泥浆体或者混凝土的破坏。

3 水泥或者骨料中存在游离氧化钙或者氧化镁，其可能不断水化或者碳化伴随发生膨胀，导致水泥浆或者混凝土的破坏。钢渣中存在游离氧化钙和氧化镁，其他骨料中也可能存在。

但使用本方法判断骨料具有潜在碱活性时，应进行其他补充试验以确定该膨胀确实由碱-骨料活性所致。补充试验可以在试验完毕后通过对混凝土试件进行岩相分析检测，以确定是否有已知的活性组分存在。

15.0.2 本条规定了混凝土碱-骨料反应试验需要的仪器设备。

1 规定了筛孔的公称直径。

2 规定了称量设备的要求。

3 原加拿大标准规定的试件长度可以在（275～405）mm 之间变化，为简化和统一标准起见，本标准统一规定试件长度为 275mm。

4 加工的测头应采用不锈金属制作，以能重复使用，测头（埋钉）是重要部件，应与试模高度匹配。

5 规定了测长仪的量程和精度。

6 规定了养护盒的要求。市场上已经有将养护盒和养护箱做成一体的碱-骨料反应试验设备。这类设备可以满足本标准提出的有关试验要求。

15.0.3 本条规定了碱-骨料反应试验步骤和程序。

1 规定了制备试件所用原材料的要求。

    1）规定了所用水泥应是高碱水泥，我国北方地区许多水泥碱含量超过 0.6%，但不一定到 0.9%，可选取一些碱含量较高的

厂家生产的水泥，并需用 NaOH 调整碱含量至 1.25%，主要目的是激发和加速可能的 AAR 反应，这并非针对现场情况。由于碱含量为 0.9% 的水泥不一定在每个地方都能够找到，故规定为"宜"采用碱含量为 0.9% 的水泥，允许有一定选择。

将水泥碱含量从 0.9% 调整到 1.25% 的计算实例如下：

因单方混凝土水泥用量为 420kg/m³，则混凝土中的碱含量为 420×0.9%＝3.78kg；

混凝土中需要达到的碱含量为：420×1.25%＝5.25kg；

二者的差 1.47kg 即为应该加到拌合水中的碱含量（以当量计）。

将 Na_2O 转化为 NaOH 的因子计算：$Na_2O＋H_2O＝2NaOH$

分子量：$Na_2O＝61.98$，$NaOH＝39.997$；

则转换因子为 $2×39.997/61.98＝1.291$

需要增加的 NaOH 为 $1.47×1.291＝1.898kg/m^3$。

2）原加拿大标准 CAN/CSA23.2-14A 规定试验用粗骨料由粒径为（20～14）mm、（14～10）mm 和（10～5）mm 的骨料按照相同的质量比例组成。而我国水利标准《水工混凝土试验规程》SL 352－2006 规定的筛孔直径分别为 20mm、15mm、10mm、5mm。但根据新修订的《普通混凝土用砂、石质量及检验方法标准》JGJ 52－2006，砂石筛已经由圆孔筛改成方孔筛，因此严格说来就没有"孔径"一词了。但为了保持标准延续性，修订的标准保留了筛孔的"公称直径"说法。砂筛的公称直径分别为 5.00mm、2.50mm、1.25mm、630μm、315μm、160μm、80μm。石筛的公称直径分别为 2.50mm、5.00mm、10.0mm、16.0mm、20.0mm、25.0mm、31.5mm、40.0mm、50.0mm、63.0mm、80.0mm、100mm 等。因此本标准规定筛孔的公称直径分别为 5.00mm、10.0mm、16.0mm、20.0mm，相当于方孔筛的边长分别为 4.75mm、9.5mm、16mm、19mm。所以，无论从公称直径还是方孔筛边长来说，都已经没有水工标准列出的 15mm 档次，也没有加拿大标准列出的 14mm 档次。故本标准将粗骨料粒级调整为（20～16）mm、（16～10）mm 和（10～5）mm 三种粒级等量组成。

有关石筛筛孔和颗粒级配的规定可参考本标准中 3.2 节的条文说明。

如果 20mm 筛上的骨料质量分数（筛余）大于 15%，则应将筛余部分破碎使其能够通过 20mm 筛。如果被试验的粗骨料最大公称粒径为 16mm，则最后被试验的骨料由（16～10）mm、（10～5）mm 组成。

3）规定水灰比范围为 0.42～0.45，水灰比允许在此范围内调整，目的是为了使混凝土获得足够的工作性以保证混凝土在模具内能够成型密实。水泥用量固定为（420±10）kg/m³，以保证混凝土强度等指标基本一致。

混凝土除了使用 NaOH 调整碱含量外，不得再使用其他外加剂，以控制碱含量在规定的范围内并避免其他因素对试验结果的干扰。

2 规定了试件的制作步骤和程序。

1）～4）与一般混凝土成型方法基本相同。因混凝土拌合物没有加其他外加剂，不同骨料组成的拌合物工作性可能有些差距，此时可通过适当调整水灰比（在本标准规定的范围内）来达到工作性要求。成型时应仔细，确保混凝土密实，表面平整。试件成型后的养护温度和湿度与等同采纳的标准略有区别，加拿大规定的温度为（23±2）℃，即（21～25）℃，相对湿度为 100%。为适应我国试验条件，将养护温度改成（20±2）℃，即（18～22）℃，相对湿度为 95% 以上。两种养护条件基本相同。

3 规定了试件的养护及测量步骤。

1）因试件中埋有测头，拆模时需要特别小心，避免损坏测头与试件之间的粘结。初始长度测量要及时，防止试件干燥。

2）规定了测量长度的操作应在恒温室进行。

3）初始长度测量完成后，试件的养护条件就改变了。由标准养护变成为在（38±2）℃的条件下养护，而且是放在养护盒中。

4）由于养护盒的温度与恒温室的温度不同，每次将试件从养护盒中取出来测量长度时，应先在恒温室进行温度调制，即在恒温室放置 24h。每次测量完毕，应将试件掉头放入养护盒中，以便试件两端都处于基本相同条件。注意测量长度的龄期是以测量完基准长度开始计算。

5）长度测试周期全部结束后，可以辅以岩
相分析，以观察凝胶孔中物质、骨料粒
子周边的反应环、水泥浆和骨料中微裂
缝等，作为发生碱-骨料反应的判断指标。
岩相分析也可以辨别岩石品种。

4 规定碱-骨料反应试验的结束条件。结束条件
有两个，一是52周的膨胀率达到0.04%；二是试验
时间达到52周。二者之一得到满足即可停止试验。

15.0.4 本条规定了试验结果的计算和处理方法。

1、2 计算试件膨胀率时，应注意标距是不含测
头长度的。

3 试验精度分两种情况来规定。膨胀率较小时，
规定膨胀率极差（单个试件膨胀率最大值与最小值之
差）应小于0.008%。膨胀率较大时，规定膨胀率相
对偏差不超过40%。

美国和加拿大，用一年膨胀率达到0.04%作为
判断骨料是否具有潜在危害性反应活性的骨料。当混
凝土试件在52周或者一年的膨胀率超过0.04%时，
则判定为具有潜在碱活性的骨料；当混凝土试件在
52周或者一年的膨胀率小于0.04%时，则判定为非
活性的骨料。

试验时间达到52周以后，也可以根据研究需要
或者其他试验目的，继续进行试验到设定龄期，如2
年等。如要判断掺合料等对碱-骨料反应的抑制效果，
通常需要进行2年以上的试验。

中华人民共和国行业标准

混凝土中钢筋检测技术规程

Technical specification for test of reinforcing
steel bar in concrete

JGJ/T 152—2008
J 794—2008

批准部门：中华人民共和国住房和城乡建设部
施行日期：2 0 0 8 年 1 0 月 1 日

中华人民共和国住房和城乡建设部
公　告

第 20 号

关于发布行业标准《混凝土中钢筋检测技术规程》的公告

现批准《混凝土中钢筋检测技术规程》为行业标准，编号为 JGJ/T 152－2008，自 2008 年 10 月 1 日起实施。

本规程由我部标准定额研究所组织中国建筑工业出版社出版发行。

中华人民共和国住房和城乡建设部

2008 年 4 月 28 日

前　言

根据建设部建标［2002］84 号文的要求，规程编制组经广泛调查研究，认真总结实践经验，参考有关国际标准和国外先进标准，并在广泛征求意见的基础上，制定了本规程。

本规程的主要技术内容：1. 总则；2. 术语、符号；3. 钢筋间距和保护层厚度检测；4. 钢筋直径检测；5. 钢筋锈蚀性状检测。

本规程由住房和城乡建设部负责管理，由主编单位负责具体技术内容的解释。

本规程主编单位：中国建筑科学研究院（地址：北京市北三环东路 30 号，邮政编码：100013）

本 规 程 参 加 单 位：福建省建筑科学研究院

安徽省水利科学研究院
山东省建筑科学研究院
欧美大地仪器设备中国有限公司
北京盛世伟业科技有限公司
喜利得（中国）有限公司

本规程主要起草人员：张仁瑜　陈　松　崔德密　崔士起　叶　健　何春凯　陈　涛　李劲松　张今阳　成　勃　徐凯讯

目　次

1 总 则

1.0.1 为规范混凝土结构及构件中钢筋检测及检测结果的评价方法，提高检测结果的可靠性和可比性，制定本规程。

1.0.2 本规程适用于混凝土结构及构件中钢筋的间距、公称直径、锈蚀性状及混凝土保护层厚度的现场检测。

1.0.3 检测前宜具备下列资料：

    1 工程名称、结构及构件名称以及相应的钢筋设计图纸；

    2 建设、设计、施工及监理单位名称；

    3 混凝土中含有的铁磁性物质；

    4 检测部位钢筋品种、牌号、设计规格、设计保护层厚度，结构构件中预留管道、金属预埋件等；

    5 施工记录等相关资料；

    6 检测原因。

1.0.4 对混凝土中钢筋进行检测时，除应符合本规程外，尚应符合国家现行有关标准的规定。

2 术语、符号

2.1 术 语

2.1.1 电磁感应法 electromagnetic test method

    用电磁感应原理检测混凝土结构及构件中钢筋间距、混凝土保护层厚度及公称直径的方法。

2.1.2 雷达法 radar test method

    通过发射和接收到的毫微秒级电磁波来检测混凝土结构及构件中钢筋间距、混凝土保护层厚度的方法。

2.1.3 半电池电位法 half-cell potentials test method

    通过检测钢筋表面层上某一点的电位，并与铜-硫酸铜参考电极的电位作比较，以此来确定钢筋锈蚀性状的方法。

2.2 符 号

c_1^t、c_2^t——第 1、2 次检测的混凝土保护层厚度检测值；

    c_0——探头垫块厚度；

    $c_{m,i}^t$——第 i 个测点混凝土保护层厚度平均检测值；

    c_c——混凝土保护层厚度修正值；

    s_i——第 i 个钢筋间距；

    $s_{m,i}$——钢筋平均间距；

    T——检测环境温度；

    V——温度修正后电位值；

    V_R——温度修正前电位值。

3 钢筋间距和保护层厚度检测

3.1 一 般 规 定

3.1.1 本章所规定检测方法不适用于含有铁磁性物质的混凝土检测。

3.1.2 应根据钢筋设计资料，确定检测区域内钢筋可能分布的状况，选择适当的检测面。检测面应清洁、平整，并应避开金属预埋件。

3.1.3 对于具有饰面层的结构及构件，应清除饰面层后在混凝土面上进行检测。

3.1.4 钻孔、剔凿时，不得损坏钢筋，实测应采用游标卡尺，量测精度应为 0.1mm。

3.1.5 钢筋间距和混凝土保护层厚度检测结果可按本规程附录 A 中表 A.0.1 和表 A.0.2 记录。

3.2 仪器性能要求

3.2.1 电磁感应法钢筋探测仪（以下简称钢筋探测仪）和雷达仪检测前应采用校准试件进行校准，当混凝土保护层厚度为 10～50mm 时，混凝土保护层厚度检测的允许误差为 ±1mm，钢筋间距检测的允许误差为 ±3mm。

3.2.2 钢筋探测仪的校准应按本规程附录 B 的规定进行，雷达仪的校准应按本规程附录 C 的规定进行。正常情况下，钢筋探测仪和雷达仪校准有效期可为一年。发生下列情况之一时，应对钢筋探测仪和雷达仪进行校准：

    1 新仪器启用前；

    2 检测数据异常，无法进行调整；

    3 经过维修或更换主要零配件。

3.3 钢筋探测仪检测技术

3.3.1 钢筋探测仪可用于检测混凝土结构及构件中钢筋的间距和混凝土保护层厚度。

3.3.2 检测前，应对钢筋探测仪进行预热和调零，调零时探头应远离金属物体。在检测过程中，应核查钢筋探测仪的零点状态。

3.3.3 进行检测前，宜结合设计资料了解钢筋布置状况。检测时，应避开钢筋接头和绑丝，钢筋间距应满足钢筋探测仪的检测要求。探头在检测面上移动，直到钢筋探测仪保护层厚度示值最小，此时探头中心线与钢筋轴线应重合，在相应位置作好标记。按上述步骤将相邻的其他钢筋位置逐一标出。

3.3.4 钢筋位置确定后，应按下列方法进行混凝土保护层厚度的检测：

    1 首先应设定钢筋探测仪量程范围及钢筋公称直径，沿被测钢筋轴线选择相邻钢筋影响较小的位置，并应避开钢筋接头和绑丝，读取第 1 次检测的混凝土保护

层厚度检测值。在被测钢筋的同一位置应重复检测 1 次，读取第 2 次检测的混凝土保护层厚度检测值。

    2 当同一处读取的 2 个混凝土保护层厚度检测值相差大于 1mm 时，该组检测数据应无效，并查明原因，在该处应重新进行检测。仍不满足要求时，应更换钢筋探测仪或采用钻孔、剔凿的方法验证。

    注：大多数钢筋探测仪要求钢筋公称直径已知方能准确检测混凝土保护层厚度，此时钢筋探测仪必须按照钢筋公称直径对应进行设置。

3.3.5 当实际混凝土保护层厚度小于钢筋探测仪最小示值时，应采用在探头下附加垫块的方法进行检测。垫块对钢筋探测仪检测结果不应产生干扰，表面应光滑平整，其各方向厚度值偏差不应大于 0.1mm。所加垫块厚度在计算时应予扣除。

3.3.6 钢筋间距检测应按本规程第 3.3.3 条的规定进行。应将检测范围内的设计间距相同的连续相邻钢筋逐一标出，并应逐个量测钢筋的间距。

3.3.7 遇到下列情况之一时，应选取不少于 30% 的已测钢筋，且不应少于 6 处（当实际检测数量不到 6 处时应全部选取），采用钻孔、剔凿等方法验证。

    1 认为相邻钢筋对检测结果有影响；

    2 钢筋公称直径未知或有异议；

    3 钢筋实际根数、位置与设计有较大偏差；

    4 钢筋以及混凝土材质与校准试件有显著差异。

3.4 雷达仪检测技术

3.4.1 雷达法宜用于结构及构件中钢筋间距的大面积扫描检测；当检测精度满足要求时，也可用于钢筋的混凝土保护层厚度检测。

3.4.2 根据被测结构及构件中钢筋的排列方向，雷达仪探头或天线应沿垂直于选定的被测钢筋轴线方向扫描，应根据钢筋的反射波位置来确定钢筋间距和混凝土保护层厚度检测值。

3.4.3 遇到下列情况之一时，应选取不少于 30% 的已测钢筋，且不应少于 6 处（当实际检测数量不到 6 处时应全部选取），采用钻孔、剔凿等方法验证。

    1 认为相邻钢筋对检测结果有影响；

    2 钢筋实际根数、位置与设计有较大偏差或无资料可供参考；

    3 混凝土含水率较高；

    4 钢筋以及混凝土材质与校准试件有显著差异。

3.5 检测数据处理

3.5.1 钢筋的混凝土保护层厚度平均检测值应按下式计算：

$$c_{m,i}^t = (c_1^t + c_2^t + 2c_c - 2c_0)/2 \qquad (3.5.1)$$

式中 $c_{m,i}^t$——第 i 测点混凝土保护层厚度平均检测值，精确至 1mm；

    c_1^t、c_2^t——第 1、2 次检测的混凝土保护层厚度检

测值，精确至 1mm；

    c_c——混凝土保护层厚度修正值，为同一规格钢筋的混凝土保护层厚度实测验证值减去检测值，精确至 0.1mm；

    c_0——探头垫块厚度，精确至 0.1mm；不加垫块时 $c_0 = 0$。

3.5.2 检测钢筋间距时，可根据实际需要采用绘图方式给出结果。当同一构件检测钢筋不少于 7 根钢筋（6 个间隔）时，也可给出被测钢筋的最大间距、最小间距，并按下式计算钢筋平均间距：

$$s_{m,i} = \frac{\sum_{i=1}^{n} s_i}{n} \qquad (3.5.2)$$

式中 $s_{m,i}$——钢筋平均间距，精确至 1mm；

    s_i——第 i 个钢筋间距，精确至 1mm。

4 钢筋直径检测

4.1 一般规定

4.1.1 应采用以数字显示示值的钢筋探测仪来检测钢筋公称直径，钢筋探测仪及检测应符合本规程第 3.1 节和第 3.2 节的要求。

4.1.2 对于校准试件，钢筋探测仪对钢筋公称直径的检测允许误差为 ±1mm。当检测误差不能满足要求时，应以剔凿实测结果为准。

4.1.3 钢筋直径的检测结果可按本规程附录 A 中表 A.0.3 记录。

4.2 检测技术

4.2.1 检测的准备应按本规程第 3.1 节的要求进行。

4.2.2 钢筋探测仪的操作应按本规程第 3.3 节的要求进行。

4.2.3 钢筋的公称直径检测应采用钢筋探测仪检测并结合钻孔、剔凿的方法进行，钢筋钻孔、剔凿的数量不应少于该规格已测钢筋的 30% 且不应少于 3 处（当实际检测数量不到 3 处时应全部选取）。钻孔、剔凿时，不得损坏钢筋，实测应采用游标卡尺，量测精度应为 0.1mm。

4.2.4 实测时，根据游标卡尺的测量结果，可通过相关的钢筋产品标准查出对应的钢筋公称直径。

4.2.5 当钢筋探测仪测得的钢筋公称直径与钢筋实际公称直径之差大于 1mm 时，应以实测结果为准。

4.2.6 应根据设计图纸等资料，确定被测结构及构件中钢筋的排列方向，并采用钢筋探测仪按本规程第 3.3 节的要求对被测结构及构件中钢筋及其相邻钢筋进行准确定位并作标记。

4.2.7 被测钢筋与相邻钢筋的间距应大于 100mm，且其周边的其他钢筋不应影响检测结果，并应避开钢

筋接头及绑丝。在定位的标记上，应根据钢筋探测仪的使用说明书操作，并记录钢筋探测仪显示的钢筋公称直径。每根钢筋重复检测2次，第2次检测时探头应旋转180°，每次读数必须一致。

4.2.8 对需依据钢筋混凝土保护层厚度值来检测钢筋公称直径的仪器，应事先钻孔确定钢筋的混凝土保护层厚度。

5 钢筋锈蚀性状检测

5.1 一般规定

5.1.1 本章适用于采用半电池电位法来定性评估混凝土结构及构件中钢筋的锈蚀性状，不适用于带涂层的钢筋以及混凝土已饱水和接近饱水的构件检测。

5.1.2 钢筋的实际锈蚀状况宜进行剔凿实测验证。

5.1.3 钢筋半电池电位的检测结果可按本规程附录A中表A.0.4记录。

5.2 仪器性能要求

5.2.1 检测设备应包括半电池电位法钢筋锈蚀检测仪（以下简称钢筋锈蚀检测仪）和钢筋探测仪等，钢筋探测仪的技术要求应符合本规程第3章相关规定。

5.2.2 钢筋锈蚀检测仪应由铜-硫酸铜半电池（以下简称半电池）、电压仪和导线构成。铜-硫酸铜半电池如图5.2.2所示。

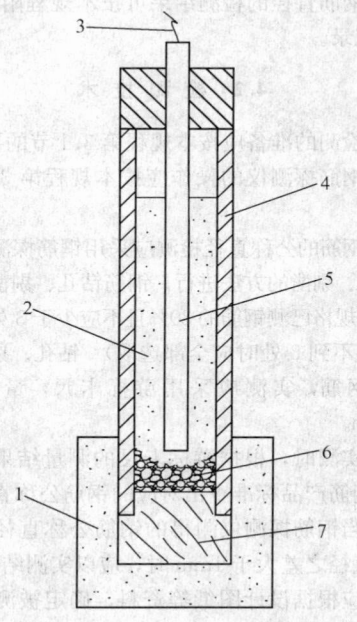

图5.2.2 铜-硫酸铜半电池剖面
1—电连接垫（海绵）；2—饱和硫酸铜溶液；3—与电压仪导线连接的插头；4—刚性管；5—铜棒；6—少许硫酸铜结晶；7—多孔塞（软木塞）

5.2.3 饱和硫酸铜溶液应采用分析纯硫酸铜试剂晶体溶解于蒸馏水中制备。应使刚性管的底部积有少量未溶解的硫酸铜结晶体，溶液应清澈且饱和。

5.2.4 半电池的电连接垫应预先浸湿，多孔塞和混凝土构件表面应形成电通路。

5.2.5 电压仪应具有采集、显示和存储数据的功能，满量程不宜小于1000mV。在满量程范围内的测试允许误差为±3%。

5.2.6 用于连接电压仪与混凝土中钢筋的导线宜为铜导线，其总长度不宜超过150m、截面面积宜大于0.75mm²，在使用长度内因电阻干扰所产生的测试回路电压降不应大于0.1mV。

5.3 钢筋锈蚀检测仪的保养、维护与校准

5.3.1 钢筋锈蚀检测仪使用后，应及时清洗刚性管、铜棒和多孔塞，并应密闭盖好多孔塞。

5.3.2 铜棒可采用稀释的盐酸溶液轻轻擦洗，并用蒸馏水清洗干净。不得用钢毛刷擦洗铜棒及刚性管。

5.3.3 硫酸铜溶液应根据使用时间给予更换，更换后宜采用甘汞电极进行校准。在室温（22±1）℃时，铜-硫酸铜电极与甘汞电极之间的电位差应为（68±10）mV。

5.4 钢筋半电池电位检测技术

5.4.1 在混凝土结构及构件上可布置若干测区，测区面积不宜大于5m×5m，并应按确定的位置编号。每个测区应采用矩阵式（行、列）布置测点，依据被测结构及构件的尺寸，宜用100mm×100mm～500mm×500mm划分网格，网格的节点应为电位测点。

5.4.2 当测区混凝土有绝缘涂层介质隔离时，应清除绝缘涂层介质。测点处混凝土表面应平整、清洁。必要时应采用砂轮或钢丝刷打磨，并应将粉尘等杂物清除。

5.4.3 导线与钢筋的连接应按下列步骤进行：

　　1 采用钢筋探测仪检测钢筋的分布情况，并应在适当位置剔凿出钢筋；

　　2 导线一端应接于电压仪的负输入端，另一端应接于混凝土中钢筋上；

　　3 连接处的钢筋表面应除锈或清除污物，并保证导线与钢筋有效连接；

　　4 测区内的钢筋（钢筋网）必须与连接点的钢筋形成电通路。

5.4.4 导线与半电池的连接应按下列步骤进行：

　　1 连接前应检查各种接口，接触应良好；

　　2 导线一端应连接到半电池接线插头上，另一端应连接到电压仪的正输入端。

5.4.5 测区混凝土应预先充分浸湿。可在饮用水中加入适量（约2%）家用液态洗涤剂配制成导电溶液，在测区混凝土表面喷洒，半电池的电连接垫与混凝土表面测点应有良好的耦合。

5.4.6 半电池检测系统稳定性应符合下列要求：

1 在同一测点，用相同半电池重复2次测得该点的电位差值应小于10mV；

2 在同一测点，用两只不同的半电池重复2次测得该点的电位差值应小于20mV。

5.4.7 半电池电位的检测应按下列步骤进行：

1 测量并记录环境温度；

2 应按测区编号，将半电池依次放在各电位测点上，检测并记录各测点的电位值；

3 检测时，应及时清除电连接垫表面的吸附物，半电池多孔塞与混凝土表面应形成电通路；

4 在水平方向和垂直方向上检测时，应保证半电池刚性管中的饱和硫酸铜溶液同时与多孔塞和铜棒保持完全接触；

5 检测时应避免外界各种因素产生的电流影响。

5.4.8 当检测环境温度在（22±5）℃之外时，应按下列公式对测点的电位值进行温度修正：

当 $T \geqslant 27℃$：

$$V = 0.9 \times (T - 27.0) + V_R \quad (5.4.8-1)$$

当 $T \leqslant 17℃$：

$$V = 0.9 \times (T - 17.0) + V_R \quad (5.4.8-2)$$

式中 V——温度修正后电位值，精确至1mV；

V_R——温度修正前电位值，精确至1mV；

T——检测环境温度，精确至1℃；

0.9——系数（mV /℃）。

5.5 半电池电位法检测结果评判

5.5.1 半电池电位检测结果可采用电位等值线图表示被测结构及构件中钢筋的锈蚀性状。

5.5.2 宜按合适比例在结构及构件图上标出各测点的半电池电位值，可通过数值相等的各点或内插等值的各点绘出电位等值线。电位等值线的最大间隔宜为100mV，如图5.5.2所示。

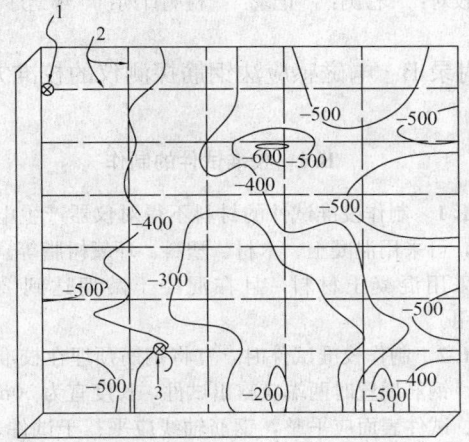

图 5.5.2 电位等值线示意
1—钢筋锈蚀检测仪与钢筋连接点；2—钢筋；
3—铜-硫酸铜半电池

5.5.3 当采用半电池电位值评价钢筋锈蚀性状时，应根据表5.5.3进行判断。

表 5.5.3 半电池电位值评价钢筋锈蚀性状的判据

电位水平（mV）	钢筋锈蚀性状
>-200	不发生锈蚀的概率＞90%
$-200 \sim -350$	锈蚀性状不确定
<-350	发生锈蚀的概率＞90%

附录 A 检测记录表

A.0.1 钢筋间距检测记录表可采用表 A.0.1 的格式。

表 A.0.1 钢筋间距检测记录表

第 页共 页

工程名称									构件名称		
检测依据											
检测仪器											
序号	设计配筋间距（mm）	检测部位	钢筋间距 s_i（mm）						验证值（mm）	备注	
			1	2	3	4	5	6			
检测部位示意图											
备注											

校对： 检测： 记录：检测日期： 年 月 日

A.0.2 钢筋混凝土保护层厚度检测记录表可采用表 A.0.2 的格式。

表 A.0.2 钢筋混凝土保护层厚度检测记录表

工程名称				构件名称				
检测依据								
检测仪器				垫块厚度 c_0（mm）				
序号	钢筋保护层厚度设计值（mm）	检测部位	钢筋公称直径（mm）	保护层厚度检测值（mm）		平均值	验证值	备注
				第1次检测值 c_1^t	第2次检测值 c_2^t			
检测部位示意图								
备注								

校对： 检测： 记录： 检测日期： 年 月 日

A.0.3 钢筋公称直径检测记录表可采用表 A.0.3 的格式。

表 A.0.3 钢筋公称直径检测记录表

工程名称			构件名称		
检测依据					
检测仪器					
序号	设计配筋直径（mm）	检测部位	检测结果（mm）		备注
			第1次	第2次	实测参数（ ）	
检测部位示意图					
备注					

校对： 检测： 记录： 检测日期： 年 月 日

A.0.4 钢筋半电池电位检测记录表可采用表 A.0.4 的格式。

表 A.0.4 钢筋半电池电位检测记录表

工程名称				构件名称			
检测依据							
检测仪器			检测环境温度（℃）				
检测部位	测点电位值（mV）						
	1	2	3	4	5	6	7
检测部位示意图							
备注							

校对： 检测： 记录： 检测日期： 年 月 日

附录 B 电磁感应法钢筋探测仪的校准方法

B.1 校准试件的制作

B.1.1 制作校准试件的材料不得对仪器产生电磁干扰，可采用混凝土、木材、塑料、环氧树脂等。宜优先采用混凝土材料，且在混凝土龄期达到 28d 后使用。

B.1.2 制作校准试件时，宜将钢筋预埋在校准试件中，钢筋埋置时两端应露出试件，长度宜为 50mm 以上。试件表面应平整，钢筋轴线应平行于试件表面，从试件 4 个侧面量测其钢筋的埋置深度应不相同，并且同一钢筋两外露端轴线至试件同一表面的垂直距离差应在 0.5mm 之内。

B.1.3 校准的试件尺寸、钢筋公称直径和钢筋保护层厚度可根据钢筋探测仪的量程进行设置，并应与工程中被检钢筋的实际参数基本相同。钢筋间距校准试件的制作可按本规程附录 C 第 C.1.2 条进行。

B.2 校准项目及指标要求

B.2.1 应对钢筋间距、混凝土保护层厚度和公称直径 3 个检测项目进行校准。

B.2.2 校准项目的指标应满足本规程第 3.2.1 条和第 4.1.2 条的要求。

B.3 校 准 步 骤

B.3.1 应在试件各测试表面标记出钢筋的实际轴线位置，用游标卡尺量测两外露钢筋在各测试面上的实际保护层厚度值，取其平均值，精确至 0.1mm。

B.3.2 应采用游标卡尺量测钢筋，精确至 0.1mm，并通过相关的钢筋产品标准查出其对应的公称直径。

B.3.3 校准时，钢筋探测仪探头应在试件上进行扫描，并标记出仪器所指定的钢筋轴线，应采用直尺量测试件表面钢筋探测仪所测定的钢筋轴线与实际钢筋轴线之间的最大偏差。记录钢筋探测仪指示的保护层厚度检测值。对于具有钢筋公称直径检测功能的钢筋探测仪，应进行钢筋公称直径检测。

B.3.4 钢筋探测仪检测值和实际量测值的对比结果均符合本规程附录第 B.2 节的要求时，应判定钢筋探测仪合格。当部分项目指标以及一定量程范围内符合本规程附录第 B.2 节的要求时，应判定其相应部分合格，但应限定钢筋探测仪的使用范围，并应指明其符合的项目和量程范围以及不符合的项目和量程范围。

B.3.5 经过校准合格或部分合格的钢筋探测仪，应注明所采用的校准试件的钢筋牌号、规格以及校准试件材质。

附录 C 雷达仪校准方法

C.1 校准试件的制作

C.1.1 应选择当地常用的原材料及强度等级制作混凝土板，并宜采用同盘混凝土拌合物同时制作校正混凝土介电常数的素混凝土试块，其大小应参考雷达仪说明书的要求。当试件较多时，校准用混凝土板应和校正介电常数的试块逐一对应。

C.1.2 混凝土板应采用单层钢筋网，宜采用直径为 8～12mm 的圆钢制作，其间距宜为 100～150mm，钢筋的混凝土保护层厚度应覆盖 15mm、40mm、65mm、90mm 四个区段，每个混凝土保护层厚度的钢筋网至少应有 8 个间距。钢筋两端应外露，其两端混凝土保护层厚度差不应大于 0.5mm，两端的间距差不应大于 1mm，否则应重新制作试件。也可根据

工程实际制作相应的试件。

C.1.3 制作混凝土试件的原材料均不得含有铁磁性物质，试件浇筑后 7d 内应浇水并覆盖养护，7d 后采用自然养护，试件龄期应达到 28d 且在自然风干后使用。

C.2 校准项目及指标要求

C.2.1 应对钢筋间距和混凝土保护层厚度 2 个项目进行校准。

C.2.2 校准项目的指标应满足本规程第 3.2.1 条的要求。

C.3 校 准 步 骤

C.3.1 校准过程中应避免外界的电磁干扰。

C.3.2 应先校正试件的介电常数，然后再进行雷达仪校准。

C.3.3 在外露钢筋的两端，应采用钢卷尺量测 6 段钢筋间距内的总长度，取平均值，并作为钢筋的实际平均间距。同时用游标卡尺量测钢筋两外露端实际混凝土保护层厚度值，取其平均值。

C.3.4 应根据雷达仪在试件上的扫描结果，标记出雷达仪所指定的钢筋轴线，并应根据扫描结果计算钢筋平均间距及混凝土保护层厚度检测值。

C.3.5 当雷达仪检测值和实际量测值的对比结果均符合本规程附录第 C.2 节的要求时，应判定雷达仪合格。当部分项目指标以及一定量程范围内符合本规程附录第 C.2 节的要求时，应判定其相应部分合格，但应限定雷达仪的使用范围，并应指明其符合的项目和量程范围以及不符合的项目和量程范围。

C.3.6 经过校准合格或部分合格的雷达仪，应注明所采用的校准试件的钢筋牌号、规格以及混凝土材质。

本规程用词说明

1 为便于在执行本规程条文时区别对待，对要求严格程度不同的用词说明如下：

  1) 表示很严格，非这样做不可的用词：

    正面词采用"必须"，反面词采用"严禁"；

  2) 表示严格，在正常情况下均应这样做的用词：

    正面词采用"应"，反面词采用"不应"或"不得"；

  3) 表示允许稍有选择，在条件许可时首先应这样做的用词：

    正面词采用"宜"，反面词采用"不宜"；

    表示有选择，在一定条件下可以这样做的用词，采用"可"。

2 本规程中指明应按其他有关标准执行的写法为"应按……执行"或"应符合……要求（规定）"。

中华人民共和国行业标准

混凝土中钢筋检测技术规程

JGJ/T 152—2008

条 文 说 明

前　言

《混凝土中钢筋检测技术规程》JGJ/T 152—2008，经住房和城乡建设部 2008 年 4 月 28 日以第 20 号公告批准、发布。

为便于广大设计、施工、科研、质检、学校等单位的有关人员在使用本规程时能正确理解和执行条文

规定，《混凝土中钢筋检测技术规程》编制组按章、节、条顺序编制了本规程的条文说明，供使用者参考。在使用中如发现条文说明有不妥之处，请将意见函寄中国建筑科学研究院（地址：北京市北三环东路 30 号，邮政编码：100013）。

目　次

1 总　　则

1.0.1、1.0.2 混凝土结构及构件通常由混凝土和置于混凝土内的钢筋组成。钢筋在混凝土结构中主要承受拉力并赋予结构以延性，补偿混凝土抗拉能力低下、容易开裂和脆断的缺陷，而混凝土则主要承受压力并保护内部的钢筋不致发生锈蚀。因此，混凝土中的钢筋直接关系到建筑物的结构安全和耐久性。混凝土中的钢筋已成为工程质量鉴定和验收所必检的项目，本规程的制定将规范混凝土结构及构件中钢筋的现场检测技术及检测结果的评价方法，提高检测结果的可靠性和可比性。

现行的较为成熟的检测内容主要有钢筋的间距、混凝土保护层厚度、公称直径以及锈蚀性状。采用的方法主要有电磁感应法钢筋探测仪、雷达仪和半电池电位法钢筋锈蚀检测仪。

3　钢筋间距和保护层厚度检测

3.1　一般规定

3.1.1 铁磁性物质会对仪器造成干扰，对于混凝土保护层厚度的检测具有很大的影响。

3.1.2 钢筋在混凝土结构中属于隐蔽工程，检测前应充分了解设计资料以及委托单位意图，有助于检测人员制订较为妥善的检测方案，取得准确的检测结果。

3.1.3 在对既有建筑进行检测时，构件通常具有饰面层，应将饰面层清除后进行检测。对于设计和验收来说，需要检测的是钢筋的混凝土保护层厚度，不清除饰面层难以得到准确的检测值。

3.2　仪器性能要求

3.2.1 现行国家标准《混凝土结构工程施工质量验收规范》GB 50204—2002 附录 E "结构实体保护层厚度检测"中，对钢筋保护层厚度的检测误差规定不应大于1mm，考虑到通常混凝土保护层厚度设计值以及现行验收规范所允许的实际施工误差，因此提出 10～50mm 范围内其检测允许误差为 1mm，多数钢筋探测仪在此量程范围内是可以满足要求的。需要指出的是，本条规定的是校准时的允许误差，在工程检测中的误差有时会更大一点。

3.2.2 校准是为了保证仪器的正常工作状态和检测精度。仪器的主要零配件包括探头、天线等。

3.3　钢筋探测仪检测技术

3.3.2 预热可以使钢筋探测仪达到稳定的工作状态。对于电子仪器，使用中难免受到各种干扰而导致读数漂移，为保证钢筋探测仪读数的准确，应时常检查钢筋探测仪是否偏离调零时的零点状态。

3.3.3 应根据设计图纸或者结构知识，了解所检测结构及构件中可能的钢筋品种、排列方式，比如框架柱一般有纵筋、箍筋，然后用钢筋探测仪探头在构件上预先扫描检测，了解其大概的位置，以便于在进一步的检测中尽可能避开钢筋间的相互干扰。在尽可能避开钢筋相互干扰并大致了解所检钢筋分布状况的前提下，即可根据钢筋探测仪显示的最小保护层厚度检测值来判断钢筋轴线，此步骤便完成了钢筋的定位。

3.3.4 对于钢筋探测仪，其基本原理是根据钢筋对仪器探头所发出的电磁场的感应强度来判定钢筋的大小和深度，而钢筋公称直径和深度是相互关联的，对于同样强度的感应信号，当钢筋公称直径较大时，其混凝土保护层厚度较深，因此，为了准确得到钢筋的混凝土保护层厚度值，应该按照钢筋实际公称直径进行设定。当2次检测的误差超过允许值时，应检查零点是否出现漂移并采取相应的处理措施。

3.3.5 当混凝土保护层厚度值过小时，有些钢筋探测仪无法进行检测或示值偏差较大，可采用在探头下附加垫块来人为增大保护层厚度的检测值。

3.4　雷达仪检测技术

3.4.1 雷达法的特点是一次扫描后能形成被测部位的断面图象，因此可以进行快速、大面积的扫描。因为雷达法需要利用雷达波（电磁波的一种）在混凝土中的传播速度来推算其传播距离，而雷达波在混凝土中的传播速度和其介电常数有关，故为达到检测所需的精度要求，应根据被检结构及构件所采用的素混凝土，对雷达仪进行介电常数的校正。

3.5　检测数据处理

3.5.1 当混凝土保护层厚度很小时，例如混凝土保护层厚度检测值只有 1～2mm，而混凝土保护层厚度修正值也为 1～2mm 时，公式（3.5.1）的计算结果有可能会出现负值。但在混凝土保护层厚度很小时，一般是不需要修正的。

4　钢筋直径检测

4.1　一般规定

4.1.2 一般建筑结构及构件常用的钢筋公称直径最小也是以 2mm 递增的，因此对于钢筋公称直径的检测，如果误差超过 2mm 则失去了检测意义。由于钢筋探测仪容易受到邻近钢筋的干扰而导致检测误差的增大，因此当误差较大时，应以剔凿实测结果为准。

4.2 检 测 技 术

4.2.3 对于结构及构件来说，其钢筋即使仅仅相差一个规格，都会对结构安全带来重大影响，因此必须慎重对待。当前的技术手段还不能完全满足对钢筋公称直径进行非破损检测的要求，采用局部剔凿实测相结合的办法是很有必要的。

4.2.4 在用游标卡尺进行钢筋直径实测时，应根据相关的钢筋产品标准如《钢筋混凝土用钢 第2部分：热轧带肋钢筋》GB 1499.2 等来确定量测部位，并根据量测结果通过产品标准查出其对应的公称直径。

4.2.7 此规定的主要目的是尽量避开干扰，降低影响因素。为保证检测精度，对检测数据的重复性要求较高，也是为了避免错判。

5 钢筋锈蚀性状检测

5.1 一 般 规 定

5.1.1 半电池电位法是一种电化学方法。考虑到在一般的建筑物中，混凝土结构及构件中钢筋腐蚀通常是由于自然电化学腐蚀引起的，因此采用测量电化学参数来进行判断。在本方法中，规定了一种半电池，即铜-硫酸铜半电池；同时将混凝土与混凝土中的钢筋看作是另一个半电池。测量时，将铜-硫酸铜半电池与钢筋混凝土相连接检测钢筋的电位，根据研究积累的经验来判断钢筋的锈蚀性状。所以这种方法适用于已硬化混凝土中钢筋的半电池电位的检测，它不受混凝土构件尺寸和钢筋保护层厚度的限制。

5.2 仪器性能要求

5.2.1 使用钢筋探测仪是要在检测前找到钢筋的位置，有利于提高工作效率。

5.2.4 将预先浸湿的电连接垫安装在刚性管底端，

以使多孔塞和混凝土构件表面形成电通路，从而在混凝土表面和半电池之间提供一个低电阻的液体桥路。

5.3 钢筋锈蚀检测仪的保养、维护与校准

5.3.1 多孔塞一般为软木塞，一旦干燥收缩，将会产生很大变形，影响其使用寿命。

5.4 钢筋半电池电位检测技术

5.4.1 为了便于操作，建议测区面积不宜大于5m×5m。一般碰到尺寸较大结构及构件时，测区面积控制在 5m×5m，测点间距可取大值，如 500mm×500mm；而构件尺寸相对较小时，如梁、柱等，测区面积相应较小，测点间距可取小值，如 100mm×100mm。

5.4.2 当混凝土表面有绝缘涂层介质隔离时，为了能让2个半电池形成通路，应清除绝缘层介质。为了保证半电池的电连接垫与测点处混凝土有良好接触，测点处混凝土表面应平整、清洁。如果表面有水泥浮浆或其他杂物时，应该用砂轮或钢丝刷打磨，把其清除掉。

5.4.3 选定好被测构件后，用钢筋探测仪扫描钢筋的分布情况，在合适的位置凿出2处钢筋。用万用表测量这2根钢筋是否连通，用以验证测区内的钢筋（钢筋网）是否与连接触点的钢筋形成通路。然后选择其中1根钢筋用于连接电压仪。

5.5 半电池电位法检测结果评判

5.5.1、5.5.2 采用电位等值线图后，可以较直观地反映不同锈蚀性状的钢筋分布情况。

5.5.3 半电池电位法检测结果评判采用《Standard Test Method for Half-Cell Potentials of Uncoated Reinforcing Steel in Concrete》ASTM C876-91（Reapproved 1999）中的判据。

中华人民共和国行业标准

建筑变形测量规范

Code for deformation measurement of building and structure

JGJ 8—2007

J 719—2007

批准部门：中华人民共和国建设部

施行日期：2 0 0 8 年 3 月 1 日

中华人民共和国建设部
公　告

第 710 号

建设部关于发布行业标准
《建筑变形测量规范》的公告

现批准《建筑变形测量规范》为行业标准，编号为 JGJ 8 - 2007，自 2008 年 3 月 1 日起实施。其中，第 3.0.1、3.0.11 条为强制性条文，必须严格执行。原行业标准《建筑变形测量规程》JGJ/T 8 - 97 同时废止。

本规范由建设部标准定额研究所组织中国建筑工业出版社出版发行。

中华人民共和国建设部

2007 年 9 月 4 日

前　言

根据建设部建标〔2004〕66 号文的要求，标准编制组经广泛调查研究，认真总结实践经验，参考有关国外先进标准，在广泛征求意见的基础上，对原《建筑变形测量规程》JGJ/T 8 - 97 进行了修订。

本规范的主要技术内容是：1. 总则；2. 术语、符号和代号；3. 基本规定；4. 变形控制测量；5. 沉降观测；6. 位移观测；7. 特殊变形观测；8. 数据处理分析；9. 成果整理与质量检查验收。

修订的内容是：1. 将标准的名称修订为《建筑变形测量规范》；2. 增加了第 2、7、9 章和第 4.5、4.8、6.4 节及附录 C；3. 将原第 2 章作较大的修改后成为目前的第 3 章；4. 将原第 3、4 章修改并合并为目前的第 4 章；5. 在第 4、5、6 章中分别增加"一般规定"一节；6. 将原第 6 章中的日照变形观测、风振观测和裂缝观测放入第 7 章；7. 对原第 7 章作了较大的修改和扩充后成为目前的第 8 章；8. 对有关技术要求和作业方法等作了较为全面的修订；9. 设置了强制性条文。

本规范以黑体字标志的条文为强制性条文，必须严格执行。

本规范由建设部负责管理和对强制性条文进行解释，由主编单位负责具体技术内容的解释。

本规范主编单位：建设综合勘察研究设计院

（北京东直门内大街 177 号，邮政编码：100007）

本规范参编单位：上海岩土工程勘察设计研究院有限公司
西北综合勘察设计研究院
南京工业大学
深圳市勘察测绘院有限公司
中国有色金属工业西安勘察设计研究院
北京市测绘设计研究院
武汉市勘测设计研究院
广州市城市规划勘测设计研究院
长沙市勘测设计研究院
重庆市勘测院
北京威远图数据开发有限公司

本规范主要起草人：王　丹　　陆学智　　张肇基
潘庆林　　王双龙　　王百发
刘广盈　　张凤录　　严小平
欧海平　　戴建清　　谢征海
陈宜金　　孙　焰

目　次

1 总　则

1.0.1 为了在建筑变形测量中贯彻执行国家有关技术经济政策，做到技术先进、经济合理、安全适用、确保质量，制定本规范。

1.0.2 本规范适用于工业与民用建筑的地基、基础、上部结构及场地的沉降测量、位移测量和特殊变形测量。

1.0.3 建筑变形测量应能确切地反映建筑地基、基础、上部结构及其场地在静荷载或动荷载及环境等因素影响下的变形程度或变形趋势。

1.0.4 建筑变形测量所用仪器设备必须经检定合格。仪器设备的检定、检验及维护，应符合本规范和国家现行有关标准的规定。

1.0.5 建筑变形测量除使用本规范规定的各种方法外，亦可采用能满足本规范规定的技术质量要求的其他方法。

1.0.6 建筑变形测量除应符合本规范外，尚应符合国家现行有关标准的规定。

2　术语、符号和代号

2.1　术　语

2.1.1 建筑变形　deformation of building and structure

建筑的地基、基础、上部结构及其场地受各种作用力而产生的形状或位置变化现象。

2.1.2 建筑变形测量　deformation measurement of building and structure

对建筑的地基、基础、上部结构及其场地受各种作用力而产生的形状或位置变化进行观测，并对观测结果进行处理和分析的工作。

2.1.3 地基　foundation soils, subgrade

支承基础的土体或岩体。

2.1.4 基础　foundation

将结构所承受的各种作用力传递到地基上的结构组成部分。

2.1.5 基坑　foundation pit

为进行建筑基础与地下室的施工所开挖的地面以下空间。

2.1.6 基坑回弹　rebound of foundation pit

基坑开挖时由于卸除土的自重而引起坑底土隆起的现象。

2.1.7 沉降　settlement, subsidence

建筑地基、基础及地面在荷载作用下产生的竖向移动，包括下沉和上升。其下沉或上升值称为沉降量。

2.1.8 沉降差　differential settlement

同一建筑的不同部位在同一时间段的沉降量差值，亦称差异沉降。

2.1.9 相邻地基沉降　adjacent subgrade subsidence

由于毗邻建筑间的荷载差异引起的相邻地基土应力重新分布而产生的附加沉降。

2.1.10 场地地面沉降　field ground subsidence

由于长期降雨、管道漏水、地下水位大幅度变化、大面积堆载、地裂缝、大面积潜蚀、砂土液化以及地下采空等原因引起的一定范围内的地面沉降。

2.1.11 位移　displacement

本规范特指建筑产生的非竖向变形。

2.1.12 倾斜　inclination

建筑中心线或其墙、柱等，在不同高度的点对其相应底部点的偏移现象。

2.1.13 挠度　deflection

建筑的基础、上部结构或构件等在弯矩作用下因挠曲引起的垂直于轴线的线位移。

2.1.14 动态变形　dynamic deformation

建筑在动荷载作用下产生的变形。

2.1.15 风振变形　wind loading deformation

由于受强风作用而产生的变形。

2.1.16 日照变形　sunshine deformation

由于受阳光照射受热不均而产生的变形。

2.1.17 变形允许值　allowable deformation value

建筑能承受而不至于产生损害或影响正常使用所允许的变形值。

2.1.18 基准点　benchmark, reference point

为进行变形测量而布设的稳定的、需长期保存的测量控制点。

2.1.19 工作基点　working reference point

为直接观测变形点而在现场布设的相对稳定的测量控制点。

2.1.20 观测点　observation point

布设在建筑地基、基础、场地及上部结构的敏感位置上能反映其变形特征的测量点，亦称变形点。

2.1.21 变形速率　rate of deformation

单位时间的变形量。

2.1.22 观测周期　time interval of measurement

前后两次变形观测的时间间隔。

2.1.23 变形因子　deformation factor

引起建筑变形的因素，如荷载、时间等。

2.2　符　号

2.2.1 变形量

A——风力振幅

d——位移分量；偏离值

d_d——动态位移

d_m——平均位移值

d_s——静态位移

f_c——基础相对弯曲度

f_d——挠度值

f_{dc}——跨中挠度值

s——沉降量

α——基础或构件倾斜度

β——风振系数

Δ——观测点两周期之间的变形量

Δd——位移分量差

Δs——沉降差

2.2.2　观测量

D——距离；边长

h——高差

I——仪器高

L——附合路线、环线或视准线长度

n——测回数；测站；高差个数

r——水准观测同一路线的观测次数

S——视线长度

α_v——垂直角

v——觇牌高

2.2.3　中误差

m_d——位移分量或偏离值测定中误差

$m_{\Delta d}$——位移分量差测定中误差

m_h——测站高差中误差

m_0——水准测量单程观测每测站高差中误差

m_s——沉降量测定中误差

$m_{\Delta s}$——沉降差测定中误差

m_α——方向中误差

m_β——测角中误差

μ——单位权中误差；观测点测站高差中误差；观测点坐标中误差

2.2.4　误差估算参数

C_1、C_2——导线类别系数

Q——观测点变形量的协因数

Q_H——最弱观测点高程的协因数

Q_h——待求观测点间高差的协因数

Q_X——最弱观测点坐标的协因数

$Q_{\Delta X}$——待求观测点间坐标差的协因数

λ——系统误差影响系数

2.2.5　仪器特征参数

a——电磁波测距仪标称的固定误差

b——电磁波测距仪标称的比例误差系数

i——水准仪视准轴与水准管轴的夹角

$2C$——经纬仪两倍视准误差

2.2.6　其他符号

H_g——自室外地面起算的建筑物高度

K——大气垂直折光系数

R——地球平均曲率半径

2.3　代　　号

DJ——经纬仪型号代码，主要有 DJ05、DJ1、DJ2 等型号

DS——水准仪型号代码，主要有 DS05、DS1、DS3 等型号

DSZ——自动安平水准仪型号代码，主要有 DSZ05、DSZ1、DSZ3 等型号

GPS——全球定位系统 global positioning system

PDOP——GPS的空间位置精度因子 position dilution of precision

3　基　本　规　定

3.0.1　下列建筑在施工和使用期间应进行变形测量：

1　地基基础设计等级为甲级的建筑；

2　复合地基或软弱地基上的设计等级为乙级的建筑；

3　加层、扩建建筑；

4　受邻近深基坑开挖施工影响或受场地地下水等环境因素变化影响的建筑；

5　需要积累经验或进行设计反分析的建筑。

3.0.2　建筑变形测量的平面坐标系统和高程系统宜采用国家平面坐标系统和高程系统或所在地方使用的平面坐标系统和高程系统，也可采用独立系统。当采用独立系统时，必须在技术设计书和技术报告书中明确说明。

3.0.3　建筑变形测量工作开始前，应根据建筑地基基础设计的等级和要求、变形类型、测量目的、任务要求以及测区条件进行施测方案设计，确定变形测量的内容、精度级别、基准点与变形点布设方案、观测周期、仪器设备及检定要求、观测与数据处理方法、提交成果内容等，编写技术设计书或施测方案。

3.0.4　建筑变形测量的级别、精度指标及其适用范围应符合表 3.0.4 的规定。

**表 3.0.4　建筑变形测量的
级别、精度指标及其适用范围**

变形测量级别	沉降观测	位移观测	主要适用范围
	观测点测站高差中误差（mm）	观测点坐标中误差（mm）	
特级	±0.05	±0.3	特高精度要求的特种精密工程的变形测量
一级	±0.15	±1.0	地基基础设计为甲级的建筑的变形测量；重要的古建筑和特大型市政桥梁等变形测量等

续表 3.0.4

变形测量级别	沉降观测 观测点测站高差中误差（mm）	位移观测 观测点坐标中误差（mm）	主要适用范围
二级	±0.5	±3.0	地基基础设计为甲、乙级的建筑的变形测量；场地滑坡测量；重要管线的变形测量；地下工程施工及运营中变形测量；大型市政桥梁变形测量等
三级	±1.5	±10.0	地基基础设计为乙、丙级的建筑的变形测量；地表、道路及一般管线的变形测量；中小型市政桥梁变形测量等

注：1 观测点测站高差中误差，系指水准测量的测站高差中误差或静力水准测量、电磁波测距三角高程测量中相邻观测点相应测段间等价的相对高差中误差；

2 观测点坐标中误差，系指观测点相对测站点（如工作基点）的坐标中误差、坐标差中误差以及等价的观测点相对基准线的偏差值中误差、建筑或构件相对底部固定点的水平位移分量中误差；

3 观测点点位中误差为观测点坐标中误差的 $\sqrt{2}$ 倍；

4 本规范以中误差作为衡量精度的标准，并以二倍中误差作为极限误差。

3.0.5 建筑变形测量精度级别的确定应符合下列规定：

1 地基基础设计为甲级的建筑及有特殊要求的建筑变形测量工程，应根据现行国家标准《建筑地基基础设计规范》GB 50007 规定的建筑地基变形允许值，分别按本规范第 3.0.6 条和第 3.0.7 条的规定进行精度估算后，按下列原则确定精度级别：

   1）当仅给定单一变形允许值时，应按所估算的观测点精度选择相应的精度级别；

   2）当给定多个同类型变形允许值时，应分别估算观测点精度，根据其中最高精度选择相应的精度级别；

   3）当估算出的观测点精度低于本规范表 3.0.4 中三级精度的要求时，应采用三级精度。

2 其他建筑变形测量工程，可根据设计、施工的要求，按照本规范表 3.0.4 的规定，选取适宜的精度级别；

3 当需要采用特级精度时，应对作业过程和方法作出专门的设计与论证后实施。

3.0.6 沉降观测点测站高差中误差应按下列规定进行估算：

1 按照设计的沉降观测网，计算网中最弱观测点高程的协因数 Q_H、待求观测点间高差的协因数 Q_h；

2 单位权中误差即观测点测站高差中误差 μ 应按公式（3.0.6-1）或公式（3.0.6-2）估算：

$$\mu = m_s / \sqrt{2Q_H} \qquad (3.0.6\text{-}1)$$

$$\mu = m_{\Delta s} / \sqrt{2Q_h} \qquad (3.0.6\text{-}2)$$

式中 m_s——沉降量 s 的测定中误差（mm）；

   $m_{\Delta s}$——沉降差 Δs 的测定中误差（mm）。

3 公式（3.0.6-1）、（3.0.6-2）中的 m_s 和 $m_{\Delta s}$ 应按下列规定确定：

   1）沉降量、平均沉降量等绝对沉降的测定中误差 m_s，对于特高精度要求的工程可按地基条件，结合经验具体分析确定；对于其他精度要求的工程，可按低、中、高压缩性地基土或微风化、中风化、强风化地基岩石的类别及建筑对沉降的敏感程度的大小分别选 ±0.5mm、±1.0mm、±2.5mm；

   2）基坑回弹、地基土分层沉降等局部地基沉降以及膨胀土地基沉降等的测定中误差 m_s，不应超过其变形允许值的 1/20；

   3）平置构件挠度等变形的测定中误差，不应超过变形允许值的 1/6；

   4）沉降差、基础倾斜、局部倾斜等相对沉降的测定中误差，不应超过其变形允许值的 1/20；

   5）对于具有科研及特殊目的的沉降量或沉降差的测定中误差，可根据需要将上述各项中误差乘以 1/5～1/2 系数后采用。

3.0.7 位移观测点坐标中误差应按下列规定进行估算：

1 应按照设计的位移观测网，计算网中最弱观测点坐标的协因数 Q_X、待求观测点间坐标差的协因数 $Q_{\Delta X}$；

2 单位权中误差即观测点坐标中误差 μ 应按公式（3.0.7-1）或公式（3.0.7-2）估算：

$$\mu = m_d / \sqrt{2Q_X} \qquad (3.0.7\text{-}1)$$

$$\mu = m_{\Delta d} / \sqrt{2Q_{\Delta X}} \qquad (3.0.7\text{-}2)$$

式中 m_d——位移分量 d 的测定中误差（mm）；

   $m_{\Delta d}$——位移分量差 Δd 的测定中误差（mm）。

3 公式（3.0.7-1）、（3.0.7-2）中的 m_d 和 $m_{\Delta d}$ 应按下列规定确定：

   1）对建筑基础水平位移、滑坡位移等绝对位移，可按本规范表 3.0.4 选取精度级别；

   2）受基础施工影响的位移、挡土设施位移等局部地基位移的测定中误差，不应超

过其变形允许值分量的 1/20。变形允许值分量应按变形允许值的 $1/\sqrt{2}$ 采用;

3）建筑的顶部水平位移、工程设施的整体垂直挠曲、全高垂直度偏差、工程设施水平轴线偏差等建筑整体变形的测定中误差,不应超过其变形允许值分量的 1/10;

4）高层建筑层间相对位移、竖直构件的挠度、垂直偏差等结构段变形的测定中误差,不应超过其变形允许值分量的 1/6;

5）基础的位移差、转动挠曲等相对位移的测定中误差,不应超过其变形允许值分量的 1/20;

6）对于科研及特殊目的的变形量测定中误差,可根据需要将上述各项中误差乘以 1/5～1/2 系数后采用。

3.0.8 建筑变形测量应按确定的观测周期与总次数进行观测。变形观测周期的确定应以能系统地反映所测建筑变形的变化过程、且不遗漏其变化时刻为原则,并综合考虑单位时间内变形量的大小、变形特征、观测精度要求及外界因素影响情况。

3.0.9 建筑变形测量的首次(即零周期)观测应连续进行两次独立观测,并取观测结果的中数作为变形测量初始值。

3.0.10 一个周期的观测应在短的时间内完成。不同周期观测时,宜采用相同的观测网形、观测路线和观测方法,并使用同一测量仪器和设备。对于特级和一级变形观测,宜固定观测人员、选择最佳观测时段、在相同的环境和条件下观测。

3.0.11 当建筑变形观测过程中发生下列情况之一时,必须立即报告委托方,同时应及时增加观测次数或调整变形测量方案:

1 变形量或变形速率出现异常变化;

2 变形量达到或超出预警值;

3 周边或开挖面出现塌陷、滑坡;

4 建筑本身、周边建筑及地表出现异常;

5 由于地震、暴雨、冻融等自然灾害引起的其他变形异常情况。

4 变形控制测量

4.1 一般规定

4.1.1 建筑变形测量基准点和工作基点的设置应符合下列规定:

1 建筑沉降观测应设置高程基准点;

2 建筑位移和特殊变形观测应设置平面基准点,必要时应设置高程基准点;

3 当基准点离所测建筑距离较远致使变形测量

作业不方便时,宜设置工作基点。

4.1.2 变形测量的基准点应设置在变形区域以外、位置稳定、易于长期保存的地方,并应定期复测。复测周期应视基准点所在位置的稳定情况确定,在建筑施工过程中宜 1～2 月复测一次,点位稳定后宜每季度或每半年复测一次。当观测点变形测量成果出现异常,或当测区受到地震、洪水、爆破等外界因素影响时,应及时进行复测,并按本规范第 8.2 节的规定对其稳定性进行分析。

4.1.3 变形测量基准点的标石、标志埋设后,应达到稳定后方可开始观测。稳定期应根据观测要求与地质条件确定,不宜少于 15d。

4.1.4 当有工作基点时,每期变形观测时均应将其与基准点进行联测,然后再对观测点进行观测。

4.1.5 变形控制测量的精度级别应不低于沉降或位移观测的精度级别。

4.2 高程基准点的布设与测量

4.2.1 特级沉降观测的高程基准点数不应少于 4 个;其他级别沉降观测的高程基准点数不应少于 3 个。高程工作基点可根据需要设置。基准点和工作基点应形成闭合环或形成由附合路线构成的结点网。

4.2.2 高程基准点和工作基点位置的选择应符合下列规定:

1 高程基准点和工作基点应避开交通干道主路、地下管线、仓库堆栈、水源地、河岸、松软填土、滑坡地段、机器振动区以及其他可能使标石、标志易遭腐蚀和破坏的地方;

2 高程基准点应选设在变形影响范围以外且稳定、易于长期保存的地方。在建筑区内,其点位与邻近建筑的距离应大于建筑基础最大宽度的 2 倍,其标石埋深应大于邻近建筑基础的深度。高程基准点也可选择在基础深且稳定的建筑上;

3 高程基准点、工作基点之间宜便于进行水准测量。当使用电磁波测距三角高程测量方法进行观测时,宜使各点周围的地形条件一致。当使用静力水准测量方法进行沉降观测时,用于联测观测点的工作基点宜与沉降观测点设在同一高程面上,偏差不应超过 ±1cm。当不能满足这一要求时,应设置上下高程不同但位置垂直对应的辅助点传递高程。

4.2.3 高程基准点和工作基点标石、标志的选型及埋设应符合下列规定:

1 高程基准点的标石应埋设在基岩层或原状土层中,可根据点位所在处的不同地质条件,选埋基岩水准基点标石、深埋双金属管水准基点标石、深埋钢管水准基点标石、混凝土基本水准标石。在基岩壁或稳固的建筑上也可埋设墙上水准标志;

2 高程工作基点的标石可按点位的不同要求,选用浅埋钢管水准标石、混凝土普通水准标石或墙上

水准标志等；

3 标石、标志的形式可按本规范附录 A 的规定执行。特殊土地区和有特殊要求的标石、标志规格及埋设，应另行设计。

4.2.4 高程控制测量宜使用水准测量方法。对于二、三级沉降观测的高程控制测量，当不便使用水准测量时，可使用电磁波测距三角高程测量方法。

4.3 平面基准点的布设与测量

4.3.1 平面基准点、工作基点的布设应符合下列规定：

1 各级别位移观测的基准点（含方位定向点）不应少于 3 个，工作基点可根据需要设置；

2 基准点、工作基点应便于检核校验；

3 当使用 GPS 测量方法进行平面或三维控制测量时，基准点位置还应满足下列要求：

1）应便于安置接收设备和操作；

2）视场内障碍物的高度角不宜超过 15°；

3）离电视台、电台、微波站等大功率无线电发射源的距离不应小于 200m；离高压输电线和微波无线电信号传输通道的距离不应小于 50m；附近不应有强烈反射卫星信号的大面积水域、大型建筑以及热源等；

4）通视条件好，应方便后续采用常规测量手段进行联测。

4.3.2 平面基准点、工作基点标志的形式及埋设应符合下列规定：

1 对特级、一级位移观测的平面基准点、工作基点，应建造具有强制对中装置的观测墩或埋设专门观测标石，强制对中装置的对中误差不应超过 ±0.1mm；

2 照准标志应具有明显的几何中心或轴线，并应符合图像反差大、图案对称、相位差小和本身不变形等要求。根据点位不同情况，可选用重力平衡球式标、旋入式杆状标、直插式觇牌、屋顶标和墙上标等形式的标志。观测墩及重力平衡球式照准标志的形式，可按本规范附录 B 的规定执行；

3 对用作平面基准点的深埋式标志、兼作高程基准的标石和标志以及特殊土地区或有特殊要求的标石、标志及其埋设应另行设计。

4.3.3 平面控制测量可采用边角测量、导线测量、GPS 测量及三角测量、三边测量等形式。三维控制测量可使用 GPS 测量及边角测量、导线测量、水准测量和电磁波测距三角高程测量的组合方法。

4.3.4 平面控制测量的精度应符合下列规定：

1 测角网、测边网、边角网、导线网或 GPS 网的最弱边边长中误差，不应大于所选级别的观测点坐标中误差；

2 工作基点相对于邻近基准点的点位中误差，不应大于相应级别的观测点点位中误差；

3 用基准线法测定偏差值的中误差，不应大于所选级别的观测点坐标中误差。

4.3.5 除特级控制网和其他大型、复杂工程以及有特殊要求的控制网应专门设计外，对于一、二、三级平面控制网，其技术要求应符合下列规定：

1 测角网、测边网、边角网、GPS 网应符合表 4.3.5-1 的规定：

表 4.3.5-1 平面控制网技术要求

级 别	平均边长 (m)	角度中误差 (″)	边长中误差 (mm)	最弱边边长相对中误差
一级	200	±1.0	±1.0	1∶200000
二级	300	±1.5	±3.0	1∶100000
三级	500	±2.5	±10.0	1∶50000

注：1 最弱边边长相对中误差中未计及基线边长误差影响；

2 有下列情况之一时，不宜按本规定，应另行设计：

1）最弱边边长中误差不同于表列规定时；

2）实际平均边长与表列数值相差大时；

3）采用边角组合网时。

2 各级测角、测边控制网宜布设为近似等边三角形网，其三角形内角不宜小于 30°；当受地形或其他条件限制时，个别角可放宽，但不应小于 25°。宜优先使用边角网，在边角网中应以测边为主，加测部分角度，并合理配置测角和测边的精度；

3 导线测量的技术要求应符合表 4.3.5-2 的规定：

表 4.3.5-2 导线测量技术要求

级别	导线最弱点点位中误差 (mm)	导线总长 (m)	平均边长 (m)	测边中误差 (mm)	测角中误差 (″)	导线全长相对闭合差
一级	±1.4	750C_1	150	±0.6C_2	±1.0	1∶100000
二级	±4.2	1000C_1	200	±2.0C_2	±2.0	1∶45000
三级	±14.0	1250C_1	250	±6.0C_2	±5.0	1∶17000

注：1 C_1、C_2 为导线类别系数。对附合导线，$C_1 = C_2 = 1$；对独立单一导线，$C_1 = 1.2$，$C_2 = 2$；对导线网，导线总长系指附合点与结点或结点间的导线长度，取 $C_1 \leq 0.7$、$C_2 = 1$。

2 有下列情况之一时，不宜按本规定，应另行设计：

1）导线最弱点点位中误差不同于表列规定时；

2）实际导线的平均边长和总长与表列数值相差大时。

4.3.6 对于三维控制测量，其平面位置和高程应分别符合平面基准点和高程基准点的布设和测量规定。

4.4 水 准 测 量

4.4.1 采用水准测量方法进行各级高程控制测量或沉降观测，应符合下列规定：

1 各等级水准测量使用的仪器型号和标尺类型应符合表4.4.1-1的规定：

表4.4.1-1 水准测量的仪器型号和标尺类型

级别	使用的仪器型号			标尺类型		
	DS05、DSZ05型	DS1、DSZ1型	DS3、DSZ3型	因瓦尺	条码尺	区格式木制标尺
特级	√	×	×	√	√	×
一级	√	√	×	√	√	×
二级	√	√	√	√	√	×
三级	√	√	√	√	√	√

注：表中"√"表示允许使用；"×"表示不允许使用。

2 使用光学水准仪和数字水准仪进行水准测量作业的基本方法应符合现行国家标准《国家一、二等水准测量规范》GB 12897和《国家三、四等水准测量规范》GB 12898的相应规定；

3 一、二、三级水准测量的观测方式应符合表4.4.1-2的规定：

表4.4.1-2 一、二、三级水准测量观测方式

级别	高程控制测量、工作基点联测及首次沉降观测			其他各次沉降观测		
	DS05、DSZ05型	DS1、DSZ1型	DS3、DSZ3型	DS05、DSZ05型	DS1、DSZ1型	DS3、DSZ3型
一级	往返测	—	—	往返测或单程双测站	—	—
二级	往返测或单程双测站	往返测或单程双测站	—	单程观测	单程双测站	
三级	单程双测站	单程双测站	往返测或单程双测站	单程观测	单程观测	单程双测站

4 特级水准观测的观测次数 r 可根据所选精度和使用的仪器类型，按公式（4.4.1-1）估算并作调整后确定：

$$r = (m_0/m_h)^2 \quad (4.4.1-1)$$

式中 m_h——测站高差中误差；

m_0——水准仪单程观测每测站高差中误差估

值（mm）。对DS05和DSZ05型仪器，m_0 可按公式（4.4.1-2）计算：

$$m_0 = 0.025 + 0.0029 \times S \quad (4.4.1-2)$$

式中 S——最长视线长度（m）。

对按公式（4.4.1-1）估算的结果，应按下列规定执行：

1） 当 $1 < r \leqslant 2$ 时，应采用往返观测或单程双测站观测；

2） 当 $2 < r < 4$ 时，应采用两次往返观测或正反向各按单程双测站观测；

3） 当 $r \leqslant 1$ 时，对高程控制网的首次观测、复测、各周期观测中的工作基点稳定性检测及首次沉降观测应进行往返测或单程双测站观测。从第二次沉降观测开始，可进行单程观测。

4.4.2 水准观测的有关技术要求应符合下列规定：

1 水准观测的视线长度、前后视距差和视线高度应符合表4.4.2-1的规定：

表4.4.2-1 水准观测的视线长度、前后视距差和视线高（m）

级别	视线长度	前后视距差	前后视距差累积	视线高度
特级	≤10	≤0.3	≤0.5	≥0.8
一级	≤30	≤0.7	≤1.0	≥0.5
二级	≤50	≤2.0	≤3.0	≥0.3
三级	≤75	≤5.0	≤8.0	≥0.2

注：1 表中的视线高度为下丝读数；
   2 当采用数字水准仪观测时，最短视线长度不宜小于3m，最低水平视线高度不应低于0.6m。

2 水准观测的限差应符合表4.4.2-2的规定：

表4.4.2-2 水准观测的限差（mm）

级别		基辅分划读数之差	基辅分划所测高差之差	往返较差及附合或环线闭合差	单程双测站所测高差较差	检测已测测段高差之差
特级		0.15	0.2	$\leqslant 0.1\sqrt{n}$	$\leqslant 0.07\sqrt{n}$	$\leqslant 0.15\sqrt{n}$
一级		0.3	0.5	$\leqslant 0.3\sqrt{n}$	$\leqslant 0.2\sqrt{n}$	$\leqslant 0.45\sqrt{n}$
二级		0.5	0.7	$\leqslant 1.0\sqrt{n}$	$\leqslant 0.7\sqrt{n}$	$\leqslant 1.5\sqrt{n}$
三级	光学测微法	1.0	1.5	$\leqslant 3.0\sqrt{n}$	$\leqslant 2.0\sqrt{n}$	$\leqslant 4.5\sqrt{n}$
	中丝读数法	2.0	3.0			

注：1 当采用数字水准仪观测时，对同一尺面的两次读数差不设限差，两次读数所测高差之差的限差执行基辅分划所测高差之差的限差；
   2 表中 n 为测站数。

4.4.3 使用的水准仪、水准标尺在项目开始前和结束后应进行检验，项目进行中也应定期检验。当观测成果出现异常，经分析与仪器有关时，应及时对仪器进行检验与校正。检验和校正应按现行国家标准《国家一、二等水准测量规范》GB 12897 和《国家三、四等水准测量规范》GB 12898 的规定执行。检验后应符合下列要求：

　　1 对用于特级水准观测的仪器，i 角不得大于 $10''$；对用于一、二级水准观测的仪器，i 角不得大于 $15''$；对用于三级水准观测的仪器，i 角不得大于 $20''$。补偿式自动安平水准仪的补偿误差绝对值不得大于 $0.2''$；

　　2 水准标尺分划线的分米分划线误差和米分划间隔真长与名义长度之差，对线条式因瓦合金标尺不应大于 0.1mm，对区格式木质标尺不应大于 0.5mm。

4.4.4 水准观测作业应符合下列要求：

　　1 应在标尺分划线成像清晰和稳定的条件下进行观测。不得在日出后或日落前约半小时、太阳中天前后、风力大于四级、气温突变时以及标尺分划线的成像跳动而难以照准时进行观测。阴天可全天观测；

　　2 观测前半小时，应将仪器置于露天阴影下，使仪器与外界气温趋于一致。设站时，应用测伞遮蔽阳光。使用数字水准仪前，还应进行预热；

　　3 使用数字水准仪，应避免望远镜直接对着太阳，并避免视线被遮挡。仪器应在其生产厂家规定的温度范围内工作。振动源造成的振动消失后，才能启动测量键。当地面振动较大时，应随时增加重复测量次数；

　　4 每测段往测与返测的测站数均应为偶数，否则应加入标尺零点差改正。由往测转向返测时，两标尺应互换位置，并应重新整置仪器。在同一测站上观测时，不得两次调焦。转动仪器的倾斜螺旋和测微鼓时，其最后旋转方向，均应为旋进；

　　5 对各周期观测过程中发现的相邻观测点高差变动迹象、地质地貌异常、附近建筑基础和墙体裂缝等情况，应做好记录，并画草图。

4.4.5 凡超出本规范表 4.4.2-2 规定限差的成果，均应先分析原因再进行重测。当测站观测限差超限时，应立即重测；当迁站后发现超限时，应从稳固可靠的固定点开始重测。

4.4.6 静力水准测量的技术要求应符合表 4.4.6 的规定：

表 4.4.6　静力水准观测技术要求

级　别	特级	一　级	二级	三级
仪器类型	封闭式	封闭式敞口式	敞口式	敞口式
读数方式	接触式	接触式	目视式	目视式

续表 4.4.6

级　别	特级	一　级	二级	三级
两次观测高差较差（mm）	±0.1	±0.3	±1.0	±3.0
环线及附合路线闭合差（mm）	$\pm0.1\sqrt{n}$	$\pm0.3\sqrt{n}$	$\pm1.0\sqrt{n}$	$\pm3.0\sqrt{n}$

注：n 为高差个数。

4.4.7 静力水准测量作业应符合下列规定：

　　1 观测前向连通管内充水时，不得将空气带入，可采用自然压力排气充水法或人工排气充水法进行充水；

　　2 连通管应平放在地面上，当通过障碍物时，应防止连通管在竖向出现 Ω 形而形成滞气"死角"。连通管任何一段的高度都应低于蓄水罐底部，但最低不宜低于 20cm；

　　3 观测时间应选在气温最稳定的时段，观测读数应在液体完全呈静态下进行；

　　4 测站上安置仪器的接触面应清洁、无灰尘杂物。仪器对中误差不应大于 ±2mm，倾斜度不应大于 $10'$。使用固定式仪器时，应有校验安装面的装置，校验误差不应大于 ±0.05mm；

　　5 宜采用两台仪器对向观测。条件不具备时，亦可采用一台仪器往返观测。每次观测，可取 2～3 个读数的中数作为一次观测值。根据读数设备的精度和沉降观测级别，读数较差限值宜为 0.02～0.04mm。

4.4.8 使用自动静力水准设备进行水准测量时，应根据变形测量的精度级别和所用设备的性能，参照本规范的有关规定，制定相应的作业规程。作业中，应定期对所用设备进行检校。

4.5　电磁波测距三角高程测量

4.5.1 对水准测量确有困难的二、三级高程控制测量，可采用电磁波测距三角高程测量，并按附录 C 的规定使用专用觇牌和配件。对于更高精度或特殊的高程控制测量确需采用三角高程测量时，应进行详细设计和论证。

4.5.2 电磁波测距三角高程测量的视线长度不宜大于 300m，最长不得超过 500m，视线垂直角不得超过 $10°$，视线高度和离开障碍物的距离不得小于 1.3m。

4.5.3 电磁波测距三角高程测量应优先采用中间设站观测方式，也可采用每点设站、往返观测方式。当采用中间设站观测方式时，每站的前后视线长度之差，对于二级不得超过 15m，三级不得超过视线长度的 1/10；前后视距差累积，对于二级不得超过 30m，三级不得超过 100m。

4.5.4 电磁波测距三角高程测量施测的主要技术要求应符合下列规定：

1 三角高程测量边长的测定，应采用符合本规范表 4.7.1 规定的相应精度等级的电磁波测距仪往返观测各 2 测回。当采取中间设站观测方式时，前、后视各观测 2 测回。测距的各项限差和要求应符合本规范第 4.7 节的要求；

2 垂直角观测应采用觇牌为照准目标，按表 4.5.4 的要求采用中丝双照准法观测。当采用中间设站观测方式分两组观测时，垂直角观测的顺序宜为：

第一组：后视—前视—前视—后视（照准上目标）；

第二组：前视—后视—后视—前视（照准下目标）。

表 4.5.4　垂直角观测的测回数与限差

级　别	二　级		三　级	
仪器类型	DJ05	DJ1	DJ1	DJ2
测回数	4	6	4	6
两次照准目标读数差(″)	1.5	4	4	6
垂直角测回差(″)	2		5	5
指标差较差(″)	3		5	7

每次照准后视或前视时，一次正倒镜完成该分组测回数的 1/2。中间设站观测方式的垂直角总测回数应等于每点设站、往返观测方式的垂直角总测回数；

3 垂直角观测宜在日出后 2h 至日落前 2h 的期间内目标成像清晰稳定时进行。阴天和多云天气可全天观测；

4 仪器高、觇标高应在观测前后用经过检验的量杆或钢尺各量测一次，精确读至 0.5mm，当较差不大于 1mm 时取用中数。采用中间设站观测方式时可不量测仪器高；

5 测定边长和垂直角时，当测距仪光轴和经纬仪照准轴不共轴，或在不同觇牌高度上分两组观测垂直角时，必须进行边长和垂直角归算后才能计算和比较两组高差。

4.5.5 电磁波测距三角高程测量高差的计算及其限差应符合下列规定：

1 每点设站、往返观测时，单向观测高差应按公式（4.5.5-1）计算：

$$h = D\tan\alpha_V + \frac{1-K}{2R}D^2 + I - v \quad (4.5.5\text{-}1)$$

式中　D——三角高程测量边的水平距离（m）；

　　　h——三角高程测量边两端点的高差（m）；

　　　α_V——垂直角；

　　　K——为大气垂直折光系数；

　　　R——地球平均曲率半径（m）；

　　　I——仪器高（m）；

　　　v——觇牌高（m）。

2 中间设站观测时应按公式（4.5.5-2）计算高差：

$$h_{12} = (D_2\tan\alpha_2 - D_1\tan\alpha_1) + \left(\frac{D_2^2 - D_1^2}{2R}\right)$$
$$- \left(\frac{D_2^2}{2R}K_2 - \frac{D_1^2}{2R}K_1\right) - (v_2 - v_1)$$

$$(4.5.5\text{-}2)$$

式中　h_{12}——后视点与前视点之间的高差（m）；

　　　α_1、α_2——后视、前视垂直角；

　　　D_1、D_2——后视、前视水平距离（m）；

　　　K_1、K_2——后视、前视大气垂直折光系数；

　　　R——地球平均曲率半径（m）；

　　　v_1、v_2——后视、前视觇牌高（m）。

3 电磁波测距三角高程测量观测的限差应符合表 4.5.5 的要求。

表 4.5.5　三角高程测量的限差（mm）

级别	附合线路或环线闭合差	检测已测边高差之差
二　级	$\leqslant\pm4\sqrt{L}$	$\leqslant\pm6\sqrt{D}$
三　级	$\leqslant\pm12\sqrt{L}$	$\leqslant\pm18\sqrt{D}$

注：D 为测距边边长，以 km 为单位；L 为附合路线或环线长度，以 km 为单位。

4.6　水　平　角　观　测

4.6.1 各级水平角观测的技术要求应符合下列规定：

1 水平角观测宜采用方向观测法，当方向数不多于 3 个时，可不归零；特级、一级网点亦可采用全组合测角法。导线测量中，当导线点上只有两个方向时，应按左、右角观测；当导线点上多于两个方向时，应按方向法观测；

2 一、二、三级水平角观测的测回数，可按表 4.6.1 的规定执行：

表 4.6.1　水平角观测测回数

级　别	一　级	二　级	三　级
DJ05	6	4	2
DJ1	9	6	3
DJ2	—	9	6

3 对于特级水平角观测及当有可靠的光学经纬仪、电子经纬仪或全站仪精度实测数据时，可按公式（4.6.1）估算测回数：

$$n = 1 / \left[\left(\frac{m_\beta}{m_\alpha}\right)^2 - \lambda^2 \right] \quad (4.6.1)$$

式中　n——测回数，对全组合测角法取方向权 nm 之 1/2 为测回数（此处 m 为测站上的方向数）；

　　　m_β——按闭合差计算的测角中误差（″）；

　　　m_α——各测站平差后一测回方向中误差的平均值（″），该值可根据仪器类型、读数和照准设备、外界条件以及操作的严格与

熟练程度，在下列数值范围内选取：

DJ05 型仪器 0.4″～0.5″；

DJ1 型仪器 0.8″～1.0″；

DJ2 型仪器 1.4″～1.8″；

λ——系统误差影响系数，宜为 0.5～0.9。

按公式（4.6.1）估算结果凑整取值时，对方向观测法与全组合测角法，应考虑光学经纬仪、电子经纬仪和全站仪观测度盘位置编制的要求；对动态式测角系统的电子经纬仪和全站仪，不需进行度盘配置；对导线观测应取偶数，当估算结果 n 小于 2 时，应取 n 等于 2。

4.6.2 各级别水平角观测的限差应符合下列要求：

1 方向观测法观测的限差应符合表 4.6.2-1 的规定：

表 4.6.2-1 方向观测法限差（″）

仪器类型	两次照准目标读数差	半测回归零差	一测回内2C互差	同一方向值各测回互差
DJ05	2	3	5	3
DJ1	4	5	9	5
DJ2	6	8	13	8

注：当照准方向的垂直角超过±3°时，该方向的 2C 互差可按同一观测时间段内相邻测回进行比较，其差值仍按表中规定。

2 全组合测角法观测的限差应符合表 4.6.2-2 的规定：

表 4.6.2-2 全组合测角法限差（″）

仪器类型	两次照准目标读数差	上下半测回角值互差	同一角度各测回角值互差
DJ05	2	3	3
DJ1	4	6	5
DJ2	6	10	8

3 测角网的三角形最大闭合差，不应大于 $2\sqrt{3}m_\beta$；导线测量每测站左、右角闭合差，不应大于 $2m_\beta$；导线的方位角闭合差，不应大于 $2\sqrt{n}m_\beta$（n 为测站数）。

4.6.3 各级水平角观测作业应符合下列要求：

1 使用的仪器设备在项目开始前应进行检验，项目进行中也应定期检验；

2 观测应在通视良好、成像清晰稳定时进行。晴天的日出、日落前后和太阳中天前后不宜观测。作业中仪器不得受阳光直接照射，当气泡偏离超过一格时，应在测回间重新整置仪器。当视线靠近吸热或放热强烈的地形地物时，应选择阴天或有风但不影响仪器稳定的时间进行观测。当需削减时间性水平折光影响时，应按不同时间段观测；

3 控制网观测宜采用双照准法，在半测回中每

个方向连续照准两次，并各读数一次。每站观测中，应避免二次调焦，当观测方向的边长悬殊较大、有关方向应调焦时，宜采用正倒镜同时观测法，并可不考虑 2C 变动范围。对于大倾斜方向的观测，应严格控制水平气泡偏移，当垂直角超过 3°时，应进行仪器竖轴倾斜改正。

4.6.4 当观测成果超出限差时，应按下列规定进行重测：

1 当 2C 互差或各测回互差超限时，应重测超限方向，并联测零方向；

2 当归零差或零方向的 2C 互差超限时，应重测该测回；

3 在方向观测法一测回中，当重测方向数超过所测方向总数的 1/3 时，应重测该测回；

4 在一个测站上，对于采用方向观测法，当基本测回重测的方向测回数超过全部方向测回总数的 1/3 时，应重测该测站；对于采用全组合测角法，当重测的测回数超过全部基本测回数的 1/3 时，应重测该测站；

5 基本测回成果和重测成果均应记入手簿。重测成果与基本测回结果之间不得取中数，每一测回只应取用一个符合限差的结果；

6 全组合测角法，当直接角与间接角互差超限时，在满足本条第 4 款要求，即不超过全部基本测回数 1/3 的前提下，可重测单角；

7 当三角形闭合差超限需要重测时，应进行分析，选择有关测站进行重测。

4.7 距 离 测 量

4.7.1 电磁波测距仪测距的技术要求，除特级和其他有特殊要求的边长须专门设计外，对一、二、三级位移观测应符合表 4.7.1 的要求，并应按下列规定执行：

表 4.7.1 电磁波测距技术要求

级别	仪器精度等级(mm)	每边测回数 往	每边测回数 返	一测回读数间较差限值(mm)	单程测回间较差限值(mm)	气象数据测定的最小读数 温度(℃)	气象数据测定的最小读数 气压(mmHg)	往返或时段间较差限值
一级	≤1	4	4	1	1.4	0.1	0.1	$\sqrt{2}(a+b \cdot D \cdot 10^{-6})$
二级	≤3	4	4	3	5.0	0.2	0.5	
三级	≤5	2	2	5	7.0	0.2	0.5	
	≤10	4	4	10	15.0	0.2	0.5	

注：1 仪器精度等级系根据仪器标称精度（$a+b \cdot D \cdot 10^{-6}$），以相应级别的平均边长 D 代入计算的测距中误差划分；

2 一测回是指照准目标一次、读数 4 次的过程；

3 时段是指测边的时间段，如上午、下午和不同的白天。可采用不同时段观测代替往返观测。

1 往返测或不同时间段观测值较差，应将斜距化算到同一水平面上方可进行比较；

2 测距时应使用经检定合格的温度计和气压计；

3 气象数据应在每边观测始末时在两端进行测定，取其平均值；

4 测距边两端点的高差，对一、二级边可采用三级水准测量方法测定；对三级边可采用三角高程测量方法测定，并应考虑大气折光和地球曲率对垂直角观测值的影响；

5 测距边归算到水平距离时，应在观测的斜距中加入气象改正和加常数、乘常数、周期误差改正后，化算至测距仪与反光镜的平均高程面上。

4.7.2 电磁波测距作业应符合下列要求：

1 项目开始前，应对使用的测距仪进行检验；项目进行中，应对其定期检验；

2 测距应在成像清晰、气象条件稳定时进行。阴天、有微风时可全天观测；晴天最佳观测时间宜为日出后 1h 和日落前 1h；雷雨前后、大雾、大风、雨、雪天和大气透明度很差时，不应进行观测；

3 晴天作业时，应对测距仪和反光镜打伞遮阳，严禁将仪器照准头对准太阳，不宜顺、逆光观测；

4 视线离地面或障碍物宜在 1.3m 以上，测站不应设在电磁场影响范围之内；

5 当一测回中读数较差超限时，应重测整测回。当测回间较差超限时，可重测 2 个测回，然后去掉其中最大、最小两个观测值后取平均。如重测后测回差仍超限，应重测该测距边的所有测回。当往返测或不同时段较差超限时，应分析原因，重测单方向的距离。如重测后仍超限，应重测往、返两方向或不同时段的距离。

4.7.3 因瓦尺和钢尺丈量距离的技术要求，除特级和其他有特殊要求的边长须专门设计外，对一、二、三级位移观测的边长丈量，应符合表 4.7.3 的要求，并应按下列规定执行：

表 4.7.3 因瓦尺及钢尺距离丈量技术要求

级别	尺子类型	尺数	丈量总次数	定线最大偏差 (mm)	尺段高差较差 (mm)	读数次数	最小估读值 (mm)	最小温度读数 (℃)	同尺各次或同段各尺的较差 (mm)	经各项改正后的各次或各尺全长较差(mm)
一级	因瓦尺	2	4	20	3	3	0.1	0.5	0.3	$2.5\sqrt{D}$
二级	因瓦尺	1 2	4 2	30	5	3	0.1	0.5	0.5	$3.0\sqrt{D}$
	钢尺	2	8	50	5	3	0.5	0.5	1.0	
三级	钢尺	2	6	50	5	3	0.5	0.5	2.0	$5.0\sqrt{D}$

注：1 表中 D 是以 100m 为单位计的长度；

2 表列规定所适应的边长丈量相对中误差为：一级 1/200000，二级 1/100000，三级 1/50000。

1 因瓦尺、钢尺在使用前应按规定进行检定，并在有效期内使用；

2 各级边长测量应采用往返悬空丈量方法。使用的重锤、弹簧秤和温度计，均应进行检定。丈量时，引张拉力值应与检定时相同；

3 当下雨、尺的横向有二级以上风或作业时的温度超过尺子膨胀系数检定时的温度范围时，不应进行丈量；

4 网的起算边或基线宜选成尺长的整倍数。用零尺段时，应改变拉力或进行拉力改正；

5 量距时，应在尺子的附近测定温度；

6 安置轴杆架或引张架时应使用经纬仪定线。尺段高差可采用水准仪中丝法往返测或单程双测站观测；

7 丈量结果应加入尺长、温度、倾斜改正，因瓦尺还应加入悬链线不对称、分划尺倾斜等改正。

4.8 GPS 测量

4.8.1 选用 GPS 接收机，应根据需要并符合表 4.8.1 的规定。

表 4.8.1 GPS 接收机的选用

级 别	一、二级	三 级
接收机类型	双频或单频	双频或单频
标称精度	$\leqslant (3mm+D\times10^{-6})$	$\leqslant (5mm+D\times10^{-6})$

4.8.2 GPS 接收机必须经检定合格后方可用于变形测量作业。接收机在使用过程中应进行必要的检验。

4.8.3 GPS 测量的基本技术要求应符合表 4.8.3 的规定。

表 4.8.3 GPS 测量基本技术要求

级 别		一 级	二 级	三 级
卫星截止高度角（°）		≥15	≥15	≥15
有效观测卫星数		≥6	≥5	≥4
观测时段长度 (min)	静 态	30～90	20～60	15～45
	快速静态	—	—	≥15
数据采样间隔 (s)	静 态	10～30	10～30	10～30
	快速静态	—	—	5～15
PDOP		≤5	≤6	≤6

4.8.4 GPS观测作业应符合下列规定：

1 对于一、二级 GPS 测量，应使用零相位天线和强制对中器安置 GPS 接收机天线，对中精度应高于±0.5mm，天线应统一指向北方；

2 作业中应严格按规定的时间计划进行观测；

3 经检查接收机电源电缆和天线等各项连结无误，方可开机；

4 开机后经检验有关指示灯与仪表显示正常后，方可进行自测试，输入测站名和时段等控制信息；

5 接收机启动前与作业过程中，应填写测量手簿中的记录项目；

6 每时段应进行一次气象观测；

7 每时段开始、结束时，应分别量测一次天线高，并取其平均值作为天线高；

8 观测期间应防止接收设备振动，并防止人员和其他物体碰动天线或阻挡信号；

9 观测期间，不得在天线附近使用电台、对讲机和手机等无线电通信设备；

10 天气太冷时，接收机应适当保暖。天气很热时，接收机应避免阳光直接照晒，确保接收机正常工作。雷电、风暴天气不宜进行测量；

11 同一时段观测过程中，不得进行下列操作：

　　1) 接收机关闭又重新启动；

　　2) 进行自测试；

　　3) 改变卫星截止高度角；

　　4) 改变数据采样间隔；

　　5) 改变天线位置；

　　6) 按动关闭文件和删除文件功能键；

12 在 GPS 快速静态定位测量中，整个作业时间段内，参考站观测不得中断，参考站和流动站采样间隔应相同；

13 GPS 测量数据的处理应按现行国家标准《全球定位系统（GPS）测量规范》GB/T 18314 的相应规定执行，数据采用率宜大于 95%。对于一、二级变形测量，宜使用精密星历。

5 沉 降 观 测

5.1 一 般 规 定

5.1.1 建筑沉降观测可根据需要，分别或组合测定建筑场地沉降、基坑回弹、地基土分层沉降以及基础和上部结构沉降。对于深基础建筑或高层、超高层建筑，沉降观测应从基础施工时开始。

5.1.2 各类沉降观测的级别和精度要求，应视工程的规模、性质及沉降量的大小及速度确定。

5.1.3 布设沉降观测点时，应结合建筑结构、形状和场地工程地质条件，并应顾及施工和建成后的使用方便。同时，点位应易于保存，标志应稳固美观。

5.1.4 各类沉降观测应根据本规范第 9.1 节的规定及时提交相应的阶段性成果和综合成果。

5.2 建筑场地沉降观测

5.2.1 建筑场地沉降观测应分别测定建筑相邻影响范围之内的相邻地基沉降与建筑相邻影响范围之外的场地地面沉降。

5.2.2 建筑场地沉降点位的选择应符合下列规定：

1 相邻地基沉降观测点可选在建筑纵横轴线或边线的延长线上，亦可选在通过建筑重心的轴线延长线上。其点位间距应视基础类型、荷载大小及地质条件，与设计人员共同确定或征求设计人员意见后确定。点位可在建筑基础深度 1.5～2.0 倍的距离范围内，由外墙向外由密至疏布设，但距基础最远的观测点应设置在沉降量为零的沉降临界点以外；

2 场地地面沉降观测点应在相邻地基沉降观测点布设线路之外的地面上均匀布设。根据地质地形条件，可选择使用平行轴线方格网法、沿建筑四角辐射网法或散点法布设。

5.2.3 建筑场地沉降点标志的类型及埋设应符合下列规定：

1 相邻地基沉降观测点标志可分为用于监测安全的浅埋标和用于结合科研的深埋标两种。浅埋标可采用普通水准标石或用直径 25cm 的水泥管现场浇灌，埋深宜为 1～2m，并使标石底部埋在冰冻线以下。深埋标可采用内管外加保护管的标石形式，埋深应与建筑基础深度相适应，标石顶部须埋入地面下 20～30cm，并砌筑带盖的窨井加以保护；

2 场地地面沉降观测点的标志与埋设，应根据观测要求确定，可采用浅埋标志。

5.2.4 建筑场地沉降观测的路线布设、观测精度及其他技术要求可按照本规范第 5.5 节的有关规定执行。

5.2.5 建筑场地沉降观测的周期，应根据不同任务要求、产生沉降的不同情况以及沉降速度等因素具体分析确定，并符合下列规定：

1 基础施工的相邻地基沉降观测，在基坑降水时和基坑土开挖过程中应每天观测一次。混凝土底板浇完 10d 以后，可每 2～3d 观测一次，直至地下室顶板完工和水位恢复。此后可每周观测一次至回填土完工；

2 主体施工的相邻地基沉降观测和场地地面沉降观测的周期可按照本规范第 5.5 节的有关规定确定。

5.2.6 建筑场地沉降观测应提交下列图表：

1 场地沉降观测点平面布置图；

2 场地沉降观测成果表；

3 相邻地基沉降的距离-沉降曲线图；

4 场地地面等沉降曲线图。

5.3 基坑回弹观测

5.3.1 基坑回弹观测应测定建筑基础在基坑开挖后，由于卸除基坑土自重而引起的基坑内外影响范围内相对于开挖前的回弹量。

5.3.2 回弹观测点位的布设，应根据基坑形状、大小、深度及地质条件确定，用适当的点数测出所需纵横断面的回弹量。可利用回弹变形的近似对称特性，按下列规定布点：

　　1 对于矩形基坑，应在基坑中央及纵（长边）横（短边）轴线上布设，纵向每8～10m布设一点，横向每3～4m布一点。对其他形状不规则的基坑，可与设计人员商定；

　　2 对基坑外的观测点，应埋设常用的普通水准点标石。观测点应在所选测内方向线的延长线上距基坑深度1.5～2.0倍距离内布置。当所选点位遇到地下管道或其他物体时，可将观测点移至与之对应方向线的空位置上；

　　3 应在基坑外相对稳定且不受施工影响的地点选设工作基点及为寻找标志用的定位点。

5.3.3 回弹标志应埋入基坑底面以下20～30cm，根据开挖深度和地层土质情况，可采用钻孔法或探井法埋设。根据埋设与观测方法，可采用辅助杆压入式、钻杆送入式或直埋式标志。回弹标志的埋设可按本规范附录D第D.0.2条的规定执行。

5.3.4 回弹观测的精度可按本规范第3.0.5条的规定以给定或预估的最大回弹量为变形允许值进行估算后确定，但最弱观测点相对邻近工作基点的高程中误差不得大于±1.0mm。

5.3.5 回弹观测路线应组成起迄于工作基点的闭合或附合路线。

5.3.6 回弹观测不应少于3次，其中第一次应在基坑开挖之前，第二次应在基坑挖好之后，第三次应在浇筑基础混凝土之前。当基坑挖完至基础施工的间隔时间较长时，应适当增加观测次数。

5.3.7 基坑开挖前的回弹观测，宜采用水准测量配以铅垂钢尺读数的钢尺法。较浅基坑的观测，可采用水准测量配辅助杆垫高水准尺读数的辅助杆法。观测结束后，应在观测孔底充填厚度约为1m的白灰。

5.3.8 回弹观测的设备及作业方法应符合下列规定：

　　1 钢尺在地面的一端，应使用三脚架、滑轮、重锤或拉力计牵拉。在孔内的一端，应配以能在读数时准确接触回弹标志头的装置。观测时可配挂磁锤。当基坑较深、地质条件复杂时，可用电磁探头装置观测。当基坑较浅时，可用挂钩法，此时标志顶端应加工成弯钩状；

　　2 辅助杆宜用空心两头封口的金属管制成，顶部应加工成半球状，并在顶部侧面安置圆水准器，杆长以放入孔内后露出地面20～40cm为宜；

　　3 测前与测后应对钢尺和辅助杆的长度进行检定。长度检定中误差不应大于回弹观测站高差中误差的1/2；

　　4 每一测站的观测可按先后视水准点上标尺、再前视孔内标尺的顺序进行，每组读数3次，反复进行两组作为一测回。每站不应少于两测回，并应同时测记孔内温度。观测结果应加入尺长和温度改正。

5.3.9 基坑开挖后的回弹观测，应利用传递到坑底的临时工作点，按所需观测精度，用水准测量方法及时测出每一观测点的标高。当全部点挖见后，再统一观测一次。

5.3.10 基坑回弹观测应提交的主要图表为：

　　1 回弹观测点位布置平面图；

　　2 回弹观测成果表；

　　3 回弹纵、横断面图（本规范附录E）。

5.4 地基土分层沉降观测

5.4.1 分层沉降观测应测定建筑地基内部各分层土的沉降量、沉降速度以及有效压缩层的厚度。

5.4.2 分层沉降观测点应在建筑地基中心附近2m×2m或各点间距不大于50cm的范围内，沿铅垂线方向上的各层土内布置。点位数量与深度应根据分层土的分布情况确定，每一土层应设一点，最浅的点位应在基础底面下不小于50cm处，最深的点位应在超过压缩层理论厚度处或设在压缩性低的砾石或岩石层上。

5.4.3 分层沉降观测标志的埋设应采用钻孔法，埋设要求可按本规范第D.0.3条的规定执行。

5.4.4 分层沉降观测精度可按分层沉降观测点相对于邻近工作基点或基准点的高程中误差不大于±1.0mm的要求设计确定。

5.4.5 分层沉降观测应按周期用精密水准仪或自动分层沉降仪测出各标顶的高程，计算出沉降量。

5.4.6 分层沉降观测应从基坑开挖后基础施工前开始，直至建筑竣工后沉降稳定时为止。观测周期可按照本规范第5.5节的有关规定确定。首次观测至少应在标志埋好5d后进行。

5.4.7 地基土分层沉降观测应提交下列图表：

　　1 地基土分层标点位置图；

　　2 地基土分层沉降观测成果表；

　　3 各土层荷载-沉降-深度曲线图（本规范附录E）。

5.5 建筑沉降观测

5.5.1 建筑沉降观测应测定建筑及地基的沉降量、沉降差及沉降速度，并根据需要计算基础倾斜、局部倾斜、相对弯曲及构件倾斜。

5.5.2 沉降观测点的布设应能全面反映建筑及地基变形特征，并顾及地质情况及建筑结构特点。点位宜

选设在下列位置：

    1 建筑的四角、核心筒四角、大转角处及沿外墙每10~20m处或每隔2~3根柱基上；

    2 高低层建筑、新旧建筑、纵横墙等交接处的两侧；

    3 建筑裂缝、后浇带和沉降缝两侧、基础埋深相差悬殊处、人工地基与天然地基接壤处、不同结构的分界处及填挖方分界处；

    4 对于宽度大于等于15m或小于15m而地质复杂以及膨胀土地区的建筑，应在承重内隔墙中部设内墙点，并在室内地面中心及四周设地面点；

    5 邻近堆置重物处、受振动有显著影响的部位及基础下的暗浜（沟）处；

    6 框架结构建筑的每个或部分柱基上或沿纵横轴线上；

    7 筏形基础、箱形基础底板或接近基础的结构部分之四角处及其中部位置；

    8 重型设备基础和动力设备基础的四角、基础形式或埋深改变处以及地质条件变化处两侧；

    9 对于电视塔、烟囱、水塔、油罐、炼油塔、高炉等高耸建筑，应设在沿周边与基础轴线相交的对称位置上，点数不少于4个。

5.5.3 沉降观测的标志可根据不同的建筑结构类型和建筑材料，采用墙（柱）标志、基础标志和隐蔽式标志等形式，并符合下列规定：

    1 各类标志的立尺部位应加工成半球形或有明显的突出点，并涂上防腐剂；

    2 标志的埋设位置应避开雨水管、窗台线、散热器、暖水管、电气开关等有碍设标与观测的障碍物，并应视立尺需要离开墙（柱）面和地面一定距离；

    3 隐蔽式沉降观测点标志的形式可按本规范第D.0.1条的规定执行；

    4 当应用静力水准测量方法进行沉降观测时，观测标志的形式及其埋设，应根据采用的静力水准仪的型号、结构、读数方式以及现场条件确定。标志的规格尺寸设计，应符合仪器安置的要求。

5.5.4 沉降观测点的施测精度应按本规范第3.0.5条的规定确定。

5.5.5 沉降观测的周期和观测时间应按下列要求并结合实际情况确定：

    1 建筑施工阶段的观测应符合下列规定：

        1）普通建筑可在基础完工后或地下室砌完后开始观测，大型、高层建筑可在基础垫层或基础底部完成后开始观测；

        2）观测次数与间隔时间应视地基与加荷情况而定。民用高层建筑可每加高1~5层观测一次，工业建筑可按回填基坑、安装柱子和屋架、砌筑墙体、设备安装等

不同施工阶段分别进行观测。若建筑施工均匀增高，应至少在增加荷载的25%、50%、75%和100%时各测一次；

        3）施工过程中若暂停工，在停工时及重新开工时应各观测一次。停工期间可间隔2~3个月观测一次；

    2 建筑使用阶段的观测次数，应视地基土类型和沉降速率大小而定。除有特殊要求外，可在第一年观测3~4次，第二年观测2~3次，第三年后每年观测1次，直至稳定为止；

    3 在观测过程中，若有基础附近地面荷载突然增减、基础四周大量积水、长时间连续降雨等情况，均应及时增加观测次数。当建筑突然发生大量沉降、不均匀沉降或严重裂缝时，应立即进行逐日或2~3d一次的连续观测；

    4 建筑沉降是否进入稳定阶段，应由沉降量与时间关系曲线判定。当最后100d的沉降速率小于0.01~0.04mm/d时可认为已进入稳定阶段。具体取值宜根据各地区地基土的压缩性能确定。

5.5.6 沉降观测的作业方法和技术要求应符合下列规定：

    1 对特级、一级沉降观测，应按本规范第4.4节的规定执行；

    2 对二级、三级沉降观测，除建筑转角点、交接点、分界点等主要变形特征点外，允许使用间视法进行观测，但视线长度不得大于相应等级规定的长度；

    3 观测时，仪器应避免安置在有空压机、搅拌机、卷扬机、起重机等振动影响的范围内；

    4 每次观测应记载施工进度、荷载量变动、建筑倾斜裂缝等各种影响沉降变化和异常的情况。

5.5.7 每周期观测后，应及时对观测资料进行整理，计算观测点的沉降量、沉降差以及本周期平均沉降量、沉降速率和累计沉降量。根据需要，可按公式（5.5.7-1）、（5.5.7-2）计算基础或构件的倾斜或弯曲量：

    1 基础或构件倾斜度 α：

$$\alpha = (s_A - s_B)/L \qquad (5.5.7\text{-}1)$$

式中 s_A、s_B——基础或构件倾斜方向上 A、B 两点的沉降量（mm）；

        L——A、B 两点间的距离（mm）。

    2 基础相对弯曲度 f_c：

$$f_c = [2s_0 - (s_1 + s_2)]/L \qquad (5.5.7\text{-}2)$$

式中 s_0——基础中点的沉降量（mm）；

        s_1、s_2——基础两个端点的沉降量（mm）；

        L——基础两个端点间的距离（mm）。

    注：弯曲量以向上凸起为正，反之为负。

5.5.8 沉降观测应提交下列图表：

1 工程平面位置图及基准点分布图；

2 沉降观测点位分布图；

3 沉降观测成果表；

4 时间-荷载-沉降量曲线图（本规范附录 E）；

5 等沉降曲线图（本规范附录 E）。

6 位移观测

6.1 一般规定

6.1.1 建筑位移观测可根据需要，分别或组合测定建筑主体倾斜、水平位移、挠度和基坑壁侧向位移，并对建筑场地滑坡进行监测。

6.1.2 位移观测应根据建筑的特点和施测要求做好观测方案的设计和技术准备工作，并取得委托方及有关人员的配合。

6.1.3 位移观测的标志应根据不同建筑的特点进行设计。标志应牢固、适用、美观。若受条件限制或对于高耸建筑，也可选定变形体上特征明显的塔尖、避雷针、圆柱（球）体边缘等作为观测点。对于基坑等临时性结构或岩土体，标志应坚固、耐用、便于保护。

6.1.4 位移观测可根据现场作业条件和经济因素选用视准线法、测角交会法或方向差交会法、极坐标法、激光准直法、投点法、测小角法、测斜法、正倒垂线法、激光位移计自动测记法、GPS法、激光扫描法或近景摄影测量法等。

6.1.5 各类建筑位移观测应根据本规范第 9.1 节的规定及时提交相应的阶段性成果和综合成果。

6.2 建筑主体倾斜观测

6.2.1 建筑主体倾斜观测应测定建筑顶部观测点相对于底部固定点或上层相对于下层观测点的倾斜度、倾斜方向及倾斜速率。刚性建筑的整体倾斜，可通过测量顶面或基础的差异沉降来间接确定。

6.2.2 主体倾斜观测点和测站点的布设应符合下列要求：

1 当从建筑外部观测时，测站点的点位应选在与倾斜方向成正交的方向线上距照准目标 1.5～2.0 倍目标高度的固定位置。当利用建筑内部竖向通道观测时，可将通道底部中心点作为测站点；

2 对于整体倾斜，观测点及底部固定点应沿着对应测站点的建筑主体竖直线，在顶部和底部上下对应布设；对于分层倾斜，应按分层部位上下对应布设；

3 按前方交会法布设的测站点，基线端点的选设应顾及测距或长度丈量的要求。按方向线水平角法布设的测站点，应设置好定向点。

6.2.3 主体倾斜观测点位的标志设置应符合下列要求：

1 建筑顶部和墙体上的观测点标志可采用埋入式照准标志。当有特殊要求时，应专门设计；

2 不便埋设标志的塔形、圆形建筑以及竖直构件，可以照准视线所切同高边缘确定的位置或用高度角控制的位置作为观测点位；

3 位于地面的测站点和定向点，可根据不同的观测要求，使用带有强制对中装置的观测墩或混凝土标石；

4 对于一次性倾斜观测项目，观测点标志可采用标记形式或直接利用符合位置与照准要求的建筑特征部位，测站点可采用小标石或临时性标志。

6.2.4 主体倾斜观测的精度可根据给定的倾斜量允许值，按本规范第 3.0.5 条的规定确定。当由基础倾斜间接确定建筑整体倾斜时，基础差异沉降的观测精度应按本规范第 3.0.5 条的规定确定。

6.2.5 主体倾斜观测的周期可视倾斜速度每 1～3 个月观测一次。当遇基础附近因大量堆载或卸载、场地降雨长期积水等而导致倾斜速度加快时，应及时增加观测次数。施工期间的观测周期，可根据要求按照本规范第 5.5.5 条的规定确定。倾斜观测应避开强日照和风荷载影响大的时间段。

6.2.6 当从建筑或构件的外部观测主体倾斜时，宜选用下列经纬仪观测法：

1 投点法。观测时，应在底部观测点位置安置水平读数尺等量测设施。在每测站安置经纬仪投影时，应按正倒镜法测出每对上下观测点标志间的水平位移分量，再按矢量相加法求得水平位移值（倾斜量）和位移方向（倾斜方向）。

2 测水平角法。对塔形、圆形建筑或构件，每测站的观测应以定向点作为零方向，测出各观测点的方向值和至底部中心的距离，计算顶部中心相对底部中心的水平位移分量。对矩形建筑，可在每测站直接观测顶部观测点与底部观测点之间的夹角或上层观测点与下层观测点之间的夹角，以所测角值与距离值计算整体的或分层的水平位移分量和位移方向；

3 前方交会法。所选基线应与观测点组成最佳构形，交会角宜在 60°～120° 之间。水平位移计算，可采用直接由两周期观测方向值之差解算坐标变化量的方向差交会法，亦可采用按每周期计算观测点坐标值，再以坐标差计算水平位移的方法。

6.2.7 当利用建筑或构件的顶部与底部之间的竖向通视条件进行主体倾斜观测时，宜选用下列观测方法：

1 激光铅直仪观测法。应在顶部适当位置安置接收靶，在其垂线下的地面或地板上安置激光铅直仪或激光经纬仪，按一定周期观测，在接收靶上直接读取或量出顶部的水平位移量和位移方向。作业中仪器应严格置平、对中，应旋转 180° 观测两次取其中数。

对超高层建筑，当仪器设在楼体内部时，应考虑大气湍流影响；

2 激光位移计自动记录法。位移计宜安置在建筑底层或地下室地板上，接收装置可设在顶层或需要观测的楼层，激光通道可利用未使用的电梯井或楼梯间隔，测试室宜选在靠近顶部的楼层内。当位移计发射激光时，从测试室的光线示波器上可直接获取位移图像及有关参数，并自动记录成果；

3 正、倒垂线法。垂线宜选用直径 0.6～1.2mm 的不锈钢丝或因瓦丝，并采用无缝钢管保护。采用正垂线法时，垂线上端可锚固在通道顶部或所需高度处设置的支点上。采用倒垂线法时，垂线下端可固定在锚块上，上端设浮筒。用来稳定重锤、浮子的油箱中应装有阻尼液。观测时，由观测墩上安置的坐标仪、光学垂线仪、电感式垂线仪等量测设备，按一定周期测出各测点的水平位移量；

4 吊垂球法。应在顶部或所需高度处的观测点位置上，直接或支出一点悬挂适当重量的垂球，在垂线下的底部固定毫米格网读数板等读数设备，直接读取或量出上部观测点相对底部观测点的水平位移量和位移方向。

6.2.8 当利用相对沉降量间接确定建筑整体倾斜时，可选用下列方法：

1 倾斜仪测记法。可采用水管式倾斜仪、水平摆倾斜仪、气泡倾斜仪或电子倾斜仪进行观测。倾斜仪应具有连续读数、自动记录和数字传输的功能。监测建筑上部层面倾斜时，仪器可安置在建筑顶层或需要观测的楼层的楼板上。监测基础倾斜时，仪器可安置在基础面上，以所测楼层或基础面的水平倾角变化值反映和分析建筑倾斜的变化程度；

2 测定基础沉降差法。可按本规范第 5.5 节有关规定，在基础上选设观测点，采用水准测量方法，以所测各周期基础的沉降差换算求得建筑整体倾斜度及倾斜方向。

6.2.9 当建筑立面上观测点数量多或倾斜变形量大时，可采用激光扫描或数字近景摄影测量方法，具体技术要求应另行设计。

6.2.10 倾斜观测应提交下列图表：

1 倾斜观测点位布置图；

2 倾斜观测成果表；

3 主体倾斜曲线图。

6.3 建筑水平位移观测

6.3.1 建筑水平位移观测点的位置应选在墙角、柱基及裂缝两边等处。标志可采用墙上标志，具体形式及其埋设应根据点位条件和观测要求确定。

6.3.2 水平位移观测的精度可根据本规范第 3.0.5 条的规定确定。

6.3.3 水平位移观测的周期，对于不良地基土地区的观测，可与一并进行的沉降观测协调确定；对于受基础施工影响的有关观测，应按施工进度的需要确定，可逐日或隔 2～3d 观测一次，直至施工结束。

6.3.4 当测量地面观测点在特定方向的位移时，可使用视准线、激光准直、测边角等方法。

6.3.5 当采用视准线法测定位移时，应符合下列规定：

1 在视准线两端各自向外的延长线上，宜埋设检核点。在观测成果的处理中，应顾及视准线端点的偏差改正；

2 采用活动觇牌法进行视准线测量时，观测点偏离视准线的距离不应超过活动觇牌读数尺的读数范围。应在视准线一端安置经纬仪或视准仪，瞄准安置在另一端的固定觇牌进行定向，待活动觇牌的照准标志正好移至方向线上时读数。每个观测点应按确定的测回数进行往测与返测；

3 采用小角法进行视准线测量时，视准线应按平行于待测建筑边线布置，观测点偏离视准线的偏角不应超过 30″。偏离值 d（见图 6.3.5）可按公式 (6.3.5) 计算：

$$d = \alpha/\rho \cdot D \qquad (6.3.5)$$

式中 α——偏角（″）；

D——从观测端点到观测点的距离（m）；

ρ——常数，其值为 206265。

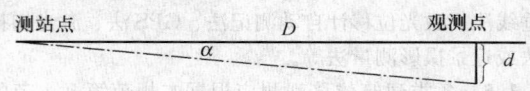

图 6.3.5 小角法

6.3.6 当采用激光准直法测定位移时，应符合下列规定：

1 使用激光经纬仪准直法时，当要求具有 10^{-5}～10^{-4} 量级准直精度时，可采用 DJ2 型仪器配置氦—氖激光器或半导体激光器的激光经纬仪及光电探测器或目测有机玻璃方格网板；当要求达 10^{-6} 量级精度时，可采用 DJ1 型仪器配置高稳定性氦—氖激光器或半导体激光器的激光经纬仪及高精度光电探测系统；

2 对于较长距离的高精度准直，可采用三点式激光衍射准直系统或衍射频谱成像及投影成像激光准直系统。对短距离的高精度准直，可采用衍射式激光准直仪或连续成像衍射板准直仪；

3 激光仪器在使用前必须进行检校，仪器射出的激光束轴线、发射系统轴线和望远镜照准轴应三者重合，观测目标与最小激光斑应重合；

4 观测点位的布设和作业方法应按照本规范第 6.3.5 条第 2 款的规定执行。

6.3.7 当采用测边角法测定位移时，对主要观测点，可以该点为测站测出对应视准线端点的边长和角度，求得偏差值。对其他观测点，可选适宜的主

要观测点为测站，测出对应其他观测点的距离与方向值，按坐标法求得偏差值。角度观测测回数与长度的丈量精度要求，应根据要求的偏差值观测中误差确定。

6.3.8 测量观测点任意方向位移时，可视观测点的分布情况，采用前方交会或方向差交会及极坐标等方法。单个建筑亦可采用直接量测位移分量的方向线法，在建筑纵、横轴线的相邻延长线上设置固定方向线，定期测出基础的纵向和横向位移。

6.3.9 对于观测内容较多的大测区或观测点远离稳定地区的测区，宜采用测角、测边、边角及 GPS 与基准线法相结合的综合测量方法。

6.3.10 水平位移观测应提交下列图表：

　　1 水平位移观测点位布置图；

　　2 水平位移观测成果表；

　　3 水平位移曲线图。

6.4 基坑壁侧向位移观测

6.4.1 基坑壁侧向位移观测应测定基坑围护结构桩墙顶水平位移和桩墙深层挠曲。

6.4.2 基坑壁侧向位移观测的精度应根据基坑支护结构类型、基坑形状、大小和深度、周边建筑及设施的重要程度、工程地质与水文地质条件和设计变形报警预估值等因素综合确定。

6.4.3 基坑壁侧向位移观测可根据现场条件使用视准线法、测小角法、前方交会法或极坐标法，并宜同时使用测斜仪或钢筋计、轴力计等进行观测。

6.4.4 当使用视准线法、测小角法、前方交会法或极坐标法测定基坑壁侧向位移时，应符合下列规定：

　　1 基坑壁侧向位移观测点应沿基坑周边桩墙顶每隔 10～15m 布设一点；

　　2 侧向位移观测点宜布置在冠梁上，可采用铆钉枪射入铝钉，亦可钻孔埋设膨胀螺栓或用环氧树脂胶粘标志；

　　3 测站点宜布置在基坑围护结构的直角上。

6.4.5 当采用测斜仪测定基坑壁侧向位移时，应符合下列规定：

　　1 测斜仪宜采用能连续进行多点测量的滑动式仪器；

　　2 测斜管应布设在基坑每边中部及关键部位，并埋设在围护结构桩墙内或其外侧的土体内，其埋设深度应与围护结构桩墙入土深度一致；

　　3 将测斜管吊入孔或槽内时，应使十字形槽口对准观测的水平位移方向。连接测斜管时应对准导槽，使之保持在一直线上。管底端应装底盖，每个接头及底盖处应密封；

　　4 埋设于基坑围护结构中的测斜管，应将测斜管绑扎在钢筋笼上，同步放入成孔或槽内，通过浇筑混凝土后固定在桩墙中或外侧；

　　5 埋设于土体中的测斜管，应先用地质钻机成孔，将分段测斜管连接放入孔内，测斜管连接部分应密封处理，测斜管与钻孔壁之间空隙宜回填细砂或水泥与膨润土拌合的灰浆，其配合比应根据土层的物理力学性能和水文地质情况确定。测斜管的埋设深度应与围护结构入土深度一致；

　　6 测斜管埋好后，应停留一段时间，使测斜管与土体或结构固连为一整体；

　　7 观测时，可由管底开始向上提升测头至待测位置，或沿导槽全长每隔 500mm（轮距）测读一次，将测头旋转 180°再测一次。两次观测位置（深度）应一致，依此作为一测回。每周期观测可测两测回，每个测斜导管的初测值，应测四测回，观测成果取中数。

6.4.6 当应用钢筋计、轴力计等物理测量仪表测定基坑主要结构的轴力、钢筋内力及监测基坑四周土体内土体压力、孔隙水压力时，应能反映基坑围护结构的变形特征。对变形大的区域，应适当加密观测点位和增设相应仪表。

6.4.7 基坑壁侧向位移观测的周期应符合下列规定：

　　1 基坑开挖期间应 2～3d 观测一次，位移速率或位移量大时应每天 1～2 次；

　　2 当基坑壁的位移速率或位移量迅速增大或出现其他异常时，应在做好观测本身安全的同时，增加观测次数，并立即将观测结果报告委托方。

6.4.8 基坑壁侧向位移观测应提交下列图表：

　　1 基坑壁位移观测点位布置图；

　　2 基坑壁位移观测成果表；

　　3 基坑壁位移曲线图。

6.5 建筑场地滑坡观测

6.5.1 建筑场地滑坡观测应测定滑坡的周界、面积、滑动量、滑移方向、主滑线以及滑动速度，并视需要进行滑坡预报。

6.5.2 滑坡观测点位的布设应符合下列要求：

　　1 滑坡面上的观测点应均匀布设。滑动量较大和滑动速度较快的部位，应适当增加布点；

　　2 滑坡周界外稳定的部位和周界内稳定的部位，均应布设观测点；

　　3 主滑方向和滑动范围已明确时，可根据滑坡规模选取十字形或格网形平面布点方式；主滑方向和滑动范围不明确时，可根据现场条件，采用放射形平面布点方式；

　　4 需要测定滑坡体深部位移时，应将观测点钻孔位置布设在主滑轴线上，并可对滑坡体上局部滑动和可能具有的多层滑动面进行观测；

　　5 对已加固的滑坡，应在其支挡锚固结构的主要受力构件上布设应力计和观测点；

　　6 采用 GPS 观测滑坡位移时，观测点的布设还

应符合本规范第4.8节的有关规定。

6.5.3 滑坡观测点位的标石、标志及其埋设应符合下列要求：

1 土体上的观测点可埋设预制混凝土标石。根据观测精度要求，顶部的标志可采用具有强制对中装置的活动标志或嵌入加工成半球状的钢筋标志。标石埋深不宜小于1m，在冻土地区应埋至当地冻土线以下0.5m。标石顶部应露出地面20～30cm；

2 岩体上的观测点可采用砂浆现场浇固的钢筋标志。凿孔深度不宜小于10cm。标志埋好后，其顶部应露出岩体面5cm；

3 必要的临时性或过渡性观测点以及观测周期短、次数少的小型滑坡观测点，可埋设硬质大木桩，但顶部应安置照准标志，底部应埋至当地冻土线以下；

4 滑坡体深部位移观测钻孔应穿过潜在滑动面进入稳定的基岩面以下不小于1m。观测钻孔应铅直，孔径应不小于110mm。测斜管与孔壁之间的孔隙应按本规范第6.4.5条第5款的规定回填。

6.5.4 滑坡观测点的测定精度可选择本规范表3.0.4中所列的二、三级精度。有特殊要求的，应另行确定。

6.5.5 滑坡观测的周期应视滑坡的活跃程度及季节变化等情况而定，并应符合下列规定：

1 在雨季，宜每半月或一月测一次；干旱季节，可每季度测一次；

2 当发现滑速增快，或遇暴雨、地震、解冻等情况时，应增加观测次数；

3 当发现有大的滑动可能或有其他异常时，应在做好观测本身安全的同时，及时增加观测次数，并立即将观测结果报告委托方。

6.5.6 滑坡观测点的位移观测方法，可根据现场条件，按下列要求选用：

1 当建筑数量多、地形复杂时，宜采用以三方向交会为主的测角前方交会法，交会角宜在50°～110°之间，长短边不宜悬殊。也可采用测距交会法、测距导线法以及极坐标法；

2 对于视野开阔的场地，当面积小时，可采用放射线观测网法，从两个测站点上按放射状布设交会角在30°～150°之间的若干条观测线，两条观测线的交点即为观测点。每次观测时，应以解析法或图解法测出观测点偏离两测线交点的位移量。当场地面积大时，可采用任意方格网法，其布设与观测方法应与放射线观测网相同，但应需增加测站点与定向点；

3 对于带状滑坡，当通视较好时，可采用测线支距法，在与滑动轴线的垂直方向，布设若干条测线，沿测线选定测站点、定向点与观测点。每次观测时，应按支距法测出观测点的位移量与位移方

向。当滑坡体窄而长时，可采用十字交叉观测网法；

4 对于抗滑墙（桩）和要求高的单独测线，可选用本规范第6.3.5条规定的视准线法；

5 对于可能有大滑动的滑坡，除采用测角前方交会等方法外，亦可采用数字近景摄影测量方法同时测定观测点的水平和垂直位移；

6 滑坡体内深部测点的位移观测，可采用测斜仪观测方法，作业要求可按本规范第6.4.5条的规定执行；

7 当符合GPS观测条件和满足观测精度要求时，可采用单机多天线GPS观测方法观测。

6.5.7 滑坡观测点的高程测量可采用水准测量方法，对困难点位可采用电磁波测距三角高程测量方法。观测路线均应组成闭合或附合网形。

6.5.8 滑坡预报应采用现场严密监视和资料综合分析相结合的方法进行。每次观测后，应及时整理绘制出各观测点的滑动曲线。当利用回归方程发现有异常观测值，或利用位移对数和时间关系曲线判断有拐点时，应在加强观测的同时，密切注意观察滑前征兆，并结合工程地质、水文地质、地震和气象等方面资料，全面分析，作出滑坡预报，及时预警以采取应急措施。

6.5.9 滑坡观测应提交下列图表：

1 滑坡观测点位布置图；

2 观测成果表；

3 观测点位移与沉降综合曲线图（本规范附录F）。

6.6 挠度观测

6.6.1 建筑基础和建筑主体以及墙、柱等独立构筑物的挠度观测，应按一定周期测定其挠度值。

6.6.2 挠度观测的周期应根据荷载情况并考虑设计、施工要求确定。观测的精度可按本规范第3.0.5条的有关规定确定。

6.6.3 建筑基础挠度观测可与建筑沉降观测同时进行。观测点应沿基础的轴线或边线布设，每一轴线或边线上不得少于3点。标志设置、观测方法应符合本规范第5.5节的规定。

6.6.4 建筑主体挠度观测，除观测点应按建筑结构类型在各不同高度或各层处沿一定垂直方向布设外，其标志设置、观测方法应按本规范第6.2节的有关规定执行。挠度值应由建筑上不同高度点相对于底部固定点的水平位移值确定。

6.6.5 独立构筑物的挠度观测，除可采用建筑主体挠度观测要求外，当观测条件允许时，亦可用挠度计、位移传感器等设备直接测定挠度值。

6.6.6 挠度值及跨中挠度值应按下列公式计算：

1 挠度值 f_d 应按下列公式计算（图6.6.6）：

$$f_d = \Delta s_{AE} - \frac{L_{AE}}{L_{AE} + L_{EB}} \Delta s_{AB} \quad (6.6.6\text{-}1)$$

$$\Delta s_{AE} = s_E - s_A \quad (6.6.6\text{-}2)$$

$$\Delta s_{AB} = s_B - s_A \quad (6.6.6\text{-}3)$$

式中　s_A、s_B——为基础上 A、B 点的沉降量或位移量（mm）；

　　　s_E——基础上 E 点的沉降量或位移量（mm），E 点位于 A、B 两点之间；

　　　L_{AE}——A、E 之间的距离（m）；

　　　L_{EB}——E、B 之间的距离（m）。

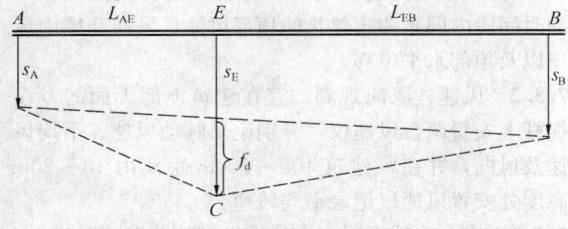

图 6.6.6　挠度

2 跨中挠度值 f_{dc} 应按下列公式计算：

$$f_{dc} = \Delta s_{10} - \frac{1}{2} \Delta s_{12} \quad (6.6.6\text{-}4)$$

$$\Delta s_{10} = s_0 - s_1 \quad (6.6.6\text{-}5)$$

$$\Delta s_{12} = s_2 - s_1 \quad (6.6.6\text{-}6)$$

式中　s_0——基础中点的沉降量或位移量（mm）；

　　　s_1、s_2——基础两个端点的沉降量或位移量（mm）。

6.6.7 挠度观测应提交下列图表：

1 挠度观测点布置图；

2 观测成果表；

3 挠度曲线图。

7 特殊变形观测

7.1 动态变形测量

7.1.1 对于建筑在动荷载作用下而产生的动态变形，应测定其一定时间段内的瞬时变形量，计算变形特征参数，分析变形规律。

7.1.2 动态变形的观测点应选在变形体受动荷载作用最敏感并能稳定牢固地安置传感器、接收靶和反光镜等照准目标的位置上。

7.1.3 动态变形测量的精度应根据变形速率、变形幅度、测量要求和经济因素来确定。

7.1.4 动态变形测量方法的选择可根据变形体的类型、变形速率、变形周期特征和测定精度等确

定，并符合下列规定：

1 对于精度要求高、变形周期长、变形速率小的动态变形测量，可采用全站仪自动跟踪测量或激光测量等方法；

2 对于精度要求低、变形周期短、变形速率大的建筑，可采用位移传感器、加速度传感器、GPS 动态实时差分测量等方法；

3 当变形频率小时，可采用数字近景摄影测量或经纬仪测角前方交会等方法。

7.1.5 采用全站仪自动跟踪测量方法进行动态变形观测时，应符合下列规定：

1 测站应设立在基准点或工作基点上，并使用有强制对中装置的观测台或观测墩；

2 变形观测点上宜安置观测棱镜，距离短时也可采用反射片；

3 数据通信电缆宜采用光纤或专用数据电缆，并应安全敷设。连接处应采取绝缘和防水措施；

4 测站和数据终端设备应备有不间断电源；

5 数据处理软件应具有观测数据自动检核、超限数据自动处理、不合格数据自动重测、观测目标被遮挡时可自动延时观测以及变形数据自动处理、分析、预报和预警等功能。

7.1.6 采用激光测量方法进行动态变形观测时，应符合下列规定：

1 激光经纬仪、激光导向仪、激光准直仪等激光器宜安置在变形区影响之外或受变形影响小的区域。激光器应采取防尘、防水措施；

2 安置激光器后，应同时在激光器附近的激光光路上，设立固定的光路检核标志；

3 整个光路上应无障碍物，光路附近应设立安全警示标志；

4 目标板或感应器应稳固设立在变形比较敏感的部位并与光路垂直；目标板的刻划应均匀、合理。观测时，应将接收到的激光光斑调至最小、最清晰。

7.1.7 采用 GPS 动态实时差分测量方法进行动态变形观测时，应符合下列规定：

1 应在变形区之外或受变形影响小的地势高处设立 GPS 参考站。参考站上部应无高度角超过 10°的障碍物，且周围无大面积水域、大型建筑等 GPS 信号反射物及高压线、电视台、无线电发射源、热源、微波通道等干扰源；

2 变形观测点宜设置在建筑顶部变形敏感的部位，变形观测点的数目应依建筑结构和要求布设，接收天线的安置应稳固，并采取保护措施，周围无高度角超过 10°的障碍物。卫星接收数量不应少于 5 颗，并应采用固定解成果；

3 长期的变形观测宜采用光缆或专用数据电缆进行数据通信，短期的也可采用无线电数据链；

4 卫星实时定位测量的其他技术要求，应满足

本规范第4.8节的相关规定。

7.1.8 采用数字近景摄影测量方法进行动态变形观测时，应满足下列要求：

1 应根据观测体的变形特点、观测规模和精度要求，合理选用作业方法，可采用时间基线视差法、立体摄影测量方法或多摄站摄影测量方法；

2 像控点可采用独立坐标系。像控点应布设在建筑的四周，并应在景深范围内均匀布设。像控点测定中误差不宜大于变形观测点中误差的1/3。当采用直接线性变换法解算待定点时，一个像对宜布设6～9个控制点；当采用时间基线视差法时，一个像对宜至少布设4个控制点；

3 变形观测点的点位中误差宜为±1～10mm，相对中误差宜为1/5000～1/20000。观测标志，可采用十字形或同心圆形，标志的颜色可采用与被摄建筑色调有明显反差的黑、白两色相间；

4 摄影站应设置固定观测墩。对于长方形的建筑，摄影站宜布设在与其长轴线相平行的一条直线上，并使摄影主光轴垂直于被摄物体的主立面；对于圆柱形外表的建筑，摄影站可均匀布设在与物体中轴线等距的四周；

5 多像对摄影时，应布设像对间起连接作用的标志点；

6 近景摄影测量的其他技术要求，应满足现行国家标准《工程摄影测量规范》GB 50167的有关规定。

7.1.9 各类动态变形观测应根据本规范第9.1节的要求及时提交相应的阶段性成果和综合成果。

7.2 日照变形观测

7.2.1 日照变形观测应在高耸建筑或单柱受强阳光照射或辐射的过程中进行，应测定建筑或单柱上部由于向阳面与背阳面温差引起的偏移量及其变化规律。

7.2.2 日照变形观测点的选设应符合下列要求：

1 当利用建筑内部竖向通道观测时，应以通道底部中心位置作为测站点，以通道顶部正垂直对应于测站点的位置作为观测点；

2 当从建筑或单柱外部观测时，观测点应选在受热面的顶部或受热面上部的不同高度处与底部（视观测方法需要布置）适中位置，并设置照准标志，单柱亦可直接照准顶部与底部中心线位置；测站点应选在与观测点连线呈正交或近于正交的两条方向线上，其中一条宜与受热面垂直。测站点宜设在距观测点的距离为照准目标高度1.5倍以外的固定位置处，并埋设标石。

7.2.3 日照变形的观测时间，宜选在夏季的高温天进行。观测可在白天时间段进行，从日出前开始，日落后停止，宜每隔1h观测一次。在每次观测的同时，应测出建筑向阳面与背阳面的温度，并测定风速与风向。

7.2.4 日照变形观测的精度，可根据观测对象和观测方法的不同，具体分析确定。

7.2.5 日照变形观测可根据不同观测条件与要求选用本规范第7.1节规定的方法。

7.2.6 日照变形观测应提交下列图表：

1 日照变形观测点位布置图；

2 日照变形观测成果表；

3 日照变形曲线图（本规范附录F）。

7.3 风振观测

7.3.1 风振观测应在高层、超高层建筑受强风作用的时间段内同步测定建筑的顶部风速、风向和墙面风压以及顶部水平位移。

7.3.2 风速、风向观测，宜在建筑顶部天面的专设桅杆上安置两台风速仪，分别记录脉动风速、平均风速及风向，并在距建筑100～200m距离内10～20m高度处安置风速仪记录平均风速。

7.3.3 应在建筑不同高度的迎风面与背风面外墙上，对应设置适当数量的风压盒，或采用激光光纤压力计和自动记录系统，测定风压分布和风压系数。

7.3.4 当用自动测记法时，风振位移的观测精度应根据所用仪器设备的性能和精度要求具体确定。当采用经纬仪观测时，观测点相对测站点的点位中误差不应大于±15mm。

7.3.5 顶部动态位移观测可根据要求和现场情况选用本规范7.1节规定的方法。

7.3.6 由实测位移值计算风振系数β时，可采用公式（7.3.6-1）或公式（7.3.6-2）：

$$\beta = (d_m + 0.5A)/d_m \qquad (7.3.6\text{-}1)$$

$$\beta = (d_s + d_d)/d_s \qquad (7.3.6\text{-}2)$$

式中 A——风力振幅（mm）；

d_m——平均位移值（mm）；

d_s——静态位移（mm）；

d_d——动态位移（mm）。

7.3.7 风振观测应提交下列图表：

1 风速、风压、位移的观测位置布置图；

2 风振观测成果表；

3 风速、风压、位移及振幅等曲线图。

7.4 裂 缝 观 测

7.4.1 裂缝观测应测定建筑上的裂缝分布位置和裂缝的走向、长度、宽度及其变化情况。

7.4.2 对需要观测的裂缝应统一进行编号。每条裂缝应至少布设两组观测标志，其中一组应在裂缝的最宽处，另一组应在裂缝的末端。每组使用两个对应的标志，分别设在裂缝的两侧。

7.4.3 裂缝观测标志应具有可供量测的明晰端面或

中心。长期观测时，可采用镶嵌或埋入墙面的金属标志、金属杆标志或楔形板标志；短期观测时，可采用油漆平行线标志或用建筑胶粘贴的金属片标志。当需要测出裂缝纵横向变化值时，可采用坐标方格网板标志。使用专用仪器设备观测的标志，可按具体要求另行设计。

7.4.4 对于数量少、量测方便的裂缝，可根据标志形式的不同分别采用比例尺、小钢尺或游标卡尺等工具定期量出标志间距离求得裂缝变化值，或用方格网板定期读取"坐标差"计算裂缝变化值；对于大面积且不便于人工量测的众多裂缝宜采用交会测量或近景摄影测量方法；需要连续监测裂缝变化时，可采用测缝计或传感器自动测记方法观测。

7.4.5 裂缝观测的周期应根据其裂缝变化速度而定。开始时可半月测一次，以后一月测一次。当发现裂缝加大时，应及时增加观测次数。

7.4.6 裂缝观测中，裂缝宽度数据应量至0.1mm，每次观测应绘出裂缝的位置、形态和尺寸，注明日期，并拍摄裂缝照片。

7.4.7 裂缝观测应提交下列图表：

1 裂缝位置分布图；

2 裂缝观测成果表；

3 裂缝变化曲线图。

8 数据处理分析

8.1 平差计算

8.1.1 每期建筑变形观测结束后，应依据测量误差理论和统计检验原理对获得的观测数据及时进行平差计算和处理，并计算各种变形量。

8.1.2 变形观测数据的平差计算，应符合下列规定：

1 应利用稳定的基准点作为起算点；

2 应使用严密的平差方法和可靠的软件系统；

3 应确保平差计算所用的观测数据、起算数据准确无误；

4 应剔除含有粗差的观测数据；

5 对于特级、一级变形测量平差计算，应对可能含有系统误差的观测值进行系统误差改正；

6 对于特级、一级变形测量平差计算，当涉及边长、方向等不同类型观测值时，应使用验后方差估计方法确定这些观测值的权；

7 平差计算除给出变形参数值外，还应评定这些变形参数的精度。

8.1.3 对各类变形控制网和变形测量成果，平差计算的单位权中误差及变形参数的精度应符合本规范第3章、第4章规定的相应级别变形测量的精度要求。

8.1.4 建筑变形测量平差计算和分析中的数据取位应符合表8.1.4的规定。

表 8.1.4 变形测量平差计算和
分析中的数据取位要求

级别	高差(mm)	角度(″)	边长(mm)	坐标(mm)	高程(mm)	沉降值(mm)	位移值(mm)
特级	0.01	0.01	0.01	0.01	0.01	0.01	0.01
一级	0.01	0.01	0.1	0.1	0.01	0.01	0.1
二、三级	0.1	0.1	0.1	0.1	0.1	0.1	0.1

8.2 变形几何分析

8.2.1 变形测量几何分析应对基准点的稳定性进行检验和分析，并判断观测点是否变动。

8.2.2 当基准点按本规范第4章的相关规定设置在稳定地点时，基准点的稳定性可使用下列方法进行分析判断：

1 当基准点单独构网时，每次基准网复测后，应根据本次复测数据与上次数据之间的差值，通过组合比较的方式对基准点的稳定性进行分析判断；

2 当基准点与观测点共同构网时，每期变形观测后，应根据本期基准点观测数据与上期观测数据之间的差值，通过组合比较的方式对基准点的稳定性进行分析判断。

8.2.3 当基准点可能不稳定或可能发生变动但使用本规范第8.2.2条方法不能判定时，可以通过统计检验的方法对其稳定性进行检验，并找出变动的基准点。

8.2.4 在变形观测过程中，当某期观测点变形量出现异常变化时，应分析原因，在排除观测本身错误的前提下，应及时对基准点的稳定性进行检测分析。

8.2.5 观测点的变动分析应符合下列规定：

1 观测点的变动分析应基于以稳定的基准点作为起始点而进行的平差计算成果；

2 二、三级及部分一级变形测量，相邻两期观测点的变动分析可通过比较观测点相邻两期的变形量与最大测量误差（取两倍中误差）来进行。当变形量小于最大误差时，可认为该观测点在这两个周期间没有变动或变动不显著；

3 特级及有特殊要求的一级变形测量，当观测点两期间的变形量 Δ 符合公式（8.2.5）时，可认为该观测点在这两个周期间没有变动或变动不显著：

$$\Delta < 2\mu\sqrt{Q} \qquad (8.2.5)$$

式中 μ——单位权中误差，可取两个周期平差单位权中误差的平均值；

Q——观测点变形量的协因数；

4 对多期变形观测成果，当相邻周期变形量小，但多期呈现出明显的变化趋势时，应视为有变动。

8.3 变形建模与预报

8.3.1 对于多期建筑变形观测成果，根据需要，应

建立反映变形量与变形因子关系的数学模型,对引起变形的原因作出分析和解释,必要时还应对变形的发展趋势进行预报。

8.3.2 当一个变形体上所有观测点或部分观测点的变形状况总体一致时,可利用这些观测点的平均变形量建立相应的数学模型。当各观测点变形状况差异大或某些观测点变形状况特殊时,应对各观测点或特殊的观测点分别建立数学模型。对于特级和某些一级变形观测成果,根据需要,可以利用地理信息系统技术实现多点变形状态的可视化表达。

8.3.3 建立变形量与变形因子关系数学模型可使用回归分析方法,并应符合下列规定:

　　1 应以不少于 10 个周期的观测数据为依据,通过分析各期所测的变形量与相应荷载、时间之间的相关性,建立荷载或时间-变形量数学模型;

　　2 变形量与变形因子之间的回归模型应简单,包含的变形因子数不宜超过 2 个。回归模型可采用线性回归模型和指数回归模型、多项式回归模型等非线性回归模型。对非线性回归模型,应进行线性化;

　　3 当只有一个变形因子时,可采用一元回归分析方法;

　　4 当考虑多个变形因子时,宜采用逐步回归分析方法,确定影响显著的因子。

8.3.4 对于沉降观测,当观测值近似呈等时间间隔时,可采用灰色建模方法,建立沉降量与时间之间的灰色模型。

8.3.5 对于动态变形观测获得的时序数据,可使用时间序列分析方法建模并加以分析。

8.3.6 建立变形量与变形因子关系模型后,应对模型的有效性进行检验和分析。用于后续分析的数学模型应是有效的。

8.3.7 需要利用变形量与变形因子关系模型进行变形趋势预报时,应给出预报结果的误差范围和适用条件。

9 成果整理与质量检查验收

9.1 成果整理

9.1.1 建筑变形测量在完成记录检查、平差计算和处理分析后,应按下列规定进行成果的整理:

　　1 观测记录手簿的内容应完整、齐全;

　　2 平差计算过程及成果、图表和各种检验、分析资料应完整、清晰;

　　3 使用的图式符号应规格统一、注记清楚。

9.1.2 建筑变形测量的观测记录、计算资料及技术成果均应有有关责任人签字,技术成果应加盖成果章。

9.1.3 根据建筑变形测量任务委托方的要求,可按

周期或变形发展情况提交下列阶段性成果:

　　1 本次或前 1~2 次观测结果;

　　2 与前一次观测间的变形量;

　　3 本次观测后的累计变形量;

　　4 简要说明及分析、建议等。

9.1.4 当建筑变形测量任务全部完成后或委托方需要时,应提交下列综合成果:

　　1 技术设计书或施测方案;

　　2 变形测量工程的平面位置图;

　　3 基准点与观测点分布平面图;

　　4 标石、标志规格及埋设图;

　　5 仪器检验与校正资料;

　　6 平差计算、成果质量评定资料及成果表;

　　7 反映变形过程的图表;

　　8 技术报告书。

9.1.5 建筑变形测量技术报告书内容应真实、完整,重点应突出,结构应清晰,文理应通顺,结论应明确。技术报告书应包括下列内容:

　　1 项目概况。应包括项目来源、观测目的和要求,测区地理位置及周边环境,项目完成的起止时间,实际布设和测定的基准点、工作基点、变形观测点点数和观测次数,项目测量单位,项目负责人、审核审定人等;

　　2 作业过程及技术方法。应包括变形测量作业依据的技术标准,项目技术设计或施测方案的技术变更情况,采用的仪器设备及其检校情况,基准点及观测点的标志及其布设情况,变形测量精度级别,作业方法及数据处理方法,变形测量各周期观测时间等;

　　3 成果精度统计及质量检验结果;

　　4 变形测量过程中出现的变形异常和作业中发生的特殊情况等;

　　5 变形分析的基本结论与建议;

　　6 提交的成果清单;

　　7 附图附表等。

9.1.6 建筑变形测量的观测记录、计算资料和技术成果应进行归档。

9.1.7 建筑变形测量的各项观测、计算数据及成果的组织、管理和分析宜使用专门的变形测量数据处理与信息管理系统进行。该系统宜具备下列功能:

　　1 对变形测量的各项起始数据、各次观测记录和计算数据以及各种中间及最终成果建立相应的数据库;

　　2 各种数据的输入、输出和格式转换;

　　3 变形测量基准点和观测点点之记信息管理;

　　4 变形测量控制网数据管理、平差计算、精度分析;

　　5 各次原始观测记录和计算数据管理;

　　6 必要的变形分析;

　　7 各种报表和分析图表的生成及变形测量成果

可视化；

    8 用户管理及安全管理等。

9.2 质量检查验收

9.2.1 测量单位应对建筑变形测量项目实行两级检查、一级验收制度，并应符合下列规定：

    1 对于所有变形观测记录和计算、分析结果，应进行两级检查；

    2 对于需要提交委托方的变形测量阶段性成果和综合成果，应在两级检查的基础上进行验收。提交的成果应为验收合格的成果；

    3 检查验收情况应形成记录，并进行归档。

9.2.2 质量检查验收应依据下列规定进行：

    1 项目委托书或合同书及委托方与测量方达成的其他文件；

    2 技术设计书或施测方案；

    3 依据的技术标准和国家政策法规；

    4 测量单位质量管理文件。

9.2.3 质量检查验收应对项目实施情况进行准确全面的评价，应包括下列主要方面：

    1 执行技术设计书或施测方案及技术标准、政策法规情况；

    2 使用仪器设备及其检定情况；

    3 记录和计算所用软件系统情况；

    4 基准点和变形观测点的布设及标石、标志情况；

    5 实际观测情况，包括观测周期、观测方法和操作程序的正确性等；

    6 基准点稳定性检测与分析情况；

    7 观测限差和精度统计情况；

    8 记录的完整准确性及记录项目的齐全性；

    9 观测数据的各项改正情况；

    10 计算过程的正确性、资料整理的完整性、精度统计和质量评定的合理性；

    11 变形测量成果分析的合理性；

    12 提交成果的正确性、可靠性、完整性及数据的符合性情况；

    13 技术报告书内容的完整性、统计数据的准确性、结论的可靠性及体例的规范性；

    14 成果签署的完整性和符合性情况等。

9.2.4 当质量检查验收中发现不符合项时，应立即提出处理意见，返回作业部门进行纠正。纠正后的成果应重新进行检查验收。

附录A 高程控制点标石、标志

A.0.1 基岩水准基点标石应按图A.0.1的形式埋设。

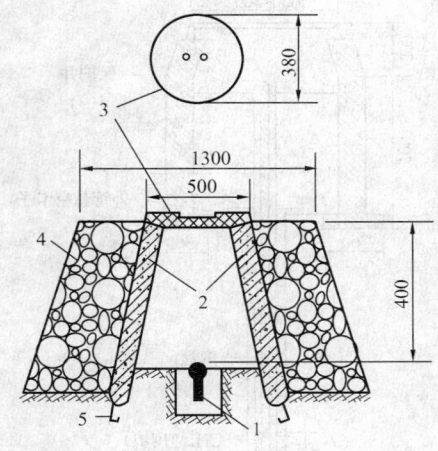

图 A.0.1 岩层水准基点标石（单位：mm）
1—抗蚀的金属标志；2—钢筋混凝土井圈；
3—井盖；4—砌石土丘；5—井圈保护层

A.0.2 深埋双金属管水准基点标石应按图A.0.2的规格埋设。

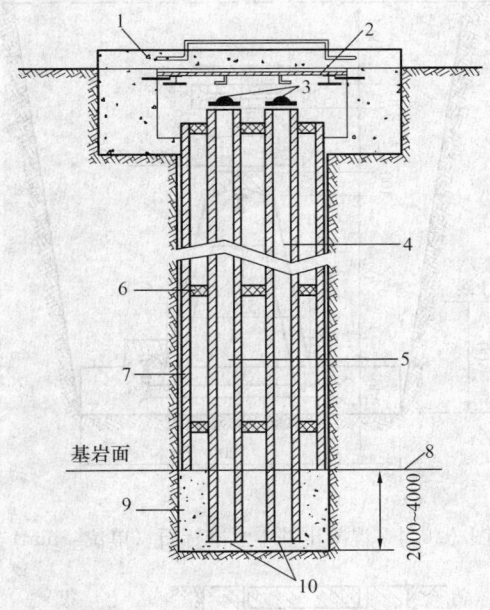

图 A.0.2 深埋双金属管水准基点标石（单位：mm）
1—钢筋混凝土盖；2—钢板标盖；3—标心；4—钢心管；
5—铝心管；6—橡胶环；7—钻孔保护钢管；8—新鲜基岩面；
9—M20水泥砂浆；10—钢心管底板与根络

A.0.3 深埋钢管水准基点标石应按图A.0.3的规格埋设。

A.0.4 混凝土基本水准标石应按图A.0.4的规格埋设。

A.0.5 浅埋钢管水准标石应按图A.0.5的规格埋设。

A.0.6 混凝土普通水准标石应按图A.0.6的规格埋设。

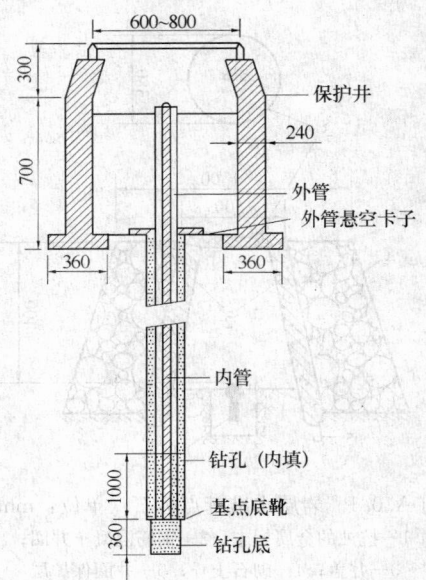

图 A.0.3 深埋钢管水准基点标石（单位：mm）

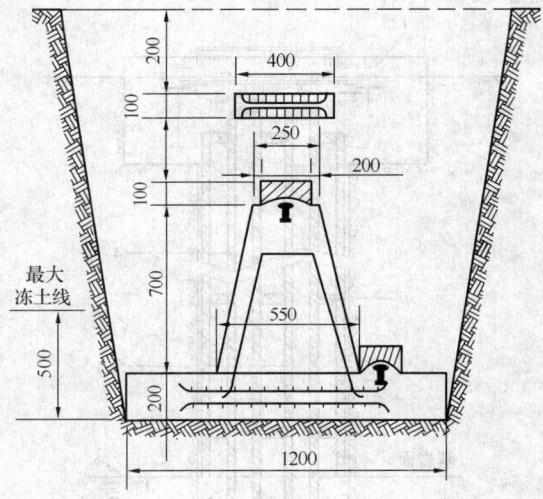

图 A.0.4 混凝土基本水准标石（单位：mm）

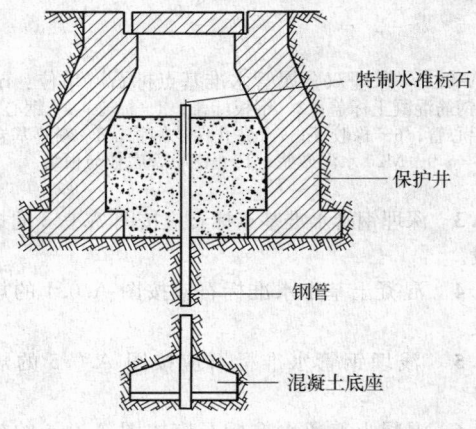

图 A.0.5 浅埋钢管水准标石

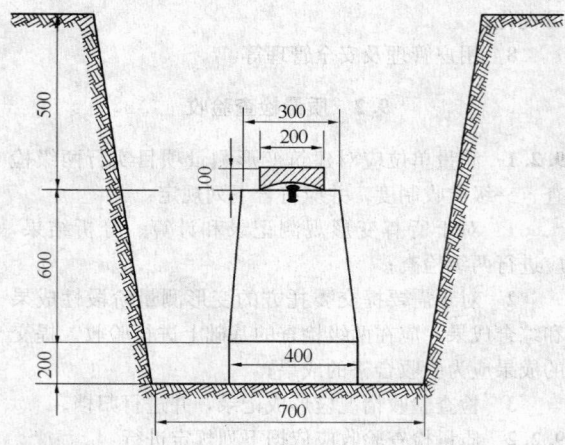

图 A.0.6 混凝土普通水准标石（单位：mm）

A.0.7 混凝土三角高程点墩标标石应按图 A.0.7 的规格埋设。

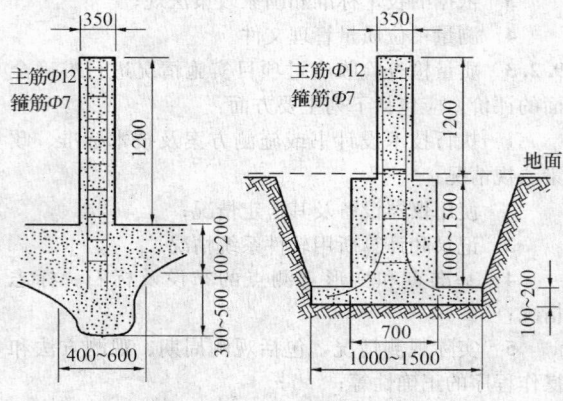

(a) (b)

图 A.0.7 混凝土三角高程点墩标标石（单位：mm）
（a）岩层点墩标；（b）土层点墩标

A.0.8 铸铁或不锈钢墙水准标志应按图 A.0.8 的规格埋设。

A.0.9 混凝土三角高程点建筑顶标石应按图 A.0.9 的规格埋设。

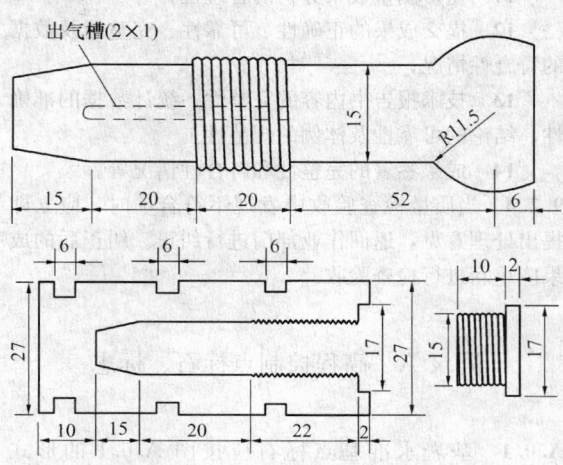

图 A.0.8 铸铁或不锈钢墙水准标志（单位：mm）

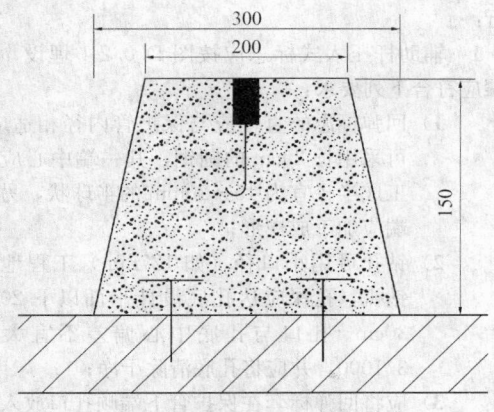

图 A.0.9　混凝土三角高程点
建筑顶标石（单位：mm）

附录 B　水平位移观测墩及重力平衡球式
照 准 标 志

B.0.1　水平位移观测墩应按图 B.0.1 的规格埋设。

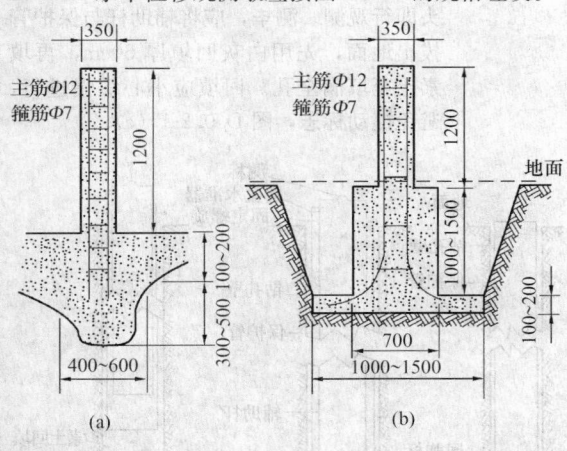

图 B.0.1　水平位移观测墩（单位：mm）
（a）岩层点观测墩；（b）土层点观测墩

B.0.2　重力平衡球式照准标志应按图 B.0.2 规格埋设。

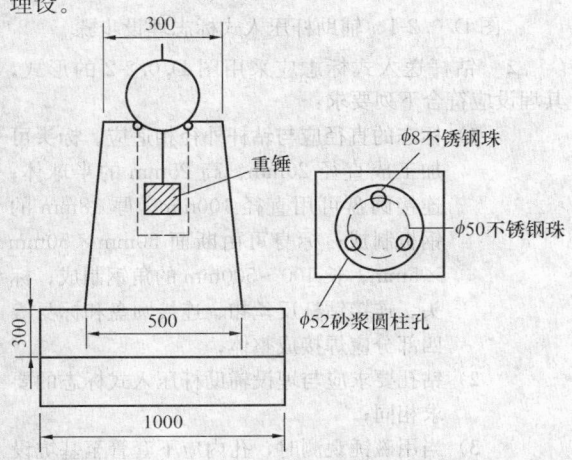

图 B.0.2　重力平衡球式照准标志（单位：mm）

附录 C　三角高程测量专用觇牌及配件

C.0.1　三角高程测量觇牌可按图 C.0.1 的形式制作。

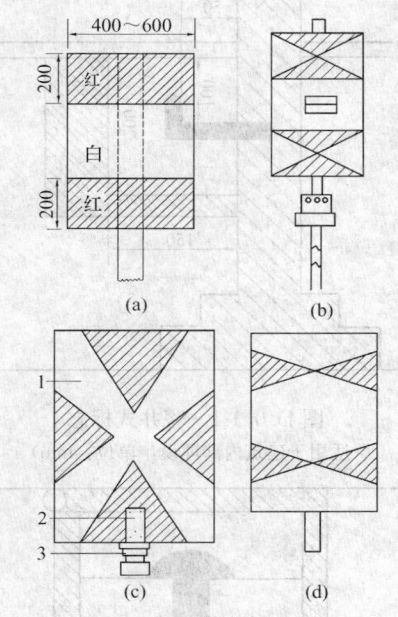

图 C.0.1　三角高程测量觇牌（单位：mm）
1—觇板；2—螺钉；3—牌座

C.0.2　三角高程测量量高杆见图 C.0.2 所示。

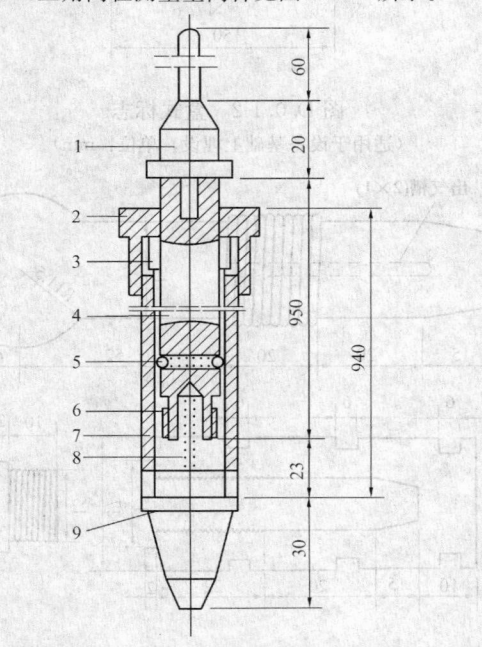

图 C.0.2　三角高程测量量高杆（单位：mm）
1—顶杆；2—压盖；3—导套；4—尺杆；5—钢球；
6—扶正圈；7—外管；8—弹簧；9—底座

附录 D 沉降观测点标志

D. 0. 1 隐蔽式沉降观测标志应按图 D. 0.1-1、图 D. 0.1-2 或图 D. 0.1-3 的规格埋设。

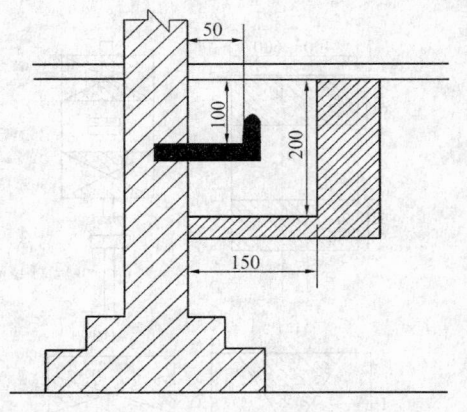

图 D. 0.1-1 窨井式标志
(适用于建筑内部埋设,单位:mm)

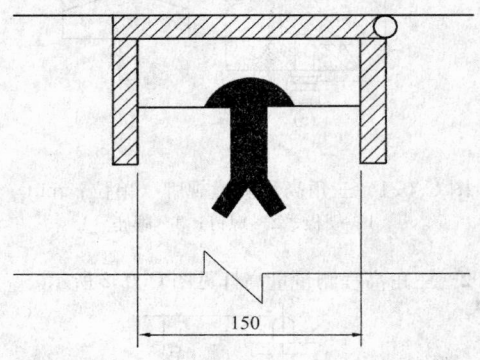

图 D. 0.1-2 盒式标志
(适用于设备基础上埋设,单位:mm)

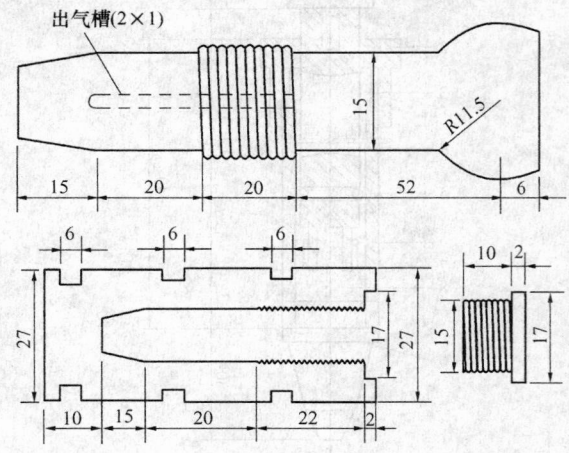

图 D. 0.1-3 螺栓式标志
(适用于墙体上埋设,单位:mm)

D. 0. 2 基坑回弹标志的埋设,可按下列步骤与要求进行:

1 辅助杆压入式标志应按图 D. 0.2-1 埋设,其步骤应符合下列要求:

1) 回弹标志的直径应与保护管内径相适应,可采用长 20cm 的圆钢,其一端中心应加工成半径宜为 15～20mm 的半球状,另一端应加工成楔形;

2) 钻孔可用小口径(如 127mm)工程地质钻机,孔深应达孔底设计平面以下 20～30cm。孔口与孔底中心偏差不宜大于 3/1000,并应将孔底清除干净;

3) 应将回弹标套在保护管下端顺孔口放入孔底,图 D. 0.2-1 (a);

4) 不得有孔壁土或地面杂物掉入,应保证观测时辅助杆与标头严密接触,图 D. 0.2-1 (b);

5) 观测时,应先将保护管提起约 10cm,在地面临时固定,然后将辅助杆立于回弹标头即行观测。测毕,应将辅助杆与保护管拔出地面,先用白灰回填厚 50cm,再填素土至填满全孔。回填应小心缓慢进行,避免撞动标志,图 D. 0.2-1 (c)。

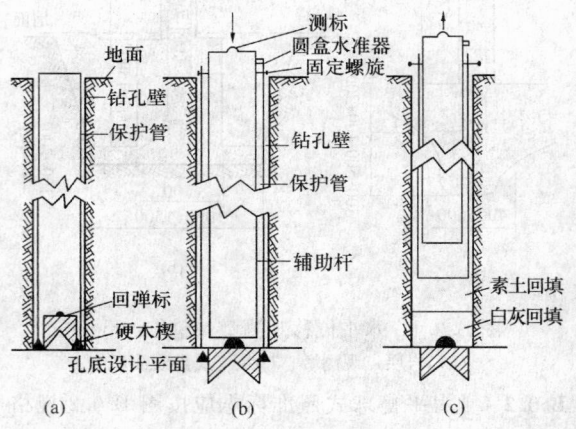

图 D. 0.2-1 辅助杆压入式标志埋设步骤

2 钻杆送入式标志应采用图 D. 0.2-2 的形式,其埋设应符合下列要求:

1) 标志的直径应与钻杆外径相适应。标头可加工成直径 20mm、高 25mm 的半球体;连接圆盘可用直径 100mm、厚 18mm 的钢板制成;标身可由断面 50mm×50mm×5mm、长 400～500mm 的角钢制成;标头、连接钻杆反丝扣、连接圆盘和标身等四部分应焊接成整体;

2) 钻孔要求应与埋设辅助杆压入式标志的要求相同;

3) 当用磁锤观测时,孔内应下套管至基坑设计标高以下。观测前,应先提出钻杆卸下

钻头，换上标志打入土中，使标头进至低于坑底面 20～30cm 防止开挖基坑时被铲坏。然后，拧动钻杆使与标志自然脱开，提出钻杆后即可进行观测；

4）当用电磁探头观测时，在上述埋标过程中可免除下套管工序，直接将电磁探头放入钻杆内进行观测。

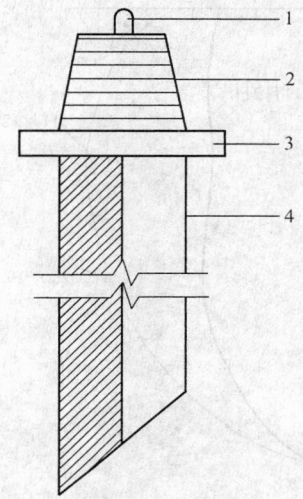

图 D.0.2-2　钻杆送入式标志

1—标头；2—连接钻杆反丝扣；3—连接圆盘；4—标身

3　直埋式标志可用于深度不大于 10m 的浅基坑配合探井成孔使用。标志可用直径 20～24mm、长 40cm 的圆钢或螺纹钢制成，其一端应加工成半球状，另一端应锻尖。探井口直径不应大于 1m，挖深应至基坑底部设计标高以下 10cm 处，标志可直接打入至其顶部低于坑底设计标高 3～5cm 为止。

D.0.3　地基土分层沉降观测可使用测标式标志按图 D.0.3 所示步骤埋设，并应符合下列要求：

1　测标长度应与点位深度相适应，顶端应加工成半球形并露出地面，下端应为焊接的标脚，应埋设于预定的观测点位置；

2　钻孔时，孔径大小应符合设计要求，并应保持孔壁铅垂；

3　下标志时，应用活塞将长 50mm 的套管和保护管挤紧，图 D.0.3（a）；

4　测标、保护管与套管三者应整体徐徐放入孔底，若测杆较长、钻孔较深，应在测标与保护管之间加入固定滑轮，避免测标在保护管内摆动，图 D.0.3（b）；

5　整个标脚应压入孔底面以下，当孔底土质坚硬时，可用钻机钻一小孔后再压入标脚，图 D.0.3（c）；

6　标志埋好后，应用钻机卡住保护管提起 30～50cm，然后在提起部分和保护管与孔壁之间的空隙内灌沙，提高标志随所在土层活动的灵敏性。最后，应用定位套箍将保护管固定在基础底板上，并以保护管测头随时检查保护管在观测过程中有无脱落情况，图 D.0.3（d）。

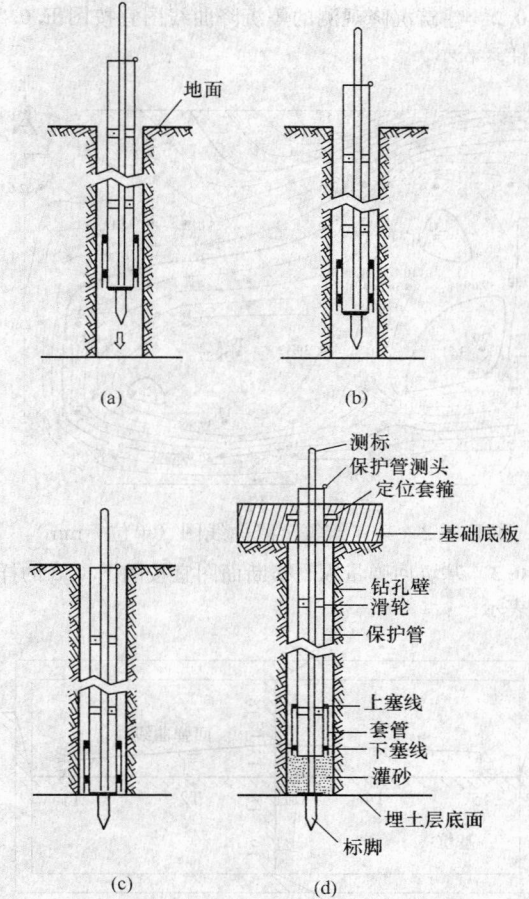

图 D.0.3　测标式标志埋设步骤

附录 E　沉降观测成果图

E.0.1　建筑沉降观测的时间-荷载-沉降量曲线图宜按图 E.0.1 的样式表示。

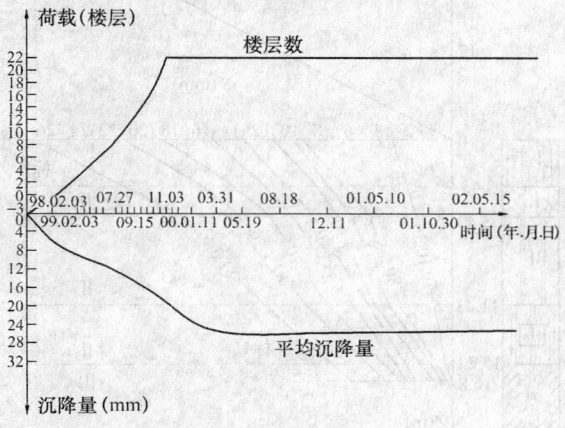

图 E.0.1　某建筑时间-荷载-沉降量曲线图

E.0.2 建筑沉降观测的等沉降曲线图宜按图 E.0.2 的样式表示。

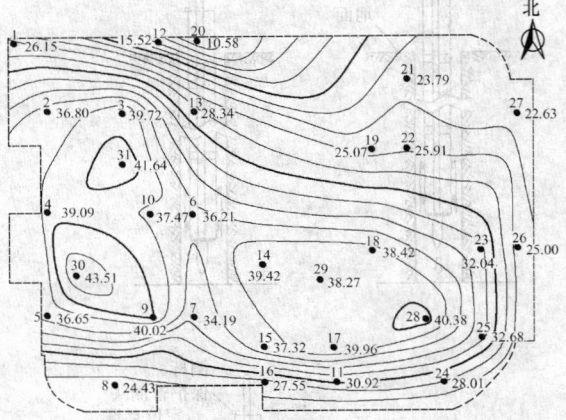

图 E.0.2 某建筑等沉降曲线图（单位：mm）

E.0.3 基坑回弹量纵、横断面图宜按图 E.0.3 的样式表示。

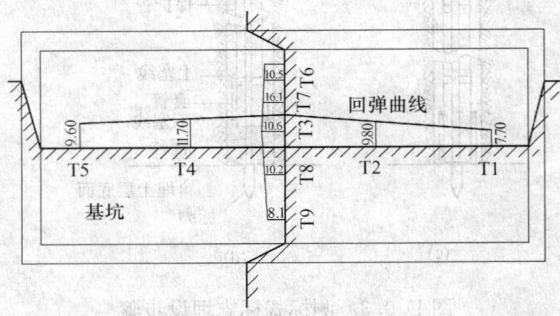

图 E.0.3 某建筑基坑回弹量纵、横断面图

E.0.4 地基土分层沉降观测的各土层荷载-沉降量-深度曲线图宜按图 E.0.4 的形式表示。

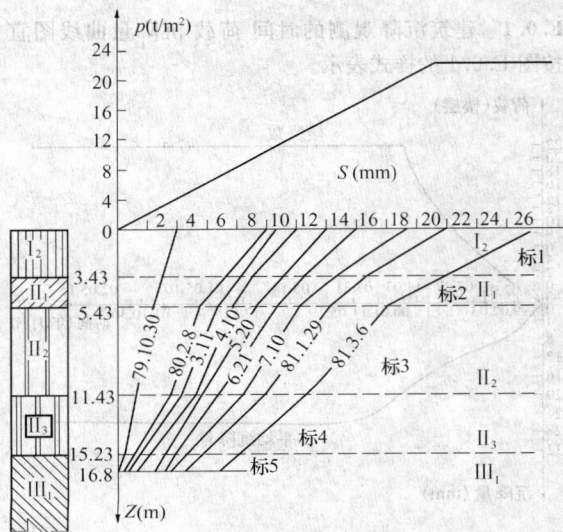

图 E.0.4 某建筑地基各土层荷载-
沉降量-深度曲线图

附录 F 位移与特殊变形观测成果图

F.0.1 地基土深层侧向位移图宜按图 F.0.1-1、图 F.0.1-2 表示。

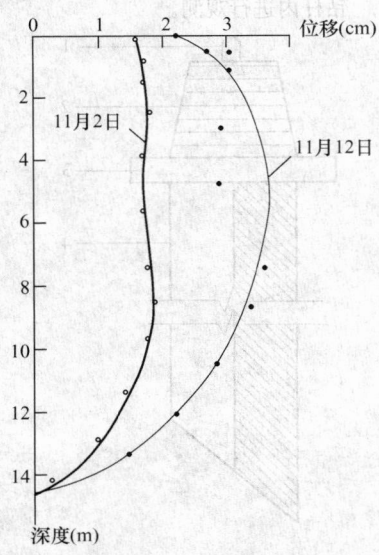

图 F.0.1-1 深度-位移曲线图

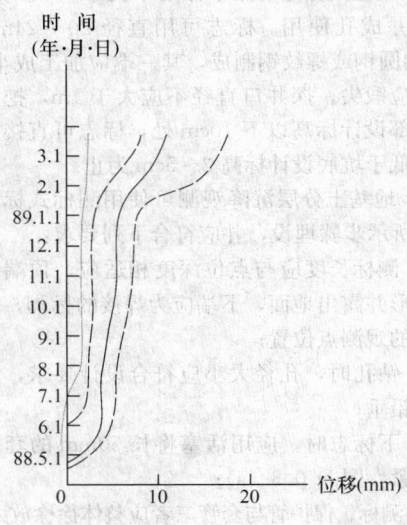

图 F.0.1-2 时间-位移曲线图

注： 1 图 F.0.1-1 为某一工程实测的大面积加荷引起的水平位移沿深度分布线；

2 图 F.0.1-2 为某一高层建筑基坑四周地下钢筋混凝土连续墙上一个测斜导管，在不同深度处，从基坑开挖前开始，直至基础底板混凝土浇筑完毕止，所测得的时间-位移曲线。

F.0.2 日照变形曲线图可按图 F.0.2 的样式表示。

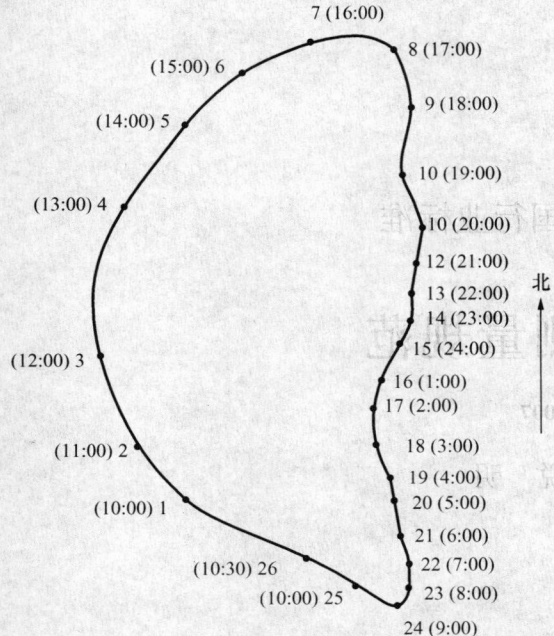

図 F.0.2 某电视塔顶部日照变形曲线图

注：1 图中顺序号为观测次数编号，括号内数字为时间；
    2 曲线图由激光铅直仪直接测出的激光中心轨迹
      反转而成。

F.0.3 滑坡观测点的位移与沉降综合曲线图可按图
F.0.3 的样式表示。

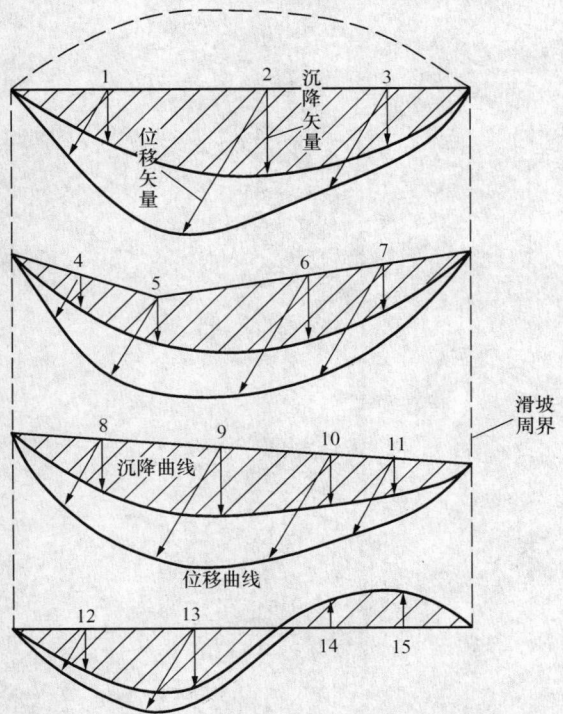

图 F.0.3 某滑坡观测点位移与沉降综合曲线图

本规范用词说明

1 为便于在执行本规范条文时区别对待，对要
求严格程度不同的用词说明如下：

1) 表示很严格，非这样做不可的：
   正面词采用"必须"，反面词采用"严
   禁"；

2) 表示严格，在正常情况下均应这样做的：
   正面词采用"应"，反面词采用"不应"
   或"不得"；

3) 表示允许稍可选择，在条件许可时首先应
   这样做的：
   正面词采用"宜"，反面词采用"不宜"；
   表示有选择，在一定条件下可以这样做
   的，采用"可"。

2 条文中指明应按其他有关标准执行的写法为：
"应符合……的规定"或"应按……执行"。

中华人民共和国行业标准

建筑变形测量规范

JGJ 8—2007

条 文 说 明

前　言

《建筑变形测量规范》JGJ 8－2007，经建设部 2007 年 9 月 4 日以第 710 号公告批准发布。

本规范第一版的主编单位是建设部综合勘察研究设计院，参加单位是陕西省综合勘察设计院、中南勘察设计院、南京建筑工程学院、上海市民用建筑设计院、中国有色金属工业西安勘察院。

为便于广大勘测、设计、施工及科研教学等人员在使用本规范时能正确理解和执行条文规定，《建筑变形测量规范》编制组按章、节、条顺序编制了本规范的条文说明。在使用中，如发现条文说明中有欠妥之处，请将意见函寄建设综合勘察研究设计院科技质量处（北京东直门内大街 177 号，邮编：100007）。

目　次

1 总　则

1.0.1 本规范采用"建筑变形测量"一词，主要基于如下考虑：

1　本规范规定的变形测量不仅针对建筑物，也适用于构筑物，因此使用"建筑"作为建筑物、构筑物的通称。而"建筑变形"除包括建筑物、构筑物基础与上部结构的变形外，还包括建筑地基及场地的变形；

2　"变形测量"比"变形观测"更便于概括除获得变形信息的观测作业之外的变形分析、预报等数据处理的内容；

3　建筑变形测量属于工程测量范畴，但在技术方法、精度要求等方面与工程控制测量、地形测量及施工测量等有诸多不同之处，目前已发展成一种具有较完善技术体系的专业测量。

1.0.2 本规范主要适用于工业与民用建筑的地基、基础、上部结构及场地的沉降、位移和特殊变形测量。将建筑变形测量分为沉降、位移和特殊变形测量三类，是以观测项目的主要变形性质为依据并顾及建筑设计、施工习惯用语而确定的。这里的沉降测量包括建筑场地沉降、基坑回弹、地基土分层沉降、建筑沉降等观测；位移测量包括建筑主体倾斜、建筑水平位移、基坑壁侧向位移、场地滑坡及挠度等观测；特殊变形测量包括日照变形、风振、裂缝及其他动态变形测量等。

《建筑变形测量规程》JGJ/T 8-97 将建筑变形分为沉降和位移两类。考虑到日照、风振及裂缝变形的性质与一般的建筑位移是有区别的，本次修订时将这三种变形列为特殊变形测量。同时，由于测量技术的进步，使得人们能够用更先进的仪器捕捉到建筑受风荷载、日照及其他外力作用下的实时变形，根据需要本规范增加了动态变形测量内容，并列入特殊变形测量一章中。

1.0.3 将"确切地反映建筑地基、基础、上部结构及其场地在静荷载或动荷载及环境等因素影响下的变形程度或变形趋势"作为建筑变形测量的基本要求，是由变形测量性质所决定的，应体现在变形测量全过程中。

从测量目的考虑，只有使变形测量成果资料符合上述基本要求，才能做到：

1）有效监视新建建筑在施工及运营使用期间的安全，以利及时采取预防措施；

2）有效监测已建建筑以及建筑场地的稳定性，为建筑维修、保护、特殊性土地区选址以及场地整治提供依据；

3）为验证有关建筑地基基础、工程结构设计的理论及设计参数提供可靠的基础数据；

4）在结合典型工程、典型地质条件开展的建筑变形规律与预报以及变形理论与测量方法的研究工作中，依据对系统、可信的观测资料的综合分析，获得有价值的结论。

由于建筑变形测量属于测绘学科与土木工程学科的边缘，人员的技术素质与工作方法也要与之相适应。变形测量工作者除了努力提高有关现代测量理论与技术水平外，还应学习必要的土力学和土木工程基础知识，并在工作中重视与建筑设计、施工及建设单位的密切配合。比如，在编制施测方案时，应与有关设计、施工、岩土工程人员协商，合理解决诸如点位选设、观测周期等问题；在施测过程中，对于发现的变形异常情况，应及时通报项目委托单位，以采取必要措施。

1.0.4 测量仪器的检验检定对于保障建筑变形测量成果的质量具有十分重要的意义。仪器设备应经国家认可机构检定并在检定有效期内使用。大地测量仪器的检验检定在现行有关国家测量规范中已有详细规定，本规范除结合建筑变形测量特点规定其必要的检验技术要求外，对于光学和数字水准仪、光学和电子经纬仪、全站仪、测距仪、GPS 接收机及相关配件的检验项目、方法及维护要求，均应按照现行有关国家规范的规定执行。这些规范主要有：《国家一、二等水准测量规范》GB 12897、《国家三、四等水准测量规范》GB 12898、《国家三角测量规范》GB/T 17942、《中、短程光电测距规范》GB/T 16818、《全球定位系统（GPS）测量规范》GB/T 18314、《精密工程测量规范》GB/T 15314 等。此外，关于测量仪器检定还有一些行业标准可供借鉴，如：《水准仪检定规程》JJG 425、《水准标尺检定规程》JJG 8、《光学经纬仪检定规程》JJG 414、《全站型电子速测仪检定规程》JJG 100、《光电测距仪检定规程》JJG 703、《全球定位系统（GPS）接收机（测地型和导航型）校准规范》JJF 1118 等。使用中应依据这些标准的最新版本。

1.0.5 现代测量技术发展迅速，本规范规定：在建筑变形测量实践中，除使用本规范中规定的各种方法外，也可采用其他测量方法，但这些方法应能满足本规范规定的技术质量要求。

2　术语、符号和代号

本章主要对规范中使用的术语、代号和符号作出说明，以便于理解和使用。

对一些术语主要是按照建筑变形测量的特点和实际工作中的习惯来定义的，如"观测周期"、"沉降差"等。在本规范中，"沉降差"是指同一建筑的不同部位在同一时间段的沉降量差值。

"地基"、"基础"、"基坑回弹"等主要参考了

《岩土工程基本术语标准》GB/T 50279-98。"倾斜"、"日照"等主要参考了《工程测量基本术语标准》GB/T 50228-96。

3 基 本 规 定

3.0.1 为监视建筑及其周围环境在施工和使用期间的安全，了解其变形特征，并为工程设计、管理及科研提供资料，在参考国家标准《建筑地基基础设计规范》GB 50007-2002 规定的地基基础设计等级和第10.2.9 条（强制性条文）及国家标准《岩土工程勘察规范》GB 50021-2001 第13.2.5 条规定的基础上，本规范提出 5 类建筑在施工及使用期间应进行变形观测，并将该条作为强制性条文。其中的地基基础设计等级主要使用了 GB 50007-2002 中表 3.0.1 的规定。为了方便使用，我们将该表列在这里（见表3-1）。

表 3-1 建筑地基基础设计等级

设计等级	建筑和地基类型
甲级	重要的工业与民用建筑 30 层以上的高层建筑 体型复杂，层数相差超过 10 层的高低层连成一体的建筑 大面积的多层地下建筑物（如地下车库、商场、运动场等） 对地基变形有特殊要求的建筑物 复杂地质条件下的坡上建筑物（包括高边坡） 对原有工程影响较大的新建建筑物 场地和地基条件复杂的一般建筑物 位于复杂地质条件及软土地区的二层及二层以上地下室的基坑工程
乙级	除甲级、丙级以外的工业与民用建筑物
丙级	场地和地基条件简单、荷载分布均匀的七层及七层以下民用建筑及一般工业建筑物；次要的轻型建筑物

3.0.2 建筑变形测量的平面坐标系统与高程系统通常应优先采用国家或所在地方的平面坐标系统和高程系统。当观测条件困难，难以与国家或地方使用的系统联测时，采用独立系统也可以满足要求，这是因为变形测量主要以测定变形体的变形量为目的。为了便于变形测量成果的进一步使用和管理，当采用独立平面坐标或高程系统时，必须在技术设计书和技术报告书中作出明确说明。

3.0.3 建筑变形测量的基本要求是以确切反映建筑及其场地在静荷载或动荷载及环境等影响下的变形程度或变形趋势，这一要求应体现在变形测量的全过程。变形测量的成果质量取决于各个测量环节，而技

术设计尤为重要。因此，应在建筑变形测量开始前，认真做好技术设计，形成书面的技术设计书或施测方案。技术设计书或施测方案的编写要求可参照现行行业标准《测绘技术设计规定》CH/T 1004 的相关规定进行。

3.0.4 本次修订中，有关建筑变形测量的级别名称、级别划分及精度要求沿用了原《建筑变形测量规程》JGJ/T 8-97 的规定。原规程发布后，有一些用户对规程使用"级"而不是"等"有不同的看法。经过分析研究，我们认为，对于建筑变形测量，使用"级"而不是"等"能更好地体现变形测量的精度特征，也便于实际应用的延续性。

建筑变形测量的级别划分及其精度要求系根据原规程的下述分析来进行确定的（本次修订中补充了有关标准当前版本的规定）。

1 沉降测量的级别划分及其精度要求

1）级别划分。采用特级、一级、二级、三级，并分别代表特高精度、高精度、中等精度、低精度等 4 个级别精度档次。级别精度是按照与我国国家水准测量等级精度指标相靠拢，并能概括国内有关标准对沉降水准测量精度规定综合确定的。

国内外有关标准的规定等级及其精度要求参见表3-2。

2）精度指标。考虑到沉降测量的自身特点及其小范围测量的环境，同时为了便于使用和数据处理，宜以观测点测站高差中误差作为精度指标。从表 3-2 可见，一些沉降测量规范也是采用测站高差中误差作为规定测量精度的依据。

表 3-2 有关标准规定的等级及其精度要求

标准名称	等级划分及其精度指标		m_0 (mm)
德国工业标准《建筑物沉降观测》（DIN 4107）	分四档,规定观测高差中误差(mm)为:		
	特高精度	± 0.1	± 0.1
		± 0.3	± 0.3
		(指相邻观测点间高差中误差)	
	高精度	± 0.5	$\pm 0.5/\sqrt{Q}$
	中等精度	± 3.0	$\pm 3.0/\sqrt{Q}$
	低精度	沉降终值的 10%	
	(指观测点相对于控制点的高差中误差)		
前苏联建筑物沉降观测规定（载于《大型工程建筑物的变形观测》，1974 年）	分五等,规定每公里高差中数偶然中误差(mm)为:		
	一	± 0.28 (S=5m,r=2)	± 0.04
	I 等	± 0.50 (S=50m,r=4)	± 0.32
	II 等	± 0.84 (S=65m,r=2)	± 0.43
	III 等	± 1.67 (S=75m,r=2)	± 0.92
	IV 等	± 6.68 (S=100m,r=1)	± 3.00

续表 3-2

标准名称	等级划分及其精度指标		m_0(mm)
《国家一、二等水准测量规范》(GB 12897)《国家三、四水准测量规范》(GB 12898)	分四等,规定每公里往返测高差中数的偶然中误差(mm)分别为:		
	一等 ±0.45	($S\leqslant30m$)	±0.16
	二等 ±1.0	($S\leqslant50m$)	±0.45
	三等 ±3.0	($S\leqslant75m$)	±1.64
	四等 ±5.0	($S\leqslant100m$)	±3.16
《工程测量规范》GB 50026-93	分四等,规定变形点的高程中误差、相邻变形点高差中误差(mm)分别为:		
	一等 ±0.3,±0.1	($S\leqslant15m$)	±0.10
	二等 ±0.5,±0.3	($S\leqslant35m$)	±0.30
	三等 ±1.0,±0.5	($S\leqslant50m$)	±0.50
	四等 ±2.0,±1.0	($S\leqslant100m$)	±1.00
《地下铁道、轻轨交通工程测量规范》(GB 50308-99)	分三等,规定变形点的高程中误差、相邻变形点的高差中误差(mm)分别为:		
	一等 ±0.3,±0.1	($S\leqslant15m$)	±0.10
	二等 ±0.5,±0.3	($S\leqslant35m$)	±0.30
	三等 ±1.0,±0.5	($S\leqslant50m$)	±0.50

注: 1 表中 S 为视线长度,r 为观测路线条数,n 为测站数,Q 为协因数,m_0 为按各个标准规定精度指标换算的测站高差中误差;

2 表中等级和精度指标用词,均为原标准使用的原词。

3)一、二、三级沉降观测精度指标。以国家水准测量规范规定的一、二、三等水准测量每公里往返测高差中数的偶然中误差 M_Δ 为依据,由下列换算式计算出单程观测测站高差中误差 m_0(mm),则可得沉降水准测量精度指标,如表 3-3。

$$m_0 = M_\Delta\sqrt{\frac{S}{250}} \qquad (3-1)$$

式中 S——本规范规定的各级别水准视线长度(m)。

表 3-3　一、二、三级沉降观测精度指标计算

等级	M_Δ (mm)	S (m)	换算的 m_0 值 (mm)	取用值 (mm)
一级	0.45	30	±0.16	±0.15
二级	1.0	50	±0.45	±0.5
三级	3.0	75	±1.64	±1.5

4)特级精度指标。我国国家水准测量规范没有这个级别的精度指标,现依据表 3-2 所列的国内外的有关标准的规定,分析确定如下:

①根据表 3-2 所列前苏联建筑物沉降观测标准的

特高精度等级 $M_\Delta=\pm0.28mm$($S=5m$,$r=2$),按(3-1)式换算为本规范的特级 m_0 值为 $\pm0.056mm$;

②按国内所使用的最高精度水准仪 DS05 型的观测精度,取用本规范第 4.4.1 条中计算 DS05 单程观测每测站高差中误差 m_0(mm)的经验公式为:

$$m_0 = 0.025 + 0.0029S \qquad (3-2)$$

式中 S——视线长度,且 $S\leqslant10m$。

按(3-2)式为 $m_0\leqslant\pm0.054mm$;

③按表 3-2 所列《工程测量规范》规定一测站变形点高程中误差 $\pm0.30mm$,顾及等影响原则,其测站高差中误差为 $\pm0.30mm/\sqrt{2}=\pm0.21mm$,当 $S\leqslant15m$ 时,按(3-1)式可换算为本规范特级 m_0 值小于或等于 $\pm0.051mm$。

综合上述三种情况,取 $\pm0.05mm$ 作为特级精度指标是合理的。同时,这样取值也使相邻级别沉降观测的精度比例约为 1:3,体现了精度系列的系统性。

5)按实测的沉降测量工程项目精度统计,检验本规范规定的精度指标的可行性与合理性。我们统计了近二十年完成的 68 项大型工程项目,其中水准测量 64 项、静力水准测量 4 项,涉及精密工程、科研工程、高层建筑、工业民用建筑、古建筑及场地沉降等,现列于表 3-4。

表 3-4　68 项工程的实测测站高差中误差统计

级别	特级	一级	二级	三级
精度(mm)	±0.05	±0.15	±0.50	±1.50
项目数	7	17	37	7
%	10	25	54	11

注: 1 一项工程中计算多个中误差值时,取其中最大者统计;

2 达到特级精度指标的项目,包括特种精密工程项目 3 项、工业与民用建筑 4 项。

由表 3-4 可见,用水准测量方法进行沉降观测所得成果精度均在规定的精度范围以内,其分布属一、二级者最多,三级者较少,特级也较少,符合正常规律。同时通过原规程发布后多年的实践和应用,也表明本规范采用的精度级别与精度指标的规定是先进合理、实用的。

2 位移测量的级别划分及其精度指标

1)级别划分。按照与沉降测量的规定相配套考虑,分为特、一、二、三级。

2)精度指标。从有利于概括不同位移的向量性质和使用直观、方便来考虑,本规范采用变形观测点坐标中误差作为精度指标。目前,位移观测中,绝大多数是使用测定坐标的方法(如全站仪、GPS、测斜仪测量等),规定用坐标中误差作为观测点相

对于测站点（工作基点）的测定精度较为方便。对于有些非直接测定观测点坐标的方法（如基准线法、铅垂仪法），可按"与坐标等价"的原则考虑，如基准线法规定为观测点相对基准线的偏差值中误差，铅垂仪法规定为建筑物（或构件）上部观测点相对于底部定点的水平位移分量中误差。另外，有些建筑位移观测规定以点位中误差表示精度时，则可按坐标中误差的 $\sqrt{2}$ 倍计算。从原规程发布后多年的工程实践表明，采用观测点坐标中误差作为精度指标是合适的。

3）各级别的精度指标取值。本规范各级别的精度指标取值仍采用原规程的规定。首先确定特级和三级的精度指标值，再以适当比例定出一、二级的精度指标，构成较为合理的精度系列。

①特级的精度指标，以适应特种精密工程变形观测要求为原则，综合考虑表 3-5 所列几项代表性工程项目的观测精度要求和表 3-6 所列国内近年来完成的几项典型工程项目实测精度来确定。

表 3-5　几项特种精密工程项目的观测精度要求

工程项目	观测精度要求 （mm）	相当的坐标 中误差（mm）
高能粒子加速器工程	漂移管横向精度 ±0.05～±0.3	±0.05～ ±0.30
人造卫星与导弹发射轨道	几百米以内的 横向中误差 ±0.1～±0.3	±0.10～ ±0.30
抛光与磨光工艺玻璃传送带		
大型核电厂汽轮发电机组	水平位移监测精度 ±0.2～±0.5	±0.14～ ±0.35

表 3-6　几种特种精密工程项目的实测精度要求

工程项目	观测精度要求 （mm）	相当的坐标 中误差（mm）
北京正负电子对撞机工程	地面测边控制网点位中误差	±0.30
	输运线平面控制网相对点位中误差	±0.20
	贮存环平面控制网相对点位中误差	±0.15
	各种磁铁及其他束流部件安装定位横向精度	±0.1～±0.2

相当的坐标中误差（mm）列：±0.20、±0.14、±0.10、±0.10～±0.20

工程项目	观测精度要求 （mm）	相当的坐标 中误差（mm）
武汉船模实验水池工程	控制点横向点位中误差	±0.3	±0.3
	池壁横向变形测量误差	≤±0.2	≤±0.2
	轨道精调实测最大不直度中误差	±0.179	±0.2
某雷达标准基线	天线控制点之间的距离误差	±0.28	±0.28

综合表 3-5、表 3-6 所列精度，取特级的观测点坐标中误差为 ±0.3mm。

②三级的精度指标，以满足具有最大位移允许值的高耸建筑顶部水平位移观测精度要求为原则，综合考虑表 3-7 所列的几项项目的精度估算结果和表 3-8 所列几项工程的实测精度确定。

表 3-7　几个观测项目的观测精度要求

项目	规范及给定的估算参数 （取最大值）	估算的观测点坐标中误差（mm）
风荷载作用下的高层建筑顶部水平位移	《钢筋混凝土高层建筑结构设计与施工规程》JGJ 3-91　$\Delta/H=1/500$　H 取值 130m	±13
电视塔中心线垂直度	原国家广电部规定，130m 以上高度的允许偏差为 $H/1500$，取 $H=300m$	±10
钢筋混凝土烟囱中心线垂直度	《烟囱工程施工及验收规范》$H=300m$　允许偏差为 165mm	±8

注：1　表中 Δ 为建筑物顶部水平位移允许值，H 为建筑高度；
　　2　精度估算，按本规范第 3.0.7 条规定，取坐标中误差＝允许值/20。

表 3-8　几项工程的实测精度

项目	观测方法	实测点位中误差（mm）	换算的观测点坐标中误差（mm）
北京 380m 高中央电视塔倾斜观测	三方向交会法比值解析法	±13.0	±9.2

项 目	观测方法	实测点位中误差 (mm)	换算的观测点坐标中误差 (mm)
南宁 75.76m 高砖瓦厂烟囱倾斜观测	交会法	±12.5	±8.8
德国 360m 高电视塔摆动观测	地面摄影法	±11.0(250m 处) ±13.0(305m 处) ±15.0(360m 处)	±7.8 ±9.2 ±10.6
前苏联 316m 高电视塔倾斜观测	三方向交会法	±8.5(200m 处)	±6

综合表 3-7、表 3-8 的精度，并考虑到《工程测量规范》GB 50026－93 最低一级水平位移变形点点位中误差为±12mm（换算为坐标中误差为±8.5mm），本规范三级的观测点坐标中误差定为±10mm。

③一、二级的精度指标，按与沉降观测各级别之间精度指标比例相同考虑（即 1：3），取一级为±1.0mm、二级为±3.0mm。

④按实测的位移测量工程项目精度统计，验证本规范规定的级别精度指标是可行、实用的。现统计 20 世纪 80 年代以来国内完成的 57 个工程 72 个观测项目，其中控制网 22 个、倾斜观测项目 19 个、滑坡观测项目 8 个、其他位移观测项目 23 个。将这 72 个观测项目实测精度均换算为坐标中误差形式，归纳列于表 3-9。

表 3-9 57 个工程的 72 个观测项目实测精度统计

级 别		特级	一级	二级	三级	级外
精度指标 (mm)		±0.3	±1.0	±3.0	±10.0	>±10.0
控制网个数		5	5	10	7	—
观测项目个数	建筑物倾斜	—	2	4	12	—
	场地滑坡	—	—	1	1	—
	其他位移	6	1	10	6	—
合计个数		11	8	25	27	—
%		15	11	35	38	1

注：表列特级均为特种精密工程，共 5 个工程，其中 2 个工程包括 2 个控制网 5 个观测项目；其余等级的统计量中，除少数工程占 2 个项目（包括控制网与观测项目）外，均为一个工程一个项目。

从表 3-9 统计看出，实测成果精度除个别项目外，均在本规范规定的精度范围以内，且分布符合正常情况。本规范表 3.0.4 中的适用范围，也是参照表

3-9 中所列各项目实际达到的精度及其在各级别中的一般分布特征来确定的。原规程位移观测精度规定经过多年的工程实践和应用，表明级别精度规定是合适的。

3.0.5 这里涉及的建筑地基变形允许值采用了国家标准《建筑地基基础设计规范》GB 50007－2002 表 5.3.4 的规定。关于变形允许值的确定可参见该规范相应的条文说明。为了方便使用，我们将该表列在这里（见表 3-10）。

表 3-10 建筑物的地基变形允许值

变 形 特 征	地基土类别	
	中、低压缩性土	高压缩性土
砌体承重结构基础的局部倾斜	0.002	0.003
工业与民用建筑相邻柱基的沉降差 (1) 框架结构 (2) 砌体墙填充的边排柱 (3) 当基础不均匀沉降时不产生附加应力的结构	0.002l 0.0007l 0.005l	0.003l 0.001l 0.005l
单层排架结构（柱距为 6m）柱基的沉降量 (mm)	(120)	200
桥式吊车轨面的倾斜（按不调整轨道考虑） 纵向 横向	0.004 0.003	
多层和高层建筑物的整体倾斜 $H_g \leq 24$ $24 < H_g \leq 60$ $60 < H_g \leq 100$ $H_g > 100$	0.004 0.003 0.0025 0.002	
体形简单的高层建筑基础的平均沉降量 (mm)	200	
高耸结构基础的倾斜 $H_g \leq 20$ $20 < H_g \leq 50$ $50 < H_g \leq 100$ $100 < H_g \leq 150$ $150 < H_g \leq 200$ $200 < H_g \leq 250$	0.008 0.006 0.005 0.004 0.003 0.002	
高耸结构基础的沉降量 (mm) $H_g \leq 100$ $100 < H_g \leq 200$ $200 < H_g \leq 250$	400 300 200	

注：1 本表数值为建筑物地基实际最终变形允许值；
2 有括号者仅适用于中压缩性土；
3 l 为相邻柱基的中心距离（mm），H_g 为自室外地面起算的建筑物高度（m）；
4 倾斜指基础倾斜方向两端点的沉降差与其距离的比值；
5 局部倾斜指砌体承重结构沿纵向 6～10m 内基础两点的沉降差与其距离的比值。

3.0.6 高程控制网和观测点精度设计中的最终沉降量观测中误差是按照下列对变形值观测中误差的分析与估计确定的。

  1 对已有变形值观测中误差取值方法的分析

  国内外有关变形值观测中误差取值方法有很多种，但使用较广泛的是以变形允许值为依据给以一定比例系数确定或直接给出观测中误差值。对一般变形测量，观测值中误差不应超过变形允许值的 $1/20 \sim 1/10$，或者 $\pm$（$1 \sim 2$）mm；而对一些具有科研目的的变形监测，应分别为 $1/100 \sim 1/20$，或者 ± 0.2mm。另外，也有少数是以一定小的变形特征值（如，达到稳定指标时的变形量、建筑阶段平均变形量等）为依据给以一定比例系数的取值方法。因此，本规范结合建筑变形特点及测量要求，归纳出以下确定变形值观测精度的基本思路。

  1）区分实用目的与科研目的。以前者的取值为依据，视不同要求，取其 $1/2 \sim 1/5$ 作为科研和特殊目的的变形值观测中误差；

  2）绝对变形允许值，在建筑设计、施工中通常不作为主要控制指标，其变形值因地质环境影响复杂变化较大，给出的允许值也带有较大概略性，因此此绝对变形值的观测精度以按综合分析方法考虑不同地质条件直接确定为宜。除绝对变形允许值之外的各种变形允许值，在建筑设计、施工中通常作为主要控制指标，其数值比较稳定，可信赖性强，对于这类变形的观测精度，宜以允许值为依据给以适当比例系数估算确定；

  3）从便于使用考虑，宜对不同变形观测项目类别分别给出比例系数。在按其变形性质所选取的一定概率下，以可忽略的测量误差作为变形值观测误差来估算出比例系数。

  2 推导为实用目的的变形值观测中误差估算公式

  按上款确定比例系数的思路，取变形值与测量误差的关系式为：

$$\Delta_0^2 = \Delta_1^2 + \Delta_2^2 \qquad (3\text{-}3)$$

式中 Δ_0——用测量方法测得的变形值；
  Δ_1——在一定概率下可忽略的测量误差；
  Δ_2——在测量误差小到可忽略程度时，所反映的近似纯变形值。

  当 Δ_1 可忽略时，即

$$\Delta_0 = \sqrt{\Delta_1^2 + \Delta_2^2} \approx \Delta_2 \qquad (3\text{-}4)$$

  为求 Δ_1 应比 Δ_2 小到多少才可以忽略，令

$$\Delta_1 = \Delta_2 / \lambda \qquad (3\text{-}5)$$

  将公式（3-5）代入公式（3-3），可得

$$\lambda = \frac{1}{\sqrt{\left(\dfrac{\Delta_0}{\Delta_2}\right)^2 - 1}} \qquad (3\text{-}6)$$

以 m 表示 Δ_1 的中误差并作为变形值观测中误差，以 Δ 表示 Δ_0 的限差即变形允许值，令按变形性质与类型选取的概率为 $P = \Delta_2 / \Delta_0$，顾及公式（3-4），则由公式（3-5）、（3-6）可得实用估算式为：

$$m = \frac{\Delta}{t\lambda} \qquad (3\text{-}7)$$

$$\lambda = \frac{1}{\sqrt{\left(\dfrac{1}{P}\right)^2 - 1}} \qquad (3\text{-}8)$$

式中 t——置信区间内允许误差与中误差之比值，取 $t = 2$；
  $1/t\lambda$——比例系数。

  3 绝对沉降（值）的观测中误差取值，系综合下列估算和已有规定确定。

  1）按原《建筑地基基础设计规范》GBJ 7-89 对一般多层建筑物在施工期间完成的沉降量所占最终沉降量之比例规定，取该规范条文说明中根据 64 幢建筑物完工时的沉降观测资料所绘经验曲线，可知完工时对于低、中、高压缩性土的沉降量分别为 $\leqslant 20$mm、$\geqslant 40$mm、$\geqslant 120$mm。按公式（3-7）、（3-8），取 Δ 为 20mm、40mm、120mm，$P = 0.999$，可得 $1/t\lambda = 1/44$，则估算得变形值观测中误差，对低、中、高压缩性土分别为 ± 0.45mm、± 0.91mm 与 ± 2.7mm；

  2）国内有些单位实测中，按不同沉降情况，采用的沉降量观测中误差为 ± 0.5mm、± 1.0mm 与 ± 2.0mm；

  3）前苏联的沉降观测规范规定，对岩石和半岩石、沙土、黏土及其他压缩性土，填土、湿陷土、泥炭土及其他高压缩性土等三类地基土，分别规定测定沉降的允许误差为不大于 1mm、2mm 与 5mm，即相应的沉降观测中误差为 ± 0.5mm、± 1.0mm、± 2.5mm。

  上述三种取值基本接近，综合考虑国内外经验，作出规定：对低、中、高压缩性土的绝对沉降观测中误差分别为 ± 0.5mm、± 1.0mm 与 ± 2.5mm。

  4 绝对沉降之外的各种变形的观测中误差。按公式（3-7）、（3-8）估算确定，其采用的概率 P 与比例系数 $1/t\lambda$ 分别为：

  1）对于相对沉降（如沉降差、基础倾斜、局部倾斜）和具有相对变形性质的局部地基沉降（如基坑回弹、地基土分层沉降）、膨胀土地基沉降，取 $P = 0.995$，则 $1/t\lambda \leqslant 1/20$；

  2）结构段变形（如平置构件挠度），取 $P = 0.950$，则 $1/t\lambda \leqslant 1/6$。

3.0.7 平面控制网和观测点精度设计中的变形值观

测中误差取值，按本规范第 3.0.6 条条文说明中提出的基本思路和估算方法确定。需要注意的是采用的变形值应在向量意义上与作为级别精度指标的坐标中误差相协调，即所估算的变形值观测中误差应是位移分量的观测中误差；对应的变形允许值应是变形允许值的分量值，并约定以允许值的 $1/\sqrt{2}$ 作为允许值分量。

1 对于绝对位移（如建筑基础水平位移、滑坡位移等）的允许值，现行的建筑规范中未有规定，也难以给定，因此可不估算其位移值的观测中误差，根据经验或结合分析，直接按照本规范表 3.0.4 的规定选取适宜的精度等级。

2 对于绝对位移之外各项位移分量的观测中误差，则可按本规范第 3.0.6 条条文说明中的公式（3-7）、（3-8）估算确定，其取用的概率 P 与比例系数 $1/\alpha$ 为：

    1) 对相对位移（如基础的位移差、转动、挠曲等）和具有相对变形性质的局部地基位移（如受基础施工影响的建筑物或地下管线位移，挡土墙等设施的位移）的观测中误差，可取 $P=0.995$，即 $1/\alpha \leqslant 1/20$；

    2) 对建筑整体性位移（如建筑顶部水平位移、建筑全高垂直度偏差、桥梁等工程设施水平轴线偏差）的观测中误差，可取 $P=0.980$，即 $1/\alpha \leqslant 1/10$；

    3) 对结构段变形（如高层建筑层间相对位移、竖直构件的挠度、垂直偏差等）的观测中误差，可取 $P=0.950$，即 $1/\alpha \leqslant 1/6$；

    4) 对于科研及特殊项目的位移分量观测中误差，取与沉降观测中误差的规定相同，即将上列各项变形值观测中误差，再乘以 $1/5 \sim 1/2$ 的适当系数采用。

3.0.8 建筑变形测量中观测点与控制点应按照变形观测周期进行观测，其观测周期应根据变形体的特征、变形速率和变形观测精度要求及外界因素影响等综合确定。当有多种原因使某一变形体产生变形时，可分别以各种因素确定观测周期后，以其最短周期作为观测周期。

3.0.9 变形测量的时间性很强，它反映某一时刻变形体相对于基点的变形程度或变形趋势，因此首次观测值（初始值）是整个变形观测的基础数据，应认真观测，仔细复核，增加观测量，进行两次同精度独立观测，以保证首次观测成果有足够的精度和可靠性。

3.0.10 一个周期的观测应在尽可能短的时间内完成，以保证同一周期的变形观测数据在时态上基本一致。对于不同周期的变形测量，采用相同的观测网形（路线）和观测方法，并使用同一仪器和设备等观测措施，其目的是为了尽可能减弱系统误差影响，提高观测精度，保证成果质量。

3.0.11 为了保证建筑及周围环境在施工或运营期间的安全，当变形测量过程中出现各种异常或有异常趋势时，必须立即报告委托方以便采取必要的安全措施。同时，应及时增加观测次数或调整变形测量方案，以获取更准确全面的变形信息。本条第 2 款中的预警值通常取允许变形值的 60%。本条作为强制性条文，必须严格执行。

4 变形控制测量

4.1 一般规定

4.1.1～4.1.4 变形测量基准点的基本要求是应在整个变形观测阶段保持稳定可靠，因此除了对其位置有要求外，还应定期对其进行复测和稳定性分析。

设置工作基点的主要目的是为方便较大规模变形测量工程的每期变形观测作业。由于工作基点一般距待测目标较近，因此在每期变形观测时，应将其与基准点进行联测。

需要说明的是，原规程中将高程控制和平面控制分别列为两章，本次修订将其合并为一章，并作了较多的补充、修改和顺序调整。

4.2 高程基准点的布设与测量

4.2.1 本规范规定"特级沉降观测的高程基准点数不应少于 4 个、其他级别沉降观测的高程基准点数不应少于 3 个"是为了保证有足够数量的基准点可用于检测其稳定性，从而保证沉降观测成果的可靠性。高程控制网不能布设成附合路线，只能独立布设成闭合环或布设成由附合路线构成的结点网，这主要是为了便于检核校验。

4.2.2 根据地基基础设计的规定和经验总结，规定高程基准点和工作基点位置选择的要求，以便保证高程基准点的稳定和长期保存以及工作基点的适用性。关于基准点位置的进一步分析还可参见本规范第 5.2.2 条的条文说明。

4.2.3 高程基准点标石、标志的形式有多种，本规范附录 A 仅给出了一些常用的形式。

4.2.4 在建立沉降观测高程控制网的方法中增加电磁波测距三角高程测量，主要是考虑到在一些二、三级沉降观测高程控制测量中，可能难以进行高效率的水准测量作业。为减少垂线偏差和折光影响，对电磁波测距三角高程测量观测视线的路径要高度重视，尽可能使两个端点周围的地形相互对称，并提高视线高度，使视线通过类似的地貌和植被。

4.3 平面基准点的布设与测量

4.3.2 平面基准点标石、标志的形式有多种，本规范附录 B 仅给出了几种常用的形式。

4.3.5 一般测区的一、二、三级平面控制网技术要求，系按下列思路分析确定：

1 主要思路：

1）取一般建筑场地的规模、按一个层次布设控制网点，以常用网形和观测精度考虑；

2）测角、测边网的最弱边长中误差，按相邻点间边长中误差与点的坐标中误差近似相等的关系，取与相应级别精度指标的观测点坐标中误差等值，导线（网）的最弱点点位中误差取与相应级别观测点坐标中误差的 $\sqrt{2}$ 倍等值；

3）控制网精度设计，主要考虑测角、测距精度及网的构形，未计及起始数据误差影响。

2 本规范表 4.3.5-1 中的技术要求（按三角网进行估算）：

1）精度估算按下列公式：

$$m_{\lg D} = m_{\beta}\sqrt{\frac{1}{P_{\lg D}}} \tag{4-1}$$

$$\frac{1}{T} = \frac{m_D}{D} = \frac{m_{\lg D}}{\mu \cdot 10^6} \tag{4-2}$$

$$m_{\beta} = \frac{\mu \cdot 10^6}{T\sqrt{\frac{1}{P_{\lg D}}}} \tag{4-3}$$

$$\frac{1}{P_{\lg D}} = K\Sigma R \tag{4-4}$$

式中 D——最弱边边长（mm）；

m_D——边长中误差（mm）；

$m_{\lg D}$——边长对数中误差，以对数第六位为单位；

m_{β}——测角中误差（"）；

T——最弱边边长相对中误差的分母；

$1/P_{\lg D}$——边长对数权倒数；

R——为图形强度因子；

K——图形系数。

μ 取 0.4343；

2）各项技术要求的确定

取实际布网中常遇三角形（三个角度分别为 45°、60°、75°）作为推算路线的图形，平均的 R 值为 5.7。

一级网，主要用于建筑或场地的高精度水平位移观测。一般控制面积不大，边长较短，取平均边长 D＝200m。按三角网，布设两条起算边，传算三角形个数为 3，因 $K＝1/3$，则 $1/P_{\lg D}＝5.7$；按四边形网，布设一条起算边，传算三角形个数为 2，因 $K＝0.4$，则 $1/P_{\lg D}＝4.6$；按五边中点多边形网，布设一条起算边，传算三角形个数为 3，因 $K＝0.35$，则 $1/P_{\lg D}＝6.0$。取 $m_D＝±1.0$mm，即 $T＝200000$，由公式（4-3）可得出上述三种网形的 m_{β} 值分别为：三角网 $±0.9″$，四边形网 $±1.0″$，五边中点多边形网 $±0.9″$，

取用 $±1.0″$。

二级网，主要用于中等精度要求的建筑水平位移观测和重要场地滑坡观测。一般控制面积较大，边长较长，取平均边长 $D＝300$m。按三角网，布设两条起算边，传算三角形个数为 4，即 $1/P_{\lg D}＝7.6$；按四边形网，布设一条起算边，传算三角形个数为 2，即 $1/P_{\lg D}＝4.6$；按六边中点多边形网，布设一条起算边，传算三角形个数为 3，因 $K＝0.45$，则 $1/P_{\lg D}＝7.7$。取 $m_D＝3.0$mm，即 $T＝100000$，由公式（4-3）可得上述三种网形的 m_{β} 分别为：三角网 $±1.6″$，四边形网 $±2.0″$，六边中点多边形网 $±1.6″$，取用 $±1.5″$。

三级网，主要用于低精度要求的建筑水平位移观测和一般场地滑坡观测。一般控制面积大，边长长，取平均边长为 500m。按三角网，布设两条起算边，传算三角形个数为 6，即 $1/P_{\lg D}＝11.4$；如布设一条起算边，传算三角形个数为 3，因 $K＝2/3$，则 $1/P_{\lg D}＝11.4$；按七边中点多边形，布设一条起算边，传算三角形个数为 4，因 $K＝0.52$，则 $1/P_{\lg D}＝11.8$。取 $m_D＝±10.0$mm，即 $T＝50000$，由公式（4-3）可得出上述三种网形的 m_{β} 分别为 $±2.6″$、$±2.6″$、$±2.5″$，取用 $±2.5″$。

需要说明的是，目前由于高精度全站仪的普及应用，三角网更多地使用边角网。边角网具有测角和测边精度的互补特性，受网形影响小，布设灵活，精度也高，应优先采用。在边角网中应以测边为主，加测部分角度。测角和测边精度匹配的原则是使 $m_{\alpha}/\rho \approx m_D/D$。本规范表 4.3.5-1 的技术要求宜分别采用准确度为 Ⅰ、Ⅱ、Ⅲ等级的全站仪，从其相应的出厂标称准确度来看，其测角和测边精度完全可以满足上述技术要求。

3 本规范表 4.3.5-2 中的导线测量技术要求：

1）确定技术要求的主要思路为：

导线设计，以直伸等边的单一导线分析为基础，再用等权代替法、模拟计算法等推广到导线网。单一导线包括附合导线和独立单一导线，本规范表 4.3.5-2 中的规定是以附合导线的技术要求为依据，在有关参数上给以乘系数即可又用于独立单一导线和导线网。考虑点位布设条件与要求的不同，导线边长取比测角网为短，边长测量以电磁波测距为主，视需要亦可采用直接钢尺丈量；

2）精度估算按下列公式进行：

①附合导线。根据导线起算数据误差对导线中点（最弱点）的横向影响与纵向影响相等、导线中点的横向测量误差与纵向测量误差相等的原则，可推导出如下估算式：

$$m_D = \frac{1}{\sqrt{n}}M_Z \tag{4-5}$$

$$m_\beta = \frac{4\sqrt{3}}{L}\frac{\rho M_Z}{\sqrt{n+3}} \qquad (4\text{-}6)$$

$$\frac{1}{T} = \frac{2\sqrt{7}}{L}M_Z \qquad (4\text{-}7)$$

式中 M_Z——导线中点顾及起算数据误差影响的点位中误差（mm）；

m_D——导线平均边长的边长中误差（mm）；

n——导线边数；

m_β——导线测角中误差（″）；

L——导线全长（mm）；

$1/T$——导线全长相对闭合差。

②独立单一导线。按不顾及起算数据误差影响的中点横向测量误差与纵向测量误差相等为原则，可推导出如下估算式：

$$m_D = \sqrt{\frac{2}{n}}M_Z \qquad (4\text{-}8)$$

$$m_\beta = \frac{4\sqrt{6}}{L}\frac{\rho M_Z}{\sqrt{n+3}} \qquad (4\text{-}9)$$

$$\frac{1}{T} = \frac{2\sqrt{10}}{L}M_Z \qquad (4\text{-}10)$$

式中 M_Z——不顾及起算数据误差影响的导线中点点位中误差（mm）。

3）各项技术要求的确定：

取 M_Z 为等级精度指标观测点坐标中误差的 $\sqrt{2}$ 倍值；导线平均边长，对一级为150m，二级为200m，三级为250m；导线边数 n，对附合导线取5，对独立单一导线取6。将这些估算参数代入公式（4-5）～（4-10），可得估算结果如表4-1：

表 4-1 单一导线测量主要技术要求指标的估算

	附合导线					
	一 级		二 级		三 级	
	估算	取用	估算	取用	估算	取用
M_Z (mm)		±1.4		±4.2		±14.0
m_D (mm)	±0.6	±0.6	±1.9	±2.0	±6.3	±6.0
m_β (″)	±0.9	±1.0	±2.1	±2.1	±5.6	±5.0
T	101200	100000	45000	45000	16900	17000
	独立单一导线					
	一 级		二 级		三 级	
	估算	取用	估算	取用	估算	取用
M_Z (mm)		±1.4		±4.2		±14.0
m_D (mm)	±0.8	±0.8	±2.4	±2.5	±8.1	±8.0
m_β (″)	±1.0	±1.0	±2.4	±2.0	±6.3	±5.0
T	101600	100000	45200	45000	16900	17000

从表4-1估算结果可知：

①两种导线，在要求的 M_Z 与平均边长 D 相同条件下，m_β 与 $1/T$ 也基本相同。在各自的边数相差不大时，独立单一导线的 m_D 可比附合导线的 m_D 放宽约 $\sqrt{2}$ 倍；

②对于导线网，亦可采用附合导线的技术要求，只是需将附合点与结点间或结点与结点间的长度，按附合导线长度乘以小于或等于0.7的系数采用。

4 在执行本规范表 4.3.5-1、表 4.3.5-2 的规定时，需注意表列技术要求系以一般测量项目采用的级别精度下限指标值和一般场地条件选取的网点方案为依据来确定的。当实际平均边长、导线总长均与规定相差较大时以及对于复杂的布网方案，应当另行估算确定适宜的技术要求。

4.4 水 准 测 量

4.4.1 本条中 DS05、DSZ05 型仪器的 m_0 值估算经验公式（4.4.1-2）系根据有关测量规范（原《国家水准测量规范》、《大地形变测量规范（水准测量）》）说明中给出的实例数据以及华北电力设计院、中南勘测设计研究院、北京市测绘设计研究院等8个单位的实测统计资料，经统计分析求出的。一些数据检验表明，该 m_0 估算式较为合理、可靠。

4.4.2 各级别几何水准观测的视线要求和各项观测限差的规定依据，说明如下：

1 水准观测的视线要求：

1） 视线长度规定为特级≤10m、一级≤30m、二级≤50m、三级≤75m，系综合考虑实际作业经验和现行有关标准规定而确定。其中一、二、三级的视线长度与现行《国家一、二等水准测量规范》及《国家三、四等水准测量规范》规定的一、二、三等水准测量一致，二、三级的视线长度也与现行《工程测量规范》的相关规定一致；

2） 视线高度规定为特级≥0.8m、一级≥0.5m、二级≥0.3m、三级≥0.2m，是根据确定的视线长度并考虑变形观测条件，参照现行《国家一、二等水准测量规范》、《国家三、四等水准测量规范》与《工程测量规范》的相关规定确定的；

3） 前后视距差 Δ_d 系按下式关系确定：

$$\Delta_d \leq \delta_d \rho/i \qquad (4\text{-}11)$$

式中 i——视准轴不平行于水准管轴的误差（″）；

δ_d——要求对测站高差中误差 m_0 的影响小到在 $P=0.950$ 下可忽略不计的由于 Δ_d 而产生的高差误差（mm），$\delta_d = m_0/\lambda$（取 $\lambda = 3$）。

将规定的 m_0 与 i 值代入公式（4-11），则得：

特级（$m_0 \leq 0.05$mm，$i=10$″）：$\Delta_d \leq 0.3$m，取

$\Delta_d \leqslant 0.3m$;

一级 ($m_0 \leqslant 0.15mm$, $i = 15''$): $\Delta_d \leqslant 0.7m$, 取 $\Delta_d \leqslant 0.7m$;

二级 ($m_0 \leqslant 0.50mm$, $i = 15''$): $\Delta_d \leqslant 2.3m$, 取 $\Delta_d \leqslant 2.0m$;

三级 ($m_0 \leqslant 1.50mm$, $i = 20''$): $\Delta_d \leqslant 5.0m$, 取 $\Delta_d \leqslant 5.0m$。

4）前后视距差累积

从水准测段或环线一般只有几百米的长度情况考虑，取前后视距差累积为前后视距差的 1.5 倍计，则可得：

特级：$\leqslant 0.45m$，取 $\leqslant 0.5m$；

一级：$\leqslant 1.05m$，取 $\leqslant 1.0m$；

二级：$\leqslant 3.0m$，取 $\leqslant 3.0m$；

三级：$\leqslant 7.5m$，取 $\leqslant 8.0m$。

2 各项观测限差：

1）基、辅分划（黑红面）读数之差 $\Delta_{基辅}$

同一标尺基、辅分划的观测条件相同，则可得：

$$\Delta_{基辅} = 2\sqrt{2}m_d \qquad (4\text{-}12)$$

各级别测站观测的 $\Delta_{基辅}$ 估算结果见表 4-2：

表 4-2 $\Delta_{基辅}$ 与 $\Delta h_{基辅}$ 的估算

级别	仪器类型	最长视距 (m)	m_d (mm)	$\Delta_{基辅}$ 估算值	$\Delta_{基辅}$ 取用值	$\Delta h_{基辅}$ 估算值	$\Delta h_{基辅}$ 取用值
特级	DS05	10	0.05	0.14	0.15	0.22	0.2
一级	DS05	30	0.11	0.31	0.3	0.45	0.5
二级	DS05	50	0.17	0.48	0.5	0.68	0.7
二级	DS1	50	0.20	0.56	0.5	0.79	0.7
三级	DS05	75	0.24	0.68	1.0	0.96	1.5
三级	DS1	75	0.29	0.82	1.0	1.16	1.5
三级	DS3	75	0.77	2.17	2.0	3.08	3.0

注：公式（4-12）的 m_d 及表 4-2 中相应的数值为根据《建筑变形测量规程》JGJ/T 8-97 中给出几种类型水准仪单程观测每测站高差中误差经验公式求得的。

2）基、辅分划（黑红面）所测高差之差 $\Delta h_{基辅}$

高差之差是读数之差的和差函数，则可得

$$\Delta h_{基辅} = \sqrt{2}\Delta_{基辅} \qquad (4\text{-}13)$$

各级别测站观测的 $\Delta h_{基辅}$ 估算结果见表 4-2。

表列一、二、三级的 $\Delta_{基辅}$ 与 $\Delta h_{基辅}$ 取用值与《国家一、二等水准测量规范》和《国家三、四等水准测量规范》的规定一致。

3）往返较差、附合或环线闭合差 $\Delta_{限}$

往返测高差不符值实质为单程往测与返测构成的闭合差，附合路线与环线的线路长度较短，可只考虑偶然误差影响，则三者以测站为单位的限差均为：

$$\Delta_{限} \leqslant 2\mu\sqrt{n} \qquad (4\text{-}14)$$

式中 μ——单程观测测站高差中误差（mm）；

n——测站数。

各级别 $\Delta_{限}$ 的估算结果取值见表 4-3。

4）单程双测站所测高差较差 $\Delta_{双}$

单程双测站观测所测高差较差中基本不反映系统性误差影响，取双测站较差为往返测较差的 $1/\sqrt{2}$，则可得：

$$\Delta_{双} \leqslant \sqrt{2}\mu\sqrt{n} \qquad (4\text{-}15)$$

各级别 $\Delta_{双}$ 的估算结果取值见表 4-3：

表 4-3 $\Delta_{限}$、$\Delta_{双}$、$\Delta_{检}$ 的估算 (mm)

级别	μ	$\Delta_{限}$ 估算	$\Delta_{限}$ 取用	$\Delta_{双}$ 估算	$\Delta_{双}$ 取用	$\Delta_{检}$ 估算	$\Delta_{检}$ 取用
特级	± 0.05	$\leqslant 0.1\sqrt{n}$	$\leqslant 0.1\sqrt{n}$	$\leqslant 0.07\sqrt{n}$	$\leqslant 0.07\sqrt{n}$	$\leqslant 0.14\sqrt{n}$	$\leqslant 0.15\sqrt{n}$
一级	± 0.15	$\leqslant 0.3\sqrt{n}$	$\leqslant 0.3\sqrt{n}$	$\leqslant 0.21\sqrt{n}$	$\leqslant 0.2\sqrt{n}$	$\leqslant 0.42\sqrt{n}$	$\leqslant 0.45\sqrt{n}$
二级	± 0.5	$\leqslant 1.0\sqrt{n}$	$\leqslant 1.0\sqrt{n}$	$\leqslant 0.7\sqrt{n}$	$\leqslant 0.7\sqrt{n}$	$\leqslant 1.4\sqrt{n}$	$\leqslant 1.5\sqrt{n}$
三级	± 1.5	$\leqslant 3.0\sqrt{n}$	$\leqslant 3.0\sqrt{n}$	$\leqslant 2.1\sqrt{n}$	$\leqslant 2.0\sqrt{n}$	$\leqslant 4.2\sqrt{n}$	$\leqslant 4.5\sqrt{n}$

注：μ 值取各等级精度指标下限值。

5）检测已测测段高差之差 $\Delta_{检}$

检测与已测的时间间隔不长，且均按相同精度要求观测，则可得：

$$\Delta_{检} \leqslant 2\sqrt{2}\mu\sqrt{n} \qquad (4\text{-}16)$$

各级别 $\Delta_{检}$ 的估算结果取值见表 4-3。

4.4.6～4.4.7 在一些场合中，静力水准测量具有相对优越性，是沉降观测的有效作业方法之一。这里根据静力水准测量的作业经验，对其技术和作业要求进行了规定。

4.4.8 由于自动静力水准设备的类型、规格和性能都有很大的不同，因此，对于不同的设备应分别制定相应的作业规程，以保证满足本规范规定的精度要求。

4.5 电磁波测距三角高程测量

4.5.1 最近 20 多年来的大量实践表明，电磁波测距三角高程测量在一定条件下可以代替一定等级的水准测量。就建筑变形测量而言，对于某些使用水准测量作业困难、效率低的场合，可以使用电磁波测距三角高程测量方法进行二、三级高程控制测量。本节有关技术指标和要求是在认真总结相关应用案例并考虑变形测量特点的基础上给定的。对于更高精度或特殊要求下的电磁波测距三角高程测量，应进行专门的技术设计和论证。

4.5.3 电磁波测距三角高程测量作业可分别采用中间设站观测方式（即在两照准点中间安置仪器）或每

点设站、往返观测方式（即在每一照准点上安置仪器并进行对向往返观测）。这两种方式可同时或交替使用。实际作业中，应优先使用中间设站方式，因为这种方式作业迅速方便、不需量测仪器高。规定中间设站方式下的前后视线长度差及累积差限差是为了有效地消减地球曲率与大气垂直折光影响。

4.5.4 边长和垂直角的观测顺序对不同观测方式分别为：

1 当按单点设站、对向往返观测方式时，边长和垂直角应独立测量，观测顺序为：

往测时：观测边长—观测垂直角；

返测时：观测垂直角—观测边长。

2 当按中间设站观测方式时，垂直角应采用单程双测法，在特制觇牌的两个照准目标高度上独立地分两组观测，以避免粗差并消减垂直度盘和测微器的分划系统性误差，同时可评定每公里偶然中误差。如采用本规范附录 C 图 C.0.1（b）、（d）所示觇牌，观测顺序为：

第一组：观测边长—观测垂直角（此处 n 为规程规定的垂直角观测测回数）

1）照准后视点反射镜，观测边长 2 测回（结束后安置觇牌）；

2）照准前视点反射镜，观测边长 2 测回（结束后安置觇牌）；

3）照准后视觇牌上目标，正倒镜观测垂直角 $n/2$ 测回；

4）照准前视觇牌上目标，正倒镜观测垂直角 $n/2$ 测回；

5）照准前视觇牌上目标，正倒镜观测垂直角 $n/2$ 测回；

6）照准后视觇牌上目标，正倒镜观测垂直角 $n/2$ 测回。

第二组：观测垂直角—观测边长

1）照准前视觇牌下目标，正倒镜观测垂直角 $n/2$ 测回；

2）照准后视觇牌下目标，正倒镜观测垂直角 $n/2$ 测回；

3）照准后视觇牌下目标，正倒镜观测垂直角 $n/2$ 测回（结束后安置反射镜）；

4）照准前视觇牌下目标，正倒镜观测垂直角 $n/2$ 测回（结束后安置反射镜）；

5）照准后视点反射镜，观测边长 2 测回；

6）照准前视点反射镜，观测边长 2 测回。

3 应该注意到，电子经纬仪和全站仪的垂直角观测精度比光学经纬仪要高。按照国家计量检定规程《全站型电子速测仪检定规程》JJG 100 - 1994 和《光学经纬仪检定规程》JJG 414 - 1994 规定的一测回垂直角中误差：1″级全站仪和电子经纬仪为 1″，而 DJ1 型光学经纬仪为 2″；2″级全站仪和电子经纬仪为 2″，

而 DJ2 型光学经纬仪为 6″；6″级全站仪和电子经纬仪为 6″，而 DJ6 型光学经纬仪为 10″。因此，有条件时，应尽可能使用电子经纬仪和全站仪以提高观测精度和速度。作业时，应避免在折光系数急剧变化的时间段内观测，尽量缩短观测时间，观测顺序要对称。

4.5.5 电磁波测距三角高程测量的验算项目包括：

1）每点设站对向观测时，可根据在一测站同一方向两个不同目标高度上观测的两组垂直角观测值，按公式（4-17）计算每公里高差中数的偶然中误差 $m_{\Delta 1}$：

$$m_{\Delta 1} = \pm \frac{1}{4} \sqrt{\frac{1}{N_1} \left[\frac{\Delta \Delta}{S}\right]} \qquad (4-17)$$

式中 Δ_i——往测（或返测）时用观测的斜距和两组垂直角计算的两组高差之差（mm）；

N_1——对向观测的边数；

S——观测的边长（km）。

2）中间设站时，两组高差中数的每公里偶然中误差 $m_{\Delta 2}$ 按公式（4-18）计算：

$$m_{\Delta 2} = \pm \sqrt{\frac{1}{4N_2} \left[\frac{\Delta \Delta}{L}\right]} \qquad (4-18)$$

式中 Δ_i——每一测站计算的两组高差之差（mm）；

N_2——中间设站数；

L——每站前后视距之和（km）。

4.6 水平角观测

4.6.1 水平角观测的测回数估算系根据以下分析确定：

1 对于特级水平角观测和当有可靠的实测精度数据时，采用估算方法确定测回数，可以适应水平角观测的多样性需要（如不同精度要求的测角网点和导线点的观测、独立测站点上的观测等）。

2 估算公式主要根据长江流域规划办公室勘测处对 23 个高精度短边三角网观测成果的统计结果（见《中国测绘学会第二届综合学术年会论文选编（第四卷）》，测绘出版社，1981）。采用导入系统误差影响系数 λ 和各测站平差后一测回方向中误差的平均值 m_a 值的方法，推导得出测角中误差 m_β 与 m_a 和测回数 n 之间的相关函数数学表达式为：

$$m_\beta = \pm \sqrt{(\lambda \cdot m_a)^2 + m_a^2/n} \qquad (4-19)$$

即

$$n = 1 / \left[\left(\frac{m_\beta}{m_a}\right)^2 - \lambda^2\right] \qquad (4-20)$$

关于该公式的推导、验算以及采用不同的 λ 值（0.5、0.7 和 0.9）、从 2 到 24 测回数的观测精度计算结果和最适宜的测回数等的研究见《经纬仪水平角观测精度的研究》（《工程勘察》，2005 年第 3 期）。

这里利用的 23 个三角网分布在重庆、四川、湖北、贵州、河南、陕西等省市，为包括三峡、葛洲坝和丹江口在内的坝址、坝区三角网，边长为 0.2～3.0km，三角点上均建有混凝土观测墩，配备强制对

中装置和照准标志，用 DJ1 型仪器观测。这些观测条件与要求与本规范的规定基本相同。

3 m_α 的取值规定

《光学经纬仪检定规程》JJG 414－1994 规定室内检定时，一测回水平方向中误差不应超过表 4-4 的规定。

表 4-4　JJG 414－1994 规定的光学经纬仪一测回水平方向中误差

仪器型号	DJ07	DJ1	DJ2	DJ6
一测回水平方向中误差（室内）	0.6″	0.8″	1.6″	4.0″

《全站型电子速测仪检定规程》JJG 100－1994 规定室内检定时，一测回水平方向中误差应满足仪器出厂的标称准确度。各等级全站仪及电子经纬仪的限差见表 4-5。

表 4-5　JJG 100－1994 规定的全站仪和电子经纬仪一测回水平方向中误差

仪器等级	I		II		III	
出厂标称准确度值	±0.5″	±1″	±1.5″	±2.0″	±3″	±5″	±6″
一测回水平方向中误差	≤0.5″	≤0.7″	≤1.1″	≤1.4″	≤2.1″	≤3.6″	≤3.6″

部分实测精度统计见表 4-6。

表 4-6　部分实测 m_α 值统计

仪器类型	观测方法	m_α（″）	依据的资料及统计的数据量
DJ1	全组合测角法	±0.82	长办测短边三角网，测站数 181 个
		±0.94	长办测一、二、三、四、五等三角网，测站数 397 个
	方向观测法	±0.86	长办测短边三角网，测站数 472 个
		±0.90	长办测一、二、三、四、五等三角网，测站数 2698 个
DJ2	方向观测法	±1.41	长办测一、二、三、四、五等三角网，测站数 1150 个

综合表 4-4、表 4-5 和表 4-6，m_α 值可根据仪器类型、读数和照准设备、外界条件以及操作的严格与熟练程度，在下列数值范围内选取：

DJ05 型仪器：0.4～0.5″；

DJ1 型仪器：0.8～1.0″；

DJ2 型仪器：1.4～1.8″。

考虑到变形测量角度观测具有多次重复观测的特点，为此，本规范规定，允许根据各类仪器的实测精度数据按照公式（4-20）调整测回数。

4 按公式（4-20）估算测回数 n 时，需注意以下两个问题：

1）估算结果凑整取值时，对方向观测法与全组合测角法，应顾及观测度盘位置编制要求，使各测回均匀地分配在度盘和测微器的不同位置上。对于导线观测，当按左、右角观测时，总测回数应成偶数，当估算后 $n<2$ 时，取 $n=2$；

2）由于一测回角度观测值是由上、下半测回各两个方向观测值之差的平均值组成，按误差传播原理可知，$m_角$ 等于半测回（正镜或倒镜）每方向的观测中误差 $m_方$，这种等值关系在精度估算中经常使用。

4.6.2 水平角观测限差系根据以下分析确定：

1 方向观测法观测的限差

1）二次照准目标读数差的限值 $\Delta_照准$

二次照准目标读数之差的中误差为 $\sqrt{2}m_方$，取 2 倍中误差为限差，并顾及 $m_方 = m_角$，则

$$\Delta_照准 = 2\sqrt{2}m_角 \qquad (4-21)$$

2）半测回归零差的限值 $\Delta_归零$

半测回归零差的中误差，如仅考虑偶然误差，其中误差即为 $\sqrt{2}\,m_方$，但尚有仪器基座扭转、外界条件变化等误差影响，取这些误差影响为偶然误差的 $\sqrt{2}$ 倍，则

$$\Delta_归零 = 2\sqrt{2}\times\sqrt{2}m_方 = 4m_角 \qquad (4-22)$$

3）一测回内 2C 互差的限值 Δ_{2C}

一测回内 2C 互差之中误差如仅考虑偶然误差，其中误差即为 $\sqrt{4}m_方$，但在 2C 互差中尚包含仪器基座扭转、仪器视准轴和水平轴倾斜等误差影响，设这些误差影响为偶然误差的 $\sqrt{3}$ 倍，则

$$\Delta_{2C} = 2\sqrt{4}\times\sqrt{3}m_方 = 4\sqrt{3}m_角 \qquad (4-23)$$

4）同一方向值各测回互差的限值 $\Delta_测回$

同一方向各测回互差之中误差，如仅考虑偶然误差，其中误差即为 $\sqrt{2}m_方$，但在测回互差中尚包括仪器水平度盘分划和测微器的系统误差、以旁折光为主的外界条件变化等误差影响，设这些误差影响为偶然误差的 $\sqrt{2}$ 倍，则

$$\Delta_测回 = 2\sqrt{2}\times\sqrt{2}m_方 = 4m_角 \qquad (4-24)$$

5）在公式（4-21）、（4-22）、（4-23）、（4-24）中，将第 4.6.1 条文说明中确定的 m_α 值代入，则可得各项观测限值，见表 4-7。

表 4-7 方向观测法各项观测限值估算（″）

仪器类型	m_α	$m_角$	$\Delta_{照准}$		$\Delta_{归零}$		Δ_{2C}		$\Delta_{测回}$	
			估算	取用	估算	取用	估算	取用	估算	取用
DJ05	±0.5	±0.7	2.0	2	2.8	3	4.8	5	2.8	3
DJ1	±0.9	±1.3	3.7	4	5.2	5	8.9	9	5.2	5
DJ2	±1.4	±2.0	5.6	6	8.0	8	13.8	13	8.0	8

2 全组合观测法观测的限差主要参照《精密工程测量规范》GB/T 15314-94 第 7.3.6 条表 5 的规定。

4.7 距 离 测 量

4.7.1 一般地区一、二、三级边长的电磁波测距技术要求，系按下列考虑与分析确定：

1 建筑变形测量的边长较短（一般在 1km 之内），测距精度要求高（从小于 1mm 到 10mm）。本规范将测距仪精度分为 $m_D \leq 1mm$、$m_D \leq 3mm$、$m_D \leq 5mm$ 与 $m_D \leq 10mm$ 四个等级。m_D 值以采用的边长 D（测边网取平均边长）代入具体仪器标称精度表达式（$m_D = a + b \cdot 10^{-6}D$）计算。

2 规定各级别边长均应采用往、返观测或以不同时段代替往、返，是从尽可能减弱由气象等因素引起的系统误差影响和使观测成果具有必要检核来考虑的，这样也与现行有关规范规定相协调。

3 测距的各项限差是依据原《城市测量规范》编制说明中提供的仪器内部符合精度 $m_内$ 较仪器外部符合精度（仪器标称精度）m_D 缩小 1/3 的关系以及其分析各项限差的思路来确定的。

1）一测回读数间较差的限值 $\Delta_{读数}$

读数间较差主要反映仪器内部符合精度，取 2 倍中误差为规定限值，则

$$\Delta_{读数} = 2\sqrt{2}m_内 = 2\sqrt{2} \times 1/3 \times m_D \approx m_D \tag{4-25}$$

取 $m_D = 1mm$、3mm、5mm、10mm，则相应的 $\Delta_{读数} = 1mm$、3mm、5mm、10mm。

2）单程测回间较差的限值 $\Delta_{测回}$

以一测回内最少读数次数为 2 来考虑，即一测回读数中误差为 $m_内/\sqrt{2}$。取测回间较差中的照准误差、大气瞬间变化影响等因素的综合影响为一测回读数中误差之 2 倍，则

$$\Delta_{测回} = 2\sqrt{2} \times 2 \times 1/\sqrt{2}m_内 = 4/3m_D \approx \sqrt{2}m_D \tag{4-26}$$

对应 $m_D = 1mm$、3mm、5mm、

10mm 的 $\Delta_{测回}$ 分别为 1.4mm、4mm、7mm、14mm，实际分别取 1.5mm、5mm、7mm 和 15mm。

3）往返或时间段较差的限值 $\Delta_{往返}$

往返或时间段间较差，除受 $m_内$ 的影响外，更主要的是受大气条件变化影响以及仪器对中误差、倾斜改正误差等的影响，因此，可以认为该较差之大小主要反映的是仪器外部符合精度的高低。取一测回测距中误差 $\leq (a + b \cdot 10^{-6}D)$，往返或不同时段各测 4 测回，则

$$\Delta_{往返} = 2\sqrt{2} \times 1/\sqrt{4}(a + b \cdot 10^{-6}D)$$
$$= \sqrt{2}(a + b \cdot 10^{-6}D) \tag{4-27}$$

4.7.3 本规范表 4.7.3 中规定的丈量边长（距离）技术要求，是以适应各等级边长相对中误差：一级 1/200000、二级 1/100000、三级 1/50000 并参照现行《城市测量规范》和《工程测量规范》中相应这一精度要求的规定来确定的。本规范除对个别指标作调整外，从便于衡量短边的精度考虑，还将"经各项改正后各次或各尺全长较差"一项的限值，由按 L（以 km 为单位）表达的公式，改为按 D（以 100m 为单位）表达的公式，即

对一级，原为 $8\sqrt{L}$，换算为 $2.5\sqrt{D}$，取用 $2.5\sqrt{D}$；

对二级，原为 $10\sqrt{L}$，换算为 $3.2\sqrt{D}$，取用 $3.0\sqrt{D}$；

对三级，原为 $15\sqrt{L}$，换算为 $4.7\sqrt{D}$，取用 $5.0\sqrt{D}$。

4.8 GPS 测 量

4.8.1 应用 GPS 进行建筑变形测量时，应根据变形测量的精度要求，尽可能选用高精度、高性能的 GPS 接收机。

4.8.2 GPS 接收机的检验、检定应符合以下规定：

1 新购置的 GPS 接收机应按规定进行全面检验后使用。GPS 接收机的全面检验应包括以下内容：

1）一般检视：

—GPS 接收机及天线的外观良好，型号正确；

—各种部件及其附件应匹配、齐全和完好；

—需紧固的部件不得松动和脱落；

—设备使用手册和后处理软件操作手册及磁（光）盘应齐全。

2）通电检验：

—有关信号灯工作应正常；

—按键和显示系统工作应正常；

—利用自测试命令进行测试；

—检验接收机锁定卫星时间的快慢，接收信号强弱及信号失锁情况；

3）试测检验前，还应检验：

—天线或基座圆水准器和光学对中器是否正确；

—天线高量尺是否完好，尺长精度是否正确；

—数据传录设备及软件是否齐全，数据传输性能是否完好；

—通过实例计算，测试和评估数据后处理软件。

2 GPS接收机在完成一般检视和通电检验后，应在不同长度的标准基线上进行以下测试：

1）接收机内部噪声水平测试；

2）接收机天线相位中心稳定性测试；

3）接收机野外作业性能及不同测程精度指标测试；

4）接收机频标稳定性检验和数据质量的评价；

5）接收机高低温性能测试；

6）接收机综合性能评价等。

3 GPS接收机或天线受到强烈撞击后，或更新接收机部件及更新天线与接收机的匹配关系后，应按新购买仪器做全面检验。

4 GPS接收机应定期送专门检定机构进行检定。

5 GPS接收机的所有检验、检定项目和方法应符合相关技术标准的规定。

4.8.4 GPS测量的基本要求、作业规定及数据处理等尚应参照《全球定位系统（GPS）测量规范》GB/T 18413等相应规定。

5 沉 降 观 测

5.1 一 般 规 定

5.1.1 对于深基础或高层、超高层建筑，基础的荷载不可漏测，观测点需从基础底板开始布设并观测。据某设计院提供的资料，如仅在建筑底层布设观测点，将漏掉 $5t/m^2$ 的荷载（约等于三层楼），从而将影响变形的整体分析。因此，对这类建筑的沉降观测，应从基础施工时就开始，以获取基础和上部结构的沉降量。

5.1.2 同一测区或同一建筑物随着沉降量和沉降速度的变化，原则上可以采用不同的沉降观测等级和精度，因为有的工程由于沉降观测初期沉降量较大或非常明显，采用较高精度不仅费时、费工造成浪费，而且也无必要。而在观测后期或经过治理以后沉降量较小，采用较低精度观测则不能正确反映其沉降量。同一测区也有沉降量大的区域和小的区域，采用不同的

观测等级和精度较为经济，也符合要求。但一般情况下，如果变形量差别不是很大，还是采用一种观测精度较为方便。

5.1.4 本规范第9.1节对建筑变形测量阶段性成果和综合成果的内容进行了较详细的规定。对于不同类型的变形测量，应提交的图表可能有所不同。因此本规范对各类变形测量提出了应提交的主要图表类型，分别列在有关章节中。

5.2 建筑场地沉降观测

5.2.1 将建筑场地沉降观测分为相邻地基沉降观测与场地地面沉降观测，是根据建筑设计、施工的实际需要特别是软土地区密集房屋之间的建筑施工需要来确定的。这两种沉降的定义见本规范第2.1节术语。

毗邻的高层与低层建筑或新建与已建的建筑，由于荷载的差异，引起相邻地基土的应力重新分布，而产生差异沉降，致使毗邻建筑物遭到不同程度的危害。差异沉降越大，建筑刚度越差，危害愈烈，轻者房屋粉刷层坠落、门窗变形，重则地坪与墙面开裂、地下管道断裂，甚至房屋倒塌。因此建筑场地沉降观测的首要任务是监视已有建筑安全，开展相邻地基沉降观测。

在相邻地基变形范围之外的地面，由于降雨、地下水等自然因素与堆卸、采掘等人为因素的影响，也产生一定沉降，并且有时相邻地基沉降与场地地面沉降还会交错重叠。但两者的变形性质与程度毕竟不同，分别提供观测成果便于区分建筑沉降与场地地面沉降，对于研究场地与建筑共同沉降的程度、进行整体变形分析和有效验证设计参数是有益的。

5.2.2 对相邻地基沉降观测点的布设，规定可在以建筑基础深度 1.5～2.0 倍的距离为半径的范围内，以外墙附近向外由密到疏进行布置，这是根据软土地基上建筑相邻影响距离的有关规定和研究成果分析确定的。

1 取《上海地基基础设计规范》编制说明介绍的沉桩影响距离（见表 5-1）和《建筑地基基础设计规范》GB 50007－2002 表 7.3.3 相邻建筑基础间的净距（见表 5-2）作为分析的依据。

表 5-1 沉桩影响距离（m）

被影响建筑物类型	影响距离
结构差的三层以下房屋	(1.0～1.5) L
结构较好的三至五层楼房	1.0L
采用箱基、桩基六层以上楼房	0.5L

注：L 为桩基长度（m）。

2 从表 5-1、表 5-2 可知，影响距离与沉降量、建筑结构形式有着复杂的相关关系，从测量工作预期的相邻没有建筑的影响范围和使用方便考虑，取表

5-1中的最大影响距离（1.0～1.5）L 再乘以 √2 系数作为选设观测点的范围半径，亦即以建筑基础深度的 1.5～2.0 倍之距离为半径，是比较合理、安全和可行的。另外，补充说明的是，本规范第 4.2.2 条中规定的基准点应选设在离开邻近建筑的基础深度 2 倍之外的稳固位置，也是以上述分析为依据的。

表 5-2　相邻建筑基础间的净距（m）

影响建筑的预估平均沉降量 S（mm）	被影响建筑的长高比	
	2.0≤L/H_f<3.0	3.0≤L/H_f<5.0
70～150	2～3	3～6
160～250	3～6	6～9
260～400	6～9	9～12
>400	9～12	≥12

注：1　表中 L 为建筑长度或沉降缝分隔的单元长度（m），H_f 为自基础底面标高算起的建筑高度（m）；

　　2　当被影响建筑的长高比为 $1.5<L/H_f<2.0$ 时，其间净距可适当缩小。

　　3　产生影响建筑的沉降量随其离开距离增大而减小，因此对观测点也规定应从其建筑外墙附近开始向外由密到疏来布置。

5.3　基坑回弹观测

5.3.2　基坑回弹观测比较复杂，需要建筑设计、施工和测量人员密切配合才能完成。回弹观测点的埋设也十分费时、费工，在基坑开挖时保护也相当困难，因此在选定点位时要与设计人员讨论，原则上以较少数量的点位能测出基坑必要的回弹量为出发点。据调查，国内只有北京、西安、上海、山东等做过这个项目。表 5-3 分别给出几个示例供参考。

表 5-3　3 个观测项目情况

序号	基坑下土质	基坑长×宽×高（m）	回弹量（cm）	
			最大	最小
1	第四纪冲击砂卵石层	30.0×10.0×8.9	1.45	0.72
2	第四纪 Q₃	57.5×18.5×7.0	1.5	0.8
3	粉质黏土、中砂	50.4×43.2×8.7	3.6	1.8

5.3.4　规定回弹观测最弱观测点相对邻近工作基点的高程中误差不应大于±1.0mm，是根据以下考虑和估算确定的。

　　1　基坑的回弹量，在地基设计中可根据基坑形状（形状系数）、深度、隆起或回弹系数、杨氏模量等参数进行预估。经调查，基坑回弹量占最终沉降量的比例，在沿海地区为 1/4～1/5，北京地区为 1/2～

1/3，西安地区为 1/3 以上。统计一般高层建筑，基坑深度为 5～10m 的回弹量，黄土地区为 10～20mm，软土地区为 10～30mm，这与设计预估的回弹量基本一致。

　　2　按本规范第 3.0.5 条和第 3.0.6 条对估算局部地基沉降的变形观测值中误差 m_s 和公式(3.0.6-1)的规定，可求出最弱观测点高程中误差。取最大回弹量为 30mm，则得：

$$m_s = 30/20 = \pm 1.5mm;$$
$$m_H = m_s/\sqrt{2} = \pm 1.0mm.$$

　　此处的 m_H 即为相对于邻近工作基点的高程中误差。

5.3.7　基坑开挖前的回弹观测结束后，为了防止点位被破坏和便于寻找点位，应在观测孔底充填厚度约为 1m 左右的白灰。如果开挖后仍找不到点位，可用本规范第 5.3.2 条第 3 款设置的坑外定位点通过交会来确定。

5.4　地基土分层沉降观测

5.4.2　分层沉降观测点的布设，限定在地基中心附近约 2m 见方范围内，间隔约 50cm 最好在同一垂直面内，一方面是为了方便观测和管理，另一方面制图较为准确。因为分层沉降观测从基础施工开始直到建筑沉降稳定为止，时间较长，且在建筑底面上加砌窨井与护盖，标志不再取出。

5.4.4　规定分层沉降观测点相对于邻近工作基点或基准点的高程中误差不应大于±1.0mm，是依据以下考虑提出的：地基土的分层及其沉降情况比较复杂，不仅各地区的地质分层不一，而且同一基础各分层的沉降量相差也比较悬殊，例如最浅层的沉降量可能和建筑的沉降量相同，而最深层（超过理论压缩层）的沉降量可能等于零，因此就难以预估分层沉降量，也不能按估算的方法确定分层观测精度要求。

5.5　建筑沉降观测

5.5.5　本条关于建筑沉降观测周期与观测时间的规定，是在综合有关标准规定和工程实践经验基础上进行的。由于观测目的不同，荷载和地基土类型各异，执行中还应结合实际情况灵活运用。对于从施工开始直至沉降稳定为止的系统（长期）观测项目，应将施工期间与竣工后的观测周期、次数与观测时间统一考虑确定。对于已建建筑和因某些原因从基础浇筑后才开始观测的项目，在分析最终沉降量时，应注意到所漏测的基础沉降问题。

　　对于沉降稳定控制指标，本规范使用最后 100d 的沉降速率小于 0.01～0.04mm/d 作为稳定指标。这一指标来源于对几个主要城市有关设计、勘测单位的调查（见表 5-4）。

表 5-4　几个城市采用的稳定指标

城市	接近稳定时的周期容许沉降量	稳定控制指标
北京	1mm/100d	0.01mm/d
天津	3mm/半年，1mm/100d	0.017～0.01mm/d
济南	1mm/100d	0.01mm/d
西安	1～2mm/50d	0.02～0.04mm/d
上海	2mm/半年	0.01mm/d

实际应用中，稳定指标的具体取值应根据不同地区地基土的压缩性能来综合考虑确定。

6　位 移 观 测

6.2　建筑主体倾斜观测

6.2.4　在建筑主体倾斜观测精度估算中，应注意以下问题：

1　当以给定的主体倾斜允许值，按本规范第3.0.5条的有关规定进行估算时，应注意允许值的向量性质，取如下估算参数：

　　1）对整体倾斜，令给定的建筑顶部水平位移限值或垂直度偏差限值为Δ，则

$$m_S = \Delta/(10\sqrt{2}),m_X \leqslant m_S/\sqrt{2} = \Delta/20 \quad (6\text{-}1)$$

　　2）对分层倾斜，令给定的建筑层间相对位移限值为Δ，则

$$m_S = \Delta/(6\sqrt{2}),m_X \leqslant m_S/\sqrt{2} = \Delta/12 \quad (6\text{-}2)$$

　　3）对竖直构件倾斜，令给定的构件垂直度偏差限值为Δ，则

$$m_S = \Delta/(6\sqrt{2}),m_X \leqslant m_S/\sqrt{2} = \Delta/12 \quad (6\text{-}3)$$

2　当由基础倾斜间接确定建筑整体倾斜时，该建筑应具有足够的整体结构刚度。

6.2.9　近年来，随着技术的进步，激光扫描仪和基于数码相机的数字近景摄影测量方法有了进一步的发展，并在建筑变形测量及相关领域得到应用，值得关注。由于这两种技术的特殊性，实际用于建筑变形测量时，应根据精度要求、现场作业条件和仪器性能等，进行专门的技术设计，必要时还应进行技术论证。

6.4　基坑壁侧向位移观测

6.4.1　随着城市建设的发展，高层建筑、大型市政设施及地下空间的开发建设方兴未艾，出现了大量的基坑工程。基坑工程尽管是临时性的，但其技术复杂，并对建筑基础的施工安全起到非常重要的保障作用，因此将有关基坑变形观测的内容纳入本规范是非常必要的。

基坑的观测内容比较多，涉及范围较广，既有属于基坑本身的，也有属于邻近环境（如建筑物、管线和地表等）的，还有属于自然环境（雨水、洪水、气温、水位等）的。通过对现行国家标准《建筑地基基础设计规范》GB 50007-2002和现行行业标准《建筑基坑支护技术规程》JGJ 120-99以及一些地方标准（如上海、广东）有关观测内容的比较分析，可以发现它们实际上是大同小异的，可归纳为表6-1的观测内容。

表 6-1　基坑观测内容

观测内容 ＼ 基坑安全等级	一级	二级	三级
基坑周围地面超载状况	应测	应测	应测
自然环境（雨水、洪水、气温等）	应测	应测	应测
基坑渗、漏水状况	应测	应测	应测
土方分层开挖标高	应测	应测	应测
支护结构位移	应测	应测	应测
周围建筑物、地下管线变形	应测	应测	宜测
地下水位	应测	应测	宜测
桩墙内力	应测	宜测	可测
锚杆拉力	应测	宜测	可测
支撑轴力	应测	宜测	可测
支柱变形	应测	宜测	可测
基坑隆起	应测	宜测	可测
孔隙水压力	宜测	可测	可测
支护结构界面上侧向压力	宜测	可测	可测

本规范内容侧重于位移观测，由于有关章节已经对有关位移观测项目作了规定，因此本节仅对基坑壁侧向位移观测进行规定。基坑工程分为无支护开挖和支护开挖，无支护开挖就是放坡，说明土体稳定性较好；需要支护的开挖，说明土体稳定性较差，土体侧向位移直接作用于围护结构，所以基坑围护结构的变形是非常重要的观测内容。

按照《建筑基坑支护技术规程》JGJ 120-99和国家标准《建筑地基基础工程施工质量验收规范》GB 50202-2002的规定，将建筑基坑安全等级划分为一级、二级和三级，以利于工程类比分析和工程监控。对比这两本标准的分级标准，我们认为GB 50202-2002表7.1.7的分级标准更容易操作，现将其罗列出来以供使用参考：

1　符合下列情况之一，为一级基坑：

　　1）重要工程或支护结构做主体结构的一部分；

　　2）开挖深度大于10m；

　　3）与邻近建筑物、重要设施的距离在开挖深度内的基坑；

　　4）基坑范围内有历史文物、近代优秀建筑、重要管线等需要严加保护的基坑。

2　三级基坑为开挖深度小于7m，且周围环境无

特别要求的基坑。

　　3　除一级和三级外的基坑属二级基坑。

　　4　当周围已有的设施有特殊要求时，尚应符合这些要求。

6.4.2　本条的规定在实际工程应用中可参考以下意见：

　　1　有设计指标时，可根据设计变形预估值结合基坑安全级别（参照第6.4.1条说明确定），按预估值的1/10~1/20作为观测精度，并按本规范第3.0.5条确定观测精度。

　　2　当没有设计指标时，可根据《建筑地基基础工程施工质量验收规范》GB 50202-2002表7.1.7规定的基坑变形监控值（见表6-2，监控值约为允许值的60%），按允许值的1/20确定观测精度，并按第3.0.5条确定观测精度。经计算分析认为，安全等级为一、二级的基坑可选择本规范规定的建筑变形测量级别为二级的精度要求进行观测；三级基坑可选择变形测量二级或三级。

表6-2　基坑变形的监控值（cm）

基坑类别	围护结构墙顶位移监控值	围护结构墙体最大位移监控值	地面最大沉降监控值
一级基坑	3	5	3
二级基坑	6	8	6
三级基坑	8	10	10

6.4.7　位移速率的大小应根据具体工程情况和工程类比经验分析确定。当无法确定时，可将5~10mm/d作为位移速率大的参考标准。位移量大，是指与监控值比较的结果。为了保证基坑安全，当出现异常或特殊情况（如位移速率或位移量突变、出现较大的裂缝等）时应随时进行观测，并将结果及时报告有关部门。由于基坑壁侧向位移观测的特殊性，紧急情况下进行观测前，必须采取有效措施保护好观测人员和设备的安全。

6.5　建筑场地滑坡观测

6.5.1　滑坡对工程建设和自然环境危害极大，所以必须重视滑坡问题。滑坡观测是保证工程、自然环境、人员和财产安全的重要手段之一，其主要目的是了解滑坡发生演变过程，及时捕捉临滑特征信息，为滑坡稳定性分析和预测预报提供准确可靠的数据，并检验防治工程的效果。为了实现滑坡观测的目的，结合具体滑坡工程，需要对滑坡的变形场、渗流场、气象水文、波动力场等进行观测。建筑场地滑坡观测重点应放在变形场和渗流场的观测，现行国家标准《岩土工程勘察规范》GB 50021-2001第13.3.4条规定滑坡观测的内容应包括：滑坡体的位移；滑坡位置及错动；滑坡裂缝的发生发展；滑坡体内外地下水位、流向、泉水流量和滑带孔隙水压力；支挡结构及其他

工程设施的位移、变形、裂缝的发生和发展。本规范侧重于变形场的观测。

6.5.3　本条对滑坡土体上的观测点的规定埋深不宜小于1m，在冻土地区则应埋至当地冰冻线以下0.5m。这里取1m的限值，主要参考了有关实践经验，如西北综合勘察设计研究院在陕西、甘肃等省多项场地滑坡观测中，对埋深1m左右的观测点标石，经两年多重复观测均未发现标石有异常现象，观测成果比较规律，反映了场地滑坡的实际情况。深部位移观测孔应进入稳定基岩才可能保证观测质量，即滑动面上下岩体的相对位移观测的可靠性；钻孔进入稳定基岩多深才合适，综合考虑其可靠性和经济性，认为取1m作为限制较为合适，能保证在稳定基岩层起码读数两次（一般0.5m读数一次）。

6.5.5　滑坡观测中，当出现异常时，应立即增加观测次数，并将结果及时报告有关部门。由于滑坡观测的特殊性，紧急情况下进行观测前，必须采取有效措施保护好观测人员和设备的安全。

7　特殊变形观测

7.1　动态变形测量

7.1.3　变形观测的精度，应依据设计部门提出的最大允许位移量和可变荷载的分布、大小等因素，按本规范第3.0.5条的规定确定观测中误差。

7.1.4　可变荷载作用下的变形属于弹性变形，其特点是变形具有周期性。这类变形观测一般采用实时的连续观测、自动记录、自动处理数据方法。

　　观测方法的选择，应根据变形周期的长短和建筑的外部结构和观测的精度要求选择适合的方法，条文中所罗列的方法都是比较常用的方法。作业时，不一定只选一种方法，应根据不同的精度要求和观测目的，采用多种方法的综合，也可以进行相互的检验以便获得更高的可靠性。

7.3　风振观测

7.3.1　测定高层、超高层建筑的顶部风速、风向和墙面风压以及顶部水平位移的目的是获取建筑的风压分布、风压系数及风振系数等参数。

7.3.2　在距建筑100~200m距离内10~20m高度处安置风速仪记录平均风速的目的是与建筑顶部测定的风速进行比较，以观测风力沿高度的变化。

8　数据处理分析

8.1　平差计算

8.1.1　建筑变形测量的计算和分析是决定最终成果

可靠性的重要环节，必须高度重视。

8.1.2 建筑变形测量平差计算应利用稳定的基准点作为起算点。某期平差计算和分析中，如果发现有基准点变动，不得使用该点作为起算点。当经多次复测或某期观测发现基准点变动，应重新选择参考系并使用原观测数据重新平差计算以前的各次成果。

变形观测数据的平差计算和处理的方法很多，目前已有许多成熟的平差计算软件实现了严密的平差计算。这些软件一般都具有粗差探测、系统误差补偿、验后方差估计和精度评定等功能。平差计算中，需要特别注意的是要确保输入的原始观测数据和起算数据正确无误。

8.2 变形几何分析

8.2.2 基准点稳定性检验虽提出了许多方法，但都有其局限性。对于建筑变形测量，一般均按本规范第4章的相关规定设置了稳定的基准点，且基准点的数量一般不会超过3～4个，所以可以采用较为简单的方法对其稳定性进行分析判断。

8.2.3 一种较为典型的基准点稳定性统计检验方法称之为"平均间隙法"。该方法由德国 Pelzer 教授提出。其基本思想是：

1 对两期观测成果，按秩亏自由网方法分别进行平差；

2 使用 F 检验法进行两周期图形一致性检验（或称"整体检验"），如果检验通过，则确认所有基准点是稳定的；

3 如果检验不通过，使用"尝试法"，依次去掉每一点，计算图形不一致性减少的程度，使得图形不一致性减少最大的那一点是不稳定的点。排除不稳定点后再重复上述过程，直至去掉不稳定点后的图形一致性通过检验为止。

关于该方法的详细介绍可参见有关文献，如陈永奇等《变形监测分析与预报》（测绘出版社，1998）和黄声享等《变形监测数据处理》（武汉大学出版社，2003）。

8.2.5 观测点的变动分析一般可直接通过比较观测点相邻两期的变形量与最大测量误差（取两倍中误差）来进行。要求较高时，可通过比较变形量与该变形测量的测定精度来进行。公式（8.3.5）中的 $\mu\sqrt{Q}$ 实际上就是该变形量的测定精度。对多期变形观测成果，还应综合分析多周期的变形特征，尽管相邻周期变形量可能很小，但多期呈现出较明显的变化趋势时，应视为有变动。

8.3 变形建模与预报

8.3.1 建筑变形分析与预报的目的是，对多期变形观测成果，通过分析变形量与变形因子之间的相关性，建立变形量与变形因子之间的数学模型，并根据需要对变形的发展趋势进行预报。这是建筑变形测量的任务之一，但也是一个较困难的环节。近20多年来，有关变形分析与预报的研究成果较多，许多方法尚处在探索中。本节主要吸收和采纳了其中一些相对成熟和便于使用的方法。

8.3.2 由于一个变形体上各观测点的变形状况不可能完全一致，因此对一个变形观测项目，可能需要建立多个反映变形量与变形因子之间关系的数学模型。具体建多少个模型应根据实际变形状况及应用的要求来确定。一般可利用平均变形量对整个变形体建立一个数学模型。如果需要，可选择几个变形量较大的或特殊的点建立相应于单个点或一组点的模型。当有多个变形数学模型时，则可以利用地理信息系统的空间分析技术实现多点变形状态的可视化和形象化表达。

8.3.3 回归分析是建立变形量与变形因子关系数学模型最常用的方法。该方法简单，使用也较方便。在使用中需要注意：

1 回归模型应尽可能简单，包含的变形因子数不宜过多，对于建筑变形而言，一般没有必要超过2个。

2 常用的回归模型是线性回归模型、指数回归模型和多项式回归模型。后两种非线性回归模型可以通过变量变换的方法转化成线性回归模型来处理。变量变换方法在各种回归分析教材中均有详细介绍。

3 当有多个变形因子时，有必要采用逐步回归分析方法，确定影响最显著的几个关键因子。逐步回归分析方法可参见有关教材的介绍。

8.3.4 灰色建模方法目前已经成为变形观测建模的一种较常用的方法。该方法只要求有4个以上周期的观测数据即可建模，建模过程也比较简单。灰色建模方法认为，变形体的变形可看成是一个复杂的动态过程，这一过程每一时刻的变形量可以视为变形体内部状态的过去变化与外部所有因素的共同作用的结果。基于这一思想，可以通过关联分析提取建模所需变量，对离散数据建立微分方程的动态模型，即灰色模型。

灰色模型有多种，变形分析中最常用的为 GM(1,1) 模型，它只包括一个变量（时间）。应用灰色建模方法的前提是：变形量的取得应呈等时间间隔，即应为时间序列数据（时序数据）。实际中，当不完全满足这一要求时，可通过插值的方式进行插补。有关灰色建模的原理、方法及其在变形测量中的应用方式等，可参见有关文献，如条文说明第8.2.3条给出的两种文献。

8.3.5 动态变形观测获得的是大量的时序数据，对这些数据可使用时间序列分析方法建模并作分析。

动态变形分析通常以变形的频率和变形的幅度为主要参数进行，可采用时域法和频域法两种时间序列分析方法。当变形周期很长时，变形值常呈现出密切

的相关性，对于这类序列宜采用时域法分析。该方法是以时间序列的自相关函数作为拟合的基础。当变形周期较短时，宜采用频域法。该方法是对时间序列的谱分布进行统计分析作为主要的诊断工具。当预报精度要求高时，还应对拟合后的残差序列进行分析计算或进一步拟合。

有关时序分析及其在变形测量中应用的详细介绍可参见条文说明第8.2.3条给出的两种文献。

8.3.6 模型的有效性检验对于不同类型的数学模型方法不同。对于一元线性回归，主要是通过计算相关系数来判定。对于灰色模型GM（1，1），则是通过计算后验差比值和小误差概率来判定。具体方法可参阅介绍这些建模方法的文献。需要注意的是，只有有效的数字模型，才能用于进一步的分析，如变形预报等。

8.3.7 当利用变形量与变形因子模型进行变形趋势预报时，为了提高预报精度，应尽可能对该模型生成的残差序列作进一步的时序分析，以精化预报模型。具体方法可参见介绍这些建模方法的文献。为了全面、合理地掌握预报结果，变形预报除给出某一时刻变形量的预报值外，还应同时给出预报值的误差范围和该预报值有效的边界条件。

9 成果整理与质量检查验收

9.1 成果整理

9.1.1 每次变形观测结束后，均应及时进行测量资料的整理，保证各项资料完整性。整个项目完成后，应对资料分类合并，整理装订。自动记录器记录的数据应注意观测时间和变形点号等的正确性。

9.1.2 为了保证变形测量成果的质量和可靠性，有关观测记录、计算资料和技术成果必须有有关责任人签字，并加盖成果章。这里的技术成果包括本规范第9.1.3条和第9.1.4条中的阶段性成果和综合成果。

9.1.3～9.1.4 建筑变形测量周期一般较长，很多情况下需要向委托方提交阶段性成果。变形测量任务全部完成后，或委托方需要时，则应提交综合成果。需要说明的是，变形测量过程中提交的阶段性成果实际上是综合成果的重要组成部分，必须切实保证阶段性

成果的质量以及与综合成果之间的一致性。

9.1.5 建筑变形测量技术报告书是变形测量的主要成果，编写时可参考现行行业标准《测绘技术总结编写规定》CH/T 1001的相关要求，其内容应涵盖本条所列的各个方面。

9.1.6 建筑变形测量的各项记录、计算资料以及阶段性成果和综合成果应按照档案管理的规定及时进行完整的归档。

9.1.7 建筑变形测量手段和处理方法的自动化程度正在不断提高。在条件允许的情况下，建立变形测量数据处理和信息管理系统，实现变形观测、记录、处理、分析和管理的一体化，方便资源共享，是非常必要的。

9.2 质量检查验收

9.2.1 建筑变形测量成果资料的正确无误，要依靠完善的质量保证体系来实现，两级检查、一级验收制度是多年来形成的行之有效的质量保证制度，检查验收人员应具备建筑变形测量的有关知识和经验，具有必要的数据处理分析能力。需要特别强调的是，变形测量的阶段性成果和综合成果一样重要，都需要经过严格的检查验收才能提交给委托方。

9.2.2 质量检查验收主要依据项目委托书、合同书及技术设计书等进行，因一般建筑变形测量周期较长，且对成果的时效性要求高，观测条件变化不可预计，对于成果的录用标准可能发生变化，所以对在作业中形成的文字记录可能变成成果录用的标准，从而成为检查验收的依据。

9.2.3 本条按变形测量的过程列出了质量检验的有关内容，在检查验收过程中某项内容可能不宜进行事后验证，要依靠作业员的诚信素质在作业过程中严格掌握。阶段性成果的检查应根据实际情况进行，以保证提交成果的正确无误。

9.2.4 变形测量时效性决定了测量过程的不可完全重复性的特点，因此，应保证现场检验的及时性和正确性，后续检查验收的时间要缩短。当质量检查不合格时，反馈渠道要畅通，应在分析造成不合格的原因后，立即进行必要的现场复测和纠正。纠正后的成果应重新进行质量检查验收。

中华人民共和国行业标准

建筑基桩检测技术规范

Technical code for testing of building foundation piles

JGJ 106—2003

批准部门：中华人民共和国建设部
施行日期：２００３年７月１日

中华人民共和国建设部
公　告

第 133 号

建设部关于发布行业标准
《建筑基桩检测技术规范》的公告

现批准《建筑基桩检测技术规范》为行业标准，编号为 JGJ 106—2003，自 2003 年 7 月 1 日起实施。其中，第 3.1.1、4.3.5、4.4.4、6.4.6、8.4.7、9.2.3、9.2.4、9.4.2、9.4.5、9.4.15 条为强制性条文，必须严格执行。原行业标准《基桩高应变动力检测规程》JGJ 106—97 同时废止。

本规程由建设部标准定额研究所组织中国建筑工业出版社出版发行。

中华人民共和国建设部

2003 年 3 月 21 日

前　　言

根据建设部建标［2000］284 号文的要求，规范编制组经过广泛调查研究，认真总结国内外桩基工程基桩检测的实践经验和科研成果，并在广泛征求意见的基础上，制定了本规范。

本规范的主要技术内容是：总则、术语和符号、基本规定、单桩竖向抗压静载试验、单桩竖向抗拔静载试验、单桩水平静载试验、钻芯法、低应变法、高应变法、声波透射法等。

本规范由建设部负责管理和对强制性条文的解释，由主编单位负责具体技术内容的解释。

本规范主编单位：中国建筑科学研究院（地址：北京市北三环东路 30 号；邮编：100013）

本规范参加编写单位：广东省建筑科学研究院
上海港湾工程设计研究院
冶金工业工程质量监督总

站检测中心
中国科学院武汉岩土力学研究所
深圳市勘察研究院
辽宁省建设科学研究院
河南省建筑工程质量检验测试中心站
福建省建筑科学研究院
上海市建筑科学研究院

本规范主要起草人：陈　凡　徐天平　朱光裕
钟冬波　刘明贵　刘金砺
叶万灵　滕延京　李大展
刘艳玲　关立军　李荣强
王敏权　陈久照　赵海生
柳　春　季沧江

目　次

1 总 则

1.0.1 为了确保基桩检测工作质量，统一基桩检测方法，为设计和施工验收提供可靠依据，使基桩质量检测工作符合安全适用、技术先进、数据准确、正确评价的要求，制定本规范。

1.0.2 本规范适用于建筑工程基桩的承载力和桩身完整性的检测与评价。

1.0.3 基桩检测方法应根据各种检测方法的特点和适用范围，考虑地质条件、桩型及施工质量可靠性、使用要求等因素进行合理选择搭配。基桩检测结果应结合上述因素进行分析判定。

1.0.4 建筑工程基桩的质量检测除应执行本规范外，尚应符合国家现行有关强制性标准的规定。

2 术语、符号

2.1 术 语

2.1.1 基桩 foundation pile
桩基础中的单桩。

2.1.2 桩身完整性 pile integrity
反映桩身截面尺寸相对变化、桩身材料密实性和连续性的综合定性指标。

2.1.3 桩身缺陷 pile defects
使桩身完整性恶化，在一定程度上引起桩身结构强度和耐久性降低的桩身断裂、裂缝、缩颈、夹泥（杂物）、空洞、蜂窝、松散等现象的统称。

2.1.4 静载试验 static loading test
在桩顶部逐级施加竖向压力、竖向上拔力或水平推力，观测桩顶部随时间产生的沉降、上拔位移或水平位移，以确定相应的单桩竖向抗压承载力、单桩竖向抗拔承载力或单桩水平承载力的试验方法。

2.1.5 钻芯法 core drilling method
用钻机钻取芯样以检测桩长、桩身缺陷、桩底沉渣厚度以及桩身混凝土的强度、密实性和连续性，判定桩端岩土性状的方法。

2.1.6 低应变法 low strain integrity testing
采用低能量瞬态或稳态激振方式在桩顶激振，实测桩顶部的速度时程曲线或速度导纳曲线，通过波动理论分析或频域分析，对桩身完整性进行判定的检测方法。

2.1.7 高应变法 high strain dynamic testing
用重锤冲击桩顶，实测桩顶部的速度和力时程曲线，通过波动理论分析，对单桩竖向抗压承载力和桩身完整性进行判定的检测方法。

2.1.8 声波透射法 crosshole sonic logging
在预埋声测管之间发射并接收声波，通过实测声波在混凝土介质中传播的声时、频率和波幅衰减等声学参数的相对变化，对桩身完整性进行检测的方法。

2.2 符 号

2.2.1 抗力和材料性能
c——桩身一维纵向应力波传播速度（简称桩身波速）；
E——桩身材料弹性模量；
f_{cu}——混凝土芯样试件抗压强度；
m——地基土水平抗力系数的比例系数；
Q_u——单桩竖向抗压极限承载力；
R_a——单桩竖向抗压承载力特征值；
R_c——由凯司法判定的单桩竖向抗压承载力；
R_x——缺陷以上部位土阻力的估计值；
v——桩身混凝土声速；
Z——桩身截面力学阻抗；
ρ——桩身材料质量密度。

2.2.2 作用与作用效应
F——锤击力；
H——单桩水平静载试验中作用于地面的水平力；
P——芯样抗压试验测得的破坏荷载；
Q——单桩竖向抗压静载试验中施加的竖向荷载、桩身轴力；
s——桩顶竖向沉降、桩身竖向位移；
U——单桩竖向抗拔静载试验中施加的上拔荷载；
V——质点运动速度；
Y_0——水平力作用点的水平位移；
δ——桩顶上拔量；
σ_s——钢筋应力。

2.2.3 几何参数
A——桩身截面面积；
B——矩形桩的边宽；
b_0——桩身计算宽度；
D——桩身直径（外径）；
d——芯样试件的平均直径；
I——桩身换算截面惯性矩；
l'——每检测剖面相应两声测管的外壁间净距离；
L——测点下桩长；
x——传感器安装点至桩身缺陷的距离；
z——测点深度。

2.2.4 计算系数
J_c——凯司法阻尼系数；
α——桩的水平变形系数；
β——高应变法桩身完整性系数；
λ——样本中不同统计个数对应的系数；
ν_y——桩顶水平位移系数；
ξ——混凝土芯样试件抗压强度折算系数。

2.2.5 其他
A_m——声波波幅平均值；

A_p——声波波幅值；

a——信号首波峰值电压；

a_0——零分贝信号峰值电压；

c_m——桩身波速的平均值；

f——频率、声波信号主频；

n——数目、样本数量；

s_x——标准差；

T——信号周期；

t'——声测管及耦合水层声时修正值；

t_0——仪器系统延迟时间；

t_1——速度第一峰对应的时刻；

t_c——声时；

t_i——时间、声时测量值；

t_r——锤击力上升时间；

t_x——缺陷反射峰对应的时刻；

v_0——声速的异常判断值；

v_c——声速的异常判断临界值；

v_L——声速低限值；

v_m——声速平均值；

Δf——幅频曲线上桩底相邻谐振峰间的频差；

$\Delta f'$——幅频曲线上缺陷相邻谐振峰间的频差；

ΔT——速度波第一峰与桩底反射波峰间的时间差；

Δt_x——速度波第一峰与缺陷反射波峰间的时间差。

3 基本规定

3.1 检测方法和内容

3.1.1 工程桩应进行单桩承载力和桩身完整性抽样检测。

3.1.2 基桩检测方法应根据检测目的按表 3.1.2 选择。

表 3.1.2 检测方法及检测目的

检 测 方 法	检 测 目 的
单桩竖向抗压静载试验	确定单桩竖向抗压极限承载力； 判定竖向抗压承载力是否满足设计要求； 通过桩身内力及变形测试，测定桩侧、桩端阻力； 验证高应变法的单桩竖向抗压承载力检测结果

续表

检 测 方 法	检 测 目 的
单桩竖向抗拔静载试验	确定单桩竖向抗拔极限承载力； 判定竖向抗拔承载力是否满足设计要求； 通过桩身内力及变形测试，测定桩的抗拔摩阻力
单桩水平静载试验	确定单桩水平临界和极限承载力，推定土抗力参数； 判定水平承载力是否满足设计要求； 通过桩身内力及变形测试，测定桩身弯矩
钻芯法	检测灌注桩桩长、桩身混凝土强度、桩底沉渣厚度，判定或鉴别桩端岩土性状，判定桩身完整性类别
低应变法	检测桩身缺陷及其位置，判定桩身完整性类别
高应变法	判定单桩竖向抗压承载力是否满足设计要求； 检测桩身缺陷及其位置，判定桩身完整性类别； 分析桩侧和桩端土阻力
声波透射法	检测灌注桩桩身缺陷及其位置，判定桩身完整性类别

3.1.3 桩身完整性检测宜采用两种或多种合适的检测方法进行。

3.1.4 基桩检测除应在施工前和施工后进行外，尚应采取符合本规范规定的检测方法或专业验收规范规定的其他检测方法，进行桩基施工过程中的检测，加强施工过程质量控制。

3.2 检测工作程序

3.2.1 检测工作的程序，应按图 3.2.1 进行：

3.2.2 调查、资料收集阶段宜包括下列内容：

1 收集被检测工程的岩土工程勘察资料、桩基设计图纸、施工记录；了解施工工艺和施工中出现的异常情况。

2 进一步明确委托方的具体要求。

3 检测项目现场实施的可行性。

3.2.3 应根据调查结果和确定的检测目的，选择检测方法，制定检测方案。检测方案宜包含以下内容：工程概况，检测方法及其依据的标准，抽样方案，所需的机械或人工配合，试验周期。

3.2.4 检测前应对仪器设备检查调试。

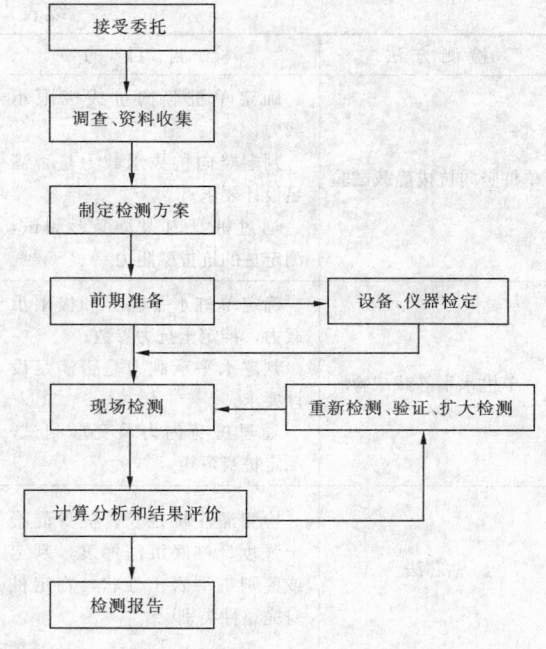

图 3.2.1 检测工作程序框图

3.2.5 检测用计量器具必须在计量检定周期的有效期内。

3.2.6 检测开始时间应符合下列规定：

　　1　当采用低应变法或声波透射法检测时，受检桩混凝土强度至少达到设计强度的 70%，且不小于 15MPa。

　　2　当采用钻芯法检测时，受检桩的混凝土龄期达到 28d 或预留同条件养护试块强度达到设计强度。

　　3　承载力检测前的休止时间除应达到本条第 2 款规定的混凝土强度外，当无成熟的地区经验时，尚不应少于表 3.2.6 规定的时间。

表 3.2.6　休止时间

土的类别		休止时间（d）
砂土		7
粉土		10
黏性土	非饱和	15
	饱和	25

注：对于泥浆护壁灌注桩，宜适当延长休止时间。

3.2.7 施工后，宜先进行工程桩的桩身完整性检测，后进行承载力检测。当基础埋深较大时，桩身完整性检测应在基坑开挖至基底标高后进行。

3.2.8 现场检测期间，除应执行本规范的有关规定外，还应遵守国家有关安全生产的规定。当现场操作环境不符合仪器设备使用要求时，应采取有效的防护措施。

3.2.9 当发现检测数据异常时，应查找原因，重新检测。

3.2.10 当需要进行验证或扩大检测时，应得到有关各方的确认，并按本规范第 3.4.1～3.4.7 条的有关规定执行。

3.3　检测数量

3.3.1 当设计有要求或满足下列条件之一时，施工前应采用静载试验确定单桩竖向抗压承载力特征值：

　　1　设计等级为甲级、乙级的桩基；

　　2　地质条件复杂、桩施工质量可靠性低；

　　3　本地区采用的新桩型或新工艺。

　　检测数量在同一条件下不应少于 3 根，且不宜少于总桩数的 1%；当工程桩总数在 50 根以内时，不应少于 2 根。

3.3.2 打入式预制桩有下列条件要求之一时，应采用高应变法进行试打桩的打桩过程监测：

　　1　控制打桩过程中的桩身应力；

　　2　选择沉桩设备和确定工艺参数；

　　3　选择桩端持力层。

　　在相同施工工艺和相近地质条件下，试打桩数量不应少于 3 根。

3.3.3 单桩承载力和桩身完整性验收抽样检测的受检桩选择宜符合下列规定：

　　1　施工质量有疑问的桩；

　　2　设计方认为重要的桩；

　　3　局部地质条件出现异常的桩；

　　4　施工工艺不同的桩；

　　5　承载力验收检测时适量选择完整性检测中判定的Ⅲ类桩；

　　6　除上述规定外，同类型桩宜均匀随机分布。

3.3.4 混凝土桩的桩身完整性检测的抽检数量应符合下列规定：

　　1　柱下三桩或三桩以下的承台抽检桩数不得少于 1 根。

　　2　设计等级为甲级，或地质条件复杂、成桩质量可靠性较低的灌注桩，抽检数量不应少于总桩数的 30%，且不得少于 20 根；其他桩基工程的抽检数量不应少于总桩数的 20%，且不得少于 10 根。

　　注：1　对端承型大直径灌注桩，应在上述两款规定的抽检桩数范围内，选用钻芯法或声波透射法对部分受检桩进行桩身完整性检测。抽检数量不应少于总桩数的 10%。

　　　　2　地下水位以上且终孔后桩端持力层已通过核验的人工挖孔桩，以及单节混凝土预制桩，抽检数量可适当减少，但不应少于总桩数的 10%，且不应少于 10 根。

　　3　当符合第 3.3.3 条第 1～4 款规定的桩数较多，或为了全面了解整个工程基桩的桩身完整性情况时，应适当增加抽检数量。

3.3.5 对单位工程内且在同一条件下的工程桩，当符合下列条件之一时，应采用单桩竖向抗压承载力静载试验进行验收检测：

1 设计等级为甲级的桩基；

2 地质条件复杂、桩施工质量可靠性低；

3 本地区采用的新桩型或新工艺；

4 挤土群桩施工产生挤土效应。

抽检数量不应少于总桩数的1%，且不少于3根；当总桩数在50根以内时，不应少于2根。

注：对上述第1～4款规定条件外的工程桩，当采用竖向抗压静载试验进行验收承载力检测时，抽检数量宜按本条规定执行。

3.3.6 对第3.3.5条规定条件外的预制桩和满足高应变法适用检测范围的灌注桩，可采用高应变法进行单桩竖向抗压承载力验收检测。当有本地区相近条件的对比验证资料时，高应变法也可作为第3.3.5条规定条件下单桩竖向抗压承载力验收检测的补充。抽检数量不宜少于总桩数的5%，且不得少于5根。

3.3.7 对于端承型大直径灌注桩，当受设备或现场条件限制无法检测单桩竖向抗压承载力时，可采用钻芯法测定桩底沉渣厚度并钻取桩端持力层岩土芯样检验桩端持力层。抽检数量不应少于总桩数的10%，且不应少于10根。

3.3.8 对于承受拔力和水平力较大的桩基，应进行单桩竖向抗拔、水平承载力检测。检测数量不应少于总桩数的1%，且不应少于3根。

3.4 验证与扩大检测

3.4.1 当出现本规范第8.4.5～8.4.6条和第9.4.7条中所列情况时，应进行验证检测。验证方法宜采用单桩竖向抗压静载试验；对于嵌岩灌注桩，可采用钻芯法验证。

3.4.2 桩身浅部缺陷可采用开挖验证。

3.4.3 桩身或接头存在裂隙的预制桩可采用高应变法验证。

3.4.4 单孔钻芯检测发现桩身混凝土质量问题时，宜在同一基桩增加钻孔验证。

3.4.5 对低应变法检测中不能明确完整性类别的桩或III类桩，可根据实际情况采用静载法、钻芯法、高应变法、开挖等适宜的方法验证检测。

3.4.6 当单桩承载力或钻芯法抽检结果不满足设计要求时，应分析原因，并经确认后扩大抽检。

3.4.7 当采用低应变法、高应变法和声波透射法抽检桩身完整性所发现的III、IV类桩之和大于抽检桩数的20%时，宜采用原检测方法（声波透射法可改用钻芯法），在未检桩中继续扩大抽检。

3.5 检测结果评价和检测报告

3.5.1 桩身完整性检测结果评价，应给出每根受检桩的桩身完整性类别。桩身完整性分类应符合表3.5.1的规定，并按本规范第7～10章分别规定的技术内容划分。

表3.5.1 桩身完整性分类表

桩身完整性类别	分类原则
I类桩	桩身完整
II类桩	桩身有轻微缺陷，不会影响桩身结构承载力的正常发挥
III类桩	桩身有明显缺陷，对桩身结构承载力有影响
IV类桩	桩身存在严重缺陷

3.5.2 IV类桩应进行工程处理。

3.5.3 工程桩承载力检测结果的评价，应给出每根受检桩的承载力检测值，并据此给出单位工程同一条件下的单桩承载力特征值是否满足设计要求的结论。

3.5.4 检测报告应结论准确、用词规范。

3.5.5 检测报告应包含以下内容：

1 委托方名称，工程名称、地点，建设、勘察、设计、监理和施工单位，基础、结构型式，层数，设计要求，检测目的，检测依据，检测数量，检测日期；

2 地质条件描述；

3 受检桩的桩号、桩位和相关施工记录；

4 检测方法，检测仪器设备，检测过程叙述；

5 受检桩的检测数据，实测与计算分析曲线、表格和汇总结果；

6 与检测内容相应的检测结论。

3.6 检测机构和检测人员

3.6.1 检测机构应通过计量认证，并具有基桩检测的资质。

3.6.2 检测人员应经过培训合格，并具有相应的资质。

4 单桩竖向抗压静载试验

4.1 适用范围

4.1.1 本方法适用于检测单桩的竖向抗压承载力。

4.1.2 当埋设有测量桩身应力、应变、桩底反力的传感器或位移杆时，可测定桩的分层侧阻力和端阻力或桩身截面的位移量。

4.1.3 为设计提供依据的试验桩，应加载至破坏；当桩的承载力以桩身强度控制时，可按设计要求的加载量进行。

4.1.4 对工程桩抽样检测时，加载量不应小于设计要求的单桩承载力特征值的2.0倍。

4.2 设备仪器及其安装

4.2.1 试验加载宜采用油压千斤顶。当采用两台及两台以上千斤顶加载时应并联同步工作，且应符合下列规定：

    1 采用的千斤顶型号、规格应相同。

    2 千斤顶的合力中心应与桩轴线重合。

4.2.2 加载反力装置可根据现场条件选择锚桩横梁反力装置、压重平台反力装置、锚桩压重联合反力装置、地锚反力装置，并应符合下列规定：

    1 加载反力装置能提供的反力不得小于最大加载量的 1.2 倍。

    2 应对加载反力装置的全部构件进行强度和变形验算。

    3 应对锚桩抗拔力（地基土、抗拔钢筋、桩的接头）进行验算；采用工程桩作锚桩时，锚桩数量不应少于 4 根，并应监测锚桩上拔量。

    4 压重宜在检测前一次加足，并均匀稳固地放置于平台上。

    5 压重施加于地基的压应力不宜大于地基承载力特征值的 1.5 倍，有条件时宜利用工程桩作为堆载支点。

4.2.3 荷载测量可用放置在千斤顶上的荷重传感器直接测定；或采用并联于千斤顶油路的压力表或压力传感器测定油压，根据千斤顶率定曲线换算荷载。传感器的测量误差不应大于 1%，压力表精度应优于或等于 0.4 级。试验用压力表、油泵、油管在最大加载时的压力不应超过规定工作压力的 80%。

4.2.4 沉降测量宜采用位移传感器或大量程百分表，并应符合下列规定：

    1 测量误差不大于 0.1%FS，分辨力优于或等于 0.01mm。

    2 直径或边宽大于 500mm 的桩，应在其两个方向对称安置 4 个位移测试仪表，直径或边宽小于等于 500mm 的桩可对称安置 2 个位移测试仪表。

    3 沉降测定平面宜在桩顶 200mm 以下位置，测点应牢固地固定于桩身。

    4 基准梁应具有一定的刚度，梁的一端应固定在基准桩上，另一端应简支于基准桩上。

    5 固定和支撑位移计（百分表）的夹具及基准梁应避免气温、振动及其他外界因素的影响。

4.2.5 试桩、锚桩（压重平台支墩边）和基准桩之间的中心距离应符合表 4.2.5 规定。

表 4.2.5 试桩、锚桩（或压重平台支墩边）和基准桩之间的中心距离

距离 反力装置	试桩中心与锚桩中心（或压重平台支墩边）	试桩中心与基准桩中心	基准桩中心与锚桩中心（或压重平台支墩边）
锚桩横梁	≥4(3)D 且>2.0m	≥4(3)D 且>2.0m	≥4(3)D 且>2.0m

距离 反力装置	试桩中心与锚桩中心（或压重平台支墩边）	试桩中心与基准桩中心	基准桩中心与锚桩中心（或压重平台支墩边）
压重平台	≥4D 且>2.0m	≥4(3)D 且>2.0m	≥4D 且>2.0m
地锚装置	≥4D 且>2.0m	≥4(3)D 且>2.0m	≥4D 且>2.0m

注：1 D 为试桩、锚桩或地锚的设计直径或边宽，取其较大者。

    2 如试桩或锚桩为扩底桩或多支盘桩时，试桩与锚桩的中心距尚不应小于 2 倍扩大端直径。

    3 括号内数值可用于工程桩验收检测时多排桩设计桩中心距小于 4D 的情况。

    4 软土场地堆载重量较大时，宜增加支墩边与基准桩中心和试桩中心之间的距离，并在试验过程中观测基准桩的竖向位移。

4.2.6 当需要测试桩侧阻力和桩端阻力时，桩身内埋设传感器应按本规范附录 A 执行。

4.3 现 场 检 测

4.3.1 试桩的成桩工艺和质量控制标准应与工程桩一致。

4.3.2 桩顶部宜高出试坑底面，试坑底面宜与桩承台底标高一致。混凝土桩头加固可按本规范附录 B 执行。

4.3.3 对作为锚桩用的灌注桩和有接头的混凝土预制桩，检测前宜对其桩身完整性进行检测。

4.3.4 试验加卸载方式应符合下列规定：

    1 加载应分级进行，采用逐级等量加载；分级荷载宜为最大加载量或预估极限承载力的 1/10，其中第一级可取分级荷载的 2 倍。

    2 卸载应分级进行，每级卸载量取加载时分级荷载的 2 倍，逐级等量卸载。

    3 加、卸载时应使荷载传递均匀、连续、无冲击，每级荷载在维持过程中的变化幅度不得超过分级荷载的 ±10%。

4.3.5 为设计提供依据的竖向抗压静载试验应采用**慢速维持荷载法**。

4.3.6 慢速维持荷载法试验步骤应符合下列规定：

    1 每级荷载施加后应按第 5、15、30、45、60min 测读桩顶沉降量，以后每隔 30min 测读一次。

    2 试桩沉降相对稳定标准：每一小时内的桩顶沉降量不超过 0.1mm，并连续出现两次（从分级荷载施加后第 30min 开始，按 1.5h 连续三次每 30min 的沉降观测值计算）。

    3 当桩顶沉降速率达到相对稳定标准时，再施加下一级荷载。

    4 卸载时，每级荷载维持 1h，按第 15、30、60min 测读桩顶沉降量后，即可卸下一级荷载。卸载至零后，应测读桩顶残余沉降量，维持时间为 3h，测读时间为第 15、30min，以后每隔 30min 测读一次。

4.3.7 施工后的工程桩验收检测宜采用慢速维持荷

载法。当有成熟的地区经验时，也可采用快速维持荷载法。

快速维持荷载法的每级荷载维持时间至少为 1h，是否延长维持荷载时间应根据桩顶沉降收敛情况确定。

4.3.8 当出现下列情况之一时，可终止加载：

1 某级荷载作用下，桩顶沉降量大于前一级荷载作用下沉降量的 5 倍。

注：当桩顶沉降能相对稳定且总沉降量小于 40mm 时，宜加载至桩顶总沉降量超过 40mm。

2 某级荷载作用下，桩顶沉降量大于前一级荷载作用下沉降量的 2 倍，且经 24h 尚未达到相对稳定标准。

3 已达到设计要求的最大加载量。

4 当工程桩作锚桩时，锚桩上拔量已达到允许值。

5 当荷载-沉降曲线呈缓变型时，可加载至桩顶总沉降量 60～80mm；在特殊情况下，可根据具体要求加载至桩顶累计沉降量超过 80mm。

4.3.9 检测数据宜按本规范附录 C 附表 C.0.1 的格式记录。

4.3.10 测试桩侧阻力和桩端阻力时，测试数据的测读时间宜符合第 4.3.6 条的规定。

4.4 检测数据的分析与判定

4.4.1 检测数据的整理应符合下列规定：

1 确定单桩竖向抗压承载力时，应绘制竖向荷载-沉降（Q-s）、沉降-时间对数（s-$\lg t$）曲线，需要时也可绘制其他辅助分析所需曲线。

2 当进行桩身应力、应变和桩底反力测定时，应整理出有关数据的记录表，并按本规范附录 A 绘制桩身轴力分布图、计算不同土层的分层侧摩阻力和端阻力值。

4.4.2 单桩竖向抗压极限承载力 Q_u 可按下列方法综合分析确定：

1 根据沉降随荷载变化的特征确定：对于陡降型 Q-s 曲线，取其发生明显陡降的起始点对应的荷载值。

2 根据沉降随时间变化的特征确定：取 s-$\lg t$ 曲线尾部出现明显向下弯曲的前一级荷载值。

3 出现第 4.3.8 条第 2 款情况，取前一级荷载值。

4 对于缓变型 Q-s 曲线可根据沉降量确定，宜取 s=40mm 对应的荷载值；当桩长大于 40m 时，宜考虑桩身弹性压缩量；对直径大于或等于 800mm 的桩，可取 s=0.05D（D 为桩端直径）对应的荷载值。

注：当按上述四款判定桩的竖向抗压承载力未达到极限时，桩的竖向抗压极限承载力应取最大试验荷载值。

4.4.3 单桩竖向抗压极限承载力统计值的确定应符合下列规定：

1 参加统计的试桩结果，当满足其极差不超过平均值的 30% 时，取其平均值为单桩竖向抗压极限承载力。

2 当极差超过平均值的 30% 时，应分析极差过大的原因，结合工程具体情况综合确定，必要时可增加试桩数量。

3 对桩数为 3 根或 3 根以下的柱下承台，或工程桩抽检数量少于 3 根时，应取低值。

4.4.4 单位工程同一条件下的单桩竖向抗压承载力特征值 R_a 应按单桩竖向抗压极限承载力统计值的一半取值。

4.4.5 检测报告除应包括本规范第 3.5.5 条内容外，还应包括：

1 受检桩桩位对应的地质柱状图；

2 受检桩及锚桩的尺寸、材料强度、锚桩数量、配筋情况；

3 加载反力种类，堆载法应指明堆载重量，锚桩法应有反力梁布置平面图；

4 加卸载方法，荷载分级；

5 本规范第 4.4.1 条要求绘制的曲线及对应的数据表；与承载力判定有关的曲线及数据；

6 承载力判定依据；

7 当进行分层摩阻力测试时，还应有传感器类型、安装位置，轴力计算方法，各级荷载下桩身轴力变化曲线，各土层的桩侧极限摩阻力和桩端阻力。

5 单桩竖向抗拔静载试验

5.1 适 用 范 围

5.1.1 本方法适用于检测单桩的竖向抗拔承载力。

5.1.2 当埋设有桩身应力、应变测量传感器时，或桩端埋设有位移测量杆时，可直接测量桩侧抗拔摩阻力，或桩端上拔量。

5.1.3 为设计提供依据的试验桩应加载至桩侧土破坏或桩身材料达到设计强度；对工程桩抽样检测时，可按设计要求确定最大加载量。

5.2 设备仪器及其安装

5.2.1 抗拔桩试验加载装置宜采用油压千斤顶，加载方式应符合本规范第 4.2.1 条规定。

5.2.2 试验反力装置宜采用反力桩（或工程桩）提供支座反力，也可根据现场情况采用天然地基提供支座反力。反力架系统应具有 1.2 倍的安全系数并符合下列规定：

1 采用反力桩（或工程桩）提供支座反力时，

反力桩顶面应平整并具有一定的强度。

2 采用天然地基提供反力时，施加于地基的压应力不宜超过地基承载力特征值的1.5倍；反力梁的支点重心应与支座中心重合。

5.2.3 荷载测量及其仪器的技术要求应符合本规范第4.2.3条的规定。

5.2.4 桩顶上拔量测量及其仪器的技术要求应符合本规范4.2.4条的有关规定。

注：桩顶上拔量观测点可固定在桩顶面的桩身混凝土上。

5.2.5 试桩、支座和基准桩之间的中心距离应符合表4.2.5的规定。

5.2.6 当需要测试桩侧抗拔摩阻力分布或桩端上拔位移时，桩身内埋设传感器或桩端埋设位移杆应按本规范附录A执行。

5.3 现场检测

5.3.1 对混凝土灌注桩、有接头的预制桩，宜在拔桩试验前采用低应变法检测受检桩的桩身完整性。为设计提供依据的抗拔灌注桩施工时应进行成孔质量检测，发现桩身中、下部位有明显扩径的桩不宜作为抗拔试验桩；对有接头的预制桩，应验算接头强度。

5.3.2 单桩竖向抗拔静载试验宜采用慢速维持荷载法。需要时，也可采用多循环加、卸载方法。慢速维持荷载法的加卸载分级、试验方法及稳定标准应按本规范第4.3.4条和4.3.6条有关规定执行，并仔细观察桩身混凝土开裂情况。

5.3.3 当出现下列情况之一时，可终止加载：

1 在某级荷载作用下，桩顶上拔量大于前一级上拔荷载作用下的上拔量5倍。

2 按桩顶上拔量控制，当累计桩顶上拔量超过100mm时。

3 按钢筋抗拉强度控制，桩顶上拔荷载达到钢筋强度标准值的0.9倍。

4 对于验收抽样检测的工程桩，达到设计要求的最大上拔荷载值。

5.3.4 检测数据可按本规范附录C附表C.0.1的格式记录。

5.3.5 测试桩侧抗拔摩阻力或桩端上拔位移时，测试数据的测读时间宜符合本规范第4.3.6条的规定。

5.4 检测数据的分析与判定

5.4.1 数据整理应绘制上拔荷载-桩顶上拔量（U-δ）关系曲线和桩顶上拔量-时间对数（δ-lg$t$）关系曲线。

5.4.2 单桩竖向抗拔极限承载力可按下列方法综合判定：

1 根据上拔量随荷载变化的特征确定：对陡变型U-δ曲线，取陡升起始点对应的荷载值；

2 根据上拔量随时间变化的特征确定：取δ-lg$t$

曲线斜率明显变陡或曲线尾部明显弯曲的前一级荷载值。

3 当在某级荷载下抗拔钢筋断裂时，取其前一级荷载值。

5.4.3 单桩竖向抗拔极限承载力统计值的确定应符合本规范第4.4.3条的规定。

5.4.4 当作为验收抽样检测的受检桩在最大上拔荷载作用下，未出现本规范第5.4.2条所列三款情况时，可按设计要求判定。

5.4.5 单位工程同一条件下的单桩竖向抗拔承载力特征值应按单桩竖向抗拔极限承载力统计值的一半取值。

注：当工程桩不允许带裂缝工作时，取桩身开裂的前一级荷载作为单桩竖向抗拔承载力特征值，并与按极限荷载一半取值确定的承载力特征值相比取小值。

5.4.6 检测报告除应包括本规范第3.5.5条内容外，还应包括：

1 受检桩桩位对应的地质柱状图；

2 受检桩尺寸（灌注桩宜标明孔径曲线）及配筋情况；

3 加卸载方法，荷载分级；

4 第5.4.1条要求绘制的曲线及对应的数据表；

5 承载力判定依据；

6 当进行抗拔摩阻力测试时，应有传感器类型、安装位置、轴力计算方法，各级荷载下桩身轴力变化曲线，各土层中的抗拔极限摩阻力。

6 单桩水平静载试验

6.1 适 用 范 围

6.1.1 本方法适用于桩顶自由时的单桩水平静载试验；其他形式的水平静载试验可参照使用。

6.1.2 本方法适用于检测单桩的水平承载力，推定地基土抗力系数的比例系数。

6.1.3 当埋设有桩身应变测量传感器时，可测量相应水平荷载作用下的桩身应力，并由此计算桩身弯矩。

6.1.4 为设计提供依据的试验桩宜加载至桩顶出现较大水平位移或桩身结构破坏；对工程桩抽样检测，可按设计要求的水平位移允许值控制加载。

6.2 设备仪器及其安装

6.2.1 水平推力加载装置宜采用油压千斤顶，加载能力不得小于最大试验荷载的1.2倍。

6.2.2 水平推力的反力可由相邻桩提供；当专门设置反力结构时，其承载能力和刚度应大于试验桩的1.2倍。

6.2.3 荷载测量及其仪器的技术要求应符合本规范

第4.2.3条的规定；水平力作用点宜与实际工程的桩基承台底面标高一致；千斤顶和试验桩接触处应安置球形支座，千斤顶作用力应水平通过桩身轴线；千斤顶与试桩的接触处宜适当补强。

6.2.4 桩的水平位移测量及其仪器的技术要求应符合本规范第4.2.4条的有关规定。在水平力作用平面的受检桩两侧应对称安装两个位移计；当需要测量桩顶转角时，尚应在水平力作用平面以上50cm的受检桩两侧对称安装两个位移计。

6.2.5 位移测量的基准点设置不应受试验和其他因素的影响，基准点应设置在与作用力方向垂直且与位移方向相反的试桩侧面，基准点与试桩净距不应小于1倍桩径。

6.2.6 测量桩身应力或应变时，各测试断面的测量传感器应沿受力方向对称布置在远离中性轴的受拉和受压主筋上；埋设传感器的纵剖面与受力方向之间的夹角不得大于10°。在地面下10倍桩径（桩宽）的主要受力部分应加密测试断面，断面间距不宜超过1倍桩径；超过此深度，测试断面间距可适当加大。桩身内埋设传感器应按本规范附录A执行。

6.3 现 场 检 测

6.3.1 加载方法宜根据工程桩实际受力特性选用单向多循环加载法或本规范第4章规定的慢速维持荷载法，也可按设计要求采用其他加载方法。需要测量桩身应力或应变的试桩宜采用维持荷载法。

6.3.2 试验加卸载方式和水平位移测量应符合下列规定：

1 单向多循环加载法的分级荷载应小于预估水平极限承载力或最大试验荷载的1/10。每级荷载施加后，恒载4min后可测读水平位移，然后卸载至零，停2min测读残余水平位移，至此完成一个加卸载循环。如此循环5次，完成一级荷载的位移观测。试验不得中间停顿。

2 慢速维持荷载法的加卸载分级、试验方法及稳定标准应按本规范第4.3.4条和4.3.6条有关规定执行。

6.3.3 当出现下列情况之一时，可终止加载：

1 桩身折断；

2 水平位移超过30～40mm（软土取40mm）；

3 水平位移达到设计要求的水平位移允许值。

6.3.4 检测数据可按本规范附录C附表C.0.2的格式记录。

6.3.5 测量桩身应力或应变时，测试数据的测读宜与水平位移测量同步。

6.4 检测数据的分析与判定

6.4.1 检测数据应按下列要求整理：

1 采用单向多循环加载法时应绘制水平力-时间-作用点位移（H-t-Y_0）关系曲线和水平力-位移梯度（H-$\Delta Y_0/\Delta H$）关系曲线。

2 采用慢速维持荷载法时应绘制水平力-力作用点位移（H-Y_0）关系曲线、水平力-位移梯度（H-$\Delta Y_0/\Delta H$）关系曲线、力作用点位移-时间对数（Y_0-$\lg t$）关系曲线和水平力-力作用点位移双对数（$\lg H$-$\lg Y_0$）关系曲线。

3 绘制水平力、水平力作用点水平位移-地基土水平抗力系数的比例系数的关系曲线（H-m、Y_0-m）。

当桩顶自由且水平力作用位置位于地面处时，m值可按下列公式确定：

$$m = \frac{(\nu_y \cdot H)^{\frac{5}{3}}}{b_0 Y_0^{\frac{5}{3}} (EI)^{\frac{2}{3}}} \qquad (6.4.1\text{-}1)$$

$$\alpha = \left(\frac{mb_0}{EI}\right)^{\frac{1}{5}} \qquad (6.4.1\text{-}2)$$

式中 m——地基土水平抗力系数的比例系数（kN/m^4）；

α——桩的水平变形系数（m^{-1}）；

ν_y——桩顶水平位移系数，由式（6.4.1-2）试算 α，当 $\alpha h \geqslant 4.0$ 时（h 为桩的入土深度），$\nu_y = 2.441$；

H——作用于地面的水平力（kN）；

Y_0——水平力作用点的水平位移（m）；

EI——桩身抗弯刚度（$kN \cdot m^2$）；其中 E 为桩身材料弹性模量，I 为桩身换算截面惯性矩；

b_0——桩身计算宽度（m）；对于圆形桩：当桩径 $D \leqslant 1m$ 时，$b_0 = 0.9(1.5D+0.5)$；当桩径 $D > 1m$ 时，$b_0 = 0.9(D+1)$。对于矩形桩：当边宽 $B \leqslant 1m$ 时，$b_0 = 1.5B+0.5$；当边宽 $B > 1m$ 时，$b_0 = B+1$。

6.4.2 对埋设有应力或应变测量传感器的试验应绘制下列曲线，并列表给出相应的数据：

1 各级水平力作用下的桩身弯矩分布图；

2 水平力-最大弯矩截面钢筋拉应力（H-σ_s）曲线。

6.4.3 单桩的水平临界荷载可按下列方法综合确定：

1 取单向多循环加载法时的 H-t-Y_0 曲线或慢速维持荷载法时的 H-Y_0 曲线出现拐点的前一级水平荷载值。

2 取 H-$\Delta Y_0/\Delta H$ 曲线或 $\lg H$-$\lg Y_0$ 曲线上第一拐点对应的水平荷载值。

3 取 H-σ_s 曲线第一拐点对应的水平荷载值。

6.4.4 单桩的水平极限承载力可按下列方法综合确定：

1 取单向多循环加载法时的 H-t-Y_0 曲线产生明显陡降的前一级、或慢速维持荷载法时的 H-Y_0 曲线

发生明显陡降的起始点对应的水平荷载值。

2 取慢速维持荷载法时的 Y_0-$\lg t$ 曲线尾部出现明显弯曲的前一级水平荷载值。

3 取 H-$\Delta Y_0/\Delta H$ 曲线或 $\lg H$-$\lg Y$ 曲线上第二拐点对应的水平荷载值。

4 取桩身折断或受拉钢筋屈服时的前一级水平荷载值。

6.4.5 单桩水平极限承载力和水平临界荷载统计值的确定应符合本规范第 4.4.3 条的规定。

6.4.6 单位工程同一条件下的单桩水平承载力特征值的确定应符合下列规定：

1 当水平承载力按桩身强度控制时，取水平临界荷载统计值为单桩水平承载力特征值。

2 当桩受长期水平荷载作用且桩不允许开裂时，取水平临界荷载统计值的 0.8 倍作为单桩水平承载力特征值。

6.4.7 除本规范第 6.4.6 条规定外，当水平承载力按设计要求的水平允许位移控制时，可取设计要求的水平允许位移对应的水平荷载作为单桩水平承载力特征值，但应满足有关规范抗裂设计的要求。

6.4.8 检测报告除应包括本规范第 3.5.5 条内容外，还应包括：

1 受检桩桩位对应的地质柱状图；

2 受检桩的截面尺寸及配筋情况；

3 加卸载方法，荷载分级；

4 第 6.4.1 条要求绘制的曲线及对应的数据表；

5 承载力判定依据；

6 当进行钢筋应力测试并由此计算桩身弯矩时，应有传感器类型、安装位置、内力计算方法和第 6.4.2 条要求绘制的曲线及其对应的数据表。

7 钻 芯 法

7.1 适 用 范 围

7.1.1 本方法适用于检测混凝土灌注桩的桩长、桩身混凝土强度、桩底沉渣厚度和桩身完整性，判定或鉴别桩端持力层岩土性状。

7.2 设 备

7.2.1 钻取芯样宜采用液压操纵的钻机。钻机设备参数应符合以下规定：

1 额定最高转速不低于 790r/min。

2 转速调节范围不少于 4 档。

3 额定配用压力不低于 1.5MPa。

7.2.2 钻机应配备单动双管钻具以及相应的孔口管、扩孔器、卡簧、扶正稳定器和可捞取松软渣样的钻具。钻杆应顺直，直径宜为 50mm。

7.2.3 钻头应根据混凝土设计强度等级选用合适粒

度、浓度、胎体硬度的金刚石钻头，且外径不宜小于 100mm。钻头胎体不得有肉眼可见的裂纹、缺边、少角、倾斜及喇叭口变形。

7.2.4 水泵的排水量应为 50～160L/min，泵压应为 1.0～2.0MPa。

7.2.5 锯切芯样试件用的锯切机应具有冷却系统和牢固夹紧芯样的装置，配套使用的金刚石圆锯片应有足够刚度。

7.2.6 芯样试件端面的补平器和磨平机应满足芯样制作的要求。

7.3 现 场 操 作

7.3.1 每根受检桩的钻芯孔数和钻孔位置宜符合下列规定：

1 桩径小于 1.2m 的桩钻 1 孔，桩径为 1.2～1.6m 的桩钻 2 孔，桩径大于 1.6m 的桩钻 3 孔。

2 当钻芯孔为一个时，宜在距桩中心 10～15cm 的位置开孔；当钻芯孔为两个或两个以上时，开孔位置宜在距桩中心 0.15～0.25D 内均匀对称布置。

3 对桩端持力层的钻探，每根受检桩不应少于一孔，且钻探深度应满足设计要求。

7.3.2 钻机设备安装必须周正、稳固、底座水平。钻机立轴中心、天轮中心（天车前沿切点）与孔口中心必须在同一铅垂线上。应确保钻机在钻芯过程中不发生倾斜、移位，钻芯孔垂直度偏差不大于 0.5%。

7.3.3 当桩顶面与钻机底座的距离较大时，应安装孔口管，孔口管应垂直且牢固。

7.3.4 钻进过程中，钻具内循环水流不得中断，应根据回水含砂量及颜色调整钻进速度。

7.3.5 提钻卸取芯样时，应拧卸钻头和扩孔器，严禁敲打卸芯。

7.3.6 每回次进尺宜控制在 1.5m 内；钻至桩底时，宜采取适宜的钻芯方法和工艺钻取沉渣并测定沉渣厚度，并采用适宜的方法对桩端持力层岩土性状进行鉴别。

7.3.7 钻取的芯样应由上而下按回次顺序放进芯样箱中，芯样侧面上应清晰标明回次数、块号、本回次总块数，并应按本规范附录 D 附表 D.0.1-1 的格式及时记录钻进情况和钻进异常情况，对芯样质量进行初步描述。

7.3.8 钻芯过程中，应按本规范附录 D 附表 D.0.1-2 的格式对芯样混凝土、桩底沉渣以及桩端持力层详细编录。

7.3.9 钻芯结束后，应对芯样和标有工程名称、桩号、钻芯孔号、芯样试件采取位置、桩长、孔深、检测单位名称的标示牌的全貌进行拍照。

7.3.10 当单桩质量评价满足设计要求时，应采用 0.5～1.0MPa 压力，从钻芯孔孔底往上用水泥浆回灌封闭；否则应封存钻芯孔，留待处理。

7.4 芯样试件截取与加工

7.4.1 截取混凝土抗压芯样试件应符合下列规定：

1 当桩长为 10～30m 时，每孔截取 3 组芯样；当桩长小于 10m 时，可取 2 组，当桩长大于 30m 时，不少于 4 组。

2 上部芯样位置距桩顶设计标高不宜大于 1 倍桩径或 1m，下部芯样位置距桩底不宜大于 1 倍桩径或 1m，中间芯样宜等间距截取。

3 缺陷位置能取样时，应截取一组芯样进行混凝土抗压试验。

4 当同一基桩的钻芯孔数大于一个，其中一孔在某深度存在缺陷时，应在其他孔的该深度处截取芯样进行混凝土抗压试验。

7.4.2 当桩端持力层为中、微风化岩层且岩芯可制作成试件时，应在接近桩底部位截取一组岩石芯样；遇分层岩性时宜在各层取样。

7.4.3 每组芯样应制作三个芯样抗压试件。芯样试件应按本规范附录 E 进行加工和测量。

7.5 芯样试件抗压强度试验

7.5.1 芯样试件制作完毕可立即进行抗压强度试验。

7.5.2 混凝土芯样试件的抗压强度试验应按现行国家标准《普通混凝土力学性能试验方法》GB/T 50081—2002 的有关规定执行。

7.5.3 抗压强度试验后，当发现芯样试件平均直径小于 2 倍试件内混凝土粗骨料最大粒径，且强度值异常时，该试件的强度值不得参与统计平均。

7.5.4 混凝土芯样试件抗压强度应按下列公式计算：

$$f_{cu} = \xi \cdot \frac{4P}{\pi d^2} \qquad (7.5.4)$$

式中 f_{cu}——混凝土芯样试件抗压强度（MPa），精确至 0.1MPa；

　　　P——芯样试件抗压试验测得的破坏荷载（N）；

　　　d——芯样试件的平均直径（mm）；

　　　ξ——混凝土芯样试件抗压强度折算系数，应考虑芯样尺寸效应、钻芯机械对芯样扰动和混凝土成型条件的影响，通过试验统计确定；当无试验统计资料时，宜为 1.0。

7.5.5 桩底岩芯单轴抗压强度试验可按现行国家标准《建筑地基基础设计规范》GB 50007—2002 附录 J 执行。

7.6 检测数据的分析与判定

7.6.1 混凝土芯样试件抗压强度代表值应按一组三块试件强度值的平均值确定。同一受检桩同一深度部位有两组或两组以上混凝土芯样试件抗压强度代表值时，取其平均值为该桩该深度处混凝土芯样试件抗压强度代表值。

7.6.2 受检桩中不同深度位置的混凝土芯样试件抗压强度代表值中的最小值为该桩混凝土芯样试件抗压强度代表值。

7.6.3 桩端持力层性状应根据芯样特征、岩石芯样单轴抗压强度试验、动力触探或标准贯入试验结果，综合判定桩端持力层岩土性状。

7.6.4 桩身完整性类别应结合钻芯孔数、现场混凝土芯样特征、芯样单轴抗压强度试验结果，按本规范表 3.5.1 的规定和表 7.6.4 的特征进行综合判定。

表 7.6.4 桩身完整性判定

类别	特　征
I	混凝土芯样连续、完整、表面光滑、胶结好、骨料分布均匀、呈长柱状、断口吻合，芯样侧面仅见少量气孔
II	混凝土芯样连续、完整、胶结较好、骨料分布基本均匀、呈柱状、断口基本吻合，芯样侧面局部见蜂窝麻面、沟槽
III	大部分混凝土芯样胶结较好，无松散、夹泥或分层现象，但有下列情况之一： 芯样局部破碎且破碎长度不大于 10cm； 芯样骨料分布不均匀； 芯样多呈短柱状或块状； 芯样侧面蜂窝麻面、沟槽连续
IV	有下列情况之一： 钻进很困难； 芯样任一段松散、夹泥或分层； 芯样局部破碎且破碎长度大于 10cm

7.6.5 成桩质量评价应按单桩进行。当出现下列情况之一时，应判定该受检桩不满足设计要求：

1 桩身完整性类别为 IV 类的桩。

2 受检桩混凝土芯样试件抗压强度代表值小于混凝土设计强度等级的桩。

3 桩长、桩底沉渣厚度不满足设计或规范要求的桩。

4 桩端持力层岩土性状（强度）或厚度未达到设计或规范要求的桩。

7.6.6 钻芯孔偏出桩外时，仅对钻取芯样部分进行评价。

7.6.7 检测报告除应包括本规范第 3.5.5 条内容外，还应包括：

1 钻芯设备情况；

2 检测桩数、钻孔数量，架空、混凝土芯进尺、岩芯进尺、总进尺，混凝土试件组数、岩石试件组

数、动力触探或标准贯入试验结果；

　　3　按本规范附录 D 附表 D.0.1-3 的格式编制每孔的柱状图；

　　4　芯样单轴抗压强度试验结果；

　　5　芯样彩色照片；

　　6　异常情况说明。

8　低应变法

8.1　适用范围

8.1.1　本方法适用于检测混凝土桩的桩身完整性，判定桩身缺陷的程度及位置。

8.1.2　本方法的有效检测桩长范围应通过现场试验确定。

8.2　仪器设备

8.2.1　检测仪器的主要技术性能指标应符合现行行业标准《基桩动测仪》JG/T 3055 的有关规定，且应具有信号显示、储存和处理分析功能。

8.2.2　瞬态激振设备应包括能激发宽脉冲和窄脉冲的力锤和锤垫；力锤可装有力传感器；稳态激振设备应包括激振力可调、扫频范围为 10～2000Hz 的电磁式稳态激振器。

8.3　现场检测

8.3.1　受检桩应符合下列规定：

　　1　桩身强度应符合本规范第 3.2.6 条第 1 款的规定。

　　2　桩头的材质、强度、截面尺寸应与桩身基本等同。

　　3　桩顶面应平整、密实，并与桩轴线基本垂直。

8.3.2　测试参数设定应符合下列规定：

　　1　时域信号记录的时间段长度应在 $2L/c$ 时刻后延续不少于 5ms；幅频信号分析的频率范围上限不应小于 2000Hz。

　　2　设定桩长应为桩顶测点至桩底的施工桩长，设定桩身截面积应为施工截面积。

　　3　桩身波速可根据本地区同类型桩的测试值初步设定。

　　4　采样时间间隔或采样频率应根据桩长、桩身波速和频域分辨率合理选择；时域信号采样点数不宜少于 1024 点。

　　5　传感器的设定值应按计量检定结果设定。

8.3.3　测量传感器安装和激振操作应符合下列规定：

　　1　传感器安装应与桩顶面垂直；用耦合剂粘结时，应具有足够的粘结强度。

　　2　实心桩的激振点位置应选择在桩中心，测量

传感器安装位置宜为距桩中心 2/3 半径处；空心桩的激振点与测量传感器安装位置宜在同一水平面上，且与桩中心连线形成的夹角宜为 90°，激振点和测量传感器安装位置宜为桩壁厚的 1/2 处。

　　3　激振点与测量传感器安装位置应避开钢筋笼的主筋影响。

　　4　激振方向应沿桩轴线方向。

　　5　瞬态激振应通过现场敲击试验，选择合适重量的激振力锤和锤垫，宜用宽脉冲获取桩底或桩身下部缺陷反射信号，宜用窄脉冲获取桩身上部缺陷反射信号。

　　6　稳态激振应在每一个设定频率下获得稳定响应信号，并应根据桩径、桩长及桩周土约束情况调整激振力大小。

8.3.4　信号采集和筛选应符合下列规定：

　　1　根据桩径大小，桩心对称布置 2～4 个检测点；每个检测点记录的有效信号数不宜少于 3 个。

　　2　检查判断实测信号是否反映桩身完整性特征。

　　3　不同检测点及多次实测时域信号一致性较差，应分析原因，增加检测点数量。

　　4　信号不应失真和产生零漂，信号幅值不应超过测量系统的量程。

8.4　检测数据的分析与判定

8.4.1　桩身波速平均值的确定应符合下列规定：

　　1　当桩长已知、桩底反射信号明确时，在地质条件、设计桩型、成桩工艺相同的基桩中，选取不少于 5 根 I 类桩的桩身波速值按下式计算其平均值：

$$c_m = \frac{1}{n} \sum_{i=1}^{n} c_i \qquad (8.4.1\text{-}1)$$

$$c_i = \frac{2000L}{\Delta T} \qquad (8.4.1\text{-}2)$$

$$c_i = 2L \cdot \Delta f \qquad (8.4.1\text{-}3)$$

式中　c_m——桩身波速的平均值（m/s）；

　　　c_i——第 i 根受检桩的桩身波速值（m/s），且 $|c_i - c_m| / c_m \leqslant 5\%$；

　　　L——测点下桩长（m）；

　　　ΔT——速度波第一峰与桩底反射波峰间的时间差（ms）；

　　　Δf——幅频曲线上桩底相邻谐振峰间的频差（Hz）；

　　　n——参加波速平均值计算的基桩数量（$n \geqslant 5$）。

　　2　当无法按上款确定时，波速平均值可根据本地区相同桩型及成桩工艺的其他桩基工程的实测值，结合桩身混凝土的骨料品种和强度等级综合确定。

8.4.2　桩身缺陷位置应按下列公式计算：

$$x = \frac{1}{2000} \cdot \Delta t_x \cdot c \qquad (8.4.2\text{-}1)$$

$$x = \frac{1}{2} \cdot \frac{c}{\Delta f'} \qquad (8.4.2\text{-}2)$$

式中 x ——桩身缺陷至传感器安装点的距离（m）；

Δt_x ——速度波第一峰与缺陷反射波峰间的时间差（ms）；

c ——受检桩的桩身波速（m/s），无法确定时用 c_m 值替代；

$\Delta f'$ ——幅频信号曲线上缺陷相邻谐振峰间的频差（Hz）。

8.4.3 桩身完整性类别应结合缺陷出现的深度、测试信号衰减特性以及设计桩型、成桩工艺、地质条件、施工情况，按本规范表 3.5.1 的规定和表 8.4.3 所列实测时域或幅频信号特征进行综合分析判定。

表 8.4.3 桩身完整性判定

类别	时域信号特征	幅频信号特征
Ⅰ	$2L/c$ 时刻前无缺陷反射波，有桩底反射波	桩底谐振峰排列基本等间距，其相邻频差 $\Delta f \approx c/2L$
Ⅱ	$2L/c$ 时刻前出现轻微缺陷反射波，有桩底反射波	桩底谐振峰排列基本等间距，其相邻频差 $\Delta f \approx c/2L$，轻微缺陷产生的谐振峰与桩底谐振峰之间的频差 $\Delta f' > c/2L$
Ⅲ	有明显缺陷反射波，其他特征介于Ⅱ类和Ⅳ类之间	
Ⅳ	$2L/c$ 时刻前出现严重缺陷反射波或周期性反射波，无桩底反射波；或因桩身浅部严重缺陷使波形呈现低频大振幅衰减振动，无桩底反射波	缺陷谐振峰排列基本等间距，相邻频差 $\Delta f' > c/2L$，无桩底谐振峰；或因桩身浅部严重缺陷只出现单一谐振峰，无桩底谐振峰

注：对同一场地、地质条件相近、桩型和成桩工艺相同的基桩，因桩端部分桩身阻抗与持力层阻抗相匹配导致实测信号无桩底反射波时，可按本场地同条件下有桩底反射波的其他桩实测信号判定桩身完整性类别。

8.4.4 对于混凝土灌注桩，采用时域信号分析时应区分桩身截面渐变后恢复至原桩径并在该阻抗突变处的一次反射，或扩径突变处的二次反射，结合成桩工艺和地质条件综合分析判定受检桩的完整性类别。必要时，可采用实测曲线拟合法辅助判定桩身完整性或借助实测导纳值、动刚度的相对高低辅助判定桩身完整性。

8.4.5 对于嵌岩桩，桩底时域反射信号为单一反射

波且与锤击脉冲信号同向时，应采取其他方法核验桩端嵌岩情况。

8.4.6 出现下列情况之一，桩身完整性判定宜结合其他检测方法进行：

1 实测信号复杂，无规律，无法对其进行准确评价。

2 桩身截面渐变或多变，且变化幅度较大的混凝土灌注桩。

8.4.7 低应变检测报告应给出桩身完整性检测的实测信号曲线。

8.4.8 检测报告除应包括本规范第 3.5.5 条内容外，还应包括下列内容：

1 桩身波速取值；

2 桩身完整性描述、缺陷的位置及桩身完整性类别；

3 时域信号时段所对应的桩身长度标尺、指数或线性放大的范围及倍数；或幅频信号曲线分析的频率范围、桩底或桩身缺陷对应的相邻谐振峰间的频差。

9 高应变法

9.1 适 用 范 围

9.1.1 本方法适用于检测基桩的竖向抗压承载力和桩身完整性；监测预制桩打入时的桩身应力和锤击能量传递比，为沉桩工艺参数及桩长选择提供依据。

9.1.2 进行灌注桩的竖向抗压承载力检测时，应具有现场实测经验和本地区相近条件下的可靠对比验证资料。

9.1.3 对于大直径扩底桩和 Q-s 曲线具有缓变型特征的大直径灌注桩，不宜采用本方法进行竖向抗压承载力检测。

9.2 仪 器 设 备

9.2.1 检测仪器的主要技术性能指标不应低于现行行业标准《基桩动测仪》JG/T 3055 中表 1 规定的 2 级标准，且应具有保存、显示实测力与速度信号和信号处理与分析的功能。

9.2.2 锤击设备宜具有稳固的导向装置；打桩机械或类似的装置（导杆式柴油锤除外）都可作为锤击设备。

9.2.3 高应变检测用重锤应材质均匀、形状对称、锤底平整，高径（宽）比不得小于 1，并采用铸铁或铸钢制作。当采取自由落锤安装加速度传感器的方式实测锤击力时，重锤应整体铸造，且高径（宽）比应在 1.0～1.5 范围内。

9.2.4 进行高应变承载力检测时，锤的重量应大于预估单桩极限承载力的 1.0%～1.5%，混凝土桩的

桩径大于 600mm 或桩长大于 30m 时取高值。

9.2.5 桩的贯入度可采用精密水准仪等仪器测定。

9.3 现场检测

9.3.1 检测前的准备工作应符合下列规定：

1 预制桩承载力的时间效应应通过复打确定。

2 桩顶面应平整，桩顶高度应满足锤击装置的要求，桩锤重心应与桩顶对中，锤击装置架立应垂直。

3 对不能承受锤击的桩头应加固处理，混凝土桩的桩头处理按本规范附录 B 执行。

4 传感器的安装应符合本规范附录 F 的规定。

5 桩头顶部应设置桩垫，桩垫可采用 10～30mm 厚的木板或胶合板等材料。

9.3.2 参数设定和计算应符合下列规定：

1 采样时间间隔宜为 $50～200\mu s$，信号采样点数不宜少于 1024 点。

2 传感器的设定值应按计量检定结果设定。

3 自由落锤安装加速度传感器测力时，力的设定值由加速度传感器设定值与重锤质量的乘积确定。

4 测点处的桩截面尺寸应按实际测量确定，波速、质量密度和弹性模量应按实际情况设定。

5 测点以下桩长和截面积可采用设计文件或施工记录提供的数据作为设定值。

6 桩身材料质量密度应按表 9.3.2 取值。

表 9.3.2　桩身材料质量密度（t/m³）

钢　桩	混凝土预制桩	离心管桩	混凝土灌注桩
7.85	2.45～2.50	2.55～2.60	2.40

7 桩身波速可结合本地经验或按同场地同类型已检桩的平均波速初步设定，现场检测完成后应按第 9.4.3 条调整。

8 桩身材料弹性模量应按下式计算：

$$E = \rho \cdot c^2 \qquad (9.3.2)$$

式中　E——桩身材料弹性模量（kPa）；

　　　　c——桩身应力波传播速度（m/s）；

　　　　ρ——桩身材料质量密度（t/m³）。

9.3.3 现场检测应符合下列要求：

1 交流供电的测试系统应良好接地；检测时测试系统应处于正常状态。

2 采用自由落锤为锤击设备时，应重锤低击，最大锤击落距不宜大于 2.5m。

3 试验目的为确定预制桩打桩过程中的桩身应力、沉桩设备匹配能力和选择桩长时，应按本规范附录 G 执行。

4 检测时应及时检查采集数据的质量；每根受检桩记录的有效锤击信号应根据桩顶最大动位移、贯

入度以及桩身最大拉、压应力和缺陷程度及其发展情况综合确定。

5 发现测试波形紊乱，应分析原因；桩身有明显缺陷或缺陷程度加剧，应停止检测。

9.3.4 承载力检测时宜实测桩的贯入度，单击贯入度宜在 2～6mm 之间。

9.4 检测数据的分析与判定

9.4.1 检测承载力时选取锤击信号，宜取锤击能量较大的击次。

9.4.2 当出现下列情况之一时，高应变锤击信号不得作为承载力分析计算的依据：

1 传感器安装处混凝土开裂或出现严重塑性变形使力曲线最终未归零；

2 严重锤击偏心，两侧力信号幅值相差超过 1 倍；

3 触变效应的影响，预制桩在多次锤击下承载力下降；

4 四通道测试数据不全。

9.4.3 桩身波速可根据下行波波形起升沿的起点到上行波下降沿的起点之间的时差与已知桩长值确定（图 9.4.3）；桩底反射信号不明显时，可根据桩长、混凝土波速的合理取值范围以及邻近桩的桩身波速值综合确定。

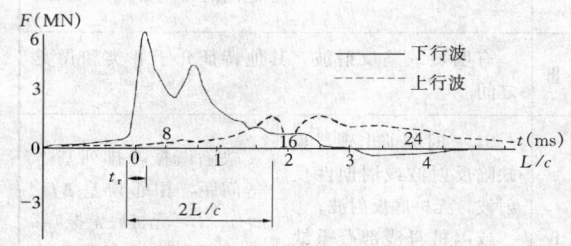

图 9.4.3　桩身波速的确定

9.4.4 当测点处原设定波速随调整后的桩身波速改变时，桩身材料弹性模量和锤击力信号幅值的调整应符合下列规定：

1 桩身材料弹性模量应按本规范式（9.3.2）重新计算。

2 当采用应变式传感器测力时，应同时对原实测力值校正。

9.4.5 高应变实测的力和速度信号第一峰起始比例失调时，不得进行比例调整。

9.4.6 承载力分析计算前，应结合地质条件、设计参数，对实测波形特征进行定性检查：

1 实测曲线特征反映出的桩承载性状。

2 观察桩身缺陷程度和位置，连续锤击时缺陷的扩大或逐步闭合情况。

9.4.7 以下四种情况应采用静载法进一步验证：

1 桩身存在缺陷，无法判定桩的竖向承载力。

2 桩身缺陷对水平承载力有影响。

3 单击贯入度大，桩底同向反射强烈且反射峰较宽，侧阻力波、端阻力波反射弱，即波形表现出竖向承载性状明显与勘察报告中的地质条件不符合。

4 嵌岩桩桩底同向反射强烈，且在时间 $2L/c$ 后无明显端阻力反射；也可采用钻芯法核验。

9.4.8 采用凯司法判定桩承载力，应符合下列规定：

1 只限于中、小直径桩。

2 桩身材质、截面应基本均匀。

3 阻尼系数 J_c 宜根据同条件下静载试验结果校核，或应在已取得相近条件下可靠对比资料后，采用实测曲线拟合法确定 J_c 值，拟合计算的桩数不应少于检测总桩数的 30%，且不应少于 3 根。

4 在同一场地、地质条件相近和桩型及其截面积相同情况下，J_c 值的极差不宜大于平均值的 30%。

9.4.9 凯司法判定单桩承载力可按下列公式计算：

$$R_c = \frac{1}{2}(1-J_c) \cdot [F(t_1) + Z \cdot V(t_1)] + \frac{1}{2}(1+J_c) \cdot \left[F\left(t_1 + \frac{2L}{c}\right) - Z \cdot V\left(t_1 + \frac{2L}{c}\right) \right]$$ (9.4.9-1)

$$Z = \frac{E \cdot A}{c}$$ (9.4.9-2)

式中 R_c——由凯司法判定的单桩竖向抗压承载力（kN）；

J_c——凯司法阻尼系数；

t_1——速度第一峰对应的时刻（ms）；

$F(t_1)$——t_1 时刻的锤击力（kN）；

$V(t_1)$——t_1 时刻的质点运动速度（m/s）；

Z——桩身截面力学阻抗（kN·s/m）；

A——桩身截面面积（m²）；

L——测点下桩长（m）。

注：公式（9.4.9-1）适用于 t_1+2L/c 时刻桩侧和桩端土阻力均已充分发挥的摩擦型桩。

对于土阻力滞后于 t_1+2L/c 时刻明显发挥或先于 t_1+2L/c 时刻发挥并造成桩中上部强烈反弹这两种情况，宜分别采用以下两种方法对 R_c 值进行提高修正：

1 适当将 t_1 延时，确定 R_c 的最大值。

2 考虑卸载回弹部分土阻力对 R_c 值进行修正。

9.4.10 采用实测曲线拟合法判定桩承载力，应符合下列规定：

1 所采用的力学模型应明确合理，桩和土的力学模型应能分别反映桩和土的实际力学性状，模型参数的取值范围应能限定。

2 拟合分析选用的参数应在岩土工程的合理范围内。

3 曲线拟合时间段长度在 t_1+2L/c 时刻后延续时间不应小于 20ms；对于柴油锤打桩信号，在 t_1+2L/c 时刻后延续时间不应小于 30ms。

4 各单元所选用的土的最大弹性位移值不应超过相应桩单元的最大计算位移值。

5 拟合完成时，土阻力响应区段的计算曲线与实测曲线应吻合，其他区段的曲线应基本吻合。

6 贯入度的计算值应与实测值接近。

9.4.11 本方法对单桩承载力的统计和单桩竖向抗压承载力特征值的确定应符合下列规定：

1 参加统计的试桩结果，当满足其极差不超过平均值的 30% 时，取其平均值为单桩承载力统计值。

2 当极差超过 30% 时，应分析极差过大的原因，结合工程具体情况综合确定。必要时可增加试桩数量。

3 单位工程同一条件下的单桩竖向抗压承载力特征值 R_a 应按本方法得到的单桩承载力统计值的一半取值。

9.4.12 桩身完整性判定可采用以下方法进行：

1 采用实测曲线拟合法判定时，拟合所选用的桩土参数应符合本规范第 9.4.10 条第 1～2 款的规定；根据桩的成桩工艺，拟合时可采用桩身阻抗拟合或桩身裂隙（包括混凝土预制桩的接桩缝隙）拟合。

2 对于等截面桩，可按表 9.4.12 并结合经验判定；桩身完整性系数 β 和桩身缺陷位置 x 应分别按下列公式计算：

$$\beta = \frac{[F(t_1) + Z \cdot V(t_1)] - 2R_x + [F(t_x) - Z \cdot V(t_x)]}{[F(t_1) + Z \cdot V(t_1)] - [F(t_x) - Z \cdot V(t_x)]}$$ (9.4.12-1)

$$x = c \cdot \frac{t_x - t_1}{2000}$$ (9.4.12-2)

式中 β——桩身完整性系数；

t_x——缺陷反射峰对应的时刻（ms）；

x——桩身缺陷至传感器安装点的距离（m）；

R_x——缺陷以上部位土阻力的估计值，等于缺陷反射波起始点的力与速度乘以桩身截面力学阻抗之差值，取值方法见图 9.4.12。

表 9.4.12 桩身完整性判定

类别	β 值	类别	β 值
I	$\beta = 1.0$	III	$0.6 \leqslant \beta < 0.8$
II	$0.8 \leqslant \beta < 1.0$	IV	$\beta < 0.6$

9.4.13 出现下列情况之一时，桩身完整性判定宜按工程地质条件和施工工艺，结合实测曲线拟合法或其他检测方法综合进行：

1 桩身有扩径的桩。

2 桩身截面渐变或多变的混凝土灌注桩。

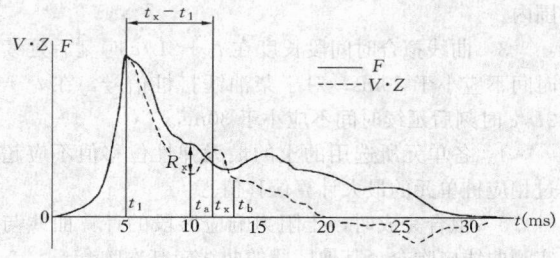

图 9.4.12 桩身完整性系数计算

3 力和速度曲线在峰值附近比例失调，桩身浅部有缺陷的桩。

4 锤击力波上升缓慢，力与速度曲线比例失调的桩。

9.4.14 桩身最大锤击拉、压应力和桩锤实际传递给桩的能量应分别按本规范附录 G 相应公式计算。

9.4.15 高应变检测报告应给出实测的力与速度信号曲线。

9.4.16 检测报告除应包括本规范第 3.5.5 条内容外，还应包括下列内容：

1 计算中实际采用的桩身波速值和 J_c 值；

2 实测曲线拟合法所选用的各单元桩土模型参数、拟合曲线、土阻力沿桩身分布图；

3 实测贯入度；

4 试打桩和打桩监控所采用的桩锤型号、锤垫类型，以及监测得到的锤击数、桩侧和桩端静阻力、桩身锤击拉应力和压应力、桩身完整性以及能量传递比随入土深度的变化。

10 声波透射法

10.1 适用范围

10.1.1 本方法适用于已预埋声测管的混凝土灌注桩桩身完整性检测，判定桩身缺陷的程度并确定其位置。

10.2 仪器设备

10.2.1 声波发射与接收换能器应符合下列要求：

1 圆柱状径向振动，沿径向无指向性；

2 外径小于声测管内径，有效工作面轴向长度不大于 150mm；

3 谐振频率宜为 30～50kHz；

4 水密性满足 1MPa 水压不渗水。

10.2.2 声波检测仪应符合下列要求：

1 具有实时显示和记录接收信号的时程曲线以及频率测量或频谱分析功能；

2 声时测量分辨力优于或等于 0.5μs，声波幅

值测量相对误差小于 5%，系统频带宽度为 1～200kHz，系统最大动态范围不小于 100dB。

3 声波发射脉冲宜为阶跃或矩形脉冲，电压幅值为 200～1000V。

10.3 现场检测

10.3.1 声测管埋设应按本规范附录 H 的规定执行。

10.3.2 现场检测前准备工作应符合下列规定：

1 采用标定法确定仪器系统延迟时间。

2 计算声测管及耦合水层声时修正值。

3 在桩顶测量相应声测管外壁间净距离。

4 将各声测管内注满清水，检查声测管畅通情况；换能器应能在全程范围内升降顺畅。

10.3.3 现场检测步骤应符合下列规定：

1 将发射与接收声波换能器通过深度标志分别置于两根声测管中的测点处。

2 发射与接收声波换能器应以相同标高（图 10.3.3a）或保持固定高差（图 10.3.3b）同步升降，测点间距不宜大于 250mm。

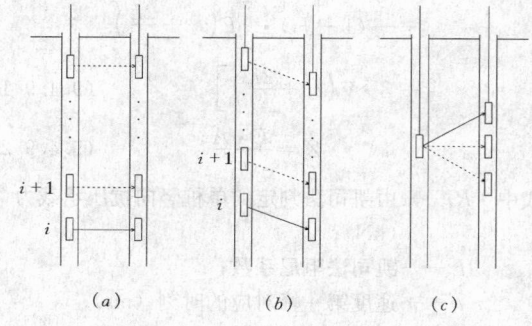

图 10.3.3 平测、斜测和扇形扫测示意图

(a) 平测；(b) 斜测；(c) 扇形扫测

3 实时显示和记录接收信号的时程曲线，读取声时、首波峰值和周期值，宜同时显示频谱曲线及主频值。

4 将多根声测管以两根为一个检测剖面进行全组合，分别对所有检测剖面完成检测。

5 在桩身质量可疑的测点周围，应采用加密测点，或采用斜测（图 10.3.3b）、扇形扫测（图 10.3.3c）进行复测，进一步确定桩身缺陷的位置和范围。

6 在同一根桩的各检测剖面的检测过程中，声波发射电压和仪器设置参数应保持不变。

10.4 检测数据的分析与判定

10.4.1 各测点的声时 t_c、声速 v、波幅 A_p 及主频 f 应根据现场检测数据，按下列各式计算，并绘制声

速-深度（υ-z）曲线和波幅-深度（A_{p}-z）曲线，需要时可绘制辅助的主频-深度（f-z）曲线：

$$t_{ci} = t_i - t_0 - t' \qquad (10.4.1\text{-}1)$$

$$v_i = \frac{l'}{t_{ci}} \qquad (10.4.1\text{-}2)$$

$$A_{\mathrm{p}i} = 20\lg\frac{a_i}{a_0} \qquad (10.4.1\text{-}3)$$

$$f_i = \frac{1000}{T_i} \qquad (10.4.1\text{-}4)$$

式中　t_{ci}——第 i 测点声时（μs）；

　　　t_i——第 i 测点声时测量值（μs）；

　　　t_0——仪器系统延迟时间（μs）；

　　　t'——声测管及耦合水层声时修正值（μs）；

　　　l'——每检测剖面相应两声测管的外壁间净距离（mm）；

　　　v_i——第 i 测点声速（km/s）；

　　　$A_{\mathrm{p}i}$——第 i 测点波幅值（dB）；

　　　a_i——第 i 测点信号首波峰值（V）；

　　　a_0——零分贝信号幅值（V）；

　　　f_i——第 i 测点信号主频值（kHz），也可由信号频谱的主频求得；

　　　T_i——第 i 测点信号周期（μs）。

10.4.2　声速临界值应按下列步骤计算：

1　将同一检测剖面各测点的声速值 v_i 由大到小依次排序，即

$$v_1 \geqslant v_2 \geqslant \cdots v_i \geqslant \cdots v_{n-k} \geqslant \cdots v_{n-1}$$
$$\geqslant v_n (k = 0,1,2,\cdots) \qquad (10.4.2\text{-}1)$$

式中　v_i——按序排列后的第 i 个声速测量值；

　　　n——检测剖面测点数；

　　　k——从零开始逐一去掉式（10.4.2-1）v_i 序列尾部最小数值的数据个数。

2　对从零开始逐一去掉 v_i 序列中最小数值后余下的数据进行统计计算。当去掉最小数值的数据个数为 k 时，对包括 v_{n-k} 在内的余下数据 $v_1 \sim v_{n-k}$ 按下列公式进行统计计算：

$$v_0 = v_{\mathrm{m}} - \lambda \cdot s_{\mathrm{x}} \qquad (10.4.2\text{-}2)$$

$$v_{\mathrm{m}} = \frac{1}{n-k}\sum_{i=1}^{n-k} v_i \qquad (10.4.2\text{-}3)$$

$$s_{\mathrm{x}} = \sqrt{\frac{1}{n-k-1}\sum_{i=1}^{n-k}(v_i - v_{\mathrm{m}})^2} \quad (10.4.2\text{-}4)$$

式中　v_0——异常判断值；

　　　v_{m}——（$n-k$）个数据的平均值；

　　　s_{x}——（$n-k$）个数据的标准差；

　　　λ——由表 10.4.2 查得的与（$n-k$）相对应的系数。

表 10.4.2　统计数据个数（n-k）与对应的 λ 值

n-k	20	22	24	26	28	30	32	34	36	38
λ	1.64	1.69	1.73	1.77	1.80	1.83	1.86	1.89	1.91	1.94
n-k	40	42	44	46	48	50	52	54	56	58
λ	1.96	1.98	2.00	2.02	2.04	2.05	2.07	2.09	2.10	2.11
n-k	60	62	64	66	68	70	72	74	76	78
λ	2.13	2.14	2.15	2.17	2.18	2.19	2.20	2.21	2.22	2.23
n-k	80	82	84	86	88	90	92	94	96	98
λ	2.24	2.25	2.26	2.27	2.28	2.29	2.29	2.30	2.31	2.32
n-k	100	105	110	115	120	125	130	135	140	145
λ	2.33	2.34	2.36	2.38	2.39	2.41	2.42	2.43	2.45	2.46
n-k	150	160	170	180	190	200	220	240	260	280
λ	2.47	2.50	2.52	2.54	2.56	2.58	2.61	2.64	2.67	2.69

3　将 v_{n-k} 与异常判断值 v_0 进行比较，当 $v_{n-k} \leqslant v_0$ 时，v_{n-k} 及其以后的数据均为异常，去掉 v_{n-k}. 及其以后的异常数据；再用数据 $v_1 \sim v_{n-k-1}$ 并重复式（10.4.2-2）～（10.4.2-4）的计算步骤，直到 v_i 序列中余下的全部数据满足：

$$v_i > v_0 \qquad (10.4.2\text{-}5)$$

此时，v_0 为声速的异常判断临界值 v_{c}。

4　声速异常时的临界值判据为：

$$v_i \leqslant v_{\mathrm{c}} \qquad (10.4.2\text{-}6)$$

当式（10.4.2-6）成立时，声速可判定为异常。

10.4.3　当检测剖面 n 个测点的声速值普遍偏低且离散性很小时，宜采用声速低限值判据：

$$v_i < v_{\mathrm{L}} \qquad (10.4.3)$$

式中　v_i——第 i 测点声速（km/s）；

　　　v_{L}——声速低限值（km/s），由预留同条件混凝土试件的抗压强度与声速对比试验结果，结合本地区实际经验确定。

当式（10.4.3）成立时，可直接判定为声速低于低限值异常。

10.4.4　波幅异常时的临界值判据应按下列公式计算：

$$A_{\mathrm{m}} = \frac{1}{n}\sum_{i=1}^{n} A_{\mathrm{p}i} \qquad (10.4.4\text{-}1)$$

$$A_{\mathrm{p}i} < A_{\mathrm{m}} - 6 \qquad (10.4.4\text{-}2)$$

式中　A_{m}——波幅平均值（dB）；

　　　n——检测剖面测点数。

当式（10.4.4-2）成立时，波幅可判定为异常。

10.4.5　当采用斜率法的 PSD 值作为辅助异常点判据时，PSD 值应按下列公式计算：

$$PSD = K \cdot \Delta t \qquad (10.4.5\text{-}1)$$

$$K = \frac{t_{ci} - t_{ci-1}}{z_i - z_{i-1}} \qquad (10.4.5\text{-}2)$$

$$\Delta = t_{ci} - t_{ci-1} \qquad (10.4.5\text{-}3)$$

式中 t_{ci} ——第 i 测点声时（μs）；

t_{ci-1} ——第 $i-1$ 测点声时（μs）；

z_i ——第 i 测点深度（m）；

z_{i-1} ——第 $i-1$ 测点深度（m）。

根据 PSD 值在某深度处的突变，结合波幅变化情况，进行异常点判定。

10.4.6 当采用信号主频值作为辅助异常点判据时，主频-深度曲线上主频值明显降低可判定为异常。

10.4.7 桩身完整性类别应结合桩身混凝土各声学参数临界值、PSD 判据、混凝土声速低限值以及桩身质量可疑点加密测试（包括斜测或扇形扫测）后确定的缺陷范围，按本规范表 3.5.1 的规定和表 10.4.7 的特征进行综合判定。

10.4.8 检测报告除应包括规范第 3.5.5 条内容外，还应包括：

1 声测管布置图；

2 受检桩每个检测剖面声速-深度曲线、波幅-深度曲线，并将相应判据临界值所对应的标志线绘制于同一个座标系；

3 当采用主频值或 PSD 值进行辅助分析判定时，绘制主频-深度曲线或 PSD 曲线；

4 缺陷分布图示。

表 10.4.7 桩身完整性判定

类别	特　　征
I	各检测剖面的声学参数均无异常，无声速低于低限值异常
II	某一检测剖面个别测点的声学参数出现异常，无声速低于低限值异常
III	某一检测剖面连续多个测点的声学参数出现异常； 两个或两个以上检测剖面在同一深度测点的声学参数出现异常； 局部混凝土声速出现低于低限值异常
IV	某一检测剖面连续多个测点的声学参数出现明显异常； 两个或两个以上检测剖面在同一深度测点的声学参数出现明显异常； 桩身混凝土声速出现普遍低于低限值异常或无法检测首波或声波接收信号严重畸变

附录 A 桩身内力测试

A.0.1 基桩内力测试适用于混凝土预制桩、钢桩、组合型桩，也可用于桩身断面尺寸基本恒定或已知的混凝土灌注桩。

A.0.2 对竖向抗压静载试验桩，可得到桩侧各土层的分层抗压摩阻力和桩端支承力；对竖向抗拔静荷载试验桩，可得到桩侧土的分层抗拔摩阻力；对水平静荷载试验桩，可求得桩身弯矩分布，最大弯矩位置等；对打入式预制混凝土桩和钢桩，可得到打桩过程中桩身各部位的锤击压应力、锤击拉应力。

A.0.3 基桩内力测试宜采用应变式传感器或钢弦式传感器。根据测试目的及要求，宜按表 A.0.3 中的传感器技术、环境特性，选择适合的传感器；也可采用滑动测微计。需要检测桩身某断面或桩端位移时，可在需检测断面设置沉降杆。

表 A.0.3 传感器技术、环境特性一览表

特性＼类型	钢弦式传感器	应变式传感器
传感器体积	大	较小
蠕变	较小，适宜于长期观测	较大，需提高制作技术、工艺解决
测量灵敏度	较低	较高
温度变化的影响	温度变化范围较大时需要修正	可以实现温度变化的自补偿
长导线影响	不影响测试结果	需进行长导线电阻影响的修正
自身补偿能力	补偿能力弱	对自身的弯曲、扭曲可以自补偿
对绝缘的要求	要求不高	要求高
动态响应	差	好

A.0.4 传感器设置位置及数量宜符合下列规定：

1 传感器宜放在两种不同性质土层的界面处，以测量桩在不同土层中的分层摩阻力。在地面处（或以上）应设置一个测量断面作为传感器标定断面。传感器埋设断面距桩顶和桩底的距离不宜小于 1 倍桩径。

2 在同一断面处可对称设置 2～4 个传感器，当桩径较大或试验要求较高时取高值。

A.0.5 应变式传感器可视以下情况采用不同制作方法：

1 对钢桩可采用以下两种方法之一：

1）将应变计用特殊的粘贴剂直接贴在钢桩的桩身，应变计宜采用标距 3～～6mm 的 350Ω 胶基箔式应变计，不得使用纸基应变计。粘贴前应将贴片区表面除锈磨平，用有机溶剂去污清洗，待干燥后粘贴应变计。粘贴好的应变计应采取可靠的防水防潮密封防护措施。

2）将应变式传感器直接固定在测量位置。

2 对混凝土预制桩和灌注桩，应变传感器的制作和埋设可视具体情况采用以下三种方法之一：

1) 在 600～1000mm 长的钢筋上，轴向、横向粘贴四个（二个）应变计组成全桥（半桥），经防水绝缘处理后，到材料试验机上进行应力-应变关系标定。标定时的最大拉力宜控制在钢筋抗拉强度设计值的 60% 以内，经三次重复标定，应力-应变曲线的线性、滞后和重复性满足要求后，方可采用。传感器应在浇筑混凝土前按指定位置焊接或绑扎（泥浆护壁灌注桩应焊接）在主筋上，并满足规范对钢筋锚固长度的要求。固定后带应变计的钢筋不得弯曲变形或有附加应力产生。

2) 直接将电阻应变计粘贴在桩身指定断面的主筋上，其制作方法及要求同本条第 1 款钢桩上粘贴应变的方法及要求。

3) 将应变砖或埋入式混凝土应变测量传感器按产品使用要求预埋在预制桩的桩身指定位置。

A.0.6 应变式传感器可按全桥或半桥方式制作，宜优先采用全桥方式。传感器的测量片和补偿片应选用同一规格同一批号的产品，按轴向、横向准确地粘贴在钢筋同一断面上。测点的连接应采用屏蔽电缆，导线的对地绝缘电阻值应在 500MΩ 以上；使用前应将整卷电缆除两端外全部浸入水中 1h，测量芯线与水的绝缘；电缆屏蔽线应与钢筋绝缘；测量和补偿所用连接电缆的长度和线径应相同。

A.0.7 电阻应变计及其连接电缆均应有可靠的防潮绝缘防护措施；正式试验前电阻应变计及电缆的系统绝缘电阻不应低于 200MΩ。

A.0.8 不同材质的电阻应变计粘贴时应使用不同的粘贴剂。在选用电阻应变计、粘贴剂和导线时，应充分考虑试验桩在制作、养护和施工过程中的环境条件。对采用蒸汽养护或高压养护的混凝土预制桩，应选用耐高温的电阻应变计、粘贴剂和导线。

A.0.9 电阻应变测量所用的电阻应变仪宜具有多点自动测量功能，仪器的分辨力应优于或等于 $1\mu\varepsilon$，并有存储和打印功能。

A.0.10 弦式钢筋计应按主筋直径大小选择。仪器的可测频率范围应大于桩在最大加载时的频率的 1.2 倍。使用前应对钢筋计逐个标定，得出压力（拉力）与频率之间的关系。

A.0.11 带有接长杆弦式钢筋计可焊接在主筋上；不宜采用螺纹连接。

A.0.12 弦式钢筋计通过与之匹配的频率仪进行测量，频率仪的分辨力应优于或等于 1Hz。

A.0.13 当同时进行桩身位移测量时，桩身内力和位移测试应同步。

A.0.14 测试数据整理应符合下列规定：

1 采用应变式传感器测量时，按下列公式对实测应变值进行导线电阻修正：

采用半桥测量时：$\varepsilon = \varepsilon' \cdot \left(1 + \dfrac{r}{R}\right)$ (A.0.14-1)

采用全桥测量时：$\varepsilon = \varepsilon' \cdot \left(1 + \dfrac{2r}{R}\right)$ (A.0.14-2)

式中 ε——修正后的应变值；
ε'——修正前的应变值；
r——导线电阻（Ω）；
R——应变计电阻（Ω）。

2 采用弦式传感器测量时，将钢筋计实测频率通过率定系数换算成力，再计算成与钢筋计断面处的混凝土应变相等的钢筋应变量。

3 在数据整理过程中，应将零漂大、变化无规律的测点删除，求出同一断面有效测点的应变平均值，并按下式计算该断面处桩身轴力：

$$Q_i = \bar{\varepsilon}_i \cdot E_i \cdot A_i \qquad (A.0.14-3)$$

式中 Q_i——桩身第 i 断面处轴力（kN）；
$\bar{\varepsilon}_i$——第 i 断面处应变平均值；
E_i——第 i 断面处桩身材料弹性模量（kPa）；当桩身断面、配筋一致时，宜按标定断面处的应力与应变的比值确定；
A_i——第 i 断面处桩身截面面积（m²）。

4 按每级试验荷载下桩身不同断面处的轴力值制成表格，并绘制轴力分布图。再由桩顶极限荷载下对应的各断面轴力值计算桩侧土的分层极限摩阻力和极限端阻力：

$$q_{si} = \frac{Q_i - Q_{i+1}}{u \cdot l_i} \qquad (A.0.14-4)$$

$$q_p = \frac{Q_n}{A_0} \qquad (A.0.14-5)$$

式中 q_{si}——桩第 i 断面与 $i+1$ 断面间侧摩阻力（kPa）；
q_p——桩的端阻力（kPa）；
i——桩检测断面顺序号，$i = 1, 2, \cdots\cdots, n$，并自桩顶以下从小到大排列；
u——桩身周长（m）；
l_i——第 i 断面与第 $i+1$ 断面之间的桩长（m）；
Q_n——桩端的轴力（kN）；
A_0——桩端面积（m²）。

5 桩身第 i 断面处的钢筋应力可按下式计算：

$$\sigma_{si} = E_s \cdot \varepsilon_{si} \qquad (A.0.14-6)$$

式中 σ_{si}——桩身第 i 断面处的钢筋应力（kPa）；
E_s——钢筋弹性模量（kPa）；
ε_{si}——桩身第 i 断面处的钢筋应变。

A.0.15 沉降杆宜采用内外管形式：外管固定在桩身，内管下端固定在需测试断面，顶端高出外管 100～200mm，并能与固定断面同步位移。

A.0.16 沉降杆应具有一定的刚度；沉降杆外径与

外管内径之差不宜小于 10mm，沉降杆接头处应光滑。

A.0.17 测量沉降杆位移的检测仪器应符合本规范第 4.2.4 条的技术要求。数据的测读应与桩顶位移测量同步。

A.0.18 当沉降杆底端固定断面处桩身埋设有内力测试传感器时，可得到该断面处桩身轴力 Q_i 和位移 s_i。

附录 B　混凝土桩桩头处理

B.0.1 混凝土桩应先凿掉桩顶部的破碎层和软弱混凝土。

B.0.2 桩头顶面应平整，桩头中轴线与桩身上部的中轴线应重合。

B.0.3 桩头主筋应全部直通至桩顶混凝土保护层之下，各主筋应在同一高度上。

B.0.4 距桩顶 1 倍桩径范围内，宜用厚度为 3～5mm 的钢板围裹或距桩顶 1.5 倍桩径范围内设置箍筋，间距不宜大于 100mm。桩顶应设置钢筋网片 2～3 层，间距 60～100mm。

B.0.5 桩头混凝土强度等级宜比桩身混凝土提高 1～2 级，且不得低于 C30。

B.0.6 高应变法检测的桩头测点处截面尺寸应与原桩身截面尺寸相同。

附录 C　静载试验记录表

C.0.1 单桩竖向抗压静载试验的现场检测数据宜按附表 C.0.1 的格式记录。

C.0.2 单桩水平静载试验的现场检测数据宜按附表 C.0.2 的格式记录。

附表 C.0.1　单桩竖向抗压静载试验记录表

工程名称				桩号				日期		
加载级	油压 (MPa)	荷载 (kN)	测读时间	位移计（百分表）读数				本级沉降 (mm)	累计沉降 (mm)	备注
				1 号	2 号	3 号	4 号			
检测单位：			校核：			记录：				

附表 C.0.2　单桩水平静载试验记录表

工程名称			桩号		日期		上下表距	
油压 (MPa)	荷载 (kN)	观测时间	循环数	加载		卸载		水平位移（mm）
				上表	下表	上表	下表	加载

工程名称				桩号		日期		上下表距		
油压 (MPa)	荷载 (kN)	观测时间	循环数	加载		卸载		水平位移 (mm)	加载上下表读数差	转角
				上表	下表	上表	下表	加载　卸载		备注
检测单位：		校核：			记录：					

附录 D　钻芯法检测记录表

D.0.1 钻芯法检测的现场操作记录和芯样编录应分别按附表 D.0.1-1、D.0.1-2 的格式记录；检测芯样综合柱状图应按附表 D.0.1-3 的格式记录和描述。

附表 D.0.1-1　钻芯法检测现场操作记录表

桩号		孔号		工程名称	
时间		钻进（m）		芯样编号	芯样长度 (m)	残留芯样	芯样初步描述及异常情况记录
自	至	自	至	计			
检测日期		机长：		记录：		页次：	

附表 D.0.1-2　钻芯法检测芯样编录表

工程名称			日期	
桩号/钻芯孔号		桩径	混凝土设计强度等级	
项 目	分段（层）深度 (m)	芯样描述		取样编号取样深度	备注
桩身混凝土		混凝土钻进深度，芯样连续性、完整性、胶结情况、表面光滑情况、断口吻合程度、混凝土芯是否为柱状、骨料大小分布情况，以及气孔、空洞、蜂窝麻面、沟槽、破碎、夹泥、松散的情况			
桩底沉渣		桩端混凝土与持力层接触情况、沉渣厚度			
持力层		持力层钻进深度、岩土名称、芯样颜色、结构构造、裂隙发育程度、坚硬及风化程度；分层岩层应分层描述		（强风化或土层时的动力触探或标贯结果）	
检测单位：		记录员：		检测人员：	

附表 D.0.1-3　钻芯法检测芯样综合柱状图

桩号/孔号	混凝土设计强度等级		桩顶标高	开孔时间	
施工桩长	设计桩径		钻孔深度	终孔时间	
层序号	层底标高(m)	层底深度(m)	分层厚度(m)	混凝土/岩土芯柱状图(比例尺)	桩身混凝土、持力层描述
				□ □ □	
	编制:			校核:	

注：□代表芯样试件取样位置。

（表内含：序号　芯样强度深度(m)　备注 等栏目）

附录 E　芯样试件加工和测量

E.0.1　应采用双面锯切机加工芯样试件。加工时应将芯样固定，锯切平面垂直于芯样轴线。锯切过程中应淋水冷却金刚石圆锯片。

E.0.2　锯切后的芯样试件，当试件不能满足平整度及垂直度要求时，应选用以下方法进行端面加工：

1　在磨平机上磨平。

2　用水泥砂浆（或水泥净浆）或硫磺胶泥（或硫磺）等材料在专用补平装置上补平。水泥砂浆（或水泥净浆）补平厚度不宜大于 5mm，硫磺胶泥（或硫磺）补平厚度不宜大于 1.5mm。

补平层应与芯样结合牢固，受压时补平层与芯样的结合面不得提前破坏。

E.0.3　试验前，应对芯样试件的几何尺寸做下列测量：

1　平均直径：用游标卡尺测量芯样中部，在相互垂直的两个位置上，取其两次测量的算术平均值，精确至 0.5mm。

2　芯样高度：用钢卷尺或钢板尺进行测量，精确至 1mm。

3　垂直度：用游标量角器测量两个端面与母线的夹角，精确至 0.1°。

4　平整度：用钢板尺或角尺紧靠在芯样端面上，一面转动钢板尺，一面用塞尺测量与芯样端面之间的缝隙。

E.0.4　试件有裂缝或有其他较大缺陷、芯样试件内含有钢筋以及试件尺寸偏差超过下列数值时，不得用作抗压强度试验：

1　芯样试件高度小于 $0.95d$ 或大于 $1.05d$ 时（d 为芯样试件平均直径）。

2　沿试件高度任一直径与平均直径相差达 2mm 以上时。

3　试件端面的不平整度在 100mm 长度内超过 0.1mm 时。

4　试件端面与轴线的不垂直度超过 2° 时。

5　芯样试件平均直径小于 2 倍表观混凝土粗骨料最大粒径时。

附录 F　高应变法传感器安装

F.0.1　检测时至少应对称安装冲击力和冲击响应（质点运动速度）测量传感器各两个（传感器安装见图 F.0.1）。冲击力和响应测量可采取以下方式：

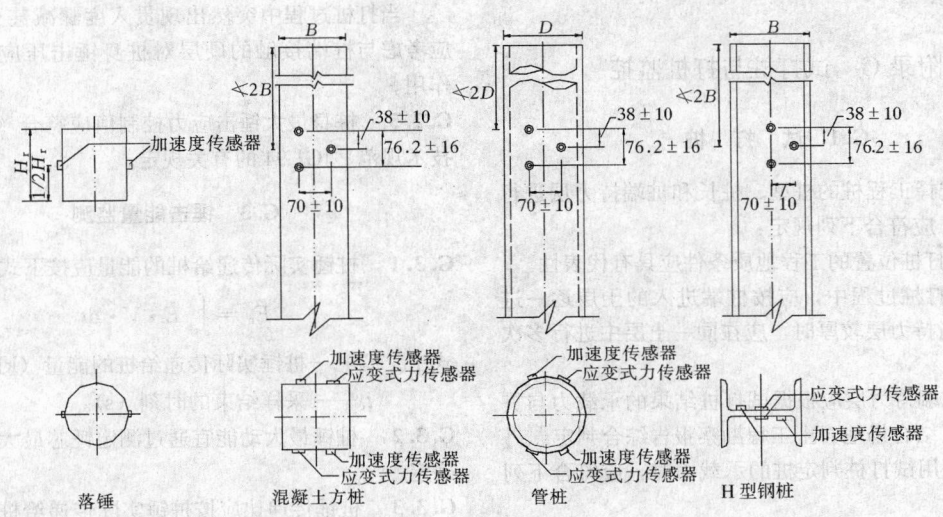

图 F.0.1　传感器安装示意图（单位：mm）

1 在桩顶下的桩侧表面分别对称安装加速度传感器和应变式力传感器,直接测量桩身测点处的响应和应变,并将应变换算成冲击力。

2 在桩顶下的桩侧表面对称安装加速传感器直接测量响应,在自由落锤锤体 $0.5H_r$ 处(H_r 为锤体高度)对称安装加速度传感器直接测量冲击力。

F.0.2 在第 F.0.1 条第 1 款条件下,传感器宜分别对称安装在距桩顶不小于 $2D$ 的桩侧表面处(D 为试桩的直径或边宽);对于大直径桩,传感器与桩顶之间的距离可适当减小,但不得小于 $1D$。安装面处的材质和截面尺寸应与原桩身相同,传感器不得安装在截面突变处附近。

在第 F.0.1 条第 2 款条件下,对称安装在桩侧表面的加速度传感器距桩顶的距离不得小于 $0.4H_r$ 或 $1D$,并取两者高值。

F.0.3 在第 F.0.1 条第 1 款条件下,传感器安装尚应符合下列规定:

1 应变传感器与加速度传感器的中心应位于同一水平线上;同侧的应变传感器和加速度传感器间的水平距离不宜大于 80mm。安装完毕后,传感器的中心轴应与桩中心轴保持平行。

2 各传感器的安装面材质应均匀、密实、平整,并与桩轴线平行,否则应采用磨光机将其磨平。

3 安装螺栓的钻孔应与桩侧表面垂直;安装完毕后的传感器应紧贴桩身表面,锤击时传感器不得产生滑动。安装应变式传感器时应对其初始应变值进行监视,安装后的传感器初始应变值应能保证锤击时的可测轴向变形余量为:

1)混凝土桩应大于 $\pm 1000\mu\varepsilon$;

2)钢桩应大于 $\pm 1500\mu\varepsilon$。

F.0.4 当连续锤击监测时,应将传感器连接电缆有效固定。

附录 G 试打桩与打桩监控

G.1 试 打 桩

G.1.1 选择工程桩的桩型、桩长和桩端持力层进行试打桩时,应符合下列规定:

1 试打桩位置的工程地质条件应具有代表性。

2 试打桩过程中,应按桩端进入的土层逐一进行测试;当持力层较厚时,应在同一土层中进行多次测试。

G.1.2 桩端持力层应根据试打桩结果的承载力与贯入度关系,结合场地岩土工程勘察报告综合判定。

G.1.3 采用试打桩判定桩的承载力时,应符合下列规定:

1 判定的承载力值应小于或等于试打桩时测得的桩侧和桩端静土阻力值之和与桩在地基土中的时间

效应系数的乘积,并应进行复打校核。

2 复打至初打的休止时间应符合本规范表 3.2.6 的规定。

G.2 桩身锤击应力监测

G.2.1 桩身锤击应力监测应符合下列规定:

1 被监测桩的桩型、材质应与工程桩相同;施打机械的锤型、落距和垫层材料及状况应与工程桩施工时相同。

2 应包括桩身锤击拉应力和锤击压应力两部分。

G.2.2 为测得桩身锤击应力最大值,监测时应符合下列规定:

1 桩身锤击拉应力宜在预计桩端进入软土层或桩端穿过硬土层进入软夹层时测试。

2 桩身锤击压应力宜在桩端进入硬土层或桩周土阻力较大时测试。

G.2.3 最大桩身锤击拉应力可按下式计算:

$$\sigma_t = \frac{1}{2A}\left[Z \cdot V\left(t_1 + \frac{2L}{c}\right) - F\left(t_1 + \frac{2L}{c}\right)\right. $$
$$- Z \cdot V\left(t_1 + \frac{2L-2x}{c}\right) $$
$$\left. - F\left(t_1 + \frac{2L-2x}{c}\right)\right] \qquad (G.2.3)$$

式中 σ_t ——最大桩身锤击拉应力(kPa);

x ——传感器安装点至计算点的距离(m);

A ——桩身截面面积(m^2)。

G.2.4 最大桩身锤击压应力可按下式计算:

$$\sigma_p = \frac{F_{max}}{A} \qquad (G.2.4)$$

式中 σ_p ——最大桩身锤击压应力(kPa);

F_{max} ——实测的最大锤击力(kN)。

当打桩过程中突然出现贯入度骤减甚至拒锤时,应考虑与桩端接触的硬层对桩身锤击压应力的放大作用。

G.2.5 桩身最大锤击应力控制值应符合《建筑桩基技术规范》JGJ 94 的有关规定。

G.3 锤击能量监测

G.3.1 桩锤实际传递给桩的能量应按下式计算:

$$E_n = \int_0^{t_e} E \cdot V \cdot dt \qquad (G.3.1)$$

式中 E_n ——桩锤实际传递给桩的能量(kJ);

t_e ——采样结束的时刻(s)。

G.3.2 桩锤最大动能宜通过测定锤芯最大运动速度确定。

G.3.3 桩锤传递比应按桩锤实际传递给桩的能量与桩锤额定能量的比值确定;桩锤效率应按实测的桩锤最大动能与桩锤的额定能量的比值确定。

附录 H 声测管埋设要点

H.0.1 声测管内径宜为 50～60mm。

H.0.2 声测管应下端封闭、上端加盖、管内无异物；声测管连接处应光滑过渡，管口应高出桩顶100mm 以上，且各声测管管口高度宜一致。

H.0.3 应采取适宜方法固定声测管，使之成桩后相互平行。

H.0.4 声测管埋设数量应符合下列要求：

1 D≤800mm，2 根管。

2 800mm＜D≤2000mm，不少于 3 根管。

3 D＞2000mm，不少于 4 根管。

式中 D——受检桩设计桩径。

H.0.5 声测管应沿桩截面外侧呈对称形状布置，按图 H.0.5 所示的箭头方向顺时针旋转依次编号。

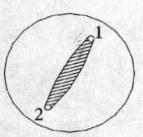 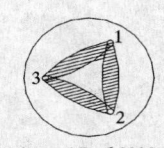 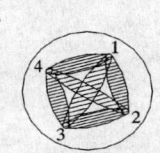

北

D≤800mm   800mm＜D≤2000mm D＞2000mm

H.0.5 声测管布置图

检测剖面编组分别为：1-2；

1-2，1-3，2-3；

1-2，1-3，1-4，2-3，2-4，3-4。

本规范用词说明

1 为便于在执行本规范条文时区别对待，对要求严格程度不同的用词，说明如下：

1) 表示很严格，非这样做不可的：

正面词采用"必须"；反面词采用"严禁"。

2) 表示严格，在正常情况均应这样做的：

正面词采用"应"；反面词采用"不应"或"不得"。

3) 表示允许稍有选择，在条件许可时首先应这样做的：

正面词采用"宜"；反面词采用"不宜"。

表示有选择，在一定条件下可以这样做的，采用"可"。

2 条文中指定应按其他有关标准、规范执行的写法为"应按……执行"或"应符合……的要求（或规定）"。

中华人民共和国行业标准

建筑基桩检测技术规范

JGJ 106—2003

条 文 说 明

前　言

《建筑基桩检测技术规范》JGJ 106—2003，经建设部 2003 年 3 月 27 日以第 133 号公告批准、发布。

为便于广大检测、设计、施工、科研、学校等单位的有关人员在使用本标准时能正确理解和执行条文

规定，《建筑基桩检测技术规范》编制组按章、节、条顺序编制了本规范的条文说明，供国内使用者参考。在使用中如发现本条文说明有不妥之处，请将意见函寄中国建筑科学研究院（地址：北京市北三环东路30号；邮编：100013）。

目　　次

1 总　则

1.0.1 工业与民用建筑中的质量问题和重大质量事故多与基础工程质量有关，其中有不少是由于桩基工程的质量问题，而直接危及主体结构的正常使用与安全。我国每年的用桩量超过 300 万根，其中沿海地区和长江中下游软土地区占 70%～80%。如此大的用桩量，如何保证质量，一直倍受建设、施工、设计、勘察、监理各方以及建设行政主管部门的关注。桩基工程除因受岩土工程条件、基础与结构设计、桩土体系相互作用、施工以及专业技术水平和经验等关联因素的影响而具有复杂性外，桩的施工还具有高度的隐蔽性，发现质量问题难，事故处理更难。因此，基桩检测工作是整个桩基工程中不可缺少的重要环节，只有提高基桩检测工作的质量和检测评定结果的可靠性，才能真正做到确保桩基工程质量与安全。

　　20 世纪 80 年代以来，我国基桩检测技术、特别是基桩动测技术得到了飞速发展。从国内外基桩检测实践看，如果不将动测法作为质量普查和承载力判定的补充手段，很难在人力和物力上对桩基工程质量进行有效的检测和评价。因此，利用理论和实践渐趋成熟的动测技术势在必行。但同时应注意，与常规的直接法（静载法、钻芯法）相比，动测法对检测人员的经验与理论水平要求高。况且，动测法在国内起步近三十年，但推广应用才十年，仍属发展中的技术，经验和理论有待进一步积累和完善。

　　目前，国内有关基桩检测的标准虽已形成初步系列，但这些标准只针对一类检测方法单独制定，有关设计规范对基桩检测的规定比较原则，主要侧重为桩基设计提供依据。这些标准施行后暴露出的问题可归纳为：

　　1　各方法之间在某些方面（如抽检数量、桩身完整性类别划分及判据、测试仪器主要性能指标、复检规则等）缺乏统一的标准（至少是能被共同接受的一个低限原则），使检测人员在方法应用、检测数据采用及评判时显得无所适从，容易造成桩基工程验收工作的混乱。

　　2　由于技术上的原因，各检测方法都有其一定的适用范围。若将检测能力和适用范围不适宜的扩大，容易引起误判。

　　3　基桩检测通常是直接法与半直接法配合，多种方法并用。当需要对整个桩基质量进行评定时，单独的方法无法覆盖，各个标准（包括地方标准）并用时又出现主次不分或不一致。

　　因此，统一基桩检测方法，使基桩检测技术标准化、规范化，才能促进基桩检测技术进步，提高检测工作质量，为设计和施工验收提供可靠依据，确保工程质量。

1.0.2　本规范所指的基桩是混凝土灌注桩、混凝土预制桩（包括预应力管桩）和钢桩。基桩的承载力和桩身完整性检测是基桩质量检测中的两项重要内容，除此之外，质量检测的其他内容与要求已在相关的设计和施工质量验收规范中做了明确规定。本规范的适用范围是根据《建筑地基基础设计规范》GB 50007 和《建筑地基基础工程施工质量验收规范》GB 50202 的有关规定制定的，交通、铁路、港口等工程的基桩检测可参照使用。但应注意：建筑工程的基桩绝大多数以竖向受压混凝土桩为主，某些交通、铁路、港工以及上部竖向荷载较小的构筑物等基础桩的承载力并非单纯以竖向抗压承载力控制，而是以上拔或水平荷载控制，也可能是抗压与水平荷载或上拔与水平荷载的双重控制。此外，对于复合地基增强体设计强度等级不小于 C15 的高粘结强度桩（类似于素混凝土桩，如水泥粉煤灰碎石桩），其桩身完整性检测的原理、方法与本规范桩基的桩身完整性检测无异，同样可按本规范执行。

1.0.3　本条是本规范编制的基本原则。桩基工程的安全与单桩本身的质量直接相关，而设计条件（地质条件、桩的承载性状、桩的使用功能、桩型、基础和上部结构的型式等）和施工因素（成桩工艺、施工过程的质量控制、施工质量的均匀性、施工方法的可靠性等）不仅对单桩质量而且对整个桩基的正常使用均有影响。另外，检测得到的数据和信号也包含了诸如地质条件、桩身材料、不同桩型及其成桩可靠性、桩的休止时间等设计和施工因素的作用和影响，这些也直接决定了与检测方法相应的检测结果判定是否可靠，及所选择的受检桩是否具有代表性等。如果基桩检测及其结果判定时抛开这些影响因素，就会造成不必要的浪费或隐患。同时，由于各种检测方法在可靠性或经济性方面存在不同程度的局限性，多种方法配合时又具有一定的灵活性。因此，应根据检测目的、检测方法的适用范围和特点，考虑上述各种因素合理选择检测方法，实现各种方法合理搭配、优势互补，使各种检测方法尽量能互为补充或验证，即在达到"正确评价"目的的同时，又要体现经济合理性。

2　术语、符号

2.1　术　语

2.1.2　桩身完整性是一个综合定性指标，而非严格的定量指标。其类别是按缺陷对桩身结构承载力的影响程度划分的。这里有两点需要说明：

　　1　连续性包涵了桩长不够的情况。因动测法只能估算桩长，桩长明显偏短时，给出断桩的结论是正常的。而钻芯法则不同，可准确测定桩长。

2 作为完整性定性指标之一的桩身截面尺寸，由于定义为"相对变化"，所以先要确定一个相对衡量尺度。但检测时，桩径是否减小可能会参照以下条件之一：

——按设计桩径；

——根据设计桩径，并针对不同成桩工艺的桩型按施工验收规范考虑桩径的允许负偏差；

——考虑充盈系数后的平均施工桩径。

所以，灌注桩是否缩颈必需有一个参考基准。过去，在动测法检测并采用开挖验证时，说明动测结论与开挖验证结果是否符合通常是按第一种条件。但严格地讲，应按施工验收规范，即第二个条件才是合理的，但因为动测法不能对缩颈严格定量，于是才定义为"相对变化"。

2.1.3 桩身缺陷有三个指标，即位置、类型（性质）和程度。动测法检测时，不论缺陷的类型如何，其综合表现均为桩的阻抗变小，即完整性动力检测中分析的仅是阻抗变化，阻抗的变小可能是任何一种或多种缺陷类型及其程度大小的表现。因此，仅根据阻抗的变小不能判断缺陷的具体类型，如有必要，应结合地质资料、桩型、成桩工艺和施工记录等进行综合判断。对于扩径而表现出的阻抗变大，应在分析判定时予以说明，因扩径对桩的承载力有利，不应作为缺陷考虑。

2.1.6～2.1.7 基桩动力检测方法按动荷载作用产生的桩顶位移和桩身应变大小可分为高应变法和低应变法。前者的桩顶位移量与竖向抗压静载试验接近，桩周岩土全部或大部进入塑性变形状态，桩身应变量通常在 0.1‰～1.0‰ 范围内；后者桩-土系统变形完全在弹性范围内，桩身应变量一般小于 0.01‰。对于普通钢桩，超过 1.0‰的桩身应变量已接近其屈服台阶所对应的变形；对于混凝土桩，视混凝土强度等级的不同，其出现明显塑性变形对应的应变量约为 0.5‰～1.0‰。

3 基 本 规 定

3.1 检测方法和内容

3.1.1 工程桩应进行承载力检验是现行《建筑地基基础工程施工质量验收规范》GB 50202 和《建筑地基基础设计规范》GB 50007 以强制性条文的形式规定的；混凝土桩的桩身完整性检测是 GB 50202 质量检验标准中的主控项目。因工程桩的预期使用功能要通过单桩承载力实现，完整性检测的目的是发现某些可能影响单桩承载力的缺陷，最终仍是为减少安全隐患、可靠判定工程桩承载力服务。所以，基桩质量检测时，承载力和完整性两项内容密不可分，往往是通过低应变完整性普查找出基桩施工质量问题并得到对

整体施工质量的大致估计。

3.1.2 表3.1.2 所列7种方法是基桩检测中最常用的检测方法。对于冲钻孔、挖孔和沉管灌注桩以及预制桩等桩型，可采用其中多种甚至全部方法进行检测；但对异型桩、组合型桩，表 3.1.2 中的 7 种方法就不能完全适用（如高、低应变动测法和声透法）。因此在具体选择检测方法时，应根据检测目的、内容和要求，结合各检测方法的适用范围和检测能力，考虑设计、地质条件、施工因素和工程重要性等情况确定，不允许超适用范围滥用。同时也要兼顾实施中的经济合理性，即在满足正确评价的前提下，做到快速经济。

3.1.3 本条是 1.0.3 条中"各种检测方法合理选择搭配"这一原则的具体体现，目的是提高检测结果的可靠性。除中小直径灌注桩外，大直径灌注桩完整性检测一般可同时选用两种或多种的方法检测，使各种方法能相互补充印证，优势互补。另外，对设计等级高、地质条件复杂、施工质量变异性大的桩基，或低应变完整性判定可能有技术困难时，提倡采用直接法（静载试验、钻芯和开挖）进行验证。

3.1.4 鉴于目前对施工过程中的检测重视不够，本条强调了施工过程中的检测，以便加强施工过程的质量控制，做到信息化施工。如：冲钻孔灌注桩施工中应提倡或明确规定采用一些成熟的技术和常规的方法进行孔径、孔斜、孔深、沉渣厚度和桩端岩性鉴别等项目的检验；对于打入式预制桩，提倡沉桩过程中的动力监测等。

桩基施工过程中可能出现以下情况：设计变更、局部地质条件与勘察报告不符、工程桩施工参数与施工前为设计提供依据的试验桩不同、原材料发生变化、施工单位更换等，都可能造成质量隐患。除施工前为设计提供依据的检测外，仅在施工后进行验收检测，即使发现质量问题，也只是事后补救，造成不必要的浪费。因此，基桩检测除在施工前和施工后进行外，尚应加强桩基施工过程中的检测，以便及时发现并解决问题，做到防患于未然，提高效益。

3.2 检测工作程序

3.2.1 框图 3.2.1 是检测机构应遵循的检测工作程序。实际执行检测程序中，由于不可预知的原因，如委托要求的变化、现场调查情况与委托方介绍的不符，或在现场检测尚未全部完成就已发现质量问题而需要进一步排查，都可能使原检测方案中的抽检数量、受检桩桩位、检测方法发生变化。如首先用低应变法普测（或扩检），再根据低应变法检测结果，采用钻芯法、高应变法或静载试验，对有缺陷的桩重点抽测。总之，检测方案并非一成不变，可根据实际情况动态调整。

3.2.2 根据 1.0.3 条的原则及基桩检测工作的特殊

性，本条对调查阶段工作提出了具体要求。为了正确地对基桩质量进行检测和评价，提高基桩检测工作的质量，做到有的放矢，应尽可能详细地了解和搜集有关的技术资料，并按表 1 填写受检桩设计施工记录表。另外，有时委托方的介绍和提出的要求是笼统的、非技术性的，也需要通过调查来进一步明确委托方的具体要求和现场实施的可行性；有些情况下还需要检测技术人员到现场了解和搜集。

表 1 受检桩设计施工资料表

桩号	桩横截面尺寸	混凝土设计强度等级（MPa）	设计桩顶标高（m）	检测时桩顶标高（m）	施工桩底标高（m）	施工桩长（m）	成桩日期	设计桩端持力层	单桩承载力特征值（kN）	其他
工程名称				地点				桩型		
提供资料人员：			日期：					第 页		

3.2.3 本条提出的检测方案内容为一般情况下包含的内容，某些情况下还需要包括桩头加固、处理方案以及场地开挖、道路、供电、照明等要求。有时检测方案还需要与委托方或设计方共同研究制定。

3.2.5 检测所用计量器具必须送至法定计量检定单位进行定期检定，且使用时必须在计量检定的有效期之内，这是我国《计量法》的要求，以保证基桩检测数据的准确可靠性和可追溯性。虽然计量器具在有效计量检定周期之内，但由于基桩检测工作的环境较差，使用期间仍可能由于使用不当或环境恶劣等造成计量器具的受损或计量参数发生变化。因此，检测前还应加强对计量器具、配套设备的检查或模拟测试；有条件时可建立校准装置进行自校，发现问题后应重新检定。

3.2.6 混凝土是一种与龄期相关的材料，其强度随时间的增加而增加。在最初几天内强度快速增加，随后逐渐变缓，其物理力学、声学参数变化趋势亦大体如此。桩基工程受季节气候、周边环境或工期紧的影响，往往不允许等到全部工程桩施工完并都达到 28d 龄期强度后再开始检测。为做到信息化施工，尽早发现桩的施工质量问题并及时处理，同时考虑到低应变法和声波透射法检测内容是桩身完整性，对混凝土强度的要求可适当放宽。但如果混凝土龄期过短或强度过低，应力波或声波在其中的传播衰减加剧，或同一场地由于桩的龄期相差大，声速的变异性增大。因此，对于低应变法或声波透射法的测试，规定桩身混凝土强度应大于设计强度的 70%，并不得低于 15MPa。钻芯法检测的内容之一即是桩身混凝土强度，显然受检桩应达到 28d 龄期或同条件养护试块达到设计强度，如果不是以检测混凝土强度为目的的验证检测，也可根据实际情况适当缩短混凝土龄期。高应变法和静载试验在桩身产生的应力水平高，若桩身混凝土强度低，有可能引起桩身损伤或破坏。为分清责任，桩身混凝土应达到 28d 龄期或设计强度。另外，桩身混凝土强度过低，也可能出现桩身材料应力-应变关系的严重非线性，使高应变测试信号失真。

桩在施工过程中不可避免地扰动桩周土，降低土体强度，引起桩的承载力下降，以高灵敏度饱和粘性土中的摩擦桩最明显。随着休止时间的增加，土体重新固结，土体强度逐渐恢复提高，桩的承载力也逐渐增加。成桩后桩的承载力随时间而变化的现象称为桩的承载力时间（或歇后）效应，我国软土地区这种效应尤为突出。研究资料表明，时间效应可使桩的承载力比初始值增长 40%～400%。其变化规律一般是初期增长速度较快，随后渐慢，待达到一定时间后趋于相对稳定，其增长的快慢和幅度与土性和类别有关。除非在特定的土质条件和成桩工艺下积累大量的对比数据，否则很难得到承载力的时间效应关系。另外，桩的承载力包括两层涵义，即桩身结构承载力和支撑桩结构的地基岩土承载力，桩的破坏可能是桩身结构破坏或支撑桩结构的地基岩土承载力达到了极限状态，多数情况下桩的承载力受后者制约。如果混凝土强度过低，桩可能产生桩身结构破坏而地基土承载力尚未完全发挥，桩产生的压缩量较大，检测结果不能真正反映设计条件下桩的承载力与桩的变形情况。因此，对于承载力检测，应同时满足地基土休止时间和桩身混凝土龄期（或设计强度）双重规定，若验收检测工期紧无法满足休止时间规定时，应在检测报告中注明。

3.2.7 相对于静载试验而言，本规范规定的完整性检测（除钻芯法外）方法作为普查手段，具有速度快、费用较低和抽检数量大的特点，容易发现桩基的整体施工质量问题，至少能为有针对性的选择静载试验提供依据。所以，完整性检测安排在静载试验之前是合理的。当基础埋深较大时，基坑开挖产生土体侧移将桩推断或机械开挖将桩碰断的现象时有发生，此时完整性检测应等到开挖至基底标高后进行。

3.2.8 操作环境要求是按测量仪器设备对使用温湿

度、电压波动、电磁干扰、振动冲击等现场环境条件的适应性规定的。

3.2.9 测试数据异常通常是因测试人员误操作、仪器设备故障及现场准备不足造成的。用不正确的测试数据进行分析得出的结果必然是不正确的。对此，应及时分析原因，组织重新检测。

3.2.10 按检测方法的准确可靠程度和直观性高低，用"高"的检测方法来弥补"低"的检测方法的不确定性或复核"低"的结论，称为验证检测。本条所指情况主要是针对动测法而言的。

通常，因初次抽样检测数量有限，当抽样检测中发现承载力不满足设计要求或完整性检测中Ⅲ、Ⅳ类桩比例较大时，应会同有关各方分析和判断桩基整体的质量情况，如果不能得出准确判断，为补强或设计变更方案提供可靠依据时，应扩大检测。倘若初次检测已基本查明质量问题的原因所在，则不应盲目扩大检测。

3.3 检 测 数 量

3.3.1 施工前进行单桩竖向抗压静载试验，目的是为设计提供依据。对设计等级高且缺乏地区经验的地区，为获得既经济又可靠的设计施工参数，减少盲目性，前期试桩尤为重要。本条规定的试桩数量和第1~2款条件，与《建筑地基基础设计规范》GB 50007、《建筑桩基技术规范》JGJ 94 基本一致。考虑到桩基础选型、成桩工艺选择与地区条件、桩型和工法的成熟性密切相关，为在推广应用新桩型或新工艺过程中不断积累经验，使其能达到预期的质量和效益目标，增加了本地区采用新桩型或新工艺时也应进行施工前静载试验的规定。对于大型工程，"同条件下"可能包含若干个子单位工程（子分部工程）。本条规定的试桩数量仅仅是下限，若实际中由于某些原因不足以为设计提供可靠依据或设计另有要求时，可根据实际情况增加试桩数量。另外，如果施工时桩参数发生了较大变动或施工工艺发生了变化，应重新试桩。

对于端承型大直径灌注桩，当受设备或现场条件限制无法做静载试验时，可按《建筑地基基础设计规范》GB 50007 进行深层平板载荷试验、岩基载荷试验，或在同条件下的小直径桩的静载试验中，通过桩身内力测试，确定端承力参数。

3.3.2 本条的要求恰好是在打入式预制桩（特别是长桩、超长桩）情况下的高应变法技术优势所在。进行打桩过程监控可减少桩的破损率和选择合理的入土深度，进而提高沉桩效率。

3.3.3 由于检测成本和周期问题，很难做到对桩基工程全部基桩进行检测。施工后验收验测的最终目的是查明隐患、确保安全。为了在有限的抽检数量中更能充分暴露桩基存在的质量问题，宜优先抽检本条第

1~5款所列的桩，其次再考虑抽样的随机性。

3.3.4 "三桩或三桩以下的柱下承台抽检桩数不得少于1根"的规定涵盖了单桩单柱应全数检测之意。按设计等级、地质情况和成桩质量可靠性确定灌注桩抽检比例大小，符合惯例，是合理的。端承型大直径灌注桩一般设计承载力高，桩身质量是控制承载力的主要因素；随着桩径的增大，尺寸效应对低应变法的影响加剧，而钻芯法、声透法恰好适合于大直径桩的检测（对于嵌岩桩，采用钻芯法可同时钻取桩端持力层岩芯和检测沉渣厚度）。同时，对大直径桩采用联合检测方式，多种方法并举，可以实现低应变法与钻芯法、声透法之间的相互补充或验证，提高完整性检测的可靠性。

常见的干作业灌注桩是人工挖孔桩。当在地下水位以上施工时，终孔后可派人下孔核验桩端持力层；因能保证清底干净和混凝土灌注质量，成桩质量比水下灌注桩可靠；同样，混凝土预制桩由于工厂化生产，桩身质量较有保证，缺陷类型远不如灌注桩复杂，且单节桩不存在接头质量问题，主要是桩身开裂，因此抽检数量可适当减少。对多节预制桩，接头质量缺陷是较常见的问题。在无可靠验证对比资料和经验时，低应变法对不同形式的接头质量判定尺度较难掌握。所以，当对预制桩的接头质量有怀疑时，宜采用低应变法与高应变法相结合的方式检测。当对复合地基中类似于素混凝土桩的增强体进行检测时，抽检数量应按《建筑地基处理技术规范》JGJ 79 规定执行。

3.3.5 桩基工程属于一个单位工程中的分部（子分部）工程中的分项工程，一般以分项工程单独验收。所以本规范限定的工程桩承载力验收检测范围是在一个单位工程内。本条同时规定了在何种条件下工程桩应进行单桩竖向抗压静载试验及抽检数量低限。与第3.3.1条规定条件相比，现对第4款增加条件说明如下：

挤土群桩施工时，由于土体的侧挤和隆起，质量问题（桩被挤断、拉断、上浮等）时有发生，尤其是大面积密集群桩施工，加上施打顺序不合理或打桩速率过快等不利因素，常引发严重的质量事故。有时施工前虽做过静载试验并以此作为设计依据，但因前期施工的试桩数量毕竟有限，挤土效应并未充分显现，施工后的单桩承载力与施工前的试桩结果相差甚远，对此应给予足够的重视。

3.3.6 高应变法在我国的应用不到二十年，目前仍处于发展和完善阶段。作为一种以检测承载力为主的试验方法，尚不能完全取代静载试验。该方法的可靠性的提高，在很大程度上取决于检测人员的技术水平和经验，绝非仅通过一定量的静动对比就能解决。由于检测人员水平、设备匹配能力、桩土相互作用复杂性等原因，超出高应变法适用范围后，静动对比在机

理上就不具备可比性。如果说"静动对比"是衡量高应变法是否可靠的唯一"硬"指标的话，那么对比结果就不能只是与静载承载力数值的比较，还应比较动测得到的桩的沉降和土参数取值是否合理。同时，在不受第 3.3.5 条规定条件限制时，尽管允许采用高应变法进行验收检测，但仍需不断积累验证资料、提高分析判断能力和现场检测技术水平。尤其针对灌注桩检测中，实测信号质量有时不易保证、分析中不确定因素多的情况，本规范第 9.1.2～9.1.3 条对此已做了相应规定。

3.3.7 端承型大直径灌注桩（事实上对所有高承载力的桩），往往不允许任何一根桩承载力失效，否则后果不堪设想。由于试桩荷载大或场地限制，有时很难、甚至无法进行单桩竖向抗压承载力静载检测。对此，本条规定实际是对第 3.3.5 条的补充，体现了"多种方法合理搭配，优势互补"的原则，如深层平板载荷试验、岩基载荷试验、终孔后混凝土灌注前的桩端持力层鉴别、成桩后的钻芯法沉渣厚度测定、桩端持力层钻芯鉴别（包括动力触探，标贯试验、岩芯试件抗压强度试验），有条件时可预埋荷载箱进行桩端载荷试验等。

当单位工程的钻芯法抽检数量不少于总桩数的 10%，且不少于 10 根时，可认为既满足了本条的要求，也满足第 3.3.4 条注 1 的要求。

3.3.8 对于上覆竖向荷载不大的构筑物，如烟囱、埋深及水浮力大的地下结构、送电线路塔等基础中的桩，荷载最不利组合为拔力或推力，承载力静载试验以竖向拔桩或水平推桩为主，并非所有的工程桩承载力检验都要做竖向抗压试验。

3.4 验证与扩大检测

3.4.1～3.4.5 这五条内容针对检测中出现的缺乏依据、无法或难于定论的情况，提出了可用的验证检测原则。应该指出：桩身完整性不符合要求和单桩承载力不满足设计要求是两个独立概念。完整性为Ⅰ类或Ⅱ类而承载力不满足设计要求显然存在结构安全隐患；竖向抗压承载力满足设计要求而完整性为Ⅲ类或Ⅳ类也可能存在安全和耐久性方面的隐患。如桩身出现水平整合型裂缝（灌注桩因挤土、开挖等原因也常出现）或断裂，低应变完整性为Ⅲ类或Ⅳ类，但高应变完整性可能为Ⅱ类，且竖向抗压承载力可能满足设计要求，但存在水平承载力和耐久性方面的隐患。

3.4.6～3.4.7 扩大检测数量宜根据地质条件、桩基设计等级、桩型、施工质量变异性等因素合理确定，并应经过有关各方确认。

3.5 检测结果评价和检测报告

3.5.1 桩身完整性类别划分过去在国内一直未统一，其表现为划分的依据、类（级）别及名称三个方面。在划分依据上，根据信号反映的桩的缺陷程度划分者居多；部分是在考虑缺陷程度和整桩波速的基础上，以信号"反映的缺陷性质"划分；极少数是根据波速"得出的桩身混凝土强度"划分。在类别及名称上，有的分为"优质（优良）、良好（较好）、合格、可疑（较差）、不合格（很差、报废）"等五类；有的分为"完整（优质）、基本完整（尚可、合格、轻微缺陷）、可疑（较差）、不合格（报废）"等四类；或分为"优质、良好、不合格"等三类；甚至有的仅给出"合格、不合格"两类。表 3.5.1 统一了桩身完整性类别划分标准，有利于对完整性检测结果的判定和采用。需要特别指出：分项工程施工质量验收时的检查项目很多，桩身完整性仅是主控检查项目之一（承载力也如此），通常所有的检查项目都满足规定要求时才给出是否合格的结论，况且经设计复核或补强处理还允许通过验收。

桩基整体施工质量问题可由桩身完整性普测发现，如果不能就提供的完整性检测结果估计对桩承载力的影响程度，进而估计是否危及上部结构安全，那么在很大程度上就减少了桩身完整性检测的实际意义。桩的承载功能是通过桩身结构承载力实现的。完整性类别划分主要是根据缺陷程度，但这种划分不能机械地理解为不需考虑桩的设计条件和施工因素。综合判定能力对检测人员极为重要。

检测时实测桩长小于施工记录桩长，有两种情况：一种是桩端未进入设计要求的持力层或进入持力层的深度不满足设计要求，直接影响桩的承载力；另一种情况是桩端按设计要求进入了持力层，基本不影响桩的承载力。不论哪种情况，按桩身完整性定义中连续性的涵义，显然均应判为Ⅳ类桩。

3.5.2 本条所指的"工程处理"包括以下内容：补强、补桩、设计变更或由原设计单位复核是否可满足结构安全和使用功能要求。

3.5.3 承载力特征值是根据一个单位工程内同条件下的单桩承载力检测结果的统计、考虑一定的安全储备得到的。所以，本条所指的工程桩承载力检测结果评价——"给出承载力特征值是否满足设计要求的结论"，相当于用小样本推断大母体。这和过去常说的"仅对来样负责"不同，这里详细解释如下：

桩的设计要求通常包含承载力、混凝土强度以及施工质量验收规范规定的各项要求内容，而施工后基桩检测结果的评价包含了承载力和完整性两个相对独立的评价内容。设计文件中一般不提出完整性检测中Ⅲ类和Ⅳ类桩数的具体要求，但只要存在缺陷桩，尽管承载力满足设计要求，除非采取可靠的补救措施或设计上有很大的安全储备，否则该批桩不能被认为是合格批。所以，工程基桩整体评价满足设计要求的必要条件应理解为：包括补强处理后复检在内的承载力

和完整性应全部符合要求；而其充分条件是结合设计施工等因素，确定有限的抽检数量（特别是静载和钻芯检测）具有代表性，能推断整体。若评价依据不充分，应增加抽检数量。

一种合适的检测评定标准，应该能保证施工和使用双方的风险均很小，但对基桩的承载力检测，要同时使二者的风险都比较小是不可能的，除非增大随机抽检数量。基桩承载力检测与评价与药品质量检测既有类似之处：生产方的风险一般大于使用方的风险，即有"不合格"桩存在就判为不满足设计要求，虽然从确保安全的角度说是合理的，但会造成很多合格桩也被否定掉；也有不同之处：通过设计复核或补强处理，只要不影响安全和正常使用功能，桩基工程可予以验收。

更为重要的是，同一批药品的生产条件相对稳定，其质量的抽样检测评定标准是严格建立在科学的概率统计学基础上。根据一定的抽样规则，通过样本检测推断整批质量的错判率（生产方风险）和漏判率（使用方风险）在概率统计学上是已知的。然而，在基桩抽样检测评定中，同一批桩的施工中隐蔽影响因素多，很难保持条件恒定；传统的抽样规则，并未建立在概率统计学基础上。显然，倘要使工程基桩的整体评价（推断）有很高的置信度，势必要打破过去沿袭下来的"抽检1%且不少于3根"的做法，从而大幅度增加静载试桩数量，造成不经济。

根据桩基工程特点，应强调在出具检测结论时，需结合设计条件（基础和上部结构型式、地质条件、桩的承载性状、沉降控制要求等）和施工质量可靠性，在充分考虑受检桩数量及代表性的基础上进行；但桩基工程事故，绝大部分表现为沉降过大而不均匀，其中有些是因桩身存在严重缺陷造成的。而完整性检测带有普查性，故整体评价不能仅根据少数桩的承载力检测结果，尚应结合完整性检测结果。

还应注意到，对整个工程基桩的承载力评价，不是检测规范和检测人员能完全解决的。因为：

1 检测人员并非都具有较宽的知识面，也较难详细了解施工全过程以及设计条件。

2 基桩检测制定抽样方案的要求与《建筑工程施工质量验收统一标准》GB 50300 有所不同：既然是通过小样本检测进行推断，就存在犯错判和漏判两类错误的可能性，但基桩检测目前却不能确定犯两类错误的概率各是多少。如按本规范第3.3.3条关于抽样的规定，少量静载试桩往往不具随机性（可能仅抽检完整性较差的桩，增加了施工方风险）。

所以，为使工程桩承载力主控项目验收结论明确，便于采用，规定用"单桩承载力特征值满足设计要求"的结论书面形式，并无全部基桩承载力均满足设计要求的涵义。

最后还需说明两点：（1）承载力检测因时间短

暂，其结果仅代表试桩那一时刻的承载力，更不能包含日后自然或人为因素（如桩周土湿陷、膨胀、冻胀、侧移、基础上浮、地面堆载等）对承载力的影响。（2）承载力评价可能出现矛盾的情况，即承载力不满足设计要求而满足有关规范要求。因为规范一般给出满足安全储备和正常使用功能的最低要求，而设计时常在此基础上留有一定余量。考虑到责权划分，可以作为问题或建议提出，但仍需设计方复核和有关各责任主体方表态确认。

3.5.4～3.5.5 检测报告应根据所采用的检测方法和相应的检测内容出具检测结论。为使报告内容完整和具有较强的可读性，报告中应包括常规内容的叙述。还需特别强调：检测报告应包含各受检桩的原始检测数据和曲线，并附有相关的计算分析数据和曲线。检测报告仅有检测结果而无任何检测数据和曲线的现象必须杜绝。

3.6 检测机构和检测人员

3.6.1 建工行业的基桩检测机构只有经国务院、省级建设行政主管部门检测资质认可和计量行政主管部门的计量认证考核合格后，才能合法地进入检测市场开展相应的检测业务。实行这种考核办法旨在确认检测机构的计量检定、测试设备能力、人员技术水平、符合相关检测标准的情况、检测数据可靠性和质量管理体系的有效性，以保证出具的检测结果客观、公正、可靠。

3.6.2 由于基桩检测时需综合考虑地质、设计、施工等因素的影响，这就要求从事基桩检测工作的技术人员应经过学习、培训，具有必要的基桩检测方面的理论基础和实践，并对岩土工程尤其是桩基工程方面的知识有充分了解。

在各种基桩检测方法中，动力检测技术涉及的学科较多，且仍处于发展中，对检测人员的素质、技术水平和实践经验要求都很高。因此，持有工程桩动测资质证书的单位，还需要该单位的检测人员持有经考核合格后颁发的上岗证书。

4 单桩竖向抗压静载试验

4.1 适 用 范 围

4.1.1 单桩抗压静载试验是公认的检测基桩竖向抗压承载力最直观、最可靠的传统方法。本规范主要是针对我国建筑工程中惯用的维持荷载法进行了技术规定。根据桩的使用环境、荷载条件及大量工程检测实践，在国内其他行业或国外，尚有循环荷载、等变形速率及终级荷载长时间维持等方法。

4.1.2 桩身内力测试按附录 A 规定的方法执行。

4.1.3 本条明确规定为设计提供依据的静载试验应

加载至破坏，即试验应进行到能判定单桩极限承载力为止。对于以桩身强度控制承载力的端承型桩，当设计另有规定时，应从其规定。

4.1.4 在对工程桩抽样验收检测时，规定了加载量不应小于单桩承载力特征值的 2.0 倍，以保证足够的安全储备。实际检测中，有时出现这样的情况：3 根工程桩静载试验，分十级加载，其中一根桩第十级破坏，另两根桩满足设计要求，按第 3.5.3 条，单位工程的单桩竖向抗压承载力特征值不满足设计要求。此时若有一根满足设计要求的桩的最大加载量取为单桩承载力特征值的 2.2 倍，且试验证实竖向抗压承载力不低于单桩承载力特征值的 2.2 倍，则单位工程的单桩竖向抗压承载力特征值满足设计要求。显然，若抽检的 3 根桩有代表性，就可避免不必要的工程处理。

4.2 设备仪器及其安装

4.2.1 为防止加载偏心，千斤顶的合力中心应与反力装置的重心、桩轴线重合，并保证合力方向垂直。

4.2.2 加载反力装置的形式在《建筑桩基技术规范》基础上增加了地锚反力装置，对单桩极限承载力较小的摩擦桩可用土锚作反力；对岩面浅的嵌岩桩，可利用岩锚提供反力。

4.2.3 用荷重传感器（直接方式）和油压表（间接方式）两种荷载测量方式的区别在于：前者采用荷重传感器测力，不需考虑千斤顶活塞摩擦对出力的影响；后者需通过率定换算千斤顶出力。同型号千斤顶在保养正常状态下，相同油压时的出力相对误差约为 1%～2%，非正常时可高达 5%。采用传感器测量荷重或油压，容易实现加卸荷与稳压自动化控制，且测量精度较高。采用压力表测定油压时，为保证测量精度，其精度等级应优于或等于 0.4 级，不得使用 1.5 级压力表控制加载。当油路工作压力较高时，有时出现油管爆裂、接头漏油、油泵加压不足造成千斤顶出力受限、压力表线性度变差等情况，所以应选用耐压高、工作压力大和量程大的油管、油泵和压力表。

4.2.4 对于机械式大量程（50mm）百分表，《大量程百分表》JJG379 规定的 1 级标准为：全程示值误差和回程误差分别不超过 $40\mu m$ 和 $8\mu m$，相当于满量程测量误差不大于 0.1%FS。沉降测定平面应在千斤顶底座承压板以下的桩身位置，即不得在承压板上或千斤顶上设置沉降观测点，避免因承压板变形导致沉降观测数据失真。基准桩应打入地面以下足够的深度，一般不小于 1m。基准梁应一端固定，另一端简支，这是为减少温度变化引起的基准梁挠曲变形。在满足表 4.2.5 的规定条件下，基准梁不宜过长，并应采取有效遮挡措施，以减少温度变化和刮风下雨的影响，尤其在昼夜温差较大且白天有阳光照射时更应注意。

4.2.5 在试桩加卸载过程中，荷载将通过锚桩（地

锚）、压重平台支墩传至试桩、基准桩周围地基土并使之变形。随着试桩、基准桩和锚桩（或压重平台支墩）三者间相互距离缩小，地基土变形对试桩、基准桩的附加应力和变位影响加剧。

1985 年，国际土力学与基础工程协会（ISSMFE）根据世界各国对有关静载试验的规定，提出了静载试验的建议方法并指出：试桩中心到锚桩（或压重平台支墩边）和到基准桩各自间的距离应分别"不小于 2.5m 或 3D"，这和我国现行规范规定的"大于等于 4D 且不小于 2.0m"相比更容易满足（小直径桩按 3D 控制，大直径桩按 2.5m 控制）。高重建筑物下的大直径桩试验荷载大、桩间净距小（最小中心距为 3D），往往受设备能力制约，采用锚桩法检测时，三者间的距离有时很难满足"大小等于 4D"的要求，加长基准梁又难避免气候环境影响。考虑到现场验收试验中的困难，且加载过程中，锚桩上拔对基准桩、试桩的影响小于压重平台对它们的影响，故本规范中对部分间距的规定放宽为"不小于 3D"。

关于压重平台支墩边与基准桩和试桩之间的最小间距问题，应区别两种情况对待。在场地土较硬时，堆载引起的支墩及其周边地面沉降和试验加载引起的地面回弹均很小。如 φ1200 灌注桩采用 $10\times10m^2$ 平台堆载 11550kN，土层自上而下为凝灰岩残积土、强风化和中风化凝灰岩，堆载和试验加载过程中，距支墩边 1m、2m 处观测到的地面沉降及回弹量几乎为零。但在软土场地，大吨位堆载由于支墩影响范围大而应引起足够的重视。以某一场地 φ500 管桩用 $7\times7m^2$ 平台堆载 4000kN 为例：在距支墩边 0.95m、1.95m、2.55m 和 3.5m 设四个观测点，平台堆载至 4000kN 时观测点下沉量分别为 13.4mm、6.7mm、3.0mm 和 0.1mm；试验加载至 4000kN 时观测点回弹量分别为 2.1mm、0.8mm、0.5mm 和 0.4mm。但也有报导管桩堆载 6000kN，支墩产生明显下沉，试验加载至 6000kN 时，距支墩边 2.9m 处的观测点回弹近 8mm。这里出现两个问题：其一，当支墩边距试桩较近时，大吨位堆载地面下沉将对桩产生负摩阻力，特别对摩擦型桩将明显影响其承载力；其二，桩加载（地面卸载）时地基土回弹对基准桩产生影响。支墩对试桩、基准桩的影响程度与荷载水平及土质条件等有关。对于软土场地超过 10000kN 的特大吨位堆载（目前国内压重平台法堆载已超过 30000kN），为减少对试桩产生附加影响，应考虑对支墩下 2～3 倍宽影响范围内的地基进行加固；对大吨位堆载支墩出现明显下沉的情况，尚需进一步积累资料和研究可靠的沉降测量方法，简易的办法是在远离支墩处用水准仪或张紧的钢丝观测基准桩的竖向位移。

4.3 现场检测

4.3.1 本条是为使试桩具有代表性而提出的。

4.3.2 为便于沉降测量仪表安装，试桩顶部宜高出试坑地面；为使试验桩受力条件与设计条件相同，试坑地面宜与承台底标高一致。对于工程桩验收检测，当桩身荷载水平较低时，允许采用水泥砂浆将桩顶抹平的简单桩头处理方法。

4.3.3 本条主要是考虑在实际工程桩检测中，因锚桩质量问题而导致试桩失败或中途停顿的情况时有发生，为此建议在试桩前对灌注桩及有接头的混凝土预制桩进行完整性检测，大致确定其能否作锚桩使用。

4.3.4 本条是按我国的传统做法，对维持荷载法进行的原则性规定。

4.3.5 慢速维持荷载法是我国公认，且已沿用多年的标准试验方法，也是其他工程桩竖向抗压承载力验收检测方法的唯一比较标准。

4.3.6~4.3.7 按 4.3.6 条第 2 款，慢速维持荷载法每级荷载持续时间最少为 2h。对绝大多数桩基而言，为保证上部结构正常使用，控制桩基绝对沉降是第一位重要的，这是地基基础按变形控制设计的基本原则。在工程桩验收检测中，国内某些行业或地方标准允许采用快速维持荷载法。国外许多国家的维持荷载法相当于我国的快速维持荷载法，最少持载时间为 1h，但规定了较为宽松的沉降相对稳定标准，与我国快速法的差别就在于此。1985 年 ISSMFE 根据世界各国的静载试验有关规定，在推荐的试验方法中，建议"维持荷载法加载为每小时一级，稳定标准为 0.1mm/20min"。当桩端嵌入基岩时，个别国家还允许缩短时间；也有些国家为测定桩的蠕变沉降速率建议采用终级荷载长时间维持法。

快速维持荷载法在国内从 20 世纪 70 年代开始应用，我国港口工程规范从 1983 年（JTJ 2202—83）、上海地基设计规范从 1989 年（DBJ-08-11-89）起就将这一方法列入，与慢速法一起并列为静载试验方法。快速法由于每级荷载维持时间为 1h，各级荷载下的桩顶沉降相对慢速法确实要小一些。表 2 列出了上海市 23 根摩擦桩慢速维持荷载法试验实测桩顶稳定时的沉降量和 1h 时沉降量的对比结果。从中可见，在 1/2 极限荷载点，快速法 1h 时的桩顶沉降量与慢速法相差很小（0.5mm 以内），平均相差 0.2mm；在极限荷载点相差要大些，为 0.6～6.1mm，平均 2.9mm。相对而言，"慢速法"的加荷速率比建筑物建造过程中的施工加载速率要快得多，慢速法试桩得到的使用荷载对应的桩顶沉降与建筑物桩基在长期荷载作用下的实际沉降相比，要小几倍到十几倍。所以，规范中的快慢速试桩沉降差异是可以忽略的。

关于快慢速法极限承载力比较，根据上海市统计的 71 根试验桩资料（桩端在粘性土中 47 根，在砂土中 24 根），这些对比是在同一根桩或桩土条件相同的

相邻桩上进行的，得出的结果见表 3。

表 2 稳定时的沉降量 s_w 和 1h 时的沉降量 s_{1h} 的对比

荷载点	s_w 与 s_{1h} 之差（mm）		s_{1h}/s_w（%）	
	幅度	平均	幅度	平均
极限荷载	0.57～6.07	2.89	71～96	86
1/2 极限荷载	0.01～0.51	0.20	95～100	98

表 3 快速法与慢速法极限承载力比较

桩端土类别	快速法比慢速法极限荷载提高幅度
粘性土	0～9.6%，平均 4.5%
砂 土	−2.5%～9.6%，平均 2.3%

从中可以看出快速法试验得出的极限承载力较慢速法略高一些，其中桩端在粘性土中平均提高约 1/2 级荷载，桩端在砂土中平均提高约 1/4 级荷载。

在我国，如有些软土中的摩擦桩，按慢速法加载，在 2 倍设计荷载的前几级，就已出现沉降稳定时间逐渐延长，即在 2h 甚至更长时间内不收敛。此时，采用快速法是不适宜的。而也有很多地方的工程桩验收试验，在每级荷载施加不久，沉降迅速稳定，缩短持载时间不会明显影响试桩结果；且因试验周期的缩短，又可减少昼夜温差等环境影响引起的沉降观测误差。在此，建议快速维持荷载法按下列步骤进行：

1 每级荷载施加后维持 1h，按第 5、15、30min 测读桩顶沉降量，以后每隔 15min 测读一次。

2 测读时间累计为 1h 时，若最后 15min 时间间隔的桩顶沉降增量与相邻 15min 时间间隔的桩顶沉降增量相比未明显收敛时，应延长维持荷载时间，直至最后 15min 的沉降增量小于相邻 15min 的沉降增量为止。

3 终止加荷条件可按本规范第 4.3.8 条第 1、3、4、5 款执行。

4 卸载时，每级荷载维持 15min，按第 5、15min 测读桩顶沉降量后，即可卸下一级荷载。卸载至零后，应测读桩顶残余沉降量，维持时间为 2h，测读时间为第 5、15、30min，以后每隔 30min 测读一次。

各地在采用快速法时，应总结积累经验，并可结合当地条件提出适宜的沉降相对稳定控制标准。

4.3.8 当桩身存在水平整合型缝隙、桩端有沉渣或吊脚时，在较低竖向荷载时常出现本级荷载沉降超过上一级荷载对应沉降 5 倍的陡降，当缝隙闭合或桩端与硬持力层接触后，随着持载时间或荷载增加，变形梯度逐渐变缓；当桩身强度不足桩被压断时，也会出现陡降，但与前相反，随着沉降增加，荷载不能维持甚至大幅降低。所以，出现陡降后不宜立即卸荷，而应使桩下沉量超过 40mm，以大致判断造成陡降的原因。

非嵌岩的长（超长）桩和大直径（扩底）桩的 Qs 曲线一般呈缓变型，在桩顶沉降达到 40mm 时，桩端阻力一般不能充分发挥。前者由于长细比大、桩身较柔，弹性压缩量大，桩顶沉降较大时，桩端位移还很小；后者虽桩端位移较大，但尚不足以使端阻力充分发挥。因此，放宽桩顶总沉降量控制标准是合理的。

4.4 检测数据的分析与判定

4.4.1 除 Qs、$s\text{-}\lg t$ 曲线外，还有 $s\text{-}\lg Q$ 曲线。同一工程的一批试桩曲线应按相同的沉降纵座标比例绘制，满刻度沉降值不宜小于 40mm，使结果直观、便于比较。

4.4.2 大量实践经验表明：当沉降量达到桩径的 10% 时，才可能出现极限荷载（太沙基和 ISSMFE）；粘性土中端阻充分发挥所需的桩端位移为桩径的 4%～5%，而砂土中至少达到 15%。故本条第 4 款对缓变型 Qs 曲线，按 $s = 0.05D$ 确定直径大于等于 800mm 桩的极限承载力大体上是保守的；且因 $D \geqslant$ 800mm 时定义为大直径桩，当 $D = 800mm$ 时，$0.05D = 40mm$，正好与中、小直径桩的取值标准衔接。应该注意，世界各国按桩顶总沉降确定极限承载力的规定差别较大，这和各国安全系数的取值大小、特别是上部结构对桩基沉降的要求有关。因此当按本规范建议的桩顶沉降量确定极限承载力时，尚应考虑上部结构对桩基沉降的具体要求。

4.4.3 本规范单桩竖向抗压承载力的统计按《建筑地基基础设计规范》GB 50007 的规定执行。也有根据统计承载力标准差大于 15% 时，采用极限承载力标准值折减系数的修正方法。实际操作中对桩数大于等于 4 根时，折减系数的计算比较繁琐，且静载检测本身是通过小样本来推断总体，样本容量愈小，可靠度愈低，而影响单桩承载力的因素复杂多变。当一批受检桩中有一根桩承载力过低，若恰好不是偶然原因造成，则该验收批一旦被接受，就会增加使用方的风险。因此规定极差超过平均值的 30% 时，首先应分析、查明原因，结合工程实际综合确定。例如一组 5 根试桩的承载力值依次为 800、950、1000、1100、1150kN，平均值为 1000kN，单桩承载力最低值和最高值的极差为 350kN，超过平均值的 30%，则不得将最低值 800kN 去掉将后面 4 个值取平均，或将最低和最高值都去掉取中间 3 个值的平均值。应查明是否出现桩的质量问题或场地条件变异。若低值承载力出现的原因并非偶然的施工质量造成，则按本例依次去掉高值后取平均，直至满足极差不超过 30% 的条件。此外，对桩数小于或等于 3 根的柱下承台，或试桩数量仅为 2 根时，应采用低值，以确保安全。对于仅通过少量试桩无法判明极差大的原因时，可增加试桩数量。

4.4.4 《建筑地基基础设计规范》GB 50007 规定的单桩竖向抗压承载力特征值是按单桩竖向抗压极限承载力统计值除以安全系数 2 得到的，综合反映了桩侧、桩端极限阻力控制承载力特征值的低限要求。

4.4.5 本条规定了检测报告中应包含的一些内容，避免检测报告过于简单，也有利于委托方、设计及检测部门对报告的审查和分析。

5 单桩竖向抗拔静载试验

5.1 适用范围

5.1.1 单桩竖向抗拔静载试验是检测单桩竖向抗拔承载力最直观、可靠的方法。与本规范中抗压静载试验一样，拔桩试验也是采用了国内外惯用的维持荷载法，并规定应采用慢速维持荷载法。

5.1.2 当需要检测桩侧抗拔极限摩阻力或了解桩端上拔量时，可按本规范附录 A 中有关方法执行。

5.1.3 当为设计提供依据时，应加载到能判别单桩抗拔极限承载力为止，或加载到桩身材料强度控制值。在对工程桩抽样验收检测时，可按设计要求控制最大上拔荷载，但应有足够的安全储备。

5.2 设备仪器及其安装

5.2.1 本条的要求基本同第 4.2.1 条。因拔桩试验时千斤顶安放在反力架上面，当采用二台以上千斤顶加载时，应采取一定的安全措施，防止千斤顶倾倒或其他意外事故发生。

5.2.2 当采用天然地基作反力时，两边支座处的地基强度应相近，且两边支座与地面的接触面积宜相同，避免加载过程中两边沉降不均造成试桩偏心受拉。为保证反力梁的稳定性，应注意反力桩顶面直径（或边长）不小于反力架的梁宽。

5.2.3～5.2.5 这三条基本参照本规范第 4.2.3～4.2.5 条执行，但应注意以下两点：

　　1 桩顶上拔量测量平面必须在桩身位置，严禁在混凝土桩的受拉钢筋上设置位移观测点，避免因钢筋变形导致上拔量观测数据失实。

　　2 在采用天然地基提供支座反力时，拔桩试验加载相当于给支座处地面加载。支座附近的地面也因此会出现不同程度的沉降。荷载越大，这种变形越明显。为防止支座处地基沉降对基准梁的影响，一是应使基准桩与支座、试桩各自之间的间距满足表 4.2.5 的规定，二是基准桩需打入试坑地面以下一定深度（一般不小于 1m）。

5.3 现场检测

5.3.1 本条包含以下三个方面内容：

　　1 在拔桩试验前，对混凝土灌注桩及有接头的

预制桩采用低应变法检查桩身质量，目的是防止因试验桩自身质量问题而影响抗拔试验成果。

2 对抗拔试验的钻孔灌注桩在浇注混凝土前进行成孔检测，目的是查明桩身有无明显扩径现象或出现扩大头，因这类桩的抗拔承载力缺乏代表性，特别是扩大头桩及桩身中下部有明显扩径的桩，其抗拔极限承载力远远高于长度和桩径相同的非扩径桩，且相同荷载下的上拔量也有明显差别。

3 对有接头的 PHC、PTC 和 PC 管桩应进行接头抗拉强度验算。对电焊接头的管桩除验算其主筋强度外，还要考虑主筋墩头的折减系数以及管节端板偏心受拉时的强度及稳定性。墩头折减系数可按有关规范取 0.92，而端板强度的验算则比较复杂，可按经验取一个较为安全的系数。

5.3.2 本条规定拔桩试验应采用慢速维持荷载法，其荷载分级、试验方法及稳定标准均同第 4.3.4 条和 4.3.6 条有关规定。

5.3.3 本条规定出现所列四种情况之一时，可终止加载。但若在较小荷载下出现某级荷载的桩顶上拔量大于前一级荷载下的 5 倍时，应综合分析原因。若是试验桩，必要时可继续加载，因混凝土桩当桩身出现多条环向裂缝后，其桩顶位移可能会出现小的突变，而此时并非达到桩侧土的极限抗拔力。

5.4 检测数据的分析与判定

5.4.1 拔桩试验与压桩试验一样，一般应绘制 U-δ 曲线和 δ-$\lg t$ 曲线，但当上述二种曲线难以判别时，也可以辅以 δ-$\lg U$ 曲线或 $\lg U$-$\lg\delta$ 曲线，以确定拐点位置。

5.4.2 本条前两款确定的抗拔极限承载力是土的极限抗拔阻力与桩（包括桩向上运动所带动的土体）的自重标准值两部分之和。第 3 款所指的"断裂"是因钢筋强度不够情况下的断裂。如果因抗拔钢筋受力不均匀，部分钢筋因受力太大而断裂，应视该桩试验无效并进行补充试验。不能将钢筋断裂前一级荷载作为极限荷载。

5.4.4 工程桩验收检测时，混凝土桩抗拔承载力可能受抗裂或钢筋强度制约，而土的抗拔阻力尚未发挥到极限，一般取最大荷载或取上拔量控制值对应的荷载作为极限荷载，不能轻易外推。

5.4.5 按统计的试桩竖向抗拔极限承载力确定单桩竖向抗拔承载力特征值 U_a 时取安全系数为 2，显然只与极限抗拔承载力按土的极限抗拔阻力控制的情况对应。有关抗裂控制要求的解释可参见第 6.4.6～6.4.7 条的条文说明。

6 单桩水平静载试验

6.1 适 用 范 围

6.1.1 桩的水平承载力静载试验除了桩顶自由的单桩试验外，还有带承台桩的水平静载试验（考虑承台的底面阻力和侧面抗力，以便充分反映桩基在水平力作用下的实际工作状况）、桩顶不能自由转动的不同约束条件及桩顶施加垂直荷载等试验方法，也有循环荷载的加载方法。这一切都可根据设计的特殊要求给予满足，并参考本方法进行。

6.1.2 桩的抗弯能力取决于桩和土的力学性能、桩的自由长度、抗弯刚度、桩宽、桩顶约束等因素。试验条件应尽可能和实际工作条件接近，将各种影响降低到最小的程度，使试验成果能尽量反映工程桩的实际情况。通常情况下，试验条件很难做到和工程桩的情况完全一致，此时应通过试验桩测得桩周土的地基反力特性，即地基土的水平抗力系数。它反映了桩在不同深度处桩侧土抗力和水平位移之间的关系，可视为土的固有特性。根据实际工程桩的情况（如不同桩顶约束、不同自由长度），用它确定土抗力大小，进而计算单桩的水平承载力和弯矩。因此，通过试验求得地基土的水平抗力系数具有更实际、更普遍的意义。

6.2 设备仪器及其安装

6.2.3 水平力作用点位置高于基桩承台底标高，试验时在相对承台底面处产生附加弯矩，影响测试结果，也不利于将试验成果根据实际桩顶的约束予以修正。球形支座的作用是在试验过程中，保持作用力的方向始终水平和通过桩轴线，不随桩的倾斜或扭转而改变。

6.2.6 为保证各测试断面的应力最大值及相应弯矩的测量精度，试桩设置时应严格控制测点的纵剖面与力作用方向之间的偏差。对承受水平荷载的桩而言，桩的破坏是由于桩身弯矩引起的结构破坏。因此对中长桩而言，浅层土的性质起了重要作用，在这段范围内的弯矩变化也最大。为找出最大弯矩及其位置，应加密测试断面。

6.3 现 场 检 测

6.3.1 单向多循环加载法，主要是为了模拟实际结构的受力形式。由于结构物承受的实际荷载异常复杂，所以当需考虑长期水平荷载作用影响时，宜采用第 4 章规定的慢速维持荷载法。由于单向多循环荷载的施加会给内力测试带来不稳定因素，为方便测试，建议采用第 4 章规定的慢速或快速维持荷载法；此外水平试验桩通常以结构破坏为主，为缩短试验时间，也可采用更短时间的快速维持荷载法。例如《港口工程桩基规范》（桩的水平承载力设计）JTJ 254—98 规定每级荷载维持 20min。

6.3.3 对抗弯性能较差的长桩或中长桩而言，承受水平荷载桩的破坏特征是弯曲破坏，即桩身发生折断，此时试验自然终止。本条对终止加荷的水平位移

限制要求是根据《建筑桩基技术规范》提出的；在工程桩水平承载力验收检测中，终止加荷条件可按设计要求或规范规定的水平位移允许值控制。

6.4 检测数据的分析与判定

6.4.1 本条中的地基土水平抗力系数随深度增长的比例系数 m 值的计算公式仅适用于水平力作用点至试坑地面的桩自由长度为零时的情况。按桩、土相对刚度不同，水平荷载作用下的桩-土体系有两种工作状态和破坏机理，一种是"刚性短桩"，因转动或平移而破坏，相当于 $ah < 2.5$ 时的情况；另一种是工程中常见的"弹性长桩"，桩身产生挠曲变形，桩下段嵌固于土中不能转动，即本条中 $ah \geqslant 4.0$ 的情况。在 $2.5 \leqslant ah < 4.0$ 范围内，称为"有限长度的中长桩"。《建筑桩基技术规范》对中长桩的 ν_y 变化给出了具体数值（见表 4）。因此，在按式（6.4.1-1）计算 m 值时，应先试算 ah 值，以确定 ah 是否大于或等于 4.0，若在 2.5～4.0 范围以内，应调整 ν_y 值重新计算 m 值（有些行业标准不考虑）。当 $ah < 2.5$ 时，式（6.4.1-1）不适用。

表 4 桩顶水平位移系数 ν_y

桩的换算埋深 ah	4.0	3.5	3.0	2.8	2.6	2.4
桩顶自由或铰接时的 ν_y 值	2.441	2.502	2.727	2.905	3.163	3.526

注：当 $ah > 4.0$ 时取 $ah = 4.0$。

试验得到的地基土水平抗力系数的比例系数 m 不是一个常量，而是随地面水平位移及荷载而变化的曲线。

6.4.3 对于混凝土长桩或中长桩，随着水平荷载的增加，桩侧土体的塑性区自上而下逐渐开展扩大，最大弯矩断面下移，最后形成桩身结构的破坏。所测水平临界荷载 H_{cr} 为桩身产生开裂前所对应的水平荷载。因为只有混凝土桩才会产生开裂，故只有混凝土桩才有临界荷载。

6.4.4 单桩水平极限承载力是对应于桩身折断或桩身钢筋应力达到屈服时的前一级水平荷载。

6.4.6～6.4.7 单桩水平承载力特征值除与桩的材料强度、截面刚度、入土深度、土质条件、桩顶水平位移允许值有关外，还与桩顶边界条件（嵌固情况和桩顶竖向荷载大小）有关。由于建筑工程的基桩桩顶嵌入承台长度通常较短，其与承台连接的实际约束条件介于固接与铰接之间，这种连接相对于桩顶完全自由时可减少桩顶位移，相对于桩顶完全固接时可降低桩顶约束弯矩并重新分配桩身弯矩。如果桩顶完全固接，水平承载力按位移控制时，是桩顶自由时的2.60倍；对较低配筋率的灌注桩按桩身强度（开裂）控制时，由于桩顶弯矩的增加，水平临界承载力是桩顶自由时的0.83倍。如果考虑桩顶竖向荷载作用，

混凝土桩的水平承载力将会产生变化，桩顶荷载是压力，其水平承载力增加，反之减小。

桩顶自由的单桩水平试验得到的承载力和弯矩仅代表试桩条件的情况，要得到符合实际工程桩嵌固条件的受力特性，需将试桩结果转化，而求得地基土水平抗力系数是实现这一转化的关键。考虑到水平荷载-位移关系的非线性且 m 值随荷载或位移增加而减小，有必要给出 H-m 和 Y_0-m 曲线并按以下考虑确定 m 值：

1 可按设计给出的实际荷载或桩顶位移确定 m 值。

2 设计未做具体规定的，可取 6.4.6 条或 6.4.7 条确定的水平承载力特征值对应的 m 值：对低配筋率灌注桩，水平承载力多由桩身强度控制，则应按试验得到的 H-m 曲线取水平临界荷载所对应的 m 值；对于高配筋率混凝土桩或钢桩，水平承载力允许位移控制时，可按设计要求的水平允许位移选取 m 值。

与竖向抗压、抗拔桩不同，混凝土桩在水平荷载作用下的破坏模式一般为弯曲破坏，极限承载力由桩身强度控制。所以，6.4.6 条在确定单桩水平承载力特征值 H_a 时，未采用按试桩水平极限承载力除以安全系数的方法，而按照桩身强度、开裂或允许位移等控制因素来确定 H_a。不过，也正是因为水平承载桩的承载能力极限状态主要受桩身强度制约，通过试验给出极限承载力和极限弯矩对强度控制设计是非常必要的。抗裂要求不仅涉及桩身强度，也涉及桩的耐久性。6.4.7 条虽允许按设计要求的水平位移确定水平承载力，但根据《混凝土结构设计规范》GB 50010，只有裂缝控制等级为三级的构件，才允许出现裂缝，且桩所处的环境类别至少为二级以上（含二级），裂缝宽度限值为 0.2mm。因此，当裂缝控制等级为一、二级时，按 6.4.7 条确定的水平承载力特征值就不应超过水平临界荷载。

7 钻芯法

7.1 适用范围

7.1.1 钻芯法是检测钻（冲）孔、人工挖孔等现浇混凝土灌注桩的成桩质量的一种有效手段，不受场地条件的限制，特别适用于大直径混凝土灌注桩的成桩质量检测。钻芯法检测的主要目的有四个：

1 检测桩身混凝土质量情况，如桩身混凝土胶结状况、有无气孔、松散或断桩等，桩身混凝土强度是否符合设计要求。

2 桩底沉渣是否符合设计或规范的要求。

3 桩端持力层的岩土性状（强度）和厚度是否符合设计或规范要求。

4 施工记录桩长是否真实。

受检桩长径比比较大时，成孔的垂直度和钻芯孔的垂直度很难控制，钻芯孔容易偏离桩身，故要求受检桩桩径不宜小于 800mm、长径比不宜大于 30。

7.2 设 备

7.2.1～7.2.3 应采用带有产品合格证的钻芯设备。钻机宜采用岩芯钻探的液压钻机，并配有相应的钻塔和牢固的底座，机械技术性能良好，不得使用立轴旷动过大的钻机。

孔口管、扶正稳定器（又称导向器）及可捞取松软渣样的钻具应根据需要选用。桩较长时，应使用扶正稳定器确保钻芯孔的垂直度。

目前钻芯取样方法分三大类：钢粒钻进、硬质合金钻进和金刚石钻进。钢粒钻进能通过坚硬岩石，但钻头与切削具是分开的，破碎孔底环状面积大、芯样直径小、芯样易破碎、磨损大、采取率低，不适用于基桩钻芯法检测。硬质合金钻进虽然切削具破坏岩石比较平稳、破碎孔底环状间隙相对较小、孔壁与钻具间隙小、芯样直径大、采取率较好，但是硬质合金钻只适用于小于七级的岩石（岩石有十二级分类），不适用于基桩钻芯法检测。金刚石钻头切削刀细、破碎岩石平稳、钻具孔壁间隙小、破碎孔底环状面积小，且由于金刚石较硬、研磨性较强，高速钻进时芯样受钻具磨损时间短，容易获得比较真实的芯样。因此钻芯法检测应采用金刚石钻头钻进。

芯样试件直径不宜小于骨料最大粒径的 3 倍，在任何情况下不得小于骨料最大粒径的 2 倍，否则试件强度的离散性较大。目前，钻头外径有 76mm、91mm、101mm、110mm、130mm 几种规格，从经济合理的角度综合考虑，应选用外径为 101mm 和 110mm 的钻头；当受检桩采用商品混凝土、骨料最大粒径小于 30mm 时，可选用外径为 91mm 的钻头；如果不检测混凝土强度，可选用外径为 76mm 的钻头。

7.3 现场检测

7.3.1 当钻芯孔为一个时，规定宜在距桩中心 10～15cm 的位置开孔，是考虑导管附近的混凝土质量相对较差、不具有代表性，同时也方便第二个孔的位置布置。

为准确确定桩的中心点，桩头宜开挖裸露；来不及开挖或不便开挖的桩，应由经纬仪测出桩位中心。

桩端持力层岩土性状的准确判断直接关系到受检桩的使用安全。《建筑地基基础设计规范》GB 50007 规定：嵌岩灌注桩要求按端承桩设计，桩端以下三倍桩径范围内无软弱夹层、断裂破碎带和洞隙分布，在桩底应力扩散范围内无岩体临空面。虽然施工前已进行岩土工程勘察，但有时钻孔数量有限，对较复杂的地质条件，很难全面弄清岩石、土层的分布情况。因此，应对桩端持力层进行足够深度的钻探。

7.3.2～7.3.5 钻芯设备应精心安装、认真检查。钻进过程中应经常对钻机立轴进行校正，及时纠正立轴偏差，确保钻芯过程不发生倾斜、移位。设备安装后，应进行试运转，在确认正常后方能开钻。

桩顶面与钻机塔座距离大于 2m 时，宜安装孔口管。开孔宜采用合金钻头、开孔深为 0.3～0.5m 后安装孔口管，孔口管下入时应严格测量垂直度，然后固定。

当出现钻芯孔与桩体偏离时，应立即停机记录，分析原因。当有争议时，可进行钻芯测斜，以判断是受检桩倾斜超过规范要求还是钻芯孔倾斜超过规定要求。

金刚石钻头、扩孔器与卡簧的配合和使用要求：金刚石钻头与岩芯管之间必须安有扩孔器，用以修正孔壁；扩孔器外径应比钻头外径大 0.3～0.5mm，卡簧内径应比钻头内径小 0.3mm 左右；金刚石钻头和扩孔器应按外径先大后小的排列顺序使用，同时考虑钻头内径小的先用，内径大的后用。

金刚石钻进技术参数：

1 钻头压力：钻芯法的钻头压力应根据混凝土芯样的强度与胶结好坏而定，胶结好、强度高的钻头压力可大，相反的压力应小；一般情况初压力为 0.2MPa，正常压力 1MPa。

2 转速：回次初转速宜用 100r/min 左右；正常钻进时可以采用高转速，但芯样胶结强度低的混凝土应采用低转速。

3 冲洗液量：钻芯法宜采用清水钻进，冲洗液量一般按钻头大小而定。钻头直径为 101mm 时，冲洗液流量应为 60～120L/min。

金刚石钻进应注意的事项：

1 金刚石钻进前，应将孔底硬质合金捞取干净并磨灭，然后磨平孔底。

2 提钻卸取芯样时，应使用专门的自由钳拧卸钻头和扩孔器。

3 提放钻具时，钻头不得在地下拖拉；下钻时金刚石钻头不得碰撞孔口或孔口管上；发生墩钻或跑钻事故，应提钻检查钻头，不得盲目钻进。

4 当孔内有掉块、混凝土芯脱落或残留混凝土芯超过 200mm 时，不得使用新金刚石钻头扫孔，应使用旧的金刚石钻头或针状合金钻头套扫。

5 下钻前金刚石钻头不得下至孔底，应下至距孔底 200mm 处，采用轻压慢转扫到孔底，待钻进正常后再逐步增加压力和转速至正常范围。

6 正常钻进时不得随意提动钻具，以防止混凝土芯堵塞，发现混凝土芯堵塞时应立刻提钻，不得继续钻进。

7 钻进过程中要随时观察冲洗液量和泵压的变化，正常泵压应为 0.5～1MPa，发现异常应查明原

因，立即处理。

7.3.6 钻至桩底时，为检测桩底沉渣或虚土厚度，应采用减压、慢速钻进。若遇钻具突降，应即停钻，及时测量机上余尺，准确记录孔深及有关情况。

当持力层为中、微风化岩石时，可将桩底0.5m左右的混凝土芯样、0.5m左右的持力层以及沉渣纳入同一回次。当持力层为强风化岩石或土层时，可采用合金钢钻头干钻等适宜的钻芯方法和工艺钻取沉渣并测定沉渣厚度。

对中、微风化岩的桩端持力层，可直接钻取岩芯鉴别；对强风化岩层或土层，可采用动力触探、标准贯入试验等方法鉴别。试验宜在距桩底50cm内进行。

7.3.7 芯样取出后，应由上而下按回次顺序放进芯样箱中，芯样侧面上应清晰标明回次数、块号、本回次总块数（宜写成带分数的形式，如 $2\frac{3}{5}$ 表示第2回次共有5块芯样，本块芯样为第3块）。及时记录孔号、回次数、起至深度、块数、总块数、芯样质量的初步描述及钻进异常情况。

有条件时，可采用钻孔电视辅助判断混凝土质量。

7.3.8 对桩身混凝土芯样的描述包括桩身混凝土钻进深度、芯样连续性、完整性、胶结情况、表面光滑情况、断口吻合程度、混凝土芯是否为柱状、骨料大小分布情况，气孔、蜂窝麻面、沟槽、破碎、夹泥、松散的情况，以及取样编号和取样位置。

对持力层的描述包括持力层钻进深度、岩土名称、芯样颜色、结构构造、裂隙发育程度、坚硬及风化程度，以及取样编号和取样位置，或动力触探、标准贯入试验位置和结果。分层岩层应分别描述。

7.3.9 应先拍彩色照片，后截取芯样试件。取样完毕剩余的芯样宜移交委托单位妥善保存。

7.4 芯样试件截取与加工

7.4.1 以概率论为基础，用可靠性指标度量桩基的可靠度是比较科学的评价基桩强度的方法，即在钻芯法受检桩的芯样中截取一批芯样试件进行抗压强度试验，采用统计的方法判断混凝土强度是否满足设计要求。但在应用上存在以下一些困难：

1 由于基桩施工的特殊性，评价单根受检桩的混凝土强度比评价整个桩基工程的混凝土强度更合理。

2 《混凝土强度检验评定标准》GBJ 107—87定义立方体抗压强度标准值采用了概率论和可靠度概念，但是在判断一个验收批的混凝土强度是否合格时采用了两个不等式：

$$m_{fcu} - \lambda_1 \cdot s_{fcu} \geqslant 0.9 f_{cu,k} \qquad (1)$$

$$f_{cu,min} \geqslant \lambda_2 \cdot f_{cu,k} \qquad (2)$$

如果说第一个不等式沿用了概率论和可靠度概念，那么，第二个不等式是考虑评定对象是结构受力构件，不允许出现过低的小值。同时，该标准指出一组试件的强度代表值应由三个试件的强度值确定，而钻芯法增加3倍的芯样试件数量有困难。

3 混凝土桩应作为受力构件考虑，薄弱部位的强度（结构承载能力）能否满足使用要求，直接关系到结构安全。

综合多种因素考虑，规定按上、中、下截取芯样试件的原则，同时对缺陷和多孔取样做了规定。

一般来说，蜂窝麻面、沟槽等缺陷部位的强度较正常胶结的混凝土芯样强度低，无论是严把质量关，尽可能查明质量隐患，还是便于设计人员进行结构承载力验算，都有必要对缺陷部位的芯样进行取样试验。因此，缺陷位置能取样试验时，应截取一组芯样进行混凝土抗压试验。

如果同一基桩的钻芯孔数大于一个，其中一孔在某深度存在蜂窝麻面、沟槽、空洞等缺陷，芯样试件强度可能不满足设计要求，按第7.6.1条的多孔强度计算原则，在其他孔的相同深度部位取样进行抗压试验是非常必要的，在保证结构承载能力的前提下，减少加固处理费用。

7.4.2 为便于设计人员对端承力的验算，提供分层岩性的各层强度值是必要的。为保证岩石原始性状，选取的岩石芯样应及时包装并浸泡在水中。

7.4.3 对于基桩混凝土芯样来说，芯样试件可选择的余地较大，因此，不仅要求芯样试件不能有裂缝或有其他较大缺陷，而且要求芯样试件内不能含有钢筋；同时，为了避免试件强度的离散性较大，在选取芯样试件时，应观察芯样侧面的表观混凝土粗骨料粒径，确保芯样试件平均直径小于2倍表观混凝土粗骨料最大粒径。

为了避免再对芯样试件高径比进行修正，规定有效芯样试件的高度不得小于 $0.95d$ 且不得大于 $1.05d$ 时（d 为芯样试件平均直径）。

附录E规定平均直径测量精确至0.5mm；沿试件高度任一直径与平均直径相差达2mm以上时不得用作抗压强度试验。这里做以下几点说明：

1 一方面要求直径测量误差小于1mm，另一方面允许不同高度处的直径相差大于1mm，增大了芯样试件强度的不确定度。考虑到钻芯过程对芯样直径的影响是强度低的地方直径偏小，而抗压试验时直径偏小的地方容易破坏，因此，在测量芯样平均直径时宜选择表观直径偏小的芯样中部部位。

2 允许沿试件高度任一直径与平均直径相差达2mm，极端情况下，芯样试件的最大直径与最小直径相差可达4mm，此时固然满足规范规定，但是，当芯样侧面有明显波浪状时，应检查钻机的性能，钻

头、扩孔器、卡簧是否合理配置，机座是否安装稳固，钻机立轴是否摆动过大，提高钻机操作人员的技术水平。

3 在诸多因素中，芯样试件端面的平整度是一个重要的因素，容易被检测人员忽视，应引起足够的重视。

7.5 芯样试件抗压强度试验

7.5.1 根据桩的工作环境状态，试件宜在 20±5℃ 的清水中浸泡一段时间后进行抗压强度试验。本条规定芯样试件加工完毕后，即可进行抗压强度试验，一方面考虑到钻芯过程中诸因素影响均使芯样试件强度降低，另一方面是出于方便考虑。

7.5.2 芯样试件抗压破坏时的最大压力值与混凝土标准试件明显不同，芯样试件抗压强度试验时应合理选择压力机的量程和加荷速率，保证试验精度。

7.5.3 当出现截取芯样未能制作成试件、芯样试件平均直径小于 2 倍试件内混凝土粗骨料最大粒径时，应重新截取芯样试件进行抗压强度试验。条件不具备时，可将另外两个强度的平均值作为该组混凝土芯样试件抗压强度值。在报告中应对有关情况予以说明。

7.5.4 混凝土芯样试件的强度值不等于在施工现场取样、成型、同条件养护试块的抗压强度，也不等于标准养护 28 天的试块抗压强度。广东有 137 组数据表明在桩身混凝土中的钻芯强度与立方体强度的比值的统计平均值为 0.749。为考察小芯样取芯的离散性（如尺寸效应、机械扰动等），广东、福建、河南等地 6 家单位在标准立方体试块中钻取芯样进行抗压强度试验（强度等级 C15～C50，芯样直径 68～100mm，共 184 组），目的是排除龄期、振捣和养护条件的差异。结果表明：芯样试件强度与立方体强度的比值分别为 0.689、0.848、0.895、0.915、1.106、1.106，平均为 0.943，其中有两单位得出了 φ68、φ80 芯样强度与 φ100 芯样强度相比均接近于 1.0 的结论。当排除龄期和养护条件（温度、湿度）差异时，尽管普遍认同芯样强度低于立方体强度，尤其是在桩身混凝土中钻芯更是如此，但上述结果说明：尚不能采用一个统一的折算系数来反映芯样强度与立方体强度的差异。作为行业标准，为了安全起见，本规范暂不推荐采用 1/0.88（国内一些地方标准采用的折算系数）对芯样强度进行提高修正，留待各地根据试验结果进行调整。

7.5.5 岩石芯样试件数量按本规范 7.4.3 条每组芯样制作三个芯样抗压试件的规定。当岩石芯样抗压强度试验仅仅是配合判断桩端持力层岩性时，检测报告中可不给出岩石饱和单轴抗压强度标准值，只给出平均值；当需要确定岩石饱和单轴抗压强度标准值时，宜按《建筑地基基础设计规范》GB 50007 附录 J 执行。

7.6 检测数据的分析与判定

7.6.1 由于混凝土芯样试件抗压强度的离散性比混凝土标准试件大得多，采用《混凝土强度检验评定标准》GBJ 107 来计算混凝土芯样试件抗压强度代表值有时会出现无法确定代表值的情况。为了避免这种情况，对数千组数据进行验算，证实取平均值的方法是可行的。

同一根桩有两个或两个以上钻芯孔时，应综合考虑各孔芯样强度来评定桩身承载力。取同一深度部位各孔芯样试件抗压强度的平均值作为该深度的混凝土芯样试件抗压强度代表值，是一种简便实用方法。

7.6.2 虽然桩身轴力上大下小，但从设计角度考虑，桩身承载力受最薄弱部位的混凝土强度控制。

7.6.3 桩端持力层岩土性状的描述、判定应有工程地质专业人员参与，并应符合《岩土工程勘察规范》GB 50021 的有关规定。

7.6.4～7.6.5 通过芯样特征对桩身完整性分类，有比低应变法更直观的一面，也有一孔之见代表性差的一面。同一根桩有两个或两个以上钻芯孔时，桩身完整性分类应综合考虑各钻芯孔的芯样质量情况，不同钻芯孔的芯样在同一深度部位均存在缺陷时，该位置存在安全隐患的可能性大，桩身缺陷类别应判重些。

在本规范中，虽然按芯样特征判定完整性和通过芯样试件抗压试验判定桩身强度是否满足设计要求在内容上相对独立，且表 3.5.1 中的桩身完整性分类是针对缺陷是否影响结构承载力的原则性规定。但是，除桩身裂隙外，根据芯样特征描述，不论缺陷属于哪种类型，都指明或相对表明桩身混凝土质量差，即存在低强度区这一共性。因此对于钻芯法，完整性分类尚应结合芯样强度值综合判定。例如：

1 蜂窝麻面、沟槽、空洞等缺陷程度应根据其芯样强度试验结果判断。若无法取样或不能加工成试件，缺陷程度应判重些。

2 芯样连续、完整、胶结好或较好、骨料分布均匀或基本均匀、断口吻合或基本吻合；芯样侧面无表观缺陷，或虽有气孔、蜂窝麻面、沟槽，但能够截取芯样制作成试件；芯样试件抗压强度代表值不小于混凝土设计强度等级。则应判为 Ⅱ 类桩。

3 芯样任一段松散、夹泥或分层，钻进困难甚至无法钻进，则判定基桩的混凝土质量不满足设计要求；若仅在一个孔中出现前述缺陷，而在其他孔同深度部位未出现，为确保质量，仍应进行工程处理。

4 局部混凝土破碎、无法取样或虽能取样但无法加工成试件，一般判定为 Ⅲ 类桩。但是，当钻芯孔数为 3 个时，若同一深度部位芯样质量均如此，宜判为 Ⅳ 类桩；如果仅一孔的芯样质量如此，且长度小于 10cm，另两孔同深度部位的芯样试件抗压强度较高，宜判为 Ⅱ 类桩。

除桩身完整性和芯样试件抗压强度代表值外，当设计有要求时，应判断桩底的沉渣厚度、持力层岩土性状（强度）或厚度是否满足或达到设计要求；否

则，应判断是否满足或达到规范要求。

8 低应变法

8.1 适用范围

8.1.1 目前国内外普遍采用瞬态冲击方式，通过实测桩顶加速度或速度响应时域曲线，籍一维波动理论分析来判定基桩的桩身完整性，这种方法称之为反射波法（或瞬态时域分析法）。据建设部所发工程桩动测单位资质证书的数量统计，绝大多数的单位采用上述方法，所用动测仪器一般都具有傅立叶变换功能，可通过速度幅频曲线辅助分析判定桩身完整性，即所谓瞬态频域分析法；也有些动测仪器还具备实测锤击力并对其进行傅立叶变换的功能，进而得到导纳曲线，这称之为瞬态机械阻抗法。当然，采用稳态激振方式直接测得导纳曲线，则称之为稳态机械阻抗法。无论瞬态激振的时域分析还是瞬态或稳态激振的频域分析，只是习惯上从波动理论或振动理论两个不同角度去分析，数学上忽略截断和泄漏误差时，时域信号和频域信号可通过傅立叶变换建立对应关系。所以，当桩的边界和初始条件相同时，时域和频域分析结果应殊途同归。综上所述，考虑到目前国内外使用方法的普遍程度和可操作性，本规范将上述方法合并编写并统称为低应变（动测）法。

一维线弹性杆件模型是低应变法的理论基础。因此受检桩的长细比、瞬态激励脉冲有效高频分量的波长与桩的横向尺寸之比均宜大于 5，设计桩身截面宜基本规则。另外，一维理论要求应力波在桩身中传播时平截面假设成立，所以，对薄壁钢管桩和类似于 H 型钢桩的异型桩，本方法不适用。

本方法对桩身缺陷程度只做定性判定，尽管利用实测曲线拟合法分析能给出定量的结果，但由于桩的尺寸效应、测试系统的幅频相频响应、高频波的弥散、滤波等造成的实测波形畸变，以及桩侧土阻尼、土阻力和桩身阻尼的耦合影响，曲线拟合法还不能达到精确定量的程度。

对于桩身不同类型的缺陷，低应变测试信号中主要反映出桩身阻抗减小的信息，缺陷性质往往较难区分。例如，混凝土灌注桩出现的缩颈与局部松散、夹泥、空洞等，只凭测试信号就很难区分。因此，对缺陷类型进行判定，应结合地质、施工情况综合分析，或采取钻芯、声波透射等其他方法。

8.1.2 由于受桩周土约束、激振能量、桩身材料阻尼和桩身截面阻抗变化等因素的影响，应力波从桩顶传至桩底再从桩底反射回桩顶的传播为一能量和幅值逐渐衰减过程。若桩过长（或长径比较大）或桩身截面阻抗多变或变幅较大，往往应力波尚未反射回桩顶甚至尚未传到桩底，其能量已完全衰减或提前反射，

致使仪器测不到桩底反射信号，而无法评定整根桩的完整性。在我国，若排除其他条件差异而只考虑各地区地质条件差异时，桩的有效检测长度主要受桩土刚度比大小的制约。因各地提出的有效检测范围变化很大，如长径比 30～50、桩长 30～50m 不等，故本条未规定有效检测长度的控制范围。具体工程的有效检测桩长，应通过现场试验，依据能否识别桩底反射信号，确定该方法是否适用。

对于最大有效检测深度小于实际桩长的超长桩检测，尽管测不到桩底反射信号，但若有效检测长度范围内存在缺陷，则实测信号中必有缺陷反射信号。因此，低应变方法仍可用于查明有效检测长度范围内是否存在缺陷。

8.2 仪器设备

8.2.1 低应变动力检测采用的测量响应传感器主要是压电式加速度传感器（国内多数厂家生产的仪器尚能兼容磁电式速度传感器测试），根据其结构特点和动态性能，当压电式传感器的可用上限频率在其安装谐振频率的 1/5 以下时，可保证较高的冲击测量精度，且在此范围内，相位误差几乎可以忽略。所以应尽量选用自振频率较高的加速度传感器。

对于桩顶瞬态响应测量，习惯上是将加速度计的实测信号积分成速度曲线，并据此进行判读。实践表明：除采用小锤硬碰硬敲击外，速度信号中的有效高频成分一般在 2000Hz 以内。但这并不等于说，加速度计的频响线性段达到 2000Hz 就足够了。这是因为，加速度原始信号比积分后的速度波形中要包含更多和更尖的毛刺，高频尖峰毛刺的宽窄和多寡决定了它们在频谱上占据的频带宽窄和能量大小。事实上，对加速度信号的积分相当于低通滤波，这种滤波作用对尖峰毛刺特别明显。当加速度计的频响线性段较窄时，就会造成信号失真。所以，在 ±10% 幅频误差内，加速度计幅频线性段的高限不宜小于 5000Hz，同时也应避免在桩顶敲击处表面凹凸不平时用硬质材料锤（或不加锤垫）直接敲击。

高阻尼磁电式速度传感器固有频率接近 20Hz 时，幅频线性范围（误差 ±10% 时）约在 20～1000Hz 内，若要拓宽使用频带，理论上可通过提高阻尼比来实现。但从传感器的结构设计、制作以及可用性看却又难于做到。因此，若要提高高频测量上限，必须提高固有频率，势必造成低频段幅频特性恶化，反之亦然。同时，速度传感器在接近固有频率时使用，还存在因相位越过引起的相频非线性问题。此外由于速度传感器的体积和质量均较大，其安装谐振频率受安装条件影响很大，安装不良时会大幅下降并产生自身振荡，虽然可通过低通滤波将自振信号滤除，但在安装谐振频率附近的有用信息也将随之滤除。综上述，高频窄脉冲冲击响应测量不宜使用速度

传感器。

8.2.2 瞬态激振操作应通过现场试验选择不同材质的锤头或锤垫，以获得低频宽脉冲或高频窄脉冲。除大直径桩外，冲击脉冲中的有效高频分量可选择不超过 2000Hz（钟形力脉冲宽度为 1ms，对应的高频截止分量约为 2000Hz）。目前激振设备普遍使用的是力锤、力棒，其锤头或锤垫多选用工程塑料、高强尼龙、铝、铜、铁、橡皮垫等材料，锤的质量为几百克至几十千克不等。

稳态激振设备可包括扫频信号发生器、功率放大器及电磁式激振器。由扫频信号发生器输出等幅值、频率可调的正弦信号，通过功率放大器放大至电磁激振器输出同频率正弦激振力作用于桩顶。

8.3 现场检测

8.3.1 桩顶条件和桩头处理好坏直接影响测试信号的质量。因此，要求受检桩桩顶的混凝土质量、截面尺寸应与桩身设计条件基本等同。灌注桩应凿去桩顶浮浆或松散、破损部分，并露出坚硬的混凝土表面；桩顶表面应平整干净且无积水；妨碍正常测试的桩顶外露主筋应割掉。对于预应力管桩，当法兰盘与桩身混凝土之间结合紧密时，可不进行处理，否则，应采用电锯将桩头锯平。

当桩头与承台或垫层相连时，相当于桩头处存在很大的截面阻抗变化，对测试信号会产生影响。因此，测试时桩头应与混凝土承台断开；当桩头侧面与垫层相连时，除非对测试信号没有影响，否则应断开。

8.3.2 从时域波形中找到桩底反射位置，仅仅是确定了桩底反射的时间，根据 $\Delta T = 2L/c$，只有已知桩长 L 才能计算波速 c，或已知波速 c 计算桩长 L。因此，桩长参数应以实际记录的施工桩长为依据，按测点至桩底的距离设定。测试前桩身波速可根据本地区同类桩型的测试值初步设定，实际分析过程中应按由桩长计算的波速重新设定或按 8.4.1 条确定的波速平均值 c_m 设定。

对于时域信号，采样频率越高，则采集的数字信号越接近模拟信号，越有利于缺陷位置的准确判断。一般应在保证测得完整信号（时段 $2L/c+5ms$，1024 个采样点）的前提下，选用较高的采样频率或较小的采样时间间隔。但是，若要兼顾频域分辨率，则应按采样定理适当降低采样频率或增加采样点数。

稳态激振是按一定频率间隔逐个频率激振，并持续一段时间。频率间隔的选择决定于速度幅频曲线和导纳曲线的频率分辨率，它影响桩身缺陷位置的判定精度；间隔越小，精度越高，但检测时间很长，降低工作效率。一般频率间隔设置为 3Hz、5Hz 和 10Hz。每一频率下激振持续时间的选择，理论上越长越好，这样有利于消除信号中的随机噪声。实际测试过程中，为提高工作效率，只要保证获得稳定的激振力和

响应信号即可。

8.3.3 本条是为保证获得高质量响应信号而提出的措施：

1 传感器用耦合剂粘结时，粘结层应尽可能薄；必要时可采用冲击钻打孔安装方式，但传感器底安装面应与桩顶面紧密接触。

2 相对桩顶横截面尺寸而言，激振点处为集中力作用，在桩顶部位可能出现与桩的横向振型相应的高频干扰。当锤击脉冲变窄或桩径增加时，这种由三维尺寸效应引起的干扰加剧。传感器安装点与激振点距离和位置不同，所受干扰的程度各异。初步研究表明：实心桩安装点在距桩中心约 2/3 半径 R 时，所受干扰相对较小；空心桩安装点与激振点平面夹角等于或略大于 90°时也有类似效果，该处相当于横向耦合低阶振型的驻点。另应注意加大安装与激振两点距离或平面夹角将增大锤击点与安装点响应信号时间差，造成波速或缺陷定位误差。传感器安装点、锤击点布置见图 1。

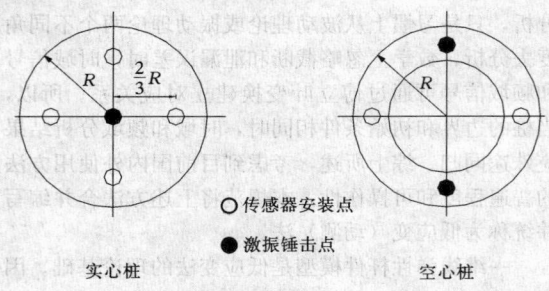

○ 传感器安装点

● 激振锤击点

实心桩　　　　　空心桩

图 1　传感器安装点、锤击点布置示意图

当预制桩、预应力管桩等桩顶高于地面很多，或灌注桩桩顶部分桩身截面很不规则，或桩顶与承台等其他结构相连而不具备传感器安装条件时，可将两支测量响应传感器对称安装在桩顶以下的桩侧表面，且宜远离桩顶。

3 激振点与传感器安装点应远离钢筋笼的主筋，其目的是减少外露主筋对测试产生干扰信号。若外露主筋过长而影响正常测试时，应将其割短。

4 瞬态激振通过改变锤的重量及锤头材料，可改变冲击入射波的脉冲宽度及频率成分。锤头质量较大或刚度较小时，冲击入射波脉冲较宽，低频成分为主；当冲击力大小相同时，其能量较大，应力波衰减较慢，适合于获得长桩桩底信号或下部缺陷的识别。锤头较轻或刚度较大时，冲击入射波脉冲较窄，含高频成分较多；冲击力大小相同时，虽其能量较小并加剧大直径桩的尺寸效应影响，但较适宜于桩身浅部缺陷的识别及定位。

5 稳态激振在每个设定的频率下激振时，为避免频率变换过程产生失真信号，应具有足够的稳定激振时间，以获得稳定的激振力和响应信号，并根据桩径、桩长及桩周土约束情况调整激振力。稳态激振器

的安装方式及好坏对测试结果起着很大的作用。为保证激振系统本身在测试频率范围内不至于出现谐振，激振器的安装宜采用柔性悬挂装置，同时在测试过程中应避免激振器出现横向振动。

8.3.4 桩径增大时，桩截面各部位的运动不均匀性也会增加，桩浅部的阻抗变化往往表现出明显的方向性。故应增加检测点数量，使检测结果能全面反映桩身结构完整性情况。每个检测点有效信号数不宜少于3个，通过叠加平均提高信噪比。

应合理选择测试系统量程范围，特别是传感器的量程范围，避免信号波峰削波。

8.4 检测数据的分析与判定

8.4.1 为分析不同时段或频段信号所反映的桩身阻抗信息、核验桩底信号并确定桩身缺陷位置，需要确定桩身波速及其平均值 c_m。波速除与桩身混凝土强度有关外，还与混凝土的骨料品种、粒径级配、密度、水灰比、成桩工艺（导管灌注、振捣、离心）等因素有关。波速与桩身混凝土强度整体趋势上呈正相关关系，即强度高波速高，但二者并不为一一对应关系。在影响混凝土波速的诸多因素中，强度对波速的影响并非首位。中国建筑科学研究院的试验资料表明：采用普硅水泥，粗骨料相同，不同试配强度及龄期强度相差1倍时，声速变化仅为10%左右；根据辽宁省建设科学研究院的试验结果：采用矿渣水泥，28天强度为3天强度的4～5倍时，一维波速增加20%～30%；分别采用碎石和卵石并按相同强度等级试配，发现以碎石为粗骨料的混凝土一维波速比卵石高约13%。天津市政研究院也得到类似辽宁院的规律，但有一定离散性，即同一组（粗骨料相同）混凝土试配强度不同的杆件或试块，同龄期强度低约10%～15%，但波速或声速略有提高。也有资料报导正好相反，例如福建省建筑科学研究院的试验资料表明：采用普硅水泥，按相同强度等级试配，骨料为卵石的混凝土声速略高于骨料为碎石的混凝土声速。因此，不能依据波速去评定混凝土强度等级，反之亦然。

虽然波速与混凝土强度二者并不呈一一对应关系，但考虑到二者整体趋势上呈正相关关系，且强度等级是现场最易得到的参考数据，故对于超长桩或无法明确找出桩底反射信号的桩，可根据本地区经验并结合混凝土强度等级，综合确定波速平均值，或利用成桩工艺、桩型相同且桩长相对较短并能够找出桩底反射信号的桩确定的波速，作为波速平均值。此外，当某根桩露出地面且有一定的高度时，可沿桩长方向间隔一可测量的距离段安装两个测振传感器，通过测量两个传感器的响应时差，计算该桩段的波速值，以该值代表整根桩的波速值。

8.4.2 本方法确定桩身缺陷的位置是有误差的，原因是：缺陷位置处 Δt_x 和 $\Delta f'$ 存在读数误差；采样点

数不变时，提高采样频率降低了频域分辨率；波速确定的方式及用抽样所得平均值 c_m 替代某具体桩身段波速带来的误差。其中，波速带来的缺陷位置误差 $\Delta x = x \cdot \Delta c/c$（$\Delta c/c$ 为波速相对误差）影响最大，如波速相对误差为5%，缺陷位置为10m时，则误差有0.5m；缺陷位置为20m时，则误差有1.0m。

对瞬态激振还存在另一种误差，即锤击后应力波主要以纵波形式直接沿桩身向下传播，同时在桩顶又主要以表面波和剪切波的形式沿径向传播。因锤击点与传感器安装点有一定的距离，接收点测到的入射峰总比锤击点处滞后，考虑到表面波或剪切波的传播速度比纵波低得多，特别对大直径桩或直径较大的管桩，这种从锤击点起由近及远的时间线性滞后将明显增加。而波从缺陷或桩底以一维平面应力波反射回桩顶时，引起的桩顶面径向各点的质点运动却在同一时刻都是相同的，即不存在由近及远的时间滞后问题。所以严格地讲，按入射峰-桩底反射峰确定的波速将比实际的高，若按"正确"的桩身波速确定缺陷位置将比实际的浅，若能测到 $4L/c$ 的二次桩底反射，则由 $2L/c$ 至 $4L/c$ 时段确定的波速是正确的。

8.4.3 表8.4.3列出了根据实测时域或幅频信号特征、所划分的桩身完整性类别。完整桩典型的时域信号和速度幅频信号见图2和图3，缺陷桩典型的时域信号和速度幅频信号见图4和图5。

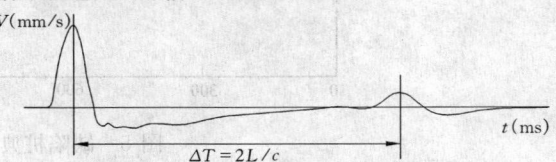

图 2　完整桩典型时域信号特征

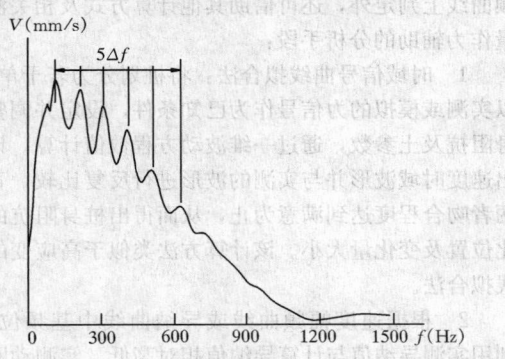

图 3　完整桩典型速度幅频信号特征

完整桩分析判定，从时域信号或频域曲线特征表现的信息判定相对来说较简单直观，而分析缺陷桩信号则复杂些，有的信号的确是因施工质量缺陷产生的，但也有是因设计构造或成桩工艺本身局限导致的不连续断面产生的，例如预制打入桩的接缝，灌注桩的逐渐扩径再缩回原桩径的变截面，地层硬夹层影响等。因此，在分析测试信号时，应仔细分清哪些是缺

陷波或缺陷谐振峰，哪些是因桩身构造、成桩工艺、土层影响造成的类似缺陷信号特征。另外，根据测试信号幅值大小判定缺陷程度，除受缺陷程度影响外，还受桩周土阻尼大小及缺陷所处的深度位置影响。相同程度的缺陷因桩周土岩性不同或缺陷埋深不同，在测试信号中其幅值大小各异。因此，如何正确判定缺陷程度，特别是缺陷十分明显时，如何区分是Ⅲ类桩还是Ⅳ类桩，应仔细对照桩型、地质条件、施工情况结合当地经验综合分析判断；不仅如此，还应结合基础和上部结构型式对桩的承载安全性要求，考虑桩身承载力不足引发桩身结构破坏的可能性，进行缺陷类别划分，不宜单凭测试信号定论。

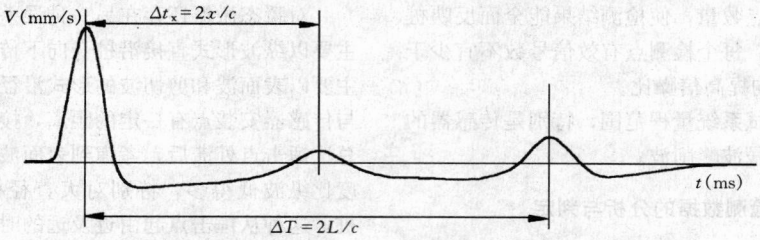

图 4　缺陷桩典型时域信号特征

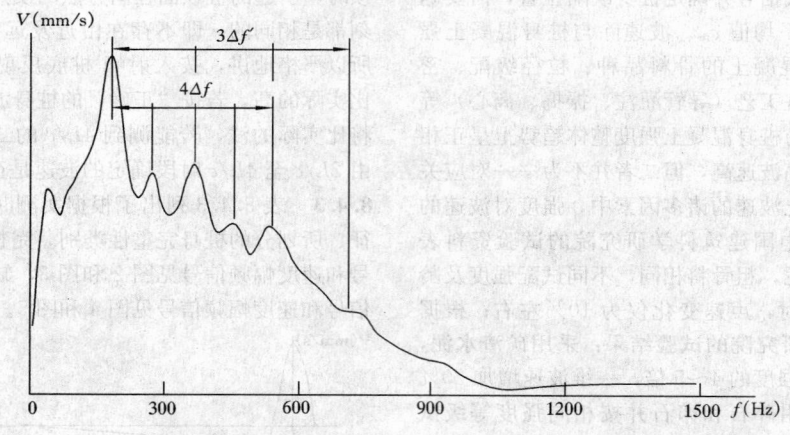

图 5　缺陷桩典型速度幅频信号特征

桩身缺陷的程度及位置，除直接从时域信号或幅频曲线上判定外，还可借助其他计算方式及相关测试量作为辅助的分析手段：

1　时域信号曲线拟合法：将桩划分为若干单元，以实测或模拟的力信号作为已知条件，设定并调整桩身阻抗及土参数，通过一维波动方程数值计算，计算出速度时域波形并与实测的波形进行反复比较，直到两者吻合程度达到满意为止，从而得出桩身阻抗的变化位置及变化量大小。该计算方法类似于高应变的曲线拟合法。

2　根据速度幅频曲线或导纳曲线中基频位置，利用实测导纳值与计算导纳值相对高低、实测动刚度的相对高低，进行判断。此外，还可对速度幅频信号曲线进行二次谱分析。

图 6 为完整桩的速度导纳曲线。计算导纳值 N_c、实测导纳值 N_m 和动刚度 K_d 分别按下列公式计算：

导纳理论计算值：
$$N_c = \frac{1}{\rho c_m A} \qquad (3)$$

实测导纳几何平均值：
$$N_m = \sqrt{P_{max} \cdot Q_{min}} \qquad (4)$$

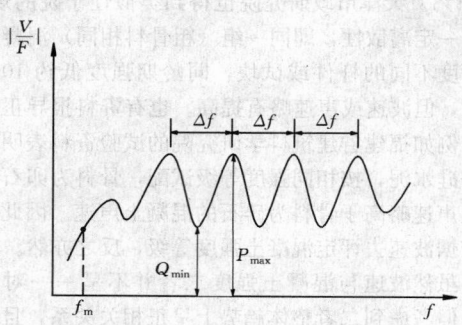

图 6　均匀完整桩的速度导纳曲线图

动刚度：
$$K_d = \frac{2\pi f_m}{\left|\dfrac{V}{F}\right|_m} \qquad (5)$$

式中　ρ——桩材质量密度（kg/m³）；

c_m——桩身波速平均值（m/s）；

A——设计桩身截面积（m²）；

P_{max}——导纳曲线上谐振波峰的最大值（m/s·N⁻¹）；

Q_{min}——导纳曲线上谐振波谷的最小值（m/s·N⁻¹）；

f_m——导纳曲线上起始近似直线段上任一频率
值（Hz）；

$\left|\dfrac{V}{F}\right|_m$——与 f_m 对应的导纳幅值（m/s·N^{-1}）。

理论上，实测导纳值 N_m、计算导纳值 N_c 和动刚度 K_d 就桩身质量好坏而言存在一定的相对关系：完整桩，N_m 约等于 N_c、K_d 值正常；缺陷桩，N_m 大于 N_c、K_d 值低，且随缺陷程度的增加其差值增大；扩径桩，N_m 小于 N_c、K_d 值高。

值得说明，由于稳态激振过程在某窄小频带上激振，其能量集中、信噪比高、抗干扰能力强等特点，所测的导纳曲线、导纳值及动刚度比采用瞬态激振方式重复性好、可信度较高。

表 8.4.3 没有列出桩身无缺陷或有轻微缺陷但无桩底反射这种信号特征的类别划分。事实上，测不到桩底信号这种情况受多种因素和条件影响，例如：

——软土地区的超长桩，长径比很大；

——桩周土约束很大，应力波衰减很快；

——桩身阻抗与持力层阻抗匹配良好；

——桩身截面阻抗显著突变或沿桩长渐变；

——预制桩接头缝隙影响。

其实，当桩侧和桩端阻力很强时，高应变法同样也测不出桩底反射。所以，上述原因造成无桩底反射也属正常。此时的桩身完整性判定，只能结合经验、参照本场地和本地区的同类型桩综合分析或采用其他方法进一步检测。

对设计条件有利的扩径灌注桩，不应判定为缺陷桩。

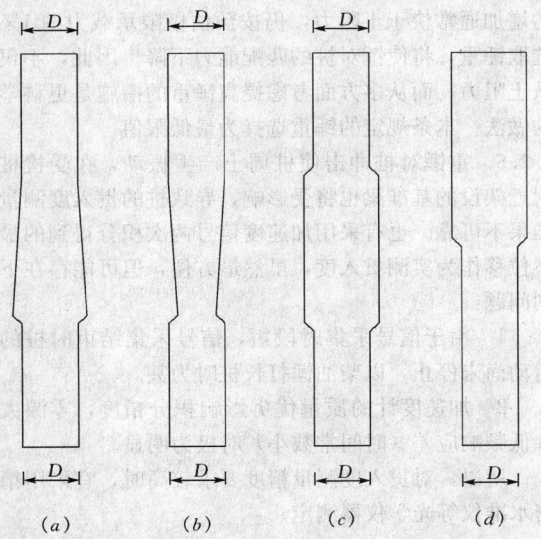

图 7　混凝土灌注桩截面（阻抗）变化示意图
(a) 逐渐扩径；(b) 逐渐缩颈；
(c) 中部扩径；(d) 上部扩径

8.4.4 当灌注桩桩截面形态呈现如图 7 情况时，桩

身截面（阻抗）渐变或突变，在阻抗突变处的一次或二次反射常表现为类似明显扩径、严重缺陷或断桩的相反情形，从而造成误判。因此，可结合施工、地层情况综合分析加以区分；无法区分时，应结合其他检测方法综合判定。当桩身存在不止一个阻抗变化截面（包括上述桩身某一范围阻抗渐变的情况）时，由于各阻抗变化截面的一次和多次反射波相互迭加，除距桩顶第一阻抗变化截面的一次反射能辨认外，其后的反射信号可能变得十分复杂，难于分析判断。此时，宜按下列规定采用实测曲线拟合法进行辅助分析：

1　信号不得因尺寸效应、测试系统频响等影响产生畸变。

2　桩顶横截面尺寸应按现场实际测量结果确定。

3　通过同条件下、截面基本均匀的相邻桩曲线拟合，确定引起应力波衰减的桩土参数取值。

4　宜采用实测力波形作为边界条件输入。

8.4.5 对嵌岩桩，桩底沉渣和桩端持力层是否为软弱层、溶洞等是直接关系到该桩能否安全使用的关键因素。虽然本方法不能确定桩底情况，但理论上可以将嵌岩桩桩端视为杆件的固定端，并根据桩底反射波的方向判断桩端端承效果，也可通过导纳值、动刚度的相对高低提供辅助分析。采用本方法判定桩端嵌固效果差时，应采用静载试验或钻芯法等其他检测方法核验桩端嵌岩情况，确保基桩使用安全。

8.4.7 人员水平低、测试过程和测量系统各环节出现异常、人为信号再处理影响信号真实性等，均直接影响结论判断的正确性，只有根据原始信号曲线才能鉴别。

9　高　应　变　法

9.1　适　用　范　围

9.1.1 高应变法的主要功能是判定单桩竖向抗压承载力是否满足设计要求。这里所说的承载力是指在桩身强度满足桩身结构承载力的前提下，得到的桩周岩土对桩的抗力（静阻力）。所以要得到极限承载力，应使桩侧和桩端岩土阻力充分发挥，否则不能得到承载力的极限值，只能得到承载力检测值。

与低应变法检测的快捷、廉价相比，高应变法检测桩身完整性虽然是附带性的，但由于其激励能量和检测有效深度大的优点，特别在判定桩身水平整合型缝隙、预制桩接头等缺陷时，能够在查明这些"缺陷"是否影响竖向抗压承载力的基础上，合理判定缺陷程度。当然，带有普查性的完整性检测，采用低应变法更为恰当。

高应变检测技术是从打入式预制桩发展起来的，试打桩和打桩监控属于其特有的功能，是静载试验无法做到的。

9.1.2 灌注桩的截面尺寸和材质的非均匀性、施工的隐蔽性（干作业成孔桩除外）及由此引起的承载力变异性普遍高于打入式预制桩，导致灌注桩检测采集的波形质量低于预制桩。波形分析中的不确定性和复杂性又明显高于预制桩。与静载试验结果对比，灌注桩高应变检测判定的承载力误差也如此。因此，积累灌注桩现场测试、分析经验和相近条件下的可靠对比验证资料，对确保检测质量尤其重要。

9.1.3 除嵌入基岩的大直径桩和纯摩擦型大直径桩外，大直径灌注桩、扩底桩（墩）由于尺寸效应，通常其静载 Q_s 曲线表现为缓变型，端阻力发挥所需的位移很大。另外，在土阻力相同条件下，桩身直径的增加使桩身截面阻抗（或桩的惯性）与直径成平方的关系增加，锤与桩的匹配能力下降。而多数情况下高应变检测所用锤的重量有限，很难在桩顶产生较长持续时间的作用荷载，达不到使土阻力充分发挥所需的位移量。另一原因如第 9.1.2 条条文说明所述。

9.2 仪器设备

9.2.1 本条对仪器的主要技术性能指标要求是按建筑工业行业标准《基桩动测仪》提出的，比较适中，大部分型号的国产和进口仪器能满足。由于动测仪器的使用环境恶劣，所以仪器的环境性能指标和可靠性也很重要。本条对加速度计的量程未做具体规定，原因是对不同类型的桩，各种因素影响使最大冲击加速度变化很大。建议根据实测经验来合理选择，宜使选择的量程大于预估最大冲击加速度值的一倍以上。如对钢桩，宜选择 $20000 \sim 30000 \mathrm{m/s^2}$ 量程的加速度计。

9.2.2 导杆式柴油锤荷载上升时间过于缓慢，容易造成速度响应信号失真。

9.2.3 分片组装式锤的单片或强夯锤，下落时平稳性差且不易导向，更易造成严重锤击偏心并影响测试质量。因此规定锤体的高径（宽）比不得小于 1。

自由落锤安装加速度计测量桩顶锤击力的依据是牛顿第二和第三定律。其成立条件是同一时刻锤体内各质点的运动和受力无差异，也就是说，虽然锤为弹性体，只要锤体内部不存在波传播的不均匀性，就可视锤为一刚体或具有一定质量的质点。波动理论分析结果表明：当沿正弦波传播方向的介质尺寸小于正弦波波长的 1/10 时，可认为在该尺寸范围内无波传播效应，即同一时刻锤的受力和运动状态均匀。除钢桩外，较重的自由落锤在桩身产生的力信号中有效频率分量（占能量的 90% 以上）在 200Hz 以内，超过 300Hz 后可忽略不计。按最不利估计，对力信号有贡献的高频分量波长也超过 15m。所以，在大多数采用自由落锤的场合，牛顿第二定律能较严格地成立。规定锤体需整体铸造且高径（宽）比不大于 1.5 正是为了避免分片锤体在内部相互碰撞和波传播效应造成的锤内部运动状态不均匀。这种方式与在桩头附近的桩侧表面安装应变式传感器的测力方式相比，优缺点是：

1 避免了桩头损伤和安装部位混凝土差导致的测力失败以及应变式传感器的经常损坏。

2 避免了因混凝土非线性造成的力信号失真（混凝土受压时，理论上讲是对实测力值放大，是不安全的）。

3 直接测定锤击力，即使混凝土波速、弹性模量改变，也无需修正。

4 测量响应的加速度计只能安装在距桩顶较近的桩侧表面，尤其不能安装在桩头变阻抗截面以下的桩身上。

5 桩顶只能放置薄层桩垫，不能放置尺寸和质量较大的桩帽（替打）。

6 需采用重锤或软锤垫以减少锤上的高频分量。但因锤高度一般不大于 1.5m，则最大适宜锤重可能受到限制，如直径 1.0m、高 1.5m 的圆柱形锤仅为 92kN。

7 由于基线修正方式的不同，锤体加速度测量可能有 1g（g 为重力加速度）的误差。大锤上的测试效果可能比小锤差。

9.2.4 本条对锤重选择与原《基桩高应变动力检测规程》不同，给出的是一个范围。主要理由如下：

1 桩较长或桩径较大时，一般使侧阻、端阻充分发挥所需位移大。

2 桩是否容易被"打动"取决于桩身"广义阻抗"的大小。广义阻抗与桩周土阻力大小和桩身截面波阻抗大小两个因素有关。随着桩直径增加，波阻抗的增加通常快于土阻力，仍按预估极限承载力的 1% 选取锤重，将使锤对桩的匹配能力下降。因此，不仅从土阻力，而从多方面考虑提高锤重的措施是更科学的做法。本条规定的锤重选择为最低限值。

9.2.5 重锤对桩冲击使桩周土产生振动，在受检桩附近架设的基准梁也将受影响，导致桩的贯入度测量结果不可靠。也有采用加速信号两次积分得到的最终位移作为实测贯入度，虽然方便，但可能存在下列问题：

1 由于信号采集时段短，信号采集结束时桩的运动尚未停止，以柴油锤打长桩时为甚。

2 加速度计的质量优劣影响积分精度，零漂大和低频响应差（时间常数小）时极为明显。

所以，对贯入度测量精度要求较高时，宜采用精密水准仪等光学仪器测定。

9.3 现场检测

9.3.1 承载力时间效应因地而异，以沿海软土地区最显著。成桩后，若桩周岩土无隆起、侧挤、沉陷、软化等影响，承载力随时间增长。工期紧休止时间不够时，除非承载力检测值已满足设计要求，否则应休

止到满足表 3.2.6 规定的时间为止。

锤击装置垂直、锤击平稳对中、桩头加固和加设桩垫，是为了减小锤击偏心和避免击碎桩头；在距桩顶规定的距离下的合适部位对称安装传感器，是为了减小锤击在桩顶产生的应力集中和对偏心进行补偿。所有这些措施都是为保证测试信号质量提出的。

9.3.2 采样时间间隔为 $100\mu s$，对常见的工业与民用建筑的桩是合适的。但对于超长桩，例如桩长超过 60m，采样时间间隔可放宽为 $200\mu s$，当然也可增加采样点数。

应变式传感器直接测到的是其安装面上的应变，并按下式换算成锤击力：

$$F = A \cdot E \cdot \epsilon \qquad (6)$$

式中 F——锤击力；

A——测点处桩截面积；

E——桩材弹性模量；

ϵ——实测应变值。

显然，锤击力的正确换算依赖于测点处设定的桩参数是否符合实际。另一需注意的问题是：计算测点以下原桩身的阻抗变化，包括计算的桩身运动及受力大小，都是以测点处桩头单元为相对"基准"的。

测点下桩长是指桩头传感器安装点至桩底的距离，一般不包括桩尖部分。

对于普通钢桩，桩身波速可直接设定为 5120m/s。对于混凝土桩，桩身波速取决于混凝土的骨料品种、粒径级配、成桩工艺（导管灌注、振捣、离心）及龄期，其值变化范围大多为 3000～4500m/s。混凝土预制桩可在沉桩前实测无缺陷桩的桩身平均波速作为设定值；混凝土灌注桩应结合本地区混凝土波速的经验值或同场地已知值初步设定，但在计算分析前，应根据实测信号进行修正。

9.3.3 本条说明如下：

1 传感器外壳与仪器外壳共地，测试现场潮湿，传感器对地未绝缘，交流供电时常出现 50Hz 干扰，解决办法是良好接地或改用直流供电。

2 根据波动理论分析：若视锤为一刚体，则桩顶的最大锤击应力只与锤冲击桩顶时的初速度有关，落距越高，锤击应力和偏心越大，越容易击碎桩头。轻锤高击并不能有效提高桩锤传递给桩的能量和增大桩顶位移，因为力脉冲作用持续时间不仅与锤垫有关，还主要与锤重有关；锤击脉冲越窄，波传播的不均匀性，即桩身受力和运动的不均匀性（惯性效应）越明显，实测波形中土的动阻力影响加剧，而与位移相关的静土阻力呈明显的分段发挥态势，使承载力的测试分析误差增加。事实上，若将锤重增加到预估单桩极限承载力的 5%～10% 以上，则可得到与静动法（STATNAMIC 法）相似的长持续力脉冲作用。此时，由于桩身中的波传播效应大大减弱，桩侧、桩端岩土阻力的发挥更接近静载作用时桩的荷载传递性

状。因此，"重锤低击"是保障高应变法检测承载力准确性的基本原则，这与低应变法充分利用波传播效应（窄脉冲）准确探测缺陷位置有着概念上的区别。

3 打桩全过程监测是指预制桩施打开始后，从桩锤正常爆发起跳直到收锤为止的全部过程测试。

4 高应变试验成功的关键是信号质量以及信号中的信息是否充分。所以应根据每锤信号质量以及动位移、贯入度和大致的土阻力发挥情况，初步判别采集到的信号是否满足检测目的的要求。同时，也要检查混凝土桩锤击拉、压应力和缺陷程度大小，以决定是否进一步锤击，以免桩头或桩身受损。自由落锤锤击时，锤的落距应由低到高；打入式预制桩则按每次采集一阵（10 击）的波形进行判别。

5 检测工作现场情况复杂，经常产生各种不利影响。为确保采集到可靠的数据，检测人员应能正确判断波形质量，熟练地诊断测量系统的各类故障，排除干扰因素。

9.3.4 贯入度的大小与桩尖刺入或桩端压密塑性变形量相对应，是反映桩侧、桩端土阻力是否充分发挥的一个重要信息。贯入度小，即通常所说的"打不动"，使检测得到的承载力低于极限值。本条是从保证承载力分析计算结果的可靠性出发，给出的贯入度合适范围，不能片面理解成在检测中应减小锤重使单击贯入度不超过 6mm。贯入度大且桩身无缺陷的波形特征是 $2L/c$ 处桩底反射强烈，其后的土阻力反射或桩的回弹不明显。贯入度过大造成的桩周土扰动大，高应变承载力分析所用的土的力学模型，对真实的桩-土相互作用的模拟接近程度变差。据国内发现的一些实例和国外的统计资料：贯入度较大时，采用常规的理想弹塑性土阻力模型进行实测曲线拟合分析，不少情况下预示的承载力明显低于静载试验结果，统计结果离散性很大！而贯入度较小，甚至桩几乎未被打动时，静动对比的误差相对较小，且统计结果的离散性也不大。若采用考虑桩端土附加质量的能量耗散机制模型修正，与贯入度小时的承载力提高幅度相比，会出现难以预料的承载力成倍提高。原因是：桩底反射强意味着桩端的运动加速度和速度强烈，附加土质量产生的惯性力和动阻力恰好分别与加速度和速度成正比。可以想见，对于长细比较大、摩阻力较强的摩擦型桩，上述效应就不会明显。此外，6mm 贯入度只是一个统计参考值，本章第 9.4.7 条第 3 款已针对此情况做了具体规定。

9.4 检测数据的分析与判定

9.4.1 从一阵锤击信号中选取分析用信号时，除要考虑有足够的锤击能量使桩周岩土阻力充分发挥外，还应注意下列问题：

1 连续打桩时桩周土的扰动及残余应力。

2 锤击使缺陷进一步发展或拉应力使桩身混凝

土产生裂隙。

3 在桩易打或难打以及长桩情况下，速度基线修正带来的误差。

4 对桩垫过厚和柴油锤冷锤信号，加速度测量系统的低频特性所造成的速度信号误差或严重失真。

9.4.2 可靠的信号是得出正确分析计算结果的基础。除柴油锤施打的长桩信号外，力的时曲线应最终归零。对于混凝土桩，高应变测试信号质量不但受传感器安装好坏、锤击偏心程度和传感器安装面处混凝土是否开裂的影响，也受混凝土的不均匀性和非线性的影响。这种影响对应变式传感器测得的力信号尤其敏感。混凝土的非线性一般表现为：随应变的增加，弹性模量减小，并出现塑性变形，使根据应变换算到的力值偏大且力曲线尾部不归零。本规范所指的锤击偏心相当于两侧力信号之一与力平均值之差的绝对值超过平均值的 33%。通常锤击偏心很难避免，因此严禁用单侧力信号代替平均力信号。

9.4.3 桩底反射明显时，桩身平均波速也可根据速度波形第一峰起升沿的起点和桩底反射峰的起点之间的时差与已知桩长值确定。对桩底反射峰变宽或有水平裂缝的桩，不应根据峰与峰间的时差来确定平均波速。桩较短且锤击力波上升缓慢时，可采用低应变法确定平均波速。

9.4.4 通常，当平均波速按实测波形改变后，测点处的原设定波速也按比例线性改变，模量则应按平方的比例关系改变。当采用应变式传感器测力时，多数仪器并非直接保存实测应变值，如有些是以速度（$V=c \cdot \varepsilon$）的单位存储。若模量随波速改变后，仪器不能自动修正以速度为单位存储的力值，则应对原始实测力值校正。

9.4.5 在多数情况下，正常施打的预制桩，力和速度信号第一峰应基本成比例。但在以下几种情况下比例失调属于正常：

1 桩浅部阻抗变化和土阻力影响。

2 采用应变式传感器测力时，测点处混凝土的非线性造成力值明显偏高。

3 锤击力波上升缓慢或桩很短时，土阻力波或桩底反射波的影响。

除第 2 种情况减小力值，可避免计算的承载力过高外，其他情况的随意比例调整均是对实测信号的歪曲，并产生虚假的结果。因此，禁止将实测力或速度信号重新标定。这一点必须引起重视，因为有些仪器具有比例自动调整功能。

9.4.6 高应变分析计算结果的可靠性高低取决于动测仪器、分析软件和人员素质三个要素。其中起决定作用的是具有坚实理论基础和丰富实践经验的高素质检测人员。高应变法之所以有生命力，表现在高应变信号不同于随机信号的可解释性——即使不采用复杂的数学计算和提炼，只要检测波形质量有保证，就能

定性地反映桩的承载性状及其他相关的动力学问题。在建设部工程桩动测资质复查换证过程中，发现不少检测报告中，对波形的解释与分析计算已达到盲目甚至是滥用的地步。对此，如果不从提高人员素质入手加以解决，这种状况的改观显然仅靠技术规范以及仪器和软件功能的增强是无法做到的。因此，承载力分析计算前，应有高素质的检测人员对信号进行定性检查和正确判断。

9.4.7 当出现本条所述四款情况时，因高应变法难于分析判定承载力和预示桩身结构破坏的可能性，建议采取验证检测。本条第 3、4 款反映的代表性波形见图 8。原因解释参见第 9.3.4 条的条文说明。由图 9 可见，静载验证试验尚未压至破坏，但高应变测试的锤重、贯入度却"符合"要求。当采用波形拟合法分析承载力时，由于承载力比按地质报告估算的低很多，除采用直接法验证外，不能主观臆断或采用能使拟合的承载力大幅提高的桩-土模型及其参数。

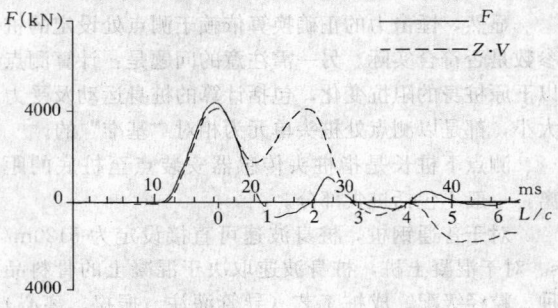

图 8　灌注桩高应变实测波形

注：ϕ800mm 钻孔灌注桩，桩端持力层为全风化花岗片麻岩，测点下桩长 16m。采用 60kN 重锤，先做高应变检测，后做静载验证检测。

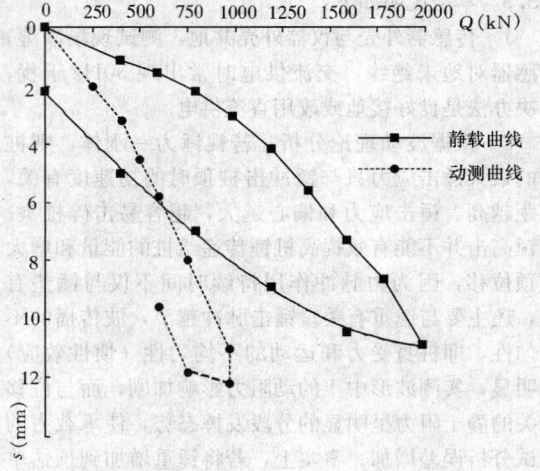

图 9　静载和动载模拟的 Q-s 曲线

9.4.8 凯司法与实测曲线拟合法在计算承载力上的本质区别是：前者在计算极限承载力时，单击贯入度

与最大位移是参考值，计算过程与它们无关。另外，凯司法承载力计算公式是基于以下三个假定推导出的：

　　1　桩身阻抗基本恒定。

　　2　动阻力只与桩底质点运动速度成正比，即全部动阻力集中于桩端。

　　3　土阻力在时刻 $t_2 = t_1 + 2L/c$ 已充分发挥。

　　显然，它较适用于摩擦型的中、小直径预制桩和截面较均匀的灌注桩。

　　公式中的唯一未知数——凯司法无量纲阻尼系数 J_c 定义为仅与桩端土性有关，一般遵循随土中细粒含量增加阻尼系数增大的规律。J_c 的取值是否合理在很大程度上决定了计算承载力的准确性。所以，缺乏同条件下的静动对比校核，或大量相近条件下的对比资料时，将使其使用范围受到限制。当贯入度达不到规定值或不满足上述三个假定时，J_c 值实际上变成了一个无明确意义的综合调整系数。特别值得一提的是灌注桩，也会在同一工程、相同桩型及持力层时，可能出现 J_c 取值变异过大的情况。为防止凯司法的不合理应用，规定应采用静动对比或实测曲线拟合法校核 J_c 值。

9.4.9　由于式（9.4.9-1）给出的 R_c 值与位移无关，仅包含 $t_2 = t_1 + 2L/c$ 时刻之前所发挥的土阻力信息，通常除桩长较短的摩擦型桩外，土阻力在 $2L/c$ 时刻不会充分发挥，尤以端承型桩显著。所以，需要采用将 t_1 延时求出承载力最大值的最大阻力法（RMX法），对与位移相关的土阻力滞后 $2L/c$ 发挥的情况进行提高修正。

　　桩身在 $2L/c$ 之前产生较强的向上回弹，使桩身从顶部逐渐向下产生土阻力卸载（此时桩的中下部土阻力属于加载）。这对于桩较长、摩阻力较大而荷载作用持续时间相对较短的桩较为明显。因此，需要采用将桩中上部卸载的土阻力进行补偿提高修正的卸载法（RSU法）。

　　RMX法和RSU法判定承载力，体现了高应变法波形分析的基本概念——应充分考虑与位移相关的土阻力发挥状况和波传播效应，这也是实测曲线拟合法的精髓所在。另外，还有几种凯司法的子方法可在积累了成熟经验后采用。它们是：

　　1　在桩尖质点运动速度为零时，动阻力也为零，此时有两种与 J_c 无关的计算承载力"自动"法，即RAU法和RA2法。前者适用于桩侧阻力很小的情况，后者适用于桩侧阻力适中的场合。

　　2　通过延时求出承载力最小值的最小阻力法（RMN法）。

9.4.10　实测曲线拟合法是通过波动问题数值计算，反演确定桩和土的力学模型及其参数值。其过程为：假定各桩单元的桩和土力学模型及其模型参数，利用实测的速度（或力、上行波、下行波）曲线作为输入

边界条件，数值求解波动方程，反算桩顶的力（或速度、下行波、上行波）曲线。若计算的曲线与实测曲线不吻合，说明假设的模型及参数不合理，有针对性地调整模型及参数再行计算，直至计算曲线与实测曲线（以及贯入度的计算值与实测值）的吻合程度良好且不易进一步改善为止。虽然从原理上讲，这种方法是客观唯一的，但由于桩、土以及它们之间的相互作用等力学行为的复杂性，实际运用时还不能对各种桩型、成桩工艺、地质条件，都能达到十分准确地求解桩的动力学和承载力问题的效果。所以，本条针对该法应用中的关键技术问题，做了具体阐述和规定：

　　1　关于桩与土模型：（1）目前已有成熟使用经验的土的静阻力模型为理想弹-塑性或考虑土体硬化或软化的双线性模型；模型中有两个重要参数——土的极限静阻力 R_u 和土的最大弹性位移 s_q，可以通过静载试验（包括桩身内力测试）来验证。在加载阶段，土体变形小于或等于 s_q 时，土体在弹性范围工作；变形超过 s_q 后，进入塑性变形阶段（理想弹-塑性时，静阻力达到 R_u 后不再随位移增加而变化）。对于卸载阶段，同样要规定卸载路径的斜率和弹性位移限。（2）土的动阻力模型一般习惯采用与桩身运动速度成正比的线性粘滞阻尼，带有一定的经验性，且不易直接验证。（3）桩的力学模型一般为一维杆模型，单元划分应采用等时单元（实际为连续模型或特征线法求解的单元划分模式），即应力波通过每个桩单元的时间相等，由于没有高阶项的影响，计算精度高。（4）桩单元除考虑 A、E、c 等参数外，也可考虑桩身阻尼和裂隙。另外，也可考虑桩底的缝隙、开口桩或异形桩的土塞、残余应力影响和其他阻尼形式。（5）所用模型的物理力学概念应明确，参数取值应能限定；避免采用可使承载力计算结果产生较大变异的桩-土模型及参数。

　　2　拟合时应根据波形特征，结合施工和地质条件合理确定桩土参数取值。因为拟合所用的桩土参数的数量和类型繁多，参数各自和相互间耦合的影响非常复杂，而拟合结果并非唯一解，需通过综合比较判断进行取舍。正确判断取舍条件的要点是参数取值应在岩土工程的合理范围内。

　　3　本款考虑两点原因：一是自由落锤产生的力脉冲持续时间通常不超过 20ms（除非采用很重的落锤），但柴油锤信号在主峰过后的尾部仍能产生较长的低幅值延续；二是与位移相关的总静阻力一般会不同程度地滞后于 $2L/c$ 发挥，当端承型桩的端阻力发挥所需位移很大时，土阻力发挥将产生严重滞后，因此规定 $2L/c$ 后延时足够的时间，使曲线拟合能包含土阻力响应区段的全部土阻力信息。

　　4　为防止土阻力未充分发挥时的承载力外推，设定的 s_q 值不应超过对应单元的最大计算位移值。若桩、土间相对位移不足以使桩周岩土阻力充分发

挥，则给出的承载力结果只能验证岩土阻力发挥的最低程度。

5　土阻力响应区是指波形上呈现的静土阻力信息较为突出的时间段。所以本条特别强调此区段的拟合质量，避免只重波形头尾，忽视中间土阻力响应区段拟合质量的错误做法，并通过合理的加权方式计算总的拟合质量系数，突出其影响。

6　贯入度的计算值与实测值是否接近，是判断拟合选用参数、特别是 s_q 值是否合理的辅助指标。

9.4.11　高应变法动测承载力检测值多数情况下不会与静载试验桩的明显破坏特征或产生较大的桩顶沉降相对应，总趋势是沉降量偏小。为了与静载的极限承载力相区别，称为"本方法得到的承载力或动测承载力"。这里需要强调指出：验收检测中，单桩静载试验常因加荷量或设备能力限制，而做不出真正的试桩极限承载力。于是一组试桩往往因某一根桩的极限承载力达不到设计要求的特征值 2 倍，使一组试桩的承载力统计平均值不满足设计要求。动测承载力则不同，可能出现部分桩的承载力远高于承载力特征值的 2 倍。所以，即使个别桩的承载力不满足设计要求，但"高"和"低"取平均后仍能满足设计要求。为了避免可能高估承载力的危险，不得将极差超过 30% 的"高值"参与统计平均。

9.4.12　高应变法检测桩身完整性具有锤击能量大，可对缺陷程度定量计算，连续锤击可观察缺陷的扩大和逐步闭合情况等优点。但和低应变法一样，检测的仍是桩身阻抗变化，一般不宜判定缺陷性质。在桩身情况复杂或存在多处阻抗变化时，可优先考虑用实测曲线拟合法判定桩身完整性。

式（9.4.12-1）适用于截面基本均匀桩的桩顶下第一个缺陷的程度定量计算。当有轻微缺陷，并确认为水平裂缝（如预制桩的接头缝隙）时，裂缝宽度 δ_w 可按下式计算：

$$\delta_w = \frac{1}{2} \int_{t_a}^{t_b} \left(V - \frac{F - R_x}{Z} \right) \cdot dt \qquad (7)$$

9.4.13　采用实测曲线拟合法分析桩身扩径、桩身截面渐变或多变的情况，应注意合理选择土参数。

高应变法锤击的荷载上升时间一般不小于 2ms，因此对桩身浅部缺陷位置的判定存在盲区，也无法根据式（9.4.12-1）来判定缺陷程度。只能根据力和速度曲线的比例失调程度来估计浅部缺陷程度，不能定量给出缺陷的具体部位，尤其是锤击力波上升非常缓慢时，还大量耦合有土阻力的影响。对浅部缺陷桩，宜用低应变法检测并进行缺陷定位。

9.4.14　桩身锤击拉应力是混凝土预制桩施打抗裂控制的重要指标。在深厚软土地区，打桩时侧阻和端阻虽小，但桩很长，桩锤能正常爆发起跳，桩底反射回来的上行拉力波的头部（拉应力幅值最大）与下行传

播的锤击压力波尾部迭加，在桩身某一部位产生净的拉应力。当拉应力强度超过混凝土抗拉强度时，引起桩身拉裂。开裂部位一般发生在桩的中上部，且桩愈长或锤击力持续时间愈短，最大拉应力部位就愈往下移。

有时，打桩过程中会突然出现贯入度骤减或拒锤，一般是碰上硬层（基岩，孤石，漂石、卵石等碎石土层）。继续施打会造成桩身压应力过大而破坏。此时，最大压应力部位不一定出现在桩顶，而是接近桩端的部位。

9.4.15　本条解释同 8.4.7 条。

10　声波透射法

10.1　适用范围

10.1.1　声波透射法是利用声波的透射原理对桩身混凝土介质状况进行检测，因此仅适用于在灌注成型过程中已经预埋了两根或两根以上声测管的基桩。

10.2　仪器设备

10.2.1　声波换能器有效工作面长度指起到换能作用的部分的实际轴向尺寸，该长度过大将夸大缺陷实际尺寸并影响测试结果。

提高换能器谐振频率，可使其外径减少到 30mm 以下，利于换能器在声测管中升降顺畅或减小声测管直径。但因声波发射频率的提高，使长距离声波穿透能力下降。所以，本规范仍推荐目前普遍采用的 30～50kHz 的谐振频率范围。

10.3　现场检测

10.3.2　标定法测定仪器系统延迟时间的方法是将发射、接收换能器平行悬于清水中，逐次改变点源距离并测量相应声时，记录若干点的声时数据并作线性回归的时距曲线：

$$t = t_0 + b \cdot l \qquad (8)$$

式中　b——直线斜率（μs/mm）；

　　　l——换能器表面净距离（mm）；

　　　t——声时（μs）；

　　　t_0——仪器系统延迟时间（μs）。

按下式计算声测管及耦合水层声时修正值：

$$t' = \frac{d_1 - d_2}{v_t} + \frac{d_2 - d'}{v_w} \qquad (9)$$

式中　d_1——声测管外径（mm）；

　　　d_2——声测管内径（mm）；

　　　d'——换能器外径（mm）；

　　　v_t——声测管材料声速（km/s）；

　　　v_w——水的声速（km/s）；

t'——声测管及耦合水层声时修正值（μs）。

10.3.3 同一根桩检测时，强调各检测剖面的声波发射电压和仪器设置参数保持不变，目的是使各检测剖面的检测结果具有可比性，便于综合判定。

10.4 检测数据的分析与判定

10.4.2 声速、波幅和主频都是反映桩身质量的声学参数测量值。大量实测经验表明：声速的变化规律性较强，在一定程度上反映了桩身混凝土的均匀性，而波幅的变化较灵敏，主频在保持测试条件一致的前提下也有一定规律。因此本规范在确定测点声学参数测量值的判据时，采用了三种不同的方法。

声速异常临界值判据中的临界值 v_c 是参考数理统计学判断异常值的方法，经过多次试算而得出的。其基本原理如下：

在 n 次测量所得的数据中，去掉 k 个较小值，得到容量为（$n-k$）的样本，取异常测点数据不可能出现的次数为 1，则对于标准正态分布假设，可得异常测点数据不可能出现的概率为：

$$P(X \leqslant -\lambda) = \frac{1}{\sqrt{2\pi}} \int_{-\infty}^{-\lambda} e^{-\frac{x^2}{2}} \cdot dx = \frac{1}{n-k} \qquad (10)$$

由 $\phi(\lambda) = 1/(n-k)$，在标准正态分布表可得与不同的（$n-k$）相对应的 λ 值，从而得到表 10.4.2。

每次去掉样本中的最小数据，计算剩余数据的平均值、标准差，由表 10.4.2 查得对应的 λ 值。由式 $v_0 = v_m - \lambda \cdot s_x$ 计算异常判断值并将样本中当时的最小值与之比较；当 v_{n-k} 仍为异常值时，继续去掉最小值重复计算和比较，直至剩余数据中不存在异常值为止。此时，v_0 则为异常判断的临界值 v_c。

桩身混凝土均匀性可采用离差系数 $C_v = s_x/v_m$ 评价，其中 s_x 和 v_m 分别为 n 个测点的声速标准差和 n 个测点的声速平均值。

10.4.3 当桩身混凝土的质量普遍较差时，可能同时出现下面两种情况：

1 检测剖面的 n 个测点声速平均值 v_m 明显偏低。

2 n 个测点的声速标准差 s_x 很小。

则由统计计算公式 $v_0 = v_m - \lambda \cdot s_x$ 得出的判断结果可能失效。此时可将各测点声速 v_i 与声速低限值 v_L 比较得出判断结果。

10.4.4 波幅临界值判据式为 $A_{pi} < A_m - 6$，即选择当信号首波幅值衰减量为其平均值的一半时的波幅分贝数为临界值，在具体应用中应注意下面几点：

1 因波幅的衰减受桩材不均匀性、声波传播路径和点源距离的影响，故应考虑声测管间距较大时波幅分散性而采取适当的调整。

2 因波幅的分贝数受仪器、传感器灵敏度及发射能量的影响，故应在考虑这些影响的基础上再采用波幅临界值判据。

3 当波幅差异性较大时，应与声速变化及主频变化情况相结合进行综合分析。

10.4.6 实测信号的主频值与诸多影响因素有关，因此仅作辅助声学参数选用。在使用中应保持声波换能器具有单峰的幅频特性和良好的耦合一致性；若采用 FFT 方法计算主频值，还应保证足够的频率分辨率。

10.4.7 桩身完整性判定与分类除依据声速、波幅等变化规律和借助其他辅助方法外，还与诸多复杂因素有关，故在使用中应注意以下几点：

1 可结合钻芯法将其结果进行对比，从而得出更符合实际情况的分类。

2 可将实测时程曲线的畸变及频谱、PSD 值的变化相结合，进行综合判定与分类。

3 可结合施工工艺和施工记录等有关资料具体分析。

中华人民共和国国家标准

地基动力特性测试规范

Code for measurement method of dynamic properties of subsoil

GB/T 50269—97

主编部门：中华人民共和国机械工业部
批准部门：中华人民共和国建设部
施行日期：1 9 9 8 年 5 月 1 日

关于发布国家标准
《地基动力特性测试规范》的通知

建标〔1997〕281 号

根据国家计委计综〔1986〕2630 号文的要求，由机械工业部会同有关部门共同制订的《地基动力特性测试规范》已经有关部门会审，现批准《地基动力特性测试规范》GB/T 50269—97 为推荐性国家标准，自一九九八年五月一日起施行。

本标准由机械工业部负责管理，具体解释等工作由机械工业部设计研究院负责，出版发行由建设部标准定额研究所负责组织。

中华人民共和国建设部
一九九七年九月十二日

目 次

1 总 则

1.0.1 为了统一地基动力特性的测试方法,确保测试质量,为工程设计提供可靠的动力参数,制订本规范。

1.0.2 本规范适用于各类建筑物和构筑物的天然地基和人工地基的动力特性测试。

1.0.3 地基动力特性的测试,应根据工程的实际需要,采用下列一种或几种测试方法,在分析比较的基础上确定地基动力参数,对于动力机器基础设计所需的地基动力参数,必须采用激振法测试。

　　(1)激振法测试;

　　(2)振动衰减测试;

　　(3)地脉动测试;

　　(4)波速测试;

　　(5)循环荷载板测试;

　　(6)振动三轴和共振柱测试。

1.0.4 地基动力特性测试,除应符合本规范的规定外,尚应符合国家现行有关标准、规范的规定。

2 术语、符号

2.1 术 语

2.1.1 水平回转耦合振动 vibration coupled with translating and rocking

　　基础沿一水平轴平移并绕另一水平轴同时产生回转振动的耦合振动。

2.1.2 地脉动 micro-tremor

　　由气象、海洋、地壳构造活动的自然力和交通等人为因素所引起的地球表面固有的微弱(微米级)振动。

2.1.3 压缩波 compressional wave

　　介质中质点的位移方向平行于波传播方向的波。

2.1.4 剪切波 shear wave

　　介质中质点的位移方向垂直于波传播方向的波。

2.1.5 破坏振次 number of cycles to cause failure

　　试样达到破坏标准所需的等幅循环应力作用次数。

2.1.6 动强度比 ratio of dynamic shear strength

　　试样 45°面上的动剪强度与初始法向有效应力的比值。

2.1.7 振次比 cycle ratio

　　动应力作用下的振次与破坏振次的比值。

2.1.8 动孔压比 dynamic pore pressure ratio

　　在循环应力作用下试样的孔隙水压力增量与侧向有效固结应力的比值。

2.1.9 动剪应力比 ratio of dynamic shear stress

　　试样 45°面上的动剪应力与侧向有效固结应力的比值。

2.1.10 动剪变模量比 ratio of dynamic shear modulus

　　对应于某一剪应变幅的动剪变模量,与同一固结应力条件下的最大动剪变模量的比值。

2.2 符 号

2.2.1 作用和作用效应

A_m —— 基础竖向振动的共振振幅;

A_{m1} —— 基础水平回转耦合振动第一振型共振峰点水平振幅;

$A_{x\varphi}$ —— 基础水平回转耦合振动第一振型共振峰点竖向振幅;

$A_{m\psi}$ —— 基础扭转振动共振峰点水平振幅;

f_d —— 基础有阻尼固有频率;

f_m —— 基础竖向振动的共振频率;

f_{m1} —— 基础水平回转耦合振动第一振型共振频率;

f_{nz} —— 基础竖向无阻尼固有频率;

f_{n1} —— 基础水平回转耦合振动第一振型无阻尼固有频率;

f_{nx} —— 基础水平向无阻尼固有频率;

$f_{n\varphi}$ —— 基础回转无阻尼固有频率;

$f_{m\psi}$ —— 基础扭转振动的共振频率;

$f_{n\psi}$ —— 基础扭转振动无阻尼固有频率;

f_t —— 试样系统扭转振动的共振频率;

f_l —— 试样系统纵向振动的共振频率。

2.2.2 计算指标

K_z —— 地基抗压刚度;

K_x —— 地基抗剪刚度;

K_φ —— 地基抗弯刚度;

K_ψ —— 地基抗扭刚度;

k_{pz} —— 单桩抗压刚度;

$K_{P\varphi}$ —— 桩抗弯刚度;

ζ_z —— 地基竖向阻尼比;

$\zeta_{x\varphi_1}$ —— 地基水平回转向第一振型阻尼比;

ζ_ψ —— 地基扭转向阻尼比;

m_f —— 测试基础的质量;

m_z —— 基础竖向振动的参振总质量,包括基础、激振设备和地基参加振动的当量质量;

$m_{x\varphi}$ —— 基础水平回转耦合振动的参振总质量,包括基础、激振设备和地基参加振动的当量质量;

m_ψ —— 基础扭转振动的参振总质量,包括基础、激振设备和地基参加振动的当量质量;

V_P —— 压缩波波速;

V_S —— 剪切波波速;

V_R —— 瑞利波波速;

α —— 地基能量吸收系数;

υ —— 地基的动泊松比;

ρ —— 地基的质量密度;

E_d —— 地基的动弹性模量;

G_d —— 地基的剪变模量;

γ_d —— 试样剪应变幅;

ε_d —— 试样轴应变幅;

ζ_t —— 试样扭转向阻尼比;

ζ_l —— 试样纵向阻尼比;

σ_d —— 试样轴向动应力幅;

σ_0' —— 平均有效主应力;

σ_1' —— 有效大主应力;

σ_3' —— 有效小主应力;

σ_{f0}' —— 潜在破裂面上的初始法向有效应力;

τ_{f0} —— 潜在破裂面上的初始剪应力;

τ_{fd} —— 潜在破裂面上的动强度;

τ_{fs} —— 潜在破裂面上的地震总应力抗剪强度;

R_f —— 试样 45°面上的动强度比;

S —— 加荷时地基变形量;

S_P —— 卸荷时地基塑性变形量;

S_e —— 地基弹性变形量。

2.2.3 几何参数

A_0 —— 测试基础底面积；

d_s —— 试样直径；

h —— 测试基础高度；

h_1 —— 基础重心至基础顶面的距离；

h_2 —— 基础重心至基础底面的距离；

h_3 —— 基础重心至激振器水平扰力的距离；

h_s —— 试样高度；

h_t —— 测试基础的埋置深度；

I —— 基础底面对通过其形心轴的惯性矩；

I_t —— 基础底面对通过其形心轴的极惯性矩；

J —— 基础对通过其重心轴的转动惯量；

J_t —— 基础对通过其重心轴的极转动惯量。

2.2.4 计算参数

α_z —— 基础埋深对地基抗压刚度的提高系数；

α_x —— 基础埋深对地基抗剪刚度的提高系数；

α_φ —— 基础埋深对地基抗弯刚度的提高系数；

α_ψ —— 基础埋深对地基抗扭刚度的提高系数；

β_z —— 基础埋深对竖向阻尼比的提高系数；

$\beta_{x\varphi_1}$ —— 基础埋深对水平回转向第一振型阻尼比的提高系数；

β_ψ —— 基础埋深对扭转向阻尼比的提高系数；

δ_0 —— 测试基础的埋深比；

η —— 与基础底面积及底面静应力有关的换算系数。

3 基本规定

3.0.1 地基动力特性现场测试时，应具备下列资料：

(1)建筑场地的地质勘察资料；

(2)建筑场地的地下管道、电缆等的平面图和纵剖面图；

(3)建筑场地及其邻近的干扰振源。

3.0.2 地基动力特性测试前，应根据选定的测试方法制订测试方案，测试方案宜包括下列内容：

(1)测试目的及要求；

(2)测试荷载、加载方法和加载设备；

(3)测试内容、具体方法和测点仪器布置图；

(4)数据处理方法；

(5)激振法测试时，应有预埋螺栓或预留螺栓孔的位置图。

3.0.3 现场测试时，测试设备、仪器均应有防风、防雨雪、防晒和防摔等保护措施。

3.0.4 测试场地应避开外界干扰振源，测点应避开水泥、沥青路面、地下管道和电缆等。

3.0.5 测试报告应包括原始资料、测试结果、分析意见和测试结论等内容。

4 激振法测试

4.1 一般规定

4.1.1 本章适用于强迫振动和自由振动测试天然地基和人工地基的动力特性，为机器基础的振动和隔振设计提供动力参数。

4.1.2 属于周期性振动的机器基础，应采用强迫振动测试。

4.1.3 除桩基外，天然地基和其它人工地基的测试，应提供下列动力参数：

(1)地基抗压、抗剪、抗弯和抗扭刚度系数；

(2)地基竖向和水平回转向第一振型以及扭转向的阻尼比；

(3)地基竖向和水平回转向以及扭转向的参振质量。

4.1.4 桩基应提供下列动力参数：

(1)单桩的抗压刚度；

(2)桩基抗剪和抗扭刚度系数；

(3)桩基竖向和水平回转向第一振型以及扭转向的阻尼比；

(4)桩基竖向和水平回转向以及扭转向的参振质量。

4.1.5 基础应分别做明置和埋置两种情况的振动测试。对埋置基础，其四周的回填土应分层夯实。

4.1.6 激振法测试时，除应具备本规范第3.0.1条规定的有关资料外，尚应具备下列资料：

(1)机器的型号、转速、功率等；

(2)设计基础的位置和基底标高；

(3)当采用桩基时，桩的截面尺寸和桩的长度及间距。

4.1.7 测试结果应包括下列内容：

(1)测试的各种幅频响应曲线；

(2)地基动力参数的试验值，可根据测试成果按本规范附录A第A.0.1条的格式计算确定；

(3)地基动力参数的设计值，可按本规范附录A第A.0.2条的格式计算确定。

4.2 设备和仪器

4.2.1 强迫振动测试的激振设备，应符合下列要求：

(1)当采用机械式激振设备时，工作频率宜为3～60Hz；

(2)当采用电磁式激振设备时，其扰力不宜小于600N。

4.2.2 自由振动测试时，竖向激振可采用铁球，其质量宜为基础质量的1/100～1/150。

4.2.3 传感器宜采用竖直和水平方向的速度型传感器，其通频带应为2～80Hz，阻尼系数应为0.65～0.70，电压灵敏度不应小于30V·s/m，最大可测位移不应小于0.5mm。

4.2.4 放大器应采用带低通滤波功能的多通道放大器，其振幅一致性偏差应小于3%，相位一致性偏差应小于0.1ms，折合输入端的噪声水平应低于2μV。电压增益应大于80dB。

4.2.5 采集与记录装置宜采用多通道数字采集和存储系统，其模/数转换器(A/D)位数不宜小于12位，幅度畸变宜小于1.0dB，电压增益不宜小于60dB。

4.2.6 数据分析装置应具有频谱分析及专用分析软件功能，其内存不应小于4.0MB，硬盘内存不应小于100MB，并应具有抗混淆滤波、加窗及分段平滑等功能。

4.2.7 仪器应具有防尘、防潮性能，其工作温度应在-10℃～50℃范围内。

4.2.8 测试仪器应每年在标准振动台上进行系统灵敏度系数的标定，以确定灵敏度系数随频率变化的曲线。

4.3 测试前的准备工作

4.3.1 块体基础的尺寸应采用2.0m×1.5m×1.0m，其数量不宜少于2个；当根据工程需要，块体数量超过2个时，超过部分的基础，可改变其面积或高度。

4.3.2 桩基础应采用2根桩，桩间距应取设计桩基础的间距。桩台边缘至桩轴的距离可取桩间距的1/2；桩台的长宽比应为2:1，其高度不宜小于1.6m；当需做不同桩数的对比测试时，应增加桩数及相应桩台的面积。

4.3.3 测试基础应置于设计基础工程的邻近处，其土层结构宜与设计基础的土层结构相类似。

4.3.4 测试基础的混凝土强度等级不宜低于C15。

4.3.5 基坑坑壁至测试基础侧面的距离应大于500mm；坑底应保持测试土层的原状结构，坑底面应保持水平面。

4.3.6 测试基础的制作尺寸应准确，其顶面应捣随抹平。

4.3.7 当采用机械式激振设备时，地脚螺栓的埋置深度应大于

400mm;地脚螺栓或预留孔在测试基础平面上的位置应符合下列要求：

（1）当做竖向振动测试时，激振设备的竖向扰力应与基础的重心在同一竖直线上；

（2）当做水平振动测试时，水平扰力宜在基础沿长度方向的轴线上。

4.4 测试方法

（Ⅰ）强迫振动

4.4.1 安装机械式激振设备时，应将地脚螺栓拧紧，在测试过程中螺栓不应松动。

4.4.2 安装电磁式激振设备时，其竖向扰力作用点应与测试基础的重心在同一竖直线上，水平扰力作用点宜在基础水平轴线侧面的顶部。

4.4.3 竖向振动测试时，应在基础顶面沿长度方向轴线的两端各布置一台竖向传感器（见图 4.4.3）。

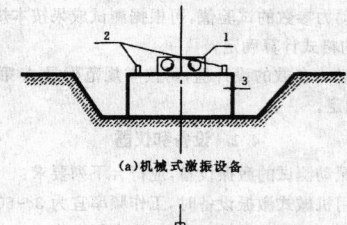

（a）机械式激振设备

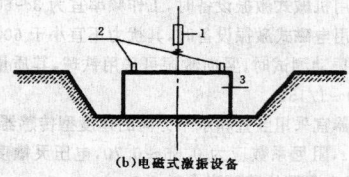

（b）电磁式激振设备

图 4.4.3 激振设备及传感器的布置图
1—激振设备 2—传感器 3—测试基础

4.4.4 水平回转振动测试时，激振设备的扰力应为水平向；在基础顶面沿长度方向轴线的两端各布置一台竖向传感器，在中间布置一台水平传感器。

4.4.5 扭转振动测试时，应在测试基础上施加一个扭转力矩，使基础产生绕竖轴的扭转振动。传感器应同相位对称布置在基础顶面沿水平轴线的两端，其水平振动方向应与轴线垂直。

4.4.6 幅频响应测试时，激振设备的扰力频率间隔，在共振区外不宜大于 2Hz，在共振区内应小于 1Hz；共振时的振幅不宜大于 150μm。

4.4.7 输出的振动波形，应采用显示器监视，待波形为正弦波时方可进行记录。

（Ⅰ）自由振动

4.4.8 竖向自由振动的测试，可采用铁球自由下落，冲击测试基础顶面的中心处，实测基础的固有频率和最大振幅。测试次数不应少于 3 次。

4.4.9 水平回转自由振动的测试，可水平冲击测试基础水平轴线侧面的顶部，实测基础的固有频率和最大振幅。测试次数不应少于 3 次。

4.4.10 传感器的布置，应与强迫振动测试时的布置相同。

4.5 数据处理

（Ⅰ）强迫振动

4.5.1 数据处理时，应作富氏谱或功率谱。各通道采样点数宜取 1024，采样频率应符合采样定理，分段平滑段数不宜小于 40，并宜加窗函数处理。

4.5.2 数据处理结果，应得到下列幅频响应曲线：

（1）竖向振动为基础竖向振幅随频率变化的幅频响应曲线（$A_z - f$ 曲线）；

（2）水平回转耦合振动为基础顶面测试点沿 X 轴的水平振幅随频率变化的幅频响应曲线（$A_{x\varphi} - f$ 曲线），及基础顶面测试点由回转振动产生的竖向振幅随频率变化的幅频响应曲线（$A_{z\varphi} - f$ 曲线）；

（3）扭转振动为基础顶面测试点在扭转扰力矩作用下的水平振幅随频率变化的幅频响应曲线（$A_{x\psi} - f$ 曲线）。

4.5.3 地基竖向阻尼比，应在 $A_z - f$ 幅频响应曲线上，选取共振峰峰点和 $0.85f_m$ 以下不少于三点的频率和振幅（见图 4.5.3-1、图 4.5.3-2），按下列公式计算：

$$\zeta_z = \frac{\sum_{i=1}^{n} \zeta_{zi}}{n} \qquad (4.5.3-1)$$

$$\zeta_{zi} = \left[\frac{1}{2} \left(1 - \sqrt{\frac{\beta_i^2 - 1}{\alpha_i^4 - 2\alpha_i^2 + \beta_i^2}} \right) \right]^{\frac{1}{2}} \qquad (4.5.3-2)$$

$$\alpha_i = \frac{f_m}{f_i} \qquad (4.5.3-3)$$

$$\beta_i = \frac{A_m}{A_i} \qquad (4.5.3-4)$$

式中 ζ_z —— 地基竖向阻尼比；

ζ_{zi} —— 由第 i 点计算的地基竖向阻尼比；

f_m —— 基础竖向振动的共振频率（Hz）；

A_m —— 基础竖向振动的共振振幅（m）；

f_i —— 在幅频响应曲线上选取的第 i 点的频率（Hz）；

A_i —— 在幅频响应曲线上选取的第 i 点的频率所对应的振幅（m）。

注：上述公式适用于变扰力，对于常扰力，地基竖向阻尼比的计算公式与之相同，只需将公式(4.5.3-3)改为 $\alpha_i = \frac{f_i}{f_m}$ 即可。

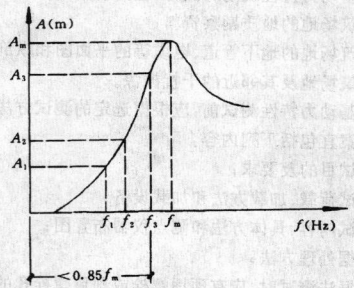

图 4.5.3-1 变扰力的幅频响应曲线

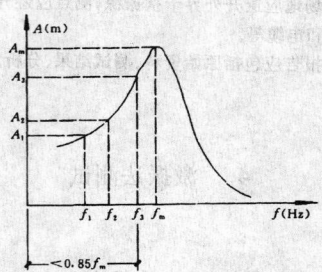

图 4.5.3-2 常扰力的幅频响应曲线

4.5.4 基础竖向振动的参振总质量，应按下列公式计算：

（1）当为变扰力时：

$$m_z = \frac{m_0 e_0}{A_m} \cdot \frac{1}{2\zeta_z \sqrt{1 - \zeta_z^2}} \qquad (4.5.4-1)$$

(2)当为常扰力时：

$$m_z = \frac{P}{A_m (2\pi f_{nz})^2} \cdot \frac{1}{2\zeta_z \sqrt{1-\zeta_z^2}} \tag{4.5.4-2}$$

$$f_{nz} = \frac{f_m}{\sqrt{1-2\zeta_z^2}} \tag{4.5.4-3}$$

式中 m_z——基础竖向振动的参振总质量(t)，包括基础、激振设备和地基参加振动的当量质量，当 m_z 大于基础质量的 2 倍时，应取 m_z 等于基础质量的 2 倍；

m_0——激振设备旋转部分的质量(t)；

e_0——激振设备旋转部分质量的偏心距(m)；

P——电磁式激振设备的扰力(kN)；

f_{nz}——基础竖向无阻尼固有频率(Hz)。

4.5.5 地基的抗压刚度和抗压刚度系数、单桩抗压刚度和桩基抗弯刚度，应按下列公式计算：

(1)当为变扰力时：

$$K_z = m_z (2\pi f_{nz})^2 \tag{4.5.5-1}$$

$$C_z = \frac{K_z}{A_0} \tag{4.5.5-2}$$

$$k_{Pz} = \frac{K_z}{n_P} \tag{4.5.5-3}$$

$$K_{P\varphi} = k_{Pz} \sum_{i=1}^{n} r_i^2 \tag{4.5.5-4}$$

$$f_{nz} = f_m \sqrt{1-2\zeta_z^2} \tag{4.5.5-5}$$

式中 K_z——地基抗压刚度(kN/m)；

C_z——地基抗压刚度系数(kN/m³)；

k_{Pz}——单桩抗压刚度(kN/m)；

$K_{P\varphi}$——桩基抗弯刚度(kN·m)；

r_i——第 i 根桩的轴线至基础底面形心回转轴的距离(m)；

n_P——桩数。

(2)当为常扰力时，地基抗压刚度系数、单桩抗压刚度和桩基抗弯刚度应按公式(4.5.5-2)~(4.5.5-4)计算；地基抗压刚度可按下式计算：

$$K_z = \frac{P}{A_m} \cdot \frac{1}{2\zeta_z \sqrt{1-\zeta_z^2}} \tag{4.5.5-6}$$

4.5.6 地基水平回转向第一振型阻尼比，应在 $A_{x\varphi}\text{-}f$ 曲线上选取第一振型的共振频率(f_{m1})和频率为 $0.707 f_{m1}$ 所对应的水平振幅(见图 4.5.6-1、图 4.5.6-2)，按下列公式计算：

(1)当为变扰力时：

$$\zeta_{x\varphi_1} = \left\{ \frac{1}{2} \left[1 - \sqrt{1-\left(\frac{A}{A_{m1}}\right)^2} \right] \right\}^{\frac{1}{2}} \tag{4.5.6-1}$$

(2)当为常扰力时：

$$\zeta_{x\varphi_1} = \left\{ \frac{1}{2} \left[1 - \sqrt{1+\frac{1}{3-4\left(\frac{A_{m1}}{A}\right)^2}} \right] \right\}^{\frac{1}{2}} \tag{4.5.6-2}$$

式中 $\zeta_{x\varphi_1}$——地基水平回转向第一振型阻尼比；

A_{m1}——基础水平回转耦合振动第一振型共振峰点水平振幅(m)；

A——频率为 $0.707 f_{m1}$ 所对应的水平振幅(m)。

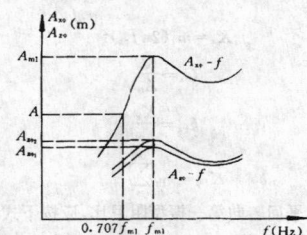

图 4.5.6-1 变扰力的幅频响应曲线

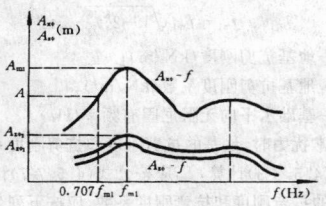

图 4.5.6-2 常扰力的幅频响应曲线

4.5.7 基础水平回转耦合振动的参振总质量，应按下列公式计算：

(1)当为变扰力时：

$$m_{x\varphi} = \frac{m_0 e_0 (\rho_1 + h_3)(\rho_1 + h_1)}{A_{m1}} \cdot \frac{1}{2\zeta_{x\varphi_1}\sqrt{1-\zeta_{x\varphi_1}^2}} \cdot \frac{1}{i^2 + \rho_1^2} \tag{4.5.7-1}$$

$$\rho_1 = \frac{A_x}{\Phi_{m1}} \tag{4.5.7-2}$$

$$\Phi_{m1} = \frac{|A_{z\varphi_1}| + |A_{z\varphi_2}|}{l_1} \tag{4.5.7-3}$$

$$A_x = A_{m1} - h_2 \Phi_{m1} \tag{4.5.7-4}$$

$$i = \left[\frac{1}{12}(l^2 + h^2) \right]^{\frac{1}{2}} \tag{4.5.7-5}$$

式中 $m_{x\varphi}$——基础水平回转耦合振动的参振总质量(t)，包括基础、激振设备和地基参加振动的当量质量，当 $m_{x\varphi}$ 大于基础质量的 1.4 倍时，应取 $m_{x\varphi}$ 等于基础质量的 1.4 倍；

ρ_1——基础第一振型转动中心至基础重心的距离(m)；

A_x——基础重心处的水平振幅(m)；

Φ_{m1}——基础第一振型共振峰点的回转角位移(rad)；

l_1——两台竖向传感器的间距(m)；

l——基础长度(m)；

h——基础高度(m)；

h_1——基础重心至基础顶面的距离(m)；

h_3——基础重心至激振器水平扰力的距离(m)；

h_2——基础重心至基础底面的距离(m)；

f_{n1}——基础水平回转耦合振动第一振型无阻尼固有频率(Hz)；

$A_{z\varphi_1}$——第 1 台传感器测试的基础水平回转耦合振动第一振型共振峰点竖向振幅(m)；

$A_{z\varphi_2}$——第 2 台传感器测试的基础水平回转耦合振动第一振型共振峰点竖向振幅(m)；

i——基础回转半径(m)。

(2)当为常扰力时，基础第一振型转动中心至基础重心的距离应按公式(4.5.7-2)~(4.5.7-4)计算，参振总质量应按下列公式计算：

$$m_{x\varphi} = \frac{P(\rho_1+h_3)(\rho_1+h_1)}{A_{m1}(2\pi f_{n1})^2} \cdot \frac{1}{2\zeta_{x\varphi_1}\sqrt{1-\zeta_{x\varphi_1}^2}} \cdot \frac{1}{i^2+\rho_1^2} \tag{4.5.7-6}$$

$$f_{n1} = \frac{f_{m1}}{\sqrt{1-2\zeta_{x\varphi_1}^2}} \tag{4.5.7-7}$$

4.5.8 地基的抗剪刚度和抗剪刚度系数，应按下列公式计算：

(1)当为变扰力时：

$$K_x = m_{x\varphi}(2\pi f_{nx})^2 \tag{4.5.8-1}$$

$$C_x = \frac{K_x}{A_0} \tag{4.5.8-2}$$

$$f_{nx} = \frac{f_{n1}}{\sqrt{1-\frac{h_2}{\rho_1}}} \tag{4.5.8-3}$$

$$f_{n1} = f_{m1}\sqrt{1 - 2\zeta_{x\varphi_1}^2} \qquad (4.5.8\text{-}4)$$

式中 K_x ——地基抗剪刚度(kN/m);

C_x ——地基抗剪刚度系数(kN/m³);

f_{nx} ——基础水平向无阻尼固有频率(Hz)。

(2)当为常扰力时,地基的抗剪刚度和抗剪刚度系数应按公式(4.5.8-1)~(4.5.8-3)计算,f_{n1}应按公式(4.5.7-7)计算。

4.5.9 地基的抗弯刚度和抗弯刚度系数,应按下列公式计算:

(1)当为变扰力时:

$$K_\varphi = J(2\pi f_{n\varphi})^2 - K_x h_2^2 \qquad (4.5.9\text{-}1)$$

$$C_\varphi = \frac{K_\varphi}{I} \qquad (4.5.9\text{-}2)$$

$$f_{n\varphi} = \sqrt{\rho_1 \frac{h_2^2}{i^2}f_{nx}^2 + f_{n1}^2} \qquad (4.5.9\text{-}3)$$

式中 K_φ ——地基抗弯刚度(kN·m);

C_φ ——地基抗弯刚度系数(kN/m³);

$f_{n\varphi}$ ——基础回转无阻尼固有频率(Hz);

J ——基础对通过其重心轴的转动惯量(t·m²);

I ——基础底面对通过其形心轴的惯性矩(m⁴)。

(2)当为常扰力时,地基抗弯刚度和抗弯刚度系数应按公式(4.5.9-1)~(4.5.9-3)计算,f_{n1}应按公式(4.5.7-7)计算。

4.5.10 地基扭转向阻尼比,应在 $A_{x\psi} - f$ 曲线上选取共振频率($f_{m\psi}$)和频率为 $0.707f_{m\psi}$ 所对应的水平振幅,按下列公式计算:

(1)当为变扰力时

$$\zeta_\psi = \left\{\frac{1}{2}\left[1 - \sqrt{1 - \left(\frac{A_{x\psi}}{A_{m\psi}}\right)}\right]\right\}^{\frac{1}{2}} \qquad (4.5.10\text{-}1)$$

(2)当为常扰力时

$$\zeta_\psi = \left\{\frac{1}{2}\left[1 - \sqrt{1 + \frac{1}{3 - 4\left(\frac{A_{m\psi}}{A_{x\psi}}\right)^2}}\right]\right\}^{\frac{1}{2}} \qquad (4.5.10\text{-}2)$$

式中 ζ_ψ ——地基扭转向阻尼比;

$f_{m\psi}$ ——基础扭转振动的共振频率(Hz);

$A_{m\psi}$ ——基础扭转振动共振峰点水平振幅(m);

$A_{x\psi}$ ——频率为 $0.707f_{m\psi}$ 所对应的水平振幅(m)。

4.5.11 基础扭转振动的参振总质量,应按下列公式计算:

$$m_\psi = \frac{12J_t}{l^2 + b^2} \qquad (4.5.11\text{-}1)$$

$$J_t = \frac{M_\psi \cdot l_\psi}{A_{m\psi} \cdot \omega_{n\psi}^2} \cdot \frac{1 - 2\zeta_\psi^2}{2\zeta_\psi\sqrt{1 - \zeta_\psi^2}} \qquad (4.5.11\text{-}2)$$

$$f_{n\psi} = f_{m\psi}\sqrt{1 - 2\zeta_\psi^2} \qquad (4.5.11\text{-}3)$$

$$\omega_{n\psi} = 2\pi f_{n\psi} \qquad (4.5.11\text{-}4)$$

式中 m_ψ ——基础扭转振动的参振总质量(t),包括基础、激振设备和地基参加振动的当量质量(t);

J_t ——基础对通过其重心轴的极转动惯量(t·m²);

$f_{n\psi}$ ——基础扭转振动无阻尼固有频率(Hz);

$\omega_{n\psi}$ ——基础扭转振动无阻尼固有圆频率(rad/s);

M_ψ ——激振设备的扭转力矩(kN·m);

l_ψ ——扭转轴至实测振幅点的距离(m)。

4.5.12 地基的抗扭刚度和抗扭刚度系数,应按下列公式计算:

$$K_\psi = J_t \cdot \omega_{n\psi}^2 \qquad (4.5.12\text{-}1)$$

$$C_\psi = \frac{K_\psi}{I_t} \qquad (4.5.12\text{-}2)$$

式中 K_ψ ——地基抗扭刚度(kN·m);

C_ψ ——地基抗扭刚度系数(kN/m³);

I_t ——基础底面对通过其形心轴的极惯性矩(m⁴)。

(Ⅰ)自由振动

4.5.13 地基竖向阻尼比,应按下式计算:

$$\zeta_z = \frac{1}{2\pi} \cdot \frac{1}{n}\ln\frac{A_1}{A_{n+1}} \qquad (4.5.13)$$

式中 A_1 ——第1周的振幅(m);

A_{n+1} ——第 $n+1$ 周的振幅(m);

n ——自由振动周期数。

4.5.14 基础竖向振动的参振总质量,应按下列公式计算(图4.5.14-1、图4.5.14-2):

$$m_z = \frac{(1 + e_1)m_1 v}{A_{max} \cdot 2\pi f_{nz}} \cdot e^{-\Phi} \qquad (4.5.14\text{-}1)$$

$$\Phi = \frac{\text{tg}^{-1}\dfrac{\sqrt{1 - \zeta_z^2}}{\zeta_z}}{\dfrac{\sqrt{1 - \zeta_z^2}}{\zeta_z}} \qquad (4.5.14\text{-}2)$$

$$f_{nz} = \frac{f_d}{\sqrt{1 - \zeta_z^2}} \qquad (4.5.14\text{-}3)$$

$$v = \sqrt{2gH_1} \qquad (4.5.14\text{-}4)$$

$$e_1 = \sqrt{\frac{H_2}{H_1}} \qquad (4.5.14\text{-}5)$$

$$H_2 = \frac{1}{2}g\left(\frac{t_0}{2}\right)^2 \qquad (4.5.14\text{-}6)$$

式中 A_{max} ——基础最大振幅(m);

f_d ——基础有阻尼固有频率(Hz);

v ——铁球自由下落时的速度(m/s);

H_1 ——铁球下落高度(m);

H_2 ——铁球回弹高度(m);

e_1 ——回弹系数;

m_1 ——铁球的质量(t);

t_0 ——两次冲击的时间间隔(s)。

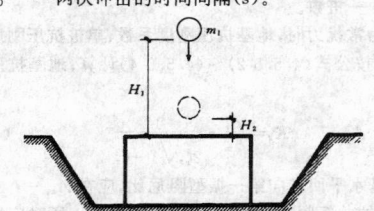

图 4.5.14-1 竖向自由振动

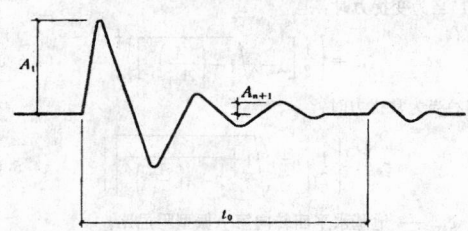

图 4.5.14-2 竖向自由振动波形

4.5.15 地基抗压刚度、单桩抗压刚度和桩基抗弯刚度,应按下列公式计算:

$$K_z = m_z(2\pi f_{nz})^2 \qquad (4.5.15\text{-}1)$$

$$C_z = \frac{K_z}{A_0} \qquad (4.5.15\text{-}2)$$

$$k_{Pz} = \frac{K_z}{n_P} \qquad (4.5.15\text{-}3)$$

$$K_{P\varphi} = k_{Pz}\sum_{i=1}^n r_i^2 \qquad (4.5.15\text{-}4)$$

4.5.16 地基水平回转向第一振型阻尼比,应按下式计算:

$$\zeta_{x\varphi_1} = \frac{1}{2\pi} \cdot \frac{1}{n}\ln\frac{A_{x\varphi_1}}{A_{x\varphi_{n+1}}} \qquad (4.5.16)$$

式中 $A_{x\varphi_1}$ —— 第一周的水平振幅(m);

　　　$A_{x\varphi_{n+1}}$ —— 第 $n+1$ 周的水平振幅(m)。

4.5.17 地基的抗剪刚度和抗弯刚度,应按下列公式计算(图4.5.17-1、图4.5.17-2):

$$K_x = m_f \omega_{n1}^2 \left[1 + \frac{h_2}{h}\left(\frac{A_{x\varphi1}}{A_b} - 1\right)\right] \quad (4.5.17\text{-}1)$$

$$K_\varphi = J_c \omega_{n1}^2 \left[1 + \frac{h_2 \cdot h}{i_c^2} \cdot \frac{1}{\dfrac{A_{x\varphi1}}{A_b} - 1}\right] \quad (4.5.17\text{-}2)$$

$$J_c = J + m_f \cdot h_2^2 \quad (4.5.17\text{-}3)$$

$$i_c = \sqrt{\frac{J_c}{m_f}} \quad (4.5.17\text{-}4)$$

$$\omega_{n1} = 2\pi f_{n1} \quad (4.5.17\text{-}5)$$

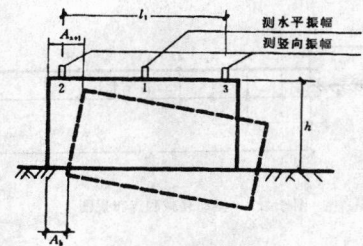

图 4.5.17-1　水平回转耦合振动

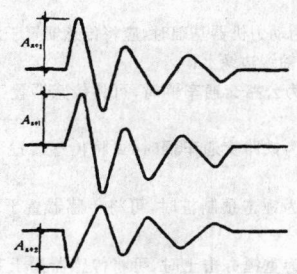

图 4.5.17-2　水平回转耦合振动波形

$$f_{n1} = \frac{f_{d1}}{\sqrt{1 - \zeta_{x\varphi_1}^2}} \quad (4.5.17\text{-}6)$$

$$A_b = A_{x\varphi1} - \frac{|A_{x\varphi1}| + |A_{x\varphi_1}|}{l_1} \cdot h \quad (4.5.17\text{-}7)$$

式中 m_f —— 基础的质量(t);

　　　J_c —— 基础对通过其底面形心轴的转动惯量(t·m²);

　　　$A_{x\varphi1}$ —— 基础顶面的水平振幅(m);

　　　A_b —— 基础底面的水平振幅(m);

　　　f_{d1} —— 基础水平回转耦合振动第一振型有阻尼固有频率(Hz)。

4.6 地基动力参数的换算

4.6.1 由明置块体基础测试的地基抗压、抗剪、抗弯、抗扭刚度系数以及由明置桩基础测试的抗剪、抗扭刚度系数,用于机器基础的振动和隔振设计时,应进行底面积和压力换算,其换算系数应按下式计算:

$$\eta = \sqrt[3]{\frac{A_0}{A_d}} \cdot \sqrt[3]{\frac{P_d}{P_0}} \quad (4.6.1)$$

式中 η —— 与基础底面积及底面静应力有关的换算系数;

　　　A_0 —— 测试基础的底面积(m²);

　　　A_d —— 设计基础的底面积(m²),当 $A_d > 20\text{m}^2$ 时,应取 $A_d = 20\text{m}^2$;

　　　P_0 —— 测试基础底面的静应力(kPa);

　　　P_d —— 设计基础底面的静应力(kPa);当 $P_d > 50\text{kPa}$ 时,应取 $P_d = 50\text{kPa}$。

4.6.2 测试基础埋深作用对设计埋置基础地基的抗压、抗弯、抗剪、抗扭刚度的提高系数,应按下列公式计算:

$$\alpha_z = \left[1 + \left(\sqrt{\frac{K_{z0}'}{K_{z0}}} - 1\right)\frac{\delta_d}{\delta_0}\right]^2 \quad (4.6.2\text{-}1)$$

$$\alpha_x = \left[1 + \left(\sqrt{\frac{K_{x0}'}{K_{x0}}} - 1\right)\frac{\delta_d}{\delta_0}\right]^2 \quad (4.6.2\text{-}2)$$

$$\alpha_\varphi = \left[1 + \left(\sqrt{\frac{K_{\varphi0}'}{K_{\varphi0}}} - 1\right)\frac{\delta_d}{\delta_0}\right]^2 \quad (4.6.2\text{-}3)$$

$$\alpha_\psi = \left[1 + \left(\sqrt{\frac{K_{\psi0}'}{K_{\psi0}}} - 1\right)\frac{\delta_d}{\delta_0}\right]^2 \quad (4.6.2\text{-}4)$$

$$\delta_0 = \frac{h_t}{\sqrt{A_0}} \quad (4.6.2\text{-}5)$$

式中 α_z —— 基础埋深对地基抗压刚度的提高系数;

　　　α_x —— 基础埋深对地基抗剪刚度的提高系数;

　　　α_φ —— 基础埋深对地基抗弯刚度的提高系数;

　　　α_ψ —— 基础埋深对地基抗扭刚度的提高系数;

　　　K_{z0} —— 明置测试块体基础或桩基础的地基抗压刚度(kN/m);

　　　K_{x0} —— 明置测试块体基础或桩基础的地基抗剪刚度(kN/m);

　　　$K_{\varphi0}$ —— 明置测试块体基础或桩基础的地基抗弯刚度(kN·m);

　　　$K_{\psi0}$ —— 明置测试块体基础或桩基础的地基抗扭刚度(kN·m);

　　　K_{z0}' —— 埋置测试块体基础或桩基础的地基抗压刚度(kN/m);

　　　K_{x0}' —— 埋置测试块体基础或桩基础的地基抗剪刚度(kN/m);

　　　$K_{\varphi0}'$ —— 埋置测试块体基础或桩基础的地基抗弯刚度(kN·m);

　　　$K_{\psi0}'$ —— 埋置测试块体基础或桩基础的地基抗扭刚度(kN·m);

　　　δ_0 —— 测试块体基础或桩基础的埋深比;

　　　δ_d —— 设计块体基础或桩基础的埋深比;

　　　h_t —— 测试块体基础或桩基础的有效埋置深度(m)。

4.6.3 由明置块体基础或桩基础测试的地基竖向、水平回转向第一振型和扭转向阻尼比,用于动力机器基础设计时,应按下列公式计算:

$$\zeta_z = \zeta_{z0} \cdot \xi \quad (4.6.3\text{-}1)$$

$$\zeta_{x\varphi_1} = \zeta_{x\varphi_10} \cdot \xi \quad (4.6.3\text{-}2)$$

$$\zeta_\psi = \zeta_{\psi0} \cdot \xi \quad (4.6.3\text{-}3)$$

$$\xi = \frac{\sqrt{m_r}}{\sqrt{m_d}} \quad (4.6.3\text{-}4)$$

$$m_r = \frac{m_0}{\rho A_0 \sqrt{A_0}} \quad (4.6.3\text{-}5)$$

式中 ζ_{z0} —— 明置测试块体基础或桩基础的地基竖向阻尼比;

　　　$\zeta_{x\varphi_10}$ —— 明置测试块体基础或桩基础的地基水平回转向第一振型阻尼比;

　　　$\zeta_{\psi0}$ —— 明置测试块体基础或桩基础的地基扭转向阻尼比;

　　　ζ_z —— 明置设计基础的地基竖向阻尼比;

　　　$\zeta_{x\varphi_1}$ —— 明置设计基础的地基水平回转向第一振型阻尼比;

ζ_ψ——明置设计基础的地基扭转向阻尼比；

ξ——与基础的质量比有关的系数；

m_0——测试块体基础或桩基础的质量(t)；

m_r——测试块体基础或桩基础的质量比；

m_d——设计基础的质量比。

4.6.4 测试基础埋深作用对设计埋置基础地基的竖向、水平回转向第一振型和扭转向阻尼比的提高系数，应按下列公式计算：

$$\beta_z = 1 + \left(\frac{\zeta'_{z0}}{\zeta_{z0}} - 1\right)\frac{\delta_d}{\delta_0} \tag{4.6.4-1}$$

$$\beta_{x\varphi_1} = 1 + \left(\frac{\zeta'_{x\varphi_1 0}}{\zeta_{x\varphi_1 0}} - 1\right)\frac{\delta_d}{\delta_0} \tag{4.6.4-2}$$

$$\beta_\psi = 1 + \left(\frac{\zeta'_{\psi 0}}{\zeta_{\psi 0}} - 1\right)\frac{\delta_d}{\delta_0} \tag{4.6.4-3}$$

式中 β_z——基础埋深对竖向阻尼比的提高系数；

$\beta_{x\varphi_1}$——基础埋深对水平回转向第一振型阻尼比的提高系数；

β_ψ——基础埋深对扭转向阻尼比的提高系数；

ζ'_{z0}——埋置测试的块体基础或桩基础的地基竖向阻尼比；

$\zeta'_{x\varphi_1 0}$——埋置测试的块体基础或桩基础的地基水平回转向第一振型阻尼比；

$\zeta'_{\psi 0}$——埋置测试的块体基础或桩基础的地基扭转向阻尼比。

4.6.5 由明置块体基础或桩基础测试的竖向、水平回转向和扭转向的地基参加振动的当量质量，当用于计算机器基础的固有频率时，应分别乘以设计基础底面积与测试基础底面积的比值。

4.6.6 由2根或4根桩的桩基础测试的单桩抗压刚度，当用于桩数超过10根桩的桩基础设计时，应分别乘以群桩效应系数0.75或0.9。

5 振动衰减测试

5.1 一般规定

5.1.1 本章适用于振动波沿地面衰减的测试，为机器基础的振动和隔振设计提供地基动力参数。

5.1.2 下列情况应采用振动衰减测试：

(1)当设计的车间内同时设置低转速和高转速的机器基础，且需计算低转速机器基础振动对高转速机器基础的影响时；

(2)当振动对邻近的精密设备、仪器、仪表或环境等产生有害的影响时。

5.1.3 振动衰减测试的振源，可采用测试现场附近的动力机器、公路交通、铁路等的振动，当现场附近无上述振源时，可采用机械式激振设备作为振源。

5.1.4 当进行竖向和水平向振动衰减测试时，基础应埋置。

5.1.5 测试用的设备和仪器可按本规范第4.2节的规定选用。

5.1.6 测试基础、激振设备的安装和准备工作等，应符合本规范第4.3节的规定。

5.1.7 测试结果应包括下列内容：

(1)测试记录表，可按本规范附录B"振动衰减测试记录表"的格式整理；

(2)不同激振频率测试的地面振幅随距振源的距离而变化的曲线$(A_r - r)$；

(3)不同激振频率计算的地基能量吸收系数随距振源的距离而变化的曲线$(\alpha - r)$。

5.2 测试方法

5.2.1 振动衰减测试的测点，不应设在浮砂地、草地、松软的地层和冰冻层上。

5.2.2 当进行周期性振动衰减测试时，激振设备的频率除应采用工程对象所受的频率外，尚应做各种不同激振频率的测试。

5.2.3 测点应沿设计基础所需的振动衰减测试的方向进行布置。

5.2.4 测点的间距在距离基础边缘小于等于5m范围内宜为1m；距离基础边缘大于5m且小于等于15m范围内宜为2m；距离基础边缘大于15m且小于等于30m范围内宜为5m，距离基础边缘30m以外时宜大于5m(见图5.2.4)；测试半径r_n应大于基础当量半径的35倍，基础当量半径应按下式计算：

$$r_0 = \sqrt{\frac{A_0}{\pi}} \tag{5.2.4}$$

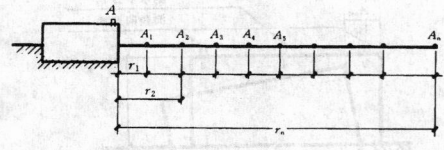

图 5.2.4 振动衰减测点布置图

5.2.5 测试时，应记录传感器与振源之间的距离和激振频率。

5.2.6 当在振源处进行振动测试时，传感器的布置宜符合下列规定：

(1)当振源为动力机器基础时，应将传感器置于沿振动波传播方向测试的基础轴线边缘上；

(2)当振源为公路交通车辆时，可将传感器置于行车道外0.5m处；

(3)当振源为铁路交通车辆时，可将传感器置于距铁路轨外0.5m处；

(4)当振源为锤击预制桩时，可将传感器置于距桩边0.3～0.5m处；

(5)当振源为重锤夯击土时，可将传感器置于夯击点边缘外1.0m处。

5.3 数据处理

5.3.1 振动衰减测试的资料，可按本规范附录B的记录表格式整理。

5.3.2 数据处理时，应绘制由各种激振频率测试的地面振幅随振源的距离而变化的$A_r - r$曲线图。

5.3.3 地基能量吸收系数，可按下式计算：

$$\alpha = \frac{1}{f_0} \cdot \frac{1}{r_0 - r}\ln\frac{A_r}{A\left[\frac{r_0}{r}\xi_0 + \sqrt{\frac{r_0}{r}(1 - \xi_0)}\right]} \tag{5.3.3}$$

式中 α——地基能量吸收系数(s/m)；

f_0——激振频率(Hz)；

A——测试基础的振幅(m)；

A_r——距振源的距离为r处的地面振幅(m)；

ξ_0——无量纲系数，可按现行国家标准《动力机器基础设计规范》附录E"地面振动衰减的计算"的有关规定采用。

6 地脉动测试

6.1 一般规定

6.1.1 本章适用于周期在0.1～1.0s、振幅小于$3\mu m$的地脉动测

试,为工程抗震和隔振设计提供场地的卓越周期和脉动幅值。

6.1.2 测试结果应包括下列内容:
(1)测试资料的数据处理方法及分析结果;
(2)脉动时程曲线;
(3)富氏谱或功率谱图;
(4)测试成果表。

6.2 设备和仪器

6.2.1 地脉动测试系统应符合下列要求:
(1)通频带应选择为 1~40Hz;信噪比应大于 80dB;
(2)低频特性应稳定可靠,系统放大倍数不应小于 10^6;
(3)测试系统应与数据采集分析系统相配接。

6.2.2 传感器除应符合本规范第 4.2.3 条的要求外,也可采用频率特性和灵敏度等满足测试要求的加速度型传感器;对地下脉动测试用的速度型传感器,通频带应为 1~25Hz,并应严格密封防水。

6.2.3 放大器应符合下列要求:
(1)当采用速度型传感器时,放大器应符合本规范第 4.2.4 条的要求;
(2)当采用加速度型传感器时,应采用多通道适调放大器。

6.2.4 信号采集与分析系统宜采用多通道,模数转换器(A/D)位数不宜小于 12 位;曲线与图形显示不宜低于图像清晰度指标(VGA),并应具有抗混淆滤波功能,低通滤波宜为 80dB/oct,计算机内存不应小于 4.0MB,并应具有加窗功能和时域、频域分析软件。

6.2.5 测试仪器应每年在标准振动台上进行系统灵敏度系数的标定,以确定灵敏度系数随频率变化的曲线。

6.3 测试方法

6.3.1 每个建筑场地的地脉动测点,不应少于 2 个;也可根据工程需要,增加测点数量。

6.3.2 当记录脉动信号时,在距离观测点 100m 范围内,应无人为振动干扰。

6.3.3 测点宜选在天然土地基上及波速测试孔附近,传感器应沿东西、南北、竖向三个方向布置。

6.3.4 地下脉动测试时,测点深度应根据工程需要进行布置。

6.3.5 脉动信号记录时,应根据所需频率范围设置低通滤波频率和采样频率,采样频率宜取 50~100Hz,每次记录时间不应少于 15min,记录次数不得少于 2 次。

6.4 数据处理

6.4.1 数据处理,宜作富氏谱或功率谱分析;每个样本数据宜采用 1024 个点,采样间隔宜取 0.01~0.02s,并加窗函数处理;频域平均次数不宜少于 32 次。

6.4.2 场地卓越周期应根据卓越频率确定,并应按下列公式计算:

$$T = \frac{1}{f} \qquad (6.4.2)$$

式中 T ——场地卓越周期(s);
f ——卓越频率(Hz)。

6.4.3 卓越频率应按下列规定确定:
(1)按谱图中最大峰值所对应的频率确定;
(2)当谱图中出现多峰且各峰的峰值相差不大时,可在谱分析的同时,进行相关或互谱分析,以便对场地脉动卓越频率进行综合评价。

6.4.4 脉动幅值的确定应符合下列规定:
(1)脉动幅值应取实测脉动信号的最大幅值;
(2)确定脉动信号的幅值时,应排除人为干扰信号的影响。

7 波速测试

7.1 一般规定

7.1.1 本章适用于在土层中用单孔法和跨孔法测试压缩波与剪切波波速,以及用面波法测试瑞利波波速。弹性波在岩层中的传播速度,也可按照本章的规定测试。

7.1.2 按本章规定测得的波速值可应用于下列情况:
(1)计算地基的动弹性模量、动剪变模量和动泊松比;
(2)场地土的类型划分和场地土层的地震反应分析;
(3)在地基勘察中,配合其它测试方法综合评价场地土的工程力学性质。

7.1.3 测试结果应包括下列内容:
(1)单孔法测试的波速结果,可按本规范附录 C 第 C.0.1 条的格式整理;
(2)跨孔法测试的波速结果,可按本规范附录 C 第 C.0.2 条的格式整理;
(3)面波法测试的波速结果,可按本规范附录 C 第 C.0.3 条的格式整理。

7.2 设备和仪器

7.2.1 激振设备应符合下列要求:
(1)单孔法测试时,剪切波振源应采用锤和上压重物的木板,压缩波振源宜采用锤和金属板;
(2)跨孔法测试时,剪切波振源宜采用剪切波锤,也可采用标准贯入试验装置,压缩波振源宜采用电火花或爆炸等。

7.2.2 当采用三分量井下传感器时,应附有将其固定于井壁的装置,其固有频率宜小于地震波主频率的 1/2。

7.2.3 放大器及记录系统应采用多道浅层地震仪,其记录时间的分辨率应高于 1ms;也可按本规范第 4.2 节的规定选用。

7.2.4 触发器性能应稳定,其灵敏度宜为 0.1ms。

7.2.5 测斜仪应能测量 0°~360°的方位角及 0°~30°的顶角;顶角的测试误差不宜大于 0.1°。

7.2.6 面波法测试用的设备和仪器可按本规范第 4.2 节的规定选用。

7.3 测试方法

（1）单孔法

7.3.1 测试前的准备工作应符合下列要求:
(1)测试孔应垂直;
(2)当剪切波振源采用锤击上压重物的木板时,木板的长向中垂线应对准测试孔中心,孔口与木板的距离宜为 1~3m;板上所压重物宜大于 400kg;木板与地面应紧密接触;
(3)当压缩波振源采用锤击金属板时,金属板距孔口的距离宜为 1~3m。

7.3.2 测试工作应符合下列要求:
(1)测试时,应根据工程情况及地质分层,每隔 1~3m 布置一个测点,并宜自下而上按预定深度进行测试;
(2)剪切波测试时,传感器应设置在测试孔内预定深度处固定,沿木板纵轴方向分别打击其两端,可记录极性相反的两组剪切波波形;
(3)压缩波测试时,可锤击金属板,当激振能量不足时,可采用落锤或爆炸产生压缩波。

7.3.3 测试工作结束后,应选择部分测点作重复观测,其数量不应少于测点总数的 10%。

（Ⅰ）跨　孔　法

7.3.4　测试场地宜平坦;测试孔宜设置一个振源孔和两个接收孔,并布置在一条直线上。

7.3.5　测试孔的间距在土层中宜取 2～5m,在岩层中宜取 8～15m;测试时,应根据工程情况及地质分层,每隔 1～2m 布置一个测点。

7.3.6　钻孔应垂直,并宜用泥浆护壁或下套管,套管壁与孔壁应紧密接触。

7.3.7　测试时,振源与接收孔内的传感器应设置在同一水平面上。

7.3.8　测试工作可采用下列方法:

(1) 当振源采用剪切波锤时,宜采用一次成孔法;

(2) 当振源采用标准贯入试验装置时,宜采用分段测试法。

7.3.9　当测试深度大于 15m 时,必须对所有测试孔进行倾斜度及倾斜方位的测试;测点间距不应大于 1m。

7.3.10　当采用一次成孔法测试时,测试工作结束后,应选择部分测点作重复观测,其数量不应少于测点总数的 10%;也可采用振源孔和接收孔互换的方法进行检测。

（Ⅲ）面　波　法

7.3.11　测试前的准备工作以及对激振设备安装的要求,应符合本规范第 4.3 节和第 4.4.1、4.4.2 条的规定。

7.3.12　测试工作可采用下列方法:

(1) 稳态振源宜采用机械式或电磁式激振设备(见图 7.3.12);

(2) 在振源同一侧应放置两台间距为 Δl 的竖向传感器,接收由振源产生的瑞利波信号;

(3) 改变激振频率,测试不同深度处土层的瑞利波波速;

(4) 电磁式激振设备可采用单一正弦波信号或合成正弦波信号。

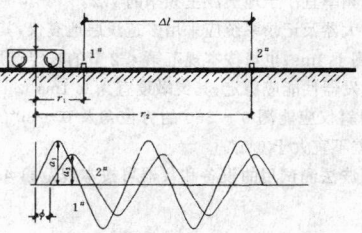

图 7.3.12　激振设备及传感器的布置图

7.4　数据处理

（Ⅰ）单　孔　法

7.4.1　压缩波或剪切波从振源到达测点时间的确定,应符合下列规定:

(1) 确定压缩波的时间,应采用竖向传感器记录的波形;

(2) 确定剪切波的时间,应采用水平传感器记录的波形。

7.4.2　压缩波或剪切波从振源到达测点的时间,应按下列公式进行斜距校正:

$$T = KT_L \qquad (7.4.2-1)$$

$$K = \frac{H+H_0}{\sqrt{L^2+(H+H_0)^2}} \qquad (7.4.2-2)$$

式中　T ——压缩波或剪切波从振源到达测点经斜距校正后的时间(s)(相应于波从孔口到达测点的时间);

T_L ——压缩波或剪切波从振源到达测点的实测时间(s);

K ——斜距校正系数;

H ——测点的深度(m);

H_0 ——振源与孔口的高差(m),当振源低于孔口时,H_0 为负值;

L ——从板中心到测试孔的水平距离(m)。

7.4.3　时距曲线图的绘制,应以深度 H 为纵坐标,时间 T 为横坐标。

7.4.4　波速层的划分,应结合地质情况,按时距曲线上具有不同斜率的折线段确定。

7.4.5　每一波速层的压缩波波速和剪切波波速,应按下式计算:

$$V = \frac{\Delta H}{\Delta T} \qquad (7.4.5)$$

式中　V ——波速层的压缩波波速或剪切波波速(m/s);

ΔH ——波速层的厚度(m);

ΔT ——压缩波或剪切波传到波速层顶面和底面的时间差(s)。

（Ⅱ）跨　孔　法

7.4.6　压缩波或剪切波从振源到达测点时间的确定,应符合下列规定:

(1) 确定压缩波的时间,应采用水平传感器记录的波形;

(2) 确定剪切波的时间,应采用竖向传感器记录的波形。

7.4.7　由振源到达每个测点的距离,应按测斜数据进行计算。

7.4.8　每个测试深度的压缩波波速及剪切波波速,应按下列公式计算:

$$V_P = \frac{\Delta S}{T_{P2}-T_{P1}} \qquad (7.4.8-1)$$

$$V_S = \frac{\Delta S}{T_{S2}-T_{S1}} \qquad (7.4.8-2)$$

$$\Delta S = S_2 - S_1 \qquad (7.4.8-3)$$

式中　V_P ——压缩波波速(m/s);

V_S ——剪切波波速(m/s);

T_{P1} ——压缩波到达第 1 个接收孔测点的时间(s);

T_{P2} ——压缩波到达第 2 个接收孔测点的时间(s);

T_{S1} ——剪切波到达第 1 个接收孔测点的时间(s);

T_{S2} ——剪切波到达第 2 个接收孔测点的时间(s);

S_1 ——由振源到第 1 个接收孔测点的距离(m);

S_2 ——由振源到第 2 个接收孔测点的距离(m);

ΔS ——由振源到两个接收孔测点距离之差(m)。

（Ⅲ）面　波　法

7.4.9　瑞利波波速应按下式计算:

$$V_R = \frac{2\pi f \Delta l}{\Phi} \qquad (7.4.9)$$

式中　V_R ——瑞利波波速(m/s);

Φ ——两台传感器接收到的振动波之间的相位差(rad)。

Δl ——两台传感器之间的水平距离(m),当 Φ 为 2π 时,Δl 即为瑞利波波长 L_R(m);

f ——振源的频率(Hz)。

7.4.10　地基的动剪变模量和动弹性模量,应按下列公式计算:

$$G_d = \rho V_S^2 \qquad (7.4.10-1)$$

$$E_d = 2(1+v)\rho V_S^2 \qquad (7.4.10-2)$$

$$V_S = \frac{V_R}{\eta_S} \qquad (7.4.10-3)$$

$$\eta_S = \frac{0.87+1.12v}{1+v} \qquad (7.4.10-4)$$

式中　G_d ——地基的动剪变模量(kPa);

E_d ——地基的动弹性模量(kPa);

ρ ——地基的质量密度(t/m³);

η_S ——与泊松比有关的系数;

v ——地基的动泊松比。

8 循环荷载板测试

8.1 一般规定

8.1.1 本章适用于在承压板上反复加荷与卸荷测试，为大型机床和水压机等基础设计提供地基弹性模量和地基抗压刚度系数。

8.1.2 循环荷载板测试时，除应具备本规范第 3.0.1 条规定的有关资料外，尚应具备拟建基础的位置和基底标高等资料。

8.1.3 测试结果应包括下列内容：

(1) 循环荷载板测试记录，可按本规范附录 D 的格式整理；

(2) 测试的各种曲线图；

(3) 经修正后的地基弹性变形量；

(4) 地基弹性模量；

(5) 地基抗压刚度系数的测试值和经换算后的设计值。

8.2 设备和仪器

8.2.1 加荷装置可采用载荷台或采用反力架、液压和稳压等设备。

8.2.2 载荷台或反力架必须稳固、安全可靠，其承受荷载能力应大于最大测试荷载的 1.5～2.0 倍。

8.2.3 当采用千斤顶加荷时，其反力支撑可采用重物、地锚、坑壁斜撑和平洞顶板支撑等。

8.2.4 测试变形量的仪器，应满足测试精度的要求。百分表的精度不应低于 0.01mm，位移传感器的精度不应低于 0.01mm。

8.3 测试前的准备工作

8.3.1 承压板应具有足够的刚度，其形状可采用正方形或圆形；面积宜为 0.5m²；对密实土层，面积可采用 0.1～0.25m²。

8.3.2 承压板应设置在设计基础邻近处，其土层结构宜与设计基础的土层结构相类似。

8.3.3 试坑底面的宽度，应大于承压板的边长或直径的 3 倍。

8.3.4 试坑底面应保持水平面，并宜在试压表面用中砂层找平，其厚度不应小于 10mm；承压板应与试坑底面紧密接触。

8.3.5 加荷千斤顶的重心，应与承压板的中心在同一竖直线上。

8.3.6 沉降观测装置的固定点，应设置在变形影响区以外。

8.4 测试方法

8.4.1 循环荷载的大小和次数，应根据设计要求和地基性质确定。

8.4.2 荷载应分级施加，第一级荷载应取试坑底面土的自重，变形稳定后再施加循环荷载，其增量可按表 8.4.2 采用。

各类土的循环荷载增量 表 8.4.2

土的名称	循环荷载增量 (kPa)
淤泥、流塑粘性土、松散砂土	≤15
软塑粘性土、新近堆积黄土、稍密的粉、细砂	15～25
可塑～硬塑粘性土、黄土、中密的粉、细砂	25～50
坚硬粘性土、密实的中、粗砂	50～100
密实的碎石土、风化岩石	100～150

8.4.3 测试方法可采用单荷级循环法或多荷级循环法。每一荷级反复循环次数应根据土的类别采用，对粘性土宜为 6～8 次，对砂性土宜为 4～6 次。

8.4.4 每级荷载的循环时间，加荷时宜为 5min，卸荷时宜为 5min，并同时观测变形量。

8.4.5 加荷时地基变形量稳定的标准应符合下列要求：

(1) 在静力荷载作用下，连续 2h 观测中，每小时变形量不应超过 0.1mm；

(2) 在循环荷载作用下，最后一次循环测得的弹性变形量与前一次循环测得的弹性变形量的差值应小于 0.05mm。

8.4.6 每一级荷载作用下的弹性变形，宜取最后一次循环卸载的弹性变形量。

8.5 数据处理

8.5.1 根据测试数据，应绘制下列曲线图：

(1) 应力—时间曲线图；

(2) 变形—时间曲线图；

(3) 变形—应力曲线图；

(4) 弹性变形—应力曲线图。

8.5.2 地基弹性变形量应按下式计算：

$$S_e = S - S_P \quad (8.5.2)$$

式中 S_e ——地基弹性变形量(mm)；

S ——加荷时地基变形量(mm)；

S_P ——卸荷时地基塑性变形量(mm)。

8.5.3 各级荷载测试的地基弹性变形量，可按下列公式进行修正：

$$S'_e = S_0 + C P_L \quad (8.5.3-1)$$

$$S_0 = \frac{\sum S_{e,i} \cdot \sum P_{Li}^2 - \sum P_L \sum (P_L \cdot S_{e,i})}{N \cdot \sum P_{Li}^2 - (\sum P_{Li})^2} \quad (8.5.3-2)$$

$$C = \frac{\sum S_{e,i} \cdot \sum P_L - N \sum (P_L \cdot S_{e,i})}{(\sum P_{Li})^2 - N \cdot \sum P_{Li}^2} \quad (8.5.3-3)$$

式中 S'_e ——经修正后的地基弹性变形量(mm)；

S_0 ——校正值；

C ——弹性变形—应力曲线的斜率(mm/kPa)；

P_L ——地基弹性变形的最后一级荷载作用下的承压板底面总静力(kPa)；

N ——荷级次数；

$S_{e,i}$ ——第 i 级荷载作用下的弹性变形量(mm)；

P_{Li} ——第 i 级荷载作用下的承压板底面静力(kPa)。

8.5.4 地基弹性模量可按下式计算：

$$E = \frac{(1 - \nu^2) Q}{d \cdot S'_e} \quad (8.5.4)$$

式中 E ——地基弹性模量(MPa)；

d ——承压板直径(mm)；

Q ——承压板上总荷载(N)。

8.5.5 地基抗压刚度系数，可按下式计算：

$$C_z = \frac{P_L}{S'_e} \quad (8.5.5)$$

8.5.6 按照本章的规定测试的地基抗压刚度系数，用于设计基础时，应乘以换算系数，换算系数可按下式计算：

$$\eta_l = \sqrt[3]{\frac{A_l}{A_d}} \sqrt[3]{\frac{P_d}{P_l}} \quad (8.5.6)$$

式中 η_l ——与承压板底面积及底面静应力有关的系数；

A_l ——承压板底面积(m²)；

A_d ——设计基础的底面积(m²)，当 $A_d > 20$m² 时，应取 $A_d = 20$m²；

P_d ——设计基础底面的静应力(kPa)，当 $P_d > 50$kPa 时，应取 $P_d = 50$kPa。

9 振动三轴和共振柱测试

9.1 一般规定

9.1.1 本章适用于测试细粒土和砂土的动力特性，为场地、建筑物和构筑物进行动力反应分析以及为地基和边坡土进行动力稳定性分析提供动力参数。

9.1.2 根据地基土的类别与工程要求，土试样测试应提供下列动力参数：

(1) 土试样的动弹性模量、动剪变模量和阻尼比；

(2) 土试样的动强度、抗液化强度和动孔隙水压力。

9.1.3 测试结果应包括下列内容：

(1) 最大动剪变模量或最大动弹性模量与平均有效固结应力的关系；

(2) 动剪变模量比与阻尼比对剪应变幅的关系曲线，或动弹性模量比与阻尼比对轴应变幅的关系曲线；

(3) 动强度比与破坏振次的关系曲线；

(4) 地震总应力抗剪强度与潜在破裂面上初始法向有效应力的关系，以及相应的地震总应力抗剪强度指标；

(5) 对有关强度的资料，应注明所采用的试样密度、固结应力条件、破坏标准和相应的等效破坏振次；

(6) 当需提供动孔隙水压力特性的测试资料时，可提供动孔压比与振次比的关系曲线，也可提供动孔压比与动剪应力比的关系曲线。

9.2 设备和仪器

9.2.1 测试设备可采用扭转向激振和纵向激振的共振柱仪，以及电磁式、液压式、气压式和惯性式等各种驱动型式的振动三轴仪。

9.2.2 设备主机的静力加荷系统和孔隙水压力测量系统，应符合现行国家标准《土工试验方法标准》中有关三轴压缩试验仪器的规定。

9.2.3 设备主机的动力加载系统，其幅值应平衡、波形应对称；振幅相对偏差与半周期相对偏差不宜大于 10%。

9.2.4 设备的实测应变幅范围应满足工程动力分析的需要。

9.2.5 传感器宜采用位移、速度、加速度、孔隙水压力和荷重等传感器。

9.2.6 记录仪应采用配有微机的数字采集系统。当缺乏这种数字采集系统时，也可采用 $X-Y$ 函数记录仪。

9.2.7 配成套的仪器，应具有良好的频率响应、性能稳定、灵敏度高和失真小。

9.2.8 设备和仪器应每半年进行一次检查和标定。

9.3 测试方法

9.3.1 试样的制备和饱和方法应符合现行国家标准《土工试验方法标准》中有关三轴压缩试验的规定。

9.3.2 天然地基的试样宜采用原状土制备；人工地基的试样制备方法宜与工程现场填土条件相类似。

9.3.3 饱和试样在周围压力下的孔隙水压力系数不宜小于 0.98。

9.3.4 试样的固结应力条件应根据地基土的测试条件确定。每一种试样的初始剪应力比可选用 1～3 个；每一个初始剪应力比相对应的侧向固结应力也可采用 1～3 个。

9.3.5 测试时应首先使土试样在静力作用下固结稳定后，再在不排水条件下施加动应力或动应变。

9.3.6 动剪变模量或动弹性模量在共振柱仪上测试时，应采用共振法，也可采用自由振动法；阻尼比测试时，宜采用自由振动法。

9.3.7 动弹性模量和阻尼比在振动三轴仪上测试时，应在固定频率的轴向动应力作用下测得试样的动应力—动应变滞回圈；动应力的作用振次不宜大于 5 次。

9.3.8 测试动剪变模量或动弹性模量以及阻尼比随应变幅的变化时，宜逐级施加动应变幅或动应力幅；后一级的振幅可控制为前一级的 1 倍；在同一试样上选用允许施加的动应变幅或动应力幅的级数时，应避免孔隙水压力明显升高。

9.3.9 当同时测试动剪变模量和动弹性模量的设备条件不足时，可根据动剪变模量与动弹性模量之间的关系进行换算。

9.3.10 土试样动强度的破坏标准，一般可取土试样的弹性应变与塑性应变之和等于 0.05，也可根据地基土情况和工程重要性，在 0.025～0.1 的范围内取值；对于可液化土的抗液化强度试验，也可采用初始液化作为破坏标准。

9.3.11 土试样动强度的等效破坏振次，应根据工程对象可能承受的循环荷载性质确定。

9.3.12 土试样的动强度或抗液化强度测试，宜在不排水条件下进行；在土试样上施加一稳态振动的轴向动应力，并应记录应力、应变和孔隙水压力的变化过程，直至试样达到或超过所规定的破坏标准。

9.3.13 在同一固结应力条件下，动强度测试的试样个数不应少于 3 个；对各个试样应施加不同的动应力幅，以使实测的破坏振次的分布范围能覆盖工程对象的等效破坏振次。

9.3.14 在循环应力作用下，饱和土孔隙水压力增长特性的测试方法，应符合本章第 9.3.10～9.3.13 条的规定。

9.3.15 在振动三轴仪上测试土的上述动力特性时，施加动应力或动应变的频率，应采用工程对象所受循环荷载的频率。

9.4 数据处理

9.4.1 动应力、动应变和孔隙水压力等物理量，应按仪器的标定系数及试样尺寸，由电测记录值进行换算。

9.4.2 当试样在一端固定、另一端为扭转激振的共振柱仪上测试时，试样的剪应变幅，应按下列公式计算：

(1) 当为圆柱体试样时；

$$\gamma_d = \frac{\theta d_s}{3h_s} \qquad (9.4.2\text{-}1)$$

(2) 当为空心圆柱体试样时；

$$\gamma_d = \frac{\theta(d_1 + d_2)}{4h_s} \qquad (9.4.2\text{-}2)$$

式中 γ_d ——试样剪应变幅；

θ ——试样激振端的角位移幅(rad)；

d_s ——试样直径(m)；

h_s ——试样高度(m)；

d_1 ——空心圆柱体试样的外径(m)；

d_2 ——空心圆柱体试样的内径(m)。

9.4.3 在扭转激振的共振柱仪上测试时，试样的动剪变模量，应按下式计算：

$$G_d = \rho \left(\frac{2\pi h_s f_t}{F_t} \right)^2 \qquad (9.4.3)$$

式中 G_d ——试样动剪变模量(kPa)；

ρ ——试样质量密度(t/m³)；

f_t ——试样系统扭转振动的共振频率(Hz)；

F_t ——扭转向无量纲频率因数。

9.4.4 扭转向无量纲频率因数，应按下列公式计算：

$$F_t \cdot tgF_t = \frac{1}{T_t} \qquad (9.4.4\text{-}1)$$

$$T_t = \frac{J_a}{J_s}\left[1-\left(\frac{f_{at}}{f_t}\right)^2\right] \qquad (9.4.4-2)$$

$$J_s = \frac{m_s d_s^2}{8} \qquad (9.4.4-3)$$

$$A_{at} = \frac{f_{at} \cdot J_a \cdot \delta_{at}}{\pi \cdot f_t \cdot J_s} \qquad (9.4.4-4)$$

式中 T_t ——仪器激振端扭转向惯量因数;

J_s ——试样转动惯量(t・m²);

m_s ——试样总质量(t);

J_a ——仪器激振端压板系统的转动惯量(t・m²);

A_{at} ——仪器激振端扭转向阻尼因数;

f_{at} ——仪器激振端压板系统扭转向共振频率(Hz),对于激振端没有弹簧-阻尼器的仪器,$f_{at}=0$;

δ_{at} ——仪器激振端压板系统扭转向自由振动对数衰减率。

9.4.5 试样扭转向阻尼比,应按下列公式计算:

$$\zeta_t = \frac{[\delta_t(1+S_t)-S_t\delta_{at}]}{2\pi} \qquad (9.4.5-1)$$

$$\delta_t = \frac{1}{n}\ln\left(\frac{A_1}{A_{n+1}}\right) \qquad (9.4.5-2)$$

$$S_t = \frac{J_a}{J_s}\left(\frac{f_{at}F_t}{f_t}\right)^2 \qquad (9.4.5-3)$$

式中 ζ_t ——试样扭转向阻尼比;

δ_t ——试样系统扭转自由振动的对数衰减率;

S_t ——试样系统扭转向能量比;

n ——自由振动的周期数;

A_1 ——第一周的振幅(μm);

A_{n+1} ——第 $n+1$ 周的振幅(μm)。

9.4.6 当试样在纵向激振的共振柱仪上测试时,试样的轴应变幅和动弹性模量,应按下列公式计算:

$$\varepsilon_d = \frac{A_l}{h_s} \qquad (9.4.6-1)$$

$$E_d = \rho\left(\frac{2\pi \cdot h_s \cdot f_l}{F_l}\right)^2 \qquad (9.4.6-2)$$

式中 ε_d ——试样轴应变幅;

E_d ——试样动弹性模量(kPa);

A_l ——试样激振端的轴位移幅(m);

f_l ——试样系统纵向振动的共振频率(Hz);

F_l ——纵向无量纲频率因数。

9.4.7 纵向无量纲频率因数,应按下列公式计算:

$$F_l \mathrm{tg} F_l = \frac{1}{T_l} \qquad (9.4.7-1)$$

$$T_l = \frac{m_a}{m_s}\left[1-\left(\frac{f_{al}}{f_l}\right)^2\right] \qquad (9.4.7-2)$$

$$A_{al} = \frac{f_{al}m_a\delta_{al}}{\pi f_l m_s} \qquad (9.4.7-3)$$

式中 T_l ——仪器激振端纵向惯量因数;

A_{al} ——仪器激振端纵向阻尼因数;

m_a ——仪器激振端压板系统的质量(t);

f_{al} ——仪器激振端压板系统纵向共振频率(Hz);

δ_{al} ——仪器激振端压板系统纵向自由振动对数衰减率,应在仪器标定时确定。

9.4.8 试样纵向阻尼比,应按下列公式计算:

$$\zeta_l = \frac{[\delta_l(1+S_l)-S_l\delta_{al}]}{2\pi} \qquad (9.4.8-1)$$

$$S_l = \frac{m_a}{m_s}\left(\frac{f_{al}F_l}{f_l}\right)^2 \qquad (9.4.8-2)$$

式中 ζ_l ——试样纵向阻尼比;

δ_l ——试样系统纵向自由振动的对数衰减率;

S_l ——试样系统纵向能量比。

9.4.9 当试样在振动三轴仪上测试时,试样的动弹性模量和阻尼比,应根据记录的动应力—动应变滞回圈(见图 9.4.9),按下列公

式计算:

$$E_d = \frac{\sigma_d}{\varepsilon_d} \qquad (9.4.9-1)$$

$$\zeta_l = \frac{A_s}{\pi A_t} \qquad (9.4.9-2)$$

式中, σ_d ——试样轴向动应力幅(kPa);

A_s ——动应力—动应变滞回圈的面积(cm²),如图 9.4.9 中阴影线所示;

A_t ——图 9.4.9 中直角三角形 abc 的面积(cm²)。

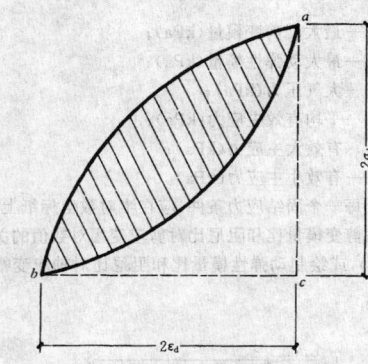

图 9.4.9 动应力—动应变滞回圈

9.4.10 动剪变模量与动弹性模量以及动剪应变幅与动轴应变幅之间,可按下列公式进行换算:

$$G_d = \frac{E_d}{2(1+v_s)} \qquad (9.4.10-1)$$

$$\gamma_d = \varepsilon_d(1+v_s) \qquad (9.4.10-2)$$

式中 v_s ——试样泊松比。

9.4.11 在共振柱仪或振动三轴仪上测试的最大动剪变模量或最大动弹性模量,应绘制它们与二维或三维平均有效主应力的双对数关系曲线图(见图 9.4.11-1、图 9.4.11-2),该曲线可用下列公式表达。

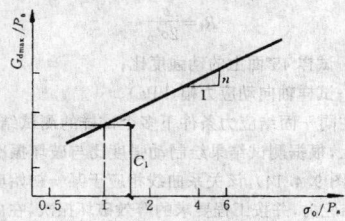

图 9.4.11-1 最大动剪变模量与平均有效主应力的关系

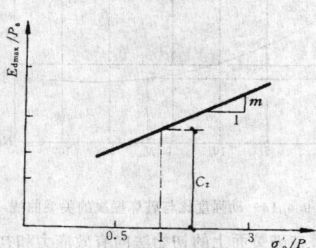

图 9.4.11-2 最大动弹性模量与平均有效主应力的关系

$$G_{dmax} = C_1 P_a^{(1-n)}\sigma_0^{'n} \qquad (9.4.11-1)$$

$$E_{dmax} = C_2 P_a^{(1-m)}\sigma_0^{'m} \qquad (9.4.11-2)$$

当 $P_a^{(1-n)}\sigma'^n_0=1$ 时 $C_1=G_{dmax}$

当 $P_a^{(1-m)}\sigma'^m_0=1$ 时 $C_2=E_{dmax}$

$$n=\tan\alpha \qquad (9.4.11\text{-}3)$$

$$m=\tan\beta \qquad (9.4.11\text{-}4)$$

（1）对二维：

$$\sigma'_0=\frac{\sigma'_1+\sigma'_3}{2} \qquad (9.4.11\text{-}5)$$

（2）对三维：

$$\sigma'_0=\frac{\sigma'_1+2\sigma'_3}{3} \qquad (9.4.11\text{-}6)$$

式中 G_{dmax} ——最大动剪变模量（kPa）；

E_{dmax} ——最大动弹性模量（kPa）；

P_a ——大气压力（kPa）；

σ'_0 ——平均有效主应力（kPa）；

σ'_1 ——有效大主应力（kPa）；

σ'_3 ——有效小主应力（kPa）。

9.4.12 对于每一个固结应力条件，应在半对数坐标纸上，根据测试结果绘制动剪变模量比和阻尼比对剪应变幅对数值的关系曲线（见图 9.4.12），或绘制动弹性模量比和阻尼比对轴应变幅对数值的关系曲线：

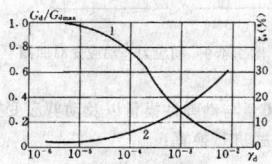

图 9.4.12 动剪变模量比和阻尼比对剪应变幅的关系曲线
1——动剪变模量比 2——阻尼比

9.4.13 在振动三轴仪上测试记录的动应力、动应变和动孔隙水压力的时程曲线上，应按本规范第 9.3.10 条规定的破坏标准，确定达到该标准的破坏振次；相应于该破坏振次的试样 45°面上的动强度比，应按下式计算：

$$R_f=\frac{\sigma_d}{2\sigma'_0} \qquad (9.4.13)$$

式中 R_f ——试样 45°面上的动强度比；

σ_d ——试样轴向动应力幅（kPa）。

9.4.14 对在同一固结应力条件下多个试样的测试结果，应在半对数坐标纸上，根据测试结果绘制动强度比与破坏振次对数值的关系曲线（见图 9.4.14），该关系曲线相应于某一初始剪应力比和某一侧向固结应力，并按工程要求的等效破坏振次，在曲线上确定相应的动强度比。

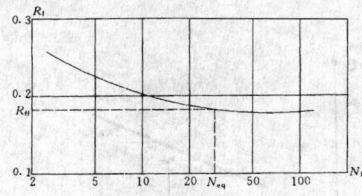

图 9.4.14 动强度比与破坏振次的关系曲线

9.4.15 试样潜在破裂面上的初始法向有效应力和初始剪应力以及相应于工程等效破坏振次的动强度，宜按下列公式计算：

（1）受压破坏时：

$$\sigma'_{f.0}=\frac{\sigma'_1+\sigma'_3}{2}-\frac{(\sigma_1-\sigma_3)\sin\Phi'}{2} \qquad (9.4.15\text{-}1)$$

$$\tau_{f.0}=\frac{(\sigma_1-\sigma_3)\cos\Phi'}{2} \qquad (9.4.15\text{-}2)$$

$$\tau_{f.d}=R_{ff}\sigma'_0\cos\Phi' \qquad (9.4.15\text{-}3)$$

$$\tau_{f.s}=\tau_{f.0}+\tau_{f.d} \qquad (9.4.15\text{-}4)$$

$$\alpha_0=\frac{\tau_{f.0}}{\sigma'_{f.0}} \qquad (9.4.15\text{-}5)$$

式中 $\sigma'_{f.0}$ ——潜在破裂面上的初始法向有效应力（kPa）；

$\tau_{f.0}$ ——潜在破裂面上的初始剪应力（kPa）；

Φ' ——试样的有效内摩擦角（°）；

α_0 ——潜在破裂面上的初始剪应力比；

$\tau_{f.d}$ ——潜在破裂面上的动强度（kPa）；

R_{ff} ——对应于等效破坏振次的动强度比，由图 9.4.14 确定；

$\tau_{f.s}$ ——潜在破裂面上的地震总应力抗剪强度（kPa）。

（2）受拉破坏时，$\tau_{f.0}$、$\tau_{f.d}$ 及 α_0 可分别按式（9.4.15-2）、（9.4.15-3）及（9.4.15-5）计算，$\sigma'_{f.0}$、$\tau_{f.s}$ 宜按下列公式计算：

$$\sigma'_{f.0}=\frac{\sigma'_1+\sigma'_3}{2}+\frac{(\sigma_1-\sigma_3)}{2}\sin\Phi' \qquad (9.4.15\text{-}6)$$

$$\tau_{f.s}=\tau_{f.d}-\tau_{f.0} \qquad (9.4.15\text{-}7)$$

9.4.16 当潜在破裂面上的初始剪力比等于零时，饱和砂土潜在破裂面上的动强度应按下式计算：

$$\tau_{f.d}=C_r\cdot R_{ff}\cdot\sigma'_0 \qquad (9.4.16)$$

式中 C_r ——测试条件修正系数，其值与静止侧压力系数 k_0 有关，当 k_0 为 0.4 时，C_r 应采用 0.57；当 k_0 为 1.0 时，C_r 应采用 0.9~1.0。

9.4.17 对受压破坏与受拉破坏，应按下列公式进行判别：

（1）受压破坏：

$$\sigma_d\leqslant\frac{\sigma_1-\sigma_3}{\sin\Phi'} \qquad (9.4.17\text{-}1)$$

（2）受拉破坏：

$$\sigma_d>\frac{\sigma_1-\sigma_3}{\sin\Phi'} \qquad (9.4.17\text{-}2)$$

9.4.18 潜在破裂面上的地震总应力抗剪强度与初始法向有效应力之间的关系，宜在直角坐标纸上进行整理；对应于一定等效破坏振次的地震总应力抗剪强度，应按下式计算：

$$\tau_{fs}=C_d+\sigma'_{f.0}\operatorname{tg}\Phi_d \qquad (9.4.18)$$

式中 C_d ——地震总应力抗剪强度的凝聚力（kPa）；

Φ_d ——地震总应力抗剪强度的内摩擦角（°）。

9.4.19 对于不同的固结应力条件，应分别绘制各自的地震总应力抗剪强度曲线，且宜用潜在破裂面上的初始剪力比表示固结应力条件。

9.4.20 动孔隙水压力数据整理时，宜取记录时程曲线上动孔隙水压力的峰值；也可根据工程需要，取残余动孔隙水压力值。

9.4.21 当由于土性能影响或仪器性能影响导致测试记录的孔隙水压力有滞后现象时，宜对记录值进行修正后再作处理。

9.4.22 根据记录的动孔隙水压力时程曲线与已确定的破坏振次，可计算不同振次时的振次比与动孔压比数据；对于同一初始剪应力比的所有测试数据，宜在直角坐标纸上绘制动孔压比与振次比的关系曲线（见图 9.4.22）。

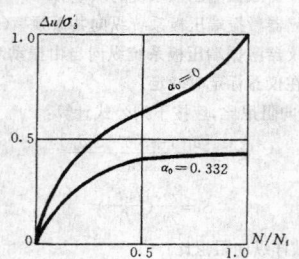

图 9.4.22 动孔压比与振次比的关系曲线

9.4.23 对于初始剪应力比相同的各个试验，可在直角坐标纸上，绘制在固定振次作用下的动孔压比与动剪应力比的关系曲线（见

图 9.4.23);也可根据工程需要,绘制不同初始剪应力比与不同振次作用下的同类关系曲线。

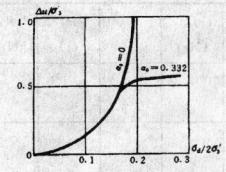

图 9.4.23 动孔压比与动剪应力比的关系曲线

附表 A 激振法测试地基动力参数计算表

A.0.1 当根据激振法测试的结果确定地基动力参数试验值时,可按附表 A.0.1-1~A.0.1-5 的格式计算。
A.0.2 当根据激振法测试的结果确定地基动力参数设计值时,应按附表 A.0.2-1、A.0.2-2 的格式计算。

地基竖向动力参数测试计算表(用于强迫振动测试)

工程名称:＿＿＿＿＿＿＿＿＿＿＿＿＿　　　　　　　　　附表 A.0.1-1

基础号	参数＼状态	f_m (Hz)	A_m (m)	f_1 (Hz)	A_1 (m)	f_2 (Hz)	A_2 (m)	f_3 (Hz)	A_3 (m)	ζ_z	m_z (t)	K_z (kN/m)	C_z (kN/m³)
	明置												
	埋置												
	明置												
	埋置												
	明置												
	埋置												

测试＿＿＿＿＿　　计算＿＿＿＿＿　　校核＿＿＿＿＿　　负责人＿＿＿＿＿＿＿　　＿＿＿年＿＿＿月

地基水平回转向动力参数测试计算表(用于强迫振动测试)

工程名称:＿＿＿＿＿＿＿＿＿＿＿＿＿　　　　　　　　　附表 A.0.1-2

基础号	参数＼状态	f_{m1} (Hz)	A_{m1} (m)	$0.707f_{m1}$ (Hz)	A (m)	A_{φ_1} (m)	A_{φ_2} (m)	l_1 (m)	ϕ_{m1} (rad)	A_x (m)	ρ_1 (m)	$\zeta_{x\varphi_1}$	$m_{x\varphi}$ (t)	K_x (kN/m)	C_x (kN/m³)	K_φ (kN·m)	C_φ (kN/m³)
	明置																
	埋置																
	明置																
	埋置																
	明置																
	埋置																

测试＿＿＿＿＿　　计算＿＿＿＿＿　　校核＿＿＿＿＿　　负责人＿＿＿＿＿＿＿　　＿＿＿年＿＿＿月

地基竖向动力参数测试计算表（用于自由振动测试）

工程名称：_____

基础号	参数 状态	m_1 (t)	H_1 (m)	V (m/s)	f_d (Hz)	A_{max} (m)	t_0 (s)	H_2 (m)	ζ_z	Φ (rad)	f_n (Hz)	ϵ_1	m_z (t)	K_z (kN/m)	C_z (kN/m³)
	明置														
	埋置														
	明置														
	埋置														
	明置														
	埋置														

测试_____　　计算_____　　校核_____　　负责人_____　　____年___月

地基水平回转向动力参数测试计算表（用于自由振动测试）

(1) K_x 的计算表

附表 A.0.1-4

工程名称：_____

基础号	参数 状态	f_{n1} (Hz)	ω_{n1} (rad/s)	$m(\omega_{n1}^2)$ (t·rad²/s²)	A_1 (m)	l_1 (m)	$\frac{A_{x\varphi_1}+A_{x\varphi_2}}{l_1}h$ (m)	$A_b=$ (4)−(6) (m)	$\frac{A_1}{A_b}$	$\frac{A_1}{A_b}-1$	$\frac{h_2}{h}$	(10)· (9)	1+(11) +(11)	K_x (3)·(12) (kN/m)	C_x (kN/m³)
		(1)	(2)	(3)	(4)	(5)	(6)	(7)	(8)	(9)	(10)	(11)	(12)	(13)	(14)
	明置														
	埋置														
	明置														
	埋置														
	明置														
	埋置														

测试_____　　计算_____　　校核_____　　负责人_____　　____年___月

---

(2) K_φ 的计算表

附表 A.0.1-5

基础号	参数 状态	f_{n1} (Hz)	J_C (t·m²)	$\omega_{n1}^2 \cdot J_C$ (rad²/s²· t·m²)	$A_{x\varphi_1}$ (m)	A_b (m)	$\frac{A_{x\varphi_1}}{A_b}$	$\frac{1}{\frac{A_{x\varphi_1}}{A_b}-1}$	h_2 (m)	i_c^2 (m²)	$\frac{h}{i_c^2}$ (m⁻¹)	$\frac{\frac{h_2 \cdot h}{i_c^2}}{\frac{1}{\frac{A_{x\varphi_1}}{A_b}-1}}$	1+(11)	K_φ (3)·(12) (kN/m)	$C_\varphi=\frac{K_\varphi}{l}$ (kN/m³)
		(1)	(2)	(3)	(4)	(5)	(6)	(7)	(8)	(9)	(10)	(11)	(12)	(13)	(14)
	明置														
	埋置														
	明置														
	埋置														
	明置														
	埋置														

测试_____　　计算_____　　校核_____　　负责人_____　　____年___月

工程名称：_____　　　　　　　　　　　　　　　　附表 A.0.2-1

基础号	状态＼参数	C_z (kN/m³)	C_x (kN/m³)	C_φ (kN/m³)	C_ψ (kN/m³)	ζ_z	$\zeta_{x\varphi_1}$	ζ_ψ	m_{dz} (t)	$m_{dx\varphi}$ (t)
	明置									
	埋置									
	明置									
	埋置									

注：(1)当基础明置时：$C_z=C_{z0}\cdot\eta_1$；$C_x=C_{x0}\cdot\eta_1$；$C_\varphi=C_{\varphi0}\cdot\eta_1$；$C_\psi=C_{\psi0}\cdot\eta_1$；$\zeta_z=\zeta_{z0}\cdot\sqrt{\dfrac{m_z}{m_d}}$；$\zeta_{x\varphi_1}=\zeta_{x\varphi_1}\sqrt{\dfrac{m_z}{m_d}}$；$\zeta_\psi=\zeta_{\psi0}\cdot\sqrt{\dfrac{m_z}{m_d}}$。

　　　其中 C_{z0}、C_{x0}、$C_{\varphi0}$、$C_{\psi0}$、ζ_{z0}、$\zeta_{x\varphi0}$、$\zeta_{\psi0}$ 为块体基础在明置时的测试值；η 为换算系数。

　　(2)当基础埋置时：$C'_z=C_z\cdot\alpha_z$；$C'_x=C_x\cdot\alpha_x$；$C'_\varphi=C_\varphi\cdot\alpha_\varphi$；$C'_\psi=C_\psi\cdot\alpha_\psi$；$\zeta'_z=\zeta_z\cdot\beta_z$；$\zeta'_{x\varphi_1}=\zeta_{x\varphi_1}\beta_{x\varphi_1}$；$\zeta'_\psi=\zeta_\psi\cdot\beta_\psi$。

　　(3)$m_{dz}=(m_z-m_f)\dfrac{A_d}{A_0}$；$m_{dx\varphi}=(m_{x\varphi}-m_f)\dfrac{A_d}{A_0}$；$m_{d\psi}$ 与 $m_{dx\varphi}$ 相同。

测试_____　　计算_____　　校核_____　　负责人_____　　____年___月

工程名称：_____　　　　　　　　　　　　　　　　附表 A.0.2-2

基础号	状态＼参数	k_{Pz} (kN/m)	$k_{P\varphi}$ (kN·m)	C_x (kN/m³)	C_ψ (kN/m³)	ζ_z	$\zeta_{x\varphi_1}$	ζ_ψ	m_{dz} (t)	$m_{dx\varphi}$ (t)	$m_{d\psi}$ (t)
	明置										
	埋置										
	明置										
	埋置										

注：(1)当桩基础明置时：$k_{Pz}=k_{Pz0}\cdot\eta_2$；$k_{P\varphi}=k_{Pz}\sum\limits_{i=1}^{n}r^2_i$；$C_x=C_{x0}\cdot\eta_1$；$C_\psi=C_{\psi0}\cdot\eta_1$

　　　$\zeta_z=\zeta_{z0}\cdot\sqrt{\dfrac{m_{zP}}{m_{dP}}}$；$\zeta_{x\varphi_1}=\zeta_{x\varphi_1 0}\cdot\sqrt{\dfrac{m_{zP}}{m_{dP}}}$；$\zeta_\psi=\zeta_{\psi0}\cdot\sqrt{\dfrac{m_{zP}}{m_{dP}}}$

　　　其中 k_{Pz0}、C_x、C_ψ、ζ_{z0}、$\zeta_{x\varphi_1 0}$、$\zeta_{\psi0}$ 为桩基础在明置时的测试值；η_2 为群桩效应系数。

　　(2)当桩基础埋置时：$k'_{Pz}=k_{Pz}\cdot\alpha_z$；$k'_{P\varphi}=k_{P\varphi}\cdot\alpha_z$；$C'_x=C_x\cdot\alpha_x$；$C'_\psi=C_\psi\cdot\alpha_{\psi1}$

　　　$\zeta'_z=\zeta_z\cdot\beta_z$；$\zeta'_{x\varphi_1}=\zeta_{x\varphi_1}\cdot\beta_{x\varphi_1}$；$\zeta'_\psi=\zeta_\psi\cdot\beta_\psi$。

　　(3)$m_{dz}=(m_{zP}-m_f)\dfrac{A_{dP}}{A_{0P}}$；$m_{dx\varphi}=(m_{x\varphi P}-m_f)\dfrac{A_{dP}}{A_{0P}}$；$m_{d\psi}=(m_{\psi\cdot P}-m_f)\dfrac{A_{dP}}{A_{0P}}$。

测试_____　　计算_____　　校核_____　　负责人_____　　____年___月

附录 B　振动衰减测试记录表

振动衰减测试记录表

工程名称：_____　　　　　　　　　　　　　　　　附表 B

测点布置图	地质剖面图	测点号	测点距振源距离(m)	实测振幅值 (μm)									备注
				垂直向			水平径向			水平切向			
				$f_1=$ (Hz)	$f_2=$ (Hz)	$f_3=$ (Hz)	$f_1=$ (Hz)	$f_2=$ (Hz)	$f_3=$ (Hz)	$f_1=$ (Hz)	$f_2=$ (Hz)	$f_3=$ (Hz)	
		r_0											
		1											
		2											
		3											
		4											
		5											
		6											
		7											
		8											
		9											
		…											

测试_____　　记录_____　　校核_____　　负责人_____　　____年___月

附录 C 波速测试记录表

C.0.1 当根据单孔法测试的结果确定压缩波与剪切波波速时，宜按附表 C.0.1-1、C.0.1-2 的格式整理。

C.0.2 当根据跨孔法测试的结果确定压缩波与剪切波波速时，宜按附表 C.0.2-1、C.0.2-2 的格式整理。

C.0.3 当根据面波法测试的结果确定瑞利波波速时，宜按附表 C.0.3-1、C.0.3-2 的格式整理。

面波法测试记录表　　　　　附表 C.0.3-1

工程名称：_____

相位差(2πrad) \ 瑞利波波速 v_R(m/s)	激 振 频 率(Hz)							
	5	10	15	20	…	…	100	120
0.5								

面波法测试记录表（右上）

相位差(2πrad) \ 瑞利波波速 v_R(m/s)	激 振 频 率(Hz)							
	5	10	15	20	…	…	100	120
1.0								
1.5								
2.0								
2.5								

测试_____　记录_____　校核_____　负责人_____　___年___月

面波法测试的波速计算表　　　附表 C.0.3-2

参数名称	测试值或计算值
频率 f(Hz)	
波长 λ(m)	
波速 v_R(m/s)	
泊松比 v	
质量密度 ρ(t/m³)	
剪变模量 G_d(kPa)	
弹性模量 E_d(kPa)	

测试_____　计算_____　校核_____　负责人_____　___年___月

单孔法测试记录表

工程名称：_____　　测试孔编号：_____

工程地点：_____　　$L=$　　　　$H_0=$　　　　附表 C.0.1-1

深度(m)	地层名称	测试深度(m)	间距(m)	斜距校正系数 K	读时 T(ms)		T'(ms)		时差(ms)		波速(m/s)		时距曲线	波速分布图	备注
					T_P	T_S	T'_P	T'_S	$\Delta T'_P$	$\Delta T'_S$	V_P	V_S			

测试_____　记录_____　制图_____　校核_____　负责人_____　___年___月

单孔法测试的波速计算表　　　　　附表 C.0.1-2

深度(m)	地层名称	测试深度(m)	波速(m/s)		波速分布图	备注
			V_P	V_S		

测试_____　计算_____　校核_____　负责人_____　___年___月

跨孔法测试记录表

工程名称：＿＿＿＿＿＿＿＿＿＿＿

工程地点：＿＿＿＿＿＿＿＿＿＿＿　　　　测试孔排列方位：＿＿＿＿＿＿＿　　　　附表 C. 0. 2-1

深度 (m)	土层 名称	测斜后实际 水平距离(m)			波的传播时间(ms)						波速值(m/s)						备 注
					$Z-J_1$		$Z-J_2$		J_1-J_2		$Z-J_1$		$Z-J_2$		J_1-J_2		
		S_1	S_2	ΔS	T_P	T_S	T_P	T_S	T_P	T_S	V_P	V_S	V_P	V_S	V_P	V_S	

测试＿＿＿＿＿＿　　　　记录＿＿＿＿＿＿　　　　校核＿＿＿＿＿＿　　　　负责人＿＿＿＿＿＿　　　＿＿年＿＿月

跨孔法测试的波速计算表

附表 C. 0. 2-2

深度 (m)	地层 名称	测试深度 (m)	波速(m/s)		备 注
			V_P	V_S	

测试＿＿＿＿＿　　计算＿＿＿＿＿　　制图＿＿＿＿＿　　校核＿＿＿＿＿　　负责人＿＿＿＿＿　　　＿＿年＿＿月

附录 D 循环荷载板测试记录表

循环荷载板测试记录表

工程名称：_____ 工程地点：_____

_____号荷载测试表 测试深度：_____

承压板面积：_____(cm²) 测试土层：_____

附表 D

观测时间			间隔时间(min)	荷重(kPa)			下沉读数(mm)			下沉量(mm)		附注
日/月	时	分		本次加荷	累计荷重	单位面积荷重	左读数	右读数	平均读数	相对下沉 s	累计下沉 $\sum s$	

测试____ 记录____ 校核____ 负责人____ ____年___月

附录 E 振动三轴和共振柱测试记录表

E.0.1 当根据振动三轴测试的结果确定试样的动力参数时，宜按附表 E.0.1-1、E.0.1-2 的格式计算。

E.0.2 当根据共振柱测试的结果确定试样的动力参数时，宜按附表 E.0.2-1、E.0.2-2 的格式计算。

共振柱测试记录表(自由振动法)

工程编号：_____ 附录 E.0.2-2

试样编号：_____ 试样高度：_____(mm) 试样密度：_____(g/cm³)

试样质量：_____(g) 试样面积：_____(cm²) 试样孔隙比：_____

周围压力(kPa)	电荷输出电压(mV)	转动板转动惯量(kg·cm²)	系统标定系数	自振周期(s)					自振振幅(mm)					动剪切模量(kPa)	动剪应变(%)	阻尼比
σ_3	I_t	mV/cm/s²		T_1	T_2	T_3	T_4	平均	A_1	A_2	A_3	A_4	平均	G	r	λ

测试____ 计算____ 校核____ 负责人____ ____年___月

振动三轴测试记录表(动模量与阻尼比测试)

工程编号：_____ 附表 E.0.1-1

试样状态	固结前	固结后	固结条件	
试样直径(mm)	d_s	d'_s	固结应力比：	
试样高度(mm)	h_s	h'_s	轴向应力：	(kPa)
试样面积(cm²)	A_s	A'_s	侧向应力：	(kPa)
试样体积(cm³)	V_s	V'_s	固结排水量：	(ml)
试样干密度(g/cm³)	ρ_d	ρ'_d	固结变形量：	(mm)

输出电压(mV)	动应力				动应变				动孔隙水压力		动模量		阻尼比		
	衰减档	光点位移(cm)	标定系数(N/cm)	动应力 $\dfrac{10\times(2)\times(3)}{A_0}$ (kPa)	衰减档	光点位移(cm)	标定系数(cm/cm)	动应变 $\dfrac{(6)\times(7)}{h_0}\times100\%$ (%)	衰减档	光点位移(cm)	标定系数(kPa/cm)	动孔隙压(11)×(10)(kPa)	动模量 $\dfrac{(4)}{(8)}$(MPa)	$1/E_d$ $\dfrac{1}{(13)}$ (MPa⁻¹)	滞回圈面积(cm²)	三角形面积(cm²)	阻尼比 $\dfrac{1}{\pi}\times\dfrac{(15)}{(16)}$
(1)	(2)	(3)	(4)	(5)	(6)	(7)	(8)	(9)	(10)	(11)	(12)	(13)	(14)	(15)	(16)	(17)

测试____ 计算____ 校核____ 负责人____ ____年___月

振动三轴测试记录表(动强度与液化测试)

工程编号：　　　　　　　　　　　　　　　　　　　　　　　　　　附表 E.0.1-2

试样编号：　　　　　　　　　　　　　　　土的名称：

试样状态	固结前	固结后	应力状态		其　它				
直径(mm)	d_s	d'_s	固结主应力比 K_c		饱和度 S_r			振动频率	(Hz)
高度(mm)	h_s	h'_s	有效大主应力 σ'_1	(kPa)	孔隙水压力系数 B			振动波形	
面积(cm²)	A_s	A'_s	有效小主应力 σ'_3	(kPa)	仪器光	动应力	(N/cm)	破坏标准	
体积(cm³)	V_s	V'_s	起始孔隙水压力 μ_0	(kPa)	点位移	动变形	(cm/cm)	破坏振次	(次)
干密度 (g/cm³)	ρ_d	ρ'_d	设定动应力幅 σ_d	(kPa)	标定系数	动孔压	(kPa/cm)	破坏孔压	(kPa)

振次(次)	动应力幅		轴向动变形		动孔隙压力		动应变(%)	试样面积(cm²)	有效大主应力(kPa)	45°面上的初始应力 $\sigma'_0 = \dfrac{\sigma'_1 + \sigma'_3}{2}$ $\tau_0 = \dfrac{\sigma'_1 - \sigma'_3}{2}$ (kPa)	45°面上的动应力比 $R_f = \sigma_d / 2\sigma'_0$	45°面上的动孔压比 U_d / σ'_0	潜在破裂面上的应力			地震总应力抗剪强度 τ_{fs} (kPa)
	光点位移(cm)	动应力 σ_d (kPa)	光点位移(cm)	动变形 ε_d (cm)	光点位移(cm)	动孔压 U_d (kPa)							σ'_{f0} (kPa)	τ_{f0} (kPa)	τ_{fd} (kPa)	
(1)	(2)	(3)	(4)	(5)	(6)	(7)	(8)	(9)	(10)	(11)	(12)	(13)	(14)	(15)	(16)	(17)	(18)

测试　　　　　　　计算　　　　　　　校核　　　　　　　负责人　　　　　　　　　年　　月

共振柱测试记录表(共振法)

工程编号：　　　　　　　　　　　　　　　附录 E.0.2-1

试样编号：　　　　土的名称：　　　　周围压力：　　　　(kPa)

试样状态	固结前	固结后	固结过程		计算参数	
试样直径 (mm)			时间 (h)	排水管读数 (ml)	转动惯量 (kg·cm²)	试样 J_s
试样高度 (mm)						试样顶端附加物 J_0
试样面积 (cm²)					试样顶端附加物质重 m_a (g)	
试样体积 (cm³)					无量纲频率系数	F_t
试样质量 (g)						F_l
试样含水量 (%)					加速计标定系数 β_1 (mV/981cm/s²)	
干试样密度 (g/cm³)					加速度传感器到试样轴线距离 d_1 (cm)	

轴　向　共　振				扭　转　共　振					
测定次数	共振频率(Hz)	最大电压值(mV)	共振频率(Hz)	轴向动变形(cm)	动应变×10⁻⁴(%)	动弹性模量(kPa)	测定次数	共振频率(Hz)	最大电压值(mV)	共振频率(rad/s)	动位移(cm)	动剪应变(%)	动剪切模量(kPa)	阻尼比

测试　　　计算　　　校核　　　负责人　　　　　年　　月

附录 F　本规范用词说明

F.0.1　为便于在执行本规范条文时区别对待，对要求严格程度不同的用词说明如下：

(1)表示很严格，非这样做不可的：

正面词采用"必须"；

反面词采用"严禁"；

(2)表示严格，在正常情况下均应这样做的：

正面词采用"应"；

反面词采用"不应"或"不得"。

(3)表示允许稍有选择，在条件许可时首先应这样做的：

正面词采用"宜"或"可"；

反面词采用"不宜"。

F.0.2　条文中指定应按其它有关标准、规范执行时，写法为"应符合……的规定"。非必须按指定的标准、规范或其它规定执行时，写法为"可参照……"。

附加说明

本规范主编单位、参加单位

和主要起草人名单

主编单位： 机械工业部设计研究院

参加单位： 中国水利水电科学研究院

北京市勘察设计研究院

同济大学

机械工业部勘察研究院

中国航空工业勘察设计院

主要起草人： 李席珍　俞培基　吴学方　郝增志

吴成元　单志康　黄　进　张守华

霍志人　李　政

中华人民共和国国家标准

地基动力特性测试规范

GB/T 50269—97

条 文 说 明

制 订 说 明

本规范是根据国家计委计综［1986］2630 号文的要求，由机械工业部负责主编，具体由机械工业部设计研究院会同中国水利水电科学研究院、北京市勘察院、同济大学、机械工业部勘察研究院、中国航空工业勘察设计院共同编制而成，经建设部一九九七年九月十二日以建标［1997］281 号文批准，并会同国家技术监督局联合发布。

在本规范的编制过程中，规范编制组进行了广泛的调查研究，认真总结我国的科研成果和工程实践经验，同时参考了有关国家的先进经验，并广泛征求了全国有关单位的意见，最后由建设部会同有关部门审查定稿。

鉴于本规范系初次编制，在执行过程中希望各单位结合工程实践和科学研究，认真总结经验，注意积累资料，如发现需要修改和补充之处，请将意见和有关资料寄交机械工业部设计研究院（北京西三环北路 5 号，邮政编码：100081），并抄送机械工业部，以供今后修订时参考。

目　　次

1 总 则

1.0.1 本规范为国内首次制订。为了使现场和室内的测试、分析、计算方法统一化，能提供符合实际的工程设计所需的地基动力特性参数，做到技术先进，确保质量，很需要有一本各种动力测试方法齐全的规范，以满足工程设计的需要，本规范就是为此目的而制订的。本规范总结了国内几十年以来在地基动力特性测试方面的经验，将国内已应用过的成熟的各种测试分析方法，基本上都编入了这本规范。有的方法是国外没有，国内首创。

1.0.2、1.0.3 地基动力特性参数，是机器基础振动和隔振设计以及在动荷载作用下各类建筑物、构筑物的动力反应及地基动力稳定性分析必需的资料。本规范适用于原位和室内确定天然地基（包括膨胀土、湿陷性黄土、残积土等各种特殊土）和人工地基（包括桩基、碎石桩、夯实土等人工加固的地基）动力特性的测试、分析方法。不同的工程，需用的测试方法和动力参数也不相同，如：用激振法测试和振动衰减测试的资料可计算地基刚度系数、阻尼比、参振质量和地基土能量吸收系数，主要应用于动力机器基础的振动设计、精密仪器仪表的隔振设计以及评估振动对周围环境的影响等；地脉动测试可确定场地土的卓越周期和振幅，可应用于工程抗震和隔振设计；波速测试主要用于场地土的类型划分、场地土层的地震反应分析，以及用波速计算泊松比、动弹性模量、动剪变模量，也可计算地基刚度系数；循环荷载板测试可计算地基的弹性模量、地基的刚度系数，一般可用于大型机床、水压机、高速公路、铁路等工程设计；振动三轴和共振柱测试可确定地基土的动模量、阻尼比、动强度等参数，可用于对建筑物和构筑物进行动力反应分析以及对地基土和边坡土进行动力稳定性分析。上述说明，相同类型的动力参数，可采用不同的测试、分析方法，因此应根据不同工程设计的实际需要，选择有关的测试、计算方法。如动力机器基础设计所需的动力参数，应优先选用激振法，因激振法与动力机器基础的振动是同一种振动类型，将试验基础实测计算的地基动力特性参数，径基底面积、基底静压力、基础埋深等的修正后，最符合设计基础的实际情况。另外，从国外有些国家的资料看，也有用弹性半空间的理论来计算机器基础的振动，其地基刚度系数则采用地基土的波速进行计算，这说明不同的计算理论体系需采用不同的测试方法和计算方法。对一些特殊重要的工程，尚应采用几种方法分别测试，以便综合分析、评价场地土层的动力特性。

3 基 本 规 定

3.0.1 本条根据地基动力特性现场测试的需要，提出测试时所应具备的资料，其目的是在现场选择测点时，应避开这些干扰振源和地下管道、电缆等的影响。

3.0.2 为了做好测试工作，在测试前，应制订测试方案，将所需测的内容、方法、仪器布置、加载方法、测试目的和要求、数据处理方法等列出，以便顺利地进行测试，保质保量地满足工程设计的需要。当采用激振法测试时，尚应根据工程设计的要求，确定测试基础的数量、尺寸，并在每一个测试基础上，应有预埋螺栓或预留螺栓孔的位置图。

3.0.5 由于过去没有统一的测试规范，各单位写的测试报告内容五花八门，有的测试资料、测试成果也不齐全，既不便于设计使用，也不利于积累资料，因此本条规定了测试报告应包括的几部分内容，其中测试成果、分析意见、结论等内容随各章测试方法不同而各不相同，其内容均放在各章的一般规定内，原始资料一般可包括下列内容：

    （1）任务来源、工程概况；

    （2）测试场地的地质勘察资料；

    （3）测试用的设备和仪器；

    （4）测试内容及计算方法；

    （5）振动三轴和共振柱测试尚应包括土试样的基本特性和取样情况，土试样的制备和饱和方法。

4 激振法测试

4.1 一般规定

4.1.1 本章适用于强迫振动和自由振动测试天然地基和人工地基的动力特性。由于天然地基和人工地基的测试方法，使用的设备和仪器，现场准备工作，数据处理等都完全相同，仅是块体基础和桩基础的尺寸不同，而块体基础适用于除桩基础以外的天然地基和人工地基上的测试。因此本章各条中提到的测试基础即包括块体基础和桩基础，地基动力参数即包括天然地基和人工地基的动力参数，如果仅提块体基础的动力参数，即表示除桩基外的人工地基和天然地基的动力参数。在数据处理时，块体基础和桩基础的幅频响应曲线处理方法相同，块体基础和桩基础的各向阻尼比计算方法相同。条文中各向阻尼比的计算，均包含块体基础和桩基础，基础在各个方向振动参振总质量的计算方法均包括块体基础和桩基础。由测试资料计算地基抗压刚度时，块体基础和桩基础的计算方法相同，只是计算抗压刚度系数时，两者才有区别，除桩基外的抗压刚度系数，由总的抗压刚度被基础底面积除，桩基则被桩数除。

4.1.2 地基动力参数是计算动力机器基础振动的关键数据，数据的选用是否符合实际，直接影响到基础设计的效果，而测试方法不同，则由测试资料计算的地基动力参数也不完全一致，因此测试方法的选择，应与设计基础的振动类型相符合，如设计周期性振动的机器基础，应在现场采用强迫振动测试。

4.1.5 明置基础的测试目的是为了获得基础下地基的动力参数，埋置基础的测试目的是为了获得埋置后对动力参数的提高效果。因为所有的机器基础都有一定的埋深，有了这两者的动力参数，就可进行机器基础的设计，因此测试基础应分别做明置和埋置两种情况的振动测试。基础四周回填土是否夯实，直接影响对埋置作用对动力参数的提高效果，在作埋置基础的振动测试时，四周的回填土一定要分层夯实。

4.1.7 本条规定了测试结果的具体内容，特别是各种参数均以表格的形式整理计算和提供设计应用，既能一目了然，又便于今后积累资料。

4.2 设备和仪器

4.2.1 机械式激振设备的扰力可分为几档，测试时，其扰力一般皆能满足要求。由于块体基础水平回转耦合振动的固有频率及在软弱地基上的竖向振动固有频率一般均较低，因此要求激振设备的最低频率尽可能低，最好能在 3Hz 就可测得振动波形，至高不能超过 5Hz，这样测出的完整的幅频响应共振曲线才能较好地满足数据处理的需要，而桩基础的竖向振动固有频率高，要求激振设备的最高工作频率尽可能的高，最好能达到 60Hz 以上，以便能测出桩基础的共振峰。电磁式激振设备的工作频率范围很宽，只是扰力太小时对桩基础的竖向振动激不起来，因此规定扰力不宜小于 600N。

4.3 测试前的准备工作

4.3.1 本条规定了块体基础的尺寸和数量。块体数量最少 2 个，

超过 2 个时可改变超过部分的基础面积而保持高度不变，获得底面积变化对动力参数的影响，或改变超过部分基础高度而保持底面积不变，获得基底应力变化对动力参数的影响。基础尺寸应保证扰力中心与基础重心在一垂线上，高度应保证地脚螺栓的锚固深度，又便于测试基础埋深对地基动力参数的影响。基础的高度太大，挖土或回填都增加许多劳动量，而高度太小，基础质量小，基础固有频率高，如激振器的扰频不高，就会给测其共振峰带来困难，因此基础的高度既不能太大，也不能太小。条文中规定的尺寸对 $f_K = 200 kN/m^2$ 的粘土来说，基础的固有频率已超过 30Hz。机器基础的底面一般为矩形，为了使试验基础与设计基础的底面形状相类似，本条规定了采用矩形基础，且其长、宽、高均具有一定的比例。

4.3.2 桩基的刚度，不仅与桩的长度、截面大小和地基土的种类有关，还与桩的间距、桩的数量等有关。一般机器基础下的桩数，根据基底面积的大小，从几根到几十根，最多也到一百余根的，而试验基础的桩数不能太多，根据以往试验的经验，一根桩（带桩台）的测试效果不理想，2 根、4 根桩（带桩台）的测试效果比较好，但 4 根桩的测试费用较大，因此本条文订的是 2 根桩。如现场有条件作桩群对比测试时，也可增加 4 根桩和 6 根桩的测试。由于桩基的固有频率比较高，桩台的高度应该比天然地基的基础高度大，否则固有频率太高，共振峰很难测出来。桩台边至桩轴的距离应等于桩间距的 1/2，桩台的长宽比应为 2∶1，规定的目的是为了使 2 根桩的测试资料计算的动力参数，在折算为单桩时，可将桩台划分为 1 根桩的单元体进行分析。但对于直径大于 400mm 的桩，桩台边至桩轴的距离与桩间距的比亦可小于 1/2，其目的为了减小桩台的面积，这样可根据现场实际条件有所选择。

4.3.3 由于地基的动力特性参数与土的性质有关，如果试验基础下的地基土与设计基础下的地基土不一致，测试资料计算的动力参数不能用于设计基础，因此试验基础的位置应选择在拟建基础附近相同的土层上。试验基础的基底标高，最好与拟建基础基底标高一致，但考虑到有的动力机器基础高度大，基底埋置深，如将小的试验基础也置于同一标高，现场施工与测试工作均有困难，因此规范条文中对此未作规定，就是为了给现场测试工作有灵活余地，可视基底标高的深浅以及基础土的性质确定。关键是要掌握好试验基础与拟建基础底面的土层结构相同。

4.3.5 基坑坑壁至试验基础侧面的距离应大于 500mm，其目的是为了在做基础的明置试验时，基础侧面四周的土压力不会影响到基础底面土的动力参数。在现场做测试准备工作时，不要把试坑挖得太大，即距离大于 500mm。因为距离太大了，作埋置测试时，回填土的工作量大，应根据现场具体情况掌握好分寸。坑底应保持原状土，即挖坑时，不要将试验基础底面的原状土破坏，因基础土是否遭到破坏，直接影响测试结果。坑底面应为水平面，因为只有水平面，基础浇灌后才能保持基础重心、底面形心与竖向激振力位于同一垂线上。

4.3.6 有的施工单位在浇注混凝土时，基础顶面做得特别粗糙，高低不平，以致激振器安装时，其底板与基础顶面接触不好，传感器也放不平稳，影响测试效果。因此，在试验基础图纸上，注明基础顶面的混凝土应随抹随平。

4.3.7 在现场作准备工作时，一定要注意基础上预埋螺栓或预留螺栓孔的位置。预埋螺栓的位置要严格按试验图纸上的要求，不能偏离，只要有一个螺栓偏离，激振器的底板就安装不进去。预埋螺栓的优点是与现浇基础一次做完，缺点是位置可能放不准，影响激振器的安装，因此在施工时，可采用定位模以保证位置准确。预留螺栓孔的优点是，待激振器安装时，可对准底板螺孔放置螺栓，放好后再灌浆，缺点是与现浇基础不能一次做完。这两种方法选择哪一种，可根据现场条件确定。如为预留孔，则孔的面积不应小于 $100 \times 100 mm^2$，孔太小了，灌浆不方便。螺栓的长度不小于 400mm，主要是为了保证在受动拉力时有足够的锚固力，不被拉

出，具体加工时螺栓下端可制成弯钩或焊一块铁板，以增强锚固力。露出激振器底板上面的螺栓，其螺丝扣的高度，应足够能拧上两个螺母和一个弹簧垫圈。加弹簧垫圈和用两个螺母，目的是为了在整个激振测试过程中，螺栓不易被震松。在试验工作结束以前，螺栓的螺丝扣一定要保护好，以免碰坏。

4.4 测 试 方 法

（Ⅰ）强 迫 振 动

4.4.1 在振动测试过程中，地脚螺栓很容易被震松，一旦被震松后，所测的数据就不准。为避免地脚螺栓在测振过程中被震松，在测试前，应在地脚螺栓上放上弹簧垫圈，然后再用两个螺母将其拧紧，每测完一次，都必须检查一下螺母是否被震松，如在测试过程中有松动，则应将机器停下拧紧后重新测定，松动时测的资料作废。

4.4.2 采用电磁式激振设备作水平回转振动测试时，其扰力作用点应在沿水平轴线方向基础侧面的顶部，最好是沿长边、短边两个方向都进行测试，以便对比两个方向测试所得动力参数的差异。

4.4.4 于基础顶面两端布置竖向传感器是为了测基础回转时的振幅，以便计算基础的回转角，其间的距离 l_1 必须量准。

4.4.5 基础的扭转振动测试，过去国内外都很少做过，设计时所应用的动力参数均与竖向测试的地基动力参数挂钩，而竖向与扭转向的关系也是通过理论计算所得。为了能测试扭转振动，机械工业部设计研究院和第一设计院进行过多次的测试研究工作，设计研究院在 90 年代成功地做了扭转振动测试，共测试了十几个基础的扭转振动，测出了在扭转扰力矩作用下水平振幅随频率变化的幅频响应共振曲线。条文中传感器的布置方法，最容易判别其振动是否为扭转振动，如为扭转振动，则实测波形的相位相反（即相差 180°），如为水平一回转耦合振动，则实测波形的相位相同，可检验激振器能否使基础产生扭转振动。因此在布置仪器时，一定要注意两台传感器本身相位是否相同。

4.4.6 在共振区以内（即 $0.75 f_m \leqslant f \leqslant 1.25 f_m$，$f_m$ 为共振频率），频率应尽可能密集一些，最好是 0.5Hz 左右。由于共振峰点很难测得，激振频率在峰点很易滑过去，不一定能稳住在峰点，因此只有尽量拍密一些，才易找到峰点，减少人为的误差。共振时的振幅不大于 150μm，一是因为振幅大了，峰点更难测得；二是振幅太大，影响地基土的动力参数。周期性振动的机器基础，当 $f \geqslant 10Hz$ 时，其振幅都不会大于 150μm。

（Ⅱ）自 由 振 动

4.4.8 当铁球下落冲击基础后，基础产生有阻尼自由振动，第一个波的振幅最大，然后逐渐减小，振幅应取第一个波。为减小测试时高频波的影响及避免基础顶面被冲坏，测试时可在基础顶面中心处放一块稍厚的橡胶垫。竖向自由振动，有时会出现波形不好的情况，测试时应注意检查波形是否正常。

4.4.9 基础水平振动测试，可采用木锤敲击，敲击点在基础侧面轴线顶端，比较易于产生回转振动。敲击时，可以沿长轴线（与强迫振动时水平激振力的方向一致），也可沿短轴线敲击，可对比两者的参数相差多少，但提供设计用的参数，应与设计基础水平扰力的方向一致。

4.5 数 据 处 理

数据处理有两点需要说明如下：

（1）由于块体基础和桩基础的数据处理方法相同，因此本节条文中的计算均包括块体基础和桩基础，仅是有区别之处才分别列出；

（2）为了简化参数的符号，条文中对变扰力和常扰力均采用相同符号，计算时，只需将各自测试的幅频响应共振曲线选取的值代入各自的计算公式中进行计算。

（Ⅰ）强迫振动

4.5.3 由 $A_z - f$ 幅频响应曲线计算的地基竖向动力参数，其计算值与选取的点有关，在曲线上选不同的点，计算所得的参数不同。为了统一，除选取共振峰点外，尚应在曲线上选取三点，计算平均阻尼比 ζ_z 及相应的 K_z 和 m_z，这样计算的结果，差别不会太大，这种计算方法，必须要把共振峰峰点测准；$0.85 f_m$ 以上的点不取，是因为这种计算方法对试验数据的精度要求较高，略有误差，就会使计算结果产生较大差异；另外，低频段的频率也不宜取得太低，频率太低时，振幅很小，受干扰波的影响，量波的误差较大，使计算的误差大。在实测的共振曲线上，有时会出现小"鼓包"，取用"鼓包"上的数据，则会使计算结果产生较大的误差，因此要根据不同的实测曲线，合理地采集数据。根据过去大量测试资料数据处理的经验，应按下列原则采集数据：

(1)对出现"鼓包"的共振曲线，"鼓包"上的数据不取；

(2)$0.85 f_m < f < f_m$ 区段内的数据不取；

(3)低频段的频率选择，不宜取得太低，应取波形好的，量波误差小的频率。

有的试验基础，如桩基，因固有频率高，而机械式激振器的扰频低于试验基础的固有频率而无法测出共振峰值时，可采用低频区段求刚度的方法计算。但这种计算方法必须要测出扰力与位移之间的相位角，其计算方法为(图1)：

$$m_z = \frac{\dfrac{P_1}{A_1}\cos\varphi_1 - \dfrac{P_2}{A_2}\cos\varphi_2}{\omega_2^2 - \omega_1^2} \tag{1}$$

$$K_z = \frac{P_1}{A_1}\cos\varphi_1 + m_z\omega_1^2 \tag{2}$$

$$\zeta_1 = \frac{\mathrm{tg}\Phi_1(1 - \dfrac{\omega_1}{\omega_z})^2}{2\dfrac{\omega_1}{\omega_z}} \tag{3}$$

$$\zeta_2 = \frac{\mathrm{tg}\Phi_2[1 - (\dfrac{\omega_2}{\omega_z})^2]}{2\dfrac{\omega_2}{\omega_z}} \tag{4}$$

$$\zeta_z = \frac{\zeta_1 + \zeta_2}{2} \tag{5}$$

$$\omega_z = \sqrt{\frac{K_z}{m_z}} \tag{6}$$

式中 P_1——激振频率为 f_1 时的扰力(N)；

P_2——激振频率为 f_2 时的扰力(N)；

A_1——激振频率为 f_1 时的振幅(μm)；

A_2——激振频率为 f_2 时的振幅(μm)；

Φ_1——激振频率为 f_1 时扰力与位移之间的相位角，由测试确定；

Φ_2——激振频率为 f_2 时的扰力与位移之间的相位角，由测试确定。

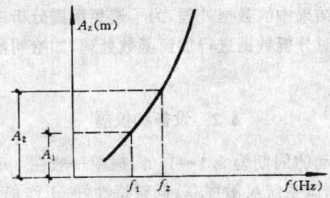

图1 共振峰未测得的 $A_z - f$ 曲线

4.5.6、4.5.10 由于水平回转耦合振动和扭转振动的共振频率一般都在十几赫兹左右，低频段波形好的频率大约在 8Hz 左右，而 $0.85 f_1$ 以上的点不能取，则共振曲线上剩下可选用的点就不多了，因此，水平回转耦合振动和扭转振动资料的分析方法与竖向振动不一样，不需要取三个以上的点，而只取共振峰峰点频率 f_{m1} 及

相应的水平振幅 A_{m1} 和另一频率为 $0.707 f_{m1}$ 点的频率和水平振幅 A 代入公式(4.5.6-1)、(4.5.6-2)、(4.5.10)计算阻尼比 $\zeta_{x\varphi1}$、ζ_ψ，而且选择这一点计算的阻尼比与选择几点计算的平均阻尼比很接近。

（Ⅱ）自由振动

4.5.13 一般有条件做强迫振动试验的工程，都应在现场做强迫振动试验，没有条件时，才仅做自由振动试验。原因是竖向自由振动试验阻尼较大时，特别是有埋置的情况，实测的自由振动波数少，很快就衰减了，从波形上测得的固有频率值以及由振幅计算的阻尼比都不如强迫振动试验测得的准确。当然，基础固有频率比较高时，强迫振动试验测不出共振峰的情况也会有的。因此有条件时，两种试验都做，可以相互补充。计算固有频率时，应从记录波形的 1/4 波长后面部分取值，因第一个 1/4 波长受冲击的影响，不能代表基础的固有频率。

4.5.16、4.5.17 由于基础水平回转耦合振动测试的阻尼比，较竖向振动的阻尼比小，实测的自由振动衰减波形比较好，从波形上量得的固有频率与强迫振动试验实测的固有频率基本一样。其缺点是：不象竖向振动那样，可以计算出总的参振质量 m_z(包括土的参振质量，而 K_z 也包括了土的参振质量)，只能用试验基础的质量计算 K_x、K_φ。由于水平回转耦合自由振动实测资料不能计算土的参振质量，因此在提供给设计人员使用的实测资料时，一定要写明那些刚度系数 C_x、C_x、C_φ、C_ψ 中包含了土的参振质量影响。用这些刚度系数计算基础的固有频率时，也必须将土的参振质量加到基础的质量中。如果刚度系数中不包含土的参振质量，也必须写明设计时不考虑土的参振质量。

4.6 地基动力参数的换算

4.6.1 由于地基动力参数值与基础底面积大小、基础高度、基底应力、基础埋深等有关，而试验基础与设计的动力机器基础在这些方面都不可能相同。因此，由试验基础实测计算的地基动力参数应用于机器基础的振动和隔振设计时，必须进行相应的换算后，才能提供给设计应用。

4.6.2 基础四周的填土能提高地基刚度系数，并随基础埋深比的增大而增加，因此，必须将试验基础的埋深比换算至设计基础的埋深比，进行修正后的地基刚度系数，才能用于设计有埋置的动力机器基础。桩基的抗剪、抗扭刚度系数 C_x、C_ψ 值，除与桩的材料、截面积和桩数有关外，主要取决于基底下的地基土抗剪、抗扭刚度系数，因此，提供给设计应用时的换算方法可与试验块体基础的相同。

4.6.3 基础下地基的阻尼比随基底面积的增大而增加，并随基底下静压力的增大而减小，因此，由试验资料计算的阻尼比用于设计动力机器基础时，必须将测试基础的质量比换算为设计基础的质量比后才能用于机器基础的设计。

4.6.4 基础四周的填土能提高地基的阻尼比，并随基础埋深比的增大而增加，因此，必须将试验基础的埋深比换算至设计基础的埋深比，进行修正后的阻尼比，才能用于设计有埋置的动力机器基础。

4.6.5 基础振动时地基土参振质量值，与基础底面积的大小有关，因此，由试验块体基础和桩基础在明置时实测幅频响应曲线计算的地基参振质量，应换算为设计基础的底面积后才能应用于设计。

4.6.6 由于桩基的刚度 K_{zh}，与试验时的桩数有关，根据2根桩桩基实测频响应曲线计算的1根桩的抗压刚度 k_{zp} 与4根桩桩基础测试资料计算的1根桩的 k_{zp} 相比，前者为后者的1.3倍，与6根桩桩基础测试资料计算的 k_{zp} 相比，为1.36倍。桩数再增加时，其变化逐渐减小，作试验桩基础的桩数规定为2根桩，根据工程需要，也可能做2根桩和4根桩的桩基础振动测试。因此本条规定由2根或4根桩的桩基础测试资料计算的 k_{zp} 值，应分别乘以群桩效

应系数 0.75 或 0.9 后，才能提供给设计群桩基础应用。

5 振动衰减测试

5.1 一般规定

5.1.2 由于生产工艺的需要，在一个车间内同时设置有低转速和高转速的动力机器基础。一般低转速机器的扰力较大，基础振幅也较大，而高转速基础的振幅控制很严，因此设计中需要计算低转速机器基础的振动对高粘速机器基础的影响，计算值是否符合实际，还与这个车间的地基土能量吸收系数 α 有关，因此，事先应在现场做基础强迫振动试验，实测振动波在地基中的衰减，以便根据振幅随距离的衰减，计算 α 值，提供设计应用。设计人员应按设计基础间的距离，选用 α 值，以计算低转速机器基础振动对高转速机器基础的影响。

振动能影响精密仪器、仪表的测量精度，也影响精密设备的加工精度。如果其周围有振源，应测定其影响大小，当其影响超过允许值时，必须对设计的精密仪器、仪表、设备等采取隔振或其它有效措施。

5.1.3 利用已投产的锻锤、落锤、冲压机、压缩机基础的振动，作为振源进行衰减测定，是最符合设计基础的实际情况。因振源在地基土中的衰减与很多因素有关，不仅与地基土的种类和物理状态有关，而且与基础的面积、埋置深度、基底应力等有关，与振源是周期性还是冲击性、是高频还是低频等多种因素有关，而设计基础与上述这些因素比较接近，用这些实测资料计算的 α 值，反过来再用于设计基础，与实际就比较符合。因此，在有条件的地方，应尽可能利用现有投产的动力机器基础进行测定，只是在没有条件的情况下才现浇一个基础，采用机械式激振设备作为振源。如果设计的基础受非动力机器振动的影响，也可利用现场附近的其它振源，如公路交通、铁路等的振动。

5.1.4 由于振波的衰减，与基础的明置和埋置有关，一般明置基础，按实测振波衰减计算的 α 值大，即衰减快，而埋置基础，按实测振波衰减计算的 α 值小，衰减慢。特别是水平回转耦合振动，明置基础底面的水平振幅比顶面水平振幅小很多，这是由于明置基础的回转振动较大所致。明置基础的振波是通过基底振动大小向周围传播，衰减快，如果均以测试基础顶面的振幅计算 α 值时，明置基础的 α 值则要大得多，用此值计算设计基础的振动衰减时偏于不安全。因设计基础均有埋置，故应在测试基础有埋置时测定。

5.2 测试方法

5.2.1 由于传感器放在浮砂地、草地和松软的地层上时，影响测量数据的准确性，因此在选择放传感器的测点时，应避开这些地方。如无法避开，则应将草铲除、整平，将松散土层夯实。

5.2.2 由于振动沿地面的衰减与振源机器的扰力频率有关，一般高频衰减快，低频衰减慢，因此，测试基础的激振频率应选择与设计基础的机器扰力频率相一致。另外，为了积累扰力频率不相同时测试的振动衰减资料，尚应做各种不同激振频率的振动衰减测试。

5.2.3 由于地基振动衰减的计算公式是建立在地基为弹性半空间无限体这一假定上的，而实际情况不完全如此。振源的方向不同，测的结果也不相同，因此，在实测试验基础的振动，在地基中的衰减时，传感器置于测试基础的方向，应与设计基础所需测的方向相同。

5.2.4 由于近距离衰减快，远距离衰减慢，一般在离振源距离 10m 以内的范围，地面振幅随振源距离增加而减小得快，因此，传感器的布点，应布密一些。如在 5m 以内，应每隔 1m 布置 1 台传感器，5～15m 范围内，每隔 2m 布置 1 台传感器，15m 以外，每隔 5m 布置 1 台传感器。亦可根据设计基础的实际需要，布置传感器

的距离。

5.2.6 关于各种不同振源处的振幅测试，传感器测点的布置位置，各个单位在测试时都不相同，由于测点位置不同，测试结果也不同。本条对各种不同振源规定了传感器放的测点位置，其目的是为各单位测定时有统一的规定。

5.3 数据处理

5.3.2、5.3.3 对同一种土、同一个振源计算的 α 值随距离的变化，从图 2 中可以看出，α 不是一个定值。由于近振源处(约 2～3 倍基础边长)，振动衰减很快，计算的 α 值很大，到一定距离后(图 2 中为 15m 以后)，α 值比较稳定，趋向一个变化不大的值，不管哪个公式计算都是这个规律。因此，如果用一个平均的 α 值计算不同距离的振幅，则得出的近距离内的计算振幅比实际振幅大，而在远距离的计算振幅比实际的小，这样计算的结果都不符合实际。试验中应按照实测资料计算出 α 随 r 的变化曲线，提供给设计应用，由设计人员根据设计基础离振源的距离选用 α 值。在计算 α 值前，应先将各种激振频率作用下测试的地面振幅随振源距离远近而变化的关系绘制成各种曲线图。由曲线图即可发现测试的资料是否有规律，一般在近距离范围内，振幅衰减快，远距离振幅衰减慢。

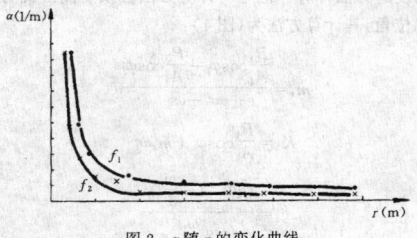

图 2 α 随 r 的变化曲线

6 地脉动测试

6.1 一般规定

6.1.1 地脉动有长周期与短周期之分。周期大于 1.0s 的称为长周期，本规范涉及的地脉动周期在 0.1～1.0s 范围内，属于短周期地脉动。

地脉动是由气象变化、潮汐、海浪等自然力和交通运输、动力机器等人为扰力引起的波动，经地层多重反射和折射，由四面八方传播到测试点的多维波群随机集合而成。随时间作不规则的随机振动，其振幅为小于几微米的微弱振动。它具有平稳随机过程的特性，即地脉动信号的频率特性不随时间的改变而有明显的不同，它主要反映场地地基土层结构的动力特性。因此，它可以用随机过程样本函数集合的平均值来描述，如富氏谱、功率谱等。

6.1.2 测试结果中的数据处理，为了避免频谱分析中的频率混淆现象，事前应对分析数据进行加窗函数处理，如哈明窗、汉宁窗、滑动指数窗。

6.2 设备和仪器

6.2.1 地脉动的周期为 0.1～1.0s，振幅一般在 $3\mu m$ 以下，因此要求地脉动测试系统灵敏度高、低频特性好、工作稳定可靠；信号分析系统应具有低通滤波、加窗函数以及常用的时域和频域分析软件。

6.2.2 用地基动力参数测试中常用的电动式速度传感器进行脉动测试虽然经济方便，但在钻孔内进行地脉动测试时，这种速度型传感器固有频率很难做到 1.0Hz，而且体积较大，不得不放宽要求。近几年来已经逐步采用加速度传感器来进行地脉动测试，它的工作频带可达 0～60Hz，体积小，容易密封，可以直接测到场地脉

动的速度,加速度电压信号。

6.2.4 地脉动测试的脉动信号可以用磁带机记录,到室内回放,用信号分析仪处理,这种方法在现场测试工作量大时经常采用。但要满足脉动测试要求的磁带机,其价格昂贵,而中间增加的环节,易带来仪器和人为操作的误差。因此,目前已较广泛采用能满足地脉动测试分析要求的信号采集记录分析系统。它配备有时域、频域分析的各种软件,既能在现场进行实时分析,也可将信号记录在软盘中到室内进行分析。

6.2.5 测试仪器标定是指传感器、适调放大器、信号采集记录分析系统在振动台上每年标定一次。平时在地脉动测试前,可分别对每件仪器进行检查或用超低频信号发生器和毫伏表简易标定。

6.3 测 试 方 法

6.3.1 每个建筑场地的地脉动测点,不应少于 2 个。当同一建筑场地有不同的地质地貌单元,其地层结构不同,地脉动的频谱特征也有差异,此时可适当增加测点数量。

6.3.2 测点选择是否合适,直接影响地脉动测试的精确程度。如果测点选择不好,微弱的脉动信号有可能淹没于周围环境的干扰信号之中,给地脉动信号的数据处理带来困难。

6.3.3 建筑场地钻孔波速测试和地脉动测试,虽然目的和方法有别,但它们都与地层覆盖层的厚度及地层的土性有关,其地层的剪切波速 V_s 与场地的卓越周期 T,必然有内在的联系。地脉动观测点布置于波速孔附近,正是为了积累资料、探索其内在的联系。

测点三个传感器的布置是考虑到有些场地的地层具有方向性。如第四系冲洪积地层不同的方向有差异;基岩的构造断裂也具有方向性。因此,要求沿东西、南北、竖向三个方向布置传感器。

6.3.4 不同土工构筑物的基础埋深和形式不同,应根据实际工程需要,布置地下脉动观测点的深度;在城市地脉动观测时,交通运输等人为干扰 24h 不断,地面振动干扰大,但它随深度衰减很快,一般也需在一定深度的钻孔内进行测试。

通常远处震源的脉动信号是通过基岩传播反射到地层表面的,通过地面与地下脉动的测试,不仅可以了解脉动频谱的性状,还可了解场地脉动信号竖向分布情况和场地土层对脉动信号的放大和吸收作用。

6.3.5 本规范规定的脉动信号频率在 1~10Hz 范围内,按照采样定理,采样频率大于 20Hz 即可,但实际工作中,最低采样频率常取分析上限频率的 3~5 倍。然而,采样频率太高,脉动信号的频率分辨率降低,影响卓越周期的分析精度。条文中提出采样频率宜为 50~100Hz,就考虑了脉动时域波形和谱图中的频率分辨率。

6.4 数 据 处 理

6.4.1 为了减少频谱分析中的频率混迭现象,事先应对分析数据进行窗函数处理,对振动信号一般加滑动指数窗,哈明窗、汉宁窗较为合适。

脉动信号的性质可用随机过程样本函数集合的平均值来描述,即脉动信号的卓越频率应是多次频域平均的结果。从数理统计与测试分析系统的计算机内存考虑,经 32 次频域平均已基本上能满足要求。

6.4.3 脉动信号频谱图一般为一个突出谱峰形状,卓越周期只有一个;如地层为多层结构时,谱图有多阶谱峰形状,通常不超过三阶,卓越周期可按峰值大小分别提出,对频谱图中无明显峰值的宽频带,可按电学中的半功率点确定其范围。

6.4.4 脉动幅值应取实测脉动信号的最大幅值。这里所指的幅值,可以是位移、速度、加速幅,可以根据测试仪器和工程的需要而确定。

7 波 速 测 试

近年来由于抗震设计、动力机器基础和工程勘察等方面的需要,原位测试地震波速(压缩波速、剪切波速,特别是后者)的工作在我国得到了较大发展。目前,我国已能为波速测试工作提供仪器设备,我国广大技术人员已积累了丰富经验。本章就是在这基础上制定的。

7.1 一 般 规 定

7.1.1 适用于测波速的方法较多,本章只涉及单孔法、跨孔法及表面波速法。其它的方法,如有关折射法的工作方法,可在地震勘探的规范中找到。目前,因受振源条件及工作条件的限制,单孔法及跨孔法一般只用于测定深度 150m 以内土层的波速。

单孔法的特点是只用一个试验孔,在地面打击木板产生向下传播的波,其介质的质点振动方向垂直入射面的剪切波(SH 波)。测出它到达位于不同深度的水平向传感器的时间,就能定出它在垂直地层方向的传播速度。

跨孔法的特点是多个试验孔,振源产生水平方向传播的波,其介质质点振动方向在入射面内的剪切波(SV 波)。测出它到达位于各接收孔中与振源同标高的垂直向传感器的时间,可得到剪切波在地层中水平方向传播的速度。

面波法的特点是在地面求瑞利波的速度,再利用瑞利波速与剪切波速的关系求出剪切波速。

7.2 设备和仪器

7.2.1 压缩波振源可用锤击、爆炸振源、电火花振源等。

对于剪切波振源,首先希望它在测线方向产生足够能量的剪切波;其次希望能通过相反方向的激发产生极性相反的二组剪切波,以便于确定剪切波的初至时间。

单孔法目前普遍用板式剪切波振源,其优点是简便易行,能得到两组 SH 波,缺点是能量有限,目前国内能测的深度为 100m 左右。

跨孔法目前较理想的振源是剪切波锤,这是一种能在孔内某一预定位置产生质点为上下方向振动的剪切波的设备,它的优点为:能产生极性相反的两组剪切波,可比较准确地确定波到达接收孔的初至时间,能在孔中反复测试。缺点为:要在振源孔下套管,并在套管与孔壁间隙灌注膨润土与水泥的混合浆液,花费较大,它所激发的能量较小。孔深时,由于连接锤的多条管线易缠绕,往往影响锤击效果。

如无剪切波锤,可借用标准贯入试验装置,在地面垂直打击连接标准贯入器的钻杆,即可在孔底产生剪切波。它的优点是易操作,在振源孔钻孔过程中即可进行试验;缺点是不容易得到反向的剪切波,在振源孔钻完后就无法再作检查。

近期有人利用电火花振源同时取得 P 波及 S 波,利用这种振源往往较易得到 P 波的初至时间,确定 S 波的到达时间较难。

7.2.2 单孔法及跨孔法应用三分量井下传感器,即在一密封、坚固的圆筒内安置 3 个互相垂直的传感器,其中 1 个是竖向的,2 个是水平向的,水平向传感器应性能一致。目前,所用的是动圈型磁电式速度传感器(又称检波器),其特点是:只有当所需测的振动的频率大于传感器固有频率时,传感器所测得的振动的幅值畸变及相位畸变才能小。结合我国目前使用的传感器的规格,规定传感器的固有频率宜小于所测地震波主频的 1/2。在用单孔法时,当所测深度很大时,地震波主频可能较低,此时宜采用固有频率较低的传感器。

在工作时,传感器外壳应与孔壁紧密接触,一般外壳附上气

囊,用尼龙管(或加固聚乙烯管)连到地面,通过打气使气囊膨胀,将传感器压紧在孔壁上。也可用其它设备如弹簧、水囊等将传感器固定在孔壁上。

7.2.4 在振源激发地震波的同时,触发器送出一个信号给地震仪,启动地震仪记录地震波。

触发器的种类很多,有晶体管开关电路,机械式弹簧接触片,也有用速度传感器。

触发器的触发时间相对于实际激发时间总是有延迟的,延迟时间的多少视触发器的性能而不同。即使同一类触发器,延迟时间也可能不同,要求延迟时间尽量小,尤其要稳定。

用单孔法时,延迟时间对求第一层地层的波速值有影响,其它各层的波速虽然是用时间差计算的,但由于不是同一次激发的,如果延迟时间不稳定,则对计算波速值仍有影响。此外,如在同一孔工作过程中换用触发器,为避免由于前后两触发器延迟时间的不同造成误差,可以用后一触发器重复测试前几个测点的方法解决。

7.2.6 面波法测试所需用的测试仪器及设备均与激振法相同,故不详列。

7.3 测 试 方 法

(Ⅰ)单 孔 法

7.3.1 单孔法按传感器的位置可分为下孔法及上孔法。传感器在孔下者为下孔法,反之为上孔法。测剪切波速时,一般用下孔法,此时用击板法能产生较纯的剪切波,压缩波的干扰小。上孔法的振源(炸药、电火花)在孔下,传感器在地面,此时振源产生压缩波和剪切波。用这种方法辨认压缩波比较容易,而辨认剪切波及确定其到达传感器的时间就不容易了。在井下能产生 SH 波的装置,目前在我国还不多。

本章只叙述下孔法。

单孔法测试的现场准备工作比较简单,在实际工作中经常遇到的问题是地表条件不好和钻孔易塌、缩孔。在城区工作时,现场经常有管道、坑道等地下构筑物,地表还有大量碎石、砖瓦、房渣土等不均匀地层,都不利于激发纯的剪切波。因此,在工作前应了解现场情况,使测试离开地下构筑物,并用挖坑放置木板的方法避开地下管道及地表不均匀层,减少它们的影响。

当钻孔必须下套管时,必须使套管壁与孔壁紧密接触。

一般情况下,根据现场条件确定木板离测试孔的距离 L。虽然击板法能产生较纯的剪切波,但也会有少量压缩波产生,当木板离孔太近时,往往在浅处收到的剪切波由于和前面的压缩波挨得太近,而不能很好地定出其初至时间。

另一方面,当第一层土下有高速层时,则按斯奈尔定律,当入射角为临界角时,会在界面上产生折射波,如 L 值过大,则往往会先收到折射波的初至,从而在求波速值时出错。因此,在确定 L 值时应注意工程地质条件。

(Ⅱ)跨 孔 法

7.3.4 跨孔法测试最初是用两个试验孔,一个振源孔,一个接收孔。这种方法的缺点是:不能消除因触发器的延迟所引起的计时误差;当套管周围填料与土层性质不一致时,会导致传播时间有误差;当用标准贯入器作振源时,因为是在地面敲击钻杆,在计算波速时还应考虑地震波在钻杆内传播的时间。

目前,主要用 3~4 个试验孔,排成一直线。当用 3 个试验孔时,以端点一个孔作为振源孔,其余 2 个孔为接收孔。在地层不均匀及进行复测时,还可以用另一端的孔作为振源孔进行测试。

孔间距离的确定受地质情况及仪器精度的限制。我们所需测的是直达波到达接收点的初至时间,但当所要观测的地层上下有高速层时,就可能产生折射波。在离振源距离大于临界距离时,折射波会比直达波先到达接收点,这时所接收到的就是折射波的初至,按这个时间计算出的波速将比实际地层波速值高。因此,孔间距离不应大于临界距离(见图3),计算临界距离的公式为:

$$X_c = \frac{2\cos i \cos \Phi}{1 - \sin(i + \Phi)} \cdot H \qquad (7)$$

式中　X_c ——临界距离(m);

　　　H ——沿钻孔方向振源至高速层的距离(m);

　　　i ——临界角(°) $i = \arcsin(v_1/v_2)$;

　　　v_1 ——低速层波速(m/s);

　　　v_2 ——高速层波速(m/s);

　　　Φ ——地层界面倾角(°)以顺时针方向为正。

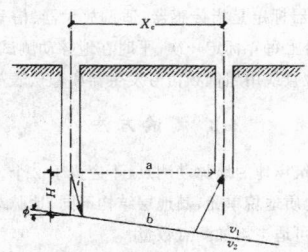

图3 直达波与折射波传播途径

a——直达波传播途径;b——折射波传播途径

计算的 X_c/H 值见表1。

X_c/H 值的计算　　　表1

v_1/v_2　　X_c/H　Φ	0.1	0.2	0.3	0.4	0.45	0.5	0.55	0.6	0.65	0.7	0.75	0.8	0.85	0.9	0.95
0°	2.21	2.45	2.73	3.06	3.25	3.46	3.71	4.00	4.34	4.76	5.29	6.00	7.02	8.72	12.49
10°	2.69	3.05	3.49	4.04	4.38	4.78	5.28	5.83	6.57	7.54	8.89	10.95	14.52	22.60	
20°	3.31	3.86	4.58	5.54	6.18	6.96	7.95	9.25	11.05	13.70	18.01	26.20	46.94		
30°	4.14	5.04	6.28	8.13	9.44	11.30	13.63	17.24	23.04	33.69	57.97				

另外,孔间距离太小,则所观测的由两振源到接收孔的地震波传播时间太小。目前,我国所用仪器的时间分辨率仅 0.2~1.0ms,时间差太小,相对误差会增大,从而降低测试精度。

建议当地层为土层时(剪切波速度一般小于 500m/s);孔间距采用 2~5m,当地层为岩层时,应增大孔距。在岩层中的单位利用爆炸、电火花等作为振源,在考虑孔距时,应顾及能清楚分辨压缩波和剪切波而适当加大距离。

7.3.6 跨孔法测试的试验孔一般需下套管,尤其当振源为剪切锤时,因需用力将剪切波锤固定于孔壁,更需如此。当采用塑料套管时,套管和孔壁的间隙应灌浆或充填砂砾以保证波的传播。当地层是粘性土、砂砾石时,灌浆可以用膨润土、水泥与水按 1:1:6.25 的比例搅拌成的混合液。

灌浆时应自下而上用泥浆泵压入水泥浆,以求把水泥液全部排除,并注意勿使水泥浆进入套管内。有多种灌浆办法,例如,当孔径较大时,可在下套管的同时就下灌浆管(直径2cm左右的塑料管),并把套管底部堵死,在套管内灌水以抵销井液的浮力,便于下管。然后,用泥浆泵把水泥浆压入底部,使水泥浆自下而上填满间隙即可。待水泥浆凝固后方可测试。

7.3.8 采用一次成孔法是在振源孔及接收孔都准备完后,将剪切波锤及传感器分别放入振源孔和接收孔中的预定深度处,并固定于孔壁,再进行测试。可自下而上完成全部测试工作。

分段测试法是振源孔钻到预定深度,将标准贯入器放到孔底,传感器放入接收孔中同一深度进行测试,一次测毕,需加深振源孔至下一预定深度,再重复上述步骤,从上到下依次测试。

7.3.9 当用跨孔法测试的深度超过 15m 时,为了得到在每一测试深度的孔间距的准确数据,应进行测斜工作,因钻孔很难保持竖直,只要一个孔有 1°偏差,在 15m 时就会有 0.262m 的偏移,孔间距(以 4m 计)的误差就会达到 6.5%。

由于测斜工作比较复杂,且需精密仪器,一般单位并不具备,

因此本条规定只限于深度大于 15m 的孔需测斜，但在钻孔较浅时应特别注意保持孔的竖直。

测斜工作对测斜仪的精度要求比较高。假如两接收孔在地面的间距为 4.0m，它们各自向外侧偏斜 0.1°，则在深 50m 处，两孔间实际距离为 4.17m，这时如仍按 4.0m 计算波速，则相对误差可达 4.08%，为使由于孔斜引起的误差小于 5%，要求测斜仪的灵敏度不小于 0.1°。

目前，比较通行的精度较高的测斜仪为伺服加速度式测斜仪（我国有多个厂家生产），它的系统总精度为每 25m 允许偏差为 ±6mm，相当于 0.014°。使用这种测斜仪时，需在孔内放置具有两对互成 90°导向槽的测斜管，测斜仪沿导向槽滑动进行测量，孔斜的方位由导向槽的方位确定。

测斜管的安放不同，孔间距的计算方法也不同。

(1)使测斜管导向槽的方位分别为南北方向及东西方向，以北向为 X 轴，东向为 Y 轴，进行测斜得出每一测点在北向和东向相对于地面孔的偏移值 X、Y。

则在某一测试深度，由振源孔到接收孔的距离为：

$$S=\sqrt{(S_0\cos\varphi+X_j-X_z)^2+(S_0\sin\varphi+Y_j-Y_z)^2} \quad (8)$$

式中 S_0 —— 在地面由振源孔到接收孔的距离(m)；

       φ —— 从地面振源孔到接收孔的连线相对于北向的角度(°)；

       X_j、Y_j —— 在接收孔该深度 X 和 Y 方向的偏移(m)；

       X_z、Y_z —— 在振源孔该深度 X 和 Y 方向的偏移(m)。

(2)使测斜管一组导向槽的方位与测线（振源孔与接收孔的连线）一致，定为 X 轴，另一组导向槽的方位为 Y 轴。则振源孔和接收孔在某测试深度处的距离为：

$$S=\sqrt{(S_0+X_j-X_z)^2+(Y_j-Y_z)^2} \quad (9)$$

上述两方法中，第一种方法具有普遍意义，第二种方法则比较方便。

国内其它类型高精度测斜仪，只要能满足本规范的要求，均可使用。

（Ⅲ）面波法

7.3.12 瑞利波在地表面的传播具有下列特性：

(1)试验基础作竖向激振产生 P 波、S 波、R 波，其中 R 波占全部能量的 2/3；

(2)瑞利波在土中传播速度与剪切波速度相接近，其差值与泊松比有关；

(3)瑞利波的衰减是相对震源距离 r，以 $1/\sqrt{r}$ 的比例衰减，较 S 波衰减慢，故可利用地表面进行测试，不需钻孔；

(4)瑞利波的传播范围相当于一个波长 L_R 深度领域，其所反应的地基弹性性质，可考虑为 $L_R/2$ 深度范围内平均值。

7.4 数据处理

（Ⅰ）单孔法

7.4.2 在单孔法的资料整理过程中，由于木板离试验孔有一定距离 L，因此产生两个问题。

其一，如果靠近地表的地层为低速层，下有高速层就会产生折射波，如图 4 所示。

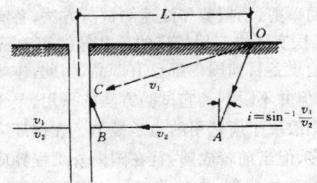

图 4 产生折射波的传播途径

图中，O 点处为振源，C 点处为传感器，OC 为直达波传播途径，$OABC$ 为折射波传播途径。当 L 足够大时，波按 $OABC$ 行走的时间将小于按 OC 行走的时间，此时，如仍按直达波计算第一层波速将会产生误差。因此，除在规范中规定振源离孔的距离外，在资料整理中也应考虑是否存在这一问题。

其二，由于存在 L，因此，在计算时不能直接用测试深度差除以波到达测点的时间差而得出该测试间隔的波速值，而必须作斜距校正。斜距校正的方法有多种，其原理大都是把波从振源到接收点的传播途径当作直线，再按三角关系进行校正，如图 5 所示：

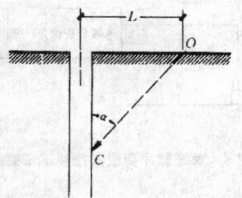

图 5 斜距按三角关系校正图

按这种假设进行的各种校正，虽然公式不同，实质都需计算出 $\cos\alpha$ 值，再进行下一步计算，其结果是一样的。本规范所用的校正方法是其中一种。

严格说来，规范所规定的方法是近似的，在多层介质中地震波射线不是直线而是折线，按斯奈尔定理，在每一波速界面折线都有相应的透射角。我国已有同志发表文章，提出利用计算机用最优化法按斯奈尔定理将射线分成折线再计算波速。由于 L 值一般不应太大，用这种方法与本规范所用的方法对比表明差别不大（见表 2）。

单孔法中两种计算方法的比较举列   表 2

深度(m)	6	8	10	12	14	16	18	20	22	24	26	30	34	38	40
实际读时(ms)	34.8	43.6	50.0	57.2	65.4	71.4	76.4	84.0	91.0	96.8	103.4	111.0	119.6	133.2	139.2
按本规范计算的波速值(m/s)	187	211	290	267	238	328	385	263	278	345	303	513	471	292	333
用优化法计算的波速值(m/s)	187	207	292	266	238	329	387	258	286	334	306	513	468	292	328

注：激发板与测试孔口距离 $L=2.5$m，板底与孔口高差为零。

鉴于规范所提方法较简便易行，仍建议用此法。

（Ⅱ）跨孔法

7.4.7 跨孔法资料整理中，当所测试的地层上下有高速层时，应注意不要将折射波的初至时间当作直达波的初至时间，以免得出错误的结果。可按下列方法判明是否有折射波的影响：

(1)计算出由振源到第一接收孔的波速值：

$$V_{P1}=S_1/T_{P1} \quad (10)$$

$$V_{S1}=S_1/T_{S1} \quad (11)$$

(2)计算出由振源到第二接收孔的波速值：

$$V_{P2}=S_2/T_{P2} \quad (12)$$

$$V_{S2}=S_2/T_{S2} \quad (13)$$

(3)计算出两接收孔之间的波速值：

$$V_{P12}=\Delta S/(T_{P2}-T_{P1}) \quad (14)$$

$$V_{S12}=\Delta S/(T_{S2}-T_{S1}) \quad (15)$$

在考虑到触发器延迟及套管等可能影响因素后，如果波速值基本一致，可初步认为无折射影响。

(4)参考条文说明表 1，并利用直达波、一层折射、二层折射的时距曲线公式进行计算，以判明在各层（尤其是低速层）中，传感器所接收到的地震波的初至时间是否为直达波的到达时间。

(5)对有怀疑的地层做补充测试工作,例如:变化测试深度,变化振源孔的位置,单独变化振源或感器的上下位置等,判明是否有折射现象存在。

(Ⅲ)面波法

7.4.10 根据实测瑞利波速度 v_R,泊松比 v 值,换算成剪切波波速 v_s。而后计算相应各土层的动剪变模量和动弹性模量。

面波法测试,除上述稳态激振外,亦可采用瞬态脉冲荷载激振,测试两传感器接收到的时域信号的时间滞后,确定瑞利波速度 v_R(图6)

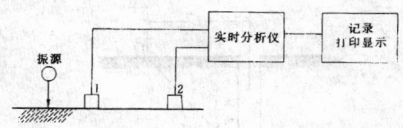

图 6 瞬态脉冲荷载激振测试示意图

8 循环荷载板测试

8.1 一般规定

8.1.1 循环荷载板测试,是将一个刚性压板,置于理想的半无限弹性体表面,在压板上反复进行加荷、卸荷试验,量测各级荷载作用下的变形和回弹量,绘制 $P-S$ 滞回曲线,根据每级荷载卸荷时的回弹变形量,确定相应的弹性变形值 S_e 和地基抗压刚度系数。

8.2 设备和仪器

8.2.1 测试设备与静力荷载设备相同,有铁架载荷台,油压载荷试验设备,反力架可采用液压稳压装置加荷,或在载荷台上直接加重物。

8.2.2 测试前应考虑设备能承受的最大荷载,同时要考虑反力或重物荷载,设备的承受荷载能力应大于试验最大荷载的 1.5~2.0 倍。

8.2.3 采用千斤顶加荷时,其反力可由重物、地锚、坑壁斜撑等提供。可根据现场土层性质、试验深度等具体条件按表3选用加荷方法。

各种加荷方法的适用条件　　　　表3

类型	适用条件
堆载式	设备简单,土质条件不限,试验深度范围大,所需重物较多
撑壁式	设备轻便,试验深度宜在 2~4m,土质稳定
平洞式	设备简单,要有 3m 以上陡坡,洞顶土厚度大于 2m,且稳定
锚杆式	设备复杂,需下地锚,表土要有一定锚着力

8.2.4 观测变形值可采用 10~30mm 行程的百分表,其量程较大,在试验中不需要经常调表,可减少观测误差,提高测试精度。有条件时,也可采用电测位移传感器观测。

8.3 测试前的准备工作

8.3.1 测试资料表明,在一定条件下,地基土的变形量与荷载板宽度成正比关系,当压板宽度增加(或减小)到一定限度时,变形不再增加(或减小),趋于一定值。对荷载板大小的选择,各国也不相同,美、英、日等国家,偏重使用小压板,原苏联等国家一般规定用 $0.5m^2$。亦有用 $0.25m^2$(硬土)。我国多采用 $0.25~0.5m^2$。本条规定一般采用 $0.5m^2$,对密实土层压板面积可用 $0.1~0.25m^2$。

8.3.2 鉴于地基的弹性变形、弹性模量和地基抗压刚度系数与地基土的性质有关,如果承压板下面的土与拟建基础下的土性质不同,则由试验资料计算的参数不能用于设计基础,因此承压板的位置应选择在设计基础附近相同土层上。

8.3.3 试坑底面宽度应大于承压板直径的 3 倍,根据铁道科学院等单位试验结果表明:在砂层中,不论压板放在砂的表面,还是放

在砂土中一定深度(2.04m)处,在同一水平面上,最大变形范围均发生在 0.7~1.75 倍承压板直径范围,超过压板直径 3 倍以上,土的变形就极微小了。另外一些试验资料表明,坑壁的影响随着离压板的距离增加而迅速减小,当压板底面宽度和试坑宽度之比接近 1:3 时,这样影响就很小,可以忽略不计。

8.4 测试方法

8.4.2~8.4.5 测试时,先在某一级荷载下(土自重压力或设计压力)加载,使压板下沉稳定(稳定标准为连续 2h 内,每小时变形量不超过 0.1mm)后,再继续施加循环荷载,其值按条文中的表 8.4.2 选取,也可按土的比例界限值的 1/10~1/12 考虑选取,观测相应的变形值。每次加荷、卸荷要求在 10min 内完成(即加荷观测 5min,卸荷回弹观测 5min)。

单荷级循环法:选择一个荷级,以等速加荷、卸荷,反复进行,直至达到弹性变形接近常数为止,一般粘性土为 6~8 次,砂性土为 4~6 次。

多荷级循环法:选择 3~4 个荷级,每一荷级反复进行加荷、卸荷 5~8 次,直到弹性变形为一定值后进行第 2 个荷级试验,依次类推,直至加完预定的荷级。

变形稳定标准:考虑到土并非纯弹性体,在同一荷载作用下,不同回次的弹性变形量是不相同的。前后两个回次弹性变形差值小于 0.05mm 时,可作为稳定的标准,并取最后一次弹性变形值。如果前后两个差值在 0.05~0.08mm 之间,可以取最后两次弹性变形的平均值。

8.5 数据处理

8.5.1 试验数据经计算、整理后,绘制 P_L-t、S-t、S-P_L、S_e-P_L 关系曲线图,可分开绘制,也可合起来绘制。

8.5.2 加荷后,地基产生变形,即包含了弹、塑性变形,称之为总变形(S);而卸荷回弹变形,可认为是弹性变形值(S_e)。

8.5.3 在试验过程中,记录下来的弹性变形值,由于受各种条件的影响,通常出现偏低或偏高的情况,为消除其影响,可用本规范公式(8.5.3-1)修正,式中 S_0 和 C 值用最小二乘法求得。

8.5.4 地基弹性模量可按弹性理论公式进行计算,关键是要准确测定地基土的弹性变形值。对于土的泊松比 v 值,可以进行实测,也可按表4数值选取。一般密实的土宜选低值,稍密或松散的土宜选高值。

各类土的 v 值　　　　表4

地基土的名称	卵石	砂土	粉土	粉质粘土	粘土
v	0.2~0.25	0.30~0.35	0.35~0.40	0.40~0.45	0.45~0.50

8.5.5 地基刚度系数,是根据循环荷载板试验确定的弹性变形值 S'_e 与应力 P_L 的比值求得。该方法简单直观,比较符合地基土的实际状况。

9 振动三轴和共振柱测试

9.1 一般规定

9.1.1 在试验室内测试地基土动力性质的方法有很多种,包括共振柱、动三轴、动单剪、动扭剪和波速测试等方法,各有优缺点。目前,国内外在工程实际中应用最广的是共振柱和动三轴两种方法,加之这两种试验设备目前国内都已有产品,因此,本规范仅纳入这两种试验方法,但并不限制其它试验方法的采用。至于土的动力特性参数的确定则取决于所选用的力学模型。在循环应力作用下土的力学模型很多,但当前较成熟,且在国内外工程界应用最广的是非线性的等效粘弹性模型,本规范以这一模型为理论基础测定土的动剪变模量、动弹性模量和阻尼比以及动强度、抗液化强度和动

孔隙水压力。

9.2 设备和仪器

9.2.1 扭转向激振与纵向激振的激振端压板系统,无弹簧-阻尼器与有弹簧-阻尼器的各种类型共振柱仪都可采用;各种驱动方式的振动三轴仪,包括电磁式、液压式、气压式和惯性式,都可采用。但都应满足有关设备和仪器的基本要求。

9.2.4 共振柱仪能够实测的应变幅范围一般为 $10^{-5} \sim 10^{-4}$,性能良好的能达到 10^{-3}。振动三轴仪能够实测的应变幅范围一般为 $10^{-4} \sim 10^{-2}$,精度高的能测至 10^{-5} 的小应变幅。由于土的应力-应变关系具有强烈的非线性特点,因此,要求在工程对象动力反应分析所需要的应变幅范围内,通过适当的试验设备实测土的动模量和阻尼比,必要时,应联合使用两种试验设备。振动三轴仪实测的应变幅范围的上限值,应能满足确定动强度的破坏标准的要求。

9.3 测试方法

9.3.3 现行国家标准《土工试验方法标准》中提出了 3 种饱和土试样的方法,即抽气饱和、水头饱和与反压力饱和。当采用抽气饱和时该标准要求饱和度不低于 95%;当采用反压力饱和时,该标准认为,孔隙水压力增量与周围压力增量之比大于 0.98 时试样达到饱和。在室内测试饱和土的动力特性时,应要求试样达到饱和,特别是进行砂性土和粉质土的抗液化强度试验,因此,本条要求饱和试样在周围压力作用下的孔隙水压力系数不小于 0.98,但考虑到某些土性质的影响和一些试验室设备条件的限制,对执行严格程度采用"宜"。

9.3.4 试验的固结应力条件,包括初始剪应力比与固结应力的选用,应使试验结果能满足所试验土样在地基或边坡土中受力范围的要求。

9.3.8 如果在一个试样上施加多级动应变或动应力以测定动模量和阻尼比随应变幅的变化,可以节省试验工作量,对于原状土还可节省取样数量和解决土性不均匀问题。但是,这样做有可能因预振造成孔隙水压力升高而影响后面几级的试验结果。为减少预振影响,应尽量缩短在每级动应变或动应力下的测试时间,对共振柱仪要求提高操作人员的熟练程度;对振动三轴仪,在本规范第 9.3.7 条中规定了动应力的作用振次不宜大于 5 次,且宜少不宜多;在本条中又要求后一级振幅为前一级的 1 倍。至于对同一试样上允许施加动应变或动应力的级数,因具体情况多变,难以做出统一的合理规定,本条只提出了控制原则。

9.3.9 本条结合本规范第 9.2.4 条的规定,"设备的实测应变幅范围应满足工程动力分析的需要。"实测动剪变模量或动弹性模量,包括最大动剪变模量或最大动弹性模量。本条文不采用根据应力幅与应变幅的双曲线关系,假定外推最大动弹性模量的做法,因为它会造成很大误差。另一方面,由于目前振动扭剪仪和振动单剪仪尚未普及,对于较大的应变幅范围,只能用振动三轴仪实测动弹性模量,因此,本条允许在动剪变模量与动弹性模量之间相互换算,同时亦允许在剪应变幅与轴应变幅之间相互换算。

9.3.10 对于确定动强度的破坏标准,在本条中只是提出了一些目前较通用的标准,以供选择。如果在开始做某一工程地基土的测试工作时,尚未能对破坏标准做出明确选择,则可根据地基土的性质、工程运行条件或动荷载的性质以及工程的重要性,选用 1～2 种,甚至 3 种破坏标准进行试验并整理成果,供进行设计分析选用。

9.3.11 在振动三轴测试过程中,目前普遍采用的是正弦波形的循环应力,而实际工程中有些重要的动荷载,如地震作用,都是随机波,这样,在室内测试动强度时就有了等效循环应力和等效破坏振次的概念。而规定等效破坏振次并不属于本规范的内容。如果实际工程中的动荷载也是正弦波,则等效破坏振次就是实际动荷载的循环作用次数。对于地震作用,目前普遍采用的等效破坏振次与地震震级相关,如表 5 所示,可供进行动强度试验时参考。与表中所列等效破坏振次相对应的正弦波的等效循环应力剪幅是地震产生的最大动剪应力的 65%。

地震作用的等效破坏振次　　　　表 5

地震震级(M)	6.0	6.5	7.0	7.5	8.0
等效破坏振次(N_{eq})	5	8	12	15～20	26～30

9.4 数据处理

9.4.2～9.4.9 在共振柱仪和振动三轴仪上测试动剪变模量、动弹性模量和阻尼比,对所测得数据进行处理分析时,均以土的力学模型是理想粘弹体模型为基础,同时考虑土的动模量与阻尼都随应变幅变化而变化以反映土的应力-应变关系的非线性特征。对于共振柱仪,由于试样激振端压板系统的质量影响,使得数据处理较为复杂;而当激振端还具有弹簧-阻尼器时,试验数据的处理只有通过专用的计算机程序方能完成。本章条文中只给出了在最简单情况下处理共振柱试验数据的公式,见本规范条文(9.4.4-1)式。无量纲频率因数 F_1 是仪器激振端惯量系数 T,和仪器阻尼系数 A_{dt} 的一个函数,对于 $A_{dt}=0$,即仪器激振端没有弹簧-阻尼器时,且土试样的阻尼比 $\zeta_t < 0.1$,F_1 一般可采用本规范条文中(9.4.4-1)式求解,当 A_{dt} 与 ζ_t 两值与上列条件差别不大时,也可近似用本规范条文(9.4.4-1)式求解。严格讲,F_1 需由计算机的专用程序通过试算确定。

9.4.11 整理最大动剪变模量或最大动弹性模量与有效应力的关系时,早期都采用了八面体平均应力。近些年来,已有较多的工作证明,最大动剪变模量只与在质点振动和振动传播两个方向上作用的主应力有关,而几乎不受作用在垂直振动平面上的主应力的影响。共振柱仪中试样受轴对称应力,是二维问题;而大量的动力反应分析工作也是二维分析,因此,本章规定,对二维与三维条件,分别采用本规范条文(9.4.11-3)与(9.4.11-4)式计算平均有效主应力。在整理最大动模量与平均有效应力的公式(9.4.11-1)和(9.4.11-2)式中,都引入了大气压力项,以使系数 C 成为无量纲的反映土性质的系数。

9.4.13～9.4.19 在振动三轴仪上测试土的动强度或抗液化强度,是目前国内外应用最广的一种方法。根据振动三轴仪中试样的受力条件,用潜在破裂面上的应力状态整理其总应力抗剪强度指标,在概念上较合理,实际应用也较广。因此,本章建议用这一方法。另外,本规范条文(9.4.15-3)式适用于 $\alpha_0 \geqslant 0.15$ 时的情况,本规范条文(9.4.16)式适用于 $\alpha_0 = 0$;当 $0.15 > \alpha_0 > 0$ 时,可用现行插入法取值。

9.4.20～9.4.23 有效应力法分析土体动力反应和抗震稳定,已是一种发展趋势,现行国家标准《构筑物抗震设计规范》中要求在对尾矿坝进行地震稳定分析时考虑地震引起的孔隙水压力,因此,本章列入了饱和土动孔隙水压力测试。对测试数据的整理,建议为目前国内外应用较广的一种方法。

中华人民共和国国家标准

建筑基坑工程监测技术规范

Technical code for monitoring of building
excavation engineering

GB 50497—2009

主编部门：山 东 省 建 设 厅
批准部门：中华人民共和国住房和城乡建设部
施行日期：２００９年９月１日

中华人民共和国住房和城乡建设部
公 告

第 289 号

关于发布国家标准
《建筑基坑工程监测技术规范》的公告

现批准《建筑基坑工程监测技术规范》为国家标准，编号为 GB 50497—2009，自 2009 年 9 月 1 日起实施。其中，第 3.0.1、7.0.4（1、2、3、4、5、6、7、8、9、10）、8.0.1、8.0.7 条（款）为强制性条文，必须严格执行。

本规范由我部标准定额研究所组织中国计划出版社出版发行。

中华人民共和国住房和城乡建设部
二〇〇九年三月三十一日

前　　言

本规范是根据原建设部《关于印发"2006 年工程建设标准规范制订、修订计划（第一批）"的通知》（建标〔2006〕77 号文）的要求，由济南大学会同 10 个单位共同编制完成。

本规范是我国首次编制的建筑基坑工程监测技术规程。在编制过程中，编制组调查总结了近年来我国建筑基坑工程监测的实践经验，吸收了国内外相关科技成果，开展了多项专题研究并形成了专题研究报告。本规范的初稿、征求意见稿通过各种方式在全国范围内广泛征求了意见，并经多次编制工作会议讨论、反复修改后，形成送审稿并通过了审查。

本规范共有 9 章和 7 个附录，内容包括总则、术语、基本规定、监测项目、监测点布置、监测方法及精度要求、监测频率、监测报警、数据处理与信息反馈等。

本规范以黑体字标志的条文为强制性条文，必须严格执行。

本规范由住房和城乡建设部负责管理和对强制性条文的解释，山东省建设厅负责日常管理，济南大学负责具体技术内容的解释。

为了提高本规范的质量，请各单位在执行本标准的过程中，注意总结经验，积累资料，随时将有关意见和建议反馈给济南大学国家标准《建筑基坑工程监测技术规范》管理组（地址：山东省济南市济微路106 号，邮政编码：250022），以便今后修订时参考。

本规范主编单位、参编单位、主要起草人和主要

审查人：

主 编 单 位：济南大学
　　　　　　　莱西市建筑总公司
　　　　　　　山东省工程建设标准造价协会

参 编 单 位：同济大学
　　　　　　　中国科学院武汉岩土力学研究所
　　　　　　　上海市隧道工程轨道交通设计研究院
　　　　　　　青岛建设集团公司
　　　　　　　昆山市建设工程质量检测中心
　　　　　　　济南鼎汇土木工程技术有限公司
　　　　　　　济宁华园建筑设计研究院有限责任公司
　　　　　　　上海地矿工程勘察有限公司

主要起草人：刘俊岩　应惠清　孔令伟
　　　　　　　陈善雄　张　波　王松山
　　　　　　　顾浩声　刘观仕　任　锋
　　　　　　　张道远　王美林　张同波
　　　　　　　王成荣　史春乐　张行良
　　　　　　　丁洪斌　孙华明　陈培泰
　　　　　　　高景云　蔡宽余

主要审查人：叶可明　赵志缙　袁内镇
　　　　　　　桂业琨　郑　刚　高文生
　　　　　　　张　勤　焦安亮　叶作楷
　　　　　　　于志军　吴才德

目　次

Contents

1 总　则

1.0.1 为规范建筑基坑工程监测工作,保证监测质量,为信息化施工和优化设计提供依据,做到成果可靠、技术先进、经济合理,确保建筑基坑安全和保护基坑周边环境,制定本规范。

1.0.2 本规范适用于一般土及软土建筑基坑工程监测,不适用于岩石建筑基坑工程以及冻土、膨胀土、湿陷性黄土等特殊土和侵蚀性环境的建筑基坑工程监测。

1.0.3 建筑基坑工程监测应综合考虑基坑工程设计方案、建设场地的岩土工程条件、周边环境条件、施工方案等因素,制订合理的监测方案,精心组织和实施监测。

1.0.4 建筑基坑工程监测除应符合本规范外,尚应符合国家现行有关标准的规定。

2 术　语

2.0.1 建筑基坑　building excavation

为进行建(构)筑物基础、地下建(构)筑物施工所开挖形成的地面以下空间。

2.0.2 基坑周边环境　surroundings around building excavation

在建筑基坑施工及使用阶段,基坑周围可能受基坑影响的或可能影响基坑的既有建(构)筑物、设施、管线、道路、岩土体及水系等的统称。

2.0.3 建筑基坑工程监测　monitoring of building excavation engineering

在建筑基坑施工及使用阶段,对建筑基坑及周边环境实施的检查、量测和监视工作。

2.0.4 支护结构　bracing and retaining structure

为保证基坑开挖和地下结构的施工安全以及保护基坑周边环境,对基坑侧壁进行临时支挡、加固的一种结构体系。包括围护墙和支撑(或拉锚)体系。

2.0.5 围护墙　retaining structure

基坑周边承受坑侧土、水压力及一定范围内地面荷载的壁状结构。

2.0.6 支撑　bracing

在基坑内用以承受围护墙传来荷载的构件或结构体系。

2.0.7 锚杆　anchor rod

一端与围护墙联结,另一端锚固在土层或岩层中的承受围护墙传来荷载的受拉杆件。

2.0.8 冠梁　top beam

设置在围护墙顶部并与围护墙连接的用于传力或增加围护墙整体刚度的梁式构件。

2.0.9 监测点　monitoring point

直接或间接设置在监测对象上并能反映其变化特征的观测点。

2.0.10 监测频率　frequency of monitoring

单位时间内的监测次数。

2.0.11 监测报警值　alarming value on monitoring

为保证建筑基坑及周边环境安全,对监测对象可能出现异常、危险所设定的警戒值。

3 基本规定

3.0.1 开挖深度大于等于5m或开挖深度小于5m但现场地质情况和周围环境较复杂的基坑工程以及其他需要监测的基坑工程应实施基坑工程监测。

3.0.2 基坑工程设计提出的对基坑工程监测的技术要求应包括监测项目、监测频率和监测报警值等。

3.0.3 基坑工程施工前,应由建设方委托具备相应资质的第三方对基坑工程实施现场监测。监测单位应编制监测方案,监测方案需经建设方、设计方、监理方等认可,必要时还需与基坑周边环境涉及的有关管理单位协商一致后方可实施。

3.0.4 监测工作宜按下列步骤进行:

　1　接受委托。

　2　现场踏勘,收集资料。

　3　制订监测方案。

　4　监测点设置与验收,设备、仪器校验和元器件标定。

　5　现场监测。

　6　监测数据的处理、分析及信息反馈。

　7　提交阶段性监测结果和报告。

　8　现场监测工作结束后,提交完整的监测资料。

3.0.5 监测单位在现场踏勘、资料收集阶段的主要工作应包括:

　1　了解建设方和相关单位的具体要求。

　2　收集和熟悉岩土工程勘察资料、气象资料、地下工程和基坑工程的设计资料以及施工组织设计(或项目管理规划)等。

　3　按监测需要收集基坑周边环境各监测对象的原始资料和使用现状等资料。必要时可采用拍照、录像等方法保存有关资料或进行必要的现场测试取得有关资料。

　4　通过现场踏勘,复核相关资料与现场状况的关系,确定拟监测项目现场实施的可行性。

　5　了解相邻工程的设计和施工情况。

3.0.6 监测方案应包括下列内容:

　1　工程概况。

　2　建设场地岩土工程条件及基坑周边环境状况。

　3　监测目的和依据。

　4　监测内容及项目。

　5　基准点、监测点的布设与保护。

　6　监测方法及精度。

　7　监测期和监测频率。

　8　监测报警及异常情况下的监测措施。

　9　监测数据处理与信息反馈。

　10　监测人员的配备。

　11　监测仪器设备及检定要求。

　12　作业安全及其他管理制度。

3.0.7 下列基坑工程的监测方案应进行专门论证:

　1　地质和环境条件复杂的基坑工程。

　2　临近重要建筑和管线,以及历史文物、优秀近现代建筑、地铁、隧道等破坏后果很严重的基坑工程。

　3　已发生严重事故,重新组织施工的基坑工程。

　4　采用新技术、新工艺、新材料、新设备的一、二级基坑工程。

　5　其他需要论证的基坑工程。

3.0.8 监测单位应严格实施监测方案。当基坑工程设计或施工有重大变更时,监测单位应与建设方及相关单位研究并及时调整监测方案。

3.0.9 监测单位应及时处理、分析监测数据,并将监测结果和评价及时向建设方及相关单位做信息反馈,当监测数据达到监测报

警值时必须立即通报建设方及相关单位。

3.0.10 基坑工程监测期间建设方及施工方应协助监测单位保护监测设施。

3.0.11 监测结束阶段,监测单位应向建设方提供以下资料,并按档案管理规定,组卷归档。

　　1 基坑工程监测方案。

　　2 测点布设、验收记录。

　　3 阶段性监测报告。

　　4 监测总结报告。

4 监测项目

4.1 一般规定

4.1.1 基坑工程的现场监测应采用仪器监测与巡视检查相结合的方法。

4.1.2 基坑工程现场监测的对象应包括:

　　1 支护结构。

　　2 地下水状况。

　　3 基坑底部及周边土体。

　　4 周边建筑。

　　5 周边管线及设施。

　　6 周边重要的道路。

　　7 其他应监测的对象。

4.1.3 基坑工程的监测项目应与基坑工程设计、施工方案相匹配。应针对监测对象的关键部位,做到重点观测、项目配套并形成有效的、完整的监测系统。

4.2 仪器监测

4.2.1 基坑工程仪器监测项目应根据表4.2.1进行选择。

表4.2.1 建筑基坑工程仪器监测项目表

监测项目	基坑类别		
	一级	二级	三级
围护墙(边坡)顶部水平位移	应测	应测	应测
围护墙(边坡)顶部竖向位移	应测	应测	应测
深层水平位移	应测	应测	宜测
立柱竖向位移	应测	宜测	宜测
围护墙内力	宜测	可测	可测
支撑内力	应测	宜测	可测
立柱内力	可测	可测	可测
锚杆内力	应测	宜测	可测
土钉内力	宜测	可测	可测
坑底隆起(回弹)	宜测	可测	可测
围护墙侧向土压力	宜测	可测	可测
孔隙水压力	宜测	可测	可测
地下水位	应测	应测	应测
土体分层竖向位移	宜测	可测	可测
周边地表竖向位移	应测	应测	宜测
周边建筑 竖向位移	应测	应测	应测
周边建筑 倾斜	应测	宜测	可测
周边建筑 水平位移	应测	宜测	可测
周边建筑、地表裂缝	应测	应测	应测
周边管线变形	应测	应测	应测

注:基坑类别的划分按照现行国家标准《建筑地基基础工程施工质量验收规范》GB 50202—2002执行。

4.2.2 当基坑周边有地铁、隧道或其他对位移有特殊要求的建筑及设施时,监测项目应与有关管理部门或单位协商确定。

4.3 巡视检查

4.3.1 基坑工程施工和使用期内,每天均应由专人进行巡视检查。

4.3.2 基坑工程巡视检查宜包括以下内容:

　　1 支护结构:

　　1)支护结构成型质量;

　　2)冠梁、围檩、支撑有无裂缝出现;

　　3)支撑、立柱有无较大变形;

　　4)止水帷幕有无开裂、渗漏;

　　5)墙后土体有无裂缝、沉陷及滑移;

　　6)基坑有无涌土、流沙、管涌。

　　2 施工工况:

　　1)开挖后暴露的土质情况与岩土勘察报告有无差异;

　　2)基坑开挖分段长度、分层厚度及支锚设置是否与设计要求一致;

　　3)场地地表水、地下水排放状况是否正常,基坑降水、回灌设施是否运转正常;

　　4)基坑周边地面有无超载。

　　3 周边环境:

　　1)周边管道有无破损、泄漏情况;

　　2)周边建筑有无新增裂缝出现;

　　3)周边道路(地面)有无裂缝、沉陷;

　　4)邻近基坑及建筑的施工变化情况。

　　4 监测设施:

　　1)基准点、监测点完好状况;

　　2)监测元件的完好及保护情况;

　　3)有无影响观测工作的障碍物。

　　5 根据设计要求或当地经验确定的其他巡视检查内容。

4.3.3 巡视检查宜以目测为主,可辅以锤、钎、量尺、放大镜等工器具以及摄像、摄影等设备进行。

4.3.4 对自然条件、支护结构、施工工况、周边环境、监测设施等的巡视检查情况应做好记录。检查记录应及时整理,并与仪器监测数据进行综合分析。

4.3.5 巡视检查如发现异常和危险情况,应及时通知建设方及其他相关单位。

5 监测点布置

5.1 一般规定

5.1.1 基坑工程监测点的布置应能反映监测对象的实际状态及其变化趋势,监测点布置应布置在内力及变形关键特征点上,并应满足监控要求。

5.1.2 基坑工程监测点的布置应不妨碍监测对象的正常工作,并应减少对施工作业的不利影响。

5.1.3 监测标志应稳固、明显、结构合理,监测点的位置应避开障碍物,便于观测。

5.2 基坑及支护结构

5.2.1 围护墙或基坑边坡顶部的水平和竖向位移监测点应沿基坑周边布置,周边中部、阳角处应布置监测点。监测点水平间距不宜大于20m,每边监测点数目不宜少于3个。水平和竖向位移监测点宜为共用点,监测点宜设置在围护墙顶或基坑边坡顶上。

5.2.2 围护墙或土体深层水平位移监测点宜布置在基坑周边的中部、阳角处及有代表性的部位。监测点水平间距宜为20m～50m，每边监测点数目不应少于1个。

用测斜仪观测深层水平位移时，当测斜管埋设在围护墙体内，测斜管长度不宜小于围护墙的深度；当测斜管埋设在土体中，测斜管长度不宜小于基坑开挖深度的1.5倍，并应大于围护墙的深度。以测斜管底为固定起算点时，管底应嵌入到稳定的土体中。

5.2.3 围护墙内力监测点应布置在受力、变形较大且有代表性的部位。监测点数量和水平间距视具体情况而定。竖直方向监测点应布置在弯矩极值处，竖向间距宜为2m～4m。

5.2.4 支撑内力监测点的布置应符合下列要求：

1 监测点宜设置在支撑内力较大或在整个支撑系统中起控制作用的杆件上。

2 每层支撑的内力监测点不应少于3个，各层支撑的监测点位置在竖向上宜保持一致。

3 钢支撑的监测截面宜选择在两支点间1/3部位或支撑的端头；混凝土支撑的监测截面宜选择在两支点间1/3部位，并避开节点位置。

4 每个监测点截面内传感器的设置数量及布置应满足不同传感器测试要求。

5.2.5 立柱的竖向位移监测点宜布置在基坑中部、多根支撑交汇处、地质条件复杂处的立柱上。监测不应少于立柱总根数的5%，逆作法施工的基坑不应少于10%，且均不应少于3根。立柱的内力监测点宜布置在受力较大的立柱上，位置宜设在坑底以上各层立柱下部的1/3部位。

5.2.6 锚杆的内力监测点应选择在受力较大且有代表性的位置，基坑每边中部、阳角处和地质条件复杂的区段宜布置监测点。每层锚杆的内力监测点数量应为该层锚杆总数的1%～3%，并不应少于3根。各层监测点位置在竖向上宜保持一致。每根杆体上的测试点宜设置在锚头附近和受力有代表性的位置。

5.2.7 土钉的内力监测点应选择在受力较大且有代表性的位置，基坑每边中部、阳角处和地质条件复杂的区段宜布置监测点。监测点数量和间距视具体情况而定，各层监测点位置在竖向上宜保持一致。每根土钉杆体上的测试点应设置在有代表性的受力位置。

5.2.8 坑底隆起（回弹）监测点的布置应符合下列要求：

1 监测点按纵向或横向剖面布置，剖面宜选择在基坑的中央以及其他能反映变形特征的位置，剖面数量不应少于2个。

2 同一剖面上监测点横向间距宜为10m～30m，数量不应少于3个。

5.2.9 围护墙侧向土压力监测点的布置应符合下列要求：

1 监测点应布置在受力、土质条件变化较大或其他有代表性的部位。

2 平面布置上基坑每边不宜少于2个监测点。竖向布置上监测点间距宜为2m～5m，下部宜加密。

3 当按土层分布情况布设时，每层应至少布设1个测点，且宜布置在各层土的中部。

5.2.10 孔隙水压力监测点宜布置在基坑受力、变形较大或有代表性的部位。竖向布置上监测点宜在水压力变化影响深度范围内按土层分布情况布设，竖向间距宜为2m～5m，数量不宜少于3个。

5.2.11 地下水位监测点的布置应符合下列要求：

1 基坑内地下水位当采用深井降水时，水位监测点宜布置在基坑中央和两相邻降水井的中间部位；当采用轻型井点、喷射井点降水时，水位监测点宜布置在基坑中央和周边拐角处，监测点数量应视具体情况确定。

2 基坑外地下水位监测点应沿基坑、被保护对象的周边或在基坑与被保护对象之间布置，监测点间距宜为20m～50m。相邻

建筑、重要的管线或管线密集处应布置水位监测点；当有止水帷幕时，宜布置在止水帷幕的外侧约2m处。

3 水位观测管的管底埋置深度应在最低设计水位或最低允许地下水位之下3m～5m。承压水水位监测管的滤管应埋置在所测的承压含水层中。

4 回灌井点观测井应设置在回灌井点与被保护对象之间。

5.3 基坑周边环境

5.3.1 从基坑边缘以外1～3倍基坑开挖深度范围内需要保护的周边环境应作为监测对象。必要时尚应扩大监测范围。

5.3.2 位于重要保护对象安全保护区范围内的监测点的布置，尚应满足相关部门的技术要求。

5.3.3 建筑竖向位移监测点的布置应符合下列要求：

1 建筑四角、沿外墙每10m～15m处或每隔2～3根柱基上，且每侧不少于3个监测点。

2 不同地基或基础的分界处。

3 不同结构的分界处。

4 变形缝、抗震缝或严重开裂处的两侧。

5 新、旧建筑或高、低建筑交接处的两侧。

6 高耸构筑物基础轴线的对称部位，每一构筑物不应少于4点。

5.3.4 建筑水平位移监测点应布置在建筑的外墙墙角、外墙中间部位的墙上或柱上、裂缝两侧以及其他有代表性的部位，监测点间距视具体情况而定，一侧墙体的监测点不宜少于3点。

5.3.5 建筑倾斜监测点的布置应符合下列要求：

1 监测点宜布置在建筑角点、变形缝两侧的承重柱或墙上。

2 监测点应沿主体顶部、底部上下对应布设，上、下监测点布置在同一竖直线上。

3 当由基础的差异沉降推算建筑倾斜时，监测点的布置应符合本规范第5.3.3条的规定。

5.3.6 建筑裂缝、地表裂缝监测点应选择有代表性的裂缝进行布置，当原有裂缝增大或出现新裂缝时，应及时增设监测点。对需要观测的裂缝，每条裂缝的监测点至少应设2个，且宜设置在裂缝的最宽处及裂缝末端。

5.3.7 管线监测点的布置应符合下列要求：

1 应根据管线修建年份、类型、材料、尺寸及现状等情况，确定监测点设置。

2 监测点宜布置在管线的节点、转角点和变形曲率大的部位，监测点平面间距宜为15m～25m，并宜延伸至基坑边缘以外1～3倍基坑开挖深度范围内的管线。

3 供水、煤气、暖气等压力管线宜设置直接监测点，在无法埋设直接监测点的部位，可设置间接监测点。

5.3.8 基坑周边地表竖向位移监测点宜按监测剖面设在坑边中部或其他有代表性的部位。监测剖面应与坑边垂直，数量视具体情况确定。每个监测剖面上的监测点数量不宜少于5个。

5.3.9 土体分层竖向位移监测孔应布置在靠近被保护对象且有代表性的部位，数量应视具体情况确定。在竖向布置上测点宜设置在各层土的界面上，也可等间距设置。测点深度、测点数量应视具体情况确定。

6 监测方法及精度要求

6.1 一般规定

6.1.1 监测方法的选择应根据基坑类别、设计要求、场地条件、当地经验和方法适用性等因素综合确定，监测方法应合理易行。

6.1.2 变形监测网的基准点、工作基点布设应符合下列要求：

　　1 每个基坑工程至少应有 3 个稳定、可靠的点作为基准点。

　　2 工作基点应选在相对稳定和方便使用的位置。在通视条件良好、距离较近、观测项目较少的情况下，可直接将基准点作为工作基点。

　　3 监测期间，应定期检查工作基点和基准点的稳定性。

6.1.3 监测仪器、设备和元件应符合下列规定：

　　1 满足观测精度和量程的要求，且应具有良好的稳定性和可靠性。

　　2 应经过校准或标定，且校核记录和标定资料齐全，并应在规定的校核有效期内使用。

　　3 监测过程中应定期进行监测仪器、设备的维护保养、检测以及监测元件的检查。

6.1.4 对同一监测项目，监测时宜符合下列要求：

　　1 采用相同的观测方法和观测路线。

　　2 使用同一监测仪器和设备。

　　3 固定观测人员。

　　4 在基本相同的环境和条件下工作。

6.1.5 监测项目初始值应在相关施工工序之前测定，并取至少连续观测 3 次的稳定值的平均值。

6.1.6 地铁、隧道等其他基坑周边环境的监测方法和监测精度应符合相关标准的规定以及主管部门的要求。

6.1.7 除使用本规范规定的监测方法外，亦可采用能达到本规范规定精度要求的其他方法。

6.2 水平位移监测

6.2.1 测定特定方向上的水平位移时，可采用视准线法、小角度法、投点法等；测定监测点任意方向的水平位移时，可视监测点的分布情况，采用前方交会法、后方交会法、极坐标法等；当监测点与基准点无法通视或距离较远时，可采用 GPS 测量法或三角、三边、边角测量与基准线法相结合的综合测量方法。

6.2.2 水平位移监测基准点的埋设应符合国家现行标准《建筑变形测量规范》JGJ 8 的有关规定，宜设置有强制对中的观测墩，并宜采用精密的光学对中装置，对中误差不宜大于 0.5mm。

6.2.3 基坑围护墙（边坡）顶部、基坑周边管线、邻近建筑水平位移监测精度应根据其水平位移报警值按表 6.2.3 确定。

表 6.2.3 水平位移监测精度要求（mm）

水平位移报警值	累计值 D(mm)	$D<20$	$20{\leqslant}D{\leqslant}40$	$40{\leqslant}D{\leqslant}60$	$D>60$
	变化速率 v_D(mm/d)	$v_D<2$	$2{\leqslant}v_D<4$	$4{\leqslant}v_D{\leqslant}6$	$v_D>6$
监测点坐标中误差		${\leqslant}0.3$	${\leqslant}1.0$	${\leqslant}1.5$	${\leqslant}3.0$

注：1 监测点坐标中误差，是指监测点相对于测站点（如工作基点等）的坐标中误差，为点位中误差的 $1/\sqrt{2}$；

　　2 当根据累计值和变化速率选择的精度要求不一致时，水平位移监测精度优先按变化速率报警值的要求确定；

　　3 本规范以中误差作为衡量精度的标准。

6.3 竖向位移监测

6.3.1 竖向位移监测可采用几何水准或液体静力水准等方法。

6.3.2 坑底隆起（回弹）宜通过设置回弹监测标，采用几何水准并配合传递高程的辅助设备进行监测，传递高程的金属杆或钢尺等应进行温度、尺长和拉力等项修正。

6.3.3 围护墙（边坡）顶部、立柱、基坑周边地表、管线和邻近建筑的竖向位移监测精度应根据其竖向位移报警值按表 6.3.3 确定。

表 6.3.3 竖向位移监测精度要求（mm）

竖向位移报警值	累计值 S(mm)	$S<20$	$20{\leqslant}S{\leqslant}40$	$40{\leqslant}S{\leqslant}60$	$S>60$
	变化速率 v_S(mm/d)	$v_S<2$	$2{\leqslant}v_S{\leqslant}4$	$4{\leqslant}v_S{\leqslant}6$	$v_S>6$
监测点测站高差中误差		${\leqslant}0.15$	${\leqslant}0.3$	${\leqslant}0.5$	${\leqslant}1.5$

注：监测点测站高差中误差是指相应精度与视距的几何水准测量单程一测站的高差中误差。

6.3.4 坑底隆起（回弹）监测的精度应符合表 6.3.4 的要求。

表 6.3.4 坑底隆起（回弹）监测的精度要求（mm）

坑底回弹（隆起）报警值	${\leqslant}40$	$40{\sim}60$	$60{\sim}80$
监测点测站高差中误差	${\leqslant}1.0$	${\leqslant}2.0$	${\leqslant}3.0$

6.3.5 各监测点与水准基准点或工作基点应组成闭合环路或附合水准路线。

6.4 深层水平位移监测

6.4.1 围护墙或土体深层水平位移的监测宜采用在墙体或土体中预埋测斜管、通过测斜仪观测各深度处水平位移的方法。

6.4.2 测斜仪的系统精度不宜低于 0.25mm/m，分辨率不宜低于 0.02mm/500mm。

6.4.3 测斜管应在基坑开挖 1 周前埋设，埋设时应符合下列要求：

　　1 埋设前应检查测斜管质量，测斜管连接时应保证上、下管段的导槽相互对准、顺畅，各段接头及管底应保证密封。

　　2 测斜管埋设时应保持竖直，防止发生上浮、断裂、扭转；测斜管一对导槽的方向应与所需测量的位移方向保持一致。

　　3 当采用钻孔法埋设时，测斜管与钻孔之间的孔隙应填充密实。

6.4.4 测斜仪探头置入测斜管底后，应待探头接近管内温度时量测，每个监测点均应进行正、反两次量测。

6.4.5 当以上部管口作为深层水平位移的起算点时，每次监测均应测定管口坐标的变化并修正。

6.5 倾斜监测

6.5.1 建筑倾斜观测应根据现场观测条件和要求，选用投点法、前方交会法、激光铅直仪法、垂吊法、倾斜仪和差异沉降法等方法。

6.5.2 建筑倾斜观测精度应符合国家现行标准《工程测量规范》GB 50026 及《建筑变形测量规范》JGJ 8 的有关规定。

6.6 裂缝监测

6.6.1 裂缝监测应监测裂缝的位置、走向、长度、宽度，必要时尚应监测裂缝深度。

6.6.2 基坑开挖前应记录监测对象已有裂缝的分布位置和数量，测定其走向、长度、宽度和深度等情况，监测标志应具有可供量测的明晰端面或中心。

6.6.3 裂缝监测可采用以下方法：

　　1 裂缝宽度监测宜在裂缝两侧贴埋标志，用千分尺或游标卡尺等直接量测，也可用裂缝计、粘贴安装千分表量测或摄影量测等。

　　2 裂缝长度监测宜采用直接量测法。

　　3 裂缝深度监测宜采用超声波法、凿出法等。

6.6.4 裂缝宽度量测精度不宜低于 0.1mm，裂缝长度和深度量测精度不宜低于 1mm。

6.7 支护结构内力监测

6.7.1 支护结构内力可采用安装在结构内部或表面的应变计或应力计进行量测。

6.7.2 混凝土构件可采用钢筋应力计或混凝土应变计等量测，钢构件可采用轴力计或应变计等量测。

6.7.3 内力监测值宜考虑温度变化等因素的影响。

6.7.4 应力计或应变计的量程宜为设计值的 2 倍,精度不宜低于 0.5%F·S,分辨率不宜低于 0.2%F·S。

6.7.5 内力监测传感器埋设前应进行性能检验和编号。

6.7.6 内力监测传感器宜在基坑开挖前至少 1 周埋设,并取开挖前连续 2d 获得的稳定测试数据的平均值作为初始值。

6.8 土压力监测

6.8.1 土压力宜采用土压力计量测。

6.8.2 土压力计的量程应满足被测压力的要求,其上限可设计压力的 2 倍,精度不宜低于 0.5%F·S,分辨率不宜低于 0.2%F·S。

6.8.3 土压力计埋设可采用埋入式或边界式。埋设时应符合下列要求:

 1 受力面与所监测的压力方向垂直并紧贴被监测对象。

 2 埋设过程中应有土压力膜保护措施。

 3 采用钻孔法埋设时,回填应均匀密实,且回填材料宜与周围岩土体一致。

 4 做好完整的埋设记录。

6.8.4 土压力计埋设以后应立即进行检查测试,基坑开挖前应至少经过 1 周时间的监测并取得稳定初始值。

6.9 孔隙水压力监测

6.9.1 孔隙水压力宜通过埋设钢弦式或应变式等孔隙水压力计测试。

6.9.2 孔隙水压力计应满足以下要求:量程满足被测压力范围的要求,可取静水压力与超孔隙水压力之和的 2 倍;精度不宜低于 0.5%F·S,分辨率不宜低于 0.2%F·S。

6.9.3 孔隙水压力计埋设可采用压入法、钻孔法等。

6.9.4 孔隙水压力计应事前埋设,埋设前应符合下列要求:

 1 孔隙水压力计应浸泡饱和,并排除透水石中的气泡。

 2 核查标定数据,记录探头编号,测读初始读数。

6.9.5 采用钻孔法埋设孔隙水压力计时,钻孔直径宜为 110mm ～130mm,不宜使用泥浆护壁成孔,钻孔应圆直、干净;封口材料宜采用直径 10mm～20mm 的干燥膨润土球。

6.9.6 孔隙水压力计埋设后应测量初始值,且宜逐日量测 1 周以上取得稳定初始值。

6.9.7 应在孔隙水压力监测的同时测量孔隙水压力计埋设位置附近的地下水位。

6.10 地下水位监测

6.10.1 地下水位监测宜通过孔内设置水位管,采用水位计进行量测。

6.10.2 地下水位量测精度不宜低于 10mm。

6.10.3 潜水水位管应在基坑施工前埋设,滤管长度应满足量测要求;承压水位监测时被测含水层与其他含水层之间应采取有效的隔水措施。

6.10.4 水位管宜在基坑开始降水前至少 1 周埋设,且宜逐日连续观测水位并取得稳定初始值。

6.11 锚杆及土钉内力监测

6.11.1 锚杆和土钉的内力监测宜采用专用测力计、钢筋应力计或应变计,当使用钢筋束时宜监测每根钢筋的受力。

6.11.2 专用测力计、钢筋应力计和应变计的量程宜为对应设计值的 2 倍,量测精度不宜低于 0.5%F·S,分辨率不宜低于 0.2%F·S。

6.11.3 锚杆或土钉施工完成后应对专用测力计、应力计或应变计进行检查测试,并取下一层土方开挖前连续 2d 获得的稳定测试数据的平均值作为其初始值。

6.12 土体分层竖向位移监测

6.12.1 土体分层竖向位移可通过埋设磁环式分层沉降标,采用分层沉降仪进行量测;或者通过埋设深层沉降标,采用水准测量方法进行量测。

6.12.2 磁环式分层沉降标或深层沉降标应在基坑开挖前至少 1 周埋设。采用磁环式分层沉降标时,应保证沉降管安置到位后与土层密贴牢固。

6.12.3 土体分层竖向位移的初始值应在磁环式分层沉降标或深层沉降标埋设后量测,稳定时间不应少于 1 周并获得稳定的初始值。

6.12.4 采用分层沉降仪量测时,每次测量应重复 2 次并取其平均值作为测量结果,2 次读数较差不大于 1.5mm,沉降仪的系统精度不宜低于 1.5mm;采用深层沉降标结合水准测量时,水准监测精度宜参照表 6.3.4 确定。

6.12.5 采用磁环式分层沉降标监测时,每次监测均应测定沉降管口高程的变化,然后换算出沉降管内各监测点的高程。

7 监测频率

7.0.1 基坑工程监测频率的确定应满足能系统反映监测对象所测项目的重要变化过程而又不遗漏其变化时刻的要求。

7.0.2 基坑工程监测工作应贯穿于基坑工程和地下工程施工全过程。监测期应从基坑工程施工前开始,直至地下工程完成为止。对有特殊要求的基坑周边环境的监测应根据需要延续至变形趋于稳定后结束。

7.0.3 监测项目的监测频率应综合考虑基坑类别、基坑及地下工程的不同施工阶段以及周边环境、自然条件的变化和当地经验而确定。当监测值相对稳定时,可适当降低监测频率。对于应测项目,在无数据异常和事故征兆的情况下,开挖后现场仪器监测频率可按表 7.0.3 确定。

表 7.0.3 现场仪器监测的监测频率

基坑类别	施工进程		基坑设计深度(m)			
			≤5	5～10	10～15	>15
一级	开挖深度(m)	≤5	1次/1d	1次/2d	1次/2d	1次/2d
		5～10	—	1次/1d	1次/1d	1次/1d
		>10	—	—	2次/1d	2次/1d
	底板浇筑后时间(d)	≤7	1次/1d	1次/1d	2次/1d	2次/1d
		7～14	1次/3d	1次/3d	1次/2d	1次/1d
		14～28	1次/5d	1次/5d	1次/3d	1次/2d
		>28	1次/7d	1次/5d	1次/3d	1次/3d
二级	开挖深度(m)	≤5	1次/2d	1次/2d	—	—
		5～10	—	1次/1d	—	—
	底板浇筑后时间(d)	≤7	1次/2d	1次/2d	—	—
		7～14	1次/3d	1次/3d	—	—
		14～28	1次/7d	1次/5d	—	—
		>28	1次/10d	1次/10d	—	—

注:1 有支撑的支护结构各道支撑开始拆除到拆除完成后 3d 内监测频率应为 1 次/1d;

 2 基坑工程施工至开挖前的监测频率视具体情况确定;

 3 当基坑类别为三级时,监测频率可视具体情况适当降低;

 4 宜测、可测项目的仪器监测频率可视具体情况适当降低。

7.0.4 当出现下列情况之一时，应提高监测频率：

1 监测数据达到报警值。
2 监测数据变化较大或者速率加快。
3 存在勘察未发现的不良地质。
4 超深、超长开挖或未及时加撑等违反设计工况施工。
5 基坑及周边大量积水、长时间连续降雨、市政管道出现泄漏。
6 基坑附近地面荷载突然增大或超过设计限值。
7 支护结构出现开裂。
8 周边地面突发较大沉降或出现严重开裂。
9 邻近建筑突发较大沉降、不均匀沉降或出现严重开裂。
10 基坑底部、侧壁出现管涌、渗漏或流沙等现象。
11 基坑工程发生事故后重新组织施工。
12 出现其他影响基坑及周边环境安全的异常情况。

7.0.5 当有危险事故征兆时，应实时跟踪监测。

8 监测报警

8.0.1 基坑工程监测必须确定监测报警值，监测报警值应满足基坑工程设计、地下结构设计以及周边环境中被保护对象的控制要求。监测报警值应由基坑工程设计方确定。

8.0.2 基坑内、外地层位移控制应符合下列要求：

1 不得导致基坑的失稳。
2 不得影响地下结构的尺寸、形状和地下工程的正常施工。
3 对周边已有建筑引起的变形不得超过相关技术规范的要求或影响其正常使用。
4 不得影响周边道路、管线、设施等正常使用。
5 满足特殊环境的技术要求。

8.0.3 基坑工程监测报警值应由监测项目的累计变化量和变化速率值共同控制。

8.0.4 基坑及支护结构监测报警值应根据土质特征、设计结果及当地经验等因素确定；当无当地经验时，可根据土质特征、设计结果以及表8.0.4确定。

表 8.0.4 基坑及支护结构监测报警值

序号	监测项目	支护结构类型	一级 累计值 绝对值(mm)	一级 累计值 相对基坑深度(h)控制值	一级 变化速率(mm/d)	二级 累计值 绝对值(mm)	二级 累计值 相对基坑深度(h)控制值	二级 变化速率(mm/d)	三级 累计值 绝对值(mm)	三级 累计值 相对基坑深度(h)控制值	三级 变化速率(mm/d)
1	围护墙(边坡)顶部水平位移	放坡、土钉墙、喷锚支护、水泥土墙	30~35	0.3%~0.4%	5~10	40~50	0.6%~0.8%	10~15	70~80	0.8%~1.0%	15~20
		钢板桩、灌注桩、型钢水泥土墙、地下连续墙	25~30	0.2%~0.3%	2~3	40~50	0.5%~0.7%	4~6	60~70	0.6%~0.8%	8~10
2	围护墙(边坡)顶部竖向位移	放坡、土钉墙、喷锚支护、水泥土墙	20~40	0.3%~0.4%	3~5	50~60	0.6%~0.8%	5~8	70~80	0.8%~1.0%	8~10
		钢板桩、灌注桩、型钢水泥土墙、地下连续墙	10~20	0.1%~0.2%	2~3	25~30	0.3%~0.5%	4~5	35~40	0.5%~0.6%	4~5
3	深层水平位移	水泥土墙	30~35	0.3%~0.4%	5~10	50~60	0.6%~0.8%	10~15	70~80	0.8%~1.0%	15~20
		钢板桩	50~60	0.6%~0.7%	2~3	80~85	0.7%~0.8%	4~5	90~100	0.9%~1.0%	4~6
		型钢水泥土墙	50~55	0.5%~0.6%	2~3	75~80	0.7%~0.8%	4~6	80~90	0.9%~1.0%	4~6
		灌注桩	45~50	0.4%~0.5%	2~3	70~75	0.6%~0.8%	4~6	80~90	0.8%~0.9%	4~6
		地下连续墙	40~50	0.4%~0.5%	2~3	70~75	0.7%~0.8%	4~6	80~90	0.9%~1.0%	4~6
4	立柱竖向位移		25~35	—	2~3	35~45	—	4~6	55~65	—	8~10
5	基坑周边地表竖向位移		25~35	—	2~3	50~60	—	4~6	60~80	—	8~10
6	坑底隆起(回弹)		25~35	—	2~3	50~60	—	4~6	60~80	—	8~10

续表 8.0.4

序号	监测项目	支护结构类型	一级 累计值 绝对值(mm)	一级 累计值 相对基坑深度(h)控制值	一级 变化速率(mm/d)	二级 累计值 绝对值(mm)	二级 累计值 相对基坑深度(h)控制值	二级 变化速率(mm/d)	三级 累计值 绝对值(mm)	三级 累计值 相对基坑深度(h)控制值	三级 变化速率(mm/d)
7	土压力		$(60\%\sim70\%)f_1$	—	—	$(70\%\sim80\%)f_1$	—	—	$(70\%\sim80\%)f_1$		
8	孔隙水压力										
9	支撑内力		$(60\%\sim70\%)f_2$	—	—	$(70\%\sim80\%)f_2$	—	—	$(70\%\sim80\%)f_2$		
10	围护墙内力										
11	立柱内力										
12	锚杆内力										

注：1 h 为基坑设计开挖深度，f_1 为荷载设计值，f_2 为构件承载能力设计值；

2 累计值取绝对值和相对基坑深度(h)控制值两者的较小值；

3 当监测项目的变化速率达到表中规定值或连续3d超过该值的70%，应报警；

4 嵌岩的灌注桩或地下连续墙位移报警值宜按表中数值的50%取用。

8.0.5 基坑周边环境监测报警值应根据主管部门的要求确定，如主管部门无具体规定，可按表8.0.5采用。

表 8.0.5 建筑基坑工程周边环境监测报警值

监测对象	项目		累计值(mm)	变化速率(mm/d)	备注
1	地下水位变化		1000	500	—
2	管线位移	刚性管道 压力	10~30	1~3	直接观察点数据
		刚性管道 非压力	10~40	3~5	
		柔性管线	10~40	3~5	
3	邻近建筑位移		10~60	1~3	—
4	裂缝宽度	建筑	1.5~3	持续发展	
		地表	10~15	持续发展	

注：建筑整体倾斜度累计值达到2/1000或倾斜速度连续3d大于0.0001H/d（H 为建筑承重结构高度）时应报警。

8.0.6 基坑周边建筑、管线的报警值除考虑基坑开挖造成的变形外，尚应考虑其原有变形的影响。

8.0.7 当出现下列情况之一时，必须立即进行危险报警，并应对基坑支护结构和周边环境中的保护对象采取应急措施。

1 监测数据达到监测报警值的累计值。
2 基坑支护结构或周边土体的位移值突然明显增大或基坑出现流沙、管涌、隆起、陷落或较严重的渗漏等。
3 基坑支护结构的支撑或锚杆体系出现过大变形、压屈、断裂、松弛或拔出的迹象。
4 周边建筑的结构部分、周边地面出现较严重的突发裂缝或危害结构的变形裂缝。
5 周边管线变形突然明显增长或出现裂缝、泄漏等。
6 根据当地工程经验判断，出现其他必须进行危险报警的情况。

9 数据处理与信息反馈

9.0.1 监测分析人员应具有岩土工程、结构工程、工程测量的综合知识和工程实践经验，具有较强的综合分析能力，能及时提供可靠的综合分析报告。

9.0.2 现场量测人员应对监测数据的真实性负责,监测分析人员应对监测报告的可靠性负责,监测单位应对整个项目监测质量负责。监测记录和监测技术成果均应有责任人签字,监测技术成果应加盖成果章。

9.0.3 现场的监测资料应符合下列要求:

1 使用正式的监测记录表格。

2 监测记录应有相应的工况描述。

3 监测数据的整理应及时。

4 对监测数据的变化及发展情况的分析和评述应及时。

9.0.4 外业观测值和记事项目应在现场直接记录于观测记录表中。任何原始记录不得涂改、伪造和转抄。

9.0.5 观测数据出现异常时,应分析原因,必要时应进行重测。

9.0.6 监测项目数据分析应结合其他相关项目的监测数据和自然环境条件、施工工况等情况及以往数据进行,并对其发展趋势作出预测。

9.0.7 技术成果应包括当日报表、阶段性报告和总结报告。技术成果提供的内容应真实、准确、完整,并宜用文字阐述与绘制变化曲线或图形相结合的形式表达。技术成果应按时报送。

9.0.8 监测数据的处理与信息反馈宜采用专业软件,专业软件的功能和参数应符合本规范的有关规定,并宜具备数据采集、处理、分析、查询和管理一体化以及监测成果可视化的功能。

9.0.9 基坑工程监测的观测记录、计算资料和技术成果应进行组卷、归档。

9.0.10 当日报表应包括下列内容:

1 当日的天气情况和施工现场的工况。

2 仪器监测项目各监测点的本次测试值、单次变化值、变化速率以及累计值等,必要时绘制有关曲线图。

3 巡视检查的记录。

4 对监测项目应有正常或异常、危险的判断性结论。

5 对达到或超过监测报警值的监测点应有报警标示,并有分析和建议。

6 对巡视检查发现的异常情况应有详细描述,危险情况应有报警标示,并有分析和建议。

7 其他相关说明。

当日报表宜采用本规范附录 A～附录 G 的样式。

9.0.11 阶段性报告应包括下列内容:

1 该监测阶段相应的工程、气象及周边环境概况。

2 该监测阶段的监测项目及测点的布置图。

3 各项监测数据的整理、统计及监测成果的过程曲线。

4 各监测项目监测值的变化分析、评价及发展预测。

5 相关的设计和施工建议。

9.0.12 总结报告应包括下列内容:

1 工程概况。

2 监测依据。

3 监测项目。

4 监测点布置。

5 监测设备和监测方法。

6 监测频率。

7 监测报警值。

8 各监测项目全过程的发展变化分析及整体评述。

9 监测工作结论与建议。

附录 A 水平位移和竖向位移监测日报表

表 A 水平位移和竖向位移监测日报表(　　　)

第 页 共 页

第 次

工程名称:　　　　报表编号:　　　　天气:

观测者:　　　　计算者:　　　　校核者:　　　　测试时间: 年 月 日 时

点号	水平位移				竖向位移				备注
	本次测试值(mm)	单次变化(mm)	累计变化量(mm)	变化速率(mm/d)	本次测试值(mm)	单次变化(mm)	累计变化量(mm)	变化速率(mm/d)	
工况					当日监测的简要分析及判断性结论:				

工程负责人:　　　　　　　　　　监测单位:

附录 B 深层水平位移监测日报表

表 B 深层水平位移监测日报表

第 页 共 页

第 次

工程名称:　　　　报表编号:　　　　天气:

观测者:　　　　计算者:　　　　校核者:　　　　测试时间: 年 月 日 时

孔号	深度(m)	本次位移增量(mm)	累计位移(mm)	变化速率(mm/d)	位移量(mm)
					深度(m)

工况:

当日监测的简要分析及判断性结论:

工程负责人:　　　　　　　　　　监测单位:

附录C 围护墙内力、立柱内力及土压力、孔隙水压力监测日报表

表C 围护墙内力、立柱内力及土压力、孔隙水压力监测日报表（　　　） 第 页 共 页

第 次

工程名称：　　　　　　　　　　报表编号：　　　　　　　　　　天气：

观测者：　　　　　　　　　　　计算者：　　　　　　　　　　校核者：　　　　　　测试时间： 年 月 日 时

组号	点号	深度(m)	本次应力(kPa)	上次应力(kPa)	本次变化(kPa)	累计变化(kPa)	备注	组号	点号	深度(m)	本次应力(kPa)	上次应力(kPa)	本次变化(kPa)	累计变化(kPa)	备注
工况							当日监测的简要分析及判断性结论：								

工程负责人：　　　　　　　　　　　　　监测单位：

附录D 支撑轴力、锚杆及土钉拉力监测日报表

表D 支撑轴力、锚杆及土钉拉力监测日报表（　　　） 第 页 共 页

第 次

工程名称：　　　　　　　　　　报表编号：　　　　　　　　　　天气：

测试者：　　　　　　　　　　　计算者：　　　　　　　　　　校核者：　　　　　　测试时间： 年 月 日 时

点号	本次内力(kN)	单次变化(kN)	累计变化(kN)	备注	点号	本次内力(kN)	单次变化(kN)	累计变化(kN)	备注
工况				当日监测的简要分析及判断性结论：					

工程负责人：　　　　　　　　　　　　　监测单位：

附录E 地下水位、周边地表竖向位移、坑底隆起监测日报表

表E 地下水位、周边地表竖向位移、坑底隆起监测日报表（　　　　） 第 页 共 页

第 次

工程名称： 　　　　报表编号： 　　　　天气：

测试者： 　　　　计算者： 　　　　校核者： 　　　　测试时间： 年 月 日

组号	点号	初始高程(m)	本次高程(m)	上次高程(m)	本次变化量(mm)	累计变化量(mm)	变化速率(mm/d)	备注
工况		当日监测的简要分析及判断性结论：						

工程负责人： 　　　　监测单位：

附录F 裂缝监测日报表

表F 裂缝监测日报表 第 页 共 页

第 次

工程名称： 　　报表编号： 　　天气：

观测者： 　　计算者： 　　校核者： 　　测试时间： 年 月 日 时

点号	长度				宽度				形态
	本次测试值(mm)	单次变化(mm)	累计变化量(mm)	变化速率(mm/d)	本次测试值(mm)	单次变化(mm)	累计变化量(mm)	变化速率(mm/d)	
工况									

当日监测的简要分析及判断性结论：

工程负责人： 　　监测单位：

附录G 巡视检查日报表

表G 巡视检查日报表 第 页 共 页

第 次

工程名称： 　　　　报表编号：

观测者： 　　计算者： 　　观测日期： 年 月 日 时

分类	巡视检查内容	巡视检查结果	备注
自然条件	气温		
	雨量		
	风级		
	水位		
支护结构	支护结构成型质量		
	冠梁、支撑、围檩裂缝		
	支撑、立柱变形		
	止水帷幕开裂、渗漏		
	墙后土体沉陷、裂缝及滑移		
	基坑涌土、流沙、管涌		
	其他		
施工工况	土质情况		
	基坑开挖分段长度及分层厚度		
	地表水、地下水状况		
	基坑降水、回灌设施运转情况		
	基坑周边地面堆载情况		
	其他		

续表 G

分类	巡视检查内容	巡视检查结果	备注
周边 环境	管道破损、泄漏情况		
	周边建筑裂缝		
	周边道路(地面)裂缝、沉陷		
	邻近施工情况		
	其他		
监测 设施	基准点、测点完好状况		
	监测元件完好情况		
	观测工作条件		

工程负责人：   监测单位：

本规范用词说明

   1 为便于在执行本规范条文时区别对待,对要求严格程度不同的用词说明如下:
     1)表示很严格,非这样做不可的:
        正面词采用"必须",反面词采用"严禁";
     2)表示严格,在正常情况下均应这样做的:
        正面词采用"应",反面词采用"不应"或"不得";
     3)表示允许稍有选择,在条件许可时首先应这样做的:
        正面词采用"宜",反面词采用"不宜";
     4)表示有选择,在一定条件下可以这样做的,采用"可"。
   2 条文中指明应按其他有关标准执行的写法为:"应符合……的规定"或"应按……执行"。

引用标准名录

《工程测量规范》GB 50026—2007
《建筑地基基础工程施工质量验收规范》GB 50202—2002
《建筑变形测量规范》JGJ 8—2007

中华人民共和国国家标准

建筑基坑工程监测技术规范

GB 50497—2009

条 文 说 明

制 订 说 明

20 世纪 80 年代以来我国高层建筑和地下工程得到了迅猛发展，基坑工程的重要性逐渐被人们所认识，基坑工程设计、施工技术水平也随着工程经验的积累不断提高。但是在基坑工程实践中，工程的实际工作状态与设计工况往往存在一定的差异，基坑工程设计还不能全面而准确地反映工程的各种变化，所以在理论分析指导下有计划地进行现场工程监测就显得十分必要。

基坑工程现场监测可以为基坑工程信息化施工、设计优化等提供依据；更重要的是通过监测和预警，可以及时发现安全隐患，保护基坑及周边环境的安全；同时监测工作还是发展基坑工程设计理论的重要手段。为此我们依据原建设部《2006 年工程建设标准规范制定、修订计划（第一批）》的要求，编制了本规范。现就编制工作情况说明如下：

一、标准编制遵循的主要原则

1. 科学性原则。标准的技术规定应以行之有效的实践经验和可靠的科学研究成果为依据。对需要进行专题研究或验证的项目，认真组织研究或验证并写出成果报告；对已经实践检验的技术上成熟、经济上合理的科研成果，应纳入规范。

2. 先进性原则。一是应积极采用基坑工程监测的新方法、新技术；二是标准规定的技术要求应在全国范围内达到平均先进水平。

3. 实用性原则。标准的规定应具有现实的可操作性，便于基坑工程监测工作的开展，便于工程技术人员的执行。

4. 协调性原则。标准的技术规定应与国家现行标准相协调，避免矛盾。

二、编制工作概况

（一）各阶段的主要工作

编制工作按准备、征求意见、审查和批准四个阶段进行。

1. 准备阶段。主编单位于 2006 年 4 月启动编制准备工作，筹建编制组；在山东省工程建设标准《建筑基坑工程监测技术规范》DBJ 14-024-2004 和初步调研的基础上，草拟编制工作大纲，并召开专家座谈会听取对该编制工作大纲的意见，为第一次编制工作会议的召开打下了一个良好的基础。同年 8 月 25 日编制组成立暨第一次工作会议在青岛召开。

2. 征求意见阶段。编写组依据编制大纲的要求于 2006 年 8 月~2007 年 2 月开展了各项专题研究，并形成了专题研究报告。编制组在专题研究的基础上编写完成了规范的初稿，于 2007 年 8 月在青岛召开

了第二次编制工作会议，会议对初稿进行了认真的组内讨论，并就若干技术问题达成统一意见。初稿后经编制组多次认真修改，于 2008 年 2 月初形成了征求意见稿初稿。2008 年 2 月下旬第三次编制工作会议在昆山召开，会议对征求意见稿初稿进行了充分的讨论，形成了征求意见稿。2008 年 3 月下旬，本规范的征求意见稿在网上公布，正式开始征求意见工作。

3. 送审阶段。2008 年 8 月下旬，第四次编制会议在同济大学召开。会议认真讨论了征求到的各方意见以及对意见的处理和答复；逐条讨论、修改了送审稿初稿，形成了送审稿。2008 年 10 月中旬，本规范送审稿审查会在青岛召开。审查会专家听取了编制组所作的送审报告，对本规范的编制工作和送审稿进行了认真的审查并通过了送审稿。

4. 报批阶段。编制组根据审查会的意见，对送审稿及条文说明进行了个别修改，于 2008 年 12 月形成了报批稿并完成了报批报告等报批文件。

（二）开展专题研究工作

为保证编制质量，编写组依据编制大纲开展了各项专题研究，专题研究项目为：

1. 国内外关于基坑工程监测的管理规定和技术标准的调研。

2. 不同条件下基坑工程监测项目和监测报警值的研究。

3. 不同条件下基坑工程监测频率的研究。

4. 现有基坑工程监测方法和监测仪器性能的调研。

编制组收集了美国及欧洲国家的相关研究成果，掌握了其研究动态。国内收集了相关的国家标准、行业标准、地方标准以及国内诸多城市有关基坑工程的规定，编制组对其进行了认真的整理和研究，以作为编写的依据或参考。

编制组相继对北京、天津、上海、广州、济南、杭州、武汉、福州、昆明、南宁、青岛、深圳等 17 个城市的 100 多位基坑工程设计、施工、监测单位的专家、学者进行了广泛调研，发放和收集调研表近 200 份，内容涉及基坑监测项目、监控报警值、巡视检查等关键技术难题。编制组采取了调查研究与资料查询相结合的方法，广泛收集全国关于基坑监测频率的工程实例。调研共收集基坑监测实例 86 项，实例工程分布于上海、广东、江苏、浙江、辽宁、北京、天津、山东、山西、河南、安徽、江西、湖北等地区，所收集的资料具有较广泛的代表性。

编制组在此期间完成了"国内外关于基坑工程的

管理规定和技术标准的调研报告"、"监测项目与报警控制值的研究报告"、"现有基坑工程监测方法和监测仪器及性能的调研报告"以及"不同条件下基坑工程监测频率的研究报告",为本规范的编写奠定了基础。

(三)征求意见的范围及主要意见

本规范的征求意见稿由主编部门网上公布,征求社会各方意见。另外,编制组在全国范围内确定了近20位专家作为走访或函询的对象,其中包括相关国家标准、行业标准的主编,高等院校相关研究方向的学者,基坑工程设计、施工、监测单位的专家等。

征求到的意见主要涉及:

1. 本规范技术内容对不同地质条件下基坑工程的适用性。

2. 基坑工程监测新技术的应用。

3. 基坑工程的管理规定等问题。

编制组对收集到的意见逐条进行了归纳并整理成册,在认真研究、吸收各方面意见的基础之上,对征求意见稿进行了修改。

(四)审查情况及主要结论

参加送审稿审查会议的有住房和城乡建设部标准定额司的代表,地方建设行政管理部门的代表,相关国家标准编制组或管理组的代表,高等院校、科研单位、设计单位、施工单位等有经验的专家以及本规范编制组成员等。

会议听取了本规范编制组长所作的送审报告和征求意见稿征求意见的处理意见汇报;审查了送审资料;会议代表对标准送审稿进行了认真审查,对其中重要内容的编制依据和成熟度进行了充分讨论和协商,并取得了一致意见。

审查会议认为该规范(送审稿)体例适宜,内容全面系统。规范所确定的监测项目、测点布置、监测频率、监控报警依据较充分,科学合理,适合工程需要,为确保基坑工程监测质量提供了操作性强的技术依据,对保证基坑工程安全、保护周边环境具有重要意义。

三、重要技术问题说明

(一)基坑工程监测的管理规定

有关基坑工程监测的管理规定,本规范主要涉及两个重要内容:一是由建设方委托具备资质的监测单位实施第三方监测,二是基坑工程监测的实施范围。这两个重要内容的确定主要是依据编制组开展的"国内外关于基坑工程监测的管理规定和技术标准的调研"成果。

由建设单位委托、实施第三方监测和对监测单位提出资质要求是从保证监测的客观性和公正性、走专业化道路、保证监测质量等方面综合考虑的,我国开展基坑工程监测较早、较好的一些主要省市均提出了类似的管理规定。

建设部《建筑工程预防坍塌事故若干规定》(建

质〔2003〕82号)中规定:"深基坑是指开挖深度超过5m的基坑,或深度未超过5m但地质条件和周边环境较复杂的基坑"。并规定应对其相邻的建筑物、道路的沉降及位移情况进行观测。本规范的规定与国家建设主管部门的规定是一致的。

上海、山东以及深圳、南京等国内诸多省市关于深基坑工程的有关规定对深基坑都作出了相似的定义,并规定深基坑工程应实施基坑工程监测。从实施效果看,对保证基坑工程及周边环境的安全起到了较好的控制作用,同时也兼顾对建设项目建设成本的影响。从征求意见稿的意见看,此条文规定在全国范围内已基本达成共识。

(二)监测项目、监测报警值的确定

监测项目和监测报警值是本规范的重要内容,这些条文的确定依据主要是三个方面:一是专家调查及专题研究报告,二是相关的国家、行业和地方标准,三是工程实践经验的总结。

现行国家、行业标准中涉及基坑工程仪器监测项目的规范较多,如《建筑地基基础设计规范》GB 50007-2002、《建筑边坡工程技术规范》GB 50330-2002、《建筑基坑支护技术规程》JGJ 120-99、《建筑基坑工程技术规范》YB 9258-97等都有关于基坑仪器监测项目的条文;但规范之间有相互矛盾、要求不一致的地方。山东、上海、浙江、湖北、深圳、广州等一些地方标准中也提出了结合当地实际的监测项目。这些规范从不同的角度或地区特点对基坑工程仪器监测项目提出了不同的要求及标准。这次国家规范的编写将调研结果及现行有关规范中关于基坑工程监测的条文进行了比较与分析,综合考虑现行规范的规定,结合专家调查结果和工程实践经验得出了项目较为全面、选择性和适应性较广的仪器监测项目。

编制组针对全国103位基坑工程专家调查得到的数据,经过数据处理与分析,得到了基坑工程报警值的专家调研结果。编制组又综合考虑了国家现行标准的规定、参考了部分地方标准的报警指标以及工程实践经验,推荐了本规范确定的基坑工程监测报警值。考虑到基坑工程报警的复杂性、目前认知能力的局限性等因素,本规范该条文的用词程度为"可"。

(三)监测频率的确定

目前现行的国家标准、行业标准尚无对基坑工程监测频率的明确规定。基坑工程监测频率的确定是一项经验性很强的工作,总结以往的经验教训对合理地确定基坑监测频率具有重要指导意义。为此,编制组采取了调查研究与资料查询相结合的方法,广泛收集全国关于基坑工程监测频率的工程实例。本次调研共收集基坑监测实例86项,实例工程地区分布较广,所收集的资料具有较广泛的代表性。

编制组通过对收集资料的定性分析和定量统计分析,参考国家现行标准以及地方标准的有关规定,确

定了应测项目在无数据异常和事故征兆情况下的仪器监测频率。该监测频率能系统地反映基坑及周边环境的受力与变形的重要变化过程，在目前工程实践中有广泛的应用基础，技术成熟度较高。

四、本标准尚需深入研究的有关问题

1. 开展对特殊土以及岩石基坑工程监测的研究。

由于受到各地建筑基坑工程监测开展程度的影响以及现有认知能力、技术装备、技术水平和技术成熟度的限制，本次规范编制过程中对冻土、膨胀土、湿陷性黄土等特殊土和岩石基坑工程实施监测的研究还不够。今后随着基坑工程监测工作的推广，编制组需要加强对东北地区、西部地区基坑工程监测的调研，开展对特殊土以及岩石基坑工程监测的研究，进一步扩大本规范的适用范围。

2. 进一步开展不同地质条件下监测报警值的研究。

基坑工程监测报警值是一个十分严肃和复杂的问题，不但与基坑类别、支护形式有关，还与所处的地质条件密切相关。规范本次提供的监测报警值是一个取值范围，今后尚需通过对不同地质条件下基坑支护主要形式的调研，选择有代表性的地区开展专题研究，搜集工程技术信息，进一步深入研究不同地质条件下各种支护形式的监测报警值。

3. 进一步研究、总结基坑工程监测的新技术。

随着新的监测设备和传感器的开发与应用，基坑工程监测技术得到不断发展，目前正向系统化、自动化、远程化方面发展，编制组今后将进一步跟踪研究、总结基坑工程监测的新技术，开展必要的专题研究，为本规范以后的修订工作打下基础。

结语

为了准确理解本规范的技术规定，按照《工程建设标准编写规定》的要求，编制组编写了《建筑基坑工程监测技术规范》条文说明。本条文说明的内容均为解释性内容，不应作为标准规定使用。

目 次

1 总 则

1.0.1 20 世纪 80 年代以来我国城市建设发展很快,尤其是高层建筑和地下工程得到了迅猛发展,基坑工程的重要性逐渐被人们所认识,基坑工程设计、施工技术水平也随着工程经验的积累不断提高。但是在基坑工程实践中,工程的实际工作状态与设计工况往往存在一定的差异,设计值还不能全面、准确地反映工程的各种变化,所以在理论分析指导下有计划地进行现场工程监测就显得十分必要。

造成设计值与实际工作状态差异的主要原因是:

1 地质勘察所获得的数据还很难准确代表岩土层的全面情况。

2 基坑工程设计理论和依据还不够完善,对岩土层和支护结构本身所做的本构模型、计算假定以及参数选用等与实际状况相比存在着一定的近似性和相对误差。

3 基坑工程施工过程中,支护结构的受力经常发生动态变化,诸如地面堆载突变、超挖等偶然因素的发生,使得结构荷载作用时间和影响范围难以预料,出现施工工况与设计工况不一致的情况。

基于上述情况,基坑工程的设计计算虽能大致描述正常施工条件下支护结构以及相邻周边环境的变形规律和受力范围,但必须在基坑工程期间开展严密的现场监测,才能保证基坑及周边环境的安全,保证建设工程的顺利进行。归纳起来,开展基坑工程现场监测的目的主要为:

1 为信息化施工提供依据。通过监测随时掌握岩土层和支护结构内力、变形的变化情况以及周边环境中各种建筑、设施的变形情况,将监测数据与设计值进行对比、分析,以判断前步施工是否符合预期要求,确定和优化下一步施工工艺和参数,以此达到信息化施工的目的,使得监测成果成为现场施工工程技术人员作出正确判断的依据。

2 为基坑周边环境中的建筑、各种设施的保护提供依据。通过对基坑周边建筑、管线、道路等的现场监测,验证基坑工程环境保护方案的正确性,及时分析出现的问题并采取有效措施,以保证周边环境的安全。

3 为优化设计提供依据。基坑工程监测是验证基坑工程设计的重要方法,设计计算中未曾考虑或考虑不周的各种复杂因素,可以通过对现场监测结果的分析、研究,加以局部的修改、补充和完善,因此基坑工程监测可以为动态设计和优化设计提供重要依据。

4 监测工作是发展基坑工程设计理论的重要手段。

基坑工程监测应做到可靠性、技术性和经济性的统一。监测方案应以保证基坑及周边环境安全为前提,以监测技术的先进性为保障,同时也要考虑监测方案的经济性。在保证监测质量的前提下,降低监测成本,达到技术先进性与经济合理性的统一。

基坑工程监测涉及建设单位、设计单位、施工单位和监理单位等,本规范不只是规范监测单位的监测行为,其他相关各方也应遵守和执行本规范的规定。

1.0.2 本条是对本规范适用范围的界定。本规范适用于建(构)筑物地下工程开挖形成的基坑以及基坑开挖影响范围内的建(构)筑物及各种设施、管线、道路等监测。

本规范适用于一般土及软土建筑基坑工程监测,但对岩石基坑工程以及冻土、膨胀土、湿陷性黄土等特殊土的基坑及周边环境监测,由于基坑工程设计、施工、监测积累的经验以及科研成果尚

显不足,编写规范的条件还不成熟,因此尚不在本规范的适用范围之内。这些地区的基坑工程应依据相关规范的要求,充分考虑当地的工程经验开展监测。在积极开展基坑工程监测的同时,总结和积累工程经验,为本规范的修订打下基础。

侵蚀性环境是指基坑所处的环境(土质、水、空气)中含有对基坑支护材料(如钢材等)产生较严重腐蚀的成分,直接影响材料的正常使用及安全性能。

1.0.3 影响基坑工程监测的因素很多,主要有:

1 基坑工程设计与施工方案。

2 建设基地的岩土工程条件。

3 邻近建(构)筑物、设施、管线、道路等的现状及使用状态。

4 施工工期。

5 作业条件。

建筑基坑工程监测要求综合考虑以上因素的影响,制订合理的监测方案,方案经审批后,由监测单位组织和实施监测。

1.0.4 建筑基坑工程需要遵守的标准有很多,本规范只是其中之一;另外,有关国家现行标准中对建筑基坑工程监测也有一些相关规定,因此本条规定除遵守本规范外,基坑工程监测尚应符合国家现行有关标准的规定。与本规范有关的国家现行规范、规程主要有:

1 《建筑地基基础设计规范》GB 50007。

2 《建筑地基基础工程施工质量验收规范》GB 50202。

3 《建筑边坡工程技术规范》GB 50330。

4 《民用建筑可靠性鉴定标准》GB 50292。

5 《工程测量规范》GB 50026。

6 《建筑变形测量规范》JGJ 8。

7 《建筑基坑支护技术规程》JGJ 120。

3 基 本 规 定

3.0.1 本条为强制性条文。本条是对建筑基坑工程监测实施范围的界定。基坑支护结构以及周边环境的变形和稳定与基坑的开挖深度有关,相同条件下基坑开挖深度越深,支护结构变形以及对周边环境的影响越大;基坑工程的安全性还与场地的岩土工程条件以及周边环境的复杂性密切相关。建设部《建筑工程预防坍塌事故若干规定》(建质〔2003〕82 号)中规定:深基坑是指开挖深度超过 5m 的基坑或深度未超过 5m 但地质条件和周边环境较复杂的基坑。上海、山东以及深圳、南京等国内诸多省市关于深基坑工程的有关规定对深基坑都作出了相似的定义,并且规定深基坑工程应实施基坑工程监测。对深基坑及周边环境复杂的基坑工程实施监测是确保基坑及周边环境安全的重要措施。

考虑到基坑工程施工涉及市政、公用、供电、通讯、人防及文物等管理单位,各地方相关管理单位会出台一些地方性规定,因此本条还规定"其他需要监测的基坑工程应实施基坑工程监测"。

3.0.2 由于基坑工程设计理论还不够完善,施工场地也存在着各种复杂因素的影响,基坑工程设计方案能否真实地反映基坑工程实际状况,只有在方案实施过程中才能得到最终的验证,其中现场监测是获得上述验证的重要和可靠手段,因此在基坑工程设计阶段应该由设计方提出对基坑工程进行现场监测的要求。由设计方提出的监测要求,并非是一个很详尽的监测方案,但有些内容或指标应由设计方明确提出,例如:应该进行哪些监测项目的监测? 监测频率和监测报警值是多少? 只有这样,监测单位才能依据设计方的要求编制出合理的监测方案。

3.0.3 基坑工程监测既要保证基坑的安全,也要保证周边环境中

市政、公用、供电、通讯及人防、文物等的安全与正常使用,涉及建设、设计、监理、施工以及周边有关单位等各方利益,建设单位是建设项目的第一责任主体,因此应由建设单位委托基坑工程监测。

基坑工程监测对技术人员的专业水平要求较高。要求监测数据分析人员要有岩土工程、结构工程、工程测量等方面的综合知识和较为丰富的工程实践经验。为了保证监测质量,国内外在监测管理方面开始走专业化的道路,实践证明,专业化有力地促进了监测工作和监测技术的健康发展。此外,实施第三方监测有利于保证监测的客观性和公正性,一旦发生重大环境安全事故或社会纠纷时,监测结果是责任判定的重要依据。因此本条规定基坑工程施工前,由建设方委托具备相应资质的第三方对基坑工程实施现场监测。

第三方监测并不取代施工单位自己开展的必要的施工监测,施工单位在施工过程中仍应进行必要的施工监测。

依据《建设工程勘察设计资质管理规定》(建设部 160 令),考虑建筑基坑工程监测的专业特点,为保证基坑工程监测工作的质量,基坑工程监测单位应同时具备岩土工程和工程测量两方面的专业资质。监测单位应具备承担基坑工程监测任务的相应设备、仪器及其他测试条件,有经过专门培训的监测人员以及经验丰富的数据分析人员,有必要的监测程序和审核制度等工作制度及其他管理制度。

监测单位拟订出监测方案后,提交工程建设单位,建设单位应遵照建设主管部门的有关规定,组织设计、监理、施工、监测等单位讨论审定监测方案。当基坑工程影响范围内有重要的市政、公用、供电、通讯、人防工程以及文物等时,还应组织有关主管单位参加的协调会议,监测方案经协商一致后,监测工作才能正式开始。必要时,应根据有关部门的要求,编制专项监测方案。

3.0.4 本条提供了监测单位开展监测工作宜遵循的一般工作程序。

3.0.5 监测单位通过了解建设单位和设计方对监测工作的技术要求,进一步明确监测目的,并以此做好编制监测方案前的各项准备工作。现场踏勘、搜集已有合格资料是准备工作中的一项重要内容。由于这项工作涉及方方面面的单位和人员,有些单位和个人同建设项目的关系属于近外层、远外层的关系,这就增加了完成这项准备工作的难度,在现场踏勘、搜集资料不全面的情况下,编制出的监测方案往往容易出现纰漏。例如,基坑支护设计计算工况、计算结果资料收集不全,支护结构的内力观测点的布设位置就难以把握;基坑周边管线的使用年限和老化程度调查不清,就难以准确地确定报警值。因此,监测单位应当积极争取有关各方的配合,认真完成这项准备工作。

本条对现场踏勘、资料搜集阶段工作提出了具体要求。为了正确地对基坑工程进行监测和评价,提高基坑监测工作的质量,做到有的放矢,应尽可能详细地了解和搜集有关的技术资料。另外,有时委托方的介绍和提出的要求是笼统的、非技术性的,也需要通过调查来进一步明确委托方的具体要求和现场实施的可行性。

本条的第三款要求监测单位应搜集的周边环境原始资料和使用阶段资料包括:周边建筑、管线、道路、人防等周边环境各监测对象的原始资料和使用阶段资料。了解监测对象当前的工作性状非常重要,一方面,因为时间久远、保管不善,有些资料难以搜集;另一方面,如建筑物、管线等在使用中往往已改变了原始状态,或者出现了超出设计荷载使用的现象。如果监测单位不能掌握这些情况,一方面会影响监测数据的分析、判断;另一方面在出现纠纷的时候,责任难以分清,所以当有异常情况时,监测单位应当注意利用现代技术,保存现场影像资料。

本条的第四款要求监测单位通过现场踏勘掌握相关资料与现场状况是否属实。周边环境中各监测对象的布设和性状由于时间、工程变更等各种因素的影响有时会出现与原始资料不相符的情况,如果监测单位只是依照原始资料确定监测方案,可能会影响

拟监测项目现场实施的可行性。

本条的第五款要求监测单位了解相邻工程的设计和施工情况,比如相邻工程的打桩、基坑支护与降水、土方开挖及运输情况和施工进度计划等,避免相互干扰与影响。

3.0.6 监测方案是监测单位实施监测的重要技术依据和文件。为了规范监测方案、保证质量,本条概括出了监测方案所包括的12个主要方面。

3.0.7 本条对基坑工程监测方案的专门论证作出了规定。

优秀近现代建筑是指自 19 世纪中期以来建造的,能够反映近现代城市发展历史,具有较高历史、艺术和科学价值的建筑物(群)、构筑物(群)和历史遗迹。优秀近现代建筑的确定依据各地有关部门的管理规定。

"新材料、新技术、新工艺、新设备"是指尚未被规范和有关文件认可的新的建筑材料、建筑技术和结构形式、施工工艺、施工设备等。

对工程中出现的超过规范应用范围的重大技术难题、新成果的合理推广应用以及严重事故的处理,采用专门技术论证的方式可达到安全适用、技术先进、经济合理的良好效果。上海等省市在主管部门的领导下,采用专家技术论证的方式在解决重大基坑工程技术难题和减少工程事故方面已取得良好的效果,值得借鉴。

3.0.8 监测单位应严格按照审定后的监测方案对基坑工程进行监测,不得任意减少监测项目、测点,降低监测频率。当在实施过程中,由于客观原因需要对监测方案作调整时,应按照工程变更的程序和要求,向建设单位提出书面申请,新的监测方案经审定后方可实施。

3.0.9 监测单位应严格依据监测方案进行监测,为基坑工程实施动态设计和信息化施工提供可靠依据。实施动态设计和信息化施工的关键是监测成果的准确、及时反馈,监测单位应建立有效的信息处理和信息反馈系统,将监测成果准确、及时地反馈到建设、监理、施工等有关单位。当监测数据达到监测报警值时监测单位必须立即通报建设方及相关单位,以便建设单位和有关各方及时分析原因、采取措施。建设、施工等单位应认真对待监测单位的报警,以避免事故的发生。在这一方面,工程实践中的教训是很深刻的。

3.0.11 本条规定要求监测单位在监测结束阶段应向建设方提供监测竣工资料。监测方案应是审核批准后的实施方案;测点的验收记录应有建设方和监测方相关责任人的签字;阶段性监测报告可以根据合同的要求采用周报、旬报、月报或者按照基坑工程的形象进度而定;在结束阶段监测单位还应完成对整个监测工作的总结报告,建设方应按照有关档案管理规定将监测竣工资料组卷归档。另外,监测过程的原始记录和数据处理资料是唯一能反映当时真实状况的可追溯性文件,监测单位也应归档保存。

4 监 测 项 目

4.1 一 般 规 定

4.1.1 基坑工程的现场监测应采用仪器监测与巡视检查相结合的方法,多种观测方法互为补充、相互验证。仪器监测可以取得定量的数据,进行定量分析;以目测为主的巡视检查更加及时,可以起到定性、补充的作用,从而避免监片面地分析和处理问题。例如观察周边建筑和地表的裂缝分布规律、判别裂缝的新旧区别等,对于我们分析基坑工程对临近建筑的影响程度有着重要作用。

4.1.2 本条将基坑工程现场监测的对象分为七大类。支护结构包括围护墙、支撑或锚杆、立柱、冠梁和围檩等；地下水状况包括基坑内外原有水位、承压水状况、降水或回灌后的水位；基坑底部及周边土体指的是基坑开挖影响范围内的坑内、坑外土体；周边建筑指的是在基坑开挖影响范围之内的建筑物、构筑物；周边管线及设施主要包括供水管道、排污管道、通讯、电缆、煤气管道、人防、地铁、隧道等，这些都是城市生命线工程；周边重要的道路是指基坑开挖影响范围之内的高速公路、国道、城市主要干道和桥梁等；此外，根据工程的具体情况，可能会有一些其他应监测的对象，由设计和有关单位共同确定。

4.1.3 基坑工程监测是一个系统，系统内的各项目监测有着必然的、内在的联系。基坑在开挖过程中，其力学效应是从各个侧面同时展现出来的，例如支护结构的挠曲、支撑轴力、地表位移之间存在着相互间的必然联系，它们共存于同一个集合体，即基坑工程内。限于测试手段、精度及现场条件，某一项的监测结果往往不能揭示和反映基坑工程的整体情况，必须形成一个有效的、完整的、与设计、施工况相适应的监测系统并跟踪监测，才能提供完整、系统的测试数据和资料，才能通过监测项目之间的内在联系作出准确地分析、判断，为优化设计和信息化施工提供可靠的依据。当然，选择监测项目还必须注意控制费用，在保证监测质量和基坑工程安全的前提下，通过周密地考虑，去除不必要的监测项目，因此本条要求抓住关键部位，做到重点观测、项目配套。

4.2 仪 器 监 测

4.2.1 基坑工程现场监测项目的选择与基坑工程类别有关。本规范对基坑工程等级的划分方法根据现行国家标准《建筑地基基础工程施工质量验收规范》GB 50202—2002确定，见表1。

表 1 基坑工程类别

类别	分类标准
一级	重要工程或支护结构作主体结构的一部分； 开挖深度大于10m； 与临近建筑物、重要设施的距离在开挖深度以内的基坑； 基坑范围内有历史文物、近代优秀建筑、重要管线等需严加保护的基坑
二级	除一级和三级外的基坑属二级基坑
三级	开挖深度小于7m，且周围环境无特别要求时的基坑

表4.2.1列出了基坑工程仪器监测的项目，这些项目是经过大量工程调研并征询全国近20个城市的百余名专家的意见，结合现行的有关规范，并考虑了我国目前基坑工程监测技术水平后提出的，是我国基坑工程发展近20年来的经验总结，有较强的可操作性。监测项目的选择既关系到基坑工程的安全，也关系到监测费用的大小。盲目减少监测项目很可能因小失大，造成严重的工程事故和更大的经济损失，得不偿失。随意增加监测项目也会造成不必要的浪费。对于一个具体工程必须始终把安全放在第一位，在此前提下可以根据基坑工程等级等目的、有针对性地选择监测项目。

本规范共列出了18项监测项目，主要反映的是监测对象的物理力学性能：受力与变形。对于同一个监测对象，这两个指标有着内在的必然联系，相辅相成，配套监测，可以帮助判断数据的真伪，做到去伪存真。

考虑到围护墙（边坡）顶部水平位移、深层水平位移的监测是分别进行的，而且它们的监测仪器、方法都不同，因此规范本条将水平位移分为围护墙（边坡）顶部水平位移、深层水平位移两个监测项目。围护墙（边坡）顶部水平位移监测较为重要，对于三种等级的基坑都定为"应测"；深层水平位移监测可以描述出围护墙沿深度方向上不同点的水平位移曲线，并且可以及时地确定最大水平位移值及其位置，对于分析围护墙的稳定和变形发挥了重要的作用。因此，一、二级基坑工程均应监测。由于深层水平位移的观测工作量较大，需要埋设测斜管，而且实际工程中，三级基坑观测深层水平位移的也不多，所以，三级基坑采用"宜测"较为合适。

许多专家提出，围护墙（边坡）顶部的竖向位移也是反映基坑安全的一个重要指标。我国现有的相关标准大多都明文列出。另外，考虑到围护墙（边坡）顶部竖向位移的监测简便易行，本条规定三个等级的基坑工程此监测项目都确定为"应测"。

开挖引起坑内土体的隆起或沉陷是必然的，立柱竖向位移则可反映这一情况；立柱的竖向位移对支撑轴力的影响很大，对立柱变形进行监测可以预防支撑失稳。因此本条规定一级基坑立柱竖向位移采用"应测"，二、三级基坑立柱竖向位移采用"宜测"。

围护墙内力监测是防止支护结构发生强度破坏的一种较为可靠的监控措施，但由于内力分析较为清晰，调研过程中，许多专家认为一般围护墙体设计的安全储备较大，实际工程中发生强度破坏的现象很少，因此建议可适当降低监测要求。本条规定一级基坑围护墙内力监测采用"宜测"，二、三级基坑采用"可测"。

支撑内力监测以轴力为主，一般二、三级基坑支撑设计的安全储备较大，发生强度破坏的现象很少，因此本条规定对于二、三级基坑此监测项目分别采用"宜测"、"可测"。

基坑开挖是一个卸荷的过程，随着坑内土的开挖，坑内外形成一个水土压力差，引起坑底土体隆起，进行底部隆起观测可以及时了解基坑整体的变形状况。

对围护墙界面上的土压力和孔隙水压力监测的目的是为了了解实际情况与设计值的差异，有利于进行反分析和施工控制。对于一级基坑来讲，水、土压力宜进行监测。

地下水是影响基坑安全的一个重要因素，且监测手段简单，本条规定对一、二、三级基坑地下水位监测均为"应测"，当基坑开挖范围内有承压水的影响时，应进行承压水位的监测。

土体分层竖向位移的监测可以掌握土层中不同深度处土体的变形情况，同时可对坑外土体通过围护墙底部涌入坑内的不利情况提供预警信息，但其监测方法及仪器相对复杂，测点不宜保护，监测费用较高，因此，本条规定对于一级基坑该项目宜进行监测，其他等级的基坑在必要时可进行该项目的监测。

周边地表竖向位移的监测对于综合分析基坑的稳定以及地层位移对周边环境的影响有很大帮助。该项目监测简便易行，本条规定对一、二级基坑为"应测"，三级基坑为"宜测"。

周边建筑的监测项目分别为竖向位移、倾斜和水平位移。基坑开挖后周边建筑竖向位移的反应最直接，监测也较简便，三个基坑等级该项目都定为"应测"；建筑的竖向位移（差异沉降）可间接反映其倾斜状况，因此，对倾斜的监测要求适当放宽；周边建筑水平位移在实际工程中不常见，而且其发生量也较小，本条规定二级基坑该项目为"宜测"、三级基坑该项目为"可测"。

裂缝直接反映了周边建筑、地表的破坏程度，裂缝的监测比较简单，对于三个基坑等级该项目都定为"应测"。裂缝监测包括裂缝的宽度监测和深度监测，在基坑施工之前必须先进行现场踏勘，记录建筑已有裂缝的分布位置和数量，测定其走向、长度、宽度及深度，作为判断裂缝发展趋势的依据。

周边管线的变形破坏产生的后果很大，本条规定三个等级的基坑工程此监测项目都为"应测"。

4.3 巡 视 检 查

4.3.1 本条强调在基坑工程的施工和使用期内，应由有经验的监测人员每天对基坑工程进行巡视检查。基坑工程施工期间的各种变化具有时效性和突发性，加强巡视检查是预防基坑工程事故非常简便、经济而又有效的方法。

4.3.2 本条分五个方面列出了巡视检查的主要内容，这些项目的确定都是根据百余名基坑工程专家意见，结合工程实践总结出来的，具有很好的参考价值。监测单位在具体工程中可根据工程对象进行相关项目的巡视监测，也可补充新的监测内容。

4.3.3 巡视检查主要以目测为主，配以简单的工器具，这样的检查方法速度快、周期短，可以及时弥补仪器监测的不足。

4.3.4 各巡视检查项目之间大多存在着内在的联系,对各项目的巡视检查结果都必须做好详细的记录,从而为基坑工程监测分析工作提供完整的资料。通过巡视检查和仪器监测,可以把定性、定量结合起来,更加全面地分析基坑的工作状态,作出正确的判断。

4.3.5 巡视检查的任何异常情况都可能是事故的预兆,必须引起足够重视,发现问题要及时汇报给建设方及相关单位,以便尽早作出判断和进行处理,避免引起严重后果。

5 监测点布置

5.1 一般规定

5.1.1、5.1.2 测点的位置应尽可能地反映监测对象的实际受力、变形状态,以保证对监测对象的状况作出准确的判断。在监测对象内力和变形变化大的代表性部位及周边环境重点监护部位,监测点应适当加密,以便更加准确地反映监测对象的受力和变形特征。

影响监测费用的主要方面是监测项目的多少、监测点的数量以及监测频率的大小。基坑工程监测点的布置首先要满足对监测对象监控的要求,这就要求必须保证一定数量的监测点。但不是测点越多越好,基坑工程监测一般工作量比较大,又受人员、光线、仪器数量的限制,测点过多、当天的工作量过大会影响监测的质量,同时也增加了监测费用。

测点标志不应妨碍结构的正常受力、降低结构的变形刚度和承载能力,这一点尤其是在布设围护结构、立柱、支撑、锚杆、土钉等的应力应变观测点时应注意。管线的观测点布设不能影响管线的正常使用和安全。

在满足监控要求的前提下,应尽量减少在材料运输、堆放和作业密集区埋设测点,以减少对施工作业产生的不利影响,同时也可以避免测点遭到破坏,提高测点的成活率。

5.1.3 本条规定是为了保证量测通视,以减小转站引点导致的误差。观测标志的形式和埋设依照国家现行标准《建筑变形测量规范》JGJ 8 执行。

5.2 基坑及支护结构

5.2.1 围护墙或基坑边坡顶部的水平和竖向位移监测应沿基坑周边布置,监测点水平间距不宜大于 20m。一般基坑每边的中部、阳角处变形较大,所以中部、阳角处应设测点。为便于监测,水平位移观测点宜同时作为垂直位移的观测点。为了测量观测点与基线的距离变化,基坑每边的测点不宜少于 3 点。观测点设置在基坑边坡混凝土护面或围护墙顶(冠梁)上,有利于观测点的保护和提高观测精度。

5.2.2 围护墙或土体深层水平位移的监测是观测基坑围护体系变形最直接的手段,监测孔应布置在基坑平面上挠曲计算值最大的位置。一般情况下基坑每边中部、阳角处的变形较大,因此该处宜设监测孔;对于边长大于 50m 的基坑,每边可适当增设监测孔;基坑开挖次序以及局部挖深会使围护体系最大变形位置发生变化,布置监测孔时应予以考虑。

深层水平位移观测目前多用测斜仪观测。为了真实地反映围护墙的挠曲状况和地层位移情况,应保证测斜管的埋设深度。

因为测斜仪测出的是相对位移,若以测斜管底端为固定起算点(基准点),应保持管底端不动,否则就无法准确推算各点的水平位移,所以要求测斜管底嵌入到稳定的土体中。

5.2.3 围护墙内力监测点应考虑围护墙内力计算图形,布置在围护墙出现弯矩极值的部位,监测点数量和横向间距视具体情况而

定。平面上宜选择在围护墙相邻两支撑的跨中部位、开挖深度较大以及地面堆载较大的部位;竖直方向(监测断面)上监测点宜布置在支撑处和相邻两层支撑的中间部位,间距宜为 2m~4m。

5.2.4 支撑内力的监测多根据支撑杆件采用的不同材料,选择不同的监测方法和监测传感器。对于混凝土支撑杆件,目前主要采用钢筋应力计或混凝土应变计;对于钢支撑杆件,多采用轴力计(也称反力计)或表面应变计。

支撑内力监测点的位置应根据支撑结构计算书确定,监测截面应选择在轴力较大杆件上受剪力影响小的部位,因此本条第 3 款要求当采用应力计和应变计测试时,监测截面宜选择在两相邻立柱支点间支撑杆件的 1/3 部位;钢管支撑采用轴力计测试时,轴力宜设置在支撑端头。

5.2.5 立柱的竖向位移(沉降或隆起)对支撑轴力的影响很大,有工程实践表明,立柱沉降 20mm~30mm,支撑轴力会增加大约 1 倍,因此对支撑体系应加强立柱的位移监测。监测点应布置在立柱受力、变形较大和容易发生差异沉降的部位,例如基坑中部、多根支撑交汇处、地质条件复杂处。逆作施工时,承担上部结构的立柱应加强监测。

5.2.6 为了分析不同工况下锚杆内力的变化情况,对监测到的锚杆内力值与设计计算值进行比较,各层监测点位置在竖向上宜保持一致。锚头附近位置锚杆拉力大,当用锚杆测力计时,测试点宜设置在锚头附近。

5.2.7 为了分析不同工况下土钉内力的变化情况,便于对监测的土钉内力值与设计计算值进行比较,各层监测点位置在竖向上宜保持一致,土钉上测试点的位置应考虑设计计算情况,选择在受力有代表性的位置。例如软土地区复合土钉墙支护,随着基坑开挖深度的增加,土钉上的轴力最大处从靠近基坑围护墙面层向土钉中部变化,最后多是呈现中部大、两端小的状况。

5.2.8 基坑隆起(回弹)监测点的埋设和施工过程中的保护比较困难,监测点不宜设置过多,以能够测出必要的基坑隆起(回弹)数据为原则,本条规定监测剖面数量不应少于 2 个,同一剖面上监测点数量不应少于 3 个,基坑中央宜监测点,依据这些监测点绘出的隆起(回弹)断面图可以基本反映出坑底的变形变化规律。

5.2.9 围护墙侧向土压力监测点的布置应选择在受力、土质条件变化较大的部位,在平面上宜与深层水平位移监测点、围护墙内力监测点位置等匹配,这样监测数据之间可以相互验证,便于对监测项目的综合分析。在竖直方向(监测断面)上监测点应考虑土压力的计算图形、土层的分布以及与围护墙内力监测点位置的匹配。

5.2.10 孔隙水压力的变化是地层位移的前兆,对控制打桩、沉井、基坑开挖、隧道开挖等引起的地层位移起到十分重要的作用。孔隙水压力监测点宜靠近这些基坑受力、变形较大或有代表性的部位布置。

5.2.11 地下水位测量主要是通过水位观测孔(地下水位监测点)进行。地下水位监测点的作用一是检验降水井的降水效果,二是观测降水对周边环境的影响。

检验降水井降水效果的水位监测点应布置在降水井点(群)降水区降水能力弱的部位,因此当采用深井降水时,水位监测点宜置在基坑中央和两相邻降水井的中间部位;当采用轻型井点、喷射井点等降水时,水位监测点宜布置在基坑中央和周边拐角处。

当用水位监测点观测降水对周边环境影响时,地下水位监测点应沿被保护对象的周边布置。如有止水帷幕,水位监测点宜置在帷幕的施工搭接处、转角处等有代表性的部位,位置在止水帷幕的外侧约 2m 处,以便于观测止水帷幕的止水效果。

检验降水井降水效果的水位监测点,观测管的管底埋置深度应在最低设计水位之下 3m~5m。观测降水对周边环境影响的监测点,观测管的管底埋置深度应在最低允许地下水位之下 3m~5m。

承压水的观测孔埋设深度应保证能反映承压水水位的变化。

5.3 基坑周边环境

5.3.1 基坑工程周边环境的监测范围既要考虑基坑开挖的影响范围,保证周边环境中各保护对象的安全使用,也要考虑对监测成本的影响。现行行业标准《建筑基坑支护技术规程》JGJ 120—99第 3.8.2 条规定"从基坑边缘以外 1～2 倍开挖深度范围内的需要保护物体均应作为监控对象"。我国部分地方标准的规定是:山东规定"从基坑边缘以外 1～3 倍基坑开挖深度范围内需要保护的建(构)筑物、地下管线等均应作为监测对象。必要时,尚应扩大监控范围";上海规定"监测范围宜达到基坑边线以外 2 倍以上的基坑深度,并符合工程保护范围的规定,或按工程设计要求确定";深圳规定相邻物体是指"距离深基坑边 2 倍深度范围内的建筑物、构筑物、道路、地下设施、地下管线等"。综合基坑工程经验,结合我国各地的规定,本条规定了从基坑边缘以外 1～3 倍开挖深度范围内需要保护的建筑、管线、道路、人防工程等均应作为监控对象。具体范围应根据土质条件、周边保护对象的重要性等确定。

5.3.2 重要保护对象是指地铁、隧道、重要管线、重要文物和设施、近现代优秀建筑等。

5.3.3 为了反映建筑竖向位移的特征和便于分析,监测点应布置在建筑竖向位移差异大的地方。

5.3.4 当能判断出建筑的水平位移方向时,可以只观测其此方向上的位移,因此本条规定一侧墙体的监测点不宜少于 3 点。

5.3.5 建筑整体倾斜监测可根据不同的监测条件选择不同的监测方法,监测点的布置也有所不同。当建筑具有较大的结构刚度和基础刚度时,通常采用观测基础差异沉降推算建筑的倾斜,这时监测点的布置应考虑建筑的基础形式、体态特征、结构形式以及地质条件的变化等,要求同建筑的竖向位移观测基本一致。

5.3.6 裂缝监测应选择有代表性的裂缝进行观测。每条需要观测的裂缝应至少设 2 个监测点,每个监测点设一组观测标志,每组观测标志可使用两个对应的标志分别设在裂缝的两侧。对需要观测的裂缝及监测点应统一进行编号。

5.3.7 管线的观测分为直接法和间接法。

当采用直接法时,常用的测点设置方法有:

抱箍法:在特制的圆环(也称抱箍)上连接固定测杆,圆环固定在管线上,将测杆与管线连接成一个整体,测杆不超过地面,地面处设置相应的窨井,保证道路、交通和人员的正常通行。此法观测精度较高,其不足之处是必须凿开路面,开挖至管线的底面,这对城市主干道是很难实施的,但对于次干道和十分重要的地下管道,如高压煤气管道,按此方法设置测点并予以严格监测是可行和必要的。

对于埋深浅、管径较大的地下管线也可以取点直接测至管线顶表面,露出管线接头或阀门,在凸出部位做上标志作为测点。

套管法:用一根硬塑料管或金属管打设或埋设于所测管线顶面和地表之间,量测时将测杆放入埋管内,再将标尺搁置在测杆顶端,只要测杆放置的位置固定不变,测试结果就能够反映出管线的沉降变化。此法的特点是简单易行,可避免道路开挖,但观测精度较低。

间接法就是不直接观测管线本身,而是通过观测管线周边的土体,分析管线的变形。此法观测精度较低。当采用间接法时,常用的测点设置方法有:

底面观测:将测点设在靠近管线底面的土体中,观测底面的土体位移。此法常用于分析管道纵向弯曲受力状态或跟踪注浆、调整管道差异沉降。

顶面观测:将测点设在管线轴线相对应的地表或管线的窨井盖上观测。由于测点与管线本身存在介质,因而观测精度较差,但可避免破土开挖,只有在设防标准较低的场合采用,一般情况下不宜采用。

5.3.9 土体分层竖向位移监测是为了量测不同深度处土的沉降与隆起。目前监测方法多采用磁环式分层沉降标监测(分层沉降仪监测)、磁锤式深层标或测杆式深层标监测。当采用磁环式分层沉降标监测时为一孔多标,采用磁锤式和测杆式分层标监测时为一孔一标。监测孔的位置应选择在靠近被保护对象且有代表性的部位。沉降标(测点)的埋设深度和数量应考虑基坑开挖、降水对土体垂直方向位移的影响范围以及土层的分布。上海市地方标准《基坑工程施工监测规程》DG/T 08—2001—2006 规定"监测点布置深度宜大于 2.5 倍基坑开挖深度,且不应小于基坑围护结构以下 5m～10m"。

6 监测方法及精度要求

6.1 一般规定

6.1.1 基坑监测方法的选择应综合考虑各种因素,监测方法简便易行、有利于适应施工现场条件的变化和施工进度的要求。

6.1.2 变形监测网的网点宜分为基准点、工作基点和变形监测点。

基准点不应受基坑开挖、降水、桩基施工以及周边环境变化的影响,应设置在位移和变形影响范围以外、位置稳定、易于保存的地方,并应定期复测,以保证基准点的可靠性。复测周期视基准点所在位置的稳定情况而定。

每期变形观测时均应将工作基点与基准点进行联测。

6.1.3 本条规定是监测工作能否顺利开展的基本保证。根据监测仪器的自身特点、使用环境、使用频率等情况,在相对固定的周期内进行维护保养,有助于监测仪器在检定使用期内的正常工作。

6.1.4 本条规定是为了将监测中的系统误差减到最小,达到提高监测精度的目的。监测时尽量使仪器在基本相同的环境和条件(如环境温度、湿度、光线、工作时段等)下工作,但在异常情况下可不做强制要求。

6.1.5 实际上各监测项目都不可能取得绝对稳定的初始值,因此本条所说的稳定值实际上是指在较小范围内变化的初始观测值,且其变化幅度相对于该监测项目的报警值而言可以忽略不计。

6.1.7 目前基坑工程监测技术发展很快,如自动全站仪非接触监测、光纤监测、GPS 定位、摄影测量等采用高新技术的监测方法已应用于基坑工程监测。为了促进新技术的应用,本条规定当这些新的监测方法能够满足本规范的精度要求时,亦可以采用。

6.2 水平位移监测

6.2.1 水平位移的监测方法较多,但各种方法的适用条件不一,在方法选择和施测时均应特别注意。

如采用小角度法时,监测前应对经纬仪的垂直轴倾斜误差进行检验,当垂直角超出 ±3° 范围时,应进行垂直轴倾斜修正;采用视准线法时,其测点埋设偏离基准线的距离不宜大于 20mm,对活动觇牌的零位差进行测定;采用前方交会法时,交会角应在 60°～120° 之间,并宜采用三点交会法等。

6.2.3 水平位移监测精度确定时,考虑了以下几方面因素:一是应能满足监测报警的要求,包括变化速率及报警累计值两个监测报警值的控制要求;二是与现行测量规范规定的测量精度相协调;三是在控制监测成本的前提下适当提高精度要求。

表 2 是根据本规范表 8.0.4 列出的一、二、三级基坑的围护墙(边坡)顶部水平位移累计值和变化速率的报警值范围。对于水平

位移累计值,依据现行国家标准《工程测量规范》GB 50026—2007,以允许变形量的 1/20 作为测量精度要求值。但这样的精度还不能满足部分变形速率要求严格的基坑工程,对于管线和邻近建筑的监测精度要求也存在类似的问题。因此,必须进一步结合变形速率报警值的要求提高监测精度。由于变形速率报警值是连续分布的,本规范以 2～3 倍中误差作为极限误差,同时考虑不同基坑类别的变形速率报警值分布特征,制定出本条监测精度,与国家现行标准《工程测量规范》GB 50026 和《建筑变形测量规范》JGJ 8 等的监测精度等级基本上相匹配。

表 2 基坑围护墙(坡)顶水平位移报警范围

基坑类别	一级	二级	三级
累计值(mm)	25～35	40～60	60～80
变化速率(mm/d)	2～10	4～15	8～20

考虑到基坑施工的不确定性因素较多以及监测人员的水平差异,适当提高精度要求会促使监测单位尽量选用精度等级高的仪器,这样虽然会使成本有所增加,但有利于保证监测质量。

采用小角法或视准线法时,选用国内现在使用的不同精度级别的测绘仪器可以达到本规范规定的精度要求,必要时还可以适当降低仪器精度要求,通过增加测回数来提高监测精度。

6.3 竖向位移监测

6.3.1 当不便使用水准几何测量或需要进行自动监测时,可采用液体静力水准测量方法。

6.3.3 竖向位移监测精度确定方法与水平位移监测精度基本相同。

6.3.4 由于坑底隆起观测过程往往需要进行高程传递,精度较难保证,因此在参考本规范第 6.3.3 条规定的基础上适当调低了精度要求,这样既考虑了测量的困难又能满足监测报警值控制要求。

表 3 是根据表 8.0.4 分类列出的一、二、三类基坑的坑底隆起(回弹)累计值和变化速率的报警值范围。

表 3 坑底隆起(回弹)报警范围

基坑类别	一级	二级	三级
累计值(mm)	25～35	50～60	60～80
变化速率(mm/d)	2～3	4～6	8～10

6.4 深层水平位移监测

6.4.1 测斜仪依据探头是否固定在被测物体上分为固定式和活动式两种。基坑工程监测中常用的是活动式测斜仪,即先埋设测斜管,每隔一定的时间将探头放入管内沿导槽滑动,通过量测测斜管斜度变化推算水平位移。本规范中的深层水平位移监测均采用此监测方法。

6.4.2 本条规定能满足本规范第 8.0.4 条中深层水平位移报警值的监测要求,同时考虑了国内外现有的大部分测斜仪都能达到此精度,而要在此基础上提高精度,目前则成本过高。

6.4.3 保证测斜管的埋设质量是获得可靠数据和保证精度的前提,因此本条对测斜管的埋设提出了具体要求。

6.4.4 进行正、反两次量测是必要的,目的是为了消除仪器误差,也是仪器测试原理的要求。

6.5 倾斜监测

6.5.1 根据不同的现场观测条件和要求,当被测建筑具有明显的外部特征点和宽敞的观测场地时,宜选用投点法、前方交会法等;当被测建筑内部有一定的竖向通视条件时,宜选用垂吊法、激光铅直仪观测法等;当被测建筑具有较大的结构刚度和基础刚度时,可选用倾斜仪法或差异沉降法。

6.5.2 国家现行标准《建筑变形测量规范》JGJ 8 对建筑倾斜监测精度作了比较细致的规定。

6.6 裂缝监测

6.6.3 本条第 1 款埋设标志方法主要针对精度要求不高的部位。可用石膏饼法在测量部位粘贴石膏饼,如开裂,石膏饼随之开裂,即可测量裂缝的宽度;或用划平行线法测量裂缝的上、下错位;或用金属片固定法把两块白铁片分别固定在裂缝两侧,并相互紧贴,再在铁片表面涂上油漆,裂缝发展时,两块铁片逐渐拉开,露出的未油漆部分铁片,即为新增的裂缝宽度和错位。

本条第 3 款,裂缝深度较小时宜采用单面接触超声波法量测;深度较大时裂缝宜采用超声波法量测。

6.7 支护结构内力监测

6.7.1 测试混凝土构件内力的钢筋应力计可在构件制作时焊接在主筋上。

6.8 土压力监测

6.8.3 由于土压力计的结构形式和埋设部位不同,埋设方法很多,例如挂布法、顶入法、弹入法、插入法、钻孔法等。土压力计埋设在围护墙构筑期间或完成后均可进行。若在围护墙完成后进行,由于土压力计无法紧贴围护墙埋设,因而所测数据与围护墙上实际作用的土压力有一定差别。若土压力计埋设与围护墙构筑同期进行,则需解决好土压力计在围护墙迎土面上的安装问题。在水下浇筑混凝土过程中,要防止混凝土将面向土层的土压力计表面钢膜包裹,使其无法感应土压力作用,造成埋设失败。另外,还要保持土压力计的承压面与土的应力方向垂直。

6.9 孔隙水压力监测

6.9.3 孔隙水压力探头埋设有两个关键,一是保证探头周围填沙渗水通畅和透水石不堵塞;二是防止上、下层水压力的贯通。

采用压入法时宜在无硬壳层的软土层中使用,或钻孔到软土层再采用压入的方法埋设;钻孔法若采用一钻孔多探头方法埋设则应保证封口质量,防止上、下层水压力形成贯通。

6.9.4 孔隙水压力计在埋设时有可能产生超孔隙水压力,要求孔隙水压力计在基坑施工前 2～3 周埋设,有利于超孔隙水压力的消散,得到的初始值更加合理。

6.9.5 泥浆护壁成孔后钻孔不容易清洗干净,会引起孔隙水压力计前端透水石的堵塞。

6.9.7 量测静水位的变化,以便在计算中消除水位变化影响,获得真实的超孔隙水压力值。

6.10 地下水位监测

6.10.1 有条件时也可考虑利用降水井进行地下水位监测。

6.10.3 潜水水位管滤管以上应用膨润土球封至孔口,防止地表水进入;承压水位管含水层以上部分应用膨润土球或注浆封孔。

6.11 锚杆及土钉内力监测

6.11.1 锚杆及土钉内力监测的目的是掌握锚杆或土钉内力的变化,确认其工作性能。由于钢筋束内每根钢筋的初始拉紧程度不一样,所受的拉力与初始拉紧程度关系很大。

6.11.3 专用测力计、应力计或应变计应在锚杆或土钉预应力施加前安装并取得初始值。根据质量要求,锚杆或土钉锚固体未达到足够强度不得进行下一层土方的开挖,为此一般应保证锚固体有 3d 的养护时间后才允许下一层土方开挖。本条规定取下一层土方开挖前连续 2d 获得的稳定测试数据的平均值作为其初始值。

6.12 土体分层竖向位移监测

6.12.2 沉降管埋设时应先钻孔,再放入沉降管,沉降管和孔壁之间宜采用黏土水泥浆而不宜用砂进行回填。

6.12.4 土体分层沉降仪的量测精度与沉降管上设置的钢环数量有关,钢环设置的密度越高,所得到的分层沉降规律就越连贯和清晰;量测精度还与沉降管同土层密贴程度以及能否自由下沉或隆起有关,所以沉降管的安装和埋设好坏对测试精度至关重要。2次读数较差是指相同深度测点的2次竖向位移测量值的差值。

7 监测频率

7.0.1 这是确定基坑工程监测频率的总原则。基坑工程监测应能及时反映监测项目的重要发展变化情况,以便对设计与施工进行动态控制,纠正设计与施工中的偏差,保证基坑及周边环境的安全。基坑工程的监测频率还与投入的监测工作量和监测费用有关,既要注意不遗漏重要的变化时刻,也应当注意合理调整监测人员的工作量,控制监测费用。

7.0.2 基坑开挖到达设计深度以后,土体变形与应力、支护结构的变形与内力并非保持不变,而将继续发展,基坑并不一定是最安全状态,因此,监测工作应贯穿于基坑开挖和地下工程施工全过程。

总的来讲,基坑工程监测是从基坑开挖前的准备工作开始,直至地下工程完成为止。地下工程完成一般是指地下室结构完成、基坑回填完毕,而对逆作法则是指地下结构完成。对于一些监测项目如果不能在基坑开挖前进行,就会大大削弱监测的作用,甚至使整个监测工作失去意义。例如,用测斜仪观测围护墙或土体的深层水平位移,如果在基坑开挖后埋设测斜管开始监测,就不会测得稳定的初始值,也不会得到完整、准确的变形累计值,使得监控报警难以准确进行;土压力、孔隙水压力、围护墙内力、围护墙顶部位移、基坑坡顶位移、地面沉降、建筑及管线变形等都是同样道理。当然,也有个别监测项目是在基坑开挖过程中开始监测的,例如,支撑轴力、支撑及立柱变形、锚杆及土钉内力等。

一般情况下,地下工程完成就可以结束监测工作。对于一些临近基坑的重要建筑及管线的监测,由于基坑的回填或地下水停止抽水,建筑及管线会进一步调整,建筑及管线变形会继续发展,监测工作还需要延续至变形趋于稳定后才能结束。

7.0.3 基坑类别、基坑及地下工程的不同施工阶段以及周边环境、自然条件的变化等是确定监测频率应考虑的主要因素。

基坑工程的监测频率不是一成不变的,应根据基坑开挖及地下工程的施工进度、施工工况以及其他外部环境影响因素的变化及时作出调整。一般在基坑开挖期间,地基土处于卸荷阶段,支护体系处于逐渐加荷状态,应适当加密监测;当基坑开挖完后一段时间、监测值相对稳定时,可适当降低监测频率。当出现异常现象和数据,或临近报警状态时,应提高监测频率甚至连续监测。

表7.0.3的监测频率是从工程实践中总结出来的经验成果,在无数据异常和事故征兆的情况下,基本能够满足现场监控的要求。在确定现场监测频率时可选用。

表7.0.3的监测频率针对的是应测项目的仪器监测。对于宜测、可测项目的仪器监测频率可视具体情况适当降低,一般可取应测项目监测频率值的2~3倍。

另外,目前有的基坑工程对位移、支撑内力、土压力、孔隙水压力等监测项目实施了自动化监测。一般情况下自动化采集的频率可以设置很高,因此,这些监测项目的监测频率可以较表7.0.3值大大提高,以获得更连续的实时监测数据,但监测费用基本上不会增加。

7.0.4 本条为强制性条文。本条所描述的情况均属于施工违规操作、外部环境变化趋向恶劣、基坑工程临近或超过报警标准、有可能导致或出现基坑工程安全事故的征兆或现象,应引起各方的足够重视,因此应加强监测,提高监测频率。

8 监测报警

8.0.1 本条为强制性条文。监测报警是建筑基坑工程实施监测的目的之一,是预防基坑工程事故发生、确保基坑及周边环境安全的重要措施。监测报警值是监测工作的实施前提,是监测期间对基坑工程正常、异常和危险三种状态进行判断的重要依据,因此基坑工程监测必须确定监测报警值。监测报警值应由基坑工程设计方根据基坑工程的设计计算结果、周边环境中被保护对象的控制要求等确定,如基坑支护结构作为地下主体结构的一部分,地下结构设计要求也应予以考虑,为此本条明确规定了监测报警值应由基坑工程设计方确定。

8.0.2 与结构受力分析相比,基坑变形的计算比较复杂,且计算理论还不够成熟,目前各地区积累起来的工程经验很重要。本条提出了变形控制的一般性原则,在确定变形控制的报警值时必须满足这些基本要求。

8.0.3 基坑工程监测报警不但要控制监测项目的累计变化量,还要注意控制其变化速率。基坑工程工作状态一般分为正常、异常和危险三种情况。异常是指监测对象受力或变形呈现出不符合一般规律的状态。危险是指监测对象的受力或变形呈现出低于结构安全储备、可能发生破坏的状态。累计变化量反映的是监测对象即时状态与危险状态的关系,而变化速率反映的是监测对象发展变化的快慢。过大的变化速率,往往是突发事故的先兆。例如,对围护墙变形的监测数据进行分析时,应把位移的大小和位移速率结合起来分析,考察其发展趋势,如果累计变化量不大,但发展很快,说明情况异常,基坑的安全正受到严重威胁。因此在确定监测报警值时应同时给出变化速率和累计变化量,当监测数据超过其中之一时即进入异常或危险状态,监测人员必须及时报警。

8.0.4 基坑工程设计方应根据土质特性和周边环境保护要求对支护结构的内力、变形进行必要的计算与分析,并结合当地的工程经验确定合适的监测报警值。

确定基坑工程监测项目的监测报警值是一个十分严肃、复杂的课题,建立一个定量化的报警指标体系对于基坑工程的安全监控意义重大。但是由于设计理论的不尽完善以及基坑工程的地质、环境差异性及复杂性,人们的认知能力和经验还十分不足,在确定监测报警值时还需要综合考虑各影响因素。实际工作中主要依据三方面的数据和资料:

设计结果:

基坑工程设计人员对于围护墙、支撑或锚杆的受力和变形、坑内外土层位移、抗渗等均进行过详尽的设计计算或分析,其计算结果可以作为确定监测报警值的依据。

相关规范标准的规定值以及有关部门的规定:

例如,确定基坑工程相邻的民用建筑监测报警值时,可以参照现行国家标准《民用建筑可靠性鉴定标准》GB 50292—1999。随着基坑工程经验的积累,各地区可以用地方标准或规定的方式提出符合当地实际的基坑监控定量化指标。如上海的地方标准《基坑工程设计规程》DBJ 08—61—97就提出:"对难以查清的煤气管、上水管及重要通讯电缆,可按相对转角1/100作为设计和监控标准"。

工程经验类比：

基坑工程的设计与施工中，工程经验起到十分重要的作用。参考已建类似工程项目的受力与变形规律，提出并确定本工程的基坑报警值，往往能取得较好的效果。

表8.0.4是经过大量工程调研及征询全国近20个城市的百余名多年从事基坑工程的研究、设计、勘察、施工、监测工作的专家意见，并结合现行的有关规范提出的报警值，具有较好的参考价值。

其中，位移报警值采用了累计变化量和变化速率两项指标共同控制。位移的累计变化量中又分为绝对值和相对基坑深度(h)控制值，其中相对基坑深度(h)控制值是指位移相对基坑深度(h)的变化量。对较浅的基坑一般总位移量不大，其安全性主要受相对基坑深度(h)控制值的控制，而较深的基坑往往变形虽未超过相对基坑深度(h)控制值，但其绝对值已超限，因此，本条规定了累计值取绝对值和相对基坑深度(h)控制值之间的小值。

土压力和孔隙水压力等的报警值采用了对应于荷载设计值的百分比确定。荷载设计值是具有一定安全保证率的荷载取值(荷载标准值乘以荷载分项系数)。对基坑工程，如监测到的荷载已达到设计值的60%~80%，说明实际荷载已经达到或接近理论计算的荷载标准值，虽然此时不会引起基坑安全问题，但应该报警引起重视。因此，考虑基坑的安全等级，对土压力和孔隙水压力，一级基坑达到荷载设计值的60%~70%，而二、三级基坑达到70%~80%报警是适宜的。

支撑及围护墙等结构内力报警值则采用了对应于构件承载能力设计值的百分比确定。构件的承载能力设计值是由材料强度设计值和几何参数设计值所确定的结构构件所能承受最大外加荷载的设计值。为了满足结构规定的安全性，构件的承载力设计值应大于或等于荷载效应的设计值。在基坑工程中，当设计中构件的承载力设计值等于荷载效应的设计值，如监测到构件内力已达到承载能力设计值的60%~80%时，结构仍能满足结构设计的安全性而不至于引起构件破坏，但此时构件的内力已相当于按荷载标准值计算所得的内力，所以应该及时报警以引起重视。而当设计中构件的承载力较为富裕，其设计值大于荷载效应的设计值，则构件的实际内力一般不会达到其承载能力设计值的60%~80%。因此，考虑基坑的安全等级，对支撑内力等构件内力，一级基坑达到承载能力设计值的60%~70%，而二、三级基坑达到70%~80%报警是适宜的。

8.0.5 表8.0.5是根据调研结果并参考相关规范及有关地方经验确定的。表8.0.5对基坑周边环境中的管线、建筑的报警值给出了一个范围，工程中可根据需保护对象建造年代、结构类型和现状、离基坑的距离等确定，建造年代已久、结构较差、离基坑较近的可取下限，而对较新的、结构较好、离基坑较远的可取上限。

8.0.6 周边建筑的安全性与其沉降或变形总量有关，其中基坑开挖造成的沉降仅为其中的一部分。应保证周边建筑原有的沉降或变形与基坑开挖造成的附加沉降或变形叠加后，不能超过允许的最大沉降或变形值，因此，在监测前应收集周边建筑使用阶段监测的原有沉降与变形资料，结合建筑裂缝观测确定周边建筑的报警值。

8.0.7 本条为强制性条文。本条列出的都是在工程实践中总结出来的基坑及周边环境出现的危险情况，一旦出现这些情况，将可能严重威胁基坑以及周边环境中被保护对象的安全，必须立即发出危险报警，通知建设、设计、施工、监理及其他相关单位及时采取

措施，保证基坑及周边环境的安全。工程实践中，由于疏忽大意未能及时报警或报警后未引起各方足够重视，贻误排险或抢险时机，从而造成工程事故的例子很多，应吸取这些深刻教训，为此本条列为强制性条文，必须严格执行。

9 数据处理与信息反馈

9.0.1 基坑工程监测分析工作事关基坑及周边环境的安全，是一项技术性非常强的工作，只有保证监测分析人员的素质，才能及时提供高质量的综合分析报告，为信息化施工和优化设计提供可靠依据，避免事故的发生。监测分析人员要熟悉基坑工程的设计和施工，能对房屋结构状态进行分析，因此不但要求具备工程测量的知识，还要具备岩土工程、结构工程的综合知识和工程实践经验。

9.0.2 为了确保监测工作质量，保证基坑及周边环境的安全和正常使用，防止监测工作中的弄虚作假，本条分别强调了基坑工程监测人员及单位的责任。为了明确责任，保证监测记录和监测成果的可追溯性，本条还规定有关责任人应签字，技术成果应加盖技术成果章。

9.0.6 基坑工程监测是一个系统，系统内的各项目监测有着必然的、内在的联系。某一单项的监测结果往往不能揭示和反映整体情况，应结合相关项目的监测数据和自然环境、施工工况等情况以及以往数据进行分析，才能通过相互印证、去伪存真，正确地把握基坑及周边环境的真实状态，提供出高质量的综合分析报告。

9.0.7 对大量的测试数据进行综合整理后，应将结果制成表格。通常情况下，还要绘出各类变化曲线或图形，使监测成果"形象化"，让工程技术人员能够一目了然，以便及时发现问题和分析问题。

9.0.8 目前基坑工程监测技术发展很快，主要体现在监测方法的自动化、远程化以及数据处理和信息管理的软件化。建立基坑工程监测数据处理和信息管理系统，利用专业软件帮助实现数据的实时采集、分析、处理和查询，使监测成果反馈更具有时效性，并提高成果可视化程度，更好地为设计和施工服务。

9.0.10 当日报表是信息化施工的重要依据。每次测试完成后，监测人员应及时进行数据处理和分析，形成当日报表，提供给委托单位和有关方面。当日报表强调及时性和准确性，对监测项目应有正常、异常和危险的判断性结论。

9.0.11 阶段性报告是经过一段时间的监测后，监测单位通过对以往监测数据和相关资料、工况的综合分析，总结出的各监测项目以及整个监测系统的变化规律、发展趋势及其评价，用于总结经验、优化设计和指导下一步的施工。阶段性监测报告可以是周报、旬报、月报或根据工程的需要不定期地提交。报告的形式是文字叙述和图形曲线相结合，对于监测项目监测值的变化过程和发展趋势尤以过程曲线表示为好。阶段性监测报告强调分析和预测的科学性、准确性，报告的结论要有充分的依据。

9.0.12 总结报告是基坑工程监测工作全部完成后监测单位提交给委托单位的竣工报告。总结报告一是要提供完整的监测资料；二是要总结工程的经验与教训，为以后的基坑工程设计、施工和监测提供参考。

中华人民共和国行业标准

锚杆锚固质量无损检测技术规程

Technical specification for nondestructive
testing of rock bolt system

JGJ/T 182—2009

批准部门：中华人民共和国住房和城乡建设部
施行日期：２０１０年７月１日

中华人民共和国住房和城乡建设部
公　告

第 431 号

关于发布行业标准《锚杆锚固质量无损检测技术规程》的公告

现批准《锚杆锚固质量无损检测技术规程》为行业标准，编号为 JGJ/T 182-2009，自 2010 年 7 月 1 日起实施。

本规程由我部标准定额研究所组织中国建筑工业出版社出版发行。

中华人民共和国住房和城乡建设部

2009 年 11 月 9 日

前　言

根据原建设部《关于印发〈2006 年工程建设标准规范制订、修订计划（第一批）〉的通知》（建标［2006］77 号）的要求，本规程编制组经广泛调查研究，认真总结实践经验，参考有关国际标准和国外先进标准，并在广泛征求意见的基础上，制定本规程。

本规程的主要技术内容是：总则，术语和符号，基本规定，检测仪器设备，声波反射法，现场检测，质量评定等。

本规程由住房和城乡建设部负责管理，由长江大学负责具体技术内容的解释。执行过程中如有意见或建议，请寄送长江大学（地址：湖北荆州市南环路 1 号，邮政编码：434023）。

本 规 程 主 编 单 位：长江大学

本 规 程 参 编 单 位：中国水电顾问集团贵阳勘测设计研究院

黄河水利委员会基本建设工程质量检测中心

杭州华东工程检测技术有限公司

长江水利委员会长江科学院

中国水电顾问集团昆明勘测设计研究院

水利部长江勘测技术研究所

核工业工程勘察院

郑州大学水利与环境学院

郑州市建设检测行业协会

河南巩义市建设工程质量安全监督站

武汉中科智创岩土技术有限公司

东华理工大学勘察设计研究院

浙江象山至高检测中心

河南新乡高新建设工程质量检测有限公司

武汉长盛工程检测技术开发有限公司

本规程主要起草人：肖柏勋　王　波　冷元宝

黄世强　吴新霞　王国滢

何　剑　周均增　马新克

魏岩峻　曾宪强　王运生

张　杰　刘明贵　龚育龄

黄劲松　许　洁　朱海群

刘春生　卢志毅　吴和平

陈　磊　刘前程　高建华

钟宏伟　郭建伟　胡勇辉

常旭东　马　蓉　向能武

董　武　王　锐　朱文仲

徐亚平　尚雅琳

本规程主要审查人：肖龙鸽　柯玉军　常　伟

刘康和　王立川　王　亮

李志华　赵守阳　徐文胜

章　光　胡祥云

目　次

Contents

1 总 则

1.0.1 为了规范锚杆锚固质量无损检测的方法，做到技术先进、安全适用、经济合理、评价正确，制定本规程。

1.0.2 本规程适用于建筑工程全长粘结锚杆锚固质量的无损检测。

1.0.3 锚杆锚固质量无损检测方法应根据检测条件、适用范围、施工工艺等合理使用。

1.0.4 现场作业时，应遵守国家现行安全和劳动保护的有关规定。

1.0.5 本规程规定了全长粘结锚杆锚固质量无损检测的基本技术要求。当本规程与国家法律、行政法规的规定相抵触时，应按国家法律、行政法规的规定执行。

1.0.6 锚杆锚固质量无损检测除应符合本规程的规定外，尚应符合国家现行有关标准的规定。

2 术语和符号

2.1 术 语

2.1.1 全长粘结锚杆 full-length bonded rock bar
锚杆孔全长填充粘结材料的锚杆。

2.1.2 预应力锚杆 pre-stressed rock bar
施加了预应力的锚杆。

2.1.3 摩擦型锚杆 friction-type rock bar
靠锚杆体与孔壁之间的摩擦力起锚固作用的锚杆。

2.1.4 自钻式锚杆 self-drilling rock bolt
锚杆本身兼有造孔钻杆功能，将造孔、注浆和锚固结合为一体的锚杆，亦称自进式锚杆。

2.1.5 永久性锚杆 permanent rock bolt
与工程使用年限相符，在有效运行期内能够保持性能稳定和使用质量，或经检修可持续工作的锚杆。

2.1.6 临时锚杆 temporary rock bolt
短于工程使用年限，仅在工程施工期间或在特定阶段起作用的锚杆，在工程正常运行期间不考虑其作用。

2.1.7 锚杆杆体 rock bolt tendon
由筋材以及防腐保护体、支架等组成的整套锚杆组装杆件。

2.1.8 锚固段 fixed part of rock bolt
通过粘结材料或机械装置将杆体与周围介质锚固的部分。

2.1.9 自由段 free part of rock bolt
利用弹性伸长将拉力传递给锚固体，且运行期内能够适应设计范围内的拉力变化以及伸缩和弯曲变形的杆体部分。

2.1.10 锚杆无损检测 nondestructive testing of rock bolt system
对锚杆锚固质量的非破坏性检测。

2.1.11 声波反射法 soundwave reflection
采用激振声波信号，实测加速度或速度响应曲线，依据波动理论进行分析，评价锚杆锚固质量的无损检测方法。

2.1.12 锚固密实度 compactness of rock bolt
锚杆孔中填充粘结物的密实程度，一般用锚杆孔中有效锚固长度占设计长度的百分比来评价。

2.1.13 锚杆模拟试验 simulation test bolt
在实验室或现场，对检测可能遇到的各种类型的锚杆缺陷经行的模拟检测试验。

2.2 符 号

A——锚杆杆体截面面积；

C_b——锚杆一维纵向声波传播速度；

C_t——锚杆锚固后，杆体与粘结材料、周围介质组成的一维纵向声波传播速度；

C_m——同类锚杆的波速平均值；

D——锚固密实度；

E_0——锚杆入射波波动总能量；

E_r——锚杆反射波波动总能量；

f——声波频率；

Δf——杆底相邻谐振峰之间的频差；

Δf_x——缺陷相邻谐振峰之间的频差；

L——锚杆杆体长度；

L_0——锚杆杆体外露自由段长度；

L_r——锚杆杆体入岩长度；

L_x——锚固不密实段总长度；

L_m——锚固密实段长度；

T——声波信号周期；

t_0——首波到达时间；

t_x——缺陷反射波到达时间；

Δt_e——杆底反射波旅行时间；

Δt_f——缺陷反射波旅行时间；

x——锚杆外露端至缺陷界面的距离；

β——声波能量修正系数；

Φ——锚杆杆体直径；

η——声波能量反射系数。

3 基 本 规 定

3.1 一 般 规 定

3.1.1 锚杆锚固质量无损检测内容应包括锚杆杆体长度检测和锚固密实度检测。

3.1.2 锚杆锚固质量无损检测应委托有检测资质的

单位承担。检测机构应通过计量认证，并应具有相关资质。检测人员应经上岗培训合格，并应持证上岗。

3.1.3 锚杆锚固质量无损检测前宜按本规程附录 A 进行锚杆模拟试验。

3.1.4 锚杆锚固质量宜分项目或单元进行抽样检测。

3.1.5 锚杆锚固质量无损检测资料分析，宜对照所检测工程锚杆模拟试验成果或类似工程锚杆锚固质量无损检测资料进行。

3.1.6 锚杆锚固质量无损检测应按图 3.1.6 的流程进行。

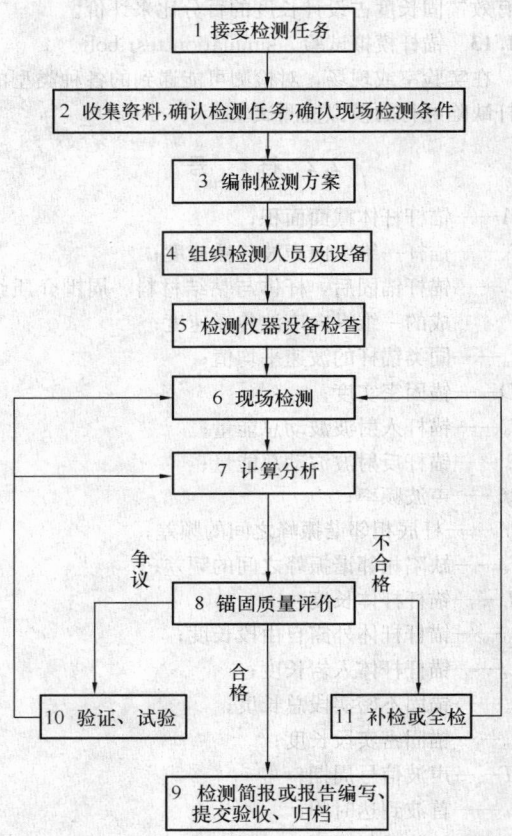

图 3.1.6　锚杆锚固质量无损检测流程示意图

3.2　检 测 数 量

3.2.1 单项或单元工程的整体锚杆检测抽样率不应低于总锚杆数的 10%，且每批不宜少于 20 根。重要部位或重要功能的锚杆宜全部检测。

3.2.2 当单项或单元工程抽检锚杆的不合格率大于 10% 时，应对未检测的锚杆进行加倍抽检。

3.3　检 测 结 果

3.3.1 锚杆检测结果应以简报、单项或单元工程检测报告的方式提交。

3.3.2 简报应包括锚杆布置图、检测结果表。

3.3.3 单项或单元工程检测报告宜在各期简报的基础上综合整理分析后编制。

3.3.4 检测报告宜包含下列主要内容：

1　工程项目及检测概况；

2　检测依据；

3　检测方法及仪器设备；

4　检测资料分析；

5　检测成果综述；

6　检测结论；

7　附图和附表。

4　检测仪器设备

4.1　一 般 规 定

4.1.1 检测设备应经有相应资质的检定机构检定或校准合格。

4.1.2 检测设备应每年检定或校准一次。

4.1.3 检测设备应配套齐全、功能完整，主要技术参数应符合本规程要求。

4.2　采 集 仪 器

4.2.1 检测仪器的采集器应具有现场显示、输入、保存实测波形信号、检测参数的功能，宜具有对现场检测信号进行分析处理、与计算机进行数据通信的功能，一屏应能显示不少于三条波形。

4.2.2 采集器模拟放大的频率带宽不宜窄于 10Hz，应具有滤波频率可调功能，A/D 不应低于 16 位，采样间隔应小于 25 μs。

4.2.3 采集器宜采用轻便节能、手持式操作设计，应能与超磁致伸缩声波振源或其他瞬态冲击振源匹配工作。

4.2.4 检测资料的分析软件宜具有数字滤波、幅频谱分析、瞬时相位谱分析、能量计算等信号处理功能，以及锚杆杆长计算、缺陷位置计算和密实度分析功能，可将检测波形、计算参数、分析结果导入相应电子文档。

4.3　激发与接收设备

4.3.1 激振器激振频率范围应在 10Hz～50kHz，宜使用超磁致伸缩声波振源。

4.3.2 接收传感器感应面直径应小于锚杆直径，可通过强力磁座或其他方式与杆头耦合。

4.3.3 接收传感器频率响应范围宜在 10Hz～50kHz。当响应频率为 160Hz 时，加速度传感器的电荷灵敏度宜为 10pc/(m·s²)～20pc/(m·s²)；当响应频率为 50Hz 时，加速度传感器的电压灵敏度宜为 50mV/(cm·s)～300mV/(cm·s)。

4.3.4 接收传感器宜采用加速度型。

5 声波反射法

5.1 适用范围

5.1.1 声波反射法适用于检测全长粘结锚杆长度和锚固密实度。

5.1.2 声波反射法的有效检测锚杆长度范围宜通过现场试验确定。

5.2 检测条件

5.2.1 锚杆杆体声波的纵波速度宜大于围岩和粘结物的声波纵波速度。

5.2.2 锚杆杆体直径宜均匀。

5.2.3 锚杆外露端面应平整。

5.2.4 锚杆端头应外露，外露杆体应与内锚杆体呈直线，外露段不宜过长；当对外露段长度有特殊要求时，应进行相同类型的锚杆模拟试验。

5.2.5 采用多根杆体连接而成的锚杆，施工方应提供详细的锚杆连接资料。

5.3 测试参数设定

5.3.1 锚杆记录编号应与锚杆图纸编号一致。

5.3.2 时域信号记录长度、采样率应根据杆长、杆系波速及频域分辨率合理设置。

5.3.3 同一工程相同规格的锚杆，检测时宜设置相同的仪器参数。

5.3.4 锚杆杆体波速应通过与所检测工程锚杆同样材质、直径的自由杆测试取得，锚杆杆系波速应采用锚杆模拟试验结果或类似工程锚杆的波速值。

5.4 激振与接收

5.4.1 激振与接收宜使用端发端收或端发侧收方式。

5.4.2 接收传感器安装宜符合下列要求：

1 接收传感器应使用强磁或其他方式固定，传感器轴心与锚杆杆轴线应平行；

2 安装有托板的锚杆，接收传感器不应直接安装在托板上；

5.4.3 激振器激振宜符合下列要求：

1 应采用瞬态激振方式，激振器激振点与锚杆杆头应充分、紧密接触；应通过现场试验选择合适的激振方式和适度的冲击力；

2 激振器激振时应避免触及接收传感器；

3 实心锚杆的激振点宜选择在杆头靠近中心位置，保持激振器的轴线与锚杆杆轴线基本重合；

4 中空式锚杆的激振点宜紧贴在靠近接收传感器一侧的环状管壁上，保持激振器的轴线与杆轴线平行；

5 激振点不宜在托板上。

5.5 检测记录

5.5.1 单根锚杆记录应符合本规程附录 B、附录 C 的要求。

5.5.2 单根锚杆检测的有效波形记录不应少于 3 个，且一致性较好。

5.5.3 锚杆的检测记录、现场标识、图纸标识应一致。

5.6 检测数据分析与判定

5.6.1 锚杆杆体长度计算应符合下列规定：

1 锚杆杆底反射信号识别可采用时域反射波法、幅频域频差法等。

2 杆底反射波与杆端入射首波波峰间的时间差即为杆底反射时差，若有多次杆底反射信号，则应取各次时差的平均值。

3 时间域杆体长度应按下式计算：

$$L = \frac{1}{2} C_m \times \Delta t_e \qquad (5.6.1\text{-}1)$$

式中：L——杆体长度；

C_m——同类锚杆的波速平均值，若无锚杆模拟试验资料，应按下列原则取值：当锚固密实度小于 30% 时，取杆体波速（C_b）平均值；当锚固密实度大于或等于 30% 时，取杆系波速（C_t）平均值（m/s）；

Δt_e——时域杆底反射波旅行时间。

4 频率域杆体长度应按下式计算：

$$L = \frac{C_m}{2\Delta f} \qquad (5.6.1\text{-}2)$$

式中：Δf——幅频曲线上杆底相邻谐振峰间的频差。

5.6.2 杆体波速和杆系波速平均值的确定应符合下列规定：

1 应以现场锚杆检测同样的方法，在自由状态下检测工程所用各种材质和规格的锚杆杆体波速值，杆体波速应按下列公式计算平均值：

$$C_b = \frac{1}{n} \sum_{i=1}^{n} C_{bi} \qquad (5.6.2\text{-}1)$$

$$C_{bi} = \frac{2L}{\Delta t_e} \qquad (5.6.2\text{-}2)$$

或

$$C_{bi} = 2L \cdot \Delta f \qquad (5.6.2\text{-}3)$$

式中：C_b——相同材质和规格的锚杆杆体波速平均值（m/s）；

C_{bi}——相同材质和规格的第 i 根锚杆的杆体波速值（m/s），且 $|C_{bi} - C_b| / C_b \leqslant 5\%$；

L——杆体长度（m）；

Δt_e——杆底反射波旅行时间（s）；

Δf——幅频曲线上杆底相邻谐振峰间的频差（Hz）；

n——参加波速平均值计算的相同材质和规格的锚杆数量（$n \geqslant 3$）。

2 宜在现场锚杆试验中选取不少于 5 根相同材质和规格的同类型锚杆的杆系波速值按式（5.6.2-4）计算平均值：

$$C_t = \frac{1}{n} \sum_{i=1}^{n} C_{ti} \qquad (5.6.2-4)$$

$$C_{ti} = \frac{2L}{\Delta t_e} \qquad (5.6.2-5)$$

或

$$C_{ti} = 2L \cdot \Delta f \qquad (5.6.2-6)$$

式中：C_t——杆系波速的平均值（m/s）；

C_{ti}——第 i 根试验杆的杆系波速值（m/s），且 $|C_{ti} - C_t|/C_t \leqslant 5\%$；

L——杆体长度（m）；

Δt_e——杆底反射波旅行时间（s）；

Δf——幅频曲线上杆底相邻谐振峰间的频差（Hz）；

n——参与波速平均值计算的试验锚杆的锚杆数量（$n \geqslant 5$）。

5.6.3 缺陷判断及缺陷位置计算应符合下列要求：

1 时间域缺陷反射波信号到达时间应小于杆底反射时间；若缺陷反射波信号的相位与杆端入射波信号反相，二次反射信号的相位与入射波信号同相，依次交替出现，则缺陷界面的波阻抗差值为正；若各次缺陷反射波信号均与杆端入射波同相，则缺陷界面的波阻抗差值为负。

2 频率域缺陷频差值应大于杆底频差值。

3 锚杆缺陷反射信号识别可采用时域反射波法、幅频域频差法等。

4 缺陷反射波信号与杆端入射首波信号的时间差即为缺陷反射时差，若同一缺陷有多次反射信号，则应取各次缺陷反射时差的平均值。

5 缺陷位置应按下列公式计算：

$$x = \frac{1}{2} \cdot \Delta t_x \cdot C_m \qquad (5.6.3-1)$$

或

$$x = \frac{1}{2} \cdot \frac{C_m}{\Delta f_x} \qquad (5.6.3-2)$$

式中：x——锚杆杆端至缺陷界面的距离（m）；

Δt_x——缺陷反射波旅行时间（s）；

Δf_x——频率曲线上缺陷相邻谐振峰间的频差（Hz）。

5.6.4 锚固密实度评判应符合下列规定：

1 锚固密实度宜根据表 5.6.4 进行综合评判。

表 5.6.4　锚固密实度评判标准

质量等级	波形特征	时域信号特征	幅频信号特征	密实度 D
A	波形规则，呈指数快速衰减，持续时间短	$2L/C_m$ 时刻前无缺陷反射波，杆底反射波信号微弱或没有	呈单峰形态，或可见微弱的杆底谐振峰，其相邻频差 $\Delta f \approx C_m/2L$	$\geqslant 90\%$

续表 5.6.4

质量等级	波形特征	时域信号特征	幅频信号特征	密实度 D
B	波形较规则，呈较快速衰减，持续时间较短	$2L/C_m$ 时刻前有较弱的缺陷反射波，或可见较清晰的杆底反射波	呈单峰或不对称的双峰形态，或可见较弱的谐振峰，其相邻频差 $\Delta f \geqslant C_m/2L$	$90\% \sim 80\%$
C	波形欠规则，呈逐步衰减或间歇衰减趋势形态，持续时间较长	$2L/C_m$ 时刻前可见明显的缺陷反射波或清晰的杆底反射波，但无杆底多次反射波	呈不对称多峰形态，可见谐振峰，其相邻频差 $\Delta f \geqslant C_m/2L$	$80\% \sim 75\%$
D	波形不规则，呈慢速衰减或间歇增强后衰减形态，持续时间长	$2L/C_m$ 时刻前可见明显的缺陷反射波及多次反射波，或清晰的、多次杆底反射波信号	呈多峰形态，杆底谐振峰明显、连续，或相邻频差 $\Delta f \geqslant C_m/2L$	$<75\%$

2 锚固密实度可根据下式按长度比例估算：

$$D = 100\% \times (L_r - L_x)/L_r \qquad (5.6.4-1)$$

式中：D——锚固密实度；

L_r——锚杆入岩深度；

L_x——锚固不密实段长度。

3 除孔口段末端部分外，锚固密实度可依据反射波能量法按下列公式估算：

$$D = (1 - \beta\eta) \times 100\% \qquad (5.6.4-2)$$

$$\eta = E_r/E_0 \qquad (5.6.4-3)$$

$$E_r = E_s - E_0 \qquad (5.6.4-4)$$

式中：D——锚固密实度；

η——锚杆杆系能量反射系数；

β——杆系能量修正系数，可通过锚杆模拟试验修正或根据同类锚杆经验取值，若无锚杆模拟试验数据或同类锚杆经验值，可取 $\beta = 1$；

E_0——锚杆入射波总能量，自入射波波动开始至入射波持续波动结束时间段内（t_0）的波动总能量；

E_s——锚杆波动总能量，自入射波波动开始至杆底反射波波动持续结束时刻（$2L/C_m + t_0$）的波动总能量；

E_r——（$2L/C_m + t_0$）时间段内反射波波动总能量。

4 应根据标准锚杆图谱进行评判。

5.6.5 镶接式锚杆杆体连接处的反射信号与杆身缺陷反射信号应通过施工记录区分。

5.6.6 当出现下列情况之一时，锚固质量判定宜结合其他检测方法进行：

1 实测信号复杂，波动衰减极其缓慢，无法对

其进行准确分析与评价。

2 外露自由段过长、弯曲或杆体截面多变。

6 现 场 检 测

6.1 检 测 准 备

6.1.1 接受检测任务后，应收集下列资料：

1 工程项目用途、规模、结构、地质条件，项目锚杆的设计类别及功能、设计数量、设计长度范围等；

2 工程项目的锚杆设计布置图、施工工艺、施工记录、监理记录。

6.1.2 锚杆无损检测实施前，检测单位应编写锚杆无损检测方案。

6.1.3 检测前应对检测仪器设备进行检查调试。

6.1.4 现场检测期间，检测现场周边不得有机械振动、电焊作业等对检测数据有明显干扰的施工作业。

6.2 检 测 实 施

6.2.1 单项或单元工程被检锚杆宜随机抽样，并应重点检测下列部位：

1 工程的重要部位；

2 局部地质条件较差部位；

3 锚杆施工较困难的部位；

4 施工质量有疑问的锚杆。

6.2.2 当出现下列情况时，宜采用其他方法进行验证：

1 实测信号复杂、波形不规则，无法对其进行锚固质量评价；

2 对无损检测结果有争议。

6.2.3 现场检测宜在锚固 7d 后进行。

6.2.4 现场检测应具备高处作业、照明、通风等条件及必要的安全防护措施。

6.2.5 检测前应清除外露端周边浮浆，分离待检锚杆外露端与喷护体的连接。

6.2.6 对被测锚杆的外露自由段长度和孔口段锚固情况应进行测量记录。

7 质 量 评 定

7.1 一 般 规 定

7.1.1 现场检测结束后应对每根被检测锚杆的锚固质量进行评定。

7.1.2 单根锚杆锚固质量评定应包括下列内容：

1 全长粘结锚杆杆体长度和锚固密实度；

2 自钻式锚杆杆体长度和锚固密实度；

3 端头锚固锚杆杆体长度和锚固段锚固密实度；

4 摩擦型锚杆杆体长度。

7.1.3 单项或单元工程应分别评定锚杆杆体长度和锚固密实度。

7.2 锚杆锚固质量评定标准

7.2.1 对于杆体长度不小于设计长度的 95%、且不足长度不超过 0.5m 的锚杆，可评定锚杆长度合格。

7.2.2 锚杆锚固密实度应按本规程表 5.6.4 的规定进行评定，并应符合下列规定：

1 当锚杆空浆部位集中在底部或浅部时，应降低一个等级；

2 当锚固密实度达到 C 级以上，且符合工程设计要求时，应评定锚固密实度合格。

7.2.3 单根锚杆锚固质量无损检测分级评判应按表 7.2.3 进行。

表 7.2.3 单根锚杆锚固质量无损检测分级评价表

锚固质量等级	评 价 标 准
I	密实度为 A 级，且长度合格
II	密实度为 B 级，且长度合格
III	密实度为 C 级，且长度合格
IV	密实度为 D 级，或长度不合格

7.2.4 单元或单项工程锚杆锚固质量全部达到 III 级及以上的应评定为合格，否则应评定为不合格。

附录 A 锚杆模拟试验

A.1 一 般 规 定

A.1.1 锚杆模拟试验适用于全长粘结型锚杆。

A.1.2 锚杆模拟试验宜由工程建设单位或其授权人组织进行。

A.1.3 锚杆模拟试验宜进行室内试验和现场试验。

A.1.4 锚杆模拟试验之前应编写试验方案，检测完成后应编写试验检测报告或验证总结报告。

A.1.5 现场锚杆模拟试验宜包括所要检测工程的全部锚杆类型和规格，同时应考虑有代表性的围岩地质条件。

A.1.6 锚杆模拟试验宜使用拟用于工程锚杆检测的同类型仪器设备。

A.2 标准锚杆设计、制作和检测

A.2.1 室内标准锚杆设计应符合下列规定：

1 模拟锚杆孔宜采用内径不大于 90mm 的 PVC 或 PE 管，其长度应比模拟锚杆长度长 1m 以上。

2 锚杆宜采用所检测工程锚杆相同类型，其长度宜涵盖设计锚杆长度范围，锚杆外露段长度与工程锚杆设计相同，外露杆头应加工平整。

3 标准锚杆宜包含所检测工程锚杆的等级和主要缺陷类型。

4 胶粘材料宜与所检测工程锚杆相同，设计缺陷宜用橡胶管等模拟。

A.2.2 现场标准锚杆设计应符合下列规定：

1 试验场地宜选在与被检测工程锚杆围岩条件类同的围岩段，且不应影响主体工程施工和便于钻孔取芯施工。

2 锚杆孔宜采用与被检锚杆同样的方式造孔，孔径应与工程锚杆孔径相同。

3 锚杆宜采用与被检测工程锚杆相同的材质与类型，长度宜涵盖工程锚杆长度范围，外露段长度与工程锚杆设计长度相同，杆头应加工平整。

4 注浆材料宜选用与工程锚杆相同的注浆材料和配合比，注浆后自然养护。

A.2.3 室内标准锚杆制作应符合下列规定：

1 根据室内标准锚杆设计，将外径略小于 PVC 或 PE 管内径的泡沫塑料或内空软橡胶管套在设计不密实段的锚杆杆体上，两端用胶带密封防止浆液渗入。

2 模型制作用 PVC 或 PE 管应一端封堵，将锚杆杆体插入 PVC 或 PE 管中，然后注浆、封口，砂浆凝固前不得敲击、碰撞管体或拉拔锚杆，自然养护。

A.2.4 现场标准锚杆制作应符合下列规定：

1 根据现场标准锚杆设计，将外径略小于 PVC 或 PE 管内径的泡沫塑料或内空软橡胶管套在设计不密实段的锚杆杆体上，两端用胶带密封防止浆液渗入。

2 按现场标准锚杆设计图钻孔，按被检测工程锚杆相同的施工工序完成锚杆施工。砂浆凝固前不得敲击、碰撞或拉拔锚杆，自然养护。

A.2.5 标准锚杆检测应符合下列要求：

1 检测方法应采用声波反射法。

2 检测宜在 3d、7d、14d、28d 龄期时分别进行。

3 检测除应符合本规程第 6 章的规定外，宜改变激振方式、激振力、接收传感器类型和仪器参数等进行检测，并取得全部记录。

A.3 验证与复核

A.3.1 室内标准锚杆检测完成后应剖开 PVC 或 PE 管，测量、记录每根室内标准锚杆的长度及缺陷位置，计算其密实度，并与原设计参数进行比对。

A.3.2 现场标准锚杆检测完成后，若条件许可，宜采用钻孔取芯等有效手段进行复核。

A.4 试验资料整理

A.4.1 应整理分析每根标准锚杆的全部检测波形，选取与验证复核相符的记录，制作标准锚杆检测图谱。

A.4.2 应计算每根试验标准锚杆的杆体波速、杆系波速，并应计算杆体波速平均值和各种缺陷类型的杆系波速平均值，杆系能量修正系数。

A.4.3 应编写锚杆模拟试验报告。报告应明确试验仪器、仪器设置的最佳参数、检测精度、检测有效范围，并应提供杆体波速、杆系波速、杆系能量修正系数及标准锚杆检测图谱。

附录 B 单根锚杆检测结果表

工程名称：　　　项目名称：　　　锚杆编号：

检测单位：　　　仪器型号：　　　检测日期：

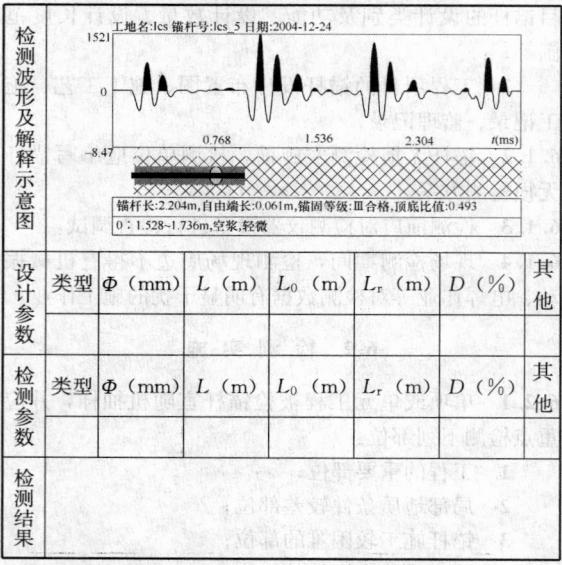

检测波形及解释示意图	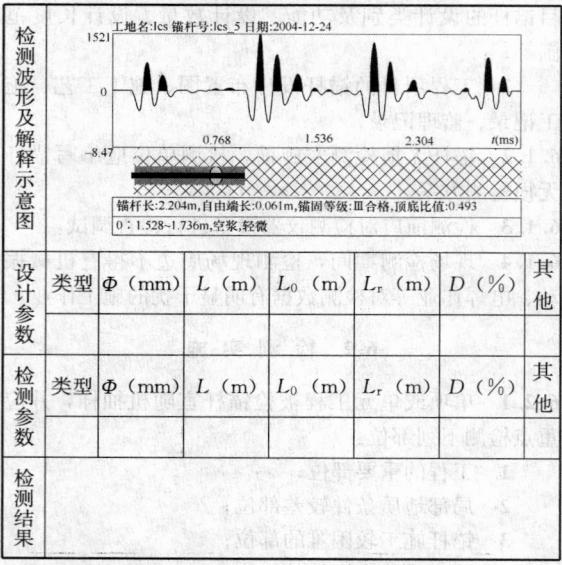					
设计参数	类型	Φ（mm）	L（m）	L_0（m）	L_r（m）	D（%）	其他
检测参数	类型	Φ（mm）	L（m）	L_0（m）	L_r（m）	D（%）	其他
检测结果						

检测：　　　　　解释：　　　　　校对：

附录 C 单元工程锚杆检测成果表

工程名称：　　　项目名称：　　　单元编号：

检测单位：　　　仪器型号：　　　检测日期：

序号	锚杆编号	设计参数		检测参数		分级	检测评价	备注
		L（m）	D（%）	L（m）	D（%）			

检测：　　　　　校对：　　　　　审核：

本规程用词说明

1 为便于在执行本规程条文时区别对待，对要求严格程度不同的用词，说明如下：

1）表示很严格，非这样做不可的：

正面词采用"必须"；反面词采用"严禁"；

2）表示严格，在正常情况均应这样做的：

正面词采用"应"；反面词采用"不应"或"不得"；

3）表示允许稍有选择，在条件许可时首先应这样做的：

正面词采用"宜"；反面词采用"不宜"；

4）表示有选择，在一定条件下可以这样做的，采用"可"。

2 条文中指明应按其他有关标准执行的写法为"应符合……的规定（或要求）"或"应按……执行"。

制 订 说 明

《锚杆锚固质量无损检测技术规程》JGJ/T 182-2009 经住房和城乡建设部 2009 年 11 月 9 日以 431 号公告批准发布。

本规程制订过程中，编制组对国内建筑、水利水电、交通、矿山等行业锚杆锚固的应用情况进行了调查研究，总结了我国锚杆锚固质量无损检测的实践经验，开展了锚杆锚固质量无损检测室内模型试验和现场试验。

为便于广大设计、施工、科研、学校等单位有关人员在使用本标准时能正确理解和执行条文规定，《锚杆锚固质量无损检测技术规程》编制组按章、节、条顺序编制了本规程的条文说明，对条文规定的目的、依据以及执行中需注意的有关事项进行了说明。但是，本条文说明不具备与标准正文同等的法律效力，仅供使用者作为理解和把握标准规定的参考。

目　次

1 总　则

1.0.1 传统的锚杆锚固质量主要通过设计、施工、试验和验收等过程进行控制，试验主要是进行材料试验、锚固力试验。近年来，随着锚杆工程数量的大量使用，一般的材料试验、锚固力试验还不能够很好地控制锚杆的锚固质量，尤其是决定锚杆锚固效果的锚杆杆体长度、锚固密实度两个主要参数。所以，一些大型工程（如水电工程、公路和铁路交通工程、矿山工程）逐渐采用声波反射无损检测技术对工程的锚杆长度和锚固密实度进行检测，以达到有效控制锚杆锚固质量的目的。

1.0.2 当前，水利水电行业在其工程物探规程中的相应章节制定了锚杆锚固质量无损检测技术要求，还有一些行业实际上已广泛采用声波反射法进行锚杆锚固质量检测，从当前调查资料来看，工程中的全长粘结型锚杆占了总锚杆数量的绝大部分，其他类型锚杆相对较少。本规程适用于全长粘结锚杆的锚固质量无损检测，其他类型锚杆的锚固质量无损检测可参照执行。

1.0.3 锚杆锚固质量与设计条件和施工因素等直接相关，从目前的客观实际来看，这些因素的作用和影响，直接决定了检测结果评判的是否可靠。因此，应根据检测目的、方法技术的适用范围和特点，考虑上述因素进行合理使用，以达到正确评价的目的。

1.0.4 作业过程中要以人为本，遵守国家现行的安全与劳动保护条例，做到安全生产。

1.0.6 锚杆检测中涉及的安全作业、特殊行业中对锚杆质量的特殊要求等，应符合国家及行业的强制性标准。

2　术语和符号

锚杆的分类和定义一直没有统一，各规程的命名也不统一，锚杆类型的划分有多种方式：有按应用对象划分的，如岩石锚杆、土层锚杆；有按是否预先施加应力划分的，如预应力锚杆、非预应力锚杆；有按锚固机理划分的，如粘结式锚杆、摩擦式锚杆、端头锚固式锚杆和混合式锚杆；有按锚杆杆体构造划分的，如胀壳式锚杆、水胀式锚杆、自钻式锚杆和缝管锚杆；有按锚固体传力方式划分的，如压力型锚杆、拉力型锚杆和剪力型锚杆；有按锚固体形态划分的，如端部扩大型锚杆、连续球型锚杆；有按锚固体材料划分的，如砂浆锚杆、树脂锚杆、水泥卷锚杆；有按作用时段和服务年限划分的，如永久锚杆、临时锚杆；有按布置划分的，如系统锚杆、随机锚杆等等。目前工程常用的锚杆总体上可按锚固范围分为集中（端头）锚固类锚杆和全长锚固类锚杆两大类别：锚固装置或杆体只有一部分和锚孔壁接触的锚杆，称为集中类锚杆；锚固装置或杆体全部和锚孔壁接触的锚杆，则称之为全长锚固类锚杆。也可按锚固方式分为机械锚固型和粘结锚固型两大类型：锚固装置或杆体直接和孔壁接触，以摩擦为主起锚固作用的锚杆，称之为机械型锚杆；杆体部分或全长利用胶结材料把杆体和锚固孔孔壁充填粘结，以粘结力为主起锚固作用的锚杆，称之为粘结型锚杆。

常见锚杆的结构如下列示意图所示：

1　全长粘结型锚杆结构如图 1 所示：

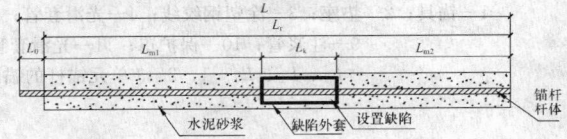

图 1　全长粘结型锚杆结构示意图

2　永久性拉力型锚杆结构如图 2 所示；

3　永久性拉力分散型锚杆结构如图 3 所示；

4　永久性压力分散型锚杆结构如图 4 所示：

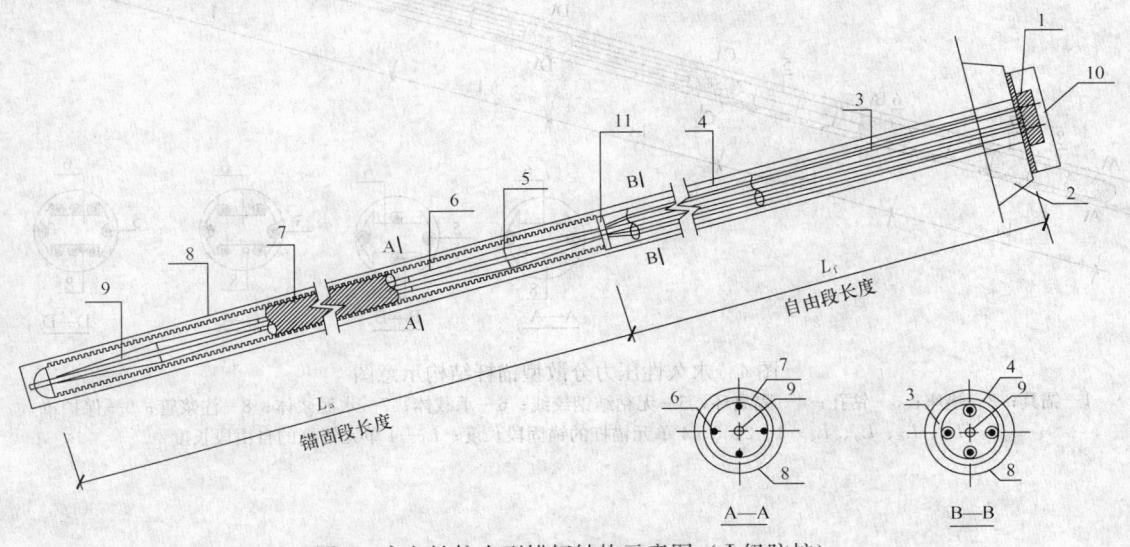

图 2　永久性拉力型锚杆结构示意图（Ⅰ级防护）

1—锚具；2—垫座；3—涂塑钢绞线；4—光滑套管；5—隔离架；6—无包裹钢绞线；7—波形套管；8—钻孔；9—注浆管；10—保护罩；11—光滑套管与波形套管搭接处（长度不小于 20cm）

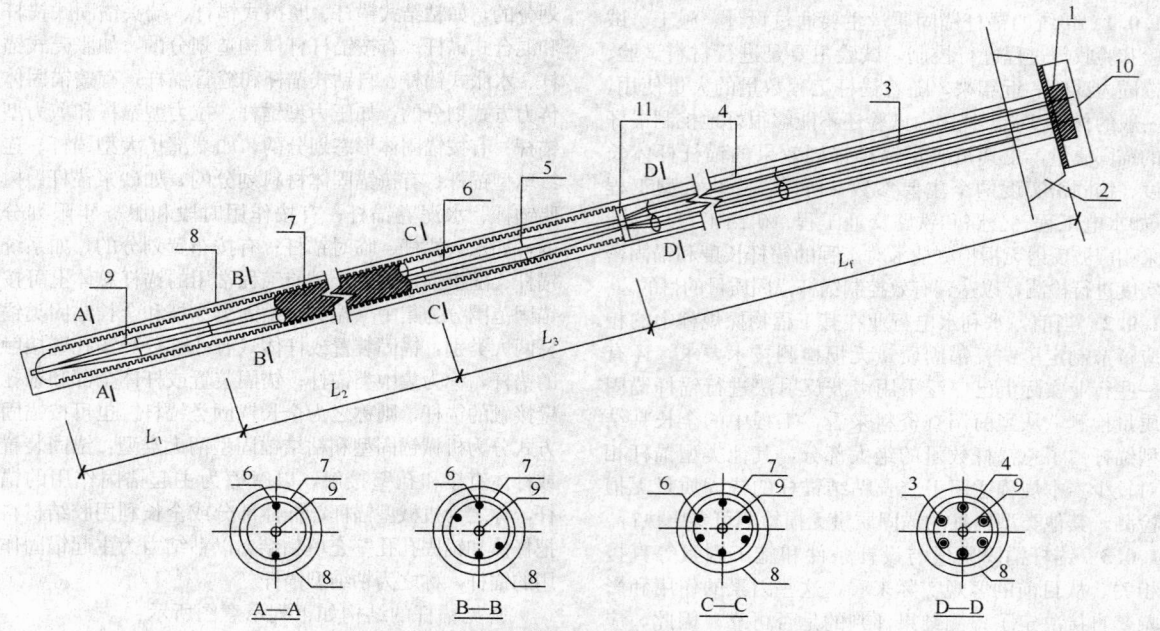

图 3　永久性拉力分散型锚杆结构示意图（Ⅰ级防护）

1—锚具；2—垫座；3—涂塑钢绞线；4—光滑套管；5—隔离架；6—无包裹钢绞线；7—波形套管；8—钻孔；
9—注浆管；10—保护罩；11—光滑套管与波形套管搭接处（长度不小于 200mm）

L_1、L_2、L_3—1、2、3 单元锚杆的锚固段长度；L_f—3 单元锚杆的自由段长度

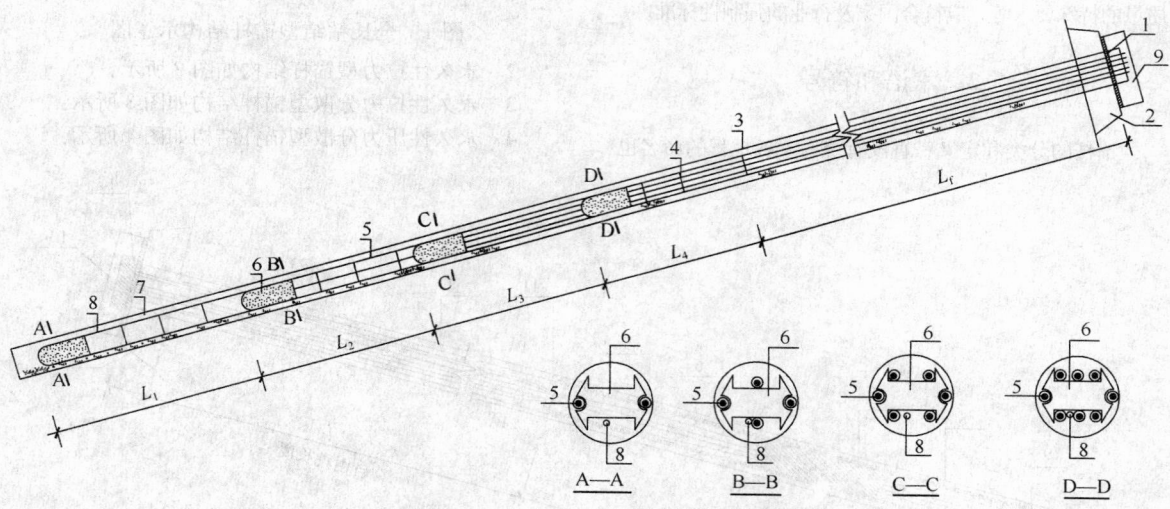

图 4　永久性压力分散型锚杆结构示意图

1—锚具；2—垫座；3—钻孔；4—隔离环；5—无粘结钢绞线；6—承载体；7—水泥浆体；8—注浆管；9—保护罩

L_1、L_2、L_3、L_4—1、2、3、4 单元锚杆的锚固段长度；L_f—4 单元锚杆的自由段长度

5 压力型预应力锚杆结构如图 5 所示：

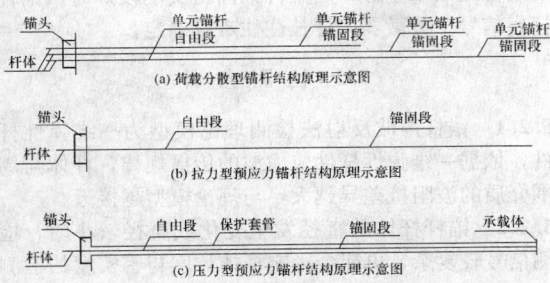

图 5 压力型预应力锚杆结构原理示意图

6 水胀式锚杆结构如图 6 所示：

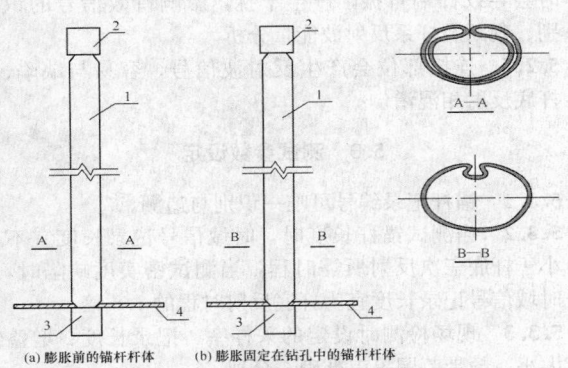

图 6 水胀式锚杆结构原理示意图
1—异型钢管杆体；2—钢管套；
3—带注水管钢管套；4—垫板

7 锚杆防护结构如图 7 所示：

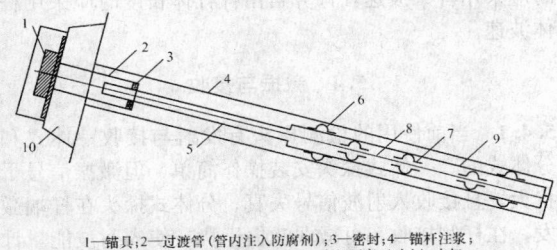

1—锚具；2—过渡管（管内注入防腐剂）；3—密封；4—锚杆注浆；
5—注入防腐剂套管；6—对中支架；7—内部隔离（对中）支架；
8—预应力筋材；9—波形套管（管内注入水泥浆）；10—垫座
(a) 锚杆 I 级防护构造示意图

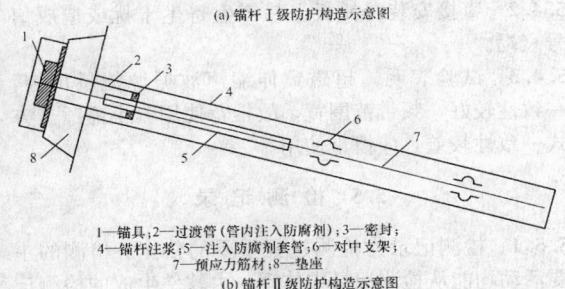

1—锚具；2—过渡管（管内注入防腐剂）；3—密封；
4—锚杆注浆；5—注入防腐剂套管；6—对中支架；
7—预应力筋材；8—垫座
(b) 锚杆 II 级防护构造示意图

图 7 锚杆防护构造示意图

3 基 本 规 定

3.1 一 般 规 定

3.1.1 全长粘结型锚杆检测的内容包括锚杆杆体长度、锚固密实度，摩擦型、膨胀型、管楔型等非粘结型锚杆可采用声波反射方法检测杆体长度。

3.1.2 我国当前工程建设项目主要由建设单位负责管理、设计单位负责设计、监理单位现场监理、施工单位施工的模式进行，为了保证检测数据的准确公证，试验和检测均应由有相应资质的单位进行。

3.1.3 试验锚杆对于检测人员来讲是"盲杆"，通过锚杆模拟试验获得不同缺陷锚杆的波形，同时对检测人员的检测水平和检测仪器的测试精度进行考核。

3.1.4 大型工程包含的项目较多，有些项目的施工周期较长，采用多个单元进行施工与验收，可按项目和单元检测，与施工、验收相对应。

3.1.5 对于大型工程一般进行了锚杆模拟试验，但不可能所有型号、所有地质条件下的均进行锚杆模拟试验，还应通过在检测过程中总结规律，逐步建立工程的锚杆检测图库。

3.1.6 本条所示框图针对单项或单元工程检测，不包括大型工程在检测机构引进、试验、机构建立的工作。

3.2 检 测 数 量

3.2.1 重要部位如岩锚吊车梁、起重机锚固墩、地下厂房顶等。

3.3 检 测 结 果

3.3.1 提交的检测报告应满足委托方的要求，检测方应将原始检测资料和检测报告存档。原始记录应包括电子文档和纸质文档。

3.3.3 有些零星或小工程不设检测机构，一次进场完成，检测时间短、检测数量少，常采取直接提交成果报告的方式。

3.3.4 工程项目及检测概况包括：项目简介、建设和施工单位、设计要求、施工工艺、检测目的、检测依据、检测数量、施工和检测日期、锚杆布置图。检测报告各单位的格式要求可能有所不同，但主要内容应涵盖本条规定。

4 检测仪器设备

4.1 一 般 规 定

4.1.1 当前进行锚杆无损检测的仪器大多在基桩低应变检测仪器的基础上开发出来的，甚至直接使用测桩仪进行锚杆检测，但近年来已有一些厂商开发出了专门的锚杆检测仪，专业的锚杆检测仪其原理

与桩基低应变仪有差异，但在传感器、激振、频率响应等方面充分考虑了锚杆的实际情况，所以，本规程规定使用经技术监督部门批准生产的专用锚杆无损检测仪。

4.1.3 成套的检测仪器是经过研制单位长期的实验室和现场试验得出的，并经相关技术部门、技术鉴定会认可的，将不同的检测仪器和备件（主要为传感器和振源）组成一个检测系统可能存在技术缺陷，不提倡检测机构自己进行采集器和备件的随意组合。

4.2 采集仪器

4.2.1 锚杆检测是现场检测，该条文的规定是保证检测人员在现场检测时能识别、判断信号的有效性，保持检测数据的质量，同时，也保证资料分析评判人员能完整地使用现场检测数据，从而保证了"现场检测—数据检查—成果分析"的连续性。

4.2.2 本规定充分考虑了锚杆的特殊性，低频可以使信号传得更远，高频分辨较小的杆系缺陷，一般的钢筋锚杆，激振频率和固有频率均较高（10Hz～100kHz），所以，应规定数据采集的采样率、A/D转换精度等参数。

4.2.3 为了检测各种类型的锚杆，配备各种振源是必须的。如短锚杆和长锚杆，硬质围岩和软质围岩等，所采用的检测振源及激振频率会有所区别。

4.3 激发与接收设备

4.3.3 每种采集仪器和接收传感器、激振设备都有一定的固有频率范围，这个固有频率范围应彼此包容，并包容锚杆的频率特性范围，传感器灵敏度为参考值，具体应根据采集的量程、检测锚杆的缺陷分辨率等情况确定。

4.3.4 声波接收传感器使用速度或加速度传感器，一般在研制生产时就给予确定，仪器说明书应说明其适用的条件。一般来说，加速度传感器一般采用压电式，体积小、灵敏度和分辨率较高；速度传感器一般采用机械式，体积大。由于锚杆直径小，激振频率高，故推荐使用加速度传感器。

5 声波反射法

5.1 适用范围

5.1.1 《锚杆喷射混凝土支护技术规范》GB 50086-2001中锚杆质量的检查包括：长度、间距、角度、方向、抗拔力以及注浆密实度等；《水电水利工程锚喷支护施工规范》DL/T 5181-2003对锚杆的质量检验主要包括：锚杆原材料质量控制检验、锚固砂浆抗压强度抽检、锚杆拉拔力检测、安装测力计、锚杆锚固密实度无损检测。

5.1.2 声波反射法检测锚杆体长度受锚杆锚固密实度、围岩特性等因素的影响。大量试验结果表明，锚杆锚固密实度越低，围岩波速越小，则锚杆杆体长度的检测效果越好；当锚杆锚固密实度较好时，锚杆杆底信号十分微弱，杆长往往难以确定。

5.2 检测条件

5.2.1 锚杆声波反射法检测理论模型为一维弹性杆件，依据一维弹性杆件应力波的传播规律，杆体与周围介质的波阻抗差异越大，与理论模型越接近。

5.2.2 锚杆杆体的直径发生变化或直径较小时，检测信号较复杂，可能会影响杆体长度与密实度的检测的准确性与可靠性。

5.2.3 便于激振器激振和接收传感器的安装，且保证激振信号和接收信号的质量。

5.2.4 外露段过长，当环境存在振动或激振力过大时会导致杆端自振，产生干扰，影响有效信号的识别、判断及杆系反射波能量分析。

5.2.5 连接部位会产生反射波信号，容易与缺陷、杆底反射相混淆。

5.3 测试参数设定

5.3.1 锚杆记录编号可唯一识别与追溯。

5.3.2 当测试锚杆长度时，时域信号记录长度宜不小于杆底三次反射所需时程，当测试密实度缺陷时，时域信号记录长度宜为杆底反射时程的1.5倍。

5.3.3 现场检测时设定的采样率、记录长度、增益大小、频带范围等应准确、合理。

5.3.4 试验表明，一维自由弹线性体的波速和有一定边界条件的一维弹线性体的波速存在一定的差异，即锚杆杆体的声波纵波速度与杆裹一定厚度砂浆的锚杆杆系的声波纵波速度是不一样的。一般锚杆杆体的波速比杆系的波速高，计算砂浆包裹的锚杆杆体长度时应采用杆系波速，计算自由杆杆体长度时应采用杆体波速。

5.4 激振与接收

5.4.1 当前使用的检测探头有发射与接收一体式和分体式的。一体式探头安装操作简单，但激振信号干扰大，且接收入射波信号失真；分体式探头在杆端激发，在杆侧接收，可减弱激振干扰，使入射波能量计算准确、可靠，但是安装操作不方便。

5.4.2 直接安装在托板上易产生寄生干扰或造成信号衰竭。

5.4.3 试验表明，超磁致伸缩声波振源能量可控、一致性较好，频带范围宽，故推荐使用。小锤锤击方式一致性较差，应慎重使用。

5.5 检测记录

5.5.1 检测记录为检测过程重要的依据，检测的主要活动均能从检测记录中体现，由软件生成的检测记录涉及人员岗位的，应一律使用签名，网上办公的可使用电子签名。

5.5.2 重复性检验是科学试验最重要的手段，3次重复是一般试验的要求，3次重复操作至少有2次重复的结果基本一致，如3次重复操作结果不一致，则该记录不能被采用。

5.5.3 保证检测的成果资料与样品的对应性和可追溯性是检测工作的基本要求。

5.6 检测数据分析与判定

5.6.1

1 当杆底反射信号较清晰时，可直接采用时域反射波法和幅频域频差法识别；当杆底反射信号微弱难以辨认时，宜采用瞬时谱分析法、小波分析法和能流分析法等方法识别。

4 一般情况下，锚杆的波阻抗大于围岩的波阻抗，故杆底反射波与杆端入射首波同相位，其多次反射波也是同相位的。当锚杆注浆密实的情况下，杆底反射波信号往往十分微弱，或有缺陷反射波信号干扰杆底反射波信号时，致使在时域和幅频域均难以清晰地识别杆底反射波信号及频差，故应使用瞬时谱法、小波法、能流法等方法提高杆底反射波信号的识别能力。在不利的情况下，检测锚杆长度是比较困难。

5.6.2 试验表明，锚杆的杆体波速与杆系波速是不同的，一般杆体波速高于杆系波速，波速差异的因素与声波波长、锚杆直径、胶粘物厚度、胶粘物波速及声波尺度效应等有关，因此锚杆杆长计算时采用的波速平均值应考虑密实度的影响。由于杆系平均波速受多方面因素的影响，尚无法准确地确定与密实度的关系，但在实际检测工作中应考虑杆长检测精度与密实度有关。

5.6.3

2 当缺陷反射波信号较清晰时，可采用时域反射波法和幅频域频差法识别；当缺陷反射波信号难以辨认时，宜采用瞬时谱分析法、小波分析法和能流分析法等方法识别。

5 本条所指的缺陷是指锚杆锚固不密实段，缺陷判断及缺陷位置计算应综合分析缺陷反射波信号的相位特征、相对幅值大小及反射波旅行时间等因素。

5.6.4

3 试验表明，锚杆的锚固密实度与锚杆杆系的能量反射系数之间存在紧密的相关关系，通过锚杆模型试验修正杆系能量系数使得两者的关系更具相关性。

5.6.5 试验表明，镶接式锚杆在连接处可能会产生反射信号，在缺陷分析与波动能量计算时应予以考虑。

5.6.6 出现这种复杂的情况原因较多，如环境振动干扰、电磁干扰等，外露段较长一般出现在预应力锚杆中，如水电站地下厂房的岩锚梁、过河缆机平台的锚固墩、隧洞内加固至衬砌上的预应力锚杆等，外露长度达（0.5~4.0）m，甚至弯曲，或搭接，致使检测信号变得十分复杂。

6 现 场 检 测

6.1 检 测 准 备

6.1.1 按照国际、国内检验认证的一般规定，锚杆无损检测属于现场原位试验，应注重检测样品的描述及相关资料的收集与分析，这种收集对检测过程的追溯、对检测成果的正确判断都非常重要。

6.1.2 按照当前国内建设项目检测、试验的一般程序，检测或试验方应针对检测对象、检测人的情况，在检测前编制检测实施细则或方案，以便监理方或其他相关方监督、了解检测工作，一般独立的小项目不作此要求。

6.1.3 该条要求是特别针对现场检测，采用了野外测试相关行业的规定，一般要求形成检查记录，与原始记录一起管理。

6.1.4 现场振动、强电磁场等干扰会严重影响记录质量，应采取施工协调、轮休等措施予以规避。

6.2 检 测 实 施

6.2.3 锚杆锚固龄期太短，粘结材料强度低，与锚杆模拟试验类比性差，或难以检测锚固不密实缺陷。

6.2.4 为保证检测安全和检测原始数据质量而作的规定。

6.2.5 初衬支护使锚杆杆头遮掩，增加了检测难度。检测时必须找到锚杆且将杆头凿出。

6.2.6 掌握外露自由段长度和孔口段锚固情况有助于准确分析波形、判断缺陷性质及计算锚杆锚固密实度。

7 质 量 评 定

7.1 一 般 规 定

7.1.1 按照检验检测的一般规定，应先对独立样品进行检测评价，每根锚杆对应单个独立样品。

7.1.3 按照检验检测的原则，检测达到了群体数量时，应进行群体特性符合性评价，故对单元或单项工程应进行群体性锚杆的杆体长度、锚固密实度统计评价。

7.2 锚杆锚固质量评定标准

7.2.2 该条规定参考了国外及国内众多行业及国家标准的规定，同时也考虑到声波反射法检测的实际情况。

7.2.4 本规程规定的锚固质量无损检测分级评判标准参考了《锚杆喷射混凝土支护技术规范》GB 50086-2001、《水电水利工程锚喷支护施工规范》DL/T 5181-2003，也参考了一系列大型工程的技术规定，同时也考虑声波反射法检测技术的实际情况。

附录 A 锚杆模拟试验

A.1 一般规定

A.1.1 全长粘结型锚杆是当前工程中最常用的，其数量、比例均占绝大多数，该类型锚杆较适合声波反射法检测。

A.1.3 锚杆的室内试验是利用内径与锚杆孔径相同的 PVC 或 PE 管，模拟各类常规锚杆施工缺陷制作锚杆模型，进行锚杆无损检测试验，试验结束后将 PVC 或 PE 管剖开，与测试结果进行对比验证。现场锚杆的模拟试验是针对不同的围岩条件，模拟各类常规锚杆施工缺陷制作现场锚杆模型，在现场进行无损检测试验，以验证测试结果，分析不同围岩条件对检测波形及评判标准的影响。

A.1.4 锚杆模拟试验方案宜包含以下内容：工程概况、试验依据、检测设备和检测方法、试验内容、试验进度安排、试验锚杆设计与制作、预期检测成果。检测单位在检测完成后、开挖验证前均应编写提交检测报告，内容包含：试验概况、试验依据、检测设备和方法、试验内容、试验进度情况、试验检测成果、试验检测与开挖对比验证分析及杆系波速、杆系能量修正系数、锚杆模拟试验检测波形图库等。

A.1.5 岩土特性及锚杆的长短、直径大小对锚杆无损检测波形均有一定影响，因此，应选择不同规格的锚杆和围岩条件进行锚杆模拟试验。

A.1.6 检测规模较大时，宜在锚杆模拟试验时选择多种测试设备或测试方法对同一组模型锚杆进行重复测试，为选择准确性高的检测设备和方法提供依据。

A.2 锚杆模拟设计、制作和检测

A.2.1

3 每组试验锚杆可设计为完全锚固密实（密实度 100%）、中部锚固不密实（密实度 90%、75%、50%）、孔底锚固密实孔口段锚固不密实（密实度 90%、75%、50%）、孔口锚固段密实孔底锚固不密实（密实度 90%、75%、50%）等模型，每种长度规格宜设计 1 组试验锚杆。

4 锚杆模拟试验模型制作应符合锚杆施工相关规范。锚杆施工规范规定：注浆锚杆的钻孔孔径，若采用"先注浆后安装锚杆"的程序施工，钻头直径应大于锚杆直径 15mm 以上；若采用"先安装锚杆后注浆"的程序施工，钻头直径应大于锚杆直径 25mm 以上，并均应满足施工详图要求。锚杆安装可采用"先注浆后插杆"或"先插杆后注浆"的方法进行，但应根据锚杆的长度、方向及粘结材料性能进行综合选定，以确保锚固的密实度，保证锚杆工作的耐久性。水泥锚固剂张拉锚杆应采用"先注浆后插杆"的程序施工，注浆材料（速凝和缓凝水泥锚固剂）应一次性完成。锚杆的架设和居中措施应按施工图纸的要求进行。锚杆安装时，应结合锚杆应力计、测力计的安装同步进行，并采取措施进行保护。当锚杆孔渗水呈线流或遇软弱破碎带，应采用相应的处理措施。在粘结材料凝固前，不得敲击、碰撞和拉拔锚杆。

A.2.4

2 现场模拟锚杆制作应与被检测工程锚杆的施工参数及工艺相同。

A.2.5

2、3 采用不同龄期进行检测是为了解不同龄期检测结果的差异性并选择最佳检测龄期，使得检测结果相对准确与可靠；改变激振方式、激振力、接收传感器类型和仪器参数是为选择符合工程锚杆特点的检测参数。

A.3 验证与复核

A.3.2 标准锚杆试验主要用于考核检测单位的锚杆无损检测能力与水平，修正计算参数。

A.4 试验资料整理

A.4.1 锚杆模拟试验最主要作用是制作检测图谱，辅助评判锚杆锚固质量。

A.4.2 应计算每根试验标准锚杆的杆体波速、杆系波速，并计算杆体波速平均值、杆系波速平均值和杆系能量修正系数。

中华人民共和国国家标准

建筑结构检测技术标准

Technical standard for inspection of building structure

GB/T 50344—2004

主编部门：中华人民共和国建设部
批准部门：中华人民共和国建设部
施行日期：2004年12月1日

中华人民共和国建设部
公　告

第 265 号

建设部关于发布国家标准
《建筑结构检测技术标准》的公告

现批准《建筑结构检测技术标准》为国家标准，编号为 GB/T 50344—2004，自 2004 年 12 月 1 日起实施。

本标准由建设部标准定额研究所组织中国建筑工

业出版社出版发行。

中华人民共和国建设部

2004 年 9 月 2 日

前　言

根据建设部建标〔2002〕第 59 号文的要求，由中国建筑科学研究院会同有关研究、检测单位共同编制了《建筑结构检测技术标准》GB/T 50344。

在编制的过程中，编制组开展了专题研究、试验研究和广泛的调查研究，总结了我国建筑结构检测工作中的经验和教训，参考采纳了国际建筑结构检测的先进经验，并在全国范围内广泛征求了有关设计、科研、教学、施工等单位的意见，经反复讨论、修改、充实，最后经审查定稿。本标准在建筑结构工程质量检测方面，与新修订的《建筑工程施工质量验收统一标准》GB 50300 和相关的结构工程施工质量验收规范相协调；在已有建筑结构检测方面，与相关的可靠性鉴定标准相协调。

本标准共有 8 章和 9 个附录，规定了应该进行建筑结构工程质量检测和建筑结构性能检测所对应的情况，建筑结构检测的基本程序和要求，建筑结构的检测项目和所采用的方法，提出了适合于建筑结构检测项目的抽样方案和抽样检测结果的评定准则。同时，本标准提出了既有建筑正常检查和常规检测的要求。

本标准将来可能需要进行局部修订，有关局部修订的信息和条文内容将刊登在《工程建设标准化》杂志上。

本标准由建设部负责管理，由中国建筑科学研究院负责具体内容解释。为了提高《建筑结构检测技术标准》的编制质量和水平，请在执行本标准的过程

中，注意总结经验，积累资料，并将意见和建议寄至：北京市北三环东路 30 号，中国建筑科学研究院国家建筑工程质量监督检验中心国家标准《建筑结构检测技术标准》管理组（邮编：100013；E-mail：zjc@cabr.com.cn）。

本标准的主编单位：中国建筑科学研究院

参加单位：四川省建筑科学研究院
　　　　　冶金部建筑研究总院
　　　　　河北省建筑科学研究院
　　　　　上海建筑科学研究院
　　　　　北京市建设工程质量检测中心
　　　　　陕西省建筑科学研究院
　　　　　山东省建筑科学研究院
　　　　　黑龙江省寒地建筑科学研究院
　　　　　江苏省建筑科学研究院
　　　　　西安交通大学
　　　　　国家建筑工程质量监督检验中心

主要起草人：何星华　邱小坛　高小旺（以下按姓氏笔画排列）
　　　　　王永维　马建勋　朱　宾　关淑君
　　　　　李乃平　杨建平　周　燕　张元发
　　　　　张元勃　张国堂　侯汝欣　袁海军
　　　　　夏　赟　顾瑞南　崔士起　路彦兴
　　　　　鲍德力

目　次

1 总 则

1.0.1 为了统一建筑结构检测和检测结果的评价方法，使其技术先进，数据可靠，提高检测结果的可比性，保证检测结果的可靠性，制订本标准。

1.0.2 本标准适用于建筑工程中各类结构工程质量的检测和既有建筑结构性能的检测。

1.0.3 古建筑和受到特殊腐蚀影响的结构或构件，可参照本标准的基本原则进行检测。

1.0.4 建筑结构的检测，除应符合本标准的规定外，尚应符合国家现行有关强制性标准的规定。

1.0.5 对于不符合基本建设程序的建筑，应得到建设行政主管部门的批准后方可进行检测。

2 术语和符号

2.1 术 语

2.1.1 建筑结构检测

1 建筑结构检测 inspection of building structure

为评定建筑结构工程的质量或鉴定既有建筑结构的性能等所实施的检测工作。

2 检测批 inspection lot

检测项目相同、质量要求和生产工艺等基本相同，由一定数量构件等构成的检测对象。

3 抽样检测 sampling inspection

从检测批中抽取样本，通过对样本的测试确定检测批质量的检测方法。

4 测区 testing zone

按检测方法要求布置的，有一个或若干个测点的区域。

5 测点 testing point

在测区内，取得检测数据的检测点

2.1.2 结构构件材料强度与缺陷检测方法

1 非破损检测方法 method of non-destructive test

在检测过程中，对结构的既有性能没有影响的检测方法。

2 局部破损检测方法 method of part-destructive test

在检测过程中，对结构既有性能有局部和暂时的影响，但可修复的检测方法。

3 回弹法 rebound method

通过测定回弹值及有关参数检测材料抗压强度和强度匀质性的方法。

4 超声回弹综合法 ultrasonic-rebound combined method

通过测定混凝土的超声波声速值和回弹值检测混凝土抗压强度的方法。

5 钻芯法 drilled core method

通过从结构或构件中钻取圆柱状试件检测材料强度的方法。

6 超声法 ultrasonic method

通过测定超声脉冲波的有关声学参数检测非金属材料缺陷和抗压强度的方法。

7 后装拔出法 post-install pull-out method

在已硬化的混凝土表层安装拔出仪进行拔出力的测试，检测混凝土抗压强度的方法。

8 贯入法 penetration method

通过测定钢钉贯入深度值检测构件材料抗压强度的方法。

9 原位轴压法 the method of axial compression in situ on brick wall

用原位压力机在烧结普通砖墙体上进行抗压测试，检测砌体抗压强度的方法。

10 扁式液压顶法 the method of flat jack

用扁式液压千斤顶在烧结普通砖墙体上进行抗压测试，检测砌体的压应力、弹性模量、抗压强度的方法。

11 原位单剪法 the method of single shear

在烧结普通砖墙体上沿单个水平灰缝进行抗剪测试，检测砌体抗剪强度的方法。

12 双剪法 the method of double shear

在烧结普通砖墙体上对单块顺砖进行双面抗剪测试，检测砌体抗剪强度的方法。

13 砂浆片剪切法 the method of mortar flake

用砂浆测强仪测定砂浆片的抗剪承载力，检测砌筑砂浆抗压强度的方法。

14 推出法 the method of push out

用推出仪从烧结普通砖墙体上水平推出单块丁砖，根据测得的水平推力及推出砖下的砂浆饱满度来检测砌筑砂浆抗压强度的方法。

15 点荷法 the method of point load

对试样施加点荷载检测砌筑砂浆抗压强度的方法。

16 筒压法 the method of column

将取样砂浆破碎、烘干并筛分成一定级配要求的颗粒，装入承压筒并施加筒压荷载后，测定其破碎程度，用筒压比来检测砌筑砂浆抗压强度的方法。

17 射钉法 the method of powder actuated shot

用射钉枪将射钉射入墙体的水平灰缝中，依据射钉的射入量检测砌筑砂浆抗压强度的方法。

18 超声波探伤 ultrasonic inspection

采用超声波探伤仪检测金属材料或焊缝缺陷的方法。

19 射线探伤 radiographic inspection

用 X 射线或 γ 射线透照钢工件，从荧光屏或所得

底片上检测钢材或焊缝缺陷的方法。

20 磁粉探伤 magnetic partide inspection

根据磁粉在试件表面所形成的磁痕检测钢材表面和近表面裂纹等缺陷的方法。

21 渗透探伤 penetrant inspection

用渗透剂检测材料表面裂纹的方法。

2.1.3 结构、构件几何尺寸

1 标高 normal height

建筑物某一确定位置相对于 ±0.000 的垂直高度。

2 轴线位移 displacement of axies

结构或构件轴线实际位置与设计要求的偏差。

3 垂直度 degree of gravity vertical

在规定高度范围内,构件表面偏离重力线的程度。

4 平整度 degree of plainness

结构构件表面凹凸的程度。

5 尺寸偏差 dimensional errors

实际几何尺寸与设计几何尺寸之间的差值。

6 挠度 deflection

在荷载等作用下,结构构件轴线或中性面上某点由挠曲引起垂直于原轴线或中性面方向上的线位移。

7 变形 deformation

作用引起的结构或构件中两点间的相对位移。

2.1.4 结构构件缺陷与损伤

1 蜂窝 honey comb

构件的混凝土表面因缺浆而形成的石子外露酥松等缺陷。

2 麻面 pockmark

混凝土表面因缺浆而呈现麻点、凹坑和气泡等缺陷。

3 孔洞 cavitation

混凝土中超过钢筋保护层厚度的孔穴。

4 露筋 reveal of reinforcement

构件内的钢筋未被混凝土包裹而外露的缺陷。

5 龟裂 map cracking

构件表面呈现的网状裂缝。

6 裂缝 crack

从建筑结构构件表面伸入构件内的缝隙。

7 疏松 loose

混凝土中局部不密实的缺陷。

8 混凝土夹渣 concrete slag inclusion

混凝土中夹有杂物且深度超过保护层厚度的缺陷。

9 焊缝夹渣 weld slag inclusion

焊接后残留在焊缝中的熔渣。

10 焊缝缺陷 weld defects

焊缝中的裂纹、夹渣、气孔等。

11 腐蚀 corrosion

建筑构件直接与环境介质接触而产生物理和化学的变化,导致材料的劣化。

12 锈蚀 rust

金属材料由于水分和氧气等的电化学作用而产生的腐蚀现象。

13 损伤 damage

由于荷载、环境侵蚀、灾害和人为因素等造成的构件非正常的位移、变形、开裂以及材料的破损和劣化等。

2.1.5 检测数据统计

1 均值 mean

随机变量取值的平均水平,本标准中也称之为 0.5 分位值。

2 方差 variance

随机变量取值与其均值之差的二次方的平均值。

3 标准差 standard deviation

随机变量方差的正平方根。

4 样本均值 sample mean

样本 X_1,……X_N 的算术平均值。

5 样本方差 sample variance

样本分量与样本均值之差的平方和为分子,分母为样本容量减 1。

6 样本标准差 sample standard deviation

样本方差的正平方根。

7 样本 sample

按一定程序从总体（检测批）中抽取的一组（一个或多个）个体。

8 个体 item, individaul

可以单独取得一个检验或检测数据代表值的区域或构件。

9 样本容量 sample size

样本中所包含的个体的数目。

10 标准值 characteristic value

与随机变量分布函数 0.05 概率（具有 95% 保证率）相应的值,本标准也称之为 0.05 分位值。

2.2 符 号

2.2.1 材料强度

f_1——砌筑块材强度

$f_{1.m}$——砌筑块材抗压强度样本均值

f_{cu}——混凝土抗压强度的换算值

$f_{cu,e}$——混凝土强度的推定值

f_{cor}——芯样试件换算抗压强度

2.2.2 统计参数

s——样本标准差

m——样本均值

σ——检测批标准差

μ——均值或检测批均值

2.2.3 计算参数

$\triangle$——修正量

η——修正系数

3 基 本 规 定

3.1 建筑结构检测范围和分类

3.1.1 建筑结构的检测可分为建筑结构工程质量的检测和既有建筑结构性能的检测。

3.1.2 当遇到下列情况之一时，应进行建筑结构工程质量的检测：

1 涉及结构安全的试块、试件以及有关材料检验数量不足；

2 对施工质量的抽样检测结果达不到设计要求；

3 对施工质量有怀疑或争议，需要通过检测进一步分析结构的可靠性；

4 发生工程事故，需要通过检测分析事故的原因及对结构可靠性的影响。

3.1.3 当遇到下列情况之一时，应对既有建筑结构现状缺陷和损伤、结构构件承载力、结构变形等涉及结构性能的项目进行检测：

1 建筑结构安全鉴定；

2 建筑结构抗震鉴定；

3 建筑大修前的可靠性鉴定；

4 建筑改变用途、改造、加层或扩建前的鉴定；

5 建筑结构达到设计使用年限要继续使用的鉴定；

6 受到灾害、环境侵蚀等影响建筑的鉴定；

7 对既有建筑结构的工程质量有怀疑或争议。

3.1.4 建筑结构的检测应为建筑结构工程质量的评定或建筑结构性能的鉴定提供真实、可靠、有效的检测数据和检测结论。

3.1.5 建筑结构的检测应根据本标准的要求和建筑结构工程质量评定或既有建筑结构性能鉴定的需要合理确定检测项目和检测方案。

3.1.6 对于重要和大型公共建筑宜进行结构动力测试和结构安全性监测。

3.2 检测工作程序与基本要求

3.2.1 建筑结构检测工作程序，宜按图 3.2.1 的框图进行。

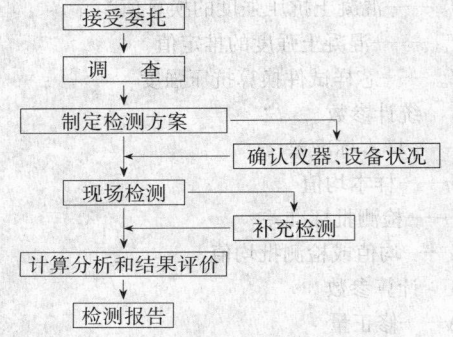

图 3.2.1 建筑结构检测工作程序框图

3.2.2 现场和有关资料的调查，应包括下列工作内容：

1 收集被检测建筑结构的设计图纸、设计变更、施工记录、施工验收和工程地质勘察等资料；

2 调查被检测建筑结构现状缺陷，环境条件，使用期间的加固与维修情况和用途与荷载等变更情况；

3 向有关人员进行调查；

4 进一步明确委托方的检测目的和具体要求，并了解是否已进行过检测。

3.2.3 建筑结构的检测应有完备的检测方案，检测方案应征求委托方的意见，并应经过审定。

3.2.4 建筑结构的检测方案宜包括下列主要内容：

1 概况，主要包括结构类型、建筑面积、总层数、设计、施工及监理单位，建造年代等；

2 检测目的或委托方的检测要求；

3 检测依据，主要包括检测所依据的标准及有关的技术资料等；

4 检测项目和选用的检测方法以及检测的数量；

5 检测人员和仪器设备情况；

6 检测工作进度计划；

7 所需要的配合工作；

8 检测中的安全措施；

9 检测中的环保措施。

3.2.5 检测时应确保所使用的仪器设备在检定或校准周期内，并处于正常状态。仪器设备的精度应满足检测项目的要求。

3.2.6 检测的原始记录，应记录在专用记录纸上，数据准确、字迹清晰、信息完整，不得追记、涂改，如有笔误，应进行杠改。当采用自动记录时，应符合有关要求。原始记录必须由检测及记录人员签字。

3.2.7 现场取样的试件或试样应予以标识并妥善保存。

3.2.8 当发现检测数据数量不足或检测数据出现异常情况时，应补充检测。

3.2.9 建筑结构现场检测工作结束后，应及时修补因检测造成的结构或构件局部的损伤。修补后的结构构件，应满足承载力的要求。

3.2.10 建筑结构的检测数据计算分析工作完成后，应及时提出相应的检测报告。

3.3 检测方法和抽样方案

3.3.1 建筑结构的检测，应根据检测项目、检测目的、建筑结构状况和现场条件选择适宜的检测方法。

3.3.2 建筑结构的检测，可选用下列检测方法：

1 有相应标准的检测方法；

2 有关规范、标准规定或建议的检测方法；

3 参照本条第 1 款的检测标准，扩大其适用范

围的检测方法；

  4 检测单位自行开发或引进的检测方法。

3.3.3 选用有相应标准的检测方法时，应遵守下列规定：

  1 对于通用的检测项目，应选用国家标准或行业标准；

  2 对于有地区特点的检测项目，可选用地方标准；

  3 对同一种方法，地方标准与国家标准或行业标准不一致时，有地区特点的部分宜按地方标准执行，检测的基本原则和基本操作要求应按国家标准或行业标准执行；

  4 当国家标准、行业标准或地方标准的规定与实际情况确有差异或存在明显不适用问题时，可对相应规定做适当调整或修正，但调整与修正应有充分的依据；调整与修正的内容应在检测方案中予以说明，必要时应向委托方提供调整与修正的检测细则。

3.3.4 采用有关规范、标准规定或建议的检测方法时，应遵守下列规定：

  1 当检测方法有相应的检测标准时，应按本章第3.3.3条的规定执行；

  2 当检测方法没有相应的检测标准时，检测单位应有相应的检测细则；检测细则应对检测用仪器设备、操作要求、数据处理等作出规定。

3.3.5 采用扩大相应检测标准适用范围的检测方法时，应遵守下列规定：

  1 所检测项目的目的与相应检测标准相同；

  2 检测对象的性质与相应检测标准检测对象的性质相近；

  3 应采取有效的措施，消除因检测对象性质差异而存在的检测误差；

  4 检测单位应有相应的检测细则，在检测方案中应予以说明，必要时应向委托方提供检测细则。

3.3.6 采用检测单位自行开发或引进的检测仪器及检测方法时，应遵守下列规定：

  1 该仪器或方法必须通过技术鉴定，并具有一定的工程检测实践经验；

  2 该方法应事先与已有成熟方法进行比对试验；

  3 检测单位应有相应的检测细则；

  4 在检测方案中应予以说明，必要时应向委托方提供检测细则。

3.3.7 现场检测宜选用对结构或构件无损伤的检测方法。当选用局部破损的取样检测方法或原位检测方法时，宜选择结构构件受力较小的部位，并不得损害结构的安全性。

3.3.8 当对古建筑和有纪念性的既有建筑结构进行检测时，应避免对建筑结构造成损伤。

3.3.9 重要和大型公共建筑的结构动力测试，应根据结构的特点和检测的目的，分别采用环境振动和激振等方法。

3.3.10 重要大型工程和新型结构体系的安全性监测，应根据结构的受力特点制定监测方案，并应对监测方案进行论证。

3.3.11 建筑结构检测的抽样方案，可根据检测项目的特点按下列原则选择：

  1 外部缺陷的检测，宜选用全数检测方案。

  2 几何尺寸与尺寸偏差的检测，宜选用一次或二次计数抽样方案。

  3 结构连接构造的检测，应选择对结构安全影响大的部位进行抽样。

  4 构件结构性能的实荷检验，应选择同类构件中荷载效应相对较大和施工质量相对较差构件或受到灾害影响、环境侵蚀影响构件中有代表性的构件。

  5 按检测批检测的项目，应进行随机抽样，且最小样本容量宜符合本标准第3.3.13条的规定。

  6 《建筑工程施工质量验收统一标准》GB 50300或相应专业工程施工质量验收规范规定的抽样方案。

3.3.12 当为下列情况时，检测对象可以是单个构件或部分构件；但检测结论不得扩大到未检测的构件或范围。

  1 委托方指定检测对象或范围；

  2 因环境侵蚀或火灾、爆炸、高温以及人为因素等造成部分构件损伤时。

3.3.13 建筑结构检测中，检测批的最小样本容量不宜小于表3.3.13的限定值。

表3.3.13　建筑结构抽样检测的最小样本容量

检测批的容量	检测类别和样本最小容量		
	A	B	C
2～8	2	2	3
9～15	2	3	5
16～25	3	5	8
26～50	5	8	13
51～90	5	13	20
91～150	8	20	32
151～280	13	32	50
281～500	20	50	80
501～1200	32	80	125
1201～3200	50	125	200
3201～10000	80	200	315
10001～35000	125	315	500
35001～150000	200	500	800
150001～500000	315	800	1250
>500000	500	1250	2000
—	—	—	—

  注：检测类别A适用于一般施工质量的检测，检测类别B适用于结构质量或性能的检测，检测类别C适用于结构质量或性能的严格检测或复检。

3.3.14 计数抽样检测时，检测批的合格判定，应符合下列规定：

1 计数抽样检测的对象为主控项目时，正常一次抽样应按表 3.3.14-1 判定，正常二次抽样应按表 3.3.14-2 判定；

2 计数抽样检测的对象为一般项目时，正常一次抽样应按表 3.3.14-3 判定，正常二次抽样应按表 3.3.14-4 判定。

表 3.3.14-1　主控项目正常一次性抽样的判定

样本容量	合格判定数	不合格判定数	样本容量	合格判定数	不合格判定数
2~5	0	1	80	7	8
8~13	1	2	125	10	11
20	2	3	200	14	15
32	3	4	>315	21	22
50	5	6			

表 3.3.14-2　主控项目正常二次性抽样的判定

抽样次数与样本容量	合格判定数	不合格判定数
(1) 2—6	0	1
(1) —5 (2) —10	0 1	2 2
(1) —8 (2) —16	0 1	2 2
(1) —13 (2) —26	0 3	3 4
(1) —20 (2) —40	1 3	3 4
(1) —32 (2) —64	2 6	5 7
(1) —50 (2) —100	3 9	6 10
(1) —80 (2) —160	5 12	9 13
(1) —125 (2) —250	7 18	11 19
(1) —200 (2) —400	11 26	16 27
(1) —315 (2) —630	11 26	16 27
—	—	—

注：(1) 和 (2) 表示抽样批次，(2) 对应的样本容量为二次抽样的累计数量。

表 3.3.14-3　一般项目正常一次性抽样的判定

样本容量	合格判定数	不合格判定数	样本容量	合格判定数	不合格判定数
2~5	1	2	32	7	9
8	2	3	50	10	11
13	3	4	80	14	15
20	5	6	≥125	21	22

表 3.3.14-4　一般项目正常二次性抽样的判定

抽样次数与样本容量	合格判定数	不合格判定数
(1) —2 (2) —4	0 1	2 2
(1) —3 (2) —6	0 1	2 2
(1) —5 (2) —10	0 1	2 2
(1) —8 (2) —16	0 3	3 4
(1) —13 (2) —26	1 4	3 5
(1) —20 (2) —40	2 6	5 7
(1) —32 (2) —64	4 10	7 11
(1) —50 (2) —100	6 15	10 16
(1) —80 (2) —160	9 23	14 24
(1) —125 (2) —250	9 23	14 24
(1) —200 (2) —400	9 23	14 24
(1) —315 (2) —630	9 23	14 24
(1) —500 (2) —1000	9 23	14 24
(1) —800 (2) —1600	9 23	14 24
(1) —1250 (2) —2500	9 23	14 24
(1) —2000 (2) —4000	9 23	14 24

注：(1) 和 (2) 表示抽样次数，(2) 对应的样本容量为二次抽样的累计数量。

3.3.15　计量抽样检测批的检测结果，宜提供推定区间。推定区间的置信度宜为 0.90，并使错判概率和漏判概率均为 0.05。特殊情况下，推定区间的置信度可为 0.85，使漏判概率为 0.10，错判概率仍为 0.05。

3.3.16　结构材料强度计量抽样的检测结果，推定区间的上限值与下限值之差值应予以限制，不宜大于

材料相邻强度等级的差值和推定区间上限值与下限值算术平均值的10%两者中的较大值。

3.3.17 当检测批的检测结果不能满足第3.3.15条和第3.3.16条的要求时，可提供单个构件的检测结果，单个构件的检测结果的推定应符合相应检测标准的规定。

3.3.18 检测批中的异常数据，可予以舍弃；异常数据的舍弃应符合《正态样本异常值的判断和处理》GB 4883 或其他标准的规定。

3.3.19 检测批的标准差 σ 为未知时，计量抽样检测批均值 μ（0.5分位值）的推定区间上限值和下限值可按式（3.3.19）计算：

$$\mu_1 = m + ks$$
$$\mu_2 = m - ks \tag{3.3.19}$$

式中 μ_1——均值（0.5分位值）μ 推定区间的上限值；

μ_2——均值（0.5分位值）μ 推定区间的下限值；

m——样本均值；

s——样本标准差；

k——推定系数，取值见表3.3.19。

表3.3.19 标准差未知时推定区间上限值与下限值系数

| 样本容量 | 标准差未知时推定区间上限值与下限值系数 | | | | | |
| | 0.5分位值 | | 0.05分位值 | | | |
	$k(0.05)$	$k(0.1)$	$k_1(0.05)$	$k_2(0.05)$	$k_1(0.1)$	$k_2(0.1)$
5	0.95339	0.68567	0.81778	4.20268	0.98218	3.39983
6	0.82264	0.60253	0.87477	3.70768	1.02822	3.09188
7	0.73445	0.54418	0.92037	3.39947	1.06516	2.89380
8	0.66983	0.50025	0.95803	3.18729	1.09570	2.75428
9	0.61985	0.46561	0.98987	3.03124	1.12153	2.64990
10	0.57968	0.43735	1.01730	2.91096	1.14378	2.56837
11	0.54648	0.41373	1.04127	2.81499	1.16322	2.50262
12	0.51843	0.39359	1.06247	2.73634	1.18041	2.44825
13	0.49432	0.37615	1.08141	2.67050	1.19576	2.40240
14	0.47330	0.36085	1.09848	2.61443	1.20958	2.36311
15	0.45477	0.34729	1.11397	2.56600	1.22213	2.32898
16	0.43826	0.33515	1.12812	2.52366	1.23358	2.29900
17	0.42344	0.32421	1.14112	2.48626	1.24409	2.27240
18	0.41003	0.31428	1.15311	2.45295	1.25379	2.24862
19	0.39782	0.30521	1.16423	2.42304	1.26277	2.22720
20	0.38665	0.29689	1.17458	2.39600	1.27113	2.20778
21	0.37636	0.28921	1.18425	2.37142	1.27893	2.19007
22	0.36686	0.28210	1.19330	2.34896	1.28624	2.17385
23	0.35805	0.27550	1.20181	2.32832	1.29310	2.15891
24	0.34984	0.26933	1.20982	2.30929	1.29956	2.14510
25	0.34218	0.26357	1.21739	2.29167	1.30566	2.13229
26	0.33499	0.25816	1.22455	2.27530	1.31143	2.12037
27	0.32825	0.25307	1.23135	2.26005	1.31690	2.10924
28	0.32189	0.24827	1.23780	2.24578	1.32209	2.09881
29	0.31589	0.24373	1.24395	2.23241	1.32704	2.08903
30	0.31022	0.23943	1.24981	2.21984	1.33175	2.07982

| 样本容量 | 标准差未知时推定区间上限值与下限值系数 | | | | | |
| | 0.5分位值 | | 0.05分位值 | | | |
	$k(0.05)$	$k(0.1)$	$k_1(0.05)$	$k_2(0.05)$	$k_1(0.1)$	$k_2(0.1)$
31	0.30484	0.23536	1.25540	2.20800	1.33625	2.07113
32	0.29973	0.23148	1.26075	2.19682	1.34055	2.06292
33	0.29487	0.22779	1.26588	2.18625	1.34467	2.05514
34	0.29024	0.22428	1.27079	2.17623	1.34862	2.04776
35	0.28582	0.22092	1.27551	2.16672	1.35241	2.04075
36	0.28160	0.21770	1.28004	2.15768	1.35605	2.03407
37	0.27755	0.21463	1.28441	2.14906	1.35955	2.02771
38	0.27368	0.21168	1.28861	2.14085	1.36292	2.02164
39	0.26997	0.20884	1.29266	2.13300	1.36617	2.01583
40	0.26640	0.20612	1.29657	2.12549	1.36931	2.01027
41	0.26297	0.20351	1.30035	2.11831	1.37233	2.00494
42	0.25967	0.20099	1.30399	2.11142	1.37526	1.99983
43	0.25650	0.19856	1.30752	2.10481	1.37809	1.99493
44	0.25343	0.19622	1.31094	2.09846	1.38083	1.99021
45	0.25047	0.19396	1.31425	2.09235	1.38348	1.98567
46	0.24762	0.19177	1.31746	2.08648	1.38605	1.98130
47	0.24486	0.18966	1.32058	2.08081	1.38854	1.97708
48	0.24219	0.18761	1.32360	2.07535	1.39096	1.97302
49	0.23960	0.18563	1.32653	2.07008	1.39331	1.96909
50	0.23710	0.18372	1.32939	2.06499	1.39559	1.96529
60	0.21574	0.16732	1.35412	2.02216	1.41536	1.93327
70	0.19927	0.15466	1.37364	1.98987	1.43095	1.90903
80	0.18608	0.14449	1.38959	1.96444	1.44366	1.88988
90	0.17521	0.13610	1.40294	1.94376	1.45429	1.87428
100	0.16604	0.12902	1.41433	1.92654	1.46335	1.86125
110	0.15818	0.12294	1.42421	1.91191	1.47121	1.85017
120	0.15133	0.11764	1.43289	1.89929	1.47810	1.84059

3.3.20 检测批的标准差 σ 为未知时，计量抽样检测批具有95%保证率的标准值（0.05分位值）x_k 的推定区间上限值和下限值可按式（3.3.20）计算：

$$x_{k.1} = m - k_1 s$$
$$x_{k.2} = m - k_2 s \tag{3.3.20}$$

式中 $x_{k.1}$——标准值（0.05分位值）推定区间的上限值；

$x_{k.2}$——标准值（0.05分位值）推定区间的下限值；

m——样本均值；

s——样本标准差；

k_1 和 k_2——推定系数，取值见表3.3.19。

3.3.21 计量抽样检测批的判定，当设计要求相应数值小于或等于推定上限值时，可判定为符合设计要求；当设计要求相应数值大于推定上限值时，可判定为低于设计要求。

3.4 既有建筑的检测

3.4.1 既有建筑除了在遇到本标准第3.1.3条规定的情况下应进行建筑结构的检测外，宜有正常的检查

制度和在设计使用年限内建筑结构的常规检测。

3.4.2 既有建筑正常检查的对象可为建筑构件表面的裂缝、损伤、过大的位移或变形,建筑物内外装饰层是否出现脱落空鼓,栏杆扶手是否松动失效等;既有工业建筑的正常检查工作可结合生产设备的年检进行。

3.4.3 当年检发现存在影响既有建筑正常使用的问题时,应及时维修;当发现影响结构安全的问题时,应委托有资质的检测单位进行建筑结构的检测。

3.4.4 建筑结构在其设计使用年限内的常规检测,应委托具有资质的检测单位进行检测,检测时间应根据建筑结构的具体情况确定。

3.4.5 建筑结构的常规检测应根据既有建筑结构的设计质量、施工质量、使用环境类别等确定检测重点、检测项目和检测方法。

3.4.6 建筑结构的常规检测宜以下列部位为检测重点:

    1 出现渗水漏水部位的构件;

    2 受到较大反复荷载或动力荷载作用的构件;

    3 暴露在室外的构件;

    4 受到腐蚀性介质侵蚀的构件;

    5 受到污染影响的构件;

    6 与侵蚀性土壤直接接触的构件;

    7 受到冻融影响的构件;

    8 委托方年检怀疑有安全隐患的构件;

    9 容易受到磨损、冲撞损伤的构件。

3.4.7 实施建筑结构常规检测的单位应向委托方提供有关结构安全性、使用安全性及结构耐久性等方面的有效检测数据和检测结论。

3.5 检 测 报 告

3.5.1 建筑结构工程质量的检测报告应做出所检测项目是否符合设计文件要求或相应验收规范规定的评定。既有建筑结构性能的检测报告应给出所检测项目的评定结论,并能为建筑结构的鉴定提供可靠的依据。

3.5.2 检测报告应结论准确、用词规范、文字简练,对于当事方容易混淆的术语和概念可书面予以解释。

3.5.3 检测报告至少应包括以下内容:

    1 委托单位名称;

    2 建筑工程概况,包括工程名称、结构类型、规模、施工日期及现状等;

    3 设计单位、施工单位及监理单位名称;

    4 检测原因、检测目的,以往检测情况概述;

    5 检测项目、检测方法及依据的标准;

    6 抽样方案及数量;

    7 检测日期,报告完成日期;

    8 检测项目的主要分类检测数据和汇总结果;检测结果、检测结论;

    9 主检、审核和批准人员的签名。

3.6 检测单位和检测人员

3.6.1 承接建筑结构检测工作的检测机构,应符合国家规定的有关资质条件要求。

3.6.2 检测单位应有固定的工作场所、健全的质量管理体系和相应的技术能力。

3.6.3 建筑结构检测所用的仪器和设备应有产品合格证、计量检定机构的有效检定(校准)证书或自校证书。

3.6.4 检测人员必须经过培训取得上岗资格,对特殊的检测项目,检测人员应有相应的检测资格证书。

3.6.5 现场检测工作应由两名或两名以上检测人员承担。

4 混 凝 土 结 构

4.1 一 般 规 定

4.1.1 本章适用于现浇混凝土及预制混凝土结构与构件质量或性能的检测。

4.1.2 混凝土结构的检测可分为原材料性能、混凝土强度、混凝土构件外观质量与缺陷、尺寸与偏差、变形与损伤和钢筋配置等项工作,必要时,可进行结构构件性能的实荷检验或结构的动力测试。

4.2 原材料性能

4.2.1 混凝土原材料的质量或性能,可按下列方法检测:

    1 当工程尚有与结构中同批、同等级的剩余原材料时,可按有关产品标准和相应检测标准的规定对与结构工程质量问题有关联的原材料进行检验;

    2 当工程没有与结构中同批、同等级的剩余原材料时,可从结构中取样,检测混凝土的相关质量或性能。

4.2.2 钢筋的质量或性能,可按下列方法检测:

    1 当工程尚有与结构中同批的钢筋时,可按有关产品标准的规定进行钢筋力学性能检验或化学成分分析;

    2 需要检测结构中的钢筋时,可在构件中截取钢筋进行力学性能检验或化学成分分析;进行钢筋力学性能的检验时,同一规格钢筋的抽检数量应不少于一组;

    3 钢筋力学性能和化学成分的评定指标,应按有关钢筋产品标准确定。

4.2.3 既有结构钢筋抗拉强度的检测,可采用钢筋表面硬度等非破损检测与取样检验相结合的方法。

4.2.4 需要检测锈蚀钢筋、受火灾影响等钢筋的性能时,可在构件中截取钢筋进行力学性能检测。在检

测报告中应对测试方法与标准方法的不符合程度和检测结果的适用范围等予以说明。

4.3　混凝土强度

4.3.1 结构或构件混凝土抗压强度的检测，可采用回弹法、超声回弹综合法、后装拔出法或钻芯法等方法，检测操作应分别遵守相应技术规程的规定。

4.3.2 除了有特殊的检测目的之外，混凝土抗压强度的检测应符合下列规定：

　　1 采用回弹法时，被检测混凝土的表层质量应具有代表性，且混凝土的抗压强度和龄期不应超过相应技术规程限定的范围；

　　2 采用超声回弹综合法时，被检测混凝土的内外质量应无明显差异，且混凝土的抗压强度不应超过相应技术规程限定的范围；

　　3 采用后装拔出法时，被检测混凝土的表层质量应具有代表性，且混凝土的抗压强度和混凝土粗骨料的最大粒径不应超过相应技术规程限定的范围；

　　4 当被检测混凝土的表层质量不具有代表性时，应采用钻芯法；当被检测混凝土的龄期或抗压强度超过回弹法、超声回弹综合法或后装拔出法等相应技术规程限定的范围时，可采用钻芯法或钻芯修正法；

　　5 在回弹法、超声回弹综合法或后装拔出法适用的条件下，宜进行钻芯修正或利用同条件养护立方体试块的抗压强度进行修正。

4.3.3 采用钻芯修正法时，宜选用总体修正量的方法。总体修正量方法中的芯样试件换算抗压强度样本的均值 $f_{cor,m}$，应按本标准第 3.3.19 条的规定确定推定区间，推定区间应满足本标准第 3.3.15 条和第 3.3.16 条的要求；总体修正量 Δ_{tot} 和相应的修正可按式（4.3.3）计算：

$$\Delta_{tot} = f_{cor,m} - f_{cu,m0}^c \qquad (4.3.3)$$
$$f_{cu,i}^c = f_{cu,i0}^c + \Delta_{tot}$$

式中　$f_{cor,m}$——芯样试件换算抗压强度样本的均值；

　　　　$f_{cu,m0}^c$——被修正方法检测得到的换算抗压强度样本的均值；

　　　　$f_{cu,i}^c$——修正后测区混凝土换算抗压强度；

　　　　$f_{cu,i0}^c$——修正前测区混凝土换算抗压强度。

4.3.4 当钻芯修正法不能满足第 4.3.3 条的要求时，可采用对应样本修正量、对应样本修正系数或一一对应修正系数的修正方法；此时直径 100mm 混凝土芯样试件的数量不应少于 6 个；现场钻取直径 100mm 的混凝土芯样确有困难时，也可采用直径不小于 70mm 的混凝土芯样，但芯样试件的数量不应少于 9 个。一一对应的修正系数，可按相关技术规程的规定计算。对应样本的修正量 Δ_{loc} 和修正系数 η_{loc}，可按式（4.3.4-1）计算：

$$\Delta_{loc} = f_{cor,m} - f_{cu,m0,loc}^c \qquad (4.3.4-1a)$$

$$\eta_{loc} = f_{cor,m} / f_{cu,m0,loc}^c \qquad (4.3.4-1b)$$

式中　$f_{cor,m}$——芯样试件换算抗压强度样本的均值；

　　　　$f_{cu,m0,loc}^c$——被修正方法检测得到的与芯样试件对应测区的换算抗压强度样本的均值。

相应的修正可按式（4.3.4-2）计算：

$$f_{cu,i}^c = f_{cu,i0}^c + \Delta_{loc} \qquad (4.3.4-2a)$$
$$f_{cu,i}^c = \eta_{loc} f_{cu,i0}^c \qquad (4.3.4-2b)$$

式中　$f_{cu,i}^c$——修正后测区混凝土换算抗压强度；

　　　　$f_{cu,i0}^c$——修正前测区混凝土换算抗压强度。

4.3.5 检测批混凝土抗压强度的推定，宜按本标准第 3.3.20 条的规定确定推定区间，推定区间应满足本标准第 3.3.15 条和第 3.3.16 条的要求，可按本标准第 3.3.21 条的规定进行评定。单个构件混凝土抗压强度的推定，可按相应技术规程的规定执行。

4.3.6 混凝土的抗拉强度，可采用对直径 100mm 的芯样试件施加劈裂荷载或直拉荷载的方法检测；劈裂荷载的施加方法可参照《普通混凝土力学性能试验方法标准》GB/T 50081 的规定执行，直拉荷载的施加方法可按《钻芯法检测混凝土强度技术规程》CECS 03 的规定执行。

4.3.7 受到环境侵蚀或遭受火灾、高温等影响，构件中未受到影响部分混凝土的强度，可采用下列方法检测：

　　1 采用钻芯法检测，在加工芯样试件时，应将芯样上混凝土受影响层切除；混凝土受影响层的厚度可依据具体情况分别按最大碳化深度、混凝土颜色产生变化的最大厚度、明显损伤层的最大厚度确定，也可按芯样侧表面硬度测试情况确定；

　　2 混凝土受影响层能剔除时，可采用回弹法或回弹加钻芯修正的方法检测，但回弹测区的质量应符合相应技术规程的要求。

4.4　混凝土构件外观质量与缺陷

4.4.1 混凝土构件外观质量与缺陷的检测可分为蜂窝、麻面、孔洞、夹渣、露筋、裂缝、疏松区和不同时间浇筑的混凝土结合面质量等项目。

4.4.2 混凝土构件外观缺陷，可采用目测与尺量的方法检测；检测数量，对于建筑结构工程质量检测时宜为全部构件。混凝土构件外观缺陷的评定方法，可按《混凝土结构工程施工质量验收规范》GB 50204 确定。

4.4.3 结构或构件裂缝的检测，应遵守下列规定：

　　1 检测项目，应包括裂缝的位置、长度、宽度、深度、形态和数量；裂缝的记录可采用表格或图形的形式；

　　2 裂缝深度，可采用超声法检测，必要时可钻取芯样予以验证；

　　3 对于仍在发展的裂缝应进行定期观测，提供

裂缝发展速度的数据；

4 裂缝的观测，应按《建筑变形测量规程》JGJ/T 8 的有关规定进行。

4.4.4 混凝土内部缺陷的检测，可采用超声法、冲击反射法等非破损方法；必要时可采用局部破损方法对非破损的检测结果进行验证。采用超声法检测混凝土内部缺陷时，可参照《超声法检测混凝土缺陷技术规程》CECS 21 的规定执行。

4.5 尺寸与偏差

4.5.1 混凝土结构构件的尺寸与偏差的检测可分为下列项目：

1 构件截面尺寸；

2 标高；

3 轴线尺寸；

4 预埋件位置；

5 构件垂直度；

6 表面平整度。

4.5.2 现浇混凝土结构及预制构件的尺寸，应以设计图纸规定的尺寸为基准确定尺寸的偏差，尺寸的检测方法和尺寸偏差的允许值应按《混凝土结构工程施工质量验收规范》GB 50204 确定。

4.5.3 对于受到环境侵蚀和灾害影响的构件，其截面尺寸应在损伤最严重部位量测，在检测报告中应提供量测的位置和必要的说明。

4.6 变形与损伤

4.6.1 混凝土结构或构件变形的检测可分为构件的挠度、结构的倾斜和基础不均匀沉降等项目；混凝土结构损伤的检测可分为环境侵蚀损伤、灾害损伤、人为损伤、混凝土有害元素造成的损伤以及预应力锚夹具的损伤等项目。

4.6.2 混凝土构件的挠度，可采用激光测距仪、水准仪或拉线等方法检测。

4.6.3 混凝土构件或结构的倾斜，可采用经纬仪、激光定位仪、三轴定位仪或吊锤的方法检测，宜区分倾斜中施工偏差造成的倾斜、变形造成的倾斜、灾害造成的倾斜等。

4.6.4 混凝土结构的基础不均匀沉降，可用水准仪检测；当需要确定基础沉降发展的情况时，应在混凝土结构上布置测点进行观测，观测操作应遵守《建筑变形测量规程》JGJ/T 8 的规定；混凝土结构的基础累计沉降差，可参照首层的基准线推算。

4.6.5 混凝土结构受到的损伤时，可按下列规定进行检测：

1 对环境侵蚀，应确定侵蚀源、侵蚀程度和侵蚀速度；

2 对混凝土的冻伤，可按本标准附录 A 的规定进行检测，并测定冻融损伤深度、面积；

3 对火灾等造成的损伤，应确定灾害影响区域和受灾害影响的构件，确定影响程度；

4 对于人为的损伤，应确定损伤程度；

5 宜确定损伤对混凝土结构的安全性及耐久性影响的程度。

4.6.6 当怀疑水泥中游离氧化钙（f-CaO）对混凝土质量构成影响时，可按本标准附录 B 进行检测。

4.6.7 混凝土存在碱骨料反应隐患时，可从混凝土中取样，按《普通混凝土用碎石或卵石质量标准及检验方法》JGJ 53 检测骨料的碱活性，按相关标准的规定检测混凝土中的碱含量。

4.6.8 混凝土中性化（碳化或酸性物质的影响）的深度，可用浓度为 1% 的酚酞酒精溶液（含 20% 的蒸馏水）测定，将酚酞酒精溶液滴在新暴露的混凝土面上，以混凝土变色与未变色的交接处作为混凝土中性化的界面。

4.6.9 混凝土中氯离子的含量，可按本标准附录 C 进行检测。

4.6.10 对于未封闭在混凝土内的预应力锚夹具的损伤，可用卡尺、钢尺直接量测。

4.7 钢筋的配置与锈蚀

4.7.1 钢筋配置的检测可分为钢筋位置、保护层厚度、直径、数量等项目。

4.7.2 钢筋位置、保护层厚度和钢筋数量，宜采用非破损的雷达法或电磁感应法进行检测，必要时可凿开混凝土进行钢筋直径或保护层厚度的验证。

4.7.3 有相应检测要求时，可对钢筋的锚固与搭接、框架节点及柱加密区箍筋和框架柱与墙体的拉结筋进行检测。

4.7.4 钢筋的锈蚀情况，可按本标准附录 D 进行检测。

4.8 构件性能实荷检验与结构动测

4.8.1 需要确定混凝土构件的承载力、刚度或抗裂等性能时，可进行构件性能的实荷检验。

4.8.2 构件性能检验的加载与测试方法，应根据设计要求以及构件的实际情况确定。

4.8.3 构件性能的实荷检验应符合下列规定：

1 独立构件的实荷检验，按《混凝土结构工程施工质量验收规范》GB 50204 的规定进行；

2 构件性能实荷检验的荷载布置、检验方法和量测方法，按照《混凝土结构试验方法标准》GB 50152 的要求确定；

3 实荷检验应确保安全。

4.8.4 当仅对结构的一部分做实荷检验时，应使有问题部分或可能的薄弱部位得到充分的检验。

4.8.5 重要和大型公共建筑中混凝土结构的动力测试方法，可按本标准附录 E 确定。

5 砌体结构

5.1 一般规定

5.1.1 本章适用于砖砌体、砌块砌体和石砌体结构与构件的质量或性能的检测。

5.1.2 砌体结构的检测可分为砌筑块材、砌筑砂浆、砌体强度、砌筑质量与构造以及损伤与变形等项工作。具体实施的检测工作和检测项目应根据施工质量验收或鉴定工作的需要和现场的检测条件等具体情况确定。

5.2 砌 筑 块 材

5.2.1 砌筑块材的检测可分为砌筑块材的强度及强度等级、尺寸偏差、外观质量、抗冻性能、块材品种等检测项目。

5.2.2 砌筑块材的强度，可采用取样法、回弹法、取样结合回弹的方法或钻芯的方法检测。

5.2.3 砌筑块材强度的检测，应将块材品种相同、强度等级相同、质量相近、环境相似的砌筑构件划为一个检测批，每个检测批砌体的体积不宜超过 250m³。

5.2.4 鉴定工作需要依据砌筑块材强度和砌筑砂浆强度确定砌体强度时，砌筑块材强度的检测位置宜与砌筑砂浆强度的检测位置对应。

5.2.5 除了有特殊的检测目的之外，砌筑块材强度的检测应遵守下列规定：

    1 取样检测的块材试样和块材的回弹测区，外观质量应符合相应产品标准的合格要求，不应选择受到灾害影响或环境侵蚀作用的块材作为试样或回弹测区；

    2 块材的芯样试件，不得有明显的缺陷。

5.2.6 砌筑块材强度等级的评定指标可按相应产品标准确定。

5.2.7 砖和砌块的取样检测，检测批试样的数量应符合相应产品标准的规定，当对检测批进行推定时，块材试样的数量尚应满足本标准第 3.3.15 条和第 3.3.16 条对推定区间的要求；块材试样强度的测试方法应符合相应产品标准的规定。当符合本章第 5.2.3 条和第 5.2.5 条的要求时，建筑工程剩余的砌筑块材可作为块材试样使用。

5.2.8 采用回弹法检测烧结普通砖的抗压强度时，检测操作可按本标准附录 F 的规定执行。烧结普通砖的回弹值与换算抗压强度之间换算关系应通过专门的试验确定，当采用附录 F 的换算关系时，应进行验证。

5.2.9 采用取样结合回弹的方法检测烧结普通砖的抗压强度时，检测操作应符合下列规定：

    1 按本标准附录 F 布置回弹测区、确定检测的砖样、进行回弹测试并计算换算抗压强度值 $f_{1,i}$；

    2 在进行了回弹测试的砖样中选择 10 块砖取样作为块材试样，按本章第 5.2.7 条进行块材试样抗压强度的测试，并计算抗压强度平均值 $f_{1,m}$；

    3 参照本标准式（4.3.4-1）确定对应样本的修正量 Δ_{loc} 或对应样本的修正系数 η_{loc}；

    4 参照本标准式（4.3.4-2）进行修正计算，得到修正后的回弹换算抗压强度值，按本标准第 3.3.19 条或第 3.3.20 条确定推定区间。

5.2.10 当条件具备时，其他块材的抗压强度也可采用取样结合回弹的方法检测，检测操作可参照本章第 5.2.9 条的规定进行。

5.2.11 石材强度，可采用钻芯法或切割成立方体试块的方法检测；其中钻芯法检测操作宜符合下列规定：

    1 芯样试件的直径可为 70mm，高径比为 1.0±0.05；

    2 芯样的端面应磨平，加工质量宜符合《钻芯法检测混凝土强度技术规程》CECS 03 的要求；

    3 按相关规定测试芯样试件的抗压强度；可将直径 70mm 芯样试件抗压强度乘以 1.15 的系数，换算成 70mm 立方体试块抗压强度；

    4 石材强度的推定，可按本标准第 3.3.19 条确定石材强度的推定区间。

5.2.12 鉴定工作需要确定环境侵蚀、火灾或高温等对砌筑块材强度的影响时，可采取取样的检测方法，块材试样强度的测试方法和评定方法可按相应产品标准确定。在检测报告中应明确说明检测结果的适用范围。

5.2.13 砖和砌块尺寸及外观质量检测可采用取样检测或现场检测的方法，检测操作宜符合下列规定：

    1 砖和砌块尺寸的检测，每个检测批可随机抽检 20 块块材，现场检测可仅抽检外露面。单个块材尺寸的评定指标可按现行相应产品标准确定。检测批的判定，应按本标准表 3.3.14-3 或表 3.3.14-4 的规定进行检测批的合格判定。

    2 砖和砌块外观质量的检查可分为缺棱掉角、裂纹、弯曲等。现场检查，可检查砖或块材的外露面。检查方法和评定指标应按现行相应产品标准确定。检测批的判定，应按本标准表 3.3.14-3 或表 3.3.14-4 进行检测批的合格判定。第一次的抽样数可为 50 块砖或砌块。

5.2.14 砌筑块材外观质量不符合要求时，可根据不符合要求的程度降低砌筑块材的抗压强度；砌筑块材的尺寸为负偏差时，应以实测构件的截面尺寸作为构件安全性验算和构造评定的参数。

5.2.15 工程质量评定或鉴定工作有要求时，应核查结构特殊部位块材的品种及其质量指标。

5.2.16 砌筑块材其他性能的检测，可参照有关产品标准的规定进行。

5.3 砌筑砂浆

5.3.1 砌筑砂浆的检测可分为砂浆强度及砂浆强度等级、品种、抗冻性和有害元素含量等项目。

5.3.2 砌筑砂浆强度的检测应遵守下列规定：

1 砌筑砂浆的强度，宜采用取样的方法检测，如推出法、筒压法、砂浆片剪切法、点荷法等。

2 砌筑砂浆强度的匀质性，可采用非破损的方法检测，如回弹法、射钉法、贯入法、超声法、超声回弹综合法等。当这些方法用于检测既有建筑砌筑砂浆强度时，宜配合有取样的检测方法。

3 推出法、筒压法、砂浆片剪切法、点荷法、回弹法和射钉法的检测操作应遵守《砌体工程现场检测技术标准》GB/T 50315的规定；采用其他方法时，应遵守《砌体工程现场检测技术标准》GB/T 50315的原则，检测操作应遵守相应检测方法标准的规定。

5.3.3 当遇到下列情况之一时，采用取样法中的点荷法、剪切法、冲击法检测砌筑砂浆强度时，除提供砌筑砂浆强度必要的测试参数外，还应提供受影响层的深度：

1 砌筑砂浆表层受到侵蚀、风化、剔凿、冻害影响的构件；

2 遭受火灾影响的构件；

3 使用年数较长的结构。

5.3.4 工程质量评定或鉴定工作有要求时，应核查结构特殊部位砌筑砂浆的品种及其质量指标。

5.3.5 砌筑砂浆的抗冻性能，当具备砂浆立方体试块时，应按《建筑砂浆基本性能试验方法》JGJ 70的规定进行测定，当不具备立方体试块或既有结构需要测定砌筑砂浆的抗冻性能时，可按下列方法进行检测：

1 采用取样检测方法；

2 将砂浆试件分为两组，一组做抗冻试件，一组做比对试件；

3 抗冻组试件按《建筑砂浆基本性能试验方法》JGJ 70的规定进行抗冻试验，测定试验后砂浆的强度；

4 比对组试件砂浆强度与抗冻组试件同时测定；

5 取两组砂浆试件强度值的比值评定砂浆的抗冻性能。

5.3.6 砌筑砂浆中氯离子的含量，可参照本标准第4.6.9条提出的方法测定。

5.4 砌体强度

5.4.1 砌体的强度，可采用取样的方法或现场原位的方法检测。

5.4.2 砌体强度的取样检测应遵守下列规定：

1 取样检测不得构成结构或构件的安全问题；

2 试件的尺寸和强度测试方法应符合《砌体基本力学性能试验方法标准》GBJ 129 的规定；

3 取样操作宜采用无振动的切割方法，试件数量应根据检测目的确定；

4 测试前应对试件局部的损伤予以修复，严重损伤的样品不得作为试件；

5 砌体强度的推定，可按本标准第3.3.19条确定砌体强度均值的推定区间或按本标准第3.3.20条确定砌体强度标准值的推定区间；推定区间应符合本标准第3.3.15条和第3.3.16条的要求；

6 当砌体强度标准值的推定区间不满足本条第5款的要求时，也可按试件测试强度的最小值确定砌体强度的标准值，此时试件的数量不得少于3件，也不宜大于6件，且不应进行数据的舍弃。

5.4.3 烧结普通砖砌体的抗压强度，可采用扁式液压顶法或原位轴压法检测；烧结普通砖砌体的抗剪强度，可采用双剪法或原位单剪法检测；检测操作应遵守《砌体工程现场检测技术标准》GB/T 50315 的规定。砌体强度的推定，宜按本标准第3.3.20条确定砌体强度标准值的推定区间，推定区间应符合本标准第3.3.15条和第3.3.16条的要求；当该要求不能满足时，也可按《砌体工程现场检测技术标准》GB/T 50315进行评定。

5.4.4 遭受环境侵蚀和火灾等灾害影响砌体的强度，可根据具体情况分别按第5.4.2条和第5.4.3条规定的方法进行检测，在检测报告中应明确说明试件状态与相应检测标准要求的不符合程度和检测结果的适用范围。

5.5 砌筑质量与构造

5.5.1 砌筑构件的砌筑质量检测可分为砌筑方法、灰缝质量、砌体偏差和留槎及洞口等项目。砌体结构的构造检测可分为砌筑构件的高厚比、梁垫、壁柱、预制构件的搁置长度、大型构件端部的锚固措施、圈梁、构造柱或芯柱、砌体局部尺寸及钢筋网片和拉结筋等项目。

5.5.2 既有砌筑构件砌筑方法、留槎、砌筑偏差和灰缝质量等，可采取剔凿表面抹灰的方法检测。当构件砌筑质量存在问题时，可降低该构件的砌体强度。

5.5.3 砌筑方法的检测，应检测上、下错缝，内外搭砌等是否符合要求。

5.5.4 灰缝质量检测可分为灰缝厚度、灰缝饱满程度和平直程度等项目。其中灰缝厚度的代表值应按10皮砖砌体高度折算。灰缝的饱满程度和平直程度，可按《砌体工程施工质量验收规范》GB 50203规定的方法进行检测。

5.5.5 砌体偏差的检测可分为砌筑偏差和放线偏

差。砌筑偏差中的构件轴线位移和构件垂直度的检测方法和评定标准，可按《砌体工程施工质量验收规范》GB 50203的规定执行。对于无法准确测定构件轴线绝对位移和放线偏差的既有结构，可测定构件轴线的相对位移或相对放线偏差。

5.5.6 砌体中的钢筋，可按本标准第4章提出的方法检测。砌体中拉结筋的间距，应取2～3个连续间距的平均间距作为代表值。

5.5.7 砌筑构件的高厚比，其厚度值应取构件厚度的实测值。

5.5.8 跨度较大的屋架和梁支承面下的垫块和锚固措施，可采取剔除表面抹灰的方法检测。

5.5.9 预制钢筋混凝土板的支承长度，可采用剔凿楼面面层及垫层的方法检测。

5.5.10 跨度较大门窗洞口的混凝土过梁的设置状况，可通过测定过梁钢筋状况判定，也可采取剔凿表面抹灰的方法检测。

5.5.11 砌体墙梁的构造，可采取剔凿表面抹灰和用尺测的方法检测。

5.5.12 圈梁、构造柱或芯柱的设置，可通过测定钢筋状况判定；圈梁、构造柱或芯柱的混凝土施工质量，可按本标准第4章的相关规定进行检测。

5.6 变形与损伤

5.6.1 砌体结构的变形与损伤的检测可分为裂缝、倾斜、基础不均匀沉降、环境侵蚀损伤、灾害损伤及人为损伤等项目。

5.6.2 砌体结构裂缝的检测应遵守下列规定：

　　1　对于结构或构件上的裂缝，应测定裂缝的位置、裂缝长度、裂缝宽度和裂缝的数量；

　　2　必要时应剔除构件抹灰确定砌筑方法、留槎、洞口、线管及预制构件对裂缝的影响；

　　3　对于仍在发展的裂缝应进行定期的观测，提供裂缝发展速度的数据。

5.6.3 砌筑构件或砌体结构的倾斜，可按本标准第4.6.3条提供的方法检测，宜区分倾斜中砌筑偏差造成的倾斜、变形造成的倾斜、灾害造成的倾斜等。

5.6.4 基础的不均匀沉降，可按本标准第4.6.4条提供的方法检测。

5.6.5 对砌体结构受到的损伤进行检测时，应确定损伤对砌体结构安全性的影响。对于不同原因造成的损伤可按下列规定进行检测：

　　1　对环境侵蚀，应确定侵蚀源、侵蚀程度和侵蚀速度；

　　2　对冻融损伤，应测定冻融损伤深度、面积，检测部位宜为檐口、房屋的勒脚、散水附近和出现渗漏的部位；

　　3　对火灾等造成的损伤，应确定灾害影响区域和受灾害影响的构件，确定影响程度；

　　4　对于人为的损伤，应确定损伤程度。

6　钢　结　构

6.1　一般规定

6.1.1 本章适用于钢结构与钢构件质量或性能的检测。

6.1.2 钢结构的检测可分为钢结构材料性能、连接、构件的尺寸与偏差、变形与损伤、构造以及涂装等项工作，必要时，可进行结构或构件性能的实荷检验或结构的动力测试。

6.2　材　料

6.2.1 对结构构件钢材的力学性能检验可分为屈服点、抗拉强度、伸长率、冷弯和冲击功等项目。

6.2.2 当工程尚有与结构同批的钢材时，可以将其加工成试件，进行钢材力学性能检验；当工程没有与结构同批的钢材时，可在构件上截取试样，但应确保结构构件的安全。钢材力学性能检验试件的取样数量、取样方法、试验方法和评定标准应符合表6.2.2的规定。

表6.2.2　材料力学性能检验项目和方法

检验项目	取样数量（个/批）	取样方法	试验方法	评定标准
屈服点、抗拉强度、伸长率	1	《钢材力学及工艺性能试验取样规定》GB 2975	《金属拉伸试验试样》GB 6397；《金属拉伸试验方法》GB 228	《碳素结构钢》GB 700；《低合金高强度结构钢》GB/T 1591；其他钢材产品标准
冷弯	1		《金属弯曲试验方法》GB 232	
冲击功	3		《金属夏比缺口冲击试验方法》GB/T 229	

6.2.3 当被检验钢材的屈服点或抗拉强度不满足要求时，应补充取样进行拉伸试验。补充试验应将同类构件同一规格的钢材划为一批，每批抽样3个。

6.2.4 钢材化学成分的分析，可根据需要进行全成分分析或主要成分分析。钢材化学成分的分析每批钢材可取一个试样，取样和试验应分别按《钢的化学分析用试样取样法及成品化学成分允许偏差》GB 222和《钢铁及合金化学分析方法》GB 223执行，并应按相应产品标准进行评定。

6.2.5 既有钢结构钢材的抗拉强度，可采用表面硬度的方法检测，检测操作可按本标准附录G的规定

进行。应用表面硬度法检测钢结构钢材抗拉强度时，应有取样检验钢材抗拉强度的验证。

6.2.6 锈蚀钢材或受到火灾等影响钢材的力学性能，可采用取样的方法检测；对试样的测试操作和评定，可按相应钢材产品标准的规定进行，在检测报告中应明确说明检测结果的适用范围。

6.3 连 接

6.3.1 钢结构的连接质量与性能的检测可分为焊接连接、焊钉（栓钉）连接、螺栓连接、高强螺栓连接等项目。

6.3.2 对设计上要求全焊透的一、二级焊缝和设计上没有要求的钢材等强对焊拼接焊缝的质量，可采用超声波探伤的方法检测，检测应符合下列规定：

1 对钢结构工程质量，应按《钢结构工程施工质量验收规范》GB 50205 的规定进行检测；

2 对既有钢结构性能，可采取抽样超声波探伤检测；抽样数量不应少于本标准表 3.3.13 的样本最小容量；

3 焊缝缺陷分级，应按《钢焊缝手工超声波探伤方法及质量分级法》GB 11345 确定。

6.3.3 对钢结构工程的所有焊缝都应进行外观检查；对既有钢结构检测时，可采取抽样检测焊缝外观质量的方法，也可采取按委托方指定范围抽查的方法。焊缝的外形尺寸和外观缺陷检测方法和评定标准，应按《钢结构工程施工质量验收规范》GB 50205 确定。

6.3.4 焊接接头的力学性能，可采取截取试样的方法检验，但应采取措施确保安全。焊接接头力学性能的检验分为拉伸、面弯和背弯等项目，每个检验项目可各取两个试样。焊接接头的取样和检验方法应按《焊接接头机械性能试验取样方法》GB 2649、《焊接接头拉伸试验方法》GB 2651 和《焊接接头弯曲及压扁试验方法》GB 2653 等确定。

焊接接头焊缝的强度不应低于母材强度的最低保证值。

6.3.5 当对钢结构工程质量进行检测时，可抽样进行焊钉焊接后的弯曲检测，抽样数量不应少于本标准表 3.3.13 中 A 类检测的要求；检测方法与评定标准，锤击焊钉头使其弯曲至 30°，焊缝和热影响区没有肉眼可见的裂纹可判为合格；应按本标准表 3.3.14-3 进行检测批的合格判定。

6.3.6 高强度大六角头螺栓连接副的材料性能和扭矩系数，检验方法和检验规则应按《钢结构用高强度大六角头螺栓、大六角螺母、垫圈技术条件》GB/T 1231、《钢结构工程施工质量验收规范》GB 50205 和《钢结构高强度螺栓连接的设计、施工及验收规范》JGJ 82 确定。

6.3.7 扭剪型高强度螺栓连接副的材料性能和预拉力的检验，检验方法和检验规则应按《钢结构用扭剪型高强度螺栓连接副技术条件》GB/T 3633 和《钢结构工程施工质量验收规范》GB 50205 确定。

6.3.8 对扭剪型高强度螺栓连接质量，可检查螺栓端部的梅花头是否已拧掉，除因构造原因无法使用专用扳手拧掉梅花头者外，未在终拧中拧掉梅花头的螺栓数不应大于该节点螺栓数的 5%。抽样检验时，应按本标准表 3.3.14-1 或表 3.3.14-2 进行检测批的合格判定。

6.3.9 对高强度螺栓连接质量的检测，可检查外露丝扣，丝扣外露应为 2 至 3 扣。允许有 10% 的螺栓丝扣外露 1 扣或 4 扣。抽样检验时，应按本标准表 3.3.14-3 或表 3.3.14-4 进行检测批的合格判定。

6.4 尺寸与偏差

6.4.1 钢构件尺寸的检测应符合下列规定：

1 抽样检测构件的数量，可根据具体情况确定，但不应少于本标准表 3.3.13 规定的相应检测类别的最小样本容量；

2 尺寸检测的范围，应检测所抽样构件的全部尺寸，每个尺寸在构件的 3 个部位量测，取 3 处测试值的平均值作为该尺寸的代表值；

3 尺寸量测的方法，可按相关产品标准的规定量测，其中钢材的厚度可用超声波测厚仪测定；

4 构件尺寸偏差的评定指标，应按相应的产品标准确定；

5 对检测批构件的重要尺寸，应按本标准表 3.3.14-1 或表 3.3.14-2 进行检测批的合格判定；对检测批构件一般尺寸的判定，应按本标准表 3.3.14-3 或表 3.3.14-4 进行检测批的合格判定；

6 特殊部位或特殊情况下，应选择对构件安全性影响较大的部位或损伤有代表性的部位进行检测。

6.4.2 钢构件的尺寸偏差，应以设计图纸规定的尺寸为基准计算尺寸偏差；偏差的允许值，应按《钢结构工程施工质量验收规范》GB 50205 确定。

6.4.3 钢构件安装偏差的检测项目和检测方法，应按《钢结构工程施工质量验收规范》GB 50205 确定。

6.5 缺陷、损伤与变形

6.5.1 钢材外观质量的检测可分为均匀性，是否有夹层、裂纹、非金属夹杂和明显的偏析等项目。当对钢材的质量有怀疑时，应对钢材原材料进行力学性能检验或化学成分分析。

6.5.2 对钢结构损伤的检测可分为裂纹、局部变形、锈蚀等项目。

6.5.3 钢材裂纹，可采用观察的方法和渗透法检测。采用渗透法检测时，应用砂轮和砂纸将检测部位的表面及其周围 20mm 范围内打磨光滑，不得有氧化皮、焊渣、飞溅、污垢等；用清洗剂将打磨表面清洗

干净，干燥后喷涂渗透剂，渗透时间不应少于10min；然后再用清洗剂将表面多余的渗透剂清除；最后喷涂显示剂，停留 10～30min 后，观察是否有裂纹显示。

6.5.4　杆件的弯曲变形和板件凹凸等变形情况，可用观察和尺量的方法检测，量测出变形的程度；变形评定，应按现行《钢结构工程施工质量验收规范》GB 50205 的规定执行。

6.5.5　螺栓和铆钉的松动或断裂，可采用观察或锤击的方法检测。

6.5.6　结构构件的锈蚀，可按《涂装前钢材表面锈蚀等级和除锈等级》GB 8923 确定锈蚀等级，对 D 级锈蚀，还应量测钢板厚度的削弱程度。

6.5.7　钢结构构件的挠度、倾斜等变形与位移和基础沉降等，可分别参照本标准第 4.6.2 条、第 4.6.3 条和第 4.6.4 条的提出方法和相应标准规定的方法进行检测。

6.6　构　造

6.6.1　钢结构杆件长细比的检测与核算，可按本章第 6.4 节的规定测定杆件尺寸，应以实际尺寸等核算杆件的长细比。

6.6.2　钢结构支撑体系的连接，可按本章第 6.3 节的规定检测；支撑体系构件的尺寸，可按本章第 6.4 节的规定进行测定；应按设计图纸或相应设计规范进行核实或评定。

6.6.3　钢结构构件截面的宽厚比，可按本章第 6.4 节的规定测定构件截面相关尺寸，并进行核算，应按设计图纸和相关规范进行评定。

6.7　涂　装

6.7.1　钢结构防护涂料的质量，应按国家现行相关产品标准对涂料质量的规定进行检测。

6.7.2　钢材表面的除锈等级，可用现行国家标准《涂装前钢材表面锈蚀等级和除锈等级》GB 8923 规定的图片对照观察来确定。

6.7.3　不同类型涂料的涂层厚度，应分别采用下列方法检测：

　　1　漆膜厚度，可用漆膜测厚仪检测，抽检构件的数量不应少于本标准表 3.3.13 中 A 类检测样本的最小容量，也不应少于 3 件；每件测 5 处，每处的数值是 3 个相距 50mm 的测点干漆膜厚度的平均值。

　　2　对薄型防火涂料涂层厚度，可采用涂层厚度测定仪检测，量测方法应符合《钢结构防火涂料应用技术规程》CECS 24 的规定。

　　3　对厚型防火涂料涂层厚度，应采用测针和钢尺检测，量测方法应符合《钢结构防火涂料应用技术规程》CECS 24 的规定。

涂层的厚度值和偏差值应按《钢结构工程施工质量验收规范》GB 50205 的规定进行评定。

6.7.4　涂装的外观质量，可根据不同材料按《钢结构工程施工质量验收规范》GB 50205 的规定进行检测和评定。

6.8　钢 网 架

6.8.1　钢网架的检测可分为节点的承载力、焊缝、尺寸与偏差、杆件的不平直度和钢网架的挠度等项目。

6.8.2　钢网架焊接球节点和螺栓球节点的承载力的检验，应按《网架结构工程质量检验评定标准》JGJ 78 的要求进行。对既有的螺栓球节点网架，可从结构中取出节点来进行节点的极限承载力检验。在截取螺栓球节点时，应采取措施确保结构安全。

6.8.3　钢网架中焊缝，可采用超声波探伤的方法检测，检测操作与评定应按《焊接球节点钢网架焊缝超声波探伤及质量分级法》JG/T 3034.1 或《螺栓球节点钢网架焊缝超声波探伤及质量分级法》JG/T 3034.2 的要求进行。

6.8.4　钢网架中焊缝的外观质量，应按《钢结构工程施工质量验收规范》GB 50205 的要求进行检测。

6.8.5　焊接球、螺栓球、高强度螺栓和杆件偏差的检测，检测方法和偏差允许值应按《网架结构工程质量检验评定标准》JGJ 78 的规定执行。

6.8.6　钢网架钢管杆件的壁厚，可采用超声测厚仪检测，检测前应清除饰面层。

6.8.7　钢网架中杆件轴线的不平直度，可用拉线的方法检测，其不平直度不得超过杆件长度的千分之一。

6.8.8　钢网架的挠度，可采用激光测距仪或水准仪检测，每半跨范围内测点数不宜小于 3 个，且跨中应有 1 个测点，端部测点距端支座不应大于 1m。

6.9　结构性能实荷检验与动测

6.9.1　对于大型复杂钢结构体系可进行原位非破坏性实荷检验，直接检验结构性能。结构性能的实荷检验可按本标准附录 H 的规定进行。加荷系数和判定原则可按附录 H.2 的规定确定，也可根据具体情况进行适当调整。

6.9.2　对结构或构件的承载力有疑义时，可进行原型或足尺模型荷载试验。试验应委托具有足够设备能力的专门机构进行。试验前应制定详细的试验方案，包括试验目的、试件的选取或制作、加载装置、测点布置和测试仪器、加载步骤以及试验结果的评定方法等。试验方案可按附录 H 制定，并应在试验前经过有关各方的同意。

6.9.3　对于大型重要和新型钢结构体系，宜进行实际结构动力测试，确定结构自振周期等动力参数，结构动力测试宜符合本标准附录 E 的规定。

6.9.4 钢结构杆件的应力，可根据实际条件选用电阻应变仪或其他有效的方法进行检测。

7 钢管混凝土结构

7.1 一般规定

7.1.1 本章适用于钢管混凝土结构与构件质量或性能的检测。

7.1.2 钢管混凝土结构的检测可分为原材料、钢管焊接质量与构件的连接、钢管中混凝土的强度与缺陷以及尺寸与偏差等项工作。具体实施的检测工作或检测项目应根据钢管混凝土结构的实际情况确定。

7.2 原 材 料

7.2.1 钢管钢材力学性能的检验和化学成分分析，可按本标准第 6.2 节的规定执行。

7.2.2 钢管中混凝土原材料的质量与性能的检验，可按本标准第 4.2.1 条的规定执行。

7.3 钢管焊接质量与构件连接

7.3.1 钢管焊缝外观缺陷，检测方法和质量评定指标应按现行《钢结构工程施工质量验收规范》GB 50205 确定。

7.3.2 钢管混凝土结构的焊接质量与性能，可根据情况分别按本标准第 6.3.2 条、第 6.3.3 条和第 6.3.4 条进行检测。

7.3.3 当钢管为施工单位自行卷制时，焊缝坡口质量评定指标应按《钢管混凝土结构设计与施工规程》CECS 28 确定。

7.3.4 钢管混凝土构件之间的连接等，应根据连接的形式和连接构件的材料特性分别按本标准第 4 章和第 6 章的相关规定进行检测。

7.4 钢管中混凝土强度与缺陷

7.4.1 钢管中混凝土抗压强度，可采用超声法结合同条件立方体试块或钻取混凝土芯样的方法进行检测。

7.4.2 超声法检测钢管中混凝土抗压强度的操作可参见本标准附录Ⅰ。

7.4.3 抗压强度修正试件采用边长 150mm 同条件混凝土立方体试块或从结构构件测区钻取的直径 100mm（高径比 1∶1）混凝土芯样试件，试块或试件的数量不得少于 6 个；可取得对应样本的修正量或修正系数，也可采用一一对应修正系数。对应样本的修正量和修正系数可按本标准第 4.3.4 条的方法确定，一一对应的修正系数可按相应技术规程的方法确定。

7.4.4 构件或结构的混凝土强度的推定，宜按本标准第 3.3.15 条、第 3.3.16 条和第 3.3.20 条的规定给出推定区间；可按本标准第3.3.21条的规定进行评定。单个构件混凝土抗压强度的推定，当构件的测区数量少于 10 个时，以修正后换算强度的最小值作为构件混凝土抗压强度的推定值，当构件测区数为 10 个时，可按式(7.4.4)计算混凝土强度的推定值：

$$f_{cu,e} = f_{cu,m}^* - 1.645s \qquad (7.4.4)$$

式中 $f_{cu,m}^*$ ——10 个测区修正后换算强度的平均值；

s ——样本标准差。

7.4.5 钢管中混凝土的缺陷，可采用超声法检测，检测操作可按《超声法检测混凝土缺陷技术规程》CECS 21 的规定执行。

7.5 尺寸与偏差

7.5.1 钢管混凝土构件尺寸的检测可分为钢管、缀条、加强环、牛腿和连接腹板尺寸等项目，偏差的检测可分为钢管柱的安装偏差和拼接组装偏差等项目。

7.5.2 构件钢管和缀材钢管尺寸的检测可分为钢管的外径、壁厚和长度等项目。钢管的外径，可用专用卡具或尺量测；钢管的壁厚，可用超声测厚仪测定；钢管的长度，可用尺量或激光测距仪测定。

7.5.3 钢管混凝土构件最小尺寸的评定、外径与壁厚比值的限制和构件容许长细比按《钢管混凝土结构设计与施工规程》CECS 28 的规定评定。

7.5.4 格构柱缀条尺寸的检测可分为缀条的长度、宽度、厚度及缀条与柱肢轴线的偏心等项目；缀条的尺寸，可用尺量的方法检测。

7.5.5 梁柱节点的牛腿、连接腹板和加强环的尺寸，可用钢尺检测，其中加强环的设置与尺寸应按《钢管混凝土结构设计与施工规程》CECS 28 的规定评定。

7.5.6 钢管拼接组装的偏差的检测可分为纵向弯曲、椭圆度、管端不平整度、管肢组合误差和缀件组合误差等项目。其检测方法和评定指标可按《钢管混凝土结构设计与施工规程》CECS 28 的规定执行。

7.5.7 钢管柱的安装偏差检测分为立柱轴线与基础轴线偏差、柱的垂直度等项目，其检测方法和评定指标按《钢管混凝土结构设计与施工规程》CECS 28 确定。

8 木 结 构

8.1 一般规定

8.1.1 本章适用于木结构与木构件质量或性能的检测。

8.1.2 木结构的检测可分为木材性能、木材缺陷、尺寸与偏差、连接与构造、变形与损伤和防护措施等

项工作。

8.2 木材性能

8.2.1 木材性能的检测可分为木材的力学性能、含水率、密度和干缩率等项目。

8.2.2 当木材的材质或外观与同类木材有显著差异时或树种和产地判别不清时，可取样检测木材的力学性能，确定木材的强度等级。

8.2.3 木结构工程质量检测涉及到的木材力学性能可分为抗弯强度、抗弯弹性模量、顺纹抗剪强度、顺纹抗压强度等检测项目。

8.2.4 木材的强度等级，应按木材的弦向抗弯强度试验情况确定；木材弦向抗弯强度取样检测及木材强度等级的评定，应遵守下列规定：

1 抽取 3 根木材，在每根木材上截取 3 个试样；

2 除了有特殊检测目的之外，木材试样应没有缺陷或损伤；

3 木材试样应取自木材髓心以外的部分；取样方式和试样的尺寸应符合《木材抗弯强度试验方法》GB 1936.1 的要求；

4 抗弯强度的测试，应按《木材抗弯强度试验方法》GB 1936.1 的规定进行，并应将测试结果折算成含水率为 12% 的数值；木材含水率的检测方法，可参见本节第 8.2.5 条～第 8.2.7 条；

5 以同一构件 3 个试样换算抗弯强度的平均值作为代表值，取 3 个代表值中的最小代表值按表8.2.4 评定木材的强度等级；

表 8.2.4 木材强度检验标准

木材种类	针叶材			
强度等级	TC11	TC13	TC15	TC17
检验结果的最低强度值（N/mm²）不得低于	44	51	58	72
木材种类	阔叶材				
强度等级	TB11	TB13	TB15	TB17	TB20
检验结果的最低强度值（N/mm²）不得低于	58	68	78	88	98

6 当评定的强度等级高于现行国家标准《木结构设计规范》GB 50005 所规定的同种木材的强度等级时，取《木结构设计规范》GB 50005 所规定的同种木材的强度等级为最终评定等级；

7 对于树种不详的木材，可按检测结果确定等级，但应采用该等级 B 组的设计指标；

8 木材强度的设计指标，可依据评定的强度等级按《木结构设计规范》GB 50005 的规定确定。

8.2.5 木材的含水率，可采用取样的重量法测定，规格材可用电测法测定。

8.2.6 木材含水率的重量法测定，应从成批木材中或结构构件的木材的检测批中随机抽取 5 根，在端头 200mm 处截取 20mm 厚的片材，再加工成 20mm×20mm×20mm 的 5 个试件；应按《木材含水率测定方法》GB 1931 的规定进行测定。以每根构件 5 个试件含水率的平均值作为这根木材含水率的代表值。5 根木材的含水率测定值的最大值应符合下列要求：

1 原木或方木结构不应大于 25%；

2 板材和规格材不应大于 20%；

3 胶合木不应大于 15%。

8.2.7 木材含水率的电测法使用电测仪测定，可随机抽取 5 根构件，每根构件取 3 个截面，在每个截面的 4 个周边进行测定。每根构件 3 个截面 4 个周边的所测含水率的平均值，作为这根木材含水率的测定值，5 根构件的含水率代表值中的最大值应符合规格材含水率不应大于 20% 的要求。

8.3 木材缺陷

8.3.1 木材缺陷，对于圆木和方木结构可分为木节、斜纹、扭纹、裂缝和髓心等项目；对胶合木结构，尚有翘曲、顺弯、扭曲和脱胶等检测项目；对于轻型木结构尚有扭曲、横弯和顺弯等检测项目。

8.3.2 对承重用的木材或结构构件的缺陷应逐根进行检测。

8.3.3 木材木节的尺寸，可用精度为 1mm 的卷尺量测，对于不同木材木节尺寸的量测应符合下列规定：

1 方木、板材、规格材的木节尺寸，按垂直于构件长度方向量测。木节表现为条状时，可量测较长方向的尺寸，直径小于 10mm 的活节可不量测。

2 原木的木节尺寸，按垂直于构件长度方向量测，直径小于 10mm 的活节可不量测。

8.3.4 木节的评定，应按《木结构工程施工质量验收规范》GB 50206 的规定执行。

8.3.5 斜纹的检测，在方木和板材两端各选 1m 材长量测 3 次，计算其平均倾斜高度，以最大的平均倾斜高度作为其木材的斜纹的检测值。

8.3.6 对原木扭纹的检测，在原木小头 1m 材上量测 3 次，以其平均倾斜高度作为扭纹检测值。

8.3.7 胶合木结构和轻型木结构的翘曲、扭曲、横弯和顺弯，可采用拉线与尺量的方法或用靠尺与尺量的方法检测；检测结果的评定可按《木结构工程施工质量验收规范》GB 50206 的相关规定进行。

8.3.8 木结构的裂缝和胶合木结构的脱胶，可用探

针检测裂缝的深度，用裂缝塞尺检测裂缝的宽度，用钢尺量测裂缝的长度。

8.4 尺寸与偏差

8.4.1 木结构的尺寸与偏差可分为构件制作尺寸与偏差和构件的安装偏差等。

8.4.2 木结构构件尺寸与偏差的检测数量，当为木结构工程质量检测时，应按《木结构工程施工质量验收规范》GB 50206 的规定执行；当为既有木结构性能检测时，应根据实际情况确定，抽样检测时，抽样数量可按本标准表 3.3.13 确定。

8.4.3 木结构构件尺寸与偏差，包括桁架、梁（含檩条）及柱的制作尺寸，屋面木基层的尺寸、桁架、梁、柱等的安装的偏差等，可按《木结构工程施工质量验收规范》GB 50206 建议的方法进行检测。

8.4.4 木构件的尺寸应以设计图纸要求为准，偏差应为实际尺寸与设计尺寸的偏差，尺寸偏差的评定标准，可按《木结构工程施工质量验收规范》GB 50206 的规定执行。

8.5 连 接

8.5.1 木结构的连接可分为胶合、齿连接、螺栓连接和钉连接等检测项目。

8.5.2 当对胶合木结构的胶合能力有疑义时，应对胶合能力进行检测；胶合能力可通过对试样木材胶缝顺纹抗剪强度确定。

8.5.3 当工程尚有与结构中同批的胶时，可检测胶的胶合能力，其检测应符合下列要求：

　　1 被检验的胶在保质期之内；

　　2 用与结构中相同的木材制备胶合试样，制备工艺应符合《木结构设计规范》GB 50005 胶合工艺的要求；

　　3 检验一批胶至少用 2 个试条，制成 8 个试件，每一试条各取 2 个试件做干态试验，2 个做湿态试验；

　　4 试验方法，应按现行《木结构设计规范》GB 50005 的规定进行；

　　5 承重结构用胶的胶缝抗剪强度不应低于表 8.5.3 的数值；

表 8.5.3 对承重结构用胶的胶合能力最低要求

试件状态	胶缝顺纹抗剪强度值（N/mm²）	
	红松等软木松	栎木或水曲柳
干 态	5.9	7.8
湿 态	3.9	5.4

　　6 若试验结果符合表 8.5.3 的要求，即认为该试件合格，若试件强度低于表 8.5.3 所列数值，但其中木材部分剪坏的面积不少于试件剪面的 75%，则仍可认为该试件合格。若有一个试件不合格，须以加倍数量的试件重新试验，若仍有试件不合格，则该批胶被判为不能用于承重结构。

8.5.4 当需要对胶合构件的胶合质量进行检测时，可采取取样的方法，也可采取替换构件的方法；但取样要保证结构或构件的安全，替换构件的胶合质量应具有代表性。胶合质量的取样检测宜符合下列规定：

　　1 当可加工成符合第 8.5.3 条要求的试样时，试样数量、试验方法和胶合质量评定，可按第 8.5.3 条的规定执行；

　　2 当不能加工成符合第 8.5.3 条要求的试样时，可结合构件胶合面在构件中的受力形式按相应的木材性能试验方法进行胶合质量检测，试样数量和试样加工形式宜符合相应木材性能试验方法标准的规定。当测试得到的破坏形式是木材破坏时，可判定胶合质量符合要求，当测试得到的破坏形态为胶合面破坏时，宜取胶合面破坏的平均值作为胶合能力的检测结果。但在检测报告中，应对测试方法、测试结果的适用范围予以说明；

　　3 必要时，可核查胶合构件木材的品种和是否存在树脂溢出的现象。

8.5.5 齿连接的检测项目和检测方法，可按下列规定执行：

　　1 压杆端面和齿槽承压面加工平整程度，用直尺检测；压杆轴线与齿槽承压面垂直度，用直角尺量测；

　　2 齿槽深度，用尺量测，允许偏差±2mm；偏差为实测深度与设计图纸要求深度的差值；

　　3 支座节点齿的受剪面长度和受剪面裂缝，对照设计图纸用尺量，长度负偏差不应超过 10mm；当受剪面存在裂缝时，应对其承载力进行核算；

　　4 抵承面缝隙，用尺量或裂缝塞尺量测，抵承面局部缝隙的宽度不应大于 1mm 且不应有穿透构件截面宽度的缝隙；当局部缝隙不满足要求时，应核查齿槽承压面和压杆端部是否存在局部破损现象；当齿槽承压面与压杆端部完全脱开（全截面存在缝隙），应进行结构杆件受力状态的检测与分析；

　　5 保险螺栓或其他措施的设置，螺栓孔等附近是否存在裂缝；

　　6 压杆轴线与承压构件轴线的偏差，用尺量。

8.5.6 螺栓连接或钉连接的检测项目和检测方法，可按下列规定执行：

　　1 螺栓和钉的数量与直径；直径可用游标卡尺量测；

2 被连接构件的厚度，用尺量测；

3 螺栓或钉的间距，用尺量测；

4 螺栓孔处木材的裂缝、虫蛀和腐朽情况，裂缝用塞尺、裂缝探针和尺量测；

5 螺栓、变形、松动、锈蚀情况，观察或用卡尺量测。

8.6 变形损伤与防护措施

8.6.1 木结构构件损伤的检测可分为木材腐朽、虫蛀、裂缝、灾害影响和金属件的锈蚀等项目；木结构的变形可分为节点位移、连接松弛变形、构件挠度、侧向弯曲矢高、屋架出平面变形、屋架支撑系统的稳定状态和木楼面系统的振动等。

8.6.2 木结构构件虫蛀的检测，可根据构件附近是否有木屑等进行初步判定，可通过锤击的方法确定虫蛀的范围，可用电钻打孔用内窥镜或探针测定虫蛀的深度。

8.6.3 当发现木结构构件出现虫蛀现象时，宜对构件的防虫措施进行检测。

8.6.4 木材腐朽的检测，可用尺量测腐朽的范围，腐朽深度可用除去腐朽层的方法量测。

8.6.5 当发现木材有腐朽现象时，宜对木材的含水率、结构的通风设施、排水构造和防腐措施进行核查或检测。

8.6.6 火灾或侵蚀性物质影响范围和影响层厚度的检测，可参照本章第 8.6.2 条的方法测定。

8.6.7 当需要确定受腐朽、灾害影响木材强度时，可按本章第 2 节的相关规定取样测定，木材强度降低的幅度，可通过与未受影响区域试样强度的比较确定。在检测报告中应对试验方法及适用范围予以必要的说明。

8.6.8 木结构和构件变形及基础沉降等项目，可分别用本标准第 4.6.2 条、第 4.6.3 条和第 4.6.4 条提供的方法进行检测。

8.6.9 木楼面系统的振动，可按本标准附录 E 中提出的相应方法检测振动幅度。

8.6.10 必要时可按《木结构工程施工质量验收规范》GB 50206、《木结构设计规范》GB 50005 和《建筑设计防火规范》GBJ 16 等标准的要求和设计图纸的要求检测木结构的防虫、防腐和防火措施。

附录 A 结构混凝土冻伤的检测方法

A.0.1 结构混凝土冻伤情况的分类、各类冻伤的定义、特点、检验项目和检测方法见表 A.0.1。

A.0.2 结构混凝土冻伤类型的判别可根据其定义并结合施工现场情况进行判别。必要时，也可从结构上

取样，通过分析冻伤和未冻伤混凝土的吸水量、湿度变化等试验来判别。

A.0.3 混凝土冻伤检测的操作，应分别参照钻芯法、超声回弹综合法和超声法检测混凝土强度方法标准进行。

表 A.0.1 结构混凝土冻伤类型及检测项目与检测方法

混凝土冻伤类型		定 义	特 点	检验项目	采用方法
混凝土早期冻伤	立即冻伤	新拌制的混凝土，若入模温度较低且接近于混凝土冻结温度时则导致立即冻伤	内外混凝土冻伤基本一致	受冻混凝土强度	取芯法或超声回弹综合法
	预养冻伤	新拌制的混凝土，若入模温度较高，而混凝土预养时间不足，当环境温度降到混凝土冻结温度时则导致预养冻伤	内外混凝土冻伤不一致，内部轻微，外部较严重	1. 外部损伤较重的混凝土厚度及强度；2. 内部损伤轻微的混凝土强度	外部损伤较重的混凝土厚度可通过钻出芯样的湿度变化来检测，也可采用超声法
混凝土冻融损伤		成熟龄期后的混凝土，在含水的情况下，由于环境正负温度的交替变化导致混凝土损伤			

附录 B f-CaO 对混凝土质量影响的检测

B.0.1 本检测方法适用于判定 f-CaO 对混凝土质量的影响。

B.0.2 f-CaO 对混凝土质量影响的检测可分为现场检查、薄片沸煮检测和芯样试件检测等。

B.0.3 现场检查：可通过调查和检查混凝土外观质量（有无开裂、疏松、崩溃等严重破坏症状）初步确定 f-CaO 对混凝土质量有影响的部位和范围。

B.0.4 在初步确定有 f-CaO 对混凝土质量有影响的部位上钻取混凝土芯样，芯样的直径可为 70～100mm，在同一部位钻取的芯样数量不应少于 2 个，同一批受检混凝土至少应取得上述混凝土芯样 3 组。

B.0.5 在每个芯样上截取 1 个无外观缺陷的 10mm 厚的薄片试件，同时将芯样加工成高径比为 1.0 的芯

样试件，芯样试件的加工质量应符合《钻芯法检测混凝土强度技术规程》CECS 03 的要求。

B.0.6 试件的检测应遵守下列规定：

1 薄片沸煮检测：将薄片试件放入沸煮箱的试架上进行沸煮，沸煮制度应符合 B.0.7 条的规定。对沸煮过的薄片试件进行外观检查；

2 芯样试件检测：将同一部位钻取的 2 个芯样试件中的 1 个放入沸煮箱的试架上进行沸煮，沸煮制度应符合 B.0.7 条的规定。对沸煮过的芯样试件进行外观检查。将沸煮过的芯样试件晾置 3d，并与未沸煮的芯样试件同时进行抗压强度测试。芯样试件抗压强度测试应符合《钻芯法检测混凝土强度技术规程》CECS 03 的规定。按式（B.0.6）计算每组芯样试件强度变化的百分率 ξ_{cor}，并计算全部芯样试件抗压强度变换百分率的平均值 $\xi_{cor,m}$。

$$\xi_{cor} = [(f_{cor} - f^*_{cor})/f_{cor}] \times 100 \quad (B.0.6)$$

式中 ξ_{cor}——芯样试件强度变化的百分率；

f_{cor}——未沸煮芯样试件抗压强度；

f^*_{cor}——同组沸煮芯样试件抗压强度。

B.0.7 当出现下列情况之一时，可判定 f-CaO 对混凝土质量有影响：

1 有 2 个或 2 个以上沸煮试件（包括薄片试件和芯样试件）出现开裂、疏松或崩溃等现象；

2 芯样试件强度变化百分率平均值 $\xi_{cor,m}$ >30%；

3 仅有一个薄片试件出现开裂、疏松或崩溃等现象，并有一个 ξ_{cor} >30%。

B.0.8 沸煮制度，调整好沸煮箱内的水位，使能保证在整个沸煮过程中都超过试件，不需中途添补试验用水，同时又能保证在（30±5）min 内升至沸腾。将试样放在沸煮箱的试架上，在（30±5）min 内加热至沸，恒沸 6h，关闭沸煮箱自然降至室温。

附录 C 混凝土中氯离子含量测定

C.0.1 本方法适用于混凝土中氯离子含量的测定。

C.0.2 试样制备应符合下列要求：

1 将混凝土试样（芯样）破碎，剔除石子；

2 将试样缩分至 30g，研磨至全部通过 0.08mm 的筛；

3 用磁铁吸出试样中的金属铁屑；

4 试样置烘箱中于 105～110℃烘至恒重，取出后放入干燥器中冷却至室温。

C.0.3 混凝土中氯离子含量测定所需仪器如下：

1 酸度计或电位计：应具有 0.1pH 单位或 10mV 的精确度；精确的实验应采用具有 0.02pH 单位或 2mV 精确度；

2 216 型银电极；

3 217 型双盐桥饱和甘汞电极；

4 电磁搅拌器；

5 电震荡器；

6 滴定管（25mL）；

7 移液管（10mL）。

C.0.4 混凝土中氯离子含量测定所需试剂如下：

1 硝酸溶液（1+3）；

2 酚酞指示剂（10g/L）；

3 硝酸银标准溶液；

4 淀粉溶液。

C.0.5 硝酸银标准溶液的配制：称取 1.7g 硝酸银（称准至 0.0001g），用不含 Cl^- 的水溶解后稀释至 1L，混匀，贮于棕色瓶中。

C.0.6 硝酸银标准溶液按下述方法标定：

1 称取于 500～600℃烧至恒重的氯化钠基准试剂 0.6g（称准至 0.0001g），置于烧杯中，用不含 Cl^- 的水熔解，移入 1000mL 容量瓶中，稀释至刻度，摇匀；

2 用移液管吸取 25mL 氯化钠溶液于烧杯中，加水稀释至 50mL，加 10mL 淀粉溶液（10g/L），以 216 型银电极作指示电极，217 型双盐桥饱和甘汞电极作参比电极，用配制好的硝酸银溶液滴定，按 GB/T 9725—1988 中 6.2.2 条的规定，以二极微商法确定硝酸银溶液所用体积；

3 同时进行空白试验；

4 硝酸银溶液的浓度按下式计算：

$$C_{(AgNO_3)} = \frac{m_{(NaCl)} \times 25.00/1000.00}{(V_1 - V_2)0.05844} \quad (C.0.6)$$

式中 $C_{(AgNO_3)}$——硝酸银标准溶液之物质的量浓度，mol/L

$m_{(NaCl)}$——氯化钠的质量，g；

V_1——硝酸银标准溶液之用量，mL；

V_2——空白试验硝酸银标准溶液之用量，mL；

0.05844——氯化钠的毫摩尔质量，g/mmoL。

C.0.7 混凝土中氯离子含量按下述方法测定：

1 称取 5g 试样（称准至 0.0001g），置于具塞磨口锥形瓶中，加入 250.0mL 水，密塞后剧烈振摇 3～4min，置于电震荡器上震荡浸泡 6h，以快速定量滤纸过滤；

2 用移液管吸取 50mL 滤液于烧杯中，滴加酚酞指示剂 2 滴，以硝酸溶液（1+3）滴至红色刚好褪去，再加 10mL 淀粉溶液（10g/L），以 216 型银电极作指示电极，217 型双盐桥饱和甘汞电极作参比电极，用标准硝酸溶液滴定，并按 GB/T 9725—1988 中 6.2.2 条的规定，以二级微商法确定硝酸银溶液所用体积；

3 同时进行空白试验；

4 氯离子含量按下式计算：

$$W_{\text{Cl}^-} = \frac{C_{(\text{AgNO}_3)}(V_1 - V_2) \times 0.03545}{m_s \times 50.00/250.0} \times 100$$

(C.0.7)

式中 $W_{(\text{Cl}^-)}$——混凝土中氯离子之质量百分数；

$C_{(\text{AgNO}_3)}$——硝酸银标准溶液之物质的量浓度，mol/L；

V_1——硝酸银标准溶液之用量，mL；

V_2——空白试验硝酸银标准溶液之用量，mL；

0.03545——氯离子的毫摩尔质量，g/mmoL；

m_s——混凝土试样的质量，g。

附录 D 混凝土中钢筋锈蚀状况的检测

D.0.1 钢筋锈蚀状况的检测可根据测试条件和测试要求选择剔凿检测方法、电化学测定方法或综合分析判定方法。

D.0.2 钢筋锈蚀状况的剔凿检测方法，剔凿出钢筋直接测定钢筋的剩余直径。

D.0.3 钢筋锈蚀状况的电化学测定方法和综合分析判定方法宜配合剔凿检测方法的验证。

D.0.4 钢筋锈蚀状况的电化学测定可采用极化电极原理的检测方法，测定钢筋锈蚀电流和测定混凝土的电阻率，也可采用半电池原理的检测方法，测定钢筋的电位。

D.0.5 电化学测定方法的测区及测点布置应符合下列要求：

1 应根据构件的环境差异及外观检查的结果来确定测区，测区应能代表不同环境条件和不同的锈蚀外观表征，每种条件的测区数量不宜少于 3 个；

2 在测区上布置测试网格，网格节点为测点，网格间距可为 200mm×200mm、300mm×300mm 或 200mm×100mm 等，根据构件尺寸和仪器功能而定。测区中的测点数不宜少于 20 个。测点与构件边缘的距离应大于 50mm；

3 测区应统一编号，注明位置，并描述其外观情况。

D.0.6 电化学检测操作应遵守所使用检测仪器的操作规定，并应注意：

1 电极铜棒应清洁、无明显缺陷；

2 混凝土表面应清洁，无涂料、浮浆、污物或尘土等，测点处混凝土应湿润；

3 保证仪器连接点钢筋与测点钢筋连通；

4 测点读数应稳定，电位读数变动不超过 2mV；同一测点同一枝参考电极重复读数差异不得超过 10mV，同一测点不同参考电极重复读数差异不得超过 20mV；

5 应避免各种电磁场的干扰；

6 应注意环境温度对测试结果的影响，必要时应进行修正。

D.0.7 电化学测试结果的表达应符合下列要求：

1 按一定的比例绘出测区平面图，标出相应测点位置的钢筋锈蚀电位，得到数据阵列；

2 绘出电位等值线图，通过数值相等各点或内插各等值点绘出等值线，等值线差值宜为 100mV。

D.0.8 电化学测试结果的判定可参考下列建议。

1 钢筋电位与钢筋锈蚀状况的判别见表 D.0.8-1。

表 D.0.8-1 钢筋电位与钢筋锈蚀状况判别

序号	钢筋电位状况（mV）	钢筋锈蚀状况判别
1	−350～−500	钢筋发生锈蚀的概率为 95%
2	−200～−350	钢筋发生锈蚀的概率为 50%，可能存在坑蚀现象
3	−200 或高于−200	无锈蚀活动性或锈蚀活动性不确定，锈蚀概率 5%

2 钢筋锈蚀电流与钢筋锈蚀速率及构件损伤年限的判别见表 D.0.8-2。

表 D.0.8-2 钢筋锈蚀电流与钢筋锈蚀速率和构件损伤年限判别

序号	锈蚀电流 I_{corr}（μA/cm²）	锈蚀速率	保护层出现损伤年限
1	<0.2	钝化状态	—
2	0.2～0.5	低锈蚀速率	>15 年
3	0.5～1.0	中等锈蚀速率	10～15 年
4	1.0～10	高锈蚀速率	2～10 年
5	>10	极高锈蚀速率	不足 2 年

3 混凝土电阻率与钢筋锈蚀状况判别见表 D.0.8-3。

表 D.0.8-3 混凝土电阻率与钢筋锈蚀状态判别

序号	混凝土电阻率（kΩ·cm）	钢筋锈蚀状态判别
1	>100	钢筋不会锈蚀
2	50～100	低锈蚀速率
3	10～50	钢筋活化时，可出现中高锈蚀速率
4	<10	电阻率不是锈蚀的控制因素

D.0.9 综合分析判定方法，检测的参数可包括裂缝宽度、混凝土保护层厚度、混凝土强度、混凝土碳化深度、混凝土中有害物质含量以及混凝土含水率等，

根据综合情况判定钢筋的锈蚀状况。

附录 E   结构动力测试方法和要求

E.0.1 建筑结构的动力测试，可根据测试的目的选择下列方法：

1   测试结构的基本振型时，宜选用环境振动法，在满足测试要求的前提下也可选用初位移等其他方法；

2   测试结构平面内多个振型时，宜选用稳态正弦波激振法；

3   测试结构空间振型或扭转振型时，宜选用多振源相位控制同步的稳态正弦波激振法或初速度法；

4   评估结构的抗震性能时，可选用随机激振法或人工爆破模拟地震法。

E.0.2 结构动力测试设备和测试仪器应符合下列要求：

1   当采用稳态正弦激振的方法进行测试时，宜采用旋转惯性机械起振机，也可采用液压伺服激振器，使用频率范围宜在 0.5～30Hz，频率分辨率应高于 0.01Hz；

2   可根据需要测试的动参数和振型阶数等具体情况，选择加速度仪、速度仪或位移仪，必要时尚可选择相应的配套仪表；

3   应根据需要测试的最低和最高阶频率选择仪器的频率范围；

4   测试仪器的最大可测范围应根据被测结构振动的强烈程度来选定；

5   测试仪器的分辨率应根据被测结构的最小振动幅值来选定；

6   传感器的横向灵敏度应小于 0.05；

7   进行瞬态过程测试时，测试仪器的可使用频率范围应比稳态测试时大一个数量级；

8   传感器应具备机械强度高，安装调节方便，体积重量小而便于携带，防水，防电磁干扰等性能；

9   记录仪器或数据采集分析系统、电平输入及频率范围，应与测试仪器的输出相匹配。

E.0.3 结构动力测试，应满足下列要求：

1   脉动测试应满足下列要求：避免环境及系统干扰；测试记录时间，在测量振型和频率时不应少于 5min，在测试阻尼时不应小于 30min；当因测试仪器数量不足而做多次测试时，每次测试中应至少保留一个共同的参考点；

2   机械激振振动测试应满足下列要求：应正确选择激振器的位置，合理选择激振力，防止引起被测结构的振型畸变；当激振器安装在楼板上时，应避免楼板的竖向自振频率和刚度的影响，激振力应具有传递途径；激振测试中宜采用扫频方式寻找共振频

率，在共振频率附近进行测试时，应保证半功率带宽内有不少于 5 个频率的测点；

3   施加初位移的自由振动测试应符合下列要求：应根据测试的目的布置拉线点；拉线与被测试结构的连结部分应具有能够整体传力到被测试结构受力构件上；每次测试时应记录拉力数值和拉力与结构轴线间的夹角；量取波值时，不得取用突断衰减的初 2 个波；测试时不应使被测试结构出现裂缝。

E.0.4 结构动力测试的数据处理，应符合下列规定：

1   时域数据处理：对记录的测试数据应进行零点漂移、记录波形和记录长度的检验；被测试结构的自振周期，可在记录曲线上比较规则的波形段内取有限个周期的平均值；被测试结构的阻尼比，可按自由衰减曲线求取，在采用稳态正弦波激振时，可根据实测的共振曲线采用半功率点法求取；被测试结构各测点的幅值，应用记录信号幅值除以测试系统的增益，并按此求得振型；

2   频域数据处理：采样间隔应符合采样定理的要求；对频域中的数据应采用滤波、零均值化方法进行处理；被测试结构的自振频率，可采用自谱分析或傅里叶谱分析方法求取；被测试结构的阻尼比，宜采用自相关函数分析、曲线拟合法或半功率点法确定；被测试结构的振型，宜采用自谱分析、互谱分析或传递函数分析方法确定；对于复杂结构的测试数据，宜采用谱分析、相关分析或传递函数分析等方法进行分析；

3   测试数据处理后应根据需要提供被测试结构的自振频率、阻尼比和振型，以及动力反应最大幅值、时程曲线、频谱曲线等分析结果。

附录 F   回弹检测烧结普通砖抗压强度

F.0.1 本方法适用于用回弹法检测烧结普通砖的抗压强度。按本方法检测时，应使用 HT75 型回弹仪。

F.0.2 对检测批的检测，每个检验批中可布置 5～10 个检测单元，共抽取 50～100 块砖进行检测，检测块材的数量尚应满足本标准第 3.3.13 条 A 类检测样本容量的要求和本标准第 3.3.15 条与第 3.3.16 条对推定区间的要求。

F.0.3 回弹测点布置在外观质量合格砖的条面上，每块砖的条面布置 5 个回弹测点，测点应避开气孔等且测点之间应留有一定的间距。

F.0.4 以每块砖的回弹测试平均值 R_m 为计算参数，按相应的测强曲线计算单块砖的抗压强度换算值；当没有相应的换算强度曲线时，经过试验验证后，可按式（F.0.4）计算单块砖的抗压强度换算值：

黏土砖：$\qquad f_{1,i} = 1.08R_{m,i} - 32.5$；

页岩砖：$f_{1,i} = 1.06R_{m,i} - 31.4$；（精确至小数点后 1 位）

煤矸石砖： $f_{1,i} = 1.05R_{m,i} - 27.0$；　　(F.0.4)

式中　$R_{m,i}$——第 i 块砖回弹测试平均值；

　　　$f_{1,i}$——第 i 块砖抗压强度换算值。

F.0.5 抗压强度的推定，以每块砖的抗压强度换算值为代表值，按本标准第 3.3.19 条或第 3.3.20 条的规定确定推定区间。

F.0.6 回弹法检测烧结普通砖的抗压强度宜配合取样检验的验证。

附录 G　表面硬度法推断钢材强度

G.0.1 本检测方法适用于估算结构中钢材抗拉强度的范围，不能准确推定钢材的强度。

G.0.2 构件测试部位的处理，可用钢锉打磨构件表面，除去表面锈斑、油漆，然后应分别用粗、细砂纸打磨构件表面，直至露出金属光泽。

G.0.3 按所用仪器的操作要求测定钢材表面的硬度。

G.0.4 在测试时，构件及测试面不得有明显的颤动。

G.0.5 按所建立的专用测强曲线换算钢材的强度。

G.0.6 可参考《黑色金属硬度及相关强度换算值》GB/T 1172 等标准的规定确定钢材的换算拉强度，但测试仪器和检测操作应符合相应标准的规定，并应对标准提供的换算关系进行验证。

附录 H　钢结构性能的静力荷载检验

H.1　一般规定

H.1.1 本附录适用于普通钢结构性能的静力荷载检验，不适用于冷弯型钢和压型钢板以及钢-混组合结构性能和普通钢结构疲劳性能的检验。

H.1.2 钢结构性能的静力荷载检验可分为使用性能检验、承载力检验和破坏性检验；使用性能检验和承载力检验的对象可以是实际的结构或构件，也可以是足尺寸的模型；破坏性检验的对象可以是不再使用的结构或构件，也可以是足尺寸的模型。

H.1.3 检验装置和设置，应能模拟结构实际荷载的大小和分布，应能反映结构或构件实际工作状态，加荷点和支座处不得出现不正常的偏心，同时应保证构件的变形和破坏不影响测试数据的准确性和不造成检验设备的损坏和人身伤亡事故。

H.1.4 检验的荷载，应分级加载，每级荷载不宜超过最大荷载的 20%，在每级加载后应保持足够的静止时间，并检查构件是否存在断裂、屈服、屈曲的迹象。

H.1.5 变形的测试，应考虑支座的沉降变形的影响，正式检验前应施加一定的初试荷载，然后卸荷，

使构件贴紧检验装置。加载过程中应记录荷载变形曲线，当这条曲线表现出明显非线性时，应减小荷载增量。

H.1.6 达到使用性能或承载力检验的最大荷载后，应持荷至少 1h，每隔 15min 测取一次荷载和变形值，直到变形值在 15min 内不再明显增加为止。然后应分级卸载，在每一级荷载和卸载全部完成后测取变形值。

H.1.7 当检验用模型的材料与所模拟结构或构件的材料性能有差别时，应进行材料性能的检验。

H.2　使用性能检验

H.2.1 使用性能检验以证实结构或构件在规定荷载的作用下不出现过大的变形和损伤，经过检验且满足要求的结构或构件应能正常使用。

H.2.2 在规定荷载作用下，某些结构或构件可能会出现局部永久性变形，但这些变形的出现应是事先确定的且不表明结构或构件受到损伤。

H.2.3 检验的荷载，应取下列荷载之和：

实际自重×1.0；

其他恒载×1.15；

可变荷载×1.25。

H.2.4 经检验的结构或构件应满足下列要求：

　1 荷载-变形曲线宜基本为线性关系；

　2 卸载后残余变形不应超过所记录到最大变形值的 20%。

H.2.5 当第 H.2.4 条的要求不满足时，可重新进行检验。第二次检验中的荷载-变形应基本上呈现线性关系，新的残余变形不得超过第二次检验中所记录到最大变形的 10%。

H.3　承载力检验

H.3.1 承载力检验用于证实结构或构件的设计承载力。

H.3.2 在进行承载力检验前，宜先进行 H.2 节所述使用性能检验且检验结果满足相应的要求。

H.3.3 承载力检验的荷载，应采用永久和可变荷载适当组合的承载力极限状态的设计荷载。

H.3.4 承载力检验结果的评定，检验荷载作用下，结构或构件的任何部分不应出现屈曲破坏或断裂破坏；卸载后结构或构件的变形应至少减少 20%。

H.4　破坏性检验

H.4.1 破坏性检验用于确定结构或模型的实际承载力。

H.4.2 进行破坏性检验前，宜先进行设计承载力的检验，并根据检验情况估算被检验结构的实际承载力。

H.4.3 破坏性检验的加载，应先分级加到设计承载

力的检验荷载，根据荷载变形曲线确定随后的加载增量，然后加载到不能继续加载为止，此时的承载力即为结构的实际承载力。

附录 J 超声法检测钢管中混凝土抗压强度

J.0.1 本附录适用于超声法检测钢管中混凝土的强度，按本附录得到的混凝土强度换算值应进行同条件立方体试块或芯样试件抗压强度的修正。

J.0.2 超声法检测钢管中混凝土的强度，圆钢管的外径不宜小于 300mm，方钢管的最小边长不宜小于 275mm。

J.0.3 超声法的测区布置和抽样数量应符合下列要求：

1 按检测批检测时，抽样检测构件的数量不应少于本标准表 3.3.13 中样本最小容量的规定，测区数量尚应满足本标准对计量抽样推定区间的要求；

2 每个构件上应布置 10 个测区（每个测区应有 2 个相对的测面）；小构件可布置 5 个测区；

3 每个测面的尺寸不宜小于 200mm×200mm。

J.0.4 超声法的测区，钢管的外表面应光洁，无严重锈蚀，并应能保证换能器与钢管表面耦合良好。

J.0.5 在每个测区内的相对测试面上，应各布置 3 个测点，发射和接收换能器的轴线应在同一轴线上，对于圆钢管该轴线应通过钢管的圆心。如图 J.0.5 所示。

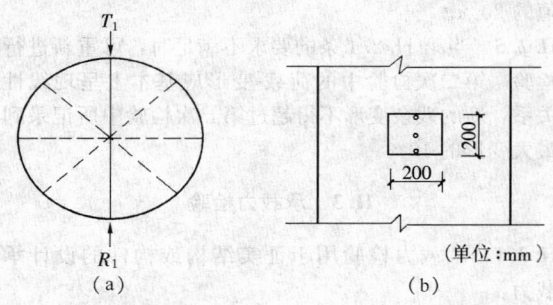

图 J.0.5 钢管中混凝土强度检测示意图
(a) 平面图；(b) 立面图

J.0.6 测区的声速应按下列公式计算：

$$V = d/t_m \qquad (J.0.6\text{-}1)$$

$$t_m = (t_1 + t_2 + t_3)/2 \qquad (J.0.6\text{-}2)$$

式中 　V——测区声速值，（精确到 0.01km/s）；

　　　d——超声测距，即钢管外径，精确到毫米；

　　　t_m——测区平均声时值，精确到 0.1μs；

　　t_1、t_2、t_3——分别为测区中 3 个测点的声时值，精确到 0.1μs。

J.0.7 构件第 i 个测区的混凝土强度换算值 $f^c_{cu,i}$，应依据测区声速值 V 按专用测强曲线或地区测强曲线确定。

本标准用词用语说明

1 为了便于在执行本标准条文时区别对待，对要求严格程度不同的用词说明如下：

1）表示很严格，非这样做不可的用词：

正面词采用"必须"；反面词采用"严禁"。

2）表示严格，在正常情况下均应这样做的用词：

正面词采用"应"；反面词采用"不应"或"不得"。

3）表示允许稍有选择，在条件许可时首先这样做的用词：

正面词采用"宜"；反面词采用"不宜"；

表示有选择，在一定条件下可以这样做的，采用"可"。

2 标准中指定应按其他有关标准、规范执行时，写法为："应符合……的规定"或"应按……执行"。

中华人民共和国国家标准

建筑结构检测技术标准

GB/T 50344—2004

条 文 说 明

目　　次

1 总 则

1.0.1 本条是编制本标准的宗旨。建筑结构检测得到的数据与结论是评定有争议建筑结构工程质量的依据，也是鉴定已有建筑结构性能等的依据。

近年来，建筑结构的检测技术取得了很大的发展，目前已经制订了一些结构材料强度及构件质量的检测标准。但是，建筑结构的检测不仅仅是材料强度的检测，特别是目前这些规范的检测内容尚未与各类结构工程的施工质量验收规范或已有建筑结构的鉴定标准相衔接，已有结构材料强度现场检测的抽样方案和检测结果的评定也存在不一致的问题。因此需要制定一本建筑结构检测技术标准，为建筑结构工程质量的评定和已有建筑结构性能的鉴定提供可靠的检测数据和检测结论。

1.0.2 本条规定了本标准的适用范围。建筑结构工程质量检测的对象一般是对工程质量有怀疑、有争议或出现工程质量问题的结构工程，参见本标准第3.1.2条的规定和相应的条文说明。已有建筑结构检测的对象一般为正在使用的建筑结构，参见本标准第3.1.3条的规定和相应的条文说明。

1.0.3 古建筑的检测有其特殊的要求，古建筑的结构材料与现代建筑结构的材料有差异，本标准规定的一些取样检测方法在一些古建筑的检测中无法使用；受到特殊腐蚀性物质影响的结构构件也有一些特殊的检测项目。因此在对古建筑和受到特殊腐蚀性物质影响的结构构件进行检测时，可参考本标准的基本原则，根据具体情况选择合适的检测方法。

1.0.4 本条表明在建筑结构的检测工作中，除执行本标准的规定外，尚应执行国家现行的有关标准、规范的规定。这些国家现行的有关标准、规范主要是《建筑工程施工质量验收统一标准》GB 50300，混凝土结构、钢结构、木结构工程与砌体工程施工质量验收规范和工业厂房、民用建筑可靠性鉴定标准、建筑抗震鉴定标准以及相应的结构材料强度现场检测标准等。

1.0.5 本条强调建筑结构的检测工作不能对建筑市场的管理起负面的作用。

2 术语和符号

2.1 术 语

本章所给出的术语可分为两类：一类为建筑结构方面，这类术语与有关标准一致；另一类为本标准检测用的专用术语，除了与有关结构材料强度现场检测标准协调外，多数仅从本标准的角度赋予其涵义，但涵义不一定是术语的定义。同时还分别给出了相应的推荐性英文术语，该英文术语不一定是国际上的标准术语，仅供参考。

2.2 符 号

本节的符号符合《建筑结构设计术语和符号标准》GB/T 50083—1997的规定。

3 基 本 规 定

3.1 建筑结构检测范围和分类

3.1.1 本条明确规定了建筑结构的检测分为建筑结构工程质量的检测和已有建筑结构性能的检测两种类型。建筑结构工程质量的检测与已有建筑结构性能的检测项目、检测方法和抽样数量等大致相同，只是已有建筑结构性能的检测可能面对的结构损伤与材料老化等问题要多一些，现场检测遇到问题的难度要大一些。本标准虽然有关于"建筑结构工程"和"已有建筑结构"的术语，但两者之间没有绝对准确的界限。

3.1.2 本条给出了建筑结构工程的质量应进行检测的情况。一般情况下，建筑结构工程的质量应按《建筑工程施工质量验收统一标准》GB 50300和相应的工程施工质量验收规范进行验收。建筑工程施工质量验收与建筑结构工程质量检测有共同之处也有明显的区别。两项工作最大的区别在于实施主体，建筑结构工程质量检测工作的实施主体是有检测资质的独立的第三方；建筑结构工程质量的检测结果和评定结论可作为建筑结构工程施工质量验收的依据之一。两项工作的共同之处在于建筑工程施工质量验收所采取的一些具体检测方法可为建筑结构工程质量检测所采用，建筑结构工程质量检测所采用的检测方法和抽样方案等可供建筑结构施工质量验收参考，特别是为建筑结构工程施工质量验收所实施的工程质量实体检验工作可以参考本标准的规定。

3.1.3 本条规定了已有建筑结构应进行检测的情况。已有建筑结构在使用过程中，不仅需要经常性的管理与维护，而且还需要进行必要的检测、检查与维修，才能全面完成设计所预期的功能。此外，有一定数量的已有建筑结构或因设计、施工、使用不当而需要加固，或因用途变更而需要改造，或因当地抗震设防烈度改变而需要抗震鉴定或因受到灾害、环境侵蚀影响需要鉴定等等；有的建筑结构已经达到设计使用年限还需继续使用，还有些建筑结构，虽然使用多年，但影响其可靠性的根本问题还是施工质量问题。对于这些已有建筑结构应进行结构性能的鉴定。要做好这些鉴定工作，首先必须对涉及结构性能的现状缺陷和损伤、结构构件材料强度及结构变形等进行检测，以便了解已有建筑结构的可靠性等方面的实际情况，为鉴定提供事实、可靠和有效的依据。

3.1.4 本条是对建筑结构检测工作的基本要求。

3.1.5 本条为确定建筑结构检测项目和检测方案的基本原则。

3.1.6 大型公共建筑为人员较为集中的场所，重要建筑对于政治、国民经济影响比较大。这两类建筑的面积相对比较大，结构体型又往往比较复杂。对于这两类建筑在使用过程中应定期检查和进行必要的检测，以保证使用安全。由于结构构件开裂等损伤能使结构动力测试的基本周期增大，在振型反应中也能反映出来，这种动力测试结果有助于确定是否进行下一步的仔细检测。同时结构动力测试也不会对结构造成损伤。所以，对于大型公共建筑和重要建筑宜在建筑工程竣工验收完成后，使用前和使用后，分别进行一次动力测试。并宜在每隔 10 年左右再进行一次动力测试，对使用 30 年以上的建筑物宜 7 年左右进行一次动力测试。这些测试应与工程竣工验收完成使用后的动力测试相比较，以确定建筑结构是否存在损伤及其损伤的范围，为是否需要进行详细检测提供依据。

随着光纤和激光等检测技术的应用，能够较准确地量测结构构件施工阶段和使用阶段的内力、变形状况，这种安全性监测有助于保证施工安全和使用阶段的安全。

3.2 检测工作程序与基本要求

3.2.1 建筑结构检测工作程序是对检测工作全过程和几个主要阶段的阐述。程序框图中描述了一般建筑结构检测从接受委托到检测报告的各个阶段都是必不可少的。对于特殊情况的检测，则应根据建筑结构检测的目的确定其检测程序框图和相应的内容。

3.2.2 建筑结构检测工作中的现场调查和有关资料的调查是非常重要的。了解建筑结构的状况和收集有关资料，不仅有利于较好地制定检测方案，而且有助于确定检测的内容和重点。现场调查主要是了解被检测建筑结构的现状缺陷或使用期间的加固维修及用途和荷载等变更情况，同时应与委托方探讨确定检测的目的、内容和重点。

有关的资料主要是指建筑结构的设计图、设计变更、施工记录和验收资料、加固图和维修记录等。当缺乏有关资料时，应向有关人员进行调查。当建筑结构受到灾害或邻近工程施工的影响时，尚应调查建筑结构受到损伤前的情况。

3.2.3～3.2.4 建筑结构的检测方案应根据检测的目的、建筑结构现状的调查结果来制定，宜包括概况、检测的目的、检测依据、检测项目、选用的检测方法和检测数量等以及所需要的配合、安全和环保措施等。

3.2.5 对建筑结构检测中所使用的仪器、设备提出了要求。

3.2.6 本条对建筑结构现场检测的原始记录提出要求，这些要求是根据原始记录的重要性和为了规范检测人员的行为而提出的。

3.2.7 对建筑结构现场检测取样运回到试验室测试的样品，应满足样品标识、传递、安全储存等规定。

3.2.9 在建筑结构检测中，当采用局部破损方法检测时，在检测工作完成后应进行结构构件受损部位的修补工作，在修补中宜采用高于构件原设计强度等级的材料。

3.2.10 本条规定了检测工作完成后应及时进行计算分析和提出相应检测报告，以便使建筑结构所存在的问题能得到及时的处理。

3.3 检测方法和抽样方案

3.3.1 本条规定了选取检测方法的基本原则，主要强调检测方法的适用性问题。

3.3.2 规定可用于建筑结构检测的四类检测方法，其目的是鼓励采用先进的检测方法、开发新的检测技术和使检测方法标准化。

3.3.3 有相应标准的检测方法，如回弹法检测混凝土抗压强度有相应的行业标准和地方标准。当采用这类方法时应注意标准的适用性问题。

3.3.4 规范标准规定的检测方法，如工程施工质量验收规范等对一些检测项目规定或建议了检测方法。在这些方法中，有些是有相应的标准的，有些是没有相应的标准的，对于没有相应标准的检测方法，检测单位应有相应的检测细则。制定检测细则的目的是规范检测的操作和其他行为，保证检测的公正、公平和公开性。

3.3.5 目前有检测标准的检测方法较少，因此鼓励开发和引进新的检测方法。在已有的检测方法基础之上扩大该方法的适用范围是开发新的检测方法的一种途径。但是扩大了适用范围必然会带来检测结果的系统偏差，因此必须对可能产生的系统偏差予以修正。

3.3.6 本条的目的是鼓励检测单位开发和引进新的检测方法。新开发和引进的检测方法和仪器应通过技术鉴定，并应与已有的检测方法和仪器进行比对试验和验证。此外，新开发和引进的检测方法应有相应的检测细则。

3.3.7 采用局部破损的取样方法和原位检测方法时，应注意不应构成结构或构件的安全问题。

3.3.8 古建筑和保护建筑一旦受到损伤很难按原样修复，因此应避免造成损伤。

3.3.9 建筑结构的动力检测，可分为环境振动和激振等方法。对了解结构的动力特性和结构是否存在抗侧力构件开裂等，可采用环境振动的方法；对于了解结构抗震性能，则应采用激振等方法。

3.3.10 我国重大工程事故，一般多发生在施工阶段和建成后的一段时间内，然后才是超载和维护跟不上造成的损伤。在正常设计情况下，由于施工偏差以及

新型结构体系施工方案不一定完全符合这种结构的受力特点等，可能造成少量构件截面应力和变形过大。近些年国内外光纤和激光等应变传感器已进入实用阶段，为重大工程和新型结构体系进行施工阶段构件应力的监测提供了条件。在进行施工监测中应优化监测方案，即选择可能受力较大的构件（部位）或较薄弱的构件（部位）。

3.3.11 本条提出了建筑结构检测抽样方案选择的原则要求。对于比较简单易行，又以数量多少评判的检测项目，如外部缺陷等宜选用全数检测方案；对于结构、构件尺寸偏差的检测，宜选用一次或两次计数抽样方案，但应遵守计数抽样检测的规则；结构连接构造影响结构的变形性能，因此对连接构造的检测应选择对结构安全影响大的部位；结构构件实荷检验的目的是检验构件的结构性能，因此，应选择同类构件中承受荷载相对较大和构件施工质量相对较差的构件；对按检测批评定的结构构件材料强度，应进行随机抽样。

对于建筑结构工程质量的检测，也可选择《建筑工程施工质量验收统一标准》和相应专业验收规范规定的抽样方案等。

3.3.12 检测数量与检测对象的确定可以有两类，一类指定检测对象和范围，另一类是抽样的方法。对于建筑结构的检测两类情况都可能遇到。当指定检测对象和范围时，其检测结果不能反映其他构件的情况，因此检测结果的适用范围不能随意扩大。

3.3.13 本条规定了建筑结构按检测批检测时抽样的最小样本容量，其目的是要保证抽样检测结果具有代表性。最小样本容量不是最佳的样本容量，实际检测时可根据具体情况和相应技术规程的规定确定样本容量，但样本容量不应少于表 3.3.13 的限定量。

对于计量抽样检测的检测批来说，表 3.3.13 的限制值可以是构件也可以是取得测试数据代表值的测区。例如对于混凝土构件强度检测来说，可以以构件总数作为检测批的容量，抽检构件的数量满足表 3.3.13 中最小样本容量的要求；在每个构件上布置若干个测区，取得测区测试数据的代表值。用所有测区测试数据代表值构成数据样本，按本标准第 3.3.15 条和第 3.3.16 条的规定确定推定区间。例如，砌筑块材强度的检测，可以以墙体的数量作为检测批的容量，抽样墙体数量满足表 3.3.13 中样本最小容量的要求，在每道抽检墙体上进行若干块砌筑块材强度的检测，取每个块材的测试数据作为代表值，形成数据样本，确定推定区间；也可以以砌筑块材总数作为检测批的容量，使抽样检测块材的总数满足表 3.3.13 样本最要容量的要求。

3.3.14 依据《逐批检查计数抽样程序及抽样表》GB 2828 给出了建筑结构检测的计数抽样的样本容量和正常一次抽样、正常二次抽样结果的判定方法。

以表 3.3.14-3 和表 3.3.14-4 为例说明使用方法。当为一般项目正常一次性抽样时，样本容量为 13，在 13 个试样中有 3 个或 3 个以下的试样被判为不合格时，检测批可判为合格；当 13 个试样中有 4 个或 4 个以上的试样被判为不合格时则该检测批可判为不合格。对于一般项目正常二次抽样，样本容量为 13，当 13 个试样中有 1 个被判为不合格时，该检测批可判为合格；当有 3 个或 3 个以上的试样被判为不合格时，该检测批可判为不合格；当 2 个试样被判为不合格时进行第二次抽样，样本容量也为 13 个，两次抽样的样本容量为 26，当第一次的不合格试样与第二次的不合格试样之和为 4 或小于 4 时，该检测批可判为合格，当第一次的不合格试样与第二次的不合格试样之和为 5 或大于 5 时，该检测批可判为不合格。一般项目的允许不合格率为 10%，主控项目的允许不合格率为 5%。主控项目和一般项目应按相应工程施工质量验收规范确定。当其他检测项目按计数方法进行评定时，可参照上述方法实施。

3.3.15 根据计量抽样检测的理论，随机抽样不能得到被推定参数的准确数值，只能得到被推定参数的估计值，因此推定结果应该是一个区间。以图 1 和图 2 关于检测批均值 μ 的推定来说明这个问题。

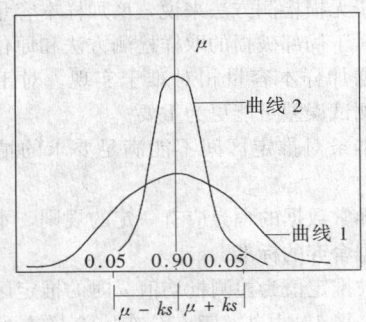

图 1　置信区间示意图

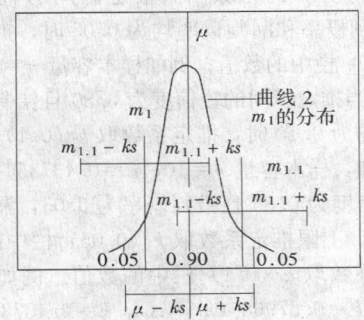

图 2　推定区间示意图

曲线 1 为检测批的随机变量分布，μ 为其均值，曲线 2 为样本容量为 n_1 时样本均值 m_1 的分布，图中

所示的 m_1 的分布表明，m_1 是随机变量，用 m_1 估计检测批均值 μ 时，虽然可以得到样本均值 $m_{1.1}$ 的确定的数值，但是不能确定样本均值 $m_{1.1}$ 落在 m_1 分布曲线的确定的位置，存在着检测结果的不确定性的问题。根据统计学的原理，可以知道随机变量 m_1 落在某一区间的概率，并可以使随机变量落在某个区间的概率为 0.90，如图示的区间 $\mu-ks$，$\mu+ks$ 示。

对于一次性的检测，可以得到随机变量 m_1 的一个确定的值 $m_{1.1}$。由于 $m_{1.1}$ 落在区间 $\mu-ks$，$\mu+ks$ 之内的概率为 0.90，所以区间 $m_{1.1}-ks$，$m_{1.1}+ks$ 包含检测批均值 μ 的概率为 0.90。0.90 为推定区间的置信度。推定区间的置信度表明被推定参数落在推定区间内的概率。错判概率表示被推定值大于推定区间上限的概率（生产方风险），漏判概率为被推定值小于推定区间下限的概率（使用方风险）。本条的规定与《建筑工程施工质量验收统一标准》GB 50300 的规定是一致的。推定区间实际上是被推定参数的接收区间。

3.3.16 本条对计量抽样检测批检测结果的推定区间进行了限制，在置信度相同的前提下，推定区间越小，推定结果的不确定性越小。样本的标准差 s 和样本容量 n 决定了推定区间的大小。因此减小样本的标准差 s 或增加样本的容量是减小检测结果不确定性的措施。对于无损检测方法来说，增加样本容量相对容易实现，对于局部破损的取样检测方法和原位检测方法来说，增加样本容量相对难于实现。对于后者来说，减小测试误差可能更为重要。

3.3.17 本条对推定区间不能满足要求的情况作出规定。

3.3.18 异常数据的舍弃应有一定的规则，本条提供了异常数据舍弃的标准。

3.3.19 被推定值为检测批均值 μ 时的推定区间计算方法。表 3.3.19 选自《正态分布完全样本可靠度单侧置信下限》GB/T 4885—1985。表中均值栏是对应于检测批均值 μ 的系数。当推定区间的置信度为 0.90 且错判概率和漏判概率均为 0.05 时，推定系数取 k（0.05）栏中的数值；例如样本容量 $n=10$，$k=0.57968$。当推定区间的置信度为 0.80 且错判概率和漏判概率均为 0.10 时，推定系数取 k（0.1）栏中的数值。例如，样本容量 $n=10$，$k=0.43735$。当推定区间的置信度为 0.85 且错判概率为 0.05，漏判概率为 0.10 时，上限推定系数取 k（0.05）栏中的数值，下限推定系数取 k（0.1）栏中的数值。例如样本容量 $n=10$，$k=0.57968$（$m+ks$），$k=0.43735$（$m-ks$）。

3.3.20 被推定值为具有 95% 保证率的标准值（特征值）x_k 时的推定区间计算方法。表 3.3.19 中标准值栏是对应于检测批标准值 x_k。当推定区间的置信度为 0.90 且错判概率和漏判概率均为 0.05 时，推定

系数取标准值（0.05）栏中的数值，例如样本容量 $n=30$，$k_1=1.24981$，$k_2=2.21984$。当推定区间的置信度为 0.80 且错判概率和漏判概率均为 0.10 时，推定系数取标准值（0.1）栏中的相应数值。例如样本容量 $n=30$，$k_1=1.33175$，$k_2=2.07982$。当推定区间的置信度为 0.85 且错判概率为 0.05 而漏判概率为 0.10 时，上限推定系数 k_1 取标准值（0.05）栏中的相应的数值，下限推定系数 k_2 取标准值（0.1）栏中相应的数值。例如样本容量 $n=30$，$k_1=1.24981$，$k_2=2.07982$。

3.3.21 判定的方法。例，混凝土立方体抗压强度推定区间为 17.8～22.5MPa，当设计要求的 $f_{cu.k}$ 为 20MPa 混凝土时，可判为立方体抗压强度满足设计要求，当设计要求的 $f_{cu.k}$ 为 25MPa 时，可判为低于设计要求。

3.4 既有建筑的检测

3.4.1 本条提出了对既有建筑进行正常检查与建筑结构的常规检测要求。没有正常检查制度和常规检测制度是我国建筑管理方面的一大缺憾。正常检查制度和常规检测制度是避免发生恶性事故的必要措施，是及时采取防范和维修措施、避免重大经济损失的先决条件。

3.4.2～3.4.3 既有建筑正常检查的重点，正常检查可侧重于使用的安全。本条所指出的检查重点都是近年来出现事故造成人员伤亡和相应经济损失的部位。既有建筑是否存在使用安全问题的检查不是一项专业技术要求很高的工作。当正常检查中发现难于解决的问题时，可委托有资质的检测单位进行检测。

3.4.4 一般工业与民用的建筑结构设计使用年限内进行常规检测。有腐蚀性介质侵蚀的工业建筑、受到污染影响的建筑或构筑物、处于严重冻融影响环境的建筑物或构筑物、土质较差地基上的建筑物或构筑物等的结构，常规检测的时间可适当缩短。

建筑结构的常规检测不能只是构件外观质量及损伤的检查，需要相应的科学的检测方法、检测仪器和定量的检测数据，属结构检测范围。因此需要由有资质的检测单位进行检测。常规检测的目的是确定建筑结构是否存在隐患。一般工业与民用建筑在使用 10～15 年，结构耐久性问题、结构设计失误问题、隐藏的结构施工质量问题以及由于不正当的使用造成的问题都会有所显露。此时进行常规检测可以及早发现事故的隐患，采取积极的处理措施，减少经济损失。对于存在严重隐患的建筑结构，可避免出现坍塌等恶性事故。对于恶劣环境中的建筑结构，缩短正常检测的年限是合理的。

3.4.5 建筑结构常规检测有其特殊的问题，要尽量发现问题又不能对建筑物的正常使用构成影响。因此，应选择适当的检测方法。

3.4.6 本条提示了常规检测的重点部位，这些部位容易出现损伤。

3.4.7 第一次常规检测后，依据检测数据和鉴定结果可判定下次常规检测的时间。

3.5 检 测 报 告

3.5.1 本标准对建筑结构检测结果及评定提出了具体的要求，此外，其他标准也有相应的要求。

由于建筑结构工程质量的检测是为了确定所检测的建筑结构的质量是否满足设计文件和验收的要求，因此，检测报告中应做出检测项目是否满足这些要求的结论。对已有建筑结构的检测应能满足相应鉴定的要求。

3.5.2 为了使检测报告表达清楚和规范，本条强调了检测报告结论的准确性。

3.5.3 本条规定了检测报告应包括的主要内容。

3.6 检测单位和检测人员

3.6.1 对承担建筑结构检测工作的检测单位提出了资质要求，实施建筑结构的检测单位应经过国家或省级建设行政主管部门批准，并通过国家或省级技术监督部门的计量认证。

3.6.2~3.6.3 提出检测单位应有健全的质量管理体系要求以及仪器设备定期检定的要求。

3.6.4~3.6.5 对实施建筑结构检测的人员提出了资格方面的要求。如实施钢结构构件焊接质量检测的人员应具有相应的检测资格证书等。同时，提出了现场检测工作至少应由两名或两名以上检测人员承担的要求。

4 混 凝 土 结 构

4.1 一 般 规 定

4.1.1 规定了本章的适用范围。其他结构中混凝土构件的检测应按本章的规定进行。

4.1.2 本条提出了混凝土结构的主要检测工作项目。具体实施的检测工作和检测项目应根据委托方的要求、混凝土结构的实际情况等确定。

4.2 原 材 料 性 能

4.2.1 混凝土的原材料是指砂子、水泥、粗骨料、掺合料和外加剂等。由于检验硬化混凝土中原材料的质量或性能难度较大，因此允许对建筑工程中剩余的同批材料进行检验。本标准根据研究成果和实践经验，在第4.6节中给出了硬化混凝土材料性能的部分检测方法。

4.2.2 现场取样检验钢筋的力学性能应注意结构或构件的安全，一般应在受力较小的构件上截取钢筋试样。钢筋化学成分分析试样可为进行过力学性能检验的试件。

4.2.3 目前已经有一些钢筋抗拉强度的无损检测方法，如测试钢筋的表面硬度换算钢筋抗拉强度，分析钢筋中主要化学成分含量推断钢筋抗拉强度等方法。但是这些非破损的检测方法都不能准确推定钢筋的抗拉强度，应与取样检验方法配合使用。关于钢材表面硬度与抗拉强度之间的换算关系，可参见本标准的附录G和本标准第6.2.5条的条文说明。

4.2.4 锈蚀钢筋和火灾后钢筋的力学性能的检测没有统一的标准，钢材试样与标准试验方法要求的试样有差别，因此在检测报告中应该予以说明，以便委托方做出正确的判断。

4.3 混 凝 土 强 度

4.3.1 采用非破损或局部破损的方法进行结构或构件混凝土抗压强度的检测，是为了避免或减少给结构带来不利的影响。

4.3.2 特殊的检测目的，如检测受侵蚀层混凝土强度、火灾影响层混凝土强度等。目前非破损的检测方法不适用于这些情况的检测。

选用回弹法、综合法、拔出法及钻芯法等，应注意各种方法的适用条件：

1 混凝土的龄期：回弹法一般应在相应规程规定的混凝土龄期内使用，超声回弹综合法也宜在一定的龄期内使用。当采用回弹法或回弹超声综合法检测龄期较长混凝土抗压强度时，应配合使用钻芯法。钻芯法受混凝土龄期影响相对较小。

2 表层质量具有代表性：采用回弹法、综合法和拔出法时，构件表层和内部混凝土质量差异较大时（如表层混凝土受到火灾、腐蚀性物质侵蚀等影响）会带来较大的测试误差。对于超声回弹综合法，如内外混凝土质量差异不明显也可以采用，钻芯法则受表层混凝土质量的影响较小。

3 混凝土强度：被测混凝土强度不得超过相应规程规定的范围，否则也会带来较大的误差。

4 特殊情况下，可以采取钻芯法或钻芯修正法检测结构混凝土的抗压强度，但应注意骨料的粒径问题。

5 实践证明，回弹法、超声回弹综合法和拔出法与钻芯法相结合，可提高混凝土抗压强度检测结果的可靠性。

4.3.3 钻芯修正时可采取修正量的方法也可采取修正系数的方法。修正量的方法是在非破损检测方法推定值的基础上加修正量，修正系数的方法是在非破损检测方法推定值的基础上乘以修正系数。两者的差别在于，修正量法对被修正样本的标准差 s 没有影响，修正系数法不仅对被修正样本的均值予以修正，也对样本的标准差 s 予以了修正。

总体修正量的方法是用被修正样本全部推定数值的均值与修正用样本（芯样试件换算抗压强度）均值与进行比较确定修正量。当采取总体修正量法时，对芯样试件换算立方体抗压强度的样本均值提出相应的要求，这一规定与《钻芯法检测混凝土强度技术规程》CECS 03 的要求是一致的。其他材料强度的检测也可采用总体修正量的方法。

4.3.4 对应样本修正量用两个对应样本均值之差值作为修正量，两个样本的容量相同，测试位置对应。对应样本修正系数是用两个样本均值的比值作为修正系数，对于样本的要求与对应样本修正量的要求相同。——对应修正系数的方法可参见《回弹法检测混凝土抗压强度技术规程》的相关规定。

当采用小直径芯样试件时，由于其抗压强度样本的标准差增大，芯样试件的数量宜相应增加。

4.3.5 对结构混凝土抗压强度的推定提出了要求，对于检测批来说，其根本在于对推定区间的限制（见本标准第 3 章条文说明）。本标准要求的推定区间为低限要求，对于回弹法、超声回弹综合法来说，由于其检测样本容量较大，容易满足要求。对于钻芯法等取样方法来说，由于样本容量的问题，一般不容易满足要求。因此取样的方法最好配合有非破损的检测方法。

本条所指的技术规程包括《钻芯法检测混凝土强度技术规程》、《回弹法检测混凝土抗压强度技术规程》、《超声回弹综合法检测混凝土强度技术规程》等。

4.3.6 本条提出了混凝土抗拉强度的检测方法。《混凝土结构设计规范》GB 50010 中给出的混凝土抗压强度与抗拉强度的关系是宏观的统计关系，对于具体结构的混凝土来说，该关系不一定适用，在特定情况下应该检测结构混凝土的抗拉强度。

4.3.7 提出受到侵蚀和火灾等影响构件混凝土强度的检测方法。

4.4 混凝土构件外观质量与缺陷

4.4.1 本条列举了常见的混凝土构件外观质量与缺陷的检测项目。

4.4.3 本条规定了混凝土结构及构件裂缝检查所包括的内容及记录形式。混凝土结构或构件上的裂缝按其活动性质可分为稳定裂缝、准稳定裂缝和不稳定裂缝。为判定结构可靠性或制定修补方案，需全面考虑与之相关的各种因素。其中包括裂缝成因、裂缝的稳定状态等，必要时应对裂缝进行观测。

裂缝也可归为结构构件的损伤，如钢筋锈蚀造成的裂缝、火灾造成的裂缝、基础不均匀沉降造成的裂缝等。对于建筑结构的检测来说，无论是施工过程中造成的裂缝（缺陷）还是使用过程中造成的裂缝（损伤），检测方法基本上是一致的。

4.5 尺寸与偏差

4.5.1 本条提出了构件尺寸与偏差的检测项目。

4.5.2 混凝土结构及构件的尺寸偏差的检测方法与《混凝土结构工程施工质量验收规范》GB 50204 保持一致性。检测时，应注意以下几点：

1 对结构性能影响较大的尺寸偏差，应去除装饰层（抹灰砂浆），直接测量混凝土结构本身的尺寸偏差。

2 对于横截面为圆形或环形的结构或构件，其截面尺寸应在测量处相互垂直的方向上各测量一次，取两次测量的平均值。

3 对于现浇混凝土结构，应注意梁柱连接处断面尺寸的测量，该位置是容易出现尺寸偏差过大的地方。

4 需用吊线检查尺寸偏差时，应根据构件的品种、所在部位和高度选择线坠的大小、种类，使线坠易于旋转和摆动为宜；线坠用线宜采用 0.6～1.2mm 不锈钢丝。稳定线坠的容器中应装有黏性小、不结冻的液体（绑线、线坠与容器任何部位不能接触）。

5 检测混凝土柱轴线位移时，若采用钢卷尺按其长度拉通尺，必须拉紧；当距离较长时，应采用拉力计或弹簧秤，其拉力不小于 30N，并将尺拉直。

4.6 变形与损伤

4.6.1 本条提出了变形与损伤的检测项目。造成建筑结构的变形与损伤不限于重力荷载还有环境侵蚀、火灾、邻近工程的施工、地震的影响等。

4.6.2 本条规定了混凝土结构或构件变形的检测方法。变形包括混凝土梁、板等的挠度及混凝土建筑物主体或墙、柱位移等。对于墙、柱、梁、板等正在形成的变形，可采用挠度计、位移计、位移传感器等设备直接测定。

4.6.3 通常一次性的检测是不易区分倾斜中的砌筑偏差、变形倾斜与灾害造成的倾斜等。但这项工作对于鉴定分析工作是有益的。

4.6.4 准确的基础不均匀沉降数值应该从结构施工阶段开始测定。通常在发现问题后再提出基础沉降问题时，已经无法得到基础沉降的准确数值。当有必要进行基础沉降观测时，应在结构上布置观测点，进行后期基础沉降观测。评估临近工程施工对已有结构的影响时也可照此办理。利用首层的基准线的高差可以估计结构完工后基础的沉降差。砌体结构的基础沉降观测与混凝土结构基础沉降观测相同。

4.6.5 本条列举了混凝土损伤的种类与相应的检测方法。

4.6.6～4.6.8 这几条推荐了 f-CaO 对混凝土质量影响的检测方法、骨料碱活性的测定方法和混凝土中性化（碳化）深度的测定方法。

4.6.9 混凝土中氯离子总含量的测定方法在本标准附录C中给出。一般认为水泥的水化物有结合氯离子的能力,一些标准都是限制氯离子占水泥质量的百分率。由于混凝土中氯离子含量测定时不易准确确定试样中水泥的质量,因此可根据鉴定工作的需要提供氯离子占试样质量的百分率、氯离子占水泥质量的百分率或氯离子占混凝土质量的百分率。

4.7 钢筋的配置与锈蚀

4.7.1 本条提出了钢筋配置情况的检测项目。

4.7.2 本条提出钢筋位置、保护层厚度、直径和数量的检测方法。

4.7.4 本条提出了钢筋锈蚀情况的检测方法。

4.8 构件性能实荷检验与结构动测

4.8.1～4.8.4 对构件结构性能实荷检验提出相应要求。

4.8.5 本条提出了对重大公共钢筋混凝土建筑宜进行动力测试建议。

5 砌 体 结 构

5.1 一 般 规 定

5.1.1 本条规定了本章的适用范围。其他结构中的砌筑构件的质量和性能,应按本章的规定进行检测。

5.1.2 将砌体结构的检测分成五个方面的工作项目:对砌体工程施工质量的检测主要为:砌筑块材、砌筑砂浆和砌筑质量与构造;对已有砌体结构的检测,还应根据情况检测砌体强度和损伤与变形等。

5.2 砌 筑 块 材

5.2.1 本条提出了砌筑块材质量与性能的主要检测项目。

5.2.2 目前关于砌筑块材强度的检测主要有取样法、回弹法和钻芯法。取样法和钻芯法的检测结果直观,但会给构件带来损伤,检测数量受到限制。回弹法可基本反映块材的强度,测试限制少,测试数量相对较多,但有时会有系统的偏差。回弹结合取样的检测方法可提高检测结果的准确性和代表性。

5.2.3 对砌筑块材强度的检测批提出要求。当对结构中个别构件砌筑块材强度检测时,可将这些构件视为独立的检测单元。

5.2.4 由于砌体的强度与砌筑块材强度和砌筑砂浆强度有密切关系,当鉴定有这类要求时,砌筑块材强度的检测位置宜与砌筑砂浆强度的检测位置对应。

5.2.5 有特殊的检测目的时可考虑砌筑块材缺陷或损伤对其强度的影响。特殊情况包括:外观质量、内部缺陷、灾害及环境侵蚀作用等对块材强度的影

响等。

5.2.6 砌筑块材的产品标准有:《烧结普通砖》、《烧结多孔砖》、《蒸压灰砂砖》、《粉煤灰砖》和《混凝土小型空心砌块》等。

5.2.7 对每个检测单元块材试样的数量和块材试样的强度试验方法作出规定。

5.2.8 回弹法检测烧结普通砖抗压强度的检测方法在附录F中给出。回弹值与砖抗压强度的换算关系可能会有地区差异,因此应建立专用测强曲线或对附录F提供的换算关系进行验证。

5.2.9 对烧结普通砖强度的取样结合回弹法作出了规定。本方法是为了增大检测结果的代表性和消除系统偏差。本条提出的对应样本修正量和对应样本修正系数方法也可作为混凝土强度检测中的钻芯修正法使用。

5.2.10 当其他块材强度的回弹检测有相应标准时,也可采用取样结合回弹检测的方法。

5.2.11 对石材强度的钻芯法检测做出规定,基本按《钻芯法检测混凝土强度技术规程》的规定执行。经过试验验证,直径70mm花岗岩芯样试件的抗压强度约为70mm立方体试样的抗压强度的85%。当采用立方体试块测定石材强度时,其测试结果应乘以换算系数,换算系数见表1。

表1 石材强度的换算系数

立方体边长(mm)	200	150	100	70	50
换算系数	1.43	1.28	1.14	1.00	0.86

5.2.12 对受到损伤的块材强度的检测,块材的状态已经不符合相关产品标准的要求,因此应该予以说明。有缺陷块材强度的检测情况与之类似。

5.2.13 对砌筑块材尺寸和外观质量检测作出了规定。由于条件所限,现场检测可检查块材的外露面。单个砌筑块材尺寸和外观质量的合格评定按相应产品标准的规定进行。检测批的合格判定应按本标准表3.3.14-3或表3.3.14-4确定。

5.2.14 砌筑块材尺寸负偏差使构件截面尺寸减小,此时应测定构件的实际尺寸,并以实际尺寸作为验算的参数。外观质量不符合要求时,砌筑块材的强度可能偏低或砌体结构的耐久性能受到影响。

5.2.15 对特殊部位的砌筑块材品种的规定有:

1 5层及5层以上砌体结构的外露构件、潮湿部位的构件,受振动或层高大于6m的墙、柱所用材料的最低强度等级(砖MU10,砌块采用MU7.5);

2 地面以下或防潮层以下的砌体;

3 基础工程和水池、水箱等不应为多孔砖砌筑;

4 灰砂砖不宜与黏土砖或其他品种的砖同层混砌;

5 蒸压灰砂砖和粉煤灰砖,不得用于温度长期在200℃以上、急冷及热或酸性介质侵蚀环境;

6 烧结空心砖和空心砌块，限于非承重墙。

5.2.16 砌筑块材其他项目（如石灰爆裂、吸水率等）的检测可参见相关产品标准。

5.3 砌筑砂浆

5.3.1 提出了砌筑砂浆的检测项目。

5.3.2 砌筑砂浆强度的检测基本按《砌体工程现场检测技术标准》的规定进行。考虑到已有建筑砌筑砂浆强度的回弹法、射钉法、贯入法、超声法、超声回弹综合法等方法的检测结果会受到面层剔凿的影响，当这些方法用于测定砂浆强度时，宜配合有取样检测的方法。

由砌体抗压强度推定砌筑砂浆强度有时会有较大的系统误差，不宜作为砂浆强度的检测方法。

5.3.3 当表层的砌筑砂浆受到影响时的检测规定。

5.3.4 结构中特殊部位及相应的要求有：基础墙的防潮层、含水饱和情况基础、蒸压（养）砖防潮层以上的砌体（应采用水泥混合砂浆砌筑或高粘结性能的专用砂浆）、烧结黏土砖空斗墙（应采用水泥混合砂浆）和有内衬的烟囱（其内衬应为黏土砂浆或耐火泥砌筑）等。

5.3.5 提供了砌筑砂浆抗冻性检测的方法。

5.3.6 砌筑砂浆中氯离子含量的测定结果可折合成水泥用量的百分率或砂浆质量的百分率，具体测定方法参见本标准附录C。

5.4 砌 体 强 度

5.4.1 本节对砌体强度的检测方法作出了规定，目前对于砌体强度的检测方法有两类：其一为取样法，其二为现场原位检测方法。取样法是从砌体中截取试件，在试验室测定试件的强度。原位法在现场测试砌体的强度。

5.4.2 本条对砌体强度的取样检测作出了规定：首先要保证安全，其次试件要符合《砌体基本力学性能试验方法标准》的要求，第三避免损伤试件和保证取样数量。本处所说的损伤是指取样过程中造成的损伤。有损伤试件的强度明显降低，因此要对损伤进行修复。由于砌体强度取样检测的试件数量一般较少，因此可以按最小值推定砌体强度的标准值，但推定结果的不确定度问题不易控制。

5.4.3 《砌体工程现场检测技术标准》对烧结普通砖砌体的抗压强度的扁式液压顶法和原位轴压法作出规定，同时也对烧结普通砖砌体的抗剪强度的双剪法或原位单剪法作出规定。由于这几种砌体强度的检测方法的测试数据量一般较小，因此可以按《砌体工程现场检测技术标准》规定的方法进行砌体强度的推定。

5.4.4 对于遭受环境侵蚀和灾害影响的砌体强度的检测提出了要求，由于这种损伤使得砌体的状况与相关标准规定的试件状况不同，因此应予以说明。

5.5 砌筑质量与构造

5.5.1 本条提出了砌筑质量与构造的检测项目。

5.5.2 对于已有建筑一般要剔除构件面层检查砌筑方法、灰缝质量、砌筑偏差和留槎等问题；当砌筑质量存在问题时，砌体的承载能力会受到影响。

5.5.3 上、下错缝，内外搭砌是砌筑的基本要求，此外，各类砌体还有相应砌筑要求。

5.5.4 灰缝质量包括灰缝厚度、灰缝饱满程度和平直度等。灰缝厚度过大砌体强度明显降低，灰缝饱满程度差砌体强度也要降低。

5.5.5 砌体偏差有放线偏差和砌筑偏差，砌筑偏差包括构件轴线位移和构件垂直度。《砌体工程施工质量验收规范》规定了测试方法和评定指标。对于已有结构轴线位移无法测定时，可测定轴线相对位移。轴线相对位移是指相邻构件设计轴线距离与实际轴线距离之差。

5.5.6 砌体中的钢筋指墙体间的拉结筋、构造柱与墙体的间的拉结筋、骨架房屋的填充墙与骨架的柱和横梁拉结筋以及配筋砌体的钢筋。

5.5.8 《砌体结构设计规范》对于跨度较大的屋架和梁的支承有专门的规定，当鉴定有要求时，应进行核查。

5.5.9 预制钢筋混凝土板的支承长度要剔凿楼面面层检测。

5.5.10 《砌体结构设计规范》和《建筑抗震设计规范》对于砖砌过梁和钢筋砖过梁的使用和跨度有限制，钢筋砖过梁跨度为不大于 2（1.5）m；砖砌平拱为 1.8（1.2）m。对有较大振动荷载或可能产生不均匀沉降的房屋，门窗洞口应设钢筋混凝土过梁。

5.5.11 构造和尺寸是确定构件能否按墙梁计算的重要参数，当有必要时，应核查墙梁的构造和尺寸是否符合《砌体结构设计规范》的要求。

5.5.12 圈梁、构造柱或芯柱是多层砌体结构抵抗抗震作用重要的构造措施。对其的检测可分为是否设置和质量两种。对于判定是否设置圈梁、构造柱或芯柱的检测，可采取测定钢筋的方法，也可采用剔除抹灰层的核查方法。圈梁和构造柱混凝土强度和钢筋配置的检测等应遵守本标准第4章的规定。

5.6 变形与损伤

5.6.1 本条提出了变形与损伤的检测项目。

5.6.2 裂缝是砌体结构最常见的损伤，是鉴定工作重要的依据。裂缝可反映出砌筑方法、留槎、洞口处理、预制构件的安装等的质量，也可反映基础不均匀沉降、屋面保温层质量问题以及灾害程度和范围。裂缝的位置、长度、宽度、深度和数量是判定裂缝原因的重要依据。在裂缝处剔凿抹灰检查，可排除一些影

响因素。裂缝处于发展期则结构的安全性处于不确定期，确定发展速度和新产生裂缝的部位，对于鉴定裂缝产生的原因、采取处理措施是非常重要的。

5.6.3 参见本标准第 4.6.3 条的条文说明。

5.6.4 参见本标准第 4.6.4 条的条文说明。

5.6.5 环境侵蚀、冻融、灾害都可造成结构或构件的损伤。损伤的程度和侵蚀速度是结构的安全评定和剩余使用年数评估的重要参数。人为的损伤，除了包括车辆、重物碰撞外，还应包括不恰当的改造、临近工程施工的影响等。

6 钢 结 构

6.1 一 般 规 定

6.1.1 本条规定了本章的适用范围。

6.1.2 本条提出了钢结构检测的工作项目。对某一具体钢结构的检测可根据实际情况确定工作内容和检测项目。

6.2 材 料

6.2.1～6.2.4 钢材力学性能主要有屈服点、抗拉强度、伸长率、冷弯和冲击功这几个项目，化学成分主要有碳、锰、硅、磷、硫这几个项目。钢材的取样方法、试验方法都有相应的国家标准，具体操作应按这些标准执行。我国现在的结构钢材主要是《碳素结构钢》GB 700—88 中的 Q235 钢和《低合金高强度结构钢》GB/T 1591 中的 Q345 钢，以前的结构钢材主要是 3 号钢和 16 锰钢，虽然 Q235 钢与 3 号钢、Q345 钢与 16 锰钢的强度级别相同，但保证项目却有较大差别。因此应根据设计要求确定检测项目并按当时的产品标准进行评定。对有特殊要求的其他钢材，应按其产品标准的规定进行取样、试验和评定。

6.2.5 本标准附录 G 提供了表面硬度法推断钢材强度的钢材抗拉强度非破损检测方法，并提供了换算钢材抗拉强度的相应标准，《黑色金属硬度及相关强度换算值》GB/T 1172，此外，目前尚有国际标准 Steel-Conversion of Hardness Values to Tensile Strength Values ISO/TR 10108 等标准可以参考。根据本标准编制组进行的试验研究，钢材的抗拉强度与其表面硬度之间的换算关系与构件的测试条件、钢材的轧制工艺等多种因素有关，因此，在参考上述标准的换算关系时，应事先进行试验验证。在使用表面硬度法对具体结构钢材强度进行检测时，应有取样实测钢材抗拉强度的验证。

6.2.6 锈蚀钢材和受到灾害影响构件钢材的状况与产品标准规定的钢材状态已经存在差异，参照相应产品标准规定的方法进行这些钢材力学性能的检测时应说明试验方法和试验结果的适用范围。

6.3 连 接

6.3.1 本条提出了钢结构连接的检测项目。

6.3.4 影响焊缝力学性能的因素有很多，除了内部缺陷和外观质量外，还有母材和焊接材料的力学性能和化学成分、坡口形状和尺寸偏差、焊接工艺等。即使焊缝质量检验合格，也有可能出现诸如母材和焊接材料不匹配、不同钢种母材的焊接以及对坡口形状有怀疑等问题。另一方面，由于焊缝金属特有的优良性能，即使一些焊接缺陷，焊接接头的力学性能仍有可能满足要求。在这种情况下，可以在结构上抽取试样进行焊接接头的力学性能试验来解决这些问题。焊接接头的力学性能试验以拉伸和冷弯（面弯和背弯）为主，每种焊接接头的拉伸、面弯和背弯试验各取 2 个试样，取样和试验方法按《焊接接头机械性能试验取样方法》GB 2649、《焊接接头拉伸试验方法》GB 2651 和《焊接接头弯曲及压扁试验方法》GB 2653 执行。需要进行冲击试验和焊缝及熔敷金属拉伸试验时，应分别按《焊接接头冲击试验方法》GB 2650 和《焊缝及熔敷金属拉伸试验方法》GB 2652 进行。

6.3.6～6.3.8 高强度螺栓有两类，分别是大六角头螺栓和扭剪型螺栓。大六角头螺栓通过扭矩系数和外加扭矩、扭剪型螺栓通过专用扳手将螺栓端部的梅花头拧掉来控制螺栓预拉力，从而保证连接的摩擦力。按《钢结构工程施工质量验收规范》的规定，高强度螺栓进场验收应检验大六角头螺栓的扭矩系数和扭剪型螺栓拧掉梅花头时的预拉力，如缺少检验报告或对检验报告有怀疑，且有剩余螺栓时，可按现行《钢结构用高强度大六角头螺栓、大六角螺母、垫圈技术条件》GB/T 1231、《钢结构用扭剪型高强度螺栓连接副技术条件》GB/T 3633 和现行《钢结构工程施工质量验收规范》的规定进行复验。扭剪型螺栓也可作为大六角头螺栓使用，在这种情况下，应检验其扭矩系数，梅花头可以保留。

6.4 尺寸与偏差

6.4.1～6.4.3 构件尺寸和外形尺寸偏差按相应产品标准进行检测评定，制作、安装偏差限值应符合《钢结构工程施工及验收规范》的要求。

6.5 缺陷、损伤与变形

6.5.1 结构在使用过程中往往会出现损伤，如母材和焊缝的裂缝、螺栓和铆钉的松动或断裂、构件永久性变形、锈蚀等，此外还会有人为的损伤，不合理的加固改造、结构上随意焊接、随意拆除一些零构件等，直接影响到结构安全。在现场检查中应根据不同结构的特点，重点检查容易出现损伤的部位，一般来说节点连接处最容易出现损伤，裂缝一般发生在焊缝附近。根据钢结构的特点，主要以观测检查为主，宜

粗不宜细，不放过影响较大的隐患。钢材有缺陷的部位容易出现损伤。

6.5.5 采用锤击的方法检查螺栓或铆钉是否松动时，用手指紧按住螺母或铆钉头的一侧，尽量靠近垫圈或母材，用 0.3～0.5kg 重的小锤敲击螺母或铆钉头的相对的另一侧，如手指感到颤动较大时，说明是松动的。

6.6 构　　造

6.6.1 钢结构构件由于材料强度高、截面尺寸相对较小，容易产生失稳破坏，因此，在钢结构中应保证各类杆件的长细比满足要求。

6.6.2 在钢结构中，支撑体系是保证结构整体刚度的重要组成部分，它不仅抵抗水平荷载，而且会直接影响结构的正常使用。譬如有吊车梁的工业厂房，当整体刚度较弱时，在吊车运行过程中会产生振动和摇晃。

6.7 涂　　装

6.7.1 当工程中有剩余的与结构同批的涂料时，可对剩余涂料的质量进行检验。

6.7.2 本条根据现行国家标准《钢结构工程施工及验收规范》和《钢结构工程质量检验评定标准》编写的。

6.7.3～6.7.4 这两条根据现行国家标准《钢结构工程质量检验评定标准》编写。

6.8 钢 网 架

6.8.2 对已有的螺栓球网架，在从结构取出节点来进行节点的极限承载力试验时，应采取支顶和加强措施，保证其结构的安全和变形在允许范围之内。

6.8.3 目前，国家有相应标准的无损检测方法有射线检测、超声检测、磁粉检测、渗透检测、涡流检测5 种。

6.8.6 已建钢网架钢管杆件的壁厚不能用游标卡尺对其进行检测，只能用金属测厚仪检测，测厚仪在检测前需将测试材料设定为钢材。

6.8.7 钢网架杆件轴线的不平直度是一项很重要的指标。杆件在安装时，因其尺寸偏差或安装误差而引起其杆件不平直。另外也会因结构计算有误，由原设计的拉杆变成压杆而引起杆件压曲，因此，必须重视对钢网架中杆件轴线不平直度的检测。

6.8.8 采用激光测距仪对钢网架的挠度检测时，应考虑杆件和节点的尺寸，使其能以相对可比较的高度来计算钢网架的挠度。

6.9 结构性能实荷检验与动测

6.9.1 大型复杂钢结构体系可进行原位非破坏性荷载试验，目的主要是检验结构的性能。荷载值控制在

正常使用状态下，结构处于弹性阶段。具体做法可参见附录 H 和第 6.9.2 条的条文说明。

6.9.2 结构检测的根本目的在于保证结构有足够的承载能力，当进行其他项目的检测不足以确定结构承载能力时，可以通过实荷检验解决这个问题。此外，对于一些已经发现问题的结构，通过实荷检验确认其承载能力，只进行少量加固甚至不加固处理，就可以保证有足够的承载能力，使其得以继续使用，从而避免浪费、保证工期。因此规定，对结构或构件承载能力有疑义时，可进行原型或足尺模型的实荷检验，从根本上解决问题。

荷载试验是一项专业性很强的工作，检验单位需要有足够的相关知识、检验技术人员和设备能力的，一般应由专门机构进行。检验对象、测试内容、要解决的问题都会有很大的不同，因此，试验前应制定详细的试验方案，包括试验目的、试件的选取或制作、加载装置、测点布置和测试仪器、加载步骤以及检验结果的评定方法等，并应在试验前经过有关各方的同意，防止事后出现意见分歧，有些试验本来就是要解决争议的，事前经过有关各方的同意是很必要的。附录 H 的主要内容来源于 Eurocode 3：Design of steel structures，ENV 1993-1-1：1992，制定试验方案可以参考。

6.9.3 本条参照行业标准《建筑抗震试验方法规程》编写。

6.9.4 钢结构杆件应力是钢结构反应的一个重要内容，温度应力、特别是装配应力在钢结构中有时占有一定的比例，而且只能通过检测来确定。本条提出了进行钢结构应力测试的建议。

7　钢管混凝土结构

7.1 一 般 规 定

7.1.1～7.1.2 规定了本章的适用范围和钢管混凝土结构的检测工作和检测项目。对某一具体结构的检测项目可根据实际情况确定。

7.2 原 材 料

7.2.1 本标准第 6.2 节中对钢材强度检验和化学成分的分析有相应规定。

7.2.2 本标准第 4.2.1 条对混凝土原材料性能与质量的检验有相应规定。

7.3 钢管焊接质量与构件连接

7.3.1 规定了钢管焊缝外观缺陷的检验方法和质量标准。

7.3.2 除了钢管管材的焊缝外，钢管混凝土结构的焊缝还有缀条焊缝、连接腹板焊缝、钢管对接焊缝、

加强环焊缝等。对于钢管混凝土结构工程质量的检测，应对全焊透的一、二级焊缝和设计上没有要求的钢材等强度对焊拼接焊缝进行全数超声波探伤。对于钢管混凝土结构性能的检测，由于检测条件所限，可采取抽样探伤的方法。抽样方法应根据结构的情况确定。钢管焊缝和其他焊缝的超声波探伤可参照现行国家标准《钢焊缝手工超声波探伤方法及质量分级法》执行，检验等级和对内部缺陷等级可参照现行国家标准《钢结构工程施工质量验收规范》GB 50205 的规定执行。

7.3.3 《钢管混凝土结构设计与施工规程》CECS 28 对施工单位自行卷制的钢管有特殊的规定，焊缝坡口的质量标准尚应遵守该规程的规定。

7.3.4 钢管混凝土构件之间的连接，当被连接构件为钢构件时，检测项目及检测方法按本标准第 6 章相应的规定执行；当被连接构件为混凝土构件时，检测项目及检测方法按本标准第 4 章相应的规定执行。

7.4 钢管中混凝土强度与缺陷

7.4.1 当对钢管中的混凝土强度有怀疑时或需要确定钢管中混凝土抗压强度时，可按本节规定的方法进行检测。

从国内外的资料来看，用单一的超声法检测混凝土抗压强度，检测结果不仅受粗骨料品种、粒径和用量的影响，还受水灰比以及水泥用量的影响，其测试精度较低。在国内，尚无用超声法检测混凝土强度的建筑行业技术标准。因此规定，用超声法检测钢管中的混凝土强度必须用同条件立方体试块或混凝土芯样试件抗压强度进行修正，以减小用单一的超声法测试的误差。

7.4.2 本标准附录 J 提供了超声检测钢管中混凝土强度检测操作的方法。

7.4.3 对立方体试块修正方法和芯样试件修正方法作出规定。当用同条件养护立方体试块抗压强度修正时，超声波声速与混凝土立方体抗压强度之间的关系可以在立方体试块上同时得到。也就是在立方体试块上测定声速，得到换算抗压强度，将该值与试块实际的抗压强度比较得到修正系数。

当用芯样试件抗压强度修正时，用芯样试件的抗压强度与测区混凝土换算强度进行比较获得修正系数或修正量。需要指出的是，在用芯样修正时，不可以将较长芯样沿长度方向截取为几个芯样。芯样的钻取、加工、计算可参照现行标准《钻芯法检测混凝土强度技术规程》执行，芯样试件的直径宜为 100mm，高径比为 1:1。

关于修正量和修正系数，两种修正方法对样本均值的修正效果是一致的。两种方法各有利弊，可根据实际情况选用。

7.4.4 规定了钢管中混凝土抗压强度的推定方法。

7.4.5 钢管中混凝土缺陷的检测方法。

7.5 尺寸与偏差

7.5.1 本条提出了主要构件及构造的尺寸的检测项目和钢管混凝土柱偏差的检测项目。

7.5.2 本条给出了管材尺寸的检查方法。

7.5.3 《钢管混凝土结构设计与施工规程》CECS 28 的规定，钢管的外径不宜小于 100mm，壁厚不宜小于 4mm，并对钢管外径 d 与壁厚 t 的比值有限制，此外还对主要构件的长细比有相应的规定。

7.5.4 本条给出了格构柱缀条尺寸的检查方法。

7.5.5 本条给出了对梁柱节点的牛腿、连接腹板和加强环的尺寸的检查要求。

7.5.6 钢管拼接组装的偏差和钢管柱的安装偏差都是钢管混凝土结构特殊的要求，其评定指标按《钢管混凝土结构设计与施工规程》CECS 28 的规定确定。

8 木 结 构

8.1 一 般 规 定

8.1.1 本条规定了本章的适用范围。

8.1.2 本条将木结构的检测分成若干项工作。

8.2 木 材 性 能

8.2.1 本条提出了木材性能的检测项目，除了力学性能、含水率、密度和干缩性外，木材还有吸水性、湿胀性等性能。

8.2.2 根据《木结构设计规范》GB 50005 的规定，只要弄清木材树种名称和产地，就可按该规范的规定确定其强度等级和弹性模量，该规范还在附录中列出我国主要建筑用材归类情况以及常用木材的主要特性。

当发现木材的材质或外观与同类木材有显著差异，如容重过小、年轮过宽、灰色、缺陷严重时，由于运输堆放原因，无法判别树种名称时或已有木结构木材树种名称和产地不清楚时，可测定木材的力学性能，确定其强度等级。

8.2.3 本条列举了木材的力学性能的检测项目。

8.2.4 本条给出了木材强度等级的判定规则，与《木结构设计规范》的规定一致。木材抗弯强度比较稳定，并最能全面反映木材力学性能，所以木材强度主要以受弯强度进行分等。故检验时，亦以木材抗弯强度进行检验。其试验是用清材小试样进行，故采用《木材抗弯强度试验方法》GB 1936.1。

木材其他力学性能指标的检测，可参见《木材物理力学试验方法总则》GB 1928、《木材顺纹抗拉强度试验方法》GB 1938 等标准。

8.2.5 木材的含水率与木材的强度、防腐、防虫蛀

等都有关系，本条提出了木材含水率的检测方法。规格材是必须经过干燥的木材，故含水率可用电测法测定。

8.2.6 本条规定要在各端头 200mm 处截取试件，是为了避免端头效应，以保证所测含水率的准确。

8.2.7 本条给出了木材含水率电测法的要求，这里还要指出的是电测仪在使用前应经过校准。

8.3 木材缺陷

8.3.1 本条列举了木材的主要缺陷。承重结构用木材，其材质分为三级，每一级对木材疵病均有严格要求。属于需要现场检测有：木节、斜纹、扭纹、裂缝。

8.3.2 已有木结构的木材一般是经过缺陷检测的，所以可以采取抽样检测的方法，当抽样检测发现木材存在较多的缺陷，超出相应规范的限制值时，可逐根进行检测。

8.3.4 木节的检测方法，也是国际上通用的检测方法。

8.3.5～8.3.7 这 3 条给出了木材斜纹等的检测方法。

8.3.8 本条给出了木结构裂缝的检测方法。木结构的裂缝分成杆件上的裂缝，支座剪切面上的裂缝、螺栓连接处和钉连接处的裂缝等。支座与连接处的裂缝对结构的安全影响相对较大。

8.4 尺寸与偏差

8.4.1 本条提出了木结构的尺寸与偏差的检测项目。

8.4.3 本条给出了构件制作尺寸的检测项目和检测方法。

8.4.4 本条给出了尺寸偏差的评定方法。

8.5 连 接

8.5.1 本条提出了木结构连接的检测项目。

8.5.2 本条给出了木结构的胶合能力有专门的试验方法——木材胶缝顺纹抗剪强度试验。

8.5.3 本条给出了胶的检验方法。

8.5.4 对已有结构胶合能力进行检测的方法。当胶合能力大于木材的强度时，破坏发生在木材上。

8.5.5 《木结构设计规范》GB 50005 对胶合木材的种类有限制，因此可核查胶合构件木材的品种。当木材有油脂溢出时胶合质量不易保证。

8.5.6 本条提出对于齿连接的检测项目与检测方法。承压面加工平整程；压杆轴线与齿槽承压面垂直度，是保证压力均匀传递的关键。支座节点齿的受剪面裂缝，使抗剪承载力降低，应该采取措施处理；抵承面缝隙，局部缝隙使得压杆端部和齿槽承压面局部受力过大，当存在承压全截面缝隙时，表明该压杆根本没有承受压力，因此应该通知鉴定单位或设计单位进行结构构件受力状态的计算复核或进行应力状态的测试。

8.5.7 本条给出了螺栓连接或钉连接的检测项目和检测方法。

8.6 变形损伤与防护措施

8.6.1 本条给出了木结构构件变形、损伤的检测项目。

8.6.2～8.6.3 这 2 条给出了虫蛀的检测方法，提出了防虫措施的检测要求。

8.6.4～8.6.5 这 2 条给出了腐朽的检测方法，提出了防腐措施的检测要求。

8.6.6～8.6.7 这 2 条给出了其他损伤的检测方法。

8.6.8 本条给出了变形的检测方法。

8.6.9 木结构的防虫、防腐、防火措施检测。

中华人民共和国行业标准

危险房屋鉴定标准

Standard of Dangerous Building Appraisal

JGJ 125—99

（2004 年版）

主编单位：重庆市土地房屋管理局
批准部门：中华人民共和国建设部
实施日期：２０００年３月１日

中华人民共和国建设部
公　告

第 238 号

建设部关于行业标准
《危险房屋鉴定标准》局部修订的公告

现批准《危险房屋鉴定标准》JGJ 125—99 局部修订的条文，自 2004 年 8 月 1 日起实施。经此次修改的原条文同时废止。

中华人民共和国建设部
2004 年 6 月 4 日

关于发布行业标准《危险房屋
鉴定标准》的通知

建标〔1999〕277 号

根据建设部《关于印发一九九一年工程建设行业标准制订、修订项目计划（第一批）的通知》（建标〔1991〕413 号）的要求，由重庆市土地房屋管理局主编的《危险房屋鉴定标准》，经审查，批准为强制性行业标准，编号 JGJ125—99，自 2000 年 3 月 1 日起施行。原部标准《危险房屋鉴定标准》CJ13—86 同时废止。

本标准由建设部房地产标准技术归口单位上海市房地产科学研究院负责管理，重庆市土地房屋管理局负责具体解释，建设部标准定额研究所组织中国建筑工业出版社出版。

中华人民共和国建设部
1999 年 11 月 24 日

前　　言

根据建设部建标〔1991〕413 号文的要求，标准编制组在广泛调查研究，认真总结实践经验，参考有关国际标准和国外先进标准，并广泛征求意见基础上，制定了本标准。

本标准的主要技术内容是：1. 总则；2. 符号、代号；3. 鉴定程序与评定方法；4. 构件危险性鉴定；5. 房屋危险性鉴定；6. 房屋安全鉴定报告等。

修订的主要技术内容是：1. 对标准的适用范围作了补充；2. 增加了符号、代号一章；3. 增加了鉴定程序和评定方法；4. 增加了钢结构构件鉴定；5.

增加了附录房屋安全鉴定报告；6. 以模糊集为理论基础，建立了分层综合评判模式等。

本标准由建设部房地产标准技术归口单位上海市房地产科学研究院归口管理，授权由主编单位负责具体解释。

本标准主编单位是：重庆市土地房屋管理局（地址：重庆市渝中区人和街 74 号；邮政编码 400015）

本标准参加单位是：上海市房地产科学研究院

本标准主要起草人员是：陈慧芳、戚正廷、顾方兆、赵为民、斯子芳、周云、张能杰

目 次

1 总 则

1.0.1 为有效利用既有房屋，正确判断房屋结构的危险程度，及时治理危险房屋，确保使用安全，制定本标准。

1.0.2 本标准适用于既有房屋的危险性鉴定。

1.0.3 危险房屋鉴定及对有特殊要求的工业建筑和公共建筑、保护建筑和高层建筑以及在偶然作用下的房屋危险性鉴定，除应符合本标准规定外，尚应符合国家现行有关强制性标准的规定。

2 符号、代号

2.1 符 号

房屋危险性鉴定使用的符号及其意义，应符合下列规定：

L_0——计算跨度；

h——计算高度；

n——构件数；

n_{dc}——危险柱数；

n_{dw}——危险墙段数；

n_{dmb}——危险主梁数；

n_{dsb}——危险次梁数；

n_{ds}——危险板数；

n_c——柱数；

n_{mb}——主梁数；

n_{sb}——次梁数；

n_w——墙段数；

n_s——板数；

n_d——危险构件数；

n_{rt}——屋架榀数；

n_{drt}——危险屋架榀数；

p——危险构件（危险点）百分数；

p_{fdm}——地基基础中危险构件（危险点）百分数；

p_{sdm}——承重结构中危险构件（危险点）百分数；

p_{csdm}——围护结构中危险构件（危险点）百分数；

R——结构构件抗力；

S——结构构件作用效应；

μ——隶属度；

μ_A——房屋 A 级的隶属度；

μ_B——房屋 B 级的隶属度；

μ_C——房屋 C 级的隶属度；

μ_D——房屋 D 级的隶属度；

μ_a——房屋组成部分 a 级的隶属度；

μ_b——房屋组成部分 b 级的隶属度；

μ_c——房屋组成部分 c 级的隶属度；

μ_d——房屋组成部分 d 级的隶属度；

μ_{af}——地基基础 a 级的隶属度；

μ_{bf}——地基基础 b 级的隶属度；

μ_{cf}——地基基础 c 级的隶属度；

μ_{df}——地基基础 d 级的隶属度；

μ_{as}——上部承重结构 a 级的隶属度；

μ_{bs}——上部承重结构 b 级的隶属度；

μ_{cs}——上部承重结构 c 级的隶属度；

μ_{ds}——上部承重结构 d 级的隶属度；

μ_{aes}——围护结构 a 级的隶属度；

μ_{bes}——围护结构 b 级的隶属度；

μ_{ces}——围护结构 c 级的隶属度；

μ_{des}——围护结构 d 级的隶属度；

γ_0——结构构件重要性系数；

ρ——斜率。

2.2 代 号

房屋危险性鉴定使用的代号及其意义，应符合下列规定：

a、b、c、d——房屋组成部分危险性鉴定等级；

A、B、C、D——房屋危险性鉴定等级；

F_d——非危险构件；

T_d——危险构件。

3 鉴定程序与评定方法

3.1 鉴 定 程 序

3.1.1 房屋危险性鉴定应依次按下列程序进行：

1 受理委托：根据委托人要求，确定房屋危险性鉴定内容和范围；

2 初始调查：收集调查和分析房屋原始资料，并进行现场查勘；

3 检测验算：对房屋现状进行现场检测，必要时，采用仪器测试和结构验算；

4 鉴定评级：对调查、查勘、检测、验算的数据资料进行全面分析，综合评定，确定其危险等级；

5 处理建议：对被鉴定的房屋，应提出原则性的处理建议；

6 出具报告：报告式样应符合附录 A 的规定。

3.2 评 定 方 法

3.2.1 综合评定应按三层次进行。

3.2.2 第一层次应为构件危险性鉴定，其等级评定应分为危险构件（T_d）和非危险构件（F_d）两类。

3.2.3 第二层次应为房屋组成部分（地基基础、上部承重结构、围护结构）危险性鉴定，其等级评定应分为 a、b、c、d 四等级。

3.2.4 第三层次应为房屋危险性鉴定，其等级评定应分为 A、B、C、D 四等级。

4 构件危险性鉴定

4.1 一般规定

4.1.1 危险构件是指其承载能力、裂缝和变形不能满足正常使用要求的结构构件。

4.1.2 单个构件的划分应符合下列规定：

1 基础

1）独立柱基：以一根柱的单个基础为一构件；

2）条形基础：以一个自然间一轴线单面长度为一构件；

3）板式基础：以一个自然间的面积为一构件。

2 墙体：以一个计算高度、一个自然间的一面为一构件。

3 柱：以一个计算高度、一根为一构件。

4 梁、檩条、搁栅等：以一个跨度、一根为一构件。

5 板：以一个自然间面积为一构件；预制板以一块为一构件。

6 屋架、桁架等：以一榀为一构件。

4.2 地基基础

4.2.1 地基基础危险性鉴定应包括地基和基础两部分。

4.2.2 地基基础应重点检查基础与承重砖墙连接处的斜向阶梯形裂缝、水平裂缝、竖向裂缝状况，基础与框架柱根部连接处的水平裂缝状况，房屋的倾斜位移状况，地基滑坡、稳定、特殊土质变形和开裂等状况。

4.2.3 当地基部分有下列现象之一者，应评定为危险状态：

1 地基沉降速度连续 2 个月大于 4mm/月，并且短期内无收敛趋向；

2 地基产生不均匀沉降，其沉降量大于现行国家标准《建筑地基基础设计规范》（GB 50007）规定的允许值，上部墙体产生沉降裂缝宽度大于 10mm，且房屋倾斜率大于 1%；

3 地基不稳定产生滑移，水平位移量大于 10mm，并对上部结构有显著影响，且仍有继续滑动迹象。

4.2.4 当房屋基础有下列现象之一者，应评定为危险点：

1 基础承载能力小于基础作用效应的 85%（$R/\gamma_0 S < 0.85$）；

2 基础老化、腐蚀、酥碎、折断，导致结构明显倾斜、位移、裂缝、扭曲等；

3 基础已有滑动，水平位移速度连续 2 个月大于 2mm/月，并在短期内无终止趋向。

4.3 砌体结构构件

4.3.1 砌体结构构件的危险性鉴定应包括承载能力、构造与连接、裂缝和变形等内容。

4.3.2 需对砌体结构构件进行承载力验算时，应测定砌块及砂浆强度等级，推定砌体强度，或直接检测砌体强度。实测砌体截面有效值，应扣除因各种因素造成的截面损失。

4.3.3 砌体结构应重点检查砌体的构造连接部位，纵横墙交接处的斜向或竖向裂缝状况，砌体承重墙体的变形和裂缝状况以及拱脚裂缝和位移状况。注意其裂缝宽度、长度、深度、走向、数量及其分布，并观测其发展状况。

4.3.4 砌体结构构件有下列现象之一者，应评定为危险点：

1 受压构件承载力小于其作用效应的 85%（$R/\gamma_0 S < 0.85$）；

2 受压墙、柱沿受力方向产生缝宽大于 2mm、缝长超过层高 1/2 的竖向裂缝，或产生缝长超过层高 1/3 的多条竖向裂缝；

3 受压墙、柱表面风化、剥落，砂浆粉化，有效截面削弱达 1/4 以上；

4 支承梁或屋架端部的墙体或柱截面因局部受压产生多条竖向裂缝，或裂缝宽度已超过 1mm；

5 墙柱因偏心受压产生水平裂缝，缝宽大于 0.5mm；

6 墙、柱产生倾斜，其倾斜率大于 0.7%，或相邻墙体连接处断裂成通缝；

7 墙、柱刚度不足，出现挠曲鼓闪，且在挠曲部位出现水平或交叉裂缝；

8 砖过梁中部产生明显的竖向裂缝，或端部产生明显的斜裂缝，或支承过梁的墙体产生水平裂缝，或产生明显的弯曲、下沉变形；

9 砖筒拱、扁壳、波形筒拱、拱顶沿母线裂缝，或拱曲面明显变形，或拱脚明显位移，或拱体拉杆锈蚀严重，且拉杆体系失效；

10 石砌墙（或土墙）高厚比：单层大于 14，二层大于 12，且墙体自由长度大于 6m。墙体的偏心距达墙厚的 1/6。

4.4 木结构构件

4.4.1 木结构构件的危险性鉴定应包括承载能力、构造与连接、裂缝和变形等内容。

4.4.2 需对木结构构件进行承载力验算时，应对木材的力学性质、缺陷、腐朽、虫蛀和铁件的力学性能

以及锈蚀情况进行检测。实测木构件截面有效值，应扣除因各种因素造成的截面损失。

4.4.3 木结构构件应重点检查腐朽、虫蛀、木材缺陷、构造缺陷、结构构件变形、失稳状况，木屋架端节点受剪面裂缝状况，屋架出平面变形及屋盖支撑系统稳定状况。

4.4.4 木结构构件有下列现象之一者，应评定为危险点：

1 木结构构件承载力小于其作用效应的 90%（$R/\gamma_0 S < 0.90$）；

2 连接方式不当，构造有严重缺陷，已导致节点松动变形、滑移、沿剪切面开裂、剪坏或铁件严重锈蚀、松动致使连接失效等损坏；

3 主梁产生大于 $L_0/150$ 的挠度，或受拉区伴有较严重的材质缺陷；

4 屋架产生大于 $L_0/120$ 的挠度，且顶部或端部节点产生腐朽或劈裂，或出平面倾斜量超过屋架高度的 $h/120$；

5 檩条、搁栅产生大于 $L_0/120$ 的挠度，入墙木质部位腐朽、虫蛀或空鼓；

6 木柱侧弯变形，其矢高大于 $h/150$，或柱顶劈裂，柱身断裂。柱脚腐朽，其腐朽面积大于原截面 1/5 以上；

7 对受拉、受弯、偏心受压和轴心受压构件，其斜纹理或斜裂缝的斜率 ρ 分别大于 7%、10%、15% 和 20%；

8 存在任何心腐缺陷的木质构件。

4.5 混凝土结构构件

4.5.1 混凝土结构构件的危险性鉴定应包括承载能力、构造与连接、裂缝和变形等内容。

4.5.2 需对混凝土结构构件进行承载力验算时，应对构件的混凝土强度、碳化和钢筋的力学性能、化学成分、锈蚀情况进行检测；实测混凝土构件截面有效值，应扣除因各种因素造成的截面损失。

4.5.3 混凝土结构构件应重点检查柱、梁、板及屋架的受力裂缝和主筋锈蚀状况，柱的根部和顶部的水平裂缝，屋架倾斜以及支撑系统稳定等。

4.5.4 混凝土构件有下列现象之一者，应评定为危险点：

1 构件承载力小于作用效应的 85%（$R/\gamma_0 S < 0.85$）；

2 梁、板产生超过 $L_0/150$ 的挠度，且受拉区的裂缝宽度大于 1mm；

3 简支梁、连续梁跨中部位受拉区产生竖向裂缝，其一侧向上延伸达梁高的 2/3 以上，且缝宽大于 0.5mm，或在支座附近出现剪切斜裂缝，缝宽大于 0.4mm；

4 梁、板受力主筋处产生横向水平裂缝和斜裂

缝，缝宽大于 1mm，板产生宽度大于 0.4mm 的受拉裂缝；

5 梁、板因主筋锈蚀，产生沿主筋方向的裂缝，缝宽大于 1mm，或构件混凝土严重缺损，或混凝土保护层严重脱落、露筋；

6 现浇板面周边产生裂缝，或板底产生交叉裂缝；

7 预应力梁、板产生竖向通长裂缝；或端部混凝土松散露筋，其长度达主筋直径的 100 倍以上；

8 受压柱产生竖向裂缝，保护层剥落，主筋外露锈蚀；或一侧产生水平裂缝，缝宽大于 1mm，另一侧混凝土被压碎，主筋外露锈蚀；

9 墙中间部位产生交叉裂缝，缝宽大于 0.4mm；

10 柱、墙产生倾斜、位移，其倾斜率超过高度的 1%，其侧向位移量大于 $h/500$；

11 柱、墙混凝土酥裂、碳化、起鼓，其破坏面大于全截面的 1/3，且主筋外露，锈蚀严重，截面减小；

12 柱、墙侧向变形，其极限值大于 $h/250$，或大于 30mm；

13 屋架产生大于 $L_0/200$ 的挠度，且下弦产生横断裂缝，缝宽大于 1mm；

14 屋架的支撑系统失效导致倾斜，其倾斜率大于屋架高度的 2%；

15 压弯构件保护层剥落，主筋多处外露锈蚀；端节点连接松动，且伴有明显的变形裂缝；

16 梁、板有效搁置长度小于规定值的 70%。

4.6 钢 结 构 构 件

4.6.1 钢结构构件的危险性鉴定应包括承载能力、构造和连接、变形等内容。

4.6.2 当需进行钢结构构件承载力验算时，应对材料的力学性能、化学成分、锈蚀情况进行检测。实测钢构件截面有效值，应扣除因各种因素造成的截面损失。

4.6.3 钢结构构件应重点检查各连接节点的焊缝、螺栓、铆钉等情况；应注意钢柱与梁的连接形式、支撑杆件、柱脚与基础连接损坏情况，钢屋架杆件弯曲、截面扭曲、节点板弯折状况和钢屋架挠度、侧向倾斜等偏差状况。

4.6.4 钢结构构件有下列现象之一者，应评定为危险点：

1 构件承载力小于其作用效应的 90%（$R/\gamma_0 S < 0.9$）；

2 构件或连接件有裂缝或锐角切口；焊缝、螺栓或铆接有拉开、变形、滑移、松动、剪坏等严重损坏；

3 连接方式不当,构造有严重缺陷;

4 受拉构件因锈蚀,截面减少大于原截面的 10%;

5 梁、板等构件挠度大于 $L_o/250$,或大于 45mm;

6 实腹梁侧弯矢高大于 $L_o/600$,且有发展迹象;

7 受压构件的长细比大于现行国家标准《钢结构设计规范》(GB 50017—2003)中规定值的 1.2 倍;

8 钢柱顶位移,平面内大于 $h/150$,平面外大于 $h/500$,或大于 40mm;

9 屋架产生大于 $L_o/250$ 或大于 40mm 的挠度;屋架支撑系统松动失稳,导致屋架倾斜,倾斜量超过 $h/150$。

5 房屋危险性鉴定

5.1 一 般 规 定

5.1.1 危险房屋(简称危房)为结构已严重损坏,或承重构件已属危险构件,随时可能丧失稳定和承载能力,不能保证居住和使用安全的房屋。

5.1.2 房屋危险性鉴定应根据被鉴定房屋的构造特点和承重体系的种类,按其危险程度和影响范围,按照本标准进行鉴定。

5.1.3 危房以幢为鉴定单位,按建筑面积进行计量。

5.2 等 级 划 分

5.2.1 房屋划分成地基基础、上部承重结构和围护结构三个组成部分。

5.2.2 房屋各组成部分危险性鉴定,应按下列等级划分:

1 a 级:无危险点;

2 b 级:有危险点;

3 c 级:局部危险;

4 d 级:整体危险。

5.2.3 房屋危险性鉴定,应按下列等级划分:

1 A 级:结构承载力能满足正常使用要求,未发现危险点,房屋结构安全。

2 B 级:结构承载力基本能满足正常使用要求,个别结构构件处于危险状态,但不影响主体结构,基本满足正常使用要求。

3 C 级:部分承重结构承载力不能满足正常使用要求,局部出现险情,构成局部危房。

4 D 级:承重结构承载力已不能满足正常使用要求,房屋整体出现险情,构成整幢危房。

5.3 综合评定原则

5.3.1 房屋危险性鉴定应以整幢房屋的地基基础、结构构件危险程度的严重性鉴定为基础,结合历史状态、环境影响以及发展趋势,全面分析,综合判断。

5.3.2 在地基基础或结构构件发生危险的判断上,应考虑它们的危险是孤立的还是相关的。当构件的危险是孤立的时,则不构成结构系统的危险;当构件的危险是相关的时,则应联系结构的危险性判定其范围。

5.3.3 全面分析、综合判断时,应考虑下列因素:

1 各构件的破损程度;

2 破损构件在整幢房屋中的地位;

3 破损构件在整幢房屋所占的数量和比例;

4 结构整体周围环境的影响;

5 有损结构的人为因素和危险状况;

6 结构破损后的可修复性;

7 破损构件带来的经济损失。

5.4 综合评定方法

5.4.1 根据本标准划分的房屋组成部分,确定构件的总量,并分别确定其危险构件的数量。

5.4.2 地基基础中危险构件百分数应按下式计算:

$$p_{fdm} = n_d/n \times 100\% \qquad (5.4.2)$$

式中 p_{fdm} ——地基基础中危险构件(危险点)百分数;

n_d ——危险构件数;

n ——构件数。

5.4.3 承重结构中危险构件百分数应按下式计算:

$$p_{sdm} = [2.4n_{dc} + 2.4n_{dw} + 1.9(n_{dmb} + n_{drt})$$
$$+ 1.4n_{dsb} + n_{ds}]/[2.4n_c + 2.4n_w$$
$$+ 1.9(n_{mb} + n_{rt}) + 1.4n_{sb} + n_s] \times 100\%$$

$$(5.4.3)$$

式中 p_{sdm} ——承重结构中危险构件(危险点)百分数;

n_{dc} ——危险柱数;

n_{dw} ——危险墙段数;

n_{dmb} ——危险主梁数;

n_{drt} ——危险屋架榀数;

n_{dsb} ——危险次梁数;

n_{ds} ——危险板数;

n_c ——柱数;

n_w ——墙段数;

n_{mb} ——主梁数;

n_{rt} ——屋架榀数;

n_{sb} ——次梁数;

n_s ——板数。

5.4.4 围护结构中危险构件百分数应按下式计算:

$$p_{esdm} = n_d/n \times 100\% \qquad (5.4.4)$$

式中 p_{esdm}——围护结构中危险构件(危险点)百分数;

$\quad\quad n_d$——危险构件数;

$\quad\quad n$——构件数。

5.4.5 房屋组成部分 a 级的隶属函数应按下式计算:

$$\mu_a = \begin{cases} 1 & (p = 0\%) \\ 0 & (p \neq 0\%) \end{cases} \qquad (5.4.5)$$

式中 μ_a——房屋组成部分 a 级的隶属度;

$\quad\quad p$——危险构件(危险点)百分数。

5.4.6 房屋组成部分 b 级的隶属函数应按下式计算:

$$\mu_b = \begin{cases} 0 & (p = 0\%) \\ 1 & (0\% < p \leqslant 5\%) \\ (30\% - p)/25\% & (5\% < p < 30\%) \\ 0 & (p \geqslant 30\%) \end{cases} \qquad (5.4.6)$$

式中 μ_b——房屋组成部分 b 级的隶属度;

$\quad\quad p$——危险构件(危险点)百分数。

5.4.7 房屋组成部分 c 级的隶属函数应按下式计算:

$$\mu_c = \begin{cases} 0 & (p \leqslant 5\%) \\ (p - 5\%)/25\% & (5\% < p < 30\%) \\ (100\% - p)/70\% & (30\% \leqslant p \leqslant 100\%) \end{cases} \qquad (5.4.7)$$

式中 μ_c——房屋组成部分 c 级的隶属度;

$\quad\quad p$——危险构件(危险点)百分数。

5.4.8 房屋组成部分 d 级的隶属函数应按下式计算:

$$\mu_d = \begin{cases} 0 & (p \leqslant 30\%) \\ (p - 30\%)/70\% & (30\% < p < 100\%) \\ 1 & (p = 100\%) \end{cases}$$
$$(5.4.8)$$

式中 μ_d——房屋组成部分 d 级的隶属度;

$\quad\quad p$——危险构件(危险点)百分数。

5.4.9 房屋 A 级的隶属函数应按下式计算:

$$\mu_A = \max[\min(0.3, \mu_{af}), \min(0.6, \mu_{as}),$$
$$\min(0.1, \mu_{aes})] \qquad (5.4.9)$$

式中 μ_A——房屋 A 级的隶属度;

$\quad\quad \mu_{af}$——地基基础 a 级的隶属度;

$\quad\quad \mu_{as}$——上部承重结构 a 级隶属度;

$\quad\quad \mu_{aes}$——围护结构 a 级的隶属度。

5.4.10 房屋 B 级的隶属函数应按下式计算:

$$\mu_B = \max[\min(0.3, \mu_{bf}), \min(0.6, \mu_{bs}),$$
$$\min(0.1, \mu_{bes})] \qquad (5.4.10)$$

式中 μ_B——房屋 B 级的隶属度;

$\quad\quad \mu_{bf}$——地基基础 b 级的隶属度;

$\quad\quad \mu_{bs}$——上部承重结构 b 级隶属度;

$\quad\quad \mu_{bes}$——围护结构 b 级的隶属度。

5.4.11 房屋 C 级的隶属函数应按下式计算:

$$\mu_C = \max[\min(0.3, \mu_{cf}), \min(0.6, \mu_{cs}),$$
$$\min(0.1, \mu_{ces})] \qquad (5.4.11)$$

式中 μ_C——房屋 C 级的隶属度;

$\quad\quad \mu_{cf}$——地基基础 c 级的隶属度;

$\quad\quad \mu_{cs}$——上部承重结构 c 级隶属度;

$\quad\quad \mu_{ces}$——围护结构 c 级的隶属度。

5.4.12 房屋 D 级的隶属函数应按下式计算:

$$\mu_D = \max[\min(0.3, \mu_{df}), \min(0.6, \mu_{ds}),$$
$$\min(0.1, \mu_{des})] \qquad (5.4.12)$$

式中 μ_D——房屋 D 级的隶属度;

$\quad\quad \mu_{df}$——地基基础 d 级的隶属度;

$\quad\quad \mu_{ds}$——上部承重结构 d 级隶属度;

$\quad\quad \mu_{des}$——围护结构 d 级的隶属度。

5.4.13 当隶属度为下列值时:

1 $\mu_{df} \geqslant 0.75$,则为 D 级(整幢危房)。

2 $\mu_{ds} \geqslant 0.75$,则为 D 级(整幢危房)。

3 $\max(\mu_A, \mu_B, \mu_C, \mu_D) = \mu_A$,则综合判断结果为 A 级(非危房)。

4 $\max(\mu_A, \mu_B, \mu_C, \mu_D) = \mu_B$,则综合判断结果为 B 级(危险点房)。

5 $\max(\mu_A, \mu_B, \mu_C, \mu_D) = \mu_C$,则综合判断结果为 C 级(局部危房)。

6 $\max(\mu_A, \mu_B, \mu_C, \mu_D) = \mu_D$,则综合判断结果为 D 级(整幢危房)。

5.4.14 其他简易结构房屋可按本章第 5.3 节原则直接评定。

附录 A 房屋安全鉴定报告

报告编号(　　　　)

一、委托单位/个人概况			
单位名称		电　话	
房屋地址		委托日期	
二、房屋概况			
房屋用途		建造年份	
结构类别		建筑面积	
平面形式		层　数	
产权性质		产权证编号	
备　注			
三、房屋安全鉴定目的			

续表附录 A

四、鉴定情况	
五、损坏原因分析	
六、鉴定结论	
七、处理建议	
八、检测鉴定人员	
九、鉴定单位技术负责人签章 鉴定人： 审核人： 审定人：	鉴定单位 （公章） 鉴定日期　年　月　日

本标准用词说明

1.0.1　为便于在执行本标准条文时区别对待，对于要求严格程度不同的用词说明如下：

　　1　表示很严格，非这样做不可的：

　　正面词采用"必须"；反面词采用"严禁"。

　　2　表示严格，在正常情况下均应这样做的：

　　正面词采用"应"；反面词采用"不应"或"不得"。

　　3　表示允许稍有选择，在条件许可时首先这样做的：

　　正面词采用"宜"；反面词采用"不宜"。

　　表示有选择，在一定条件下可以这样做的，采用"可"。

1.0.2　条文中指明应按其他有关标准执行的写法为："应按……执行"或"应符合……的规定"。

中华人民共和国行业标准

危险房屋鉴定标准

（2004 年版）

JGJ 125—99

条 文 说 明

前　言

《危险房屋鉴定标准》(JGJ 125—99) 经建设部一九九九年十一月二十四日以建标 [1999] 277 号文批准，业已发布。

本标准第一版的主编单位是重庆市房地产管理局、锦州市房地产管理局。

为便于广大设计、施工、科研、学校等单位的有关人员在使用本标准时能正确理解和执行条文规定，《危险房屋鉴定标准》编制组按章、节、条顺序编制了本标准的条文说明，供国内使用者参考。在使用中如发现本条文说明有不妥之处，请将意见函寄重庆市土地房屋管理局。

目　次

1 总　则

1.0.1　《危险房屋鉴定标准》（CJ13—86）制订于1986年，是我国房屋鉴定领域的第一部技术标准，其发布实施十多年来，在促进既有房屋的有效利用、保障房屋的使用安全方面发挥了重要作用。但随着时间的推移和检测鉴定技术的发展，原标准的部分内容已显陈旧，有必要对其进行一次较为全面的修订。

1.0.2　原标准规定"本标准适用于房地产管理部门经营管理的房屋，对单位自有和私有房屋的鉴定，可参考本标准。"同时规定"本标准不适用于工业建筑、公共建筑、高层建筑及文物保护建筑。"把标准适用范围按房屋产权或经营管理权限来进行划分，显然不尽合理，特别是在住房制度改革、房地产事业迅猛发展、房屋产权多元化的形势下，更有其弊端。本次修订将标准适用范围扩大为现存的既有房屋，并取消了原标准的不适用范围。

1.0.3　规定了危险房屋、各类有特殊要求的建筑及在偶然作用下的房屋危险性鉴定尚需参照有关专业技术标准或规范进行。条文中"有特殊要求的工业建筑和公共建筑"系指高温、高湿、强震、腐蚀等特殊环境下的工业与民用建筑；"偶然作用"系指天灾：如地震、泥石流、洪水、风暴等不可抗拒因素；人祸：如火灾、爆炸、车辆碰击等人为因素。

2　符号、代号

本章规定了房屋危险性鉴定中应用的各种符号、代号及其意义。

参照现行国家标准《工业厂房可靠性鉴定标准》（GBJ 144—90），γ_0——结构构件重要性系数，对安全等级为一级、二级、三级的结构构件，可分别取1.1、1.0、0.9。

3　鉴定程序与评定方法

3.1　鉴定程序

3.1.1　根据我国房屋危险性鉴定的实践，并参考日本、美国和前苏联的有关资料，制定了本标准的房屋危险性鉴定程序。

3.2　评定方法

3.2.1　在总结大量鉴定实践的基础上，把原标准规定的危险构件和危险房屋两个评定层次修订为三个层次，以求更加科学、合理和便于操作，满足实际工作需要。

4　构件危险性鉴定

4.1　一般规定

4.1.1　本条在房屋危险性鉴定实践经验总结和广泛征求意见的基础上对危险构件进行了重新定义。

4.1.2　本条对原规定的构件单位进行了适当修正，使其划分更加科学，表述更明确。条文中的"自然间"是指按结构计算单元的划分确定，具体地讲是指房屋结构平面中，承重墙或梁围成的闭合体。

4.2　地基基础

4.2.1～4.2.3　地基基础的检测鉴定是房屋危险性鉴定中的难点，本节根据有关标准规定和长期实验研究结果，确定了其鉴定内容和危险限值。根据鉴定手段和技术发展现状，提出了从地基承载力和上部结构变位来进行鉴定的方法。并把常见的地基基础危险迹象作为检查时的重点部位。

条文中列出的地基与基础沉降速度2mm/月是根据国内外（中、日等）常年观察统计结果而采用；房屋局部倾斜率1‰和地基水平位移量参考现行国家标准《建筑地基基础设计规范》（GBJ 7—89）允许值要求，综合考虑得出。

《危险房屋鉴定标准》规定的是危险值，若危险值与《建筑变形测量规程》JGJ/T 8—97规定的稳定值过于接近，这会增加许多房屋的拆迁量，造成不必要的经济损失。用"收敛"比用"终止"更准确。

将原条文中"局部"二字去掉概念更清晰。

4.3　砌体结构构件

4.3.1　本条规定了砌体结构构件危险性鉴定的基本内容。

4.3.2　本条规定了在进行砌体结构构件承载力验算前应进行的必要检验工作，以保证验算结果更符合实际情况。

4.3.3～4.3.4　这些条款具体规定了砌体结构构件的危险限值，其中墙柱倾斜控制值与原标准相比，作了适当调整。（如原标准规定受压墙柱竖向缝宽为2cm，专家认为此值过大，与实际不符，建议改为2mm为宜；墙柱倾斜控制值，原标准规定为层高的1.5/100，这次根据各地反映，原标准定得太宽，建议改为0.7/100为宜。）

4.4　木结构构件

4.4.1　本条规定了木结构构件危险性鉴定的基本内容。

4.4.2　本条规定了在进行木结构构件承载力验算前应进行的必要检验，以保证验算结果更符合实际

情况。

4.4.3～4.4.4 这些条款具体规定了木结构构件的危险限值。其中原标准规定主梁大于 $L_0/120$，檩条搁栅大于 $L_0/100$ 挠度；柱腐朽达原截面 $1/4\sim1/2$；屋架出平面倾斜大于 $h/100$ 屋架高度等，经与专家交换意见，认为原标准尚未考虑其综合因素（如木节、斜纹、虫蛀、腐朽等），因此这次修订有所调整，相应改为 $L_0/150$、$L_0/120$ 挠度；柱腐朽达原截面 $1/5$ 以及出平面倾斜 $h/120$ 屋架高度等。

另外，增加了斜率 ρ 值和材质心腐缺陷，是参照现行国家标准《古建筑木结构维护与加固技术规范》（GB 50165）确定的。

4.5 混凝土结构构件

4.5.1 本条规定了混凝土结构构件危险性鉴定的基本内容。

4.5.2 本条规定了在进行混凝土结构构件承载力验算前应进行的必要检测工作，以保证验算结果更符合实际情况。根据混凝土检测技术的发展，应尽量采用技术成熟、操作简便的检测方法。

4.5.3～4.5.4 这些条款具体规定了混凝土结构构件的危险限值。根据各地反映，原标准条文在名词术语和定量方面均有不妥处。这次修订：将单梁改为简支梁，支座斜裂缝宽度原标准未作规定，现确定为 0.4mm。此值参考了中、美等国混凝土构件裂缝控制值。增加了柱墙侧向变形值为 $h/250$ 或 30mm 内容，并规定墙柱倾斜率为 1‰ 和位移量为 $h/500$。

4.6 钢结构构件

4.6.1 根据房屋危险性鉴定工作中出现的实际情况，增加了本节内容。本条规定了钢结构构件危险性鉴定的主要内容。

4.6.2 本条规定了在进行钢结构构件承载力验算前应进行的必要检测工作，以保证验算结果更符合实际情况。根据钢结构检测技术的发展，应尽量采用技术成熟、操作简便的检测方法。

4.6.3～4.6.4 这些条款具体规定了钢结构构件的危险限值，如梁、板等变形位移值 $L_0/250$，侧弯矢高 $L_0/600$ 以及柱顶水平位移平面内倾斜值 $h/150$，平面外倾斜值 $h/500$，以上限值参照了现行国家标准《工业厂房可靠性鉴定标准》（GBJ 144—90）。

5 房屋危险性鉴定

5.1 一般规定

5.1.1 对原标准中规定的危险房屋定义进行了修正，删除了"随时有倒塌可能"的词语，现在的表述更加科学、准确。

5.1.2～5.1.3 保留了原标准中规定的鉴定单位和计量单位，强调了房屋危险性鉴定必须根据实际情况独立进行。

5.2 等级划分

5.2.1 在原标准构件和房屋两个鉴定层次的基础上，增加了房屋组成部分这一鉴定层次，并根据一般房屋结构的共性规定了这一层次的三个分部，即地基基础、上部承重结构和围护结构。

5.2.2 房屋各组成部分的危险性鉴定，应按 a、b、c、d 四等级进行划分。

5.2.3 规定了房屋危险性鉴定应按 A、B、C、D 四等级进行划分，这四个等级中的 B、C、D 级与原标准的危险构件、局部危房和整幢危房的概念基本对应，并增加了 A 级，即未发现危险点这一等级。在本次修订中，为便于综合评判，将危险点及其数量作为基本参量，以量变质变的辩证原理来划分房屋危险性等级：

A 级：无危险点

B 级：有危险点

C 级：危险点量发展至局部危险

D 级：危险点量发展至整体危险

同样原理，可划分房屋各组成部分的危险等级 a、b、c、d。

5.3 综合评定原则

5.3.1～5.3.3 规定了房屋危险性鉴定综合评定应遵循的基本原则，保留了原标准中提出的"全面分析，综合判断"的提法，以求在按照本标准进行房屋危险性鉴定的过程中，最大限度发挥专业技术人员的丰富实践经验和综合分析能力，更好地保证鉴定结论的科学性、合理性。

条文中提出要考虑的 7 点因素，参考了天津地震工程研究所金国梁、冯家琪所著《房屋震害等级评定方法探讨》等资料。

5.4 综合评定方法

5.4.1 因为在综合评定中所需要的参量是危险点比例，而不是绝对精确量，所以只要按照简明、合理、统一的原则划分非危险构件和危险构件，并统计其数量。

在房屋建筑这一复杂的系统中，鉴定时需要考虑的因素往往很多，应用单一的综合评判模型来处理时，权重难以细致合理分配。即使逐一定出了权重，由于要满足归一化条件，使得每一因素所分得的权重必然很小，而在综合评定中的 Fuzzy（模糊）矩阵的基本复合运算是 A(min) 和 V(max)，这就注定得到的综合评判值也很小。这时，较小的权值通过 A 运算，实际上"泯没"了所有单因素评价，得不出任何有意义的结果。

采用多层次模型就可避免发生这种情况，即先把因素集按某些属性分成几类，对每一类进行综合评判，然后再对评判结果进行类之间的高层次综合，得出最终评判结果。因此本标准规定了进行综合评定的层次和等级。

综合评定方法的理论基础为 Fuzzy（模糊）数学中的综合评定理论。

5.4.2～5.4.4 地基划分单元可对应其上部的基础单元。

5.4.3 公式中的系数 2.4（柱）、2.4（墙）、1.9（主梁＋屋架）、1.4（次梁）和 1（板）等是反映房屋结构承载类型的部位系数；上述系数的确定，参考了国内外相关技术资料和科研成果并听取了部分专家意见。

5.4.5～5.4.8 首先按 $p=0\%$，$0\%<p<5\%$，$5\%<p<30\%$，$30\%<p<100\%$，相应硬划分 a、b、c、d，然后根据 Fuzzy 数学原理，进行合理化，即承认存在着从一个等级到另一等级的中间过渡状态，而以在一定程度上隶属于某一等级来表示，这样才能较确切地反映其实际。因此建立相应于 a、b、c、d 各等级的线性隶属函数可以把该因素在 a、b、c、d 各等级之间的中间过渡状态充分表达出来（见图 1）。

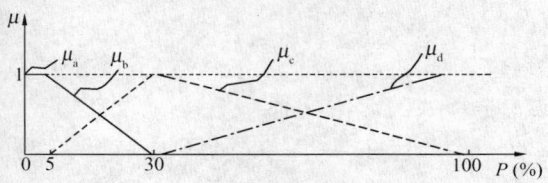

图 1　隶属函数图形

前版标准将条文中标有黑线的部分遗漏，应该补上。

5.4.9～5.4.12 式中系数为地基基础、承重结构和围护结构在综合评判中的权重分配。在影响房屋安全的诸多因素中，各因素的影响程度是不同的，为了在综合评判中体现这一点，就有必要建立各因素间的权重分配。建立危险房屋鉴定综合评判中的权重分配的原则是按照各因素相对于房屋安全性而言的重要性和影响程度，来确定各因素间的权重分配。因素间的权重通过专家征询和鉴定实践确定了该权重分配。

这些公式是 Fuzzy 数学中综合评判问题中的主因素决定型 M(∧,∨)(∧＝min,∨＝max)算子的 Fuzzy 矩阵展开式，因为它的结果只是由指标最大的决定，其余指标在一定范围内变化都不影响结果，比较适合危房鉴定。

5.4.13 考虑房屋的传力体系特点，地基基础、上部承重结构在影响房屋安全方面具有重要作用，所以在房屋危险性综合评判中，对地基基础或上部承重结构评判为 d 级时，则整幢房屋应评定为 D 级；在其他情况下，则应按 Fuzzy 数学中的综合评判中的最大隶属原则，确定房屋的危险性等级。

适当放宽隶属函数的取值，更有利于房屋住用安全。

5.4.14 简易结构房屋由于结构体系和用料混乱，可凭经验综合分析评定。

附录 A　房屋安全鉴定报告

《送审稿》时，原为"房屋安全鉴定书"。经专家讨论后，建议将"鉴定书"改为"鉴定报告"。其原因是通过检测、鉴定并出具的数据和结论，一般用"报告"的形式来表达更为准确。因此编制组采纳了此建议。

中华人民共和国国家标准

建筑抗震鉴定标准

Standard for seismic appraisal of buildings

GB 50023—2009

主编部门：中华人民共和国住房和城乡建设部
批准部门：中华人民共和国住房和城乡建设部
施行日期：２００９年７月１日

中华人民共和国住房和城乡建设部
公　告

第 322 号

关于发布国家标准
《建筑抗震鉴定标准》的公告

　　现批准《建筑抗震鉴定标准》为国家标准，编号为 GB 50023‑2009，自 2009 年 7 月 1 日起实施。其中，第 1.0.3、3.0.1、3.0.4（1、2、3）、4.1.2、4.1.3、4.1.4、4.2.4、5.1.2、5.1.4、5.1.5、5.2.12、6.1.2、6.1.4、6.1.5、6.2.10、6.3.1、7.1.2、7.1.4、7.1.5、9.1.2、9.1.5 条（款）为强制性条文，必须严格执行。原《建筑抗震鉴定标准》

GB 50023‑95 同时废止。

　　本标准由我部标准定额研究所组织中国建筑工业出版社出版发行。

中华人民共和国住房和城乡建设部

2009 年 6 月 5 日

前　言

　　本标准是根据原建设部《关于印发〈2004 年工程建设标准制订、修订计划〉的通知》（〔2004〕67 号）的要求，由中国建筑科学研究院会同有关单位对《建筑抗震鉴定标准》GB 50023‑95 进行修订而成。

　　修订过程中，调查总结了近年来我国发生的地震，特别是汶川大地震的经验教训，总结了原 95 鉴定标准颁布实施以来的建筑抗震鉴定的工程经验，采纳了建筑抗震鉴定技术的最新研究成果，并在全国范围内广泛征求了有关设计、科研、教学、房屋鉴定单位及抗震管理部门的意见，经反复讨论、修改、充实，最后经审查定稿。

　　本次修订后共包括 11 章和 7 个附录，主要修订内容是：一是扩大了原鉴定标准的适用范围；将原 95 鉴定标准仅针对 TJ 11‑78 实施以前设计建造的房屋，扩大到已投入使用的现有建筑。二是提出了现有建筑鉴定的后续使用年限；根据现有建筑设计建造年代及原设计依据规范的不同，将其后续使用年限划分为 30、40、50 年三个档次。三是给出了不同后续使用年限的建筑应采用的抗震鉴定方法，即本标准中的 A、B、C 类建筑抗震鉴定方法。四是明确了现有建筑抗震鉴定的设防目标；后续使用年限 50 年的建筑与新建工程的设防目标一致，后续使用年限少于 50 年的建筑，在遭遇同样的地震影响时，其损坏程度略大于按后续使用年限 50 年鉴定的建筑。五是适度提高了乙类建筑的抗震鉴定要求。

　　本标准以黑体字标志的条文为强制性条文，必须严格执行。

　　本标准由住房和城乡建设部负责管理和对强制性

条文的解释，由中国建筑科学研究院负责具体技术内容的解释。在执行过程中，请各单位结合工程实践，认真总结经验，并将意见和建议寄交中国建筑科学研究院国家标准《建筑抗震鉴定标准》管理组（地址：北京市北三环东路 30 号，邮编：100013，E‑mail：GB 50023 @cabr.com.cn）。

　　本标准主编单位：中国建筑科学研究院

　　本标准参加单位：中国机械工业集团有限公司
　　　　　　　　　　中国航空工业规划设计研究院
　　　　　　　　　　四川省建筑科学研究院
　　　　　　　　　　中冶集团建筑研究总院
　　　　　　　　　　中国中元国际工程公司
　　　　　　　　　　中国地震局工程力学研究所
　　　　　　　　　　西北建筑抗震勘察设计研究院
　　　　　　　　　　同济大学

　　本标准主要起草人：程绍革　戴国莹（以下按姓
　　　　　　　　　　　氏笔画排列）
　　　　　　　　　　尹保江　史铁花　白雪霜
　　　　　　　　　　吕西林　吴　体　辛鸿博
　　　　　　　　　　张　耀　李仕全　金来建
　　　　　　　　　　徐　建　戴君武

　　本标准主要审查人：吴学敏　刘志刚（以下按姓
　　　　　　　　　　　氏笔画排列）
　　　　　　　　　　王亚勇　韦开波　吴翔天
　　　　　　　　　　李彦莉　苗启松　杨玉成
　　　　　　　　　　娄　宇　高永昭　莫　庸
　　　　　　　　　　袁金西　黄世敏

目 次

CONTENTS

1 总　　则

1.0.1 为贯彻执行《中华人民共和国建筑法》和《中华人民共和国防震减灾法》，实行以预防为主的方针，减轻地震破坏，减少损失，对现有建筑的抗震能力进行鉴定，并为抗震加固或采取其他抗震减灾对策提供依据，制定本标准。

符合本标准要求的现有建筑，在预期的后续使用年限内具有相应的抗震设防目标；后续使用年限50年的现有建筑，具有与现行国家标准《建筑抗震设计规范》GB 50011 相同的设防目标；后续使用年限少于50年的现有建筑，在遭遇同样的地震影响时，其损坏程度略大于按后续使用年限50年鉴定的建筑。

1.0.2　本标准适用于抗震设防烈度为6～9度地区的现有建筑的抗震鉴定，不适用于新建建筑工程的抗震设计和施工质量的评定。

抗震设防烈度，一般情况下，采用中国地震动参数区划图的地震基本烈度或现行国家标准《建筑抗震设计规范》GB 50011 规定的抗震设防烈度。

古建筑和行业有特殊要求的建筑，应按专门的规定进行鉴定。

> 注：本标准以下将"抗震设防烈度为6度、7度、8度、9度"简称"6度、7度、8度、9度"。

1.0.3　现有建筑应按现行国家标准《建筑工程抗震设防分类标准》GB 50223 分为四类，其抗震措施核查和抗震验算的综合鉴定应符合下列要求：

　1　丙类，应按本地区设防烈度的要求核查其抗震措施并进行抗震验算。

　2　乙类，6～8度应按比本地区设防烈度提高一度的要求核查其抗震措施，9度时应适当提高要求；抗震验算应按不低于本地区设防烈度的要求采用。

　3　甲类，应经专门研究按不低于乙类的要求核查其抗震措施，抗震验算应按高于本地区设防烈度的要求采用。

　4　丁类，7～9度时，应允许按比本地区设防烈度降低一度的要求核查其抗震措施，抗震验算应允许比本地区设防烈度适当降低要求；6度时应允许不作抗震鉴定。

> 注：本标准中，甲类、乙类、丙类、丁类，分别为现行国家标准《建筑工程抗震设防分类标准》GB 50223 特殊设防类、重点设防类、标准设防类、适度设防类的简称。

1.0.4　现有建筑应根据实际需要和可能，按下列规定选择其后续使用年限：

　1　在70年代及以前建造经耐久性鉴定可继续使用的现有建筑，其后续使用年限不应少于30年；在80年代建造的现有建筑，宜采用40年或更长，且不得少于30年。

　2　在90年代（按当时施行的抗震设计规范系列设计）建造的现有建筑，后续使用年限不宜少于40年，条件许可时应采用50年。

　3　在2001年以后（按当时施行的抗震设计规范系列设计）建造的现有建筑，后续使用年限宜采用50年。

1.0.5　不同后续使用年限的现有建筑，其抗震鉴定方法应符合下列要求：

　1　后续使用年限30年的建筑（简称A类建筑），应采用本标准各章规定的A类建筑抗震鉴定方法。

　2　后续使用年限40年的建筑（简称B类建筑），应采用本标准各章规定的B类建筑抗震鉴定方法。

　3　后续使用年限50年的建筑（简称C类建筑），应按现行国家标准《建筑抗震设计规范》GB 50011 的要求进行抗震鉴定。

1.0.6　下列情况下，现有建筑应进行抗震鉴定：

　1　接近或超过设计使用年限需要继续使用的建筑。

　2　原设计未考虑抗震设防或抗震设防要求提高的建筑。

　3　需要改变结构的用途和使用环境的建筑。

　4　其他有必要进行抗震鉴定的建筑。

1.0.7　现有建筑的抗震鉴定，除应符合本标准的规定外，尚应符合国家现行标准、规范的有关规定。

2　术语和符号

2.1　术　　语

2.1.1　现有建筑　available buildings

除古建筑、新建建筑、危险建筑以外，迄今仍在使用的既有建筑。

2.1.2　后续使用年限　continuous seismic working life, continuing seismic service life

本标准对现有建筑经抗震鉴定后继续使用所约定的一个时期，在这个时期内，建筑不需重新鉴定和相应加固就能按预期目的使用、完成预定的功能。

2.1.3　抗震设防烈度　seismic fortification intensity

按国家规定的权限批准作为一个地区抗震设防依据的地震烈度。

2.1.4　抗震鉴定　seismic appraisal

通过检查现有建筑的设计、施工质量和现状，按规定的抗震设防要求，对其在地震作用下的安全性进行评估。

2.1.5　综合抗震能力　compound seismic capability

整个建筑结构综合考虑其构造和承载力等因素所具有的抵抗地震作用的能力。

2.1.6 墙体面积率 ratio of wall section area to floor area

墙体在楼层高度 1/2 处的净截面面积与同一楼层建筑平面面积的比值。

2.1.7 抗震墙基准面积率 characteristic ratio of seismic wall

以墙体面积率进行砌体结构简化的抗震验算时所取用的代表值。

2.1.8 结构构件现有承载力 available capacity of member

现有结构构件由材料强度标准值、结构构件（包括钢筋）实有的截面面积和对应于重力荷载代表值的轴向力所确定的结构构件承载力。包括现有受弯承载力和现有受剪承载力等。

2.2 主 要 符 号

2.2.1 作用和作用效应

N ——对应于重力荷载代表值的轴向压力

V_e ——楼层的弹性地震剪力

S ——结构构件地震基本组合的作用效应设计值

p_0 ——基础底面实际平均压力

2.2.2 材料性能和抗力

M_y ——构件现有受弯承载力

V_y ——构件或楼层现有受剪承载力

R ——结构构件承载力设计值

f ——材料现有强度设计值

f_k ——材料现有强度标准值

2.2.3 几何参数

A_s ——实有钢筋截面面积

A_w ——抗震墙截面面积

A_b ——楼层建筑平面面积

B ——房屋宽度

L ——抗震墙之间楼板长度、抗震墙间距，房屋长度

b ——构件截面宽度

h ——构件截面高度

l ——构件长度，屋架跨度

t ——抗震墙厚度

2.2.4 计算系数

β ——综合抗震承载力指数

γ_{Ra} ——抗震鉴定的承载力调整系数

ξ_y ——楼层屈服强度系数

ξ_0 ——砖房抗震墙的基准面积率

ψ_1 ——结构构造的体系影响系数

ψ_2 ——结构构造的局部影响系数

3 基 本 规 定

3.0.1 现有建筑的抗震鉴定应包括下列内容及要求：

1 搜集建筑的勘察报告、施工和竣工验收的相关原始资料；当资料不全时，应根据鉴定的需要进行补充实测。

2 调查建筑现状与原始资料相符合的程度、施工质量和维护状况，发现相关的非抗震缺陷。

3 根据各类建筑结构的特点、结构布置、构造和抗震承载力等因素，采用相应的逐级鉴定方法，进行综合抗震能力分析。

4 对现有建筑整体抗震性能作出评价，对符合抗震鉴定要求的建筑应说明其后续使用年限，对不符合抗震鉴定要求的建筑提出相应的抗震减灾对策和处理意见。

3.0.2 现有建筑的抗震鉴定，应根据下列情况区别对待：

1 建筑结构类型不同的结构，其检查的重点、项目内容和要求不同，应采用不同的鉴定方法。

2 对重点部位与一般部位，应按不同的要求进行检查和鉴定。

注：重点部位指影响该建筑结构整体抗震性能的关键部位和易导致局部倒塌伤人的构件、部件，以及地震时可能造成次生灾害的部位。

3 对抗震性能有整体影响的构件和仅有局部影响的构件，在综合抗震能力分析时应分别对待。

3.0.3 抗震鉴定分为两级。第一级鉴定应以宏观控制和构造鉴定为主进行综合评价，第二级鉴定应以抗震验算为主结合构造影响进行综合评价。

A 类建筑的抗震鉴定，当符合第一级鉴定的各项要求时，建筑可评为满足抗震鉴定要求，不再进行第二级鉴定；当不符合第一级鉴定要求时，除本标准各章有明确规定的情况外，应由第二级鉴定作出判断。

B 类建筑的抗震鉴定，应检查其抗震措施和现有抗震承载力再作出判断。当抗震措施不满足鉴定要求而现有抗震承载力较高时，可通过构造影响系数进行综合抗震能力的评定；当抗震措施鉴定满足要求时，主要抗侧力构件的抗震承载力不低于规定的 95%、次要抗侧力构件的抗震承载力不低于规定的 90%，也可不要求进行加固处理。

3.0.4 现有建筑宏观控制和构造鉴定的基本内容和要求，应符合下列规定：

1 当建筑的平立面、质量、刚度分布和墙体等抗侧力构件的布置在平面内明显不对称时，应进行地震扭转效应不利影响的分析；当结构竖向构件上下不连续或刚度沿高度分布突变时，应找出薄弱部位并按相应的要求鉴定。

2 检查结构体系，应找出其破坏会导致整个体系丧失抗震能力或丧失对重力的承载能力的部件或构件；当房屋有错层或不同类型结构体系相连时，应提高其相应部位的抗震鉴定要求。

3 检查结构材料实际达到的强度等级，当低于规

定的最低要求时，应提出采取相应的抗震减灾对策。

4 多层建筑的高度和层数，应符合本标准各章规定的最大值限值要求。

5 当结构构件的尺寸、截面形式等不利于抗震时，宜提高该构件的配筋等构造抗震鉴定要求。

6 结构构件的连接构造应满足结构整体性的要求；装配式厂房应有较完整的支撑系统。

7 非结构构件与主体结构的连接构造应满足不倒塌伤人的要求；位于出入口及人流通道等处，应有可靠的连接。

8 当建筑场地位于不利地段时，尚应符合地基基础的有关鉴定要求。

3.0.5 6度和本标准各章有具体规定时，可不进行抗震验算；当6度第一级鉴定不满足时，可通过抗震验算进行综合抗震能力评定；其他情况，至少在两个主轴方向分别按本标准各章规定的具体方法进行结构的抗震验算。

当本标准未给出具体方法时，可采用现行国家标准《建筑抗震设计规范》GB 50011 规定的方法，按下式进行结构构件抗震验算：

$$S \leqslant R/\gamma_{Ra} \qquad (3.0.5)$$

式中 S——结构构件内力（轴向力、剪力、弯矩等）组合的设计值；计算时，有关的荷载、地震作用、作用分项系数、组合值系数，应按现行国家标准《建筑抗震设计规范》GB 50011 的规定采用；其中，场地的设计特征周期可按表 3.0.5 确定，地震作用效应（内力）调整系数应按本标准各章的规定采用，8、9度的大跨度和长悬臂结构应计算竖向地震作用。

R——结构构件承载力设计值，按现行国家标准《建筑抗震设计规范》GB 50011 的规定采用；其中，各类结构材料强度的设计指标应按本标准附录 A 采用，材料强度等级按现场实际情况确定。

γ_{Ra}——抗震鉴定的承载力调整系数，除本标准各章节另有规定外，一般情况下，可按现行国家标准《建筑抗震设计规范》GB 50011 的承载力抗震调整系数值采用，A 类建筑抗震鉴定时，钢筋混凝土构件应按现行国家标准《建筑抗震设计规范》GB 50011 承载力抗震调整系数值的 0.85 倍采用。

表 3.0.5　特征周期值（s）

设计地震分组	场 地 类 别			
	Ⅰ	Ⅱ	Ⅲ	Ⅳ
第一、二组	0.20	0.30	0.40	0.65
第三组	0.25	0.40	0.55	0.85

3.0.6 现有建筑的抗震鉴定要求，可根据建筑所在场地、地基和基础等的有利和不利因素，作下列调整：

1 Ⅰ类场地上的丙类建筑，7～9度时，构造要求可降低一度。

2 Ⅳ类场地、复杂地形、严重不均匀土层上的建筑以及同一建筑单元存在不同类型基础时，可提高抗震鉴定要求。

3 建筑场地为Ⅲ、Ⅳ类时，对设计基本地震加速度 0.15g 和 0.30g 的地区，各类建筑的抗震构造措施要求宜分别按抗震设防烈度 8 度（0.20g）和 9 度（0.40g）采用。

4 有全地下室、箱基、筏基和桩基的建筑，可降低上部结构的抗震鉴定要求。

5 对密集的建筑，包括防震缝两侧的建筑，应提高相关部位的抗震鉴定要求。

3.0.7 对不符合鉴定要求的建筑，可根据其不符合要求的程度、部位对结构整体抗震性能影响的大小，以及有关的非抗震缺陷等实际情况，结合使用要求、城市规划和加固难易等因素的分析，提出相应的维修、加固、改变用途或更新等抗震减灾对策。

4 场地、地基和基础

4.1 场　　地

4.1.1 6、7度时及建造于对抗震有利地段的建筑，可不进行场地对建筑影响的抗震鉴定。

注：1 对建造于危险地段的建筑，场地对建筑影响应按专门规定鉴定；

2 有利、不利等地段和场地类别，按现行国家标准《建筑抗震设计规范》GB 50011 划分。

4.1.2 对建造于危险地段的现有建筑，应结合规划更新（迁离）；暂时不能更新的，应进行专门研究，并采取应急的安全措施。

4.1.3 7～9度时，建筑场地为条状突出山嘴、高耸孤立山丘、非岩石和强风化岩石陡坡、河岸和边坡的边缘等不利地段，应对其地震稳定性、地基滑移及对建筑的可能危害进行评估；非岩石和强风化岩石陡坡的坡度及建筑场地与坡脚的高差均较大时，应估算局部地形导致其地震影响增大的后果。

4.1.4 建筑场地有液化侧向扩展且距常时水线 100m 范围内，应判明液化后土体流滑与开裂的危险。

4.2 地基和基础

4.2.1 地基基础现状的鉴定，应着重调查上部结构的不均匀沉降裂缝和倾斜，基础有无腐蚀、酥碱、松散和剥落，上部结构的裂缝、倾斜以及有无发展

趋势。

4.2.2 符合下列情况之一的现有建筑,可不进行其地基基础的抗震鉴定:

　　1　丁类建筑。

　　2　地基主要受力层范围内不存在软弱土、饱和砂土和饱和粉土或严重不均匀土层的乙类、丙类建筑。

　　3　6度时的各类建筑。

　　4　7度时,地基基础现状无严重静载缺陷的乙类、丙类建筑。

4.2.3　对地基基础现状进行鉴定时,当基础无腐蚀、酥碱、松散和剥落,上部结构无不均匀沉降裂缝和倾斜,或虽有裂缝、倾斜但不严重且无发展趋势,该地基基础可评为无严重静载缺陷。

4.2.4　存在软弱土、饱和砂土和饱和粉土的地基基础,应根据烈度、场地类别、建筑现状和基础类型,进行液化、震陷及抗震承载力的两级鉴定。符合第一级鉴定的规定时,应评为地基符合抗震要求,不再进行第二级鉴定。

　　静载下已出现严重缺陷的地基基础,应同时审核其静载下的承载力。

4.2.5　地基基础的第一级鉴定应符合下列要求:

　　1　基础下主要受力层存在饱和砂土或饱和粉土时,对下列情况可不进行液化影响的判别:

　　　　1)对液化沉陷不敏感的丙类建筑;

　　　　2)符合现行国家标准《建筑抗震设计规范》GB 50011 液化初步判别要求的建筑。

　　2　基础下主要受力层存在软弱土时,对下列情况可不进行建筑在地震作用下沉陷的估算:

　　　　1)8、9度时,地基土静承载力特征值分别大于80kPa和100kPa;

　　　　2)8度时,基础底面以下的软弱土层厚度不大于5m。

　　3　采用桩基的建筑,对下列情况可不进行桩基的抗震验算:

　　　　1)现行国家标准《建筑抗震设计规范》GB 50011 规定可不进行桩基抗震验算的建筑;

　　　　2)位于斜坡但地震时土体稳定的建筑。

4.2.6　地基基础的第二级鉴定应符合下列要求:

　　1　饱和土液化的第二级判别,应按现行国家标准《建筑抗震设计规范》GB 50011 的规定,采用标准贯入试验判别法。判别时,可计入地基附加应力对土体抗液化强度的影响。存在液化土时,应确定液化指数和液化等级,并提出相应的抗液化措施。

　　2　软弱土地基及8、9度时Ⅲ、Ⅳ类场地上的高层建筑和高耸结构,应进行地基和基础的抗震承载力验算。

4.2.7　现有天然地基的抗震承载力验算,应符合下列要求:

　　1　天然地基的竖向承载力,可按现行国家标准《建筑抗震设计规范》GB 50011 规定的方法验算,其中,地基土静承载力特征值应改用长期压密地基土静承载力特征值,其值可按下式计算:

$$f_{sE} = \zeta_s f_{sc} \qquad (4.2.7\text{-}1)$$

$$f_{sc} = \zeta_c f_s \qquad (4.2.7\text{-}2)$$

式中　f_{sE} ——调整后的地基土抗震承载力特征值(kPa);

　　　　ζ_s ——地基土抗震承载力调整系数,可按现行国家标准《建筑抗震设计规范》GB 50011 采用;

　　　　f_{sc} ——长期压密地基土静承载力特征值(kPa);

　　　　f_s ——地基土静承载力特征值(kPa),其值可按现行国家标准《建筑地基基础设计规范》GB 50007 采用;

　　　　ζ_c ——地基土静承载力长期压密提高系数,其值可按表4.2.7采用。

　　2　承受水平力为主的天然地基验算水平抗滑时,抗滑阻力可采用基础底面摩擦力和基础正侧面土的水平抗力之和;基础正侧面土的水平抗力,可取其被动土压力的1/3;抗滑安全系数不宜小于1.1;当刚性地坪的宽度不小于地坪孔口承压面宽度的3倍时,尚可利用刚性地坪的抗滑能力。

表4.2.7　地基土静承载力长期压密提高系数

年限与岩土类别	p_0/f_s			
	1.0	0.8	0.4	<0.4
2年以上的砾、粗、中、细、粉砂	1.2	1.1	1.05	1.0
5年以上的粉土和粉质黏土				
8年以上地基土静承载力标准值大于100kPa的黏土				

　注:　1　p_0 指基础底面实际平均压应力(kPa);

　　　　2　使用期不够或岩石、碎石土、其他软弱土,提高系数值可取1.0。

4.2.8　桩的抗震承载力验算,可按现行国家标准《建筑抗震设计规范》GB 50011 规定的方法进行。

4.2.9　7~9度时山区建筑的挡土结构、地下室或半地下室外墙的稳定性验算,可采用现行国家标准《建筑地基基础设计规范》GB 50007 规定的方法;抗滑安全系数不应小于1.1,抗倾覆安全系数不应小于1.2。验算时,土的重度应除以地震角的余弦,墙背填土的内摩擦角和墙背摩擦角应分别减去地震角和增加地震角。地震角可按表4.2.9采用。

表 4.2.9　挡土结构的地震角

类　别	7　度		8　度		9　度
	0.1g	0.15g	0.2g	0.3g	0.4g
水　上	1.5°	2.3°	3°	4.5°	6°
水　下	2.5°	3.8°	5°	7.5°	10°

4.2.10 同一建筑单元存在不同类型基础或基础埋深不同时，宜根据地震时可能产生的不利影响，估算地震导致两部分地基的差异沉降，检查基础抵抗差异沉降的能力，并检查上部结构相应部位的构造抵抗附加地震作用和差异沉降的能力。

5　多层砌体房屋

5.1　一般规定

5.1.1 本章适用于烧结普通黏土砖、烧结多孔黏土砖、混凝土中型空心砌块、混凝土小型空心砌块、粉煤灰中型实心砌块砌体承重的多层房屋。

注：1　对于单层砌体房屋，当横墙间距不超过三开间时，可按本章规定的原则进行抗震鉴定；

2　本章中烧结普通黏土砖、烧结多孔黏土砖、混凝土小型空心砌块、混凝土中型空心砌块、粉煤灰中型实心砌块分别简称为普通砖、多孔砖、混凝土小砌块、混凝土中砌块、粉煤灰中砌块。

5.1.2 现有多层砌体房屋抗震鉴定时，房屋的高度和层数、抗震墙的厚度和间距、墙体实际达到的砂浆强度等级和砌筑质量、墙体交接处的连接以及女儿墙、楼梯间和出屋面烟囱等易引起倒塌伤人的部位应重点检查；7～9 度时，尚应检查墙体布置的规则性，检查楼、屋盖处的圈梁，检查楼、屋盖与墙体的连接构造等。

5.1.3 多层砌体房屋的外观和内在质量应符合下列要求：

1　墙体不空鼓、无严重酥碱和明显歪闪。

2　支承大梁、屋架的墙体无竖向裂缝，承重墙、自承重墙及其交接处无明显裂缝。

3　木楼、屋盖构件无明显变形、腐朽、蚁蚀和严重开裂。

4　混凝土构件符合本标准第 6.1.3 条的有关规定。

5.1.4 现有砌体房屋的抗震鉴定，应按房屋高度和层数、结构体系的合理性、墙体材料的实际强度、房屋整体性连接构造的可靠性、局部易损易倒部位构件自身及其与主体结构连接构造的可靠性以及墙体抗震承载力的综合分析，对整幢房屋的抗震能力进行鉴定。

当砌体房屋层数超过规定时，应评为不满足抗震

鉴定要求；当仅有出入口和人流通道处的女儿墙、出屋面烟囱等不符合规定时，应评为局部不满足抗震鉴定要求。

5.1.5 A 类砌体房屋应进行综合抗震能力的两级鉴定。在第一级鉴定中，墙体的抗震承载力应依据纵、横墙间距进行简化验算，当符合第一级鉴定的各项规定时，应评为满足抗震鉴定要求；不符合第一级鉴定要求时，除有明确规定的情况外，应在第二级鉴定中采用综合抗震能力指数的方法，计入构造影响作出判断。

B 类砌体房屋，在整体性连接构造的检查中尚应包括构造柱的设置情况，墙体的抗震承载力应采用现行国家标准《建筑抗震设计规范》GB 50011 的底部剪力法等方法进行验算，或按照 A 类砌体房屋计入构造影响进行综合抗震能力的评定。

5.2　A 类砌体房屋抗震鉴定

（Ⅰ）第一级鉴定

5.2.1 现有砌体房屋的高度和层数应符合下列要求：

1　房屋的高度和层数不宜超过表 5.2.1 所列的范围。对横向抗震墙较少的房屋，其适用高度和层数应比表 5.2.1 的规定分别降低 3m 和一层；对横向抗震墙很少的房屋，还应再减少一层。

2　当超过规定的适用范围时，应提高对综合抗震能力的要求或提出改变结构体系的要求等。

5.2.2 现有砌体房屋的结构体系，应按下列规定进行检查：

1　房屋实际的抗震横墙间距和高宽比，应符合下列刚性体系的要求：

表 5.2.1　A 类砌体房屋的最大高度（m）和层数限值

墙体类别	墙体厚度(mm)	6 度		7 度		8 度		9 度	
		高度	层数	高度	层数	高度	层数	高度	层数
普通砖实心墙	≥240	24	八	22	七	19	六	13	四
	180	16	五	16	五	13	四	10	三
多孔砖墙	180～240	16	五	16	五	13	四	10	三
普通砖空心墙	420	19	六	19	六	13	四	10	三
	300	13	三	13	三				
普通砖空斗墙	240	10	三	10	三				
混凝土中砌块墙	≥240	19	六	19	六	13	四		
混凝土小砌块墙	≥190	22	七	22	七	16	五		
粉煤灰中砌块墙	≥240	19	六	19	六	13	四		
	180～240	16	五	16	五	13	三		

注：1　房屋高度计算方法同现行国家标准《建筑抗震设计规范》GB 50011 的规定；

2　空心墙指由两片 120mm 厚砖墙或 120mm 厚砖与 240mm 厚砖通过卧砌形成的墙体；

3　乙类设防时应允许按本地区设防烈度查表，但层数应减少一层且总高度应降低 3m；其抗震墙不应为 180mm 普通砖实心墙、普通砖空斗墙。

1）抗震横墙的最大间距应符合表 5.2.2 的规定；

2）房屋的高度与宽度（有外廊的房屋，此宽度不包括其走廊宽度）之比不宜大于 2.2，且高度不大于底层平面的最长尺寸。

2 7～9 度时，房屋的平、立面和墙体布置宜符合下列规则性的要求：

1）质量和刚度沿高度分布比较规则均匀，立面高度变化不超过一层，同一楼层的楼板标高相差不大于 500mm；

2）楼层的质心和计算刚心基本重合或接近。

表 5.2.2　A 类砌体房屋刚性体系抗震横墙的最大间距（m）

楼、屋盖类别	墙体类别	墙体厚度（mm）	6、7度	8度	9度
现浇或装配整体式混凝土	砖实心墙	≥240	15	15	11
	其他墙体	≥180	13	10	
装配式混凝土	砖实心墙	≥240	11	11	7
	其他墙体	≥180	10	7	
木、砖拱	砖实心墙	≥240	7	7	4

注：对Ⅳ类场地，表内的最大间距值应减少 3m 或 4m 以内的一间。

3 跨度不小于 6m 的大梁，不宜由独立砖柱支承；乙类设防时不应由独立砖柱支承。

4 教学楼、医疗用房等横墙较少、跨度较大的房间，宜为现浇或装配整体式楼、屋盖。

5.2.3 承重墙体的砖、砌块和砂浆实际达到的强度等级，应符合下列要求：

1 砖强度等级不宜低于 MU7.5，且不低于砌筑砂浆强度等级；中型砌块的强度等级不宜低于 MU10，小型砌块的强度等级不宜低于 MU5。砖、砌块的强度等级低于上述规定一级以内时，墙体的砂浆强度等级宜按比实际达到的强度等级降低一级采用。

2 墙体的砌筑砂浆强度等级，6 度时或 7 度时二层及以下的砖砌体不应低于 M0.4，当 7 度时超过二层或 8、9 度时不宜低于 M1；砌块墙体不宜低于 M2.5。砂浆强度等级高于砖、砌块的强度等级时，墙体的砂浆强度等级宜按砖、砌块的强度等级采用。

5.2.4 现有房屋的整体性连接构造，应着重检查下列要求：

1 墙体布置在平面内应闭合，纵横墙交接处应有可靠连接，不应被烟道、通风道等竖向孔道削弱；乙类设防时，尚应按本地区抗震设防烈度和表 5.2.4-1 检查构造柱设置情况。

表 5.2.4-1　乙类设防时 A 类砖房构造柱设置要求

房屋层数				设置部位		
6度	7度	8度	9度			
四、五	三、四	二、三		外墙四角，错层部位横墙与外纵墙交接处，较大洞口两侧，大房间内外墙交接处	7、8 度时，楼梯间、电梯间四角
六、七	五、六	四	二		隔开间横墙（轴线）与外墙交接处，山墙与内纵墙交接处；7～9 度时，楼梯间、电梯间四角
		五	三		内墙（轴线）与外墙交接处，内墙的局部较小墙垛处；7～9 度时，楼梯间、电梯间四角，9 度时内纵墙与横墙（轴线）交接处

注：横墙较少时，按增加一层的层数查表。砌块房屋按表中提高一度的要求检查芯柱或构造柱。

2 木屋架不应为无下弦的人字屋架，隔开间应有一道竖向支撑或有木望板和木龙骨顶棚。

3 装配式混凝土楼盖、屋盖（或木屋盖）砖房的圈梁布置和配筋，不应少于表 5.2.4-2 的规定；纵墙承重房屋的圈梁布置要求应相应提高；空斗墙、空心墙和 180mm 厚砖墙的房屋，外墙每层应有圈梁。

4 装配式混凝土楼盖、屋盖的砌块房屋，每层均应有圈梁；其中，6～8 度时内墙上圈梁的水平间距与配筋应分别符合表 5.2.4-2 中 7～9 度时的规定。

表 5.2.4-2　A 类砌体房屋圈梁的布置和构造要求

位置和配筋量		7度	8度	9度
屋盖	外墙	除层数为二层的预制板或有木望板、木龙骨吊顶时，均应有	均应有	均应有
	内墙	同外墙，且纵横墙上圈梁的水平间距分别不应大于 8m 和 16m	纵横墙上圈梁的水平间距分别不应大于 8m 和 12m	纵横墙上圈梁的水平间距均不应大于 8m
楼盖	外墙	横墙间距大于 8m 或层数超过四层时应隔层有	横墙间距大于 8m 时每层应有，横墙间距不大于 8m 层数超过三层时，应隔层有	层数超过二层且横墙间距大于 4m 时，每层均应有
	内墙	横墙间距大于 8m 或层数超过四层时，应隔层有且圈梁的水平间距不应大于 16m	同外墙，且圈梁的水平间距不应大于 12m	同外墙，且圈梁的水平间距不应大于 8m
配筋量		4φ8	4φ10	4φ12

注：6 度时，同非抗震要求。

5.2.5　现有房屋的整体性连接构造，尚应满足下列要求：

　　1　纵横墙交接处应咬槎较好；当为马牙槎砌筑或有钢筋混凝土构造柱时，沿墙高每10皮砖（中型砌块每道水平灰缝）或500mm应有2ϕ6拉结钢筋；空心砌块有钢筋混凝土芯柱时，芯柱在楼层上下应连通，且沿墙高每隔600mm应有ϕ4点焊钢筋网片与墙拉结。

　　2　楼盖、屋盖的连接应符合下列要求：

　　　　1）楼盖、屋盖构件的支承长度不应小于表5.2.5的规定；

　　　　2）混凝土预制构件应有坐浆；预制板缝应有混凝土填实，板上应有水泥砂浆面层。

表5.2.5　楼盖、屋盖构件的最小支承长度（mm）

构件名称	混凝土预制板		预制进深梁	木屋架、木大梁	对接檩条		木龙骨、木檩条
位置	墙上	梁上	墙上	墙上	屋架上		墙上
支承长度	100	80	180且有梁垫	240	60		120

　　3　圈梁的布置和构造尚应符合下列要求：

　　　　1）现浇和装配整体式钢筋混凝土楼盖、屋盖可无圈梁；

　　　　2）圈梁截面高度，多层砖房不宜小于120mm，中型砌块房屋不宜小于200mm，小型砌块房屋不宜小于150mm；

　　　　3）圈梁位置与楼盖、屋盖宜在同一标高或紧靠板底；

　　　　4）砖拱楼盖、屋盖房屋，每层所有内外墙均应有圈梁，当圈梁承受砖拱楼盖、屋盖的推力时，配筋量不应少于4ϕ12；

　　　　5）屋盖处的圈梁应现浇；楼盖处的圈梁可为钢筋砖圈梁，其高度不小于4皮砖，砌筑砂浆强度等级不低于M5，总配筋量不少于表5.2.4-2中的规定；现浇钢筋混凝土板墙或钢筋网水泥砂浆面层中的配筋加强带可代替该位置上的圈梁；与纵墙圈梁有可靠连接的进深梁或配筋板带也可代替该位置上的圈梁。

5.2.6　房屋中易引起局部倒塌的部件及其连接，应着重检查下列要求：

　　1　出入口或人流通道处的女儿墙和门脸等装饰物应有锚固。

　　2　出屋面小烟囱在出入口或人流通道处应有防倒塌措施。

　　3　钢筋混凝土挑檐、雨罩等悬挑构件应有足够的稳定性。

5.2.7　楼梯间的墙体，悬挑楼层、通长阳台或房屋尽端局部悬挑阳台，过街楼的支承墙体，与独立承重砖柱相邻的承重墙体，均应提高有关墙体承载能力的要求。

5.2.8　房屋中易引起局部倒塌的部件及其连接，尚应分别符合下列规定：

　　1　现有结构构件的局部尺寸、支承长度和连接应符合下列要求：

　　　　1）承重的门窗间墙最小宽度和外墙尽端至门窗洞边的距离及支承跨度大于5m的大梁的内墙阳角至门窗洞边的距离，7、8、9度时分别不宜小于0.8m、1.0m、1.5m；

　　　　2）非承重的外墙尽端至门窗洞边的距离，7、8度时不宜小于0.8m，9度时不宜小于1.0m；

　　　　3）楼梯间及门厅跨度不小于6m的大梁，在砖墙转角处的支承长度不宜小于490mm；

　　　　4）出屋面的楼梯间、电梯间和水箱间等小房间，8、9度时墙体的砂浆强度等级不宜低于M2.5；门窗洞口不宜过大；预制楼盖、屋盖与墙体应有连接。

　　2　非结构构件的现有构造应符合下列要求：

　　　　1）隔墙与两侧墙体或柱应有拉结，长度大于5.1m或高度大于3m时，墙顶还应与梁板有连接；

　　　　2）无拉结女儿墙和门脸等装饰物，当砌筑砂浆的强度等级不低于M2.5且厚度为240mm时，其突出屋面的高度，对整体性不良或非刚性结构的房屋不应大于0.5m；对刚性结构房屋的封闭女儿墙不宜大于0.9m。

5.2.9　第一级鉴定时，房屋的抗震承载力可采用抗震横墙间距和宽度的下列限值进行简化验算：

　　1　层高在3m左右，墙厚为240mm的普通黏土砖房屋，当在层高的1/2处门窗洞所占的水平截面面积，对承重横墙不大于总截面面积的25%、对承重纵墙不大于总截面面积的50%时，其承重横墙间距和房屋宽度的限值宜按表5.2.9-1采用，设计基本地震加速度为0.15g和0.30g时，应按表中数值采用内插法确定；其他墙体的房屋，应按表5.2.9-1的限值乘以表5.2.9-2规定的抗震墙体类别修正系数采用。

　　2　自承重墙的限值，可按本条第1款规定值的1.25倍采用。

　　3　对本标准第5.2.7条规定的情况，其限值宜按本条第1、2款规定值的0.8倍采用；突出屋面的楼梯间、电梯间和水箱间等小房间，其限值宜按本条第1、2款规定值的1/3采用。

表 5.2.9-1　抗震承载力简化验算的抗震横墙间距和房屋宽度限值（m）

砂浆强度等级；下表中第 3～12 列为 **6 度**，第 13～22 列为 **7 度**。

楼层总数	检查楼层	M0.4 L	M0.4 B	M1 L	M1 B	M2.5 L	M2.5 B	M5 L	M5 B	M10 L	M10 B	M0.4 L	M0.4 B	M1 L	M1 B	M2.5 L	M2.5 B	M5 L	M5 B	M10 L	M10 B
二	2	6.9	10	11	15	15	15	—	—	—	—	4.8	7.1	7.9	11	12	15	15	15	—	—
二	1	6.0	8.8	9.2	14	13	15	—	—	—	—	4.2	6.2	6.4	9.5	9.2	13	12	15	—	—
三	3	6.1	9.0	10	14	15	15	15	15	—	—	—	—	7.0	10	11	15	15	15	—	—
三	1～2	4.7	7.1	7.0	11	9.8	14	14	15	—	—	—	—	5.0	7.4	6.8	10	9.2	13	—	—
四	4	5.7	8.4	9.4	14	14	15	15	15	—	—	—	—	6.6	9.5	9.8	12	12	12	—	—
四	3	4.3	6.3	6.6	9.6	9.3	14	13	15	—	—	—	—	4.6	6.7	6.5	9.5	8.9	12	—	—
四	1～2	4.0	6.0	5.9	8.9	8.1	12	11	15	—	—	—	—	4.2	6.2	5.7	8.5	7.5	11	—	—
五	5	5.6	9.2	9.0	12	12	15	12	12	—	—	—	—	6.3	9.0	9.0	12	12	12	—	—
五	4	3.8	6.5	6.1	9.0	8.7	12	12	12	—	—	—	—	4.3	6.3	6.1	8.9	8.3	12	—	—
五	1～3	—	—	5.2	7.9	7.0	10	9.1	12	—	—	—	—	3.6	5.4	4.9	7.4	6.4	9.4	—	—
六	6	—	—	8.9	12	12	12	12	12	—	—	—	—	6.1	8.8	9.2	12	12	12	—	—
六	5	—	—	5.9	8.6	8.3	12	11	12	—	—	—	—	4.1	6.0	5.8	8.5	7.8	11	—	—
六	4	—	—	—	—	6.8	10	9.1	12	—	—	—	—	—	—	4.8	7.1	6.4	9.3	—	—
六	1～3	—	—	—	—	6.3	9.4	8.1	12	—	—	—	—	—	—	4.4	6.6	5.7	8.4	—	—
七	7	—	—	8.2	12	12	12	12	12	—	—	—	—	—	—	3.9	7.2	3.9	7.2	—	—
七	6	—	—	5.2	8.3	8.0	11	11	12	—	—	—	—	—	—	3.9	7.2	3.9	7.2	—	—
七	5	—	—	—	—	6.4	9.6	8.5	12	—	—	—	—	—	—	—	—	3.9	7.2	—	—
七	1～4	—	—	—	—	5.7	8.5	7.3	11	—	—	—	—	—	—	—	—	3.9	7.2	—	—
八	6～8	—	—	—	—	—	—	3.9	7.8	3.9	7.8	—	—	—	—	—	—	—	—	—	—
八	1～5	—	—	—	—	—	—	3.9	7.8	3.9	7.8	—	—	—	—	—	—	—	—	—	—

砂浆强度等级；下表中第 3～12 列为 **8 度**，第 13～22 列为 **9 度**。

楼层总数	检查楼层	M0.4 L	M0.4 B	M1 L	M1 B	M2.5 L	M2.5 B	M5 L	M5 B	M10 L	M10 B	M0.4 L	M0.4 B	M1 L	M1 B	M2.5 L	M2.5 B	M5 L	M5 B	M10 L	M10 B
二	2	—	—	5.3	7.8	7.8	12	10	15	—	—	—	—	3.1	4.6	4.7	7.1	6.0	9.2	11	11
二	1	—	—	4.3	6.4	6.2	8.9	8.4	12	—	—	—	—	3.7	5.3	5.0	7.1	6.4	9.0	—	—
三	3	—	—	4.7	6.7	7.0	9.9	9.7	14	13	15	—	—	—	—	4.2	5.9	5.8	8.2	7.7	10
三	1～2	—	—	3.3	4.9	4.6	6.8	6.2	8.8	7.7	11	—	—	—	—	—	—	3.7	5.3	4.6	6.7
四	4	—	—	4.4	5.7	6.5	9.2	9.1	12	12	15	—	—	—	—	—	—	3.3	5.8	3.3	5.9
四	3	—	—	—	—	4.3	6.3	5.9	8.5	7.6	11	—	—	—	—	—	—	—	—	3.3	4.8
四	1～2	—	—	—	—	3.8	5.1	5.0	7.3	6.2	9.1	—	—	—	—	—	—	—	—	2.8	4.0
五	5	—	—	—	—	6.3	8.9	8.8	12	11	12	—	—	—	—	—	—	—	—	—	—
五	4	—	—	—	—	4.1	5.9	5.5	7.8	7.1	10	—	—	—	—	—	—	—	—	—	—
五	1～3	—	—	—	—	3.4	4.5	4.3	6.3	5.3	7.8	—	—	—	—	—	—	—	—	—	—
六	6	—	—	—	—	3.9	6.0	—	—	—	—	—	—	—	—	—	—	—	—	—	—
六	5	—	—	—	—	3.9	5.5	—	—	—	—	—	—	—	—	—	—	—	—	—	—
六	4	—	—	—	—	3.2	4.7	3.9	5.9	—	—	—	—	—	—	—	—	—	—	—	—
六	1～3	—	—	—	—	—	—	3.9	5.9	—	—	—	—	—	—	—	—	—	—	—	—

注：1　L 指 240mm 厚承重横墙间距限值；楼盖、屋盖为刚性时取平均值，柔性时取最大值，中等刚性可相应换算；

　　2　B 指 240mm 厚纵墙承重的房屋宽度限值；有一道同样厚度的内纵墙时可取 1.4 倍，有 2 道时可取 1.8 倍；平面局部突出时，房屋宽度可按加权平均值计算；

　　3　楼盖为混凝土而屋盖为木屋架或钢木屋架时，表中顶层的限值宜乘以 0.7。

表 5.2.9-2 抗震墙体类别修正系数

墙体类别	空斗墙	空心墙	多孔砖墙	小型砌块墙	中型砌块墙	实心墙		
厚度(mm)	240	300	420	190	t	t	180	370	480
修正系数	0.6	0.9	1.4	0.8	$0.8t/240$	$0.6t/240$	0.75	1.4	1.8

注: t 指小型砌块墙体的厚度。

5.2.10 多层砌体房屋符合本节各项规定可评为综合抗震能力满足抗震鉴定要求;当遇下列情况之一时,可不再进行第二级鉴定,但应评为综合抗震能力不满足抗震鉴定要求,且要求对房屋采取加固或其他相应措施:

1 房屋高宽比大于3,或横墙间距超过刚性体系最大值4m。

2 纵横墙交接处连接不符合要求,或支承长度少于规定值的75%。

3 仅有易损部位非结构构件的构造不符合要求。

4 本节的其他规定有多项明显不符合要求。

(Ⅱ) 第二级鉴定

5.2.11 A类砌体房屋采用综合抗震能力指数的方法进行第二级鉴定时,应根据房屋不符合第一级鉴定的具体情况,分别采用楼层平均抗震能力指数方法、楼层综合抗震能力指数方法和墙段综合抗震能力指数方法。

5.2.12 A类砌体房屋的楼层平均抗震能力指数、楼层综合抗震能力指数和墙段综合抗震能力指数应按房屋的纵横两个方向分别计算。当最弱楼层平均抗震能力指数、最弱楼层综合抗震能力指数或最弱墙段综合抗震能力指数大于等于 **1.0** 时,应评定为满足抗震鉴定要求;当小于 **1.0** 时,应要求对房屋采取加固或其他相应措施。

5.2.13 现有结构体系、整体性连接和易引起倒塌的部位符合第一级鉴定要求,但横墙间距和房屋宽度均超过或其中一项超过第一级鉴定限值的房屋,可采用楼层平均抗震能力指数方法进行第二级鉴定。楼层平均抗震能力指数应按下式计算:

$$\beta_i = A_i / (A_{bi} \xi_{0i} \lambda) \qquad (5.2.13)$$

式中 β_i —— 第 i 楼层纵向或横向墙体平均抗震能力指数;

A_i —— 第 i 楼层纵向或横向抗震墙在层高1/2处净截面积的总面积,其中不包括高宽比大于4的墙段截面面积;

A_{bi} —— 第 i 楼层建筑平面面积;

ξ_{0i} —— 第 i 楼层纵向或横向抗震墙的基准面积率,按本标准附录B采用;

λ —— 烈度影响系数;6、7、8、9度时,分

别按0.7、1.0、1.5和2.5采用,设计基本地震加速度为0.15g和0.30g,分别按1.25和2.0采用。当场地处于本标准第4.1.3条规定的不利地段时,尚应乘以增大系数1.1~1.6。

5.2.14 现有结构体系、楼(屋)盖整体性连接、圈梁布置和构造及易引起局部倒塌的结构构件不符合第一级鉴定要求的房屋,可采用楼层综合抗震能力指数方法进行第二级鉴定,并应符合下列规定:

1 楼层综合抗震能力指数应按下式计算:

$$\beta_{ci} = \psi_1 \psi_2 \beta_i \qquad (5.2.14)$$

式中 β_{ci} —— 第 i 楼层的纵向或横向墙体综合抗震能力指数;

ψ_1 —— 体系影响系数,可按本条第2款确定;

ψ_2 —— 局部影响系数,可按本条第3款确定。

2 体系影响系数可根据房屋不规则性、非刚性和整体性连接不符合第一级鉴定要求的程度,经综合分析后确定;也可由表5.2.14-1各项系数的乘积确定。当砖砌体的砂浆强度等级为M0.4时,尚应乘以0.9;丙类设防的房屋当有构造柱或芯柱时,尚可根据满足本标准第5.3节相关规定的程度乘以1.0~1.2的系数;乙类设防的房屋,当构造柱或芯柱不符合规定时,尚应乘以0.8~0.95的系数。

3 局部影响系数可根据易引起局部倒塌各部位不符合第一级鉴定要求的程度,经综合分析后确定;也可由表5.2.14-2各项系数中的最小值确定。

表 5.2.14-1 体系影响系数值

项目	不符合的程度	ψ_1	影响范围
房屋高宽比 η	$2.2 < \eta < 2.6$	0.85	上部1/3楼层
	$2.6 < \eta < 3.0$	0.75	上部1/3楼层
横墙间距	超过表5.2.2最大值	0.90	楼层的 β_{ci}
	4m以内	1.00	墙段的 β_{cij}
错层高度	$>0.5m$	0.90	错层上下
立面高度变化	超过一层	0.90	所有变化的楼层
相邻楼层的墙体刚度比 λ	$2 < \lambda < 3$	0.85	刚度小的楼层
	$\lambda > 3$	0.75	刚度小的楼层
楼盖、屋盖构件的支承长度	比规定少15%以内	0.90	不满足的楼层
	比规定少15%~25%	0.80	不满足的楼层
圈梁布置和构造	屋盖外墙不符合	0.70	顶层
	楼盖外墙一道不符合	0.90	缺圈梁的上、下楼层
	楼盖外墙二道不符合	0.80	所有楼层
	内墙不符合	0.90	不满足的上、下楼层

注: 单项不符合的程度超过表内规定或不符合的项目超过3项时,应采取加固或其他相应措施。

表 5.2.14-2　局部影响系数值

项　目	不符合的程度	ψ_2	影响范围
墙体局部尺寸	比规定少 10%以内	0.95	不满足的楼层
	比规定少 10%～20%	0.90	不满足的楼层
楼梯间等大梁的支承长度 l	370mm<l<490mm	0.80	该楼层的 β_{ci}
		0.70	该墙段的 β_{cij}
出屋面小房间		0.33	出屋面小房间
支承悬挑结构构件的承重墙体		0.80	该楼层和墙段
房屋尽端设过街楼或楼梯间		0.80	该楼层和墙段
有独立砌体柱承重的房屋	柱顶有拉结	0.80	楼层、柱两侧相邻墙段
	柱顶无拉结	0.60	楼层、柱两侧相邻墙段

注：不符合的程度超过表内规定时，应采取加固或其他相应措施。

5.2.15　实际横墙间距超过刚性体系规定的最大值、有明显扭转效应和易引起局部倒塌的结构构件不符合第一级鉴定要求的房屋，当最弱的楼层综合抗震能力指数小于 1.0 时，可采用墙段综合抗震能力指数方法进行第二级鉴定。墙段综合抗震能力指数应按下式计算：

$$\beta_{cij} = \psi_1 \psi_2 \beta_{ij} \qquad (5.2.15\text{-}1)$$

$$\beta_{ij} = A_{ij}/(A_{bij}\xi_{0i}\lambda) \qquad (5.2.15\text{-}2)$$

式中　β_{cij}——第 i 层第 j 墙段综合抗震能力指数；

　　　β_{ij}——第 i 层第 j 墙段抗震能力指数；

　　　A_{ij}——第 i 层第 j 墙段在 1/2 层高处的净截面面积；

　　　A_{bij}——第 i 层第 j 墙段计及楼盖刚度影响的从属面积。

　　注：考虑扭转效应时，式（5.2.15-1）中尚应包括扭转效应系数，其值可按现行国家标准《建筑抗震设计规范》GB 50011 的规定，取该墙段不考虑与考虑扭转时的内力比。

5.2.16　房屋的质量和刚度沿高度分布明显不均匀，或 7、8、9 度时房屋的层数分别超过六、五、三层，可按本标准第 5.3 节的方法进行抗震承载力验算，并可按本标准第 5.2.14 条的规定估算构造的影响，由综合评定进行第二级鉴定。

5.3　B 类砌体房屋抗震鉴定

（Ⅰ）抗震措施鉴定

5.3.1　现有 B 类多层砌体房屋实际的层数和总高度不应超过表 5.3.1 规定的限值；对教学楼、医疗用房等横墙较少的房屋总高度，应比表 5.3.1 的规定降低 3m，层数相应减少一层；各层横墙很少的房屋，还应再减少一层。

当房屋层数和高度超过最大限值时，应提高对综合抗震能力的要求或提出采取改变结构体系等抗震减灾措施。

表 5.3.1　B 类多层砌体房屋的层数和总高度限值（m）

砌体类别	最小墙厚 (mm)	烈　　度							
		6		7		8		9	
		高度	层数	高度	层数	高度	层数	高度	层数
普通砖	240	24	八	21	七	18	六	12	四
多孔砖	240	21	七	21	七	18	六	12	四
	190	21	七	18	六	15	五	不宜采用	
混凝土小砌块	190	21	七	21	七	18	六	15	五
混凝土中砌块	200	18	六	15	五	9	三		
粉煤灰中砌块	240	18	六	15	五	9	三		

注：1　房屋高度计算方法同现行国家标准《建筑抗震设计规范》GB 50011 的规定；

　　2　乙类设防时应允许按本地区设防烈度查表，但层数应减少一层且总高度应降低 3m。

5.3.2　现有普通砖和 240mm 厚多孔砖房屋的层高，不宜超过 4m；190mm 厚多孔砖和砌块房屋的层高，不宜超过 3.6m。

5.3.3　现有多层砌体房屋的结构体系，应符合下列要求：

　　1　房屋抗震横墙的最大间距，不应超过表 5.3.3-1 的要求。

表 5.3.3-1　B 类多层砌体房屋的抗震横墙最大间距（m）

楼盖、屋盖类别	普通砖、多孔砖房屋				中砌块房屋			小砌块房屋		
	6 度	7 度	8 度	9 度	6 度	7 度	8 度	6 度	7 度	8 度
现浇和装配整体式钢筋混凝土	18	18	15	11	13	13	11	15	15	11
装配式钢筋混凝土	15	15	11	9	10	10	7	11	11	9
木	11	11	9	不宜采用						

　　2　房屋总高度与总宽度的最大比值（高宽比），宜符合表 5.3.3-2 的要求。

表 5.3.3-2　房屋最大高宽比

烈　　度	6	7	8	9
最大高宽比	2.5	2.5	2.0	1.5

注：单面走廊房屋的总宽度不包括走廊宽度。

　　3　纵横墙的布置宜均匀对称，沿平面内宜对齐，沿竖向应上下连续；同一轴线上的窗间墙宽度宜均匀。

　　4　8、9 度时，房屋立面高差在 6m 以上，或有

错层，且楼板高差较大，或各部分结构刚度、质量截然不同时，宜有防震缝，缝两侧均应有墙体，缝宽宜为 50～100mm。

5 房屋的尽端和转角处不宜有楼梯间。

6 跨度不小于 6m 的大梁，不宜由独立砖柱支承；乙类设防时不应由独立砖柱支承。

7 教学楼、医疗用房等横墙较少、跨度较大的房间，宜为现浇或装配整体式楼盖、屋盖。

8 同一结构单元的基础（或桩承台）宜为同一类型，底面宜埋置在同一标高上，否则应有基础圈梁并应按 1：2 的台阶逐步放坡。

5.3.4 多层砌体房屋材料实际达到的强度等级，应符合下列要求：

1 承重墙体的砌筑砂浆实际达到的强度等级，砖墙体不应低于 M2.5，砌块墙体不应低于 M5。

2 砌体块材实际达到的强度等级，普通砖、多孔砖不应低于 MU7.5，混凝土小砌块不宜低于 MU5，混凝土中型砌块、粉煤灰中砌块不宜低于 MU10。

3 构造柱、圈梁、混凝土小砌块芯柱实际达到的混凝土强度等级不宜低于 C15，混凝土中砌块芯柱混凝土强度等级不宜低于 C20。

5.3.5 现有砌体房屋的整体性连接构造，应符合下列要求：

1 墙体布置在平面内应闭合，纵横墙交接处应咬槎砌筑，烟道、风道、垃圾道等不应削弱墙体，当墙体被削弱时，应对墙体采取加强措施。

2 现有砌体房屋在下列部位应有钢筋混凝土构造柱或芯柱：

1）砖砌体房屋的钢筋混凝土构造柱应按表 5.3.5-1 的要求检查，粉煤灰中砌块房屋应根据增加一层后的层数，按表 5.3.5-1 的要求检查；

表 5.3.5-1　砖砌体房屋构造柱设置要求

房屋层数				设置部位
6度	7度	8度	9度	
四、五	三、四	二、三	—	7、8 时，楼梯间、电梯间四角
六～八	五、六	四	二	外墙四角，错层部位横墙与外纵墙交接处，较大洞口两侧，大房间内外墙交接处
				隔开间横墙（轴线）与外墙交接处，山墙与内纵墙交接处；7～9 时，楼梯间、电梯间四角
—	七	五、六	三、四	内墙（轴线）与外墙交接处，内墙的局部较小墙垛处；7～9 时，楼梯间、电梯间四角；9 度时内纵墙与横墙（轴线）交接处

2）混凝土小砌块房屋的钢筋混凝土芯柱应按表 5.3.5-2 的要求检查；

表 5.3.5-2　混凝土小砌块房屋芯柱设置要求

房屋层数			设置部位	设置数量
6度	7度	8度		
四、五	三、四	二、三	外墙转角，楼梯间四角，大房间内外墙交接处	外墙四角，填实 3 个孔
六	五	四	外墙转角，楼梯间四角，大房间内外墙交接处，山墙与内纵墙交接处，隔开间横墙（轴线）与外纵墙交接处	外墙四角，填实 4 个孔，内外墙交接处，填实 4 个孔
七	六	五	外墙转角，楼梯间四角，大房间内外墙交接处，内墙（轴线）与外纵墙交接处，8 度时，内纵墙与横墙（轴线）交接处和门洞两侧	外墙四角，填实 5 个孔，内外墙交接处，填实 4 个孔，内墙交接处，填实 4～5 个孔，洞口两侧各填实 1 个孔

3）混凝土中砌块房屋的钢筋混凝土芯柱应按表 5.3.5-3 的要求检查；

表 5.3.5-3　混凝土中砌块房屋芯柱设置要求

烈度	设置部位
6、7 度	外墙四角，楼梯间四角，大房间内外墙交接处，山墙与内纵墙交接处，隔开间横墙（轴线）与外纵墙交接处
8 度	外墙四角，楼梯间四角，横墙（轴线）与纵墙交接处，横墙门洞两侧，大房间内外墙交接处

4）外廊式和单面走廊式的多层房屋，应根据房屋增加一层后的层数，分别按本款第 1～3 项的要求检查构造柱或芯柱，且单面走廊两侧的纵墙均应按外墙处理；

5）教学楼、医疗用房等横墙较少的房屋，应根据房屋增加一层后的层数，分别按本款第 1～3 项的要求检查构造柱或芯柱；当教学楼、医疗用房等横墙较少的房屋为外廊式或单面走廊式时，应按本款第 1～4 项的要求检查，但 6 度不超过四层、7 度不超过三层和 8 度不超过二层时应按增加二层后的层数进行检查。

3 钢筋混凝土圈梁的布置与配筋，应符合下列要求：

1）装配式钢筋混凝土楼盖、屋盖或木楼盖、屋盖的砖房，横墙承重时，现浇钢筋混凝土圈梁应按表 5.3.5-4 的要求检查；纵墙承重时每层均应有圈梁，且抗震横墙上的圈梁间距应比表 5.3.5-4 的规定适当加密；

2）砌块房屋采用装配式钢筋混凝土楼盖时，每层均应有圈梁，圈梁的间距应按表 5.3.5-4 提高一度的要求检查。

表 5.3.5-4 多层砖房现浇钢筋混凝土圈梁设置和配筋要求

墙类和配筋量		烈 度		
		6、7 度	8 度	9 度
墙类	外墙和内纵墙	屋盖处及隔层楼盖处应有	屋盖处及每层楼盖处均应有	屋盖处及每层楼盖处均应有
	内横墙	屋盖处及隔层楼盖处应有;屋盖处间距不应大于7m;楼盖处间距不应大于15m;构造柱对应部位	屋盖处及每层楼盖处均应有;屋盖处沿所有横墙,且间距不应大于7m;楼盖处间距不应大于7m;构造柱对应部位	屋盖处及每层楼盖处均应有;各层所有横墙应有
最小纵筋		4φ8	4φ10	4φ12
最大箍筋间距 (mm)		250	200	150

4 现有房屋楼盖、屋盖及其与墙体的连接应符合下列要求:

1）现浇钢筋混凝土楼板或屋面板伸进外墙和不小于240mm厚内墙的长度,不应小于120mm;伸进190mm厚内墙的长度不应小于90mm;

2）装配式钢筋混凝土楼板或屋面板,当圈梁未设在板的同一标高时,板端伸进外墙的长度不应小于120mm,伸进不小于240mm厚内墙的长度不应小于100mm,伸进190mm厚内墙的长度不应小于80mm,在梁上不应小于80mm;

3）当板的跨度大于4.8m并与外墙平行时,靠外墙的预制板侧边与墙或圈梁应有拉结;

4）房屋端部大房间的楼盖,8度时房屋的屋盖和9度时房屋的楼盖、屋盖,当圈梁设在板底时,钢筋混凝土预制板应相互拉结,并应与梁、墙或圈梁拉结。

5.3.6 钢筋混凝土构造柱（或芯柱）的构造与配筋,尚应符合下列要求:

1 砖砌体房屋的构造柱最小截面可为 240mm×180mm,纵向钢筋宜为 4φ12,箍筋间距不宜大于250mm,且在柱上下端宜适当加密,7 度时超过六层、8 度时超过五层和9度时,构造柱纵向钢筋宜为4φ14,箍筋间距不应大于200mm。

2 混凝土小砌块房屋芯柱截面,不宜小于120mm×120mm;构造柱最小截面尺寸可为 240mm×240mm。芯柱（或构造柱）与墙体连接处应有拉结钢筋网片,竖向插筋应贯通墙身且与每层圈梁连接;插筋数量混凝土小砌块房屋不应少于1φ12,混凝土

中砌块房屋,6 度和 7 度时不应少于 1φ14 或 2φ10,8 度时不应少于 1φ16 或 2φ12。

3 构造柱与圈梁应有连接;隔层设置圈梁的房屋,在无圈梁的楼层应有配筋砖带,仅在外墙四角有构造柱时,在外墙上应伸过一个开间,其他情况应在外纵墙和相应横墙上拉通,其截面高度不应小于四皮砖,砂浆强度等级不应低于M5。

4 构造柱与墙连接处宜砌成马牙槎,并应沿墙高每隔 500mm 有 2φ6 拉结钢筋,每边伸入墙内不宜小于1m。

5 构造柱应伸入室外地面下 500mm,或锚入浅于 500mm 的基础圈梁内。

5.3.7 钢筋混凝土圈梁的构造与配筋,尚应符合下列要求:

1 现浇或装配整体式钢筋混凝土楼盖、屋盖与墙体有可靠连接的房屋,可无圈梁,但楼板应与相应的构造柱有钢筋可靠连接;6～8 度砖拱楼盖、屋盖房屋,各层所有墙体均应有圈梁。

2 圈梁应闭合,遇有洞口应上下搭接。圈梁宜与预制板设在同一标高处或紧靠板底。

3 圈梁在表 5.3.5-4 要求的间距内无横墙时,可利用梁或板缝中配筋替代圈梁。

4 圈梁的截面高度不应小于 120mm,当需要增设基础圈梁以加强基础的整体性和刚性时,截面高度不应小于 180mm,配筋不应少于 4φ12,砖拱楼盖、屋盖房屋的圈梁应按计算确定,但不应少于 4φ10。

5.3.8 砌块房屋墙体交接处或芯柱、构造柱与墙体连接处的拉结钢筋网片,每边伸入墙内不宜小于1m,且应符合下列要求:

1 混凝土小砌块房屋沿墙高每隔 600mm 有 φ4 点焊的钢筋网片。

2 混凝土中砌块房屋隔皮有 φ6 点焊的钢筋网片。

3 粉煤灰中砌块 6、7 度时隔皮、8 度时每皮有 φ6 点焊的钢筋网片。

5.3.9 房屋的楼盖、屋盖与墙体的连接尚应符合下列要求:

1 楼盖、屋盖的钢筋混凝土梁或屋架应与墙、柱（包括构造柱、芯柱）或圈梁可靠连接,梁与砖柱的连接不应削弱柱截面,各层独立砖柱顶部应在两个方向均有可靠连接。

2 坡屋顶房屋的屋架应与顶层圈梁有可靠连接,檩条或屋面板应与墙及屋架有可靠连接,房屋出入口和人流通道处的檐口瓦应与屋面构件锚固;8 度和 9 度时,顶层内纵墙顶宜有支撑端山墙的踏步式墙垛。

5.3.10 房屋中易引起局部倒塌的部件及其连接,应分别符合下列规定:

1 后砌的非承重砌体隔墙应沿墙高每隔 500mm 有 2φ6 钢筋与承重墙或柱拉结,并每边伸入墙内不应

小于500mm，8度和9度时长度大于5.1m的后砌非承重砌体隔墙的墙顶，尚应与楼板或梁有拉结。

2 下列非结构构件的构造不符合要求时，位于出入口或人流通道处应加固或采取相应措施：

1）预制阳台应与圈梁和楼板的现浇板带有可靠连接；

2）钢筋混凝土预制挑檐应有锚固；

3）附墙烟囱及出屋面的烟囱应有竖向配筋。

3 门窗洞处不应为无筋砖过梁；过梁支承长度，6～8度时不应小于240mm，9度时不应小于360mm。

4 房屋中砌体墙段实际的局部尺寸，不宜小于表5.3.10的规定。

表5.3.10 房屋的局部尺寸限值（m）

部 位	烈 度			
	6度	7度	8度	9度
承重窗间墙最小宽度	1.0	1.0	1.2	1.5
承重外墙尽端至门窗洞边的最小距离	1.0	1.0	1.5	2.0
非承重外墙尽端至门窗洞边的最小距离	1.0	1.0	1.0	1.0
内墙阳角至门窗洞边的最小距离	1.0	1.0	1.5	2.0
无锚固女儿墙（非出入口或人流通道处）最大高度	0.5	0.5	0.5	0.0

5.3.11 楼梯间应符合下列要求：

1 8度和9度时，顶层楼梯间横墙和外墙宜沿墙高每隔500mm有2φ6通长钢筋；9度时其他各层楼梯间墙体应在休息平台或楼层半高处有60mm厚的配筋砂浆带，其砂浆强度等级不应低于M5，钢筋不宜少于2φ10。

2 8度和9度时，楼梯间及门厅内墙阳角处的大梁支承长度不应小于500mm，并应与圈梁有连接。

3 突出屋面的楼梯间、电梯间，构造柱应伸到顶部，并与顶部圈梁连接，内外墙交接处应沿墙高每隔500mm有2φ6拉结钢筋，且每边伸入墙内不应小于1m。

4 装配式楼梯段应与平台板的梁有可靠连接，不应有墙中悬挑式踏步或踏步竖肋插入墙体的楼梯，不应有无筋砖砌栏板。

（Ⅱ）抗震承载力验算

5.3.12 B类现有砌体房屋的抗震分析，可采用底部剪力法，并可按现行国家标准《建筑抗震设计规范》GB 50011规定只选择从属面积较大或竖向应力较小的墙段进行抗震承载力验算；当抗震措施不满足本标准第5.3.1～第5.3.11条要求时，可按本标准第5.2节第二级鉴定的方法综合考虑构造的整体影响和局部

影响，其中，当构造柱或芯柱的设置不满足本节的相关规定时，体系影响系数尚应根据不满足程度乘以0.8～0.95的系数。当场地处于本标准第4.1.3条规定的不利地段时，尚应乘以增大系数1.1～1.6。

5.3.13 各类砌体沿阶梯形截面破坏的抗震抗剪强度设计值，应按下式确定：

$$f_{vE} = \zeta_N f_v \qquad (5.3.13)$$

式中 f_{vE}——砌体沿阶梯形截面破坏的抗震抗剪强度设计值；

f_v——非抗震设计的砌体抗剪强度设计值，按本标准表A.0.1-2采用；

ζ_N——砌体抗震抗剪强度的正应力影响系数，按表5.3.13采用。

表5.3.13 砌体抗震抗剪强度的正应力影响系数

砌体类别	σ_0/f_v								
	0.0	1.0	3.0	5.0	7.0	10.0	15.0	20.0	25.0
普通砖、多孔砖	0.80	1.00	1.28	1.50	1.70	1.95	2.32	—	—
粉煤灰中砌块混凝土中砌块	—	1.18	1.54	1.90	2.20	2.65	3.40	4.15	4.90
混凝土小砌块	—	1.25	1.75	2.25	2.60	3.10	3.95	4.80	—

注：σ_0为对应于重力荷载代表值的砌体截面平均压应力。

5.3.14 普通砖、多孔砖、粉煤灰中砌块和混凝土中砌块墙体的截面抗震承载力，应按下式验算：

$$V \leqslant f_{vE}A/\gamma_{Ra} \qquad (5.3.14)$$

式中 V——墙体剪力设计值；

f_{vE}——砌体沿阶梯形截面破坏的抗震抗剪强度设计值；

A——墙体横截面面积；

γ_{Ra}——抗震鉴定的承载力调整系数，应按本标准第3.0.5条采用。

5.3.15 当按式（5.3.14）验算不满足时，可计入设置于墙段中部、截面不小于240mm×240mm且间距不大于4m的构造柱对受剪承载力的提高作用，按下列简化方法验算：

$$V \leqslant \frac{1}{\gamma_{Ra}}\left[\eta_c f_{vE}(A-A_c) + \zeta f_t A_c + 0.08 f_y A_s\right]$$

$$(5.3.15)$$

式中 A_c——中部构造柱的横截面总面积（对横墙和内纵墙，$A_c > 0.15A$时，取0.15A；对外纵墙，$A_c > 0.25A$时，取0.25A）；

f_t——中部构造柱的混凝土轴心抗拉强度设计值，按本标准表A.0.2-2采用；

A_s——中部构造柱的纵向钢筋截面总面积（配筋率不小于0.6%，大于1.4%取1.4%）；

f_y——钢筋抗拉强度设计值，按本标准表 A.0.3-2 采用；

ζ——中部构造柱参与工作系数；居中设一根时取 0.5，多于一根取 0.4；

η_c——墙体约束修正系数；一般情况下取 1.0，构造柱间距不大于 2.8m 时取 1.1。

5.3.16 横向配筋普通砖、多孔砖墙的截面抗震承载力，可按下式验算：

$$V \leqslant \frac{1}{\gamma_{Ra}}(f_{vE}A + 0.15f_yA_s) \qquad (5.3.16)$$

式中 A_s——层间竖向截面中钢筋总截面面积。

5.3.17 混凝土小砌块墙体的截面抗震承载力，应按下式验算：

$$V \leqslant \frac{1}{\gamma_{Ra}}[f_{vE}A + (0.3f_tA_c + 0.05f_yA_s)\zeta_c] \qquad (5.3.17)$$

式中 f_t——芯柱混凝土轴心抗拉强度设计值，按本标准表 A.0.2-2 采用；

A_c——芯柱截面总面积；

A_s——芯柱钢筋截面总面积；

ζ_c——芯柱影响系数，可按表 5.3.17 采用。

表 5.3.17 芯柱影响系数

填孔率 ρ	$\rho<0.15$	$0.15\leqslant\rho<0.25$	$0.25\leqslant\rho<0.5$	$\rho\geqslant0.5$
ζ_c	0.0	1.0	1.10	1.15

注：填孔率指芯柱根数与孔洞总数之比。

5.3.18 各层层高相当且较规则均匀的 B 类多层砌体房屋，尚可按本标准第 5.2.12～第 5.2.15 条的规定采用楼层综合抗震能力指数的方法进行综合抗震能力验算。其中，公式（5.2.13）中的烈度影响系数，6、7、8、9 度时应分别按 0.7、1.0、2.0 和 4.0 采用，设计基本地震加速度为 0.15g 和 0.30g 时应分别按 1.5 和 3.0 采用。

6 多层及高层钢筋混凝土房屋

6.1 一 般 规 定

6.1.1 本章适用于现浇及装配整体式钢筋混凝土框架（包括填充墙框架）、框架—抗震墙及抗震墙结构。其最大高度（或层数）应符合下列规定：

1 A 类钢筋混凝土房屋抗震鉴定时，房屋的总层数不超过 10 层。

2 B 类钢筋混凝土房屋抗震鉴定时，房屋适用的最大高度应符合表 6.1.1 的要求，对不规则结构、有框支层抗震墙结构或Ⅳ类场地上的结构，适用的最大高度应适当降低。

表 6.1.1 B 类现浇钢筋混凝土房屋适用的最大高度（m）

结构类型	烈 度			
	6 度	7 度	8 度	9 度
框架结构	同非抗震设计	55	45	25
框架—抗震墙结构		120	100	50
抗震墙结构		120	100	60
框支抗震墙结构	120	100	80	不应采用

注：1 房屋高度指室外地面到主要屋面板板顶的高度（不包括局部突出屋顶部分）；

2 本章中的"抗震墙"指结构抗侧力体系中的钢筋混凝土剪力墙，不包括只承担重力荷载的混凝土墙。

6.1.2 现有钢筋混凝土房屋的抗震鉴定，应依据其设防烈度重点检查下列薄弱部位：

1 6 度时，应检查局部易掉落伤人的构件、部件以及楼梯间非结构构件的连接构造。

2 7 度时，除应按第 1 款检查外，尚应检查梁柱节点的连接方式、框架跨数及不同结构体系之间的连接构造。

3 8、9 度时，除应按第 1、2 款检查外，尚应检查梁、柱的配筋，材料强度，各构件间的连接，结构体型的规则性，短柱分布，使用荷载的大小和分布等。

6.1.3 钢筋混凝土房屋的外观和内在质量宜符合下列规定：

1 梁、柱及其节点的混凝土仅有少量微小开裂或局部剥落，钢筋无露筋、锈蚀。

2 填充墙无明显开裂或与框架脱开。

3 主体结构构件无明显变形、倾斜或歪扭。

6.1.4 现有钢筋混凝土房屋的抗震鉴定，应按结构体系的合理性、结构构件材料的实际强度、结构构件的纵向钢筋和横向箍筋的配置和构件连接的可靠性、填充墙等与主体结构的拉结构造以及构件抗震承载力的综合分析，对整幢房屋的抗震能力进行鉴定。

当梁柱节点构造和框架跨数不符合规定时，应评为不满足抗震鉴定要求；当仅有出入口、人流通道处的填充墙不符合规定时，应评为局部不满足抗震鉴定要求。

6.1.5 A 类钢筋混凝土房屋应进行综合抗震能力两级鉴定。当符合第一级鉴定的各项规定时，除 9 度外应允许不进行抗震验算而评为满足抗震鉴定要求；不符合第一级鉴定要求和 9 度时，除有明确规定的情况外，应在第二级鉴定中采用屈服强度系数和综合抗震能力指数的方法作出判断。

B 类钢筋混凝土房屋应根据所属的抗震等级进

行结构布置和构造检查，并应通过内力调整进行抗震承载力验算；或按照 A 类钢筋混凝土房屋计入构造影响对综合抗震能力进行评定。

6.1.6 当砌体结构与框架结构相连或依托于框架结构时，应加大砌体结构所承担的地震作用，再按本标准第 5 章进行抗震鉴定；对框架结构的鉴定，应计入两种不同性质的结构相连导致的不利影响。

6.1.7 砖女儿墙、门脸等非结构构件和突出屋面的小房间，应符合本标准第 5 章的有关规定。

6.2 A 类钢筋混凝土房屋抗震鉴定

（Ⅰ）第一级鉴定

6.2.1 现有 A 类钢筋混凝土房屋的结构体系应符合下列规定：

1 框架结构宜为双向框架，装配式框架宜有整浇节点，8、9 度时不应为铰接节点。

2 框架结构不宜为单跨框架；乙类设防时，不应为单跨框架结构，且 8、9 度时按梁柱的实际配筋、柱轴向力计算的框架柱的弯矩增大系数宜大于 1.1。

3 8、9 度时，现有结构体系宜按下列规则性的要求检查：

  1）平面局部突出部分的长度不宜大于宽度，且不宜大于该方向总长度的 30%。

  2）立面局部缩进的尺寸不宜大于该方向水平总尺寸的 25%。

  3）楼层刚度不宜小于其相邻上层刚度的 70%，且连续三层总的刚度降低不宜大于 50%。

  4）无砌体结构相连，且平面内的抗侧力构件及质量分布宜基本均匀对称。

4 抗震墙之间无大洞口的楼盖、屋盖的长宽比不宜超过表 6.2.1-1 的规定，超过时应考虑楼盖平面内变形的影响。

表 6.2.1-1　A 类钢筋混凝土房屋抗震墙无大洞口的楼盖、屋盖的长宽比

楼盖、屋盖类别	烈　度	
	8 度	9 度
现浇、叠合梁板	3.0	2.0
装配式楼盖	2.5	1.0

5 8 度时，厚度不小于 240mm、砌筑砂浆强度等级不低于 M2.5 的抗侧力黏土砖填充墙，其平均间距应不大于表 6.2.1-2 规定的限值。

表 6.2.1-2　抗侧力黏土砖填充墙平均间距的限值

总层数	三	四	五	六
间距（m）	17	14	12	11

6.2.2 梁、柱、墙实际达到的混凝土强度等级，6、7 度时不应低于 C13，8、9 度时不应低于 C18。

6.2.3 6 度和 7 度Ⅰ、Ⅱ类场地时，框架结构应按下列规定检查：

1 框架梁柱的纵向钢筋和横向箍筋的配置应符合非抗震设计的要求，其中，梁纵向钢筋在柱内的锚固长度，HPB235 级钢筋不宜小于纵向钢筋直径的 25 倍，HRB335 级钢筋不宜小于纵向钢筋直径的 30 倍；混凝土强度等级为 C13 时，锚固长度应相应增加纵向钢筋直径的 5 倍。

2 6 度乙类设防时，框架的中柱和边柱纵向钢筋的总配筋率不应少于 0.5%，角柱不应少于 0.7%，箍筋最大间距不宜大于 8 倍纵向钢筋直径且不大于 150mm，最小直径不宜小于 6mm。

6.2.4 7 度Ⅲ、Ⅳ类场地和 8、9 度时，框架梁柱的配筋尚应着重按下列要求检查：

1 梁两端在梁高各一倍范围内的箍筋间距，8 度时不应大于 200mm，9 度时不应大于 150mm。

2 在柱的上、下端，柱净高各 1/6 的范围内，丙类设防时，7 度Ⅲ、Ⅳ类场地和 8 度时，箍筋直径不应小于 φ6，间距不应大于 200mm；9 度时，箍筋直径不应小于 φ8，间距不应大于 150mm；乙类设防时，框架柱箍筋的最大间距和最小直径，宜按当地设防烈度和表 6.2.4 的要求检查。

表 6.2.4　乙类设防时框架柱箍筋的最大间距和最小直径

烈度和场地	7 度（0.10g），7 度（0.15g）Ⅰ、Ⅱ类场地	7 度（0.15g）Ⅲ、Ⅳ类场地～8 度（0.30g）Ⅰ、Ⅱ类场地	8 度（0.30g）Ⅲ、Ⅳ类场地和 9 度
箍筋最大间距（取较小值）	8d，150mm	8d，100mm	6d，100mm
箍筋最小直径	8mm	8mm	10mm

注：d 为纵向钢筋直径。

3 净高与截面高度之比不大于 4 的柱，包括因嵌砌黏土砖填充墙形成的短柱，沿柱全高范围内的箍筋直径不应小于 φ8，箍筋间距，8 度时不应大于 150mm，9 度时不应大于 100mm。

4 框架角柱纵向钢筋的总配筋率，8 度时不宜小于 0.8%，9 度时不宜小于 1.0%；其他各柱纵向钢筋的总配筋率，8 度时不宜小于 0.6%，9 度时不宜小于 0.8%。

5 框架柱截面宽度不宜小于 300mm，8 度Ⅲ、Ⅳ类场地和 9 度时不宜小于 400mm；9 度时，柱的轴压比不应大于 0.8。

6.2.5 8、9 度时，框架—抗震墙的墙板配筋与构造应按下列要求检查：

1 抗震墙的周边宜与框架梁柱形成整体或有加强的边框。

2 墙板的厚度不宜小于140mm，且不宜小于墙板净高的1/30，墙板中竖向及横向钢筋的配筋率均不应小于0.15%。

3 墙板与楼板的连接，应能可靠地传递地震作用。

6.2.6 框架结构利用山墙承重时，山墙应有钢筋混凝土壁柱与框架梁可靠连接；当不符合时，8、9度应加固。

6.2.7 砖砌体填充墙、隔墙与主体结构的连接应按下列要求检查：

1 考虑填充墙抗侧力作用时，填充墙的厚度，6~8度时不应小于180mm，9度时不应小于240mm；砂浆强度等级，6~8度时不应低于M2.5，9度时不应低于M5；填充墙应嵌砌于框架平面内。

2 填充墙沿柱高每隔600mm左右应有2ϕ6拉筋伸入墙内，8、9度时伸入墙内的长度不宜小于墙长的1/5且不小于700mm；当墙高大于5m时，墙内宜有连系梁与柱连接；对于长度大于6m的黏土砖墙或长度大于5m的空心砖墙，8、9度时墙顶与梁应有连接。

3 房屋的内隔墙应与两端的墙或柱有可靠连接；当隔墙长度大于6m，8、9度时墙顶尚应与梁板连接。

6.2.8 钢筋混凝土房屋符合本节上述各项规定可评为综合抗震能力满足要求；当遇下列情况之一时，可不再进行第二级鉴定，但应评为综合抗震能力不满足抗震要求，且应对房屋采取加固或其他相应措施：

1 梁柱节点构造不符合要求的框架及乙类的单跨框架结构。

2 8、9度时混凝土强度等级低于C13。

3 与框架结构相连的承重砌体结构不符合要求。

4 仅有女儿墙、门脸、楼梯间填充墙等非结构构件不符合本标准第5.2.8条第2款的有关要求。

5 本节的其他规定有多项明显不符合要求。

（Ⅱ）第二级鉴定

6.2.9 A类钢筋混凝土房屋，可采用平面结构的楼层综合抗震能力指数进行第二级鉴定。也可按现行国家标准《建筑抗震设计规范》GB 50011的方法进行抗震计算分析，按本标准第3.0.5条的规定进行构件抗震承载力验算，计算时构件组合内力设计值不作调整，尚应按本节的规定估算构造的影响，由综合评定进行第二级鉴定。

6.2.10 现有钢筋混凝土房屋采用楼层综合抗震能力指数进行第二级鉴定时，应分别选择下列平面结构：

1 应至少在两个主轴方向分别选取有代表性的平面结构。

2 框架结构与承重砌体结构相连时，除应符合本条第1款的规定外，尚应选取连接处的平面结构。

3 有明显扭转效应时，除应符合本条第1款的规定外，尚应选取计入扭转影响的边榀结构。

6.2.11 楼层综合抗震能力指数可按下列公式计算：

$$\beta = \psi_1 \psi_2 \xi_y \qquad (6.2.11-1)$$

$$\xi_y = V_y / V_e \qquad (6.2.11-2)$$

式中 β——平面结构楼层综合抗震能力指数；

ψ_1——体系影响系数；可按本标准第6.2.12条确定；

ψ_2——局部影响系数；可按本标准第6.2.13条确定；

ξ_y——楼层屈服强度系数；

V_y——楼层现有受剪承载力，可按本标准附录C计算；

V_e——楼层的弹性地震剪力，可按本标准第6.2.14条计算。

6.2.12 A类钢筋混凝土房屋的体系影响系数可根据结构体系、梁柱箍筋、轴压比等符合第一级鉴定要求的程度和部位，按下列情况确定：

1 当上述各项构造均符合现行国家标准《建筑抗震设计规范》GB 50011的规定时，可取1.4。

2 当各项构造符合本标准第6.3节B类建筑的规定时，可取1.25。

3 当各项构造均符合本节第一级鉴定的规定时，可取1.0。

4 当各项构造均符合非抗震设计规定时，可取0.8。

5 当结构受损伤或发生倾斜但已修复纠正，上述数值尚宜乘以0.8~1.0。

6.2.13 局部影响系数可根据局部构造不符合第一级鉴定要求的程度，采用下列三项系数选定后的最小值：

1 与承重砌体结构相连的框架，取0.8~0.95。

2 填充墙等与框架的连接不符合第一级鉴定要求，取0.7~0.95。

3 抗震墙之间楼盖、屋盖长宽比超过表6.2.1-1的规定值，可按超过的程度，取0.6~0.9。

6.2.14 楼层的弹性地震剪力，对规则结构可采用底部剪力法计算，地震作用按本标准第3.0.5条的规定计算，地震作用分项系数取1.0；对考虑扭转影响的边榀结构，可按现行国家标准《建筑抗震设计规范》GB 50011规定的方法计算。当场地处于本标准第4.1.3条规定的不利地段时，地震作用尚应乘以增大系数1.1~1.6。

6.2.15 符合下列规定之一的多层钢筋混凝土房屋，可评定为满足抗震鉴定要求；当不符合时应要求采取加固或其他相应措施：

1 楼层综合抗震能力指数不小于1.0的结构。

2 按本标准第3.0.5条规定进行抗震承载力验

算并计入构造影响满足要求的结构。

6.3 B类钢筋混凝土房屋抗震鉴定

（Ⅰ）抗震措施鉴定

6.3.1 现有 B 类钢筋混凝土房屋的抗震鉴定，应按表 6.3.1 确定鉴定时所采用的抗震等级，并按其所属抗震等级的要求核查抗震构造措施。

表 6.3.1 钢筋混凝土结构的抗震等级

结构类型		烈　　　度							
		6 度		7 度		8 度			9 度
框架结构	房屋高度(m)	≤25	>25	≤35	>35	≤35		>35	≤25
	框架	四	三	三	二	二		一	一
框架—抗震墙结构	房屋高度(m)	≤50	>50	≤60	>60	<50	50~80	>80	≤25 >25
	框架	四	三	三	二	三	二	一	二 一
	抗震墙	三		二		二		一	一
抗震墙结构	房屋高度(m)	≤60	>60	≤80	>80	<35	35~80	>80	≤25 >25
	一般抗震墙	四	三	三	二	二	二	一	一
	有框支层的落地抗震墙底部加强部位	三		二		二		不宜采用	不应采用
	框支层框架	三		二		二			

注：乙类设防时，抗震等级应提高一度查表。

6.3.2 现有房屋的结构体系应按下列规定检查：

1 框架结构不宜为单跨框架；乙类设防时不应为单跨框架结构，且 8、9 度时按梁柱的实际配筋、柱轴向力计算的框架柱的弯矩增大系数宜大于 1.1。

2 结构布置宜按本标准第 6.2.1 条的要求检查其规则性，不规则房屋设有防震缝时，其最小宽度应符合现行国家标准《建筑抗震设计规范》GB 50011 的要求，并应提高相关部位的鉴定要求。

3 钢筋混凝土框架房屋的结构布置的检查，尚应按下列规定：

1）框架应双向布置，框架梁与柱的中线宜重合；

2）梁的截面宽度不宜小于 200mm；梁截面的高宽比不宜大于 4；梁净跨与截面高度之比不宜小于 4；

3）柱的截面宽度不宜小于 300mm，柱净高与截面高度（圆柱直径）之比不宜小于 4；

4）柱轴压比不宜超过表 6.3.2-1 的规定，超过时宜采取措施；柱净高与截面高度（圆柱直径）之比小于 4、Ⅳ类场地上较高的高层建筑的柱轴压比限值应适当

减小。

表 6.3.2-1 轴压比限值

类　别	抗　震　等　级		
	一	二	三
框架柱	0.7	0.8	0.9
框架—抗震墙的柱	0.9	0.9	0.95
框支柱	0.6	0.7	0.8

4 钢筋混凝土框架—抗震墙房屋的结构布置尚应按下列规定检查：

1）抗震墙宜双向设置，框架梁与抗震墙的中线宜重合；

2）抗震墙宜贯通房屋全高，且横向与纵向宜相连；

3）房屋较长时，纵向抗震墙不宜设置在端开间；

4）抗震墙之间无大洞口的楼盖、屋盖的长宽比不宜超过表 6.3.2-2 的规定，超过时应计入楼盖平面内变形的影响；

表 6.3.2-2 B 类钢筋混凝土房屋抗震墙无大洞口的楼盖、屋盖长宽比

楼盖、屋盖类别	烈　　　　度			
	6 度	7 度	8 度	9 度
现浇、叠合梁板	4.0	4.0	3.0	2.0
装配式楼盖	3.0	3.0	2.5	不宜采用
框支层现浇梁板	2.5	2.5	2.0	不宜采用

5）抗震墙墙板厚度不应小于 160mm 且不应小于层高的 1/20，在墙板周边应有梁（或暗梁）和端柱组成的边框。

5 钢筋混凝土抗震墙房屋的结构布置尚应按下列规定检查：

1）较长的抗震墙宜分成较均匀的若干墙段，各墙段（包括小开洞墙及联肢墙）的高宽比不宜小于 2；

2）抗震墙有较大洞口时，洞口位置宜上下对齐；

3）一、二级抗震墙和三级抗震墙加强部位的各墙肢应有翼墙、端柱或暗柱等边缘构件；暗柱或翼墙的截面范围按现行国家标准《建筑抗震设计规范》GB 50011 的规定检查；

4）两端有翼墙或端柱的抗震墙墙板厚度，一级不应小于 160mm，且不宜小于层高的 1/20，二、三级不应小于 140mm，且不宜小于层高的 1/25。

注：加强部位取墙肢总高度的 1/8 和墙肢宽度的

较大值，有框支层时尚不小于到框支层上一层的高度。

6 房屋底部有框支层时，框支层的刚度不应小于相邻上层刚度的 50%；落地抗震墙间距不宜大于四开间和 24m 的较小值，且落地抗震墙之间的楼盖长宽比不应超过表 6.3.2-2 规定的数值。

7 抗侧力黏土砖填充墙应符合下列要求：

1）二级且层数不超过五层、三级且层数不超过八层和四级的框架结构，可计入黏土砖填充墙的抗侧力作用；

2）填充墙的布置应符合框架—抗震墙结构中对抗震墙的设置要求；

3）填充墙应嵌砌在框架平面内并与梁柱紧密结合，墙厚不应小于 240mm，砂浆强度等级不应低于 M5，宜先砌墙后浇框架。

6.3.3 梁、柱、墙实际达到的混凝土强度等级不应低于 C20。一级的框架梁、柱和节点不应低于 C30。

6.3.4 现有框架梁的配筋与构造应按下列要求检查：

1 梁端纵向受拉钢筋的配筋率不宜大于 2.5%，且混凝土受压区高度和有效高度之比，一级不应大于 0.25，二、三级不应大于 0.35。

2 梁端截面的底面和顶面实际配筋量的比值，除按计算确定外，一级不应小于 0.5，二、三级不应小于 0.3。

3 梁端箍筋实际加密区的长度、箍筋最大间距和最小直径应按表 6.3.4 的要求检查，当梁端纵向受拉钢筋配筋率大于 2% 时，表中箍筋最小直径数值应增大 2mm。

4 梁顶面和底面的通长钢筋，一、二级不应少于 2φ14，且不应少于梁端顶面和底面纵向钢筋中较大截面面积的 1/4，三、四级不应少于 2φ12。

5 加密区箍筋肢距，一、二级不宜大于 200mm，三、四级不宜大于 250mm。

表 6.3.4 梁加密区的长度、箍筋最大间距和最小直径

抗震等级	加密区长度（采用最大值）（mm）	箍筋最大间距（采用最小值）（mm）	箍筋最小直径（mm）
一	$2h_b$，500	$h_b/4$，$6d$，100	10
二	$1.5h_b$，500	$h_b/4$，$8d$，100	8
三	$1.5h_b$，500	$h_b/4$，$8d$，150	8
四	$1.5h_b$，500	$h_b/4$，$8d$，150	6

注：d 为纵向钢筋直径；h_b 为梁高。

6.3.5 现有框架柱的配筋与构造应按下列要求检查：

1 柱实际纵向钢筋的总配筋率不应小于表 6.3.5-1 的规定，对Ⅳ类场地上较高的高层建筑，表中的数值应增加 0.1。

表 6.3.5-1 柱纵向钢筋的最小总配筋率（%）

类别	抗震等级			
	一	二	三	四
框架中柱和边柱	0.8	0.7	0.6	0.5
框架角柱、框支柱	1.0	0.9	0.8	0.7

2 柱箍筋在规定的范围内应加密，加密区的箍筋最大间距和最小直径，不宜低于表 6.3.5-2 的要求。

表 6.3.5-2 柱加密区的箍筋最大间距和最小直径

抗震等级	箍筋最大间距（采用较小值）（mm）	箍筋最小直径（mm）
一	$6d$，100	10
二	$8d$，100	8
三	$8d$，150	8
四	$8d$，150	8

注：1 d 为柱纵筋最小直径；

2 二级框架柱的箍筋直径不小于 10mm 时，最大间距应允许为 150mm；

3 三级框架柱的截面尺寸不大于 400mm 时，箍筋最小直径应允许为 6mm；

4 框支柱和剪跨比不大于 2 的柱，箍筋间距不应大于 100mm。

3 柱箍筋的加密区范围，应按下列规定检查：

1）柱端，为截面高度（圆柱直径）、柱净高的 1/6 和 500mm 三者的最大值；

2）底层柱为刚性地面上下各 500mm；

3）柱净高与柱截面高度之比小于 4 的柱（包括因嵌砌填充墙等形成的短柱）、框支柱、一级框架的角柱，为全高。

4 柱加密区的箍筋最小体积配箍率，不宜小于表 6.3.5-3 规定。一、二级时，净高与柱截面高度（圆柱直径）之比小于 4 的柱的体积配箍率，不宜小于 1.0%。

5 柱加密区箍筋肢距，一级不宜大于 200mm，二级不宜大于 250mm，三、四级不宜大于 300mm，且每隔一根纵向钢筋宜在两个方向有箍筋约束。

6 柱非加密区的实际箍筋量不宜小于加密区的 50%，且箍筋间距，一、二级不应大于 10 倍纵向钢筋直径，三级不应大于 15 倍纵向钢筋直径。

表 6.3.5-3 柱加密区的箍筋最小体积配箍率（%）

抗震等级	箍筋形式	柱轴压比		
		<0.4	0.4～0.6	>0.6
一	普通箍、复合箍	0.8	1.2	1.6
	螺旋箍	0.8	1.0	1.2

抗震等级	箍筋形式	柱轴压比		
		<0.4	0.4~0.6	>0.6
二	普通箍、复合箍	0.6~0.8	0.8~1.2	1.2~1.6
二	螺旋箍	0.6	0.8~1.0	1.0~1.2
三	普通箍、复合箍	0.4~0.6	0.6~0.8	0.8~1.2
三	螺旋箍	0.4	0.6	0.8

注：1 表中的数值适用于 HPB235 级钢筋、混凝土强度等级不高于 C35 的情况，对 HRB335 级钢筋和混凝土强度等级高于 C35 的情况可按强度相应换算，但不应小于 0.4。

2 井字复合箍的肢距不大于 200mm 且直径不小于 10mm 时，可采用表中螺旋箍对应数。

6.3.6 框架节点核心区内箍筋的最大间距和最小直径宜按本标准表 6.3.5-2 检查，一、二、三级的体积配箍率分别不宜小于 1.0%、0.8%、0.6%，但轴压比小于 0.4 时仍按本标准表 6.3.5-3 检查。

6.3.7 抗震墙墙板的配筋与构造应按下列要求检查：

1 抗震墙墙板横向、竖向分布钢筋的配筋，均应符合表 6.3.7-1 的要求；Ⅳ类场地上三级的较高的高层建筑，其一般部位的分布钢筋最小配筋率不应小于 0.2%。框架—抗震墙结构中的抗震墙板，其横向和竖向分布筋均不应小于 0.25%。

表 6.3.7-1 抗震墙墙板横向、竖向分布钢筋的配筋要求

抗震等级	最小配筋率（%）		最大间距（mm）	最小直径（mm）
	一般部位	加强部位		
一	0.25	0.25	300	8
二	0.20	0.25		
三、四	0.15	0.20		

2 抗震墙边缘构件的配筋，应符合表 6.3.7-2 的要求；框架—抗震墙端柱在全高范围内箍筋，均应符合表 6.3.7-2 中底部加强部位的要求。

3 抗震墙的竖向和横向分布钢筋，一级的所有部位和二级的加强部位，应为双排布置，二级的一般部位和三、四级的加强部位宜为双排布置。双排分布钢筋间拉筋的间距不应大于 600mm，且直径不应小于 6mm，对底部加强部位，拉筋间距尚应适当加密。

表 6.3.7-2 抗震墙边缘构件的配筋要求

抗震等级	底部加强部位			其他部位		
	纵向钢筋最小量（取较大值）	箍筋或拉筋最小直径（mm）	最大间距（mm）	纵向钢筋最小量（取较大值）	箍筋或拉筋最小直径（mm）	最大间距（mm）
一	0.010Ac 4φ16	8	100	0.008Ac 4φ14	8	150

抗震等级	底部加强部位			其他部位		
	纵向钢筋最小量（取较大值）	箍筋或拉筋最小直径（mm）	最大间距（mm）	纵向钢筋最小量（取较大值）	箍筋或拉筋最小直径（mm）	最大间距（mm）
二	0.008Ac 4φ14	8	150	0.006Ac 4φ12	8	200
三	0.005Ac 2φ14	6	150	0.004Ac 2φ12	6	200
四	2φ12	6	200	2φ12	6	250

注：A_c 为边缘构件的截面面积。

6.3.8 钢筋的接头和锚固应符合现行国家标准《混凝土结构设计规范》GB 50010 的要求。

6.3.9 填充墙应按下列要求检查：

1 砌体填充墙在平面和竖向的布置，宜均匀对称。

2 砌体填充墙，宜与框架柱柔性连接，但墙顶应与框架紧密结合。

3 砌体填充墙与框架为刚性连接时，应符合下列要求：

1）沿框架柱高每隔 500mm 有 2φ6 拉筋，拉筋伸入填充墙内长度，一、二级框架宜沿墙全长拉通；三、四级框架不应小于墙长的 1/5 且不小于 700mm；

2）墙长度大于 5m 时，墙顶部与梁宜有拉结措施，墙高度超过 4m 时，宜在墙高中部有与柱连接的通长钢筋混凝土水平系梁。

（Ⅱ）抗震承载力验算

6.3.10 现有钢筋混凝土房屋，应根据现行国家标准《建筑抗震设计规范》GB 50011 的方法进行抗震分析，按本标准第 3.0.5 条的规定进行构件承载力验算，乙类框架结构尚应进行变形验算；当抗震构造措施不满足第 6.3.1～第 6.3.9 条的要求时，可按本标准第 6.2 节的方法计入构造的影响进行综合评价。

6.3.11 构件截面抗震验算时，其组合内力设计值的调整应符合本标准附录 D 的规定，截面抗震验算符合本标准附录 E 的规定。

当场地处于本标准第 4.1.3 条规定的不利地段时，地震作用尚应乘以增大系数 1.1～1.6。

6.3.12 考虑黏土砖填充墙抗侧力作用的框架结构，可按本标准附录 F 进行抗震验算。

6.3.13 B 类钢筋混凝土房屋的体系影响系数，可根据结构体系、梁柱箍筋、轴压比、墙体边缘构件等符合鉴定要求的程度和部位，按下列情况确定：

1 当上述各项构造均符合现行国家标准《建筑抗震设计规范》GB 50011 的规定时，可取 1.1。

2 当各项构造均符合本节的规定时，可取 1.0。

3 当各项构造均符合本标准第 6.2 节 A 类房屋鉴定的规定时，可取 0.8。

4 当结构受损伤或发生倾斜但已修复纠正，上述数值尚宜乘以 0.8～1.0。

7 内框架和底层框架砖房

7.1 一般规定

7.1.1 本章适用于按丙类设防的黏土砖墙与钢筋混凝土柱混合承重的内框架、底层框架砖房、底层框架—抗震墙砖房。

7.1.2 现有内框架和底层框架砖房抗震鉴定时，对房屋的高度和层数、横墙的厚度和间距、墙体的砂浆强度等级和砌筑质量应重点检查，并应根据结构类型和设防烈度重点检查下列薄弱部位：

1 底层框架和底层内框架砖房的底层楼盖类型及底层与第二层的侧移刚度比、结构平面质量和刚度分布及墙体（包括填充墙）等抗侧力构件布置的均匀对称性。

2 多层内框架砖房的屋盖类型和纵向窗间墙宽度。

3 7～9 度设防时，尚应检查框架的配筋和圈梁及其他连接构造。

7.1.3 房屋的外观和内在质量应符合下列要求：

1 砖墙体应符合本标准第 5.1.3 条的有关规定。

2 混凝土构件应符合本标准第 6.1.3 条的有关规定。

7.1.4 现有内框架和底层框架砖房的抗震鉴定，应按房屋高度和层数、混合承重结构体系的合理性、墙体材料的实际强度、结构构件之间整体性连接构造的可靠性、局部易损易倒部位构件自身及其与主体结构连接构造的可靠性以及墙体和框架抗震承载力的综合分析，对整幢房屋的抗震能力进行鉴定。

当房屋层数超过规定或底部框架砖房的上下刚度比不符合规定时，应评为不满足抗震鉴定要求；当仅有出入口和人流通道处的女儿墙等不符合规定时，应评为局部不满足抗震鉴定要求。

7.1.5 对 A 类内框架和底层框架砖房，应进行综合抗震能力的两级评定。符合第一级鉴定的各项规定时，应评为满足抗震鉴定要求；不符合第一级鉴定要求时，除有明确规定的情况外，应在第二级鉴定采用屈服强度系数和综合抗震能力指数的方法，计入构造影响作出判断。

对 B 类内框架和底层框架砖房，应根据所属的抗震等级和构造柱设置等进行结构布置和构造检查，并应通过内力调整进行抗震承载力验算，或按照 A 类房屋计入构造影响对综合抗震能力进行评定。

7.1.6 内框架和底层框架砖房的砌体部分和框架部分，除符合本章规定外，尚应分别符合本标准第 5 章、第 6 章的有关规定。

7.2 A 类内框架和底层框架砖房抗震鉴定

（Ⅰ）第一级鉴定

7.2.1 现有 A 类内框架和底层框架砖房实际的最大高度和层数宜符合表 7.2.1 规定的限值，当超过规定的限值时，应提高对综合抗震能力的要求或提出采取改变结构体系等减灾措施。

表 7.2.1 A 类内框架和底层框架砖房最大高度（m）和层数限值

房屋类别	墙体厚度 (mm)	6 度		7 度		8 度		9 度	
		高度	层数	高度	层数	高度	层数	高度	层数
底层框架砖房	≥240	19	六	19	六	16	五	10	三
	180	13	四	13	四	10	三	7	二
底层内框架砖房	≥240	13	四	13	四	10	三	—	—
	180	7	二	7	二	7	二	—	—
多排柱内框架砖房	≥240	16	五	17	五	15	四	8	二
单排柱内框架砖房	≥240	16	四	15	四	12	三	—	—

注：1 类似的砌块房屋可按照本章规定的原则进行鉴定，但 9 度时不适用，6～8 度时，高度相应降低 3m，层数相应减少一层；

2 房屋的层数和高度超过表内规定值一层和 3m 以内时，应进行第二级鉴定。

7.2.2 现有房屋的结构体系应按下列规定检查：

1 A 类内框架和底层框架砖房抗震横墙的最大间距应符合表 7.2.2 的规定，超过时应要求采取相应措施。

表 7.2.2 A 类内框架和底层框架砖房抗震横墙的最大间距（m）

房 屋 类 型	6 度	7 度	8 度	9 度
底层框架砖房的底层	25	21	19	15
底层内框架砖房的底层	18	18	15	11
多排柱内框架砖房	30	30	30	20
单排柱内框架砖房	18	18	15	11

2 底层框架、底层内框架砖房的底层和第二层，应符合下列要求：

1） 在纵横两个方向均应有砖或钢筋混凝土抗震墙，每个方向第二层与底层侧向刚度的比值，7 度时不应大于 3.0，8、9 度时不应大于 2.0，且均不应小于 1.0；当底层的墙体在平面布置不对称时，应考虑扭转的不利影响；

2） 底层框架不应为单跨；框架柱截面最小

尺寸不宜小于 400mm，在重力荷载下的轴压比，7、8、9 度分别不宜大于 0.9、0.8、0.7；

　　3）第二层的墙体宜与底层的框架梁对齐，其实测砂浆强度等级应高于第三层。

3 内框架砖房的纵向窗间墙的宽度，6、7、8、9 度时，分别不宜小于 0.8m、1.0m、1.2m、1.5m；8、9 时厚度为 240mm 的抗震墙应有墙垛。

7.2.3 底层框架、底层内框架砖房的底层和多层内框架砖房的砖抗震墙，厚度不应小于 240mm，砖实际达到的强度等级不应低于 MU7.5；砌筑砂浆实际达到的强度等级，6、7 度时不应低于 M2.5，8、9 度时不应低于 M5；框架梁、柱实际达到的强度等级不应低于 C20。

7.2.4 现有房屋的整体性连接构造应符合下列规定：

1 底层框架和底层内框架砖房的底层，8、9 度时应为现浇或装配整体式混凝土楼盖；6、7 度时可为装配式楼盖，但应有圈梁。

2 多层内框架砖房的圈梁，应符合本标准第 5.2.4 条第 3 款的规定；采用装配式混凝土楼盖、屋盖时，尚应符合下列要求：

　　1）顶层应有圈梁；

　　2）6 度时和 7 度不超过三层时，隔层应有圈梁；

　　3）7 度超过三层和 8、9 度时，各层均应有圈梁。

3 内框架砖房大梁在外墙上的支承长度不应小于 240mm，且应与垫块或圈梁相连。

4 多层内框架砖房在外墙四角和楼梯间、电梯间四角及大房间内外墙交接处，7、8 度时超过三层和 9 度时，应有构造柱或沿墙高每 10 皮砖应有 $2\phi6$ 拉结钢筋。

7.2.5 房屋中易引起局部倒塌的构件、部件及其连接的构造，可按照本标准第 5.2 节的有关规定鉴定；底层框架、底层内框架砖房的上部各层的第一级鉴定，应符合本标准第 5.2 节的有关要求；框架梁、柱的第一级鉴定，应符合本标准第 6.2 节的有关要求。

7.2.6 第一级鉴定时，房屋的抗震承载力可采用抗震横墙间距和宽度的下列限值进行简化验算：

1 底层框架、底层内框架砖房的上部各层，抗震横墙间距和房屋宽度的限值应按本标准第 5.2.9 条的有关规定采用。

2 底层框架砖房的底层，横墙厚度为 370mm 时的抗震横墙间距和纵墙厚度为 240mm 时的房屋宽度限值，宜按表 7.2.6 采用，其他厚度的墙体，表 7.2.6 中数值可按墙厚的比例相应换算。设计基本地震加速度为 0.15g 和 0.30g 时，应按表 7.2.6 中数值采用内插法确定。

3 底层内框架砖房的底层，抗震横墙间距和房屋宽度的限值，可按底层框架砖房的 0.85 倍采用，9 度时不适用。

4 多排柱到顶的内框架砖房的抗震横墙间距和房屋宽度限值，顶层可按本标准第 5.2.9 条规定限值的 0.9 倍采用，底层可分别按本标准第 5.2.9 条规定限值的 1.4 倍和 1.15 倍采用；其他各层限值的调整可用内插法确定。

5 单排柱到顶砖房的抗震横墙间距和房屋宽度限值，可按多排柱到顶砖房相应限值的 0.85 倍采用。

表 7.2.6 底层框架砖房抗震承载力简化验算的底层抗震横墙间距和房屋宽度限值（m）

楼层总数	6 度 M2.5 L	B	6 度 M5 L	B	7 度 M2.5 L	B	7 度 M5 L	B	8 度 M5 L	B	8 度 M10 L	B	9 度 M5 L	B	9 度 M10 L	B
二	25	15	25	15	21	15	17	13	18	15		11	8		14	10
三	20	15	20	15	16	12	13	10	14	12		10	7			
四	18	13	18	13	14		16		12							
五									12							
六	14						12									

注：L 指 370mm 厚横墙的间距限值，B 指 240mm 厚纵墙的房屋宽度限值。

7.2.7 内框架和底层框架砖房符合本节各项规定可评为综合抗震能力满足抗震要求；当遇下列情况之一时，可不再进行第二级鉴定，但应评为不符合鉴定要求并提出采取加固或其他相应措施：

1 横墙间距超过表 7.2.2 的规定，或构件支承长度少于规定值的 75%，或底层框架、底层内框架砖房第二层与底层侧向刚度比不符合本标准第 7.2.2 条第 2 款规定。

2 8、9 度时混凝土强度等级低于 C13。

3 仅有非结构构件的构造不符合本标准 5.2.8 条第 2 款的有关要求。

（Ⅱ）第二级鉴定

7.2.8 内框架和底层框架砖房的第二级鉴定，一般情况下，可采用综合抗震能力指数的方法；房屋层数超过本标准表 7.2.1 所列数值时，应按本标准第 3.0.5 条的规定，采用现行国家标准《建筑抗震设计规范》GB 50011 的方法进行抗震承载力验算，并可按照本节的规定计入构造影响因素，进行综合评定。

7.2.9 底层框架、底层内框架砖房采用综合抗震能力指数方法进行第二级鉴定时，应符合下列要求：

1 上部各层应按本标准第 5.2 节的规定进行。

2 底层的砖抗震墙部分，可根据房屋的总层数按照本标准第 5.2 节的规定进行。其抗震墙基准面积率，应按本标准附录 B.0.2 采用；烈度影响系数，6、

7、8、9 度时，可分别按 0.7、1.0、1.7、3.0 采用，设计基本地震加速度为 0.15g 和 0.30g，分别按 1.35 和 2.35 采用。

3 底层的框架部分，可按本标准第 6.2 节的规定进行。其中，框架承担的地震剪力可按现行国家标准《建筑抗震设计规范》GB 50011 有关规定采用。

7.2.10 多层内框架砖房采用综合抗震能力指数方法进行第二级鉴定时，应符合下列要求：

1 砖墙部分可按照本标准第 5.2 节的规定进行。其中，纵向窗间墙不符合第一级鉴定时，其影响系数应按体系影响系数处理；抗震墙基准面积率，应按本标准附录 B.0.3 采用；烈度影响系数，6、7、8、9 度时，可分别按 0.7、1.0、1.7、3.0 采用，设计基本地震加速度为 0.15g 和 0.30g，分别按 1.35 和 2.35 采用。

2 框架部分可按照本标准第 6.2 节的规定进行。其外墙砖柱（墙垛）的现有受剪承载力，可根据对应于重力荷载代表值的砖柱轴向压力、砖柱偏心距限值、砖柱（包括钢筋）的截面面积和材料强度标准值等计算确定。

7.3 B 类内框架和底层框架砖房抗震鉴定

（Ⅰ）抗震措施鉴定

7.3.1 房屋实际的最大高度和层数不宜超过表 7.3.1 规定的限值，超过最大限值时，应提高综合抗震能力的要求或提出采取改变结构体系等减灾措施。

表 7.3.1 B 类内框架和底层框架砖房最大高度（m）和层数限值

房屋类别	6 度		7 度		8 度		9 度	
	高度	层数	高度	层数	高度	层数	高度	层数
底层框架砖房	19	六	19	六	16	五	11	三
多排柱内框架砖房	16	五	16	五	14	四	7	二
单排柱内框架砖房	14	四	14	四	11	三	不宜采用	

7.3.2 现有房屋的结构体系应符合下列规定：

1 抗震横墙的最大间距，应符合表 7.3.2 的要求。

表 7.3.2 B 类内框架和底层框架砖房抗震横墙的最大间距（m）

房 屋 类 型		烈　　度			
		6 度	7 度	8 度	9 度
底层框架砖房	上部各层	同表 5.3.3-1 砖房部分			
	底层	25	21	18	15
多排柱内框架砖房		30	30	30	20
单排柱内框架砖房		同表 5.3.3-1 砖房部分			

2 底层框架砖房的底层和第二层，应符合下列要求：

1）在纵横两个方向均应有一定数量的抗震

墙，每个方向第二层与底层侧向刚度的比值，7 度时不应大于 3.0，8、9 度时不应大于 2.0，且不应小于 1.0；抗震墙宜为钢筋混凝土墙，6、7 度时可为嵌砌于框架间的砌体墙；当底层的墙体在平面布置不对称时，应计入扭转的不利影响；

2）底层框架不应为单跨；框架柱截面最小尺寸不宜小于 400mm，其轴压比，7、8、9 度时分别不宜大于 0.9、0.8、0.7；

3）第二层的墙体宜与底层的框架梁对齐，在底层框架柱对应部位应有构造柱，其实测砂浆强度等级应高于第三层。

3 多层内框架砖房的纵向窗间墙宽度，不应小于 1.5m；外墙上梁的搁置长度，不应小于 300mm，梁应与圈梁连接。

7.3.3 底层框架和多层内框架砖房的砖抗震墙厚度不应小于 240mm，砖实际达到的强度等级不应低于 MU7.5；砌筑砂浆实际达到的强度等级，6、7 度时不应低于 M2.5，8、9 度时不应低于 M5；框架梁、柱实际达到的强度等级不应低于 C20，9 度时不应低于 C30。

7.3.4 房屋的整体性连接构造应符合下列规定：

1 底层框架砖房的上部，应根据房屋的高度和层数按多层砖房的要求检查钢筋混凝土构造柱设置。多层内框架砖房的下列部位应有钢筋混凝土构造柱：

1）外墙四角和楼梯间、电梯间四角；

2）6 度不低于五层时，7 度不低于四层时，8 度不低于三层时和 9 度时，抗震墙两端以及内框架梁在外墙的支承处（无组合柱时）。

2 底层框架砖房的底层楼盖和多层内框架砖房的屋盖，应有现浇或装配整体式钢筋混凝土板，采用装配式钢筋混凝土楼盖、屋盖的楼层，均应有现浇钢筋混凝土圈梁。

3 构造柱截面不宜小于 240mm×240mm，纵向钢筋不宜少于 4φ14，箍筋间距不宜大于 200mm。

（Ⅱ）抗震承载力验算

7.3.5 底层框架砖房和多层内框架砖房的抗震计算，可采用底部剪力法，应按现行国家标准《建筑抗震设计规范》GB 50011 的规定调整地震作用效应，并按本标准第 3.0.5 条规定进行截面抗震验算；当抗震构造不满足本标准第 7.3.2～第 7.3.4 条的构造要求时，可按本标准第 6.2 节的方法计入构造的影响进行综合评价。其中，当构造柱的设置不满足本节的相关规定时，体系影响系数尚应根据不满足程度乘以 0.8～0.95 的系数。

7.3.6 多层内框架砖房各柱的地震剪力，可按下式确定：

$$V_c \geq \frac{\psi_c}{n_b n_s}(\zeta_1 + \zeta_2\lambda)V \qquad (7.3.6)$$

式中 V_c ——各柱的地震剪力设计值;

V ——楼层地震剪力设计值;

ψ_c ——柱类型系数,钢筋混凝土内柱可采用 0.012,外墙组合砖柱可采用 0.0075,无筋砖柱(墙)可采用 0.005;

n_b ——抗震横墙间的开间数;

n_s ——内框架的跨数;

λ ——抗震横墙间距与房屋总宽度的比值,当小于 0.75 时,采用 0.75;

ζ_1、ζ_2 ——分别为计算系数可按表 7.3.6 采用。

表 7.3.6 计 算 系 数

房屋总层数	2	3	4	5
ζ_1	2.0	3.0	5.0	7.5
ζ_2	7.5	7.0	6.5	6.0

7.3.7 外墙砖柱的抗震验算,应符合下列要求:

1 无筋砖柱地震组合轴向力设计值的偏心距,不宜超过 0.9 倍截面形心到轴向力所在截面边缘的距离;承载力调整系数可采用 0.9。

2 组合砖柱的配筋应按计算确定,承载力调整系数可采用 0.85。

7.3.8 钢筋混凝土结构抗震等级的划分,底层框架砖房的框架和内框架均可按表 6.3.1 的框架结构采用,抗震墙可按三级采用。

8 单层钢筋混凝土柱厂房

8.1 一般规定

8.1.1 本章适用于装配式单层钢筋混凝土柱厂房和混合排架厂房。

注:1 钢筋混凝土柱厂房包括由屋面板、三角刚架、双梁和牛腿柱组成的锯齿形厂房;

2 混合排架厂房指边柱列为砖柱、中柱列为钢筋混凝土柱的厂房。

8.1.2 抗震鉴定时,下列关键薄弱环节应重点检查:

1 6 度时,应检查钢筋混凝土天窗架的形式和整体性,排架柱的选型,并注意出入口等处的高大山墙山尖部分的拉结。

2 7 度时,除按上述要求检查外,尚应检查屋盖中支承长度较小构件连接的可靠性,并注意出入口等处的女儿墙、高低跨封墙等构件的拉结构造。

3 8 度时,除按上述要求检查外,尚应检查各支撑系统的完整性、大型屋面板连接的可靠性、高低跨牛腿(柱肩)和各种柱变形受约束部位的构造,并注意圈梁、抗风柱的拉结构造及平面不规则、墙体布

置不匀称等和相连建筑物、构筑物导致质量不均匀、刚度不协调的影响。

4 9 度时,除按上述要求检查外,尚应检查柱间支撑的有关连接部位和高低跨柱列上柱的构造。

8.1.3 厂房的外观和内在质量宜符合下列要求:

1 混凝土承重构件仅有少量微小裂缝或局部剥落,钢筋无露筋和锈蚀。

2 屋盖构件无严重变形和歪斜。

3 构件连接处无明显裂缝或松动。

4 无不均匀沉降。

5 无砖墙、钢结构构件的其他损伤。

8.1.4 A 类厂房,应按本标准第 8.2 节的规定检查结构布置、构件构造、支撑、结构构件连接和墙体连接构造等;当检查的各项均符合要求时,一般情况下,可评为满足抗震鉴定要求,但对本标准第 8.2.9 条规定的情况,尚应结合抗震承载力验算进行综合抗震能力评定。

B 类厂房,应按本标准第 8.3 节检查结构布置、构件构造、支撑、结构构件连接和墙体连接构造等,并应按本标准第 8.3.9 条的规定进行抗震承载力验算,然后评定其抗震能力。

当关键薄弱环节不符合本章规定时,应要求加固或处理;一般部位不符合规定时,可根据不符合的程度和影响的范围,提出相应对策。

8.1.5 混合排架厂房的砖柱,应符合本标准第 9 章的有关规定。

8.2 A 类厂房抗震鉴定

(Ⅰ)抗震措施鉴定

8.2.1 厂房现有的结构布置应符合下列规定:

1 8、9 度时,厂房侧边贴建的生活间、变电所、炉子间和运输走廊等附属建筑物、构筑物,宜有防震缝与厂房分开;当纵横跨不设缝时应提高鉴定要求。防震缝宽度,一般情况宜为 50~90mm,纵横跨交接处宜为 100~150mm。

2 突出屋面天窗的端部不应为砖墙承重;8、9 度时,厂房两端和中部不应为无屋架的砖墙承重,锯齿形厂房的四周不应为砖墙承重。

3 8、9 度时,工作平台宜与排架柱脱开或柔性连接。

4 8、9 度时,砖围护墙宜为外贴式,不宜为一侧有墙另一侧敞开或一侧外贴而另一侧嵌砌等,但单跨厂房可两侧均为嵌砌式。

5 8、9 度时仅一端有山墙厂房的敞开端和不等

高厂房高跨的边柱列等存在扭转效应时，其内力增大部位的构造鉴定要求应适当提高。

8.2.2 厂房构件的形式应符合下列规定：

1 现有的钢筋混凝土Ⅱ形天窗架，8度Ⅰ、Ⅱ类场地在竖向支撑处的立柱及8度Ⅲ、Ⅳ类场地和9度时的全部立柱，不应为T形截面；当不符合时，应采取加固或增加支撑等措施。

2 现有的屋架上弦端部支承屋面板的小立柱，截面两个方向的尺寸均不宜小于200mm，高度不宜大于500mm；小立柱的主筋，7度有屋架上弦横向支撑和上柱柱间支撑的开间处不宜小于4φ12，8、9度时不宜小于4φ14；小立柱的箍筋间距不宜大于100mm。

3 现有的组合屋架的下弦杆宜为型钢；8、9度时，其上弦杆不宜为T形截面。

4 钢筋混凝土屋架上弦第一节间和梯形屋架现有的端竖杆的配筋，9度时不宜小于4φ14。

5 对薄壁工字形柱、腹板大开孔工字形柱、预制腹板的工字形柱和管柱等整体性差或抗剪能力差的排架柱（包括高大山墙的抗风柱）的构造鉴定要求应适当提高。

8、9度时，排架柱柱底至室内地坪以上500mm范围内和阶形柱上柱自牛腿面至吊车梁顶面以上300mm范围内的截面宜为矩形。

6 8、9度时，山墙现有的抗风砖柱应有竖向配筋。

8.2.3 屋盖现有的支撑布置和构造应符合下列规定：

1 屋盖支撑布置应符合表8.2.3-1～表8.2.3-3的规定；缺支撑时应增设。

表8.2.3-1　A类厂房无檩屋盖的支撑布置

支撑名称		烈　　度		
		6、7度	8度	9度
屋架支撑	上弦横向支撑	同非抗震设计		厂房单元端开间及柱间支撑开间各有一道；天窗跨度大于6m时，天窗开洞范围的两端有局部的支撑一道
	下弦横向支撑	同非抗震设计		厂房单元端开间各有一道
	跨中竖向支撑	同非抗震设计		同上弦横向支撑
	两端竖向支撑	屋架端部高度≤900mm	同非抗震设计		厂房单元端开间及每隔48m各有一道
		屋架端部高度>900mm	同非抗震设计	同上弦横向支撑	同上弦横向支撑，且间距不大于30m
	天窗两侧竖向支撑	厂房单元天窗端开间及每隔42m各有一道	厂房单元天窗端开间及每隔30m各有一道	厂房单元天窗端开间及每隔18m各有一道

表8.2.3-2　A类厂房中间井式天窗无檩屋盖支撑布置

支撑名称	烈　　度		
	6、7度	8度	9度
上、下弦横向支撑	厂房单元端开间各有一道	厂房单元端开间及柱间支撑开间各有一道	
上弦通长水平系杆	在天窗范围内屋架跨中上弦节点处有		
下弦通长水平系杆	在天窗两侧及天窗范围内屋架下弦节点处有		
跨中竖向支撑	在上弦横向支撑开间处有，位置与下弦通长系杆相对应		
两端竖向支撑	屋架端部高度≤900mm	同非抗震设计		同上弦横向支撑，且间距不大于48m
	屋架端部高度>900mm	厂房单元端开间各有一道	同上弦横向支撑，且间距不大于48m	同上弦横向支撑，且间距不大于30m

2 屋架支撑布置尚应符合下列要求：

1）厂房单元端开间有天窗时，天窗开洞范围内相应部位的屋架支撑布置要求应适当提高；

2）8～9度时，柱距不小于12m的托架（梁）区段及相邻柱距段的一侧（不等高厂房为两侧）应有下弦纵向水平支撑；

3）拼接屋架（屋面梁）的支撑布置要求，应按本标准第8.2.3条第1款的规定适当提高；

4）锯齿形厂房的屋面板之间用混凝土连成整体时，可无上弦横向支撑；

5）跨度不大于15m的无腹杆钢筋混凝土组合屋架，厂房单元两端应各有一道上弦横向支撑，8度时每隔36m，9度时每隔24m尚应有一道；屋面板之间用混凝土连成整体时，可无上弦横向支撑。

表8.2.3-3　A类厂房有檩屋盖的支撑布置

支撑名称		烈　　度		
		6、7度	8度	9度
屋架支撑	上弦横向支撑	厂房单元端开间各有一道		厂房单元端开间及厂房单元长度大于42m时在柱间支撑的开间各有一道
	下弦横向支撑	同非抗震设计		
	竖向支撑	同非抗震设计		
天窗架支撑	上弦横向支撑	厂房单元的天窗端开间各有一道		厂房单元的天窗端开间及柱间支撑的开间各有一道
	两侧竖向支撑	厂房单元的天窗端开间及每隔42m各有一道	厂房单元的天窗端开间及每隔30m各有一道	厂房单元的天窗端开间及每隔18m各有一道

3 锯齿形厂房三角形刚架立柱间的竖向支撑布置，应符合表 8.2.3-4 的规定。

表 8.2.3-4 A 类锯齿形厂房三角形刚架立柱间竖向支撑布置

窗框类型	6 度、7 度	8 度	9 度
钢筋混凝土	同非抗震设计		厂房单元端开间各有一道
钢、木	厂房单元端开间各有一道	厂房单元端开间及每隔 36m 各有一道	厂房单元端开间及每隔 24m 各有一道

4 屋盖支撑的构造尚应符合下列要求：

1）7～9 度时，上、下弦横向支撑和竖向支撑的杆件应为型钢；

2）8～9 度时，横向支撑的直杆应符合压杆要求，交叉杆在交叉处不宜中断，不符合时应加固；

3）8 度时Ⅲ、Ⅳ类场地跨度大于 24m 和 9 度时，屋架上弦横向支撑宜有较强的杆件和较牢的端节点构造。

8.2.4 现有排架柱的构造应符合下列规定：

1 7 度时Ⅲ、Ⅳ类场地和 8、9 度时，有柱间支撑的排架柱，柱顶以下 500mm 范围内和柱底至设计地坪以上 500mm 范围内，以及柱变位受约束的部位上下各 300mm 的范围内，箍筋直径不宜小于 φ8，间距不宜大于 100mm，当不符合时应加固。

2 8 度时Ⅲ、Ⅳ类场地和 9 度时，阶形柱牛腿面至吊车梁顶面以上 300mm 范围内，箍筋直径小于 φ8 或间距大于 100mm 时宜加固。

3 支承低跨屋架的中柱牛腿（柱肩）中，承受水平力的纵向钢筋应与预埋件焊牢。

8.2.5 现有的柱间支撑应为型钢，其布置应符合下列规定，当不符合时应增加支撑或采取其他相应措施：

1 7 度时Ⅲ、Ⅳ类场地和 8、9 度时，厂房单元中部应有一道上下柱柱间支撑，8、9 度时单元两端宜各有一道上柱支撑；单跨厂房两侧均有与柱等高且与柱可靠拉结的嵌砌纵墙，当墙厚不小于 240mm，开洞所占水平截面不超过总截面面积的 50%，砂浆强度等级不低于 M2.5 时，可无柱间支撑。

2 8 度时跨度不小于 18m 的多跨厂房中柱和 9 度时多跨厂房各柱，柱顶应有通长水平压杆，此压杆可与梯形屋架支座处通长水平系杆合并设置，钢筋混凝土系杆端头与屋架间的空隙应采用混凝土填实；锯齿形厂房牛腿柱柱顶在三角刚架的平面内，每隔 24m 应有通长水平压杆。

3 7 度Ⅲ、Ⅳ类场地和 8 度时Ⅰ、Ⅱ类场地，下柱柱间支撑的下节点在地坪以上时应靠近地面处；8 度时Ⅲ、Ⅳ类场地和 9 度时，下柱柱间支撑的下节

点位置和构造应能将地震作用直接传给基础。

8.2.6 厂房结构构件现有的连接构造应符合下列规定，不符合时应采取相应的加强措施：

1 7～9 度时，檩条在屋架（屋面梁）上的支承长度不宜小于 50mm，且与屋架（屋面梁）应焊牢，槽瓦等与檩条的连接件不应漏缺或锈蚀。

2 7～9 度时，大型屋面板在天窗架、屋架（屋面梁）上的支承长度不宜小于 50mm，8、9 度时尚应焊牢。

3 7～9 度时，锯齿形厂房双梁在牛腿柱上的支承长度，梁端为直头时不应小于 120mm，梁端为斜头时不应小于 150mm。

4 天窗架与屋架，屋架、托架与柱子，屋盖支撑与屋架，柱间支撑与排架柱之间应有可靠连接；6、7 度时Π形天窗架竖向支撑与 T 形截面立柱连接节点的预埋件及 8、9 度时柱间支撑与柱连接节点的预埋件应有可靠锚固。

5 8、9 度时，吊车走道板的支承长度不应小于 50mm。

6 山墙抗风柱与屋架（屋面梁）上弦应有可靠连接。当抗风柱与屋架下弦相连接时，连接点应设在下弦横向支撑节点处。

7 天窗端壁板、天窗侧板与大型屋面板之间的缝隙不应为砖块封堵。

8.2.7 黏土砖围护墙现有的连接构造应符合下列规定：

1 纵墙、山墙、高低跨封墙和纵横跨交接处的悬墙，沿柱高每隔 10 皮砖均应有 2φ6 钢筋与柱（包括抗风柱）、屋架（包括屋面梁）端部、屋面板和天沟板可靠拉结。高低跨厂房的高跨封墙不应直接砌在低跨屋面上。

2 砖围护墙的圈梁应符合下列要求：

1）7～9 度时，梯形屋架端部上弦和柱顶标高处应有现浇钢筋混凝土圈梁各一道，但屋架端部高度不大于 900mm 时可合并设置；

2）8、9 度时，沿墙高每隔 4～6m 宜有圈梁一道。沿山墙顶应有卧梁并宜与屋架端部上弦高度处的圈梁连接；

3）圈梁与屋架或柱应有可靠连接；山墙卧梁与屋面板应有拉结；顶部圈梁与柱锚拉的钢筋不宜少于 4φ12，变形缝处圈梁和柱顶、屋架锚拉的钢筋均应有所加强。

3 预制墙梁与柱应有可靠连接，梁底与其下的墙顶宜有拉结。

4 女儿墙可按照本标准第 5.2.8 条的规定，位于出入口、高低跨交接处和披屋上部的女儿墙不符合要求时应采取相应措施。

8.2.8 砌体内隔墙的构造应符合下列规定：

1 独立隔墙的砌筑砂浆，实际达到的强度等级不宜低于 M2.5；厚度为 240mm 时，高度不宜超过 3m。

2 一般情况下，到顶的内隔墙与屋架（屋面梁）下弦之间不应有拉结，但墙体应有稳定措施；当到顶的内隔墙必须和屋架下弦相连时，此处应有屋架下弦水平支撑。

3 8、9 度时，排架平面内的隔墙和局部柱列间的隔墙应与柱柔性连接或脱开，并应有稳定措施。

（Ⅱ）抗震承载力验算

8.2.9 A 类厂房的抗震承载力验算，应符合下列规定：

1 下列情况的 A 类厂房，应进行抗震验算：

1）8、9 度时，厂房的高低跨柱列；支承低跨屋盖的牛腿（柱肩）；双向柱距不小于12m、无桥式吊车且无柱间支撑的大柱网厂房；高大山墙的抗风柱；9 度时，还应验算排架柱；

2）8、9 度时，锯齿形厂房的牛腿柱；

3）7 度Ⅲ、Ⅳ类场地和 8 度时结构体系复杂或改造较多的其他厂房。

2 上述钢筋混凝土柱厂房可按现行国家标准《建筑抗震设计规范》GB 50011 的规定进行纵、横向的抗震计算，并可按本标准第 3.0.5 条的规定进行构件抗震承载力验算。

8.3 B 类厂房抗震鉴定

（Ⅰ）抗震措施鉴定

8.3.1 厂房的平面布置应符合下列规定：

1 厂房角部不宜有贴建房屋，厂房体型复杂或有贴建房屋时，宜有防震缝；防震缝宽度，一般情况宜为 50～90mm，纵横跨交接处宜为 100～150mm。

2 6～8 时突出屋面的天窗宜采用钢天窗架或矩形截面杆件的钢筋混凝土天窗架；9 度时，宜为下沉式天窗或突出屋面钢天窗架。天窗屋盖与端壁板宜为轻型板材；天窗架宜从厂房单元端部第三柱间开始设置。

3 厂房跨度大于 24m，或 8 度Ⅲ、Ⅳ类场地和 9 度时，屋架宜为钢屋架；柱距为 12m 时，可为预应力混凝土托架。端部宜有屋架，不宜用山墙承重。

4 砖围护墙宜为外贴式，不宜一侧有墙另一侧敞开或一侧外贴而另一侧嵌砌等，但单跨厂房可两侧均为嵌砌式。

8.3.2 厂房现有构件的形式应符合下列规定：

1 现有的屋架上弦端部支承屋面板的小立柱截面不宜小于 200mm×200mm，高度不宜大于 500mm；小立柱的主筋，6～7 度时不宜小于 4φ12，8～9 度

不宜小于 4φ14；小立柱的箍筋间距不宜大于 100mm。

2 钢筋混凝土屋架上弦第一节间和梯形屋架现有的端竖杆的配筋，6～7 度时不宜小于 4φ12，8～9 度时不宜小于 4φ14。梯形屋架的端竖杆截面宽度宜与上弦宽度相同。

3 8、9 度时，不宜有腹板大开孔或预制腹板的工字形柱等整体性差或抗剪能力差的排架柱（包括高大山墙的抗风柱）。排架柱柱底至室内地坪以上500mm 范围内和阶形柱的上柱宜为矩形。

8.3.3 屋盖现有的支撑布置和构造应符合下列规定：

1 屋盖支撑符合表 8.3.3-1～表 8.3.3-3 的规定；缺支撑时应增设。

表 8.3.3-1 B 类厂房无檩屋盖的支撑布置

支撑名称		烈 度		
		6、7 度	8 度	9 度
屋架支撑	上弦横向支撑	屋架跨度小于 18m 时非抗震设计，跨度不小于 18m 时在厂房单元端开间各有一道	厂房单元端开间及柱间支撑开间各有一道；天窗开洞范围内的两端各有局部的支撑一道
	上弦通长水平系杆	同非抗震设计	沿屋架跨度不大于 15m 有一道，但装配整体式屋面可没有；围护墙在屋架上弦高度有现浇圈梁时，其端部处可没有	沿屋架跨度不大于 12m 有一道，但装配整体式屋面可没有；围护墙在屋架上弦高度有现浇圈梁时，其端部处可没有
	下弦横向支撑	同非抗震设计		同上弦横向支撑
	跨中竖向支撑	同非抗震设计		同上弦横向支撑
屋架支撑 两端竖向支撑	屋架端部高度 ≤900mm	同非抗震设计	厂房单元端开间各有一道	厂房单元端开间及每隔 48m 各有一道
	屋架端部高度 >900mm	厂房单元端开间各有一道	厂房单元端开间及柱间支撑开间各有一道	厂房单元端开间、柱间支撑开间及每隔 30m 各有一道
天窗两侧竖向支撑		厂房单元天窗端开间及每隔 30m 各有一道	厂房单元天窗端开间及每隔 24m 各有一道	厂房单元天窗端开间及每隔 18m 各有一道
天窗上弦横向支撑		同非抗震设计	天窗跨度≥9m 时，厂房单元天窗端开间及柱间支撑开间宜各有一道	厂房单元天窗端开间及柱间支撑开间宜各有一道

2 屋架支撑布置和构造尚应符合下列要求：

    1）8～9 度时跨度不大于 15m 的薄腹梁无檩屋盖，可仅在厂房单元两端各有竖向支撑一道；

    2）上、下弦横向支撑和竖向支撑的杆件应为型钢；

    3）8～9 度时，横向支撑的直杆应符合压杆要求，交叉杆在交叉处不宜中断，不符合时应加固；

    4）柱距不小于 12m 的托架（梁）区段及相邻柱距段的一侧（不等高厂房为两侧）应有下弦纵向水平支撑。

表 8.3.3-2　B 类厂房中间井式天窗无檩屋盖支撑布置

支撑名称		烈　度		
		6、7 度	8 度	9 度
上、下弦横向支撑		厂房单元端开间各有一道	厂房单元端开间及柱间支撑开间各有一道	
上弦通长水平系杆		在天窗范围内屋架跨中上弦节点处有		
下弦通长水平系杆		在天窗两侧及天窗范围内屋架下弦节点处有		
跨中竖向支撑		在上弦横向支撑开间处有，位置与下弦通长系杆相对应		
两端竖向支撑	屋架端部高度 ≤900mm	同非抗震设计	同上弦横向支撑，且间距不大于 48m	
	屋架端部高度 >900mm	厂房单元端开间各有一道	同上弦横向支撑，且间距不大于 48m	同上弦横向支撑，且间距不大于 30m

表 8.3.3-3　B 类厂房有檩屋盖的支撑布置

支撑名称		烈　度		
		6、7 度	8 度	9 度
屋架支撑	上弦横向支撑	厂房单元端开间各有一道	厂房单元端开间及厂房单元长度大于 66m 的柱间支撑开间各有一道 天窗开窗范围的两端各有局部的支撑一道	厂房单元端开间及厂房单元长度大于 42m 时的柱间支撑开间各有一道 天窗开窗范围内的两端各有局部的上弦横向支撑一道
	下弦横向支撑，跨中竖向支撑	同非抗震设计		
	端部竖向支撑	屋架端部高度大于 900mm 时，厂房单元端开间及柱间支撑开间各有一道		
天窗架支撑	上弦横向支撑	厂房单元的天窗端开间各有一道	厂房单元的天窗端开间及每隔 30m 各有一道	厂房单元的天窗端开间及每隔 18m 各有一道
	两侧竖向支撑	厂房单元的天窗端开间及每隔 36m 各有一道		

8.3.4　现有排架柱的构造与配筋应符合下列规定：

1　下列范围内排架柱的箍筋间距不应大于 100mm，最小箍筋直径应符合表 8.3.4 的规定。当不满足时应加固：

    1）柱顶以下 500mm，并不小于柱截面长边尺寸；

    2）阶形柱牛腿面至吊车梁顶面以上 300mm；

    3）牛腿或柱肩全高；

    4）柱底至设计地坪以上 500mm；

    5）柱间支撑与柱连接节点和柱变位受约束的部位上下各 300mm。

表 8.3.4　加密区的最小箍筋直径（mm）

加密区位置	烈度和场地类别		
	6 度和 7 度 I、II 类场地	7 度 III、IV 类场地和 8 度 I、II 类场地	8 度 III、IV 类场地和 9 度
一般柱头、柱根	$\phi 8$	$\phi 8$	$\phi 8$
上柱、牛腿有支撑的柱根	$\phi 8$	$\phi 8$	$\phi 10$
有支撑的柱头，柱变位受约束的部位	$\phi 8$	$\phi 10$	$\phi 10$

2　支承低跨屋架的中柱牛腿（柱肩）中，承受水平力的纵向钢筋应与预埋件焊牢。6～7 度时，承受水平力的纵向钢筋不应小于 $2\phi 12$，8 度时不应小于 $2\phi 14$，9 度时不应小于 $2\phi 16$。

8.3.5　现有的柱间支撑应为型钢，其斜杆与水平面的夹角不宜大于 55°。柱间支撑布置应符合下列规定，不符合时应增加支撑或采取其他相应措施：

1　厂房单元中部应有一道上下柱柱间支撑，有吊车或 8～9 度时，单元两端宜各有一道上柱支撑。

2　柱间支撑斜杆的长细比，不宜超过表 8.3.5 的规定。交叉支撑在交叉点应设置节点板，其厚度不应小于 10mm，斜杆与该节点板应焊接，与端节点板宜焊接。

表 8.3.5　柱间支撑交叉斜杆的最大长细比

位　置	烈　度			
	6 度	7 度	8 度	9 度
上柱支撑	250	250	200	150
下柱支撑	200	200	150	150

3　8 度时跨度不小于 18m 的多跨厂房中柱和 9 度时多跨厂房各柱，柱顶应有通长水平压杆，此压杆可与梯形屋架支座处通长水平系杆合并设置，钢筋混

凝土系杆端头与屋架间的空隙应采用混凝土填实。

4 下柱支撑的下节点位置和构造应能将地震作用直接传给基础。6～7度时，下柱支撑的下节点在地坪以上时应靠近地面处。

8.3.6 厂房结构构件现有的连接构造应符合下列规定，不符合时应采取相应的加强措施：

1 有檩屋盖的檩条在屋架（屋面梁）上的支承长度不宜小于50mm，且与屋架（屋面梁）应焊牢；双脊檩应在跨度1/3处相互拉结；槽瓦、瓦楞铁、石棉瓦等与檩条的连接件不应漏缺或锈蚀。

2 大型屋面板应与屋架（屋面梁）焊牢，靠柱列的屋面板与屋架（屋面梁）的连接焊缝长度不宜小于80mm；6、7度时，有天窗厂房单元的端开间，或8、9度各开间，垂直屋架方向两侧相邻的大型屋面板的顶面宜彼此焊牢；8、9度时，大型屋面板端头底面的预埋件宜采用角钢，并与主筋焊牢。

3 突出屋面天窗架的侧板与天窗立柱宜用螺栓连接。

4 屋架（屋面梁）与柱子的连接，8度时宜为螺栓，9度时宜为钢板铰或螺栓；屋架（屋面梁）端部支承垫板的厚度不宜小于16mm；柱顶预埋件的锚筋，8度时宜为4ϕ14，9度时宜为4ϕ16，有柱间支撑的柱子，柱顶预埋件还应有抗剪钢板；柱间支撑与柱连接节点预埋件的锚件，8度Ⅲ、Ⅳ类场地和9度时，宜采用角钢加端板，其他情况可采用HRB335、HRB400钢筋，但锚固长度不应小于30倍锚筋直径。

5 山墙抗风柱与屋架（屋面梁）上弦应有可靠连接；当抗风柱与屋架下弦相连接时，连接点应设在下弦横向支撑节点处；此时，下弦横向支撑的截面和连接节点应进行抗震承载力验算。

8.3.7 黏土砖围护墙现有的连接构造应符合下列规定：

1 纵墙、山墙、高低跨封墙和纵横跨交接处的悬墙，沿柱高每隔不大于500mm均应有2ϕ6钢筋与柱（包括抗风柱）、屋架（包括屋面梁）端部、屋面板和天沟板可靠拉结。高低跨厂房的高跨封墙不应直接砌在低跨屋面上。

2 砖围护墙的圈梁应符合下列要求：

1）梯形屋架端部上弦和柱顶标高处应有现浇钢筋混凝土圈梁各一道，但屋架端部高度不大于900mm时可合并设置；

2）8、9度时，应按上密下疏的原则沿墙高每隔4m左右宜有圈梁一道。沿山墙顶应有卧梁并宜与屋架端部上弦高度处的圈梁连接，不等高厂房的高低跨封墙和纵横跨交接处的悬墙，圈梁的竖向间距应不大于3m；

3）圈梁宜闭合，当柱距不大于6m时，圈梁的截面宽度宜与墙厚相同，高度不应小

于180mm，其配筋，6～8度时不应少于4ϕ12，9度时不应少于4ϕ14；厂房转角处柱顶圈梁在端开间范围内的纵筋，6～8度时不宜小于4ϕ14，9度时不应少于4ϕ16，转角两侧各1m范围内的箍筋直径不宜小于ϕ8，间距不宜大于100mm；各圈梁在转角处应有不少于3根且直径与纵筋相同的水平斜筋；

4）圈梁与屋架或柱应有可靠连接；山墙卧梁与屋面板应有拉结；顶部圈梁与柱锚拉的钢筋不宜少于4ϕ12，且锚固长度不宜少于35倍钢筋直径；变形缝处圈梁和柱顶、屋架锚拉的钢筋均应有所加强。

3 墙梁宜采用现浇；当采用预制墙梁时，预制墙梁与柱应有可靠连接，梁底与其下的墙顶宜有拉结；厂房转角处相邻的墙梁，应相互可靠连接。

4 女儿墙可按照本标准第5.2.8条的规定检查，位于出入口、高低跨交接处和披屋上部的女儿墙不符合要求时应采取相应措施。

8.3.8 砌体内隔墙的构造应符合下列规定：

1 独立隔墙的砌筑砂浆，实际达到的强度等级不宜低于M2.5。

2 到顶的内隔墙与屋架（屋面梁）下弦之间不应有拉结，但墙体应有稳定措施。

3 隔墙应与柱柔性连接或脱开，并应有稳定措施，顶部应有现浇钢筋混凝土压顶梁。

（Ⅱ）抗震承载力验算

8.3.9 6度和7度Ⅰ、Ⅱ类场地，柱高不超过10m且两端有山墙的单跨及等高多跨B类厂房（锯齿形厂房除外），当抗震构造措施符合本章规定时，可不进行截面抗震验算，其他B类厂房，均应按现行国家标准《建筑抗震设计规范》GB 50011的规定进行纵、横向的抗震计算，并可按本标准第3.0.5条的规定进行抗震承载力验算。

9 单层砖柱厂房和空旷房屋

9.1 一般规定

9.1.1 本章适用于砖柱（墙垛）承重的单层厂房和砖墙承重的单层空旷房屋。

注：单层厂房包括仓库、泵房等，单层空旷房屋指剧场、礼堂、食堂等。

9.1.2 抗震鉴定时，影响房屋整体性、抗震承载力和易倒塌伤人的下列关键薄弱部位应重点检查：

1 6度时，应检查女儿墙、门脸和出屋面小烟囱和山墙山尖。

2 7度时，除按第1款检查外，尚应检查舞台

口大梁上的砖墙、承重山墙。

3 8度时，除按第1、2款检查外，尚应检查承重柱（墙垛）、舞台口横墙、屋盖支撑及其连接、圈梁、较重装饰物的连接及相连附属房屋的影响。

4 9度时，除按第1～3款检查外，尚应检查屋盖的类型等。

注：单层砖柱厂房，6度时尚应重点检查变截面柱和不等高排架柱的上柱，7度时尚应检查与排架刚性连接但不到顶的砌体隔墙、封檐墙。

9.1.3 砖柱厂房和空旷房屋的外观和内在质量宜符合下列要求：

1 承重柱、墙无酥碱、剥落、明显裂缝、露筋或损伤。

2 木屋盖构件无腐朽、严重开裂、歪斜或变形，节点无松动。

3 混凝土构件符合本标准第6.1.3条的有关规定。

9.1.4 A类单层砖柱厂房，应按本标准第9.2章的规定检查结构布置、构件形式、材料强度、整体性连接和易损部位的构造等；当检查的各项均符合要求时，一般情况下可评为满足抗震鉴定要求，但对本标准第9.2.7条规定的情况，尚应结合抗震承载力验算进行综合抗震能力评定。

B类砖柱厂房，应按本标准第9.4节检查结构布置、构件形式、材料强度、整体性连接和易损部位的构造等，并应按本标准第9.4.7条的规定进行抗震承载力验算，然后评定其抗震能力。

当关键薄弱部位不符合本章规定时，应要求加固或处理；一般部位不符合规定时，可根据不符合的程度和影响的范围，提出相应对策。

9.1.5 单层空旷房屋，应根据结构布置和构件形式的合理性、构件材料实际强度、房屋整体性连接构造的可靠性和易损部位构件自身构造及其与主体结构连接的可靠性等，进行结构布置和构造的检查。

对A类空旷房屋，一般情况，当结构布置和构造符合要求时，应评为满足抗震鉴定要求；对有明确规定的情况，应结合抗震承载力验算进行综合抗震能力评定。

对B类空旷房屋，应检查结构布置和构造并按规定进行抗震承载力验算，然后评定其抗震能力。

当关键薄弱部位不符合规定时，应要求加固或处理；一般部位不符合规定时，应根据不符合的程度和影响的范围，提出相应对策。

9.1.6 砖柱厂房和空旷房屋的钢筋混凝土部分和附属房屋的抗震鉴定，应根据其结构类型分别按本标准相应章节的有关规定进行，但附属房屋与大厅或车间相连的部位，尚应符合本章的要求并计入相互的不利

影响。

9.2 A类单层砖柱厂房抗震鉴定

（Ⅰ）抗震措施鉴定

9.2.1 单层砖柱厂房现有的结构布置和构件形式，应符合下列规定：

1 承重山墙厚度不应小于240mm，开洞的水平截面面积不应超过山墙截面总面积的50%。

2 8、9度时，砖柱（墙垛）应有竖向配筋。

3 7度时Ⅲ、Ⅳ场地和8、9度时，纵向边柱列应有与柱等高且整体砌筑的砖墙。

9.2.2 单层砖柱厂房现有的结构布置和构件形式，尚应符合下列规定：

1 多跨厂房为不等高时，低跨的屋架（梁）不应削弱砖柱截面。

2 有桥式吊车、或6～8度时跨度大于12m且柱顶标高大于6m、或9度时跨度大于9m且柱顶标高大于4m的厂房，应适当提高其抗震鉴定要求。

3 与柱不等高的砌体隔墙，宜与柱柔性连接或脱开。

4 9度时，不宜为重屋盖厂房；双曲砖拱屋盖的跨度，7、8、9度时分别不宜大于15m、12m和9m；拱脚处应有拉杆，山墙应有壁柱。

9.2.3 砖柱（墙垛）的材料强度等级和配筋，应符合下列规定：

1 砖实际达到的强度等级，不宜低于MU7.5。

2 砌筑砂浆实际达到的强度等级，6、7度时不宜低于M1，8、9度时不宜低于M2.5。

3 8、9度时，竖向配筋分别不应少于4φ10、4φ12。

9.2.4 单层砖柱厂房现有的整体性连接构造应符合下列规定：

1 屋架或大梁的支承长度不宜小于240mm，8、9度时尚应通过螺栓或焊接等与垫块连接；支承屋架（梁）的砖柱（墙垛）顶部应有混凝土垫块。

2 独立砖柱应在两个方向均有可靠连接；8度且房屋高度大于8m或9度且房屋高度大于6m时，在外墙转角及抗震内墙与外墙交接处，沿墙高每隔10皮砖应有2φ6拉结钢筋，且每边伸入墙内不宜少于1m。

9.2.5 单层砖柱厂房现有的整体性连接构造，尚应符合下列规定：

1 木屋盖的支撑布置，宜符合表9.2.5的规定；波形瓦、瓦楞铁、石棉瓦等屋盖的支撑布置要求，可按照表9.2.5中无望板屋盖采用；钢筋混凝土屋盖的支撑布置要求，可按照本标准第8章的有关规定。

表 9.2.5　A 类单层砖柱厂房木屋盖的支撑布置

支撑名称	烈度					
	6、7度	8度			9度	
	各类屋盖	满铺望板	稀铺或无望板		满铺望板	稀铺或无望板
	无天窗	有天窗	有、无天窗		无天窗	有天窗	有、无天窗

支撑名称		6、7度 各类屋盖 无天窗 有天窗	8度 满铺望板 房屋单元两端的天窗开洞范围内各有一道	8度 稀铺或无望板 有、无天窗 屋架跨度大于6m时，房屋单元端开间及每隔30m左右有一道	9度 满铺望板 无天窗 有天窗 同非抗震要求	9度 稀铺或无望板 有、无天窗 屋架跨度大于6m时，房屋单元开间及每隔20m左右各有一道
屋架支撑	上弦横向支撑	同非抗震要求				同8度
	下弦横向支撑	同非抗震要求		同上		
	跨中竖向支撑			隔间有，并有下弦通长水平系杆		
天窗架支撑	两侧竖向支撑	天窗两端第一开间各有一道			天窗端开间及每隔20m左右各有一道	
	上弦横向支撑	跨度较大的天窗，同无天窗屋盖的屋架支撑布置（在天窗开洞范围内的屋架脊点处应有通长系杆）				

2　木屋盖的支撑与屋架、天窗架应为螺栓连接，6、7 度时可为钉连接；对接檩条的搁置长度不应小于 60mm，檩条在砖墙上的搁置长度不宜小于 120mm。

3　8、9 度时，支承钢筋混凝土屋盖的混凝土垫块宜有钢筋网片并与圈梁可靠拉结。

4　圈梁布置应符合下列要求：

1）7 度时屋架底部标高大于 4m 和 8、9 度时，屋架底部标高处沿外墙和承重内墙，均应有现浇闭合圈梁一道，并与屋架或大梁等可靠连接。

2）8 度Ⅲ、Ⅳ类场地和 9 度，屋架底部标高大于 7m 时，沿高度每隔 4m 左右在窗顶标高处还应有闭合圈梁一道。

5　7 度时，屋盖构件应与山墙可靠连接，山墙壁柱宜通到墙顶，8、9 度时山墙顶尚应有钢筋混凝土卧梁；跨度大于 10m 且屋架底部标高大于 4m 时，山墙壁柱应通到墙顶，竖向钢筋应锚入卧梁内。

9.2.6　房屋易损部位及其连接的构造，应符合下列规定：

1　7～9 度时，砌筑在大梁上的悬墙、封檐墙应与梁、柱及屋盖等有可靠连接。

2　女儿墙等应符合本标准第 5.2.8 条第 2 款的有关规定。

（Ⅱ）抗震承载力验算

9.2.7　A 类单层砖柱厂房的下列部位，应按现行国家标准《建筑抗震设计规范》GB 50011 的规定进行纵、横向抗震分析，并可按本标准第 3.0.5 条的规定进行结构构件的抗震承载力验算：

1　7 度Ⅰ、Ⅱ类场地，单跨或多跨等高且高度超过 6m 的无筋砖墙垛、高度超过 4.5m 的等截面无筋独立砖柱和混合排架房屋中高度超过 4.5m 的无筋砖柱及不等高厂房中的高低跨柱列。

2　7 度Ⅲ、Ⅳ类场地的无筋砖柱（墙垛）。

3　8 度时每侧纵筋少于 3φ10 的砖柱（墙垛）。

4　9 度时每侧纵筋少于 3φ12 的砖柱（墙垛）和重屋盖房屋的配筋砖柱。

5　7～9 度时开洞的水平截面面积超过截面总面积 50% 的山墙。

6　8、9 度时，高大山墙的壁柱应进行平面外的截面抗震验算。

9.3　A 类单层空旷房屋抗震鉴定

（Ⅰ）抗震措施鉴定

9.3.1　A 类单层空旷房屋的大厅，除应按本节的规定进行抗震鉴定外，其他要求应符合本标准第 9.2 节的有关规定检查；附属房屋的抗震鉴定，应按其结构类型按本标准相关章节的规定检查。

9.3.2　房屋现有的结构布置和构件形式，应符合下列规定：

1　大厅与前后厅之间不宜有防震缝；附属房屋与大厅相连，二者之间应有圈梁连接。

2　单层空旷房屋的大厅，支承屋盖的承重结构，9 度时宜为钢筋混凝土结构。当 7 度时，有挑台或跨度大于 21m 或柱顶标高大于 10m，8 度时，有挑台或跨度大于 18m 或柱顶标高大于 8m，宜为钢筋混凝土结构。

3　舞台后墙、大厅与前厅交接处的高大山墙，宜利用工作平台或楼层作为水平支撑。

9.3.3　房屋现有的整体性连接构造应符合下列规定：

1　大厅的屋盖构造，应符合本标准第 8 章和第 9.2 节的要求。

2　8、9 度时，支承舞台口大梁的墙体应有保证稳定的措施。

3　大厅柱（墙）顶标高处应有现浇闭合圈梁一道，沿高度每隔 4m 左右在窗顶标高处还应有闭合圈梁一道。

4　大厅与相连的附属房屋，在同一标高处应有封闭圈梁并在交界处拉通。

5　山墙壁柱宜通到墙顶；8、9 度时山墙顶尚应有钢筋混凝土卧梁，并与屋盖构件锚拉。

9.3.4　房屋易损部位及其连接的构造，应符合下列规定：

1　8、9 度时，舞台口横墙顶部宜有卧梁，并应

与构造柱、圈梁、屋盖等构件有可靠连接。

2 悬吊重物应有锚固和可靠的防护措施。

3 悬挑式挑台应有可靠的锚固和防止倾覆的措施。

4 8、9度时，顶棚等宜为轻质材料。

5 女儿墙、高门脸等，应符合本标准第5.2.8条第2款的有关规定。

（Ⅱ）抗震承载力验算

9.3.5 A类单层空旷房屋的下列部位，应按现行国家标准《建筑抗震设计规范》GB 50011 的规定进行纵、横向抗震分析，并可按本标准第3.0.5条的规定进行结构构件的抗震承载力验算：

1 悬挑式挑台的支承构件。

2 8、9度时，高大山墙和舞台后墙的壁柱应进行平面外的截面抗震验算。

9.4 B类单层砖柱厂房抗震鉴定

（Ⅰ）抗震措施鉴定

9.4.1 按 B 类要求进行抗震鉴定的单层砖柱厂房，宜为单跨、等高且无桥式吊车的厂房，6～8度时跨度不大于12m且柱顶标高不大于6m，9度时跨度不大于9m且柱顶标高不大于4m。

9.4.2 砖柱厂房现有的平立面布置，宜符合本标准第8章的有关规定，但防震缝的检查宜符合下列要求：

1 轻型屋盖厂房，可没有防震缝。

2 钢筋混凝土屋盖厂房与贴建的建（构）筑物间宜有防震缝，其宽度可采用 50～70mm。

3 防震缝处宜设有双柱或双墙。

注：本节轻型屋盖指木屋盖和轻钢屋架、瓦楞铁、石棉瓦屋面的屋盖。

9.4.3 厂房现有的结构体系，应符合下列要求：

1 6～8度时，宜为轻型屋盖，9度时，应为轻型屋盖。

2 6、7度时，可为十字形截面的无筋砖柱；8度Ⅰ、Ⅱ类场地时，宜为组合砖柱；8度Ⅲ、Ⅳ类场地和9度时，边柱应为组合砖柱，中柱应为钢筋混凝土柱。

3 厂房纵向独立砖柱柱列，可在柱间由与柱等高的抗震墙承受纵向地震作用，砖抗震墙应与柱同时咬槎砌筑，并应有基础；8度Ⅲ、Ⅳ类场地钢筋混凝土无檩屋盖厂房，无砖抗震墙的柱顶，应有通长水平压杆。

4 厂房两端均应有承重山墙。

5 横向内隔墙宜为抗震墙，非承重隔墙和非整体砌筑且不到顶的纵向隔墙宜为轻质墙，非轻质墙，应考虑隔墙对柱及其与屋架连接节点的附加地震

剪力。

6 7度、8度和9度时，双曲砖拱的跨度分别不宜大于15m、12m和9m，砖拱的拱脚应有拉杆，并应锚固在钢筋混凝土圈梁内；地基为软弱黏性土、液化土、新近填土或严重不均匀土层时，不应采用双曲砖拱。

9.4.4 砖柱（墙垛）的材料强度等级，应符合下列规定：

1 砖实际达到的强度等级，不宜低于 MU7.5。

2 砌筑砂浆实际达到的强度等级，不宜低于 M2.5。

9.4.5 砖柱厂房现有屋盖的检查，应符合下列规定：

1 木屋盖的支撑布置，宜符合表 9.4.5 的要求。钢屋架、瓦楞铁、石棉瓦等屋面的支撑，可按表中无望板屋盖的规定检查；支撑与屋架、天窗架，应采用螺栓连接。

表 9.4.5 B类单层砖柱厂房木屋盖的支撑布置

支撑名称		烈　度				
		6、7度	8度		9度	
		各类屋盖	满铺望板无天窗	稀铺或无望板有天窗	满铺望板	稀铺或无望板
屋架支撑	上弦横向支撑	同非抗震要求	房屋单元两端天窗洞范围内各有一道	屋架跨度大于 6m 时，房屋单元两端第二开间及每隔20m有一道	屋架跨度大于 6m 时，房屋单元两端第二开间各有一道	屋架跨度大于 6m 时，房屋单元两端第二开间及每隔20m有一道
	下弦横向支撑	同非抗震要求				屋架跨度大于 6m 时，房屋单元两端第二开间及每隔20m有一道
	跨中竖向支撑					隔间设置并有下弦通长水平系杆
天窗架支撑	两侧竖向支撑	天窗两端第一开间各有一道			天窗两端第一开间及每隔20m左右有一道	
	上弦横向支撑	跨度较大的天窗，参照无天窗屋架的支撑布置				

2 钢筋混凝土屋盖的构造鉴定要求，应符合本标准第8.3节的有关规定。

9.4.6 砖柱厂房现有的连接构造，应按下列规定检查：

1 柱顶标高处沿房屋外墙及承重内墙应有闭合圈梁，8、9度时还应沿墙每隔3～4m增设有圈梁一道，圈梁的截面高度不应小于180mm，配筋不应

少于 4φ12；地基为软弱黏性土、液化土、新近填土或严重不均匀土层时，尚应有基础圈梁一道。

2 山墙沿屋面应有现浇钢筋混凝土卧梁，并应与屋盖构件锚拉；山墙壁柱的截面和配筋，不宜小于排架柱，壁柱应通到墙顶并与卧梁或屋盖构件连接。

3 屋架（屋面梁）与墙顶圈梁或柱顶垫块，应为螺栓连接或焊接；柱顶垫块的厚度不应小于240mm，并应有直径不小于 φ8 间距不大于 100mm 的钢筋网两层；墙顶圈梁应与柱顶垫块整浇，9 度时，在垫块两侧各 500mm 范围内，圈梁的箍筋间距不应大于 100mm。

（Ⅱ）抗震承载力验算

9.4.7 6 度和 7 度Ⅰ、Ⅱ类场地，柱顶标高不超过 4.5m，且两端均有山墙的单跨及多跨等高 B 类砖柱厂房，当抗震构造措施符合本节规定时，可评为符合抗震鉴定要求不进行抗震验算。其他情况，应按现行国家标准《建筑抗震设计规范》GB 50011 的规定进行纵、横向抗震分析，并可按本标准第 3.0.5 条的规定进行结构构件的抗震承载力验算。

9.5 B 类单层空旷房屋抗震鉴定

（Ⅰ）抗震措施鉴定

9.5.1 单层空旷房屋的结构布置，应按下列要求检查：

1 单层空旷房屋的大厅，支承屋盖的承重结构，9 度时应为钢筋混凝土结构。当 7 度时，有挑台或跨度大于 21m 或柱顶标高大于 10m，8 度时，有挑台或跨度大于 18m 或柱顶标高大于 8m，应为钢筋混凝土结构。

2 舞台口的横墙，应符合下列要求：

1）舞台口横墙两侧及墙两端应有构造柱或钢筋混凝土柱；

2）舞台口横墙沿大厅屋面处应有钢筋混凝土卧梁，其截面高度不宜小于 180mm，并应与屋盖构件可靠连接；

3）6～8 度时，舞台口大梁上的承重墙应每隔 4m 有一根立柱，并应沿墙高每隔 3m 有一道圈梁；立柱、圈梁的截面尺寸、配筋及其与墙体的拉结等应符合多层砌体房屋的要求；

4）9 度时，舞台口大梁上不应由砖墙承重。

9.5.2 单层空旷房屋的结构布置，尚应按下列要求检查：

1 大厅和前后厅之间不宜有防震缝，大厅与两侧附属房屋之间可没有防震缝，但应加强相互之间的连接。

2 大厅的砖柱宜为组合柱，柱上端钢筋应锚入屋架底部的钢筋混凝土圈梁内；组合柱的纵向钢筋，应按计算确定，且 6 度Ⅲ、Ⅳ类场地和 7 度时，不应少于 4φ12，8 度和 9 度时，不应少于 6φ14。

9.5.3 空旷房屋的实际材料强度等级，应符合下列规定：

1 砖实际达到的强度等级，不宜低于 MU7.5。

2 砌筑砂浆实际达到的强度等级，不宜低于 M2.5。

3 混凝土材料实际达到的强度等级，不应低于 C20。

9.5.4 单层空旷房屋的整体性连接，应按下列要求检查：

1 大厅柱（墙）顶标高处应有现浇圈梁，并宜沿墙高每隔 3m 左右有一道圈梁，梯形屋架端部高度大于 900mm 时还应在上弦标高处有一道圈梁；其截面高度不宜小于 180mm，宽度宜与墙厚相同，配筋不应少于 4φ12，箍筋间距不宜大于 200mm。

2 大厅与附属房屋不设防震缝时，应在同一标高处设置有封闭圈梁并在交接处拉通，墙体交接处沿墙高每隔不大于 500mm 有 2φ6 拉结钢筋，且每边伸入墙内不宜小于 1m。

3 悬挑式挑台应有可靠的锚固和防止倾覆的措施。

9.5.5 单层空旷房屋的易损部位，应按下列要求检查：

1 山墙应沿屋面设有钢筋混凝土卧梁，并应与屋盖构件锚拉；山墙应设有构造柱或组合砖柱，其截面和配筋分别不宜小于排架柱或纵墙砖柱，并应通到山墙的顶端与卧梁连接。

2 舞台后墙、大厅与前厅交接处的高大山墙，应利用工作平台或楼层作为水平支撑。

9.5.6 大厅的屋盖构造，以及大厅的其他鉴定要求，可按本标准第 8.3 节和第 9.4 节的相关要求检查。

（Ⅱ）抗震承载力验算

9.5.7 B 类单层空旷房屋，应按现行国家标准《建筑抗震设计规范》GB 50011 的规定进行纵、横向抗震分析，并可按本标准第 3.0.5 条的规定进行结构构件的抗震承载力验算。

10 木结构和土石墙房屋

10.1 木结构房屋

（Ⅰ）一般规定

10.1.1 本节主要适用于屋盖、楼盖以及支承柱均由木材制作的下列中、小型木结构：

1 6～8 度时，不超过二层的穿斗木构架、旧式

木骨架、木柱木屋架房屋和康房，单层的桁木檩架房屋。

    2 9度时，不超过二层的穿斗木构架房屋、康房和单层的旧式木骨架房屋，不包括木柱木屋架和桁木檩架房屋。

    注：1 旧式木骨架房屋指由檩、桁（梁）、柱组成承重木骨架和砖围护墙的房屋；

          2 桁木檩架指农村中构件截面较小的木桁架；

          3 木柱和砖墙柱混合承重的房屋，砖砌体部分可按照本标准第9章的有关要求鉴定；

          4 康房系藏族地区的木构架房屋；一般为二层，底层为辅助用房，二层居住。

10.1.2 抗震鉴定时，承重木构架、楼盖和屋盖的质量（品质）和连接、墙体与木构架的连接、房屋所处场地条件的不利影响，应重点检查。

10.1.3 木结构房屋以抗震构造鉴定为主，可不作抗震承载力验算。8、9度时Ⅳ类场地的房屋应适当提高抗震构造要求。

10.1.4 木结构房屋的外观和内在质量宜符合下列要求：

    1 柱、梁（桁）、屋架、檩、椽、穿枋、龙骨等受力构件无明显的变形、歪扭、腐朽、蚁蚀、影响受力的裂缝和弊病。

    2 木构件的节点无明显松动或拔榫。

    3 7度时，木构架倾斜不应超过木柱直径的1/3，8、9度时不应有歪闪。

    4 墙体无空鼓、酥碱、歪闪和明显裂缝。

10.1.5 木结构房屋抗震鉴定时，尚应按有关规定检查其地震时的防火问题。

（Ⅱ）A 类木结构房屋

10.1.6 旧式木骨架的布置和构造应符合下列要求：

    1 8度时，无廊厦的木构架，柱高不应超过3m，超过时木柱与桁（梁）应有斜撑连接；9度时，木构架房屋应有前廊或兼有后厦（横向为三排柱或四排柱），檩下应有垫板和檩枋。

    2 构造形式应合理，不应有悠悬桁架或无后檐檩（图10.1.6-1a）、瓜柱高于0.7m的腊钎瓜柱桁架（图10.1.6-1b）、桁与柱为榫接的五檩桁架（图10.1.6-1c）和无连接措施的接桁（图10.1.6-1d）；

    3 木构件的常用截面尺寸宜符合本标准附录G的规定。

    4 木柱的柱脚与砖墩连接时，墩的高度不宜大于300mm，且砂浆强度等级不应低于M2.5；8、9度无横墙处的柱脚为拍巴掌榫墩接时，榫头处应有竖向连接铁件（图10.1.6-2）；9度时木柱与柱础（基石）应有可靠连接。

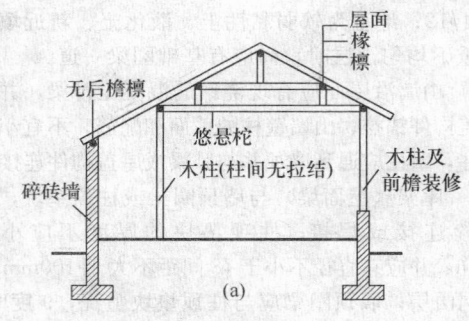

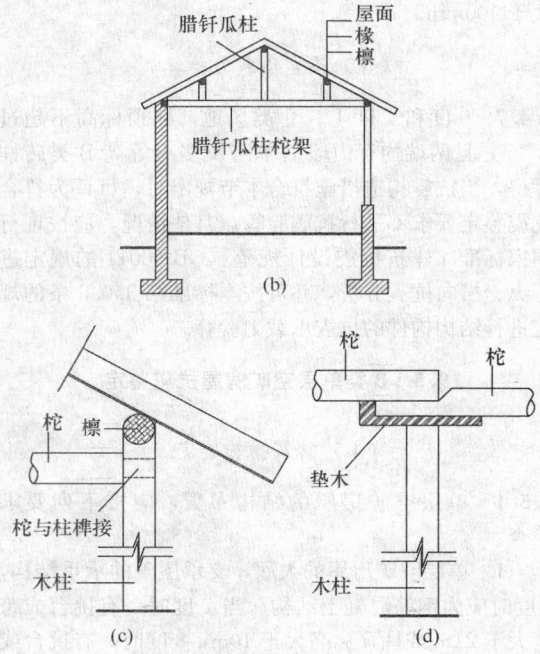

图 10.1.6-1 不合理的骨架构造示意图

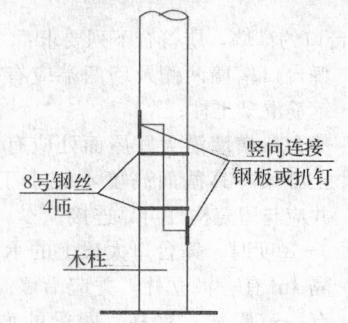

图 10.1.6-2 拍巴掌榫墩接图

    5 通天柱与大梁榫接处、被楼层大梁间断的柱与梁相交处，均应有铁件连接。

    6 檩与椽、桁（梁），龙骨与大梁、楼板应钉牢；对接檩下应有替木或爬木，并与瓜柱钉牢或为燕尾榫。

    7 檩在瓜柱上的支承长度，6、7度时不应小于60mm，8、9度时不应小于80mm。

    8 楼盖的木龙骨应有剪刀撑，龙骨在大梁上

的支承长度不应小于80mm。

10.1.7 木柱木屋架的布置和构造应符合下列要求:

1 梁柱布置不应零乱,并宜有排山架。

2 木屋架不应为无下弦的人字屋架。

3 柱顶在两个方向均应有可靠连接;被木梁间断的木柱与梁应有铁件连接;8度时,木柱上部与屋架的端部宜有角撑,多跨房屋的边跨为单坡时,中柱与屋架下弦间应有角撑或铁件连接,角撑与木柱的夹角不宜小于30°,柱底与基础应有铁件锚固。

4 柱顶宜有通长水平系杆,房屋两端的屋架间应有竖向支撑;房屋长度大于30m时,在中段且间隔不大于20m的柱间和屋架间均应有支撑;跨度小于9m且有密铺木望板或房屋长度小于25m且呈四坡顶时,屋架间可无支撑。

5 檩与椽和屋架,龙骨与大梁和楼板应钉牢;对接檩下方应有替木或爬木;对接檩在屋架上的支承长度不应小于60mm。

6 木构件在墙上的支承长度,对屋架和楼盖大梁不应小于250mm,对接檩和木龙骨不应小于120mm。

7 屋面坡度超过30°时,瓦与屋盖应有拉结;坐泥挂瓦的坡屋面,坐泥厚度不宜大于60mm。

10.1.8 柁木檩架的布置和构造应符合下列要求:

1 房屋的檐口高度,6、7度时不宜超过2.9m,8度时不宜超过2.7m。

2 柁(梁)与柱之间应有斜撑;房屋宜有排山架,无排山架时山墙应有足够的承载能力。

3 瓜柱直径,6、7度时不宜小于120mm,8度时不宜小于140mm。

4 檩与椽和柁(梁)应钉牢;对接檩下方应有替木或爬木,并与瓜柱钉牢或为燕尾榫。

5 檩条支承在墙上时,檩下应有垫木或卧泥垫砖;檩在柁(梁)或墙上的最小支承长度应符合表10.1.8的规定。

表10.1.8 檩在柁(梁)或墙上的最小
支承长度(mm)

连接方式	7度		8度	
	柁(梁)上	墙上	柁(梁)上	墙上
对接	50	180	70	240且不小于墙厚
搭接	100	240	120	240且不小于墙厚

6 房屋的屋顶草泥(包括焦渣等)厚度,6、7度时不宜大于150mm,8度时不宜大于100mm。

10.1.9 穿斗木构架在纵横两方向均应有穿枋,梁柱节点宜为银锭榫,木柱被榫槽减损的截面面积不宜大于全截面的1/3;9度时,纵向柱间在楼层内的穿枋不应少于两道且应有1~2道斜撑。

10.1.10 康房的底层立柱应有稳定措施;8、9度时,

柱间应有斜撑或轻质抗震墙;木柱应有基础,上柱柱脚与楼盖间应有可靠连接。

注:轻质抗震墙指由承重木构架与斜撑、木隔墙等组成的抗侧力构架。

10.1.11 旧式木骨架、木柱木屋架房屋的墙体应符合下列要求:

1 厚度不小于240mm的砖抗震横墙,其间距不应大于三个开间;6、7度时,有前廊的单层木构架房屋,其间距可为五个开间。

2 8度时,砖实心墙可为白灰砂浆或M0.4砂浆砌筑,外整里碎砖墙的砂浆强度等级不应低于M1;9度时,应为砂浆强度等级不低于M2.5的砖实心墙。

3 山墙与檩条、檐墙顶部与柱应有拉结。

4 7度时墙高超过3.5m和8、9度时,外墙沿柱高每隔1m与柱应有一道拉结;房屋的围护墙,应在楼盖附近和檐口下每隔1m与梁或木龙骨有一道拉结。

5 用砂浆强度等级为M1砌筑的厚度120mm、高度大于2.5m且长度大于4.5m的后砌砖隔墙,7、8度时高度大于3m且长度大于5m的后砌砖隔墙和9度时的后砌砖隔墙,应沿墙高每隔1m与木构架有钢筋或钢丝拉结;8、9度时墙顶尚应与柁(梁)拉结。

6 空旷的木柱木屋架房屋,围护墙的砂浆强度等级不应低于M1,7度时柱高大于4m和8、9度时,墙顶应有闭合圈梁一道。

10.1.12 柁木檩架房屋的墙体应符合下列要求:

1 6、7度时,抗震横墙间距不宜大于三个开间;8度时,不宜大于二个开间。

2 承重墙体内无烟道,防潮碱草不腐烂。

3 土坯墙不应干码斗砌,泥浆应饱满;土筑墙不应有竖向施工通缝;表砖墙的表砖不应斗砌。

4 尽端三花山墙与排山架宜有拉结。

10.1.13 穿斗木构架房屋的墙体应符合下列要求:

1 6、7度时,抗震横墙间距不宜大于五个开间,轻质抗震墙间距不宜大于四个开间;8、9度时,砖墙或轻质抗震墙的间距不宜大于三个开间。

2 抗震墙不应为干码斗砌的土坯墙或卵石、片石墙,土筑墙不应有竖向施工通缝;6、7度时,空斗砖墙和毛石墙的砌筑砂浆强度等级不应低于M1;8、9度时,砖实心墙的砌筑砂浆强度等级分别不应低于M0.4、M2.5。

3 围护墙宜贴砌在木柱外侧或半包柱。

4 土坯墙、土筑墙的高度大于2.5m时,沿墙高每隔1m与柱应有一道拉结;砖墙在7度时高度大于3.5m和8、9度时,沿墙高每隔1m与柱应有一道拉结。

5 轻质的围护墙、抗震墙应与木构架钉牢。

10.1.14 康房的围护墙应与木构架钉牢。

10.1.15 木结构房屋易损部位的构造应符合下列规定：

1 楼房的挑阳台、外走廊、木楼梯的柱和梁等承重构件应与主体结构牢固连接。

2 梁上、柁（排山柁除外）上或屋架腹杆间不应有砌筑的土坯、砖山花等。

3 抹灰顶棚不应有明显的下垂；抹面层或墙面装饰不应松动、离鼓；屋面瓦尤其是檐口瓦不应有下滑。

4 女儿墙、门脸等装饰和突出屋面小烟囱的构造，宜符合本标准第5.2.8条第2款的有关规定。

5 用砂浆强度等级为M0.4砌筑的卡口围墙，其高度不宜超过4m，并应与主体结构有可靠拉结。

10.1.16 木结构房屋符合本节各项规定时，可评为满足抗震鉴定要求；当遇下列情况之一时，应采取加固或其他相应措施：

1 木构件腐朽、严重开裂而可能丧失承载能力。

2 木构架的构造形式不合理。

3 木构架的构件连接不牢或支承长度少于规定值的75%。

4 墙体与木构架的连接或易损部位的构造不符合要求。

（Ⅲ）B类木结构房屋

10.1.17 B类木结构房屋的结构布置，除按A类的要求检查外，尚应符合下列规定：

1 房屋的平面布置应避免拐角或突出；同一房屋不应采用木柱与砖柱或砖墙等混合承重。

2 木柱木屋架和穿斗木构架房屋不宜超过二层，总高度不宜超过6m；木柱木梁房屋宜建单层，高度不宜超过3m。

3 礼堂、剧院、粮仓等较大跨度的空旷房屋，宜采用四柱落地的三跨木排架。

10.1.18 B类木结构房屋的抗震构造，除按A类的要求检查外，尚应符合下列规定：

1 木屋架屋盖的支撑布置，应符合本标准第8.3节的有关规定的要求，但房屋两端的屋架支撑，应设置在端开间。

2 柱顶须有暗榫插入屋架下弦，并用U形铁连接；8度和9度时，柱脚应采用铁件与基础锚固。

3 空旷房屋木柱与屋架（或梁）间应有斜撑；横隔墙较多的居住房屋在非抗震隔墙内应有斜撑，穿斗木构架房屋可没有斜撑；斜撑宜为木夹板，并应通到屋架的上弦。

4 穿斗木构架房屋的纵向应在木柱的上、下端设置穿枋，并应在每一纵向柱列间设置1~2道斜撑。

5 斜撑和屋盖支撑构件，均应采用螺栓与主体构件连接；除穿斗木构件外，其他木构件宜为螺栓连接。

6 围护墙应与木结构可靠拉结；土坯、砖等砌筑的围护墙宜贴砌在木柱外侧，不应将木柱完全包裹。

10.2 生土房屋

（Ⅰ）一般规定

10.2.1 本节适用于6~8度（0.20g）未经焙烧的土坯、灰土、夯土墙承重的房屋及土窑洞、土拱房。

注：1 灰土墙指掺石灰等粘结材料的土筑墙和掺石灰土坯砌筑的土坯墙；

　　2 土窑洞包括在未经扰动的原土中开挖而成的崖窑和由土坯砌筑拱顶的坑窑。

10.2.2 抗震鉴定时，对墙体的布置、质量（品质）和连接，楼盖、屋盖的整体性及出屋面小烟囱等易倒塌伤人的部位，应重点检查。

10.2.3 房屋的外观和内在质量应符合下列要求：

1 墙体无明显裂缝和歪闪。

2 木梁（柁）、屋架、檩、椽等无明显的变形、歪扭、腐朽、蚁蚀和严重开裂等。

3 各类生土房屋的地基应夯实，墙脚宜设防潮层；土墙的防潮碱草不腐烂。

10.2.4 生土房屋以抗震构造鉴定为主，可不作抗震承载力验算。

（Ⅱ）A类生土房屋

10.2.5 现有生土房屋的结构布置应符合下列规定：

1 房屋檐口高度和横墙间距应符合表10.2.5的规定：

表 10.2.5　房屋檐口高度和横墙间距

墙体类型	檐口最大高度（m）	厚度（mm）	横墙间距要求
卧砌土坯墙	2.9	≥250	每开间宜有横墙
夯土墙	2.9	≥400	每开间宜有横墙
灰土墙	6	≥250	每开间宜有横墙，不应大于二开间

2 墙体布置宜均匀，多层房屋立面不宜有错层；大梁不应支承在门窗洞口的上方。

3 同一房屋不宜有不同材料的承重墙体。

4 硬山搁檩房屋宜呈双坡屋面或弧形屋面；房屋应采用轻屋面材料，平屋顶上的土层厚度不宜大于150mm；坐泥挂瓦的坡屋面，其坐泥厚度不宜大于60mm。

10.2.6 现有房屋土墙应符合下列规定：

1 房屋的土坯宜采用黏性土湿法成型并宜掺入

草苔等拉结材料；土坯应卧砌并宜采用黏土浆或黏土石灰浆砌筑，泥浆要饱满；土筑墙不宜有竖向施工通缝。

2 内、外墙体应咬槎较好，土筑墙应同时分层交错夯筑。

3 生土房屋的外墙四角和内外墙交接处，墙体不应被烟道削弱，沿墙高每隔300mm左右宜有一层竹筋、枝条、荆条等材料编织的拉结网片；砖抱角的土墙，砖与土坯之间应有可靠连接。

4 灰土墙房屋，内、外山墙两侧的内纵墙顶面宜有踏步式墙垛。

5 多层生（灰）土房屋每层均应有圈梁，并在横墙上拉通；木圈梁的截面高度不宜小于80mm，钢筋砖圈梁的截面高度不宜小于4皮砖。

10.2.7 房屋的楼、屋盖构造应符合下列规定：

1 木屋盖构件应有圆钉、扒钉或钢丝等相互连接。

2 梁（柁）、檩下方应有木垫板，端檩应出檐；内墙上檩条应满搭，对接时应有夹板或燕尾榫。

3 木构件在墙上的支承长度，对屋架和楼盖大梁不应小于250mm或墙厚，对接檩和木龙骨不应小于120mm。

4 楼盖的木龙骨间应有剪刀撑，龙骨在大梁上的支承长度不应小于80mm。

5 7、8度时，对土结构屋盖尚应检查竖向剪刀撑和纵向水平系杆的设置情况，以免竖向剪刀撑的下端没有着力点。

10.2.8 房屋出入口或临街处突出屋面的小烟囱应有拉结；其他易损部位的构造宜符合本标准第5.2.8条第2款的规定。

（Ⅲ）B类生土房屋

10.2.9 B类生土房屋的抗震鉴定，除按A类的要求检查外，尚应满足下列要求：

1 生土房屋宜建单层，6度和7度的灰土墙房屋可建二层，但总高度不应超过6m；单层生土房屋的檐口高度不宜大于2.5m，开间不宜大于3.2m；窑洞净跨不宜大于2.5m。

2 房屋每开间均应有横墙，不应采用土搁梁结构。

3 土拱房应多跨连续布置，各拱脚均应支承在稳固的崖体上或支承在人工土墙上；拱圈厚度宜为300～400mm，应支模砌筑，不应无模后倾贴砌；外侧支承墙和拱圈上不应布置门窗。

4 土窑洞应避开易产生滑坡、山崩的地段；开挖窑洞的崖体应土质密实、土体稳定、坡度较平缓、无明显的竖向节理；崖窑前不宜接砌土坯或其他材料的前脸；不宜开挖层窑，否则应保持足够的间距，且上、下不宜对齐。

10.3 石 墙 房 屋

（Ⅰ）一 般 规 定

10.3.1 本节适用于6、7度时单层的毛石和不超过三层的毛料石墙体承重的房屋。

注：砂浆砌筑的料石墙房屋，可按照本标准第5章的原则按专门的规定进行鉴定。

10.3.2 抗震鉴定时，对墙体的布置、质量（品质）和连接，楼盖、屋盖的整体性及出屋面小烟囱等易倒塌伤人的部位，应重点检查。

10.3.3 房屋的外观和内在质量宜符合下列要求：

1 墙体无明显裂缝和歪闪。

2 木梁（柁）、屋架、檩、椽等无明显的变形、歪扭、腐朽、蚁蚀和严重开裂等。

10.3.4 石墙房屋以抗震构造鉴定为主，可不进行抗震承载力验算。

（Ⅱ）A类石墙房屋

10.3.5 现有房屋的结构布置应符合下列规定：

1 房屋檐口高度和横墙间距应符合表10.3.5的规定。

2 墙体布置宜均匀，多层房屋立面不宜有错层；大梁不应支承在门窗洞口的上方。

3 同一房屋不宜有不同材料的承重墙体。

表 10.3.5 房屋檐口高度和横墙间距

墙体类型	檐口最大高度 (m)	厚度 (mm)	横墙间距要求
浆砌毛石墙	2.9	≥400	每开间宜有横墙
毛料石墙	10	≥240	不宜大于二个开间

4 硬山搁檩房屋宜呈双坡屋面或弧形屋面；平屋顶上的土层厚度不宜大于150mm；坐泥挂瓦的坡屋面，其坐泥厚度不宜大于60mm。

5 石墙房屋的横墙，洞口的水平截面面积不应大于总截面面积的1/3。

10.3.6 房屋的石墙体应符合下列规定：

1 单层的毛石墙，其毛石的形状应较规整，可为1:3石灰砂浆砌筑；多层的毛料石墙，实际达到的砂浆强度等级不应低于M1，干砌甩浆时砂浆的饱满度不应少于30%并应有砂浆面层。

2 内、外墙体应咬槎较好，多层石墙房屋墙体留马牙槎时，每隔600mm左右宜有2φ6拉结钢筋。

3 房屋每层的纵横墙均应设置圈梁，混凝土圈梁的截面高度不应小于120mm，宽度宜与墙厚相同，纵向钢筋不应小于4φ10，箍筋间距不宜大于200mm；木圈梁的截面高度不宜小于80mm，钢筋砖圈梁的截面高度不宜小于4皮砖。

10.3.7 房屋的楼、屋盖构造应符合下列规定：

1 木屋盖构件应有圆钉、扒钉或钢丝等相互连接。

2 梁（桁）、檩下方应有木垫板，端檩宜出檐；内墙上檩条宜满搭，对接时宜有夹板或燕尾榫。

3 木构件在墙上的支承长度，对屋架和楼盖大梁不应小于250mm或墙厚，对接檩和木龙骨不小于120mm。

4 楼盖的木龙骨间应有剪刀撑，龙骨在大梁上的支承长度不应小于80mm。7、8度时，尚应检查竖向剪刀撑和纵向水平系杆的设置情况，以免竖向剪刀撑的下端没有着力点。

10.3.8 房屋出入口或临街处突出屋面的小烟囱应有拉结；其他易损部位的构造宜符合本标准第5.2.8条第2款的规定。

（Ⅲ）B类石墙房屋

10.3.9 B类石墙房屋，在8度设防时可有二层。

10.3.10 B类石墙房屋的抗震鉴定，除按A类的要求检查外，尚应满足下列要求：

1 多层石房的层高不宜超过3m，总高度和层数不宜超过表10.3.10-1规定的限值。

表10.3.10-1 多层石房总高度（m）和层数限值

墙体类别	烈度					
	6度		7度		8度	
	高度	层数	高度	层数	高度	层数
粗料石及毛料石砌体（有垫片）	13	四	10	三	7	二

2 多层石墙房屋结构布置的检查，尚应符合下列要求：

1）多层石房的抗震横墙间距，不宜超过表10.3.10-2的规定；

表10.3.10-2 多层石房的抗震横墙间距（m）

楼盖、屋盖类型	烈度		
	6度	7度	8度
现浇及装配整体式钢筋混凝土	10	10	7
装配式钢筋混凝土	7	7	4

2）抗震横墙洞口的水平截面面积，不应大于全截面面积的1/3。

3 多层石墙房屋整体性连接的检查，尚应符合下列要求：

1）外墙四角和楼梯间四角，6度和7度隔开间及8度每开间的内外墙交接处，应有钢筋混凝土构造柱；

2）房屋无构造柱的纵横墙交接处，应采用条石无垫片砌筑，且应沿墙高每隔

500mm左右设拉结钢筋网片，每边每侧伸入墙内不宜小于1m；

3）多层石墙房屋宜采用现浇或装配整体式钢筋混凝土楼盖、屋盖。

4 其他有关构造要求，可按本标准第5章的规定执行。

10.3.11 石墙的截面抗震验算，可按本标准第5.3节的规定执行；其抗剪强度应根据试验数据确定。

11 烟囱和水塔

11.1 烟 囱

（Ⅰ）一 般 规 定

11.1.1 本节适用于普通类型的独立砖烟囱和钢筋混凝土烟囱，特殊形式的烟囱及重要的高大烟囱应采用专门的鉴定方法。

11.1.2 烟囱的筒壁不应有明显的裂缝和倾斜，砖砌体不应松动，混凝土不应有严重的腐蚀和剥落，钢筋无露筋和锈蚀。不符合要求时应修补和修复。

11.1.3 烟囱的抗震鉴定包括抗震构造鉴定和抗震承载力验算。当符合本节各项规定时，应评为满足抗震鉴定要求；当不符合时，可根据构造和抗震承载力不符合的程度，通过综合分析确定采取加固或其他相应对策。

（Ⅱ）A类烟囱抗震鉴定

11.1.4 A类烟囱的抗震构造鉴定，应符合下列规定：

1 砖烟囱筒壁，砖实际达到的强度等级不应低于MU7.5，砌筑砂浆实际达到的强度等级不应低于M2.5；钢筋混凝土烟囱筒壁，混凝土实际达到的强度等级不应低于C18。

2 砖烟囱的顶部应有圈梁。

3 砖烟囱的实际配筋应符合表11.1.4的规定；6度时，高度不超过30m的烟囱可不配筋，高度超过30mm的烟囱宜符合表中7度时Ⅰ、Ⅱ类场地的规定。

11.1.5 A类烟囱的抗震承载力验算，应符合下列规定：

1 外观质量良好且符合非抗震设计要求的下列烟囱，可不进行抗震承载力验算：

1）6度时及7度时Ⅰ、Ⅱ类场地的砖和钢筋混凝土烟囱；

2）7度时Ⅲ、Ⅳ类场地和8度时Ⅰ、Ⅱ类场地，高度不超过60m的砖烟囱；

3）7度时Ⅲ、Ⅳ类场地和8度时Ⅰ、Ⅱ类场地，高度不超过100m或风荷载不小于

0.7kN/m² 且高度不超过 210m 的钢筋混凝土烟囱。

表 11.1.4　A 类砖烟囱的最小配筋要求

烈度	7度		8度		9度
场地类别	Ⅰ、Ⅱ	Ⅲ、Ⅳ	Ⅰ、Ⅱ	Ⅲ、Ⅳ	Ⅰ、Ⅱ
配筋范围	从0.6H到顶	从0.4H到顶		全高	
竖向配筋	$\phi8$，间距 500～750mm，且不少于6根		$\phi8～\phi10$，间距 500～700mm，且不少于6根		
环向配筋	$\phi6$，间距 500mm		$\phi8$，间距 300mm		

注：H为烟囱高度。

2　不符合本条第 1 款规定的情况，可按本标准第 11.1.7 条进行抗震承载力验算。

（Ⅲ）B 类烟囱抗震鉴定

11.1.6　B 类烟囱的抗震构造鉴定，应符合下列规定：

1　砖烟囱筒壁，砖实际达到的强度等级不应低于 MU7.5，砌筑砂浆实际达到的强度等级不应低于 M2.5；钢筋混凝土烟囱筒壁，混凝土实际达到的强度等级不应低于 C20。

2　砖烟囱顶部应设置钢筋混凝土圈梁，8 度时在总高度 2/3 处还宜加设钢筋混凝土圈梁一道，圈梁截面高度不宜小于 180mm，宽度不宜小于筒壁厚度的 2/3 且不宜小于 240mm，纵筋不宜小于 4ϕ12，箍筋间距不应大于 250mm。

3　砖烟囱上部的最小配筋要求应符合表 11.1.6 的规定，并宜有一半钢筋延伸到下部；当砌体内有环向温度钢筋时，环向钢筋可适当减少。

4　砖烟囱钢筋端部应设弯钩，搭接长度不应小于 40 倍钢筋直径，搭接长度范围内宜用钢丝绑牢；贯通的竖向钢筋应锚入顶部圈梁内，不贯通的钢筋端部应锚入砌体中预留孔内并用砂浆填实。

表 11.1.6　B 类砖烟囱的最小配筋要求

配筋方式	烈度和场地类别		
	6度Ⅲ、Ⅳ类场地	7度Ⅰ、Ⅱ类场地	7度Ⅲ、Ⅳ类场地 8度Ⅰ、Ⅱ类场地
配筋范围	由0.5H到顶部		H≤30m时全高，H>30m时由0.4H到顶部
竖向配筋	$\phi8$，间距 500～700mm，且不少于6根	$\phi10$，间距 500～700mm，且不少于6根	
环向配筋	$\phi8$，间距 500mm		$\phi8$，间距 300mm

注：H为烟囱高度。

5　钢筋混凝土烟囱与烟道之间应设防震缝，其宽度应符合下列要求：

1）烟道高度不超过 15m 时，可采用 50mm。

2）烟道高度超过 15m 时，6、7、8、9 度，相应每增加高度 5m、4m、3m、2m，宜加宽 15mm。

11.1.7　B 类烟囱的抗震承载力验算，应符合下列规定：

1　下列烟囱可不进行截面抗震验算，但应符合本标准第 11.1.6 条的构造规定：

1）7 度时Ⅰ、Ⅱ类场地的烟囱；

2）7 度时Ⅲ、Ⅳ类场地和 8 度时Ⅰ、Ⅱ类场地，高度不超过 60m 的砖烟囱；

3）7 度时Ⅲ、Ⅳ类场地和 8 度时Ⅰ、Ⅱ类场地，高度不超过 210m 且风荷载不小于 0.7kN/m² 的钢筋混凝土烟囱。

2　烟囱的水平抗震计算，可采用下列方法：

1）高度不超过 100m 的烟囱，可采用本条第 3 款的简化方法；

2）除本款第 1 项外的烟囱宜采用振型分解反应谱法，高度不超过 150m 时，可按前 3 个振型的组合，高度超过 150m 时宜按前 3～5 个振型的组合，高度超过 210m 时宜按前 5～7 个振型的组合。

3　独立烟囱采用简化方法进行抗震计算时，应按下列规定计算水平地震作用标准值产生的作用效应：

1）普通类型的独立烟囱的自振周期，可分别按下列公式确定：

高度不超过 60m 的砖烟囱

$$T_1 = 0.26 + 0.0024H^2/d \quad (11.1.7\text{-}1)$$

高度不超过 150m 的钢筋混凝土烟囱

$$T_1 = 0.45 + 0.0011H^2/d \quad (11.1.7\text{-}2)$$

式中　T_1——烟囱的基本自振周期（s）；

　　　H——自基础顶面算起的烟囱高度（m）；

　　　d——烟囱筒身半高处横截面的外径（m）。

2）烟囱底部地震弯矩和剪力，应按下列公式计算：

$$M_0 = \alpha_1 G_k H_0 \quad (11.1.7\text{-}3)$$

$$V_0 = \eta_c \alpha_1 G_k \quad (11.1.7\text{-}4)$$

式中　M_0——烟囱底部由水平地震作用标准值产生的弯矩；

　　　α_1——相应于烟囱基本自振周期的水平地震影响系数，按本标准 3.0.5 条的规定取值；

　　　G_k——烟囱恒荷载标准值；

　　　H_0——基础顶面至烟囱重心处的高度；

　　　V_0——烟囱底部由水平地震作用标准值产生的剪力；

　　　η_c——烟囱底部的剪力修正系数，可按表

11.1.7 采用。

表 11.1.7　烟囱底部的剪力修正系数

特征周期 T_g (s)	基 本 周 期 T_1 (s)					
	0.5	1.0	1.5	2.0	2.5	3.0
0.20	0.80	1.10	1.10	0.95	0.85	0.75
0.25	0.75	1.00	1.10	1.05	0.95	0.85
0.30	0.65	0.90	1.10	1.10	1.00	0.95
0.40	0.60	0.80	1.00	1.10	1.15	1.05
0.55	0.55	0.70	0.85	1.00	1.10	1.10
0.65	0.55	0.65	0.75	0.90	1.05	1.10
0.85	0.55	0.60	0.70	0.80	0.90	1.00

3）烟囱各截面的地震弯矩和剪力，可按图
11.1.7 确定：

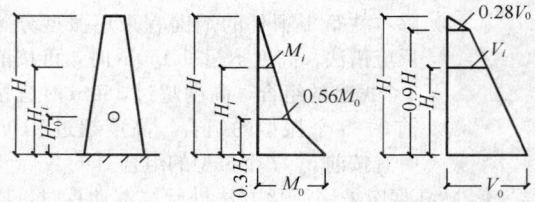

图 11.1.7　烟囱地震作用效应分布

4　8、9 度时应进行烟囱的竖向抗震验算，竖向
地震作用可按现行国家标准《建筑抗震设计规范》
GB 50011 的规定确定，竖向地震作用效应的增大系
数可采用 2.5。

5　钢筋混凝土烟囱应计算地震附加弯矩；截面
抗震验算时可不计入筒壁的温度应力，但应计入温度
对材料物理力学性能的影响，其承载力抗震调整系数
可采用 0.9。

11.2　A 类水塔抗震鉴定

11.2.1　本节适用于下列独立水塔，其他独立水塔或
特殊形式、多种使用功能的综合水塔，应采用专门的
鉴定方法：

1　容积不大于 500m³、高度不超过 35m 的钢筋
混凝土筒壁式和支架式水塔。

2　容积不大于 200m³、高度不超过 30m 的砖、
石筒壁水塔。

3　容积不大于 20m³、高度不超过 10m 的砖支柱
水塔。

11.2.2　容积不大于 50m³、高度不超过 20m 的钢筋
混凝土筒壁式和支架式水塔，容积不大于 30m³、高
度不超过 15m 的砖、石筒壁水塔，可适当降低其抗
震鉴定要求。

11.2.3　水塔抗震鉴定时，对筒壁、支架的构造和抗
震承载力，基础的不均匀沉降等，应重点检查。

11.2.4　水塔的外观和内在质量宜符合下列要求：

1　钢筋混凝土筒壁和支架仅有少量微小裂缝，
钢筋无露筋和锈蚀。

2　砖、石筒壁和砖支柱无裂缝、松动和酥碱。

3　基础无严重倾斜，水塔高度不超过 20m 时，
倾斜率不应超过 0.8‰；水塔高度为 20～45m 时，倾
斜率不应超过 0.6‰。

11.2.5　水塔的构造检查，应符合下列规定：

1　水塔构件材料实际达到的强度等级应符合下
列要求：

　　1）水柜、支架的混凝土强度等级不应低于
　　　　C18，筒壁、基础、平台等的混凝土强度
　　　　等级不应低于 C13；

　　2）砖砌体的强度等级，6 度时和 7 度时Ⅰ、
　　　　Ⅱ类场地不应低于 M2.5，7 度时Ⅲ、Ⅳ
　　　　类场地和 8、9 度时不应低于 M5；砖的
　　　　强度等级不应低于 MU7.5；对本标准第
　　　　11.2.2 条规定的水塔，砂浆强度等级不
　　　　应低于 M2.5，砖的强度等级不应低
　　　　于 MU5；

　　3）石砌体砌筑砂浆的强度等级不宜低于
　　　　M7.5，石料的强度等级不应低于 MU20；
　　　　对本标准第 11.2.2 条规定的水塔，砂浆
　　　　强度等级不宜低于 M5。

2　砖支柱不应少于四根，每隔 3～4m 应有钢筋
混凝土连系梁一道。

3　支架（支柱）水塔的基础宜为整体基础；Ⅱ
～Ⅳ类场地的独立基础，应有连系梁将其连接为
一体。

11.2.6　水塔鉴定时，抗震承载力验算应符合下列
规定：

1　外观和内在质量良好且符合抗震设计要求的
下列水塔及其部件，可不进行抗震承载力验算：

　　1）6 度时的各种水塔；

　　2）7 度时Ⅰ、Ⅱ类场地容积不大于 10m³、
　　　　高度不超过 7m 的组合砖柱水塔；

　　3）7 度时Ⅰ、Ⅱ类场地的砖、石筒壁水塔；

　　4）7 度时Ⅲ、Ⅳ类场地和 8 度时Ⅰ、Ⅱ类场
　　　　地每 4～5m 有钢筋混凝土圈梁并配有纵
　　　　向钢筋或有构造柱的砖、石筒壁水塔；

　　5）7 度时和 8 度时Ⅰ、Ⅱ类场地的钢筋混凝
　　　　土支架式水塔；

　　6）7、8 度时的水柜直径与筒壁直径比值不
　　　　超过 1.5 的钢筋混凝土筒壁式水塔；

　　7）水塔的水柜，但不包括 8 度Ⅲ、Ⅳ类场
　　　　地和 9 度时的支架式水塔下环梁。

2　对不符合本条第 1 款规定的水塔，可按本标
准第 11.3 节规定的方法进行抗震承载力验算。

11.2.7　水塔符合本节各项规定时，可评为满足抗震

鉴定要求；当不符合时，可根据构造和抗震承载力不符合的程度，通过综合分析确定采取加固或其他相应对策。

11.3 B类水塔抗震鉴定

11.3.1 本节适用于普通类型的独立水塔。

11.3.2 B类水塔抗震鉴定时，检查重点及外观和内在质量要求，应分别按本标准第 11.2.3、第 11.2.4 条的规定执行。

11.3.3 钢筋混凝土筒支承水塔的构造，应符合下列构造要求：

1 筒壁的竖向钢筋不应小于 $\phi 12$，间距不应大于 200mm，搭接长度不应小于 40 倍钢筋直径。

2 筒下部的门洞，宜有钢筋混凝土门框。

3 筒的窗洞和孔洞周围，应有不少于 $2\phi 12$ 的加强钢筋。

11.3.4 钢筋混凝土支架水塔的构造，应符合下列要求：

1 支架的横梁应有较大刚度，梁内箍筋的搭接长度不应小于 40 倍钢筋直径，箍筋间距不应大于 200mm，且梁端在 1 倍梁高范围内的箍筋间距不应大于 100mm。

2 水柜以下和基础以上各 800mm 的范围内，以及梁柱节点上下各 1 倍柱宽并不小于 1/6 柱净高的范围内，柱的箍筋间距不应大于 100mm；8、9 度时，柱的箍筋直径不应小于 $\phi 8$。

3 水柜下环梁和横梁的梁端应加腋；8、9 度时，高度超过 20m 的水塔，沿支架高度每隔 10m 左右宜有钢筋混凝土水平交叉支撑一道，支撑截面不宜小于支架柱的截面。

11.3.5 砖筒支承水塔的构造，应符合下列要求：

1 砖筒支承水塔的砖筒壁配筋，应按计算确定，其实际配筋范围和配筋量应符合表 11.3.5 的要求。

表 11.3.5 砖筒壁配筋范围和最小配筋

配筋方式	烈度和场地类别	
	6 度Ⅳ类场地和 7 度Ⅰ、Ⅱ类场地	7 度Ⅲ、Ⅳ类场地和 8 度Ⅰ、Ⅱ类场地
配筋高度	底部到 0.6 倍塔身高度	全高
砌体内竖向配筋	$\phi 10$，间距 500~700mm，并不少于 6 根	$\phi 10$，间距 500~700mm，并不少于 6 根
竖槽配筋	每槽 $1\phi 12$，间距 1000mm，并不少于 6 道	每槽 $1\phi 14$，间距 1000mm，并不少于 6 道
环向配筋	$\phi 8$，间距 360mm	$\phi 8$，间距 250mm

2 砖筒壁内钢筋的搭接与锚固，应符合本标准第 11.1.6 条第 4 款的规定。

3 7 度时Ⅲ、Ⅳ类场地和 8 度时Ⅰ、Ⅱ类场地的砖筒壁，宜有不少于 4 根构造柱，构造柱截面不宜小于 240mm×240mm，其他构造应符合本标准第 5.3.4 条第 3 款的规定。

4 沿筒身高度每隔 4m 左右宜有圈梁一道，其截面高度不宜小于 180mm，宽度不宜小于筒壁厚度的 2/3 且不宜小于 240mm，纵向钢筋不应小于 $4\phi 12$，箍筋间距不应大于 250mm。

5 砖筒下部的门洞上下应各有钢筋混凝土圈梁一道，门洞两侧宜设钢筋混凝土门框或砖门框；其他洞口上下应各配 $3\phi 8$ 钢筋，且两端伸入筒壁不应小于 1m。

11.3.6 Ⅱ~Ⅳ类场地的柱支承水塔基础，宜为整片或环状基础，独立基础应有基础系梁相互连接。

11.3.7 B类水塔的下列构件符合本节构造要求时，可评为满足抗震鉴定要求不进行截面抗震验算，其他情况，应按本标准第 11.3.8 条规定进行下列抗震验算：

1 水塔的水柜，但不包括 8 度时Ⅲ、Ⅳ类场地和 9 度时的支架式水塔水柜的下环梁。

2 7 度时Ⅰ、Ⅱ类场地的钢筋混凝土支架，容积不大于 50m³ 且高度不超过 20m 的砖筒支承水塔的筒壁，容积不大于 20m³ 且高度不超过 7m 的砖柱支承水塔的柱和梁。

3 7 度时和 8 度时Ⅰ、Ⅱ类场地的钢筋混凝土筒支承水塔的筒壁。

11.3.8 水塔的抗震分析，应符合下列规定：

1 水塔的截面抗震验算，应考虑满载和空载两种情况；支架式水塔和平面为多角形的水塔，应分别按正向和对角线方向进行验算；较高水塔的竖向地震作用，可按现行国家标准《建筑抗震设计规范》GB 50011 的有关规定计算。

2 水塔的水平抗震计算，可采用下列方法：

1）支架水塔和类似的其他水塔，相应于水平地震作用标准值产生的底部地震弯矩可按下式确定：

$$M_0 = \alpha_1 (G_i + \psi_m G_{ts}) H_0 \qquad (11.3.8)$$

式中 M_0 ——水塔底部地震作用标准值产生的弯矩；

α_1 ——相应于水塔基本自振周期的水平地震影响系数，按本标准 3.0.5 条的规定取值；

G_i ——水柜的重力荷载代表值，按现行国家标准《建筑抗震设计规范》GB 50011 规定取值；

ψ_m ——弯矩等效系数，等刚度支承结构可采用 0.35，变刚度支承结构可适当减小，但不应小于 0.25；

G_{ts}——水塔支承结构和附属平台等的重力荷载代表值；

H_0——基础顶面至水柜重心的高度。

2）较低的筒支承水塔可采用底部剪力法；

3）较高的砖筒支承水塔或筒高度与直径之比大于 3.5 时，可采用振型分解反应谱法。

附录 A 砌体、混凝土、钢筋材料性能设计指标

A.0.1 砌体非抗震设计的抗剪强度标准值与设计值应分别按表 A.0.1-1 和表 A.0.1-2 采用。

表 A.0.1-1 砌体非抗震设计的抗剪强度标准值（N/mm²）

砌体类别	砂浆强度等级					
	M10	M7.5	M5	M2.5	M1	M0.4
普通砖、多孔砖	0.27	0.23	0.19	0.13	0.08	0.05
粉煤灰中砌块	0.07	0.06	0.05	0.04	—	—
混凝土中砌块	0.11	0.10	0.08	0.06	—	—
混凝土小砌块	0.15	0.13	0.10	0.07	—	—

表 A.0.1-2 砌体非抗震设计的抗剪强度设计值（N/mm²）

砌体类别	砂浆强度等级					
	M10	M7.5	M5	M2.5	M1	M0.4
普通砖、多孔砖	0.18	0.15	0.12	0.09	0.06	0.04
粉煤灰中砌块	0.05	0.04	0.03	0.02	—	—
混凝土中砌块	0.08	0.06	0.05	0.04	—	—
混凝土小砌块	0.10	0.08	0.07	0.05	—	—

A.0.2 混凝土强度标准值与设计值应分别按表 A.0.2-1 和 A.0.2-2 采用。

表 A.0.2-1 混凝土强度标准值（N/mm²）

强度种类	符号	混凝土强度等级												
		C13	C15	C18	C20	C23	C25	C28	C30	C35	C40	C45	C50	C55	C60
轴心抗压	f_{ck}	8.7	10.0	12.1	13.5	15.4	17.0	18.8	20.0	23.5	27.0	29.5	32.0	34.0	36.0
弯曲抗压	f_{cmk}	9.6	11.0	13.3	15.0	17.0	18.5	20.6	22.0	26.0	29.5	32.5	35.0	37.5	39.5
轴心抗拉	f_{tk}	1.0	1.2	1.35	1.5	1.65	1.75	1.85	2.0	2.25	2.45	2.6	2.75	2.85	2.95

表 A.0.2-2 混凝土强度设计值（N/mm²）

强度种类	符号	混凝土强度等级												
		C13	C15	C18	C20	C23	C25	C28	C30	C35	C40	C45	C50	C55	C60
轴心抗压	f_c	6.5	7.5	9.0	10.0	11.0	12.5	14.0	15.0	17.5	19.5	21.5	23.5	25.0	26.5
弯曲抗压	f_{cm}	7.0	8.5	10.0	11.0	12.3	13.5	15.0	16.5	19.0	21.5	23.5	26.0	27.5	29.0
轴心抗拉	f_t	0.8	0.9	1.0	1.1	1.2	1.3	1.4	1.5	1.65	1.8	1.9	2.0	2.1	2.2

A.0.3 钢筋强度标准值与设计值应分别按表 A.0.3-1 和表 A.0.3-2 采用。

表 A.0.3-1 钢筋强度标准值（N/mm²）

种 类		f_{yk} 或 f_{pyk} 或 f_{ptk}
热轧钢筋	HPB235（Q235）	235
	HRB335 ［20MnSi、20MnNb（b）］（1996 年以前的 $d=28\sim40$）	335 (315)
	（1996 年以前的Ⅲ级 25MnSi）	(370)
	HRB400（20MnSiV、20MnTi、K20MnSi）	400
热处理钢筋	40Si2Mn（$d=6$）48Si2Mn（$d=8.2$）45Si2Cr（$d=10$）	1470

表 A.0.3-2 钢筋强度设计值（N/mm²）

种类		f_y 或 f_{py}	f'_y 或 f'_{py}
热轧钢筋	HPB235（Q235）	210	210
	HRB335 ［20MnSi、20MnNb（b）］（1996 年以前的 $d=28\sim40$）	310 (290)	310 (290)
	（1996 年以前的Ⅲ级 25MnSi）	(340)	(340)
	HRB400（20MnSiV、20MnTi、K20MnSi）	360	360
热处理钢筋	40Si2Mn（$d=6$）48Si2Mn（$d=8.2$）45Si2Cr（$d=10$）	1000	400

A.0.4 钢筋的弹性模量应按表 A.0.4 采用。

表 A.0.4 钢筋的弹性模量（N/mm²）

种 类	E_s
HPB235	2.1×10^5
HRB335、HRB400	2.0×10^5

附录 B 砖房抗震墙基准面积率

B.0.1 多层砖房抗震墙基准面积率，可按下列规定取值：

1 住宅、单身宿舍、办公楼、学校、医院等，按纵、横两方向分别计算的抗震墙基准面积率，当楼层单位面积重力荷载代表值 g_E 为 12kN/m² 时，可按表 B.0.1-1～B.0.1-3 采用，设计基本地震加速度为 0.15g 和 0.30g 时，表中数值按内插法确定；当楼层单位面积重力荷载代表值为其他数值时，表中数值可乘以 $g_E/12$。

2 按纵、横两方向分别计算的楼层抗震墙基准面积率，承重墙可按表 B.0.1-2～B.0.1-3 采用；自承重墙宜按表 B.0.1-1 数值的 1.05 倍采用，设计基本地震加速度为 0.15g 和 0.30g 时，表中数值按内插法确定；同一方向有承重墙和自承重墙或砂浆强度等级不同时，可按各自的净面积比相应转换为同样条件下的数值。

3 仅承受过道楼板荷载的纵墙可当作自承重墙；支承双向楼板的墙体，均宜作为承重墙。

B.0.2 底层框架和底层内框架砖房的抗震墙基准面积率，可按下列规定取值：

1 上部各层，均可根据房屋的总层数，按多层砖房的相应规定采用。

2 底层框架砖房的底层，可取多层砖房相应规定值的 0.85 倍；底层内框架砖房的底层，仍可按多层砖房的相应规定采用。

B.0.3 多层内框架砖房的抗震墙基准面积率，可取按多层砖房相应规定值乘以下式计算的调整系数：

$$\eta_{fi} = [1 - \Sigma\psi_c(\zeta_1 + \zeta_2\lambda)/n_b n_s]\eta_{0i} \quad (B.0.3)$$

式中
η_{fi}——i 层基准面积率调整系数；
η_{0i}——i 层的位置调整系数，按表 B.0.3 采用；
ψ_c、ζ_1、ζ_2、λ、n_b、n_s——按现行国家标准《建筑抗震设计规范》GB 50011 的规定采用。

表 B.0.1-1　抗震墙基准面积率（自承重墙）

墙体类别	总层数 n	验算楼层 i	砂浆强度等级				
			M0.4	M1	M2.5	M5	M10
横墙和无门窗纵墙	一层	1	0.0219	0.0148	0.0095	0.0069	0.0050
	二层	2	0.0292	0.0197	0.0127	0.0092	0.0066
		1	0.0366	0.0256	0.0172	0.0129	0.0094
	三层	3	0.0328	0.0221	0.0143	0.0104	0.0075
		1～2	0.0478	0.0343	0.0236	0.0180	0.0133
	四层	4	0.0350	0.0236	0.0152	0.0111	0.0080
		3	0.0513	0.0358	0.0240	0.0179	0.0131
		1～2	0.0577	0.0418	0.0293	0.0225	0.0169
	五层	5	0.0365	0.0246	0.0159	0.0115	0.0083
		4	0.0550	0.0384	0.0257	0.0192	0.0140
		1～3	0.0656	0.0484	0.0343	0.0267	0.0202
	六层	6	0.0375	0.0253	0.0163	0.0119	0.0085
		5	0.0575	0.0402	0.0270	0.0201	0.0147
		4	0.0688	0.0490	0.0337	0.0255	0.0190
		1～3	0.0734	0.0543	0.0389	0.0305	0.0282
	墙体平均压应力 σ_0 (MPa)		$0.06(n-i+1)$				

墙体类别	总层数 *n*	验算楼层 *i*	砂 浆 强 度 等 级				
			M0.4	M1	M2.5	M5	M10
每开间有一个窗纵墙	一层	1	0.0198	0.0137	0.0090	0.0067	0.0032
	二层	2	0.0263	0.0183	0.0120	0.0089	0.0064
		1	0.0322	0.0228	0.0157	0.0120	0.0089
	三层	3	0.0298	0.0205	0.0135	0.0101	0.0072
		1~2	0.0411	0.0301	0.0213	0.0164	0.0124
	四层	4	0.0318	0.0219	0.0144	0.0106	0.0077
		3	0.0450	0.0320	0.0221	0.0167	0.0124
		1~2	0.0499	0.0362	0.0260	0.0203	0.0155
	五层	5	0.0331	0.0228	0.0150	0.0111	0.0080
		4	0.0482	0.0344	0.0237	0.0179	0.0133
		1~3	0.0573	0.0423	0.0303	0.0238	0.0183
	六层	6	0.0341	0.0235	0.0155	0.0114	0.0083
		5	0.0505	0.0360	0.0248	0.0188	0.0139
		4	0.0594	0.0430	0.0304	0.0234	0.0177
		1~3	0.0641	0.0475	0.0345	0.0271	0.0209
	墙体平均压应力 σ_0（MPa）		$0.09(n-i+1)$				

表 B.0.1-2 抗震墙基准面积率（承重横墙）

墙体类别	总层数 *n*	验算楼层 *i*	砂 浆 强 度 等 级				
			M0.4	M1	M2.5	M5	M10
无门窗横墙	一层	1	0.0258	0.0179	0.0118	0.0088	0.0064
	二层	2	0.0344	0.0238	0.0158	0.0117	0.0085
		1	0.0413	0.0296	0.0205	0.0156	0.0116
	三层	3	0.0387	0.0268	0.0178	0.0132	0.0095
		1~2	0.0528	0.0388	0.0275	0.0213	0.0161
	四层	4	0.0413	0.0286	0.0189	0.0140	0.0102
		3	0.0579	0.0414	0.0287	0.0216	0.0163
		1~2	0.0628	0.0464	0.0335	0.0263	0.0241
	五层	5	0.0430	0.0297	0.0197	0.0147	0.0106
		4	0.0620	0.0444	0.0308	0.0234	0.0174
		1~3	0.0711	0.0532	0.0388	0.0307	0.0237
	六层	6	0.0442	0.0305	0.0203	0.0151	0.0109
		5	0.0649	0.0465	0.0323	0.0245	0.0182
		4	0.0762	0.0554	0.0393	0.0304	0.0230
		1~3	0.0790	0.0592	0.0435	0.0347	0.0270
	墙体平均压应力 σ_0（MPa）		$0.10(n-i+1)$				

墙体类别	总层数 n	验算楼层 i	砂 浆 强 度 等 级				
			M0.4	M1	M2.5	M5	M10
有一个门的横墙	一层	1	0.0245	0.0171	0.0115	0.0086	0.0062
	二层	2	0.0326	0.0228	0.0153	0.0114	0.0085
		1	0.0386	0.0279	0.0196	0.0150	0.0112
	三层	3	0.0367	0.0255	0.0172	0.0129	0.0094
		1~2	0.0491	0.0363	0.0260	0.0204	0.0155
	四层	4	0.0391	0.0273	0.0183	0.0137	0.0100
		3	0.0541	0.0390	0.0274	0.0210	0.0157
		1~2	0.0581	0.0433	0.0314	0.0249	0.0192
	五层	5	0.0408	0.0285	0.0191	0.0142	0.0104
		4	0.0580	0.0418	0.0294	0.0225	0.0169
		1~3	0.0658	0.0493	0.0363	0.0289	0.0225
	六层	6	0.0419	0.0293	0.0196	0.0146	0.0107
		5	0.0607	0.0438	0.0308	0.0236	0.0177
		4	0.0708	0.0518	0.0372	0.0289	0.0221
		1~3	0.0729	0.0548	0.0406	0.0326	0.0255
	墙体平均压应力 σ_0 （MPa）		$0.12(n-i+1)$				

表 B.0.1-3 抗震墙基准面积率（承重纵墙）

墙体类别	总层数 n	验算楼层 i	承重纵墙（每开间有一个门或一个窗）				
			砂 浆 强 度 等 级				
			M0.4	M1	M2.5	M5	M10
每开间有一个门或一个窗	一层	1	0.0223	0.0158	0.0108	0.0081	0.0060
	二层	2	0.0298	0.0211	0.0135	0.0108	0.0080
		1	0.0346	0.0253	0.0180	0.0139	0.0106
	三层	3	0.0335	0.0237	0.0162	0.0122	0.0090
		1~2	0.0435	0.0325	0.0235	0.0187	0.0144
	四层	4	0.0357	0.0253	0.0173	0.0130	0.0096
		3	0.0484	0.0354	0.0252	0.0195	0.0148
		1~2	0.0513	0.0384	0.0283	0.0226	0.0176
	五层	5	0.0372	0.0264	0.0180	0.0136	0.0100
		4	0.0519	0.0379	0.0270	0.0209	0.0159
		1~3	0.0580	0.0437	0.0324	0.0261	0.0205
	六层	6	0.0383	0.0271	0.0185	0.0140	0.0108
		5	0.0544	0.0397	0.0283	0.0219	0.0167
		4	0.0627	0.0464	0.0337	0.0266	0.0205
		1~3	0.0640	0.0483	0.0361	0.0292	0.0231
	墙体平均压应力 σ_0 （MPa）		$0.16(n-i+1)$				

表 B.0.3　位置调整系数

总层数	2		3			4			5			
检查层数	1	2	1	2	3	1~2	3	4	1~2	3	4	5
η_{0i}	1.0	1.1	1.0	1.05	1.2	1.0	1.1	1.3	1.0	1.05	1.15	1.4

附录 C　钢筋混凝土结构
楼层受剪承载力

C.0.1　钢筋混凝土结构楼层现有受剪承载力应按下式计算：

$$V_y = \Sigma V_{cy} + 0.7\Sigma V_{my} + 0.7\Sigma V_{wy} \quad (C.0.1)$$

式中　V_y——楼层现有受剪承载力；

ΣV_{cy}——框架柱层间现有受剪承载力之和；

ΣV_{my}——砖填充墙框架层间现有受剪承载力之和；

ΣV_{wy}——抗震墙层间现有受剪承载力之和。

C.0.2　矩形框架柱层间现有受剪承载力可按下列公式计算，并取较小值：

$$V_{cy} = \frac{M_{cy}^u + M_{cy}^L}{H_n} \quad (C.0.2-1)$$

$$V_{cy} = \frac{0.16}{\lambda + 1.5} f_{ck}bh_0 + f_{yvk}\frac{A_{sv}}{s}h_0 + 0.056N \quad (C.0.2-2)$$

式中　M_{cy}^u、M_{cy}^L——分别为验算层偏压柱上、下端的现有受弯承载力；

λ——框架柱的计算剪跨比，取 $\lambda = H_n/2h_0$；

N——对应于重力荷载代表值的柱轴向压力，当 $N > 0.3f_{ck}bh$ 时，取 $N = 0.3f_{ck}bh$；

A_{sv}——配置在同一截面内箍筋各肢的截面面积；

f_{yvk}——箍筋抗拉强度标准值，按本标准附录 A 表 A.0.3-1 采用；

f_{ck}——混凝土轴心抗压强度标准值，按本标准附录 A 表 A.0.2-1 采用；

s——箍筋间距；

b——验算方向柱截面宽度；

h、h_0——分别为验算方向柱截面高度、有效高度；

H_n——框架柱净高。

C.0.3　对称配筋矩形截面偏压柱现有受弯承载力可按下列公式计算：

当 $N \leqslant \xi_{bk}f_{cmk}bh_0$

$$M_{cy} = f_{yk}A_s(h_0 - a_s') + 0.5Nh(1 - N/f_{cmk}bh)$$
$$(C.0.3-1)$$

当 $N > \xi_{bk}f_{cmk}bh_0$

$$M_{cy} = f_{yk}A_s(h_0 - a_s') + \xi(1 - 0.5\xi)f_{cmk}bh_0^2 - N(0.5h - a_s') \quad (C.0.3-2)$$

$$\xi = [(\xi_{bk} - 0.8)N - \xi_{bk}f_{yk}A_s]/[(\xi_{bk} - 0.8)f_{cmk}bh_0 - f_{yk}A_s] \quad (C.0.3-3)$$

式中　N——对应于重力荷载代表值的柱轴向压力；

A_s——柱实有纵向受拉钢筋截面面积；

f_{yk}——现有钢筋抗拉强度标准值，按本标准附录 A 表 A.0.3-1 采用；

f_{cmk}——现有混凝土弯曲抗压强度标准值，按本标准附录 A 表 A.0.2-1 采用；

a_s'——受压钢筋合力点至受压边缘的距离；

ξ_{bk}——相对界限受压区高度，HPB 级钢取 0.6，HRB 级钢取 0.55；

h、h_0——分别为柱截面高度和有效高度；

b——柱截面宽度。

C.0.4　砖填充墙钢筋混凝土框架结构的层间现有受剪承载力可按下列公式计算：

$$V_{my} = \Sigma(M_{cy}^t + M_{cy}^L)/H_0 + f_{vEk}A_m \quad (C.0.4-1)$$

$$f_{vEk} = \zeta_N f_{vk} \quad (C.0.4-2)$$

式中　ζ_N——砌体强度的正压力影响系数，按本标准表 5.3.13 采用；

f_{vk}——砖墙的抗剪强度标准值，按本标准附录 A 表 A.0.1-1 采用；

A_m——砖填充墙水平截面面积，可不计入宽度小于洞口高度 1/4 的墙肢；

H_0——柱的计算高度，两侧有填充墙时，可采用柱净高的 2/3，一侧有填充墙时，可采用柱净高。

C.0.5　带边框柱的钢筋混凝土抗震墙的层间现有受剪承载力可按下式计算：

$$V_{wy} = \frac{1}{\lambda - 0.5}(0.04f_{ck}A_w + 0.1N) + 0.8f_{yvk}\frac{A_{sh}}{s}h_0 \quad (C.0.5)$$

式中　N——对应于重力荷载代表值的柱轴向压力，当 $N > 0.2f_{ck}A_w$ 时，取 $N = 0.2f_{ck}A_w$；

A_w——抗震墙的截面面积；

A_{sh}——配置在同一水平截面内的水平钢筋截面面积；

λ——抗震墙的计算剪跨比；其值可采用计算楼层至该抗震墙顶的 1/2 高度与抗震墙截面高度之比，当小于 1.5 时取 1.5，当大于 2.2 时取 2.2。

附录 D　钢筋混凝土构件组合
内力设计值调整

D.0.1　框架梁和抗震墙中跨高比大于 2.5 的连梁，

端部截面组合的剪力设计值应符合下列规定：

一级

$$V = 1.05(M_{bua}^l + M_{bua}^r)/l_n + V_{Gb}$$
(D.0.1-1)

或

$$V = 1.05\lambda_b(M_b^l + M_b^r)/l_n + V_{Gb}$$
(D.0.1-2)

二级

$$V = 1.05(M_b^l + M_b^r)/l_n + V_{Gb}$$ (D.0.1-3)

三级

$$V = (M_b^l + M_b^r)/l_n + V_{Gb}$$ (D.0.1-4)

式中 λ_b——梁实配增大系数，可按梁的左右端纵向受拉钢筋的实际配筋面积之和与计算面积之和的比值的 1.1 倍采用；

l_n——梁的净跨；

V_{Gb}——梁在重力荷载代表值（9 度时高层建筑还应包括竖向地震作用标准值）作用下，按简支梁分析的梁端截面剪力设计值；

M_b^l、M_b^r——分别为梁的左右端顺时针或反时针方向截面组合的弯矩设计值；

M_{bua}^l、M_{bua}^r——分别为梁左右端顺时针或反时针方向实配的正截面抗震受弯承载力所对应的弯矩值，可根据实际配筋面积和材料强度标准值确定。

D.0.2 一、二级框架的梁柱节点处，除顶层和柱轴压比小于 0.15 者外，梁柱端弯矩应分别符合下列公式要求：

一级

$$\Sigma M_c = 1.1\Sigma M_{bua}$$ (D.0.2-1)

或

$$\Sigma M_c = 1.1\lambda_j\Sigma M_b$$ (D.0.2-2)

二级

$$\Sigma M_c = 1.1\Sigma M_b$$ (D.0.2-3)

式中 ΣM_c——节点上下柱端顺时针或反时针方向截面组合的弯矩设计值之和，上下柱端的弯矩，一般情况可按弹性分析分配；

ΣM_b——节点左右梁端反时针或顺时针方向截面组合的弯矩设计值之和；

ΣM_{bua}——节点左右梁端反时针或顺时针方向实配的正截面抗震受弯承载力所对应的弯矩值之和；

λ_j——柱实配弯矩增大系数，可按节点左右梁端纵向受拉钢筋的实际配筋面积之和与计算面积之和的比值的 1.1 倍采用。

D.0.3 一、二级框架结构的底层柱底和框支层柱两端组合的弯矩设计值，分别乘以增大系数 1.5、1.25。

D.0.4 框架柱和框支柱端部截面组合的剪力设计值，一、二级应按下列各式调整，三级可不调整：

一级

$$V = 1.1(M_{cua}^u + M_{cua}^l)/H_n$$ (D.0.4-1)

或

$$V = 1.1\lambda_c(M_c^u + M_c^l)/H_n$$ (D.0.4-2)

二级

$$V = 1.1(M_c^u + M_c^l)/H_n$$ (D.0.4-3)

式中 λ_c——柱实配受剪增大系数，可按偏压柱上、下端实配的正截面抗震承载力所对应的弯矩值之和与其组合的弯矩设计值之和的比值采用；

H_n——柱的净高；

M_c^u、M_c^l——分别为柱上、下端顺时针或反时针方向截面组合的弯矩设计值，应符合本附录第 D.0.2、D.0.3 条的要求；

M_{cua}^u、M_{cua}^l——分别为柱上、下端顺时针或反时针方向实配的正截面抗震承载力所对应的弯矩值，可根据实际配筋面积、材料强度标准值和轴压力等确定。

D.0.5 框架节点核心区组合的剪力设计值，一、二级可按下列各式调整：

一级

$$V_j = \frac{1.05\Sigma M_{bua}}{h_{b0} - a_s'}\left(1 - \frac{h_{b0} - a_s'}{H_c - h_b}\right)$$ (D.0.5-1)

或

$$V_j = \frac{1.05\lambda_j\Sigma M_b}{h_{b0} - a_s'}\left(1 - \frac{h_{b0} - a_s'}{H_c - h_b}\right)$$
(D.0.5-2)

二级

$$V_j = \frac{1.05\Sigma M_b}{h_{b0} - a_s'}\left(1 - \frac{h_{b0} - a_s'}{H_c - h_b}\right)$$ (D.0.5-3)

式中 V_j——节点核心区组合的剪力设计值；

h_{b0}——梁截面的有效高度，节点两侧梁截面高度不等时可采用平均值；

a_s'——梁受压钢筋合力点至受压边缘的距离；

H_c——柱的计算高度，可采用节点上、下柱反弯点之间的距离；

h_b——梁的截面高度，节点两侧梁截面高度不等时可采用平均值。

D.0.6 抗震墙底部加强部位截面组合的剪力设计值，一、二级应乘以以下增大系数，三级可不乘增大系数：

一级

$$\eta_v = 1.1\frac{M_{wua}}{M_w} = 1.1\lambda_w$$ (D.0.6-1)

二级

$$\eta_v = 1.1 \qquad (D.0.6\text{-}2)$$

式中：η_v——墙剪力增大系数；

λ_w——墙实配增大系数，可按抗震墙底部实配的正截面抗震承载力所对应的弯矩值与其组合的弯矩设计值的比值采用；

M_{wua}——抗震墙底部实配的正截面抗震承载力所对应的弯矩值，按实际配筋面积、材料强度标准值和轴向力等确定；

M_w——抗震墙底部组合的弯矩设计值。

D.0.7 双肢抗震墙中，当任一墙肢全截面平均出现拉应力且处于大偏心受拉状态时，另一墙肢组合的剪力设计值、弯矩设计值应乘以增大系数 1.25。

D.0.8 一级抗震墙中，单肢墙、小开洞墙或弱连梁联肢墙各截面组合的弯矩设计值，应按下列规定采用：

1 底部加强部位各截面均应按墙底组合的弯矩设计值采用，墙顶组合的弯矩设计值应按顶部的约束弯矩设计值采用，中间各截面组合的弯矩设计值应按上述二者间的线性变化采用。

2 底部加强部位的最上部截面按纵向钢筋实际面积和材料强度标准值计算的实际正截面承载力，不应大于相邻的一般部位实际的正截面承载力。

附录 E 钢筋混凝土构件截面抗震验算

E.0.1 框架梁、柱、抗震墙和连梁，其端部截面组合的剪力设计值应符合下式要求：

$$V \leqslant \frac{1}{\gamma_{Ra}}(0.2f_c bh_0) \qquad (E.0.1)$$

式中 V——端部截面组合的剪力设计值，应按本标准附录 D 的规定采用；

f_c——混凝土轴心抗压强度设计值，按本标准表 A.0.2-2 采用；

b——梁、柱截面宽度或抗震墙墙板厚度；

h_0——截面有效高度，抗震墙可取截面高度。

E.0.2 框架梁的正截面抗震承载力应按下式计算：

$$M_b \leqslant \frac{1}{\gamma_{Ra}}\left[f_{cm}bx\left(h_0 - \frac{x}{2}\right) + f'_y A'_s(h_0 - a'_s)\right]$$

$$(E.0.2\text{-}1)$$

混凝土受压区高度按下式计算：

$$f_{cm}bx = f_y A_s - f'_y A'_s \qquad (E.0.2\text{-}2)$$

式中 M_b——框架梁组合的弯矩设计值，应按本标准附录 D 的规定采用；

f_{cm}——混凝土弯曲抗压强度设计值，按本标准表 A.0.2-2 采用；

f_y、f'_y——受拉、受压钢筋屈服强度设计值，按标准表 A.0.3-2 采用；

A_s、A'_s——受拉、受压纵向钢筋截面面积；

a'_s——受压区纵向钢筋合力点至受压区边缘的距离；

x——混凝土受压区高度，一级框架应满足 $x \leqslant 0.25h_0$ 的要求，二、三级框架应满足 $x \leqslant 0.35h_0$ 的要求。

E.0.3 框架梁的斜截面抗震承载力应按下式计算：

$$V_b \leqslant \frac{1}{\gamma_{Ra}}\left(0.056f_c bh_0 + 1.2f_{yv}\frac{A_{sv}}{s}h_0\right)$$

$$(E.0.3\text{-}1)$$

对集中荷载作用下的框架梁（包括有多种荷载，且其中集中荷载对节点边缘产生的剪力值占总剪力值的 75% 以上的情况），其斜截面抗震承载力应按下式计算：

$$V_b \leqslant \frac{1}{\gamma_{Ra}}\left(\frac{0.16}{\lambda + 1.5}f_c bh_0 + f_{yv}\frac{A_{sv}}{s}h_0\right)$$

$$(E.0.3\text{-}2)$$

式中 V_b——框架梁组合的剪力设计值，应按本标准附录 D 的规定采用；

f_{yv}——箍筋的抗拉强度设计值；

A_{sv}——配置在同一截面内箍筋各肢的全部截面面积；

s——箍筋间距；

λ——计算截面的剪跨比。

E.0.4 偏心受压框架柱、抗震墙的正截面抗震承载力应符合下列规定：

1 验算公式：

$$N \leqslant \frac{1}{\gamma_{Ra}}(f_{cm}bx + f'_y A'_s - \sigma_s A_s) \quad (E.0.4\text{-}1)$$

$$Ne \leqslant \frac{1}{\gamma_{Ra}}\left[f_{cm}bx\left(h_0 - \frac{x}{2}\right) + f'_y A'_s(h_0 - a'_s)\right]$$

$$(E.0.4\text{-}2)$$

$$e = \eta_i + \frac{h}{2} - a \qquad (E.0.4\text{-}3)$$

$$e_i = e_0 + 0.12(0.3h_0 - e_0) \qquad (E.0.4\text{-}4)$$

式中 N——组合的轴向压力设计值；

e——轴向力作用点至普通受拉钢筋合力点之间的距离；

e_0——轴向力对截面重心的偏心距，$e_0 = M/N$；

η——偏心受压构件考虑挠曲影响的轴向力偏心距增大系数，按现行国家标准《混凝土结构设计规范》GB 50010 的规定计算；

σ_s——纵向钢筋的应力，按本条第 2 款的规定采用。

2 纵向钢筋的应力计算应符合下列规定：

大偏心受压

$$\sigma_s = f_y \qquad (E.0.4\text{-}5)$$

小偏心受压

$$\sigma_s = \frac{f_y}{\xi_b - 0.8}\left(\frac{x}{h_{0i}} - 0.8\right) \quad \text{(E.0.4-6)}$$

$$\xi_b = \frac{0.8}{1 + f_y/0.0033E_s} \quad \text{(E.0.4-7)}$$

式中 E_s——钢筋的弹性模量，按本标准附录 A 表 A.0.4 采用；

h_{0i}——第 i 层纵向钢筋截面重心至混凝土受压区边缘的距离。

E.0.5 偏心受拉框架柱、抗震墙的正截面抗震承载力应按下式计算：

1 小偏心受拉构件

$$Ne \leqslant \frac{1}{\gamma_{Ra}}f_y'A_s'(h_0 - a_s') \quad \text{(E.0.5-1)}$$

$$Ne' \leqslant \frac{1}{\gamma_{Ra}}f_y'A_s(h_0 - a_s) \quad \text{(E.0.5-2)}$$

2 大偏心受拉构件

$$N \leqslant \frac{1}{\gamma_{Ra}}(f_yA_s - f_y'A_s') \quad \text{(E.0.5-3)}$$

$$Ne \leqslant \frac{1}{\gamma_{Ra}}\left[f_{cm}b x\left(h_0 - \frac{x}{2}\right) + f_y'A_s'(h_0 - a_s')\right]$$
$$\text{(E.0.5-4)}$$

E.0.6 框架柱的斜截面抗震承载力应按下式计算：

$$V_c \leqslant \frac{1}{\gamma_{Ra}}\left(\frac{0.16}{\lambda + 1.5}f_cbh_0 + f_{yv}\frac{A_{sv}}{s}h_0 + 0.056N\right)$$
$$\text{(E.0.6-1)}$$

当框架柱出现拉力时，其斜截面抗震承载力应按下式计算：

$$V_c \leqslant \frac{1}{\gamma_{Ra}}\left(\frac{0.16}{\lambda + 1.5}f_cbh_0 + f_{yv}\frac{A_{sv}}{s}h_0 - 0.16N\right)$$
$$\text{(E.0.6-2)}$$

式中 V_c——框架柱组合的剪力设计值，应按本标准附录 D 的规定采用；

λ——框架柱的计算剪跨比，$\lambda = H_n/2h_0$；当 $\lambda < 1$ 时，取 $\lambda = 1$，当 $\lambda > 3$ 时，取 $\lambda = 3$；

N——框架柱组合的轴向压力设计值；当 $N > 0.3f_cA$ 时，取 $N = 0.3f_cA$。

E.0.7 抗震墙的斜截面抗震承载力应下列公式计算：

偏心受压

$$V_w \leqslant \frac{1}{\gamma_{Ra}}\left[\frac{1}{\lambda - 0.5}\left(0.04f_cbh_0 + 0.1N\frac{A_w}{A}\right)\right.$$
$$\left. + 0.8f_{yv}\frac{A_{sh}}{s}h_0\right] \quad \text{(E.0.7-1)}$$

偏心受拉

$$V_w \leqslant \frac{1}{\gamma_{Ra}}\left[\frac{1}{\lambda - 0.5}\left(0.04f_cbh_0 - 0.1N\frac{A_w}{A}\right)\right.$$
$$\left. + 0.8f_{yv}\frac{A_{sh}}{s}h_0\right] \quad \text{(E.0.7-2)}$$

式中 V_w——抗震墙组合的剪力设计值，应按本标准附录 D 的规定采用；

λ——计算截面处的剪跨比，$\lambda = M/Vh_0$；当

$\lambda < 1.5$ 时，取 $\lambda = 1.5$；当 $\lambda > 2.2$ 时，取 $\lambda = 2.2$。

E.0.8 节点核心区组合的剪力设计值应符合下列规定：

1 验算公式：

$$V_j \leqslant \frac{1}{\gamma_{Ra}}(0.3\eta_jf_cb_jh_j) \quad \text{(E.0.8-1)}$$

$$V_j \leqslant \frac{1}{\gamma_{Ra}}\left(0.1\eta_jf_cb_jh_j + 0.1\eta_jN\frac{b_j}{b_c}\right.$$
$$\left. + f_{yv}A_{svj}\frac{h_{b0} - a_s'}{s}\right) \quad \text{(E.0.8-2)}$$

式中 V_j——节点核心区组合的剪力设计值，应按本标准第 D.0.5 条的规定采用；

η_j——交叉梁的约束影响系数，四侧各梁截面宽度不小于该侧柱截面宽度的 1/2，且次梁高度不小于主梁高度的 3/4，可采用 1.5，其他情况均可采用 1.0；

N——对应于组合的剪力设计值的上柱轴向压力，其取值不应大于柱截面面积和混凝土抗压强度设计值乘积的 50%；

f_{yv}——箍筋的抗拉强度设计值；

A_{svj}——核心区验算宽度范围内同一截面验算方向各肢箍筋的总截面面积；

s——箍筋间距；

b_j——节点核心区的截面宽度，按本条第 2 款的规定采用；

h_j——节点核心区的截面高度，可采用验算方向的柱截面高度；

γ_{Ra}——承载力抗震调整系数，可采用 0.85。

2 核心区截面宽度应符合下列规定：

1） 当验算方向的梁截面宽度不小于该侧柱截面宽度的 1/2 时，可采用该侧柱截面宽度，当小于时可采用下列二者的较小值：

$$b_j = b_b + 0.5h_c \quad \text{(E.0.8-3)}$$

$$b_j = b_c \quad \text{(E.0.8-4)}$$

式中 b_b——梁截面宽度；

h_c——验算方向的柱截面高度；

b_c——验算方向的柱截面宽度。

2） 当梁柱的中线不重合时，核心区的截面宽度可采用上款和下式计算结果的较小值：

$$b_j = 0.5(b_b + b_c) + 0.25h_c - e \quad \text{(E.0.8-5)}$$

式中 e——梁与柱中线偏心距。

E.0.9 抗震墙结构框支层楼板的截面抗震验算，应符合下列规定：

1 验算公式：

$$V_f \leqslant \frac{1}{\gamma_{Ra}}(0.1f_cb_ft_f) \quad \text{(E.0.9-1)}$$

$$V_f \leqslant \frac{1}{\gamma_{Ra}}(0.6f_yA_s) \qquad (E.0.9-2)$$

式中 V_f——由不落地抗震墙传到落地抗震墙处框支层楼板组合的剪力设计值；

b_f——框支层楼板的宽度；

t_f——框支层楼板的厚度；

A_s——穿过落地抗震墙的框支层楼盖（包括梁和板）的全部钢筋的截面面积；

γ_{Ra}——承载力抗震调整系数，可采用0.85。

2 框支层楼板应采用现浇，厚度不宜小于180mm，混凝土强度等级不宜低于C30，应采用双层双向配筋，且每方向的配筋率不应小于0.25%。

3 框支层楼板的边缘和洞口周边应设置边梁，其宽度不宜小于板厚的2倍，纵向钢筋配筋率不应小于1%且接头宜采用焊接；楼板中钢筋应锚固在边梁内。

4 当建筑平面较长或不规则或各抗震墙的内力相差较大时，框支层楼板尚应验算楼板平面内的受弯承载力，验算时可考虑框支层楼板受拉区钢筋与边梁钢筋的共同作用。

E.0.10 本附录未作规定的钢筋混凝土构件截面抗震验算，按现行国家标准的规定进行。

附录 F 砖填充墙框架抗震验算

F.0.1 黏土砖填充墙框架考虑抗侧力作用时，层间侧移刚度可按下列公式确定：

$$K_{fw} = K_f + K_w \qquad (F.0.1-1)$$

$$K_w = 3\psi_k \Sigma E_w I_w^t / [H_w^3(\psi_m + \gamma\psi_v)] \qquad (F.0.1-2)$$

$$\gamma = 9I_w^t / A_w^t H_w^2 \qquad (F.0.1-3)$$

式中 K_{fw}——填充墙框架的层间侧移刚度；

K_f——框架的总层间侧移刚度；

K_w——填充墙的总层间侧移刚度，但洞口面积与墙面面积之比大于60%的填充墙不考虑；

ψ_k——刚度折减系数，房屋上部各层可采用1.0，中部各层可采用0.6，下部各层可采用0.3；房屋上、中、下部各层，可按总层数大致三等分；

E_w——填充墙砌体的弹性模量；

H_w——填充砖墙高度；

γ——剪切影响系数；

$A_w^{t(b)}$、$I_w^{t(b)}$——分别为填充墙水平截面面积和惯性矩，开洞时可采用洞口两侧填充墙相应值之和（见图F.0.1，上标 t、b 分别表示顶部和底部）；

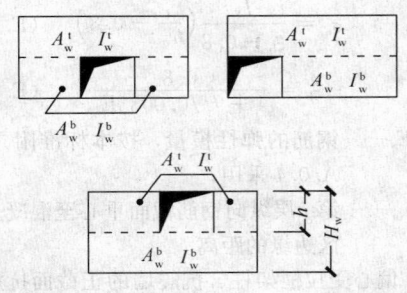

图 F.0.1 开洞填充墙截面面积和惯性矩

ψ_m、ψ_v——洞口影响系数，可按下列规定采用：

无洞口时，$\psi_m = \psi_v = 1$ (F.0.1-4)

有洞口时，

$$\psi_m = \left(\frac{h}{H_w}\right)^3 \left(1 - \frac{I_w^t}{I_w^b}\right) + \frac{I_w^t}{I_w^b}$$

(F.0.1-5)

$$\psi_v = \frac{h}{H_w}\left(1 - \frac{A_w^t}{A_w^b}\right) + \frac{A_w^t}{A_w^b} \qquad (F.0.1-6)$$

F.0.2 地震作用效应应符合下列规定：

1 楼层组合的剪力设计值，应按各榀框架和填充墙框架的层间侧移刚度比例分配，但无填充墙框架承担的剪力设计值，不宜小于对应填充墙框架中框架部分承担的剪力设计值（不包括由填充墙引起的附加剪力）。

2 填充墙框架的柱轴向压力和剪力，应考虑填充墙引起的附加轴向压力和附加剪力，其值可按下列公式确定：

$$N_f = V_w H_f / l \qquad (F.0.2-1)$$

$$V_f = V_w \qquad (F.0.2-2)$$

式中 N_f——框架柱的附加轴压力设计值；

V_w——填充墙承担的剪力设计值，柱两侧有填充墙时可采用两者的较大值；

H_f——框架的层高；

l——框架的跨度；

V_f——框架柱的附加剪力设计值。

F.0.3 填充墙框架的截面抗震验算，应采用下列设计表达式：

$$V_{fw} \leqslant \frac{1}{\gamma_{Rac}} \Sigma(M_{yc}^u + M_{yc}^t)/H_c + \frac{1}{\gamma_{Raw}} \Sigma f_{vE} A_{w0}$$

(F.0.3-1)

$$0.4V_{fw} \leqslant \frac{1}{\gamma_{Rac}} \Sigma(M_{yc}^u + M_{yc}^t)/H_c \quad (F.0.3-2)$$

式中 V_{fw}——填充墙框架承担的剪力设计值；

f_{vE}——砖墙的抗震抗剪强度设计值；

A_{w0}——砖墙水平截面的计算面积，无洞口可采用1.25倍实际截面面积，有洞口可

采用截面净面积，但宽度小于洞口高度 1/4 的墙肢不考虑；

M_{yc}^u、M_{yc}^c ——分别为框架柱上、下端偏压的正截面承载力设计值，可按本标准附录 E 的有关公式取等号计算；

H_c ——柱的计算高度，两侧有填充墙时，可采用柱净高的 2/3，两侧有半截填充墙或仅一侧有填充墙时，可采用柱净高；

γ_{Rac} ——框架柱承载力抗震调整系数，A 类建筑可采用 0.68，B 类建筑可采用 0.8；

γ_{Raw} ——填充砖墙承载力抗震调整系数，可采用 0.9。

附录 G 木构件常用截面尺寸

G.0.1 旧式木骨架的木柱常用圆截面尺寸，宜按表 G.0.1 采用。

G.0.2 旧式木骨架楼层木大梁常用截面尺寸，宜按表 G.0.2 采用。

G.0.3 旧式木骨架的木龙骨常用截面尺寸，宜按表 G.0.3 采用。

G.0.4 旧式木骨架的木栊常用截面尺寸，宜按表 G.0.4 采用。

G.0.5 旧式木骨架的木檩常用截面尺寸，宜按表 G.0.5 采用。

G.0.6 旧式木骨架的木椽常用截面尺寸，宜按表 G.0.6 采用。

表 G.0.1　木柱常用圆截面尺寸（cm）

进深(m)	部位	合瓦或仰瓦灰梗屋面 开间（m）				干槎瓦、灰平顶或泥卧水泥瓦屋面 开间（m）			
		2.80	3.00	3.20	3.40	2.80	3.00	3.20	3.40
3.60	檐柱	14	—	—	—	14	—	—	—
	排山柱	12	—	—	—	12	—	—	—
	角柱	12	—	—	—	12	—	—	—
3.90	檐柱	14	16	—	—	15	15	15	—
	排山柱	12	13	—	—	12	12	12	—
	角柱	12	12	—	—	12	12	12	—
4.20	檐柱	16	16	16	—	15	15	15	—
	排山柱	13	13	13	—	12	12	12	—
	角柱	12	12	12	—	12	12	12	—
4.50	檐柱	16	16	17	17	15	15	16	16
	排山柱	13	13	13	13	12	12	13	13
	角柱	12	12	12	12	12	12	12	12

表 G.0.2　楼层木大梁常用截面尺寸（cm）

跨度(m)	截面形状	宿舍、办公室等 龙骨长度(m)		教室、过道、楼梯间等 龙骨长度(m)	
		3.00、3.20	3.40、3.60	3.00、3.20	3.40、3.60
3.60	圆	24	25	27	28
	方	12×27	12×28	12×30	15×30
3.80	圆	25	26	28	29
	方	12×28	12×29	15×30	15×31
4.00	圆	26	27	29	30
	方	12×29	12×30	15×31	15×32
4.20	圆	27	28	30	31
	方	12×30	15×30	15×32	15×33
4.40	圆	28	29	31	32
	方	15×30	15×31	15×33	15×34
4.60	圆	29	30	32	33
	方	15×31	15×32	15×34	15×35
4.80	圆	30	31	33	34
	方	15×32	15×33	15×35	18×36
5.00	圆	31	32	34	35
	方	15×33	15×34	18×36	18×37

注：1　本表适用于木板面层的楼地面；
　　2　本表中圆木直径尺寸系指中径。

表 G.0.3　木龙骨常用截面尺寸（cm）

跨度（m）	宿舍、办公室等	教室、过道、楼梯间等
2.00	5×9	5×11
2.20	5×10	5×12
2.40	5×11	5×13
2.60	5×12	5×14
2.80	5×13	5×15
3.00	5×14	5×16
3.20	5×15	5×17
3.40	5×16	5×18
3.60	5×17	5×19
3.80	5×17	5×20
4.00	5×18	5×21
4.20	5×19	5×22
4.40	5×20	5×23
4.60	5×21	5×24
4.80	5×22	5×25
5.00	5×23	5×26

注：1　龙骨间距按 40cm 计算；
　　2　龙骨间必须每隔 1～1.5m 加 5cm×4cm 剪刀撑；
　　3　本表适用于木板面层的楼地面。

进深（m）	截面形状	合瓦屋面 开间（m）				仰瓦灰梗屋面 开间（m）				干槎瓦屋面 开间（m）				灰顶或泥卧水泥瓦屋面 开间（m）		
		2.80	3.00	3.20	3.40	2.80	3.00	3.20	3.40	2.80	3.00	3.20	3.40	2.80	3.00	3.20
3.60	圆	27	—	—	—	25	—	—	—	24	—	—	—	19	20	20
	方	20×25	—	—	—	18×23	—	—	—	17×21	—	—	—	14×18	14×18	14×18
3.90	圆	28	29	—	—	26	27	—	—	25	26	27	—	20	21	21
	方	21×26	21×26	—	—	19×24	20×25	—	—	18×23	19×24	20×25	—	14×18	14×18	14×18
4.20	圆	29	30	32	—	27	28	29	—	26	27	28	—	21	22	22
	方	21×26	22×28	23×29	—	20×25	21×26	22×28	—	19×24	21×25	21×26	—	14×18	15×19	15×19
4.50	圆	31	32	34	35	28	29	31	33	27	28	29	31	—	—	—
	方	22×28	23×29	24×30	25×31	21×26	22×28	23×29	24×30	20×25	21×26	22×28	23×29	—	—	—

注：本表中圆木直径尺寸系指中径。

跨度（m）	截面形状	合瓦 檩距（m）			仰瓦灰梗或干槎瓦 檩距（m）			灰顶 檩距（m）				泥卧水泥瓦 檩距（m）			水泥瓦或陶瓦 檩距（m）			小波形石棉瓦 檩距（m）	铅铁或油毡 檩距（m）
		0.90	1.10	1.25	0.90	1.10	1.25	0.80	0.90	1.10	1.25	0.90	1.10	1.25	0.70	0.90	1.10	0.85	0.85
2.80	圆	16	—	—	15	16	17	13	13	14	15	13	14	14	11	12	12	11	11
	方														6×15 (6×12)	8×15 (6×15)	8×15 (6×15)	6×15 (6×12)	6×15 (6×12)
3.00	圆	17	18	19	16	17	18	13	14	15	15	13	14	15	12	12	13	12	11
	方														8×15 (6×15)	8×15 (6×15)	10×15 (8×15)	8×15 (6×12)	6×15 (6×12)
3.20	圆	18	19	20	16	18	19	14	14	15	16	14	15	15	12	13	13	12	12
	方														8×15 (6×15)	10×15 (8×15)	10×15 (8×15)	8×15 (6×15)	6×15 (6×15)
3.40	圆	19	20	21	17	19	19	—	—	—	—	14	15	16	13	13	14	13	12
	方														10×15 (6×15)	10×15 (8×15)	10×18 (10×15)	10×15 (6×15)	8×15 (6×15)

注：1　灰顶房不考虑有顶棚；

　　2　表中所列圆檩直径尺寸系指跨中而言，欲求梢径须从表中尺寸减以 0.4 倍跨长（m）即可。

　　3　表中括号内尺寸系直放檩尺寸，如木檩顺屋面放置，上钉有密排望板，或有椽条（间距≤15cm）时，可按直放檩考虑。

表 G.0.6　木椽常用截面尺寸（cm）

跨度(m)	截面形状	水泥瓦、陶瓦屋面				合瓦、筒瓦等屋面
		单跨椽椽距（m）			两跨连续椽椽距（m）	椽距（m）
		0.70	0.90	1.10	0.7~1.10	0.15
0.90	圆方	—	—	—	—	5 5×5
1.25	圆方	7 5×8	8 5×8	8 5×8	5×6	5 5×5
1.40	圆方	8 5×8	8 5×8	8 5×8	5×6	—
1.70	圆方	8 5×8	9 5×8	9 5×10	5×8	—
2.00	圆方	9 5×8	9 5×10	9 5×10	5×8	—

本标准用词说明

1　为了便于在执行本标准条文时区别对待，对要求严格程度不同的用词说明如下：

1）表示很严格，非这样做不可的用词：

正面词采用"必须"，反面词采用"严禁"；

2）表示严格，在正常情况下均应这样做的用词：

正面词采用"应"，反面词采用"不应"或"不得"；

3）表示允许稍有选择，在条件许可时首先应这样做的用词：

正面词采用"宜"，反面词采用"不宜"；表示有选择，在一定条件下可以这样做的，采用"可"。

2　标准中指定应按其他有关标准、规范执行时，写法为："应符合……的规定"或"应按……执行"。

引用标准名录

1　《建筑地基基础设计规范》GB 50007

2　《混凝土结构设计规范》GB 50010

3　《建筑抗震设计规范》GB 50011

4　《建筑工程抗震设防分类标准》GB 50223

中华人民共和国国家标准

建筑抗震鉴定标准

GB 50023—2009

条 文 说 明

修 订 说 明

《建筑抗震鉴定标准》GB 50023—2009，经住房和城乡建设部 2009 年 6 月 5 日以第 322 号公告批准发布。

本标准是在《建筑抗震鉴定标准》GB 50023—95 的基础上修订而成，上一版的主编单位是中国建筑科学研究院，参编单位是机械部设计研究总院、国家地震局工程力学研究所、北京市房地产科学技术研究所、同济大学、冶金部建筑科学研究总院、清华大学、四川省建筑科学研究院、铁道部专业设计院、上海建筑材料工业学院、陕西省建筑科学研究院、辽宁省建筑科学研究所、江苏省建筑科学研究所、西安冶金建筑学院。主要起草人是戴国莹、杨玉成、李德虎、王骏孙、李毅弘、魏琏、张良铎、刘惠珊、徐建、朱伯龙、宋绍先、柏傲冬、吴明舜、高云学、霍自正、楼永林、徐善藩、谢玉玮、那向谦、刘昌茂、王清敏。

本标准修订过程中总结了 GB 50023—95 颁布实施十余年来的实践经验，以及国内历次发生的地震，特别是汶川大地震的震害经验教训，吸收了建筑抗震鉴定技术的最新科研究成果，对现有建筑的抗震鉴定方法进行了创新、补充和完善。主要修订内容有：

（1）扩大了鉴定标准的适用范围。原鉴定标准仅针对 TJ 11—78实施以前设计建造的房屋，本次修订将适用范围扩大到已投入使用的现有建筑。

（2）提出了现有建筑鉴定加固的后续使用年限。根据现有建筑设计建造年代及原设计依据规范的不同，将其后续设计使用年限划分为 30、40、50 年三个档次。

（3）给出了不同设防目标相对应的鉴定方法。后续使用年限 30 年的建筑沿用 95 鉴定标准的方法，即现标准中的 A 类建筑鉴定方法；后续使用年限 40 年的建筑采用现标准中的 B 类建筑鉴定方法，相当于 GBJ 11—89 的要求，同时吸收了部分 GB 50011 的内容；后续使用年限 50 年的建筑则要求按 GB 50011 进行鉴定。

（4）明确了现有建筑抗震鉴定的设防目标。现有建筑在后续使用年限内具有相同概率保证的前提下，实现"小震不坏、中震可修、大震不倒"的抗震设防目标。后续使用年限 50 年的建筑与新建工程的设防目标一致，少于 50 年的建筑基本达到新建工程的设防目标，但遭遇地震时受损程度会略重于按 50 年鉴定的建筑。

（5）与新修订的《建筑工程抗震设防分类标准》GB 50223 进行了衔接，现有建筑按其重要性及使用用途划分为特殊设防类、重点设防类、标准设防类和适度设防类，不同设防类别的建筑具有相应的鉴定要求。

（6）提高了重点设防类建筑的抗震鉴定要求。如砌体结构对层数、总高度进行严格控制，A 类砌体结构增加了构造柱设置的鉴定要求；钢筋混凝土结构对单跨框架结构体系进行了限制，增加了强柱弱梁鉴定与结构变形验算等。

（7）总结了汶川大地震的经验教训，加强了楼梯间、框架结构填充墙、易倒塌伤人部位的鉴定要求。

为便于广大设计、科研、教学、鉴定等单位有关人员在使用本标准时能正确理解和执行条文规定，《建筑抗震鉴定标准》编制组按章、节、条顺序编制了本标准的条文说明，对条文规定的目的、依据以及执行中需注意的有关事项进行了说明。但是本条文说明不具备与标准正文同等的法律效力，仅供使用者作为理解和把握标准规定的参考。

目 次

1 总　则

1.0.1 地震中建筑物的破坏是造成地震灾害的主要原因。现有建筑有些未考虑抗震设防，有些虽然考虑了抗震，但与新的地震动参数区划图等的规定相比，并不能满足相应的设防要求。1977 年以来建筑抗震鉴定、加固的实践和震害经验表明，对现有建筑进行抗震鉴定，并对不满足鉴定要求的建筑采取适当的抗震对策，是减轻地震灾害的重要途径。

95 版鉴定标准是在 1976 年唐山地震后发布的 77 版鉴定标准基础上修订而成的，针对建造于 20 世纪 90 年代以前的建筑，在震前进行抗震鉴定和加固的要求编制的。按照国家的技术政策，考虑当时的经济、技术条件和需要加固工程量很大的具体情况，鉴定和加固的设防目标略低于《建筑抗震设计规范》GBJ 11—89 设计规范的设防目标，并要求不符合鉴定要求的现有建筑，应根据具体情况，提出相应的维修、加固、改造或更新的减灾对策。

在 1998 年的国际标准《结构可靠性总原则》ISO 2394 中，也开始提出既有建筑的可靠性评定方法，强调了依据用户提出的使用年限对可变作用采用系数的方法折减，并对结构实际承载力（包括实际尺寸、配筋、材料强度、已有缺陷等）与实际受力进行比较从而评定其可靠性，当可靠程度不足时，鉴定的结论可包括：出于经济理由保持现状、减少荷载、修补加固或拆除等。

按照国务院《建筑工程质量管理条例》的规定，结构设计必须明确其合理使用年限，对于鉴定和加固，则为合理的后续使用年限。近年来的研究表明，从后续使用年限内具有相同概率的角度，在全国范围内平均，30、40、50 年地震作用的相对比例大致是 0.75、0.88 和 1.00；抗震构造综合影响系数的相对比例，6 度为 0.76、0.90、1.00，7 度为 0.71、0.87、1.00，8 度为 0.63、0.84、1.00，9 度为 0.57、0.81、1.00。据此，考虑到 95 版鉴定标准的抗力调整系数取设计规范的 0.85 倍，89 版设计规范系列的场地设计特征周期比 2001 版规范约减少 10% 且材料强度大致为 2001 版规范系列的 1.05～1.15，于是可以认为：95 版鉴定标准、89 版设计规范和 2001 版设计规范大体上分别在使用年限 30 年、40 年和 50 年具有相同的概率保证。

震害经验也表明，按照 77 版鉴定标准进行鉴定加固的房屋，在 20 世纪 80 年代和 90 年代我国的多次地震中，如 1981 年邢台 M6 级地震、1981 年道孚 M6.9 级地震、1985 年自贡 M4.8 级地震、1989 年澜沧耿马 M7.6 级地震、1996 年丽江 M7 级地震，均经受了考验。2008 年汶川地震中，除震中区外，不仅严格按 89 版规范、2001 版规范进行设计和施工的房

屋没有倒塌，经加固的房屋也没有倒塌，再一次证明按照 95 系列鉴定标准执行对于减轻建筑的地震破坏是有效的。

现有建筑抗震鉴定的设防目标在相同概率保证的前提下与现行国家标准《建筑抗震设计规范》GB 50011 一致。因此，在遭遇同样的地震影响时，后续使用年限少于 50 年的建筑，其损坏程度要大于后续使用年限 50 年的建筑。按后续 30 年进行鉴定时，95 版鉴定标准的第 1.0.1 条规定的设防目标是"在遭遇设防烈度地震影响时，经修理后仍可继续使用"，即意味着也在一定程度上达到大震不倒塌。

合理的后续使用年限可能与规范的设计基准期不同，本标准明确划分为 30 年、40 年和 50 年三个档次。新建工程设计规范规定的设计基准期为 50 年。

1.0.2 本标准适用于抗震设防区现有建筑的抗震鉴定。

抗震设防烈度与设计基本地震加速度的对应关系如表 1 所示。

表 1　抗震设防烈度和设计基本地震加速度值的对应关系

抗震设防烈度	6	7	8	9
设计基本地震加速度值	0.05g	0.10 (0.15)g	0.20 (0.30)g	040g

由于新建建筑工程应符合设计规范的要求，古建筑及属于文物的建筑，有专门的要求，危险房屋不能正常使用。因此，本标准的现有建筑，只是既有建筑中的一部分，不包括古建筑、新建的建筑工程（含烂尾楼）和危险房屋，一般情况，在不遭受地震影响时，仍在正常使用。

由于"现有建筑"抗震安全性的评估不同于新建建筑的抗震设计，应注意以下问题：

1　对新建建筑，抗震安全性评估属于判断房屋的设计和施工是否符合抗震设计及施工规范要求的质量要求；对现有建筑，抗震安全性评估是从抗震承载力和抗震构造两方面综合判断结构实际具有的抗御地震灾害的能力。

2　必须明确，需要进行抗震鉴定的"现有建筑"主要分为三类：第一类是使用年限在设计基准期内且设防烈度不变，但原规定的抗震设防类别提高的建筑；第二类是虽然抗震设防类别不变，但现行的区划图设防烈度提高后又使之可能不符合相应设防要求的建筑；第三类是设防类别和设防烈度同时提高的建筑。

3　现有建筑增层时的抗震鉴定，情况复杂，本标准未作规定。对现有建筑进行装修和改善使用功能的改造时，若不增加房屋层数，应按鉴定标准的要求进行抗震鉴定，并确定结构改造的可能性；若进行加

层改造，一般说来，加层的要求应高于现有建筑鉴定而接近或达到新建工程的要求，此时可以采用综合抗震能力鉴定的原则，但不能直接套用抗震鉴定标准的具体要求。

4 不得按本标准的规定进行新建工程的抗震设计，或作为新建工程未执行设计规范的借口。

1.0.3 现有建筑进行抗震鉴定时，根据国家标准《建筑工程抗震设防分类标准》GB 50223 的规定，设防分类分为四类。在医疗建筑中，重点设防类的建筑包括二、三级医院的门诊、医技、住院用房，具有外科手术室或急诊科的乡镇卫生院的医疗用房，县级及以上急救中心的指挥、通信、运输系统的重要建筑，县级及以上的独立采供血机构的建筑。在教育建筑中，重点设防类的建筑包括幼儿园、小学、中学的教学用房以及学生宿舍和食堂。

不同设防类别的要求，本标准在文字上突出了鉴定不同于设计的特点。

丙类，即标准设防类，属于一般房屋建筑。

乙类，即重点设防类，是需要比当地一般建筑提高设防要求的建筑。在本标准中，凡没有专门明确的抗震措施，均需按提高一度的规定进行相应的检查。9 度时适当提高，指 A 类 9 度的抗震措施按 B 类 9 度的要求、B 类 9 度按 C 类 9 度的要求进行检查。乙类设防时，规模很小的工业建筑以及 I 类场地的地基基础抗震构造应符合有关规定。

现有的甲类，其抗震鉴定要求需要专门研究，按不低于乙类的抗震措施和高于乙类的地震作用进行检查和评定其综合抗震能力。

1.0.4、1.0.5 鉴于现有建筑需要鉴定和加固的数量很大，情况又十分复杂，如结构类型不同、建造年代不同、设计时所采用的设计规范、地震动区划图的版本不同、施工质量不同、使用者的维护也不同，投资方也不同，导致彼此的抗震能力有很大的不同，需要根据实际情况区别对待和处理，使之在现有的经济技术条件下分别达到其最大可能达到的抗震防灾要求。

与第 1.0.1 条相对应，这两条给出了不同设计建造年代、不同后续使用年限的建筑所采用鉴定要求的基本标准，并明确规定，有条件时应采用更高的标准，即尽可能提高其抗震能力。

对于国家投资的项目，可依据相关部门的要求，按较高的要求鉴定。

本标准对于后续使用年限 30 年的建筑，简称 A 类建筑，通常指在 89 版规范正式执行前设计建造的房屋（各地执行 89 规范的时间可能不同，一般不晚于 1993 年 7 月 1 日）。其鉴定要求，基本保持本标准 95 版的有关规定，主要增加 7 度(0.15g)和 8 度(0.30g)的相关内容，但对设防类别为乙类的建筑，有较明显的提高。

本标准对于后续使用年限 40 年的建筑，简称 B 类建筑，通常指在 89 版设计规范正式执行后，2001 版设计规范正式执行前设计建造的房屋（各地执行 2001 版规范的时间，一般不晚于 2003 年 1 月 1 日）。其鉴定要求，基本按照 89 版抗震设计规范的有关规定，从鉴定的角度加以归纳、整理。其中，凡现行规范比 89 版规范放松的要求，也反映到条文中。对于按 89 规范系列设计建造的现有建筑，由于本地区提高设防烈度或建筑抗震设防类别提高而进行抗震鉴定时，参照国际标准《结构可靠性总原则》ISO 2394 的规定，当"出于经济理由"选择 40 年的后续使用年限确有困难时，允许略少于 40 年。

对于后续使用年限 50 年的建筑，简称 C 类建筑，其鉴定要求，完全采用现行设计规范的有关要求，本标准不重复规定。

1.0.6 本条规定了需要进行抗震鉴定的房屋建筑的主要范围。

1.0.7 建筑抗震鉴定的有关规定，主要包括：

1 抗震主管部门发布的有关通知；

2 危险房屋鉴定标准，工业厂房可靠性鉴定标准，民用房屋可靠性鉴定标准等；

3 现行建筑结构设计规范中，关于建筑结构设计统一标准的原则、术语和符号的规定以及静力设计的荷载取值等。

3 基 本 规 定

本章和现行《建筑抗震设计规范》GB 50011 第三章关于"抗震概念设计"的规定相类似，主要是关于现有建筑"抗震概念鉴定"的一些要求。

3.0.1 本条明确规定了抗震鉴定的基本步骤和内容：搜集原始资料，进行建筑现状的现场调查，进行综合抗震能力的逐级筛选分析，以及对建筑整体抗震性能作出评定结论并提出处理意见。

考虑到按不同后续使用年限抗震鉴定结果的差异，按照国务院《建筑工程质量管理条例》的要求，增加了在鉴定结论中说明选用的后续使用年限的规定。

抗震鉴定系对现有建筑物是否存在不利于抗震的构造缺陷和各种损伤进行系统的"诊断"，因而必须对其需要包括的基本内容、步骤、要求和鉴定结论作出统一的规定，并要求强制执行，才能达到规范抗震鉴定工作，提高鉴定工作质量，确保鉴定结论的可靠性。

1 关于建筑现状的调查，主要有三个内容：其一，建筑的使用状况与原设计或竣工时有无不同；其二，建筑存在的缺陷是否仍属于"现状良好"的范围，需从结构受力的角度，检查结构的使用与原设计有无明显的变化；其三，检测结构材料的实际强度等级。

2 "现状良好"是对现有建筑现状调查的重要概念，涉及施工质量和维修情况。它是介于完好无损和有局部损伤需要补强、修复二者之间的一种概念。抗震鉴定时要求建筑的现状良好，即建筑外观不存在危及安全的缺陷，现存的质量缺陷属于正常维修范围之内。

3 20世纪80年代的抗震鉴定及加固，偏重于对单个构件、部件的鉴定，而缺乏对总体抗震性能的判断，只要某部位不符合抗震要求，就认为该部位需要加固处理，因而不仅增加了房屋的加固量，甚至在加固后还形成了新薄弱环节，致使结构的抗震安全性仍无保证。例如，天津市某三层框架厂房，在1976年7月唐山地震后加固时缺乏整体观点，局部加固后使底层形成新的明显的薄弱层，以致在同年11月的宁河地震中倒塌。因此，要强调对整个结构总体上所具有抗震能力的判断。综合抗震能力的定义，见本标准第2.1.5条；逐级鉴定方法，见本标准第3.0.3条。

4 在抗震鉴定中，将构件分成具有整体影响和仅有局部影响两大类，予以区别对待。前者以组成主体结构的主要承重构件及其连接为主，不符合抗震要求时有可能引起连锁反应，对结构综合抗震能力的影响较大，采用"体系影响系数"来表示；后者指次要构件、非承重构件、附属构件和非必需的承重构件（如悬挑阳台、过街楼、出屋面小楼等），不符合抗震要求时只影响结构的局部，有时只需结合维修加固处理，采用"局部影响系数"来表示。

5 对建筑结构抗震鉴定的结果，按本标准第3.0.7条统一规定为五个等级：合格、维修、加固、改变用途和更新。要求根据建筑的实际情况，结合使用要求、城市规划和加固难易等因素的分析，通过技术经济比较，提出综合的抗震减灾对策。

3.0.2 本条规定了区别对待的鉴定要求。除了抗震设防类别（甲、乙、丙、丁）和设防烈度（6、7、8、9度）的区别外，强调了下列三个区别对待，使鉴定工作有更强的针对性：

1 现有建筑中，要区别结构类型；

2 同一结构中，要区别检查和鉴定的重点部位与一般部位；

3 综合评定时，要区别各构件（部位）对结构抗震性能的整体影响与局部影响。

3.0.3 抗震鉴定采用两级鉴定法，是筛选法的具体应用。

对于后续使用年限30年的A类建筑，第一级鉴定的工作量较少，容易掌握又确保安全。其中的有些项目不合格时，可在第二级鉴定中进一步判断，有些项目不合格则必须处理。第二级鉴定是在第一级鉴定的基础上进行的，当结构的承载力较高时，可适当放宽某些构造要求；或者，当抗震构造良好时，如砌体房屋有圈梁和构造柱形成约束，其承载力的要求可酌情降低。

对于后续使用年限40年的B类建筑，两级鉴定的工作量相对较多，同样要综合考虑抗震构造和承载力的情况。

这种鉴定方法，将抗震构造要求和抗震承载力验算要求更紧密地联合在一起，具体体现了结构抗震能力是承载能力和变形能力两个因素的有机结合。

3.0.4 本条的规定，主要从房屋高度、平立面和墙体布置、结构体系、构件变形能力、连接的可靠性、非结构的影响和场地、地基等方面，概括了抗震鉴定时宏观控制的概念性要求，即检查现有建筑是否存在影响其抗震性能的不利因素。

3.0.5 对于A类建筑，抗震验算一般采用本标准提供的具体方法，与抗震设计规范的方法相比，有所简化，容易掌握。对于B类建筑，也可参照A类的简化方法进行验算，但应计入后续使用年限的不同，计算参数有所变化。

本标准中给出的具体抗震验算方法，即综合抗震能力验算方法，可表示为：

$$S \leqslant \psi_1 \psi_2 R$$

式中 ψ_1——抗震鉴定的整体构造影响系数；

ψ_2——抗震鉴定的局部构造影响系数。

将抗震构造对结构抗震承载力的影响用具体数据表示，从而实现了综合抗震能力验算的量化。因此，在采用设计规范方法进行抗震承载力验算时，也可以加入 ψ_1、ψ_2 来体现构造的影响。

考虑到抗震鉴定与抗震设计不同，其实际截面、实际材料强度、实际配筋与原设计计算可能不同。当按现行设计规范的方法验算时，需注意89设计规范系列与现行设计规范系列在地震作用、材料设计指标、内力调整系数、承载力验算公式有可能不同，本标准在相关附录中列入89规范系列的设计参数，供后续使用年限30年和40年的房屋进行抗震验算之用。还引进抗震鉴定的承载力调整系数 γ_{Ra} 替代设计规范的承载力抗震调整系数 γ_{RE}，使之既符合《建筑结构可靠度设计统一标准》GB 50068 的原则，又保持A类建筑鉴定的延续性。

根据震害经验，对6度区的一般建筑，着重从构造措施上提出鉴定要求，可不进行抗震承载力验算。

3.0.6 本条要求针对现有建筑存在的有利和不利因素，对有关的鉴定要求予以适当调整：

对建在Ⅳ类场地、复杂地形、不均匀地基上的建筑以及同一建筑单元存在不同类型基础时，应考虑地震影响复杂和地基整体性不足等的不利影响。这类建筑要求上部结构的整体性更强一些，或抗震承载力有较大富余，一般可根据建筑实际情况，将部分抗震构造措施的鉴定要求按提高一度考虑，例如增加地基梁尺寸、配筋和增加圈梁数量、配筋等的鉴定要求。

对有全地下室、箱基、筏基和桩基的建筑可放宽对上部结构的部分构造措施要求，如圈梁设置可按降低一度考虑，支撑系统和其他连接的鉴定要求，可在一度范围内降低，但构造措施不得全面降低。

对密集建筑群中的建筑，例如市内繁华商业区的沿街建筑，房屋之间的距离小于8m或小于建筑高度一半的居民住宅等，根据实际情况对较高的建筑的相关部分，以及防震缝两侧的房屋局部区域，构造措施按提高一度考虑。

对建造于7度（0.15g）和8度（0.30g）设防区的现有建筑，当场地类别为Ⅲ、Ⅳ类时，与现行设计规范协调，也要求分别按8度和9度的构造措施进行鉴定。

3.0.7 所谓符合抗震鉴定要求，即达到本标准第1.0.1条规定的目标。对不符合抗震鉴定要求的建筑提出了四种处理对策：

维修：指综合维修处理。适用于仅有少数、次要部位局部不符合鉴定要求的情况。

加固：指有加固价值的建筑。大致包括：①无地震作用时能正常使用；②建筑虽已存在质量问题，但能通过抗震加固使其达到要求；③建筑因使用年限久或其他原因（如腐蚀等），抗侧力体系承载力降低，但楼盖或支撑系统尚可利用；④建筑各局部缺陷尚多，但易于加固或能够加固。

改变用途：包括将生产车间、公共建筑改为不引起次生灾害的仓库，将使用荷载大的多层房屋改为使用荷载小的次要房屋，将使用上属于乙类设防的房屋改为使用功能为丙类设防的房屋等。改变使用性质后的建筑，仍应采取适当的加固措施，以达到相应使用功能房屋的抗震要求。

更新：指无加固价值而仍需使用的建筑或在计划中近期要拆迁的不符合鉴定要求的建筑，需采取应急措施。如在单层房屋内设防护支架，烟囱、水塔周围划为危险区，拆除装饰物、危险物及卸载等。

4 场地、地基和基础

考虑到场地、地基和基础的鉴定和处理的难度较大，而且由于地基基础问题导致的实际震害例子相对很少，缩小了鉴定的范围，并主要列出一些原则性规定。

4.1 场 地

岩土失稳造成的灾害，如滑坡、崩塌、地裂、地陷等，其波及面广，对建筑物危害的严重性也往往较重。鉴定需更多地从场地的角度考虑，因此应慎重研究。

含液化土的缓坡（1°～5°）或地下液化层稍有坡度的平地，在地震时可能产生大面积的土体滑动（侧向扩展），在现代河道、古河道或海滨地区，通常宽度在50～100m或更大，其长度达到数百米，甚至2～3km，造成一系列地裂缝或地面的永久性水平、垂直位移，其上的建筑与生命线工程或拉断或倒塌，破坏很大。海城地震、唐山地震中，沿海河故道和陡河、滦河等河流两岸都有这种滑裂带，损失甚重。

本次汶川地震，危险地段的房屋严重破坏，强风化岩石地基上的建筑也有明显的震害，鉴定时需予以注意。

4.2 地基和基础

4.2.1 本条为新增条文，列出了对地基基础现状进行抗震鉴定应重点检查的内容。对震损建筑，尚应检查因地震影响引起的损伤，如有无砂土液化现象、基础裂缝等。

4.2.2 对工业与民用建筑，地震造成的地基震害，如液化、软土震陷、不均匀地基的差异沉降等，一般不会导致建筑的坍塌或丧失使用价值，加之地基基础鉴定和处理的难度大，因此，减少了地基基础抗震鉴定的范围。

4.2.5 地基基础的第一级鉴定，包括：饱和砂土、饱和粉土的液化初判，软土震陷初判及可不进行桩基验算的规定。

液化初判除利用设计规范的方法外，略加补充。

软土震陷问题，只在唐山地震时津塘地区表现突出，以前我国的多次地震中并不具有广泛性。唐山地震中，8、9度区地基承载力为60～80kPa的软土上，有多栋建筑产生了100～300mm的震陷，相当于震前总沉降量的50%～60%。

桩基不验算范围，基本上同现行抗震设计规范。

本次修订，考虑到独立基础和条基，95版规定的1.5倍的基础宽度不一定能满足部分消除地基液化的深度要求；在8、9度时，这可能会造成因液化或震陷使建筑坍塌或丧失使用价值。故对95版的规定加以调整。

95版的"承载力设计值"，按现行地基基础设计规范改为"承载力特征值"。

此外，已有研究表明，8度时软弱土层厚度小于5m可不考虑震陷的影响，但9度时，5m产生的震陷量较大，不能满足要求。

4.2.6 地基基础的第二级鉴定，包括：饱和砂土、饱和粉土的液化再判，软土和高层建筑的天然地基、桩基承载力验算及不利地段上抗滑移验算的规定。

建筑物的存在加大了液化土的固结应力。研究表明，正应力增加可提高土的抗液化能力。当砂性土达到中密时，剪应力的加大亦使其抗液化能力提高。

4.2.7 本条规定，在一定的条件下，现有天然地基基础竖向承载力验算时，可考虑地基土的长期压密效应；水平承载力验算时，可考虑刚性地坪的抗力。

1 地基土在长期荷载作用下，物理力学特性得到改善，主要原因有：①土在建筑荷载作用下的固结压密；②机械设备的振动加密；③基础与土的接触处，发生某种物理化学作用。

大量工程实践和专门试验表明，已有建筑的压密作用，使地基土的孔隙比和含水量减小，可使地基承载力提高20%以上；当基底容许承载力没有用足时，压密作用相应减少，故表4.2.7中ζ值下降。

岩石和碎石类土的压密作用及物理化学作用不显著；硬黏土的资料不多；软土、液化土和新近沉积黏性土又有液化或震陷问题，承载力不宜提高，故均取$\zeta_c = 1$。

2 承受水平力为主的天然地基，指柱间支撑的柱基、拱脚等。震害及分析证明地坪可以很好地抵抗结构传来的基底剪力。根据实验结果，由柱传给地坪的力约在3倍柱宽范围内分布，因此要求地坪在受力方向的宽度不小于柱宽的3倍。

地坪一般是混凝土的，属脆性材料，而土是非线性材料。二者变形模量相差4倍，当地坪受压达到破坏时，土中的应力甚小，二者不在同一时间破坏，故可选地坪抗力与土抗力二者中较大者进行验算。

4.2.8 本条95版编写时，当时的《建筑抗震设计规范》GBJ 11—89对桩基抗震的计算方法还没有规定，而2001版抗震设计规范已明确规定了桩基抗震承载力的验算方法，可以直接引用而不重复规定。

5 多层砌体房屋

5.1 一 般 规 定

5.1.1 本章适用于黏土砖和混凝土、粉煤灰砌块墙体承重的房屋，对砂浆砌筑的料石结构房屋，抗震鉴定时也可参考。

本章所适用的房屋层数和高度的规定，依据其后续使用年限的不同，分别在各节中规定。

对于单层砌体结构，当其横墙间距与本章多层砌体结构相当时，可比照本章规定进行抗震鉴定。

5.1.2 本条是第3章中概念鉴定在多层砌体房屋的具体化，明确了鉴定时重点检查的主要项目。地震时不同烈度下多层砌体房屋的破坏部位变化不大而程度有显著差别，其检查重点基本上可不按烈度划分。

5.1.4 本条明确规定了砌体房屋进行综合抗震能力评定所需要检查的具体项目——房屋高度和层数、墙体实际材料强度、结构体系的合理性、主要构件整体性连接构造的可靠性、局部易损构件自身及与主体结构连接的可靠性和抗震承载力验算要求，以规范砌体结构抗震鉴定工作。

本条还将2002年版《工程建设强制性条文》的主要相关条款予以集中规定。

5.1.5 砌体结构房屋受模数化的限制，一般比较规整。建筑参数如开间、层高、进深等，相差较小，尤其在同一地区内相差甚微；当采用标准设计时，房屋种类就更少。因此，多层砌体房屋的结构体系满足刚性、规则性要求时，抗震鉴定方法可有所简化。

本章A类砌体房屋的鉴定方法，强调了综合评定，从房屋的整体出发，根据现有房屋的特点，对其抗震能力进行分级鉴定。大量的现有建筑，通过较少的几项检查即可评定，减少不必要的逐项、逐条的鉴定。A类多层砌体房屋的两级鉴定可参照图1进行。

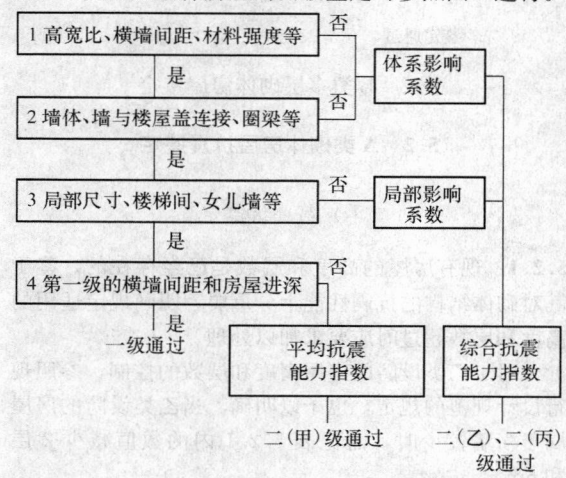

图 1　A类多层砌体房屋两级鉴定

第一级鉴定分两种情况。对刚性体系的房屋，先检查其整体性和易引起局部倒塌的部位，当整体性良好且易引起局部倒塌的部位连接良好时，根据大量的计算分析，可不必计算墙体面积率而直接按房屋宽度、横墙间距和砌筑砂浆强度等级来判断是否满足抗震要求，不符合时才进行第二级鉴定；对非刚性体系的房屋，第一级鉴定只检查其整体性和易引起局部倒塌的部位，并需进行第二级鉴定。

第二级鉴定分四种情况进行综合抗震能力的分析判断。一般需计算砖房抗震墙的面积率，当质量和刚度沿高度分布明显不均匀，或房屋的层数在7、8、9度时分别超过六、五、三层时，需按设计规范的方法和要求验算其抗震承载力，鉴定的承载力调整系数 γ_{Ra} 取值与设计规范的承载力抗震调整系数 γ_{RE} 相同。当面积率较高时，可考虑构造上不符合第一级要求的程度，利用体系影响系数和局部影响系数来综合评定。这些影响系数的取值，主要根据唐山地震的大量资料统计、分析和归纳得到的。

对B类建筑抗震鉴定的要求，与A类建筑的抗震鉴定相同的是，同样对结构体系、材料强度、整体连接和局部易损部位进行鉴定；不同的是，B类建筑还必须经过墙体抗震承载力验算，方可对建筑的抗震能力进行评定，同时也可参照A类建筑抗震鉴定的方法，进行抗震能力的综合评定。B类多层砌体房屋

的鉴定可参照图2进行:

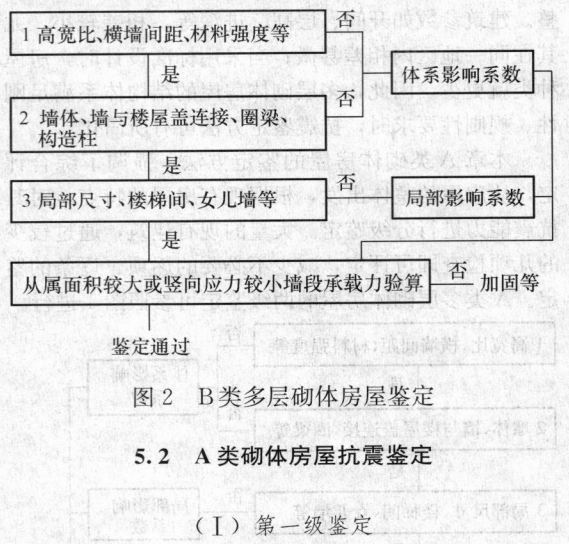

图 2　B类多层砌体房屋鉴定

5.2　A类砌体房屋抗震鉴定

（Ⅰ）第一级鉴定

5.2.1　现有房屋的高度和层数是已经存在的，鉴于其对砌体结构的抗震性能十分重要，明确规定适用的高度和层数超过时应要求加以处理。

对于乙类设防的房屋高度和层数的控制，参照现行设计规范的规定，也予以明确。当乙类设防的房屋属于横墙较少时，需比表 5.2.1 内的数值减少 2 层和 6m。

需要注意，凡本章的条文没有对乙类设防给出具体规定时，乙类设防的房屋，应根据第 1.0.3 条的规定，按提高一度的对应规定进行检查。

5.2.2　结构体系的鉴定，包括刚性和规则性的判别。刚性体系的高宽比和抗震横墙间距限值不同于设计规范的规定，因二者的含义不同。

本次修订，吸取汶川地震的教训，增加了大跨度梁支承结构构件和现浇楼盖的要求。

5.2.3　本条规定的墙体材料实测强度是最低的要求，相当于墙体抗震承载力的最基本的验算。当已经使用的年限较长时，砌体表面的砂浆强度因碳化而明显降低，需采用合适的方法进一步确定其真实的强度。

5.2.4、5.2.5　整体性连接构造的鉴定，包括纵横向抗震墙的交接处、楼（屋）盖及其与墙体的连接处、圈梁布置和构造等的判别。鉴定的要求低于设计规范。丙类建筑对现有房屋构造柱、芯柱的布置不做要求，当有构造柱且其与墙体的连接符合设计规范的要求时，在第二级鉴定中体系影响系数可取大于 1.0 的数值。A 类砌体房屋按乙类设防时构造柱、芯柱的要求，因其后续使用年限较少，比 B 类砌体房屋的要求低些。

其中，将着重检查的内容与一般检查的内容分为两条表达。

5.2.6～5.2.8　易引起局部倒塌部位的鉴定包括墙体局部尺寸、楼梯间、悬挑构件、女儿墙、出屋面小烟囱等的判别。基本上与 95 版鉴定标准相同，但强调了楼梯间的要求。

5.2.9　本条规定了刚性体系房屋抗震承载力验算的简化方法；对非刚性体系房屋抗震承载力的验算，本条规定的简化法不适用。表 5.2.9-1 系按底部剪力法取各层质量相等、单位面积重力荷载代表值为 12kN/m² 且纵横墙开洞的水平截面积率分别为 50% 和 25% 进行计算并适当取整后得到的。本次修订，明确 7 度（0.15g）和 8 度（0.30g）按内插法取值。对于乙类设防的房屋，因本条规定属于地震作用和抗震验算，按第 1.0.3 条的规定，不需要提高一度查表。使用中需注意:

1　承重横墙间距限值应取本条规定与刚性体系判别表 5.2.2 二者的较小值；同一楼层内各横墙厚度不同或砂浆强度等级不同时可相应折算；

2　楼层单位面积重力荷载代表值 g_E 与 12kN/m² 相差较多时，表 5.2.9-1 的数值除以 $g_E/12$；

3　房屋的宽度，平面有局部突出时按面积加权平均计算，为了简化，平面内的局部纵墙略去不计；

4　砂浆强度等级为 M7.5 时，按内插法取值；

5　墙体的门窗洞所占的水平截面面积率 λ_A，横墙与 25% 或纵墙与 50% 相差较大时，表 5.2.9-1 的数值，可分别按 $0.25/\lambda_A$ 和 $0.50/\lambda_A$ 换算。

5.2.10　本条规定了不需要进行第二级鉴定的情况。其中，当仅有第 5.2.8 条第 2 款的规定不符合时，属于第 5.1.4 条规定的局部不符合鉴定要求，可只要求对非结构构件局部处理。

（Ⅱ）第二级鉴定

5.2.12　本条规定了采用综合抗震能力指数方法进行第二级鉴定的基本内容:楼层平均抗震能力指数法，又称二（甲）级鉴定；楼层综合抗震能力指数法，又称二（乙）级鉴定；墙段综合抗震能力指数法，又称二（丙）鉴定；分别适用于不同的情况。

通常，抗震能力指数要在两个主轴方向分别计算，有明显扭转影响时，取扭转效应最大的轴线计算。

5.2.13　平均抗震能力指数，即按刚性楼盖计算的楼层横墙、纵墙的面积率与鉴定所需的面积率的比值。在第一级鉴定中，若查表 5.2.9-1 时根据重力荷载和墙体开洞情况作了调整，则这种鉴定方法基本上不会遇到。

本次修订，增加了 7 度（0.15g）和 8 度（0.30g）的烈度影响系数。还按 2008 年设计规范局部修订的内容，增加了山区地形影响的地震作用增大系数 1.1～1.6。

5.2.14　楼层综合抗震能力指数，即平均抗震能力指数与构造影响系数的乘积。

鉴于 M0.4 砂浆的设计指标，88 版和 74 版砌体

结构设计规范的取值标准有明显的不同，为保持 77 版鉴定标准的延续性，当砂浆的强度等级为 M0.4 时，需乘以相应的体系影响系数。

构造影响系数表 5.2.14-1 和表 5.2.14-2 的数值，要根据房屋的具体情况酌情调整：

1 当该项规定不符合的程度较重时，该项影响系数取较小值，该项规定不符合的程度较轻时，该项影响系数取较大值；

2 当鉴定的要求相同时，烈度高时影响系数取较小值；

3 当构件支承长度、圈梁、构造柱和墙体局部尺寸等的构造符合新设计规范要求时，该项影响系数可大于 1.0；本次修订的条文明确，对于丙类设防的房屋，有构造柱、芯柱时，按照符合 B 类建筑构造柱、芯柱要求的程度，可乘以 1.0～1.2 的构造影响系数；对于乙类设防的房屋则相反，不符合要求时需乘以影响系数 0.8～0.95；

4 各体系影响系数的乘积，最好采用加权方法，不用简单乘法。

5.2.15 墙段综合抗震能力指数，即墙段抗震能力指数与构造影响系数的乘积。墙段的局部影响系数只考虑对验算墙段有影响的项目。墙段从属面积的计算方法如下：

刚性楼盖，从属面积由楼层建筑平面面积按墙段的侧移刚度分配：

$$A_{bij} = (K_{ij}/\Sigma K_{ij})A_{bi}$$

墙段抗震能力指数等于楼层平均抗震能力指数，$\beta_{ij} = \beta_i$；

柔性楼盖，从属面积按左右两侧相邻抗震墙间距之半计算：

$$A_{bij} = A_{bij.0}$$

墙段抗震能力指数 $\beta_{ij} = (A_{ij}/A_i)(A_{bi}/A_{bij.0})\beta_i$；

中等刚性楼盖，从属面积取上述二者的平均值：

$$A_{bij} = 0.5(K_{ij}/\Sigma K_{ij})A_{bi} + 0.5A_{bij.0}$$

墙段抗震能力指数 $\beta_{ij} = (A_{ij}/A_i)(A_{bi}/A_{bij})\beta_i$。

5.2.16 本条规定了砌体房屋第二级鉴定时，需采用设计规范方法进行抗震验算的范围。鉴于 95 版的 89 设计规范的计算参数即本次修订 B 类建筑的计算参数，本条直接引用第 5.3 节的规定。

5.3 B 类砌体房屋抗震鉴定

（Ⅰ）抗震措施鉴定

5.3.1 房屋的层数和高度，在设计规范中是强制性条文，鉴于现有建筑的层数和高度已经存在，对于超高时规定了相应的处理方法。本条还补充了多孔砖房屋的规定。

5.3.3 本条依据 89 规范中有关结构体系的条文，从鉴定的角度予以归纳、整理而成。

吸取汶川地震的教训，同样增加了对大跨度梁制成构件和大跨度楼板用现浇板的检查要求。

当不符合时，可采用 A 类砌体房屋的体系影响系数表示其对结构综合抗震能力的影响。

需要注意，按第 1.0.3 条的规定，乙类设防的砌体房屋，本节第 5.3.3～5.3.11 条均应按提高一度的要求进行检查。

5.3.5～5.3.9 依据 89 规范中有关结构整体性连接的条文，从鉴定的角度予以归纳、整理而成。

当不符合时，可采用 A 类砌体房屋的体系影响系数表示其对结构综合抗震能力的影响。但构造柱的影响，应予以考虑。

其中，重要内容在第 5.3.5 条中表示。

5.3.10、5.3.11 依据 89 规范中有关结构易损部位连接的条文，从鉴定的角度予以归纳、整理而成。

当不符合时，可采用 A 类砌体房屋的局部影响系数表示其对结构综合抗震能力的影响。

吸取汶川地震的教训，对楼梯间的要求单独列出。

（Ⅱ）抗震承载力验算

5.3.12～5.3.17 依据 89 规范中有关砌体抗震计算的条文，从鉴定的角度予以归纳、整理而成。

按照设计规范的规定，只要求在纵横两个方向分别选择从属面积较大或竖向应力较小的墙段进行截面抗震承载力验算。

其中，材料设计指标，应按本标准附录 A 采用，以保持 89 规范的设计水平。

对于墙体墙中部有构造柱的情况，参照 2001 规范的规定，也予以纳入。

5.3.18 本条明确，对于 B 类砌体承载力验算时按面积率计算的方法。采用面积率计算，可以更简便地得到砌体房屋的"综合抗震能力"，减少计算工作量。

当砌体实际达到的材料强度高于 M2.5 时，若层高和墙体开洞情况符合第 5.2.9 条的要求，还可更简便地参照表 5.2.9-1 的纵、横墙最大间距的方法估计房屋的抗震承载力：对 6、7 度设防，直接查表；对 8 度设防，表中数据乘以 3/4；对 9 度设防，表中数据乘以 5/8，如表 2 所示。

表 2 8 度、9 度设防时抗震承载力简化验算的抗震横墙间距和房屋宽度限值（m）

楼层总数	检查楼层	8 度						9 度					
		M2.5		M5		M10		M2.5		M5		M10	
		L	B	L	B	L	B	L	B	L	B	L	B
二	2	5.8	12	7.8	11	11	15	—	—	3.9	9.2	5.4	7.5
	1	4.6	8.9	6.0	8.6	8.0	11	—	—	3.0	7.1	4.0	5.6
三	3	5.2	9.9	7.0	9.8	9.6	12	—	—	3.5	8.2	4.8	6.6
	1~2	3.5	6.8	4.4	6.1	5.8	8.3	—	—	2.9	4.2

续表2

楼层总数	检查楼层	8度						9度					
		M2.5		M5		M10		M2.5		M5		M10	
		L	B	L	B	L	B	L	B	L	B	L	B
四	4	4.9	9.2	6.6	9.2	9.0	12	—	—	3.3	5.8	4.5	6.2
	3	3.3	6.3	4.3	6.1	6.6	9.6					2.8	4.0
	1~2			3.6	5.3	5.6	8.0						
五	5	6.3	8.9	6.3	8.8	8.6	12						
	4	4.1	5.9	4.0	5.7	5.3	7.5						
	1~3			3.1	4.6	4.0	6.4						
六	6	4.2	7.2	4.2		4.2							
	5			3.9	6.4	4.7	6.6						
	4			3.2		4.7							
	1~3					3.5	5.2						

6 多层及高层钢筋混凝土房屋

6.1 一般规定

6.1.1 本章的适用范围分两类:

我国 20 世纪 80 年代以前建造的钢筋混凝土结构,普遍是 10 层以下。框架结构可以是现浇的或装配整体式的。

20 世纪 90 年代以后建造的,最大适用高度引用了 89 规范的规定。结构类型包括框架、框架-抗震墙、全部落地抗震墙和部分框支抗震墙,不包括筒体结构。

6.1.2 本条是第 3 章中概念鉴定在多层钢筋混凝土房屋的具体化。根据震害总结,6、7 度时主体结构基本完好,以女儿墙、填充墙的损坏为主,吸取汶川地震教训,强调了楼梯间的填充墙;8、9 度时主体结构有破坏且不规则结构等加重震害。据此,本条提出了不同烈度下的主要薄弱环节,作为检查重点。

6.1.4 根据震害经验,钢筋混凝土房屋抗震鉴定的内容与砌体房屋不同,但应从结构体系合理性、材料强度、梁柱等构件自身的构造和连接的整体性、填充墙等局部连接构造等方面和构件承载力加以综合评定。本条同样明确规定了鉴定的项目,使混凝土结构房屋的鉴定工作规范化。

对于明显不符合要求的情况,如 8、9 度时的单向框架,以及乙类设防的框架为单跨结构等,应要求进行加固或提出防震减灾对策。

6.1.5 本条规定了 A 类混凝土房屋与 B 类混凝土房屋抗震鉴定的主要不同之处。

A 类钢筋混凝土房屋的两级鉴定可参照图 3 进行。

第一级鉴定强调了梁、柱的连接形式和跨数,混合承重体系的连接构造和填充墙与主体结构的连接问题。7 度Ⅲ、Ⅳ类场地和 8、9 度时,增加了规则性要

求和配筋构造要求,有关规定基本上保持了 77 版、95 版鉴定标准的要求。

第二级鉴定分三种情况进行楼层综合抗震能力的分析判断。屈服强度系数是结构抗震承载力计算的简化方法,该方法以震害为依据,通过震害实例验算的统计分析得到,设计规范用来控制结构的倒塌,对评估现有建筑破坏程度有较好的可靠性。在第二级鉴定中,材料强度等级和纵向钢筋不作要求,其他构造要求用结构构造的体系影响系数和局部影响系数来体现。

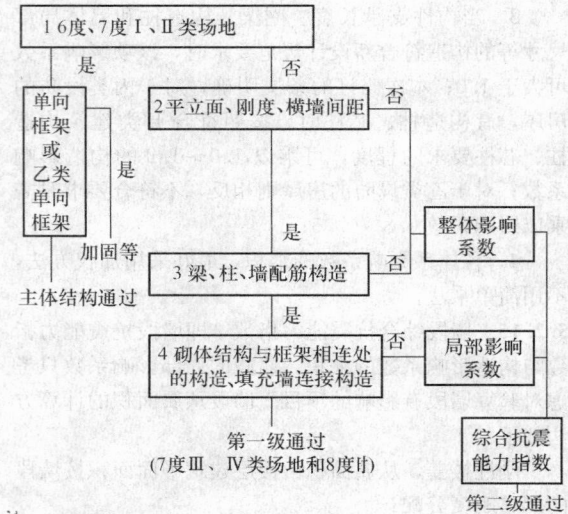

图 3 A 类多层钢筋混凝土房屋的两级鉴定

B 类混凝土房屋抗震鉴定与 A 类混凝土房屋抗震鉴定相同的是,同样强调了梁、柱的连接形式和跨数,混合承重体系的连接构造和填充墙与主体结构的连接问题,以及规则性要求和配筋构造要求;不同的是,B 类混凝土房屋必须经过抗震承载力验算,方可对建筑的抗震能力进行评定,同时也可按照 A 类混凝土房屋抗震鉴定的方法,进行抗震能力的综合评定。B 类钢筋混凝土房屋的鉴定可参照图 4 进行。

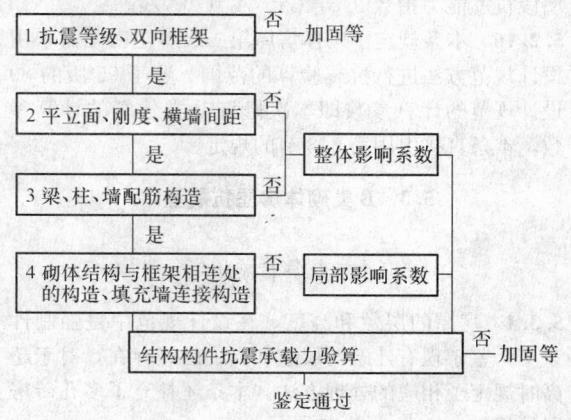

图 4 B 类钢筋混凝土房屋的鉴定

6.1.6 当框架结构与砌体结构毗邻且共同承重时,

8—28—68

砌体部分因侧移刚度大而分担了框架的一部分地震作用，受力状态与单一的砌体结构不同；框架部分也因二者侧移的协调而在连接部位形成附加内力。抗震鉴定时要适当考虑。

6.2 A类钢筋混凝土房屋抗震鉴定

（Ⅰ）第一级鉴定

6.2.1 现有结构体系的鉴定包括节点连接方式、跨数的合理性和规则性的判别。

连接方式主要指刚接和铰接，以及梁底纵筋的锚固。

单跨框架对抗震不利，明确要求乙类设防的混凝土房屋不能为单跨框架；乙类设防的多跨框架在8、9度时，还建议检查其"强柱弱梁"的程度。此时，最好计入梁侧面楼板分布钢筋的影响，参照欧洲抗震规范，可计入柱边以外2倍楼板厚度的分布钢筋。

房屋的规则性判别，基本同89版设计规范，针对现有建筑的情况，增加了无砌体结构相连的要求。

对框架-抗震墙体系，墙体之间楼盖、屋盖长宽比的规定同设计规范；抗侧力黏土砖填充墙的最大间距判别，是8度时抗震承载力验算的一种简化方法。

需要注意，按照第1.0.3条的要求，对于乙类设防的房屋，本节第6.2.1～6.2.8条的规定，凡无明确指明乙类设防的内容，均需按提高一度的规定检查。

6.2.2 本条对材料强度的要求是最低的，直接影响了结构的承载力。

6.2.3～6.2.5 整体性连接构造的鉴定分两类：

6度和7度Ⅰ、Ⅱ类场地时，只判断梁柱的配筋构造是否满足非抗震设计要求。其中，梁纵筋在柱内的锚固长度按20世纪70年代的规范检查。对乙类设防的混凝土房屋，增加了框架柱最小纵向钢筋和箍筋的检查要求。

7度Ⅲ、Ⅳ类场地和8、9度时，要检查纵筋、箍筋、轴压比等。作为简化的抗震承载力验算，要求控制柱截面，9度时还要验算柱的轴压比。框架-抗震墙中抗震墙的构造要求，是参照89版设计规范提出的。

6.2.6 本条提出了框架结构与砌体结构混合承重时的部分鉴定要求——山墙与框架梁的连接构造。其他构造按第6.1.6条规定的原则鉴定。

6.2.7 砌体填充墙等与主体结构连接的鉴定要求，系参照现行抗震设计规范提出的。

6.2.8 本条规定了不需要进行第二级鉴定就评为不符合抗震鉴定要求的情况。其中，当仅有女儿墙等非结构构件不符合本标准第5.2.8条第2款的规定时，属于局部不符合抗震鉴定要求，可只要求对非结构构件局部处理。

（Ⅱ）第二级鉴定

6.2.10 本条规定了采用楼层综合抗震能力指数法进行第二级鉴定的三种情况，要求取不同的平面结构进行楼层综合抗震承载力指数的验算。

6.2.11～6.2.14 钢筋混凝土结构的综合抗震能力指数，采用楼层屈服强度系数与构造影响系数的乘积。构造影响系数的取值要根据具体情况确定：

1 由于第二级鉴定时，对材料强度和纵向钢筋不做要求，体系影响系数只与规则性、箍筋构造和轴压比等有关；

2 当部分构造符合第一级鉴定要求而部分构造符合非抗震设计要求时，可在0.8～1.0之间取值；

3 不符合的程度大或有若干项不符合时取较小值；对不同烈度鉴定要求相同的项目，烈度高者，该项影响系数取较小值；

4 结构损伤包括因建造年代甚早、混凝土碳化而造成的钢筋锈蚀；损伤和倾斜的修复，通常宜考虑新旧部分不能完全共同发挥效果而取小于1.0的影响系数；

5 局部影响系数只乘以有关的平面框架，即与承重砌体结构相连的平面框架、有填充墙的平面框架或楼屋盖长宽比超过规定时其中部的平面框架。

计算结构楼层现有承载力时，与89规范系列的设计规范相同，应取结构构件现有截面尺寸、现有配筋和材料强度标准值计算，具体见本标准附录C；楼层的弹性地震剪力系按现行《建筑抗震设计规范》GB 50011的方法计算，但设计特征周期按89规范（即本标准表3.0.5规定）取值，地震作用的分项系数取1.0。

6.2.15 本条规定了评定钢筋混凝土结构综合抗震能力的两种方法：楼层综合抗震能力指数法与考虑构造影响的规范抗震承载力验算法。一般情况采用前者，当前者不适用时，需采用后者。

6.3 B类钢筋混凝土房屋抗震鉴定

（Ⅰ）抗震措施鉴定

6.3.1 本条引用了89规范对抗震等级的规定，属于鉴定时的重要要求。如果原设计的抗震等级与本条的规定不同，则需要严格按新的抗震等级仔细检查现有结构的各项抗震构造，计算的内力调整系数也要仔细核对。

6.3.2 本条依据89规范有关钢筋混凝土房屋结构布置的规定，从鉴定的角度予以归纳、整理而成。

吸取汶川地震的教训，本次修订，要求单跨框架不得用于乙类设防建筑，还要求对多跨框架，在8、9度设防时检查"强柱弱梁"的情况。

6.3.3 本条来自89规范中关于材料强度的要求。

6.3.4～6.3.8 依据 89 规范对梁、柱、墙体配筋的规定，以及钢筋锚固连接的要求，从鉴定的角度予以归纳、整理而成。其中，凡 2001 规范放松的要求，均按 2001 规范调整。

6.3.9 本条是 89 规范中关于填充墙规定的归纳。

（Ⅱ） 抗震承载力验算

6.3.10～6.3.12 依据 89 规范系列对钢筋混凝土结构抗震计算分析和构件抗震验算的要求归纳、整理而成，其中，不同于现行设计规范的内力调整系数和构件承载力验算公式，均在本标准的附录中给出，以便应用。对乙类设防的建筑，要求进行变形验算。

鉴于现有房屋在静载下可正常使用，对于梁截面现有的抗震承载力验算，必要时可按梁跨中底面的实际配筋与梁端顶面的实际配筋二者的总和来判断实际配筋是否足够。

6.3.13 本条给出 B 类建筑参照 A 类建筑进行综合抗震承载能力验算时的体系影响系数。

7 内框架和底层框架砖房

7.1 一般规定

7.1.1 内框架砖房指内部为框架承重，外部为砖墙承重的房屋，包括内部为单排柱到顶、多排柱到顶的多层内框架房屋，以及仅底层为内框架而上部各层为砖墙的底层内框架房屋。底层框架砖房指底层为框架（包括填充墙框架等）承重而上部各层为砖墙承重的多层房屋。

鉴于这类房屋的抗震能力较差，本次修订，明确这类房屋仅适用于丙类设防的情况。

采用砌块砌体和钢筋混凝土结构混合承重的房屋，尚无鉴定的经验，只能原则上参考。

7.1.2 本条是第 3 章中概念鉴定在内框架和底层框架砖房的具体化。根据震害经验总结，内框架和底层框架砖房的震害特征与多层砖房、多层钢筋混凝土房屋不同。本条在多层砖房和多层钢筋混凝土房屋各自薄弱部位的基础上，增加了相应的内容。

7.1.4 根据震害经验，内框架和底层框架房屋抗震鉴定的内容与钢筋混凝土、砌体房屋有所不同，但均从结构体系合理性、材料强度、梁柱墙体等构件自身的构造和连接的整体性、易损易倒的非结构构件的局部连接构造等方面和构件承载力加以综合评定。本条同样明确规定了鉴定的项目，使这类结构房屋的鉴定工作规范化。

对于明显影响抗震安全性的问题，如房屋总高度和底部框架房屋的上下刚度比等，也明确要求在不符合规定时应提出加固或减灾处理。

7.1.5 本条进一步明确 A 类房屋和 B 类房屋鉴定方法的不同。

7.1.6 内框架和底层框架砖房为砖墙和混凝土框架混合承重的结构体系，其抗震鉴定方法可将第 5、6 两章的方法合并使用。

7.2 A 类内框架和底层框架砖房抗震鉴定

（Ⅰ） 第一级鉴定

7.2.1 本节适用的房屋最大总高度及层数较 B 类房屋略有放宽，主要依据震害并考虑当时我国现实情况。如海城地震时，位于 9 度区的海城农药厂粉剂车间为三层的单排柱内框架砖房，高 15m，虽遭严重破坏但未倒塌，震后修复使用。

180mm 墙承重时只能用于底层框架房屋的上部各层。由于这种墙体稳定性较差，故适用的高度一般降低 6m，层数降低二层。

当现有房屋比表 7.2.1 的规定多一层或 3m 时，即使符合第一级鉴定的各项规定，也要在第二级鉴定中采用规范方法进行验算。

对于新建工程已经不能采用的早年建造的底层内框架砖房，应通过鉴定予以更新，暂时仍需使用的，应加固成为底部框架-抗震墙上部砖砌体房屋。

7.2.2 结构体系鉴定时，针对内框架和底层框架砖房的结构特点，要检查底层框架、底层内框架砖房的二层与底层侧移刚度比，以减少地震时的变形集中；要检查多层内框架砖房的纵向窗间墙宽度，以减轻地震破坏。抗震墙横墙最大间距，基本上与设计规范相同，在装配式钢筋混凝土楼、屋盖时其要求略有放宽，但不能用于木楼盖的情况。

本次修订，强调了底框房屋不得采用单跨框架、底部墙体布置要基本对称，以及控制框架柱轴压比的要求。

7.2.4 整体性连接鉴定，针对此两类结构的特点，强调了楼盖的整体性、圈梁布置、大梁与外墙的连接。

7.2.5 本条规定了第一级鉴定中需按本标准第 5、6 章 A 类抗震鉴定有关规定执行的内容。

7.2.6 结构体系满足要求且整体性连接及易引起倒塌部位都良好的房屋，可类似多层砖房，按横墙间距、房屋宽度及砌筑砂浆强度等级来判断是否满足抗震要求而不进行抗震验算。这主要是根据震害经验及统计分析提出的，以减少鉴定计算的工作量。

考虑框架承担了大小不等的地震作用，本条规定的限值与多层砖房有所不同。使用时，尚需注意本标准第 5.2.9 条的说明。

7.2.7 本条规定了不需进行第二级鉴定而评为不符合鉴定要求的情况。其中，当仅非结构构件不符合本标准第 5.2.8 条第 2 款的规定时，可只对非结构构件局部处理。

（Ⅱ）第二级鉴定

7.2.8 内框架和底层框架砖房的第二级鉴定，直接借用多层砖房和框架结构的方法，使本标准的鉴定方法比较协调。

一般情况，采用综合抗震能力指数的方法，使抗震承载力验算可有所简化，还可考虑构造对抗震承载力的影响。

当房屋高度和层数超过表7.2.1的数值范围时，与多层砖房类似，需采用考虑构造影响的规范抗震承载力验算法。

7.2.9 底层框架、底层内框架砖房的体系影响系数和局部影响系数，通常参照多层砖房和钢筋混凝土框架的有关规定确定。

底层框架、底层内框架砖房的烈度影响系数，保持77、95鉴定标准的有关规定，取值不同于多层砖房；考虑框架承担一部分地震作用，底层的基准面积率也不同于多层砖房。

7.2.10 多层内框架砖房的体系影响系数和局部影响系数，除参照多层砖房和钢筋混凝土框架的有关规定确定外，其纵向窗间墙的影响系数由局部影响系数改按整体影响系数对待。

多层内框架砖房的烈度影响系数，保持77、95鉴定标准的有关规定，取值与底层框架、底层内框架砖房相同；考虑框架承担一部分地震作用，基准面积率取值不同于多层砖房及底层框架、底层内框架砖房。

内框架楼层屈服强度系数的具体计算方法，与钢筋混凝土框架不同，见本标准附录C的说明。

7.3 B类内框架和底层框架砖房抗震鉴定

（Ⅰ）抗震措施鉴定

7.3.1 本条同89设计规范关于内框架和底层框架房屋的高度，需要严格控制。

7.3.2 本条依据89设计规范关于结构体系的规定，加以归纳而成。特别增加了底框不能用单跨框架、严格控制轴压比和加强过渡层的检查要求。

7.3.4 本条依据89设计规范关于结构构件整体性连接的规定，加以归纳而成。

（Ⅱ）抗震承载力验算

7.3.5~7.3.7 依据89设计规范关于承载力验算的规定，加以归纳而成。

内框架房屋的抗侧力构件有砖墙及钢筋混凝土柱与砖柱组合的混合框架两类构件。砖墙弹性极限变形较小，在水平力作用下，随着墙面裂缝的发展，侧移刚度迅速降低；框架则具有相当大的延性，在较大变形情况下侧移刚度才开始下降，而且下降的速度

较缓。

混合框架各种柱子在地震作用下的抗剪承载力验算公式，是考虑楼盖水平变形、高阶空间振型及砖墙刚度退化的影响，以及对不同横墙间距、不同层数的大量算例进行统计得到的。外墙砖壁柱的抗震验算规定，见现行国家标准《建筑抗震设计规范》GB 50011。

7.3.8 本条明确了内框架和底层框架房屋中混凝土结构部分的抗震等级。

8 单层钢筋混凝土柱厂房

8.1 一般规定

8.1.1 本章所适用的厂房为装配式结构，柱子为钢筋混凝土柱，屋盖为大型屋面板与屋架、屋面梁构成的无檩体系或槽板、槽瓦等屋面瓦与檩条、各种屋架构成的有檩体系。混合排架厂房中的钢筋混凝土结构部分也可适用。

8.1.2 本条是第3章概念鉴定在单层钢筋混凝土厂房的具体化。震害表明，装配式结构的整体性和连接的可靠性是影响其抗震性能的重要因素。机械厂房等在不同烈度下的震害是：

1 突出屋面的钢筋混凝土Ⅱ形天窗架，立柱的截面为T形，6度时竖向支撑处就有震害，8、9度时震害较普遍；

2 无拉结的女儿墙、封檐墙和山墙山尖等，6度则开裂、外闪，7度时有局部倒塌；位于出入口、披屋上部时危害更大；

3 屋盖构件中，屋面瓦与檩条、檩条与屋架（屋面梁）、钢天窗架与大型屋面板、锯齿形厂房双梁与牛腿柱等的连接处，常因支承长度较小而连接不牢，7度时就有槽瓦滑落等震害，8度时檩条和槽瓦一起塌落；

4 大型屋面板与屋架的连接，两点焊与三点焊有很大差别，焊接不牢，8度时就有错位，甚至坠落；

5 屋架支撑系统、柱间支撑系统不完整，7度时震害不大，8、9度时就有较重的震害：屋盖倾斜、柱间支撑压曲、有柱间支撑的上柱柱头和下柱柱根开裂甚至酥碎；

6 高低跨交接部位，牛腿（柱肩）在6、7度时就出现裂缝，8、9度时普遍拉裂、劈裂；9度时其上柱的底部多有水平裂缝，甚至折断，导致屋架塌落；

7 柱的侧向变形受工作平台、嵌砌内隔墙、披屋或柱间支撑节点的限制，8、9度时相关构件如柱、墙体、屋架、屋面梁、大型屋面板的破坏严重；

8 圈梁与柱或屋架、抗风柱柱顶与屋架拉结不牢，8、9度时可能带动大片墙体外倾倒塌，特别是

山墙墙体的破坏使端排架因扭转效应而开裂折断，破坏更重；

9 8、9度时，厂房体型复杂、侧边贴建披屋或墙体布置使其质量不匀称、纵向或横向刚度不协调等，导致高振型影响、应力集中、扭转效应和相邻建筑的碰撞，加重了震害。

根据上述震害特征和规律，本条明确提出不同烈度下单层厂房可能发生严重破坏或局部倒塌时易伤人或砸坏相邻结构的关键薄弱环节，作为检查的重点。

汶川地震中发现整体性不好的排架柱厂房破坏严重，故在本次修订中增加了排架柱选型的要求。

各项具体的鉴定要求列于第8.2节和第8.3节。

8.1.4 厂房的抗震能力评定，既要考虑构造，又要考虑承载力；根据震害调查和分析，规定多数 A 类单层钢筋混凝土柱厂房不需进行抗震承载力验算，这是又一种形式的分级鉴定方法。详见图5。

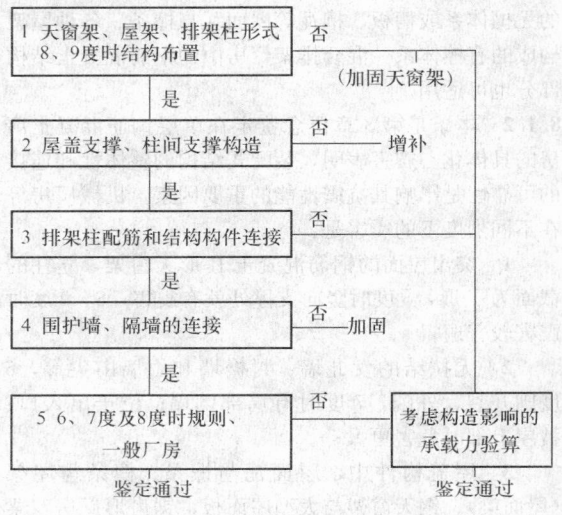

图 5　单层钢筋混凝土柱厂房的分级鉴定

对检查结果进行综合分析时，先对不符合鉴定要求的关键薄弱部位提出加固或处理意见，是提高厂房抗震安全性的经济而有效的措施；一般部位的构造、抗震承载力不符合鉴定要求时，则根据具体情况的分析判断，采取相应对策。例如，考虑构造不符合鉴定要求的部位和程度，对其抗震承载力的鉴定要求予以适当调整，再判断是否加固。

本条增加了 B 类厂房评定抗震能力的具体原则。

8.2 A 类厂房抗震鉴定

（Ⅰ）抗震措施鉴定

8.2.1 本条主要是8、9度时对结构布置的鉴定要求，包括：主体结构刚度、质量沿平面分布基本均匀对称、沿高度分布无突变的规则性检查，变形缝及其宽度、砌体墙和工作平台的布置及受力状态的检查等。

1 根据震害总结，比77鉴定标准增加了防震缝宽度的鉴定要求；

2 砖墙作为承重构件，所受地震作用大而承载力和变形能力低，在钢筋混凝土厂房中是不利的；7度时，承重的天窗砖端壁就有倒塌，8度时，排架与山墙、横墙混合承重的震害也较重；

3 当纵向外墙为嵌砌砖墙而中柱列为柱间支撑，或一侧有墙另一侧敞口，或一侧为外贴式另一侧为嵌砌式，均属于纵向各柱列刚度明显不协调的布置；

4 厂房仅一端有山墙或纵向为一侧敞口，以及不等高厂房等，凡不同程度地存在扭转效应问题时，其内力增大部位的鉴定要求需适当提高。

对纵横跨不设缝的情况，本次修订明确应提高鉴定要求。

8.2.2 不利于抗震的构件形式，除了Ⅱ形天窗架立柱、组合屋架上弦杆为 T 形截面外，参照设计规范，比77鉴定标准增加了对排架上柱、柱根及支承屋面板小立柱的截面形式进行鉴定的要求。

薄壁工字形柱、腹杆大开孔工字形柱和双肢管柱，在地震中容易变为两个肢并联的柱，受弯承载力大大降低。鉴定时着重检查其两个肢连接的可靠性，或进行相应的抗震承载力验算。

鉴于汶川地震中薄壁双肢柱厂房大量倒塌，适当提高了这类厂房的鉴定要求。

8.2.3 设置屋盖支撑是使装配式屋盖形成整体的重要构造措施。支撑布置的鉴定要求，与95鉴定标准相同。

屋盖支撑布置的非抗震要求，可按标准图或有关的构造手册确定。大致包括：

1 跨度大于 18m 或有天窗的无檩屋盖，厂房单元或天窗开洞范围内，两端有上弦横向支撑；

2 抗风柱与屋架下弦相连时，厂房单元两端有下弦横向支撑；

3 跨度为 18～30m 时在跨中，跨度大于 30m 时在其三等分处，厂房单元两端有竖向支撑，其余柱间相应位置处有下弦水平系杆；

4 屋架端部高度大于 1m 时，厂房单元两端的屋架端部有竖向支撑，其余柱间在屋架支座处有水平压杆；

5 天窗开洞范围内，屋架脊节点处有通长水平系杆。

8.2.4 排架柱的箍筋构造对其抗震能力有重要影响，其规定与95鉴定标准相同，主要包括：

1 有柱间支撑的柱头和柱根，柱变形受柱间支撑、工作平台、嵌砌砖墙或贴砌披屋等约束的各部位；

2 柱截面突变的部位；

3 高低跨厂房中承受水平力的支承低跨屋盖的牛腿（柱肩）；

8.2.5 设置柱间支撑是增强厂房整体性的重要构

措施。其鉴定要求基本上与 95 鉴定标准相同。

根据震害经验，柱间支撑的顶部有水平压杆时，柱顶受力小，震害较轻，9 度时边柱列在上柱柱间支撑的顶部应有水平压杆，8 度时对中柱列有同样要求。

柱间支撑下节点的位置，烈度不高时，只要节点靠近地坪则震害较轻；高烈度时，则应使地震作用能直接传给基础。

8.2.6 厂房结构构件连接的鉴定要求，与 95 鉴定标准基本相同。

屋面瓦与檩条、檩条与屋架的连接不牢时，7 度时就有震害。

钢天窗架上弦杆一般较小，使大型屋面板支承长度不足，应注意检查；8、9 度时，增加了大型屋面板与屋架焊牢的鉴定要求。

柱间支撑节点的可靠连接，是使厂房纵向安全的关键。一旦焊缝或锚固破坏，则支撑退出工作，导致厂房柱列震害严重。

震害表明，山墙抗风柱与屋架上弦横向支撑节点相连最有效，鉴定时要注意检查。

8.2.7 黏土砖围护墙的鉴定要求，基本上与 95 鉴定标准相同。

突出屋面的女儿墙、高低跨封墙等无拉结，6 度时就有震害。根据震害，增加了高低跨的封墙不宜直接砌在低跨屋面上的鉴定要求。

圈梁与柱或屋架需牢固拉结；圈梁宜封闭，变形缝处纵墙外甩力大，圈梁需与屋架可靠拉结。

根据震害经验并参照设计规范，增加了预制墙梁等的底面与其下部的墙顶宜加强拉结的鉴定要求。

8.2.8 内隔墙的鉴定要求，基本上与 95 鉴定标准相同。

到顶的横向内隔墙不得与屋架下弦杆拉结，以防其对屋架下弦的不利影响。

嵌砌的内隔墙应与排架柱柔性连接或脱开，以减少其对排架柱的不利影响。

（Ⅱ）抗震承载力验算

8.2.9 鉴于高大山墙的抗风柱在唐山地震、汶川地震中均有破坏，故适当提高鉴定要求。根据震害并参照设计规范，略比 95 鉴定标准扩大了抗震验算范围：

　　1 8 度高大山墙的抗风柱；

　　2 7 度Ⅲ、Ⅳ类场地和 8 度时结构体系复杂或改造较多的其他厂房。

鉴定时验算方法按设计规范，但采用鉴定的承载力调整系数 γ_{Ra} 替代抗震设计的承载力抗震调整系数 γ_{RE}，以保持 95 鉴定标准的水准。

8.3　B 类厂房抗震鉴定

（Ⅰ）抗震措施鉴定

8.3.1 本条主要采用 89 抗规的要求，并根据 01 抗

规的要求对 9 度时的屋架、天窗架选型增加了鉴定要求。

8.3.2 本条主要采用 89 抗规的要求。对于薄壁工字形柱、腹杆大开孔工字形柱、预制腹板的工字形柱和管柱等，在地震中容易变为两个肢并联的柱，受弯承载力大大降低，明确不宜采用。

8.3.3 屋盖支撑布置主要采用 89 抗规的要求。根据 01 抗规，适当增加了鉴定要求，大致包括：

　　1 8 度时，天窗跨度≥9m 时，厂房单元天窗端开间及柱间支撑开间宜各有一道天窗上弦横向支撑；

　　2 9 度时，厂房单元天窗端开间及柱间支撑开间宜各有一道天窗上弦横向支撑。

8.3.4 排架柱的箍筋构造采用 89 抗规的要求。

8.3.5 柱间支撑设置基本采用 89 抗规的要求。根据震害，对于有吊车厂房，当地震烈度不大于 7 度，吊重不大于 5t 的软钩吊车，上柱高度不大于 2m，上柱柱列能够传递纵向地震力时，也可以没有上柱支撑。

当单跨厂房跨度较小，可以采用砖柱或组合砖柱承重而采用钢筋混凝土柱承重，两侧均有与柱等高且与柱可靠拉结的嵌砌纵墙时，可按单层砖柱厂房鉴定。当两侧墙墙厚不小于 240mm，开洞所占水平截面不超过总截面面积的 50%，砂浆强度等级不低于 M2.5 时，可无柱间支撑。

8.3.6 厂房结构构件连接的鉴定要求，基本采用 89 抗规的要求，参考现行抗震规范，增加了抗风柱与屋架下弦相连接时的鉴定要求。

8.3.7 黏土砖围护墙的鉴定要求，基本采用 89 抗规的要求。根据震害和现行抗震设计规范，修订了部分文字，主要内容如下：

　　1 高低跨封墙和纵横向交接处的悬墙，增加了圈梁的鉴定要求；

　　2 明确了圈梁截面和配筋要求主要针对柱距为 6m 厂房；

　　3 变形缝处圈梁和屋架锚拉的钢筋应有所加强；

8.3.8 内隔墙的鉴定要求，基本采用 89 抗规的要求。

（Ⅱ）抗震承载力验算

8.3.9 对于 B 类厂房，鉴于 89 抗规与现行抗震设计规范相差不大，故承载力验算按现行规范采用。

9　单层砖柱厂房和空旷房屋

9.1　一　般　规　定

9.1.1 本章适用的范围，主要是单层砖柱（墙垛）承重的砖柱厂房和砖墙承重的单层空旷房屋。混合排架厂房中的砖结构部分也可适用。

9.1.2 本条是第 3 章概念鉴定在单层砖柱厂房和单

层空旷砌体房屋的具体化。这类房屋的震害特征不同于多层砖房。根据其震害规律，提出了不同烈度下的薄弱部位，作为检查的重点。

本次修订增加了对山墙山尖、承重山墙的鉴定要求。

其中，仅属于单层砖柱厂房的要求，用"注"表示，未列入房屋建筑的强制性条文。

9.1.4 单层空旷房屋抗震能力的评定，同样要考虑构造和承载力这两个因素。

根据震害调查和分析，规定 A 类的多数单层砖柱厂房和空旷房屋不需进行抗震承载力验算，采用与单层钢筋混凝土柱厂房相同形式的分级鉴定方法。

对检查结果进行综合分析时，先对不符合鉴定要求的关键薄弱部位提出加固或处理意见，是提高厂房抗震安全性的经济而有效的措施；一般部位的构造、抗震承载力不符合鉴定要求时，则根据具体情况的分析判断，采取相应对策。

本次修订补充了 B 类单层砖柱厂房和单层空旷房屋抗震能力的评定方法。

9.1.5 本条列举了单层空旷房屋鉴定的具体项目，使其抗震鉴定的要求规范化。

9.1.6 单层空旷房屋的大厅与其附属房屋的结构类型不同，地震作用下的表现也不同。根据震害调查和分析，参照设计规范，规定单层砖柱厂房和空旷房屋与其附属房屋之间要考虑二者的相互作用。

9.2 A 类单层砖柱厂房抗震鉴定

（Ⅰ）抗震措施鉴定

9.2.1、9.2.2 结构布置的鉴定要求和 95 鉴定标准基本相同，主要内容有：

1 对砖柱截面沿高度变化的鉴定要求；对纵向柱列，在柱间需有与柱等高砖墙的鉴定要求；

2 房屋高度和跨度的控制性检查；

3 承重山墙厚度和开洞的检查；

4 钢筋混凝土面层组合砖柱、砖包钢筋混凝土柱的轻屋盖房屋在高烈度下震害轻微，保留了不配筋砖柱、重屋盖使用范围的限制；

5 设计合理的双曲砖拱屋盖本身震害是较轻的，但山墙及其与砖拱的连接部位有时震害明显；保留其跨度和山墙构造等的鉴定要求。

根据震害和正在修订的抗震规范的精神，对房屋高度和跨度规定得更严格一些。

9.2.3 根据震害调查和计算分析，为减少抗震承载力验算工作，保留了材料强度等级的最低鉴定要求，并根据震害保留了 8、9 度时砖柱要有配筋的鉴定要求。

9.2.4、9.2.5 房屋整体性连接的鉴定要求，与 95 鉴定标准相同，主要内容有：

1 保持了木屋盖的支撑布置要求、波形瓦等轻屋盖的鉴定要求；

2 7 度时木屋盖震害极轻，保留了 6、7 度时屋盖构件的连接可采用钉接的要求；

3 屋架（梁）与砖柱（墙）的连接，要有垫块的鉴定要求；

4 山墙壁柱对房屋整体性能的影响较纵向柱列小，其连接要求保持了原标准的规定，比纵向柱列稍低；

5 保持了对独立砖柱、墙体交接处的连接要求。

9.2.6 房屋易引起局部倒塌的部位，包括悬墙、封檐墙、女儿墙、顶棚等，其鉴定要求与 95 鉴定标准相同。

（Ⅱ）抗震承载力验算

9.2.7 试验研究和震害表明，砖柱的承载力验算只相当于裂缝出现阶段，到房屋倒塌还有一个发展过程。为简化鉴定时的验算，本条规定了较宽的不验算范围，基本保持 95 鉴定标准的规定。

根据震害和 01 抗规，增加了两种需要验算的情况：

1 对于单层砖柱厂房，山墙起到很大的作用，增加了鉴定要求；

2 增加了 8、9 度时高大山墙壁柱在平面外的鉴定要求。

A 类单层砖柱厂房抗震承载力验算的方法，同 01 抗规。为保持 95 鉴定标准的水准，砖柱抗震鉴定的承载力调整系数 γ_{Ra} 的取值同抗震设计的承载力抗震调整系数 γ_{RE}。

9.3 A 类单层空旷房屋抗震鉴定

（Ⅰ）抗震措施鉴定

9.3.1 本节仅规定单层空旷房屋的大厅及附属房屋相关的鉴定内容，与单层砖柱厂房和附属房屋自身结构类型有关的鉴定内容，均不再重复规定。

9.3.2 本条参照设计规范，对空旷房屋的结构体系提出了鉴定要求。

9.3.3 本条规定了大厅及其与附属房屋连接整体性的要求。

房屋整体性连接的鉴定要求，与 77 鉴定标准相比有所调整：

1 保持了木屋盖的支撑布置要求，轻屋盖的震害很轻且类似于木屋盖，相应补充了波形瓦等轻屋盖的鉴定要求；

2 7 度时木屋盖震害极轻，补充了 6、7 度时屋盖构件的连接可采用钉接的规定；

3 屋架（梁）与砖柱（墙）的连接，参照设计规范，提出要有垫块的鉴定要求；

4 圈梁对单层空旷房屋抗震性能的作用，与多层砖房相比有所降低，鉴定的要求保持了 77 鉴定标准的规定；柱顶增加闭合等要求，沿高度的要求稍有放宽；

5 山墙壁柱对房屋整体性能的影响较纵向柱列小，其连接要求保持了原标准的规定，比纵向柱列稍低；

6 保持了对独立砖柱的连接要求；但根据震害，对墙体交接处有配筋的鉴定要求有所放宽；

7 参照设计规范，提出了舞台口大梁有稳定支撑的鉴定要求。

9.3.4 房屋易引起局部倒塌的部位，包括舞台口横墙、悬吊重物、顶棚等，其鉴定要求与 95 鉴定标准相同。

（Ⅱ）抗震承载力验算

9.3.5 本条规定了较宽的不验算范围，基本保持 95 鉴定标准的规定。根据震害和 01 抗规，增加了两种需要验算的情况：

1 对于单层空旷房屋，山墙起到很大的作用，增加了鉴定要求；

2 增加了 8、9 度时高大山墙壁柱在平面外的鉴定要求。

9.4 B 类单层砖柱厂房抗震鉴定

（Ⅰ）抗震措施鉴定

9.4.1 本条主要采用 89 抗规的要求，并根据震害和正在修订的抗震规范的精神，对房屋高度和跨度规定得更严格一些。

9.4.2 本条主要采用 89 抗规的要求，并结合 01 抗规增加了防震缝处宜设有双柱或双墙的鉴定要求。

9.4.3 本条基本采用 89 抗规的要求。根据 01 抗规，明确了烈度从低到高，可采用无筋砖柱、组合砖柱和钢筋混凝土柱，补充了非整体砌筑且不到顶的纵向隔墙宜采用轻质墙。

9.4.4～9.4.6 均采用 89 抗规的要求。

（Ⅱ）抗震承载力验算

9.4.7 B 类单层砖结构厂房抗震承载力验算的范围，采用 89 抗规的要求。鉴于 89 抗规与 01 抗规相差不大，故可按 01 抗规的方法验算其抗震承载力。

9.5 B 类单层空旷房屋抗震鉴定

（Ⅰ）抗震措施鉴定

9.5.1～9.5.6 基本采用 89 抗规的要求，仅从鉴定的角度，对文字表达做了修改。

（Ⅱ）抗震承载力验算

9.5.7 B 类单层空旷房屋抗震承载力验算，采用 89

抗规的要求。鉴于 89 抗规与 01 抗规相差不大，故可按 01 抗规的方法验算其抗震承载力。

10 木结构和土石墙房屋

10.1 木结构房屋

（Ⅰ）一 般 规 定

10.1.1 本节适用范围主要是村镇的中、小型木结构房屋。按抗震性能的优劣排列，依次为穿斗木构架、旧式木骨架、木柱木屋架、柁木檩架房屋和康房等五类；适用的层数包括了现有房屋的一般情况。

10.1.2 木结构房屋要检查所处的场地条件，主要依据日本的统计资料：不利地段、冲积层厚度大于30m、回填土厚度大于 4m 及地表水、地下水容易集积或地下水位高的场地，都能加重震害。

10.1.3 与 95 鉴定标准相同，木结构房屋可不进行抗震承载力验算。

10.1.5 木结构抗震鉴定时考虑的防火问题，主要是次生灾害。

（Ⅱ）A 类木结构房屋

10.1.6～10.1.10 这几条按旧式木骨架、木柱木屋架、柁木檩架、穿斗木构架和康房的顺序分别列出该类房屋木构架的布置和构造的鉴定要求，是 95 鉴定标准有关规定的整理。

穿斗木构架的梁柱节点，用银锭榫连接可防止拔榫或脱榫；传统的做法，纵向多为平榫连接且檩条浮搁，导致纵向震害严重，高烈度时要着重检查、处理。

针对康房的特点，提出柱间有斜撑或轻质抗震墙的鉴定要求。

10.1.11～10.1.14 分别规定了各类木结构房屋墙体的布置和构造的鉴定要求，保持了 95 鉴定标准的有关规定。

对旧式木骨架、木柱木屋架房屋，主要对砖墙的间距、砂浆强度等级和拉结构造进行检查。

对柁木檩架房屋，主要对土坯墙或土筑墙的间距、施工方法和拉结构造等进行检查。

对穿斗木构架房屋，主要对空斗墙、毛石墙、砖墙和土坯墙、土筑墙等墙体的间距、施工方法和砂浆强度等级、拉结构造等进行检查。

对康房，只对墙体的拉结构造进行检查。

10.1.15 本条列出了木结构房屋中易损部位的鉴定要求，是 95 鉴定标准中有关规定的整理。

10.1.16 本条规定了需采取加固或相应措施的情况，强调木构件的现状、木构架的构造形式及其连接应符合鉴定要求。

（Ⅲ）B 类木结构房屋

10.1.17～10.1.18 本条参照 89 规范，列出 B 类木结构房屋比 A 类木结构增加的鉴定内容。

10.2 生土房屋

（Ⅰ）一般规定

10.2.1 本节对生土建筑作了分类，并就其使用范围作了一般性规定。因地区特点、建筑习惯的不同和名称的不统一，分类不可能全面。灰土墙承重房屋目前在我国仍有建造，故列入有关要求。

震害表明，除灰土墙房屋可为二层外，一般的土墙房屋宜为单层。

10.2.2 生土房屋的检查重点，基本上与砌体结构相同。

10.2.4 与 95 鉴定标准相同，生土房屋可不进行抗震承载力验算。

（Ⅱ）A 类生土房屋

10.2.5 各类生土房屋，由于材料强度较低，在平立面布置上更要求简单，一般每开间均要有抗震横墙，不采用外廊为砖柱、石柱承重，或四角用砖柱、石柱承重的做法，也不要将大梁搁支在土墙上。房屋立面要避免错层、突变，同一栋房屋的高度和层数必须相同。这些措施都是为了避免在房屋各部分出现应力集中。

提倡用双坡和弧形屋面，可降低山墙高度，增加其稳定性；单坡屋面山墙过高，平屋面则防水有问题，不宜采用。

10.2.6 土墙房屋墙体的质量和连接的鉴定要求，基本上保持了 95 鉴定标准的规定。

干码、斗砌对墙体的强度有明显的影响，在鉴定中要注意。

墙体的拉结材料，对土墙可以是竹筋、木条、荆条等。

多层房屋要有圈梁，灰土墙房屋可为木圈梁。

10.2.7 土墙房屋的屋盖、楼盖多为木结构，其鉴定要求与木结构房屋的有关部分相当。生土房屋的屋面采用轻质材料，可减轻地震作用。

（Ⅲ）B 类生土房屋

10.2.9 关于 B 类生土房屋的鉴定要求，主要参考 89 设计规范的规定。

10.3 石墙房屋

（Ⅰ）一般规定

10.3.1 本节保持 95 鉴定标准的规定，只适用于 6、7 度时的毛石和毛料石房屋。

根据试验研究，7 度不超过三层的毛料石房屋，采用有垫片甩浆砌筑时，仍可有条件地符合鉴定要求，但毛石墙房屋只宜为单层。对浆砌料石房屋，可参照第 5 章的原则鉴定。

10.3.2 石墙房屋的检查重点，基本上与砌体结构相同。

10.3.4 与 95 鉴定标准相同，石墙房屋可不进行抗震承载力验算。

（Ⅱ）A 类石墙房屋

10.3.5 毛石墙房屋的材料强度较低，其墙体要厚、墙面开洞要小、墙高要矮、平面要简单、屋盖要轻。

10.3.6 石结构房屋墙体的质量和连结的鉴定要求规定，墙体的拉结材料应为钢筋。多层石房每层设置钢筋混凝土圈梁，能够提高其抗震能力，减轻震害，例如唐山地震中，10 度区有 5 栋设置了圈梁的二层石房，震后基本完好，或仅轻微破坏。与多层砖房相比，石墙体房屋圈梁的截面增大，配筋略有增加，是因为石墙体材料重量较大。在每开间及每道墙上，均设置现浇圈梁是为了增强墙体间的连接和整体性。

（Ⅲ）B 类石墙房屋

10.3.9～10.3.11 参照 89 规范对石砌体房屋的规定，列出 B 类石墙房屋的鉴定要求。

石结构房屋的构造柱设置要求，系参照混凝土砌块房屋对芯柱的设置要求规定的，而构造柱的配筋构造等要求，需参照多层黏土砖房的规定。

石墙在交接处用条石无垫片砌筑，并设置拉结钢筋网片，是根据石墙材料的特点，为加强房屋整体性而采取的措施。

从宏观震害和试验情况来看，石墙体的破坏特征和砖结构相近，石墙体的受剪承载力验算可与多层砌体结构采用同样的方法，但其承载力设计值应由试验确定。

11 烟囱和水塔

11.1 烟 囱

（Ⅰ）一般规定

11.1.1 普通类型的独立式烟囱，指高度在 100m 以下的钢筋混凝土烟囱和高度在 60m 以下的砖烟囱。特殊构造形式的烟囱指爬山烟囱、带水塔烟囱等。

11.1.3 对烟囱的抗震能力进行综合评定时，同样要考虑抗震承载力和构造两个因素。

（Ⅱ）A 类烟囱抗震鉴定

11.1.4 独立式烟囱在静载下处于平衡状态，鉴定时

需检查筒壁材料的强度等级。

震害表明，砖烟囱顶部易于破坏甚至坠落，7 度时顶部就有破坏，故要求其顶部一定范围要有配筋；钢筋混凝土烟囱的筒壁损坏、钢筋锈蚀严重，8 度时就有破坏，故应着重检查筒壁混凝土的裂缝和钢筋的锈蚀等。

11.1.5 根据震害经验和统计分析，参照抗震设计规范，提出了不进行抗震验算的范围。

烟囱的抗震承载力验算，以按设计规范的方法为主，高度不超过 100m 的烟囱可采用简化方法；超过时采用振型分解反应谱方法。为保持 95 鉴定标准的水准，烟囱抗震鉴定的承载力调整系数 γ_{Ra} 的取值同抗震设计的承载力抗震调整系数 γ_{RE}。

（Ⅲ）B 类烟囱抗震鉴定

11.1.6～11.1.7 新增 B 类烟囱的鉴定要求，并列出 89 规范的验算公式等。

11.2 A 类水塔抗震鉴定

11.2.1 独立的水塔指有一个水柜作为供水用的水塔。本节的适用范围主要是常用容量和常用高度的水塔，大部分有标准图或通用图。

11.2.2 本条规定一些小容量、低矮水塔，可"适当降低鉴定要求"。指在一度范围内降低构造的鉴定要求。

11.2.4 水塔的基础倾斜过大，将影响水塔的安全，故提出控制倾斜的鉴定要求。

11.2.5 水塔鉴定的内容，主要参照国家标准《给排水工程结构设计规范》GBJ 69—84 的有关规定和震害经验确定。

11.2.6 根据震害经验和计算分析，参照设计规范，得到可不进行抗震承载力验算的范围。

水塔的抗震承载力验算，以按设计规范的方法为主：支架水塔和类似的其他水塔采用简化方法，较低的筒支承水塔采用底部剪力法，较高的砖筒支承水塔或筒高度与直径之比大于 3.5 时采用振型分解反应谱方法。为保持 95 标准的水准，水塔抗震鉴定的承载力调整系数 γ_{Ra} 的取值同抗震设计的承载力抗震调整系数 γ_{RE}。

经验表明，砖和钢筋混凝土筒壁水塔为满载时控制抗震设计，而支架式水塔和基础则可能为空载时控制设计，地震作用方向不同，控制部位也不完全相同。参照设计规范，在抗震鉴定的承载力验算中也作了相应的规定。

11.2.7 综合评定时，只要水塔相应部位无震害或只有轻微震害，能满足不影响水塔使用或稍加处理即可继续使用的要求，均可通过鉴定。

11.3 B 类水塔抗震鉴定

按 89 规范的规定新增 B 类水塔的鉴定要求，并

列出 89 规范的验算公式等。

附录 B 砖房抗震墙基准面积率

砖房抗震墙基准面积率，即 77 版鉴定标准的"最小面积率"。因新的砌体结构设计规范的材料指标和新的抗震设计规范地震作用取值改变，相应的计算公式也有所变化。为保持与 77 标准的衔接，M1 和 M2.5 的计算结果不变，M0.4 和 M5 有一定的调整。表 B.0.1-1～表 B.0.1-3 的计算公式如下：

$$\xi_{0i} = \frac{0.16\lambda_0 g_0}{f_{vk}\sqrt{1+\sigma_0/f_{v.m}}} \cdot \frac{(n+i)(n-i+1)}{n+1} \quad (1)$$

式中 ξ_{0i}——第 i 层的基准面积率；

g_0——基本的楼层单位面积重力荷载代表值，取 12kN/m²；

σ_0——第 i 层抗震墙在 1/2 层高处的截面平均压应力（MPa）；

n——房屋总层数；

$f_{v.m}$——砖砌体抗剪强度平均值（MPa），M0.4 为 0.08，M1 为 0.125，M2.5 为 0.20，M5 为 0.28，M10 为 0.40；

f_{vk}——砖砌体抗剪强度标准值（MPa），M0.4 为 0.05，M1 为 0.08，M2.5 为 0.13，M5 为 0.19，M10 为 0.27；

λ_0——墙体承重类别系数，承重墙为 1.0，自承重墙为 0.75。

同一方向有承重墙和自承重墙或砂浆强度等级不同时，基准面积率的换算方法如下：用 A_1、A_2 分别表示承重墙和自承重墙的净面积或砂浆强度等级不同的墙体净面积，ξ_1、ξ_2 分别表示按表 B.0.1-1～表 B.0.1-3 查得的基准面积率，用 ξ_0 表示"按各自的净面积比相应转换为同样条件下的基准面积率数值"，则

$$\frac{1}{\xi_0} = \frac{A_1}{(A_1+A_2)\xi_1} + \frac{A_2}{(A_1+A_2)\xi_2}$$

考虑到多层内框架砖房采用底部剪力法计算时，顶部需附加相当于 20% 总地震作用的集中力（$0.20F_{Ek}$），因此，其基准面积率要作相应的调整。

由于框架柱可承担一部分地震剪力，故底层框架砖房的底层和多层内框架砖房的各层，基准面积率可有所折减。

底层框架砖房的底层，折减系数可取 0.85，或参照设计规范各柱承担的剪力予以折减，即折减系数 ψ_f：

$$\psi_f = 1 - V_f/V \quad 或 \quad \psi_f \approx 0.92 - 0.10\lambda$$

式中 V_f——框架部分承担的剪力；

V——底层的地震剪力；

λ——抗震横墙间距与房屋总宽度之比。

多层内框架砖房的各层，参照设计规范各柱承担的剪力予以折减，即折减系数 ψ_f 为：

$$\psi_f = 1 - \Sigma \psi_c (\xi_1 + \xi_2 L/B)/n_b n_s$$

附录 C　钢筋混凝土结构楼层受剪承载力

钢筋混凝土结构的楼层现有受剪承载力，即设计规范中"按构件实际配筋面积和材料强度标准值计算的楼层受剪承载力"。由于现有框架多为"强梁弱柱"型框架，计算公式有所简化。

对内框架砖房的混合框架，参照设计规范中规定的钢筋混凝土柱、无筋砖柱、组合砖柱所承担剪力的比例，对楼层受剪承载力作适当的限制：

1　砖柱现有受弯承载力，取为 $N \cdot [e]$，并参照设计规范的规定，无筋砖柱取 $[e] = 0.9y$；组合砖柱则参照配筋砖柱的有关公式作相应的计算；

2　内框架砖房混合框架的楼层现有受剪承载力可采用下列各式确定：

$$V_{yw} = \Sigma V_{cy} + V_{mu} \tag{2}$$

$$V_{mu} = N \cdot [e]/H_0 \tag{3}$$

式中　V_{mu}——外墙砖柱（垛）层间现有受剪承载力；

N——对应于重力荷载代表值的砖柱轴向压力；

H_0——砖柱的计算高度，取反弯点至柱端的距离；

$[e]$——重力荷载代表值作用下现有砖柱的容许偏心距；无筋砖柱取 $0.9y$（y 为截面重心到轴向力所在偏心方向截面边缘的距离）；组合砖柱，可参照现行国家标准《砌体结构设计规范》GB 50003 偏心受压承载力的计算公式确定；其中，将不等式改为等式，钢筋取实有纵向钢筋面积，材料强度设计值改取标准值，按本标准附录 A 取值。

3　依据设计规范对内框架的钢筋混凝土柱、组合砖柱、无筋砖柱的"柱类型系数"的比例关系，对由相关公式算出的 V_{cy}^c 和 V_{mu}^c，尚应取其较小值，即：

对无筋砖柱，当 $V_{cy}^c \geqslant 2.4 V_{mu}^c$，取 $V_{cy} = 2.4 V_{mu}^c$，$V_{mu} = V_{mu}^c$；

当 $V_{cy}^u \leqslant 2.4 V_{mu}^c$，取 $V_{cy} = V_{cy}^c$，$V_{mu} = 0.42 V_{cy}^c$。

对组合砖柱，当 $V_{cy}^c \geqslant 1.6 V_{mu}^c$，取 $V_{cy} = 1.6 V_{mu}^c$，$V_{mu} = V_{mu}^c$；

当 $V_{cy} \leqslant 1.6 V_{mu}$，取 $V_{cy} = V_{cy}^c$，$V_{mu} = 0.63 V_{cy}^c$。

中华人民共和国国家标准

民用建筑可靠性鉴定标准

Standard for appraiser of reliability of civil buildings

GB 50292—1999

主编部门：四川省建设委员会
批准部门：中华人民共和国建设部
施行日期：1999年10月1日

关于发布国家标准《民用建筑可靠性
鉴定标准》的通知

国务院各有关部门，各省、自治区、直辖市建委（建设厅）、有关计委，各计划单列市建委，新疆生产建设兵团：

根据国家计委《1988 年工程建设标准规范制订修订计划》（计综［1987］2390 号附件十五）的要求，由四川省建设委员会会同有关部门共同制订的《民用建筑可靠性鉴定标准》，经有关部门会审，批准为强制性国家标准，编号为 GB 50292—1999，自 1999 年 10 月 1 日起施行。

本标准由四川省建设委员会负责管理，四川省建筑科学研究院负责具体解释工作，建设部标准定额研究所组织中国建筑工业出版社出版发行。

中华人民共和国建设部
1999 年 6 月 10 日

前　言

根据原国家计委［1987］2390 号文的要求，由四川省建委为主编部门，具体由四川省建筑科学研究院会同有关单位共同编制的《民用建筑可靠性鉴定标准》GB 50292—1999，已由建设部于 1999 年 6 月 10 日以建标［1999］150 号文批准，并会同国家质量技术监督局联合发布。

本标准在制订过程中，开展了多项专题研究，调查总结了近年来民用建筑可靠性鉴定的实践经验，并通过验证性试验和试鉴定，采用了国内外的科研成果。在此基础上，提出了本标准条文广泛征求有关质检、科研、设计、教学等单位和安全鉴定管理部门的意见，经反复修改充实后，由建设部标准定额司和四川省建委会同有关部门审查定稿。

本标准共分 11 章和 5 个附录。其主要技术内容有：基本规定、构件安全性和正常使用性鉴定评级、子单元安全性和正常使用性鉴定评级、鉴定单元安全性和正常使用性评级等。

本标准的具体解释工作由四川省建筑科学研究院负责，各单位和个人在使用本标准时，如发现有疑难问题或意见，请随时函告：四川省建筑科学研究院（邮编：610081；地址：成都市一环路北三段 55 号）。

本标准主编单位、参加单位和主要起草人的名单如下：

主编单位：四川省建筑科学研究院

参加单位：太原理工大学
中南建筑设计院
中国建筑西南设计院
陕西省建筑科学研究院
福州大学
中国建筑科学研究院
西南交通大学

主要起草人：梁　坦　王永维　黄静山　倪士珠
牟再明　陈雪庭　许政谐　郭启坤
雷　波　卓尚木　季直仓　黄　棠

目　次

1 总　　则

1.0.1 为正确鉴定民用建筑的可靠性，加强对已有建筑物的安全与合理使用的技术管理，制定本标准。

1.0.2 本标准适用于民用建筑在下列情况下的检查与鉴定。

　　1　建筑物的安全鉴定（其中包括危房鉴定及其它应急鉴定）。

　　2　建筑物使用功能鉴定及日常维护检查。

　　3　建筑物改变用途、改变使用条件或改造前的专门鉴定。

1.0.3 地震区、特殊地基土地区或特殊环境中的民用建筑的可靠性鉴定，除应执行本标准外，尚应遵守国家现行有关标准的规定。

2　术语、符号

2.1　术　语

2.1.1 已有建筑物　existing building

　　已建成二年以上且已投入使用的建筑物。

2.1.2 已有结构　existing structure

　　已有建筑物中的承重结构及其相关部分的总称。

2.1.3 结构适修性　repair-suitability of structure

　　残损的或承载能力不足的已有结构适于采取修复措施所应具备的技术可行性与经济合理性的总称。

2.1.4 鉴定单元　appraiser system

　　根据被鉴定建筑物的构造特点和承重体系的种类，而将该建筑物划分成一个或若干个可以独立进行鉴定的区段，每一区段为一鉴定单元。

2.1.5 子单元　sub-system

　　鉴定单元中细分的单元，一般可按地基基础、上部承重结构和围护系统划分为三个子单元。

2.1.6 构件　member

　　子单元中可以进一步细分的基本鉴定单位。它可以是单件、组合件或一个片段。

2.1.7 主要构件　dominant member

　　其自身失效将导致相关构件失效，并危及承重结构系统工作的构件。

2.1.8 一般构件　common member

　　其自身失效不会导致主要构件失效的构件。

2.1.9 一种构件　kindred member

　　一个鉴定单元中，同类材料、同种结构型式的全部构件的集合。

2.1.10 相关构件　interrelafed member

　　与被鉴定构件相连接或以它为承托的构件。

2.1.11 构件检查项目　inspection items of member

　　针对影响构件可靠性的因素所确定的调查、检测或验算项目。

2.1.12 子单元检查项目　Inspection items of sub-system

　　针对影响子单元可靠性的因素所确定的调查、检测或验算项目。

2.2　符　号

　　R—结构构件的抗力；

　　S—结构构件的作用效应；

　　γ_0—结构重要性系数；

　　l_0—受弯构件计算跨度；

　　l_c—受压构件计算长度；

　　l_s—空间结构的短向计算跨度；

　　H—柱、框架或墙的总高；

　　H_i—多层或高层房屋第 i 层层间高度；

　　W—受弯构件的挠度；

　　Δ—柱、框架或墙的顶点水平位移值；

　　δ—构件侧弯矢高。

　　a_u、b_u、c_u、d_u—构件或其检查项目的安全性等级；

　　A_u、B_u、C_u、D_u—子单元或其中某组成部分的安全性等级；

　　A_{su}、B_{su}、C_{su}、D_{su}—鉴定单元安全性等级；

　　a_s、b_s、c_s—构件或其检查项目的使用性等级；

　　A_s、B_s、C_s—子单元或其中某组成部分的使用性等级；

　　A_{ss}、B_{ss}、C_{ss}—鉴定单元使用性等级；

　　a、b、c、d—构件可靠性等级；

　　A、B、C、D—子单元可靠性等级；

　　I、II、III、IV—鉴定单元可靠性等级；

　　A_r、B_r、C_r、D_r—子单元或其中某组成部分的适修性等级；

　　A_r、B_r、C_r、D_r—鉴定单元适修性等级。

3　基　本　规　定

3.1　鉴定分类

3.1.1 民用建筑可靠性鉴定，可分为安全性鉴定和正常使用性鉴定。

　　1　在下列情况下，应进行可靠性鉴定：

　　1)　建筑物大修前的全面检查；

　　2)　重要建筑物的定期检查；

　　3)　建筑物改变用途或使用条件的鉴定；

　　4)　建筑物超过设计基准期继续使用的鉴定；

　　5)　为制订建筑群维修改造规划而进行的普查。

　　2　在下列情况下，可仅进行安全性鉴定：

　　1)　危房鉴定及各种应急鉴定；

　　2)　房屋改造前的安全检查；

　　3)　临时性房屋需要延长使用期的检查；

　　4)　使用性鉴定中发现的安全问题。

　　3　在下列情况下，可仅进行正常使用性鉴定：

　　1)　建筑物日常维护的检查；

　　2)　建筑物使用功能的鉴定；

　　3)　建筑物有特殊使用要求的专门鉴定。

3.2　鉴定程序及其工作内容

3.2.1 民用建筑可靠性鉴定，应按下列框图规定的程序（图3.2.1）进行。

3.2.2 民用建筑可靠性鉴定的目的、范围和内容，应根据委托方提出的鉴定原因和要求，经初步调查后确定。

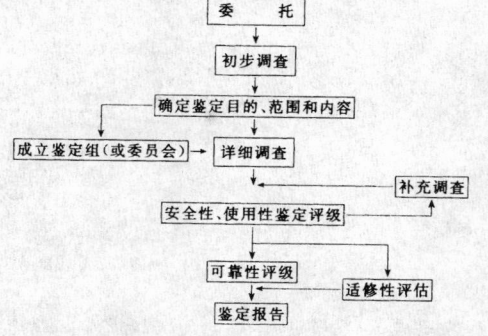

图 3.2.1　鉴定程序

3.2.3 初步调查宜包括下列基本工作内容：

1 图纸资料 如岩土工程勘察报告、设计计算书、设计变更记录、施工图、施工及施工变更记录、竣工图、竣工质检与验收文件（包括隐蔽工程验收记录）、定点观测记录、事故处理报告、维修记录、历次加固改造图纸等。

2 建筑物历史 如原始施工、历次修缮、改造、用途变更、使用条件改变以及受灾等情况。

3 考察现场 按资料核对实物，调查建筑物实际使用条件和内外环境、查看已发现的问题、听取有关人员的意见，等。

4 填写初步调查表（格式如本标准附录A所示）。

5 制定详细调查计划及检测、试验工作大纲并提出需由委托方完成的准备工作。

3.2.4 详细调查可根据实际需要选择下列工作内容：

1 结构基本情况勘查：

1) 结构布置及结构形式；

2) 圈梁、支撑（或其他抗侧力系统）布置；

3) 结构及其支承构造：构件及其连接构造；

4) 结构及其细部尺寸，其他有关的几何参数。

2 结构使用条件调查核实：

1) 结构上的作用；

2) 建筑物内外环境；

3) 使用史（含荷载史）。

3 地基基础（包括桩基础）检查：

1) 场地类别与地基土（包括土层分布及下卧层情况）；

2) 地基稳定性（斜坡）；

3) 地基变形，或其在上部结构中的反应；

4) 评估地基承载力的原位测试及室内物理力学性质试验；

5) 基础和桩的工作状态（包括开裂、腐蚀和其它损坏的检查）；

6) 其它因素（如地下水抽降、地基浸水、水质、土壤腐蚀等）的影响或作用。

4 材料性能检测分析：

1) 结构构件材料；

2) 连接材料；

3) 其它材料。

5 承重结构检查：

1) 构件及其连接工作情况；

2) 结构支承工作情况；

3) 建筑物的裂缝分布；

4) 结构整体性；

5) 建筑物侧向位移（包括基础转动）和局部变形；

6) 结构动力特性。

6 围护系统使用功能检查。

7 易受结构位移影响的管道系统检查。

3.2.5 民用建筑可靠性鉴定评级的层次、等级划分以及工作步骤和内容，应符合下列规定：

1 安全性和正常使用性的鉴定评级，应按构件、子单元和鉴定单元各分三个层次。每一层次分为四个安全性等级和三个使用性等级，并应按表3.2.5规定的检查项目和步骤，从第一层开始，分层进行：

1) 根据构件各检查项目评定结果，确定单个构件等级；

2) 根据子单元各检查项目及各种构件的评定结果，确定子单元等级；

3) 根据各子单元的评定结果，确定鉴定单元等级。

2 各层次可靠性鉴定评级，应以该层次安全性和正常使用性的评定结果为依据综合确定。每一层次的可靠性等级分为四级。

3 当仅要求鉴定某层次的安全性或正常使用性时，检查和评定工作可只进行到该层次相应程序规定的步骤。

3.2.6 在民用建筑可靠性鉴定过程中，若发现调查资料不足，应及时组织补充调查。

可靠性鉴定评级的层次、等级划分及工作内容　表3.2.5

层次		一	二		三
层名		构件	子单元		鉴定单元
安全性鉴定	等级	a_u、b_u、c_u、d_u	A_u、B_u、C_u、D_u		A_{su}、B_{su}、C_{su}、D_{su}
	地基基础	按同类材料构件各检查项目评定单个基础等级	按地基变形或承载力、地基稳定性（斜坡）等检查项目评定地基等级	地基基础评级	鉴定单元安全性评级
			每种基础评级		
	上部承重结构	按承载能力、构造、不适于继续承载的位移或残损等检查项目评定单个构件等级	每种构件评级	上部承重结构评级	
			结构侧向位移评级		
			按结构布置、支撑、圈梁、结构间连系等检查项目评定结构整体性等级		
	围护系统承重部分	按上部承重结构检查项目及步骤评定围护系统承重部分各层次安全性等级			
正常使用性鉴定	等级	a_s、b_s、c_s	A_s、B_s、C_s		A_{ss}、B_{ss}、C_{ss}
	地基基础		按上部承重结构和围护系统工作状态评估地基基础等级	地基基础评级	鉴定单元正常使用性评级
	上部承重结构	按位移、裂缝、风化、锈蚀等检查项目评定单个构件等级	每种构件评级	上部承重结构评级	
			结构侧向位移评级		
	围护系统功能	按屋面防水、吊顶、墙、门窗、地下防水及其他防护设施等检查项目评定围护系统功能等级		围护系统评级	
		按上部承重结构检查项目及步骤评定围护系统承重部分各层次使用性等级			
可靠性鉴定	等级	a、b、c、d	A、B、C、D		Ⅰ、Ⅱ、Ⅲ、Ⅳ
	地基基础	以同层次安全性和正常使用性评定结果并列表达，或按本标准规定的原则确定其可靠性等级		鉴定单元可靠性评级	
	上部承重结构				
	围护系统				

注：表中地基基础包括桩基和桩。

3.2.7 民用建筑适修性评估，应按每种构件、每一子单元和鉴定单元分别进行，且评估结果应以不同的适修性等级表示。每一层次的适修性等级分为四级。

3.2.8 民用建筑可靠性鉴定工作完成后，应提出鉴定报告。鉴定报告的编写应符合本标准第11章的要求。

3.3 鉴定评级标准

3.3.1 民用建筑安全性鉴定评级的各层次分级标准，应按表3.3.1的规定采用。

安全性鉴定分级标准　表3.3.1

层次	鉴定对象	等级	分级标准	处理要求
一	单个构件或其检查项目	a_u	安全性符合本标准对a_u级的要求，具有足够的承载能力	不必采取措施
		b_u	安全性略低于本标准对a_u级的要求，尚不显著影响承载能力	可不采取措施
		c_u	安全性不符合本标准对a_u级的要求，显著影响承载能力	应采取措施

层次	鉴定对象	等级	分级标准	处理要求
一	单个构件或其检查项目	d_u	安全性极不符合本标准对 a_u 级的要求，已严重影响承载能力	必须及时或立即采取措施
二	子单元的检查项目	A_u	安全性符合本标准对 A_u 级的要求，具有足够的承载能力	不必采取措施
		B_u	安全性略低于本标准对 A_u 级的要求，尚不显著影响承载能力	可不采取措施
		C_u	安全性不符合本标准对 A_u 级的要求，显著影响承载能力	应采取措施
		D_u	安全性极不符合本标准对 A_u 级的要求，已严重影响承载能力	必须及时或立即采取措施
	子单元中的每种构件	A_u	安全性符合本标准对 A_u 级的要求，不影响整体承载	可不采取措施
		B_u	安全性略低于本标准对 A_u 级的要求，尚不显著影响整体承载	可能有极个别构件应采取措施
		C_u	安全性不符合本标准对 A_u 级的要求，显著影响整体承载	应采取措施，且可能有个别构件必须立即采取措施
		D_u	安全性极不符合本标准对 A_u 级的要求，已严重影响整体承载	必须立即采取措施
	子单元	A_u	安全性符合本标准对 A_u 级的要求，不影响整体承载	可能有个别一般构件应采取措施
		B_u	安全性略低于本标准对 A_u 级的要求，尚不显著影响整体承载	可能有极少数构件应采取措施
		C_u	安全性不符合本标准对 A_u 级的要求，显著影响整体承载	应采取措施，且可能有少数构件必须立即采取措施
		D_u	安全性极不符合本标准对 A_u 级的要求，严重影响整体承载	必须立即采取措施
三	鉴定单元	A_{su}	安全性符合本标准对 A_{su} 级的要求，不影响整体承载	可能有极少数一般构件应采取措施
		B_{su}	安全性略低于本标准对 A_{su} 级的要求，尚不显著影响整体承载	可能有极少数构件应采取措施
		C_{su}	安全性不符合本标准对 A_{su} 级的要求，显著影响整体承载	应采取措施，且可能有少数构件必须立即采取措施
		D_{su}	安全性严重不符合本标准对 A_{su} 级的要求，严重影响整体承载	必须立即采取措施

注：1. 本标准对 a_u 级、A_u 级及 A_{su} 级的具体要求以及对其它各级不符合该要求的允许程度，分别由本标准第 4 章、第 6 章及第 8 章给出；

2. 表中关于"不必采取措施"和"可不采取措施"的规定，仅对安全性鉴定而言，不包括正常使用性鉴定所要求采取的措施；

3.3.2 民用建筑正常使用性鉴定评级的各层次分级标准，应按表 3.3.2 的规定采用。

使用性鉴定分级标准　　　　表 3.3.2

层次	鉴定对象	等级	分级标准	处理要求
一	单个构件或其检查项目	a_s	使用性符合本标准对 a_s 级的要求，具有正常的使用功能	不必采取措施
		b_s	使用性略低于本标准对 a_s 级的要求，尚不显著影响使用功能	可不采取措施
		c_s	使用性不符合本标准对 a_s 级的要求，显著影响使用功能	应采取措施
二	子单元的检查项目	A_s	使用性符合本标准对 A_s 级的要求，具有正常的使用功能	不必采取措施
		B_s	使用性略低于本标准对 A_s 级的要求，尚不显著影响使用功能	可不采取措施
		C_s	使用性不符合本标准对 A_s 级的要求，显著影响使用功能	应采取措施
	子单元中的每种构件	A_s	使用性符合本标准对 A_s 级的要求，不影响整体使用功能	可不采取措施
		B_s	使用性略低于本标准对 A_s 级的要求，尚不显著影响整体使用功能	可能有极少数构件应采取措施
		C_s	使用性不符合本标准对 A_s 级的要求，显著影响整体使用功能	应采取措施
	子单元	A_s	使用性符合本标准对 A_s 级的要求，不影响整体使用功能	可能有极少数一般构件应采取措施

层次	鉴定对象	等级	分级标准	处理要求
二	子单元	B_s	使用性略低于本标准对 A_s 级的要求，尚不显著影响整体使用功能	可能有极少数构件应采取措施
		C_s	使用性不符合本标准对 A_s 级的要求，显著影响整体使用功能	应采取措施
三	鉴定单元	A_{ss}	使用性符合本标准对 A_{ss} 级的要求，不影响整体使用功能	可能有极少数一般构件应采取措施
		B_{ss}	使用性略低于本标准对 A_{ss} 级的要求，尚不显著影响整体使用功能	可能有极少数构件应采取措施
		C_{ss}	使用性不符合本标准对 A_{ss} 级的要求，显著影响整体使用功能	应采取措施

注：1. 本标准对 a_s 级、A_s 级及 A_{ss} 级的具体要求以及对其它各级不符合该要求的允许程度，分别由本标准第 5 章、第 7 章及第 8 章给出；

2. 表中关于"不必采取措施"和"可不采取措施"的规定，仅对正常使用性鉴定而言，不包括安全性鉴定所要求采取的措施；

3.3.3 民用建筑可靠性鉴定评级的各层次分级标准，应按表 3.3.3 的规定采用。

可靠性鉴定的分级标准　　　　表 3.3.3

层次	鉴定对象	等级	分级标准	处理要求
一	单个构件	a	可靠性符合本标准对 a 级的要求，具有正常的承载功能和使用功能	不必采取措施
		b	可靠性略低于本标准对 a 级的要求，尚不显著影响承载功能和使用功能	可不采取措施
		c	可靠性不符合本标准对 a 级的要求，显著影响承载功能和使用功能	应采取措施
		d	可靠性极不符合本标准对 a 级的要求，已严重影响安全	必须及时或立即采取措施
二	子单元中的每种构件	A	可靠性符合本标准对 A 级的要求，不影响整体承载功能和使用功能	可不采取措施
		B	可靠性略低于本标准对 A 级的要求，但尚不显著影响整体承载功能和使用功能	可能有个别或极少数构件应采取措施
		C	可靠性不符合本标准对 A 级的要求，显著影响整体承载功能和使用功能	应采取措施，且可能有个别构件必须立即采取措施
		D	可靠性极不符合本标准对 A 级的要求，已严重影响安全	必须立即采取措施
	子单元	A	可靠性符合本标准对 A 级的要求，不影响整体承载功能和使用功能	可能有极少数一般构件应采取措施
		B	可靠性略低于本标准对 A 级的要求，但尚不显著影响整体承载功能和使用功能	可能有极少数构件应采取措施
		C	可靠性不符合本标准对 A 级的要求，显著影响整体承载功能和使用功能	应采取措施，且可能有极少数构件必须立即采取措施
		D	可靠性极不符合本标准对 A 级的要求，已严重影响安全	必须立即采取措施
三	鉴定单元	I	可靠性符合本标准对 I 级的要求，不影响整体承载功能和使用功能	可能有少数一般构件应在使用性或安全性方面采取措施
		II	可靠性略低于本标准对 I 级的要求，尚不显著影响整体承载功能和使用功能	可能有极少数构件应在安全性或使用性方面采取措施
		III	可靠性不符合本标准对 I 级的要求，显著影响整体承载功能和使用功能	应采取措施，且可能有极少数构件必须立即采取措施
		IV	可靠性极不符合本标准对 I 级的要求，已严重影响安全	必须立即采取措施

注：本标准对 a 级、A 级、I 级的具体分级界限以及对其它各级超出该界限的允许程度，由本标准第 9 章作出规定。

3.3.4 民用建筑适修性评级的各层次分级标准，应分别按表 3.3.4-1 及表 3.3.4-2 的规定采用。

每种构件适修性评级的分级标准   表 3.3.4-1

等级	分级标准
A_r	构件易加固或易更换，所涉及的相关构造问题易处理。适修性好，修后可恢复原功能
B_r	构件稍难加固或稍难更换，所涉及的相关构造问题尚可处理。适修性尚好，修后尚能恢复或接近恢复原功能
C_r	构件难加固，亦难更换，或所涉及的相关构造问题较难处理。适修性差，修后对原功能有一定影响
D_r	构件很难加固，或很难更换，或所涉及的相关构造问题很难处理。适修性极差，只能从安全性出发采取必要的措施，可能损害建筑物的局部使用功能

子单元或鉴定单元适修性评级的分级标准   表 3.3.4-2

等级	分级标准
A_{su}^r/A_r	易修，或易改造，修后能恢复原功能，或改造后的功能可达到现行设计标准的要求，所需费用远低于新建的造价，适修性好，应予修复或改造
B_{su}^r/B_r	稍难修，或稍难改造，修后尚能恢复或接近恢复原功能，或改造后的功能尚可达到现行设计标准的要求，所需总费用不到新建造价的70%。适修性尚好，宜予修复或改造
C_{su}^r/C_r	难修，或难改造，修后或改造后需降低使用功能或限制使用条件，或所需费用为新建造价70%以上。适修性差，是否有保留价值，取决于其重要性和使用要求
D_{su}^r/D_r	该鉴定对象已严重残损，或修复功能极差，已无利用价值，或所需总费用接近、甚至超过新建的造价。适修性很差，除纪念性或历史性建筑外，宜予拆除、重建

注：本表适用于子单元和鉴定单元的适修性评定。"等级"一栏中，斜线上方的等级代号用于子单元；斜线下方的等级代号用于鉴定单元。

4 构件安全性鉴定评级

4.1 一般规定

4.1.1 单个构件安全性的鉴定评级，应根据构件的不同种类，分别按本章第 4.2 节至第 4.5 节的规定执行。

4.1.2 当验算被鉴定结构或构件的承载能力时，应遵守下列规定：

1 结构构件验算采用的结构分析方法，应符合国家现行设计规范的规定。

2 结构构件验算使用的计算模型，应符合其实际受力与构造状况。

3 结构上的作用应经调查或检测核实，并应按本标准附录B的规定取值。

4 结构构件作用效应的确定，应符合下列要求：

1）作用的组合、作用的分项系数及组合值系数，应按现行国家标准《建筑结构荷载规范》（GBJ 9）的规定执行。

2）当结构受到温度、变形等作用，且对其承载有显著影响时，应计入由之产生的附加内力。

5 构件材料强度的标准值应根据结构的实际状态按下列原则确定：

1）若原设计文件有效，且不怀疑结构有严重的性能退化或设计、施工偏差，可采用原设计的标准值。

2）若调查表明实际情况不符合上款的要求，应按本节第 4.1.6 条的规定进行现场检测，并按本标准附录C的规定确定其标准值。

6 结构或构件的几何参数应采用实测值，并应计入锈蚀、腐蚀、腐朽、虫蛀、风化、局部缺陷或缺损以及施工偏差等的影响。

7 当需检查设计责任时，应按原设计计算书、施工图及竣工图，重新进行一次复核。

4.1.3 结构构件安全性鉴定采用的检测数据，应符合下列要求：

1 检测方法应按国家现行有关标准采用。当需采用不止一种检测方法同时进行测试时，应事先约定综合确定检测值的规则，不得事后随意处理。

2 检测应按本标准划分的构件单位（见附录D）进行，并应有取样、布点方面的详细说明。当测点较多时，尚应绘制测点分布图。

3 当怀疑检测数据有异常值时，其判断和处理应符合国家现行有关标准的规定，不得随意舍弃数据。

4.1.4 当需通过荷载试验评估结构构件的安全性时，应按现行专门标准进行。若检验合格，可根据其完好程度，定为 a_u 级或 b_u 级，若检验不合格，可根据其严重程度，定为 c_u 级或 d_u 级。

结构构件可仅作短期荷载试验，其长期效应的影响可通过计算补偿。

4.1.5 当建筑物中的构件符合下列条件时，可不参与鉴定：

1 该构件未受结构性改变、修复、修理或用途、或使用条件改变的影响。

2 该构件未遭明显的损坏。

3 该构件工作正常，且不怀疑其可靠性不足。

若考虑到其它层次鉴定评级的需要，而有必要给出该构件的安全性等级，可根据其实际完好程度定为 a_u 级或 b_u 级。

4.1.6 当检查一种构件的材料由于与时间有关的环境效应或其它系统性因素引起的性能退化时，允许采用随机抽样的方法，在该种构件中确定 5～10 个构件作为检测对象，并按现行的检测方法标准测定其材料强度或其他力学性能。

注：1 当构件总数少于5个时，应逐个进行检测。

2 当委托方对这种构件的材料强度检测有较严的要求时，也可通过协商适当地增加受检构件的数量。

4.2 混凝土结构构件

4.2.1 混凝土结构构件的安全性鉴定，应按承载能力、构造以及不适于继续承载的位移（或变形）和裂缝等四个检查项目，分别评定每一受检构件的等级，并取其中最低一级作为该构件安全性等级。

4.2.2 当混凝土结构构件的安全性按承载能力评定时，应按表 4.2.2 的规定，分别评定每一验算项目的等级，然后取其中最低一级作为该构件承载能力的安全性等级。

混凝土结构构件承载能力等级的评定   表 4.2.2

构件类别	$R/\gamma_0 S$			
	a_u 级	b_u 级	c_u 级	d_u 级
主要构件	≥1.0	≥0.95，且<1	≥0.90，且<0.95	<0.90
一般构件	≥1.0	≥0.90，且<1	≥0.85，且<0.90	<0.85

注：1 表中 R 与 S 分别为结构构件的抗力和作用效应，应按本标准第 4.1.2 条的要求确定；γ_0 为结构重要性系数，应按验算所依据的国家现行设计规范选择安全等级，并确定本系数的取值。

2 结构倾覆、滑移、疲劳、脆断的验算，应符合国家现行有关规范的规定。

4.2.3 当混凝土结构构件的安全性按构造评定时，应按表 4.2.3 的规定，分别评定两个检查项目的等级，然后取其中较低一级作为该构件构造的安全性等级。

混凝土结构构件构造等级的评定   表 4.2.3

检查项目	a_u 级或 b_u 级	c_u 级或 d_u 级
连接（或节点）构造	连接方式正确，构造符合国家现行设计规范要求，无缺陷，或仅有局部的表面缺陷，工作无异常	连接方式不当，构造有严重缺陷，已导致焊缝或螺栓等出现明显变形、滑移、局部拉脱、剪坏或裂缝

续表

检查项目	a_u级或b_u级	c_u级或d_u级
受力预埋件	构造合理，受力可靠，无变形、滑移、松动或其它损坏	构造有严重缺陷，已导致预埋件发生明显变形、滑移、松动或其它损坏

注：1 评定结果取a_u级或b_u级，可根据其实际完好程度确定；评定结果取c_u级或d_u级，可根据其实际严重程度确定。

　　2 构件支承长度的检查结果不参加评定，但若有问题，应在鉴定报告中说明，并提出处理建议。

4.2.4 当混凝土结构构件的安全性按不适于继续承载的位移或变形评定时，应遵守下列规定：

　　1 对桁架（屋架、托架）的挠度，当其实测值大于其计算跨度的1/400时，应按本标准第4.2.2条验算其承载能力。验算时，应考虑由位移产生的附加应力的影响，并按下列原则评级：

　　1）若验算结果不低于b_u级，仍可定为b_u级，但宜附加观察使用一段时间的限制。

　　2）若验算结果低于b_u级，可根据其实际严重程度定为c_u级或d_u级。

　　2 对其他受弯构件的挠度或施工偏差造成的侧向弯曲，应按表4.2.4的规定评级。

混凝土受弯构件不适于继续承载的变形的评定　表4.2.4

检查项目	构件类别		c_u级或d_u级
挠　度	主要受弯构件——主梁、托梁等		$> l_0/250$
	一般受弯构件	$l_0 \leq 9m$	$> l_0/150$ 或$> 45mm$
		$l_0 > 9m$	$> l_0/200$
侧向弯曲的矢高	预制屋面梁、桁架或深梁		$> l_0/500$

注：1 表中l_0为计算跨度。

　　2 评定结果取c_u级或d_u级，可根据其实际严重程度确定。

　　3 对柱顶的水平位移（或倾斜），当其实测值大于本标准表6.3.5所列的限值时，应按下列规定评级：

　　1）若该位移与整个结构有关，应根据本标准第6.3.5条的评定结果，取与上部承重结构相同的级别作为该柱的水平位移等级。

　　2）若该位移只是孤立事件，则应在其承载能力验算中考虑此附加位移的影响，并根据验算结果按本条第1款的原则评级。

　　3）若该位移尚在发展，应直接定为d_u级。

4.2.5 当混凝土结构构件出现表4.2.5所列的受力裂缝时，应视为不适于继续承载的裂缝，并应根据其实际严重程度定为c_u级或d_u级。

混凝土构件不适于继续承载的裂缝宽度的评定　表4.2.5

检查项目	环境	构件类别		c_u级或d_u级
受力主筋处的弯曲（含一般弯剪）裂缝和轴拉裂缝宽度（mm）	正常湿度环境	钢筋混凝土	主要构件	> 0.50
			一般构件	> 0.70
		预应力混凝土	主要构件	$> 0.20 (0.30)$
			一般构件	$> 0.30 (0.50)$
	高湿度环境	钢筋混凝土	任何构件	> 0.40
		预应力混凝土		$> 0.10 (0.20)$
剪切裂缝（mm）	任何湿度环境	钢筋混凝土或预应力混凝土		出现裂缝

注：1 表中的剪切裂缝系指斜拉裂缝，以及集中荷载靠近支座处出现的或深梁中出现的斜压裂缝。

　　2 高湿度环境系指露天环境，开敞式房屋易遭飘雨部位，经常受蒸汽或冷凝水作用的场所（如厨房、浴室、寒冷地区不保暖屋盖等）以及与土壤直接接触的部件等。

　　3 表中括号内的限值适用于冷拉Ⅰ、Ⅲ、Ⅳ级钢筋的预应力混凝土构件。

　　4 对板的裂缝宽度应以表面量测值为准。

4.2.6 当混凝土结构构件出现下列情况的非受力裂缝时，也应视为不适于继续承载的裂缝，并应根据其实际严重程度定为c_u级或d_u级：

　　1 因主筋锈蚀产生的沿主筋方向的裂缝，其裂缝宽度已大于1mm。

　　2 因温度、收缩等作用产生的裂缝，其宽度已比本标准表4.2.5规定的弯曲裂缝宽度值超出50%，且分析表明已显著影响结构的受力。

　　注：当混凝土结构构件同时存在受力和非受力裂缝时，应按本标准第4.2.5条及第4.2.6条分别评定其等级，并取其中较低一级作为该构件的裂缝等级。

4.2.7 当混凝土结构构件出现下列情况之一时，不论其裂缝宽度大小，应直接定为d_u级：

　　1 受压区混凝土有压坏迹象；

　　2 因主筋锈蚀导致构件掉角以及混凝土保护层严重脱落。

4.3　钢结构构件

4.3.1 钢结构构件的安全性鉴定，应按承载能力、构造以及不适于继续承载的位移（或变形）等三个检查项目，分别评定每一受检构件等级；对冷弯薄壁型钢结构、轻钢结构、钢桩以及地处有腐蚀性介质的工业区，或高湿、临海地区的钢结构，尚应以不适于继续承载的锈蚀作为检查项目评定其等级；然后取其中最低一级作为该构件的安全性等级。

4.3.2 当钢结构构件（含连接）的安全性按承载能力评定时，应按表4.3.2的规定，分别评定每一验算项目的等级，然后取其中最低一级作为该构件承载能力的安全性等级。

钢结构构件（含连接）承载能力等级的评定　表4.3.2

构件类别	$R/\gamma_0 S$			
	a_u级	b_u级	c_u级	d_u级
主要构件及其连接	≥ 1.0	≥ 0.95	≥ 0.90	≥ 0.90
一　般　构　件	≥ 1.0	≥ 0.90	≥ 0.85	≥ 0.85

注：1 表中R和S分别为结构构件的抗力和作用效应，应按本标准第4.1.2条的要求取值；γ_0为结构重要性系数，应按验算所依据的国家现行设计规范选择安全等级，并确定本系数的取值。

　　2 结构倾斜、滑移、疲劳、脆断的验算，应符合国家现行有关规范的规定。

　　3 当构件或连接出现脆性断裂或疲劳开裂时，应直接定为d_u级。

4.3.3 当钢结构构件的安全性按构造评定时，应按表4.3.3的规定评级。

钢结构构件构造安全性评定标准　表4.3.3

检查项目	a_u级或b_u级	c_u级或d_u级
连接构造	连接方式正确，构造符合国家现行设计规范要求，无缺陷，或仅有局部的表面缺陷，工作无异常	连接方式不当，构造有严重缺陷（包括施工遗留缺陷）；构造或连接有裂缝或锐角切口；焊缝、铆钉、螺栓有变形、滑移或其它损坏

注：1 评定结果取a_u级或b_u级，可根据其实际完好程度确定；评定取c_u级或d_u级，可根据其实际严重程度确定。

　　2 施工遗留的缺陷，对焊缝系指夹渣、气泡、咬边、烧穿、漏即、未焊透以及焊脚尺寸不足等；对铆钉或螺栓系指漏铆、漏栓、错位、错排及掉头等；其他施工遗留的缺陷可根据实际情况确定。

4.3.4 当钢结构构件的安全性按不适于继续承载的位移或变形评定时，应遵守下列规定：

　　1 对桁架（屋架、托架）的挠度，当其实测值大于桁架计算跨度的1/400时，应按标准第4.3.2条验算其承载力。验算时，应考虑由于位移产生的附加应力的影响，并按下列原则评级：

　　1）若验算结果不低于b_u级，仍可定为b_u级，但宜附加观察使用一段时间的限制。

　　2）若验算结果低于b_u级，可根据其实际严重程度定为c_u级或d_u级。

　　2 对桁架顶点的侧向位移，当其实测值大于桁架高度的1/200，且有可能发展时，应定为c_u级。

　　3 对其他受弯构件的挠度，或偏差造成的侧向弯曲，应按表4.3.4的规定评级。

　　4 对柱顶的水平位移（或倾斜），当其实测值大于本标准表6.3.5所列的限值时，应按下列规定评级：

　　1）若该位移与整个结构有关，应根据本标准第6.3.5条的评定结果，取与上部承重结构相同的级别作为该柱的水平位移等级。

2）若该位移只是孤立事件，则应在其承载能力验算中考虑此附加位移的影响，并根据验算结果按本条第 1 款的原则评级。

3）若该位移尚在发展，应直接定为 d_u 级。

5 对偏差或其他使用原因引起的柱的弯曲，当弯曲矢高实测值大于柱的自由长度的 1/660 时，应在承载能力的验算中考虑其所引起的附加弯矩的影响，并按本条第 1 款规定的原则评级。

钢结构受弯构件不适于继续承载的变形的评定 表 4.3.4

检查项目	构 件 类 别			c_u 级或 d_u 级
挠 度	主要构件	网架	屋盖（短向）	$>l_s/200$，且可能发展
			楼盖（短向）	$>l_s/250$，且可能发展
		主梁、托梁		$>l_0/300$
	一般构件	其 它 梁		$>l_0/180$
		檩 条 等		$>l_0/120$
侧向弯曲	深 梁			$>l_0/660$
矢 高	一般实腹梁			$>l_0/500$

注：表中 l_0 为构件计算跨度，l_s 为网架短向计算跨度。

4.3.5 当钢结构构件的安全性按不适于继续承载的锈蚀评定时，除应按剩余的完好截面验算其承载能力外，尚应按表 4.3.5 的规定评级。

钢结构构件不适于继续承载的锈蚀的评定 表 4.3.5

等级	评 定 标 准
c_u	在结构的主要受力部位，构件截面平均锈蚀深度 $\triangle t$ 大于 0.05t，但不大于 0.1t
d_u	在结构的主要受力部位，构件截面平均锈蚀深度 $\triangle t$ 大于 0.1t

注：表中 t 为锈蚀部位构件原截面的壁厚，或钢板的板厚。

4.4 砌体结构构件

4.4.1 砌体结构构件的安全性鉴定，应按承载能力、构造以及不适于继续承载的位移和裂缝等四个检查项目，分别评定每一受检构件等级，并取其中最低一级作为该构件的安全性等级。

4.4.2 当砌体结构的安全性按承载能力评定时，应按表 4.4.2 的规定，分别评定每一验算项目的等级，然后取其中最低一级作为该构件承载能力的安全性等级。

砌体结构构件承载能力等级的评定 表 4.4.2

构 件 类 别	评 定 标 准			
	$R/\gamma_0 S$			
	a_u 级	b_u 级	c_u 级	d_u 级
主要构件	$\geqslant 1.0$	$\geqslant 0.95$	$\geqslant 0.90$	< 0.90
一般构件	$\geqslant 1.0$	$\geqslant 0.90$	$\geqslant 0.85$	< 0.85

注：1 表中 R 和 S 分别为结构构件的抗力和作用效应，应按本标准第 4.1.2 条的要求确定；γ_0 为结构重要性系数，应按验算所依据的国家现行设计规范选择安全等级并确定本系数的取值。

2 结构倾覆的验算，应符合国家现行有关规范的规定。

3 当材料的最低强度等级不符合现行国家标准《砌体结构设计规范》(GBJ 3) 的要求时，即使验算高于 c_u 级，也应定为 c_u 级。

4.4.3 当砌体结构构件的安全性按构造评定时，应按表 4.4.3 的规定，分别评定两个检查项目的等级，然后取其中较低一级作为该构件构造的安全性等级。

砌体结构构件构造的安全性评定 表 4.4.3

检查项目	a_u 级或 b_u 级	c_u 级或 d_u 级
墙、柱的高厚比	符合或略不符合国家现行设计规范的要求	不符合国家现行设计规范的要求，且已超过限值的 10%
连接及其他构造	连接及砌筑方式正确，构造符合国家现行设计规范要求，无缺陷或仅有局部的表面缺陷，工作无异常	连接或砌筑方式不当，构造有严重缺陷（包括施工遗留缺陷），已导致构件或连接部位开裂、变形、位移或松动，或已造成其他损坏

注：1 评定结果取 a_u 级或 b_u 级，可根据其实际完好程度确定；评定结果取 c_u 级或 d_u 级，可根据其实际严重程度确定。

2 构件支承长度检查结果不参加评定，但若有问题，应在鉴定报告中说明，并提出处理建议。

4.4.4 当砌体结构构件安全性按不适于继续承载的位移或变形评定时，应遵守下列规定：

1 对墙、柱的水平位移（或倾斜），当其实测值大于本标准表 6.3.5 条所列的限值时，应按下列规定评级：

1）若该位移与整个结构有关，应根据本标准第 6.3.5 条的评定结果，取与上部承重结构相同的级别作为该墙、柱的水平位移等级。

2）若该位移系孤立事件，则应在其承载能力验算中考虑此附加位移的影响。若验算结果不低于 b_u 级，仍可定为 b_u 级；若验算结果低于 b_u 级，可根据其实际严重程度定为 c_u 级或 d_u 级。

3）若该位移尚在发展，应直接定为 d_u 级。

注：构造合理的组合砌体柱可按混凝土柱评定。

2 对偏差或其他使用原因造成的柱（不包括带壁柱）的弯曲，当其矢高实测值大于柱的自由长度的 1/500 时，应在其承载能力验算中计入附加弯矩的影响，并根据验算结果按本条第 1 款第 2 项的原则评级。

3 对拱或壳体结构出现的下列位移或变形，可根据其实际严重程度定为 c_u 级或 d_u 级：

1）拱脚或壳的边梁出现水平位移；

2）拱轴线或筒拱、扁壳的曲面发生变形。

4.4.5 当砌体结构的承重构件出现下列受力裂缝时，应视为不适于继续承载的裂缝，并应根据其严重程度评为 c_u 级或 d_u 级：

1 桁架、主梁支座下的墙、柱的端部或中部，出现沿块材断裂（贯通）的竖向裂缝。

2 空旷房屋承重外墙的变截面处，出现水平裂缝或斜向裂缝。

3 砌体过梁的跨中或支座出现裂缝；或虽未出现肉眼可见的裂缝，但发现其跨度范围内有集中荷载。

注：块材指砖或砌块。

4 筒拱、双曲筒拱、扁壳等的拱面、壳面，出现沿拱顶母线或对角线的裂缝。

5 拱、壳支座附近或支承的墙体上出现沿块材断裂的斜裂缝。

6 其它明显的受压、受弯或受剪裂缝。

4.4.6 当砌体结构、构件出现下列非受力裂缝时，也应视为不适于继续承载的裂缝，并应根据其实际严重程度评为 c_u 级或 d_u 级：

1 纵横墙连接处出现通长的竖向裂缝。

2 墙身裂缝严重，且最大裂缝宽度已大于 5mm。

3 柱已出现宽度大于 1.5mm 的裂缝，或有断裂、错位迹象。

4 其他显著影响结构整体性的裂缝。

注：非受力裂缝系指由温度、收缩、变形或地基不均匀沉降等引起的裂缝。

4.5 木结构构件

4.5.1 木结构构件的安全性鉴定，应按承载能力、构造、不适于继续承载的位移（或变形）和裂缝以及危险性的腐朽和虫蛀等六个检查项目，分别评定每一受检构件的等级，并取其中最低一级作为该构件的安全性等级。

4.5.2 当木结构构件及其连接的安全性按承载能力评定时，应按表 4.5.2 的规定，分别评定每一验算项目的等级，并取其中最低一级作为构件承载能力的安全性等级。

木结构构件及其连接承载能力等级的评定 表 4.5.2

构 件 类 别	$R/\gamma_0 S$			
	a_u 级	b_u 级	c_u 级	d_u 级
主要构件及连接	$\geqslant 1.0$	$\geqslant 0.95$	$\geqslant 0.90$	< 0.90
一 般 构 件	$\geqslant 1.0$	$\geqslant 0.90$	$\geqslant 0.85$	< 0.85

注：表中 R 和 S 分别为结构构件的抗力和作用效应，应按本标准第 4.1.2 条的要求确定；γ_0 为结构重要性系数，应按验算所依据的国家现行设计规范选择安全等级，并确定本系数的取值。

4.5.3 当木结构构件的安全性按构造评定时,应按表4.5.3的规定,分别评定两个检查项目的等级,并取其中较低一级作为该构件构造的安全性等级。

木结构构件构造的安全性评定　　　　表4.5.3

检查项目	a_u级或b_u级	c_u级或d_u级
连接(或节点)	连接方式正确,构造符合国家现行设计规范要求,无缺陷,或仅有局部表面缺陷,通风良好,工作无异常	连接方式不当,构造有严重缺陷(包括施工遗留缺陷),已导致连接松弛变形、滑移、沿剪面开裂或其它损坏
屋架起拱值	符合或略不符合国家现行设计规范规定,但未发现有推力所造成的影响	严重不符合现行设计规范的规定,且由其引起的推力,已使墙、柱发生裂缝或侧倾

注:1　评定结果取a_u级或b_u级,可根据其完好程度确定;评定结果取c_u级或d_u级,可根据其实际严重程度确定。

　　2　构件支承长度检查结果不参加评定,但若有问题,应在鉴定报告中说明,并提出处理建议。

4.5.4 当木结构构件的安全性按不适于继续承载的位移(或变形)评定时,应按表4.5.4的规定评级。

木结构构件不适于继续承载的变形的评定　　表4.5.4

检 查 项 目		c_u级或d_u级
最大挠度	桁架(屋架、托架)	$>l_0/200$
	主　梁	$>l_0^2/3000h$,或$>l_0/150$
	搁栅、檩条	$>l_0^2/2400h$,或$>l_0/120$
	椽　条	$>l_0/100$,或已剪裂
侧向弯曲矢高	柱或其他受压构件	$>l_c/200$
	矩形截面梁	$>l_0/150$

注:1　表中l_0为计算跨度;l_c为柱的无支长度;h为截面高度。

　　2　表中的侧向弯曲,主要是由木材生长原因或干缩、施工不当所引起的。

　　3　评定结果c_u级或d_u级,可根据其实际严重程度确定。

4.5.5 当木结构构件具有下列斜率(ρ)的斜纹理或斜裂缝时,应根据其严重程度定为c_u级或d_u级。

对受拉构件及拉弯构件　　　　$\rho>10\%$

对受弯构件及偏压构件　　　　$\rho>15\%$

对受压构件　　　　　　　　　$\rho>20\%$

4.5.6 当木结构构件的安全性按危险性腐朽或虫蛀评定时,应按下列规定评级:

　　1　一般情况下,应按表4.5.6的规定评级。

　　2　当封入墙、保温层内的木构件或其连接已受潮时,即使木材尚未腐朽,也应直接定为c_u级。

木结构构件危险性腐朽、虫蛀的评定　　表4.5.6

检 查 项 目		c_u级或d_u级
表层腐朽	上部承重结构构件	截面上的腐朽面积大于原截面面积的5%,或按剩余截面验算不合格
	木　桩	截面上的腐朽面积大于原截面面积的10%
心腐	任何构件	有 心 腐
虫蛀		有新蛀孔;或未见蛀孔,但敲击有空鼓声,或用仪器探测,内有蛀洞

注:评定结果取c_u级或d_u级,可根据其实际严重程度确定。

5　构件正常使用性鉴定评级

5.1　一般规定

5.1.1 单个构件正常使用性的鉴定评级,应根据其不同的材料种类,分别按本章第5.2节至第5.5节的规定执行。

5.1.2 正常使用性的鉴定,应以现场的调查、检测结果为基本依据。鉴定采用的检测数据,应符合本标准第4.1.3条的要求。

5.1.3 当遇到下列情况之一时,结构构件的鉴定,尚应按正常使用极限状态的要求进行计算分析和验算:

　　1　检测结果需与计算值进行比较;

　　2　检测只能取得部分数据,需通过计算分析进行鉴定;

　　3　为改变建筑物用途、使用条件或使用要求而进行的鉴定。

5.1.4 对被鉴定的结构构件进行计算和验算,除应符合现行设计规范的规定和本标准第4.1.2条的要求外,尚应遵守下列规定:

　　1　对构件材料的弹性模量、剪变模量和泊松比等物理性能指标,可根据鉴定确认的材料品种和强度等级,按现行设计规范规定的数值采用;

　　2　验算结果应按现行标准、规范规定的限值进行评级。若验算合格,可根据其实际完好程度评为a_s级或b_s级;若验算不合格,应定为c_s级;

　　3　若验算结果与观察不符,应进一步检查设计和施工方面可能存在的差错。

5.2　混凝土结构构件

5.2.1 混凝土结构构件的正常使用性鉴定,应按位移和裂缝两个检查项目,分别评定每一受检构件的等级,并取其中较低一级作为该构件使用等级。

注:混凝土结构构件碳化深度的测定结果,主要用于鉴定分析,不参与评级。但若构件主筋已处于碳化区内,则应在鉴定报告中指出,并应结合其他项目的检测结果提出处理的建议。

5.2.2 当混凝土桁架和其他受弯构件的正常使用性按其挠度检测结果评定时,应按下列规定评级:

　　1　若检测值小于计算值及现行设计规范限值时,可评为a_s级;

　　2　若检测值大于或等于计算值,但不大于现行设计规范限值时,可评为b_s级;

　　3　若检测值大于现行设计规范限值时,应评为c_s级。

注:允许在一般构件的鉴定中,对检测值小于现行设计规范限值的情况,直接根据其完好程度定为a_s级或b_s级。

5.2.3 当混凝土柱的正常使用性需要按其柱顶水平位移(或倾斜)检测结果评定时,可按下列原则评级:

　　1　若该位移的出现与整个结构有关,应根据本标准第7.3.3条的评定结果,取与上部承重结构相同的级别作为该柱的水平位移等级;

　　2　若该位移的出现只是孤立事件,则可根据其检测结果直接评级。评级所需的位移限值,可按本标准表7.3.3所列的层间数值乘以1.1的系数确定。

5.2.4 当混凝土结构构件的正常使用性按其裂缝宽度检测结果评定时,应遵守下列规定:

　　1　若检测值小于计算值及现行设计规范限值时,可评为a_s级;

　　2　若检测值大于或等于计算值,但不大于现行设计规范限值时,可评为b_s级;

　　3　若检测值大于现行设计规范限值时,应评为c_s级;

　　4　若计算有困难或计算结果与实际情况不符时,宜按表5.2.4-1或表5.2.4-2的规定评级;

5 对沿主筋方向出现的锈蚀裂缝，应直接评为 c_s 级；

6 若一根构件同时出现两种裂缝，应分别评级，并取其中较低一级作为该构件的裂缝等级。

钢筋混凝土构件裂缝宽度等级的评定　　表 5.2.4-1

检查项目	环境	构件类别	a_s 级	b_s 级	c_s 级
受力主筋处横向或斜向裂缝宽度 （mm）	正常湿度环境	屋架、托架	≤0.15	≤0.20	>0.20
		主梁、托梁	≤0.20	≤0.30	>0.30
		一般构件	≤0.25	≤0.40	>0.40
	高湿度环境	任何构件	≤0.15	≤0.20	>0.20

注：1 高湿度环境系指：露天环境，开敞式房屋易遭飘雨部位，经常受蒸气或冷凝水作用的场所（如厨房、浴室、寒冷地区不保暖屋盖等）以及与土壤直接接触的部位等。

2 对拱架和屋面板，应分别按桁架和主梁评定。

3 对板的裂缝宽度，以表面量测的数值为准。

预应力混凝土构件裂缝宽度等级的评定　　表 5.2.4-2

检查项目	环境	构件类别	评定标准		
			a_s 级	b_s 级	c_s 级
横向或斜向裂缝宽度 （mm）	正常湿度环境	主要构件	无裂缝 （≤0.15）	无裂缝 （>0.15，且≤0.20）	无裂缝 （>0.20）
		一般构件	无裂缝 （≤0.20）	无裂缝 （0.20，0.30）	无裂缝 （>0.30）
	高湿度环境	任何构件	（无裂缝）	（无裂缝）	出现裂缝

注：1 表中括号内限值适用于冷拉 Ⅱ、Ⅲ、Ⅳ 级钢筋的预应力混凝土构件。

2 当构件无裂缝时，评定结果取 a_s 或 b_s 级，可根据其完好程度确定。

5.3 钢结构构件

5.3.1 钢结构构件的正常使用性鉴定，应按位移和锈蚀（腐蚀）两个检查项目，分别评定每一受检构件的等级，并以其中较低一级作为该构件使用性等级。

对钢结构受拉构件，尚应以长细比作为检查项目参与上述评级。

5.3.2 当钢桁架或其他受弯构件的正常使用性按其挠度检测结果评定时，应按下列规定评级：

1 若检测值小于计算值及现行设计规范限值时，可评为 a_s 级；

2 若检测值大于或等于计算值，但不大于现行设计规范限值时，可评为 b_s 级；

3 若检测值大于现行设计规范限值时，应评为 c_s 级。

注：允许在一般构件的鉴定中，对检测值小于现行设计规范限值的情况，直接根据其完好程度定为 a_s 级或 b_s 级。

5.3.3 当钢柱的正常使用性需要按其柱顶水平位移（或倾斜）检测结果评定时，可按下列原则评级：

1 若该位移的出现与整个结构有关，应根据本标准第 7.3.3 的评定结果，取与上部承重结构相同的级别作为该柱的水平位移等级；

2 若该位移的出现只是孤立事件，则可根据其检测结果直接评级，评级所需的位移限值，可按本标准表 7.3.3 所列的层间数值确定。

5.3.4 当钢结构构件的正常使用性按其锈蚀（腐蚀）的检查结果评定时，应按表 5.3.4 的规定评级。

钢结构构件和连接的锈蚀（腐蚀）等级的评定　　表 5.3.4

锈 蚀 程 度	等 级
面漆及底漆完好，漆膜尚有光泽	a_s
面漆脱落（包括起皮面积），对普通钢结构不大于 15%；对薄壁型钢和轻钢结构基本完好，但边角部位可能有锈蚀，易锈蚀部位的平面上可能有少量麻点	b_s
面漆脱落面积（包括起面面积），对普通钢结构大于 15%；对薄壁型钢和轻钢结构大于 10%；底漆锈蚀面积正在扩大，易锈蚀部位可见到麻面状锈蚀	c_s

5.3.5 当钢结构受拉构件的正常使用性按其长细比的检测结果评定时，应按表 5.3.5 的规定评级。

钢结构受拉构件长细比等级的评定　　表 5.3.5

构 件 类 别		a_s 级 或 b_s 级	c_s 级
主要受拉构件	桁架拉杆	≤350	>350
	网架支座附近处拉杆	≤300	>300
一般受拉构件		≤400	>400

注：1 评定结果取 a_s 级或 b_s 级，根据其实际完好程度确定。

2 当钢结构受拉构件的长细比虽略大于 b_s 级的限值，但若该构件的下垂矢高尚不影响其正常使用性时，仍可定为 b_s 级。

3 张紧的圆钢拉杆的长细比不受本表限制。

5.4 砌体结构构件

5.4.1 砌体结构构件的正常使用性鉴定，应按位移、非受力裂缝和风化（或粉化）等三个检查项目，分别评定每一受检构件的等级，并取其中最低一级作为该构件使用性等级。

5.4.2 当砌体墙、柱的正常使用性按其顶点水平位移（或倾斜）的检测结果评定时，可按下列原则评级：

1 若该位移与整个结构有关，应根据本标准第 7.3.3 条的评定结果，取与上部承重结构相同的级别作为该构件的水平位移等级。

2 若该位移只是孤立事件，则可根据其检测结果直接评级。评级所需的位移限值，可按本标准表 7.3.3 所列的层间数值乘以 1.1 的系数确定。

注：构造合理的组合砌体柱可按混凝土柱评定。

5.4.3 当砌体结构构件的正常使用性按其非受力裂缝检测结果评定时，应按表 5.4.3 的规定评级。

砌体结构构件非受力裂缝等级的评定　　表 5.4.3

检查项目	构件类别	a_s 级	b_s 级	c_s 级
非受力裂缝宽度 （mm）	墙及带壁柱墙	无可见裂缝	≤1.5	>1.5
	柱	无可见裂缝	无可见裂缝	出现裂缝

注：对无可见裂缝的柱，取 a_s 级或 b_s 级，可根据其实际完好程度确定。

5.4.4 当砌体结构构件的正常使用性按其风化或粉化检测结果评定时，应按表 5.4.4 的规定评级。

砌体结构构件风化或粉化等级的评定　　表 5.4.4

检查部位	a_s 级	b_s 级	c_s 级
块 材	无风化迹象，且所处环境正常	局部有风化迹象或尚未风化，但所处环境不良（如潮湿、腐蚀性介质等）	局部或较大范围已风化
砂浆层（灰缝）	无粉化迹象，且所处环境正常	局部有粉化迹象或尚未粉化，但所处环境不良（同上）	局部或较大范围已粉化

注：1 块材指砖或砌块。

2 石材的风化，可按当地经验进行检查评定。

5.5 木结构构件

5.5.1 木结构构件的正常使用性鉴定，应按位移、干缩裂缝和初期腐朽三个检查项目的检测结果，分别评定每一受检构件的等级，并取其中最低一级作为构件的使用性等级。

5.5.2 当木结构构件的正常使用性按其挠度检测结果评定时，应按表 5.5.2 的规定评级。

木结构构件挠度等级的评定 表 5.5.2

构 件 类 别		a_s 级	b_s 级	c_s 级
桁架（屋架、托架）		$\leqslant l_0/500$	$\leqslant l_0/400$	$>l_0/400$
檩条	$l_0\leqslant 3.3\text{m}$	$\leqslant l_0/250$	$\leqslant l_0/200$	$>l_0/200$
	$l_0>3.3\text{m}$	$\leqslant l_0/300$	$\leqslant l_0/250$	$>l_0/250$
椽 条		$\leqslant l_0/200$	$\leqslant l_0/150$	$>l_0/150$
吊顶中的受弯构件	抹灰吊顶	$\leqslant l_0/360$	$\leqslant l_0/300$	$>l_0/300$
	其他吊顶	$\leqslant l_0/250$	$\leqslant l_0/200$	$>l_0/200$
楼盖梁、搁栅		$\leqslant l_0/300$	$\leqslant l_0/250$	$>l_0/250$

注：表中 l_0 为构件计算跨度实测值。

5.5.3 当木结构构件的正常使用性按干缩裂缝检测结果评定时，应按表 5.5.3 的规定评级。

若无特殊要求，原木的干缩裂缝可不参与评级，但应在鉴定报告中提出嵌缝处理的建议。

木结构构件干缩裂缝等级的评定 表 5.5.3

检查项目	构 件 类 别			a_s 级	b_s 级	c_s 级
干缩裂缝深度 (t)	受拉构件	板材		无裂缝	$t\leqslant b/6$	$t>b/6$
		方材		可有微裂	$t\leqslant b/4$	$t>b/4$
	受弯或受压构件	板材		无裂缝	$t\leqslant b/5$	$t>b/5$
		方材		可有微裂	$t\leqslant b/3$	$t>b/3$

注：表中 b 为沿裂缝深度方向的构件截面尺寸。

5.5.4 当发现木结构构件有初期腐朽迹象，或虽未腐朽，但所处环境较潮湿时，应直接定为 c_s 级，并应在鉴定报告中提出防腐处理和防潮通风措施的建议。

6 子单元安全性鉴定评级

6.1 一般规定

6.1.1 民用建筑安全性的第二层次鉴定评级，应按地基基础（含桩基和桩，以下同）、上部承重结构和围护系统的承重部分划分为三个子单元，并应分别按本章第 6.2 节至 6.4 节规定的鉴定方法和评级标准进行评定。

注：若不要求评定围护系统可靠性，也可不将围护系统承重部分列为子单元，而将其安全性鉴定并入上部承重结构中。

6.1.2 当需计算上部承重结构的作用效应，或需验算地基变形、稳定性或承载能力时，除应符合本标准第 4.1.2 条的有关规定外，对地基的岩土性能标准值和地基承载力标准值，应根据现场检验结果按国家现行有关规范的规定取值。

6.1.3 当仅要求对某个子单元的安全性进行鉴定时，该子单元与其它相邻子单元之间的交叉部位，也应进行检查，并应在鉴定报告中提出处理意见。

6.2 地基基础

6.2.1 地基基础（子单元）的安全性鉴定，包括地基、桩基和斜坡三个检查项目，以及基础和桩两种主要构件。

6.2.2 当鉴定地基、桩基的安全性时，应遵守下列规定：

1 一般情况下，宜根据地基、桩基沉降观测资料或其不均匀沉降在上部结构中的反应的检查结果进行鉴定评级。

2 当现场条件适宜于按地基、桩基承载力进行鉴定评级时，可根据岩土工程勘察档案和有关检测资料的完整程度，适当补充近位勘探点，进一步查明土层分布情况，并采用原位测试和取原

状土作室内物理力学性质试验方法进行地基检验，根据以上资料并结合当地工程经验对地基、桩基的承载力进行综合评价。

若现场条件许可，尚可通过在基础（或承台）下进行载荷试验以确定地基（或桩基）的承载力。

3 当发现地基受力层范围内有软弱下卧层时，应对软弱下卧层地基承载能力进行验算。

4 对建造在斜坡上或毗邻深基坑的建筑物，应验算地基稳定性。

6.2.3 当有必要单独鉴定基础（或桩）的安全性时，应遵守下列规定：

1 对浅埋基础（或短桩），可通过开挖进行检测、评定。

2 对深基础（或桩），可根据原设计、施工、检测和工程验收的有效文件进行分析。也可向原设计、施工、检测人员进行核实；或通过小范围的局部开挖，取得其材料性能、几何参数和外观质量的检测数据。若检测中发现基础（或桩）有裂缝、局部损坏或腐蚀现象，应查明其原因和程度。根据以上检查结果，对基础或桩身的承载能力进行计算分析和验算，并结合工程经验作出综合评价。

6.2.4 当地基（或桩基）的安全性按地基变形（建筑物沉降）观测资料或其上部结构反应的检查结果评定时，应按下列规定评级：

A_u 级 不均匀沉降小于现行国家标准《建筑地基基础设计规范》（GBJ 7）规定的允许沉降差；或建筑物无沉降裂缝、变形或位移。

B_u 级 不均匀沉降不大于现行国家标准《建筑地基基础设计规范》（GBJ 7）规定的允许沉降差，且连续两个月地基沉降速度小于每月 2mm；或建筑物上部结构砌体部分虽有轻微裂缝，但无发展迹象。

C_u 级 不均匀沉降大于现行国家标准《建筑地基基础设计规范》（GBJ 7）规定的允许沉降差，或连续两个月地基沉降速度大于每月 2mm；或建筑物上部结构砌体部分出现宽度大于 5mm 的沉降裂缝，预制构件之间的连接部位可出现宽度大于 1mm 的沉降裂缝，且沉降裂缝短期内无终止趋势。

D_u 级 不均匀沉降远大于现行国家标准《建筑地基基础设计规范》（GBJ 7）规定的允许沉降差，连续两个月地基沉降速度大于每月 2mm，且尚有变快趋势；或建筑物上部结构的沉降裂缝发展明显，砌体的裂缝宽度大于 10mm；预制构件之间的连接部位的裂缝大于 3mm；现浇结构个别部位也已开始出现沉降裂缝。

注：本条规定的沉降标准，仅适用于建成已 2 年以上、且建于一般地基土上的建筑物；对建在高压缩性粘性土或其他特殊性土地基上的建筑物，此年限宜根据当地经验适当加长。

6.2.5 当地基（或桩基）的安全性按其承载能力评定时，可根据本标准第 6.2.2 条规定的检测或计算分析结果，采用下列标准评级：

1 当承载能力符合现行国家标准《建筑地基基础设计规范》（GBJ 7）或现行行业标准《建筑桩基技术规范》（JGJ 94）的要求时，可根据建筑物的完好程度评为 A_u 级或 B_u 级。

2 当承载能力符合现行国家标准《建筑地基基础设计规范》（GBJ 7）或现行行业标准《建筑桩基技术规范》（JGJ 94）的要求时，可根据建筑物损坏的严重程度评为 C_u 级或 D_u 级。

6.2.6 当地基基础（或桩基础）的安全性按基础（或桩）评定时，宜根据下列原则进行鉴定评级：

1 对浅埋的基础或桩，宜根据抽样或全数开挖的检查结果，按本标准第 4 章同类材料结构主要构件的有关项目评定每一受检基础或单桩的等级，并按样本中所含的各个等级基础（或桩）的百分比，按下列原则评定该种基础或桩的安全性等级：

A_u 级 不含 c_u 级及 d_u 级基础（或单桩），可含 b_u 级基础（或单桩），但含量不大于 30%；

B_u 级 不含 d_u 级基础（或单桩），可含 c_u 级基础（或单桩），但含量不大于 15%；

C_u 级 可含 d_u 级基础（或单桩），但含量不大于 5%；

D_u 级（ d_u 级）基础（或单桩）的含量大于 5%。

注：当按本款的规定评定群桩基础时，括号中的单桩应改为基桩。

2 对深基础（或深桩），宜根据本标准第 6.2.3 条第 2 款规定的方法进行计算分析。若分析结果表明，其承载能力（或质量）符合现行有关国家规范的要求，可根据其开挖部分的完好程度定为 A_u 级或 B_u 级；若承载能力（或质量）不符合现行有关国家规范的要求，可根据其开挖部分所发现问题的严重程度定为 C_u 级或 D_u 级。

3 在下列情况下，可不经开挖检查而直接评定一种基础（或桩）的安全性等级：

1）当地基（或桩基）的安全性等级已评为 A_u 级或 B_u 级，且建筑场地的环境正常时，可取与地基（或桩基）相同的等级。

2）当地基（或桩基）的安全性等级已评为 C_u 级或 D_u 级，且根据经验可以判断基础或桩也已损坏时，可取与地基（或桩基）相同的等级。

6.2.7 当地基基础的安全性按地基稳定性（斜坡）项目评级时，应按下列标准评定：

A_u 级 建筑场地地基稳定，无滑动迹象及滑动史。

B_u 级 建筑场地地基在历史上曾有过局部滑动，经治理后已停止滑动，且近期评估表明，在一般情况下，不会再滑动。

C_u 级 建筑场地地基在历史上发生过滑动，目前虽已停止滑动，但若触动诱发因素，今后仍有可能再滑动。

D_u 级 建筑场地地基在历史上发生过滑动，目前又有滑动或滑动迹象。

6.2.8 地基基础（子单元）的安全性等级，应根据本节对地基基础（或桩基、桩身）和地基稳定性的评定结果，按其中最低一级确定。

6.2.9 在鉴定中若发现地下水位或水质有较大变化，或土压力、水压力有明显增大，且可能对建筑物产生不利影响时，应在鉴定报告中加以说明，并提出处理的建议。

6.2.10 当在深厚淤泥、淤泥质土、饱和粘性土、饱和粉细砂或其他软弱地层中开挖深基坑时，应对毗邻的已有建筑物（含道路、管线）采取防护措施，并设测点对基坑支护结构和已有建筑物进行监测。若遇到下列可能影响建筑物安全的情况之一时，应立即报警。若情况比较严重，应立即停止施工，并对基坑支护结构和已有建筑物采取应急措施：

1 基坑支护结构（或其后面土体）的最大水平位移已大于基坑开挖深度的 1/200（1/300），或其水平位移速率已连续三日大于 3mm/d（2mm/d）。

2 基坑支护结构的支撑（或锚杆）体系中有个别构件出现应力骤增、压屈、断裂、松弛或拔出的迹象。

3 建筑物的不均匀沉降（差异沉降）已大于现行建筑地基基础设计规范规定的允许沉降差，或建筑物的倾斜速率已连续三日大于 $0.0001H/d$（H 为建筑物承重结构高度）。

4 已有建筑物的砌体部分出现宽度大于 3mm（1.5mm）的变形裂缝；或其附近地面出现宽度大于 15mm（10mm）的裂缝；且上述裂缝尚可能发展。

5 基坑底部或周围土体出现可能导致剪切破坏的迹象或其他可能影响安全的征兆（如少量流砂、涌土、隆起、陷落等）。

6 根据当地经验判断认为，已出现其它必须加强监测的情况。

注：1 本条给出的检测项目及其界限值，允许各地区根据其工程经验进行修正或补充，但应经当地主管部门批准后执行。

2 若毗邻的已有建筑物为人群密集场所或文物、历史、纪念性建筑，或地处交通要道，或有重要管线，或有地下设施需要严加保护时，宜按括号内的限值采用。

6.3 上部承重结构

6.3.1 上部承重结构（子单元）的安全性鉴定评级，应根据其所含各种构件的安全性等级、结构的整体性等级，以及结构侧向位移等级进行确定。

6.3.2 当评定一种主要构件的安全性等级时，应根据其每一受检构件的评定结果，按表 6.3.2 的规定评级。

每种主要构件安全性等级的评定　　　表 6.3.2

等级	多层及高层房屋	单层房屋
A_u	在该种构件中，不含 c_u 级和 d_u 级，可含 b_u 级，但一个子单元含 b_u 级的楼层数不多于（$\sqrt{m}/m$）%，每一楼层的 b_u 级含量不多于 25%，且任一轴线（或任一跨）上的 b_u 级含量不多于该轴线（或该跨）构件数的 1/3	在该种构件中不含 c_u 级和 d_u 级，可含 b_u 级，但一个子单元的含量不多于 30%，且任一轴线（或任一跨）的 b_u 级含量不多于该轴线（或该跨）构件数的 1/3
B_u	在该种构件中，不含 d_u 级，可含 c_u 级，但一个子单元含 c_u 级的楼层数不多于（$\sqrt{m}/m$）%，每一楼层的 c_u 级含量不多于 15%，且任一轴线（或任一跨）上的 c_u 级含量不多于该轴线（或该跨）构件数的 1/3	在该种构件中不含 d_u 级可含 c_u 级，但一个子单元的含量不多于 20%，任一轴线（或任一跨）的 c_u 级含量不多于该轴线（或该跨）构件数的 1/3
C_u	在该种构件中，可含 d_u 级，但一个子单元含有 d_u 级楼层数不多于（$\sqrt{m}/m$）%，每一楼层的 d_u 级含量不多于 5%，且任一轴线（或任一跨）上的 d_u 级含量不多于 1 个	在该种构件中可含 d_u 级（单跨及双跨房屋除外），但一个子单元的含量不多于 7.5%，且任一轴线（或任一跨）上的 d_u 级含量不多于 1 个
D_u	在该种构件中，d_u 级的含量或其分布多于 C_u 级的规定数	在该种构件中，d_u 级含量或其分布多于 C_u 级的规定数

注：1 表中"轴线"系指结构平面布置图中的横轴线或纵轴线，当计算纵轴线上的构件时，对桁架、屋面梁等构件可按跨统计。m 为房屋鉴定单元的层数。

2 当计算的含有低一级构件的楼层数为非整数时，可取一层，但层中允许出现的低一级构件，应按相应的比例进行折减（即以该非整数的小数部分作为折减系数）。

6.3.3 当评定一种一般构件的安全性等级时，应根据其每一受检构件的评定结果，按表 6.3.3 的规定评级。

每种一般构件安全性等级的评定　　　表 6.3.3

等级	多层及高层房屋	单层房屋
A_u	在该种构件中，不含 c_u 级和 d_u 级，可含 b_u 级，但一个子单元含 b_u 级的楼层数不多于（$\sqrt{m}/m$）%，每一楼层的 b_u 级含量不多于 30%，且任一轴线（或任一跨）上的 b_u 级含量不多于该轴线（或该跨）构件数的 2/5	在该种构件中不含 c_u 级和 d_u 级，可含 b_u 级，但一个子单元的含量不多于 35%，且任一轴线（或任一跨）的 b_u 级含量不多于该轴线（或该跨）构件数的 2/5
B_u	在该种构件中，不含 d_u 级，可含 c_u 级，但一个子单元含有 c_u 级的楼层数不多于（$\sqrt{m}/m$）%，每一楼层的 c_u 级含量不多于 20%，且任一轴线（或任一跨）上的 c_u 级含量不多于该轴线（或该跨）构件数的 2/5	在该种构件中不含 d_u 级可含 c_u 级，但一个子单元的含量不多于 25%，且任一轴线（或任一跨）的 c_u 级含量不多于该轴线（或该跨）构件数的 2/5
C_u	在该种构件中，可含 d_u 级，但一个子单元含有 d_u 级的楼层数不多于（$\sqrt{m}/m$）%，每一楼层的 d_u 级含量不多于 7.5%，且任一轴线（或任一跨）上的 d_u 级含量不多于该轴线（或该跨）构件数的 1/3	在该种构件中可含 d_u 级，但一个子单元的含量不多于 10%，且任一轴线（或任一跨）上的 d_u 级含量不多于该轴线（或该跨）构件数的 1/3
D_u	在该种构件中，d_u 级的含量或其分布多于 C_u 级的规定数	在该种构件中，d_u 级含量或其分布多于 C_u 级的规定数

注：表中"轴线"系指结构平面布置图中的横轴线或纵轴线。

6.3.4 当评定结构整体性等级时，应按表 6.3.4 的规定，先评定其每一检查项目的等级，然后按下列原则确定该结构整体性等级：

1 若四个检查项目均不低于 B_u 级，可按占多数的等级确定。

2 若仅一个检查项目低于 B_u 级，可根据实际情况定为 B_u 级或 C_u 级。

3 若不止一个检查项目低于 B_u 级，可根据实际情况定为 C_u 级或 D_u 级。

<table>
<tr><td colspan="3" style="text-align:center">结构整体性等级的评定　　　　　表 6.3.4</td></tr>
<tr><td>检查项目</td><td>A_u 级或 B_u 级</td><td>C_u 级 D_u 级</td></tr>
<tr><td>结构布置、支承系统（或其它抗侧力系统）布置</td><td>布置合理，形成完整系统，且结构选型及传力路线设计正确，符合现行设计规范要求</td><td>布置不合理，存在薄弱环节，或结构选型、传力路线设计不当，不符合现行设计规范要求</td></tr>
<tr><td>支撑系统（或其它抗侧力系统）的构造</td><td>构件长细比及连接构造符合现行设计规范要求，无明显残损或施工缺陷，能传递各种侧向作用</td><td>构件长细比或连接构造不符合现行设计规范要求，或构件连接已失效或有严重缺陷，不能传递各种侧向作用</td></tr>
<tr><td>圈梁构造</td><td>截面尺寸、配筋及材料强度等符合现行设计规范要求，无裂缝或其他残损，能起闭合系统作用</td><td>截面尺寸、配筋及材料强度不符合现行设计规范要求，或已开裂，或有其他残损，或不能起封闭系统作用</td></tr>
<tr><td>结构间的联系</td><td>设计合理、无疏漏，锚固、连接方式正确，无松动变形或其他残损</td><td>设计不合理，多处疏漏，或锚固、连接不当，或已松动变形或已残损</td></tr>
</table>

注：评定结果取 A_u 级或 B_u 级，根据其实际完好程度确定；取 C_u 级或 D_u 级，根据其实际严重程度确定。

6.3.5 对上部承重结构不适于继续承载的侧向位移，应根据其检测结果，按下列规定评级：

　1 当检测值已超出表 6.3.5 界限，且有部份构件（含连接）出现裂缝、变形或其他局部损坏迹象时，应根据实际严重程度定为 C_u 级或 D_u 级。

　2 当检测值虽已超出表 6.3.5 界限，但尚未发现上款所述情况时，应进一步作计入该位移影响的结构内力计算分析，并按本标准第 4 章的规定，验算各构件的承载能力，若验算结果均不低于 b_u 级，仍可将该结构定为 B_u 级，但宜附加观察使用一段时间的限制。若构件承载能力的验算结果有低于 b_u 级时，应定为 C_u 级。

　　注：对某些构造复杂的砌体结构，若按本条第 2 款要求进行计算分析有困难，也可直接按表 6.3.5 规定的界限值评级。

<table>
<tr><td colspan="5" style="text-align:center">各类结构不适于继续承载的侧向位移评定　　　表 6.3.5</td></tr>
<tr><td rowspan="2">检查项目</td><td colspan="3">结构类别</td><td>顶点位移</td><td>层间位移</td></tr>
<tr><td></td><td></td><td></td><td>C_u 级或 D_u 级</td><td>C_u 级或 D_u 级</td></tr>
</table>

<table>
<tr><td rowspan="14" style="writing-mode:vertical-rl">结构平面内的侧向位移（mm）</td><td rowspan="4">混凝土结构或钢结构</td><td colspan="2">单层建筑</td><td>>H/400</td><td>—</td></tr>
<tr><td colspan="2">多层建筑</td><td>>H/450</td><td>>H_i/350</td></tr>
<tr><td rowspan="2">高层建筑</td><td>框架</td><td>>H/550</td><td>>H_i/450</td></tr>
<tr><td>框架剪力墙</td><td>>H/700</td><td>>H_i/600</td></tr>
<tr><td rowspan="8">砌体结构</td><td rowspan="4">单层建筑</td><td rowspan="2">墙</td><td>$H \leqslant 7m$</td><td>>25</td><td>—</td></tr>
<tr><td>$H>7m$</td><td>>H/280 或>50</td><td>—</td></tr>
<tr><td rowspan="2">柱</td><td>$H \leqslant 7m$</td><td>>20</td><td>—</td></tr>
<tr><td>$H>7m$</td><td>>H/350 或>40</td><td>—</td></tr>
<tr><td rowspan="4">多层建筑</td><td rowspan="2">墙</td><td>$H \leqslant 10m$</td><td>>40</td><td>>H_i/100 或>20</td></tr>
<tr><td>$H>10m$</td><td>>H/250 或>90</td><td></td></tr>
<tr><td rowspan="2">柱</td><td>$H \leqslant 10m$</td><td>>30</td><td>>H_i/150 或>15</td></tr>
<tr><td>$H>10m$</td><td>>H/330 或>70</td><td></td></tr>
<tr><td colspan="3">单层排架平面外侧倾</td><td colspan="2">>H/750 或>30mm</td></tr>
</table>

注：1　表中 H 为结构顶点高度；H_i 为第 i 层层间高度。
　　2　墙包括带壁柱墙。
　　3　框架简体结构、简中简结构及剪力墙结构的侧向位移评定标准，可以当地实践经验为依据制订，但应经当地主管部门批准后执行。
　　4　对木结构房屋的侧向位移（或倾斜）和平面外侧移，可根据当地经验进行评定。

6.3.6 上部承重结构的安全性等级，应根据本章第 6.3.2 条至第 6.3.5 条的评定结果，按下列原则确定：

　1　一般情况下，应按各种主要构件和结构侧向位移（或倾斜）的评级结果，取其中最低一级作为上部承重结构（子单元）的安全性等级。

2 当上部承重结构按上款评为 B_u 级，但若发现其主要构件所含的各种 c_u 级构件（或其连接）处于下列情况之一时，宜将所评等级降为 C_u 级。

　1）c_u 级沿建筑物某方位呈规律性分布，或过于集中在结构的某部位。

　2）出现 c_u 级构件交汇的节点连接。

　3）c_u 级存在于人群密集场所或其他破坏后果严重的部位。

3 当上部承重结构按本条第 1 款评为 c_u 级，但若发现其主要构件（不分种类）或连接有下列情形之一时，宜将所评等级降为 D_u 级。

　1）任何种类房屋中，有 50% 以上的构件为 c_u 级。

　2）多层或高层房屋中，其底层均为 c_u 级。

　3）多层或高层房屋的底层，或任一空旷层，或框支剪力墙结构的框架层中，出现 d_u 级；或任何两相邻层同时出现 d_u 级；或脆性材料结构中出现 d_u 级。

　4）在人群密集场所或其他破坏后果严重部位，出现 d_u 级。

4 当上部承重结构按上款评为 A_u 级或 B_u 级，而结构整体性等级为 C_u 级时，应将所评的上部承重结构安全性等级降为 C_u 级。

5 当上部承重结构在按本条第 4 款的规定作了调整后仍为 A_u 级或 B_u 级，而各种一般构件中，其等级最低的一种为 C_u 级或 D_u 级时，尚应按下列规定调整其级别：

　1）若设计考虑该种一般构件参与支撑系统（或其他抗侧力系统）工作，或在抗震加固中，已加强该构件与主要构件锚固，应将所评的上部承重结构安全性等级降为 C_u 级。

　2）当仅有一种一般构件为 C_u 级或 D_u 级，且不属于第（1）项的情况时，可将上部承重结构的安全性等级定为 B_u 级。

　3）当不止一种一般构件为 C_u 级或 D_u 级，应将上部承重结构的安全性等级降为 C_u 级。

6.4　围护系统的承重部分

6.4.1 围护系统承重部分（子单元）的安全性，应根据该系统专设的和参与该系统工作的各种构件的安全性等级，以及该部分结构整体性的安全性等级进行评定。

6.4.2 当评定一种构件的安全性等级时，应根据每一受检构件的评定结果及其构件类别，分别按本标准第 6.3.2 条或第 6.3.3 条的规定评级。

6.4.3 当评定围护系统承重部分的结构整体性时，可按本标准第 6.3.4 条的规定评级。

6.4.4 围护系统承重部分的安全性等级，可根据本节第 6.4.2 条和第 6.4.3 条的评定结果，按下列原则确定：

　1　当仅有 A_u 级和 B_u 级时，按占多数级别确定。

　2　当含有 C_u 级或 D_u 级时，可按下列规定评级：

　1）若 C_u 级或 D_u 级属于主要构件时，按最低等级确定；

　2）若 C_u 级或 D_u 级属于一般构件时，可按实际情况，定为 B_u 级或 C_u 级。

　3　围护系统承重部分的安全性等级，不得高于上部承重结构等级。

7　子单元正常使用性鉴定评级

7.1　一般规定

7.1.1 民用建筑正常使用性的第二层次鉴定评级，应按地基基础、上部承重结构和围护系统划分为三个子单元，并分别按本章第 7.2 节至 7.4 节规定的方法和标准进行子评定。

7.1.2 当仅要求对某个子单元的使用性进行鉴定时，该子单元与其它相邻子单元之间的子叉部分，也应进行检查，并应在鉴定报告中提出处理意见。

7.1.3 当需按正常使用极限状态的要求对被鉴定结构进行验算

时，其所采用的分析方法和基本数据，应符合本标准第5.1.4条的要求。

7.2 地基基础

7.2.1 地基基础的正常使用性，可根据其上部承重结构或围护系统的工作状态进行评估。若安全性鉴定中已开挖基础（或桩）或鉴定人员认为有必要开挖时，也可按开挖检查结果评定单个基础（或单桩、基桩）及每种基础（或桩）的使用性等级。

7.2.2 地基基础的使用性等级，应按下列原则确定：

1 当上部承重结构和围护系统的使用性检查未发现问题，或所发现问题与地基基础无关时，可根据实际情况定为 A_s 级或 B_s 级。

2 当上部承重结构或围护系统所发现的问题与地基基础有关时，可根据上部承重结构和围护系统所评的等级，取其中较低一级作为地基基础使用性等级。

3 当一种基础（或桩）按开挖检查结果所评的等级为 C_s 级时，应将地基基础使用性的等级定为 C_s 级。

7.3 上部承重结构

7.3.1 上部承重结构（子单元）的正常使用性鉴定，应根据其所含各种构件的使用性等级和结构的侧向位移等级进行评定。当建筑物的使用要求对振动有限制时，还应评估振动（颤动）的影响。

7.3.2 当评定一种构件的使用性等级时，应根据其每一受检构件的评定结果，按下列规定进行评级。

1 对主要构件，应按表7.3.2-1的规定评级。

2 对一般构件，应按表7.3.2-2的规定评级。

每种主要构件使用性等级的评定　　表 7.3.2-1

等级	多层及高层房屋	单层房屋
A_s	在该种构件中，不含 c_s 级，可含 b_s 级，但一个子单元含有 b_s 级的楼层数不多于 $(\sqrt{m}/m)\%$，且一个楼层含量不多于35%	在该种构件中不含 c_s 级，可含 b_s 级，但一个子单元的含量不多于40%
B_s	在该种构件中，可含 c_s 级，但一个子单元含有 c_s 级的楼层数不多于 $(\sqrt{m}/m)\%$，且每一个楼层含量不多于25%	在该种构件中，可含 c_s 级，但一个子单元的含量不多于30%
C_s	在该种构件中，c_s 级含量或含有 c_s 级的楼层数多于 B_s 级的规定数	在该种构件中，c_s 级含量多于 B_s 级的规定数

注：表中 m 为建筑物鉴定单元的楼层数。

每种一般构件使用性等级的评定　　表 7.3.2-2

等级	多层及高层房屋	单层房屋
A_s	在该种构件中，不含 c_s 级，可含 b_s 级，但一个子单元含 b_s 级的楼层数不多于 $(\sqrt{m}/m)\%$ 且一个楼层含量不多于40%	在该种构件中不含 c_s 级，可含 b_s 级，但一个子单元的含量不多于45%
B_s	在该种构件中，可含 c_s 级，但一个子单元含有 c_s 级的楼层数不多于 $(\sqrt{m}/m)\%$，且每一个楼层含量不多于30%	在该种构件中，可含 c_s 级，但一个子单元的含量不多于35%
C_s	在该种构件中，c_s 级含量或含有 c_s 级的楼层数多于 B_s 级的规定数	在该种构件中，c_s 级含量多于 B_s 级的规定数

注：1 表中 m 为建筑物鉴定单元的楼层数。
　　2 当计算的含有低一级构件的楼层数为非整数时，可多取一层，但该层中允许出现的低一级构件数，应按相应的比例进行折减（即以该非整数的小数部分作为折减系数）。

7.3.3 当上部承重结构的正常使用性需考虑侧向（水平）位移的影响时，可采用检测或计算分析的方法进行鉴定，但应按下列规定进行评级：

1 对检测取得的主要是由风荷载（可含有其他作用，但不含地震作用）引起的侧向位移值，应按表7.3.3的规定评定每一测点的等级，并按下列原则分别确定结构顶点和层间的位移等级：

1）对结构顶点，按各测点中占多数的等级确定；

2）对层间，按各测点中最低的等级确定。

根据以上两项评定结果，取其中较低等级作为上部承重结构侧向位移使用性等级。

2 当检测有困难时，允许在现场取得与结构有关参数的基础上，采用计算分析方法进行鉴定。若计算的侧向位移不超出表7.3.3中 B_s 级界限，可根据该上部承重结构的完好程度评为 A_s 级或 B_s 级。若计算的侧向位移值已超出表7.3.3中 B_s 级的界限，应定为 C_s 级。

结构侧向（水平）位移等级的评定　　表 7.3.3

检查项目	结构类型		位　移　限　值		
			A_s 级	B_s 级	C_s 级
钢筋混凝土结构或钢结构的侧向位移	多层框架	层　间	$\leqslant H_i/600$	$\leqslant H_i/450$	$> H_i/450$
		结构顶点	$\leqslant H/750$	$\leqslant H/550$	$> H/550$
	高层框架	层　间	$\leqslant H_i/650$	$\leqslant H_i/500$	$> H_i/500$
		结构顶点	$\leqslant H/850$	$\leqslant H/650$	$> H/650$
	框架-剪力墙框架-筒体	层　间	$\leqslant H_i/900$	$\leqslant H_i/750$	$> H_i/750$
		结构顶点	$\leqslant H/1000$	$\leqslant H/800$	$> H/800$
	筒中筒	层　间	$\leqslant H_i/950$	$\leqslant H_i/800$	$> H_i/800$
		结构顶点	$\leqslant H/1100$	$\leqslant H/900$	$> H/900$
	剪力墙	层　间	$\leqslant H_i/1050$	$\leqslant H_i/900$	$> H_i/900$
		结构顶点	$\leqslant H/1200$	$\leqslant H/1000$	$> H/1000$
砌体结构侧向位移	多层房屋（柱承重）	层　间	$\leqslant H_i/650$	$\leqslant H_i/450$	$> H_i/450$
		结构顶点	$\leqslant H/750$	$\leqslant H/550$	$> H/550$
	多层房屋（柱承重）	层　间	$\leqslant H_i/600$	$\leqslant H_i/450$	$> H_i/400$
		结构顶点	$\leqslant H/700$	$\leqslant H/500$	$> H/500$

注：1 表中限值系对一般装修标准而言，若为高级装修应事先协商确定。
　　2 表中 H 为结构顶点高度，H_i 为第 i 层的层间高度。
　　3 木结构建筑的侧向位移对建筑功能的影响问题，可根据当地使用经验进行评定。

7.3.4 上部承重结构的使用性等级，应根据本节第7.3.2条至7.3.3条的评定结果，按下列原则确定：

1 一般情况下，应按各种主要构件及结构侧移所评等级，取其中最低一级作为上部承重结构的使用性等级。

2 若上部承重结构按上款评为 A_s 级或 B_s 级，而一般构件所评等级为 C_s 级时，尚应按下列规定进行调整：

1）当仅发现一种一般构件为 C_s 级，且其影响仅限于自身时，可不作调整。若其影响波及非结构构件、高级装修或围护系统的使用功能时，则可根据影响范围的大小，将上部承重结构所评等级调整为 B_s 级或 C_s 级。

2）当发现多于一种一般构件为 C_s 级时，可将上部承重结构所评等级调整为 C_s 级。

7.3.5 当需评定振动对某种构件或整个结构正常使用性的影响时，可根据专门标准的规定，对该种构件或整个结构进行检测和必要的验算，若其结果不合格，应按下列原则对本章第7.3.2条及第7.3.4条所评的等级进行修正：

1 当振动仅涉及一种构件时，可仅将该种构件所评等级降为 C_s 级。

2 当振动的影响涉及整个结构或多于一种构件时，应将上部承重结构以及所涉及的各种构件均降为 C_s 级。

7.3.6 当遇到下列情况之一时，可不按本章第7.3.5条的规定，而直接将该上部承重结构定为 C_s 级。

1 在楼层中，其楼面振动（或颤动）已使室内精密仪器不能

正常工作，或已明显引起人体不适感。

2 在高层建筑的顶部几层，其风振效应已使用户感到不安。

3 振动引起的非结构构件开裂或其它损坏，已可通过目测判定。

7.4 围护系统

7.4.1 围护系统（子单元）的正常使用性鉴定评级，应根据该系统的使用功能等级及其承重部分的使用性等级进行评定。

7.4.2 当评定围护系统使用功能时，应按表7.4.2规定的检查项目及其评定标准逐项评级，并按下列原则确定围护系统的使用功能等级：

1 一般情况下，可取其中最低等级作为围护系统的使用功能等级。

2 当鉴定的房屋对表中各检查项目的要求有主次之分时，也可取主要项目中的最低等级作为围护系统使用功能等级。

3 当按上款主要项目所评的等级为 A_s 级或 B_s 级，但有多于一个次要项目为 C_s 级时，应将所评等级降为 C_s 级。

7.4.3 当评定围护系统承重部分的使用性时，应按本章第7.3.2条的标准评定其每种构件的等级，并取其中最低等级，作为该系统承重部分使用性等级。

7.4.4 围护系统的使用性等级，应根据其使用功能和承重部分使用性的评定结果，按较低的等级确定。

7.4.5 对围护系统使用功能有特殊要求的建筑物，除应按本标准鉴定评级外，尚应按现行专门标准进行评定。若评定结果合格，可维持按本标准所评等级不变；若不合格，应将按本标准所评的等级降为 C_s 级。

围护系统使用功能等级的评定   表 7.4.2

检查项目	A_s 级	B_s 级	C_s 级
屋面防水	防水构造及排水设施完好，无老化、渗漏及排水不畅的迹象	构造设施基本完好，或略有老化迹象，但尚不渗漏或积水	构造设施不当或已损坏，或有渗漏，或积水
吊顶（天棚）	构造合理，外观完好，建筑功能符合设计要求	构造稍有缺陷，或有轻微变形或裂纹，或建筑功能略低于设计要求	构造不当或已损坏，或建筑功能不符合设计要求，或出现有碍外观的下垂
非承重内墙（和隔墙）	构造合理，与主体结构有可靠联系，无可见位移，面层完好，建筑功能符合设计要求	略低于 A_s 级要求，但尚不显著影响其使用功能	已开裂、变形，或破损，或使用功能不符合设计要求
外墙（自承重墙或填充墙）	墙体及其面层外观完好，墙面无潮湿迹象，墙厚符合节能要求	略低于 A_s 级要求，但尚不显著影响其使用功能	不符合 A_s 级要求，且已显著影响其使用功能
门窗	外观完好，密封符合设计要求，无剪切变形迹象，开闭或推动自如	略低于 A_s 级要求，但尚不显著影响其使用功能	门窗构件或其连接已损坏，或密封性差，或有剪切变形，已显著影响使用功能
地下防水	完好，且防水功能符合设计要求	基本完好，局部可能有潮湿迹象，但尚不渗漏	有不同程度损坏或有渗漏
其它防护设施	完好，且防护功能符合设计要求	有轻微缺陷，但尚不显著影响其防护功能	有损坏，或防护功能不符合设计要求

注：其它防护设施系指隔热、保温、防尘、隔声、防湿、防腐、防灾等各种设施。

8 鉴定单元安全性及使用性评级

8.1 鉴定单元安全性评级

8.1.1 民用建筑鉴定单元的安全性鉴定评级，应根据其他基础、上部承重结构和围护系统承重部分等的安全性等级，以及与整幢建筑有关的其它安全问题进行评定。

8.1.2 鉴定单元的安全性等级，应根据本标准第6章的评定结果，按下列原则确定：

1 一般情况下，应根据地基基础和上部承重结构的评定结果按其中较低等级确定。

2 当鉴定单元的安全性等级按上款评为 A_{su} 级或 B_{su} 级但围护系统承重部分的等级为 C_u 级或 D_u 级时，可根据实际情况将鉴定单元所评等级降低一级或二级，但最后所定的等级不得低于 C_{su} 级。

8.1.3 对下列任一情况，可直接评为 D_{su} 级建筑：

1 建筑物处于有危房的建筑群中，且直接受到其威胁。

2 建筑物朝一方向倾斜，且速度开始变快。

8.1.4 当新测定的建筑物动力特性，与原先记录或理论分析的计算值相比，有下列变化时，可判其承重结构可能有异常，但应经进一步检查、鉴定后再评定该建筑物的安全性等级：

1 建筑物基本周期显著变长（或基本频率显著下降）。

2 建筑物振型有明显改变（或振幅分布无规律）。

8.2 鉴定单元使用性评级

8.2.1 民用建筑鉴定单元的正常使用性鉴定评级，应根据地基基础、上部承重结构和围护系统的使用性等级，以及与整幢建筑有关的其它使用功能问题进行评定。

8.2.2 鉴定单元的使用性等级，应根据本标准第7章的评定结果，按三个子单元中最低的等级确定。

8.2.3 当鉴定单元的使用性等级按本章第8.2.2条评为 A_{ss} 级或 B_{ss} 级，但若遇到下列情况之一时，宜将所评等级降为 C_{ss} 级：

1 房屋内外装修已大部分老化或残损。

2 房屋管道、设备已需全部更新。

9 民用建筑可靠性评级

9.0.1 民用建筑的可靠性鉴定，应按本标准第3.2.5条划分的层次，以其安全性和正常使用性的鉴定结果为依据逐层进行。

9.0.2 当不要求给出可靠性等级时，民用建筑各层次的可靠性，可采取直接列出其安全性等级和使用性等级的形式予以表示。

9.0.3 当需要给出民用建筑各层次的可靠性等级时，可根据其安全性和正常使用性的评定结果，按下列原则确定：

1 当该层次安全性等级低于 b_u 级、B_u 级或 B_{su} 级时，应按安全性等级确定。

2 除上款情形外，可按安全性等级和正常使用性等级中较低的一个等级确定。

3 当考虑鉴定对象的重要性或特殊性时，允许对本条第2款的评定结果作不大于一级的调整。

10 民用建筑适修性评估

10.0.1 在民用建筑可靠性鉴定中，若委托方要求对 C_{su} 级和 D_{su} 级鉴定单元，或 C_u 级和 D_u 级子单元（或其中某种构件）的处理提出建议时，宜对其适修性进行评估。

10.0.2 适修性评估按本标准第3.3.4条进行，并可按下列处理原则提出具体建议：

1 对评为 A_r、B_r 或 A'_r、B'_r 的鉴定单元和子单元（或其中某种构件），应予以修复使用。

2 对评为 C_r 的鉴定单元和 C'_r 子单元（或其中某种构件），应分别作出修复与拆换两方案，经技术、经济评估后再作选择。

3 对评为 $C_{su}-D_u$、$D_{su}-D_r$ 和 $C_u-D'_r$、$D_u-D'_r$ 的鉴定单元和子单元（或其中某种构件），宜考虑拆换或重建。

10.0.3 对有纪念意义或有文物、历史、艺术价值的建筑物，不进行适修性评估，而应予以修复和保存。

11 鉴定报告编写要求

11.0.1 民用建筑可靠性鉴定报告应包括下列内容：

1 建筑物概况；

2 鉴定的目的、范围和内容；

3 检查、分析、鉴定的结果；

4 结论与建议；

5 附件。

11.0.2 鉴定报告中，应对 c_u 级、d_u 级构件及 C_u 级和 D_u 级检查项目的数量、所处位置及其处理建议，逐一作出详细说明。当房屋的构造复杂或问题很多时，尚应绘制 c_u 级和 d_u 级及 C_u 级和 D_u 级检查项目的分布图。若在使用性鉴定中发现 c_s 级构件或 C_s 级项目已严重影响建筑物的使用功能时，也应按上述要求，在鉴定报告中作出说明。

11.0.3 对承重结构或构件的安全性鉴定所查出的问题，可根据其严重程度和具体情况有选择地采取下列处理措施：

1 减少结构上的荷载；

2 加固或更换构件；

3 临时支顶；

4 停止使用；

5 拆除部分结构或全部结构。

对承重结构或构件的使用性鉴定所查出的问题，可根据实际情况有选择地采取下列措施：

1 考虑经济因素而接受现状；

2 考虑耐久性要求而进行修补、封护或化学药剂处理；

3 改变使用条件或改变用途；

4 全面或局部修缮、更新；

5 进行现代化改造。

11.0.4 鉴定报告中应说明：对建筑物（鉴定单元）或其组成部分（子单元）所评的等级，仅作为技术管理或制订维修计划的依据，即使所评等级较高，也应及时对其中所含的 c_u 级和 d_u 级构件（含连接）及 C_u 级和 D_u 级检查项目采取措施。

附录 A 民用建筑初步调查表

年 月 日

房屋概况	名　称		原设计		
	地　点		原施工		
	用　途		原监理		
	竣工日期		设防烈度/场地类别		
建筑	建筑面积		檐　高		
	平面形式		女儿墙标高		
	地上层数		底层标高		层高
	地下层数		基本柱距/开间尺寸		
	总长×宽		屋面防水		
地基基础	地基土		基础型式		
	地基处理		基础深度		
	冻胀类别		地下水		
上部结构	主体结构		屋　盖		
	附属结构		墙　体		

续表

上部结构	构件	梁板		连接	梁-柱、屋架-柱	
		桁架			梁-墙、屋架-墙	
		柱墙			其　他　连　接	
	结构整体性构造	抗侧力系统		抗震设防情况		
		圈　梁				
图纸资料	建筑图			地质勘探		
	结构图			施工记录		
	水、暖、电图			设计变更		
	标准、规范、指南			设计计算书		
	已有调查资料					
环境	振　动			设施	屋顶水箱	
	腐蚀性介质				电　梯	
	其　他				其　他	
历史	用途变更					
	改　扩　建			修缮		
	使用条件改变			灾害		
主要问题	委托方陈述					
	鉴定方意见					
	双方达成的共识（包括对鉴定目的、要求、范围和主要内容的确定）					

建筑物平面示意图

鉴定单位：　　　　　　鉴定负责人：　　　　　　记录：

附录 B 已有结构上荷载标准值的确定

B.0.1 按本附录确定的结构上的荷载适用于已有建筑物下列情况的验算：

1 结构或构件的可靠性鉴定及其加固设计；

2 与建筑物改变用途或改造有关的结构可靠性鉴定及加固设计。

B.0.2 对已有结构上的荷载标准值的取值，除应符合现行国家标准《建筑结构荷载规范》（GBJ 9）（以下简称现行荷载规范）的规定外，尚应遵守本附录的规定。

B.0.3 结构和构件自重的标准值，应根据构件和连接的实际尺寸，按材料或构件单位自重的标准值计算确定。对不便实测的某些连接构造尺寸，允许按结构详图估算。

B.0.4 常用材料和构件的单位自重标准值，应按现行荷载规范的规定采用。当规范规定值有上、下限时，应按下列规定采用：

1 当其效应对结构不利时，取上限值；

2 当其效应对结构有利（如验算倾覆、抗滑移、抗浮起等）时，取下限值。

B.0.5 当遇到下列情况之一时，材料和构件的自重标准值应按现场抽样称量确定：

1 现行荷载规范尚无规定；

2 自重变异较大的材料或构件，如现场制作的保温材料、混凝土薄壁构件等；

3 有理由怀疑规定值与实际情况有显著出入时。

B.0.6 现场抽样检测材料或构件自重的试样，不应少于 5 个。当按检测的结果确定材料或构件自重的标准值时，应按下列规定进行计算：

1 当其效应对结构不利时

$$g_{k,sup} = m_g + \frac{t}{\sqrt{n}} S_g \tag{B.0.6-1}$$

式中 $g_{k,sup}$ ——材料或构件自重的标准值；

m_g ——试样称量结果的平均值；

S_g ——试样称量结果的标准差；

n——试样数量（样本容量）；

t——考虑抽样数量影响的计算系数，按表 B.0.6 采用。

2 当其效应对结构有利时

$$g_{k,sup} = m_g - \frac{t}{\sqrt{n}} S_g \qquad (B.0.6-2)$$

计算系数 t 值　　　　　表 B.0.6

n	t 值	n	t 值	n	t 值	n	t 值
5	2.13	8	1.89	15	1.76	30	1.70
6	2.02	9	1.86	20	1.73	40	1.68
7	1.94	10	1.80	25	1.71	≥60	1.67

B.0.7 对非结构的构、配件，或对支座沉降有影响的构件，若其自重效应对结构有利时，应取其自重标准值 $g_{k,sup}=0$。

B.0.8 当对本附录 B.0.1 规定的各种情况进行加固设计验算时，对不上人的屋面，应考虑加固施工荷载，其取值应符合下列规定：

1 当估计的荷载低于现行荷载规范规定的屋面均布活荷载或集中荷载时，应按现行荷载规范的规定值采用。

2 当估计的荷载高于现行荷载规范规定值时，应按实际情况采用。

若施工荷载过大时，宜采取措施降低施工荷载。

B.0.9 当对结构或构件进行可靠性（安全性或使用性）验算时，其基本雪压和风压值应按现行荷载规范采用。

B.0.10 当对本附录 B.0.1 规定的各种情况进行加固设计验算时，其基本雪压值、基本风压值和楼面活荷载的标准值，除应按现行荷载规范的规定采用外，尚应按下一目标使用期，乘以本附录表 B.0.10 的修正系数 k_t 予以修正。

下一目标使用期，应由委托方和鉴定方共同商定。

基本雪压　基本风压及楼面活荷载的修正系数 K_t　　表 B.0.10

下一目标使用期 t（年）	10	20	30~50
雪荷载或风荷载	0.85	0.95	1.0
楼面活荷载	0.85	0.90	1.0

注：对表中未列出的中间值，允许按插值确定；当 $t<10$ 时，按 $t=10$ 确定 k_t 值。

附录 C　已有结构构件材料强度标准值的确定

C.0.1 当需在从已有建筑物中检测某种构件的材料强度时，除应按该类材料结构现行检测标准的要求，选择适用的检测方法外，尚应遵守下列规定：

1 受检构件应随机地选自同一总体（同批）；

2 在受检构件上选择的检测强度部位应不影响该构件承载；

3 当按检测结果推定每一受检构件材料强度值（即单个构件的强度推定值）时，应符合该现行检测方法的规定。

C.0.2 当按检测结果确定构件材料强度的标准值时，应遵守下列规定：

1 当受检构件仅 2~4 个，且检测结果仅用于鉴定这些构件时，允许取受检构件强度推定值中的最低值作为材料强度标准值。

2 当受检构件数量（n）不少于 5 个，且检测结果用于鉴定一种构件时，应按下式确定其强度标准值（f_k）：

$$f_k = m_f - k \cdot s \qquad (C.0.2)$$

式中　m_f——按 n 个构件算得的材料强度均值；

　　　s——按 n 个构件算得的材料强度标准差；

　　　k——与 α、C 和 n 有关的材料标准强度计算系数，可由表 C.0.2 查得；

α——确定材料强度标准值所取的概率分布下分位数，一般取 $\alpha=0.05$；

C——检测所取的置信水平，对钢材，可取 $C=0.90$；对混凝土和木材，可取 $C=0.75$；对砌体，可取 $C=0.60$。

计算系数 k 值　　　　　表 C.0.2

n	k 值			n	k 值		
	$C=0.90$	$C=0.75$	$C=0.60$		$C=0.90$	$C=0.75$	$C=0.60$
5	3.400	2.463	2.005	18	2.249	1.951	1.773
6	3.092	2.336	1.947	20	2.208	1.933	1.764
7	2.894	2.250	1.908	25	2.132	1.895	1.748
8	2.754	2.190	1.880	30	2.080	1.869	1.736
9	2.650	2.141	1.858	35	2.041	1.849	1.728
10	2.568	2.103	1.841	40	2.010	1.834	1.721
12	2.448	2.048	1.816	45	1.986	1.821	1.716
15	2.329	1.991	1.790	50	1.965	1.811	1.712

C.0.3 当按 n 个受检构件材料强度标准差算得的变异系数：对钢材大于 0.10，对混凝土、砌体和木材大于 0.20 时，不宜直接按（C.0.2）式计算构件材料的强度标准值，而应先检查导致离散性增大的原因。若查明系混入不同总体（不同批）的样本所致，宜分别进行统计，并分别按（C.0.2）式确定其强度标准值。

附录 D　单个构件的划分

D.0.1 民用建筑的单个构件划分，应符合下列规定：

1 基础

1）独立基础　一个基础为一个构件；

2）墙下条形基础　一个自然间的一轴线为一构件；

3）带壁柱墙下条形基础　按计算单元的划分确定；

4）单桩　一根为一构件；

5）群桩　一个承台及其所含的基桩为一构件；

6）筏形基础和箱形基础　一个计算单元为一构件。

2 墙

1）砌筑的横墙　一层高、一自然间的一轴线为一构件；

2）砌筑的纵墙（不带壁柱）　一层高、一自然间的一轴线为一构件；

3）带壁柱的墙　按计算单元的划分确定；

4）剪力墙　按计算单元的划分确定。

3 柱

1）整截面柱　一层、一根为一构件；

2）组合柱　一层、整根（即含所有柱肢）为一构件。

4 梁式构件

一跨、一根为一构件；若仅鉴定一根连续梁时，可取整根为一构件。

5 板

1）预制板　一块为一构件；

2）现浇板　按计算单元的划分确定；

3）木楼板、木屋面板　一开间为一构件。

6 桁架、拱架

一榀为一构件。

7 网架、折板、壳

一个计算单元为一构件。

D.0.2 本附录所划分的单个构件，应包括构件本身及其连接、节点。

附录 E　本标准用词说明

E.0.1　执行本规范条文时，要求严格程度的用词，说明如下，以便执行中区别对待。

　　1　表示很严格，非这样用不可的用词：

正面词采用"必须"；反面词采用"严禁"。

　　2　表示严格，在正常情况下均应这样做的用词：

正面词采用"应"；反面词采用"不应"或"不得"。

　　3　表示允许稍有选择，在条件许可时首先应这样做的用词：

正面词采用"宜"；反面词采用"不宜"。

表示允许有选择，在一定条件下可以这样做的，采用"可"。

E.0.2　条文中必须按指定的标准、规范或其它有关规定执行时，其写法为"应按……执行"或"应符合……要求"。

中华人民共和国国家标准

民用建筑可靠性鉴定标准

GB 50292—1999

条 文 说 明

目　次

1 总 则

1.0.1 民用建筑在使用过程中,不仅需要经常性的管理与维护,而且经过若干年后,还需要及时修缮,才能全面完成其设计所赋予的功能。与此同时,还有为数不少的民用建筑,或因设计、施工、使用不当而需加固,或因用途变更而需改造,或因使用环境变化而需处理等等。要做好这些工作,首先必须对建筑物在安全性、适用性和耐久性方面存在的问题有全面的了解,才能作出安全、合理、经济、可行的方案,而建筑结构可靠性鉴定所提供的就是对这些问题的正确评价。由之可见,这是一项涉及安全而又政策性很强的工作,应由国家统一鉴定方法与标准,方能使民用建筑的维修与加固改造有法可依、有章可循。为此,在总结实践经验和科研成果的基础上,制定了本标准。

1.0.2 为了保证建筑物在规定使用期内的安全,有必要对它进行定期鉴定和应急鉴定。所谓的应急鉴定,一般是指以下几种情况的鉴定:

一是当承重结构出现可能影响安全的异常征兆时,对建筑物进行的以抢险和紧急加固为目标的安全性检查与鉴定,亦即通常所谓的危险房屋(简称危房)鉴定。

二是当有严重灾情预报时,对可能受袭击或威胁的建筑物进行的以排险与临时性支顶加固为目标的安全性检查与鉴定。例如:在发出强台风或特大洪水警报后,对建筑物可能受到的破坏进行评估、检查与鉴定。

三是当有特别重要的理由必须确保某一建筑物在指定期间的高度安全时,对该建筑物进行的以消除隐患与组织监控为目标的紧急检查与鉴定。

1.0.3 对本条的规定,需作如下三点说明:

1 地震区系指抗震设防烈度不低于 6 度的地区。

我国 6 度Ⅲ、Ⅳ级场地和 7 度区的民用建筑,在唐山地震前,基本上未考虑抗震设防问题。8 度以上地区,虽然有所考虑,但所采取的措施尚不得力,而目前这些旧建筑正相继进入大、中修期,需要分批进行可靠性鉴定,因此,很有必要与抗震鉴定结合进行,因此本标准作了对地震区民用建筑物可靠性鉴定,尚应遵守国家现行有关建筑物和构筑物抗震鉴定标准要求的规定。

2 特殊地基土地区系指湿陷性黄土、膨胀岩土、多年冻土等需要特殊处理的地基土地区。

这里需要指出的是,过去有些标准规范还将地下采掘区的问题纳入特殊地基土地区处理的范畴。但现行国家标准《岩土工程勘察规范》(GB50021—94)已明确规定:地下采掘区问题应作为场地稳定性问题处理。因此,本标准的特殊地基土地区不包括地下采掘区。

3 特殊环境主要指有侵蚀性介质环境和高温、高湿环境。在个别情况下,还会遇到有辐射影响的环境。

这里需要提示的是,不同种类材料的建筑结构,其所划定的高温、高湿界限不同,有必要分别按各自的现行设计规范的规定执行。

2 术语、符号

2.1 术 语

2.1.1～2.1.12 本标准采用的术语及其涵义,是根据下列原则确定的:

1 凡现行工程建设国家标准已规定的,一律加以引用,不再

另行给出定义或说明;

2 凡现行工程建设国家标准尚未规定的,由本标准自行给出定义和说明;

3 当现行工程建设国家标准已有该术语及其说明,但未按准确的表达方式进行定义或定义所概括的内容不全时,由本标准完善其定义和说明。

2.2 符 号

对本标准采用的符号,需说明以下两点:

1 本标准采用的符号及其意义,是指根据现行《工程结构设计基本术语和通用符号》标准规定的符号用字规则及其表达方法制定的,但制定过程中,注意了与有关标准的协调和统一问题。

2 由于对结构可靠性鉴定采用了划分选用等级的评估模式,故需对每一层次所划分的可靠性、安全性和正常使用性的等级给出代号,以方便使用。为此,参考现行《工业建筑可靠性鉴定标准》和国外有关标准、指南及手册确定了本标准采用的等级代号的主体部份。至于代号的下标,则按现行《工程结构设计基本术语和通用符号》标准规定"由缩写词形成下标"的规则,经简化后予以确定。由于这些代号应用范围较为专一,故上述简化不致引起用字混淆。

3 基本规定

3.1 鉴定分类

3.1.1 根据民用建筑的特点和当前结构可靠度设计的发展水平,本标准采用了以概率理论为基础、以结构各种功能要求的极限状态为鉴定依据的可靠性鉴定方法,简称为概率极限状态鉴定法。该方法的特点之一,是将已有建筑物的可靠性鉴定,划分为安全性鉴定与正常使用性鉴定两个部分,并分别从《建筑结构设计统一标准》(以简称《统一标准》)定义的承载能力极限状态和正常使用极限状态出发,通过对已有结构构件进行可靠性校核(或可靠性评估)所积累的数据和经验,以及根据实用要求所建立的分级鉴定模式,具体确定了划分等级的尺度,并给出每一检查项目不同等级的评定界限,以作为对分属两类不同性质极限状态的问题进行鉴定的依据。这样不仅有助于理顺很多复杂关系,使问题变得简单而容易处理,更重要的是能与现行设计规范接轨,从而收到协调统一、概念明确和便于应用的良好效果。因此,在实施时,可根据鉴定的目的和要求,具体确定是进行安全性鉴定,还是进行正常使用性鉴定,或是同时进行这两种鉴定,以评估结构的可靠性。

这里需要说明的是,对正常使用性鉴定之所以不再细分为适用性鉴定与耐久性鉴定,是因为现行设计规范对这两种功能的标志及其界限是综合给出的。在这种情况下,为了保持与规范一致,以充分利用长期以来所积累的工程实践经验,至少在当前是不宜再细分的。

基于以上所述,考虑到单独进行安全性鉴定或正常使用性鉴定,不论在工作量或所使用的手段上,均与系统地进行可靠性鉴定有较大差别,因此,若能在事前作出合理的选择和安排,显然在不少情况下,可以收到提高工效和节约费用的良好效果,故本条就如何根据不同情况选择不同类别的鉴定问题作出了原则性规定。

上述规定写得很具体,在执行中不会有什么问题。这里需要指出的是,建筑物的日常维护检查最易被人们所忽视,其所以会出现这种情况,一般有以下两方面原因:一是很多人没有意识到这类检查的重要性,不了解它是保证建筑物正常工作很重要的一环;二是在多数情况下,这类检查并非专门组织的一次性委托任

务，而是寓于本单位日常管理工作中。如果管理不善，就不可能把它提到日程上来。这次编制标准的调研中，曾看到有些单位因疏于管理，而给建筑物造成很多问题；但也看到有些单位，由于重视日常检查，而使建筑物一直处于良好的工作状态。上述正反两方面的经验，是很值得引以为鉴的。

3.2 鉴定程序及其工作内容

3.2.1 本标准制定的鉴定程序，是根据我国民用建筑可靠性鉴定的实践经验，并参考了其他国家有关的标准、指南和手册确定的。从它的框图可知，这是一种常规鉴定的工作程序。执行时，可根据问题的性质进行具体安排。例如：若遇到简单的问题，可予以适当简化；若遇到特殊的问题，可进行必要的调整和补充。

3.2.2～3.2.4 条文中规定的初步调查和详细调查的工作内容较为系统，但不要求全面执行，故采用了"可根据实际需要选定"的措词。至于每一调查项目需做哪些具体检查工作，还需根据实际所遇到的问题进行研究，才能使鉴定人员所制定的检测、试验工作大纲具有良好的针对性。为了帮助基层鉴定人员做这项工作，本标准编制组曾编写了一个"现场检查工作要点"作为这本标准的附件，但由于不符合国家标准的内容构成规定，而只能作为参考资料另发。若有需要者，可与本标准管理组联系。但需指出的是，这些要点毕竟属于指南性的，切勿照搬照套。另外，需要说明的是："调查"一词在本标准中是作为概括性的泛指词使用的，它包括了访问、查档、验算、检验和现场检查实测等涵义。

3.2.5 本标准采用的结构可靠性鉴定方法，其另一要点（要点之一见本标准第3.1.1条说明）是：根据分级模式设计的评定程序，将复杂的建筑结构体系分为相对简单的若干层次，然后分层分项进行检查，逐层逐步进行综合，以取得能满足实用要求的可靠性鉴定结论。为此，根据民用建筑的特点，在分析结构失效过程逻辑关系的基础上，本标准将被鉴定的建筑物划分为构件（含连接）、子单元和鉴定单元三个层次，对安全性和可靠性鉴定划分为四个等级；对正常使用性鉴定划分为三个等级。然后根据每一层次各检查项目的检查评定结果确定其安全性、正常使用性和可靠性的等级，至于其具体的鉴定评级标准，则由本标准的各有关章节分别给出。这里需要说明的是：

1 关于鉴定"应从第一层开始，逐层进行"的规定，系就该模式的构成及其一般程序而言，对有些问题，如地基的鉴定评级等，由于不能细分为构件，故允许直接从第二层开始。

2 从表3.2.5的构成以及本标准第11.0.4条的规定可知，"检查项目"的检查评定结果最为重要，它不仅是各层次、各组成部分鉴定评级依据，而且还是处理所查出问题的主要依据。至于子单元（包括其中的每种构件）和鉴定单元的评定结果，由于经过了综合，只能作为对被鉴定建筑物进行科学管理和宏观决策的依据。如据以制定维修计划、决定建筑群维修重点和顺序、使业主对建筑物所处的状态有系统的认识等等，而不能据以处理具体问题。这在执行本标准时应加以注意。

3 根据详细调查结果，以评级的方法来划分结构或其构件的完好和损坏程度，是当前国内外评估建筑结构安全性、正常使用性和可靠性最常用的方法，且多采取文字与数值相结合方式划分等级界限，然而值得注意的是，由于分级和界限性质的不同，各国标准、指南或手册中所划分的等级，其内涵将有较大差别，不能随意等同对待，本标准采用的虽然也是同样形式的分级方法，但其内涵由于考虑了与结构失效概率（或对应的可靠指标）相联系，与现行设计、施工规范相接轨，并与处理对策的分档相协调，因而更具有科学性和合理性，也更切合实用的要求。

4 国内外实践经验表明，分级的档数宜适中，不宜过多或过少。因为级别过多或过少，均难以恰当地给出有意义的分级界限，故一般多根据鉴定的种类和问题的性质，划分为三至五级，个别有六级，但以分为四级居多。本标准根据专家论证结果，对安全

性和可靠性鉴定分为四级；对正常使用性鉴定为三级。其所以少分一个等级，是因为考虑到正常使用性鉴定不存在类似"危及安全"这一档，不可能作出"必须立即采取措施"的结论。

3.2.6 当发现调查资料不足时，便应及时组织补充调查，这是理所当然的事，但值得提醒注意的是，对各种事故而言，补充调查就是补充取证。这项工作往往由于现场各种因素发生变化而无法进行。为此，在详细调查（即第一次取证）进场前，就要采取措施保护现场，为随后可能进行的补充取证保留结构的破坏原状和必要的取证工作条件，这种保护措施，要直到鉴定工作全面结束并经主管部门批准后才能拆除。

3.2.7 长期以来的可靠性鉴定经验表明，不论怎样严格地按调查结果评价残损结构（含承载能力不足的结构，以下同），但鉴定人员的结论，总是与如何治理相联系，特别是对C_u级或接近C_u级边缘的结构，其如何治理，在很大程度上左右着鉴定的最后结论。一般说来，鉴定人员对易加固的结构，其结论往往是建议保留原件；对很难修复的结构或极易更换的构件，其结论往往倾向于重建或拆换。这说明鉴定人员总要考虑残损结构的适修性问题。所谓的适修性，系指一种能反映残损结构适修程度与修复价值的技术与经济综合特性。对于这一特性，委托方尤为关注。因为残损结构的鉴定评级固然重要，但他们更需知道的是该结构能否修复和是否值得修复的问题，因而往往要求在鉴定报告中有所交代。由之可见，不论从哪方面考虑，均有必要对所鉴定结构进行适修性评价，为此，除在本标准第10章给出评估方法外，尚需在本条的程序中加以明确规定。

3.2.8 （略）

3.3 鉴定评级标准

3.3.1～3.3.3 本节对民用建筑的安全性、正常使用性和可靠性等级的划分，制定了用文字表述的分级标准（亦即国外所谓的言词标准），以统一各类材料结构各层次评级标准的分级原则，从而使标准编制者与使用者对各个等级的含义有统一的理解和掌握；同时，在本标准中，还有些不能用具体数量指标界定的分级标准，也需依靠它来解释其等级的含义。

对这些以文字表述的标准，需要说明两点：一是关于鉴定依据的提法；另一是分级原则的制订。但考虑到后者的说明不可能不涉及以下各章节每一层次评级标准如何与之相协调的问题，在这种情况下，若集中于本节阐述，势必给标准使用者的查阅带来很大的不便。因此，决定将这个问题的说明分散到各有关章节中，这里仅对鉴定依据的提法问题加以说明。

如众所周知，过去在这个问题上，一直存在着两种不同的观点：一种认为，鉴定应以原设计、施工规范为依据；另一种则认为，必需以现行设计、施工规范为依据。这次制订标准，曾组织有关专家进行了研究，其结论一致认为，较全面而恰当的提法，是以本标准为依据，理由如下：

1 由于已有建筑物绝大多数在鉴定并采取措施后还要继续使用，因而不论从保证其下一目标使用期所必需的可靠度或是从标准规范的适用性和合法性来说，均不宜直接采用已被废止的原规范作为鉴定的依据。这一观点在国际上也是一致的。例如：最近发布的国际标准《结构可靠性原则》(ISO/DIS2394—1996)中便明确规定：对已有建筑物的鉴定，原设计规范只能作为参考性的指导文件使用。

2 以现行设计、施工标准规范作为已有建筑物鉴定的依据之一，是无可非议的，但若认为它们是鉴定的唯一依据则欠妥。因为现行设计、施工规范毕竟是以拟建的工程为对象制定的，不可能系统地考虑已有建筑物所能遇到的各种问题。

3 采用以本标准为依据的提法，则较为全面，因为其内涵已全面概括了以下各方面的内容和要求：

1）现行设计、施工规范中的有关规定；

2）原设计、施工规范中尚行之有效，但由于某种原因已被现行规范删去的有关规定；

3）根据已有建筑物的特点和工作条件，必需由本标准作出的专门规定。

因此，在本节以文字表述的标准中（表 3.3.3 至表 3.3.3），均以是否符合本标准的要求及其符合或不符合的程度，作为划分不同等级的依据。

3.3.4 适修性评级的分级原则，是根据专家意见和德国经验，经综合后形成的。但由于民用建筑的情况比较复杂，因而制定的条文内容较为原则，宜根据实际情况予以具体化，才能收到更好的效果。

4 构件安全性的鉴定评级

4.1 一般规定

4.1.1 设置本条的目的是为了将本标准表 3.2.5 列出的单个构件安全性鉴定评级的检查项目与本章的具体规定联系起来，以便于标准使用者掌握前后条文的承接关系。其内容简明，无需解释。故编写此条文说明的目的，主要在于利用本条与以下各节的普遍联系，而将各类材料结构构件采用的统一分级（定级）原则集中说明于此，以避免分散说明所造成的内容重复。

一、关于安全性检查项目的分级原则

本标准的安全性检查项目分为两类：一是承载能力验算项目；二是承载状态调查实测项目。本标准从统一给定的安全性等级涵义出发，分别采用了下列分级原则：

（一）按承载能力验算结果评级的分级原则

根据本标准的规定，结构构件的验算应在详细调查工程质量的基础上按现行设计规范进行。这也要求其分级应以《统一标准》规定的可靠指标为基础，来确定安全等级的界限。因为如众所周知，结构构件的安全度（可靠度）除与设计的作用（荷载）、材料性能取值及结构抗力计算的精确度有关外，还与工程质量有着密切关系。《统一标准》以结构的目标可靠指标来表征设计对结构可靠度的要求，并根据可靠指标与材料和构件质量之间的近似函数关系，提出了设计要求的质量水平。从可靠指标的公式可知，当荷载效应的统计参数为已知时，可靠指标是材料或构件强度均值及其标准差的函数。因此，设计要求的材料和构件的质量水平，可以近似地根据结构构件的目标可靠指标来确定。

《统一标准》规定了两种质量界限，即设计要求的质量和下限质量，前者为材料和构件的质量应达到或高于目标可靠指标要求的期望值。由于目标可靠指标系根据我国材料和构件性能的统计参数的平均值校准得到的，因此，它所代表的质量水平相当于全国平均水平，实际的材料和构件性能可能在此质量水平上下波动。为使结构构件达到设计所预期的可靠度，其波动的下限应予规定。与此相应，工程质量也不得低于规定的质量下限。《统一标准》的质量下限系按目标可靠指标减 0.25 确定的。此值相当于其失效概率运算值上升半个数量级。

基于以上考虑，并结合安全性分级的物理内涵，本标准对这类检查项目评级，采用了下列分级原则：

a_u级 符合现行规范对目标可靠指标 β_0 的要求，实物完好，其验算表征为 $R/\gamma_0 S \geqslant 1$；分级标准表述为：安全性符合本标准对 a_u 级的要求，不必采取措施。

b_u级 略低于现行规范对 β_0 的要求，但尚可达到或超过相当于工程质量下限的可靠度水平。即可靠指标 $\beta \geqslant \beta_0 - 0.25$，此时，实物状况可能比 a_u 级稍差，但仍可继续使用，验算表征为 $1 > R/\gamma_0 S \geqslant 0.95$；分级标准表述为：安全性略低于本标准对 a_u 级的要求，尚不显著影响承载，可不采取措施。

c_u级 不符合现行规范对 β_0 的要求，其可靠指标下降已超过工程质量下限，但未达到随时有破坏可能的程度，因此，其可靠指标 β 的下浮可按构件的失效概率增大一个数量级估计，即下浮下列区间内：

$$\beta_0 - 0.25 > \beta \geqslant \beta_0 - 0.5$$

此时，构件的安全性等级比现行规范要求的下降了一个档次。显然，对承载能力有不容忽视的影响。对于这种情况，验算表征为 $0.95 > R/\gamma_0 S \geqslant 0.9$；分级标准表述为：安全性不符合本标准对 a_u 级的要求，显著影响构件承载，应采取措施。

d_u级 严重不符合现行规范对 β_0 的要求，其可靠指标的下降已超过 0.5，这意味着失效概率大幅度提高，实物可能处于濒临危险的状态。此时，验算表征为 $R/\gamma_0 S < 0.9$；分级标准表述为：安全性极不符合本标准对 a_u 级的要求，已严重影响构件承载，必须立即采取措施（如临时支顶并停止使用等），才能防止事故的发生。

从以上所述可知，由于采用了按《统一标准》规定的目标可靠指标和两种质量界限来划分承载能力验算项目的安全性等级，因而不仅较好地处理了可靠性鉴定标准与《统一标准》接轨与协调的问题，而且更重要的是避免了单纯依靠专家投票决定分级界限所带来的概念不清和可靠性尺度不一致的缺陷。

另外，值得指出的是，由于结构构件的可靠指标与失效概率具有相应的函数关系，因此，这种分级方法也体现了当前国际上所提倡的安全性鉴定分级与结构失效概率相联系的原则，并且首先在我国的可靠性鉴定标准中得到了实际的应用。

（二）按承载状态调查实测结果评级的分级原则

对建筑物进行安全性鉴定，除需验算其承载能力外，尚需通过调查实测，评估其承载状态的安全性，才能全面地作出鉴定结论。为此，要根据实际需要设置这类的检查项目。例如：

1）结构构造的检查评定

因为合理的结构构造与正确的连接方式，始终是结构可靠传力的最重要保证。倘若构造不当或连接欠妥，势必大大影响结构构件的正常承载，甚至使之丧失承载功能。因而它具有与结构构件本身承载能力验算同等的重要性，显然应列为安全性鉴定的检查项目。

2）不适于构件继续承载的位移或裂缝的检查评定

这类位移或裂缝相当于《统一标准》中所述的"不适于继续承载的变形"，它已不属于承重结构正常使用性（适用性和耐久性）所考虑的问题范畴。正如《统一标准》所指出的：此时结构构件虽未达到最大承载能力，但已彻底不能使用，故也应视为已达到承载能力极限状态的情况。由之可见，同样应列为安全性鉴定的检查项目。

3）结构的荷载试验

众所周知，通过建筑物的荷载试验，能对其安全性作出较准确的鉴定，显然应列为安全性鉴定的检查项目，但由于这样的试验要受到场地、时间与经费的限制，因而一般仅在必要且可能时才进行。

对上述这些检查项目，本标准采用了下列分级原则：

1 当鉴定结果符合本标准根据现行标准规范规定和已有建筑物必需考虑的问题（如性能退化、环境条件改变等）所提出的安全性要求时，可评为 a_u 级。这也就是本标准第 3.3.1 条分级标准中提到的"符合本标准对 a_u 级要求"的涵义。

2 当鉴定结果遇到下列情况之一时，可降为 b_u 级：

1）尚符合本标准的安全性要求，但实物外观稍差，经鉴定人员认定，不宜评为 a_u 级者。

2）虽略不符合本标准的安全性要求，但符合原标准规范的安全性要求，且外观状态正常者。

3 当鉴定结果不符合本标准对 a_u 级的安全性要求，且不能引用降为 b_u 级的条款时，应评为 c_u 级。

4 当鉴定结果极不符合本标准对 a_u 级的安全性要求时，应

评为 b_u 级。此定语"极"的含义是指该鉴定对象的承载已处于临近破坏的状态。若不立即采取支顶等应急措施，可能危及生命财产安全。

根据上述分级原则制定的具体评级标准，分别由本章第 4.2 节～第 4.5 节给出。这里需要进一步指出的是，c_u 级与 d_u 级的分界线，虽然是根据有关科研成果和工程鉴定经验，在组织专家论证的基础上制定的，但由于这两个等级均属需要采取措施的等级，且其区别仅在于危险程度的不同（即：c_u 级意味着尚不至于立即发生危险，可有较充分的时间进行加固修复；而 d_u 级则意味着随时可能发生危险，必须立即采取支顶、卸载等应急措施，才能为加固修复工作争取到时间）。因此，在结构构造与受力情况复杂的民用建筑中，若对每一检查项目均硬性地划分 c_u 级与 d_u 级的界限，而不给予鉴定人员以灵活掌握处理的权限，则有可能导致某些检查项目评级出现偏差。为了解决这个问题，本标准对部分检查项目的评级标准，改而仅给出定级范围，至于具体取 c_u 级还是 d_u 级，则允许由鉴定人员根据现场分析、判断所确定的实际严重程度作出决定。

二、关于单个构件安全性等级的确定原则

单个构件安全性等级的确定，取决于其检查项目所评的等级，最简单的情况是：被鉴定构件的每一检查项目的等级均相同。此时，项目的等级便是构件的安全性等级。但在不少情况下，构件各检查项目所评定的等级并不相同，此时，便需制定一个统一的定级原则，才能唯一地确定被鉴定构件的安全性等级。

在民用建筑中，考虑到其可靠性鉴定被划分为安全性鉴定和正常使用性鉴定后，在安全性检查项目之间已无主次之分，且每一安全性检查项目所对应的均是承载能力极限状态的具体标志之一。在这种情况下，不论被鉴定构件拥有多少个安全性检查项目，但只要其中有一等级最低的项目低于 b_u 级（例如 c_u 级或 d_u 级），便表明该构件的承载功能，至少在所检查的标志上已处于失效状态。由之可见，该项目的评定结果所反映的是鉴定构件承载的安全性或不安全性，因此，本标准采用了按最低等级项目确定单个构件安全性等级的定级原则。这也就是所谓的"最小值原则"。尽管有个别意见认为，采用这一原则过于稳健，但就构件这一层次而言，显然是合理的。

4.1.2 在民用建筑安全性鉴定中，对结构构件的承载能力进行验算，是一项十分重要的工作。为了力求得到科学而合理的结果，有必要在验算所需的数据与资料的采集及利用上，作出统一规定。现就本标准的这一方面规定择要说明如下：

一、关于结构上作用（荷载）的取值问题

对已有建筑物的结构构件进行承载能力验算，其首先需要考虑的问题，是如何为计算内力提供符合实际情况的作用（荷载）。因此，不仅要对施加于结构上的作用（荷载），通过调查或实测予以核实，而且还要根据《统一标准》规定的取值原则，并考虑已有建筑物在时间参数上不同于新设计建筑物的特点，按不同的鉴定目的确定所需的标准值。这是一项理论性较强且又计算繁杂的工作。显然不宜由鉴定人员自行分析确定。为此，本标准作出了统一规定，并列于附录 B 供鉴定人员使用。

二、关于构件材料强度的取值问题

对已有建筑物的结构构件进行承载能力验算，其另一需要考虑的问题，是如何为计算抗力提供符合实际的构件材料强度标准值。为此，编制组参照国际标准《结构可靠度总则》（ISO/2304—1996）的规定，提出了两条确定原则。这里需说明的是，根据现场检测结果确定材料强度标准值时，其所以需要按本标准附录 C 的规定取值，而不能直接采用统一标准》和现行设计规范规定的计算系数 $K=1.645$ 确定强度的标准值，是因为在现场检测条件下的样本容量 n 有限。此时，根据现行国家标准《正态分布样本可靠度单侧置信下限》（GB4885）的规定，对强度标准值的取值，应考虑样本容量 n 和给定的置信水平 C 对计算系数 K 的影响为此，本标准作出了仅限在已有结构中使用的专门规定，列于附录

C 供检测人员与鉴定人员使用。

这里需指出的是，置信水平 C 应统一给定，不能由鉴定人员自行取值。为了合理地给出 C 值，本标准根据 ISO、CEB、CEN 和前苏联（СНиПⅡ-23-88）的有关规定，并参照《可靠性基础》和《误差分析方法》等文献的观点，作出了具体取值的规定。其中，对混凝土结构和木结构所取的 C 值，与上述的国外标准是一致的；对钢结构也很相近；只有砌体结构，由于迄今尚未见国外有这方面的考虑，因而主要是根据我国砌体结构的使用经验，并参照有关文献的观点，取 C 值等于 0.6。

4.1.3 本条规定的目的，主要是为了保证检测数据的有效性、严肃性和可信性，现就其中 1、3 两款作如下说明：

一、关于同时使用不止一种检测方法的规定

如众所周知，当一个检查项目同时并存几种检测方法标准时，最好是通过当地检测主管部门分别不同情况确认其中一种方法。或通过三方的书面合同确认某方法，然而，在工程鉴定实践也发现，有时需采用 2～3 种非破损检测方法同时测定一个项目，然后再综合确定其检测结果的取值，才能取得较为可靠的检测结论。在这种情况下，务必事先约定数据综合处理的规则，以免事后引起矛盾和争议，特别是涉及仲裁的检测，更应注意这一点，否则会造成影响仲裁工作进行的严重后果。

二、关于异常值处理的规定

当怀疑检测数据有异常值时，应根据现行国家标准《正态样本异常值的判断和处理》（GB4883）进行检验是没有问题的，但在执行该标准时应注意的是，其中有些条款同时并存几种规则，需要使用者作出采用哪种规则的决定。因此，有关各方应在事前共同进行确认，并形成书面协议，以免事后引起争议。另外，对检出的异常值是否剔除，应持慎重的态度。例如，当找不到其他物理原因可证明该检出值确有问题时，一般宜根据该标准规则 3.3 的 b 款，仅剔除按剔除水平检出的异常值，较为稳妥可信。

这里还需要指出的是，上述标准仅适用于正态样本。若所持样本不服从正态假设时，应按分布检验结果，采用其他分布类型的国家标准。不过对材料强度的检测一般可不考虑这个问题。

4.1.4 关于荷载试验应按现行专门标准进行的规定，虽然很容易理解，但由于迄今还有不少结构试验方法标准尚未发布，因而必然会给实施本条规定造成不少困难。在这种情况下，若鉴定单位拟引用国外标准，或按自行设计的试验方法进行检验，务必要慎重考虑，必要时宜与本标准管理组进行商量，因为国外所采用的检验参数或自行设计方法，不一定能与本标准有关规定接轨，这一点应引起有关单位和技术人员的注意。

4.1.5 本条是根据国际标准《结构可靠性总则》（ISO/DIS2394—1996）类似的规定制订的。其目的在于减少鉴定工作量，将有限的人力、物力和财力用于最需要检查的部位。

4.1.6 如众所周知，在同一批构件中，增加样本的数量，可以提高检测的精度，但由于检测精度与抽样数量平方根成反比，因此，要显著地提高检测精度必须付出较大的人力和财力的代价，况且，对已有建筑物的检测而言，还不只是代价大小的问题，更多的是涉及到技术难度很大，有时为了确保已有结构的安全，甚至无法做到。为此，本标准从保证检测结果平均值应具有可以接受的最低精度出发，规定了现场受检构件的最低数量为 5～10 个。至于每一构件上需测多少个测点，才能定出该构件材料强度的推定值，则应由现行各检测方法标准来确定。如果委托方对检测有较严的要求，也可适当增加受检构件的数量，但值得指出的是，现场抽样数量过大，也有不利之处，因为此时将很难保证检测条件前后一致，反而检测来新的误差。

4.2 混凝土结构构件

4.2.1 混凝土结构构件安全性鉴定应检查的项目，是在《统一标准》定义的承载能力极限状态基础上，参照国内外有关标准和工

程鉴定经验确定的。

4.2.2 混凝土结构构件承载能力验算分级标准，是根据《统一标准》的可靠性分析原理和本标准统一制定的分级原则（见本条条文说明第4.1.1条）确定的，其优点是能与《统一标准》规定的两种质量界限挂钩，与设计采用的目标可靠指标接轨，故为本标准所采用。

4.2.3 大量的工程鉴定经验表明，即使结构构件的承载能力验算结果符合本标准对安全性要求，但若构造不当，其所造成的问题仍然可导致构件或其连接的工作恶化，以致最终危及结构承载的安全。因此，有必要设置此检查项目，对结构构造的安全性进行检查与评定。

另外，从表4.2.3可看出，在构造安全性的评定标准中，只给出 b_u 级与 c_u 级之间的界限，而未给出 a_u 级与 b_u 级以及 c_u 级与 d_u 级之间的界限。其所以作这样的处理，是因为构造问题比较复杂，而又经常遇到原设计、施工图纸资料多已缺失，且检查实测只能探明其部分细节的情况。此时，必需结合其实际工作状态进行分析判断，才能较有把握地确定其安全性等级。因此，宜由鉴定人员根据现场观测到的实际情况适当调整评级的尺度。

4.2.4 从现场检测得到的混凝土结构构件的位移值（或变形值、以下同），其大小要受到作用（荷载）、几何参数、配筋率、材料性能、构造缺陷、施工偏差和测试误差等多方面因素的影响。在已有建筑物中，这些影响不仅复杂，而且很难用已知的方法加以分离。因此，一般需以总位移的测值为依据来评估该构件的承载状态。这也就更增加了制定标准的难度。为了解决这个问题，编制组提出了若干方案组织专家评议，经反复讨论，一致认为下述方案可用于制定标准：

1 对容易判断的情况和工程鉴定经验积累较多的若干种构件，采用按检测值与界限值比较结果直接评定方法；

2 对受力和构造较为复杂的构件，或实测只能得到部分结果的情况，采用检测与计算分析相结合的评定方法，这也是目前许多国家所采用的方法，其要点是：

1）给出估计可能影响承载，但需经计算分析核实的位移验算界限，作为验算的起点；

2）要求对位移实测值超过该界限的构件进行承载能力验算。验算时，应计入附加位移的影响，并为此给出按验算结果评级的原则。

本方案的优点在于，较易划分验算的界限，而又不过多地增加计算工作量（仅部分需做验算），但却能提高鉴定结果的可信性。

在选定了上述鉴定方法的基础上，编制组根据所掌握的测试与分析资料以及国内外同类的有关规定，提出了各类构件的位移界限值及其评级标准，其中需要说明两点：

1 表4.2.4对 $l_0 \leqslant 9m$ 规定的挠度限值，其所以采用双控的方式，主要是为了避免在接近 $l_0 = 9m$ 处得的界限值出现突变。因为若无45mm的限制，将使 $l_0 = 9m$ 和 $l_0 = 9.01m$ 的挠度界限值分别为60mm和45.05mm。这显然很不协调，其后果是容易引起各有关方面对鉴定结论的争议。因此，作了必要的处理，以利于标准的执行。

2 本条对柱的水平位移（或倾斜，以下同）之所以划分为"与整个结构有关"及"只是孤立事件"这两种情况，主要是因为考虑到当属于前者情况时，被鉴定柱所在的上部承重结构有显著的侧向水平位移，在这种情况下，对柱的承载能力的验算，需采用该结构考虑附加位移作用算得的内力；但若属于后者情况，则仍可采用正常的设计内力，仅需在截面验算中，考虑位移所引起附加力矩即可。

另外，应指出的是，当鉴定做出某构件的位移并不适于继续承载的位移时，其含义仅表明在位移这一项目上，其安全性被接受，但未涉及该构件这方面的使用功能是否适用的问题。因为安全并不等于适用，故一般还需根据本标准第5章的有关规定进

行使用性鉴定，才能作出全面的结论。

4.2.5～4.2.7 迄今为止，国内外有关标准（或检验手册、指南等）对同一检查项目所给出的不适于继续承载这一档的裂缝宽度界限并不一致。从目前编制组所掌握的资料看，不同来源之间的差别范围大致如附表1所示。

不适于混凝土构件继续承载的裂缝宽度界限值 附表1

界限值名称	构件类别		不同标准划分裂缝宽度界限值的差别范围
剪切裂缝宽度（mm）	梁、柱		出现裂缝至>0.30
其他受力裂缝宽度（mm）	钢筋混凝土结构	主要构件	>0.50至>0.70
		一般构件	>0.60至>1.0
	预应力混凝土结构	主要构件	>0.20至>0.25（>0.30至>0.35）
		一般构件	>0.20至>0.25（0.40至>0.50）
纵向锈蚀裂缝宽度（mm）	任何构件		出现裂缝至>1.0
收缩、温度裂缝宽度（mm）	任何构件		>1.0至2.0

注：1. 对剪切裂缝，有些标准指所有剪切裂缝；有些标准仅指某几种剪切裂缝。

2. 对其他受力裂缝，有些标准指弯曲裂缝、轴拉裂缝及弯裂缝，有些标准则泛指各种横向和斜向裂缝。

3. 括号内的限值仅适用于冷拉Ⅱ、Ⅲ、Ⅳ级钢筋的预应力构件。

分析认为，不同标准（或手册、指南）所划的界限值之所以有出入，主要是由于对每种裂缝所赋予的内涵互有差异，或是由于在风险决策上所掌握的尺度略有不同所致。针对这一情况，编制组提出了制定本标准的方案如下：

1 对受力裂缝重新进行分档

1）将界限值可望统一的弯曲裂缝、轴拉裂缝和一般的弯剪裂缝归在一档；

2）将破坏后果较为严重的剪切裂缝单列一档，但明确其内涵仅包括：斜拉裂缝以及集中荷载靠近支座处出现的和深梁中出现的斜压裂缝。

2 对非受力裂缝，考虑到其实际情况的复杂性，故采取按界限值与分析判断相结合的方案来订制鉴定标准，即：

1）给出应考虑这种裂缝对结构安全影响的界限值；

2）要求对裂缝宽度超过该界限的构件进行分析或运用工程经验进行判断，以确定是否应将该裂缝视为不适于继续承载的裂缝。

根据这一方案，编制组从民用建筑承重结构的安全性要求出发，以所掌握的试验和工程鉴定经验的资料为依据，并参考国外有关标准的规定，具体确定了每种裂缝的界限值。

另外，执行本标准应注意的是，本条规定的裂缝界限值与本标准第5章规定的裂缝界限值不能混淆，两者的区别在于：前者所涉及的是构件承载的安全性问题，因而是采取加固措施的界限；后者所涉及的是构件功能的适用性与耐久性问题，因而是采取修补（包括封护）措施的界限。

4.3 钢结构构件

4.3.1 钢结构构件安全性鉴定应检查的项目，是在《统一标准》定义的承载能力极限状态基础上，参照国内外有关标准和工程鉴定经验确定的。其中需作说明的是，本标准之所以将钢结构构件中的锈蚀，划分为影响耐久性和影响承载的两类，并要求在本标准规定的环境条件下，将影响承载的锈蚀列为安全性鉴定的补充检查项目，是因为钢结构处于条文所指出的这些不利的环境中，其锈蚀将大大加快，以至在很短时间内便会危及结构构件承载的安全。另外，就冷弯薄壁型钢结构和轻钢结构而言，则由于其构件自身截面尺寸小，对锈蚀十分敏感而快速。因此，也有必要将影响承载的锈蚀，作为其安全性鉴定的一个检查项目。

4.3.2 钢结构构件（含连接）承载能力验算的分级标准的制定原则，与混凝土结构构件完全一致。其具体内容详见本标准第4.1.1

条的条文说明。

4.3.3 在钢结构的安全事故中，由于构造与连接不当而引起的各种破坏（如失稳以及过度应力集中、次应力所造成的破坏等等）占有相当的比例，这是因为在任何情况下，构造的正确性与可靠性总是钢结构构件正常承载能力的最重要保证，一旦构造（特别中连接构造）出了严重问题，便会直接危及结构构件的安全。为此，将它列为与承载能力验算同等重要有检查项目。

4.3.4 钢结构构件由于挠度过大而发生安全问题，在民用建筑中较为少见，因此，存在着是否有必要在本标准中设置这一检查项目的不同看法。经征询专家意见，大多数认为仍有此必要，其主要理由是：

1 国外有过旧钢梁、钢檩出现较明显塑性变形的工程实例报道；

2 设计、施工不当的钢桁架可能在遇到下列情况时出现不适于继续承载的挠度；

　1）主要节点的连接失效；

　2）构件的附加应力过大；

　3）各种原因引起的超载；

3 偏差严重的钢梁可能由于构件弯曲、侧弯、节点板弯折或翼缘板压弯等产生的附加作用而影响其正常承载。

尽管上述构件的最后破坏，可能不是直接由挠度所引起，但不少的工程实例表明，确是因为首先观察到挠度的异常发展，并采取了支顶等应急措施，才避免了倒塌事故的发生。因此，通过对过大挠度的检查，以评估该结构构件是否适于继续承载，还是很有实用价值的。

基于以上观点，编制组决定在本标准中设置这一检查项目，并为制订其标准，广泛搜集了下列资料：

　1）国内外有关标准（或检验手册、指南等）的规定及其说明；

　2）不同专家根据自身经验提出的有关建议；

　3）有关的研究成果与验证结论。

以上资料所给出的界限值并不一致，经汇总后将其相互的差别范围列于附表2，从表列数据可知：

不适于钢构件继续承载的位移界限资料汇总　附表2

检查项目	构造类别	不同资料给出的界限值的差别范围	
		界限值（无附加规定）	界限值（有附加规定）
挠度	桁架、托架	$>l_0/200$ 至 $>l_0/350$	$>l_0/400$，且验算不合格
	主梁、托梁	$>l_0/250$ 至 $>l_0/300$	$>l_0/300$，且有超载
	其他实腹梁	$>l_0/150$ 至 $>l_0/180$	——
	檩条	$>l_0/100$ 至 $>l_0/120$	——
挠度（短向）	屋盖网架	$>l_0/180$ 至 $>l_0/200$	——
	楼盖网架	$>l_0/200$ 至 $>l_0/250$	——
侧向弯曲	实腹梁	$>l_0/400$ 至 $>l_0/660$	——

注：表中符号意义同本标准正文。

　1）一般实腹梁的挠度界限值，在不同资料之间较为接近；

　2）桁架、托架的挠度界限值及其确定方法，在不同资料之间差别较为悬殊，且很难统一；

　3）网架挠度的界限值，在不同资料之间虽也较为接近，但可用的资料很少。

根据上述情况，编制组决定采用与混凝土结构构件相同的方案（参见本标准第4.2.4条说明）制订标准：

　1）对桁架、托架和柱，由于情况复杂，很难制订统一的标准，因而宜采用检测与验算相结合的方法进行判断，以提高评级的可信性。

　2）对网架，由于考虑到其附加挠度影响的计算过于复杂，且现行设计与施工规程所给出的挠度允许值又较为偏宽，因而虽宜采用直接评级的方法，但有必要采用稳健取值的原则确定其界限值。

3）对其他受弯构件，由于不同资料之间差别较小，而本标准在归纳时，又按不同情况进行了细分，因此，宜采用直接评级的方法，以减少鉴定的计算工作量。

以上标准在其草案阶段，曾由太原理工大学等单位在实际工程中用于试算和试鉴定，其结果表明较为合适可行。

4.3.5 当钢结构构件处于第4.3.1条所列举的几种情况时，其锈蚀速度将比正常情况下高出 5～17 倍，而它所造成的损害，也会很快地就超出耐久性试验所考虑的水平和范围。此时，由于已涉及安全问题，显然只能视为"不适于继续承载的锈蚀"进行检查和评定。若检查结果表明，该构件的锈蚀已达一定深度，则其所造成的问题将不仅仅是单纯的截面削弱，而且还会引起钢材更深处的晶间断裂或穿透，这相当于增加了应力集中的作用，显然要比单纯的截面减少更为严重。因此，当以截面削弱为标志来划分影响继续承载的锈蚀界限时，有必要考虑这种微观结构破坏的影响。本标准表4.3.5规定的限值，已作这方面考虑，故较为稳妥可行。

4.4 砌体结构构件

4.4.1 砌体结构构件安全性鉴定应检查的项目，是在《统一标准》定义的承载能力极限状态基础上，根据其工作性能和工程鉴定经验确定的。从征求意见来看，其中需要说明的是本标准之所以将高厚比作为砌体结构构造的检查项目之一，是因为在实际结构中，砌体由于其本身构造和施工的原因，很少不带隐性缺陷的。在这种条件下工作的砌体墙、柱，倘若刚度不足，便很容易由于意外的偏心、弯曲、裂缝等缺陷的共同作用，而导致承载能力的降低。为此，设计规范用规定的高厚比来保证受压件正常承载所必需的最低刚度。针对这一设计特点进行安全性鉴定，除了应进行强度和稳定性验算外，尚需检查其高厚比是否满足承载的要求。也就是说，只有了解构造的实际情况，构件的验算才是意义的。况且，在实际工程中，也曾发现过因高厚比过大诱发多种影响因素共同作用，而导致砌体墙、柱发生安全事故的实例。因此，将其列为安全性鉴定的检查项目是恰当的。

4.4.2 砌体结构构件承载能力分级标准的制定原则，与混凝土结构构件完全一致，其具体阐述，详见本标准第4.1.1条的条文说明。

4.4.3 关于承重结构构造安全性鉴定的重要性及其评级的制定问题，已在本标准第4.2.3条的说明中做了阐述。这里仅就表4.4.3中对墙、柱高厚比所作的规定说明如下：

长期以来的工程实践表明，当砌体高厚比过大时，将很容易诱发墙、柱产生意外的破坏。因此，对砌体高厚比要求，一直作为保证墙、柱安全承载的主要构造措施而被列入设计规范。但许多试算和试验结果也表明，砌体的高厚比虽是影响墙、柱安全的因素之一，但其敏感性不如其他因素，而且在量化指标的界定上也存在着一定的模糊性，不致于一超出允许值，便出现危及安全的情况。据此，本标准作如下处理：

　1）将墙、柱的高厚比列为构造与连接安全性鉴定的主要内容之一。

　2）在 b_c 级与 c_c 级界限的划分上，略为放宽。经征求有关专家意见认为，取现行设计规范允许高厚比下浮10%的值作为划分这两个等级的界限，与过去的鉴定经验较为吻合。

4.4.4 对本条需说明三点：

1 砌体结构构件出现的过大水平位移（或倾斜、以下同），居多属于地基基础不均匀沉降或过大施工偏差引起的，但也有是由于水平荷载及基础转动留下的残余变形，不过在一次检测中，往往是很难分清的。因此，也需以总位移为依据来评估其承载状态。在这种情况下，经分析研究认为，原则上也可采用与混凝土结构和钢结构相同的模式（参见标准第4.2.4条及第4.3.4条的说明）来制订其评级标准。与此同时，考虑到砌体结构受力与构造

的复杂性,在很多情况下难以进行考虑附加位移作用的内力计算,因而在本标准第 6.3.5 条中增加一条注:允许在计算有困难时,可以表 6.3.5 所给出的位移界限值为基础,结合工程鉴定经验进行评级。这从砌体结构属于传统结构,长期以来积累有丰富的使用经验来看,还是可行的。当然,若有现成的计算程序和实测的计算参数可供利用,仍然以通过验算作出判断为宜。

2 由施工偏差或使用原因造成的砖柱弯曲(通过主受力平面或侧向弯曲)达到影响承载的程度虽不多见,但确是有过这类实例,因此,仍应列为安全性鉴定的检查项目。至于如何划分其 b_u 级与 c_u 级界限,编制组考虑到我国经验不多,故参照原苏联和欧洲各国的文献资料取为砖柱自由长度的 1/300。对于常见的 4.5m 高的砖柱,此时弯曲矢高为 15mm,已超过施工允许偏差近一倍。显然有必要在承载能力的验算中考虑其影响。若验算结果表明,其影响不显著,仍然可评为 b_u 级,且无需采取措施,这也是很正常的,因为本条所给出的只是验算起点(验算限值),而非评级界限。

3 对砖拱、砖壳这类构件出现的位移或变形,国内外标准(或检验手册、指南)多采用一经发现便可根据其实际严重程度判为 c_u 级或 d_u 级的直观鉴定法。本标准也不例外,因为,这类砌体构件不仅对位移和变形的作用敏感,而且承受能力很低,往往会在毫无先兆的情况下发生脆性破坏,故不能不采用稳健的原则进行评定。

4.4.5 考虑到砌体结构的特性:当它承载能力严重不足时,相应部位便会出现受力性裂缝。这种裂缝即使很小,也具有同样的危害性。因此,本标准作出了凡是检查出受力性裂缝,便应根据其严重程度评为 c_u 级或 d_u 级的规定。

4.4.6 砌体构件过大的非受力性裂缝(也称变形裂缝),虽然是由于温度、收缩、变形以及地基不均匀沉降等因素引起的,但它的存在却破坏了砌体结构整体性,恶化了砌体构件的承载条件,且终将由于裂缝宽度过大而危及构件承载的安全。因此,也有必要列为安全性鉴定的检查项目。

本条具体给出的危险性裂缝宽度,是根据我国 9 个省、区、直辖市的调查资料,并参照德、日有关文献,经专家论证后确定的。

4.5 木 结 构 构 件

4.5.1 木结构构件安全性鉴定应检查的项目,除了统一规定的几项外,还增加了腐朽和虫蛀两项。这是因为在经常受潮且不易通风的条件下,腐朽发展异常迅速:在虫害严重的南方地区,木材内部很快便被蛀空。处于这两种情况下的木结构一般只需 3~5 年(视不同的树种而异)便会完全丧失承载能力。因此,很多国家都严禁在上述两种条件下使用未经防护处理的木结构,以免造成突发性破坏,危及生命财产的安全。倘若在已有建筑物中已经使用了木结构,则应改变其通风防潮条件,并进行防腐、防虫处理。如果发现虫害或腐朽有蔓延感染的迹象,还需及时报告建筑监督部门,以便在一定区域范围内采取防治措施,以保护建筑群的安全。由之可见,腐朽和虫蛀对木结构安全威胁的严重性,完全有必要将之列为安全性鉴定的检查项目,并给予高度的重视。

4.5.2 木结构构件及其连接的承载能力分级标准的制定原则,与前述三类材料结构完全一致,其具体阐述,详见本标准第 4.1.1 条的说明。

4.5.3 对本条需要说明的是,本标准之所以将屋架起拱量列为一个检查项目,是因为它乃木结构特有的、且容易影响安全的一个问题。很多调查表明,不少设计和建设单位,往往为了防止木结构连接变形较大所产生的影响外观的挠度,而将起拱量任意加大。这种额外的起拱量,当加大到一定程度时,其所产生的推力将使支承墙、柱发生裂缝或侧移,轻则影响其正常承载,重则引起倒塌事故。这在国内外均不乏其实例。故将之列为结构构造安全性鉴定的检查项目。

4.5.4 木结构构件不适于继续承载的位移评定标准,是以现行

《木结构设计规范》和《古建筑木结构维护与加固技术规范》两个管理组所作的调查与试验资料为背景,并参照德、日等国有关文献制定的。其中需要指出的是,对木梁挠度的界限值是以公式给出的。其所以这样处理,是因为受弯木构件的挠度发展程度与高跨比密切相关。当高跨比很大时,木梁在挠度不大的情况下即已劈裂。故采用考虑高跨比的挠度公式确定不适于继续承载的位移较为合理。

4.5.5 从附表 3 的试验数据可知,随着木纹倾斜角度的增大,木材的强度将很快下降,如果伴有裂缝,则强度将更低。因此,在木结构构件安全性鉴定中应考虑斜纹及斜裂缝对其承载能力的严重影响。本标准对这个检查项目所制定的评级标准,系以试验和调查分析结果为基础,并作偏于安全的调整后确定的。

斜纹对木材强度影响的试验结果汇总　　附表 3

斜纹的斜率(%)	木材强度(%)		
	横向受弯	顺纹受压	顺纹受拉
0	100	100	100
7	89~93	96~98	66~76
10	76~87	90~94	61~72
15	71~84	80~90	53~60
20	65~75	73~82	38~46
25	60~70	71~75	29~40

4.5.6 对本条作如下两点说明:

1 表 4.5.6 的内容,系参照现行《古建筑木结构维护与加固技术规范》的有关规定及其背景材料制定的,但对具体的数量界限,则根据现代木结构特点进行了校核和修正,因而较为稳妥而切合实际。

2 本条第 2、3 两款的内容,是根据《木结构设计规范》管理组多年积累的观测资料制定的。因为在这两种恶劣的使用环境中,发生严重的腐朽或虫蛀,不仅是必定无疑的,而且是指日可待的。故检查时,若遇到这两种使用环境,则不论是否已发生腐朽和虫蛀,均应评为 c_u 级。若腐朽或虫蛀已达到表 4.5.6 程度,当然应定为 d_u 级。

5　构件正常使用性鉴定评级

5.1 一 般 规 定

5.1.1 设置本条的目的,一是为了将本标准表 3.2.5 规定的单个构件正常使用性鉴定评级的检查项目,与本章的具体内容联系起来,以便于标准使用者掌握前后条文的承接关系,另一是为了利用本条所处的位置及其与以下各节条文的普遍联系,而在本条文的说明中,将各类材料结构构件共同采用的分级原则,集中在这里加以说明,以避免分散说明所造成的重复。

一、关于正常使用性检查项目的分级原则

正常使用性的检查项目虽多,但同样可分为验算和调查实测两类。其中验算项目的评级十分简单,故仅就后者的分级原则说明如下:

如众所周知,由于长期以来国内外对建筑结构正常使用极限状态的研究很不充分,致使现行的正常使用性准则与建筑物各种功能的联系十分松散,无论据以进行设计或鉴定,均难以取得满意的结果。在这种情况下,只能从实用的目的出发,逐步地来解决已有建筑物使用性的鉴定评级问题。因此,编制组在广泛进行调查实测与分析的基础上,参考日、美等国的观点,提出如下分级方案:

1)根据不同的检测标志(如位移、裂缝、锈蚀等),分别选择下列量值之一作为划分 a_s 级与 b_s 级的界限:

a)偏差允许值或其同量级的议定值;

b)构件性能检验合格值或其同量级的议定值;

c)当无上述量值可依时,选用经过验证的经验值。

2)以现行设计规范规定的限值(或允许值)作为划分 b_s 级与

c_s级的界限。

这里需要说明的是，本方案之所以将现行设计规范规定的限值作为检测项目划分 b_s 级与 c_s 级的界限，是因为在一次现场检测中，恰好遇到作用（荷载）与抗力均处于现行设计规范规定的两极情况，其可能性极小，可视为小概率事件。况且，超载和强度不足的问题已明确划归安全性鉴定处理，因而一般对构件使用功能的检测（不含专门的荷载试验），是在应力水平较低的情形下进行。此时，若检测结果已达到现行设计规范规定的限值，则说明该项功能已略有下降。因此，将其作为划分 b_s 级与 c_s 级的检测界限，应该认为是合适的。

上述方案在征求意见和专家论证过程中，一致认为其总体概念是可行的，但局部构成尚需作些修正，才能更趋合理。例如：以偏差允许值作为挠度的 a_s 级界限，多认为偏严，在已有建筑物中施行可能会遇到困难。为此，经审查会议研究决定：以挠度检测值 W 与计算值 W_p 及现行设计规范限值 $[W]$ 的比较结果，按下列原则划分 a_s 级与 b_s 级的界限：

若 $W < W_p$，且 $W < [W]$，可评为 a_s 级；

若 $W_p \leqslant W \leqslant [W]$，则评为 b_s 级；

若 $W > [W]$，应评为 c_s 级。

二、关于单个构件使用性等级的评定原则

单个构件使用性等级的确定，取决于其检查项目所评的等级。当检查项目不止一个时，便存在着如何定级的问题。对此，本标准采用了以检查项目中的最低等级作为构件使用性等级的评定原则。因为就一构件的鉴定结果而言，其检查项目所评的等级不外乎以下三种情况：

1）同为某个等级，该等级即为构件等级。

2）只有 a_s 级和 b_s 级。此时，由于这两个等级均可不采取措施，故有两种定级方案可供选择：一是以较高者作为构件等级；二是以占多数的等级作为构件等级（若两个等数的数量相等，则取较低等级为构件等级）。考虑到房屋维护管理者的意见，多倾向于用前者描述构件的功能状态，故决定采用按前一方案定级的原则。

3）有 c_s 级，此时，不论作出的是采取措施或接受现状的决定，均以取 c_s 级为构件等级来描述其功能状态为宜。

基于以上考虑，确定了本标准对单个构件使用性等级的评定原则。5.1.2～5.1.3 为使鉴定工作更有成效地进行，本标准着重强调了构件使用性鉴定应以调查、检测结果为基本依据这一原则。但需注意，所用的定语是"基本"而非"唯一"。由之可知，其目的并不是排斥必要的计算和验算工作，而是要求这项工作应在调查、检测基础上更有针对性地进行。因此，在第 5.1.3 条中进一步明确了有必要进行计算和验算的三种情况，以便于鉴定人员作出安排。

另外，还需要说明一点，即：使用性鉴定虽不涉及安全问题，但它对检测的要求并不低于安全性鉴定，因为其鉴定结论是作为对构件进行维修、防护处理或功能改造的主要依据。倘若鉴定结论不实，其经济后果也是很严重的，故同样应执行本标准第 4.1.3 条的规定。

5.1.4 国内外在已有建筑物可靠性鉴定中，对材料弹性模量等物理性能所采用的确定方法并不一致，且居多采用间接法。这固然是由于这类方法不易对构件造成损伤，但更多的是因为可供选择的方法虽较多，但其误差大小却属同一档次，挑选余地较大。因此，编制组从简便实用的角度选择了本方法列入标准。

5.2 混凝土结构构件

5.2.1 混凝土结构构件正常使用性鉴定评级应检查的项目，是在《统一标准》定义的正常使用极限状态基础上，参照国内外有关标准确定的。与此同时，还在本条中对鉴定评级应如何利用混凝土碳化深度测定结果的问题予以明确，即主要用于预报或估计钢筋锈蚀的发展情况，并作为对被鉴定构件采取防护或修补措施的

依据之一；而这也间接地说明了在实际工程中，不宜仅以碳化深度的测值作为评估混凝土耐久性和或剩余寿命的唯一依据。

5.2.2 本条规定的评级标准，是根据审查会议对挠度项目分级原则所提出的修改意见制订的（参加本标准第 5.1.1 条说明），并曾在桁架和主梁的竖向挠度检测与评级中试用过。其结果表明，能对被鉴定构件的使用功能是否受到该挠度的影响作出较恰当的鉴定结论。但由于它要比过去采用的直接评级法增加一定的计算工作量，而不宜在所有的受弯构件中普遍执行，故有必要增加一条注，即允许有实践经验者对一般构件的鉴定，仍可采用直接评级的方法，以缩小计算范围，从而达到减少鉴定总计算量之目的。

5.2.3 在正常使用性鉴定中，混凝土柱出现的水平位移或倾斜，可根据其特征划分为两类。一类是它的出现与整个结构及毗邻构件有关，亦即属于一种系统性效应的非独立事件。例如，主要由各种作用荷载引起的水平位移；或主要由尚未完全终止，但已趋收敛的地基不均匀沉降引起的倾斜等，均属此类情况。另一类是它的出现与整个结构及毗邻构件无关，亦即属于一种孤立事件。例如，主要由施工或安装偏差引起的个别墙、柱或局部楼层的倾斜即属此类情况。一般说来，前者由于其数值在建筑物使用期间尚有变化，故易造成毗邻的非承重构件和建筑装修的开裂或局部破损；而后者由于其数值稳定，故较多的是影响外观，只有在倾斜过大引起附加内力的情况下，才会给构件的使用功能造成损害。基于以上观点，本条将柱的水平位移（或倾斜）分为两类，并按其后果的不同，分别作出评级的规定。但应指出，该规定之所以采取与本标准第 7.3.3 条相联系的方式共用一个标准，而不另定其限值，是因为在本标准中已按体系的概念，给出了上部承重结构顶点及层间的位移限值，而这显然适用于柱的第一类位移的评级。至于对柱的另一类位移限值，系出自简便的考虑，而采用了按该标准的数值乘以一个系数来确定的做法。另外，还应指出，在已评定上部承重结构侧向（水平）位移的情况下，并不一定需要再逐个评定柱的等级。故本条仅要求在必要时（例如需评定每种柱的位移等级时）执行。

5.2.4 本条规定的裂缝评级标准，是根据本说明第 5.1.1 条所阐明的分级原则，并参照现行有关标准规定的检验允许值和现行设计规范限值制定的。但其中对执行标准严格程度的用词选择及条注，则是根据征求意见确定的。因为返回的信息表明，存在着两种不同意见。一种意见认为，本条对裂缝分级所依据的原则虽较合理可行，但若还能允许有实践经验者适当灵活掌握，则效果更好。因为在实际工程中，完全可能遇到有些裂缝虽已略为超出限值，但显然可不作处理的实例。另一种意见则认为，现场检查发现的裂缝，只要其大小已达到受人们关注的程度，不论是否超出限值，均以尽快封护为宜。因为此时所需的费用较低，又有利于消除影响混凝土构件耐久性的隐患和住户心理上的悬念，即使考虑经济因素较多的业主，一般也赞同及时处理，以避免由于延误而出现更多问题。因此，对裂缝限值的确定严一些要比宽一些好。尽管以上两种意见相左，但却说明了一点，即：对正常使用极限状态而言，其裂缝封护界限受到诸多因素左右，因而带有一定的模糊性和弹性，需要凭借实践经验进行必要的调整。据此，编制组研究认为，由于本条所给出的裂缝限值，是以统一的分级原则为依据，具有明确的概念和尺度，而对本条所进行的试评定也表明，其结果较为符合民用建筑的使用要求。因而，宜在维持原条文内容的基础上，进一步补充考虑实践经验所起到的良好作用。故选择"宜"作为本条第 4 款规定执行严格程度的用词。

5.3 钢 结 构 构 件

5.3.1 钢结构构件正常使用性鉴定应检查的项目，是在《统一标准》定义的正常使用极限状态基础上，参照国内外有关标准确定的，其中需要说明的是，本条之所以将受拉钢构件（钢拉杆）的长细比也列为检查项目，是因为考虑到柔细的受拉构件，在自重

作用下可能产生过大的变形和晃动，从而不仅影响外观，甚至还会妨碍相关部位的正常工作。

5.3.2 本条规定的挠度评级标准，是根据与本章第5.2.2条相同的情况和原则制订的，并曾在钢桁架和钢檩的挠度检测与评定中试用过。其结果也表明，较为合理可行。另外，考虑到钢结构在一般民用建筑中应用不多，且应用的场合，多属重要的建筑，通常都要求进行详细的计算。因而在鉴定标准中可不加设类似本章第5.2.2条的条注。

5.3.3 本条规定的钢柱水平位移（或倾斜）评级标准，其分类依据与本标准第5.2.3条相同，可参阅该条的说明。这是需要指出的是，对第二类位移（即主要由施工或安装偏差引起的个别构件倾斜）所确定的限值，要比混凝土柱严。这是因为钢柱对偏差产生的效应比较敏感，即使其鉴定仅涉及正常使用性问题，也应给予应有的重视。

5.3.4 钢结构构件及其连接的锈蚀评定标准，是根据冷弯薄壁型钢结构技术规范管理组和太原理工大学等单位的调查分析资料制定的。调查表明，当构件的面漆成片脱落且呈麻面状蚀透出底层时，往往是该构件的使用功能已遭损害的征兆。因为此时构件所处的状态不外乎是由以下三种原因之一造成的；一是使用环境恶化；二是漆层已老化；三是原施工质量低劣，使漆层失去防护作用。但不论出自哪个原因，可以预计的是其锈蚀程度将在不长的时间内达到令人关注的程度。因此，以面漆脱落面积和点蚀发展程度为标志来划分b_s级与c_s级的界限是恰当可行的。

5.3.5 考虑到受拉构件长细比的检查，除应测定其具体比值是否符合要求外，还应观察其实际工作状态是否良好，才能作出正确的评定。因此，对检查结果宜取a_s级或b_s级，要由检测人员在现场作出判断。

5.4 砌体结构构件

5.4.1 砌体结构构件正常使用性鉴定应检查的项目，是在《统一标准》定义的正常使用极限状态的基础上，参照国内外有关标准和工程鉴定经验确定的。这里需要说明的是，对正常使用性鉴定之所以只考虑非受力引起的裂缝（亦称变形裂缝），是因为在脆性的砌体结构中，一旦出现受力裂缝，不论其宽度大小均将影响安全，故将之列于本标准第4章进行安全性检查评定。

5.4.2 影响砌体墙、柱使用功能的水平位移（或倾斜），主要是由尚未完全停止的地基基础不均匀沉降或施工、安装偏差引起的。尽管由各种作用（荷载）导致的构件顶部和层间位移在砌体结构中很少达到引人关注的程度，但对砌体墙、柱水平位移（或倾斜），仍然可按本标准第5.2.3条划分为两类，并采用相同的原则进行检测与评级。这里不再赘述。

另外，需要说明的是，对配筋砌体柱和组合砌体柱，究竟应按砌体柱的位移限值还是应按混凝土柱的位移限值采用的问题。编制组研究认为，就抵抗水平位移能力而言，配筋砌体较为接近普通砌体，宜按本节的规定取值；至于组合砌体，若其型式（如混凝土围套型）及构造合理，则具有钢筋混凝土结构的特点，可按混凝土柱的限值采用。

5.4.3 砌体结构构件受力引起的裂缝，是指由温度、收缩、变形和地基不均匀沉降等引起的裂缝，简称为非受力裂缝，其评定标准是参照福州大学、陕西省建科院和四川省建科院的调查实测资料制定的。在执行时需要注意的是，轻度的非受力裂缝是砌体结构中多发性的常见现象。通常它们只对有较高使用要求的房屋造成需要修缮的问题。因此，在正常使用性鉴定中，有必要征求业主或用户的意见，以作出恰当的结论。例如：钢筋混凝土圈梁与砌体之间的温度裂缝，一般并不影响正常使用，且一旦出现，也很难消除。在这种情况下，若业主和用户都认为无碍其使用，即使已略为超出b_s级界限，也可评为b_s级，或是仍评为c_s级，但说明可以暂不采取措施。

5.4.4 清水墙使用一段时间后，砌体风化便不可避免，但它的速度往往是很缓慢的。初期仅见于块材棱角变钝，随后才出现表面粉化迹象。即使发展到这一程度，也不会立即影响结构的使用功能，故可将之作为划分a_s级与b_s级的界限。至于进一步的局部风化，尽管只有1mm深，但已严重影响观感，并到了需要修缮的程度。因此，以其作为划分b_s级与c_s级的界限，是比较适宜的。但值得注意的是，上述解释系针对正常的使用环境而言，若使用环境恶劣或正在变坏，则风化将会迅速发展。在这种情况下，即使块材料尚未开始风化，也只能评为b_s级，以引起有关方面对其使用环境的注意。

5.5 木结构构件

5.5.1 木结构构件正常使用性鉴定应检查的项目，是在《统一标准》定义的正常使用极限状态基础上，由本标准编制组与木结构两本规范管理组共同研究确定的。其中需要说明的是，将"初期腐朽"列为正常使用性检查项目的问题。这是由于考虑到腐朽在已有建筑物的木构件中十分常见，如果均作为影响结构安全的因素而进行拆换，显然在执行上是有困难的。况且有许多工程实例可以说明，初期腐朽并不立即影响构件的受力，只要一经发现，就及时进行灭菌处理，便能在较长时间内使腐朽停止发展，不再对木构件构成威胁。因此，将初期腐朽视为影响木构件耐久性问题，进行检查和评定还是恰当的。但值得注意的是，在鉴定报告中务必要作出"需进行灭菌处理"的提示。

5.5.2 木结构受弯构件的挠度评级标准，基本上是按本标准第5.1.1条说明所阐述的分级原则，并结合我国木结构的实际情况制定的，其中需要说明三点：

1 本条对木桁架和其他受弯木构件挠度的评级，未采用检测值与计算值及现行设计规范限值相比较的方法评定，而是采用按检测值直接评定的方法，其原因是由于木桁架的挠度计算，要考虑木材径、弦向干缩和连接松弛变形的影响，而这些数据在已有建筑物的旧木材中很难确定。兼之，木结构是一种传统结构，长期积累有大量使用经验，可以为采用直接评定法提供必要的条件，故决定按本条的规定评级。

2 对挠度评级所给出的a_s级限值，除木桁架是根据现行国家标准《木结构试验方法》规定的允许值确定外，其它各项限值均是参照早期试验和实测资料，由本标准编制组会同两本木结构规范管理组共同研究确定的。

3 由于我国已长时间禁止使用木楼盖，因此，表5.5.2-1中的限值仅适用于一般装修标准，且对颤动性无特殊要求的旧建筑物，若执行中遇到新建不久高级装修房屋或使用要求很高的结构，则需适当提高鉴定标准，必要时，可与本标准管理组共同商定。

5.5.3 当使用半干木材制作构件时，通常很快就会出现干缩裂缝。这是木结构常见的一种缺陷。但它只要不发生在节点、连接的受剪面上，一般不会影响构件的受力性能。不过由于它容易成为昆虫和微生物侵入木材的通道，还容易因积水而造成种种问题。因此，不论评为b_s级或c_s级，均宜在木材达到平衡含水率后进行嵌缝处理，以杜绝隐患。

5.5.4 见本节第5.5.1条说明。

6 子单元安全性鉴定评级

6.1 一般规定

6.1.1 建筑物子单元（即子系统或分系统）的划分，可以有不同的方案。本标准采用的是三个子单元的划分方案，即：分为上部承重结构（含保证结构整体性的构造）、地基基础和围护系统承重部分等三个子单元。之所以采用这种方案，理由有三：

1 以上部承重结构作为一个子单元,较为符合长期以来结构设计所形成的概念,也与目前常见的各种结构分析程序相一致,较便于鉴定的操作。至于上部承重结构的内涵,其所以还包括抗侧力(支撑)系统、圈梁系统及拉锚系统等保证结构整体性的构造措施在内,是因为离开了它们,便很难判断各个承重构件是否能正常传力,并协调一致地共同承受各种作用,故有必要视为上部承重结构的一个组成部分。

2 地基基础的专业性很强,其设计、施工已自成体系,只要处理好它与上部结构间交叉部位的问题,便可完全作为一个子单元进行鉴定。

3 围护系统的可靠性鉴定,必然要涉及其承重部分的安全性问题,因此,还需单独对该部分进行鉴定,此时,尽管其中有些构件,既是上部承重结构的组成部分,又是该承重部分的主要构件,但这并不影响它作为一个独立的子单元进行安全性鉴定。

由以上三点可见,本标准划分的方案,不仅概念清晰,可操作性强,而且便于处理问题。

6.1.2 本条主要是对上部承重结构和地基基础的计算分析与验算工作提出基本要求,但考虑到本标准第4.1.2条已先于本条对结构上的作用、结构分析方法、材料性能标准值和几何参数的确定,作出较系统的规定以应单个构件鉴定之需,而这些规定同样适用于本章的计算与验算,故仅需加以引用,以避免造成不必要的重复。

6.1.3 许多工程鉴定实例表明,当仅对建筑物某个部分进行鉴定时,必须处理好该部分与相邻部分之间的交叉问题或边缘问题,才能避免因就事论事而造成事故。故制定了本条文对鉴定人员的职责以明确。

6.2 地基基础

6.2.1 影响地基基础安全性的因素很多,本标准归纳为五个方面:地基、桩基、斜坡、基础和桩。考虑到前三者是以整体情况进行评价的,故列为直接进入第二层次的检查项目。至于基础和桩,则应按本标准第二章的定义,视为主要构件,并以第一层次的评定结果为依据参与本层次的评定。另外,需要指出的是,建筑物的地基基础是一个整体,无论哪一方面出问题,均将直接影响其安全性,故上述三个检查项目和两种主要构件的评定具有同等的重要性。

6.2.2 在已有建筑物的地基安全性鉴定中,虽然一般多认为采用按地基变形鉴定的方法较为可行,但在有些情况下,它并不能代替按地基承载力鉴定的方法。况且,多年来国内外的研究与实践也表明,若能根据已有建筑物的实际条件及地基土的种类,合理地选用或平行使用:原位测试方法、原状土室内物理力学性质试验方法和近位勘探方法等进行地基承载力检验,并对检验结果进行综合评价,同样可以使地基安全性鉴定取得可信的结论。为此,本条从以上所述的两种方法出发,对地基安全性鉴定的基本要求作出了规定。

6.2.3 在基础和桩的安全性鉴定中,其现有方法,如大开挖检查或切断桩与上部结构连系以进行动、静荷检测等,由于其工作量和费用很大,且仍然难以完全解决深基础和深桩的鉴定问题,故在实际工程中,均首先将地基基础(桩基和桩)视为一个共同工作的系统,而通过观测其整体与局部变形(沉降)情况或其在上部结构中的反应,来评估其传力与承载状态,并结合工程经验判断作出鉴定结论。一般只有在这种观测遇到一些问题,怀疑是由基础或桩身的承载力不足所引起,且认为有必要进一步查明时,才考虑单独对基础或桩身进行鉴定。但基于这项工作存在着以上所述的种种困难,目前国内多倾向于在现场调查取得基本资料的基础上,采用分析鉴定与工程经验判断相结合的方法来解决其鉴定问题。为此需对现场调查的基本内容和要求作出规定。根据编制组掌握的资料,调查的步骤内容大致如下:

1 首先宜充分利用原设计、施工、质检和工程验收的档案文件。为此,不仅需系统地搜集,而且要核实其有效性。若原档案不全或已散失,可寻求原设计、施工和检测人员的帮助,例如:根据他们的独立回忆,通过相互印证予以核实等。

2 若上述工作遇到困难,则需进行详细的现场调查。一般可通过小范围的局部开挖检查取得下列数据资料:

1)核实基础或桩的类型、材料、尺寸及其它细节,若有条件和可能,还需探明其埋置深度。

2)检查基础或桩周围水、土的介质性状。若有腐蚀性,需检查基础或桩的表面腐蚀及损坏情况。

3)检测基础或桩的材料强度,并确定其强度等级。对混凝土的基础和桩,还需检测其钢筋位置、直径和数量等。

4)检查基础的倾斜(转动)、桩的水平位移及其它变形(如扭曲、弯曲)的迹象。

5)当有必要且有条件时,可进行模拟试验。

3 在以上工作基础上,对基础或桩身的承载力进行计算分析和验算,并结合工程经验判断作出对基础或桩身承载力(或质量)的综合评价。

本条的规定即参照以上步骤和内容制定的。

6.2.4 如众所周知,当地基发生较大的沉降和差异沉降时,其上部结构必然会有明显的反应,如建筑物下陷、开裂和侧倾等。通过对这些宏观现象的检查、实测和分析,可以判断地基的承载状态,并据以作出安全性评估。在一般情况下,当检查上部结构未发现沉降裂缝,或沉降观测表明,沉降差小于现行设计规范允许值,且已停止发展时,显然可以认为该地基处于安全状态,并可据以划分 A_u 级的界线。若检查上部结构发现砌体有轻微沉降裂缝,但未发现有发展的迹象,或沉降观测表明,沉降差在现行规范允许范围内,且沉降速度已趋向终止时,则仍可认为该地基是安全的。并可据以划分 B_u 级的界线,在明确了 A_u 级与 B_u 级的评定标准后,对划分 C_u 级与 D_u 级的界线就比较容易了,因为就两者均属于需采取加固措施而言,C_u 级与 D_u 级并无实质性的差别,只是在采取加固措施的时间和紧迫性上有所不同。因此,可根据差异沉降发展速度或上部结构反应的严重程度来作出是否必须立即采取措施的判断,从而也就划分了 C_u 级与 D_u 级的界线。

另外,需要指出的是,已有建筑物的地基变形与其建成时间长短有着密切关系,对砂土地基,可认为在建筑物完工后,其最终沉降量便已基本完成;对低压缩性粘土地基,在建筑物完工时,其最终沉降量才完成不到50%;至于高压缩性粘土或其它特殊性土,其所需的沉降持续时间则更长。为此,本条在其注中指出:本评定标准仅适用于建成已2年以上的建筑物。若为新建房屋或建造在高压缩性粘土地基上的建筑物,则应按当地经验,考虑时间因素对检查和观测结论的影响。

6.2.5 尽管在很多已有的民用建筑中没有保存或仅保存很不完整的工程地质勘察档案,且现场很难进行地基荷载试验,但征求意见表明,多数鉴定人员仍期望本标准做出根据地基承载力进行安全性鉴定的规定。为此,考虑到多年来国内外在近位勘探、原位测试和原状土室内试验等方面做了不少的工作,并在实际工程中积累了很多协调使用这些方法的经验,显著地提高了对地基承载力进行综合评价的可信性与可靠性。因而本条作出了按地基承载力评定地基安全性等级的规定。但执行中应注意三点,一是在没有十分必要的情况下,不可轻易开挖有残损的建筑物的地槽,以防止上部结构进一步恶化。二是根据上述各项地基检验结果,对地基承载力进行综合评价时,宜按稳健估计原则取值。三是若地基的安全性已按本标准第6.2.4条做过评定,便无需再按本条进行评定。

6.2.6 根据本标准第6.2.3条对基础和桩的安全性鉴定方法所作的规定,本条制订了相应的评级原则与评定标准,由于区别为三种情况,故分款说明如下:

1　第一款是针对抽查或全数开挖检查的鉴定方法制订的。由于其检查结果所取得的是每一个受检基础（或桩）的数据，故需先按本标准第4章单个构件的评定规定，评定每个基础（或桩）的等级，然后再按本款的评定原则评定该种基础（或桩）的安全性等级。另外，需注意的是，全数开挖的做法，在一般鉴定中极为少见。只有在基础（或桩）数量很少时，或是在评定一个承台下的群桩时，才偶见采用这种作法。

2　第二款是针对已具备采用计算分析鉴定方法的条件而制订的。在这种情况下，由于同一种基础（或桩）的设计、施工和使用的条件基本上是相同的，因而，即使有些基础的外观质量稍有不同，也不影响验算时采用其相互间的内在质量并无显著差异的假定。在这一前提下所作出的鉴定结论，显然适于该种基础（或桩）的全体，亦即所评的是这种基础（或桩）的安全性等级，而无需像上款那样分两步评定。

3　第3款是针对一些容易判断的情况而制订的，其目的在于使鉴定人员尽可能地不开挖基础。

另外，需指出的是，当按本条评定桩的等级时，其规定仅适用于钢筋混凝土桩、钢桩和木桩。至于有些民用建筑中采用的灰土桩、砂桩、土桩和碎石桩等，均属于"复合地基"，其作用是提高地基强度，改善地基整体稳定性或减少沉降量等，故应划入地基范围内评定。

6.2.7　建造于山区或坡地上的房屋，除需鉴定其地基承载是否安全外，尚需对其地基稳定性（斜坡稳定性）进行评价。此时，调查的对象应为整个场区；一方面要取得工程地质勘察报告，另一方面还要注意场区的环境状况，如近期山洪排泄有无变化、坡地树林有无形成醉林的态势（即向坡地一面倾斜），附近有无新增的工程设施等等。必要时，还要邀请工程地质专家参与评定，以期作出准确可靠的鉴定结论。

6.2.8　评定地基基础安全性等级所依据的各检查项目之间，并无主次之分，故应按其中最低一个等级确定其级别。

6.2.9　地下水位变化包括水位变动和冲刷；水质变化包括pH值改变、溶解物成分及浓度等，其中尤应注意 CO_2、NH_4^+、Mg^{2+}、SO_4^{2-}、Cl^- 等对地下构件的侵蚀作用。当有地下墙时，应检查土压和水压的变化及墙体出现的裂缝大小和所在位置。

6.2.10　在软弱的地基土层中开挖深基坑，若支护结构设计、施工不当，将会对毗邻的已有建筑物造成危害。为此，编制组根据海口、深圳、福州、上海、杭州等地总结的经验，并参照国外的有关资料，以保护已有建筑物的安全和正常使用功能为目标，制定了宏观监控标志及其数量界限，专供报警使用。但应指出，本条的规定不能作为设计支护结构的依据使用。因为设计所考虑的问题远比监控的全面、详尽。

6.3　上部承重结构

6.3.1～6.3.3　上部承重结构具有完整的系统特征与功能，需运用结构体系可靠性的概念和方法才能进行鉴定。然而迄今为止，其理论研究尚不成熟，即使有些结构可以进行可靠性计算，但其结果却由于对实物特征作了过分简化，而难以直接用于实际工程的鉴定。为此，国内外都在寻求一种既能以现代可靠性概念为基础，又能通过融入工程经验而确定有关参数的鉴定方法。研究表明，这一设想可能在一定的前提条件下得到实现。因为结构可靠性理论在工程中的应用方式，可以随着应用目的和要求的不同而改变。例如，当用于指导结构设计时，它是作为协调安全、适用和经济的优化工具而发展其计算方法的，而当用于已有建筑物的可靠性鉴定时，却由于在当今的很多标准中已明确了应以检查项目的评定结果作为处理问题的依据，而使得它更多的是作为对建筑物进行维修、加固、改造或拆除做出合理决策和进行科学管理的手段而发展其推理规则和评估标准的。此时，鉴定者所要求的并非理论和完善和计算的高精度，而是在众多随机因素和模糊量干扰的复杂情况下，能有一个简便可信的宏观判别工具。据此所做的探讨表明，若以构件所评等级为基础，对上部承重结构进行系统分析，并同样以分级的模式来描述其安全性，则有可能解决上述用途的鉴定问题。因为当按本标准第4章的规定重新整理现存的民用建筑鉴定的档案资料，以确定每一构件的安全性等级时，若将原先被评为"整体承载正常"、"尚不显著影响整体承载"和"已影响整体承载"（或其他类似措词）的上部承重结构，改称为 A_u 级、B_u 级和 C_u 级的结构体系，则可清楚地看到：在这三个结构体系中，除了作为主成分的构件分别为 a_u 级、b_u 级和 c_u 级外，还不同程度地存在着较低等级的构件，这一普遍现象，不仅是长期鉴定经验的集中反映，而且还可从理论分析中得到解释，因为从本质上说，这是有经验专家凭其直觉对结构体系目标可靠度所具有的一定调幅尺度的运用，尽管该调幅尺度迄今尚无法定量。但显而易见的是，可以通过间接的途径，如建立一个以包容少量低等级构件为特征的结构体系安全性等级的评定模式，以分级界限来替代调幅尺度的确定问题。虽然这个模式需依靠大量来自工程实践数据来确定其有关参数，并且还需在编制标准过程中完成庞大的计算量，但一旦在它达到实用水平后，必定会使上部承重结构的安全性鉴定工作大为简化。故专家论证认为，可以考虑采用这个模式作为制订标准的基础。

为此，编制组在分析研究有关素材的基础上，提出了下列条件和要求作为建立结构体系分级模式的基本依据：

1）在任何一个等级的结构体系中出现低等级构件纯属随机事件，亦即其出现的量应是很小的，其分布应是无规律和分散的，不致引起系统效应。

2）在以某等级构件为主成分的结构体系中出现的低等级构件，其等级仅允许比主成分的等级低一级。若低等级构件为鉴定时已处于破坏状态的 d_u 级构件或可能发生脆性破坏的 c_u 级构件，尚应单独考虑其对结构体系安全性可能造成的影响。

3）宜利用系统分解原理，先另行评定结构整体性和结构侧移的等级而后再进行综合，以使结构体系的计算分析得到简化。

4）当采用理论分析结果为参照物时，应要求：按允许含有低等级构件的分级方案构成的某个等级结构体系，其失效概率运算值与自由该等级构件（不含低等级构件）组成的"基本体系"相比，应无显著的增大。

对于这一项检验性质的要求，目前尚无蓝本可依。但考虑到理论分析结果仅作为参照物使用，故可暂以二阶区间法（窄区间法）算得的"基本体系"失效概率中值作为该体系失效概率代表值，而以二阶区间的上限作为它的允许偏离值。若上述结构体系算得的失效概率中值不超过该上限，则可近似地认为，其失效概率无显著增大，亦即该结构体系仍隶属于该等级。

从以上条件和要求出发，编制组以若干典型结构的理论分析结果为参照物，并利用来自工程鉴定实践的数据作为修正、补充的依据，初步拟定了每个等级结构体系允许出现的低一级构件百分比含量的界限值。但这一工作结果还只能在很小范围内使用。因为在仅考虑典型结构和简单荷载条件下建立的鉴定模式还不能概括民用建筑中许多复杂的情况。为此，编制组以构造复杂的多层和高层民用建筑为重点，研究了国内外不同类型上部承重结构可靠性鉴定的工程实例。其结果表明，为了将本模式用于复杂的结构体系中，还需要引入下列概念和措施：

a）对前面确定的每个等级结构体系中允许出现的低等级构件的百分比含量，应转化为按每种构件进行控制的模式，从而使各种构件的总体质量水平得到协调，不致于因低等级构件过分集中出现在某种构件集合中而造成所评等级与实物状态不吻合。

b）为了合理地评定多层与高层建筑上部承重结构中的每种构件安全性等级，还应在前述的"随机事件"假设的基础上，进一步提出：在多层和高层建筑的任一楼层中出现低等级构件亦属随机事件的假设，并可采用随机偏离的 x^2 分布来估计可能出现低

等级构件的楼层数。

c）考虑到同等级、同类别的各种构件中因偶然原因出现的低等级构件，其百分比含量一般很小，可视为均属同性质、同量级的偶然偏差所致。因而其允许的百分比含量仅需按构件的重要性类别（主要构件或一般构件）分别确定，而无需再按不同的受力方式（如梁、柱等）加以区分。这也就大大简化了每种构件评级标准的制订。

d）在构件种类多、数量大的复杂结构体系中，应考虑由于不同种类构件偶然相遇所产生的潜在系统效应对分级的影响。

e）对于要求高可靠度的高层建筑和容易产生连续破坏效应的各种结构体系，其分级参数应按稳健取值的原则确定。

基于以上所做的工作，本标准提出了上部承重结构系统中每种构件评级的具体尺度，即条文中表6.3.3的标准及其补充规定。

这里需要说明的是，本标准在确定一个鉴定单元中与每种构件安全性有关的参数时，仅按构件的受力性质及其重要性划分种类，而未按其几何尺寸作进一步细分，因此，执行本标准时也不宜分得太细，例如：以楼盖主梁作为一种构件即可，无须按跨度和截面大小再分，以免得到不一致的结果。

在解决了每种构件安全性等级的评定方法和标准后，只要再对结构整体性和结构侧移的鉴定评级作出规定，便可根据以上的三者的相互关系及其对系统承载功能的影响，制定上部承重结构安全性鉴定的评级原则（见本说明第6.3.6条）。

6.3.4 结构的整体性，是由构件之间的锚固拉结系统、抗侧力系统、圈梁系统等共同工作形成的。它不仅是实现设计者关于结构工作状态和边界条件假设的重要保证，而且是保持结构空间刚度和整体稳定性的首要条件。但国内外对已有建筑物损坏和倒塌情况所作的调查和统计表明，由于在结构整体性构造方面设计考虑欠妥，或施工、使用不当所造成的安全问题，在各种安全问题中占有不小的比重。因此，在已有建筑物的安全性鉴定中应给予足够重视。这里需要强调的是，结构整体性的检查与评定，不仅现场工作量很大，而且每一部分功能的正常与否，均对保持结构体系的整体承载与传力起到举足轻重的作用。因此，应逐项进行彻底的检查，才能对这个涉及建筑物整体安全的问题作出确切的鉴定结论。

6.3.5 当已有建筑物出现的侧向位移（或倾斜，以下同）过大时，将对上部承重结构的安全性产生显著的影响。故应将它列为子单元的一个检查项目。但应考虑的是，如何制订它的评定标准的问题。因为在已有建筑物中，除了风荷载等水平作用会使上部承重结构产生附加内力外，其地基不均匀沉降和结构垂直度偏差所造成的倾斜，也会由于它们加剧了结构受力的偏心而引起附加内力。因此不能像新建房屋那样仅考虑风荷载引起的侧向位移，而有必要考虑上述各因素共同引起的侧向位移，亦即需以检测得到的总位移值作为鉴定的基本依据。在这种情况下，考虑到本标准又将明显的地基不均匀沉降划归本章第6.2节评定，因而，从现场测得的侧向总位移值可能由下列各成分组成：

1）检测期间风荷载引起的静力侧移和对静态位置的脉动；

2）过去某时段风荷载及其他水平作用共同遗留的侧向残余变形；

3）结构过大偏差造成的倾斜；

4）数值不大的、但很难从总位移中分离的不均匀沉降造成的倾斜。

此时，若能在总结工程鉴定经验的基础上，给出一个为考虑结构可能承载能力不足而需进行全面检查或验算的"起点"标准，则有可能按下列两种情况进行鉴定：

1）在侧向总位移的检测值已超出上述"起点"标准（界限值）的同时，还检查出结构相应受力部位已出现裂缝或变形迹象，则可直接判为显著影响承载的侧向位移；

2）同上，但未检查出结构相应受力部位有裂缝或变形，则表

明需进一步进行计算分析和验算，才能作出判断。计算时，除应按现行规范的规定确定其水平荷载和竖向荷载外，尚需计入上述侧向位移作为附加位移产生的影响。在这种情况下，若验算合格，仍可评为 B_u 级；若验算不合格，则应评为 C_u 级。

6.3.6 在确定了上部承重结构的实用鉴定模式及每种构件安全性等级的评定方法与评级标准后（参见本章第6.3.1条至第6.3.3条说明），上部承重结构的安全性等级，即可简便地按下列原则进行评定：

1）以每种主要构件和结构侧向位移的鉴定结果，作为确定上部承重结构安全性等级的基本依据，并采用"最小值的原则"按其中最低等级定级。

2）根据低等级构件可能出现的不利的分布与组合，以及可能产生的系统效应，进一步以补充的条款考虑其对评级可能造成的影响。

3）若根据以上两项评定的上部承重结构安全性等级为 A_u 级或 B_u 级，而结构整体性的等级或一般构件的等级为 C_u 级或 D_u 级，则尚需按本标准规定的调整原则进行调整。

另外，在执行本条的评级规定时，尚应注意以下两点：

一、本规定原则上仅适用于民用建筑。这是因为本条所给出的具体分级尺度，虽然是以已有结构体系可靠性概念为指导，并以工程实例为背景，经分析比较与专家论证后确定的，但由于在按既定模式对有关分析资料和工程鉴定经验进行归纳与简化过程中，不仅主要使用的是民用建筑的数据，而且还从稳健估计的角度，充分考虑了民用建筑的特点和重要性。在这种情况下，其所划分的等级界限，不一定适合其它用途建筑物对安全性的要求。因而不宜贸然引用于其它场合。

二、本规定对 C_u 级结构所作的补充限制，是为了使上部承重结构安全性评级更切合实际。因为不少工程鉴定经验表明，当结构中全部或大部分构件为 C_u 级时，其整体承载状态将明显恶化，以致超出 C_u 级结构所能包容的程度。究其原因，虽较为复杂，但有一点是肯定的，即 C_u 级与 D_u 级，在本质上并无显著差别，均属需要采取措施的等级，只是在处理的缓急程度上有所差别而已。在这种情况下，若结构中的 C_u 级增大到一定比例，便有可能产生某些组合效应，而在意外因素的干扰与促进下，导致结构的整体承载能力急剧下降。为此，国外有些标准规定：对按一般规则评为 C_u 级的结构，若发现其 C_u 级构件的含量（不分种类统计）超出一定比例或在一些关键部位普遍存在时，应将所评的 C_u 级降为 D_u 级。本标准从民用建筑特点和重要性出发，也参照国外标准的规定，在这个问题上，给出了略为偏于安全的分级界限。

6.4 围护系统的承重部分

6.4.1～6.4.3 可参阅本章第6.3.1条～第6.3.3条的说明。

6.4.4 本条规定的围护系统承重部分的评级原则，是以上部承重结构的评定结果为依据制订的，因而可以在较大程度上得到简化。但需注意的是，围护系统承重部分本属上部承重结构的一个组成部分，只是为了某些需要，才单列作为一个子单元进行评定。因此，其所评等级不能高于上部承重结构的等级。

7 子单元正常使用性鉴定评级

7.1 一 般 规 定

7.1.1 为了便于比较安全性与正常使用性的检查评定结果，并便于综合评定子单元的可靠性，本标准对建筑物第二层次的正常使用鉴定评级，采取了与安全性鉴定评级相对应的原则，同样划分为三个对应的子单元。

7.2 地基基础

7.2.1 地基基础属隐蔽工程，在建筑物使用情况下，检查尤为困难，因此，非不得已不进行直接检查。在工程鉴定实践中，一般通过观测上部承重结构和围护系统的工作状态及其所产生的影响正常使用的问题，来间接判断地基基础的使用性是否满足设计要求。本标准考虑到它们之间确实存在的因果关系，故据以作出本条规定。另外，由于在个别情况下（例如：地下水成分有改变，或周围土壤受腐蚀等），确需开挖基础进行检查，才能作出符合实际的判断，故还作了当鉴定人员认为有必要开挖时，也可按开挖检查结果进行评级的规定。

7.2.2 地基基础的使用性等级，取与上部承重结构和围护系统相同的级别是合理的，因为地基基础使用性不良所造成的问题，主要是导致上部承重结构和围护系统不能正常使用，因此，根据它们是否受到损害以及损坏程度所评的等级，显然也可以用来描述地基基础的使用功能及其存在问题的轻重程度。在这种情况下，两者同取某个使用性等级，不仅容易为人们所接受，也便于对有关问题进行处理。但应指出的是，上述原则系以上部承重结构和围护系统所发生的问题与地基基础有关为前提，若鉴定结果表明与地基基础无关时，则应另作别论。

7.3 上部承重结构

7.3.1 通过对工程鉴定经验和结构体系可靠性研究成果所作的分析比较与总结，编制组对上部承重结构作为一个体系，其正常使用性的鉴定评级应考虑主要问题，概括为以下三个方面：

一是该结构体系中每种构件的使用功能；

二是该结构体系的侧向位移；

三是该结构体系的振动特性（必要性）。

由于这三方面内容具有相对的独立性，可以先分别立项进行各自的评级，然后再按照一定规则加以综合与定级。这样不仅可使系统分析工作得到一定的简化，而且可以很方便地与安全性鉴定方法取得协调和统一。因此，编制组决定采用与安全性鉴定相同的评估模式制定标准。

7.3.2 由于上部承重结构的正常使用鉴定评级，采用了与安全性鉴定相同的评估模式，因而在确定每种构件安全性等级的评定标准时，编制组所做的理论分析与工程鉴定经验的总结工作，也基本上与本标准第6.3.2条说明中所阐述的方法、条件和要求相同，只是在确定有关参数时，更注重对工程鉴定数据的搜集，统计、检验与应用，以弥补《统一标准》在正常使用性方面对可靠指标及其他控制值的研究与制定上存在的不足。

7.3.3 上部承重结构的侧向位移过大，即使尚未达到影响建筑物安全的程度，也会对建筑物的使用功能造成令人关注的后果，例如：

1）使填充墙等非承重构件或各种装修产生裂缝或其他局部破损；

2）使设备管道受损、电梯轨道变形；

3）使房屋用户、住户感到不适，甚至引起惊慌。

因而，需将侧向位移列为上部承重结构使用性鉴定的检查项目之一进行检测、验算和评定。

这里需要说明的是，本条采用的评定标准，其每个等级位移界限的取值，是以下列考虑为基本依据，并参照国外有关标准确定的：

1）以相当于施工公差或同量级的经验值，作为确定 A_s 级与 B_s 级的界限。

因为从 ASCE 正常使用性研究特设委员会及我国有关单位对这方面文献所作的总结中可以看出：当实测的位移不大于此限值时，一般不会使结构或非结构构件出现可见的裂纹或其他损伤。因此，不少国家趋向于以它来界定当结构的使用功能完全正常时，

其实际侧移的可接受程度。故亦为本标准编制组采纳。

2）以相当于现行设计规范规定的位移限值，作为确定 B_s 级与 C_s 级的界限。

因为现场记录到的位移，通常只能在各种作用与抗力难以同时达到设计规定的极端值的情况下测得。此时，若该位移已接近设计限值，则在很大程度上表明，该结构的侧移整体刚度略低于设计规范的要求，但由于尚不影响使用功能或仅有轻微的影响，因而在国外有些标准中被用来作为 B_s 级与 C_s 级的界限。这显然是有一定道理的，故亦为本标准所引用。

7.3.4 根据本标准采用的结构体系可靠性鉴定模式上，上部承重结构的使用性鉴定评级可按下列原则进行：

1 以各种主要构件及结构侧向位移所评的等级为基本依据，并取其中最低一个等级作为上部承重结构的使用性等级。

2 以各种一般构件所评的等级，作为对第1项评定结果进行调整的依据。调整原则是：

1）若按第1款评为 C_s 级，则不必调整；

2）若按第1款评为 A_s 级或 B_s 级，且仅有一种一般构件为 C_s 级，可根据其影响的对象和范围，作出调整或不调整的决定（见本标准第7.3.4条第2款第1项的规定）；

3）若不止一种一般构件为 C_s 级，则可将上款所评的等级降为 C_s 级。

但以上评级原则仅适用于一般传统建筑，对大跨度或高层建筑以及其他对振动敏感的现代柔性低阻尼的房屋，尚应按标准第7.3.5条至第7.3.7条的规定，考虑振动对上部承重结构使用功能的影响。

7.3.5～7.3.7 这三条是针对振动可能引起的问题而作出的如何修正本标准第7.3.4条所评的使用性等级的规定，但不涉及振动本身可接受标准的制定问题。因为这要由专门标准作出规定，而且在国内外已陆续发布了不少的这类标准，只是国内的标准还不齐全。在这种情况下，若遇到所需的专门标准尚未发布时，可通过合同的规定或主管部门的特批，而采用合适的国际标准或国外先进标准。

7.4 围护系统

7.4.1 围护系统的正常使用性鉴定，虽然应着重检查其各方面使用功能，但也不应忽视对其承重部分工作状态的检查。因为承重部分的刚度不足或构造不当，往往会影响以它为依托的围护构件或附属设施的使用功能，故本条规定其鉴定应同时考虑整个系统的使用功能及其承重部分的使用性。

7.4.2 民用建筑围护系统的种类繁多，构造复杂。若逐个设置检查项目，则难以概括齐全。因此，编制组根据调查分析结果，决定按使用功能的要求，将之划分为7个检查项目。鉴定时，既可根据委托方的要求，只评其中一项；也可逐项评定，经综合后确定围护系统的使用功能等级。

这里需要指出的是，有些防护设施并不完全属于围护系统，其所以也归入围护系统进行鉴定，是因为它们的设置、安装、修理和更新往往要对相关的围护构件造成功能性的损害，在围护系统使用功能的鉴定中不可避免地要涉及这类问题。因此，应作为边缘问题加以妥善处理。

7.4.3 本条是为评定围护系统使用性等级而设置的。若委托方仅需要鉴定围护系统的使用功能，则承重部分的使用性鉴定可归入本章第7.3节，作为上部承重结构的一个组成部分进行评定。

7.4.4 这是根据第7.4.1条所述的概念并参照有关标准所作出的关于确定围护系统使用性等级的规定。实践证明，采用这一原则定级，不仅稳妥，而且合理可行。

7.4.5 在民用建筑中，往往会遇到一些对围护系统使用功能有特殊要求的场所。其使用性鉴定，需先按现行专门标准进行合格与否的评定，然后才能按本标准作出鉴定评级的结论。为此，设置

了本条的规定。

8 鉴定单元安全性及使用性评级

8.1 鉴定单元安全性评级

8.1.1 民用建筑鉴定单元的安全性鉴定,应考虑其所含三个子单元的承载状态,是不言而喻的。但它之所以还需要考虑与整幢建筑有关的其他安全问题,是因为建筑物所遭遇的险情,不完全都是由于自身问题引起的,在这种情况下,对它的安全性同样需要进行评估,并同样需要采取措施进行处理。如直接受到毗邻危房的威胁,便是这类问题的一个例子。因此,作出了相应的规定。

8.1.2 由于本标准采取了对两类极限状态问题分开评定的做法,并在上部承重结构子单元的鉴定中,妥善地解决了结构体系的安全性评估方法与标准的制定问题,因而使鉴定单元的安全性评级原则的制定,变得简单而顺理成章,现就1、2两款的规定说明如下:

1 由于地基基础和上部承重结构均为鉴定单元的主要组成部分,任一发生问题,都将影响整个鉴定单元的安全性。因此,取两者中较低一个等级作为鉴定单元的安全性等级,显然是正确的。

2 由于在某些情况下,要将围护系统的承重部分单列评级,此时,便需要考虑其安全状态对整个承重体系工作的影响,因而,设置了第 2 款的规定,以调整鉴定单元按第 1 款所评的等级。在制定其具体评定原则时,由于考虑到鉴定单元的评定结果主要用于管理,故规定了仅需酌情调低一级或二级,但不低于 C_{su} 级即可。

8.1.3 本条所列两款内容,均属紧急情况,宜直接通过现场宏观勘查作出判断和决策,故规定不必按常规程序鉴定,以便及时采取应急措施进行处理。

另外,需指出的是,对危房危害的判断,除应考虑其坍塌可能波及的范围和由之造成的次生破坏外,还应考虑拆除危房,对毗邻建筑物的整体稳定性可能产生的破坏作用。

8.1.4 这是参照国外有关标准作出的规定,其目的是帮助鉴定人员对有外装修的多层和高层建筑进行初步检查,以探测其内部是否有潜在的异常情况的可能性。但应指出的是这一方法必须在有原先的记录或有可靠的理论分析结果作对比的情况下,或是有类似建筑的振动特性资料可供引用的情况下,才能作出有实用价值的分析。因此,不要求普遍测量被鉴定建筑物的振动特性。

8.2 鉴定单元使用性评级

8.2.1 民用建筑鉴定单元的正常使用性鉴定,虽要求系统地考虑其所含的三个子单元的使用性问题,但由于地基基础的使用性,除了基础本身的耐久性问题外,几乎均反应在上部承重结构和围护系统的有关部位上,并取与它们相同的等级,因此,在实际工程中,只要能确认基础的耐久性不存在问题,则鉴定工作将得到一定简化。

这里需要说明的是,在鉴定中之所以还需考虑与整幢建筑有关的其它使用功能问题,是因为有些损害建筑物使用性的情况,并非由于鉴定单元本身的问题,而是由于其它原因所造成的后果,例如:全面更换房屋内部的管道并重新进行布置,而给围护系统造成的各种损伤和污染,便属于这类问题。

8.2.2~8.2.3 由于影响建筑物使用功能的各种问题,均已在上部承重结构和围护系统的检查与评定中得到了结论,因此不仅在很大程度上减少了鉴定单元评级所要做的工作,而且使其评级原则的制定,变得简单而顺理成章。

这里应指出的是,第 8.2.3 条中的两款规定,是参照国外标准制订的。因为在这种情况下,仅按结构构件功能和生理功能来考虑建筑物的正常使用性是不够的,有必要联系其它相关问题和

使用要求来定级,才能使鉴定作出恰当的结论。

9 民用建筑可靠性评级

9.0.1~9.0.2 民用建筑的可靠性鉴定,由于本标准区分了两类不同性质的极限状态,并解决了两类问题的评定方法,从而使每一层次的鉴定,均分别取得了关于被鉴定对象的安全性与正常使用性的结论。它们既相辅相成,而又全面确切地描述了被鉴定构件和结构体系可靠性的实际状况。因此,当委托方不要求给出可靠性等级时,民用建筑各层次、各部分的可靠性,完全可以直接用安全性和使用性的鉴定评级结果共同来表达。这在其它行业中也有类似的做法。其优点是直观,而又便于不熟悉可靠性概念的人理解鉴定结论的涵义,所以很容易为人们所接受,也为本标准所采纳。

9.0.3 当需要给出被鉴定对象的可靠性等级时,本标准从可靠性概念和民用建筑特点出发,根据以安全为主,并注重使用功能的原则,制定了具体评级规定,该规定共分三款。现就前两款作如下说明:

1 第 1 款主要明确在哪些情况下,应以安全性的评定结果来描述可靠性。分析表明,当鉴定对象的安全性不符合本标准要求时,不论其所评等级为哪个级别,均需通过采取措施才能得以修复。在这种情况下,其使用性一般是不可能满足要求的,即使有些功能还能维持,但也是受到加固的影响。因此,本款作出的应以安全性等级作为可靠性等级的规定是合适的。

2 第 2 款主要概括两层意思:

一是当鉴定对象的安全性符合本标准要求时,其可靠性应如何刻划。分析认为,由于可靠性涵义,不仅仅是安全性,而是关于安全性与正常使用性的概称。在安全性不存在问题的情况下,对民用建筑最重要的是要考虑其使用性是否能符合本标准的要求。因此,宜以正常使用性的评定结果来刻划可靠性,亦即宜取使用性等级作为可靠性等级。

另一是当鉴定对象的安全性略低于本标准要求,但尚不致于造成问题时,其可靠性又如何刻划。分析表明,尽管此时仍可由使用性的评定结果来刻划,但倾向性意见认为,这样处理,至少对民用建筑不够稳健。因此,较为可行的做法是取安全性和使用性等级中较低的一个等级,作为可靠性等级。

在制订条文时,考虑到以上两层意思可以采用统一的形式来表达,所以作出了第二款的规定。

10 民用建筑适修性评估

10.0.1 民用建筑的适修性评估,属于对可靠性鉴定结果如何采取对策所应考虑的重要问题之一。国内外在这个问题上所做的分析表明,由于它是通过对评估对象的技术特性、修复难度与经济效果等作了综合分析所得到的结论,因而大大增加了它的实用价值。这次制订本标准,考虑到它毕竟不属于可靠性鉴定的构成部分,故对它的应用,未作强制性的规定,而只是要求鉴定人员在委托方提出这一要求时,宜积极予以接受,并尽可能作出中肯而有指导意义的评估结论。

10.0.2 在民用建筑中,影响其适修性的因素很多,必需结合实际情况和有关参数,进行多方案的比较,才能作出有意义的评估。因而,在标准中只做了原则性的规定。

10.0.3 (略)

11 鉴定报告编写要求

11.0.1 本标准对鉴定报告的格式不强求统一,各部门和各地区

的主管单位可根据本系统的特点自行设计，但应包括本条规定的五项内容，以保证鉴定报告的质量。

11.0.2 在民用建筑的安全性鉴定中，根据现场调查实测结果被评为 c_u、d_u 级和 C_u 级、D_u 级的检查项目，不仅用以说明该鉴定对象在承载能力上存在着安全问题，而且是作为对它进行处理的主要依据。因此，在鉴定报告中，必需逐一作出详细说明，并具体提出需要采取哪些措施的建议，使之能得到及时而正确的处理。为此，还有责任向委托方进行交底。

11.0.3 本条的内容，是参照国际标准《结构可靠性总原则》

(ISO/DIS2394—1996) 及国外一些可靠性鉴定手册制定的。使用时需结合实际情况和有关要求作出合理可行的选择。

11.0.4 鉴定单元和子单元所评的等级，一般是经过综合后确定的。在综合过程中，由于考虑了系统工作与单个构件的不同，以及系统所具有的耐局部故障的特点，因而不能因非关键部位的个别构件有问题而调低整个系统的等级；但也不能因整个系统所评等级较高，而忽略了对个别有问题构件的处理。故在正确协调安全经济与科学管理关系的基础上，作出了本条规定。其试行情况表明，可收到合理而稳妥的效果。

中华人民共和国国家标准

工业建筑可靠性鉴定标准

Standard for appraisal of reliability
of industrial buildings and structures

GB 50144—2008

主编部门：中 国 冶 金 建 设 协 会
批准部门：中华人民共和国住房和城乡建设部
施行日期：２ ０ ０ ９ 年 ５ 月 １ 日

中华人民共和国住房和城乡建设部
公　告

第 157 号

关于发布国家标准
《工业建筑可靠性鉴定标准》的公告

现批准《工业建筑可靠性鉴定标准》为国家标准，编号为 GB 50144—2008，自 2009 年 5 月 1 日起实施。其中，第 3.1.1（1）、6.2.1、6.2.2、6.2.3、6.3.1、6.3.3、6.4.1、6.4.2、6.4.3 条（款）为强制性条文，必须严格执行。原《工业厂房可靠性鉴定标准》GB 50144—90 同时废止。

本标准由我部标准定额研究所组织中国计划出版社出版发行。

中华人民共和国住房和城乡建设部

二○○八年十一月十二日

前　　言

本标准是根据住房和城乡建设部"关于印发《二○○○至二○○一年度工程建设国家标准制订、修订计划》的通知"（建标函〔2001〕87 号）的要求，由中冶建筑研究总院有限公司（原冶金工业部建筑研究总院）会同高校、科研、设计和企业等单位共同对原《工业厂房可靠性鉴定标准》GBJ 144—90（以下简称"原标准"）进行了全面修订。

在修订过程中，编制组开展了专题研究，进行了广泛的调查分析，总结了十余年来我国工业建筑可靠性鉴定方面的实践经验，与国际先进的相关标准作了比较和借鉴，与国内相关鉴定标准和现行标准规范进行了协调。在此基础上以多种方式广泛征求了全国有关单位和专家的意见，并进行了工程试点应用和多次讨论修改，最后经审查定稿。

本标准修订后共有 10 章 6 个附录，主要修订内容是：

1. 为了适应工业建筑可靠性鉴定的发展和需要，扩大了原标准的适用范围，将钢结构鉴定从原来的单层厂房扩充到多层厂房，并增加了常见工业构筑物可靠性鉴定的内容。

2. 增加了术语，明确了含义，特别在基本规定中根据工业建筑的特点和鉴定需要，新增加了工业建筑在什么情况下应或宜进行常规的可靠性鉴定、结构存在哪些问题可进行深化的专项鉴定，以及鉴定对象和目标使用年限等规定，进一步明确了可靠性鉴定的基本要求和相关规定。

3. 对工业建筑物的原鉴定程序及其工作内容，评级层次、等级划分及评定项目等进行了补充和修改，特别是将构件和结构系统两个层次改为进行安全性评定和正常使用性评定，需要时可由此综合进行可靠性等级评定，以满足结构鉴定能够分清问题和实际具体处理的需要；并对原鉴定评级标准作了调整和修改，提高了分级标准的实际水准。

4. 在调查与检测中，对原标准"使用条件的调查"一章中的条文作了局部修订和补充，特别是补充了建、构筑物使用环境的调查内容，使结构工作环境分类进一步细化，以便于在实际鉴定中应用；并增加了工业建筑的调查与检测的规定，以加强对可靠性鉴定的基础性工作的要求。

5. 将原标准中关于结构或构件验算分析的条文作了局部修订和补充，并单列一章"结构分析与校核"，进一步明确了结构或构件按结构的承载能力极限状态和正常使用极限状态进行校核、分析的要求。

6. 在构件的鉴定评级中，对原标准的有关评级规定进行了适当补充和修改，特别是增加了构件安全性等级和使用性等级的几种评定方法及其适用条件的规定，增加了因构件的适用性或耐久性问题严重而影响其安全性的评级规定。

7. 在结构系统的鉴定评级中，对原标准的有关评级规定作了适当补充和修改，根据地基基础的特点，进一步明确了地基基础的安全性以地基变形观测资料和建、构筑物现状为主的评定原则，修改了需要按承载力评定其安全性时的评级方法；对原有的单层厂房承重结构系统的近似评级方法进行适当修改后，

还增补了多层厂房上部承重结构评级的原则规定等。

8. 对行业标准《钢铁工业建（构）筑物可靠性鉴定规程》YBJ 219—89 中的构筑物（包括烟囱、贮仓、通廊）鉴定评级的相关条文进行了修订，增加了水池鉴定评级的内容，根据工业构筑物的特点，规定了可靠性鉴定评级的层次、结构系统划分及检测评定项目等，并单列一章"工业构筑物的鉴定评级"。

9. 将原标准中有关鉴定报告所包括的内容作了局部修订，又补充了鉴定报告编写应符合的要求，并专门列为一章，以满足实际鉴定和维修管理的需要。

10. 为适应可靠性鉴定工作的深入和发展，在总结工程鉴定实践经验和近年来科研成果的基础上，增加了有关结构耐久性评估、疲劳寿命评估、振动影响和监测评定等几个附录，可用于可靠性鉴定特别是专项鉴定。

本标准以黑体字标志的条文为强制性条文，必须严格执行。

本标准由住房和城乡建设部负责管理和对强制性条文的解释，由中冶建筑研究总院有限公司负责具体内容解释。在执行过程中，请各单位结合工程实践，认真总结经验，并将意见和建议寄交中冶建筑研究总院有限公司（地址：北京市海淀区西土城路 33 号，邮政编码：100088）。

本标准主编单位、参编单位和主要起草人：

主 编 单 位： 中冶建筑研究总院有限公司（原冶金工业部建筑研究总院）

参 编 单 位： 西安建筑科技大学
国家工业建筑诊断与改造工程技术研究中心
中国机械工业集团公司
中国京冶工程技术有限公司
北京钢铁设计研究总院
中冶京诚工程技术有限公司
重庆钢铁设计研究总院
中冶赛迪工程技术股份有限公司
中国航空工业规划设计研究院
中国电子工程设计院
上海宝钢工业检测公司
宝山钢铁股份有限公司
武汉钢铁股份有限公司
第一汽车集团公司

主要起草人： 惠云玲　张家启　李　宁　林志伸
岳清瑞　陆贻杰　姚继涛　姜迎秋
杨建平　辛鸿博　牛荻涛　徐　建
弓俊青　常好诵　王立军　李书本
娄　宇　幸坤涛　姜　华　徐名涛
李京一　佟晓利　李小瑞　张长青
王　发　郑　云　王　罡　徐克利
黄新豪　程海波

目　次

1 总　则

1.0.1 为了适应工业建筑可靠性鉴定的发展和需要，加强对既有工业建筑的安全与合理使用的技术管理，制定本标准。

1.0.2 本标准适用于下列既有工业建筑的可靠性鉴定：

1 以混凝土结构、钢结构、砌体结构为承重结构的单层和多层厂房等建筑物。

2 烟囱、贮仓、通廊、水池等构筑物。

1.0.3 工业建筑的可靠性鉴定，应由有相应资质的鉴定单位承担。

1.0.4 地震区、特殊地基土地区、特殊环境中或灾害后的工业建筑的可靠性鉴定，除应执行本标准外，尚应遵守国家现行有关标准规范的规定。

2　术语、符号

2.1　术　语

2.1.1 既有工业建筑　existing industrial buildings and structures

已存在的、为工业生产服务，可以进行和实现各种生产工艺过程的建筑物和构筑物。

2.1.2 既有结构　existing structure

既有工业建筑中的各类承重结构。

2.1.3 可靠性鉴定　appraisal of reliability

对既有工业建筑的安全性、正常使用性（包括适用性和耐久性）所进行的调查、检测、分析验算和评定等一系列活动。

2.1.4 专项鉴定　special appraisal

针对既有结构的专项问题或按照特定要求所进行的鉴定。

2.1.5 目标使用年限　target working life

既有工业建筑鉴定所期望的使用年限。

2.1.6 调查　investigation

通过查阅文件，进行现场观察和询问等手段进行的信息收集。

2.1.7 检测　inspection

对既有结构的状况或性能所进行的检查、测量和检验等工作。

2.1.8 监测　monitoring

对结构状况或作用所进行的经常性或连续性的观察或测量。

2.1.9 评定　assessment

根据调查、检测和分析验算结果，对既有结构的安全性和正常使用性按照规定的标准和方法所进行的评价。

2.1.10 鉴定单元　appraisal unit

根据被鉴定建、构筑物的结构体系、构造特点、工艺布置等不同所划分的可以独立进行可靠性评定的区段，每一区段为一鉴定单元。

2.1.11 结构系统　structure system

鉴定单元中根据建筑结构的不同使用功能所细分的鉴定单位，对工业建筑物一般可按地基基础、上部承重结构、围护结构划分为三个结构系统。

2.1.12 构件　member

结构系统中进一步细分的基本鉴定单位，一般是指承受各种作用的单个结构构件，个别是指一种承重结构的一个组成部分。

2.1.13 评定项目　items of assessment

用于评定建、构筑物及其组成部分可靠性的项目。简称项目。

2.1.14 重要构件　important member

其自身失效将导致其他构件失效并危及承重结构系统安全工作的构件，或直接影响生产设备运行的构件。

2.1.15 次要构件　less important member

其自身失效为孤立事件不会导致其他构件失效，并不直接影响生产设备运行的构件。

2.2　符　号

2.2.1 结构性能及作用效应：

R——结构或构件的抗力；

S——结构或构件的作用效应；

γ_0——结构重要性系数；

l_0——构件的计算跨度或计算长度；

h——框架层高或多层厂房层间高度；

H——自基础顶面到柱顶的总高度；

H_c——基础顶面至吊车梁或吊车桁架顶面的高度。

2.2.2 鉴定评级：

a、b、c、d——构件的可靠性评定等级；

A、B、C、D——结构系统的可靠性评定等级；

一、二、三、四——鉴定单元的可靠性评定等级。

3　基　本　规　定

3.1　一　般　规　定

3.1.1 工业建筑的可靠性鉴定，应符合下列要求：

1 在下列情况下，应进行可靠性鉴定：

1）达到设计使用年限拟继续使用时；

2）用途或使用环境改变时；

3）进行改造或增容、改建或扩建时；

4）遭受灾害或事故时；

5）存在较严重的质量缺陷或者出现较严重的

腐蚀、损伤、变形时。

2 在下列情况下，宜进行可靠性鉴定：
  1）使用维护中需要进行常规检测鉴定时；
  2）需要进行全面、大规模维修时；
  3）其他需要掌握结构可靠性水平时。

3.1.2 当结构存在下列问题且仅为局部的不影响建、构筑物整体时，可根据需要进行专项鉴定：

1 结构进行维修改造有专门要求时；

2 结构存在耐久性损伤影响其耐久年限时；

3 结构存在疲劳问题影响其疲劳寿命时；

4 结构存在明显振动影响时；

5 结构需要进行长期监测时；

6 结构受到一般腐蚀或存在其他问题时。

3.1.3 鉴定对象可以是工业建、构筑物整体或所划分的相对独立的鉴定单元，亦可是结构系统或结构。

3.1.4 鉴定的目标使用年限，应根据工业建筑的使用历史、当前的技术状况和今后的维修使用计划，由委托方和鉴定方共同商定。

对鉴定对象的不同鉴定单元，可确定不同的目标使用年限。

3.2 鉴定程序及其工作内容

3.2.1 工业建筑可靠性鉴定，应按下列规定的程序（图3.2.1）进行。

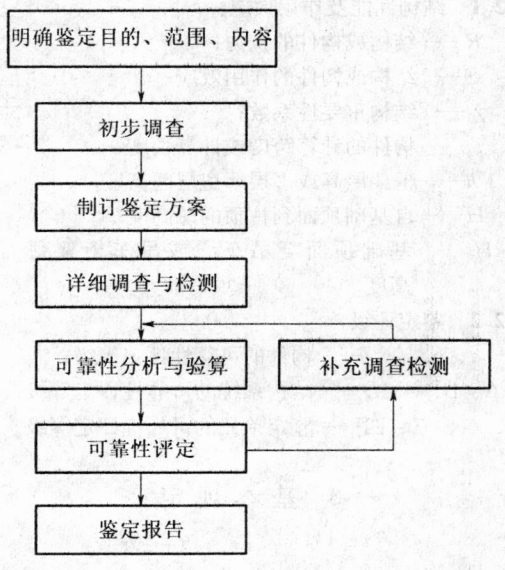

图3.2.1 可靠性鉴定程序

3.2.2 鉴定的目的、范围和内容，应在接受鉴定委托时根据委托方提出的鉴定原因和要求，经协商后确定。

3.2.3 初步调查宜包括下列基本工作内容：

1 查阅图纸资料，包括工程地质勘察报告、设计图、竣工资料、检查观测记录、历次加固和改造图

纸和资料、事故处理报告等。

2 调查工业建筑的历史情况，包括施工、维修、加固、改造、用途变更、使用条件改变以及受灾害等情况。

3 考察现场，调查工业建筑的实际状况、使用条件、内外环境，以及目前存在的问题。

4 确定详细调查与检测的工作大纲，拟订鉴定方案。

3.2.4 鉴定方案应根据鉴定对象的特点和初步调查结果、鉴定目的和要求制订。内容应包括检测鉴定的依据、详细调查与检测的工作内容、检测方案和主要检测方法、工作进度计划及需由委托方完成的准备工作等。

3.2.5 详细调查与检测宜根据实际需要选择下列工作内容：

1 详细研究相关文件资料。

2 详细调查结构上的作用和环境中的不利因素，以及它们在目标使用年限内可能发生的变化，必要时测试结构上的作用或作用效应。

3 检查结构布置和构造、支撑系统、结构构件及连接情况，详细检测结构存在的缺陷和损伤，包括承重结构或构件、支撑杆件及其连接节点存在的缺陷和损伤。

4 检查或测量承重结构或构件的裂缝、位移或变形，当有较大动荷载时测试结构或构件的动力反应和动力特性。

5 调查或测量地基的变形，检查地基变形对上部承重结构、围护结构系统及吊车运行等的影响。必要时可开挖基础检查，也可补充勘察或进行现场荷载试验。

6 检测结构材料的实际性能和构件的几何参数，必要时通过荷载试验检验结构或构件的实际性能。

7 检查围护结构系统的安全状况和使用功能。

3.2.6 可靠性分析与验算，应根据详细调查与检测结果，对建、构筑物的整体和各个组成部分的可靠度水平进行分析与验算，包括结构分析、结构或构件安全性和正常使用性校核分析、所存在问题的原因分析等。

3.2.7 在工业建筑可靠性鉴定过程中，若发现调查检测资料不足或不准确时，应及时进行补充调查、检测。

3.2.8 工业建筑物的可靠性鉴定评级，应划分为构件、结构系统、鉴定单元三个层次；其中结构系统和构件两个层次的鉴定评级，应包括安全性等级和使用性等级评定，需要时可由此综合评定其可靠性等级；安全性分四个等级，使用性分三个等级，各层次的可靠性分四个等级，并应按表3.2.8规定的评定项目分层次进行评定。当不要求评定可靠性等级时，可直接给出安全性和正常使用性评定结果。

表 3.2.8　工业建筑物可靠性鉴定评级的层次、等级划分及项目内容

层次	I		II		III
层名	鉴定单元		结构系统		构件
可靠性鉴定	可靠性等级	一、二、三、四	安全性评定	等级	A、B、C、D	a、b、c、d
				地基基础	地基变形、斜坡稳定性	—
					承载力	—
				上部承重结构	整体性	—
					承载功能	承载能力构造和连接
				围护结构	承载功能	构造连接
	建筑物整体或某一区段		正常使用性评定	等级	A、B、C	a、b、c
				地基基础	影响上部结构正常使用的地基变形	—
				上部承重结构	使用状况	变形裂缝缺陷、损伤腐蚀
					水平位移	—
				围护系统	功能与状况	—

注：1　单个构件可按本标准附录 A 划分。
　　2　若上部承重结构整体或局部有明显振动时，尚应考虑振动对上部承重结构安全性、正常使用性的影响进行评定。

3.2.9 专项鉴定的鉴定程序可按可靠性鉴定程序，但鉴定程序的工作内容应符合专项鉴定的要求。

3.2.10 工业建筑可靠性鉴定（包括专项鉴定）工作完成后，应提出鉴定报告。鉴定报告的编写应符合本标准第 10 章的要求。

3.3　鉴定评级标准

3.3.1 工业建筑可靠性鉴定的构件、结构系统、鉴定单元应按下列规定评定等级：

1　构件（包括构件本身及构件间的连接节点）。
　1）构件的安全性评级标准：
　　a 级：符合国家现行标准规范的安全性要求，安全，不必采取措施；
　　b 级：略低于国家现行标准规范的安全性要求，仍能满足结构安全性的下限水平要求，不影响安全，可不采取措施；
　　c 级：不符合国家现行标准规范的安全性要求，影响安全，应采取措施；
　　d 级：极不符合国家现行标准规范的安全性要求，已严重影响安全，必须及时或立即采取措施。
　2）构件的使用性评级标准：

a 级：符合国家现行标准规范的正常使用要求，在目标使用年限内能正常使用，不必采取措施；
　b 级：略低于国家现行标准规范的正常使用要求，在目标使用年限内尚不明显影响正常使用，可不采取措施；
　c 级：不符合国家现行标准规范的正常使用要求，在目标使用年限内明显影响正常使用，应采取措施。
　3）构件的可靠性评级标准：
　　a 级：符合国家现行标准规范的可靠性要求，安全，在目标使用年限内能正常使用或尚不明显影响正常使用，不必采取措施；
　　b 级：略低于国家现行标准规范的可靠性要求，仍能满足结构可靠性的下限水平要求，不影响安全，在目标使用年限内能正常使用或尚不明显影响正常使用，可不采取措施；
　　c 级：不符合国家现行标准规范的可靠性要求，或影响安全，或在目标使用年限内明显影响正常使用，应采取措施；
　　d 级：极不符合国家现行标准规范的可靠性要求，已严重影响安全，必须立即采取措施。

2　结构系统。
　1）结构系统的安全性评级标准：
　　A 级：符合国家现行标准规范的安全性要求，不影响整体安全，可能有个别次要构件宜采取适当措施；
　　B 级：略低于国家现行标准规范的安全性要求，仍能满足结构安全性的下限水平要求，尚不明显影响整体安全，可能有极少数构件应采取措施；
　　C 级：不符合国家现行标准规范的安全性要求，影响整体安全，应采取措施，且可能有极少数构件必须立即采取措施；
　　D 级：极不符合国家现行标准规范的安全性要求，已严重影响整体安全，必须立即采取措施。
　2）结构系统的使用性评级标准：
　　A 级：符合国家现行标准规范的正常使用要求，在目标使用年限内不影响整体正常使用，可能有个别次要构件宜采取适当措施；
　　B 级：略低于国家现行标准规范的正常使用要求，在目标使用年限内尚不明显影响整体正常使用，可能有极少数构件应采取措施；
　　C 级：不符合国家现行标准规范的正常使用要求，在目标使用年限内明显影响整体正常使用，应采取措施。
　3）结构系统的可靠性评级标准：

A级：符合国家现行标准规范的可靠性要求，不影响整体安全，在目标使用年限内不影响或尚不明显影响整体正常使用，可能有个别次要构件宜采取适当措施；

B级：略低于国家现行标准规范的可靠性要求，仍能满足结构可靠性的下限水平要求，尚不明显影响整体安全，在目标使用年限内不影响或尚不明显影响整体正常使用，可能有极少数构件应采取措施；

C级：不符合国家现行标准规范的可靠性要求，或影响整体安全，或在目标使用年限内明显影响整体正常使用，应采取措施，且可能有极少数构件必须立即采取措施；

D级：极不符合国家现行标准规范的可靠性要求，已严重影响整体安全，必须立即采取措施。

3 鉴定单元。

一级：符合国家现行标准规范的可靠性要求，不影响整体安全，在目标使用年限内不影响整体正常使用，可能有极少数次要构件宜采取适当措施；

二级：略低于国家现行标准规范的可靠性要求，仍能满足结构可靠性的下限水平要求，尚不明显影响整体安全，在目标使用年限内不影响或尚不明显影响整体正常使用，可能有极少数构件应采取措施、极个别次要构件必须立即采取措施；

三级：不符合国家现行标准规范的可靠性要求，影响整体安全，在目标使用年限内明显影响整体正常使用，应采取措施，且可能有极少数构件必须立即采取措施；

四级：极不符合国家现行标准规范的可靠性要求，已严重影响整体安全，必须立即采取措施。

4 调查与检测

4.1 使用条件的调查与检测

4.1.1 使用条件的调查和检测应包括结构上的作用、使用环境和使用历史三个部分，调查中应考虑使用条件在目标使用年限内可能发生的变化。

4.1.2 结构上作用的调查和检测，可根据建、构筑物的具体情况以及鉴定的内容和要求，选择表 4.1.2 中的调查项目。

4.1.3 结构上的作用标准值应按下列规定取值：

1 经调查符合现行国家标准《建筑结构荷载规范》GB 50009 规定取值者，应按规范选用。

2 当现行国家标准《建筑结构荷载规范》GB 50009 未作规定或按实际情况难以直接选用时，可根据现行国家标准《建筑结构可靠度设计统一标准》GB 50068 有关的原则规定确定。

表 4.1.2 结构上的作用调查

作用类别	调查项目
永久作用	1. 结构构件、建筑配件、固定设备等自重； 2. 预应力、土压力、水压力、地基变形等作用
可变作用	1. 楼面活荷载； 2. 屋面活荷载； 3. 屋面、楼面、平台积灰荷载； 4. 吊车荷载； 5. 雪、冰荷载； 6. 风荷载； 7. 温度作用； 8. 动力荷载
偶然作用	1. 地震作用； 2. 火灾、爆炸、撞击等

4.1.4 当结构构件、建筑配件或构造层的自重在结构总荷载中起重要作用且与设计差异较大时，应对其自重进行测试。测试的自重标准值可按构件的实测尺寸和国家现行荷载规范规定的重力密度确定；当自重变异较大或国家现行荷载规范尚无规定时，可按本标准第 4.1.3 条第 2 款的规定确定。

4.1.5 当屋面、楼面、平台的积灰荷载在结构总荷载中起重要作用时，应调查积灰范围、厚度分布、积灰速度和清灰制度等，测试积灰厚度及干、湿容重，并结合调查情况确定积灰荷载。

4.1.6 吊车荷载、相关参数和使用条件应按下列规定进行调查和检测：

1 当吊车及吊车梁系统运行使用状况正常，吊车梁系统无损坏且相关资料齐全符合实际时，宜进行常规调查和检测。

2 当吊车及吊车梁系统运行使用状况不正常，吊车梁系统有损坏或无吊车资料或对已有资料有怀疑时，除应进行常规调查和检测外，还应根据实际状况和鉴定要求进行专项调查和检测。

4.1.7 设备荷载的调查，应查阅设备和物料运输荷载资料，了解工艺和实际使用情况，同时还应考虑设备检修和生产不正常时，物料和设备的堆积荷载。当设备振动对结构影响较大时，尚应了解设备的扰力特性及其制作和安装质量，必要时应进行测试。

4.1.8 建、构筑物的使用环境应包括气象条件、地理环境和结构工作环境三项内容，可按表 4.1.8 所列的项目进行调查。

表 4.1.8 建、构筑物使用环境调查

项次	环境条件	调查项目
1	气象条件	大气气温、大气湿度、干湿交替、降雨量、降雪量、霜冻期、冻融交替、风向、风玫瑰图、土壤冻结深度、建、构筑物方位等
2	地理环境	地形、地貌、工程地质、周围建、构筑物等
3	结构工作环境	结构、构件所处的局部环境：厂区大气环境、车间大气环境、结构所处侵蚀性气体、液体、固体环境等

注：结构工作环境是指结构所处的环境，可根据所处的环境类别和环境作用等级按本标准第 4.1.9 条的规定进行调查。

4.1.9 建、构筑物结构和结构构件所处的环境类别和环境作用等级，可按表4.1.9的规定进行调查。

表4.1.9 结构所处环境类别和作用等级

环境类别		作用等级	环境条件	说明和结构构件示例
Ⅰ	一般环境	A	室内干燥环境	室内正常环境
		B	露天环境、室内潮湿环境	一般露天环境、室内潮湿环境
		C	干湿交替环境	频繁与水或冷凝水接触的室内、外构件
Ⅱ	冻融环境	C	轻度	微冻地区混凝土高度饱水；严寒和寒冷地区混凝土中度饱水、无盐环境
		D	中度	微冻地区盐冻；严寒和寒冷地区混凝土高度饱水，无盐；混凝土中度饱水，有盐环境
		E	重度	严寒和寒冷地区的盐冻环境：混凝土高度饱水、有盐环境
Ⅲ	海洋氯化环境	C	水下区和土中区	桥墩、基础
		D	大气区（轻度盐雾）	涨潮岸线100～300m陆上室外靠海陆上室外构件、桥梁上部构件
		E	大气区（重度盐雾）；非热带潮汐区、浪溅区	涨潮岸线100m以内陆上室外靠海陆上室外构件、桥梁上部构件、桥墩、码头
		F	炎热地区潮汐区、浪溅区	桥墩、码头
Ⅳ	除冰盐等其他氯化物环境	C	轻度	受除冰盐雾轻度作用混凝土构件
		D	中度	受除冰盐水溶液轻度溅射作用混凝土构件
		E	重度	直接接触除冰盐溶液混凝土构件
Ⅴ	化学腐蚀环境	C	轻度（气体、液体、固体）	一般大气污染环境；汽车或机车废气；弱腐蚀液体、固体
		D	中度（气体、液体、固体）	酸雨pH>4.5；中等腐蚀气体、液体、固体
		E	重度（气体、液体、固体）	酸雨pH<4.5；强腐蚀气体、液体、固体

注：1 当需要评估混凝土构件的耐久年限时，对大气环境普通混凝土结构可按本标准附录B的规定确定环境类别、环境作用等级和计算参数。其他环境可按国家现行标准《混凝土结构耐久性评定标准》CECS 220的规定根据评定需要确定环境类别、环境作用等级和计算参数。

2 本表中化学腐蚀环境，可根据工业建筑鉴定的需要按照现行国家标准《工业建筑防腐蚀设计规范》GB 50046或《岩土工程勘察规范》GB 50021（对地基基础和地下结构），进一步详细确定环境类别和环境作用等级。

4.1.10 建、构筑物的使用历史调查应包括建、构筑物的设计与施工、用途和使用时间、维修与加固、用途变更与改扩建、超载历史、动荷载作用历史以及受灾害和事故等情况。

4.2 工业建筑的调查与检测

4.2.1 对工业建筑物的调查和检测应包括地基基础、上部承重结构和围护结构三个部分。

4.2.2 对地基基础的调查，除应查阅岩土工程勘察报告及有关图纸资料外，尚应调查工业建筑现状、实际使用荷载、沉降量和沉降稳定情况、沉降差、上部结构倾斜、扭曲和裂损情况，以及临近建筑、地下工程和管线等情况。当地基基础资料不足时，可根据国家现行有关标准的规定，对场地地基进行补充勘察或进行沉降观测。

4.2.3 地基的岩土性能标准值和地基承载力特征值，应根据调查和补充勘察结果按国家现行有关标准的规定取值。

基础的种类和材料性能，应通过查阅图纸资料确定；当资料不足时，可开挖基础检查，验证基础的种类、材料、尺寸及埋深，检查基础变位、开裂、腐蚀或损坏程度等，并通过检测评定基础材料的强度等级。

4.2.4 对上部承重结构的调查，可根据建筑物的具体情况以及鉴定的内容和要求，选择表4.2.4中的调查项目。

表4.2.4 上部承重结构的调查

调查项目	调查细目
结构整体性	结构布置，支撑系统，圈梁和构造柱，结构单元的连接构造
结构和材料性能	材料强度，结构或构件几何尺寸，构件承载性能、抗裂性能和刚度，结构动力特性
结构缺陷、损伤和腐蚀	制作和安装偏差，材料和施工缺陷，构件及其节点的裂缝、损伤和腐蚀
结构变形和振动	结构顶点和层间位移，柱倾斜，受弯构件的挠度和侧弯，结构和结构构件的动力特性和动态反应
构件的构造	保证构件承载能力、稳定性、延性、抗裂性能、刚度等的有关构造措施

注：1 结构振动的调查和检测内容和要求，应按本标准附录F确定。

2 检查中应注意对旧有规范设计的建筑结构在结构布置、节点构造、材料强度等方面存在的差异。

4.2.5 结构和材料性能、几何尺寸和变形、缺陷和损伤等检测，可按下列原则进行：

1 结构材料性能的检验，当图纸资料有明确说明且无疑问时，可进行现场抽检验证；当无图纸资料或存在问题有怀疑时，应按国家现行有关检测技术标准的规定，通过现场取样或现场测试进行检测。

2 结构或构件几何尺寸的检测,当图纸资料齐全完整时,可进行现场抽检复核;当图纸资料残缺不全或无图纸资料时,应通过对结构布置和结构体系的分析,对重要的有代表性的结构或构件进行现场详细测量。

3 结构顶点和层间位移、柱倾斜、受弯构件的挠度和侧弯的观测,应在结构或构件变形状况普遍观察的基础上,对其中有明显变形的结构或构件,可按照国家现行有关检测技术标准的规定进行检测。

4 制作和安装偏差,材料和施工缺陷,应依据国家现行有关建筑材料、施工质量验收标准和本标准第6章、第7章有关规定进行检测。

构件及其节点的损伤,应在其外观全数检查的基础上,对其中损伤相对严重的构件和节点进行详细检测。

5 当需要进行构件结构性能、结构动力特性和动力反应的测试时,可根据国家现行有关结构性能检验或检测技术标准,通过现场试验进行检测。

构件的结构性能现场载荷试验,应根据同类构件的使用状况、荷载状况和检验目的选择有代表性的构件。

动力特性和动力反应测试,应根据结构的特点和检测的目的选择相应的测试方法,仪器宜布置于质量集中、刚度突变、损伤严重以及能够反映结构动力特征的部位。

4.2.6 当需对混凝土结构构件进行材质及有关耐久性检测时,除应按本标准第4.2.5条规定外,尚应符合下列要求:

1 混凝土强度的检验宜采用取芯、超声、回弹或其他有效方法综合确定,并应符合国家现行有关检测技术标准、规程的规定。

2 混凝土构件的老化可通过外观状况检查,混凝土中性化测试和钢筋锈蚀状况等检测确定。必要时应进行劣化混凝土岩相及化学分析,混凝土表层渗透性测定等。

3 从混凝土构件中截取的钢筋力学性能和化学成分,应按国家现行有关标准的规定进行检验。

4.2.7 当需对钢结构构件进行钢材性能检验时,应按本标准第4.2.5条的规定执行,以同类结构构件同一规格的钢材为一批进行检验。

4.2.8 当需对砌体结构构件进行砌筑质量和砌体强度检测时,除应按本标准第4.2.5条的规定执行外,尚应符合下列要求:

1 砌体强度检测,应根据国家现行砌体工程检测技术标准选择适当的检测方法检测。

2 对于砌筑质量明显较差不满足现行国家标准《砌体工程施工质量验收规范》GB 50203要求的结构构件,应增加抽样数量。

4.2.9 围护结构的调查,除应查阅有关图纸资料外,尚应现场核实围护结构系统的布置,调查该系统中围护构件和非承重墙体及其构造连接的实际状况、对主体结构的不利影响,以及围护系统的使用功能、老化损伤、破坏失效等情况。

4.2.10 对工业构筑物的调查与检测,可根据构筑物的结构布置和组成参照建筑物的规定进行。

5 结构分析与校核

5.0.1 结构或构件应按承载能力极限状态进行校核,需要时还应按正常使用极限状态进行校核。

5.0.2 结构分析与校核应符合下列规定:

1 结构分析与结构或构件的校核方法,应符合国家现行设计规范的规定。

2 结构分析与结构或构件的校核所采用的计算模型,应符合结构的实际受力和构造状况。

3 结构上的作用标准值应按本标准第4.1.3条的规定取值。

4 作用效应的分项系数和组合系数,应按现行国家标准《建筑结构荷载规范》GB 50009的规定确定。根据不同期间内具有相同安全概率的原则,可对风荷载、雪荷载的荷载分项系数按目标使用年限予以适当折减。

5 当结构构件受到不可忽略的温度、地基变形等作用时,应考虑它们产生的附加作用效应。

6 材料强度的标准值,应根据构件的实际状况和已获得的检测数据按下列原则取值:

　1) 当材料的种类和性能符合原设计要求时,可按原设计标准值取值;

　2) 当材料的种类和性能与原设计不符或材料性能已显著退化时,应根据实测数据按国家现行有关检测技术标准的规定取值。

7 当混凝土结构表面温度长期高于60℃,钢结构表面温度长期高于150℃时,应按有关的现行国家标准规范计入由温度产生的附加内力。

8 结构或构件的几何参数应取实测值,并结合结构实际的变形、施工偏差以及裂缝、缺陷、损伤、腐蚀等影响确定。

5.0.3 当需要通过结构构件载荷试验检验其承载性能和使用性能时,应按有关的现行国家标准规范执行。

6 构件的鉴定评级

6.1 一般规定

6.1.1 单个构件的鉴定评级,应对其安全性等级和使用性等级进行评定,需要评定其可靠性等级时,应根据安全性等级和使用性等级评定结果按下列原则

确定：

1 当构件的使用性等级为 c 级、安全性等级不低于 b 级时，宜定为 c 级；其他情况，应按安全性等级确定。

2 位于生产工艺流程关键部位的构件，可按安全性等级和使用性等级中的较低等级确定或调整。

6.1.2 构件的安全性等级和使用性等级，应根据实际情况按下列规定评定：

1 构件的安全性等级应通过承载能力项目（构件的抗力 R 与作用效应 $\gamma_0 S$ 的比值 $R/\gamma_0 S$）的校核和连接构造项目分析评定，构件的使用性等级应通过裂缝、变形、缺陷和损伤、腐蚀等项目对构件正常使用的影响分析评定。混凝土构件、钢构件和砌体构件的安全性等级和使用性等级的校核分析评定，应分别按本标准第 6.2 节至第 6.4 节的规定进行。

2 当构件的状态或条件符合下列规定时，可直接评定其安全性等级或使用性等级：

1）已确定构件处于危险状态时，构件的安全性等级应评定为 d 级；

2）已确定构件符合本标准第 6.1.4 条或第 6.1.5 条规定的条件时，构件的安全性等级或使用性等级可分别按第 6.1.4 条或第 6.1.5 条的规定评定。

3 当构件不具备分析验算条件且结构载荷试验对结构性能的影响能控制在可接受的范围时，构件的安全性等级和使用性等级可通过载荷试验按本标准第 6.1.3 条的规定评定。

4 当构件的变形过大、裂缝过宽、腐蚀以及缺陷和损伤严重时，除应对使用性等级评为 c 级外，尚应结合实际工程经验、严重程度以及承载能力验算结果等综合分析对其安全性评级的影响。

6.1.3 当构件按结构载荷试验评定其安全性等级和使用性等级时，应根据试验目的和检验结果、构件的实际状况和使用条件，按国家现行有关检测技术标准的规定进行评定。

6.1.4 当同时符合下列条件时，构件的安全性等级可根据实际情况评定为 a 级或 b 级：

1 经详细检查未发现有明显的变形、缺陷、损伤、腐蚀，无疲劳或其他累积损伤。

2 构件受力明确、构造合理，在传力方面不存在影响其承载性能的缺陷，无脆性破坏倾向。

3 经过长时间的使用，构件对曾出现的最不利作用和环境影响仍具有良好的性能。

4 在目标使用年限内，构件上的作用和环境条件与过去相比不会发生变化。

5 构件在目标使用年限内仍具有足够的耐久性能。

6.1.5 当同时符合下列条件时，构件的使用性等级可根据实际使用状况评定为 a 级或 b 级：

1 经详细检查未发现构件有明显的变形、缺陷、损伤、腐蚀，也没有累积损伤。

2 经过长时间的使用，构件状态仍然良好或基本良好，能够满足目标使用年限内的正常使用要求。

3 在目标使用年限内，构件上的作用和环境条件与过去相比不会发生变化。

4 构件在目标使用年限内可保证有足够的耐久性能。

6.1.6 需评估混凝土构件的耐久年限时，对大气环境普通混凝土结构可按本标准附录 B 的方法进行，其他情况可按国家现行标准《混凝土结构耐久性评定标准》CECS 220 进行评估。

6.1.7 对于重级工作制钢吊车梁和中级以上工作制钢吊车桁架，需要评估残余疲劳寿命时，可按本标准附录 C 的方法进行。

6.2 混凝土构件

6.2.1 混凝土构件的安全性等级应按承载能力、构造和连接二个项目评定，并取其中较低等级作为构件的安全性等级。

6.2.2 混凝土构件的承载能力项目应按表 6.2.2 评定等级。

表 6.2.2 混凝土构件承载能力评定等级

构件种类	$R/\gamma_0 S$			
	a	b	c	d
重要构件	≥1.0	<1.0 ≥0.90	<0.90 ≥0.85	<0.85
次要构件	≥1.0	<1.0 ≥0.87	<0.87 ≥0.82	<0.82

注：1 混凝土构件的抗力 R 与作用效应 $\gamma_0 S$ 的比值 $R/\gamma_0 S$，应取各受力状态验算结果中的最低值；γ_0 为现行国家标准《建筑结构可靠度设计统一标准》GB 50068 中规定的结构重要性系数。

2 当构件出现受压或斜压裂缝时，视其严重程度，承载能力项目直接评为 c 级或 d 级；当出现过宽的受拉裂缝、过度的变形、严重的缺陷损伤及腐蚀情况时，应按本标准第 6.1.2 条的有关规定考虑其对承载能力的影响，且承载能力项目评定等级不应高于 b 级。

6.2.3 混凝土构件的构造和连接项目包括构造、预埋件、连接节点的焊缝或螺栓等，应根据对构件安全使用的影响按下列规定评定等级：

1 当结构构件的构造合理，满足国家现行标准要求时评为 a 级；基本满足国家现行标准要求时评为 b 级；当结构构件的构造不满足国家现行标准要求时，根据其不符合的程度评为 c 级或 d 级。

2 当预埋件的锚板和锚筋的构造合理、受力可靠，经检查无变形或位移等异常情况时，可视具体情

况按本标准第3.3.1条原则评为 a 级或 b 级；当预埋件的构造有缺陷，锚板有变形或锚板、锚筋与混凝土之间有滑移、拔脱现象时，可根据其严重程度按本标准第3.3.1条原则评为 c 级或 d 级。

　　3　当连接节点的焊缝或螺栓连接方式正确，构造符合国家现行规范规定和使用要求时，或仅有局部表面缺陷，工作无异常时，可视具体情况按本标准第3.3.1条原则评为 a 级或 b 级；当节点焊缝或螺栓连接方式不当，有局部拉脱、剪断、破损或滑移时，可根据其严重程度按本标准第3.3.1条原则评为 c 级或 d 级。

　　4　应取本条第1、2、3款中较低等级作为构造和连接项目的评定等级。

6.2.4　混凝土构件的使用性等级应按裂缝、变形、缺陷和损伤、腐蚀四个项目评定，并取其中的最低等级作为构件的使用性等级。

6.2.5　混凝土构件的裂缝项目可按下列规定评定等级：

　　1　混凝土构件的受力裂缝宽度可按表6.2.5-1～表6.2.5-3评定等级；

　　2　混凝土构件因钢筋锈蚀产生的沿筋裂缝在腐蚀项目中评定，其他非受力裂缝应查明原因，判定裂缝对结构的影响，可根据具体情况进行评定。

表6.2.5-1　钢筋混凝土构件裂缝宽度评定等级

环境类别与作用等级	构件种类与工作条件		裂缝宽度（mm）		
			a	b	c
I-A	室内正常环境	次要构件	<0.3	>0.3, ≤0.4	>0.4
		重要构件	≤0.2	>0.2, ≤0.3	>0.3
I-B, I-C	露天或室内高湿度环境，干湿交替环境		≤0.2	>0.2, ≤0.3	>0.3
III，IV	使用除冰盐环境，滨海室外环境		≤0.1	>0.1, ≤0.2	>0.2

表6.2.5-2　采用热轧钢筋配筋的预应力混凝土构件裂缝宽度评定等级

环境类别与作用等级	构件种类与工作条件	裂缝宽度（mm）		
		a	b	c
I-A	室内正常环境	次要构件 ≤0.20 重要构件 ≤0.05	>0.20, ≤0.35 >0.05, ≤0.10	>0.35 >0.10
I-B, I-C	露天或室内高湿度环境，干湿交替环境	无裂缝	≤0.05	>0.05
III，IV	使用除冰盐环境，滨海室外环境	无裂缝	≤0.02	>0.02

表6.2.5-3　采用钢绞线、热处理钢筋、预应力钢丝配筋的预应力混凝土构件裂缝宽度评定等级

环境类别与作用等级	构件种类与工作条件	裂缝宽度（mm）		
		a	b	c
I-A	室内正常环境	次要构件 ≤0.02 重要构件 无裂缝	>0.02, ≤0.10 ≤0.05	>0.10 >0.05
I-B, I-C	露天或室内高湿度环境，干湿交替环境	无裂缝	≤0.02	>0.02
III，IV	使用除冰盐环境，滨海室外环境	无裂缝	—	有裂缝

注：1　当构件出现受压及斜压裂缝时，裂缝项目直接评为 c 级。

　　2　对于采用冷拔低碳钢丝配筋的预应力混凝土构件裂缝宽度的评定等级，可按表6.2.5-3和有关技术规程评定。

　　3　表中环境类别与作用等级的划分，应符合本标准第4.1.9条的规定。

6.2.6　混凝土构件的变形项目应按表6.2.6评定等级。

表6.2.6　混凝土构件变形评定等级

构件类别		a	b	c
单层厂房托架、屋架		≤$l_0/500$	>$l_0/500$, ≤$l_0/450$	>$l_0/450$
多层框架主梁		≤$l_0/400$	>$l_0/400$, ≤$l_0/350$	>$l_0/350$
屋盖、楼盖及楼梯构件	$l_0>9m$	≤$l_0/300$	>$l_0/300$, ≤$l_0/250$	>$l_0/250$
	$7m≤l_0≤9m$	≤$l_0/250$	>$l_0/250$, ≤$l_0/200$	>$l_0/200$
	$l_0<7m$	≤$l_0/200$	>$l_0/200$, ≤$l_0/175$	>$l_0/175$
吊车梁	电动吊车	≤$l_0/600$	>$l_0/600$, ≤$l_0/500$	>$l_0/500$
	手动吊车	≤$l_0/500$	>$l_0/500$, ≤$l_0/450$	>$l_0/450$

注：1　表中 l_0 为构件的计算跨度。

　　2　本表所列的为按荷载效应的标准组合并考虑荷载长期作用影响的挠度值，应减去或加上制作反拱或下挠值。

6.2.7　混凝土构件缺陷和损伤项目应按表6.2.7评定等级。

表 6.2.7 混凝土构件缺陷和损伤评定等级

a	b	c
完好	局部有缺陷和损伤，缺损深度小于保护层厚度	有较大范围的缺陷和损伤，或者局部有严重的缺陷和损伤，缺损深度大于保护层厚度

注：1 表中缺陷一般指构件外观存在的缺陷，当施工质量较差或有特殊要求时，尚应包括构件内部可能存在的缺陷。
  2 表中的损伤主要指机械磨损或碰撞等引起的损伤。

6.2.8 混凝土构件腐蚀项目包括钢筋锈蚀和混凝土腐蚀，应按表 6.2.8 的规定评定，其等级应取钢筋锈蚀和混凝土腐蚀评定结果中的较低等级。

表 6.2.8 混凝土构件腐蚀评定等级

评定等级	a	b	c
钢筋锈蚀	无锈蚀现象	有锈蚀可能和轻微锈蚀现象	外观有沿筋裂缝或明显锈迹
混凝土腐蚀	无腐蚀损伤	表面有轻度腐蚀损伤	表面有明显腐蚀损伤

注：对于墙板类和梁柱构件中的钢筋及箍筋，当钢筋锈蚀状况符合表中 b 标准时，钢筋截面锈蚀损伤不应大于 5%，否则应评为 c 级。

6.3 钢 构 件

6.3.1 钢构件的安全性等级应按承载能力（包括构造和连接）项目评定，并取其中最低等级作为构件的安全性等级。

6.3.2 承重构件的钢材应符合建造当时钢结构设计规范和相应产品标准的要求，如果构件的使用条件发生根本的改变，还应符合国家现行标准规范的要求，否则，应在确定承载能力和评级时考虑其不利影响。

6.3.3 钢构件的承载能力项目，应根据结构构件的抗力 R 和作用效应 S 及结构重要性系数 γ_0 按表 6.3.3 评定等级。在确定构件抗力时，应考虑实际的材料性能和结构构造，以及缺陷损伤、腐蚀、过大变形和偏差的影响。

表 6.3.3 构件承载能力评定等级

构件种类	$R/\gamma_0 S$			
	a	b	c	d
重要构件、连接	≥1.00	<1.00, ≥0.95	<0.95, ≥0.90	<0.90
次要构件	≥1.00	<1.00, ≥0.92	<0.92, ≥0.87	<0.87

注：1 当结构构造和施工质量满足国家现行规范要求，或虽不满足要求但在确定抗力和荷载作用效应已考虑了这种不利因素时，可按表中规定评级，否则不应按表中数值评级，可根据经验按照对承载能力的影响程度，评为 b 级、c 级或 d 级。
  2 构件有裂缝、断裂、存在不适于继续承载的变形时，应评为 c 级或 d 级。
  3 吊车梁受拉区或吊车桁架受拉杆及其节点板有裂缝时，应评为 c 级。
  4 构件存在严重、较大面积的均匀腐蚀并使截面明显削弱或对材料力学性能有不利影响时，可按本标准附录 D 的方法进行检测验算并按表中规定评定其承载能力项目的等级。
  5 吊车梁的疲劳性能应根据疲劳强度验算结果、已使用年限和吊车梁系统的损伤程度进行评级，不受表中数值的限制。

6.3.4 钢桁架中有整体弯曲缺陷但无明显局部缺陷的双角钢受压腹杆，其整体弯曲不超过表 6.3.4 中的限值时，其承载能力可评为 a 级或 b 级；若整体弯曲严重已超过表中限值时，可根据实际情况和对其承载能力影响的严重程度，评为 c 级或 d 级。

表 6.3.4 双角钢受压腹杆的双向弯曲缺陷的容许限值

所受轴压力设计值与无缺陷时的抗压承载力之比	方向	双向弯曲的限值						
		弯曲矢高与杆件长度之比						
1.0	平面外	1/400	1/500	1/700	1/800	—	—	—
	平面内	0	1/1000	1/900	1/800	—	—	—
0.9	平面外	1/250	1/300	1/400	1/500	1/600	1/700	1/800
	平面内	0	1/1000	1/750	1/650	1/600	1/550	1/500
0.8	平面外	1/150	1/200	1/250	1/300	1/400	1/600	1/800
	平面内	0	1/1000	1/550	1/450	1/400	1/350	
0.7	平面外	1/100	1/150	1/200	1/250	1/300	1/400	1/800
	平面内	0	1/750	1/450	1/350	1/300	1/250	1/250
0.6	平面外	1/100	1/150	1/200	1/250	1/300	1/400	1/800
	平面内	0	1/300	1/250	1/200	1/180	1/170	1/170

6.3.5 钢构件的使用性等级应按变形、偏差、一般构造和腐蚀等项目进行评定，并取其中最低等级作为构件的使用性等级。

6.3.6 钢构件的变形是指荷载作用下梁、板等受弯构件的挠度，应按下列规定评定构件变形项目的等级：

a 级：满足国家现行相关设计规范和设计要求；

b 级：超过 a 级要求，尚不明显影响正常使用；

c 级：超过 a 级要求，对正常使用有明显影响。

6.3.7 钢构件的偏差包括施工过程中存在的偏差和使用过程中出现的永久性变形，应按下列规定评定构件偏差项目的等级：

a 级：满足国家现行相关施工验收规范和产品标准的要求；

b 级：超过 a 级要求，尚不明显影响正常使用；

c 级：超过 a 级要求，对正常使用有明显影响。

6.3.8 钢构件的腐蚀和防腐项目应按下列规定评定等级：

a 级：没有腐蚀且防腐措施完备；

b 级：已出现腐蚀但截面还没有明显削弱，或防腐措施不完备；

c 级：已出现较大面积腐蚀并使截面有明显削

弱，或防腐措施已破坏失效。

6.3.9 与构件正常使用性有关的一般构造要求，满足设计规范要求时应评为 a 级，否则应评为 b 或 c 级。

6.4 砌 体 构 件

6.4.1 砌体构件的安全性等级应按承载能力、构造和连接两个项目评定，并取其中的较低等级作为构件的安全性等级。

6.4.2 砌体构件的承载能力项目应根据承载能力的校核结果按表 6.4.2 的规定评定。

表 6.4.2 砌体构件承载能力评定等级

构件种类	$R/\gamma_0 S$			
	a	b	c	d
重要构件	≥1.0	<1.0 ≥0.90	<0.90 ≥0.85	<0.85
次要构件	≥1.0	<1.0 ≥0.87	<0.87 ≥0.82	<0.82

注：1 表中 R 和 S 分别为结构构件的抗力和作用效应，γ_0 为现行国家标准《建筑结构可靠度设计统一标准》GB 50068 中规定的结构重要性系数。

2 当砌体构件出现受压、受弯、受剪、受拉等受力裂缝时，应按本标准第 6.1.2 条的有关规定考虑其对承载能力的影响，且承载能力项目评定等级不应高于 b 级。

3 当构件受到较大面积腐蚀并使截面严重削弱时，应评定为 c 级或 d 级。

6.4.3 砌体构件构造与连接项目的等级应根据墙、柱的高厚比，墙、柱、梁的连接构造，砌筑方式等涉及构件安全性的因素，按下列规定的原则评定：

a 级：墙、柱高厚比不大于国家现行设计规范允许值，连接和构造符合国家现行规范的要求；

b 级：墙、柱高厚比大于国家现行设计规范允许值，但不超过 10%；或连接和构造局部不符合国家现行规范的要求，但不影响构件的安全使用；

c 级：墙、柱高厚比大于国家现行设计规范允许值，但不超过 20%；或连接和构造不符合国家现行规范的要求，已影响构件的安全使用；

d 级：墙、柱高厚比大于国家现行设计规范允许值，且超过 20%；或连接和构造严重不符合国家现行规范的要求，已危及构件的安全。

6.4.4 砌体构件的使用性等级应按裂缝、缺陷和损伤、腐蚀三个项目评定，并取其中的最低等级作为构件的使用性等级。

6.4.5 砌体构件的裂缝项目应根据裂缝的性质，按表 6.4.5 的规定评定。裂缝项目的等级应取各类裂缝评定结果中的较低等级。

表 6.4.5 砌体构件裂缝评定等级

类型	等级	a	b	c
变形裂缝、温度裂缝	独立柱	无裂缝	—	有裂缝
	墙	无裂缝	小范围开裂，最大裂缝宽度不大于 1.5mm，且无发展趋势	较大范围开裂，或最大裂缝宽度大于 1.5mm，或裂缝有继续发展的趋势
受力裂缝		无裂缝	—	有裂缝

注：1 本表仅适用于砖砌体构件，其他砌体构件的裂缝项目可参考本表评定。

2 墙包括带壁柱墙。

3 对砌体构件的裂缝有严格要求的建筑，表中的裂缝宽度限值可乘以 0.4。

6.4.6 砌体构件的缺陷和损伤项目应按表 6.4.6 规定评定。缺陷和损伤项目的等级应取各种缺陷、损伤评定结果中的较低等级。

表 6.4.6 砌体构件缺陷和损伤评定等级

类型	等级	a	b	c
缺陷		无缺陷	有较小缺陷，尚明显不影响正常使用	缺陷对正常使用有明显影响
损伤		无损伤	有轻微损伤，尚不明显影响正常使用	损伤对正常使用有明显影响

注：1 缺陷指现行国家标准《砌体工程施工质量验收规范》GB 50203 控制的质量缺陷。

2 损伤指开裂、腐蚀之外的撞伤、烧伤等。

6.4.7 砌体构件的腐蚀项目应根据砌体构件的材料类型，按表 6.4.7 规定评定。腐蚀项目的等级应取各材料评定结果中的较低等级。

表 6.4.7 砌体构件腐蚀评定等级

类型	等级	a	b	c
块材		无腐蚀现象	小范围出现腐蚀现象，最大腐蚀深度不大于 5mm，且无发展趋势，不明显影响使用功能	较大范围出现腐蚀现象，或最大腐蚀深度大于 5mm，或腐蚀有发展趋势，或明显影响使用功能
砂浆		无腐蚀现象	小范围出现腐蚀现象，且最大腐蚀深度不大于 10mm，且无发展趋势，不明显影响使用功能	非小范围出现腐蚀现象，或最大腐蚀深度大于 10mm，或腐蚀有发展趋势，或明显影响使用功能

续表 6.4.7

类型＼等级	a	b	c
钢筋	无锈蚀现象	出现锈蚀现象，但锈蚀钢筋的截面损失率不大于5%，尚不明显影响使用功能	锈蚀钢筋的截面损失率大于5%，或锈蚀有发展趋势，或明显影响使用功能

注：1 本表仅适用于砖砌体，其他砌体构件的腐蚀项目可参考本表评定。

　　2 对砌体构件的块材风化和砂浆粉化现象可参考表中对腐蚀现象的评定，但风化和粉化的最大深度宜比表中相应的最大腐蚀深度从严控制。

7 结构系统的鉴定评级

7.1 一般规定

7.1.1 工业建筑物鉴定第二层次结构系统的鉴定评级，应对其安全性等级和使用性等级进行评定，需要评定其可靠性等级时，应按本标准第7.1.2条规定的原则确定。地基基础、上部承重结构和围护结构三个结构系统的安全性等级和使用性等级，应分别按本标准第7.2节至第7.4节的规定评定。

7.1.2 结构系统的可靠性等级，应分别根据每个结构系统的安全性等级和使用性等级评定结果，按下列原则确定：

　　1 当系统的使用性等级为C级、安全性等级不低于B级时，宜定为C级；其他情况，应按安全性等级确定。

　　2 位于生产工艺流程重要区域的结构系统，可按安全性等级和使用性等级中的较低等级确定或调整。

7.1.3 当需要对上部承重结构系统中的某个子系统进行鉴定评级时，其安全性等级和使用性等级可按本标准第7.3节的有关规定评定，其可靠性等级可按本标准第7.1.2条规定的原则确定。

7.1.4 当振动对上部承重结构整体或局部的安全、正常使用有明显影响时，可按本标准附录E规定的方法进行评定。

7.1.5 当需要对结构工作状况进行监测与评定时，可按本标准附录F规定的方法进行。

7.2 地基基础

7.2.1 地基基础的安全性等级评定应遵循下列原则：

　　1 宜根据地基变形观测资料和建、构筑物现状进行评定。必要时，可按地基基础的承载力进行评定。

　　2 建在斜坡场地上的工业建筑，应对边坡场地的稳定性进行检测评定。

　　3 对有大面积地面荷载或软弱地基上的工业建筑，应评价地面荷载、相邻建筑以及循环工作荷载引起的附加沉降或桩基侧移对工业建筑安全使用的影响。

7.2.2 当地基基础的安全性按地基变形观测资料和建、构筑物现状的检测结果评定时，应按下列规定评定等级：

　　A级：地基变形小于现行国家标准《建筑地基基础设计规范》GB 50007规定的允许值，沉降速率小于0.01mm/d，建、构筑物使用状况良好，无沉降裂缝、变形或位移，吊车等机械设备运行正常。

　　B级：地基变形不大于现行国家标准《建筑地基基础设计规范》GB 50007规定的允许值，沉降速率小于0.05mm/d，半年内的沉降量小于5mm，建、构筑物有轻微沉降裂缝出现，但无进一步发展趋势，沉降对吊车等机械设备的正常运行基本没有影响。

　　C级：地基变形大于现行国家标准《建筑地基基础设计规范》GB 50007规定的允许值，沉降速率大于0.05mm/d，建、构筑物的沉降裂缝有进一步发展趋势，沉降已影响到吊车等机械设备的正常运行，但尚有调整余地。

　　D级：地基变形大于现行国家标准《建筑地基基础设计规范》GB 50007规定的允许值，沉降速率大于0.05mm/d，建、构筑物的沉降裂缝发展显著，沉降已使吊车等机械设备不能正常运行。

7.2.3 当地基基础的安全性需要按承载力项目评定时，应根据地基和基础的检测、验算结果，按下列规定评定等级：

　　A级：地基基础的承载力满足现行国家标准《建筑地基基础设计规范》GB 50007规定的要求，建、构筑物完好无损。

　　B级：地基基础的承载力略低于现行国家标准《建筑地基基础设计规范》GB 50007规定的要求，建、构筑物可能局部有轻微损伤。

　　C级：地基基础的承载力不满足现行国家标准《建筑地基基础设计规范》GB 50007规定的要求，建、构筑物有开裂损伤。

　　D级：地基基础的承载力不满足现行国家标准《建筑地基基础设计规范》GB 50007规定的要求，建、构筑物有严重开裂损伤。

7.2.4 当场地地下水位、水质或土压力等有较大改变时，应对此类变化产生的不利影响进行评价。

7.2.5 地基基础的安全性等级，应根据本标准第7.2.2条至7.2.4条关于地基基础和场地的评定结果按最低等级确定。

7.2.6 地基基础的使用性等级宜根据上部承重结构和围护结构使用状况评定。

7.2.7 根据上部承重结构和围护结构使用状况评定地基基础使用性等级时，应按下列规定评定等级：

A 级：上部承重结构和围护结构的使用状况良好，或所出现的问题与地基基础无关。

B 级：上部承重结构或围护结构的使用状况基本正常，结构或连接因地基基础变形有个别损伤。

C 级：上部承重结构和围护结构的使用状况不完全正常，结构或连接因地基变形有局部或大面积损伤。

7.3 上部承重结构

7.3.1 上部承重结构的安全性等级，应按结构整体性和承载功能两个项目评定，并取其中较低的评定等级作为上部承重结构的安全性等级，必要时应考虑过大水平位移或明显振动对该结构系统或其中部分结构安全性的影响。

7.3.2 结构整体性的评定应根据结构布置和构造、支撑系统两个项目，按表 7.3.2 的要求进行评定，并取结构布置和构造、支撑系统两个项目中的较低等级作为结构整体性的评定等级。

表 7.3.2 结构整体性评定等级

评定等级	A 或 B	C 或 D
结构布置和构造	结构布置合理，形成完整的体系；传力路径明确或基本明确；结构形式和构造、整体性和连接等符合或基本符合国家现行标准规范的规定，满足安全要求或不影响安全	结构布置不合理，基本上未形成或未形成完整的体系；传力路径不明确或不当；结构形式和构件选型、整体性构造和连接等不符合或严重不符合国家现行标准规范的规定，影响安全或严重影响安全
支撑系统	支撑系统布置合理，形成完整的支撑系统；支承杆件长细比及节点构造符合或基本符合现行国家标准规范的要求，无明显缺陷或损伤	支撑系统布置不合理，基本上未形成或未形成完整的支撑系统；支承杆件长细比及节点构造不符合或严重不符合现行国家标准规范的要求，有明显缺陷或损坏

注：表中结构布置和构造、支撑系统的 A 级或 B 级，可根据其实际完好程度确定；C 级或 D 级可根据其实际严重程度确定。

7.3.3 上部承重结构承载功能的评定等级，精确的评定应根据结构体系的类型及空间作用等，按照国家现行标准规范规定的结构分析原则和方法以及结构的实际构造和结构上的作用确定合理的计算模型，通过结构作用效应分析和结构抗力分析，并结合该体系以往的承载状况和工程经验进行。在进行结构抗力分析时还应考虑结构、构件的损伤、材料劣化对结构承载能力的影响。

7.3.4 当单层厂房上部承重结构是由平面排架或平面框架组成的结构体系时，其承载功能的等级可按下列规定近似评定：

1 根据结构布置和荷载分布将上部承重结构分为若干框排架平面计算单元。

2 将平面计算单元中的每种构件按构件的集合及其重要性区分为：重要构件集（同一种重要构件的集合）或次要构件集（同一种次要构件的集合）。平面计算单元中每种构件集的安全性等级，以该种构件集中所含构件的各个安全性等级所占的百分比按下列规定确定：

1）重要构件集：

A 级：构件集中不含 c 级、d 级构件，可含 b 级构件且含量不多于 30%；

B 级：构件集中不含 d 级构件，可含 c 级构件且含量不多于 20%；

C 级：构件集中含 c 级构件且含量不多于 50%，或含 d 级构件且含量少于 10%（竖向构件）或 15%（水平构件）；

D 级：构件集中含 c 级构件且含量多于 50%，或含 d 级构件且含量不少于 10%（竖向构件）或 15%（水平构件）。

2）次要构件集：

A 级：构件集中不含 c 级、d 级构件，可含 b 级构件且含量不多于 35%；

B 级：构件集中不含 d 级构件，可含 c 级构件且含量不多于 25%；

C 级：构件集中含 c 级构件且含量不多于 50%，或含 d 级构件且含量少于 20%；

D 级：构件集中含 c 级构件且含量多于 50%，或含 d 级构件且含量不少于 20%。

3 各平面计算单元的安全性等级，宜按该平面计算单元内各重要构件集中的最低等级确定。当平面计算单元中次要构件集的最低安全性等级比重要构件集的最低安全性等级低二级或三级时，其安全性等级可按重要构件集的最低安全性等级降一级或降二级确定。

4 上部承重结构承载功能的评定等级可按下列规定确定：

A 级：不含 C 级和 D 级平面计算单元，可含 B 级平面计算单元且含量不多于 30%；

B 级：不含 D 级平面计算单元，可含 C 级平面计算单元且含量不多于 10%；

C 级：可含 D 级平面计算单元且含量少于 5%；

D 级：含 D 级平面计算单元且含量不少于 5%。

7.3.5 多层厂房上部承重结构承载功能的评定等级可按下列规定评定：

1 沿厂房的高度方向将厂房划分为若干单层子结构，宜以每层楼板及其下部相连的柱子、梁为一个子结构；子结构上的作用除本子结构直接承受的作用外还应考虑其上部各子结构传到本子结构上的荷载作用。

2 子结构承载功能的等级应按本标准第 7.3.4 条的规定确定；

3 整个多层厂房的上部承重结构承载功能的评定等级可按子结构中的最低等级确定。

7.3.6 上部承重结构的使用性等级应按上部承重结构使用状况和结构水平位移两个项目评定，并取其中较低的评定等级作为上部承重结构的使用性等级，必要时尚应考虑振动对该结构系统或其中部分结构正常使用性的影响。

7.3.7 单层厂房上部承重结构使用状况的评定等级，可按屋盖系统、厂房柱、吊车梁三个子系统中的最低使用性等级确定；当厂房中采用轻级工作制吊车时，可按屋盖系统和厂房柱两个子系统的较低等级确定。子系统的使用性等级应根据其所含构件使用性等级的百分数确定：

A 级：子系统中不含 c 级构件，可含 b 级构件且含量不多于 35%；

B 级：子系统中可含 c 级构件且含量不多于 25%；

C 级：系统中含 c 级构件且含量多于 25%。

注：屋盖系统、吊车梁系统包含相关构件和附属设施，包括吊车检修平台、走道板、爬梯等。

7.3.8 多层厂房上部承重结构使用状况的评定等级，可按本标准第 7.3.5 条规定的原则和方法划分若干单层子结构，单层子结构使用状况的等级可按本标准第 7.3.7 条的规定评定，整个多层厂房上部承重结构使用状况的评定等级按下列规定评级：

1 若不含 C 级子结构，含 B 级子结构且含量多于 30% 时定为 B 级，不多于 30% 时可定为 A 级。

2 若含 C 级子结构且含量多于 20% 定为 C 级，不多于 20% 可定为 B 级。

7.3.9 当上部承重结构的使用性等级评定需考虑结构水平位移影响时，可采用检测或计算分析的方法，按表 7.3.9 的规定进行评定。当结构水平位移过大达到 C 级标准的严重情况时，应考虑水平位移引起的附加内力对结构承载能力的影响，并参与相关结构的承载功能等级评定。

7.3.10 当鉴定评级中需要考虑明显振动对上部承重结构整体或局部的影响时，可按附录 E 的规定进行评定。若评定结果对结构的安全性有影响，应在上部承重结构承载功能的评定等级中予以考虑；若评定结果对结构的正常使用性有影响，则应在上部结构使用状况的评定等级中予以考虑。

7.3.11 当需要对上部承重结构的某个子系统进行安全性等级和使用性等级评定时，应根据该子系统在上部承重结构系统中的地位及作用按本标准第 7.3.4 条和第 7.3.5 条的有关规定评定该子系统的安全性等级，按本标准第 7.3.7 条和第 7.3.8 条的规定评定该子系统的使用性等级。

表 7.3.9　结构侧向（水平）位移评定等级

结构类别		评定项目	位移或倾斜值（mm）		
			A 级	B 级	C 级
混凝土结构或钢结构	单层厂房	有吊车厂房柱位移	$\leqslant H_c/1250$	>A 级限值，但不影响吊车运行	>A 级限值，影响吊车运行
		无吊车厂房柱倾斜（混凝土柱）	$\leqslant H/1000$，$H>10$m 时$\leqslant 20$	$>H/1000$，$\leqslant H/750$；$H>10$m 时>20，$\leqslant 30$	$>H/750$ 或 $H>10$m 时>30
		无吊车厂房柱倾斜（钢柱）	$\leqslant H/1000$，$H>10$m 时$\leqslant 25$	$>H/1000$，$\leqslant H/700$；$H>10$m 时>25，$\leqslant 35$	$>H/700$ 或 $H>10$m 时>35
	多层厂房	层间位移	$\leqslant h/400$	$>h/400$，$\leqslant h/350$	$>h/350$
		顶点位移	$\leqslant H/500$	$>H/500$，$\leqslant H/450$	$>H/450$
		厂房柱倾斜（混凝土柱）	$\leqslant H/1000$，$H>10$m 时$\leqslant 30$	$>H/1000$，$\leqslant H/750$；$H>10$m 时>30，$\leqslant 40$	$>H/750$ 或 $H>10$m 时>40
		厂房柱倾斜（钢柱）	$\leqslant H/1000$，$H>10$m 时$\leqslant 35$	$>H/1000$，$\leqslant H/700$；$H>10$m 时>35，$\leqslant 45$	$>H/700$ 或 $H>10$m 时>45
砌体结构	单层厂房	有吊车厂房墙、柱位移	$\leqslant H_c/1250$	>A 级限值，但不影响吊车运行	>A 级限值，影响吊车运行
		无吊车厂房位移或倾斜（独立柱）	$\leqslant 10$	>10，$\leqslant 15$ 和 $1.5H/1000$ 中的较大值	>15 和 $1.5H/1000$ 中的较大值
		无吊车厂房位移或倾斜（墙）	$\leqslant 10$	>10，$\leqslant 30$ 和 $3H/1000$ 中的较大值	>30 和 $3H/1000$ 中的较大值
	多层厂房	层间位移或倾斜	$\leqslant 5$	>5，$\leqslant 20$	>20
		顶点位移或倾斜	$\leqslant 15$	>15，$\leqslant 30$ 和 $3H/1000$ 中的较大值	>30 和 $3H/1000$ 中的较大值

注：1　表中 H 为自基础顶面至柱顶总高度；h 为层高；H_c 为基础顶面至吊车梁顶面的高度。

2　表中有吊车厂房柱的水平位移 A 级限值，是在吊车水平荷载作用下按平面结构图形计算的厂房柱的横向位移。

3　在砌体结构中，墙包括带壁柱墙，多层厂房是以墙为主要承重结构的厂房。

4　多层厂房中，可取层间位移和结构顶点总位移中的较低等级作为结构侧移项目的评定等级。

5　当结构安全性无问题，倾斜超过表中 B 级的规定值但不影响使用功能时，可对 B 级规定值适当放宽。

7.4　围护结构系统

7.4.1 围护结构系统的安全性等级，应按承重围护结构的承载功能和非承重围护结构的构造连接两个项目进行评定，并取两个项目中较低的评定等级作为该围护结构系统的安全性等级。

承重围护结构承载功能的评定等级，应根据其结

构类别按本标准第 6 章相应构件和本标准第 7.3.4 条相关构件集的评级规定评定。

非承重围护结构构造连接项目的评定等级，可按表 7.4.1 评定，并取其中最低等级作为该项目的安全性等级。

表 7.4.1　非承重围护结构构造连接评定等级

项目	A 级或 B 级	C 级或 D 级
构造	构造合理，符合或基本符合国家现行标准规范要求，无变形或无损坏	构造不合理，不符合或严重不符合国家现行标准规范要求，有明显变形或损坏
连接	连接方式正确，连接构造符合或基本符合国家现行标准规范要求，无缺陷或仅有局部的表面缺陷或损伤，工作无异常	连接方式不当，连接构造有缺陷或有严重缺陷，已有明显变形、松动、局部脱落、裂缝或损坏
对主体结构安全的影响	构件选型及布置合理，对主体结构的安全没有或有较轻的不利影响	构件选型及布置不合理，对主体结构的安全有较大或严重的不利影响

注：1　表中的构造指围护系统自身的构造，如砌体围护墙的高厚比、墙板的配筋、防水层的构造等；连接指系统本身的连接及其与主体结构的连接；对主体结构安全的影响主要指围护结构是否对主体结构的安全造成不利影响或使其受力方式发生改变等。

　　2　对表中的各项目评定时，可根据其实际完好程度评为 A 级或 B 级，根据其实际严重程度评为 C 级或 D 级。

7.4.2　围护结构系统的使用性等级，应根据承重围护结构的使用状况、围护系统的使用功能两个项目评定，并取两个项目中较低评定等级作为该围护结构系统的使用性等级。

承重围护结构使用状况的评定等级，应根据其结构类别按本标准第 6 章相应构件和本标准第 7.3.7 条有关子系统的评级规定评定。

围护系统（包括非承重围护结构和建筑功能配件）使用功能的评定等级，宜根据表 7.4.2 中各项目对建筑物使用寿命和生产的影响程度确定出主要项目和次要项目逐项评定，并按下列原则确定：

1　系统的使用功能等级可取主要项目的最低等级。

2　若主要项目为 A 级或 B 级，次要项目一个以上为 C 级，宜根据需要的维修量大小将使用功能等级降为 B 级或 C 级。

表 7.4.2　围护系统使用功能评定等级

项目	A 级	B 级	C 级
屋面系统	构造层、防水层完好，排水畅通	构造基本完好，防水层有个别老化、鼓泡、开裂或轻微损坏，排水有个别堵塞现象，但不漏水	构造层有损坏，防水层多处老化、鼓泡、开裂、腐蚀或局部损坏、穿孔，排水有局部严重堵塞或漏水现象
墙体及门窗	墙体完好，无开裂、变形或渗水现象；门窗完好	墙体有轻微开裂、变形，局部破损或轻微渗水，但不明显影响使用功能；门窗框、扇完好，连接或玻璃等轻微损坏	墙体已开裂、变形、渗水，明显影响使用功能；门窗或连接局部破坏，已影响使用功能
地下防水	完好	基本完好，虽有较大潮湿现象，但无明显渗漏	局部损坏或有渗漏现象
其他防护设施	完好	有轻微损坏，但不影响防护功能	局部损坏已影响防护功能

注：1　表中的墙体指非承重墙体。

　　2　其他防护设施系指为了隔热、隔冷、隔尘、防湿、防腐、防撞、防爆和安全而设置的各种设施及爬梯、天棚吊顶等。

8　工业建筑物的综合鉴定评级

8.0.1　工业建筑物的可靠性综合鉴定评级，可按所划分的鉴定单元进行可靠性等级评定，综合鉴定评级结果宜列入表 8.0.1。

表 8.0.1　工业建筑物的可靠性综合鉴定评级

鉴定单元	结构系统名称	结构系统可靠性等级 A、B、C、D	鉴定单元可靠性等级 一、二、三、四	备注
Ⅰ	地基基础			
	上部承重结构			
	围护结构系统			
Ⅱ	地基基础			
	上部承重结构			
	围护结构系统			
⋮	⋮			

8.0.2 鉴定单元的可靠性等级，应根据其地基基础、上部承重结构和围护结构系统的可靠性等级评定结果，以地基基础、上部承重结构为主，按下列原则确定：

1 当围护结构系统与地基基础和上部承重结构的等级相差不大于一级时，可按地基基础和上部承重结构中的较低等级作为该鉴定单元的可靠性等级。

2 当围护结构系统比地基基础和上部承重结构中的较低等级低二级时，可按地基基础和上部承重结构中的较低等级降一级作为该鉴定单元的可靠性等级。

3 当围护结构系统比地基基础和上部承重结构中的较低等级低三级时，可根据本条第 2 款的原则和实际情况，按地基基础和上部承重结构中的较低等级降一级或降二级作为该鉴定单元的可靠性等级。

9 工业构筑物的鉴定评级

9.1 一般规定

9.1.1 本章条文适用于既有工业构筑物的可靠性鉴定评级。

9.1.2 工业构筑物的可靠性鉴定，应将构筑物整体作为一个鉴定单元，并根据构筑物的结构布置及组成划分为若干结构系统进行可靠性等级评定，构筑物鉴定单元的可靠性等级以主要结构系统的最低评定等级确定；当非主要结构系统的最低评定等级低于主要结构系统的最低评定等级两级时，鉴定单元的可靠性等级应以主要结构系统的最低评定等级降低一级确定。

9.1.3 构筑物结构系统的可靠性评定等级，应包括安全性等级和使用性等级评定，结构系统的可靠性等级应根据安全性等级和使用性等级评定结果以及使用功能的特殊要求，可按本标准第7.1.2条规定的原则确定。

9.1.4 结构系统的安全性等级和使用性等级，应综合考虑构筑物特殊的使用功能要求，可按本标准第 7 章有关规定评定。

9.1.5 结构构件的安全性等级和使用性等级，应根据结构类型按本标准第6.2节至第6.4节的有关规定评定。

9.1.6 构筑物结构分析，应在调查的基础上，遵循其专门设计规范标准的有关规定。

9.1.7 烟囱、贮仓、通廊、水池等工业构筑物的鉴定评级层次、结构系统划分、检测评定项目、可靠性等级宜符合表 9.1.7 的要求。

表 9.1.7 工业构筑物可靠性鉴定评级层次、结构系统划分及检测评定项目

层次	I	II		III
层名	鉴定单元	结构系统		结构或构件
可靠性等级	一、二、三、四	A、B、C、D		a、b、c、d
鉴定评级内容		烟囱	地基基础	—
			筒壁及支承结构	承载能力、损伤、裂缝、倾斜
			隔热层和内衬	—
			附属设施	
		贮仓	地基基础	
			仓体与支承结构 整体性	
			承载功能	承载能力
			使用状况	变形、损伤、裂缝
			侧移（倾斜）	
			附属设施	
		通廊	地基基础	
			通廊承重结构	同厂房上部承重结构
			围护结构	同厂房围护结构
		水池	地基基础	
			池体	承载能力、损漏
			附属设施	—

9.2 烟 囱

9.2.1 烟囱的可靠性鉴定，应分为地基基础、筒壁及支承结构、隔热层和内衬、附属设施四个结构系统进行评定。其中，地基基础、筒壁及支承结构、隔热层和内衬为主要结构系统应进行可靠性等级评定，附属设施可根据实际状况评定。

9.2.2 地基基础的安全性等级及使用性等级应按本标准第 7.2 节有关规定进行评定，其可靠性等级可按安全性等级和使用性等级中的较低等级确定。

9.2.3 烟囱筒壁及支承结构的安全性等级应按承载能力项目的评定等级确定；使用性等级应按损伤、裂缝和倾斜三个项目的最低评定等级确定；可靠性等级可按安全性等级和使用性等级中的较低等级确定。

9.2.4 烟囱筒壁及支承结构承载能力项目应根据结构类型按照本标准第 6.2 节至第 6.4 节规定的重要结构构件的分级标准评定等级，并应符合下列规定：

1 作用效应计算时应考虑烟囱筒身实际倾斜所产生的附加弯矩。

2 当砖烟囱筒身出现环向水平裂缝或斜裂缝时，应根据其严重程度评定为 c 级或 d 级。

9.2.5 筒壁损伤项目应按下列规定评定等级：

a级：筒壁结构对大气环境及烟气耐受性良好，或者，筒壁结构防护层性能和状况良好，无明显腐蚀现象，受热温度在结构材料允许范围内；

b级：除a级、c级之外的情况；

c级：在目标使用年限内可能因腐蚀或温度作用，影响结构安全使用。

9.2.6 钢筋混凝土烟囱及砖烟囱筒壁的最大裂缝宽度项目应按表9.2.6评定等级。

表9.2.6 钢筋混凝土及砖烟囱筒壁裂缝宽度评定等级

烟囱分类	高度分区	裂缝宽度（mm）		
		a	b	c
砖烟囱	全高	无明显裂缝	≤1.0	>1.0
钢筋混凝土烟囱（单管）	顶端20m以内	≤0.15	≤0.5	>0.5
	顶端20m以外 Ⅰ-B环境	≤0.30		
	Ⅰ-C环境	≤0.20		
	Ⅲ、Ⅳ类环境	≤0.20		

注：表中环境类别与作用等级的划分，符合本标准第4.1.9条的规定。

9.2.7 烟囱筒身及支承结构倾斜项目应按表9.2.7评定等级。

表9.2.7 烟囱筒身及支承结构倾斜评定等级

高度（m）	评定标准		
	a	b	c
≤20	≤0.0033	倾斜变形稳定，或者，目标使用年限内倾斜发展不会大于0.013	倾斜有继续发展趋势，且目标使用年限内倾斜发展将大于0.013
20~50	≤0.0017	倾斜变形稳定，或者，目标使用年限内倾斜发展不会大于0.013	倾斜有继续发展趋势，且目标使用年限内倾斜发展将大于0.013
50~100	≤0.0012	倾斜变形稳定，或者，目标使用年限内倾斜发展不会大于0.011	倾斜有继续发展趋势，且目标使用年限内倾斜发展将大于0.011
100~150	≤0.0010	倾斜变形稳定，或者，目标使用年限内倾斜发展不会大于0.008	倾斜有继续发展趋势，且目标使用年限内倾斜发展将大于0.008
150~200	≤0.0009	倾斜变形稳定，或者，目标使用年限内倾斜发展不会大于0.006	倾斜有继续发展趋势，且目标使用年限内倾斜发展将大于0.006

注：倾斜指烟囱顶部侧移变位与高度的比值。当前的侧移变位为实测值，目标使用年限内的为预估值。

9.2.8 烟囱隔热层和内衬的安全性等级应根据构造连接和损坏情况按本标准第7.4.1条有关规定评定，使用性等级应根据使用功能的实际状况按本标准第7.4.2条有关其他防护设施的规定评定，可靠性等级可按安全性等级和使用性等级中的较低等级确定。

9.2.9 囱帽、烟道口、爬梯、信号平台、避雷装置、航空标志等烟囱附属设施，可根据实际状况按下列规定评定：

完好的：无损坏，工作性能良好；

适合工作的：轻微损坏，但不影响使用；

部分适合工作的：损坏较严重，影响使用；

不适合工作的：损坏严重，不能继续使用。

9.2.10 烟囱鉴定单元的可靠性鉴定评级，应按地基基础、筒壁及支承结构、隔热层和内衬三个结构系统中可靠性等级的最低等级确定。

囱帽、烟道口、爬梯、信号平台、避雷装置、航空标志等附属设施评定可不参与烟囱鉴定单元的评级，但在鉴定报告中应包括其检查评定结果及处理建议。

9.3 贮 仓

9.3.1 贮仓的可靠性鉴定，应分为地基基础、仓体与支承结构、附属设施三个结构系统进行评定。地基基础、仓体与支承结构为主要结构系统应进行可靠性等级评定，附属设施可根据实际状况评定。

9.3.2 地基基础的安全性等级及使用性等级应按本标准第7.2节有关规定进行评定，其可靠性等级可按安全性等级和使用性等级中的较低等级确定。

9.3.3 仓体与支承结构的安全性等级应按结构整体性和承载能力两个项目评定等级中的较低等级确定；使用性等级应按使用状况和整体侧移（倾斜）变形两个项目评定等级中的较低等级确定；可靠性等级可按安全性等级和使用性等级中的较低等级确定。

仓体与支承结构整体性等级可按本标准第7.3节的有关规定评定；使用状况等级可按变形和损伤、裂缝两个项目中的较低等级确定。

9.3.4 仓体及支承结构承载能力项目应根据结构类型按照本标准第6.2节至第6.4节规定的重要结构构件的分级标准评定等级，对于高耸贮仓，结构作用效应计算时尚应考虑倾斜所产生的附加内力。

9.3.5 仓体结构的变形和损伤应按表9.3.5评定等级。

9.3.6 对于仓体及支承结构为钢筋混凝土结构或砌体结构的裂缝项目，应根据结构类型按本标准第6.2节或第6.4节有关规定评定等级。

9.3.7 仓体与支承结构整体侧移（倾斜）应根据贮仓满载状态或正常贮料状态的倾斜值按表9.3.7评定等级。

表 9.3.5 仓体结构的变形和损伤评定等级

结构分类	评定标准		
	a	b	c
砌体结构	内衬或其他防护设施完好，仓体结构无明显变形和损伤现象	内衬或其他防护设施磨损或仓体结构一定程度磨损；构件变形≤1/250	内衬或其他防护设施破损或仓体结构严重磨损；构件变形>1/250
钢筋混凝土结构	内衬或其他防护设施完好，仓体结构无明显变形和损伤现象	内衬或其他防护设施磨损或仓体结构一定程度磨损；构件变形≤1/200	内衬或其他防护设施破损或仓体结构严重磨损露筋；构件变形>1/200
钢结构	仓体外壁腐蚀防护层完好或无腐蚀现象，内衬或其他防护设施完好，仓体结构无明显变形和损伤现象，仓体与支承结构连接可靠	仓体外壁腐蚀防护层损坏且伴有一定程度腐蚀；内衬或其他防护设施磨损或仓体一定程度磨损；构件变形≤1/150；仓体与支承结构连接可靠	内衬或其他防护设施破损；仓体结构一定程度磨损或严重腐蚀；构件变形>1/150；仓体与支承结构连接尚无明显损坏

表 9.3.7 仓体与支承结构整体侧移（倾斜）评定等级

结构类别	高度(m)	评定标准		
		a	b	c
砌体结构	>10	倾斜侧移值不大于 50mm	倾斜变形稳定，或者，目标使用年限内倾斜发展不会大于 0.006	倾斜有继续发展趋势，且目标使用年限内倾斜发展将大于 0.006
钢筋混凝土支筒结构	>10	倾斜 不大于 0.002		
钢筋混凝土框架结构	>10	倾斜侧移值不大于 45mm		
钢塔架结构	>10	倾斜侧移值不大于 35mm		

注：结构倾斜应取贮仓顶端侧移与高度之比。当前的侧移为实测值，目标使用年限内的为预估值。

9.3.8 贮仓附属设施包括进出料口及连接、爬梯、避雷装置等，可根据实际状况按下列规定评定：

完好的：无损坏，工作性能良好；

适合工作的：轻微损坏，但不影响使用；

部分适合工作的：损坏较严重，影响使用；

不适合工作的：损坏严重，不能继续使用。

9.3.9 贮仓鉴定单元的可靠性鉴定评级，应按地基基础、仓体与支承结构两个结构系统中可靠性等级的较低等级确定。

进出料口及连接、爬梯、避雷装置等附属设施评定可不参与鉴定单元的评级，但在鉴定报告中应包括其检查评定结果及处理建议。

9.3.10 对于建筑于贮仓顶的布料通廊、贮仓下部的

出料通廊等附属建筑，应按本标准有关规定分别进行鉴定评级。

9.4 通 廊

9.4.1 通廊的可靠性鉴定，应分为地基基础、通廊承重结构、围护结构三个结构系统进行评定。地基基础、通廊承重结构应为主要结构系统。

9.4.2 地基基础的安全性等级及使用性等级应按本标准第 7.2 节有关规定进行评定，其可靠性等级可按安全性等级和使用性等级中的较低等级确定。

9.4.3 通廊承重结构可按本标准第 7.3.4 条和第 7.3.7 条的规定进行安全性等级和使用性等级评定，当通廊结构主要连接部位有严重变形开裂或高架斜通廊两端连接部位出现滑移错动现象时，应根据潜在的危害程度安全性等级评定为 C 级或 D 级。可靠性等级宜按本标准第 7.1.2 条第 1 款规定的原则确定。

9.4.4 通廊围护结构应按本标准第 7.4.1 条和第 7.4.2 条的规定进行安全性等级和使用性等级评定，可靠性等级宜按本标准第 7.1.2 条第 1 款规定的原则确定。

9.4.5 通廊结构构件应根据结构种类按本标准第 6.2 节至第 6.4 节有关规定进行安全性等级和使用性等级评定。

9.4.6 通廊鉴定单元的可靠性鉴定评级，应按地基基础、通廊承重结构两个结构系统中可靠性等级的较低等级确定；当围护结构的评定等级低于上述评定等级二级时，通廊鉴定单元的可靠性等级可按上述评定等级降低一级确定。

9.4.7 当通廊结构存在明显振动变形反应，或者振动变形明显影响皮带机正常运行时，应按本标准附录 E 进行检测鉴定。

9.4.8 当通廊端部支承于其他建筑物时，通廊的鉴定范围应包括支承构件及连接。

9.5 水 池

9.5.1 水池的可靠性鉴定，应分为地基基础、池体、附属设施三个结构系统进行评定。地基基础、池体为主要结构系统应进行可靠性等级评定，附属设施可根据实际状况评定。

9.5.2 地基基础的安全性等级及使用性等级应按本标准第 7.2 节有关规定进行评定，其可靠性等级可按安全性等级和使用性等级中的较低等级确定。

9.5.3 池体结构的安全性等级应按承载能力项目的评定等级确定，使用性等级应按损漏项目的评定等级确定，可靠性等级可按安全性等级和使用性等级中的较低等级确定。

9.5.4 池体结构承载能力项目应根据结构类型按照本标准第 6.2 节至第 6.4 节规定的重要结构构件的分级标准评定等级。

9.5.5 池体损漏应对浸水与不浸水部分分别评定等级，池体损漏等级按浸水及不浸水部分评定等级中的较低等级确定。

1 对于浸水部分池体结构应按表 9.5.5 对渗漏损坏评定等级。

2 对于池盖及其他不浸水部分池体结构应根据结构材料类别按本标准第 6.2 节至第 6.4 节对变形、裂缝、缺陷损伤、腐蚀等有关规定评定等级。

表 9.5.5 水池池体结构的渗漏损坏评定等级

结构分类	评定标准		
	a	b	c
砌体结构	无裂损，无渗漏痕迹	表面或表面粉刷层有风化，表面有老化裂损现象，但无渗漏现象	有渗漏现象或有新近渗漏痕迹
钢筋混凝土结构	无裂损，无渗漏痕迹	表面或表面粉刷层有老化，表面有开裂现象，但无渗漏现象	有渗漏现象或有新近渗漏痕迹
钢结构	腐蚀防护层完好或无腐蚀现象，无渗漏痕迹	腐蚀防护层损坏且伴有一定程度腐蚀，但无渗漏现象	严重腐蚀或局部有渗漏

注：对地下或半地下水池，当渗漏可能对结构或正常使用产生不可忽略影响时，应进行试水检验。

9.5.6 水池附属设施包括水位指示装置、管道接口、爬梯、操作平台等，可根据实际状况按下列规定评定：

完好的：无损坏，工作性能良好；

适合工作的：轻微损坏，但不影响使用；

部分适合工作的：损坏较严重，影响使用；

不适合工作的：损坏严重，不能继续使用。

9.5.7 水池鉴定单元的可靠性鉴定评级，应按地基基础、池体两个结构系统中可靠性等级的较低等级确定。

水位指示装置、管道接口、爬梯、操作平台等附属设施评定可不参与鉴定单元的评级，但在鉴定报告中应包括其检查评定结果及处理建议。

10 鉴定报告

10.0.1 工业建筑可靠性鉴定报告宜包括下列内容：

1 工程概况。

2 鉴定的目的、内容、范围及依据。

3 调查、检测、分析的结果。

4 评定等级或评定结果。

5 结论与建议。

6 附件。

注：对于专项鉴定，鉴定报告应包括有关专项问题或特定要求的检测评定内容。

10.0.2 鉴定报告编写应符合下列要求：

1 鉴定报告中应明确目标使用年限，指出被鉴定建、构筑物各鉴定单元在目标使用年限内所存在的问题及产生的原因。

2 鉴定报告中应明确总体鉴定结果，指明被鉴定建、构筑物各鉴定单元的最终评定等级或评定结果，作为技术管理或制订维修计划的依据。

3 鉴定报告中应明确处理对象，对各鉴定单元的安全性评为 c 级和 d 级构件及 C 级和 D 级结构系统的数量、所处位置作出详细说明，并提出处理措施；若在结构系统或构件正常使用性评定中有 c 级构件或 C 级结构系统时，也应按上述要求作出详细说明，并根据实际情况提出措施建议。

附录 A 单个构件的划分

A.0.1 工业建筑的单个构件，应按表 A.0.1 划分。

表 A.0.1 单个构件的划分

构件类型		构件划分
基础	独立基础	一个基础为一个构件
	柱下条形基础	一个柱间的基础为一构件
	墙下条形基础	一个自然间的基础为一构件
	带壁柱墙下条形基础	按计算单元的划分确定
	柱基础 单桩	一根为一构件
	柱基础 群桩	一个承台及其所含的基桩为一构件
	筏形基础 梁板式筏基	一个计算单元的底板或基础梁
	筏形基础 平板式筏基	一个计算单元的底板
柱	实腹柱	一层、一根为一构件
	组合柱	一层、一根为一构件
	双肢或多肢柱	一整根（即含所有肢肢）为一构件，如混凝土双肢柱、格构式钢柱
	分离式柱	一肢为一构件
	混合柱	一整根柱为一构件，如下柱为混凝土柱、上柱为钢柱
桁架、拱架		一榀为一构件
梁式构件	简支梁	一跨、一根为一构件
	连续梁	一整根为一构件

构件类型		构件划分
墙	砌筑的横墙	一层高、一自然间的一横轴线或纵轴线间的一个墙段为一构件
	砌筑的纵墙（不带壁柱）	一层高、一自然间的一纵轴线或横轴线间的一个墙段为一构件
	带壁柱的墙	按计算单元的划分确定
板（瓦）	预制板	一块为一构件
	现浇板	按计算单元的划分确定
	组合楼板	一个柱间为一构件
	轻型屋面（彩色钢板瓦、瓦楞铁、石棉板瓦等）	一个柱间为一构件
折板、壳		一个计算单元为一构件
网架（壳）		一个计算杆件或节点

A.0.2 本附录所划分的单个构件，应包括构件本身及其连接、节点。

附录 B 大气环境混凝土结构耐久年限评估

B.1 一般规定

B.1.1 在进行混凝土结构或构件耐久年限评估时，应进行下列项目的现场调查与检测：

1 环境温、湿度调查与测试；

2 混凝土强度检测；

3 混凝土保护层厚度检测；

4 混凝土碳化深度检测；

5 混凝土中钢筋锈蚀状况检测。

B.1.2 混凝土结构或构件考虑钢筋锈蚀损伤的耐久年限应根据其重要性、所处环境条件以及现场调查与检测结果，按下列规定进行评估：

1 对外观要求严格的工业建筑物，可将混凝土保护层锈胀开裂作为耐久性失效的标志。

2 对外观要求一般的工业建筑物，或允许出现锈胀裂缝或局部破损的构件，可将结构性能退化作为耐久性失效的标志。

B.1.3 环境等级和局部环境系数可按表 B.1.3 取用。

表 B.1.3 环境等级及局部环境系数

环境类别		环境等级	局部环境系数 m
一般大气环境（Ⅰ）	Ⅰ$_a$	一般室内环境；一般室外不淋雨环境	1.0
	Ⅰ$_b$	室内潮湿环境（湿度≥80%或变异较大）	1.5~2.0
	Ⅰ$_c$	室内高温、高湿度变化环境	2.0~2.5
	Ⅰ$_d$	室内干湿交替环境（表面淋水或结露）	3.0~3.5
	Ⅰ$_e$	干燥地区室外环境（室外淋雨）	3.5~4.0
	Ⅰ$_f$	潮湿地区室外环境（室外淋雨）、室外大气污染环境	4.0~4.5
大气污染环境（Ⅱ）	Ⅱ$_a$	室内轻微污染环境Ⅰ类（机修等厂房）	1.2~2.0
	Ⅱ$_b$	室内轻微污染环境Ⅱ类（炼钢等厂房）	2.0~3.0
	Ⅱ$_c$	室内轻微污染环境Ⅲ类（焦化、化工等厂房）	3.0~4.0

注：工业大气环境条件复杂，局部环境系数尚应考虑有无干湿交替、有害介质含量等具体情况合理取用。

B.1.4 符合下列条件时应进行承载力验算。

1 杆件（角部钢筋），当按结构性能严重退化预测的剩余寿命小于目标使用期，且钢筋直径小于 18mm。

2 墙板（非角部钢筋），当按混凝土保护层锈胀开裂预测的剩余寿命小于目标使用期，且钢筋直径小于 8mm。

3 构件锈蚀损伤严重，钢筋截面损失率超过 6%。

B.2 大气环境混凝土结构耐久年限评估

B.2.1 保护层锈胀开裂时间可按下式估算：

$$t_{cr}=t_i+t_c \qquad (B.2.1)$$

式中　t_i——结构建成至钢筋开始锈蚀的时间（a）；

　　　t_c——钢筋开始锈蚀至保护层胀裂的时间（a）。

B.2.2 钢筋开始锈蚀时间可按下式估算：

$$t_i=15.2K_k \cdot K_c \cdot K_m \qquad (B.2.2)$$

式中　K_k、K_c、K_m——碳化速度、保护层厚度、局部环境对钢筋开始锈蚀时间的影响系数，分别按表 B.2.2-1~表 B.2.2-3 取用。

表 B.2.2-1 碳化速度影响系数 K_k

碳化系数 k (mm/$\sqrt{a}$)	1.0	2.0	3.0	4.5	6.0	7.5	9.0
K_k	2.27	1.54	1.20	0.94	0.80	0.71	0.64

表 B.2.2-2　保护层厚度影响系数 K_c

保护层厚度 c （mm）	5	10	15	20	25	30	40
K_c	0.54	0.75	1.00	1.29	1.62	1.96	2.67

表 B.2.2-3　局部环境影响系数 K_m

局部环境系数 m	1.0	1.5	2.0	2.5	3.0	3.5	4.5
K_m	1.51	1.24	1.06	0.94	0.85	0.78	0.68

注：局部环境系数按表 B.1.4 取用。

B.2.3 碳化系数 k 应按下式计算：

$$k = \frac{x_c}{\sqrt{t_0}} \tag{B.2.3}$$

式中　x_c——实测碳化深度（mm）；

　　　t_0——结构建成至检测时的时间（a）。

注：1　碳化深度测区应与评定钢筋锈蚀部位一致，测区不在构件角部时，角部的碳化深度可取非角部的 1.4 倍。

2　构件有覆盖层时，应考虑覆盖层的作用。

B.2.4 钢筋开始锈蚀至保护层胀裂的时间可按下式估算：

$$t_c = A \cdot H_c \cdot H_f \cdot H_d \cdot H_T \cdot H_{RH} \cdot H_m \tag{B.2.4}$$

式中　A——特定条件下（各项影响系数为 1.0 时）构件自钢筋开始锈蚀到保护层胀裂的时间，对室外杆件取 $A=1.9$，室外墙、板取 $A=4.9$；对室内杆件取 $A=3.8$，室内墙、板取 $A=11.0$；

H_c、H_f、H_d、H_T、H_{RH}、H_m——保护层厚度、混凝土强度、钢筋直径、环境温度、环境湿度、局部环境对锈胀开裂时间的影响系数，分别按表 B.2.4-1～表 B.2.4-6 取用。

表 B.2.4-1　保护层厚度影响系数 H_c

保护层厚度（mm）		5	10	15	20	25	30	40
室外	杆件	0.38	0.68	1.00	1.34	1.70	2.09	2.93
	墙、板	0.33	0.62	1.00	1.48	2.07	2.79	4.62
室内	杆件	0.37	0.68	1.00	1.35	1.73	2.13	3.02
	墙、板	0.31	0.61	1.00	1.51	2.14	2.92	4.91

表 B.2.4-2　混凝土强度影响系数 H_f

混凝土强度（MPa）		10	15	20	25	30	35	40
室外	杆件	0.21	0.47	0.86	1.39	2.08	2.94	3.99
	墙、板	0.17	0.41	0.76	1.26	1.92	2.76	3.79
室内	杆件	0.21	0.48	0.89	1.44	2.15	3.04	4.13
	墙、板	0.17	0.41	0.77	1.27	1.94	2.79	3.83

表 B.2.4-3　钢筋直径影响系数 H_d

钢筋直径（mm）		4	8	12	16	20	25	28
室外	杆件	2.43	1.66	1.40	1.27	1.19	1.13	1.10
	墙、板	4.65	2.11	1.50	1.30	1.12	1.02	0.99
室内	杆件	2.23	1.52	1.27	1.17	1.10	1.04	1.02
	墙、板	4.10	1.87	1.34	1.11	1.00	0.92	0.88

表 B.2.4-4　环境温度影响系数 H_T

环境温度（℃）		4	8	12	16	20	24	28
室外	杆件	1.50	1.42	1.34	1.27	1.20	1.15	1.09
	墙、板	1.39	1.31	1.24	1.17	1.11	1.06	1.01
室内	杆件	1.39	1.31	1.24	1.17	1.11	1.06	1.01
	墙、板	1.25	1.19	1.11	1.05	1.00	0.95	0.91

表 B.2.4-5　环境湿度影响系数 H_{RH}

环境湿度		0.55	0.60	0.65	0.70	0.75	0.80	0.85
室外	杆件	2.40	1.83	1.51	1.30	1.15	1.041	1.041
	墙、板	2.23	1.70	1.40	1.21	1.07	0.97	0.97
室内	杆件	3.04	1.91	1.46	1.21	1.04	0.92	0.92
	墙、板	2.75	1.73	1.32	1.09	0.94	0.83	0.83

表 B.2.4-6　局部环境影响系数 H_m

局部环境系数 m		1.0	1.5	2.0	2.5	3.0	3.5	4.5
室外	杆件	3.74	2.49	1.87	1.50	1.25	1.07	0.83
	墙、板	3.50	2.33	1.75	1.40	1.17	1.00	0.78
室内	杆件	3.40	2.27	1.36	1.24	1.03	0.97	0.76
	墙、板	3.09	2.06	1.55	1.24	1.03	0.88	0.69

B.2.5 结构性能严重退化的时间可按下式估算：

$$t_d = t_i + t_{cl} \tag{B.2.5-1}$$

$$t_{cl} = B \cdot F_c \cdot F_f \cdot F_d \cdot F_T \cdot F_{RH} \cdot F_m \tag{B.2.5-2}$$

式中 t_{c1} —— 钢筋开始锈蚀至结构性能严重退化的时间（a）；

B —— 特定条件下（各项影响系数为 1.0 时）自钢筋开始锈蚀至结构性能严重退化的时间，对室外杆件取 $B=7.04$，室外墙、板取 $B=8.09$；对室内杆件取 $B=8.84$，室内墙、板取 $B=14.48$；

F_c、F_f、F_d、F_T、F_{RH}、F_m —— 保护层厚度、混凝土强度、钢筋直径、环境温度、环境湿度、局部环境对结构性能严重退化时间的影响系数，按表 B.2.5-1 ~ 表 B.2.5-6 取用。

表 B.2.5-1　保护层厚度影响系数 F_c

保护层厚度 (mm)		5	10	15	20	25	30	40
室外	杆件	0.57	0.87	1.00	1.17	1.36	1.54	1.91
	墙、板	0.58	0.77	1.00	1.24	1.49	1.76	2.35
室内	杆件	0.59	0.78	1.00	1.23	1.48	1.69	2.13
	墙、板	0.47	0.74	1.00	1.26	1.53	1.82	2.45

表 B.2.5-2　混凝土强度影响系数 F_f

混凝土强度 (MPa)		10	15	20	25	30	35	40
室外	杆件	0.29	0.60	0.92	1.25	1.64	2.16	2.78
	墙、板	0.31	0.59	0.89	1.29	1.81	2.46	3.24
室内	杆件	0.34	0.62	0.93	1.33	1.85	2.49	3.24
	墙、板	0.31	0.56	0.89	1.35	1.94	2.66	3.52

表 B.2.5-3　钢筋直径影响系数 F_d

钢筋直径 (mm)		4	8	12	16	20	25	28
室外	杆件	0.86	1.11	1.33	1.29	1.26	1.23	1.22
	墙、板	0.91	1.44	1.47	1.36	1.30	1.26	1.24
室内	杆件	0.94	1.14	1.32	1.27	1.24	1.21	1.20
	墙、板	0.92	1.40	1.41	1.29	1.23	1.19	1.17

表 B.2.5-4　环境温度影响系数 F_T

环境温度 (℃)		4	8	12	16	20	24	28
室外	杆件	1.39	1.33	1.27	1.22	1.18	1.13	1.10
	墙、板	1.48	1.41	1.34	1.27	1.22	1.16	1.12
室内	杆件	1.42	1.34	1.28	1.22	1.16	1.12	1.07
	墙、板	1.43	1.35	1.28	1.22	1.16	1.11	1.06

表 B.2.5-5　环境湿度影响系数 F_{RH}

环境湿度		0.55	0.60	0.65	0.70	0.75	0.80	0.85
室外	杆件	2.07	1.64	1.41	1.24	1.13	1.06	1.00
	墙、板	2.30	1.79	1.50	1.31	1.18	1.09	1.08
室内	杆件	2.95	1.91	1.49	1.26	1.11	1.00	0.98
	墙、板	3.08	1.96	1.51	1.26	1.10	0.98	0.98

表 B.2.5-6　局部环境影响系数 F_m

局部环境系数 m		1.0	1.5	2.0	2.5	3.0	3.5	4.5
室外	杆件	3.10	2.14	1.67	1.38	1.20	1.06	0.88
	墙、板	3.53	2.39	1.82	1.49	1.26	1.10	0.89
室内	杆件	3.27	2.23	1.71	1.41	1.19	1.05	0.85
	墙、板	3.43	2.30	1.75	1.41	1.19	1.03	0.82

B.2.6 混凝土结构或构件的剩余耐久年限 t_{re} 可按下式计算：

$$t_{re} = t_d - t_0 \tag{B.2.6-1}$$

或

$$t_{re} = t_{cr} - t_0 \tag{B.2.6-2}$$

式中 t_0 —— 结构建成至检测时的时间（a）；

t_d —— 结构性能严重退化的时间（a）；

t_{cr} —— 保护层锈胀开裂时间（a）。

附录 C　钢吊车梁残余疲劳寿命评估

C.0.1 重级工作制钢吊车梁和中级以上工作制钢吊车桁架，疲劳验算不满足要求或在检查中发现疲劳破坏的迹象时，可根据控制部位实测的应力-时间变化关系进行残余疲劳寿命评估。

C.0.2 应力-时间变化关系的测量应在正常生产状态下进行，每次连续测量时间应至少包括一个完整的生产循环过程，测量总时间不宜少于 24h。

C.0.3 测量仪器可采用动态电阻应变仪或更高级的仪器。测量结果应为连续的应力-时间变化曲线。

C.0.4 测量部位残余疲劳寿命的评估值按下式计算：

$$T = \frac{C \cdot T^*}{\varphi \sum n_i^* \Delta \sigma_i^\beta} - T_0 \tag{C.0.4}$$

式中 T^* —— 测量总时间；

C 和 β —— 与构件和连接类别有关的参数，按照

现行国家标准《钢结构设计规范》GB 50017 确定；

T_0——该结构已经使用过的时间；

φ——附加安全系数，取为 1.5～3.0，测量总时间较长时可取较低值，冶金工厂炼钢、连铸车间吊车梁的测量总时间为 24h 可取为 2.0；

$\Delta\sigma_i$——根据应力-时间曲线用雨流法统计得到的测量部位第 i 个级别的应力幅值（N/mm²）；

n_i^*——在测量时间 T^* 内，$\Delta\sigma_i$ 的循环次数；

T——残余疲劳寿命的评估时间，其单位应与 T^*、T_0 一致。

C. 0. 5 钢吊车梁系统的残余疲劳寿命评估，应结合实际损伤情况、结构形式、检查制度、生产发展等方面的因素综合考虑。

附录 D 钢构件均匀腐蚀的检测

D. 1 腐蚀情况检测

D. 1. 1 钢结构构件全面均匀腐蚀是指在大气条件下相对均匀的腐蚀，构件整个表面具有大致相同的腐蚀速度。

D. 1. 2 检测腐蚀损伤程度时，应清除积灰、油污、锈皮等。对需要量测的部位，应采用钢丝刷等工具进行清理，直到露出金属光泽。

D. 1. 3 量测腐蚀损伤构件的厚度时，应沿其长度方向至少选取 3 个腐蚀较严重的区段，每个区段选取 8～10 个测点，采用测厚仪量测构件厚度。腐蚀严重时，测点数应适当增加。取各区段算术平均量测厚度的最小值作为构件实际厚度。

D. 1. 4 腐蚀损伤量按照初始厚度减去实际厚度来确定。初始厚度应根据构件未腐蚀部分实测确定。在没有未腐蚀部分的情况下，初始厚度取下列两个计算数值的较大者：

    1 所有区段全部测点的算术平均值加上 3 倍的标准差。

    2 公称厚度减去允许负公差的绝对值。

D. 2 承载能力计算

D. 2. 1 构件承载能力按现行国家标准《钢结构设计规范》GB 50017 计算，其截面积和抵抗矩的取值应考虑腐蚀损伤对截面的削弱，稳定系数可不考虑腐蚀损伤的影响。

D. 2. 2 构件承载能力计算时，截面几何性质按实际厚度和公称厚度的较小者计算。

D. 3 腐蚀损伤钢材性能的影响

D. 3. 1 当腐蚀后的残余厚度不大于 5mm 或腐蚀损伤量超过初始厚度的 25％时，钢材质量等级应按降低一级考虑。

附录 E 振动对上部承重结构影响的鉴定

E. 0. 1 当振动对上部承重结构的安全、正常使用有明显影响需要进行鉴定时，应按下列要求进行现场调查检测：

    1 调查振动对上部承重结构的影响范围。

    2 检查振动对人员正常活动、设备仪器正常工作以及结构和装饰层的影响情况。

    3 需要时进行振动响应和结构动力特性测试。

E. 0. 2 当振动对上部承重结构的影响存在下列情况之一时，应进行安全性等级评定：

    1 结构产生共振现象。

    2 结构振动幅值较大，或疲劳强度不足，影响结构安全。

E. 0. 3 当进行振动对上部承重结构的安全性等级评定时，应按国家现行有关标准的规定，确定由于振动产生的动力荷载进行结构分析和验算，根据检测和验算分析结果按本标准第 3.3.1 条的规定评定等级，并应符合下列规定：

    1 当仅进行振动对结构安全影响评定而未做常规可靠性鉴定时，若振动影响涉及整个结构体系或其中某种构件，其评定结果即为振动对上部承重结构影响的安全性等级。

    2 当考虑振动对结构安全的影响且参与上部承重结构的常规鉴定评级时，可将其影响评定结果参与本标准第 7.3 节上部承重结构安全性等级的相应规定评定等级。

E. 0. 4 当上部承重结构产生的振动对人体健康、设备仪器正常工作以及结构正常使用产生不利影响时，应进行结构振动的使用性等级评定。

E. 0. 5 当进行振动对上部承重结构的使用性等级评定时，应按国家现行有关标准的规定，进行必要的振动影响分析，根据检测和分析结果按本标准第 3.3.1 条的规定评定等级，并应符合下列规定：

    1 结构振动的使用性等级可按表 E.0.5 进行评定，并取其中最低等级作为结构振动的使用性等级。

    2 当仅进行振动对结构正常使用影响评定而未做常规可靠性鉴定时，若振动影响涉及整个结构体系或其中某种构件，其评定结果即为振动对上部承重结构影响的使用性等级。

    3 当考虑振动影响结构正常使用且参与上部承重结构的常规鉴定评级时，可将其评定影响结果参与

本标准第 7.3 节有关上部承重结构使用性等级的相关规定评定等级。

表 E.0.5　结构振动使用性等级评定

评定项目	评定标准		
	A 级	B 级	C 级
对人体健康的影响	人体在振动环境下无不舒适感	人体在振动环境下有不舒适感,生产工效降低	振动对人体健康产生有害影响
对设备仪器的影响	振动对设备仪器的正常运行无影响,振动响应不超过设备仪器的容许振动值	振动对设备仪器的正常运行有影响,振动响应应超过设备仪器的容许振动值,但采取适当措施后可正常运行	振动使设备仪器无法正常工作或直接损害设备仪器
对结构和装饰层的影响	结构和装饰层无振动导致的表面损伤、裂缝等	结构及装饰层存在由于振动产生的表面损伤、裂缝等,但不影响结构的正常使用	结构及装饰层由于振动产生严重损伤,影响结构的正常使用

注: 1　振动对人体健康与设备仪器的影响按国家现行有关标准规范执行。
　　2　评定时,可根据振动对结构影响的严重程度进行调整,但调整不应超过一个等级。

附录 F　结构工作状况监测与评定

F.0.1　当存在下列情况之一时,应根据结构状况和生产使用要求等对结构工作状况进行监测或实时监控:
　　1　基础沉降或结构变形不稳定且变化趋势不明确。
　　2　结构荷载与受力状态复杂,在一般鉴定期间无法确定结构安全性和正常使用性评定所需的参数范围与变化规律。
　　3　为保障结构安全和生产使用要求,需要对结构关键部位工作状态进行实时监控,或需要根据监测数据对结构进行维护、处理等。

F.0.2　进行结构状态的监测时,应按下列要求制订监测方案:
　　1　根据结构特点和鉴定评级需要,选择确定监测参量、监测点数量、位置与监测时间。
　　2　根据结构上的作用特性、对可能出现的受力与变形状态进行预分析。需要时,宜按照本标准第 3.3.1 条规定的鉴定评级标准,确定结构安全性和使用性级别所对应的监测数据范围。

　　3　根据监测量可能的变化或实时监测要求、监测环境、监测时间等选择合适的监测传感系统。
　　注:监测系统的传感器、仪器等安装使用及测量精度范围要求按国家现行有关标准执行。

F.0.3　监测系统安装完毕后,应对监测网络系统与监测软件的工作性能和稳定性进行调试,系统的调试运行时间不少于 2 个额定生产工作日与监测时间 10% 的较小者。

F.0.4　需要利用监测数据对结构的安全性、正常使用性进行评定时,应根据监测数据参照本标准第 5 章的规定进行计算分析与验算,并按照下列规定进行评定:
　　1　当仅对结构进行专门监测评定而未做常规可靠性鉴定时,其评定结果即为所监测结构的安全性等级和使用性等级,宜符合下列要求:
　　　　1)　当对结构工作状态进行实时监测(控)时,监测系统宜实时给出监测评定结果;
　　　　2)　当结构上的作用具有明显的周期性时,应通过一个作用周期和不同周期间的监测数据及其变化对结构进行评定;
　　　　3)　对不具有周期性作用的结构进行监测评定时,宜根据监测数据的变化速率及其极值对结构进行评定。
　　2　当监测数据参与结构的常规鉴定评级时,可将其监测数据参与本标准第 6 章和第 7 章的有关规定,进行结构的安全性等级、使用性等级评定,以及可靠性等级的综合评定。
　　3　当考虑荷载工况实际可能存在最不利状态时,可对本条第 2 款的评定等级进行适当调整。

本标准用词说明

　　1　为便于在执行本标准条文时区别对待,对要求严格程度不同的用词说明如下:
　　1)　表示很严格,非这样做不可的用词:
　　　　正面词采用"必须",反面词采用"严禁"。
　　2)　表示严格,在正常情况下均应这样做的用词:
　　　　正面词采用"应",反面词采用"不应"或"不得"。
　　3)　表示允许稍有选择,在条件许可时首先应这样做的用词:
　　　　正面词采用"宜",反面词采用"不宜";
　　　　表示有选择,在一定条件下可以这样做的用词,采用"可"。
　　2　本标准中指明应按其他有关标准、规范执行的写法为"应符合……的规定"或"应按……执行"。

中华人民共和国国家标准

工业建筑可靠性鉴定标准

GB 50144—2008

条 文 说 明

目　次

1 总 则

1.0.1 工业建、构筑物是工业企业的重要组成部分。为了适应工业建筑安全使用和维修改造的需要，加强对既有工业建筑的技术管理，不仅要进行经常性的管理与维护，而且还要进行定期或应急的可靠性鉴定，以对存在的缺陷和损伤、遭受事故或灾害、达到设计使用年限、改变用途和使用条件等问题进行鉴定，并提出安全适用、经济合理的处理措施，给出可依据的鉴定方法和评定标准。在原《工业厂房可靠性鉴定标准》GBJ 144—90 实施的十几年里，工业建筑的可靠性鉴定有了很大发展，并对原鉴定标准提出了一些新问题和更高的要求，为了适应工业建筑可靠性鉴定的发展和需要，在总结十几年来工程鉴定实践经验和科研成果的基础上，对原鉴定标准进行了全面修订，制定了本标准。

需要特别说明的是，当工程施工质量不符合要求需要进行检测鉴定时，本标准只作为检测鉴定的技术依据，但不能代替工程施工质量验收。

1.0.2 本次修订，扩大了对既有工业建筑可靠性鉴定的适用范围。将原《工业厂房可靠性鉴定标准》GBJ 144—90 中的钢结构从原来的单层厂房扩充到多层厂房，并增加了烟囱、贮仓、通廊、水池等一般工业构筑物的可靠性鉴定，使本标准的适用范围由原来的工业厂房扩大到工业建、构筑物。

1.0.4 本条中的有关地区或使用环境等主要是指以下几种情况：

1 地震区系指抗震设防烈度不低于 6 度的地区。对于修建在地震区的工业建筑进行可靠性鉴定和抗震鉴定时，应与现行国家标准《建筑抗震鉴定标准》GB 50023 的抗震鉴定结合进行，鉴定后的处理措施也应与抗震加固措施同时提出。

2 特殊地基土地区系指湿陷性黄土、膨胀岩土、多年冻土等需要特殊处理的地基土地区。如修建在湿陷性黄土地区的工业建筑，鉴定与处理应结合现行国家标准《湿陷性黄土地区建筑规范》GB 50025 的有关规定进行。

3 特殊环境主要指有腐蚀性介质环境和高温、高湿环境等。如工业建筑处于有腐蚀性介质的使用环境，鉴定与处理应结合现行国家标准《工业建筑防腐蚀设计规范》GB 50046 的有关规定进行。

4 灾害后主要指火灾后、风灾后或爆炸后等。如工业建筑火灾后的可靠性鉴定，鉴定与处理应结合有关火灾后建筑结构鉴定标准的规定进行。

2 术语、符号

2.1 术 语

本节所给出的术语，为本标准有关章节中所引用

的、用于检测鉴定的专用术语，是从本标准的角度赋予其含义，但含义不一定是术语的定义；同时又分别给出了相应的英文术语，仅供参考，不一定是国际上的标准术语。在编写本节术语时，还参考了现行国家标准《建筑结构设计术语和符号标准》GB/T 50083 等国家标准中的相关术语。

2.2 符 号

本节的符号符合现行国家标准《建筑结构设计术语和符号标准》GB/T 50083 的规定。

3 基本规定

3.1 一般规定

3.1.1、3.1.2 从分析大量工业建筑工程技术鉴定（包括工程技术服务和技术咨询）项目来看，其中95%以上的鉴定项目是以解决安全性（包括整体稳定性）问题为主并注重适用性和耐久性问题，包括工程事故处理或满足技术改造、增产增容的需要以及抗震加固，还有一部分为维持延长工作寿命，需要解决安全性和耐久性问题等，以确保工业生产的安全正常运行；只有不到5%的工程项目仅为了解决结构的裂缝或变形等适用性问题进行鉴定。这个分析结果是由于工业生产的使用要求，工业建筑的荷载条件、使用环境、结构类型（以杆系结构居多）等决定的。实践表明：对既有工业建筑的可靠性鉴定不必再分为安全性鉴定和正常使用性鉴定，应统一进行以安全性为主并注重正常使用性的可靠性鉴定（即常规鉴定）；对于结构存在的某些方面的突出问题（包括结构剩余耐久年限评估问题等），可就这些问题采用比常规的可靠性鉴定更深入、更细致、更有针对性的专项鉴定（深化鉴定）来解决。为此，本次标准修订，在总结以往工程鉴定的基础上，为了适应工业建筑使用管理和实际鉴定的需要，根据工业建筑的特点，分别规定了工业建筑应进行可靠性鉴定（强制性条款）和宜进行可靠性鉴定的几种情况，同时又针对结构存在的某些方面的突出问题或按照特定的要求进行专项鉴定的几种情况。

3.1.3 本条中所说的相对独立的鉴定单元，是根据被鉴定建、构筑物的结构体系、构造特点、工艺布置等不同所划分的可以独立进行可靠性评定的区段，每个区段称为一个鉴定单元，如通常按建筑物的变形缝所划分的一个或多个区段作为一个或多个鉴定单元；结构系统包括子系统，如地基基础、上部承重结构、围护结构系统，以及屋盖系统、柱子系统、吊车梁系统等子系统；结构是指各类承重结构或结构构件。

3.1.4 工程鉴定实践表明，既有建、构筑物的可靠

性鉴定需要明确经过鉴定希望达到的使用年限，本次修订增加了目标使用年限这个术语，并给出了确定目标使用年限的原则规定。需要说明的是，这里引入的目标使用年限是在安全的基础上可满足使用要求的年限。在实际工程鉴定中，鉴定的目标使用年限通常是在签订鉴定技术合同时，根据本条规定的原则由业主和鉴定方共同商定。如鉴定对象建成使用时间较短、环境条件较好或需要进行改建、扩建，目标使用年限可考虑取较长时间，20～30年；如鉴定对象已使用时间较长、环境条件较差需再维持很短时间即进行全面维修或工艺改造和设备更新，目标使用年限可考虑取较短时间，3～5年；对于其他情况，目标使用年限一般可考虑不超过10年。

3.2 鉴定程序及其工作内容

3.2.1 本次修订，在总结十几年来实施《工业厂房可靠性鉴定标准》GBJ 144—90（以下简称原标准）进行工程鉴定实践的基础上，对常规的可靠性鉴定程序主要作了以下几个方面的补充和修改：

1 取消了原标准鉴定程序中"专门鉴定机构或成立专业鉴定组"部分。随着我国市场经济的发展，鉴定技术合同应为委托与受托关系，受托单位（即鉴定方）当然是有资质的专业鉴定机构，所以不必再注明，成立专业鉴定组的提法也不合适。

2 原"详细调查"部分改为"详细调查与检测"，明确了现场详细调查、检测的工作内容，并在"初步调查"与"详细调查与检测"两部分之间增加了"制订鉴定方案"部分。大量的工程鉴定实践表明，在进行现场详细调查与检测之前制订出鉴定方案，是保证现场详细调查、检测工作能够顺利进行并获得足够的、可靠的信息资料之前提，而增加了此部分要求。

3 原"可靠性鉴定评级"部分改为"可靠性评定"适当放松了原标准的可靠性鉴定必须鉴定评级的要求，即一般应进行鉴定评级，也允许不要求鉴定评级的工程项目以给出评定结果表示，并在"详细调查与检测"与"可靠性评定"两部分之间增加了"可靠性分析与验算"部分。工程鉴定实践表明，可靠性分析与验算是进行可靠性评定的基础，为此，本次修订将原标准混在"可靠性鉴定评级"中的此部分分离出来作为新增加的一部分，以明确要求并加以强调。

这里需要说明的是：对于存在问题十分明显且特别严重、通过状态分析与初步校核能作出明确判断的工程项目，实际应用鉴定程序时可以根据实际情况和鉴定要求作适当简化。

3.2.2～3.2.4 这三条规定的内容和要求，是搞好以下各部分工作的前提条件，是进入现场进行详细调查、检测需要做好的准备工作。事实上，接受鉴定委托，不仅要明确鉴定目的、范围和内容，同时还要按规定要求搞好初步调查，特别是对比较复杂或陌生的工程项目更要做好初步调查工作，才能起草制订出符合实际、符合要求的鉴定方案，确定下一步工作大纲并指导以下的工作。

3.2.5 本条是在原标准"详细调查"工作内容的基础上作了适当补充，规定了详细调查与检测的工作内容。这些工作内容，可根据实际鉴定需要进行选择，其中绝大部分是需要在现场完成的。工程鉴定实践表明，搞好现场详细调查与检测工作，才能获得可靠的数据、必要的资料，是进行下一步可靠性分析、验算与评定工作的基础，也就是说，确保详细调查与检测工作的质量，是决定可靠性鉴定工作好坏的关键之一，为此，本次修订对该部分工作内容作了部分补充或明确规定。

3.2.6 本条是本次修订新增加的内容，是确保正确进行结构可靠性评定的基础。需要说明的是：

1 可靠性分析与验算，其中一个重要组成部分是结构分析、结构或构件的校核分析，即对结构进行作用效应分析和结构抗力及其他性能分析，以及对结构或构件按两个极限状态进行校核分析。

2 另一个重要组成部分是对结构所存在问题的原因和影响分析，如对结构存在的缺陷和损伤，要分析产生的原因和对结构性能的影响。

3.2.8 本条规定了工业建筑可靠性鉴定的评定体系，仍然采用纵向分层横向分级逐步综合的鉴定评级模式。本次修订，对评定体系主要有以下几个方面修改和补充：

1 工业建筑物可靠性鉴定评级仍划分为三个层次，最高层次为鉴定单元，但中间层次由原来的"项目或组合项目"改为"结构系统"，最低层次（即基础层次）由原来的"子项"改为"构件"。

2 中间层次原来为结构布置和支撑系统、承重结构系统（含地基基础和上部承重结构）及围护结构系统。考虑到地基基础的问题性质、评定项目内容等与上部承重结构有许多不同，结构布置和支撑系统属于上部承重结构范畴并起到加强整体性的作用，所以本次修订将地基基础与上部承重结构分开，将结构布置和支撑系统归入上部承重结构中作为整体性的评定项目，从而形成地基基础、上部承重结构和围护结构三个结构系统。

3 最高层次鉴定单元仍保持原来的可靠性鉴定评级，以满足业主整体技术管理的需要，并沿用以往行之有效的工业建筑管理模式，中间层次和基础层次，即结构系统和构件的可靠性鉴定评级，包括安全性等级和使用性等级的评定，以满足结构实际技术处理上能分清问题（是安全问题还是正常使用问题）进行具体处理的需要。

4 补充了部分评定项目，如构件正常使用性评

定中增加了缺陷和损伤、腐蚀两个评定项目，上部承重结构正常使用性评定中增加了水平位移评定项目，并且还注明：若上部承重结构整体或局部有明显振动时，还应将振动影响作为评定项目参与其安全性和使用性评定。

3.2.9 专项鉴定的鉴定程序未另行给出，原则上可以按可靠性鉴定程序，仅需对其中的部分工作内容作适当调整，如"可靠性分析与验算"部分可调整为"分析与计算"，"可靠性评定"部分可调整为"评定"等，并且各个部分的工作内容均要围绕鉴定的专项问题或符合鉴定的特定要求。

3.3 鉴定评级标准

3.3.1 本条规定的三个层次的鉴定评级标准，是在回顾总结和调整修订原《工业厂房可靠性鉴定标准》GBJ 144—90 中鉴定分级标准的基础上提出来的。

原《工业厂房可靠性鉴定标准》GBJ 144—90 在制定鉴定分级标准（以下简称原鉴定分级标准）的过程中，分析整理了大量工程鉴定实例和事故处理资料，特别是国内外数百例重大结构倒塌和工程事故的资料，开展了专题研究，对倒塌结构进行了垮塌原因分析和可靠指标较全面复核；走访了设计院、高等院校、科学院所、企业单位的数百位专家，开展了七次有关结构可靠性尺度标准方面的国内专家意见调查；分析了我国各个历史时期建筑结构标准规范可靠度的设置水准与发展变化，考虑了新旧规范的差异，并按拟定的鉴定分级标准对我国工业建筑十余种典型结构构件的可靠度进行了校核，给出了结构构件各等级评定标准相应的可靠度水准。经过十几年的工程鉴定应用和实践检验，原鉴定分级标准所采用的分级评定方法是可行的，规定的鉴定分级标准总体上是合理的，是符合我国当时综合国力和工业建筑实际的。

本次修订，在回顾和总结原鉴定分级标准制定依据和应用实践的基础上，又开展了"工业建筑结构安全指标与分级标准"的研究和对原鉴定分级标准的调整与修订，主要说明如下：

1 分析了我国 21 世纪初建筑结构设计标准规范对结构可靠度设置水准的调整与提高，并结合历史规范进一步回顾和分析了我国建筑结构设计标准规范对结构安全度的设置水准呈马鞍形发展变化，即：20 世纪 50 年代的水准不低，60 年代设计革命和 70 年代的水准降低，80 年代的水准有所提高，特别是 21 世纪初的水准又有一定幅度提高。因此，对既有工业建筑结构鉴定，不能脱离和隔断这个马鞍形的发展历史，既要顺应我国目前结构可靠度提高的趋势，又要联系历史，结合工程实际，不可按现行结构设计规范的水准一刀切，应该区别对待，在现阶段仍需继续采用分级评定的方法。

2 随着我国综合国力的提高和 21 世纪初标准规范修订对结构可靠度设置水准的调整，为确保既有工业建筑的安全正常使用，并适应我国工业建筑当前和今后使用与发展的要求，需要对原鉴定分级标准进行调整和修订。通过对新旧规范的对比分析以及工业建筑鉴定的工程实例分析，确定了对原鉴定分级标准调整、修订的原则，即：适当提高鉴定评级标准的水准，适当扩大处理面，不保留低水准或落后的既有结构，并在结构系统和构件两个层次中补充规定安全性等级和使用性等级的评级标准，在三个层次的可靠性评级标准中考虑安全的基础上又补充在目标使用年限内能否正常使用的规定。

3 本次对原鉴定分级标准所进行的调整与修订。按照上述确定的调整、修订原则，首先，在基础层次即结构构件的鉴定评级标准中，先后考虑了八种调整方案，分别按原分级标准和新调整的评级标准对工业建筑十余种典型结构构件在不同分级标准下的可靠度（可靠指标）进行了校核，经过对比分析和征求专家意见，最后确定了一种提高标准水准和扩大处理面相对比较合适的调整方案，作为结构构件安全性、正常使用性和可靠性的鉴定评级标准（即本条以文字形式给出的评级标准和本标准第 6 章有关构件评定等级的具体规定），并在工程试点和上百个按旧设计规范编制的结构标准图中的构件进行试评检验。其次，对本条规定的结构系统和鉴定单元的评级标准以及本标准第 7 章、第 8 章的有关评级标准，也在原分级标准相关规定的基础上进行了调整和修订，如对结构系统整体性的要求和规定严了，对地基基础和上部承重结构评级标准中的有关控制指标与结构系统中 c 级、d 级构件含量等方面规定也严了，水准要求也提高了，等等。

4 本次新调整修订的鉴定评级标准的水准比原鉴定分级标准有适当提高。例如，按照本条和本标准第 6 章关于构件的评级标准，对安全等级划为二级的工业建筑（即整个结构安全等级为二级），其三种结构（混凝土结构、钢结构和砌体结构）的十余种典型构件的承载能力（构件抗力与作用效应的比值 $R/\gamma_0 S$），按新旧两种鉴定评级标准，在各等级界限下的可靠指标 β 值对比校核结果列于表 1。

表 1　构件承载能力（$R/\gamma_0 S$）在各等级界限下的 β 平均值

类别	破坏类型	a 级和 b 级界限	b 级和 c 级界限	c 级和 d 级界限
原鉴定分级标准	延性破坏	$\dfrac{2.98\sim3.47}{3.20}$	$\dfrac{2.78\sim3.16}{2.96}$	$\dfrac{2.64\sim2.98}{2.79}$
	脆性破坏	$\dfrac{3.46\sim4.04}{3.72}$	$\dfrac{3.15\sim3.72}{3.42}$	$\dfrac{2.98\sim3.51}{3.23}$

续表1

类别	破坏类型		a级和b级界限	b级和c级界限	c级和d级界限
新修订的鉴定评级标准	重要构件	延性破坏	3.04～4.08 3.50	2.89～3.67 3.24	2.73～3.47 3.07
		脆性破坏	3.70～4.70 4.11	3.33～4.23 3.70	3.14～3.99 3.49
	次要构件	延性破坏	3.04～4.08 3.50	2.79～3.55 3.14	2.64～3.34 2.96
		脆性破坏	3.70～4.70 4.11	3.22～4.09 3.57	3.03～3.85 3.37

注：表中分子数值表示十余种典型构件在各等级界限下的可靠指标 β 值，分母数值为相应的 β 平均值；原鉴定分级标准中未分重要构件与次要构件，为二者的平均情况。

表中的对比校核结果表明：a级标准符合现行设计标准规范的要求，其水准随着现行结构设计规范设置水准的提高而提高，a级和b级界限水准比原分级标准平均提高约10%，b级和c级界限水准包括重要构件和次要构件平均提高约7%，c级和d级界限水准相应平均提高7%。三种结构的重要构件b级标准的下界限总体水准（平均 β 值）符合现行国家标准《建筑结构可靠度设计统一标准》GB 50068 对安全等级为二级构件的规定值，次要构件略低于该统一标准对安全等级为二级构件的规定值，但满足该统一标准允许对其中部分结构构件比整个结构的安全等级降一级（即安全等级可调至三级）的规定值，也满足原国家标准《建筑结构设计统一标准》GBJ 68—84 对安全等级为二级构件的下限值要求。也就是说，新调整修订的构件评级标准不仅比原鉴定分级标准的水准在各等级上有适当提高，而且b级构件的水准总体上重要构件符合国家现行标准要求，当然是安全、可靠的，次要构件总体上不低于国家现行标准关于结构安全的下限水平（不得低于三级）的要求，并满足20世纪80年代建筑结构设计标准规范的下限值要求，在正常设计、正常施工和正常使用和维护情况下仍是安全的，这已被工程实践所证实。因此，本标准将重要构件和次要构件安全性评级标准中的b级水准定为：略低于国家现行标准规范的安全性要求，仍能满足结构安全性的下限水平要求，不影响安全，可不采取措施。并且，随着新修订的b级水准的提高，既可将那些低水准或落后的结构构件划到c级甚至个别划到d级进行处理，又可使既有结构的处理面扩大到比较适当但又不至于过大。

4 调查与检测

4.1 使用条件的调查与检测

4.1.1 既有建筑结构鉴定与新结构设计不同。新设计主要考虑在设计基准期内结构上可能受到的作用、规定的使用环境条件。而既有建筑结构鉴定，除应考虑下一目标使用期内可能受到的作用和使用环境条件外，还要考虑结构已受到的各种作用和结构工作环境，以及使用历史上受到设计中未考虑的作用。例如地基基础不均匀沉陷、曾经受到的超载作用、灾害作用等造成结构附加内力和损伤等也应在调查之列。

4.1.2 本条结构上的作用是根据现行国家标准《建筑结构可靠度设计统一标准》GB 50068 和国际标准《结构上的作用》ISO/TR 6116 进行分类的。

4.1.3～4.1.7 既有建筑结构鉴定验算，在无特殊情况下，结构的作用标准值尽量采用现行国家标准《建筑结构荷载规范》GB 50009 的规定值。但是，在工业建筑结构鉴定中有些情况下结构验算荷载，例如某些重型屋盖的屋面荷载、积灰严重的屋面积灰荷载、运行不正常的吊车竖向和水平荷载、生产工艺荷载等难以选用《建筑结构荷载规范》GB 50009 的规定值时，则需要根据《建筑结构可靠度设计统一标准》GB 50068 的原则采用实测统计的方法确定。第 4.1.4～4.1.7 条给出了具体检测项目和测试方法。其中第 4.1.6 条为吊车荷载、相关参数和条件的调查与检测：

1 当吊车及吊车梁系统运行使用状况正常、资料齐全时，宜进行常规调查和检测，包括收集有关设计资料、吊车产品规格资料，并进行现场核实，调查吊车布置、实际起重量、运行范围和运行状况等。此时，吊车竖向荷载包括吊车自重和吊车轮压，可按对应的吊车资料取值；吊车横向水平荷载为小车制动力，可按国家现行荷载规范取值。

2 当吊车及吊车梁系统运行使用状况不正常、资料不全或对已有资料有怀疑时，还应根据实际状况和鉴定要求进行专项调查和检测，包括吊车轨道平直度和轨距的测量、调查吊车运行振动或晃动异常的原因以及对厂房结构安全使用的影响，吊车自重、吊车轮压以及结构应力和变形的测试等。此时，吊车竖向荷载可取吊车资料与实测中的较大值；吊车横向水平荷载，除应考虑小车横行制动力之外，尚应考虑大车纵向运行由吊车摆动引起的横向水平力造成的影响。

4.1.8、4.1.9 在工业建筑检测鉴定中业主（委托方）最关心的是建筑结构是否安全、适用，结构的寿命是否满足下一目标使用年限的要求。如果建筑结构出现病态（老化、局部破坏、严重变形、裂缝、疲劳裂纹等）要求查找原因、分析危害程度和提出处理方法。为检测鉴定中掌握结构使用环境、结构所处环境类别和作用等级，解决上述问题提供调查纲要和技术依据特制定这两条。

其中第 4.1.9 条为一般混凝土结构耐久性判定、混凝土结构裂缝宽度评定等级等所需要的结构所处环境类别和作用等级。对钢结构和砌体结构上述规定也基本适用。如果需要评估混凝土构件的耐久性年限

时，仅掌握本条所规定的结构所处环境类别和作用等级还是不够的，还需要掌握更详细的环境指标参数。遇到这种情况，对大气环境普通混凝土结构可按本标准附录 B 的表 B.1.3 的规定确定更详细的环境类别、详细划分环境作用等级，并确定计算中需要的相关参数和局部环境系数。其他情况则要按国家现行标准《混凝土结构耐久性评定标准》CECS 220 的规定根据评定需要进一步详细确定环境类别、环境作用等级及相关计算参数和系数。

本标准第 4.1.9 条结构所处环境分类和环境作用等级主要是根据现行国家标准《混凝土结构耐久性设计规范》GB/T 50476、《混凝土结构设计规范》GB 50010、《工业建筑防腐蚀设计规范》GB 50046 和《岩土工程勘察规范》GB 50021（对地基基础和地下结构），并结合工业建筑的实际情况制定的。根据工业建筑鉴定的特点和需要，对其中很少遇到的情况如冻融环境，本条对上述规范条文和表格作了适当的简化和取舍。其中化学腐蚀环境比较复杂，工业建筑上部结构、地下地基基础中又经常遇到酸、碱、盐、有机物，生物的气态、液态、固态腐蚀介质，这部分内容本条文根据需要列入表格。检测鉴定时遇到化学腐蚀环境，应根据鉴定需要做详细检测分析，用于结构和地基基础的鉴定评级。一般工业建筑则可直接根据第 4.1.9 条，确定结构所处环境类别和环境作用等级用于建、构筑物的可靠性鉴定，结构安全性评定和正常使用性评定。

4.2 工业建筑的调查与检测

4.2.3 地基承载力的大小按现行国家标准《建筑地基基础设计规范》GB 50007 中规定的方法进行确定。当评定的建、构筑物使用年限超过 10 年时，可适当考虑地基承载力在长期荷载作用下的提高效应。

4.2.4 本条调查项目是在原《工业厂房可靠性鉴定标准》GBJ 144—90 和《钢铁工业建（构）筑物可靠性鉴定规程》YBJ 219—89 基础上总结大量工程检测鉴定实践经验提出的。

4.2.5~4.2.8 提出了混凝土结构、钢结构、砌体结构的结构材料、几何尺寸、制作安装偏差、结构构件性能、混凝土结构耐久性检测的具体检测方法。近年来，我国陆续制定了《建筑结构检测技术标准》GB/T 50344、《砌体工程现场检测技术标准》GB/T 50315 等，为既有建筑结构鉴定提供了标准检测方法的依据。这些检测标准主要规定了检测的标准做法，具体到工业建筑检测鉴定中什么情况下怎样检测，这几条作了具体规定。

5 结构分析与校核

5.0.1 本标准结构分析与校核所采用的是极限状态分析方法。结构作用效应分析，是确定结构或截面上的作用效应，通常包括截面内力以及变形和裂缝。结构或构件校核应进行承载能力极限状态的校核，当结构构件的变形或裂缝较大或对其有怀疑时，还应进行正常使用极限状态的校核。承载能力极限状态的校核是将截面内力与结构抗力相比较，以验证结构或构件是否安全可靠；正常使用极限状态的校核是变形和裂缝与规定的限值相比较，以验证结构或构件能否正常使用。

5.0.2 在工业建筑的可靠性鉴定中，结构分析与结构构件的校核，是一项十分重要的工作。为了力求得到科学和合理的结果，有必要在分析与校核所需的数据和资料采集及利用上，作出统一的规定。现就本标准在这一方面的规定摘要说明如下：

1 关于结构分析与结构或构件校核采用的方法问题。

结构构件分析与校核所采用的分析方法，应符合国家现行设计规范的规定。对于受力复杂或国家现行设计规范没有明确规定时，可根据国家现行设计规范规定的原则进行分析验算。计算分析模型应符合结构的实际受力和构造状况。

2 关于结构上作用（荷载）取值的问题。

对已有建筑物的结构构件进行分析与校核，其首先要考虑的问题，是如何确定符合实际情况的作用（荷载）。因此，要准确确定施加于结构上的作用（荷载），首先要经过现场调查、检测和核实。经调查符合现行国家标准《建筑结构荷载规范》GB 50009 的规定者，应按规范选用；当现行国家标准《建筑结构荷载规范》GB 50009 未作规定或按实际情况难以直接选用时，可根据现行国家标准《建筑结构可靠度设计统一标准》GB 50068 的有关原则规定确定。作用效应的分项系数和组合系数一般应按现行国家标准《建筑结构荷载规范》GB 50009 的规定确定。当现行荷载规范没有明确规定，且有充分工程经验和理论依据时，也可以结合实际按《建筑结构可靠度设计统一标准》GB 50068 的原则规定进行分析判断。

同时要考虑既有建筑物在时间参数上不同于新建建筑物的特点和今后不同的目标使用年限，风荷载和雪荷载是随着时间参数变化的，一般鉴定的目标使用年限比新建的结构设计使用年限短，按照不同期间内具有相同安全概率的原则，对风荷载和雪荷载的荷载分项系数进行适当折减，经过编制组的计算分析，采用的折减系数如表 2：

表 2 风（雪）荷载折减系数

目标使用年限 t（年）	10	20	30~50
折减系数	0.90	0.95	1.0

注：对表中未列出的中间值，允许按插值法确定，当 $t<10$ 时，按 $t=10$ 确定。

楼面活荷载是依据工艺条件和实际使用情况确定

的，与时间参数变化小，因此对于楼面活荷载不需折减。

3 关于结构构件材料强度的取值问题。

对已有建筑物的结构构件进行分析与校核，其另一个需要考虑的问题，是确定符合实际的构件材料强度取值。为此，编制组参照国际标准《结构可靠性总原则》ISO 2394—1998 的规定，提出两条确定原则：当材料的种类和性能符合原设计要求时，可取原设计标准值；当材料的种类和性能与原设计不符或材料性能已显著退化时，应根据实测数据按国家现行有关检测技术标准的规定确定，例如《建筑结构检测技术标准》GB/T 50344、《回弹法检测混凝土抗压强度技术规程》JGJ/T 23 等。

当混凝土结构表面温度长期高于 60℃，这时材料性能会有所降低，应考虑温度对材质的影响，可参照相关的标准规范取值。例如，根据国家现行标准《冶金工业厂房钢筋混凝土结构抗热设计规程》YS 12—79，温度在 80℃ 和 80℃ 以上时，应考虑温度对强度的影响。在温度为 100℃ 时，混凝土轴心、抗压设计强度的折减系数分别为 0.85、0.75，混凝土弹性模量折减系数为 0.75。钢结构表面温度长期高于 150℃ 时，应当采取措施进行隔热处理，以避免钢结构表面温度超过 150℃。采取隔热措施后钢结构的计算可按常规进行分析。

5.0.3 当结构分析条件不充分时，可通过结构构件的载荷试验验证其承载性能和使用性能。结构构件的载荷试验应按专门标准进行，例如现行国家标准《建筑结构检测技术标准》GB/T 50344、《混凝土结构试验方法标准》GB 50152 等。当没有结构试验方法标准可依据时，可参照国外标准或按自行设计的方法进行检验，但务必要慎重考虑，因为国外所采用的检验参数或自行设计方法不一定能与本标准有关规定接轨，这一点应特别注意。

6 构件的鉴定评级

6.1 一般规定

6.1.1 本条规定了单个构件的鉴定评级包括对其安全性等级和使用性等级的评定，以及需要时的可靠性等级由此进行综合评定的原则。这个综合评定的原则是根据本标准第 3.3.1 条关于构件的可靠性评级标准提出来的，是在构件可靠性评级中体现结构可靠性鉴定以安全性为主并注重正常使用性这一总原则的具体规定。即：即使构件的安全性不存在问题或不至于造成问题，而构件的使用性存在问题（使用性等级为 c 级），也需要进行修复处理使其可正常使用，结构可靠性等级宜定为 C 级；其他情况，包括构件的安全性存在问题，构件的可靠性等级要以安全性等级确定，

以便采取措施处理确保安全。对位于生产工艺流程关键部位的构件，考虑生产和使用上的高要求，可以安全性等级和使用性等级中较低等级直接确定，或对本条第 1 款评定结果按此进行调整。

构件的安全性等级和使用性等级要根据实际情况原则上按本标准第 6.1.2 条的相应规定评定，一般情况下，应按本标准第 6.2 节至第 6.4 节的具体规定评定。此外，在实际工程鉴定中，当遇到对某些构件的安全性或使用性要求进行鉴定的情况时，也可按照上述三节的规定进行鉴定评级。

6.1.2 本条给出了评定构件安全性等级和使用性等级的三个原则性规定，即按校核分析评定、按状态评定和按结构载荷试验评定的规定。在校核分析评定中，构件的承载能力校核、裂缝及变形等项目的正常使用性校核，系采用国家现行设计规范规定的方法，通过作用效应分析和抗力分析确定，要符合本标准第 5.0.2 条的具体规定要求，其等级评定要按照本标准第 6.2 节至第 6.4 节的具体规定进行。

6.1.3 这里所指的国家现行有关检测技术标准的规定，主要是指《建筑结构检测技术标准》GB/T 50344 中有关混凝土结构"构件性能实荷检验"、钢结构"结构性能实荷检验"的规定进行检验与评定。

6.1.4、6.1.5 这两条是总结工程鉴定实际经验，分析以往历史技术标准规范的应用情况，并参考国际标准《结构设计基础——已有结构的评定》ISO 13822—2001 有关规定提出来的。根据本标准总则第 1.0.3 条的规定，这两条所规定的条件不包含偶然荷载作用，如地震作用、爆炸力、撞击力等。

6.2 混凝土构件

6.2.2 原《工业厂房可靠性鉴定标准》GBJ 144—90 中的混凝土结构构件承载能力评定等级标准是根据我国当时的整体国力和工业建筑的实际，在大量工程实践总结和工程倒塌事故统计分析、可靠度校核分析与尺度控制以及专家意见调查的基础上制定的。总体上反映了我国当时标准规范和实际工程结构的可靠度水准。当时实施的规范主要为原《混凝土结构设计规范》GBJ 10—89 和原《建筑结构荷载规范》GBJ 9—87 等相应的规范。实践证明原鉴定分级标准满足当时工业建筑保障安全和使用的需要，未发现鉴定评级的工程失误。目前我国正在使用的现行国家标准《混凝土结构设计规范》GB 50010、《建筑结构荷载规范》GB 50009 等规范是经过新一轮修订的，其主要特点是对我国建筑结构安全度做了调整，总体上提高了结构安全度的设置水准。针对工业建筑，新修订规范对钢筋混凝土结构安全度的调整，主要是由于下面因素引起：①新规范补充了永久荷载效应起控制作用的设计表达式，其中永久荷载分项系数 γ_G 取为 1.35；②Ⅱ级钢筋的强度设计值 f_y 由 310N/mm² 调

整为 300N/mm²；③正截面受压承载力计算公式中，将抗力部分乘以系数 0.9；④采用混凝土的"轴心抗压强度"取代了原规范中混凝土"弯曲抗压强度"的设计指标。经过分析比较，采用新规范后可靠指标比旧规范平均提高 12%。《工业厂房可靠性鉴定标准》修订时评级标准的水准如果继续沿用原评级标准的分级界限，即对于重要结构构件和次要构件，a 级和 b 级的界限值均为 1；b 级和 c 级的界限值分别为 0.92、0.90；c 级和 d 级的界限值分别为 0.87、0.85，则对已有工业建筑结构可靠性鉴定而言，要求有些过严，扩大了处理面和立即处理面，不符合我国工业建筑的历史和现实情况。随着我国综合国力的提高和 21 世纪初标准规范修订对结构可靠度的调整，为适应我国工业建筑当前和今后使用与发展的要求，对工业建筑结构鉴定的分级标准需要进行适当的调整。

本次工业建筑可靠性鉴定是在保持原分级原则不变的情况下，对其各等级的可靠性标准进行适当调高。由于 a 级标准仍然为符合国家现行标准规范，其水准随着新一轮标准规范对工业建筑可靠度设置水准的提高而提高，并使各等级界限的水准也随之提高。经过大量计算和分析对比，对于混凝土结构重要构件和次要构件，新修订的构件承载能力项目评级标准建议 a 级和 b 级的界限值定为 1，b 级和 c 级的界限值分别定为 0.90、0.87，c 级和 d 级的界限值分别定为 0.85、0.82，此时各等级界限的可靠指标与原评级标准相比，其水准都有一定的提高，a 级和 b 级界限提高约 13%，b 级和 c 级界限提高 9% 以上，c 级和 d 级界限提高 9% 以上。其中，a 级和 b 级界限的水准提高较多，是由于现行国家标准《混凝土结构设计规范》GB 50010 比旧规范可靠度设置水准提高较多决定的；b 级和 c 级、c 级和 d 级界限的水准提高，从安全和扩大处理面等方面分析和工程试点验证，均表明其提高幅度是适当的。

本条所指的重要构件和次要构件，鉴定者可根据本标准第 2 章规定的术语含义和工程实际情况确定。一般情况下，重要构件指屋架、托架、屋面梁、无梁楼盖、梁、柱、吊车梁；次要构件指板、过梁等。

在承载能力项目评定中，由于过宽的裂缝、过度的变形、严重的缺陷损伤及腐蚀会降低构件的承载能力，因而在承载能力校核及评定中，应考虑其影响。

6.2.3 混凝土构件的构造要求一般包括最小配筋率、最小配箍率、最低强度等级及箍筋间距等，应根据现行国家标准《混凝土结构设计规范》GB 50010 及有关抗震鉴定标准的规定进行评定。

6.2.4 十余年来在对原《工业厂房可靠性鉴定标准》GBJ 144—90 的执行应用中，大家认为工业建筑正常使用性评定中仅考虑裂缝、变形项目不全面，本次修编在使用性等级评定中增加了缺陷和损伤及腐蚀两个评定项目。

6.2.5 表 6.2.5-1～表 6.2.5-3 中混凝土构件的受力裂缝通常是指受拉、受弯及大偏压构件等的受拉区主筋处的裂缝。当混凝土构件中出现剪力引起的斜裂缝时，应进行承载力分析，根据具体情况进行评定，可参考表 6.2.5-1～表 6.2.5-3 从严掌握。当出现受压裂缝时，如轴压、偏压、斜压等，表明构件已处于危险状态，应引起特别重视。

本次裂缝项目评定中考虑了下列因素：①结构的功能要求，结构所处的环境条件，钢筋种类对腐蚀的敏感性；②现行设计规范的裂缝控制等级；③国内外试验资料和国内外规范的有关规定；④工程实践和调查，原《工业厂房可靠性鉴定标准》GBJ 144—90 工程鉴定的应用经验。本标准规定裂缝宽度符合现行设计规范要求的构件，评为 a 级，但考虑到表 6.2.5-1～表 6.2.5-3 中的裂缝宽度为检测时测试的裂缝宽度，实际作用荷载不一定达到设计规范规定的验算荷载，因而在表 6.2.5-1 中对处于环境条件较恶劣的Ⅲ、Ⅳ类环境中的构件，其 a 级标准相对严于现行国家标准《混凝土结构设计规范》GB 50010；而对设计规范中裂缝控制等级为二级但处于Ⅰ-A（Ⅰ类 A 级）室内正常环境下的结构构件，因其在荷载效应标准组合计算时允许出现拉应力，在短期内可能出现很微小的裂缝，因而结构构件裂缝宽度适当放宽。当现场裂缝检测较困难，或者检测时的荷载作用差异较大时，也可通过裂缝宽度验算，根据裂缝计算结果及工程经验综合判断后进行裂缝项目评定。

由于温度、收缩及其他作用引起的裂缝，可根据具体情况进行评定。由于裂缝的情况复杂，周围使用环境差异往往亦很大，裂缝的危害性和发展速度会有很大差别，故允许有实践经验者根据具体情况适当从宽掌握。

6.2.6 混凝土结构或构件的变形，受其荷载、跨度、截面形式、截面高度及配筋率等多方面因素的影响，而相对变形的限值又受其使用要求及其构件的重要程度而确定。

混凝土结构或构件变形分级标准中，a 级是按照国家现行有关规范的要求提出的。对于 b、c 级的分级标准，是在分析受弯梁因荷载变化，引起构件变形钢筋应力的递增及承载能力降低间的关系，并结合工程及鉴定经验予以确定的。

对挠度有一般要求的屋盖、楼盖及楼梯构件变形按表 6.2.6 评定等级，对挠度有较高要求的构件可按现行国家标准《混凝土结构设计规范》GB 50010 的规定从严掌握。

6.2.7 混凝土构件的缺陷和损伤也会影响构件的正常使用，本次修编中增加了此项内容。混凝土缺陷和损伤严重时会影响构件承载能力，鉴定者评定时需根据其严重程度进行构件承载能力项目的分析评定。

6.2.8 当出现钢筋锈蚀和混凝土腐蚀时，将会影响

混凝土构件的使用性，因此本次修编中此项内容单独作为一项列出。根据工程调查及试验资料，因钢筋锈蚀而导致构件表面出现沿筋纵向裂缝时，钢筋已发生中、轻度锈蚀，影响结构性能。如果周围使用环境处于不利条件，情况将迅速劣化。因此对具有上述裂缝的构件，将影响其长期的正常使用性，建议根据具体情况进行处理。根据已有的试验研究结果，混凝土开裂时钢筋的锈蚀程度因钢筋所处位置、钢筋类型和直径的不同而差别很大，表3列举了几种钢筋在同一环境下刚刚锈蚀开裂时的重量损失率，可以看出，钢筋锈蚀混凝土刚刚开裂时位于角部的 Φ18 钢筋重量损失率小于 2%，而位于箍筋位置处的 Φ6.5 钢筋重量损失率已大于 15%。因而对于墙板类及梁柱构件中的钢筋及箍筋除考虑外观外，也需要考虑钢筋截面损失状况。

表3　几种钢筋在同一环境下刚开裂时的重量损失率

钢筋直径 （mm）		位于角部圆钢			位于角部螺纹钢			箍筋位置（板）圆钢	
		Φ8	Φ10	Φ14	Φ14	Φ16	Φ18	Φ6.5	Φ8
刚开裂时重量损失率（%）	计算85%保证率时	9.56	9.15	5.83	2.64	3.39	1.75	16.1	15.4
	实际最大	8.2	6.0	6.2	3.0	2.0	0.4	15.2	—

6.3　钢　构　件

6.3.1　钢构件的安全性等级按承载能力项目评定，包括构件连接的承载能力。承载能力可通过计算或试验确定，相对于荷载效应进行检验就是承载能力项目的评定。满足构造要求是保证构件预期承载能力的前提条件，构造不满足要求时，意味着承载能力的降低，可直接评定安全等级。这样，构件的承载能力项目包括承载能力、连接和构造三个方面，取其中最低等级作为构件的安全性等级。

6.3.2　承重构件的钢材符合建造当年钢结构设计规范和相应产品标准的要求时，说明当时的材料选用和产品质量是合格的，即使不符合现行标准规范的要求，考虑到经过多年使用没有出现问题，在构件使用条件没有发生变化时，应该认为材料是可靠的。如果构件的使用条件发生根本的改变，比如承受静载的构件改成承受动力荷载、保温厂房改成非保温厂房、所承受的荷载有较大的增加等，这相当于用旧构件建造一个新结构，在这种情况下材料还应符合现行标准规范的要求。如果材料达不到上述要求，应进行专门论证，在确定承载能力和评级时应考虑其不利影响。钢材产品的质量包括力学性能、化学成分、冶炼方法、尺寸外形偏差等。

上述要求同样适用于连接材料和紧固件。

6.3.3　钢构件的承载能力项目根据构件的抗力 R 和荷载作用效应 S 及结构构件重要性系数 γ_0 评定等级。构件的抗力 R 一般按照现行钢结构设计规范（包括《钢结构设计规范》GB 50017、《冷弯薄壁型钢结构技术规范》GB 50018、《网架结构设计与施工规程》JGJ 7、《门式刚架轻型房屋钢结构技术规程》CECS 102 等）确定，与设计新构件不同，在计算已有构件抗力时，应考虑实际的材料性能和结构构造，以及缺陷损伤、腐蚀、过大变形和偏差的影响。这是因为新构件是先设计后施工，在施工和使用过程中控制这些影响因素，设计时不必考虑；但已有构件的这些因素是客观存在，必须予以考虑。另一方面，已有构件的各种特性和所受荷载作用是比较明确的，变异性较小，因此，其承载能力即使有所降低，在一定范围内也是可以接受的。荷载作用效应 S 一般按现行国家标准《建筑结构荷载规范》GB 50009 和相关设计规范结合实测结果计算确定。结构构件重要性系数 γ_0 按现行国家标准《建筑结构可靠度设计统一标准》GB 50068 确定。

过大的变形、偏差以及严重的腐蚀会降低构件的承载能力，此时，应按承载能力项目评定其安全性等级。其中，严重腐蚀的影响有两个方面，一是使构件截面积减少，二是腐蚀降低材料的韧性。本标准附录 E 参考了国外资料，对严重均匀腐蚀在这两个方面提出了检测评估方法。

吊车梁的疲劳强度与静力承载能力相比有很大不同，即使验算结果表明疲劳强度不足，但对于比较新的吊车梁来说，在一定的期限内可以是安全的；相反，对于已经出现疲劳损伤或者已使用很长年限的吊车梁，不论验算结果如何，都有可能存在安全隐患。所以吊车梁疲劳性能的评级，表 6.3.3 不完全适用，应根据疲劳强度验算结果、已使用的年限和吊车梁系统的损伤程度进行评级。

本条所指的重要构件和次要构件，鉴定者可根据本标准第 2 章规定的术语含义并结合工程实际情况具体确定。通常情况下，重要构件指屋架、托架、梁、柱、吊车梁（吊车桁架）等；次要构件指板、墙架构件等。

6.3.4　工业厂房钢屋架等桁架结构，经过长期使用后，会发生各类杆件弯曲现象，尤以其中腹杆最普遍。对这种有双向弯曲缺陷的压杆，经常需要确定其剩余承载力问题。为此，表 6.3.4 是在借鉴国外资料基础上通过计算分析和试验研究得以证实后推荐使用的，列入了行业标准《钢结构检测评定及加固技术规程》YB 9257—1996，冶建院在多项工程中采用过这种方法，取得了很好的效果。

6.3.5　钢构件影响正常使用性的因素，包括变形、偏差、一般构造和防腐等。其中变形可分为两类，一类是荷载作用下的弹性变形，与荷载和构件的刚度有

关；另一类是使用过程中出现的永久性变形，和施工过程中的偏差性质上相同，因此永久性变形应归入偏差项目进行评定。有些一般构造要求与正常使用性有关，如受拉杆件的长细比，长细比太大会产生振动。防腐措施是否完备影响构件的耐久性，已经出现锈蚀的，说明防腐措施不到位。对这几个项目进行评级，取其中最低等级作为构件的使用性等级。

6.3.6 本条所指的构件变形是荷载作用下钢构件的弹性变形，为梁、板等受弯构件的挠度。对于框架柱柱顶水平位移和层间相对位移、吊车梁或吊车桁架顶面处柱子的水平位移等，因属于框架结构的水平位移，而放到本标准第 7 章 7.3 节上部承重结构中给出评级规定。这些变形在结构设计时一般是要进行验算，不需验算的变形一般也就不需要评级。在国家现行相关设计规范中，包括《钢结构设计规范》GB 50017、《冷弯薄壁型钢结构技术规范》GB 50018、《网架结构设计与施工规程》JGJ 7、《门式刚架轻型房屋钢结构技术规程》CECS 102 等，规定有详细的变形控制项目、容许值和计算方法。构件变形项目评为 a 级的，应满足这些设计规范的要求（即规范容许值）；如果工艺上对构件变形有特别设计要求，还应满足设计要求。

构件变形影响正常使用性，主要是指可能导致设备不能正常运行、非结构构件受损以及让人感到不安全等，这些都是很难定量考虑的。规范的容许值是多年实际经验的总结，能满足规范要求一般不会有什么问题，但超出规范容许值的，也不一定影响正常使用。现行国家标准《钢结构设计规范》GB 50017 对构件变形的规定较老规范做了改动，着重提出，在有实践经验或有特殊要求时可根据不影响正常使用和观感的原则进行适当地调整。对已有构件来说，是否影响正常使用的问题基本上已经暴露出来，所以在评定构件变形项目的等级时应特别注意是否真的影响正常使用，如果不影响正常使用，即使超过规范中所列容许值，也可以评为 b 级。

6.3.7 钢构件的偏差具体所指项目可参见国家现行相关施工验收规范和产品标准并按这些规范标准确定是否满足要求，满足要求的使用等级评为 a 级。现行施工验收规范包括《钢结构工程施工质量验收规范》GB 50205、《冷弯薄壁型钢结构技术规范》GB 50018、《网架结构设计与施工规程》JGJ 7、《门式刚架轻型房屋钢结构技术规程》CECS 102 等，产品标准包括《热轧等边角钢尺寸、外形、重量及允许偏差》GB/T 9787、《热轧不等边角钢尺寸、外形、重量及允许偏差》GB/T 9788、《热轧工字钢尺寸、外形、重量及允许偏差》GB/T 706、《热轧槽钢尺寸、外形、重量及允许偏差》GB/T 707、《热轧 H 型钢和剖分 T 型钢》GB/T 11263、《冷弯型钢》GB/T 6725、《结构用冷弯空心型钢尺寸、外形、重量及允

许偏差》GB/T 6728、《通用冷弯开口型钢尺寸、外形、重量及允许偏差》GB/T 6723、《热轧钢板和钢带的尺寸、外形、重量及允许偏差》GB/T 709、《建筑用压型钢板》GB/T 12755、《无缝钢管尺寸、外形、重量及允许偏差》GB/T 17395、《直缝电焊钢管》GB/T 13793 等。

使用过程中出现的永久性变形在性质上与施工过程中的某些偏差相同，所以也按构件偏差项目评定使用性等级。与上一条构件变形项目评定相似，偏差项目的评定也要特别注意是否真的影响正常使用，不影响正常使用的可评较高等级。需要注意的是，偏差较大有可能导致承载能力的降低，此时应按承载能力评级。

6.3.8 构件的腐蚀和防腐措施影响结构的耐久性，越是新构件越是应该注意耐久性问题，对已经出现严重腐蚀致使截面削弱材料性能降低的构件，应考虑其承载能力问题。

6.3.9 与构件正常使用性有关的一般构造要求，具体是指拉杆长细比、螺栓最大间距、最小板厚、型钢最小截面等。限制拉杆长细比是要防止出现过大的振动；螺栓间距过大容易造成板与板之间的锈蚀，板厚太小、型钢截面太小对锈蚀、碰撞、磨损敏感，都有耐久性问题。设计规范中还有其他一些保证使用性的构造要求。满足设计规范要求时应评为 a 级，否则应根据实际对使用性影响评为 b 或 c 级。

6.4 砌 体 构 件

6.4.2 原《工业厂房可靠性鉴定标准》GBJ 144—90 在制定构件承载能力项目的分级标准时，分析整理了大量工程鉴定实例和事故处理资料，特别是国内外数百例重大结构倒塌和工程事故的资料，走访了设计院、高等院校、科研院所、企业单位的数百位专家，开展了七次结构可靠性尺度标准方面的国内专家调查，并对倒塌结构的可靠指标进行了较全面的复核，按拟定的分级标准对十余种典型结构构件的可靠度进行了校核。经过 16 年工程实践的检验，原《工业厂房可靠性鉴定标准》GBJ 144—90 所制定的构件承载能力项目的分级标准总体上是合理、可行的。本次对砌体构件承载能力项目分级标准的修订，主要考虑的是《砌体结构设计规范》由 GBJ 3—88 修订为 GB 5003—2001、《建筑结构荷载规范》由 GBJ 9—87 修订为 GB 50009—2001 所引起的变化，包括砌体构件抗力分项系数、荷载基本组合方式、楼面活荷载标准值、风荷载标准值等的变化。修订中仍以满足现行国家标准的规定作为 a 级的分级原则，以抗力与荷载效应比值等于 1 作为 a、b 级的界限。在确定 b、c 级的界限时，对砌体构件在轴压、偏压、弯拉、受剪、局压等各种受力状态下的安全性进行了相关规范修订前后的对比分析，并按目标使用年限对风荷载、雪荷载

的分项系数进行修正。根据分析结果，适当提高了 b、c 级和 c、d 级界限的可靠度水平（相当于将过去的抗力与荷载效应比值由 0.92 提高到 0.96 左右，由 0.87 提高到 0.90 左右），以顺应我国目前可靠度水平提高的趋势，同时保证原先属于 a 级的大多数构件不因规范的修订而落入 c 级，避免大幅增加既有结构加固的规模。对于自承重墙，与原先的可靠度水平相当。

本条所指的重要构件和次要构件，鉴定者可根据本标准第 2 章规定的术语含义和工程实际情况确定。重要构件通常指承重墙、带壁柱墙、独立柱等；次要构件指自承重墙。

6.4.3 工程实践表明，当墙、柱高厚比过大，或墙、柱、梁的连接构造失当时，同样可能发生工程倒塌事故，因而控制墙、柱的高厚比，或对墙、柱的连接和构造规定要求，与构件的承载能力项目同等重要，都关系到构件的安全性。对于砌体构件而言，涉及构件安全性的构造和连接项目主要包括墙、柱的高厚比，墙与柱、梁与墙或柱、纵墙与横墙之间的连接方式和状态，墙、柱的砌筑方式等。

6.4.4 工程鉴定实践表明，砌体构件的缺陷和损伤、腐蚀也是影响其正常使用性的重要因素，故本次修订在其使用性等级评定中增加了这两个评定项目。另外，砌体墙和柱的位移或倾斜往往影响上部整体结构，已不属于构件的变形，且墙梁、过梁等砌体构件不是由变形而是由承载能力和构造控制，因此砌体构件的使用性等级评定不包括变形，由裂缝、缺陷和损伤、腐蚀三个项目评定。

6.4.5 原《工业厂房可靠性鉴定标准》GBJ 144—90 按"墙、有壁柱墙"和"独立柱"两类构件规定裂缝项目的分级标准，本次修订时则按"变形裂缝、温度裂缝"和"受力裂缝"两项内容制定分级标准，对裂缝的性质予以考虑，更为合理一些。对于变形裂缝、温度裂缝，构件被划分为独立柱和墙，制定不同的分级标准。对于受力裂缝，则不区分构件类型，对分级标准作出统一规定。按照本次修订的总体原则，砌体构件的使用性等级统一被划分为三级，因此修订中取消了原先的 d 级。对于独立柱的变形、温度裂缝以及各类构件的受力裂缝，鉴于它们的危害性，均按两级来评定：无裂缝时，评定为 a 级；一旦出现裂缝，均评定为 c 级。对于独立柱以外的其他构件的变形、温度裂缝，其分级标准基本沿用了原标准的规定，只是在评定条件中增加了对开裂范围和裂缝发展趋势的考虑。

6.4.6 砌体构件在施工过程中可能存在灰缝不匀、竖缝缺浆、水平灰缝厚度和竖向灰缝宽度过大或过小、砂浆饱满度不足等质量缺陷，在使用过程中可能出现开裂以外的撞伤、烧伤等其他损伤，这些都会影响到构件的使用性，甚至安全性。原《工业厂房可靠

性鉴定标准》GBJ 144—90 对此未作单独考虑，本次修订时增设缺陷与损伤项目，以突出其重要性。由于砌体构件缺陷与损伤所涉及的内容较多，这里只是原则性地给出了分级标准，评定中需要根据实际情况和工程经验判定其等级。

6.4.7 腐蚀是与开裂、撞伤、烧伤等性质不同的损伤，本次修订中将其作为一个单独的项目列出。在制定腐蚀项目的分级标准时，对不同的材料作出了不同的规定。对于块材和砂浆，主要考虑了腐蚀的范围、最大腐蚀深度和发展趋势，其中最大腐蚀深度的限值是根据工程经验而制定的。

对于大气环境下砌体构件的块材风化和砂浆粉化现象，根据以往工程鉴定经验可以参考表 6.4.7 中对腐蚀现象的规定，针对风化范围、深度、有无发展趋势和是否明显影响使用功能等因素进行评定。但考虑到块材风化会影响外观，严重时甚至导致砌体截面削弱以及砂浆粉化后没有强度，故风化和粉化的最大深度比相应的最大腐蚀深度宜从严控制，如控制在最大腐蚀深度的 60% 以内，此时 b 级标准为：块材最大风化深度不超过 3mm，砂浆最大粉化深度不超过 6mm，其他评定因素均可参考表中对腐蚀现象的规定进行评定。

对于钢筋，包括砌体内的构造钢筋以及配筋砌体中的受力钢筋，其分级标准主要是根据锈蚀钢筋的截面损失率和发展趋势而制定的，具体数值的规定参考了钢筋混凝土构件耐久性研究的成果。

7 结构系统的鉴定评级

7.1 一般规定

7.1.1 工业建筑物鉴定第二层次结构系统的鉴定评级是在构件鉴定评级的基础上进行，根据工业建筑物的特点，考虑到鉴定评级的可操作性及评级结果能准确地反映建筑结构状况，本标准将结构系统划分为地基基础、上部承重结构和围护结构三个结构系统。在实际鉴定工作中，由于工业建筑结构鉴定目的与内容的不同，鉴定评级的内容可能有所不同，在结构系统鉴定评级中包括安全性、使用性和可靠性等级评定，对于要求进行安全性和使用性鉴定评级的情况，可按本标准第 7.2 节至第 7.4 节的规定进行评级；需要进行结构系统可靠性评级时，则利用结构系统的安全性和使用性评级结果按本标准第 7.1.2 条规定的原则进行评级。

7.1.2 本条规定了结构系统可靠性等级评定的方法和原则，其所规定的主要原则为：

1 结构系统的可靠性评级以该系统的安全性为主，并注重正常使用性。考虑到当结构的使用性等级较低时，为保证正常的安全生产，也需要对结构进行

处理使其能正常使用，因此在系统的使用性等级为 C 级、安全性等级不低于 B 级时，确定为 C 级；其他情况，要以安全性等级确定，以便采取措施处理确保安全。

2 对位于生产工艺流程重要区域的结构系统，除考虑结构系统自身的可靠性外，还应充分考虑生产和使用上的高要求以及对人员安全和生产的影响，其可靠性评级，可以安全性等级和使用性等级中的较低等级直接确定，或对本条第 1 款评定结果按此进行调整。

7.1.3 本条规定了只对上部承重结构系统的子系统，如屋盖系统、柱子系统、吊车梁系统等，进行单独鉴定评级的评定规定。

7.1.4 在工业建筑上部承重结构中，经常会出现因振动引起的疲劳、共振等安全问题和因振动影响结构正常使用甚至导致人员工作效率降低、影响人体健康等，需要对振动影响进行鉴定，为满足此要求，本标准附录 E 专门规定了进行振动影响鉴定的具体要求和评定规定。

7.1.5 结构在使用过程中，由于受使用荷载、累积损伤、疲劳、沉降等因素的影响，结构的可靠性状态在不断变化，对于一些复杂的结构体系，实际受力、变形状况与计算模型的出入较大；一般的鉴定工作基本在短时间内完成，对于随时间变化较明显的一些重要评级参数（应力状态、变形等）在鉴定期间无法确定，需要经过长时间的观测时，宜进行结构可靠性监测，并通过监测数据对结构可靠性进行评定，一般应通过监测系统进行一定时期的监测再进行相应的可靠性评定。为满足工业建筑结构工作状况监测的要求，本标准附录 F 专门规定了进行结构工作状况监测和评定的具体规定。

7.2 地基基础

7.2.1 由于上部建筑物的存在，地基基础承载力的检验、确定不像变形观测那样简便、直观和可操作，并且，多年的实践经验表明，用地基变形观测资料评价地基基础的安全性是合理、可行的。因此，在进行地基基础的安全性评定时，宜首选按地基变形观测资料的方法评定。当地基变形观测资料不足或结构存在的问题怀疑是由地基基础承载力不足所致时，其等级评定可按承载力项目进行。

在进行斜坡场地上的工业建筑评定时，边坡的抗滑稳定计算可采用瑞典圆弧法和改进的条分法，对场地的检测评价可参照现行国家标准《建筑边坡工程技术规范》GB 50330 的有关规定。

由于大面积地面荷载、周边新建建筑以及循环工作荷载会使深厚软弱场地上的建、构筑物地基产生附加沉降，因此，在评定深厚软弱地基上的建、构筑物时，需要对附加沉降产生的影响进行分析评价。

7.2.2 观测资料和理论研究表明，当沉降速率小于每天 0.01mm 时，从工程意义上讲可以认为地基沉降进入了稳定变形阶段，一般来说，地基不会再因后续变形而产生明显的差异沉降。但对建在深厚软弱覆盖层上的建、构筑物，地基变形速率的控制标准需要根据建筑结构和设备对变形的敏感程度进行专门研究。

7.2.3 在需要按承载能力评定地基基础的安全性时，考虑到基础隐蔽难于检测等实际情况，不再将基础与地基分开评定，而视为一个共同工作的系统进行整体综合评定。对地基承载力的确定应考虑基础埋深、宽度以及建筑荷载长期作用的影响；对于基础，可通过局部开挖检测，分析验算其受冲切、受剪、抗弯和局部承压的能力；地基基础的安全性等级应综合地基和基础的检测分析结果确定其承载功能，并考虑与地基基础问题相关的建、构筑物实际开裂损伤状况及工程经验，按本条规定的分级标准进行综合评定。在验算地基基础承载力时，建、构筑物的荷载大小按结构荷载效应的标准组合取值。

由于基础隐蔽于地下，在进行基础承载力评定时，无论是对独立基础还是连续基础、浅基础还是深基础，目前不可能做到逐个、全面的检测。因此，此次修订取消了原《工业厂房可靠性鉴定标准》GBJ 144—90 中按百分比评定基础的相关条款。

7.3 上部承重结构

7.3.1 过大的水平位移或振动，除了会对结构的使用性能造成影响外，甚至会对结构或构件的内力造成影响，从而影响对上部结构承载功能最终的评定，因而当结构存在过大的变形或振动时，应当考虑这些因素对结构安全性的影响。

7.3.2 表 7.3.2 中的整体性构造和连接是指建筑总高度、层高、高宽比、变形缝设置，砌体结构圈梁和构造柱设置、构造和连接等。

7.3.4、7.3.7 这两条是对单层厂房由平面框排架组成的上部承重结构其承载功能和使用状况评定等级的规定，原则上是沿用原《工业厂房可靠性鉴定标准》GBJ 144—90 给出的单层厂房承重结构系统的近似评定方法，本次对其中某些术语及构件集中所含各等级构件的百分比含量作了适当调整。第 7.3.4 条中每种构件是指屋面板、屋架、柱子、吊车梁等。

7.3.5、7.3.8 这两条是对多层厂房上部承重结构的承载功能和使用状况等级评定给出的原则规定，是以上述单层厂房上部承重结构的评级规定为基础，将多层厂房整个上部承重结构按层划分为若干单层子结构，每个子结构按单层厂房的规定评级，再对各层评级结果进行综合评定的思路和原则规定的。在不违背结构构成原则的情况下，也可采用其他的方法来划分子结构进行相应的评定。对于单层子结构中楼盖结构的评级，可参照单层厂房中屋盖结构的规定评级。

7.3.9 本条是对厂房上部承重结构在吊车荷载、风荷载作用下产生的结构水平位移或地基不均匀沉降和施工偏差产生的倾斜进行评级的规定，是根据原《工业厂房可靠性鉴定标准》GBJ 144—90 中的相关条款和国家现行结构设计规范或施工质量验收规范的有关规定给出的，本次修订对原标准的其中部分规定作了补充和调整。当水平位移过大即达到 C 级标准的严重情况时，会对结构产生不可忽略的附加内力，此时除了对其使用状况评级外，还应考虑水平位移对结构承载功能的影响，对结构进行承载能力验算或结合工程经验进行分析，并根据验算分析结果参与相关结构的承载功能的等级评定。

7.4 围护结构系统

7.4.1 工业建筑的围护结构系统构成复杂、种类繁多，本着简化鉴定程序的原则，本标准根据其是否承重将围护结构系统分为承重围护结构和围护系统，其中围护系统又分为非承重围护结构和建筑功能配件。

承重围护结构包括墙架（目前使用的墙架主要是钢墙架）、墙梁、过梁和挑梁等。

围护系统中的非承重结构包括轻质墙、砌体自承重墙及自承重的混凝土墙板等，建筑功能配件包括屋面系统、门窗、地下防水、防护设施等。

1 屋面系统：包括防水、排水及保温隔热构造层和连接等；

2 墙体：包括非承重围护墙体（含女儿墙）及其连接、内外面装饰等；

3 门窗（含天窗部件）：包括框、扇、玻璃和开启机构及其连接等；

4 地下防水：包括防水层、滤水层及其保护层、抹面装饰层、伸缩缝、管道安装孔和排水管等；

5 防护设施：包括各种隔热、保温、防腐、隔尘密封、防潮、防爆设施和安全防护板、保护栅栏、防护吊顶和吊挂设施、走道、过桥、斜梯、爬梯、平台等。

7.4.2 在实际鉴定中，围护系统使用功能的评定等级可以根据表 7.4.2 中各项目对建筑物使用寿命和生产的影响程度确定一个或两个为主要项目，其余为次要项目，然后逐项进行评定；一般情况宜将屋面系统确定为主要项目，墙体及门窗、地下防水和其他防护设施确定为次要项目。

一般情况下，系统的使用功能等级可取主要项目的最低等级，特殊情况下可根据次要项目实际维修量的大小进行适当调整。

8 工业建筑物的综合鉴定评级

8.0.1 根据以往的工程鉴定经验和实际需要，由于实际结构所处地基情况和使用荷载环境等因素的不同，结构的损伤程度、影响安全和使用等因素会有所不同，存在按整体建筑物可靠性评级结果不能准确反映实际状况的情况，因此，工业建筑物综合鉴定根据建筑的结构类型特点、生产工艺布置及使用要求、损伤情况等，将工业建筑物按整体、区段（如通常按变形缝所划分的一个或多个区段）进行划分，每个区段作为一个鉴定单元，并按鉴定单元给出鉴定评级结果。这样，综合鉴定评级比较灵活、实用，既能评定出准确反映结构实际状况的结果，同时又不使鉴定评级的工作量过大。

8.0.2 工业建筑物鉴定单元的可靠性综合鉴定评级是在该鉴定单元结构系统可靠性评级的基础上进行的，其中，鉴定单元结构系统的评级结果 A、B、C、D 四个级别分别对应鉴定单元的综合鉴定结果一、二、三、四 4 个级别。按照工业建筑结构的特点，参照一些企业的工业建筑管理条例的有关规定，确定综合评级的原则以地基基础和上部承重结构为主，兼顾围护结构进行综合判定，以确保工业建筑结构的正常使用，满足既有工业建筑技术管理的需要。

9 工业构筑物的鉴定评级

9.1 一般规定

9.1.1 规定了本章的适用范围。即适用于已建的，一般情况下人们不直接在里面进行生产和生活活动的工业建（构）筑物的可靠性鉴定评级。有些企业从生产管理角度出发，将一些构筑物列为设备，实际上是按照建筑结构标准进行设计、制造和安装的，有些虽然按设备专业设计，但其结构的工作条件类似于建筑结构，对于此类结构物均可参照本章规定进行鉴定。

9.1.2 构筑物鉴定评级层次的基本规定及评级标准。基于系统完备性考虑，一般应当将整个构筑物定义为一个鉴定单元，其结构系统一般应根据构筑物结构组成划分地基基础、支承结构系统、构筑物特种结构系统和附属设施四部分。根据鉴定目的要求或业主要求可以仅对构筑物的部分功能系统进行鉴定，如：支承结构系统、转运站筒体结构、烟囱内衬等。此时的鉴定单元即为指定的结构系统。

9.1.3 本条为构筑物结构系统可靠性评级的基本规定，即：在结构系统的安全性等级和使用性等级评定的基础上，以系统的"安全性为主并注重正常使用性"的可靠性综合评级原则。考虑到有些构筑物在使用功能上有特殊要求，如烟囱耐高温、耐腐蚀要求，贮仓耐磨损、抗冲击要求，水池抗渗要求等。对于这些特殊的使用要求，在参照本标准第 7.1.2 条综合评定时，要充分考虑，其可靠性等级可以安全性等级和使用性等级中的较低等级确定。实际工程中经常会遇到要求进行耐久性有关的鉴定评估问题，此时，应根

据鉴定评估问题的属性，按照安全性或正常使用性标准评定等级。例如：对于混凝土劣化、开裂以及结构防护层（预留腐蚀牺牲层）腐蚀等，属于正常使用的极限状态指标，应按照正常使用性标准评定等级；对于结构腐蚀损坏，则属于结构承载能力极限状态指标，应按照安全性标准评定等级。

9.1.4、9.1.5 通常情况下，构筑物结构系统（如：地基基础、支承结构系统等）的安全性和正常使用性等级可以按照厂房结构系统的鉴定评级规定执行，但是，对于有特殊使用要求的构筑物，由于其特殊的使用要求是厂房结构所没有的，如容器形结构的密闭性要求、仓储结构的耐磨蚀要求、高耸结构的变形要求等，完全按照厂房结构评定等级是不妥的，故为合理评定结构可靠性，要求综合考虑构筑物特殊的使用功能要求，参照本标准第 7 章有关规定评定等级。对于结构构件，可以根据结构类型按照本标准第 6.2 节至第 6.4 节的有关规定评定等级。

9.1.6 结构分析，包括结构作用分析、结构抗力及其他性能分析，一般应按照相关构筑物设计规范标准规定进行，但是，有些构筑物尚没有专门的设计规范标准，此时，如果构筑物现状无明显的劣化损坏现象或迹象，可按照原设计分析方法进行鉴定分析，否则应按照现行国家标准《工程结构可靠度设计统一标准》GB 50153 的有关规定进行结构鉴定分析。

9.1.7 本条规定了常见构筑物鉴定评级层次及分级。

9.2 烟 囱

本节条文，系在原《钢铁工业建（构）筑物可靠性鉴定规程》YBJ 219—89（以下简称"原《规程》"）有关条文的基础上，按照本标准的鉴定评级层次及评级标准规定，修编制订；与原《规程》条文相比，主要有以下几个方面进行了修订。

1 修订了钢筋混凝土结构烟囱筒壁及支承结构承载能力项目评级标准。原《规程》考虑了现行国家标准《烟囱设计规范》GB 50051 进行结构分析时已经考虑烟囱结构的特殊性，适当提高了结构的安全储备，采用了次要构件的评级标准，而本标准采用重要构件的分级标准，不同种类结构横向比较，标准稍有提高。

2 增加了筒壁损伤评定标准。

3 修订了砖烟囱和钢筋混凝土结构烟囱筒壁裂缝宽度项目评级标准。原《规程》a 级标准基于与烟囱设计规范允许的裂缝宽度一致制定，b 级、c 级主要基于当初的烟囱筒壁开裂调查资料，考虑人们的可接受程度，在保证结构安全的前提下，控制处理面不宜太大，制定评级标准。当时的生产使用情况是普遍超温超负荷使用，这种适当从宽的标准为发展生产创造了较好的条件，收到了较好的效果。目前，生产超温超负荷使用的情况已经大大缓解，特别是烟气余热

的利用，环保要求的提高，导致烟气温度普遍降低，甚至导致烟气的腐蚀性加强，为适应这一情况的变化，将裂缝的评级标准予以适当提高。提高后的标准，a 级与现行设计规范允许值一致；b 级钢筋无明显腐蚀风险、裂缝未贯穿筒壁，原则上不予处理；取消 d 级。

4 修订了烟囱筒壁及支承结构倾斜项目评级标准。原《规程》a 级标准基于与烟囱设计规范允许的基础倾斜变形值一致制定，b 级、c 级主要基于当初的烟囱筒身倾斜调查资料，基于与筒壁开裂同样的原因，制定评级标准。

修订后的评级标准，a 级与现行施工验收规范允许的倾斜偏差（考虑极限偏差，允许的中心倾斜偏差和截面尺寸偏差可能产生的累加）基本一致，修订后的标准比原规程规定偏于严格，b 级与原规程规定基本一致，取消 d 级。当烟囱倾斜超过 b 级限值时，如果烟囱没有倾覆危险或致筒身及支承结构损坏的可能，一般可以通过倾斜变形监测来维持继续使用，属于 c 级采取措施的范畴。

9.3 贮 仓

本节条文，系在原《钢铁工业建（构）筑物可靠性鉴定规程》YBJ 219—89（以下简称"原《规程》"）有关条文的基础上，按照本标准的鉴定评级层次及评级标准规定，修编制订；与原《规程》条文相比，主要对以下几个方面进行了修订。

1 在功能系统划分上，将原《规程》的"仓体承重结构系统"改称"仓体与支承结构系统"。

2 修订了贮仓仓体承重结构体系结构损坏评级标准。原《规程》为了便于现场使用，在制定损坏评级标准时，考虑了深梁、承重墙及板的结构断面损伤对结构承载能力影响，隐含了结构安全性评级内容，现标准仅仅考虑使用性，有关结构损伤对承载能力的影响，应在结构承载能力评级时予以考虑。

3 增加了整体倾斜评定项目。分级标准制订的原则同烟囱倾斜项目，其中，a 级与现行施工验收规范允许的倾斜偏差（极限偏差，允许的中心倾斜偏差和截面尺寸偏差累加值）基本一致，b 级与现行有关设计规范允许的基础倾斜变形值一致。关于倾斜代表值，对于高耸贮仓可取贮仓顶端侧移与高度之比，对于群仓，应综合考虑顶端偏差侧移和不均匀沉降的影响后确定。

9.4 通 廊

本节条文，系在原《钢铁工业建（构）筑物可靠性鉴定规程》YBJ 219—89 有关条文的基础上，按照本标准的鉴定评级层次及评级标准规定，修编制订。

9.5 水 池

本节条文主要针对一般落地水池的鉴定评级

制订。

对于高架水池，鉴定单元尚应包括支承结构系统，此时可参照贮仓结构的有关规定，对支承结构进行等级评定。

对于储存具有腐蚀性液体的池（槽）结构，除符合本节规定外，还应检查评定腐蚀防护层的完整性和有效性，或者检查评定池（槽）结构对储液的耐受性。

10 鉴 定 报 告

10.1 本标准不对鉴定报告的格式作统一规定，但其内容应当满足本标准的规定。

10.2 本文在上一条规定鉴定报告包括的内容的基础上，又明确规定了鉴定报告编写应符合的要求，以保证鉴定报告的质量。

中华人民共和国国家标准

工业构筑物抗震鉴定标准

GBJ 117—88

主编部门：中华人民共和国冶金工业部
批准部门：中华人民共和国建设部
施行日期：1989年3月1日

关于发布《工业构筑物抗震
鉴定标准》的通知

（88）建标字第 81 号

根据原国家建委（78）建发抗字第 113 号文的要求，由冶金部会同有关部门共同编制的《工业构筑物抗震鉴定标准》，已经有关部门会审。现批准《工业构筑物抗震鉴定标准》GBJ 117—88 为国家标准，自 1989 年 3 月 1 日起施行。

本标准由冶金部管理，其具体解释等工作由冶金部建筑研究总院负责。出版发行由中国计划出版社负责。

中华人民共和国建设部
1988 年 6 月 13 日

编 制 说 明

本标准是根据原国家基本建设委员会（78）建发抗字第 113 号文的要求，由冶金部建筑研究总院会同本部系统和煤炭、石油、有色金属，化工、电力，机械、建材等部门所属有关科研、设计院（所）共同编制而成。

本标准编制过程中，编制组在认真总结海城、唐山等大地震中工业构筑物实际震害经验的基础上，吸取了国内抗震设计、加固的实践经验和国内外在地震工程方面近期的部分科研成果，并对有关构筑物及其地基的抗震验算和加固方法补充了必要的理论分析和试验研究。本标准经多次广泛征求意见，进行工程试点，最后由我部会同城乡建设环境保护部等有关部门审查定稿。

本标准共分九章和七个附录，包括挡土墙、贮仓、槽罐、皮带通廊、井架和井塔等塔类结构，炉窑结构、变电构架、操作平台等工业构筑物及其地基基础的抗震鉴定和加固内容。

在本标准施行过程中，请各单位结合工程实践，认真总结经验，注意积累资料，如发现有需要修改和补充之处，请将意见和有关资料寄交我部建筑研究总院（北京市学院路 43 号），以供今后修订时参考。

冶金工业部
1988 年 2 月 6 日

目　次

主 要 符 号

荷 载 和 内 力

M——弯矩（kN·m）

N——轴向力，竖向力（kN）

P_i——沿高度作用于i点的水平地震力（kN）

P_{ij}——作用于质点i的j振型水平地震力（kN）

Q_0——结构总水平地震力（kN）

W——产生地震力的重力荷载（kN）

γ——容重（kN/m³）

m——质量（t）

计 算 系 数

α——地震影响系数

α_1——相应于结构基本周期T_1的地震影响系数α值

α_{max}——地震影响系数α的最大值

β——放大系数

γ——振型参与系数

γ_s——钢筋屈服强度超强系数

e——偏心参数

ζ，ρ——相关系数

η——增大（或降低）系数

λ——杆件长细比

λ_v——竖向地震作用系数

φ——钢杆件轴心受压稳定系数

Ψ——地基容许承载力调整系数

ω_i——第i液化土层层位影响的权函数

C——结构影响系数

C_z——综合影响系数

K——安全系数

几 何 特 征

A——截面面积（m²）

B——构筑物（或基础）总宽度（m）

D——筒型结构（或圆型基础）直径（m）

H——总高度（m）

L——总长度（m）

K_{xx}——x轴向平移刚度（kN/m）

$K_{\theta\theta}$——抗扭刚度（kN·m）

E——钢材弹性模量（kPa）

E_h——混凝土弹性模量（kPa）

G——剪切模量（kPa）

I——转动惯量（t·m²）

J——截面惯性矩（m⁴）

Z——截面抵抗矩（m³）

a——距离（m）

b——截面宽度（m）

d——钢筋直径（m）、距离（m）

e_0——偏心距（m）

e_x——x方向偏心距（m）

h——高度（m）

k_{zi}——第i抗侧力构件沿x轴方向的平动刚度（kN/m）

l——构件长度（m）

t——壁厚（m）

x、y、z——分别为x、y、z轴方向距离（坐标）（m）

δ——单位水平力作用下的水平位移（m/kN）

θ——斜杆与水平线间夹角（°）

φ——土摩擦角（°）

材 料 指 标 和 应 力

$[R]$——地基土静容许承载力（kPa）

R——经基础宽深修正的地基土静容许承载力（kPa）

R_t——混凝土轴心抗压设计强度（kPa）

R_g——钢筋抗拉设计强度（kPa）

σ——结构截面应力，地基土应力（kPa）

σ_s——钢材屈服点（kPa）

τ——剪应力（kPa）

其 它

$N_{63.5}$——标准贯入锤击数实测值

N_{cr}——饱和土液化判别标准贯入锤击数临界值

N_0——饱和土液化判别标准贯入锤击数基准值

P_l——地基液化指数

T_1——结构基本周期（s）

T_j——结构j振型周期（s）

ω_j——结构j振型圆频率（s⁻¹）

ρ_c——粘粒含量百分率（%）

g——重力加速度（m/s²）

第一章 总 则

第 1.0.1 条 根据地震工作要以预防为主的方针，为保障已有工业构筑物在地震作用下的安全，使其在遭受抗震鉴定和加固所取烈度的地震影响时，一般不致于严重破坏，经修理后仍可继续使用，特制定本标准。

第 1.0.2 条 本标准适用于抗震鉴定和加固的烈度为7度、8度和9度，且未经抗震设计的已有工业构筑物的抗震鉴定和加固。

第 1.0.3 条 抗震鉴定和加固的烈度宜按所在地区基本烈度采用；对于特别重要的构筑物，当必须提高1度进行抗震鉴定和加固时，应按国家规定的批准权限报请批准。

注：①对于重要厂矿，有条件时可按经批准的地震烈度小区划或设计反应谱进行抗震鉴定和加固。

②对于基本烈度为6度地区，按国家专门规定需要进行抗震设防的工业构筑物，可按本标准7度区的要求进行抗震鉴定和加固。

第 1.0.4 条 进行抗震鉴定和加固，应从提高厂矿综合抗震能力的全局出发，满足下列要求：

一、对总体加固方案进行可行性和技术经济合理性的综合分析。

二、综合分析场地、地基对构筑物结构抗震性能的影响，进行合理加固。

三、从整条生产线综合考虑建筑物群体的抗震安全性，分析各类相邻建（构）筑物在地震下的相互影响及其震害后果，进行综合治理，减轻次生灾害。

四、严格施工要求，确保工程质量，切实组织验收。

五、在使用过程中应对构筑物进行合理维护。

第1.0.5条 进行抗震鉴定和加固，应根据构筑物的重要性，按下列要求划分等级：

一、A类建筑：大型厂（矿）中，构筑物的地震破坏将对连续生产和人员生命造成严重后果者，包括全厂（矿）性和特别重要生产车间的动力系统构筑物，地震下受损后可能导致严重次生灾害或严重影响震后急救的构筑物，以及矿山的安全出口等。

二、B类建筑：除A、C类以外的其它构筑物。

三、C类建筑：构筑物的破坏不致造成人员伤亡或较大经济损失者，或其它次要构筑物。

第1.0.6条 进行抗震鉴定和加固，应首先调查有关的勘察、设计和施工等原始资料，构筑物的现状和隐患，并结合同类构筑物结构和地基的震害经验，分析场地、地基土条件对构筑物抗震的有利因素和不利因素。

第1.0.7条 各类结构的现状，当不符合下列有关要求时，应结合抗震加固进行处理。

一、钢结构：

1.受力构件、杆件（包括支撑）无短缺，无明显弯曲，无裂缝，无任意切割所形成的孔洞或缺口。

2.受力构件、杆件及其连接和节点无锈蚀。

3.锚栓无损伤、锈蚀，螺帽无松动，对受剪为主的锚栓，其栓杆在托座盖板面处无丝扣。基础混凝土无酥裂、无腐蚀条件。

4.受力构件的支承长度符合非抗震设计要求。

5.柱间支撑斜杆中心线与柱中心线的交点不位于楼板的上、下柱段和基础以上的柱段。

二、钢筋混凝土结构：

1.受力构件、杆件无短缺，无明显变形，没有因切割、打洞等形成的损伤。

2.受力构件、杆件的混凝土无酥裂、腐蚀、烧损、脱落，无露筋，无超过设计规范限值的裂缝。

3.预制受力构件的支承长度符合非抗震设计要求。

4.连接件无锈蚀。

5.当设有填充墙或柱间支撑时，没有由此增大结构单元质心对刚心的偏心距和沿高度方向水平刚度的突变，没有因半高刚性墙而增大柱的线刚度或形成短柱。

三、砖结构：

1.墙体不空臌，无歪斜和酥碱。

2.承重墙体及纵横墙交接处无裂缝，咬槎良好，无任意开凿而形成明显削弱原结构抗震能力的孔洞。

3.各部位的局部尺寸满足国家现行的建筑抗震鉴定标准规定的限值要求。

4.砖过梁无开裂和变形。

5.没有因地基不均匀沉降而引起的墙体裂缝及其它明显影响墙体质量的缺陷。

第1.0.8条 本标准有关章节中规定可不进行抗震验算和抗震加固的构筑物，应符合下列要求：

一、满足非抗震设计和施工验收规范的要求。

二、使用过程中未改变原设计的基本依据，或虽有改变但不降低构筑物的抗震能力，结构没有重大损伤和缺陷，符合本标准第1.0.7条的要求。

三、钢筋混凝土结构或钢结构的抗侧力构件及其节点符

合本标准有关构造要求，无先行出现脆性破坏的可能。

四、相邻建（构）筑物、边坡的震害不致危及被鉴定构筑物的安全。

五、没有对建筑抗震危险的场地条件，地基土无液化、失稳或严重不均匀沉降可能。

第1.0.9条 构筑物结构的抗震强度验算，除本条和有关章节另有规定者外，可按工业与民用建筑抗震设计规范的规定执行。

一、构筑物的基本周期，可按同类构筑物的实测周期经验公式计算值、被鉴定构筑物的实测周期值或理论公式计算值确定；对前两类实测周期值，可根据结构的重要性和不同的塑性变形能力，乘以1.1～1.4的震时周期加长系数，但砖结构不得加长。当所采用的加固方案使影响周期的主要因素（结构的侧向刚度、质量等）有明显变化时，应考虑加固对

结构抗震鉴定加固的安全度和结构影响系数　　表 1.0.9

项目 安全度取值 结构类别		钢 结 构	钢筋混凝土结构	砖结构
		钢材和锚栓容许应力按不考虑地震时数值的下列比例取用	结构安全系数按不考虑地震时数值的下列比例取用	
强度验算	抗震鉴定时	不应大于140%	不应小于70%	不应小于
	经鉴定需要加固时	不宜大于125%	不宜小于80%	80%
结构影响系数		0.3	0.35～0.4	0.45～0.5

注：①钢结构，当不能满足对塑性变形能力的抗震构造要求时，应降低表中容许应力值，并应在地震力计算中加大结构影响系数。
②钢筋混凝土结构，当不能满足对塑性变形能力的抗震构造要求时，应提高表中安全系数值，并应在地震力计算中加大结构影响系数。
③砖结构，除按要求进行强度验算外，还应符合抗震结构的配筋等构造要求。

周期值的影响。

二、结构影响系数和抗震强度安全度应按表1.0.9选用。

对于的确难以达到抗震鉴定和加固标准的构筑物，应根据技术经济的综合分析结果，或采取措施适当提高其抗震能力，或报请批准后报废；对于尚可使用但无加固价值的次要构筑物，必须对人员和重要生产设备采取安全措施。

三、对大偏心受压（拉）和受弯钢筋混凝土矩形截面构件，当验算正截面抗震强度时，除C类构筑物外，受压区相对高度不应大于0.35（纵向钢筋为3号钢、5号钢）或0.4（纵向钢筋为16锰钢、25锰硅钢）；否则，偏心受压（拉）构件应按小偏心受压（拉）计算。

注：如能确切判定所用钢筋的生产厂家，必要时可按附录一采用由相应生产厂的钢筋强度统计资料，得出矩形截面的受压区相对高度值。

第1.0.10条 构筑物结构加固方案的确定，应综合考虑下列要求：

一、构筑物结构的整体性应符合下列要求：

1.楼盖、屋盖等水平结构与有关抗侧力构件具有可靠连接。

2.保证抗侧力构件及其节点的强度，避免出现脆性破坏。

3.传递地震力的途径合理可靠。

4.非受力结构（如维护墙体等）与主体受力结构之间具有可靠的拉结。

二、综合考虑强度加固和满足塑性变形能力的要求。

三、综合分析加固措施的有效性及可能产生的不利作用，避免薄弱环节转移。

四、选用合适的加固工艺和设备，例如，保证负荷条件下施焊的安全、钻孔打洞时避免或减少对结构的损伤等。

五、避免非受力结构倒塌伤人。

第1.0.11条 对于有技术改造或大修需要的构筑物，抗震加固宜与技术改造或大修结合，同时进行。

第1.0.12条 对构筑物结构单元与相邻建（构）筑物之间原有的变形缝（包括温度缝、沉降缝和防震缝）处，应清理缝隙中的硬杂物，变形缝宽度应符合工业与民用建筑抗震设计规范的要求，不足时，应根据两相邻结构单元相向水平振动和扭转振动移位时可能碰撞而产生的危害性大小，采取必要的措施。例如，适当提高两相邻单元的侧向刚度，而当平面内结构的质心对刚心有较大偏心时，尚宜采取减小偏心、提高抗扭刚度的措施，对可能碰撞的部位，缝隙中填入耐久性好的柔性吸能材料或提高该部位结构的强度等。

当构筑物支承于相邻建（构）筑物上而支座连接强度不足或采用滑动支座、滚动支座时，尚应对两相邻结构单元在相背水平振动时有无落梁的可能进行鉴定，当有落梁可能时，应采取措施，如加强支座连接，适当加长支承长度，设置用以限制过大移动的构造措施等。

第1.0.13条 全厂（矿）的固定测量基准点至少应有四个位于对抗震有利的地段。不符合要求时，应补设或采取措施，并应予以妥善保护。当全厂（矿）均位于软弱土或可液化土地段时，可将固定测量基准点设置在桩基上，而桩基应深至软弱土或可液化土的下界面以下，或对设置固定测量基准点部位的地基进行局部加固。

第1.0.14条 进行构筑物的抗震鉴定和加固，有关砖结构、木屋盖的抗震构造要求，尚应符合国家现行工业与民用建筑抗震鉴定标准的有关规定。抗震验算中，除本标准另有规定者外，均应按下列国家标准执行：

《建筑抗震设计规范》；
《室外给水排水和煤气热力工程抗震设计规范》；
《混凝土结构设计规范》；
《砖石结构设计规范》；
《钢结构设计规范》；
《建筑地基基础设计规范》。

第二章 场地、地基和基础

第一节 场 地

第2.1.1条 进行抗震鉴定时，场地土的分类宜符合下列规定：

一、Ⅰ类——坚硬土，包括岩石，密实的碎石类土，坚硬的老粘性土。

二、Ⅱ类——中等土，除Ⅰ、Ⅲ类以外的一般稳定土。

三、Ⅲ类——软弱土，包括淤泥，淤泥质土，松散的砂，新近沉积的粘性土和轻亚粘土（粉土），可液化土，静基本容许承载力小于130kPa的填土。

注：场地土一般可按基础底面（或端承桩支承面以下）10m范围内或摩擦桩桩长范围内土的类别划分，当上述范围内的土为多层土时，可按厚度加权平均的方法确定土的类别。

第2.1.2条 在8度和9度地区，对基岩上的构筑物，除基本周期小于或等于0.3s的A类构筑物外，其抗震构造措施可按鉴定加固的烈度降低1度采用，但地震力应按原鉴定加固的烈度计算。

第2.1.3条 Ⅲ类场地土上基本周期等于或大于1.2s

的A类构筑物和各类重要性等级构筑物的突出屋面小型结构，除应满足本标准有关章节的抗震要求外，还宜适当提高薄弱部位的安全系数，并应设有具有良好吸能能力的抗侧力结构（当采用交叉支撑时，斜撑杆的长细比不宜大于120），或设有先行出现塑性变形的辅助（或赘余）抗侧力结构体系。

第2.1.4条 对建在不均匀地基（如故河道，暗藏的塘浜沟谷的边缘地带，边坡的半挖半填地段，山区中岩石与土交接地带，以及成因、岩性或状态明显不同的其它严重不均匀地层）或不同型式基础上的同一构筑物结构单元，除应满足有关章节的抗震要求外，尚应考虑不均匀沉降和不同地震反应对结构的不利影响，可在不均匀地基交界处或不同型式基础处及其附近，对结构的薄弱部位（强梁弱柱纯框架结构中的柱，强柱弱梁纯框架结构中的梁，以及梁柱节点，大偏心结构单元的角柱，沿主轴方向杆件长细比值大的柱间支撑等），采取提高其承载能力和对不均匀沉降适应能力的措施，采取调整不同区段结构侧向刚度等以减少地震反应差异的措施，设置先行出现塑性变形的辅助（或赘余）抗侧力结构体系。

注：不均匀地基上地震受损后可能形成严重次生灾害的刚性管线，也应设有减轻不均匀沉降影响的措施。例如，对管道采用柔性接头，设有可伸缩段，当管道穿过墙体时墙体具有较大的孔洞尺寸，并填有柔性吸能材料等。

第2.1.5条 对建在条形突出的山脊、高耸孤立的山丘上的A、B类长周期构筑物，宜采取符合本标准第2.1.3条规定的措施，并宜提高其侧向刚度。

第2.1.6条 对有全地下室、箱形基础或筏片基础的构筑物，除主要受力层有软弱土和可液化土外，一般可适当降低结构的抗震构造要求。

第二节 非液化土地基和基础

第2.2.1条 在非地震组合力作用下，当构筑物沉降已经稳定且现有状况良好，或沉降虽未稳定但已确定其地基基础能够满足非地震组合力作用下的设计要求时，除下列情况外，可不进行其地基基础的抗震验算和抗震加固：

一、8度或9度区，使用条件下受较大的水平推力且地震时水平力有较大增加的结构（如挡土墙等）或构件（如拱脚、井架的斜杆等），宜进行其基础的抗滑稳定性验算。

二、对要求进行结构抗震强度验算的高重心的高耸构筑物，宜验算其地基的抗震强度。

三、当构筑物结合抗震加固进行改建而荷载有较大增加时，应对其地基基础进行静承载力计算和抗震验算。

第2.2.2条 进行非液化土地基的抗震强度验算时，地震组合力作用下的地基承载力应满足下列公式要求：

$$\sigma \leqslant \Psi_1 \Psi_2 R \qquad (2.2.2\text{-}1)$$

$$\sigma_{max} \leqslant 1.2\Psi_1 \Psi_2 R \qquad (2.2.2\text{-}2)$$

式中 σ、σ_{max}——分别为基础底面的平均压应力和基础边缘的最大压应力（kPa）；

R——地基基础设计规范规定的经基础宽度和深度修正的地基土静容许承载力（kPa）；

Ψ_1——地震短暂作用对地基土容许承载力的调整系数，可按表2.2.2-1取用；

Ψ_2——地基土长期受压后容许承载力的提高系数。对岩石、碎石土、新近沉积粘性土、淤泥及地下水位以下的淤泥质土，应取$\Psi_2 = 1$；对其它土类，在地基沉降已经

稳定，且构筑物未出现因地基变形引起的裂缝等损坏和超过容许的地基变形值时，可按已有构筑物基础下地基土承载力试验值与原地质勘察资料中相应标高土层试验值（或在自由场地相应标高同类土的试验值）的对比结果取值，当无勘察资料时，也可按表2.2.2-2取值。

地震短暂作用对地基土容许承载力调整系数 表 2.2.2-1

序号	地基土名称和状态	Ψ_1值
1	岩石，密实的碎石土，密实的砾、粗、中砂，静容许承载力$[R] \geq 300\text{kPa}$的一般粘性土	1.5
2	中密和稍密的碎石土，中密和稍密的砾、粗、中砂，密实和中密的细、粉砂，$150\text{kPa} \leq [R] < 300\text{kPa}$的一般粘性土	1.3
3	稍密的细、粉砂，$100\text{kPa} \leq [R] < 150\text{kPa}$的一般粘性土，新近沉积粘性土	1.1
4	淤泥、淤泥质土，松散的砂，填土	1.0

地基土长期承压后容许承载力提高系数 表 2.2.2-2

σ_s/R	≥ 0.8	$0.8 > \sigma_s/R \geq 0.7$	$0.7 > \sigma_s/R \geq 0.6$	< 0.6
Ψ_1值	1.25	1.2	1.1	1.0

注：σ_s系已有构筑物基础底面的实际平均压应力（kPa）。

第 2.2.3 条 对结合抗震加固进行改建的构筑物，如作用于基础上的重力荷载有较大增加时，除应验算地震组合力作用下的地基承载力外，尚应按下列公式验算非地震组合力作用下的地基承载力：

$$\sigma' = \Psi_2 R \qquad (2.2.3\text{-}1)$$
$$\sigma'_{max} \leq 1.2\Psi_2 R \qquad (2.2.3\text{-}2)$$

式中 σ'、σ'_{max}——分别为改建后非地震组合力作用下基础底面的平均压应力和基础边缘的最大压应力（kPa）。

2.2.3-1和2.2.3-2公式中，地基土经长期受压容许承载力提高系数Ψ_2应按第2.2.2条取值，但静力验算中的可液化土也可按试验对比值或表2.2.2-2取值。

对A、B类构筑物，当选用的Ψ_2值大于1时，应按国家的《地基和基础工程施工及验收规范》进行沉降观测。

第 2.2.4 条 对非液化土地基上的基础进行地震组合力作用下的抗滑验算时，抗滑阻力可考虑基础底面与地基土之间的摩擦力与基础正侧面被动土压力的1/3，经验算不符合要求时，应采取适当措施，例如，设置符合本标准附录二要求的混凝土地坪；增设抗滑趾；增设基础梁（或联系梁），其与基础的连接应按能承受地震时出现的拉力和压力，其值对杆系结构可取与其相连的支撑斜杆按实际截面出现屈服和压曲时内力的水平分量。

第 2.2.5 条 对要求验算结构抗震强度的高位贮仓、高架砖混通廊、塔类结构等高重心的高耸构筑物，应按下列公式进行地震组合力作用下的抗倾覆验算；

对矩形基础 $\quad e_0 \leq 0.25B \qquad (2.2.5\text{-}1)$
对圆形基础 $\quad e_0 \leq 0.22D \qquad (2.2.5\text{-}2)$

式中 e_0——地震组合力作用下基础底面竖向力和弯矩的合力作用点对基础底面截面形心的偏心距（m）；
B——验算方向的矩形基础宽度（m）；

D——圆形基础直径（m）。

不符合要求时，应采取扩大基础、减少偏心距等措施。

第三节 可液化土地基

第 2.3.1 条 当构筑物地基土在室外地面以下15m范围内有饱和砂土或轻亚粘土时，应对其地震时是否可能液化及地基液化危害性进行鉴定，并应按地基的液化等级和构筑物类别确定工程处理原则。

（Ⅰ）液 化 判 别

第 2.3.2 条 饱和砂土层和轻亚粘土层可按下列单项指标进行液化判别：

一、地质年代为第四纪晚更新世（Q_3）或其以前的砂土或轻亚粘土，可判为非液化土。

二、7度、8度和9度区，粒径小于0.005mm颗粒的含量百分率分别不小于10、13和16的轻亚粘土，可判为非液化土。

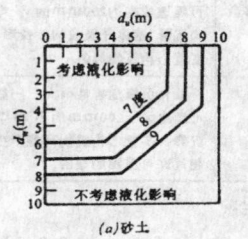 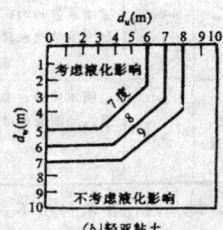

图 2.3.2 采用d_w和d_u初判液化可能性
d_u—上覆非液化土层厚度（m），计算时宜扣除淤泥和淤泥质土，
d_w—地下水位深度（m）

注：用于液化判别的粘粒含量系采用六偏磷酸钠作分散剂时的测定值；当采用其它方法测定时，应按有关规定换算。

三、对天然地基上基础埋置深度不超过2m的构筑物，根据其地基土上覆非液化土层厚度和地下水位深度在图2.3.2的位置，确定是否考虑液化影响，当基础埋置深度超过2m时，应将上覆非液化土层厚度和地下水位深度各减去超过值后查图确定。

经初判确定为可能液化或需考虑液化影响的饱和砂土或轻亚粘土，应按第2.3.3条或第2.3.4条的要求作进一步鉴定。

第 2.3.3 条 当饱和砂土层和轻亚粘土层的标准贯入锤击数实测值$N_{63.5}$（未经杆长修正）小于下式算出的液化临界标准贯入锤击数N_{cr}时，则可判为可液化土层。

$$N_{cr} = N_0[0.9 + 0.1(d_s - d_w)]\sqrt{\frac{3}{\rho_c}} \qquad (2.3.3)$$

式中 d_s——饱和土标准贯入点深度（m）；
d_w——地下水位深度（m）；
ρ_c——粘粒含量的百分率（%），当$\rho_c < 3$时，取$\rho_c = 3$；
N_0——饱和土的液化临界标准贯入锤击数，对7、8、9度区可分别取 6、10和16。

第 2.3.4 条 当利用原有地质勘察资料进行饱和轻亚粘土液化判别而缺少粘粒含量指标时，可按式2.3.4-1或2.3.4-2进行鉴定，当标准贯入锤击数$N_{63.5}$小于由下列公式算出的临界标准贯入锤击数N_{cr}值时，确定为可液化轻亚粘土层：

$$N_{cr} = N_0[0.9 + 0.1(d_s - d_w)]\alpha_c \qquad (2.3.4\text{-}1)$$
$$N_{cr} = N_0[0.9 + 0.1(d_s - d_w)]\alpha_{1v} \qquad (2.3.4\text{-}2)$$

式中 a_c——考虑粘粒含量影响的修正系数，对7、8和9
度区，分别取0.68、0.63和0.56；

a_{1p}——考虑塑性指数影响的经验系数，

$$a_{1p} = \sqrt{\frac{1}{1 + 0.67(I_p - 3)^{0.45}}}$$

当 $I_p < 3$ 时，取 $I_p = 3$。

（Ⅱ）地基液化危害性鉴定

第2.3.5条 当地面以下15m深度范围内经判定有液化土层时，应按地基液化指数由表2.3.5确定地基液化等级和据此判断液化沉降危害性。

地基的液化等级确定和液化沉降危害性判断　　表2.3.5

地基液化等级	液化指数 P_l	地面可能出现的喷水冒砂和变形	不均匀沉降对构筑物的危害程度
Ⅰ（轻微）	$0 \sim 5$	地面无喷水冒砂，或仅在洼地、河边有零星的小喷冒点	液化沉降危害性小，一般不致引起明显震害
Ⅱ（中等）	$5 \sim 15$	喷水冒砂的可能性很大，从轻微喷水冒砂到严重喷水冒砂的均有，但多数属于中等喷水冒砂	液化沉降危害性较大。当地基主要受力层有液化土层时，可能造成高达200mm的不均匀沉降，墙体开裂或构件变形，高重心构筑物倾斜
Ⅲ（严重）	>15	喷水冒砂一般都很严重，地面变形很明显	液化沉降危害性很大，一般可产生大于200mm的不均匀沉降，高重心构筑物可能产生超过许可范围的倾斜

地基液化指数可按下式确定：

$$P_l = \sum_{i=1}^{n} \left(1 - \frac{N_i}{N_{cri}} \right) d_i \omega_i \qquad (2.3.5)$$

当 $(1 - N_i/N_{cri}) \leqslant 0$ 时为不液化点，均取零。

式中 P_l——地基液化指数；

N_i 和 N_{cri}——分别为土层中第 i 个标准贯入点的标准贯入锤击数实测值和临界值；

n——每个钻孔中饱和土层的标准贯入点总数；

d_i——第 i 个标准贯入点所代表的土层厚度（m），按图2.3.5(a)确定；

ω_i——d_i 层中点深度处考虑第 i 液化土层层位影响的权函数（m^{-1}），按图2.3.5(b)取用。

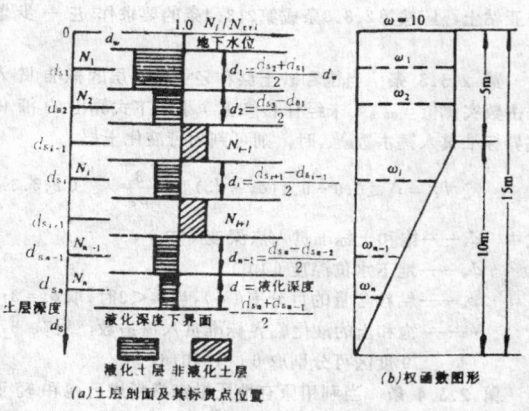

(a)土层剖面及其标贯点位置
(b)权函数图形

图 2.3.5 液化指数计算简图

液化土地基所产生的不均匀沉降对构筑物的危害程度可按表2.3.5粗略判断。

（Ⅲ）液化土地基的工程处理原则和措施

第2.3.6条 根据地基液化等级，应按构筑物的重要性类别及其对地基液化不均匀沉降的敏感性大小确定工程处理原则。工程处理原则和措施可按表2.3.6选用。

液化土地基的工程处理原则　　　表2.3.6

构筑物重要性类别	地基的液化等级		
	Ⅰ	Ⅱ	Ⅲ
A	（丙）或（乙＋丙）	（乙＋丙）或（甲）	（甲）
B	（丙）或不采用附加措施	（乙＋丙）	（乙＋丙）或（甲）
C	可不采用附加措施	不采取附加措施，或采取丙类措施	（丙）

表中，构筑物重要性类别应按本标准第1.0.5条确定。

工程处理原则的类别应按下列要求划分。对液化沉降敏感的B类构筑物，当地基液化等级为Ⅱ、Ⅲ时，宜从严选用工程处理原则。

甲类——全部消除地基液化可能及避免液化沉降；

乙类——减轻地基液化或液化不均匀沉降；

丙类——减少不均匀沉降对构筑物危害的结构构造措施。

根据上述工程处理原则，可按第2.3.7条、第2.3.8条选用相应的处理措施。当液化土层上界面距基底大于4m且位于地基主要受力层以下时，对基本周期不大于0.5s的构筑物，可不因液化土地基采取附加措施。在选择处理措施时，除不均匀沉降敏感的A、B类建筑应从严要求外，对其它结构，宜首先考虑结构构造措施，有条件时消除产生液化的某些因素，必要时才进行地基处理。

注：①对基本周期大于1.2s的A类构筑物，还应满足本章第2.1.3条的有关要求。

②当同一构筑物相邻单元之间或构筑物与相邻建（构）物之间的地基液化指数相差悬殊时，对A、B类建筑尚应满足第2.1.4条的有关要求。

③液化敏感的结构包括对不均匀沉降有严格要求的柱承式贮仓等强柔隔柱结构，支承柱塑性变形能力低的结构，对倾斜有严格要求、基本周期大于1.2s的高耸结构，对渗漏有严格要求的地下钢筋混凝土结构，天然地基上的井塔等。

第2.3.7条 对已有构筑物的可液化土地基，如需完全消除或部分消除液化可能性或其不均匀沉降危害性时，可按具体条件选用下列某一项或几项措施：

一、采用桩基，特别当原为深入非液化土的桩基而仅需适量增加桩数时，可在原基础周侧补设桩并以现浇钢筋混凝土承台与原基础连成整体，此时，桩基抗震设计应符合本章第四节要求。

二、降低地下水水位。消除因槽、罐、管道等渗漏及排水系统不合理造成地下水水位显著提高的因素，以使基底下减少饱和土厚度和增加非饱和土层厚度。降低水位后对减少液化及其沉降危害性的效果，应再作评定。

三、设置排水桩或挤密砾石桩（以下统称排水桩），可在条形基础两侧和块式基础周侧设置竖向砾石排水桩，或在大块基础周侧设置排水桩，而在基底采用旋喷桩。排水桩的有效深度，对基本周期大于1.2s的A类构筑物、柱承式贮仓和井塔，宜至可液化土层的底面，对基本周期不大于0.5s的各类构筑物，宜残留可液化土层，此时，基底以下处理深度不应小于4m，且不应小于地基主要受力层深度。基础侧边排水桩处理范围不应小于排水桩长度的1/2，且不宜小于2m。在排水桩处理范围以及以远一定区段的地表面，应铺设渗透系数大的粗粒料层以组成横向排水通道，在其上应铺设混

凝土预制板块等面层以防止排水通道淤塞。排水桩的设计应经过专门计算。

四、透水压重处理。在构筑物基础侧边增加孔隙比大的材料，以增加覆盖压力，减轻浅层饱和土的液化程度。例如，采用堆砂土或重料，或对局部地面更换质大且孔隙比大的材料。覆盖压力应经过计算，压重范围可按第三款要求取用。

当各类构筑物的基础附近有池坑、沟壕时，均宜采取防止喷水冒砂的措施。

五、穿过已有基础打眼后用旋喷桩加固基础以下的可液化土层，并在基础侧边设旋喷桩。

六、基础周侧用板桩、挤密砾石桩或地下连续墙等围封，板桩或连续墙宜深至不透水土层。

七、当可液化土层位于浅层且基底以下的厚度不大时，可采取基础托换法，将基础加深至非液化土层。

八、对 B、C 类建筑，可采取覆盖法，将基侧回填土换成渗透系数大的粗粒料，并使其与铺设于地表的粗粒料层连通，上设可靠锚固且经计算的钢筋混凝土地坪。

第 2.3.8 条 为减少由地基土液化产生的不均匀沉降对构筑物的危害程度，提高构筑物对不均匀沉降的适应能力，可按具体条件选用下列某项或几项措施：

一、结合上部结构加固，适当提高基础和（或）结构的竖向整体刚度。

二、对选用的圈梁适当增大其截面高度和（或）主筋直径，并加密其节点的封闭箍筋。

三、减轻结构重量；在工艺可能条件下，根据各区段地基液化指数的大小，调整荷载分布。

四、地基液化指数明显不同的区段，可采用本标准第2.1.4条措施。

五、检查地下室、半地下室的地坪及地下管沟、窨井等地下设施，当这些设施有上浮或成为抗喷水冒砂薄弱环节的可能时，应采取防止喷水冒砂的措施。

第四节 桩 基

第 2.4.1 条 对使用条件下主要承受垂直荷载的低承台桩基，当同时满足下列条件时可不进行桩基的抗震强度（竖向承载力和水平承载力）验算。

一、构筑物结构没有因桩基不均匀沉降引起损坏。

二、桩尖和桩身周围无可液化土层。

三、桩承台周围无可液化土、淤泥、淤泥质土、松砂或疏松的回填土。

四、地震时没有因边坡滑坡、崩塌和相邻建（构）筑物倾倒等震害而对桩产生附加水平推力。

第 2.4.2 条 非液化土地基中的低承台桩基当不符合本标准第2.4.1条要求时，可按下列要求验算抗震承载力或采取措施：

一、桩基竖向承载力的抗震验算，可按工业与民用建筑地基基础设计规范中静竖向承载力的验算方法进行，但在地震组合力作用下单桩容许承载力的取值，当桩承台周侧设有符合本标准附录二要求的混凝土地坪时，可取1.4倍单桩静容许承载力；当未设置上述地坪时，则应扣除承台以下 3 m 长度范围内桩与桩周土的摩擦力。

二、桩基水平承载力的抗震验算，除可考虑桩自身的水平抗力（按1.25倍静容许水平抗力取用）外，当无混凝土地

坪时，还可按第2.2.4条规定考虑承台正侧面土的水平抗力；当有上述地坪时，还可考虑地坪的水平抗力，但所有情况均不应考虑承台底面与土之间的摩擦力。

第 2.4.3 条 对于穿过可液化土层在使用条件下主要承受竖向荷载的低承台桩基，当无第2.4.1条第四款的次生灾害，且承台四周有厚度不小于 2 m 的非液化土和非软弱土，或设有符合本标准附录二要求的混凝土地坪时，对液化土中桩基的水平承载力可不进行抗震验算；但在 8 度和 9 度区，应按下列两个阶段对桩基的竖向承载力进行抗震验算。

一、第一阶段，设水平地震力已达最大值但地中孔隙水压力尚未显著影响桩的承载力，可按第2.4.1条和2.4.2条非液化土中桩基要求执行。

二、第二阶段，设地震已消逝而所有可液化土层均已液化，可按无地震作用时（即在考虑水平地震力的特殊组合中扣除水平地震力一项）验算桩的竖向承载力。单桩的竖向容许承载力可按下式确定：

$$N = P_a - T \qquad (2.4.3)$$

式中 N——单桩竖向容许承载力（kN）；

P_a——土层未液化时的单桩容许承载力（kN），按第2.4.2条第一款确定；

T——考虑由于土层液化及桩的上部与桩周土脱离而使容许摩擦力减少的总值（kN），其中，桩的上部与桩周非液化土脱离的长度，当具有符合要求的混凝土地坪时可取为零；当无此条件时，可取 3 m。

经验算不能满足要求时，宜采取减少桩与桩周土间摩擦力的措施。例如，当原未设混凝土地坪时，增设之，对可液化土层进行防液化处理等。必要时，也可增加桩数并与原基础连成整体。

桩伸入稳定土层中的长度（不包括桩尖长度）应按计算确定，但对碎石类土、砾砂、粗砂、中砂和坚硬粘性土，不宜小于0.5m，对其它非岩石土，不宜小于 2 m。

第五节 挡土墙和边坡

第 2.5.1 条 在 7 度区Ⅲ类场地土和8 度、9 度区，墙身高度大于 4 m 的挡土墙，应验算墙身及其地基基础的抗震强度和稳定性。

对高度不大于12m的挡土墙，作用于墙身的水平地震力可按下式计算：

$$P_i = C_z a W_i \qquad (2.5.1-1)$$

式中 P_i——第 i 截面上由墙身自重产生的水平地震力（kN/m）；

C_z——综合影响系数，对硬质岩石地基可取0.2，对其它土质地基可取0.25；

a——水平地震影响系数，对 7、8 和 9 度地区分别应取 0.1，0.2和0.4；

W_i——第 i 截面以上墙身自重（kN/m）。

作用于挡土墙的地震主动土压力 E'_A 可按库伦公式计算，但公式中的内摩擦角 φ、墙背摩擦角 δ_0 和土的容量 γ 应分别用（$\varphi - \theta$）、（$\delta_0 + \theta$）和 $\gamma/\cos\theta$ 代替，即：

$$E'_A = \frac{\gamma H^2}{2} K'_A \qquad (2.5.1-2)$$

式中 E'_A——地震时作用于墙背每延米长度上的主动土压力（kN/m），确定其作用点和方向的方法

与不考虑地震时相同；

γ——土的容重（kN/m^3，水下时取浮容重）；

H——挡土墙墙身高度（m）；

K_A'——地震时主动土压力系数。

地震时主动土压力系数可按下式计算，或按库伦公式中代换前述内摩擦角、墙背摩擦角和土的容重后直接查表求得。

$$K_A' = \cos^2(\varphi - \theta - e_0) / \{\cos\theta \cdot \cos^2 e_0 \cdot \cos(e_0 + \delta_0 + \theta)$$
$$\times \left[1 + \sqrt{\frac{\sin(\delta_0 + \varphi) \cdot \sin(\varphi - \theta - \lambda)}{\cos(\delta_0 + \theta + e_0) \cdot \cos(e_0 - \lambda)}}\right]^2\}$$

$$(2.5.1\text{-}3)$$

式中　φ——土的动内摩擦角（°）；

δ_0——墙背与填土之间的动摩擦角（°）；

e_0——墙背与铅直线间的夹角（°），墙板俯斜时取正值，仰斜时取负值；

λ——墙背填土与水平面间的夹角（°）；

θ——地震角（°），即重力和水平地震力的合力与铅直线间的夹角（如图2.5.1），按表2.5.1采用。

地震角 θ 值　　　表 2.5.1

鉴定加固的烈度	7　度	8　度	9　度
非 浸 水	1°30′	3°	6°
浸　水	2°30′	5°	10°

注：①当为可液化土时，φ、δ_0 值均取为零。
②当无动摩擦角 φ、δ_0 的可靠试验资料时，可近似地按静摩擦角取值。

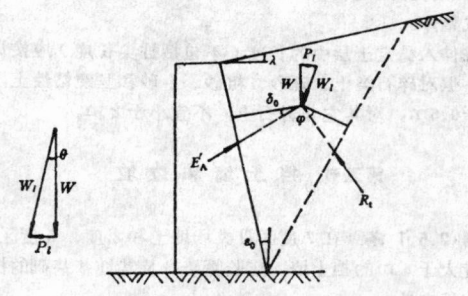

图 2.5.1　地震时作用于滑动土楔上力的示意图

第 2.5.2 条　挡土墙的地基应按第2.2.2条进行抗震承载力验算。不满足要求时，可增设墙趾以扩大基底面积。

第 2.5.3 条　挡土墙可按工业与民用建筑地基基础设计规范进行抗震稳定性验算，此时，根据挡土墙的重要性和可能导致的危害性大小，抗倾覆安全系数和抗滑安全系数可分别取1.0~1.2和1.0~1.1；基底偏心距应符合下列要求：对岩石地基不大于$B/3$，对一般土地基不大于$B/5$，对容许承载力小于200kPa的土不大于$B/6$，其中，B为基础宽度。

不满足上述要求时，可在墙下增设较深且为原坑浇灌的墙趾，以利用墙前的被动土压力增大挡土墙的抗滑阻力，并可利用新增墙趾增大基底面积以减少基底偏心距和增大抗倾覆能力。

第 2.5.4 条　当构筑物建在非岩质陡坡上或者风化破碎且节理裂隙发育的岩质陡坡上时，可按表2.5.4进行抗震鉴定。不符合表中边坡高度和坡度的限制条件时，应进行抗滑稳定性验算。

地震区边坡高度与坡度的最大值　　　表 2.5.4

类别	岩石类别	边坡最大高度(m) 7度	边坡最大高度(m) 8度	边坡最大高度(m) 9度	边坡坡度
a	完整岩石边坡，未风化或风化轻微、节理不发育（一般为1~2组以下）的硬质岩石，岩体一般呈整体或厚层状结构	25	20	18	1:0.1~1:0.3
b	较完整岩石边坡，风化频重或节理较发育（一般为2~3组）的硬质岩石，岩体呈块状结构及风化轻微、节理不发育的软质岩石	20	18	15	1:0.25~1:0.75
c	不完整岩石边坡，风化严重或节理发育（一般在3组以上）的硬质岩石，岩石呈碎石状结构以及b类以外的软质岩石	15	12	10	1:0.5~1:1
d	半岩质边坡（包括第三纪岩石及具有一定胶结的碎石类土）	15	12	10	1:0.5~1:1
e	松散碎石类土边坡	10	8	6	1:1~1:1.75
f	一般粘性土边坡	12	10	8	1:0.5~1:1.5

注：下部为基岩、上部为覆盖土层的边坡，可视覆盖土层的胶结程度参照 d、e类边坡取值。

地震作用下土坡的抗滑稳定性验算，可采取土坡稳定的条分法，安全系数不宜小于1.1。作用于滑动面以上各土条重心处的水平地震力可按下式计算：

$$P_i = C_e \alpha W_i \qquad (2.5.4)$$

式中　C_e——综合影响系数，取0.25；

α——水平地震影响系数；

W_i——第i土条的重量（kN/m）。

第 2.5.5 条　为提高边坡的抗震稳定性，可采取下列措施或其它有效措施。

一、放缓边坡，设置有较宽平台的阶梯式边坡。

二、合理排水，坡面种草植树。

三、对临空面采取护岸措施，防止坡脚的浸蚀。

四、在构筑物与其上方陡坡之间修建宽而深的沟或挡墙，以截止滚石或小的滑体。

五、消除构筑物上方的崩塌体，设锚杆，加支挡。

六、对风化严重或节理发育的岩质边坡采取延缓风化的措施。

七、当坡脚或坡体有可液化土层时，采取防液化等措施以减少滑动危险性和缩小滑动范围。

第三章　贮　仓

第一节　钢筋混凝土贮仓

第 3.1.1 条　对贮存散状物料的独立体系钢筋混凝土贮仓进行抗震鉴定时，应检查下列部位和内容：

一、柱承式贮仓中，支承柱的轴压比和配筋率，支承柱上下端和支承框架梁柱节点的封闭箍筋设置；柱间设有填充墙时墙体的材料、砌筑质量及其与柱的拉结，柱间设有支撑时支撑的配置及节点强度。

二、筒承式贮仓支承筒洞口的加强构造。

三、仓上建筑承重结构与仓顶的连接，屋面与其承重结构的连接等保证结构整体性的措施。

四、贮仓与毗邻结构（高架通廊、其它群仓结构单元和过渡平台等）之间的关系。

五、柱承式贮仓结构单元有无产生严重偏心的因素。

六、柱承式贮仓有无产生不均匀沉降的地基条件。

（Ⅰ）结构抗震验算

第 3.1.2 条 贮仓的下列部位可不进行抗震强度验算：

一、贮仓仓体。

二、下列情况的仓下支承结构：

1. 7度区Ⅰ、Ⅱ类场地土，柱承式方仓的支承柱。

2. 7度和8度区，截面总面积接近仓壁截面面积且布置均匀的圆筒仓支承柱。

3. 7度区，筒承式贮仓的支承筒；8度区，双面配筋、壁厚不小于150mm，且在同一水平截面内的孔洞圆心角之和不超过110°、每个孔洞的圆心角不超过55°的支承筒。

三、下列情况的仓上建筑：

1. 7度区和8度区，构造柱和圈梁的设置符合要求的砖混结构，钢柱或钢筋混凝土柱下端为刚接的轻、重屋盖结构。

2. 9度区，钢柱下端为刚接且为轻质材料围护的结构。

第 3.1.3 条 对于需要验算抗震强度的贮仓，应按下列要求进行水平地震力计算：

一、应按结构单元的两个主轴方向分别进行计算。

二、对仓上建筑为单层结构的柱承式贮仓结构单元，可简化为单自由度体系，按第3.1.4条进行计算。

三、对筒承式贮仓以及仓上建筑为多层结构的柱承式贮仓，应按工业与民用建筑抗震设计规范的振型分析法进行计算。

四、结构影响系数对柱承式方仓不得小于0.4，对筒承式贮仓和柱承式圆筒仓不得小于0.35。

五、散状贮料的有效重量可按满仓的贮料重量乘以表3.1.3的相应折减系数。

散状贮料有效重量折减系数　表 3.1.3

计 算 项 目		周期计算和水平地震力计算	抗震强度验算的内力组合
折减系数组成		贮料充盈程度与耗能	贮料充盈程度
单仓和双联仓	柱承式仓	0.9	0.9
	筒 仓	0.75	
三联及以上的群仓	柱承式仓	0.8	0.8
	筒 仓	0.65	

第 3.1.4 条 仓上建筑为单层结构的柱承式贮仓按下列规定进行水平地震力计算：

一、结构计算简图可简化为两质点[如图3.1.4(b)，分别作用于仓下柱的顶部和仓上建筑的屋盖处]或单质点[如图3.1.4(c)，作用于仓下柱的顶部]体系。

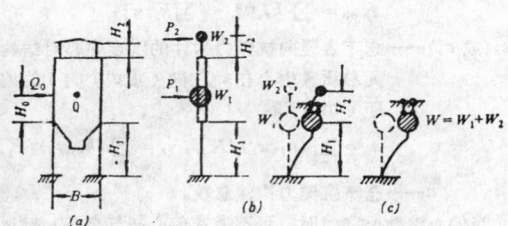

（a）结构简图（0-贮料质心）；（b）两质点计算简图；
（c）单质点计算简图
图 3.1.4　柱承式贮仓结构计算简图

二、结构基本周期可按下式计算：

$$T_1 = 2\pi\sqrt{\frac{W\delta_{11}}{g}} \qquad (3.1.4\text{-}1)$$

式中　W——仓下柱顶部以上结构和设备全部重量、散状物料有效重量，以及仓下柱重量的40%之和（kN）；

g——重力加速度（m/s²）；

δ_{11}——单位水平力作用于柱顶（质点1）时在该处引起的水平位移（m/kN）。对空框架支承结构，应按下式计算：

$$\delta_{11} = \frac{H_1^3}{12\sum_{i}^{n}E_iJ_i} \qquad (3.1.4\text{-}2)$$

其中，H_1为仓下支承柱高度（m）；E_i、J_i分别为i柱的弹性模量（kPa）和截面惯性矩（m⁴）；n为仓下柱根数。

对有实心砌体填充墙的支承框架，可按下式计算：

$$\delta_{11} = 1/K_{fw} \qquad (3.1.4\text{-}3)$$

其中，K_{fw}为填充墙框架的侧移刚度（kN/m），可按《建筑抗震设计规范（GBJ11—89）》计算。

对设有柱间支撑的支承框架，可按本章公式3.1.9-1进行计算。

三、对于作用于各质点的水平地震力，当按工业与民用建筑抗震设计规范的振型分析法计算时，可直接求得；当按底部剪力法计算时，由此算出的仓上建筑质点的水平地震力[图3.1.4(b)]的P_2值应乘以局部放大系数，其值可按表3.1.4由相关参数T_2/T_1或ρ_T求得。

仓上建筑水平地震力放大系数β_c　表 3.1.4

相关参数		T_2/T_1	≤0.4	0.5	0.6	0.7	0.8	≥0.9
		ρ_T	≥0.72	0.6	0.47	0.34	0.22	≤0.105
仓上建筑结构类型	砖混结构，钢筋混凝土结构		1	1.2	1.5	2		3
	钢 结 构							6

表中，T_1、T_2分别为柱承式贮仓的基本周期和第二振型周期；相关参数ρ_T可按下式计算：

$$\rho_T = \sqrt{(W_1\delta_{11} - W_2\delta_{22})^2 + 4W_1W_2\delta_{11}^2}/(W_1\delta_{11} + W_2\delta_{22})$$
$$= \frac{1 - (T_2/T_1)^2}{1 + (T_2/T_1)^2} \qquad (3.1.4\text{-}4)$$

式中　δ_{22}——按图3.1.4(b)计算简图，作用于质点2的单位水平力在该点处引起的水平位移（m/kN）；

W_1——集中于仓下柱顶部的重量（kN），包括仓体结构自重，贮料有效重量和置于仓顶平台上的设备等重量，以及仓下支承柱重量的40%；

W_2——仓上建筑及置于其上的设备重量之和（kN）。

第 3.1.5 条 筒承式贮仓按下列规定进行水平地震力计算：

一、可简化为三质点[图3.1.5-(b)]，按下列近似公式计算基本自振周期：

$$T_1 = 2\pi\xi_T\sqrt{\sum_{n}^{N}(W_i\delta_{in}^2)/(g\cdot\delta_{nn})} \qquad (3.1.5\text{-}1)$$

式中 W_i——质点i的重量（kN），取质点i的上、下两质点之间高度范围内仓壁和贮料有效重量之和的一半。顶部质点设置在仓顶处，其重量还应包括仓顶平台、仓上建筑和设备的重量。最下部质点当取少数质点体系时，宜设置在支承筒壁与仓体交接处，该质点的集中重量应包括支承筒壁重量的40%；

ξ_T——支承筒壁孔洞影响系数，沿x轴方向计算时取1，沿y轴方向取0.85；

δ_{nn}、δ_{in}——作用于顶部质点n上的单位水平力分别在质点n和i处引起的水平位移（m/kN），可按第3.1.6条进行计算。

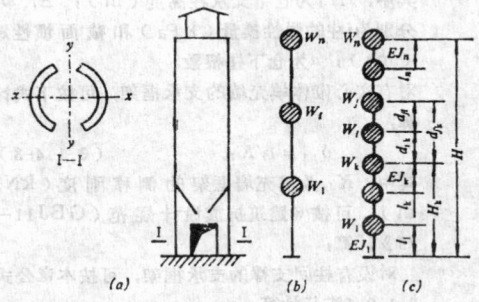

（a）结构简图；（b）取少数质点体系；（c）取较多质点体系

图 3.1.5 筒承式贮仓计算简图

二、当支承筒壁在孔洞处的截面惯性矩不小于仓体截面惯性矩的65%，且支承筒壁的高度不大于贮仓至仓顶总高度的30%时，筒仓可简化为单质点体系的悬臂梁计算简图，按公式3.1.4-1计算基本周期，但质点应取在仓顶；质点重量应取贮仓全部结构自重的1/4、贮料有效重量的1/2及仓顶平台以上仓上建筑和设备重量之和。

仓顶作用单位水平力时在该处引起的水平位移可按下式计算：

$$\delta = \frac{H^3}{3EJ} \qquad (3.1.5\text{-}2)$$

式中 H——筒仓总高（m）；

E、J——分别为仓体弹性模量（kPa）和截面惯性矩（m⁴）。

第 3.1.6 条 筒承式贮仓在单位水平力作用下的水平位移可按下列公式进行计算[图3.1.5（c）]：

一、沿x轴方向，贮仓按支承筒壁为下端固定而上端嵌固，仓体为悬臂梁的计算简图，由下式计算单位水平力作用下的水平位移：

$$\delta_{ij} = \delta_{ji} = \frac{l_1^3}{12EJ_1} + \sum_2^i \frac{l_k}{EJ_k}\left[d_{ji}d_{ki} + \frac{1}{2}l_k(d_{jk} + d_{ki}) + \frac{l_k^2}{3}\right] + \sum_2^i \frac{l_k}{GA_k} \qquad (3.1.6\text{-}1)$$

（$i = 2, 3, \cdots, n$；$j = 2, 3, \cdots, n$；$i \leqslant j$）

二、沿y轴方向，贮仓按悬臂梁的计算简图，由下式计算单位水平力作用下的水平位移：

$$\delta_{ij} = \delta_{ji} = \sum_1^i \frac{l_k}{EJ_k}\left[d_{ji}d_{ki} + \frac{1}{2}l_k(d_{jk} + d_{ki}) + \frac{l_k^2}{3}\right] + \sum_1^i \frac{l_k}{GA_k} \qquad (3.1.6\text{-}2)$$

（$i = 1, 2, \cdots, n$；$j = 1, 2, \cdots, n$；$i \leqslant j$）

式中 δ_{ij}——单位水平力作用于j处引起i处的水平位移（m/kN）；

l_1——底段的长度（m）；

J_1——底段筒壁开孔处弧形截面的惯性矩（m⁴）；

J_k——各段的截面惯性矩（m⁴）；

E——贮仓结构材料的弹性模量（kPa）；

l_k——各段的长度（m）；

d_{ji}——各质点间的高度差（m），$d_{ji} = H_j - H_i$，$d_{jk} = H_j - H_k$；

H_k——各质点的高度（m）；

G——贮仓结构材料的剪切模量（kPa）；

A_k——各段的截面面积（m²）。

当按公式3.1.5-1计算基本周期时，上列公式中的剪切变形项可不考虑。

第 3.1.7 条 柱承式方仓当组联的长宽比过大，且各仓格贮料因容重和（或）充盈程度相差过大而形成质量中心对刚度中心的偏心距过大时，可按振型分析法或确有依据的简化计算方法计算扭转地震效应。

当采用扭转效应系数法时，可按下式计算：

$$Q_t = \eta_t Q_0 \qquad (3.1.7)$$

式中 Q_t——偏心结构单元由地震扭转及平动产生于竖向抗侧力构件的地震剪力（kN）；

Q_0——偏心结构单元仅考虑平动时产生于竖向抗侧力构件的地震剪力（kN）；

η_t——偏心扭转影响系数，当$0.1 < \varepsilon \leqslant 0.3$时，可按$\eta_t = 0.65 + 4.5\varepsilon$计算；

ε——偏心参数，当水平地震力沿x轴（或y轴）方向作用而在y轴（或x轴）方向有偏心距e_y（或e_x）时，相应方向的偏心参数分别为

$$e_x = \frac{e_y y_s K_{xx}}{K_{\varphi\varphi}} \text{ 或 } e_y = \frac{e_x x_r K_{yy}}{K_{\varphi\varphi}};$$

y_s（或x_r）——在x轴（或y轴）方向的水平地震力作用下，相应方向第s（或r）竖向抗侧力构件与结构单元总质量中心的距离（m），其中，总质量指集中于仓下支承柱顶部的全部质量[图3.1.4（c），图中的重量换以质量]；

K_{xx}（或K_{yy}）——仓下各竖向抗侧力构件在x轴（或y轴）方向的平动刚度之和（kN/m），

$$K_{xx} = \sum_{s=1}^n k_{xs} \text{ 或 } K_{yy} = \sum_1^n k_{yr};$$

$K_{\varphi\varphi}$——仓下各竖向抗侧力构件对结构单元总质量中心的总抗扭刚度（kN·m），可忽略竖向抗侧力构件自身的抗扭刚度，

$$K_{\varphi\varphi} = \sum_{s=1}^n k_{xs} y_s^2 + \sum_{r=1}^n k_{yr} x_r^2;$$

e_x（或e_y）——仓下各竖向抗侧力构件的刚度中心对结构单元总质量中心在x方向（或y方向）的偏心距（m），

$$e_x = \sum_{r=1}^n (k_{yr} x_r)/K_{yy}, e_y = \sum_{s=1}^n (k_{xs} y_s)/K_{xx};$$

n——仓下抗侧力构件总数。

当偏心参数$\varepsilon \leqslant 0.1$时，可不考虑偏心扭转效应；当$\varepsilon > 0.3$时，应按空间体系，采用振型分析法等精确计算方法，或采取减少偏心距、增大抗扭刚度的措施。

第 3.1.8 条 结构和地基的抗震验算应取下列内力的最不利组合：

一、有效重力荷载作用下的压力，其中，散状物料的有效重力荷载应按实际最高料位时的重量乘以表3.1.3中仅考虑贮料充盈程度的折减系数。

二、作用于贮料质心处的水平地震力对仓下柱验算截面引起的地震剪力、弯矩和轴向压（拉）力，此项轴向压（拉）力可按Q_0H_0/B取用[式中符号见图3.1.4(a)]。

三、8度和9度区，按第一款有效重力荷载分别乘0.1和0.2所得的竖向地震力产生于竖向构件的内力，竖向地震力应考虑上下两个方向的作用。

第3.1.9条 对已有的或补设的纵、横向柱间支撑进行抗震验算时，斜杆长细比小于200的交叉支撑宜考虑拉、压斜杆共同工作，可按下列方法进行计算：

一、确定贮仓结构自振周期和柱列水平地震力分配时，柱间支撑在单位水平力作用下的位移可按下式确定：

$$\delta = \sum_i \frac{1}{1+\eta_i\varphi_i}\delta_{ti} \qquad (3.1.9-1)$$

式中 δ_{ti}——交叉支撑中仅考虑斜拉杆受力时，单位水平力作用下第i节间的相对位移（m/kN）；

φ_i——第i节间斜杆轴心受压稳定系数，应按钢结构设计规范采用；

η_i——第i节间偏心受力节点对斜压杆稳定的影响系数，对双角钢斜杆取$\eta_i=1$，对单角钢斜杆，当长细比$\lambda \leqslant 100$时取$\eta_i=0.7$，当$\lambda=200$时取$\eta_i=1$，λ为中间值时按线性插入。

二、第i节间支撑受拉斜杆的拉力可按下式确定：

$$N_{ti} = \frac{P_{bi}}{(1+\xi_c\eta_i\varphi_i)\cos\theta} \qquad (3.1.9-2)$$

式中 P_{bi}——第i节间分担的地震剪力（kN）；

ξ_c——非弹性工作阶段的交叉支撑中斜压杆的强度参与系数：$\lambda<100$时取$\xi_c=0.6$，$\lambda=100\sim200$时取$\xi_c=0.5$；

θ——斜杆与水平面的夹角（°）。

三、斜拉杆可按下式进行抗震强度验算：

$$\sigma = \frac{N_{ti}}{A} \geqslant K_1\sigma_s \qquad (3.1.9-3)$$

式中 A——斜杆截面积（m²）；

σ_s——杆件钢材的屈服点（kPa）；

K_1——强度安全系数，其值不得小于1。

当已有柱间支撑经验算$K_1<1$时，应加固或增设柱间支撑。

第3.1.10条 对已有或增设的柱间支撑，其节点应符合下列要求：

一、支撑节点的焊接连接，可按斜拉杆实际截面屈服内力与其连接等强的非抗震设计要求进行验算。

二、柱间支撑与柱连接预埋件的锚筋总面积宜符合下式要求：

$$A_s \geqslant \frac{K_2N}{0.6R_g}\left(\frac{\Psi_s\sin\theta}{\alpha_r\alpha_v} + \frac{\cos\theta}{\alpha_b} + \frac{e_0\sin\theta}{0.5\alpha_r\alpha_b z}\right) \qquad (3.1.10)$$

式中 N——支撑斜拉杆全截面屈服拉力（kN），$N=\sigma_s\cdot A$；

Ψ_s——斜拉杆屈服内力产生于节点的弯矩与剪力的组合作用系数，$\Psi_s=\left(1-\frac{e_0}{z}\right)^2$，当$\frac{e_0}{z}>1$时，取$\Psi_s=0$；

e_0——偏心距（m），即锚筋总截面面积中心线与支撑斜拉杆轴线的交点至锚板外表面的距离，当此

交点交于锚板外表面的内侧时取$e_0=0$；

z——外排锚筋中心线之间的距离（m）；

R_g——锚筋钢材受拉设计强度（kPa）；

σ_s——斜撑杆钢材屈服强度（kPa）；

α_r——锚筋排数影响系数，二排时取1，三排时取0.9，四排时取0.85；

α_v——锚筋抗剪强度影响系数，$\alpha_v=(4-0.08d)\times\sqrt{\dfrac{R_a}{R_g}}\leqslant 0.7$，其中，$R_a$为混凝土抗压设计强度，$d$为锚筋直径，取mm为单位的无量纲数值代入；

α_b——锚板弯曲变形影响系数，$\alpha_b=0.6+0.25l/d$，其中，t为锚板厚度（mm），当具有避免锚板弯曲变形的措施时，可取$\alpha_b=1$；

K_2——强度安全系数，取1.3，且$K_2\geqslant1.2K_1$，K_1为第3.1.9条支撑斜拉杆的强度安全系数。

当锚筋经验算不符合要求时，宜首先采取减少节点地震内力的措施。例如，对未设弦杆的节点补设弦杆或基础系梁以平衡斜拉杆屈服内力的水平分量；对锚板加焊加劲板使锚板弯曲变形系数等于1。必要时采取加固节点的措施。

（Ⅱ）抗 震 构 造 措 施

第3.1.11条 柱承式贮仓仓下支承柱的纵向钢筋应符合下列要求：

一、柱截面最小总配筋率不应小于表3.1.11-1的限值。

仓下柱截面最小总配筋率（%）　　表3.1.11-1

烈　　度		7度和8度	9　　度
柱 类 别	中柱、边柱	0.6	0.8
	角　　柱	0.8	1.0

二、大偏心受压柱截面每侧钢筋的最大配筋率，当无绑扎接头时，不应大于非抗震设计时数值的70%（对Ⅰ级钢筋或5号钢钢筋）或80%（对Ⅱ、Ⅲ级钢筋）；当有绑扎接头时，对A类建筑的支柱不应大于1%，且搭接长度应满足受拉钢筋要求，在搭接长度范围内封闭箍筋间距不宜大于边排纵向钢筋中最小直径的5倍。

注：当支柱纵向钢筋在其绑扎接头范围设置施加围压的外包钢板箍时，钢筋的最大配筋率可按无绑扎接头时取值。

三、对支承柱下列任一部位在高为柱截面长边（当贮仓纵向沿柱全高设有剪力墙、实心砌体填充墙或柱间支撑时，取高为柱横向截面尺寸）范围内设有焊接接头的纵向钢筋，其闪光接触对焊接头可不加固，电弧焊接头可按表3.1.11-2确定是否加固。

电弧焊焊接接头的加固范围　　表3.1.11-2

焊条型号　钢筋种类	T38	T42	T50	T55
Ⅰ级钢筋		不 加 固		
5号钢钢筋	加　固			
Ⅱ级钢筋				A、B类建筑，加固
Ⅲ级钢筋				

注：熔池焊焊接所用焊条应为氢型焊条。

1．仓底以下。

2．基础顶面以上，当有混凝土地坪时以地坪以上。

3．支撑框架柱与横梁交接面以外。

不符合上述要求时，应加固，或采取减少支承柱分担的水平地震力比例等措施，如加设符合要求的填充墙或柱间支撑等。

第 3.1.12 条 对未设置符合要求的填充墙、柱间支撑或框架横梁的贮仓支承柱，封闭箍筋应符合下列要求：

一、柱的下列区段内封闭箍筋应符合第二款的最低要求：

1. 对短柱以及偏心参数大于0.1（第3.1.7条）的群仓角柱，在其全高范围内。

2. 对其它柱，在柱两端高度为截面长边和柱净高1/6两者中较大值的范围内，对支承框架还包括梁柱节点。

注：支承柱净高 H_n 与验算方向柱截面高度之比 $H_n/h < 4$，或支承框架柱剪跨比 $M/Qh < 2$ 者，均视为短柱，包括与柱紧密结合的实心砌体填充墙由于开洞或半高设置所形成的短柱。上述 M、Q 分别为支承框架柱两端的地震弯矩和剪力。

二、加密区封闭箍筋的最小体积配箍率、最大间距及最小直径，应符合表3.1.12-1和表3.1.12-2的要求，不符合要求时，应加固。当仅需进行局部加固时，宜采用不因加固而局部增大柱截面的剪切补强，例如，采用施加预压的外包钢板箍等；当需要对柱全高进行加固时，宜按附录三采用耗能卸载或剪切补强措施。

最小体积配箍率（%） 表 3.1.12-1

封闭箍筋型式	烈度（度）	轴压比		
		≤0.3	0.3～0.45	0.45～0.6
复合箍或螺旋箍	7	0.4	0.6	0.8
	8	0.6	0.8	1.0
	9	0.8	1.0	1.2
普通矩形箍	7	0.6	0.8	(1.2)
	8	0.8	1.0	(1.6)
	9	1.0	(1.2)	(2.0)

注：① 轴压比 N/AR，N 指重力荷载产生的轴压力，A 为柱截面面积，R_a 为混凝土轴心抗压设计强度。混凝土标号不得小于200号，必要时，对B、C类建筑的现浇柱，可适当考虑混凝土的后期强度。
② 表中括号内数值对加固仅适用于外包钢板箍。
③ 当拉筋为下列情况之一时，才允许计入体积配箍率：1）两端均具有130°弯钩；2）设置直钩端那一侧有填充墙时；3）补设外包钢板箍时。

封闭箍筋最大间距和最小直径 表 3.1.12-2

烈度（度）	最大间距	最小直径
7	$10d$, 150mm	$\phi 6$, $d/4$
8	$8d$, 100mm	$\phi 8$, $d/4$
9	$6d$, 100mm	$\phi 10$, $d/4$

注：① d 为未设填充墙或柱间支撑的柱列中支承柱截面外排纵向钢筋的最小直径（确定箍筋间距）或最大直径（确定箍筋直径）；
② 箍筋间距不应大于表中数值的较小值，箍筋直径不应小于表中数值的较大值；
③ 当轴压比大于0.45时，还宜满足肢距不大于300mm的要求。

三、非加密区箍筋间距不宜大于加密区箍筋间距的两倍。

第 3.1.13 条 贮仓的支承空框架当同时符合下列要求时，可考虑框架梁对相应方向框架柱的耗能作用：

一、横梁位于支柱中段。

二、横梁线刚度大于支柱线刚度。

三、框架梁抗弯强度安全系数不小于1，且柱的抗弯强度安全系数不小于梁的抗弯强度安全系数的1.1倍，柱的抗剪强度安全系数不小于柱抗弯强度安全系数的1.2倍。

四、梁柱节点及梁端在宽为梁高范围内，封闭箍筋符合表3.1.12-2要求，且最大间距不大于梁高的1/4。

五、在梁的最大弯矩范围内连续纵向钢筋无接头。

第 3.1.14 条 当贮仓结构单元的支承柱（支承框架）设有填充墙时，填充墙应符合下列要求：

一、填充墙应为实心砖砌体，砖标号不应小于75号，砂浆标号不应小于25号。

二、贮仓单元端开间的柱间填充墙不应有洞口，9度区并应为钢筋网砂浆夹板墙。

三、填充墙与框架梁柱应具有可靠的连接。

四、填充墙应沿全高设置。

五、填充墙应对称设置。

不符合上述要求时，可按附录三选用处理措施。

第 3.1.15 条 当贮仓支承框架（柱）设有纵向柱间支撑时，支撑系统的布置应符合下列要求：

一、柱间支撑应为超静定体系，并沿全高设置。支撑系统应保持完整。通过支撑系统传递纵向水平地震力的途径有中断时，应补设短缺的杆件、提高传力途径中薄弱环节的强度等措施予以连通。

二、各纵向柱列的柱间支撑侧向刚度应相近，应减少质心对刚心的偏心。

三、当同一结构单元的同一柱列中有几组柱间支撑时，各组支撑框架的侧向刚度宜均衡。

四、当沿高度方向设有多层支撑时，上层支撑的强度安全系数不应小于下层支撑的强度安全系数。层间应有平衡节点部位拉压杆最大内力的水平弦杆。

五、柱间支撑的斜杆中心线与柱中心线的下节点交点不宜交于基础顶面以上（或混凝土地坪以上）的柱段。

六、斜撑杆应无初始弯曲。支撑的节点板在平面外不应有较大的偏心，对单面连接单角钢杆件的节点板宜有防止扭曲的加劲板。

七、支撑斜杆的长细比，7度和8度区不应大于150，9度区不宜大于120。

第 3.1.16 条 柱间支撑节点的构造应符合下列要求：

一、当撑杆与节点板间为铆钉连接或普通螺栓连接时，不得用于单面连接的单角钢杆件；对双面连接的双角钢杆件，同一截面的开孔率不得大于20%。不符合要求时，可用经热处理的45号钢或40硼钢高强螺栓代换普通螺栓，用经热处理的40硼钢高强螺栓代换铆钉；当被连接钢材的可焊性符合要求时，也可改换为焊接连接，此时连接强度应符合本标准第3.1.10条第一款要求，且不得考虑原来螺栓或铆钉参与受力。

二、8度和9度区，预埋件锚筋不应为∏形。直锚筋的锚固长度，当其由受剪控制时，不得小于15d（d 为锚筋直径），当由受拉控制时，不得小于强度充分利用时的受拉锚固长度。锚板厚度不得小于锚筋直径的0.6倍。

第 3.1.17 条 支承筒壁上开设孔洞时，每个孔洞对应的圆心角不得超过70°，同一水平截面内开孔的圆心角之和不得超过140°。

当圆孔直径或方孔边长在1m以内时，孔洞边缘应有附加配筋，其配筋量不宜小于被洞口切断钢筋的截面面积，且伸过洞口边的长度不宜小于钢筋直径的30倍。当孔洞较大时，应设有加强框，加强框的配筋量不应小于被洞口切断钢

筋的截面面积。9度区,支承筒的筒壁厚度不应小于150mm,并宜为双面配筋。

第3.1.18条 砖墙承重的仓上建筑应符合下列要求:

一、7度区,砖墙顶部和楼层平面处为装配式钢筋混凝土屋盖和楼盖时,预制板与闭合圈梁间应具有可靠连接;当为轻型屋盖时,结构单元两端应各设有一道横向水平支撑。

二、8度和9度区,除应满足第一款要求外,墙体还应有间距不大于6m的构造柱,构造柱的下端与仓体、上端与檐口卧梁(圈梁)间应具有可靠连接。

三、当贮仓结构单元的仓上建筑一端封闭另一端敞开时,山墙宜设有与墙体可靠拉结的钢筋网砂浆面层。

第3.1.19条 钢筋混凝土结构的仓上建筑应符合下列要求:

一、支柱与仓体的连接应为刚性节点。

二、当沿纵向设有柱间填充墙时,应符合第3.1.14条的要求。当设有交叉柱间支撑时,斜杆长细比不宜大于150;下节点斜杆中心线与柱中心线的交点宜交于仓顶平台,不宜交于平台以上柱段,否则应加设下弦杆,柱顶应有通长系杆,不应借助屋面板肋传力。

三、屋面与其承重结构应具有可靠连接。

第3.1.20条 钢结构的仓上建筑应符合下列要求:

一、支柱与仓体的连接应为刚性节点。

二、8度和9度区,柱间填充墙宜改换为轻质材料维护,此时,应设置符合第3.1.19条要求的柱间支撑。

第3.1.21条 相邻贮仓结构单元之间或贮仓与毗邻结构(过渡平台,独立支承的通廊,偏屋等)之间的防震缝应符合下列要求:

一、最小宽度按下列要求取值:

1.当柱承式方仓在地震下可能碰撞部位(包括外赃件)的高度在15m以下时,一般可取70mm,当超过15m时,对7、8、9度区,分别每增高4、3、2m,加宽20mm。当两相邻结构或其中之一有严重偏心时,应适当加宽。

2.对筒承式贮仓和柱承式圆筒仓结构单元,其与相邻结构间的防震缝最小宽度可按第一款数值的70%取用。

二、独立支承的通廊悬臂端四侧应与仓上建筑对应的洞口之间留有间隙,其值不宜小于100mm;此时,第一款的防震缝最小宽度可适当减少。

三、当相邻的柱承式方仓单元之间采用简支梁上铺板的型式形成过渡跨时,简支梁与相邻单元的同向相应水平构件(例如,仓下保温层楼层梁,支承框架横梁,仓顶平台)应位于同一标高上,梁的简支端端部与支柱、仓体等的间距宜符合防震缝最小宽度要求,且简支端与其支承牛腿的连接应保证无落梁可能性。

第3.1.22条 8度和9度区,支承于仓上的通廊与贮仓间的抗震构造应符合下列要求:

一、当与贮仓相邻的通廊单元无井式井架时,应减少通廊大梁作用于支承面处的地震内力,可在通廊大梁(桁架)端部的顶面与相邻支承结构间增设焊接连接的水平薄钢板,其截面面积不应小于原有锚栓的截面积,焊接连接应满足与连接钢板等强的要求。

二、当相邻的通廊单元为大跨重型通廊但支承点无第三款的偏心时,除应按第一款要求采取措施外,通廊单元尚应设有井式支架。

三、大跨重型通廊当其纵轴线与仓下(或仓上建筑)抗

侧力结构的刚度中心之间有较大偏心时,除应满足第二款要求外,尚应符合下列要求:

1.仓上建筑和仓下支承结构应有较大的抗扭刚度。

2.整条通廊的另一端,其支承结构或毗邻结构经抗震鉴定确无倒塌或严重倾斜的可能性。

第3.1.23条 当贮仓单元各区段位于软弱土天然地基上时,仓下支承柱应符合第二章对不均匀沉降敏感结构的有关要求。

第二节 钢 贮 仓

第3.2.1条 柱承式钢贮仓的抗震鉴定可不进行地震力计算,但应检查支承柱纵横向柱间支撑、锚栓和仓上建筑的构造措施。

第3.2.2条 柱间支撑应符合第3.1.15条和第3.1.16条第一款的要求。

第3.2.3条 支承柱的锚栓应符合下列构造要求:

一、符合本标准第1.0.7条第一款之3的要求。

二、锚栓的最小埋置深度(不包括后浇混凝土面层)对锚板或劲性锚板式为10d(d为锚栓外径),对普通锚板式或锚爪式为15d,对直钩式为25d。

三、螺帽规格应符合国家标准要求,并应全部拧入栓杆。

四、锚栓至混凝土基础边缘的距离不应小于4倍锚栓直径,且不应小于150mm。

五、处于腐蚀条件下的基础,其混凝土实际标号不应低于150号。

不符合上述要求时,可按本标准附录四选用加固措施。

第3.2.4条 当钢柱支承于钢筋混凝土短柱式基础上时,对该基础应进行抗震强度验算,作用于短柱顶部的水平地震剪力,可取纵向柱间交叉支撑斜拉杆屈服内力的水平分量;也可通过补设基础梁或支撑下弦杆以平衡拉压斜杆最大内力的水平分量,或对短柱式基础外包钢板箍等措施直接进行加固。

第3.2.5条 仓上建筑及其与通廊间的关系,可按本章第一节的有关抗震构造要求进行鉴定和加固。

第四章 槽 罐 结 构

第一节 钢贮液槽的钢筋混凝土支承筒

第4.1.1条 进行钢贮液槽的钢筋混凝土支承筒的抗震鉴定,应检查钢筋混凝土支承筒筒壁的强度、构造,以及槽体与支承筒连接锚栓的强度和构造。

第4.1.2条 8度和9度区,应进行支承筒的抗震强度验算和组合结构的抗倾覆验算。

计算水平地震力时,应遵守下列规定:

一、与产生地震力的质量所对应的重力荷载,结构自重取100%,贮液重量可乘折减系数0.9。

二、对槽体与支承筒之间为固接的整体组合结构,其基本周期宜按实测值取用,震时周期加长系数不宜大于1.1,当无实测值时,可按下式计算:

$$T_1 = 2.3H^2 \sqrt{\frac{\gamma}{gD} \cdot \left(\frac{\rho^3}{t_2 E} + \frac{1-\rho^3}{t_1 E_h} \right)} \quad (4.1.2)$$

式中 H——贮槽顶面高度(m);

ρ——槽体高度与槽顶高度之比,$\rho=(H-H_1)/H$;

H_1——支承筒筒体高度(m);

γ——贮液容重（kN/m³）；

E，E_b——分别为贮槽钢材和支承筒混凝土的弹性模量（kPa）；

D——槽体内径（m）；

t_1，t_2——分别为支承筒筒壁的厚度和槽体壁的加权平均厚度（m），$t_2 = \dfrac{\sum\limits_{i=1}^{s} t_{2i}h_{2i}}{H - H_s}$；

t_{2i}，h_{2i}——分别为槽体第i段的壁厚和高度（m）；

s——槽体壁按不同厚度的分段数量。

三、结构影响系数可取0.4。

第4.1.3条 8度和9度区，应按下列要求验算槽体与钢筋混凝土支承筒之间连接部位的抗震强度。

一、基础环最小厚度可由下式验算：

1.当无加劲肋时：

$$t_b = 1.73b\sqrt{\frac{\sigma_{b\,max}}{[\sigma]_b}}\qquad(4.1.3\text{-}1)$$

2.当设有加劲肋时：

$$t_b = \xi b\sqrt{\frac{\sigma_{b\,max}}{[\sigma]_b}}\qquad(4.1.3\text{-}2)$$

式中 b——基础环宽度（m），取基础环的外半径与钢贮槽外半径的差值；

$[\sigma]_b$——基础环钢板的容许应力（kPa），按钢结构设计规范容许应力的1.25倍取用；

$\sigma_{b\,max}$——基础环下支承筒顶面混凝土的最大压应力（kPa）；

$$\sigma_{b\,max} = \frac{(1+\lambda_v)W}{A_b} + \frac{M_{max}}{Z_b} \leqslant 1.25R_a$$

W——验算截面以上的总重量（kN）；

λ_v——竖向地震作用系数，对8度和9度区可分别取0.1和0.2；

A_b，Z_b——分别为基础环的面积（m²）和截面抵抗矩（m³），$A_b = 0.785(D_1^2 - D_0^2)$，$Z_b = 0.1(D_1^4 - D_0^4)/D_1$；

D_1——基础环的外径（m）；

D_0——基础环的内径（m）；

R_a——支承筒混凝土轴心抗压设计强度（kPa）；

ξ——加劲肋间距影响系数，可按表4.1.3选用；

加劲肋间距影响系数 表4.1.3

b/a	0.5	0.6	0.7~2
ξ 值	1.3	1.15	1

注：表中a为加劲肋间距。

二、贮槽基础环与支承筒间锚栓的根径可按下式验算：

$$d_t \geqslant 1.13\sqrt{\frac{\sigma_b A_b}{s[\sigma]_d}} + C_4\qquad(4.1.3\text{-}3)$$

式中 d_t——锚栓根径（m）；

σ_b——地震时底坐垫板上的最大拉应力（kPa），

$$\sigma_b = \frac{M_{max}}{Z_b'} - \frac{(1-\lambda_v)W}{A_b'}$$

s——锚栓个数；

A_b'，Z_b'——分别为盖板面积（m²）和截面抵抗矩（m³）；

$[\sigma]_d$——锚栓材料容许应力（kPa），可按钢结构设计规范容许应力的1.25倍取用；

C_4——锚栓腐蚀裕度，按生产条件确定。

第4.1.4条 支承筒筒壁应符合下列构造要求。

一、同一水平截面上筒壁洞口的宽度之和不应大于圆周长度的1/4，且相邻洞口之间的宽度不应小于500mm，否则，两洞之间的筒壁应视为洞口。

二、洞口四周应有加强框或增加配筋，其构造应符合第3.1.17条的有关要求。

三、筒壁厚度不应小于筒体内径的1/40，且不应小于200mm。

四、筒壁应双面配筋，两层钢筋之间应有间距不大于500mm的S形拉筋，竖筋和环筋直径分别不宜小于$\phi 12$和$\phi 10$，间距均不宜大于200mm。

不符合上述要求时，应经抗震验算确定是否需要进行加固。

第4.1.5条 支承筒混凝土标号不宜低于200号。锚栓最小埋置深度对普通锚板式或锚爪式不宜小于18d，对劲性锚板式和直钩式分别不宜小于10d和30d。锚栓的其它构造要求应符合第3.2.3条的有关规定。

第二节 贮气柜的钢筋混凝土水槽

第4.2.1条 本节适用于容积不大于5000m³贮气柜的钢筋混凝土水槽。

第4.2.2条 进行贮气柜的钢筋混凝土水槽抗震鉴定，应检查水槽壁质量、进出口管道与槽壁的连接和升降装置，以及有无产生不均匀沉降的地基条件。

第4.2.3条 容积不大于600m³贮气柜的水槽以及7度区和8度区Ⅰ、Ⅱ类场地土上容积不大于1000m³贮气柜的水槽，当无明显渗漏时，可不加固。

第4.2.4条 除第4.2.3条范围以外的贮气柜水槽，应按室外给水排水和煤气热力工程抗震设计规范验算其抗震强度和抗裂度，但安全系数应按本标准第1.0.9条取用。

第4.2.5条 8度和9度区，水槽壁上的进出口管道应设有可伸缩管段或其它柔性接头，靠近管、槽连接点处宜有三脚架等刚性支座。

第4.2.6条 8度和9度区，Ⅲ类场地土上贮气柜的安全阀和钟罩升降装置应安全可靠。

第三节 钢筋混凝土油罐

第4.3.1条 进行钢筋混凝土油罐的抗震鉴定，应检查罐壁强度、顶盖构造，以及顶盖与罐壁、梁、柱之间的连接。

第4.3.2条 7度区和8度区，可不验算罐壁的抗震强度和抗裂度。9度区，应按室外给水排水和煤气热力工程抗震设计规范验算罐壁的抗震强度和抗裂度，但安全系数应按本标准第1.0.9条取用。

第4.3.3条 装配式钢筋混凝土平顶盖结构，应符合下列要求：

一、8度和9度区，预制扇形板（或平板）在梁和罐壁上的支承长度不应小于80mm，并宜有拉结措施；梁在柱顶上的支承长度不应小于120mm，并应与柱顶预埋件可靠焊接。

二、8度区，预制板之间的径向板缝内应设有附加钢筋，并应以细石混凝土或水泥砂浆灌严。

三、9度区，顶盖上应设有钢筋混凝土整体后浇层，后浇层的径向钢筋应与罐顶环梁具有可靠拉结。

第4.3.4条 8度和9度区，壳顶盖结构应符合下列

要求：

一、预制钢筋混凝土壳板、砖砌壳顶盖与罐壁顶部环梁应有可靠连接；9度区并应符合第4.3.3条第三款的要求。

二、预制钢筋混凝土壳板在环向和径向的板肋之间应有可靠拉结，板缝应以细石混凝土或水泥砂浆灌严。

第4.3.5条 8度和9度区，油罐进出口管道与罐壁连接处应设有可伸缩管段或其它柔性接头。不符合要求时，宜补设。

第五章 皮带通廊

第一节 一般规定

第5.1.1条 进行地面皮带通廊抗震鉴定，应检查下列部位的强度和质量：

一、砖石支承结构。

二、砖通廊和砖混通廊廊身砌体的质量，保证砖砌体与通廊大梁（桁架）和屋面结构整体性的措施。

三、通廊与支承建（构）筑物及毗邻建（构）筑物之间的相互关系。

注：①以下条文中对地面皮带通廊简称"通廊"。
②本章中砖混通廊是指支架和通廊大梁（桁架）为钢筋混凝土结构或钢结构、廊身维护结构为砖砌体的通廊。

第二节 抗震强度验算

第5.2.1条 除通廊支承结构为砖石砌体者外，下列形式的皮带通廊满足有关构造要求时可不进行加固。

一、Ⅰ类和Ⅱ类场地土中的地下通廊。

二、采用钢筋混凝土结构或钢结构的敞开式、半敞开式和露天形式通廊。

三、轻质材料围护且为轻型屋面的钢结构通廊。

四、7度区以及8度区Ⅰ、Ⅱ类场地土，轻质材料围护且为轻型屋面的钢筋混凝土桁架式通廊。

五、7度区Ⅰ、Ⅱ类场地土，钢筋混凝土桁架壁板合一式通廊。

六、钢筋混凝土箱形结构的通廊。

七、7度区Ⅰ、Ⅱ类场地土，跨间承重结构为梁式结构的砖混通廊。

第5.2.2条 对通廊的下列构件应进行抗震强度验算：

一、8度和9度区，通廊的砖石支承结构。

二、9度区，砖混通廊的钢筋混凝土支架。

三、横向稳定性差的钢筋混凝土支架（如T型支架）。

四、8度和9度区，砖混通廊的桁架式跨间承重结构。

第5.2.3条 通廊横向水平地震力计算，应取防震缝

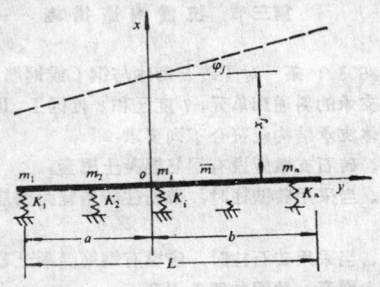

图 5.2.3-1 两端与建（构）筑物脱开的通廊计算简图
0—质量中心

区段为计算单元。对底板为现浇钢筋混凝土结构或为与承重大梁形成整体的装配式钢筋混凝土结构，可视通廊单元的廊身为支承在以支架为弹性支座、落地端支墩为铰支座上的刚性横梁，取用图5.2.3-1或图5.2.3-2所示的结构计算简图。

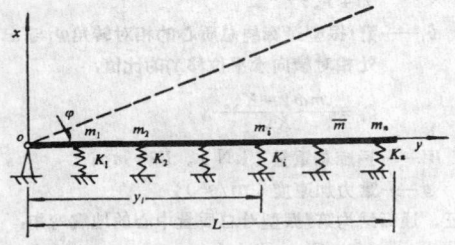

图 5.2.3-2 一端落地一端与建（构）筑物脱开的通廊计算简图

第5.2.4条 两端与建（构）筑物脱开的通廊，沿横向（x轴方向）可视为具有平移和转动两个自由度的体系（图5.2.3-1），按下列公式计算：

一、通廊结构单元第j振型的自振周期：

$$T_j = 2\pi/\omega_j \qquad (j=1,2) \qquad (5.2.4-1)$$

式中 ω_j——第j振型的圆频率（s^{-1}），

$$\omega_j^2 = \frac{B \mp \sqrt{B^2 - 4A}}{2A}, \quad (j=1,2),$$

$$A = \frac{mI}{K_{xx}K_{\theta\theta} - K_{x\theta}^2}, \quad B = \frac{mK_{\theta\theta} + K_{xx}I}{K_{xx}K_{\theta\theta} - K_{x\theta}^2},$$

K_{xx}——通廊单元在x轴方向产生单位水平位移时，各支架顶端的横向弹性反力之和（kN/m），

$$K_{xx} = \sum_{i=1}^{n} k_{xi};$$

n——支架数量；

k_{xi}——第i支架顶端在x轴方向产生单位水平位移时，在该处引起的弹性反力（kN/m）；

$K_{\theta\theta}$——通廊单元绕其总质心0产生单位转角时，各支架顶端的弹性反力对总质心的力矩之和（kN·m），

$$K_{\theta\theta} = \sum_{i=1}^{n} k_{xi} y_i^2;$$

y_i——质点m_i在y轴上的坐标（m）；

$K_{x\theta}$——通廊单元绕总质心产生单位转角时，各支架顶端在x轴方向的弹性反力之和（kN），$K_{x\theta} = \sum_{i=1}^{n} k_{xi} y_i;$

m——通廊单元的总质量（t），$m = \overline{m}L + \sum_{1}^{n} m_i;$

$\overline{m}$——通廊廊身的分布质量（t/m），包括廊身结构、皮带及其支架、物料等恒载和活荷载；

m_i——i支架质量集中于支架顶端的部分（t），取该支架质量的1/4；

L——通廊结构单元的长度（m）；

I——通廊单元对其总质心的转动惯量（t·m²），

$$I = \frac{1}{3}\overline{m}(a^3 + b^3) + \sum_{1}^{n} m_i y_i^2;$$

二、通廊结构第j振型的横向总水平地震力：

$$Q_j = C\alpha_j \gamma_j X_j W \qquad (5.2.4-2)$$

式中 C——结构影响系数，当支架为钢结构时取0.3，钢筋混凝土结构时取0.35，砖石结构时取0.55；

a_i——与第i振型自振周期T_i对应的水平地震影响系数,按公式5.2.4-1计算得出T_i后由工业与民用建筑抗震设计规范确定;

γ_i——第i振型参与系数,其与X_i的乘积为$\gamma_i X_i = \dfrac{m}{m+I\zeta_i^2}$;

ζ_i——第i振型通廊绕总质心的相对转角φ_i与总质心处相对横向水平位移X_i的比值,

$$\zeta_i = \frac{m\omega_i^2 - K_{xx}}{K_{x\varphi}},$$

W——通廊总重量(kN),$W = mg$;

g——重力加速度(m/s²)。

三、通廊结构第i振型对总质量中心的地震弯矩:
$$M_i = C a_i \gamma_i X_i \zeta_i I g \quad (5.2.4\text{-}3)$$

四、第i振型作用于第i支架顶端的横向水平地震剪力:
$$Q_{ji} = k_i X_i (1 + y_i \zeta_i) \quad (5.2.4\text{-}4)$$

式中 X_i——Q_i和M_i作用于通廊总质量中心处第i振型的相对横向水平位移(m),
$$X_i = \frac{Q_i K_{\varphi\varphi} - M_i K_{x\varphi}}{K_{xx}K_{\varphi\varphi} - K_{x\varphi}^2}。$$

五、验算支架的抗震强度时,作用于第i支架顶端的横向水平地震剪力:
$$Q_i = \sqrt{Q_{1i}^2 + Q_{2i}^2} \quad (5.2.4\text{-}5)$$

第 5.2.5 条 一端落地另一端与建(构)筑物脱开的通廊,沿横向可视落地端为铰座,只有转角的单自由度体系[图5.2.3(b)]按下列公式进行计算:

一、作用于第i支架顶端的横向水平地震剪力:
$$Q_i = C a_1 L W \frac{k_i y_i}{2 \sum_{s=1}^n k_s y_s^2} \quad (5.2.5\text{-}1)$$

二、通廊横向基本周期:
$$T_1 = 3.63 L \sqrt{\frac{W}{g \sum_{s=1}^n k_s y_s^2}} \quad (5.2.5\text{-}2)$$

注:斜通廊低端当支承在刚性建筑的砖壁柱上时,可近似地视低端为铰座。

第 5.2.6 条 通廊沿纵向应取防震缝区段为计算单元,并可视廊身为刚体的单质点体系(图5.2.6),按下列公式进行计算:

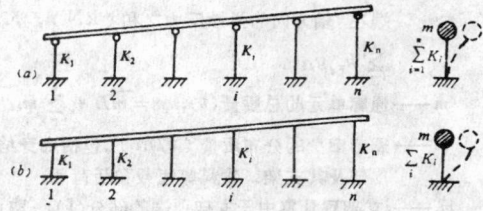

(a)支架顶端与廊身连接为铰接时;(b)支架顶端与廊身连接为刚接时
图 5.2.6 两端脱开通廊纵向计算图

一、通廊第i支架顶端纵向水平地震力:
1.两端与建(构)筑物脱开的通廊:
$$Q_i = C a_1 W \frac{k_i}{\sum_{s=1}^n k_s} \quad (5.2.6\text{-}1)$$

2.一端落地、另一端与建(构)筑物脱开的通廊:

$$Q_i = (C a_1 W - \eta_v W_0 f) \frac{k_i}{\sum_{s=1}^n k_s} \quad (5.2.6\text{-}2)$$

式中 k_s——第s支架顶端产生单位纵向水平位移时,在该顶端引起的纵向弹性反力(kN/m)。计算k_s时,对支架与廊身结构为现浇整体的场合,顶端可按刚接考虑,对支架和廊身结构为装配式结构或采用钢支架的场合,顶端宜按铰接考虑;

W_0——通廊落地端跨度重量的一半(kN);

f——支座处滑动摩擦系数:钢与钢取0.3,钢与混凝土取0.4,混凝土与混凝土取0.45,砖砌体沿砖砌体或沿混凝土取0.6;

η_v——落地端竖向荷载降低系数,对7、8、9度区可分别取1.0、0.9和0.8。

二、通廊纵向基本周期:
1.两端与建(构)筑物脱开的通廊:
$$T_1 = 2\pi \sqrt{\frac{W}{g \sum_{s=1}^n k_s}} \quad (5.2.6\text{-}3)$$

2.低端为砖壁柱、高端与建(构)筑物脱开的通廊可按公式5.2.6-3计算基本周期,但式中$\sum_{s=1}^n k_s$用$\sum_{s=1}^n k_b$代替,k_b为砖壁柱的纵向刚度(kN/m)。

3.低端为支墩、高端与建(构)筑物脱开的通廊:
$$T_1 = 2\pi \sqrt{\frac{W - \eta_v W_0}{g \sum_{s=1}^n k_s}} \quad (5.2.6\text{-}4)$$

第 5.2.7 条 8度和9度区,对支承通廊的钢筋混凝土肩梁和支承肩梁的牛腿,应进行竖向力(包括重力荷载和向下的竖向地震力)与纵向水平地震力共同作用下的抗震强度验算。

钢筋混凝土牛腿可按下式进行抗震强度验算:
$$A_g \geq K \left(\frac{Na}{0.85 h_0 R_g} + \frac{1.2Q}{R_g} \right) \quad (5.2.7)$$

式中 N——竖向组合力(kN),对8度和9度区分别取重力荷载的1.1和1.2倍;

Q——作用于支架顶端的纵向水平地震力(kN);

a——重力荷载作用点至牛腿与其支承结构交接处的水平距离(m),$a \geq 0.3 h_0$(h_0为该交接处垂直截面的有效高度);

A_g——牛腿$h_0/2$高度范围内水平受拉主筋的截面总面积(m²);

R_g——主筋抗拉设计强度(kPa);

K——安全系数,取1.25。

第三节 抗震构造措施

第 5.3.1 条 对于砖石砌体与钢(或钢筋混凝土)支架混合支承的斜通廊单元,7度区和8度区I、II类场地时,砖石砌体支承结构应符合下列要求:

一、砖石支墩应设有钢筋混凝土围套。

二、当采用砖壁柱时,带壁柱砖墙宜为钢筋网砂浆夹板墙。

三、当采用砖石柱时,应设有钢筋混凝土芯柱或外包钢筋混凝土围套、角钢加缀条围套。

四、当采用砖墙、砖拱时,应满足第5.3.2条要求。

不符合上述要求时，宜补设围套、钢筋网砂浆夹板墙或采取设置能大部承担纵向水平地震剪力的纵向垂直支撑等措施。

第 5.3.2 条 斜通廊的支承结构当全部为平面封闭式的砖墙或砖拱时，应符合下列要求：

一、墙体低端应延伸入地，内部横墙间距不得大于12m，墙厚不应小于240mm，砖标号不应低于75号，砂浆标号不应低于25号。墙体顶部应有封闭圈梁（卧梁），圈梁还应与廊身钢筋混凝土底板可靠焊接。

二、8度、9度区，尚应设有构造柱和圈梁，圈梁间距不宜大于3m；对砖拱还应设有拱脚拉杆，或以实心砌体填塞拱洞或改成带钢筋混凝土边框的拱洞。

不符合上述要求时，应加固。当底板与卧梁无焊接时，应采用砂浆灌缝，并在对应构造柱位置的底板下缘设置横向拉杆。

第 5.3.3 条 8度和9度区，对混合支承或由支架支承的重型通廊，在每个通廊单元中宜设有井式支架。

第 5.3.4 条 8度和9度区，钢筋混凝土平腹杆双肢柱和四肢柱（井式）支架，应符合下列要求：

一、当腹杆不属于短梁（净长与截面高度之比不小于4）时，腹杆两端在长为腹杆截面高度范围内宜设有加密的封闭箍筋，其间距不宜大于h/4（h为腹杆截面高度）、6倍纵向钢筋直径和150mm三者中的最小值。

二、腹杆为短梁时，腹杆的全长均宜设有第一款要求的封闭箍筋，并宜加固肢杆。

三、当支架间设有后加填充墙时，填充墙应满足本标准第3.1.14条要求。

不符合上列第一、二款要求时，应进行抗震强度验算，或对相应腹杆（肢杆）段进行剪切补强或在节间加设交叉杆。

第 5.3.5 条 8度区Ⅲ类场地土和9度区，格构式钢支架交叉杆与柱肢相交的节点处应设有横缀条，支架的锚栓应满足本标准第3.2.3条的有关抗震构造要求。

第 5.3.6 条 8度和9度区，通廊大梁（桁架）与其支承结构的连接应符合下列要求：

一、当预制钢筋混凝土大梁（桁架）端部与支承、肩梁或牛腿间为焊接连接时，连接应满足支承结构顶面纵向水平地震剪力作用下的抗震强度要求，焊缝容许应力可按不考虑地震力时数值的125%采用；埋设件应满足本标准3.1.16条第二款的构造要求。

二、当第一款的连接为锚栓连接时，锚栓应满足本标准第3.2.3条的有关抗震构造要求。

三、当预制钢筋混凝土大梁（桁架）端部支承于直腿支座上时，支座应有加密设置的封闭箍筋或外包钢板箍，直柱端部宜加设横梁，或在相邻大梁间或大梁与毗邻结构间按本标准第3.1.22条第一款要求相互焊连。

四、大跨度大梁（桁架）端部底面与支承结构顶面间应留有间隙或设有支座垫板；不符合要求时，宜对支承部位的上部采用外包钢板箍围套等加固措施。

五、当钢通廊桁架端部为滚动支座时，宜增设锚栓，并宜按本标准第3.1.22条第一款要求采取措施。

六、通廊落地端混凝土（钢筋混凝土）支墩的锚栓应满足本标准第3.2.3条的抗震构造要求，并应进行纵、横向抗震强度验算。沿横向，可按公式5.2.5-1求得的各支架顶端水平地震力产生于端支座的地震弯矩进行强度验算。沿纵

向，作用于锚栓的地震剪力可按下式计算：

$$Q_0 = Ca_1W_0 \qquad (5.3.6)$$

式中符号同第5.2.6条。

第 5.3.7 条 砖砌体廊身应符合下列要求：

一、预制钢筋混凝土屋面板横铺时其与墙体檐口钢筋混凝土卧梁之间，纵铺时其与廊身钢筋混凝土框架梁之间，均应有可靠焊接；墙体檐口卧梁与构造柱之间应有钢筋拉结。

二、采用轻型屋面时，屋面承重构件应与砖墙具有可靠连接，通廊单元两端应各设有一道屋架下弦横向水平支撑。

三、预制底板与通廊大梁（桁架）应可靠焊接。

四、7度区Ⅲ类场地土和8度、9度区，支架立柱宜延伸到顶，且应设有间距不大于6m的构造柱，构造柱的上端与檐口处卧梁、下端与通廊大梁应连成整体。

不符合要求时，应补设提高廊身整体性的措施，9度区尚应采取防止屋面板在竖向地震力作用下可能上抛的措施。

第 5.3.8 条 当在相邻通廊纵向大梁的悬臂端上搁置简支梁时，应采取防止落梁的措施，如将简支跨与相邻通廊连成整体等。

第 5.3.9 条 8度和9度区，且为Ⅲ类场地土时，斜通廊与其支承建（构）筑物应有减少地震时可能产生的不均匀沉降和纵、横向相互错位，以及防止落梁的构造措施。

当地下通廊、地面通廊的主要受力层为可液化土层时，应按第二章第三节进行地基处理。

第 5.3.10 条 相邻通廊之间的防震缝宽度不宜小于50～100mm，可按不同烈度、支架纵向刚度和廊身顶部高度大小取用适当的缝宽。

通廊与相邻贮仓或其它建（构）筑物之间的关系应符合本标准第3.1.21条第一、二款和第3.1.22条的有关要求。

第六章 塔类结构

第一节 井 架

第 6.1.1 条 进行井架的抗震鉴定，对钢井架，应检查立架底部框口顶端节点的连接构造，立柱和腹杆的连接节点和杆件的长细比，以及斜架与柱脚的连接；对钢筋混凝土井架，应检查框架梁柱及其节点的配筋和构造。

第 6.1.2 条 对钢井架，7度区可不进行抗震加固；8度、9度区应符合下列要求：

一、立架底部框口的顶端节点应满足刚接节点要求。

二、杆件节点连接应满足本标准第3.1.16条第一款要求。

三、斜架柱脚基础二次浇灌层应可靠结合，锚栓应满足本标准第3.2.3条要求。

四、立柱的长细比不应大于100，斜腹杆平面内的长细比不应大于150。

不符合上述要求时，应经抗震验算确定是否需要进行加固，加固时应遵守本标准附录四的有关规定。

第 6.1.3 条 对钢井架，可按下列规定进行水平地震力计算：

一、宜取空间桁架的结构计算简图，按振型分析法进行计算。

二、结构影响系数取0.3。

三、对立架计算高度为15～45m，斜架与立架间夹角为21°～35°的单斜架钢井架，其基本周期可按下列公式进行计

算，所得计算值可乘1.2~1.4的震时周期加长系数。

$$T_{1x} = 0.076 + 0.0218\sqrt[3]{\frac{H}{B+0.1D}}\qquad(6.1.3\text{-}1)$$

$$T_{1y} = 0.035 + 0.0153\sqrt[3]{\frac{H}{A+0.5C}}\qquad(6.1.3\text{-}2)$$

式中 T_{1x}、T_{1y}——分别为井架沿 x 轴和 y 轴方向（见图6.1.3）的基本周期(s)；

H——井架计算高度[基础顶面至上天轮平台面标高的高度(m)]；

A、B——分别为井架立架的纵向和横向宽度(m)；

C——井架斜架下支点至立架的距离(m)；

D——井架斜架两支点叉开距离(m)。

上述 A、B、C、D 和 H 均按以m为单位的无量纲数值代入。

第6.1.4条 钢筋混凝土箱（筒）型井架可不进行抗震加固。

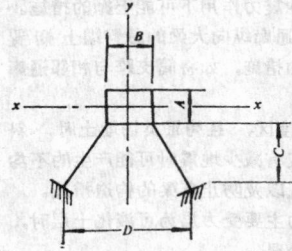

图6.1.3 井架平面尺寸示意图

对钢筋混凝土柱承式井架，可不进行纵向（平行于提升牵引方向）的抗震强度验算；在垂直于提升牵引方向（横向），当为8度区Ⅲ类场地土和9度区Ⅱ类场地土，且立柱沿横向的配筋量少于沿纵向配筋的60%，以及9度区Ⅲ类场地土，应进行抗震强度验算。

需要验算抗震强度的钢筋混凝土框架型井架，应满足本标准第3.1.11条和第3.1.12条的抗震构造要求。不符合要求时，可按本标准附录三选用加固方案。

第6.1.5条 对计算高度为14~27m的A型、四柱型和六柱型钢筋混凝土柱承式井架，其水平地震力计算中结构影响系数可取0.35，基本周期可按下列公式进行计算，所得计算值可乘1.2~1.4的震时周期加长系数。

$$T_{1x} = 0.157 + 0.0114H,\qquad(6.1.5\text{-}1)$$

$$T_{1y} = 0.118 + 0.0105H/\sqrt{A+C},\quad(6.1.5\text{-}2)$$

式中 T_{1x}、T_{1y}——分别为井架横向和纵向基本周期(s)；

H——井架计算高度(m)；

A——井架立架纵向宽度(m)；

C——井架斜架下支点与立架间的距离（m）。

上述 A、C 和 H 均按以m为单位的无量纲数值代入。

第6.1.6条 高度不超过10m的筒型、箱型和Ⅰ字型独立砖井架，应符合下列抗震构造要求：

一、大门洞口应设有加强框。

二、8度和9度区，应设有钢筋网砂浆夹板墙或钢筋混凝土构造柱加圈梁，圈梁沿墙高的间距不宜大于4m。

第6.1.7条 井架与井口房联合的砖井架，除应满足第6.1.6条的要求外，尚应符合下列要求：

一、带有砖翼墙的砖井架，其立架与砖翼墙之间及翼墙与翼墙之间应具有可靠拉结；8度和9度区，翼墙应满足本标准第6.1.6条第二款要求。

二、井口房砖结构应满足工业与民用建筑抗震鉴定标准的要求。

第6.1.8条 8度和9度区，对下列情况之一的井架应有防止井筒顶部丧失侧向支承的措施：

一、Ⅲ类场地上，且采用锁口盘基础或井架的立架直接支承于井筒者。

二、Ⅲ类场地土，且井筒周侧回填不密实者。

三、可液化土地基。

当为非液化土地基时，可采用符合本标准附录二要求的混凝土地坪，或采用旋喷桩等地基加固措施。地基加固范围，对第一款情况宜取整个地基，对第二款情况可仅在井筒周侧。当为可液化土地基时，应按本标准第二章第三节从严选用地基加固措施。

第二节　钢筋混凝土井塔

第6.2.1条 进行钢筋混凝土井塔的抗震鉴定，应检查箱（筒）型井塔底层大门洞口的配筋和构造，框架型井塔梁、柱及其节点的构造，提升机层框（排）架结构的支撑设置、节点连接以及悬挑结构的强度。

第6.2.2条 8度区Ⅲ类场地土和9度区，应对箱（筒）型井塔和框架型井塔进行抗震强度验算。强度不足时，应加固。框架型井塔可按本标准附录三选用加固措施。

第6.2.3条 井塔的地震力可按下列要求进行计算：

一、产生地震力的井塔总重量取 $W = \sum\limits_{i=1}^{n} W_i$，$W_i$ 为集中于质点 $i(i=1, 2, \cdots, n)$ 的重量，井塔质点可设于楼层处，质点的重量包括该楼层的楼面荷载及其上下相邻各层各一半塔身的重量。

楼面荷载包括下列荷载：

1.楼面结构自重和永久性设备自重，按实际情况取用。

2.楼面等效均布活载（不包括大设备），取200kg/m²。

3.箕斗重量和装载重量，箕斗可按其最高卸矿位置进行计算。可不考虑提升钢绳、钢绳罐道、拉紧重锤的重量和罐笼及其装载的重量。

4.矿仓贮料重取有效容积贮量重的90%。

二、可按底部剪力法计算井塔的总水平地震力，其结构影响系数可取0.4。

质点 n 的水平地震力：

$$P_n = \frac{W_n H_n}{\sum\limits_{k=1}^{n} W_k H_k}(1-\delta_n)Q_0 + \delta_n Q_0\qquad(6.2.3\text{-}1)$$

质点 i 的水平地震力：

$$P_i = \frac{W_i H_i}{\sum\limits_{k=1}^{n} W_k H_k}(1-\delta_n)Q_0,\quad(i=1, 2, \cdots, n-1)$$

$$(6.2.3\text{-}2)$$

式中 δ_n——质点 n 的地震力调整系数，对高度小于30m的井塔，$\delta_n = 0$；对高度大于30m的井塔，$\delta_n = 0.1$；

H_k、H_i、H_n——分别为质点 k、i 和 n 离基础顶面的高度(m)。

三、计算水平地震力时，基本周期可按下列公式计算，所得计算值可乘1.2~1.4的震时周期加长系数。

对箱（筒）型井塔：

$$T_1 = -0.006 + 0.0411H/\sqrt{B}\qquad(6.2.3\text{-}3)$$

对框架型井塔：

$$T_1 = 0.204 + 0.0026H^2/B\qquad(6.2.3\text{-}4)$$

式中 H——自基础顶面算起的井塔高度（m）；

B——井塔在计算方向的宽度（m），对筒型井塔指直径。

H、B均按以m为单位的无量纲数值代入。

四、8度和9度区，应考虑竖向地震力的作用，其值可分别取重量W_1的10%和20%，并应考虑上下两个方向的作用，按水平地震力与竖向地震力同时作用于结构的不利组合，进行验算。

第6.2.4条 箱（筒）型井塔底层塔壁洞口的构造应符合下列要求：

一、筒型井塔塔壁洞口的宽度之和不应大于筒壁圆周长的1/4。箱型井塔塔壁洞口的宽度不应大于同侧壁板宽度的1/3，且洞口边至塔壁边缘的距离不宜小于3m。

二、门洞四周的加强措施除应符合本标准第3.1.17条有关规定外，加强肋对门洞中心的惯性矩不应小于被门洞削弱部分的惯性矩，8度区Ⅲ类场地土和9度区，肋中纵向钢筋不应有绑扎接头，且伸入上层楼面梁的长度不应小于30倍钢筋直径。

第6.2.5条 需要验算抗震强度的框架型井塔，其梁柱箍筋、柱间支撑、填充墙应分别满足本标准第三章的有关构造要求。不符合要求时，可按本标准附录三选用加固方案。

第6.2.6条 井塔的砖砌围护墙应符合下列要求：

一、框架型井塔塔身的围护结构为嵌砌墙时，墙与梁、柱之间应具有可靠拉结；8度和9度区，实心砌体嵌砌墙应满足本标准第3.1.14条要求，圈梁间距不应大于4m。

二、井塔内的砖砌隔墙与周边结构间应具有可靠拉结。

三、砖砌的楼梯间突出井塔屋面时，突出部分宜改用轻型结构或采取构造柱加圈梁和拉条等措施进行加固，当为轻型结构时，两个主轴方向应均为刚架结构或均设有柱间支撑，支撑斜杆的长细比不应大于150。

第6.2.7条 井塔提升机层为框（排）架结构时，应符合下列要求：

一、需要验算抗震强度的井塔，其提升机层的框（排）架结构沿两个主轴方向均宜设有柱间支撑，支撑应满足本标准第3.1.15条和第3.1.16条要求，但斜撑杆长细比不宜大于150。当为框架时，应按本标准第3.1.12条至第3.1.14条有关要求进行抗震鉴定。

二、围护结构为砖墙时，圈梁间距不应大于3m，墙体与框（排）架柱应具有可靠拉结。

第6.2.8条 8度和9度区，对Ⅲ类场地土天然地基上井塔的罐道钢套架，如其底层柱上端与井塔构件连接、下端与井颈连接，则套架柱应设有可活动的接头。不符合要求时，应采取措施。

第6.2.9条 当井塔具有第6.1.8条所列情况之一时，应按该条要求进行地基加固或结构构造处理。

第三节　钢筋混凝土造粒塔

第6.3.1条 进行钢筋混凝土造粒塔的抗震鉴定，应检查塔底部的支承柱（筒），塔壁与楼（电）梯间相连的部位以及突出塔顶的操作室砖墙。

第6.3.2条 对下列情况的造粒塔部位，应进行抗震强度验算：

一、7度区Ⅲ类场地土，8度区Ⅱ、Ⅲ类场地土和9度区，造粒塔的支承柱，高出塔体的楼（电）梯间的梯壁部分，突出塔顶的操作室。

二、除7度区Ⅰ类场地外，塔顶的排风罩。

三、8度区Ⅲ类场地土和9度区，直径为16～20m的塔壁；7度区Ⅱ、Ⅲ类场地土和8度、9度区，单面配筋的塔壁。

第6.3.3条 8度区Ⅱ、Ⅲ类场地土和9度区，下列部位应符合有关抗震构造要求：

一、对突出塔顶的操作室：

1.承重砖墙设有构造配筋或圈梁加构造柱。

2.钢筋混凝土屋盖与砖墙具有可靠连接。

二、喷头层的钢骨混凝土承重梁（或辐射式钢筋混凝土承重梁）与塔体环梁之间具有可靠连接。

第6.3.4条 8度和9度区，塔体的支承筒和楼（电）梯间底层被洞口削弱的部位，其构造应符合本标准第3.1.17条的有关要求。

第6.3.5条 7度区Ⅱ、Ⅲ类场地土和8度、9度区，塔体支承柱应符合本标准第3.1.11条和第3.1.12条的构造要求。不符合要求时，可按本标准附录三选用加固措施。

第四节　塔型钢设备的基础

第6.4.1条 进行塔型钢设备基础的抗震鉴定，对钢筋混凝土块式、筒式基础和钢结构构架基础应检查塔型钢设备锚栓的强度和构造，对钢筋混凝土构架式基础尚应检查构架梁、柱及其节点的配筋和构造。

第6.4.2条 对下列情况的塔型钢设备基础的部位，应进行有关的抗震强度验算：

一、7度区Ⅲ类场地土和8度、9度区，钢筋混凝土圆筒式和构架式基础及其锚栓，以及块式基础的锚栓。

二、8度区Ⅲ类场地土和9度区，钢构架式基础及其锚栓。

经验算不符合要求时，钢筋混凝土构架、钢构架及锚栓可分别按本标准附录三、四选用加固措施。

第6.4.3条 塔型钢设备与其基础的组合结构，宜按下列规定进行水平地震力计算：

一、当总高度不超过40m时，水平地震力可按底部剪力法计算，超过时，宜按振型分析法计算。

二、结构影响系数可取0.5。

三、基本周期可按下列公式计算，所得计算值对圆筒式或构架式基础的塔可乘震时周期加长系数，其值不宜大于1.2；对块式基础的塔不宜乘加长系数。

1.当$\sqrt{\dfrac{WH^3}{D^3t}}<3000$时，

对块式或圆筒式基础塔

$$T_1 = 0.35 + 0.00085H^2/D \qquad (6.4.3\text{-}1)$$

对构架式基础塔（适用于构架高$H_1 \leqslant H/2$）：

$$T_1 = 0.56 + 0.0004H^2/D \qquad (6.4.3\text{-}2)$$

2.当$\sqrt{\dfrac{WH^3}{D^3t}}\geqslant 3000$时，

$$T_1 = 0.15 + 0.00016\sqrt{\dfrac{WH^3}{D^3t}} \qquad (6.4.3\text{-}3)$$

式中　H——从基础底板顶面至塔型设备顶面的总高度（m），对圆筒式基础塔和构架式基础塔的总高度包括圆筒和构架的高度；

D——塔型设备外径（m），对变截面塔，可按各段高度和外径求加权的平均外径，$D = \dfrac{\sum\limits_{1} D_i H_i}{H}$

W ——正常操作时塔基础顶面以上的总竖向荷载（kN）；

t ——塔型钢设备的塔壁厚度(m)，对变截面塔可取加权平均壁厚，$t = \sum_{1}^{n} t_i H_i / H$。

上述 H、D、t、W 均按以 m 为单位的无量纲数值代入。

3.当几个塔由联合平台连成一排时，垂直于排列方向各塔的基本周期值，可按主塔（指周期最长的塔）基本周期值取用；平行于排列方向的各塔基本周期值，可按主塔基本周期值乘0.9取用。

第6.4.4条 钢筋混凝土框架式基础应满足本标准第3.1.11条和第3.1.12条的构造要求。当有柱间支撑或填充墙时，尚应分别满足本标准第三章第一节的有关构造要求。

第6.4.5条 钢构架式基础应符合本标准第三章第二节的有关构造要求。

第6.4.6条 塔型钢设备与钢筋混凝土块式、圆筒式或构架式基础间的连接部位，应符合本标准第4.1.3条和第4.1.5条的有关要求。

注：构架式基础中，当锚栓穿过钢架，且栓杆的下端也设有螺帽时，锚栓的埋置长度可不受上述要求的控制。

第6.4.7条 对本章第6.4.2条所列烈度和场地土范围的基础，应按本标准第二章验算其地基的抗震强度和组合结构的抗倾覆稳定性。

注：当圆筒式基础的非液化土地基按附录五判别，其承载力为非地震组合荷载控制时，可不进行上述验算。

第五节 双曲线型冷却塔

第6.5.1条 进行双曲线型自然通风钢筋混凝土逆流式和横流式冷却塔的抗震鉴定，应检查通风筒（包括刚性环）支柱、环形基础和淋水装置梁柱的强度和质量。

对建在湿陷性黄土或不均匀地基上的冷却塔，尚应检查管沟接头和贮水池有无渗漏、基础有无沉陷。

第6.5.2条 8度和9度区，淋水面积大于4000m²的逆流式冷却塔，以及塔筒几何尺寸相近的横流式冷却塔，应验算通风筒的抗震强度。经验算不符合要求时，宜采取措施。

第6.5.3条 横流式冷却塔和9度区的逆流式冷却塔，其淋水装置的梁、柱、主配水槽之间应有可靠的焊接连接和必要的支承长度，预制主水槽壁板之间的钢筋或节点板应有可靠焊接，并应以不低于壁板标号的混凝土或100号水泥砂浆灌严。不符合上述要求时，宜结合大修进行加固。

第六节 机力通风凉水塔

第6.6.1条 进行凉水塔的抗震鉴定，应检查框架柱及梁柱节点和进风口小柱的强度和质量、填充墙与框架的拉结。

对建在湿陷性黄土或不均匀地基上的冷却塔，尚应检查第6.5.1条所要求的相应内容。

第6.6.2条 8度区Ⅲ类场地土和9度区，对凉水塔应进行抗震强度验算。不符合要求时，可按标准附录三选取加固措施。

第6.6.3条 9度区，框架角柱和边柱的梁柱节点以及进风窗高度范围内中柱、边柱的上下端，均应符合本标准第3.1.11条和第3.1.12条的构造要求。不符合要求时，宜结合大修按附录三选取加固措施。

第6.6.4条 框架柱与其填充墙或预制钢筋混凝土墙板应有可靠连接。8度和9度区，应满足本标准第3.1.14条要求。不符合要求时，应采取措施。

第6.6.5条 淋水填料和集水器等部位应与梁具有可靠联结。如为浮搁或已松动时，宜采取措施。

第七章 炉窑结构

第一节 高炉系统构筑物

第7.1.1条 本节适用于有效容积100m³及以上的高炉和高炉系统构筑物，包括高炉、内燃式和外燃式热风炉、除尘器、洗涤塔以及桁架式和板梁式斜桥。

注：①有效容积为100m³以下的小型高炉及该系统构筑物，可参照本章的有关要求执行。

②皮带通廊式斜桥应按本标准第五章的有关要求进行鉴定。

（Ⅰ）高　炉

第7.1.2条 进行高炉的抗震鉴定，应检查导出管根部、炉顶封板、炉体框架、炉顶框架的柱子和横梁，炉缸支柱，炉身支柱，支撑设置，以及构件间的连接。

第7.1.3条 导出管根部和炉顶封板不应有严重烧损、变形。不符合要求时，应加固。

当炉体内衬严重侵蚀、炉壳严重变形，以及铁口、渣口有明显裂缝时，均宜结合中修或大修进行更换或加固。

第7.1.4条 7度区Ⅲ类场地土和8度、9度区，高炉支承结构（除炉缸支柱外）的各部分铰接柱脚应设有提高抗剪能力的措施，对设有垂直支撑的炉顶框架和炉体框架，其连接应符合本标准第3.1.16条第一款要求，垂直支撑应符合第3.1.15条的有关要求，但斜撑杆的长细比不宜大于150。

第7.1.5条 7度区Ⅲ类场地土和8度、9度区，炉体框架或炉身支柱在炉顶处均应与炉体有可靠的水平连接，其构造应使传力明确、合理，并应能适应炉体的竖向温度变形要求。

第7.1.6条 炉缸支柱顶面与托圈间的空隙应采用钢板塞紧，并应拧紧螺栓。

第7.1.7条 8度区Ⅲ类场地土和9度区，导出管各部位应分别满足下列要求：

一、导出管下部倾斜段的管壁厚度，对100m³、255～1000m³和1000m³以上的高炉，应分别不小于8、10和14mm。

二、导出管根部在下部倾斜段全长1/3～1/4范围内，宜设有铸钢内衬板，炉顶封板内宜设有镶砖铸铁保护板。不符合要求时，宜结合中修或大修进行更换。

三、导出管的事故支座及其支承梁，宜加强。

第7.1.8条 电梯间、高炉与通道平台之间的连接宜加强。

（Ⅱ）热　风　炉

第7.1.9条 进行热风炉的抗震鉴定，应检查炉底钢板，炉壳下弦带及其连接焊缝，炉底连接螺栓（或锚固板），炉体与管道的连接，风管系统的交接处，以及外燃式热风炉的燃烧室支架。

第7.1.10条 炉底钢板不应有严重翘曲，否则，其与基础之间的空隙应采用细骨料耐热混凝土灌实或采用其它填实措施。

第7.1.11条 炉体与管道连接处和风管系统交接处的

内衬不应有严重侵蚀或脱落。钢壳不应有严重烧损和变形。

不符合上述要求时，宜结合中修或大修进行更换。

第7.1.12条 管道与炉壳的连接处宜用肋板加固。

第7.1.13条 热风炉的底脚螺栓应符合本标准第4.1.5条有关要求，并应拧紧螺帽。当采用锚固板时应保证其完好。

第7.1.14条 7度区Ⅲ类场地土和8度、9度区，燃烧室钢支架与支撑的连接应符合本标准第3.1.16条第一款要求，支撑应符合本标准第3.1.15条有关要求，但斜撑杆的长细比不宜大于150。

（Ⅲ）除尘器和洗涤塔

第7.1.15条 进行除尘器和洗涤塔的抗震鉴定，应检查支架及其连接螺栓的强度和质量。

第7.1.16条 7度区Ⅲ类场地土和8度、9度区，除尘器和洗涤塔应符合下列抗震构造要求：

一、筒体与管道的连接处宜用肋板加强。

二、筒体在支座处宜设有水平环梁，支座与柱头的连接应有提高其抗剪能力的措施。

三、钢支架柱间支撑杆件应符合本标准第3.1.15条和第3.1.16条的有关要求，但斜撑杆长细比不宜大于150。

四、钢筋混凝土支架的梁柱节点的箍筋设置应符合本标准第3.1.12条的构造要求；柱头在高为柱截面宽度范围内应设有焊接钢筋网。

不符合上述要求时，对柱头宜采用坐浆后外包钢板箍等加固措施。

第7.1.17条 8度区Ⅲ类场地土和9度区，应验算除尘器支架的抗震强度。

（Ⅳ）斜 桥

第7.1.18条 进行斜桥的抗震鉴定，应检查桁架式斜桥上、下支承点处门型刚架和桁架的受力杆件、节点和上下弦平面支撑，以及斜桥支座、支架和压轮轨。

第7.1.19条 7度区Ⅲ类场地土和8度、9度区，斜桥应符合下列要求：

一、桁架式斜桥的上、下支承点处应为较刚强的门型刚架，杆件长细比7度区Ⅲ类场地土不宜大于100，8度和9度区不宜大于65（柱的计算长度取柱全长）。

二、当斜桥与高炉的连接不是铰接单片支架时，应适当加大支座处梁的支承面。

三、桁架式斜桥的上、下弦平面内应有完整的支撑系统。

四、斜桥下端与基础的连接应具有抗剪措施。

五、压轨轮无严重磨损，并应有较好的侧向刚度。

第二节 焦 炉 基 础

第7.2.1条 本节适用于大、中型焦炉的钢筋混凝土构架式基础。

第7.2.2条 进行焦炉基础的抗震鉴定，应检查基础构架，抵扛墙，炉端台、炉间台和操作台的梁端支座，以及焦炉的纵横拉条。

第7.2.3条 9度区Ⅱ、Ⅲ类场地土，应验算基础结构的抗震强度。

第7.2.4条 对基础构架的铰接柱（一端铰接或两端均为铰接），其上端为铰接时柱顶面与构架梁之间的间隙，以及下端为铰接时柱侧边与底板杯口内壁顶部之间的间隙，在温度变形稳定后尚应留有足够的距离，其值可按每向柱顶水平位移为50mm时由计算确定，或对上、下端的上述间隙均取不小于20mm。

8度区Ⅱ、Ⅲ类场地土和9度区，基础构架的固接柱应符合本标准第3.1.11条和第3.1.12条的有关构造要求。

第7.2.5条 焦炉的纵横拉条应齐全，无损坏、断裂和弯曲，并应保持在受力工作状态。

第7.2.6条 设置在焦炉基础、炉端台、炉间台以及机侧和焦侧操作台的梁端滑动支座或滚动支座，应能保持正常工作。

第7.2.7条 焦炉炉体、基础及其外臁的附设件与邻近建（构）筑物之间的间隙和温度缝，应符合防震缝要求，缝宽不宜小于50mm。

第三节 回转窑和竖窑基础

第7.3.1条 本节适用于回转窑和竖窑的构架式或整体式基础。

第7.3.2条 钢筋混凝土构架式基础应符合本标准第3.1.11条和第3.1.12条的有关构造要求。9度区Ⅱ、Ⅲ类场地土，尚应验算其抗震强度。

第7.3.3条 8度和9度区，锚栓可按本标准第4.1.5条的要求进行抗震鉴定，并应设有防止回转窑窑体沿轴向窜动的措施。

第八章 变电构架和支架

第8.0.1条 本章适用于35~330kV屋外变电所的变电构架、设备支架和设备基础。

屋内变电所的设备基础可参照本章要求执行。

第8.0.2条 进行抗震鉴定，应检查梁柱节点的强度和质量、柱脚和基础的连接、抗侧力拉压杆的设置、支架根部的固定、避雷针支架与针杆的连接以及主变压器基础台的宽度。

第8.0.3条 8度区Ⅲ类场地土和9度区，对钢筋混凝土构架的矩形或环形截面预制柱和梁柱节点，以及钢筋混凝土支架的预制梁、柱和基础，应进行抗震强度验算。

第8.0.4条 验算构架的抗震强度时，可只考虑垂直于导线方向的水平地震力。

第8.0.5条 中型配电装置构架和设备支架可简化为单质点体系；高型、半高型配电装置构架和避雷针支架，视结构布置情况，可作为两质点或多质点体系。

计算水平地震力时，产生地震力的构架（支架）总重量应包括恒载、设备荷载（导线、绝缘子串和金具重）、高型和半高型配电装置的通道活荷载，以及复冰条件下导线上的复冰重。结构影响系数，对钢筋混凝土结构以及钢筋混凝土柱与钢梁的组合结构均可取0.35，对钢结构可取0.3。

第8.0.6条 验算结构及其地基的抗震强度时，应将地震力及下列荷载所产生的内力进行组合：

一、恒载，取全部。

二、设备荷载，取全部。

三、高型和半高型配电装置的通道活荷载，取50kg/m²

四、正常运行时最不利的导线张力（复冰或最低气温条件下一侧的导线张力），取全部。

第8.0.7条 钢筋混凝土构架应符合本标准第3.1.11条和第3.1.12条的有关构造要求。钢构架应符合第3.1.15条、第3.1.16条和第3.2.3条的有关构造要求。

第8.0.8条 9度区，预制钢筋混凝土构架人字型矩形截面柱中，弦杆和腹杆的厚度不应小于100mm。

第8.0.9条 Ⅲ类场地土上，同一组设备的三根独立柱宜用型钢连成整体。

第8.0.10条 对液化土地基上的钢筋混凝土构架和支架，宜在非液化土中打拉线，或按本标准第二章第三节从严选用地基加固措施。

第8.0.11条 主变压器轨道中心线至基础台边缘的距离，对7度、8度和9度区，分别不应小于300、500和700mm。不符合要求时，应加宽基础台。

注：如主变压器已按工业设备抗震鉴定标准采取固定措施时，基础台的上述宽度可适当减少。

第8.0.12条 当变压器防爆墙的整体稳定性经验算不满足抗震要求时，宜加固或拆除。

第九章 操作平台

第9.0.1条 本章适用于熔炼金属设备或一般生产操作的钢结构、钢筋混凝土结构或砖结构支承的平台。

第9.0.2条 进行操作平台的抗震鉴定，应检查平台砖柱，钢筋混凝土平台柱及其梁柱节点的配筋和构造，平台上的附属砖房，平台与设备或相邻建（构）筑物之间的关系。

第9.0.3条 下列操作平台可不进行加固：

一、钢支承平台。

二、除8度和9度区且为Ⅲ类场地土外，高度不超过8m的钢筋混凝土平台。

三、本条第二款范围以外的钢筋混凝土平台柱符合本标准第3.1.11条和第3.1.12条的构造要求。

第9.0.4条 对高度不超过8m、配有竖向钢筋的平台砖柱，7度区Ⅰ、Ⅱ类场地土可不进行抗震加固；7度区Ⅲ类场地土和8度、9度区，砖柱的竖向钢筋分别不应少于4φ10和6φ10。不符合上述要求时，可采用两端分别锚固于基础和平台的外包角钢加缀板等措施。

第9.0.5条 平台上的附属砖房可按工业与民用建筑抗震鉴定标准的有关要求进行鉴定加固。

第9.0.6条 8度和9度区，平台如与大型生产设备（如化铁炉）整体连接，应脱开不小于防震缝宽度的距离。当脱开有困难时，应进行抗震强度验算，经验算不符合要求时，应加固。

第9.0.7条 8度和9度区，对支承在厂房柱上的平台，当进行厂房结构的抗震鉴定时，应考虑平台与厂房结构的相互影响。如平台紧贴砖房，宜用防震缝分开，缝宽50～70mm；当增设防震缝确有困难时，应对独立砖房采取适当措施。

第9.0.8条 平台上的混凝土栏板、砖砌女儿墙，应加固或拆除。当平台上钢筋混凝土栏板端部顶紧建（构）筑物时，应对栏板或建（构）筑物采取适当措施。

附录一 各钢厂钢筋屈服强度超强系数值

进行钢筋混凝土结构的抗震鉴定时，如能确切判定所用钢筋为下列各厂的产品，则可按附表1.1超强系数γ_s乘所用钢筋的标准强度R_g^s，以确定验算截面受压区最大相对受压高度和最大钢筋率。

各钢厂钢筋屈服强度超强系数γ_s值　　　附表1.1

生产厂	Ⅰ级钢筋（3号钢）	5号钢筋	Ⅱ级钢筋（16锰钢）	Ⅲ级钢筋（25锰硅钢）
鞍钢	1.20	1.25	1.25	1.20
天津钢厂第四轧钢厂	1.35	1.35	1.25	1.25
上钢三厂	1.25	1.35	1.20	1.25
太钢	1.25	1.35	—	1.25
唐钢	1.15	1.30	1.25	1.30
新沪钢厂	1.50	1.45	1.25	1.25
重钢	1.40	1.45	—	1.30
首钢	—	—	—	1.30
大冶钢厂	1.35	—	—	—
马钢	—	—	—	1.25
沈阳钢厂	1.25	—	—	1.25
三明钢厂	—	1.45	—	—
杭州钢厂	—	—	1.30	—
青岛钢厂	—	—	1.30	1.35

附录二 局部配筋混凝土地坪的抗震设计

非液化土地基上的构筑物，当利用已有的或新增设的现浇混凝土地坪抵抗结构的基底地震剪力时，可按下列要求进行抗震设计。

一、当结构（或构件）四周的地坪每边延伸宽度不小于地坪孔口承压面宽度的5倍时，可假设该地坪为无限大板，承受结构（或构件）的全部基底地震剪力，按下列公式验算水平地震力作用方向的抗震强度。

1. 地坪孔口的抗压强度

$$K_1 \sigma_c \leqslant R_a \qquad （附2-1）$$
$$\sigma_c = Q_0/(t \cdot b) \qquad （附2-2）$$

式中 σ_c——地坪孔口承压面的平均压应力（kPa）；

Q_0——基底地震剪力（kN），按两个主轴方向分别取值；

t、b——分别为地坪孔口承压面的厚度和宽度（m）；

R_a——地坪混凝土的轴心抗压设计强度（kPa）；

K_1——安全系数，可取1.2。

2. 孔口承压面两侧混凝土截面的抗拉强度

对素混凝土区段：　$K_1 \zeta_c \sigma_c \leqslant R_1$　（附2-3）

对需配筋区段：　$K_1 \zeta_c \sigma_c at \leqslant A_s R_g$　（附2-4）

式中 R_1——混凝土抗拉设计强度（kPa）；

A_s、R_g——分别为孔口承压面一侧纵向钢筋的截面面积（m^2）和抗拉设计强度（kPa）；

a——配筋区段的宽度（m）；

ζ_l——孔口侧面拉应力系数，按附图2.1采用。

二、当仅在结构的一侧有地坪时（如利用散水坡作抗水平地震剪力的地坪，结构边柱的地坪等），可视该地坪为半无限板，并承受全部基底地震剪力，此时，可只按公式附2-1验算孔口的抗压强度。

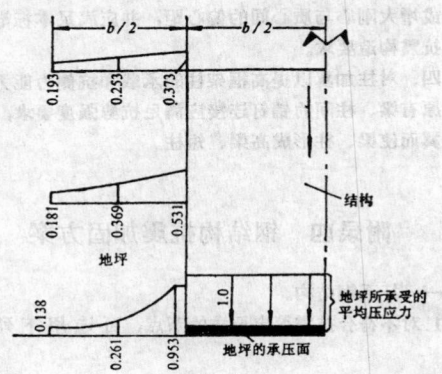

附图 2.1 地坪孔口侧边混凝土的拉应力系数
→ 水平地震力作用方向

三、独立结构（如井塔、井架、设备基础）四周的地坪，当其每边延伸宽度小于本附录第一条要求但不小于地坪孔口承压面宽度的3倍时（附图2.2），应视该地坪为有限面积板，按下列要求进行抗震验算。

1.按公式附2-1至附2-4进行验算，但公式中 Q_0 应代以由地坪所分担的地震剪力 T，T 可由下式确定：

$$T = Q_0 - (Nf + E_p)/3 \qquad (\text{附}2\text{-}4)$$

$$E_p = \frac{\gamma H_0^2 B_0}{2}\tan^2(45° + \varphi/2) \qquad (\text{附}2\text{-}5)$$

式中 Nf——土与基础底面间的摩擦力（kN），N 为作用于基底的轴压力（kN），f 为土与基底的摩擦系数，按地基基础规范的规定取值；

E_p——基础正侧面的被动土压力（kN）；

H_0、B_0——分别为基础埋深（m）和基础正侧面平均宽度（m）（附图2.2）；

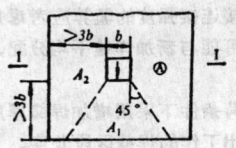

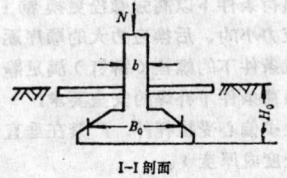

附图 2.2 有限面积板地坪的计算简图

γ、φ——分别为 H_0 范围内土的容重（kN/m³）和内摩擦角（°）。

2.地坪总面积应满足不首先出现地震滑移的下列公式要求：

$$A \geqslant A_1 + A_2 \qquad (\text{附}2\text{-}6)$$

$$A_2 \geqslant K_2 T/\tau \qquad (\text{附}2\text{-}7)$$

式中 A_1——地坪承压侧的平面面积（m²），即附图2.2平面图中虚线所示的梯形面积，对方形地坪可取 $A_1 = A_2/3$；

A_2——地坪中受拖曳作用的面积（m²），即附图2.2中 A_1 以外的面积；

A——地坪总面积（m²）；

τ——地坪底面的抗剪强度（kPa），宜取土与土之间的抗剪强度：$\tau = \gamma_c t \cdot \tan\varphi + c$；

γ_c——地坪的容重（kN/m³）；

φ、c——分别为地坪底面与土之间的摩擦角（°）和粘聚力（kPa），或地坪以下土的内摩擦角和粘聚力；

K_2——抗拖曳安全系数，宜取 $K_4 \geqslant 1.3K_1$。

四、局部配筋混凝土地坪应满足下列抗震构造和施工要求：

1.抗水平地震剪力的地坪，其混凝土实际标号不应低于150号，厚度不得小于100mm（不包括二次抹面层）。

2.当已有地坪经验算其抗压或抗拉强度不满足要求时，宜沿结构周侧配筋，也可局部加厚地坪。

3.当已有或新设地坪按抗震验算需要局部配筋时，钢筋应对应地坪厚度中心对称设置。抗压筋的配置原则可与混凝土结构中局部承压筋相同，抗拉筋按计算宜内密外疏布置，并应符合受拉锚固长度的要求。

对新设地坪，当按抗震验算不需配置钢筋时，宜按附图2.3于每侧设置2φ6的构造钢筋。

4.地坪以下土层应夯实，并宜铺设碎石薄层并夯入土中以增大水平抗力。

5.地坪混凝土应与柱或基础等结构紧密接触，且胶结良好。对于与已有地坪相接的新浇混凝土，应减少由新旧混凝土收缩不同而引起的拉应力，可采取已有地坪事先充分湿润使之膨胀并对新浇混凝土良好养护的措施。

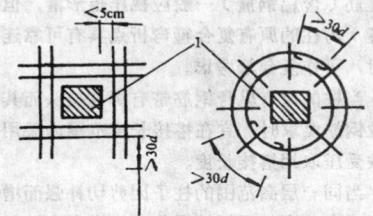

附图 2.3 混凝土地坪的构造配筋
1—结构截面

附录三 钢筋混凝土结构抗震加固方案

对不满足本标准要求的钢筋混凝土结构，可根据结构特点和加固目的选用下列措施：

一、用剪切补强法提高框架柱的抗剪承载能力或容许轴压比值。

1.一般可采用下列方法进行柱的剪切补强：

（1）柱周侧设置钢筋网砂浆围套，钢筋网中的箍筋端部应焊接（措施 a）。

（2）柱四角加设角钢焊扁钢缀条的围套（措施 b）。可采用环氧树脂浆粘贴法：先将柱四角磨成圆角，涂环氧树

脂浆，在施加围压下粘贴柱四角的角钢（施加围压可采用在角钢外侧垫木块后用铁丝拧紧），而后焊扁钢缀条；也可采用座浆法：柱四角抹高标号砂浆后，外贴角钢，外加上述临时拧紧措施予以挤压，再焊扁钢缀条，扁钢与柱面之间用高标号砂浆填实，待砂浆到达强度后拆除临时箍。

（3）外包钢板箍，并宜优先采用施加围压的外包钢板箍（措施 c）。可在柱周侧座浆外，外加双 L 等型式钢板对拼成钢板箍围套，并用（2）中临时拧紧措施将砂浆尽情挤出，座浆可仅在板箍以内部位。也可在柱外焊连钢板箍后用微膨胀砂浆填实板箍与柱面间的空隙。

2.设计要点：

（1）当柱的抗剪、抗弯承载能力均不满足要求时，宜采用 a、b 两类围套。此时，纵向钢筋（角钢）应全高设置，以避免因加固而形成截面突变和薄弱环节转移，且纵向钢筋（角钢）上、下端与梁（基础）之间必须具有可靠锚固，并应调整纵向钢筋（或角钢）和箍筋（或扁钢）的含量，使柱的抗剪强度安全系数不小于1.2倍抗弯强度安全系数，并应使柱的抗弯强度安全系数大于梁的抗弯强度安全系数。

（2）当柱的抗弯承载和抗侧力能力满足要求而仅抗剪能力不足时，宜优先采用 c 类围套，但应经专门设计；也可采用 a、b 类围套，此时，纵向钢筋（角钢）的上端与梁底之间、下端与楼板（基础）顶面之间必须断开，其间隙宜小，可取20mm，且 a 类围套的纵向钢筋两端在其锚固长度范围内应与补设的封闭箍筋可靠焊连。

（3）对超配筋柱、轴压比大于0.45的柱和短柱，当采用剪切补强法时，均应采用 c 类围套。

（4）验算剪切补强柱的截面抗震强度时，可考虑原截面的纵向钢筋、箍筋与围套的纵向钢筋（角钢）、箍筋（板箍、扁钢缀条）共同工作，对 a、b 类围套，矩形截面的混凝土受压区相对高度不应大于0.4。

（5）计算剪切补强柱的轴压比时，对 a 类围套，截面面积可取围套箍筋所包围的面积，对 b、c 类围套，则可取全截面面积。

新加箍筋（含扁钢箍）一般应视作矩形箍，但当新加箍筋（扁钢箍）与柱的原有复合箍弯折点具有可靠连接或其它相应措施时，可作复合箍考虑。

（6）当柱的原有纵向身钢筋带有绑扎接头而其搭接长度不满足受拉钢筋要求时，宜在搭接长度范围内采用 c 类围套，此时，可按受压取用搭接长度。

（7）当同一层高范围的柱子因剪切补强而增大其线刚度时，应考虑由此引起层间地震剪力的增大和被加固柱地震剪力分配比例的增加。

用剪切补强法提高框架梁（除高梁外）的抗剪承载能力，可参照本条要求采取适当措施。

二、对短柱，可采用下列加固措施：

1.对全高采用剪切补强法。

2.当结构的同一层高范围内均为短柱时，可在某些柱间设置高宽比不小于2的抗剪墙，使能为其它短柱耗能卸载。

3.当因砖砌窗肚墙等使框架柱形成短柱时，可改砌与柱具有可靠拉结的轻质墙，或将该墙段与柱之间脱开改用柔性连接等措施，使地震时变短柱为长柱。

三、耗能卸载法

1.设置先行出现塑性变形的交叉柱间支撑，并起分担水平地震力作用。

2.沿柱全高加设与梁柱具有可靠连接的实心砌体填充墙、钢筋网砂浆夹板墙或抗剪墙。

对柱承式贮仓的横向，抗剪墙可设于支承柱的外侧以满足火车、汽车通行的工艺要求。

3.设置柱间支撑、填充墙或抗剪墙时，应避免结构单元产生或增大刚心与质心间的偏心距，并应满足本标准各章的有关抗震构造要求。

四、对柱加翼以提高框架柱的承载和抗侧力能力。此时，翼与原有梁、柱间的销钉连接应满足抗剪强度要求，且不得因加翼而使梁、柱形成高梁、短柱。

附录四　钢结构抗震加固方案

一、杆系钢结构。

1.对不符合抗震鉴定要求的节点，可选用下列加固方案：

（1）当原为铆钉、螺栓连接时，可按本标准第3.1.16条第一款改变连接型式。

（2）当原为焊接连接时，应采用补焊的办法。根据节点的实际情况，可采用加长焊缝的办法，例如，加长原有焊缝，加大节点板，在节点板与被连接杆件之间加焊短斜板等，也可采用增加焊缝厚度的办法。

（3）对偏心节点（如单面连接的单角钢杆件，钢井架立架的框口节点等），可采用避免出现节点弯矩或提高抗弯承载能力的措施，例如，对要求出现塑性变形的杆件，将原单面连接改为双面连接，将框口非刚性节点改为刚性节点等。

2.设计要点：

（1）铆接或栓接接改为焊接连接时，应由焊缝承担杆件全部屈服内力。

（2）对原有焊缝的补焊，如补焊时杆件并不受力（如仅为刚度、传递风力和水平地震力需要而设置的柱间支撑），可按新设计钢结构进行设计，由新老焊缝同等程度承担杆件全部屈服内力。

（3）当在负荷条件下（如钢井架）采用增加焊缝长度的办法时，节点焊接连接强度的验算应考虑加固时原有焊缝的已有实际应力不可能与新加焊缝平均分配，新老焊缝存在受力不均的因素。

（4）当在负荷条件下采用增加焊缝厚度的办法时，应考虑加固施焊时退出工作的焊缝区段长度。

3.保证加固施工安全的要点：

（1）在负荷条件下以高强螺栓更换铆钉或普通螺栓时，可按先换应力小的、后换应力大的顺序逐一更换，并保证实际使用荷载条件下的螺栓（铆钉）满足静力强度要求。

（2）对负荷条件下补焊的安全要求：

1）对受拉或偏心受拉杆件，严禁在垂直于拉力方向补焊（增加焊缝长度或厚度）。

2）应选择合适的施焊程序，使焊接时减少杆件受力的偏心、杆件的残余应力和压杆在焊接时的弯曲。

3）当采用增加原有焊缝厚度的加固方案时，实际荷载作用下拉杆的计算内力不宜超过其计算承载力的50%，压杆不应超过其计算承载力（考虑稳定系数 φ）的60%；上述节点焊缝承载力尚应考虑增厚焊缝时退出工作的焊缝区段长度。

4）应选择合适的焊接工艺，逐次分层施焊，后一道焊缝应待前一道焊缝全部冷却至100℃以下时再行施焊。增厚焊缝时，每道焊缝厚度不得大于2mm。

二、对锚栓的抗震处理措施。

当锚栓的抗震强度或抗震构造不符合要求时，可按其相应要求选用下列处理措施：

1.避免锚栓发生脆断破坏。

（1）卸荷：

1）减少作用于锚栓的地震剪力。例如，加设柱间垂直支撑；变静定杆系上部结构为超静定结构或加设赘余构（杆）件，而让加设的构（杆）件先行出现塑性变形。

2）增设抗剪构件，以部分分担剪力，如增加锚栓以分担剪力。

（2）将原为剪拉受力的锚栓转变为拉剪（拉弯）受力。例如，当无锚栓支承托座时增之，或将锚栓的薄垫圈换成具有较大孔洞的厚垫圈，此时，孔洞内侧与锚栓周边之间的间隙不宜小于3mm。

（3）对地震作用下受拉（轴心受拉、偏心受拉）的锚栓（如塔类结构的锚栓），可在锚栓座盖板与螺帽垫圈间加设钢板弹簧，钢板弹簧的选用应经专门设计。

2.锚栓在基础（底座）中的埋置深度不足时：

（1）按照锚栓在地震下实际可能出现的拉力和所取用的锚固形式进行验算。

（2）减少锚栓在地震时的拉力，可选用本附录本条第1款的有关措施。

（3）增加锚栓的埋置深度，如对锚栓套以螺旋筋后补浇能与原有基础混凝土共同工作且标号不低于200号的钢筋混凝土包脚柱脚。

3.锚栓数量不足或遭受锈蚀时，宜补设或更换锚栓。

4.螺帽尺寸不符合标准或未能全部拧入锚杆时，可更换锚杆，设双螺帽，在拧紧螺帽后加焊等。

附录五 塔型设备基础的地基抗震验算范围判断曲线

对于由设计地面至全塔顶部总高度为 H 的已有塔型设备圆筒式基础，当地面以上非地震组合荷载的计算总重量最大值 N_{max} 在相应基本风压值 W_0 所示的判断曲线的上侧时，对非液化土地基，可不进行地基抗震强度和结构抗倾覆验算。当不满足要求时，应按本标准第二章进行验算。

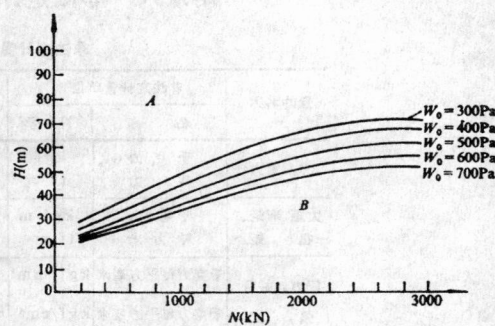

附图 5.2 塔型设备基础的地基抗震强度验算范围判断曲线
（8度区Ⅱ类场地土）

A—非地震组合荷载控制区；B—地震组合荷载控制区

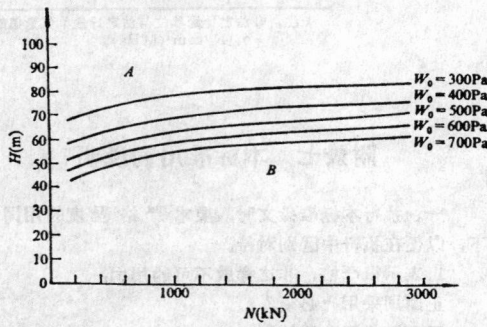

附图 5.3 塔型设备基础的地基抗震强度验算范围判断曲线
（8度区Ⅲ类场地土）

A—非地震组合荷载控制区；B—地震组合荷载控制区

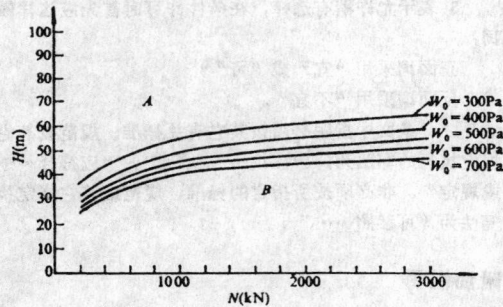

附图 5.4 塔型设备基础的地基抗震强度验算范围判断曲线
（9度区Ⅰ类场地土）

A—非地震组合荷载控制区，B—地震组合荷载控制区

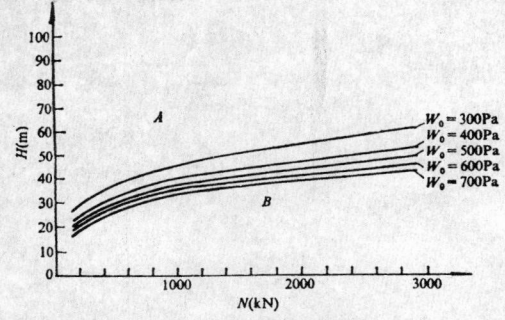

附图 5.1 塔型设备基础的地基抗震强度验算范围判断曲线
（8度区Ⅰ类场地土）

A—非地震组合荷载控制区；B—地震组合荷载控制区

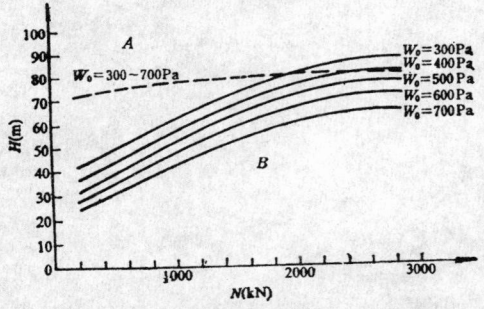

附图 5.5 塔型设备基础的地基抗震验算范围判断曲线
—— 9度区Ⅱ类场地土 --- 9度区Ⅲ类场地土

A—非地震组合荷载控制区；B—地震组合荷载控制区

附录六 非法定计量单位与法定计量单位换算关系

量的名称	非法定计量单位		法定计量单位		单位换算关系
	名　称	符　号	名　称	符　号	
力、重力	千克力 吨　力	kgf tf	牛　顿 千牛顿	N kN	1kgf＝9.80665N 1tf＝9.80665kN
力矩、弯矩、 扭　矩	千克力米 吨力米	kgf·m tf·m	牛顿米 千牛顿米	N·m kN·m	1kgf·m＝9.80665N·m 1tf·m＝9.80665kN·m
应力、材料 强　度	千克力每平方毫米 千克力每平方厘米	kgf/mm² kgf/cm²	牛顿每平方毫米（兆帕斯卡） 牛顿每平方毫米（兆帕斯卡）	N/mm²(MPa) N/mm²(MPa)	1kgf/mm²＝9.80665 N/mm²(MPa) 1kgf/cm²＝0.0980665 N/mm²(MPa)
弹性模量 变形模量 剪切模量	千克力每平方厘米	kgf/cm²	牛顿每平方毫米（兆帕斯卡）	N/mm²(MPa)	1kgf/cm²＝0.0980665 N/mm²(MPa)

注：非法定计量单位与法定计量单位量值的换算，本标准取近似的整数换算值，例如，1kgf＝10N，1kgf/cm²
＝0.1N/mm²(MPa)。

附录七　本标准用词说明

一、执行本标准条文时，要求严格程度的用词说明如
下，以便在执行中区别对待。

1.表示很严格，非这样做不可的用词：

正面词采用"必须"；

反面词采用"严禁"。

2.表示严格，在正常情况下均应这样做的用词：

正面词采用"应"；

反面词采用"不应"或"不得"。

3.表示允许稍有选择，在条件许可时首先应这样做的用
词：

正面词采用"宜"或"可"；

反面词采用"不宜"。

二、条文中指明必须按其它有关标准、规范或其它有关
规定执行的写法为，"应按……执行"、"应符合……要求
或规定"。非必须按所指定的标准、规范或其它规定执行的
写法为"可参照……"。

附加说明

本标准主编单位、参加单位
和主要起草人名单

主编单位　　冶金工业部建筑研究总院

参加单位	冶金工业部长沙黑色冶金矿山设计研究院
	鞍山黑色冶金矿山设计研究院
	重庆钢铁设计研究院
	鞍山焦化耐火材料设计研究院
	包头冶金建筑研究所
	中国有色金属工业总公司长沙有色冶金设计研究院
	兰州有色冶金设计研究院
	沈阳铝镁设计研究院
	贵阳铝镁设计研究院
	煤炭工业部沈阳煤矿设计研究院
	水利电力部西北电力设计院
	国家机械工业委员会第一设计研究院、设计研究总院
	中国石油化工总公司洛阳设计研究院
	中国武汉化工工程公司
	化学工业部第三设计院
	山西省冶金设计院
	国家建材局山东水泥设计院

主要起草人	吴良玖	王福田	刘惠珊	乔太平	马英儒
	孙柯权	杨友义	费志良	刘鸿运	陈幼田
	谢福缙	刘大晖	金　菡	周善文	边振甲
	陈　俊	章连钧	兰聚荣	俞志强	梁若林
	毕家竹	王绍华	袁文度	但泽义	韩加谷

中华人民共和国行业标准

建筑抗震加固技术规程

Technical specification for seismic
strengthening of buildings

JGJ 116—2009

批准部门：中华人民共和国住房和城乡建设部
施行日期：２００９年８月１日

中华人民共和国住房和城乡建设部
公 告

第 340 号

关于发布行业标准
《建筑抗震加固技术规程》的公告

现批准《建筑抗震加固技术规程》为建筑工程行业标准，编号为 JGJ 116 - 2009，自 2009 年 8 月 1 日起实施。其中，第 1.0.3、1.0.4、3.0.1、3.0.3、3.0.6、5.3.1、5.3.7、5.3.13、6.1.2、6.3.1、6.3.4、6.3.7、7.1.2、7.3.1、7.3.3、9.3.1、9.3.5 条为强制性条文，必须严格执行。原《建筑抗震加固技术规程》JGJ 116 - 98 同时废止。

本规程由我部标准定额研究所组织中国建筑工业出版社出版发行。

中华人民共和国住房和城乡建设部
2009 年 6 月 18 日

前 言

根据原建设部《关于印发〈二〇〇四年度工程建设城建、建工行业标准制订、修订计划〉的通知》（建标〔2004〕66 号）的要求，规程编制组经广泛调查研究，认真总结实践经验，参考有关国际标准和国外先进标准，并在广泛征求意见的基础上，修订本规程。

本规程的主要技术内容是：1. 总则；2. 术语和符号；3. 基本规定；4. 地基和基础；5. 多层砌体房屋；6. 多层及高层钢筋混凝土房屋；7. 内框架和底层框架砖房；8. 单层钢筋混凝土柱厂房；9. 单层砖柱厂房和空旷房屋；10. 木结构和土石墙房屋；11. 烟囱和水塔。

本规程修订的主要技术内容是：

1. 与现行国家标准《建筑抗震鉴定标准》GB 50023 相配合，明确了不同后续使用年限建筑的抗震加固要求。2. 在保持原规程"综合抗震能力指数"加固方法的基础上，增加了按设计规范方法进行加固的内容。3. 新增了粘贴钢板、碳纤维布、钢绞线网-聚合物砂浆、消能减震加固技术。4. 加强了对重点设防类建筑、超高超层建筑、不利于抗震的结构的加固要求。5. 与现行国家标准《混凝土结构加固设计规范》GB 50367 进行了协调。

本规程中以黑体字标志的条文为强制性条文，必须严格执行。

本规程由住房和城乡建设部负责管理和对强制性条文的解释，由中国建筑科学研究院负责具体技术内容的解释。执行过程中如有意见或建议，请寄送中国建筑科学研究院（地址：北京市北三环东路 30 号，邮政编码：100013）。

本规程主编单位：中国建筑科学研究院
本规程参编单位：中国机械工业集团有限公司
中国航空工业规划设计研究院
四川省建筑科学研究院
中冶集团建筑研究总院
中国中元国际工程公司
西部建筑抗震勘察设计研究院
同济大学
中国地震局工程力学研究所
上海维固建筑结构设计有限公司
本规程主要起草人：程绍革 戴国莹（以下按姓氏笔画排列）
尹保江 史铁花 白雪霜
吕西林 李仕全 吴 体
辛鸿博 张 耀 金来建
姚秋来 徐 建 戴君武
本规程主要审查人：吴学敏 刘志刚 高永昭（以下按姓氏笔画排列）
王亚勇 韦开波 李彦莉
吴翔天 杨玉成 苗启松
娄 宇 袁金西 莫 庸
侯忠良 黄世敏

目 次

Contents

1 总 则

1.0.1 为贯彻执行国家有关防震减灾的法律法规，实行以预防为主的方针，减轻地震破坏，减少损失，使现有建筑的抗震加固做到抗震安全、经济、合理、有效、实用，制定本规程。

> 注：抗震安全，指加固后的现有建筑在预期的后续使用年限内能够达到不低于其抗震鉴定的设防目标。

1.0.2 本规程适用于抗震设防烈度为 6～9 度地区经抗震鉴定后需要进行抗震加固的现有建筑的设计及施工。

古建筑和行业有特殊要求的建筑，应按专门的规定进行抗震加固的设计及施工。

> 注：本规程以下"6、7、8、9 度"为"抗震设防烈度为 6、7、8、9 度"的简称。

1.0.3 现有建筑抗震加固前，应依据其设防烈度、抗震设防类别、后续使用年限和结构类型，按现行国家标准《建筑抗震鉴定标准》GB 50023 的相应规定进行抗震鉴定。

1.0.4 现有建筑抗震加固时，建筑的抗震设防类别及相应的抗震措施和抗震验算要求，应按现行国家标准《建筑抗震鉴定标准》GB 50023－2009 第 1.0.3 条的规定执行。

1.0.5 现有建筑的抗震加固及施工，除应符合本规程的规定外，尚应符合国家现行有关标准、规范的规定。

2 术语和符号

2.1 术 语

2.1.1 现有建筑 available buildings

除古建筑、新建建筑、危险建筑以外，迄今仍在使用的既有建筑。

2.1.2 后续使用年限 continuous seismic working life, continuing seismic service life

对现有建筑经抗震鉴定后继续使用所约定的一个时期，在这个时期内，建筑不需要重新鉴定和相应加固就能按预期目的使用，并完成预定的功能。

2.1.3 抗震设防烈度 seismic fortification intensity

按国家规定的权限批准作为一个地区抗震设防依据的地震烈度。

2.1.4 抗震加固 seismic strengthening of buildings

使现有建筑达到抗震鉴定的要求所进行的设计及施工。

2.1.5 综合抗震能力 compound seismic capability

整个建筑结构综合考虑其构造和承载力等因素所具有的抵抗地震作用的能力。

2.1.6 面层加固法 masonry strengthening with mortar splint

在砌体墙侧面增抹一定厚度的无筋、有钢筋网的水泥砂浆，形成组合墙体的加固方法。

2.1.7 板墙加固法 masonry strengthening with concrete splint

在砌体墙侧面浇筑或喷射一定厚度的钢筋混凝土，形成抗震墙的加固方法。

2.1.8 外加柱加固法 masonry strengthening with tie-columns

在砌体墙交接处等增设钢筋混凝土构造柱，形成约束砌体墙的加固方法。

2.1.9 壁柱加固法 brick column strengthening with concrete columns

在砌体墙垛（柱）侧面增设钢筋混凝土柱，形成组合构件的加固方法。

2.1.10 混凝土套加固法 structure member strengthening with reinforced concrete

在原有的钢筋混凝土梁柱或砌体柱外包一定厚度的钢筋混凝土，扩大原构件截面的加固方法。

2.1.11 钢构套加固法 structure member strengthening with steel frame

在原有的钢筋混凝土梁柱或砌体柱外包角钢、扁钢等制成的构架，约束原有构件的加固方法。

2.1.12 钢绞线网-聚合物砂浆面层加固法 structure member strengthening with strand steel wire web-polymer mortar

在原有的砌体墙面或钢筋混凝土梁柱表面外抹一定厚度的钢绞线网-聚合物砂浆层的加固方法。

2.1.13 碳纤维布加固法 structure member strengthening with carbonic fibre reinforced polymer

在原有的钢筋混凝土梁柱表面用胶粘材料粘贴碳纤维片材等的加固方法。

2.2 符 号

2.2.1 作用和作用效应

N_G——对应于重力荷载代表值的轴向压力；

V_e——楼层的弹性地震剪力；

S——结构构件地震基本组合的作用效应设计值。

2.2.2 材料性能和抗力

f_0、f_{k0}——材料现有的强度设计值、标准值；

f、f_k——加固材料的强度设计值、标准值；

K——加固后结构构件刚度；

M_y——加固后构件现有受弯承载力；

R——加固后结构构件承载力设计值；

V_y——加固后构件或楼层现有受剪承载力。

2.2.3 几何参数

A_s——实有钢筋截面面积；

A_{w0}——原有抗震墙截面面积；

A_w——加固后抗震墙截面面积；

b——加固后构件截面宽度；

h——加固后构件截面高度；

l——加固后构件长度、屋架跨度。

2.2.4 计算系数

β_0——原有的综合抗震能力指数；

β_s——加固后的综合抗震能力指数；

γ_{Rs}——抗震加固的承载力调整系数；

ξ_y——加固后楼层屈服强度系数；

ψ_1——加固后结构构造的体系影响系数；

ψ_2——加固后结构构造的局部影响系数。

3 基 本 规 定

3.0.1 现有建筑抗震加固的设计原则应符合下列要求：

1 加固方案应根据抗震鉴定结果经综合分析后确定，分别采用房屋整体加固、区段加固或构件加固，加强整体性、改善构件的受力状况、提高综合抗震能力。

2 加固或新增构件的布置，应消除或减少不利因素，防止局部加强导致结构刚度或强度突变。

3 新增构件与原有构件之间应有可靠连接；新增的抗震墙、柱等竖向构件应有可靠的基础。

4 加固所用材料类型与原结构相同时，其强度等级不应低于原结构材料的实际强度等级。

5 对于不符合鉴定要求的女儿墙、门脸、出屋顶烟囱等易倒塌伤人的非结构构件，应予以拆除或降低高度，需要保持原高度时应加固。

3.0.2 抗震加固的方案、结构布置和连接构造，尚应符合下列要求：

1 不规则的现有建筑，宜使加固后的结构质量和刚度分布较均匀、对称。

2 对抗震薄弱部位、易损部位和不同类型结构的连接部位，其承载力或变形能力宜采取比一般部位增强的措施。

3 宜减少地基基础的加固工程量，多采取提高上部结构抵抗不均匀沉降能力的措施，并应计入不利场地的影响。

4 加固方案应结合原结构的具体特点和技术经济条件的分析，采用新技术、新材料。

5 加固方案宜结合维修改造、改善使用功能，并注意美观。

6 加固方法应便于施工，并应减少对生产、生活的影响。

3.0.3 现有建筑抗震加固设计时，地震作用和结构抗震验算应符合下列规定：

1 当抗震设防烈度为 6 度时（建造于 Ⅳ 类场地的较高的高层建筑除外），以及木结构和土石墙房屋，可不进行截面抗震验算，但应符合相应的构造要求。

2 加固后结构的分析和构件承载力计算，应符合下列要求：

　　1）结构的计算简图，应根据加固后的荷载、地震作用和实际受力状况确定；当加固后结构刚度和重力荷载代表值的变化分别不超过原来的 10% 和 5% 时，应允许不计入地震作用变化的影响；在条状突出的山嘴、高耸孤立的山丘、非岩石的陡坡、河岸和边坡边缘等不利地段，水平地震作用应按现行国家标准《建筑抗震设计规范》GB 50011 的规定乘以增大系数 1.1～1.6；

　　2）结构构件的计算截面面积，应采用实际有效的截面面积；

　　3）结构构件承载力验算时，应计入实际荷载偏心、结构构件变形等造成的附加内力；并应计入加固后的实际受力程度、新增部分的应变滞后和新旧部分协同工作的程度对承载力的影响。

3 当采用楼层综合抗震能力指数进行结构抗震验算时，体系影响系数和局部影响系数应根据房屋加固后的状态取值，加固后楼层综合抗震能力指数应大于 1.0，并应防止出现新的综合抗震能力指数突变的楼层。采用设计规范方法验算时，也应防止加固后出现新的层间受剪承载力突变的楼层。

3.0.4 采用现行国家标准《建筑抗震设计规范》GB 50011 的方法进行抗震验算时，宜计入加固后仍存在的构造影响，并应符合下列要求：

对于后续使用年限 50 年的结构，材料性能设计指标、地震作用、地震作用效应调整、结构构件承载力抗震调整系数均应按国家现行设计规范、规程的有关规定执行；对于后续使用年限少于 50 年的结构，即现行国家标准《建筑抗震鉴定标准》GB 50023 规定的 A、B 类建筑结构，其设计特征周期、原结构构件的材料性能设计指标、地震作用效应调整等应按现行国家标准《建筑抗震鉴定标准》GB 50023 的规定采用，结构构件的"承载力抗震调整系数"应采用下列"抗震加固的承载力调整系数"替代：

1 A 类建筑，加固后的构件仍应依据其原有构件按现行国家标准《建筑抗震鉴定标准》GB 50023 规定的"抗震鉴定的承力调整系数"值采用；新增钢筋混凝土构件、砌体墙体可仍按原有构件对待。

2 B 类建筑，宜按现行国家标准《建筑抗震设计规范》GB 50011 的"承载力抗震调整系数"值采用。

3.0.5 加固所用的砌体块材、砂浆和混凝土的强度

等级，钢筋、钢材的性能指标，应符合现行国家标准《建筑抗震设计规范》GB 50011 的有关规定，其他各种加固材料和胶粘剂的性能指标应符合国家现行相关标准、规范的要求。

3.0.6 抗震加固的施工应符合下列要求：

1 应采取措施避免或减少损伤原结构构件。

2 发现原结构或相关工程隐蔽部位的构造有严重缺陷时，应会同加固设计单位采取有效处理措施后方可继续施工。

3 对可能导致的倾斜、开裂或局部倒塌等现象，应预先采取安全措施。

4 地基和基础

4.0.1 本章适用于存在软弱土、液化土、明显不均匀土层的抗震不利地段上的建筑地基和基础。不利地段应按现行国家标准《建筑抗震设计规范》GB 50011 的规定划分。

4.0.2 抗震加固时，天然地基承载力可计入建筑长期压密的影响，并按现行国家标准《建筑抗震鉴定标准》GB 50023 规定的方法进行验算。其中，基础底面压力设计值应按加固后的情况计算，而地基土长期压密提高系数仍按加固前取值。

4.0.3 当地基竖向承载力不满足要求时，可作下列处理：

1 当基础底面压力设计值超过地基承载力特征值在 10% 以内时，可采用提高上部结构抵抗不均匀沉降能力的措施。

2 当基础底面压力设计值超过地基承载力特征值 10% 及以上时或建筑已出现不容许的沉降和裂缝时，可采取放大基础底面积、加固地基或减少荷载的措施。

4.0.4 当地基或桩基的水平承载力不满足要求时，可作下列处理：

1 基础顶面、侧面无刚性地坪时，可增设刚性地坪。

2 沿基础顶部增设基础梁，将水平荷载分散到相邻的基础上。

4.0.5 液化地基的液化等级为严重时，对乙类和丙类设防的建筑，宜采取消除液化沉降或提高上部结构抵抗不均匀沉降能力的措施；液化地基的液化等级为中等时，对乙类设防的 B 类建筑，宜采取提高上部结构抵抗不均匀沉降能力的措施。

4.0.6 为消除液化沉降进行地基处理时，可选用下列措施：

1 桩基托换：将基础荷载通过桩传到非液化土上，桩端（不包括桩尖）伸入非液化土中的长度应按计算确定，且对碎石土，砾、粗、中砂，坚硬黏性土和密实粉土尚不应小于 0.5m，对其他非岩石土尚不

宜小于 1.5m。

2 压重法：对地面标高无严格要求的建筑，可在建筑周围堆土或重物，增加覆盖压力。

3 覆盖法：将建筑的地坪和外侧排水坡改为钢筋混凝土整体地坪。地坪应与基础或墙体锚固，地坪下应设厚度为 300mm 的砂砾或碎石排水层，室外地坪宽度宜为 4~5m。

4 排水桩法：在基础外侧设碎石排水桩，在室内设整体地坪。排水桩不宜少于两排，桩距基础外缘的净距不应小于 1.5m。

5 旋喷法：穿过基础或紧贴基础打孔，制作旋喷桩。桩长应穿过液化层并支承在非液化土层上。

4.0.7 对液化地基、软土地基或明显不均匀地基上的建筑，可采取下列提高上部结构抵抗不均匀沉降能力的措施：

1 提高建筑的整体性或合理调整荷载。

2 加强圈梁与墙体的连接。当可能产生差异沉降或基础埋深不同且未按 1/2 的比例过渡时，应局部加强圈梁。

3 用钢筋网砂浆面层等加固砌体墙体。

5 多层砌体房屋

5.1 一 般 规 定

5.1.1 本章适用于砖墙体和砌块墙体承重的多层房屋，其适用的最大高度和层数应符合现行国家标准《建筑抗震鉴定标准》GB 50023 的有关规定。

5.1.2 砌体房屋的抗震加固应符合下列要求：

1 同一楼层中，自承重墙体加固后的抗震能力不应超过承重墙体加固后的抗震能力。

2 对非刚性结构体系的房屋，应选用有利于消除不利因素的抗震加固方案；当采用加固柱或墙垛、增设支撑或支架等保持非刚性结构体系的加固措施时，应控制层间位移和提高其变形能力。

3 当选用区段加固的方案时，应对楼梯间的墙体采取加强措施。

5.1.3 当现有多层砌体房屋的高度和层数超过规定限值时，应采取下列抗震对策：

1 当现有多层砌体房屋的总高度超过规定而层数不超过规定的限值时，应采取高于一般房屋的承载力且加强墙体约束的有效措施。

2 当现有多层砌体房屋的层数超过规定限值时，应改变结构体系或减少层数；乙类设防的房屋，也可改变用途按丙类设防使用，并符合丙类设防的层数限值；当采用改变结构体系的方案时，应在两个方向增设一定数量的钢筋混凝土墙体，新增的混凝土墙应计入竖向压应力滞后的影响并宜承担结构的全部地震作用。

3 当丙类设防且横墙较少的房屋超出规定限值1层和3m以内时，应提高墙体承载力且新增构造柱、圈梁等应达到现行国家标准《建筑抗震设计规范》GB 50011对横墙较少房屋不减少层数和高度的相关要求。

5.1.4 加固后的楼层和墙段的综合抗震能力指数，应按下列公式验算：

$$\beta_s = \eta \psi_1 \psi_2 \beta_0 \qquad (5.1.4)$$

式中 β_s——加固后楼层或墙段的综合抗震能力指数；

η——加固增强系数，可按本规程第5.3节的规定确定；

β_0——楼层或墙段原有的抗震能力指数，应分别按现行国家标准《建筑抗震鉴定标准》GB 50023规定的有关方法计算；

ψ_1、ψ_2——分别为体系影响系数和局部影响系数，应根据房屋加固后的状况，按现行国家标准《建筑抗震鉴定标准》GB 50023的有关规定取值。

5.1.5 墙体加固后，按现行国家标准《建筑抗震设计规范》GB 50011的规定只选择从属面积较大或竖向应力较小的墙段进行抗震承载力验算时，截面抗震受剪承载力可按下列公式验算：

不计入构造影响时 $V \leqslant \eta V_{R0}$ (5.1.5-1)

计入构造影响时 $V \leqslant \eta \psi_1 \psi_2 V_{R0}$ (5.1.5-2)

式中 V——墙段的剪力设计值；

η——墙段的加固增强系数，可按本规程第5.3节的规定确定；

V_{R0}——墙段原有的受剪承载力设计值，可按现行国家标准《建筑抗震设计规范》GB 50011对砌体墙的有关规定计算；但其中的材料性能设计指标、承载力抗震调整系数，应按本规程第3.0.4条的规定采用。

5.2 加固方法

5.2.1 房屋抗震承载力不满足要求时，宜选择下列加固方法：

1 拆砌或增设抗震墙：对局部的强度过低的原墙体可拆除重砌；重砌和增设抗震墙的结构材料宜采用与原结构相同的砖或砌块，也可采用现浇钢筋混凝土。

2 修补和灌浆：对已开裂的墙体，可采用压力灌浆修补，对砌筑砂浆饱满度差且砌筑砂浆强度等级偏低的墙体，可用满墙灌浆加固。

修补后墙体的刚度和抗震能力，可按原砌筑砂浆强度等级计算；满墙灌浆加固后的墙体，可按原砌筑砂浆强度等级提高一级计算。

3 面层或板墙加固：在墙体的一侧或两侧采用水泥砂浆面层、钢筋网砂浆面层、钢绞线网-聚合物砂浆面层或现浇钢筋混凝土板墙加固。

4 外加柱加固：在墙体交接处增设现浇钢筋混凝土构造柱加固。外加柱应与圈梁、拉杆连成整体，或与现浇钢筋混凝土楼、屋盖可靠连接。

5 包角或镶边加固：在柱、墙角或门窗洞边用型钢或钢筋混凝土包角或镶边；柱、墙垛还可用现浇钢筋混凝土套加固。

6 支撑或支架加固：对刚度差的房屋，可增设型钢或钢筋混凝土支撑或支架加固。

5.2.2 房屋的整体性不满足要求时，应选择下列加固方法：

1 当墙体布置在平面内不闭合时，可增设墙段或在开口处增设现浇钢筋混凝土框形成闭合。

2 当纵横墙连接较差时，可采用钢拉杆、长锚杆、外加柱或外加圈梁等加固。

3 楼、屋盖构件支承长度不满足要求时，可增设托梁或采取增强楼、屋盖整体性等的措施；对腐蚀变质的构件应更换；对无下弦的人字屋架应增设下弦拉杆。

4 当构造柱或芯柱设置不符合鉴定要求时，应增设外加柱；当墙体采用双面钢筋网砂浆面层或钢筋混凝土板墙加固，且在墙体交接处增设相互可靠拉结的配筋加强带时，可不另设构造柱。

5 当圈梁设置不符合鉴定要求时，应增设圈梁；外墙圈梁宜采用现浇钢筋混凝土，内墙圈梁可用钢拉杆或在进深梁端加锚杆代替；当采用双面钢筋网砂浆面层或钢筋混凝土板墙加固，且在上下两端增设配筋加强带时，可不另设圈梁。

6 当预制楼、屋盖不满足抗震鉴定要求时，可增设钢筋混凝土现浇层或增设托梁加固楼、屋盖，钢筋混凝土现浇层做法应符合本规程第7.3.4条的规定。

5.2.3 对房屋中易倒塌的部位，宜选择下列加固方法：

1 窗间墙宽度过小或抗震能力不满足要求时，可增设钢筋混凝土窗框或采用钢筋网砂浆面层、板墙等加固。

2 支承大梁等的墙段抗震能力不满足要求时，可增设砌体柱、组合柱、钢筋混凝土柱或采用钢筋网砂浆面层、板墙加固。组合柱加固的设计与施工，可按本规程第9.3.3、9.3.4条的规定执行。

3 支承悬挑构件的墙体不符合鉴定要求时，宜在悬挑构件端部增设钢筋混凝土柱或砌体组合柱加固，并对悬挑构件进行复核。

4 隔墙无拉结或拉结不牢，可采用镶边、埋设钢夹套、锚筋或钢拉杆加固；当隔墙过长、过高时，可采用钢筋网砂浆面层进行加固。

5 出屋面的楼梯间、电梯间和水箱间不符合鉴定要求时，可采用面层或外加柱加固，其上部应与屋盖构件有可靠连接，下部应与主体结构的加固措施相连。

6 出屋面的烟囱、无拉结女儿墙、门脸等超过规定的高度时，宜拆除、降低高度或采用型钢、钢拉杆加固。

7 悬挑构件的锚固长度不满足要求时，可加拉杆或采取减少悬挑长度的措施。

5.2.4 当具有明显扭转效应的多层砌体房屋抗震能力不满足要求时，可优先在薄弱部位增砌砖墙或现浇钢筋混凝土墙，或在原墙加面层；也可采取分割平面单元，减少扭转效应的措施。

5.2.5 现有的空斗墙房屋和普通黏土砖砌筑的墙厚不大于180mm的房屋需要继续使用时，应采用双面钢筋网砂浆面层或板墙加固。

5.3 加固设计及施工

Ⅰ 水泥砂浆和钢筋网砂浆面层加固

5.3.1 采用水泥砂浆面层和钢筋网砂浆面层加固墙体时，应符合下列要求：

1 钢筋网应采用呈梅花状布置的锚筋、穿墙筋固定于墙体上；钢筋网四周应采用锚筋、插入短筋或拉结筋等与楼板、大梁、柱或墙体可靠连接；钢筋网外保护层厚度不应小于 **10mm**，钢筋网片与墙面的空隙不应小于 **5mm**。

2 面层加固采用综合抗震能力指数验算时，有关构件支承长度的影响系数应作相应改变，有关墙体局部尺寸的影响系数应取 1.0。

5.3.2 采用水泥砂浆面层和钢筋网砂浆面层加固墙体的设计，尚应符合下列规定：

1 原砌体实际的砌筑砂浆强度等级不宜高于 M2.5。

2 面层的材料和构造尚应符合下列要求：

1）面层的砂浆强度等级，宜采用 M10；

2）水泥砂浆面层的厚度宜为 20mm；钢筋网砂浆面层的厚度宜为 35mm；

3）钢筋网的钢筋直径宜为 4mm 或 6mm；网格尺寸，实心墙宜为 300mm×300mm，空斗墙宜为 200mm×200mm；

4）单面加面层的钢筋网应采用 ϕ6 的 L 形锚筋，双面加面层的钢筋网应采用 ϕ6 的 S 形穿墙筋连接；L 形锚筋的间距宜为 600mm，S 形穿墙筋的间距宜为 900mm；

5）钢筋网的横向钢筋遇有门窗洞时，单面加固宜将钢筋弯入洞口侧边锚固，双面加固宜将两侧的横向钢筋在洞口闭合；

6）底层的面层，在室外地面下宜加厚并伸入地面下 500mm。

3 面层加固后，楼层抗震能力的增强系数可按下列公式计算：

$$\eta_{Pi} = 1 + \frac{\sum_{j=1}^{n}(\eta_{Pij}-1)A_{ij0}}{A_{i0}} \quad (5.3.2\text{-}1)$$

$$\eta_{Pij} = \frac{240}{t_{w0}}\left[\eta_0 + 0.075\left(\frac{t_{w0}}{240}-1\right)/f_{vE}\right]$$
$$(5.3.2\text{-}2)$$

式中 η_{Pi} ——面层加固后第 i 楼层抗震能力的增强系数；

η_{Pij} ——第 i 楼层第 j 墙段面层加固的增强系数；

η_0 ——基准增强系数，砖墙体可按表 5.3.2-1 采用，空斗墙体应双面加固，可取表中数值的 1.3 倍；

A_{i0} ——第 i 楼层中验算方向原有抗震墙在 1/2 层高处净截面的面积；

A_{ij0} ——第 i 楼层中验算方向面层加固的抗震墙 j 墙段的在 1/2 层高处净截面的面积；

n ——第 i 楼层中验算方向上的面层加固抗震墙的道数；

t_{w0} ——原墙体厚度（mm）；

f_{vE} ——原墙体的抗震抗剪强度设计值（MPa）。

表 5.3.2-1　面层加固的基准增强系数

面层厚度(mm)	面层砂浆强度等级	钢筋网规格(mm) 直径	钢筋网规格(mm) 间距	单面加固 M0.4	单面加固 M1.0	单面加固 M2.5	双面加固 M0.4	双面加固 M1.0	双面加固 M2.5
20		无筋	—	1.46	1.04		2.08	1.46	1.13
30	M10	6	300	2.06	1.35		2.97	2.05	1.52
40		6	300	2.16	1.51	1.16	3.12	2.15	1.65

4 加固后砖墙体刚度的提高系数应按下列公式计算：

实心墙单面加固　$\eta_k = \frac{240}{t_{w0}}\eta_{k0} - 0.75\left(\frac{240}{t_{w0}}-1\right)$
$$(5.3.2\text{-}3)$$

实心墙双面加固　$\eta_k = \frac{240}{t_{w0}}\eta_{k0} - \left(\frac{240}{t_{w0}}-1\right)$
$$(5.3.2\text{-}4)$$

空斗墙双面加固　$\eta_k = 1.67(\eta_{k0} - 0.4)$
$$(5.3.2\text{-}5)$$

式中 η_k ——加固后墙体的刚度提高系数；

η_{k0} ——刚度的基准提高系数，可按表 5.3.2-2 采用。

表 5.3.2-2 面层加固时墙体刚度的基准提高系数

面层厚度（mm）	面层砂浆强度等级	单面加固			双面加固		
		原墙体砂浆强度等级					
		M0.4	M1.0	M2.5	M0.4	M1.0	M2.5
20	M10	1.39	1.12	—	2.71	1.98	1.70
30		1.71	1.30	—	3.57	2.47	2.06
40		2.03	1.49	1.29	4.43	2.96	2.41

5.3.3 面层加固的施工应符合下列要求：

1 面层宜按下列顺序施工：原有墙面清底、钻孔并用水冲刷，孔内干燥后安设锚筋并铺设钢筋网，浇水湿润墙面，抹水泥砂浆并养护，墙面装饰。

2 原墙面碱蚀严重时，应先清除松散部分并用1：3水泥砂浆抹面，已松动的勾缝砂浆应剔除。

3 在墙面钻孔时，应按设计要求先画线标出锚筋（或穿墙筋）位置，并应采用电钻在砖缝处打孔，穿墙孔直径宜比 S 形筋大 2mm，锚筋孔直径宜采用锚筋直径的 1.5～2.5 倍，其孔深宜为 100～120mm，锚筋插入孔洞后可采用水泥基灌浆料、水泥砂浆等填实。

4 铺设钢筋网时，竖向钢筋应靠墙面并采用钢筋头支起。

5 抹水泥砂浆时，应先在墙面刷水泥浆一道再分层抹灰，且每层厚度不应超过 15mm。

6 面层应浇水养护，防止阳光曝晒，冬季应采取防冻措施。

Ⅱ 钢绞线网-聚合物砂浆面层加固

5.3.4 钢绞线网-聚合物砂浆面层加固砌体墙的材料性能，应符合下列要求：

1 钢绞线网片应符合下列要求：

1）钢绞线应采用 6×7＋IWS 金属股芯钢绞线，单根钢绞线的公称直径应在 2.5～4.5mm 范围内；应采用硫、磷含量均不大于 0.03％的优质碳素结构钢制丝；镀锌钢绞线的锌层重量及镀锌质量应符合现行国家标准《钢丝镀锌层》GB/T 15393 对 AB 级的规定；

2）宜采用抗拉强度标准值为 1650MPa（直径不大于 4.0mm）和 1560MPa（直径大于 4.0mm）的钢绞线；相应的抗拉强度设计值取 1050MPa（直径不大于 4.0mm）和 1000MPa（直径大于 4.0mm）；

3）钢绞线网片应无破损，无死折，无散束，卡扣无开口、脱落，主筋和横向筋间距均匀，表面不得涂有油脂、油漆等污物。

2 聚合物砂浆可采用Ⅰ级或Ⅱ级聚合物砂浆，其正拉粘结强度、抗拉强度和抗压强度以及老化检验、毒性检验等应符合现行国家标准《混凝土结构加固设计规范》GB 50367 的有关要求。

5.3.5 钢绞线网-聚合物砂浆面层加固砌体墙的设计，应符合下列要求：

1 原墙体砌筑的块体实际强度等级不宜低于 MU7.5。

2 聚合物砂浆面层的厚度应大于 25mm，钢绞线保护层厚度不应小于 15mm。

3 钢绞线网-聚合物砂浆层可单面或双面设置，钢绞线网应采用专用金属胀栓固定在墙体上，其间距宜为 600mm，且呈梅花状布置。

4 钢绞线网四周应与楼板或大梁、柱或墙体可靠连接；面层可不设基础，外墙在室外地面下宜加厚并伸入地面下 500mm。

5 墙体加固后，有关构件支承长度的影响系数应作相应改变，有关墙体局部尺寸的影响系数可取1.0；楼层抗震能力的增强系数，可按本规程公式（5.3.2-1）采用，其中，面层加固的基准增强系数，对黏土普通砖可按表 5.3.5-1 采用；墙体刚度的基准提高系数，可按表 5.3.5-2 采用。

表 5.3.5-1 钢绞线网-聚合物砂浆面层加固的基准增强系数

面层厚度（mm）	钢绞线网片		单面加固				双面加固			
	直径（mm）	间距（mm）	原墙体砂浆强度等级							
			M0.4	M1.0	M2.5	M5.0	M0.4	M1.0	M2.5	M5.0
25	3.05	80	2.42	1.92	1.65	1.48	3.10	2.17	1.89	1.65
		120	2.25	1.69	1.51	1.35	2.90	1.95	1.72	1.52

表 5.3.5-2 钢绞线网-聚合物砂浆面层加固墙体刚度的基准提高系数

面层厚度（mm）	单面加固				双面加固			
	原墙体砂浆强度等级							
	M0.4	M1.0	M2.5	M5.0	M0.4	M1.0	M2.5	M5.0
25	1.55	1.21	1.15	1.10	3.14	2.23	1.88	1.45

5.3.6 钢绞线网-聚合物砂浆层加固砌体墙的施工，应符合下列要求：

1 面层宜按下列顺序施工：原有墙面清理，放线定位，钻孔并用水冲刷，钢绞线网片锚固、绷紧、调整和固定，浇水湿润墙面，进行界面处理，抹聚合物砂浆并养护，墙面装饰。

2 墙面钻孔应位于砖块上，应采用 φ6 钻头，钻孔深度应控制在 40～45mm。

3 钢绞线网端头应错开锚固，错开距离不小于50mm。

4 钢绞线网应双层布置并绷紧安装，竖向钢绞线网布置在内侧，水平钢绞线网布置在外侧，分布钢绞线应贴向墙面，受力钢绞线应背离墙面。

5 聚合物砂浆抹面应在界面处理后随即开始施工，第一遍抹灰厚度以基本覆盖钢绞线网片为宜，后续抹灰应在前次抹灰初凝后进行，后续抹灰的分层厚度控制在10～15mm。

6 常温下，聚合物砂浆施工完毕6h内，应采取可靠保湿养护措施；养护时间不少于7d；雨期、冬期或遇大风、高温天气时，施工应采取可靠应对措施。

Ⅲ 板墙加固

5.3.7 采用现浇钢筋混凝土板墙加固墙体时，应符合下列要求：

1 板墙应采用呈梅花状布置的锚筋、穿墙筋与原有砌体墙连接；其左右应采用拉结筋等与两端的原有墙体可靠连接；底部应有基础；板墙上下应与楼、屋盖可靠连接，至少应每隔1m设置穿过楼板且与竖向钢筋等面积的短筋，短筋两端应分别锚入上下层的板墙内，其锚固长度不应小于短筋直径的**40**倍。

2 板墙加固采用综合抗震能力指数验算时，有关构件支承长度的影响系数应作相应改变，有关墙体局部尺寸的影响系数应取**1.0**。

5.3.8 现浇钢筋混凝土板墙加固墙体的设计，应符合下列要求：

1 板墙的材料和构造尚应符合下列要求：

1）混凝土的强度等级宜采用C20，钢筋宜采用HPB235级或HRB335级热轧钢筋；

2）板墙厚度宜采用60～100mm；

3）板墙可配置单排钢筋网片，竖向钢筋可采用 ϕ12（对于HRB335级钢筋，可采用 ϕ10），横向钢筋可采用 ϕ6，间距宜为150～200mm；

4）板墙与原有墙体的连接，可沿墙高每隔0.7～1.0m在两端各设1根 ϕ12的拉结钢筋，其一端锚入板墙内的长度不宜小于500mm，另一端应锚固在端部的原有墙体内；

5）单面板墙宜采用 ϕ8的∟形锚筋与原砌体墙连接，双面板墙宜采用 ϕ8的S形穿墙筋与原墙体连接；锚筋在砌体内的锚固深度不应小于120mm；锚筋的间距宜为600mm，穿墙筋的间距宜为900mm；

6）板墙基础埋深宜与原有基础相同。

2 板墙加固后，楼层抗震能力的增强系数可按本规程公式（5.3.2-1）计算；其中，板墙加固墙段

的增强系数，原有墙体的砌筑砂浆强度等级为M2.5和M5时可取2.5，砌筑砂浆强度等级为M7.5时可取2.0，砌筑砂浆强度等级为M10时可取1.8。

3 双面板墙加固且总厚度不小于140mm时，其增强系数可按增设混凝土抗震墙加固法取值。

5.3.9 板墙加固的施工应符合下列要求：

1 板墙加固施工的基本顺序、钻孔注意事项，可按本规程第5.3.3条对面层加固的相关规定执行。

2 板墙可支模浇筑或采用喷射混凝土工艺，应采取措施使墙顶与楼板交界处混凝土密实，浇筑后应加强养护。

Ⅳ 增设抗震墙加固

5.3.10 增设砌体抗震墙加固房屋的设计，应符合下列要求：

1 抗震墙的材料和构造应符合下列要求：

1）砌筑砂浆的强度等级应比原墙体实际强度等级高一级，且不应低于M2.5；

2）墙厚不应小于190mm；

3）墙体中宜设置现浇带或钢筋网片加强：可沿墙高每隔0.7～1.0m设置与墙等宽、高60mm的细石混凝土现浇带，其纵向钢筋可采用3 ϕ6，横向系筋可采用 ϕ6，其间距宜为200mm；当墙厚为240mm或370mm时，可沿墙高每隔300～700mm设置一层焊接钢筋网片，网片的纵向钢筋可采用3 ϕ4，横向系筋可采用 ϕ4，其间距宜为150mm；

4）墙顶应设置与墙等宽的现浇钢筋混凝土压顶梁，并与楼、屋盖的梁（板）可靠连接；可每隔500～700mm设置 ϕ12的锚筋或M12锚栓连接；压顶梁高不应小于120mm，纵筋可采用4 ϕ12，箍筋可采用 ϕ6，其间距宜为150mm；

5）抗震墙应与原有墙体可靠连接：可沿墙体高度每隔500～600mm设置2 ϕ6且长度不小于1m的钢筋与原墙体用螺栓或锚筋连接；当墙体内有混凝土带或钢筋网片时，可在相应位置处加设2 ϕ12（对钢筋网片为 ϕ6）的拉筋，锚入混凝土带内长度不宜小于500mm，另一端锚在原墙体或外加柱内，也可在新砌墙与原墙间加现浇钢筋混凝土内柱，柱顶与压顶梁连接，柱与原墙应采用锚筋、销键或螺栓连接；

6）抗震墙应有基础，其埋深宜与相邻抗震墙相同，宽度不应小于计算宽度的1.15倍；

2 加固后，横墙间距的体系影响系数应作相应

改变；楼层抗震能力的增强系数可按下式计算：

$$\eta_{wi} = 1 + \frac{\sum\limits_{j=1}^{n} \eta_{ij} A_{ij}}{A_{i0}} \qquad (5.3.10)$$

式中 η_{wi}——增设抗震墙加固后第 i 楼层抗震能力的增强系数；

A_{ij}——第 i 楼层中验算方向增设的抗震墙 j 墙段的在 1/2 层高处净截面的面积；

η_{ij}——第 i 楼层第 j 墙段的增强系数；对黏土砖墙，无筋时取 1.0，有混凝土带时取 1.12，有钢筋网片时，240mm 厚墙取 1.10，370mm 厚墙取 1.08；

n——第 i 楼层中验算方向增设的抗震墙道数。

5.3.11 增设砌体抗震墙施工中，配筋的细石混凝土带可在砌到设计标高时浇筑，当混凝土终凝后方可在其上砌砖。

5.3.12 采用增设现浇钢筋混凝土抗震墙加固砌体房屋时，应符合下列要求：

1 原墙体砌筑的砂浆实际强度等级不宜低于 M2.5，现浇混凝土墙沿平面宜对称布置，沿高度应连续布置，其厚度可为 140~160mm，混凝土强度等级宜采用 C20；可采用构造配筋；抗震墙应设基础，与原有的砌体墙、柱和梁板均应有可靠连接。

2 加固后，横墙间距的影响系数应作相应改变；楼层抗震能力的增强系数可按本规程公式（5.3.10）计算，其中，增设墙段的厚度可按 240mm 计算，墙段的增强系数，原墙体砌筑砂浆强度等级不高于 M7.5 时可取 2.8，M10 时可取 2.5。

Ⅴ 外加圈梁-钢筋混凝土柱加固

5.3.13 采用外加圈梁-钢筋混凝土柱加固房屋时，应符合下列要求：

1 外加柱应在房屋四角、楼梯间和不规则平面的对应转角处设置，并应根据房屋的设防烈度和层数在内外墙交接处隔开间或每开间设置；外加柱应由底层设起，并应沿房屋全高贯通，不得错位；外加柱应与圈梁（含相应的现浇板等）或钢拉杆连成闭合系统。

2 外加柱应设置基础，并应设置拉结筋、销键、压浆锚杆或锚筋等与原墙体、原基础可靠连接；当基础埋深与外墙原基础不同时，不得浅于冻结深度。

3 增设的圈梁应与墙体可靠连接；圈梁在楼、屋盖平面内应闭合，在阳台、楼梯间等圈梁标高变换处，圈梁应有局部加强措施；变形缝两侧的圈梁应分别闭合。

4 加固后采用综合抗震能力指数验算时，圈梁布置和构造的体系影响系数应取 1.0；墙体连接的整体构造影响系数和相关墙垛局部尺寸的局部影响系数应取 1.0。

5.3.14 外加钢筋混凝土柱的设计，尚应符合下列要求：

1 外加柱的布置尚应符合下列规定：

1）外加柱宜在平面内对称布置；

2）采用钢拉杆代替内墙圈梁与外加柱形成闭合系统时，钢拉杆应符合本规程第 5.3.17 条的要求，钢拉杆用量尚不应少于本规程第 5.3.18 条关于增强纵横墙连接的用量规定；

3）内廊房屋的内廊在外加柱的轴线处无连系梁时，应在内廊两侧的内纵墙加柱，或在内廊楼、屋盖的板下增设与原有的梁板可靠连接的现浇钢筋混凝土梁或钢梁；

4）当采用外加柱增强墙体的受剪承载力时，替代内墙圈梁的钢拉杆不宜少于 2φ16。

2 外加柱的材料和构造尚应符合下列规定：

1）柱的混凝土强度等级宜采用 C20；

2）柱截面可采用 240mm×180mm 或 300mm×150mm；扁柱的截面面积不宜小于 36000mm²，宽度不宜大于 700mm，厚度可采用 70mm；外墙转角可采用边长为 600mm 的 ∟ 形等边角柱，厚度不应小于 120mm；

3）纵向钢筋不宜少于 4φ12，转角处纵向钢筋可采用 12φ12，并宜双排布置；箍筋可采用 φ6，其间距宜为 150~200mm，在楼、屋盖上下各 500mm 范围内的箍筋间距不应大于 100mm；

4）外加柱宜在楼层 1/3 和 2/3 层高处同时设置拉结钢筋和销键与墙体连接，亦可沿墙体高度每隔 500mm 左右设置锚栓、压浆锚杆或锚筋与墙体连接。

3 外加柱加固后，当抗震鉴定需要有构造柱时，与构造柱有关的体系影响系数可取 1.0；当抗震鉴定无构造柱设置要求时，楼层抗震能力的增强系数应按下式计算：

$$\eta_{ci} = 1 + \frac{\sum\limits_{j=1}^{n} (\eta_{cij} - 1) A_{ij0}}{A_{i0}} \qquad (5.3.14)$$

式中 η_{ci}——外加柱加固后第 i 楼层抗震能力的增强系数；

η_{cij}——第 i 楼层第 j 墙段外加柱加固的增强系数；砖墙可按表 5.3.14 采用，但 B 类砖房的窗间墙，增强系数宜取 1.0；

n——第 i 楼层中验算方向有外加柱的抗震墙道数。

表 5.3.14　外加柱加固黏土砖墙的增强系数

砌筑砂浆强度等级	外加柱在加固墙体的位置			
	一端	两端		窗间墙中部
		墙体无洞口	墙体有洞口	
≤M2.5	1.1	1.3	1.2	1.2
≥M5	1.0	1.1	1.1	1.1

5.3.15 外加柱的拉结钢筋、销键、压浆锚杆和锚筋应分别符合下列要求：

1 拉结钢筋可采用 2φ12 钢筋，长度不应小于 1.5m，应紧贴横墙布置；其一端应锚在外加柱内，另一端应锚入横墙的孔洞内；孔洞尺寸宜采用 120mm×120mm，拉结钢筋的锚固长度不应小于其直径的 15 倍，并用混凝土填实。

2 销键截面宜采用 240mm×180mm，入墙深度可采用 180mm，销键应配置 4φ18 钢筋和 2φ6 箍筋，销键与外加柱必须同时浇筑。

3 压浆锚杆可采用 1 根 φ14 的钢筋，在柱和横墙内的锚固长度均不应小于锚杆直径的 35 倍；锚浆可采用水泥基灌浆料等，锚杆应先在墙面固定后，再浇筑外加柱混凝土，墙体锚孔压浆前应采用压力水将孔洞冲刷干净。

4 锚筋适用于砌筑砂浆实际强度等级不低于 M2.5 的实心砖墙体，并可采用 φ12 钢筋，锚孔直径可依据胶粘剂的不同取 18～25mm，锚入深度可采用 150～200mm。

5.3.16 后加圈梁的材料和构造，尚应符合下列要求：

1 圈梁应现浇，其混凝土强度等级不应低于 C20，钢筋可采用 HPB235 级或 HRB335 级热轧钢筋；对 A 类砌体房屋，7 度且不超过三层时，顶层可采用型钢圈梁，采用槽钢时不应小于 [8，采用角钢时不应小于 ∟75×6。

2 圈梁截面高度不应小于 180mm，宽度不应小于 120mm；圈梁的纵向钢筋，对 A 类砌体房屋，7、8、9 度时可分别采用 4φ8、4φ10 和 4φ12，对 B 类砌体房屋，7、8、9 度时可分别采用 4φ10、4φ12 和 4φ14，箍筋可采用 φ6，其间距宜为 200mm；外加柱和钢拉杆锚固点两侧各 500mm 范围内的箍筋应加密。

3 钢筋混凝土圈梁与墙体的连接，可采用销键、螺栓、锚栓或锚筋连接；型钢圈梁宜采用螺栓连接。采用的销键、螺栓、锚栓或锚筋应符合下列要求：

　　1）销键的高度宜与圈梁相同，其宽度和锚入墙内的深度均不应小于 180mm；销键的主筋可采用 4φ8，箍筋可采用 φ6；销键宜设在窗口两侧，其水平间距可为 1～2m；

　　2）螺栓和锚筋的直径不应小于 12mm，锚入圈梁内的垫板尺寸可采用 60mm×60mm×6mm，螺栓间距可为 1～1.2m；

　　3）对 A 类砌体房屋且砌筑砂浆强度等级不低于 M2.5 的墙体，可采用 M10～M16 的锚栓。

5.3.17 代替内墙圈梁的钢拉杆，应符合下列要求：

1 当每开间均有横墙时，应至少隔开间采用 2 根 φ12 的钢筋；当多开间有横墙时，在横墙两侧的钢拉杆直径不应小于 14mm。

2 沿内纵墙端部布置的钢拉杆长度不得小于两开间；沿横墙布置的钢拉杆两端应锚入外加柱、圈梁内或与原墙体锚固，但不得直接锚固在外廊柱头上；单面走廊的钢拉杆在走廊两侧墙体上都应锚固。

3 当钢拉杆在增设圈梁内锚固时，可采用弯钩或加焊 80mm×80mm×8mm 的锚板埋入圈梁内；弯钩的长度不应小于拉杆直径的 35 倍；锚板与墙面的间隙不应小于 50mm。

4 钢拉杆在原墙体锚固时，应采用钢垫板，拉杆端部应加焊相应的螺栓；钢拉杆在原墙体锚固的方形钢锚板的尺寸可按表 5.3.17 采用。

表 5.3.17　钢拉杆方形锚板尺寸（边长×厚度，mm）

钢拉杆直径	原墙体厚度					
	370			180～240		
	原墙体砂浆强度等级					
	M0.4	M1.0	M2.5	M0.4	M1.0	M2.5
12	200×10	100×10	100×14	200×10	150×10	100×12
14	—	150×12	100×14	—	250×10	100×12
16	—	200×15	100×14	—	350×14	200×14
18	—	200×15	150×16	—	—	250×15
20	—	300×17	200×19	—	—	350×17

5.3.18 用于增强 A 类砌体房屋纵、横墙连接的圈梁、钢拉杆，尚应符合下列要求：

1 圈梁应现浇；7、8 度且砌筑砂浆强度等级为 M0.4 时，圈梁截面高度不应小于 200mm，宽度不应小于 180mm。

2 当层高约 3m，承重横墙间距不大于 3.6m，且每开间外墙面洞口不小于 1.2m×1.5m 时，增设圈梁的纵向钢筋可按表 5.3.18-1 采用，钢拉杆的直径可按表 5.3.18-2 采用；单根拉杆直径过大时，可采用双拉杆，但其总有效截面面积应大于单根拉杆有效截面面积的 1.25 倍。

3 房屋为纵墙或纵横墙承重时，无横墙处可不设置钢拉杆，但增设的圈梁应与楼、屋盖可靠连接。

表 5.3.18-1 增强纵横墙连接的钢筋混凝土圈梁纵向钢筋

总层数	圈梁设置楼层	砂浆强度等级	6度 墙厚(mm) 370	6度 240	7度 墙厚(mm) 370	7度 240	8度 墙厚(mm) 370	8度 240	9度 墙厚(mm) 370	9度 240
6	5~6	M1.0，M2.5 M0.4			4φ10 4φ12	4φ8 4φ10	4φ12 4φ14	4φ10 4φ12	—	—
6	1~4	M1.0，M2.5 M0.4			4φ8 4φ10	4φ8	4φ12	4φ10	—	—
5	4~5	M1.0，M2.5 M0.4			4φ10 4φ12	4φ10	4φ12	4φ12	—	—
5	1~3	M1.0，M2.5 M0.4	4φ8	4φ8	4φ8 4φ10	4φ8	4φ12	4φ10	—	—
4	3~4	M1.0，M2.5 M0.4			4φ8		4φ10 4φ12	4φ12	4φ14	4φ12
4	1~2	M1.0，M2.5 M0.4			4φ8		4φ8		4φ12	4φ12
3	1~3	M1.0，M2.5 M0.4	4φ8	4φ8	4φ8	4φ8	4φ10	4φ10	4φ12	4φ12

表 5.3.18-2 增强纵横墙连接的钢拉杆直径

总层数	拉杆设置楼层	6度 ≤370	6度 ≤240	7度每层隔开间 370	7度每层隔开间 ≤240	8度每层隔开间 370	8度隔层每开间 ≤240	8度隔层每开间 370	8度每层每开间 ≤240	8度每层每开间 370	9度每层每开间 ≤240	9度每层每开间 370
6	1~6	φ12	φ12	φ16	—	—						
5	4~5 / 1~3	φ12	φ12	φ16	—	—	φ14	φ16	φ12	φ16 φ12		
4	3~4 / 1~2	φ12	φ12	φ16	φ16	φ20	φ14	φ16	φ12	φ14	φ16 φ14	φ20
3	1~3	φ14	φ16	φ14	φ16	φ20	φ14	φ16	φ12		φ16	φ20
2	1~2	φ14	φ16	φ14	φ16	φ20	φ12	φ14			φ16	φ18
1	1	φ14	φ16	φ16	φ18	φ18	φ12	φ12			φ14	φ16

5.3.19 圈梁和钢拉杆的施工应符合下列要求：

1 增设圈梁处的墙面有酥碱、油污或饰面层时，应清除干净；圈梁与墙体连接的孔洞应用水冲洗干净；混凝土浇筑前，应浇水润湿墙面和木模板；锚筋和锚栓应可靠锚固。

2 圈梁的混凝土宜连续浇筑，不应在距钢拉杆（或横墙）1m以内处留施工缝，圈梁顶面应做泛水，其底面应做滴水槽。

3 钢拉杆应张紧，不得弯曲和下垂；外露铁件应涂刷防锈漆。

6 多层及高层钢筋混凝土房屋

6.1 一般规定

6.1.1 本章适用于现浇及装配整体式钢筋混凝土框架（包括填充墙框架）、框架-抗震墙结构以及抗震墙结构的抗震加固，其适用的最大高度和层数应符合现行国家标准《建筑抗震鉴定标准》GB 50023 的有关规定。

钢筋混凝土结构房屋的抗震等级，B类房屋应符合现行国家标准《建筑抗震鉴定标准》GB 50023 的有关规定，C类房屋应符合现行国家标准《建筑抗震设计规范》GB 50011 的有关规定。

6.1.2 钢筋混凝土房屋的抗震加固应符合下列要求：

1 抗震加固时应根据房屋的实际情况选择加固方案，分别采用主要提高结构构件抗震承载力、主要增强结构变形能力或改变框架结构体系的方案。

2 加固后的框架应避免形成短柱、短梁或强梁弱柱。

3 采用综合抗震能力指数验算时，加固后楼层屈服强度系数、体系影响系数和局部影响系数应根据

房屋加固后的状态计算和取值。

6.1.3 钢筋混凝土房屋加固后，当采用楼层综合抗震能力指数进行抗震验算时，应采用现行国家标准《建筑抗震鉴定标准》GB 50023 规定的计算公式，对框架结构可选择平面结构计算；构件加固后的抗震承载力应根据其加固方法按本章的规定计算。

6.1.4 钢筋混凝土房屋加固后，当按本规程第3.0.4条的规定采用现行国家标准《建筑抗震设计规范》GB 50011 规定的方法进行抗震承载力验算时，可按现行国家标准《建筑抗震鉴定标准》GB 50023的规定计入构造的影响；构件加固后的抗震承载力应根据其加固方法按本章的规定计算。

6.2 加 固 方 法

6.2.1 钢筋混凝土房屋的结构体系和抗震承载力不满足要求时，可选择下列加固方法：

1 单向框架应加固，或改为双向框架，或采取加强楼、屋盖整体性且同时增设抗震墙、抗震支撑等抗侧力构件的措施。

2 单跨框架不符合鉴定要求时，应在不大于框架-抗震墙结构的抗震墙最大间距且不大于24m的间距内增设抗震墙、翼墙、抗震支撑等抗侧力构件或将对应轴线的单跨框架改为多跨框架。

3 框架梁柱配筋不符合鉴定要求时，可采用钢构套、现浇钢筋混凝土套或粘贴钢板、碳纤维布、钢绞线网-聚合物砂浆面层等加固。

4 框架柱轴压比不符合鉴定要求时，可采用现浇钢筋混凝土套等加固。

5 房屋刚度较弱、明显不均匀或有明显的扭转效应时，可增设钢筋混凝土抗震墙或翼墙加固，也可设置支撑加固。

6 当框架梁柱实际受弯承载力的关系不符合鉴定要求时，可采用钢构套、现浇钢筋混凝土套或粘贴钢板等加固框架柱；也可通过罕遇地震下的弹塑性变形验算确定对策。

7 钢筋混凝土抗震墙配筋不符合鉴定要求时，可加厚原有墙体或增设端柱、墙体等。

8 当楼梯构件不符合鉴定要求时，可粘贴钢板、碳纤维布、钢绞线网-聚合物砂浆面层等加固。

6.2.2 钢筋混凝土构件有局部损伤时，可采用细石混凝土修复；出现裂缝时，可灌注水泥基灌浆料等补强。

6.2.3 填充墙体与框架柱连接不符合鉴定要求时，可增设拉筋连接；填充墙体与框架梁连接不符合鉴定要求时，可在墙顶增设钢夹套与梁拉结；楼梯间的填充墙不符合鉴定要求时，可采用钢筋网砂浆面层加固。

6.2.4 女儿墙等易倒塌部位不符合鉴定要求时，可按本规程第5.2.3条的有关规定选择加固方法。

6.3 加固设计及施工

I 增设抗震墙或翼墙

6.3.1 增设钢筋混凝土抗震墙或翼墙加固房屋时，应符合下列要求：

1 混凝土强度等级不应低于 C20，且不应低于原框架柱的实际混凝土强度等级。

2 墙厚不应小于 140mm，竖向和横向分布钢筋的最小配筋率，均不应小于 0.20%。对于 B、C 类钢筋混凝土房屋，其墙厚和配筋应符合其抗震等级的相应要求。

3 增设抗震墙后应按框架-抗震墙结构进行抗震分析，增设的混凝土和钢筋的强度均应乘以规定的折减系数。加固后抗震墙之间楼、屋盖长宽比的局部影响系数应作相应改变。

6.3.2 增设钢筋混凝土抗震墙或翼墙加固房屋的设计，尚应符合下列要求：

1 抗震墙宜设置在框架的轴线位置；翼墙宜在柱两侧对称布置。

2 抗震墙或翼墙的墙体构造应符合下列规定：

1) 墙体的竖向和横向分布钢筋宜双排布置，且两排钢筋之间的拉结筋间距不应大于 600mm；墙体周边宜设置边缘构件；

2) 墙与原有框架可采用锚筋或现浇钢筋混凝土套连接（见图 6.3.2）；锚筋可采用 φ10 或 φ12 的钢筋，与梁柱边的距离不应小于 30mm，与梁柱轴线的间距不应大于 300mm，钢筋的一端应采用胶粘剂锚入梁柱的钻孔内，且埋深不应小于锚筋直径的 10 倍，另一端宜与墙体的分布钢筋焊接；现浇钢筋混凝土套与柱的连接应符合本规程第 6.3.7 条的有关规定，且厚度不应小于 50mm。

3 增设翼墙后，翼墙与柱形成的构件可按整体偏心受压构件计算。新增钢筋、混凝土的强度折减系

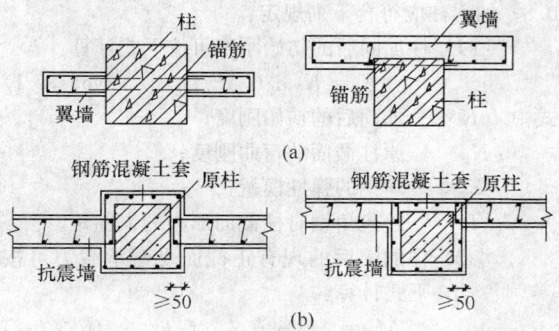

图 6.3.2 增设墙与原框架柱的连接
（a）锚筋连接；（b）钢筋混凝土套连接

数不宜大于 0.85；当新增的混凝土强度等级比原框架柱高一个等级时，可直接按原强度等级计算而不再计入混凝土强度的折减系数。

6.3.3 抗震墙和翼墙的施工应符合下列要求：

1 原有的梁柱表面应凿毛，浇筑混凝土前应清洗并保持湿润，浇筑后应加强养护。

2 锚筋应除锈，锚孔应采用钻孔成形，不得用手凿，孔内应采用压缩空气吹净并用水冲洗，注胶应饱满并使锚筋固定牢靠。

Ⅱ 钢构套加固

6.3.4 采用钢构套加固框架时，应符合下列要求：

1 钢构套加固梁时，纵向角钢、扁钢两端应与柱有可靠连接。

2 钢构套加固柱时，应采取措施使楼板上下的角钢、扁钢可靠连接；顶层的角钢、扁钢应与屋面板可靠连接；底层的角钢、扁钢应与基础锚固。

3 加固后梁、柱截面抗震验算时，角钢、扁钢应作为纵向钢筋、钢缀板应作为箍筋进行计算，其材料强度应乘以规定的折减系数。

6.3.5 采用钢构套加固框架的设计，尚应符合下列要求：

1 钢构套加固梁时，应在梁的阳角外贴角钢（见图 6.3.5a），角钢应与钢缀板焊接，钢缀板应穿过楼板形成封闭环形。

2 钢构套加固柱时，应在柱四角外贴角钢（见图 6.3.5b），角钢应与外围的钢缀板焊接。

3 钢构套的构造应符合下列要求：

　　1）角钢不宜小于 L50×6；钢缀板截面不宜小于 40mm×4mm，其间距不应大于单肢角钢的截面最小回转半径的 40 倍，且不应大于 400mm，构件两端应适当加密；

　　2）钢构套与梁柱混凝土之间应采用胶粘剂粘结。

4 加固后按楼层综合抗震能力指数验算时，梁柱箍筋构造的体系影响系数可取 1.0。构件按组合截面进行抗震验算，加固梁的钢材强度宜乘以折减系数 0.8；加固柱应符合下列规定：

　　1）柱加固后的初始刚度可按下式计算：

$$K = K_0 + 0.5E_a I_a \qquad (6.3.5\text{-}1)$$

式中　K ——加固后的初始刚度；

　　　K_0 ——原柱截面的弯曲刚度；

　　　E_a ——角钢的弹性模量；

　　　I_a ——外包角钢对柱截面形心的惯性矩。

　　2）柱加固后的现有正截面受弯承载力可按下式计算：

$$M_y = M_{y0} + 0.7A_a f_{ay} h \qquad (6.3.5\text{-}2)$$

式中　M_{y0} ——原柱现有正截面受弯承载力；对 A、B 类钢筋混凝土结构，可按现行国家

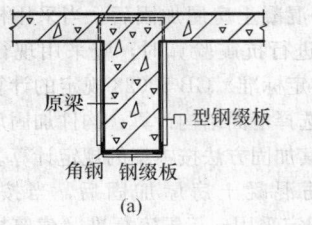

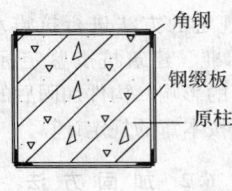

图 6.3.5　钢构套加固示意
（a）加固梁；（b）加固柱

　　　　　标准《建筑抗震鉴定标准》GB 50023 的有关规定确定；

　　　A_a ——柱一侧外包角钢、扁钢的截面面积；

　　　f_{ay} ——角钢、扁钢的抗拉屈服强度；

　　　h ——验算方向柱截面高度。

　　3）柱加固后的现有斜截面受剪承载力可按下式计算：

$$V_y = V_{y0} + 0.7f_{ay}(A_a/s)h \qquad (6.3.5\text{-}3)$$

式中　V_y ——柱加固后的现有斜截面受剪承载力；

　　　V_{y0} ——原柱现有斜截面受剪承载力；对 A、B 类钢筋混凝土结构，可按现行国家标准《建筑抗震鉴定标准》GB 50023 的有关规定确定；

　　　A_a ——同一柱截面内扁钢缀板的截面面积；

　　　f_{ay} ——扁钢抗拉屈服强度；

　　　s ——扁钢缀板的间距。

6.3.6 钢构套的施工应符合下列要求：

1 加固前应卸除或大部分卸除作用在梁上的活荷载。

2 原有的梁柱表面应清洗干净，缺陷应修补，角部应磨出小圆角。

3 楼板凿洞时，应避免损伤原有钢筋。

4 构架的角钢应采用夹具在两个方向夹紧，缀板应分段焊接。注胶应在构架焊接完成后进行，胶缝厚度宜控制在 3～5mm。

5 钢材表面应涂刷防锈漆，或在构架外围抹 25mm 厚的 1：3 水泥砂浆保护层，也可采用其他具有防腐蚀和防火性能的饰面材料加以保护。

Ⅲ 钢筋混凝土套加固

6.3.7 采用钢筋混凝土套加固梁柱时，应符合下列要求：

1 混凝土的强度等级不应低于 C20，且不应低于原构件实际的混凝土强度等级。

2 柱套的纵向钢筋遇到楼板时，应凿洞穿过并上下连接，其根部应伸入基础并满足锚固要求，其顶部应在屋面板处封顶锚固；梁套的纵向钢筋应与柱可靠连接。

3 加固后梁、柱按整体截面进行抗震验算，新增的混凝土和钢筋的材料强度应乘以规定的折减系数。

6.3.8 采用钢筋混凝土套加固梁柱的设计，尚应符合下列要求：

1 采用钢筋混凝土套加固梁时，应将新增纵向钢筋设在梁底面和梁上部（见图 6.3.8a），并应在纵向钢筋外围设置箍筋；采用钢筋混凝土套加固柱时，应在柱周围设置纵向钢筋（见图 6.3.8b），并应在纵向钢筋外围设置封闭箍筋，纵筋应采用锚筋与原框架柱有可靠拉结。

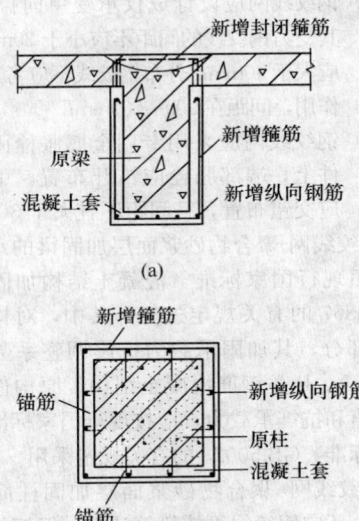

(a)

(b)

图 6.3.8 钢筋混凝土套加固
（a）加固梁；（b）加固柱

2 钢筋混凝土套的材料和构造尚应符合下列要求：

1）宜采用细石混凝土，其强度宜高于原构件一个等级；

2）纵向钢筋宜采用 HRB400、HRB335 级热轧钢筋，箍筋可采用 HPB235 级热轧钢筋；

3）A 类钢筋混凝土结构，箍筋直径不宜小于 8mm，间距不宜大于 200mm，B、C 类钢筋混凝土结构，应符合其抗震等级的相关要求；靠近梁柱节点处应加密；柱套的箍筋应封闭，梁套的箍筋应有一半穿过楼板后弯折封闭。

3 加固后的梁柱可作为整体构件进行抗震验算，其现有承载力，A、B 类钢筋混凝土结构可按现行国家标准《建筑抗震鉴定标准》GB 50023 规定的方法确定，C 类钢筋混凝土结构可按现行国家标准《混凝土结构设计规范》GB 50010 规定的方法确定。其中，新增钢筋、混凝土的强度折减系数不宜大于 0.85；当新增的混凝土强度等级比原框架柱高一个等级时，可直接按原强度等级计算而不再计入混凝土强度的折减系数。对 A、B 类钢筋混凝土结构，按楼层综合抗震能力指数验算时，梁柱箍筋、轴压比等的体系影响系数可取 1.0。

6.3.9 钢筋混凝土套的施工应符合下列要求：

1 加固前应卸除或大部分卸除作用在梁上的活荷载。

2 原有的梁柱表面应凿毛并清理浮渣，缺陷应修补。

3 楼板凿洞时，应避免损伤原有钢筋。

4 浇筑混凝土前应用水清洗并保持湿润，浇筑后应加强养护。

Ⅳ　粘贴钢板加固

6.3.10 采用粘贴钢板加固梁柱时，应符合下列要求：

1 原构件的混凝土实际强度等级不应低于 C15；混凝土表面的受拉粘结强度不应低于 1.5MPa。粘贴钢板应采用粘结强度高且耐久的胶粘剂；钢板可采用 Q235 或 Q345 钢，厚度宜为 2~5mm。

2 钢板的受力方式应设计成仅承受轴向应力作用。钢板在需要加固的范围以外的锚固长度，受拉时不应小于钢板厚度的 200 倍，且不应小于 600mm；受压时不应小于钢板厚度的 150 倍，且不应小于 500mm。

3 粘贴钢板与原构件尚宜采用专用金属胀栓连接。

4 粘贴钢板加固钢筋混凝土结构的胶粘剂的材料性能、加固的构造和承载力验算，可按现行国家标准《混凝土结构加固设计规范》GB 50367 的有关规定执行，其中，对构件承载力的新增部分，其加固承载力抗震调整系数宜采用 1.0，且对 A、B 类钢筋混凝土结构，原构件的材料强度设计值和抗震承载力，应按现行国家标准《建筑抗震鉴定标准》GB 50023 的有关规定采用。

5 被加固构件长期使用的环境和防火要求，应符合国家现行有关标准的规定。

6 粘贴钢板加固时，应卸除或大部分卸除作用在梁上的活荷载，其施工应符合专门的规定。

Ⅴ　粘贴纤维布加固

6.3.11 采用粘贴纤维布加固梁柱时，应符合下列

要求：

    1 原结构构件实际的混凝土强度等级不应低于C15，且混凝土表面的正拉粘结强度不应低于1.5MPa。

    2 碳纤维的受力方式应设计成仅承受拉应力作用。当提高梁的受弯承载力时，碳纤维布应设在梁顶面或底面受拉区；当提高梁的受剪承载力时，碳纤维布应采用U形箍加纵向压条或封闭箍的方式；当提高柱受剪承载力时，碳纤维布宜沿环向螺旋粘贴并封闭，当矩形截面采用封闭环箍时，至少缠绕3圈且搭接长度应超过200mm。粘贴纤维布在需要加固的范围以外的锚固长度，受拉时不应小于600mm。

    3 纤维布和胶粘剂的材料性能、加固的构造和承载力验算，可按现行国家标准《混凝土结构加固设计规范》GB 50367 的有关规定执行，其中，对构件承载力的新增部分，其加固承载力抗震调整系数宜采用1.0，且对A、B类钢筋混凝土结构，原构件的材料强度设计值和抗震承载力，应按现行国家标准《建筑抗震鉴定标准》GB 50023 的有关规定采用。

    4 被加固构件长期使用的环境和防火要求，应符合国家现行有关标准的规定。

    5 粘贴纤维布加固时，应卸除或大部分卸除作用在梁上的活荷载，其施工应符合专门的规定。

Ⅵ 钢绞线网-聚合物砂浆面层加固

6.3.12 钢绞线网-聚合物砂浆面层加固梁柱的钢绞线网片、聚合物砂浆的材料性能，应符合本规程第5.3.4条的规定。界面剂的性能应符合现行行业标准《混凝土界面处理剂》JC/T 907 关于Ⅰ型的规定。

6.3.13 钢绞线网-聚合物砂浆面层加固梁柱的设计，应符合下列要求：

    1 原有构件混凝土的实际强度等级不应低于C15，且混凝土表面的正拉粘结强度不应低于1.5MPa。

    2 钢绞线网的受力方式应设计成仅承受拉应力作用。当提高梁的受弯承载力时，钢绞线网应设在梁顶面或底面受拉区（见图6.3.13-1）；当提高梁的受剪承载力时，钢绞线网应采用三面围套或四面围套的方式（见图6.3.13-2）；当提高柱受剪承载力时，钢绞线网应采用四面围套的方式（见图6.3.13-3）。

    3 钢绞线网-聚合物砂浆面层加固梁柱的构造，应符合下列要求：

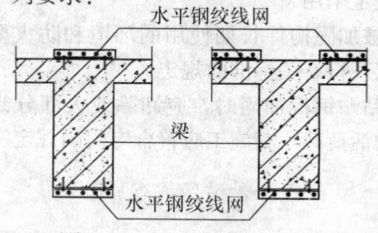

水平钢绞线网
梁
水平钢绞线网

图 6.3.13-1 梁受弯加固

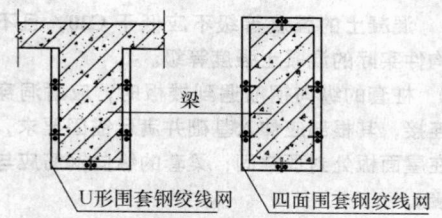

U形围套钢绞线网　　四面围套钢绞线网

图 6.3.13-2 梁受剪加固

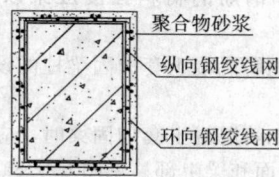

聚合物砂浆
纵向钢绞线网
环向钢绞线网

图 6.3.13-3 柱受剪加固

    1） 面层的厚度应大于25mm，钢绞线保护层厚度不应小于15mm；

    2） 钢绞线网应设计成仅承受单向拉力作用，其受力钢绞线的间距不应小于20mm，也不应大于40mm；分布钢绞线不应考虑其受力作用，间距在200～500mm；

    3） 钢绞线网应采用专用金属胀栓固定在构件上，端部胀栓应错开布置，中部胀栓应交错布置，且间距不宜大于300mm。

    4 钢绞线网-聚合物砂浆面层加固梁的承载力验算，可按照现行国家标准《混凝土结构加固设计规范》GB 50367 的有关规定进行，其中，对构件承载力的新增部分，其加固承载力抗震调整系数宜采用1.0，且对A、B类钢筋混凝土结构，原构件的材料强度设计值和抗震承载力，应按现行国家标准《建筑抗震鉴定标准》GB 50023 的有关规定采用。

    5 钢绞线网-聚合物砂浆面层加固柱简化的承载力验算，环向钢绞线可按箍筋计算，但钢绞线的强度应依据柱剪跨比的大小乘以折减系数，剪跨比不小于3时取0.50，剪跨比不大于1.5时取0.32。对A、B类钢筋混凝土结构，原构件的材料强度设计值和抗震承载力，应按现行国家标准《建筑抗震鉴定标准》GB 50023 的有关规定采用。

    6 被加固构件长期使用的环境要求，应符合国家现行有关标准的规定。

6.3.14 钢绞线网-聚合物砂浆面层的施工应符合下列要求：

    1 加固前应卸除或大部分卸除作用在梁上的活荷载。

    2 加固的施工顺序和主要注意事项可按本规程第5.3.6条的规定执行。

    3 加固时应清除原有抹灰等装修面层，处理至裸露原混凝土结构的坚实面，对缺陷处应涂刷界面剂后用聚合物砂浆修补，基层处理的边缘应比设计抹灰

尺寸外扩 50mm。

4 界面剂喷涂施工应与聚合物砂浆抹面施工段配合进行，界面剂应随用随搅拌，分布应均匀，不得遗漏被钢绞线网遮挡的基层。

Ⅶ 增设支撑加固

6.3.15 采用钢支撑加固框架结构时，应符合下列要求：

1 支撑的布置应有利于减少结构沿平面或竖向的不规则性；支撑的间距不应超过框架-抗震墙结构中墙体最大间距的规定。

2 支撑的形式可选择交叉形或人字形，支撑的水平夹角不宜大于 55°。

3 支撑杆件的长细比和板件的宽厚比，应依据设防烈度的不同，按现行国家标准《建筑抗震设计规范》GB 50011 对钢结构设计的有关规定采用。

4 支撑可采用钢箍套与原有钢筋混凝土构件可靠连接，并应采取措施将支撑的地震内力可靠地传递到基础。

5 新增钢支撑可采用两端铰接的计算简图，且只承担地震作用。

6 钢支撑应采取防腐、防火措施。

6.3.16 采用消能支撑加固框架结构时，应符合下列要求：

1 消能支撑可根据需要沿结构的两个主轴方向分别设置。消能支撑宜设置在变形较大的位置，其数量和分布应通过综合分析合理确定，并有利于提高整个结构的消能减震能力，形成均匀合理的受力体系。

2 采用消能支撑加固框架结构时，结构抗震验算应符合现行国家标准《建筑抗震设计规范》GB 50011 的相关要求；其中，对 A、B 类钢筋混凝土结构，原构件的材料强度设计值和抗震承载力，应按现行国家标准《建筑抗震鉴定标准》GB 50023 的有关规定采用。

3 消能支撑与主体结构之间的连接部件，在消能支撑最大出力作用下，应在弹性范围内工作，避免整体或局部失稳。

4 消能支撑与主体结构的连接，应符合普通支撑构件与主体结构的连接构造和锚固要求。

5 消能支撑在安装前应按规定进行性能检测，检测的数量应符合相关标准的要求。

Ⅷ 混凝土缺陷修补

6.3.17 混凝土构件局部损伤和裂缝等缺陷的修补，应符合下列要求：

1 修补所采用的细石混凝土，其强度等级宜比原构件的混凝土强度等级高一级，且不应低于 C20；修补前，损伤处松散的混凝土和杂物应剔除，钢筋应除锈，并采取措施使新、旧混凝土可靠结合。

2 压力灌浆的浆液或浆料的可灌性和固化性应满足设计、施工要求；灌浆前应对裂缝进行处理，并埋设灌浆嘴；灌浆时，可根据裂缝的范围和大小选用单孔灌浆或分区群孔灌浆，并应采取措施使浆液饱满密实。

Ⅸ 填充墙加固

6.3.18 砌体墙与框架连接的加固应符合下列要求：

1 墙与柱的连接可增设拉筋加强（见图 6.3.18a）；拉筋直径可采用 6mm，其长度不应小于 600mm，沿柱高的间距不宜大于 600mm，8、9 度时或墙高大于 4m 时，墙半高的拉筋应贯通墙体；拉筋的一端应采用胶粘剂锚入柱的斜孔内，或与锚入柱内的锚栓焊接；拉筋的另一端弯折后锚入墙体的灰缝内，并用 1∶3 水泥砂浆将墙面抹平。

2 墙与梁的连接，可按本条第 1 款的方法增设拉筋加强墙与梁的连接；亦可采用墙顶增设钢夹套加强墙与梁的连接（见图 6.3.18b）；墙长超过层高 2 倍时，在中部宜增设上下拉结的措施。钢夹套的角钢不应小于 L63×6，螺栓不宜少于 2 根，其直径不应小于 12mm，沿梁轴线方向的间距不宜大于 1.0m。

3 加固后按楼层综合抗震能力指数验算时，墙体连接的局部影响系数可取 1.0。

4 拉筋的锚孔和螺栓孔应采用钻孔成形，不得用手凿；钢夹套的钢材表面应涂刷防锈漆。

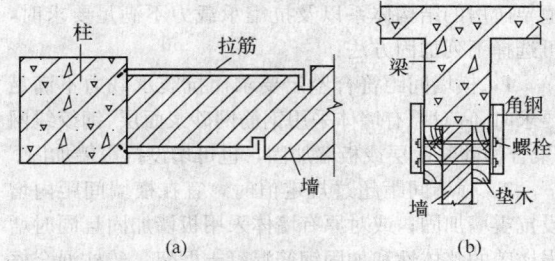

(a)　　　　　　　　(b)

图 6.3.18　砌体墙与框架的连接

(a) 拉筋连接；(b) 钢夹套连接

7 内框架和底层框架砖房

7.1 一 般 规 定

7.1.1 本章适用于内框架、底层框架与砖墙混合承重的多层房屋，其适用的最大高度和层数应符合现行国家标准《建筑抗震鉴定标准》GB 50023 的有关规定。

7.1.2 内框架和底层框架砖房的抗震加固应符合下列要求：

1 底层框架房屋加固后，框架层与相邻上部砌体层的刚度比，应符合现行国家标准《建筑抗震设计规范》GB 50011 的相应规定。

2 加固部位的框架应防止形成短柱或强梁弱柱。

3 采用综合抗震能力指数验算时，楼层屈服强度系数、加固增强系数、加固后的体系影响系数和局部影响系数应根据房屋加固后的状态计算和取值。

7.1.3 当加固后按本规程第 3.0.4 条的规定采用现行国家标准《建筑抗震设计规范》GB 50011 规定的方法进行抗震承载力验算时，应计入构造的影响；加固后构件的抗震承载力应按本章确定。

7.1.4 当现有的 A、B 类底层框架砖房的层数和总高度超过现行国家标准《建筑抗震鉴定标准》GB 50023 规定的层数和高度限值，但未超过现行国家标准《建筑抗震设计规范》GB 50011 规定的层数和高度限值时，应提高其抗震承载力并采取增设外加构造柱等措施，达到现行国家标准《建筑抗震设计规范》GB 50011 对其承载力和构造柱的相关要求。当其层数超过现行国家标准《建筑抗震设计规范》GB 50011 规定的层数时，应改变结构体系或减少层数。

7.1.5 底层框架、底层内框架砖房上部各层的加固，应符合本规程第 5 章的有关规定，其竖向构件的加固应延续到底层；底层加固时，应计入上部各层加固后对底层的影响。框架梁柱的加固，应符合本规程第 6 章的有关规定。

7.2 加 固 方 法

7.2.1 底层框架、底层内框架砖房的底层和多层内框架砖房的结构体系以及抗震承载力不满足要求时，可选择下列加固方法：

1 横墙间距符合鉴定要求而抗震承载力不满足要求时，宜对原有墙体采用钢筋网砂浆面层、钢绞线网-聚合物砂浆面层或板墙加固，也可增设抗震墙加固。

2 横墙间距超过规定值时，宜在横墙间距内增设抗震墙加固；或对原有墙体采用板墙加固且同时增强楼盖的整体性和加固钢筋混凝土框架、砖柱混合框架；也可在砖房外增设抗侧力结构减小横墙间距。

3 钢筋混凝土柱配筋不满足要求时，可增设钢构套、现浇钢筋混凝土套、粘贴纤维布、钢绞线网-聚合物砂浆面层等方法加固；也可增设抗震墙减少柱承担的地震作用。

4 当底层框架砖房的框架柱轴压比不满足要求时，可增设钢筋混凝土套加固或按现行国家标准《建筑抗震设计规范》GB 50011 的相关规定增设约束箍筋提高体积配箍率。

5 外墙的砖柱（墙垛）承载力不满足要求时，可采用钢筋混凝土外壁柱或内、外壁柱加固；也可增设抗震墙以减少砖柱（墙垛）承担的地震作用。

6 底层框架砖房的底层为单跨框架时，应增设框架柱形成双跨；当底层刚度较弱或有明显扭转效应时，可在底层增设钢筋混凝土抗震墙或翼墙加固；当过渡层刚度、承载力不满足鉴定要求时，可对过渡层

的原有墙体采用钢筋网砂浆面层、钢绞线网-聚合物砂浆面层加固或采用钢筋混凝土墙替换底部为钢筋混凝土墙的部分砌体墙等方法加固。

7.2.2 内框架和底层框架砖房整体性不满足要求时，应选择下列加固方法：

1 底层框架、底层内框架砖房的底层楼盖为装配式混凝土楼板时，可增设钢筋混凝土现浇层加固。

2 圈梁布置不符合鉴定要求时，应增设圈梁；外墙圈梁宜采用现浇钢筋混凝土，内墙圈梁可用钢拉杆或在进深梁端加锚杆代替；当墙体采用双面钢筋网砂浆面层或板墙进行加固且在上下两端增设配筋加强带时，可不另设圈梁。

3 当构造柱设置不符合鉴定要求时，应增设外加柱；当墙体采用双面钢筋网砂浆面层或板墙进行加固且在对应位置增设相互可靠拉结的配筋加强带时，可不另设外加柱。

4 外墙四角或内、外墙交接处的连接不符合鉴定要求时，可增设钢筋混凝土外加柱加固。

5 楼、屋盖构件的支承长度不满足要求时，可增设托梁或采取增强楼、屋盖整体性的措施。

7.2.3 内框架和底层框架砖房易倒塌部位不符合鉴定要求时，可按本规程第 5.2.3 条的有关规定选择加固方法。

7.2.4 现有的 A 类底层内框架、单排柱内框架房屋需要继续使用时，应在原壁柱处增设钢筋混凝土柱形成梁柱固接的结构体系或改变结构体系。

7.3 加固设计及施工

I 壁 柱 加 固

7.3.1 增设钢筋混凝土壁柱加固内框架房屋的砖柱（墙垛）时，应符合下列要求：

1 壁柱应从底层设起，沿砖柱（墙垛）全高贯通；在楼、屋盖处应与圈梁或楼、屋盖拉结；壁柱应设基础，埋深与外墙基础不同时，不得浅于冻结深度。

2 壁柱的截面面积不应小于 36000mm²，内壁柱的截面宽度应大于相连内框架梁的宽度。

3 壁柱的纵向钢筋不应少于 4ϕ12；箍筋间距不应大于 200mm，在楼、屋盖标高上下各 500mm 范围内，箍筋间距不应大于 100mm；内外壁柱间沿柱高度每隔 600mm，应拉通一道箍筋。

7.3.2 增设钢筋混凝土壁柱加固内框架房屋砖柱（墙垛）的设计，尚应符合下列规定：

1 壁柱的混凝土强度等级不应低于 C20；纵向钢筋宜采用 HRB400、HRB335 级热轧钢筋，箍筋可采用 HPB235、HRB335 级热轧钢筋。

2 壁柱的构造尚应符合下列要求：

1） 壁柱的截面宽度不宜大于 700mm，截面高度不宜小于 70mm；内壁柱的截面，每

側比相连的梁宽出的尺寸应大于70mm；

　2）内壁柱应有不少于50%纵向钢筋穿过楼板，其余的纵向钢筋可采用插筋相连，插筋上下端的锚固长度不应小于插筋直径的40倍；

　3）外壁柱与砖柱（墙垛）的连接，可按本规程第5.3.15条的有关规定采用。

　3　采用壁柱加固后形成的组合砖柱（墙垛），其抗震验算应符合下列要求：

　1）横墙间距符合鉴定要求时，加固后组合砖柱承担的地震剪力可取楼层地震剪力按各抗侧力构件的有效侧向刚度分配的值；有效侧向刚度的取值，对原有框架柱和加固后的组合砖柱不折减，对A类内框架，钢筋混凝土抗震墙可取实际值的40%，对砖抗震墙可取实际值的30%；对B类内框架，钢筋混凝土抗震墙可取实际值的30%，对砖抗震墙可取实际值的20%。

　2）横墙间距超过规定值时，加固后的组合砖柱承担的地震剪力可按下式计算：

$$V_{cij} = \frac{\eta K_{cij}}{\Sigma K_{cij}}(V_i - V_{wi})　(7.3.2\text{-}1)$$

$$\eta = 1.6L/(L+B)　(7.3.2\text{-}2)$$

式中　V_{cij}——第i层第j柱承担的地震剪力设计值；

　　　K_{cij}——第i层第j柱的侧向刚度；

　　　V_i——第i层的层间地震剪力设计值，应按现行国家标准《建筑抗震设计规范》GB 50011的规定确定；

　　　V_{wi}——第i层所有抗震墙现有受剪承载力之和；对A、B类内框架，可按现行国家标准《建筑抗震鉴定标准》GB 50023的有关规定确定；

　　　η——楼、屋盖平面内变形影响的地震剪力增大系数；当$\eta \leqslant 1.0$时，取$\eta = 1.0$；

　　　L——抗震横墙间距；

　　　B——房屋宽度。

　3）加固后的组合砖柱（墙垛）可采用梁柱铰接的计算简图，并可按钢筋混凝土壁柱与砖柱（墙垛）共同工作的组合构件验算其抗震承载力。验算时，钢筋和混凝土的强度宜乘以折减系数0.85，加固后有关的体系影响系数和局部尺寸的影响系数可取1.0。

Ⅱ　楼盖现浇层加固

7.3.3　增设钢筋混凝土现浇层加固楼盖时，现浇层的厚度不应小于40mm，钢筋的直径不应小于6mm，

其间距不应大于300mm；尚应采取措施加强现浇层与原有楼板、墙体的连接。

7.3.4　增设的现浇层与原有墙、板的连接，应符合下列要求：

　1　现浇层的分布钢筋应有50%的钢筋穿过墙体。另外50%的钢筋，可通过插筋相连，插筋两端的锚固长度不应小于插筋直径的40倍；也可锚固于现浇层周边的加强配筋带中，加强配筋带应通过穿过墙体的钢筋相互可靠连接。

　2　现浇层宜采用呈梅花形布置的L形锚筋或锚栓与原楼板相连；当原楼板为预制板时，锚筋、锚栓应通过钻孔并采用胶粘剂锚入预制板缝内，锚固深度不小于80～100mm。

　3　施工时，应去掉原有装饰层，板面应凿毛、涂刷界面剂，并注意养护。

Ⅲ　增设面层、板墙、抗震墙、外加柱加固

7.3.5　增设钢筋网砂浆面层加固时，其材料和构造应符合本规程第5.3.1、5.3.2条的要求，其施工应符合本规程第5.3.3条的要求。

7.3.6　增设钢绞线网-聚合物砂浆面层加固时，其钢绞线网片、聚合物砂浆的材料性能和构造应符合本规程第5.3.4、5.3.5条的要求，其施工应符合本规程第5.3.6条的要求。

7.3.7　增设钢筋混凝土板墙加固时，其材料和构造应符合本规程第5.3.7、5.3.8条的要求，其施工应符合本规程第5.3.9条的要求。

7.3.8　增设抗震墙加固时，其材料和构造应符合本规程第5.3.10、5.3.12条的要求，其施工应符合本规程第5.3.11条的要求。

7.3.9　外加柱和圈梁的设计及施工，应符合本规程第5.3.13～5.3.19条的规定。

7.3.10　底层框架、底层内框架砖房的底层和多层内框架砖房加固后进行抗震验算时，各层的地震剪力，宜全部由该方向的抗震墙承担；加固后墙段抗震承载力的增强系数和有关的体系影响系数、局部影响系数，应根据不同的加固方法分别取值：

　1　采用钢筋网砂浆面层加固，应按本规程第5.3.1、5.3.2条的规定取值。

　2　采用钢绞线网-聚合物砂浆面层加固，应按本规程第5.3.5条的规定取值。

　3　采用板墙加固，应按本规程第5.3.7、5.3.8条的规定取值。

　4　增设砖抗震墙加固，应按本规程第5.3.10条的规定取值。

　5　增设钢筋混凝土抗震墙加固，应按本规程第5.3.10、5.3.12条的规定取值。

Ⅳ　框架柱加固

7.3.11　钢筋混凝土柱的加固设计及施工应符合本

规程第 6.3 节的规定；加固后钢筋混凝土柱承担的地震剪力，可按本规程第 7.3.2 条的有关规定计算。

8 单层钢筋混凝土柱厂房

8.1 一般规定

8.1.1 本章适用于装配式单层钢筋混凝土柱厂房和混合排架厂房。

注：1 钢筋混凝土柱厂房包括由屋面板、三角刚架、双梁和牛腿柱组成的锯齿形厂房；

2 混合排架厂房指边柱列为砖柱、中柱列为钢筋混凝土的厂房。

8.1.2 厂房的加固，应着重提高其整体性和连接的可靠性；增设支撑等构件时，应避免有关节点应力的加大和地震作用在原有构件间的重分配；对一端有山墙和体型复杂的厂房，宜采取减少厂房扭转效应的措施。

8.1.3 厂房加固后，可按现行国家标准《建筑抗震设计规范》GB 50011 的规定进行纵、横向的抗震分析，并可采用本章规定的方法进行构件的抗震承载力验算。

8.1.4 混合排架厂房砖柱部分的加固，应符合本规程第 9 章的有关规定。

8.2 加固方法

8.2.1 厂房的屋盖支撑布置或柱间支撑布置不符合鉴定要求时，应增设支撑，6、7 度时也可采用钢筋混凝土窗框代替天窗架竖向支撑。

8.2.2 厂房构件抗震承载力不满足要求时，可选择下列加固方法：

1 天窗架立柱的抗震承载力不满足要求时，可加固立柱或增设支撑并加强连接节点。

2 屋架的混凝土构件不符合鉴定要求时，可增设钢构套加固。

3 排架柱箍筋或截面形式不满足要求时，可增设钢构套加固。

4 排架柱纵向钢筋不满足要求时，可增设钢构套加固或采取加强柱间支撑系统且加固相应柱的措施。

8.2.3 厂房构件连接不符合鉴定要求时，可采用下列加固方法：

1 下柱柱间支撑的下节点构造不符合鉴定要求时，可在下柱根部增设局部的现浇钢筋混凝土套加固，但不应使柱形成新的薄弱部位。

2 构件的支承长度不满足要求时或连接不牢固，可增设支托或采取加强连接的措施。

3 墙体与屋盖、钢筋混凝土柱连接不符合鉴定

要求时，可增设拉筋或圈梁加固。

8.2.4 女儿墙超过规定的高度时，宜降低高度或采用角钢、钢筋混凝土竖杆加固。

8.2.5 柱间的隔墙、工作平台不符合鉴定要求时，可采取剔缝脱开、改为柔性连接、拆除或根据计算加固排架柱和节点的措施。

8.3 加固设计及施工

Ⅰ 屋盖加固

8.3.1 A 类厂房钢筋混凝土Ⅱ型天窗架为 T 形截面立柱时，其加固应符合下列要求：

1 当为 6、7 度时，应加固竖向支撑的节点预埋件。

2 当为 8 度Ⅰ、Ⅱ类场地时，尚应加固竖向支撑的立柱。

3 当为 8 度Ⅲ、Ⅳ类场地或 9 度时，除按第 1 款的要求加固外，尚应加固所有的立柱。

8.3.2 增设屋盖支撑时，宜符合下列要求：

1 原有上弦横向支撑设在厂房单元两端的第二开间时，可在抗风柱柱顶与原有横向支撑节点间增设水平压杆。

2 增设的竖向支撑与原有的支撑宜采用同一形式；当原来无支撑时，宜采用"W"形支撑，且各杆应按压杆设计；支撑节点的高度差超过 3m 时，宜采用"X"形支撑。

3 屋架和天窗支撑杆件的长细比，压杆不宜大于 200，当为 6、7 度时，拉杆不宜大于 350，当为 8、9 度时，拉杆不宜大于 300。

Ⅱ 排架柱加固

8.3.3 排架柱上柱柱顶采用钢构套加固时（见图 8.3.3），钢构套的长度不应小于 600mm，且不应小于柱截面高度；角钢不应小于 L63×6，钢缀板截面可按表 8.3.3 采用。

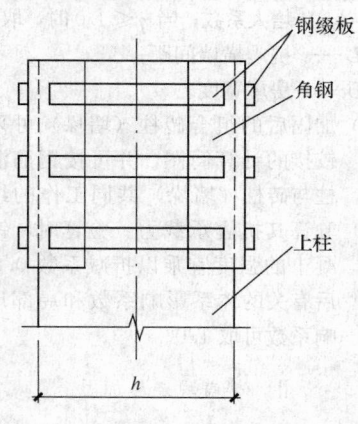

图 8.3.3 柱顶加固

表 8.3.3　钢缀板截面（mm）

烈度和场地	7度Ⅲ、Ⅳ类场地 8度Ⅰ、Ⅱ类场地	8度Ⅲ、Ⅳ类场地 9度Ⅰ、Ⅱ类场地	9度Ⅲ、Ⅳ类场地
钢缀板（A类厂房）	－50×6	－60×6	－70×6
钢缀板（B类厂房）	－60×6	－70×6	－85×6

8.3.4　有吊车的阶形柱上柱底部采用钢构套加固时（见图 8.3.4），钢构套上端应超过吊车梁顶面，且超过值不应小于柱截面高度；其角钢和钢缀板可按表 8.3.4 采用。

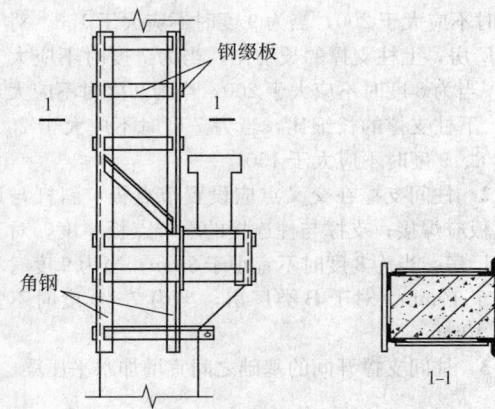

图 8.3.4　阶形柱上柱底部加固

表 8.3.4　角钢和钢缀板（mm）

烈度和场地		7度Ⅲ、Ⅳ类场地 8度Ⅰ、Ⅱ类场地	8度Ⅲ、Ⅳ类场地 9度Ⅰ、Ⅱ类场地	9度Ⅲ、Ⅳ类场地
角钢	（A类厂房）	—	L75×8	L100×10
	（B类厂房）	L75×8	L90×8	L100×12
钢缀板	（A类厂房）		－60×6	－70×6
	（B类厂房）	－60×6	－70×6	－85×6

8.3.5　不等高厂房排架柱支承低跨屋盖牛腿采用钢构套加固时（见图 8.3.5），应符合下列要求：

1　当厂房跨度不大于 24m 且屋面荷载不大于 3.5kN/m² 时，钢缀板、钢拉杆和钢横梁的截面，A类厂房可按表 8.3.5 采用，B类厂房可按表 8.3.5 增加 15% 采用。

2　不符合上述条件且为 8、9 度时，钢缀板、钢拉杆的截面可按下列公式计算，钢横梁的截面面积可按钢拉杆截面面积的 5 倍采用。

$$N_t \leqslant \frac{1}{\gamma_{Rs}} \cdot \frac{0.75 n A_a f_a h_2}{h_1} \qquad (8.3.5\text{-}1)$$

$$N_t = N_E + N_G a / h_0 - 0.85 f_{y0} A_{s0} \qquad (8.3.5\text{-}2)$$

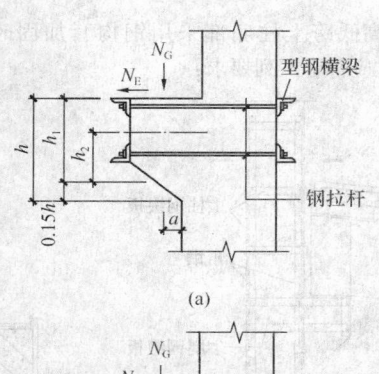

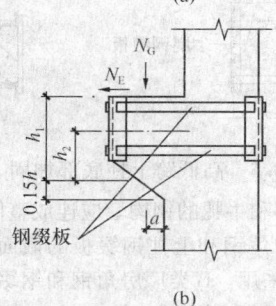

图 8.3.5　柱牛腿加固
（a）钢拉杆加固；（b）钢缀板加固

式中　N_t——钢拉杆（钢缀板）承受的水平拉力设计值；

N_E——地震作用在柱牛腿上引起的水平拉力设计值；

N_G——柱牛腿上重力荷载代表值产生的压力设计值；

n——钢拉杆（钢缀板）根数；

A_a——1 根钢拉杆（钢缀板）的截面面积；

f_a——钢材抗拉强度设计值，应按现行国家标准《钢结构设计规范》GB 50017 的规定采用；

h_1、h_2——分别为柱牛腿竖向截面受压区 0.15h 高度处至水平力、钢拉杆（钢缀板）截面重心的距离；

a——压力作用点至下柱近侧边缘的距离；

A_{s0}——柱牛腿原有受拉钢筋的截面面积；

f_{y0}——柱牛腿原有受拉钢筋的抗拉强度设计值；

γ_{Rs}——抗震加固的承载力调整系数，应按本规程 3.0.4 条的规定采用。

表 8.3.5　A类厂房的钢构套杆件截面

烈度和场地		7度Ⅲ、Ⅳ类场地 8度Ⅰ、Ⅱ类场地	8度Ⅲ、Ⅳ类场地 9度Ⅰ、Ⅱ类场地	9度Ⅲ、Ⅳ类场地
钢缀板		－60×6	－70×6	－80×6
钢拉杆		φ16	φ20	φ25
钢横梁	柱宽 400mm	L75×6	L90×8	L110×10
	柱宽 500mm	L90×6	L110×8	L125×10

8.3.6 高低跨上柱底部采用钢构套加固时（见图8.3.6），应符合下列要求：

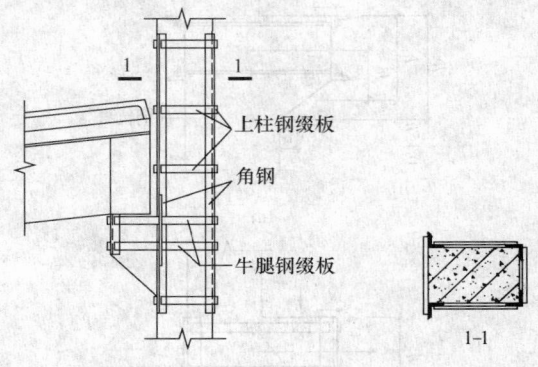

图8.3.6 高低跨上柱底部加固

1 上柱底部和牛腿的钢构套应连成整体。

2 钢构套的角钢和上柱钢缀板的截面，A类厂房可按表8.3.6采用，B类厂房角钢和钢缀板的截面面积宜比表8.3.6相应增加15%。

3 牛腿钢缀板的截面应按本规程第8.3.4条的规定采用。

表8.3.6 A类厂房的角钢和上柱钢缀板截面（mm）

烈度和场地	7度Ⅲ、Ⅳ类场地 8度Ⅰ、Ⅱ类场地	8度Ⅲ、Ⅳ类场地 9度Ⅰ、Ⅱ类场地	9度Ⅲ、Ⅳ类场地
角钢	L63×6	L80×8	L110×12
上柱缀板	−60×6	−100×8	−120×10

8.3.7 钢构套加固的施工，应符合本规程第6.3.6条的规定。

Ⅲ 柱间支撑加固

8.3.8 增设钢筋混凝土套加固下柱支撑的下节点时（见图8.3.8），应符合下列要求：

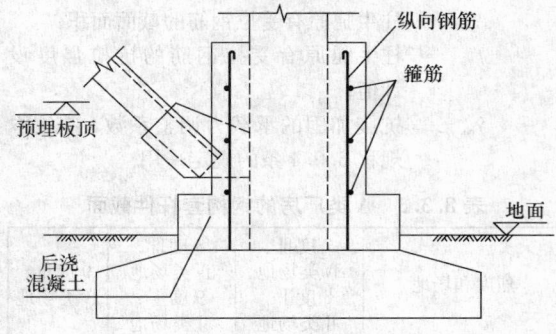

图8.3.8 柱根部加固

1 混凝土宜采用细石混凝土，其强度等级宜比原柱的混凝土强度提高一个等级；厚度不宜小于60mm且不宜大于100mm，并应与基础可靠连接；纵向钢筋直径不应小于12mm，箍筋应封闭，其直径不宜小于8mm，间距不宜大于100mm。

2 加固后，柱根沿厂房纵向的抗震受剪承载力可按整体构件进行截面抗震验算，但新增的混凝土和钢筋强度应乘以0.85的折减系数。

3 施工时，原柱加固部位的混凝土表面应凿毛、清除酥松杂质，灌注混凝土前应用水清洗并保持湿润。

8.3.9 增设柱间支撑时，应符合下列要求：

1 增设的柱间支撑应采用型钢；对于A类厂房，上柱支撑的长细比，当为8度时不应大于250，当为9度时不应大于200；下柱支撑的长细比，当为8度时不应大于200，当为9度时不应大于150。对于B类厂房，上柱支撑的长细比，当为7度时不应大于250，当为8度时不应大于200，当为9度时不应大于150；下柱支撑的长细比，当为7度时不应大于200，当为8、9度时不应大于150。

2 柱间支撑在交叉点应设置节点板，斜杆与该节点板应焊接；支撑与柱连接的端节点板厚度，对于A类厂房，当为8度时不宜小于8mm，当为9度时不宜小于10mm。对于B类厂房，当为7～9度时不宜小于10mm。

3 柱间支撑开间的基础之间宜增加水平压梁。

Ⅳ 封檐墙和女儿墙加固

8.3.10 封檐墙、女儿墙的加固，应符合下列要求：

1 竖向角钢或钢筋混凝土竖杆，应设置在厂房排架柱位置处的墙外（见图8.3.10）。

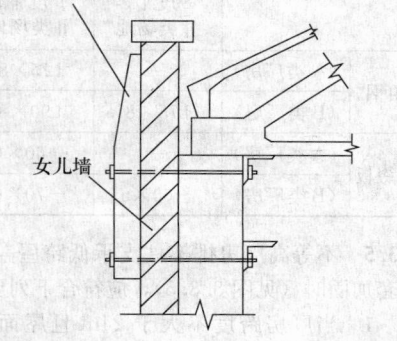

图8.3.10 女儿墙加固

2 钢材可采用Q235，混凝土强度等级宜采用C20，钢筋宜采用HPB235级钢筋。

3 无拉结且高度不超过1.5m时，对A类厂房，竖向角钢可按表8.3.10-1选用，钢筋混凝土竖杆可按表8.3.10-2选用；对B类厂房，角钢和钢筋的截面面积宜相应增加15%。

4 竖向角钢或钢筋混凝土竖杆应与柱顶或屋架节点可靠连接，出入口上部的女儿墙尚应在角钢或竖杆的上端设置联系角钢。

表 8.3.10-1　A类厂房的竖向角钢

无拉结高度 h (mm)	烈 度 和 场 地			
	7度Ⅰ、Ⅱ类场地	7度Ⅲ、Ⅳ类场地 8度Ⅰ、Ⅱ类场地	8度Ⅲ、Ⅳ类场地 9度Ⅰ、Ⅱ类场地	9度Ⅲ、Ⅳ类场地
$h \leqslant 1000$	2L63×6	2L63×6	2L90×6	2L100×10
$1000 < h \leqslant 1500$	2L75×6	2L90×8	2L100×10	2L125×12

表 8.3.10-2　A类厂房的钢筋混凝土竖杆截面和配筋

无拉结高度 h (mm)		烈 度 和 场 地			
		7度Ⅰ、Ⅱ类场地	7度Ⅲ、Ⅳ类场地 8度Ⅰ、Ⅱ类场地	8度Ⅲ、Ⅳ类场地 9度Ⅰ、Ⅱ类场地	9度Ⅲ、Ⅳ类场地
$h \leqslant 1000$	宽×高	120×120	120×120	120×150	120×200
	配筋	4φ10	4φ10	4φ14	4φ16
$1000 < h \leqslant 1500$	宽×高	120×120	120×150	120×200	120×250
	配筋	4φ10	4φ14	4φ16	4φ16

9　单层砖柱厂房和空旷房屋

9.1　一般规定

9.1.1　本章适用于砖柱（墙垛）承重的单层厂房和砖墙承重的单层空旷房屋。

注：单层厂房包括仓库、泵房等，单层空旷房屋指影剧院、礼堂、食堂等。

9.1.2　单层砖柱厂房和单层空旷房屋的抗震加固方案，应有利于砖柱（墙垛）抗震承载力的提高、屋盖整体性的加强和结构布置上不利因素的消除。

9.1.3　当现有的A、B类单层空旷房屋的大厅超出砌体墙承重的适用范围时，宜改变结构体系或提高构件承载力且加强墙体的约束达到现行国家标准《建筑抗震设计规范》GB 50011的相应要求。

9.1.4　房屋加固后，可按现行国家标准《建筑抗震设计规范》GB 50011的规定进行纵、横向的抗震分析，并可采用本章规定的方法进行构件的抗震验算。

9.1.5　混合排架房屋的钢筋混凝土部分，应按本规程第8章的有关要求加固；附属房屋应根据其结构类型按本规程相应章节的有关要求加固，但其与车间或大厅相连的部位，尚应符合本章的要求并应计入相互间的不利影响。

9.2　加固方法

9.2.1　砖柱（墙垛）抗震承载力不满足要求时，可选择下列加固方法：

1　6、7度时或抗震承载力低于要求在30％以内

的轻屋盖房屋，可采用钢构套加固。

2　乙类设防，或8、9度的重屋盖房屋或延性、耐久性要求高的房屋，宜采用钢筋混凝土壁柱或钢筋混凝土套加固。

3　除本条第1、2款外的情况，可增设钢筋网面层与原有柱（墙垛）形成面层组合柱加固。

4　独立砖柱房屋的纵向，可增设到顶的柱间抗震墙加固。

9.2.2　房屋的整体性连接不符合鉴定要求时，应选择下列加固方法：

1　屋盖支撑布置不符合鉴定要求时，应增设支撑。

2　构件的支承长度不满足要求时或连接不牢固时，可增设支托或采取加强连接的措施。

3　墙体交接处连接不牢固或圈梁布置不符合鉴定要求时，可增设圈梁加固。

4　大厅与前后厅、附属房屋的连接不符合鉴定要求时，可增设圈梁加固。

5　舞台口大梁的支承部位不符合鉴定要求时，可增设钢筋网砂浆面层组合柱、钢筋混凝土壁柱等加固。

9.2.3　局部的结构构件或非结构构件不符合鉴定要求时，应选择下列加固方法：

1　舞台的后墙平面外稳定性不符合鉴定要求时，可增设壁柱、工作平台、天桥等构件增强其稳定性。

2　悬挑式挑台的锚固不符合鉴定要求时，宜增设壁柱减少悬挑长度或增设拉杆等加固。

3　高大的山墙山尖不符合鉴定要求时，可采用轻质隔墙替换。

4　砌体隔墙不符合鉴定要求时，可将砌体隔墙与承重构件间改为柔性连接。

5　舞台口大梁上部的墙体、女儿墙、封檐墙不符合鉴定要求时，可按本规程第8.2.4、8.3.10条的规定处理。

9.3　加固设计及施工

Ⅰ　面层组合柱加固

9.3.1　增设钢筋网砂浆面层与原有砖柱（墙垛）形成面层组合柱时，面层应在柱两侧对称布置；纵向钢筋的保护层厚度不应小于**20mm**，钢筋与砌体表面的空隙不应小于**5mm**，钢筋的上端应与柱顶的垫块或圈梁连接，下端应锚固在基础内；柱两侧面层沿柱高应每隔**600mm**采用**φ6**的封闭钢箍拉结。

9.3.2　增设面层组合柱的材料和构造，尚应符合下列要求（见图9.3.2）：

1　水泥砂浆的强度等级宜采用 M10，钢筋宜采用 HPB235 级钢筋。

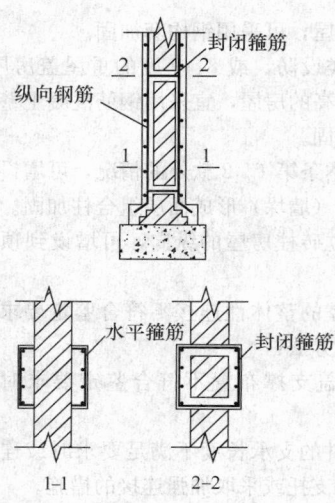

图 9.3.2　面层组合柱加固墙垛

2 面层的厚度可采用 35～45mm。

3 纵向钢筋直径不宜小于 8mm，间距不应小于 50mm；水平钢筋的直径不宜小于 4mm，间距不应大于 400mm，在距柱顶和柱脚的 500mm 范围内，间距应加密。

4 面层应深入地坪下 500mm。

9.3.3 面层组合柱的抗震验算应符合下列要求：

1 7、8 度区的 A 类房屋，轻屋盖房屋组合砖柱的每侧纵向钢筋分别不少于 3φ8、3φ10，且配筋率不小于 0.1%，可不进行抗震承载力验算。

2 加固后，柱顶在单位水平力作用下的位移可按下式计算：

$$u = \frac{H_0^3}{3(E_m I_m + E_c I_c + E_s I_s)} \quad (9.3.3)$$

式中　u——面层组合柱柱顶在单位水平力作用下的位移；

　　　H_0——面层组合柱的计算高度，可按现行国家标准《砌体结构设计规范》GB 50003 的规定采用；但当为 9 度时均应按弹性方案取值，当为 8 度时可按弹性或刚弹性方案取值；

　I_m、I_c、I_s——分别为砖砌体（不包括翼缘墙体）、混凝土或砂浆面层、纵向钢筋的横截面面积对组合砖柱折算截面形心轴的惯性矩；

　E_m、E_c、E_s——分别为砖砌体、混凝土或砂浆面层、纵向钢筋的弹性模量；砖砌体的弹性模量应按现行国家标准《砌体结构设计规范》GB 50003 的规定采用；混凝土和钢筋的弹性模量应按现行国家标准《混凝土结构设计规范》GB 50010 的规定采用；砂浆的弹性模量，对 M7.5 取 7400N/mm²，对 M10 取 9300N/mm²，对 M15 取 12000N/mm²。

3 加固后形成的面层组合柱，当不计入翼缘的影响时，计算的排架基本周期，宜乘以表 9.3.3 的折减系数。

表 9.3.3　**基本周期的折减系数**

屋架类别	翼缘宽度小于腹板宽度 5 倍	翼缘宽度不小于腹板宽度 5 倍
钢筋混凝土和组合屋架	0.9	0.8
木、钢木和轻钢屋架	1.0	0.9

4 面层组合柱的抗震承载力验算，可按现行国家标准《建筑抗震设计规范》GB 50011 的规定进行。其中，抗震加固的承载力调整系数，应按本规程第 3.0.4 条的规定采用；增设的砂浆（或混凝土）和钢筋的强度应乘以折减系数 0.85；A、B 类房屋的原结构材料强度应按现行国家标准《建筑抗震鉴定标准》GB 50023 的规定采用。

9.3.4 面层组合柱的施工，宜符合本规程第 5.3.3 条的有关要求。

Ⅱ　组合壁柱加固

9.3.5 增设钢筋混凝土壁柱或套与原有砖柱（墙垛）形成组合壁柱时，应符合下列要求：

1 壁柱应在砖墙两面相对位置同时设置，并采用钢筋混凝土腹杆拉结。在砖柱（墙垛）周围设置钢筋混凝土套遇到砖墙时，应设钢筋混凝土腹杆拉结。壁柱或套应设基础，基础的横截面面积不得小于壁柱截面面积的一倍，并应与原基础可靠连接。

2 壁柱或套的纵向钢筋，保护层厚度不应小于 **25mm**，钢筋与砌体表面的净距不应小于 **5mm**；钢筋的上端应与柱顶的垫块或圈梁连接，下端应锚固在基础内。

3 壁柱或套加固后按组合砖柱进行抗震承载力验算，但增设的混凝土和钢筋的强度应乘以规定的折减系数。

9.3.6 增设钢筋混凝土壁柱或钢筋混凝土套加固砖柱（墙垛）的设计，尚应符合下列要求：

1 壁柱和套的混凝土宜采用细石混凝土，强度等级宜采用 C20；钢筋宜采用 HRB335 级或 HPB235 级热轧钢筋。

2 采用钢筋混凝土壁柱加固砖墙（见图 9.3.6a）或钢筋混凝土套加固砖柱（墙垛）（见图 9.3.6b）时，其构造尚应符合下列规定：

　1）壁柱和套的厚度宜为 60～120mm；

　2）纵向钢筋宜对称配置，配筋率不应小于 0.2%；

　3）箍筋的直径不应小于 4mm 且不小于纵向钢筋直径的 20%，间距不应大于 400mm

且不应大于纵向钢筋直径的 20 倍，在距柱顶和柱脚的 500mm 范围内，其间距应加密；当柱一侧的纵向钢筋多于 4 根时，应设置复合箍筋或拉结筋；

4) 钢筋混凝土拉结腹杆沿柱高度的间距不宜大于壁柱最小厚度的 12 倍，配筋量不宜少于两侧壁柱纵向钢筋总面积的 25%；

5) 壁柱或套的基础埋深宜与原基础相同，当有较厚的刚性地坪时，埋深可浅于原基础，但不宜浅于室外地面下 500mm。

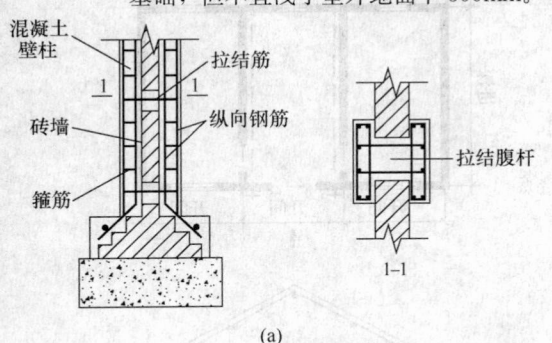

(a)

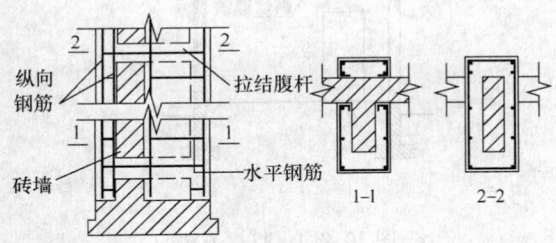

(b)

图 9.3.6 砖柱（墙垛）加固
(a) 钢筋混凝土壁柱加固砖墙；
(b) 钢筋混凝土套加固砖柱（墙垛）

3 采用壁柱或套加固后的抗震承载力验算，应符合本规程第 9.3.3 条的有关规定，钢筋和混凝土的强度应乘以折减系数 0.85；A、B 类房屋的材料强度应按现行国家标准《建筑抗震鉴定标准》GB 50023 的有关规定采用。

Ⅲ 钢构套加固

9.3.7 增设钢构套加固砖柱（墙垛）的设计，应符合下列规定：

1 钢构套的纵向角钢不应小于 L56×5。角钢应紧贴砖砌体，下端应伸入刚性地坪下 200mm，上端应与柱顶垫块、圈梁连接。

2 钢构套的横向缀板截面不应小于 35mm×5mm，系杆直径不应小于 16mm。缀板或系杆的间距不应大于纵向单肢角钢最小截面回转半径的 40 倍，在柱上下端和变截面处，间距应加密。

3 对于 A 类房屋，当为 7 度时或抗震承载力低于要求在 30% 以内的轻屋盖房屋，增设钢构套加固后，砖柱（墙垛）可不进行抗震承载力验算。

9.3.8 钢构套加固砖柱（墙垛）时，砖柱（墙垛）四角应打磨成圆角且用高强度的砂浆抹平，其施工尚宜符合本规程第 6.3.6 条的有关规定。

Ⅳ 其 他

9.3.9 外加圈梁加固单层砖柱厂房和单层空旷房屋时，其设计及施工应符合本规程第 5.3.16～5.3.19 条的有关规定。

9.3.10 女儿墙、封檐墙、舞台口大梁上部墙体的加固设计及施工，应符合本规程第 8.3.10 条的有关规定。

10 木结构和土石墙房屋

10.1 木结构房屋

10.1.1 本节适用于中、小型木结构房屋，其构架类型和房屋的层数，应符合现行国家标准《建筑抗震鉴定标准》GB 50023 的有关规定。

10.1.2 木结构房屋的抗震加固，应提高木构架的抗震能力；可根据实际情况，采取减轻屋盖重力、加固木构架、加强构件连接、增设柱间支撑、增砌砖抗震墙等措施。增设的柱间支撑或抗震墙在平面内应均匀布置。

10.1.3 木结构房屋抗震加固时，可不进行抗震验算。

10.1.4 木构架的加固应符合下列要求：

1 旧式木骨架的构造形式不合理时，应增设防倾倒的杆件。

2 穿斗木骨架的柁柱连接未采用银锭榫和穿枋时，应采用铁件和附木加固；当榫槽截面占柱截面大于 1/3 时，可采用钢板条、扁钢箍、贴木板或钢丝绑扎等加固。

3 康房底层柱间应采用斜撑或剪刀撑加固，且不宜少于 2 对。

4 木构架倾斜度超过柱径的 1/3 且有明显拔榫时，应先打牮拨正，后用铁件加固；亦可在柱间增设抗震墙并加强节点连接。

5 当为 9 度且明柱的柱脚与柱基础无连接时，宜采用铁件加固。

10.1.5 木构件加固应符合下列要求：

1 木构件截面不符合鉴定标准要求或明显下垂时，应增设构件加固，增设的构件应与原有构件可靠连接。

2 木构件腐朽、疵病、严重开裂而丧失承载能力时，应更换或增设构件加固；增设构件的截面尺寸，宜符合现行国家标准《建筑抗震鉴定标准》GB

50023 的规定且应与原构件可靠连接；木构件裂缝时可采用铁箍加固。

3 当木柱柱脚腐朽时，可采用下列方法加固：

1) 腐朽高度大于 300mm 时，可采用拍巴掌榫墩接（见图 10.1.5）；墩接区段内可用两道 8 号钢丝捆扎，每道不应少于 4 匝；当为 8、9 度时，明柱在墩接接头处应采用铁件或扒钉连接；

2) 腐朽高度不大于 300mm 时，应采用整砖墩接；砖墩的砂浆强度等级不应低于 M2.5。

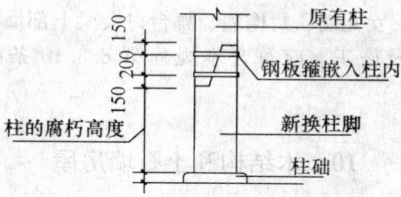

图 10.1.5 拍巴掌榫墩接

10.1.6 砖墙的加固应符合下列要求：

1 墙体空臌、酥碱、歪闪或有明显裂缝时，应拆除重砌。当为 8 度时，砖墙的砌筑砂浆强度等级不应低于 M1.0；当为 9 度时，砌筑砂浆强度等级不应低于 M2.5。

2 增砌的隔墙应符合下列要求：

1) 高度不大于 3.0m，长度不大于 5.0m 的隔墙，可采用 120mm 砖墙，砌筑砂浆的强度等级宜采用 M1.0；

2) 高度大于 3.0m，长度大于 5.0m 的隔墙，应采用 240mm 砖墙，砌筑砂浆的强度等级不应低于 M0.4；

3) 当为 9 度时，沿墙高每隔 1.0m 应设一道长 700mm 的 $2\phi6$ 钢筋或 8 号钢丝与柱拉结；

4) 当为 8、9 度时，墙顶应与柁（梁）连接；

5) 增砌的隔墙应有基础。

3 增设的轻质隔墙，上下层宜在同一轴线上，墙底应设置底梁并与柱脚连接，墙顶应与梁或屋架连接，隔墙的龙骨之间宜设置剪刀撑或斜撑。

4 柁、梁上增设的隔墙，应采用轻质隔墙；原有的砖、土坯山花应拆除，更换为轻质墙。

10.1.7 无锚固的女儿墙、门脸、出屋顶小烟囱，应拆除、降低高度或采取加固措施。

10.2 土石墙房屋

10.2.1 本节适用于 6、7 度时村镇土石墙承重房屋，其墙体的类型和房屋的层数，应符合现行国家标准《建筑抗震鉴定标准》GB 50023 的有关规定。

10.2.2 土石墙房屋的加固，可根据实际情况采取加

固墙体、加强墙体连接、减轻屋盖重力等措施。

10.2.3 土石墙承重房屋抗震加固时，可不进行抗震验算。

10.2.4 墙体加固时应符合下列要求：

1 墙体严重酥碱、空臌、歪闪，应拆除重砌。

2 前后檐墙外闪或内外墙无咬砌时，宜采用打摞（见图 10.2.4）或增设扶墙垛等方法加固。

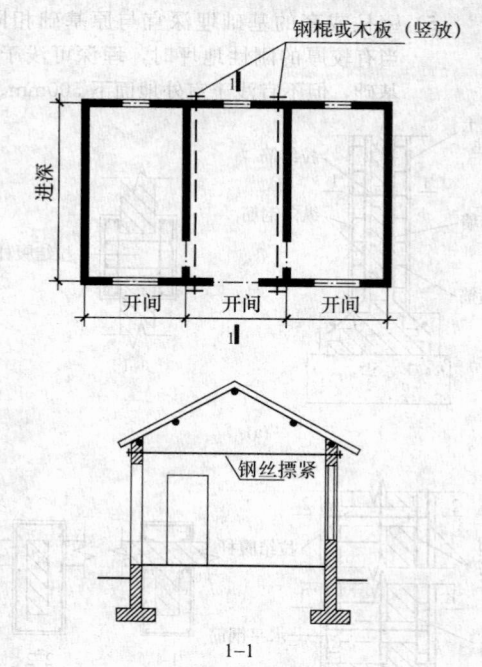

图 10.2.4 打摞方法

3 横墙间距超过规定时，宜增砌横墙并与檐墙拉结，或采取增强整体性的其他措施。

4 防潮碱草已腐烂时，宜更换。

10.2.5 屋盖木构件加固时，应符合下列要求：

1 木构件截面不符合鉴定要求或明显下垂时，应增设构件加固，增设的构件应与原有的构件可靠连接。

2 木构件腐朽、疵病、严重开裂而丧失承载能力时，应更换或增设构件加固；新增构件的截面尺寸宜符合现行国家标准《建筑抗震鉴定标准》GB 50023 的要求，且应与原有的构件可靠连接；木构件的裂缝可采用铁箍加固。

3 木构件支承长度不满足要求时，应采取增设支托或夹板、扒钉连接。

4 尽端三花山墙与排山柁无拉结时，宜采用扒墙钉拉结（见图 10.2.5）。

10.2.6 屋顶草泥过厚时，宜结合维修减薄。

10.2.7 房屋易损部位的加固时，应符合下列要求：

1 对柁眼（山花）的土坯和砖砌体，应拆除或改用苇箔、秫秸箔墙等材料。

2 当出屋顶烟囱不符合鉴定要求时，在出入口

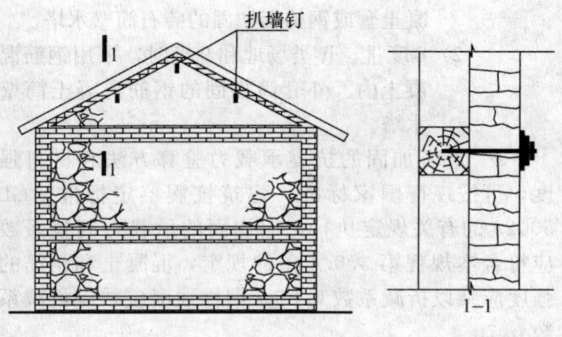

图 10.2.5 扒墙钉

或人流通道处，应拆除、降低高度或采取加固措施。

11 烟囱和水塔

11.1 烟 囱

Ⅰ 一 般 规 定

11.1.1 本节适用于普通类型的独立砖烟囱和钢筋混凝土烟囱，其高度应符合现行国家标准《建筑抗震鉴定标准》GB 50023 的有关规定。

11.1.2 砖烟囱不符合抗震鉴定要求时，可采用钢筋网砂浆面层或扁钢构套加固；钢筋混凝土烟囱不符合抗震鉴定要求时，可采用现浇或喷射钢筋混凝土套加固。

11.1.3 烟囱加固时，高度不超过 50m 的砖烟囱及设防烈度不高于 8 度、高度不超过 100m 的钢筋混凝土烟囱，可不进行抗震验算。

11.1.4 地震时有倒塌伤人危险且无加固价值的烟囱应拆除。

Ⅱ 砖烟囱加固设计及施工

11.1.5 采用钢筋网砂浆面层加固砖烟囱时，应符合下列要求：

1 水泥砂浆的强度等级宜采用 M10。

2 面层厚度可为 40～60mm，顶部应设钢筋混凝土圈梁。

3 面层的竖向和环向钢筋，对于 A 类烟囱，应按表 11.1.5 选用，当为 6 度时可按 7 度选用，但竖向钢筋直径可减少 2mm，环向钢筋间距可采用 300mm；对于设防烈度为 6～8 度的 B 类烟囱，钢筋直径仍按表 11.1.5 选用，但竖向钢筋间距不应大于 250mm，环向钢筋间距不应大于 200mm。

4 竖向钢筋的端部应设弯钩；下端应锚固在基础或深入地面 500mm 下的圈梁内，上端应锚固在顶部的圈梁内。

5 面层的施工宜符合本规程第 5.3.3 条的有关规定。

表 11.1.5　A 类烟囱钢筋砂浆面层的竖向和环向钢筋

烟囱高度（m）	烈度	场地类别	竖向钢筋（mm）		环向钢筋（mm）	
			直径	间距	直径	间距
30	7	Ⅰ～Ⅳ	φ8			
	8	Ⅰ～Ⅳ	φ14			
	9	Ⅰ、Ⅱ	φ14			
40	7	Ⅰ～Ⅳ	φ10	300	φ6	250
	8	Ⅰ～Ⅳ	φ14			
	9	Ⅰ、Ⅱ	φ14			
50	7	Ⅰ～Ⅳ	φ12			
	8	Ⅰ～Ⅳ	φ16			
	9	Ⅰ、Ⅱ	φ16			

注：本表适用于砖强度等级为 MU10，砂浆强度等级为 M5 的砖烟囱。

11.1.6 采用扁钢构套加固砖烟囱时，应符合下列要求：

1 烟囱实际的砖强度等级不宜低于 MU7.5，实际的砂浆强度等级不宜低于 M2.5。

2 竖向和环向扁钢的用量，A 类烟囱可按表 11.1.6 选用，当为 6 度时可按 7 度选用，但竖向扁钢厚度可减少 2mm；对于设防烈度为 6～8 度的 B 类烟囱，扁钢的截面面积宜比表 11.1.6 增加 15%。

3 竖向扁钢应紧贴砖筒壁，且每隔 1.0m 应采用钢筋与筒壁锚拉，下端应锚固在基础或深入地面 500mm 下的圈梁内；环向扁钢应与竖向扁钢焊牢。

4 扁钢构套应采取防腐措施。

表 11.1.6　A 类烟囱扁钢构套的竖向和环向扁钢

烟囱高度（m）	烈度	场地类别	竖向扁钢		环向扁钢（mm）	
			根数	规格（mm）	规 格	间距
30	7	Ⅰ～Ⅳ	8	－60×8		
	8	Ⅰ～Ⅳ	8	－80×8	－30×6	2000
	9	Ⅰ、Ⅱ	8	－80×8		
40	7	Ⅰ～Ⅳ	8	－60×8		
	8	Ⅰ～Ⅳ	8	－80×8	－60×6	2000
	9	Ⅰ、Ⅱ	8	－80×8		
50	7	Ⅰ～Ⅳ	8	－60×8		
	8	Ⅰ～Ⅳ	8	－80×8	－80×6	1500
	9	Ⅰ、Ⅱ	8	－80×10		

注：本表适用于砖强度等级为 MU10，砂浆强度等级为 M5 的砖烟囱。

Ⅲ 钢筋混凝土烟囱加固设计及施工

11.1.7 采用钢筋混凝土套加固钢筋混凝土烟囱时，应符合下列要求：

1 混凝土强度等级宜高于原烟囱一个等级，且不应低于 C20。

2 钢筋混凝土套的厚度，当浇筑施工时不应小

于 120mm，当喷射施工时不应小于 80mm。

3 对于 A 类烟囱，竖向钢筋直径不宜小于 12mm，其下端应锚入基础内；环向钢筋直径不应小于 8mm，其间距不应大于 250mm。对于 B 类烟囱，其竖向钢筋直径宜增加 2mm，环向钢筋间距不应大于 200mm。

4 钢筋混凝土套的施工应符合本规程第 6.3.9 条的有关规定。

11.2 水 塔

Ⅰ 一 般 规 定

11.2.1 本节适用于砖和钢筋混凝土的筒壁式和支架式独立水塔，其容积和高度应符合现行国家标准《建筑抗震鉴定标准》GB 50023 的有关规定。

11.2.2 水塔不符合抗震鉴定要求时，可选择下列加固方法：

1 容积小于 50m³ 的砖石筒壁水塔，当为 7 度时和 8 度Ⅰ、Ⅱ类场地时，可采用扁钢构套加固；容积不小于 50m³ 的 A 类砖石筒壁水塔，当为 7 度时和 8 度Ⅰ、Ⅱ类场地时，可采用外加钢筋混凝土圈梁和柱或钢筋网砂浆面层加固，当为 8 度Ⅲ、Ⅳ类场地和 9 度时，可采用钢筋混凝土套加固。

2 砖支柱水塔，当为 A 类且 7 度时和 8 度Ⅰ、Ⅱ类场地时，当为 B 类且 6 度和 7 度Ⅰ、Ⅱ类场地时，高度不超过 12m 的可采用钢筋网砂浆面层加固。

3 钢筋混凝土支架水塔，当为 8 度Ⅲ、Ⅳ类场地和 9 度时，可采用钢构套或钢筋混凝土套加固。

4 当为 7 度Ⅲ、Ⅳ类场地和 8 度时的倒锥壳水塔及 9 度Ⅲ、Ⅳ类场地的钢筋混凝土筒壁水塔，可采用钢筋混凝土内、外套筒加固，套筒应与基础锚固并应与原筒壁紧密连成一体。

5 水塔基础倾斜，应纠偏复位；对整体式基础尚应加大其面积，对单独基础尚应改为条形基础或增设系梁加强其整体性。

11.2.3 按本节规定加固水塔时，抗震验算应符合下列规定：

1 对于 A 类水塔，遇下列情况之一时应进行抗震验算：

1）当为 8 度Ⅲ、Ⅳ类场地和 9 度时，采用钢筋混凝土套或钢构套加固的砖石筒壁水塔和钢筋混凝土支架水塔；

2）当为 7 度Ⅲ、Ⅳ类场地和 8 度时，采用钢筋混凝土套筒加固的倒锥壳水塔；

3）当为 9 度Ⅲ、Ⅳ类场地采用钢筋混凝土内、外套筒加固的钢筋混凝土筒壁水塔。

2 对于 B 类水塔，遇下列情况之一时应进行抗震验算：

1）7 度和 8 度Ⅰ、Ⅱ类场地时，采用钢筋混凝土套或钢构套加固的砖石筒壁水塔。

2）8 度Ⅲ、Ⅳ类场地和 9 度时，采用钢筋混凝土内、外套筒加固的钢筋混凝土筒壁水塔。

3 水塔加固的抗震承载力验算方法和材料强度，可按现行国家标准《建筑抗震鉴定标准》GB 50023 的有关规定执行，但加固的承载力调整系数应符合本规程第 3.0.4 条的规定，混凝土和钢筋的强度应乘以折减系数 0.85，钢材强度应乘以折减系数 0.70。

11.2.4 地震时有倒塌伤人危险且无加固价值的水塔应拆除。

Ⅱ 砖筒壁、砖支柱水塔的加固设计及施工

11.2.5 采用扁钢构套加固水塔砖筒壁时，应符合下列要求：

1 扁钢的厚度不应小 5mm。

2 竖向扁钢不应少 8 根，并应紧贴筒壁，下端应与基础锚固；环向扁钢间距不应大于 1.5m，并应与竖向扁钢焊牢。

3 扁钢构套应采取防腐措施。

11.2.6 采用外加钢筋混凝土圈梁和柱加固水塔筒壁时，应符合下列要求：

1 外加柱不应少于 4 根，截面不应小于 300mm×300mm，并应与基础锚固；外加圈梁可沿筒壁高度每隔 4～5m 设置一道，截面不应小于 300mm×400mm。

2 对 A 类水塔，外加圈梁和柱的主筋不应少于 4φ16，箍筋不应小于 φ8，间距不应大于 200mm，梁柱节点附近的箍筋应加密。对 B 类水塔，主筋、箍筋的直径均应增加 2mm。

11.2.7 采用钢筋网砂浆面层加固水塔的砖筒壁或砖支柱时，应符合下列要求：

1 砂浆的强度等级不应低于 M10，面层的厚度可采用 40～60mm。

2 加固砖筒壁时，竖向和环向钢筋的直径均不应小于 8mm，间距不应大于 250mm。

3 加固砖柱的面层应四周设置，其竖向钢筋每边不应少于 3φ10，箍筋直径不应小于 6mm，间距不应大于 250mm。

4 加固的竖向钢筋应与基础锚固。

11.2.8 采用钢筋混凝土套加固砖筒壁水塔时，应符合下列要求：

1 钢筋混凝土套的厚度不宜小于 120mm，并应与基础锚固。

2 宜采用细石混凝土，强度等级不应低于 C20。

3 加固砖筒壁时，竖向钢筋直径不应小于 12mm，间距不应大于 250mm；环向钢筋直径不应小于 8mm，间距不应大于 300mm。

Ⅲ　钢筋混凝土支架水塔的加固设计及施工

11.2.9　采用钢筋混凝土套加固钢筋混凝土支架时,应符合下列要求:

　　1　钢筋混凝土套的厚度不宜小于 120mm,并应与基础锚固。

　　2　宜采用细石混凝土,强度等级宜高于原支架一个等级,且不应低于 C20。

　　3　A 类水塔的混凝土支架加固,其纵向钢筋不应小于 4φ12,箍筋直径不应小于 8mm,间距不应大于 200mm。B 类水塔的混凝土支架加固,其纵向钢筋、箍筋的直径均应增加 2mm。

11.2.10　采用角钢构套加固钢筋混凝土水塔支架的设计及施工,宜符合本规程第 6.3.4～6.3.6 条的有关规定,并应喷或抹水泥砂浆保护层。

本规程用词说明

　　1　为了便于在执行本规程条文时区别对待,对要求严格程度不同的用词说明如下:

　　　　1）表示很严格,非这样做不可的用词:

　　　　　　正面词采用"必须",反面词采用"严禁";

　　　　2）表示严格,在正常情况下均应这样做的用词:

　　　　　　正面词采用"应",反面词采用"不应"或"不得";

　　　　3）表示允许稍有选择,在条件许可时首先应这样做的用词:

　　　　　　正面词采用"宜",反面词采用"不宜";

　　　　　　表示有选择,在一定条件下可以这样做的,采用"可"。

　　2　条文中指明应按其他有关标准执行的写法为:"应符合……规定"或"应按……执行"。

引用标准名录

　　1　《砌体结构设计规范》GB 50003

　　2　《混凝土结构设计规范》GB 50010

　　3　《建筑抗震设计规范》GB 50011

　　4　《钢结构设计规范》GB 50017

　　5　《建筑抗震鉴定标准》GB 50023 - 2009

　　6　《混凝土结构加固设计规范》GB 50367

　　7　《钢丝镀锌层》GB/T 15393

　　8　《混凝土界面处理剂》JC/T 907

中华人民共和国行业标准

建筑抗震加固技术规程

JGJ 116—2009

条 文 说 明

修 订 说 明

《建筑抗震加固技术规程》JGJ 116—2009，经住房和城乡建设部 2009 年 6 月 18 日以第 340 号公告批准发布。

本规程是在《建筑抗震加固技术规程》JGJ 116—98 的基础上修订而成，上一版的主编单位是中国建筑科学研究院，参编单位是机械部设计研究总院、国家地震局工程力学研究所、北京市房地产科学技术研究所、同济大学、冶金部建筑科学研究总院、清华大学、四川省建筑科学研究院、铁道部专业设计院、上海建筑材料工业学院、陕西省建筑科学研究院、辽宁省建筑科学研究所、江苏省建筑科学研究所、西安冶金建筑学院，主要起草人员是李德虎、李毅弘、魏琏、王骏孙、杨玉成、戴国莹、徐建、刘惠珊、张良铎、谢玉玮、朱伯龙、吴明舜、宋绍先、柏傲冬、高云学、霍自正、楼永林、徐善藩、那向谦、刘昌茂、王清敏。本次修订的主要技术内容是：

1　与新修订的《建筑抗震鉴定标准》GB 50023—2009 相配套，可适用于后续使用年限 30 年、40 年和 50 年的不同建筑，即现行国家标准《建筑抗震鉴定标准》中的 A、B、C 类建筑。

2　明确了现有建筑抗震加固的设防目标。即在预期的后续使用年限内具有不低于其抗震鉴定的设防目标，对于后续使用年限 50 年的 C 类建筑，具有与现行国家标准《建筑抗震设计规范》GB 50011 相同的设防目标；后续使用年限少于 50 年的 A、B 类建筑，在遭遇同样的地震影响时，其损坏程度略大于按后续 50 年加固的建筑。

3　明确了不同的后续使用年限建筑抗震加固分析与构件承载力验算方法。在保持原规程"综合抗震能力指数"加固方法的基础上，增加了按设计规范方法进行加固设计的承载力计算方法，引入"抗震加固的承载力调整系数"体现不同后续使用年限的抗震加固要求。

4　加强了对重点设防类设防要求建筑的抗震加固要求。对重点设防类设防的砌体房屋，当层数超过规定时，明确要求减少层数或增设钢筋混凝土抗震墙改变结构体系，当层数不超而高度超过时，应降低高度或提高加固要求；对重点设防类设防的钢筋混凝土房屋，当为单跨框架结构时应增设抗震墙改变结构体系或加固为多跨框架。

5　总结了近年来工程抗震加固经验，对原规程中的加固设计与施工技术进行了补充完善，并新增了粘贴钢板、粘贴碳纤维布、钢绞线网-聚合物砂浆面层及增设消能支撑减震加固方法。

6　总结了汶川大地震的经验教训，增加了楼梯构件、框架填充墙等的抗震加固要求。

7　与现行国家标准《混凝土结构加固设计规范》GB 50367 进行了协调，一些共性条款采用了引用标准的方法，一些条款按 GB 50367 进行了调整。

本规程修订过程中，编制组总结了原规程颁布实施以来建筑抗震加固的工程经验，吸收了近年来建筑抗震加固的最新研究成果，进行了必要的补充试验。

为便于广大设计、科研、教学、鉴定等单位有关人员在使用本标准时能正确理解和执行条文规定，《建筑抗震加固技术规程》编制组按章、节、条顺序编制了本标准的条文说明，对条文规定的目的、依据以及执行中需注意的有关事项进行了说明。但是本条文说明不具备与标准正文同等的法律效力，仅供使用者作为理解和把握标准规定的参考。

目 次

1 总 则

1.0.1 地震中建筑物的破坏是造成地震灾害的主要原因。1977 年以来建筑抗震鉴定、加固的实践和震害经验表明，对现有建筑进行抗震鉴定，并对不满足鉴定要求的建筑采取适当的抗震对策，是减轻地震灾害的重要途径。经过抗震加固的工程，在 1981 年邢台 M6 级地震、1981 年道孚 M6.9 级地震、1985 年自贡 M4.8 级地震、1989 年澜沧耿马 M7.6 级地震、1996 年丽江 M7 级地震，以及 2008 年汶川地震中，有的已经受了地震的考验，证明了抗震加固与不加固大不一样，抗震加固的确是保障人民生命安全和生产发展的积极而有效的措施。

多年来我国在加固方面开展了大量的试验研究，取得了系统的研究成果，并在实践中积累了丰富的经验。从当前的抗震加固工作面临的任务及所具备的条件来看，制定一部适合我国国情并充分反映当前技术水平的抗震加固技术规程，可使建筑的抗震加固做到抗震安全、经济、合理、有效、实用。

经济，就是要在我国的经济条件下，根据国家有关抗震加固方面的政策，按照规定的程序进行审批，严格掌握加固标准。

合理，就是要在加固设计过程中，根据现有建筑的实际情况，从提高结构整体抗震能力出发，综合提出加固方案。

有效，就是要达到预期的加固目标，加固方法要根据具体条件选择，施工要严格按要求进行，一定要保证质量，特别要采取措施减少对原结构的损伤，以及加强对新旧构件连接效果的检查。

实用，就是抗震加固可结合建筑的维修、改造，包括节能环保改造，在经济合理的前提下，改善使用功能，并注意美观。

抗震安全，指现有建筑经过抗震加固后达到的设防目标，依据其后续使用年限的不同，分别与现行《建筑抗震鉴定标准》GB 50023 总则中规定的目标相同或略高。到目前为止，将现有建筑抗震鉴定和加固的后续使用年限分为 30 年、40 年、50 年三个档次，分别称为 A、B、C 类，符合我国的国情，并符合现有建筑的特点。这一目标也与国际标准《结构可靠性总原则》ISO 2394 对于现有建筑可靠性要求的原则规定——"当可靠程度不足时，鉴定的结论可包括：出于经济理由保持现状、减少荷载、修补加固或拆除等"相协调。

1.0.2 本规程的适用范围，与现行国家标准《建筑抗震鉴定标准》GB 50023 相协调，即在抗震设防区中不符合抗震鉴定要求的现有建筑的抗震加固设计及施工。本规程称为抗震加固技术规程，指的是使现有房屋建筑达到规定的抗震设防安全要求所进行的设计和施工。

由于新建建筑工程应符合设计规范的要求；古建筑及属于文物的建筑，有专门的要求；危险房屋不能正常使用。因此，本规程的现有建筑，只是既有建筑中的一部分，不包括古建筑、新建的建筑工程（含烂尾楼）和危险房屋；而且，一般情况，在不遭受地震影响时，仍在正常使用，不需要进行加固，但其抗震鉴定结果认为：在遭遇到预期的地震影响时，其综合抗震能力不足，需要进行抗震加固。

1.0.3 建筑的抗震加固之前，一定要依据设防烈度、抗震设防类别、后续使用年限和结构类型，按现行国家标准《建筑抗震鉴定标准》GB 50023 的规定进行抗震鉴定。指的是：

1 抗震鉴定是抗震加固的前提，鉴定与加固应前后连续，才能确保抗震加固取得最佳的效果。不进行抗震鉴定，则加固设计缺乏基本的依据，成为盲目加固。

2 现有建筑不符合抗震鉴定的要求时，按现行国家标准《建筑抗震鉴定标准》GB 50023—2009 第3.0.7 条的规定，可采取"维修、加固、改变用途和更新"等抗震减灾对策，本规程是其中需要进行加固（包括全面加固、配合维修的局部修复加固和配合改造的适当加固）的专门规定。

3 本规程各章与现行国家标准《建筑抗震鉴定标准》GB 50023—2009 的各章有密切的联系，从后续使用年限的选择、不同抗震设防类别的要求，结构构造的影响系数到综合抗震能力的验算方法，凡有对应关系可直接引用的内容，按技术标准编写的规定，本规程的条文均不再重复，需与《建筑抗震鉴定标准》GB 50023—2009 的对应章节配套使用。

4 衡量抗震加固是否达到规定的设防目标，也应以《建筑抗震鉴定标准》GB 50023—2009 对应章节的相关规定为依据，即以综合抗震能力是否提高为目标对加固的效果进行检查、验算和评定。

1.0.4 现有建筑进行抗震加固时，其设防标准分为四类，与现行国家标准《建筑抗震设防分类标准》GB 50223 相一致。但加固设计的要求与现行《建筑抗震鉴定标准》GB 50023 的要求保持一致。因此，本条直接引用《建筑抗震鉴定标准》GB 50023—2009 第 1.0.3 条而不重复。

进行抗震加固设计时，必须明确所属的抗震设防类别，采取不同的抗震措施。

1.0.5 本规程仅对现有建筑的抗震加固设计及施工的重点问题和特殊要求作了具体的规定，对未给出具体规定而涉及其他设计规范的应用时，尚应符合相应规范的要求；新增的材料性能和施工质量尚应符合国家有关产品标准、施工质量验收规范的要求。

3 基 本 规 定

3.0.1、3.0.2 抗震鉴定结果是抗震加固设计的主要依据，但在加固设计之前，仍应对建筑的现状进行深入的调查，特别查明是否存在局部损伤。对已存在的损伤要进行专门分析，在抗震加固时一并处理，以便达到最佳效果。当建筑面临维修、节能环保改造、或使用布局在近期需要调整、或建筑外观需要改变等，抗震加固时要一并处理，避免加固后再维修改造，损伤加固后的现有建筑。

1 抗震加固不仅设计技术难度较大，而且施工条件较差。表现为：要使抗震加固能确实提高现有建筑的抗震能力，需针对现有建筑存在的问题，提出具体加固方案，例如：

1）对不符合抗震鉴定要求的建筑进行抗震加固，一般采用提高承载力、提高变形能力或既提高承载力又提高变形能力的方法，需针对房屋存在的缺陷，对可选择的加固方法逐一进行分析，以提高结构综合抗震能力为目标予以确定。

2）需要提高承载力同时提高结构刚度，则以扩大原构件截面、新增部分构件为基本方法；需要提高承载力而不提高刚度，则以外包钢构套、粘钢或碳纤维加固为基本方法；需要提高结构变形能力，则以增加连接构件、外包钢构套等为基本方法。

3）当原结构的结构体系明显不合理时，若条件许可，应采用增设构件的方法予以改善；否则，需要采取同时提高承载力和变形能力的方法，以使其综合抗震能力能满足抗震鉴定的要求。

4）当结构的整体性连接不符合要求时，应采取提高变形能力的方法。

5）当局部构件的构造不符合要求时，应采取不使薄弱部位转移的局部处理方法；或通过结构体系的改变，使地震作用由增设的构件承担，从而保护局部构件。

2 为减少加固施工对生活、工作在现有房屋内的人们的环境影响，还需采取专门对策。例如，在房屋内部加固和外部加固的效果相当时，应采用外部加固；干作业与湿作业相比，造价高、施工进度快且影响面小，有条件时尽量采用；需要在房屋内部湿作业加固时，选择集中加固的方案，也可减少对内部环境的影响。

3 随着技术的进步，加固的手段和方法不断发展，当现有建筑的具体条件合适时，应尽可能采用新的成熟的技术，包括采用隔震、减震技术进行加固设计。

4 震害和理论分析都表明，建筑的结构体型、场地情况及构件受力状况，对建筑结构的抗震性能有显著的影响。与新建建筑工程抗震设计相同，现有房屋建筑的抗震加固也应考虑概念设计。抗震加固的概念设计，主要包括：加固结构体系、新旧构件连接、抗震分析中的内力和承载力调整、加固材料和加固施工的特殊要求等方面。

抗震加固的结构布置和连接构造的概念设计，直接关系到加固后建筑的整体综合抗震能力是否能得到应有的提高。抗震加固设计时，根据结构的实际情况，正确处理好下列关系，是改善结构整体抗震性能、使加固达到有效合理的重要途径：

1 减少扭转效应。增设构件或加强原有构件，均要考虑对整个结构产生扭转效应的可能，尽可能使加固后结构的重量和刚度分布比较均匀对称。虽然现有建筑的体型难以改变，但结合加固、维修和改造，减少不利于抗震的因素，仍然是有可能的。

2 改善受力状态。加固设计要防止结构构件的脆性破坏；要避免局部加固导致刚度和承载力发生突变，加固设计要复核原结构的薄弱部位，采取适当的加强措施，并防止薄弱部位的转移；1976年唐山地震后，天津第二毛纺厂框架结构的主厂房因不合理的加固，导致在同年的宁河地震中倒塌，就是薄弱层转移的后果，为此，要求防止承载力突变。综合抗震能力指数、层间受剪承载力突变，按《建筑抗震设计规范》GB 50011（2008年版）第3.4.2条中概念设计的有关规定，指本层受剪承载力大于相邻下一层的20%。因此，当加固后使本层受剪承载力超过相邻下一楼层的20%时，则出现新的薄弱层，需要同时增强下一楼层的抗震能力。框架结构加固后要防止或消除不利于抗震的强梁弱柱等受力状态。

3 加强薄弱部位的抗震构造。对不同结构类型的连接处，房屋平、立面局部突出部位等，地震反应加大。对这些薄弱部位，加固时要采取相应的加强构造。

4 考虑场地影响。在条状突出的山嘴、高耸孤立的山丘、非岩石的陡坡、河岸和边坡边缘等不利地段，水平地震作用应按规定乘以增大系数1.1～1.6。针对建筑和场地条件的具体情况，加固后的结构要选择地震反应较小的结构体系，避免加固后地震作用的增大超过结构抗震能力的提高。

5 加强新旧构件的连接。连接的可靠性是使加固后结构整体工作的关键，设计时要予以足够的重视。本规程对一些主要构件的连接作了具体规定；对某些部位的连接仅有一般要求，其具体方法由设计者根据实际情况参照相关规定设计。

6 新增设的抗震墙、柱等竖向构件，不仅要传递竖向荷载，而且是直接抵抗水平地震作用的主要构

件，因此，这类构件应自上至下连续并落到基础上，不允许直接支承在楼层梁板上。对于新增构件基础的埋深和宽度，除本规程有具体规定外，应根据计算确定，板墙和构架的基础埋深，一般宜与原构件相同。

7 女儿墙、门脸、出屋面烟囱等非结构构件的处理，应以加强与主体结可靠连接、防止倒塌伤人为目的。对不符合要求时，优先考虑拆除、降低高度或改用轻质材料，然后再考虑加固。

8 加固所用砂浆强度和混凝土强度一般比原结构材料强度提高一级，但强度过高并不能发挥预期效果。

本次修订，将抗震加固的方案设计和概念设计要求分为强制性和非强制性的两部分，分别在不同的条文中予以规定，特别强调以下几点：

1 加固方案的结构布置，应针对原结构存在的缺陷，弄清使结构达到规定抗震设防要求的关键，尽可能消除原结构不规则、不合理、局部薄弱层等不利因素。

2 防止局部加固增加结构的不规则性，应从整体结构综合抗震能力的提高入手。

3 新旧构件连接的细部构造，不能损伤原有构件且应能确保连接的可靠性。

4 当非结构构件的构造不符合要求时，至少对可能倒塌伤人的部位进行处理。

5 加固方法要考虑施工的可能性及其对周围正常生活、社会活动工作等的影响，可局部、区段加固的，就不需要所有构件均加固。

3.0.3、3.0.4 现有建筑抗震加固的设计计算，与新建建筑的设计计算不完全相同，有自身的某些特点，主要内容是：

1 抗震加固设计，一般情况应在两个主轴方向分别进行抗震验算；在下列情况下，加固的抗震验算要求有所放宽：6度时（建造于Ⅳ类场地的较高的现有高层建筑除外），同现行《建筑抗震设计规范》GB 50011第5章的规定一样，可不进行构件截面抗震验算；对局部抗震加固的结构，当加固后结构刚度不超过加固前的10%或者重力荷载的变化不超过5%时，可不再进行整个结构的抗震分析。

2 应采用符合加固后结构实际情况的计算简图与计算参数，包括实际截面构件尺寸、钢筋有效截面、实际荷载偏心和构件实际挠度产生的附加内力等，对新增构件的抗震承载力，需考虑应变滞后的二次受力影响。

3 A类结构的抗震验算，优先采用与抗震鉴定相同的简化方法，如要求楼层综合抗震能力指数大于1.0，但应按加固后的实际情况取相应的计算参数和构造影响系数。这些方法不仅便捷、有足够精度，而且能较好地解释现有建筑的震害。

4 本次修订，明确不同后续使用年限的抗震验算方法，增加了按《建筑抗震设计规范》GB 50011加固的构件验算方法。当计入构造影响时，构件承载力的验算表达式为：

$$S < \psi_{1s}\psi_{2s}R_s/\gamma_{Rs}$$

式中，ψ_{1s}、ψ_{2s}为加固后的体系影响系数和局部影响系数，R_s为加固后计入应变滞后等的构件承载力设计值，γ_{Rs}为抗震加固的承载力调整系数，对于后续使用年限50年，取γ_{RE}。

此时，应注意：

1) 对后续使用年限少于50年的 A 类房屋建筑，应将《建筑抗震设计规范》GB 50011中的"承载力抗震调整系数 γ_{RE}"改用本条中的"抗震加固的承载力调整系数 γ_{Rs}"。这个系数是在抗震承载力验算中体现现有建筑抗震加固标准的重要系数，其取值与《建筑抗震鉴定标准》GB 50023中抗震鉴定的承载力调整系数γ_{Ra}相协调，除加固专有的情况外，取值完全相同。

2) 对于 B 类建筑，规定"抗震加固的承载力调整系数"宜仍按设计规范的"承载力抗震调整系数"采用，标准的执行用语"宜"意味着，参照《民用建筑可靠性鉴定标准》GB 50292关于a_u、b_u级构件可不采取措施的规定，当加固技术上确有困难，构件抗震承载力按《建筑抗震设计规范》GB 50011计算时，墙、柱、支撑等主要抗侧力构件可降低5%以内，其他次要抗侧力构件可降低10%以内。

3) 构件承载力要根据加固后的情况按本规程各章规定的方法计算。例如，砌体结构的墙体，加固后的承载力可乘以相应的增强系数：一般的砂浆面层加固见本规程第5.3.2条，聚合物砂浆面层加固见本规程第5.3.5条，板墙加固见本规程第5.3.8条，新增砌体墙加固见本规程第5.3.10条，新增混凝土墙加固见本规程第5.3.12条，外加构造柱加固见本规程第5.3.14条。

4) 对于不同的后续使用年限，结构构件地震内力调整、承载力计算公式和材料性能设计指标是不同的，应与鉴定时所采用的参数一致，不能相混。

3.0.5、3.0.6 为使抗震加固达到有效的要求，加固材料的质量与施工监理及安全，便成为直接关系抗震加固工程安全和质量的要害所在。针对加固的特殊性，本规程在材料和施工方面所提出的要求是：

1 对于加固所用的特殊材料应明确材料性能及其耐久性，对特殊的加固工法应要求由具有相应资质

的专业队伍施工。

2 采取有效措施，避免损伤原构件，并加强对新旧构件连接效果的检查。

3 原图纸的尺寸只是名义尺寸，加固施工前要复核实际尺寸，作相应调整。

4 注意发现原结构存在的隐患，及时采取补救措施。

5 努力减少施工对生产、生活的影响，并采取措施防止施工的安全事故。

4 地基和基础

4.0.1 本章与《建筑抗震鉴定标准》GB 50023—2009 第 4 章有密切的联系。现有地基基础的处理需十分慎重，应根据具体情况和问题的严重性采取因地制宜的对策。地基基础的加固可简单概括为：提高承载力、减少土层压缩性、改善透水性、消除液化沉降，以及改善土层的动力特性等方面。

提高承载力——即通过增加土层的抗压强度来提高地基承载力和稳定性；

减少压缩性——即减少土层的弹性变形、压密变形和上部土层的侧向位移所引起的地基沉陷；

改善透水性——即采取措施使地基不透水或减少动水压力，避免流砂、边坡滑移；

消除液化沉降——即改变土层的组成或含水率等，避免液化沉降；

改善动力特性——即采取措施提高松散土质的密实度。

对于抗震危险地段上的地基基础，在《建筑抗震鉴定标准》GB 50023—2009 第 4 章已经明确，其加固需由专门研究确定。

对处于隐伏断裂上的建筑物，在《建筑抗震设计规范》GB 50011 规定需要避开主断裂带的范围内，现有建筑也宜迁离或改为次要建筑使用。

本章仅规定了存在软弱土、液化土、明显不均匀土层的抗震不利地段上不符合抗震鉴定要求的现有地基和基础的抗震处理和加固。

4.0.2 抗震加固时，天然地基承载力的验算方法与《建筑抗震鉴定标准》GB 50023 的规定相同，与新建工程不同的是，可根据具体岩土形状、已经使用的年限和实际的基底压力的大小计入地基的长期压密提高效应，提高系数由 1.05～1.20 不等，有关的公式不再重复；其中，考虑地基的长期压密效应时，需要区分加固前、后基础底面的实际平均压力，只有加固前的压力才可计入长期压密效应。

4.0.3 本条规定地基竖向承载力不足时的加固和处理方法。

考虑到地基基础的加固难度较大，而且其损坏往往不能直接看到，只能通过观察上部结构的损坏并加

以分析才能发现。因此，可以首先考虑通过加强上部结构的刚度和整体性，以弥补地基基础承载力的某些不足和缺陷。本规程根据工程实践，将是否超过地基承载力特征值 10% 作为不同的地基处理方法的分界，尽可能减少现有地基的加固工作量。

需注意，对于天然地基基础，其承载力指计入地基长期压密效应后的承载力。当加固使基础增加的重力荷载占原有基础荷载的比例小于长期压密提高系数时，则不需要经过验算就可判断为不超过地基承载力。

加固原有地基，包括地基土的置换、挤密、固化和桩基托换等，其设计和施工方法，可按现行行业标准《既有建筑地基基础加固技术规范》JGJ 123 的规定执行。

4.0.4 本条规定地基、桩基水平承载力的加固和处理方法，主要针对设置柱间支撑的柱基、拱脚等需要进行抗滑验算的情况。

天然地基的抗滑阻力，按《建筑抗震鉴定标准》GB 50023—2009 第 4.2 节的规定，除了一般只考虑基础底面摩擦力和基础正面、侧面土层的水平抗力（被动土压力的 1/3）外，还可利用刚性地坪的抗滑能力。震害和试验表明，刚性地坪可很好地抵抗上部结构传来的地震剪力，抗震加固时可充分利用，只需设置不小于墙、柱横截面尺寸 3 倍宽度的刚性地坪（地坪抗力取墙、柱与地坪接触面积的轴心抗压强度计算），还需注意，刚性地坪受压的抗力不可与土层水平抗力叠加，只能取二者的较大值。

增设基础梁分散水平地震力时，一般按柱承受的竖向荷载的 1/10 作为基础梁的轴向拉力或压力进行设计计算。

4.0.5 现有地基基础抗震加固时，液化地基的抗液化措施，也要经过液化判别，根据地基的液化指数和液化等级以及抗震设防类别区别对待。通常选择抗液化处理的原则要求低于《建筑抗震设计规范》GB 50011 对新建工程的要求，对于 A 类建筑，仅对液化等级为严重的现有地基采取抗液化措施；对于乙类设防的 B 类建筑，液化等级为中等时也需采取抗液化措施，见表 1。

表 1 现有地基基础的抗液化措施

设防类别	轻微液化	中等液化	严重液化
乙类	可不采取措施	基础和上部结构处理或其他经济措施	宜全部消除液化沉陷
丙类	可不采取措施	可不采取措施	宜部分消除液化沉陷或基础和上部结构处理

4.0.6 本条规定，除采用提高上部结构抵抗不均匀

沉降的能力外，还列举了现有地基消除液化沉降的常用处理措施，包括：

桩基托换，采用树根桩、静压桩托换，轻型建筑也可采用悬臂式牛腿桩支托，当液化土层在浅层且厚度不大时，可通过加深基础穿过液化土层，将基础置于非液化的土层上；条形基础托换需分段进行，每段的长度一般不超过2m；当液化土层埋深较大或厚度较大时，需新增桩基；桩端伸入非液化土层的深度，需满足《建筑抗震设计规范》GB 50011的要求——对碎石土，砾、粗、中砂，坚硬黏性土和密实粉土尚不应小于0.5m，对其他非岩石土尚不宜小于1.5m；托换法不适用于地下水位高于托换基础标高的情况。

压重法，利用加大液化土层的压力来减轻液化影响，压重范围和压力需经过计算确定，施工时，堆载要分级均匀对称，防止不均匀沉降。

覆盖法，也是利用加大液化土层的压力来减轻液化影响，震害调查和室内模型试验均表明，即使下部土层液化，如果不发生喷冒，则基础的不均匀沉降和平均沉降均明显减小，在很大程度上减轻液化危害；抗喷冒用的刚性地坪应厚度均匀，与基础紧密接触，还需要嵌入基础，以防止地坪上浮。

排水桩法，其原理是：直接位于基础下的区域比自由场地不容易液化，而紧邻基础边有一个高的孔压区比自由场地更容易液化，因此，当地震震动的强度不足以使基础下的土层液化时，只需降低基础边的孔压就可能保持基础的稳定。此法在室内地坪不留缝隙，在基础边1.5m以外利用碎石的空隙作为土层的排水通道，将地震时土中的孔隙水压控制在容许范围内，以防止液化；排水桩的深度，最好达到液化土层的底部，排水桩的间距要经计算确定，排水桩的渗透性要比固结土大200倍以上，且不被淤塞。

旋喷法，适用于黏性土、砂土等，既可用来防止基础继续下沉，也可减少液化指数、降低液化等级或消除液化的可能。此法在基础内或紧贴基础侧面钻孔制作水泥旋喷桩：先用岩心钻钻到所需的深度，插入旋喷管，再用高压喷射水泥浆，边旋转注浆边提升，提到预定的深度后停止注浆并拔出旋喷管。在旋喷过程中利用水泥浆的冲击力扰动土体，使土体与水泥浆混合，凝固成圆柱状固体，达到加固地基土的目的。此法的优点如下：

①可在不同深度、不同范围内喷射水泥浆，可形成间隔的桩柱体或连成整体的连续桩；

②可适用于各种类型的软弱黏性土；

③桩柱体的强度可通过硬化剂的用量控制；

④可形成竖直桩或斜桩。

4.0.7 本条规定了可用来抵抗结构不均匀沉降的一些构造措施。

5 多层砌体房屋

5.1 一 般 规 定

5.1.1 本章的适用范围，主要是按《建筑抗震鉴定标准》GB 50023—2009第5章进行抗震鉴定后需要加固的多层砖房等多层砌体房屋，故其适用的房屋层数和总高度不再重复，可直接引用的计算公式和系数也不再重复。

5.1.2 在砖砌体和砌块砌体房屋的加固中，正确选择加固体系和计算综合抗震能力是最基本的要求。

根据震害调查，对于不符合鉴定要求的房屋，抗震加固应从提高房屋的整体抗震能力出发，并注意满足建筑物的使用功能和同相邻建筑相协调，对于砌体房屋，往往采用加固墙体来提高房屋的整体抗震能力，但需注意防止在抗震加固中出现局部的抗震承载力突变而形成薄弱层，纵向非承重或自承重墙体加固后也不要超过同一层楼层中未加固的横向承重墙体的抗震承载力。

鉴于楼梯间在抗震救灾中的重要性，特别要求注意加强。

5.1.3 本条明确了超高、超层砌体房屋的加固、加强原则。考虑到现有房屋的层数和高度已经存在，可优先选择给出路的抗震对策。

改变结构体系，指结构的全部地震作用，不能由原有的仅设置构造柱的砌体墙来承担。例如，约束砌体墙、配筋砌体墙、组合砌体墙、足够数量的钢筋混凝土墙等，均可采用。当采用混凝土面层组合墙体时，原有的抗震砖砌体均需加固为组合墙体，净使用面积有所减少；采用足够数量的钢筋混凝土墙时，钢筋混凝土墙的间距可类似框-剪结构布置，净使用面积的减少量相对少些。按本规程第5.3.8条，双面设置板墙且合计厚度不小于140mm时，可视为增设钢筋混凝土墙。

横墙较少的砌体房屋不降低高度和减少层数的有关要求，见《建筑抗震设计规范》GB 50011（2008年版）第7.3.14条。

5.1.4、5.1.5 抗震加固和抗震鉴定一样，可采用加固后的综合抗震能力指数作为衡量多层砌体房屋抗震能力的指标，也可按设计规范的方法对加固后的墙段用截面受剪承载力进行验算。

与鉴定不同的是，要按不同的加固方法考虑相应的加固增强系数，并按加固后的情况取体系影响系数 ψ_1 和局部影响系数 ψ_2，例如：

1 墙段加固的增强系数对A、B类砌体房屋均相同，对面层加固，根据原墙体的厚度和砂浆强度等级、加固面层的厚度和钢筋网等，取1.1～3.1；对板墙加固，根据原墙体的砂浆强度等级，取1.8～2.5；对外加柱加固，当鉴定不要求构造柱时，根据外加柱和洞口情况，取1.1～1.3。

2 构造影响系数对A、B类砌体房屋略有不同，

主要表现在构造柱的影响系数上：

1）增设抗震墙后，若横墙间距小于鉴定标准对刚性楼盖的规定值，取 $\psi_1 = 1.0$；

2）鉴定不要求有构造柱时，增设外加柱和拉杆、圈梁后，整体性连接的系数（楼屋盖支承长度、圈梁布置和构造等）取 $\psi_1 = 1.0$；鉴定要求有构造柱时，增设的构造柱需满足鉴定要求，相应的影响系数才能取 $\psi_1 = 1.0$；

3）采用面层、板墙加固或增设窗框、外加柱的窗间墙，其局部尺寸的影响系数取 $\psi_2 = 1.0$；

4）采用面层、板墙加固或增设支柱后，大梁支承长度的影响系数取 $\psi_2 = 1.0$。

5.2 加固方法

5.2.1～5.2.4 根据我国多年来工程加固实践的总结，这几条分别列举了《建筑抗震鉴定标准》GB 50023—2009 第 5 章所明确的抗震承载力不足、房屋整体性不良、局部易倒塌部位连接不牢时及房屋有明显扭转效应时可供选择的多种有效加固方法，要针对房屋的实际情况单独或综合采用。

5.2.5 鉴于现有的 A 类空斗墙房屋和普通黏土砖砌筑的墙厚小于 180mm 的房屋属于早期建造，20 世纪 80 年代后已不允许建造，故要求尽可能拆除处理，确实需要继续使用的，需要特别加强。

5.3 加固设计及施工

I 面层加固

5.3.1、5.3.2 这两条明确规定了面层（水泥砂浆面层或钢筋网水泥砂浆面层）加固墙体的设计方法，其中第 5.3.1 条是需要严格执行的强制性要求。为使面层加固有效，除了要注意原墙体的砌筑砂浆强度不高于 M2.5 外，强调了以下几点：①钢筋网的保护层及钢筋距墙面空隙；②钢筋网与墙面的锚固；③钢筋网与周边原有结构构件的连接。

面层加固的承力计算，许多单位进行过试验研究并提出相应的计算公式。结合工程经验，本规程提出了原砌筑砂浆强度等级不高于 M2.5 而面层砂浆为 M10 时的增强系数。当原砌筑砂浆强度等级高于 M2.5 时，面层加固效果不大，增强系数接近于 1.0。

对砌筑砂浆强度等级 M2.5 的墙体，试验结果表明，钢筋间距以 300mm 为宜，过疏或过密都不能使钢筋充分发挥作用。

试验和现场检测发现，钢筋网竖筋紧靠墙面会导致钢筋与墙体无粘结，加固失效；试验表明，采用 5mm 间隙可有较强的粘结能力。钢筋网的保护层厚度应满足规定，提高耐久性，避免钢筋锈蚀后丧失加固效果。

面层加固可根据综合抗震能力指数的控制，只在某一层进行，不需要自上而下延伸至基础。但在底层的外墙，为提高耐久性，面层在室外地面以下宜加厚并向下延伸 500mm。

当利用面层中的配筋加强带起构造柱圈梁的约束作用时，一般需在墙体周边设置 3 根 $\phi10$ 的钢筋，净距 50mm；水平钢筋间距局部加密；墙体两面的钢筋还需要相互可靠拉结。在纵横墙交接处，则形成十字或 T 字形的组合柱。

面层加固的钢筋网布置及典型连接构造，参见图 1。

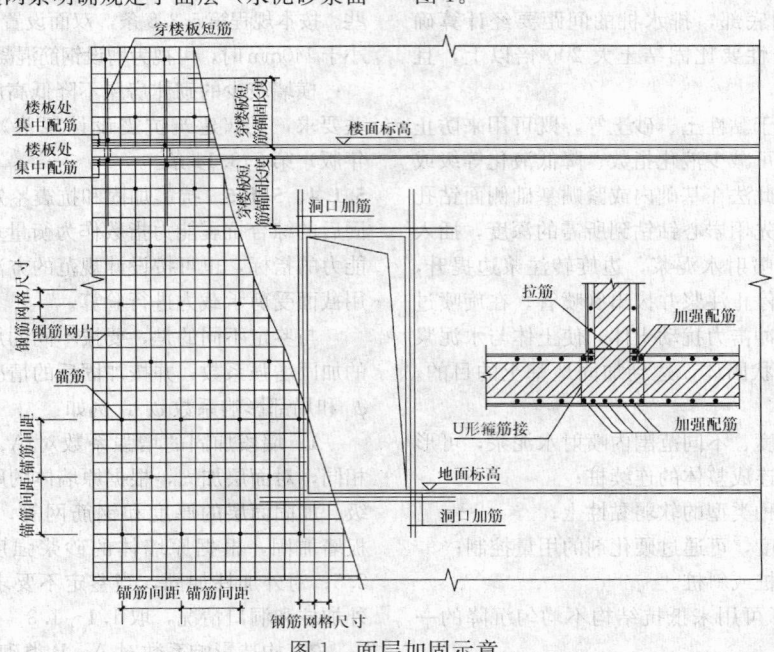

图 1 面层加固示意

5.3.3 注意钢筋网与原有墙面、周边构件的拉结筋应检验合格才能进行下一道工序的施工。锚筋除采用水泥基灌浆料、水泥砂浆外还可采用结构加固用胶粘剂，根据不同的材料和施工工艺，锚孔直径需相应调整。

Ⅱ　钢绞线网-聚合物砂浆面层加固

5.3.4～5.3.6 在近几年的试验研究和工程实践的基础上，本次修订增加了钢绞线网-聚合物砂浆面层加固砌体墙的方法，其加固效果好于钢筋网水泥砂浆面层加固法。

本方法与钢筋网砂浆面层加固的主要区别是，采用钢绞线网片，与原有墙体连接采用锚固在砖块上的专用金属胀栓，在墙体交接处需设置钢筋网等加强与左右两端墙体的连接，见图2。

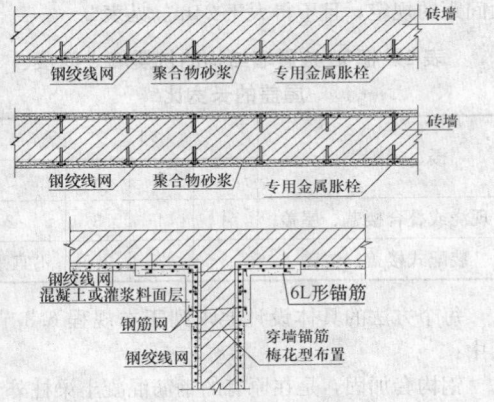

图2　钢绞线网-聚合物砂浆加固砖墙示意

Ⅲ　板　墙　加　固

5.3.7～5.3.9 钢筋混凝土板墙加固时，考虑到混凝土与砖砌体的弹性模量相差较大，混凝土不能充分发挥作用，其强度等级不宜过高，厚度不宜过大。

第5.3.7条是强制性要求，强调了以下几点：①板墙与原有楼板、周边结构构件应采用短筋、拉结钢筋可靠连接；②板墙的钢筋应与原墙体充分锚固；③板墙应有基础，条件允许时基础埋深同原有基础。

试验表明，板墙加固的增强系数与原墙体的砂浆强度等级有关。

本次修订，进一步明确双面板墙加固的增强系数，当双面合计的厚度达到140mm时，可直接按新增混凝土抗震墙对待。即，对于原有240mm厚的墙体，相当于双面加固的增强系数取为3.8（≤M7.5）和3.5（M10）。

板墙可支模浇筑或采用喷射混凝土工艺，板墙厚度较薄时应优先采用喷射混凝土工艺。

Ⅳ　增设抗震墙加固

5.3.10～5.3.12 新增砌的墙体应有基础，为防止新旧地基的不均匀沉降造成墙体开裂，按工程经验将基础宽度加大15％。

砖墙内设置钢筋网片和钢筋细石混凝土带的加固方法，是经过许多单位大量的试验提出的，其增强系数是试验结果的综合。

钢筋混凝土抗震墙加固时，如采用增强系数进行抗震验算，在规定的范围内，其取值可不考虑墙厚的不同。

Ⅴ　外加钢筋混凝土柱及圈梁、钢拉杆加固

5.3.13 利用外加钢筋混凝土柱、圈梁和替代内墙圈梁的拉杆，在水平和竖向将多层砌体结构的墙段加以分割和包围，形成对墙段的约束，能有效提高抗倒塌能力。这种加固方法已经受过地震的考验。

本条是强制性要求，其设置需依据设防烈度和设防类别的不同区别对待，为使约束系统的加固有效，强调了以下几点：①外加柱设置的位置应合理，还应与圈梁或钢拉杆连成封闭系统；②外加柱、圈梁应通过设置拉结钢筋和销键、锚栓、压浆锚杆或筋与墙体连接；③外加柱应有足够深度的基础；④圈梁遇阳台、楼梯间、变形缝时，应妥善处理；⑤拉杆应按照替代内墙圈梁的要求设置，并满足与墙体锚固的规定，使拉杆能保持张紧状态，切实发挥作用。

5.3.14、5.3.15 外加柱加固砖房的增强系数，是在总结几百个试验资料的基础上提出的。墙体承载力的提高，只适用于砂浆强度等级为M2.5以下鉴定不要求有构造柱的A类房屋墙体。

外加柱的截面和配筋均不必过大。外加柱应沿房屋全高贯通，不得错位；外加柱的钢筋混凝土销键适用于砂浆强度等级低于M2.5的墙体，砂浆强度等级为M2.5及以上时，可采用其他连接措施；在北方有季节性冻土的地区，外加柱埋深不得小于冻结深度；圈梁应连续闭合，内墙圈梁可用满足锚固要求的保持张紧的拉杆替代。

钢筋网砂浆面层和钢筋混凝土板墙中，沿墙体交接处、墙体与楼板交界处的集中配筋，也可替代该位置的构造柱和圈梁。

5.3.16～5.3.19 圈梁、钢拉杆应与构造柱配合形成封闭系统。其中第5.3.13条为强制性要求。

外加圈梁的截面、配筋和钢拉杆的直径，系按外墙墙体外甩计算得到的。

圈梁与墙体的连接，对砂浆强度等级低于M2.5的墙体，宜选用钢筋混凝土销键；对砂浆强度等级为M2.5及以上的墙体，可采用其他连接措施。

6　多层及高层钢筋混凝土房屋

6.1　一般规定

6.1.1 本章与《建筑抗震鉴定标准》GB 50023—

2009 第 6 章有密切联系，可直接引用的计算公式和系数不再重复。其适用的最大高度和层数，以及所属的抗震等级，需依据其后续使用年限的不同，分别由现行国家标准《建筑抗震鉴定标准》GB 50023—2009 第 6 章和《建筑抗震设计规范》GB 50011（2008 年版）第 6 章予以规定。

6.1.2 本条将 2002 版强制性条文的内容合并而成。

钢筋混凝土房屋的加固，体系选择和综合抗震能力验算是基本要求，注意以下几点：

1 要从提高房屋的整体抗震能力出发，防止因加固不当而形成楼层刚度、承载力分布不均匀或形成短柱、短梁、强梁弱柱等新的薄弱环节。

2 在加固的总体决策上，应从房屋的实际情况出发，侧重于提高承载力，或提高变形能力，或二者兼有；必要时，也可采用增设墙体、改变结构体系的集中加固，而不必每根梁柱普遍加固。

3 加固结构体系的确定，应符合抗震鉴定结论所提出的方案。当改变原框架结构体系时，应注意计算模型是否符合实际，整体影响系数和局部影响系数的取值方法应明确。

4 与砌体结构类似，加固的抗震验算，也可采用与抗震鉴定同样的简化方法。此时，混凝土结构综合抗震能力应按加固后的结构状况，确定其地震作用、楼层屈服强度系数、体系影响系数和局部影响系数的取值。

6.1.3 钢筋混凝土房屋加固后的抗震验算方法，当采用综合抗震能力指数方法时，即采用《建筑抗震鉴定标准》GB 50023—2009 第 6.2 节第二级鉴定规定的方法，取典型的平面结构计算。但其中，结构的地震作用要根据加固后的实际情况按本规程第 3.0.4 条的规定计算；构件的抗震承载力除了按《建筑抗震鉴定标准》GB 50023—2009 附录 C 计算外，需按本章规定考虑新增构件应变滞后和新旧构件协同工作程度的影响；体系影响系数和局部构造影响系数也按本章的有关规定确定。

6.1.4 钢筋混凝土房屋加固后的抗震验算方法，当采用国家标准《建筑抗震设计规范》GB 50011 的方法时，地震作用的分项系数按规范规定取值，A、B 类混凝土结构的地震内力调整系数、构件承载力需按现行国家标准《建筑抗震鉴定标准》GB 50023—2009 第 6 章及相关附录的规定计算并计入构造的影响。加固后构件的抗震承载力，除了承载力抗震调整系数应采用本规程第 3.0.4 条的抗震加固的承载力调整系数替换外，同样需按本章规定考虑新增构件应变滞后和新旧构件协同工作程度的影响。

6.2 加固方法

6.2.1 本条列举了结构体系和抗震承载力不满足要求时，可供选择的有效加固方法。在加固之前，应尽

可能卸除加固构件相关部位的全部活荷载。

当原有的 A 类混凝土框架结构体系属于单向框架时，需通过节点加固成为双向框架；考虑到节点加固的难度较大，也可按《建筑抗震设计规范》GB 50011 对框架-抗震墙结构的墙体布置要求，增设一定数量的钢筋混凝土墙体并加固相关节点而改变结构体系，从而避免对所有的节点予以加固。对于 B、C 类混凝土框架结构，当时施行的《建筑抗震设计规范》GB 50011 已明确规定应设计为双向框架，一般不出现这类框架。

单跨框架对抗震不利是十分明确的，对于抗震鉴定结论明确要求加强的情况，可按本条规定选择增设墙体、翼墙、支撑或框架柱的方法。需注意，增设墙、支撑、柱的最大间距，应考虑多道防线的设计原则，符合设计规范对框架-抗震墙结构的墙体布置最大间距的规定，且不得大于 24m。见表 2。

表 2 框架-抗震墙结构的抗震墙之间楼、屋盖的长宽比

楼、屋盖类型	烈度			
	6	7	8	9
现浇或叠合楼盖、屋盖	4	4	3	2
装配式楼盖、屋盖	3	3	2.5	不宜采用

每个方法的具体设计要求列于本规程 6.3 节中。其中：

钢构套加固，是在原有的钢筋混凝土梁柱外包角钢、扁钢等制成的构架，约束原有构件的加固方法；现浇混凝土套加固，是在原有的钢筋混凝土梁柱外包一定厚度的钢筋混凝土，扩大原构件截面的加固方法。这两种加固方法，是提高梁柱承载力、改善结构延性的切实可行的方法；当仅加固框架柱时，还可提高"强柱弱梁"的程度。

粘贴钢板的方法是将钢板与混凝土面粘结使其协同工作来提高构件的承载力，粘结质量的好坏直接影响到加固效果，故需由专业队伍施工，确保加固效果；粘贴碳纤维是本次修订增加的、近来已经使用成熟的加固方法，但对胶粘剂的质量和粘贴工艺要求较严，同粘钢一样，粘结质量的好坏直接影响到加固效果，故需由专业队伍施工，确保加固效果，另外还要进行防火处理。

钢绞线网-聚合物砂浆面层是近年来发展的一种新型环保、耐久性较好的加固方法，对提高构件的承载力和刚度都有贡献，但需要满足本规程规定的材料性能和施工构造要求。

增设抗震墙或翼墙，是提高框架结构抗震能力及减少扭转效应的有效方法。

消能支撑加固是通过增设消能支撑的耗能吸收部分地震力，从而减小整个结构的地震作用。

增设抗震墙会较大地增加结构自重，要考虑基础承载的可能性。

增设翼墙适合于大跨度时采用，以避免梁的跨度减少后导致梁剪切破坏。

本次修订，增加了提高"强柱弱梁"目标的加固方法，以及楼梯间梯板的加固方法。

6.2.2 钢筋混凝土构件的局部损伤，可能形成结构的薄弱环节。按本条列举的方法进行构件局部修复加固，是恢复构件承载力的有效措施。

6.2.3 本条列举了墙体与结构构件连接不良时可供选择的有效的加固方法。对于砖填充墙与框架柱的连接，拉筋的方案比较有效；对于填充墙体与框架梁的连接，相比拉筋方式，采取在墙顶增设钢夹套与梁拉结的方案更为有效。

鉴于楼梯间和人流通道填充墙的震害，要求采用钢丝网抹面加强保护。

6.2.4 对女儿墙等易倒塌部位不符合鉴定要求的加固方法，可按本规程第 5.2.3 条的有关规定选择加固方法。

6.3 加固设计及施工

Ⅰ 增设抗震墙或翼墙

6.3.1 本条将 2002 版相关强制性条文合并而成，给出了增设墙体加固的构造和计算的最基本要求。增设抗震墙可避免对全部梁柱进行普遍加固，一般按框架-抗震墙结构进行抗震加固设计。

为使增设墙体的加固有效，强调了以下几点：①墙体最小厚度；②墙体的最小竖向和横向分布筋；③考虑新增构件的应力滞后，抗震承载力验算时，新增混凝土和钢筋的强度，均应乘以折减系数。④加固后抗震墙之间楼、屋盖长宽比的局部影响系数应作相应改变。

6.3.2 本条规定了增设钢筋混凝土抗震墙或翼墙加固方法的构造要求以及加固后截面的抗震验算方法。

增设抗震墙，需注意复核原有地基基础的承载力；增设翼墙需复核原有框架梁跨度减少后梁端的配筋。

增设抗震墙或翼墙加固的主要构造是确保新旧构件的连接，以便传递剪力。可有三种方法：

1 锚筋连接。需在原构件上钻孔，并用符合规定的高强胶锚固，施工质量要求高。

2 钢筋混凝土套连接。在云南耿马一带的加固中，使用效果良好。

3 锚栓连接。需要专用的施工机具，其布置可参照锚筋的规定。

当新增混凝土的强度等级比原有构件提高一个等级时，考虑混凝土、钢筋强度折减的截面抗震验算可有所简化：仍按原构件的混凝土强度等级采用，即相当于混凝土强度乘以折减系数 0.85，然后，将计算所需增加的配筋乘以 1.15，即为按原钢筋级别所需要新增的钢筋。

6.3.3 本条规定了抗震墙和翼墙的施工要点，对于结构抗震加固，施工方法的正确与否直接关系到加固效果，应注意遵守。

Ⅱ 钢构套加固

6.3.4 本条将 2002 版相关强制性条文归并而成，规定了采用钢构套加固框架的基本要求。钢构套对原结构的刚度影响较小，可避免结构地震反应的加大。因此，当加固后构件刚度和重力荷载代表值的变化符合本规程第 3.0.4 条的有关规定时，可以直接采用抗震鉴定的计算分析结果而不必重新进行整个结构的抗震计算分析。

为使钢构套的加固有效，强调了以下几点：①钢构套构件两端的锚固；②钢构套缀板的间距；③考虑新增构件的应力滞后和协同工作的程度，其钢材的强度应乘以折减系数。

6.3.5 本条规定了采用钢构套加固框架的设计要求。当刚度和重力荷载代表值变化在规定的范围内时，可直接将抗震鉴定结果中计算配筋的差距，按本条规定的梁、柱钢材强度折减系数换算为所需的型钢截面面积。

6.3.6 本条规定了钢构套的施工要点，需采取措施加强钢材与原有混凝土构件的连接，并注意防火和防腐，这些要求直接关系到加固效果，应注意遵守。

Ⅲ 钢筋混凝土套加固

6.3.7 本条将 2002 版相关强制性条文归并而成，规定了采用钢筋混凝土套加固梁柱的基本要求。钢筋混凝土套加固后构件刚度有一定增加，整个结构的地震作用有所增大，但试验研究表明，钢筋混凝土套加固后可作为整体构件计算，其承载力和延性的提高可比刚度的增加要大，从而达到加固的目的。

为使混凝土套的加固有效，强调了以下几点：①混凝土套的纵向钢筋要与其两端的原结构构件，如楼盖、屋盖、基础和柱等可靠连接；②应考虑新增部分的应力滞后，作为整体构件验算承载力，新增的混凝土和钢筋的强度，均应乘以折减系数。

6.3.8 本条规定了采用钢筋混凝土套加固梁柱的设计要求，并明确区分 A、B、C 类建筑的不同。对新增的箍筋，应采取措施加强与原有构件的拉接，如采用锚筋、锚栓或短筋焊接等方法。

当新增混凝土的强度等级比原有构件提高一个等级时，截面抗震验算可有所简化：仍按原构件的混凝土强度等级采用，即相当于混凝土强度乘以折减系数 0.85，然后，将计算所需增加的配筋乘以 1.15，即为原钢筋等级所需新增的钢筋截面面积。

6.3.9 本条规定了钢筋混凝土套的施工要点，这些要求直接关系到加固效果，需注意遵守。

Ⅳ 粘贴钢板加固

6.3.10 本条参照《混凝土结构加固设计规范》GB 50367 的规定，文字有所调整。本条规定了采用粘贴钢板加固方法的要求，加固前应卸载，并注意防腐和防火要求。

考虑到《混凝土结构加固设计规范》GB 50367 的承载力计算公式是针对静载的，胶粘剂在拉压反复作用下的性能与静载有所区别，从偏于安全的角度，本条规定，采用《混凝土结构加固设计规范》GB 50367 的计算公式时，原有混凝土构件的抗震承载力与抗震鉴定时的取值相同，需取 γ_{Ra}（其值依据后续使用年限的不同而变，均小于 1.0），而钢板部分的承载力的"抗震加固承载力调整系数"取 1.0。例如，斜截面受剪承载力验算公式为：

$$V \leqslant V_0/\gamma_{Ra} + V_{sp}$$

式中，V_0/γ_{Ra} 为原有钢筋混凝土构件的抗震承载力，对于 A、B 类，可按《建筑抗震鉴定标准》GB 50023—2009 第 6 章的有关附录计算，即材料强度、计算公式与现行《混凝土结构设计规范》GB 50010 不同。

粘贴钢板加固时，宜采用专用胀栓加强钢板与结构构件的连接。

Ⅴ 粘贴纤维布加固

6.3.11 本条为新增，参照《混凝土结构加固设计规范》GB 50367的规定，对抗震加固不同之处加以规定。采用粘贴纤维布加固梁柱时，对原结构构件的混凝土强度有要求，并规定了采用碳纤维加固的设计和施工要求，加固前应卸载，并强调对碳纤维的防火要求。

考虑到《混凝土结构加固设计规范》GB 50367 的承载力计算公式是针对静载的，胶粘剂在拉压反复作用下的性能与静载有所区别，从偏于安全的角度，本条规定，采用《混凝土结构加固设计规范》GB 50367 的计算公式时，原有混凝土构件的抗震承载力与抗震鉴定时的取值相同，需取 γ_{Ra}（其值依据后续使用年限的不同而变，均小于 1.0），而碳纤维部分的承载力的"抗震加固承载力调整系数"取 1.0。

Ⅵ 钢绞线网-聚合物砂浆面层加固

6.3.12 本条为新增，参照《混凝土结构加固设计规范》GB 50367的规定，对抗震加固不同之处加以规定。本条规定了采用钢绞线网-聚合物砂浆面层加固梁柱的钢绞线网片、聚合物砂浆的材料性能。

6.3.13 本条规定了钢绞线网-聚合物砂浆面层加固梁柱的设计要求，该方法只能承受拉应力。

考虑到《混凝土结构加固设计规范》GB 50367

的承载力计算公式是针对静载的，胶粘剂在拉压反复作用下的性能与静载下有所区别，从偏于安全的角度，本条规定，采用《混凝土结构加固设计规范》GB 50367 的计算公式时，原有混凝土构件的抗震承载力与抗震鉴定时的取值相同，需取 γ_{Ra}（其值依据后续使用年限的不同而变，均小于 1.0），而钢绞线网-聚合物砂浆面层部分的承载力的"抗震加固承载力调整系数"取 1.0。

6.3.14 本条规定了钢绞线网-聚合物砂浆面层加固的施工要求，施工前应首先卸载。

Ⅶ 增设支撑加固

6.3.15 本条列举了新增钢支撑的设计要点，这类支撑宜按不承担静载仅承担地震作用的要求进行设计，同时加固与支撑相连的框架节点，并将支撑承担的地震作用可靠地传递到基础。

6.3.16 本条为新增，主要参照《建筑抗震设计规范》GB 50011 第 12 章的规定。规定了采用消能支撑加固框架结构的要求。

Ⅷ 混凝土缺陷修补

6.3.17 本条规定了对混凝土构件局部损伤和裂缝等缺陷进行修补时的材料要求、施工要求。

Ⅸ 填充墙加固

6.3.18 本条规定了砌体墙与框架连接的加固的方法以及要求，适合于单独加固墙与梁柱的连接时采用。砌体墙与框架柱连接的加强，尽可能在框架全面加固时通盘考虑，设计人员可根据抗震鉴定的要求，结合具体情况处理。

墙与柱的连接可增设拉筋加强；墙与梁的连接，可设拉筋加强墙与梁的连接，亦可采用墙顶增设钢夹套加强墙与梁的连接，钢夹套应注意防锈防火。

7 内框架和底层框架砖房

7.1 一般规定

7.1.1 本章与《建筑抗震鉴定标准》GB 50023—2009 第 7 章有密切联系，其最大适用高度及可直接引用的计算公式和系数不再重复。对于类似的砌块房屋，其加固也可参照。

7.1.2 内框架和底层框架房屋均是混合承重结构，其加固设计的基本要求与多层砌体房屋、多层钢筋混凝土房屋相同。针对内框架和底层框架砖房的结构特点，需要注意：

1 加固的总体决策，除采取提高承载力或增强整体性的加固方案外，尚应采取措施调整二层与底层的侧向刚度比，使之符合现行国家标准《建筑抗震设

计规范》GB 50011 的相应规定，避免形成柔弱底层或薄弱层转移至二层，A 类内框架和底层框架房屋的加固设计，通常采用综合抗震能力指数方法，应确保不出现新的抗震薄弱层和薄弱部位。

2 加固措施还应避免造成短柱或强梁弱柱等不利于抗震受力的状态，是本规程第 3 章抗震概念加固设计的具体体现。

3 抗震验算所采用的计算模型和参数，应按加固后的实际情况取值。例如，墙体采用钢筋混凝土板墙加固，承载力增强系数、楼盖支承长度的体系影响系数等均可按本规程第 5 章对砌体墙加固的相关规定取值；增设横墙后，原横墙间距的影响系数相应改变；壁柱加固后，外纵墙局部尺寸、大梁与墙体连接的有关影响系数也可能相应变化。

7.1.3 内框架和底层框架砖房加固后的抗震验算方法，当采用现行国家标准《建筑抗震设计规范》GB 50011 规定的方法时，其中结构的地震作用、构件的抗震承载力和构造影响系数，要根据加固后的实际情况，按本章的有关规定确定。

7.1.4 本条规定了现有的底层框架砖房的层数和总高度超过规定限值的处理方法。针对现行国家标准《建筑抗震设计规范》GB 50011 规定的层数和高度限值高于 A、B 类底层框架砖房抗震鉴定的要求，提出了相应的加固对策。

7.1.5 对底层框架和底层内框架砖房，其上部各层按多层砖房的有关规定进行加固的竖向构件需延续到底层。即：混凝土板墙、构造柱等需通过底层落到基础上，面层需锚固在底层的框架梁上；底层的框架和内框架，也需考虑上部各层加固后重量、刚度变化造成的影响。

7.2 加固方法

7.2.1 内框架和底层框架砖房经常遇到的抗震问题是：抗震横墙间距过大，或横墙承载力不足，或外墙（垛）的承载力不足，或底层与过渡层刚度比不满足要求，或底层为单跨框架，抗震赘余度不足。针对这些问题，确定抗震加固方案时需遵守下列原则：

1 抗震横墙间距符合要求而承载力不足时，采用钢筋网面层加固可提高承载力并改善结构延性，而且施工比较方便；当原墙体抗震承载力与设防要求相差太大时，可采用钢筋混凝土板墙加固。

2 抗震横墙间距超过限值，或房屋横向抗震承载力不足，应优先增设抗震墙加固，因为这种加固方法的效果最好。一般情况，增设的抗震墙可采用砖墙；当楼盖整体性较好且横向抗震承载力与设防要求相差较大时，也可增设钢筋混凝土抗震墙加固。

3 钢筋混凝土柱配筋不满足要求时，可增设钢构套架、现浇钢筋混凝土套等方法加固柱的抗弯、抗剪和抗压能力，也可采用粘贴纤维布、钢绞线网-聚合物砂浆面层等方法提高柱的抗剪能力；也可增设抗震墙减少柱承担的地震作用。

4 横向抗震验算时，承载力不足的外纵墙可用钢筋混凝土壁柱加固。壁柱可设在纵墙的内侧或外侧，也可内外侧同时增设；仅增设外壁柱时，要采取措施加强壁柱与楼盖梁的连接。也可增设抗震墙减少砖柱（墙垛）承担的地震作用。

5 底层框架砖房的底层为单跨框架时，应增设框架柱形成双跨或结合使用功能增设钢筋混凝土抗震墙以增加底层刚度，同时减少框架柱承担的地震作用；当底层刚度较弱或有明显扭转效应时，可在底层增设钢筋混凝土抗震墙或翼墙加固；当过渡层刚度、承载力不满足鉴定要求时，可对过渡层的原有墙体采用钢筋网砂浆面层、钢绞线网-聚合物砂浆面层加固或采用钢筋混凝土墙替换底部为钢筋混凝土墙的部分砌体墙等方法加固。

7.2.2 本条列举了整体性不足时可供选择的加固方法：楼面现浇层、圈梁、外加柱和托梁等。

7.2.4 由于底层内框架、单排柱内框架房屋的结构形式极为不利于抗震，存在较大抗震安全隐患，因此针对现有的 A 类底层内框架、单排柱内框架房屋，应结合规划拆除重建。对于暂时需要继续使用的建筑，应在原壁柱处增设钢筋混凝土柱形成梁柱固接的结构体系或采取增设墙体等方式改变其结构体系。

7.3 加固设计及施工

Ⅰ 壁柱加固

7.3.1、7.3.2 这两条给出了增设混凝土壁柱的构造和计算要求。壁柱加固主要适用于纵向抗震能力不足，或者横墙间距过大需考虑楼盖平面内变形导致砌体柱（墙垛）承载力不足的加固方法。使用时注意：

1 壁柱与多层砖房的构造柱有所不同，其截面应严格控制，其构造应能使壁柱与砖柱（墙垛）形成组合构件，按组合构件进行验算；壁柱可单面或双面设置，与砖柱四周的钢筋混凝土套也有所不同。

2 可采用外壁柱、内壁柱或内外侧同时设置，当需要保持外立面原貌时，应采用内壁柱。壁柱需与砖柱（墙垛）形成组合构件，按组合构件计算刚度并进行验算。

3 抗震加固时，对多道抗震设防的要求稍低，故加固后砖柱（墙垛）承担的地震作用少于《建筑抗震设计规范》GB 50011 的要求，墙体有效侧向刚度的取值比规范大些；此外，根据试验结果，提出了横墙间距超过规定值时，加固后砖柱（墙垛）受力的计算方法。

4 作为简化，砖柱（墙垛）用壁柱加固后按组合构件计算其抗震承载力，考虑增设的部分受力滞

后，新增的混凝土和钢筋的强度需乘以 0.85 的折减系数。

其中，第7.3.2条为强制性要求。为使壁柱的加固有效，强调了以下几点：①壁柱应从底层设起，沿砖柱（墙垛）全高贯通；②壁柱应满足最小截面和最小纵筋、箍筋设置要求；③壁柱应在楼、屋盖处与原结构拉结，并应有基础。

Ⅱ 楼盖现浇层加固

7.3.3、7.3.4 本条给出了楼盖面层加固的构造要求。

增设钢筋混凝土现浇层加固楼盖，可使底层框架房屋满足抗震鉴定对楼盖整体性的要求。为确保现浇面层的加固有效，楼盖面层加固的细部构造，要确实加强原预制楼盖的整体性。强调了以下几点：①现浇层的最小厚度不得过小；②现浇层的最小分布钢筋应满足构造要求。

Ⅲ 增设面层、板墙、抗震墙、外加柱加固

7.3.5～7.3.10 内框架和底层框架砖房采用面层、板墙和抗震墙进行加固的材料、构造、抗震验算设计及施工，直接引用了本规程第5章的有关规定。其中，参照《建筑抗震设计规范》GB 50011 的规定，各方向的地震作用最好由该方向的抗震墙承担。

Ⅳ 框架柱加固

7.3.11 内框架和底层框架砖房的钢筋混凝土柱采用钢构套、现浇钢筋混凝土套、纤维布进行加固的材料、构造、抗震验算及施工，直接引用了本规程第6章的有关规定。

8 单层钢筋混凝土柱厂房

8.1 一般规定

8.1.1 本章与《建筑抗震鉴定标准》GB 50023—2009 第8章有密切联系，其适用范围相同。

8.1.2 钢筋混凝土厂房是装配式结构，抗震加固的重点与抗震鉴定的重点相同，侧重于提高厂房的整体性和连接的可靠性，而不增加原厂房的地震作用。

8.1.3 厂房加固后，各种支撑杆的截面、阶形柱上柱的钢构套等，多数可不进行抗震验算；需要验算时，内力分析与抗震鉴定时相同，均采用《建筑抗震设计规范》GB 50011 的方法，构件的抗震承载力验算，牛腿的钢构套可用本章的方法，其余按《建筑抗震设计规范》GB 50011 的方法，但采用"抗震加固的承载力调整系数"替代设计规范的"承载力抗震调整系数"。

8.2 加 固 方 法

8.2.1 各种支撑布置不符合鉴定要求时，一般采取增设支撑的方法。

8.2.2 本条列举了天窗架、屋架和排架柱承载力不足时可选择的加固方法。

8.2.3 本条列举了各种连接不符合鉴定要求时可选择的加固和处理方法。

8.2.4 降低女儿墙高度是消除不利抗震因素的积极措施。试验和地震经验表明：用竖向角钢加固超高女儿墙是保证裂而不倒的有效措施。当条件许可时，可利用钢筋混凝土竖杆代替角钢，有利于建筑立面处理和维护。

8.2.5 隔墙剔缝后，应注意保证隔墙本身的稳定性。

8.3 加固设计及施工

Ⅰ 屋盖加固

8.3.1 本条与《建筑抗震鉴定标准》GB 50023—2009 第8.2节的鉴定要求相呼应，规定了不同烈度下Ⅱ形天窗架T形截面立柱的加固处理：节点加固、有支撑的立柱加固和全部立柱加固。

8.3.2 增设的竖向支撑与原有支撑形式相同，有利于地震作用的均匀分配。

当支撑全部为新增时，W形的刚度较好，但支撑高于 3m 时，其腹杆较长，需要较大的截面尺寸，改用 X 形比较经济。

Ⅱ 排架柱加固

8.3.3～8.3.7 这几条规定了采用钢构套加固排架柱各部位的设计及施工，本次修订增加了对 B 类厂房的加固要求。

1 柱顶加固构件的截面尺寸，系参照《建筑抗震设计规范》GB 50011 对抗剪箍筋的要求，考虑加固现有建筑时需引入"抗震加固的承载力调整系数"，分别给出 A、B 类厂房加固的简图和构件的选用表，用于柱截面宽度不大于 500mm 的情况。

2 单层厂房中，有吊车的阶形柱上柱的底部或吊车梁顶标高处，以及高低跨的上柱，在水平地震作用下容易产生水平断裂破坏。这种震害在 8 度时较多，高于 8 度时更为严重。因此，提供了 8、9 度时加固的简图和所用的角钢、钢缀板的截面尺寸。

3 支承低跨屋盖的牛腿不足以承受地震下的水平拉力时，不足部分由钢构套的钢缀板或钢拉杆承担，其值可根据牛腿上重力荷载代表值产生的压力设计值和纵向受力钢筋的截面面积，参照《建筑抗震设计规范》GB 50011 规定的方法求得。钢缀板、钢拉杆截面验算时，考虑钢构套与原有牛腿不能完全共同工作，将其承载力设计值乘以 0.75 的折减系数。本规程据此提供了不同烈度、不同场地的截面选用表，以减少计算工作。

Ⅲ　柱间支撑加固

8.3.8　本次修订对个别文字进行了调整和明确。

采用钢筋混凝土套加固排架柱底部时，其抗震承载力验算的方法与《混凝土结构设计规范》GB 50010相同，按偏压构件斜截面受剪承载力计算，公式不再重复。考虑到混凝土套的受力滞后于原排架柱，需将新增部分的抗震承载力乘以 0.85 的折减系数。

8.3.9　本次修订增加了对 B 类厂房的加固要求，补充了对柱间支撑开间的基础之间增加水平压梁的加固要求，使支撑的内力对基础的影响尽可能小。

增设柱间支撑时，需控制支撑杆的长细比，并采取有效的方法提高支撑与柱连接的可靠性。

Ⅳ　封檐墙和女儿墙加固

8.3.10　厂房的女儿墙、封檐墙，在 7 度时就可能出现震害，但适当加固后则效果明显。

本次修订增加了对 B 类厂房的加固要求。

表 8.3.10-1 和表 8.3.10-2 系按材料为 Q235 角钢、C20 混凝土和 HPB235 钢筋得到的。

9　单层砖柱厂房和空旷房屋

9.1　一般规定

9.1.1　本章与《建筑抗震鉴定标准》GB 50023—2009 第 9 章有密切联系，对多孔砖和其他烧结砖、蒸压砖砌筑的单层房屋的抗震加固，根据试验结果和震害经验，本章的规定可供参考。

9.1.2　本条强调了单层砖柱厂房和单层空旷房屋加固的重点。

单层空旷房屋指影剧院、礼堂、餐厅等空间较大的公共建筑，往往是由中央大厅和周围附属的不同结构类型房屋组成的以砌体承重为主的建筑。这种建筑的使用功能要求较高，加固难度较大，需要针对存在的抗震问题，从结构体系上予以改善。需要注意：

　1　大厅的抗震能力主要取决于砖柱（墙垛），要防止加固后砖柱刚度增大导致地震作用显著增加，而砖柱加固后的抗震承载力仍然不足。例如，正确选择钢筋网砂浆面层的材料强度、厚度和配筋，使形成的组合砖柱，刚度的增加可小于承载力的增加，达到预期的效果。

　2　为减少大厅砖柱的地震作用，要充分利用两端墙体形成空间工作体系，加固方案应有利于屋盖整体性的加强。

　3　单层空旷房屋的空间布置高低起落，平面布置复杂，毗邻的建筑之间通常不设防震缝，抗震上不利因素较多，在加固设计的方案选择时，应有利于消除不利因素。例如，采用轻质墙替换砌体隔墙、山墙

山尖或将隔墙与承重构件间改为柔性连接等，可减少结构布置上对抗震的不利因素。

9.1.3　针对砖墙承重的空旷房屋适用范围的限制，当按鉴定结果的要求，需要采用钢筋混凝土柱、组合柱承重时，则加固应增设相关构件、改变结构体系或采取既提高墙体（垛）承载力又提高延性的措施，达到现行《建筑抗震设计规范》GB 50011 相应要求。

9.1.5　本条要求，大厅的混合排架结构、附属房屋的加固，应分别符合相应结构类型的要求。震害经验和研究分析表明，单层空旷砖房与其附属房屋之间的共同工作和相互影响是很明显的，抗震加固和抗震鉴定一样，需予以重视。

9.2　加固方法

9.2.1　提高砖柱（墙垛）承载力的方法，根据试验和加固后的震害经验总结，要根据实际情况选用：

壁柱和混凝土套加固，其承载力、延性和耐久性均优于钢筋砂浆面层加固，但施工较复杂且造价较高。一般在乙类设防时和 8、9 度的重屋盖时采用。

钢构套加固，着重于提高延性和抗倒塌能力，但承载力提高不多，适合于 6、7 度和承载力差距在30%以内时采用。

9.2.2　本条列举了提高整体性的加固方法，如采用增设支撑、支托、圈梁加固。

本次修订，尽可能明确单层空旷房屋大厅的相应加固方法。

9.2.3　砌体的山墙山尖，最容易破坏且因高度大使加固施工难度大；震害表明，轻质材料的山尖破坏较轻，特别在高烈度时更为明显；实践说明，高大墙体除采用增设扶壁柱加固外，山墙的山尖改为轻质材料，是较为经济、简便易行的。

空旷房屋大厅舞台口大梁上部的墙体，与单层工业厂房的悬墙受力状态接近，可采用类似的加固方法。

9.3　加固设计及施工

Ⅰ　面层组合柱加固

9.3.1～9.3.4　这几条规定面层加固砖柱（墙）形成组合柱的抗震承载力验算、构造及施工。其中，第9.3.1 条是强制性要求。

　1　计算组合砖柱的刚度时，加固面层与砖柱视为组合砖柱整体工作，包括面层中钢筋的作用。因为计算和试验均表明，钢筋的作用是显著的。

确定组合砖柱的计算高度时，对于 9 度地震，横墙和屋盖一般有一定的破坏，不具备空间工作性能，屋盖不能作为组合砖柱的不动铰支点，只能采用弹性方案；对于 8 度地震，屋盖结构尚具有一定的空间工作性能，因而可采用弹性和刚弹性两种计算方案。

必须指出，组合砖柱计算高度的改变，不会对抗震承载力验算结果产生明显的不利影响。因为抗震承载力验算时亦采用同一个计算高度。同时，对组合砖柱的弯矩和剪力，亦应乘以考虑空间工作的调整系数。

2 对 T 形截面砖柱，为了简化侧向刚度计算而不考虑翼缘，当翼缘宽度不小于腹板宽度 5 倍时，不考虑翼缘将使砖柱刚度减少 20% 以上，周期延长 10% 以上。因而相应的计算周期需予以折减。

当然，对钢筋混凝土屋架等重屋盖房屋，按铰接排架计算的周期，尚应再予以折减。

3 试验研究和计算表明，面层材料的弹性模量及其厚度等，对组合砖柱的刚度值有很大的影响，因而面层不宜采用较高强度等级的材料和较大的厚度，以免地震作用增加过大。

由于水泥砂浆的拉伸极限变形值低于混凝土的拉伸极限值较多，容易出现拉伸裂缝，为了保证组合砖柱的整体性和耐久性，规定砂浆面层内仅采用强度等级较低的 HPB235 级钢筋。

4 对加固组合砖柱拉结腹杆的间距、拉结腹杆的横截面尺寸及其配筋的规定，是考虑到使它们能传递必要的剪力，并使组合砖柱两侧的加固面层能整体工作。

5 震害表明，刚性地坪对砖柱等类似构件的嵌固作用很强，使其破坏均在地坪以上一定高度处。因而对埋入刚性地坪内的砖柱，其加固面层的基础埋深要求可适当放宽，即不要求与原柱子有同样的埋深。

Ⅱ 组合壁柱加固

9.3.5、9.3.6 这两条给出了增设混凝土壁柱加固的构造和计算要求；其中，第 9.3.5 条是强制性要求。采用壁柱和混凝土套加固，其承载力、延性和耐久性均优于钢筋砂浆面层加固。

壁柱加固要有效，加固的细部构造应确保壁柱与砖墙形成组合构件，本规程中给出了示意图，强调了以下几点：①控制最小配筋率和配箍及钢筋与砖墙表面的距离；②加强壁柱纵向钢筋在上下端与原结构连接件的连接；③壁柱下应设置基础，并控制基础的截面；④按组合截面计算承载力时，应考虑应力滞后，将混凝土和钢筋的强度乘以折减系数。

Ⅲ 钢构套加固

9.3.7 本条给出了增设钢构套加固砖垛的构造要求。

1 钢构套加固，构件本身要有足够的刚度和强度，以控制砖柱的整体变形和保证钢构套的整体强度；加固着重于提高延性和抗倒塌能力，但承载力提高不多，适合于 6、7 度和承载力差距在 30% 以内时采用，一般不作抗震验算。

2 钢构套加固砖垛的细部构造应确实形成砖垛的约束，为确保钢构套加固能有效控制砖柱的整体变形，纵向角钢、缀板和拉杆的截面应使构件本身有足够的刚

度和承载力，其中，横向缀板的间距比钢结构中相应的尺寸大，因不要求角钢肢杆充分承压，且角钢紧贴砖柱，不像通常的格构式组合钢柱中能自由地失稳。

3 构件需具有一定的腐蚀裕度，以具备耐久性。

采用本方法需注意以下几点：①钢构套角钢的上下端应有可靠连接；②钢构套缀板在柱上下端和柱变截面处，间距应加密。

10 木结构和土石墙房屋

10.1 木结构房屋

本节与《建筑抗震鉴定标准》GB 50023—2009 第 10.1 节有密切的联系。主要适用于不符合其要求的穿斗木构架、旧式木骨架、木柱木屋架、柁木檩架和康房的加固。

木结构房屋的震害表明，木结构是一种抗震能力较好的结构形式。只要木构件不腐朽、不严重开裂、不拔榫、不歪斜，且与围护墙有拉结，即使在高烈度区，仅有破坏轻微的实例。因此，木结构房屋抗震加固的重点是木结构的承重体系。只要地震时构架不倒，就会减轻地震造成的损失，达到墙倒屋不塌的目标。

木结构房屋的加固方法包括：

1 对构造不合理的木构架，采取增设杆件的方法加固，见图 3～图 7。

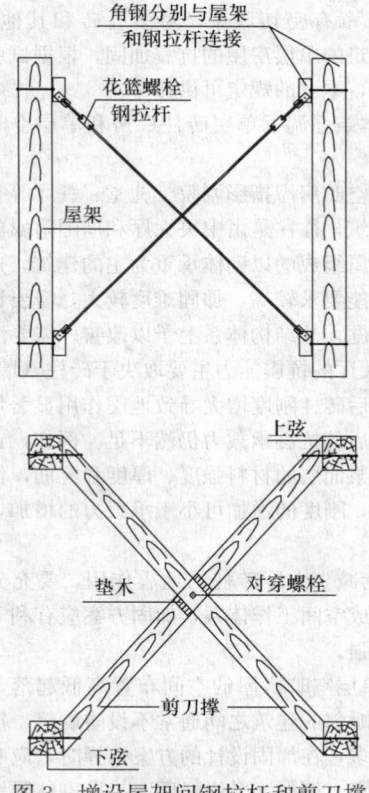

图 3 增设屋架间钢拉杆和剪刀撑

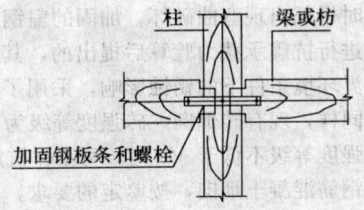

图 4　增设木梁柱间拉结铁件

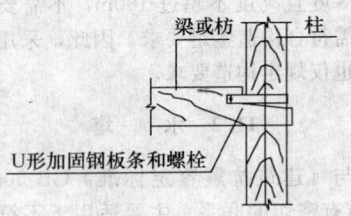

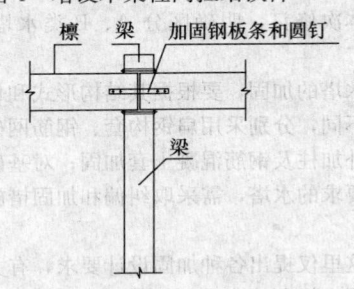

图 5　增设檩、梁拉结铁件

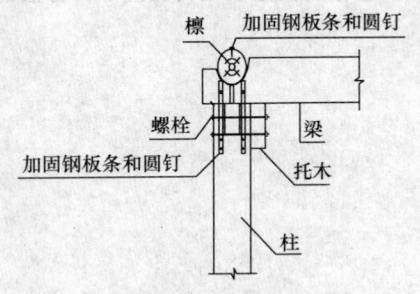

图 6　增设木构件

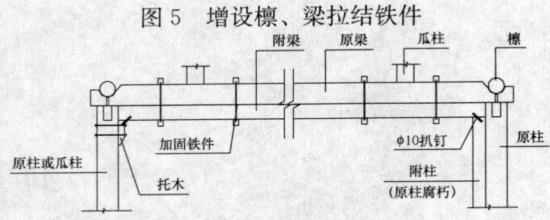

图 7　增设构件加固腊钎瓜柱

2　木构架歪斜,采用打牮拨正、增砌抗震墙的措施。

3　木构件的截面过细、腐朽、严重开裂,采用更换、增附构件的方法加固,见图 8～图 10。

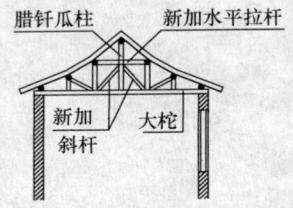

图 8　木檩下垂增设拉杆加固

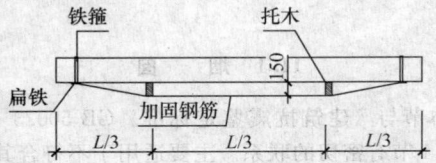

图 9　钉木夹板嵌入后檐墙加固悠悬栳

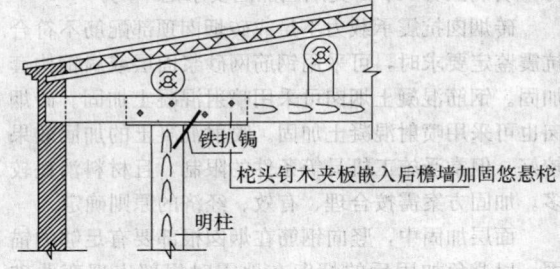

图 10　屋架支承长度不足用托木加固

4　木构件的节点松动,采用加铁件连接的方法加固。

5　木构架与围护墙体之间的连接,可采用加墙缆拉结的方法加固。

木构架房屋抗震加固中新增构件的截面尺寸,可按静载作用下选择的截面尺寸采用,即《建筑抗震鉴定标准》GB 50023—2009 附录 G 提供的木构件尺寸。但新旧构件之间要加强连接。

10.2　土石墙房屋

本节与《建筑抗震鉴定标准》GB 50023—2009 第 10.2 节和第 10.3 节有密切的联系。主要适用于 6、7 度时不符合其鉴定要求的村镇土石墙房屋的抗震加固。

土石墙房屋加固的重点是墙体的承载力和连接。侧重于采用就地取材、简易可行的方法,如拆除重砌,增附构件,设墙缆、铁箍、钢丝等拉结,用苇箔、秫秸等轻质材料替换等。

四川省羌族民居——羌房,与毛片石房屋的情况有些类似,本节的规定可有些参考价值,需要针对地区的特点,在地方规程中进一步具体化。

11 烟囱和水塔

11.1 烟　　囱

本节与《建筑抗震鉴定标准》GB 50023—2009 第 11.1 节有密切的联系。主要适用于不符合其鉴定要求的砖烟囱和钢筋混凝土烟囱的抗震加固。本次修订，明确区分 A、B 类烟囱加固要求的不同。

砖烟囱抗震承载力不足或砖烟囱顶部配筋不符合抗震鉴定要求时，可采用钢筋网砂浆面层或扁钢构套加固。钢筋混凝土烟囱可采用喷射混凝土加固。砖烟囱也可采用喷射混凝土加固。喷射混凝土的加固效果较好，但常受施工机具等条件的限制，且材料消耗较多。加固方案需按合理、有效、经济的原则确定。

面层加固中，竖向钢筋在烟囱根部要有足够的锚固，以避免加固后的烟囱在地震时根部出现弯曲破坏。加固的钢筋用量系按设计规范进行抗震承载力验算后提出的，因此，现有烟囱的砖强度等级为 MU10 且砌筑砂浆强度等级不低于 M5 时，可不作抗震验算。

扁钢构套加固中，扁钢的厚度，除满足抗震强度要求外，还考虑了外界环境条件下钢材的锈蚀。竖向扁钢在烟囱根部要有足够的锚固，以避免加固后的烟囱在地震时根部出现弯曲破坏。加固的扁钢用量系按设计规范进行抗震承载力验算后提出的，其中，考虑扁钢在外界环境条件下的锈蚀影响，采用了 0.6 的折减系数。同样，现有砖烟囱，砖强度等级为 MU10 且砌筑砂浆强度等级不低于 M5 时，可不作抗震验算。

对于钢筋混凝土烟囱，按鉴定的要求，当设防烈度不高于 8 度且高度不超过 100m，不需要进行抗震验算，仅需符合构造鉴定要求。因此，采用钢筋混凝土套加固也仅规定构造要求。

11.2 水　　塔

本节与《建筑抗震鉴定标准》GB 50023—2009 第 11.2 节有密切的联系。主要适用于不符合鉴定要求的砖和钢筋混凝土筒壁式和支架式水塔的抗震加固。本次修订，明确区分 A、B 类水塔加固要求的不同。

水塔的加固，要根据其结构形式和设防烈度、场地的不同，分别采用扁钢构套、钢筋网砂浆面层、圈梁和外加柱及钢筋混凝土套加固；对基础倾斜度超过鉴定要求的水塔，需采取纠偏和加固措施后方可继续使用。

这里仅提出各种加固设计要求，有关的施工要求可参照本规程中各类建筑结构相应加固方法的有关条款。

中华人民共和国国家标准

砌体结构加固设计规范

Code for design of strengthening masonry structures

GB 50702—2011

主编部门：四 川 省 住 房 和 城 乡 建 设 厅
批准部门：中华人民共和国住房和城乡建设部
施行日期：２０１２年８月１日

中华人民共和国住房和城乡建设部
公 告

第 1095 号

关于发布国家标准
《砌体结构加固设计规范》的公告

现批准《砌体结构加固设计规范》为国家标准，编号为GB 50702-2011，自2012年8月1日起实施。其中，第3.1.9、4.2.3、4.3.6、4.4.3、4.5.2、4.5.3、4.5.5、4.6.1、4.6.2、4.6.3、4.7.5、4.7.7、9.1.7、10.1.4条为强制性条文，必须严格执行。

本规范由我部标准定额研究所组织中国建筑工业出版社出版发行。

中华人民共和国住房和城乡建设部
2011年7月26日

前 言

本规范是根据原建设部《1989年工程建设专业标准制订修订计划》的要求，由四川省建筑科学研究院会同有关单位编制完成的。

本规范在编制过程中，编制组开展了各种结构加固方法的专题研究；进行了广泛的调查分析和重点项目的验证性试验和工程试用；总结了近20年来我国砌体结构加固设计经验，并与国外先进的标准、规范进行了比较分析和借鉴。在此基础上以多种方式广泛征求了有关单位和社会公众的意见并进行了试设计和对加固效果的评估。据此，还对主要条文进行了反复修改，最后经审查定稿。

本规范共分13章和2个附录，主要技术内容包括：总则、术语和符号、基本规定、材料、钢筋混凝土面层加固法、钢筋网水泥砂浆面层加固法、外包型钢加固法、外加预应力撑杆加固法、粘贴纤维复合材加固法、钢丝绳网-聚合物改性水泥砂浆面层加固法、增设砌体扶壁柱加固法、砌体结构构造性加固法、砌体裂缝修补法。

本规范中以黑体字标志的条文为强制性条文，必须严格执行。

本规范由住房和城乡建设部负责管理和对强制性条文的解释；由四川省建筑科学研究院负责具体技术内容的解释。为充实提高规范的质量，请各使用单位在执行本规范过程中，结合工程实践，注意总结经验，积累数据、资料，随时将意见和建议寄交四川省建筑科学研究院（邮编：610081；地址：成都市一环路北三段55号）。

本规范主编单位：四川省建筑科学研究院

中国华西企业有限公司

本规范参编单位：湖南大学
同济大学
哈尔滨工业大学
福州大学
武汉大学
中国建筑西南设计院
上海市民用建筑设计院
重庆市建筑科学研究院
陕西省建筑科学研究院
亨斯迈化工精细材料有限公司
上海安固建筑材料有限公司
厦门中连结构胶有限公司
上海同华加固工程有限公司
南京市凯盛建筑设计研究院有限责任公司

本规范主要起草人：梁 坦　吴 体　梁 爽
王晓波　吴善能　施楚贤
刘新玉　唐岱新　许政谐
林文修　陈大川　雷 波
何英明　张成英　唐超伦
陈友明　张坦贤　刘延年
黄 刚　黎红兵

本规范审查人员：刘西拉　戴宝城　高小旺
弓俊青　李德荣　张书禹
黄兴棣　王庆霖　古天纯
陈 宙

目 次

Contents

1 总 则

1.0.1 为了使砌体结构的加固做到技术可靠、安全适用、经济合理、确保质量，制定本规范。

1.0.2 本规范适用于房屋和一般构筑物砌体结构的加固设计。

1.0.3 砌体结构加固前，应根据不同建筑类型分别按现行国家标准《工业建筑可靠性鉴定标准》GB 50144 和《民用建筑可靠性鉴定标准》GB 50292 等标准的有关规定进行可靠性鉴定。当与抗震加固结合进行时，尚应按现行国家标准《建筑抗震鉴定标准》GB 50023 的有关规定进行抗震能力鉴定。

1.0.4 砌体结构的加固设计除应符合本规范的规定外，尚应符合国家现行有关标准的规定。

2 术语和符号

2.1 术 语

2.1.1 砌体结构加固 strengthening of masonry structures

对可靠性不足或业主要求提高可靠度的砌体结构、构件及其相关部分采取增强、局部更换或调整其内力等措施，使其具有现行设计规范及业主所要求的安全性、耐久性和适用性。

2.1.2 原构件 existing structure member

实施加固前的原有构件。

2.1.3 重要构件 important structure member

其自身失效将影响或危及承重结构体系安全工作的构件。

2.1.4 一般构件 general structure member

重要构件以外的构件。

2.1.5 水泥复合砂浆 composite cement mortar

以水泥和高性能矿物掺合料为主要组分，并掺有外加剂和短细纤维的砂浆。

2.1.6 聚合物改性水泥砂浆 polymer modified cement mortar

掺有改性环氧乳液或其他改性共聚物乳液的高强度水泥砂浆。承重结构用的聚合物改性水泥砂浆应能显著提高其锚固钢筋和粘结混凝土、砌体等基材的能力。

2.1.7 钢筋网 steel reinforcement mesh

用普通热轧带肋钢筋或冷轧带肋钢筋焊接而成的网片。

2.1.8 纤维复合材 fiber reinforced polymer

采用高强度的连续纤维按一定规则排列，经用胶粘剂浸渍、粘结固化后形成的具有纤维增强效应的复合材料，通称纤维复合材。

2.1.9 材料强度利用系数 strength utilization factor of material

考虑加固材料在二次受力条件下其强度得不到充分利用所引入的计算系数。

2.1.10 外加面层加固法 external layer strengthening

通过外加钢筋混凝土面层或钢筋网砂浆面层，以提高原构件承载力和刚度的一种加固法。

2.1.11 外包型钢加固法 sectional steel strengthening

对砌体柱包以型钢肢与缀板焊成的构架，并按各自刚度比例分配所承受外力的加固法，也称为干式外包钢加固法。

2.1.12 外加预应力撑杆加固法 external prestressed strut strengthening

通过收紧横向螺杆装置，对带切口、且有弯折外形的两对角钢撑杆施加预压力，以将砌体柱所承受的荷载卸给撑杆的加固法。

2.1.13 扶壁柱加固法 counterfort masonry column strengthening

沿砌体墙长度方向每隔一定距离将局部墙体加厚形成墙带垛加劲墙体的加固法。

2.1.14 砌体裂缝修补法 masonry crack repairing

为封闭砌体裂缝或恢复开裂砌体整体性所采取的修补或修复法。

2.2 符 号

2.2.1 材料性能

E_m——原构件砌体弹性模量；

E_a——新增型钢弹性模量；

E_f——新增纤维复合材弹性模量；

f_{m0}、f——分别为原砌体和新增砌体抗压强度设计值；

f_c——新增混凝土轴心抗压强度设计值；

f_y、f_y'——分别为新增钢筋抗拉、抗压强度设计值；

f_f——新增纤维复合材抗拉强度设计值。

2.2.2 作用效应及承载力

N——构件加固后的轴向压力设计值；

M——构件加固后弯矩设计值；

V——构件加固后剪力设计值；

σ_s——钢筋受拉应力。

2.2.3 几何参数

A_{m0}——原构件砌体截面面积；

A_c——新增混凝土截面面积；

A_s——新增钢筋截面面积；

A_a——新增型钢（角钢）全截面面积；

h——构件加固后的截面高度；

h_0——构件加固后的截面有效高度；

b——原构件矩形截面宽度；

I_{m0}——原构件截面惯性矩；

I_a——钢构架截面惯性矩；

H_0——构件的计算高度；

h_T——带壁柱墙截面的折算厚度。

2.2.4 计算系数

β——砌体构件高厚比；

α_c——新增混凝土强度利用系数；

α_s——新增钢筋强度利用系数；

α_f——纤维复合材参与工作系数；

α_m——新增砌体强度利用系数；

φ_{com}——轴心受压组合砌体构件稳定系数；

K_m——原砌体刚度降低系数；

η——协同工作系数；

ρ_f——环向围束体积比。

3 基 本 规 定

3.1 一 般 规 定

3.1.1 砌体结构经可靠性鉴定确认需要加固时，应根据鉴定结论和委托方提出的要求，由有资质的专业技术人员按本规范的规定和业主的要求进行加固设计。加固设计的范围，可按整幢建筑物或其中某独立区段确定，也可按指定的结构、构件或连接确定，但均应考虑该结构的整体牢固性，并应综合考虑节约能源与环境保护的要求。

3.1.2 在加固设计中，若发现原砌体结构无圈梁和构造柱，或涉及结构整体牢固性部位无拉结、锚固和必要的支撑，或这些构造措施设置的数量不足，或设置不当，均应在本次的加固设计中，予以补足或加以改造。

3.1.3 加固后砌体结构的安全等级，应根据结构破坏后果的严重性、结构的重要性和加固设计使用年限，由委托方与设计方按实际情况共同商定。

3.1.4 砌体结构的加固设计，应根据结构特点，选择科学、合理的方案，并应与实际施工方法紧密结合，采取有效措施，保证新增构件及部件与原结构连接可靠，新增截面与原截面粘结牢固，形成整体共同工作；并应避免对未加固部分，以及相关的结构、构件和地基基础造成不利的影响。

3.1.5 对高温、高湿、低温、冻融、化学腐蚀、振动、温度应力、地基不均匀沉降等影响因素引起的原结构损坏，应在加固设计中提出有效的防治对策，并按设计规定的顺序进行治理和加固。

3.1.6 砌体结构的加固设计，应综合考虑其技术经济效果，既应避免加固适修性很差的结构，也应避免不必要的拆除或更换。

注：适修性很差的结构，指其加固总费用达到新建结构总造价70%以上的结构，但不包括文物建筑和其他有历史价值或艺术价值的建筑。

3.1.7 对加固过程中可能出现倾斜、失稳、过大变形或坍塌的砌体结构，应在加固设计文件中提出有效的临时性安全措施，并明确要求施工单位必须严格执行。

3.1.8 砌体结构的加固设计使用年限，应按下列原则确定：

1 结构加固后的使用年限，应由业主和设计单位共同商定。

2 一般情况下，宜按30年考虑；到期后，若重新进行的可靠性鉴定认为该结构工作正常，仍可继续延长其使用年限。

3 对使用胶粘方法或掺有聚合物加固的结构、构件，尚应定期检查其工作状态。检查的时间间隔可由设计单位确定，但第一次检查时间不应迟于10年。

3.1.9 未经技术鉴定或设计许可，不得改变加固后砌体结构的用途和使用环境。

3.2 设计计算原则

3.2.1 砌体结构加固设计采用的结构分析方法，在一般情况下，应采用线弹性分析方法计算结构的作用效应，并应符合现行国家标准《砌体结构设计规范》GB 50003 的有关规定。

3.2.2 加固砌体结构时，应按下列规定进行承载能力的设计、验算，并应满足正常使用功能的要求。

1 结构上的作用，应经调查或检测核实，并应按本规范附录 A 的规定和要求确定其标准值或代表值。

2 被加固结构、构件的作用效应，应按下列要求确定：

　1）结构的计算图形，应符合其实际受力和构造状况；

　2）作用效应组合和组合值系数以及作用的分项系数，应按现行国家标准《建筑结构荷载规范》GB 50009 的有关规定确定，并应考虑由于实际荷载偏心、结构变形、温度作用等造成的附加内力。

3 结构、构件的尺寸，对原有部分应采用实测值；对新增部分，可采用加固设计文件给出的名义值。

4 原结构、构件的砌体强度等级和受力钢筋抗拉强度标准值应按下列规定取值：

　1）当原设计文件有效，且不怀疑结构有严重的性能退化时，可采用原设计值；

　2）当结构可靠性鉴定认为应重新进行现场检测时，应采用检测结果推定的标准值。

5 加固材料的性能和质量，应符合本规范第 4 章的规定；其性能的标准值应按本规范第 3.2.3 条确定；其性能的设计值应按本规范各相关章节的规定

采用。

6 验算结构、构件承载力时，应考虑原结构在加固时的实际受力状况，包括加固部分应变滞后的特点，以及加固部分与原结构共同工作程度。

7 加固后改变传力路线或使结构质量增大时，应对相关结构、构件及建筑物地基基础进行必要的验算。

8 抗震设防区结构、构件的加固，除应满足承载力要求外，尚应复核其抗震能力；不应存在因局部加强或刚度突变而形成的新薄弱部位；同时，还应考虑结构刚度增大而导致地震作用效应增大的影响。

注：本规范的各种加固方法，一般情况下可用于结构的抗震加固，但具体采用时，尚应在设计、计算和构造上执行现行国家标准《建筑抗震设计规范》GB 50011 和现行行业标准《建筑抗震加固技术规程》JGJ 116 的有关规定和要求。

3.2.3 加固材料性能的标准值（f_k），应根据抽样检验结果按下式确定：

$$f_k = m_f - k \cdot s \qquad (3.2.3)$$

式中：m_f——按 n 个试件算得的材料强度平均值；

s——按 n 个试件算得的材料强度标准差；

k——与 α、c 和 n 有关的材料强度标准值计算系数，由表 3.2.3 查得；

α——正态概率分布的下分位数；根据材料强度标准值所要求的 95% 保证率，应取 $\alpha = 0.05$；

c——检测加固材料性能所取的置信水平（置信度），一般对钢材，可取 $c = 0.90$；对混凝土和木材，可取 $c = 0.75$；对砌体，可取 $c = 0.60$；对其他材料，由本规范有关章节作出规定。

表 3.2.3 材料强度标准值计算系数 k 值

n	$\alpha = 0.05$ 时的 k 值			
	$c = 0.99$	$c = 0.90$	$c = 0.75$	$c = 0.60$
4	—	3.957	2.680	2.102
5	—	3.400	2.463	2.005
6	5.409	3.092	2.336	1.947
7	4.730	2.894	2.250	1.908
10	3.739	2.568	2.103	1.841
15	3.102	2.329	1.991	1.790
20	2.807	2.208	1.933	1.764
25	2.632	2.132	1.895	1.748
30	2.516	2.080	1.869	1.736
50	2.296	1.965	1.811	1.712

3.2.4 为防止结构加固部分意外失效而导致的坍塌，在使用胶粘剂或掺有聚合物的加固方法时，其加固设计除应按本规范的规定进行外，尚应对原结构进行验算。验算时，应要求原结构、构件能承担 n 倍恒载标准值的作用。当可变荷载（不含地震作用）标准值与永久荷载标准值之比值不大于 1 时，n 取 1.2；当该比值等于或大于 2 时，n 取 1.5；其间按线性内插法确定。

3.3 加固方法及配合使用的技术

3.3.1 砌体结构的加固可分为直接加固与间接加固两类，设计时，可根据结构特点、实际条件和使用要求选择适宜的加固方法及配合使用的技术。

3.3.2 直接加固宜根据工程的实际情况选用外加面层加固法、外包型钢加固法、粘贴纤维复合材加固法和外加扶壁柱加固法等。

3.3.3 间接加固宜根据工程的实际情况选用外加预应力撑杆加固法和改变结构计算图形的加固方法。

3.3.4 与结构加固方法配合使用的技术应采用符合本规范要求的裂缝修补技术和拉结、锚固技术。

4 材 料

4.1 砌 筑 材 料

4.1.1 砌体结构加固用的块体（块材），应采用与原构件同品种块体；块体质量不应低于一等品，其强度等级应按原设计的块体等级确定，且不应低于 MU10。

4.1.2 砌体结构外加面层用的水泥砂浆，若设计为普通水泥砂浆，其强度等级不应低于 M10；若设计为水泥复合砂浆，其强度等级不应低于 M25。

4.1.3 砌体结构加固用的砌筑砂浆，可采用水泥砂浆或水泥石灰混合砂浆；但对防潮层、地下室以及其他潮湿部位，应采用水泥砂浆或水泥复合砂浆。在任何情况下，均不得采用收缩性大的砌筑砂浆。加固用的砌筑砂浆，其抗压强度等级应比原砌体使用的砂浆抗压强度等级提高一级，且不得低于 M10。

4.2 混凝土原材料

4.2.1 砌体结构加固用的水泥，应采用强度等级不低于 32.5 级的硅酸盐水泥和普通硅酸盐水泥；也可采用矿渣硅酸盐水泥或火山灰质硅酸盐水泥，但其强度等级不应低于 42.5 级；必要时，还可采用快硬硅酸盐水泥或复合硅酸盐水泥。

注：1 当被加固结构有耐腐蚀、耐高温要求时，应采用相应的特种水泥。

2 配制聚合物改性水泥砂浆和水泥复合砂浆用的水泥，其强度等级不应低于 42.5 级，且应符合

其产品说明书的规定。

4.2.2 水泥的性能和质量应分别符合现行国家标准《通用硅酸盐水泥》GB 175 和《快硬硅酸盐水泥》GB 199 的有关规定。

4.2.3 砌体结构加固工程中，严禁使用过期水泥、受潮水泥、品种混杂的水泥以及无出厂合格证和未经进场检验合格的水泥。

4.2.4 配制结构加固用的混凝土，其骨料的品种和质量应符合下列规定：

1 粗骨料应选用坚硬、耐久性好的碎石或卵石。其最大粒径应符合下列规定：

1）对现场拌合混凝土，不宜大于 20mm；

2）对喷射混凝土，不宜大于 12mm；

3）对掺有短纤维的混凝土，不宜大于 10mm；

4）粗骨料的质量应符合现行行业标准《普通混凝土用砂、石质量及检验方法标准》JGJ 52 的有关规定；不得使用含有活性二氧化硅石料制成的粗骨料。

2 细骨料应选用中、粗砂，其细度模数不宜小于 2.5；细骨料的质量及含泥量应符合现行行业标准《普通混凝土用砂、石质量及检验方法标准》JGJ 52 的规定。

4.2.5 混凝土拌合用水应采用饮用水或水质符合现行行业标准《混凝土用水标准》JGJ 63 规定的天然洁净水。

4.2.6 砌体结构加固用的混凝土，可使用商品混凝土，但其所掺的粉煤灰应是Ⅰ级灰，且其烧失量不应大于 5%。

4.2.7 当结构加固材料选用聚合物混凝土、微膨胀混凝土、钢纤维混凝土、合成纤维混凝土或喷射混凝土时，应在施工前进行试配，经检验其性能符合设计要求后方可使用。

4.3 钢材及焊接材料

4.3.1 砌体结构加固用的钢筋，其品种、性能和质量应符合下列规定：

1 应采用 HRB335 级和 HRBF335 级的热轧或冷轧带肋钢筋；也可采用 HPB300 级的热轧光圆钢筋。

2 钢筋的质量应分别符合现行国家标准《钢筋混凝土用钢 第 1 部分：热轧光圆钢筋》GB 1499.1、《钢筋混凝土用钢 第 2 部分：热轧带肋钢筋》GB 1499.2 和《钢筋混凝土用余热处理钢筋》GB 13014 的有关规定。

3 钢筋的性能设计值应按现行国家标准《混凝土结构设计规范》GB 50010 的有关规定采用。

4 不得使用无出厂合格证、无标志或未经进场检验的钢筋以及再生钢筋。

注：若条件许可，抗震设防区砌体结构加固用的钢筋宜优先选用热轧带肋钢筋。

4.3.2 砌体结构加固用的钢筋网，其质量应符合现行国家标准《钢筋混凝土用钢 第 3 部分：钢筋焊接网》GB 1499.3 的有关规定；其性能设计值应按现行行业标准《钢筋焊接网混凝土结构技术规程》JGJ 114 的有关规定采用。

4.3.3 砌体结构加固用的钢板、型钢、扁钢和钢管，其品种、质量和性能应符合下列规定：

1 应采用 Q235（3 号钢）或 Q345（16Mn 钢）钢材；对重要结构的焊接构件，若采用 Q235 级钢，应选用 Q235-B 级钢。

2 钢材质量应分别符合现行国家标准《碳素结构钢》GB/T 700 和《低合金高强度结构钢》GB/T 1591 的有关规定。

3 钢材的性能设计值应按现行国家标准《钢结构设计规范》GB 50017 的有关规定采用。

4 不得使用无出厂合格证、无标志或未经进场检验的钢材。

4.3.4 当砌体结构锚固件和拉结件采用后锚固的植筋时，应使用热轧带肋钢筋，不得使用光圆钢筋。植筋用的钢筋，其质量应符合本规范第 4.3.1 条的规定。

4.3.5 当锚固件为钢螺杆时，应采用全螺纹的螺杆，不得采用锚入部位无螺纹的螺杆。螺杆的钢材等级应为 Q235 级；其质量应符合现行国家标准《碳素结构钢》GB/T 700 的有关规定。

4.3.6 砌体结构采用的锚栓应为砌体专用的碳素钢锚栓。碳素钢砌体锚栓的钢材抗拉性能指标应符合表 4.3.6 的规定。

表 4.3.6 碳素钢砌体锚栓的钢材抗拉性能指标

性 能 等 级		4.8	5.8
锚栓钢材性能指标	抗拉强度标准值 f_{stk}（MPa）	400	500
	屈服强度标准值 f_{yk}或 $f_{s,0.2k}$（MPa）	320	400
	伸长率 δ_5（％）	14	10

注：性能等级 4.8 表示：$f_{stk}=400MPa$；$f_{yk}/f_{stk}=0.8$。

4.3.7 砌体结构加固用的焊接材料，其型号和质量应符合下列规定：

1 焊条型号应与被焊接钢材的强度相适应。

2 焊条的质量应符合现行国家标准《碳钢焊条》GB/T 5117 和《低合金钢焊条》GB/T 5118 的有关规定。

3 焊接工艺应符合现行行业标准《钢筋焊接及验收规程》JGJ 18 或《建筑钢结构焊接技术规程》JGJ 81 的有关规定。

4 焊缝连接的设计原则及计算指标应符合现行国家标准《钢结构设计规范》GB 50017 的有关规定。

4.4 钢丝绳

4.4.1 采用钢丝绳网-聚合物砂浆面层加固砌体结构、构件时，其钢丝绳的选用应符合下列规定：

1 重要结构或结构处于腐蚀性介质环境、高温环境和露天环境时，应选用不锈钢丝绳制作的网片。

2 处于正常温、湿度环境中的一般结构，可采用低碳钢镀锌钢丝绳制作的网片，但应采取有效的阻锈措施。

4.4.2 制绳用的钢丝应符合下列规定：

1 当采用不锈钢丝时，应采用碳含量不大于 0.15％及硫、磷含量不大于 0.025％的优质不锈钢制丝。

2 当采用镀锌钢丝时，应采用硫、磷含量均不大于 0.03％的优质碳素结构钢制丝；其锌层重量及镀锌质量应符合现行国家标准《钢丝镀锌层》GB/T 15393 对 AB 级的规定。

4.4.3 钢丝绳的强度标准值（f_{rtk}）应按其极限抗拉强度确定，并应具有不小于 95％的保证率以及不低于 90％的置信度。钢丝绳抗拉强度标准值应符合表 4.4.3 的规定。

表 4.4.3 钢丝绳抗拉强度标准值（MPa）

种类	符号	不锈钢丝绳		镀锌钢丝绳	
		钢丝绳公称直径（mm）	钢丝绳抗拉强度标准值 f_{rtk}	钢丝绳公称直径（mm）	钢丝绳抗拉强度标准值 f_{rtk}
6×7+IWS	ϕ_r	2.4～4.5	1800、1700	2.5～4.5	1650、1560
1×19	ϕ_s	2.5	1560	2.5	1560

4.4.4 砌体结构加固用的钢丝绳内外均不得涂有油脂。

4.5 纤维复合材

4.5.1 纤维复合材用的纤维应为连续纤维，其品种和性能应符合下列规定：

1 承重结构加固用的碳纤维，应选用聚丙烯腈基（PAN 基）12K 或 12K 以下的小丝束纤维，严禁使用大丝束纤维；当有可靠工程经验时，允许使用 15K 碳纤维。

2 承重结构加固用的玻璃纤维，应选用高强度的 S 玻璃纤维或碱金属氧化物含量低于 0.8％的 E 玻璃纤维，严禁使用高碱的 A 玻璃纤维或中碱的 C 玻璃纤维。

3 当被加固结构有防腐蚀要求时，允许用玄武岩纤维替代 E 玻璃纤维。

4.5.2 结构加固用的碳纤维、玻璃纤维和玄武岩纤维复合材的安全性能指标必须分别符合表 4.5.2-1 或表 4.5.2-2 的要求。纤维复合材的抗拉强度标准值应根据置信水平 c 为 0.99、保证率为 95％的要求确定。

表 4.5.2-1 碳纤维复合材安全性能指标

项目 \ 类别		单向织物（布）		条形板
		高强度Ⅱ级	高强度Ⅲ级	高强度Ⅱ级
抗拉强度（MPa）	平均值	≥3500	≥2700	≥2500
	标准值	≥3000	—	≥2000
受拉弹性模量（MPa）		≥2.0×10⁵	≥1.8×10⁵	≥1.4×10⁵
伸长率（％）		≥1.5	≥1.3	≥1.4
弯曲强度（MPa）		≥600	≥500	—
层间剪切强度（MPa）		≥35	≥30	≥40
纤维复合材与砖或砌块的正拉粘结强度（MPa）		≥1.8，且为 MU20 烧结砖或混凝土砌块内聚破坏		

注：15k 碳纤维织物的性能指标按高强度Ⅱ级的规定值采用。

4.5.3 对符合本规范第 4.5.2 条安全性能指标要求的纤维复合材，当它的纤维材料与其他改性环氧树脂胶粘剂配套使用时，必须按下列项目重新作适配性检验，且检验结果必须符合本规范表 4.5.2-1 或表 4.5.2-2 的规定。

表 4.5.2-2 玻璃纤维、玄武岩纤维单向织物复合材安全性能指标

项目 \ 类别	抗拉强度标准值（MPa）	受拉弹性模量（MPa）	伸长率（％）	弯曲强度（MPa）	纤维复合材与烧结砖或砌块的正拉粘结强度（MPa）	层间剪切强度（MPa）	单位面积质量（g/m²）
S 玻璃纤维	≥2200	≥1.0×10⁵	≥2.5	≥600	≥1.8，且为 MU20 烧结砖或混凝土砌块内聚破坏	≥40	≤450
E 玻璃纤维	≥1500	≥7.2×10⁴	≥2.0	≥500		≥35	≤600
玄武岩纤维	≥1700	≥9.0×10⁴	≥2.0	≥500		≥35	≤300

注：表中除标有标准值外，其余均为平均值。

1 抗拉强度标准值。

2 纤维复合材与烧结砖或混凝土砌块正拉粘结强度。

3 层间剪切强度。

4.5.4 当进行材料性能检验和加固设计时，纤维织物截面面积应按纤维的净截面面积计算。净截面面积取纤维织物的计算厚度乘以宽度。纤维织物的计算厚度应按其单位面积质量除以纤维密度确定。

4.5.5 承重结构的现场粘贴加固，当采用涂刷法施工时，不得使用单位面积质量大于 300g/m² 的碳纤维织物；当采用真空灌注法施工时，不得使用单位面积质量大于 450g/m² 的碳纤维织物；在现场粘贴条件下，尚不得采用预浸法生产的碳纤维织物。

4.6 结构胶粘剂

4.6.1 砌体加固工程用的结构胶粘剂，应采用 B 级胶。使用前，必须进行安全性能检验。检验时，其粘结抗剪强度标准值应根据置信水平 C 为 0.90、保证率为 95% 的要求确定。

4.6.2 浸渍、粘结纤维复合材的胶粘剂及粘贴钢板、型钢的胶粘剂必须采用专门配制的改性环氧树脂胶粘剂，其安全性能指标必须符合现行国家标准《混凝土结构加固设计规范》GB 50367 规定的对 B 级胶的要求。承重结构加固工程中不得使用不饱和聚酯树脂、醇酸树脂等胶粘剂。

4.6.3 种植后锚固件的胶粘剂，必须采用专门配制的改性环氧树脂胶粘剂，其安全性能指标必须符合现行国家标准《混凝土结构加固设计规范》GB 50367 的规定。在承重结构的后锚固工程中，不得使用水泥卷及其他水泥基锚固剂。种植锚固件的结构胶粘剂，其填料必须在工厂制胶时添加，严禁在施工现场掺入。

4.7 聚合物改性水泥砂浆

4.7.1 砌体结构用的聚合物改性水泥砂浆及复合水泥砂浆，其品种的选用应符合下列规定：

1 对重要构件，应采用改性环氧类聚合物配制。

2 对一般构件，可采用改性环氧类聚合物、改性丙烯酸酯共聚物乳液、丁苯胶乳或氯丁胶乳配制；复合水泥砂浆应采用高强矿物掺合料配制。

3 不得使用主成分不明的聚合物改性水泥砂浆或复合水泥砂浆。

4.7.2 砌体结构用的聚合物改性水泥砂浆等级分为 Ⅰₘ级和Ⅱₘ级，应分别按下列规定采用：

1 柱的加固：均应采用 Ⅰₘ级砂浆；

2 墙的加固：可采用 Ⅰₘ级或Ⅱₘ级砂浆。

4.7.3 聚合物改性水泥砂浆的安全性能应符合表 4.7.3 的规定。

4.7.4 当采用水泥复合砂浆时，其安全性鉴定标准应按表 4.7.3Ⅱₘ级的规定执行。

表 4.7.3　聚合物改性水泥砂浆安全性能指标

检验项目 聚合物砂浆等级	劈裂抗拉强度（MPa）	与烧结砖或混凝土小砌块的正拉粘结强度（MPa）	抗折强度（MPa）	抗压强度（MPa）	钢套筒粘结抗剪强度标准值（MPa）
Ⅰₘ级	≥6.0	≥1.8，且为 MU20砖或砌块内聚破坏	≥10	≥55	≥7.5
Ⅱₘ级	≥4.5		≥8	≥45	≥5.5
试验方法标准	GB 50550	本规范附录 B	GB 50550	JGJ 70	GB 50550

注：1 检验应在浇注的试件达到 28d 养护期时立即在试验室进行，若因故需推迟检验日期，除应征得有关各方同意外，尚不应超过 3d；
2 表中的性能指标除所有强度标准值外，均为平均值。

4.7.5 砌体结构加固用的聚合物砂浆，其粘结剪切性能必须经湿热老化检验合格。湿热老化检验应在 50℃ 温度和 95% 相对湿度环境条件下，采用钢套筒粘结剪切试件，按现行国家标准《建筑结构加固工程施工质量验收规范》GB 50550 规定的方法进行；老化试验持续的时间不得少于 60d。老化结束后，在常温条件下进行的剪切破坏试验，其平均强度降低的百分率（%）均应符合下列规定：

1 Ⅰₘ级砂浆不得大于 15%。

2 Ⅱₘ级砂浆不得大于 20%。

4.7.6 寒冷地区加固砌体结构使用的聚合物砂浆，应具有耐冻融性能检验合格的证书。冻融环境温度应为 −25℃～35℃，循环次数不应少于 50 次；每次循环为 8h；试验结束后，钢套筒粘结剪切试件在常温条件下测得的平均强度降低百分率均不应大于 10%。

4.7.7 配制聚合物改性水泥砂浆用的聚合物原料，必须进行毒性检验。其完全固化物的检验结果应达到实际无毒的卫生等级。

4.8 砌体裂缝修补材料

4.8.1 砌体裂缝修补胶（注射剂）的安全性能指标应符合表 4.8.1 的规定。

表 4.8.1　砌体裂缝修补胶（注射剂）安全性能指标

检验项目		性能指标	试验方法标准
钢-钢拉伸抗剪强度标准值（MPa）		≥10	GB/T 7124
胶体性能	抗拉强度（MPa）	≥20	GB/T 2568
	受拉弹性模量（MPa）	≥1500	GB/T 2568
	抗压强度（MPa）	≥50	GB/T 2569
	抗弯强度（MPa）	≥30，且不得呈脆性（碎裂状）破坏	GB/T 2570
	不挥发物含量（%）	≥99	GB/T 2793
	可灌注性	在产品使用说明书规定的压力下注入宽度为 0.3mm 的裂缝	现场试灌注固化后取芯样检查

4.8.2 砌体裂缝修补用水泥基注浆料的安全性能指标应符合表 4.8.2 的规定。

表 4.8.2 砌体裂缝修补用水泥基注浆料浆体安全性能指标

检 验 项 目	性能或质量指标	试验方法标准
3d 抗压强度（MPa）	≥40	GB/T 2569
28d 劈裂抗拉强度（MPa）	≥5	GB 50550
28d 抗折强度（MPa）	≥10	GB 50550

4.8.3 砌体裂缝修补用改性环氧类注浆料浆液和固化物的安全性能指标应分别符合表 4.8.3-1 和表 4.8.3-2 的规定。

表 4.8.3-1 改性环氧类注浆料浆液性能

项 目	浆 液 性 能		试验方法标准
	较低黏度型	一般黏度型	
浆液密度（g/cm³）	1.00	1.00	GB/T 13354
初始黏度（mPa·s）	≤800	≤1500	GB/T 2794
适用期（25℃下测定值）（min）	≥40	≥30	GB/T 7123.1

表 4.8.3-2 改性环氧类注浆料固化物性能

项 目	28d 固化物性能		试验方法标准
	Ⅰₘ级	Ⅱₘ级	
抗压强度（MPa）	≥60	≥40	GB/T 2569
拉伸剪切强度（MPa）	≥7.0	≥5.0	GB/T 7124
抗拉强度（MPa）	≥15	≥10	GB/T 2568
与 MU25 烧结砖或混凝土小砌块正拉粘结强度（MPa）	≥1.8，且为基材内聚破坏		本规范附录 B
抗渗压力（MPa）	≥1.2	≥1.0	GB/T 18445
渗透压力比（%）	≥400	≥300	

4.9 防裂用短纤维

4.9.1 砌体结构加固中用于混凝土或砂浆面层防裂的短纤维，可根据工程的要求，选用钢纤维或合成纤维。

4.9.2 当采用钢纤维时，其质量和性能应符合现行行业标准《钢纤维混凝土》JG/T 3064 的有关规定。

4.9.3 当采用合成纤维时，其单丝的主要参数和性能应符合表 4.9.3 的规定。

表 4.9.3 合成纤维主要参数和性能指标

	纤维品种	聚丙烯腈纤维（腈纶）	聚酰胺纤维（尼龙）	改性聚酯纤维（涤纶）	聚丙烯纤维（丙纶）
主要参数	直径（μm）	20～27	23～30	10～15	10～15
	适用长度（mm）	12～20	6～19	6～20	6～20
	纤维形状	单丝、束状或膜裂网状			
	密度（g/cm³）	1.18	1.16	1.0～1.3	0.9

续表 4.9.3

	纤维品种	聚丙烯腈纤维（腈纶）	聚酰胺纤维（尼龙）	改性聚酯纤维（涤纶）	聚丙烯纤维（丙纶）
单丝性能	抗拉强度（MPa）	≥600	≥600	≥600	≥280
	弹性模量（MPa）	≥1.7×10⁴	≥5×10³	≥1.4×10⁴	≥3.7×10³
	伸长率（%）	≥15	≥18	≥20	≥18
	吸水性（%）	<2	<4	<0.4	<0.1
	熔点（℃）	240	220	250	175
再生链烯烃（再生塑料）含量		不允许	不允许	不允许	不允许
毒 性		无	无	无	无

5 钢筋混凝土面层加固法

5.1 一般规定

5.1.1 本章规定适用于以外加钢筋混凝土面层加固砌体墙、柱的设计。

5.1.2 采用钢筋混凝土面层加固砖砌体构件时，对柱宜采用围套加固的形式（图 5.1.2a）；对墙和带壁柱墙，宜采用有拉结的双侧加固形式（图 5.1.2b、c）。

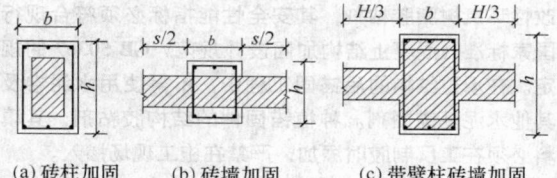

(a) 砖柱加固　　(b) 砖墙加固　　(c) 带壁柱砖墙加固

图 5.1.2 钢筋混凝土外加面层的形式

5.1.3 加固后的砌体柱，其计算截面可按宽度为 b 的矩形截面采用。加固后的砌体墙，其计算截面的宽度取为 $b+s$；b 为新增混凝土的宽度；s 为新增混凝土的间距；加固后的带壁柱砌体墙，其计算截面的宽度取窗间墙宽度；但当窗间墙宽度大于 $b+\dfrac{2}{3}H$（H 为墙高）时，仍取 $b+\dfrac{2}{3}H$ 作为计算截面的宽度。

5.1.4 当原砌体与后浇混凝土面层之间的界面处理及其粘结质量符合本规范的要求时，可按整体截面计算。

注：加固构件的界面不允许有尘土、污垢、油渍等的污染，也不允许采取降低承载力的做法来考虑其污染的影响。

5.1.5 采用钢筋混凝土面层加固砌体构件时，其加固后承载力的计算，应遵守现行国家标准《砌体结构

设计规范》GB 50003、《混凝土结构设计规范》GB 50010 和本规范的有关规定。

5.2 砌体受压加固

5.2.1 采用钢筋混凝土面层加固轴心受压的砌体构件时，其正截面受压承载力应按下式验算：

$$N \leqslant \varphi_{com}(f_{m0}A_{m0} + \alpha_c f_c A_c + \alpha_s f_y' A_s') \quad (5.2.1)$$

式中：N——构件加固后的轴心压力设计值；

φ_{com}——轴心受压构件的稳定系数，可根据加固后截面的高厚比及配筋率，按表 5.2.1 采用；

f_{m0}——原构件砌体抗压强度设计值；

A_{m0}——原构件截面面积；

α_c——混凝土强度利用系数，对砖砌体，取 $\alpha_c = 0.8$；对混凝土小型空心砌块砌体，取 $\alpha_c = 0.7$；

f_c——混凝土轴心抗压强度设计值；

A_c——新增混凝土面层的截面面积；

α_s——钢筋强度利用系数，对砖砌体，取 $\alpha_s = 0.85$；对混凝土小型空心砌块砌体，取 $\alpha_s = 0.75$；

f_y'——新增竖向钢筋抗压强度设计值；

A_s'——新增受压区竖向钢筋截面面积。

表 5.2.1 轴心受压构件稳定系数 φ_{com}

高厚比 β	配筋率 ρ（%）				
	0.2	0.4	0.6	0.8	1.0
8	0.93	0.95	0.97	0.99	1.00
10	0.90	0.92	0.94	0.96	0.98
12	0.85	0.88	0.91	0.93	0.95
14	0.80	0.83	0.86	0.89	0.92
16	0.75	0.78	0.81	0.84	0.87
18	0.70	0.73	0.76	0.79	0.81
20	0.65	0.68	0.71	0.73	0.75

5.2.2 当采用钢筋混凝土面层加固偏心受压的砌体构件（图 5.2.2）时，其正截面承载力应按下列公式计算：

$$N \leqslant f_{m0}A_m' + \alpha_c f_c A_c' + \alpha_s f_y A_s' - \alpha_s A_s \quad (5.2.2-1)$$

$$N \cdot e_N \leqslant f_{m0}S_{ms} + \alpha_c f_c S_{cs} + \alpha_s f_y' A_s'(h_0 - a') \quad (5.2.2-2)$$

此时，钢筋 A_s 的应力 σ_s（单位为 MPa，正值为拉应力，负值为压应力），应根据截面受压区相对高度 ξ，按下列规定确定：

当 $\xi > \xi_b$（即小偏心受压）时

$$\sigma_s = 650 - 800\xi \quad (5.2.2-3)$$

$$-f_y' \leqslant \sigma_s \leqslant f_y \quad (5.2.2-4)$$

当 $\xi \leqslant \xi_b$（即大偏心受压）时

$$\sigma_s = f_y \quad (5.2.2-5)$$

$$\xi = x/h_0 \quad (5.2.2-6)$$

其中截面受压区高度 x，可由下式解得：

$$f_{m0}S_{mN} + \alpha_c f_c S_{cN} + \alpha_s f_y' A_s' e_N' - \sigma_s A_s e_N = 0 \quad (5.2.2-7)$$

$$e_N = e + e_n + (h/2 - a) \quad (5.2.2-8)$$

$$e_N' = e + e_a - (h/2 - a') \quad (5.2.2-9)$$

$$e_a = \frac{\beta^2 h}{2200}(1 - 0.022\beta) \quad (5.2.2-10)$$

式中：A_m——砌体受压区的截面面积；

α_c——偏心受压构件混凝土强度利用系数，对砖砌体，取 $\alpha_c = 0.9$；对混凝土小型空心砌块砌体，取 $\alpha_c = 0.80$；

A_c'——混凝土面层受压区的截面面积；

α_s——偏心受压构件钢筋强度利用系数，对砖砌体，取 $\alpha_s = 1.0$；对混凝土小型空心砌块砌体，取 $\alpha_s = 0.95$；

e_N——钢筋 A_s 的合力点至轴向力 N 作用点的距离；

S_{ms}——砌体受压区的截面面积对钢筋 A_s 重心的面积矩；

S_{cs}——混凝土面层受压区的截面面积对钢筋 A_s 重心的面积矩；

ξ_b——加固后截面受压区相对高度的界限值，对 HPB300 级钢筋配筋，取 0.575；对 HRB335 和 HRBF335 级钢筋配筋，取 0.550；

S_{mN}——砌体受压区的截面面积对轴向力 N 作用点的面积矩；

S_{cN}——混凝土外加面层受压区的截面面积对轴向力 N 作用点的面积矩；

e_N'——钢筋 A_s' 的重心至轴向力 N 作用点的距离；

e——轴向力对加固后截面的初始偏心距，按荷载设计值计算，当 $e < 0.05h$ 时，取 $e = 0.05h$；

e_a——加固后的构件在轴向力作用下的附加偏心距；

β——加固后的构件高厚比；

h——加固后的截面高度；

h_0——加固后的截面有效高度；

a 和 a'——分别为钢筋 A_s 和 A_s' 的合力点至截面较近边的距离；

A_s——距轴向力 N 较远一侧钢筋的截面面积；

A_s'——距轴向力 N 较近一侧钢筋的截面面积。

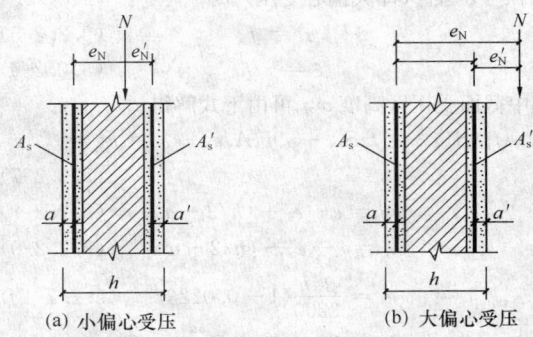

(a) 小偏心受压　　　　　(b) 大偏心受压

图 5.2.2　加固后的偏心受压构件

5.3　砌体抗剪加固

5.3.1　钢筋混凝土面层对砌体加固的受剪承载力应符合下列条件：

$$V \leqslant V_m + V_{cs} \qquad (5.3.1)$$

式中：V——砌体墙面内剪力设计值；

V_m——原砌体受剪承载力，按现行国家标准《砌体结构设计规范》GB 50003 计算确定；

V_{cs}——采用钢筋混凝土面层加固后提高的受剪承载力。

5.3.2　钢筋混凝土面层加固后提高的受剪承载力 V_{cs} 应按下列规定计算：

$$V_{cs} = 0.44\alpha_c f_t bh + 0.8\alpha_s f_y A_s (h/s) \quad (5.3.2)$$

式中：f_t——混凝土轴心抗拉强度设计值；

α_c——砂浆强度利用系数，对于砖砌体，取 α_c =0.8；对混凝土小型空心砌块，取 α_c =0.7；

α_s——钢筋强度利用系数，取 α_s =0.9；

b——混凝土面层厚度（双面时，取其厚度之和）；

h——墙体水平方向长度；

f_y——水平向钢筋的设计强度值；

A_s——水平向单排钢筋截面面积；

s——水平向钢筋的间距。

5.4　砌体抗震加固

5.4.1　钢筋混凝土面层对砌体结构进行抗震加固，宜采用双面加固形式增强砌体结构的整体性。

5.4.2　钢筋混凝土面层加固砌体墙的抗震受剪承载力应按下列公式计算：

$$V \leqslant V_{ME} + \frac{V_{cs}}{\gamma_{RE}} \qquad (5.4.2)$$

式中：V——考虑地震组合的墙体剪力设计值；

V_{ME}——原砌体截面抗震受剪承载力，按现行国家标准《砌体结构设计规范》GB 50003 计算确定；

V_{cs}——采用钢筋混凝土面层加固后提高的抗震

受剪承载力，按本规范第 5.3.2 条计算；

γ_{RE}——承载力抗震调整系数，取 γ_{RE} 为 0.85。

5.5　构　造　规　定

5.5.1　钢筋混凝土面层的截面厚度不应小于 60mm；当用喷射混凝土施工时，不应小于 50mm。

5.5.2　加固用的混凝土，其强度等级应比原构件混凝土高一级，且不应低于 C20 级；当采用 HRB335 级（或 HRBF335 级）钢筋或受有振动作用时，混凝土强度等级尚不应低于 C25 级。在配制墙、柱加固用的混凝土时，不应采用膨胀剂；必要时，可掺入适量减缩剂。

5.5.3　加固用的竖向受力钢筋，宜采用 HRB335 级或 HRBF335 级钢筋。竖向受力钢筋直径不应小于 12mm，其净间距不应小于 30mm。纵向钢筋的上下端均应有可靠的锚固；上端应锚入有配筋的混凝土梁垫、梁、板或牛腿内；下端应锚入基础内。纵向钢筋的接头应为焊接。

5.5.4　当采用围套式的钢筋混凝土面层加固砌体柱时，应采用封闭式箍筋；箍筋直径不应小于 6mm。箍筋的间距不应大于 150mm。柱的两端各 500mm 范围内，箍筋应加密，其间距应取为 100mm。若加固后的构件截面高度 h≥500mm，尚应在截面两侧加设竖向构造钢筋（图 5.5.4），并相应设置拉结钢筋作为箍筋。

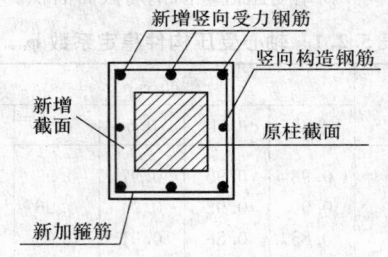

图 5.5.4　围套式面层的构造

5.5.5　当采用两对面增设钢筋混凝土面层加固带壁柱墙或窗间墙（图 5.5.5）时，应沿砌体高度每隔 250mm 交替设置不等肢 U 形箍和等肢 U 形箍。不等肢 U 形箍在穿过墙上预钻孔后，应弯折成封闭式箍筋，并在封口处焊牢。U 形筋直径为 6mm；预钻孔的直径可取 U 形筋直径的 2 倍；穿筋时应采用植筋专用的结构胶将孔洞填实。对带壁柱墙，尚应在其拐角部位增设竖向构造钢筋与 U 形箍筋焊牢。

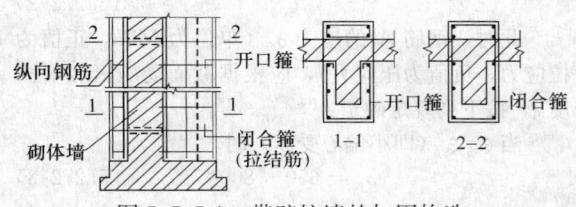

图 5.5.5-1　带壁柱墙的加固构造

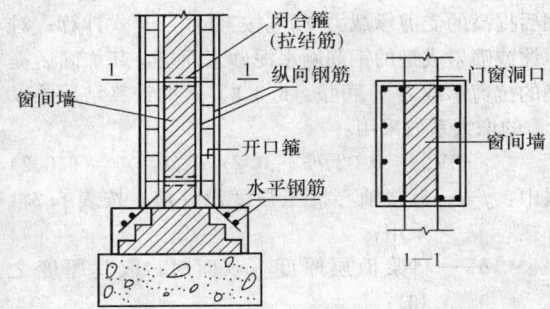

图 5.5.5-2 窗间墙的加固构造

5.5.6 当砌体构件截面任一边的竖向钢筋多于 3 根时，应通过预钻孔增设复合箍筋或拉结钢筋，并采用植筋专用结构胶将孔洞填实。

5.5.7 钢筋混凝土面层的构造，除应符合本节的规定外，尚应符合现行国家标准《混凝土结构设计规范》GB 50010 的有关规定（包括抗震设计要求）。

6 钢筋网水泥砂浆面层加固法

6.1 一 般 规 定

6.1.1 钢筋网水泥砂浆面层加固法应适用于各类砌体墙、柱的加固。

6.1.2 当采用钢筋网水泥砂浆面层加固法加固砌体构件时，其原砌体的砌筑砂浆强度等级应符合下列规定：

 1 受压构件：原砌筑砂浆的强度等级不应低于 M2.5；

 2 受剪构件：对砖砌体，其原砌筑砂浆强度等级不宜低于 M1；但若为低层建筑，允许不低于 M0.4。对砌块砌体，其原砌筑砂浆强度等级不应低于 M2.5。

6.1.3 块材严重风化（酥碱）的砌体，不应采用钢筋网水泥砂浆面层进行加固。

6.2 砌体受压加固

6.2.1 采用钢筋网水泥砂浆面层加固轴心受压砌体构件时，其加固后正截面承载力应按下式计算：

$$N \leqslant \varphi_{\text{com}}(f_{\text{m0}}A_{\text{m0}} + \alpha_{\text{c}}f_{\text{c}}A_{\text{c}} + \alpha_{\text{s}}f_{\text{s}}'A_{\text{s}}')$$
(6.2.1)

式中：N——构件加固后的轴心压力设计值；

 φ——轴心受压构件的稳定系数，可根据加固后截面的高厚比及配筋率，按本规范表 5.2.1 采用；

 f_{m0}——原构件砌体抗压强度设计值；

 A_{m0}——原构件截面面积；

 α_{c}——砂浆强度利用系数，对砖砌体，取 α_{c} = 0.75；对混凝土小型空心砌块，取 α_{c}

 = 0.65；

 f_{c}——砂浆轴心抗压强度设计值，应按表 6.2.1 采用；

 A_{c}——新增砂浆面层的截面面积；

 α_{s}——钢筋强度利用系数，对砖砌体，取 α_{s} = 0.8；对混凝土小型空心砌块，取 α_{s} = 0.7；

 f_{s}'——新增纵向钢筋抗压强度设计值；

 A_{s}'——新增纵向钢筋截面面积。

表 6.2.1 砂浆轴心抗压强度设计值（MPa）

砂浆品种及施工方法		砂浆强度等级					
		M10	M15	M30	M35	M40	M45
普通水泥砂浆	喷射法	3.8	5.6	—	—	—	—
	手工抹压法	3.4	5.0	—	—	—	—
聚合物砂浆或水泥复合砂浆	喷射法	—	—	14.3	16.7	19.1	21.1
	手工抹压法	—	—	10.0	11.6	13.3	14.7

6.2.2 当采用钢筋网水泥砂浆面层加固偏心受压砌体构件时，其加固后正截面承载力应按下列公式计算：

$$N \leqslant f_{\text{m0}}A_{\text{m}}' + \alpha_{\text{c}}f_{\text{c}}A_{\text{c}}' + \alpha_{\text{s}}f_{\text{y}}'A_{\text{s}}' - \sigma_{\text{s}}A_{\text{s}}$$
(6.2.2-1)

$$N \cdot e_{\text{N}} \leqslant f_{\text{m0}}S_{\text{ms}} + \alpha_{\text{c}}f_{\text{c}}S_{\text{cs}} + \alpha_{\text{s}}f_{\text{y}}'A_{\text{s}}'(h_0 - a')$$
(6.2.2-2)

此时，钢筋 A_{s} 的应力 σ_{s} 应根据截面受压区相对高度 ξ，按下列公式计算：

 当 $\xi > \xi_{\text{b}}$（即小偏心受压）时，

$$\sigma_{\text{s}} = 650 - 800\xi$$
(6.2.2-3)

$$-f_{\text{y}}' \leqslant \sigma_{\text{s}} \leqslant f_{\text{y}}$$
(6.2.2-4)

 当 $\xi \leqslant \xi_{\text{b}}$（即大偏心受压）时，

$$\sigma_{\text{s}} = f_{\text{y}}$$
(6.2.2-5)

$$\xi = x/h_0$$
(6.2.2-6)

其中混凝土受压区高度，应按下列公式计算：

$$f_{\text{m0}}S_{\text{mN}} + \alpha_{\text{c}}f_{\text{c}}S_{\text{cN}} + \alpha_{\text{s}}f_{\text{y}}'A_{\text{s}}'e_{\text{N}}' - \sigma_{\text{s}}A_{\text{s}}e_{\text{N}} = 0$$
(6.2.2-7)

$$e_{\text{N}} = e + e_{\text{a}} + (h/2 - a)$$
(6.2.2-8)

$$e_{\text{N}}' = e + e_{\text{a}} - (h/2 - a')$$
(6.2.2-9)

$$e_{\text{a}} = \frac{\beta^2 h}{2200}(1 - 0.022\beta)$$
(6.2.2-10)

 注：钢筋 A_{s} 的应力 σ_{s} 单位为 MPa，正值为拉应力，负值为压应力。

式中：A_{m}'——砌体受压区的截面面积；

 α_{c}——偏心受压构件混凝土强度利用系数，对砖砌体，取 α_{c} = 0.85；对混凝土小型空心砌块砌体，取 α_{c} = 0.75；

A'_c——混凝土面层受压区的截面面积；

α_s——偏心受压构件钢筋强度利用系数，对砖砌体，取 $\alpha_s=0.90$；对混凝土小型空心砌块砌体，取 $\alpha_s=0.80$；

e_N——钢筋 A_s 的重心至轴向力 N 作用点的距离；

S_{ms}——砌体受压区的截面面积对钢筋 A_s 重心的面积矩；

S_{cs}——混凝土面层受压区的截面面积对钢筋 A_s 重心的面积矩；

ξ_b——加固后截面受压区相对高度的界限值，对 HPB300 级钢筋配筋，取 0.475；对 HRB335 和 HRBF335 级钢筋配筋，取 0.437；

S_{mN}——砌体受压区的截面面积对轴向力 N 作用点的面积矩；

S_{cN}——混凝土面层受压区的截面面积对轴向力 N 作用点的面积矩；

e'_N——钢筋 A'_s 的重心至轴向力 N 作用点的距离；

e——轴向力对加固后截面的初始偏心距；按荷载设计值计算；当 $e<0.05h$ 时，取 $e=0.05h$；

e_a——加固后的构件在轴向力作用下的附加偏心距；

β——加固后的构件高厚比；

h——加固后的截面高度；

h_0——加固后的截面有效高度；

a 和 a'——分别为钢筋 A_s 和 A'_s 的截面重心至截面较近边的距离；

A_s——距轴向力 N 较远一侧钢筋的截面面积；

A'_s——距轴向力 N 较近一侧钢筋的截面面积。

6.2.3 根据加固计算结果确定的钢筋网水泥浆面层厚度大于 50mm 时，宜改用钢筋混凝土面层，并重新进行设计。

6.3 砌体抗剪加固

6.3.1 钢筋网水泥砂浆面层对砌体加固的受剪承载力应符合下式条件：

$$V \leqslant V_M + V_{sj} \qquad (6.3.1)$$

式中：V——砌体墙面内剪力设计值；

V_M——原砌体受剪承载力，按现行国家标准《砌体结构设计规范》GB 50003 计算确定；

V_{sj}——采用钢筋网水泥砂浆面层加固后提高的受剪承载力，按第 6.3.2 条确定。

6.3.2 采用手工抹压施工的钢筋网水泥砂浆面层加

固后提高的受剪承载力 V_{sj} 应按（6.3.2）式计算；对压注或喷射成型的钢筋网水泥砂浆面层，其加固后提高的抗剪承载力 V_{sj} 可按（6.3.2）式的计算结果乘以 1.5 的增大系数采用：

$$V_{sj} = 0.02 fbh + 0.2 f_y A_s (h/s) \qquad (6.3.2)$$

式中：f——砂浆轴心抗压强度设计值，按表 6.2.1 采用；

b——砂浆面层厚度（双面时，取其厚度之和）；

h——墙体水平方向长度；

f_y——水平向钢筋的设计强度值；

A_s——水平向单排钢筋截面面积；

s——水平向钢筋的间距。

6.4 砌体抗震加固

6.4.1 钢筋网水泥砂浆面层对砌体结构进行抗震加固，宜采用双面加固形式增强砌体结构的整体性。

6.4.2 钢筋网水泥砂浆面层加固砌体墙的抗震受剪承载力应符合下式的要求：

$$V \leqslant V_{ME} + \frac{V_{sj}}{\gamma_{RE}} \qquad (6.4.2)$$

式中：V——考虑地震组合的墙体剪力设计值；

V_{ME}——原砌体抗震受剪承载力，按现行国家标准《砌体结构设计规范》GB 50003 的有关规定计算确定；

V_{sj}——采用钢筋网水泥砂浆面层加固后提高的抗震受剪承载力，按本规范第 6.3.2 条计算；

γ_{RE}——承载力抗震调整系数，取 γ_{RE} 为 0.9。

6.5 构 造 规 定

6.5.1 当采用钢筋网水泥砂浆面层加固砌体承重构件时，其面层厚度，对室内正常湿度环境，应为 35mm～45mm；对于露天或潮湿环境，应为 45mm～50mm。

6.5.2 钢筋网水泥砂浆面层加固砌体承重构件的构造应符合下列规定：

1 加固受压构件用的水泥砂浆，其强度等级不应低于 M15；加固受剪构件用的水泥砂浆，其强度等级不应低于 M10。

2 受力钢筋的砂浆保护层厚度，不应小于表 6.5.2 中的规定。受力钢筋距砌体表面的距离不应小于 5mm。

表 6.5.2　钢筋网水泥砂浆保护层最小厚度（mm）

环境条件 构件类别	室内正常环境	露天或室内潮湿环境
墙	15	25
柱	25	35

6.5.3 结构加固用的钢筋，宜采用 HRB335 级钢筋或 HRBF335 级钢筋，也可采用 HPB300 级钢筋。

6.5.4 当加固柱和墙的壁柱时，其构造应符合下列规定：

1 竖向受力钢筋直径不应小于 10mm，其净间距不应小于 30mm；受压钢筋一侧的配筋率不应小于 0.2%；受拉钢筋的配筋率不应小于 0.15%。

2 柱的箍筋应采用封闭式，其直径不宜小于 6mm，间距不应大于 150mm。柱的两端各 500mm 范围内，箍筋应加密，其间距应取为 100mm。

3 在墙的壁柱中，应设两种箍筋；一种为不穿墙的 U 形筋，但应焊在墙柱角隅处的竖向构造筋上，其间距与柱的箍筋相同；另一种为穿墙箍筋，加工时宜先做成不等肢 U 形箍，待穿墙后再弯成封闭式箍，其直径宜为 8mm～10mm，每隔 600mm 替换一支不穿墙的 U 形箍筋。

4 箍筋与竖向钢筋的连接应为焊接。

6.5.5 加固墙体时，宜采用点焊方格钢筋网，网中竖向受力钢筋直径不应小于 8mm；水平分布钢筋的直径宜为 6mm；网格尺寸不应大于 300mm。当采用双面钢筋网水泥砂浆时，钢筋网应采用穿通墙体的 S 形或 Z 形钢筋拉结，拉结钢筋宜成梅花状布置，其竖向间距和水平间距均不应大于 500mm（图 6.5.5）。

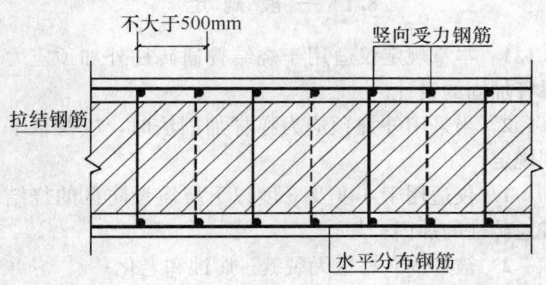

图 6.5.5 钢筋网砂浆面层

6.5.6 钢筋网四周应与楼板、大梁、柱或墙体可靠连接。墙、柱加固增设的竖向受力钢筋，其上端应锚固在楼层构件、圈梁或配筋的混凝土垫块中；其伸入地下一端应锚固在基础内。锚固可采用植筋方式。

6.5.7 当原构件为多孔砖砌体或混凝土小砌块砌体时，应采用专门的机具和结构胶埋设穿墙的拉结筋。混凝土小砌块砌体不得采用单侧外加面层。

6.5.8 受力钢筋的搭接长度和锚固长度应按现行国家标准《混凝土结构设计规范》GB 50010 的有关规定确定。

6.5.9 钢筋网的横向钢筋遇有门窗洞时，对单面加固情形，宜将钢筋弯入洞口侧面并沿洞口边锚固；对双面加固情形，宜将两侧的横向钢筋在洞口处闭合，且尚应在钢筋网折角处设置竖向构造钢筋；此外，在门窗转角处，尚应设置附加的斜向钢筋。

7 外包型钢加固法

7.1 一般规定

7.1.1 本章规定适用于以外包型钢加固砌体柱的设计。

7.1.2 当采用外包型钢加固矩形截面砌体柱时，宜设计成以角钢为组合构件四肢，以钢缀板围束砌体的钢构架加固方式（图 7.1.2），并考虑二次受力的影响。

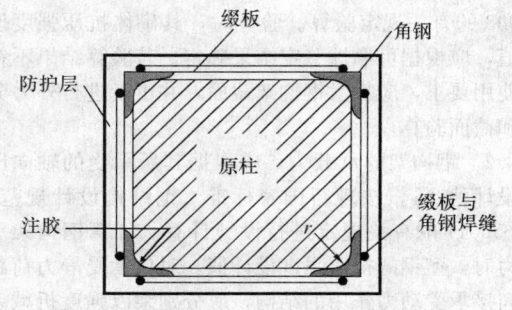

图 7.1.2 外包型钢加固

7.2 计算方法

7.2.1 当采用外包角钢（或其他型钢）加固砌体承重柱时，其加固后承受的轴向压力设计值 N 和弯矩设计值 M，应按刚度比分配给原柱和钢构架，并应符合下列规定：

1 原柱承受的轴向力设计值 N_m 和弯矩设计值 M_m 应按下列公式进行计算：

$$N_m = \frac{k_m E_{m0} A_{m0}}{k_m E_{m0} A_{m0} + E_a A_a} N \quad (7.2.1\text{-}1)$$

$$M_m = \frac{k_m E_{m0} I_{m0}}{k_m E_{m0} I_{m0} + \eta E_a I_a} M \quad (7.2.1\text{-}2)$$

2 钢构架承受的轴向力设计值 N_a 和弯矩设计值 M_a 应按下列公式进行计算：

$$N_a = N - N_m \quad (7.2.1\text{-}3)$$

$$M_a = M - M_m \quad (7.2.1\text{-}4)$$

式中：k_m——原砌体刚度降低系数，对完好原柱，取 $k_m = 0.9$；对基本完好原柱，取 $k_m = 0.8$；对已有腐蚀迹象的原柱，经剔除腐蚀层并修补后，取 $k_m = 0.65$。若原柱有竖向裂缝，或有其他严重缺陷，则取 $k_m = 0$，即不考虑原柱的作用；全部荷载由角钢（或其他型钢）组成的钢构架承担；

E_{m0} 和 E_a——分别为原砌体和新增型钢的弹性模量；

A_{m0} 和 A_a——分别为原砌体截面面积和新增型钢的全截面面积；

I_{m0}——原砌体截面的惯性矩；

I_a——钢构架的截面惯性矩；计算时，可忽略各分肢角钢自身截面的惯性矩，即：$I_a = 0.5A_a \cdot a^2$（a 为计算方向两侧型钢截面形心间的距离）；

η——协同工作系数，可取 $\eta = 0.9$。

7.2.2 当采用外包型钢加固轴心受压砌体构件时，其加固后原柱和外增钢构架的承载力应按下列规定验算：

1 原柱的承载力，应根据其所承受的轴向压力值 N_m，按现行国家标准《砌体结构设计规范》GB 50003 的有关规定验算。验算时，其砌体抗压强度设计值，应根据可靠性鉴定结果确定。若验算结果不符合使用要求，应加大钢构架截面，并重新进行外力分配和截面验算。

2 钢构架的承载力，应根据其所承受的轴向压力设计值 N_a，按现行国家标准《钢结构设计规范》GB 50017 的有关规定进行设计计算。计算钢构架承载力时，型钢的抗压强度设计值，对仅承受静力荷载或间接承受动力作用的结构，应分别乘以强度折减系数 0.95 和 0.90。对直接承受动力荷载或振动作用的结构，应乘以强度折减系数 0.85。

3 外包型钢砌体加固后的承载力为钢构架承载力和原柱承载力之和。不论角钢肢与砌体柱接触面处涂布或灌注任何粘结材料，均不考虑其粘结作用对计算承载力的提高。

7.2.3 当采用外包型钢加固偏心受压砌体构件时，可依据本规范第 7.2.1 条及第 7.2.2 条的规定，分别按现行国家标准《砌体结构设计规范》GB 50003 和《钢结构设计规范》GB 50017 进行原柱和钢构架的承载力验算。

7.3 构造规定

7.3.1 当采用外包型钢加固砌体承重柱时，钢构架应采用 Q235 钢（3 号钢）制作；钢构架中的受力角钢和钢缀板的最小截面尺寸应分别为∟ 60mm×60mm×6mm 和 60mm×6mm。

7.3.2 钢构架的四肢角钢，应采用封闭式缀板作为横向连接件，以焊接固定。缀板的间距不应大于 500mm。

7.3.3 为使角钢及其缀板紧贴砌体柱表面，应采用水泥砂浆填塞角钢及缀板，也可采用灌浆料进行压注。

7.3.4 钢构架两端应有可靠的连接和锚固（图 7.3.4）；其下端应锚固于基础内；上端应抵紧在该加固柱上部（上层）构件的底面，并与锚固于梁、板、柱帽或梁垫的短角钢相焊接。在钢构架（从地面标高向上量起）的 $2h$ 和上端的 $1.5h$（h 为原柱截面高度）节点区内，缀板的间距不应大于 250mm。与此同时，

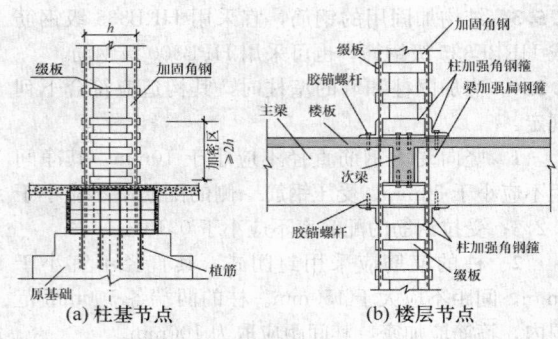

图 7.3.4 钢构架构造

还应在柱顶部位设置角钢箍予以加强。

7.3.5 在多层砌体结构中，若不止一层承重柱需增设钢构架加固，其角钢应通过开洞连续穿过各层现浇楼板；若为预制楼板，宜局部改为现浇，使角钢保持通长。

7.3.6 采用外包型钢加固砌体柱时，型钢表面宜包裹钢丝网并抹厚度不小于 25mm 的 1∶3 水泥砂浆作防护层。否则，应对型钢进行防锈处理。

8 外加预应力撑杆加固法

8.1 一般规定

8.1.1 本章规定仅适用于烧结普通砖柱外加预应力撑杆加固的设计。

8.1.2 当采用外加预应力撑杆加固法时，应符合下列规定：

1 仅适用于 6 度及 6 度以下抗震设防区的烧结普通砖柱的加固；

2 被加固砖柱应无裂缝、腐蚀和老化；

3 被加固柱的上部结构应为钢筋混凝土现浇梁板；且能与撑杆上端的传力角钢可靠锚固；

4 应有可靠的施加预应力的施工经验；

5 本方法仅适用于温度不大于 60℃的正常环境中。

8.1.3 当采用外加预应力撑杆加固砖柱时，宜选用两对角钢组成的双侧预应力撑杆的加固方式（图 8.1.3）；不得采用单侧预应力撑杆的加固方式。

8.1.4 当按本规范的要求施加预应力时，可不考虑原柱应力水平对加固效果的影响。

8.2 计算方法

8.2.1 当采用预应力撑杆加固轴心受压砖柱时，应按下列步骤进行设计计算：

1 内力计算应按下列步骤进行：

1） 确定砖柱加固后需承受的轴向压力设计值 N；

2） 根据原柱可靠性鉴定结果确定其轴心受压

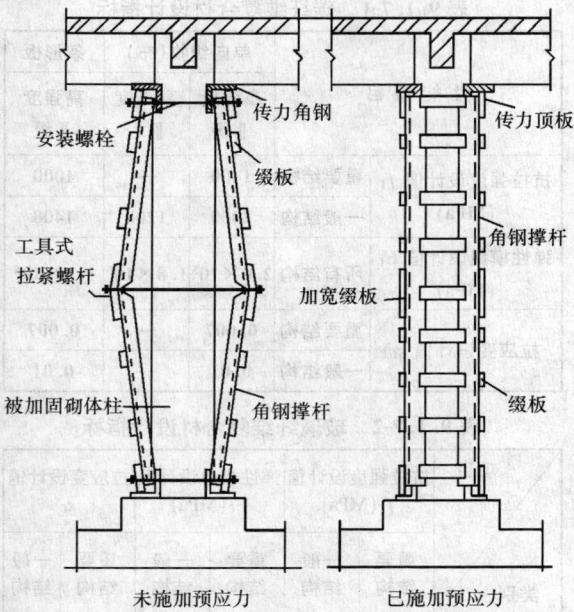

图 8.1.3　预应力撑杆加固方式

承载力 N_{m}；

3）计算需由撑杆承受的轴向压力设计值 N_1，并应按下式进行计算：

$$N_1 = N - N_{\mathrm{m}} \qquad (8.2.1\text{-}1)$$

2　预应力撑杆的总截面面积应按下式进行计算：

$$N_1 \leqslant \varphi_{\mathrm{a}} f'_{\mathrm{py}} A'_{\mathrm{p}} \qquad (8.2.1\text{-}2)$$

式中：φ_{a}——撑杆钢构架的稳定系数，按现行国家标准《钢结构设计规范》GB 50017 格构式截面确定；

f'_{py}——撑杆角钢的抗压强度设计值；

A'_{p}——撑杆的总截面面积。

3　预应力撑杆加固后的砌体柱轴心受压承载力 N 可符合下式的要求：

$$N \leqslant \varphi_0 (A_{\mathrm{m}0} f_{\mathrm{m}0} + A'_{\mathrm{p}} f'_{\mathrm{py}}) \qquad (8.2.1\text{-}3)$$

式中：φ_0——原柱轴心受压的稳定系数，应按现行国家标准《砌体结构设计规范》GB 50003 的规定值采用；

$A_{\mathrm{m}0}$——原柱的砌体截面面积；

$f_{\mathrm{m}0}$——原砌体抗压强度设计值。

注：若验算结果不满足设计要求，可加大撑杆截面面积，再重新验算。

4　缀板可按现行国家标准《钢结构设计规范》GB 50017 的有关规定进行计算；其尺寸和间距尚应保证在施工期间受压肢（单根角钢）不致失稳。

5　施工时的预加压应力值 σ'_{p} 应按下列公式确定：

$$\sigma'_{\mathrm{p}} \leqslant \varphi_1 f'_{\mathrm{py}} \qquad (8.2.1\text{-}4)$$

$$0.4 f'_{\mathrm{py}} \leqslant \sigma'_{\mathrm{p}} \leqslant 0.7 f'_{\mathrm{py}} \qquad (8.2.1\text{-}5)$$

式中：φ_1——用横向张拉法时，压杆肢的稳定系数，其计算长度取压杆肢全长的 1/2。

6　当采用工具式拉紧螺栓以横向张拉法安装撑杆（图 8.2.1）时，其横向张拉控制量 ΔH，可按下式确定：

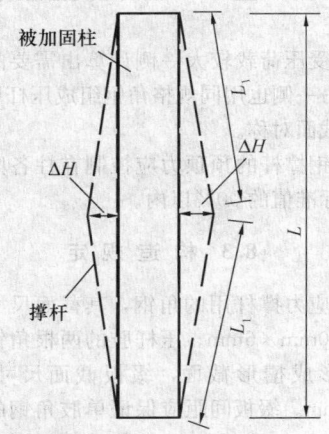

图 8.2.1　预应力撑杆肢横向张拉量

$$\Delta H = 0.5L \sqrt{2\sigma'_{\mathrm{p}}/\eta E_{\mathrm{a}}} + \delta \qquad (8.2.1\text{-}6)$$

式中：L——撑杆的竖向全长；

η——经验系数，取 $\eta = 0.9$；

E_{a}——撑杆钢材的弹性模量；

δ——撑杆端顶板与上部混凝土构件间的压缩量，一般取 δ 为 5mm～7mm。实际弯折撑杆肢时，取撑杆肢矢高为 $\Delta H + (3\sim 5)$mm，但施工中只收紧 ΔH，以使撑杆处于预压状态。

8.2.2　当采用预应力撑杆加固偏心受压组合砌体柱时，应按下列步骤进行设计计算：

1　偏心受压荷载计算：

1）确定该柱加固后需承受的最大偏心荷载——轴向压力 N 和弯矩 M 的设计值；

2）确定撑杆肢承载力，可先试用两根较小的角钢作撑杆肢，其有效承载力取为 0.9 $A'_{\mathrm{p}1} f'_{\mathrm{py}1}$（其中 $A'_{\mathrm{p}1}$ 为受压一侧角钢的总截面面积）；

3）根据静力平衡条件，原组合砌体柱一侧加固后需承受的偏心受压荷载为：

$$N_{01} = N - 0.9 f'_{\mathrm{py}} A'_{\mathrm{p}1} \qquad (8.2.2\text{-}1)$$

$$M_{01} = M - 0.9 f'_{\mathrm{py}} A'_{\mathrm{p}1} a/2 \qquad (8.2.2\text{-}2)$$

式中：a 为两侧角钢形心之间的距离。

2　偏心受压柱加固后承载力，应按现行国家标准《砌体结构设计规范》GB 50003 的规定验算原组合砌体柱在 N_{01} 和 M_{01} 作用下的承载力。当原砌体柱的承载力不满足上述验算要求时，可加大角钢截面面

积，并重新进行验算。

3 缀板计算应符合现行国家标准《钢结构设计规范》GB 50017 的要求，并应保证撑杆肢的角钢在施工中不致失稳。

4 施工时预加压应力值 σ'_p，宜取为 $50N/mm^2 \sim 80N/mm^2$。

5 横向张拉量 ΔH，应按本规范公式（8.2.1-6）计算确定。

6 按受压荷载较大一侧计算出需要的角钢截面后，柱的另一侧也用同规格角钢组成压杆肢，使撑杆的两侧的截面对称。

8.2.3 角钢撑杆的预顶力应控制在柱各阶段所受竖向恒荷载标准值的 90% 以内。

8.3 构 造 规 定

8.3.1 预应力撑杆用的角钢，其截面尺寸不应小于 L60mm×60mm×6mm。压杆肢的两根角钢应用钢缀板连接，形成槽形截面，缀板截面尺寸不应小于 80mm×6mm。缀板间距应保证单肢角钢的长细比不大于 40。

8.3.2 撑杆肢上端的传力构造及预应力撑杆横向张拉的构造，可参照现行国家标准《混凝土结构加固设计规范》GB 50367 进行设计，且传力角钢应与上部钢筋混凝土梁（或其他承重构件）可靠锚固。

9 粘贴纤维复合材加固法

9.1 一 般 规 定

9.1.1 本方法仅适用于烧结普通砖墙（以下简称砖墙）平面内受剪加固和抗震加固。

9.1.2 被加固的砖墙，其现场实测的砖强度等级不得低于 MU7.5；砂浆强度等级不得低于 M2.5；现已开裂、腐蚀、老化的砖墙不得采用本方法进行加固。

9.1.3 采用本方法加固的纤维材料及其配套的结构胶粘剂，其安全性能应符合本规范第 4 章的要求。

9.1.4 外贴纤维复合材加固砖墙时，应将纤维受力方式设计成仅承受拉应力作用。

9.1.5 粘贴在砖砌构件表面上的纤维复合材，其表面应进行防护处理。表面防护材料应对纤维及胶粘剂无害。

9.1.6 采用本方法加固的砖墙结构，其长期使用的环境温度不应高于 60℃；处于特殊环境的砖砌结构采用本方法加固时，除应按国家现行有关标准的规定采取相应的防护措施外，尚应采用耐环境因素作用的胶粘剂，并按专门的工艺要求施工。

9.1.7 碳纤维和玻璃纤维复合材的设计指标必须分别按表 9.1.7-1 及表 9.1.7-2 的规定值采用。

表 9.1.7-1　碳纤维复合材设计指标

性 能 项 目		单向织物（布）		条形板
		高强度 Ⅱ级	高强度 Ⅲ级	高强度 Ⅱ级
抗拉强度设计值 f_f（MPa）	重要结构	1400	—	1000
	一般结构	2000	1200	1400
弹性模量设计值 E_f（MPa）	所有结构	$2.0×10^5$	$1.8×10^5$	$1.4×10^5$
拉应变设计值 ε_f	重要结构	0.007	—	0.007
	一般结构	0.01	—	0.01

表 9.1.7-2　玻璃纤维复合材设计指标

项目 类别	抗拉强度设计值 f_f（MPa）		弹性模量设计值 E_f（MPa）		拉应变设计值 ε_f	
	重要结构	一般结构	重要结构	一般结构	重要结构	一般结构
S 玻璃纤维	500	700	$7.0×10^4$		0.007	0.01
E 玻璃纤维	350	500	$5.0×10^4$		0.007	0.01

9.1.8 当被加固构件的表面有防火要求时，应按现行国家标准《建筑设计防火规范》GB 50016 规定的耐火等级及耐火极限要求，对胶层和纤维复合材进行防护。

9.2 砌体抗剪加固

9.2.1 粘贴纤维复合材提高砌体墙平面内受剪承载力的加固方式，可根据工程实际情况选用：水平粘贴方式、交叉粘贴方式、平叉粘贴方式或双叉粘贴方式等（图 9.2.1-1 及图 9.2.1-2）。每一种方式的端部均应加贴竖向或横向压条。

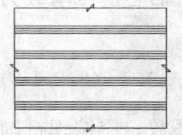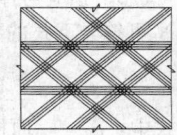

(a) 水平粘贴方式　(b) 交叉粘贴方式　(c) 平叉粘贴方式

图 9.2.1-1　纤维复合材（布）粘贴方式示例

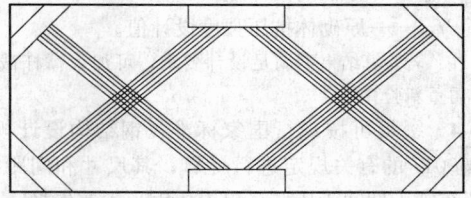

图 9.2.1-2　纤维复合材（条形板）粘贴方式示例

9.2.2 粘贴纤维复合材对砌体墙平面内受剪加固的受剪承载力应符合下列条件：

$$V \leqslant V_m + V_F \tag{9.2.2-1}$$

$$V \leqslant 1.4\alpha_v V_m \tag{9.2.2-2}$$

式中：V——砌体墙平面内剪力设计值；

V_m——原砌体受剪承载力，按现行国家标准《砌体结构设计规范》GB 50003 的规定计算确定；

V_F——采用纤维复合材加固后提高的受剪承载力；

α_v——厚砌体压应力影响系数，对一般情况，取 α_v 为 1.0；对原砌体砂浆强度等级不低于 M5，且原构件轴压比不小于 0.5 的情况，取 α_v 为 0.9。

9.2.3 粘贴纤维复合材后提高的受剪承载力 V_F 应按下列规定计算：

$$V_F = \alpha_f f_f \sum_{i=1}^{n} A_{fi} \cos a_i \tag{9.2.3}$$

式中：α_f——纤维复合材参与工作系数，对水平粘贴方式和交叉方式分别按表 9.2.3-1 及表 9.2.3-2 取值；

f_f——受剪加固采用的纤维复合材抗拉强度设计值，按本规范第 9.1.7 条规定的抗拉强度设计值乘以调整系数 0.28 确定；

A_{fi}——穿过计算斜截面的第 i 个纤维复合材条带的截面面积；

a_i——第 i 个纤维复合材条带纤维方向与水平方向的夹角；

n——穿过计算斜截面的纤维复合材条带数。当纤维复合材在条带端部构造不满足本规范第 9.4.3 条锚固要求时，不应考虑其对受剪承载力的贡献。

注：对平斜粘贴方式，应按水平粘贴方式和交叉方式分别用式（9.2.3）计算后叠加而得。

表 9.2.3-1　水平粘贴方式纤维复合材参与工作系数 α_f

墙体高宽比	0.4	0.6	0.8	1.0	1.2
参与工作系数 α_f	0.40	0.50	0.55	0.60	0.65

表 9.2.3-2　交叉粘贴方式纤维复合材参与工作系数 α_f

穿过计算斜截面纤维布条带数 n	1	2	3	4
参与工作系数 α_f	1	0.85	0.70	0.60

9.3　砌体抗震加固

9.3.1 粘贴纤维布对砖墙进行抗震加固时，应采用连续粘贴形式，以增强墙体的整体性能。

9.3.2 粘贴纤维布加固砌体墙的抗震受剪承载力应按下列公式计算：

$$V \leqslant V_{ME} + V_F \tag{9.3.2-1}$$

$$V \leqslant 1.4\alpha_v V_{ME} \tag{9.3.2-2}$$

式中：V——考虑地震组合的墙体剪力设计值；

V_{ME}——原砌体抗震受剪承载力，按现行国家标准《砌体结构设计规范》GB 50003 的有关规定计算确定；

V_F——采用纤维复合材加固后提高的抗震受剪承载力，按本规范第 9.2.3 条计算，但应除承载力抗震调整系数 γ_{RE}，一般取 γ_{RE} 为 1.0；若原柱为组合砌体，取 γ_{RE} 为 0.85；

α_v——原砌体压应力影响系数，按本规范第 9.2.2 条的规定确定。

9.4　构　造　规　定

9.4.1 纤维布条带在全墙面上宜等间距均匀布置，条带宽度不宜小于 100mm，条带的最大净间距不宜大于三皮砖块的高度，也不宜大于 200mm。

9.4.2 沿纤维布条带方向应有可靠的锚固措施（图 9.4.2）。

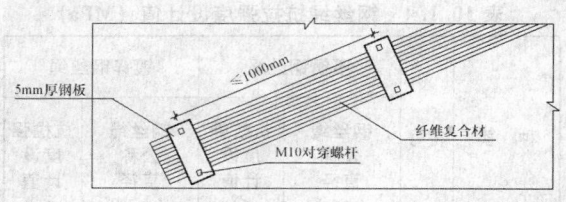

图 9.4.2　沿纤维布条带方向设置拉结构造

9.4.3 纤维布条带端部的锚固构造措施，可根据墙体端部情况，采用对穿螺栓垫板压牢（图 9.4.3）。当纤维布条带需绕过阳角时，阳角转角处曲率半径不应小于 20mm。当有可靠的工程经验或试验资料时，也可采用其他机械锚固方式。

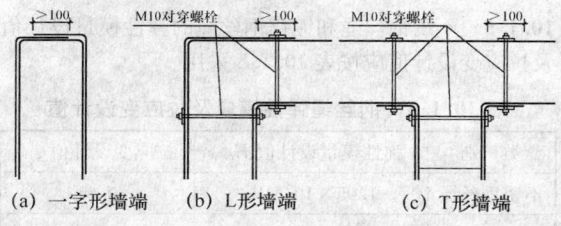

(a) 一字形墙端　　(b) L形墙端　　(c) T形墙端

图 9.4.3　纤维布条带端部的锚固构造

9.4.4 当采用搭接的方式接长纤维布条带时，搭接长度不应小于 200mm，且应在搭接长度中部设置一道锚栓锚固。

9.4.5 当砖墙采用纤维复合材加固时，其墙、柱表面应先做水泥砂浆抹平层；层厚不应小于 15mm 且应平整；水泥砂浆强度等级应不低于 M10；粘贴纤维复合材应待抹平层硬化、干燥后方可进行。

10 钢丝绳网-聚合物改性水泥砂浆面层加固法

10.1 一般规定

10.1.1 本方法仅适用于以钢丝绳网-聚合物改性水泥砂浆面层对烧结普通砖墙进行的平面内受剪加固和抗震加固。

注：单股钢丝绳也称钢绞线。

10.1.2 采用本方法时，原砌体构件按现场检测结果推定的块体强度等级不应低于 MU7.5 级；砂浆强度等级不应低于 M1.0；块体表面与结构胶粘结的正拉粘结强度不应低于 1.5MPa。

严重腐蚀、粉化的砌体构件不得采用本方法加固。

10.1.3 采用本方法加固的砌体结构，其长期使用的环境温度不应高于 60℃；处于特殊环境的砌体结构采用本方法加固时，除应按国家现行有关标准的规定采取相应的防护措施外，尚应采用耐环境因素作用的聚合物改性水泥砂浆，并按专门的工艺要求施工。

10.1.4 钢丝绳的强度设计值应按表 10.1.4 采用。

表 10.1.4 钢丝绳抗拉强度设计值（MPa）

种 类	符号	不锈钢丝绳		镀锌钢丝绳	
		钢丝绳公称直径(mm)	抗拉强度设计值 f_{rw}	钢丝绳公称直径(mm)	抗拉强度设计值 f_{rw}
$6×7+IWS$	ϕ_r	2.4～4.0	1100	2.5～4.5	1050
			1050		1000
$1×19$	ϕ_s	2.5	1050	2.5	1100

10.1.5 不锈钢丝绳和镀锌钢丝绳的弹性模量设计值及拉应变设计值应按表 10.1.5 采用。

表 10.1.5 钢丝绳弹性模量及拉应变设计值

类 别	弹性模量设计值 E_{rw}	拉应变设计值 ε_{rw}
不锈钢丝绳	$1.05×10^5$ MPa	0.01
镀锌钢丝绳	$1.30×10^5$ MPa	0.008

10.1.6 钢丝绳计算用的截面面积及其参考重量，可按表 10.1.6 的规定值采用。

表 10.1.6 钢丝绳计算用截面面积及参考重量

种 类	钢丝绳公称直径(mm)	钢丝直径(mm)	计算用截面面积(mm²)	参考重量(kg/100m)
$6×7+IWS$	2.4	(0.27)	2.81	2.40
	2.5	0.28	3.02	2.73

续表 10.1.6

种 类	钢丝绳公称直径(mm)	钢丝直径(mm)	计算用截面面积(mm²)	参考重量(kg/100m)
$6×7+IWS$	3.0	0.32	3.94	3.36
	3.05	(0.34)	4.45	3.83
	3.2	0.35	4.71	4.21
	3.6	0.40	6.16	6.20
	4.0	(0.44)	7.45	6.70
	4.2	0.45	7.79	7.05
	4.5	0.50	9.62	8.70
$1×19$	2.5	0.50	3.73	3.10

注：括号内的钢丝直径为建筑结构加固非常用的直径。

10.1.7 当被加固构件的表面有防火要求时，应按现行国家标准《建筑设计防火规范》GB 50016 规定的耐火等级及耐火极限要求，对钢丝绳网-聚合物砂浆面层进行防护。

10.1.8 采用本方法加固时，应采取措施卸除或大部分卸除作用在结构上的活荷载。

10.2 砌体抗剪加固

10.2.1 钢丝绳网-聚合物砂浆面层对砌体墙面内受剪加固的受剪承载力应符合下列条件：

$$V \leqslant V_M + V_{rw} \qquad (10.2.1-1)$$

$$V \leqslant 1.4 V_M \qquad (10.2.1-2)$$

式中：V —— 砌体墙面内剪力设计值；

V_M —— 原砌体受剪承载力，按现行国家标准《砌体结构设计规范》GB 50003 计算确定；

V_{rw} —— 采用钢丝绳网-聚合物砂浆面层加固后提高的受剪承载力。

10.2.2 钢丝绳网-聚合物砂浆面层加固后提高的受剪承载力 V_{rw} 应按下列规定计算：

$$V_{rw} = \alpha_{rw} f_{rw} \sum_{i=1}^{n} A_{rwi} \qquad (10.2.2)$$

式中：α_{rw} —— 钢丝绳网参与工作系数，按表 10.2.2 采用；

f_{rw} —— 受剪加固采用的钢丝绳网抗拉强度设计值，按本规范第 10.1.4 条规定的抗拉强度设计值乘以调整系数 0.28 确定；

A_{rwi} —— 穿过计算斜截面的第 i 个水平向钢丝绳的截面面积；

n —— 穿过计算斜截面的水平向钢丝绳根数。

10.2.2 水平向钢丝绳网参与工作系数 α_{rw}

墙体高宽比	0.4	0.6	0.8	1.0	1.2
参与工作系数 α_{rw}	0.40	0.50	0.55	0.60	0.60

10.3 砌体抗震加固

10.3.1 钢丝绳网-聚合物砂浆面层对砌体结构进行抗震加固,宜采用双面加固形式增强砌体结构的整体性。

10.3.2 钢丝绳网-聚合物砂浆面层加固砌体墙的抗震受剪承载力应按下列公式计算:

$$V \leqslant V_{\mathrm{ME}} + \frac{V_{\mathrm{rw}}}{\gamma_{\mathrm{RE}}} \qquad (10.3.2\text{-}1)$$

$$V \leqslant 1.4 V_{\mathrm{ME}} \qquad (10.3.2\text{-}2)$$

式中:V——考虑地震组合的墙体剪力设计值;

V_{ME}——原砌体抗震受剪承载力,按国家标准《砌体结构设计规范》GB 50003－2001第10.2.1条和第10.2.3条计算确定;

V_{rw}——采用钢丝绳网-聚合物砂浆面层加固后提高的抗震受剪承载力,按本规范10.2.2条计算;

γ_{RE}——承载力抗震调整系数,取 γ_{RE} 为0.9。

10.4 构造规定

10.4.1 钢丝绳网的设计与制作应符合下列规定:

1 网片应采用小直径不松散的高强度钢丝绳制作;绳的直径宜在 2.5mm～4.5mm 范围内;当采用航空用高强度钢丝绳时,也可使用规格为 2.4mm 的高强度钢丝绳。

2 绳的结构形式(图 10.4.1-1)应为 $6 \times 7 +$ IWS金属股芯右交互捻钢丝绳或 1×19 单股左捻钢丝绳(钢绞线)。

3 网的主绳与横向绳(即分布绳)的交点处,应采用钢材制作的绳扣束紧;主绳的端部应采用带套环的绳扣通过加固锚固;套环及其绳扣或压管的构造与尺寸应经设计计算确定。

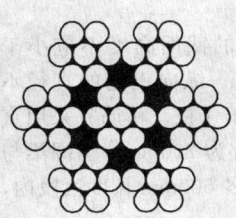 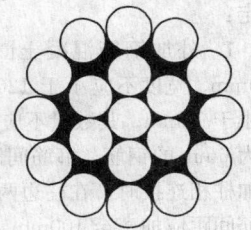

(a) $6 \times 7 +$IWS 钢丝绳 　(b) 1×19 钢绞线(单股钢丝绳)

图 10.4.1-1 钢丝绳的结构形式

4 网中受拉主绳的间距应经计算确定,但不应小于 20mm,也不应大于 40mm。

5 采用钢丝绳网加固墙体时,网中横向绳的布

置示例如图 10.4.1-2 所示。

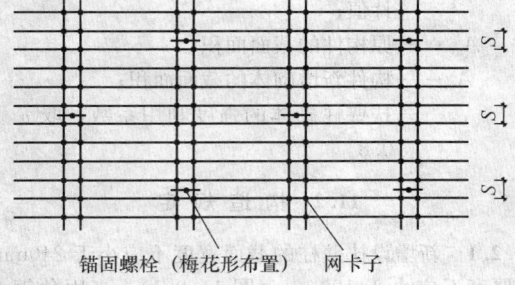

锚固螺栓(梅花形布置) 　网卡子

图 10.4.1-2 水平钢丝绳网布置

10.4.2 水平钢丝绳(主绳)网在墙体端部的锚固,宜锚在预设于墙体交接处的角钢或钢板上(图 10.4.2)。角钢和钢板应按绳距预先钻孔;钢丝绳穿过孔后,套上钢套管,通过压扁套管进行锚固,也可采用其他方法进行锚固。

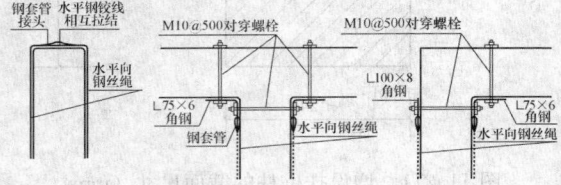

图 10.4.2 水平钢丝绳的锚固构造

11 增设砌体扶壁柱加固法

11.1 计算方法

11.1.1 本章规定仅适用于抗震设防烈度为 6 度及以下地区的砌体墙加固设计。

11.1.2 增设砌体扶壁柱加固墙体时,其承载力和高厚比的验算应按现行国家标准《砌体结构设计规范》GB 50003 的规定进行。当扶壁柱的构造及其与原墙的连接符合本规范规定时,可按整体截面计算。

11.1.3 当增设砌体扶壁柱用以提高墙体的稳定性时,其高厚比可按下式计算:

$$\beta = H_0 / h_{\mathrm{T}} \qquad (11.1.3)$$

式中:H_0——墙体的计算高度;

h_{T}——带壁柱墙截面的折算厚度,按加固后的截面计算。

11.1.4 当增设砌体扶壁柱加固受压构件时,其承载力应满足下式的要求:

$$N \leqslant \varphi(f_{\mathrm{m0}} A_{\mathrm{m0}} + \alpha_{\mathrm{m}} f_{\mathrm{m}} A_{\mathrm{m}}) \qquad (11.1.4)$$

式中:N——构件加固后由荷载设计值产生的轴向力;

φ——高厚比 β 和轴向力的偏心距对受压构件承载力的影响系数,采用加固后的截面,按现行国家标准《砌体结构设计规范》GB 50003 的规定确定;

f_{m0} 和 f_m ——分别为原砌体和新增砌体的抗压强度设计值；

A_{m0} ——原构件的截面面积；

A_m ——构件新增砌体的截面面积；

α_m ——扶壁柱砌体的强度利用系数，取 $\alpha_m = 0.8$。

11.2 构 造 规 定

11.2.1 新增设扶壁柱的截面宽度不应小于 240mm，其厚度不应小于 120mm（图 11.2.1）。当用角钢-螺栓拉结时，应沿墙的全高和内外的周边，增设水泥砂浆或细石混凝土防护层（图 11.2.3）。

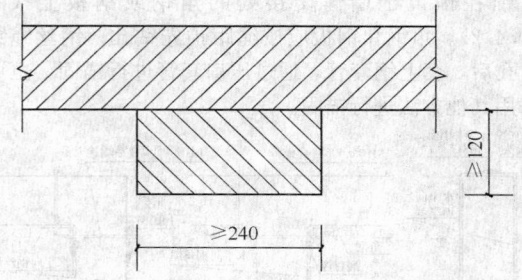

图 11.2.1 增设扶壁柱的截面尺寸（mm）

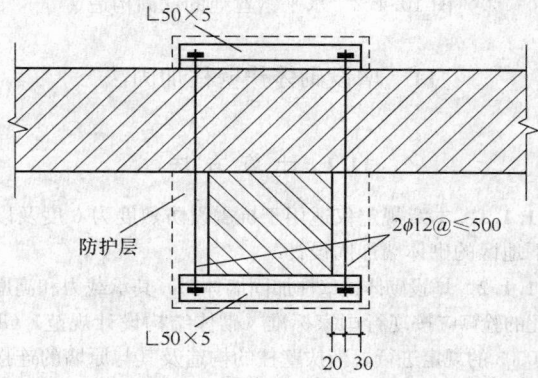

图 11.2.3 砌体墙与扶壁柱间的套箍拉结（mm）

当增设扶壁柱以提高受压构件的承载力时，应沿墙体两侧增设扶壁柱。

11.2.2 加固用的块材强度等级应比原结构的设计块材强度等级提高一级，不得低于 MU15；并应选用整砖（砌块）砌筑。加固用的砂浆强度等级，不应低于原结构设计的砂浆强度等级，且不应低于 M5。

11.2.3 增设扶壁柱处，沿墙高应设置以 $2\phi12$mm 带螺纹、螺帽的钢筋与双角钢组成的套箍，将扶壁柱与原墙拉结；套箍的间距不应大于 500mm（图 11.2.3）。

11.2.4 在原墙体需增设扶壁柱的部位，应沿墙高，每隔 300mm 凿去一皮砖块，形成水平槽口（图 11.2.4）。砌筑扶壁柱时，槽口处的原墙体与新增扶壁柱之间，应上下错缝，内外搭砌。砖砌体接槎时，

必须将接槎处的表面清理干净，浇水湿润，用干捻砂浆将灰缝填实。

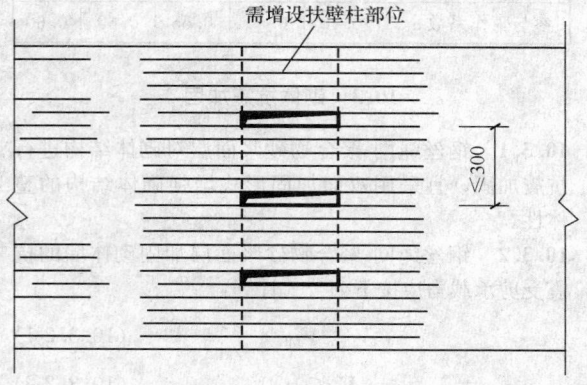

图 11.2.4 水平槽口（mm）

11.2.5 扶壁柱应设基础，其埋深应与原墙基础相同。

12 砌体结构构造性加固法

12.1 增设圈梁加固

12.1.1 当无圈梁或圈梁设置不符合现行设计规范要求，或纵横墙交接处咬槎有明显缺陷，或房屋的整体性较差时，应增设圈梁进行加固。

12.1.2 外加圈梁，宜采用现浇钢筋混凝土圈梁或钢筋网水泥复合砂浆砌体组合圈梁，在特殊情况下，亦可采用型钢圈梁。对内墙圈梁还可用钢拉杆代替。钢拉杆设置间距应适当加密，且应贯通房屋横墙（或纵墙）的全部宽度，并应设在有横墙（或纵墙）处，同时应锚固在纵墙（或横墙）上。

12.1.3 外加圈梁应靠近楼（屋）盖设置。钢拉杆应靠近楼（屋）盖和墙面。外加圈梁应在同一水平标高交圈闭合。变形缝处两侧的圈梁应分别闭合，如遇开口墙，应采取加固措施使圈梁闭合。

12.1.4 采用外加钢筋混凝土圈梁时，应符合下列规定：

1 外加钢筋混凝土圈梁的截面高度不应小于 180mm、宽度不应小于 120mm。纵向钢筋的直径不应小于 10mm；其数量不应少于 4 根。箍筋宜采用直径为 6mm 的钢筋，箍筋间距宜为 200mm；当圈梁与外加柱相连接时，在柱边两侧各 500mm 长度区段内，箍筋间距应加密至 100mm。

2 外加钢筋混凝土圈梁的混凝土强度等级不应低于 C20，圈梁在转角处应设 2 根直径为 12mm 的斜筋。

钢筋混凝土外加圈梁的顶面应做泛水，底面应做滴水沟。

3 外加钢筋混凝土圈梁的钢筋外保护层厚度不

应小于 20mm，受力钢筋接头位置应相互错开，其搭接长度为 40d（d 为纵向钢筋直径）。任一搭接区段内，有搭接接头的钢筋截面面积不应大于总面积的 25%；有焊接接头的纵向钢筋截面面积不应大于同一截面钢筋总面积的 50%。

12.1.5 采用钢筋网水泥复合砂浆砌体组合圈梁时，应符合下列规定：

   1 梁顶平楼（屋）面板底，梁高不应小于 300mm。

   2 穿墙拉结钢筋宜呈梅花状布置，穿墙筋位置应在丁砖上（对单面组合圈梁）或丁砖缝（对双面组合圈梁）。

   3 面层材料和构造应符合下列规定：

     1） 面层砂浆强度等级：水泥砂浆不应低于 M10，水泥复合砂浆不应低于 M20；

     2） 钢筋网水泥复合砂浆面层厚度宜为 30mm ～45mm；

     3） 钢筋网的钢筋直径宜为 6mm 或 8mm，网格尺寸宜为 120mm×120mm；

     4） 单面组合圈梁的钢筋网，应采用直径为 6mm 的 L 形锚筋；双面组合圈梁的钢筋网，应采用直径为 6mm 的 Z 形或 S 形穿墙筋连接；L 形锚筋间距宜为 240mm×240mm；Z 形或 S 形锚筋间距宜为 360mm×360mm；

     5） 钢筋网的水平钢筋遇有门窗洞时，单面圈梁宜将水平钢筋弯入洞口侧面锚固，双面圈梁宜将两侧水平钢筋在洞口闭合；

     6） 对承重墙，不宜采用单面组合圈梁。

12.1.6 采用钢拉杆代替内墙圈梁时，应符合下列规定：

   1 横墙承重房屋的内墙，可用两根钢拉杆代替圈梁；纵墙承重和纵横墙承重的房屋，钢拉杆宜在横墙两侧各设一根。钢拉杆直径应根据房屋进深尺寸和加固要求等条件确定，但不应小于 14mm，其方形垫板尺寸宜为 200mm×200mm×15mm。

   2 无横墙的开间可不设钢拉杆，但外加圈梁应与进深方向梁或现浇钢筋混凝土楼盖可靠连接。

   3 每道内纵墙均应用单根拉杆与外山墙拉结，钢拉杆直径可视墙厚、房屋进深和加固要求等条件确定，但不应小于 16mm，钢拉杆长度不应小于两个开间。

12.1.7 外加钢筋混凝土圈梁与砖墙的连接，应符合下列规定：

   1 宜选用结构胶锚筋，亦可选用化学锚栓或钢筋混凝土销键。

   2 当采用化学植筋或化学锚栓时，砌体的块材强度等级不应低于 MU7.5，原砌体砖的强度等级不应低于 MU7.5，其他要求按压浆锚筋确定。

   3 压浆锚筋仅适用于实心砖砌体与外加钢筋混凝土圈梁之间的连接，原砌体砖的强度等级不应低于 MU7.5，原砂浆的强度等级不应低于 M2.5。

   4 压浆锚筋与钢拉杆的间距宜为 300mm；锚筋之间的距离宜为 500mm～1000mm。

12.1.8 钢拉杆与外加钢筋混凝土圈梁可采用下列方法之一进行连接：

   1 钢拉杆埋入圈梁，埋入长度为 30d（d 为钢拉杆直径），端头应做弯钩。

   2 钢拉杆通过钢管穿过圈梁，应用螺栓拧紧。

   3 钢拉杆端头焊接垫板埋入圈梁，垫板与墙面之间的间隙不应小于 80mm。

12.1.9 角钢圈梁的规格不应小于∟80mm×6mm 或∟75mm×6mm，并应每隔 1m～1.5m，与墙体用普通螺栓拉结，螺杆直径不应小于 12mm。

12.2 增设构造柱加固

12.2.1 当无构造柱或构造柱设置不符合现行设计规范要求时，应增设现浇钢筋混凝土构造柱或钢筋网水泥复合砂浆组合砌体构造柱。

12.2.2 构造柱的材料、构造、设置部位应符合现行设计规范要求。

12.2.3 增设的构造柱应与墙体圈梁、拉杆连接成整体，若所在位置与圈梁连接不便，也应采取措施与现浇混凝土楼（屋）盖可靠连接。

12.2.4 采用钢筋网水泥复合砂浆砌体组合构造柱时，应符合下列要求：

   1 组合构造柱截面宽度不应小于 500mm。

   2 穿墙拉结钢筋宜呈梅花状布置，其位置应在丁砖缝上。

   3 面层材料和构造应符合下列规定：

     1） 面层砂浆强度等级：水泥砂浆不应低于 M10，水泥复合砂浆不应低于 M20；

     2） 钢筋网水泥复合砂浆面层厚度宜为 30mm ～45mm；

     3） 钢筋网的钢筋直径宜为 6mm 或 8mm，网格尺寸宜为 120mm×120mm；

     4） 构造柱的钢筋网应采用直径为 6mm 的 Z 形或 S 形锚筋，Z 形或 S 形锚筋间距宜为 360mm×360mm。

12.3 增设梁垫加固

12.3.1 当大梁下砌体被局部压碎或在大梁下墙体出现局部竖向或斜向裂缝时，应增设梁垫进行加固。

12.3.2 新增设的梁垫，其混凝土强度等级，现浇时不应低于 C20；预制时不应低于 C25。梁垫尺寸应按现行设计规范的要求，经计算确定，但梁垫厚度不应小于 180mm；梁垫的配筋应按抗弯条件计算配置。当按构造配筋时，其用量不应少于梁垫体积

的 0.5%。

12.3.3 增设梁垫应采用"托梁换柱"的方法进行施工。

12.4 砌体局部拆砌

12.4.1 当墙体局部破裂但在查清其破裂原因后尚未影响承重及安全时，可将破裂墙体局部拆除，并按提高一级砂浆强度等级用整砖填砌。

12.4.2 分段拆砌墙体时，应先砌部分留槎，并埋设水平钢筋与后砌部分拉结。

12.4.3 局部拆砌墙体时，新旧墙交接处不得凿水平槎或直槎，应做成踏步槎接缝，缝间设置拉结钢筋以增强新旧的整体性。

13 砌体裂缝修补法

13.1 一般规定

13.1.1 本章的规定适用于修补影响砌体结构、构件正常使用性的裂缝，对承载能力不足引起的裂缝，尚应按本规范规定的方法进行加固。

13.1.2 砌体结构裂缝的修补应根据其种类、性质及出现的部位进行设计，选择适宜的修补材料、修补方法和修补时间。

13.1.3 常用的裂缝修补方法应有填缝法、压浆法、外加网片法和置换法等。根据工程的需要，这些方法尚可组合使用。

13.1.4 砌体裂缝修补后，其墙面抹灰的做法应符合现行国家标准《建筑装饰装修工程质量验收规范》GB 50210 的有关规定。在抹灰层砂浆或细石混凝土中加入短纤维可进一步减少和限制裂缝的出现。

13.2 填 缝 法

13.2.1 填缝法适用于处理砌体中宽度大于 0.5mm 的裂缝。

13.2.2 修补裂缝前，首先应剔凿干净裂缝表面的抹灰层，然后沿裂缝开凿 U 形槽。对凿槽的深度和宽度，并应符合下列规定：

 1 当为静止裂缝时，槽深不宜小于 15mm，槽宽不宜小于 20mm。

 2 当为活动裂缝时，槽宽宜适当加大，且应凿成光滑的平底，以利于铺设隔离层；槽宽宜按裂缝预计张开量 t 加以放大，通常可取为 $(15+5t)$ mm。另外，槽内两侧壁应凿毛。

 3 当为钢筋锈蚀引起的裂缝时，应凿至钢筋锈蚀部分完全露出为止，钢筋底部混凝土凿除的深度，以能使除锈工作彻底进行。

13.2.3 对静止裂缝，可采用改性环氧砂浆、改性氨基甲酸乙酯胶泥或改性环氧胶泥等进行充填（图

13.2.3a）。对活动裂缝，可采用丙烯酸树脂、氨基甲酸乙酯、氯化橡胶或可挠性环氧树脂等为填充材料，并可采用聚乙烯片、蜡纸或油毡片等为隔离层（图 13.2.3b）。

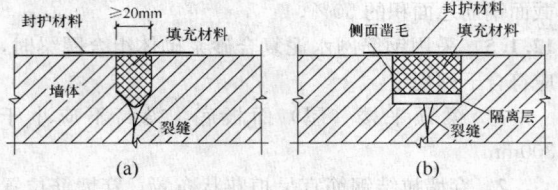

图 13.2.3 填缝法裂缝补图

13.2.4 对锈蚀裂缝，应在已除锈的钢筋表面上，先涂刷防锈液或防锈涂料，待干燥后再充填封闭裂缝材料。对活动裂缝，其隔离层应干铺，不得与槽底有任何粘结。其弹性密封材料的充填，应先在槽内两侧表面上涂刷一层胶粘剂，以使充填材料能起到既密封又能适应变形的作用。

13.2.5 修补裂缝应符合下列规定：

 1 充填封闭裂缝材料前，应先将槽内两侧凿毛的表面浮尘清除干净。

 2 采用水泥基修补材料填补裂缝，应先将裂缝及周边砌体表面润湿。

 3 采用有机材料不得湿润砌体表面，应先将槽内两侧面上涂刷一层树脂基液。

 4 充填封闭材料应采用搓压的方法填入裂缝中，并应修复平整。

13.3 压 浆 法

13.3.1 压浆法即压力灌浆法，适用于处理裂缝宽度大于 0.5mm 且深度较深的裂缝。

13.3.2 压浆的材料可采用无收缩水泥基灌浆料、环氧基灌浆料等。

13.3.3 压浆工艺应按规定的流程（图 13.3.3）进行。

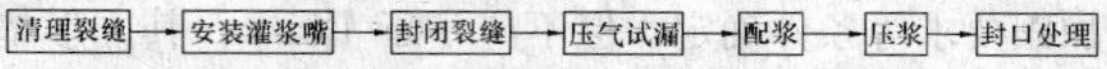

清理裂缝 → 安装灌浆嘴 → 封闭裂缝 → 压气试漏 → 配浆 → 压浆 → 封口处理

图 13.3.3 压浆工艺流程

13.3.4 压浆法的操作应符合下列规定：

 1 清理裂缝时，应在砌体裂缝两侧不少于 100mm 范围内，将抹灰层剔除。若有油污也应清除干净；然后用钢丝刷、毛刷等工具，清除裂缝表面的灰土、浮渣及松软层等污物；用压缩空气清除缝隙中的颗粒和灰尘。

 2 灌浆嘴安装应符合下列规定：

 1) 当裂缝宽度在 2mm 以内时，灌浆嘴间距可取 200mm～250mm；当裂缝宽度在 2mm～5mm 时，可取 350mm；当裂缝宽度大于 5mm 时，可取 450mm，且应设在裂缝端部和裂缝较大处。

2）应按标示位置钻深度 30mm～40mm 的孔
眼，孔径宜略大于灌浆嘴的外径。钻好后
应清除孔中的粉屑。

3）灌浆嘴应在孔眼用水冲洗干净后进行固定。
固定前先涂刷一道水泥浆，然后用环氧胶
泥或环氧树脂砂浆将灌浆嘴固定，裂缝较
细或墙厚超过 240mm 时，应在墙的两侧均
安放灌浆嘴。

3　封闭裂缝时，应在已清理干净的裂缝两侧，
先用水浇湿砌体表面，再用纯水泥浆涂刷一道，然后
用 M10 水泥砂浆封闭，封闭宽度约为 200mm。

4　试漏应在水泥砂浆达到一定强度后进行，并
采用涂抹皂液等方法压气试漏。对封闭不严的漏气处
应进行修补。

5　配浆应根据灌浆料产品说明书的规定及浆液
的凝固时间，确定每次配浆数量。浆液稠度过大，或
者出现初凝情况，应停止使用。

6　压浆应符合下列要求：
1）压浆前应先灌水。
2）空气压缩机的压力宜控制在 0.2MPa
～0.3MPa。
3）将配好的浆液倒入储浆罐，打开喷枪阀门
灌浆，直至邻近灌浆嘴（或排气嘴）溢浆
为止。
4）压浆顺序应自下而上，边灌边用塞子堵住
已灌浆的嘴，灌浆完毕且已初凝后，即可
拆除灌浆嘴，并用砂浆抹平孔眼。

13.3.5　压浆时应严格控制压力，防止损坏边角部位
和小截面的砌体，必要时，应作临时性支护。

13.4　外加网片法

13.4.1　外加网片法适用于增强砌体抗裂性能，限制
裂缝开展，修复风化、剥蚀砌体。

13.4.2　外加网片所用的材料应包括钢筋网、钢丝
网、复合纤维织物网等。当采用钢筋网时，其钢筋直
径不宜大于 4mm。当采用无纺布替代纤维复合材料
修补裂缝时，仅允许用于非承重构件的静止细裂缝的
封闭性修补上。

13.4.3　网片覆盖面积除应按裂缝或风化、剥蚀部分
的面积确定外，尚应考虑网片的锚固长度。网片短边
尺寸不宜小于 500mm。网片的层数：对钢筋和钢丝
网片，宜为单层；对复合纤维材料，宜为 1 层～2
层；设计时可根据实际情况确定。

13.5　置　换　法

13.5.1　置换法适用于砌体受力不大，砌体块材和砂
浆强度不高的开裂部位，以及局部风化、剥蚀部位的
加固（图 13.5.1）。

13.5.2　置换用的砌体块材可以是原砌体材料，也可

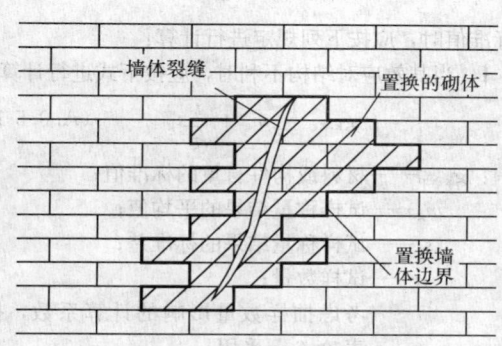

图 13.5.1　置换法处理裂缝图

以是其他材料，如配筋混凝土实心砌块等。

13.5.3　置换砌体时应符合下列规定要求：

1　把需要置换部分及周边砌体表面抹灰层剔除，
然后沿着灰缝将被置换砌体凿掉。在凿打过程中，应
避免扰动不置换部分的砌体。

2　仔细把粘在砌体上的砂浆剔除干净，清除浮
尘后充分润湿墙体。

3　修复过程中应保证填补砌体材料与原有砌体
可靠嵌固。

4　砌体修补完成后，再做抹灰层。

附录 A　已有建筑物结构荷载标准值的确定

A.0.1　对已有结构上的荷载标准值取值，除应符合
现行国家标准《建筑结构荷载规范》GB 50009 的规
定外，尚应遵守本附录的规定。

A.0.2　结构和构件自重的标准值，应根据构件和连
接的实测尺寸，按材料或构件单位自重的标准值计算
确定。对难以实测的某些连接构造的尺寸，允许按结
构详图估算。

A.0.3　常用材料和构件的单位自重标准值，应按现
行国家标准《建筑结构荷载规范》GB 50009 的规定
采用。当该规范的规定值有上、下限时，应按下列规
定采用：

1　当荷载效应对结构不利时，取上限值。

2　当荷载效应对结构有利（如验算倾覆、抗滑
移、抗浮起等）时，取下限值。

A.0.4　当遇到下列情况之一时，材料和构件的自重
标准值应按现场抽样称量确定：

1　现行国家标准《建筑结构荷载规范》GB
50009 尚无规定；

2　自重变异较大的材料或构件，如现场制作的
保温材料、混凝土薄壁构件等；

3　有理由怀疑材料或构件自重的原设计采用值
与实际情况有显著出人。

A.0.5　现场抽样检测材料或构件自重的试样数量，
不应少于 5 个。当按检测的结果确定材料或构件自重

的标准值时，应按下列规定进行计算：

　　1　当其效应对结构不利时，应按下式进行计算：

$$g_{k,sup} = m_g + \frac{t}{\sqrt{n}} s_g \qquad (A.0.5-1)$$

式中：$g_{k,sup}$——材料或构件自重的标准值；

　　　　m_g——试样称量结果的平均值；

　　　　s_g——试样称量结果的标准差；

　　　　n——试样数量；

　　　　t——考虑抽样数量影响的计算系数，按表 A.0.5 采用。

　　2　当其效应对结构有利时，应按下式进行计算：

$$g_{k,sup} = m_g - \frac{t}{\sqrt{n}} s_g \qquad (A.0.5-2)$$

表 A.0.5　计算系数 t 值

n	t 值	n	t 值	n	t 值	n	t 值
5	2.13	8	1.89	15	1.76	30	1.70
6	2.02	9	1.86	20	1.73	40	1.68
7	1.94	10	1.80	25	1.71	≥60	1.67

A.0.6　对非结构的构、配件，或对支座沉降有影响的构件，若其自重效应对结构有利时，应取其自重标准值 $g_{k,sup}$ 等于 0。

A.0.7　当房屋结构进行加固验算时，对不上人的屋面，应计入加固工程的施工荷载，其取值应符合下列规定：

　　1　当估算的荷载低于现行国家标准《建筑结构荷载规范》GB 50009 规定的屋面均布活荷载或集中荷载时，应按该规范采用。

　　2　当估算的荷载高于现行国家标准《建筑结构荷载规范》GB 50009 的规定值时，应按实际估算值采用。

　　当施工荷载过大时，宜采取措施予以降低。

A.0.8　对加固改造设计的验算，其基本雪压值、基本风压值和楼面活荷载的标准值，除应按现行国家标准《建筑结构荷载规范》GB 50009 的规定采用外，尚应按下一目标使用年限，乘以本附录表 A.0.8 的修正系数 ψ_a 予以修正。下一目标使用年限，应由委托方和鉴定方共同商定。

表 A.0.8　基本雪压、基本风压及楼面活荷载的修正系数 ψ_a

下一目标使用年限	10a	20a	30a～50a
雪荷载或风荷载	0.85	0.95	1.0
楼面活荷载	0.85	0.90	1.0

　　注：1　对表中未列出的中间值，可按线性内插法确定，当下一目标使用年限小于 10a 时，应按 10a 取 ψ_a 值；

　　　　2　符号 a 为年。

附录 B　粘结材料粘合加固材与基材的正拉粘结强度试验室测定方法及评定标准

B.1　适　用　范　围

B.1.1　本方法适用于试验室条件下以结构胶粘剂或聚合物改性水泥砂浆为粘结材料粘合下列加固材料与基材，在均匀拉应力作用下发生内聚、粘附或混合破坏的正拉粘结强度测定：

　　1　纤维复合材与基材烧结普通砖；

　　2　钢板与基材烧结普通砖；

　　3　结构用聚合物改性水泥砂浆层与基材烧结普通砖。

B.2　试　验　设　备

B.2.1　拉力试验机的力值量程选择，应使试样的破坏荷载发生在该机标定的满负荷的 20%～80% 之间；力值的示值误差不得大于 1%。

B.2.2　试验机夹持器的构造应能使试件垂直对中固定，不产生偏心和扭转的作用。

B.2.3　试件夹具应由带拉杆的钢夹套与带螺杆的钢标准块构成，且应以 45 号碳钢制作；其形状及主要尺寸如图 B.2.3 所示。

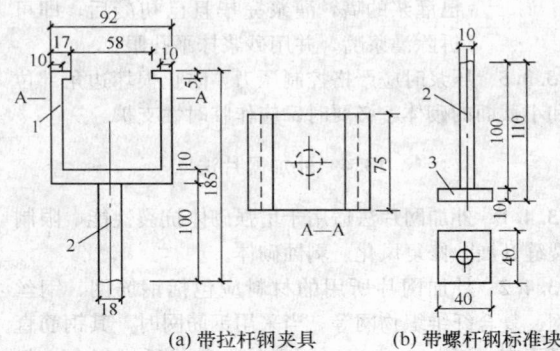

(a) 带拉杆钢夹具　　　(b) 带螺杆钢标准块

图 B.2.3　试件夹具及钢标准块尺寸

1—钢夹具；2—螺杆；3—标准块

注：图中尺寸为 mm

B.3　试　　件

B.3.1　试验室条件下测定正拉粘结强度应采用组合式试件，其构造应符合下列规定：

　　1　以胶粘剂为粘结材料的试件应由砖试块（图 B.3.1-1）、胶粘剂、加固材料（如纤维复合材或钢板等）及钢标准块相互粘合而成（图 B.3.1-2a）。

　　2　以结构用聚合物改性水泥砂浆为粘结材料的试件应由砖试块（图 B.3.1-1）、结构界面胶（剂）涂布层、现浇的聚合物改性水泥砂浆层及钢标准块相互

粘合而成（图 B.3.1-2b）。

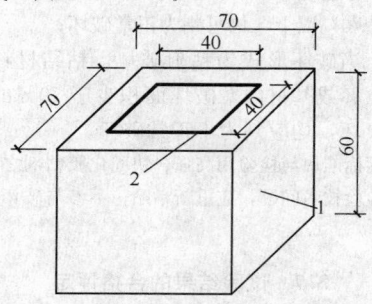

图 B.3.1-1 砖试块形式及尺寸

1—砖试块；2—预切缝

注：图中尺寸为 mm

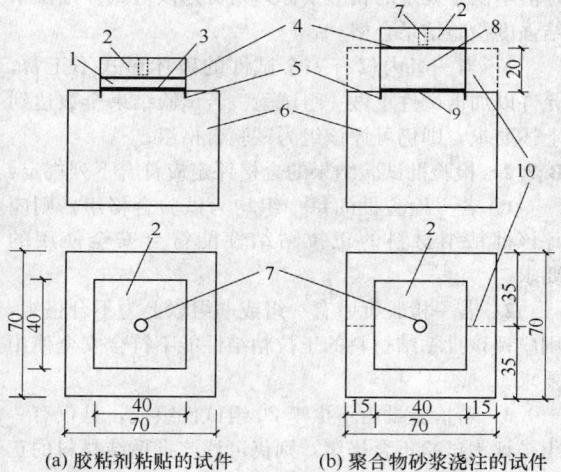

(a) 胶粘剂粘贴的试件　　(b) 聚合物砂浆浇注的试件

图 B.3.1-2 正拉粘结强度试验的试件

1—加固材料；2—钢标准块；3—受检的胶缝；4—粘贴标准块的快固胶；5—预切缝；6—混凝土试块；7—φ10 螺孔；8—现浇聚合物改性水泥砂浆层；9—结构界面胶（剂）；10—虚线部分表示浇注砂浆用可拆卸模具的安装位置

注：图中尺寸为 mm

B.3.2 试样组成部分的制备应符合下列规定：

1 受检粘接材料应按产品使用说明书规定的工艺要求进行配制和使用。

2 普通烧结砖试块的尺寸应为 70mm×70mm×60mm，其块体强度等级应为 MU20；试块使用前，应以专用的机械切出深度为 4mm～5mm 的预切缝，缝宽约 2mm，如图 B.3.1-1 所示。预切缝围成的方形平面，其净尺寸应为 40mm×40mm，并应位于试块的中心。混凝土试块的粘贴面（方形平面）应作打毛处理。打毛深度应达骨料断面，且手感粗糙，无尖锐突起。试块打毛后应清理洁净，不得有松动的骨料和粉尘。

3 受检加固材料的取样应符合下列规定：

1）纤维复合材应按规定的抽样规则取样；从纤维复合材中间部位裁剪出尺寸为 40mm×40mm 的试件；试件外观应无划痕和折痕；粘合面应洁净，无油脂、粉尘等影响胶粘的污染物。

2）钢板应从施工现场取样，并切割成 40mm×40mm 的试件，其板面及周边应加工平整，且应经除氧化膜、锈皮、油污和糙化处理；粘合前，尚应用工业丙酮擦洗干净。

3）聚合物砂浆应从一次性进场的批量中随机抽取其各组分，然后在试验室进行配制和浇注。

4 钢标准块（图 B.2.3b）宜用 45 号碳钢制作；其中心应车有安装 φ10 螺杆用的螺孔。标准块与加固材料粘合的表面应经喷砂或其他机械方法的糙化处理；糙化程度应以喷砂效果为准。标准块可重复使用，但重复使用前应完全清除粘合面上的粘结材料层和污迹，并重新进行表面处理。

B.3.3 试件的粘合、浇注与养护应符合下列规定：

1 应先在砖试块的中心位置，按规定的粘合工艺粘贴加固材料（如纤维复合材或薄钢板），若为多层粘贴，应在胶层指干时立即粘贴下一层。

2 当检验聚合物改性水泥砂浆时，应在试块上先安装模具，再浇注砂浆层；若产品使用说明书规定需涂刷结构界面胶（剂）时，还应在砖试块上先刷上界面胶（剂），再浇注砂浆层。

3 试件粘贴或浇注时，应采取措施防止胶液或砂浆流入预切缝。

4 粘贴或浇注完毕后，应按产品使用说明书规定的工艺要求进行加压、养护；分别经 7d 固化（胶粘剂）或 28d 硬化（聚合物砂浆）后，用快固化的高强胶粘剂将钢标准块粘贴在试件表面。每一道作业均应检查各层之间的对中情况。

注：对结构胶粘剂的加压、养护，若工期紧，且征得有关各方同意，允许采用以下快速固化、养护制度：

1 在 50℃条件下烘 24h，烘烤过程中仅允许有 2℃的正偏差；

2 自然冷却至 23℃后，再静置 16h，即可贴上标准块。

B.3.4 试件应安装在钢夹具（图 B.3.4）内并拧上传力螺杆。安装完成后各组成部分的对中标志线应在同一轴线上。

B.3.5 常规试验的试样数量每组不应少于 5 个；仲裁试验的试样数量应加倍。

B.4 试 验 环 境

B.4.1 试验环境应保持在温度（23±2）℃、相对湿度（50±5）%～（65±10）%。

注：仲裁性试验的实验室相对湿度应控制在 45%～55%。

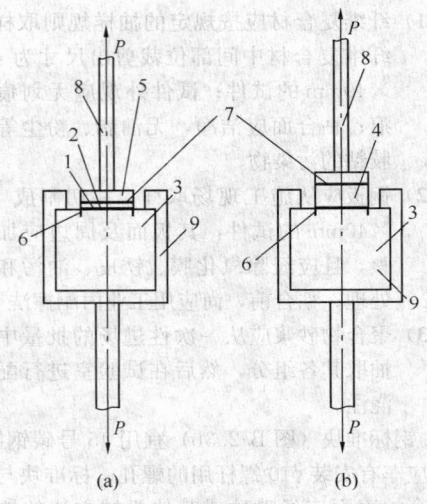

图 B.3.4 试件组装

1—受检胶粘剂；2—被粘合的纤维复合材或钢板；3—混凝土
试块；4—聚合物砂浆层；5—钢标准块；6—混凝土试块预切
缝；7—快固化高强胶粘剂的胶缝；8—传力螺杆；9—钢夹具

B.4.2 若试样系在异地制备后送检，应在试验标准
环境条件下放置24h后才进行试验，且应作异地制备
的记载于检验报告上。

B.5 试 验 步 骤

B.5.1 将安装在夹具内的试件（图 B.3.4）置于试
验机上下夹持器之间，并调整至对中状态后夹紧。

B.5.2 以 3mm/min 的均匀速率加荷直至破坏。记
录试样破坏时的荷载值，并观测其破坏形式。

B.6 试 验 结 果

B.6.1 正拉粘结强度应按下式进行计算：

$$f_{ti} = P_i / A_{ai} \qquad (B.6.1)$$

式中：f_{ti}——试样 i 的正拉粘结强度（MPa）；

P_i——试样 i 破坏时的荷载值（N）；

A_{ai}——金属标准块 i 的粘合面面积（mm²）。

B.6.2 试样破坏形式及其正常性判别：

1 试样破坏形式应按下列规定划分：

　1）内聚破坏：应分为基材普通烧结砖内聚破
　　坏和受检粘结材料的内聚破坏；后者可见
　　于使用低性能、低质量的胶粘剂（或聚合
　　物砂浆）的场合；

　2）粘附破坏（层间破坏）：应分为胶层或砂浆
　　层与基材之间的界面破坏及胶层与纤维复
　　合材或钢板之间的界面破坏；

　3）混合破坏：粘合面出现两种或两种以上的
　　破坏形式。

2 破坏形式正常性判别，应符合下列规定：

　1）当破坏形式为基材普通烧结砖内聚破坏，或
　　虽出现两种或两种以上的混合破坏形式，但

基材内聚破坏形式的破坏面积占粘合面面积
70%以上，均可判为正常破坏；

　2）当破坏形式为粘附破坏、粘结材料内聚破
　　坏或基材内聚破坏面积少于70%的混合破
　　坏，均应判为不正常破坏。

注：钢标准块与检验用高强、快固化胶粘剂之间的界面
破坏，属检验技术问题，应重新粘贴；不参与破坏形式正常
性评定。

B.7 试验结果的合格评定

B.7.1 组试验结果的合格评定，应符合下列规定：

1 当一组内每一试件的破坏形式均属正常时，
应舍去组内最大值和最小值，而以中间三个值的平均
值作为该组试验结果的正拉粘结强度推定值；若该推
定值不低于规定的相应指标，则可评该组试件正拉粘
结强度检验结果合格。

2 当一组内仅有一个试件的破坏形式不正常，
允许以加倍试件重做一组试验。若试验结果全数达到
上述要求，则仍可评该组为试验合格组。

B.7.2 检验批试验结果的合格评定应符合下列规定：

1 若一检验批的每一组均为试验合格组，则应
评该批粘结材料的正拉粘结性能符合安全使用的
要求。

2 若一检验批中有一组或一组以上为不合格组，
则应评该批粘结材料的正拉粘结性能不符合安全使用
要求。

3 若检验批由不少于20组试件组成，且仅有一
组被评为试验不合格组，则仍可评该批粘结材料的正
拉粘结性能符合使用要求。

B.7.3 试验报告应包括下列内容：

1 受检胶粘剂或聚合物砂浆的品种、型号和
批号。

2 抽样规则及抽样数量。

3 试件制备方法及养护条件。

4 试件的编号和尺寸。

5 试验环境的温度和相对湿度。

6 仪器设备的型号、量程和检定日期。

7 加荷方式及加荷速度。

8 试件的破坏荷载及破坏形式。

9 试验结果整理和计算。

10 取样、测试、校核人员及测试日期。

本规范用词说明

1 为便于在执行本规范条文时区别对待，对要
求严格程度不同的用词说明如下：

　1）表示很严格，非这样做不可的用词：
　　　正面词采用"必须"；反面词采用"严禁"。

　2）表示严格，在正常情况下均应这样做的

用词：

正面词采用"应"；反面词采用"不应"或"不得"。

　　3）表示允许稍有选择，在条件许可时首先应这样做的用词：

正面词采用"宜"；反面词采用"不宜"。

　　4）表示有选择，在一定条件下可以这样做的，采用"可"。

　　2　条文中指定应按其他有关标准执行的写法为："应符合……的规定"或"应按……执行"。

引用标准名录

　　1　《砌体结构设计规范》GB 50003

　　2　《建筑结构荷载规范》GB 50009

　　3　《混凝土结构设计规范》GB 50010

　　4　《建筑抗震设计规范》GB 50011

　　5　《建筑设计防火规范》GB 50016

　　6　《钢结构设计规范》GB 50017

　　7　《建筑抗震鉴定标准》GB 50023

　　8　《工业建筑可靠性鉴定标准》GB 50144

　　9　《建筑装饰装修工程质量验收规范》GB 50210

　　10　《民用建筑可靠性鉴定标准》GB 50292

　　11　《混凝土结构加固设计规范》GB 50367

　　12　《建筑结构加固工程施工质量验收规范》GB 50550

　　13　《通用硅酸盐水泥》GB 175

　　14　《快硬硅酸盐水泥》GB 199

　　15　《碳素结构钢》GB/T 700

　　16　《钢筋混凝土用钢　第1部分：热轧光圆钢筋》GB 1499.1

　　17　《钢筋混凝土用钢　第2部分：热轧带肋钢筋》GB 1499.2

　　18　《钢筋混凝土用钢　第3部分：钢筋焊接网》GB 1499.3

　　19　《低合金高强度结构钢》GB/T 1591

　　20　《碳钢焊条》GB/T 5117

　　21　《低合金钢焊条》GB/T 5118

　　22　《增强制品试验方法　第3部分：单位面积质量的测定》GB/T 9914.3

　　23　《钢筋混凝土用余热处理钢筋》GB 13014

　　24　《钢丝镀锌层》GB/T 15393

　　25　《钢筋焊接及验收规程》JGJ 18

　　26　《普通混凝土用砂、石质量及检验方法标准》JGJ 52

　　27　《混凝土用水标准》JGJ 63

　　28　《建筑砂浆基本性能试验方法》JGJ 70

　　29　《建筑钢结构焊接技术规程》JGJ 81

　　30　《钢筋焊接网混凝土结构技术规程》JGJ 114

　　31　《建筑抗震加固技术规程》JGJ 116

　　32　《钢纤维混凝土》JG/T 3064

中华人民共和国国家标准

砌体结构加固设计规范

GB 50702—2011

条 文 说 明

制 定 说 明

本规范是根据原建设部《1989 年工程建设专业标准制订修订计划》的要求，由四川省建筑科学研究院和中国华西企业有限公司共同编制而成。

为便于大家在使用本规范时能正确理解和执行条文的规定，编制组根据《工程建设标准编写规定》的要求，按照章、节、条的顺序，编制了《砌体结构加固设计规范》条文说明，对条文规定的目的、依据以及执行中需注意的有关事项进行了说明。但是，本条文说明不具备与规范正文同等的法律效力，仅供使用者作为理解和把握规范规定的参考。规范执行中如发现条文说明有欠妥之处，请将意见或建议寄交四川省建筑科学研究院。

目 次

1 总 则

1.0.1 本条规定了制定本规范的目的和要求，这里应说明的是，本规范作为砌体结构加固通用的国家标准，主要是针对为保障安全、质量、卫生、环保和维护公共利益所必需达到的最低指标和要求作出统一的规定。至于以更高质量要求和更能满足社会生产、生活需求的标准，则应由其他层次的标准规范，如专业性很强的行业标准、以新技术应用为主的推荐性标准和企业标准等在国家标准基础上进行充实和提高。然而，在前一段时间里，这一最基本的标准化关系，由于种种原因而没有得到遵循，出现了有些标准对安全、质量的要求反而低于国家标准的不正常情况。为此，在实施本规范过程中，若遇到上述情况，一定要从国家标准是保证加固结构安全的最低标准这一基点出发，按照《中华人民共和国标准化法》和建设部第25号部令的规定来实施本规范，做好砌体结构的加固设计工作，以避免在加固工程中留下安全隐患。

1.0.2 本条规定了本规范的适用范围。它与现行国家标准《砌体结构设计规范》GB 50003 及《建筑抗震加固技术规程》JGJ 116（部分章节）相衔接，以便于配套使用。

1.0.3、1.0.4 这两条主要是对本规范在实施中与其他相关标准配套使用的关系作出规定。但应指出的是，由于结构加固是一个新领域，其标准规范体系中尚有不少缺口，一时还很难完成配套工作。在这种情况下，当遇到困难时，应及时向住房和城乡建设部建筑物鉴定与加固规范管理委员会反映，以取得该委员会的具体帮助。

2 术语和符号

2.1 术 语

2.1.1~2.1.14 本规范采用的术语及其涵义，是根据下列原则确定的：

　　1 凡现行工程建设国家标准已作规定的，一律加以引用，不再另行给出定义；

　　2 凡现行工程建设国家标准尚未规定的，由本规范参照国际标准和国外先进标准给出其定义；

　　3 当现行工程建设国家标准虽已有该术语，但定义不准确或概括的内容不全时，由本规范完善其定义。

2.2 符 号

2.2.1~2.2.4 本规范采用的符号及其意义，尽可能与现行国家标准《砌体结构设计规范》GB 50003 及《混凝土结构设计规范》GB 50010 相一致，以便于在

加固设计、计算中引用其公式，只有在遇到公式中必须给出加固设计专用的符号时，才另行制定，即使这样，在制定过程中仍然遵循了下列原则：

　　1 对主体符号及其上、下标的选取，应符合现行国家标准《工程结构设计基本术语和通用符号》GBJ 132 的符号用字及其构成规则；

　　2 当必须采用通用符号，但又必须与新建工程使用的该符号有所区别时，可在符号的释义中加上定语。

3 基 本 规 定

3.1 一 般 规 定

3.1.1 砌体结构是否需要加固，应经结构可靠性鉴定确认。我国已发布的现行国家标准《工业建筑可靠性鉴定标准》GB 50144 和《民用建筑可靠性鉴定标准》GB 50292，是通过实测、验算并辅以专家评估才作出可靠性鉴定的结论，因而可以作为砌体结构加固设计的基本依据；但须指出的是砌体结构加固设计所面临的不确定因素远比新建工程多而复杂，况且还要考虑业主的种种要求；因而本条作出了："应由有资质的专业技术人员按本规范的规定和业主的要求进行加固设计"的规定。

　　同时，众多的工程实践经验还表明，承重结构的加固效果，除了与其所采用的方法有关外，还与该建筑物现状有着密切的关系。一般而言，结构经局部加固后，虽然能提高被加固构件的安全性，但这并不意味着该承重结构的整体承载便一定是安全的。因为就整个结构而言，其安全性还取决于原结构方案及其布置是否合理，构件之间的连接是否可靠，其原有的构造措施是得当与有效等；而这些就是结构整体牢固性（robustness）的内涵；其所起到的综合作用就是使结构具有足够的延性和冗余度，不致发生与其原因不相称的严重破坏后果，如局部破坏引起的大范围连续倒塌等。因此，本规范要求专业技术人员在承担结构加固设计时，应对该承重结构的整体性进行检查与评估，以确定是否需作相应的加强。另外，还应关注节能与环保等要求是否得到应有的执行。

3.1.2 不同类型的结构，在整体牢固性上有着显著的差别；即使同样满足承载力安全度的要求，砌体结构的整体安全性仍然很难与钢筋混凝土结构和钢结构相比拟；以致在遭遇不测事件时，往往会发生连续倒塌。然而一旦采取了有效的构造措施，则情况将大为不同。不少砖混结构在各种灾害后，之所以能够幸存、可修，就是因为设计单位在结构整体牢固性的考虑上，采取了正确的构造措施。这对砌体结构的加固设计而言，更显得重要。因为对已有砌体结构普遍存在的、影响整体性的缺陷，倘若不在加固的同时加以

整治，则再好的局部性加固，也抵御不了不测事件的破坏作用。为此，本规范作出规定：应对所发现的此类问题一一进行整治。

3.1.3 被加固的混凝土结构、构件，其加固前的服役时间各不相同，其加固后的结构功能又有所改变，因此不能直接沿用其新建时的安全等级作为加固后的安全等级，而应根据业主对该结构下一目标使用期的要求，以及该房屋加固后的用途和重要性重新进行定位，故有必要由业主与设计单位共同商定。

3.1.4 本条主要强调两点：一是应从设计与施工两方面共同采取措施，以保证新旧两部分能形成整体共同工作；二是应避免对未加固部分以及相关的结构、构件和地基基础造成不利的影响。这是两个常识性的基本要求，之所以需要强调，是因为在当前的结构加固设计领域中，经验不足的设计人员占较大比重，致使加固工程出现"顾此失彼"的失误案例时有发生，故有必要加以提示。

3.1.5 由高温、高湿、冻融、冷脆、腐蚀、振动、温度应力、收缩应力、地基不均匀沉降等原因造成的结构损坏，在加固时，应采取有效的治理对策，从源头上消除或限制其有害的作用。与此同时，尚应正确把握处理的时机，使之不致对加固后的结构重新造成损坏。就一般概念而言，通常应先治理后加固，但也有一些防治措施可能需在加固后采取。因此，在加固设计时，应合理地安排好治理与加固的工作顺序，以使这些有害因素不至于复萌。这样才能保证加固后结构的安全和正常使用。

3.1.8 结构加固工作反馈的信息表明，业主和设计单位普遍要求本规范给出结构加固后预期的正常使用年限。这个要求无可厚非，也很必要，但问题在于大多数加固技术在实际工程中已经使用的年数都不长，很难据以判断一种加固方法，其使用年限是否能与新建的工程一样长。为了解决这个问题，规范编制组对国内外有关情况进行了调查。其主要结果如下：

1 国外有关结构加固的指南普遍认为：基于现有房屋结构的修复经验，以 30 年作为正常使用与维护条件下结构加固的设计使用年限是相当适宜的。倘若能引进桥梁定期检查与维护制度，则不仅更能保证安全，而且在到达设计年限时，继续延长其使用期的可能性将明显增大。这一点对使用聚合物材料的加固方法尤为重要。

2 国外保险业对房屋结构在正常使用和维护条件下的最高保用年限也定为 30 年。因为其所作的评估认为：这个年数较能为有关各方共同接受。

3 我国档案材料的统计数据表明，一般公用建筑投入使用后，其前 30 年的检查、维护周期一般为 6～12 年；其 30 年后的检查、修缮时间的间隔显著缩短，甚至很快便进入大修期。

由上述可见，对正常使用、正常维护的房屋结构而言，30 年是一个可以接受的标志性年限。为此，国家标准《混凝土结构加固设计规范》编制组会同本规范编制组在调查基础上，又组织专家进行了论证，其主要结论如下：

1 以 30 年为加固设计的使用年限，较为符合当前加固技术发展的水平和近 20 年来所积累的经验；况且到了 30 年也并不意味着该房屋结构寿命的终结，而只是需要进行一次系统的检查，以作出是否可以继续安全使用的结论。这对已使用 30 年的房屋而言，也确有此必要。

2 对使用胶粘剂或其他聚合物的加固方法，不论厂商如何标榜其产品的优良性能，使用者必须清醒地意识到这些人工合成的材料，不可避免地存在着老化问题，只是程度不同而已，况且在工程施工的现场，还很容易因错用劣质材料或所使用的工艺不当，而过早地发生破坏。为了防范这类隐患，即使在发达的国家也同样要求加强检查（如房屋）或监测（如桥梁），但检查时间的间隔可由设计单位作出规定，不过第一次检查时间宜定为投入使用后的 6～8 年，且至迟不应晚于 10 年。

此外，专家也指出，对房屋建筑的修复，还应首先听取业主的意见。若业主认为其房屋极具保存价值，而加固费用也不成问题，则可商定一个较长的设计使用年限；譬如，可参照历史建筑的修复，定一个较长的使用年限，这在技术上都是能够做到的，但毕竟很费财力，不应在业主无特殊要求的情况下，误导他们这么做。

基于以上所做的工作，制定了本条的三项处理原则。

3.1.9 砌体结构的加固设计，系以委托方提供的结构用途、使用条件和使用环境为依据进行的。倘若加固后任意改变其用途、使用条件或使用环境，将显著影响结构加固部分的安全性及耐久性。因此，改变前必须经技术鉴定或设计许可，否则后果的严重性将很难预料。本条为强制性条文，必须严格执行。

3.2　设计计算原则

3.2.1 考虑到线弹性分析方法是最成熟的结构分析方法，迄今为国外结构加固设计规范和指南所广泛采用。因此，本规范作出了"在一般情况下，应采用线弹性分析方法计算被加固结构作用效应"的规定。

3.2.2 本规定对砌体结构的加固验算作了详细而明确的规定。这里仅指出一点，即：其中部分计算参数已在该结构加固前的可靠性鉴定中通过实测或验算予以确定。因此，在进行结构加固设计时，宜尽可能加以引用，这样不仅可以节约时间和费用，而且在被加固结构日后万一出现问题时，也便于分清责任。

3.2.3 本条是根据现行国家标准《正态分布完全样本可靠度单侧置信下限》GB 4885 制定的。采用这一

方法确定的加固材料强度标准值，由于考虑了样本容量和置信水平的影响，不仅将比过去滥用"1.645"这个系数值，更能实现设计所要求的95%保证率，而且与当前国际标准、欧洲标准、ACI标准等检验材料强度标准值所采用的方法，在概念上也是一致的。

3.2.4 为防止使用胶粘剂或其他聚合物的结构加固部分意外失效（如火灾或人为破坏等）而导致的建筑物坍塌，国外有关的设计规程和指南，如 ACI 440 2R-02 和英国混凝土协会 55 号设计指南等均要求设计者对原结构、构件提供附加的安全保护。一般是要求原结构、构件必须具有一定的承载能力，以便在结构加固部分意外失效时能继续承受永久荷载和少量可变荷载的作用。为此，规范编制组提出了按可变荷载标准值与永久荷载标准值之比值的大小，验算原结构、构件承载力的要求。至于 n 值取 1.2 和 1.5，系参照上述国外资料和国内设计经验确定的。

3.3 加固方法及配合使用的技术

3.3.1 根据结构加固方法的受力特点，本规范参照国内外有关文献将加固方法分为两类。就一般情况而言，直接加固法较为灵活，便于处理各类加固问题，间接加固法较为简便、可靠，且便于日后的拆卸、更换，因此还可用于有可逆性要求的历史、文物建筑的抢险加固。设计时，可根据实际条件和使用要求进行选择。

3.3.2、3.3.3 本规范共列入八种加固方法和一种结构加固所需配合使用的技术。基本上满足了当前砌体结构加固工程的需要。这里应指出的是，每种方法均有其适用范围和应用条件；在选用时，若无充分的科学试验和论证依据，切勿随意扩大其适用范围，或忽视其应用条件，以免因考虑不周而酿成安全质量事故。

4 材料

4.1 砌筑材料

4.1.1 砌体结构加固用的块体（块材），主要用于原材料受损块体的置换，其品种与原构件相同时，较易处理一些问题，故规定：一般应采用与原构件同品种的块体。至于外加的砌体扶壁柱，只要其外观能被业主接受，也可采用不同品种的块体砌筑。

4.1.2 砌体结构外加面层的砂浆是要参与承载的，因而应对其强度等级提出要求。当喷抹的是普通水泥砂浆时，其强度等级不应低于 M10；这是根据本规范和《建筑抗震加固技术规程》JGJ 116 编制组所做的工作确定的；当喷抹的是水泥复合砂浆时，其强度等级不应低于 M25；这是根据湖南大学试验研究结果确定的。

4.1.3 地面以上部分的砌体结构，其砌筑砂浆，过去一直以"宜采用水泥石灰混合砂浆"予以推荐；其理由有二：一是可以节约水泥；二是在用砂量较大的条件下可以改善砂浆的和易性和保水性。但随着我国经济的发展，水泥已成为比石灰更容易获得的建筑材料，况且掺有外加剂的水泥砂浆，其性能也比混合砂浆为好。在这种情况下，根据有关专家的建议，将水泥石灰混合砂浆的用词，由"宜采用"改为"可采用"，以便于设计人员作出选择。

4.2 混凝土原材料

4.2.1 本条的规定是根据国内外混凝土结构加固工程使用水泥的经验制定的。其中需说明的是，对火山灰质和矿渣质硅酸盐水泥的使用，之所以强调应有工程实践经验，是因为其所配制的混凝土，容易出现泌水现象，且早期强度偏低，需要的养护时间较长，容易受到意外因素的干扰；但若有使用经验，则可通过采取相应的技术措施予以防备。

4.2.3 本条指出的五种水泥，若用于结构加固工程上，将严重影响被加固结构的安全，因而列为强制性条文，要求严格执行。

4.2.6 早期的加固规范规定："加固用的混凝土中不应掺入粉煤灰"，因而经常受到质询，纷纷要求规范采取积极措施解决粉煤灰的应用问题。为此，GB 50367 规范编制组对该规定的背景情况进行了调查；从中了解到主要是因为 20 世纪 80 年代工程用的粉煤灰，其烧失量过大，致使掺有粉煤灰的混凝土收缩率很大，从而影响了结构加固的质量。据此，该编制组开展了专题研究，其结论表明：只要使用 I 级灰，且限制其烧失量不超过 5%，便不致对加固后的结构产生明显的不良影响。据此，本规范也作出了相应的规定。

4.3 钢材及焊接材料

4.3.1～4.3.5 本规范对结构加固用钢材的选择，主要基于以下三点的考虑：

1 在二次受力条件下，具有较高的强度利用率，能较充分地发挥被加固构件新增部分的材料潜力；

2 具有良好的可焊性，在钢筋、钢板和型钢之间焊接的可靠性得到保证；

3 高强钢材仅推荐用于预应力加固及锚栓连接。

4.3.6 砌体结构、构件是以砂浆砌筑块材而成，其整体性远不如混凝土，一般锚栓嵌入其中起不到应有的锚固作用。因此，必须采用按其材性和构造专门设计的锚栓。与此同时，其锚栓原材料的性能等级，也不是越高越好，而是有其适宜的选材范围。为此，从现行国家标准《紧固件机械性能——螺栓、螺钉和螺柱》GB/T 3098.1 中选择了 4.8 和 5.8 两个性能等级的碳素钢作为砌体专门锚栓的用钢，并相应给出了其

性能指标。本条为强制性条文，必须严格执行。

4.3.7 工程上有关焊接信息的反馈情况表明，在砌体结构加固工程中，一般对钢筋焊接较为熟悉，提出的问题很少；而对钢板、扁钢、角钢等的焊接，仍有很多设计人员对现行钢结构设计规范理解不深，以致在施工图中，对焊缝质量所提出的要求，往往与施工人员有争执。但应指出的是：国家标准《钢结构设计规范》GB 50017－2003已基本上解决了这个问题，因此，在砌体结构加固设计中，当涉及角钢、钢板焊接问题时，应先熟悉该规范第7.1.1条的规定以及该条的条文说明，将有助于做好钢材焊缝的设计。

4.4 钢 丝 绳

4.4.1、4.4.2 考虑到我国目前小直径钢丝绳，采用不锈钢丝制作的产品价格昂贵，因此，根据国内试验、试用的结果，引入了镀锌的钢丝绳；在区分环境介质和采取阻锈措施的条件下，将两类钢丝绳分别用于重要构件和一般构件，从而可以收到降低造价和合理利用材料的效果。

4.4.3 本条是根据现行国家标准《建筑结构可靠度设计统一标准》GB 50068的要求制定的。制定时，考虑到仅规定保证率，而无保证其实现的措施仍然无法执行。为此，以现行国家标准《正态分布完全样本可靠度单侧置信下限》GB 4885为依据，引入了置信水平概念，使保证率与试样数量挂钩，以提高其实现的概率，并在此基础上，参照欧洲标准给出了置信水平的具体取值，弥补了统一标准的缺陷，以确保实际工程的设计质量。本条为强制性条文，必须严格执行。

4.4.4 涂有油脂的钢丝绳，它与聚合物砂浆之间的粘结力将严重下降，故作出本规定。

4.5 纤维复合材

4.5.1 对本条的规定需说明以下三点：

1 碳纤维按其主原料分为三类，即聚丙烯腈（PAN）基碳纤维、沥青（PITCH）基碳纤维和粘胶（RAYON）基碳纤维。从结构加固性能要求来考量，只有PAN基碳纤维最符合承重结构的安全性和耐久性要求；粘胶基碳纤维的性能和质量差，不能用于承重结构的加固；沥青基碳纤维只有中、高模量的长丝，可用于需要高刚性材料的加固场合，但在通常的建筑结构加固中很少遇到这类用途，况且在国内尚无实际使用经验，因此，本规范规定：应选用聚丙烯腈基（PAN基）碳纤维。另外，应指出的是最近市场新推出的玄武岩纤维，由于其强度和弹性模量很低，不能用于承重结构加固。因此，在选材时，切勿听信不实的宣传。

2 当采用聚丙烯腈基碳纤维时，还必须采用12K或12K以下的小丝束纤维；严禁使用大丝束纤维；其所以作出这样严格的规定，主要是因为小丝束的抗拉强度十分稳定，离散性很小，其变异系数均在5％以下，容易在生产和使用过程中，对其性能和质量进行有效的控制；而大丝束则不然，其变异系数高达18％以上，且在试验和试用中所表现出的可靠性很差，故不能作为承重结构加固材料使用。

另外，应指出的是，近来日本等国开始使用15K碳纤维。据报道使用效果甚好。我国所做的材性试验也表明：其性能介于Ⅰ级和Ⅱ级之间。因此，作出"当有可靠工程经验时，允许使用15K碳纤维"的规定。

3 对玻璃纤维在结构加固工程中的应用，必须选用高强度的S玻璃纤维或含碱金属氧化物含量低于0.8％的E玻璃纤维。至于A玻璃纤维和C玻璃纤维，由于其含碱量（K、Na）高，强度低，尤其是在湿态环境中强度下降更为严重，因而应严禁在结构加固中使用。

4.5.2 对本条文的制定，需说明以下三点：

1 纤维复合材虽然是工程结构加固的好材料，但在工程上使用时，除了应对纤维和胶粘剂的品种、型号、规格、性能和质量作出严格规定外，尚须对纤维与胶粘剂的"配伍"问题进行安全性与适配性的检验与合格评定。否则容易因材料"配伍"失误，而导致结构加固工程失败。

2 随着碳纤维生产技术的日益发展，高强度级碳纤维的基本性能和质量也越来越得到改善。为了更好地利用这类材料，国外有关规程和指南几乎都增加了"超高强"一级。正在修订的GB 50367规范根据目前国内市场供应的不同型号碳纤维的性能和质量的差异情况，也将结构加固使用的碳纤维分为"高强度Ⅰ级"、"高强度Ⅱ级"和"高强度Ⅲ级"三档，但对砌体结构加固，本规范仅推荐使用Ⅱ级和Ⅲ级纤维。另外，我国之所以不用"超高强"作为分级的冠名，主要是因为这个定语过于夸张，无助于技术的不断向前发展。

3 表4.5.2-1和表4.5.2-2的安全性能指标，是根据住房和城乡建设部建筑物鉴定与加固规范管理委员会几年来对进入我国建设工程市场各种品牌和型号碳纤维及玻璃纤维织物和板材的抽检结果，并参照国外有关规程和指南制定的。工程试用结果表明，按该表规定的指标接收产品较能保证结构安全所要求的质量。

本条为强制性条文，必须严格执行。

4.5.3 对符合本规范第4.5.2条安全性能指标要求的纤维复合材，当它与其他牌号结构胶配套使用时，之所以必须重做适配性检验，是因为一种纤维与一种牌号胶粘剂的配伍通过了安全性及适配性的检验，并不等于它与其他牌号胶粘剂的配伍，也具有同等的安全性及适配性。故必须重新做检验，但检验项目可以

适当减少。本条为强制性条文，必须严格执行。

4.5.5 对本条需说明两点：

1 目前国内外生产的供工程结构粘贴纤维复合材使用的胶粘剂，是以常温固化和现场涂刷施工为前提，因此，其浸润性、渗透性和垂流度均仅适用于单位面积质量在 300g/m² 及其以下的碳纤维织物。若用于大于 300g/m²，胶粘剂将很难浸透，致使碳纤维层内和层间因缺胶而使得所形成的复合材的整体性受到严重影响，达不到设计所要求的粘结强度。因此，在 GB 50367 规范 2006 年版本中，作出了"严禁使用单位面积质量大于 300g/m² 的碳纤维织物"的规定；但这几年来，为了解决这个工艺问题，国外厂家通过大量试验研究，推出了适合现场条件使用的真空灌注法，解决了 300g/m² ～450g/m² 的碳纤维织物在工程现场的注胶问题。这一新工艺经我国验证和使用表明：确能较饱满地完成厚型织物的注胶工艺。因此，这次制定本条时，补充了这项新工艺，并具体规定了其适用范围。但应指出的是：以 450g/m² 作为现场使用真空灌注法的界限值，是根据国内外共识界定的，不可听信有些厂商的不实宣传，而任意扩大厚型布适用范围。

2 预浸法生产的碳纤维织物，由于存储期短，且要求低温冷藏，在现场加固施工条件下很难做到，常常因此而导致预浸料发生粘连、变质。若勉强加以利用，将严重影响结构加固的安全和质量，故作出严禁使用这种材料的规定。为此，还需要指出的是：预浸料只能在工厂条件下采用中、高温（125℃～180℃）固化工艺，以低黏度的专用胶粘剂制作纤维复合材。但一些不法厂商为了赚取高利润，有意隐瞒这些事实，大量地将这类材料推销给建设工程使用，而一些业主和施工单位也为了有利可图而加以接受。在这种情况下，一旦发生事故将很难分清设计、施工、监理、业主和材料供应商的责任。故提请设计、监理和检验单位必须严加提防。

本条为强制条文，必须严格执行。

4.6 结构胶粘剂

4.6.1 砌体结构加固工程用的结构胶粘剂，虽经国内外专家论证认为：可以使用 B 级胶，但为了确保工程的安全，仍然必须要求胶粘剂的粘结抗剪强度标准值应具有足够高的强度保证率及其较高的可能实现的概率（即置信水平）。本规范采用的 95% 保证率，系根据现行国家标准《建筑结构可靠度设计统一标准》GB 50068 确定的；其置信水平是参照国内外同类标准如 ACI455.2、CIB-W18、GB 4885（与 ISO 国际标准等效），以及我国标准化工作应用概率统计方法的经验确定的，即取置信水平 $C=0.90$，与美国和欧洲标准相一致。

这里必须指出的是：迄今在国内，仍有为数不少

的科研、设计人员在强度标准值的概述和算法上，还存在着一个误区，即简单地认为：强度标准值所要求的 95% 保证率，就是将试验得到的强度平均值减去 1.645 倍标准差。其实这只有当试样数量 n 足够大时，例如当 $n \geqslant 3000$ 时，才接近于 1.645 这个值。若 n 的数量有限，例如 $n=5$ 与 $n=50$，倘若其试验结果的平均值仍然还是都只减去 1.645 倍标准值，那么，它们的强度保证率是否也都达到了 95% 呢？答案显然是否定的。因为它忽略了试样数量这一重要的影响因素。概率统计计算表明：若置信水平为 0.90，则当 $n=5$ 与 $n=50$ 时，应分别减去 3.4 倍和 1.965 倍标准差，才能同样具有 95% 的保证率。因此，显然不能只规定强度保证率，而不规定其所必需考虑的可能实现的概率（即置信水平）；也正因此，在本规范第 3.2.3 条中给出了强度标准值的正确算法，以供检验和设计人员使用。

4.6.2 经过数十年的实践，目前国际上已公认专门研制的改性环氧树脂胶为混凝土结构加固首选的胶粘剂。不论从抗剥离性能、耐环境作用、耐应力长期作用等各方面来考察，都是迄今其他建筑用胶所无法比拟的；但需要提请使用单位注意的是：这些良好的胶粘性能并非环氧树脂胶所固有的，而是通过改性消除了第一代环氧树脂胶脆性等一系列缺陷后才获得的。因此，在使用前必须通过安全性能检验，确认其改性效果后，才能保证被加固结构承载的安全可靠性。至于不饱和聚酯树脂以及所谓的醇酸树脂，由于其耐潮湿和耐老化性能差，因而不允许用作承重结构加固的胶粘剂。本条文为强制性条文，必须严格执行。

4.6.3 种植后锚固件（植筋、锚栓及拉结筋等）的胶粘剂之所以必须使用专门配制的改性环氧树脂胶，其理由如同上条所述，这里需要补充说明的是：在砌体结构的锚固用胶中，仍然有不少使用了乙二胺（包括以乙二胺为主成分的 T-31）作固化剂。这在现行国家标准《混凝土结构加固设计规范》GB 50367 中是严禁使用的。因此，对本规范而言，该规定也同样有效。因为本条规定砌体结构锚固用胶必须符合该规范对 B 级胶的安全性能要求。另外，应指出的是：水泥卷及其他水泥基锚固剂，由于韧性差以及其中所含的膨胀剂对上部结构的负面影响，是不应该用于承重结构的，但受当前加固市场不规范的影响，不少厂商和设计单位仍以各种臆造的理由来推销这类产品，故必须在强制性条文中予以澄清。

4.7 聚合物改性水泥砂浆

4.7.1 目前市场上聚合物乳液的品种很多，但绝大多数都是不能用于配制承重结构加固用的聚合物改性水泥砂浆。为此，根据规范编制组通过验证性试验的筛选结果，经专家讨论后作出了本规定，以供加固设计单位在选材时使用。

4.7.2 根据本规范编制组所进行的调查研究表明，国外对结构加固用的聚合物改性水泥砂浆的研制是分档进行的。不同档次的聚合物改性水泥砂浆，其所用的聚合物品种、含量和性能有着显著的差别，必须在加固设计选材时予以区分。前一段时间，有些进口产品的代理商在国内推销时，只推销低档次的产品，而且选择在原构件混凝土强度很低的场合演示其使用效果。一旦得到设计单位和当地建设主管部门认可后，便不分场合到处推广使用。这是一种必须制止的危险做法。因为采用低档次聚合物配制的砂浆，与强度等级在 C25 以上的基材混凝土的粘结，其效果是很不好的，会给承重结构加固工程留下严重的安全隐患；故设计、监理单位和业主务必注意。

4.7.3 表 4.7.3 的检验项目及合格指标，是参照现行国家标准《混凝土结构加固设计规范》GB 50367 对混凝土结构用聚合物改性水泥砂浆所作的规定，并参考福建厦门和湖南长沙两地产品在砌体结构中应用的检验数据制定的；与此同时，还根据各地反馈的意见进行了调整。因此，不论对进口产品或国内产品，均能进行较有效的控制，以保证其性能和质量能够满足砌体结构安全使用的要求。

4.7.4 对水泥复合砂浆，其安全性鉴定之所以应按 Ⅱm 级聚合物改性水泥砂浆的规定执行，是因为目前市场上的产品，即使其抗压强度很高，但它的综合性能水平仍然处于 Ⅱm 级聚合物改性水泥砂浆的档次上，在这种情况下，如果一种水泥复合砂浆的安全性鉴定结果还不合格，只能说明该产品的粘结抗剪能力不足，还需要通过更有效的改性予以提高，才能满足承重结构安全使用的要求。

4.7.5 聚合物改性水泥砂浆一般作为承重结构的加固面层使用。因此，其粘结性能就显得很重要，不仅要有足够的粘结抗剪强度，而且其使用后期的粘结能力必须得到保证。针对这一使用要求，必须采用对劣质聚合物检出能力很强的湿热老化检验法来检测其耐老化性能，才能作出正确判断。因为聚合物粘结剪切长期性能的优劣在很大程度上决定了这类砂浆面层的耐老化性能。本条为强制性条文，必须严格执行。

4.7.6 以聚合物为改性剂的水泥砂浆，其抗压试件的强度和抗冻性能都有显著的提高，但这方面提高并不意味着其粘结剪切的抗冻性也会相应提高。因为两者的破坏模式不同，况且聚合物改性水泥砂浆的应用上最关注的也是粘结剪切的抗冻性。在这种情况下，编制组决定采用剪切试件直接检验粘结抗剪工作的抗冻性，并参照结构胶的检验标准，给出了冻融循环次数和可接受的强度降低百分率。

4.7.7 关于配制改性水泥砂浆用的聚合物原料的毒性检验规定，在很多国家均纳入其有关法规。因为它与人体健康和环境卫生密切相关，必须保证其使用的安全。为此，本规范也参照国内外有关标准进行制

定，并列为强制性条文，以保证严格执行。另外，应指出的是，就目前所使用的聚合物而言，在完全固化后要达到"实际无毒"的卫生等级，是完全可以做到的。之所以还需要对毒性检验进行强制，是为了防止新开发的其他品种聚合物忽视这个问题，也为了防范劣质有毒的产品混入市场。

4.8 砌体裂缝修补材料

4.8.1、4.8.3 砌体裂缝修补胶的应用效果，取决于其工艺性能和低黏度胶液的可灌注性以及其完全固化后所能达到的粘结强度。若裂缝的修补目的只是为了封闭，可仅做外观质量检验；但若裂缝的修补有补强、恢复构件整体性或防渗的要求，则应按现行检验标准取芯样做劈裂抗拉强度试验，并要求其破坏面不在粘合裂缝的界面上，但这在砌体构件中，不一定都能做到。在竖向灰缝质量很差的情况下，只能达到基本上恢复部分整体性的要求。

4.8.2 注浆修补裂缝，主要是为了恢复构件的整体性，并消除其渗漏的隐患。因此，应通过各种探测手段对混凝土灌浆前的内部情况进行检查和分析。本条的规定只是供现场复验注浆料的性能和质量使用。

4.9 防裂用短纤维

4.9.1 用于砌体结构外加面层防止收缩裂缝的纤维，可根据工程实际条件和防裂要求，选用钢纤维或合成纤维。当采用合成纤维时，其抗拉强度不宜低于 280MPa。

4.9.3 砌体结构加固工程选用合成纤维时，宜通过试验确定各项参数和性能指标。若无试验资料可供使用时，可按表 4.9.3 进行确定。

5 钢筋混凝土面层加固法

5.1 一般规定

5.1.1 钢筋混凝土面层加固方法属于复合截面加固法的一种。其优点是施工工艺简单、适应性强，受力可靠、加固费用低廉，砌体加固后承载力有较大提高，并具有成熟的设计和施工经验，适用于柱、墙和带壁柱墙的加固；其缺点是现场施工的湿作业时间长，养护期长，对生产和生活有一定的影响，且加固后的建筑物净空有一定的减小。本条给出了柱、墙和带壁柱墙加固设计常用的钢筋混凝土面层加固方法。

5.1.2 本条规定的加固后砖砌体柱和砖砌体墙的计算截面宽度取值，如图 5.1.2（a）、（b）易于理解，无需说明；对加固后的带壁柱砌体墙计算截面的宽度取值，是参照现行国家标准《砌体结构设计规范》GB 50003 的相关规定制定的。

5.1.3 外加钢筋混凝土面层加固砌体结构应严格要求做好界面处理，并采取措施保证粘结质量，以使原构件与新增部分的结合面能可靠地传力、协同工作。只有界面处理和粘结质量合格，方可采用按整体截面进行计算的假定。

5.1.4 外加钢筋混凝土面层加固方法，由于受原砌体构件应力、应变水平的影响，虽然不能简单地按现行设计规范《砌体结构设计规范》GB 50003、《混凝土结构设计规范》GB 50010进行计算，但该规范的基本假定具有普遍意义，仍应在加固计算中得到遵守。

5.2 砌体受压加固

5.2.1 在满足构造要求情况下，外加钢筋混凝土面层加固后的结构可看成砌体与钢筋混凝土面层的组合砌体构件。因此可以利用《砌体结构设计规范》GB 50003中组合砌体构件轴心受压构件承载力计算公式推出加固后结构轴心受压计算公式。考虑到加固结构中的原有砌体加固前已经承受荷载，其应力水平一般都比较高，而加固新增的钢筋混凝土面层还不能立即工作，需待新加荷载后（第二次受力）才开始受力。此时，新增钢筋混凝土面层的应变滞后于原砌体的应变，原砌体的应变高于新增钢筋混凝土面层的应变；也就是说，当原砌体达到极限状态时，新增钢筋混凝土面层还没有达到其极限状态，其承载力不能得到充分发挥。因此，计算加固后构件的承载力，应考虑新增钢筋混凝土面层与原砌体承受应变起点不同，新增钢筋混凝土面层存在应变滞后现象的实际情况，即使完全卸载时，加固后构件的工作虽属一次受力，但由于受二次施工的影响，其截面工作仍然不如一次施工的构件，其承载力仍有所降低。因此，计算加固后构件的承载力时，引入后加材料的强度利用系数，对《砌体结构设计规范》GB 50003组合砌体构件承载力的计算公式进行修正，从而得到加固后构件的承载力计算公式。根据实际工程和试验结果，新增混凝土的强度利用系数，对砖砌体，取$\alpha_c = 0.8$；对混凝土小型空心砌块砌体，取$\alpha_c = 0.7$。新增钢筋的强度利用系数，对砖砌体，取$\alpha_s = 0.85$；对混凝土小型空心砌块砌体，取$\alpha_s = 0.75$。

表5.2.1的稳定系数φ_{com}来源于《砌体结构设计规范》GB 50003中砌体和钢筋混凝土面层的组合砌体构件的稳定系数。

5.2.2 钢筋混凝土面层加固偏心受压砌体构件正截面承载力计算公式系由《砌体结构设计规范》GB 50003组合砌体构件偏心受压承载力计算公式经修正得到的。根据试验结果和参照《混凝土结构加固设计规范》GB 50367的模式，偏心受压构件新增混凝土的强度利用系数，对砖砌体，取$\alpha_c = 0.9$；对混凝土小型空心砌块砌体，取$\alpha_c = 0.8$。偏心受压构件新增

钢筋的强度利用系数，对砖砌体，取$\alpha_s = 1.0$；对混凝土小型空心砌块砌体，取$\alpha_s = 0.95$。

5.3 砌体抗剪加固

5.3.1 外加钢筋混凝土面层对砌体墙面抗剪承载力的加固，可简化为原砌体的抗剪承载力加上钢筋混凝土面层的贡献。

5.3.2 公式（5.3.2）中的$0.44\alpha_c f_t bh$相当于《混凝土结构设计规范》GB 50010 - 2010公式（6.3.4-4）中的混凝土受剪承载力$\frac{1.75}{\lambda+1}\alpha_c f_t bh_0$。为了简化计算和稳健取值，统一取剪跨比$\lambda = 3.0$，得到$\frac{1.75}{\lambda+1} = 0.44$。另外，对混凝土和钢筋引进了强度利用系数$\alpha_c$和$\alpha_s$。

5.4 砌体抗震加固

5.4.2 原砌体的抗震承载力计算与现行国家标准《砌体结构设计规范》GB 50003规定相同；而钢筋混凝土面层的贡献，根据现行《建筑抗震设计规范》GB 50011在截面抗震验算中所建立的概念，可以简单地认为其抗震承载力与非抗震下的抗剪承载力相同，仅需将后者除以承载力抗震调整系数即可。这是一种偏于安全的处理方法。

5.5 构 造 规 定

5.5.1 本条规定主要是为保证加固施工时后浇混凝土的灌注质量，以及必需的混凝土保护层厚度而作出的。调查和施工经验均表明，如果后浇混凝土的截面厚度小于60mm，则浇捣比较困难且不易密实；当采用喷射混凝土法施工时，其质量易控制，故厚度可适当减小。

5.5.2 结构加固用的混凝土，其强度等级不应低于C20（或C25），主要是为了保证新浇混凝土与原砖砌体构件界面以及它与新加受力钢筋或其他加固材料之间能有足够的粘结强度，使之能达到整体共同受力。上条已提及，因加固所需的后浇混凝土，其厚度一般较小，浇灌空间有限，施工条件较差。调查和试验均表明，在小空间模板内浇灌的混凝土均匀性较差，其现场取芯确定的混凝土抗压强度可能要比正常浇灌的混凝土低10%左右，因此有必要适当提高其强度等级。

应指出的是，目前使用的膨胀剂均存在着回缩的问题，不能起到应有的作用。这将直接涉及加固结构的安全，故作此规定。

5.5.3～5.5.6 主要是根据结构加固工程的实践经验和有关的研究资料作出的规定，其目的是保证原构件与新增混凝土的可靠连接，使之能够协同工作，以保证力的可靠传递，从而收到良好的加固效果。

6 钢筋网水泥砂浆面层加固法

6.1 一般规定

6.1.1、6.1.2 这两条明确规定了钢筋网水泥砂浆面层加固法的适用范围及加固墙体的基本要求。为了使钢筋网水泥砂浆面层加固法加固有效，除了应注意提高砌体受压承载力外，还应要求原砌体构件的砌筑砂浆强度等级不宜低于 M2.5；当加固墙体受剪承载力时，除应要求原砌体构件的砌筑砂浆强度等级不应低于 M1 外，还在第 6.5 节的构造规定中强调了以下几点：①钢筋网与墙面应有间隙及锚固；②钢筋网应与原构件周边牢固连接；③砂浆面层厚度不应大于50mm。工程实践经验表明，只有采取了这些措施，才能保证加固工程的安全。

6.1.3 块材严重风化（酥碱）的砌体，因表层损失严重及刚度退化加剧，面层加固法很难形成协同工作，其加固效果甚微。故此，本条规定了不应采用钢筋网水泥砂浆面层进行加固。

6.2 砌体受压加固

6.2.1、6.2.2 这两条的设计概念和计算方法，与本规范第 5 章 5.2 节完全一致，只是根据砂浆面层的特性，调整了砂浆强度利用系数和钢筋强度利用系数。

6.2.3 试验表明，当砂浆面层大于 50mm 后，增加其厚度对加固效果提高不大，故作出了应改用钢筋混凝土面层的规定。

6.3 砌体抗剪加固

6.3.1 本规范采用了以下假定，即：钢筋网水泥砂浆面层加固后的砌体墙平面内抗剪承载力，可以近似地用原砌体的抗剪承载力加上钢筋网片砂浆面层的贡献来描述。据此，给出了具体计算公式。

6.3.2 钢筋网水泥砂浆面层的受剪承载力计算，是参照已有的钢筋网水泥砂浆面层对砖墙加固作用的科研成果来制定的。这些成果一般认为钢筋应力较小，约为其设计强度的 20%～30%。

6.4 砌体抗震加固

6.4.1 原砌体的抗震受剪承载力计算与国家标准《砌体结构设计规范》GB 50003-2001 规定相同。至于钢筋网水泥砂浆面层的贡献，可以简单地认为其抗震受剪承载力与非抗震下的受剪承载力相同（参见5.4.2 条文说明）。这样的处理是偏于安全的。

6.5 构造规定

6.5.1～6.5.9 这几条规定了钢筋网水泥砂浆面层加固法对砂浆强度等级、钢筋的强度等级及钢筋的构造要求。为保证加固发挥最大效果，规定了受压构件加固用的砂浆强度等级不应低于 M15 和受剪构件加固用的砂浆强度等级不应低于 M10。与此同时，还强调了以下几点：

1 钢筋的保护层厚度和距离墙面的间隙；

2 钢筋与墙面的锚固；

3 钢筋与周边构件的连接。

试验及实际工程检测表明，钢筋网竖筋紧靠墙面会导致钢筋与墙面无粘结，从而造成加固失效。试验表明，采用 5mm 的间隙，两者可有较强的粘结。钢筋网的保护层厚度应满足规定，以保护钢筋，提高面层加固的耐久性。

7 外包型钢加固法

7.1 一般规定

7.1.1 外包型钢加固法常用角钢约束砌体砖柱，并在卡具卡紧的条件下，将缀板与角钢焊接连成整体。该法属于传统加固方法，其优点是施工简便、现场工作量和湿作业少，受力十分可靠，适用于不允许增大原构件截面尺寸，却又要求大幅度提高截面承载力的砌体柱的加固；其缺点为加固费用较高，并需采用类似钢结构的防护措施。试验研究表明，外包钢加固砖砌体短柱，不仅可以提高强度，而且可延迟裂缝的出现和发展，具有很好的塑性。但角钢与砌体间应贴紧，角钢上顶大梁，下抵基础，缀板间距不宜过大，以保证角钢有效地承担分配的荷载，且使砌体强度得以提高。本条给出了柱加固设计常用的外包型钢加固方式。

7.2 计算方法

7.2.1 试验表明，外包型钢对原柱的横向变形有约束作用，使原柱处于三向受压状态，从而间接地提高了原柱的承载力。由于约束作用与钢构架的构造及施工质量有很大关系，受力机理复杂，研究不够充分，因此计算中不考虑约束作用对承载力的提高，仅将其作为安全储备。

外包型钢加固法可分为干式和湿式两种。干式外包型钢加固法是型钢直接外包于被加固构件四周，型钢与构件间无任何连接。这种加固法不考虑结合面传递剪力。湿式加固法又分成两种：一种是用改性环氧树脂胶压注的方法，将角钢粘贴在砌体构件上；另一种是角钢与被加固构件之间留有一定的间距，中间压注灌浆料，实际上是一种外包型钢和外包混凝土相结合的复合加固法。由于砌体强度等级偏低，整体性差，其界面即使采用结构胶粘结，也难以有效地传递剪力。从试验破坏情况来看，角钢多是在两缀板间弯扭屈曲破坏；这也说明角钢与砌体不能形成整体截面

共同工作。因此无论是干式还是湿式，不论角钢与砌体柱接触面处涂布或灌注任何粘结材料，计算中均不能考虑其粘结作用。由于以上原因，计算加固后构件承载力时，外包型钢与原构件所承受的外力按各自的刚度比例进行分配，然后分别计算。

对已有腐蚀、裂缝或其他严重缺陷的原柱，原柱强度和刚度均受到削弱，因此引入刚度降低系数。同时，应先剔除腐蚀层并修补后再进行加固，并根据缺陷情况选取原砌体的刚度降低系数 k_m。考虑到外包型钢与原构件的协同工作条件较差，因此弯矩分配时引入协同工作系数 $\eta = 0.9$。

本条采用的是截面刚度近似计算公式，与精确计算公式相比，仅略去型钢绕自身轴的惯性矩，其所引起的计算误差很小，完全可以不计。

7.2.2 角钢在轴向力和砖砌体侧向压力作用下，两缀板间角钢产生压弯应力，砌体侧向压应力一般不是太大，且主要由缀板承受，对角钢来说可以忽略不计。对角钢影响较大的有两个因素：一者，四肢角钢加工不可能绝对均匀，在试验中虽然精心制作仍有误差，试验中四肢角钢的应变值不一致充分说明了这点，一般可根据施工精度和承受荷载的特点取 0.85～0.95 钢材强度折减系数；二者，从试验破坏情况来看，角钢多是在两缀板间弯扭屈曲破坏，说明缀板间的单肢验算不可忽略。

7.3 构 造 规 定

7.3.1 钢材屈服强度越大，其强度利用系数就会越小。所以加固时不宜选用强度等级较高的钢材。

7.3.2、7.3.3 尽管从试验和实践中已得到充分证明，外包型钢加固砌体可以大幅度提高砌体的承载力。但其加固效果仍与构造是否恰当，施工是否符合要求有很大关系。为加强角钢肢之间的联系，沿柱轴线每隔一定距离设置与角钢焊接的封闭式缀板作为横向连接件，以提高钢构架的整体性与共同工作能力；为此，应采用工具式卡具勒紧、聚合物改性水泥砂浆粘贴或灌浆料压注等方法使角钢肢紧贴于砌体表面，以消除过大间隙引起的变形。

7.3.4 为保证力的可靠传递，消除间隙引起的变形不协调，使角钢有效分担砖柱的荷载，角钢的上下两端应与结构顶层构件和下部基础可靠地锚固。

7.3.5 为保证力的可靠传递，角钢必须通长、连续设置，中间不得断开。若角钢长度受限制，应通过焊接方法接长。

7.3.6 加固完成后，之所以还需在型钢表面喷抹高强度水泥砂浆保护层，主要为了防腐蚀和防火，但若型钢表面积较大，很可能难以保证抹灰质量。此时，可在构件表面先加设钢丝网或用胶粘方法分散洒布一层豆石，然后再抹灰，便不会发生脱落和开裂。

8 外加预应力撑杆加固法

8.1 一 般 规 定

8.1.1、8.1.2 预应力加固法在钢筋混凝土结构中的应用虽然很好，但对变形敏感的砌体结构却不尽然。因此，作出这两条规定予以必要的限制。另外，还需要注意以下两点：

一是在采用预顶方法加固时，对原结构局压区应进行校核，防止局压破坏。

二是采用外加预顶力撑杆对砖柱进行加固，虽能较大幅度提高柱的承载能力，但不应用于温度在 60℃以上的环境中。

8.2 计 算 方 法

8.2.1 采用预应力撑杆加固轴心受压砌体柱的设计步骤较为简单明确。撑杆中的预顶力主要是以保证撑杆与被加固柱能较好地共同工作为度。故施加的预顶力值 σ_p 不宜过高，且应在施工过程中严加控制为妥。

8.2.2 基于砌体柱的抗拉能力弱，对偏心受压情况，仅允许组合砌体柱用预应力撑杆加固方法。

8.3 构 造 规 定

8.3.1、8.3.2 预顶力撑杆适宜用横向张拉法施工。其建立的预顶力值也比较可靠。这种方法在原苏联采用较多，也有许多工程实践经验表明该法简便可行。因此，可参考 Н. М. ОНУФРИЕВ 所著的《工业房屋钢筋混凝土结构简易补强法》（中译本）一书。

9 粘贴纤维复合材加固法

9.1 一 般 规 定

9.1.1 根据粘贴纤维增强复合材的受力特性，本条规定了这种方法仅适用于砖墙平面内抗剪加固和抗震加固。当有可靠依据时，粘贴纤维复合材也可用于其他形式的砌体结构加固，如墙体平面外受弯加固等。

这里需要指出的是，在混凝土结构加固设计规范中之所以规定了粘贴纤维复合材的加固方法不适用于素混凝土构件的加固，是因为在结构设计计算中，混凝土是不考虑其抗拉作用的，故认为全部拉应力由外粘纤维复合材来承受不够可靠；而在墙体的抗剪加固中，即使原墙体的砌筑砂浆抗压强度仅为 0.4MPa，也并不是全部剪力是由外粘纤维复合材来承受的，因此认为粘贴纤维复合材对无筋砌体的加固来说还是可行的，但墙体不应有裂缝存在。

9.1.2 考虑到纤维复合材与砌体的粘结性能及其适用的条件，规定了现场实测的砖强度等级不得低于

MU7.5，砂浆强度等级不得低于 M2.5，并且要求原墙体表面不得有裂缝、腐蚀和风化。否则，建议采用其他合适的方法进行加固。

9.1.4 本条强调了纤维复合材不能设计为承受压力，而只能将纤维受力方式设计为承受拉应力作用。

9.1.5 本条规定粘贴在砌体表面的纤维复合材不得直接暴露于阳光或有害介质中。为此，其表面应进行防护处理，以防止长期受阳光照射或介质腐蚀，从而起到延缓材料老化、延长使用寿命的作用。

9.1.6 本条规定了采用这种方法加固的结构，其长期使用的环境温度不应高于 60℃。但应当指出的是，这是按常温条件下，使用普通型结构胶粘剂的性能确定的。当采用耐高温胶粘剂粘结时，可不受此规定限制。另外，对其他特殊环境（如高温高湿、介质侵蚀、放射等）采用粘贴纤维复合材加固时，除应遵守相应的国家现行有关标准的规定采取专门的粘贴工艺和相应的防护措施外，尚应采用耐环境因素作用的结构胶粘剂。

9.1.7 为了确保被加固结构的安全，本规范统一制定了纤维复合材的设计计算指标。这对设计人员而言，不仅较为方便，而且还不至于因各自取值的差异，而引发争议；也不至于因厂商炒作的影响，贸然采用过高的计算指标而导致结构加固出问题。本条为强制性条文，必须严格执行。

9.1.8 粘贴纤维复合材的胶粘剂一般是可燃的，故应按照现行国家标准《建筑设计防火规范》GB 50016 规定的耐火等级和耐火极限要求，对纤维复合材进行防护。

9.2 砌体抗剪加固

9.2.1 为了说明纤维复合材对砌体墙面内受剪加固的方法，推荐了几种粘贴纤维复合材的方式。

9.2.2、9.2.3 对采用纤维复合材加固后的砌体墙，其平面内受剪承载力的确定，可简化为原砌体的受剪承载力加上纤维复合材的贡献。另外规定了其受剪承载力的提高幅度不应超过 40%，目的是保证即使加固作用失效，在静力荷载下也不至于破坏或倒塌。碳纤维强度的取值是按照混凝土构件抗剪加固的碳纤维取值的一半确定的。

9.3 砌体抗震加固

9.3.2 原砌体的抗震受剪承载力计算与现行国家标准《砌体结构设计规范》GB 50003 规定相同，而碳纤维的贡献可以简单地认为其抗震受剪承载力与非受震下的受剪承载力相同（参见 5.4.2 条文说明）。这样处理是偏于安全的。

9.4 构 造 规 定

9.4.1 为了避免出现薄弱部位，规定了纤维带的

间距。

9.4.2～9.4.5 本规范推荐了纤维复合材端部及中部的锚固方式，锚固的可靠性，是决定加固是否成功的关键；当有可靠经验时，也可以采取其他锚固方式。

10 钢丝绳网-聚合物改性水泥砂浆面层加固法

10.1 一 般 规 定

10.1.1 根据钢丝绳网-聚合物砂浆的受力特性，从严格控制其应用范围的审查意见出发，本条规定了这种方法仅适用于砖墙平面内受剪加固和抗震加固。

10.1.2 考虑到聚合物改性水泥砂浆与砌体的粘结性能，规定现场实测的原构件砖强度等级不得低于MU7.5，砂浆强度等级不得低于 M1.0，并且墙体表面不得有裂缝、腐蚀和风化。否则，建议采用其他合适的方法进行加固。

10.1.3 本条规定了采用这种方法加固的结构，其长期使用的环境温度不应高于 60℃。当采用耐高温聚合物改性水泥砂浆时，可不受此规定限制。另外，对其他特殊环境（如高温高湿、介质侵蚀、放射等），除应遵守相应的国家现行有关标准的规定采取专门的工艺和相应的防护措施外，尚应采用耐环境因素作用的聚合物改性水泥砂浆。

10.1.4 为了确保被加固结构的安全，本规范统一制定了不锈钢钢丝绳和镀锌钢丝绳的强度设计计算指标。这对设计人员而言，不仅较为方便，而且还不至于因各自取值的差异，而引发争议；也不至于因厂商炒作的影响，贸然采用过高的计算指标而导致结构加固出问题。本条为强制性条文，必须严格执行。

10.1.5 钢丝绳网-聚合物改性水泥砂浆在高温下材料强度退化明显，故应按照现行国家标准《建筑设计防火规范》GB 50016 规定的耐火等级和耐火极限要求，对钢丝绳网-聚合物砂浆面层进行防护。

10.1.6 采取措施卸除或大部分卸除作用在结构上的活荷载，目的是减少二次受力的影响，尽量使得钢丝绳网的强度能够较充分发挥。

10.2 砌体抗剪加固

10.2.1、10.2.2 对采用钢丝绳网-聚合物砂浆加固后的砌体墙，其平面内受剪承载力的确定，可简化为原砌体的受剪承载力加上钢丝绳网-聚合物砂浆的贡献。另外规定了其受剪承载力的提高幅度不应超过40%，目的是保证即使加固作用失效，在静力荷载下也不至于破坏或倒塌。

10.3 砌体抗震加固

10.3.2 原砌体的抗震受剪承载力计算与现行国家标

准《砌体结构设计规范》GB 50003 规定相同，而钢丝绳网-聚合物砂浆的贡献可以简单地认为其抗震受剪承载力与非抗震下的受剪承载力相同（参见 5.4.2 条文说明）。这样的处理是偏于安全的。

10.4 构 造 规 定

10.4.1、10.4.2 本规范规定了水平钢丝绳网的布置方式及其端部的锚固方式，但应理解为：是对设计的最低要求。考虑到锚固的可靠性是决定加固是否成功的关键，因此，当有可靠经验时，鼓励采取其他更好的锚固方式。

11 增设砌体扶壁柱加固法

11.1 计 算 方 法

11.1.1 考虑到后砌扶壁柱存在着应力应变滞后现象，在计算加固砖墙承载力时，后砌扶壁柱的抗压强度设计值 f 应乘以强度利用系数 0.8 予以降低。

11.2 构 造 规 定

11.2.1 对新增扶壁柱最小截面尺寸提出要求，以确保新增扶壁柱的稳定性和协同工作。当用角钢-螺栓拉结时，为避免钢构件锈蚀，应采取防护措施以增强其耐久性。

11.2.2 考虑结构的耐久性和安全性以及新老构件可靠连接，对加固用的块体和砂浆的强度等级提出了要求。

11.2.5 增设扶壁柱后，墙体承载力和稳定性有所提高，扶壁柱应新增基础或在原墙体基础上加固；使扶壁柱基础深度与原墙基础深度相同，以避免对原墙基础的不利影响。

12 砌体结构构造性加固法

12.1 增设圈梁加固

12.1.2～12.1.5 本规范引入钢筋网水泥复合砂浆砌体组合圈梁（图 1）加固法。根据湖南大学等单位关

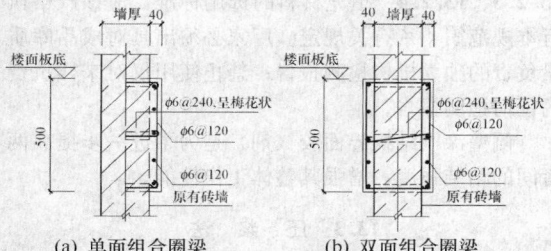

(a) 单面组合圈梁　　(b) 双面组合圈梁

图 1　钢筋网水泥复合砂浆砌体组合圈梁示例
注：图中尺寸单位为 mm

于钢筋水泥复合砂浆加固砌体的相关研究，钢筋网水泥复合砂浆砌体组合圈梁加固法可以很好的提高结构的承载力、刚度以及对墙体的约束能力，且施工简单，工程造价低。

1 试验研究表明，钢筋网水泥复合砂浆加固后的砌体，其强度可提高 50% 以上。

2 计算表明，本规范规定的组合圈梁，其刚度较一般钢筋混凝土圈梁的刚度有较大幅度提高。

3 由于钢筋网水泥复合砂浆加固后的圈梁的强度和刚度得到提高，且构造柱和圈梁彼此相连，形成"弱框架"，砌体受到约束，增强了墙体的整体受力性能。

12.1.6 根据现行国家标准《建筑抗震设计规范》GB 50011，引入钢拉杆加固的构造要求。

12.1.7 砂浆锚筋的直径不应小于 16mm；压浆锚筋的直径不应小于 12mm；锚筋的根部应有弯钩，弯钩长度应大于 $2.5d$，锚筋埋深 $L_s \geqslant 10d$，且不应小于 120mm。锚筋孔采用电钻成孔，孔径 $D=2.5d$，孔深 L 取 L_s 加 10mm。

水泥基砂浆堵塞前，应用压力水冲洗孔道，使孔道砌体充分湿润，并保证砂浆夯填密实。树脂基砂浆堵塞前，其孔洞应干燥，且应按产品说明书的规定进行清孔。

当外加钢筋混凝土圈梁用普通锚栓与墙体连接时，锚栓的一端应作直角弯钩埋入圈梁，埋入长度为 $30d$（d 为锚栓的直径），另一端用螺母拧紧。锚栓的直径与间距可按本规范第 12.1.9 条确定。

当外加钢筋混凝土圈梁采用钢筋混凝土销键与墙体连接时，销键高度与圈梁相同，宽度为 120mm，入墙深度不应小于 180mm，配筋不应少于 4 根直径为 8mm 的钢筋，间距宜为 1m～2m，外墙圈梁的销键宜设置在洞口两侧。

12.1.8、12.1.9 圈梁与墙面之间的间隙可用干硬性水泥砂浆塞严。型钢圈梁的接头应为焊接。钢拉杆和型钢圈梁均应除锈。

12.2 增设构造柱加固

12.2.1 按本规范设置的组合构造柱，其刚度较一般钢筋混凝土构造柱刚度亦有较大幅度提高，其说明可参见 12.1.2 条文说明。

12.2.2 现行设计规范是指《砌体结构设计规范》GB 50003 和《建筑抗震设计规范》GB 50011。

12.2.4 采用组合构造与楼板可靠连接时，凿孔穿通楼板不得伤及板内钢筋，砂浆填实。

组合构造柱应与相关构件可靠连接，其构造示例如图 2 所示。

12.3 增设梁垫加固

12.3.1、12.3.2 当梁下砌体局部受压承载力不足

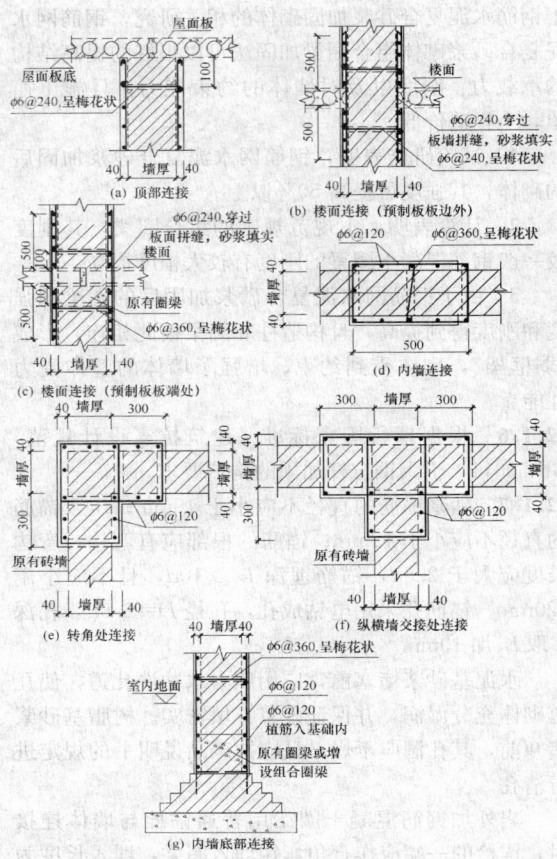

(a) 顶部连接

(b) 楼面连接（预制板边外）

(c) 楼面连接（预制板端处）

(d) 内墙连接

(e) 转角处连接

(f) 纵横墙交接处连接

(g) 内墙底部连接

图 2 钢筋网水泥复合砂浆砌体组合
构造柱连接示例

注：图中尺寸单位为 mm

时，在梁端设置钢筋混凝土垫块，可增大砌体局部受压面积，是提高梁端砌体局部受压承载力的有效方法。为确保垫块有效传递梁端压力和良好的受力性能，对垫块厚度和配筋提出了要求。

12.3.3 "托梁"支顶牢固后，按梁垫尺寸要求拆除梁下被压碎或有局部竖向或斜向裂缝的砌体，并提高一级砂浆强度等级用整砖补砌完整后，浇注或安置梁垫，待梁垫混凝土达到设计要求强度后，方能拆除托梁柱或支撑。

拆除梁下砌体时，应轻敲细打，逐块拆除，不得影响不拆除砌体的整体性强度，拆除完毕后，应清除碎渣和清洗浮灰，并待砌体充分湿润后，再坐浆安设梁垫。当安装预制钢筋混凝土梁垫时，应先铺设10mm 厚不低于 M10 的水泥砂浆，并与大梁紧密接触。如梁垫安装后与大梁底未达到紧密接触时，可用钢板填塞密实。

托梁柱或支撑的支撑处应牢固。当支承在地面上时，应采取措施分布所承担的荷载，以防止支承点沉降；当支承在楼面上时，应逐层支顶和采取分步荷载措施，以防止造成楼面的破坏和局部损伤。

12.4 砌体局部拆砌

12.4.1 当墙砌体可局部拆除时，为加强墙体的整体性，要求被拆除的砌体将砂浆强度等级提高一级并用整砖填筑。拆砌墙体时，应根据墙体破裂情况分段进行，拆砌前应对支承在墙体上的楼（屋）盖进行可靠的支顶。

12.4.2 可采用每五皮砖设 3 根直径为 4mm 的拉结钢筋，钢筋长度 1.2m，每端压入 600mm。

12.4.3 当采用钢筋扒钉进行拉结时，扒钉可用直径为 6mm 的钢筋弯成，长度应超过接（楼）缝两侧各 240mm，两端弯成长 100mm 的直弯钩，并钉入砖缝，扒钉间距可取 300mm。

遇拆砌墙体位于转角处或纵横墙交接处时，应采取相应的可靠措施进行拉结锚固。

拆砌的最后一皮砖与上面的原砖墙相接处的水平灰缝，应用高强砂浆或细石混凝土堵塞密实，以确保墙体能均匀传递荷载。

局部拆砌墙体时，在新旧墙或先后接缝处，应将接槎剔干净，用水充分湿润，且砌筑时灰缝应饱满。

13 砌体裂缝修补法

13.1 一般规定

13.1.1 本条主要明确本章的适用范围为影响砌体结构、构件正常使用性的裂缝。对于承载力原因引起的，需要先针对性加固，消除原因，然后再修补。

13.1.2 明确各类裂缝处理原则。

13.1.3 列出目前较成熟的材料和修补方法。

13.1.4 对墙面抹灰工程的验收方法。掺加短纤维是提高砂浆或细石混凝土整体性，减少裂缝的有效方法之一。

13.2 填 缝 法

13.2.1 填缝法一般用于较浅的宽裂缝封闭处理。一般深度为 20mm～30mm 的表层裂缝常用填缝法。

13.2.2 对于活动裂缝，一般深度应加大至 20mm～30mm，或根据实际情况决定加大的具体深度。

13.2.3、13.2.4 填充材料的选用标准，应该严格执行本规范第 4 章有关规定。厂家必须出具对成品库质量负责的独立机构检测报告；禁止使用仅对来样负责的任何检测报告。

侧壁涂刷结构界面胶（剂）是为了进一步提高两者间的粘结强度，增强其整体工作性能。

13.3 压 浆 法

13.3.1 压浆法一般用于较深的裂缝封闭处理。一般深度大于 20mm～30mm 时，多采用压浆法。如果有

恢复结构刚性要求时，应采用压浆法。

13.3.2 压浆材料的选用标准，应该严格执行本规范第 4 章有关规定。禁止使用通过掺加膨胀剂达到无收缩的水泥基灌浆料。厂家必须出具对成品库质量负责的独立机构检测报告；禁止使用仅对来样负责的任何检测报告。

13.3.3～13.3.5 浮浆及灰土等的清理尤为关键。另外，压浆的压力不宜过大，一般应控制在 0.2MPa～0.3MPa。若此压力下无法灌浆，应检查注浆通道是否畅通，如果是由于胶液的黏度原因，不允许添加溶剂以降低黏度，而应该更换固体含量＞99％的低黏度胶液。

13.4 外加网片法

13.4.2 外加网片所涉及材料必须符合本规范相关规

定。注意无纺布的使用范围，仅允许用于非承重构件，且静止的细裂缝的封闭性修补，一般裂缝宽度不大于 0.3mm。

13.4.3 必须考虑网片的可靠锚固和新旧界面结合的问题。关于界面胶的要求，可参照现行国家标准《混凝土结构加固设计规范》GB 50367 和《建筑结构加固工程施工质量验收规范》GB 50550 的有关规定。

13.5 置 换 法

13.5.1 判断使用置换法的前提是受力不大的部位，在这种情况下，针对砌体块材和砂浆强度不高的开裂部位，或局部风化、剥蚀部位进行置换加固。

13.5.2、13.5.3 置换的材料原则上应与原砌体的材料品种一致为好。

中华人民共和国行业标准

建筑钢结构防腐蚀技术规程

Technical specification for anticorrosion
of building steel structure

JGJ/T 251—2011

批准部门：中华人民共和国住房和城乡建设部
施行日期：２０１２年３月１日

中华人民共和国住房和城乡建设部
公 告

第 1070 号

关于发布行业标准《建筑钢结构防腐蚀技术规程》的公告

现批准《建筑钢结构防腐蚀技术规程》为行业标准，编号为 JGJ/T 251-2011，自 2012 年 3 月 1 日起实施。

本规程由我部标准定额研究所组织中国建筑工业出版社出版发行。

中华人民共和国住房和城乡建设部
2011 年 7 月 13 日

前 言

根据住房和城乡建设部《关于印发〈2009 年工程建设标准规范制订、修订计划（第一批）〉的通知》（建标〔2009〕88 号）的要求，规程编制组经广泛调查研究，认真总结实践经验，参考相关国内标准和国际标准，并在广泛征求意见的基础上，制定本规程。

本规程的主要技术内容是：1 总则；2 术语和符号；3 设计；4 施工；5 验收；6 安全、卫生和环境保护；7 维护管理；相关附录。

本规程由住房和城乡建设部负责管理，由河南省第一建筑工程集团有限责任公司负责具体技术内容的解释。执行过程中如有意见或建议，请寄送河南省第一建筑工程集团有限责任公司（地址：河南省郑州市黄河路 23 号，邮政编码：450014）。

本 规 程 主 编 单 位：河南省第一建筑工程集团有限责任公司
　　　　　　　　　　　林州建总建筑工程有限公司

本 规 程 参 编 单 位：总参通信工程设计研究院
　　　　　　　　　　　陕西建工集团机械施工有限公司
　　　　　　　　　　　河北建设集团有限公司
　　　　　　　　　　　新蒲建设集团有限公司
　　　　　　　　　　　郑州航空工业管理学院
　　　　　　　　　　　河南省第一建设集团第七建筑工程有限公司
　　　　　　　　　　　郑州市第一建筑工程集团有限公司
　　　　　　　　　　　许昌中原建设（集团）有限公司
　　　　　　　　　　　广东嘉宝莉化工（集团）有限公司

本规程主要起草人员：胡伦坚　王 虎　陈汉昌
　　　　　　　　　　胡伦基　陈 震　李怀增
　　　　　　　　　　冯俊昌　李存良　候会杰
　　　　　　　　　　孙惠民　谢晓鹏　谢继义
　　　　　　　　　　马发现　冯敬涛　王雁钧
　　　　　　　　　　刘 轶　雷 霆　靳鹏飞
　　　　　　　　　　王红军　赵东波　李继宇
　　　　　　　　　　吴家岳

本规程主要审查人员：王明贵　石永久　刘立新
　　　　　　　　　　樊鸿卿　梁建智　周书信
　　　　　　　　　　林向军　许 平　刘登良

目 次

Contents

1 总 则

1.0.1 为规范建筑钢结构防腐蚀设计、施工、验收和维护的技术要求，保证工程质量，做到技术先进、安全可靠、经济合理，制定本规程。

1.0.2 本规程适用于大气环境中的新建建筑钢结构的防腐蚀设计、施工、验收和维护。

1.0.3 建筑钢结构防腐蚀设计、施工、验收和维护，除应符合本规程的规定外，尚应符合国家现行有关标准的规定。

2 术语和符号

2.1 术 语

2.1.1 腐蚀速率 corrosion rate

单位时间内钢结构构件腐蚀效应的数值。

2.1.2 大气腐蚀 atmospheric corrosion

材料与大气环境中介质之间产生化学和电化学作用而引起的材料破坏。

2.1.3 腐蚀裕量 corrosion allowance

设计钢结构构件时，考虑使用期内可能产生的腐蚀损耗而增加的相应厚度。

2.1.4 涂装 coating

将涂料涂覆于基体表面，形成具有防护、装饰或特定功能涂层的过程。

2.1.5 表面预处理 surface pretreatment

为改善涂层与基体间的结合力和防腐蚀效果，在涂装之前用机械方法或化学方法处理基体表面，以达到符合涂装要求的措施。

2.1.6 除锈等级 grade of removing rust

表示涂装前钢材表面锈层等附着物清除程度的分级。

2.1.7 防护层使用年限 service life of protective layer

在合理设计、正确施工、正常使用和维护的条件下，防腐蚀保护层预估的使用年限。

2.1.8 附着力 adhesive force

干涂膜与其底材之间的结合力。

2.1.9 金属热喷涂 metal thermal spraying

用高压空气、惰性气体或电弧等将熔融的耐蚀金属喷射到被保护结构物表面，从而形成保护性涂层的工艺过程。

2.1.10 涂层缺陷 coating defect

由于表面预处理不当、涂料质量和涂装工艺不良而造成的遮盖力不足、漆膜剥离、针孔、起泡、裂纹和漏涂等缺陷。

2.2 符 号

$\Delta\delta$——单面腐蚀裕量；

K——单面平均腐蚀速率；

P——保护效率；

t_l——防腐蚀保护层的设计使用年限；

t——钢结构的设计使用年限。

3 设 计

3.1 一 般 规 定

3.1.1 建筑钢结构应根据环境条件、材质、结构形式、使用要求、施工条件和维护管理条件等进行防腐蚀设计。

3.1.2 大气环境对建筑钢结构长期作用下的腐蚀性等级可按表 3.1.2 进行确定。

表 3.1.2 大气环境对建筑钢结构长期
作用下的腐蚀性等级

腐蚀类型		腐蚀速率 (mm/a)	腐蚀环境		
腐蚀性等级	名称		大气环境气体类型	年平均环境相对湿度 (%)	大气环境
I	无腐蚀	<0.001	A	<60	乡村大气
II	弱腐蚀	0.001~0.025	A	60~75	乡村大气
			B	<60	城市大气
III	轻腐蚀	0.025~0.05	A	>75	乡村大气
			B	60~75	城市大气
			C	<60	工业大气
IV	中腐蚀	0.05~0.2	B	>75	城市大气
			C	60~75	工业大气
			D	<60	海洋大气
V	较强腐蚀	0.2~1.0	C	>75	工业大气
			D	60~75	海洋大气
VI	强腐蚀	1.0~5.0	D	>75	海洋大气

注：1 在特殊场合与额外腐蚀负荷作用下，应将腐蚀类型提高等级；

2 处于潮湿状态或不可避免结露的部位，环境相对湿度应取大于75%；

3 大气环境气体类型可根据本规程附录A进行划分。

3.1.3 当钢结构可能与液态腐蚀性物质或固态腐蚀性物质接触时，应采取隔离措施。

3.1.4 在大气腐蚀环境下，建筑钢结构设计应符合下列规定：

1 结构类型、布置和构造的选择应满足下列要求：

1）应有利于提高结构自身的抗腐蚀能力；

2）应能有效避免腐蚀介质在构件表面的积聚；

3）应便于防护层施工和使用过程中的维护和检查。

2 腐蚀性等级为Ⅳ、Ⅴ或Ⅵ级时，桁架、柱、主梁等重要受力构件不应采用格构式构件和冷弯薄壁型钢。

3 钢结构杆件应采用实腹式或闭口截面，闭口截面端部应进行封闭，封闭截面进行热镀浸锌时，应采取开孔防爆措施。腐蚀性等级为Ⅳ、Ⅴ或Ⅵ级时，钢结构杆件截面不应采用由双角钢组成的T形截面和由双槽钢组成的工形截面。

4 钢结构杆件采用钢板组合时，截面的最小厚度不应小于6mm；采用闭口截面杆件时，截面的最小厚度不应小于4mm；采用角钢时，截面的最小厚度不应小于5mm。

5 门式刚架构件宜采用热轧H型钢；当采用T型钢或钢板组合时，应采用双面连续焊缝。

6 网架结构宜采用管形截面、球型节点。腐蚀性等级为Ⅳ、Ⅴ或Ⅵ级时，应采用焊接连接的空心球节点。当采用螺栓球节点时，杆件与螺栓球的接缝应采用密封材料填嵌严密，多余螺栓孔应封堵。

7 不同金属材料接触的部位，应采取隔离措施。

8 桁架、柱、主梁等重要钢构件和闭口截面杆件的焊缝，应采用连续焊缝。角焊缝的焊脚尺寸不应小于8mm；当杆件厚度小于8mm时，焊脚尺寸不应小于杆件厚度。加劲肋应切角，切角的尺寸应满足排水、施工维修要求。

9 焊条、螺栓、垫圈、节点板等连接构件的耐腐蚀性能，不应低于主体材料。螺栓直径不应小于12mm。垫圈不应采用弹簧垫圈。螺栓、螺母和垫圈应采用热镀浸锌防护，安装后再采用与主体结构相同的防腐蚀措施。

10 高强度螺栓构件连接处接触面的除锈等级，不应低于Sa2$\frac{1}{2}$，并宜涂无机富锌涂料；连接处的缝隙，应嵌刮耐腐蚀密封膏。

11 钢柱柱脚应置于混凝土基础上，基础顶面宜高出地面不小于300mm。

12 当腐蚀性等级为Ⅵ级时，重要构件宜选用耐候钢。

3.1.5 对设计使用年限不小于25年、环境腐蚀性等级大于Ⅳ级且使用期间不能重新涂装的钢结构部位，其结构设计应留有适当的腐蚀裕量。钢结构的单面腐蚀裕量可按下式计算：

$$\Delta\delta = K[(1-P)t_l + (t-t_l)] \quad (3.1.5)$$

式中：$\Delta\delta$——钢结构单面腐蚀裕量（mm）；

K——钢结构单面平均腐蚀速率（mm/a），碳钢单面平均腐蚀速率可按本规程表3.1.2取值，也可现场实测确定；

P——保护效率（%），在防腐蚀保护层的设

计使用年限内，保护效率可按表3.1.5取值；

t_l——防腐蚀保护层的设计使用年限（a）；

t——钢结构的设计使用年限（a）。

表3.1.5 保护效率取值（%）

环境 \ 腐蚀性等级	Ⅰ	Ⅱ	Ⅲ	Ⅳ	Ⅴ	Ⅵ
室外	95	90	85	80	70	60
室内	95	95	90	85	80	70

3.2 表 面 处 理

3.2.1 钢结构在涂装之前应进行表面处理。

3.2.2 防腐蚀设计文件应提出表面处理的质量要求，并应对表面除锈等级和表面粗糙度作出明确规定。

3.2.3 钢结构在除锈处理前，应清除焊渣、毛刺和飞溅等附着物，对边角进行钝化处理，并应清除基体表面可见的油脂和其他污物。

3.2.4 钢结构在涂装前的除锈等级除应符合现行国家标准《涂装前钢材表面锈蚀等级和除锈等级》GB 8923的有关规定外，尚应符合表3.2.4规定的不同涂料表面最低除锈等级。

表3.2.4 不同涂料表面最低除锈等级

项　目	最低除锈等级
富锌底涂料	Sa2$\frac{1}{2}$
乙烯磷化底涂料	
环氧或乙烯基酯玻璃鳞片底涂料	Sa2
氯化橡胶、聚氨酯、环氧、聚氯乙烯萤丹、高氯化聚乙烯、氯磺化聚乙烯、醇酸、丙烯酸环氧、丙烯酸聚氨酯等底涂料	Sa2 或 St3
环氧沥青、聚氨酯沥青底涂料	St2
喷铝及其合金	Sa3
喷锌及其合金	Sa2$\frac{1}{2}$

注：1 新建工程重要构件的除锈等级不应低于Sa2$\frac{1}{2}$；

　　2 喷射或抛射除锈后的表面粗糙度宜为40μm～75μm，且不应大于涂层厚度的1/3。

3.3 涂 层 保 护

3.3.1 涂层设计应符合下列规定：

1 应按照涂层配套进行设计；

2 应满足腐蚀环境、工况条件和防腐蚀年限要求；

3 应综合考虑底涂层与基材的适应性，涂料各

层之间的相容性和适应性，涂料品种与施工方法的适应性。

3.3.2 涂层涂料宜选用有可靠工程实践应用经验的、经证明耐蚀性适用于腐蚀性物质成分的产品，并应采用环保型产品。当选用新产品时应进行技术和经济论证。防腐蚀涂装同一配套中的底漆、中间漆和面漆应有良好的相容性，且宜选用同一厂家的产品。建筑钢结构常用防腐蚀保护层配套可按本规程附录B选用。

3.3.3 防腐蚀涂面涂料的选择应符合下列规定：

1 用于室外环境时，可选用氯化橡胶、脂肪族聚氨酯、聚氯乙烯萤丹、氯磺化聚乙烯、高氯化聚乙烯、丙烯酸聚氨酯、丙烯酸环氧等涂料。

2 对涂层的耐磨、耐久和抗渗性能有较高要求时，宜选用树脂玻璃鳞片涂料。

3.3.4 防腐蚀底涂料的选择应符合下列规定：

1 锌、铝和含锌、铝金属层的钢材，其表面应采用环氧底涂料封闭；底涂料的颜料应采用锌黄类。

2 在有机富锌或无机富锌底涂料上，宜采用环氧云铁或环氧铁红的涂料。

3.3.5 钢结构的防腐蚀保护层最小厚度应符合表3.3.5的规定。

表 3.3.5　钢结构防腐蚀保护层最小厚度

防腐蚀保护层设计使用年限(t_l)(a)	钢结构防腐蚀保护层最小厚度(μm)				
	腐蚀性等级 II 级	腐蚀性等级 III 级	腐蚀性等级 IV 级	腐蚀性等级 V 级	腐蚀性等级 VI 级
$2 \leqslant t_l < 5$	120	140	160	180	200
$5 \leqslant t_l < 10$	160	180	200	220	240
$10 \leqslant t_l \leqslant 15$	200	220	240	260	280

注：1　防腐蚀保护层厚度包括涂料层的厚度或金属层与涂料层复合的厚度；
　　2　室外工程的涂层厚度宜增加 $20\mu m \sim 40\mu m$。

3.3.6 涂层与钢铁基层的附着力不宜低于 5MPa。

3.4　金属热喷涂

3.4.1 在腐蚀性等级为 IV、V 或 VI 级腐蚀环境类型中的钢结构防腐蚀宜采用金属热喷涂。

3.4.2 金属热喷涂用的封闭剂应具有较低的黏度，并应与金属涂层具有良好的相容性。金属热喷涂用的涂装层涂料应与封闭层有相容性，并应有良好的耐蚀性。金属热喷涂用的封闭剂、封闭涂料和涂装层涂料可按本规程附录 C 进行选用。

3.4.3 大气环境下金属热喷涂系统最小局部厚度可按表 3.4.3 选用。

表 3.4.3　大气环境下金属热喷涂系统最小局部厚度

防腐蚀保护层设计使用年限(t_l)(a)	金属热喷涂系统	最小局部厚度(μm)		
		腐蚀等级 IV 级	腐蚀等级 V 级	腐蚀等级 VI 级
$5 \leqslant t_l < 10$	喷锌＋封闭	120＋30	150＋30	200＋60
	喷铝＋封闭	120＋30	120＋30	150＋60
	喷锌＋封闭＋涂装	120＋30＋100	150＋30＋100	200＋30＋100
	喷铝＋封闭＋涂装	120＋30＋100	120＋30＋100	150＋30＋100
$10 \leqslant t_l \leqslant 15$	喷铝＋封闭	120＋60	150＋60	250＋60
	喷 Ac 铝＋封闭	120＋60	150＋60	200＋60
	喷铝＋封闭＋涂装	120＋30＋100	150＋30＋100	250＋30＋100
	喷 Ac 铝＋封闭＋涂装	120＋30＋100	150＋30＋100	200＋30＋100

注：腐蚀严重和维护困难的部位应增加金属涂层的厚度。

3.4.4 热喷涂金属材料宜选用铝、铝镁合金或锌铝合金。

4　施　工

4.1　一般规定

4.1.1 建筑钢结构防腐蚀工程应编制施工方案。

4.1.2 钢结构防腐蚀工程施工使用的设备、仪器应具备出厂质量合格证或质量检验报告。设备、仪器应经计量检定合格且在时效期内方可使用。

4.1.3 钢结构防腐蚀材料的品种、规格、性能等应符合国家现行有关产品标准和设计的规定。

4.2　表面处理

4.2.1 表面处理方法应根据钢结构防腐蚀设计要求的除锈等级、粗糙度和涂层材料、结构特点及基体表面的原始状况等因素确定。

4.2.2 钢结构在除锈处理前应进行表面净化处理，表面脱脂净化方法可按 表 4.2.2 选用。当采用溶剂做清洗剂时，应采取通风、防火、呼吸保护和防止皮肤直接接触溶剂等防护措施。

表 4.2.2　表面脱脂净化方法

表面脱脂净化方法	适用范围	注意事项
采用汽油、过氯乙烯、丙酮等溶剂清洗	清除油脂，可溶污物，可溶涂层	若需保留旧涂层，应使用对该涂层无损的溶剂。溶剂及抹布应经常更换

表面脱脂净化方法	适用范围	注意事项
采用如氢氧化钠、碳酸钠等碱性清洗剂清洗	除掉可皂化涂层、油脂和污物	清洗后应充分冲洗，并作钝化和干燥处理
采用 OP 乳化剂等乳化清洗	清除油脂及其他可溶污物	清洗后应用水冲洗干净，并作干燥处理

4.2.3 喷射清理后的钢结构除锈等级应符合本规程第 3.2.4 条的规定。工作环境应满足空气相对湿度低于 85%，施工时钢结构表面温度应高于露点 3℃以上。露点可按本规程附录 D 进行换算。

4.2.4 喷射清理所用的压缩空气应经过冷却装置和油水分离器处理。油水分离器应定期清理。

4.2.5 喷射式喷砂机的工作压力宜为 0.50MPa～0.70MPa；喷砂机喷口处的压力宜为 0.35MPa～0.50MPa。

4.2.6 喷嘴与被喷射钢结构表面的距离宜为 100mm～300mm；喷射方向与被喷射钢结构表面法线之间的夹角宜为 15°～30°。

4.2.7 当喷嘴孔口磨损直径增大 25% 时，宜更换喷嘴。

4.2.8 喷射清理所用的磨料应清洁、干燥。磨料的种类和粒度应根据钢结构表面的原始锈蚀程度、设计或涂装规格书所要求的喷射工艺、清洁度和表面粗糙度进行选择。壁厚大于或等于 4mm 的钢构件可选用粒度为 0.5mm～1.5mm 的磨料，壁厚小于 4mm 的钢构件应选用粒度小于 0.5mm 的磨料。

4.2.9 涂层缺陷的局部修补和无法进行喷射清理时可采用手动和动力工具除锈。

4.2.10 表面清理后，应采用吸尘器或干燥、洁净的压缩空气清除浮尘和碎屑，清理后的表面不得用手触摸。

4.2.11 清理后的钢结构表面应及时涂刷底漆，表面处理与涂装之间的间隔时间不宜超过 4h，车间作业或相对湿度较低的晴天不应超过 12h。否则，应对经预处理的有效表面采用干净牛皮纸、塑料膜等进行保护。涂装前如发现表面被污染或返锈，应重新清理至原要求的表面清洁度等级。

4.2.12 喷砂工人在进行喷砂作业时应穿戴防护用具，在工作间内进行喷砂作业时呼吸用空气应进行净化处理。喷砂完工后，应采用真空吸尘器、无水的压缩空气除去喷砂残渣和表面灰尘。

4.3 涂层施工

4.3.1 钢结构涂层施工环境应符合下列规定：

　　1 施工环境温度宜为 5℃～38℃，相对湿度不宜大于 85%；

　　2 钢材表面温度应高于露点 3℃以上；

　　3 在大风、雨、雾、雪天、有较大灰尘及强烈阳光照射下，不宜进行室外施工；

　　4 当施工环境通风较差时，应采取强制通风。

4.3.2 涂装前应对钢结构表面进行外观检查，表面除锈等级和表面粗糙度应满足设计要求。

4.3.3 涂装方法和涂刷工艺应根据所选用涂料的物理性能、施工条件和被涂钢结构的形状进行确定，并应符合涂料规格书或产品说明书的规定。

4.3.4 防腐蚀涂料和稀释剂在运输、储存、施工及养护过程中，不得与酸、碱等化学介质接触。严禁明火，并应采取防尘、防曝晒措施。

4.3.5 需在工地拼装焊接的钢结构，其焊缝两侧应先涂刷不影响焊接性能的车间底漆，焊接完毕后应对焊缝热影响区进行二次表面清理，并应按设计要求进行重新涂装。

4.3.6 每次涂装应在前一层涂膜实干后进行。

4.3.7 涂料储存环境温度应在 25℃以下。常见涂料施工的间隔时间和储存期应符合产品说明书的相关规定。

4.3.8 钢结构防腐蚀涂料涂装结束，涂层应自然养护后方可使用。其中化学反应类涂料形成的涂层，养护时间不应少于 7d。

4.4 金属热喷涂

4.4.1 采用金属热喷涂施工的钢结构表面除锈等级、表面粗糙度、热喷涂材料的规格和质量指标、涂层系统的选择应符合本规程第 3.2.4 条和第 3.4 节的有关规定。

4.4.2 金属热喷涂方法可采用气喷涂或电喷涂法。

4.4.3 采用金属热喷涂的钢结构表面应进行喷射或抛射处理。

4.4.4 采用金属热喷涂的钢结构构件应与未喷涂的钢构件做到电气绝缘。

4.4.5 表面处理与热喷涂施工之间的间隔时间，晴天不得超过 12h，雨天、有雾的气候条件下不得超过 2h。

4.4.6 工作环境的大气温度低于 5℃、钢结构表面温度低于露点 3℃和空气相对湿度大于 85% 时，不得进行金属热喷涂施工操作。

4.4.7 热喷涂金属丝应光洁、无锈、无油、无折痕，金属丝直径宜为 2.0mm 或 3.0mm。

4.4.8 金属热喷涂所用的压缩空气应干燥、洁净，同一层内各喷涂带之间应有 1/3 的重叠宽度。喷涂时应留出一定的角度。

4.4.9 金属热喷涂层的封闭剂或首道封闭涂料施工宜在喷涂层尚有余温时进行，并宜采用刷涂方式施工。

4.4.10 钢构件的现场焊缝两侧应预留 100mm～150mm 宽度涂刷车间底漆临时保护，待工地拼装焊接后，对预留部分应按相同的技术要求重新进行表面清理和喷涂施工。

4.4.11 装卸、运输或其他施工作业过程应采取防止金属热喷涂层局部损坏的措施。如有损坏，应按设计要求和施工工艺进行修补。

5 验 收

5.1 一般规定

5.1.1 建筑钢结构防腐蚀工程可按钢结构制作或钢结构安装工程检验批的划分原则划分为一个或若干个检验批。

5.1.2 建筑钢结构防腐蚀工程质量验收记录应符合下列规定：

　　1 施工现场质量管理检查记录可按现行国家标准《建筑工程施工质量验收统一标准》GB 50300 进行；

　　2 检验批验收记录应按本规程附录 E 填写；

　　3 分项工程验收记录可按现行国家标准《建筑工程施工质量验收统一标准》GB 50300 进行。

5.1.3 建筑钢结构防腐蚀工程验收时，应提交下列资料：

　　1 设计文件及设计变更通知书；

　　2 磨料、涂料、热喷涂材料的产地与材质证明书；

　　3 基层检查交接记录；

　　4 隐蔽工程记录；

　　5 施工检查、检测记录；

　　6 竣工图纸；

　　7 修补或返工记录；

　　8 交工验收记录。

5.2 表面处理

Ⅰ 主控项目

5.2.1 涂装前钢材表面除锈应符合设计要求和国家现行有关标准的规定。处理后的钢材表面不应有焊渣、焊疤、灰尘、油污、水和毛刺等。当设计无要求时，钢材表面除锈等级应符合本规程第 3.2.4 条的规定。

　　检查数量：小型钢构件按构件数应抽查构件数量的 10％，且不应少于 3 件。大型、整体钢结构每 50m² 对照检查 1 次，且每工班检查次数不少于 1 次。

　　检查方法：用铲刀检查和用现行国家标准《涂装前钢材表面锈蚀等级和除锈等级》GB 8923 规定的图片对照观察检查。

5.2.2 涂装前钢材表面粗糙度检验应按现行国家标准《涂装前钢材表面粗糙度等级的评定（比较样块

法）》GB/T 13288 的有关规定。

　　检查数量：在同一检验批内，应抽查构件数量的 10％，且不应少于 3 件。

　　检查方法：用标准样块目视比较评定表面粗糙度等级，或用剖面检测仪、粗糙度仪直接测定表面粗糙度。采用比较样块法时，每一评定点面积不小于 50mm²；采用剖面检测仪或粗糙度仪直接检测时，取评定长度为 40mm，在此长度范围内测 5 点，取其算术平均值为该评定点的表面粗糙度值；当采用两种方法的检测结果不一致时，应以剖面检测仪、粗糙度仪直接检测的结果为准。

Ⅱ 一般项目

5.2.3 涂装施工前应进行外观检查，表面不得有污染或返锈。涂装完成后，构件的标志、标记和编号应清晰完整。

　　检查数量：全数检查。

　　检查方法：观察检查。

5.2.4 表面清理和涂装作业施工环境的温度和湿度应符合设计要求。

　　检查数量：每工班不得少于 3 次。

　　检查方法：应采用温湿度仪进行测量，并应按本规程附录 D 换算对应的露点。

5.3 涂层施工

Ⅰ 主控项目

5.3.1 涂料、涂装遍数和涂层厚度均应符合设计要求。当设计对涂层厚度无要求时，室外涂层干漆膜总厚度不应小于 150μm。室内涂层干漆膜总厚度不应小于 125μm，且允许偏差为 −25μm～0μm。每遍涂层干漆膜厚度的允许偏差为 −5μm～0μm。

　　检查数量：在同一检验批内，应抽查构件数量的 10％，且不应少于 3 件。

　　检查方法：用干漆膜测厚仪检查。每个构件检测 5 处，每处的数值为 3 个相距 50mm 测点涂层干漆膜厚度的平均值。

5.3.2 涂层的附着力应满足设计要求。

　　检查数量：每 200m² 检测数量不得少于 1 次，且总检测数量不得少于 3 次。

　　检查方法：按现行国家标准《色漆和清漆 拉开法附着力试验》GB/T 5210 或《色漆和清漆 漆膜划格试验》GB/T 9286 的有关规定执行。

Ⅱ 一般项目

5.3.3 涂料涂层应均匀，无明显皱皮、流坠、针眼和气泡等。

　　检查数量：全数检查。

　　检查方法：观察检查。

5.3.4 构件表面不应误涂、漏涂，涂层不应脱皮和返锈等。

检查数量：全数检查。

检查方法：观察检查。

5.4 金属热喷涂

Ⅰ 主 控 项 目

5.4.1 金属热喷涂涂层厚度应符合设计要求。

检查数量：平整的表面每 $10m^2$ 表面上的测量基准面数量不得少于 3 个，不规则的表面可适当增加基准面数量。

检查方法：按现行国家标准《热喷涂涂层厚度的无损测量方法》GB 11374 的有关规定执行。

5.4.2 金属热喷涂涂层结合性能检验应符合设计要求。

检查数量：每 $200m^2$ 检测数量不得少于 1 次，且总检测数量不得少于 3 次。

检查方法：按现行国家标准《金属和其他无机覆盖层热喷涂锌、铝及其合金》GB/T 9793 的有关规定执行。

Ⅱ 一 般 项 目

5.4.3 金属热喷涂涂层的外观应均匀一致，涂层不得有气孔、裸露底材的斑点、附着不牢的金属熔融颗粒、裂纹及其他影响使用性能的缺陷。

检查数量：全数检查。

检查方法：观察检查。

6 安全、卫生和环境保护

6.1 一 般 规 定

6.1.1 钢结构防腐蚀工程的施工应符合国家有关法律、法规对环境保护的要求，并应有妥善的劳动保护和安全防范措施。

6.2 安 全、卫 生

6.2.1 涂装作业安全、卫生应符合现行国家标准《涂装作业安全规程 涂漆工艺安全及其通风净化》GB 6514、《金属和其他无机覆盖层 热喷涂 操作安全》GB 11375、《涂装作业安全规程 安全管理通则》GB 7691 和《涂装作业安全规程 涂漆前处理工艺安全及其通风净化》GB 7692 的有关规定。

6.2.2 涂装作业场所空气中有害物质不得超过最高允许浓度。

6.2.3 施工现场应远离火源，不得堆放易燃、易爆和有毒物品。

6.2.4 涂料仓库及施工现场应有消防水源、灭火器和消防器具，并应定期检查。消防道路应畅通。

6.2.5 密闭空间涂装作业应使用防爆灯具，安装防爆报警装置；作业完成后油漆在空气中的挥发物消散前，严禁电焊修补作业。

6.2.6 施工人员应正确穿戴工作服、口罩、防护镜等劳动保护用品。

6.2.7 所有电气设备应绝缘良好，临时电线应选用胶皮线，工作结束后应切断电源。

6.2.8 工作平台的搭建应符合有关安全规定。高空作业人员应具备高空作业资格。

6.3 环 境 保 护

6.3.1 涂料产品的有机挥发物含量（VOC）应符合国家现行相关的要求。

6.3.2 施工现场应保持清洁，产生的垃圾等应及时收集并妥善处理。

6.3.3 露天作业时应采取防尘措施。

7 维 护 管 理

7.0.1 建筑钢结构的防腐蚀维护管理应包括下列内容：

1 应根据定期检查和特殊检查情况，判断钢结构和防腐蚀保护层的状态；

2 应根据检查的结果对钢结构的防腐蚀效果做出判断，确定更新或修复的范围。

7.0.2 建筑钢结构的腐蚀与防腐蚀检查可分为定期检查和特殊检查。定期检查的项目、内容和周期应符合表 7.0.2 的规定。

表 7.0.2 定期检查的项目、内容和周期

检查项目	检查内容	检查周期（a）
防腐蚀保护层外观检查	涂层破损情况	1
防腐蚀保护层防腐蚀性能检查	鼓泡、剥落、锈蚀	5
腐蚀量检测	测定钢结构壁厚	5

7.0.3 钢结构防腐蚀涂装的现场修复应符合下列规定：

1 防腐蚀保护层破损处的表面清理宜采用喷砂除锈，其除锈等级应达到现行国家标准《涂装前钢材表面锈蚀等级和除锈等级》GB 8923 中规定的 Sa2 $\frac{1}{2}$ 级。当不具备喷砂条件时，可采用动力或手工除锈，其除锈等级应达到 St3 级。

2 搭接部位的防腐蚀保护层表面应无污染、附着物，并应具有一定的表面粗糙度。

3 修补涂料宜采用与原涂装配套或能相容的防腐涂料，并应能满足现场的施工环境条件，修补涂料

的存储和使用应符合产品使用说明书的要求。

7.0.4 钢结构防腐蚀维护施工应有妥善的安全防护措施和环境保护措施。

7.0.5 钢结构防腐蚀维护管理档案应包括下列内容：

1 钢结构的设计资料、施工资料和竣工资料；

2 防腐蚀保护层的设计资料、施工资料和竣工资料；

3 定期检查、特殊检查的检查记录，检查记录包括工程名称、检查方式、日期、环境条件和发现异常的部位与程度；

4 各项检查所提出的建议、结论和处理意见；

5 涂装维护的设计和施工方案；

6 涂装维护的施工记录、检测记录和验收结论。

附录 A　大气环境气体类型

表 A　大气环境气体类型

大气环境气体类型	腐蚀性物质名称	腐蚀性物质含量(kg/m^3)
A	二氧化碳	$<2\times10^{-3}$
	二氧化硫	$<5\times10^{-7}$
	氟化氢	$<5\times10^{-8}$
	硫化氢	$<1\times10^{-8}$
	氮的氧化物	$<1\times10^{-7}$
	氯	$<1\times10^{-7}$
	氯化氢	$<5\times10^{-8}$

续表 A

大气环境气体类型	腐蚀性物质名称	腐蚀性物质含量(kg/m^3)
B	二氧化碳	$>2\times10^{-3}$
	二氧化硫	$5\times10^{-7}\sim1\times10^{-5}$
	氟化氢	$5\times10^{-8}\sim5\times10^{-6}$
	硫化氢	$1\times10^{-8}\sim5\times10^{-6}$
	氮的氧化物	$1\times10^{-7}\sim5\times10^{-6}$
	氯	$1\times10^{-7}\sim1\times10^{-6}$
	氯化氢	$5\times10^{-8}\sim5\times10^{-6}$
C	二氧化硫	$1\times10^{-5}\sim2\times10^{-4}$
	氟化氢	$5\times10^{-6}\sim1\times10^{-5}$
	硫化氢	$5\times10^{-6}\sim1\times10^{-4}$
	氮的氧化物	$5\times10^{-6}\sim2.5\times10^{-5}$
	氯	$1\times10^{-6}\sim5\times10^{-6}$
	氯化氢	$5\times10^{-6}\sim1\times10^{-5}$
D	二氧化硫	$2\times10^{-4}\sim1\times10^{-3}$
	氟化氢	$1\times10^{-5}\sim1\times10^{-4}$
	硫化氢	$>1\times10^{-4}$
	氮的氧化物	$2.5\times10^{-5}\sim1\times10^{-4}$
	氯	$5\times10^{-6}\sim1\times10^{-5}$
	氯化氢	$1\times10^{-5}\sim1\times10^{-4}$

注：当大气中同时含有多种腐蚀性气体时，腐蚀级别应取最高的一种或几种为基准。

附录 B　常用防腐蚀保护层配套

表 B　常用防腐蚀保护层配套

除锈等级	涂层构造									涂层总厚度(μm)	使用年限(a)		
	底层			中间层			面层				较强腐蚀、强腐蚀	中腐蚀	轻腐蚀、弱腐蚀
	涂料名称	遍数	厚度(μm)	涂料名称	遍数	厚度(μm)	涂料名称	遍数	厚度(μm)				
Sa2 或 St3	醇酸底涂料	2	60	—	—	—	醇酸面涂料	2	60	120	—	—	2~5
								3	100	160	—	2~5	5~10
	与面层同品种的底涂料	2	60	—	—	—	氯化橡胶、高氯化聚乙烯、氯磺化聚乙烯等面涂料	2	60	120	—	—	2~5
		2	60					3	100	160	—	2~5	5~10
		3	100					3	100	200	2~5	5~10	10~15
	环氧铁红底涂料	2	60	环氧云铁中间涂料	1	70		2	70	200	2~5	5~10	10~15
		2	60	环氧云铁中间涂料	1	80		3	100	240	5~10	10~11	>15

除锈等级	底层 涂料名称	底层 遍数	底层 厚度(μm)	中间层 涂料名称	中间层 遍数	中间层 厚度(μm)	面层 涂料名称	面层 遍数	面层 厚度(μm)	涂层总厚度(μm)	较强腐蚀、强腐蚀	中腐蚀	轻腐蚀、弱腐蚀
Sa2 或 St3	环氧铁红底涂料	2	60	环氧云铁中间涂料	1	70	环氧、聚氨酯、丙烯酸环氧、丙烯酸聚氨酯等面涂料	2	70	200	2~5	5~10	10~15
		2	60		1	80		3	100	240	5~10	10~11	>15
Sa2 ½		2	60		2	120		3	100	280	10~15	>15	>15
		2	60		1	70	环氧、聚氨酯、丙烯酸环氧、丙烯酸聚氨酯等厚膜型面涂料	2	150	280	10~15	>15	>15
		2	60	—	—	—	环氧、聚氨酯等玻璃鳞片面涂料 / 乙烯基酯玻璃鳞片面涂料	3 / 2	260	320	>15	>15	>15
Sa2 或 St3	聚氯乙烯萤丹底涂料	3	100				聚氯乙烯萤丹面涂料	2	60	160	5~10	10~11	>15
		3	100					3	100	200	10~11	>15	>15
Sa2 ½		2	80				聚氯乙烯含氟萤丹面涂料	2	60	140	5~10	10~l5	>15
		3	110					2	60	170	10~11	>15	>15
		3	100					3	100	200	>15	>15	>15
Sa2 ½	富锌底涂料	见表注	70	环氧云铁中间涂料	1	60	环氧、聚氨酯、丙烯酸环氧、丙烯酸聚氨酯等面涂料	2	70	200	5~10	10~15	>15
			70		1	70		3	100	240	10~11	>15	>15
			70		2	110		3	100	280	>15	>15	>15
			70		1	60	环氧、聚氨酯丙烯酸环氧、丙烯酸聚氨酯等厚膜型面涂料	2	150	280	>15	>15	>15
Sa3(用于铝层)、Sa2 ½(用于锌层)	喷涂锌、铝及其合金的金属覆盖层 120μm，其上再涂环氧密封底涂料 20μm			环氧云铁中间涂料	1	40	环氧、聚氨酯、丙烯酸环氧、丙烯酸聚氨酯等面涂料	2	60	240	10~15	>15	>15
							环氧、聚氨酯、丙烯酸环氧、丙烯酸聚氨酯等厚膜型面涂料	1	100	280	>15	>15	>15

注：1 涂层厚度系指干膜的厚度。

2 富锌底涂料的遍数与品种有关，当采用正硅酸乙酯富锌底涂料、硅酸锂富锌底涂料、硅酸钾富锌底涂料时，宜为1遍；当采用环氧富锌底涂料、聚氨酯富锌底涂料、硅酸钠富锌底涂料和冷涂锌底涂料时，宜为2遍。

附录 C　常用封闭剂、封闭涂料和涂装层涂料

表 C　常用封闭剂、封闭涂料和涂装层涂料

类型	种类	成膜物质	主颜料	主要性能
封闭剂	磷化底漆	聚乙烯醇缩丁醛	四盐基铬酸锌	能形成磷化-钝化膜，可提高封闭层、封闭涂料的相容性及防腐性能

续表 C

类型	种 类	成膜物质	主颜料	主要性能
封闭剂	双组分环氧漆	环氧	铬酸锌、磷酸锌或云母氧化铁	能形成磷化-钝化膜，可提高封闭层、封闭涂料的相容性及防腐性能，与环氧类封闭涂料或涂层涂料配套
	双组分聚氨酯	聚氨基甲酸酯	锌铬黄或磷酸锌	能形成磷化-钝化膜，可提高封闭层、封闭涂料的相容性及防腐性能，与聚氨酯类封闭或涂层涂料配套
封闭涂料或涂装层涂料	双组分环氧或环氧沥青	环氧沥青	—	耐潮、耐化学药品性能优良，但耐候性差
	双组分聚氨酯漆	聚氨基甲酸酯	—	综合性能优良，耐潮湿、耐化学药品性能好，有些品种具有良好的耐候性，可用于受阳光直射的大气区域

附录 D 露点换算表

表 D 露点换算表

大气环境相对湿度（%）	环境温度（℃）									
	−5	0	5	10	15	20	25	30	35	40
95	−6.5	−1.3	3.5	8.2	13.3	18.3	23.2	28.0	33.0	38.2
90	−6.9	−1.7	3.1	7.8	12.9	17.9	22.7	27.5	32.5	37.7
85	−7.2	−2.0	2.6	7.3	12.5	17.4	22.1	27.0	32.0	37.1
80	−7.7	−2.8	1.9	6.5	11.5	16.5	21.0	25.9	31.0	36.2
75	−8.4	−3.6	0.9	5.6	10.4	15.4	19.9	24.7	29.6	35.0
70	−9.2	−4.5	−0.2	4.59	9.1	14.2	18.5	23.3	28.1	33.5
65	−10.0	−5.4	−1.0	3.3	8.0	13.0	17.4	22.0	26.8	32.0
60	−10.8	−6.0	−2.1	2.3	6.7	11.9	16.2	20.6	25.3	30.5
55	−11.5	−7.4	−3.2	1.0	5.6	10.4	14.8	19.1	23.0	28.0
50	−12.2	−8.4	−4.4	−0.3	4.1	8.6	13.3	17.5	22.2	27.1
45	−14.3	−9.6	−5.7	−1.5	2.6	7.0	11.7	16.0	20.2	25.2
40	−15.9	−10.3	−7.3	−2.6	0.9	5.4	9.5	14.0	18.2	23.0
35	−17.5	−12.1	−8.6	−4.7	−0.8	3.4	7.4	12.0	16.1	20.6
30	−19.9	−14.3	−10.2	−6.9	−2.9	1.3	5.2	9.2	13.7	18.0

注：中间值可按直线插入法取值。

附录 E 建筑钢结构防腐蚀涂装
检验批质量验收记录

表 E 建筑钢结构防腐蚀涂装检验批质量验收记录表

工程名称			检验批部位	
施工单位			项目经理	
监理单位			总监理工程师	
施工依据标准			分包单位负责人	

	主控项目	合格质量标准	施工单位检验评定记录或结果	监理(建设)单位验收记录或结果	备 注
1	表面除锈	5.2.1			
2	表面粗糙度	5.2.2			
3	涂层厚度	5.3.1			
4	涂层结合性能	5.3.2			
5	金属喷涂层厚度	5.4.1			
6	金属喷涂层结合性能	5.4.2			
	一般项目	合格质量标准	施工单位检验评定记录或结果	监理(建设)单位验收记录或结果	备 注
1	涂装前表面外观	5.2.3			
2	施工环境温度和湿度	5.2.4			
3	涂层外观	5.3.3、5.3.4			
4	金属喷涂层外观	5.4.3			

施工单位检验评定结果	班组长: 或专业工长: 年 月 日	质检员: 或项目技术负责人: 年 月 日
监理(建设)单位验收结论	监理工程师(建设单位项目技术人员):	年 月 日

本规程用词说明

1 为便于在执行本规程条文时区别对待,对于要求严格程度不同的用词说明如下:

    1)表示很严格,非这样做不可的:

        正面词采用"必须",反面词采用"严禁";

    2)表示严格,在正常情况下均应这样做的:

        正面词采用"应",反面词采用"不应"或"不得";

    3)表示允许稍有选择,在条件许可时首先应这样做的:

        正面词采用"宜",反面词采用"不宜";

    4)表示有选择,在一定条件下可以这样做的,采用"可"。

2 条文中指明必须按其他标准、规范执行的写法为"按……执行"或"应符合……的规定"

引用标准名录

1 《建筑工程施工质量验收统一标准》GB 50300

2 《色漆和清漆 拉开法附着力试验》GB/T 5210

3 《涂装作业安全规程 涂漆工艺安全及其通风净化》GB 6514

4 《涂装作业安全规程 安全管理通则》GB 7691

5 《涂装作业安全规程 涂漆前处理工艺安全及其通风净化》GB 7692

6 《涂装前钢材表面锈蚀等级和除锈等级》GB 8923

7 《色漆和清漆 漆膜划格试验》GB/T 9286

8 《金属和其他无机覆盖层热喷涂 锌、铝及其合金》GB/T 9793

9 《热喷涂涂层厚度的无损测量方法》GB 11374

10 《金属和其他无机覆盖层 热喷涂 操作安全》GB 11375

11 《涂装前钢材表面粗糙度等级的评定(比较样块法)》GB/T 13288

中华人民共和国行业标准

建筑钢结构防腐蚀技术规程

JGJ/T 251—2011

条 文 说 明

制 定 说 明

《建筑钢结构防腐蚀技术规程》JGJ/T 251 -
2011，经住房和城乡建设部 2011 年 7 月 13 日以第
1070 号公告批准、发布。

本规程制定过程中，编制组进行了广泛的调查和
研究，总结了国内外先进技术法规、技术标准，通过
对不同环境条件下建筑钢结构防腐蚀情况的区别，做
出了具体的规定。

为便于广大设计、施工、科研、学校等单位有关
人员在使用本规程时能正确理解和执行条文的规定，
《建筑钢结构防腐蚀技术规程》编制组按章、节、条、
款顺序编制了本规程的条文说明，对条文规定的目
的、依据以及执行中需注意的有关事项进行了说明。
但是，本条文说明不具备与规程正文同等的法律效
力，仅供使用者作为理解和把握规程规定的参考。

目 次

1 总　则

1.0.1　本条为制定本规程的目的。随着建筑工程中钢材用量的迅速增长，钢结构的腐蚀问题日益突出。选择适当的防腐蚀技术、合理的设计、科学的施工、适度的维护管理，是确保建筑钢结构工程安全、耐久的重要措施。

1.0.2　本条规定了本规程的适用范围。本规程仅考虑在大气环境中的新建建筑工程钢结构的防腐蚀设计、施工、检验和维护。由于钢桩在建筑工程中尚未广泛应用，因此未包括在本规程的适用范围之中。

3 设　计

3.1　一般规定

3.1.1　本条是对建筑钢结构防腐蚀工程的一般要求，防腐蚀是一门边缘学科，建筑钢结构工程由于所处腐蚀环境类型不同，造成的腐蚀速率有很大的差别，适用的防腐蚀方法也各不相同。因此，根据腐蚀环境类型和使用条件，选择适宜的防腐蚀措施，才能做到先进、经济、实用。

3.1.2　由于大气环境中所含的腐蚀性物质的成分、浓度、相对湿度是影响钢结构腐蚀的关键因素。本条根据《大气环境腐蚀性分类》GB/T 15957，按影响钢结构腐蚀的主要气体成分及其含量，将环境气体分为 A、B、C、D 四种类型。大气相对湿度（RH）类型分为干燥型（$RH<60\%$）、普通型（$RH=60\%\sim75\%$）、潮湿型（$RH>75\%$）。根据碳钢在不同大气环境下暴露第一年的腐蚀速率（mm/a），将腐蚀环境类型分为六大类。

进行建筑钢结构防腐蚀设计时，可按建筑钢结构所处位置的大气环境和年平均环境相对湿度确定大气环境腐蚀性等级。当大气环境不易划分时，大气环境腐蚀性等级应由设计进行确定。

在特殊场合与额外腐蚀负荷作用下，应将腐蚀类型提高等级。例如：①风沙大的地区，因风携带颗粒（沙子等）使钢结构发生磨蚀的情况；②钢结构上用于（人或车辆）通行或有机械重负载并定期移动的表面；③经常有吸潮性物质沉积于钢结构表面的情况。

考虑到处于潮湿状态或不可避免结露部位的标准应相应提高，对如厕浴间等类似的局部环境将大气相对湿度按 $RH>75\%$ 考虑。

3.1.3　因为钢结构主要是承担结构荷载的，可以通过隔离措施避免与液态腐蚀性物质或固态腐蚀性物质接触，以便可以达到经济、实用的目的。

3.1.4　本条给出了在腐蚀环境下结构设计应符合的

规定。对本条各款说明如下：

2　钢结构构件和杆件形式，对结构或杆件的腐蚀速率有重大影响。按照材料集中原则的观点，截面的周长与面积之比愈小，则抗腐蚀性能愈高。薄壁型钢壁较薄，稍有腐蚀对承载力影响较大；格构式结构杆件的截面较小，加上缀条、缀板较多，表面积大，不利于钢结构防腐蚀。

3　闭口截面杆件端部封闭是防腐蚀要求。闭口截面的杆件采用热镀浸锌工艺防护时，杆件端部不应封闭，应采取开孔防爆措施，以保证安全。若端部封闭后再进行热浸镀锌处理，则可能会因高温引起爆炸。

4　为保证钢构件的耐久性，应有一定的截面厚度要求。太薄的杆件一旦腐蚀便很快丧失承载力。规程中规定的截面厚度最小限值，是根据使用经验确定的。杆件均指的是单件杆件。

5　门式刚架是近年来使用较多的钢结构，它造型简捷，受力合理。在腐蚀条件下推荐采用热轧 H 型钢。因整体轧制，表面平整，无焊缝，可达到较好的耐腐蚀性能。采用双面连续焊缝，使焊缝的正反面均被堵死，密封性能好。

6　网架结构能够实现大跨度空间且造型美观，近年发展迅速，应用于许多工业与民用建筑。钢管截面和球型节点是各类网架中杆件外表面积小、防腐蚀性能好且便于施工的空间结构形式，也是工业建筑中广泛应用的形式。

焊接连接的空心球节点虽然比较笨重，施工难度大，但其防腐蚀性能好，承载力高，连接相对灵活。在大气环境腐蚀性等级为Ⅳ、Ⅴ或Ⅵ级时不推荐螺栓球节点，因钢管与球节点螺栓连接时，接缝处难以保持严密。

网架作为大跨度结构构件，防腐蚀非常重要，螺栓球接缝处理和多余螺栓孔封堵都是防止腐蚀性气体进入的重要措施。

7　不同金属材料接触时会发生电化学反应，腐蚀严重，故要在接触部位采取防止电化学腐蚀的隔离措施。如采用硅橡胶垫做隔离层并加密封措施。

8　焊接连接的防腐蚀性能优于螺栓连接和铆接，但焊缝的缺陷会使涂层难以覆盖，且焊缝表面常夹有焊渣又不平整，容易吸附腐蚀性介质，同时焊缝处一般均有残余应力存在，所以，焊缝常常先于主体材料腐蚀。焊缝是传力和保证结构整体性的关键部位，对其焊脚尺寸应有最小要求。断续焊缝容易产生缝隙腐蚀，若闭口截面的连接焊缝采用断续焊缝，腐蚀介质和水汽容易从焊缝空隙中渗入内部。所以对重要构件和闭口截面杆件的焊缝应采用连续焊缝。

加劲肋切角的目的是排水，避免积水和积灰加重腐蚀，也便于涂装。焊缝不得把切角堵死。国际标准《色漆和清漆　防护漆体系对钢结构的腐蚀防护》ISO

12944 中提出加劲肋切角半径不应小于 50mm。

9 构件的连接材料，如焊条、螺栓、节点板等，其耐腐蚀性能（包括防护措施）不应低于主体材料，以保证结构的整体性。弹簧垫圈（如防松垫圈、齿状垫圈）容易产生缝隙腐蚀。

11 钢柱柱脚均应置于混凝土基础上，不允许采用钢柱插入地下再包裹混凝土的做法。钢柱于地上、地下形成阴阳极，雨季环境湿度高或积水时，电化学腐蚀严重。另外，室内外地坪常因排水不畅而积水，规定钢柱基础顶面宜高出地面不小于 300mm，是为了避免柱脚积水锈蚀。

12 耐候钢即耐大气腐蚀钢，是在钢中加入少量合金元素，如铜、铬、镍等，使其在工业大气中形成致密的氧化层，即金属基体的保护层，以提高钢材的耐候性能，同时保持钢材具有良好的焊接性能。在大气环境下，耐候钢表面也需要采用涂料防腐。耐候钢表面的钝化层增强了与涂料附着力。另外，耐候钢的锈层结构致密，不易脱落，腐蚀速率减缓。故涂装后的耐候钢与普通钢材相比，有优越的耐蚀性，适宜在室外环境使用。

参考已有部分实验结果，在有些地区为了使钢结构防腐蚀的经济效益更为明显，在腐蚀性等级为Ⅴ级时，重要构件也可采用耐候钢。

3.1.5 目前各种常规的防腐蚀措施，均难以确保100%的保护度。涂层和金属热喷涂层即使在设计使用年限内，也会因针孔或机械破损而造成小面积局部腐蚀。使用中不能重新涂装的钢结构部位是指对于防腐蚀维护不易实施的钢结构及其部位。如在构造上不能避免难于检查、清刷和油漆之处，以及能积留湿气和大量灰尘的死角、凹槽或有特殊要求的部位，可以在结构设计时留有适当的腐蚀裕量。由于封闭结构内氧气不能得到有效补充，腐蚀过程不可能连续进行，因此无需考虑防腐蚀措施。

《钢结构设计规范》GB 50017—2003 条文说明第8.9.2条提出，不能重新刷油的部位应采取特殊的防锈措施，必要时亦可适当加厚截面的厚度。本规程第3.1.5 条的相关规定是国内现行的有效防锈措施，对设计使用年限大于或等于 25 年，所处环境的腐蚀性等级较高（大于Ⅳ级）的建筑物，使用期间不能重新涂装的钢结构部位，考虑钢结构防腐蚀措施失效后，钢结构的继续锈蚀可能危害建筑物安全时，应考虑腐蚀裕量。

3.2 表 面 处 理

3.2.1 有多种因素影响防腐蚀保护层的有效使用寿命，如涂装前钢材表面处理质量、涂料的品种、组成、涂膜的厚度、涂装道数、施工环境条件及涂装工艺等。表1列出已作的相关调查关于各种因素对涂层寿命影响的统计结果。

表 1　各种因素对涂层寿命的影响表

因　素	影响程度（%）
表面处理质量	49.5
涂膜厚度	19.1
涂料种类	4.9
其他因素	26.5

由表1可见，表面处理质量是涂层过早破坏的主要影响因素，对金属热喷涂层和其他防腐蚀覆盖层与基体的结合力，表面处理质量也有极重要的作用。因此，规定钢结构在涂装之前应进行表面处理。

3.2.4 现行国家标准《涂装前钢材表面锈蚀等级和除锈等级》GB 8923 规定了涂装前钢材表面锈蚀程度和除锈质量的目视评定等级。对涂装前钢结构的表面状态，包括锈蚀等级和除锈等级都作出了明确的规定。

涂层与基体金属的结合力主要依靠涂料极性基团与金属表面极性分子之间的相互吸引，粗糙度的增加，可显著加大金属的表面积，从而提高了涂膜的附着力。但粗糙度过大也会带来不利的影响，当涂料厚度不足时，轮廓峰顶处常会成为早期腐蚀的起点。因此，规定在一般情况下表面粗糙度值不宜超过涂装系统总干膜厚度的 1/3。

3.3 涂 层 保 护

3.3.2 防腐蚀涂装配套中的底漆、中间漆和面漆因使用功能不同，对主要性能的要求也有所差异，但同一配套中的底漆、中间漆、面漆宜有良好的相容性。

在涂装配套中，因底漆、中间漆和面漆所起作用不同，各厂家同类产品的成分配比也有所差别。如果一个涂装系统采用不同厂家的产品，配套性难以保证。一旦出现质量问题，不易分析原因，也难以确定责任者，因此宜选用同一厂家的产品。

3.3.3 对本条各款说明如下：

1 聚氨酯涂料是聚氨基甲酸酯树脂涂料的简称。聚氨酯涂料的耐候性与型号有关，脂肪族的耐候性好，而芳香族的耐候性差。聚氨酯取代乙烯互穿网络涂料属于耐候性聚氨酯涂料，本规程不作为单一品种列入。含羟基丙烯酸酯与脂肪族多异氰酸酯反应而成的丙烯酸聚氨酯涂料，具有很好的耐候性和耐腐蚀性能。

聚氯乙烯萤丹涂料含有萤丹颜料成分，对被涂覆的基层表面起到较好的屏蔽和隔离介质作用，而且对金属基层具有磷化、钝化作用。该涂料对盐酸及中等浓度的硫酸、硝酸、醋酸、碱和大多数的盐类等介质，具有较好的耐腐蚀性能。不含萤丹的聚氯乙烯涂料的性能很差。另外，一些单位通过试验和工程实践表明，若在聚氯乙烯萤丹涂料中加入适量的氟树脂，

其耐温、耐老化和耐腐蚀性能更好。

2 树脂玻璃鳞片涂料能否用于室外取决于树脂的耐候性。

3.3.4 锌黄的化学成分是铬酸锌，由它配制而成的锌黄底涂料适用于钢铁表面。

3.3.5 用于钢结构的防腐蚀保护层一般分为三大类：第一类是喷、镀金属层上加防腐蚀涂料的复合面层；第二类是含富锌底漆的涂层；第三类是不含金属层，也不含富锌底漆的涂层。

钢结构涂层的厚度，应根据构件的防护层使用年限及其腐蚀性等级确定。因为防护层使用年限增大到 10a～15a，故本条所规定的涂层厚度比目前一般建筑防腐蚀工程上的实际涂层稍厚；室外构件应适当增加涂层厚度。

3.4 金属热喷涂

金属热喷涂是利用各种热源，将欲喷涂的固体涂层材料加热至熔化或软化，借助高速气流的雾化效果使其形成微细熔滴，喷射沉积到经过处理的基体表面形成金属涂层的技术。金属热喷涂最早在 20 世纪 40 年代应用于防腐蚀方面，已经具备了几十年的经验。金属热喷涂主要有喷锌和喷铝两种，作为钢结构的底层，有着很好的耐蚀性能。金属热喷涂广泛用于新建、重建或维护保养时对于金属部分的修补。在大气环境中喷铝层和喷锌层是最长效保护系统的首要选择。喷铝层是大气环境中钢结构使用较多的一种选择，比喷锌层的耐蚀性能还要强。喷铝层与钢铁的结合力强，工艺灵活，可以现场施工，适用于重要的不易维修的钢铁桥梁。在很多环境下，金属热喷涂层的寿命可以达到 15a 以上。但是其处理速度较慢，施工标准又高，使得最初的费用相对较高，但它的长期使用寿命表明是经济有效的。和所有涂层一样，金属热喷涂系统的性能是由高质量的施工，包括表面处理、使用的材料、施工设备以及施工技术等来保证的。

4 施 工

4.1 一般规定

4.1.3 根据有关资料显示，钢结构防腐蚀材料中挥发性有机化合物含量不得大于 40%，施工时可据此作为参考。

4.2 表面处理

4.2.2 钢结构表面的焊渣、毛刺和飞溅物等附着物会造成涂层的局部缺陷。钢结构在除锈前，应进行表面净化处理：用刮刀、砂轮等工具除去焊渣、毛刺和飞溅的熔粒，用清洁剂或碱液、火焰等清除钢结构表面油污，用淡水冲洗至中性。小面积油污可采用溶剂擦洗。

脱脂净化的目的是除去基体表面的油脂和机械加工润滑剂等污物。这些有机物附着在基体金属表面上，会严重影响涂层的附着力，并污染喷（抛）射处理时所用的磨料。

残存的清洗剂，特别是碱性清洗剂，也会影响涂层的附着力。

多数溶剂都易燃且有一定的毒性，采取相应的防护措施是必要的，如通风、防火、呼吸保护和防止皮肤直接接触溶剂等。

4.2.4 由空压机所提供的压缩空气含有一定的油和水，油会严重影响涂层的附着力，水会加速被涂覆钢结构返锈。空压机的压缩空气温度较高，一般约 70℃～80℃，用未经冷却的空气直接喷射温度相对较低的钢结构表面，可能会产生冷凝现象。油水分离器内部的过滤材料经过一定时间使用后会失效，应予更换。

4.2.8 磨料的选择是表面清理中的重要环节，一般 A 级和 B 级锈蚀等级的钢构件选用丸状磨料；C 级和 D 级锈蚀等级使用棱角状磨料效率较高；丸状和棱角状混合磨料适用于各种原始锈蚀等级的钢结构表面。

4.2.9 手工除锈不能除去附着牢固的氧化皮，动力除锈也无法清除蚀孔中的铁锈，且动力除锈有抛光作用，降低涂层的附着力，因此不适用于大面积建筑钢结构的表面清理，只能作为修复或辅助手段。

4.3 涂层施工

4.3.5 焊缝及焊接热影响区是涂料保护的薄弱环节之一，本条为质量强化措施。根据部分工程的施工情况可对焊缝热影响区进行界定，在焊缝两侧 50mm 范围内应先涂刷不影响焊接性能的车间底漆。

4.3.7 表面清理与涂装之间的间隔时间越短越好，具体时间间隔要求因施工现场的空气相对湿度和粉尘含量的不同而有较大区别。根据部分工程钢结构施工情况，对于空气的相对湿度小于 60% 的晴天，表面预处理与涂装施工之间的间隔时间不应超过 12h。

4.4 金属热喷涂

4.4.2 金属热喷涂工艺有火焰喷涂法、电弧喷涂法和等离子喷涂法等。由于环境条件和操作因素所限，目前在工程上应用的热喷涂方法仍以火焰喷涂法较多。该方法用氧气和乙炔焰熔化金属丝，由压缩空气吹送至待喷涂结构表面，即本条的气喷涂。

电弧喷涂技术近年来发展很快，它的地位已超过火焰喷涂，成为防腐蚀施工最重要的热喷涂方法。在电弧喷涂过程中，两根金属丝被加载至 18V～40V 的直流电压，每根丝带有不同的极性。它们作为自耗电极，彼此绝缘，并同时被送丝机构送进。在喷涂枪的前端两根金属丝相遇，引燃产生电弧，电弧使两金属

丝的尖端熔化，用压缩空气把熔化的金属雾化，并对雾化的金属细滴加速，使它们喷向工件形成涂层。在大面积钢结构热喷涂防腐蚀施工中，电弧喷涂的独特优越性是其他方法所不及的。这包括：特别高的涂层结合强度、突出的经济性、工艺易于掌握、喷涂质量容易保证等。当需要高生产效率及长时间连续喷涂时，电弧喷涂的优越性可以得到特别好的发挥。

4.4.3 金属热喷涂层对表面处理的要求很高，表面粗糙度值也比涂料大，手工和动力除锈无法满足其表面处理要求。

4.4.4 金属热喷涂常用的材料为锌铝及合金，其电极电位比钢结构低。在腐蚀性电解质中，如果采用热喷涂防腐蚀的钢构件与未采用热喷涂的钢构件相连接。金属涂层便成了牺牲阳极，会溶解自身，并对未喷涂部位提供保护电流，从而导致喷涂层过早失效，未能达到预期的保护寿命。

值得注意的是，金属热喷涂构件通过预埋铁件与混凝土中的结构钢筋连接，如果该混凝土结构处于经常性的潮湿状态中，也会促使金属热喷涂层溶解破坏。

4.4.5 缩短表面预处理与热喷涂施工之间的时间间隔，可以减少被保护钢结构表面返锈和结露的机会，使生成的氧化膜厚度较薄，喷镀颗粒容易击破，从而保证金属热喷涂层的附着力。

基材表面预处理后 30min 内基材表面的电极电位没有明显变化，而在 2h～3h 内基本是稳定的。随着时间的增加，其表面的电极电位值开始升高，活化强度减弱，镀层与基材的结合强度下降。这是由于表面氧化膜的生成厚度与喷镀颗粒撞击表面时能否破裂有关：2h～3h 之内，很薄的氧化膜很易被高速喷射的喷镀颗粒击破；2h～3h 之后，氧化膜过厚，喷镀颗粒不易击破，对镀层与基材起着隔绝的作用，从而破坏镀层与基材的附着。

间隔时间越短越好，具体时间间隔要求因施工现场的空气相对湿度和粉尘含量的不同而有较大区别。

4.4.6 被喷涂钢结构表面在大气温度低于 5℃、温度低于露点 3℃，或空气相对湿度大于 85% 时，容易结露形成水膜，从而造成金属热喷涂层的附着力显著下降。

4.4.7 热喷涂用金属材料的品质指标采用了现行国家标准《金属和其他无机覆盖层热喷涂 锌、铝及其合金》GB/T 9793 的规定。工程上常用的热喷涂材料一般为 φ3.0mm 的金属丝。

锌应符合现行国家标准《锌锭》GB/T 470 中规定的 Zn99.99 的质量要求。

铝应符合现行国家标准《变形铝及铝合金化学成分》GB/T 3190 中规定的 1060 的质量要求。

锌铝合金的金属组成应为锌 85%～87%，铝 13%～15%。锌铝合金中锌应符合现行国家标准《锌

锭》GB/T 470 中规定的 Zn99.99 的质量要求，铝应符合现行国家标准《变形铝及铝合金化学成分》GB/T 3190 中规定的 1060 的质量要求。

铝镁合金的金属组成应为镁 4.8%～5.5%，铝 94.5%～95.2%。

Ac 铝的金属组成应为硒 0.1%～0.3%，铝 99.7%～99.9%。

4.4.8 根据有关资料显示，喷涂角度 80° 为最好。垂直喷镀时，半熔融状态的雾状微粒，以很快的速度堆积，会有部分空隙中的空气无法驱出而形成较多孔穴；有部分金属微粒从结构表面碰落回到镀层金属雾中去，使金属微粒互相碰撞，削弱镀层微粒对结构表面冲击力量，造成镀层疏松、附着力降低。若角度过小，高速喷射的金属微粒会产生滑冲和驱散现象。这样既降低镀层的附着力，同时又浪费材料。

4.4.9 在金属热喷涂层的封闭剂或首道封闭涂料施工时，如果喷涂层的温度过高，会对封闭材料的性能产生不良甚至破坏性影响，温度过低会影响渗透封闭效果。

5 验　收

5.3 涂层施工

5.3.1 涂层的干漆膜厚度应采用精度不低于 10% 的测厚仪进行检测，测厚仪应经标准样块调零修正，每一测点应测取 3 次读数，每次测量的位置相距 50mm，取 3 次读数的算术平均值为此点的测定值。测定值达到设计厚度的测点数不应少于总测点数的 85%，且最小测值不得低于设计厚度的 85%。

6 安全、卫生和环境保护

6.1 一般规定

6.1.1 建筑钢结构的防腐蚀施工所使用的材料、设备和工艺，可能会对作业人员的身体健康和人身安全产生不利影响，也可能对施工环境和使用环境造成一定程度的污染，因此作出本条规定。

7 维护管理

7.0.1 根据定期检查和特殊检查情况，判断钢结构和其防腐蚀保护层是否处于正常状态。如果未发现异常，将检查记录作为结构物管理档案的一部分保存；如果发现异常情况，可根据异常情况的性质和程度对钢结构的防腐蚀效果作出判断，决定是否需要对防腐蚀保护层进行修复或更新，进而决定修复的范围和程度。

7.0.2 特殊检查的检查项目和内容可根据具体情况确定，或选择定期检查项目中的一项或几项。

对定期检查各项目的内容、方式、作用及相互关系说明如下：

防腐蚀保护层外观检查是对涂装钢结构进行的一般性检查，主要方法为目视检查保护层是否有破损及分辨破损的类型，估测破损的范围和程度，填写检测记录表，作为防腐蚀修复或结构补强的判断依据。

防腐蚀保护层防腐蚀性能检查是对防腐蚀保护层进行详细检查和测定，通过记录防腐蚀保护层的变色、粉化、鼓泡、剥落、返锈和破损面积等对防腐蚀保护层的保护性能进行评定，以便决定是否采取修复措施。

钢结构腐蚀量的检测原则上采用无破损检测方法，用超声波测厚仪测量钢结构的壁厚，根据设计原始厚度和使用时间推算出腐蚀量和腐蚀速率。厚度测定结果可用于评价防腐蚀措施的保护效果，判断是否需要进行修复或补强。

每次重大自然灾害后（如地震、台风等）应对钢结构防腐蚀进行全面检查。

中华人民共和国国家标准

混凝土结构加固设计规范

Design code for strengthening concrete structure

GB 50367—2006

主编部门：四 川 省 建 设 厅
批准部门：中华人民共和国建设部
施行日期：２００６年１１月１日

中华人民共和国建设部
公　　告

第 440 号

建设部关于发布国家标准
《混凝土结构加固设计规范》的公告

现批准《混凝土结构加固设计规范》为国家标准，编号为 GB 50367－2006，自 2006 年 11 月 1 日起实施。其中，第 3.1.8、4.4.1、4.4.2、4.4.3、4.4.6、4.5.2、4.5.3、4.5.5、4.5.6、4.5.7、4.5.8、4.5.9、4.7.4、9.1.6、12.2.4、12.2.6、13.1.4、13.2.3 条为强制性条文，必须严格执行。

本规范由建设部标准定额研究所组织中国建筑工业出版社出版发行。

中华人民共和国建设部

2006 年 6 月 19 日

前　　言

本规范是根据建设部建标〔1999〕308 号文的要求，由四川省建筑科学研究院会同有关的高等院校及科研、设计、企业等单位共同制订而成。

在制订过程中，规范编制组开展了多项专题研究，进行了大量的调查分析和验证性试验，总结了近年来我国混凝土结构加固设计的实践经验；与国外先进的标准规范进行了比较和借鉴；与相关的标准规范进行了协调。在此基础上以多种方式广泛征求了有关单位和社会公众的意见，并进行了试设计和试点工程的试用，对重点章节进行了反复修改，最后经审查定稿。

本规范主要规定的内容有：混凝土结构加固设计的基本规定、材料、增大截面加固法、置换混凝土加固法、外加预应力加固法、外粘型钢加固法、粘贴纤维复合材加固法、粘贴钢板加固法、增设支点加固法、绕丝加固法、钢丝绳网片-聚合物砂浆外加层加固法等的设计、计算与构造规定以及有关的附录。此外，还有与各种加固方法配套使用的植筋技术、锚栓技术、混凝土裂缝修补技术和钢筋阻锈技术等。

本规范以黑体字标志的条文为强制性条文，必须严格执行。

本规范由建设部负责管理和对强制性条文的解释，由四川省建筑科学研究院负责具体技术内容的解释。

为充实提高规范的质量，请各使用单位在施行本

规范过程中，结合工程实践，认真总结经验，并将意见和建议寄交成都市一环路北三段 55 号（四川省建筑科学研究院内）建设部建筑物鉴定与加固规范管理委员会（邮编：610081；http://www.astcc.com/）。

本 规 范 主 编 单 位：四川省建筑科学研究院
本 规 范 参 加 单 位：同济大学
西南交通大学
福州大学
湖南大学
重庆大学
重庆市建筑科学研究院
辽宁省建设科学研究院
中国科学院大连化学物理研究所
中国建筑西南设计院
上海市工程建设标准化办公室
上海加固行建筑技术工程有限公司
北京东洋机械建筑工程有限公司
喜利得（中国）有限公司
慧鱼（太仓）建筑锚栓有限公司
厦门中连结构胶有限公司

亨斯迈先进化工材料（广东）有限公司

北京风行技术有限责任公司

上海库力浦实业有限公司

湖南固特邦土木技术发展有限公司

大连凯华新技术工程有限公司

台湾安固工程股份有限公司

武汉长江加固技术有限公司

本规范主要起草人：梁　坦　　王永维　　陆竹卿
梁　爽　　吴善能　　黄　棠
林文修　　卓尚木　　古天纯
贺曼罗　　倪士珠　　张书禹
莫群速　　侯发亮　　卜良桃
陈大川　　王立民　　李力平
王　稚　　吴　进　　陈友明
张成英　　线运恒　　张　剑
单远铭　　张首文　　唐超伦
张　欣　　温　斌

目 次

1 总　则

1.0.1 为使混凝土结构的加固，做到技术可靠、安全适用、经济合理、确保质量，制定本规范。

1.0.2 本规范适用于房屋和一般构筑物钢筋混凝土承重结构加固的设计。

1.0.3 混凝土结构加固前，应根据建筑物的种类，分别按现行国家标准《工业厂房可靠性鉴定标准》GB 50144 和《民用建筑可靠性鉴定标准》GB 50292 进行可靠性鉴定。当与抗震加固结合进行时，尚应按现行国家标准《建筑抗震设计规范》GB 50011或《建筑抗震鉴定标准》GB 50023 进行抗震能力鉴定。

1.0.4 混凝土结构加固的设计，除应遵守本规范规定外，尚应符合国家现行有关标准的要求。

2　术语、符号

2.1　术　语

2.1.1 已有结构加固　strengthening of existing structures

对可靠性不足或业主要求提高可靠度的承重结构、构件及其相关部分采取增强、局部更换或调整其内力等措施，使其具有现行设计规范及业主所要求的安全性、耐久性和适用性。

2.1.2 原构件　existing structure member

实施加固前的原有构件。

2.1.3 重要构件　important structure member

其自身失效将影响或危及承重结构体系整体工作的承重构件。

2.1.4 一般构件　general structure member

其自身失效为孤立事件，不影响承重结构体系整体工作的承重构件。

2.1.5 增大截面加固法　structure member strengthenting with reinforced concrete

增大原构件截面面积或增配钢筋，以提高其承载力和刚度，或改变其自振频率的一种直接加固法。

2.1.6 外粘型钢加固法　structure member strengthening with externally bonded steel frame

对钢筋混凝土梁、柱外包型钢、扁钢焊成构架并灌注结构胶粘剂，以达到整体受力，共同约束原构件要求的加固方法。

2.1.7 复合截面加固法　structure member strengthening with externally bonded reinforced materials

通过采用结构胶粘剂粘结或高强聚合物砂浆喷抹，将增强材料粘合于原构件的混凝土表面，使之形成具有整体性的复合截面，以提高其承载力和延性的一种直接加固法。根据增强材料的不同，可分为外粘

型钢、外粘钢板、外粘纤维增强复合材料和外加钢丝绳网片-聚合物砂浆层等多种加固法。

2.1.8 绕丝加固法　compression member confined by reinforcing wire

通过缠绕退火钢丝使被加固的受压构件混凝土受到约束作用，从而提高其极限承载力和延性的一种直接加固法。

2.1.9 外加预应力加固法　structure member strengthening with externally applied prestressing

通过施加体外预应力，使原结构、构件的受力得到改善或调整的一种间接加固法。

2.1.10 植筋　bonded rebars

以专用的结构胶粘剂将带肋钢筋或全螺纹螺杆锚固于基材混凝土中。

2.1.11 结构胶粘剂　structrual adhesives

用于承重结构构件粘结的、能长期承受设计应力和环境作用的胶粘剂，简称结构胶。

2.1.12 纤维复合材　fibre reinforced polymer (FRP)

采用高强度的连续纤维按一定规则排列，经用胶粘剂浸渍、粘结固化后形成的具有纤维增强效应的复合材料，通称纤维复合材。

2.1.13 聚合物砂浆　polymer mortar

掺有改性环氧乳液或其他改性共聚物乳液的高强度水泥砂浆。承重结构用的聚合物砂浆除了应能改善其自身的物理力学性能外，还应能显著提高其锚固钢筋和粘结混凝土的能力。

2.1.14 有效截面面积　effective cross-section area

扣除孔洞、缺损、锈蚀层、风化层等削弱、失效部分后的截面。

2.1.15 加固设计使用年限　design working life for strengthening of existing structure or its member

加固设计规定的结构、构件加固后无需重新进行检测、鉴定即可按其预定目的使用的时间。

2.2　符　号

2.2.1 材料性能

E_{s0}——原构件钢筋弹性模量；

E_s——新增钢筋弹性模量；

E_a——新增型钢弹性模量；

E_{sp}——新增钢板弹性模量；

E_f——新增纤维复合材弹性模量；

f_{c0}——原构件混凝土轴心抗压强度设计值；

f_{y0}、f'_{y0}——原构件钢筋抗拉、抗压强度设计值；

f_y、f'_y——新增钢筋抗拉、抗压强度设计值；

f_a、f'_a——新增型钢抗拉、抗压强度设计值；

f_{sp}、f'_{sp}——新增钢板抗拉、抗压强度设计值；

f_f——新增纤维复合材抗拉强度设计值；

$f_{f,v}$——纤维复合材与混凝土粘结强度设计值；

f_{bd}——结构胶粘剂粘结强度设计值；

f_{ud}——锚栓抗拉强度设计值；

ε_f——纤维复合材拉应变设计值；

ε_{fe}——纤维复合材环向围束有效拉应变设计值。

2.2.2 作用效应及承载力

N——构件加固后轴向力设计值；

M——构件加固后弯矩设计值；

V——构件加固后剪力设计值；

M_{0k}——加固前受弯构件验算截面上原作用的初始弯矩标准值；

σ_s——新增纵向钢筋受拉应力；

σ_{s0}——原构件纵向受拉钢筋或受压较小边钢筋的应力；

σ_a——新增型钢受拉肢或受压较小肢的应力；

ε_{f0}——纤维复合材滞后应变；

w——构件挠度或预应力反拱。

2.2.3 几何参数

h_0、h_{01}——构件加固后和加固前的截面有效高度；

h_w——构件截面的腹板高度；

h_n——受压区混凝土的置换深度；

h_{sp}——梁侧面粘贴钢箍板的竖向高度；

h_f——梁侧面粘贴纤维箍板的竖向高度；

h_{ef}——锚栓有效锚固深度；

A_{s0}、A'_{s0}——原构件受拉区、受压区钢筋截面面积；

A_s、A'_s——新增构件受拉区、受压区钢筋截面面积；

A_{fe}——纤维复合材有效截面面积；

A_{cor}——环向围束内混凝土截面面积；

A_{sp}、A'_{sp}——新增受拉钢板、受压钢板截面面积；

A_a、A'_a——新增型钢受拉肢、受压肢截面面积；

l_s——植筋基本锚固深度；

l_d——植筋锚固深度设计值；

l_l——植筋受拉搭接长度；

D——钻孔直径；

2.2.4 计算系数

α_1——受压区混凝土矩形应力图的应力值与混凝土轴心抗压强度设计值的比值；

β_c——混凝土强度影响系数；

β_1——矩形应力图受压区高度与中和轴高度的比值；

α_c——新增混凝土强度利用系数；

α_s——新增钢筋强度利用系数；

α_a——新增型钢强度利用系数；

α_{sp}——防止混凝土劈裂引用的计算系数；

ψ——折减系数、修正系数或影响系数；

η——增大系数或提高系数。

3 基 本 规 定

3.1 一 般 规 定

3.1.1 混凝土结构经可靠性鉴定确认需要加固时，

应根据鉴定结论和委托方提出的要求，由有资格的专业技术人员按本规范的规定和业主的要求进行加固设计。加固设计的范围，可按整幢建筑物或其中某独立区段确定，也可按指定的结构、构件或连接确定，但均应考虑该结构的整体性。

3.1.2 加固后混凝土结构的安全等级，应根据结构破坏后果的严重性、结构的重要性和加固设计使用年限，由委托方与设计方按实际情况共同商定。

3.1.3 混凝土结构的加固设计，应与实际施工方法紧密结合，采取有效措施，保证新增构件和部件与原结构连接可靠，新增截面与原截面粘结牢固，形成整体共同工作；并应避免对未加固部分，以及相关的结构、构件和地基基础造成不利的影响。

3.1.4 对高温、高湿、低温、冻融、化学腐蚀、振动、温度应力、地基不均匀沉降等影响因素引起的原结构损坏，应在加固设计中提出有效的防治对策，并按设计规定的顺序进行治理和加固。

3.1.5 混凝土结构的加固设计，应综合考虑其技术经济效果，避免不必要的拆除或更换。

3.1.6 对加固过程中可能出现倾斜、失稳、过大变形或坍塌的混凝土结构，应在加固设计文件中提出相应的临时性安全措施，并明确要求施工单位必须严格执行。

3.1.7 混凝土结构的加固设计使用年限，应按下列原则确定：

1 结构加固后的使用年限，应由业主和设计单位共同商定；

2 一般情况下，宜按 30 年考虑；到期后，若重新进行的可靠性鉴定认为该结构工作正常，仍可继续延长其使用年限；

3 对使用胶粘方法或掺有聚合物加固的结构、构件，尚应定期检查其工作状态。检查的时间间隔可由设计单位确定，但第一次检查时间不应迟于 10 年。

3.1.8 未经技术鉴定或设计许可，不得改变加固后结构的用途和使用环境。

3.2 设计计算原则

3.2.1 混凝土结构加固设计采用的结构分析方法，应遵守现行国家标准《混凝土结构设计规范》GB 50010规定的结构分析基本原则，且在一般情况下，应采用线弹性分析方法计算结构的作用效应。

3.2.2 加固混凝土结构时，应按下列规定进行承载能力极限状态和正常使用极限状态的设计、验算：

1 结构上的作用，应经调查或检测核实，并应按本规范附录 A 的规定和要求确定其标准值或代表值，若此项工作已在可靠性鉴定中完成，宜加以引用。

2 被加固结构、构件的作用效应，应按下列要求确定：

1）结构的计算图形，应符合其实际受力和构造状况；

2）作用效应组合和组合值系数以及作用的分项系数，应按现行国家标准《建筑结构荷载规范》GB 50009 确定，并应考虑由于实际荷载偏心、结构变形、温度作用等造成的附加内力。

3 结构、构件的尺寸，对原有部分应采用实测值；对新增部分，可采用加固设计文件给出的名义值。

4 原结构、构件的混凝土强度等级和受力钢筋抗拉强度标准值应按下列规定取值：

1）当原设计文件有效，且不怀疑结构有严重的性能退化时，可采用原设计的标准值；

2）当结构可靠性鉴定认为应重新进行现场检测时，应采用检测结果推定的标准值；

3）当原构件混凝土强度等级的检测受实际条件限制而无法取芯时，可采用回弹法检测，但其强度换算值应按本规范附录 B 的规定进行龄期修正，且仅可用于结构的加固设计。

5 加固材料的性能和质量，应符合本规范第 4 章的规定；其性能的标准值应按本规范第 3.2.3 条确定；其性能的设计值应按本规范各相关章节的规定采用。

6 验算结构、构件承载力时，应考虑原结构在加固时的实际受力状况，包括加固部分应变滞后的特点，以及加固部分与原结构共同工作程度。

7 加固后改变传力路线或使结构质量增大时，应对相关结构、构件及建筑物地基基础进行必要的验算。

8 地震区结构、构件的加固，除应满足承载力要求外，尚应复核其抗震能力；不应存在因局部加强或刚度突变而形成的新薄弱部位；同时，还应考虑结构刚度增大而导致地震作用效应增大的影响。

注：本规范的各种加固方法，一般情况下可用于结构的抗震加固，但具体采用时，尚应在设计、计算和构造上执行现行国家标准《建筑抗震设计规范》GB 50011 和《建筑抗震加固技术规范》JGJ 116 的规定和要求。

3.2.3 加固材料性能的标准值（f_k），应根据抽样检验结果按下式确定：

$$f_k = m_f - ks \qquad (3.2.3)$$

式中 m_f——按 n 个试件算得的材料强度平均值；

s——按 n 个试件算得的材料强度标准差；

k——与 α、c 和 n 有关的材料强度标准值计算系数，由表 3.2.3 查得；

α——正态概率分布的分位值；根据材料强度标准值所要求的 95% 保证率，取

$\alpha = 0.05$；

c——检测加固材料性能所取的置信水平（置信度），由本规范有关章节作出规定。

表 3.2.3 材料强度标准值计算系数 k 值

n	$\alpha=0.05$ 时的 k 值				n	$\alpha=0.05$ 时的 k 值			
	$c=0.99$	$c=0.95$	$c=0.90$	$c=0.75$		$c=0.99$	$c=0.95$	$c=0.90$	$c=0.75$
4	—	5.145	3.957	2.680	15	3.102	2.566	2.329	1.991
5	—	4.202	3.400	2.463	20	2.807	2.396	2.208	1.933
6	5.409	3.707	3.092	2.336	25	2.632	2.292	2.132	1.895
7	4.730	3.399	2.894	2.250	30	2.516	2.220	2.080	1.869
10	3.739	2.911	2.568	2.103	50	2.296	2.065	1.965	1.811

3.2.4 为防止结构加固部分意外失效而导致的坍塌，在使用胶粘剂或掺有聚合物（如改性混凝土、聚合物砂浆等）的加固方法时，其加固设计除应按本规范的规定进行外，尚应对原结构进行验算。验算时，应要求原结构、构件能承担 n 倍恒载标准值的作用。当可变荷载（不含地震作用）标准值与永久荷载标准值之比值不大于 1 时，取 $n=1.2$；当该比值等于或大于 2 时，取 $n=1.5$；其间按线性内插法确定。

3.3 加固方法及配合使用的技术

3.3.1 混凝土结构的加固可分为直接加固与间接加固两类，设计时，可根据实际条件和使用要求选择适宜的加固方法及配合使用的技术。

3.3.2 直接加固宜根据工程的实际情况选用增大截面加固法、置换混凝土加固法、外粘型钢加固法、外粘钢板加固法、粘贴纤维复合材加固法、绕丝加固法或高强度钢丝绳网片-聚合物砂浆外加层加固法等。

3.3.3 间接加固宜根据工程的实际情况选用外加预应力加固法或增设支点加固法等。

3.3.4 与结构加固方法配合使用的技术应采用符合本规范要求的裂缝修补技术、锚固技术和阻锈技术。

4 材 料

4.1 水 泥

4.1.1 混凝土结构加固用的水泥，应采用强度等级不低于 32.5 级的硅酸盐水泥和普通硅酸盐水泥，也可采用矿渣硅酸盐水泥或火山灰质硅酸盐水泥，但其强度等级不应低于 42.5 级，必要时，还可采用快硬硅酸盐水泥。

注：1 当混凝土结构有耐腐蚀、耐高温要求时，应采用相应的特种水泥。

2 配制聚合物砂浆用的水泥，其强度等级不应低于 42.5 级，且应符合聚合物砂浆产品说明书的规定。

4.1.2 水泥的性能和质量应分别符合现行国家标准

《硅酸盐水泥、普通硅酸盐水泥》GB 175、《快硬硅酸盐水泥》GB 199 和《矿渣硅酸盐水泥、火山灰质硅酸盐水泥及粉煤灰硅酸盐水泥》GB 1344 的规定。

4.2 混 凝 土

4.2.1 结构加固用的混凝土，其强度等级应比原结构、构件提高一级，且不得低于C20级。

4.2.2 配制结构加固用的混凝土，其骨料的品种和质量应符合下列要求：

　　1 粗骨料应选用坚硬、耐久性好的碎石或卵石。其最大粒径：对现场拌合混凝土，不宜大于 20mm；对喷射混凝土，不宜大于 12mm；对短纤维混凝土，不宜大于 10mm；粗骨料的质量应符合国家现行标准《普通混凝土用卵石和碎石质量标准及检验方法》JGJ 53 的规定；不得使用含有活性二氧化硅石料制成的粗骨料；

　　2 细骨料应选用中、粗砂；对喷射混凝土，其细度模数尚不宜小于 2.5；细骨料的质量应符合国家现行标准《普通混凝土用砂质量标准及检验方法》JGJ 52 的规定。

4.2.3 混凝土拌合用水应采用饮用水或水质符合国家现行标准《混凝土拌合用水标准》JGJ 63 规定的天然洁净水。

4.2.4 结构加固用的混凝土，可使用商品混凝土，但所掺的粉煤灰应为Ⅰ级灰，且烧失量不应大于 5%。

4.2.5 当结构加固工程选用聚合物混凝土、微膨胀混凝土、钢纤维混凝土、合成短纤维混凝土或喷射混凝土时，应在施工前进行试配，经检验其性能符合设计要求后方可使用。

　　注：不得使用铝粉作为混凝土的膨胀剂。

4.3 钢材及焊接材料

4.3.1 混凝土结构加固用的钢筋，其品种、质量和性能应符合下列要求：

　　1 应优先选用 HRB 335 级热轧带肋钢筋或 HPB 235 级（Q235 级）的热轧钢筋；当有工程经验时，也可使用 HRB 400 或 RRB 400 级的热轧带肋钢筋；

　　2 钢筋的质量应分别符合现行国家标准《钢筋混凝土用热轧带肋钢筋》GB 1499、《钢筋混凝土用热轧光圆钢筋》GB 13013 和《钢筋混凝土用余热处理钢筋》GB 13014 的规定；

　　3 钢筋的性能设计值应按现行国家标准《混凝土结构设计规范》GB 50010 的规定采用；

　　4 不得使用无出厂合格证、无标志或未经进场检验的钢筋以及再生钢筋。

4.3.2 混凝土结构加固用的钢板、型钢、扁钢和钢管，其品种、质量和性能应符合下列要求：

　　1 应采用 Q235 级（3 号钢）或 Q345 级（16Mn钢）钢材；对重要结构的焊接构件，若采用 Q235 级钢，应选用 Q235-B 级钢；

　　2 钢材质量应分别符合现行国家标准《碳素结构钢》GB/T 700 和《低合金高强度结构钢》GB/T 1591 的规定；

　　3 钢材的性能设计值应按现行国家标准《钢结构设计规范》GB 50017 的规定采用；

　　4 不得使用无出厂合格证、无标志或未经进场检验的钢材。

4.3.3 当混凝土结构锚固件为植筋时，应使用热轧带肋钢筋，不得使用光圆钢筋。植筋用的钢筋，其质量应符合本规范第 4.3.1 条的规定。

4.3.4 当锚固件为钢螺杆时，应采用全螺纹的螺杆，不得采用锚入部位无螺纹的螺杆。螺杆的钢材等级应为 Q345 级或 Q235 级；其质量应分别符合现行国家标准《低合金高强度结构钢》GB/T 1591 和《碳素结构钢》GB/T 700 的规定。

4.3.5 当承重结构的锚固件为锚栓时，其钢材的性能指标必须符合表 4.3.5-1 或表 4.3.5-2 的规定。

表 4.3.5-1　碳素钢及合金钢锚栓的钢材抗拉性能指标

性　能　等　级		4.8	5.8	6.8	8.8
锚栓钢材性能指标	抗拉强度标准值 f_{uk}（MPa）	400	500	600	800
	屈服强度标准值 f_{yk} 或 $f_{s,0.2k}$（MPa）	320	400	480	640
	伸长率 δ_5（%）	14	10	8	12

　　注：性能等级 4.8 表示：$f_{stk}=400$MPa；$f_{yk}/f_{stk}=0.8$。

表 4.3.5-2　不锈钢锚栓（奥氏体 A1、A2、A4、A5）的钢材性能指标

性　能　等　级		50	70	80
锚栓钢材性能指标	螺纹公称直径 d（mm）	≤39	≤24	≤24
	抗拉强度标准值 f_{uk}（MPa）	500	700	800
	屈服强度标准值 f_{yk} 或 $f_{s,0.2k}$（MPa）	210	450	600
	伸长值 δ（mm）	$0.6d$	$0.4d$	$0.3d$

4.3.6 混凝土结构加固用的焊接材料，其型号和质量应符合下列要求：

　　1 焊条型号应与被焊接钢材的强度相适应；

　　2 焊条的质量应符合现行国家标准《碳钢焊条》GB/T 5117 和《低合金钢焊条》GB/T 5118 的规定；

　　3 焊接工艺应符合现行行业标准《钢筋焊接及验收规程》JGJ 18 或《建筑钢结构焊接技术规程》JGJ 81 的规定；

　　4 焊缝连接的设计原则及计算指标应符合现行国家标准《钢结构设计规范》GB 50017 的规定。

4.4 纤维和纤维复合材

4.4.1 纤维复合材用的纤维必须为连续纤维，其品种和性能必须符合下列要求：

1 承重结构加固用的碳纤维，必须选用聚丙烯腈基（PAN 基）12k 或 12k 以下的小丝束纤维，严禁使用大丝束纤维；

2 承重结构加固用的玻璃纤维，必须选用高强度的 S 玻璃纤维或含碱量低于 0.8% 的 E 玻璃纤维，严禁使用 A 玻璃纤维或 C 玻璃纤维；

3 纤维的主要力学性能应符合本规范附录 C 的规定。

4.4.2 结构加固用的纤维复合材的安全性能指标必须符合表 4.4.2-1 或表 4.4.2-2 的要求。纤维复合材的抗拉强度标准值应根据置信水平 $c=0.99$、保证率为 95% 的要求确定。

表 4.4.2-1 碳纤维复合材安全性能指标

类别 项目	单向织物（布）		条形板	
	高强度 Ⅰ级	高强度 Ⅱ级	高强度 Ⅰ级	高强度 Ⅱ级
抗拉强度 标准值 $f_{f,k}$ (MPa)	≥3400	≥3000	≥2400	≥2000
受拉弹性 模量 E_f (MPa)	≥2.4×10⁵	≥2.1×10⁵	≥1.6×10⁵	≥1.4×10⁵
伸 长 率（%）	≥1.7	≥1.5	≥1.7	≥1.5
弯曲强度 f_{fb}（MPa）	≥700	≥600	—	—
层间剪切 强度(MPa)	≥45	≥35	≥50	≥40
仰贴条件 下纤维复合 材与混凝土 正拉粘结强 度（MPa）	≥2.5，且为混凝土内聚破坏			
纤维体积 含量（%）	—	—	≥65	≥55
单位面积 质量（g/ m²）	≤300	≤300	—	—

注：L 形板的安全性及适配性检验合格指标按高强度Ⅱ级条形预成型板（条形板）采用。

4.4.3 对符合本规范第 4.4.2 条安全性能指标要求的纤维复合材或板材，当它与其他改性环氧树脂胶粘剂配套使用时，必须按下列项目重新做适配性检验，且检验结果必须符合本规范表 4.4.2-1 或表 4.4.2-2 的规定。

表 4.4.2-2 玻璃纤维单向织物复合材安全性能指标

项目 类别	抗拉强 度标 准值 (MPa)	受拉 弹性 模量 (MPa)	伸长率 (%)	弯曲 强度 (MPa)	仰贴条件下 纤维复合材 -混凝土粘 接正拉强度 (MPa)	单位面 积质量 (g/m²)	层间 剪切 强度 (MPa)
S 玻璃	≥2200	≥1.0 ×10⁵	≥2.5	≥600	≥2.5，且为 混凝土内 聚破坏	≤450	≥40
E 玻璃	≥1500	≥7.2 ×10⁴	≥2.0	≥500		≤450	≥35

1 抗拉强度标准值；

2 仰贴条件下纤维复合材与混凝土正拉粘结强度；

3 层间剪切强度。

4.4.4 纤维复合材的安全性能指标的测定方法应符合下列规定：

1 对抗拉强度、受拉弹性模量及伸长率，应采用现行国家标准《定向纤维增强塑料拉伸性能试验方法》GB/T 3354 进行测定；

2 对抗弯强度，应采用现行国家标准《单向纤维增强塑料弯曲性能试验方法》GB/T 3356 进行测定；

3 对层间剪切强度，应按本规范附录 D 的规定进行测定；

4 对仰贴条件下纤维复合材与混凝土正拉粘结强度，应按本规范附录 E 的有关规定进行测定；

5 对纤维体积含量，应采用现行国家标准《碳纤维增强塑料纤维体积含量试验方法》GB/T 3366 进行测定；

6 对纤维织物单位面积质量，应采用现行国家标准《增强制品试验方法第 3 部分：单位面积质量的测定》GB/T 9914.3 进行测定。

4.4.5 当进行材料性能检验和加固设计时，纤维复合材截面面积的计算应符合下列规定：

1 纤维织物应按纤维的净截面面积计算。净截面面积取纤维织物的计算厚度乘以宽度。纤维织物的计算厚度应按其单位面积质量除以纤维密度确定。

2 单向纤维预成型板应按不扣除树脂体积的板截面面积计算，即应按实测的板厚乘以宽度计算。

注：纤维密度应由厂商提供，并应出具独立检验或鉴定机构的抽样检测证明文件。

4.4.6 承重结构的现场粘贴加固，严禁使用单位面积质量大于 300g/m² 的碳纤维织物或预浸法生产的碳纤维织物。

4.5 结构加固用胶粘剂

4.5.1 承重结构用的胶粘剂，宜按其基本性能分为 A 级胶和 B 级胶；对重要结构、悬挑构件、承受动力作用的结构、构件，应采用 A 级胶；对一般结构可采用 A 级胶或 B 级胶。

4.5.2 承重结构用的胶粘剂，必须进行安全性能检验。检验时，其粘结抗剪强度标准值应根据置信水平 $c=0.90$、保证率为 95% 的要求。

4.5.3 浸渍、粘结纤维复合材的胶粘剂必须采用专门配制的改性环氧树脂胶粘剂，其安全性能指标必须符合表 4.5.3 的规定。承重结构加固工程中不得使用不饱和聚酯树脂、醇酸树脂等作浸渍、粘结胶粘剂。

表 4.5.3 碳纤维复合材浸渍/粘结用胶粘剂安全性能指标

性 能 项 目		性 能 要 求		试验方法标准
		A 级胶	B 级胶	
胶体性能	抗拉强度（MPa）	≥40	≥30	GB/T 2568
	受拉弹性模量(MPa)	≥2500	≥1500	
	伸长率（%）	≥1.5		
	抗弯强度（MPa）	≥50 且不得呈脆性（碎裂状）破坏	≥40	GB/T 2570
	抗压强度（MPa）	≥70		GB/T 2569
粘结能力	钢-钢拉伸抗剪强度标准值（MPa）	≥14	≥10	GB/T 7124
	钢-钢不均匀扯离强度（kN/m）	≥20	≥15	GJB 94
	与混凝土的正拉粘结强度（MPa）	≥2.5，且为混凝土内聚破坏		本规范附录 F
	不挥发物含量（固体含量）（%）	≥99		GB/T 2793

注：1 B 级胶不用于粘贴预成型板；
　　2 表中的性能指标，除标有强度标准值外，均为平均值；
　　3 当预成型板为仰面或立面粘贴时，其所使用胶粘剂的下垂度（40℃时）不应大于 3mm；
　　4 当按现行国家标准《胶粘剂拉伸剪切强度测定方法（金属对金属）》GB/T 7124 制备试件时，其加压养护应在侧立状态下进行。

4.5.4 底胶和修补胶应与浸渍、粘结胶粘剂相适配，其安全性能应分别符合表 4.5.4-1 和表 4.5.4-2 的要求。

注：粘贴纤维和混凝土的胶粘剂按其工艺的不同分为两种类型：一类由配套的底胶、修补胶和浸渍、粘结胶组成；另一类为免底涂，且浸渍、粘结与修补兼用的单一胶粘剂；可根据工程需要任选一种类型，但厂商应出具免底涂胶粘剂的证书，使用单位应留档备查。

表 4.5.4-1 底胶的安全性能指标

性能项目	性能要求		试验方法标准
钢-钢拉伸抗剪强度标准值（MPa）	当与 A 级胶匹配：≥14	当与 B 级胶匹配：≥10	GB/T 7124
与混凝土的正拉粘结强度（MPa）	≥2.5，且为混凝土内聚破坏		本规范附录 F
不挥发物含量（固体含量）（%）	≥99		GB/T 2793
混和后初黏度（23℃时）(mPa·s)	≤2000		GB/T 12007.4

表 4.5.4-2 修补胶的安全性能指标

性能项目	性能要求	试验方法标准
胶体抗拉强度（MPa）	≥30	GB/T 2568
胶体抗弯强度（MPa）	≥40，且不得呈脆性（碎裂状）破坏	GB/T 2570
与混凝土的正拉粘结强度（MPa）	≥2.5，且为混凝土内聚破坏	本规范附录 F

注：表中的性能指标均为平均值。

4.5.5 粘贴钢板或外粘型钢的胶粘剂必须采用专门配制的改性环氧树脂胶粘剂，其安全性能指标必须符合表 4.5.5 的规定。

表 4.5.5 粘钢及外粘型钢用胶粘剂安全性能指标

性 能 项 目		性能要求		试验方法标准
		A 级胶	B 级胶	
胶体性能	抗拉强度（MPa）	≥30	≥25	GB/T 2568
	受拉弹性模量（MPa）	≥3.5×10³ （3.0×10³）		
	伸长率（%）	≥1.3	≥1.0	
	抗弯强度（MPa）	≥45 且不得呈脆性（碎裂状）破坏	≥35	GB/T 2570
	抗压强度（MPa）	≥65		GB/T 2569
粘结能力	钢-钢拉伸抗剪强度标准值（MPa）	≥15	≥12	GB/T 7124
	钢-钢不均匀扯离强度（kN/m）	≥16	≥12	GJB 94
	钢-钢粘结抗拉强度（MPa）	≥33	≥25	GB/T 6329
	与混凝土的正拉粘结强度（MPa）	≥2.5，且为混凝土内聚破坏		本规范附录 F
	不挥发物含量（固体含量）（%）	≥99		GB/T 2793

注：表中括号内的受拉弹性模量指标仅用于灌注粘结型胶粘剂。

4.5.6 种植锚固件的胶粘剂，必须采用专门配制的改性环氧树脂胶粘剂或改性乙烯基酯类胶粘剂（包括改性氨基甲酸酯胶粘剂），其安全性能指标必须符合表4.5.6的规定。

种植锚固件的胶粘剂，其填料必须在工厂制胶时添加，严禁在施工现场掺入。

表4.5.6 锚固用胶粘剂安全性能指标

性能项目		性能要求		试验方法标准
		A级胶	B级胶	
胶体性能	劈裂抗拉强度（MPa）	≥8.5	≥7.0	本规范附录G
	抗弯强度（MPa）	≥50	≥40	GB/T 2570
	抗压强度（MPa）	≥60		GB/T 2569
粘结能力	钢-钢（钢套筒法）拉伸抗剪强度标准值（MPa）	≥16	≥13	本规范附录J
	约束拉拔条件下带肋钢筋与混凝土的粘结强度（MPa）	C30 Φ25 *l*=150mm	≥11.0	≥8.5	本规范附录K
		C60 Φ25 *l*=125mm	≥17.0	≥14.0	
不挥发物含量（固体含量）（%）		≥99		GB/T 2793

注：1 表中各项性能指标，除标有强度标准值外，均为平均值；
　　2 当按现行国家标准《树脂浇注体弯曲性能试验方法》GB/T 2570进行胶体抗弯强度试验时，其试件厚度 h 应改为8mm。

4.5.7 钢筋混凝土承重结构加固用的胶粘剂，其钢-钢粘结抗剪性能必须经湿热老化检验合格。湿热老化检验应在50℃温度和98%相对湿度的环境条件下按本规范附录L规定的方法进行；老化时间：重要构件不得少于90d；一般构件不得少于60d。经湿热老化后的试件，应在常温条件下进行钢-钢拉伸抗剪试验，其强度降低的百分率（%）应符合下列要求：

　1 A级胶不得大于10%；
　2 B级胶不得大于15%。

4.5.8 混凝土结构加固用的胶粘剂必须通过毒性检验。对完全固化的胶粘剂，其检验结果应符合实际无毒卫生等级的要求。

4.5.9 在承重结构用的胶粘剂中严禁使用乙二胺作改性环氧树脂固化剂；严禁掺加挥发性有害溶剂和非反应性稀释剂。

4.5.10 寒冷地区加固混凝土结构使用的胶粘剂，应具有耐冻融性能试验合格的证书。冻融环境温度应为－25℃～35℃（允许偏差－0℃；＋2℃）；循环次数不应少于50次；每一次循环时间应为8h；试验结束后，试件在常温条件下测得的钢-钢拉伸抗剪强度降

低百分率不应大于5%。

4.6 混凝土裂缝修补材料

4.6.1 混凝土裂缝修补胶的安全性能指标应符合表4.6.1的规定。

表4.6.1 裂缝修补胶（注射剂）安全性能指标

检验项目		性能指标	试验方法标准
胶体性能	钢-钢拉伸抗剪强度标准值（MPa）	≥10	GB/T 7124
	抗拉强度（MPa）	≥20	GB/T 2568
	受拉弹性模量（MPa）	≥1500	GB/T 2568
	抗压强度（MPa）	≥50	GB/T 2569
	抗弯强度（MPa）	≥30，且不得呈脆性（碎裂状）破坏	GB/T 2570
不挥发物含量（固体含量）		≥99%	GB/T 14683
可灌注性		在产品使用说明书规定的压力下能注入宽度为0.1mm的裂缝	现场试灌注固化后取芯样检查

注：当修补目的仅为封闭裂缝，而不涉及补强、防渗的要求时，可不做可灌注性检验。

4.6.2 混凝土裂缝修补用注浆料的安全性能指标应符合表4.6.2的规定。

表4.6.2 修补裂缝用聚合物水泥注浆料安全性能指标

检验项目		性能或质量指标	试验方法标准
浆体性能	劈裂抗拉强度（MPa）	≥5	本规范附录G
	抗压强度（MPa）	≥40	GB/T 2569
	抗折强度（MPa）	≥10	本规范附录H
注浆料与混凝土的正拉粘结强度（MPa）		≥2.5，且为混凝土破坏	本规范附录F

4.7 阻锈剂

4.7.1 混凝土结构钢筋的防锈，宜采用喷涂型阻锈剂。承重构件应采用烷氧基类或氨基类喷涂型阻锈剂。

4.7.2 喷涂型阻锈剂的质量应符合表4.7.2的规定。

表4.7.2 喷涂型阻锈剂的质量

烷氧基类阻锈剂		氨基类阻锈剂	
检验项目	合格指标	检验项目	合格指标

续表 4.7.2

烷氧基类阻锈剂		氨基类阻锈剂	
外　观	透明、琥珀色液体	外　观	透明、微黄色液体
浓度	0.88g/mL	相对密度(20℃时)	1.13
pH 值	10～11	pH 值	10～12
黏度(20℃时)	0.95mPa·s	黏度(20℃时)	25mPa·s
烷氧基复合物含量	≥98.9%	氨基复合物含量	>15%
硅氧烷含量	≤0.3%	氯离子 Cl^-	无
挥发性有机物含量	<400g/L	挥发性有机物含量	<200g/L

4.7.3 喷涂型阻锈剂的性能指标应符合表 4.7.3 的规定。

表 4.7.3　喷涂型阻锈剂的性能指标

检验项目	合　格　指　标	检验方法标准
氯离子含量降低率	≥90%	JTJ 275—2000
盐水浸渍试验	无锈蚀，且电位为 0～−250mV	YB/T 9231—1998
干湿冷热循环试验	60 次，无锈蚀	YB/T 9231—1998
电化学试验	电流应小于 150μA，且破样检查无锈蚀	YBJ 222
现场锈蚀电流检测	喷涂 150d 后现场测定的电流降低率≥80%	本规范附录 R

注：对亲水性的阻锈剂，宜在增喷附加涂层后测定其氯离子含量降低率。

4.7.4 对掺加氯盐、使用除冰盐和海砂以及受海水侵蚀的混凝土承重结构加固时，必须采用喷涂型阻锈剂，并在构造上采取措施进行补救。

4.7.5 对混凝土承重结构破损界面的修复，不得在新浇的混凝土中采用以亚硝酸盐类为主成分的阳极型阻锈剂。

5　增大截面加固法

5.1　设　计　规　定

5.1.1 本方法适用于钢筋混凝土受弯和受压构件的加固。

5.1.2 采用本方法时，按现场检测结果确定的原构件混凝土强度等级不应低于 C10。

5.1.3 当被加固构件界面处理及其粘结质量符合本规范要求时，可按整体截面计算。

5.1.4 采用增大截面加固钢筋混凝土结构构件时，其正截面承载力应按现行国家标准《混凝土结构设计规范》GB 50010 的基本假定进行计算。

5.2　受弯构件正截面加固计算

5.2.1 采用增大截面加固受弯构件时，应根据原结构构造和受力的实际情况，选用在受压区或受拉区增设现浇钢筋混凝土外加层的加固方式。

5.2.2 当仅在受压区加固受弯构件时，其承载力、抗裂度、钢筋应力、裂缝宽度及挠度的计算和验算，可按现行国家标准《混凝土结构设计规范》GB 50010 关于叠合式受弯构件的规定进行。若验算结果表明，仅需增设混凝土叠合层即可满足承载力要求时，也应按构造要求配置受压钢筋和分布钢筋。

5.2.3 当在受拉区加固矩形截面受弯构件时（图 5.2.3），其正截面受弯承载力应按下列公式确定：

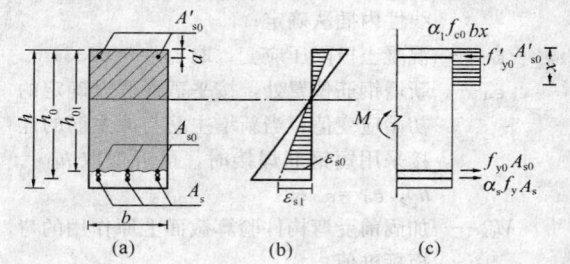

图 5.2.3　受弯构件加固计算

$$M \leqslant \alpha_s f_y A_s \left(h_0 - \frac{x}{2}\right) + f_{y0} A_{s0} \left(h_{01} - \frac{x}{2}\right)$$
$$+ f'_{y0} A'_{s0} \left(\frac{x}{2} - a'\right) \tag{5.2.3-1}$$

$$\alpha_1 f_{c0} bx = f_{y0} A_{s0} + \alpha_s f_y A_s - f'_{y0} A'_{s0} \tag{5.2.3-2}$$

$$2a' \leqslant x \leqslant \xi_b h_0 \tag{5.2.3-3}$$

式中　M——构件加固后弯矩设计值；

　　α_s——新增钢筋强度利用系数；取 $\alpha_s = 0.9$；

　　f_y——新增钢筋的抗拉强度设计值；

　　A_s——新增受拉钢筋的截面面积；

　　h_0、h_{01}——构件加固后和加固前的截面有效高度；

　　x——等效矩形应力图形的混凝土受压区高度，简称混凝土受压区高度；

　　f_{y0}、f'_{y0}——原钢筋的抗拉、抗压强度设计值；

　　A_{s0}、A'_{s0}——原受拉钢筋和原受压钢筋的截面面积；

　　a'——纵向受压钢筋合力点至混凝土受压区边缘的距离；

　　α_1——受压区混凝土矩形应力图的应力值与混凝土轴心抗压强度设计值的比值；当混凝土强度等级不超过 C50 时，取 $\alpha_1 = 1.0$；当混凝土强度等级为 C80 时，取 $\alpha_1 = 0.94$；其间按线性内插法确定；

　　f_{c0}——原构件混凝土轴心抗压强度设计值；

　　b——矩形截面宽度；

ξ_b——构件增大截面加固后的相对界限受压区高度，按本规范第 5.2.4 条的规定计算。

5.2.4 受弯构件增大截面加固后的相对界限受压区高度 ξ_b，应按下列公式确定：

$$\xi_b = \frac{\beta_1}{1 + \frac{\alpha_s f_y}{\varepsilon_{cu} E_s} + \frac{\varepsilon_{s1}}{\varepsilon_{cu}}} \quad (5.2.4\text{-}1)$$

$$\varepsilon_{s1} = \left(1.6 \frac{h_0}{h_{01}} - 0.6\right)\varepsilon_{s0} \quad (5.2.4\text{-}2)$$

$$\varepsilon_{s0} = \frac{M_{0k}}{0.87 h_{01} A_{s0} E_s} \quad (5.2.4\text{-}3)$$

式中 β_1——计算系数，当混凝土强度等级不超过 C50 时，β_1 值取为 0.8，当混凝土强度等级为 C80 时，β_1 值取为 0.74，其间按线性内插法确定；

ε_{cu}——混凝土极限压应变，取 $\varepsilon_{cu} = 0.0033$；

ε_{s1}——新增钢筋位置处，按平截面假设确定的初始应变值；当新增主筋与原主筋的连接采用短钢筋焊接时，可近似取 $h_{01} = h_0$，$\varepsilon_{s1} = \varepsilon_{s0}$；

M_{0k}——加固前受弯构件验算截面上原作用的弯矩标准值；

ε_{s0}——加固前，在初始弯矩 M_{0k} 作用下原受拉钢筋的应变值。

5.2.5 当按公式（5.2.3-1）及（5.2.3-2）算得的加固后混凝土受压区高度 x 与加固前原截面有效高度 h_{01} 之比 x/h_{01} 大于原截面相对界限受压区高度 ξ_{b0} 时，应考虑原纵向受拉钢筋应力 σ_{s0} 尚达不到 f_{y0} 的情况。此时，应将上述两公式中的 f_{y0} 改为 σ_{s0}，并重新进行验算。验算时，σ_{s0} 值可按下式确定：

$$\sigma_{s0} = \left(\frac{0.8 h_{01}}{x} - 1\right)\varepsilon_{cu} E_s \leqslant f_{y0} \quad (5.2.5)$$

若算得的 $\sigma_{s0} < f_{y0}$，则应按此验算结果确定加固钢筋用量；若算得的结果 $\sigma_{s0} \geqslant f_{y0}$，则表示原计算结果无需变动。

5.2.6 对翼缘位于受压区的 T 形截面受弯构件，其受拉区增设现浇配筋混凝土层的正截面受弯承载力，应按本规范第 5.2.3 条至第 5.2.5 条的计算原则和现行国家标准《混凝土结构设计规范》GB 50010 关于 T 形截面受弯承载力的规定进行计算。

5.3 受弯构件斜截面加固计算

5.3.1 受弯构件加固后的斜截面应符合下列条件：
当 $h_w/b \leqslant 4$ 时

$$V \leqslant 0.25 \beta_c f_c b h_0 \quad (5.3.1\text{-}1)$$

当 $h_w/b \geqslant 6$ 时

$$V \leqslant 0.20 \beta_c f_c b h_0 \quad (5.3.1\text{-}2)$$

当 $4 < h_w/b < 6$ 时，按线性内插法确定。
式中 V——构件加固后剪力设计值；

β_c——混凝土强度影响系数；按现行国家标准《混凝土结构设计规范》GB 50010 的规定值采用；

b——矩形截面的宽度或 T 形、I 形截面的腹板宽度；

h_w——截面的腹板高度；对矩形截面，取有效高度；对 T 形截面，取有效高度减去翼缘高度；对 I 形截面，取腹板净高。

5.3.2 采用增大截面法加固受弯构件时，其斜截面受剪承载力应符合下列规定：

1 当受拉区增设配筋混凝土层，并采用 U 形箍与原箍筋逐个焊接时：

$$V \leqslant 0.7 f_{t0} b h_0 + 0.7 \alpha_c f_t b (h_0 - h_{01})$$
$$+ 1.25 f_{yv0} \frac{A_{sv0}}{s_0} h_0 \quad (5.3.2\text{-}1)$$

2 当增设钢筋混凝土三面围套，并采用加锚式或胶锚式箍筋时：

$$V \leqslant 0.7 f_{t0} b h_{01} + 0.7 \alpha_c f_t A_c + 1.25 \alpha_s f_{yv} \frac{A_{sv}}{s} h_0$$
$$+ 1.25 f_{yv0} \frac{A_{sv0}}{s_0} h_0 \quad (5.3.2\text{-}2)$$

式中 α_c——新增混凝土强度利用系数，取 $\alpha_c = 0.7$；

f_t、f_{t0}——新、旧混凝土轴心抗拉强度设计值；

A_c——三面围套新增混凝土截面面积；

α_s——新增箍筋强度利用系数，取 $\alpha_s = 0.9$；

f_{sv} 和 f_{sv0}——新箍筋和原箍筋的抗拉强度设计值；

A_{sv} 及 A_{sv0}——同一截面内新箍筋各肢截面面积之和及原箍筋各肢截面面积之和；

s 或 s_0——新增箍筋或原箍筋沿构件长度方向的间距。

5.4 受压构件正截面加固计算

5.4.1 采用增大截面加固钢筋混凝土轴心受压构件（图 5.4.1）时，其正截面受压承载力应按下式确定：

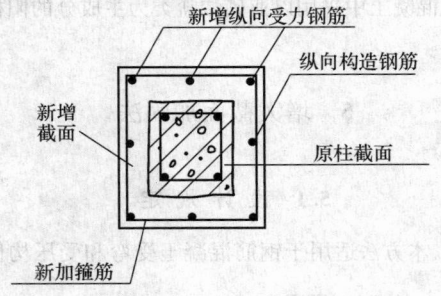

图 5.4.1 轴心受压构件增大截面加固

$$N = 0.9\varphi[f_{c0} A_{c0} + f'_{y0} A'_{s0} + \alpha_{cs}(f_c A_c + f'_y A'_s)]$$
$$(5.4.1)$$

式中 N——构件加固后的轴向压力设计值；

φ——构件稳定系数，根据加固后的截面尺

寸，按现行国家标准《混凝土结构设计规范》GB 50010 的规定值采用；

A_{c0} 和 A_c——构件加固前混凝土截面面积和加固后新增部分混凝土截面面积；

f'_y、f'_{y0}——新增纵向钢筋和原纵向钢筋的抗压强度设计值；

A'_s——新增纵向受压钢筋的截面面积；

α_{cs}——综合考虑新增混凝土和钢筋强度利用程度的修正系数，取 α_{cs} 值为 0.8。

5.4.2 采用增大截面加固钢筋混凝土偏心受压构件时，其矩形截面正截面承载力应按下列公式确定（图 5.4.2）：

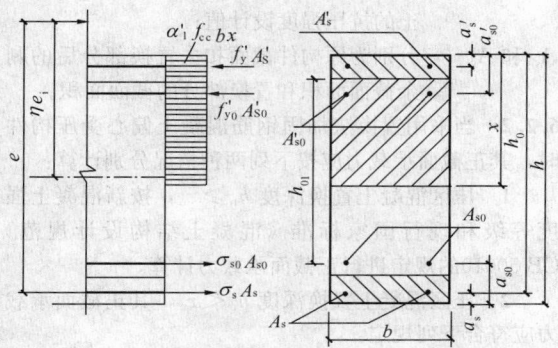

图 5.4.2 矩形截面偏心受压构件加固的计算

注：当为小偏心受压构件时，图中 σ_{s0} 可能变向

$$N \leqslant \alpha_1 f_{cc}bx + 0.9 f'_y A'_s + f'_{y0} A'_{s0} - 0.9 \sigma_s A_s - \sigma_{s0} A_{s0} \quad (5.4.2-1)$$

$$Ne \leqslant \alpha_1 f_{cc}bx \left(h_0 - \frac{x}{2} \right) + 0.9 f'_y A'_s (h_0 - a'_s) + f'_{y0} A'_{s0} (h_0 - a'_{s0}) - \sigma_{s0} A_{s0} (a_{s0} - a_s) \quad (5.4.2-2)$$

$$\sigma_{s0} = \left(\frac{0.8 h_{01}}{x} - 1 \right) E_s \varepsilon_{cu} \leqslant f_{y0} \quad (5.4.2-3)$$

$$\sigma_s = \left(\frac{0.8 h_0}{x} - 1 \right) E_s \varepsilon_{cu} \leqslant f_y \quad (5.4.2-4)$$

式中 f_{cc}——新旧混凝土组合截面的混凝土轴心抗压强度设计值，可按 $f_{cc} = \frac{1}{2} (f_{c0} + 0.9 f_c)$ 确定；

f_c、f_{c0}——分别为新旧混凝土轴心抗压强度设计值；

σ_{s0}——原构件受拉边或受压较小边纵向钢筋应力，当算得 $\sigma_{s0} > f_{y0}$ 时，取 $\sigma_{s0} = f_{y0}$；

σ_s——受拉边或受压较小边的新增纵向钢筋应力，当算得 $\sigma_s > f_y$ 时，取 $\sigma_s = f_y$；

A_{s0}——原构件受拉边或受压较小边纵向钢筋截面面积；

A'_{s0}——原构件受压较大边纵向钢筋截面面积；

e——偏心距，为轴向压力设计值 N 的作用点至新增受拉钢筋合力点的距离，按本节第 5.4.3 条确定；

a_{s0}——原构件受拉边或受压较小边纵向钢筋

合力点到加固后截面近边的距离；

a'_{s0}——原构件受压较大边纵向钢筋合力点到加固后截面近边的距离；

a_s——受拉边或受压较小边新增纵向钢筋合力点至加固后截面近边的距离；

a'_s——受压较大边新增纵向钢筋合力点至加固后截面近边的距离；

h_0——受拉边或受压较小边新增纵向钢筋合力点至加固后截面受压较大边缘的距离；

h_{01}——原构件截面有效高度。

5.4.3 偏心距 e 应按现行国家标准《混凝土结构设计规范》GB 50010 的规定进行计算，但其增大系数 η 尚应乘以下列修正系数 ψ_η：

1 对围套或其他对称形式的加固：

当 $e_0/h \geqslant 0.3$ 时：$\psi_\eta = 1.1$；

当 $e_0/h < 0.3$ 时：$\psi_\eta = 1.2$。

2 对非对称形式的加固：

当 $e_0/h \geqslant 0.3$ 时：$\psi_\eta = 1.2$；

当 $e_0/h < 0.3$ 时：$\psi_\eta = 1.3$。

5.5 构 造 规 定

5.5.1 新增混凝土层的最小厚度，板不应小于 40mm；梁、柱采用人工浇筑时，不应小于 60mm，采用喷射混凝土施工时，不应小于 50mm。

5.5.2 加固用的钢筋，应采用热轧钢筋。板的受力钢筋直径不应小于 8mm；梁的受力钢筋直径不应小于 12mm；柱的受力钢筋直径不应小于 14mm；加锚式箍筋直径不应小于 8mm；U 形箍直径应与原箍筋直径相同；分布筋直径不应小于 6mm。

5.5.3 新增受力钢筋与原受力钢筋的净间距不应小于 20mm，并应采用短筋或箍筋与原钢筋焊接；其构造应符合下列要求：

1 当新增受力钢筋与原受力钢筋的连接采用短筋（图 5.5.3a）焊接时，短筋的直径不应小于 20mm，长度不应小于其直径的 5 倍，各短筋的中距不应大于 500mm。

2 当截面受拉区一侧加固时，应设置 U 形箍筋（图 5.5.3b）。U 形箍筋应焊在原有箍筋上，单面焊缝长度应为箍筋直径的 10 倍，双面焊缝长度应为箍筋直径的 5 倍。

3 当用混凝土围套加固时，应设置环形箍筋或胶锚式箍筋（图 5.5.3d 或 e）。

注：当受构造条件限制必需采用植筋方式埋设 U 形箍（图 5.5.3c）时，应采用锚固专用的结构胶种植；不得采用自行配制的环氧树脂砂浆或其他水泥砂浆。

5.5.4 梁的新增纵向受力钢筋，其两端应可靠锚固；柱的新增纵向受力钢筋的下端应伸入基础并应满足锚

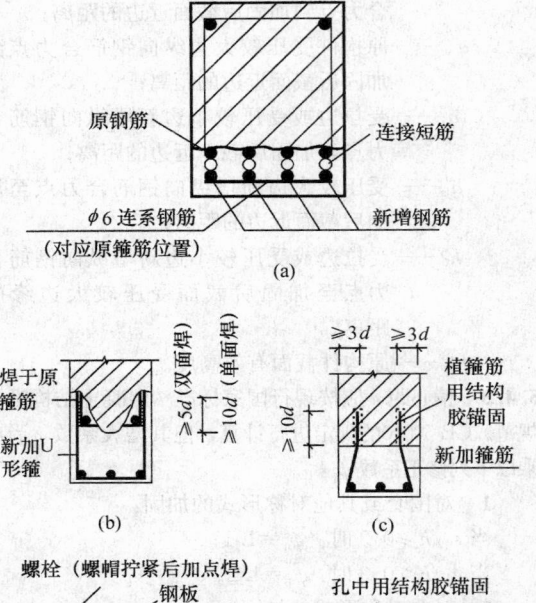

图 5.5.3 增大截面配置新增箍筋的连接构造

注：d 为箍筋直径

固要求：上端应穿过楼板与上层柱脚连接或在屋面板处封顶锚固。

6 置换混凝土加固法

6.1 设 计 规 定

6.1.1 本方法适用于承重构件受压区混凝土强度偏低或有严重缺陷的局部加固。

6.1.2 采用本方法加固梁式构件时，应对原构件加以有效的支顶。当采用本方法加固柱、墙等构件时，应对原结构、构件在施工全过程中的承载状态进行验算、观测和控制，置换界面处的混凝土不应出现拉应力，若控制有困难，应采取支顶等措施进行卸荷。

6.1.3 采用本方法加固混凝土结构构件时，其非置换部分的原构件混凝土强度等级，按现场检测结果不应低于该混凝土结构建造时规定的强度等级。

6.1.4 当混凝土结构构件置换部分的界面处理及其施工质量符合本规范的要求时，其结合面可按整体工作计算。

6.2 加 固 计 算

6.2.1 当采用置换法加固钢筋混凝土轴心受压构件

时，其正截面承载力应符合下列规定：

$$N \leqslant 0.9\varphi(f_{c0}A_{c0} + \alpha_c f_c A_c + f'_{y0}A'_{s0})$$

（6.2.1）

式中 N——构件加固后的轴向压力设计值；

φ——受压构件稳定系数，按现行国家标准《混凝土结构设计规范》GB 50010 的规定值采用；

α_c——置换部分新增混凝土的强度利用系数，当置换过程无支顶时，取 $\alpha_c=0.8$；当置换过程采取有效的支顶措施时，取 $\alpha_c=1.0$；

f_{c0} 和 f_c——分别为原构件混凝土和置换部分新混凝土的抗压强度设计值；

A_{c0} 和 A_c——分别为原构件截面扣去置换部分后的剩余截面面积和置换部分的截面面积。

6.2.2 当采用置换法加固钢筋混凝土偏心受压构件时，其正截面承载力应按下列两种情况分别计算：

1 压区混凝土置换深度 $h_n \geqslant x_n$，按新混凝土强度等级和现行国家标准《混凝土结构设计规范》GB 50010 的规定进行正截面承载力计算。

2 压区混凝土置换深度 $h_n < x_n$，其正截面承载力应符合下列规定：

$$N \leqslant \alpha_1 f_c b h_n + \alpha_1 f_{c0} b(x_n - h_n) + f'_y A'_s - \sigma_s A_s$$

（6.2.2-1）

$$Ne \leqslant \alpha_1 f_c b h_n h_{0n} + \alpha_1 f_{c0} b(x_n - h_n)h_{00} + f'_y A'_s(h_0 - a'_s)$$

（6.2.2-2）

式中 N——构件加固后轴向压力设计值；

e——轴向压力作用点至受拉钢筋合力点的距离；

f_c——构件置换用混凝土抗压强度设计值；

f_{c0}——原构件混凝土的抗压强度设计值；

x_n——加固后混凝土受压区高度；

h_n——受压区混凝土的置换深度；

h_0——纵向受拉钢筋合力点至受压区边缘的距离；

h_{0n}——纵向受拉钢筋合力点至置换混凝土形心的距离；

h_{00}——纵向受拉钢筋合力点至原混凝土（$x_n - h_n$）部分形心的距离；

A_s、A'_s——分别为受拉区、受压区纵向钢筋的截面面积；

b——矩形截面的宽度；

a'_s——纵向受压钢筋合力点至截面近边的距离；

f'_y——纵向受压钢筋的抗压强度设计值；

σ_s——纵向受拉钢筋的应力。

6.2.3 当采用置换法加固钢筋混凝土受弯构件时，其正截面承载力应按下列两种情况分别计算：

1 压区混凝土置换深度 $h_n \geqslant x_n$，按新混凝土强

度等级和现行国家标准《混凝土结构设计规范》GB 50010的规定进行正截面承载力计算。

2 压区混凝土置换深度 $h_n < x_n$，其正截面承载力应按下列公式计算：

$$M \leq \alpha_1 f_c b h_n h_{0n} + \alpha_1 f_{c0} b (x_n - h_n) h_{00}$$
$$+ f'_y A'_s (h_0 - a'_s) \qquad (6.2.3-1)$$
$$\alpha_1 f_c b h_n + \alpha_1 f_{c0} b (x_n - h_n) = f_y A_s - f'_y A'_s$$
$$(6.2.3-2)$$

式中 M——构件加固后的弯矩设计值；
f_{y0}、f'_{y0}——原构件纵向钢筋的抗拉、抗压强度设计值。

6.3 构 造 规 定

6.3.1 置换用混凝土的强度等级应比原构件混凝土提高一级，且不应低于 C25。

6.3.2 混凝土的置换深度，板不应小于 40mm；梁、柱采用人工浇筑时，不应小于 60mm，采用喷射法施工时，不应小于 50mm。置换长度应按混凝土强度和缺陷的检测及验算结果确定，但对非全长置换的情况，其两端应分别延伸不小于 100mm 的长度。

6.3.3 置换部分应位于构件截面受压区内，且应根据受力方向，将有缺陷混凝土剔除；剔除位置应在沿构件整个宽度的一侧或对称的两侧；不得仅剔除截面的一隅。

7 外加预应力加固法

7.1 设 计 规 定

7.1.1 本方法适用于下列场合的梁、板、柱和桁架的加固：

1 原构件截面偏小或需要增加其使用荷载；

2 原构件需要改善其使用性能；

3 原构件处于高应力、应变状态，且难以直接卸除其结构上的荷载。

7.1.2 采用外加预应力方法加固混凝土结构时，应根据被加固构件的受力性质、构造特点和现场条件，选择适用的预应力方法：

1 对正截面受弯承载力不足的梁、板构件，可采用预应力水平拉杆进行加固；正截面和斜截面均需加固的梁式构件，可采用下撑式预应力拉杆进行加固。若工程需要，且构造条件允许，也可同时采用水平拉杆和下撑式拉杆进行加固。

2 对受压承载力不足的轴心受压柱、小偏心受压柱以及弯矩变号的大偏心受压柱，可采用双侧预应力撑杆进行加固；若弯矩不变号，也可采用单侧预应力撑杆进行加固。

3 对桁架中承载力不足的轴心受拉构件和偏心受拉构件，可采用预应力拉杆进行加固；对受拉钢筋

配置不足的大偏心受压柱，也可采用预应力拉杆进行加固。

7.1.3 当采用外加预应力方法对钢筋混凝土结构、构件进行加固时，其原构件的混凝土强度等级应基本符合现行国家标准《混凝土结构设计规范》GB 50010 对预应力结构混凝土强度等级的要求。

7.1.4 当采用本方法加固混凝土结构时，其新增的预应力拉杆、撑杆、缀板以及各种紧固件和锚固件等均应进行可靠的防锈蚀处理。

7.1.5 采用本方法加固的混凝土结构，其长期使用的环境温度不应高于 60℃。

7.1.6 当被加固构件的表面有防火要求时，应按现行国家标准《建筑防火设计规范》GB 50016 规定的耐火等级及耐火极限要求，对预应力构件及其连接进行防护。

7.2 加 固 计 算

7.2.1 当采用预应力水平拉杆加固钢筋混凝土梁时，应按下列规定进行计算：

1 估算预应力水平拉杆的总截面面积 $A_{p,est}$：

$$A_{p,est} \geq \frac{\Delta M}{f_{py} \cdot \eta_1 h_{01}} \qquad (7.2.1-1)$$

式中 ΔM——加固梁验算点处受弯承载力需要的增量；
f_{py}——预应力钢拉杆抗拉强度设计值；
h_{01}——由被加固梁上缘到水平拉杆截面形心的距离；
η_1——内力臂系数，取 0.85。

2 计算在新增外荷载作用下该拉杆产生的作用效应增量 ΔN。

3 确定水平拉杆应施加的预应力值 σ_p。确定时，除应按现行国家标准《混凝土结构设计规范》GB 50010 的规定控制张拉应力并计入预应力损失值外，尚应按下式进行验算：

$$\sigma_p + (\Delta N / A_p) \leq \beta_1 f_{py} \qquad (7.2.1-2)$$

式中 A_p——实际选用的预应力水平拉杆总截面面积；
β_1——两根水平拉杆的协同工作系数，取 0.85。

4 验算被加固梁跨中和支座截面的偏心受压承载力，以及支座附近斜截面的受剪承载力。验算时，应将水平拉杆的作用效应作为外力。若验算结果不能满足现行国家标准《混凝土结构设计规范》GB 50010 的要求，应加大拉杆截面或改用其他加固方法。

5 施工控制量应按采用的施加预应力方法计算。若采用千斤顶张拉，可按张拉力 $\sigma_p A_p$ 控制；若按伸长率控制，伸长率中应计入裂缝闭合的影响。

7.2.2 采用两根预应力水平拉杆横向拉紧时，横向张拉量 ΔH（图 7.2.2），可近似按下式计算：

$$\Delta H \leqslant L_1 \sqrt{2\sigma_p / E_s} \qquad (7.2.2)$$

式中 ΔH——横向张拉量；

L_1——张拉后的斜段在张拉前的长度；

E_s——拉杆钢筋的弹性模量。

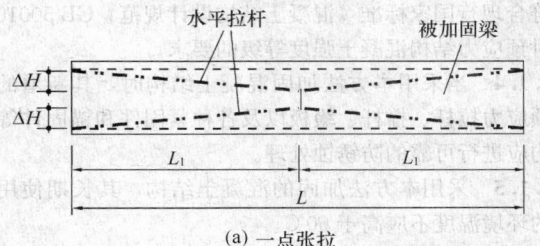

（a）一点张拉

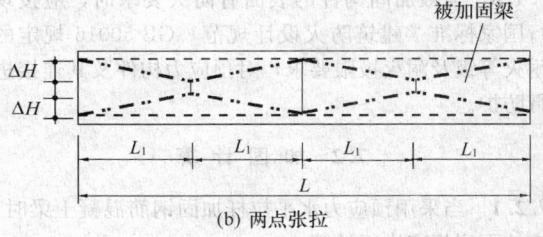

（b）两点张拉

图 7.2.2 水平拉杆横向张拉量计算

7.2.3 采用预应力下撑式拉杆加固钢筋混凝土梁时，应按下列规定进行计算：

1 估算预应力下撑式拉杆的截面面积 A_p：

$$A_p = \frac{\Delta M}{f_{py} \eta_2 h_{02}} \qquad (7.2.3\text{-}1)$$

式中 A_p——预应力下撑式拉杆的总截面面积；

f_{py}——下撑式钢拉杆抗拉强度设计值；

h_{02}——由下撑式拉杆中部水平段的截面形心到被加固梁上缘的垂直距离；

η_2——内力臂系数，取 0.80。

2 计算在新增外荷载作用下该拉杆中部水平段产生的作用效应增量 ΔN。

3 确定下撑式拉杆应施加的预应力值 σ_p。确定时，除应按现行国家标准《混凝土结构设计规范》GB 50010 的确定控制张拉应力并计入预应力损失值外，尚应按下式进行验算：

$$\sigma_p + (\Delta N / A_p) < \beta_2 f_{py} \qquad (7.2.3\text{-}2)$$

式中 β_2——下撑式拉杆的协同工作系数，取 0.80。

4 验算被加固梁在跨中和支座截面的偏心受压承载力，以及由支座至拉杆弯折处的斜截面受剪承载力。验算时，应将下撑式拉杆中的作用效应作为外力。若验算结果不能满足现行国家标准《混凝土结构设计规范》GB 50010 的要求时，应加大拉杆截面或改用其他加固方法。

5 施工控制量应按本规范第 7.2.1 条第 5 款的规定计算。

7.2.4 当采用两根预应力下撑式拉杆进行横向张拉时，其拉杆中部横向张拉量 ΔH 可按下式计算：

$$\Delta H \leqslant (L_2 / 2) \sqrt{2\sigma_p / E_s} \qquad (7.2.4)$$

式中 L_2——拉杆中部水平段的长度。

7.2.5 加固梁的挠度 w，可用下式进行近似计算：

$$w = w_1 - w_p + w_2 \qquad (7.2.5)$$

式中 w_1——加固前梁在原荷载标准值作用下产生的挠度；计算时，梁的刚度 B_1，可根据原梁开裂情况，近似取 $0.35 E_c I_0 \sim 0.50 E_c I_0$；

w_p——张拉预应力引起的梁的反拱；计算时，梁的刚度 B_p 可近视取为 $0.75 E_c I_0$；

w_2——加固结束后，在后加荷载作用下梁所产生的挠度；计算时，梁的刚度 B_2 可取等于 B_p；

E_c 和 I_0——分别为原梁的混凝土弹性模量和换算截面惯性矩。

7.2.6 采用预应力拉杆加固桁架受拉杆件时，应按下列规定进行计算：

1 计算在设计荷载作用下原桁架各杆件的作用效应；

2 根据被加固杆件的拉力设计值 N_i 与原截面受拉承载力设计值 N_{ui} 的差值，按下式估算预应力拉杆的总截面面积 $A_{p,est}$：

$$A_{p,est} \geqslant (N_i - N_{ui}) / \beta_1 f_{yp} \qquad (7.2.6)$$

3 选定预应力拉杆的总截面面积 A_p 和应施加的预应力值 σ_p，并将 $N_p = A_p \sigma_p$ 视为外力（图 7.2.6），计算其在桁架各杆件中引起的作用效应；

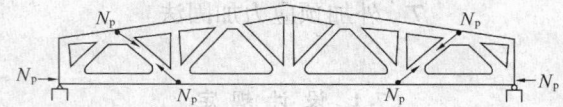

图 7.2.6 预应力拉杆加固桁架杆件

4 将 1、3 两款的作用效应叠加，验算各杆件承载力，必要时，还应验算其抗裂度及桁架挠度等，若验算结果不符合现行国家标准《混凝土结构设计规范》GB 50010 的要求，应调整 A_p 值或 σ_p 值，直至 $N_i \leqslant N_{ui}$。

7.2.7 采用预应力双侧撑杆加固轴心受压的钢筋混凝土柱时，应按下列规定进行计算：

1 确定加固后轴向压力设计值 N。

2 按下式计算原柱的轴心受压承载力设计值 N_0：

$$N_0 = 0.9\varphi(f_{c0} A_{c0} + f'_{y0} A'_{s0}) \qquad (7.2.7\text{-}1)$$

式中 φ——原柱的稳定系数；

A_{c0}——原柱的截面面积；

f_{c0}——原柱的混凝土抗压强度设计值；

A'_{s0}——原柱的受压纵向钢筋总截面面积；

f'_{y0}——原柱的纵向钢筋抗压强度设计值。

3 按下式计算需由撑杆承受的轴向压力设计值 N_1：

$$N_1 = N - N_0 \qquad (7.2.7\text{-}2)$$

式中 N——柱加固后轴向压力设计值。

4 按下式计算预应力撑杆的总截面面积：

$$N_1 \leqslant \varphi \beta_3' f_{py}' A_p' \qquad (7.2.7\text{-}3)$$

式中 β_3'——撑杆与原柱的协同工作系数，取 0.9；

f_{py}'——撑杆钢材的抗压强度设计值；

A_p'——预应力撑杆的总截面面积。

预应力撑杆每侧杆肢由两根角钢或一根槽钢构成。

5 柱加固后轴心受压承载力设计值可按下式验算：

$$N \leqslant 0.9\varphi(f_{c0}A_{c0} + f_{y0}'A_{s0}' + \beta_3'f_{py}'A_p')$$
$$(7.2.7\text{-}4)$$

6 缀板应按现行国家标准《钢结构设计规范》GB 50017 进行设计计算，其尺寸和间距应保证撑杆受压肢及单根角钢在施工时不致失稳。

7 撑杆施工时应预加的压应力值 σ_p'，可按下式近似计算：

$$\sigma_p' \leqslant \varphi_1 \beta_4 f_{py}' \qquad (7.2.7\text{-}5)$$

式中 φ_1——撑杆的稳定系数。确定该系数所需的撑杆计算长度，当采取横向张拉方法时，取其全长的 1/2；当采用顶升方法时，取其全长；按格构式压杆计算其稳定系数；

β_4——经验系数，取 0.75。

8 施工控制量应按采用的施加预应力方法计算：

1）当用千斤顶、楔子等进行竖向顶升安装撑杆时，顶升量 ΔL 可按下式计算：

$$\Delta L = \frac{L\sigma_p'}{\beta_5 E_a} + a_1 \qquad (7.2.7\text{-}6)$$

式中 E_a——撑杆钢材的弹性模量；

L——撑杆的全长；

a_1——撑杆端顶板与混凝土间的压缩量，取 2～4mm；

β_5——经验系数，取 0.90。

2）当用横向张拉法（图 7.2.7）安装撑杆时，横向张拉量 ΔH 按下式近似计算：

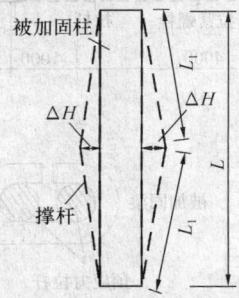

图 7.2.7 预应力撑杆
横向张拉量计算图

被加固柱

撑杆

$$\Delta H \leqslant \frac{L}{2}\sqrt{\frac{2.2\sigma_p'}{E_a}} + a_2 \qquad (7.2.7\text{-}7)$$

式中 a_2——综合考虑各种误差因素对张拉量影响的修正项，可取 $a_2 = 5$～7mm。

实际弯折撑杆肢时，宜将长度中点处的横向弯折量取为 $\Delta H + (3$～5mm$)$，但施工中只收紧 ΔH，使撑杆处于预压状态。

7.2.8 采用单侧预应力撑杆加固弯矩不变号的偏心受压柱时，应按下列规定进行计算：

1 确定该柱加固后轴向压力 N 和弯矩 M 的设计值。

2 确定撑杆肢承载力，可试用两根较小的角钢或一根槽钢作撑杆肢，其有效受压承载力取为 $0.9f_{py}'A_p'$。

3 原柱加固后需承受的偏心受压荷载应按下列公式计算：

$$N_{01} = N - 0.9f_{py}'A_p' \qquad (7.2.8\text{-}1)$$
$$M_{01} = M - 0.9f_{py}'A_p'a/2 \qquad (7.2.8\text{-}2)$$

4 原柱截面偏心受压承载力应按下列公式验算：

$$N_{01} \leqslant \alpha_1 f_{c0}bx + f_{y0}'A_{s0}' - \sigma_{s0}A_{s0} \quad (7.2.8\text{-}3)$$
$$N_{01}e \leqslant \alpha_1 f_{c0}bx(h_0 - 0.5x) + f_{y0}'A_{s0}'(h_0 - a_{s0}')$$
$$(7.2.8\text{-}4)$$
$$e = e_0 + 0.5h - a_{s0}' \qquad (7.2.8\text{-}5)$$
$$e_0 = M_{01}/N_{01} \qquad (7.2.8\text{-}6)$$

式中 b——原柱宽度；

x——原柱的混凝土受压区高度；

σ_{s0}——原柱纵向受拉钢筋的应力；

e——轴向力作用点至原柱纵向受拉钢筋合力点之间的距离；

a_{s0}'——纵向受压钢筋合力点至受压边缘的距离。

当原柱偏心受压承载力不满足上述要求时，可加大撑杆截面面积，再重新验算。

5 缀板的设计应符合现行国家标准《钢结构设计规范》GB 50017 的有关规定，并应保证撑杆肢或角钢在施工时不失稳。

6 撑杆施工时应预加的压应力值 σ_p' 宜取为 50～80MPa。

7 横向张拉量 ΔH 按公式（7.2.7-7）确定。

7.2.9 采用双侧预应力撑杆加固弯矩变号的偏心受压钢筋混凝土柱时，可按受压荷载较大一侧用单侧撑杆加固的步骤进行计算。选用的角钢截面面积应能满足柱加固后需要承受的最不利偏心受压荷载；柱的另一侧应采用同规格的角钢组成压杆肢，使撑杆的双侧截面对称。

缀板设计、预加压应力值 σ_p 的确定以及施工时横向张拉量 ΔH 或竖向顶升量 ΔL 的计算可按本规范第 7.2.7 和第 7.2.8 条进行。

7.3 构 造 规 定

7.3.1 采用预应力拉杆进行加固时，其构造设计应考虑施工采用的张拉方法。当采用机张法时，应按现行国家标准《混凝土结构设计规范》GB 50010 及《混凝土结构工程施工质量验收规范》GB 50204 的规定进行设计；当采用横向张拉法时，应按下列规定进行设计：

　　1 采用预应力水平拉杆或下撑式拉杆加固梁，且加固的张拉力在 150kN 以下时，可用两根直径为 12～30mm 的 HPB235 级钢筋；若加固的预应力较大，应用 HRB335 级钢筋。当加固梁的截面高度大于 600mm 时，应用型钢拉杆。

　　采用预应力拉杆加固桁架时，可用 HRB335 钢筋、HRB400 钢筋、精轧螺纹钢筋、碳素钢丝或钢绞线等高强度钢材。

　　2 预应力水平拉杆或预应力下撑式拉杆中部的水平段距被加固梁或桁架下缘的净空宜为 30～80mm。

　　3 预应力下撑式拉杆（图 7.3.1）的斜段宜紧贴在被加固梁的梁肋两旁；在被加固梁下应设厚度不小于 10mm 的钢垫板，其宽度宜与被加固梁宽相等，其梁跨度方向的长度不应小于板厚的 5 倍；钢垫板下应设直径不小于 20mm 的钢筋棒，其长度不应小于被加固梁宽加 2 倍拉杆直径再加 40mm；钢垫板宜用结构胶固定位置，钢筋棒可用点焊固定位置。

　　4 预应力拉杆端部的锚固构造：

　　　1） 被加固构件端部有传力预埋件可利用时，可将预应力拉杆与传力预埋件焊接，通过焊缝传力。

　　　2） 当无传力预埋件时，宜焊制专门的钢套箍，套在混凝土构件上与拉杆焊接。钢套箍可用型钢焊成，也可用钢板加焊加劲肋（图 7.3.1②）。钢套箍与混凝土构件间的空隙，应用细石混凝土填塞。钢套箍对构件混凝土的局部受压承载力应经验算合格。

　　5 横向张拉应采用工具式拉紧螺杆（图 7.3.1④）。拉紧螺杆的直径应按张拉力的大小计算确定，但不应小于 16mm，其螺帽的高度不得小于螺杆直径的 1.5 倍。

7.3.2 采用预应力撑杆进行加固时，其构造设计应遵守下列规定：

　　1 预应力撑杆用的角钢，其截面不应小于 50mm×50mm×5mm。压杆肢的两根角钢用缀板连接，形成槽形的截面；也可用单根槽钢作压杆肢。缀板的厚度不得小于 6mm，宽度不得小于 80mm，其长度应按角钢与被加固柱之间的空隙大小确定。相邻缀板间的距离应保证单个角钢的长细比不大于 40。

　　2 压杆肢末端的传力构造（图 7.3.2），应采用焊在压杆肢上的顶板与承压角钢顶紧，通过抵承传力。承压角钢嵌入被加固住的柱身混凝土或柱头混凝土内不应少于 25mm。传力顶板宜用厚度不小于 16mm 的钢板，其与角钢肢焊接的板面及与承压角钢抵承的面均应刨平。承压角钢截面不得小于 100mm×75mm×12mm。

7.3.3 当预应力撑杆采用螺栓横向拉紧的施工方法时，双侧加固的撑杆，其两个压杆肢的中部应向外弯折，并应在弯折处采用工具式拉紧螺杆建立预应力并复位（图 7.3.3-1）。单侧加固的撑杆只有一个压杆肢，仍应在中点处弯折，并应采用工具式拉紧螺杆进

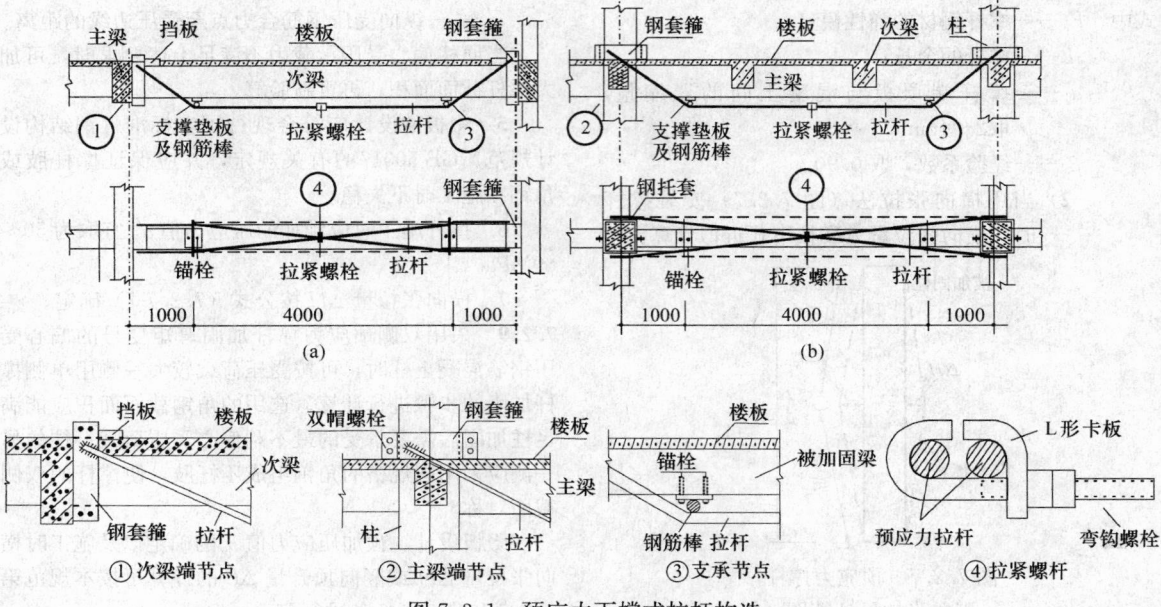

①次梁端节点　　②主梁端节点　　③支承节点　　④拉紧螺杆

图 7.3.1　预应力下撑式拉杆构造

行横向张拉与复位（图 7.3.3-2）。

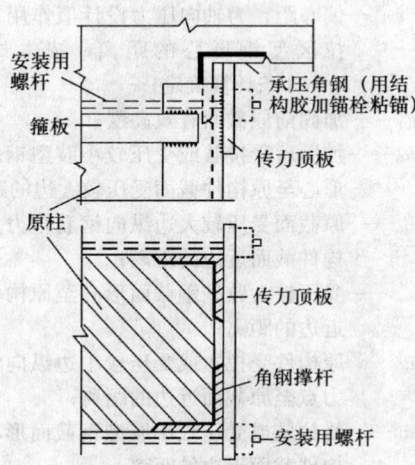

图 7.3.2　撑杆端传力构造

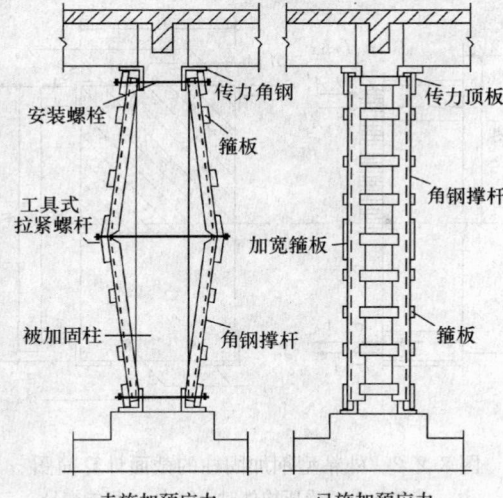

图 7.3.3-1　钢筋混凝土柱
双侧预应力加固撑杆构造

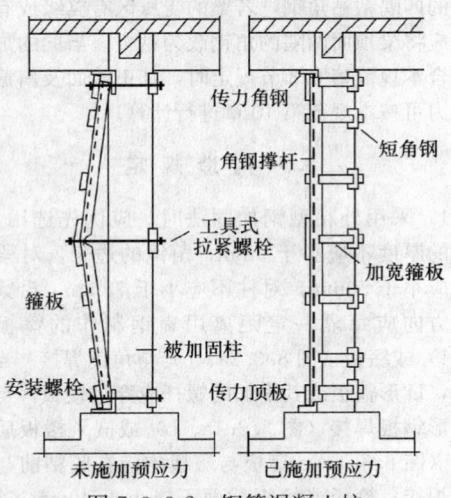

图 7.3.3-2　钢筋混凝土柱
单侧预应力加固撑杆构造

7.3.4　压杆肢的弯折与复位应符合下列规定：

　　1　弯折压杆肢前，应在角钢的侧立肢上切出三角形缺口。缺口背面，应补焊钢板予以加强（图 7.3.4）。

　　2　弯折压杆肢的复位应采用工具式拉紧螺杆，其直径应按张拉力的大小计算确定，但不应小于 16mm，其螺帽高度不应小于螺杆直径的 1.5 倍。

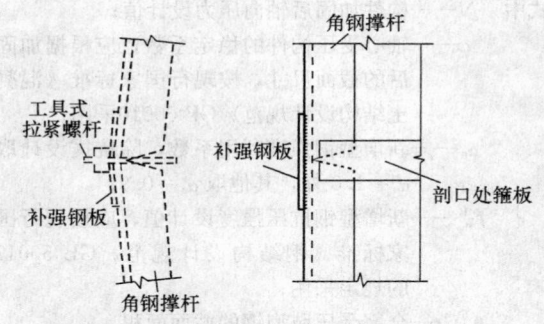

图 7.3.4　角钢缺口处加焊钢板补强

8　外粘型钢加固法

8.1　设　计　规　定

8.1.1　外粘型钢（角钢或槽钢）加固法适用于需要大幅度提高截面承载能力和抗震能力的钢筋混凝土梁、柱结构的加固。

8.1.2　采用外粘型钢加固混凝土结构构件（图 8.1.2）时，应采用改性环氧树脂胶粘剂进行灌注。

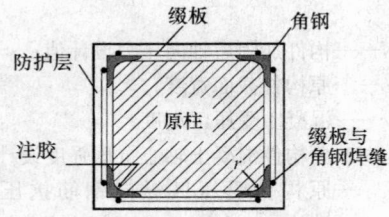

图 8.1.2　外粘型钢加固

8.1.3　混凝土结构构件采用符合本规范设计要求的外粘型钢加固时，其加固后的承载力和截面刚度可按整截面计算；其截面刚度 EI 的近似值，可按下式计算：

$$EI = E_{c0} I_{c0} + 0.5 E_a A_a a_a^2 \qquad (8.1.3)$$

式中　E_{c0} 和 E_a ——分别为原构件混凝土和加固型钢的弹性模量；

　　　　I_{c0} ——原构件截面惯性矩；

　　　　A_a ——加固构件一侧外粘型钢截面面积；

a_a——受拉与受压两侧型钢截面形心间的距离。

8.2 加 固 计 算

8.2.1 采用外粘角钢或槽钢加固钢筋混凝土轴心受压构件时，其正截面承载力应按下式计算：

$$N \leqslant 0.9\varphi(f_{c0}A_{c0} + f'_{y0}A'_{s0} + \alpha_a f'_a A'_a)$$
(8.2.1)

式中 N——构件加固后轴向压力设计值；

φ——轴心受压构件的稳定系数，应根据加固后的截面尺寸，按现行国家标准《混凝土结构设计规范》GB 50010采用；

α_a——新增型钢强度利用系数，除抗震设计取$\alpha_a = 1.0$外，其他取$\alpha_a = 0.9$；

f'_a——新增型钢抗压强度设计值，应按现行国家标准《钢结构设计规范》GB 50017的规定采用；

A'_a——全部受压肢型钢的截面面积。

8.2.2 采用外粘型钢加固钢筋混凝土偏心受压构件时，其矩形截面正截面承载力应按下列公式确定：

$$N \leqslant \alpha_1 f_{c0} bx + f'_{y0}A'_{s0} - \sigma_{s0}A_{s0}$$
$$+ \alpha_a f'_a A'_a - \alpha_a \sigma_a A_a \quad (8.2.2\text{-}1)$$

$$Ne \leqslant \alpha_1 f_{c0} bx \left(h_0 - \frac{x}{2}\right) + f'_{y0}A'_{s0}(h_0 - a'_{s0})$$
$$+ \sigma_{s0}A_{s0}(a_{s0} - a_a) + \alpha_a f'_a A'_a(h_0 - a'_a) \quad (8.2.2\text{-}2)$$

$$\sigma_{s0} = \left(\frac{0.8h_{01}}{x} - 1\right) E_{s0} \varepsilon_{cu} \quad (8.2.2\text{-}3)$$

$$\sigma_a = \left(\frac{0.8h_0}{x} - 1\right) E_a \varepsilon_{cu} \quad (8.2.2\text{-}4)$$

式中 N——构件加固后轴向压力设计值；

b——原构件截面宽度；

x——混凝土受压区高度；

f_{c0}——原构件混凝土轴心抗压强度设计值；

f'_{y0}——原构件受压区纵向钢筋抗压强度设计值；

A'_{s0}——原构件受压较大边纵向钢筋截面面积；

σ_{s0}——原构件受拉或受压较小边纵向钢筋应力，当$\sigma_{s0} > f_{y0}$时，应取$\sigma_{s0} = f_{y0}$；

A_{s0}——原构件受拉边或受压较小边纵向钢筋截面面积；

α_a——新增型钢强度利用系数，除抗震设计取$\alpha_a = 1.0$外，其他取$\alpha_a = 0.9$；

f'_a——型钢抗压强度设计值；

A'_a——全部受压肢型钢截面面积；

σ_a——受拉肢或受压较小肢型钢的应力，可按式8.2.2-4计算，也可近似取$\sigma_a = \sigma_{s0}$；

A_a——全部受拉肢型钢截面面积；

e——偏心距，为轴向压力设计值作用点至受拉区型钢形心的距离，按本规范第5.4.3条计算确定；

h_{01}——加固前原截面有效高度；

h_0——加固后受拉肢或受压较小肢型钢的截面形心至原构件截面受压较大边的距离；

a'_{s0}——原截面受压较大边纵向钢筋合力点至原构件截面近边的距离；

a'_a——受压较大肢型钢截面形心至原构件截面近边的距离；

a_{s0}——原构件受拉边或受压较小边纵向钢筋合力点至原截面近边的距离；

a_a——受拉肢或受压较小肢型钢截面形心至原构件截面近边的距离；

E_a——型钢的弹性模量。

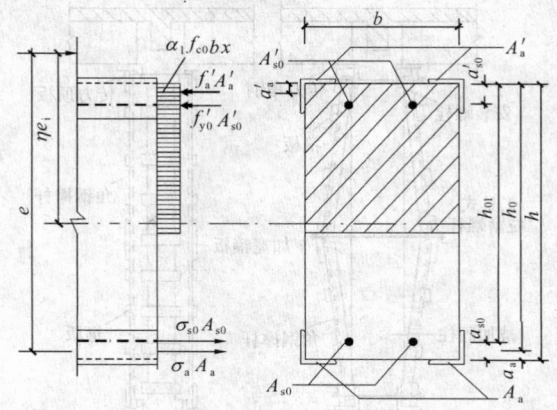

图 8.2.2 外粘型钢加固柱的截面计算简图
注：当为小偏心受压构件时，图中σ_{s0}可能变号

8.2.3 采用外粘型钢加固钢筋混凝土梁时，应在梁截面的四隅粘贴角钢，若梁的受压区有翼缘或有楼板时，应将梁顶面两隅的角钢改为钢板。当梁的加固构造符合本规范第8.3节规定时，其正截面及斜截面的承载力可按本规范第10章进行计算。

8.3 构 造 规 定

8.3.1 采用外粘型钢加固法时，应优先选用角钢；角钢的厚度不应小于5mm，角钢的边长，对梁和桁架不应小于50mm，对柱不应小于75mm。沿梁、柱轴线方向应每隔一定距离用扁钢制作的箍板（图8.3.1）或缀板（图8.3.2a、b）与角钢焊接。当有楼板时，U形箍板或其附加的螺杆应穿过楼板，与另加的条形钢板焊接（图8.3.1a、b）或嵌入楼板后予以胶锚（图8.3.1c）。箍板与缀板均应在胶粘前与加固角钢焊接。箍板或缀板截面不应小于40mm×4mm，其间距不应大于20r（r 为单根角钢截面的最小回转

半径），且不应大于 500mm；在节点区，其间距应适当加密。

注：当钢箍板需穿过楼板或胶锚时，可采用半重叠钻孔法，将圆孔扩成矩形扁孔；待箍板穿插安装、焊接完毕后，再用结构胶注入孔中予以封固。

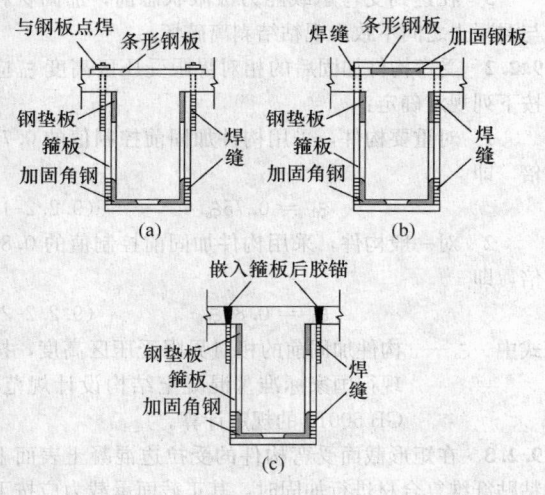

图 8.3.1　加锚式箍板

8.3.2　外粘型钢的两端应有可靠的连接和锚固（图 8.3.2）。对柱的加固，角钢下端应锚固于基础中；中间应穿过各层楼板，上端应伸至加固层的上一层楼板底或屋面板底；若相邻两层柱的尺寸不同，可将上下柱外粘型钢交汇于楼面，并利用其内外间隔嵌入厚度不小于 10mm 的钢板焊成水平钢框，与上下柱角钢及上柱钢箍相互焊接固定。对梁的加固，梁角钢（或钢板）应与柱角钢相互焊接。必要时，可加焊扁钢带或钢筋条，使柱两侧的梁相互连接（图 8.3.2c）；对桁架的加固，角钢应伸过该杆件两端的节点，或设置节点板将角钢焊在节点板上。

8.3.3　当按本规范构造要求采用外粘型钢加固排架柱时，应将加固的型钢与原柱头顶部的承压钢板相互焊接。对于二阶柱，上下柱交接处及牛腿处的连接构造应予加强。

8.3.4　外粘型钢加固梁、柱时，应将原构件截面的棱角打磨成半径 $r \geqslant 7mm$ 的圆角。外粘型钢的注胶应在型钢构架焊接完成后进行。外粘型钢的胶缝厚度宜控制在 $3 \sim 5mm$；局部允许有长度不大于 300mm、厚度不大于 8mm 的胶缝，但不得出现在角钢端部600mm 范围内。

8.3.5　采用外粘型钢加固钢筋混凝土构件时，型钢表面（包括混凝土表面）应抹厚度不小于 25mm 的高强度等级水泥砂浆（应加钢丝网防裂）作防护层，也可采用其他具有防腐蚀和防火性能的饰面材料加以保护。

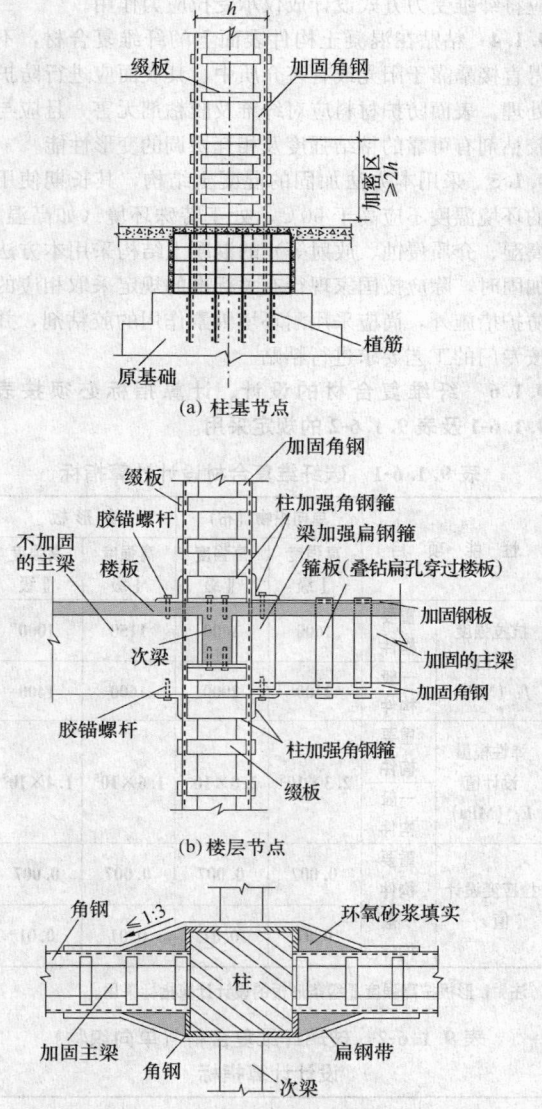

图 8.3.2　外粘型钢梁、柱、基础节点构造

9　粘贴纤维复合材加固法

9.1　设　计　规　定

9.1.1　本方法适用于钢筋混凝土受弯、轴心受压、大偏心受压及受拉构件的加固。

本方法不适用于素混凝土构件，包括纵向受力钢筋配筋率低于现行国家标准《混凝土结构设计规范》GB 50010 规定的最小配筋率的构件加固。

9.1.2　被加固的混凝土结构构件，其现场实测混凝土强度等级不得低于 C15，且混凝土表面的正拉粘结强度不得低于 1.5MPa。

9.1.3　外贴纤维复合材加固钢筋混凝土结构构件时，

应将纤维受力方式设计成仅承受拉应力作用。

9.1.4 粘贴在混凝土构件表面上的纤维复合材，不得直接暴露于阳光或有害介质中，其表面应进行防护处理。表面防护材料应对纤维及胶粘剂无害，且应与胶粘剂有可靠的粘结强度及相互协调的变形性能。

9.1.5 采用本方法加固的混凝土结构，其长期使用的环境温度不应高于 60℃；处于特殊环境（如高温、高湿、介质侵蚀、放射等）的混凝土结构采用本方法加固时，除应按国家现行有关标准的规定采取相应的防护措施外，尚应采用耐环境因素作用的胶粘剂，并按专门的工艺要求进行粘贴。

9.1.6 纤维复合材的设计、计算指标必须按表 9.1.6-1 及表 9.1.6-2 的规定采用。

表 9.1.6-1 碳纤维复合材设计计算指标

性 能 项 目		单向织物（布）		条 形 板	
		高强度 I 级	高强度 II 级	高强度 I 级	高强度 II 级
抗拉强度设计值 f_f（MPa）	重要构件	1600	1400	1150	1000
	一般构件	2300	2000	1600	1400
弹性模量设计值 E_f（MPa）	重要构件	2.3×10^5	2.0×10^5	1.6×10^5	1.4×10^5
	一般构件				
拉应变设计值 ε_f	重要构件	0.007	0.007	0.007	0.007
	一般构件	0.01	0.01	0.01	0.01

注：L 形板按高强度 II 级条形板的设计计算指标采用。

表 9.1.6-2 玻璃纤维复合材（单向织物）设计计算指标

项目 类别	抗拉强度设计值 f_f（MPa）		弹性模量 E_f（MPa）		拉应变设计值 ε_f（MPa）	
	重要结构	一般结构	重要结构	一般结构	重要结构	一般结构
S 玻璃纤维	500	700	7.0×10^4		0.007	0.01
E 玻璃纤维	350	500	5.0×10^4		0.007	0.01

9.1.7 当被加固构件的表面有防火要求时，应按现行国家标准《建筑防火设计规范》GB 50016 规定的耐火等级及耐火极限要求，对纤维复合材进行防护。

9.1.8 采用纤维复合材对钢筋混凝土结构进行加固时，应采取措施卸除或大部分卸除作用在结构上的活荷载。

9.2 受弯构件正截面加固计算

9.2.1 采用纤维复合材对梁、板等受弯构件进行加固时，除应遵守现行国家标准《混凝土结构设计规范》GB 50010 正截面承载力计算的基本假定外，尚

应遵守下列规定：

1 纤维复合材的应力与应变关系取直线式，其拉应力 σ_f 取等于拉应变 ε_f 与弹性横量 E_f 的乘积；

2 当考虑二次受力影响时，应按构件加固前的初始受力情况，确定纤维复合材的滞后应变；

3 在达到受弯承载能力极限状态前，加固材料与混凝土之间不致出现粘结剥离破坏。

9.2.2 受弯构件加固后的相对界限受压区高度 ξ_{fb} 应按下列规定确定：

1 对重要构件，采用构件加固前控制值的 0.75 倍，即

$$\xi_{fb} = 0.75\xi_b \qquad (9.2.2\text{-}1)$$

2 对一般构件，采用构件加固前控制值的 0.85 倍，即

$$\xi_{fb} = 0.85\xi_b \qquad (9.2.2\text{-}2)$$

式中 ξ_b——构件加固前的相对界限受压区高度，按现行国家标准《混凝土结构设计规范》GB 50010 的规定计算。

9.2.3 在矩形截面受弯构件的受拉边混凝土表面上粘贴纤维复合材进行加固时，其正截面承载力应按下列公式确定：

$$M \leqslant \alpha_1 f_{c0} bx \left(h - \frac{x}{2} \right) + f'_{y0} A'_{s0}(h - a')$$
$$- f_{y0} A_{s0}(h - h_0) \qquad (9.2.3\text{-}1)$$

$$\alpha_1 f_{c0} bx = f_{y0} A_{s0} + \psi_f f_f A_{fe} - f'_{y0} A'_{s0} \qquad (9.2.3\text{-}2)$$

$$\psi_f = \frac{(0.8\varepsilon_{cu}h/x) - \varepsilon_{cu} - \varepsilon_{f0}}{\varepsilon_f} \qquad (9.2.3\text{-}3)$$

$$x \geqslant 2a' \qquad (9.2.3\text{-}4)$$

式中 M——构件加固后弯矩设计值；

x——等效矩形应力图形的混凝土受压区高度，简称混凝土受压区高度；

b、h——矩形截面宽度和高度；

f_{y0}、f'_{y0}——原截面受拉钢筋和受压钢筋的抗拉、抗压强度设计值；

A_{s0}、A'_{s0}——原截面受拉钢筋和受压钢筋的截面面积；

a'——纵向受压钢筋合力点至截面近边的距离；

h_0——构件加固前的截面有效高度；

f_f——纤维复合材的抗拉强度设计值，应根据纤维复合材的品种，分别按本规范表 9.1.6-1 及表 9.1.6-2 采用；

A_{fe}——纤维复合材的有效截面面积；

ψ_f——考虑纤维复合材实际抗拉应变达不到设计值而引入的强度利用系数，当 $\psi_f > 1.0$ 时，取 $\psi_f = 1.0$；

ε_{cu}——混凝土极限压应变，取 $\varepsilon_{cu} = 0.0033$；

ε_f——纤维复合材拉应变设计值，应根据纤维

复合材的品种，分别按本规范表 9.1.6-1 及表 9.1.6-2 采用；

ε_{f0}——考虑二次受力影响时，纤维复合材的滞后应变，应按本规范第 9.2.8 条的规定计算，若不考虑二次受力影响，取 ε_{f0} = 0。

加固设计时，可根据公式（9.2.3-1）计算出混凝土受压区高度 x，并按公式（9.2.3-3）计算出强度利用系数 ψ_f，并代入公式（9.2.3-2），即可求出受拉面应粘贴的纤维复合材的有效截面面积 A_{fe}；然后按本规范第 9.2.4 条的规定换算为实际应粘贴的纤维复合材截面面积 A_f。

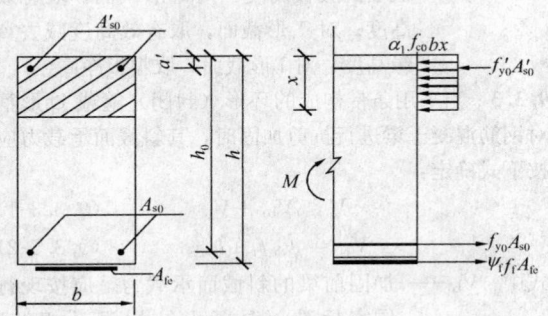

图 9.2.3 矩形截面构件正截面受弯承载力计算

9.2.4 实际应粘贴的纤维复合材截面面积 A_f，应按下列公式计算：

$$A_f = A_{fe}/k_m \qquad (9.2.4\text{-}1)$$

纤维复合材厚度折减系数 k_m，应按下列规定确定：

1 当采用预成型板时，$k_m = 1.0$；

2 当采用多层粘贴的纤维织物时，k_m 值按下式计算：

$$k_m = 1.16 - \frac{n_f E_f t_f}{308000} \leqslant 0.90 \qquad (9.2.4\text{-}2)$$

式中 E_f——纤维复合材弹性模量设计值（MPa），应根据纤维复合材的品种，分别按本规范表 9.1.6-1 及表 9.1.6-2 采用；

n_f 和 t_f——分别为纤维复合材（单向织物）层数和单层厚度。

9.2.5 对受弯构件正弯矩区的正截面加固，其粘贴纤维复合材的截断位置应从其充分利用的截面算起，取不小于按下式确定的粘贴延伸长度（图 9.2.5）：

$$l_c = \frac{\psi_f f_f A_f}{f_{f,v} b_f} + 200 \qquad (9.2.5)$$

式中 l_c——纤维复合材粘贴延伸长度（mm）；

b_f——对梁为受拉面粘贴的纤维复合材的总宽度（mm），对板为 1000mm 板宽范围内粘贴的纤维复合材总宽度；

f_f——纤维复合材抗拉强度设计值，按本规范

表 9.1.6-1 或表 9.1.6-2 采用；

$f_{f,v}$——纤维与混凝土之间的粘结强度设计值（MPa），取 $f_{f,v} = 0.40 f_t$；f_t 为混凝土抗拉强度设计值，按现行国家标准《混凝土结构设计规范》GB 50010 规定值采用；当 $f_{f,v}$ 计算值低于 0.40 时，取 $f_{f,v} = 0.40$MPa；当 $f_{f,v}$ 计算值高于 0.70 时，取 $f_{f,v} = 0.7$MPa；

ψ_f——修正系数；对重要构件，取 $\psi_f = 1.45$；对一般构件，取 $\psi_f = 1.0$。

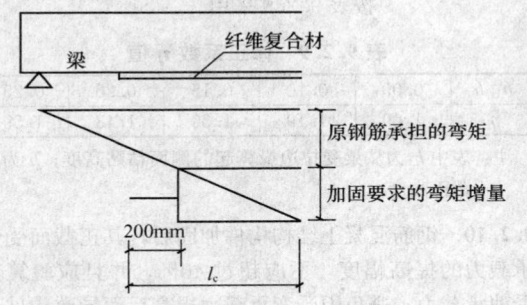

图 9.2.5 纤维复合材的粘贴延伸长度

9.2.6 对受弯构件负弯矩区的正截面加固，纤维复合材的截断位置距支座边缘的距离，除应根据负弯矩包络图按上式确定外，尚应符合本规范第 9.9.3 条的构造规定。

9.2.7 对翼缘位于受压区的 T 形截面受弯构件的受拉面粘贴纤维复合材进行受弯加固时，应按本规范第 9.2.1 条至第 9.2.4 的计算原则和现行国家标准《混凝土结构设计规范》GB 50010 中关于 T 形截面受弯承载力的计算方法进行计算。

9.2.8 当考虑二次受力影响时，纤维复合材的滞后应变 ε_{f0} 应按下式计算：

$$\varepsilon_{f0} = \frac{\alpha_f M_{0k}}{E_s A_s h_0} \qquad (9.2.8)$$

式中 M_{0k}——加固前受弯构件验算截面上原作用的弯矩标准值；

α_f——综合考虑受弯构件裂缝截面内力臂变化、钢筋拉应变不均匀以及钢筋排列影响等的计算系数，应按表 9.2.8 采用。

表 9.2.8 计算系数 α_f 值

ρ_{te}	$\leqslant 0.007$	0.010	0.020	0.030	0.040	$\geqslant 0.060$
单排钢筋	0.70	0.90	1.15	1.20	1.25	1.30
双排钢筋	0.75	1.00	1.25	1.30	1.35	1.40

注：1 表中 ρ_{te} 为混凝土有效受拉截面的纵向受拉钢筋配筋率，即 $\rho_{te} = A_s/A_{te}$，A_{te} 为有效受拉混凝土截面面积，按现行国家标准《混凝土结构设计规范》GB 50010 的规定计算。

2 当原构件钢筋应力 $\sigma_{s0} \leqslant 150$MPa，且 $\rho_{te} \leqslant 0.05$ 时，表中 α_f 值可乘以调整系数 0.9。

9.2.9 当纤维复合材全部粘贴在梁底面（受拉面）有困难时，允许将部分纤维复合材对称地粘贴在梁的两侧面。此时，侧面粘贴区域应控制在距受拉区边缘 1/4 梁高范围内，且应按下式计算确定梁的两侧面实际需要粘贴的纤维复合材截面面积 $A_{f,l}$：

$$A_{f,l} = \eta_f A_{f,b} \qquad (9.2.9)$$

式中 $A_{f,b}$——按梁底面计算确定的，但需改贴到梁的两侧面的纤维复合材截面积；

η_f——考虑改贴梁侧面引起的纤维复合材受拉合力及其力臂改变的修正系数，应按表 9.2.9 采用。

表 9.2.9 修正系数 η_f 值

h_f/h	0.05	0.10	0.15	0.20	0.25
η_f	1.09	1.19	1.30	1.43	1.59

注：表中 h_f 为从梁受拉边缘算起的侧面粘贴高度；h 为梁截面高度。

9.2.10 钢筋混凝土结构构件加固后，其正截面受弯承载力的提高幅度，不应超过 40%，并且应验算其受剪承载力，避免因受弯承载力提高后而导致构件受剪破坏先于受弯破坏。

9.2.11 纤维复合材的加固量，对预成型板，不宜超过 2 层，对湿法铺层的织物，不宜超过 4 层，超过 4 层时，宜改用预成型板，并采取可靠的加强锚固措施。

9.3 受弯构件斜截面加固计算

9.3.1 采用纤维复合材条带（以下简称条带）对受弯构件的斜截面受剪承载力进行加固时，应粘贴成垂直于构件轴线方向的环形箍或其他有效的 U 形箍（图 9.3.1）。

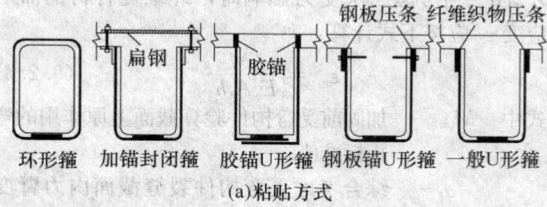

（a）粘贴方式

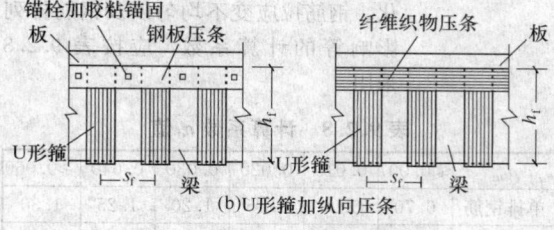

（b）U 形箍加纵向压条

图 9.3.1 纤维复合材抗剪箍及其粘贴方式

9.3.2 受弯构件加固后的斜截面应符合下列条件：

当 $h_w/b \leqslant 4$ 时

$$V \leqslant 0.25\beta_c f_{c0}bh_0 \qquad (9.3.2-1)$$

当 $h_w/b \geqslant 6$ 时

$$V \leqslant 0.20\beta_c f_{c0}bh_0 \qquad (9.3.2-2)$$

当 $4 < h_w/b < 6$ 时，按线性内插法确定。

式中 V——构件斜截面加固后的剪力设计值；

β_c——混凝土强度影响系数，按现行国家标准《混凝土结构设计规范》GB 50010 的规定值采用；

f_{c0}——原构件混凝土轴心抗压强度设计值；

b——矩形截面的宽度、T 形或 I 形截面的腹板宽度；

h_0——截面有效高度；

h_w——截面的腹板高度：对矩形截面，取有效高度；对 T 形截面，取有效高度减去翼缘高度；对 I 形截面，取腹板净高。

9.3.3 当采用条带构成的环形（封闭）箍或 U 形箍对钢筋混凝土梁进行抗剪加固时，其斜截面承载力应按下式确定：

$$V \leqslant V_{b0} + V_{bf} \qquad (9.3.3-1)$$

$$V_{bf} = \psi_{vb} f_f A_f h_f / s_f \qquad (9.3.3-2)$$

式中 V_{b0}——加固前梁的斜截面承载力，应按现行国家标准《混凝土结构设计规范》GB 50010 计算；

V_{bf}——粘贴条带加固后，对梁斜截面承载力的提高值；

ψ_{vb}——与条带加锚方式及受力条件有关的抗剪强度折减系数（表 9.3.3）；

f_f——受剪加固采用的纤维复合材抗拉强度设计值，按表 9.1.6 的规定的抗拉强度设计值乘以调整系数 0.56 确定；当为框架梁或悬挑构件时，调整系数改取 0.28；

A_f——配置在同一截面处构成环形或 U 形箍的纤维复合材条带的全部截面面积：$A_f = 2n_f b_f t_f$，此处，n_f 为条带粘贴的层数；b_f 和 t_f 分别为条带宽度和条带单层厚度；

h_f——梁侧面粘贴的条带竖向高度；对环形箍，$h_f = h$；

s_f——纤维复合材条带的间距（图 9.3.1b）。

表 9.3.3 抗剪强度折减系数 ψ_{vb} 值

条带加锚方式		环形箍及加锚封闭箍	胶锚或钢板锚 U 形箍	加织物压条的一般 U 形箍
受力条件	均布荷载或剪跨比 $\lambda \geqslant 3$	1.0	0.92	0.85
	$\lambda \leqslant 1.5$	0.68	0.63	0.58

注：当 λ 为中间值时，按线性内插法确定 ψ_{vb} 值。

9.4 受压构件正截面加固计算

9.4.1 轴心受压构件可采用沿其全长无间隔地环向连续粘贴纤维织物的方法（简称环向围束法）进行加固。

9.4.2 采用环向围束加固轴心受压构件仅适用于下列情况：

  1 长细比 $l/d \leqslant 12$ 的圆形截面柱；

  2 长细比 $l/b \leqslant 14$、截面高宽比 $h/b \leqslant 1.5$、截面高度 $h \leqslant 600\text{mm}$，且截面棱角经过圆化打磨的正方形或矩形截面柱。

9.4.3 采用环向围束的轴心受压构件，其正截面承载力应符合下列规定：

$$N \leqslant 0.9 \big[(f_{c0} + 4\sigma_l) A_{cor} + f'_{y0} A'_{s0} \big]$$
$$(9.4.3\text{-}1)$$

$$\sigma_l = 0.5 \beta_c k_c \rho_f E_f \varepsilon_{fe} \quad (9.4.3\text{-}2)$$

式中 N —— 轴向压力设计值；

     f_{c0} —— 原构件混凝土轴心抗压强度设计值；

     σ_l —— 有效约束应力；

     A_{cor} —— 环向围束内混凝土面积；圆形截面：$A_{cor} = \dfrac{\pi D^2}{4}$，正方形和矩形截面：$A_{cor} = bh - (4-\pi) r^2$；

     D —— 圆形截面柱的直径；

     b —— 正方形截面边长或矩形截面宽度；

     h —— 矩形截面高度；

     r —— 截面棱角的圆化半径（倒角半径）；

     β_c —— 混凝土强度影响系数；当混凝土强度等级不大于 C50 时，$\beta_c = 1.0$，当混凝土强度等级为 C80 时，$\beta_c = 0.8$；其间按线性内插法确定；

     k_c —— 环向围束的有效约束系数，按本规范第 9.4.4 条的规定采用；

     ρ_f —— 环向围束体积比，按本规范第 9.4.4 条的规定计算；

     E_f —— 纤维复合材的弹性模量；

     ε_{fe} —— 纤维复合材的有效拉应变设计值；重要构件取 $\varepsilon_{fe} = 0.0035$；一般构件取 $\varepsilon_{fe} = 0.0045$。

9.4.4 环向围束的计算参数 k_c 和 ρ_f，应按下列规定确定：

  1 有效约束系数 k_c 值的确定：

    1） 圆形截面柱：$k_c = 0.95$；

    2） 正方形和矩形截面柱，应按下式计算：

$$k_c = 1 - \frac{(b-2r)^2 + (h-2r)^2}{3 A_{cor} (1-\rho_s)} \quad (9.4.4\text{-}1)$$

式中 ρ_s —— 柱中纵向钢筋的配筋率。

  2 环向围束体积比 ρ_f 值的确定：

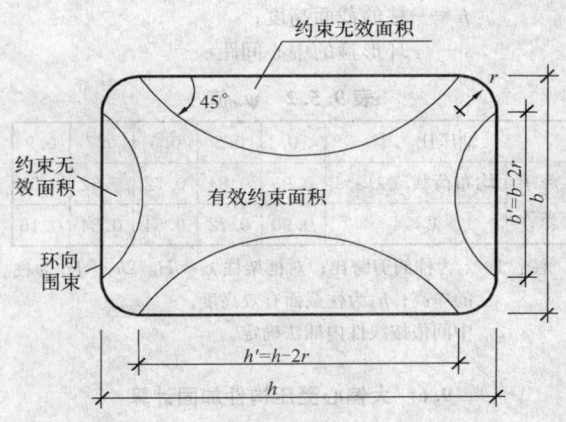

图 9.4.4   环向围束内矩形截面有效约束面积

对圆形截面柱：

$$\rho_f = 4 n_f t_f / D \quad (9.4.4\text{-}2)$$

对正方形和矩形截面柱：

$$\rho_f = 2 n_f t_f (b+h) / A_{cor} \quad (9.4.4\text{-}3)$$

式中 n_f 和 t_f —— 纤维复合材的层数及每层厚度。

9.5 受压构件斜截面加固计算

9.5.1 当采用纤维复合材的条带对钢筋混凝土柱进行受剪加固时，应粘贴成环形箍，且纤维方向应与柱的纵轴线垂直。

9.5.2 采用环形箍加固的柱，其斜截面受剪承载力应符合下列规定：

$$V \leqslant V_{c0} + V_{cf} \quad (9.5.2\text{-}1)$$

$$V_{cf} = \psi_{vc} f_f A_f h / s_f \quad (9.5.2\text{-}2)$$

$$A_f = 2 n_f b_f t_f \quad (9.5.2\text{-}3)$$

式中 V —— 构件加固后剪力设计值；

     V_{c0} —— 加固前原构件斜截面受剪承载力，按现行国家标准《混凝土结构设计规范》GB 50010 的规定计算；

     V_{cf} —— 粘贴纤维复合材加固后，对柱斜截面承载力的提高值；

     ψ_{vc} —— 与纤维复合材受力条件有关的抗剪强度折减系数，按表 9.5.2 的规定值采用；

     f_f —— 受剪加固采用的纤维复合材抗拉强度设计值，按本规范第 9.1.6 条规定的抗拉强度设计值乘以调整系数 0.5 确定；

     A_f —— 配置在同一截面处纤维复合材环形箍的全截面面积；

     n_f、b_f 和 t_f —— 分别为纤维复合材环形箍的层数、宽度和每层厚度；

h——柱的截面高度；

s_f——环形箍的中心间距。

表 9.5.2 ψ_{vc} 值

	轴压比	≤0.1	0.3	0.5	0.7	0.9
受力条件	均布荷载或 $\lambda_c \geqslant 3$	0.95	0.84	0.72	0.62	0.51
	$\lambda_c \leqslant 1$	0.90	0.72	0.54	0.34	0.16

注：1 λ_c 为柱的剪跨比；对框架柱 $\lambda_c = H_n/2h_0$；H_n 为柱的净高，h_0 为柱截面有效高度。

2 中间值按线性内插法确定。

9.6 大偏心受压构件加固计算

9.6.1 当采用纤维增强复合材加固大偏心受压的钢筋混凝土柱时，应将纤维复合材粘贴于构件受拉区边缘混凝土表面，且纤维方向应与柱的纵轴线方向一致。

9.6.2 矩形截面大偏心受压柱的加固，其正截面承载力应符合下列规定：

$$N \leqslant \alpha_1 f_{c0} bx + f'_{y0}A'_{s0} - f_{y0}A_{s0} - f_f A_f \qquad (9.6.2-1)$$

$$Ne \leqslant \alpha_1 f_{c0} bx \left(h_0 - \frac{x}{2}\right) + f'_{y0}A'_{s0}(h_0 - a')$$
$$+ f_f A_f (h - h_0) \qquad (9.6.2-2)$$

$$e = \eta e_i + \frac{h}{2} - a \qquad (9.6.2-3)$$

$$e_i = e_0 + e_a \qquad (9.6.2-4)$$

式中 e——轴向压力作用点至纵向受拉钢筋 A_s 合力点的距离；

η——偏心受压构件考虑二阶弯矩影响的轴向压力偏心距增大系数，除应按现行国家标准《混凝土结构设计规范》GB 50010 的规定计算外，尚应乘以本规范第 5.4.3 条规定的修正系数 ψ_η；

e_i——初始偏心距；

e_0——轴向压力对截面重心的偏心距：$e_0 = M/N$；

e_a——附加偏心距，按偏心方向截面最大尺寸 h 确定：当 $h \leqslant 600$mm 时，$e_a = 20$mm；当 $h > 600$mm 时，$e_a = h/30$；

a、a'——纵向受拉钢筋合力点、纵向受压钢筋合力点至截面近边的距离；

f_f——纤维复合材抗拉强度设计值，应根据其品种，分别按本规范表 9.1.6-1 及表 9.1.6-2 采用。

9.7 受拉构件正截面加固计算

9.7.1 当采用外贴纤维复合材加固钢筋混凝土受拉构件（如水塔、水池等环形或其他封闭形结构）时，应按原构件纵向受拉钢筋的配置方式，将纤维织物粘

贴于相应位置的混凝土表面上，且纤维方向应与构件受拉方向一致，并处理好围拢部位的搭接和锚固。

9.7.2 轴心受拉构件的加固，其正截面承载力应按下式确定：

$$N \leqslant f_{y0}A_{s0} + f_f A_f \qquad (9.7.2)$$

式中 N——轴向拉力设计值；

f_f——纤维复合材抗拉强度设计值，应根据其品种，分别按本规范表 9.1.6-1 及表 9.1.6-2 的规定采用。

9.7.3 矩形截面大偏心受拉构件的加固，其正截面承载力应符合下列规定：

$$N \leqslant f_{y0}A_{s0} + f_f A_f - \alpha_1 f_{c0} bx - f'_{y0}A'_{s0} \qquad (9.7.3-1)$$

$$Ne \leqslant \alpha_1 f_{c0} bx \left(h_0 - \frac{x}{2}\right) + f'_{y0}A'_{s0}(h_0 - a'_s)$$
$$+ f_f A_f (h - h_0) \qquad (9.7.3-2)$$

式中 N——轴向拉力设计值；

e——轴向拉力作用点至纵向受拉钢筋合力点的距离；

f_f——纤维复合材抗拉强度设计值，应根据其品种，分别按本规范表 9.1.6-1 及表 9.1.6-2 采用。

9.8 提高柱的延性的加固计算

9.8.1 钢筋混凝土柱因延性不足而进行抗震加固时，可采用环向粘贴纤维复合材构成的环向围束作为附加箍筋。

9.8.2 当采用环向围束作为附加箍筋时，应按下列公式计算柱箍筋加密区加固后的箍筋体积配筋率 ρ_v，且应满足现行国家标准《混凝土结构设计规范》GB 50010 规定的要求。

$$\rho_v = \rho_{v,e} + \rho_{v,f} \qquad (9.8.2-1)$$

$$\rho_{v,f} = k_c \rho_f \frac{b_f f_f}{s_f f_{yv0}} \qquad (9.8.2-2)$$

式中 $\rho_{v,e}$——被加固柱原有箍筋的体积配筋率；当需重新复核时，应按箍筋范围内的核心截面进行计算；

$\rho_{v,f}$——环向围束作为附加箍筋算得的箍筋体积配筋率的增量；

ρ_f——环向围束体积比，按本规范第 9.4.4 条计算；

k_c——环向围束的有效约束系数，圆形截面，$k_c = 0.90$；正方形截面，$k_c = 0.66$；矩形截面，$k_c = 0.42$；

b_f——环向围束纤维条带的宽度；

s_f——环向围束纤维条带的中心间距；

f_f——环向围束纤维复合材的抗拉强度设计值，应根据其品种，分别按本规范表 9.1.6-1 及表 9.1.6-2 采用；

f_{yv0}——原箍筋抗拉强度设计值。

9.9 构 造 规 定

9.9.1 对钢筋混凝土受弯构件正弯矩区进行正截面加固时，其受拉面沿轴向粘贴的纤维复合材应延伸至支座边缘，且应在纤维复合材的端部（包括截断处）及集中荷载作用点的两侧，设置纤维复合材的 U 形箍（对梁）或横向压条（对板）。

9.9.2 当纤维复合材延伸至支座边缘仍不满足本规范第 9.2.5 条延伸长度的要求时，应采取下列锚固措施：

1 对梁，应在延伸长度范围内均匀设置 U 形箍锚固（图 9.9.2a），并应在延伸长度端部设置一道。U 形箍的粘贴高度应为梁的截面高度，若梁有翼缘或有现浇楼板，应伸至其底面。U 形箍的宽度，对端箍不应小于加固纤维复合材宽度的 2/3，且不应小于 200mm；对中间箍不应小于加固纤维复合材宽度的 1/2，且不应小于 100mm。U 形箍的厚度不应小于受弯加固纤维复合材厚度的 1/2。

2 对板，应在延伸长度范围内通长设置垂直于受力纤维方向的压条（图 9.9.2b）。压条应在延伸长度范围内均匀布置。压条的宽度不应小于受弯加固纤维复合材条带宽度的 3/5，压条的厚度不应小于受弯加固纤维复合材厚度的 1/2。

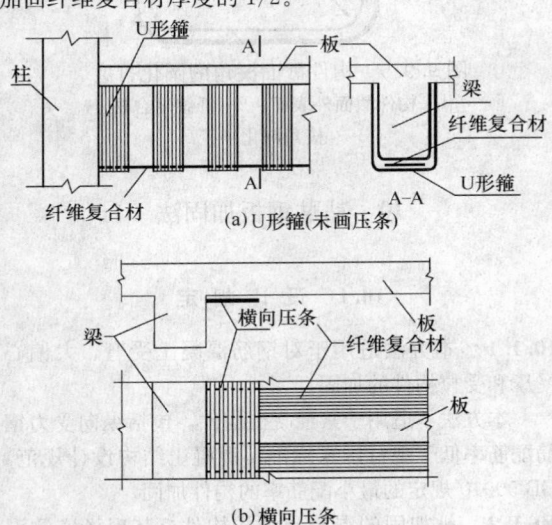

(a)U形箍(未画压条)

(b)横向压条

图 9.9.2　梁、板粘贴纤维复合材端部锚固措施

9.9.3 当采用纤维复合材对受弯构件负弯矩区进行正截面承载力加固时，应采取下列构造措施：

1 支座处无障碍时，纤维复合材应在负弯矩包络图范围内连续粘贴；其延伸长度的截断点应位于正弯矩区，且距正负弯矩转换点不应小于 1m。

2 支座处虽有障碍，但梁上有现浇板，且允许绕过柱位时，宜在梁侧 4 倍板厚 h_b 范围内，将纤维复合材粘贴于板面上（图 9.9.3-1）。

3 在框架顶层梁柱的端节点处，纤维复合材只

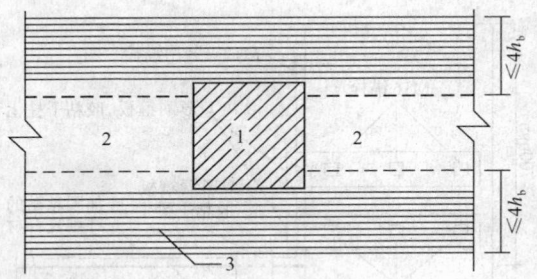

图 9.9.3-1　绕过柱位粘贴纤维复合材
1—柱；2—梁；3—板顶面粘贴的纤维复合材

能贴至柱边缘而无法延伸时，应粘贴 L 形钢板和 U 形钢箍板进行锚固（图 9.9.3-2），L 形钢板的总截面面积应按下式进行计算：

$$A_{a,1} = 1.2\psi_f f_f A_f / f_y \qquad (9.9.3)$$

式中　$A_{a,1}$——支座处需粘贴的 L 形钢板截面面积；

ψ_f——纤维复合材的强度利用系数，按本规范第 9.2.3 条采用；

f_f——纤维复合材的抗拉强度设计值，按本规范第 9.1.6 条采用；

A_f——支座处实际粘贴的纤维复合材截面面积；

f_y——L 形钢板抗拉强度设计值。

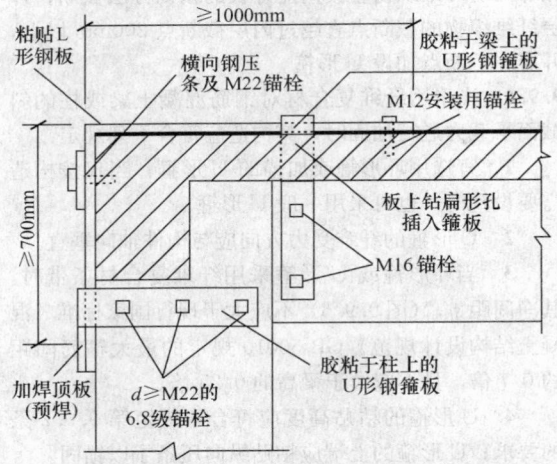

图 9.9.3-2　柱顶加贴 L 形钢板及
U 形钢箍板的锚固构造示例

L 形钢板总宽度不宜小于 90% 的梁宽，且宜由多条钢板组成；钢板厚度不应小于 3mm。

4 当梁上无现浇板，或负弯矩区的支座处需采取加强的锚固措施时，可采用图 9.9.3-3 的构造方式。但柱中箍板的锚栓等级、直径及数量应经计算确定。

注：若梁上有现浇板，也可采取这种构造方式进行锚固，其 U 形钢箍板穿过楼板处，应采用半重叠钻孔法，在板上钻出扁形孔以插入箍板，再用结构胶予以封固。

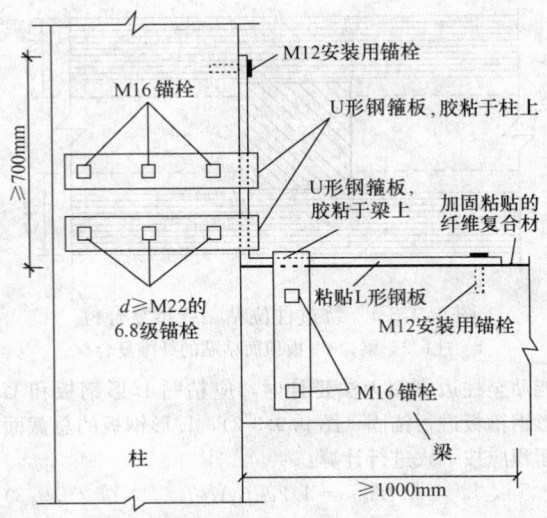

图 9.9.3-3 柱中部加贴 L 形钢板
及 U 形钢箍板的锚固构造示例

9.9.4 当加固的受弯构件为板、壳、墙和筒体时，纤维复合材应选择多条密布的方式进行粘贴，不得使用未经裁剪成条的整幅织物满贴。

9.9.5 当受弯构件粘贴的多层纤维织物允许截断时，相邻两层纤维织物宜按内短外长的原则分层截断；外层纤维织物的截断点宜越过内层截断点 200mm 以上，并应在截断点加设 U 形箍。

9.9.6 当采用纤维复合材对钢筋混凝土梁或柱的斜截面承载力进行加固时，其构造应符合下列规定：

    1 宜选用环形箍或加锚的 U 形箍；当仅按构造需要设箍时，也可采用一般 U 形箍。

    2 U 形箍的纤维受力方向应与构件轴向垂直。

    3 当环形箍或 U 形箍采用纤维复合材条带时，其净间距 $s_{f,n}$（图 9.9.6）不应大于现行国家标准《混凝土结构设计规范》GB 50010 规定的最大箍筋间距的 0.7 倍，且不应大于梁高的 0.25 倍。

    4 U 形箍的粘贴高度应符合本规范第 9.9.2 条的要求；U 形箍的上端应粘贴纵向压条予以锚固。

    5 当梁的高度 $h \geq 600$mm 时，应在梁的腰部增设一道纵向腰压带（图 9.9.6）。

9.9.7 当采用纤维复合材的环向围束对钢筋混凝土

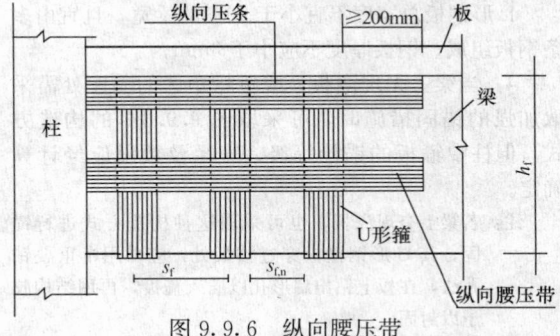

图 9.9.6 纵向腰压带

柱进行正截面加固或提高延性的抗震加固时，其构造应符合下列规定：

    1 环向围束的纤维织物层数，对圆形截面不应少于 2 层，对正方形和矩形截面柱不应少于 3 层；

    2 环向围束上下层之间的搭接宽度不应小于 50mm，纤维织物环向截断点的延伸长度不应小于 200mm，且各条带搭接位置应相互错开。

9.9.8 当沿柱轴向粘贴纤维复合材对大偏心受压柱进行正截面承载力加固时，除应按受弯构件正截面和斜截面加固构造的原则粘贴纤维复合材外，尚应在柱的两端增设机械锚固措施。

9.9.9 当采用环形箍、U 形箍或环向围束加固正方形和矩形截面构件时，其截面棱角应在粘贴前通过打磨加以圆化（图 9.9.9）。梁的圆化半径 r，对碳纤维不应小于 20mm，对玻璃纤维不应小于 15mm；柱的圆化半径，对碳纤维不应小于 25mm，对玻璃纤维不应小于 20mm。

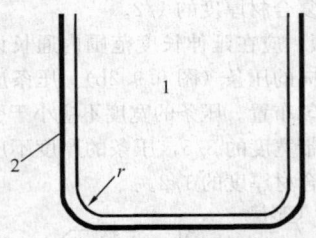

图 9.9.9 构件截面棱角的圆化打磨
1—构件截面外表面；2—纤维复合材
r—棱角圆化半径

10 粘贴钢板加固法

10.1 设 计 规 定

10.1.1 本方法适用于对钢筋混凝土受弯、大偏心受压和受拉构件的加固。

    本方法不适用于素混凝土构件，包括纵向受力钢筋配筋率低于现行国家标准《混凝土结构设计规范》GB 50010 规定的最小配筋率的构件加固。

10.1.2 被加固的混凝土结构构件，其现场实测混凝土强度等级不得低于 C15，且混凝土表面的正拉粘结强度不得低于 1.5MPa。

10.1.3 粘贴钢板加固钢筋混凝土结构构件时，应将钢板受力方式设计成仅承受轴向应力作用。

10.1.4 粘贴在混凝土构件表面上的钢板，其外表面应进行防锈蚀处理。表面防锈蚀材料对钢板及胶粘剂应无害。

10.1.5 采用本规范规定的胶粘剂粘贴钢板加固混凝土结构时，其长期使用的环境温度不应高于 60℃；处于特殊环境（如高温、高湿、介质侵蚀、放射等）的混凝土结构采用本方法加固时，除应按国家现行有

关标准的规定采取相应的防护措施外，尚应采用耐环境因素作用的胶粘剂，并按专门的工艺要求进行粘贴。

10.1.6 当被加固构件的表面有防火要求时，应按现行国家标准《建筑防火设计规范》GB 50016 规定的耐火等级及耐火极限要求，对胶粘剂和钢板进行防护。

10.1.7 采用粘贴钢板对钢筋混凝土结构进行加固时，应采取措施卸除或大部分卸除作用在结构上的活荷载。

10.2 受弯构件正截面加固计算

10.2.1 采用粘贴钢板对梁、板等受弯构件进行加固时，除应遵守现行国家标准《混凝土结构设计规范》GB 50010 正截面承载力计算的基本假定外，尚应遵守下列规定：

1 构件达到受弯承载能力极限状态时，外贴钢板的拉应变 ε_{sp} 应按截面应变保持平面的假设确定；

2 钢板应力 σ_p 取等于拉应变 ε_{sp} 与弹性横量 E_{sp} 的乘积；

3 当考虑二次受力影响时，应按构件加固前的初始受力情况，确定粘贴钢板的滞后应变；

4 在达到受弯承载能力极限状态前，外贴钢板与混凝土之间不致出现粘结剥离破坏。

10.2.2 受弯构件加固后的相对界限受压区高度 $\xi_{b,sp}$ 应按下列规定计算确定：

1 对重要构件，采用加固前控制值 0.9 倍，即

$$\xi_{b,sp} = 0.9\xi_b \qquad (10.2.2-1)$$

2 对一般构件，采用加固前控制值，即

$$\xi_{b,sp} = \xi_b \qquad (10.2.2-2)$$

式中 ξ_b——构件加固前的相对界限受压高度，按现行国家标准《混凝土结构设计规范》GB 50010 的规定计算。

10.2.3 在矩形截面受弯构件的受拉面和受压面粘贴钢板进行加固时，其正截面承载力应符合下列规定：

$$M \leqslant \alpha_1 f_{c0}bx\left(h - \frac{x}{2}\right) + f'_{y0}A'_{s0}(h - a')$$
$$+ f'_{sp}A'_{sp}h - f_{y0}A_{s0}(h - h_0) \quad (10.2.3-1)$$

$$\alpha_1 f_{c0}bx = \psi_{sp}f_{sp}A_{sp} + f_{y0}A_{s0} - f'_{y0}A'_{s0} - f'_{sp}A'_{sp}$$
$$(10.2.3-2)$$

$$\psi_{sp} = \frac{(0.8\varepsilon_{cu}h/x) - \varepsilon_{cu} - \varepsilon_{sp.0}}{f_{sp}/E_{sp}} (10.2.3-3)$$

$$x \geqslant 2a' \qquad (10.2.3-4)$$

式中 M——构件加固后弯矩设计值；

x——等效矩形应力图形的混凝土受压区高度，简称混凝土受压区高度；

b、h——矩形截面宽度和高度；

f_{sp}、f'_{sp}——加固钢板的抗拉、抗压强度设计值；

A_{sp}、A'_{sp}——受拉钢板和受压钢板的截面面积；

a'——纵向受压钢筋合力点至截面近边的距离；

h_0——构件加固前的截面有效高度；

ψ_{sp}——考虑二次受力影响时，受拉钢板抗拉强度有可能达不到设计值而引用的折减系数；当 $\psi_{sp} > 1.0$ 时，取 $\psi_{sp} = 1.0$；

ε_{cu}——混凝土极限压应变，取 $\varepsilon_{cu} = 0.0033$；

$\varepsilon_{sp.0}$——考虑二次受力影响时，受拉钢板的滞后应变，应按本规范第 10.2.6 条的规定计算；若不考虑二次受力影响，取 $\varepsilon_{sp.0} = 0$。

若受压面没有粘贴钢板（即 $A'_{sp} = 0$），可根据式 10.2.3-1 计算出混凝土受压区的高度 x，按式 10.2.3-3 计算出强度折减系数 ψ_{sp}，然后代入式 10.2.3-2，求出受拉面应粘贴的钢板加固量 A_{sp}。

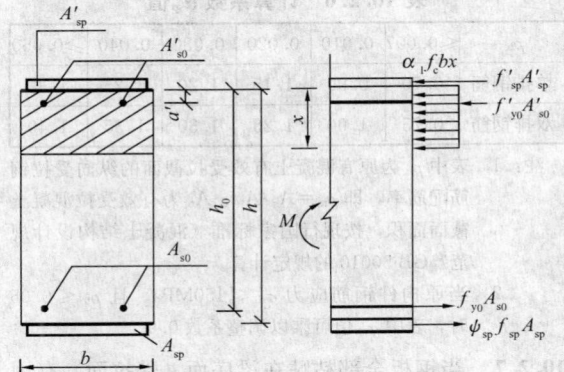

图 10.2.3 矩形截面正截面受弯承载力计算

10.2.4 对受弯构件正弯矩区的正截面加固，受拉钢板的截断位置距其充分利用截面的距离不应小于按下式确定的粘贴延伸长度：

$$l_{sp} = f_{sp}t_{sp}/f_{bd} \geqslant 170t_{sp} \quad (10.2.4)$$

式中 l_{sp}——受拉钢板粘贴延伸长度（mm）；

t_{sp}——粘贴的钢板总厚度（mm）；

f_{sp}——加固钢板的抗拉强度设计值；

f_{bd}——钢板与混凝土之间的粘结强度设计值（MPa），按表 10.2.4 采用。

对受弯构件负弯矩区的正截面加固，钢板的截断位置距支座边缘的距离，除应根据负弯矩包络图按上式确定外，尚宜按本规范第 9.9.3 条的构造规定进行设计。

表 10.2.4 钢板与混凝土之间的粘结强度设计值 f_{bd}（MPa）

混凝土强度等级	C15	C20	C25	C30	C35	C40	C45	C50	≥C60
粘结强度设计值 f_{bd}	0.61	0.80	0.94	1.05	1.14	1.21	1.26	1.31	1.35

注：若为已开裂受弯构件加固，f_{bd} 值尚应乘以 0.83 的降低系数。

10.2.5 对翼缘位于受压区的 T 形截面受弯构件的

受拉面粘贴钢板进行受弯加固时，应按本规范第10.2.1条至第10.2.3条的原则和现行国家标准《混凝土结构设计规范》GB 50010 中关于 T 形截面受弯承载力的计算方法进行计算。

10.2.6 当考虑二次受力影响时，加固钢板的滞后应变 $\varepsilon_{sp,0}$ 应按下式计算：

$$\varepsilon_{sp,0} = \frac{\alpha_{sp}M_{0k}}{E_s A_s h_0} \qquad (10.2.6)$$

式中 M_{0k} —— 加固前受弯构件验算截面上作用的弯矩标准值；

α_{sp} —— 综合考虑受弯构件裂缝截面内力臂变化、钢筋拉应变不均匀以及钢筋排列影响的计算系数，按表 10.2.6 的规定采用。

表 10.2.6　计算系数 α_{sp} 值

ρ_{te}	$\leqslant 0.007$	0.010	0.020	0.030	0.040	$\geqslant 0.060$
单排钢筋	0.70	0.90	1.15	1.20	1.25	1.30
双排钢筋	0.75	1.00	1.25	1.30	1.35	1.40

注：1　表中 ρ_{te} 为原有混凝土有效受拉截面的纵向受拉钢筋配筋率，即 $\rho_{te} = A_s / A_{te}$；A_{te} 为有效受拉混凝土截面面积，按现行国家标准《混凝土结构设计规范》GB 50010 的规定计算。

2　当原构件钢筋应力 $\sigma_{s0} \leqslant 150$MPa，且 $\rho_{te} \leqslant 0.05$ 时，表中 α_{sp} 值可乘以调整系数 0.9。

10.2.7 当钢板全部粘贴在梁底面（受拉面）有困难时，允许将部分钢板对称地粘贴在梁的两侧面。此时，侧面粘贴区域应控制在距受拉边缘 1/4 梁高范围内，且应按下式计算确定梁的两侧面实际需粘贴的钢板截面面积 $A_{sp,l}$：

$$A_{sp,l} = \eta_{sp} A_{sp,b} \qquad (10.2.7)$$

式中 $A_{sp,b}$ —— 按梁底面计算确定的、但需改贴到梁的两侧面的钢板截面面积；

η_{sp} —— 考虑改贴梁侧面引起的钢板受拉合力及其力臂改变的修正系数，应按表 10.2.7 采用。

表 10.2.7　修正系数 η_{sp} 值

h_{sp}/h	0.05	0.10	0.15	0.20	0.25
η_{sp}	1.11	1.23	1.37	1.54	1.75

注：表中 h_{sp} 为从梁受拉边缘算起的侧面粘贴高度；h 为梁截面高度。

10.2.8 钢筋混凝土结构构件加固后，其正截面受弯承载力的提高幅度，不应超过 40%，并且应验算其受剪承载力，避免受弯承载力提高后而导致构件受剪破坏先于受弯破坏。

10.2.9 粘贴钢板的加固量，对受拉区和受压区，分别不应超过 3 层和 2 层，且钢板总厚度不应大

于 10mm。

10.3　受弯构件斜截面加固计算

10.3.1 采用扁钢条带对受弯构件的斜截面受剪承载力进行加固时，应粘贴成垂直于构件轴线方向的加锚封闭箍或其他有效的 U 形箍（图 10.3.1）。

注：扁钢也可用钢板替代，但切割的边缘应加工平整。

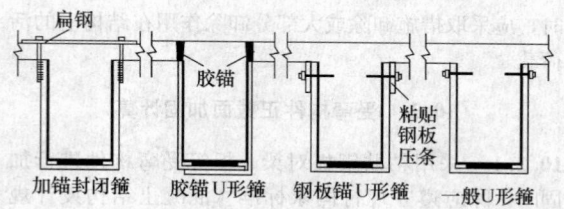

(a) 构造方式

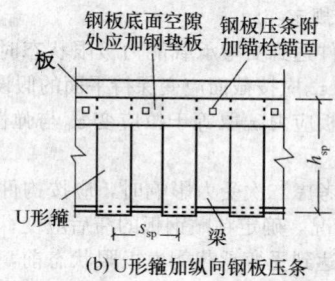

(b)U 形箍加纵向钢板压条

图 10.3.1　扁钢抗剪箍及其粘贴方式

10.3.2 受弯构件加固后的斜截面应符合下列条件：

当 $h_w / b \leqslant 4$ 时

$$V \leqslant 0.25\beta_c f_{c0} b h_0 \qquad (10.3.2-1)$$

当 $h_w / b \geqslant 6$ 时

$$V \leqslant 0.20\beta_c f_{c0} b h_0 \qquad (10.3.2-2)$$

当 $4 < h_w / b < 6$ 时，按线性内插法确定。

式中 V —— 构件斜截面加固后的剪力设计值；

b —— 矩形截面的宽度；T 形或 I 形截面的腹板宽度；

h_w —— 截面的腹板高度：对矩形截面，取有效高度；对 T 形截面，取有效高度减去翼缘高度；对 I 形截面，取腹板净高。

10.3.3 采用加锚封闭箍或其他 U 形箍对钢筋混凝土梁进行抗剪加固时，其斜截面承载力应符合下列规定：

$$V \leqslant V_{b0} + V_{b,sp} \qquad (10.3.3-1)$$

$$V_{b,sp} = \psi_{vb} f_{sp} A_{sp} h_{sp} / s_{sp} \qquad (10.3.3-2)$$

式中 V_{b0} —— 加固前梁的斜截面承载力，按现行国家标准《混凝土结构设计规范》GB 50010 计算；

$V_{b,sp}$ —— 粘贴钢板加固后，对梁斜截面承载力的提高值；

ψ_{vb} —— 与钢板的粘贴方式及受力条件有关的抗剪强度折减系数，按表 10.3.3

采用；

A_{sp}——配置在同一截面处箍板的全部截面面积：$A_{sp} = 2b_{sp}t_{sp}$，此处：b_{sp} 和 t_{sp} 分别为箍板宽度和箍板厚度；

h_{sp}——梁侧面粘贴箍板的竖向高度；

s_{sp}——箍板的间距（图 10.3.1b）。

表 10.3.3 抗剪强度折减系数ψ_{vb}值

箍板构造		加锚封闭箍	胶锚或钢板锚U形箍	一般U形箍
受力条件	均布荷载或剪跨比 $\lambda \geqslant 3$	1.0	0.92	0.85
	剪跨比 $\lambda \leqslant 1.5$	0.68	0.63	0.58

注：当 λ 为中间值时，按线性内插法确定 ψ_{vb} 值。

10.4 大偏心受压构件正截面加固计算

10.4.1 采用粘贴钢板加固大偏心受压钢筋混凝土柱时，应将钢板粘贴于构件受拉区边缘混凝土表面，且钢板长向应与柱的纵轴线方向一致。

10.4.2 在矩形截面大偏心受压构件受拉边混凝土表面上粘贴钢板加固时，其正截面承载力应按下列公式确定：

$$N \leqslant \alpha_1 f_{c0}bx + f'_{y0}A'_{s0} + f'_{sp}A'_{sp} - f_{y0}A_{s0} - f_{sp}A_{sp}$$
$$(10.4.2-1)$$

$$Ne \leqslant \alpha_1 f_{c0}bx\left(h_0 - \frac{x}{2}\right) + f'_{y0}A'_{s0}(h_0 - a')$$
$$+ f'_{sp}A'_{sp}h_0 + f_{sp}A_{sp}(h - h_0) \quad (10.4.2-2)$$

$$e = \eta e_i + \frac{h}{2} - a \quad (10.4.2-3)$$

$$e_i = e_0 + e_a \quad (10.4.2-4)$$

式中 N——轴向拉力设计值；

e——轴向拉力作用点至纵向受拉钢筋合力点的距离；

η——偏心受压构件考虑二阶弯矩影响的轴向压力偏心距增大系数，除应按现行国家标准《混凝土结构设计规范》GB 50010 的规定计算外，尚应乘以本规范第 5.4.3 条规定的修正系数 ψ_η；

e_i——初始偏心距；

e_0——轴向压力对截面重心的偏心距：$e_0 = M/N$；

e_a——附加偏心距，按偏心方向截面最大尺寸 h 确定：当 $h \leqslant 600$mm 时，$e_a = 20$mm；当 $h > 600$mm 时，$e_a = h/30$；

a、a'——纵向受拉钢筋合力点、纵向受压钢筋合力点至截面近边的距离；

f_{sp}、f'_{sp}——加固钢板的抗拉、抗压强度设计值。

10.5 受拉构件正截面加固计算

10.5.1 采用外贴钢板加固钢筋混凝土受拉构件

（如贮仓、水池等）时，应按原构件纵向受拉钢筋的配置方式，将钢板粘贴于相应位置的混凝土表面上，且应处理好拐角部位的连接构造及其锚固。

10.5.2 轴心受拉构件的加固，其正截面承载力应按下式确定：

$$N \leqslant f_{y0}A_{s0} + f_{sp}A_{sp} \quad (10.5.2)$$

式中 N——轴向拉力设计值；

f_{sp}——加固钢板的抗拉强度设计值。

10.5.3 矩形截面大偏心受拉构件的加固，其正截面承载力应符合下列规定：

$$N \leqslant f_{y0}A_{s0} + f_{sp}A_{sp} - \alpha_1 f_{c0}bx - f'_{y0}A'_{s0}$$
$$(10.5.3-1)$$

$$Ne \leqslant \alpha_1 f_{c0}bx\left(h_0 - \frac{x}{2}\right) + f'_{y0}A'_{s0}(h_0 - a')$$
$$+ f_{sp}A_{sp}(h - h_0) \quad (10.5.3-2)$$

式中 N——轴向拉力设计值；

e——轴向拉力作用点至纵向受拉钢筋合力点的距离。

10.6 构造规定

10.6.1 采用手工涂胶时，钢板宜裁成多条粘贴，且钢板厚度不应大于 5mm。采用压力注胶粘结的钢板厚度不应大于 10mm，且应按外粘型钢加固法的焊接节点构造进行设计、计算。

10.6.2 对钢筋混凝土受弯构件进行正截面加固时，其受拉面沿构件轴向连续粘贴的加固钢板宜延长至支座边缘，且应在钢板的端部（包括截断处）及集中荷载作用点的两侧，设置 U 形钢箍板（对梁）或横向钢压条（对板）进行锚固。

10.6.3 当粘贴的钢板延伸至支座边缘仍不满足本规范第 10.2.4 条延伸长度的要求时，应采取下列锚固措施：

1 对梁，应在延伸长度范围内均匀设置 U 形箍（图 10.6.3），且应在延伸长度的端部设置一道加强箍。U 形箍的粘贴高度应为梁的截面高度；若梁有翼缘（或有现浇楼板），应伸至其底面。U 形箍的宽度，对端箍不应小于加固钢板宽度的 2/3，且不应小于 80mm；对中间箍不应小于加固钢板宽度的 1/2，且不应小于 40mm。U 形箍的厚度不应小于受弯加固钢板厚度的 1/2，且不应小于 4mm。U 形箍的上端应设置纵向钢压条；压条下面的空隙应加胶粘钢垫块填平。

2 对板，应在延伸长度范围内通长设置垂直于受力钢板方向的钢压条。钢压条应在延伸长度范围内均匀布置，且应在延伸长度的端部设置一道。压条的宽度不应小于受弯加固钢板宽度的 3/5，钢压条的厚度不应小于受弯加固钢板厚度的 1/2。

10.6.4 当采用钢板对受弯构件负弯矩区进行正截面承载力加固时，应采取下列构造措施：

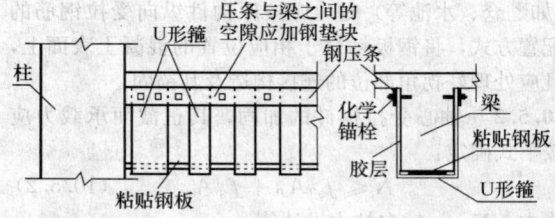

图 10.6.3　梁粘贴钢板端部锚固措施

1　支座处无障碍时，钢板应在负弯矩包络图范围内连续粘贴；其延伸长度的截断点应按本规范第10.2.4条的原则确定。在端支座无法延伸的一侧，尚应按本规范图9.9.3-2或图9.9.3-3的构造方式进行锚固处理。

2　支座处虽有障碍，但梁上有现浇板时，允许绕过柱位，在梁侧4倍板厚 h_b 范围内，将钢板粘贴于板面上（图10.6.4）。

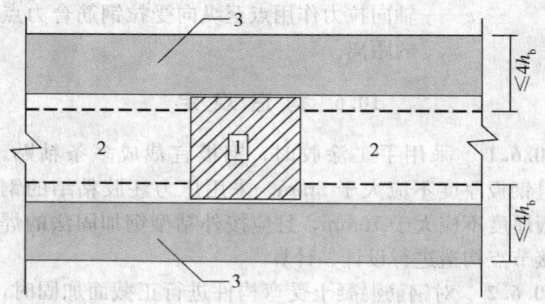

图 10.6.4　绕过柱位粘贴钢板

1—柱；2—梁；3—板顶面粘贴的钢板；h_b—板厚

3　当梁上无现浇板，或负弯矩区的支座处需采取加强的锚固措施时，可按本规范图9.9.3-3的构造方式进行锚固处理。

10.6.5　当加固的受弯构件需粘贴不止一层钢板时，相邻两层钢板的截断位置应错开不小于300mm，并应在截断处加设U形箍（对梁）或横向压条（对板）进行锚固。

10.6.6　当采用粘贴钢板箍对钢筋混凝土梁或大偏心受压构件的斜截面承载力进行加固时，其构造应符合下列规定：

1　宜选用封闭箍或加锚的U形箍；若仅按构造需要设箍，也可采用一般U形箍。

2　受力方向应与构件轴向垂直。

3　封闭箍及U形箍的净间距 $s_{sp.n}$ 不应大于现行国家标准《混凝土结构设计规范》GB 50010规定的最大箍筋间距的0.7倍，且不应大于梁高的0.25倍。

4　箍板的粘贴高度应符合本规范第10.6.3条的要求；一般U形箍的上端应粘贴纵向钢压条予以锚固。钢压条下面的空隙应加胶粘钢垫板填平。

5　当梁的截面高度（或腹板高度）$h \geqslant 600mm$ 时，应在梁的腰部增设一道纵向腰间钢压条（图

10.6.6）。

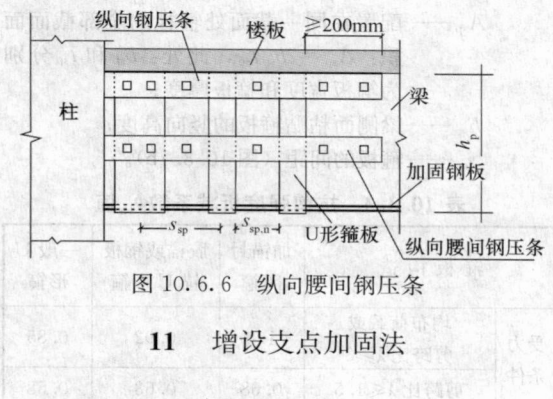

图 10.6.6　纵向腰间钢压条

11　增设支点加固法

11.1　设计规定

11.1.1　本方法适用于梁、板、桁架、网架等结构的加固。

11.1.2　本方法按支承结构受力性能的不同可分为刚性支点加固法和弹性支点加固法两种。设计时，应根据被加固结构的构造特点和工作条件选用其中一种。

11.1.3　设计支承结构或构件时，宜采用有预加力的方案。预加力的大小，应以支点处被支顶构件表面不出现裂缝和不增设附加钢筋为度。

11.1.4　制作支承结构和构件的材料，应根据被加固结构所处的环境及使用要求确定。当在高湿度或高温环境中使用钢构件及其连接时，应采用有效的防锈、隔热措施。

11.2　加固计算

11.2.1　采用刚性支点加固梁、板时，其结构计算应按下列步骤进行：

1　计算并绘制原梁的内力图；

2　初步确定预加力（卸荷值），并绘制在支承点预加力作用下梁的内力图；

3　绘制加固后梁在新增荷载作用下的内力图；

4　将上述内力图叠加，绘出梁各截面内力包络图；

5　计算梁各截面实际承载力；

6　调整预加力值，使梁各截面最大内力值小于截面实际承载力；

7　根据最大的支点反力，设计支承结构及其基础。

11.2.2　采用弹性支点加固梁时，应先计算出所需支点弹性反力的大小，然后根据此力确定支承结构所需的刚度，具体步骤如下：

1　计算并绘制原梁的内力图；

2　绘制原梁在新增荷载下的内力图；

3　确定原梁所需的预加力（卸荷值），并由此求出相应的弹性支点反力值 R；

4 根据所需的弹性支点反力 R 及支承结构类型，计算支承结构所需的刚度；

5 根据所需的刚度确定支承结构截面尺寸，并验算其地基基础。

11.3 构 造 规 定

11.3.1 采用增设支点加固法新增的支柱、支撑，其上端应与被加固的梁可靠连接：

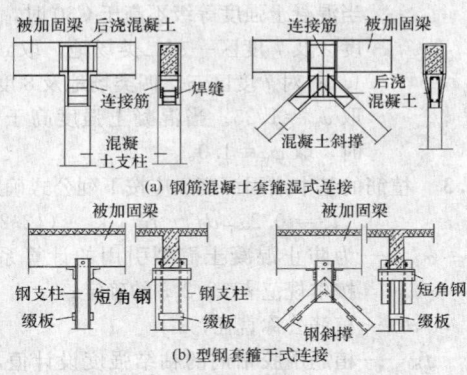

(a) 钢筋混凝土套箍湿式连接

(b) 型钢套箍干式连接

图 11.3.1 支柱、支撑上端与
原结构的连接构造

1 湿式连接：

当采用钢筋混凝土支柱、支撑为支承结构时，可采用钢筋混凝土套箍湿式连接（图 11.3.1a）；被连接部位梁的混凝土保护层应全部凿掉，露出箍筋；起连接作用的钢筋箍可做成Π形；也可做成Γ形，但应卡住整个梁截面，并与支柱或支撑中的受力筋焊接。钢筋箍的直径应由计算确定，且不应少于 2 根直径为 12mm 的钢筋。节点处后浇混凝土的强度等级，不应低于 C25。

2 干式连接：

当采用型钢支柱、支撑为支承结构时，可采用型钢套箍干式连接（图 11.3.1b）。

11.3.2 增设支点加固法新增的支柱、支撑，其下端连接，若直接支承于基础，可按一般地基基础构造进行处理；若斜撑底部以梁、柱为支承时，可采用以下构造：

1 对钢筋混凝土支撑，可采用湿式钢筋混凝土围套连接（图 11.3.2a）。对受拉支撑，其受拉主筋应绕过上、下梁（柱），并采用焊接。

2 对钢支撑，可采用型钢套箍干式连接（图 11.3.2b）。

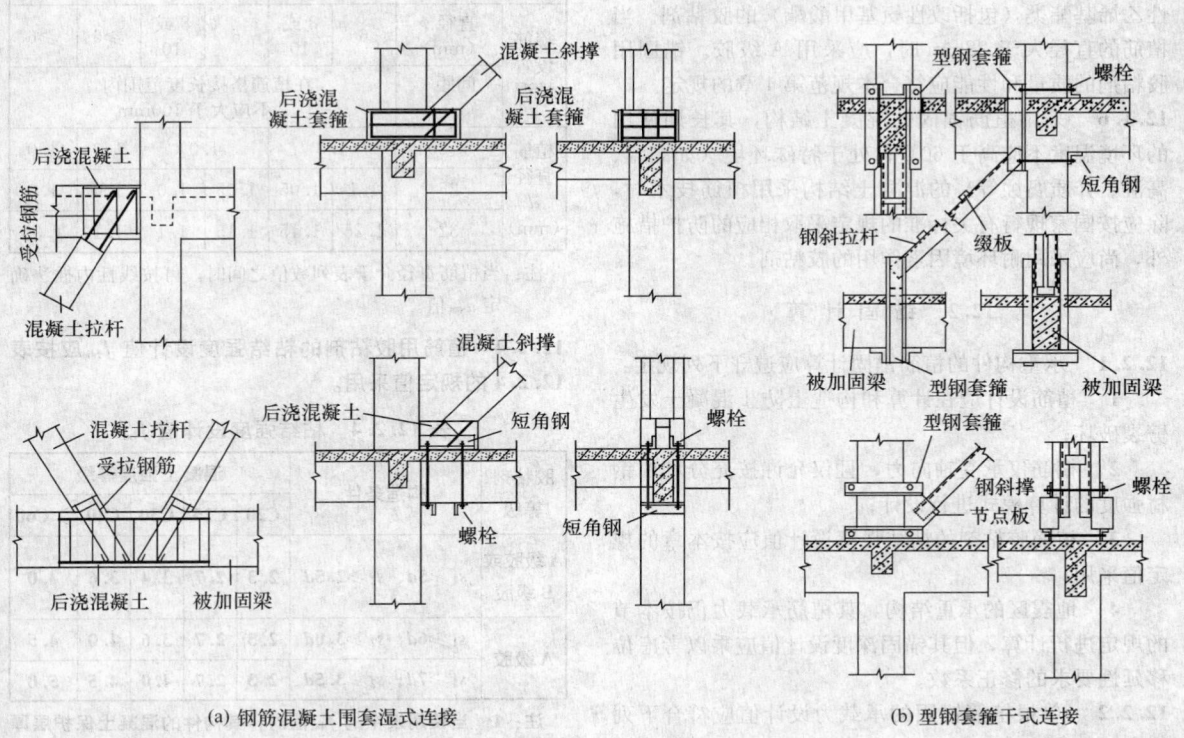

(a) 钢筋混凝土围套湿式连接

(b) 型钢套箍干式连接

图 11.3.2 斜撑底部与梁柱的连接构造

12 植筋技术

12.1 设计规定

12.1.1 本章适用于钢筋混凝土结构构件的锚固；不适用于素混凝土构件，包括纵向受力钢筋配筋率低于最小配筋百分率规定的构件锚固。素混凝土构件及低配筋率构件的植筋应按锚栓进行设计计算。

12.1.2 采用植筋技术时，原构件的混凝土强度等级应符合下列规定：

　　1 当新增构件为悬挑结构构件时，其原构件混凝土强度等级不得低于 C25；

　　2 当新增构件为其他结构构件时，其原构件混凝土强度等级不得低于 C20。

12.1.3 采用植筋锚固时，其锚固部位的原构件混凝土不得有局部缺陷。若有局部缺陷，应先进行补强或加固处理后再植筋。

12.1.4 种植用的钢筋，应采用质量和规格符合本规范第 4 章规定的带肋钢筋。当采用进口带肋钢筋时，除应按现行专门规程检验其性能外，尚应要求其相对肋面积 A_r 符合 $0.055 \leqslant A_r \leqslant 0.08$ 的规定。

12.1.5 植筋用的胶粘剂必须采用改性环氧类或改性乙烯基酯类（包括改性氨基甲酸酯）的胶粘剂。当植筋的直径大于 22mm 时，应采用 A 级胶。锚固用胶粘剂的质量和性能应符合本规范第 4 章的规定。

12.1.6 采用植筋锚固的混凝土结构，其长期使用的环境温度不应高于 60℃；处于特殊环境（如高温、高湿、介质腐蚀等）的混凝土结构采用植筋技术时，除应按国家现行有关标准的规定采取相应的防护措施外，尚应采用耐环境因素作用的胶粘剂。

12.2 锚固计算

12.2.1 承重构件的植筋锚固计算应遵守下列规定：

　　1 植筋设计应在计算和构造上防止混凝土发生劈裂破坏；

　　2 植筋仅承受轴向力，且仅允许按充分利用钢材强度的计算模式进行设计；

　　3 植筋胶粘剂的粘结强度设计值应按本章的规定值采用；

　　4 地震区的承重结构，其植筋承载力仍按本节的规定进行计算，但其锚固深度设计值应乘以考虑位移延性要求的修正系数。

12.2.2 单根植筋锚固的承载力设计值应符合下列规定：

$$N_t^b = f_y A_s \qquad (12.2.2\text{-}1)$$

$$l_d \geqslant \psi_N \psi_{ae} l_s \qquad (12.2.2\text{-}2)$$

式中　N_t^b——植筋钢材轴向受拉承载力设计值；

　　　　f_y——植筋用钢筋的抗拉强度设计值；

　　　　A_s——钢筋截面面积；

　　　　l_d——植筋锚固深度设计值；

　　　　l_s——植筋的基本锚固深度，按本规范第 12.2.3 条确定；

　　　　ψ_N——考虑各种因素对植筋受拉承载力影响而需加大锚固深度的修正系数，按本规范第 12.2.5 条确定；

　　　　ψ_{ae}——考虑植筋位移延性要求的修正系数；当混凝土强度等级不高于 C30 时，对 6 度区及 7 度区一、二类场地，取 $\psi_{ae}=1.1$；对 7 度区三、四类场地及 8 度区，取 $\psi_{ae}=1.25$。当混凝土强度高于 C30 时，取 $\psi_{ae}=1.0$。

12.2.3 植筋的基本锚固深度 l_s 应按下列公式确定：

$$l_s = 0.2\alpha_{spt}df_y/f_{bd} \qquad (12.2.3)$$

式中　α_{spt}——为防止混凝土劈裂引用的计算系数，按本规范表 12.2.3 的确定；

　　　　d——植筋公称直径；

　　　　f_{bd}——植筋用胶粘剂的粘结强度设计值，按本规范表 12.2.4 的规定值采用。

表 12.2.3　考虑混凝土劈裂影响的计算系数 α_{spt}

混凝土保护层厚度 c (mm)		25		30		35	≥40
箍筋设置情况	直径 ϕ (mm)	6	8 或 10	6	8 或 10	≥6	≥6
	间距 s (mm)	在植筋搭接长度范围内，s 不应大于 100mm					
植筋直径 d (mm)	≤20	1.0		1.0		1.0	1.0
	25	1.1	1.05	1.05	1.0	1.0	1.0
	32	1.25	1.15	1.15	1.1	1.1	1.05

注：当植筋直径介于表列数值之间时，可按线性内插法确定 α_{spt} 值。

12.2.4 植筋用胶粘剂的粘结强度设计值 f_{bd} 应按表 12.2.4 的规定值采用。

表 12.2.4　粘结强度设计值 f_{bd}

胶粘剂等级	构造条件	混凝土强度等级				
		C20	C25	C30	C40	≥C60
A 级胶或 B 级胶	$s_1 \geqslant 5d$、$s_2 \geqslant 2.5d$	2.3	2.7	3.4	3.6	4.0
A 级胶	$s_1 \geqslant 6d$；$s_2 \geqslant 3.0d$	2.3	2.7	3.6	4.0	4.5
	$s_1 \geqslant 7d$；$s_2 \geqslant 3.5d$	2.3	2.7	4.0	4.5	5.0

注：1　当使用表中的 f_{bd} 值时，其构件的混凝土保护层厚度，应不低于现行国家标准《混凝土结构设计规范》GB 50010 的规定值。

　　2　表中 s_1 为植筋间距；s_2 为植筋边距；

　　3　表中 f_{bd} 值仅适用于带肋钢筋的粘结锚固。

12.2.5 考虑各种因素对植筋受拉承载力影响而需加

大锚固深度的修正系数 ψ_N，应按下列公式计算：

$$\psi_N = \psi_{br}\psi_w\psi_T \qquad (12.2.5)$$

式中 ψ_{br}——考虑结构构件受力状态对承载力影响的系数；当为悬挑结构构件时，$\psi_{br}=1.5$；当为非悬挑的重要构件接长时，$\psi_{br}=1.15$；当为其他构件时，$\psi_{br}=1.0$；

ψ_w——混凝土孔壁潮湿影响系数，对耐潮湿型胶粘剂，按产品说明书的规定值采用，但不得低于 1.1；

ψ_T——使用环境的温度（T）影响系数，当 $T\leqslant 60℃$ 时，取 $\psi_T=1.0$；当 $60℃<T\leqslant 80℃$ 时，应采用耐中温胶粘剂，并应按产品说明书规定的 ψ_T 值采用；当 $T>80℃$ 时，应采用耐高温胶粘剂，并应采取有效的隔热措施。

12.2.6 承重结构植筋的锚固深度必须经设计计算确定；严禁按短期拉拔试验值或厂商技术手册的推荐值采用。

12.3 构 造 规 定

12.3.1 当按构造要求植筋时，其最小锚固长度 l_{min} 应符合下列构造要求：

1 受拉钢筋锚固：$\max\{0.3l_s; 10d; 100mm\}$；

2 受压钢筋锚固：$\max\{0.6l_s; 10d; 100mm\}$。

注：对悬挑结构、构件尚应乘以 1.5 的修正系数。

12.3.2 当所植钢筋与原钢筋搭接（图 12.3.2）时，其受拉搭接长度 l_l，应根据位于同一连接区段内的钢筋搭接接头面积百分率，按下列公式确定：

$$l_l = \zeta l_d \qquad (12.3.2)$$

式中 ζ——受拉钢筋搭接长度修正系数，按表 12.3.2 取值。

表 12.3.2 纵向受拉钢筋搭接长度修正系数

纵向受拉钢筋搭接接头面积百分率（%）	≤25	50	100
ζ 值	1.2	1.4	1.6

注：1 钢筋搭接接头面积百分率定义按现行国家标准《混凝土结构设计规范》GB 50010的规定采用；

2 当实际搭接接头面积百分率介于表列数值之间时，按线性内插法确定 ζ 值；

3 对梁类构件，受拉钢筋搭接接头面积百分率不应超过50%。

12.3.3 当植筋搭接部位的箍筋间距 s 不符合表 12.2.3 的规定时，应进行防劈裂加固。此时，可采用纤维织物复合材的围束作为原构件的附加箍筋进行加固。围束可采用宽度为 150mm、厚度不小于 0.111mm 的条带缠绕而成，缠绕时，围束间应无间隔，且每一围束，其所粘贴的条带不应少于 3 层。对

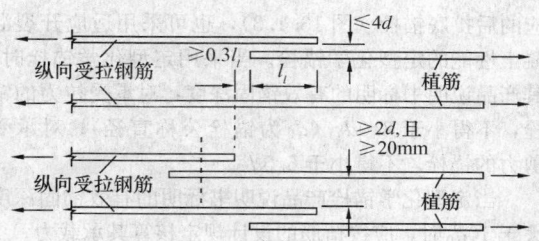

图 12.3.2 钢筋搭接

方形截面尚应打磨棱角，打磨的质量应符合本规范第 9.9.9 条的要求。若采用纤维织物复合材的围束有困难，也可剔去原构件混凝土保护层，增设新箍筋（或钢箍板）进行加密（或增强）后再植筋。

12.3.4 新植钢筋与原有钢筋在搭接部位的净间距，应按本规范图 12.3.2 的标示值确定。若净间距超过 $4d$，则搭接长度 l_l 应增加 $2d$，但净间距不得大于 $6d$。

12.3.5 用于植筋的钢筋混凝土构件，其最小厚度 h_{min} 应符合下列规定：

$$h_{min} \geqslant l_d + 2D \qquad (12.3.5)$$

式中 D 为钻孔直径，应按表 12.3.5 确定。

表 12.3.5 植筋直径与对应的钻孔直径设计值

钢筋直径 d（mm）	钻孔直径设计值 D（mm）
12	15
14	18
16	20
18	22
20	25
22	28
25	31
28	35
32	40

12.3.6 植筋时，其钢筋宜先焊后种植；若有困难而必须后焊，其焊点距基材混凝土表面应大于 $15d$，且应采用冰水浸渍的湿毛巾包裹植筋外露部分的根部。

13 锚 栓 技 术

13.1 设 计 规 定

13.1.1 本章适用于普通混凝土承重结构；不适用于轻质混凝土结构及严重风化的结构。

13.1.2 混凝土结构采用锚栓技术时，其混凝土强度等级：对重要构件不应低于C30级；对一般构件不应低于C20级。

13.1.3 承重结构用的锚栓，应采用有机械锁键效

应的后扩底锚栓（图 13.1.3），也可采用适应开裂混凝土性能的定型化学锚栓。当采用定型化学锚栓时，其产品说明书标明的有效锚固深度：对承受拉力的锚栓，不得小于 $8.0d_0$（d_0 为锚栓公称直径）；对承受剪力的锚栓，不得小于 $6.5d_0$。

当定型化学锚栓产品说明书标明的有效锚固深度大于 $10d_0$ 时，应按植筋的设计规定核算其承载力。

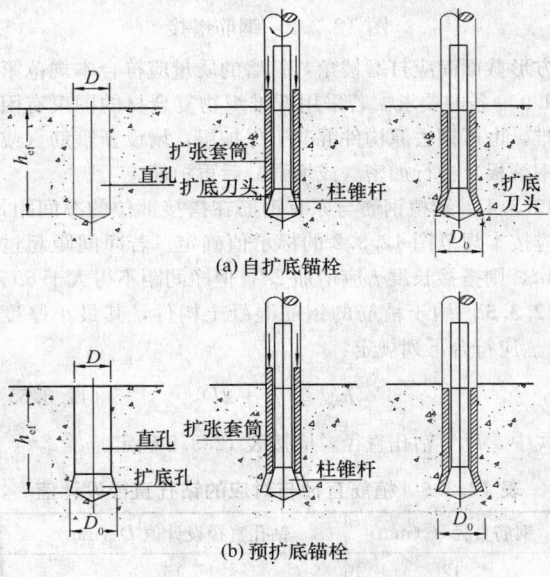

(a) 自扩底锚栓

(b) 预扩底锚栓

图 13.1.3 后扩底锚栓（D_0 为扩底直径）

13.1.4 在考虑地震作用的结构中，严禁采用膨胀型锚栓作为承重构件的连接件。

13.1.5 当在地震区承重结构中采用锚栓时，应采用加长型后扩底锚栓，且仅允许用于设防烈度不高于8 度、建于Ⅰ、Ⅱ类场地的建筑物；定型化学锚栓仅允许用于设防烈度不高于 7 度的建筑物。

13.1.6 承重结构锚栓连接的设计计算，应采用开裂混凝土的假定；不得考虑非开裂混凝土对其承载力的提高作用。

13.1.7 锚栓受力分析应符合本规范附录 M 的规定。

13.2 锚栓钢材承载力验算

13.2.1 锚栓钢材的承载力验算，应按锚栓受拉、受剪及同时受拉剪作用等三种受力情况分别进行。

13.2.2 锚栓钢材受拉承载力设计值，应符合下列规定：

$$N_t^a = f_{ud,t} A_s \qquad (13.2.2)$$

式中 N_t^a——锚栓钢材受拉承载力设计值；

$f_{ud,t}$——锚栓钢材用于抗拉计算的强度设计值，必须按本规范第 13.2.3 条的规定采用；

A_s——锚栓有效截面面积。

13.2.3 碳钢、合金钢及不锈钢锚栓的钢材强度设计指标必须符合表 13.2.3-1 和表 13.2.3-2 的规定。

表 13.2.3-1 碳钢及合金钢锚栓钢材强度设计指标

性 能 等 级		4.8	5.8	6.8	8.8
锚栓强度设计值（MPa）	用于抗拉计算 $f_{ud,t}$	250	310	370	490
	用于抗剪计算 $f_{ud,v}$	150	180	220	290

注：锚栓受拉弹性模量 E_s 取 2.0×10^5 MPa。

表 13.2.3-2 不锈钢锚栓钢材强度设计指标

性 能 等 级	50	70	80
螺纹直径（mm）	≤32	≤24	≤24
锚栓强度设计值（MPa） 用于抗拉计算 $f_{ud,t}$	175	370	500
用于抗剪计算 $f_{ud,v}$	105	225	300

13.2.4 锚栓钢材受剪承载力设计值，应区分无杠杆臂和有杠杆臂两种情况（图 13.2.4）进行计算：

1 无杠杆臂受剪

$$V^a = f_{ud,v} A_s \qquad (13.2.4-1)$$

2 有杠杆臂受剪

$$V^a = 1.2 W_{el} f_{ud,t} \left(1 - \frac{\sigma}{f_{ud,t}}\right) \frac{\alpha_m}{l_0}$$

$$(13.2.4-2)$$

式中 V^a——锚栓钢材受剪承载力设计值；

A_s——锚栓的有效截面面积；

W_{el}——锚栓截面抵抗矩；

σ——被验算锚栓承受的轴向拉应力，其值按 N/A_s 确定；符号 N 为轴向拉力；A_s 的意义见（13.2.2）式注；

α_m——约束系数，对图 13.2.4（a）的情况，取 $\alpha_m = 1$；对图 13.2.4（b）的情况，取 $\alpha_m = 2$；

l_0——杠杆臂计算长度；当基材表面有压紧的螺帽时，取 $l_0 = l$；当无压紧螺帽时，取 $l_0 = l + 0.5d$。

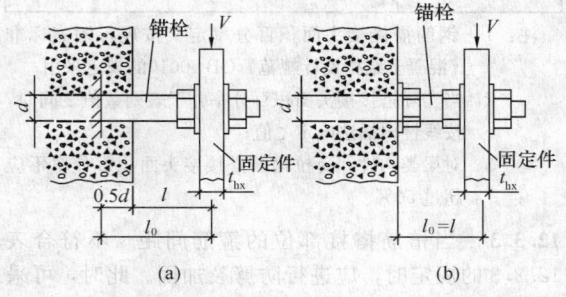

(a)　　　　　　(b)

图 13.2.4 锚栓杠杆臂计算长度的确定

13.3 基材混凝土承载力验算

13.3.1 基材混凝土的承载力验算，应考虑三种破

坏模式：混凝土呈锥形受拉破坏（图13.3.1-1）、混凝土边缘呈楔形受剪破坏（图13.3.1-2）以及同时受拉、剪作用破坏。对混凝土剪撬破坏（图13.3.1-3）和混凝土劈裂破坏，应通过采取构造措施予以防止，不参与验算。

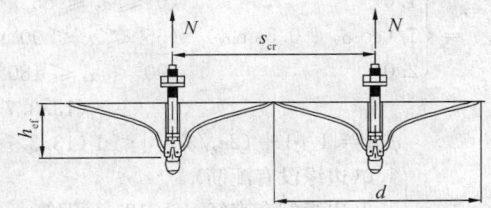

图 13.3.1-1　混凝土呈锥形受拉破坏

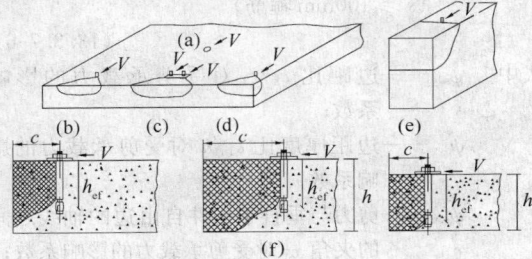

图 13.3.1-2　混凝土边缘呈楔形受剪破坏

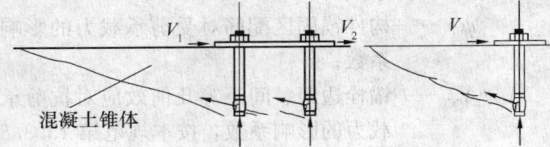

图 13.3.1-3　混凝土剪撬破坏

13.3.2　基材混凝土的受拉承载力设计值，应按下列公式进行验算：

1　对后扩底锚栓

$$N_t^c = 2.8\psi_a\psi_N \sqrt{f_{cu,k}} h_{ef}^{1.5} \quad (13.3.2\text{-}1)$$

2　对定型化学锚栓

$$N_t^c = 2.4\psi_b\psi_N \sqrt{f_{cu,k}} h_{ef}^{1.5} \quad (13.3.2\text{-}2)$$

式中　N_t^c——锚栓连接的基材混凝土受拉承载力设计值；

$f_{cu,k}$——混凝土立方体抗压强度标准值（MPa），按现行国家标准《混凝土结构设计规范》GB 50010 的规定采用；

h_{ef}——锚栓的有效锚固深度（mm）；应按锚栓产品说明书标明的有效锚固深度采用；

ψ_a——基材混凝土强度等级对锚固承载力的影响系数；当混凝土强度等级低于C30时，对自扩底锚栓，取 $\psi_a=0.95$；对预扩底锚栓，取 $\psi_a=0.86$；当混凝土强度等级在C30及以上时，取 $\psi_a=1.0$；

ψ_b——定型化学锚栓直径对粘结强度的影响系数，当 $d_0\leqslant16$mm，取 $\psi_b=0.95$；当 $d_0=24$mm 时，取 $\psi_b=0.85$；介于两者之间的 ψ_b 值，按线性内插法确定；

ψ_N——考虑各种因素对基材混凝土受拉承载力影响的修正系数，按本规范第13.3.3条计算。

13.3.3　基材混凝土受拉承载力修正系数 ψ_N 值应按下列公式计算：

$$\psi_N = \psi_{s,N}\psi_{e,N} A_{cN}/A_{c,N}^0 \quad (13.3.3\text{-}1)$$

$$\psi_{e,N} = 1/\left[1 + (2e_N/s_{cr,N})\right] \leqslant 1 \quad (13.3.3\text{-}2)$$

式中　$\psi_{s,N}$——考虑构件边距及锚固深度等因素对基材受力的影响系数，取 $\psi_{s,N}=0.8$；

$\psi_{e,N}$——荷载偏心对群锚受拉承载力的影响系数；

$A_{cN}/A_{c,N}^0$——考虑锚栓边距和间距对锚栓受拉承载力影响的系数，按本规范第13.3.4条确定；

c——锚栓的边距（mm）；

$s_{cr,N}$ 和 $c_{cr,N}$——混凝土呈锥形受拉时，确保每一锚栓承载力不受间距和边距效应影响的最小间距（mm）和最小边距（mm），按本规范表13.4.3的规定值采用；

e_N——拉力（或其合力）对受拉锚栓形心的偏心距。

13.3.4　当锚栓承载力不受其间距和边距效应影响时，由单个锚栓引起的基材混凝土呈锥形受拉破坏的锥体投影面积基准值 $A_{c,N}^0$（图13.3.4）可按下式确定：

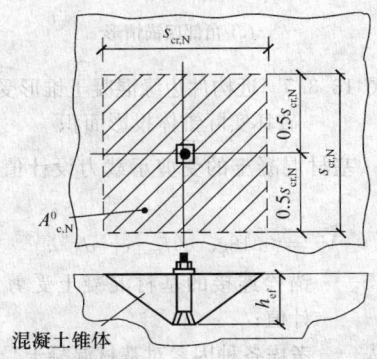

图 13.3.4　单锚混凝土锥形破坏
理想锥体投影面积

$$A_{c,N}^0 = s_{cr,N}^2 \quad (13.3.4)$$

13.3.5　混凝土呈锥形受拉破坏的实际锥体投影面积 $A_{c,N}$，可按下列规定计算：

1　当边距 $c>c_{cr,N}$，且间距 $s>s_{cr,N}$ 时

$$A_{c,N} = nA_{c,N}^0 \quad (13.3.5\text{-}1)$$

式中 n——参与受拉工作的锚栓个数。

  2 当边距 $c \leq c_{cr,N}$（图 13.3.5）时

    1）对 $c_1 \leq c_{cr,N}$（图 13.3.5a）的单锚情形

$$A_{c,N} = (c_1 + 0.5s_{cr,N})s_{cr,N} \quad (13.3.5-2)$$

    2）对 $c_1 \leq c_{cr,N}$，且 $s_1 \leq s_{cr,N}$（图 13.3.5b）的双锚情形

$$A_{c,N} = (c_1 + s_1 + 0.5s_{cr,N})s_{cr,N}$$

$$(13.3.5-3)$$

    3）对 c_1、$c_2 \leq c_{cr,N}$，且 s_1、$s_2 \leq s_{cr,N}$ 时（图 13.3.5c）的角部四锚情形

$$A_{c,N} = (c_1 + s_1 + 0.5s_{cr,N})(c_2 + s_2 + 0.5s_{cr,N})$$

$$(13.3.5-4)$$

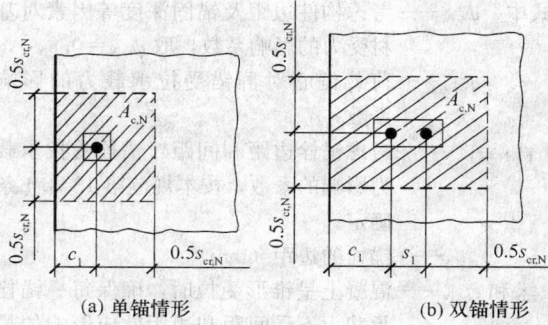

  （a）单锚情形   （b）双锚情形

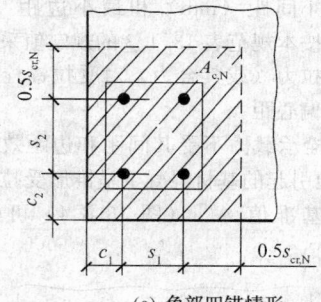

（c）角部四锚情形

图 13.3.5 近构件边缘混凝土锥形受拉
破坏实际锥体投影面积

13.3.6 基材混凝土的受剪承载力设计值，应按下式验算：

$$V^c = 0.18\psi_v \sqrt{f_{cu,k}} c_1^{1.5} d_0^{0.3} h_{ef}^{0.2} \quad (13.3.6)$$

式中 V^c——锚栓连接的基材混凝土受剪承载力设计值；

    ψ_v——考虑各种因素对基材混凝土受剪承载力影响的修正系数，应按本规范第 13.3.7 条计算；

    c_1——平行于剪力方向的边距（mm）；

    d_0——锚栓外径（mm）；

    h_{ef}——锚栓的有效锚固深度（mm）；当 $h_{ef} > 10d_0$ 时，按 $h_{ef} = 10d_0$ 计算。

13.3.7 基材混凝土受剪承载力修正系数 ψ_v 值，应按下列公式计算：

$$\psi_v = \psi_{s,v}\,\psi_{h,v}\,\psi_{a,v}\,\psi_{e,v}\,\psi_{u,v}\,A_{c,v}/A_{c,v}^0$$

$$(13.3.7-1)$$

$$\psi_{s,v} = 0.7 + 0.2\frac{c_2}{c_1} \leq 1 \quad (13.3.7-2)$$

$$\psi_{h,v} = (1.5c_1/h)^{1/3} \geq 1 \quad (13.3.7-3)$$

$$\psi_{a,v} = \begin{cases} 1.0 & (0° \leq \alpha_v \leq 55°) \\ 1/(\cos\alpha_v + 0.5\sin\alpha_v) & (55° \leq \alpha_v \leq 90°) \\ 2.0 & (90° \leq \alpha_v \leq 180°) \end{cases}$$

$$(13.3.7-4)$$

$$\psi_{e,v} = 1/[1 + (2e_v/3c_1)] \leq 1 \quad (13.3.7-5)$$

$$\psi_{u,v} = \begin{cases} 1.0 \,(\text{边缘没有配筋}) \\ 1.2 \,(\text{边缘配有直径 } d \geq 12mm \text{ 钢筋}) \\ 1.4 \,(\text{边缘配有直径 } d \geq 12mm \text{ 钢筋及} \\ \qquad s \geq 100mm \text{ 箍筋}) \end{cases}$$

$$(13.3.7-6)$$

式中 $\psi_{s,v}$——边距比 c_2/c_1 对受剪承载力的影响系数；

    $\psi_{h,v}$——边距厚度比 c_1/h 对受剪承载力的影响系数；

    $\psi_{a,v}$——剪力与垂直于构件自由边的轴线之间的夹角 α_v 对受剪承载力的影响系数；

    $\psi_{e,v}$——荷载偏心对群锚受剪承载力的影响系数；

    $\psi_{u,v}$——构件锚固区配筋对受剪承载力的影响系数；

    $A_{c,v}/A_{c,v}^0$——锚栓边距、间距等几何效应对抗剪承载力的影响系数，按本规范第 13.3.8 条及第 13.3.9 条确定；

    c_2——垂直于 c_1 方向的边距；

    h——构件厚度（基材混凝土厚度）；

    e_v——剪力对受前锚栓形心的偏心距；

    s——箍筋间距。

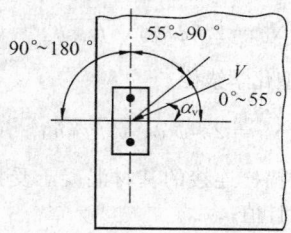

图 13.3.7 剪切角 α_v

13.3.8 当锚栓受剪承载力不受其边距、间距及构件厚度的影响时，其基材混凝土呈半锥体破坏的侧向投影面积基准值 $A_{c,v}^0$，可按下式计算：

$$A_{c,v}^0 = 4.5c_1^2 \quad (13.3.8)$$

13.3.9 当单锚或群锚受剪时，若锚栓间距 $s \geq 3c_1$、边距 $c_2 \geq 1.5c_1$，且构件厚度 $h \geq 1.5c$ 时，混凝土破坏锥体的侧向实际投影面积 $A_{c,v}$，可按下式计算：

$$A_{c,v} = nA_{c,v}^0 \quad (13.3.9)$$

式中 n 为参与受剪工作的锚栓个数。

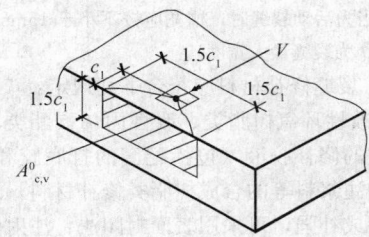

图 13.3.8 近构件边缘的单锚受剪
混凝土楔形投影面积

13.3.10 当锚栓间距、边距或构件厚度不符合本规范第 13.3.9 条要求时，侧向实际投影面积 $A_{c,v}$ 应按下列公式进行确定：

1 当 $h > 1.5c_1$，$c_2 \leqslant 1.5c_1$ 时：$A_{c,v} = 1.5c_1$ $(1.5c_1 + c_2)$ (13.3.10-1)

2 当 $h \leqslant 1.5c_1$，$s_2 \leqslant 3c_1$ 时：$A_{c,v} = (3c_1 + s_2)h$ (13.3.10-2)

3 当 $h \leqslant 1.5c_1$，$s_2 \leqslant 3c_1$，$c_2 \leqslant 1.5c_1$ 时：$A_{c,v} = (1.5c_1 + s_2 + c_2)h$ (13.3.10-3)

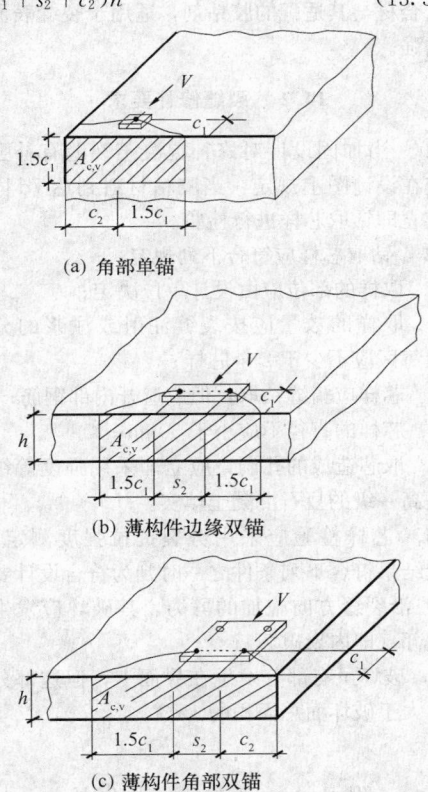

(a) 角部单锚

(b) 薄构件边缘双锚

(c) 薄构件角部双锚

图 13.3.10 剪力作用下混凝土
楔形破坏侧向投影面积

13.3.11 对基材混凝土角部的锚固，应取两个方向计算承载力的较小值（图 13.3.11）。

13.3.12 当锚栓连接承受拉力和剪力复合作用时，混凝土承载力应符合下列公式的要求：

$$(\beta_N)^\alpha + (\beta_V)^\alpha \leqslant 1 \qquad (13.3.12)$$

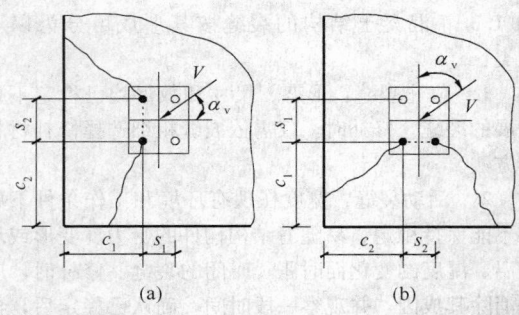

图 13.3.11 剪力作用下的角部群锚

式中 β_N ——拉力作用设计值与混凝土抗拉承载力设计值之比；

β_V ——剪力作用设计值与混凝土抗剪承载力设计值之比；

α ——指数，当两者均受锚栓钢材破坏模式控制时，取 $\alpha = 2.0$；当受其他破坏模式控制时，取 $\alpha = 1.5$。

13.4 构 造 规 定

13.4.1 混凝土构件的最小厚度 h_{min} 不应小于 $1.5h_{ef}$，且不应小于 100mm。

13.4.2 承重结构用的锚栓，其公称直径不得小于 12mm；按构造要求确定的锚固深度 h_{ef} 不应小于 60mm，且不应小于混凝土保护层厚度。

13.4.3 锚栓的最小边距 c_{min}、临界边距 $c_{cr,N}$ 和群锚最小间距 s_{min}、临界间距 $s_{cr,N}$ 应符合表 13.4.3 的要求。

表 13.4.3 锚栓的边距和间距

c_{min}	$c_{cr,N}$	s_{min}	$s_{cr,N}$
$\geqslant 0.8h_{ef}$	$\geqslant 1.5h_{ef}$	$\geqslant 1.0h_{ef}$	$\geqslant 3.0h_{ef}$

13.4.4 地震区锚栓的实际锚固深度，应按本规范计算确定的有效锚固深度乘以抗震构造修正系数 ψ_{aE} 后采用：对 6 度区，取 $\psi_{aE} = 1.0$；对 7 度区，取 $\psi_{aE} = 1.1$；对 8 度区Ⅰ、Ⅱ类场地，取 $\psi_{aE} = 1.2$。

13.4.5 锚栓防腐蚀标准应高于被固定物的防腐蚀要求。

14 裂缝修补技术

14.1 设 计 规 定

14.1.1 本章适用于承重构件混凝土裂缝的修补；对承载力不足引起的裂缝，除应按本章适用的方法进行修补外，尚应采用适当的加固方法进行加固。

14.1.2 经可靠性鉴定确认为必须修补的裂缝，应根据裂缝的种类进行修补设计，确定其修补材料、修补方法和时间。

14.1.3 混凝土结构的裂缝按其形成可分为以下三类：

1 静止裂缝：形态、尺寸和数量均已稳定不再发展的裂缝。修补时，仅需依裂缝粗细选择修补材料和方法。

2 活动裂缝：宽度在现有环境和工作条件下始终不能保持稳定、易随着结构构件的受力、变形或环境温、湿度的变化而时张、时闭的裂缝。修补时，应先消除其成因，并观察一段时间，确认已稳定后，再按静止裂缝的处理方法修补；若不能完全消除其成因，但确认对结构、构件的安全性不构成危害时，可使用具有弹性和柔韧性的材料进行修补。

3 尚在发展的裂缝：长度、宽度或数量尚在发展，但经历一段时间后将会终止的裂缝。对此类裂缝应待其停止发展后，再进行修补或加固。

14.1.4 裂缝修补方法应符合下列规定：

1 表面封闭法：利用混凝土表层微细独立裂缝（裂缝宽度 $w \leqslant 0.2mm$）或网状裂纹的毛细作用吸收低黏度且具有良好渗透性的修补胶液，封闭裂缝通道。对楼板和其他需要防渗的部位，尚应在混凝土表面粘贴纤维复合材料以增强封护作用。

2 注射法：以一定的压力将低黏度、高强度的裂缝修补胶液注入裂缝腔内；此方法适用于 $0.1mm \leqslant w \leqslant 1.5mm$ 静止的独立裂缝、贯穿性裂缝以及蜂窝状局部缺陷的补强和封闭。注射前，应按产品说明书的规定，对裂缝周边进行密封。

3 压力注浆法：在一定时间内，以较高压力（按产品使用说明书确定）将修补裂缝用的注浆料压入裂缝腔内；此法适用于处理大型结构贯穿性裂缝、大体积混凝土的蜂窝状严重缺陷以及深而蜿蜒的裂缝。

4 填充密封法：在构件表面沿裂缝走向骑缝凿出槽深和槽宽分别不小于 20mm 和 15mm 的 U 形沟槽（见图14.1.4），然后用改性环氧树脂或弹性填缝材料充填，并粘贴纤维复合材以封闭其表面；此法适用于处理 $w > 0.5mm$ 的活动裂缝和静止裂缝。填充完毕后，其表面应做防护层。

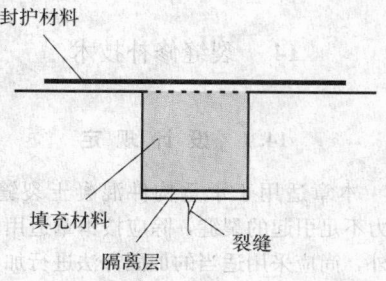

图 14.1.4 裂缝处开 U
形槽充填修补材料

注：当为活动裂缝时，槽宽应按不小于 15mm+5t 确定（t 为裂缝最大宽度）。

14.1.5 裂缝修补材料应符合下列规定：

1 改性环氧树脂类、改性丙烯酸酯类、改性聚氨酯类等的修补胶液（包括配套的打底胶和修补胶）和聚合物注浆料等的合成树脂类修补材料，适用于裂缝的封闭或补强，可采用表面封闭法、注射法或压力注浆法进行修补。

修补裂缝的胶液和注浆料的基本性能指标，应符合本规范第 4.6 节的规定。

2 无流动性的有机硅酮、聚硫橡胶、改性丙烯酸酯、聚氨酯等柔性的嵌缝密封胶类修补材料，适用于活动裂缝的修补，以及混凝土与其他材料接缝界面干缩性裂隙的封堵。

3 超细无收缩水泥注浆料、改性聚合物水泥注浆料以及不回缩微膨胀水泥等的无机胶凝材料类修补材料，适用于 $w > 1mm$ 的静止裂缝的修补。

4 E 玻璃或 S 玻璃纤维织物、碳纤维织物等的纤维复合材与其适配的胶粘剂，适用于裂缝表面的封护与增强。

14.2 裂缝修补要求

14.2.1 当加固设计对修补混凝土裂缝有补强要求时，应在设计图上规定：当胶粘材料到达 7d 固化期时，应立即钻取芯样进行检验。

14.2.2 钻取芯样应符合下列规定：

1 取样的部位应由设计单位决定；

2 取样的数量应按裂缝注射或注浆的分区确定，但每区应不少于 2 个芯样；

3 芯样应骑缝钻取，但应避开内部钢筋；

4 芯样的直径不应小于 50mm；

5 取芯造成的孔洞，应立即采用强度等级较原构件提高一级的豆石混凝土填实。

14.2.3 芯样检验应采用劈裂抗拉强度测定方法。当检验结果符合下列条件之一时判为符合设计要求：

1 沿裂缝方向施加的劈力，其破坏应发生在混凝土内部（即内聚破坏）；

2 破坏虽有部分发生在界面上，但这部分破坏面积不大于破坏面总面积的 15%。

附录 A 已有建筑物结构
荷载标准值的确定

A.0.1 对已有结构上的荷载标准值取值，除应符合现行国家标准《建筑结构荷载规范》GB 50009 的规定外，尚应遵守本附录的规定。

A.0.2 结构和构件自重的标准值，应根据构件和连接的实测尺寸，按材料或构件单位自重的标准值计算

确定。对难以实测的某些连接构造的尺寸，允许按结构详图估算。

A.0.3 常用材料和构件的单位自重标准值，应按现行国家标准《建筑结构荷载规范》GB 50009 的规定采用。当该规范的规定值有上、下限时，应按下列规定采用：

　　1 当荷载效应对结构不利时，取上限值；

　　2 当荷载效应对结构有利（如验算倾覆、抗滑移、抗浮起等）时，取下限值。

A.0.4 当遇到下列情况之一时，材料和构件的自重标准值应按现场抽样称量确定：

　　1 现行国家标准《建筑结构荷载规范》GB 50009 尚无规定；

　　2 自重变异较大的材料或构件，如现场制作的保温材料、混凝土薄壁构件等；

　　3 有理由怀疑材料或构件自重的原设计采用值与实际情况有显著出入。

A.0.5 现场抽样检测材料或构件自重的试样数量，不应少于 5 个。当按检测的结果确定材料或构件自重的标准值时，应按下列规定进行计算：

　　1 当其效应对结构不利时

$$g_{k,sup} = m_g + \frac{t}{\sqrt{n}} s_g \qquad (A.0.5-1)$$

式中　$g_{k,sup}$——材料或构件自重的标准值；

　　　　m_g——试样称量结果的平均值；

　　　　s_g——试样称量结果的标准差；

　　　　n——试样数量；

　　　　t——考虑抽样数量影响的计算系数，按表 A.0.5 采用。

　　2 当其效应对结构有利时

$$g_{k,sup} = m_g - \frac{t}{\sqrt{n}} s_g \qquad (A.0.5-2)$$

表 A.0.5　计算系数 t 值

n	t 值	n	t 值	n	t 值	n	t 值
5	2.13	8	1.89	15	1.76	30	1.70
6	2.02	9	1.86	20	1.73	40	1.68
7	1.94	10	1.80	25	1.71	≥60	1.67

A.0.6 对非结构的构、配件，或对支座沉降有影响的构件，若其自重效应对结构有利时，应取其自重标准值 $g_{k,sup} = 0$。

A.0.7 当房屋结构进行加固验算时，对不上人的屋面，应计入加固工程的施工荷载，其取值应符合下列规定：

　　1 当估算的荷载低于现行国家标准《建筑结构荷载规范》GB 50009 规定的屋面均布活荷载或集中荷载时，应按该规范采用。

　　2 当估算的荷载高于现行国家标准《建筑结构

荷载规范》GB 50009 的规定值时，应按实际估算值采用。

　　当施工荷载过大时，宜采取措施予以降低。

A.0.8 对加固改造设计的验算，其基本雪压值、基本风压值和楼面活荷载的标准值，除应按现行国家标准《建筑结构荷载规范》GB 50009 的规定采用外，尚应按下一目标使用年限，乘以本附录表 A.0.8 的修正系数 ψ_a 予以修正。

　　下一目标使用年限，应由委托方和鉴定方共同商定。

表 A.0.8　基本雪压、基本风压及楼面活荷载的修正系数 ψ_a

下一目标使用年限	10a	20a	30～50a
雪荷载或风荷载	0.85	0.95	1.0
楼面活荷载	0.85	0.90	1.0

注：1　对表中未列出的中间值，可按线性内插法确定，当 a<10 时，应按 a=10 取 ψ_a 值。

　　2　符号 a 为年。

附录 B　已有结构混凝土回弹值龄期修正的规定

B.0.1 本规定适用于龄期已超过 1000d，且由于结构构造等原因无法采用取芯法对回弹检测结果进行修正的混凝土结构构件。

B.0.2 当采用本规定的龄期修正系数对回弹法检测得到的测区混凝土抗压强度换算值进行修正时，应符合下列条件：

　　1 龄期已超过 1000d，但处于干燥状态的普通混凝土；

　　2 混凝土外观质量正常，未受环境介质作用的侵蚀；

　　3 经超声波或其他探测法检测结果表明，混凝土内部无明显的不密实区和蜂窝状局部缺陷；

　　4 混凝土抗压强度等级在 C20 级～C50 级之间，且实测的碳化深度已大于 6mm。

B.0.3 混凝土抗压强度换算值可乘以表 B.0.3 的修正系数 α_n 予以修正。

表 B.0.3　测区混凝土抗压强度换算值龄期修正系数

龄期 d	1000	2000	4000	6000	8000	10000	15000	20000	30000
修正系数 α_n	1.00	0.98	0.96	0.94	0.93	0.92	0.89	0.86	0.82

B.0.4 龄期修正系数 α_n 应用示例如下：

　　现场测得某测区平均回弹值 $R_m = 50.8$；其平均

碳化深度 $d_m \geqslant 0.6mm$；由 JGJ/T 23-2001 附录 A 查得：测区混凝土换算值 $f_{cui}^c(1000d) = 40.3MPa$。若被测混凝土的龄期已达 15000d，则由本规定表 B.0.3 可查得龄期修正系数 $\alpha_n = 0.89$；$f_{cui}^c(15000d) = 40.3 \times 0.89 = 35.8MPa$。

附录 C 纤维材料主要力学性能

C.0.1 复丝浸胶后的纤维材料，其主要力学性能应符合表 C.0.1 的规定。

表 C.0.1 纤维材料的主要力学性能

性能项目 纤维类别		抗拉强度 (MPa)	弹性模量 (MPa)	伸长率 (%)
碳纤维	高强度 I 级	≥4900	≥2.4×10⁵	≥2.0
	高强度 II 级	≥4100	≥2.1×10⁵	≥1.8
玻璃 纤维	S 玻璃（高强、无碱型）	≥3500	≥8.0×10⁴	≥4.0
	E 玻璃（无碱型）	≥2800	≥7.0×10⁴	≥3.0

注：本表的分级方法及其性能指标仅适用于结构加固；与其他用途的等级划分无关。

C.0.2 纤维织物和预成型板等纤维制品可不抽检纤维而直接抽检纤维制品性能，但厂商应书面保证该批制品所使用的纤维材料的性能符合本附录的规定。该书面保证应随同工程施工验收文件存档备查。

附录 D 纤维复合材层间剪切
强度测定方法

D.1 适用范围

D.1.1 本方法适用于测定以湿法铺层、常温固化成型的单向纤维织物复合材的层间剪切强度；也可用于测定叠合胶粘、常温固化的多层预成型板的层间剪切强度。

对多向纤维织物复合材，若其试件长度方向的纤维体积含量在 25% 以上时，也可按本方法测定其层间剪切强度。

D.1.2 本方法测定的纤维复合材层间剪切强度可用于纤维材料与胶粘剂的适配性评定。

D.2 试样成型模具

D.2.1 试样成型模具的制备应符合下列规定：

1 成型模具由一对尺寸为 400mm×300mm×25mm 光洁的钢板组成，其中一块作为压板，另一块作为织物铺层的模板。在模具的上下各有一对长 500mm 的 10 号或 12 号槽钢；在槽钢端部钻有 $D = 18mm$ 的螺孔，并配有 4 根用于拧紧施压的 $\phi16$ 螺杆、螺帽及套在螺杆上的压力弹簧，作为纤维织物粘合成

试样时的施压工具。

2 成型模具的钢板，应经刨平后在铣床上铣平，其加工面的表面光洁度应为 6.3。

3 成型模具尚应配有 2 块长 300mm、宽 20mm、厚 4mm 的钢垫板，用于控制织物铺层经加压后应达到的标准厚度。

D.2.2 辅助工具及材料应符合下列规定：

1 可测力的活动扳手 4 把；

2 厚 0.1mm、平面尺寸为 500mm×400mm 的聚酯薄膜若干张；

3 专用滚筒一支；

4 刮板若干个。

D.3 试样制备

D.3.1 备料应符合下列规定：

1 受检的纤维织物应按抽样规则取得，并应裁成 300mm×200mm 的大小。其片数：对 200g/m² 的碳纤维织物，一次成型应为 14 片；对 300g/m² 的碳纤维织物，一次成型应为 10 片；对玻璃纤维或芳纶纤维织物，应经试制确定其所需的片数。受检的纤维织物，应展平放置，不得折叠；其表面不应有起毛、断丝、油污、粉尘和皱褶。

2 受检的预成型板应按抽样规则取得；并应截成长 300mm 的片材 3 片，但不得使用板端 50mm 长度内的材料做试样。受检的板材，应平直，无划痕，纤维排列应均匀，无污染。

3 受检的胶粘剂，应按抽样规则取得；并应按一次成型需用量由专业人员配制；用剩的胶液不得继续使用。配制及使用胶液的工艺要求应符合产品使用说明书的规定。

D.3.2 试样制备应符合下列规定：

1 纤维织物复合材

1）湿法铺层工序

在室温条件下，安装好钢模板，经清理洁净后，将聚酯薄膜铺在板面上，铺时应充分展平，不得有皱褶和破裂口。在薄膜上用刮板均匀涂布胶液，随即进行铺层（即敷上一层纤维织物）；铺层时，应用刮板和滚筒刮平、压实，使胶液充分浸渍织物，使纤维顺直、方向一致；然后再涂胶、再铺层，逐层重复上述操作，直至全部铺完，并在最上层纤维织物面上铺放一张聚酯薄膜。

2）施压成型工序

在顶层铺放聚酯薄膜后，即可安装钢压板，准备进入施压成型工序。施压成型全过程也应在室温条件下进行。此时，应先在钢模板长度方向两端置放本附录 D.2.1 第 3 款规定的钢垫板，以控制层积厚度。在安装好钢压板、槽钢和螺杆，并经检查无误后，即可拧紧螺杆进行施压，使层积厚度下降，直至钢压板触及两端钢垫板为止，并应在施压状态下静置 24h。

3）养护工序

试样从成型模具中取出后，尚应继续养护 144h，养护温度应控制在（23±2）℃。严禁采用人工高温的养护方法。在养护期间不得扰动或进行任何机械加工，也不得受到日晒、雨淋或受潮。

2　预成型板

采用 3 块条形板胶粘叠合而成的试样。制备时，可利用上述成型模具进行涂胶、粘贴、加压（不加垫板）和养护，且加压和养护时间也应符合本条第 1 款第（3）项的规定。

D.4　试件制作

D.4.1　试件应从试样中部切取；最外一个试件距试样边缘不应小于 30mm，加工试件宜用金刚石车刀，且宜在用水润滑后进行锯、刨或磨光等作业。试件边缘应光滑、平整、相互平行。试件加工人员应戴防尘眼镜、应着防护衣帽及口罩；严防粉尘粘附皮肤。

D.4.2　一般情况下，应取试件长度 $l=30mm\pm1mm$；宽度 $b=6.0mm\pm0.5mm$；对纤维织物制成的试件，其厚度按模压确定，即 $h=4mm\pm0.2mm$；对预成型板粘合成的试样，其厚度若大于 4mm，允许在机床上单面细加工到 4mm。每组试件数量不应少于 5 个；若需确定试验结果的标准差，每组试件数量不应少于 15 个；仲裁试验的试件数量应加倍。

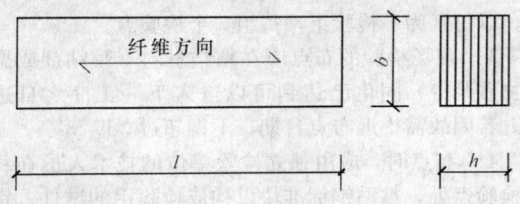

D.4.2　试件形状及尺寸符号

l—试件长度；h—试件高度；b—试件宽度

D.5　试验条件

D.5.1　试件状态调节、试验设备及试验的标准环境应符合现行国家标准《纤维增强塑料性能试验方法总则》GB 1446 的规定。

D.5.2　试验装置（图 D.5.2）的加载压头及支座与

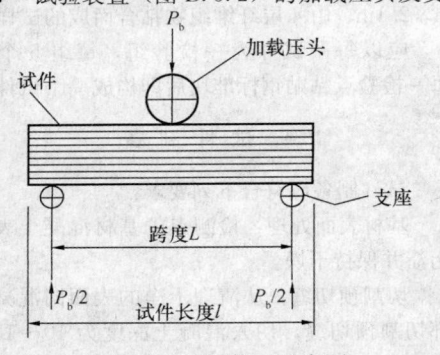

D.5.2　试验装置示意图

试件的抵承面应为圆柱曲面；加载压头及支座应采用 45 号钢制作，其表面应光滑，无凹陷及疤痕等缺陷。

加载压头的半径 R 应为 $(3\pm0.1)mm$；支座圆柱半径 r 应为 $(1.5\sim2.0)mm\pm0.1mm$，加载压头和支座的长度宜比试件的宽度大 4mm。

D.6　试验步骤

D.6.1　试验前应对试件外观进行检查，其外观质量应符合现行国家标准《纤维增强塑料性能试验方法总则》GB 1446 的要求。

D.6.2　试件应置于试验装置的中心位置上。其跨度应调整为 $L=20mm$，且误差不应大于 0.3mm；加载压头的轴线应位于两支座之间的中央；且应与支座轴线平行。

D.6.3　以 $1\sim2mm/min$ 的加荷速度连续加荷至试件破坏；记录最大荷载 P_b 及试件破坏形式。

D.6.4　当试验出现下列情形之一时，即可确认试件已破坏，并可立即停止试验：

1　荷载读数已较峰值下降 30%；

2　加载压头移动的行程已超过试件的名义厚度（即 4mm）；

3　试件分离成两片。

D.7　试验结果

D.7.1　试件层间剪切强度应按下式计算：

$$f_s = \frac{3P_b}{4bh}$$　　（D.7.1）

式中　f_s——层间剪切强度（MPa）；

P_b——试件破坏时的最大载荷（N）；

b——试件宽度（mm）；

h——试件厚度（mm）。

D.7.2　试件破坏形式及正常性判别，应符合下列规定：

1　试件的破坏典型形式（图 D.7.2）：

1）层间剪切破坏（图 D.7.2a）；

2）弯曲破坏：或呈上边缘纤维压皱，或呈下边缘纤维拉断（图 D.7.2b）；

3）非弹性变形破坏（图 D.7.2c）。

2　破坏正常性判别及处理：

1）当发生图 D.7.2a 的破坏时，属层间剪切正常破坏；当发生图 D.7.2b 或 c 的破坏时，属非层间剪切的不正常破坏。

2）当一组试件中仅有一根破坏不正常时，可重做试验，但试件数量应加倍。若重做试验全数破坏正常，仍可认为该组试验结果可以使用；若仍有试件破坏不正常，则应认为该种纤维与所配套的胶粘剂在适配性上不良，并应重新对胶粘剂进行改性，或改用其他型号胶粘剂配套。

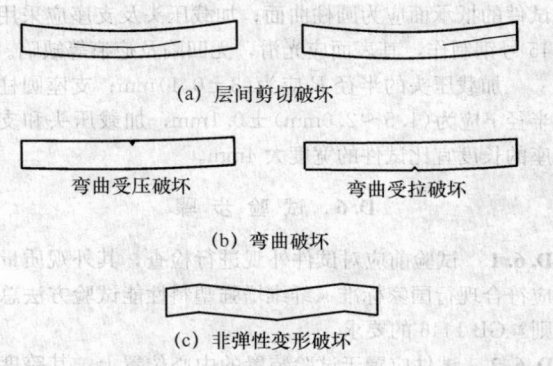

(a) 层间剪切破坏

弯曲受压破坏　　　　弯曲受拉破坏

(b) 弯曲破坏

(c) 非弹性变形破坏

图 D.7.2　试件的破坏形式

D.7.3　试验报告应包括下列内容：

1　受检纤维材料及其胶粘剂的品种、型号和批号；

2　抽样规则及抽样数量；

3　试件制备方法及养护条件；

4　试件的编号和尺寸；

5　试验环境的温度和相对湿度；

6　试验设备的型号、量程及检定日期；

7　加荷方式及加荷速度；

8　试样的破坏荷载及破坏形式；

9　试验结果的整理和计算；

10　试验人员、校核人员及试验日期。

附录 E　粘结材料粘合加固材与基材的正拉粘结强度现场测定方法及评定标准

E.1　适用范围

E.1.1　本方法适用于现场条件下以结构胶粘剂或高强聚合物砂浆为粘结材料，粘合（包括浇注、喷抹）下列加固材料与基材，在均匀拉应力作用下发生内聚、粘附或混合破坏的正拉粘结强度测定：

1　结构胶粘剂粘合纤维复合材与基材混凝土；

2　结构胶粘剂粘合钢板与基材混凝土；

3　高强聚合物砂浆喷抹层粘合钢丝绳网片与基材混凝土。

E.1.2　当承重结构加固设计要求做纤维织物与胶粘剂的适配性检验时，应采用本方法进行仰贴条件下正拉粘结强度项目的测定。

E.2　试验设备

E.2.1　结构加固工程现场使用的粘结强度检测仪，应坚固、耐用且携带和安装方便；其技术性能不应低于国家现行标准《数显式粘结强度检测仪》JG 3056 的要求。检测仪应每年检定一次。

E.2.2　钢标准块的形状可根据实际情况选用方形或圆形。方形钢标准块的尺寸为 40mm×40mm；圆形钢标准块的直径为 50mm；钢标准块的厚度不应小于 20mm，且应采用 45 号钢制作。

钢标准块应带有传力螺杆，其尺寸和夹持构造，应根据所使用的检测仪确定。

E.2.3　当适配性检验需在模拟现场条件下进行时，应配备仰贴纤维复合材用的钢架。该钢架宜采用角钢制作，其顶部构造应能搁置并固定 3 块板面尺寸不小于 600mm×2100mm 的预制混凝土板；其板下的空间应能满足仰贴作业的需要。预制混凝土板的强度等级应按受检产品的适用范围确定，但不得低于 C30。

E.3　取样规则

E.3.1　粘贴、喷抹质量检验的取样，应符合下列规定：

1　梁、柱类构件以同规格、同型号的构件为一检验批。每批构件随机抽取的受检构件应按该批构件总数的 10% 确定，但不得少于 3 根；以每根受检构件为一检验组；每组 3 个检验点。

2　板、墙类构件应以同种类、同规格的构件为一检验批，每批按实际粘贴、喷抹的加固材料表面积（不论粘贴的层数）均匀划分为若干区，每区 100m²（不足 100m²，按 100m² 计），且每一楼层不得少于 1 区；以每区为一检验组，每组 3 个检验点。

3　现场检验的布点应在粘结材料（胶粘剂或聚合物砂浆等）固化已达到可以进入下一工序之日进行。若因故需推迟布点日期，不得超过 3d。

4　布点时，应由独立检验单位的技术人员在每一检验点处，粘贴钢标准块以构成检验用的试件。钢标准块的间距不应小于 500mm，且有一块应粘贴在加固构件的端部。

E.3.2　适配性检验

1　应由独立检验机构会同有关单位，在 12℃ 和 35℃ 的气温（自然或人工环境均可）中各制备 3 个试样，并分别进行检验；

2　应以安装在钢架上的 3 块预制混凝土板为基材，在两种气温中，每块板分别仰贴一条尺寸为 0.25m×2.1m、由 4 层纤维织物粘合而成的试样；

3　应以每一试样为一检验组，每组 5 个检验点。每一检验点粘贴钢标准块后即构成一个试件。

E.4　试件制备

E.4.1　试件制备应符合下列要求：

1　基材表面处理：检测点的基材混凝土表面应清除污渍并保持干燥。

2　切割预切缝：从清理干净的表面向混凝土基材内部切割预切缝，切入混凝土深度为 10～15mm，缝的宽度约 2mm。预切缝形状为边长 40mm 的方形

或直径 50mm 的圆形，视选用的切缝机械而定。切缝完毕后，应再次清理混凝土表面。

3 粘贴钢标准块：应选用快固化、高强胶粘剂进行粘贴。钢标准块粘贴后应立即固定；在胶粘剂 7d 的固化过程中，不得受到任何扰动。

E.5 试验步骤

E.5.1 试验应在布点日期算起的第 8 天进行。试验时应按粘结强度测定仪的使用说明书正确安装仪器，并连接钢标准块（图 E.5.1）。

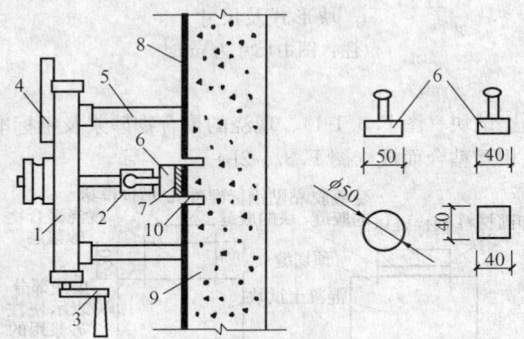

图 E.5.1 仪器安装及与钢标准块连接示意图
1—粘结强度测定仪；2—夹具；3—加荷摇柄；4—数字式测力计；5—反力支承架；6—钢标准块；7—高强、快固化的胶粘剂；8—基材表面粘贴或喷抹的加固材料层；9—基材混凝土；10—混凝土表面预切缝

E.5.2 以均匀速率连续加荷，控制在 1～1.5min 内破坏；记录破坏时的荷载值，并观测其破坏形式。

E.6 试验结果

E.6.1 正拉粘结强度应按下式计算：

$$f_{ti} = P_i / A_{ai} \qquad (E.6.1)$$

式中 f_{ti}——试件 i 的正拉粘结强度（MPa）；
P_i——试件 i 破坏时的荷载值（N）；
A_{ai}——钢标准块 i 的粘合面面积（mm²）。

E.6.2 破坏形式及其正常性判别

1 破坏形式

1）内聚破坏

——基材混凝土内聚破坏：即混凝土内部发生破坏；

——胶粘剂内聚破坏：可见于使用低性能、低质量胶粘剂的胶层中；

——聚合物砂浆内聚破坏：可见于使用低强度水泥，或低性能、低质量聚合物的聚合物砂浆层中。

2）粘附破坏（层间破坏）

——胶层与基材混凝土之间的界面破坏；

——聚合物砂浆层与基材混凝土之间的界面破坏。

3）混合破坏

粘合面出现两种或两种以上的破坏形式。

注：钢标准块与高强、快固化胶粘剂之间的界面破坏，属检验技术问题，与破坏形式判别无关，应重新粘贴，重做试验。

2 试验结果正常性判别

若破坏形式为基材混凝土内聚破坏，或虽出现两种或两种以上的破坏形式，但基材混凝土内聚破坏形式的破坏面积占粘合面面积 85% 以上，均可判为正常破坏。若破坏形式为粘附破坏、胶粘剂或聚合物砂浆内聚破坏，以及基材混凝土内聚破坏的面积少于 85% 的混合破坏，均应判为不正常破坏。

E.7 检验结果的合格评定

E.7.1 加固材料粘贴、喷抹质量的合格评定：

1 组检验结果的合格评定，应符合下列规定：

1） 当组内每一试样的正拉粘结强度均达到本检验所执行规范相应指标的要求，且其破坏形式正常时，应评定该组为检验合格组；

2） 若组内仅一个试样达不到上述要求，允许以加倍试样重新做一组检验，如检验结果全数达到要求，仍可评定该组为检验合格组；

3） 若重做试验中，仍有一个试样达不到要求，则应评定该组为检验不合格组。

2 检验批的粘贴、喷抹质量的合格评定，应符合下列规定：

1） 当批内各组均为检验合格组时，应评定该检验批构件加固材料与基材混凝土的粘合质量合格；

2） 若有一组或一组以上为检验不合格组，则应评定该检验批构件加固材料与基材混凝土的粘合质量不合格；

3） 若检验批由不少于 20 组试样组成，且检验结果仅有一组因个别试样粘结强度低而被评为检验不合格组，则仍可评定该检验批构件的粘合质量合格。

E.7.2 适配性检验的正拉粘结性能合格评定，应符合下列规定：

1 当不同气温条件下检验的各组均为检验合格组时，应评定该型号纤维织物与拟配套使用的胶粘剂，其适配性检验的正拉粘结性能合格；

2 若本次检验中，有一组或一组以上检验不合格，应评定该型号纤维织物与拟配套使用的胶粘剂，其适配性检验的正拉粘结性能不合格；

3 当仅有一组，且组中仅有一个检测点不合格时，允许以加倍的检测点数重做一次检验。若检验结果全组合格，仍可评定为适配性检验的正拉粘结性能合格。

附录 F 粘结材料粘合加固材与基材的正拉粘结强度试验室测定方法及评定标准

F.1 适 用 范 围

F.1.1 本方法适用于试验室条件下以结构胶粘剂或高强聚合物砂浆为粘结材料粘合（包括喷抹、浇注）下列加固材料与基材，在均匀拉应力作用下发生内聚、粘附或混合破坏的正拉粘结强度测定：

    1 纤维复合材与基材混凝土；

    2 钢板与基材混凝土；

    3 现浇的高强聚合物砂浆层与基材混凝土。

F.1.2 本方法不适用于以结构胶粘剂粘合质量大于 $300g/m^2$ 碳纤维织物与基材混凝土的正拉粘结强度测定。

F.2 试 验 设 备

F.2.1 拉力试验机力值量程的选择，应使试样的破坏荷载，在该机标定的满负荷的 $20\%\sim80\%$ 之间；力值的示值误差不得大于 1%。

F.2.2 试验机夹持器的构造应能使试件垂直对中固定，不产生偏心和扭转的作用。

F.2.3 试件夹具由带拉杆的钢夹套与带螺杆的钢标准块构成，其形状及主要尺寸如图 F.2.3 所示。

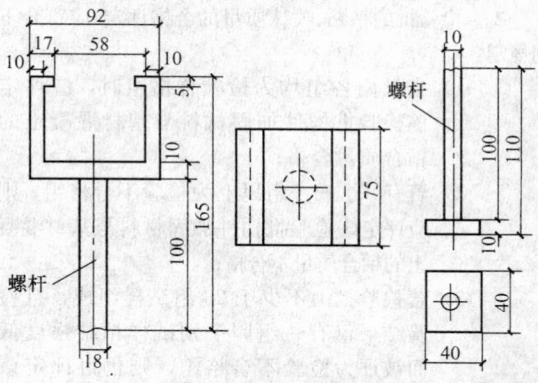

(a) 带拉杆钢夹套   (b) 带螺杆钢标准块

图 F.2.3 试件夹具及钢标准块尺寸

注：图中尺寸为 mm

F.3 试 件

F.3.1 试验室条件下测定正拉粘结强度应采用组合式试件，其构造应符合下列规定：

    1 以胶粘剂为粘结材料的试件应由混凝土试块（图 F.3.1-1）、胶粘剂、加固材料（如纤维复合材或钢板等）及钢标准块相互粘合而成（图 F.3.1-2a）。

    2 以高强聚合物砂浆为粘结材料的试件应由混

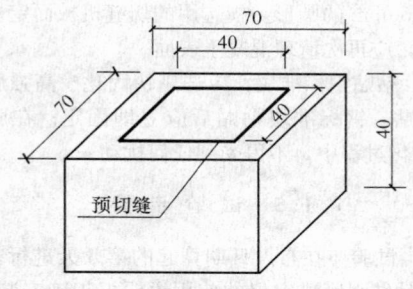

图 F.3.1-1 混凝土试块形式及尺寸

注：图中尺寸为 mm

凝土试块（图 F.3.1-1）、现浇的聚合物砂浆及钢标准块相互粘合而成（图 F.3.1-2b）。

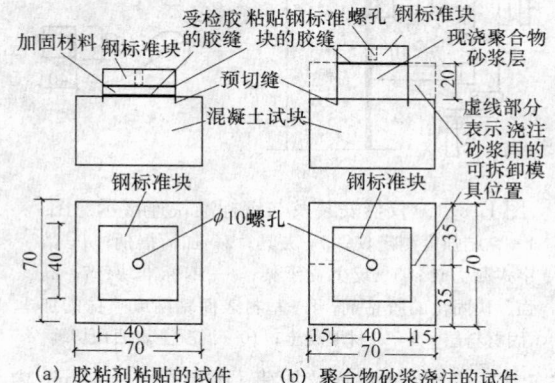

(a) 胶粘剂粘贴的试件   (b) 聚合物砂浆浇注的试件

图 F.3.1-2 正拉粘结强度试验的试件

注：图中尺寸为 mm

F.3.2 试样组成部分的制备应符合下列规定：

    1 受检粘结材料应按产品使用说明书规定的工艺要求进行配制和使用。

    2 混凝土试块的尺寸应为 70mm×70mm×40mm；其混凝土强度等级，对 A 级和 B 级胶粘剂均应为 C40～C45；对 I 级和 II 级聚合物砂浆，应分别为 C45 和 C25。试块浇注后应经 28d 标准养护；试块使用前，应以专用的机械切出深度为 4～5mm 的预切缝，缝宽约 2mm，如图 F.3.1-1 所示。预切缝围成的方形平面，其尺寸应为 40mm×40mm，并应位于试块的中心。混凝土试块的粘贴面（方形平面）应作糙化处理；必要时，还可用界面胶粘剂处理；处理后的粘贴面应保持洁净、平整。

    3 受检的纤维复合材应按规定的抽样规则取样；从纤维复合材中间部位裁剪出尺寸为 40mm×40mm 的试件；试件外观应无划痕和折痕；粘合面应洁净，无油脂、粉尘等影响胶粘的污染物。

    4 受检的钢板应从施工现场取样，并切割成 40mm×40mm 的试件，其板面及周边应加工平整，

且应经除油污处理和喷砂处理；粘合前，尚应用丙酮擦洗干净。

5 钢标准块

钢标准块（图 F.2.3b）宜用 45 号碳钢制作；其中心应车有安装 $\phi10$ 螺杆用的螺孔。标准块与加固材料接触的表面应经喷砂或其他机械方法的糙化处理。标准块可重复使用，但重复使用前应完全清除粘合面上的粘结材料层和污迹，并重新进行表面处理。

F.3.3 试件的粘合、浇注与养护

首先在混凝土试块的中心位置，按规定的粘合工艺粘贴加固材料（如纤维复合材或薄钢板），若为多层粘贴，应在胶层指干时立即粘贴下一层。当检验聚合物砂浆时，应在试块上先安装模具，再浇注砂浆层。试件粘贴或浇注完毕后，应按产品使用说明书规定的工艺要求进行加压、养护；经 7d 固化后，用快固化的高强胶粘剂将钢标准块粘贴在试件表面。每一道作业均应检查各层之间的对中情况。

F.3.4 试件应安装在钢夹具（图 F.3.4）内并拧上传力螺杆。安装完成后各组成部分的对中标志线应在同一轴线上。

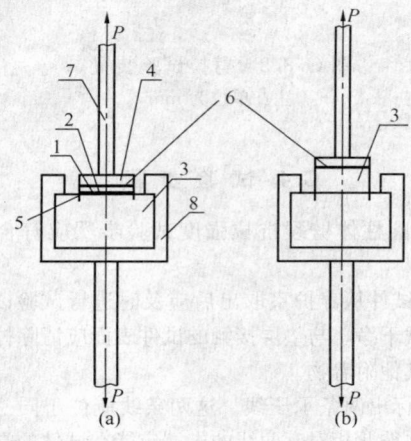

图 F.3.4 试件组装

1—受检胶粘剂；2—被粘合的纤维复合材或钢板；3—聚合物砂浆层；4—钢标模块；5—混凝土试块预切缝；6—快固化高强胶粘剂；7—传力螺杆；8—钢夹具

F.3.5 常规试验的试样数量每组不应少于 5 个；仲裁试验的试样数量应加倍。

F.4 试 验 环 境

F.4.1 试验环境应保持在：温度（23±2）℃、相对湿度 60%～70%。

注：对湿度敏感的胶粘剂或为仲裁性试验，其试验室的相对湿度应控制在 45%～55%。

F.4.2 若试样系在异地制备后送检，应在试验标准环境条件下至少放置 24h 后，方可进行试验。

F.5 试 验 步 骤

F.5.1 将安装在夹具内的试件（图 F.3.4）置于试验机上下夹持器之间，并调整至对中状态后夹紧。

F.5.2 以均匀速率加荷，控制在 1～1.5min 内破坏。记录试样破坏时的荷载值，并观测其破坏形式。

F.6 试 验 结 果

F.6.1 正拉粘结强度应按下式计算：

$$f_{ti} = P_i / A_{ai} \qquad (F.6.1)$$

式中 f_{ti}——试样 i 的正拉粘结强度（MPa）；

P_i——试样 i 破坏时的荷载值（N）；

A_{ai}——金属标准块 i 的粘合面面积（mm²）。

F.6.2 试样破坏形式及其正常性判别：

1 试样破坏形式应按下列规定划分：

1）内聚破坏：应分为基材混凝土内聚破坏和受检粘结材料的内聚破坏；后者可见于使用低性能、低质量胶粘剂或聚合物砂浆的场合。

2）粘附破坏（层间破坏）：应分为胶层或砂浆层与基材之间的界面破坏及胶层与纤维复合材或钢板之间的界面破坏。

3）混合破坏：粘合面出现两种或两种以上的破坏形式。

2 破坏形式正常性判别，应符合下列规定：

1）当破坏形式为基材混凝土内聚破坏，或虽出现两种或两种以上的破坏形式，但基材混凝土内聚破坏形式的破坏面积占粘合面面积 85% 以上，均可判为正常破坏。

2）当破坏形式为粘附破坏、粘结材料内聚破坏或基材混凝土内聚破坏面积少于 85% 的混合破坏，均应判为不正常破坏。

注：钢标准块与检验用高强、快固化胶粘剂之间的界面破坏，属检验技术问题，应重新粘贴，不参与破坏形式正常性评定。

F.7 试验结果的合格评定

F.7.1 组试验结果的合格评定，应符合下列规定：

1 当一组内每一试件的破坏形式均属正常时，应舍去组内最大值和最小值，而以中间三个值的平均值作为该组试验结果的正拉粘结强度推定值；若该推定值不低于本规范第 4 章规定的相应指标，则可评该组试件正拉粘结强度检验结果合格；

2 当一组内仅有一个试件的破坏形式不正常，允许以加倍试件重做一组试验。若试验结果全数达到上述要求，则仍可评该组为试验合格组。

F.7.2 检验批试验结果的合格评定应符合下列要求：

1 若一检验批的每一组均为试验合格组，则应

评该批粘结材料的正拉粘结性能符合安全使用的要求；

    2 若一检验批中有一组或一组以上为不合格组，则应评该批粘结材料的正拉粘结性能不符合安全使用要求；

    3 若检验批由不少于 20 组试件组成，且仅有一组被评为试验不合格组，则仍可评该批粘结材料的正拉粘接性能符合使用要求。

F.7.3 试验报告应包括下列内容：

    1 受检胶粘剂或复合砂浆的品种、型号和批号；

    2 抽样规则及抽样数量；

    3 试件制备方法及养护条件；

    4 试件的编号和尺寸；

    5 试验环境的温度和相对湿度；

    6 仪器设备的型号、量程和检定日期；

    7 加荷方式及加荷速度；

    8 试件的破坏荷载及破坏形式；

    9 试验结果整理和计算；

    10 试验人员、校核人员及试验日期。

附录 G　富填料胶体、聚合物砂浆体劈裂抗拉强度测定方法

G.1　适用范围

G.1.1 本方法适用于测定粘结锚固件用胶粘剂、粘结钢丝绳网片用聚合物砂浆以及其他富填料胶体的劈裂抗拉强度。

G.1.2 本方法仅适用于圆柱体试件的劈裂抗拉试验；不得引用于立方体劈裂抗拉试验。

G.2　试　件

G.2.1 劈裂抗拉试件的直径为 20mm；长度为 40mm；允许偏差为±0.1mm；由受检的胶粘剂或聚合物砂浆浇注而成。试件的养护方法及养护要求应符合产品使用说明书的规定，但养护时间，对胶粘剂和聚合物砂聚，应分别以 7d 和 28d 为准。

G.2.2 试件拆模后，应检查其表面的缺陷；凡有裂纹、麻面、孔洞、缺陷的试件不得使用。

G.2.3 劈裂抗拉试的试件数量，每组不应少于 3 个。

G.3　试验设备及装置

G.3.1 劈裂抗拉试件的制作应在专门的模具中浇注而成。模具可自行设计，但应便于脱模，且不应伤及试件；模具的内壁应经抛光，其光洁度应达到∽0.3。其他技术要求应符合现行行业标准《混凝土试模》JG 3019 的规定。

G.3.2 劈裂抗拉试件的加载，应采用最大压力标定值不大于 4000N 的压力试验机；其力值的示值误差不应大于 1%；每年应检定一次。试件的破坏荷载应处于试验机标定满负荷的 20%～80% 之间。

G.3.3 劈拉试验装置，由加载钢压头、带小压头钢底座及钢定位架等组成（图 G.3.3）。

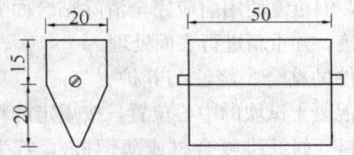

(a) 加载钢压头

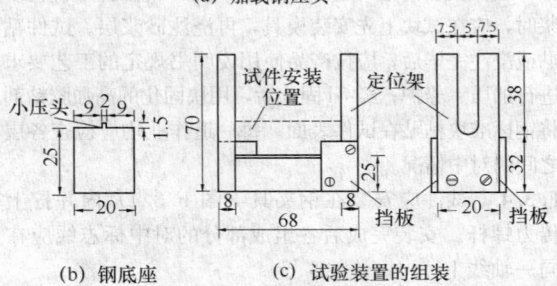

(b) 钢底座　　　(c) 试验装置的组装

图 G.3.3　劈拉试验装置
注：单位为 mm

G.4　试　验　步　骤

G.4.1 圆柱体劈裂抗拉强度试验步骤应符合下列规定：

    1 试件从养护室取出后应及时进行试验；先将试件擦拭干净，与垫层接触的试件表面应清除掉一切浮渣和其他附着物。

    2 标出两条承压线。这两条线应位于同一轴向平面，并彼此相对，两线的末端应能在试件的端面上相连，以判断划线的正确性。

    3 将嵌有试件的试验装置于试验机中心，在上下压头与试件承压线之间各垫一条截面尺寸为 2mm×2mm 木垫条，圆柱体试件的水平轴线应在上下垫条之间保持水平，与水平轴线相垂直的承压线应位于垫条的中心，其上下位置应对准（图 G.4.1）。

    4 施加荷载应连续均匀地进行，并控制在 1～1.5min 内破坏。

    5 试件破坏时，应记录其最大荷载值及破坏形式。

G.4.2 当按本附录第 G.4.1 条规定的试验步骤进行试验时，若试件的破坏形式不是劈裂破坏，应检查试件的上下对中情况是否符合要求；若对中没有问题，应检查试件的原材料是否固化不良，或不属于富填料的粘结材料。

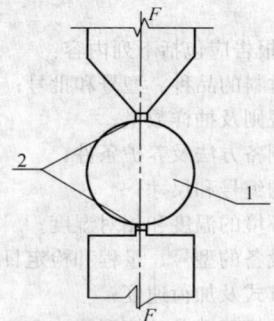

图 G.4.1 试件安装示意图

1—试件；2—木垫条

G.5 试验结果

G.5.1 圆柱体试件劈裂抗拉强度试验结果的整理应符合下列规定：

1 圆柱体劈裂抗拉强度应按下式计算：

$$f_{ct} = \frac{2F}{\pi dl} = \frac{0.637F}{dl} \qquad (G.5.1)$$

式中 f_{ct}——圆柱体劈裂抗拉强度测试值（MPa）；

   F——试件破坏荷载（N）；

   d——劈裂面的试件直径（mm）；

   l——试件的长度（mm）。

圆柱体劈裂抗拉强度计算精确至 0.01MPa。

2 圆柱体劈裂抗拉强度有效值应按下列规定进行确定：

   1）以三个测值的算术平均值作为该组试件的有效强度值；

   2）若一组测值中，有一最大值或最小值，与中间值之差大于 15% 时，以中间值作为该组试件的有效强度值；

   3）若最大值和最小值与中间值之差均大于 15%，则该组试验结果无效，应重做。

G.5.2 当需要计算劈裂抗拉试验结果的标准差及变异系数时，应至少有 15 个有效强度值。

G.5.3 试验报告应包括下列内容：

1 受检富填料胶粘剂或聚合物砂浆的品种、型号和批号；

2 抽样规则及抽样数量；

3 试件制备方法及养护条件；

4 试件的编号和尺寸；

5 试验环境的温度和相对湿度；

6 试验设备的型号、量程及检定日期；

7 加荷方式及加荷速度；

8 试样的破坏荷载及破坏形式；

9 试验结果的整理和计算；

10 试验人员、校核人员及试验日期。

附录 H 高强聚合物砂浆体抗折强度测定方法

H.1 适 用 范 围

H.1.1 本方法适用于高强聚合物砂浆体抗折强度的测定。

H.2 试验装置和设备

H.2.1 浇注试件用的模具应符合下列要求：

1 应为可拆卸的钢制模具；其钢材宜为 45 号钢；模具内表面的光洁度应达 $\frac{6.3}{\bigtriangledown}$。

2 模具尺寸的允许偏差应符合下列规定：

   1）模内净截面各边尺寸的偏差不得超过 0.20mm；模内净长度的偏差不得超过 1mm；

   2）模内相邻面的夹角应为 90°，其偏差不得超过 0.5°；

   3）模具各边组成的上表面，其平面度偏差不得超过短边长度的 1.5%。

3 模具的拆卸构造不应在操作时伤及试件。

H.2.2 当浇注试件需经振捣成型时，振动台的技术性能和质量应符合现行行业标准《混凝土试验室用振动台》JG/T 3020 的规定。

H.2.3 抗折试验使用的压力试验机应为液压式压力试验机，其测量精度应达 ±1.0%；试验机应能均匀、连续、速度可控地施加荷载；试件破坏荷载应处于压力机标定满负荷的 20%～80% 之间。

H.2.4 试件的支座和加载压头应为直径 10mm、长 35mm 的 45 号钢圆柱体；分配荷载的钢板，也应采用 45 号钢制成；其尺寸应为 10mm×35mm×50mm。

H.2.5 抗折试验装置，应为图 H.2.5 所示的三分点加荷装置。

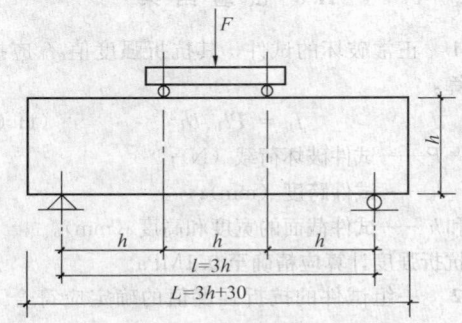

H.2.5 抗折试验装置

注：单位为 mm

H.3 取 样 规 则

H.3.1 验证性试验用的抗折试样，应在试验室按产

品使用说明书的要求专门配制,并按每盘拌合物取样制作一组试件,每组不少于 5 个试件的原则确定应拌合的盘数。拌合时试验室的温度应在(23±2)℃。

H.3.2 工程质量检验用的抗折试样,应在现场随机选取 3 盘拌合物,每盘取样制作一组试件,每组试件不应少于 3 个。

H.3.3 拌合物取样后,应在产品说明书规定的适用期(按分钟计)内浇注成试件;不得使用逾期的拌合物浇注试件。

H.4 试件制备

H.4.1 高强聚合物砂浆的抗折强度测定,应采用截面为 30mm×30mm、长度为 120mm 的棱柱形试件。

H.4.2 试件应在符合本附录第 H.2.1 条要求的模具中制作、浇注、捣实和养护;其养护制度和拆模时间应按聚合物砂浆产品使用说明书确定,但养护时间应以 28d 为准。

H.4.3 试件拆模后,应检查试件表面的缺陷;凡有裂纹、麻点、孔洞、缺损的试件应弃用。

H.5 试验步骤

H.5.1 试件养护到期后应及时进行试验,若因故需推迟试验不得超过 1d。

H.5.2 在试验机中按图 H.2.5 安装试件时,应以试件成型时的侧面作为加荷的承压面,并应从试验机前后两面对试件进行对中,若发现试件与支座或施力点接触不严或不稳时,应予以垫平。

H.5.3 试件加荷应均匀、连续,并应控制在 1.5～2.0min 内破坏,破坏时除应记录试验机荷载示值外,还应记录破坏点位置及破坏形式。

当试件的破坏点位于两集中荷载作用线之间时为正常破坏;若破坏点位于集中荷载作用线与支座之间时为非正常破坏。

H.6 试验结果

H.6.1 正常破坏的试件,其抗折强度值 f_b 应按下式计算:

$$f_b = Pl_b/bh^2 \qquad (H.6.1)$$

式中 P——试件破坏荷载(N);

l_b——试件跨度(mm);

b 和 h——试件截面的宽度和高度(mm)。

抗折强度计算应精确至 0.1MPa。

H.6.2 一组试件的抗折强度值的确定应符合下列规定:

1 当一组试件的破坏均属正常破坏时,以全组测值的算术平均值表示;

2 当一组试件中仅有一个测值为非正常破坏时,应弃去该测值,而以其余测值的算术平均值表示;

3 当一组试件中非正常破坏值不止一个时,该

组试验无效。

H.6.3 试验报告应包括下列内容:

1 受检材料的品种、型号和批号;

2 抽样规则及抽样数量;

3 试件制备方法及养护条件;

4 试件的编号和尺寸;

5 试验环境的温度和相对湿度;

6 仪器设备的型号、量程和检定日期;

7 加荷方式及加荷速度;

8 试件破坏荷载及破坏形式;

9 试验结果的整理和计算;

10 试验人员、校核人员及试验日期。

附录 J   富填料粘结材料拉伸
抗剪强度测定方法
(钢套筒法)

J.1 适用范围及应用条件

J.1.1 本方法适用于以富填料结构胶粘剂为粘结材料粘合带肋钢筋与钢套筒的拉伸抗剪强度测定;也可用于高强聚合物砂浆粘合钢丝绳与钢套筒的拉伸抗剪强度测定。

J.1.2 本方法为富填料粘结材料的专用方法,不得用于测定其他用途胶粘剂的拉伸抗剪强度。

J.2 试验设备及装置

J.2.1 试验机的加荷能力,应使试件的破坏荷载处于试验机标定满负荷的 20%～80% 之间。试验机力值的示值误差不应大于 1%。

试验机应能连续、平稳、速率可控地施荷。

J.2.2 夹持器及其夹具

试验配备的夹持器及其夹具,应能自动对中,使力线与试样的轴线始终保持一致。

J.3 试   件

J.3.1 试件由受检胶粘剂粘结直径为 12mm 的带肋钢筋与专用钢套筒组成(图 J.3.1)。试件的剪切面长度为(36±0.5)mm。当检验聚合物砂浆时,应采用直径为 5mm 的钢丝绳替代带肋钢筋。此时,试件的剪切面长度为(35±0.5)mm,即钢丝绳埋深为 7d(d 为绳径),其他不变。

J.3.2 受检胶粘剂或聚合物砂浆应按规定的抽样规则从一定批量的产品中抽取。

J.3.3 专用钢套筒应采用 45 号碳钢制作。套筒内壁应有螺距为 4mm、深度为 0.4mm 的梯形螺纹。

J.3.4 试件数量应符合下列规定:

1 常规检验的试件:每组不应少于 5 个;

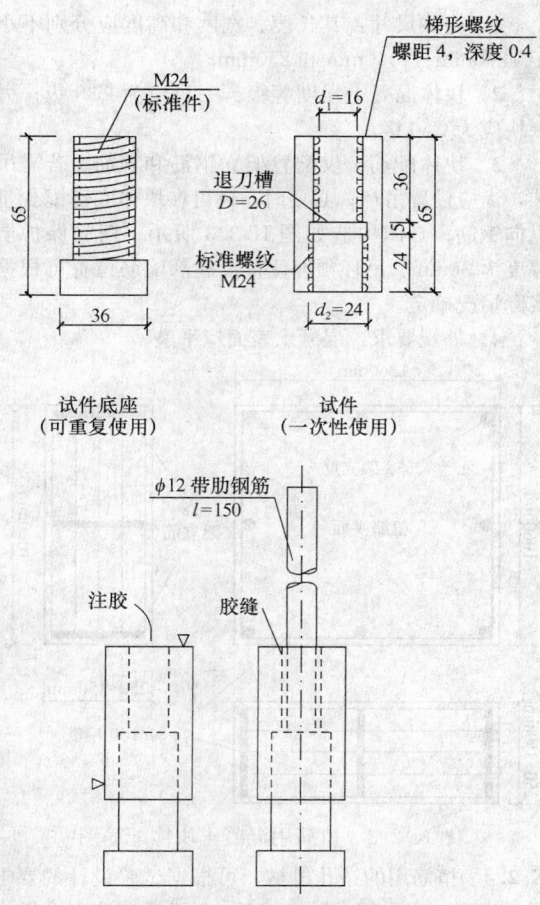

图 J.3.1　标准试件的形式与尺寸（mm）

2　确定抗剪强度标准值的试件数量应按本规范第3.2节确定。

J.4　试件制备

J.4.1　钢筋、钢丝绳和钢套筒，应经除锈、除油污；套筒内壁尚应无毛刺；粘结前，钢筋和套筒应用工业丙酮清洗一遍。

J.4.2　钢筋、钢丝绳的直径以及套筒的内径和深度，应用量具测量，精确到0.05mm。

J.4.3　粘结时，胶粘剂或聚合物砂浆的配合比及其粘结工艺要求应按该产品的使用说明书确定，但养护时间，对胶粘剂和聚合物砂浆应分别以7d和28d为准。

J.5　试验条件

J.5.1　试件应在胶粘剂或聚合物砂浆养护到期的当日进行试验。若因故需推迟试验日期，应征得有关方面一致同意，且不得超过1d。

J.5.2　试验应在室温为（23±2）℃的环境中进行。仲裁性试验或对环境湿度敏感的胶粘剂，其相对湿度应控制在45%～55%之间。

J.5.3　对温度、湿度有要求的试验，其试件在测试前的调控时间不应少于24h。

J.6　试验步骤

J.6.1　试验时应将试件（图J.6.1）对称地夹持在夹具中；夹持长度不应少于50mm。

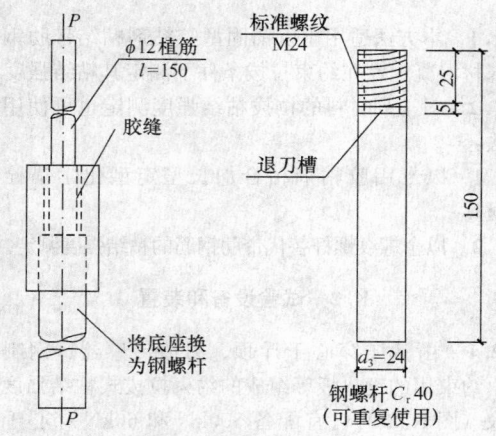

图 J.6.1　试件安装钢螺杆

J.6.2　开动试验机，以连续、均匀的速率加荷；自试样加荷至破坏的时间应控制在1～3min内。

J.6.3　试样破坏时，应记录其最大荷载值，并记录粘结的破坏形式（如内聚破坏、粘附破坏等）。

J.7　试验结果

J.7.1　胶粘剂或聚合物砂浆的抗剪强度 f_{vu}，应按下列公式计算：

1　胶粘剂

$$f_{vu} = P/0.8\pi Dl \qquad (J.7.1\text{-}1)$$

2　聚合物砂浆

$$f_{vu} = P/\pi dl \qquad (J.7.1\text{-}2)$$

式中　P——拉伸的破坏荷载（N）；

D——钢套筒的内径（mm）；

l——粘结面长度（mm）；

d——钢丝绳的公称直径（mm）。

J.7.2　试验结果的计算应取三位有效数字。

J.7.3　试验报告应包括下列内容：

1　受检粘结材料的品种、型号和批号；

2　抽样规则及抽样数量；

3　试件制备方法及养护条件；

4　试件的编号及其剪切面的尺寸；

5　试验环境的温度和相对湿度；

6　仪器设备的型号、量程和检定日期；

7　加荷方式及加荷速度；

8　试件破坏荷载及破坏形式；

9　试验结果的整理和计算；

10 试验人员、校核人员及试验日期。

附录K 约束拉拔条件下胶粘剂粘结钢筋与基材混凝土的粘结强度测定方法

K.1 适用范围

K.1.1 本方法适用于以锚固型胶粘剂粘结带肋钢筋与基材混凝土，在约束拉拔条件下测定其粘结强度。

K.1.2 对下列材料的拉拔粘结强度测定也可使用本方法：

1 以专用胶粘剂粘合加长型定型化学锚栓与基材；

2 以全螺纹螺杆替代带肋钢筋的粘结强度测定。

K.2 试验设备和装置

K.2.1 由油压穿心千斤顶、力值传感器、钢制夹具、约束用的钢垫板等组成的约束拉拔式粘结强度检测仪（图 K.2.1）；宜配备 300kN 和 60kN 穿心千斤顶各一台；其力值传感器测量精度应达±1.0%；试件破坏荷载应处于拉拔装置标定满负荷的 20%～80%之间。若需测定拉拔过程的位移，尚应配备位移传感器和力-位移数据同步采集仪及笔记本电脑和适用的绘图程序。

拉拔仪应每年检定一次。

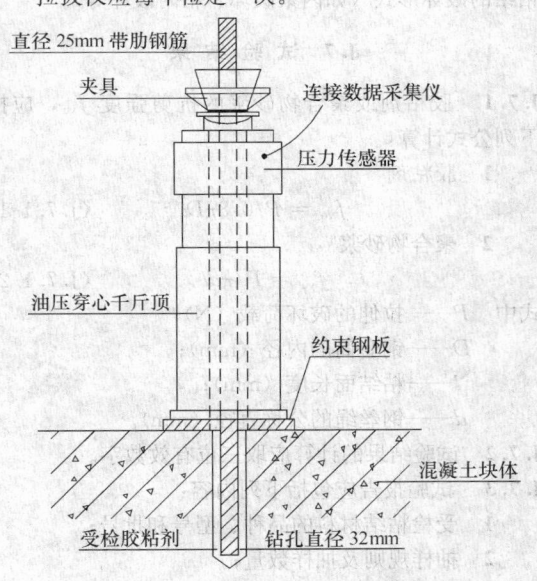

图 K.2.1 约束拉拔式粘结强度检测仪示意图

K.2.2 约束用的钢垫板应为中心开孔的圆形钢板；钢板直径不应小于 180mm；板中心应开有直径为 36mm 的圆孔；板厚为 15～20mm；上下板面应刨平。

K.2.3 植筋用的混凝土块体应按种植 15 根Φ25 带肋钢筋进行设计，并应符合下列规定：

1 块体尺寸：其长度、宽度和高度应分别不小于 1260mm、1060mm 和 250mm。

2 块体混凝土强度等级：一块应为 C30 级；另一块应为 C60 级。

3 块体配筋：仅配置架立钢筋和箍筋；若需吊装，尚应设置吊环；必要时，还可在块体底部配少量纵向钢筋；具体构造如图 K.2.3 所示。钢筋保护层厚度为 30mm、吊环预埋位置及底部配筋位置可根据实际情况确定。

4 外观要求：混凝土表面应平整。

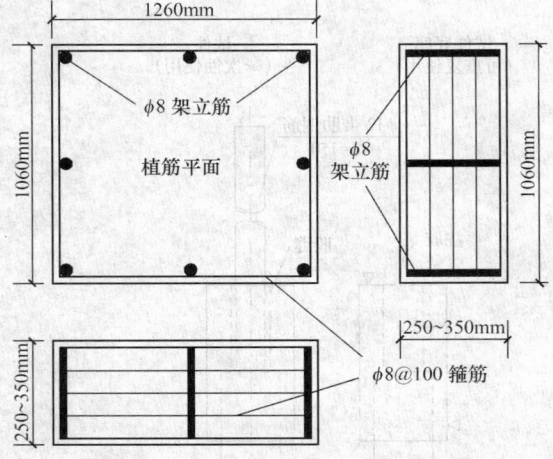

图 K.2.3 植筋用混凝土块体配筋图

K.2.4 植筋用的钻孔机械，可根据试验设计的要求进行选择。当采用水钻机械时，钻孔后，应对孔壁进行干燥和糙化处理。

K.3 试 件

K.3.1 本试验的试件由受检胶粘剂和植入混凝土块体的热轧带肋钢筋组成。

K.3.2 热轧带肋钢筋的公称直径应为 25mm；钢筋等级不宜低于 400 级；其表面应无锈迹、油污和尘土污染；外观应平直，无弯曲，其相对肋面积应在 0.055～0.065 之间。钢筋的长度应根据其埋深及夹具尺寸和检测仪的千斤顶高度确定。

钢筋的植入深度，对 C30 混凝土块体应为 150mm（6 倍钢筋直径）；对 C60 混凝土块体应为 125mm（5 倍钢筋直径）。

K.3.3 受检的胶粘剂应由独立检验单位从成批的产品中通过随机抽样取得；其包装和标志应完好无损，不得采用散装的胶粘剂或过期的胶粘剂进行试验。

K.4 植 筋

K.4.1 植筋前应检测混凝土块材钻孔部位的含水率，其检测结果应符合试验设计的要求。

K.4.2 钻孔的直径及其实测的偏差应符合胶粘剂产品使用说明书的规定。

K.4.3 植筋前的清孔，应采用胶粘剂厂家提供的专用设备，但清孔的吹和刷的次数应比产品使用说明书规定的次数减少一半；若产品说明书的规定为两吹一刷，则实际操作时只吹一次而不再刷；若产品说明书未规定清孔的方法和次数，则试验时不得进行清孔。

K.4.4 植筋胶液的调制和注胶方法应严格按胶粘剂产品使用说明书的规定执行。

K.4.5 在注入胶液的孔中，应立即插入钢筋，并按顺时针方向边转边插，直至达到规定的深度。

K.4.6 植筋完毕应静置养护 7d；养护的条件应按产品使用说明书的规定执行；养护到期的当天应立即进行拉拔试验；若因故推迟不得超过 1d。

K.5 拉 拔 试 验

K.5.1 试验环境的温度应为（23±2）℃；相对湿度应为 60%～70%。若受检的胶粘剂对湿度敏感，相对湿度应控制在 45%～55%。

K.5.2 试验步骤应符合下列规定：

1 将粘结强度检测仪的空心千斤顶穿过钢筋安装在混凝土块体表面的钢垫板上，并通过其上部的夹具，夹持植筋试件，并仔细对中、夹持牢固；

2 启动可控油门，均匀、连续地施荷，并控制在 2～3min 内破坏；

3 记录破坏时的荷载值及破坏形式。

K.6 试 验 结 果

K.6.1 约束拉拔条件下的粘结强度 $f_{b,c}$，应按下式计算：

$$f_{b,c} = N_u / \pi d_0 l_b \qquad (K.6.1)$$

式中 N_u——拉拔的破坏荷载（N）；

$\quad d_0$——钢筋公称直径（mm）；

$\quad l_b$——钢筋锚固深度（mm）；$l_b = 7d_0$。

K.6.2 破坏形式应符合下列情况，若遇到钢筋先屈服的情况，应检查其原因，并重新制作试件进行试验。

1 胶粘剂与混凝土粘合面粘附破坏；

2 胶粘剂与钢筋粘合面粘附破坏；

3 混合破坏。

K.6.3 试验报告应包括下列内容：

1 受检胶粘剂的品种、型号和批号；

2 抽样规则及抽样数量；

3 钻孔、清孔及植筋方法；

4 植筋实测的埋深及植筋编号；

5 试验环境的温度和相对湿度；

6 仪器设备的型号、量程和检定日期；

7 加荷方式及加荷速度；

8 试件破坏荷载及破坏形式；

9 试验结果的整理和计算；

10 试验人员、校核人员及试验日期。

附录 L 结构用胶粘剂 湿热老化性能测定方法

L.1 适用范围及应用条件

L.1.1 本方法适用于结构胶粘剂耐老化基本性能的测定。

注：当高强聚合物砂浆采用钢套筒法（本规范附录 J）测定其耐老化基本性能时，也可采用本方法。

L.1.2 采用本方法进行老化试验的胶粘剂应符合下列条件：

1 该结构胶粘剂产品已通过胶体性能和胶粘剂粘结能力的检验；

2 被检验的结构胶粘剂应来源于成批产品的随机抽样。

L.2 试验设备及试验用水

L.2.1 试件的老化应在可程式恒温恒湿试验机中进行。该机老化箱内的温度和相对湿度应能自动控制、连续记录，并保持稳定；箱内的空气流速应能保持在 0.5～1.0m/s；箱壁和箱顶的冷凝水应能自动除去，不得滴在试件上。

L.2.2 试验机用水应采用蒸馏水或去离子水；未经纯化的冷凝水不得再重复利用。仲裁性试验机用水，还应要求其电阻率不得小于 500Ω·m。湿球系统也应采用相同水质的水。每次试验前应更换湿球纱布及剩水，且纱布使用期不得超过 30d。

L.2.3 试验机电源应为双电源，并应能在工作电源断电时自动切换；任何原因引起的短时间断电，均应记录在案备查。

L.3 试 件

L.3.1 老化性能的测定应采用钢对钢拉伸剪切试件，并应按现行国家标准《胶粘剂拉伸剪切强度测定方法（金属对金属）》GB/T 7124 的规定和要求制备，粘结用的金属试片应为粘合面经过糙化处理的 45 号钢。

对富填料粘结材料的老化性能测定应采用本规范附录 J 规定的套筒式试件。

L.3.2 试件的数量不应少于 15 个，且应随机均分为 3 组；其中一组为对照组，另两组为老化试验组。

L.3.3 试件胶缝经 7d 固化后，应对金属外露表面涂以防锈油漆进行密封，但应防止油漆粘染胶缝。

L.4 试 验 条 件

L.4.1 湿热条件应符合下列规定：

1 温度：应保持 50^{+2}_{-1}℃；

2 相对湿度：应保持 95％～100％；

3 恒温、恒湿时间：自箱内温、湿度达到规定值算起，应为 60d 或 90d。

L.4.2 升温、恒温及降温过程的控制

1 升温制度

应在 1.5～2h 内，使老化箱内温度自 $\left(25^{+3}_{-1}\right)$℃ 连续、均匀地升至 $\left(50^{+3}_{-1}\right)$℃；相对湿度也应升至 95％以上；此过程中试样表面应有凝结水出现。

2 恒温、恒湿制度

老化箱内有效工作区的温、湿度应均匀，且无明显波动；应按传感器的示值进行实时监控。

3 降温制度

应在连续恒温达到 90d（对 B 级胶为 60d）时立即开始降温，且应在 1.5～2h 内从 50℃连续、均匀地降至（25±2）℃；但相对湿度仍应保持在 95％以上。

L.5 试 验 步 骤

L.5.1 老化性能测定的步骤应符合下列规定：

1 试件完全固化时应立即按现行国家标准《胶粘剂拉伸剪切强度测定方法（金属对金属）》GB/T 7124 的规定，先测定对照组试件的初始抗剪强度。

2 将老化试验组的试件放入老化箱内，试件相互之间、试件与箱壁之间不得接触。对仲裁性试验，试样与箱壁、箱底和箱顶的距离不应少于 150mm。

3 老化试验的温度和湿度控制应按本附录 L.4 节的规定和要求进行。

4 在试验过程中，若需取出或放入试样，开启箱门的时间应短暂，防止试样表面出现凝结水珠。

5 在恒温、恒湿达到 30d 时，应取出一组试件进行抗剪试验。若试件抗剪强度降低百分率大于 15％，该老化试验即可中止。若抗剪强度降低百分率小于 15％，应继续进行至规定时间。

6 试验达到 90d（对 B 级胶为 60d），并降温至 35℃时，即可将试样取出置于密闭器皿中，待与室温平衡后，逐个进行抗剪破坏试验，且每组试验均应在 30min 内完成。

L.6 试 验 结 果

L.6.1 老化试验完成后，应按下式计算抗剪强度降低百分率，取二位有效数字：

$$\rho_{R,i} = \frac{R_{0,i} - R_i}{R_{0,i}} \times 100\% \qquad (L.6.1)$$

式中 $\rho_{R,i}$——第 i 组老化试验后抗剪强度降低百分率（％）；

$R_{0,i}$——对照组试样初始抗剪强度算术平均值；

R_i——经老化试验后第 i 组试样抗剪强度算术平均值。

L.7 试 验 报 告

L.7.1 湿热老化试验报告应包括下列各项内容：

1 试验项目名称；

2 试样来源及试件制备情况；

3 试件试验前外观状态；

4 采用的试验条件和试件状态调节过程；

5 采用的设备、仪器型号及其检定日期；

6 试验开始和结束日期、实验室的温度及相对湿度；

7 试验过程老化箱内温湿度控制情况（若遇短时间停电，应作记录）；

8 试件的破坏荷载及破坏形式；

9 试验结果的整理和计算；

10 试验人员、校核人员及试验负责人。

附录 M 锚栓连接受力分析方法

M.1 锚栓拉力作用值计算

M.1.1 锚栓受拉力作用（图 M.1.1-1 及图 M.1.1-2）时，其受力分析应遵守下列基本假定：

1 锚板具有足够的刚度，其弯曲变形可忽略不计；

2 同一锚板的各锚栓，具有相同的刚度和弹性模量；其所承受的拉力，可按弹性分析方法确定；

3 处于锚板受压区的锚栓不承受压力，该压力直接由锚板下的混凝土承担。

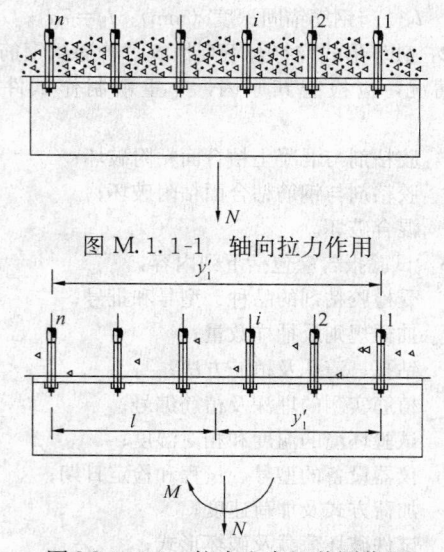

图 M.1.1-1 轴向拉力作用

图 M.1.1-2 拉力和弯矩共同作用

M. 1. 2 在轴向拉力与外力矩共同作用下，应按下列公式计算确定锚板中受力最大锚栓的拉力设计值 N_h：

1 当 $N/n - My_1/\Sigma y_i^2 \geqslant 0$ 时

$$N_h = N/n + (My_1/\Sigma y_i^2) \quad (M.1.2\text{-}1)$$

2 当 $N/n - My_1/\Sigma y_i^2 < 0$ 时

$$N_h = (M + N \cdot l)y_1' / \Sigma(y_i')^2 \quad (M.1.2\text{-}2)$$

式中 N 和 M——分别为轴向拉力和弯矩的设计值；

y_1、y_i——锚栓 1 及 i 至群锚形心的距离；

y_1'、y_i'——锚栓 1 及 i 至最外排受压锚栓的距离；

l——轴力 N 至最外排受压锚栓的距离；

n——锚栓个数。

注：当外力距 $M = 0$ 时，上式计算结果即为轴向拉力作用下每一锚栓所承受的拉力设计值 N_i。

M. 2 锚栓剪力作用值计算

M. 2. 1 作用于锚板上的剪力和扭矩在群锚中的内力分配，按下列三种情况计算：

1 若锚板孔径与锚栓直径符合表 M.2.1 的规定，且边距不小于 $10h_{ef}$，则所有锚栓均匀承受剪力（图 M.2.1-1）；

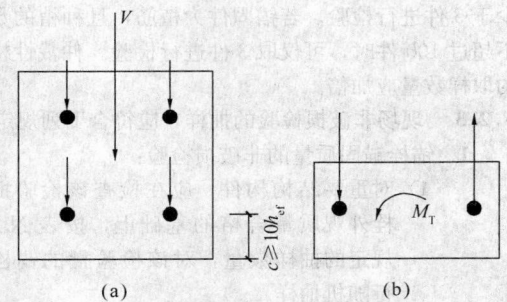

(a)　　　　　　　(b)

图 M. 2.1-1 锚栓均匀受剪

2 若边距小于 $10h_{ef}$（图 M.2.1-2a）或锚板孔径大于表 M.2.1 的规定值（图 M.2.1-2b），则只有部分锚栓（以图中黑色者表示）承受剪力；

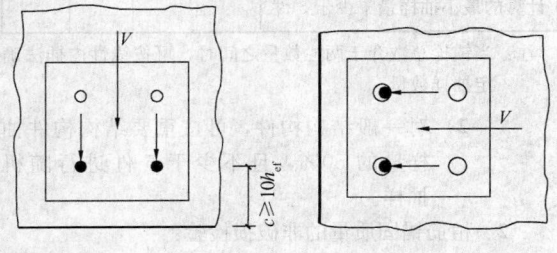

(a) 边距过小　　　(b) 锚板孔径过大

图 M. 2.1-2 锚栓处于不利情况下受剪

3 为使靠近混凝土构件边缘锚栓不承受剪力，可在锚板相应位置沿剪力方向开椭圆形孔（图 M.2.1-3）。

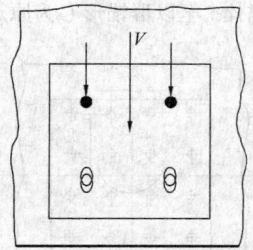

图 M. 2.1-3 控制剪力分配方法

表 M. 2. 1 锚板孔径（mm）

锚栓公称直径 d_0	6	8	10	12	14	16	18	20	22	24	27	30
锚板孔径 d_f	7	9	12	14	16	18	20	22	24	26	30	33

M. 2. 2 剪切荷载通过受剪锚栓形心（图 M.2.2）时，群锚中各受剪锚栓的受力应按下式确定：

$$V_i^V = \sqrt{(V_{ix}^V)^2 + (V_{iy}^V)^2} \quad (M.2.2\text{-}1)$$

$$V_{ix}^V = V_x/n_x \quad (M.2.2\text{-}2)$$

$$V_{iy}^V = V_y/n_y \quad (M.2.2\text{-}3)$$

式中 V_{ix}^V、V_{iy}^V——分别为锚栓 i 在 x 和 y 方向的剪力分量；

V_i^V——剪力设计值 V 作用下锚栓 i 的组合剪力设计值；

V_x、n_x——剪力设计值 V 的 x 分量及 x 方向参与受剪的锚栓数目；

V_y、n_y——剪力设计值 V 的 y 分量及 y 方向参与受剪的锚栓数目。

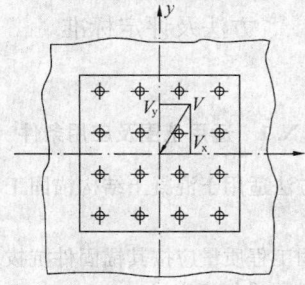

图 M. 2.2 受剪力作用

M. 2. 3 群锚在扭矩 T（图 M.2.3）作用下，各受剪锚栓的受力应按下列公式确定：

$$V_i^T = \sqrt{(V_{ix}^T)^2 + (V_{iy}^T)^2} \quad (M.2.3\text{-}1)$$

$$V_{ix}^T = \frac{T \cdot y_i}{\Sigma x_i^2 + \Sigma y_i^2} \quad (M.2.3\text{-}2)$$

$$V_{iy}^T = \frac{T \cdot x_i}{\Sigma x_i^2 + \Sigma y_i^2} \quad (M.2.3\text{-}3)$$

式中 T——外扭矩设计值；

V_{ix}^T、V_{iy}^T——T 作用下锚栓 i 所受剪力的 x 分量和 y 分量；

V_i^T——T 作用下锚栓 i 的剪力设计值；

x_i、y_i——锚栓 i 至以群锚形心为原点的坐标距离。

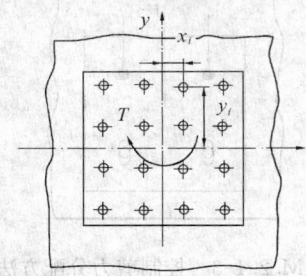

图 M.2.3　受扭矩作用

M.2.4　群锚在剪力和扭矩（图 M.2.4）共同作用下，各受剪锚栓的受力应按下式确定：

$$V_i^g = \sqrt{(V_{ix}^V + V_{ix}^T)^2 + (V_{iy}^V + V_{iy}^T)^2}$$

(M.2.4)

式中　V_i^g——群锚中锚栓所受组合剪力设计值。

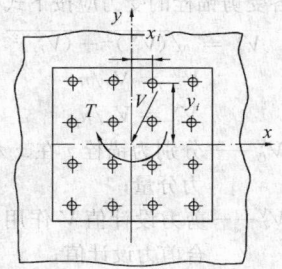

图 M.2.4　剪力与扭矩共同作用

附录 N　锚固承载力现场检验方法及评定标准

N.1　适用范围及应用条件

N.1.1　本方法适用于混凝土结构锚固工程质量的现场检验。

N.1.2　锚固工程质量应按其锚固件抗拔承载力的现场抽样检验结果进行评定。

　　注：本附录的锚固件仅指种植带肋钢筋、全螺纹螺杆和锚栓。

N.1.3　锚固件抗拔承载力现场检验分为非破损检验和破坏性检验。选用时应符合本附录第 N.1.4 条和第 N.1.5 条的规定。

N.1.4　对下列场合应采用破坏性检验方法对锚固质量进行检验：

　　1　重要结构构件；

　　2　悬挑结构、构件；

　　3　对该工程锚固质量有怀疑；

　　4　仲裁性检验。

N.1.5　当按本附录 N.1.4 第 1 款的规定，对重要结构构件锚栓锚固质量采用破坏性检验方法确有困难时，若该批锚栓连接系按本规范的规定进行设计计算，可在征得业主和设计单位同意的情况下，改用非破损抽样检验方法，但必须按表 N.2.3 确定抽样数量。

N.1.6　对一般结构构件，其锚固件锚固质量的现场检验可采用非破损检验方法。

N.1.7　若受现场条件限制，无法进行原位破坏性检验操作时，允许在工程施工的同时（不得后补），在被加固结构近旁，以专门浇筑的同强度等级的混凝土块体为基材种植锚固件，并按规定的时间进行破坏性检验；但应事先征得设计和监理单位的书面同意，并在场见证试验。

　　本条规定不得引用于仲裁性检验。

N.2　抽　样　规　则

N.2.1　锚固质量现场检验抽样时，应以同品种、同规格、同强度等级的锚固件安装于锚固部位基本相同的同类构件为一检验批，并应从每一检验批所含的锚固件中进行抽样。

N.2.2　现场破坏性检验的抽样，应选择易修复和易补种的位置，取每一检验批锚固件总数的 1‰，且不少于 5 件进行检验。若锚固件为植筋，且种植的数量不超过 100 件时，可仅取 3 件进行检验。仲裁性检验的取样数量应加倍。

N.2.3　现场非破损检验的抽样，应符合下列规定：

　　1　锚栓锚固质量的非破损检验：

　　　　1)　对重要结构构件，应在检查该检验批锚栓外观质量合格的基础上，按表 N.2.3 规定的抽样数量，对该检验批的锚栓进行随机抽样。

表 N.2.3　重要结构构件锚栓锚固质量非破损检验抽样表

检验批的锚栓总数	≤100	500	1000	2500	≥5000
按检验批锚栓总数计算的最小抽样量	20%，且不少于 5 件	10%	7%	4%	3%

　　注：当锚栓总数介于两栏数量之间时，可按线性内插法确定抽样数量。

　　　　2)　对一般结构构件，可按重要结构构件抽样量的 50%，且不少于 5 件进行随机抽样。

　　2　植筋锚固质量的非破损检验：

　　　　1)　对重要结构构件，应按其检验批植筋总数的 3%，且不少于 5 件进行随机抽样。

　　　　2)　对一般结构构件，应按 1%，且不少于 3 件进行随机抽样。

N.2.4　当不同行业标准的抽样规则与本规范不一致时，对承重结构加固工程的锚固质量检验，必须按本

规范的规定执行。

N.2.5 胶粘的锚固件，其检验应在胶粘剂达到其产品说明书标示的完全固化时间的当天，但不得超过7d进行。若因故需推迟抽样与检验日期，除应征得监理单位同意外，且不得超过3d。

N.3 仪器设备要求

N.3.1 现场检测用的加荷设备，可采用专门的拉拔仪或自行组装的拉拔装置，但应符合下列要求：

1 设备的加荷能力应比预计的检测荷载值至少大20%，且应能连续、平稳、速度可控地运行；

2 设备的测力系统，其整机误差不得超过全量程的±2%，且应具有峰值贮存功能；

3 设备的液压加荷系统在短时（≤5min）保持荷载期间，其降荷值不得大于5%；

4 设备的夹持器应能保持力线与锚固件轴线的对中；

5 设备的支承点与锚固件之间的净间距，不应小于3d（d为植筋或锚栓的直径），且不应小于60mm；设备的支承点与锚栓的净间距不应小于$1.5h_{ef}$（h_{ef}为有效埋深）。

N.3.2 当委托方要求检测重要结构锚固件连接的荷载-位移曲线时，现场测量位移的装置，应符合下列要求：

1 仪表的量程不应小于50mm；其测量的误差不应超过±0.02mm；

2 测量位移装置应能与测力系统同步工作，连续记录，测出锚固件相对于混凝土表面的垂直位移，并绘制荷载-位移的全程曲线。

注：若受条件限制，允许采用百分表，以手工操作进行分段记录。此时，在试样到达荷载峰值前，其位移记录点应在12点以上。

N.3.3 现场检验用的仪器设备应定期送检定机构检定。若遇到下列情况之一时，还应及时重新检定：

1 读数出现异常；

2 被拆卸检查或更换零部件后。

N.4 拉拔检验方法

N.4.1 检验锚固拉拔承载力的加荷制度分为连续加荷和分级加荷两种，可根据实际条件进行选用，但应符合下列规定：

1 非破损检验

1）连续加荷制度

应以均匀速率在2~3min时间内加荷至设定的检验荷载，并在该荷载下持荷2min。

2）分级加荷制度

应将设定的检验荷载均分为10级，每级持荷1min至设定的检验荷载，且持荷2min。

3）非破损检验的荷载检验值应符合下列规定：

a. 对植筋，应取$1.15N_t$作为检验荷载；

b. 对锚栓，应取$1.3N_t$作为检验荷载。

注：N_t为锚固件连接受拉承载力设计值，应由设计单位提供；检测单位及其他单位均无权自行确定。

2 破坏性检验

1）连续加荷制度

对锚栓应以均匀速率控制在2~3min时间内加荷至锚固破坏；

对植筋应以均匀速率控制在2~7min时间内加荷至锚固破坏。

2）分级加荷制度

应按预估的破坏荷载值N_u作如下划分：前8级，每级$0.1N_u$，且每级持荷1~1.5min；自第9级起，每级$0.05N_u$，且每级持荷30s，直至锚固破坏。

N.5 检验结果的评定

N.5.1 非破损检验的评定，应根据所抽取的锚固试样在持荷期间的宏观状态，按下列规定进行：

1 当试样在持荷期间锚固件无滑移、基材混凝土无裂纹或其他局部损坏迹象出现，且施荷装置的荷载示值在2min内无下降或下降幅度不超过5%的检验荷载时，应评定其锚固质量合格。

2 当一个检验批所抽取的试样全数合格时，应评定该批为合格批。

3 当一个检验批所抽取的试样中仅有5%或5%以下不合格（不足一根，按一根计）时，应另抽3根试样进行破坏性检验。若检验结果全数合格，该检验批仍可评为合格批。

4 当一个检验批抽取的试样中不止5%（不足一根，按一根计）不合格时，应评定该批为不合格批，且不得重做任何检验。

N.5.2 破坏性检验结果的评定，应按下列规定进行：

1 当检验结果符合下列要求时，其锚固质量评为合格：

$$N_{u,m} \geqslant [\gamma_u]N_t \qquad (\text{N.5.2-1})$$

且

$$N_{u,min} \geqslant 0.85N_{u,m} \qquad (\text{N.5.2-2})$$

式中 $N_{u,m}$——受检验锚固件极限抗拔力实测平均值；

$N_{u,min}$——受检验锚固件极限抗拔力实测最小值；

N_t——受检验锚固件连接的轴向受拉承载力设计值；

$[\gamma_u]$——破坏性检验安全系数，按表 N.5.2取用。

2 当$N_{u,m} < [\gamma_u]N_t$，或$N_{u,min} < 0.85N_{u,m}$时，应评该锚固质量不合格。

表 N.5.2　检验用安全系数 $[\gamma_u]$

锚固件种类	破　坏　类　型	
	钢材破坏	非钢材破坏
植　筋	≥1.45	—
锚　栓	≥1.65	≥3.5

附录 P　钢丝绳网片-聚合物砂浆外加层加固法

P.1　设　计　规　定

P.1.1　本方法适用于钢筋混凝土受弯和大偏心受压构件的加固。

本方法不适用于素混凝土构件，包括纵向受力钢筋配筋率低于现行国家标准《混凝土结构设计规范》GB 50010 规定的最小配筋率的构件的加固。

P.1.2　采用本方法时，原结构、构件按现场检测结果推定的混凝土强度等级不应低于 C15 级，且混凝土表面的正拉粘结强度不应低于 1.5MPa。

P.1.3　采用钢丝绳网片-聚合物砂浆外加层加固混凝土结构构件时，应将网片设计成仅承受拉应力作用，并能与混凝土变形协调、共同受力。

注：单股钢丝绳也称钢绞线（图 P.5.1）。

P.1.4　钢丝绳网片-聚合物砂浆外加层应采用下列构造方式对混凝土结构构件进行加固：

　　1　梁和柱，应采用三面或四面围套的外加层构造（图 P.1.4a 和 b）；

　　2　板和墙，可采用单面的外加层构造（图 P.1.4c）；也可采用对称的双面外加层构造（图 P.1.4d）。

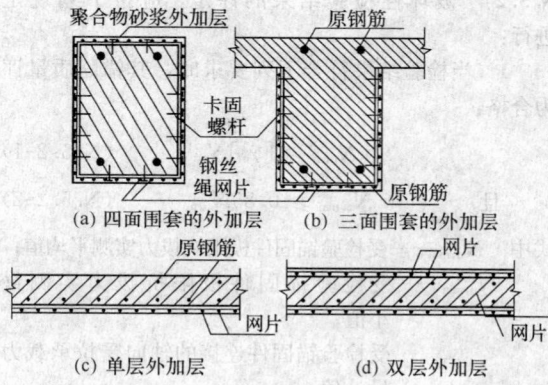

(a) 四面围套的外加层　　(b) 三面围套的外加层

(c) 单层外加层　　　　　(d) 双层外加层

图 P.1.4　钢丝绳网片-聚合物砂浆外加层构造示意图

P.1.5　采用本方法加固的混凝土结构，其长期使

用的环境温度不应高于 60℃。处于特殊环境下（如介质腐蚀、高温、高湿、放射等）的混凝土结构，其加固除应采用耐环境因素作用的聚合物配制砂浆外，尚应遵守现行国家标准《工业建筑防腐蚀设计规范》GB 50046 的规定，并采取相应的防护措施。

P.1.6　当被加固结构、构件的表面有防火要求时，应按现行国家标准《建筑防火设计规范》GB 50016 规定的耐火等级及耐火极限要求，对钢丝绳网片-聚合物砂浆外加层进行防护。

P.1.7　采用本方法加固时，应采取措施卸除或大部分卸除作用在结构上的活荷载。

P.2　材　　料

P.2.1　采用钢丝绳网片-聚合物砂浆外加层加固钢筋混凝土结构、构件时，其钢丝绳的选用应符合下列规定：

　　1　重要结构、构件，或结构处于腐蚀介质环境、潮湿环境和露天环境时，应选用高强度不锈钢丝绳制作的网片；

　　2　处于正常温、湿度环境中的一般结构、构件，可采用高强度镀锌钢丝绳制作的网片，但应采取有效的阻锈措施。

P.2.2　制绳用的钢丝应符合下列规定：

　　1　当采用高强度不锈钢丝时，应采用碳含量不大于 0.15% 及硫、磷含量不大于 0.025% 的优质不锈钢制丝；

　　2　当采用高强度镀锌钢丝时，应采用硫、磷含量均不大于 0.03% 的优质碳素结构钢制丝；其锌层重量及镀锌质量应符合现行国家标准《钢丝镀锌层》GB/T 15393 对 AB 级的规定。

P.2.3　钢丝绳的强度标准值（f_{rtk}）应按其极限抗拉强度确定，并应具有不小于 95% 的保证率以及不低于 90% 的置信度。

不锈钢丝绳和镀锌钢丝绳的强度标准值应符合表 P.2.3 的规定。

表 P.2.3　高强度钢丝绳抗拉强度标准值（MPa）

种　类	符号	不锈钢丝绳		镀锌钢丝绳	
		钢丝绳公称直径 (mm)	钢丝绳抗拉强度标准值 f_{stk}	钢丝绳公称直径 (mm)	钢丝绳抗拉强度标准值 f_{stk}
6×7＋IWS	ϕ^r	2.4～4.5	1800、1700	2.5～4.5	1650、1560
1×19	ϕ^s	2.5	1560	2.5	1560

注：1×19 钢丝绳也称钢绞线。

P.2.4　钢丝绳计算用的截面面积及其参考重量，可按表 P.2.4 的规定值采用。

表 P.2.4 钢丝绳计算用截面面积及参考重量

种 类	钢丝绳公称直径(mm)	钢丝直径(mm²)	计算用截面面积(mm²)	参考重量(kg/100m)
6×7+IWS	2.4	(0.27)	2.81	2.40
	2.5	0.28	3.02	2.73
	3.0	0.32	3.94	3.36
	3.05	(0.34)	4.45	3.83
	3.2	0.35	4.71	4.21
	3.6	0.40	6.16	6.20
	4.0	(0.44)	7.45	6.70
	4.2	0.45	7.79	7.05
	4.5	0.50	9.62	8.70
1×19	2.5	0.50	3.73	3.10

注：括号内的钢丝直径为建筑结构加固非常用的直径。

P.2.5 高强度不锈钢丝绳和高强度镀锌钢丝绳的强度设计值应按表 P.2.5 采用。

表 P.2.5 高强钢丝绳抗拉强度设计值（MPa）

种类	符号	高强不锈钢丝绳			高强镀锌钢丝绳		
		钢丝绳公称直径(mm)	抗拉强度标准值 f_{tk}	抗拉强度设计值 f_{rw}	钢丝绳公称直径(mm)	抗拉强度标准值 f_{tk}	抗拉强度设计值 f_{rw}
6×7+IWS	ϕ^r	2.4~4.0	1800	1100	2.5~4.5	1650	1050
			1700	1050		1560	1000
1×19	ϕ^s	2.5	1560	1050	2.5	1560	1100

P.2.6 高强度不锈钢丝绳和高强度镀锌钢丝绳的弹性模量设计值及拉应变设计值应按表 P.2.6 采用。

表 P.2.6 高强钢丝绳弹性模量及拉应变设计值

类 别	弹性模量设计值 E_{rw}	拉应变设计值 ε_{rw}
不锈钢丝绳	1.05×10^5 MPa	0.01
镀锌钢丝绳	1.30×10^5 MPa	0.008

P.2.7 混凝土结构加固用的钢丝绳不得涂有油脂。

P.2.8 采用钢丝绳网片-聚合物砂浆外加层加固钢筋混凝土结构时，其聚合物砂浆品种的选用应符合下列规定：

1 对重要构件的加固，应选用改性环氧类聚合物砂浆；

2 对一般构件的加固，可选用改性环氧类聚合物砂浆或改性丙烯酸酯共聚物乳液配制的聚合物砂浆；

3 乙烯-醋酸乙烯共聚物配制的聚合物砂浆，仅允许用于非承重结构构件；

4 苯丙乳液配制的聚合物砂浆不得用于结构加固；

5 在结构加固工程中不得使用主成分及主要添加剂成分不明的任何型号聚合物砂浆；不得使用未提供安全数据清单的任何品种聚合物；也不得使用在产品说明书规定的贮存期内已发生分相现象的乳液。

P.2.9 承重结构用的聚合物砂浆分为Ⅰ级和Ⅱ级，应分别按下列规定采用：

1 板和墙的加固：

1）当原构件混凝土强度等级为 C30～C50 时，应采用Ⅰ级聚合物砂浆；

2）当原构件混凝土强度等级为 C25 及其以下时，可采用Ⅰ级或Ⅱ级聚合物砂浆。

2 梁和柱的加固，均应采用Ⅰ级聚合物砂浆。

P.2.10 Ⅰ级和Ⅱ级聚合物砂浆的基本性能应分别符合表 P.2.10 的规定。

表 P.2.10 承重结构加固用聚合物砂浆基本性能指标

检验项目 \ 砂浆等级	劈裂抗拉强度(MPa)	正拉粘结强度(MPa)	抗折强度(MPa)	抗压强度(MPa)	钢套筒粘结抗剪强度标准值(MPa)
Ⅰ级	≥7.0	≥2.5，且与混凝土内聚破坏	≥12	≥55	≥12
Ⅱ级	≥5.5		≥10	≥45	≥9
试验方法标准	本规范附录 G	本规范附录 F	本规范附录 H	JGJ 70	本规范附录 J

注：1. 检验应在浇注的试件达到 28d 养护期时立即进行，若因需要推迟检验日期，除应征得有关各方同意外，尚不应超过 3d。

2. 表中的性能指标除标有强度标准值外，均为平均值。

P.2.11 混凝土结构加固用的聚合物砂浆，其粘结剪切性能必须经湿热老化检验合格。湿热老化检验应在 50℃ 温度和 95% 相对湿度环境条件下，采用钢套筒粘结剪切试件（本规范附录 J），按本规范附录 L 规定的方法进行；老化试验持续的时间：重要构件不得少于 90d；一般构件不得少于 60d。老化结束后，在常温条件下进行的剪切破坏试验，其平均强度降低的百分率（%）应符合下列规定：

1 重要构件用的聚合物砂浆不得大于 10%；

2 一般构件用的聚合物砂浆不得大于 15%。

P.2.12 寒冷地区加固混凝土结构使用的聚合物砂浆，应具有耐冻融性能检验合格的证书。冻融环境温度应为 −25℃～35℃；循环次数不应少于 50 次；每次循环应为 8h；试验结束后，钢套筒粘结剪切试件在常温条件下测得的平均强度降低百分率不应大于 10%。

P.2.13 配制聚合物砂浆用的聚合物乳液，必须进行毒性检验。乳液完全固化后的检验结果应达到实际

无毒的卫生等级。

P.3 受弯构件正截面加固计算

P.3.1 采用高强度钢丝绳网片-聚合物砂浆外加层对受弯构件进行加固时，除应遵守现行国家标准《混凝土结构设计规范》GB 50010 正截面承载力计算的基本假定外，尚应遵守下列规定：

1 构件达到受弯承载能力极限状态时，钢丝绳网片的拉应变 ε_{rw} 可按截面应变保持平面的假设确定；

2 钢丝绳网片应力 σ_{rw} 可近似取等于拉应变 ε_{rw} 与弹性模量 E_{rw} 的乘积；

3 当考虑二次受力影响时，应按构件加固前的初始受力情况，确定钢丝绳网片的滞后应变；

4 在达到受弯承载能力极限状态前，钢丝绳网片与混凝土之间不出现粘结剥离破坏；

5 对梁的不同外加层构造，统一采用仅按梁的受拉区底面有外加层的计算简图，但在验算梁的正截面承载力时，应引入修正系数 η_{rt} 考虑梁侧面围套内钢丝绳网片对承载力提高的作用。

P.3.2 受弯构件加固后的相对界限受压区高度 $\xi_{b,rw}$ 应按下列规定计算：

1 对重要构件，采用加固前控制值的 0.8 倍，即

$$\xi_{b,rw} = 0.8\xi_b \qquad (\text{P.}3.2\text{-}1)$$

2 对一般构件，采用加固前控制值的 0.9 倍，即

$$\xi_{b,rw} = 0.9\xi_b \qquad (\text{P.}3.2\text{-}2)$$

式中 ξ_b——构件加固前的相对界限受压区高度，按现行国家标准《混凝土结构设计规范》GB 50010 的规定计算。

P.3.3 矩形截面受弯构件采用钢丝绳网片-聚合物砂浆外加层进行加固时，其正截面承载力应按下列公式确定：

$$M \leqslant \alpha_1 f_{c0}bx\left(h - \frac{x}{2}\right) + f'_{y0}A'_{s0}(h - a')$$
$$\qquad - f_{y0}A_{s0}(h - h_0) \qquad (\text{P.}3.3\text{-}1)$$

$$\alpha_1 f_{c0}bx = f_{y0}A_{s0} + \eta_{rt}\psi_{rw}f_{rw}A_{rw} - f'_{y0}A'_{s0} \qquad (\text{P.}3.3\text{-}2)$$

$$\psi_{rw} = \frac{(0.8\varepsilon_{cu}h/x) - \varepsilon_{cu} - \varepsilon_{rw,0}}{f_{rw}/E_{rw}} \qquad (\text{P.}3.3\text{-}3)$$

$$2a' \leqslant x \leqslant \xi_{b,rw}h_0 \qquad (\text{P.}3.3\text{-}4)$$

式中 M——构件加固后的弯矩设计值；

x——等效矩形应力图形的混凝土受压区高度；

b、h——矩形截面的宽度和高度；

f_{rw}——钢丝绳网片抗拉强度设计值；

A_{rw}——钢丝绳网片受拉截面面积；

a'——纵向受压钢筋合力点至混凝土受压区边缘的距离；

h_0——构件加固前的截面有效高度；

η_{rt}——考虑梁侧面围套 h_{rt} 高度范围内配有与梁底部相同的受拉钢丝绳网片时，该部分网片对承载力提高的系数；对围套式外加层按表 P.3.3 的规定值采用；对单面外加层，取 $\eta_{rt} = 1.0$；

h_{rt}——自梁侧面受拉区边缘算起，配有与梁底部相同的受拉钢丝绳网片的高度；设计时应取 $h_{rt} \leqslant 0.25h$；

ψ_{rw}——考虑受拉钢丝绳网片的实际拉应变可能达不到设计值而引入的强度利用系数；当 $\psi_{rw} > 1.0$ 时，取 $\psi_{rw} = 1.0$；

ε_{cu}——混凝土极限压应变，取 $\varepsilon_{cu} = 0.0033$；

$\varepsilon_{rw,0}$——考虑二次受力影响时，钢丝绳网片的滞后应变，按本附录第 P.3.4 条的规定计算。若不考虑二次受力影响，取 $\varepsilon_{rw,0} = 0$。

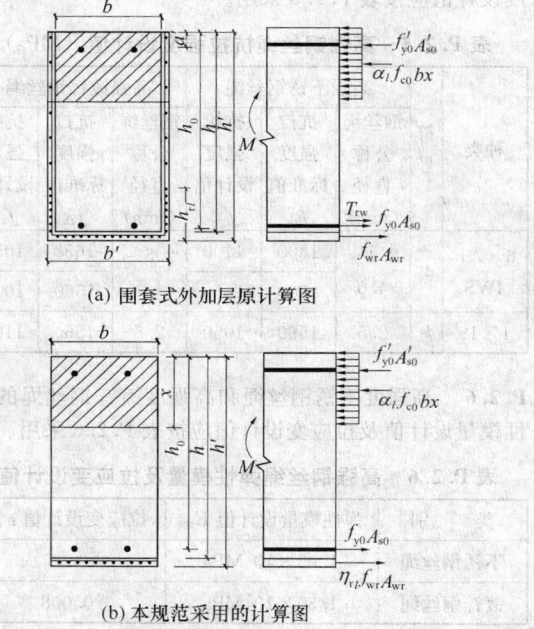

(a) 围套式外加层原计算图

(b) 本规范采用的计算图

图 P.3.3 受弯构件正截面承载力计算

表 P.3.3 梁侧面 h_{rt} 高度范围配置受拉网片的承载力提高系数

h_{rt}/h ＼ h/b	1.0	1.5	2.0	2.5	3.0	3.5	4.0	4.5
0.05	1.09	1.14	1.18	1.23	1.28	1.32	1.37	1.41
0.10	1.17	1.25	1.34	1.42	1.50	1.59	1.67	1.76
0.15	1.23	1.34	1.46	1.57	1.69	1.80	1.92	2.03
0.20	1.28	1.42	1.56	1.70	1.83	1.97	2.11	2.25
0.25	1.32	1.47	1.63	1.79	1.95	2.10	2.26	2.42

P.3.4 当考虑二次受力影响时，钢丝绳网片的滞后

应变 $\varepsilon_{rw,0}$ 应按下式计算：

$$\varepsilon_{rw,0} = \frac{\alpha_{rw} M_{0k}}{E_{s0} A_{s0} h_0} \qquad (P.3.4)$$

式中　M_{0k}——加固前受弯构件验算截面上原作用的弯矩标准值；

　　　E_{s0}——原钢筋的弹性模量；

　　　α_{rw}——综合考虑受弯构件裂缝截面内力臂变化、钢筋拉应变不均匀以及钢筋排列影响的计算系数，按表 P.3.4 的规定采用。

表 P.3.4　计算系数 α_{rw} 值

ρ_{te}	$\leqslant 0.007$	0.010	0.020	0.030	0.040	$\geqslant 0.060$
单排钢筋	0.70	0.90	1.15	1.20	1.25	1.30
双排钢筋	0.75	1.00	1.25	1.30	1.35	1.40

注：1　表中 ρ_{te} 为混凝土有效受拉截面的纵向受拉钢筋配筋率，即 $\rho_{te} = A_{s0}/A_{te}$，$A_{te}$ 为有效受拉混凝土截面面积，按现行设计规范 GB 50010 的规定计算。

　　2　当原构件钢筋应力 $\sigma_{s0} \leqslant 150\text{MPa}$，且 $\rho_{te} \leqslant 0.05$ 时，表中 α_{rw} 值可乘以调整系数 0.9。

P.3.5　对翼缘位于受压区的 T 形截面受弯构件的受拉面粘结钢丝绳网片-聚合物砂浆外加层进行受弯加固时，应按本附录第 P.3.1 条至第 P.3.4 条的规定和现行国家标准《混凝土结构设计规范》GB 50010 中关于 T 形截面受弯承载力的计算方法进行计算。

P.3.6　钢筋混凝土结构构件加固后，其正截面受弯承载力的提高幅度，不宜超过 30%，当有可靠试验依据时，也不应超过 40%；并且应验算其受剪承载力，避免因受弯承载力提高后而导致构件受剪破坏先于受弯破坏。

P.3.7　采用钢丝绳网片-聚合物砂浆外加层加固的钢筋混凝土矩形截面受弯构件，其短期刚度 B_s 应按下列公式确定：

$$B_s = \frac{E_{s0} A_s h_0^2}{1.15\psi + 0.2 + 0.6\alpha_E \rho} \qquad (P.3.7\text{-}1)$$

$$A_s = A_{s0} + A'_{rw} = A_{s0} + \frac{E_{rw}}{E_{s0}} A_{rw} \qquad (P.3.7\text{-}2)$$

$$\psi = 1.1 - \frac{0.65 f_{tk}}{\rho_{te} \sigma_{ss}} \qquad (P.3.7\text{-}3)$$

$$\rho = \frac{A_s}{bh_0} \qquad (P.3.7\text{-}4)$$

$$\rho_{te} = \frac{A_s}{0.5bh} = \frac{A_s}{0.5b(h_1 + \delta)} \qquad (P.3.7\text{-}5)$$

$$\sigma_{ss} = \frac{M_k}{0.87 h_0 A_s} \qquad (P.3.7\text{-}6)$$

式中　E_{s0}——原构件纵向受力钢筋的弹性模量；

　　　A_s——结构加固后的钢筋换算截面面积；

　　　h_0——加固后截面有效高度；

　　　ψ——原构件纵向受力钢筋应变不均匀系数；当 $\psi < 0.2$ 时，取 $\psi = 0.2$；当 $\psi > 1$ 时，取 $\psi = 1$；

　　　α_E——钢筋弹性模量与混凝土弹性模量比值：

$$\alpha_E = E_{s0}/E_c；$$

　　　ρ_{te}——按有效受拉混凝土截面面积计算，并按纵向受拉配筋面积 A_s 确定的配筋率；当 $\rho_{te} < 0.01$ 时，取 $\rho_{te} = 0.01$；

　　　A_{s0}——原构件纵向受拉钢筋的截面面积；

　　　A_{rw}——新增纵向受拉钢丝绳网片截面面积；

　　　A'_{rw}——新增钢丝绳网片换算成钢筋后的截面面积；

　　　h——加固后截面高度；

　　　h_1——原截面高度；

　　　δ——截面外加层厚度；

　　　σ_{ss}——截面受拉区纵向钢筋合力点处的应力；

　　　M_k——按荷载效应的标准组合计算的弯矩值。

P.4　受弯构件斜截面加固计算

P.4.1　采用钢丝绳网片-聚合物砂浆外加层对受弯构件斜截面进行加固时，应在围套中配置以钢丝绳构成的环形箍筋或 U 形箍筋，如图 P.4.1 所示（梁的三面展开图）。

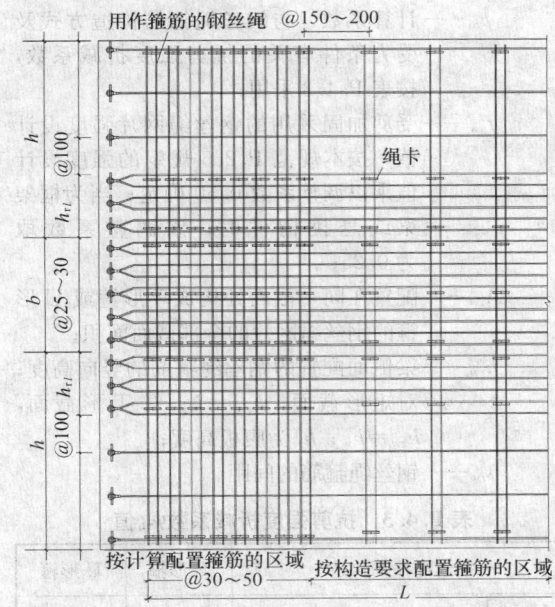

图 P.4.1　采用钢丝绳网片加固的
受弯构件三面展开图

P.4.2　受弯构件加固后的斜截面应符合下列条件：
当 $h_w/b \leqslant 4$ 时

$$V \leqslant 0.25\beta_c f_{c0} bh_0 \qquad (P.4.2\text{-}1)$$

当 $h_w/b \geqslant 6$ 时

$$V \leqslant 0.20\beta_c f_{c0} bh_0 \qquad (P.4.2\text{-}2)$$

当 $4 < h_w/b < 6$ 时，按线性内插法确定。

式中　V——构件斜截面加固后的剪力设计值；

　　　β_c——混凝土强度影响系数，当原构件混凝土强度等级不超过 C50 时，取 $\beta_c = 1.0$；

当混凝土强度等级为 C80 时，取 $\beta_c = 0.8$；其间按直线内插法确定；

f_{c0}——原构件混凝土轴心抗压强度设计值；

b——矩形截面的宽度或 T 形截面的腹板宽度；

h_0——截面有效高度；

h_w——截面的腹板高度；对矩形截面，取有效高度；对 T 形截面，取有效高度减去翼缘高度。

P. 4. 3 采用钢丝绳网片-聚合物砂浆外加层对钢筋混凝土梁进行抗剪加固时，其斜截面承载力应按下列公式确定：

$$V \leqslant V_{b0} + V_{br} \qquad (\text{P. 4. 3-1})$$

$$V_{br} \leqslant \psi_{vb} f_{rw} A_{rw} h_{rw}/s_{rw} \qquad (\text{P. 4. 3-2})$$

式中 V_{b0}——加固前梁的斜截面承载力，按现行国家标准《混凝土结构设计规范》GB 50010 计算；

V_{br}——配置钢丝绳网片加固后，对梁斜截面承载力的提高值；

ψ_{vb}——计算系数，与钢丝绳箍筋构造方式及受力条件有关的抗剪强度折减系数，按表 P. 4. 3 采用；

f_{rw}——受剪加固采用的钢丝绳网片强度设计值，按本规范 P. 2. 5 规定的强度设计值乘以调整系数 0.50 确定；当为框架梁或悬挑构件时，该调整系数取为 0.25；

A_{rw}——配置在同一截面处构成环形箍或 U 形箍的钢丝绳网片的全部截面面积；

h_{rw}——梁侧面配置的钢丝绳箍筋的竖向高度；对矩形截面，$h_{rw} = h$；对 T 形截面，$h_{rw} = h_w$；h_w 为腹板高度；

s_{rw}——钢丝绳箍筋的间距。

表 P. 4. 3　抗剪强度折减系数 ψ_{vb} 值

钢丝绳箍筋构造		环形箍	U 形箍
受力条件	均布荷载或剪跨比 $\lambda \geqslant 3$	1.0	0.85
	$\lambda \leqslant 1.5$	0.65	0.55

注：当 λ 为中间值时，按线性内插法确定 ψ_{vb} 值。

P. 5　构 造 规 定

P. 5. 1 钢丝绳网片的设计与制作应符合下列规定：

1 网片应采用小直径不松散的高强度钢丝绳制作；绳的直径宜在 2.5～4.5mm 范围内；当采用航空用高强度钢丝绳时，也可使用规格为 2.4mm 的高强度钢丝绳。

2 绳的结构型式（图 P. 5. 1）应为 6×7＋IWS 金属股芯右交互捻钢丝绳或 1×19 单股左捻钢丝绳（钢绞线）。

3 网片的主筋（即纵向受力钢丝绳）与横向筋（即横向钢丝绳，也称箍筋）的交点处，应采用同品种钢材制作的绳扣束紧；主筋的端部应采用带套环的绳扣（如压管套环等）通过加压进行锚固；套环及其绳扣或压管的构造与尺寸应经设计计算确定。

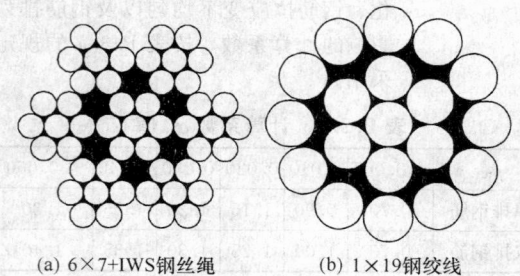

(a) 6×7+IWS钢丝绳　　(b) 1×19钢绞线

图 P. 5. 1　钢丝绳的结构型式

4 网片中受拉主筋的间距应经计算确定，但不应小于 20mm，也不应大于 40mm。

5 网片中横向筋的间距，当用作梁、柱承受剪力的箍筋时，应经计算确定，但不应大于 50mm；当用作构造箍筋时，梁、柱不应大于 150mm；板和墙，可按实际情况取为 150～200mm。

6 网片应在工厂使用专门的机械和工艺制作。板和墙加固用的网片，宜按标准规格成批生产；梁和柱加固用的围套或网片，宜按设计图纸专门生产。

P. 5. 2 采用钢丝绳网片-聚合物砂浆外加层加固钢筋混凝土构件前，应先清理、修补原构件，并按聚合物砂浆产品使用说明书的规定进行界面处理；当原构件钢筋有锈蚀现象时，应对外露的钢筋进行除锈及阻锈处理；若原构件钢筋经检测认为已处于"有锈蚀可能"的状态，但混凝土保护层尚未开裂时，宜采用喷涂型阻锈剂进行处理。

P. 5. 3 钢丝绳网片与基材混凝土的固定，应在网片就位并张拉绷紧的情况下进行。一般情况下，应采用尼龙锚栓或胶粘螺杆植入混凝土中作为支点，以开口销（绳端用套环）作为绳卡连结网片。锚栓的长度不应小于 55mm；其直径 d 不应小于 4.0mm；净埋深不应小于 40mm；间距不应大于 150mm。

构件端部固定套环用的锚栓，其净埋深不应小于 60mm。

P. 5. 4 当钢丝绳网片的主筋需要搭接时，其搭接长度不应小于 100mm，且不应位于最大弯矩区。

P. 5. 5 聚合物砂浆外加层的厚度，不应小于 25mm，也不宜大于 35mm。当采用镀锌钢丝绳时，其保护层厚度不应小于 15mm。

P. 5. 6 聚合物砂浆外加层的表面应喷涂一层与该品种砂浆相适配的防护材料，提高外加层耐环境因素作用的能力。

附录 Q 绕丝加固法

Q.1 设计规定

Q.1.1 本方法适用于提高钢筋混凝土柱的位移延性的加固。

Q.1.2 采用绕丝法时，原构件按现场检测结果推定的混凝土强度等级不应低于 C10 级，但也不得高于 C50 级。

Q.1.3 采用绕丝法时，若柱的截面为方形，其长边尺寸 h 与短边尺寸 b 之比，应不大于 1.5。

Q.1.4 当绕丝的构造符合本规范的规定时，采用绕丝法加固的构件可按整体截面进行计算。

Q.2 柱的抗震加固计算

Q.2.1 采用环向绕丝法提高柱的位移延性时，其柱端箍筋加密区的总折算体积配箍率 ρ_v 应按下列公式计算：

$$\rho_v = \rho_{v,e} + \rho_{v,s} \qquad (Q.2.1-1)$$

$$\rho_{v,s} = \psi_{v,s} \frac{A_{ss} l_{ss}}{s_s A_{c0r}} \cdot \frac{f_{ys}}{f_{yv}} \qquad (Q.2.1-2)$$

式中 $\rho_{v,e}$ ——被加固柱原有的体积配箍率，当需重新复核时，应按原箍筋范围内核心面积计算；

$\rho_{v,s}$ ——以绕丝构成的环向围束作为附加箍筋计算得到的箍筋体积配箍率的增量；

A_{ss} ——单根钢丝截面面积；

f_{yv} ——原箍筋抗拉强度设计值；

f_{ys} ——绕丝抗拉强度设计值，取 $f_{ys} = 300$ MPa；

l_{ss} ——绕丝的周长；

s_s ——绕丝间距；

$\psi_{v,s}$ ——环向围束的有效约束系数，对圆形截面，$\psi_{v,s} = 0.75$，对正方形截面，$\psi_{v,s} = 0.55$，对矩形截面，$\psi_{v,s} = 0.35$。

Q.3 构造规定

Q.3.1 绕丝加固法的基本构造方式如图 Q.3.1 所示。绕丝用的钢丝，应为 $\phi4$ 冷拔钢丝，但应经退火处理后方可使用。

Q.3.2 原构件截面的四角保护层应凿除，并应打磨成圆角（图 Q.3.1），圆角的半径 r 应不小于 30mm。

Q.3.3 绕丝加固用的细石混凝土应优先采用喷射混凝土；但也可采用现浇混凝土；混凝土的强度等级不应低于 C30 级。

Q.3.4 绕丝的间距，对重要构件，应不大于 15mm；对一般构件，应不大于 30mm。绕丝的间距应分布均

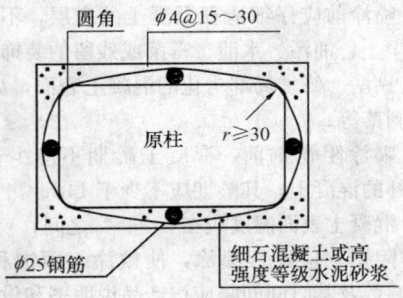

图 Q.3.1 绕丝构造示意图

匀，绕丝的两端应与原构件主筋焊牢。

Q.3.5 绕丝的局部绷不紧时，应加钢锲绷紧。

附录 R 已有混凝土结构钢筋阻锈方法

R.1 设计规定

R.1.1 本方法适用于以喷涂型阻锈剂对已有混凝土结构、构件中的钢筋进行防锈与锈蚀损坏的修复。

R.1.2 在下列情况下，应进行阻锈处理：

1 结构安全性鉴定发现下列问题之一时：

　1）承重构件混凝土的密实性差，且已导致其强度等级低于设计要求的等级两档以上；

　2）混凝土保护层厚度平均值不足现行国家标准《混凝土结构设计规范》GB 50010 规定值的 75%；或两次抽检结果，其合格点率均达不到现行国家标准《混凝土结构工程施工质量验收规范》GB 50204 的规定；

　3）锈蚀探测表明：内部钢筋已处于"有腐蚀可能"状态；

　4）重要结构的使用环境或使用条件与原设计相比，已显著改变，其结构可靠性鉴定表明这种改变有损于混凝土构件的耐久性。

2 未作钢筋防锈处理的露天重要结构、地下结构、文物建筑、使用除冰盐的工程以及临海的重要工程结构；

3 委托方要求对已有结构、构件的内部钢筋进行加强防护时。

R.1.3 采用阻锈剂时，应选用对氯离子、氧气、水以及其他有害介质滤除能力强、不影响混凝土强度和握裹力，并不致在修复界面形成附加阳极的阻锈剂。

R.2 喷涂型钢筋阻锈剂使用规定

R.2.1 喷涂型钢筋阻锈剂的使用，应符合下列要求：

1 喷涂前应仔细清理混凝土的表层，不得粘有浮浆、尘土、油污、水渍、霉菌或残留的装饰层；

2 剔凿、修复局部劣化的混凝土表面，如空鼓、松动、剥落等；

3 喷涂阻锈剂前，混凝土龄期不应少于 28d；局部修补的混凝土，其龄期应不少于 14d；

4 混凝土表面温度应在 5～45℃ 之间；

5 阻锈剂应连续喷涂，使被涂表面饱和溢流。喷涂的遍数及其时间间隔应按产品说明书和设计要求确定；

6 每一遍喷涂后，均应采取措施防止日晒雨淋；最后一遍喷涂后，应静置 24h 以上，然后用压力水将表面残留物清除干净。

R.2.2 对露天工程或在腐蚀性介质的环境中使用亲水性阻锈剂时，应在构件表面增喷附加涂层进行封护。

R.2.3 若混凝土表面原先刷过涂料或各种防护液，已使混凝土失去可渗性且无法清除时，本附录规定的喷涂阻锈方法无效，应改用其他阻锈技术。

R.3 阻锈剂使用效果检测与评定

R.3.1 本方法适用于已有混凝土结构喷涂阻锈剂前后，通过量测其内部钢筋锈蚀电流的变化，对该阻锈剂的阻锈效果进行评估。

R.3.2 评估用的检测设备和技术条件应符合下列规定：

1 应采用专业的钢筋锈蚀电流测定仪及相应的数据采集分析设备，仪器的测试精度应能达到 $0.1\mu A/cm^2$。

2 电流测定可采用静态化学电流脉冲法（GPM），也可采用线性极化法（LPM）。当为仲裁性检测时，应采用静态化学电流脉冲法。

3 仪器的使用环境要求及测试方法应按厂商提供的仪器使用说明书执行，但厂商必须保证该仪器测试的精度能达到使用说明书规定的指标。

R.3.3 测定钢筋锈蚀电流的取样规则应符合下列规定：

1 梁、柱类构件，以同规格、同型号的构件为一检验批。每批构件的取样数量不少于该批构件总数的 1/5，且不得少于 3 根；每根受检构件不应少于 3 个测值。

2 板、墙类构件，以同规格、同型号的构件为一检验批。至少每 200m²（不足者按 200m² 计）设置一个测点，每一测点不应少于 3 个测值。

3 露天、地下结构以及临海混凝土结构，取样数量应加倍。

4 测量钢筋中的锈蚀电流时，应同时记录环境的温度和相对湿度。条件允许时，宜同步测量半电池电位、电阻抗和混凝土中的氯离子含量。

R.3.4 混凝土结构中钢筋锈蚀程度及锈蚀破坏开始产生的时间预测可按表 R.3.4 进行估计。

表 R.3.4 混凝土构件中钢筋锈蚀程度判定及破坏发生时间预测

锈蚀电流	锈蚀程度	锈蚀破坏开始时间预测
$<0.2\mu A/cm^2$	无	不致发生锈蚀破坏
$0.2\sim1\mu A/cm^2$	轻微锈蚀	＞10 年
$1\sim10\mu A/cm^2$	中度锈蚀	2～10 年
$>10\mu A/cm^2$	严重锈蚀	＜2 年

注：对重要结构，当检测结果 $≥2\mu A/cm^2$ 时，应加强锈蚀监测。

R.3.5 喷涂阻锈剂效果的评估应符合下列规定：

1 应在喷涂阻锈剂 150d 后，采用同一仪器（至少应采用相同型号的测试仪）对阻锈处理前测试的构件进行原位复测。其锈蚀电流的降低率应按下式计算：

$$锈蚀电流的降低率 = \frac{I_0 - I}{I_0} \times 100\% \quad (R.3.5)$$

式中 I 为 150d 后的锈蚀电流平均值，I_0 为喷涂阻锈剂前的初始锈蚀电流平均值。

2 当检测结果达到下列指标时，可认为该工程的阻锈处理符合本规范要求，可以重新交付使用：

1）初始锈蚀电流 $≥1\mu A/cm^2$ 的构件，其 150d 后锈蚀电流的降低率不小于 80%；

2）初始锈蚀电流 $<1\mu A/cm^2$ 的构件，其 150d 后锈蚀电流的降低率不小于 50%。

本规范用词说明

1 为便于在执行本规范条文时区别对待，对要求严格程度不同的用词说明如下：

1）表示很严格，非这样做不可的用词：

正面词采用"必须"；

反面词采用"严禁"。

2）表示严格，在正常情况下均应这样做的用词：

正面词采用"应"；

反面词采用"不应"或"不得"。

3）表示允许稍有选择，在条件许可时首先应这样做的用词：

正面词采用"宜"；

反面词采用"不宜"。

表示有选择，在一定条件下可以这样做的，采用"可"。

2 条文中指定应按其他有关标准、规范执行时，写法为："应符合……的规定"或"应按……执行"。

中华人民共和国国家标准

混凝土结构加固设计规范

GB 50367—2006

条 文 说 明

目　次

1 总　则

1.0.1 本条规定了制订本规范的目的和要求，这里应说明的是，本规范作为混凝土结构加固通用的国家标准，主要是针对为保障安全、质量、卫生、环保和维护公共利益所必须达到的最低指标和要求作出统一的规定。至于以更高质量要求和更能满足社会生产、生活需求的标准，则应由其他层次的标准规范，如专业性很强的行业标准、以新技术应用为主的推荐性标准和企业标准等在国家标准基础上进行充实和提高。然而，在前一段时间里，这一最基本的标准化关系，由于种种原因而没有得到遵循，出现了有些标准对安全、质量的要求反而低于国家标准的不正常情况。为此，在实施本规范过程中，若遇到上述情况，一定要从国家标准是保证加固结构安全的最低标准这一基点出发，按照《中华人民共和国标准化法》和建设部第25号部令的规定来实施本规范，做好混凝土结构的加固设计工作，以避免在加固工程中留下安全隐患。

1.0.2 本条规定的适用范围，与现行国家标准《混凝土结构设计规范》GB 50010 相对应，以便于配套使用。

1.0.3、1.0.4 这两条主要是对本规范在实施中与其他相关标准配套使用的关系作出规定。但应指出的是，由于结构加固是一个新领域，其标准规范体系中还有不少缺口，一时还很难完成配套工作。在这种情况下，当遇到困难时，应及时向建设部建筑物鉴定与加固规范管理委员会反映，以取得该委员会的具体帮助。

2　术语、符号

2.1　术　语

2.1.1～2.1.14 本规范采用的术语及其涵义，是根据下列原则确定的：

　　1 凡现行工程建设国家标准已作规定的，一律加以引用，不再另行给出定义；

　　2 凡现行工程建设国家标准尚未规定的，由本规范参照国际标准和国外先进标准给出其定义；

　　3 当现行工程建设国家标准虽已有该术语，但定义不准确或概括的内容不全时，由本规范完善其定义。

2.2　符　号

2.2.1～2.2.4 本规范采用的符号及其意义，尽可能与现行国家标准《混凝土结构设计规范》GB 50010 及《钢结构设计规范》GB 50017 相一致，以便于在加固设计、计算中引用其公式，只有在遇到公式中必

须给出加固设计专用的符号时，才另行制定，即使这样，在制定过程中仍然遵循了下列原则：

　　1 对主体符号及其上、下标的选取，应符合现行国家标准《工程结构设计基本术语和通用符号》GBJ 132 及《建筑结构设计术语和符号标准》GB/T 50083—97 的符号用字及其构成规则；

　　2 当必须采用通用符号，但又必须与新建工程使用的该符号有所区别时，可在符号的释义中加上定语。

3　基本规定

3.1　一般规定

3.1.1 混凝土结构是否需要加固，应经结构可靠性鉴定确认。我国已发布的现行国家标准《工业厂房可靠性鉴定标准》GBJ 144 和《民用建筑可靠性鉴定标准》GB 50292，是通过实测、验算并辅以专家评估才作出可靠性鉴定的结论，因而可以作为混凝土结构加固设计的基本依据；但须指出的是混凝土结构加固设计所面临的不确定因素远比新建工程多而复杂，况且还要考虑业主的种种要求；因而本条作出了："应由有资格的专业技术人员按本规范的规定和业主的要求进行加固设计"的规定。

此外，众多的工程实践经验表明，承重结构的加固效果，除了与其所采用的方法有关外，还与该建筑物现状有着密切的关系。一般而言，结构经局部加固后，虽然能提高被加固构件的安全性，但这并不意味着该承重结构的整体承载便一定是安全的。因为就整个结构而言，其安全性还取决于原结构方案及其布置是否合理，构件之间的连接是否可靠，其原有的构造措施是否得当与有效等等；而这些就是结构整体性（integrity）或结构整体牢固性（robustness）的内涵；其所起到的综合作用就是使结构具有足够的延性和冗余度。因此，本规范要求专业技术人员在承担结构加固设计时，应对该承重结构的整体性进行检查与评估，以确定是否需作相应的加强。

3.1.2 被加固的混凝土结构、构件，其加固前的服役时间各不相同，其加固后的结构功能又有所改变，因此不能直接沿用其新建时的安全等级作为加固后的安全等级，而应根据业主对该结构下一目标使用期的要求，以及该房屋加固后的用途和重要性重新进行定位，故有必要由业主与设计单位共同商定。

3.1.3 本条系沿用原推荐性标准《混凝土结构加固技术规范》CECS 25：90（以下简称原推荐性标准）的条文。此次制定本规范增加了"应避免对未加固部分以及相关的结构、构件和地基基础造成不利的影响"的规定。因为在当前的结构加固设计领域中，经验不足的设计人员占较大比重，致使加固工程出现

"顾此失彼"的失误案例时有发生，故有必要加以提示。

3.1.4 由高温、高湿、冻融、冷脆、腐蚀、振动、温度应力、收缩应力、地基不均匀沉降等原因造成的结构损坏，在加固时，应采取有效的治理对策，从源头上消除或限制其有害的作用。与此同时，尚应正确把握处理的时机，使之不致对加固后的结构重新造成损坏。就一般概念而言，通常应先治理后加固，但也有一些防治措施可能需在加固后采取。因此，在加固设计时，应合理地安排好治理与加固的工作顺序，以使这些有害因素不至于复萌。这样才能保证加固后结构的安全和正常使用。

3.1.7 结构加固工作反馈的信息表明，业主和设计单位普遍要求本规范给出结构加固后预期的正常使用年限。这个要求无可厚非，也很必要，但问题在于大多数加固技术在实际工程中已经使用的年数都不长，很难据以判断一种加固方法，其使用年限是否能与新建的工程一样长。为了解决这个问题，规范编制组对国内外有关情况进行了调查。其主要结果如下：

1 国外有关结构加固的指南普遍认为：基于现有房屋结构的修复经验，以 30 年作为正常使用与维护条件下结构加固的设计使用年限是相当适宜的。倘若能引进桥梁定期检查与维护制度，则不仅更能保证安全，而且在到达设计年限时，继续延长其使用期的可能性将明显增大。这一点对使用聚合物材料的加固方法尤为重要。

2 国外保险业对房屋结构在正常使用和维护条件下的最高保用年限也定为 30 年。因为其所做的评估认为：这个年数较能为有关各方共同接受。

3 我国档案材料的统计数据表明，一般公用建筑投入使用后，其前 30 年的检查、维护周期一般为 6～12 年；其 30 年后的检查、修缮时间的间隔显著缩短，甚至很快便进入大修期。

由上述可见，对正常使用、正常维护的房屋结构而言，30 年是一个可以接受的标志性年限。为此，规范编制组在调查基础上，又组织专家进行了论证，其主要结论如下：

1 以 30 年为加固设计的使用年限，较为符合当前加固技术发展的水平和近 15 年来所积累的经验；况且到了 30 年也并不意味着该房屋结构寿命的终结，而只是需要进行一次系统的检查，以作出是否可以继续安全使用的结论。这对已使用 30 年的房屋而言，也确有此必要。

2 对使用胶粘剂或其他聚合物的加固方法，不论厂商如何标榜其产品的优良性能，使用者必须清醒地意识到这些人工合成的材料，不可避免地存在着老化问题，只是程度不同而已，况且在工程施工的现场，还很容易因错用劣质材料或所使用的工艺不当，而过早地发生破坏。为了防范这类隐患，即使在发达

的国家也同样要求加强检查（如房屋）或监测（如桥梁），但检查时间的间隔可由设计单位作出规定，不过第一次检查时间宜定为投入使用后的 6～8 年，且至迟不应晚于 10 年。

此外，专家也指出，对房屋建筑的修复，还应首先听取业主的意见。若业主认为其房屋极具保存价值，而加固费用也不成问题，则可商定一个较长的设计使用年限；譬如，可参照文物建筑的修复，定一个较长的使用年限。这在技术上都是能够做到的，但毕竟很费财力，不应在业主无特殊要求的情况下，误导他们这么做。

基于以上所做的工作，制定了本条的三项处理原则。

3.1.8 混凝土结构的加固设计，系以委托方提供的结构用途、使用条件和使用环境为依据进行的。倘若加固后任意改变其用途、使用条件或使用环境，将显著影响结构加固部分的安全性及耐久性。因此，改变前必须经技术鉴定或设计许可，否则后果的严重性将很难预料。

3.2 设计计算原则

3.2.1 本条弥补了原推荐性标准对加固结构分析方法未作规定的不足。由于线弹性分析方法是最成熟的结构加固分析方法，迄今为国外结构加固设计规范和指南所广泛采用。因此，本规范作出了"在一般情况下，应采用线弹性分析方法计算被加固结构作用效应"的规定。至于塑性内力重分布分析方法，由于到目前为止仅见在增大截面加固法中有所应用，故未作具体规定。若设计人员认为其所采用的加固法需按塑性内力重分布分析方法进行计算时，应有可靠的实验依据，以确保被加固结构的安全。另外，还应指出的是，即使是增大截面加固法，在考虑塑性内力重分布时，也应遵守现行有关规范、规程对这种分析方法所作出的限制性规定。

3.2.2 本规定对混凝土结构的加固验算作了详细而明确的规定。这里仅指出一点，即：其中大部分计算参数已在该结构加固前可靠性鉴定中通过实测或验算予以确定。因此，在进行结构加固设计时，宜尽可能加以引用，这样不仅节约时间和费用，而且在被加固结构日后万一出现问题时，也便于分清责任。

3.2.3 本条是根据现行国家标准《正态分布完全样本可靠度单侧置信下限》GB 4885 制定的。采用这一方法确定的加固材料强度标准值，由于考虑了样本容量和置信水平的影响，不仅将比过去滥用"1.645"这个系数值，更能实现设计所要求的 95% 保证率，而且与当前国际标准、欧洲标准、ACI 标准等确定材料强度标准值所采用的方法，在概念上也是一致的。

3.2.4 为防止结构加固部分意外失效（如火灾或人为破坏等）而导致的建筑物坍塌，国外有关结构加固

设计的指南，或是要求设计者对原结构、构件提供附加的安全保护，或是要求原结构、构件必须具有一定的承载力，以便在应急的情况下能继续承受永久荷载和部分可变荷载的作用。规范编制组研究认为：为防止被加固结构的加固部分在使用过程中万一失效可能产生的破坏作用，其原结构、构件须有一定的安全保证。为此，提出了按可变荷载标准值与永久荷载标准值之比值大小，以及所使用的加固材料种类，给出了验算原结构、构件承载力的要求。

3.3 加固方法及配合使用的选择

3.3.1 根据结构加固方法的受力特点，本规范参照国内外有关文献将加固方法分为两类。就一般情况而言，直接加固法较为灵活，便于处理各类加固问题，间接加固法较为简便、可靠，且便于日后的拆卸、更换，因此还可用于有可逆性要求的历史、文物建筑的抢险加固。设计时，可根据实际条件和使用要求进行选择。

3.3.2、3.3.3 原推荐性标准共有五种加固方法（其中一种加固方法作为新方法列于附录以示区别）和一种配合使用的技术。但从 1990 年批准发布该标准以来，又有不少新的加固技术面世。此次制定本规范经过筛选，增加了四种加固方法，其中两种作为加固新方法列于附录。与此同时，结构加固所需配合使用的技术，也由一种增加为四种，基本上满足了当前加固工程的需要。这里应指出的是，每种方法和技术，均有其适用范围和应用条件；在选用时，若无充分的科学试验和论证依据，切勿随意扩大其使用范围，或忽视其应用条件，以免因考虑不周而酿成安全质量事故。

4 材　料

4.1 水　泥

4.1.1、4.1.2 本条的规定是根据国内外混凝土结构加固工程使用水泥的经验制订的。其中需说明的是，对火山灰质和矿渣质硅酸盐水泥的使用，之所以强调应有工程实践经验，是因为其所配制的混凝土，容易出现泌水现象，且早期强度偏低，需要的养护时间较长；兼之加固现场条件较差，容易受到意外因素的干扰；但若有使用经验，则可通过采取相应的技术措施予以防备。

4.2 混　凝　土

4.2.1 结构加固用的混凝土，其强度等级之所以要比原结构、构件提高一级，且不得低于 C20，主要是为了保证新旧混凝土界面以及它与新加钢筋或其他加固材料之间能有足够的粘结强度。因为局部新增的混凝土，其体积一般较小，浇筑空间有限，施工条件远不及全构件新浇的混凝土。调查和试验表明，在小空间模板内浇筑的混凝土均匀性较差，其现场取芯确定的混凝土强度可能要比正常浇注的混凝土低 10% 以上，故有必要适当提高其强度等级。

4.2.4 随着商品混凝土和高强混凝土的大量进入建设工程市场，原推荐性标准关于"加固用的混凝土中不应掺入粉煤灰"的规定经常受到质询，纷纷要求采取积极的措施予以解决。为此，本规范编制组对制订原推荐性标准第 2.2.7 条的背景情况进行了调查，并从中了解到主要是由于 20 世纪 80 年代工程上所使用的粉煤灰，其质量较差，烧失量过大，致使掺有粉煤灰的混凝土，其收缩率可能达到难以与原构件混凝土相适应的程度，从而影响了结构加固的质量。因此作出了禁用的规定。此次修订规范，对结构加固用的混凝土如何掺加粉煤灰作了专题的分析研究，其结论表明：只要使用 I 级灰，且限制其烧失量在 5% 范围内，便不致对加固后的结构产生明显的不良影响。据此，用本条文取代原推荐性标准第 2.2.7 条的规定。

4.2.5 微膨胀混凝土之所以不能用铝粉作膨胀剂进行配制，主要是因为铝粉遇水立即开始发泡，气温高时发泡还更快，从而在浇筑混凝土前，其膨胀作用便已发挥完毕。况且，直接掺入铝粉也很难拌匀，故早已被世界各国所弃用。

为了使结构加固用的混凝土具有微膨胀的性能，应寻求膨胀作用发生在水泥水化过程的膨胀剂，才能抵消混凝土在硬化过程中产生的收缩而起到预压应力的作用。为此，当购买微膨胀水泥或微膨胀剂产品时，应要求厂商提供该产品在水泥水化过程中的膨胀率及其与水泥的配合比；与此同时，还应要求厂商说明其使用的后期是否会发生回缩问题，并提供不回缩或回缩率极小的书面保证，因为膨胀剂能否起到长期的施压作用，直接涉及加固结构的安全。

4.3 钢材及焊接材料

4.3.1~4.3.5 本规范对结构加固用钢材的选择，主要基于以下三点的考虑：

　　1　在二次受力条件下，具有较高的强度利用率，能较充分地发挥被加固构件新增部分的材料潜力；

　　2　具有良好的可焊性，在钢筋、钢板和型钢之间焊接的可靠性得到保证；

　　3　高强钢材仅推荐用于预应力加固及锚栓连接。

4.3.6 几年来有关焊接信息的反馈情况表明，在混凝土结构加固工程中，一般对钢筋焊接较为熟悉，需要解释的问题很少；而对钢板、扁钢、型钢等的焊接，仍有很多设计人员对现行钢结构设计规范理解不深，以致在施工图中，对焊缝质量所提出的要求，往往与施工人员有争执。现行国家标准《钢结构设计规范》GB 50017—2003 已基本上解决了这个问题，因

此，在混凝土结构加固设计中，当涉及型钢和钢板焊接问题时，应先熟悉该规范第7.1.1条的规定以及该条的条文说明，将有助于做好钢材焊缝的设计。

4.4 纤维和纤维复合材

4.4.1 对本条的规定需说明以下三点：

1 碳纤维按其主原料分为三类，即聚丙烯腈（PAN）基碳纤维、沥青（PITCH）基碳纤维和粘胶（RAYON）基碳纤维。从结构加固性能要求来考量，只有 PAN 基碳纤维最符合承重结构的安全性和耐久性要求；粘胶基碳纤维的性能和质量差，不能用于承重结构的加固；沥青基碳纤维只有中、高模量的长丝，可用于需要高刚性材料的加固场合，但在通常的建筑结构加固中很少遇到这类用途，况且在国内尚无实际使用经验，因此，本规范规定：必须选用聚丙烯腈基（PAN 基）碳纤维。另外，应指出的是最近市场新推出的玄武岩纤维和石英纤维，由于其强度和弹性模量很低，不能直接替代碳纤维织物，更不能假冒碳纤维织物用于结构加固。因此，在选材时，切勿听信不实的宣传，并谨防以假乱真的诈骗。

2 当采用聚丙烯腈基碳纤维时，还必须采用 12K 或 12K 以下的小丝束；严禁使用大丝束纤维；之所以作出这样严格的规定，主要是因为小丝束的抗拉强度十分稳定，离散性很小，其变异系数均在 5% 以下，容易在生产和使用过程中，对其性能和质量进行有效的控制；而大丝束则不然，其变异系数高达 15%～18%，且在试验和试用中均表现出可靠性较差，故不能作为承重结构加固材料使用。

另外，应指出的是，K 数大于 12，但不大于 18 的碳纤维，虽仍属小丝束的范围，但由于我国工程结构使用碳纤维的时间还很短，所积累的成功经验均是从 12K 碳纤维的试验和工程中取得的；对大于 12K 的小丝束碳纤维所积累的试验数据和工程使用经验均嫌不足。因此，在此次制定的国家标准中，仅允许使用 12K 及 12K 以下的碳纤维。这一点应提请加固设计单位注意。

3 对玻璃纤维在结构加固工程中的应用，必须选用高强度的 S 玻璃纤维或含碱量低于 0.8% 的 E 玻璃纤维。至于 A 玻璃纤维和 C 玻璃纤维，由于其含碱量（K、Na）高，强度低，尤其是在湿态环境中强度下降更为严重，因而应严禁在结构加固中使用。

4.4.2 对本强制性条文的制定，需说明以下三点：

1 纤维复合材虽然是工程结构加固的好材料，但在工程上使用时，除了应对纤维和胶粘剂的品种、型号、规格、性能和质量作出严格规定外，尚须对纤维与胶粘剂的"配伍"问题进行安全性与适配性的检验与合格评定。否则容易因材料"配伍"失误，而导致结构加固工程失败。

2 随着碳纤维生产技术的日益发展，高强度级碳纤维的基本性能和质量也越来越得到改善。为了更好地利用这类材料，国外有关规程和指南几乎都增加了"超高强"一级。本规范根据目前国内市场供应的不同型号碳纤维的性能和质量的差异情况，也将结构加固使用的碳纤维分为"高强度Ⅰ级"和"高强度Ⅱ级"两档，并分别给出了其主要性能的合格指标。之所以不用"超高强"作为分级的冠名，主要是因为这个定语过于夸张，无助于技术的不断向前发展。

3 表 4.4.2-1 和表 4.4.2-2 的安全性及适配性检验合格指标，是根据建设部建筑物鉴定与加固规范管理委员会几年来对进入我国建设工程市场各种品牌和型号碳纤维的抽检结果，并参照国外有关规程和指南制定的。工程试用结果表明，按该表规定的指标接收产品较能保证结构安全所要求的质量。

4.4.3 本条的规定必须得到强制执行。因为一种纤维与一种胶粘剂的配伍通过了安全性及适配性的检验，并不等于它与其他胶粘剂的配伍，也具有同等的安全性及适配性。故必须重新做检验，但检验项目可以适当减少。

4.4.6 对本强制性条文需说明两点：

1 目前国内外生产的供工程结构粘贴纤维复合材用的胶粘剂，是以常温固化和现场施工为主要前提，因此，其浸润性、渗透性和垂流度均仅适用于单位面积质量在 $300g/m^2$ 及其以下的碳纤维织物。若大于 $300g/m^2$，胶粘剂将很难浸透；即使能设法浸透，但对仰贴和侧贴的部位仍然保证不了施工质量。因为胶粘剂将会大量流淌，致使碳纤维的层内和层间因缺胶而达不到设计所要求的粘结强度，故作出了严禁使用的规定，以确保承重结构加固后的安全。

2 预浸法生产的碳纤维织物，由于存贮期短，且要求低温冷藏，在现场加固施工条件下很难做到，常常因此而导致预浸料提前固化。若勉强加以利用，将严重影响结构加固的安全和质量，故作出严禁使用这种材料的规定。

3 应提请设计和监理单位注意的是：以上禁用的材料，只能在工厂条件下采用中、高温（125～180℃）固化工艺，以低黏度的专用胶粘剂制作纤维复合材。但一些不法厂商为了赚取高利润，有意隐瞒这些事实，大量地将这类材料推销给建设工程使用，而一些业主和施工单位也为了能减少胶粘剂用量且又价格低廉，甚至还有回扣，而不顾被加固结构的安全，以及可能导致的严重后果，予以滥用。考虑到一旦发生事故很难分清设计、施工、监理、业主和材料供应商的责任。故提请设计、监理和检验单位必须严加提防。

4.5 结构加固用胶粘剂

4.5.1 一种胶粘剂能否用于承重结构，主要由其基本性能的综合评价决定；但同属承重结构胶粘剂，仍

可按其主要性能的显著差别，划分为若干等级。本规范根据加固工程的实际需要，将承重结构胶粘剂划分为 A、B 两级，并按结构的重要性和受力的特点明确其适用范围。

这里需要指出的是，这两个等级的主要区别在于其韧性和耐湿热老化性能的合格指标不同。因此，在实际工程中，业主和设计单位对参与竞争的不同品牌胶粘剂所进行的考核，也应侧重于这方面，而不宜单纯做简单的强度检验以决高低。因为这样做的结果，往往选中的是短期强度虽高，但却是十分脆性的劣质胶粘剂，而这正是推销商误导使用单位的常用手法。

4.5.2 为了确保使用粘结技术加固的结构安全，必须要求胶粘剂的粘结抗剪强度标准值应具有足够高的强度保证率及其实现的概率（即置信水平）。本规范采用的 95% 保证率，系根据现行国家标准《建筑结构可靠度设计统一标准》GB 50068 确定的；其 90% 的置信水平是参照国外同类标准和我国标准化工作应用数理统计方法的经验确定的。

4.5.3、4.5.4 经过数十年的实践，目前国际上已公认专门研制的改性环氧树脂胶为碳纤维加固混凝土结构首选的胶粘剂；尤其是对粘结纤维复合材而言，不论从抗剥离性能、耐环境作用、耐应力长期作用等各个方面来考察，都是迄今其他胶粘剂所无法比拟的；但应提请使用单位注意的是：这些良好的胶粘性能均是通过使用优质树脂、高性能固化剂以及各种添加剂进行改性和筛选后才获得的，从而也才消除了纯环氧树脂胶固有的脆性缺陷。因此，在使用前必须按本规范表 4.5.3 及表 4.5.4-1 和表 4.5.4-2 的要求进行检验，确认其改性效果后才能保证被加固结构承载的安全可靠性。至于不饱和聚酯树脂以及进口产品所谓的醇酸树脂，由于其耐潮湿和耐老化性能差，因而不允许用作承重结构加固的胶粘剂。

这里还需指出的是：与纤维材料配套的胶粘剂，按其工艺划分虽有两种类型，且可根据习惯任意选用，但免底涂型的胶粘剂，虽有不少优点而受到用户青睐，但在使用前必须对其技术特性进行检验并得到确认。因为目前有些不法厂商和施工单位为了谋利，竟将普通胶粘剂谎称为免底涂型胶粘剂，擅自去掉涂刷底胶的工序，致使工程质量受到严重影响。为此，建议设计和监理单位应加强检查其产品证书，以杜绝隐患。

4.5.5 粘贴钢板和外粘型钢的胶粘剂，其安全性检验指标，是根据我国近二十年来不断改进粘钢胶粘剂性能与质量的基础上制定的。因此，必须在加固工程中严格执行。这里需要说明的是：粘贴钢板和外粘型钢用的胶粘剂，虽属可用相同性能指标进行安全性检验的两种胶粘剂，但它们的胶粘工艺却不相同。前者常用的是涂刷粘结型胶粘剂；而后者常用的是灌注粘结型胶粘剂。两者在工艺性能的要求上有着很大的差

别，这一点应在使用时加以注意。它们的工艺性能检验指标，将由正在制定的《建筑结构加固工程施工质量验收规范》给出。

4.5.6 植筋或锚栓用的胶粘剂，其安全性的检验项目及检验方法，与前述几种胶粘剂有很大不同。这是因为这类胶粘剂属富填料型的，很难用一般的试验方法进行试件的制备与试验。为此，编制组作为专题进行了研究。经过对国内外 20 余个品牌锚固型胶粘剂所进行的检验以及所做的对比分析才确定了表 4.5.6 的安全性能合格指标及其检验方法。试用情况表明，能够用以判定这类胶粘剂性能与质量是否符合要求。

4.5.7 对承重结构用的胶粘剂而言，其耐老化性能极为重要，一是因为建筑物对胶粘剂的使用年限要求长达 30 年以上，其后期粘结强度必须得到保证；二是因为本规范采用的湿热老化检验法，其检出不良固化剂的能力很强，而固化剂的性能在很大程度上决定着胶粘剂长期使用的可靠性。最近一段时间，由于恶性的价格竞争愈演愈烈，导致了不少厂商纷纷变更胶粘剂原配方中的固化剂成分。尽管固化剂的改变，虽有可能做到不影响胶粘剂的短期粘结强度，但却无法制止胶粘剂抗环境老化能力的急剧下降。因此，这些劣质的固化剂很容易在湿热老化试验中被检出。结构加固设计人员和业主必须对这一点给予高度重视，特别是重要的结构加固工程，均应对不熟悉的胶粘剂以及质量有怀疑的胶粘剂（例如用劣质固化剂配制的，但挂靠著名科研单位并有偿使用其资质证书的胶粘剂等），坚持进行见证抽样的湿热老化检验，且不得以其他人工老化试验替代这项湿热老化试验。

这里还应指出的是，有些技术人员因不了解结构胶粘剂耐环境老化性能快速检验之所以选用湿热老化方法的原因，往往受劣质胶生产商的误导，而强调我国属亚热带地区，湿热老化问题较小，可不做湿热老化试验。其实本规范之所以推荐欧洲标准化委员会《结构胶粘剂老化试验方法》EN 2243-5 关于以湿热环境进行老化试验的规定，系基于以下认识，即：胶粘剂在紫外光作用下虽能起化学反应，使聚合物中的大分子链破坏；但对大多数胶粘剂而言，由于受到被粘物屏蔽保护，光老化并非其老化主因，很难判明其老化性能，而迄今只有在湿热的综合作用下才能检验其老化性能。因为：其一，湿气总能侵入胶层，而在一定温度促进下，还会加快其渗入胶层的速度，使之更迅速地起到破坏胶层易水解化学键的作用，使胶粘剂分子链更易降解；其二，水分子渗入胶粘剂与被粘物的界面，会促使其分离；其三，水份还起着物理增塑作用，降低了胶层抗剪和抗拉性能；其四，热的作用还可使键能小的高聚物发生裂解和分解；等等。所有这些由于湿气的作用使得胶粘剂性能降低或变坏的过程，即使在自然环境中也会随着时间的推移而逐渐地发生，并形成累积性损伤，只是老化的时间和过程

较长而已。因此，显然可以利用胶粘剂对湿热老化作用的敏感性设计成一种快速而有效的检验方法。试验表明，有不少品牌胶粘剂可以很容易通过 3000～5000h 的各种人工气候老化检验，但却在 720h 的湿热老化试验过程中几乎完全丧失强度。其关键问题就在于这些品牌胶粘剂使用的是劣质固化剂以及有害的外加剂，不具备结构胶粘剂所要求的耐长期环境作用的能力。

4.5.8 关于结构胶粘剂毒性检验规定，很多国家均纳入其有关法规。因为它与人体健康和环境卫生密切相关，必须保证使用的安全。为此，本规范也参照国内外有关标准进行制定，并列为强制性条文，要求严格遵守和执行。这里应指出的是，就优质的改性环氧树脂胶粘剂而言，在完全固化后要达到"实际无毒"的卫生等级，是完全可以做到的。在这种情况下，之所以还需对毒性检验进行强制，是为了防止新开发的其他胶种忽视这个问题，也为了防范劣质的有毒胶粘剂混入市场。

4.5.9 乙二胺是一种毒性大而又脆性的固化剂，早就被很多国家严禁在结构胶中使用。但由于它能使环氧树脂胶的短期强度提高，且价格低廉，因而在我国不少地区（如北京、上海、江苏、河北、辽宁、广东、四川等省市）仍被少数不法厂家用以谋取高利润，致使不少结构加固工程埋下了安全隐患。为此，在规范中必须作出严禁使用的规定，以便于追查并追究责任。另外，在胶粘剂中掺加挥发性有害溶剂和非反应性稀释剂也是目前市场上制造劣质胶的手段之一，对人体健康、环境卫生和胶粘剂的安全性与耐久性等都有不良的影响。因此，也必须禁止使用。

4.5.10 从规范编制组掌握的著名型号结构胶粘剂的技术数据来看，一般在其研制和开发过程中均进行过冻融循环试验，并且都能符合耐冻融性能的要求。但对寒冷地区而言，这个问题十分重要，为此，仍须在规范中作出统一的规定，以确保使用安全。

4.6 裂缝修补材料

4.6.1 裂缝修补胶的应用效果，取决于其工艺性能和低黏度胶液的可灌注性以及其完全固化后所能达到的粘结强度。若裂缝的修补目的只是为了封闭，可仅做外观质量检验；但若裂缝的修补有补强、恢复构件整体性或防渗的要求，则应按现行检验标准取芯样做劈裂抗拉强度试验，并要求其破坏面不在粘合裂缝的界面上。

4.6.2 注浆修补裂缝，主要是为了恢复构件的整体性，并消除其渗漏的隐患。因此，应通过各种探测手段对混凝土灌浆前的内部情况进行检查和分析。本条的规定只是供接收注浆料时检验其性能和质量使用。

4.7 阻 锈 剂

4.7.1 已有混凝土结构、构件的防锈，是一种事后

补救的措施。因此，只能使用具有渗透性、密封性和滤除有害物质功能的喷涂型阻锈剂。这类阻锈剂的品牌、型号很多，但按其作用方式归纳起来只有两类：烷氧基类和氨基类。这两类阻锈剂各有特点，可以结合工程实际情况进行选用。

4.7.2、4.7.3 表 4.7.2 及表 4.7.3 规定的阻锈剂质量和性能合格指标，是参照目前市场上较为著名、且有很多工程实例可证明其阻锈效果的产品使用指南，并根据建设部建筑物鉴定与加固规范管理委员会统一抽检结果制定的，可供加固设计选材使用。

4.7.4 阻锈剂是提高钢筋混凝土结构耐久性、延长其使用寿命的有效措施。有资料表明，只要采用了适合的阻锈剂，即便是氯离子浓度达到能引发钢筋锈蚀含量阈值 12 倍的情况下，也能使钢筋保持钝化状态。国外规范也有类似的强制性条文规定。例如俄罗斯建筑法规 CHuP2-03-11 第 8.16 条规定："为了提高钢筋混凝土在各种介质环境中的耐用能力，必须采用钢筋阻锈剂，以提高抗蚀性和对钢筋的保护能力"；日本建设省指令第 597 号文《钢筋混凝土用砂盐份规定》中要求："砂含盐量介于 0.04%～0.2% 时必须采取防护措施：如采用防锈剂等"。美国最新研究表明，高速公路桥 2.5～5 年即出现钢筋腐蚀破坏；处于海水飞溅区的方桩，氯离子渗入混凝土内的量达到每立方米 1kg 的时间仅需 8 年；但若采用钢筋阻锈剂则能延缓钢筋发生锈蚀时间和降低锈蚀速度，从而达到 40～50 年或更长的寿命期。

4.7.5 亚硝酸盐类属于阳极型阻锈剂，此类阻锈剂的缺点是在氯离子浓度大到一定程度时会产生局部腐蚀和加速腐蚀。另外，该类阻锈剂还有致癌、引起碱骨料反应、影响坍落度等问题存在，使得它的应用受到很大限制。例如在瑞士、德国等国家已明令禁止使用这种类型的阻锈剂。

5 增大截面加固法

5.1 设 计 规 定

5.1.1 增大截面加固法，由于它具有工艺简单、使用经验丰富、受力可靠、加固费用低廉等优点，很容易为人们所接受；但它的固有缺点，如湿作业工作量大、养护期长、占用建筑空间较多等，也使得其应用受到限制。调查表明，其工程量主要集中在一般结构的梁、板、柱上，特别是中小城市的加固工程，往往以增大截面法为主。据此，编制组认为这种方法的适用范围以定位在梁、板、柱为宜。

5.1.2 调查表明，在实际工程中虽曾遇到混凝土强度等级低达 C7.5 的梁、柱也在用增大截面法进行加固，但从其加固效果来看，新旧混凝土界面的粘结强度很难得到保证。若采用植入剪切-摩擦筋来改善结

合面的粘结抗剪和抗拉能力，也会因基材强度过低而无法提供足够的锚固力。因此，作出了原构件的混凝土强度等级不应低于 C10 的规定，但应注意的是，此规定系根据 20 世纪 50 年代前期和 60 年代前期的工程质量情况作出的。这两个时期混凝土的特点是：即使强度很低，但截面内外施工质量都较均匀，其表层的抗拉强度 f_{tk} 一般均在 1.5MPa 以上，加固时较容易处理；50 年代后期以及 70 年代以来的混凝土，其施工质量远不如从前。因此，当遇到混凝土不仅强度等级低，而且密实性差，甚至还有蜂窝、空洞等缺陷时，不应直接采用增大截面法进行加固，而应先置换有局部缺陷或密实性太差的混凝土，然后再进行加固。

5.1.3 本规范关于增大截面加固法的构造规定，是以保证原构件与新增部分的结合面能可靠地传力、协同地工作为目的，因此，只要粘结质量合格，便可采用本条的基本假定。

5.1.4 采用增大截面加固法，由于受原构件应力、应变水平的影响，虽然不能简单地按现行国家标准《混凝土结构设计规范》GB 50010 进行计算，但该规范的基本假定具有普遍意义；仍应在加固计算中得到遵守。

5.2 受弯构件正截面加固计算

5.2.1 本条给出了加固设计常用的截面增大形式，但应指出的是，在混凝土受压区增设现浇钢筋混凝土层的做法，主要用于楼板的加固。对梁而言，仅在楼层或屋面允许梁顶面突出时才能使用。因此，一般只能用于某些屋面梁、边梁和独立梁的加固；上部砌有墙体的梁虽然也可采用这种做法，但应考虑拆墙是否方便。

5.2.2 与原推荐性标准相比，本规范增加了关于混凝土叠合层应按构造要求配置受压钢筋和分布钢筋的规定。其原因是为了提高新增混凝土层的安全性，同时也是为了与现行国家标准《混凝土结构设计规范》GB 50010 新作出的"应在板的未配筋表面布置温度、收缩钢筋"的规定相协调。因为这一规定很重要，可以大大减少新增混凝土层发生温度、收缩应力引起的裂缝。

5.2.3 就理论分析而言，在截面受拉区增补主筋加固钢筋混凝土构件，其受力特征与加固施工是否卸载有关。当不卸载或部分卸载时，加固后的构件工作属二次受力性质，存在着应变滞后问题；当完全卸载时，加固后的构件工作虽属一次受力，但由于受二次施工的影响，其截面仍然不如一次施工的新构件。在这种情况下，计算似乎应按不同模式进行。然而试验结果表明，倘若原构件主筋的极限拉应变均能达到现行国家标准《混凝土结构设计规范》GB 50010 规定的 0.01 水平，而新增的主筋又按本规范的规定采用

了热轧钢筋，则正截面受弯破坏时，两种受力性质的新增主筋均能屈服。因此，不论哪一种受力构件，均可近似地按一次受力计算，只是在计算中应考虑到新增主筋在连接构造上和受力状态上不可避免地要受到种种影响因素的综合作用，从而有可能导致其强度难以充分发挥，故仍应从保证安全的角度出发，对新增钢筋的强度进行折减，并统一取 $\alpha_s = 0.9$。

5.2.4 由于加固后的受弯构件正截面承载力可以近似地按照一次受力构件计算，且试验也验证了新增主筋一般能够屈服，因而可写出其相对界限受压区高度 ξ_b 值如（5.2.4-1）式所示。另外，需要说明的是新增钢筋位置处的初始应变值计算公式的确定问题。这个公式从表面看来似乎是根据 $x_b = 0.375h_{01}$ 推导的，其实是引用前苏联 H. M. OHYФPИEB 在预应力加固设计指南中对受弯构件内力臂系数的取值（即 0.85）推导得到的。规范编制组之所以决定引用该值，是因为注意到原推荐性标准早在 1990 年即已引用，我国西南交通大学和东南大学也都认为该值可以近似地用于估算加固构件初始应变而不会有显著的偏差。另外，规范编制组所做的试算结果也表明，采用该值偏于安全，故决定用以计算 ε_{s1} 值，如本规范（5.2.4-2）式所示。

5.3 受弯构件斜截面加固计算

5.3.1 对受剪截面限制条件的规定与现行国家标准《混凝土结构设计规范》GB 50010—2002 完全一致，而从增大截面构件的荷载试验过程来看，增大截面还有助于减缓斜裂缝宽度的发展，特别是围套法更为有利。因此引用 GB 50010 的规定作为加固构件的受剪截面限制条件仍然是合适的。

5.3.2 本条的计算规定与原规范比较主要有三点不同：一是将新、旧混凝土的斜截面受剪承载力分开计算，并给出了具体公式；二是新、旧混凝土的抗拉强度设计值分别按本规范第 3.2 节和现行设计规范的规定取用；三是按试验和分析结果重新确定了混凝土和钢筋的强度利用系数。试算的情况表明，按本规范确定的斜截面承载力，其安全储备有所提高。这显然是合理而必要的。

5.4 受压构件正截面加固计算

5.4.1 钢筋混凝土轴心受压构件采用增大截面加固后，其正截面承载力的计算公式仍按原推荐性标准的公式采用。虽然这几年来有不少论文建议采用更精确的方法修改该公式中的 α 取值，但经规范编制组讨论后仍决定维持原规范对该系数 α 的取值不变，之所以作这样决定，主要是基于以下几点理由：

（1）该系数 α 经过近 15 年的工程应用未出现安全问题；

（2）精确的算法必须建立在对原构件应力水平的

精确估算上，但这很难做到，况且这种加固方法在不发达地区用得最为普遍，却因限于当地的技术水平，对实际荷载的估算结果往往因人而异。若遇到事后复查，很难辨明是非；

（3）由于原推荐性标准的 α 取值，系以当时的试验结果为依据，并且也意识到试验所考虑的情况还不够充分，因此，在条文中作出了"当有充分试验依据时，α 值可作适当调整"的规定。但迄今为止，所有的修改建议均只是以分析、计算为依据提出的，未见有新的试验验证资料发表。

因此，在这次修订中仍以维持原案较为稳妥，只是为了表达上的需要，将 α 改为 α_{cs}。至于 α_{cs} 值是否有调整必要的问题，留待今后积累更多试验数据后再进行论证。

5.4.2 此次制定本规范，编制组曾对原推荐性标准偏心受压计算中采用的强度利用系数进行了讨论分析。其结果一致认为这是一项稳健的规定，不宜贸然修改。具体理由如下：

1 对新增的受压区混凝土和纵向受压钢筋，原推荐性标准为考虑二次受力影响，采用简化计算的方式引入强度利用系数是可行的。因为经过 15 年的施行，未出现过任何问题，也足以证明这一点。

2 就新增的纵向受拉钢筋而言，在大偏心受压工作条件下，其理论分析虽能确定钢筋的应力将会达到抗拉强度设计值，而不必再乘以强度利用系数，但不能因此便认定原推荐性标准的规定过于保守。因为考虑到纵向受拉钢筋的重要性，以及其工作条件总不如原钢筋，而在国家标准中适当提高其安全储备也是必要的。因此，宜予保留。

另外，需要说明的是：在（5.4.2-1）式中之所以未出现受压区混凝土强度利用系数 α_c 值，是因为该值已隐含在 f_{cc} 值中。

注：有关本条文的原编制情况，可参阅原推荐性标准的条文说明。

5.4.3 本规范编制组所做的加固偏压柱的电算分析和验证性试验结果表明，对被加固结构构件而言，现行国家标准《混凝土结构设计规范》GB 50010 规定的考虑二阶弯矩影响的偏心距增大系数 η 值，还需要引入修正系数 ψ_η 值才能与加固构件计算分析和试验结论相吻合，也才能保证受力的安全。为此，给出了 ψ_η 值的取值规定。

5.5 构 造 规 定

5.5.1~5.5.4 这四条主要是根据结构加固工程的实践经验和有关的研究资料作出的规定；其目的是保证原构件与新增混凝土的可靠连接，使之能够协同工作，以保证力的可靠传递，从而收到良好的加固效果。

另外，应指出的是自行配制的纯环氧树脂砂浆或其他纯水泥砂浆，由于未经改性，很快便开始变脆，而且耐久性很差，故不应在承重结构中使用。

6 置换混凝土加固法

6.1 设 计 规 定

6.1.1 置换混凝土加固法能否在承重结构中得到应用，关键在于新旧混凝土结合面的处理效果是否能达到可以采用协同工作假定的程度。国内外大量试验表明：当置换部位的结合面处理已使旧混凝土露出坚实的结构层，且具有粗糙而洁净的表面时，新浇混凝土的水泥胶体便能在微膨胀剂的预压应力促进下渗入其中，并在水泥水化过程中，粘合成一体。因此作出了"当混凝土构件置换部分的界面处理及其施工质量符合本规范要求时，其结合面可按整体工作计算"的规定（见本规范第 6.1.4 条）。根据这一规定，置换法不仅可用于新建工程混凝土质量不合格的返工处理，而且可用于已有混凝土承重结构受腐蚀、冻害、火灾烧损以及地震、强风和人为破坏后的修复。

6.1.2 当采用本方法加固受弯构件时，为了确保置换混凝土施工全过程中原结构、构件的安全，必须采取有效的支顶措施，使置换工作在完全卸荷的状态下进行。这样做还有助于加固后的结构更有效地承受荷载。对柱、墙等承重构件完全支顶有困难时，允许通过验算和监测进行全过程控制。其验算的内容和监测指标应由设计单位确定，但应包括相关结构、构件受力情况的验算。

6.1.3 对原构件非置换部分混凝土强度等级的最低要求，之所以应按其建造时规范的规定进行确定，是基于以下两点考虑：

1 按原规范设计的构件，不能随意否定其安全性。

2 如果非置换部分的混凝土强度等级低于建造时规范的规定时也应进行置换。

在这一前提下，对 1991 年 6 月以前建造的采用不同等级钢筋的混凝土结构，其现场检测确定的混凝土强度等级，应分别不低于 C13 和 C18（即 150 号和 200 号）；对 1991 年 6 月以后建造的应分别不低于 C15 和 C20，至于置换部分的混凝土，因属于要凿除的对象也就无需对其最低强度等级提出要求。

6.1.4 见本规范第 6.1.1 条说明。

6.2 加 固 计 算

6.2.1 采用置换法加固钢筋混凝土轴心受压构件时，其正截面承载力计算公式，除了应分别写出新旧两部分不同强度混凝土的承载力外，其他与整截面无甚区别，因此，可参照现行国家标准《混凝土结构设计规范》GB 50010 的计算公式给出，但需引进置换部分

新混凝土强度的利用系数 α_c，以考虑施工无支顶时新混凝土的抗压强度不能得到充分利用的情况；至于采用 $\alpha_c = 0.8$，则是引用增大截面加固法的规定。

6.2.2 偏心受压构件压区混凝土置换深度 $h_n < x_n$ 时，存在新旧混凝土均参与承载的情况，故应将压区混凝土分成新老混凝土两部分处理。

6.2.3 受弯构件压区混凝土置换深度 $h_n < x_n$，其正截面承载力计算公式相当于现行国家标准《混凝土结构设计规范》GB 50010 的受弯构件 T 形截面承载力计算公式。

6.3 构 造 规 定

6.3.1、6.3.2 为考虑新旧混凝土协调工作，并避免在局部置换的部位产生"销栓效应"，故要求新置换的混凝土强度等级不宜过高，一般以提高一级为宜。另外，为保证置换混凝土的密实性，对置换范围应有最小尺寸的要求。

6.3.3 考虑到置换部分的混凝土强度等级要比原构件混凝土高 1～2 级，在这种情况下，若不对称地剔除和置换混凝土，可能造成截面受力不均匀或传力偏心，因此，规定不允许仅剔除截面的一隅。

7 外加预应力加固法

7.1 设 计 规 定

7.1.1、7.1.2 预应力加固法适用面很广，预应力施加方法也很多，本章仅涉及其最适用的场合和几种主要的方法，因此，这两条规定完全是引导性的，而不是限制性的。在工程中采用其他方法时，也可参照本规范设计计算的基本原则进行加固。

7.1.3 由于在新建工程预应力混凝土结构的设计和施工中，对被施加预应力的构件规定了其混凝土强度等级的最低要求，因此，在采用预应力方法加固时，也应对原构件的混凝土强度等级有相近的要求。不然在施加预应力时，可能导致原构件局部压区破坏。

7.1.4～7.1.6 这是根据预应力杆件及其零配件的受力性能作出的防护规定。由于这些规定直接涉及加固结构的安全，应得到严格的遵守。

7.2 加 固 计 算

7.2.1～7.2.4 采用预应力水平拉杆加固钢筋混凝土梁的设计步骤，主要是根据国内外大量实践经验制定的。梁加固后增大的受弯承载力，可根据该梁加固前能承受的受弯承载力与加固后在新设计荷载作用下所需的受弯承载力来初步确定。但是，由式（7.2.1-1）求出的拉杆截面面积只是初步的计算结果。这是因为预应力拉杆发挥作用时，必然与被加固梁组成超静定结构体系，致使拉杆内力增大。这时，拉杆产生的作

用效应增量 ΔN，可用结构力学方法求出。于是，被加固梁承受的全部外荷载和预应力拉杆的内力作用效应均已确定，便可按现行国家标准《混凝土结构设计规范》GB 50010 验算原梁在跨中截面和支座截面的偏心受压承载力。若验算结果能满足规范要求，则拉杆的截面尺寸也就选定。但需要指出的是采用预应力拉杆加固的梁，其受弯承载力增量不应大于原梁承载力的 1.5 倍，且梁内受拉钢筋与拉杆截面面积的总和，也不应超过混凝土截面面积的 2.5%。因此，当计算不满足上述要求时，应改用其他加固方法。

预应力拉杆与原梁的协同工作系数，是根据国内外有关试验研究成果确定的。

为便于选择施加预应力的方法，对机张法和横向张拉法的张拉量计算分别作了规定。横向张拉量的计算公式（7.2.2）及（7.2.4）是根据应力与变形的关系推导的，计算时略去了 $(\sigma_p/E_s)^2$ 的值，故计算结果为近似值。

7.2.6 采用预应力拉杆加固钢筋混凝土桁架时，可以对整榀屋架进行加固，也可仅加固下弦杆或受拉腹杆。这类加固，国内已有大量工程实践经验。计算时应将拉杆的预加应力作用视为外力。计算时，还应将预应力拉杆引起的作用效应与原杆件的最大作用效应相叠加，然后再验算杆件的截面承载力、裂缝及桁架挠度，且以验算结果能满足设计要求为合格。整榀屋架加固时，预加应力引起的反拱不应过大，以免引起上弦杆裂缝或使端部支承连接拉裂、变形。

锚夹具锚固处的混凝土局部受压承载力应能满足现行国家标准《混凝土结构设计规范》GB 50010 的要求。

7.2.7 采用预应力撑杆加固轴心受压钢筋混凝土柱的设计步骤较为简单明确。撑杆中的预应力主要是以保证撑杆与被加固柱能较好地共同工作为度，故施加的预应力值 σ_p 不宜过高，以控制在 $50 \sim 80$MPa 为妥。

根据国内外有关的试验研究成果，当被加固柱需要提高的受压承载力不大于 1200kN 时，采用预应力撑杆加固是较为合适的。若需要通过加固提高的承载力更大，则应考虑选用其他加固方法。

7.2.8、7.2.9 采用预应力撑杆加固偏心受压钢筋混凝土柱时，由于影响因素较多，其计算方法较为冗繁。因此，偏心受压柱的加固计算应主要通过验算进行。但应指出，采用预应力撑杆加固偏心受压柱时，其受压承载力、受弯承载力均只能在一定范围内提高。

验算时，撑杆肢的有效受压承载力取 $0.9 f'_{py} A'_p$ 是考虑协同工作不充分的影响，即撑杆肢的极限承载力有所降低。其承载力降低系数取 0.9 是根据国内外试验结果确定的。

当柱子较高时，撑杆的稳定性可能不满足现行国

家标准《钢结构设计规范》GB 50017 的规定。此时，可采用不等边角钢来作撑杆肢，其较窄的翼缘应焊以缀板，其较宽的翼缘，应位于柱子的两侧面。撑杆肢安装后再在较宽的翼缘上焊以连接板。

对承受正负弯矩作用的柱（即弯矩变号的柱），应采用双侧撑杆进行加固。由于撑杆主要是承受压力，所以应按双侧撑杆加固的偏心受压柱的公式进行计算，但仅考虑被加固柱的受压区一侧的撑杆受力。

7.3 构 造 规 定

7.3.1 预应力拉杆选用的钢材与施工方法有密切关系。机张法能拉各种高强、低强的碳素钢丝、钢绞线或粗钢筋等钢材；横向张拉法仅适用于张拉钢材强度较低，张拉力较小（一般在 150kN 以下）的 I 级钢筋。横向张拉用的钢材，应选用 I 级钢筋，是考虑拉杆两端需采用焊接连接，I 级钢筋施焊易于保证焊接质量。

预应力拉杆距构件下缘的净空为 30～80mm 时，可使预应力拉杆的端部锚固构造和下撑式拉杆弯折处的构造都比较简单。

7.3.2 预应力撑杆适宜用横向张拉法施工。其建立的预应力值也比较可靠。这种方法在原苏联采用较多，也有许多工程实践经验表明该法简便可行。过去国内多采用干式外包钢加固法，即在角钢中不建立预应力，或仅为了使角钢的上下端与混凝土构件顶紧而打入楔子，计算上也不考虑预应力的作用，因此，经济性很差。此次编制规范已删去干式外包钢法，而以预应力撑杆来取代。预应力撑杆则要求建立一定的预应力值，故在验算中应将撑杆内的预压应力视为外力作用。

为了建立预应力，在横向张拉法中要求撑杆中部先制成弯折形状，然后在施工中旋紧螺栓使撑杆通过变直而顶紧。为了便于实施，本规范对弯折的方法和要求均作了示例性质的规定，其中还包括了切口形状和弥补切口削弱的措施。

预应力撑杆肢的角钢及其焊接缀板的最小截面规定是根据国内外工程加固实践经验确定的。

对撑杆端部的传力构造作了详细的规定，这种传力构造可保证其杆端不致产生偏移。

8 外粘型钢加固法

8.1 设 计 规 定

8.1.1 外粘型钢的适用面很广，但加固费用较高。为了取得最佳的技术经济效果，一般多用于需要大幅度提高承载力和抗震能力的钢筋混凝土梁、柱结构的加固。

8.1.2 早期的外粘型钢加固法称为湿式外包钢加固

法，使用的是乳胶水泥为粘结材料。乳胶水泥通常由聚醋酸乳液与水泥浆膏混合而成，它虽然可使水泥浆膏的粘结强度稍有提高，并加快浆膏的硬化；但它的不耐潮湿、不耐低温，不耐老化，不能长期用于户外等缺点，使它早已在承重结构的应用中被淘汰。当前的外粘型钢以结构胶（如改性环氧树脂）为粘结材料，并通过压力灌注工艺形成饱满而高强的胶层，从而使设计、计算所采用的整体截面基本假定，可以建立在可靠的基础上。因此明确规定了外粘型钢应以改性环氧树脂胶粘剂进行灌注。

8.1.3 本条采用的截面刚度近似计算公式与精确计算公式相比，仅略去型钢绕自身轴的惯性矩，其所引起的计算误差很小，完全可以应用。

8.2 加 固 计 算

8.2.1 采用外粘型钢加固钢筋混凝土轴心受压构件（柱）时，由于型钢可靠地粘结于原柱，并有卡紧的缀板焊接成箍，从而使原柱的横向变形受到型钢骨架的约束作用。在这种构造条件下，外粘型钢加固的轴心受压柱，其正截面承载力可按整截面计算，但应考虑二次受力的影响，故对受压型钢乘以强度利用系数 α_a。考虑到加固用的型钢属于软钢（Q235），且原推荐性标准所取的 α_a 值，虽是近似值，但经过近 15 年的工程应用，未发现有安全问题，因而决定仍继续沿用该值，亦即取 $\alpha_a = 0.9$，较为安全稳妥。

8.2.2 采用外粘型钢加固的钢筋混凝土偏心受压构件，其受压肢型钢，由于存在着应变滞后的问题，在按式（8.2.2-1）及式（8.2.2-2）计算正截面承载力时，必须乘以强度利用系数 α_a 予以折减，这虽然是一种简化的做法，但对标准规范来说，却是可行的。至于受拉肢型钢，在大偏心受压工作条件下，尽管其应力一般都能达到抗拉强度设计值，但考虑到受拉肢工作的重要性，以及粘结传力总不如原构件中的钢筋可靠，故有必要在规范中适当提高其安全储备，以保证被加固结构受力的安全。

另外，应指出的是，在偏心受压构件的正截面承载力计算中仍应按本规范第 5.4.3 条的规定对偏心距增大系数 η 乘以修正系数 ψ_η，以保证安全。

8.2.3 采用外粘型钢加固的钢筋混凝土梁，其截面应力特征与粘贴钢板加固法十分相近，因此允许按粘贴钢板的计算方法进行正截面和斜截面承载力的验算。

8.3 构 造 规 定

8.3.1 为加强型钢肢之间的连系，以提高钢骨架的整体性与共同工作能力，应沿梁、柱轴线每隔一定距离，用箍板或缀板与型钢焊接。与此同时，为了使梁的箍板能起到封闭式环形箍的作用，在本条中还给出了三种加锚式箍板的构造示意图供设计参考使用；另外，应指出

的是：型钢肢在缀板焊接前，应先用工具式卡具勒紧，使角钢肢紧贴于混凝土表面，以消除过大间隙引起的变形。

8.3.2 为保证力的可靠传递，外粘型钢必须通长、连续设置，中间不得断开；若型钢长度受限制，应通过焊接方法接长；型钢的上下两端应与结构顶层构件和底部基础可靠地锚固。

8.3.5 加固完成后，之所以还需在型钢表面喷抹高强度水泥砂浆保护层，主要是为了防腐蚀和防火，但若型钢表面积较大，很可能难以保证抹灰质量。此时，可在构件表面先加设钢丝网或点粘一层豆石，然后再抹灰，便不会发生脱落和开裂。

9 粘贴纤维复合材加固法

9.1 设计规定

9.1.1 根据粘贴纤维增强复合材的受力特性，本条规定了这种方法仅适用于钢筋混凝土受弯、受拉、轴心受压和大偏心受压构件的加固；不推荐用于小偏心受压构件的加固。因为纤维增强复合材仅适合于承受拉应力作用，而且小偏心受压构件的纵向受拉钢筋达不到屈服强度，采用粘贴纤维复合材将造成材料的极大浪费。因此，对小偏心受压构件，应建议采用其他合适的方法加固。

　　同时，本条还指出：本方法不适用于素混凝土构件（包括配筋率不符合现行国家标准《混凝土结构设计规范》GB 50010 最小配筋率构造要求的构件）的加固。据此，应提请注意的是：对梁板结构，若曾经在构件截面的受压区采用增大截面法加大了其混凝土厚度，而今又拟在受拉区采用粘贴纤维的方法进行加固时，应首先检查其最小配筋率是否能满足现行国家标准《混凝土结构设计规范》GB 50010 的要求。

9.1.2 在实际工程中，经常会遇到原结构的混凝土强度低于现行设计规范规定的最低强度等级的情况。如果原结构混凝土强度过低，它与纤维增强复合材的粘结强度也必然会很低，易发生呈脆性的剥离破坏。此时，纤维增强复合材不能充分发挥作用，因此本条规定了被加固结构、构件的混凝土强度等级，以及混凝土与纤维复合材正拉粘结强度的最低要求。

9.1.3 本条强调了纤维增强复合材不能设计为承受压力，而只能将纤维受力方式设计成承受拉应力作用。

9.1.4 本条规定粘贴在混凝土表面的纤维增强复合材不得直接暴露于阳光或有害介质中。为此，其表面应进行防护处理，以防止长期受阳光照射或介质腐蚀，从而起到延缓材料老化、延长使用寿命的作用。

9.1.5 本条规定了采用这种方法加固的结构，其长期使用的环境温度不应高于 60℃。但应指出的是，

这是按常温条件下，使用普通型结构胶粘剂的性能确定的。当采用耐高温胶粘剂粘结时，可不受此规定限制；但应受现行国家标准《混凝土结构设计规范》GB 50010 对混凝土结构承受生产性高温的限制。另外，对其他特殊环境（如高温高湿、介质侵蚀、放射等）采用粘贴纤维增强复合材加固时，除应遵守相应的国家现行有关标准的规定采取专门的粘贴工艺和相应的防护措施外，尚应采用耐环境因素作用的结构胶粘剂。

9.1.6 为了确保被加固结构的安全，本规范统一规定了纤维复合材的设计计算指标。这对设计人员而言，不仅较为方便，而且还不至于因各自取值的差异，而引发争议；也不至于因受厂商炒作的影响，贸然采用过高的计算指标而导致结构加固出问题。

9.1.7 粘贴纤维复合材的胶粘剂一般是可燃的，故应按照现行国家标准《建筑防火设计规范》GB 50016规定的耐火等级和耐火极限要求，对纤维复合材进行防护。

9.1.8 采用纤维增强复合材加固时，应采取措施尽可能地卸载。其目的是减少二次受力的影响，亦即降低纤维复合材的滞后应变，使得加固后的结构能充分利用纤维材料的强度。

9.2 受弯构件正截面加固的计算

9.2.1 为了听取不同的学术观点，规范编制组邀请国内 8 位知名专家对受弯构件的受拉面粘贴纤维增强复合材进行加固时，其截面应变分布是否可采用平截面假定进行论证。其结果表明，持可用和不宜用观点各占 50%，但均认为这个假定不理想；不过在当前试验研究工作尚不足以做出改变的情况下，仍可以借用，而不致造成很大问题。

9.2.2 本条规定了受弯构件加固后的相对界限受压区高度的控制值 $\xi_{b,f}$，是为了避免因加固量过大而导致超筋性质的脆性破坏。对于重要构件，采用构件加固前控制值的 0.75 倍，对于 HRB335 级钢筋，达到界限时相应的钢筋应变约为 2 倍屈服应变；对于一般构件，采用构件加固前控制值的 0.85 倍，对于HRB335 级钢筋，达到界限时相应的钢筋应变约为1.5 倍屈服应变。满足此条要求，实际上已经确定了纤维的"最大加固量"。

9.2.3 本规范的受弯构件正截面计算公式与以前发布的国内外标准相比，在表达上有较大的改进。由于用一组公式代替多组公式，在计算结果无显著差异的前提下，可使设计人员应用更为方便，条理也更为清晰。

　　公式 9.2.3-1 是截面上的轴向力平衡公式；公式 9.2.3-2 是截面上的力矩平衡公式，力矩中心取受拉区边缘，其目的是使此式中不同时出现两个未知量；公式 9.2.3-3 是根据应变平截面假定推导得到的计算

公式。公式 9.2.3-4 是保证钢筋受压达到屈服强度。当 $x<2a'$ 时，近似取 $x=2a'$ 进行计算，是为了确保安全而采用了受压钢筋合力作用点与压区混凝土合力作用点相重合的假定。

另外，当"$\phi>1.0$ 时，取 $\phi=1.0$"的规定，是用以控制纤维复合材的"最小加固量"。

加固设计时，可根据式（9.2.3-1）计算出混凝土受压区的高度 x，按式（9.2.3-3）计算出强度利用系数 ϕ，然后代入式（9.2.3-2），即可求出纤维的有效截面面积 A_{fe}。

9.2.4 本条是考虑纤维复合材多层粘贴的不利影响，而对第 9.2.3 条计算得到的有效截面面积进行放大，作为实际应粘贴的面积。为此，引入了纤维复合材的厚度折减系数 k_m。该系数系参照 ACI440 委员会于 2000 年 7 月修订的"GUIDE FOR THE DESIGN AND CONSTRUCTION OF EXTERNALLY BONDED FRP SYSTEMS FOR STRENGTHENING CONCRETE STRUCTURES"而制定的。

9.2.5、9.2.6 公式 9.2.5 中给出的 $f_{f,v}$ 的确定方法，是根据本规范编制组和四川省建科院的试验结果拟合的；在纳入本规范前又参照有关文献作了偏于安全的调整。另外，该计算式的适用范围为 C15～C60，基本上可以涵盖当前已有结构的混凝土强度等级情况，至于 C60 以上的混凝土，暂时还只能按 $f_{f,v}=0.7$ 采用。

9.2.7 对翼缘位于受压区的 T 形截面梁，其正弯矩区进行受弯加固时，不仅应考虑 T 形截面的有利作用，而且还须遵守有关翼缘计算宽度取值的限制性规定。故本条要求应按现行国家标准《混凝土结构设计规范》GB 50010 和本规范的规定进行计算。

9.2.8 滞后应变的计算，在考虑了钢筋的应变不均匀系数、内力臂变化和钢筋排列影响的基础上，还依据工程设计经验作了适当调整，但在表达方式上，为了避开繁琐的计算，并力求为设计使用提供方便，故对 α_f 的取值，采用了按配筋率和钢筋排数的不同以查表的方式确定。

9.2.9 根据应变平截面假定及的 ε_{fi} 不同取值，可算得侧面粘贴纤维的上下两端平均应变与下边缘应变的比值，即修正系数 η_{f1}，并可表达为公式 $\eta_{f1}=1/(1-\beta_1 h_f/h)$。计算时，近似地取 $h_f=h$，$h_0=h/1.1$；于是算得采用 HRB335 级钢筋的一般构件，其系数 $\beta_1=1.07$；相应的重要构件，其系数 $\beta_1=0.94$；同理，算得采用 HRB400 级钢筋的一般构件，其系数 $\beta_1=1.0$；相应的重要构件，其系数 $\beta_1=0.90$。注意到 β_1 值变化幅度不大，故偏于安全地统一取 $\beta_1=1.07$。与此同时，还应考虑侧面粘贴的纤维复合材，其合力中心至压区混凝土合力中心之距离与底面粘贴的纤维复合材合力中心至压区混凝土合力中心之距离的比值，即修正系数 η_{f2}，可表达为公式 $\eta_{f2}=1/(1-0.63h_f/h)$。

h）。于是得到综合考虑侧面粘贴纤维复合材受拉合力及相应力臂的修正系数为：

$$\eta_f=\eta_{f1}\times\eta_{f2}=1/(1-1.07h_f/h)(1-0.63h_f/h)$$

9.2.10 本条规定钢筋混凝土结构构件采用粘贴纤维复合材加固时，其正截面承载力的提高幅度不应超过 40%。其目的是为了控制加固后构件的裂缝宽度和变形；并且也为了强调"强剪弱弯"设计原则的重要性。

9.2.11 为了纤维复合材的可靠锚固以及节约材料的目的，本条对纤维复合材的层数提出了指导性意见。

9.3 受弯构件斜截面加固的计算

9.3.1 根据实际经验，本条对受弯构件斜截面加固的纤维粘贴方向作了统一的规定，并且在构造上只允许采用环形箍、加锚封闭箍、加锚 U 形箍和加织物压条的一般 U 形箍，不允许仅在侧面粘贴条带受剪，因为试验表明，这种粘贴方式受力不可靠。

9.3.2 本条的规定与国家标准《混凝土结构设计规范》GB 50010—2002 第 7.5.1 条完全一致。

9.3.3 根据现有试验资料和工程实践经验，对垂直于构件轴线方向粘贴的条带，按被加固构件的不同剪跨比和条带的不同加锚方式，给出了抗剪强度的折减系数。

9.4 受压构件正截面加固的计算

9.4.1 采用沿构件全长无间隔地环向连续粘贴纤维织物的方法，即环向围束法，对轴心受压构件正截面承载力进行间接加固，其原理与配置螺旋箍筋的轴心受压构件相同。

9.4.2 当 $l/d>12$ 或 $l/d>14$ 时，构件的长细比已比较大，有可能因纵向弯曲而导致纤维材料不起作用；与此同时，若矩形截面边长过大，也会使纤维材料对混凝土的约束作用明显降低，故明确规定了采用此方法加固时的适用范围。

9.4.3、9.4.4 公式 9.4.3-1 是考虑了在三向约束混凝土的条件下，其抗压强度能够提高的有利因素。公式 9.4.3-2 是参照了 ACI440、CEB-FIP 及我国台湾的公路规程和工业技术研究院设计型录等制定的。

9.5 受压构件斜截面加固计算

9.5.1 本规范对受压构件斜截面的纤维复合材加固，仅允许采用环形箍。因为其他形式的纤维箍均易发生剥离破坏，故在适用范围的规定中加以限制。

9.5.2 采用环形箍加固的柱，其斜截面受剪承载力的计算公式是参照美国 ACI 440 委员会和欧洲 CEB-FIP（fib）的设计指南以及我国台湾工业技术研究院的设计型录，并结合我国大陆的试验资料制定的，从规范编制组委托设计单位所做的试设计来看，还是较为稳妥可行的。

9.6 大偏心受压构件加固计算

9.6.1 采用纤维增强复合材加固大偏心受压构件时，本条之所以强调纤维应粘贴在受拉一侧，是因为本规范已在第 9.1.3 条中作出了"应将纤维受力方式设计成仅承受拉应力作用"的规定。

9.6.2 本条的计算公式是参照国家标准《混凝土结构设计规范》GB 50010—2002 的规定推导的。其中需要说明的是，在大偏心受压构件加固计算中，对纤维复合材之所以不考虑强度利用系数，是因为在实际工程中绝大多数偏心受压构件均处于受压状态。因此，在承载能力极限状态下，受拉侧的拉应变是从受压侧应变转化过来的，故不存在拉应变滞后的问题，亦即认为：纤维复合材的抗拉强度能得到充分发挥。

9.7 受拉构件正截面加固计算

9.7.1 由于非预应力的纤维复合材在受拉杆件（如桁架弦杆、受拉腹杆等）端部锚固的可靠性很差，因此一般仅用于环形结构（如水塔、水池等）和方形封闭结构（如方形料槽、贮仓等）的加固，而且仍然要处理好围拢（或棱角）部位的搭接与锚固问题。由之可见，其适用范围是很有限的，应事先做好可行性论证。

9.7.2、9.7.3 从本节规定的适用范围可知，受拉构件的纤维复合材加固主要用于上述的构筑物中，而这些构筑物既容易卸荷，又经常在大多数情况下被强制要求卸荷，因此，在计算其承载力时可不考虑二次受力的影响问题，不必在计算公式中引入强度利用系数。

9.8 提高柱的延性的加固计算

9.8.1 采用纤维复合材构成的环向围束作为柱的附加箍筋来防止柱的塑铰区搭接破坏或提高柱的延性，在我国台湾地区震后修复工程中用得较多，而且有设计规程可依。与此同时，我国同济大学等院校也做过不少分析研究工作，在此基础上，经本规范编制组讨论后决定纳入这种加固方法，供抗震加固使用。

9.8.2 公式（9.8.2-2），系以环向围束作为附加箍筋的体积配筋率的计算公式，是参照国外有关文献，由同济大学做了大量分析后提出的。经试算表明，略偏于安全。

9.9 构造规定

9.9.1、9.9.2 本规范对受弯构件正弯矩区正截面承载力加固的构造规定，是根据国内科研单位和高等院校的试验研究结果和规范编制组总结工程实践经验，经讨论、筛选后提出的。因此，可供当前的加固设计参考使用。

9.9.3 采用纤维复合材对受弯构件负弯矩区进行正

截面承载力加固时，其端部在梁柱节点处的锚固构造最难处理。为了解决这个问题，编制组曾通过各种渠道收集了国内外各种设计方案和部分试验数据，但均未得到满意的构造方式。本条图 9.9.3-2 及图 9.9.3-3 给出的构造示例，是在归纳上述设计方案优缺点的基础上逐步形成的。其优点是具有较强的锚固能力，可有效地防止纤维复合材剥离，但应注意的是，其所用的锚栓强度等级及数量应经计算确定。本条示例图中所给的锚栓强度等级及数量仅供一般情况参考。当受弯构件顶部有现浇楼板或翼缘时，箍板须穿过楼板或翼缘才能发挥其使用。最初的工程试用觉得很麻烦，经学习国外安装经验，采用半重叠钻孔法形成扁形孔安装（插进）钢箍板后，施工就变得十分简单。为了进一步提高箍板的锚固能力，还应采取先给箍板刷胶然后安装的工艺。另外，应注意的是安装箍板完毕应立即注胶封闭扁形孔，使它与混凝土粘结牢固，同时也解决了楼板可能渗水等问题。

9.9.4 这是国内外的共同经验。因为整幅满贴纤维织物时，其内部残余空气很难排除，胶层厚薄也不容易控制，以致大大降低粘贴的质量，影响纤维织物的正常受力。

9.9.5 同济大学的试验表明，按内短外长的原则分层截断纤维织物时，有助于防止内层纤维织物剥离，故推荐给设计、施工单位参考使用。

9.9.7～9.9.9 这三条的构造规定，是参照美国 ACI 440 指南、欧洲 CEB-FIP（fib）指南和我国台湾工业技术研究院的设计型录以及本规范编制组的试验资料制定的。

10 粘贴钢板加固法

10.1 设计规定

10.1.1 根据粘贴钢板加固混凝土构件的受力特性，规定了这种方法仅适用于钢筋混凝土受弯、受拉和大偏心受压构件的加固。

同时还指出：本方法不适用于素混凝土构件（包括纵向受力钢筋配筋率不符合现行国家标准《混凝土结构设计规范》GB 50010 最小配筋率构造要求的构件）的加固。据此，应提请注意的是：对梁板结构，若曾经在构件受压区采用增大截面法加大了混凝土厚度，而今又拟在受拉区粘贴钢板进行加固时，应首先检查其最小配筋率是否能满足 GB 50010 的要求。

10.1.2 在实际工程中，有时会遇到原结构的混凝土强度低于现行国家标准《混凝土结构设计规范》GB 50010 规定的最低强度等级的情况。如果原结构混凝土强度过低，它与钢板的粘结强度也必然很低。此时，极易发生呈脆性的剥离破坏。故本条规定了被加固结构、构件的混凝土强度最低等级，以及钢板与混

凝土表面粘结应达到的最小正拉强度。

10.1.3 粘钢的承重构件最忌在复杂的应力状态下工作，故本条强调了应将钢板受力方式设计成仅承受轴向应力作用。

10.1.4 对粘贴在混凝土表面的钢板之所以要进行防护处理，主要是考虑加固的钢板一般较薄，容易因锈蚀而显著削弱截面，甚至引起应力集中，其后果必然影响使用寿命。

10.1.5 本条规定了长期使用的环境温度不应高于60℃，是按常温条件下使用的普通型树脂的性能确定的。当采用与钢板匹配的耐高温树脂为胶粘剂时，可不受此规定限制，但应受现行国家标准《钢结构设计规范》GB 50017 有关规定的限制。在特殊环境下（如高温、高湿、介质侵蚀、放射等）采用粘贴钢板加固法时，除应遵守相应的国家现行有关标准的规定采取专门的粘贴工艺和相应的防护措施外，尚应采用耐环境因素作用的胶粘剂。

10.1.6 粘贴钢板的胶粘剂一般是可燃的，故应按现行国家标准《建筑防火设计规范》GB 50016 规定的耐火等级和耐火极限要求以及相关规范的防火构造规定进行防护。

10.1.7 采用粘贴钢板加固时，应采取措施尽量卸载。其目的是减少二次受力的影响，也就是降低钢板的滞后应变，使得加固后的钢板能充分发挥强度。

10.2 受弯构件正截面加固计算

10.2.1 国内外的试验研究表明，在受弯构件的受拉面和受压面粘贴钢板进行受弯加固时，其截面应变分布仍可采用平截面假定。

10.2.2 本条对受弯构件加固后的相对界限受压区高度的控制值 ξ_{fb} 作出了规定，其目的是为了避免因加固量过大而导致超筋性质的脆性破坏。对于重要构件，采用构件加固前控制值的 0.9 倍；若按 HRB335级钢筋计算，达到界限时相应的钢筋应变约为 1.35倍屈服应变；对于一般构件，采用构件加固前控制值的 1.0 倍；若按 HRB335级钢筋计算，达到界限时相应的钢筋应变约为 1.0 倍屈服应变。满足此条要求，实际上已经确定了粘钢的"最大加固量"。

10.2.3 本规范的受弯构件正截面计算公式与以前发布的国内外标准相比，在表达上有了较大的改进。由于用一组公式代替多组公式，在计算结果无显著差异的前提下，可使设计计算更为方便，条理也较为清晰。

公式（10.2.3-2）是截面上的轴向力平衡公式；公式（10.2.3-1）是截面上的力矩平衡公式，力矩中心取受拉区边缘，其目的是使此式中不同时出现两个未知量；公式（10.2.3-3）是根据应变平截面假定推导得到的计算公式；公式（10.2.3-4）是为了保证受压钢筋达到屈服强度。当 $x < 2a'$ 时，之所以近似地取

$x = 2a'$ 进行计算，是为了确保安全而采用了受压钢筋合力作用点与压区混凝土合力作用点重合的假定。

加固设计时，可根据式（10.2.3-1）计算出混凝土受压区的高度 x，按式（10.2.3-3）计算出强度利用系数 ψ，然后代入式（10.2.3-2），即可求出粘贴的钢板面积 A_{p}。

另外，当" $\psi > 1.0$ 时，取 $\psi = 1.0$ "的规定，是用以控制钢板的"最小加固量"。

10.2.4 钢板粘贴延伸长度 l_{p} 的计算公式，是在原推荐性标准剪应力分布假定的基础上，参照理论分布曲线稍作调整后确定的。

10.2.5 对翼缘位于受压区的 T 形截面梁（包括有现浇楼板的梁），其正弯矩区的受弯加固，不仅应考虑 T 形截面的有利作用，而且还须遵守有关翼缘计算宽度取值的限制性规定，故要求应按现行国家《混凝土结构设计规范》GB 50010 和本规范的有关原则和规定进行计算。

10.2.6 滞后应变的计算，在考虑了钢筋的应变不均匀系数、内力臂变化和钢筋排列影响的基础上，还依据工程设计经验作了适当调整，但在表达方式上，为了避开繁琐的计算，并力求使用方便，故对 α_{sp} 的取值，采取了按配筋率和钢筋排数的不同以查表的方式确定。

10.2.7 根据应变平截面假定及 ξ_{pb} 的不同取值，可算得侧面粘贴钢板的上下两端平均应变与下边缘应变的比值，即修正系数 η_{p1}，并表达为公式 $\eta_{\mathrm{p1}} = 1/(1 - \beta_1 h_{\mathrm{p}}/h)$。计算时近似地取 $h_{\mathrm{p}} = h$，$h_0 = h/1.1$；于是算得采用 HRB335 级钢筋的一般构件，其系数 $\beta_1 = 1.33$；相应的重要构件，其系数 $\beta_1 = 1.14$；同理，算得 HRB400 级钢筋的一般构件，其系数 $\beta_1 = 1.22$；相应的重要构件，其系数 $\beta_1 = 1.06$。考虑到 β_1 值变化幅度不大，故偏于安全地统一取 $\beta_1 = 1.33$。与此同时，还应考虑侧面粘贴钢板的合力中心至压区混凝土中心之距离与底面粘贴钢板的合力中心至压区混凝土中心之距离的比值，即修正系数 η_{p2}，可表达为公式 $\eta_{\mathrm{p2}} = 1/(1 - 0.60 h_{\mathrm{p}}/h)$。于是得到综合考虑侧面粘贴钢板受拉合力及相应力臂的修正系数为：

$$\eta_{\mathrm{p}} = \eta_{\mathrm{p1}} \times \eta_{\mathrm{p2}} = 1/(1 - 1.33 h_{\mathrm{p}}/h)(1 - 0.60 h_{\mathrm{p}}/h)$$

10.2.8 本条规定钢筋混凝土结构构件采用粘贴钢板加固时，其正截面承载力的提高幅度不应超过 40%。其目的是为了控制加固后构件的裂缝宽度和变形；并且也为了强调"强剪弱弯"设计原则的重要性。

10.2.9 为了钢板的可靠锚固以及节约材料的目的，本条对粘贴钢板的层数作出了建议性的规定。

10.3 受弯构件斜截面加固计算

10.3.1 根据实际经验，本条对受弯构件斜截面加固的钢箍板粘贴方式作了统一的规定，并且在构造上，只允许采用垂直于构件轴线方向的加锚封闭箍和其他

三种有效的 U 形箍；不允许仅在侧面粘贴钢条受剪，因为试验表明，这种粘贴方式受力不可靠。

10.3.2 本条的规定与现行国家标准《混凝土结构设计规范》GB 50010—2002 第 7.5.1 条完全相同。

10.3.3 根据现有的试验资料和工程实践经验，对垂直于构件轴线方向粘贴的箍板，按被加固构件的不同剪跨比和箍板的不同加锚方式，给出了抗剪强度的折减系数 ψ_{vb} 值。

10.4 大偏心受压构件正截面加固计算

10.4.2 本条关于正截面承载力计算的规定是参照现行国家标准《混凝土结构设计规范》GB 50010 的规定导出的。因为在大偏心受压的情况下，验算控制的截面达到极限状态时，其原钢筋和新加钢板一般都能达到其抗拉强度。

10.5 受拉构件正截面加固计算

10.5.1 本条应说明的内容与本规范条文说明第 9.7.1 条相同，不再赘述。

10.5.2、10.5.3 这两条规定是参照现行国家标准《混凝土结构设计规范》GB 50010 的规定导出的。理由同第 10.4.2 条。

10.6 构 造 规 定

10.6.1 原推荐性标准仅允许采用 2～5mm 厚的钢板。此次修订规范，在汲取国外采用厚钢板粘贴的工程实践经验基础上，还组织一些加固公司进行了工程试用，然后才对原推荐性标准的本条规定作了修改。修改后的条文，虽然允许使用较厚（包括总厚度较厚）的钢板，但为了防止钢板与混凝土粘接的劈裂破坏，必须要求其端部与梁柱节点的连接构造必须符合外粘型钢焊接及注胶方法的规定。由之可见，它与外粘型钢的构造要求无甚差别，但仍按习惯列于本节中。

10.6.2 在受弯构件受拉区粘贴钢板，其板端一段由于边缘效应，往往会在胶层与混凝土粘合面之间产生较大的剪应力峰值和法向正应力的集中，成为粘钢的最薄弱部位。若锚固不当或粘贴不规范，均易导致脆性剥离或过早剪坏。为此，编制组研究认为有必要采取如本条所规定的加强锚固措施。

10.6.3、10.6.4 这两条的构造措施与本规范第 9.9.2 条及第 9.9.3 条完全相同，只是将加固粘贴的钢板替换加固粘贴的纤维复合材，即可将图 9.9.3-2 及图 9.9.3-3 改为加贴 L 形钢板及 U 形钢箍板锚固的示例图。

10.6.5、10.6.6 这两条所采取的措施，有不少属于细节问题，但它们对增强锚固能力均起着不可忽视的作用，务必在设计中加以注意。

11 增设支点加固法

11.1 设 计 规 定

11.1.1 增设支点加固法是一种传统的加固法，适用于对外观和使用功能要求不高的梁、板、桁架、网架等的加固。此外，还经常用于抢险工程。尽管这种方法的缺点很突出，但由于它具有简便、可靠和易拆卸的优点，一直是结构加固不可或缺的手段。

11.1.2 增设支点加固法虽然是通过减小被加固结构的跨度或位移，来改变结构不利的受力状态，以提高其承载力的，但根据支承结构、构件受力变形性能的不同，又分为刚性支点加固法和弹性支点加固法。前者一般是以支顶的方式直接将荷载传给基础，但也有以斜拉杆作为支点直接将荷载传给刚度较大的梁柱节点或其他可视为"不动点"的结构。在这种情况下，由于传力构件的轴向压缩变形很小，可在计算中忽略不计，因此，结构受力较为明确，计算大为简化。至于后者则是通过传力构件的受弯或桁架作用等间接地将荷载传递给其他可作为支点的结构。在这种情况下，由于被加固结构和传力构件的变形均不能忽略不计，因此，其内力计算必须考虑两者的变形协调关系才能求解。由之可见，刚性支点对提高原结构承载力的作用较大，而弹性支点加固法的计算较复杂，但对原结构的使用空间的影响相对较小。尽管各有其优缺点，但在加固设计时并非可以任意选择的，因此作了"应根据被加固结构的构造特点和工作条件进行选用"的规定。

11.1.3 这是因为有预加力的方案，其预加力与外荷载的方向相反，可以抵消原结构部分内力，能较大地发挥支承结构的作用。但具体设计时应以不致使结构、构件出现裂缝以及不增设附加钢筋为度。

11.2 加 固 计 算

11.2.1、11.2.2 考虑到这两种加固方法的每一计算项目及其计算内容，设计人员都很熟识，只要明确了各自的计算步骤，便可按常规设计方法进行。因此，略去了具体的结构力学计算和截面设计。

11.3 构 造 规 定

11.3.1、11.3.2 增设支点法的支柱与原结构间的连接有湿式连接和干式连接两种构造之分。湿式连接适用于混凝土支承，其接头整体性好，但施工较为麻烦；干式连接适用于型钢支承，其施工较前者简便。图 11.3.1 及图 11.3.2 所示的连接构造，虽为国内外常用的传统连接方法，但均属示例性质，设计人员可在此基础上加以改进。另外，若采用型钢支承，应注意做好防锈、防腐蚀和防火的防护层。

12 植 筋 技 术

12.1 设 计 规 定

12.1.1 植筋技术之所以仅适用于钢筋混凝土结构，而不适用素混凝土结构和过低配筋率的情况，是因为这项技术主要用于连接原结构构件与新增构件，只有当原构件混凝土具有正常的配筋率和足够的箍筋时，这种连接才是有效而可靠的。与此同时，为了确保这种连接承载的安全性，还必须按充分利用钢筋强度和延性的破坏模式进行计算。但这对素混凝土构件来说，并非任何情况下都能做到的。因为在素混凝土中要保证植筋的强度得到充分发挥，必须有很大的间距和边距，而这在建筑结构构造上往往难以满足。此时，只能改用按混凝土基材承载力设计的锚栓连接。

12.1.2 原构件的混凝土强度等级直接影响植筋与混凝土的粘结性能，特别是悬挑结构、构件更为敏感。为此，必须规定对原构件混凝土强度等级的最低要求。

12.1.3 承重构件植筋部位的混凝土应坚实、无局部缺陷，且配有适量钢筋和箍筋，才能使植筋正常受力。因此，不允许有局部缺陷存在于锚固部位；即使处于锚固部位以外，也应先加固后植筋，以保证安全和质量。

12.1.4 国内外试验表明，带肋钢筋相对肋面积 A_r 的不同，对植筋的承载力有一定影响。其影响范围大致在 $0.9\sim1.16$ 之间。当 $0.05\leqslant A_r<0.08$ 时，对植筋承载力起提高作用；当 $A_r>0.08$ 时起降低作用。因此，我国国家标准要求相对肋面积 A_r 应在 $0.055\sim0.065$ 之间。然而国外有些标准对 A_r 的要求较宽，允许 $0.05\leqslant A_r\leqslant0.1$ 的带肋钢筋均为合格品。在这种情况下，若接受 $A_r>0.08$ 的产品，显然对植筋的安全质量有影响，故规定当采用进口的带肋钢筋时，应检查此项，并且至少应要求其 A_r 值不大于 0.08。

12.1.5 这是根据建设部建筑物鉴定与加固规范管理委员会抽样检测 20 余种中、高档锚固型结构胶粘剂的试验结果，参照国外有关技术资料制定的，并且在实际工程的试用中得到验证。因此，必须严格执行，以确保植筋技术在承重结构中应用的安全。

12.1.6 本条规定了采用植筋连接的结构，其长期使用的环境温度不应高于 60℃。但应说明的是，这是按常温条件下，使用普通型结构胶粘剂的性能确定的。当采用耐高温胶粘剂粘结时，可不受此规定限制，但基材混凝土应受现行国家标准《混凝土结构设计规范》GB 50010 及其条文说明对结构表面温度规定的约束。

12.2 锚 固 计 算

12.2.1～12.2.3 本规范对植筋受拉承力的确定，虽然是以充分利用钢材强度和和延性为条件的，但在计算其基本锚固深度时，却是按钢材屈服和与粘结破坏同时发生的临界状态进行确定的。因此，在计算地震区植筋承载力时，对其锚固深度设计值的确定，尚应乘以保证其位移延性达到设计要求的修正系数。试验表明，该修正系数只要符合本条的规定，其所植钢筋不仅都能屈服，而且后继强化段明显，能够满足抗震对延性的要求。

另外，应说明的是在植筋承载力计算中还引入了防止混凝土劈裂的计算系数。这是参照 ACI 38-2002 的规定制定的；但考虑到按 ACI 公式计算较为复杂，况且也有必要按我国的工程经验进行调整，故而采取了按查表的方法确定。

12.2.4 锚固用胶粘剂粘结强度设计值，不仅取决于胶粘剂的基本力学性能，而且还取决于混凝土强度等级以及结构的构造条件。表 12.2.4 规定的粘结强度设计值是参照 ICBO 对胶粘剂粘结强度规定的安全系数以及 EOTA 给出的取值曲线，按我国试验数据和工程经验确定的。从表面上看，本规范的取值似乎偏高，其实并非如此。因为本规范引入了对植筋构件不同受力条件的考虑，并按其风险的大小，对基本取值进行了调整。这样得到的最后结果，对非悬挑的梁类构件而言，与欧美取值相当，相差不到 4%；对悬挑结构构件而言，取值要比欧洲低，但却是必要的；因为这类构件的植筋受力条件最为不利，必须要有较高的安全储备才能保证植筋连接的可靠性；所以根据编制组的试验数据和专家论证的意见作了调整。至于一般构件对锚固深的植筋，其粘结强度设计值虽略有提高，但从 C30 混凝土的取值来看，也只比欧洲取值高了 0.3MPa，且仅用于直径不大于 20mm 的植筋，不会对安全有显著影响。

12.2.5 本条规定的各种因素对植筋受拉性能影响的修正系数，是参照欧洲有关指南和我国的试验研究结果制定的。

12.2.6 当前植筋市场竞争十分激烈，不少植筋胶公司为了标榜其"优质"产品的性能，任意推荐使用 $10d\sim12d$ 的锚固深度。这对承重结构而言是极其危险的，特别是在种植群筋的情况下，无一不在很低的荷载下便发生脆性破坏，而这在单筋短期拉拔试验中是很难查觉的；但有些经验不足的设计人员，为了解决构件截面尺寸较小无法按锚固深度设计值植筋的问题，在推销商的误导下，贸然采用很浅的锚固深度，以致给工程留下了隐患。调查表明，在国内已有不少类似的安全事故发生。因此，必须制定强制性条文予以防止这类事故的再度发生。

12.3 构造规定

12.3.1 本条规定的最小锚固深度，是从构造要求出发，参照国外有关的指南和技术手册确定的，而且已在我国试用过几年，其所反馈的信息表明，在一般情况下还是合理可行的；只是对悬挑结构构件尚嫌不足。为此，根据一些专家的建议，作出了应乘以 1.5 修正系数的补充规定。

12.3.2、12.3.3 与国家标准《混凝土结构设计规范》GB 50010—2002 的规定相对应，可参考该规范的条文说明。

12.3.4 植筋钻孔直径的大小与其受拉承载力有一定关系，因此，本条规定的钻孔直径是经过承载力试验对比后确定的，应得到认真的遵守，不得以植筋公司的说法为凭。

13 锚栓技术

13.1 设计规定

13.1.1 对本条的规定需要说明两点：

1 轻质混凝土结构的锚栓锚固，应采用适应其材性的专用锚栓。目前市场上有不同品牌和功能的国内外产品可供选择，但不属本规范管辖范围。

2 严重风化的混凝土结构不能作为锚栓锚固的基材，其道理是显而易见的，但若必须使用锚栓，应先对被锚固的构件进行混凝土置换，然后再植入锚栓，才能起到承载作用。

13.1.2 对基材混凝土的最低强度等级作出规定，主要是为了保证承载的安全。本规范的规定值之所以按重要构件和一般构件分别给出，除了考虑安全因素和失效后果的严重性外，还注意到迄今为止所总结的工程经验，其实际混凝土强度等级多在 C30～C50 之间，而我国使用新型锚栓的时间又不长，因此，对重要构件要求严一些较为稳妥。至于 C20 级作为一般构件的最低强度等级要求，与各国的规定是一致的，不会有什么问题。

13.1.3 根据建设部建筑物鉴定与加固规范管理委员会近 5 年来对各种锚栓所进行的安全性检测及其使用效果的观测结果，本规范编制组从中筛选了两种适合于承重结构使用的机械锚栓，即自扩底锚栓和预扩底锚栓纳入规范。之所以选择这两种锚栓，主要是因为它们嵌入基材混凝土后，能起到机械锁键作用，并产生类似预理的效应，而这对承载的安全至关重要。目前国外许多重要工程也正因此而采用这两种锚栓。尽管迄今为止，市场上供应的主要是国外产品，但近来也已开始出现具有类似性能的国产锚栓，所以有必要在本规范中作出如何合理应用和如何正确设计的规定。

至于化学锚栓（也称粘结型锚栓），由于目前市场上品牌多，存在着鱼龙混杂的现象，兼之不少单位在设计概念和计算方法上还很混乱，因而不能任其在承重结构中滥用。为此，本规范经过筛选仅纳入一种能适应开裂混凝土性能的"定型化学锚栓"。其所以冠以"定型"作为定语，一是因为需要与其他化学锚栓相区别；二是因为目前能安全地用于承重结构的化学锚栓，均是经过定型设计和安全认证后才投入批量生产的，而且尽管有不同品牌，但其承载原理都是相同的，即：通过材料粘合和具有挤紧作用的键形嵌合来共同承载，从而达到提高锚固安全性之目的。由之可知，也正是因为有了"定型设计和认证"这一前提，才能制定其性能和质量的标准，也才能作出如何进行抽样检验的规定。

另外，目前锚栓产品说明书标明的有效锚固深度多在 $9d_n$ 以内，只有特定行业（如铁道部隧道结构等）专用的锚栓有大于 $11d_n$ 的。在这种情况下，考虑到 $11d_n$ 以上的锚栓已不适于采用锚栓原理计算，况且过大埋深的锚栓在素混凝土中承载也很难在构造上保证其安全。因为建筑结构不可能给出很大的锚栓间距和边距。为此，作出了应在钢筋混凝土构件中应用并按植筋计算的规定。

13.1.4 膨胀锚栓在承重结构中应用不断出现危及安全的问题已是多年来有目共睹的事实。正因此，前一段时间不少省、市、自治区的建委或建设厅先后作出了禁用的规定，所以本规范也作出了相应的强制性规定。

13.1.5 对于在地震区采用锚栓的限制性规定，是参照国外有关规程、指南、手册对锚栓适用范围的划分，经咨询专家和设计人员的意见后作出了较为稳健的规定。例如：有些指南和手册规定这两种机械锚栓可用于 6～8 度区；而本规范则规定：对 8 度区仅允许用于 I、II 类场地，原因是这两种锚栓在我国应用时间尚不长，缺乏震害资料，还是以稳健为妥。

13.1.6 对锚栓连接的计算之所以不考虑国外所谓的非开裂混凝土对锚栓承载力提高的作用，主要是因为它只有理论意义，而无工程应用的实际价值；若判别不当还很容易影响结构的安全。

13.2 锚栓钢材承载力验算

13.2.1～13.2.3 这三条规定基本上是参照欧洲标准制定的，但根据我国钢材性能和质量情况对设计指标稍作偏于安全的调整。此外，还在条文内容的表达方式上作了适当改变：一是与现行设计规范相协调，给出锚栓钢材强度的设计值；二是直接以锚栓抗剪强度设计值 $f_{ud,t}$ 取代欧洲有关标准中的 $0.5f_{ud,t}$，使该表达式在计算结果相同的情况下概念较为清晰。

13.3 基材混凝土承载力验算

13.3.1、13.3.2 本规范对基材混凝土的承载力验

算，在破坏模式的考虑上与欧洲标准及 ACI 标准完全一致。但在其受拉承载力的计算上，根据我国试验资料和工程使用经验作了偏于安全的调整。计算表明，可以更好地反映当前我国锚栓连接的受力性能和质量情况。

13.3.3 本条规定的受拉承载力修正系数 ψ_N，在欧洲标准中由 5 个细分系数的计算公式表达，计算较为繁琐。规范编制组将其中 $\psi_{s,N}$ 和 $\psi_{e,N}$ 两个公式在不同情况下算得的结果进行归纳，发现其变化幅度不大，分别在 0.8～1.0 及 0.85～1.0 之间。由于这两个系数是连乘关系，若均取 0.9，其乘积取整后为 0.8。以这个值作为 $\psi_{s,N}$ 值，其误差不超过 3%，故决定予以简化。

13.3.4 与欧洲标准相同，均采用图例方式给出各几何参数的确定方法，供锚栓连接的设计计算使用。

13.3.5～13.3.10 关于基材混凝土受剪承载力的计算方法以及计算所需几何参数的确定方法，均参照 ETAG 标准进行制定，其中 h_{ef} 的取值，在欧洲标准中未作规定，但考虑到锚栓受剪工作特性与植筋不同，且涉及安全问题，故作出对 h_{ef} 取值的限制性规定。

13.4 构造规定

13.4.1、13.4.2 对混凝土最小厚度 h_{min} 的规定，因考虑到本规范的锚栓设计仅适用于承重结构，且要求锚栓直径不得小于 12mm，故将 h_{min} 的取值调整为 h_{min} 应不小于 150mm。

13.4.3 锚栓的边距和间距，系参照 ETAG 标准制定的，但不分锚栓品种，统一取 $s_{min}=1.0h_{ef}$，有助于保证化学锚栓的安全。

13.4.4 本规范推荐的锚栓品种仅有 3 种，且均属欧洲和美国标准化机构认证为有预埋效应的锚栓，其有效锚固深度的基本值又是以 6 度区为基准确定的。因此，在进一步限制其设防烈度最高为 8 度区 I、II 类场地的情况下，本条规定的 h_{ef} 修正系数值是能够满足抗震构造要求的。

13.4.5 本条对锚栓的防腐蚀要求仅作出原则性规定。具体设计时，尚应遵守现行国家标准《工业建筑防腐蚀设计规范》GB 50046 的规定。

14 裂缝修补技术

14.1 设计规定

14.1.1 迄今为止，研究和开发裂缝修补技术所取得的成果表明，对因承载力不足而产生裂缝的结构、构件而言，开裂只是其承载力下降的一种表面征兆和构造性的反应，而非导致承载力下降的实质性原因，故不可能通过单纯的裂缝修补来恢复其承载功能。基于这一共识，可以将修补裂缝的作用概括为以下 5 类：

1）抵御诱发钢筋锈蚀的介质侵入，延长结构实际使用年数；

2）通过对混凝土补强保持结构、构件的完整性；

3）恢复结构的使用功能，提高其防水、防渗能力；

4）消除裂缝对人们形成的心理压力；

5）改善结构外观。

由此可以界定这种技术的适用范围及其可以收到的实效。

14.1.2～14.1.4 裂缝的修补必须以结构可靠性鉴定结论为依据。通过现场调查、检测和分析，对裂缝起因、属性和类别作出判断，并根据裂缝的发展程度、所处的位置与环境，对受检裂缝可能造成的危害作出鉴定。据此，才能有针对地选择适用的修补方法进行防治。

14.1.5 对本条规定需要说明的是，当遇到对裂缝的注胶防治有补强要求时，应特别注意考察裂缝所处环境的潮湿程度，若湿度很大或无法确定混凝土内部湿度时，必须从严处理，亦即应选用耐潮湿型的改性环氧类修补液，并应在注胶完全固化后取芯样，通过劈裂抗拉试验检验修补的效果。

14.2 裂缝修补效果检验

14.2.1～14.2.3 对混凝土有补强要求的裂缝，其修补效果的检验以取芯法最为有效。若能在钻芯前辅以超声探测混凝土内部情况，则取芯成功率将会大大提高。芯样的检验以采用劈裂抗拉强度试验方法为宜，因为该法能查出裂缝修补液的粘结强度是否合格。

附录 A 已有建筑物结构荷载标准值的确定

现行国家标准《建筑结构荷载规范》GB 50009 是以新建工程为对象制定的；当用于已有建筑物结构加固设计时，还需要根据已有建筑物的特点作些补充规定。例如：现行国家标准《建筑结构荷载规范》GB 50009 尚未规定的有些材料自重标准值的确定；加固设计使用年限调整后，楼面活荷载、风、雪荷载标准值的确定等等。为此，编制组与"建筑结构荷载规范管理组"商讨后制定了本附录，作为对 GB 50009 的补充，供已有建筑物结构加固设计使用。

附录 B 已有结构混凝土回弹值龄期修正的规定

建筑结构加固设计中遇到的原构件混凝土，其龄

期绝大多数已远远超过 1000d；这也就意味着必须采用取芯法对回弹值进行修正。但这在实际工程中是很难做到的；例如当原构件截面过小、原构件混凝土有缺陷、原构件内部钢筋过密、取芯操作的风险过大时，都无法按照行业标准 JGJ/T 23—2001 的规定对原构件混凝土的回弹值进行龄期修正。

为了解决这个问题，编制组参照日本有关可靠性检验手册的龄期修正方法，并根据甘肃、重庆、四川、辽宁、上海等地积累的数据与分析资料进行了验证与调整。在此基础上，经组织国内著名专家论证后制定了本规定。这里需要指出：

1 本规定仅允许用于结构加固设计；不得用于安全性鉴定的仲裁性检验；

2 本规定是为了解决当前结构加固设计的急需而制定的；属暂行规定的性质。一旦 JGJ/T 23 规程对龄期规定进行了修订，或是另有其他有效的检验方法标准发布实施，本规范管理组将立即上报主管部门终止本附录的使用。

附录 C 纤维材料主要力学性能

对本附录需要说明三点：

1 本表规定的纤维主要力学性能合格指标，是参照日本、瑞士、美国、英国、德国等的规程、指南、手册的规定，并根据我国大陆、台湾的试验资料制定的。因此，执行本标准的性能指标，不仅能保证结构加固工程的安全可靠性，而且可以据以鉴别目前市场中仿冒名牌的劣质纤维材料。

2 一般厂商所提供的均是纤维制品，如纤维织物和预成型板材等。对这些制品可直接按本规范表 4.4.2-1 及表 4.4.2-2 的合格指标进行检验，而无需另行检验纤维材料。因此，本表并非常用的检验用表，只有当人们对制品的原材料质量有怀疑或已在工程上造成质量事故时，才须按本表进行抽样检验。故为了保持条文的连续性而将本表列于附录中。

3 为了节省检验费用，在送检纤维织物前，可采用简易方法先进行自检：即剪下一小块纤维织物用打火机或在煤气炉上点火燃烧，若织物立即卷曲或有灰烬出现，便可判定该产品系用劣质纤维或掺合其他品种纤维（例如黑色涤纶等）制成。

附录 D 纤维复合材层间剪切
强度测定方法

本方法系参照美国 ASTM 的《复合材料短梁及其板材强度标准试验方法》D2344/D2344M 和我国现行国家标准《单向纤维增强塑料层间剪切强度试验方

法》GB 3357 制定的。

在工程结构领域中，之所以不能直接引用上述标准，是因为它们主要适用于工厂条件下，以中、高温固化工艺生产的纤维复合材或塑料；未考虑施工现场条件下，以湿法铺层和常温固化工艺制作的纤维复合材。然而后者却是工程结构加固主要使用的工艺。据此，其制成的纤维复合材应如何检验其层间剪切性能，一直是尚未解决的问题。为此，编制组和有关科研单位做了大量试验与验证分析工作。其结果表明，用本方法测得的纤维复合材层间剪切强度具有良好的代表性，能正确反映现场工艺条件下纤维与胶粘剂的粘结性能。与此同时，建设部建筑物鉴定与加固规范管理委员会也采用本方法草案对近 30 种国产和进口的纤维织物复合材的层间剪切强度进行了统一的安全性检测，进一步证实了上述结论。以上所做的工作表明：本方法及本规范第 4 章制定的层间剪切强度合格指标，可以用于评估一种纤维织物与其拟配套使用的胶粘剂在剪切性能方面的适配性问题。因此，决定将本方法纳入规范的附录，以应当前检验工作的急需之用。

使用本方法应注意的是：纤维织物在模具中胶粘、固化成型时，必须始终处于 23℃ 的室温状态，严禁使用中温（≥80℃）或高温（≥150℃）的固化工艺。因为中、高温的作用相当于人为地提高了其层间粘结强度。这样得到的试验结果是不真实的，不能正确地评估一种纤维与拟配套使用的胶粘剂的适配性。

附录 E 粘结材料粘合加固材与基材的正拉
粘结强度现场测定方法及评定标准

对这项测定方法及其评定标准需说明三点：

1 本规范之所以需要在附录中纳入这项测定方法及其评定标准，主要是因为在采用纤维复合材加固钢筋混凝土结构、构件时，其加固设计的选材，不仅要以纤维材料与胶粘剂的适配性检验结果为依据，而且要求这项检验必须在模拟现场仰贴的条件下进行。因此，对结构加固设计而言，这个方法标准是不可或缺的。与此同时，注意到施工规范的制订尚需一段时日，因此，不论从设计或施工角度来考虑，均有必要先纳入本规范，以应当前结构加固工程的急需。

2 以规范编制组对国内外同类方法标准所做的检索来看，这个方法标准虽早已被各国所采用，但在试验设计水平和技术要求的尺度上存在着差别。本规范从承重结构的安全保障出发，以大量对比试验与分析结果为依据制定的这项方法标准，其试用情况表明：对劣质胶粘剂和不适用的纤维织物具有较强的检出能力，因而可用于结构加固的适配性试验和粘贴质

量检验。

3 本方法对适配性检验所规定的纤维织物尺寸，是根据以下两点的考虑确定的：一是目前国内采用的纤维织物，其幅宽多为 0.25m；二是试样倘若过宽，粘贴时容易出现空鼓，影响检验结果的正确性。另外，取纤维织物长度为 1.6m，主要是考虑粘贴钢标准块的间距不宜小于 0.5m，边距不宜小于 0.3m 的要求。这里还需指出的是，当受检的织物幅宽略大或略小一些也可以使用。但若宽达 1.0m，仍以裁成标准宽度为宜，以免粘贴不均匀，影响检验结果。

附录 F 粘结材料粘合加固材与基材的正拉粘结强度试验室测定方法及评定标准

对本方法标准应说明三点：

1 本方法标准测定的力学性能项目与本规范附录 E 相同，但本方法适用于试验室条件，而非现场条件，执行时应加以注意；

2 试验室条件下的正拉粘结强度测定，主要用于新开发的粘结材料进入加固市场前的验证性试验，以及加固设计选材的检验；另外，当对产品质量有怀疑时，也可按见证取样的规定，送独立试验室进行检验；

3 本方法系在试验室条件下，以俯贴方式进行粘合操作，无法反映厚型碳纤维织物现场粘贴存在的严重问题，因而不适用于质量大于 300g/m² 碳纤维织物与基材的正拉粘结强度测定。

附录 G 富填料胶体、聚合物砂浆体劈裂抗拉强度测定方法

富填料胶粘剂及高强聚合物砂浆，其力学性能介于胶粘剂与高强度水泥砂浆之间，直接进行拉伸试验较为困难，不少国家已改用劈裂抗拉试验。其优点是试验结果的离散性小，试验方法又简便，因而在结构设计选材上得到了广泛的应用。

本规范采用的劈裂受拉试验方法，虽然在概念上是引自混凝土和水泥砂浆，但由于胶粘剂和高强聚合物砂浆在实际应用上，其体积远比前者小，且初凝较快，无法采用大尺寸的试件而必须重新设计。为此，规范编制组通过大量的对比试验与统计分析，筛选出适用于胶粘剂和复合砂浆的试件形状与尺寸。其试用情况表明，劈拉的测值不仅能反映粘结材料的抗拉性能，而且不同品种材料的强度分布区间较有规律性，有助于制订合格评定标准。因而本规范用它作为评价这类粘结材料安全性的主要指标之一。但应注意的是：由于试件尺寸小，需采用小吨位的试验机进行试

验，才能得到精确的结果。

附录 H 高强聚合物砂浆体抗折强度测定方法

本方法标准系参照现行国家标准《普通混凝土力学性能试验方法标准》GB/T 50081—2002 制订的，但在试件尺寸、成型模具、加荷制度等方面，均按高强聚合物砂浆的特性以及其工程应用的实际条件做了修改。本方法的试用情况表明：按修改后的尺寸和成型方法制作试件，其试验结果能较好地反映聚合物砂浆的力学性能，可用于检验聚合物砂浆体的抗折性能。故决定纳入本规范供加固设计选材使用。

附录 J 富填料粘结材料拉伸抗剪强度测定方法（钢套筒法）

本方法标准为测定富填料胶粘剂及高强复合砂浆拉伸抗剪强度的专用测定方法；是为了解决这类粘结材料采用常规试验方法有困难而制定的。

本方法最早由建设部建筑物鉴定与加固规范管理委员会于 1999 年提出；曾先后在植筋和锚栓胶粘剂的安全性统一检测过程中进行了近 5 年的试用。其试用情况表明，能较好地反映这类胶粘剂与钢材之间的粘结性能。特别是在 20 余种国产和进口胶粘剂的统一检测中，积累了大量数据，因而能用以确定本方法检验结果的合格指标。这也就使得本规范在制定表 4.5.6 的安全性能指标时，有了可靠的基础。故决定纳入本规范供结构加固设计的选材使用。

附录 K 约束拉拔条件下胶粘剂粘结钢筋与基材混凝土的粘结强度测定方法

本方法标准系参照欧洲技术认证组织 EOTA 的《后锚固连接（植筋）技术报告》ETAG N°001/2003（第 5 部分）制定的，但根据我国自 1998 年以来积累的试验数据和检测、评估经验进行了修改和补充。因而较为符合我国当前植筋工程的胶粘剂性能和实际质量情况，可供结构加固设计的选材使用。

附录 L 结构用胶粘剂湿热老化性能测定方法

本方法系参照欧洲标准《结构胶粘剂·试验方法

5——湿热老化试验》EN 2243-5/1992 和我国国家标准《玻璃纤维增强塑料湿热试验方法》GB/T 2574—1989 制定的，但在检测的力学性能项目和湿热环境的条件上，按结构加固的要求作了选择与调整；在老化时间和老化检验合格指标的制订上，按胶粘剂的等级作了分档处理；因而能较好地检出使用劣质固化剂及其他劣质添加剂的结构胶粘剂。这项试验对保证加固结构安全性和耐久性极为重要，因而不仅应列入本规范，而且在本规范第 4.5.7 条中作出了必须强制性执行的规定。

附录 M 锚栓连接受力分析方法

对混凝土结构加固设计而言，内力分析和承载力验算是不可或缺、相互影响的两大部分。从欧美规范的构成可以看出，结构分析的内容占有相当篇幅，甚至独立成章。过去我国规范中以截面计算为主，很少涉及这方面内容。然而自从《混凝土结构设计规范》GB 50010 于 2002 年修订以后，已在该规范中增补了"结构分析"一章，由之可见其重要性已被国人所认识。为此，也将这方面内容纳入本规范的附录，以供锚固设计使用。

附录 N 锚固承载力现场检验方法及评定标准

N.1 适用范围及应用条件

N.1.1、N.1.2 混凝土结构锚固工程质量的现场检验，其主控项目为锚固件抗拔承载力抽样检验。因为它涉及锚固件种植和安装的质量，以及锚固件投入使用后承载的安全，故受到设计、施工、监理和业主等各方的共同关注，但其检验标准必须由设计规范制定，才能确保锚固工程完工后具有国家标准所要求的施工质量和锚固承载的安全可靠性。

本标准同样适用于进口的产品，不论其在原产地是否经过技术认证，一旦进入我国市场，且用于承重结构工程上，均应执行我国设计、施工规范的规定。

N.1.3～N.1.7 破坏性检验虽然检出劣质产品、不良施工质量的能力最强，且样本量可比非破损检验小得多，但它所造成的基材混凝土破坏在不少情况下是很难修复或重新安装锚固件的。因此，本方法标准规定了在不得已情况下允许使用非破损检验方法的条件。这里应指出的是非破损检验所需的样本量远远大于破坏性检验，因为其检出劣质产品或不良施工质量的能力很低，必须依靠增加检验数量来防止不合格的锚固工程过关。

另外，调查发现有些锚固工程，本应采用破坏性检验，但因限于现场条件或结构构造条件，无法进行原位破坏性检验的操作。对于这种情况，如果能在事前考虑到，则允许按 N.1.7 的规定，以专门浇注的混凝土块材（参见本规范附录 K 图 K.2.3），种植同品种、同规格的锚固件，作同条件下的破坏性检验，但应强调的是：这项检验必须事先征得设计和监理负责人书面同意，并始终在场见证、签字，才能被认定有效。

N.2 抽样规则

N.2.1～N.2.3 这三条较完整地给出了抽样规则。这里应指出的是：锚栓锚固质量的非破损检验之所以需要很大的样本量，是因为在以基材混凝土承载力为主控制设计的情况下，倘若抽检的锚栓数量只有 0.1%，很难在设计荷载的 2min 持荷时间内，以足够大的概率查出锚固质量问题。在这种情况下，为了降低潜在的风险，只有加大非破损检验的抽样频率。目前一些检测单位采用的抽样量过少，是无法维护业主和设计单位的权益的。为此，本规范重新作出了规定。另外，应指出的是，国家标准是最低标准，故检验单位应有责任禁止施工单位以其他标准替代国家标准。

N.2.4 这是因为国内外标准在制定检验合格指标时，均是以胶粘剂产品使用说明书标示的固化期为准所取得的试验结果为依据确定的；因此，对实际工程中胶粘的锚固件，其检验日期也应以此为准，才能如实反映其胶粘质量状况。倘若时间拖久了，将会使本来固化不良的胶粘剂，其强度有所增长，甚至能达到合格要求，但并不能改善其安全性和耐久性能。另外应指出的是，目前市场中还有一些固化期很长（例如 15～30d）的劣质胶粘剂正在介入加固工程。这对施工和使用都有不良影响，设计和监理单位应坚决拒用，否则易造成安全事故。

N.3 仪器设备要求

N.3.1 现场检测设备较为简单。配置时，应注意的是加荷设备的支承点与锚栓之间的净间距，应能保证基材混凝土的破坏不受约束，以避免影响检测的结果。

N.4 拉拔检验方法

N.4.1 非破损检验采用的荷载检验值，系在听取欧洲有关专家建议的基础上，经规范编制组组织验证性试验后确定的。这里应指出的是，荷载检验值之所以用 $[\gamma]N_d$ 的形式表达，主要是为了要求 N_d 值应由设计单位给出，以保证检验结果的可靠性。

N.5 检验结果的评定

N.5.2 本评定标准系参照国际建筑协会 ICBO 的评

估标准，经验证性试验和对比分析后确定的，但略比ICBO所取的安全系数放宽一些。从现场检验积累的数据来衡量，还是能保证锚固的质量和工程安全的。

附录 P 钢丝绳网片-聚合物砂浆外加层加固法

P.1 设计规定

P.1.1 本条规定了钢丝绳网片-聚合物砂浆外加层加固法的适用范围。由此可以看出本规范仅对受弯构件及大偏心受压构件使用这种方法作出规定，而未提及其他受力种类的构件。这是因为这种加固方法在我国应用时间还不长，现有试验数据的积累，只有这两种构件较为充分，可以用于制定标准，至于其他受力种类的构件还有待于继续做工作。

P.1.2 在实际工作中，有时会遇到原结构的混凝土强度低于现行国家标准《混凝土结构设计规范》GB 50010 规定的最低强度等级的情况。如果原结构混凝土强度过低，它与聚合物砂浆的粘结强度也必然很低。此时，极易发生呈脆性的剪切破坏或剥离破坏。故本条规定了被加固结构、构件的混凝土强度的最低等级，以及聚合物砂浆与混凝土表面粘结应达到的最小正拉粘结强度。

P.1.3 以粘结方法加固的承重构件最忌在复杂的应力状态下工作，故本条强调了应将钢丝绳网片的受力方式设计成仅承受轴向拉应力作用。

P.1.4 规范编制组和湖南大学等单位所做的构件试验均表明：对梁式构件只有在采取三面或四面围套外加层的情况下，才能保证混凝土与聚合物砂浆外加层之间具有足够的粘结力，而不致发生粘结破坏。因此，作出了本条规定，以提示设计人员必须予以遵守。

P.1.5 本条规定了长期使用的环境温度不应高于60℃，是根据砂浆、混凝土和常温固化聚合物的性能综合确定的。对于特殊环境（如腐蚀介质环境、高温环境等）下的混凝土结构，其加固不仅应采用耐环境因素作用的聚合物配制砂浆；而且还应要求供应厂商出具符合专门标准合格指标的验证证书，严禁按厂家所谓的"技术手册"采用，以免枉自承担违反标准规范导致工程出安全问题的终身责任。与此同时还应考虑被加固结构的原构件混凝土以及聚合物砂浆中的水泥和砂等成分是否能承受特殊环境介质的作用。

P.1.6 尽管不少厂商，特别是外国厂家的代理商在推销其聚合物砂浆的产品时，总要强调它具有很好的防火性能，但无法否认的是，砂浆中所掺的聚合物，几乎都是可燃的。在这种情况下，即使砂浆不燃烧，聚合物也会在高温中失效。故仍应按现行国家标准

《建筑防火设计规范》GB 50016 规定的耐火等级和耐火极限要求进行检验与防护。

P.1.7 采用粘结钢丝绳网片加固时，应采取措施尽量卸载。其目的是减少二次受力的影响，也就是降低钢丝绳网片的滞后应变，使得加固后的钢丝绳网片能充分发挥强度。

P.2 材 料

P.2.1~P.2.2 考虑到我国目前小直径钢丝绳，采用高强度不锈钢丝制作的产品价格昂贵，因此，根据国内试验、试用的结果，引入了高强度镀锌的钢丝绳；在区分环境介质和采取阻锈措施的条件下，将两类钢丝绳分别用于重要构件和一般构件，从而可以收到降低造价和合理利用材料的效果。

P.2.3~P.2.6 这是根据现行国家标准《建筑结构可靠度设计统一标准》GB 50068 的要求制定的。至于钢丝绳计算用的截面面积，则是参照原国家标准《圆股钢丝绳》GB 1102—74 制定的。其所以采用原标准，除了其算法偏于安全外，还因为现行标准删去了这部分内容，而其他行业标准的算法又不一致。因此，决定仍按原标准的算法采用。

P.2.7 涂有油脂的钢丝绳，其与聚合物砂浆的粘结力将严重下降，故作出本规定。

P.2.8 目前市场上聚合物乳液的品种很多，但绝大多数都不能用于配制承重结构加固用的聚合物砂浆。为此，根据规范编制组通过验证性试验的筛选结果，经专家讨论后作出了本规定，以供加固设计单位在选材时使用。

P.2.9 据规范编制组所进行的调查研究表明，国外对结构加固用的聚合物砂浆的研制是分档进行的。不同档次的聚合物砂浆，其所用的聚合物品种、含量和性能有着显著的差异，必须在加固设计选材时予以区分。前一段时间，有些进口产品的代理商在国内推销时，只推销低档次的产品，而且选择在原构件混凝土强度很低的场合演示其使用效果。一旦得到设计单位和当地建设主管部门认可后，便不分场合到处推广使用，这是必须制止的很危险做法。因为采用低档次聚合物配制的砂浆，与强度等级在 C25 以上的基材混凝土是粘结不好的，会给承重结构加固工程留下严重的安全隐患；设计、监理单位和业主务必注意。

P.3 受弯构件正截面加固计算

P.3.1 本条前四款的规定，是根据国内外试验研究成果的共识部分制定的；第五款主要是出于简化计算目的而采用的近似方法。

P.3.2 如同本规范第 9.2.2 条及第 10.2.2 条一样，是为了控制"最大加固量"，防止出现"超筋"而采取的保证安全的措施，应在加固设计中得到执行。

P.3.3~P.3.5 参阅本规范第 10.2.3 条、第 10.2.5

条及第 10.2.6 条的说明。

P.3.6 参阅本规范第 10.2.8 条的说明。

P.4 受弯构件斜截面加固计算

P.4.2、P.4.3 参阅本规范第 10.2.2 条及第 10.2.3 条的说明。

P.5 构 造 规 定

P.5.1 本条的 1、2 两款是参照现行国家标准 GB/T 8918—1996、GB/T 9944—1988 以及行业标准 YB/T 5196—1993 和 YB/T 5197—1993 制定的。其余各款是参照国内高等院校及有关公司和科研单位的试用经验制定的。

P.5.2~P.5.5 这四条也是对国内工程经验的总结，可供设计单位参照使用。

P.5.6 对粘结在混凝土表面的聚合物砂浆外加层，其面上之所以还要喷抹一层防护材料（一般为配套使用的乳浆），是因为整个外加层只有 25~30mm 厚；其防水性能还需要加强，其所掺加的聚合物也还需要防止日光照射。倘若使用的是镀锌钢丝绳，该防护材料还应具有阻锈的作用。

附录 Q 绕丝加固法

Q.1 设 计 规 定

Q.1.1 绕丝加固法的优点，主要是能够显著地提高钢筋混凝土构件的斜截面极限承载力，另外由于绕丝引起的约束混凝土作用，还能提高轴心受压构件的正截面承载力。不过从实用的角度来说，绕丝的效果虽然可靠（特别是机械绕丝），但对受压构件使用阶段的承载力提高的增量不大，因此，在工程上仅用于提高钢筋混凝土柱位移延性的加固。由于这项用途已得到有关院校的试验验证，因而据以对其适用范围作出规定。

Q.1.2 绕丝法因限于构造条件，其约束作用不如螺旋式间接钢筋。在高强混凝土中，其约束作用更是显著下降，因而作了"不得高于 C50"的规定。

Q.1.3 本条系参照螺旋筋和碳纤维围束的构造规定提出的，其限值与 ACI、FIB 和我国台湾地区等的指南相近。

Q.1.4 本规范仅确认当绕丝面层为细石混凝土时，可以采用本假定。而对有些工程已开始使用的水泥砂浆面层，因缺乏试验验证，尚嫌依据不足，故未将水泥砂浆面层的做法纳入本规范。

Q.2 柱的抗震加固计算

Q.2.1 本条计算公式中矩形截面有效约束系数 $\varphi_{v,s}$

的取值，是根据我国试验结果，采用分析与工程经验相结合的方法确定的，但由于迄今研究尚不充分，未区分轴压比和卸载情况，也未考虑混凝土外加层的有利作用，只是偏于安全地取最低值。

Q.3 构 造 规 定

Q.3.1、Q.3.2 由于圆形箍筋对核心区混凝土的约束性能要高于方形箍筋，因此对方形截面的受压构件，要求在截面四周中部设置四根 $\phi25$ 钢筋，并凿去四角混凝土保护层作圆化处理，使得施工时容易拉紧钢丝，也使绕丝对核心混凝土的约束作用增大。

Q.3.3 由于喷射混凝土与原混凝土之间具有良好的粘着力，故建议优先采用喷射混凝土，以增加绕丝构件的安全储备。

Q.3.4 绕丝最大间距的规定，是根据我国对退火钢丝的试验研究结果作出的。

Q.3.5 工程实践经验表明，采用钢楔可以进一步绷紧钢丝，但应注意检查的是：其他部位是否会因局部楔紧而变松。

附录 R 已有混凝土结构的钢筋阻锈方法

R.1 设 计 规 定

R.1.1 本规范采用的钢筋阻锈技术，是完全针对已有混凝土结构的特点进行选择的，因而仅纳入适合这类结构使用的喷涂型阻锈剂；但应指出的是，对新建工程中密实性很差的混凝土构件而言，也可作为补救性的有效防锈措施，用以提高有缺陷混凝土构件的耐久性。

R.1.2 本条以示例方式列出应进行阻锈处理的场合，可供加固设计单位参考使用。

R.1.3 本条从三个最重要的方面提出了对阻锈剂的技术要求。在选材时，应结合本规范第 4.7 节的质量与性能标准全面执行。

R.2 喷涂型钢筋阻锈剂使用规定

R.2.1 这是对国内外使用喷涂型阻锈剂的工程经验总结，务必予以重视，否则很可能收不到应有的处理效果。

R.2.2 亲水性的钢筋阻锈剂虽然能很好地吸附在混凝土内部钢筋表面，对钢筋进行保护，但却不能有效滤除混凝土基材内的氯离子、氧气及其他有害杂质。随着时间的推移，这些有害成分会不断累积，从而使混凝土中钢筋受到新的锈蚀威胁。因此，在露天工程或有腐蚀性介质的环境中，使用亲水性阻锈剂时，需要采用附加的表面涂层，以起到滤除氯离子及其他有害杂质的作用。

R.3 阻锈剂使用效果的检测与评定

R.3.1~R.3.5 本节规定的检测方法及其评定标准，是参照国外的有关试验方法与评估指南制定的，较为可信而先进；尤其是对锈蚀电流降低率的检测，能够最有效地衡量出阻锈剂的使用效果；其惟一的缺点是测试的时间较晚，从喷涂时间算起，需等待 150d 才能进行检测，但它所作出的评估结论却是最准确的，因而仍然受到设计和业主单位青睐。

中华人民共和国行业标准

混凝土结构耐久性修复与防护技术规程

Technical specification for rehabilitation and protection
of concrete structures durability

JGJ/T 259—2012

批准部门：中华人民共和国住房和城乡建设部
施行日期：2 0 1 2 年 8 月 1 日

中华人民共和国住房和城乡建设部
公　告

第 1322 号

关于发布行业标准《混凝土结构
耐久性修复与防护技术规程》的公告

现批准《混凝土结构耐久性修复与防护技术规程》为行业标准，编号为 JGJ/T 259-2012，自 2012 年 8 月 1 日起实施。

本规程由我部标准定额研究所组织中国建筑工业

出版社出版发行。

2012 年 3 月 1 日

前　言

根据原建设部《关于印发〈二○○一～二○○二年度工程建设城建、建工行业标准制订、修订计划〉的通知》（建标〔2002〕84 号）的要求，编制组经广泛调查研究，认真总结实践经验，参考有关国际标准和国外先进标准，并在广泛征求意见的基础上，编制本规程。

本规程的主要内容是：1　总则，2　术语，3　基本规定，4　钢筋锈蚀修复，5　延缓碱骨料反应措施及其防护，6　冻融损伤修复，7　裂缝修补，8　混凝土表面修复与防护。

本规程由住房和城乡建设部负责管理，由中冶建筑研究总院有限公司负责具体技术内容的解释。执行过程中如有意见或建议，请寄送至中冶建筑研究总院有限公司《混凝土结构耐久性修复与防护技术规程》管理组（地址：北京市海淀区西土城路33号，邮编　100088）。

本规程主编单位：中冶建筑研究总院有限公司

本规程参编单位：国家工业建筑诊断与改造工程技术研究中心
上海房地产科学研究院
南京水利科学研究院
中国建筑材料科学研究总院
中国京冶工程技术有限

公司
武汉理工大学
清华大学
北京交通大学
铁道部运输局
广东省建筑科学研究院
阿克苏诺贝尔特种化学（上海）有限公司
富斯乐有限公司
广州市胜特建筑科技开发有限公司

本规程主要起草人员：惠云玲　郝挺宇　郭小华
陈　洋　岳清瑞　洪定海
王　玲　陈友治　朋改非
林志伸　郭永重　邱元品
朱雅仙　常好诵　陈秋霞
陈夏新　陈琪星　覃维祖
陆瑞明　赵为民　常正非
张　量　吴如军　韩金田
范卫国　徐龙贵　周云龙

本规程主要审查人员：李国胜　赵铁军　王庆霖
巴恒静　张家启　包琦玮
牟宏远　何　真　谢永江
冷发光　李克非

8—36—2

目　次

Contents

1 总 则

1.0.1 为使既有混凝土结构的耐久性修复与防护做到技术先进，经济合理，安全适用，确保质量，制定本规程。

1.0.2 本规程适用于既有混凝土结构耐久性修复与防护工程的设计、施工及验收。本规程不适用于轻骨料混凝土及特种混凝土结构。

1.0.3 混凝土结构耐久性修复与防护的设计、施工及验收，除应符合本规程的规定外，尚应符合国家现行有关标准的规定。

2 术 语

2.0.1 耐久性修复 durability rehabilitation

采用技术手段，使耐久性损伤的结构或其构件恢复到修复设计要求的活动。

2.0.2 耐久性防护 durability protection

采用技术手段，维持混凝土结构耐久性达到期望水平的活动。

2.0.3 钢筋阻锈剂 corrosion inhibitor for steel bar

加入混凝土或砂浆中或涂刷在混凝土或砂浆表面，能够阻止或减缓钢筋腐蚀的化学物质。

2.0.4 混凝土防护面层 surface coating

涂抹或喷涂覆盖在混凝土表面并与之牢固粘结的防护层。

2.0.5 界面处理材料 interfacial bonding agent

用于混凝土修复区域界面处增强相互粘结力的材料。

2.0.6 电化学保护 electrochemical protection

对被保护钢筋施加一定的阴极电流，通过改变钢筋的电位或钢筋所处的腐蚀环境，使其不再腐蚀的保护方法。阴极保护、电化学脱盐和电化学再碱化统称为电化学保护。

2.0.7 阴极保护 cathodic protection

给钢筋持续施加一定密度的阴极电流，使钢筋不能进行释放电子的阳极反应（腐蚀）的技术措施。

2.0.8 电化学脱盐 electrochemical chloride extraction

给钢筋短期施加密度较大的阴极电流，使混凝土中带负电荷的氯离子在电场作用下迁移出混凝土保护层，同时也由于阴极反应适当提高钢筋周围的 pH 值，使钢筋再钝化的技术措施。

2.0.9 电化学再碱化 electrochemical realkalization

给钢筋短期施加密度较大的阴极电流，使钢筋周围已中性化（包括碳化）的混凝土 pH 值提高到 11 以上，使钢筋再钝化的技术措施。

3 基 本 规 定

3.0.1 混凝土结构在下列情况下应进行耐久性修复与防护：

1 结构已出现较严重的耐久性损伤；

2 耐久性评定不满足要求的结构；

3 达到设计使用年限拟继续使用，经评估需要时。

3.0.2 混凝土结构在下列情况下宜进行耐久性修复与防护：

1 结构已经出现一定的耐久性损伤；

2 使用年限较长的结构或对结构耐久性要求较高的重要建（构）筑物；

3 结构进行维修改造、改建或用途及使用环境改变时。

3.0.3 混凝土结构耐久性修复与防护应根据损伤原因与程度、工作环境、结构的安全性和耐久性要求等因素，按下列基本工作程序进行：

1 耐久性调查、检测与评定；

2 修复与防护设计；

3 修复与防护施工；

4 检验与验收。

3.0.4 耐久性调查、检测与评定应按照下列规定进行：

1 混凝土结构耐久性状况调查及检测应包括结构及构件原有状况、现有状况和使用情况等。根据工程实际情况和要求调查和检测下列内容：

   1）混凝土结构的使用环境、建筑物使用历史及维修改造情况；

   2）设计资料调查，包括设计图纸、地质勘察报告、结构类型、工程结构用途、建筑物的相互关系；

   3）施工情况调查，包括混凝土原材料、配合比、养护方式及钢筋有关试验记录；

   4）混凝土外观状况调查与检测，包括混凝土外观损伤类型、位置、大小；混凝土裂缝情况及渗漏水情况；混凝土表面干湿状态、有无污垢；

   5）混凝土质量调查与检测，包括混凝土强度、弹性模量、钢筋保护层厚度、吸水率、氯离子含量、碳化深度、钢筋锈蚀状况、碱骨料反应。

2 混凝土结构耐久性的评定应根据国家现行相关标准进行。结构环境作用等级的划分原则应符合现行国家标准《混凝土结构耐久性设计规范》GB/T 50476 的规定。

3.0.5 修复与防护设计应根据不同结构类型及其环境作用等级、耐久性损伤原因及类型、预期修复效果、目标使用年限等，制定相应的修复与防护设计方案，并应包括下列内容：

1 目的、范围；

2 设计依据；

3 修复与防护方案或图纸；

4 材料性能及要求；

5 施工工艺要求；

6 检验及验收要求。

3.0.6 修复与防护施工应制定严格的施工方案。修复施工宜按基层处理、界面处理、修复处理、表层处理四个工序进行。修复防护施工工艺及操作要求的制定应根据所选择材料的性能、施工条件及周围环境、修复防护方法进行。

3.0.7 检验与验收应符合下列规定：

1 质量检验宜包括材料检验和实体检验：

材料检验：材料应提供型式检验和出厂检验报告，关键材料应进行进场复验。

实体检验：对重要结构、重要部位、关键工序，可在施工现场进行实体检验。

2 工程验收应按现行国家标准《建筑工程施工质量验收统一标准》GB 50300 的规定执行，应按分部、分项工程验收与竣工验收两个阶段进行。

分部、分项工程验收：在隐蔽工程和检验批验收合格的基础上，应提交原材料的产品合格证与质量检验报告单（出厂检验报告及进场复检验报告等）、现场配制材料配合比报告、施工过程中重要工序的自检验和交接检记录、抽样检验报告、见证检测报告、隐蔽工程验收记录、分部工程观感验收记录、实体抽样检验验收记录等文件。

竣工验收：除应满足分部、分项工程验收的规定外，尚应提交竣工报告、施工组织设计或施工方案、竣工图、设计变更和施工洽商等文件。

3.0.8 混凝土结构耐久性调查检测与评定、修复与防护设计、施工应由具有相应工程经验的单位承担。

4 钢筋锈蚀修复

4.1 一般规定

4.1.1 修复前，结构的使用环境、钢筋锈蚀原因、范围及程度应根据调查、检测及评定结果确定。

4.1.2 根据调查与检测结果，修复设计方案宜按表4.1.2选用。

表 4.1.2 修复设计方案

序号	锈蚀原因	修复方案	
		一般锈蚀	严重锈蚀
1	中性化诱发	表面防护处理 钢筋阻锈处理	钢筋阻锈处理 电化学再碱化
2	掺入型氯化物诱发	钢筋阻锈处理 表面迁移阻锈处理	钢筋阻锈处理 电化学脱盐 阴极保护

续表 4.1.2

序号	锈蚀原因	修复方案	
		一般锈蚀	严重锈蚀
3	渗入型氯化物诱发	表面防护处理 表面迁移阻锈处理 钢筋阻锈处理	钢筋阻锈处理 电化学脱盐 阴极保护

注：1 修复设计时，应根据结构实际情况选用表格中的一种方案或同时采用多种方案；

　　2 当环境作用等级为Ⅰ-B、Ⅰ-C时，应采取特殊的表面防护处理措施并具有较强的憎水能力；当环境作用等级为Ⅲ、Ⅳ时，应采取特殊的表面防护处理措施并具有较强的抗氯离子扩散能力。

4.1.3 钢筋锈蚀修复处理，应进行钢筋阻锈处理及混凝土表面处理。对严重盐污染大气环境下的重要结构，宜在钢筋开始腐蚀尚未引起混凝土顺筋胀裂的早期，采用阴极保护、电化学脱盐等技术进行修复防护处理。当采用电化学保护方法进行钢筋锈蚀修复时应经专门论证。

4.2 材　料

4.2.1 钢筋阻锈处理材料可采用修补材料、掺入型钢筋阻锈剂、钢筋表面钝化剂和表面迁移型阻锈剂，并应符合下列规定：

1 在钢筋阻锈处理中应采用钢筋阻锈剂抑制混凝土中钢筋的电化学腐蚀；

2 修补材料宜掺入适量的掺入型阻锈剂，同时，不应影响修复材料的各项性能，其基本性能应符合现行行业标准《钢筋阻锈剂应用技术规程》JGJ/T 192 的规定；

3 钢筋表面钝化剂宜修复已锈蚀的钢筋混凝土结构，钢筋表面钝化剂应涂刷在钢筋表面并应与钢筋具有良好的粘结能力；

4 表面迁移型阻锈剂宜用于防护与修复工程，表面迁移型阻锈剂应涂刷在混凝土结构表面，并应渗透到钢筋周围。

4.2.2 电化学保护材料应符合本规程附录 A.1 的规定。

4.3 钢筋阻锈修复施工

4.3.1 混凝土表面迁移阻锈处理修复工艺应符合下列规定：

1 混凝土表面基层应清理干净，并应保持干燥；

2 在混凝土表面应喷涂表面迁移型阻锈剂；

3 表面防护处理应符合设计要求。

4.3.2 钢筋阻锈处理修复工艺除应按基层处理、界面处理、修复处理和表面防护处理进行外，尚应符合下列规定：

1 修复范围内已锈蚀的钢筋应完全暴露并进行

除锈处理；

2 在钢筋表面应均匀涂刷钢筋表面钝化剂；

3 在露出钢筋的断面周围应涂刷迁移型阻锈剂；

4 凿除部位应采用掺有阻锈剂的修补砂浆修复至原断面，当对承载能力有影响时，应对其进行加固处理；

5 构件保护层修复后，在表面宜涂刷迁移型阻锈剂。

4.4 电化学保护施工

4.4.1 电化学保护可采用阴极保护、电化学脱盐和电化学再碱化，并应符合下列规定：

1 阴极保护可用于普通混凝土结构中钢筋的保护；

2 电化学脱盐可用于盐污染环境中的混凝土结构；

3 电化学再碱化可用于混凝土中性化导致钢筋腐蚀的混凝土结构；

4 预应力混凝土结构不得进行电化学脱盐与再碱化处理；静电喷涂环氧涂层钢筋拼装的构件不得采用任何电化学保护；当预应力混凝土结构采用阴极保护时，应进行可行性论证。

4.4.2 当采用电化学保护时，应根据环境差异及所选用阳极类型，把所需保护的混凝土结构分为彼此独立的、区域面积为 $50m^2 \sim 100m^2$ 的保护区域。

4.4.3 电化学保护的可行性论证、设计、施工、检测、管理应由有工程经验的单位实施。

4.4.4 电化学保护施工应符合本规程附录 A.2 的规定。

4.5 检验与验收

4.5.1 掺入型阻锈剂、迁移型阻锈剂、修补材料等关键材料应进行进场复验，材料性能应符合现行行业标准《钢筋阻锈剂应用技术规程》JGJ/T 192、《混凝土结构修复用聚合物水泥砂浆》JG/T 336 等有关标准和设计的规定。

4.5.2 钢筋阻锈修复检验应符合下列规定：

1 修复完成后，应进行外观检查。表面应平整，修复材料与基层间粘结应牢靠，无裂缝、脱层、起鼓、脱落等现象，当对粘结强度有要求时，现场应进行拉拔试验确定粘结强度；

2 当对抗压强度与物理化学性能有要求时，可对修复材料留置试块检测其相应性能；

3 对修补质量有怀疑时，可采用钻芯取样、超声波或金属敲击法进行检验。

4.5.3 电化学保护检验与验收应符合本规程附录 A.3 的规定。

5 延缓碱骨料反应措施及其防护

5.1 一般规定

5.1.1 应在对混凝土碱骨料反应检测分析的基础上确定工程结构的损伤程度，并应综合考虑工程重要性及修复费用，按下列规定确定修复方案：

1 对判断已发生碱骨料反应的结构，应在对未来活性和膨胀发展进行评估的基础上采取延缓碱骨料反应损伤的措施；

2 工程检测如果发现混凝土尚未发生碱骨料反应破坏，但存在发生碱骨料反应条件时，宜采取预防和防护措施；

3 当碱骨料反应破坏严重或者是对结构安全性有影响时，宜考虑更换或者拆除相应的构件或者结构。

5.1.2 延缓碱骨料反应可采用封堵裂缝、涂刷表面憎水防护材料等技术措施。

5.1.3 防护或延缓碱骨料反应措施实施后应进行定期的检查。

5.2 材 料

5.2.1 碱骨料反应损伤修补材料应与混凝土基体紧密结合，耐久性好，在修复后应防止外部环境中潮湿水分侵入混凝土。

5.2.2 裂缝处理可采用填充密封材料或灌浆。对于活动性裂缝，应采用极限变形较大的延性材料修补，灌浆材料应具有可灌性。

5.2.3 表面憎水防护材料应满足透气防水的要求，应保护混凝土结构免受周围环境的影响。

5.3 延缓碱骨料反应施工

5.3.1 对于存在发生碱骨料反应条件，尚未出现碱骨料反应破坏的混凝土结构，宜对结构混凝土表面进行防护处理，混凝土表面防护施工应按本规程第 8.3.2 条的规定进行。

5.3.2 对于已发生碱骨料反应，外观出现裂缝的混凝土结构，应按下列步骤进行施工：

1 基层处理：应清除裂缝表面松散物及混凝土表面反应物等物质，并应干燥表面；

2 裂缝封堵：应根据裂缝的宽度、深度、分布及特征，选择表面处理法、压力灌浆法、填充密封法进行裂缝封堵，裂缝封堵应按本规程第 7.3 节的规定进行；

3 涂刷表面防护材料：应根据选择的材料按本规程第 8.3.2 条的规定涂刷表面防护材料。

5.4 检验与验收

5.4.1 灌缝材料、表面防护材料等关键材料应进行

进场复验，其性能应符合现行行业标准《混凝土裂缝修复灌浆树脂》JG/T 264 和《混凝土结构防护用渗透型涂料》JG/T 337 等相关标准和设计的规定。

5.4.2 延缓碱骨料反应施工后应进行定期检查，记录和测量裂缝的发展情况。

6 冻融损伤修复

6.1 一般规定

6.1.1 应在对混凝土冻融损伤调查分析的基础上确定结构冻融损伤程度，并应综合考虑工程重要性，按下列规定确定修复方案：

    1 已出现冻融损伤的结构，应按冻融损伤程度的不同分为下列两种类型进行修复：

      1）结构混凝土表面未出现剥落，但出现开裂；

      2）结构混凝土表面出现剥落或酥松。

    2 当冻融破坏严重或对结构安全性有影响时，宜更换或拆除相应的构件或结构。

6.2 材　　料

6.2.1 选择冻融损伤修复材料时，应综合考虑冻融损伤性质、影响因素、损伤区域大小、特征和剥落程度，修复材料可选用修补砂浆、灌浆材料和高性能混凝土及界面处理材料，并应符合下列规定：

    1 当结构混凝土表面未出现剥落但出现开裂时，宜用灌浆材料和修补砂浆进行修复；

    2 当结构混凝土表面出现了剥落或酥松时，宜采用高性能混凝土、修补砂浆、灌浆材料及界面处理材料进行修复。

6.2.2 修复材料除应符合现行国家有关标准规定外，尚应符合下列规定：

    1 应选用强度等级不低于 42.5 的硅酸盐水泥或普通硅酸盐水泥；

    2 应掺用引气剂，修复材料中含气量宜为 4％～6％；

    3 修复材料的强度不应低于修复结构中原混凝土的设计强度；

    4 修复材料的抗冻等级不应低于原混凝土抗冻等级。

6.3 冻融损伤修复施工

6.3.1 对结构混凝土表面未出现剥落但出现开裂的情况，宜先清除冻伤混凝土，再应按本规程第 7.3 节的规定注入灌浆材料，修补裂缝。然后应在原混凝土结构表面进行修补，宜用修补砂浆进行防护。

6.3.2 对结构混凝土表面出现剥落或酥松的情况，修复宜按基层处理、界面处理、修复处理和表面防护处理四步进行，除应满足本规程第 8.3.1 条外，尚应符合下列规定：

    1 对基层处理，应剔除受损混凝土并露出基层未损伤混凝土；

    2 对界面处理，当剥蚀深度小于 30mm 时，可采用涂刷界面处理材料进行处理；当剥蚀深度不小于 30mm 时，基层混凝土和修复材料之间除应涂刷界面处理材料外，尚宜采用锚筋增强其粘结能力；

    3 对修复施工，当剥蚀深度小于 30mm 时，宜采用修补砂浆或灌浆材料进行修复；当剥蚀深度不小于 30mm 时，宜采用高性能混凝土或灌浆材料进行修复；

    4 根据工程实际需要按本规程第 8.3.2 条的规定进行表面防护处理。

6.3.3 修复后，应进行保温、保湿养护，被修复部分不得遭受冻害。

6.4 检验与验收

6.4.1 修补砂浆、灌浆材料、高性能混凝土、界面处理材料、引气剂等关键材料应进行进场复验，其性能应符合国家现行标准《水泥基灌浆材料应用技术规范》GB/T 50448、《混凝土外加剂应用技术规范》GB 50119 以及《混凝土结构修复用聚合物水泥砂浆》JG/T 336、《混凝土界面处理剂》JC/T 907 的规定。

6.4.2 冻融损伤修复检验应符合下列规定：

    1 当对混凝土中气泡间距有要求时，可从修复材料中取样，进行磨片加工，采用微观试验方法测定修复材料中的气泡间距系数，并应符合现行国家标准《混凝土结构耐久性设计规范》GB/T 50476 和设计的规定；

    2 当对抗压强度、抗冻等级、抗渗等级有要求时，可对修复材料留置试块检测其抗压强度、抗冻等级、抗渗等级，有条件时，可检测其动弹性模量并计算抗冻耐久性指数，并应符合现行国家标准《混凝土结构耐久性设计规范》GB/T 50476 的规定。

7 裂　缝　修　补

7.1 一般规定

7.1.1 裂缝修补前应对裂缝进行调查和检测，内容可包括裂缝宽度、裂缝深度、裂缝状态及特征、裂缝所处环境、裂缝是否稳定、裂缝是否渗水和裂缝产生的原因，并应根据调查和检测结果确定裂缝修补方法。修补方法可分为表面处理法、压力灌浆法、填充密封法。

7.1.2 由于钢筋锈蚀、碱骨料反应、冻融损伤引起的裂缝，其处理应分别按本规程第 4、5、6 章的规定进行修复。

7.2 材　料

7.2.1 混凝土结构裂缝修补材料可分为表面处理材料、压力灌浆材料、填充密封材料三大类。裂缝修补材料应能与混凝土基体紧密结合且耐久性好。

7.2.2 混凝土结构裂缝表面处理材料可采用环氧胶泥、成膜涂料、渗透性防水剂等材料，其使用应符合下列规定：

1　环氧胶泥宜用于稳定、干燥裂缝的表面封闭，裂缝封闭后应能抵抗灌浆的压力；

2　成膜涂料宜用于混凝土结构的大面积表面裂缝和微细活动裂缝的表面封闭；

3　渗透性防水剂遇水后能化合结晶为稳定的不透水结构，宜用于微细渗水裂缝迎水面的表面处理。

7.2.3 混凝土结构裂缝填充密封材料可采用环氧胶泥、聚合物水泥砂浆以及沥青油膏等材料。对于活动性裂缝，应采用柔性材料修补。

7.2.4 混凝土结构裂缝压力灌浆材料可采用环氧树脂、甲基丙烯酸树脂、聚氨酯类等材料。其性能应符合现行行业标准《混凝土裂缝修复灌浆树脂》JG/T 264 的规定。有补强加固要求的浆液，固化后的抗压、抗拉强度应高于被修补的混凝土基材。

7.3 裂缝修补施工

7.3.1 表面处理法施工应符合下列规定：

1　应清除裂缝表面松散物；有油污处应用丙酮清洗；潮湿裂缝表面应清除积水；在进行下步工序前，裂缝表面应干燥。

2　所选择的材料应均匀涂抹在裂缝表面。

3　涂覆厚度及范围应符合设计及材料使用规定。

7.3.2 压力灌浆法施工应符合下列规定：

1　表面处理：裂缝灌浆前，应清除裂缝表面的灰尘、浮渣和松散混凝土，并应将裂缝两侧不小于50mm 宽度清理干净，且应保持干燥。

2　设置灌浆嘴：灌注施工可采用专用的灌注器具进行，宜设置灌浆嘴。其灌注点间距宜为 200mm～300mm 或根据裂缝宽度和裂缝深度综合确定。对于大体积混凝土或大型结构上的深裂缝，可在裂缝位置钻孔，当裂缝形状或走向不规则时，宜加钻斜孔，增加灌浆通道。钻孔后，应将钻孔清理干净并保证灌浆通道畅通，钻孔灌浆的裂缝孔内宜用灌浆管，对灌注有困难的裂缝，可先在灌注点凿出"V"形槽，再设置灌浆嘴。

3　封闭裂缝：灌浆嘴设置后，宜用环氧胶泥封闭，形成一个密闭空腔。应预留浆液进出口。

4　密封检查：裂缝封闭后应进行压气试漏，检查密封效果。试漏应待封缝胶泥或砂浆达到一定强度后进行。试漏前应沿裂缝涂一层肥皂水，然后从灌浆嘴通入压缩空气，凡漏气处，均应予修补密封直至不

漏为止。

5　灌浆：根据裂缝特点用灌浆泵或注胶瓶注浆。应检查灌浆机具运行情况，并应用压缩空气将裂缝吹干净，再用灌浆泵或针筒注胶瓶将浆液压入缝隙，宜从下向上逐渐灌注，并应注满。

6　修补后处理：等灌浆材料凝固后，方可将灌缝器具拆除，然后进行表面处理。

7.3.3 填充密封法施工应符合下列规定：

1　应沿裂缝将混凝土开凿成宽 2cm～3cm、深 2cm～3cm 的"V"形槽；

2　应清除缝内松散物；

3　应用所选择的材料嵌填裂缝，直至与原结构表面持平。

7.3.4 裂缝修补处理后，可根据设计需要进行表面防护处理。

7.4 检验与验收

7.4.1 表面处理材料、填充密封材料和压力灌浆材料等关键材料应进行进场复验，其性能应满足现行国家行业标准《混凝土裂缝修复灌浆树脂》JG/T 264 等相关标准和设计的要求。

7.4.2 裂缝修补检验应满足下列规定：

1　裂缝表面清理后封闭前应复验灌嘴，是否准确可靠；

2　裂缝灌浆后应检查灌浆是否密实，可钻芯取样检查灌缝效果。

8　混凝土表面修复与防护

8.1 一般规定

8.1.1 混凝土表面修复前，应对缺陷和损伤情况进行调查，修复方案应根据缺陷和损伤的程度和原因制定。

8.1.2 混凝土表面防护应符合下列规定：

1　混凝土表面防护，应在完成结构缺陷与损伤的修复之后进行；

2　根据防护设计的不同要求，表面防护可采用憎水浸渍、防护涂层或表面覆盖等方法进行，并应满足渗透性、抗侵蚀性、钢筋防锈性、裂缝桥接能力及外观等性能要求。

8.2 材　料

8.2.1 混凝土表面修复材料可采用界面处理材料和修补砂浆，修补砂浆的抗压强度、抗拉强度、抗折强度不应低于基材混凝土。

8.2.2 混凝土表面防护材料应根据实际工程需要选择，可采用无机材料、有机高分子材料以及复合材料，并应符合下列规定：

1 在环境介质侵蚀作用下，防护材料不得发生鼓胀、溶解、脆化和开裂现象；

2 防护材料应满足结构耐久性防护的要求，根据不同的环境条件和耐久性损伤类型宜分别具有抗碳化、抗渗透、抗氯离子和硫酸盐侵蚀、保护钢筋性能；

3 用于抗磨作用的防护面层，应在其使用寿命内不被磨损而脱离结构表面；

4 防护面层应与混凝土表面粘结牢固，在其使用寿命内，不应出现开裂、空鼓、剥落现象。

8.3 表面修复与防护施工

8.3.1 混凝土表面修复施工应符合下列规定：

1 混凝土结构表面修复的工序可分为基层处理、界面处理、修补砂浆施工和养护。

2 基层处理：对需要修复的区域应作出标记，然后宜沿修复区域的边缘切一条深度不小于10mm的切口。剔除表面区域内已经污染或损伤的混凝土，深度不应小于10mm；修复区边缘混凝土应进行凿毛处理，对混凝土和露出的钢筋表面应进行彻底清洁，对遭受化学腐蚀的部分，应采用高压水进行冲洗，并应彻底清除腐蚀物。

3 界面处理：修补砂浆施工前，应将裸露的钢筋固定好并进行阻锈处理，待其干燥后应采用清水对混凝土基面彻底润湿，然后喷涂或刷涂界面处理材料。

4 修补砂浆施工：根据构件的受力情况、施工部位及现场状况可采用涂抹、机械喷涂及支模浇筑方法进行施工。

5 养护：修补砂浆施工后，宜进行养护。

8.3.2 混凝土表面防护施工应符合下列规定：

1 表面防护前应进行去掉浮尘、油污或其他化学污染物的表面处理工作，对劣化的混凝土表层，宜先打磨清除，再用水清洗。对不宜用水清洗的表面，可用高压空气吹扫。

2 混凝土表面防护材料应按其配比要求进行配制或调制。

3 采用渗透型保护涂料对混凝土表面进行憎水浸渍时，宜采用喷涂或刷涂法施工，且施工时应保证混凝土表面及内部充分干燥。当采用其他有机材料时，底层宜干燥。

4 采用无机或复合材料进行混凝土表面防护时，宜抹涂施工，并应符合下列规定：

　1）无机砂浆类材料面层施工时，应充分润湿混凝土基底部位，不得空鼓和脱落。

　2）复合类材料面层施工时，应保证混凝土表面及内部充分干燥，不得起鼓和剥落。

　3）当混凝土表面整体施工时，分隔缝应错缝设置。

　4）当混凝土立面或顶面的防护面层厚度大于10mm时，宜分层施工。每层抹面厚度宜为5mm～10mm，应待前一层触干后，方可进行下一层施工。

　5）施工完毕后，表面触干即应进行喷雾（水或养护剂）养护或覆盖塑料薄膜、麻袋。潮湿养护期间如遇寒潮或下雨，应加以覆盖，养护温度不应低于5℃。

5 当混凝土表面需多层防护时，应先等第一层防护材料施工完毕，检查合格后，方可进行第二层的防护材料施工。

8.4 检验与验收

8.4.1 表面修复材料和表面防护材料应进行进场复验，其性能应满足现行行业标准《混凝土结构修复用聚合物砂浆》JG/T 336、《混凝土界面处理剂》JC/T 907、《聚合物水泥防水砂浆》JC/T 984、《混凝土结构防护用成膜型涂料》JG/T 335 等相关标准规定和设计的要求。

附录A　电化学保护

A.1 材　料

A.1.1 电化学保护的材料和设备可采用阳极系统、电解质、检测和控制系统、电缆和直流电源等，并应符合下列规定：

1 阴极保护阳极系统应能在保护期间提供并均匀分布保护区域所需的保护电流。阳极材料的设计和选择，应满足保护系统的设计寿命要求和电流承载能力。

2 电化学脱盐和再碱化的阳极系统应由网状或条状阳极与浸没阳极的电解质溶液组成，电化学脱盐所用电解质宜采用$Ca(OH)_2$饱和溶液或自来水；电化学再碱化所用电解质宜采用 0.5M～1M 的 Na_2CO_3 水溶液等。

3 检测和控制系统的埋入式参比电极可选用 Ag/AgCl/0.5mol/LKCl 凝胶电极和 Mn/MnO_2/0.5mol/L NaOH 电极；便携式参比电极可选用 Ag/AgCl/0.5mol/L KCl 电极。参比电极的精度应达到±5 mV（20℃ 24h）。钢筋/混凝土电位的检测设备可采用精度不低于±1mV、输入阻抗不小于 10MΩ 的数字万用表，也可选用符合测量要求的其他数据记录仪。

4 电源电缆、阳极电缆、阴极电缆、参比电极电缆和钢筋/混凝土电位测量电缆应适合使用环境，并应满足长期使用的要求。电缆芯的最小截面尺寸可按通过 125% 设计电流时的电压降确定。

5 直流电源应满足长期不间断供电要求，应具

有技术性能稳定、维护简单的特点和抗过载、防雷、抗干扰、防腐蚀、故障保护等功能。直流电源的输出电流和输出电压应根据使用条件、辅助阳极类型、保护单元所需电流和回路电阻计算确定。

A.1.2 阴极保护宜采用经证实有效的阳极系统，也可选用经室内以及现场试验应用与实践充分验证的新型阳极系统，并应符合下列规定：

 1 外加电流阴极保护的阳极系统可在下列三种系统中选用：

  1）可采用混凝土表面安装网状贵金属阳极与优质水泥砂浆或聚合物改性水泥砂浆覆盖层组成的阳极系统；

  2）可采用条状贵金属主阳极与含碳黑填料的水性或溶剂性导电涂层次阳极组成的阳极系统；

  3）可采用开槽埋设于构件中的贵金属棒状阳极与导电聚合物回填物组成的阳极系统。

 2 牺牲阳极式阴极保护的阳极系统可在下列两种系统中选用：

  1）可采用锌板与降低回路电阻的回填料组成的阳极系统；

  2）可采用涂覆于混凝土表面的导电底涂料与锌喷涂层组成的阳极系统。

A.2 电化学保护施工

A.2.1 电化学保护工程施工可分为凿除和修补损伤区混凝土保护层、电连接保护单元内钢筋、安装监测与控制系统、安装阳极系统、制作和铺设电缆、安装直流电源等工序，并应符合下列规定：

 1 实施电化学保护前，应先清除已胀裂、层裂的混凝土保护层和钢筋上的锈层，并应采用电导率和物理特性与原混凝土基层接近的水泥基材料修复凿除部位至原断面，对结构安全性有影响时应进行加固处理；

 2 各保护区内钢筋之间以及钢筋与混凝土中其他金属件之间应成为电连接整体，阳极系统与阴极系统（钢筋）间不得存在短路现象；

 3 电化学保护的监测与控制系统、阳极系统中各部件的规格、性能、安装位置等应符合设计要求。直流电源安装应按现行国家标准《电气装置安装工程低压电器施工及验收规范》GB 50254的规定执行。各种电缆应有唯一性标识。

A.2.2 电化学保护技术的特征应符合表 A.2.2 的规定。

表 A.2.2 电化学保护技术的特征

项 目	阴极保护	电化学脱盐	电化学再碱化
通电时间	在防腐蚀期间持续通电	约8周	100h~200h

续表 A.2.2

项 目	阴极保护	电化学脱盐	电化学再碱化
电流密度（A/m²）	0.001~0.05	1~2	1~2
通电电压(V)	<15	5~50	5~50
电解液	—	Ca(OH)$_2$ 饱和溶液或自来水	0.5M~1M 的 Na$_2$CO$_3$ 水溶液
确认效果的方法	测定电位或电位衰减/发展值	测定混凝土的氯离子含量和钢筋电位	测定混凝土 pH 值和钢筋电位
确认效果的时间	在防腐蚀期间定期检测	通电结束后	通电结束后

A.2.3 电化学保护电流密度除应使保护效果达到本规程第 A.3.5 条的规定外，尚应控制在不降低阳极系统和混凝土质量的范围内。具体保护电流密度宜通过经验数据或进行现场试验确定，也可按照表 A.2.2 选取，不同条件混凝土结构阴极保护电流密度也可按表 A.2.3 选取。

表 A.2.3 宜采用的阴极保护电流密度

钢筋周围的环境及钢筋的状况	保护电流密度（mA/m²）（按保护钢筋面积计）
碱性、干燥、有氯盐，混凝土（优质）保护层厚，钢筋轻微锈蚀	3~7
潮湿、有氯盐，混凝土质量差，保护层薄或中等厚度	8~20
氯盐含量高、潮湿而且干湿交替、富氧，混凝土保护层薄，气候炎热，钢筋锈蚀严重	30~50

A.2.4 电化学保护系统调试应符合下列规定：

 1 应以设计电流的 10%~20% 进行初始通电，测量直流电源的输出电压和输出电流以及钢筋/混凝土电位，所有部件的安装、连接应正确；

 2 对外加电流阴极保护，试通电正常后，应逐步加大阴极保护电流，直至钢筋/混凝土的电位满足本规程第 A.3.5 条的规定；对电化学脱盐和电化学再碱化，试通电正常后，应逐步加大保护电流，直至设计值。

A.2.5 电化学脱盐和再碱化保护系统通电结束后，应及时拆除混凝土表面阳极系统及其配件，采用高压淡水清洗经处理的混凝土表面并应进行表面修复处理或表面防护处理。

A.3 检验与验收

A.3.1 电化学保护工程所用的设备、材料和仪器应经过实际应用或有关试验验证，并应有出厂合格证或

质量检验报告。

A.3.2 电化学保护系统安装完毕后，应进行下列方面的检验：

　　1　逐一检查所用的阳极、电缆、参比电极、仪器设备规格、数量、安装位置是否符合设计要求；

　　2　检查保护系统所有部件安装是否牢固、是否有损坏，电缆和设备连接是否正确；

　　3　测量保护单元内钢筋的电连接性和钢筋网与阳极系统之间的电绝缘性，电缆的绝缘电阻和电连续性，检测埋设参比电极的初始数据；

　　4　测量保护区域内钢筋的自然电位和混凝土原始氯离子含量或 pH 值。

A.3.3 在通电实施过程中，应根据本规程第 A.2.2 条的方法定期确认保护效果，直至满足本规程第 A.3.5 条的规定。电化学脱盐和电化学再碱化的电解液还应定期检测、更换，并应保持一定的碱度。

A.3.4 在阴极保护持续运行期间，每年应定期对保护系统进行检查和维护，应定期检测和记录电源设备的输出电压、输出电流和钢筋保护电位。

A.3.5 电化学保护效果应符合下列规定：

　　1　阴极保护在整个保护寿命期间，各保护单元内钢筋/混凝土电位应符合下列规定之一：

　　　1）去除 IR 降后的保护电位范围普通钢筋应为$-720mV \sim -1100 mV$（相对于 Ag/AgCl/0.5mol/LKCl 参比电极）；预应力钢筋应为$-720mV \sim -900mV$（相对于 Ag/AgCl/0.5mol/LKCl 参比电极）；

　　　2）钢筋电位的极化衰减值或极化发展值不应少于 100mV。

　　2　电化学脱盐处理后，混凝土内氯离子含量应低于临界氯离子浓度。

　　3　电化学再碱化处理后，混凝土 pH 值应大于 11。

本规程用词说明

　　1　为便于在执行本规程条文时区别对待，对要求严格程度不同的用词说明如下：

　　　1）表示很严格，非这样做不可的：
　　　　正面词采用"必须"，反面词采用"严禁"；

　　　2）表示严格，在正常情况下均应这样做的：
　　　　正面词采用"应"，反面词采用"不应"或"不得"；

　　　3）表示允许稍有选择，在条件许可时首先应这样做的：
　　　　正面词采用"宜"，反面词采用"不宜"；

　　　4）表示有选择，在一定条件下可以这样做的，采用"可"。

　　2　条文中指明应按其他有关标准执行的写法为："应符合……的规定"或"应按……执行"。

引用标准名录

　　1　《混凝土外加剂应用技术规范》GB 50119

　　2　《电气装置安装工程　低压电器施工及验收规范》GB 50254

　　3　《建筑工程施工质量验收统一标准》GB 50300

　　4　《水泥基灌浆材料应用技术规范》GB/T 50448

　　5　《混凝土结构耐久性设计规范》GB/T 50476

　　6　《钢筋阻锈剂应用技术规程》JGJ/T 192

　　7　《混凝土裂缝修复灌浆树脂》JG/T 264

　　8　《混凝土结构防护用成膜型涂料》JG/T 335

　　9　《混凝土结构修复用聚合物水泥砂浆》JG/T 336

　　10　《混凝土结构防护用渗透型涂料》JG/T 337

　　11　《混凝土界面处理剂》JC/T 907

　　12　《聚合物水泥防水砂浆》JC/T 984

中华人民共和国行业标准

混凝土结构耐久性修复与防护技术规程

JGJ/T 259—2012

条 文 说 明

制 订 说 明

《混凝土结构耐久性修复与防护技术规程》JGJ/T 259－2012，经住房和城乡建设部 2012 年 3 月 1 日以第 1322 号公告批准、发布。

本规程制订过程中，针对我国既有混凝土结构耐久性损伤及修复工程特点，编制组进行了大量的工程调查及试验研究，总结了我国混凝土结构耐久性修复与防护方面的实践经验。同时参考了欧洲、美国和日本现有修复方面先进的技术规范，结合国内实际，提出切实可行的做法。

为便于广大设计、施工、科研、学校等单位有关人员在使用本规程时能正确理解和执行条文规定，《混凝土结构耐久性修复与防护技术规程》编制组按章、节、条顺序编制了本规程的条文说明，对条文规定的目的、依据以及执行中需注意的有关事项进行了说明。但是，本条文说明不具备与规程正文同等的法律效力，仅供使用者作为理解和把握规程规定的参考。

目　　次

1 总　则

1.0.1 国内外对混凝土结构耐久性的重视程度与日俱增。在我国，目前由于结构耐久性不足造成的结构寿命缩短甚至出现重大事故的实例很多。对混凝土结构及时、有效地进行修复与防护可显著改善其耐久性状况，大大延长结构服役寿命。以往混凝土结构的修复工作没有得到应有的重视，不少修复陷入修一坏一再修一再坏的怪圈，造成了资源的极大浪费，严重背离了我国可持续发展的基本战略。本规程的出发点在于规范混凝土结构耐久性的修复与防护，延长结构使用寿命。混凝土结构耐久性的修复、防护涉及因素复杂，有些相关机理目前还在深入研究之中，本规程的编制是基于现有的认识水平，为满足目前工程需要而首次编制的。

1.0.2、1.0.3 本规程的适用范围是既有混凝土结构耐久性的修复与防护，强调影响结构耐久性的因素，对由于耐久性引起的承载能力不足而需进行的加固问题，须按照有关加固规范与本规程的规定并行处理。

有关部门已制定的混凝土结构现场检测标准、混凝土结构耐久性评定标准中，对如何评估结构耐久性现状已有详细描述，这些工作构成了科学修复的基础。目前混凝土结构加固等相关规范中部分也涉及耐久性内容，本条主要强调应与上述内容相协调。

混凝土结构广泛用于各种自然及人工环境下，特殊地区、特殊环境下的混凝土结构耐久性修复与防护，除应符合本规程的相关规定外，尚应符合国家现行有关标准的规定，采取相应的防护措施。尤其对极端严重腐蚀环境下的结构耐久性，应与地方或行业中相关的防腐蚀技术规范等内容相符合。

3 基本规定

3.0.1、3.0.2 我国没有建筑物定期检测评价法规，新加坡的建筑物管理法强制规定，居住建筑在建造后10年及以后每隔10年必须进行强制鉴定，公共、工业建筑则为建造后5年及以后每隔5年进行一次强制鉴定。日本通常要求建筑物服役20年后进行一次鉴定。英国等国家对于体育馆等人员密集的公共建筑作了强制定期鉴定规定。根据我国工程经验，良好使用环境下民用建筑无缺陷的室内构件一般可使用50年；而处于潮湿环境下的室内构件和室外构件往往使用20年～30年就需要维修；使用环境较恶劣的工业建筑使用25年～30年即需大修；处于严酷环境下的工程结构甚至不足10年即出现严重的耐久性损伤。因此在保证建筑物安全性的前提下，民用建筑使用30年～40年、工业建筑及露天结构使用20年左右宜进行耐久性评估与修复。大型桥梁、地铁、大型公共建筑等重要的基础设施以及处于严酷环境下的工程结

构，则应根据具体情况进行耐久性评定修复与防护。耐久性不满足要求的结构主要是指不满足耐久性评定标准或耐久性设计规范要求以及其他存在耐久性问题的结构。本条提出了进行耐久性修复与防护的原则规定。

3.0.3 本条明确了进行混凝土结构耐久性修复与防护时应综合考虑的因素，并规定了进行耐久性修复与防护的基本工作程序，可根据工程的重要性、规模、复杂程度等特点制定详细的工作流程。应在耐久性调查、检测与评估的基础上进行耐久性修复与防护设计。耐久性修复前，应提供修复所需全部技术资料，特别应提供结构耐久性现状鉴定报告。

3.0.4 本条给出了建议的混凝土结构耐久性调查、检测内容，可根据工程的具体情况选择相应的调查和检测内容，条文未包括全部检测内容，如有时需检测混凝土表层渗透性、氯离子扩散系数、混凝土孔结构等，应根据工程实际情况确定混凝土结构耐久性调查、检测内容。

混凝土结构耐久性评定有关内容可参考国家现行标准《混凝土结构耐久性评定标准》CECS 220执行。

3.0.5 混凝土结构耐久性修复与防护设计方案作为技术性文件，应包括工程概况、建造年代及条文规定的内容，但格式可以不统一。

3.0.6 鉴于修复与防护施工的复杂性和多样性，在施工前应根据实际工程特点制定严格的施工方案，以确保施工质量，一般修复施工宜按基层处理、界面处理、修复处理、表层处理四个工序进行，对于一些简单的修复施工也可按其中的部分工序进行，基层处理和界面处理是保证基层混凝土与修复材料间粘结效果的重要措施，表层处理可以减少环境对结构的作用，为延长结构的耐久性，应对表层处理效果定期检查，10年～15年宜检查一次。当表层处理质量不能满足要求时，应重新进行处理。

3.0.7 本条对混凝土结构耐久性修复与防护工程质量检验和工程验收作了一般性规定，各种不同损伤类型的修复还应符合相应各章的检验与验收的规定。

1 由于修复与防护工程的工程量一般比新建工程小，本条只要求对重要结构、重要部位和关键工序，可在施工现场进行实体检验，且本规程未对关键工序作强制性规定，应根据不同损伤类型、修复工艺、所处环境和下一目标使用年限确定关键工序，并在修复与防护设计方案中加以规定。

2 工程验收宜按分部、分项工程验收和竣工验收两个阶段进行，可将不同损伤类型（如钢筋锈蚀修复、延缓碱骨料反应措施及防护、冻融损伤修复、裂缝修补、混凝土表面修复与防护）的修复工程划分为一个分部工程，再按具体的修复工艺划分分项工程。

修复与防护完工后，外观检查是最基本的要求。修复材料与基层混凝土的粘结强度直接影响修复质量，为了确保修复质量，对修复面积较大、修复厚度较厚或特殊重要工程，可采用现场拉拔试验的方法确

定其粘结强度。

当修复材料为现场配制时，其配合比及试验结果报告应在修复施工前提供，以确保修复材料的性能指标满足设计和施工要求。

3.0.8 与一般工程相比，混凝土结构耐久性调查、检测与评定、修复与防护设计、施工的专业性较强，应由具有相应工程经验的单位承担。

4 钢筋锈蚀修复

4.1 一般规定

4.1.1 修复前，应进行调查与检测，查阅结构相关的原始设计、施工详图、施工说明、验收与竣工资料、材料试验报告、使用与维修记录等；应进行现场普查、详细检测及进行必要的室内试验，以鉴定结构现状，确定使用环境、钢筋锈蚀原因、范围及程度。

现场普查应记录暴露于不同自然环境、应力状态下的各区域不同构件、部位的损伤（包括表面缺陷、裂缝、锈斑、层裂、剥落、渗漏、变形等）状态和分布，并确定进一步进行详细检测的典型范围和要求。

现场详细检测应包括在典型检测范围内无损检测混凝土保护层厚度、混凝土电阻率、钢筋半电池电位图，检测氯离子含量或碳化深度的分布，据此判断钢筋腐蚀范围及程度。

4.1.2 本条给出了钢筋锈蚀修复方案选择宜根据调查与检测结果，考虑钢筋锈蚀程度、钢筋锈蚀原因和环境作用等级等综合确定。对处于Ⅰ-B、Ⅰ-C类潮湿环境中的钢筋锈蚀修复问题，应在修复完成后防止外界水分侵入构件内部导致钢筋继续锈蚀，故需在表面建立憎水防护层；对处于Ⅲ、Ⅳ类盐污染环境中的钢筋锈蚀修复问题，应在修复完成后防止外界氯离子再次侵入构件，故需在表面建立阻止氯离子进入的隔离层。环境作用等级的划分原则应符合现行国家标准《混凝土结构耐久性设计规范》GB/T 50476 的规定。

钢筋锈蚀产生的原因分为混凝土中性化诱发、掺入型氯化物诱发、渗入型氯化物诱发三种。混凝土中性化诱发是指空气中的二氧化碳等气体气相扩散到混凝土的毛细孔中，与孔隙液中的氢氧化钙发生反应，从而使孔隙液的 pH 值降低，当中性化深度达到钢筋表面时，钢筋钝化膜遭受破坏，在具备一定水和氧的条件下，钢筋开始锈蚀；掺入型氯化物诱发是指由于新拌混凝土中掺入氯化物早强剂、防冻剂或采用海水、海砂等拌制混凝土，当钢筋周围的氯离子浓度达到临界浓度，钢筋钝化膜遭受破坏，并导致钢筋锈蚀；渗入型氯化物诱发是指周围环境中的氯离子通过混凝土孔隙到混凝土内部，当钢筋周围的氯离子浓度达到临界浓度，钢筋钝化膜遭受破坏，并导致钢筋锈蚀。

钢筋锈蚀程度分为一般锈蚀和严重锈蚀两种，锈蚀程度可通过检测钢筋混凝土构件的半电池电位进行判断。根据已有工程经验和研究成果，当半电池电位为 −200mV ～ −350mV 时，可认为钢筋一般锈蚀，当半电池电位小于 −350mV 时，可通过以下两方面进行判断，当符合其中一项时，即认为钢筋严重锈蚀：

1）构件表面外观状况：构件表面已开始出现较多的锈斑、局部流锈水、局部层裂（鼓起）和混凝土保护层出现 0.3mm～3mm 的顺筋锈胀裂缝和顺筋剥落等现象。

2）钢筋表面外观状况：钢筋出现锈皮或浅锈坑，钢筋截面开始减小。

当构件表面广泛出现锈斑、流锈水、层裂（鼓起），混凝土保护层广泛出现较宽的顺筋锈胀裂缝网或成片地剥落、露筋时，应检查钢筋锈蚀造成的截面损失率，若其截面损失超过 5%，则需补筋加固。

钢筋锈蚀电位、构件和钢筋表面状况仅能判断钢筋目前的锈蚀状况，为了掌握钢筋锈蚀的发展趋势，还应通过钢筋锈蚀速率和混凝土电阻率综合判断。

4.1.3 过去传统的局部修补方法，难以全面彻底清除导致腐蚀破损的原因，也难以阻止腐蚀继续发展。以阻锈剂处理局部修补部位的钢筋和老混凝土界面处，该问题得到一定程度的改善。对于严重盐污染的重要结构，建议在钢筋开始锈蚀的初期，及时实施电化学保护，则具有显著的技术经济效果。

阴极保护是根据钢筋腐蚀只发生于释放自由电子的阳极区的电化学本质，对钢筋持续施加阴极电流，使其表面各处均不再发生释放电子的阳极反应。外加电流阴极保护，需持续施加并定期检测、监控保护电流，以保证保护范围内的具有电连续性的所有钢筋在剩余使用期间内均可获得正常的保护。牺牲阳极阴极保护，无需直流电源和检测监控装置，无需对保护电流持续进行调控和维修管理，但因牺牲阳极所能提供的保护电流有限，故适用范围和年限有限。电化学脱盐（对于中性化混凝土为电化学再碱化）是在短期内以外加电源与临时设置于混凝土表面的阳极和电解质溶液，对被保护范围内所有具有电连续性的钢筋施加大的阴极电流，通过离子的电迁移及钢筋上的阴极反应，使盐污染（或中性化）的混凝土中氯离子浓度在短期内降低到低于钢筋腐蚀所需的临界浓度以下，同时提高了钢筋附近混凝土孔隙液的 pH 值，从而恢复并可在断电后长期保持钢筋的钝态，免除钢筋腐蚀。

对盐污染（或中性化）混凝土结构实施电化学保护的必要性，是因为传统的修补方式（完全清除钢筋锈蚀所引起的胀裂的混凝土保护层，清除露出钢筋上的锈皮，用优质砂浆或混凝土补平），即使修补质量好，也不能制止局部修补附近（外表尚完好但混凝土已被盐污染或中性化到钢筋）成为新的阳极而发生腐蚀，在这些表面追加抗盐污染或防中性化的涂层，已

不能制止腐蚀发生。如将局部修补范围扩大到在剩余使用期内预期会发生腐蚀之处，必然会大大增加修补工程量和造价，以及结构停止运行的间接损失，甚至实际上往往是行不通的。电化学保护则可以经济可靠地制止腐蚀的发展，特别是在盐污染或中性化已广泛存在，但它们所引起的钢筋腐蚀破坏范围和程度尚局限于较小范围的严重锈蚀初期，若能及时实施电化学保护，其技术经济效果尤为突出。

鉴于电化学保护基本知识与技能尚未被广泛普及，而电化学保护技术含量高，其功效高低与其可行性论证、设计、施工、检测、管理是否合乎要求关系密切，因此，规定应经专门论证后再实施。

4.2 材　　料

4.2.1 修复材料掺入阻锈剂后，不仅应使其对混凝土拌合物的凝结时间、工作度、力学强度无不良影响，同时还应有良好的体积稳定性、较小的收缩性、良好的抗渗性、良好的抗裂性、材质的均匀性、良好的抗氯离子扩散性能等。掺入阻锈剂主要为了显著地提高钢筋表面钝化膜的稳定性，显著提高引起钢筋锈蚀的氯离子临界浓度或抗中性化的临界 pH 值。由于阻锈剂类型、品种、适用掺量和工艺目前尚难以明确规定，因此，本规程目前只提出基本要求和原则规定。

4.3 钢筋阻锈修复施工

4.3.1 本条对在混凝土保护层上表面迁移阻锈处理施工做了规定。目前国内对基层处理重视不够，只有确保基层处理质量，才能最大限度地发挥表面迁移阻锈处理的作用。

4.3.2 本条规定了钢筋阻锈处理修复时的工艺。修复前，应将修复范围内已锈蚀的钢筋完全暴露并进行除锈处理；钢筋除锈后，应采用钢筋表面钝化剂使已锈蚀的钢筋重新钝化；为了保护修复范围附近的钢筋免遭锈蚀，应在修复范围钢筋四周和修复后构件表面涂刷迁移型阻锈剂；为了使修复材料能更好地保护修复范围内的钢筋，修复用的混凝土或砂浆应含有掺入型阻锈剂。应结合工程实际情况，按本规程第 8.2.2 条选择表面防护材料，并按本规程第 8.3.2 条进行表面防护处理。

4.4 电化学保护施工

4.4.1 钢筋混凝土电化学保护是在混凝土表面、外部或内部，设置阳极，在阳极与埋设于混凝土中的钢材之间，通以直流电流，利用在钢材表面或混凝土内部发生的电化学反应，进行修复保护。本规程的电化学保护分为阴极保护技术、电化学脱盐技术、混凝土再碱化技术等几种，其中阴极保护又可分为外加电流阴极保护和牺牲阳极阴极保护。

近年电化学脱盐技术在我国海港码头上已得到大量推广应用，外加电流阴极保护也在跨海大桥等盐污染混凝土结构上开始应用，牺牲阳极的阴极保护在海港工程中也已示范性的试用成功。有必要也有可能制定相应规范，以保证和推动该项技术的应用。

以环氧涂层钢筋剪切、焊接加工成的钢筋网（笼）浇筑的钢筋混凝土构件，禁止采用任何电化学保护技术。因为在这种构件内，各根钢筋之间被环氧涂层（绝缘层）隔开，不具备电连续性，若实施电化学保护，则必然会引起严重的杂散电流腐蚀。

采用无金属套的预应力高强钢丝预应力混凝土结构，如果采用外加电流密度较大的电化学脱盐或再碱化技术时，则由于很可能引起氢脆或应力腐蚀而导致预应力筋突然断裂破坏。因此这种预应力结构不允许采用电化学脱盐和电化学再碱化。

保护电流密度过大，会显著提高钢筋周围混凝土的碱度，促进碱活性骨料发生膨胀反应，故含有碱活性骨料的结构也应慎用电化学保护，必要时，可以在电解质或现浇的混凝土拌合物中掺适量锂化合物，以降低或消除碱活性骨料的膨胀反应。

4.4.2 一座结构各构件的湿度、氯盐污染程度、保护层厚度和几何尺寸等常有差异，因而造成钢筋自腐蚀电位和混凝土电阻存在较大的差异。为使电化学保护连续有效，应将钢筋周围环境存在显著差异的各个区域，分成彼此独立的单元，并与相应的阳极系统构成独立的电流回路。当结构中钢筋腐蚀程度存在显著差异时，也应划分成不同单元进行分别修复；当使用的阳极系统在某些区域得到的电流数量有限或所选用阳极类型的电阻受环境影响较大时，应增加分区数量。一般建议，分区单元面积为 $50m^2 \sim 100m^2$，但视结构形状与环境条件可适当变动。

4.4.3 鉴于电化学保护基本知识与技能尚未广泛普及，而电化学保护技术含量高，其功效高低取决于其可行性论证、设计、施工、检测、管理是否符合要求。因此，本规程规定钢筋混凝土结构的电化学保护的各阶段工作，应由具备相应工程经验的单位承担。

4.5 检验与验收

4.5.2 修复与防护完工后，外观检查是最基本的要求。修复材料与基层混凝土的粘结强度直接影响修复质量，为了确保修复质量，对修复面积较大、修复厚度较厚或特殊重要工程，可采用现场拉拔试验的方法确定其粘结强度。

对修复面积大、修复材料用量较大的结构，可参照现行有关规范要求预留试块，至少预留三组，现场实体检测可采用取芯、回弹及拉拔试验的方法确定。

5 延缓碱骨料反应措施及其防护

5.1 一般规定

5.1.1 碱骨料反应（Alkali-Aggregate Reaction，简

称 AAR）指混凝土中的碱与骨料中的活性组分之间发生的破坏性膨胀反应，是影响混凝土长期耐久性和安全性的最主要因素之一。该反应不同于其他混凝土病害，其开裂破坏是整体性的，且目前尚无有效的修补方法，而其中的碱碳酸盐反应的预防尚无有效措施。在各种混凝土病害中，钢筋锈蚀、冻融破坏和碱骨料反应都会引起混凝土开裂而出现裂纹，从而相互促进、加速破坏，使耐久性迅速下降，最终导致混凝土破坏。

碱骨料反应包括三种类型：碱硅酸反应、碱硅酸盐反应（慢膨胀型碱硅酸反应）和碱碳酸盐反应。一般认为，碱硅酸盐反应本质上是一种慢膨胀型碱硅酸反应，所以，本规程按碱骨料反应包括碱硅酸反应和碱碳酸盐反应两类。

不论哪一种类型的碱骨料反应必须具备如下三个条件，才会对混凝土工程造成损坏：一是配制混凝土时由水泥、骨料（海砂）、外加剂和拌合水中带进混凝土中一定数量的碱，或者混凝土处于有碱渗入的环境中；二是有一定数量的碱活性骨料存在；三是潮湿环境，可以供应反应物吸水膨胀时所需的水分。只有具备这三个条件，才有可能发生碱骨料反应工程破坏。因此，对混凝土结构应先进行检测分析，若具备上述三个条件但尚未发生，需进行预防；若已发生，则需分析活性骨料含量、活性矿物成分、混凝土碱含量、水分供应情况等，最好结合实验室试验判断将来的膨胀潜力，进而采取相应的处理办法。

国内外的 AAR 研究工作一般都集中在诊断和防治上（如 AAR 的反应进程和破坏机理、混凝土中碱骨料反应环的测定方法、使用矿物掺合料预防 AAR 等），修补和维护工作是第二位的。在多数情况下，已经确诊是发生 AAR 的结构会被拆除或部分重建，如高速公路路面、混凝土轨枕等，因为已经不能服役或者很危险了。

5.1.2 在不拆除结构或更换构件时，延缓 AAR 的措施一般有裂缝封堵、止水两大类。因骨料、混凝土碱含量不能改变，只能采取断绝水分供应的方法抑制碱骨料反应。国外也有报道用锂盐溶液喷洒构件表面抑制碱骨料反应的修复方法，但长期效果如何尚未获得公认的结果，另外价格较高也是阻碍这种方法普及的另一因素。

5.1.3 以目前国内外的经验，必须长期监测针对碱骨料反应的修复效果，以及时发现是否有异常发生。如日本对发生碱骨料反应桥墩修复后，定期的检查、检测已持续了近 20 年。我国某铁路线上有 200 多孔制造于 20 世纪 80 年代初的预应力混凝土梁，在 1990 年前后经检测确认梁体开裂的原因是发生了碱骨料反应，经相关部门修补、评估后，认为还可服役，目前对整治的效果还在观察中。

5.2 材　　料

5.2.2 作为碱骨料反应最直接和可见的外部现象，裂缝会导致混凝土材料的渗透性增大，影响结构的整体性。修复工作中首先可能做的就是封堵裂缝。裂缝的注入和密封应该在对未来活性和膨胀仔细评估的基础上。用压缩空气清除干净裂缝及附近区域，注入密封剂来封堵宽的裂缝，有助于阻止外界侵蚀性介质的侵入，同时还能阻断凝胶流动和凝胶填充的通道。

本条强调采用极限变形较大的材料封堵裂缝，是因为碱骨料反应的裂缝不会在修补后马上停止发展，如果用较脆性的材料封堵，可能会引起新的开裂。例如某桥梁曾采用普通环氧树脂注入修补，但过一段时间后，所修补处附近出现了新的裂缝。

5.2.3 表面憎水防护材料是一种保护混凝土结构免受周围环境和正在进行的碱骨料反应的有效可靠的措施。如：使用柔性的聚合物水泥砂浆涂层（含有聚丙烯树脂、硅酸盐水泥和外加剂）、硅烷防护剂等。选择的表面憎水防护材料应该具备如下要求：

　　1 应该对常用的服役条件具有足够的抵抗力，如对紫外线、浪溅区和磨蚀环境（海工结构）、干湿和冷热循环等。如：大坝和水电站在发生 AAR 破坏的同时，还受到干湿和冻融循环的复合破坏，表面防护材料必须具有足够的保护能力；

　　2 减少 AAR 的表面防护材料应该与混凝土有很好的相容性，足够的粘结或者能够渗入不规则混凝土表面及潮湿的碱性基底（如使用硅烷时）；

　　3 应能使混凝土内部水分可以向外界散发，而外界液体水分无法进入混凝土内部。

在世界范围内，在使用此类涂层、密封剂、渗透剂、浸渍剂、隔膜时还不能总是令人满意。因为同类的涂层在性能和抵抗外部侵蚀的能力上差别很大，有的长期耐久性很差。硅烷防护剂已经被广泛使用，现有的数据显示在试验室条件下，烷基和烷氧基硅烷能够阻止水分和氯离子的侵入，但对孔径分布和混凝土碳化无明显的影响。现场数据表明，裂缝在 0.5mm ～2.0mm 时，硅烷的渗透性很小，硅烷是拒水性的，但不是防水剂或孔隔断剂，多数情况下，其渗透和浸渍的深度不超过 1mm，这个有限的深度防止渗透的有效性会随着环境劣化很快衰退。近年来研发的新型硅烷、硅氧烷材料，渗透深度有了较大提高，可用于修复碱骨料反应影响的混凝土结构。另外，一些高柔性的聚合物水泥砂浆涂层也已用于此类修复工程。

5.4 检验与验收

5.4.2 碱骨料反应是一个长期的过程，为了确定已经采取的延缓与防护措施是否有效，应进行定期检查。

6 冻融损伤修复

6.1 一般规定

6.1.1 根据实际工程中和试验研究中常见的冻融损伤现象，冻融造成的混凝土材料损伤主要是引发混凝土开裂与裂缝扩展，裂缝扩展又引发表面剥落。因此，根据混凝土表面开裂和剥落情况可将混凝土冻融损伤分为两种类型进行修复。

当冻融破坏非常严重或对结构安全性要求特别高时，考虑到其修复难度大、修复费用高、维护成本大等因素，宜考虑更换或拆除某些破坏严重的构件或结构，以降低其全寿命周期成本，增加结构的安全性。

混凝土冻融损伤修复调查宜按表1进行。

表1　混凝土冻融损伤修复的调查内容

调查项目		具体内容	备注
冻融损伤的部位特征		朝向	
		是否属水位变化区或易被水所饱和的部位	
气候特征		常年气温分布	
		最冷月平均气温	
		每年气温正负交替次数	
		冻融循环次数	
损伤区特征		损伤破坏形态	
		损伤区域大小	
		损伤深度	
		钢筋外露情况	
设计资料		设计依据的标准、规范	
		设计说明书	
		设计图	
		混凝土设计指标	
施工资料		原材料	
		配合比	
		浇筑与养护	
		试验数据	
		质量控制	
		环境条件	
		验收资料	
管理状况		冻融损伤发展过程	
		养护修理记录	
		是否有冲磨剥蚀、钢筋锈蚀、混凝土化学侵蚀等病害发生或多种病害同时发生	
对结构物的影响		安全性	
		耐久性	
		外观	
有条件时的混凝土检测		抗压强度	
		动弹性模量	
		抗冻等级	
		抗渗等级	
		微观结构	

6.2 材料

6.2.1 根据冻融损伤性质、影响因素、损伤区域大小、特征和剥落程度等因素可选用修补砂浆、灌浆材料和高性能混凝土。并确定修复材料中外加剂的种类和含量。

6.2.2 选用强度等级不低于42.5的硅酸盐水泥或普通硅酸盐水泥，是因为这些水泥的凝结硬化速度快，避免混凝土或砂浆在较早龄期发生冻融损伤。

必须掺用引气剂，是因为引气剂可提高混凝土或砂浆的抗冻性。

6.3 冻融损伤修复施工

6.3.1、6.3.2 分别规定了结构混凝土表面出现剥落和未出现剥落时采取的修复施工方法，但无论对于哪种情况，在冻融损伤修复前均需要清除冻伤混凝土，否则难以达到修复效果。

对于处于严酷环境（如去冰盐环境）下的结构，当采用混凝土或灌浆材料修复时，可采用耐候性钢板作为模板在混凝土表面进行包覆处理。

6.3.3 施工时应进行保温、保湿养护，避免发生混凝土的冻害。因为即使采用了合理设计、配制并经快冻法抗冻性试验检验确认的修复材料，如果养护不当，仍有可能发生材料的早期冻伤，形成永久性缺陷，则该修复材料的抗冻性将有所降低，不能满足工程的要求。

6.4 检验与验收

6.4.2 在冻融损伤修复前，必要时，可从修复材料中取样，进行磨片加工，采用微观试验方法测定修复材料中的气泡间距系数，可按照现行国家标准《混凝土结构耐久性设计规范》GB/T 50476 相关要求执行。修复材料的抗冻等级应不低于原混凝土抗冻等级，并应满足当地的气候条件及部位设计所需的抗冻等级。

在修复施工前，宜按照现行国家标准《普通混凝土长期性能和耐久性能试验方法标准》GB/T 50082中混凝土抗冻性试验快冻法，用修复材料制作抗冻试件，并进行混凝土拟修复施工期间所处环境条件下的保温、保湿养护，其目的是确保修复材料在实际施工条件下进行正常的凝结硬化，避免在较早龄期发生冻融损伤，修复材料到28d龄期时具备工程所要求的抗冻性。在28d龄期时，开始进行快冻法抗冻性试验，该抗冻性试验必须采用快冻法，不得以慢冻法代替。修复材料的抗冻等级应分别高于或等于原混凝土抗冻等级。

对修复材料用量较大的结构，可参照现行有关规范要求预留试块，至少预留三组，现场实体检测可采用取芯、回弹及拉拔试验的方法确定。

7 裂缝修补

7.1 一般规定

7.1.1 本条给出了裂缝调查的主要内容以及常用的裂缝修补方法。裂缝调查时应特别注意裂缝是否渗水和裂缝是否稳定，以便有针对性的采用堵漏和柔性材料修复。由温度应力产生的裂缝会随温度变化而活动，宜首先考虑降低结构的温度变化幅度，再行修复裂缝。当裂缝是由于结构变形而引起时，应查明结构变形原因，有针对性的采取限制变形的措施。根据已查明的裂缝形状及裂缝宽度，并考虑环境作用等级的影响，可按表2确定裂缝修补方法。

表 2 混凝土结构不同裂缝的修补方法

环境作用等级	裂缝宽度 (mm)	裂缝性状			
		活动裂缝	渗水裂缝	表面裂缝	稳定裂缝
I-A	<0.3	表面处理法 压力灌浆法 填充密封法	表面处理法 压力灌浆法	表面处理法	表面处理法 压力灌浆法
I-B、I-C	<0.2				
I-A	≥0.3	压力灌浆法 填充密封法	压力灌浆法 填充密封法	表面处理法 填充密封法	压力灌浆法 填充密封法
I-B、I-C	≥0.2				

对其他环境作用等级下的裂缝处理，除采用I-B、I-C下的裂缝修复方法外，还应采取特殊防护处理措施。

7.1.2 由于钢筋锈蚀、碱骨料反应和冻融等引起的损伤中经常出现裂缝，而且其机理比较复杂，因此对于此类裂缝的修补在满足本章的相关要求外，还应满足相应各章的特殊要求。

7.2 材 料

7.2.1 本条给出了裂缝修补材料的分类及基本要求。裂缝修补的目的是恢复结构的整体性和耐久性，在修补后能防止外部环境中有害介质从裂缝处侵蚀混凝土，因此要求修补材料要能和混凝土有较好的粘结性能和较好的耐久性。大部分修补材料为高分子材料，紫外线照射、高低温交替及干湿交替等不利环境下耐久性较差，裂缝修补后应做表面防护处理。

7.2.2 本条给出了混凝土结构裂缝表面修补材料的主要种类和适用范围，使用时还应特别注意优先选用无毒无害的环保材料。渗透性防水剂一般不能用于活动裂缝的表面修补。

7.2.3 本条给出了混凝土结构裂缝填充密封材料的主要种类和适用范围。

7.2.4 本条给出了混凝土结构裂缝灌浆材料的主要种类。灌浆浆液的黏度应根据裂缝宽度调整，较细的裂缝应采用黏度较低的浆液灌注，浆液固化时间应适合灌注施工要求，浆液固化后应有一定的弹性。

7.3 裂缝修补施工

7.3.1 本条给出了裂缝表面处理的一般施工程序。裂缝表面处理时，沿裂缝两侧各20mm～30mm宽度清理干净，并保持干燥。潮湿渗水裂缝一般应灌注堵漏剂以保护构件内部钢筋，防止锈蚀。只有稳定较细的裂缝在迎水面处理时才能使用渗透结晶材料进行表面处理。

7.3.2 压力灌浆法是将裂缝表面封闭后，再压力灌注灌浆材料，恢复构件的整体性。施工时尚应注意裂缝表面宜用结构胶或环氧胶泥封闭，宽20mm～30mm，长度延伸出缝端50mm～100mm，确保封闭可靠。凿"V"形槽的裂缝应封闭到与原表面平。根据裂缝特点可选用灌浆泵或注胶瓶注浆。灌浆前试气工序很重要，试气压力一般可控制在0.3MPa～0.4MPa。化学浆液的灌浆压力宜为0.2MPa～0.3MPa，压力应逐渐升高，达到规定压力后，应保持压力稳定，以满足灌浆要求。灌浆停止的标志一般为吸浆率小于0.05L/min，在继续压注5min～10min后即可停止灌浆。

7.3.3 本条给出了填充密封法施工的一般要求。填充密封法一般是针对混凝土结构表面较大的裂缝。开凿"V"形槽时其深度一般不超过钢筋保护层厚度。应注意界面粘结处理，以防止原来一条裂缝经修补后粘结不好变成两条裂缝。

7.4 检验与验收

7.4.2 为检查裂缝的密封效果及贯通情况，可在裂缝封闭之后、灌浆之前用压缩空气试漏。为防止水进入裂缝后引起灌浆材料固化不良及与混凝土粘结性能下降，不应使用压力水试漏。压力水检查灌浆是否密实时，压力值应略小于灌浆压力，基本不吸水不渗漏可认定为合格。

采用钻芯取样方法也可以检查裂缝灌浆效果，但对原结构有一定的损伤，一般情况下不建议采用。

8 混凝土表面修复与防护

8.1 一般规定

8.1.1 混凝土表面修复包括表面损伤修复和表面缺陷修复。表面损伤是指混凝土在使用过程中由于环境作用造成的腐蚀、剥落、分层损伤；表面缺陷是指混凝土在施工过程中遗留的先天缺陷。

本章混凝土表面修复是对混凝土结构出现的表面缺陷和表面损伤进行的常规修复，由于外界化学侵蚀，如氯离子侵蚀、碳化、钢筋锈蚀、碱骨料反应、冻融循环

引起的混凝土损伤修复,还应满足本规程其他章节规定的特殊要求。

混凝土表面修复前,应对混凝土表面缺陷和损伤情况进行调查,并根据缺陷和损伤的程度及原因制定修复方案,混凝土结构表面缺陷与损伤调查宜包括如下内容:

　　1 表面:干湿状态、有无污垢;

　　2 外观损伤:类型、范围、分布;

　　3 裂缝:位置、类型、宽度、深度、长度;

　　4 分层、疏松、起皮:区域、深度;

　　5 剥落和凸起:数量、大小、深度;

　　6 蜂窝、狗洞:位置、大小、数量;

　　7 锈斑或腐蚀侵蚀、磨损、撞损、白化;

　　8 外露钢筋;

　　9 翘曲和扭曲;

　　10 先前的局域修补或其他修补;

　　11 构件所处环境、服役环境中侵蚀性介质、混凝土中性化程度。

8.1.2 混凝土表面防护适用于新建工程和既有工程的耐久性维护。

对于特殊重要的新建工程、设计使用寿命较长的新建工程,在设计时规定需作表面防护的或在建成后发现无法达到设计使用寿命时,可采用混凝土表面防护,阻止或延缓混凝土碳化,抵抗混凝土遭受环境介质的侵蚀,保护钢筋免受或减缓锈蚀作用。

对于既有工程,在进行混凝土结构耐久性修复后,可根据需要进行混凝土表面防护,当混凝土表面尚未出现耐久性损伤时,为延缓混凝土结构劣化,增强混凝土对钢筋的保护作用,延长结构使用寿命,也可进行混凝土表面防护处理。

8.2 材　　料

8.2.1 混凝土结构表面修复的耐久性与修复材料同基础混凝土的相容性有关。该相容性可以划分为三个不同的类别:功能相容性、环境相容性、尺寸相容性。

功能相容性是指修复材料同基础混凝土之间物理性能的关系。修复材料的抗压、抗折、抗拉强度应不低于基础混凝土;修复材料与基础混凝土的粘结强度应足够大以保证破坏不发生在界面。

环境相容性是指修复材料抵抗环境侵蚀的能力,并应考虑到需要完全覆裹钢筋而不造成空洞。

尺寸相容性是指修复材料在使用期间保持体积稳定的能力。这要求修复材料具有低收缩以及与基础混凝土类似的热膨胀系数。

8.2.2 选择防护材料时,应根据防护对象、防护对象所处的条件、使用情况等,结合防护材料的物理力学性能和抗侵蚀能力等因素加以综合考虑。

8.3 表面修复与防护施工

8.3.1 界面处理材料受环境因素影响较大,在室外环境条件下,为保证混凝土表面修复时界面的稳定性,界面处理材料的选用应与环境条件相适应。

8.3.2 混凝土配合比不当、施工质量差造成混凝土表面有浮浆、密实性差或强度降低时,其表层容易剥落。在做防护面层前应予以清除。对于无机防护材料或无机有机复合防护材料,除洁净混凝土表面外,为了增加防护层与混凝土表面的粘结力,防止脱空,一般还应凿毛混凝土的表层。防护面层与混凝土表面的粘结效果取决于施工时混凝土表面的状况,如表面洁净情况、干燥情况、温度等,还与施工的方法与程序有关。

配制表面防护材料时,要保证充分拌合均匀,但不宜剧烈搅动。要按照防护材料的凝结时间要求使用完,如发现凝团、结块等现象不得使用。

若混凝土结构表面出现裂缝,应按照混凝土裂缝修补工艺先进行裂缝的处理。除此之外,质量低劣的混凝土或与土体接触部分的混凝土表面,应先进行防水处理。水从外表面向混凝土内部扩散和渗透,会降低防护层的防护效果和寿命。

混凝土表面防护层采用抹涂、喷涂或刷涂方法施工,要根据防护材料的特性和防护方案确定,并满足防护要求。

附录 A　电化学保护

A.1 材　　料

A.1.1、A.1.2 给出了电化学保护中所涉材料和设备的种类,以及选用原则和要求。

A.2 电化学保护施工

A.2.1 为了保证电化学保护技术能有效发挥作用,应在实施电化学保护之前对被保护的钢筋混凝土结构进行必要的检查和修整,保证钢筋与阳极系统之间既存在良好的离子通路,又不会造成短路。

如果被保护的钢筋混凝土存在因钢筋锈蚀胀裂、剥落或其他原因导致混凝土分层破损,均需凿除这些破损的混凝土保护层,清除钢筋上的锈层。然后对保护区域内混凝土上凿除部位或其他分层部位用水泥基修补材料修复至原断面,必要时应进行加固处理。

在保护范围内,所有需保护的钢筋均应具有良好的电连续性,否则没有电连接的钢筋会发生杂散电流腐蚀;阴极系统和阳极系统之间的短路会使阴极保护系统失效。所以,在实施电化学保护之前,应对钢筋的电连接性和阴极与阳极之间的短路现象进行必要的检测和评定。

A.2.2、A.2.3 为了决定初期保护电流密度,有必要通过阴极极化试验和现场试验决定。

采用电化学保护时,阳极电位正移量与电流成正比,与所用阳极材料的类别而有所不同。

采用外加电流阴极保护时，应确认在工作电流密度下阳极电位不超过析氯电位，以避免在长期的运行过程与阳极接触的混凝土被劣化；对于牺牲阳极方式的阴极保护，牺牲阳极输出电流是由混凝土电阻、钢筋和阳极之间的电位差以及牺牲阳极材料决定的，一般不易控制。在设计时，应设置必要的阳极面积，以获得所需的保护电流密度。

电化学脱盐(再碱化)的电流密度应在考虑阴极的钢筋面积、混凝土的密实性以及污染程度等各种条件后，取适当的值。为确保实施期间的安全性，必须选择对人体的安全电压值。另外，为了让氯离子的脱出或再碱化，大于 $0.5A/m^2$ 的电流密度是必要的。但是如果采用的电流密度过高，电化学脱盐(再碱化)处理会对混凝土产生严重的负面作用。因此，不能随便地增大电流密度。从实际情况来看，一般 $1A/m^2 \sim 2A/m^2$ 的电流密度是合适的。

A.3 检验与验收

A.3.5 电化学保护的准则引自美国腐蚀工程师学会(NACE)1990 制定的 RP0290-90《大气中钢筋混凝土结构外加电流阴极保护推荐性规程》、英国标准 BS7361 的第一部分(1991)、日本土木学会《电气化学防蚀工法设计施工指针(案)》(2001)、欧洲标准 EN 12696《混凝土中钢的阴极保护》(2000)和欧洲标准草案 prEN 14038-1《钢筋混凝土电化学再碱化与脱盐处理—第一部分：再碱化》。按此准则，混凝土中的钢筋是能得到充分保护的。

中华人民共和国行业标准

既有建筑地基基础加固技术规范

Technical code for improvement of soil and
foundation of existing buildings

JGJ 123—2012

批准部门：中华人民共和国住房和城乡建设部
施行日期：2 0 1 3 年 6 月 1 日

中华人民共和国住房和城乡建设部
公 告

第 1452 号

住房城乡建设部关于发布行业标准
《既有建筑地基基础加固技术规范》的公告

现批准《既有建筑地基基础加固技术规范》为行业标准，编号为 JGJ 123 - 2012，自 2013 年 6 月 1 日起实施。其中，第 3.0.2、3.0.4、3.0.8、3.0.9、3.0.11、5.3.1 条为强制性条文，必须严格执行。原行业标准《既有建筑地基基础加固技术规范》JGJ 123 - 2000 同时废止。

本规范由我部标准定额研究所组织中国建筑工业出版社出版发行。

中华人民共和国住房和城乡建设部
2012 年 8 月 23 日

前 言

根据住房和城乡建设部《关于印发〈2009 年工程建设标准规范制订、修订计划〉的通知》(建标［2009］88 号)的要求，规范编制组经广泛调查研究，认真总结实践经验，参考有关国际标准和国外先进标准，并在广泛征求意见的基础上，修订了《既有建筑地基基础加固技术规范》JGJ 123 - 2000。

本规范的主要技术内容是：总则、术语和符号、基本规定、地基基础鉴定、地基基础计算、增层改造、纠倾加固、移位加固、托换加固、事故预防与补救、加固方法、检验与监测。

本规范修订的主要技术内容是：1. 增加术语一节；2. 增加既有建筑地基基础加固设计的基本要求；3. 增加邻近新建建筑、深基坑开挖、新建地下工程对既有建筑产生影响时，应采取对既有建筑的保护措施；4. 增加不同加固方法的承载力和变形计算方法；5. 增加托换加固；6. 增加地下水位变化过大引起的事故预防与补救；7. 增加检验与监测；8. 增加既有建筑地基承载力持载再加荷载荷试验要点；9. 增加既有建筑桩基础单桩承载力持载再加荷载荷试验要点；10. 增加既有建筑地基基础鉴定评价的要求；11. 原规范纠倾加固和移位一章，调整为纠倾加固、移位加固两章；12. 修订增层改造、事故预防和补救、加固方法等内容。

本规范中以黑体字标志的条文为强制性条文，必须严格执行。

本规范由住房和城乡建设部负责管理和对强制性条文的解释，由中国建筑科学研究院负责具体技术内容的解释。执行过程中如有意见或建议，请寄送中国建筑科学研究院(地址：北京市北三环东路 30 号，邮编：100013)。

本 规 范 主 编 单 位：中国建筑科学研究院
本 规 范 参 编 单 位：福建省建筑科学研究院
　　　　　　　　　　河南省建筑科学研究院
　　　　　　　　　　北京交通大学
　　　　　　　　　　同济大学
　　　　　　　　　　山东建筑大学
　　　　　　　　　　中国建筑技术集团有限公司
本规范主要起草人员：滕延京　张永钧　刘金波
　　　　　　　　　　张天宇　赵海生　崔江余
　　　　　　　　　　叶观宝　李 湛　张 鑫
　　　　　　　　　　李安起　冯 禄
本规范主要审查人员：沈小克　顾国荣　张丙吉
　　　　　　　　　　康景文　柳建国　柴万先
　　　　　　　　　　潘凯云　滕文川　杨俊峰
　　　　　　　　　　袁内镇　侯伟生

目　次

Contents

1 总 则

1.0.1 为了在既有建筑地基基础加固的设计、施工和质量检验中贯彻执行国家的技术经济政策，做到安全适用、技术先进、经济合理、确保质量、保护环境，制定本规范。

1.0.2 本规范适用于既有建筑因勘察、设计、施工或使用不当；增加荷载、纠倾、移位、改建、古建筑保护；遭受邻近新建建筑、深基坑开挖、新建地下工程或自然灾害的影响等需对其地基和基础进行加固的设计、施工和质量检验。

1.0.3 既有建筑地基基础加固设计、施工和质量检验除应执行本规范外，尚应符合国家现行有关标准的规定。

2 术语和符号

2.1 术 语

2.1.1 既有建筑 existing building
已实现或部分实现使用功能的建筑物。

2.1.2 地基基础加固 soil and foundation improvement
为满足建筑物使用功能和耐久性的要求，对建筑地基和基础采取加固技术措施的总称。

2.1.3 既有建筑地基承载力特征值 characteristic value of subsoil bearing capacity of existing buildings
由载荷试验测定的在既有建筑荷载作用下地基土固结压密后再加荷，压力变形曲线线性变形段内规定的变形所对应的压力值，其最大值为再加荷段的比例界限值。

2.1.4 既有建筑单桩竖向承载力特征值 characteristic value of a single pile bearing capacity of existing buildings
由单桩静载荷试验测定的在既有建筑荷载作用下桩周和桩端土固结压密后再加荷，荷载变形曲线线性变形段内规定的变形所对应的荷载值，其最大值为再加荷段的比例界限值。

2.1.5 增层改造 vertical extension
通过增加建筑物层数，提高既有建筑使用功能的方法。

2.1.6 纠倾加固 improvement for tilt rectifying
为纠正建筑物倾斜，使之满足使用要求而采取的地基基础加固技术措施的总称。

2.1.7 移位加固 improvement for building shifting
为满足建筑物移位要求，而采取的地基基础加固技术措施的总称。

2.1.8 托换加固 improvement for underpinning
通过在结构与基础间设置构件或在地基中设置构件，改变原地基和基础的受力状态，而采取托换技术进行地基基础加固的技术措施的总称。

2.2 符 号

2.2.1 作用和作用效应
F_k——作用的标准组合时基础加固或增加荷载后上部结构传至基础顶面的竖向力；
G_k——基础自重和基础上的土重；
H_k——作用的标准组合时基础加固或增加荷载后桩基承台底面所受水平力；
M_k——作用的标准组合时基础加固或增加荷载后作用于基础底面的力矩；
M_{xk}——作用的标准组合时作用于承台底面通过桩群形心的 x 轴的力矩；
M_{yk}——作用的标准组合时作用于承台底面通过桩群形心的 y 轴的力矩；
N——滑板承受的竖向作用力；
N_a——顶升支承点的荷载；
p_k——作用的标准组合时基础加固或增加荷载后基础底面处的平均压力；
p_{kmax}——作用的标准组合时基础加固或增加荷载后基础底面边缘的最大压力；
p_{kmin}——作用的标准组合时基础加固或增加荷载后基础底面边缘的最小压力；
P_p——静压桩施工设计最终压桩力；
Q——单片墙线荷载或单柱集中荷载；
Q_k——作用的标准组合时基础加固或增加荷载后桩基中轴心竖向力作用下任一单桩的竖向力。

2.2.2 材料的性能和抗力
F——水平移位总阻力；
f_a——修正后的既有建筑地基承载力特征值；
f_0——滑板材料抗压强度；
p_s——静压桩压桩时的比贯入阻力；
q_{pa}——桩端端阻力特征值；
q_{sia}——桩侧阻力特征值；
R_a——既有建筑单桩竖向承载力特征值；
R_{Ha}——既有建筑单桩水平承载力特征值；
W——基础加固或增加荷载后基础底面的抵抗矩，建筑物基底总竖向荷载；
μ——行走机构摩擦系数。

2.2.3 几何参数
A——基础底面面积；
A_p——桩底端横截面面积；
A_0——滑动式行走机构上下轨道滑板的水平面积；
d——设计桩径；
s——地基最终变形量；

s_0——地基基础加固前或增加荷载前已完成的地基变形量；

s_1——地基基础加固后或增加荷载后产生的地基变形量；

s_2——原建筑荷载下尚未完成的地基变形量；

u_p——桩身周长。

2.2.4 设计参数和计算系数

n——桩基中的桩数或顶升点数；

q——石灰桩每延米灌灰量；

η_c——充盈系数。

3 基 本 规 定

3.0.1 既有建筑地基基础加固，应根据加固目的和要求取得相关资料后，确定加固方法，并进行专业设计与施工。施工完成后，应按国家现行有关标准的要求进行施工质量检验和验收。

3.0.2 既有建筑地基基础加固前，应对既有建筑地基基础及上部结构进行鉴定。

3.0.3 既有建筑地基基础加固设计与施工，应具备下列资料：

1 场地岩土工程勘察资料。当无法搜集或资料不完整，不能满足加固设计要求时，应进行重新勘察或补充勘察。

2 既有建筑结构、地基基础设计资料和图纸、隐蔽工程施工记录、竣工图等。当搜集的资料不完整，不能满足加固设计要求时，应进行补充检验。

3 既有建筑结构、基础使用现状的鉴定资料，包括沉降观测资料、裂缝、倾斜观测资料等。

4 既有建筑改扩建、纠倾、移位等对地基基础的设计要求。

5 对既有建筑可能产生影响的邻近新建建筑、深基坑开挖、降水、新建地下工程的有关勘察、设计、施工、监测资料等。

6 受保护建筑物的地基基础加固要求。

3.0.4 既有建筑地基基础加固设计，应符合下列规定：

1 应验算地基承载力。

2 应计算地基变形。

3 应验算基础抗弯、抗剪、抗冲切承载力。

4 受较大水平荷载或位于斜坡上的既有建筑物地基基础加固，以及邻近新建建筑、深基坑开挖、新建地下工程基础埋深大于既有建筑基础埋深并对既有建筑产生影响时，应进行地基稳定性验算。

3.0.5 邻近新建建筑、深基坑开挖、新建地下工程对既有建筑产生影响时，除应优化新建地下工程施工方案外，尚应对既有建筑采取深基坑开挖支挡、地下墙（桩）隔离地基应力和变形、地基基础或上部结构加固等保护措施。

3.0.6 既有建筑地基基础加固设计，可按下列步骤进行：

1 根据加固的目的，结合地基基础和上部结构的现状，考虑上部结构、基础和地基的共同作用，选择并制定加固地基、加固基础或加强上部结构刚度和加固地基基础相结合的方案。

2 对制定的各种加固方案，应分别从预期加固效果，施工难易程度，施工可行性和安全性，施工材料来源和运输条件，以及对邻近建筑和周围环境的影响等方面进行技术经济分析和比较，优选加固方法。

3 对选定的加固方法，应通过现场试验确定具体施工工艺参数和施工可行性。

3.0.7 既有建筑地基基础加固使用的材料，应符合国家现行有关标准对耐久性设计的要求。

3.0.8 加固后的既有建筑地基基础使用年限，应满足加固后的既有建筑设计使用年限的要求。

3.0.9 纠倾加固、移位加固、托换加固施工过程应设置现场监测系统，监测纠倾变位、移位变位和结构的变形。

3.0.10 既有建筑地基基础的鉴定、加固设计和施工，应由具有相应资质的单位和有经验的专业人员承担。承担既有建筑地基基础加固施工的工程管理和技术人员，应掌握所承担工程的地基基础加固技术与质量要求，严格进行质量控制和工程监测。当发现异常情况时，应及时分析原因并采取有效处理措施。

3.0.11 既有建筑地基基础加固工程，应对建筑物在施工期间及使用期间进行沉降观测，直至沉降达到稳定为止。

4 地基基础鉴定

4.1 一 般 规 定

4.1.1 既有建筑地基基础鉴定应按下列步骤进行：

1 搜集鉴定所需要的基本资料。

2 对搜集到的资料进行初步分析，制定现场调查方案，确定现场调查的工作内容及方法。

3 结合搜集的资料和调查的情况进行分析，提出检验方法并进行现场检验。

4 综合分析评价，作出鉴定结论和加固方法的建议。

4.1.2 现场调查应包括下列内容：

1 既有建筑使用历史和现状，包括建筑物的实际荷载、变形、开裂等情况，以及前期鉴定、加固情况。

2 相邻的建筑、地下工程和管线等情况。

3 既有建筑改造及保护所涉及范围内的地基情况。

4 邻近新建建筑、深基坑开挖、新建地下工程的现状情况。

4.1.3 具有下列情况时，应进行现场检验：

　　1 基本资料无法搜集齐全时。

　　2 基本资料与现场实际情况不符时。

　　3 使用条件与设计条件不符时。

　　4 现有资料不能满足既有建筑地基基础加固设计和施工要求时。

4.1.4 具有下列情况时，应对既有建筑进行沉降观测：

　　1 既有建筑的沉降、开裂仍在发展。

　　2 邻近新建建筑、深基坑开挖、新建地下工程等，对既有建筑安全仍有较大影响。

4.1.5 既有建筑地基基础鉴定，应对下列内容进行分析评价：

　　1 既有建筑地基基础的承载力、变形、稳定性和耐久性。

　　2 引起既有建筑开裂、差异沉降、倾斜的原因。

　　3 邻近新建建筑、深基坑开挖和降水、新建地下工程或自然灾害等，对既有建筑地基基础已造成的影响或仍然存在的影响。

　　4 既有建筑地基基础加固的必要性，以及采用的加固方法。

　　5 上部结构鉴定和加固的必要性。

4.1.6 鉴定报告应包含下列内容：

　　1 工程名称，地点，建设、勘察、设计、监理和施工单位，基础、结构形式，层数，改造加固的设计要求，鉴定目的，鉴定日期等。

　　2 现场的调查情况。

　　3 现场检验的方法、仪器设备、过程及结果。

　　4 计算分析与评价结果。

　　5 鉴定结论及建议。

4.2 地基鉴定

4.2.1 应结合既有建筑原岩土工程勘察资料，重点分析下列内容：

　　1 地基土层的分布及其均匀性，尤其是沟、塘、古河道、墓穴、岩溶、土洞等的分布情况。

　　2 地基土的物理力学性质，特别是软土、湿陷性土、液化土、膨胀土、冻土等的特殊性质。

　　3 地下水的水位变化及其腐蚀性的影响。

　　4 建造在斜坡上或相邻深基坑的建筑物场地稳定性。

　　5 自然灾害或环境条件变化，对地基土工程特性的影响。

4.2.2 地基的检验应符合下列规定：

　　1 勘探点位置或测试点位置应靠近基础，并在建筑物变形较大或基础开裂部位重点布置，条件允许时，宜直接布置在基础之下。

　　2 地基土承载力宜选择静载荷试验的方法进行检验，对于重要的增层、增加荷载等建筑，应按本规范附录A的规定，进行基础下载荷试验，或按本规范附录B的规定，进行地基土持载再加荷载试验，检测数量不宜少于3点。

　　3 选择井探、槽探、钻探、物探等方法进行勘探，地下水埋深较大时，优先选用人工探井的方法，采用物探方法时，应结合人工探井、钻孔等其他方法进行验证，验证数量不应少于3点。

　　4 选用静力触探、标准贯入、圆锥动力触探、十字板剪切或旁压试验等原位测试方法，并结合不扰动土样的室内物理力学性质试验，进行现场检验，其中每层地基土的原位测试数量不应少于3个，土样的室内试验数量不应少于6组。

4.2.3 地基分析评价应包括下列内容：

　　1 地基承载力、地基变形的评价；对经常受水平荷载作用的高层建筑，以及建造在斜坡上或边坡附近的建（构）筑物，应验算地基稳定性。

　　2 引起既有建筑开裂、差异沉降、倾斜等的原因。

　　3 邻近新建建筑，深基坑开挖和降水，新建地下工程或自然灾害等，对既有建筑地基基础已造成的影响，以及仍然存在的影响。

　　4 地基加固的必要性，提出加固方法的建议。

　　5 提出地基加固设计所需的有关参数。

4.3 基础鉴定

4.3.1 基础的现场调查，应包括下列内容：

　　1 基础的外观质量。

　　2 基础的类型、尺寸及埋置深度。

　　3 基础的开裂、腐蚀或损坏程度。

　　4 基础的倾斜、弯曲、扭曲等情况。

4.3.2 基础的检验可采用下列方法：

　　1 基础材料的强度，可采用非破损法或钻孔取芯法检验。

　　2 基础中的钢筋直径、数量、位置和锈蚀情况，可通过局部凿开或非破损方法检验。

　　3 桩的完整性可通过低应变法、钻孔取芯法检验，桩的长度可通过开挖、钻孔取芯法或旁孔透射法等方法检验，桩的承载力可通过静载荷试验检验。

4.3.3 基础的检验应符合下列规定：

　　1 对具有代表性的部位进行开挖检验，检验数量不应少于3处。

　　2 对开挖露出的基础应进行结构尺寸、材料强度、配筋等结构检验。

　　3 对已开裂的或处于有腐蚀性地下水中的基础钢筋锈蚀情况应进行检验。

　　4 对重要的增层、增加荷载等采用桩基础的建筑，宜按本规范附录C的规定进行桩的持载再加荷载试验。

4.3.4 基础的分析评价应包括下列内容：

1 结合基础的裂缝、腐蚀或破损程度，以及基础材料的强度等，对基础结构的完整性和耐久性进行分析评价。

2 对于桩基础，应结合桩身质量检验、场地岩土的工程性质、桩的施工工艺、沉降观测记录、载荷试验资料等，结合地区经验对桩的承载力进行分析和评价。

3 进行基础结构承载力验算，分析基础加固的必要性，提出基础加固方法的建议。

5 地基基础计算

5.1 一般规定

5.1.1 既有建筑地基基础加固设计计算，应符合下列规定：

1 地基承载力、地基变形计算及基础验算，应符合现行国家标准《建筑地基基础设计规范》GB 50007 的有关规定。

2 地基稳定性计算，应符合国家现行标准《建筑地基基础设计规范》GB 50007 和《建筑地基处理技术规范》JGJ 79 的有关规定。

3 抗震验算，应符合现行国家标准《建筑抗震设计规范》GB 50011 的有关规定。

5.1.2 既有建筑地基基础加固设计，应遵循新、旧基础，新增桩和原有桩变形协调原则，进行地基基础计算。新、旧基础的连接应采取可靠的技术措施。

5.2 地基承载力计算

5.2.1 地基基础加固或增加荷载后，基础底面的压力，可按下列公式确定：

1 当轴心荷载作用时：

$$p_k = \frac{F_k + G_k}{A} \quad (5.2.1-1)$$

式中：p_k ——相应于作用的标准组合时，地基基础加固或增加荷载后，基础底面的平均压力值（kPa）；

F_k ——相应于作用的标准组合时，地基基础加固或增加荷载后，上部结构传至基础顶面的竖向力值（kN）；

G_k ——基础自重和基础上的土重（kN）；

A ——基础底面积（m²）。

2 当偏心荷载作用时：

$$p_{kmax} = \frac{F_k + G_k}{A} + \frac{M_k}{W} \quad (5.2.1-2)$$

$$p_{kmin} = \frac{F_k + G_k}{A} - \frac{M_k}{W} \quad (5.2.1-3)$$

式中：p_{kmax} ——相应于作用的标准组合时，地基基础加固或增加荷载后，基础底面边缘最大压力值（kPa）；

M_k ——相应于作用的标准组合时，地基基础加固或增加荷载后，作用于基础底面的力矩值（kN·m）；

p_{kmin} ——相应于作用的标准组合时，地基基础加固或增加荷载后，基础底面边缘最小压力值（kPa）；

W ——基础底面的抵抗矩（m³）。

5.2.2 既有建筑地基基础加固或增加荷载时，地基承载力计算应符合下列规定：

1 当轴心荷载作用时：

$$p_k \leqslant f_a \quad (5.2.2-1)$$

式中：f_a ——修正后的既有建筑地基承载力特征值（kPa）。

2 当偏心荷载作用时，除应符合式（5.2.2-1）要求外，尚应符合下式规定：

$$p_{kmax} \leqslant 1.2f_a \quad (5.2.2-2)$$

5.2.3 既有建筑地基承载力特征值的确定，应符合下列规定：

1 当不改变基础埋深及尺寸，直接增加荷载时，可按本规范附录 B 的方法确定。

2 当不具备持载试验条件时，可按本规范附录 A 的方法，并结合土工试验、其他原位试验结果以及地区经验等综合确定。

3 既有建筑外接结构地基承载力特征值，应按外接结构的地基变形允许值确定。

4 对于需要加固的地基，应采用地基处理后检验确定的地基承载力特征值。

5 对扩大基础的地基承载力特征值，宜采用原天然地基承载力特征值。

5.2.4 地基基础加固或增加荷载后，既有建筑桩基础群桩中单桩桩顶竖向力和水平力，应按下列公式计算：

1 轴心竖向力作用下：

$$Q_k = \frac{F_k + G_k}{n} \quad (5.2.4-1)$$

2 偏心竖向力作用下：

$$Q_{ik} = \frac{F_k + G_k}{n} \pm \frac{M_{xk} y_i}{\sum y_i^2} \pm \frac{M_{yk} x_i}{\sum x_i^2}$$

$$(5.2.4-2)$$

3 水平力作用下：

$$H_{ik} = \frac{H_k}{n} \quad (5.2.4-3)$$

式中：Q_k ——地基基础加固或增加荷载后，轴心竖向力作用下任一单桩的竖向力（kN）；

F_k ——相应于作用的标准组合时，地基基础加固或增加荷载后，作用于桩基承台顶面的竖向力（kN）；

G_k ——地基基础加固或增加荷载后，桩基承台自重及承台上土自重（kN）；

n ——桩基中的桩数；

Q_{ik} ——地基基础加固或增加荷载后，偏心竖向力作用下第 i 根桩的竖向力（kN）；

M_{xk}、M_{yk} ——相应于作用的标准组合时，作用于承台底面通过桩群形心的 x、y 轴的力矩（kN·m）；

x_i、y_i ——桩 i 至桩群形心的 y、x 轴线的距离（m）；

H_k ——相应于作用的标准组合时，地基基础加固或增加荷载后，作用于承台底面的水平力（kN）；

H_{ik} ——地基基础加固或增加荷载后，作用于任一单桩的水平力（kN）。

5.2.5 既有建筑单桩承载力计算，应符合下列规定：

1 轴心竖向力作用下：

$$Q_k \leqslant R_a \qquad (5.2.5-1)$$

式中：R_a ——既有建筑单桩竖向承载力特征值（kN）。

2 偏心竖向力作用下，除满足公式（5.2.5-1）外，尚应满足下式要求：

$$Q_{ikmax} \leqslant 1.2R_a \qquad (5.2.5-2)$$

式中：Q_{ikmax} ——基础中受力最大的单桩荷载值（kN）。

3 水平荷载作用下：

$$H_{ik} \leqslant R_{Ha} \qquad (5.2.5-3)$$

式中：R_{Ha} ——既有建筑单桩水平承载力特征值（kN）。

5.2.6 既有建筑单桩承载力特征值的确定，应符合下列规定：

1 既有建筑下原有的桩，以及新增加的桩的单桩竖向承载力特征值，应通过单桩竖向静载荷试验确定；既有建筑原有桩的单桩静载荷试验，可按本规范附录C进行；在同一条件下的试桩数量，不宜少于增加总桩数的 1%，且不应少于 3 根；新增加桩的单桩竖向承载力特征值，应按现行国家标准《建筑地基基础设计规范》GB 50007 的方法确定。

2 原有桩的单桩竖向承载力特征值，有地区经验时，可按地区经验确定。

3 新增加的桩初步设计时，单桩竖向承载力特征值可按下式估算：

$$R_a = q_{pa}A_p + u_p\sum q_{sia}l_i \qquad (5.2.6-1)$$

式中：q_{pa}，q_{sia} ——桩端端阻力、桩侧阻力特征值（kPa），按地区经验确定；

A_p ——桩底端横截面面积（m²）；

u_p ——桩身周边长度（m）；

l_i ——第 i 层岩土的厚度（m）。

4 桩端嵌入完整或较完整的硬质岩中，可按下式估算单桩竖向承载力特征值：

$$R_a = q_{pa}A_p \qquad (5.2.6-2)$$

式中：q_{pa} ——桩端岩石承载力特征值（kN）。

5.2.7 在既有建筑原基础内增加桩时，宜按新增加的全部荷载，由新增加的桩承担进行承载力计算。

5.2.8 对既有建筑的独立基础、条形基础进行扩大基础，并增加桩时，可按既有建筑原地基增加的承载力承担部分新增荷载、其余新增加的荷载由桩承担进行承载力计算，此时地基土承担部分新增荷载的基础面积应按原基础面积计算。

5.2.9 既有建筑桩基础扩大基础并增加桩时，可按新增加的荷载由原基础桩和新增加桩共同承担，进行承载力计算。

5.2.10 当地基持力层范围内存在软弱下卧层时，应进行软弱下卧层地基承载力验算，验算方法应符合现行国家标准《建筑地基基础设计规范》GB 50007 的有关规定。

5.2.11 对邻近新建建筑、深基坑开挖、新建地下工程改变原建筑地基基础设计条件时，原建筑地基应根据改变后的条件，按现行国家标准《建筑地基基础设计规范》GB 50007 的规定进行承载力验算。

5.3 地基变形计算

5.3.1 既有建筑地基基础加固或增加荷载后，建筑物相邻柱基的沉降差、局部倾斜、整体倾斜值的允许值，应符合现行国家标准《建筑地基基础设计规范》GB 50007 的有关规定。

5.3.2 对有特殊要求的保护性建筑，地基基础加固或增加荷载后的地基变形允许值，应按建筑物的保护要求确定。

5.3.3 对地基基础加固或增加荷载的既有建筑，其地基最终变形量可按下式确定：

$$s = s_0 + s_1 + s_2 \qquad (5.3.3)$$

式中：s ——地基最终变形量（mm）；

s_0 ——地基基础加固或增加荷载前，已完成的地基变形量，可由沉降观测资料确定，或根据当地经验估算（mm）；

s_1 ——地基基础加固或增加荷载后产生的地基变形量（mm）；

s_2 ——原建筑物尚未完成的地基变形量（mm），可由沉降观测结果推算，或根据地方经验估算；当原建筑物基础沉降已稳定时，此值可取零。

5.3.4 地基基础加固或增加荷载后产生的地基变形量，可按下列规定计算：

1 天然地基不改变基础尺寸时，可按增加荷载量，采用由本规范附录B试验得到的变形模量计算。

2 扩大基础尺寸或改变基础形式时，可按增加荷载量，以及扩大后或改变后的基础面积，采用原地基压缩模量计算。

3 地基加固时，可采用加固后经检验测得的地基压缩模量或变形模量计算。

5.3.5 采用增加桩进行地基基础加固的建筑物基础沉降，可按下列规定计算：

1 既有建筑不改变基础尺寸，在原基础内增加桩时，可按增加荷载量，采用桩基础沉降计算方法计算。

2 既有建筑独立基础、条形基础扩大基础增加桩时，可按新增加的桩承担的新增荷载，采用桩基础沉降计算方法计算。

3 既有建筑桩基础扩大基础增加桩时，可按新增加的荷载，由原基础桩和新增加桩共同承担荷载，采用桩基础沉降计算方法计算。

6 增层改造

6.1 一般规定

6.1.1 既有建筑增层改造后的地基承载力、地基变形和稳定性计算，以及基础结构验算，应符合本规范第5章的有关规定。采用外套结构增层时，应按新建工程的要求，确定地基承载力。

6.1.2 当采用新、旧结构通过构造措施相连接的增层方案时，除应满足地基承载力条件外，尚应分别对新、旧结构进行地基变形验算，并应满足新、旧结构变形协调的设计要求；当既有建筑局部增层时，应进行结构分析，并进行地基基础验算。

6.1.3 当既有建筑的地基承载力和地基变形，不能满足增层荷载要求时，可按本规范第11章有关方法进行加固。

6.1.4 既有建筑增层改造时，对其地基基础加固工程，应进行质量检验和评价，待隐蔽工程验收合格后，方可进行上部结构的施工。

6.2 直接增层

6.2.1 对沉降稳定的建筑物直接增层时，其地基承载力特征值，可根据增层工程的要求，按下列方法综合确定：

1 按基底土的载荷试验及室内土工试验结果确定：
   1）按本规范附录B的规定进行载荷试验确定地基承载力；
   2）在原建筑物基础下1.5倍基础宽度的深度范围内，取原状土进行室内土工试验，确定地基土的抗剪强度指标，以及土的压缩模量等参数，并结合地区经验，确定地基承载力特征值。

2 按地区经验确定：
建筑物增层时，可根据既有建筑原基底压力值、建筑使用年限、地基土的类别，并结合当地建筑物增层改造的工程经验确定，但其值不宜超过原地基承载力特征值的1.20倍。

6.2.2 直接增层需新设承重墙时，应采用调整新、旧基础底面积，增加桩基础或地基处理等方法，减少基础的沉降差。

6.2.3 直接增层时，地基基础的加固设计，应符合下列规定：

1 加大基础底面积时，加大的基础底面积宜比计算值增加10%。

2 采用桩基础承受增层荷载时，应符合本规范第5.2.8条的规定，并验算基础沉降。

3 采用锚杆静压桩加固时，当原钢筋混凝土条形基础的宽度或厚度不能满足压桩要求时，压桩前应先加宽或加厚基础。

4 采用抬梁或挑梁承受新增层结构荷载时，梁的截面尺寸及配筋应通过计算确定。

5 上部结构和基础刚度较好，持力层埋置较浅，地下水位较低，施工开挖对原结构不会产生附加下沉和开裂时，可采用加深基础或在原基础下做坑式静压桩加固。

6 施工条件允许时，可采用树根桩、旋喷桩等方法加固。

7 采用注浆法加固既有建筑地基时，对注浆加固易引起附加变形的地基，应进行现场试验，确定其适用性。

8 既有建筑为桩基础时，应检查原桩体质量及状况，实测土的物理力学性质指标，确定桩间土的压密状况，按桩土共同工作条件，提高原桩基础的承载能力。对于承台与土层脱空情况，不得考虑桩土共同工作。当桩数不足时，应补桩；对已腐烂的木桩或破损的混凝土桩，应经加固处理后，方可进行增层施工。

9 对于既有建筑无地质勘察资料或原地质勘察资料过于简单不能满足设计需要、而建筑物下有人防工程或场地条件复杂，以及地基情况与原设计发生了较大变化时，应补充进行岩土工程勘察。

10 采用扶壁柱式结构直接增层时，柱体应落在新设置的基础上，新、旧基础宜连成整体，且应满足新、旧基础变形协调条件，不满足时应进行地基加固处理。

6.3 外套结构增层

6.3.1 采用外套结构增层，可根据土质、地下水位、新增结构类型及荷载大小选用合理的基础形式。

6.3.2 位于微风化、中风化硬质岩地基上的外套增层工程，其基础类型与埋深可与原基础不同，新、旧基础可相连在一起，也可分开设置。

6.3.3 采用外套结构增层，应评价新设基础对原基础的影响，对原基础产生超过允许值的附加沉降和倾斜时应对新设基础地基进行处理或采用桩基础。

6.3.4 外套结构的桩基施工，不得扰动原地基基础。

6.3.5 外套结构增层采用天然地基或采用由旋喷桩、搅拌桩等构成的复合地基，应考虑地基受荷后的变形，避免增层后，新、旧结构产生标高差异。

6.3.6 既有建筑有地下室，外套增层结构宜采用桩基

础，桩位布置应避开原地下室挑出的底板；如需凿除部分底板时，应通过验算确定；新、旧基础不得相连。

7 纠倾加固

7.1 一般规定

7.1.1 纠倾加固适用于整体倾斜值超过现行国家标准《建筑地基基础设计规范》GB 50007 规定的允许值，且影响正常使用或安全的既有建筑纠倾。

7.1.2 应根据工程实际情况，选择迫降纠倾和顶升纠倾的方法，复杂建筑纠倾可采用多种纠倾方法联合进行。

7.1.3 既有建筑纠倾加固设计前，应进行倾斜原因分析，对纠倾施工方案进行可行性论证，并对上部结构进行安全性评估。当上部结构不能满足纠倾施工安全性要求时，应对上部结构进行加固。当可能发生再度倾斜时，应确定地基加固的必要性，并提出加固方案。

7.1.4 建筑物纠倾加固设计应具备下列资料：

1 纠倾建筑物有关设计和施工资料。
2 建筑场地岩土工程勘察资料。
3 建筑物沉降观测资料。
4 建筑物倾斜现状及结构安全性评价。
5 纠倾施工过程结构安全性评价分析。

7.1.5 既有建筑纠倾加固后，建筑物的整体倾斜值及各角点纠倾位移值应满足设计要求。尚未通过竣工验收的倾斜建筑物，纠倾后的验收标准，应符合有关新建工程验收标准要求。

7.1.6 纠倾加固完成后，应立即对工作槽（孔）进行回填，对施工破损面进行修复；当上部结构因纠倾施工产生裂损时，应进行修复或加固处理。

7.2 迫降纠倾

7.2.1 迫降纠倾应根据地质条件、工程对象及当地经验，采用掏土纠倾法（基底掏土纠倾法、井式纠倾法、钻孔取土纠倾法）、堆载纠倾法、降水纠倾法、地基加固纠倾法和浸水纠倾法等方法。

7.2.2 迫降纠倾的设计，应符合下列规定：

1 对建筑物倾斜原因，结构和基础形式、整体刚度，工程地质条件，环境条件等进行综合分析，遵循确保安全、经济合理、技术可靠、施工方便的原则，确定迫降纠倾方法。

2 迫降纠倾不应对上部结构产生结构损伤和破坏。当施工对周边建筑物、场地和管线等产生不良影响时，应采取有效技术措施。

3 纠倾后的地基承载力，地基变形和稳定性应按本规范第 5 章的有关规定进行验算，防止纠倾后的再度倾斜。当既有建筑的地基承载力和变形不能满足要求时，可按本规范第 11 章有关方法进行加固。

4 应确定各控制点的迫降纠倾量。
5 纠倾施工工艺和操作要点。
6 设置迫降的监控系统。沉降观测点纵向布置每边不应少于 4 点，横向每边不应少于 2 点，相邻测点间距不应大于 6m，且建筑物角点部位应设置倾斜值观测点。

7 应根据建筑物的结构类型和刚度确定纠倾速率。迫降速率不宜大于 5mm/d，迫降接近终止时，应预留一定的沉降量，以防发生过纠现象。

8 应制定出现异常情况的应急预案，以及防止过量纠倾的技术处理措施。

7.2.3 迫降纠倾施工，应符合下列规定：

1 施工前，应对建筑物及现场进行详细查勘，检查纠倾施工可能影响的周边建筑物和场地设施，并应采取措施消除迫降纠倾施工的影响，或降低影响程度及影响范围，并做好查勘记录。

2 编制详细的施工技术方案和施工组织设计。

3 在施工过程中，应做到设计、施工紧密配合，严格按设计要求进行监测，及时调整迫降量及施工顺序。

7.2.4 基底掏土纠倾法可分为人工掏土法或水冲掏土法，适用于匀质黏性土、粉土、填土、淤泥质土和砂土上的浅埋基础建筑物的纠倾。当缺少地方经验时，应通过现场试验确定具体施工方法和施工参数，且应符合下列规定：

1 人工掏土法可选择分层掏土、室外开槽掏土、穿孔掏土等方法，掏土范围、沟槽位置、宽度、深度应根据建筑物迫降量、地基土性质、基础类型、上部结构荷载中心位置等，结合当地经验和现场试验综合确定。

2 掏挖时，应先从沉降量小的部位开始，逐渐过渡，依次掏挖。

3 当采用高压水冲掏土时，水冲压力、流量应根据土质条件通过现场试验确定，水冲压力宜为 1.0MPa～3.0MPa，流量宜为 40L/min。

4 水冲过程中，掏土槽应逐渐加深，不得超宽。

5 当出现掏土过量，或纠倾速率超出控制值时，应立即停止掏土施工。当纠倾至设计控制值可能出现过纠现象时，应立即采用砾砂、细石或卵石进行回填，确保安全。

7.2.5 井式纠倾法适用于黏性土、粉土、砂土、淤泥、淤泥质土或填土等地基上建筑物的纠倾。井式纠倾施工，应符合下列规定：

1 取土工作井，可采用沉井或挖孔护壁等方式形成，具体应根据土质情况及当地经验确定，井壁宜采用钢筋混凝土，井的内径不宜小于 800mm，井壁混凝土强度等级不得低于 C15。

2 井孔施工时，应观察土层的变化，防止流砂、涌土、塌孔、突陷等意外情况出现。施工前，应制定

相应的防护措施。

3 井位应设置在建筑物沉降量较小的一侧，井位可布置在室内，井位数量、深度和间距应根据建筑物的倾斜情况、基础类型、场地环境和土层性质等综合确定。

4 当采用射水施工时，应在井壁上设置射水孔与回水孔，射水孔孔径宜为 150mm～200mm，回水孔孔径宜为 60mm；射水孔位置，应根据地基土质情况及纠倾量进行布置，回水孔宜在射水孔下方交错布置。

5 高压射水泵工作压力、流量，宜根据土层性质，通过现场试验确定。

6 纠倾达到设计要求后，工作井及射水孔均应回填，射水孔可采用生石灰和粉煤灰拌合料回填。

7.2.6 钻孔取土纠倾法适用于淤泥、淤泥质土等软弱地基上建筑物的纠倾。钻孔取土纠倾施工，应符合下列规定：

1 应根据建筑物不均匀沉降情况和土层性质，确定钻孔位置和取土顺序。

2 应根据建筑物的底面尺寸和附加应力的影响范围，确定钻孔的直径及深度，取土深度不应小于 3m，钻孔直径不应小于 300mm。

3 钻孔顶部 3m 深度范围内，应设置套管或套筒，保护浅层土体不受扰动，防止地基出现局部变形过大。

7.2.7 堆载纠倾法适用于淤泥、淤泥质土和松散填土等软弱地基上体量较小且纠倾量不大的浅埋基础建筑物的纠倾。堆载纠倾施工，应符合下列规定：

1 应根据工程规模、基底附加压力的大小及土质条件，确定堆载纠倾施加的荷载量、荷载分布位置和分级加载速率。

2 应评价地基土的整体稳定，控制加载速率；施工过程中，应进行沉降观测。

7.2.8 降水纠倾法适用于渗透系数大于 10^{-4} cm/s 的地基土层的浅埋基础建筑物的纠倾。设计施工前，应论证施工对周边建筑物及环境的影响，并采取必要的隔水措施。降水施工，应符合下列规定：

1 人工降水的井点布置、井深设计及施工方法，应按抽水试验或地区经验确定。

2 纠倾时，应根据建筑物的纠倾量来确定抽水量大小及水位下降深度，并应设置水位观测孔，随时记录所产生的水力坡降，与沉降实测值比较，调整纠倾水位降深。

3 人工降水时，应采取措施防止对邻近建筑地基造成影响，且应在邻近建筑附近设置水位观测井和回灌井；降水对邻近建筑产生的附加沉降超过允许值时，可采取设置地下隔水墙等保护措施。

4 建筑物纠倾接近设计值时，应预留纠倾值的 1/10～1/12 作为滞后回倾值，并停止降水，防止建筑物过纠。

7.2.9 地基加固纠倾法适用于淤泥、淤泥质土等软弱地基上沉降尚未稳定、整体刚度较好且倾斜量不大的既有建筑物的纠倾。应根据结构现况和地区经验确定适用性。地基加固纠倾施工，应符合下列规定：

1 优先选择托换加固地基的方法。

2 先对建筑物沉降较大一侧的地基进行加固，使该侧的建筑物沉降减少；根据监测结果，再对建筑物沉降较小一侧的地基进行加固，迫使建筑物倾斜纠正，沉降稳定。

3 对注浆等可能产生增大地基变形的加固方法，应通过现场试验确定其适用性。

7.2.10 浸水纠倾法适用于湿陷性黄土地基上整体刚度较大的建筑物的纠倾。当缺少当地经验时，应通过现场试验，确定其适用性。浸水纠倾施工，应符合下列规定：

1 根据建筑结构类型和场地条件，可选用注水孔、坑或槽等方式注水纠倾。注水孔、注水坑（槽）应布置在建筑物沉降量较小的一侧。

2 浸水纠倾前，应通过现场注水试验，确定渗透半径、浸水量与渗透速度的关系。当采用注水孔（坑）浸水时，应确定注水孔（坑）布置、孔径或坑的平面尺寸、孔（坑）深度、孔（坑）间距及注水量；当采用注水槽浸水时，应确定槽宽、槽深及分隔段的注水量；工程设计，应明确水量控制和计量系统。

3 浸水纠倾前，应设置严密的监测系统及防护措施。应根据基础类型、地基土层参数、现场试验数据等估算注水后的后期纠倾值，防止过纠的发生；设置限位桩；对注水流入沉降较大一侧地基采取防护措施。

4 当浸水纠倾的速率过快时，应立即停止注水，并回填生石灰料或采取其他有效的措施；当浸水纠倾速率较慢时，可与其他纠倾方法联合使用。

7.2.11 当纠倾速率较小，或原纠倾方法无法满足纠倾要求时，可结合掏土、降水、堆载等方法综合使用进行纠倾。

7.3 顶升纠倾

7.3.1 顶升纠倾适用于建筑物的整体沉降及不均匀沉降较大，以及倾斜建筑物基础为桩基础等不适用采用迫降纠倾的建筑纠倾。

7.3.2 顶升纠倾，可根据建筑物基础类型和纠倾要求，选用整体顶升纠倾、局部顶升纠倾。顶升纠倾的最大顶升高度不宜超过 800mm；采用局部顶升纠倾，应进行顶升过程结构的内力分析，对结构产生裂缝等损伤，应采取结构加固措施。

7.3.3 顶升纠倾的设计，应符合下列规定：

1 通过上部钢筋混凝土顶升梁与下部基础梁组

成上、下受力梁系，中间采用千斤顶顶升，受力梁系平面上应连续闭合，且应进行承载力及变形等验算（图7.3.3-1）。

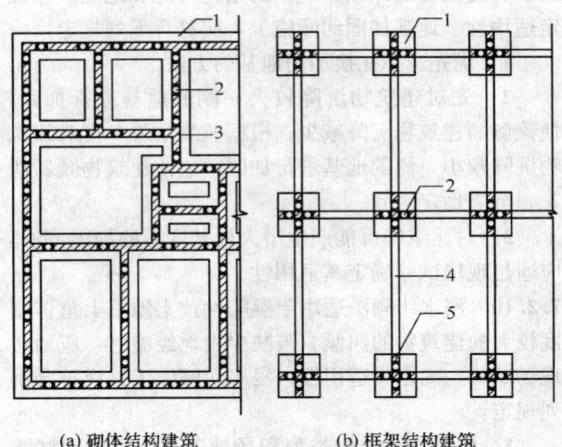

(a) 砌体结构建筑　　　(b) 框架结构建筑

图 7.3.3-1　千斤顶平面布置图
1—基础；2—千斤顶；3—托换梁；
4—连系梁；5—后置牛腿

2　顶升梁应通过托换加固形成，顶升托换梁宜设置在地面以上500mm位置，当基础梁埋深较大时，可在基础梁上增设钢筋混凝土千斤顶底座，并与基础连成整体。顶升梁、千斤顶、底座应形成稳固的整体（图7.3.3-2）。

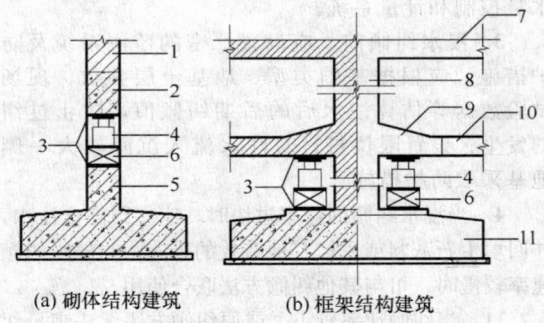

(a) 砌体结构建筑　　　(b) 框架结构建筑

图 7.3.3-2　顶升梁、千斤顶、底座布置
1—墙体；2—钢筋混凝土顶升梁；3—钢垫板；4—千斤顶；
5—钢筋混凝土基础梁；6—垫块（底座）；7—框架梁；
8—框架柱；9—托换牛腿；10—连系梁；11—原基础

3　对砌体结构建筑，可根据墙体线荷载分布布置顶升点，顶升点间距不宜大于1.5m，且应避开门窗洞及薄弱承重构件位置；对框架结构建筑，应根据柱荷载大小布置。单片墙或单柱下顶升点数量，可按下式估算：

$$n \geqslant K \frac{Q}{N_a} \qquad (7.3.3)$$

式中：n——顶升点数（个）；
　　　Q——相应于作用的标准组合时，单片墙总荷载或单柱集中荷载（kN）；

N_a——顶升支承点千斤顶的工作荷载设计值（kN），可取千斤顶额定工作荷载的0.8；
K——安全系数，可取2.0。

4　顶升量可根据建筑物的倾斜值、使用要求以及设计过纠量确定。纠倾后，倾斜值应符合现行国家标准《建筑地基基础设计规范》GB 50007的要求。

7.3.4　砌体结构建筑的顶升梁系，可按倒置在弹性地基上的墙梁设计，并应符合下列规定：

1　顶升梁设计时，计算跨度应取相邻三个支承点中两边缘支点间的距离，并进行顶升梁的截面承载力及配筋设计。

2　当既有建筑的墙体承载力验算不能满足墙梁的要求时，可调整支承点的间距或对墙体进行加固补强。

7.3.5　框架结构建筑的顶升梁系的设置，应为有效支承结构荷载和约束框架柱的体系。顶升梁系包含顶升牛腿及连系梁两个部分，牛腿应按后设置牛腿设计，并应符合下列规定：

1　计算分析截断前、后柱端的抗压，抗弯和抗剪承载力是否满足顶升要求。

2　后设置牛腿，应符合现行国家标准《混凝土结构设计规范》GB 50010的规定，并验算牛腿的正截面受弯承载力，局部受压承载力及斜截面的受剪承载力。

3　后设置牛腿设计时，钢筋的布置、焊接长度及（植筋）锚固应符合现行国家标准《混凝土结构设计规范》GB 50010和《混凝土结构加固设计规范》GB 50367的有关规定。

7.3.6　顶升纠倾的施工，应按下列步骤进行：

1　顶升梁系的托换施工。

2　设置千斤顶底座及顶升标尺，确定各点顶升值。

3　对每个千斤顶进行检验，安放千斤顶。

4　顶升前两天内，应设置完成监测测量系统，对尚存在连接的墙、柱等结构，以及水、电、暖气和燃气等进行截断处理。

5　实施顶升施工。

6　顶升到位后，应及时进行结构连接和回填。

7.3.7　顶升纠倾的施工，应符合下列规定：

1　砌体结构建筑的顶升梁应分段施工，梁分段长度不应大于1.5m，且不应大于开间墙段的1/3，并应间隔进行施工。主筋应预留搭接或焊接长度，相邻分段混凝土接头处，应按混凝土施工缝做法进行处理。当上部砌体无法满足托换施工要求，可在各段设置支承芯垫，其间距应视实际情况确定。

2　框架结构建筑的顶升梁、牛腿施工，宜按柱间隔进行，并应设置必要的辅助措施（如支撑等）。当在原柱中钻孔植筋时，应分批（次）进行，每批（次）钻孔削弱后的柱净截面，应满足柱承载力计算

要求。

　3　顶升的千斤顶上、下应设置应力扩散的钢垫块，顶升过程应均匀分布，且应有不少于30％的千斤顶保持与顶升梁、垫块、基础梁连成一体。

　4　顶升前，应对顶升点进行承载力试验。试验荷载应为设计荷载的1.5倍，试验数量不应少于总数的20％，试验合格后，方可正式顶升。

　5　顶升时，应设置水准仪和经纬仪观测站。顶升标尺应设置在每个支承点上，每次顶升量不宜超过10mm。各点顶升量的偏差，应小于结构的允许变形。

　6　顶升应统一的监测系统，并应保证千斤顶按设计要求同步顶升和稳固。

　7　千斤顶回程时，相邻千斤顶不得同时进行；回程前，应先用楔形垫块进行保护，或采用备用千斤顶支顶进行保护，并保证千斤顶底座平稳。楔形垫块及千斤顶底座垫块，应采用外包钢板的混凝土垫块或钢垫块。垫块使用前，应进行强度检验。

　8　顶升达到设计高度后，应立即在墙体交叉点或主要受力部位增设垫块支承，并迅速进行结构连接。顶升高度较大时，应设置安全保护措施。千斤顶应待结构连接达到设计强度后，方可分批分期拆除。

　9　结构的连接处应不低于原结构的强度，纠倾施工受到削弱时，应进行结构加固补强。

8　移位加固

8.1　一般规定

8.1.1　建筑物移位加固适用于既有建筑物需保留而改变其平面位置的整体移位。

8.1.2　建筑物移位，按移动方法可分为滚动移位和滑动移位两种，应优先采用滚动移位方法；滑动移位方法适用于小型建筑物。

8.1.3　建筑物移位加固设计前，应具备下列资料：

　1　移位总平面布置。

　2　场地及移位路线的岩土工程勘察资料。

　3　既有建筑物相关设计和施工资料，以及检测鉴定报告。

　4　既有建筑物结构现状分析。

　5　移位施工对周边建筑物、场地、地下管线的影响分析。

8.1.4　建筑物移位加固，应对上部结构进行安全性评估。当上部结构不能满足移位施工要求时，应对上部结构进行加固或采取有效的支撑措施。

8.1.5　建筑物移位加固设计时，应对移位建筑的地基承载力和变形进行验算。当不满足移位要求时，应对地基基础进行加固。

8.1.6　建筑移位就位后，应对建筑物轴线、垂直度进行测量，其水平位置偏差应为±40mm，垂直度位

移增量应为±10mm。

8.1.7　移位工程完成后，应立即对工作槽（孔）进行回填、回灌，当上部结构因移位施工产生裂损时，应进行修复或加固处理。

8.2　设　计

8.2.1　设计前，应调查核实作用在结构上的实际荷载，并对建筑物轴线及构件的实际尺寸进行现场测量核对，并对结构或构件的材料强度、实际配筋进行抽检。

8.2.2　移位加固设计，应考虑恒荷载、活荷载及风荷载的组合，恒荷载及活荷载应按实际荷载取值，当无可靠依据时，活荷载标准值及基本风压值应符合现行国家标准《建筑结构荷载规范》GB 50009的规定；移位施工期间的基本风压，可按当地10年一遇的风压值采用。

8.2.3　建筑物移位加固设计，应包括托换结构梁系、移位地基基础、移动装置、施力系统和结构连接等设计内容。

8.2.4　托换结构梁系的设计，应符合下列规定：

　1　托换梁系由上轨道梁、托换梁及连系梁组成（图8.2.4）。托换梁系应考虑移位过程中，上部结构竖向荷载和水平荷载的分布和传递，以及移位时的最不利组合，可按承载能力极限状态进行设计。荷载分项系数，应符合现行国家标准《建筑结构荷载规范》GB 50009的规定。

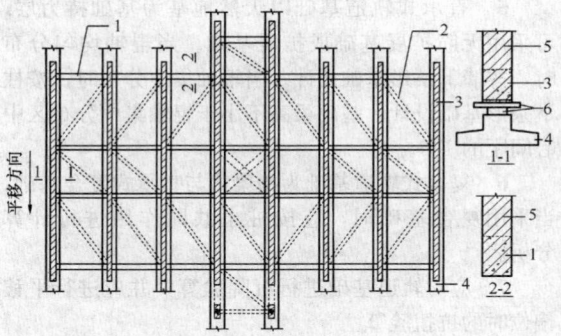

图 8.2.4　托换梁系构件组成示意
1—托换梁；2—连系梁；3—上轨道梁；4—轨道基础；
5—墙（柱）；6—移动装置

　2　托换梁可按简支梁、连续梁设计。对砌体结构，当上部砌体及托换梁符合现行国家标准《砌体结构设计规范》GB 50003的要求时，可按简支墙梁、连续墙梁设计。

　3　上轨道梁应根据地基承载力、上部荷载及上部结构形式，选用连续上轨道梁或悬挑上轨道梁。连续上轨道梁可按无翼缘的柱（墙）下条形基础梁设计。悬挑上轨道梁宜用于柱构件下，且应以柱中线对称布置，按悬挑梁或牛腿设计。上轨道梁线刚度，应

满足梁底反力直线分布假定。

4 根据上部结构的整体性、刚度、平移路线地基情况，以及水平移位类型等情况对托换梁系的平面内、外刚度进行设计。

8.2.5 移位加固地基基础设计，应包括轨道地基基础及新址地基基础，且应符合下列规定：

1 轨道地基设计时，原地基承载力特征值或单桩承载力特征值可乘以系数 1.20；轨道基础应按永久性工程设计，荷载分项系数按现行国家标准《混凝土结构设计规范》GB 50010 的规定采用。当验算不满足移位要求时，地基基础加固方法可按本规范第 11 章选用。

2 新址地基基础应符合新建工程的要求，且应考虑移位过程中的荷载不利布置，以及就位后的结构布置，进行地基基础的设计；当就位地基基础由新、旧两部分组成时，应考虑新、旧基础的变形协调条件。

3 轨道基础，可根据荷载传递方式分为抬梁式、直承式及复合式。设计时，应根据场地地质条件，以及建筑物原基础形式选择轨道基础形式。

4 抬梁式轨道基础由下轨道梁及集中布置的桩基础或独立基础组成。下轨道梁应考虑移位过程荷载的不利布置，按连续梁进行正截面受弯承载力及斜截面承载力计算，其梁高不得小于梁跨度的 1/6。当下轨道梁直接支承于桩上时，其构造尚应满足承台梁的构造要求。

5 直承式轨道基础以天然地基为基础持力层，可采用无筋扩展基础或扩展基础。当辊轴均匀分布时，按墙下条形基础设计。当辊轴集中分布时，按柱下条形基础设计，基础梁高不小于辊轴集中分布区中心间距的 1/6。

6 复合式轨道基础为抬梁式与直承式复合基础，当采用复合基础时，应按桩土共同作用进行计算分析。

7 应对轨道基础进行沉降验算，并应进行平移偏位时的抗扭验算。

8.2.6 移动装置可分为滚动式及滑动式两种，设计应符合下列规定：

1 滚动式移动装置（图 8.2.6）上、下承压板宜采用钢板，厚度应根据荷载大小计算确定，且不宜小于 20mm。辊轴可采用直径不小于 50mm 的实心钢棒或直径不小于 100mm 的厚壁钢管混凝土棒，辊轴间距应根据计算确定，且不宜大于 200mm。辊轴的径向承压力宜通过试验确定，也可用下式计算实心钢辊轴的径向承压力设计值 P_i：

$$P_i = k_p \frac{40 d l f^2}{E} \qquad (8.2.6-1)$$

式中：k_p——经验系数，由试验或施工经验确定，一

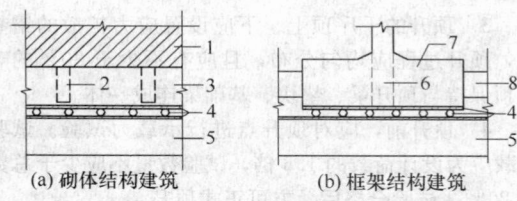

图 8.2.6 水平移位辊轴均匀分布构造示意
1—墙；2—托换梁；3—连续上轨道梁；4—移动装置；5—轨道基础；6—墙（柱）；7—悬挑上轨道梁；8—连系梁

般可取 0.6；

d——辊轴直径（mm）；

l——辊轴有效承压长度（mm），取上、下承压长度的较小值；

f——辊轴的抗压强度设计值（N/mm²）；

E——钢材的弹性模量（N/mm²）。

2 滑动式行走机构上、下轨道滑板的水平面积 A_0，应根据滑板的耐压性能，按下式计算：

$$A_0 \geqslant \frac{N}{f_0} \qquad (8.2.6-2)$$

式中：N——滑板承受的竖向作用力设计值（N）；

f_0——滑板材料抗压强度设计值（N/mm²）。

8.2.7 施力系统设计，应符合下列规定：

1 移位动力的施加可采用牵引、顶推和牵引顶推组合三种施力方式。牵引式适用于重量较小的建筑物移位，顶推式及牵引顶推组合方式适用于重量较大的建筑物移位。当建筑物旋转移位时，应优先选用牵引式或牵引顶推组合方式。

2 移位设计时，水平移位总阻力 F 可按下式计算：

$$F = k_s(iW + \mu W) \qquad (8.2.7-1)$$

式中：k_s——经验系数，由试验或施工经验确定，可取 1.5～3.0；

i——移位路线下轨道坡度；

W——作用的标准组合时建筑物基底总竖向荷载（kN）；

μ——行走机构摩擦系数，应根据试验确定。

3 施力点应根据荷载分布均匀布置，施力点的竖向位置应靠近上轨道底面，施力点的数量可按下式估算：

$$n = k_G \frac{F}{T} \qquad (8.2.7-2)$$

式中：n——施力点数量（个）；

k_G——经验系数，当采用滚动式行走机构时取 1.5，当采用滑动式行走机构时取 2.0；

F——水平移位总阻力，按本规范式（8.2.7-1）计算；

T——施力点额定工作荷载值（kN）。

8.2.8 建筑物移位就位后，应进行上部结构与新址

地基基础的连接设计，连接设计应符合下列规定：

1 连接构件应按国家有关标准的要求进行承载力和变形计算。

2 砌体结构建筑移位就位后，上部构造柱纵筋应与新址基础中预埋构造柱纵筋连接，连接区段箍筋间距应加密，且不大于100mm，托换梁系与基础间的空隙采用细石混凝土填充密实。

3 框架结构柱的连接应按计算确定。新址基础应预埋柱筋与上部框架柱纵筋连接，连接区段箍筋间距应加密，且不应大于100mm。柱连接区段采用细石混凝土灌注，连接区段宜采用外包钢筋混凝土套、外包型钢法等进行加固。

4 对于特殊建筑，当抗震设计要求无法满足时，可结合移位加固采用减震、隔震技术连接。

8.3 施　　工

8.3.1 移位加固施工前，应编制详细的施工技术方案和施工组织设计。

8.3.2 托换梁施工，除应符合本规范第7.3.7条的规定外，尚应符合下列规定：

1 施工前，应设置水平标高控制线，上轨道梁底面标高应保证在同一水平面上。

2 上轨道梁施工时，可分段置入上承压板，并保证其在同一水平面上，上承压板宜可靠固定在上轨道梁底面，板端部应设置防翘曲构造措施。

3 当设计需要双向移位时，其上承压板可在托换施工时，进行双向预埋；也可先进行单向预埋，另一方向可在换向时进行置换。

8.3.3 移位加固地基基础施工，应符合下列规定：

1 轨道基础顶面标高应保证在同一水平面上，其表面应平整。

2 轨道地基基础和新址地基基础施工后，经检验达到设计要求时，方可进行移位施工。

8.3.4 移动装置施工，应符合下列规定：

1 移动装置包括上、下承压板，滚动支座或滑动支座，可在托换施工时，分段预先安装；也可在托换施工完成后，采取整体顶升后，一次性安装。

2 当采用滚动移位时，可采用直径不小于50mm的钢辊轴作为滚动支座；采用滑动移位时，可采用合适的橡胶支座作为滑动支座，其规格、型号等应统一。

3 当采用工具式下承压板时，每根承压板长度宜为2000mm，相互间连接构件应根据移位反力，按钢结构设计进行计算。

4 当移位距离较长时，宜采用可移动、可重复使用、易拆装的工具式下承压板，并与反力支座结合。

8.3.5 移位施工，应符合下列规定：

1 移位前，应对上托换梁系和移位地基基础等进行施工质量检验及验收。

2 移位前，应对移动装置、反力装置、施力系统、控制系统、监测系统、应急措施等进行检验与检查。

3 正式移位前，应进行试验性移位，检验各装置与系统的工作状态和安全可靠性能，并测读各移位轨道推力，当推力与设计值有较大差异时，应分析其原因。

4 移动施工时，动力施加应遵循均匀、分级、缓慢、同步的原则，动力系统应有测读装置，移动速度不宜大于50mm/min，应设置限制滚动装置，及时纠正移位中产生的偏移。

5 移位施工时，应避免建筑物长时间处于新、旧基础交接处，减少不均匀沉降对移位施工的影响。

6 移位施工过程中，应对上部建筑结构进行实时监测。出现异常时，应立即停止移位施工，待查明原因，消除隐患后，方可继续施工。

7 当折线、曲线移位施工过程需进行换向，或建筑物移位完成后，需置换或拆除移动装置时，可采用整体顶升方法，顶升施工应符合本规范第7.3.7条的规定。

9 托 换 加 固

9.1 一 般 规 定

9.1.1 发生下列情况时，可采用托换技术进行既有建筑地基基础加固：

1 地基不均匀变形引起建筑物倾斜、裂缝。

2 地震、地下洞穴及采空区土体移动，软土地基沉陷等引起建筑物损害。

3 建筑功能改变，结构承重体系改变，基础形式改变。

4 新建地下工程，邻近新建建筑，深基坑开挖，降水等引起建筑物损害。

5 地铁及地下工程穿越既有建筑，对既有建筑地基影响较大时。

6 古建筑保护。

7 其他需采用基础托换的工程。

9.1.2 托换加固设计，应根据工程的结构类型、基础形式、荷载情况以及场地地基情况进行方案比选，分别采用整体托换、局部托换或托换与加强建筑物整体刚度相结合的设计方案。

9.1.3 托换加固设计，应满足下列规定：

1 按上部结构、基础、地基变形协调原则进行承载力、变形验算。

2 当既有建筑基础沉降、倾斜、变形、开裂超过国家有关标准规定的控制指标时，应在原因分析的基础上，进行地基基础加固设计。

9.1.4 托换加固施工前，应制定施工方案；施工过程中，应对既有建筑结构变形、裂缝、基础沉降进行监测；工程需要时，尚应进行应力（或应变）监测。

9.2 设 计

9.2.1 整体托换加固的设计，应符合下列规定：

    1 对于砌体结构，应在承重墙与基础梁间设置托换梁，对于框架结构，应在承重柱与基础间设置托换梁。

    2 砌体结构的托换梁，可按连续梁计算。框架结构的托换梁，可按倒置的牛腿计算。

    3 基础梁应进行地基承载力和变形验算；原基础梁刚度不满足时，应增大截面尺寸；地基承载力和变形验算不满足要求时，可按本规范第 11 章的方法进行地基加固。

    4 按托换过程中最不利工况，进行上部结构内力复核。

    5 分析评价进行上部结构加固的必要性及采取的保护措施。

9.2.2 局部托换加固的设计，应符合下列规定：

    1 进行上部结构的受力分析，确定局部托换加固的范围，明确局部托换的变形控制标准。

    2 进行局部托换加固的地基承载力和变形验算。

    3 进行局部托换基础或基础梁的内力验算。

    4 按局部托换最不利工况，进行上部结构的内力、变形复核。

    5 分析评价进行上部结构加固的必要性及采取的保护措施。

9.2.3 地基承载力和变形不满足设计要求时，应进行地基基础加固。加固方法可按本规范第 11 章的规定采用锚杆静压桩、树根桩、加大基础底面积或采用抬墙梁、坑（墩）式托换，以及采用复合地基、桩基相结合的托换方式，并对地基加固后的基础内力进行验算，必要时，应采取基础加固措施。

9.2.4 新建地铁或地下工程穿越建筑物时，地基基础托换加固设计应符合下列规定：

    1 应进行穿越工程对既有建筑物影响的分析评价，计算既有建筑的内力和变形。影响较小时，可采用加强建筑物基础刚度和结构刚度，或采用隔断防护措施的方法；可能引起既有建筑裂缝和正常使用时，可采用地基加固和基础、上部结构加固相结合的方法；穿越施工既有建筑存在安全隐患时，应采用加强上部结构的刚度、局部改变结构承重体系和加固地基基础的方法。

    2 需切断建筑物桩体或在桩端下穿越时，应采用桩梁式托换、桩筏式托换以及增加基础整体刚度、扩大基础的荷载托换体系，必要时，应采用整体托换技术。

    3 穿越天然地基、复合地基的建筑物托换加固，应采用桩梁式托换、桩筏式托换或地基注浆加固的方法。

9.2.5 既有建筑功能改造，改变上部结构承重体系或基础形式，地基基础托换加固设计，可采用下列方法：

    1 建筑物需增加层高或因建筑物沉降量过大，需抬升时，可采用整体托换。

    2 建筑物改变平面尺寸，增大开间或使用面积，改变承重体系时，可采用局部托换。

    3 建筑物增加地下室，宜采用桩基进行整体托换。

9.2.6 因地震、地下洞穴及采空区土体移动、软土地基变形、地下水位变化、湿陷等造成地基基础损害时，地基基础托换加固，可采用下列方法：

    1 建筑物不能正常使用时，可采用整体托换加固，也可采用改变基础形式的方法进行处理。

    2 结构（包括基础）构件损害，不能满足设计要求时，可采用局部托换及结构构件加固相结合的方法。

    3 地基承载力和变形不满足要求时，应进行地基加固。

9.2.7 采用抬墙法托换，应符合下列规定：

    1 抬墙梁应根据其受力特点，按现行国家标准《混凝土结构设计规范》GB 50010 的规定进行结构设计。

    2 抬墙梁的位置，应避开一层门窗洞口，当不能避开时，应对抬墙梁上方的门窗洞口采取加强措施。

    3 当抬墙梁与上部墙体材料不同时，抬墙梁处的墙体，应进行局部承压验算。

9.2.8 采用桩式托换，应满足下列规定：

    1 当有地下洞穴、采空区影响时，应进行成桩的可行性分析。

    2 评估托换桩的施工对原基础的影响。对产生影响的基础采取加固处理后，方可进行托换桩的施工。

    3 布桩时，托换桩与新建地下工程、采空区、地下洞穴净距不应小于 1.0m，托换桩端进入地下工程、采空区、地下洞穴底面以下土层的深度不应少于 1.0m。

    4 采取减少托换桩与原基础沉降差的措施。

9.3 施 工

9.3.1 采用钢筋混凝土坑（墩）式托换时，应在既有基础基底部位采用膨胀混凝土、分次浇筑、排气等措施充填密实；当既有基础两侧土体存在高度差时，应采取防止基础侧移的措施。

9.3.2 采用桩式托换时，应采用对地基土扰动较小的成桩方法进行施工。

10 事故预防与补救

10.1 一般规定

10.1.1 当既有建筑因外部条件改变,可能引起的地基基础变形影响其正常使用或危及安全时,应遵循预防为主的原则,采取必要措施,确保既有建筑的安全。

10.1.2 既有建筑地基基础出现工程事故时的补救,应符合下列原则:

1 分析判断造成工程事故的原因。

2 分析判断事故对整体结构安全及建筑物正常使用的影响。

3 分析判断事故对周围建筑物、道路、管线的影响。

4 采取安全、快速、施工方便、经济的补救方案。

10.1.3 当重要的既有建筑物地基存在液化土时,或软土地区建筑物因地震可能产生震陷时,应按现行国家标准《建筑抗震设计规范》GB 50011 的规定进行地基、基础或上部结构加固。

10.2 地基不均匀变形过大引起事故的补救

10.2.1 对于建造在软土地基上出现损坏的建筑,可采取下列补救措施:

1 对于建筑体型复杂或荷载差异较大引起的不均匀沉降,或造成建筑物损坏时,可根据损坏程度采用局部卸载,增加上部结构或基础刚度,加深基础,锚杆静压桩,树根桩加固等补救措施。

2 对于局部软弱土层或暗塘、暗沟等引起差异沉降较大,造成建筑物损坏时,可采用锚杆静压桩、树根桩等加固补救措施。

3 对于基础承受荷载过大或加荷速率过快,引起较大沉降或不均匀沉降,造成建筑物损坏时,可采用卸除部分荷载、加大基础底面积或加深基础等减小基底附加压力的措施。

4 对于大面积地面荷载或大面积填土引起柱基、墙基不均匀沉降,地面大量凹陷,或柱身、墙身断裂时,可采用锚杆静压桩或树根桩等加固。

5 对于地质条件复杂或荷载分布不均,引起建筑物倾斜较大时,可按本规范第 7 章有关规定选用纠倾加固措施。

10.2.2 对于建造在湿陷性黄土地基上出现损坏的建筑,可采取下列补救措施:

1 对非自重湿陷性黄土场地,当湿陷性土层较薄,湿陷变形已趋稳定或估计再次浸水湿陷量较小时,可选用上部结构加固措施;当湿陷性土层较厚,湿陷变形较大或估计再次浸水湿陷量较大时,可选用

石灰桩、灰土挤密桩、坑式静压桩、锚杆静压桩、树根桩、硅化法或碱液法等进行加固,加固深度宜达到基础压缩层下限。

2 对自重湿陷性黄土场地,可选用灰土挤密桩、坑式静压桩、锚杆静压桩、树根桩或灌注桩等进行加固。加固深度宜穿透全部湿陷性土层。

10.2.3 对于建造在人工填土地基上出现损坏的建筑,可采取下列补救措施:

1 对于素填土地基,由于浸水引起较大的不均匀沉降而造成建筑物损坏时,可采用锚杆静压桩、树根桩、灌注桩、坑式静压桩、石灰桩或注浆等进行加固。加固深度应穿透素填土层。

2 对于杂填土地基上损坏的建筑,可根据损坏程度,采用加强上部结构或基础刚度,并进行锚杆静压桩、灌注桩、旋喷桩、石灰桩或注浆等加固。

3 对于冲填土地基上损坏的建筑,可采用本规范第 10.2.1 条的规定进行加固。

10.2.4 对于建造在膨胀土地基上出现损坏的建筑,可采取下列补救措施:

1 对建筑物损坏轻微,且膨胀等级为Ⅰ级的膨胀土地基,可采用设置宽散水及在周围种植草皮等保护措施。

2 对于建筑物损坏程度中等,且膨胀等级为Ⅰ、Ⅱ级的膨胀土地基,可采用加强结构刚度和设置宽散水等处理措施。

3 对于建筑物损坏程度较严重或膨胀等级为Ⅲ级的膨胀土地基,可采用锚杆静压桩、树根桩、坑式静压桩或加深基础等加固方法。桩端应埋置在非膨胀土层中或伸到大气影响深度以下的土层中。

4 建造在坡地上的损坏建筑物,除应对地基或基础加固外,尚应在坡地周围采取保湿措施,防止多向失水造成的危害。

10.2.5 对于建造在土岩组合地基上,因差异沉降造成建筑物损坏,可根据损坏程度,采用局部加深基础、锚杆静压桩、树根桩、坑式静压桩或旋喷桩等加固措施。

10.2.6 对于建造在局部软弱地基上,因差异沉降过大造成建筑物损坏,可根据损坏程度,采用局部加深基础或桩基加固等措施。

10.2.7 对于基底下局部基岩出露或存在大块孤石,造成建筑物损坏,可将局部基岩或孤石凿去,铺设褥垫层或采用在土层部位加深基础或桩基加固等。

10.3 邻近建筑施工引起事故的预防与补救

10.3.1 当邻近工程的施工对既有建筑可能产生影响时,应查明既有建筑的结构和基础形式、结构状态、建成年代和使用情况等,根据邻近工程的结构类型、荷载大小、基础埋深、间隔距离以及土质情况等因素,分析可能产生的影响程度,并提出相应的预防

措施。

10.3.2 当软土地基上采用有挤土效应的桩基，对邻近既有建筑有影响时，可在邻近既有建筑一侧设置砂井、排水板、应力释放孔或开挖隔离沟，减小沉桩引起的孔隙水压力和挤土效应。对重要建筑，可设地下挡墙。

10.3.3 遇有振动效应的地基处理或桩基施工时，可采用开挖隔振沟，减少振动波传递。

10.3.4 当邻近建筑开挖基槽、人工降低地下水或迫降纠倾施工等，可能造成土体侧向变形或产生附加应力时，可对既有建筑进行地基基础局部加固，减小该侧地基附加应力，控制基础沉降。

10.3.5 在邻近既有建筑进行人工挖孔桩或钻孔灌注桩时，应防止地下水的流失及土的侧向变形，可采用回灌、截水措施或跳挖、套管护壁等施工方法等，并进行沉降观测，防止既有建筑出现不均匀沉降而造成裂损。

10.3.6 当邻近工程施工造成既有建筑裂损或倾斜时，应根据既有建筑的结构特点、结构损害程度和地基土层条件，采用本规范第 7 章、第 9 章和第 11 章的方法对既有建筑地基基础进行加固。

10.4 深基坑工程引起事故的预防与补救

10.4.1 当既有建筑周围进行新建工程基坑施工时，应分析新建工程基坑支护施工过程、基坑支护体系变形、基坑降水、基坑失稳等对既有建筑地基基础安全的影响，并采取有效的预防措施。

10.4.2 基坑支护工程对既有建筑地基基础的保护设计，应包括下列内容：

　　1　查清既有建筑的地基基础和上部结构现状，分析基坑土方开挖对既有建筑的影响。

　　2　查清基坑支护工程周围管线的位置、尺寸和埋深以及采取的保护措施。

　　3　当地下水位较高需要降水时，应采用帷幕截水、回灌等技术措施，避免由于地下水位下降影响邻近既有建筑和周围管线的安全。

　　4　基坑采用锚杆支护结构时，避免采用对邻近既有建筑地基稳定和基础安全有影响的锚杆施工工艺。

　　5　应在既有建筑上和深基坑周边设置水平变形和竖向变形观测点。当水平或竖向变形速率超过规定时，应立即停止施工，分析原因，并采取相应的技术措施。

　　6　对可能发生的基坑工程事故，应制定应急处理方案。

10.4.3 当基坑内降水开挖，造成邻近既有建筑或地下管线发生沉降、倾斜或裂损时，应立刻停止坑内降水，查出事故原因，并采取有效加固措施。应在基坑截水墙外侧，靠近邻近既有建筑附近设置水位观测井

和回灌井。

10.4.4 当邻近既有建筑为桩基础或新建建筑采用打入式桩基础时，新建基坑支护结构外缘与邻近既有建筑的距离不应小于基坑开挖深度的 1.5 倍。无法满足最小安全距离时，应采用隔振沟或钢筋混凝土地下连续墙等保护既有建筑安全的基坑支护形式。

10.4.5 当既有建筑临近基坑时，该侧基坑周边不得搭建临时施工建筑和库房，不得堆放建筑材料和弃土，不得停放大型施工机械和车辆。基坑周边地面应做护面和排水沟，使地面水流向坑外，并防止雨水、施工用水渗入地下或坑内。

10.4.6 当既有建筑或地下管线因深基坑施工而出现倾斜、裂缝或损坏时，应根据既有建筑的上部结构特点、结构损害程度和地基土层条件，采用本规范第 7 章、第 9 章和第 11 章的方法对既有建筑地基基础进行加固或对地下管线采取保护措施。

10.5 地下工程施工引起事故的预防与补救

10.5.1 当地下工程施工对既有建筑、地下管线或道路造成影响时，可采用隔断墙将既有建筑、地下管线或道路隔开或对既有建筑地基进行加固。隔断墙可采用钢板桩、树根桩、深层搅拌桩、注浆加固或地下连续墙等；对既有建筑地基加固，可采用锚杆静压桩、树根桩或注浆加固等方法，加固深度应大于地下工程底面深度。

10.5.2 应对地下工程施工影响范围内的通信电缆、高压、易燃和易爆管道等管线采取预防保护措施。

10.5.3 应对地下工程施工影响范围内的既有建筑和地下管线的沉降和水平位移进行监测。

10.6 地下水位变化过大引起事故的预防与补救

10.6.1 对于建造在天然地基上的既有建筑，当地下水位降低幅度超出设计条件时，应评价地下水位降低引起的附加沉降对既有建筑的影响，当附加沉降值超过允许值时应对既有建筑地基采取加固处理措施；当地下水位升高幅度超出设计条件时，应对既有建筑采取增加荷载、增设抗浮桩等加固处理措施。

10.6.2 对于采用桩基或刚性桩复合地基的既有建筑物，应计算因地下水位降低引起既有建筑基础产生的附加沉降。

10.6.3 对于建造在湿陷性黄土、膨胀土、冻胀土及回填土地基上的既有建筑，地下水位变化过大引起事故的预防与补救措施应符合下列规定：

　　1　对于建造在湿陷性黄土地基上的既有建筑，应分析地下水位升高产生的湿陷对既有建筑地基变形的影响。当既有建筑地基湿陷沉降量超过现行国家标准《湿陷性黄土地区建筑规范》GB 50025 的要求时，应按本规范第 10.2.2 条的规定，对既有建筑采取加固处理措施。

2 对于建造在膨胀土或冻胀土上的既有建筑，应分析地下水位升高产生的膨胀或冻胀对既有建筑基础的影响，不满足正常使用要求时可按本规范第 10.2.4 条的规定采取补救措施。

3 对建造在回填土上的既有建筑，当地下水位升高，造成既有建筑的地基附加变形超过允许值时，可按照本规范第 10.2.3 条的规定，对既有建筑采取加固处理措施。

11 加 固 方 法

11.1 一 般 规 定

11.1.1 确定地基基础加固施工方案时，应分析评价施工工艺和方法对既有建筑附加变形的影响。

11.1.2 对既有建筑地基基础加固采取的施工方法，应保证新、旧基础可靠连接，导坑回填应达到设计密实度要求。

11.1.3 当选用钢管桩等进行既有建筑地基基础加固时，应采取有效的防腐或增加钢管腐蚀量壁厚的技术保护措施。

11.2 基础补强注浆加固

11.2.1 基础补强注浆加固适用于因不均匀沉降、冻胀或其他原因引起的基础裂损的加固。

11.2.2 基础补强注浆加固施工，应符合下列规定：

1 在原基础裂损处钻孔，注浆管直径可为 25mm，钻孔与水平面的倾角不应小于 30°，钻孔孔径不应小于注浆管的直径，钻孔孔距可为 0.5m～1.0m。

2 浆液材料可采用水泥浆或改性环氧树脂等，注浆压力可取 0.1MPa～0.3MPa。如果浆液不下沉，可逐渐加大压力至 0.6MPa，浆液在 10min～15min 内不再下沉，可停止注浆。

3 对单独基础每边钻孔不应少于 2 个；对条形基础应沿基础纵向分段施工，每段长度可取 1.5m～2.0m。

11.3 扩 大 基 础

11.3.1 扩大基础加固包括加大基础底面积法、加深基础法和抬墙梁法等。

11.3.2 加大基础底面积法适用于当既有建筑物荷载增加、地基承载力或基础底面积尺寸不满足设计要求，且基础埋置较浅，基础具有扩大条件时的加固，可采用混凝土套或钢筋混凝土套扩大基础底面积。设计时，应采取有效措施，保证新、旧基础的连接牢固和变形协调。

11.3.3 加大基础底面积法的设计和施工，应符合下列规定：

1 当基础承受偏心受压荷载时，可采用不对称加宽基础；当承受中心受压荷载时，可采用对称加宽基础。

2 在灌注混凝土前，应将原基础凿毛和刷洗干净，刷一层高强度等级水泥浆或涂混凝土界面剂，增加新、老混凝土基础的粘结力。

3 对基础加宽部分，地基上应铺设厚度和材料与原基础垫层相同的夯实垫层。

4 当采用混凝土套加固时，基础每边加宽后的外形尺寸应符合现行国家标准《建筑地基基础设计规范》GB 50007 中有关无筋扩展基础或刚性基础台阶宽高比允许值的规定，沿基础高度隔一定距离应设置锚固钢筋。

5 当采用钢筋混凝土套加固时，基础加宽部分的主筋应与原基础内主筋焊接连接。

6 对条形基础加宽时，应按长度 1.5m～2.0m 划分单独区段，并采用分批、分段、间隔施工的方法。

11.3.4 当不宜采用混凝土套或钢筋混凝土套加大基础底面积时，可将原独立基础改成条形基础；将原条形基础改成十字交叉条形基础或筏形基础；将原筏形基础改成箱形基础。

11.3.5 加深基础法适用于浅层地基土层可作为持力层，且地下水位较低的基础加固。可将原基础埋置深度加深，使基础支承在较好的持力层上。当地下水位较高时，应采取相应的降水或排水措施，同时应分析评价降排水对建筑物的影响。设计时，应考虑原基础能否满足施工要求，必要时，应进行基础加固。

11.3.6 基础加深的混凝土墩可以设计成间断的或连续的。施工时，应先设置间断的混凝土墩，并在挖掉墩间土后，灌注混凝土形成连续墩式基础。基础加深的施工，应按下列步骤进行：

1 先在贴近既有建筑基础的一侧分批、分段、间隔开挖长约 1.2m、宽约 0.9m 的竖坑，对坑壁不能直立的砂土或软弱地基，应进行坑壁支护，竖坑底面埋深应大于原基础底面埋深 1.5m。

2 在原基础底面下，沿横向开挖与基础同宽，且深度达到设计持力层深度的基坑。

3 基础下的坑体，应采用现浇混凝土灌注，并在距原基础底面下 200mm 处停止灌注，待养护一天后，用掺入膨胀剂和速凝剂的干稠水泥砂浆填入基底空隙，并挤实填筑的砂浆。

11.3.7 当基础为承重的砖石砌体、钢筋混凝土基础梁时，墙基应跨越两墩之间，如原基础强度不能满足两墩间的跨越，应在坑间设置过梁。

11.3.8 对较大的柱基用基础加深法加固时，应将柱基面积划分为几个单元进行加固，一次加固不宜超过基础总面积的 20%，施工顺序，应先从角端处开始。

11.3.9 抬墙梁法可采用预制的钢筋混凝土梁或钢

梁，穿过原房屋基础梁下，置于基础两侧预先做好的钢筋混凝土桩或墩上。抬墙梁的平面位置应避开一层门窗洞口。

11.4 锚杆静压桩

11.4.1 锚杆静压桩法适用于淤泥、淤泥质土、黏性土、粉土、人工填土、湿陷性黄土等地基加固。

11.4.2 锚杆静压桩设计，应符合下列规定：

1 锚杆静压桩的单桩竖向承载力可通过单桩载荷试验确定；当无试验资料时，可按地区经验确定，也可按国家现行标准《建筑地基基础设计规范》GB 50007 和《建筑桩基技术规范》JGJ 94 有关规定估算。

2 压桩孔应布置在墙体的内外两侧或柱子四周。设计桩数应由上部结构荷载及单桩竖向承载力计算确定；施工时，压桩力不得大于该加固部分的结构自重荷载。压桩孔可预留，或在扩大基础上由人工或机械开凿，压桩孔的截面形状，可做成上小下大的截头锥形，压桩孔洞口的底板、板面应设保护附加钢筋，其孔口每边不宜小于桩截面边长的 50mm～100mm。

3 当既有建筑基础承载力和刚度不满足压桩要求时，应对基础进行加固补强，或采用新浇筑钢筋混凝土挑梁或抬梁作为压桩承台。

4 桩身制作除应满足现行行业标准《建筑桩基技术规范》JGJ 94 的规定外，尚应符合下列规定：

1）桩身可采用钢筋混凝土桩、钢管桩、预制管桩、型钢等；

2）钢筋混凝土桩宜采用方形，其边长宜为 200mm～350mm；钢管桩直径宜为 100mm～600mm，壁厚宜为 5mm～10mm；预制管桩直径宜为 400mm～600mm，壁厚不宜小于 10mm；

3）每段桩节长度，应根据施工净空高度及机具条件确定，每段桩节长度宜为 1.0m～3.0m；

4）钢筋混凝土桩的主筋配置应按计算确定，且应满足最小配筋率要求。当方桩截面边长为 200mm 时，配筋不宜少于 4φ10；当边长为 250mm 时，配筋不宜少于 4φ12；当边长为 300mm 时，配筋不宜少于 4φ14；当边长为 350mm 时，配筋不宜少于 4φ16；抗拔桩主筋由计算确定；

5）钢筋宜选用 HRB335 级以上，桩身混凝土强度等级不应小于 C30 级；

6）当单桩承载力设计值大于 1500kN 时，宜选用直径不小于 φ400mm 的钢管桩；

7）当桩身承受拉应力时，桩节的连接应采用焊接接头；其他情况下，桩节的连接可采用硫磺胶泥或其他方式连接。当采用硫磺胶泥接头连接时，桩节两端连接处，应设置焊接钢筋网片，一端应预埋插筋，另一端应预留插筋孔和吊装孔；当采用焊接接头时，桩节的两端均应设置预埋连接件。

5 原基础承台除应满足承载力要求外，尚应符合下列规定：

1）承台周边至边桩的净距不宜小于 300mm；

2）承台厚度不宜小于 400mm；

3）桩顶嵌入承台内长度应为 50mm～100mm；当桩承受拉力或有特殊要求时，应在桩顶四角增设锚固筋，锚固筋伸入承台内的锚固长度，应满足钢筋锚固要求；

4）压桩孔内应采用混凝土强度等级为 C30 或不低于基础强度等级的微膨胀早强混凝土浇筑密实；

5）当原基础厚度小于 350mm 时，压桩孔应采用 2φ16 钢筋交叉焊接于锚杆上，并应在浇筑压桩孔混凝土时，在桩孔顶面以上浇筑桩帽，厚度不得小于 150mm。

6 锚杆应根据压桩力大小通过计算确定。锚杆可采用带螺纹锚杆、端头带镦粗锚杆或带爪肢锚杆，并应符合下列规定：

1）当压桩力小于 400kN 时，可采用 M24 锚杆；当压桩力为 400kN～500kN 时，可采用 M27 锚杆；

2）锚杆螺栓的锚固深度可采用 12 倍～15 倍螺栓直径，且不应小于 300mm，锚杆露出承台顶面长度应满足压桩机具要求，且不应小于 120mm；

3）锚杆螺栓在锚杆孔内的胶粘剂可采用植筋胶、环氧砂浆或硫磺胶泥等；

4）锚杆与压桩孔、周围结构及承台边缘的距离不应小于 200mm。

11.4.3 锚杆静压桩施工应符合下列规定：

1 锚杆静压桩施工前，应做好下列准备工作：

1）清理压桩孔和锚杆孔施工工作面；

2）制作锚杆螺栓和桩节；

3）开凿压桩孔，孔壁凿毛；将原承台钢筋割断后弯起，待压桩后再焊接；

4）开凿锚杆孔，应确保锚杆孔内清洁干燥后再埋设锚杆，并以胶粘剂加以封固。

2 压桩施工应符合下列规定：

1）压桩架应保持竖直，锚固螺栓的螺母或锚具应均衡紧固，压桩过程中，应随时拧紧松动的螺母；

2）就位的桩节应保持竖直，使千斤顶、桩节及压桩孔轴线重合，不得采用偏心加压；压桩时，应垫钢板或桩垫，套上钢桩帽后再进行压桩。桩位允许偏差应为 ±20mm，

桩节垂直度允许偏差应为桩节长度的±1.0%；钢管桩平整度允许偏差应为±2mm，接桩处的坡口应为45°，焊缝应饱满、无气孔、无杂质，焊缝高度应为 $h=t+1$（mm，t 为壁厚）。

3) 桩应一次连续压到设计标高。当必须中途停压时，桩端应停留在软弱土层中，且停压的间隔时间不宜超过 24h；

4) 压桩施工应对称进行，在同一个独立基础上，不应数台压桩机同时加压施工；

5) 焊接接桩前，应对准上、下节桩的垂直轴线，且应清除焊面铁锈后，方可进行满焊施工；

6) 采用硫磺胶泥接桩时，其操作施工应按现行国家标准《建筑地基基础工程施工质量验收规范》GB 50202 的规定执行；

7) 可根据静力触探资料，预估最大压力选择压桩设备。最大压桩力 $P_{p(z)}$ 和设计最终压力 P_p 可分别按式（11.4.3-1）和式（11.4.3-2）计算：

$$P_{p(z)} = K_s \cdot p_{s(z)} \qquad (11.4.3\text{-}1)$$
$$P_p = K_p \cdot R_d \qquad (11.4.3\text{-}2)$$

式中：$P_{p(z)}$ ——桩入土深度为 z 时的最大压力（kN）；

K_s ——换算系数（m²），可根据当地经验确定；

$p_{s(z)}$ ——桩入土深度为 z 时的最大比贯入阻力（kPa）；

P_p ——设计最终压桩力（kN）；

K_p ——压桩力系数，可根据当地经验确定，且不宜小于 2.0；

R_d ——单桩竖向承载力特征值（kN）。

8) 桩尖应达到设计深度，且压桩力不小于设计单桩承载力 1.5 倍时的持续时间不少于5min 时，可终止压桩；

9) 封桩前，应凿毛和刷洗干净桩顶桩侧表面，并涂混凝土界面剂，压桩孔内封桩应采用C30 或 C35 微膨胀混凝土，封桩可采用不施加预应力的方法或施加预应力的方法。

11.4.4 锚杆静压桩质量检验，应符合下列规定：

1 最终压桩力与桩压入深度，应符合设计要求。

2 桩帽梁、交叉钢筋及焊接质量，应符合设计要求。

3 桩位允许偏差应为 ±20mm。

4 桩节垂直度允许偏差不应大于桩节长度的 1.0%。

5 钢管桩平整度允许偏差应为 ±2mm，接桩处的坡口应为 45°，接桩处焊缝应饱满、无气孔、无杂质，焊缝高度应为 $h=t+1$（mm，t 为壁厚）。

6 桩身试块强度和封桩混凝土试块强度，应符合设计要求。

11.5 树 根 桩

11.5.1 树根桩适用于淤泥、淤泥质土、黏性土、粉土、砂土、碎石土及人工填土等地基加固。

11.5.2 树根桩设计，应符合下列规定：

1 树根桩的直径宜为 150mm～400mm，桩长不宜超过 30m，桩的布置可采用直桩或网状结构斜桩。

2 树根桩的单桩竖向承载力可通过单桩载荷试验确定；当无试验资料时，也可按现行国家标准《建筑地基基础设计规范》GB 50007 的有关规定估算。

3 桩身混凝土强度等级不应小于 C20；混凝土细石骨料粒径宜为 10mm～25mm；钢筋笼外径宜小于设计桩径的 40mm～60mm；主筋直径宜为 12mm～18mm；箍筋直径宜为 6mm～8mm，间距宜为 150mm～250mm；主筋不得少于 3 根；桩承受压力作用时，主筋长度不得小于桩长的 2/3；桩承受拉力作用时，桩身应通长配筋；对直径小于 200mm 树根桩，宜注水泥砂浆，砂粒粒径不宜大于 0.5mm。

4 有经验地区，可用钢管代替树根桩中的钢筋笼，并采用压力注浆提高承载力。

5 树根桩设计时，应对既有建筑的基础进行承载力的验算。当基础不满足承载力要求时，应对原基础进行加固或增设新的桩承台。

6 网状结构树根桩设计时，可将桩及周围土体视作整体结构进行整体验算，并应对网状结构中的单根树根桩进行内力分析和计算。

7 网状结构树根桩的整体稳定性计算，可采用假定滑动面不通过网状结构树根桩的加固体进行计算，有地区经验时，可按圆弧滑动法，考虑树根桩的抗滑力进行计算。

11.5.3 树根桩施工，应符合下列规定：

1 桩位允许偏差应为 ±20mm；直桩垂直度和斜桩倾斜度允许偏差不应大于 1%。

2 可采用钻机成孔，穿过原基础混凝土。在土层中钻孔时，应采用清水或天然地基泥浆护壁；可在孔口附近下一段套管；作为端承桩使用时，钻孔应全桩长下套管。钻孔到设计标高后，清孔至孔口泛清水为止；当土层中有地下水，且成孔困难时，可采用套管跟进成孔或利用套管替代钢筋笼一次成桩。

3 钢筋笼宜整根吊放。当分节吊放时，节间钢筋搭接焊缝采用双面焊时，搭接长度不得小于 5 倍钢筋直径；采用单面焊时，搭接长度不得小于 10 倍钢筋直径。注浆管应直插到孔底，需二次注浆的树根桩应插两根注浆管，施工时，应缩短吊放和焊接时间。

4 当采用碎石和细石填料时，填料应经清洗，投入量不应小于计算桩孔体积的 90%。填灌时，应同时采用注浆管注水清孔。

5 注浆材料可采用水泥浆、水泥砂浆或细石混

凝土，当采用碎石填灌时，注浆应采用水泥浆。

　　6　当采用一次注浆时，泵的最大工作压力不应低于 1.5MPa。注浆时，起始注浆压力不应小于 1.0MPa，待浆液经注浆管从孔底压出后，注浆压力可调整为 0.1MPa～0.3MPa，浆液泛出孔口时，应停止注浆。

　　当采用二次注浆时，泵的最大工作压力不宜低于 4.0MPa，且待第一次注浆的浆液初凝时，方可进行第二次注浆。浆液的初凝时间根据水泥品种和外加剂掺量确定，且宜为 45min～100min。第二次注浆压力宜为 1.0MPa～3.0MPa，二次注浆不宜采用水泥砂浆和细石混凝土；

　　7　注浆施工时，应采用间隔施工、间歇施工或增加速凝剂掺量等技术措施，防止出现相邻桩冒浆和窜孔现象。

　　8　树根桩施工，桩身不得出现缩颈和塌孔。

　　9　拔管后，应立即在桩顶填充碎石，并在桩顶 1m～2m 范围内补充注浆。

11.5.4　树根桩质量检验，应符合下列规定：

　　1　每 3 根～6 根桩，应留一组试块，并测定试块抗压强度。

　　2　应采用载荷试验检验树根桩的竖向承载力，有经验时，可采用动测法检验桩身质量。

11.6　坑式静压桩

11.6.1　坑式静压桩适用于淤泥、淤泥质土、黏性土、粉土、湿陷性黄土和人工填土且地下水位较低的地基加固。

11.6.2　坑式静压桩设计，应符合下列规定：

　　1　坑式静压桩的单桩承载力，可按现行国家标准《建筑地基基础设计规范》GB 50007 的有关规定估算。

　　2　桩身可采用直径为 100mm～600mm 的开口钢管，或边长为 150mm～350mm 的预制钢筋混凝土方桩，每节桩长可按既有建筑基础下坑的净空高度和千斤顶的行程确定。

　　3　钢管桩管内应满灌混凝土，桩管外宜做防腐处理，桩段之间的连接宜用焊接连接；钢筋混凝土预制桩，上、下桩节之间宜用预埋插筋并采用硫磺胶泥接桩，或采用上、下桩节预埋铁件焊接成桩。

　　4　桩的平面布置，应根据既有建筑的墙体和基础形式及荷载大小确定，可采用一字形、三角形、正方形或梅花形等布置方式，应避开门窗等墙体薄弱部位，且应设置在结构受力节点位置。

　　5　当既有建筑基础承力不能满足压桩反力时，应对原基础进行加固，增设钢筋混凝土地梁、型钢梁或钢筋混凝土垫块，加强基础结构的承载力和刚度。

11.6.3　坑式静压桩施工，应符合下列规定：

　　1　施工时，先在贴近被加固建筑物的一侧开挖

竖向工作坑，对砂土或软弱土等地基应进行坑壁支护，并在基础梁、承台梁或直接在基础底面下开挖竖向工作坑。

　　2　压桩施工时，应在第一节桩桩顶上安置千斤顶及测力传感器，再驱动千斤顶压桩，每压入下一节桩后，再接上一节桩。

　　3　钢管桩各节的连接处可采用套管接头；当钢管桩较长或土中有障碍物时，需采用焊接接头，整个焊口（包括套管接头）应为满焊；预制钢筋混凝土方桩，桩尖可将主筋合拢焊在桩尖辅助钢筋上，在密实砂和碎石类土中，可在桩尖处包以钢板桩靴，桩与桩间接头，可采用焊接或硫磺胶泥接头。

　　4　桩位允许偏差应为 ±20mm；桩节垂直度允许偏差不应大于桩节长度的 1%。

　　5　桩尖到达设计深度后，压桩力不得小于单桩竖向承载力特征值的 2 倍，且持续时间不应少于 5min。

　　6　封桩可采用预应力法或非预应力法施工：

　　　1）对钢筋混凝土方桩，压桩达到设计深度后，应采用 C30 微膨胀早强混凝土将桩与原基础浇筑成整体；

　　　2）当施加预应力封桩时，可采用型钢支架托换，再浇筑混凝土；对钢管桩，应根据工程要求，在钢管内浇筑微膨胀早强混凝土，最后用混凝土将桩与原基础浇筑成整体。

11.6.4　坑式静压桩质量检验，应符合下列规定：

　　1　最终压桩力与压桩深度，应符合设计要求。

　　2　桩材试块强度，应符合设计要求。

11.7　注　浆　加　固

11.7.1　注浆加固适用于砂土、粉土、黏性土和人工填土等地基加固。

11.7.2　注浆加固设计前，宜进行室内浆液配比试验和现场注浆试验，确定设计参数和检验施工方法及设备；有地区经验时，可按地区经验确定设计参数。

11.7.3　注浆加固设计，应符合下列规定：

　　1　劈裂注浆加固地基的浆液材料可选用以水泥为主剂的悬浊液，或选用水泥和水玻璃的双液型混合液。防渗堵漏注浆的浆液可选用水玻璃、水玻璃与水泥的混合液或化学浆液，不宜采用对环境有污染的化学浆液。对有地下水流动的地基土层加固，不宜采用单液水泥浆，宜采用双液注浆或其他初凝时间短的速凝配方。压密注浆可选用低坍落度的水泥砂浆，并应设置排水通道。

　　2　注浆孔间距应根据现场试验确定，宜为 1.2m～2.0m；注浆孔可布置在基础内、外侧或基础内，基础内注浆后，应采取措施对基础进行封孔。

　　3　浆液的初凝时间，应根据地基土质条件和注浆目的确定，砂土地基中宜为 5min～20min，黏性土

地基中宜为1h~2h。

4 注浆量和注浆有效范围的初步设计，可按经验公式确定。施工图设计前，应通过现场注浆试验确定。在黏性土地基中，浆液注入率宜为15%~20%。注浆点上的覆盖土厚度不应小于2.0m。

5 劈裂注浆的注浆压力，在砂土中宜为0.2MPa~0.5MPa，在黏性土中宜为0.2MPa~0.3MPa；对压密注浆，水泥砂浆浆液坍落度宜为25mm~75mm，注浆压力宜为1.0MPa~7.0MPa。当采用水泥-水玻璃双液快凝浆液时，注浆压力不应大于1MPa。

11.7.4 注浆加固施工，应符合下列规定：

1 施工场地应预先平整，并沿钻孔位置开挖沟槽和集水坑。

2 注浆施工时，宜采用自动流量和压力记录仪，并应及时对资料进行整理分析。

3 注浆孔的孔径宜为70mm~110mm，垂直度偏差不应大于1%。

4 花管注浆施工，可按下列步骤进行：

 1）钻机与注浆设备就位；

 2）钻孔或采用振动法将花管置入土层；

 3）当采用钻孔法时，应从钻杆内注入封闭泥浆，插入孔径为50mm的金属花管；

 4）待封闭泥浆凝固后，移动花管自下向上或自上向下进行注浆。

5 塑料阀管注浆施工，可按下列步骤进行：

 1）钻机与灌浆设备就位；

 2）钻孔；

 3）当钻孔钻到设计深度后，从钻杆内灌入封闭泥浆，或直接采用封闭泥浆钻孔；

 4）插入塑料单向阀管到设计深度。当注浆孔较深时，阀管中应加入水，以减小阀管插入土层时的弯曲；

 5）待封闭泥浆凝固后，在塑料阀管中插入双向密封注浆芯管，再进行注浆，注浆时，应在设计注浆深度范围内自下而上（或自上而下）移动注浆芯管；

 6）当使用同一塑料阀管进行反复注浆时，每次注浆完毕后，应用清水冲洗塑料阀管中的残留浆液。对于不宜采用清水冲洗的场地，宜用陶土浆灌满阀管内。

6 注浆管注浆施工，可按下列步骤进行：

 1）钻机与灌浆设备就位；

 2）钻孔或采用振动法将金属注浆管压入土层；

 3）当采用钻孔法时，应从钻杆内灌入封闭泥浆，然后插入金属注浆管；

 4）待封闭泥浆凝固后（采用钻孔法时），捅去金属管的活络堵头进行注浆，注浆时，应在设计注浆深度范围内，自下而上移动注浆管。

7 低坍落度砂浆压密注浆施工，可按下列步骤进行：

 1）钻机与灌浆设备就位；

 2）钻孔或采用振动法将金属注浆管置入土层；

 3）向底层注入低坍落度水泥砂浆，应在设计注浆深度范围内，自下而上移动注浆管。

8 封闭泥浆的7d立方体试块的抗压强度应为0.3MPa~0.5MPa，浆液黏度应为80″~90″。

9 注浆用水泥的强度等级不宜小于32.5级。

10 注浆时可掺用粉煤灰，掺入量可为水泥重量的20%~50%。

11 根据工程需要，浆液拌制时，可根据下列情况加入外加剂：

 1）加速浆体凝固的水玻璃，其模数应为3.0~3.3。水玻璃掺量应通过试验确定，宜为水泥用量的0.5%~3%；

 2）为提高浆液扩散能力和可泵性，可掺加表面活性剂（或减水剂），其掺加量应通过试验确定；

 3）为提高浆液均匀性和稳定性，防止固体颗粒离析和沉淀，可掺加膨润土，膨润土掺加量不宜大于水泥用量的5%；

 4）可掺加早强剂、微膨胀剂、抗冻剂、缓凝剂等，其掺加量应分别通过试验确定。

12 注浆用水不得采用pH值小于4的酸性水或工业废水。

13 水泥浆的水灰比宜为0.6~2.0，常用水灰比为1.0。

14 劈裂注浆的流量宜为7L/min~15L/min。充填型灌浆的流量不宜大于20L/min。压密注浆的流量宜为10L/min~40L/min。

15 注浆管上拔时，宜使用拔管机。塑料阀管注浆时，注浆芯管每次上拔高度应与阀管开孔间距一致，且宜为330mm；花管或注浆管注浆时，每次上拔或下钻高度宜为300mm~500mm；采用砂浆压密注浆，每次上拔高度宜为400mm~600mm。

16 浆体应经过搅拌机充分搅拌均匀后，方可开始压注。注浆过程中，应不停缓慢搅拌，搅拌时间不应大于浆液初凝时间。浆液在泵送前，应经过筛网过滤。

17 在日平均温度低于5℃或最低温度低于-3℃的条件下注浆时，应在施工现场采取保温措施，确保浆液不冻结。

18 浆液水温不得超过35℃，且不得将盛浆桶和注浆管路在注浆体静止状态暴露于阳光下，防止浆液凝固。

19 注浆顺序应根据地基土质条件、现场环境、周边排水条件及注浆目的等确定，并应符合下列

规定：

1）注浆应采用先外围后内部的跳孔间隔的注浆施工，不得采用单向推进的压注方式；

2）对有地下水流动的土层注浆，应自水头高的一端开始注浆；

3）对注浆范围以外有边界约束条件时，可采用从边界约束远侧往近侧推进的注浆的方式，深度方向宜由下向上进行注浆；

4）对渗透系数相近的土层注浆，应先注浆封顶，再由下至上进行注浆。

20 既有建筑地基注浆时，应对既有建筑及其邻近建筑、地下管线和地面的沉降、倾斜、位移和裂缝进行监测，且应采用多孔间隔注浆和缩短浆液凝固时间等技术措施，减少既有建筑基础、地下管线和地面因注浆而产生的附加沉降。

11.7.5 注浆加固地基的质量检验，应符合下列规定：

1 注浆检验时间应在注浆施工结束 28d 后进行。质量检测方法可用标准贯入试验、静力触探试验、轻便触探试验或静载荷试验对加固地层进行检测。对注浆效果的评定，应注重注浆前后数据的比较，并结合建筑物沉降观测结果综合评价注浆效果。

2 应在加固土的全部深度范围内，每间隔 1.0m 取样进行室内试验，测定其压缩性、强度或渗透性。

3 注浆检验点应设在注浆孔之间，检测数量应为注浆孔数的 2%～5%。当检验点合格率小于或等于 80%，或虽大于 80% 但检验点的平均值达不到强度或防渗的设计要求时，应对不合格的注浆区实施重复注浆。

4 应对注浆凝固体试块进行强度试验。

11.8 石 灰 桩

11.8.1 石灰桩适用于加固地下水位以下的黏性土、粉土、松散粉细砂、淤泥、淤泥质土、杂填土或饱和黄土等地基加固，对重要工程或地质条件复杂而又缺乏经验的地区，施工前，应通过现场试验确定其适用性。

11.8.2 石灰桩加固设计，应符合下列规定：

1 石灰桩桩身材料宜采用生石灰和粉煤灰（火山灰或其他掺合料）。生石灰氧化钙含量不得低于 70%，含粉量不得超过 10%，最大块径不得大于 50mm。

2 石灰桩的配合比（体积比）宜为生石灰：粉煤灰＝1：1、1：1.5 或 1：2。为提高桩身强度，可掺入适量水泥、砂或石屑。

3 石灰桩桩径应由成孔机具确定。桩距宜为 2.5 倍～3.5 倍桩径，桩的布置可按三角形或正方形布置。石灰桩地基处理的范围应比基础的宽度加宽 1 排～2 排桩，且不小于加固深度的一半。石灰桩桩长

应由加固目的和地基土质等决定。

4 成桩时，石灰桩材料的干密度 ρ_d 不应小于 1.1t/m³，石灰桩每延米灌灰量可按下式估算：

$$q = \eta_c \frac{\pi d^2}{4} \qquad (11.8.2)$$

式中：q——石灰桩每延米灌灰量（m³/m）；

η_c——充盈系数，可取 1.4～1.8。振动管外投料成桩取高值；螺旋钻成桩取低值；

d——设计桩径（m）。

5 在石灰桩顶部宜铺设 200mm～300mm 厚的石屑或碎石垫层。

6 复合地基承载力和变形计算，应符合现行行业标准《建筑地基处理技术规范》JGJ 79 的有关规定。

11.8.3 石灰桩施工，应符合下列规定：

1 根据加固设计要求、土质条件、现场条件和机具供应情况，可选用振动成桩法（分管内填料成桩和管外填料成桩）、锤击成桩法、螺旋钻成桩法或洛阳铲成桩工艺等。桩位中心点的允许偏差不应超过桩距设计值的 8%，桩的垂直度允许偏差不应大于桩长的 1.5%。

2 采用振动成桩法和锤击成桩法施工时，应符合下列规定：

1）采用振动管内填料成桩法时，为防止生石灰膨胀堵住桩管，应加压缩空气装置及空中加料装置；管外填料成桩，应控制每次填料数量及沉管的深度；采用锤击成桩法时，应根据锤击的能量，控制分段的填料量和成桩长度；

2）桩顶上部空孔部分，应采用 3：7 灰土或素土填孔封顶。

3 采用螺旋钻成桩法施工时，应符合下列规定：

1）根据成孔时电流大小和土质情况，检验场地情况与原勘察报告和设计要求是否相符；

2）钻杆达设计要求深度后，提钻检查成孔质量，清除钻杆上泥土；

3）施工过程中，将钻杆沉入孔底，钻杆反转，叶片将填料边搅拌边压入孔底，钻杆被压密的填料逐渐顶起，钻尖升至离地面 1.0m～1.5m 或预定标高后停止填料，用 3：7 灰土或素土封顶。

4 洛阳铲成桩法适用于施工场地狭窄的地基加固工程。洛阳铲成桩直径可为 200mm～300mm，每层回填料厚度不宜大于 300mm，用杆状重锤分层夯实。

5 施工过程中，应设专人监测成孔及回填料的质量，并做好施工记录。如发现地基土质与勘察资料不符时，应查明情况并采取有效处理措施后，方可继续施工。

6 当地基土含水量很高时，石灰桩应由外向内

或沿地下水流方向施打，且宜采用间隔跳打施工。

11.8.4 石灰桩质量检验，应符合下列规定：

1 施工时，应及时检查施工记录。当发现回填料不足，缩径严重时，应立即采取补救处理措施。

2 施工过程中，应检查施工现场有无地面隆起异常及漏桩现象；并应按设计要求，抽查桩位、桩距，详细记录，对不符合质量要求的石灰桩，应采取补救处理措施。

3 质量检验可在施工结束 28d 后进行。检验方法可采用标准贯入、静力触探以及钻孔取样室内试验等测试方法，检测项目应包括桩体和桩间土强度，验算复合地基承载力。

4 对重要或大型工程，应进行复合地基载荷试验。

5 石灰桩的检验数量不应少于总桩数的 2%，且不得少于 3 根。

11.9 其他地基加固方法

11.9.1 旋喷桩适用于处理淤泥、淤泥质土、黏性土、粉土、砂土、黄土、素填土和碎石土等地基。对于砾石粒径过大，含量过多及淤泥、淤泥质土有大量纤维质的腐殖土等，应通过现场试验确定其适用性。

11.9.2 灰土挤密桩适用于处理地下水位以上的粉土、黏性土、素填土、杂填土和湿陷性黄土等地基。

11.9.3 水泥土搅拌桩适用于处理正常固结的淤泥与淤泥质土、素填土、软—可塑黏性土、松散—中密粉细砂、稍密—中密粉土、松散—稍密中粗砂、饱和黄土等地基。

11.9.4 硅化注浆可分双液硅化法和单液硅化法。当地基土为渗透系数大于 2.0m/d 的粗颗粒土时，可采用双液硅化法（水玻璃和氯化钙）；当地基的渗透系数为 0.1m/d～2.0m/d 的湿陷性黄土时，可采用单液硅化法（水玻璃）；对自重湿陷性黄土，宜采用无压力单液硅化法。

11.9.5 碱液注浆适用于处理非自重湿陷性黄土地基。

11.9.6 人工挖孔混凝土灌注桩适用于地基变形过大或地基承载力不足等情况的基础托换加固。

11.9.7 旋喷桩、灰土挤密桩、水泥土搅拌桩、硅化注浆、碱液注浆的设计与施工应符合现行行业标准《建筑地基处理技术规范》JGJ 79 的有关规定。人工挖孔混凝土灌注桩的设计与施工应符合现行行业标准《建筑桩基技术规范》JGJ 94 的有关规定。

12 检验与监测

12.1 一般规定

12.1.1 既有建筑地基基础加固工程，应按设计要求及现行国家标准《建筑地基基础工程施工质量验收规范》GB 50202 的规定进行质量检验。

12.1.2 对既有建筑地基基础加固工程，当监测数据出现异常时，应立即停止施工，分析原因，必要时采取调整既有建筑地基基础加固设计或施工方案的技术措施。

12.2 检 验

12.2.1 既有建筑地基基础加固施工，基槽开挖后，应进行地基检验。当发现与勘察报告和设计文件不一致，或遇到异常情况时，应结合地质条件，提出处理意见；对加固设计参数取值、施工方案实施影响大时，应进行补充勘察。

12.2.2 应对新、旧基础结构连接构件进行检验，并提供隐蔽工程检验报告。

12.2.3 基础补强注浆加固基础，应在基础补强后，对基础钻芯取样进行检验。

12.2.4 采用锚杆静压桩、坑式静压桩，应进行下列检验：

1 桩节的连接质量。

2 桩顶标高、桩位偏差等。

3 最终压桩力及压入深度。

12.2.5 采用现浇混凝土施工的树根桩、混凝土灌注桩，应进行下列检验：

1 提供经确认的原材料力学性能检验报告，混凝土试件留置数量及制作养护方法、混凝土抗压强度试验报告，钢筋笼制作质量检验报告等。

2 桩顶标高、桩位偏差等。

3 对桩的承载力应进行静载荷试验检验。

12.2.6 注浆加固施工后，应进行下列检验：

1 采用钻孔取样检验，室内试验测定加固体的抗剪强度、压缩模量等，检验地基土加固土层的均匀性。

2 加固后地基土承载力的静载荷试验；有地区经验时，可采用标准贯入试验、静力触探试验，并结合地区经验进行加固后地基土承载力检验。

12.2.7 复合地基加固施工后，应对地基处理的施工质量进行检验：

1 桩顶标高、桩位偏差等。

2 增强体的密实度或强度。

3 复合地基承载力的静载荷试验，增强体承载力和桩身完整性检验。

12.2.8 纠倾加固和移位加固施工，应对顶升梁或托换梁的施工质量进行检验。

12.2.9 托换加固施工，应对托换结构以及连接构造进行检验，并提供隐蔽工程检验报告。

12.3 监 测

12.3.1 既有建筑地基基础加固施工时，应对影响范

围内的周边建筑物、地下管线等市政设施的沉降和位移进行监测。

12.3.2 既有建筑地基基础加固施工降水对周边环境有影响时，应对有影响的建筑物及地下管线、道路进行沉降监测，对地下水位的变化进行监测。

12.3.3 外套结构增层，应对外套结构新增荷载引起的既有建筑附加沉降进行监测。

12.3.4 迫降纠倾施工，应在施工过程中对建筑物的沉降、倾斜值及结构构件的变形、裂缝进行监测，直到纠倾施工结束，监测周期应根据纠倾速率确定。

12.3.5 顶升纠倾施工，应在施工过程中对建筑物的倾斜值，结构构件的变形、裂缝以及千斤顶的工作状态进行监测，必要时，应对结构的内力进行监测。

12.3.6 移位施工过程中，应对建筑物结构构件的变形、裂缝以及施力系统的工作状态进行实时监测，必要时，应对结构的内力进行监测。

12.3.7 托换加固施工，应对建筑的沉降、倾斜、裂缝进行监测，必要时，应对建筑的水平移位或结构内力（或应变）进行监测。

12.3.8 注浆加固施工，应对施工引起的建筑物附加沉降进行监测。

12.3.9 采用加大基础底面积、加深基础进行基础加固时，应对开挖施工槽段内结构的变形和裂缝情况进行监测。

附录 A 既有建筑基础下地基土载荷试验要点

A.0.1 本试验要点适用于测定地下水位以上既有建筑地基的承载力和变形模量。

A.0.2 试验压板面积宜取 $0.25m^2 \sim 0.50m^2$，基坑宽度不应小于压板宽度或压板直径的 3 倍。试验时，应保持试验土层的原状结构和天然湿度。在试压土层的表面，宜铺不大于 20mm 厚的中、粗砂层找平。

A.0.3 试验位置应在承重墙的基础下，加载反力可利用建筑物的自重，使千斤顶上的测力计直接与基础下钢板接触（图 A.0.3）。钢板大小和厚度，可根据基础材料强度和加载大小确定。

A.0.4 在含水量较大或松散的地基土中挖试验坑时，应采取坑壁支护措施。

A.0.5 加载分级、稳定标准、终止加载条件和承载力取值，应按现行国家标准《建筑地基基础设计规范》GB 50007 的规定执行。

A.0.6 在试验挖坑时，可同时取土样检验其物理力学性质，并对地基承载力取值和地基变形进行综合

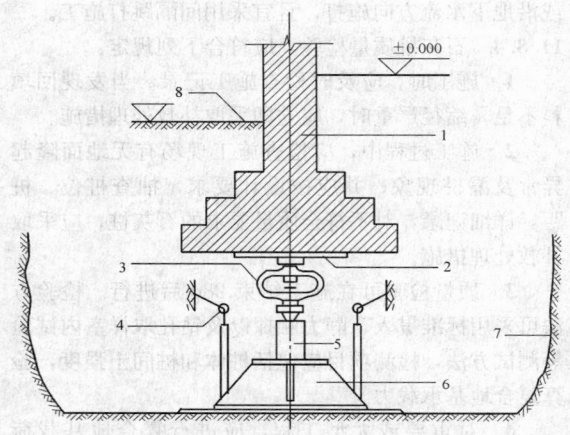

图 A.0.3 载荷试验示意

1—建筑物基础；2—钢板；3—测力计；4—百分表；
5—千斤顶；6—试验压板；7—试坑壁；8—室外地坪

分析。

A.0.7 当既有建筑基础下有垫层时，试验压板应埋置在垫层下的原土层上。

A.0.8 试验结束后，应及时采用低强度等级混凝土将基坑回填密实。

附录 B 既有建筑地基承载力持载再加荷载荷试验要点

B.0.1 本试验要点适用于测定既有建筑基础再增加荷载时的地基承载力和变形模量。

B.0.2 试验压板可取方形或圆形。压板宽度或压板直径，对独立基础、条形基础应取基础宽度。对基础宽度大，试验条件不满足时，应考虑尺寸效应对检测结果的影响，并结合结构和基础形式以及地基条件综合分析，确定地基承载力和地基变形模量；当场地地基无软弱下卧层时，可用小尺寸压板的试验确定，但试验压板的面积不宜小于 $2.0m^2$。

B.0.3 试验位置应在与原建筑物地基条件相同的场地进行，并应尽量靠近既有建筑物。试验压板的底标高应与原建筑物基础底标高相同。试验时，应保持试验土层的原状结构和天然湿度。

B.0.4 在试压土层的表面，宜铺不大于 20mm 厚的中、粗砂层找平。基坑宽度不应小于压板宽度或压板直径的 3 倍。

B.0.5 试验使用的荷载稳压设备稳压偏差允许值不应大于施加荷载的 $\pm1\%$；沉降观测仪表 24h 的漂移值不应大于 0.2mm。

B.0.6 加载分级、稳定标准、终止加载条件应按现行国家标准《建筑地基基础设计规范》GB 50007 的规定执行。试验加荷至原基底使用荷载压力时应进行持载。持载时，应继续进行沉降观测。持载时间不得

少于 7d。然后再继续分级加载,直至试验完成。

B.0.7 在含水量较大或松散的地基土中挖试验坑时,应采取坑壁支护措施。

B.0.8 既有建筑再加荷地基承载力特征值的确定,应符合下列规定:

    1 当再加荷压力-沉降曲线上有比例界限时,取该比例界限所对应的荷载值。

    2 当极限荷载小于对应比例界限的荷载值的 2 倍时,取极限荷载值的一半。

    3 当不能按上述两款要求确定时,可取再加荷压力-沉降曲线上 $s/b=0.006$ 或 $s/d=0.006$ 所对应的荷载,但其值不应大于最大加载量的一半。

    4 取建筑物地基的允许变形值对应的荷载值。

    注:s 为载荷板沉降值;b、d 分别为载荷板的宽度或直径。

B.0.9 同一土层参加统计的试验点不应少于 3 点,各试验实测值的极差不得超过其平均值的 30%,取平均值作为该土层的既有建筑再加荷的地基承载力特征值。既有建筑再加荷的地基变形模量,可按比例界限所对应的荷载值和变形进行计算,或按规定的变形对应的荷载值进行计算。

附录 C 既有建筑桩基础单桩承载力持载再加荷载荷试验要点

C.0.1 本试验要点适用于测定既有建筑桩基础再增加荷载时的单桩承载力。

C.0.2 试验桩应在与原建筑物地基条件相同的场地,并应尽量靠近既有建筑物,按原设计的尺寸、长度、施工工艺制作。开始试验的时间:桩在砂土中入土 7d 后;黏性土不得少于 15d;对于饱和软黏土不得少于 25d;灌注桩应在桩身混凝土达到设计强度后,方能进行。

C.0.3 加载反力装置,试桩、锚桩和基准桩之间的中心距离,加载分级,稳定标准,终止加载条件,卸载观测应按现行国家标准《建筑地基基础设计规范》GB 50007 的规定执行。试验加荷至原基桩使用荷载时,应进行持载。持载时,应继续进行沉降观测。持载时间不得少于 7d。然后再继续分级加载,直至试验完成。

C.0.4 试验使用的荷载稳压设备稳压偏差允许值不应大于施加荷载的 ±1%;沉降观测仪表 24h 的漂移值不应大于 0.2mm。

C.0.5 既有建筑再加荷的单桩竖向极限承载力确定,应符合下列规定:

    1 作再加荷的荷载-沉降(Q-s)曲线和其他辅助分析所需的曲线。

    2 当曲线陡降段明显时,取相应于陡降段起点的荷载值。

    3 当出现 $\dfrac{\Delta s_{n+1}}{\Delta s_n} \geqslant 2$ 且经 24h 尚未达到稳定而终止试验时,取终止试验的前一级荷载值。

    4 Q-s 曲线呈缓变型时,取桩顶总沉降量 s 为 40mm 所对应的荷载值。

    5 按上述方法判断有困难时,可结合其他辅助分析方法综合判定。对桩基沉降有特殊要求时,应根据具体情况选取。

    6 参加统计的试桩,当满足其极差不超过平均值的 30% 时,可取其平均值作为单桩竖向极限承载力。极差超过平均值的 30% 时,宜增加试桩数量,并分析离差过大的原因,结合工程具体情况,确定极限承载力。对桩数为 3 根及 3 根以下的柱下桩台,取最小值。

C.0.6 再加荷的单桩竖向承载力特征值的确定,应符合下列规定:

    1 当再加荷压力-沉降曲线上有比例界限时,取该比例界限所对应的荷载值。

    2 当极限荷载小于对应比例界限荷载值的 2 倍时,取极限荷载值的一半。

    3 当按既有建筑单桩允许变形进行设计时,应按 Q-s 曲线上允许变形对应的荷载确定。

本规范用词说明

    1 为便于在执行本规范条文时区别对待,对要求严格程度不同的用词说明如下:

      1) 表示很严格,非这样做不可的:

        正面词采用"必须",反面词采用"严禁";

      2) 表示严格,在正常情况下均应这样做的:

        正面词采用"应",反面词采用"不应"或"不得";

      3) 表示允许稍有选择,在条件许可时首先应这样做的:

        正面词采用"宜",反面词采用"不宜";

      4) 表示有选择,在一定条件可以这样做的,采用"可"。

    2 条文中指明应按其他有关标准执行的写法为:"应按……执行"或"应符合……的规定"。

引用标准名录

    1 《砌体结构设计规范》GB 50003

    2 《建筑地基基础设计规范》GB 50007

    3 《建筑结构荷载规范》GB 50009

    4 《混凝土结构设计规范》GB 50010

5 《建筑抗震设计规范》GB 50011

6 《湿陷性黄土地区建筑规范》GB 50025

7 《建筑地基基础工程施工质量验收规范》GB 50202

8 《混凝土结构加固设计规范》GB 50367

9 《建筑变形测量规范》JGJ 8

10 《建筑地基处理技术规范》JGJ 79

11 《建筑桩基技术规范》JGJ 94

中华人民共和国行业标准

既有建筑地基基础加固技术规范

JGJ 123—2012

条 文 说 明

修 订 说 明

《既有建筑地基基础加固技术规范》JGJ 123 - 2012，经住房和城乡建设部 2012 年 8 月 23 日以第 1452 号公告批准、发布。

本规范是在《既有建筑地基基础加固技术规范》JGJ 123 - 2000 的基础上修订而成的，上一版的主编单位是中国建筑科学研究院，参编单位是同济大学、北方交通大学、福建省建筑科学研究院，主要起草人员是张永钧、叶书麟、唐业清、侯伟生。本次修订的主要技术内容是：1. 既有建筑地基基础加固设计的基本规定；2. 邻近新建建筑、深基坑开挖、新建地下工程对既有建筑产生影响时，对既有建筑采取的保护措施；3. 不同加固方法的承载力和变形计算方法；4. 托换加固；5. 地下水位变化过大引起的事故预防与补救；6. 检验与监测要求；7. 既有建筑地基承载力持载再加荷载荷试验要点；8. 既有建筑桩基础单桩承载力持载再加荷载荷试验要点；9. 既有建筑地基基础鉴定评价要求；10. 增层改造、事故预防和补救、加固方法等。

本次规范修订过程中，编制组进行了广泛的调查研究，总结了我国建筑地基基础领域的实践经验，同时参考了国外先进技术法规、技术标准，通过调研、征求意见及工程试算，对增加和修订内容的反复讨论、分析、论证，取得了重要技术参数。

为便于广大设计、施工、科研、学校等单位有关人员在使用本规范时能正确理解和执行条文规定，《既有建筑地基基础加固技术规范》编制组按章、节、条顺序编制了本规范的条文说明，对条文规定的目的、依据以及执行中需注意的有关事项进行了说明，还着重对强制性条文的强制性理由作了解释。但是，本条文说明不具备与规范正文同等的法律效力，仅供使用者作为理解和把握规范规定的参考。

目　　次

1 总　则

1.0.1 根据我国情况，既有建筑因各种原因需要进行地基基础加固者，从建造年代来看，除少数古建筑和新中国成立前建造的建筑外，绝大多数是新中国成立以来建造的建筑，其中又以新中国成立初期至20世纪70年代末建造的建筑占主体，改革开放以来建造的大量建筑，也有一小部分需要进行加固。就建筑类型而言，有工业建筑和构筑物，也有公用建筑和大量住宅建筑。因而，需要进行地基基础加固的既有建筑范围很广、数量很多、工程量很大、投资很高。因此，既有建筑地基基础加固的设计和施工必须认真贯彻国家的各项技术经济政策，做到技术先进、经济合理、安全适用、确保质量、保护环境。

1.0.2 本条规定了规范的适用范围。增加荷载包括加固改造增加的荷载以及直接增层增加的荷载；自然灾害包括地震、风灾、水灾、泥石流、海啸等。

3 基本规定

3.0.1 本条是对地基基础加固的设计、施工、质量检测的总体要求。既有建筑使用后地基土经压密固结作用后，其工程性质与天然地基不同，应根据既有建筑地基基础的工作性状制定设计方案和施工组织设计，精心施工，保证加固后的建筑安全使用。

3.0.2 既有建筑在进行加固设计和施工之前，应先对地基、基础和上部结构进行鉴定，根据鉴定结果，确定加固的必要性和可能性，针对地基、基础和上部结构的现状分析和评价，进行加固设计，制定施工方案。

3.0.3 本条是对既有建筑地基基础加固前应取得资料的规定。

3.0.4 本条是对既有建筑地基基础加固设计的要求。既有建筑地基基础加固设计，应满足地基承载力、变形和稳定性要求。既有建筑在荷载作用下地基土已固结压密，再加荷时的荷载分担、基底反力分布与直接加荷的天然地基不同，应按新老地基基础的共同作用分析结果进行地基基础加固设计。

3.0.5 邻近新建建筑、深基坑开挖、新建地下工程对既有建筑产生影响时，改变了既有建筑地基基础的设计条件，一方面应在邻近新建建筑、深基坑开挖、新建地下工程设计时对既有建筑地基基础的原设计进行复核，同时在邻近新建建筑、深基坑开挖、新建地下工程自身的结构设计时应对其长期荷载作用的荷载取值、变形条件考虑既有建筑的作用。不满足时，应优先采取调整邻近新建建筑的规划设计、新建地下工程施工方案、深基坑开挖支挡、地下墙（桩）隔离地基应力和变形等对既有建筑的保护措施，需要时应进

行既有建筑地基基础或上部结构加固。

3.0.6 在选择地基基础加固方案时，本条强调应根据所列各种因素对初步选定的各种加固方案进行对比分析，选定最佳的加固方法。

大量工程实践证明，在进行地基基础设计时，采用加强上部结构刚度和承载力的方法，能减少地基的不均匀变形，取得较好的技术经济效果。因此，在选择既有建筑地基基础加固方案时，同样也应考虑上部结构、基础和地基的共同作用，采取切实可行的措施，既可降低费用，又可收到满意的效果。

3.0.7 地基基础加固使用的材料，包括水泥、碱液以及硅酸钠以及其他胶结材料等，应符合环境保护要求，根据场地类别不同加固方法形成的增强体或基础结构应符合耐久性设计要求。

3.0.8 根据现行国家标准《工程结构可靠性设计统一标准》GB 50153 的要求，既有建筑加固后的地基基础设计使用年限应满足加固后的建筑物设计使用年限。

3.0.9 纠倾加固、移位加固、托换加固施工过程可能对结构产生损伤或产生安全隐患，必须设置现场监测系统，监测纠倾变位、移位变位和结构的变形，根据监测结果及时调整设计和施工方案，必要时启动应急预案，保证工程按设计完成。目前按工程建设需要，纠倾加固、移位加固、托换加固工程的设计图纸和施工组织设计，均应进行专项审查，通过审查后方可实施。

3.0.10 既有建筑地基基础加固的施工，一般来说，具有技术要求高、施工难度大、场地条件差、不安全因素多、风险大等特点，本条特别强调施工人员应具备较高的素质。施工过程中除了应有专人负责质量控制外，还应有专人负责严密的监测，当出现异常情况时，应采取果断措施，以免发生安全事故。

3.0.11 既有建筑进行地基基础加固时，沉降观测是一项必须做的工作，它不仅是施工过程中进行监测的重要手段，而且是对地基基础加固效果进行评价和工程验收的重要依据。由于地基基础加固过程中容易引起对周围土体的扰动，因此，施工过程中对邻近建筑和地下管线也应进行监测。沉降观测终止时间应按设计要求确定，或按国家现行标准《工程测量规范》GB 50026 和《建筑变形测量规范》JGJ 8 的有关规定确定。

4 地基基础鉴定

4.1 一般规定

4.1.1 既有建筑地基基础进行鉴定可采用以下步骤（图1）：

由于现场实际情况的变化，鉴定程序可根据实际

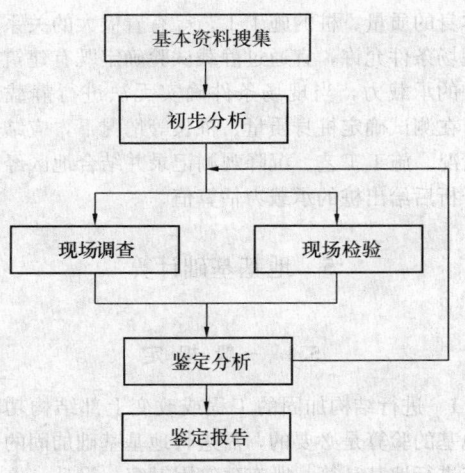

图 1　鉴定工作程序框图

情况调整。例如：所鉴定的既有建筑基本资料严重缺失，则首先应进行现场调查，根据调查的情况分析确定现场检验方法和内容。根据现场调查及现场检验获得的资料作出分析，根据分析结果再到现场进行进一步的调查和必要的现场检验，才可能给出鉴定结论。现场调查情况与搜集的资料不符或在现场检验后发现新的问题而需要进一步的检验。

4.1.2　由于地基基础的隐蔽性，现场检验困难、复杂，不可能进行大面积的现场检验，在进行现场检验前，应首先在所掌握的基本资料基础上进行初步分析，根据初步分析的结果，确定下一步现场检验的工作重点和工作内容，并根据现场实际情况确定可以采用的现场检验方法。无论是资料搜集还是现场调查都应围绕加固的目的结合初步分析结果进行。资料搜集和现场调查过程中可能发生对初步分析结果更进一步深入的分析结果，两者应结合进行。

4.1.3、4.1.4　当根据所搜集和调查的资料仍无法对既有建筑的地基基础作出正确评价时，应进行现场检验和沉降观测，严禁凭空推断而得出鉴定结论。

　　基础的沉降是反映地基基础情况的一个最直接的综合指标，而目前往往无法获得连续的、真实的沉降观测资料。当既有建筑的变形仍在发展，根据当前状况得出的鉴定结果并不能代表既有建筑以后的情况，也需要进一步进行沉降观测。

　　当需要了解历史沉降情况而缺乏有效的沉降资料时，也可根据设计标高结合现场调查情况依照当地经验进行估算。

4.1.5　分析评价是鉴定工作的重要内容之一，需要根据所得到的资料围绕加固的目的、结合当地经验进行综合分析。除了给出既有建筑地基基础的承载力、变形、稳定性和耐久性的分析评价外，尚应根据加固目的的不同进行下列相应的分析评价：

　　1　因勘察、设计、施工或因使用不当而进行的既有建筑地基基础加固，应在充分了解引起建筑物开

裂、沉降、倾斜的原因后，才能针对原因提出合理有效的加固方法，因此，对于此类加固，应分析引起既有建筑的开裂、沉降、倾斜的原因，以便确定合理有效的加固方法。

　　2　增加荷载、纠倾、移位、改建、古建筑保护而进行的既有建筑地基基础加固，只有在对既有建筑地基基础的实际承载力和改造、保护的要求比较后，才能确定出既有建筑的地基基础是否需要进行加固及如何加固，故此类加固应针对改造、保护的要求，结合既有建筑的地基基础的现状，来比较分析既有建筑改造、保护时地基加固的必要性。

　　3　遭受邻近新建建筑、深基坑开挖、新建地下工程或自然灾害的影响而进行的既有建筑地基基础加固，应首先分析清楚对既有建筑地基基础已造成的影响和仍然存在的影响情况后，才能采取有效措施消除已经造成的影响和避免进一步的影响，所以对于该类地基基础加固应对既有建筑的影响情况作出分析评价。

　　另外，对既有建筑地基基础进行鉴定的主要目的就是为了进行既有建筑地基基础加固，因此，对既有建筑地基基础的分析评价尚应结合现场条件来分析不同地基基础加固方法的适用性和可行性，以便给出建议的地基基础加固方法；当涉及上部结构的问题时，应对上部结构鉴定和加固的必要性进行分析，必要时提出进行上部结构鉴定和加固的建议。

4.1.6　本条规定为鉴定报告应该包含的基本内容。为了使得鉴定报告内容完整，有针对性，报告的内容有时尚应包括必要的情况说明甚至证明材料等。

　　鉴定结论是鉴定报告的核心内容，必须叙述用词规范、表达内容明确。同时为了使得鉴定报告确实能够对既有建筑地基基础加固的设计和施工起到一定的指导作用，鉴定结论的内容除了给出对既有建筑地基基础的评价外，尚应给出对加固设计和施工方法的建议。

　　鉴定报告应包含调查资料及现场测试数据和曲线，以及必要的计算分析过程和分析评价结果，严禁鉴定报告仅有鉴定结论而无数据和分析过程。

4.2　地　基　鉴　定

4.2.1　地基基础需要加固的原因与场地工程地质、水文地质情况以及由于环境条件变化或者是地下水的变化关系密切，这种情况需结合既有建筑原岩土工程勘察报告中提供的水文、岩土数据，结合现场调查和检验的结果，进行比较分析。

4.2.2　地基检验的方法应根据加固的目的和现场条件选用，作以下几点说明：

　　1　当有原岩土工程勘察报告且勘察报告的内容较齐全时，可补充少量代表性的勘探点和原位测试点，一方面用来验证原岩土工程勘察报告的数据，另

一方面比较前后水位、岩土的物理力学参数等变化情况。

2 对于一般的工程，测点在变形较大部位（如既有建筑的四个"大角"及对应建筑物的重心点位置）或其附近布置即可，而对于重要的既有建筑，应根据既有建筑的情况在中间部位增加 1 个～3 个测点。

当仅仅需要查明局部岩土情况时，也可仅仅在需要查明的部位布置 3 个～5 个测点。但当土层变化较大如探测原始冲沟的分布情况时，则需要根据情况增加测点。

3 当条件允许时宜在基础下取不扰动土样进行室内土的物理力学性质试验。当无地下水时勘探点应尽量采用人工挖槽的方法，该方法还可以利用开挖的坑槽对基础进行现场调查和检测。坑槽的布置应分段，严禁集中布置而对基础产生影响。

4 目前越来越多的物理勘探方法应用在工程测试中，但由于各种物探方法都有着这样或那样的局限，因此，实际工程中应采用物探方法与常规勘探方法相结合的方式来进行地基的检验测试，利用物探法快速方便的优点进行大面积检测，对物探检测发现的异常点采用常规勘探方法（如开挖、钻探等）来验证物探检测结果和确定具体数据。

5 对于重要的增加荷载如增层改造的建筑，应按本规范规定的方法通过现场荷载试验确定地基土的承载力特征值。

4.2.3 地基进行评价时地区经验很重要，应结合当地经验根据现场调查和检验结果进行综合分析评价。

4.3 基 础 鉴 定

4.3.1～4.3.3 基础为隐蔽工程，由于现场条件的限制，其检测不可能大面积展开，因此应根据初步分析结果结合现场调查情况，确定代表性的部位进行检测，现场检测可按下述方法步骤进行：

1 确定代表性的检查点位置。一般选取上部变形较大处、荷载较大处及上部结构对沉降敏感处对应的位置或附近作为代表性点，另选取 2 处～3 处一般性代表点，一般性代表点应随机均匀布置。

2 开挖目测检查基础的情况。

3 根据开挖检查的结果，根据现场实际条件选用合适的检测方法对基础进行结构检测，如基础为桩基时尚需进行基桩完整性和承载力检测。

4 对于重要的增加荷载如增层改造的建筑，采用桩基时应按本规范规定的方法通过现场载荷试验确定基桩的承载力特征值。

4.3.4 基础结构的评价，重点是结构承载力、完整性和耐久性评价。涉及地基评价的数据包括基础尺寸、埋深等，应给出检测评价结果。

桩的承载力不但和桩周土的性质有关，而且还和桩本身的质量、桩的施工工艺等有着极大的关系，如果现场条件允许，宜通过静载试验确定既有建筑桩基中桩的承载力，当现场条件确实无法进行静载试验时，在测试确定桩身质量、桩长等情况下，应结合地质情况、施工工艺、沉降观测记录并结合地区经验综合分析后给出桩的承载力估算值。

5 地基基础计算

5.1 一 般 规 定

5.1.1 进行结构加固的工程或改变上部结构功能时对地基的验算是必要的，需进行地基基础加固的工程均应进行地基计算。既有建筑因勘察、设计、施工或使用不当，增加荷载，遭受邻近新建建筑、深基坑开挖、新建地下工程或自然灾害的影响等可能产生对建筑物稳定性的不利影响，应进行稳定性计算。既有建筑地基基础加固或增加荷载时，尚应对基础的抗冲、剪、弯能力进行验算。

5.1.2 既有建筑地基在建筑物荷载作用下，地基土经压密固结作用，承载力提高，在一定荷载作用下，变形减少，加固设计可充分利用这一特性。但扩大基础或增加桩进行加固时，新旧基础、新增加桩与原基础桩由于地基变形的差异，地基反力的分布是按变形协调的原则，新旧基础、新增加桩与原基础桩分担的荷载与天然地基时有所不同，应按变形协调的原则进行设计。扩大基础或改变基础形式时应保证新旧基础采取可靠的连接构造。

5.2 地基承载力计算

5.2.3 既有建筑地基承载力特征值的确定，应根据既有建筑地基基础的工作性状确定。既有建筑地基土的压密在荷载作用下已完成或基本完成，再加荷时地基土的"压密效应"，使其增加荷载的一部分由原地基土承担。

1 本规范附录 B 是采用与原基础、地基条件基本相同条件下，通过持载试验确定承载力，用于不改变原基础尺寸、埋深条件直接增加荷载的设计条件。中国建筑科学研究院地基所的试验结果表明（图2），原地基土在压力下固结压密后再加荷，荷载变形曲线明显变缓，表明其承载力提高。图3的结果表明，持载 7d 后（粉质黏土），变形趋于稳定。

2 采用本规范附录 B 进行试验有困难时，可按本规范附录 A 的方法结合土工试验、其他原位试验结果结合地区经验综合确定。

3 外接结构的地基变形允许值一般较严格，应根据场地特性和加固施工的措施，按变形允许值确定地基承载力特征值。

4 加固后的地基应采用在地基处理后通过检验

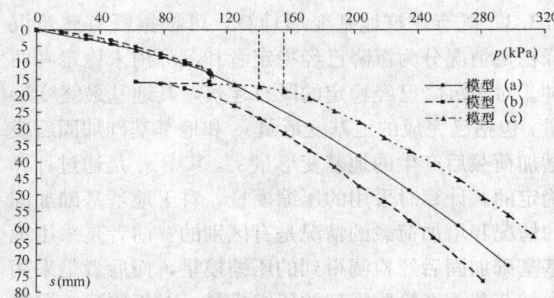

图 2　直接加载模型（a）、持载后扩大
基础加载模型（b）和持载后继续加载模型（c）
p-s 曲线对比

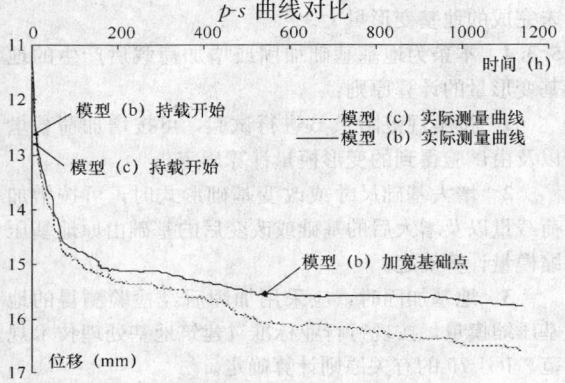

图 3　基础板(b)和(c)在持载时
位移随时间发展情况

确定的地基承载力特征值。

5　扩大基础加固或改变基础形式，再加荷时原基础仍能承担部分荷载，可采用本规范附录 B 的方法确定其增加值，其余增加荷载由扩大基础承担而采用原地基承载力特征值设计，相对简单。

模型试验的结果见图 4。

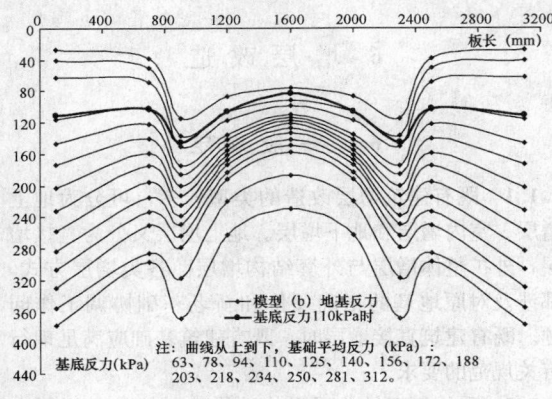

图 4　模型（b）基底下的地基反力

当附加荷载小于先前作用荷载的 42.8% 时，上部荷载基本上由旧基础承担。但当附加荷载增加到先前作用荷载的 100% 时，新旧基础开始共同承担上部荷载。此时基底反力基本上呈现平均分布状态。

但扩大基础再加荷的荷载变形曲线变形比未扩大

基础时的变形大，为简化设计，本次修订建议采用扩大基础加固或改变基础形式加固时，仍采用天然地基承载力特征值设计。

5.2.6　本条为既有建筑单桩承载力特征值的确定原则。

既有建筑下原有的桩以及新增加的桩单桩竖向承载力特征值应通过单桩竖向静载荷试验确定。既有建筑原有的桩单桩的静载荷试验，有条件时应在既有建筑下进行，无条件时可按本规范附录 C 的方法进行；既有建筑下原有的桩的单桩竖向承载力特征值，有地区经验时也可按地区经验确定。

5.2.7　天然地基在使用荷载下持载，土层固结完成后在原基础内增加桩的试验结果，新增荷载在再加荷的初始阶段，大部分荷载由新增加的桩承担。

模型试验独立基础持载结束后在基础内植入树根桩形成桩基础再加载，在荷载达到 320 kN 前，承台下地基土反力增加很小（表1），这说明上部结构传来的荷载几乎都由树根桩承担。随着上部结构的荷载增大，承台下地基土反力有了一定的增长，在加荷的中后期，承台下地基土分担的上部结构荷载达到 30% 左右。

表 1　桩土分担荷载

荷载(kN)	240	280	320	360	400	440
荷载增加(kN)①	40	80	120	160	200	240
桩承担荷载(kN)	35.50	78.12	117.11	146.19	164.42	184.36
土承担荷载(kN)	4.50	1.88	2.89	13.81	35.58	55.64
桩土分担荷载比	7.89	41.55	40.52	10.59	4.62	3.31
荷载(kN)	480	520	560	600	640	680
荷载增加(kN)②	280	320	360	400	440	480
桩承担荷载(kN)	208.74	228.81	255.97	273.95	301.51	324.62
土承担荷载(kN)	71.26	91.19	104.03	126.05	138.49	155.38
桩土分担荷载比	2.93	2.51	2.46	2.17	2.18	2.09

注：①和②是指对 200kN 增加值。

5.2.8　既有建筑原地基增加的承载力可按本规范第 5.2.3 条的原则确定，地基土承担部分新增荷载的基础面积应按原基础面积计算。

模型试验独立基础持载结束后扩大基础底面积并植入树根桩，基础上部结构传来的荷载由原独立基础下的地基土、扩大基础底面积下的地基土、桩共同承担（表2）。

表 2　桩土分担荷载

荷载(kN)	240	280	340	400	460	520	580
荷载增加(kN)	40	80	140	200	260	320	380
桩承担荷载(kN)	18.5	37.7	64.2	104.2	148.1	180.8	219.3
桩土分担荷载比(kN)	0.86	0.89	0.85	1.09	1.32	1.30	1.36
荷载(kN)	640	700	760	820	880	940	1000
荷载增加(kN)	440	500	560	620	680	740	800
桩承担荷载(kN)	253.7	293.0	324.9	357.8	382.7	410.4	432.5
桩土分担荷载比(kN)	1.36	1.41	1.38	1.36	1.29	1.25	1.18

5.2.9 本条原则的试验资料如下:

模型试验原桩基础持载结束后扩大基础底面积并植入树根桩,桩土分担荷载见表3。可知在增加荷载量为原荷载量时,新增加桩与原桩基础桩分担的荷载虽先后不同,但几乎共同分担。

表3 桩土分担荷载

荷载(kN)	240	280	360	440	520	600
荷载增加(kN)	40	80	160	240	320	400
原基础桩顶荷载增加(kN)	6.17	11.06	14.66	20.06	25.28	31.78
新基础桩顶荷载增加(kN)	3.05	8.02	15.23	23.76	32.09	39.42
桩承担荷载	36.88	76.32	119.56	175.28	229.48	284.80
桩分担总荷载比	0.92	0.95	0.75	0.73	0.72	0.71
桩土分担荷载比	11.82	20.74	2.96	2.71	2.54	2.47
荷载(kN)	760	840	920	1000	1160	1320
荷载增加(kN)	560	640	720	800	960	1120
原基础桩顶荷载增加(kN)	47.24	57.33	66.58	75.88	87.96	102.00
新基础桩顶荷载增加(kN)	54.18	60.68	67.44	75.49	96.50	112.95
桩承担荷载	405.68	472.04	536.08	605.48	737.84	859.80
桩分担总荷载比	0.72	0.74	0.74	0.76	0.77	0.77
桩土分担荷载比	2.63	2.81	2.91	3.11	3.32	3.30

5.2.11 邻近新建建筑、深基坑开挖、新建地下工程改变既有建筑地基设计条件的复核,应包括基础侧限条件、深宽修正条件、地下水条件等。

5.3 地基变形计算

5.3.1 加固后既有建筑的地基变形控制重要的是差异沉降和倾斜两项指标,国家标准《建筑地基基础设计规范》GB 50007-2011 表 5.3.4 中给出砌体承重结构基础的局部倾斜、工业与民用建筑相邻柱基的沉降差、桥式吊车轨道的倾斜(按不调整轨道考虑)、多层和高层建筑的整体倾斜、高耸结构基础的倾斜值是保证建筑物正常使用和结构安全的数值,工程设计应严格控制。既有建筑加固后的建筑物整体沉降控制,对于有相邻基础连接或地下管线连接时应视工程情况控制,可采取临时工程措施,包括断开、改变连接方式等,不允许时应对建筑物整体沉降控制,采用减少建筑物整体沉降的处理措施或顶升托换抬高建筑等方法。

5.3.2 有特殊要求的建筑物,包括古建筑、历史建筑等保护,要求保持现状;或者建筑物变形有更严格的要求时,应按建筑物的地基变形允许值,进行地基变形控制。

5.3.3 既有建筑地基变形计算,可根据既有建筑沉降稳定情况分为沉降已经稳定者和沉降尚未稳定者两种。对于沉降已经稳定的既有建筑,其地基最终变形量 s 包括已完成的地基变形量 s_0 和地基基础加固后或增加荷载后产生的地基变形量 s_1,其中 s_1 是通过计算确定的。计算时采用的压缩模量,对于地基基础加固的情况和增加荷载的情况是有区别的:前者是采用地基基础加固后经检测得到的压缩模量,而后者是采用增加荷载前经检验得到的压缩模量。对于原建筑沉降尚未稳定且增加荷载的既有建筑,其地基最终变形量 s 除了包括上述 s_0 和 s_1 外,尚应包括原建筑荷载下尚未完成的地基变形量 s_2。

5.3.4 本条为地基基础加固或增加荷载后产生的地基变形量的计算原则:

1 按本规范附录 B 进行试验,可按增加荷载量以及由试验得到的变形模量计算确定。

2 增大基础尺寸或改变基础形式时,可按增加荷载量以及增大后的基础或改变后的基础由原地基压缩模量计算确定。

3 地基加固时,应采用加固后经检验测得的地基压缩模量,按现行行业标准《建筑地基处理技术规范》JGJ 79 的有关原则计算确定。

5.3.5 本条为既有建筑基础为桩基础时的基础沉降计算原则:

1 按桩基础的变形计算方法,其变形为桩端下卧层的变形。

2 增加的桩承担的新增荷载,为新增荷载减去原地基承载力提高承担的荷载。

3 既有建筑桩基础扩大基础增加桩时,可按新增加的荷载由原基础桩和新增加桩共同承担荷载按桩基础计算确定,此时可不考虑桩间土分担荷载。

6 增 层 改 造

6.1 一 般 规 定

6.1.1 既有建筑增层改造的类型较多,可分为地上增层、室内增层和地下增层。地上增层又分为直接增层,外扩整体增层与外套结构增层。各类增层方式,都涉及对原地基的正确评价和新老基础协调工作问题。既有建筑直接增层时,既有建筑基础应满足现行有关规范的要求。

6.1.2 采用新旧结构通过构造措施相连接的增层方案时,地基承载力应按变形协调条件确定。

6.2 直 接 增 层

6.2.1 确定直接增层地基承载力特征值的方法,本规范推荐了试验法和经验法。经验法是指当地的成熟经验,如没有这方面材料的积累,应采用试验法。

对重要建筑物的地基承载力确定，应采用两种以上方法综合确定。直接增层时，由于受到原墙体强度和地基承载力限制，一般不宜增层太多，通常不宜超过3层。

6.2.2 直接增层需新设承重墙基础，确定新基础宽度时，应以新旧纵横墙基础能均匀下沉为前提，可按以下经验公式确定新基础宽度：

$$b' = \frac{F+G}{f_a}M \tag{1}$$

式中：b'——新基础宽度（m）；

$F+G$——作用的标准组合时单位基础长度上的线荷载（kN/m）；

f_a——修正后的地基承载力特征值（kPa）；

M——增大系数，建议按 $M = E_{s2}/E_{s1} > 1$ 取值；

E_{s1}、E_{s2}——分别为新旧基础下地基土的压缩模量。

6.2.3 直接增层时，地基基础的加固方法应根据地基基础的实际情况和增层荷载要求选用。本规范列出的部分方法都有其适用条件，还可参考各地区经验选用适合、有效的方法。

采用抬梁或挑梁承受新增层结构荷载时，梁可置于原基础或地梁下，当采用预制的抬梁时，梁、桩和基础应紧密连接，并应验算抬梁或挑梁与基础或地梁间的局部受压、受弯、受剪承载力。

6.3 外套结构增层

6.3.1~6.3.6 当既有建筑增加楼层较多时常采用外套结构增层的形式。外套结构的地基基础应按新建工程设计。施工时应将新旧基础分开，互不干扰，并避免对既有建筑地基的扰动，而降低其承载力。

对位于高水位深厚软土地基上建筑物的外套结构增层，由于增层结构荷载一般较大，常采用埋置较深的桩基础。在桩基施工成孔时，易对原基础（尤其是浅埋基础）产生影响，引起基础附加下沉，造成既有建筑下沉或开裂等，因此应根据工程的具体情况，选择合理的地基处理方法和基础加固施工方案。

7 纠 倾 加 固

7.1 一 般 规 定

7.1.1 纠倾的建筑层数多数在8层以内，构筑物高度多数在25m以内。近年来，国内已有高层建筑纠倾成功的例子，这些建筑物其整体倾斜多数超过0.7%，即超过现行行业标准《危险房屋鉴定标准》JGJ 125的危险临界值，影响安全使用；也有部分虽未超过危险临界值，但已超过设计规定的允许值，影响正常使用。

7.1.2 既有建筑纠倾加固方法可分为迫降纠倾和顶升纠倾两类。

迫降纠倾是从地基入手，通过改变地基的原始应力状态，强迫建筑物下沉；顶升纠倾是从建筑结构入手，通过调整结构自身来满足纠倾的目的。因此从总体来讲，迫降纠倾要比顶升纠倾经济、施工简便，但遇到不适合采用迫降纠倾时即可采用顶升纠倾。特殊情况可综合采用多种纠倾方法。

7.1.3 建筑物的倾斜多数是由于地基原因造成的，或是浅基础的变形控制欠佳，或是由于桩基和地基处理设计、施工质量问题等，建筑物纠倾施工将影响地基基础和上部结构的受力状态，因此纠倾加固设计应根据现状条件分析产生倾斜的原因，论证纠倾可行性，对上部结构进行安全评估，确保建筑物安全。如果建筑物的倾斜原因包括建筑物荷载中心偏移等，应论证地基加固的必要性，提出地基加固方法，防止再度倾斜。

7.1.4 建筑物纠倾加固设计是指导纠倾加固施工的技术性文件，以往有些纠倾工程存在直接按经验方法施工的情况，存在一定盲目性，因此有必要明确纠倾加固前期应做的工作，使之做到经济、合理、确保安全。

7.1.5 由于既有建筑物各角点倾斜值与其自身原有垂直度有关，因此对于纠倾加固后的验收，规定了以设计要求控制，对于尚未通过竣工验收的建筑物规定按新建工程验收要求控制。

7.1.6 施工过程中开挖的槽、孔等在工程完工后如不及时进行回填等处理将会对建筑物安全使用和人们日常生活带来安全隐患，水、电、暖等设施与日常生活有关，应予重视。

要加强对避雷设施修复后的检查与检测。当上部结构产生裂损时，应由设计单位明确加固修复处理方法。

7.2 迫 降 纠 倾

7.2.1 迫降纠倾是通过人工或机械的办法来调整地基土体固有的应力状态，使建筑物原来沉降较小侧的地基土土体应力增加，迫使土体产生新的竖向变形或侧向变形，使建筑物在短时间内沉降加剧，达到纠倾的目的。

7.2.2 迫降纠倾与建筑物特征、地质情况、采用的迫降方法等有关，因此迫降的设计应围绕几个主要环节进行：选择合理的纠倾方法；编制详细的施工工艺；确定各个部位迫降量；设置监控系统；制定实施计划。根据选择的方法和编制的操作规程，做到有章可循，否则盲目施工往往失败或达不到预期的效果。由于纠倾施工会影响建筑物，因此强调了对主体结构不应产生损伤和破坏，对非主体结构的裂损应为可修复范围，否则应在纠倾加固前先进行加固处理。纠倾后应防止出现再次倾斜的可能性，必要时应对地基基

础进行加固处理。对于纠倾过程可能存在的结构裂损、局部破坏应有加固处理预案。

纠倾加固施工过程可能出现危及安全的情况，设计时应有应急预案。过量纠倾可能会产生结构的再次损伤，应该防止其出现，设计时必须制定防止过量纠倾的技术措施。

7.2.3 迫降纠倾是一种动态设计信息化施工过程，因此沉降观测是极其重要的，同时观测结果应反馈给设计，以调整设计，指导施工，这就要求设计施工紧密配合。迫降纠倾施工前应做好详细的施工组织设计，并详细勘察周围场地现状，确定影响范围，做好查勘记录，采取措施防止出现对相邻建筑物和设施可能产生的影响。

7.2.4 基底掏土纠倾法是在基础底面以下进行掏挖土体，削弱基础下土体的承载面积迫使沉降，其特点是可在浅部进行处理，机具简单，操作方便。人工掏土法早在 20 世纪 60 年代初期就开始使用，已经处理了相当多的多层倾斜建筑。水冲掏土法则是 20 世纪 80 年代才开始应用研究，它主要利用压力水泵代替人工。该法直接在基础底面下操作，通过掏冲带出部分土体，因此对匀质土比较适用，施工时控制掏土槽的宽度及位置是非常重要的，也是掏土迫降效果好坏或成败的关键。

7.2.5 井式纠倾法是利用工作井（孔）在基础下一定深度范围内进行排土、冲土，一般包括人工挖孔、沉井两种。井壁有钢筋混凝土壁、混凝土孔壁，为确保施工安全，对于软土或砂土地基应先试挖成井，方可大面积开挖井（孔）施工。

井式纠倾法可分为两种：一种是通过挖井（孔）排土、抽水直接迫降，这种在沿海软土地区比较适用；另一种是通过井（孔）辐射孔进行射水掏冲土迫降。可视土质情况选择。

工作井（孔）一般是设置在建筑物周边，在沉降较小侧多设置，沉降较大侧少设置或不设置。建筑的宽度比较大时，井（孔）也可设置在室内，每开间设一个井（孔），可根据不同的迫降量布置辐射孔。

为方便施工井底深度宜比射水孔位置低。

工作井可用砂土或砂石混合料分层夯实回填，也可用灰土比为 2∶8 的灰土分层夯实回填，接近地面 1m 范围内的井壁应拆除。

7.2.6 钻孔取土纠倾法是通过机械钻孔取土成孔，依靠钻孔所形成的临空面，使土体产生侧向变形形成淤孔，反复钻孔取土使建筑物下沉。

7.2.7 堆载纠倾法适用于小型工程且地基承载力比较低的土层条件，对大型工程项目一般不适用，此法常与其他方法联合使用。

沉降观测应及时绘制荷载-沉降-时间关系曲线，及时调整堆载量，防止过刹，保证施工安全。

7.2.8 降水纠倾法适用的地基土主要取决于降水的方法，当采用真空法或电渗法时，也适用于淤泥土，但在既有建筑邻近使用应慎重，若有当地成功经验时也可采用。采用人工降水时应注意对水资源保护以及对环境影响。

7.2.9 加固纠倾法，实际上是对沉降大的部分采用地基托换补强，使其沉降减少；而沉降小的一侧仍继续下沉，这样慢慢地调整原来的差异沉降。这种方法一般用于差异沉降不大且沉降未稳定尚有一定沉降量的建筑物纠倾。使用该方法时，由于建筑物沉降未稳定，应对上部结构变形的适应能力进行评价，必要时应采取临时支撑或采用结构加固措施。

7.2.10 浸水纠倾法是利用湿陷性黄土遇水湿陷的特性对建筑物进行纠倾的，为了确保纠倾安全，必须通过系统的现场试验确定各项设计、施工参数，施工过程中应设置水量控制计量系统以及监测系统，确保浸水量准确，应有必要的防护措施，如预设限沉的桩基等，当水量过量时可采用生石灰吸收。

7.3 顶升纠倾

7.3.1 顶升纠倾是通过钢筋混凝土或砌体的结构托换加固技术，将建筑物的基础和上部结构沿某一特定的位置进行分离，采用钢筋混凝土进行加固、分段托换、形成全封闭的顶升托换梁（柱）体系。设置能支承整个建筑物的若干个支承点，通过这些支承点的顶升设备的启动，使建筑物沿某一直线（点）作平面转动，即可使倾斜建筑物得到纠正。若大幅度调整各支承点的顶高量，即可提高建筑物的标高。

顶升纠倾过程是一种基础沉降差异快速逆补偿过程，当地基土的固结度达 80％以上，基础沉降接近稳定时，可通过顶升纠倾来调整剩余不均匀沉降。

顶升纠倾法仅对沉降较大处顶升，而沉降小处则仅作分离及同步转动，其目的是将已倾斜的建筑物纠正，该法适用于各类倾斜建筑物。

7.3.2 顶升纠倾早期在福建、浙江、广东等省应用较多，现在国内应用已较普遍，这足以证明顶升纠倾技术是一种可靠的技术，但如何正确使用却是问题的关键。某工程公司承接了一栋三层住宅的顶升纠倾，由于施工未能遵循一般的规律，顶升施工作用与反作用力，即基础梁与托换梁这对关系不具备，顶升机具没有足够的安全储备和承托垫块无法提供稳定性等原因造成重大的工程事故。从理论上顶升高度是没有限值的，但为确保顶升的稳定性，本规范规定顶升纠倾最大顶升高度不宜超过 80cm。因为当一次顶升高度达到 80cm 时，其顶升的建筑物整体稳定性存在较大风险，目前国内虽已有顶升 240cm 的成功例子，但实际是分多次顶升施工的。

整体顶升也可应用于建筑物竖向抬升，提高其空间使用功能。

7.3.3 顶升纠倾设计必须遵循下列原则：

1 顶升应通过钢筋混凝土组成的一对上、下受力梁系实施，虽然在实际工程中已出现类似利用锚杆静压桩、原有基础或地基作为反力基座来进行顶升纠倾，其应用主要为较小型建筑物，且实际工程不多，尚缺乏普遍性，并存在一定的不确定因素和危险性，因此规范仍强调应由上、下梁系受力。

2 原规范采用荷载设计值，荷载分项系数约为1.35，本次修订改为采用荷载标准组合值，安全系数调整为2.0，以保持安全储备与原规范一致。

3 托换梁（柱）体系应是一套封闭式的钢筋混凝土结构体系。

4 顶升是在钢筋混凝土梁柱之间进行，因此顶升梁及底座都应该是钢筋混凝土的整体结构。

5 顶升的支托垫块必须是钢板混凝土块或钢垫块，具有足够的承载力及平整度，且是组合装配的工具式垫块，可抵抗水平力。顶升过程中保证上下顶升梁及千斤顶、垫块有不少于30%支点可连成一整体。

顶升量的确定应包括三个方面：

1） 纠正建筑物倾斜所需各点的顶升量，可根据不同倾斜率及距离计算。

2） 使用要求需要的整体顶升量。

3） 过纠量。考虑纠正以后建筑物沉降尚未稳定还有少量的倾斜，则可通过超量的纠正来调整最终的垂直度。这个量应通过沉降计算确定，要求超过的纠倾量或最终稳定的倾斜值应满足现行国家标准《建筑地基基础设计规范》GB 50007 的要求，当计算不能满足时，则应进行地基基础加固。

7.3.4 砌体结构建筑的荷载是通过砌体传递的。根据顶升的技术特点，顶升时砌体结构的受力特点相当于墙梁作用体系或将托换梁上的墙体视为弹性地基，托换梁按支座反力作用下的弹性地基梁设计。考虑协同工作的差异，顶升梁的支座计算距离可按图5所示选取。有地区经验时也可加大顶升梁的刚度，不考虑墙体的刚度，按连续梁进行顶升梁设计。

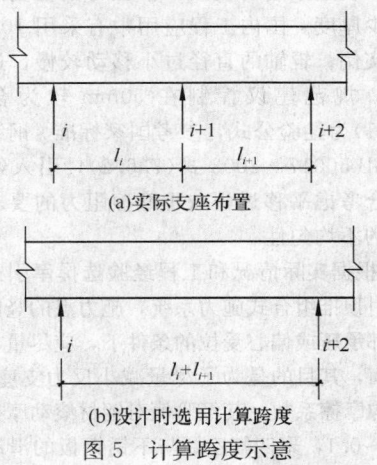

(a)实际支座布置

(b)设计时选用计算跨度

图 5 计算跨度示意

7.3.5 框架结构荷载是通过框架柱传递的，顶升力应作用于框架柱下，但是要将框架柱切断，首先必须增设一个能支承整体框架柱的结构体系，这个结构托换体系就是后设置的牛腿及连系梁共同组成的。连系梁应能约束框架柱间的变位及调整差异顶升量。

纠倾前建筑已出现倾斜，结构的内力有不同程度的变化，断柱时结构的内力又将发生改变，因此设计时应对各种状态下的结构内力进行验算。

7.3.6 顶升纠倾一般分为顶升梁系托换，千斤顶设置与检验，测量监测系统设置，统一指挥系统设置、整体顶升、结构连接修复等步骤。

7.3.7 砌体结构进行顶升托换梁施工前，必须对墙体按平面进行分段，其分段长度不应大于1.5m，应根据砌体质量考虑在分段长度内每0.5m～0.6m先开凿一个竖槽，设置一个芯垫（芯垫埋入托换梁不取出，应不影响托换梁的承载力、钢筋绑扎及混凝土浇筑施工），用高强度等级水泥砂浆塞紧。预留搭接钢筋向两边凿槽外伸，且相邻墙段应间隔进行，并每段长不超过开间段的1/3，门窗洞口位置保证连续不得中断。

框架结构建筑的施工应先进行后设置牛腿、连系梁及千斤顶下支座的施工。由于凿除结构柱的保护层，露出部分主筋，因此一定要间隔进行，待托换梁（柱）体系达到强度后再进行相邻柱施工。当全部托换完成并经过试顶后确定承载力满足设计要求，方可进行断柱施工。

顶升前应对顶升点进行试顶试验，试验的抽检数量不少于20%，试验荷载为设计值的1.5倍，可分五级施工，每级历时1min～2min并观测顶升梁的变形情况。

每次顶升最大值不超过10mm，主要考虑到位置的先后对结构的影响，按结构允许变形（0.003～0.005）l来限制顶升量。

若千斤顶的最大间距为1.2m，则结构允许变形差为(0.003～0.005)×1200＝3.6mm～6.0mm。

当顶升到位的先后误差为30%时，变形差3mm＜3.6mm。

基于上述原因，力求协调一致，因此强调统一指挥系统，千斤顶同步工作。当有条件采用电气自动化控制全液压机械顶升，则可靠度更高。

顶升到位后应立即进行连接，因为此时整体建筑靠支承点支承着，若是有地震等的影响会出现危险，所以应尽量缩短这种不利时间。

8 移位加固

8.1 一般规定

8.1.1 由于城市改造、市政道路扩建、规划变更、

场地用途改变、兴建地下建筑等需要建筑物搬迁移位或转动一定的角度，有时为了更好地保护古建、文物建筑，减少拆除重建，均可采用移位加固技术。目前移位技术在国内已得到广泛应用，已有十二层建筑物移位的成功经验。但一般多用于多层建筑的同一水平面移位，对大幅度改变其标高的工程未见实例。

8.1.2 由于移位滚动摩阻小于移位滑动摩阻，且滚动移位的施工精度要求相对滑动移位要低些。在实际工程中一般多数采用滚动方法，滑动方法仅在小型建筑物有应用，在大型建筑物应用应慎重。

8.1.3 移位所涉及的建筑结构及地基基础问题专业技术性强，要求在移位方案确定前应先通过搜集资料、补充计算验算、补充勘察等取得有关资料。

8.1.4 建筑物移位时对原结构有一定影响，在移位过程中建筑物将处于运动状态和受力不稳定状态，相对于移位前有许多不利因素，因此应对移位的建筑物进行必要的安全性评估。评估的主要内容为建筑物的结构整体性、抵抗竖向及水平向变形的能力。

8.1.5 建筑移位将改变原地基基础的受力状态，经验算后若不能满足移位过程或移位后的要求，则应进行地基基础加固，可选用本规范第 11 章有关加固方法。

8.1.6 建筑物移位后的验收主要包含建筑物轴线偏差和垂直度偏差，由于建筑物移位过程不可避免存在偏位，因此，轴线偏差控制在 ±40mm 以内认为是适宜的，对垂直度允许误差在 ±10mm。

8.2 设 计

8.2.1 一般情况下建筑物经多年使用后，其使用功能均可能存在一定程度变化，对使用较久的建筑设计前应调查核实其现状。

8.2.2 考虑到移位加固施工是一个短期过程，移位过程建筑物已停止使用。为使设计更为合理，建议恒荷载和活荷载按实际荷载取值，基本风压按当地 10 年一遇的风压采用。

由于移位加固工程的复杂性和不确定因素较多，设计时应注重概念设计，应尽量全面地考虑到各种不利因素，按最不利情况设计，从而确保建筑物安全。

8.2.4 托换梁系设计应遵循的原则：

1 托换梁系由上轨道梁、托换梁或连系梁组成，与顶升纠倾托换一样，托换梁系是通过托换方式形成的一个梁系，其设计应考虑上部结构竖向荷载受力和移位时水平荷载的传递，根据最不利组合按承载能力极限状态设计，其荷载分项系数按现行国家标准《建筑结构荷载规范》GB 50009 采用。

2 托换梁是以上轨道梁为支座，可按简支梁或连续梁设计，托换梁的作用与转换梁相同，用于传递不连续的竖向荷载，由于一般需通过分段托换施工形成，故称为托换梁。对砌体结构当满足条件时其托换梁可按简支墙梁或连续墙梁设计。

3 上轨道梁可分成连续和悬挑两种类型，一般连续式上轨道梁用于砌体结构，而悬挑式上轨道梁用于框架结构或砌体结构中的柱构件。

4 在移位过程中，托换梁系平面内不可避免产生一定的不平衡力或力矩，因此造成偏位或对旋转轴心产生拉力。各下轨道基础（指抬梁式下轨道基础）也有可能存在不均匀的沉降变形，所以在进行托换梁系的设计时应充分考虑平移路线地基情况、水平移位类型、上部结构的整体性和刚度等，对托换梁系的平面内和平面外刚度进行设计。

8.2.5 移位地基基础包括移位过程中轨道地基基础和就位后新址地基基础，其设计原则如下：

1 轨道地基应满足建筑物行进过程中不出现过大沉降或不均匀沉降，其地基承载力特征值可考虑乘以 1.20 的系数采用。轨道基础设计的荷载分项系数应按现行国家标准《混凝土结构设计规范》GB 50010 采用。当有可靠工程经验时，当轨道基础利用建筑物原基础时，考虑长期荷载作用效应，原地基承载力特征值或单桩承载力特征值可提高 20%。

2 新址地基基础按新建工程设计，但应注意移位加固的特点，考虑移位就位时的荷载不利布置和一次性加载效应。

3 轨道基础形式是根据上部结构荷载传递与场地地质条件确定的，应综合考虑经济性和可靠性。

7 移位过程中的轨道地基基础沉降差和沉降量将直接影响移位施工，由于移位过程中不可避免会出现偏位，因此应对其进行抗扭计算。特别在抬梁式轨道基础设计中，应考虑偏位产生的对小直径桩的偏心作用，并保证轨道基础梁有一定的抗扭刚度。

8.2.6 滚动式移动装置主要由上、下承压板与钢辊轴组成，在实际工程中，承压板一般为钢板，主要起扩散滚轴径向压应力的作用，避免轨道基础混凝土产生局部承压破坏，其扩散面积与钢板厚度有关。规范建议采用的钢板厚度不宜小于 20mm。地基较好，轨道梁刚度较大，移位时钢板变形小时可适当减少厚度。国内工程应用中有采用 10mm 钢板成功的实例。辊轴的直径过小移动较慢，过大易产生偏位，规范建议控制在 50mm 较为合适。式（8.2.6-1）为经验公式，参考国家标准《钢结构设计规范》GB 50017 - 2003 式（7.6.2），引入经验系数 k_p 以综合考虑平移过程减小摩擦阻力的要求以及辊轴受力的不均匀性。

8.2.7 根据实际情况和工程经验选择牵引式、顶推式或牵引顶推组合式施力系统，施力点的竖向位置在满足局部承压或偏心受拉的条件下，应尽量靠近托换梁系底面，其目的是为了尽量减小反力支座的弯曲。行走机构摩擦系数，其经验值对钢材滚动摩擦系数可取 0.05～0.1，聚四氟乙烯与不锈钢板的滑动摩擦系

数可取 0.05～0.07。

8.2.8 建筑物就位后的连接关系到建筑物后期使用安全，因此要保证不改变原有结构受力状态，连接可靠性不低于原有标准。对于框架结构而言，由于框柱主筋一般在同一平面切断，因此，要求对此区域进行加强。

结合移位加固对建筑物采用隔震、减震措施进行抗震加固可节省较多费用。因此建筑物移位且需抗震加固时应综合考虑进行设计与施工。

8.3 施　　工

8.3.1 移位加固施工具有特殊性，应编制专项的施工技术方案和施工组织设计方案，并应通过专项论证后实施。

8.3.2 托换梁系中的上轨道梁的施工质量将直接影响到移位加固实施，其关键点在于上轨道梁底标高是否水平，及各上轨道梁底标高是否在同一水平面。

8.3.3 移位地基基础施工应严格按统一的水平标高控制线施工，保证其顶面标高在同一水平面上。其控制措施可在其地基基础顶面采用高强度材料进行补平，对局部超高区域可采用机械打磨修整。

8.3.4 移位装置包含上承压板、下承压板、滚动或滑行支座，其型号、材质等应统一，防止产生变形差。托换施工时预先安装其优点是节省费用，但施工要求较高；采用后期整体顶升后一次性安装其优点是水平控制较易调整，但增加费用。

工具式下承压板由槽钢、钢板、混凝土加工制作而成，其大样示意图见图 6，其优点是可移动、可拆装、可重复使用，使用方便，节省费用。

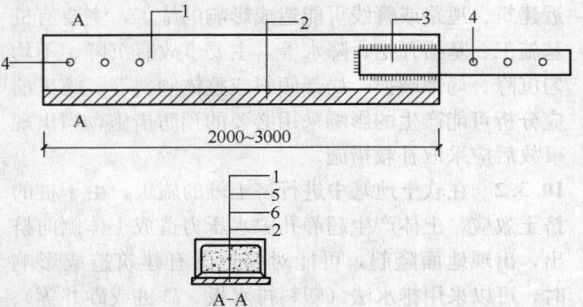

图 6　组合式下轨道板
1—槽钢；2—封底钢板；3—连接钢板；
4—φ20 孔；5—细石混凝土；6—φ6@200

8.3.5 移位实施前应对托换梁系和移位地基基础等进行验收，对移位装置、反力装置、施力系统、控制系统、监测系统、指挥系统、应急措施等进行检验和检查。确认合格后，方可实施移位施工。

正式移位前的试验性移位，主要是检测各装置与系统间的工作状态和安全可靠性能，测试各施力点推力与理论计算值差异，以便复核与调整。

移位过程中应控制移动速度并应及时调整偏位，其偏位宜采用辊轴角度来调整。对于建筑物长时间处于新旧基础交接处时应考虑不均匀沉降对上部结构及后续移位产生的不利影响，对上部结构应进行实时监测，确保上部结构安全。

建筑物移位加固近年来得到了较大发展，其技术也日趋完善与成熟，从早期小型、低层、手动千斤顶或卷扬机外加动力，发展到目前多层或高层、液压千斤顶外加动力系统。在施力系统、控制系统、监测系统、指挥系统等方面尚可应用现代科技技术，增加自动化程度。

9　托　换　加　固

9.1　一　般　规　定

9.1.1 "托换技术"是指对结构荷载传递路径改变的结构加固或地基加固的通称，在地基基础加固工程中广泛应用。本节所指"托换加固"，是对采用托换技术所需进行的地基基础加固措施的总称。在纠倾工程、移位工程中采用的"托换技术"尚应符合第 7 章、第 8 章的有关规定。

9.1.2 托换加固工程的设计应根据工程的结构类型、基础形式、荷载情况以及场地地基情况进行方案比选，选择设计可靠、施工技术可行且安全的方案。

9.1.3 托换加固是在原有受力体系下进行，其实施应按上部结构、基础、地基共同作用，按托换地基与原地基变形协调原则进行承载力、变形验算。为保证工程安全，当既有建筑沉降、倾斜、变形、开裂已出现超过国家现行有关标准规定的控制指标时，应采取相应处理措施，或制定适用于该托换工程的质量控制标准。

9.1.4 托换加固工程对既有建筑结构变形、裂缝、基础沉降进行监测，是保证工程安全、校核设计符合性的重要手段，必须严格执行。

9.2　设　　计

9.2.1 本条为既有建筑整体托换加固设计的要求。整体托换加固，应在上部结构满足整体托换要求条件下进行，并进行必要的计算分析。

9.2.2 局部托换加固的受力分析难度较大，确定局部托换加固的范围以及局部托换的位移控制标准应考虑既有建筑的变形适应能力。

9.2.4 这是近年工程中产生的新的问题。穿越工程的评价分析方法，采用的托换技术，以及采用桩梁式托换、桩筏式托换以及增加基础整体刚度、扩大基础的荷载托换体系等，应根据工程情况具体分析确定。

9.2.5 既有建筑功能改造，改变上部结构承重体系或基础形式，地基基础托换加固设计方案应结合工程

经验、施工技术水平综合分析后确定。

9.2.6 针对因地震、地下洞穴及采空区土体移动、软土地基变形、地下水变化、湿陷等造成地基基础损害，提出地基基础托换加固可采用的方法。

9.3 施 工

9.3.1、9.3.2 托换加固施工中可能对持力土层产生扰动，基础侧移等情况，应采取必要的工程措施。

10 事故预防与补救

10.1 一 般 规 定

10.1.1 对于既有建筑，地基基础出现工程事故，轻则需加固处理，且加固处理一般比较困难；重则造成既有建筑的破坏，出现人员伤亡和重大经济损失。因此，对于既有建筑地基基础工程事故应采取预防为主的原则，避免事故发生。

10.1.2 本条为地基基础事故补救的一般原则。对于地基基础工程事故处理应遵循的原则首先应保证相关人员的安全，其次应分析事故原因，避免事故进一步扩大。采取的加固措施应具备安全、施工速度快、经济的特点。

10.1.3 20世纪五六十年代甚至更早的一些建筑，在勘察、设计阶段未进行抗震设防。当地震发生时由于液化和震陷造成建筑物的破坏。如我国的邢台地震、唐山地震、日本的阪神地震都有类似报道。采用天然地基的建筑物，液化常常造成建筑物的倾斜或整体倾覆。对于坡地岸边采用桩基的建筑物，可能会造成桩头部位混凝土受到剪压破坏。在软土地区采用天然地基的建筑，地震可能造成震陷，如1976年唐山地震影响到天津，天津汉沽的一些建筑震陷超过600mm。因此，对于一些重要的既有建筑物，可能存在液化或震陷问题时，应按现行国家标准《建筑抗震设计规范》GB 50011进行鉴定和加固。

10.2 地基不均匀变形过大引起事故的补救

10.2.1 软土地基系指主要由淤泥、淤泥质土或其他高压缩性土层构成的地基。这类地基土具有压缩性高、强度低、渗透性弱等特点，因此这类地基的变形特征除了建筑物沉降和不均匀沉降大以外，沉降稳定历时长，所以在选用补救措施时，尚应考虑加固后地基变形问题。此外，由于我国沿海地区的淤泥和淤泥质土一般厚度都较大，因此在采用本条的补救措施时，尚需考虑加固深度以下地基的变形。

10.2.2 湿陷性黄土地基的变形特征是在受水浸湿部位出现湿陷变形，一般变形量较大且发展迅速。在考虑选用补救措施时，首先应估计有无再次浸水的可能性，以及场地湿陷类型和等级，选择相应的措施。在确定加固深度时，对非自重湿陷性黄土场地，宜达到基础压缩层下限；对自重湿陷性黄土场地，宜穿透全部湿陷性土层。

10.2.3 人工填土地基中最常见的地基事故是发生在以黏性土为填料的素填土地基中。这种地基如堆填时间较短，又未经充分压实，一般比较疏松，承载力较低，压缩性高且不均匀，一旦遇水具有较强湿陷性，造成建筑物因大量沉降和不均匀沉降而开裂损坏，所以在采用各种补救措施时，加固深度均应穿透素填土层。

10.2.4 膨胀土是指土中黏粒成分主要由亲水性矿物组成，同时具有显著的吸水膨胀和失水收缩两种变形特性的黏性土。由于膨胀土的胀缩变形是可逆的，随着季节气候的变化，反复失水吸水，使地基不断产生反复升降变形，而导致建筑物开裂损坏。

目前采用胀缩等级来反映胀缩变形的大小，所以在选用补救措施时，应以建筑物损坏程度和胀缩等级作为主要依据。此外，对于建造在坡地上的损坏建筑，要贯彻"先治坡，后治房"的方针，才能取得预期的效果。

10.2.5 土岩组合地基上损坏的建筑主要是由于土层与基岩压缩性相差悬殊，而造成建筑物在土岩交界部位出现不均匀沉降而引起裂缝或损坏。由于土岩组合地基情况较为复杂，所以首先应详细探明地质情况，选用切合实际的补救措施。

10.3 邻近建筑施工引起事故的预防与补救

10.3.1 目前城市用地越来越紧张，建筑物密度也越来越大，相邻建筑施工的影响应引起高度重视，对邻近建筑、道路或管线可能造成影响的施工，主要有桩基施工、基槽开挖、降水等。主要事故有沉降、不均匀沉降、局部裂损，局部倾斜或整体倾斜等。施工前应分析可能产生的影响采用必要的预防措施，当出现事故后应采取补救措施。

10.3.2 在软土地基中进行挤土桩的施工，由于桩的挤土效应，土体产生超静孔隙水压力造成土体侧向挤出，出现地面隆起，可能对邻近既有建筑造成影响时，可以采用排水法（塑料排水板、砂桩或砂井等）、应力释放孔法或隔离沟等来预防对邻近既有建筑的影响，对重要的建筑可设地下挡墙阻挡挤土产生的影响。

10.3.5 人工挖孔桩是一种既简便又经济的桩基施工方法，被广泛地采用，但人工挖孔桩施工对周围影响较大，主要表现在降低地下水位后出现流砂、土的侧向变形等，应分析可能造成的影响并采取相应预防措施。

10.4 深基坑工程引起事故的预防与补救

10.4.1 基坑支护施工过程、基坑支护体系变形、基

坑降水、基坑失稳都可能对既有建筑地基基础造成破坏，特别是在深厚淤泥、淤泥质土、饱和黏性土或饱和粉细砂等地层中开挖基坑，极易发生事故，对这类场地和深基坑必须充分重视，对可能发生的危害事故应有分析、有准备、预先做好危害事故的预防措施。

10.4.2 本条为基坑支护设计对既有建筑的保护措施：

2 近年来的一些基坑支护事故表明，如化粪池、污水井、给水排水管线的漏水均能造成基坑的破坏，影响既有建筑的安全。原因一是化粪池、污水井、给水排水管线原来就存在渗漏水现象，周围土体含水量高、强度低，如采用土钉墙支护会造成局部失稳；原因二是基坑水平变形过大，造成管线开裂，水渗透到基坑造成基坑破坏。这些基坑事故都可能危害既有建筑的安全。

3 我国每年都有基坑支护降水造成既有建筑、道路、管线开裂的报道，因此，地下水位较高时，宜避免采用开敞式降水方案，当既有建筑为天然地基时，支护结构应采用帷幕止水方案。

4 锚杆或土钉下穿既有建筑基础时，施工过程对基底土的扰动及浆液凝固前都可能产生沉降，如锚杆的倾斜角偏大则会出现建筑物的倾斜，应尽量避免下穿既有建筑基础。当无法解决锚杆对邻近建筑物的安全造成的影响时，应变更基坑支护方案。

5 基坑工程事故，影响到周边建筑物、构筑物及地下管线，工程损失很大。为了确保基坑及其周边既有建筑的安全，首先要有安全可靠的支护结构方案，其次要重视信息化施工，掌握基坑受力和变形状态，及时发现问题，迅速妥善处理。

10.4.3 基坑降水常引发基坑周边建筑物倾斜、地面或路面下陷开裂等事故，防止的关键在于保持基坑外水位的降深，一般可采取设置回灌井和有效的止水墙等措施。反之，不设回灌井，忽视对水位和邻近建筑物的观测或止水墙工程粗糙漏水，必然导致严重后果。因此，在地下水位较高的场地，地下水处理是保证基坑工程安全的重要技术措施。

10.4.4 在既有建筑附近进行打入式桩基础施工对既有建筑地基基础影响较大，应采取有效措施，保证既有建筑安全。

10.4.5 基坑周边不准修建临时工棚，因为场地坑边的临建工棚对环境卫生、工地施工安全、特别是对基坑安全会造成很大威胁。地表水或雨水渗漏对基坑安全不利，应采取疏导措施。

10.5 地下工程施工引起事故的预防与补救

10.5.1 隔断法是在既有建筑附近进行地下工程施工时，为避免或减少土体位移与变形对建筑物的影响，而在既有建筑与施工地面间设置隔断墙（如钢板桩、地下连续墙、树根桩或深层搅拌桩等墙体）予以保护

的方法，国外称侧向托换（lateral underpinning）。墙体主要承受地下工程施工引起的侧向土压力，减少地基差异变形。上海市延安东路外滩天文台由于越江隧道经过其一侧时，就是采用树根桩进行隔断法加固的。

当地下工程施工时，会产生影响范围内的地面建筑物或地下管线的位移和变形，可在施工前对既有建筑的地基基础进行加固，其加固深度应大于地下工程的底面埋置深度，则既有建筑的荷载可直接传递至地下工程的埋置深度以下。

10.5.3 在地下工程施工过程中，为了及时掌握邻近建筑物和地下管线的沉降和水平位移情况，必须及时进行相应的监测。首先需在待测的邻近建筑或地下管线上设置观测点，其数量和位置的确定应能正确反映邻近建筑或地下管线关键点的沉降和位移情况，进行信息化施工。

10.6 地下水位变化过大引起事故的预防与补救

10.6.1 地下水位降低会增大建筑物沉降，造成道路、设备管线的开裂，因此在既有建筑周围大面积降水时，对既有建筑应采取保护措施。当地下水位的上升可能超过抗浮设防水位时，应重新进行抗浮设计验算，必要时应进行抗浮加固。

10.6.2 地下水位下降造成桩周土的沉降，对桩产生负摩阻力，相当于增大了桩身轴力，会增大沉降。

10.6.3 对于一些特殊土，如湿陷性黄土、膨胀土、回填土，地下水位上升都能造成地基变形，应采取预防措施。

11 加固方法

11.1 一般规定

11.1.1 既有建筑地基基础进行加固时，应分析评价由于施工扰动所产生的对既有建筑物附加变形的影响。由于既有建筑物在长期使用下，变形已处于稳定状态，对地基基础进行加固时，必然要改变已有的受力状态，通过加固处理会使新旧地基基础受力重新分配。首先应对既有建筑原有受力体系分析，然后根据加固的措施重新考虑加固后的受力体系。通常可借助于计算机对各种过程进行模拟，而且能对各种工况进行分析计算，对复杂的受力体系有定量的、较全面的了解。这个工作也是最近几年随着电子计算机的广泛应用才得以实现的。

对于有地区经验，可按地区经验评价。

11.1.2 既有地基基础加固对象是已投入使用的建筑物，在不影响正常使用的前提下达到加固改造目的。新建基础与既有基础连接的变形协调，各种地基基础

加固方法的地基变形协调，应在设计要求的条件下通过严格的施工质量控制实现。导坑回填施工应达到设计要求的密实度，保证地基基础工作条件。

锚杆静压桩加固，当采用钢筋混凝土方桩时，顶进至设计深度后即可取出千斤顶，再用 C30 微膨胀早强混凝土将桩与原基础浇筑成整体。当控制变形严格，需施加预应力封桩时，可采用型钢支架托换，而后浇筑混凝土。对钢管桩，应根据工程要求，在钢管内浇筑 C20 微膨胀早强混凝土，最后用 C30 混凝土将桩与原基础浇筑成整体。

抬墙梁法施工，穿过原建筑物的地圈梁，支承于砖砌、毛石或混凝土新基础上。基础下的垫层应与原基础采用同一材料，并且做在同一标高上。浇筑抬墙梁时，应充分振捣密实，使其与地圈梁底紧密结合。若抬墙梁采用微膨胀混凝土，其与地圈梁挤密效果更佳。抬墙梁必须达到设计强度，才能拆除模板和墙体。

树根桩在既有基础上钻孔施工，树根桩完成后，在套管与孔之间采用非收缩的水泥浆注满。为了增强套管与水泥浆体之间的荷载传递能力，在套管置入之前，在钢套管上焊上一定间距的钢筋剪力环。树根桩在既有基础上钻孔施工，树根桩完成后，在套管与孔之间采用非收缩的水泥浆注满。

11.1.3 钢管桩表面应进行防腐处理，但实施的效果难于检验，采用增加钢管桩腐蚀量壁厚，较易实施。

11.2 基础补强注浆加固

11.2.1、11.2.2 基础补强注浆加固法的特点是：施工方便，可以加强基础的刚度与整体性。但是，注浆的压力一定要控制，压力不足，会造成基础裂缝不能充满，压力过高，会造成基础裂缝加大。实际施工时应进行试验性补强注浆，结合原基础材料强度和粘结强度，确定注浆施工参数。

注浆施工时的钻孔倾角是指钻孔中心线与地平面的夹角，倾角不应小于 30°，以免钻孔困难。注浆孔布置应在基础损伤检测结果基础上进行，间距不宜超过 2.0m。

封闭注浆孔，对混凝土基础，采用的水泥砂浆强度不应低于基础混凝土强度；对砌体基础，水泥砂浆强度不应低于原基础砂浆强度。

11.3 扩 大 基 础

11.3.2、11.3.3 扩大基础底面积加固的特点是：1. 经济；2. 加强基础刚度与整体性；3. 减少基底压力；4. 减少基础不均匀沉降。

对条形基础应按长度 1.5m～2.0m 划分成单独区段，分批、分段、间隔分别进行施工。绝不能在基础全长上挖成连续的坑槽或使坑槽内地基土暴露过久而使原基础产生或加剧不均匀沉降。沿基础高度隔一定

距离应设置锚固钢筋，可使加固的新浇混凝土与原有基础混凝土紧密结合成为整体。

当既有建筑的基础开裂或地基基础不满足设计要求时，可采用混凝土套或钢筋混凝土套加大基础底面积，以满足地基承载力和变形的设计要求。

当基础承受偏心受压时，可采用不对称加宽；当承受中心受压时，可采用对称加宽。原则上应保持新旧基础的结合，形成整体。

对加套混凝土或钢筋混凝土的加宽部分，应采用与原基础垫层的材料及厚度相同的夯实垫层，可使加套后的基础与原基础的基底标高和应力扩散条件相同和变形协调。

11.3.4 采用混凝土或钢筋混凝土套加大基础底面积尚不能满足地基承载力和变形等的设计要求时，可将原独立基础改成条形基础；将原条形基础改成十字交叉条形基础或筏形基础；将原筏形基础改成箱形基础。这样更能扩大基底面积，用以满足地基承载力和变形的设计要求；另外，由于加强了基础的刚度，也可减少地基的不均匀变形。

11.3.5、11.3.6 加深基础法加固的特点是：1. 经济；2. 有效减少基础沉降；3. 不得连续或集中施工；4. 可以是间断墩式也可以是连续墩式。

加深基础法是直接在基础下挖槽坑，再在坑内浇筑混凝土，以增大原基础的埋置深度，使基础直接支承在较好的持力层上，用以满足设计对地基承载力和变形的要求。其适用范围必须在浅层有较好的持力层，不然会因采用人工挖坑而费工费时又不经济；另外，场地的地下水位必须较低才合适，不然人工挖土时会造成邻近土的流失，即使采取相应的降水或排水措施，在施工上也会带来困难，而降水亦会导致对既有建筑产生附加不均匀沉降的隐患。

所浇筑的混凝土墩可以是间断的或连续的，主要取决于被托换的既有建筑的荷载大小和墩下地基土的承载能力及其变形性能。

鉴于施工是采用挖槽坑的方法，所以国外对基础加深法称坑式托换（pit underpinning）；亦因在坑内要浇筑混凝土，故国外对这种施工方法亦有称墩式托换（pier underpinning）。

11.3.7 如果加固的基础跨越较大时，应验算两墩之间能否满足承载力和变形的要求，如计算强度和变形不满足既有建筑原设计的要求，应采取设置过梁措施或采取托换措施，以保证施工中建筑物的安全。

11.3.9 抬墙梁法类似于结构的"托梁换柱法"，因此在采用这种方法时，必须掌握结构的形式和结构荷载的分布，合理地设置梁下桩的位置，同时还要考虑桩与原基础的受力及变形协调。抬墙梁的平面位置应避开一层门窗洞口，不能避开时，应对抬墙梁上的门窗洞口采取加强措施，并应验算梁支承处砖墙的局部承压强度。

11.4 锚杆静压桩

11.4.1 锚杆静压桩是锚杆和静压桩结合形成的桩基施工工艺。它是通过在基础上埋设锚杆固定压桩架，以既有建筑的自重荷载作为压桩反力，用千斤顶将桩段从基础中预留或开凿的压桩孔内逐段压入土中，再将桩与基础连接在一起，从而达到提高基础承载力和控制沉降的目的。

11.4.2、11.4.3 当既有建筑基础承载力不满足压桩所需的反力时，则应对基础进行加固补强；也可采用新浇筑的钢筋混凝土挑梁或抬梁作为压桩的承台。

封桩是锚杆静压桩技术的关键工序，封桩可分别采用不施加预应力的方法及施加预应力的方法。

不施加预应力的方法封桩工序（图7）为：

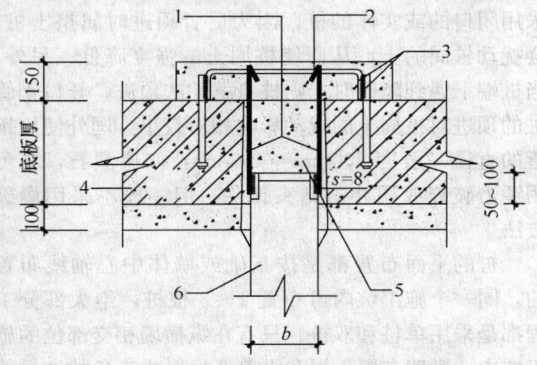

图 7　锚杆静压桩封桩节点示意

1—锚固筋（下端与桩焊接后上端弯折后与交叉钢筋焊接）；2—交叉钢筋；3—锚杆（与交叉钢筋焊接）；4—基础；5—C30 微膨胀混凝土；6—钢筋混凝土桩

清除压桩孔周围桩帽梁区域内的泥土-将桩帽梁区域内基础混凝土表面清洗干净-清洗压桩孔壁-清除压桩孔内的泥水-焊接交叉钢筋-检查-浇捣 C30 或 C35 微膨胀混凝土-检查封桩孔有无渗水。锚固筋不宜少于 4 Φ 14。

对沉降敏感的建筑物或要求加固后制止沉降起到立竿见影效果的建筑物（如古建筑、沉降缝两侧等部位），其封桩可采用预加预应力的方法（图8）。通过预加反力封桩，附加沉降可以减少，收到良好的效果。

具体做法：在桩顶上预加反力（预加反力值一般为 1.2 倍单桩承载力），此时底板上保留了一个相反的上拔力，由此减少了基底反力，在桩顶预加反力作用下，桩身即形成了一个预加反力区，然后将桩与基础底板浇捣微膨胀混凝土，形成整体，待封桩混凝土硬结后拆除桩顶上千斤顶，桩身有很大的回弹力，从而减少基础的拖带沉降，起到减少沉降的作用。

常用的预加反力装置为一种用特制短反力架，通过特制的预加反力短柱，使千斤顶和桩顶起到传递荷载的作用，然后当千斤顶施加要求的反力后，立即浇

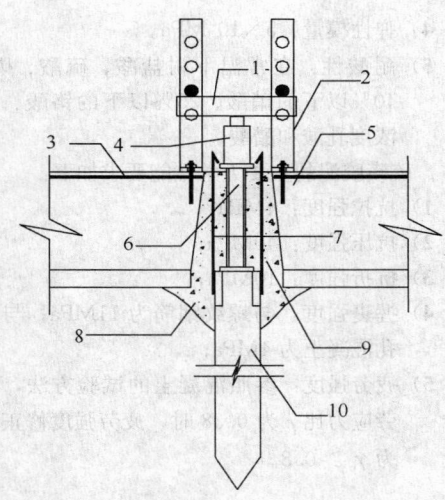

图 8　预加反力封桩示意

1—反力架；2—压桩架；3—板面钢筋；4—千斤顶；5—锚杆；6—预加反力钢杆（槽钢或钢管）；7—锚固筋；8—C30 微膨胀混凝土；9—压桩孔；10—钢筋混凝土桩

捣 C30 或 C35 微膨胀早强混凝土，当封桩混凝土强度达到设计要求后，拆除千斤顶和反力架。

1) 锚杆静压桩对工程地质勘察除常规要求外，应补充进行静力触探试验。

2) 压桩施工时不宜数台压桩机同时在一个独立柱基上施工，压桩施工应一次到位。

3) 条形基础桩位靠近基础两侧，减少基础的弯矩。独立柱基围绕柱子对称布置，板基、筏基靠近荷载大的部位及基础边缘，尤其角的部位，适应马鞍形基底接触应力分布。

大型锚杆静压桩法可用于新建高层建筑桩基工程中经常遇到的类似断桩、缩径、偏斜、接头脱开等质量事故工程，以及既有高层建筑的使用功能改变或裙房区的加层等基础托换加固工程。

在加固工程中硫磺胶泥是一种常用的连接材料，下面对硫磺胶泥的配合比和主要物理力学性能指标简单介绍。

1 硫磺胶泥的重量配合比为：硫磺：水泥：砂：聚硫橡胶（44：11：44：1）。

2 硫磺胶泥的主要物理性能如下：

1) 热变性：硫磺胶泥的强度与温度的关系：在 60℃ 以内强度无明显影响；120℃ 时变液态且随着温度的继续升高，由稠变稀；到 140℃～145℃ 时，密度最大且和易性最好；170℃ 时开始沸腾；超过 180℃ 开始焦化，且遇明火即燃烧。

2) 重度：22.8kN/m³～23.2kN/m³。

3) 吸水率：硫磺胶泥的吸水率与胶泥制作质量、重度及试件表面的平整度有关，一般为 0.12%～0.24%。

4）弹性模量：5×10^4 MPa。

5）耐酸性：在常温下耐盐酸、硫酸、磷酸、40％以下的硝酸、25％以下的铬酸、中等浓度乳酸和醋酸。

　3　硫磺胶泥的主要力学性能要求如下：

1）抗拉强度：4MPa；

2）抗压强度：40MPa；

3）抗折强度：10MPa；

4）握裹强度：与螺纹钢筋为 11MPa；与螺纹孔混凝土为 4MPa；

5）疲劳强度：参照混凝土的试验方法，当疲劳应力比 ρ 为 0.38 时，疲劳强度修正系数为 $\gamma_p > 0.8$。

11.5　树　根　桩

11.5.1　树根桩也称为微型桩或小桩，树根桩适用于各种不同的土质条件，对既有建筑的修复、增层、地下铁道的穿越以及增加边坡稳定性等托换加固都可应用，其适用性非常广泛。

11.5.2　树根桩设计时，应对既有建筑的基础进行有关承载力的验算。当不满足要求时，应先对原基础进行加固或增设新的桩承台。树根桩的单桩竖向承载力可按载荷试验得到，也可按国家现行标准《建筑地基基础设计规范》GB 50007 有关规定结合地区经验估算，但应考虑既有建筑的地基变形条件的限制和考虑桩身材料强度的要求。设计人员要根据被加固建筑物的具体条件，预估既有建筑所能承受的最大沉降量。在载荷试验中，可由荷载-沉降曲线上求出相应允许沉降量的单桩竖向承载力。

11.5.3　树根桩的施工由于采用了注浆成桩的工艺，根据上海经验通常有 50％以上的水泥浆液注入周围土层，从而增大了桩侧摩阻力。树根桩施工可采用二次注浆工艺。采用二次注浆可提高桩极限摩阻力的 30％～50％。由于二次注浆通常在某一深度范围内进行，极限摩阻力的提高仅对该土层范围而言。

　如采用二次注浆，则需待第一次注浆的浆液初凝时方可进行。第二次注浆压力必须克服初凝浆液的凝聚力并剪裂周围土体，从而产生劈裂现象。浆液的初凝时间一般控制在 45min～60min 范围，而第二次注浆的最大压力一般不大于 4MPa。

　拔管后孔内混凝土和浆液面会下降，当表层土质松散时会出现浆液流失现象，通常的做法是立即在桩顶填充碎石和补充注浆。

11.5.4　树根桩试块取自成桩后的桩顶混凝土，按现行国家标准《混凝土结构设计规范》GB 50010，试块尺寸为 150mm 立方体，其强度等级由 28d 龄期的用标准试验方法测得的抗压强度值确定。树根桩静载荷试验可参照混凝土灌注桩试验方法进行。

11.6　坑式静压桩

11.6.1　坑式静压桩是采用既有建筑自重做反力，用千斤顶将桩段逐段压入土中的施工方法。千斤顶上的反力梁可利用原有基础下的基础梁或基础板，对无基础梁或基础板的既有建筑，则可将底层墙体加固后再进行坑式静压桩施工。这种对既有建筑地基的加固方法，国外称压入桩（jacked piles）。

　当地基土中含有较多的大块石、坚硬黏性土或密实的砂土夹层时，由于桩压入时难度较大，需要根据现场试验确定其适用与否。

11.6.2　国内坑式静压桩的桩身多数采用边长为 150mm～250mm 的预制钢筋混凝土方桩，亦有采用桩身直径为 100mm～600mm 开口钢管，国外一般不采用闭口的或实体的桩，因为后者顶进时属挤土桩，会扰动桩周的土，从而使桩周土的强度降低；另外，当桩端下遇到障碍时，则桩身就无法顶进。开口钢管桩的顶进对桩周土的扰动影响相对较小，国外使用钢管的直径一般为 300mm～450mm，如遇漂石，亦可用锤击破碎或用冲击钻头钻除，但一般不采用爆破方法。

　桩的平面布置都是按基础或墙体中心轴线布置的，同一个施工坑内可布置 1～3 根桩，绝大部分工程都是采用单桩和双桩。只有在纵横墙相交部位的施工坑内，横墙布置 1 根和纵墙 2 根形成三角的 3 根静压桩。

11.6.3　由于压桩过程中是动摩擦力，因此压桩力达 2 倍设计单桩竖向承载力特征值相应的深度土层内，对于细粒土一般能满足静载荷试验时安全系数为 2 的要求；遇有碎石土，卵石土粒径较大的夹层，压入困难时，应采取掏土、振动等技术措施，保证单桩承载力。

　对于静压桩与基础梁（或板）的连接，一般采用木模或临时砖模，再在模内浇灌 C30 混凝土，防止混凝土干缩与基础脱离。

　为了消除静压桩顶进至设计深度后，取出千斤顶时桩身的卸载回弹，可采用克服或消除这种卸载回弹的预应力方法。其做法是预先在桩顶上安装钢制托换支架，在支架上设置两台并排的同吨位千斤顶，垫垫块后同步压至压桩终止压力后，将已截好的钢管或工字钢的钢柱塞入桩顶与原基础底面间，并打入钢楔挤紧后，千斤顶同步卸荷至零，取出千斤顶，拆除托换支架，对填塞钢柱的上下两端周边应焊牢，最后用 C30 混凝土将其与原基础浇筑成整体。

　封桩可根据要求采用预应力法或非预应力法施工。施工工艺可参考第 11.4 节锚杆静压桩封桩方法。

11.7　注　浆　加　固

11.7.1　注浆加固（grouting）亦称灌浆法，是指利

用液压、气压或电化学原理，通过注浆管把浆液注入地层中，浆液以填充、渗透和挤密等方式，将土颗粒或岩石裂隙中的水分和空气排除后占据其位置，经一定时间后，浆液将原来松散的土粒或裂隙胶结成一个整体，形成一个结构新、强度大、防水性能高和化学稳定性良好的"结石体"。

注浆加固的应用范围有：

1 提高地基土的承载力、减少地基变形和不均匀变形。

2 进行托换技术，对古建筑的地基加固常用。

3 用以纠倾和抬升建筑。

4 用以减少地铁施工时的地面沉降，限制地下水的流动和控制施工现场土体的位移等。

11.7.2 注浆加固的效果与注浆材料、地基土性质、地下水性质关系密切，应通过现场试验确定加固效果，施工参数，注浆材料配比、外加剂等，有经验的地区应结合工程经验进行设计。注浆加固设计依加固目的，应满足土的强度、渗透性、抗剪强度等要求，加固后的地基满足均匀性要求。

11.7.3 浆液材料可分为下列几类（图9）：

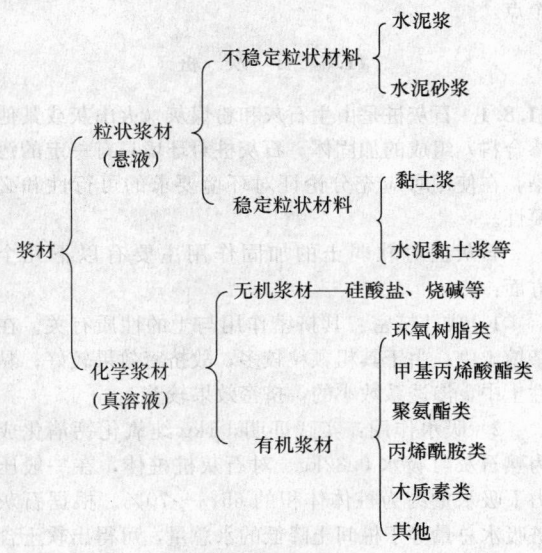

图 9 浆液材料

注浆按工艺性质分类可分为单液注浆和双液注浆。在有地下水流动的情况下，不应采用单液水泥浆，而应采用双液注浆，及时凝结，以免流失。

初凝时间是指在一定温度条件下，浆液混合剂到丧失流动性的这一段时间。在调整初凝时间时必须考虑气温、水温和液温的影响。单液注浆适合于凝固时间长，双液注浆适合于凝固时间短。

假定软土的孔隙率 $n = 50\%$，充填率 $\alpha = 40\%$，故浆液注入率约为20%。

若注浆点上覆盖土厚度小于2m，则较难避免在注浆初期产生"冒浆"现象。

按浆液在土中流动的方式，可将注浆法分为三类：

1 渗透注浆

浆液在很小的压力下，克服地下水压、土粒孔隙间的阻力和本身流动的阻力，渗入土体的天然孔隙，并与土粒骨架产生固化反应，在土层结构基本不受扰动和破坏的情况下达到加固的目的。

渗透注浆适用于渗透系数 $k > 10^{-4}$ cm/s 的砂性土。

2 劈裂注浆

当土的渗透系数 $k < 10^{-4}$ cm/s，应采用劈裂注浆，在劈裂注浆中，注浆管出口的浆液对周围地层施加了附加压应力，使土体产生剪切裂缝，而浆液则沿裂缝面劈裂。当周围土体是非匀质体时，浆液首先劈入强度最低的部分土体。当浆液的劈裂压力增大到一定程度时，再劈入另一部分强度较高的部分土体，这样劈入土体中的浆液便形成了加固土体的网络或骨架。

从实际加固地基开挖情况看，浆液的劈裂途径有竖向的、斜向的和水平向的。竖向劈裂是由土体受到扰动而产生的竖向裂缝；斜向的和水平向的劈裂是浆液沿软弱的或夹砂的土层劈裂而形成的。

3 压密注浆

压密注浆是指通过钻孔在土中灌入极浓的浆液，在注浆点使土体压密，在注浆管端部附近形成"浆泡"，当浆泡的直径较小时，灌浆压力基本上沿钻孔的径向扩展。随着浆泡尺寸的逐渐增大，便产生较大的上抬力而使地面抬动。浆泡的形状一般为球形或圆柱形。浆泡的最后尺寸取决于土的密度、湿度、力学条件、地表约束条件、灌浆压力和注浆速率等因素。离浆泡界面0.3m～2.0m内的土体都能受到明显的加密。评价浆液稠度的指标通常是浆液的坍落度。如采用水泥砂浆浆液，则坍落度一般为25mm～75mm，注浆压力为 1MPa～7MPa。当坍落度较小时，注浆压力可取上限值。

渗透、劈裂和压密一般都会在注浆过程中同时出现。

"注浆压力"是指浆液在注浆孔口的压力，注浆压力的大小取决于以上三种注浆方式的不同、土性的不同和加固设计要求的不同。

由于土层的上部压力小，下部压力大，浆液就有向上抬高的趋势。灌注深度大，上抬不明显，而灌注深度浅，则上抬较多，甚至溢到地面上来，此时可用多孔间歇注浆法，亦即让一定数量的浆液灌注入上层孔隙大的土中后，暂停工作让浆液凝固，这样就可把上抬的通道堵死；或者加快浆液的凝固时间，使浆液（双液）出注浆管就凝固。

11.7.4 注浆压力和流量是施工中的两个重要参数，任何注浆方式均应有压力和流量的记录。自动流量和

压力记录仪能随时记录并打印出注浆过程中的流量和压力值。

在注浆过程中，对注浆的流量、压力和注浆总流量中，可分析地层的空隙、确定注浆的结束条件、预测注浆的效果。

注浆施工方法较多，以上海地区而论最为常用的是花管注浆和单向阀管注浆两种施工方法。对一般工程的注浆加固，还是以花管注浆作为注浆工艺的主体。

花管注浆的注浆管在头部 1m～2m 范围内侧壁开孔，孔眼为梅花形布置，孔眼直径一般为 3mm～4mm。注浆管的直径一般比锥尖的直径小 1mm～2mm。有时为防止孔眼堵塞，可在开口的孔眼外再包一圈橡皮环。

为防止浆液沿管壁上冒，可加一些速凝剂或压浆后间歇数小时，使在加固层表面形成一层封闭层。如在地表有混凝土之类的硬壳覆盖的情况，也可将注浆管一次压到设计深度，再由下而上分段施工。

花管注浆工艺虽简单，成本低廉，但其存在的缺点是：1 遇卵石或块石层时沉管困难；2 不能进行二次注浆；3 注浆时易于冒浆；4 注浆深度不及塑料单向阀管。

注浆时可采用粉煤灰代替部分水泥的原因是：

1 粉煤灰颗粒的细度比水泥还细，及其占优势的球形颗粒，使比仅含有水泥和砂的浆液更容易泵送，用粉煤灰代替部分水泥或砂，可保持浆体的悬浮状态，以免发生离析和减少沉积来改善可泵性和可灌性。

2 粉煤灰具有火山灰活性，当加入到水泥中可增加胶结性，这种反应产生的粘结力比水泥砂浆间的粘结更为坚固。

3 粉煤灰含有一定量的水溶性硫酸盐，增强了水泥浆的抗硫酸盐性。

4 粉煤灰掺入水泥的浆液比一般水泥浆液用的水少，而通常浆液的强度与水灰比有关，它随水的减少而增加。

5 使用粉煤灰可达到变废为宝，具有社会效益，并节约工程成本。

每段注浆的终止条件为吸浆量小于 1L/min～2L/min。当某段注浆量超过设计值的 1 倍～1.5 倍时，应停止注浆，间歇数小时后再注，以防浆液扩到加固段以外。

为防止邻孔串浆，注浆顺序应按跳孔间隔注浆方式进行，并宜采用先外围后内部的注浆施工方法，以防浆液流失。当地下水流速较大时，应考虑浆液在水流中的迁移效应，应从水头高的一端开始注浆。

在浆液进行劈裂的过程中，产生超孔隙水压力，孔隙水压力的消散使土体固结和劈裂浆体的凝结，从而提高土的强度和刚度。但土层的固结要引起土体的

沉降和位移。因此，土体加固的效应与土体扰动的效应是同时发展的过程，其结果是导致加固土体的效应和某种程度土体的变形，这就是单液注浆的初期会产生地基附加沉降的原因。而多孔间隔注浆和缩短浆液凝固时间等措施，能尽量减少既有建筑基础因注浆而产生的附加沉降。

11.7.5 注浆施工质量高不等于注浆效果好，因此，在设计和施工中，除应明确规定某些质量指标外，还应规定所要达到的注浆效果及检查方法。

1 计算灌浆量，可利用注浆过程中的流量和压力曲线进行分析，从而判断注浆效果。

2 由于浆液注入地层的不均匀性，采用地球物理检测方法，实际上存在难以定量和直接反映的缺点。标准贯入、轻型动力触探和静力触探的检测方法，简单实用，但它存在仅能反映取样点的加固效果的特点，因此对地基注浆加固效果评价的检查数量应满足统计要求，检验标准应通过现场试验对比校核使用。

3 检验点的数量和合格的标准除应按规范条文执行外，对不足 20 孔的注浆工程，至少应检测 3 个点。

11.8 石 灰 桩

11.8.1 石灰桩是由生石灰和粉煤灰（火山灰或其他掺合料）组成的加固体。石灰桩对环境具有一定的污染，在使用时应充分论证对环境要求的可行性和必要性。

石灰桩对软弱土的加固作用主要有以下几个方面：

1 成孔挤密：其挤密作用与土的性质有关。在杂填土中，由于其粗颗粒较多，故挤密效果较好；黏性土中，渗透系数小的，挤密效果较差。

2 吸水作用：实践证明，1kg 纯氧化钙消化成为熟石灰可吸水 0.32kg。对石灰桩桩体，在一般压力下吸水量约为桩体体积的 65%～70%。根据石灰桩吸水总量等于桩间土降低的水总量，可得出软土含水量的降低值。

3 膨胀挤密：生石灰具有吸水膨胀作用，在压力 50kPa～100kPa 时，膨胀量为 20%～30%，膨胀的结果使桩周土挤密。

4 发热脱水：1kg 氧化钙在水化时可产生 280cal 热量，桩身温度可达 200℃～300℃，使土产生一定的气化脱水，从而导致土中含水量下降、孔隙比减小、土颗粒靠拢挤密，在所加固区的地下水位也有一定的下降，并促使某些化学反应形成，如水化硅酸钙的形成。

5 离子交换：软土中钠离子与石灰中的钙离子发生置换，改善了桩间土的性质，并在石灰桩表层形成一个强度很高的硬层。

以上这些作用，使桩间土的强度提高、对饱和粉土和粉细砂还改善了其抗液化性能。

6 置换作用：软土为强度较高的石灰桩所代替，从而增加了复合地基承载力，其复合地基承载力的大小，取决于桩身强度与置换率大小。

11.8.2 石灰桩桩径主要取决于成孔机具，目前使用的桩管常用的有直径 325mm 和 425mm 两种；用人工洛阳铲成孔的一般为 200mm～300mm，机动洛阳铲成孔的直径可达 400mm～600mm。

石灰桩的桩距确定，与原地基土的承载力和设计要求的复合地基承载力有关，一般采用 2.5 倍～3.5 倍桩径。根据山西省的经验，采用桩距 3.0 倍～3.5 倍桩径的，地基承载力可提高 0.7 倍～1.0 倍；采用桩距 2.5 倍～3.0 倍桩径的，地基承载力可提高 1.0 倍～1.5 倍。

桩的布置可采用三角形或正方形，而采用等边三角形布置更为合理，它使桩周土的加固较为均匀。

桩的长度确定，应根据地质情况而定，当软弱土层厚度不大时，桩长宜穿过软弱土层，也可先假定桩长，再对软弱下卧层强度和地基变形进行验算后确定。

石灰桩处理范围一般要超出基础轮廓线外围 1 排～2 排，是基底压力向外扩散的需要，另外考虑基础边桩的挤密效果较差。

11.8.4 石灰桩施工记录是评估施工质量的重要依据，结合抽检结果可作出质量检验评价。

通过现场原位测试的标准贯入、静力触探以及钻孔取样进行室内试验，检测石灰桩施工质量及其周围土的加固效果。桩周土的测试点应布置在等边三角形或正方形的中心，因为该处挤密效果较差。

11.9 其他地基加固方法

11.9.1 旋喷桩是利用钻机钻进至土层的预定位置后，以高压设备通过带有喷嘴的注浆管使浆液以 20MPa～40MPa 的高压射流从喷嘴中喷射出来，冲击破坏土体，同时钻杆以一定速度渐渐向上提升，将浆液与土粒强制搅拌混合，浆液凝固后，在土中形成固结加固体。

固结加固体形状与喷射流移动方向有关。一般分为旋转喷射（简称旋喷）、定向喷射（简称定喷）和摆动喷射（简称摆喷）三种形式。托换加固中一般采用旋转喷射，即旋喷桩。当前，高压喷射注浆法的基本工艺类型有：单管法、二重管法、三重管法和多重管法等四种方法。

旋喷固结体的直径大小与土的种类和密实程度有较密切的关系。对黏性土地基加固，单管旋喷注浆加固体直径一般为 0.3m～0.8m；三重管旋喷注浆加固体直径可达 0.7m～1.8m；二重管旋喷注浆加固体直径介于上述二者之间。多重管旋喷直径为 2.0m～4.0m。

一般在黏性土和黄土中的固结体，其抗压强度可达 5MPa～10MPa，砂类土和砂砾层中的固结体其抗压强度可达 8MPa～20MPa。

11.9.2 灰土挤密桩适应于无地下水的情况下，其特点是：1 经济；2 灵活性、机动性强；3 施工简单，施工作业面小等。灰土挤密桩法施作时一定要对称施工，不得使用生石灰与土拌合，应采用消解后的石灰，以防灰料膨胀不均匀造成基础拉裂。

11.9.3 水泥土搅拌桩由于设备较大，一般不用于既有建筑物基础下的地基加固。在相邻建筑施工时，要考虑其挤土效应对相邻基础的影响。

11.9.4 化学灌浆的特点是适应性比较强，施工作业面小，加固效果比较快。但是，这种方法对地下水有一定的污染，当施工场地位于饮水源、河流、湖泊、鱼池等附近时，对注浆材料和浆液配比要严格控制。

11.9.6 人工挖孔混凝土灌注桩的特点就是能提供较大的承载能力，同时易于检查持力层的土质情况是否符合设计要求。缺点是施工作业面要求大，施工过程容易扰动周边的土。该方法应在保证安全的条件下实施。

12 检验与监测

12.1 一般规定

12.1.1 地基基础加固施工后，应按设计要求及现行国家标准《建筑地基基础工程施工质量验收规范》GB 50202 的规定进行施工质量检验。对于有特殊要求或国家标准没有具体要求的，可按设计要求或专门制定针对加固项目的检验标准及方法进行检验。

12.1.2 地基基础加固工程应在施工期间进行监测，根据监测结果采取调整既有建筑地基基础加固设计或施工方案的技术措施。

12.2 检验

12.2.1 基槽检验是重要的施工检验程序，应按隐蔽工程要求进行。

12.2.2 新旧结构构件的连接构造应进行检验，提供隐蔽工程检验报告。

12.2.3 对基础钻芯取样，可采用目测方法检验浆液的扩散半径、浆液对基础裂缝的填充效果；尚应进行抗压强度试验测定注浆后基础的强度。钻芯取样数量，对条形基础宜每隔 5m～10m，或每边不少于 3 个，对独立柱基础，取样数可取 1 个～2 个，取样孔宜布置在两个注浆孔中间的位置。

12.2.7 复合地基加固可在原基础上开孔并对既有建筑基础下地基进行加固，也可用于扩大基础加固中既有建筑基础外的地基加固，或两者联合使用。但在原

基础内实施难度较大，目前实际工程不多。对于扩大基础加固施工质量的检验，可根据场地条件按《建筑地基处理技术规范》JGJ 79 的要求确定检验方法。

12.3 监　测

12.3.1、12.3.2 基槽开挖和施工降水等可能对周边环境造成影响，为保证周边环境的安全和正常使用，应对周边建筑物、管线的变形及地下水位的变化等进行监测。

12.3.4、12.3.5 纠倾加固施工，当各点的顶升量和迫降量不一致时，可能造成结构产生新的裂损，应对结构的变形和裂缝进行监测，根据监测结果进行施工控制。

12.3.6 移位施工过程中，当建筑物处于新旧基础交接处时，由于新旧基础的地基变形不同，可能造成建筑物产生新的损害，因此应对建筑物的变形、裂缝等进行监测。

12.3.7 托换加固要改变结构或地基的受力状态，施工时应对建筑的沉降、倾斜、开裂进行监测。

12.3.8 注浆加固施工会引起建筑物附加沉降，应在施工期间进行建筑物沉降监测。视沉降发展速率，施工后的一段时间也应进行沉降监测。

12.3.9 采用加大基础底面积加固法、加深基础加固法对基础进行加固时，当开挖施工槽段内结构在加固前已产生裂缝或加固施工时产生裂缝或变形时，应对开挖施工槽段内结构的变形和裂缝情况进行监测，确保安全。

中华人民共和国国家标准

建筑边坡工程鉴定与加固技术规范

Technical code for appraisal and reinforcement
of building slope

GB 50843—2013

主编部门：重 庆 市 城 乡 建 设 委 员 会
批准部门：中华人民共和国住房和城乡建设部
施行日期：２０１３ 年 ５ 月 １ 日

中华人民共和国住房和城乡建设部
公　告

第 1586 号

住房城乡建设部关于发布国家标准
《建筑边坡工程鉴定与加固技术规范》的公告

现批准《建筑边坡工程鉴定与加固技术规范》为国家标准，编号为 GB 50843-2013，自 2013 年 5 月 1 日起实施。其中，第 3.1.3、4.1.1、5.1.1、9.1.1 条为强制性条文，必须严格执行。

本规范由我部标准定额研究所组织中国建筑工业出版社出版发行。

中华人民共和国住房和城乡建设部
2012 年 12 月 25 日

前　言

根据住房和城乡建设部《关于印发〈2009 年工程建设标准规范制订、修订计划〉的通知》（建标〔2009〕88 号）的要求，规范编制组经广泛调查研究，认真总结实践经验，参考有关国内标准和国际标准，并在广泛征求意见的基础上，编制本规范。

本规范主要技术内容是：总则、术语和符号、基本规定、边坡加固工程勘察、边坡工程鉴定、边坡加固工程设计计算、边坡工程加固方法、边坡工程加固、监测和加固工程施工及验收。

本规范中以黑体字标志的条文为强制性条文，必须严格执行。

本规范由住房和城乡建设部负责管理和对强制性条文的解释，由重庆一建建设集团有限公司负责具体技术内容的解释。执行过程中如有意见或建议，请寄送重庆一建建设集团有限公司（地址：重庆市九龙坡区滩子口广厦城一号办公楼；邮政编码：400053）。

本规范主编单位：重庆一建建设集团有限公司
　　　　　　　　　重庆市设计院

本规范参编单位：中国建筑技术集团有限公司

重庆市建筑科学研究院
中冶建筑研究总院有限公司
四川省建筑科学研究院
重庆大学
建设综合勘察研究设计院有限公司
重庆市建设工程勘察质量监督站
广厦建设集团有限责任公司

本规范主要起草人：郑生庆　陈希昌　汤启明
　　　　　　　　　刘兴远　姚　刚　胡建林
　　　　　　　　　何　平　林文修　周忠明
　　　　　　　　　王德华　郭明田　董　勇
　　　　　　　　　叶晓明　冉　艺　陈阁琳
　　　　　　　　　何开明　周长安　廖乾章
　　　　　　　　　王嘉琳　方玉树　张培文

本规范主要审查人：郑颖人　张苏民　薛尚龄
　　　　　　　　　伍法权　陈跃熙　钱志雄
　　　　　　　　　贾金青　唐秋元　康景文

目　次

Contents

1 总　　则

1.0.1 为了在既有建筑边坡工程鉴定与加固中贯彻执行国家的技术经济政策，做到技术先进、安全可靠、经济合理、确保质量及保护环境，制定本规范。

1.0.2 本规范适用于岩质边坡高度为 30m 以下（含30m），土质边坡高度为 15m 以下（含 15m）的既有建筑边坡工程和岩质基坑边坡的鉴定和加固。

超过上述高度的边坡加固工程以及地质和环境条件复杂的边坡加固工程除应符合本规范外，还应进行专项设计，采取有效、可靠的加固处理措施。

1.0.3 软土、湿陷性黄土、冻土及膨胀土等特殊性岩土和侵蚀性环境以及地震区、灾后的建筑边坡工程的鉴定和加固除应符合本规范外，尚应符合国家现行相应专业标准的规定。

1.0.4 既有建筑边坡工程的鉴定及加固除应符合本规范外，尚应符合国家现行有关标准的规定。

2　术语和符号

2.1　术　　语

2.1.1 建筑边坡　building slope

在建筑场地或其周边，由于建筑工程和市政工程开挖或填筑施工所形成的人工边坡和对建筑物安全或稳定有影响的自然斜坡。本规范中简称边坡。

2.1.2 既有边坡工程　existing building slope engineering

整体或部分已建成的建筑边坡工程。

2.1.3 边坡工程鉴定　appraisal of existing building slope engineering

对既有边坡工程的安全性、正常使用性等进行的调查、检测、分析验算和评定等一系列活动。

2.1.4 既有边坡工程加固　strengthening of existing building slope engineering

对既有建筑边坡工程及其相关部分采取增强、局部更换等措施，使其满足国家现行标准规定的安全性、适用性和耐久性。

2.1.5 边坡加固工程勘察　geological investigation of slope strengthening engineering

边坡鉴定与加固前，针对既有边坡工程进行的岩土工程勘察活动。

2.1.6 加固设计使用年限　design working life for strengthening of existing building slope engineering

正常条件下既有建筑边坡工程或支护结构、构件加固后无需重新进行检测、鉴定即可按其预定目的使用的时期。

2.1.7 目标使用年限　target working life

既有边坡工程期望使用的年限。

2.1.8 检测　inspection

为评定施工质量或性能等实施的检查、测量、试验和检验活动。

2.1.9 鉴定单元　appraisal unit

根据被鉴定边坡工程的支护结构体系、构造特点、结构布置、边坡高度和作用大小等不同所划分的可以独立进行鉴定的区段，每一区段为一鉴定单元。

2.1.10 子单元　sub-system

鉴定单元中根据组成支护结构的不同形式所细分的基本鉴定单位。

2.1.11 构件　member

支护结构中可以进一步细分的基本受力单位。

2.1.12 锚杆　anchor

将拉力传至稳定岩土层的构件。当采用钢绞线或高强钢丝束作杆体材料时，也可称为锚索。本规范中除特殊注明外，锚杆为锚杆和预应力锚索的总称。

2.1.13 削方减载法　cut unloading at top of slope

通过清除建筑边坡推力区的岩土体达到减少边坡推力，使加固后的既有建筑边坡工程满足预定功能的一种加固法。

2.1.14 堆载反压法　back loading at toe of slope

通过在既有边坡工程坡脚堆载反压，使加固后的既有边坡工程满足预定功能的一种加固法。

2.1.15 抗滑桩加固法　slide-resistant pile method

通过设置抗滑桩，使加固后的既有边坡工程满足预定功能的一种加固法。

2.1.16 加大截面加固法　structure member strengthening with R.C

加大原结构或构件的截面面积或增配钢筋，以提高其承载力和刚度的一种加固法。

2.1.17 锚固加固法　anchoring method

通过设置锚杆及传力结构，使加固后的既有边坡工程满足预定功能的一种加固法。

2.1.18 注浆加固法　grouting method

通过对岩土体进行注浆处理，改变岩土体的物理、力学性能，使加固后的既有边坡工程满足预定功能的一种加固法。

2.1.19 截排水法　cut-off and draining method

通过设置或改造截、排水系统，使加固后的既有边坡工程满足预定功能的一种加固法。

2.2　符　　号

2.2.1 作用和作用效应

E_i——第 i 计算条块与第 $i+1$ 计算条块单位宽度水平条间力；

E_n——第 n 条块单位宽度剩余水平推力；

G、G_i——滑体、第 i 计算条块单位宽度重力；

G_b、G_{bi}——滑体、第 i 计算条块单位宽度附加竖向

荷载；

M_i——第 i 计算条块与第 $i+1$ 计算条块单位宽度（对坐标原点的）条间力矩；

M_n——第 n 条块单位宽度（对坐标原点的）剩余力矩；

P_i——第 i 计算条块与第 $i+1$ 计算条块单位宽度剩余下滑力；

P_n——第 n 条块单位宽度剩余下滑力；

Q、Q_i——滑体、第 i 计算条块单位宽度水平荷载；

R、R_i——滑体、第 i 计算条块单位宽度重力及其他外力引起的抗滑力；

R_N——新增支护结构或构件的抗力；

R_0、R_{0i}——滑体、第 i 计算条块所受单位宽度有效抗力；

S——支护结构上的外部作用效应；

T、T_i——滑体、第 i 计算条块单位宽度重力及其他外力引起的下滑力；

U、U_i——滑面、第 i 计算条块滑面单位宽度总水压力；

V——后缘陡倾裂隙单位宽度总水压力；

Y_i——第 i 计算条块与第 $i+1$ 计算条块单位宽度竖直条间力。

2.2.2　材料性能参数

c、c_i——滑面、第 i 计算条块滑面黏聚力；

φ、φ_i——滑面、第 i 计算条块滑面内摩擦角；

γ_w——水重度。

2.2.3　几何参数

H——建筑物的高度或边坡高度；

h_w、h_{wi}、$h_{w,i-1}$——后缘陡倾裂隙充水高度，第 i 及第 $i-1$ 计算条块滑面前端水头高度；

L、L_i——滑面、第 i 计算条块长度；

x_{ci}——第 i 计算条块重心横坐标；

x_{gi}——第 i 计算条块单位宽度竖向附加荷载作用点横坐标；

x_{ni}, y_{ni}——第 i 计算条块滑面中点横、纵坐标；

y_{qi}——第 i 计算条块单位宽度水平荷载作用点纵坐标；

x_{ri}, y_{ri}——第 i 计算条块有效抗力作用点横、纵坐标；

α、α_i——滑体、第 i 计算条块单位宽度有效抗力倾角；

θ、θ_i——滑面、第 i 计算条块倾角。

2.2.4　计算系数

F_s、F_t——边坡抗滑、抗倾覆稳定安全系数；

F_{st}——整体稳定安全系数；

i——计算条块号，从后方起编；

n——条块数量；

x_i'——第 i 计算条块与第 $i+1$ 计算条块垂直分界面到滑面前端的相对水平距离，是到滑面前端的水平距离与滑面前后端之间水平距离的比值；

γ_0——支护结构重要性系数；

ζ_L——新增支护结构或构件的抗力发挥系数；

ψ_i——第 i 计算条块剩余下滑推力向第 $i+1$ 计算条块的传递系数。

2.2.5　鉴定评级

A_s、B_s、C_s——子单元正常使用性等级；

A_{ss}、B_{ss}、C_{ss}——鉴定单元正常使用性等级；

A_{su}、B_{su}、C_{su}、D_{su}——鉴定单元安全性等级；

A_u、B_u、C_u、D_u——子单元安全性等级；

a_s、b_s、c_s——构件正常使用性等级；

a_u、b_u、c_u、d_u——构件安全性等级。

3　基　本　规　定

3.1　一　般　规　定

3.1.1　既有边坡工程的加固设计应采用动态设计法，并应符合现行国家标准《建筑边坡工程技术规范》GB 50330 的相关规定。

3.1.2　与支护结构配合使用的混凝土结构、砌体结构或构件的加固技术、裂缝修补技术、锚固技术和防锈技术以及加固材料等应符合现行国家标准《混凝土结构加固设计规范》GB 50367 和《砌体结构加固设计规范》GB 50702 等的有关规定。

3.1.3　加固后的边坡工程应进行正常维护，当改变其用途和使用条件时应进行边坡工程安全性鉴定。

3.1.4　既有边坡工程鉴定、加固设计、施工、监测、监理和验收应由具有相应资质的单位和有经验的专业技术人员承担。

3.2　边坡工程鉴定

3.2.1　边坡工程鉴定适用于建筑边坡工程安全性、正常使用性、耐久性和施工质量等的鉴定。

3.2.2　边坡工程鉴定应明确鉴定的对象、范围和要求。鉴定对象应由委托单位确定，可将建筑边坡工程整体作为鉴定对象，也可将鉴定单元、子单元或构件作为鉴定对象。

3.2.3　当边坡工程遭受洪水、泥石流等灾害后需进行特殊项目鉴定时，特殊项目鉴定评级应符合国家现行有关标准的规定。

3.2.4　鉴定对象的目标使用年限，应根据边坡工程的使用历史、当前的工作状态和今后的使用要求确

定。对边坡工程不同鉴定单元，根据其安全等级可确定不同的目标使用年限。

3.3 边坡工程加固设计

3.3.1 下列情况的边坡工程应进行加固设计：

1 边坡出现失稳迹象、支护结构及构件出现明显开裂及变形的边坡工程；

2 使用条件有重大变化或改造可能影响安全的边坡工程；

3 遭受灾害及已发生安全事故的边坡工程；

4 经鉴定确认应进行加固的边坡工程；

5 支护结构出现严重腐蚀的边坡工程。

3.3.2 边坡加固工程设计时应取得下列资料：

1 边坡工程的鉴定报告；

2 边坡工程原有设计和施工竣工资料；

3 边坡加固工程的勘察报告；

4 边坡工程周边建筑物、管线等环境资料；

5 现有的施工技术、设备性能、施工条件及类似工程加固经验等资料；

6 委托方提供的边坡加固工程设计任务书。

3.3.3 边坡加固工程安全等级应按现行国家标准《建筑边坡工程技术规范》GB 50330 的规定确定。当边坡的使用条件和环境发生改变，使边坡工程损坏后造成的破坏后果的严重性发生变化时，加固边坡工程安全等级应作相应的调整。

3.3.4 边坡加固工程设计使用年限应按下列原则确定：

1 边坡加固后的使用年限不应低于边坡工程服务对象的使用年限；

2 当支护结构采用植筋、碳纤维布加固时，应按 30 年考虑；到期后若重新鉴定认为其工作正常，仍可继续延长使用年限。

3.3.5 对使用粘结方法或掺有聚合物加固的支护结构或构件，尚应定期检查其工作状态，检查的时间可由设计单位确定，但第一次时间不应超过 10 年。

3.3.6 边坡工程的加固方案设计应符合下列规定：

1 边坡加固设计应综合考虑边坡工程的鉴定报告、勘察报告、加固目的、加固设计的可靠性及预期效果、施工难易程度和条件、对邻近建筑和环境的影响、工期和造价等因素，进行全面的技术及经济分析后确定合理的加固设计方案；

2 依据鉴定报告，加固方案设计应考虑合理利用原有支护结构的有效抗力；

3 边坡加固范围应根据鉴定结果及设计分析确定，可对边坡工程整体、区段、支护结构或构件、以及截、排水系统进行加固处理，但均应考虑边坡工程的整体性及加固部分与邻近建筑物的相互影响；

4 边坡加固工程应综合考虑其技术经济效果，避免不必要的拆除或更换；适修性差的边坡工程不应进行加固；

5 边坡加固工程设计应考虑景观及环保要求，做到美化环境，保护生态。

3.3.7 对加固施工过程中可能出现大变形或塌滑的边坡工程，应在设计文件中规定，先实施临时性的预加固及采取其他有效、安全的措施后，再实施永久性加固措施。

3.3.8 下列既有边坡工程加固设计及施工应进行专门论证：

1 超过本规范适用高度的边坡加固工程；

2 边坡工程塌滑影响区内有重要建筑物、稳定性较差的边坡加固工程；

3 地质和环境条件复杂、对边坡加固施工扰动较敏感的边坡加固工程；

4 已发生严重事故的边坡加固工程；

5 采用新结构、新技术的边坡加固工程。

4 边坡加固工程勘察

4.1 一般规定

4.1.1 既有边坡工程加固前应进行边坡加固工程勘察。

4.1.2 既有边坡加固工程勘察应在充分利用既有边坡工程勘察资料的基础上进行，并对已有的资料进行必要的验证。

4.1.3 既有边坡加固工程勘察时应根据边坡特点、破坏情况、边坡工程鉴定要求和加固方式，有针对性地开展工作。

4.1.4 既有边坡加固工程可直接进行详细阶段勘察。

4.1.5 边坡加固工程勘察报告应包括下列内容：

1 在查明边坡工程的变形、开裂及破坏原因以及工程地质和水文地质条件的基础上，确定边坡类型和可能的破坏形式；

2 提供边坡稳定性、变形验算、边坡工程鉴定和加固设计所需的岩土参数；

3 评价边坡的稳定性，提出稳定性结论；

4 提出边坡工程加固处理措施和监测方案建议。

4.2 勘察工作

4.2.1 边坡加固工程勘察前应取得下列资料：

1 气象、水文资料，特别是雨期和暴雨强度等资料；

2 场地已有岩土工程勘察资料；

3 既有边坡工程的相关资料；

4 附有坐标和地形的边坡工程平面图等；

5 邻近建筑物、地下工程和管线等环境资料。

4.2.2 边坡加固工程勘察除应符合现行国家标准《岩土工程勘察规范》GB 50021 和《建筑边坡工程技

术规范》GB 50330 的有关规定外，尚应重点查明下列内容：

　　1 边坡岩土体与支护结构变形特征及其成因；

　　2 边坡岩土体及岩体结构面的物理力学性质及其变化；

　　3 场地的地下水类型、水位、水量、补给、排泄条件和动态变化，岩土层的透水性，地下水出露情况等水文地质条件及其变化。

4.2.3 边坡加固工程勘察手段和勘察工作布置应符合下列规定：

　　1 边坡加固工程勘察宜先进行工程地质测绘和调查，并应符合现行国家标准《岩土工程勘察规范》GB 50021 的工程地质测绘和调查的有关规定；

　　2 勘察工作布置应根据边坡工程的勘察等级和已出现的变形破坏迹象，结合搜集的已有岩土工程勘察成果等资料，适当补充勘探孔、原位测试；对于勘察等级为甲级的边坡工程，其勘探布孔应适当加密，必要时，采取现场剪切试验确定滑动面的抗剪强度指标；

　　3 勘探工作宜采用钻探、坑（井）探和槽探等方法。

4.3 稳定性分析评价

4.3.1 边坡加固工程的稳定性分析评价应在充分查明工程地质条件的基础上，根据边坡岩土类型、可能破坏形式和支护结构特征以及支护结构作用等进行稳定性评价。

4.3.2 边坡加固工程的稳定性评价包括定性评价和定量评价，应先进行定性评价，后进行定量评价。边坡加固工程的稳定性评价应符合现行国家标准《建筑边坡工程技术规范》GB 50330 的有关规定。

4.3.3 当原支护结构对边坡稳定性起有利作用时，边坡工程稳定性验算应考虑其有效抗力。原支护结构的有效抗力应根据边坡工程破坏模式、变形、破坏情况和地区工程经验确定。

4.3.4 存在原有支护结构有效抗力作用时的边坡稳定性可按本规范附录 A 提供的方法进行计算。其他情况的稳定性验算应符合现行国家标准《岩土工程勘察规范》GB 50021 和《建筑边坡工程技术规范》GB 50330 的有关规定。

4.3.5 滑动面为圆弧形和折线形时，应在滑面倾角明显变化处、滑面与水位线相交处、滑面强度指标变化处、地下水位线倾角明显变化处、地形坡角明显变化处、地形线与河（库）水位线相交处、地面荷载明显变化处等处进行计算条块分界点的划分；计算条块数量应满足计算精度的要求。

4.3.6 对存在多个滑动面的边坡工程，应分别对各种可能的滑动面进行稳定性验算分析，并取最小稳定性系数作为边坡工程稳定性系数。对多级滑动面的边坡工程，应分别对各级滑动面进行稳定性验算分析。

4.3.7 边坡抗滑稳定状态应分为稳定、基本稳定、欠稳定和不稳定四种，可根据边坡抗滑稳定系数按表4.3.7确定。

表 4.3.7 既有边坡工程稳定状态划分

边坡稳定性系数 F_s	$F_s < 1.00$	$1.00 \leq F_s < 1.05$	$1.05 \leq F_s < F_{st}$	$F_s \geq F_{st}$
边坡稳定状态	不稳定	欠稳定	基本稳定	稳定

注：F_{st} 为边坡稳定安全系数。

4.3.8 下列情况时应提出加固处理建议：

　　1 当边坡工程岩土体及支护结构地基出现明显变形破坏迹象时；

　　2 当边坡工程整体稳定性不能满足稳定安全系数要求时。

4.4 参 数 取 值

4.4.1 边坡加固工程的有关岩土物理力学指标应通过原位测试、室内试验并参考地区经验确定。当无试验条件时，安全等级为二级或三级的边坡加固工程可按地区经验确定。

4.4.2 对于未出现变形或处于弱变形阶段的边坡工程，滑动面抗剪强度指标可取现场原位测试的峰值强度值；处于滑动阶段或已滑动的边坡工程，滑动面抗剪强度指标可取残余强度值；处于强变形阶段的边坡工程，滑动面抗剪强度指标可取介于峰值强度与残余强度之间值。

4.4.3 利用搜集的岩土物理力学指标时应进行分析复核，并应充分考虑边坡工程使用期间岩土体及岩体结构面的物理力学性质发生的变化。

4.4.4 当边坡工程已产生变形或滑动时，可采用反演分析法确定滑动面抗剪强度指标。对出现变形的边坡工程，其稳定性系数 K_s 宜取 1.00～1.05；对产生滑动的边坡工程，其稳定系数 K_s 宜取 0.95～1.00。

4.4.5 边坡工程鉴定报告所提供的原支护结构的有效抗力和岩土物理力学指标应加以合理利用，并应对边坡加固工程设计所需的有关岩土物理力学指标进行校核。

5 边坡工程鉴定

5.1 一 般 规 定

5.1.1 既有边坡工程加固前应进行边坡工程鉴定。

5.1.2 在下列条件下，应进行边坡工程安全性鉴定：

　　1 遭受灾害、事故或其他应急鉴定时；

　　2 存在较严重的质量缺陷或出现影响边坡工程安全性、适用性或耐久性的材料劣化、构件损伤或其

他不利状态时；

    3 对邻近建筑物安全有影响时；

    4 进行改造、扩建及使用环境改变时；

    5 需要进行整体维护、维修时；

    6 达到设计使用年限拟继续使用时；

    7 需进行司法鉴定时；

    8 使用性鉴定中发现安全性问题时。

5.1.3 在下列情况下，可进行边坡工程正常使用性鉴定：

    1 使用维护中需要进行常规性的检查；

    2 边坡工程有特殊使用要求的鉴定。

5.1.4 当边坡工程存在耐久性问题时，应进行边坡工程耐久性鉴定。

5.2 鉴定的程序与工作内容

5.2.1 边坡工程鉴定程序可按图5.2.1进行。

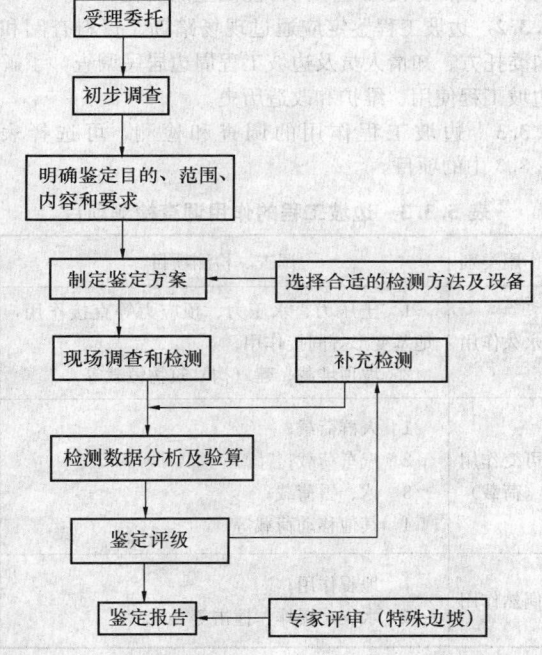

图 5.2.1 鉴定程序

5.2.2 初步调查宜包含下列工作内容：

    1 查阅边坡工程资料，包括边坡工程勘察资料、设计图、设计变更资料、竣工图、竣工资料、历次检测（监测）、加固和改造资料、质量或事故处理报告等；

    2 调查边坡工程历史，如原始施工、维修、加固、改造、用途变更、使用条件改变以及受灾等情况；

    3 现场考察，根据资料核对实物，调查边坡工程实际使用情况，查看已发现的问题，听取有关人员的意见等；

    4 拟定鉴定方案。

5.2.3 鉴定方案应根据鉴定对象的特点和初步调查的结果，鉴定的目的、范围、内容和要求制定。鉴定方案宜包括下列内容：

    1 工程概况，主要包括边坡工程类型、边坡总高度、周边环境、边坡设计、施工及监理单位、建造年代等；

    2 鉴定的目的、范围、内容和要求；

    3 鉴定依据，主要包括检测、鉴定所依据的标准及有关的技术资料等；

    4 检测项目和选用的检测方法以及抽样检测的数量；

    5 检测鉴定人员和仪器设备情况；

    6 鉴定工作进度计划；

    7 所需要的配合工作；

    8 检测中的安全措施；

    9 检测中的环保措施。

5.2.4 详细调查与检测宜根据实际需要选择下列工作内容：

    1 详细研究相关文件资料；当边坡工程勘察资料不完整或检测过程中发现其他工程地质问题时，应按本规范第4章的规定执行；

    2 调查核实使用条件；应对设计、施工、用途、维修、加固等建设、使用历史进行调查，同时对永久荷载、可变荷载、偶然荷载作用和间接作用进行调查，当环境作用对边坡安全性影响较大时应进行环境作用调查；

    3 材料性能检测分析；当图纸资料有说明且不怀疑材料性能有变化时，可采用设计值；当无图纸资料或存在问题时，应按国家现行有关检测技术标准，现场取样进行检测或现场测试；

    4 支护结构、构件的检查和抽样检测；当有图纸资料时，可进行现场抽样复核；当无图纸资料或图纸资料不全时，应通过对支护结构的现场调查和分析，再按国家现行有关检测技术标准，对重要和有代表性的支护结构、构件进行现场抽样检测；检测数据离散性大时应全数检测；

    5 附属工程的检查和检测；重点检查边坡工程排水系统的设置和其排水功能，对其他影响安全的附属结构也应进行检查。

5.2.5 根据详细调查与检测数据，对各鉴定单元的安全性进行分析与验算，包括整体稳定性和局部稳定性分析，支护结构、构件的安全性、正常使用性和耐久性分析及出现问题的原因分析。

5.2.6 在边坡工程鉴定过程中，若发现调查和检测资料不充分或不准确时，应及时补充调查、检测。

5.2.7 边坡工程可划分成若干鉴定单元进行鉴定评级，并应符合下列规定：

    1 安全性评级分为四个等级，正常使用性评级分为三个等级；

    2 当鉴定单元可划分为构件和子单元时，应按

表 5.2.7 规定的工作内容进行鉴定单元的评级；

表 5.2.7　鉴定单元评级的层次、等级划分及工作内容

层次		一	二	三
层名		鉴定单元	子单元	构件
安全性鉴定	等级	A_{su}、B_{su}、C_{su}、D_{su}	等级　A_u、B_u、C_u、D_u	a_u、b_u、c_u、d_u
安全性鉴定	稳定性分析 子单元评级综合分析		地基基础　地基变形、承载力	—
安全性鉴定	稳定性分析 子单元评级综合分析		支护结构　整体性能	—
安全性鉴定	稳定性分析 子单元评级综合分析		支护结构　承载功能	承载能力、连接和构造
安全性鉴定	稳定性分析 子单元评级综合分析		附属工程　排水功能	—
正常使用性鉴定	等级	A_{ss}、B_{ss}、C_{ss}	等级　A_s、B_s、C_s	a_s、b_s、c_s
正常使用性鉴定	子单元评级综合分析		地基基础　影响边坡正常使用的地基基础变形、损伤	—
正常使用性鉴定	子单元评级综合分析		支护结构　使用状况	变形 裂缝 缺陷、损伤 腐蚀
正常使用性鉴定	子单元评级综合分析		支护结构　位移	空间位移
正常使用性鉴定	子单元评级综合分析		附属结构　功能与状况	—

3　当鉴定单元不能细分为构件、子单元时，应根据鉴定单元的实际检测数据，直接对其安全性进行评级；

4　对复杂鉴定单元，可将其分成若干独立的子单元，按表 5.2.7 进行独立子单元的评级。

5.2.8　特殊项目鉴定的程序可按本规范第 5.2.1 条规定的程序执行，但其工作内容应符合特殊项目鉴定的要求。

5.2.9　边坡工程鉴定工作完成后，应及时提出鉴定报告，鉴定报告应包括下列内容：

1　工程概况；

2　鉴定的目的、范围、内容和要求；

3　鉴定依据；

4　调查、检测项目的实测数据；

5　检测数据的分析、验算及结果；

6　鉴定结论及建议；

7　附件。

5.2.10　鉴定报告的编写应符合下列规定：

1　鉴定报告中宜明确鉴定对象的剩余使用年限，应指出鉴定对象在剩余使用年限内可能存在的问题及产生的原因；

2　鉴定报告中应明确鉴定结果，指明鉴定对象的最终评级结果，作为技术管理或制定加固、维修计划的依据；

3　鉴定报告宜按表 5.2.10 明确各层次构件、子单元和鉴定单元的评级结果，且应明确处理对象，对安全性等级为 c_u 级和 d_u 级的构件及 C_{su} 级和 D_{su} 级的鉴定单元的数量、所处位置做出详细说明，并提出处理建议。

表 5.2.10　边坡工程鉴定评级汇总表

鉴定单元	支护结构构件评级结果	子单元评级结果	鉴定单元评级结果
I	a_u、b_u、c_u、d_u a_s、b_s、c_s	A_u、B_u、C_u、D_u A_s、B_s、C_s	A_{su}、B_{su}、C_{su}、D_{su} A_{ss}、B_{ss}、C_{ss}
II	a_u、b_u、c_u、d_u a_s、b_s、c_s	A_u、B_u、C_u、D_u A_s、B_s、C_s	A_{su}、B_{su}、C_{su}、D_{su} A_{ss}、B_{ss}、C_{ss}
⋮	⋮	⋮	⋮

5.3　调查与检测

5.3.1　使用条件的调查与检测应包括边坡工程上的作用、使用环境和使用历史三部分，调查中应考虑使用条件在目标使用年限内可能发生的变化。

5.3.2　边坡工程鉴定应通过现场踏勘、资料查阅和向委托方、知情人员及边坡工程周边居民调查，了解边坡工程使用、维护和改造历史。

5.3.3　边坡工程作用的调查和检测，可选择表 5.3.3 中的项目。

表 5.3.3　边坡工程的作用调查检测项目

作用类别	调查、检测项目
永久作用	1　土压力、水压力、预应力等直接作用，地基变形等间接作用； 2　坡顶堆载、建（构）筑物恒载等
可变作用（荷载）	1　人群荷载； 2　汽车荷载； 3　冰、雪荷载； 4　其他移动荷载等
偶然作用	1　地震作用； 2　水灾、爆炸、撞击等

5.3.4　边坡工程使用环境应包括气象环境、地质环境和边坡工程工作环境，可按表 5.3.4 中所列项目进行调查。

表 5.3.4　边坡工程使用环境调查项目

环境条件	调查项目
气象条件	降雨季节、降雨量、降雪量、霜冻期、冻融交替、土壤冻结深度等
地质环境	地形、地貌、工程地质、周边建筑物等
边坡工程工作环境	侵蚀性气体、液体、固体等

5.3.5 边坡工程所处环境类别和作用等级，可按现行国家标准《工业建筑可靠性鉴定标准》GB 50144 的有关规定确定；当为化学腐蚀环境时，可按现行国家标准《工业建筑防腐蚀设计规范》GB 50046 和《岩土工程勘察规范》GB 50021 的有关规定确定。

5.3.6 边坡工程及周边环境的变形与裂缝的调查、检测应符合下列规定：

1 调查范围为边坡工程塌滑区及其影响范围内的地面、建筑物、需保护的管线等；

2 对已发生变形或出现裂缝的部位应做出标识和记录；

3 对建筑物的变形、倾斜等应采用相应的仪器设备进行检测；

4 对地面或结构体裂缝深度、宽度、走向应采用相应的仪器设备进行检测或观测，并对其变化趋势进行监测或判断。

5.3.7 边坡工程现场检测应符合下列规定：

1 检测抽样原则和抽样数量应按现行国家标准《建筑结构检测技术标准》GB/T 50344 的规定执行，支护结构构件的抽样数量可按检测类别 B 的要求执行，检测数据离散性大时应全数检测；

2 检测项目和内容应包括地基基础、支护结构和附属工程的几何特性、材料性能和结构性能等；

3 地基基础、支护结构和附属结构的检测除应符合现行国家标准《建筑结构检测技术标准》GB/T 50344 的规定外，尚应符合国家其他现行有关检测标准的要求；

4 检测时应确保所使用的仪器设备在检定或校准周期内并处于正常工作状态，仪器设备的精度应满足检测项目的要求。

5.4 鉴定评级标准

5.4.1 边坡工程鉴定的构件、子单元和鉴定单元的评级标准应符合表 5.4.1-1 和表 5.4.1-2 的规定。

表 5.4.1-1 安全性鉴定评级标准

鉴定对象	等级	分级标准	处理要求
构件	a_u	构件承载能力不低于设计要求的 100%，符合国家现行标准的安全性要求	不必采取措施
	b_u	构件承载能力不低于设计要求的 95%，基本符合国家现行标准的安全性要求	可不采取措施
构件	c_u	构件承载能力不低于设计要求的 90%，不符合国家现行标准的安全性要求，影响安全	应采取措施
	d_u	构件承载能力低于设计要求的 90%，严重不符合国家现行标准的安全性要求，已严重影响安全	必须及时或立即采取措施

续表 5.4.1-1

鉴定对象	等级	分级标准	处理要求
子单元	A_u	符合国家现行标准的安全性要求	可能有个别次要构件宜采取适当措施
	B_u	无 d_u 级构件且 c_u 级构件不超过 20%，无影响承载功能的变形，整体符合国家现行标准的安全性要求	可能有极少数构件应采取措施
	C_u	d_u 级构件不超过构件总数的 10%，且 d_u 级构件不危及支护结构整体安全性，局部略有影响承载功能的变形，不符合国家现行标准的安全性要求	可能有极少数构件必须立即采取措施
	D_u	d_u 级构件超过构件总数的 10% 或 d_u 级构件危及支护结构整体安全性，有影响承载功能的变形，严重不符合国家现行标准的安全性要求	必须立即采取措施
鉴定单元	A_{su}	符合国家现行标准的安全性要求	可能有个别次要构件宜采取适当措施
	B_{su}	符合国家现行标准的安全性要求，无影响整体安全的构件	可能有极少数构件应采取措施
	C_{su}	不符合国家现行标准的安全性要求，影响整体安全，应采取措施	可能有极少数构件必须立即采取措施
	D_{su}	严重不符合国家现行标准的安全性要求，严重影响整体安全	必须立即采取措施

表 5.4.1-2 使用性鉴定评级标准

鉴定对象	等级	分级标准	处理要求
构件	a_s	符合国家现行标准的正常使用要求，能正常使用	不必采取措施
	b_s	符合国家现行标准的正常使用要求，但构件可能有不影响正常使用的裂缝或其他缺欠	可不采取措施
	c_s	不符合国家现行标准的正常使用要求，影响正常使用	应采取措施
子单元	A_s	符合国家现行标准的正常使用要求	可能有个别次要构件宜采取适当措施
	B_s	符合国家现行标准的正常使用要求，b_s 级构件不超过构件总数的 20%，且不含 c_s 级构件，不影响整体正常使用	可能有极少数构件应采取措施
	C_s	不符合国家现行标准的正常使用要求，影响整体正常使用	应采取措施

续表 5.4.1-2

鉴定对象	等级	分级标准	处理要求
	A_{ss}	符合国家现行标准的正常使用要求	可能有个别次要构件宜采取适当措施
鉴定单元	B_{ss}	符合国家现行标准的正常使用要求,有 B_s 级子单元,但无 C_s 级子单元,不影响整体正常使用	可能有极少数构件应采取措施
	C_{ss}	不符合国家现行标准的正常使用要求,影响整体正常使用	应采取措施

5.5 支护结构构件的鉴定与评级

5.5.1 边坡工程单个构件的划分,应符合下列规定:

1 基础

1)独立基础:一个基础为一个构件;

2)条形基础:两个变形缝所分割的区段为一个构件;

3)单桩:一根为一个构件;

4)群桩:两个变形缝所分割的承台或独立的承台及其所含的基桩为一个构件;

5)地梁:两个变形缝所分割的区段为一个构件。

2 支护结构

1)锚杆:一根锚杆为一个构件;

2)抗滑桩:一根抗滑桩为一个构件;

3)肋柱:两根锚杆所区分的一段肋柱为一个构件;

4)肋梁:两根肋柱所区分的一段肋梁为一个构件;

5)挡墙:两个变形缝所分割的挡墙段为一个构件;

6)挡板:按肋梁、肋柱或桩区分的挡板段为一个构件。

5.5.2 构件的安全性等级评定应通过承载力项目的校核和连接构造项目的分析确定。评级标准应符合本规范表 5.4.1-1 的规定。

5.5.3 构件的使用性等级评定应通过裂缝、变形、缺陷和损伤、腐蚀等项目对构件正常使用的影响分析确定。评级标准应符合本规范表 5.4.1-2 的规定。

5.5.4 锚杆安全性鉴定评级宜按下列规定进行:

1 调查锚杆已有技术资料,根据已有技术资料对锚头、锚杆杆体、锚固段承载力进行验算;

2 锚杆现场检测可抽样检测,检测项目及抽样数量宜符合下列规定:

1)对锚杆外锚头固端质量进行全数检查。对

发现有质量缺陷的外锚头进行全数检测;对未发现有质量缺陷的外锚头抽其总数的 5%,且不应少于 3 个进行检测,并对外锚头锚固性能进行评价;

2)有条件时,对锚杆杆体施工质量进行检测;

3)采取有效安全措施或预加固措施后,抽取锚杆总数的 5%,且每种类型锚杆不应少于 3 根,进行锚杆抗拔试验,检验其抗拔承载力。

5.5.5 锚杆的耐久性应根据锚杆修建年代、材料选择、防腐措施、环境类别和作用等级,及当地工程经验类比进行评估;确有必要,可局部开挖探坑检测锚杆腐蚀情况,按国家现行有关标准评估其耐久年限。

5.5.6 混凝土构件的耐久年限可按现行国家标准《工业建筑可靠性鉴定标准》GB 50144 进行评估。

5.5.7 重力式挡墙中砌体材料的耐久性年限可按现行国家标准《砌墙砖试验方法》GB/T 2542 进行评估。

5.5.8 按坡率法修建的边坡工程,应根据边坡工程的地质特点、高度和已使用年限,划分成若干鉴定单元,调查各鉴定单元的外露岩土体的风化程度、局部块体材料的裂隙、损伤程度,根据其整体或局部滑动的可能性、危害后果的严重程度及当地工程经验,确定其耐久年限。

5.6 子单元的鉴定评级

5.6.1 支护结构中地基基础的安全性评级应符合本规范附录 B 的规定。

5.6.2 支护结构的安全性应按支护结构的整体性、承载功能和变形二个项目进行评级,评级应符合下列规定:

1 支护结构整体性评定等级应符合表 5.6.2-1 规定;

表 5.6.2-1 支护结构整体性评定等级

评定等级	A_u 或 B_u	C_u 或 D_u
支护结构布置和构造	支护结构布置合理,形成完整的体系;传力路径明确或基本明确;结构形式和构件选型、整体性构造和连接等符合或基本符合国家现行标准的规定,满足安全性要求或不影响安全	支护结构布置不合理,基本上未形成或未形成完整的体系;传力路径不明确或不当;结构形式和构件选型、整体性构造和连接等不符合或严重不符合国家现行标准的规定,影响安全或严重影响安全

2 按承载功能和变形评定支护结构的等级应符合表 5.6.2-2 的规定;

表 5.6.2-2　支护结构承载功能和变形评定等级

评定等级	A_u	B_u	C_u	D_u
支护结构承载功能和变形	构件集中不含 c_u 级和 d_u 级构件，b_u 级构件不超过 30%，无影响承载功能的变形	构件集中不含 d_u 级构件，c_u 级构件不超过 20%，无影响承载功能的变形	构件集中 d_u 级构件不超过构件总数的 10%，且 d_u 级构件不危及支护结构整体安全性，局部略有影响承载功能的变形	构件集中 d_u 级构件超过构件总数的 10%，d_u 级构件危及支护结构整体安全性，有影响承载功能的变形

3　支护结构应按本条第 1、2 款的较低评定等级作为支护结构的评级结果。

5.6.3　附属工程的安全性应对排水工程或系统的排水功能进行评定。当排水工程或系统失效严重影响边坡工程排水功能时，应根据其影响地基基础、支护结构承载功能和变形的程度及同类工程经验类比，直接评定为 C_u 或 D_u 级；其他情况可评定 A_u 或 B_u 级。

5.6.4　子单元正常使用性评定应符合下列规定：

1　A_s 级：子单元所含构件无变形或已有变形满足国家现行标准规定，无 c_s 级构件，b_s 级的构件数量较少，使用状况良好；

2　B_s 级：子单元所含构件已有变形、裂缝最大值基本满足国家现行标准规定，c_s 级构件不超过构件总数的 20%；

3　C_s 级：子单元所含构件已有变形、裂缝最大值不满足国家现行标准规定，且 c_s 级构件超过构件总数的 20%。

5.7　鉴定单元的鉴定评级

5.7.1　鉴定单元的稳定性鉴定评级应符合本规范附录 C 的规定。

5.7.2　鉴定单元安全性的鉴定评级应符合下列规定：

1　当附属工程安全性评定为 B_u 级以上时，应以地基基础、支护结构和鉴定单元稳定性评级中的最低评定等级，作为鉴定单元的安全性等级；

2　当附属工程安全性等级为 C_u 级，地基基础、支护结构和鉴定单元稳定性评级不低于 B_u 级时，鉴定单元安全性评级应为 B_{su} 级；

3　当附属工程安全性等级为 D_u 级，地基基础、支护结构和鉴定单元稳定性评级不低于 C_u 级时，鉴定单元安全性评级应为 C_{su} 级；

4　其他情况应以地基基础、支护结构和鉴定单元稳定性评级中的最低评定等级，作为鉴定单元安全性评定等级。

5.7.3　鉴定单元使用性评定应符合下列规定：

1　A_{ss} 级：B_s 级子单元不应超过子单元总数的 1/3；

2　B_{ss} 级：无 C_s 级子单元；

3　C_{ss} 级：有 C_s 级子单元。

6　边坡加固工程设计计算

6.1　一般规定

6.1.1　既有边坡工程加固设计计算应符合现行国家标准《建筑边坡工程技术规范》GB 50330 的有关规定。其中，混凝土构件加固设计计算应符合现行国家标准《混凝土结构加固设计规范》GB 50367 的有关规定，砌体构件加固设计计算应符合现行国家标准《砌体结构加固设计规范》GB 50702 的有关规定。

6.1.2　地震区边坡工程、涉水边坡工程及动荷载作用下的边坡工程加固设计计算除应符合本规范规定外，尚应符合国家现行有关标准的规定。

6.1.3　原支护结构、构件几何尺寸应根据鉴定结果确定。

6.1.4　原支护结构、构件材料的强度标准值应按下列规定取值：

1　当现场检测数据符合原设计值时，可采用原设计标准值；

2　当现场检测数据与原设计值有差异时，应采用检测结果推定的标准值，标准值的推定方法应符合国家现行有关标准的规定。

6.2　计算原则

6.2.1　边坡加固工程的设计计算应符合下列规定：

1　采用削方减载法、堆载反压法、加大截面加固法加固时，岩土侧压力应根据边坡加固工程勘察资料提供的岩土参数，按现行国家标准《建筑边坡工程技术规范》GB 50330 的有关规定进行计算；

2　采用注浆加固法加固时，岩土侧压力应根据试验区加固后的岩土参数实测值，按现行国家标准《建筑边坡工程技术规范》GB 50330 的有关规定进行计算；

3　边坡工程无支护结构或支护结构失效、地基失稳或边坡工程整体失稳，采用锚固加固法、抗滑桩加固法等方法加固时，新增支护结构和构件承担的岩土侧压力应根据边坡加固工程勘察资料提供的岩土参数，按现行国家标准《建筑边坡工程技术规范》GB 50330 的有关规定进行计算；

4　采用新增支护结构或构件与原支护结构或构件形成组合支护结构加固边坡时，新增支护结构或构件抗力应按本规范第 6.2.2 条确定，原支护结构或构件的有效抗力应按本规范第 6.2.3 和第 6.2.4 条确定。

6.2.2　采用锚固加固法、抗滑桩加固法加固时，新增支护结构或构件与原支护结构形成组合支护结构共同工作，组合支护结构抗力计算应符合下列规定：

1 应根据边坡加固工程的勘察报告、鉴定结论、使用要求、加固措施等，确定计算单元中新增支护结构或构件的抗力和原支护结构或构件的有效抗力；

2 组合支护结构抗力计算简图，应符合其实际受力和构造；

3 计算单元中的组合支护结构或构件应满足下式要求：

$$\zeta_L R_N + R_0 \geqslant KS \qquad (6.2.2)$$

式中：R_N——新增支护结构或构件的抗力；

ζ_L——新增支护结构或构件的抗力发挥系数，按本规范第 6.3 节的有关规定确定；

R_0——原支护结构或构件的有效抗力，按本规范第 6.2.3 和第 6.2.4 条确定；

K——安全系数，根据不同支护结构类型的不同计算模式按现行国家标准《建筑边坡工程技术规范》GB 50330 的相关规定确定；

S——支护结构或构件上的外部作用，根据边坡工程破坏模式按现行国家标准《建筑边坡工程技术规范》GB 50330 相关规定确定。

6.2.3 边坡工程加固设计时，原支护结构或构件的有效抗力可根据原支护结构构件的几何尺寸和材料性能按现行国家标准《建筑边坡工程技术规范》GB 50330 和《混凝土结构设计规范》GB 50010 的相关规定计算确定。原支护结构构件的几何尺寸和材料强度宜按下列规定确定：

1 对鉴定等级为 a_u 级的构件，其几何尺寸、材料性能可按原设计文件取值；

2 对鉴定等级为 b_u、c_u、d_u 级的构件，其几何尺寸、材料性能应根据鉴定结果取值。

6.2.4 边坡工程加固设计时，下列情况不应考虑原支护结构或构件的有效抗力：

1 支护结构基础位于潜在滑面之上，边坡工程整体失稳时；

2 锚杆锚固段位于非稳定地层中时；

3 支护结构或构件通过加固处理后，除结构自身重力作用外，难以有效恢复的抗力；

4 鉴定结果认定支护结构或构件已经失效时，除结构自身重力作用和满足结构安全性要求的构件外的抗力。

6.2.5 边坡工程加固后改变传力路径或使支护结构质量增大时，应对相关支护结构、构件及地基基础进行必要的验算。

6.2.6 加固后的支护结构上岩土侧压力分布应根据加固方法、原边坡岩土侧压力分布图形、新增支护结构刚度及作用位置、施工方法等因素确定，可简化为三角形、梯形或矩形。

6.2.7 地震区支护结构或构件的加固，除应满足承载力要求外，尚应复核其抗震能力。同时，还应考虑支护结构刚度增大和结构质量重分布而导致地震作用效应增大的影响。

6.3 计 算 参 数

6.3.1 采用锚固加固法加固时，根据边坡工程的支护形式和鉴定单元安全性等级，新增锚杆及传力结构的抗力发挥系数 ζ_L 宜按表 6.3.1 采用。

表 6.3.1 新增锚杆及传力结构的抗力发挥系数 ζ_L

边坡支护形式	鉴定单元的安全性等级	非预应力锚固加固法	预应力锚固加固法
重力式挡墙	B_{su}	0.80	1.00
	C_{su}	0.75	0.95
	D_{su}	0.70	0.90
悬臂式、扶壁式挡墙	B_{su}	0.85	1.00
	C_{su}	0.80	0.95
	D_{su}	0.75	0.90
锚杆（索）挡墙	C_{su}		0.90
	D_{su}	0.65	0.90
岩石锚喷边坡	C_{su}	0.90	1.00
	D_{su}	0.85	0.95
桩板式挡墙	B_{su}	0.85	1.00
	C_{su}	0.80	0.95
	D_{su}	0.75	0.90

注：1 锚固段为土层时，抗力发挥系数宜比表中数值降低 0.05；

2 考虑新增传力结构构件重力作用时，抗力发挥系数取 1.00。

6.3.2 采用抗滑桩加固法加固重力式挡墙、桩板式挡墙时，根据边坡工程的支护形式和鉴定单元安全性等级，新增抗滑桩及传力结构的抗力发挥系数 ζ_L 宜按表 6.3.2 采用。

表 6.3.2 新增抗滑桩及传力结构的抗力发挥系数 ζ_L

边坡支护形式	鉴定单元的安全性等级		
	B_{su}	C_{su}	D_{su}
重力式挡墙	0.85	0.80	0.75
桩板式挡墙	0.90	0.85	0.80

注：1 抗滑桩与预应力锚杆组合加固时，抗力发挥系数按本规范表 6.3.1 采用；

2 抗滑桩埋入段为土层时，抗力发挥系数宜比表中数值降低 0.05；

3 考虑新增抗滑桩及传力结构构件重力作用时，抗力发挥系数取 1.00。

6.3.3 采用加大截面加固法加固时，加固后边坡支护结构构件的承载力计算及有关参数取值应符合现行国家标准《混凝土结构加固设计规范》GB 50367 和《砌体结构加固设计规范》GB 50702 的有关规定。

7 边坡工程加固方法

7.1 一般规定

7.1.1 既有边坡工程加固方法可分为削方减载法、堆载反压法、锚固加固法、抗滑桩加固法、加大截面加固法、注浆加固法和截排水法等。也可采用当地成熟、可靠、有效的其他加固法。

7.1.2 本章中的加固方法尚应符合下列规定：

1 原有支护结构及构件有局部损坏时，应对损坏的支护结构及构件按国家现行有关标准进行加固处理；

2 根据边坡工程的情况，应采取必要的排水、防渗措施以及植被绿化等措施；

3 当边坡工程变形引发坡顶建筑物变形或开裂时，应对坡顶建筑物实施监测和加固。

7.1.3 本章中各类加固方法的设计及构造要求除应符合本章规定外，尚应符合现行国家标准《建筑边坡工程技术规范》GB 50330 的规定。

7.2 削方减载法

7.2.1 削方减载法主要用于边坡整体稳定性及支护结构稳定性等不满足要求时的加固。

7.2.2 下列情况不宜采用削方减载法：

1 削方后可能危及邻近建筑物及管线等的安全和正常使用时；

2 无抗滑地段、削方减载不能使边坡工程达到稳定时；

3 对牵引式斜坡或膨胀性土体的边坡工程。

7.2.3 削方减载法应符合下列规定：

1 削方量应根据边坡工程及支护结构的整体和局部稳定性验算确定；

2 削方应在推力段范围内执行；

3 削方减载不应产生新的不稳定边坡；

4 削方应距已有的邻近建筑物基础有一定的安全间距；不得危及邻近建筑物、管线及道路等的安全及正常使用；

5 有条件时宜尽量削减或分阶削减不稳定岩土体，降低不稳定或欠稳定部分的边坡高度。

7.2.4 对削方减载后形成的边坡可采用坡率法、支护及坡面防护等进行处理，并应符合下列规定：

1 对削方减载后形成的不稳定边坡，应采取适宜的支护结构进行处理；

2 削方减载后形成的边坡整体稳定性满足要求

时，应进行坡面防护；

3 削方边坡表面防护形式应根据其岩土情况、稳定性、使用要求及周边环境条件等，可采用混凝土或条石格构护坡、干砌片石或浆砌块石护坡、喷射混凝土及植被绿化等措施，坡顶宜设置截水沟，坡脚宜设置护脚墙并设置排水沟。

7.2.5 削方减载法施工应符合下列规定：

1 根据现场情况，确定分段施工长度，并隔段施工；

2 开挖应先上后下、先高后低、均匀减重；

3 开挖后的坡面应及时进行防护及排水处理；

4 不应因施工开挖形成不稳定的斜坡；

5 开挖土体应及时运出，不得对邻近边坡形成堆载或因临时堆载造成新的不稳定边坡。

7.3 堆载反压法

7.3.1 堆载反压法主要用于边坡的整体稳定性和支护结构稳定性等不满足要求时的加固。

7.3.2 堆载反压法应符合下列规定：

1 堆载反压量应根据拟加固边坡的整体稳定性及支护结构的稳定性验算确定；

2 反压位置应在抗滑段和边坡坡脚部位；

3 堆载反压不应危及邻近建筑物及管线等的安全和正常使用，不应对邻近的边坡带来不利影响；

4 堆载反压加固材料宜就地取材、便于施工，可采用岩土体、条石、沙袋或混凝土等；

5 堆载反压体应与被加固的坡体紧密接触，保证能提供有效的抗力；当采用土体进行堆载反压时，土体应堆填密实；当为永久性加固时，土体的密实度不宜低于 0.90；采用毛条石反压时应错缝浆砌搭接；

6 堆载反压的地基稳定性、承载力及变形应满足要求；

7 堆载反压不应堵塞挡墙前缘的地下水渗水、排水通道。

7.3.3 当应急抢险堆载反压的土体不满足永久性加固要求时，应采用换填、碾压或注浆加固法等进行处理。

7.4 锚固加固法

7.4.1 锚固加固法适用于有锚固条件的边坡整体稳定和支护结构抗滑移、抗倾覆、支护结构及构件承载力等不满足要求时的加固。

7.4.2 下列情况的边坡工程宜优先采用锚固加固法：

1 高大的岩质边坡或锚固段土质能满足锚固要求的土质边坡；

2 各类锚杆边坡工程；

3 变形控制要求较高的边坡工程；

4 无放坡条件或因施工扰动使边坡稳定性降低较大的边坡工程；

5 抗震设防烈度较高地区的边坡工程。

7.4.3 下列情况的边坡工程不应采用锚固加固法：

1 软弱土层的边坡工程；

2 岩土体对钢筋和水泥有强烈腐蚀作用的边坡工程；

3 经锚固处理也不能满足设计要求的土质边坡；

4 锚杆非锚固段为欠固结的新填土、高度较高及竖向压缩变形较大的边坡工程。

7.4.4 锚固加固法应符合下列规定：

1 新增锚杆的承载力、数量及间距应根据边坡整体稳定性、支护结构抗滑移、抗倾覆稳定性、支护结构及构件的强度等计算确定，并符合本规范第6章的规定；

2 锚杆的布设位置及方位应根据边坡潜在的破坏模式、支护结构抗滑移、抗倾覆和构件强度等要求确定，并考虑边坡作用力分布形态；

3 新增锚杆与原支护结构中的锚杆间距不宜小于1m，且应将锚固段错开布置，或改变锚杆的倾角或水平方向角；新增锚杆锚固段起点应从原锚杆锚固段的终点开始计算，且应穿过已有滑裂面或潜在滑裂面不小于2m；

4 锚杆外锚头处的传力构件应有足够的强度与刚度。

7.4.5 锚固加固法中锚杆应符合下列规定：

1 预应力锚杆宜采用精轧螺纹钢筋、无粘结钢绞线等易于调整预应力值的锚固体系；

2 新增锚杆的锁定预应力值宜为锚杆拉力设计值；当被锚固的支护结构位移控制值较低时，预应力锚杆的锁定预应力值可为锚杆拉力设计值的75%～90%；

3 锚杆防腐和其他应符合现行国家标准《建筑边坡工程技术规范》GB 50330的有关规定。

7.4.6 原有锚杆外锚头出现锈蚀或保护层开裂时，应按国家现行标准的有关规定进行修复。

7.4.7 锚固加固法施工应符合下列规定：

1 采用水钻成孔法施工可能引发边坡变形增大、稳定性降低时，应改用干钻成孔法施工；

2 锚杆施工时，不应损伤原支护结构、构件和邻近建筑物基础；

3 预应力锚杆张拉顺序应避免相近锚杆相互影响，并应采用分级张拉到位的施工方法；

4 预应力张拉过程中，应加强监测原支护结构及构件的变形，防止预应力张拉对其造成危害。

7.5 抗滑桩加固法

7.5.1 抗滑桩加固法适用于边坡工程及桩板式挡墙、重力式挡墙等支护结构加固。

7.5.2 抗滑桩可与预应力锚杆联合使用，并与原有支护结构共同组成抗滑支护体系。

7.5.3 抗滑桩加固法应符合下列规定：

1 抗滑桩设置应根据边坡工程的稳定性验算分析确定；

2 边坡岩土体不应越过桩顶或从桩间滑出；

3 不应产生新的深层滑动；

4 用于滑坡治理的抗滑桩桩位宜设在滑坡体较薄、锚固段地基强度较高的地段，应综合考虑其平面布置、桩间距、桩长和截面尺寸等因素；

5 用于桩板式挡墙、重力式挡墙加固的抗滑桩宜紧贴墙面设置。

7.5.4 抗滑桩施工应符合下列规定：

1 施工前应作好场地地表排水。稳定性较差的边坡工程宜避开雨期施工，必要时宜采取堆载反压等增强边坡稳定性的措施，防止变形加大；

2 抗滑桩施工应分段间隔开挖，宜从边坡工程两端向主轴方向进行；

3 滑坡区施工开挖的弃渣不得随意堆放在滑坡体内，以免引起新的滑坡；

4 桩纵筋的接头不得设在土石分界处和滑动面处；

5 桩身混凝土宜连续灌注，避免形成水平施工缝。

7.5.5 抗滑桩设计计算应符合本规范第6章的规定。

7.6 加大截面加固法

7.6.1 加大截面加固法适用于下列支护结构、构件及基础的加固：

1 重力式挡墙墙身、墙下钢筋混凝土扩展基础；

2 桩板式挡墙挡板；

3 锚杆挡墙肋柱、肋梁及挡板；

4 悬臂式挡墙和扶臂式挡墙的钢筋混凝土构件。

7.6.2 支护结构及构件采用加大截面加固法时，加固后支护结构及构件的抗力计算应符合现行国家标准《混凝土结构加固设计规范》GB 50367和《砌体结构加固设计规范》GB 50702的有关规定。

7.6.3 支护结构基础采用加大截面加固法时，尚应符合现行行业标准《既有建筑地基基础加固技术规范》JGJ 123的有关规定。

7.7 注浆加固法

7.7.1 注浆加固法适用于砂土、粉土、黏性土、人工填土等土体地基加固、岩土边坡坡体加固、抗滑桩前土体加固及提高土体的抗剪参数值。

7.7.2 注浆加固法应符合下列规定：

1 注浆质量指标和注浆范围应根据边坡工程特点和加固目的，结合地质条件及施工条件确定；

2 应考虑注浆过程对边坡工程带来的不利影响；

3 应根据边坡加固的要求，选择注浆材料、注浆方法；以提高岩土体抗剪参数为主时，可采用以水

泥为主剂的浆液；以防渗堵漏为主时，可采用黏土水泥浆、黏土水玻璃浆等浆液；孔隙较大的砂砾石层和裂隙岩层，可采用渗透注浆法；黏性土层可采用劈裂注浆法；

　　4　注浆设计前宜进行室内浆液配比试验和现场注浆试验，确定浆液的扩散半径、注浆孔间距及布置等设计参数和检验施工方法及设备；也可根据当地类似工程的经验确定设计参数；

　　5　注浆孔可采用等距布孔、梅花形布置；渗透性较好的砂性土层，注浆孔间距可取 1.0m ～2.0m；黏性土层可取 0.8m ～1.5m；

　　6　渗透注浆的注浆压力不应超过注浆点处覆盖层土体的自重压力与外加荷载压力之和；

　　7　注浆加固地基时，注浆孔布孔范围超过基础边缘外宽度不宜小于基础宽度的一半，且大于地基有效持力层宽度，注浆加固深度不应小于地基有效持力层深度；

　　8　注浆加固边坡时，注浆范围应深入滑动面以下；当支护结构被动土压力区采取注浆加固时，注浆范围应深入被动土压力滑裂面以下，但不宜超过支护结构底部。

7.7.3　注浆加固法施工应符合下列规定：

　　1　选择注浆方法时，应考虑岩土的类型和浆液的凝胶时间；

　　2　施工时应随时根据支护结构及周边环境的反应调整注浆压力，不能出现因压力过大而导致支护结构或边坡变形过大；

　　3　注浆施工前，应选择有代表性的地段进行注浆试验，通过监测数据反馈分析优化注浆参数；注浆区域较大或地质条件复杂时，注浆试验不应少于 3处；试验孔均可作为施工孔利用；

　　4　注浆时应遵守逐渐加密的原则，加密次数视地质条件和施工条件等因素而定；

　　5　软弱破碎、竖向裂隙发育、容易串冒浆的岩土层，宜采用自上而下分段注浆；

　　6　岩体裂隙注浆时，宜先用稀浆填充较小的裂隙，再用较稠的浆液填充较宽的裂缝，注浆过程中变浆时机可根据注浆压力与吸浆率的变化情况而定。

7.7.4　注浆过程中，出现浆液冒出地表时，可采取下列措施：

　　1　降低注浆压力，同时提高浆液浓度，必要时掺砂或水玻璃；

　　2　限量注浆，间歇注浆；

　　3　地面进行填料反压处理。

7.7.5　注浆过程中，浆液过量流失到非注浆范围时，可采取下列措施：

　　1　低压或自流注浆；

　　2　改用较稠浆液；

　　3　加粗骨料；

　　4　添加速凝剂；

　　5　间歇注浆；

　　6　调整注浆施工顺序，首先进行周边封闭孔注浆。

7.7.6　注浆质量检验可选用标准贯入试验、轻型动力触探、静力触探、电阻率法、声波法或钻孔抽芯法。对重要工程可采用载荷试验检验。

7.7.7　注浆加固法设计、施工及质量检验尚应符合现行行业标准《既有建筑地基基础加固技术规范》JGJ 123 的有关规定。

7.8　截 排 水 法

7.8.1　当边坡工程变形及失稳与坡体积水直接相关时，宜采用截排水法对边坡工程进行加固处理。

7.8.2　对边坡加固工程采用截排水法时，应根据边坡坡体的渗透性、水源、渗透水量及环境条件等，选用下列方式进行处理：

　　1　原有地表截排水系统及地下排水系统失效时，应进行疏通、修复；

　　2　泄水孔失效时，应进行疏通或新增泄水孔；

　　3　当原有截排水系统不满足要求时，应新增截、排水系统，新增截、排水系统距坡顶水平距离不应小于 5m；

　　4　对渗透性差的含水土层，宜采用砂井与仰斜排水孔联合排水。

7.8.3　新增截、排水系统设计应符合下列规定：

　　1　对地表水、生活及工业用水，宜在沿坡体直接塌滑区和强变形区以外边缘的汇流区设截水沟，在坡体上沿水流汇集处设排水沟；

　　2　对地下水，可根据坡体渗透性及水量等采用垂向孔或斜向孔排水、渗管（井）排水、滤水层，或采用透水材料反压等；

　　3　在挡墙墙身上增设泄水孔。

7.8.4　地表的截、排水沟的设计应符合下列规定：

　　1　截、排水沟的截面形式宜采用矩形或梯形，也可采用半圆形；当通过道路等时，宜采用箱涵或涵洞；

　　2　截、排水沟的截面形式及尺寸应根据水量计算确定，最小宽度和深度均不应小于 300mm；

　　3　当考虑城市排洪要求时，截、排水沟应满足城市防排洪水设计要求。

7.8.5　盲沟（洞）排水的设计应符合下列规定：

　　1　盲沟宜环状或折线形布置，并与地下水流向垂直；对原有冲沟、沟谷及低凹处，宜沿低凹处布置；

　　2　盲沟的转折点和每隔 30m～50m 直线地段应设置检查井；

　　3　盲沟的断面尺寸应根据水量及施工条件等确定，沟底宽度不宜小于 0.5m，坡度不宜小于 3%；

4 盲沟沟底应低于坡体内最低的渗水层；

5 盲沟内应采用碎块石回填，表面设滤水层。

7.8.6 斜孔排水的设计应符合下列规定：

1 斜孔应根据坡体地下水情况，设置于汇水面积较大的低凹部位；

2 孔的直径应根据排水量、钻孔施工机具及孔壁加固材料等确定，且不宜小于50mm，孔的倾斜度宜为10°~15°；

3 孔壁可选用镀锌铜滤管、塑料滤管、竹管或采用风压吹填塞钻孔。

7.8.7 对渗透性差的含水土层，可采用砂井与仰斜排水孔联合排水措施，并应符合下列规定：

1 斜孔应进入稳定地层；

2 砂井的井底和砂井与斜孔的交接点应低于滑动面；

3 砂井充填料应保证孔隙水可以自由流入砂井，不被细粒砂土淤积。

7.8.8 对整体稳定、坡度较平缓的边坡，可优先采用植被绿化，固土防冲刷。

7.8.9 采用截排水法处理后的边坡加固工程宜同时对原支护结构采用必要的加固措施。

8 边坡工程加固

8.1 一般规定

8.1.1 既有边坡工程加固方案的选择应考虑下列因素：

1 原支护结构的损伤、破坏原因；

2 原支护结构的破坏模式和支护结构及构件的开裂变形情况；

3 新增支护结构与原支护结构受力关系的合理性及加固有效性；

4 施工方案的可行性；

5 经济合理性。

8.1.2 根据边坡工程的破坏模式、原因、施工安全及可行性以及现场条件等，边坡工程的加固可以使用一种或多种加固方法组合。当采用组合加固法时，应使组合支护结构受力、变形相协调。

8.1.3 边坡工程加固可采用新增支护结构和原有支护结构相互独立的受力体系，或新增结构与原有支护结构共同受力的组合受力体系。

8.1.4 加固方案宜优先采用有利于与原支护结构协同工作、主动受力并对边坡工程稳定性和支护结构安全性扰动小的支护结构形式。

8.1.5 下列情况宜优先采用预应力锚杆加固法：

1 已发生较大变形和开裂的边坡工程；

2 对变形控制有较高要求的边坡工程；

3 采用其他加固方法造成施工期边坡稳定性降低的边坡工程；

4 土质边坡工程。

8.1.6 当已发生较大变形和开裂的边坡支护结构的主要构件应力较高时，应首先采取预应力锚杆加固法、削方减载法或堆载反压法，对高应力构件进行卸载，降低其应力水平。当采用预应力锚杆降低支护结构的应力水平时，预应力锚杆数量除应满足卸载需要外，尚应满足锚杆加固的需要。

8.1.7 支护结构前缘进一步切坡开挖形成的边坡，其设计、施工、监测等应符合现行国家标准《建筑边坡工程技术规范》GB 50330的有关规定。

8.1.8 边坡工程加固设计计算除本章有特别规定外，尚应符合第6章的有关规定。

8.2 锚杆挡墙工程的加固

8.2.1 锚杆挡墙的加固，可采用下列一种或多种加固方法：

1 锚杆挡墙整体失稳、锚杆锚固力及肋柱承载力不足时的加固，应优先采用锚固加固法，也可采用抗滑桩加固法；

2 锚杆挡墙的钢筋混凝土构件加固可采用加大截面法，也可采用锚固加固法；

3 坡脚有反压条件时，可采用堆载反压法；

4 坡顶有较高的斜坡且有削方条件时，可采用削方减载法；

5 原挡墙排水系统功能失效时，可采用截排水加固法。

8.2.2 采用锚固加固法时，应符合下列规定：

1 当锚杆挡墙的整体稳定、锚杆承载力、锚杆挡墙肋柱承载力等不足，采用锚固加固法时，可在肋柱上增设锚杆加固，也可在锚杆挡墙肋柱间增设肋柱、横梁和锚杆加固；

2 新增锚杆的位置及大小应使原挡墙和加固构件的受力合理；

3 锚杆挡墙肋柱外倾位移较大时，可在肋柱上加设预应力锚杆。

8.2.3 采用抗滑桩加固法时应符合下列规定：

1 抗滑桩宜设于肋柱中间，并应设置可靠的传力构件，或采用抗滑桩紧贴挡板原位浇筑的方法；

2 抗滑桩悬臂高度较高，或岩土体作用力较大时，应采用抗滑桩加预应力锚杆加固方法。

8.3 重力式挡墙及悬臂式、扶壁式挡墙工程的加固

8.3.1 重力式挡墙及悬臂式、扶壁式挡墙的整体稳定性、抗滑移、抗倾覆或墙身强度不满足设计要求时，可采用下列一种或多种加固方法：

1 坡体为锚固性能较好的岩土层时，可优先采用锚固加固法；

2 挡墙地基承载力较高时，可采用抗滑桩加固

法或加大截面加固法；

3 挡墙地基承载力较低或基础沉降变形较大时，可采用注浆加固法；

4 本规范第 8.2.1 条 3、4 和 5 款规定的加固方法。

8.3.2 采用锚固加固法时，应符合下列规定：

1 岩质边坡的重力式挡墙无明显变形时，可采用非预应力锚杆加固；土质边坡的重力式挡墙或挡墙变形已较大或需要严格控制变形以及需要增加较大外加抗力时，可采用预应力锚杆加固；

2 置于岩石上的重力式挡墙，无水平锚固条件时，可采用竖向预应力锚杆加固；锚固点处应增设纵向的现浇钢筋混凝土梁，梁的截面及配筋应满足外锚头的传力、构造和整体受力要求；

3 增设的锚杆和钢筋混凝土格构梁应与原挡墙形成组合受力体系。

8.3.3 采用加大截面加固法时，应符合下列规定：

1 根据设计要求、场地施工条件，可在挡墙外侧或内侧加大截面；

2 当新增挡墙和原挡墙的连接可靠且能形成整体时，加固后的支护结构按复合结构进行整体计算；

3 应考虑加大截面后对地基基础的不利影响；土质地基时，加大截面部分基础宜采用钢筋混凝土板式基础；

4 新增部分基础开挖应采用分段跳槽的开挖方案，必要时可采用削方减载等措施，确保施工开挖安全。

8.3.4 采用抗滑桩加固法时应符合下列规定：

1 抗滑桩的截面、嵌固深度及高度应按计算确定；

2 抗滑桩宜紧贴重力式挡墙面现浇，或在抗滑桩与挡墙面之间增设混凝土传力构件；

3 抗滑桩护壁设计时应考虑挡墙传来的土压力作用；

4 边坡稳定性较差时，抗滑桩施工应间隔开挖、及时浇筑混凝土，并应防止抗滑桩施工期对原支护结构安全造成不利影响。

8.3.5 扶壁式挡墙工程采用锚固加固法时，锚杆宜设于扶壁的两侧，也可设于扶壁间的立板中部。

8.3.6 悬臂式、扶壁式挡墙结构构件的加固应符合现行国家标准《混凝土结构加固设计规范》GB 50367 的有关规定。

8.4 桩板式挡墙工程的加固

8.4.1 桩板式挡墙的整体稳定性、桩及挡板构件承载力等不满足设计要求时，可采用下列一种或多种加固方法：

1 锚固区岩土层性能较好时，可采用锚固加固法；

2 基岩面埋深较浅时，可采用抗滑桩加固法；

3 桩板式挡墙因桩前土体水平承载力不足时，可采用注浆加固法；

4 本规范第 8.2.1 条 3、4 和 5 款规定的加固方法。

8.4.2 采用锚固加固法时应符合下列规定：

1 应优先采用预应力锚杆加固；

2 锚杆可设于桩身；当锚杆设于桩两侧时，应增设传力构件使新增锚杆和桩变形协调；

3 当混凝土挡板承载力不足时，可在挡板上加设锚杆及可靠的传力构件。

8.4.3 桩板式挡墙的桩前地基采用注浆加固法时，注浆区域为桩嵌固段被动土压力区。

8.4.4 采用抗滑桩加固法时，应符合下列规定：

1 抗滑桩宜设于桩板式挡墙的桩的中间，等距布置；新增抗滑桩与原有桩之间中心距不宜小于抗滑桩桩径与原有桩径的较大值的 2 倍；

2 应在新增抗滑桩、原桩板式挡墙的桩顶设置可靠的连接构件；

3 抗滑桩宜紧贴面板现浇，或增设可靠的传力构件。

8.5 岩石锚喷边坡工程的加固

8.5.1 岩石锚喷边坡整体稳定性不足、锚杆承载力不足、锚固深度不足时的加固，可采用下列一种或多种加固方法：

1 宜优先采用混凝土格构式锚固加固法；锚杆设置总量和锚杆锚固深度应计算确定；锚杆可采用非预应力锚杆，当边坡工程变形较大时，应采用预应力锚杆；

2 有施工条件时，也可采用抗滑桩加固法；

3 本规范第 8.2.1 条 3、4 和 5 款规定的加固方法。

8.5.2 当岩石锚喷边坡喷射混凝土面板或格构梁承载力不满足要求时，可采用下列加固方法：

1 喷射混凝土面板承载力不足时，可采用面板补强、置换法或锚杆加固法进行加固；置换法除应符合现行国家标准《混凝土结构加固设计规范》GB 50367 的有关规定外，置换部分的混凝土面板厚度和配筋应根据计算确定，且其厚度不应小于 100mm；

2 喷射混凝土格构梁因承载力不足出现裂缝时，应先封闭裂缝，再采用锚杆加固法或增大截面法进行加固；增大截面法应符合现行国家标准《混凝土结构加固设计规范》GB 50367 的有关规定。

8.6 坡率法边坡工程的加固

8.6.1 坡率法边坡工程的整体稳定性不满足设计要求时，可在坡脚设置抗滑桩、锚杆挡墙、重力式挡墙进行加固；也可采用本规范第 8.2.1 条 3、4 和 5 款

规定的方法进行加固。

8.6.2 坡率法边坡工程的局部稳定性不满足要求时，可采用下列加固方法：

　　1 有锚固条件时，可采用混凝土格构式锚杆加固法；

　　2 坡面倾角较大、表层土体滑移时，可采用锚杆格构、砌块护坡及绿化护坡等加固方法。

8.7 地基和基础加固

8.7.1 支护结构基础尺寸或地基竖向承载力不满足设计要求时，宜采用下列一种或多种加固方法：

　　1 基础截面有条件加大时，可采用加大截面法；

　　2 有施工条件和类似工程经验时，可采用注浆加固法；

　　3 当地基受地下水或地表渗水不利影响较大时，可采用截排水加固法；

　　4 根据地基土性状，还可采用树根桩法、高压喷射注浆法、深层搅拌法等加固地基，并应符合现行行业标准《既有建筑地基基础加固技术规范》JGJ 123 的有关规定。

8.7.2 支护结构基础嵌固段外侧岩土体的水平承载力不满足设计要求时，可采用下列一种或多种方法：

　　1 支护结构有外加锚固条件时，可在支护结构及基础上增设锚杆，将边坡推力传至深部稳定的地层中；无外加锚固条件时，可采用抗滑桩加固法加固；

　　2 当支护结构基础嵌固段被动土压力区地基土有注浆条件时，可采用注浆加固法加固。

8.7.3 支护结构地基和基础加固的其他要求尚应符合现行行业标准《既有建筑地基基础加固技术规范》JGJ 123 的有关规定。

9 监 测

9.1 一 般 规 定

9.1.1 边坡进行加固施工，对被保护对象可能引发较大变形或危害时，应对加固的边坡及被保护对象进行监测。

9.1.2 符合本规范第 3.3.8 条所列情况的及其他可能产生严重后果的边坡加固工程，其变形监测应按一级边坡工程监测要求执行。

9.1.3 一级边坡加固工程的监测应符合信息法施工要求，及时提供监测数据和报告。

9.1.4 边坡加固工程竣工后的监测要求应符合现行国家标准《建筑边坡工程技术规范》GB 50330 的有关规定。

9.1.5 边坡加固工程应提出具体监测内容和要求。监测单位编制监测方案，经设计、监理和业主等单位

共同认可后实施。

9.1.6 边坡监测工作应由两名或两名以上监测人员承担；当监测仪器测量精度与监测人员有关时，监测人员应固定不变。

9.2 监 测 工 作

9.2.1 监测方案应包括监测目的、监测项目、方法及精度要求，测点布置，监测项目报警值、信息反馈制度和现场原始状态资料记录等内容。

9.2.2 监测点的布置应满足监控要求，且边坡塌滑区影响范围内的被保护对象宜作为监测对象。

9.2.3 边坡加固工程可按表 9.2.3 选择监测项目。

9.2.4 变形观测点的布置应符合现行国家标准《工程测量规范》GB 50026 和《建筑基坑工程监测技术规范》GB 50497 的有关规定。

表 9.2.3 边坡加固工程监测项目表

测试项目	测点布置位置	边坡工程安全等级		
		一级	二级	三级
坡顶水平位移和垂直位移	支护结构顶部	应测	应测	应测
地表裂缝	坡顶背后 $1.0H$（岩质）~ $1.5H$（土质）范围内	应测	应测	选测
坡顶建筑物、地下管线变形	建筑物基础、墙面，管线顶面	应测	应测	选测
锚杆拉力	外锚头或锚杆主筋	应测	应测	可不测
支护结构变形	主要受力杆件	应测	选测	可不测
支护结构应力	应力最大处	宜测	宜测	可不测
地下水、渗水与降雨关系	出水点	应测	选测	可不测

注：H 为挡墙高度。

9.2.5 与加固边坡工程相邻的独立建筑物的变形监测应符合下列规定：

　　1 设置 4 个以上的观测点，监测建筑物的沉降与水平位移变化情况；

　　2 设置不应少于 2 个观测断面的监测系统，监测建筑物整体倾斜变化情况；

　　3 建筑物已出现裂缝时，应根据裂缝分布情况，选择适当数量的控制性裂缝，对其长度、宽度、深度和发展方向的变化情况进行监测。

9.2.6 边坡坡顶背后塌滑区范围内的地面变形观测宜符合下列规定：

　　1 选择 2 条以上的典型地裂缝观测裂缝长度、宽度、深度和发展方向的变化情况；

　　2 选择 2 条以上测线，每条测线不应少于 3 个控制测点，监测地表面位移变化规律。

9.2.7 边坡工程临空面、支护结构体的变形监测应符合下列规定：

　　1 监测总断面数量不宜少于 3 个，且在边坡长度 20m 范围内至少应有一个监测断面；

　　2 每个监测断面测点数不宜少于 3 点；

3 坡顶水平位移监测总点数不应少于3点；

4 预估边坡变形最大的部位应有变形监测点。

9.2.8 锚杆应力监测应符合下列规定：

1 根据边坡加固施工进程的安排，应对鉴定时已进行过拉拔试验的原锚杆和新选择的有代表性的锚杆，测定锚杆应力和预应力变化，及时反映后续锚杆施工对已有锚杆应力和预应力变化的影响；

2 非预应力锚杆的应力监测根数不宜少于锚杆总数的3%，预应力锚杆应力监测数量不宜少于锚杆总数的5%，且不应少于3根；

3 当加固锚杆对原有支护结构构件的工作状态有影响时，宜对原有支护结构构件应力变化情况进行监测。

9.2.9 支护结构构件应力监测宜符合下列规定：

1 对同类型支护结构构件，相同受力状态，应力监测点数不应少于2点；

2 对支护结构构件的应力监测，应在边坡工程的不同高度处布置应力监测点，测点总数量不应少于3点；

3 宜采用两种或两种以上不同的应力监测方法，监测支护结构构件的应力状态。

9.2.10 当设置水文观测孔，监测地下水、渗水和降雨对边坡加固工程的影响时，观测孔的设置数量和位置应符合现行国家标准《岩土工程勘察规范》GB 50021的规定。

9.2.11 边坡加固施工初期，监测宜每天一次，且根据监测结果调整监测时间及频率。

9.2.12 边坡加固施工遇到下列情况时应及时报警，并采取相应的应急措施：

1 有软弱外倾结构面的岩土边坡支护结构坡顶有水平位移迹象或支护结构受力裂缝有发展；无外倾结构面的岩质边坡支护结构坡顶累积水平位移大于5mm或支护结构构件的最大裂缝宽度超过国家现行相关标准的允许值；土质边坡支护结构坡顶的累积最大水平位移已大于边坡开挖深度的1/500或20mm，或其水平位移速率已连续3d每天大于2mm；

2 土质边坡坡顶邻近建筑物的累积沉降或不均匀沉降已大于现行国家标准《建筑地基基础设计规范》GB 50007规定允许值的70%，或建筑物的整体倾斜度变化速度已连续3d每天大于0.00007；

3 坡顶邻近建筑物出现新裂缝、原有裂缝有新发展；

4 支护结构中有重要构件出现应力骤增、压屈、断裂、松弛或拔出的迹象；

5 边坡底部或周围土体已出现可能导致边坡剪切破坏的迹象或其他可能影响安全的征兆；

6 根据当地工程经验判断认为已出现其他必须报警的情况。

9.3 监测数据处理

9.3.1 边坡加固工程的监测资料应分类，且应按国家现行标准《工程测量规范》GB 50026和《建筑变形测量规范》JGJ 8进行整理、统计及分析，其方法及精度应符合国家现行有关标准的规定。

9.3.2 监测数据应反映监测参数与监测时间的关系，监测数据应编制成监测参数与时间关系的数据表，并绘制监测参数与监测时间关系曲线图。

9.4 监测报告

9.4.1 监测报告应结论准确、用词规范、文字简练，对于容易混淆的术语和概念应书面予以解释。

9.4.2 监测报告应包括下列内容：

1 边坡加固工程概况，包括工程名称、支护结构类型、规模、施工日期及加固边坡与周边建筑物平面图等；

2 设计单位、施工单位及监理单位名称；

3 监测原因、内容和目的，以往相关技术资料；

4 监测依据；

5 监测仪器的型号、规格和标定资料；

6 监测各阶段原始资料；

7 数据处理的依据及数据整理结果，监测参数与监测时间曲线图；

8 监测结果分析；

9 监测结论及建议；

10 监测日期，报告完成日期；

11 监测人员、审核和批准人员签字。

10 加固工程施工及验收

10.1 一般规定

10.1.1 既有边坡加固工程应根据其加固前现状、工程地质和水文地质、加固设计文件、鉴定结果、安全等级、边坡环境等条件编制施工方案，采取适当的措施保证施工安全。

10.1.2 对不稳定或欠稳定的边坡工程，应根据加固前边坡工程已发生的变形迹象、地质特征和可能发生的破坏模式等情况，采取有效的措施增加边坡工程稳定性，确保边坡工程和施工安全。严禁无序大开挖、大爆破作业。

10.1.3 严禁在边坡潜在塌滑区内超量堆载。

10.1.4 边坡加固工程施工时应采取有组织的截、排水措施，满足地下水、暴雨和施工用水等的排放要求。有条件时宜结合边坡工程的永久性排水措施进行。

10.1.5 施工时应建立边坡工程变形观测点，进行自检观测。雨期施工时应适当加大观测的频率。

10.1.6 边坡加固工程施工组织设计除应按规定审核外，尚应经勘察及设计单位等认可。

10.1.7 一级边坡加固工程应采用信息法施工，并符合现行国家标准《建筑边坡工程技术规范》GB 50330 的有关规定。

10.1.8 边坡加固工程施工质量的验收除应符合本规范规定外，尚应符合现行国家标准《建筑工程施工质量验收统一标准》GB 50300 的规定。

10.2 施工组织设计

10.2.1 边坡加固工程施工组织设计应包括下列内容：

1 工程概况

边坡环境和邻近建筑物基础资料、场区地形、工程地质与水文地质特点、施工条件、边坡加固设计方案的技术特点和难点、及对施工的特殊要求。

2 施工准备

熟悉地勘资料、设计图，技术准备、施工所需的设备、材料采购和进场、劳动力等计划。

3 施工方案

拟定施工场地平面布置、边坡加固施工合理的施工顺序、施工方法、监测方案，尽量避免交叉作业、相互干扰；施工最不利工况的安全性验算应符合现行国家标准《建筑边坡工程技术规范》GB 50330 的有关规定。

4 施工措施及要求

应有质量保证体系和措施、安全管理和文明施工、环保措施；施工技术管理人员应具有边坡加固工程施工经验。

5 应急预案

根据可能的危险源、现场地形、地貌等基本情况，编制应急预案。

10.2.2 边坡加固工程组织设计应反映信息法施工的特殊要求。

10.3 施工险情应急措施

10.3.1 建筑边坡加固工程施工过程中出现险情时，应做好边坡支护结构和边坡环境异常情况资料收集、整理及汇编等工作。

10.3.2 当边坡工程变形过大，变形速率过快，周边建筑物、地面出现沉降开裂等险情时应暂停施工，根据险情原因选择下列应急措施：

1 在坡顶主动推力区进行削方减载，减小岩土体压力；

2 在坡脚被动区采用堆载反压法进行临时抢险处理；

3 封闭坡面及坡面裂缝，做好临时防水、排水措施；

4 对支护结构进行临时加固；

5 对险情段加强监测；

6 立即向勘察和设计等单位反馈信息，开展勘察和设计资料复审，按现状进行施工工况验算，并提出合理排险措施；

7 危及相关人员安全和财产损失时应撤出边坡加固工程影响范围内的人员及财产。

10.4 工程验收

10.4.1 边坡加固工程施工质量验收应取得下列资料：

1 边坡加固工程的设计文件，边坡加固工程勘察报告和鉴定报告；

2 原材料出厂合格证，进场材料复检报告或委托检验报告；

3 混凝土、砂浆强度检验报告；

4 边坡加固工程与周围建筑物位置关系图；

5 支护结构或构件的有关检验报告；

6 隐蔽工程验收记录；

7 边坡加固工程和周围建筑物监测报告；

8 设计变更通知、重大问题处理文件和技术洽商记录；

9 施工记录和竣工图。

10.4.2 边坡加固工程验收应符合下列规定：

1 检验批工程的质量验收应分别按主控项目和一般项目验收；

2 隐蔽工程应在施工单位自检合格后，于隐蔽前通知有关人员检查验收，并形成中间验收文件；

3 分部或子分部工程的验收，应在分项工程通过验收的基础上，对必要的部位进行见证检验验收；

4 边坡加固工程完工后，施工单位自行组织有关人员进行检查评定，并向建设单位提交工程验收报告；

5 建设单位收到边坡加固工程验收报告后，应由建设单位组织施工、勘察、设计及监理等单位进行边坡加固工程验收。

附录 A 原有支护结构有效抗力作用下的边坡稳定性计算方法

A.0.1 对圆弧形滑面可采用简化毕肖普法，边坡稳定性系数可按下列公式计算（图 A.0.1）：

$$F_s = \frac{\sum\limits_{i=1}^{n} \frac{1}{m_{\theta i}}[c_i L_i \cos\theta_i + (G_i + G_{bi} + R_{0i}\sin\alpha_i - U_i\cos\theta_i)\tan\varphi_i]}{\sum\limits_{i=1}^{n}[(G_i + G_{bi})\sin\theta_i + Q_i\cos\theta_i - R_{0i}\cos(\theta_i + \alpha_i)]}$$

(A.0.1-1)

$$m_{\theta i} = \cos\theta_i + \frac{\tan\varphi_i \sin\theta_i}{F_s}$$ (A.0.1-2)

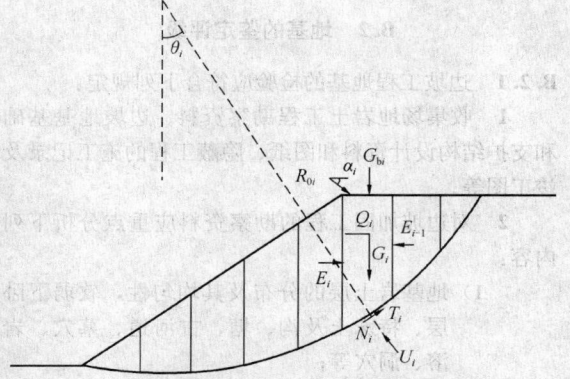

图 A.0.1 圆弧形滑面边坡计算模型示意

$$U_i = \frac{1}{2}\gamma_{w}(h_{wi} + h_{w,i-1})L_i \quad \text{(A.0.1-3)}$$

式中：F_s——边坡稳定性系数；

c_i——第 i 计算条块滑面黏聚力（kPa）；

φ_i——第 i 计算条块滑面内摩擦角（°）；

L_i——第 i 计算条块滑面长度（m）；

θ_i——第 i 计算条块滑面倾角（°），滑面倾向与滑动方向相同时取正值，底面倾向与滑动方向相反时取负值；

U_i——第 i 计算条块滑面单位宽度总水压力（kN/m）；

G_i——第 i 计算条块单位宽度岩土体自重（kN/m）；

G_{bi}——第 i 计算条块单位宽度附加竖向荷载（kN/m）；方向指向下方时取正值，指向上方时取负值；

Q_i——第 i 计算条块单位宽度水平荷载（kN/m）；方向指向坡外时取正值，指向坡内时取负值；

R_{0i}——第 i 计算条块所受原有支护结构单位宽度有效抗力（kN/m）；当只在最末一个条块上作用有有效抗力 R_0 时，取 $R_{0i}=0$（$i<n$），$R_{0n}=R_0$；

α_i——第 i 计算条块原有支护结构单位宽度有效抗力倾角（°）；有效抗力方向指向斜下方时取正值，指向斜上方时取负值；

$h_{wi},h_{w,i-1}$——第 i 及第 $i-1$ 计算条块滑面前端水头高度（m）；

γ_w——水重度，取 $10kN/m^3$；

i——计算条块号，从后方起编；

n——条块数量。

A.0.2 对平面滑面，边坡稳定性系数可按下列公式计算（图 A.0.2）：

$$F_s = \frac{R}{T} \quad \text{(A.0.2-1)}$$

$$R = [(G+G_b)\cos\theta - Q\sin\theta + R_0\sin(\theta+\alpha) - V\sin\theta - U]\tan\varphi + cL \quad \text{(A.0.2-2)}$$

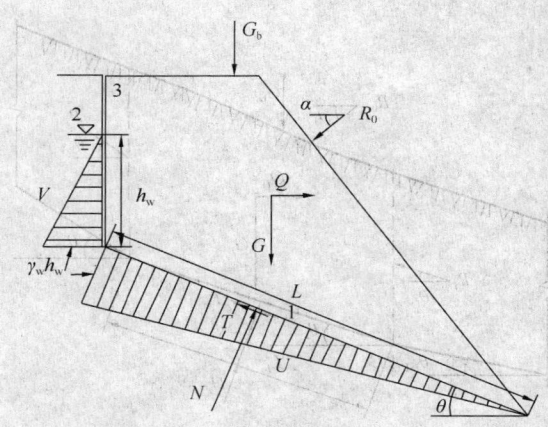

图 A.0.2 平面滑面边坡计算模型示意
1—滑面；2—地下水位；3—后缘裂缝

$$T = (G+G_b)\sin\theta + Q\cos\theta - R_0\cos(\theta+\alpha) + V\cos\theta \quad \text{(A.0.2-3)}$$

$$V = \frac{1}{2}\gamma_w h_w^2 \quad \text{(A.0.2-4)}$$

$$U = \frac{1}{2}\gamma_w h_w L \quad \text{(A.0.2-5)}$$

式中：T——滑体单位宽度重力及其他外力引起的下滑力（kN/m）；

R——滑体单位宽度重力及其他外力引起的抗滑力（kN/m）；

c——滑面的黏聚力（kPa）；

φ——滑面的内摩擦角（°）；

L——滑面长度（m）；

G——滑体单位宽度重力（kN/m）；

G_b——滑体单位宽度附加竖向荷载（kN/m）；方向指向下方时取正值，指向上方时取负值；

θ——滑面倾角（°）；

U——滑面单位宽度总水压力（kN/m）；

V——后缘陡倾裂隙单位宽度总水压力（kN/m）；

Q——滑体单位宽度水平荷载（kN/m）；方向指向坡外时取正值，指向坡内时取负值；

R_0——滑体所受原有支护结构单位宽度有效抗力（kN/m）；

α——原有支护结构单位宽度有效抗力倾角（°）；有效抗力方向指向斜下方时取正值，指向斜上方时取负值；

h_w——后缘陡倾裂隙充水高度（m），根据裂隙情况及汇水条件确定。

A.0.3 对折线形滑面可采用传递系数法隐式解，边坡稳定性系数可按下列公式计算（图 A.0.3）：

$$P_n = 0 \quad \text{(A.0.3-1)}$$

$$P_i = P_{i-1}\varphi_{i-1} + T_i - R_i/F_s \quad \text{(A.0.3-2)}$$

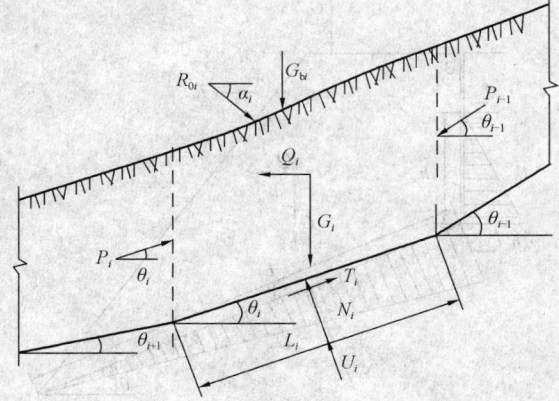

图 A.0.3 折线形滑面边坡传递系数法计算模型示意

$$\varphi_{i-1} = \cos(\theta_{i-1} - \theta_i) - \sin(\theta_{i-1} - \theta_i)\tan\varphi_i / F_s$$
$$(A.0.3-3)$$

$$T_i = (G_i + G_{bi})\sin\theta_i + Q_i\cos\theta_i - R_{0i}\cos(\theta + \alpha_i)$$
$$(A.0.3-4)$$

$$R_i = c_iL_i + [(G_i + G_{bi})\cos\theta_i$$
$$- Q_i\sin\theta_i + R_{0i}\sin(\theta + \alpha_i) - U_i]\tan\varphi_i$$
$$(A.0.3-5)$$

式中：P_n——第 n 条块单位宽度剩余下滑力（kN/m）；

P_i——第 i 计算条块与第 $i+1$ 计算条块单位宽度剩余下滑力（kN/m）；当 $P_i < 0$ （$i < n$）时取 $P_i = 0$；

φ_{i-1}——第 $i-1$ 计算条块对第 i 计算条块的传递系数；

T_i——第 i 计算条块单位宽度重力及其他外力引起的下滑力（kN/m）；

R_i——第 i 计算条块单位宽度重力及其他外力引起的抗滑力（kN/m）。

附录 B 支护结构地基基础安全性鉴定评级

B.1 一 般 规 定

B.1.1 支护结构地基基础的安全性鉴定，包括地基及基础二个项目，以及基础、基础梁和桩三种主要构件。

B.1.2 支护结构地基的岩土性能标准值和地基承载力标准值应按边坡加固工程的勘察资料确定。

B.1.3 根据地基、基础变形观测资料、上部支护结构变形、损伤情况及当地工程实践经验，结合地基和基础的承载力检测验算，综合评定支护结构地基、基础的安全性。

B.1.4 支护结构地基基础的安全性评定以地基及基础二个项目中的最低评定等级作为地基基础的安全性评定等级。

B.2 地基的鉴定评级

B.2.1 边坡工程地基的检验应符合下列规定：

1 收集场地岩土工程勘察资料、边坡地基基础和支护结构设计资料和图纸、隐蔽工程的施工记录及竣工图等；

2 对边坡加固工程的勘察资料应重点分析下列内容：

1）地基岩土层的分布及其均匀性，软弱下卧层、特殊土及沟、塘、古河道、墓穴、岩溶、洞穴等；

2）地基岩土的物理力学性能；

3）地下水的水位、渗流及其腐蚀性；

4）场地稳定性；

5）地基震害特性。

3 调查边坡实际使用荷载、支护结构变形、裂缝、损伤等情况，并分析其原因；

4 调查邻近建筑物、地下工程、管线等情况，并分析其对地基的影响程度；

5 根据收集的资料和调查情况进行综合分析，提出检测方法、进行地基抽样检测。

B.2.2 根据边坡工程和场地的实际条件，可选择下列检测工作：

1 采用钻探、井探、槽探或地球物理等方法进行勘探；

2 进行原状土、岩石的室内物理力学性能试验；

3 进行载荷试验、静力触探试验、十字板剪切试验等原位测试。

B.2.3 根据检测数据、计算分析结果及本地区工程经验，地基的安全性评级应符合下列规定：

A_u 级：地基承载力符合国家现行标准要求，或不均匀沉降、整体沉降量小于现行国家标准《建筑地基基础设计规范》GB 50007 规定的允许值，支护结构无裂缝、变形。

B_u 级：地基承载力符合国家现行标准要求，不均匀沉降、整体沉降量不超过现行国家标准《建筑地基基础设计规范》GB 50007 规定的允许值，支护结构虽有轻微裂缝、变形，但无发展迹象。

C_u 级：地基承载力不符合现行国家标准《建筑地基基础设计规范》GB 50007 和《建筑边坡工程技术规范》GB 50330 要求，不均匀沉降、整体沉降量不超过现行国家标准《建筑地基基础设计规范》GB 50007 规定的允许值的 1.05 倍，支护结构有裂缝、变形，且短期内无终止迹象。

D_u 级：地基承载力严重不符合国家现行标准要求，不均匀沉降、整体沉降量大于现行国家标准《建筑地基基础设计规范》GB 50007 规定的允许值的 1.05 倍，或支护结构有严重变形裂缝，且危及支护结构或构件的安全性。

B.3 基础的鉴定评级

B.3.1 基础的调查应符合下列规定：

1 收集基础、支护结构和管线设计资料和竣工图，了解支护结构各部分基础的实际荷载；

2 应进行现场调查；可通过开挖探坑验证基础类型、材料、尺寸及埋置深度，检查基础开裂、腐蚀或损坏程度。判断基础材料的强度等级。对变形或开裂的支护结构尚应查明基础的倾斜、弯曲、扭曲等情况。对桩基应查明其进入岩土层的深度、持力层情况和桩身质量。

B.3.2 基础应进行下列检验工作：

1 目测基础的外观质量；

2 用检测设备查明基础的质量，用非破损法或局部破损法检测基础材料的强度；

3 检查钢筋的直径、数量、位置、保护层厚度和锈蚀情况；

4 对桩基可通过沉降、侧移观测，判断桩基工作状态。

B.3.3 根据检测数据、计算分析结果及本地区工程经验，基础的安全性评级应符合下列规定：

A_u 级：基础强度、刚度及耐久性符合国家现行标准要求，支护结构基础无沉降、侧移、裂缝、变形。

B_u 级：基础强度、刚度及耐久性基本符合国家现行标准要求，不均匀沉降、侧移及耐久性不超过国家现行标准规定的允许值，支护结构虽有轻微裂缝、变形，但无发展迹象。

C_u 级：基础强度、刚度及耐久性不符合国家现行标准要求，不均匀沉降、侧移及耐久性不超过国家现行标准规定的允许值的 1.05 倍，支护结构有裂缝、变形，且短期内无终止迹象。

D_u 级：基础强度、刚度及耐久性严重不符合国家现行标准要求，不均匀沉降、侧移及耐久性大于国家相关规范规定的允许值的 1.05 倍，或支护结构有严重变形裂缝，且危及支护结构或构件的安全性。

附录 C 鉴定单元稳定性鉴定评级

C.0.1 稳定性评级分为支护结构稳定性评级和鉴定单元整体稳定性评级。

C.0.2 鉴定单元稳定性鉴定评级应符合下列规定：

1 资料调查应符合本规范第 B.2.1、B.3.1 条的规定；

2 支护结构构件、地基基础和附属工程安全性评级已经完成；

3 稳定性评级应以鉴定单元或子单元作为评定对象；

4 已经出现稳定性破坏的或已有重大安全事故迹象的鉴定单元，应直接评定为 D_{su} 级。

C.0.3 对支护结构按抗滑稳定性和抗倾覆稳定性进行安全性鉴定评级时，应符合下列规定：

1 以抗滑稳定性和抗倾覆稳定性的最低鉴定等级作为鉴定单元的安全性等级；

2 支护结构无变形、倾覆迹象，结合当地工程经验，可直接将其抗滑稳定性和抗倾覆稳定性评定为 A_{su} 级或 B_{su} 级；

3 支护结构有变形、倾覆迹象，应按实际检测数据验算评定支护结构抗滑和抗倾覆稳定性，其评定等级应符合表 C.0.3-1 和表 C.0.3-2 的规定。

表 C.0.3-1 一、二级边坡工程支护结构抗滑、抗倾覆稳定性评级表

稳定性系数	$\geqslant 1.00 F_s$ 或 F_t	$\geqslant 0.95 F_s$ 或 F_t	$\geqslant 0.90 F_s$ 或 F_t	$< 0.90 F_s$ 或 F_t
评定等级	A_{su}	B_{su}	C_{su}	D_{su}

注：F_s、F_t 为抗滑或抗倾覆稳定安全系数。

表 C.0.3-2 三级边坡工程支护结构抗滑、抗倾覆稳定性评级表

稳定性系数	$\geqslant 1.00 F_s$ 或 F_t	$\geqslant 0.93 F_s$ 或 F_t	$\geqslant 0.87 F_s$ 或 F_t	$< 0.87 F_s$ 或 F_t
评定等级	A_{su}	B_{su}	C_{su}	D_{su}

注：F_s、F_t 为抗滑或抗倾覆稳定安全系数。

C.0.4 应根据鉴定单元整体变形迹象、大小、稳定性验算结果及当地工程实际经验，综合评定鉴定单元整体稳定性，且鉴定单元整体稳定性评级应符合下列规定：

1 已经出现整体稳定性破坏的或已有重大安全事故迹象的鉴定单元，其稳定性评级按本规范第 C.0.2 条规定执行；

2 当鉴定单元及其影响范围内的岩土体、建筑物无变形、裂缝等异常现象时，可结合当地工程经验和建设年代，将其稳定性评定为 A_{su} 级或 B_{su} 级；

3 当鉴定单元及其影响范围内的岩土体、建筑物有变形、裂缝等异常现象，但无破坏迹象时，其稳定性评定等级应符合表 C.0.4 的规定。

表 C.0.4 鉴定单元整体稳定性评级表

稳定性系数	$\geqslant 1.00 F_{st}$	$\geqslant 0.96 F_{st}$	$\geqslant 0.93 F_{st}$	$< 0.93 F_{st}$
评定等级	A_{su}	B_{su}	C_{su}	D_{su}

注：1 F_{st} 为对应鉴定单元整体稳定安全系数；

2 边坡滑塌区影响范围内无重要建筑物时取小值。

本规范用词说明

1 为便于在执行本规范条文时区别对待，对要求严格程度不同的用词说明如下：

    1）表示很严格，非这样做不可的：

        正面词采用"必须"，反面词采用"严禁"；

    2）表示严格，在正常情况下均应这样做的：

        正面词采用"应"，反面词采用"不应"或"不得"；

    3）表示允许稍有选择，在条件许可时首先应这样做的：

        正面词采用"宜"，反面词采用"不宜"；

    4）表示有选择，在一定条件下可以这样做的，采用"可"。

2 条文中指明应按其他有关标准执行的写法为："应符合……的规定"或"应按……执行"。

引用标准名录

1 《建筑地基基础设计规范》GB 50007

2 《混凝土结构设计规范》GB 50010

3 《岩土工程勘察规范》GB 50021

4 《工程测量规范》GB 50026

5 《工业建筑防腐蚀设计规范》GB 50046

6 《工业建筑可靠性鉴定标准》GB 50144

7 《建筑工程施工质量验收统一标准》GB 50300

8 《建筑边坡工程技术规范》GB 50330

9 《建筑结构检测技术标准》GB/T 50344

10 《混凝土结构加固设计规范》GB 50367

11 《建筑基坑工程监测技术规范》GB 50497

12 《砌体结构加固设计规范》GB 50702

13 《砌墙砖试验方法》GB/T 2542

14 《建筑变形测量规范》JGJ 8

15 《既有建筑地基基础加固技术规范》JGJ 123

中华人民共和国国家标准

建筑边坡工程鉴定与加固技术规范

GB 50843—2013

条 文 说 明

制　订　说　明

《建筑边坡工程鉴定与加固技术规范》GB 50843 - 2013，经住房和城乡建设部 2012 年 12 月 25 日以第 1586 号公告批准、发布。

本规范编制过程中，编制组进行了广泛的调查研究，总结了我国工程建设的实践经验，同时参考了国外先进技术法规、技术标准，取得了重要技术参数。

为便于广大设计、施工、科研、学校等单位有关人员在使用本规范时能正确理解和执行条文规定，《建筑边坡工程鉴定与加固技术规范》编制组按章、节、条顺序编制了本规范的条文说明，对条文规定的目的、依据以及执行中需注意的有关事项进行了说明，还着重对强制性条文的强制性理由做了解释。但是，本条文说明不具备与规范正文同等的法律效力，仅供使用者作为理解和把握规范规定的参考。

目　次

1 总　则

1.0.1 既有边坡工程鉴定与加固涉及边坡工程施工质量、性能检测、工程地质、水文地质、岩土力学、支护结构、锚固技术、施工及监测等多门学科。边坡工程岩土特性复杂多变、破坏模式、计算参数及计算理论存在诸多不确定性。因勘察、设计、施工和管理不当等原因造成一些质量低劣、安全度低、耐久性差、抗震性能低及年久失修的边坡工程，对存在安全隐患或影响正常使用的边坡工程急需加固处理。制定本规范的目的是使边坡工程的鉴定与加固技术标准化、规范化，符合技术可靠、安全适用、经济合理、确保质量、保护环境的要求。

1.0.2 本规范适用于岩土质基坑边坡及非软土类等一般岩土边坡工程的鉴定与加固。超过本条规定高度的边坡工程鉴定与加固工程实例较少且工程经验欠充分，因此对超高边坡工程的鉴定与加固设计应作必要的加强处理，特别是对地质和环境条件很复杂的边坡工程，应针对地质和环境条件的复杂特点，采取特殊的加强措施，进行专门的鉴定与加固设计。

1.0.3 对软土、湿陷性黄土、冻土及膨胀土等特殊性岩土边坡工程，以及地震区、灾后的边坡工程的鉴定与加固，原则上也可使用，但上述边坡工程的特殊技术问题如抗隆起、抗渗流、湿陷性和膨胀性处理、锚固技术处理及支护结构选型等，还应按国家现行相关标准执行。

1.0.4 边坡工程鉴定与加固是一门综合性和边缘性强的工程技术学科，本规范是我国第一本有关边坡工程鉴定与加固的技术规范，主要内容为边坡工程的安全性、适用性、耐久性和施工质量鉴定，以及边坡工程的加固设计、勘察、监测、施工和质量验收等。因此，本条规定除遵守本规范外，边坡工程鉴定与加固设计涉及的其他技术要求还应符合《建筑边坡工程技术规范》GB 50330等国家现行标准的相关规定。

2　术语和符号

2.1　术　语

2.1.1~2.1.19 本节根据既有边坡工程鉴定与加固的特点，给出了本规范主要术语的定义。一些术语与国家现行有关规范是一致的。

2.2　符　号

2.2.1~2.2.5 本节给出的符号主要是本规范出现的符号，其他符号应按国家现行有关标准执行。

3　基本规定

3.1　一般规定

3.1.1 岩土边坡工程特性复杂多变，岩土体计算参数、设计理论和计算方法均存在诸多不确定性，加之现有检测手段有限，因此边坡工程的加固设计、鉴定更具有复杂性和不确定性。为确保加固工程的质量，要求在施工全过程中采用信息化动态管理方法，根据施工中反馈的信息和监测数据，对加固设计、地质勘察、鉴定结论和施工方案作相应的调整、补充和修改，是一种客观求实、稳妥、安全的设计方法。

1 动态设计的基本原则要求设计者应掌握施工开挖反映的真实地质特征，边坡变形量、应力监测值，确认和核实原设计参数取值，计算方法、设计方案的合理性，必要时对原设计作补充和完善；

2 山区地质情况复杂多变，受多种因素制约，勘察资料准确性的保证率较低，勘察结论失误造成的工程事故不乏其例；动态设计也包括勘察，勘察应根据施工开挖揭示的地质真实情况，查对核实原地质勘察结论的正确性，当出现异常变化时及时修改地质勘察结论并通知设计、鉴定和施工单位作相应的调整处理；

3 信息法施工的要求和内容应按现行国家标准《建筑边坡工程技术规范》GB 50330关于"信息法施工"的规定执行；

4 当施工中反馈的信息确定原勘察结论需作修改，原提供的支护结构等原始条件不准确时，鉴定也应与设计、勘察共同执行动态管理原则，对原鉴定结论进行相应调整。

3.1.3 加固后边坡工程应进行正常维护，例如排水系统、坡面绿化等的维护，并要求不得改变加固后边坡工程的用途和使用条件。使用条件的改变一般是边坡顶地面使用荷载增大、坡顶建筑荷载超过原边坡支护结构荷载允许值、边坡高度增高、排水系统失效等造成边坡安全系数降低的改变。

3.2　边坡工程鉴定

3.2.1 边坡工程鉴定的适用范围为边坡工程安全性、正常使用性及耐久性鉴定及边坡工程施工质量鉴定。

3.2.2 任何建（构）筑物工程的鉴定均应明确鉴定的对象、范围和要求，因此，边坡工程的鉴定也不例外。根据鉴定对象和鉴定目的的差异，鉴定对象可以是整个边坡工程，相对独立的鉴定单元、特定的支护结构或构件；一般情况下为使委托方应用方便、目标明确，应根据支护结构类型、构造、边坡高度及作用

荷载大小等情况，由鉴定单位协助委托单位确定鉴定对象和鉴定目的，可将边坡工程划分成若干个独立的鉴定单元（子单元），以鉴定单元（子单元）作为基本鉴定对象。

3.2.3 对特殊原因如洪水、泥石流等造成的边坡工程灾害或损伤的鉴定应根据产生灾害原因的不同，结合本规范的有关规定，选择相应的国家现行有关标准进行对应项目的鉴定。

3.2.4 边坡工程各鉴定单元的鉴定通常需要明确其鉴定后的目标使用年限，故应根据边坡工程各鉴定单元的安全等级、已使用的年限、目前的工作状态和未来的使用要求，按国家现行相关标准确定。当国家现行相关标准无明确规定时，应由委托方和鉴定方根据现有边坡工程的安全等级、技术水平、参考同类工程经验及国家现行相关标准的一般规定共同商定；对边坡工程的不同鉴定单元，由于其所处位置、环境、使用条件、破坏后果及要求等的差别，可确定不同的目标使用年限。

3.3 边坡工程加固设计

3.3.3 边坡工程的危及对象、经济损失及不良社会影响等发生变化，使用条件和环境发生改变，例如边坡的高度减低或增高，边坡坡顶和坡脚邻近增加或取消重要建筑物等后，边坡加固工程的安全等级应根据情况作相应的调高或调低。

3.3.6 边坡加固工程的设计方案优化是设计成功的关键，设计方案的制定应根据本条和第 8 章的相应规定，执行多方案的比较和优选，最终确定合理的加固设计方案。

　　适修性差的边坡工程指既有边坡工程的加固费用超过新建支护结构费用的 70% 以上，此时已不适合采用对原支护结构进行加固的做法。

3.3.7 当边坡工程已发生较大的变形，原支护结构出现破坏迹象时，加固设计方案首先应考虑提高施工期边坡稳定性和支护结构安全性的临时性的预加固措施。例如，组织好排水，增加临时性的支护，或提前实施部分加固措施等，以保证施工过程中的安全。避免因加固施工的扰动进一步降低原边坡工程的稳定性，出现过大变形和塌滑现象。

3.3.8 本条所指的需加固的既有边坡工程情况复杂、技术难度大、风险高，组织专家进行专门论证，可达到设计和施工方案合理，技术先进，确保质量，安全经济的良好效果。重庆、广州、上海、北京等地区在主管部门领导下采用专家论证方式，在解决重大边坡工程技术难题和减少工程事故方面取得了良好效果。本条所指的"新结构、新技术"是指尚未被规范和有关法规认可的"新型支护结构、新型支护技术"等。

4 边坡加固工程勘察

4.1 一 般 规 定

4.1.1 边坡加固工程勘察是边坡加固设计和鉴定的依据，为了满足既有边坡加固的需要，加固设计前应进行工程勘察。当既有边坡工程无勘察资料，或原勘察资料不能满足工程鉴定需要时，边坡工程鉴定前应进行工程勘察。

　　既有建筑边坡工程加固和鉴定前，建设单位应提供符合本规范要求的，经具有相应资质的施工图审查机构审查合格的既有建筑边坡工程勘察文件，否则，鉴定单位不应开展既有建筑边坡工程鉴定工作，设计单位不得进行既有建筑边坡工程的加固设计。

　　原边坡勘察资料经复核、验证后能满足边坡工程鉴定与加固设计需要时，可经具有相应资质的勘察单位确认后使用。

4.1.2 充分利用既有边坡工程勘察资料，可以节省工作量，避免重复工作。验证已有资料是否适合目前边坡状态是必要的。

4.1.3 既有边坡加固情况不同，勘察工作内容、工作深度也不同，相关标准也有具体要求，这里强调要有针对性。

4.2 勘 察 工 作

4.2.1 既有边坡工程相关资料较多，包括边坡工程的规模、支护形式、边坡顶、底高程和支护结构尺寸，原支护设计图、隐蔽工程的施工记录和竣工图、边坡变形监测资料以及其他相关资料等均应收集完整。

4.2.2 在已有资料的情况下，初勘工作的重点是查明可能发生变化的评价参数（如抗剪强度等）。

4.3 稳定性分析评价

4.3.3 既有边坡工程由于存在支护结构与没有支护结构时的边坡力平衡体系是不一样的，支护结构为边坡稳定提供了抗力。因此，边坡加固工程稳定性计算时应当合理考虑原支护结构的有效抗力。但是，要准确地确定原有支护结构的有效抗力较为困难。边坡加固工程勘察时，可根据边坡破坏模式、变形破坏情况和地区工程经验对原有支护结构的有效抗力进行预估，最终以边坡鉴定报告为准。

　　当支护结构完全破坏已失效或滑动面位于支护结构体外（滑动面位于支护结构基础之下或支护结构之上）时，边坡加固工程稳定性验算不考虑原有支护结构的有效抗力。

4.3.4 存在原有支护结构有效抗力作用时，边坡稳

定性将有不同程度的提高，边坡稳定性计算需要考虑有效抗力的作用。附录 A 根据滑面的不同提供了不同的边坡稳定性计算方法。为与国家标准《建筑边坡工程技术规范》保持一致，附录 A 所附边坡稳定性计算方法与即将发布的国家标准《建筑边坡工程技术规范》（修编版）相同，即：对圆弧形滑面采用简化毕肖普法［即式（A.0.1-1）～式（A.0.1-3）］，对折线形滑面采用传递系数隐式解法［即式（A.0.3-1）～式（A.0.3-5）］，但为了清楚地反映原有支护结构有效抗力的作用，将有效抗力产生的水平分力和竖向分力分别从式中的水平荷载和竖向附加荷载中分离出来，单独列出。对平面滑动问题，原有支护结构有效抗力也如此处理。

传递系数法有隐式解与显式解两种形式。显式解的出现是由于当时计算机不普及，对传递系数作了一个简化的假设，将传递系数中的安全系数值假设为 1，从而使计算简化，但增加了计算误差。同时对安全系数作了新的定义，在这一定义当中当荷载增大时只考虑下滑力的增大，不考虑抗滑力的提高，这也不符合力学规律。因而隐式解优于显式解，当前计算机已经很普及，应当回归到原来的传递系数法。

无论隐式解与显式解法，传递系数法都存在一个缺陷，即对折线形滑面有严格的要求，如果两滑面间的夹角（即转折点处的两倾角的差值）过大，就会出现不可忽视的误差。因而当转折点处的两倾角的差值超过 10°时，需要对滑面进行处理，以消除尖角效应。一般可采用对突变的倾角作圆弧连接，然后在弧上插点，来减少倾角的变化值，使其小于 10°，处理后，误差可以达到工程要求。

对于折线形滑动面，国际通常采用摩根斯坦-普赖斯法进行计算。摩根斯坦-普赖斯法是一种严格的条分法，计算精度很高，也是国外和国内水利水电部门等推荐采用的方法。由于国内工程界习惯采用传递系数法，通过比较，尽管传递系数法是一种非严格的条分法，如果采用隐式解法且两滑面间的夹角不大，该法也有很高的精度，而且计算简单，国内广为应用，我国工程师比较熟悉，所以本规范建议采用传递系数隐式解法。在实际工程中，也可采用国际上通用的摩根斯坦-普赖斯法进行计算。

原有支护结构有效抗力倾角取决于有效抗力的方向，有效抗力的方向与支护结构承载力验算式中荷载项的方向相反。有效抗力的作用点与支护结构承载力验算式中荷载项的作用点相同。

需要注意的是，公式中的原有支护结构有效抗力是单位宽度有效抗力。计算时，对锚杆和支护桩，应根据锚杆间距和桩距将锚杆和支护桩的有效抗力换算为单位宽度有效抗力。

为简化计算，在式（A.0.1-1）中，把各种力引起的平行滑面分力（即滑弧切向分力）的力臂均视为

与滑弧半径 R 等长，因此，式中不出现力臂的符号。

在附录 A 各式中，因原有支护结构有效抗力 R_0 或 R_{0i} 已单独列出，滑体单位宽度水平荷载 Q 及第 i 计算条块单位宽度水平荷载 Q_i 在通常情况下是地震力，其作用点位于滑体或计算条块重心处。

例：某边坡以重力为荷载，无地下水、也无水平荷载和竖向附加荷载作用，滑面黏聚力为 11kPa，内摩擦角为 12°，滑体重力为 4800kN/m，滑面倾角为 18°，滑面长度为 40m，用抗滑桩支挡，经计算和换算，其原有支护结构单位宽度有效抗力为 254.90kN/m（为水平方向）。需计算其稳定系数。

由式（A.0.2-1）～式（A.0.2-3）得：

$$F_s = \frac{cL + (G\cos\theta + Q\sin\theta)\tan\varphi}{G\sin\theta - Q\cos\theta}$$

$$= \frac{11 \times 40 + (4800 \times \cos18° + 254.90 \times \sin18°) \times \tan12°}{4800 \times \sin18° - 254.90 \times \cos18°}$$

$$= 1.15$$

计算结果是：稳定系数为 1.15。

4.4 参 数 取 值

4.4.1 原位测试、室内试验方法应根据岩土条件、设计对参数的要求、方法的适用性、地区经验等因素选用，试验条件尽可能接近实际。实践证明：通过综合测试、试验并结合工程经验的方法较合理。

4.4.3 由于岩土物理力学指标会随着时间和环境改变而发生变化，故对搜集的岩土物理力学指标进行分析复核是必要的。譬如，填土随着时间增长密实度会增大，其重度、抗剪强度指标也会随之增高；又如，岩体结构面因受施工开挖卸荷回弹张开、爆破松动以及地下水侵蚀等不利作用的影响，其抗剪强度指标会降低。因此，边坡加固工程勘察时，应充分考虑这些变化，对搜集的岩土物理力学指标作适当的调整。

4.4.4 反演分析法是一种有效的确定滑动面抗剪强度指标的方法。当边坡、工程滑坡已经出现了变形或滑动，且边坡或滑坡的整体稳定性能够通过宏观、定性判断确定稳定性系数 K_s 值时，可以采用反演分析法计算滑动面抗剪强度指标。

对于出现变形的边坡工程，按经验，弱变形阶段 K_s 可取 1.02～1.05，强变形阶段 K_s 可取 1.00～1.02。值得注意的是：此处的变形是指与整体稳定性有关的变形，而非局部岩土体变形或支护结构体设计正常使用的变形，需要在现场认真、准确地加以判断。此外，弱变形与强变形两个阶段也是没有明确界限的。一般来说，可以根据岩土体中所产生的裂缝宽度、裂缝贯通和延伸程度、结构体的变形破坏程度以及变形发展态势等因素进行综合判定。

4.4.5 原支护结构的有效抗力 R_0 取值大小对确定边坡工程的稳定性和滑动面抗剪强度指标 c 值有影响，特别是对采用反演分析法所确定的滑动面 c、φ 值影

响很大。R_0 取值偏小，反演分析计算出的滑动面 c、φ 值偏大，导致加固设计不安全。R_0 取值偏大，反演分析计算出的滑动面 c、φ 值偏小，使加固设计不经济。由于勘察时采用预估的有效抗力可能与边坡工程鉴定报告最终确定的 R_0 不一致，因此，应当利用边坡工程鉴定报告所提供的 R_0 对滑动面 c、φ 值进行校核。

5 边坡工程鉴定

5.1 一般规定

5.1.1 既有边坡加固工程的设计依赖于边坡鉴定报告中提供的原有支护结构、构件现有状态、安全性等级等条件，特别是原有支护结构有效抗力的鉴定，否则，既有边坡加固工程缺少设计依据，难以保证加固后边坡工程的安全，因此，该条确定为强制性条文，必须严格执行。

既有建筑边坡工程加固设计前，建设单位应提供符合本规范要求的既有建筑边坡工程鉴定报告，否则设计单位不得进行既有建筑边坡工程的加固设计。

5.1.2、5.1.3 从大量的边坡工程鉴定实践项目来看，95%以上的边坡工程鉴定项目是以解决安全性问题为主要目的，对涉及安全的边坡工程耐久性问题也逐步提到日常工作中来，大部分边坡工程对正常使用性的要求不高，只有少数的边坡工程涉及正常使用问题；因此，边坡工程鉴定应以安全性鉴定为主导，兼并正常使用和耐久性鉴定，对于比常规的边坡工程鉴定更复杂、存在某些特定的突出问题，应采取更深入、更细致、更有针对性的专项鉴定来解决。从划分边坡工程具体鉴定项目的条件而言，给出了常见情况的处理方法；只是特别提出了对需进行司法鉴定的边坡工程而言，宜首先选择对其安全性进行鉴定，当然也可单独进行其他项目的鉴定，如边坡工程施工质量鉴定，从而使边坡工程司法鉴定工作有了依据，确保科学、公正和规范地开展司法鉴定工作。

5.1.4 由于边坡工程耐久性问题极其复杂，国内外研究成果主要适用于特定的环境、特定的问题和试验室研究，对一般的耐久性问题还缺乏系统、充分的研究，因此，给出普遍适用的耐久性鉴定标准还需要进行大量长期艰苦的研究工作。本规范考虑到边坡工程耐久性问题的重要性，故此规定：在边坡工程一般鉴定工作中，当发现边坡工程耐久性问题已严重影响边坡工程的安全性，不能保证边坡工程正常使用年限时，应根据边坡工程实际条件和当地工程经验进行边坡工程耐久性鉴定。

5.2 鉴定的程序与工作内容

5.2.1 本规范结合了民用建筑和工业建筑鉴定工作的特色，针对边坡工程鉴定的具体实际情况，给出了边坡工程鉴定工作程序。由于委托方可能缺少专业技术知识，其委托的项目和要求与实际建筑边坡工程存在的问题可能存在很大差别或委托的检测项目无法实施或不需检测，故现场初步调查后可与委托方协商，重新确定鉴定的目的、范围和内容。对于复杂的、特殊的、争议较大的边坡工程鉴定项目可邀请专家对鉴定报告进行评审，对专家提出的问题进行相应的补充检测、验算和评定；同时有关鉴定程序应符合有关国家法律和行政管理条例的规定。

5.2.2、5.2.3 这两条规定的内容和要求是搞好以下各部分工作的前提条件，是进入现场进行详细调查、检测需要做好的准备工作。事实上，接受鉴定委托，不仅要明确鉴定的目的、范围和内容，同时还要按规定要求搞好初步调查，对于比较复杂的、超本规范适用范围的边坡工程项目更要做好初步调查工作，才能草制拟订出符合实际、符合要求的鉴定方案，确定下一步工作大纲并指导后续工作。

5.2.4 由于不同边坡工程的复杂程度差异极大，因此可根据实际边坡工程的复杂程度有选择地进行相应项目的调查和检测。

对于已有变形迹象的边坡工程，应根据边坡工程的实际现状开展补充地质勘察工作，特别是对需加固的边坡工程应进行边坡加固工程地质勘察，并核实边坡工程的实际使用条件。当边坡工程环境差异过大时，应对环境作用进行相应的调查，条件允许时，应对相关项目进行现场实地检测或进行相应的原位实验检测。对于支护结构材料，有证据证明材料特性确有保证时，可直接采用原设计值，也可进行简单抽样检测验证；无证据时，应严格按国家现行有关检测技术标准，通过现场取样检测或现场测试确定材料特性。

由于边坡工程的特殊性和复杂性，对支护结构、构件的检查和抽样检测是比较困难的，通常通过对支护结构、构件及周边环境的变形调查和检测，初步判断支护结构、构件的安全性，当支护结构、构件和边坡环境有明显变形迹象时，应适当增加抽检数量，且重点检测变形部分支护结构、构件的变形、损伤情况。目前边坡工程附属工程的检查和检测并未引起工程技术人员充分重视，特别是检查边坡排水系统的设置及其使用功能的发挥效果，边坡工程的安全与排水系统的关系极为密切，因此，应引起工程技术人员的高度重视。

5.2.5、5.2.6 在获取了边坡工程详细技术资料和检测数据后，应按国家现行相关技术标准核算鉴定单元的安全性，当发现调查、检测资料不完整或不全面时，应及时补充调查、检测；对发现可能影响支护结构、构件安全的正常使用性和耐久性问题时，应分析及探明问题的原因，并进行必要的补充检测和验证。

5.2.7 由于边坡工程的特殊性，因此边坡工程应重

点评定其安全性，此条与国家现行相关标准相一致。在具体分析边坡工程安全性时，应将边坡工程划分成若干鉴定单元作为基本鉴定对象，以鉴定单元为龙头，将安全性评级分四个等级，正常使用性评级分三个等级，分层次、分阶段、分步骤、渐进地分析鉴定单元的安全性和正常使用性。

在具体评级时可将鉴定单元划分为构件、子单元和鉴定单元分别评级，这与国家现行有关鉴定标准的相关规定是一致的；对不能具体细分为构件、子单元的鉴定单元，应直接对鉴定单元进行相应的评级。

对于在同一剖面、不同高度位置采用不同支护结构形式组成的复杂鉴定单元，应根据鉴定单元的实际情况，将其细分为若干相对独立的子单元（每一子单元的组成与简单鉴定单元的组成可能相似）后，按表5.2.7的规定进行独立子单元的鉴定评级。

5.2.8 对特殊的鉴定项目（如洪水、泥石流、地震、火灾、爆炸、撞击等）其鉴定程序可按本规范第5.2.1条的规定执行，但其工作内容应符合特殊项目鉴定的要求，并应符合国家现行相关标准的规定。

5.2.9 当边坡工程鉴定工作完成后，为有效、及时地处理边坡工程中存在的问题，特别是急需解决的安全隐患问题，应及时向委托单位出具鉴定报告。

应该指出的是：由于不同边坡工程的复杂程度、难易程度有很大差别，本条规定只是最基本的规定，应根据边坡工程实际情况，报告所含内容、项目和要求的差别，可适当增加或减少相应的内容，专家评审意见宜作为附件使用，而非报告的必要要件。

5.2.10 对既有建筑边坡工程每一鉴定对象而言，剩余使用年限是指在正常使用和正常维护条件下，不需大修，鉴定对象就可完成预定功能的时间。

为使报告使用者方便地掌握边坡工程鉴定的成果，宜将鉴定成果按表5.2.10进行汇总。

5.3 调查与检测

5.3.1、5.3.2 既有边坡工程鉴定除应考虑下一目标使用期内可能受到的作用和使用环境外，还应考虑边坡工程已承受到的各种作用及其工作条件，以及使用历史上受到设计中未考虑的作用。例如边坡工程坡顶超载作用、灾害作用或临时性损伤等也应在调查之列。向周边居民调查有其特殊意义，由于居民与边坡工程的特殊关系，居民对周边环境的变化更为敏感，因此，应重视向边坡工程周边居民调查，了解边坡工程使用、维护和改造历史。

5.3.3 边坡工程上的作用是根据现行国家标准《建筑结构可靠度设计统一标准》GB 50068 和《建筑结构荷载规范》GB 50009 的相关规定及边坡工程作用特点确定的，其相关技术参数的取值应符合国家现行相关标准的规定。

5.3.4 在边坡工程鉴定中最关心的是鉴定对象是否

安全，能否满足下一个目标使用期的要求，而鉴定对象的安全性与其所处气象环境、地质环境和工作环境密切相关，因此，应根据鉴定对象所处地区的特殊环境，对可能影响鉴定对象安全性的环境进行调查。

5.3.5 边坡工程所处环境类别和作用等级，应根据具体情况按国家现行相关标准的有关规定确定。

5.3.6 边坡工程及周边环境的变形、裂缝的调查、检测直接关系到边坡工程安全性鉴定，因此，应引起高度重视，本条给出了调查、检测的规定，同时鼓励采取新技术、新设备、新手段进行更有效的调查、检测鉴定对象及周边环境的变形和裂缝，在条件允许时，应对其变化趋势进行监测。

5.3.7 由于边坡工程现场检测受场地、地理和建筑环境、边坡高度等多种因素的影响确定合理的、符合实际情况的抽样检测标准是非常困难的，本条参考国家现行有关验收、检测标准规定了抽样的基本原则、检测内容、检测设备等要求。随着研究工作的深入开展和各地区边坡工程检测、鉴定经验的总结，各地区可根据本地区边坡工程特点编制相应的边坡工程检测技术地方标准，补充完善相应的检测规定。

5.4 鉴定评级标准

5.4.1 本条结合边坡工程特点，并综合现行国家标准《工业建筑可靠性鉴定标准》GB 50144 和《民用建筑可靠性鉴定标准》GB 50292 的有关规定，将边坡工程鉴定的评级按构件、子单元和鉴定单元分别进行评级，以鉴定单元的评定为最终目标。对处理范围而言，以构件、子单元和鉴定单元依次递进，根据三者的相互关系、连接构造、内在联系和当地成熟、有效的工程实践经验，工程技术人员可适当调整处理范围。

5.5 支护结构构件的鉴定与评级

5.5.1 为使用方便，本条给出了支护结构构件划分方法。

5.5.2、5.5.3 给出了单个构件安全性和使用性评级标准，对相应构件验算、评级时应按现行国家标准《建筑边坡工程技术规范》GB 50330、《工业建筑可靠性鉴定标准》GB 50144 和《民用建筑可靠性鉴定标准》GB 50292 等的有关规定进行。

5.5.4 锚杆是边坡工程中最常用也是最重要的支护结构构件之一，其安全性直接关系到鉴定对象的安全性及整体稳定性，其安全性评定应引起充分重视。由于锚杆构件属隐蔽构件，在现有技术手段条件下，实际检测其工作状态存在困难，因此，本条明确了应进行的基本检测工作。

需要说明的是当锚杆为全粘接性锚杆时，一般情况下锚杆抗拔试验只能检测非锚固段的抗拔承载性能，此时，应全面考虑已有工程建设年代、地质勘察

资料、设计资料、竣工资料及其他类似工程经验，综合评定锚杆的实际工作性能。

5.5.5～5.5.8 基于本规范第5.1.4条同样的原因，具体检测、评定鉴定对象的耐久性是一件非常困难的工作。根据目前现有的技术条件、技术标准和检测手段，本规范第5.5.5条～第5.5.8条给出了一些可以具体操作的规定，在实际使用这些规定时，工程技术人员应充分考虑本地区同类边坡工程经验、建设年代、材料特性、地形地质环境、设计水平、危害后果的严重程度及当地边坡工程施工技术水平，综合评定边坡工程支护结构、构件的耐久性。

5.6 子单元的鉴定评级

5.6.1 由于支护结构中的地基基础埋置在岩土体中，具体的检测工作存在许多困难，目前的检测手段也非常有限，因此，借助国家其他现行标准的有关规定制定了地基基础子单元安全性评级标准。

5.6.2 支护结构子单元安全性评定包含支护结构的整体性、承载功能和变形二项具体内容。

随边坡支护结构类型、构造、连接的不同，支护结构发挥的效能有很大差别，不同地区、不同边坡工程设计单位均有不同的工程经验；当其连接构造和连接本身不满足支护结构有效传递外部作用时，应直接评定为 C_u 或 D_u 级。

当按支护结构承载性能和变形评定支护结构安全性等级时，除应考虑构件的评定等级外，还应考虑鉴定单元中支护结构的变形，不同变形表现了支护结构的不同安全状态，随岩土体特性的差异，支护结构变形控制指标也有很大差别，因此，各地区可根据本地区岩土体特性和当地工程实践经验，对已变形支护结构，当其变形严重影响支护结构安全性时，应直接评定为 D_u 级。

对支护结构子单元，应进行支护结构整体性评级、承载性能和变形评级，并将两种评级方式中的最低评定等级作为支护结构子单元的最终评定等级。

在具体界定子单元评级时，本规范参考现行国家标准《工业建筑可靠性鉴定标准》GB 50144、《民用建筑可靠性鉴定标准》GB 50292 的有关规定，规定在抽检构件的"构件集"中，不同等级构件数量所占比例作为判定等级的标准；由于不同类型建筑边坡工程复杂程度、规模大小、边坡高度、施工条件、施工质量和环境条件差异很大，当建筑边坡工程抽检构件数量不足时，应根据具体条件进行补充检测，扩大抽检的构件集（或按现行国家标准《建筑结构检测技术标准》GB/T 50344 中 C 类规定确定抽检构件数量，且抽检构件一定要有代表性），当检测数据离散性过大，无法进行批量评定时应全数检测。

5.6.3 附属工程中排水系统是否可以正常发挥功效将影响鉴定单元的安全性，工程实践表明，边坡工程的垮塌事故多数与边坡的排水系统有关，全国各地边坡工程实践经验有所差别，因此，应结合各地的工程实践经验，考虑排水系统的完整性和实际排水功效及对地基基础、支护结构安全性的影响程度，评定附属工程子单元的安全性；当排水系统失效对地基基础、支护结构的安全性有较严重影响时，应根据其影响地基基础、支护结构承载功能和变形的程度，加之当地同类边坡工程经验对比，直接将其安全性评定为 C_u 或 D_u 级。

一般情况下护栏虽不影响边坡工程本身的安全性，但对边坡工程使用功能有一定影响，对人身安全性有较大影响；因此，当边坡工程护栏安全性不满足要求时，应单独指出其安全性等级，并采取相应的处理措施。

5.6.4 给出了子单元正常使用性评定标准。目前由于各种因素影响，支护结构中挡墙或混凝土挡板渗、漏水现象严重，既影响边坡工程美观，又可能影响挡墙、挡板的安全性，此类裂缝的评定标准还缺少国家现行标准的支撑，因此，在实际边坡工程使用性评定中，应结合本地区岩土体特性和当地工程实践经验，做适当调整。

5.7 鉴定单元的鉴定评级

5.7.1 鉴定单元稳定性鉴定评级是边坡工程安全性评定的重要组成部分，因此，编制了本规范附录 C。

5.7.2 本条在子单元评级及稳定性评级的基础上给出了鉴定单元安全性的评级方法。

5.7.3 本条给出了鉴定单元正常使用性评级方法。

6 边坡加固工程设计计算

6.1 一般规定

6.1.3、6.1.4 对既有支护结构、构件的几何尺寸和材料性能指标的取值做了明确规定。根据边坡工程加固程序，边坡加固设计前，既有支护结构、构件的相关参数应在边坡工程鉴定中通过实测等方式予以确定。

6.2 计算原则

6.2.1 本条根据不同加固方法的特点，对边坡加固工程设计计算进行了具体规定。

1 削方减载法、堆载反压法、加大截面加固法加固时，不会改变岩土参数和支护结构的传力途径，根据地勘单位提供的岩土参数，岩土侧压力仍按现行国家标准《建筑边坡工程技术规范》GB 50330 的相关规定进行计算；

2 注浆加固法加固仅改变岩土参数。全面加固前，先进行试验，试验地段的岩土参数实测值作为计

算岩土侧压力的依据；

3 当仅考虑新增支护结构抗力时，按一个新的边坡工程进行设计；

4 新增支护结构与原支护结构形成组合支护结构对边坡进行加固，在边坡加固工程中较为常见，共同受力时新、旧支护结构如何发挥作用缺乏明确的规定。本章根据新、旧支护结构形式的不同组合，提出了具体的计算方式和相应的计算参数，便于实际工程使用。

6.2.2 本条规定了采用锚固加固法、抗滑桩加固法加固，新、旧支护结构共同受力时，组合支护结构抗力计算的相关规定。根据现行国家标准《建筑边坡工程技术规范》GB 50330 修订版的有关规定，边坡工程稳定性、变形及构件强度等计算时，应采用不同的荷载效应最不利组合，相应的抗力取值分别为特征值和设计值。本条提到的组合支护结构抗力则为特征值和设计值的统称，边坡加固计算采用抗力特征值或是抗力设计值应按现行国家标准《建筑边坡工程技术规范》GB 50330 修订版的有关规定执行。

1 组合支护结构中新增支护结构和原支护结构抗力的发挥程度受加固方法、原支护结构现状等多种因素影响，加固设计时应根据本章具体规定分别计算各自有效抗力；

3 本款公式主要表达新旧支护结构共同受力时，抗力大于作用的基本概念。

原支护结构有效抗力通过鉴定报告提供的有关参数计算确定，不再作折减。当加固前原支护结构构件处于高应力状态且无法进行有效卸载和检测鉴定确认时，原支护结构有效抗力的利用应慎重。新增支护结构抗力则由于加固后支护结构因二次受力存在应变滞后，难以充分发挥。本条根据支护结构形式和加固方法分别采用不同的抗力发挥系数来考虑应变滞后对新增支护结构抗力发挥的影响。采用此方法计算抗力一是便于设计人员理解和应用，同时又与国家混凝土结构加固规范和砌体结构加固规范的加固计算思路一致。

6.2.3 边坡加固工程设计时，原有支护结构及构件还能发挥多少作用，应依据边坡工程鉴定报告中提供的实测或明确的计算参数确定。本条明确了结构构件尺寸和材料强度的选取原则。

6.2.4 目前的鉴定检测技术尚难以对边坡工程进行全面精确的测试，岩土工程的可变性更增加了鉴定的难度。因此，对影响边坡整体安全的支护结构、构件的施工质量存在怀疑且难以通过鉴定查明时，原结构、构件有效抗力计算不宜考虑其有利作用。

1 支护结构基础位于潜在滑面之上时，边坡整体稳定无法得到保证，支护结构也无法发挥作用。此时不应考虑原支护结构的作用；

4 支护结构鉴定单元属于严重不符合国家现行

安全性标准时，其中满足安全性要求的构件依然可以在组合支护结构中作为新增支护结构的构件发挥作用。当结构重量对边坡稳定起有利作用时，应考虑其作用。

6.2.6 岩土侧压力分布和支护结构的变形密切相关。一般来讲，采用被动式加固方法时，加固后作用于组合支护结构的岩土侧压力分布可采用原支护结构岩土侧压力分布；采用主动式加固方法时，若原支护结构为锚杆挡墙，岩土侧压力分布可采用锚杆挡墙的岩土侧压力分布图形；原支护结构为重力式挡墙、桩板式挡墙、悬臂式挡墙等时，若在挡墙顶部附近增设锚杆约束变形，作用于支护结构的岩土侧压力分布可采用梯形或矩形分布图形。

6.3 计 算 参 数

6.3.1 鉴于目前国内外边坡加固的相关实测数据、试验资料较少，本节在确定新增锚杆及传力结构的构件抗力发挥系数时，借鉴国家现行相关加固规范的成果，主要考虑了边坡安全性鉴定结果、新旧结构构件结合程度、加固后支护结构的应力应变滞后等因素的影响。

对边坡加固工程中最为常用的锚固加固法加固支护结构，本条明确了各种不同形式支护结构抗力发挥系数取值。

重力式挡墙刚度一般较大，新增非预应力锚杆时，同样变形锚杆承担的拉力较小，所以锚杆抗力发挥系数折减较多。

悬臂式、桩板式挡墙的自身变形较大，新增非预应力锚杆更容易与之协同工作，所以锚杆抗力发挥系数折减比重力式挡墙少。

锚杆挡墙加固时，新增非预应力锚杆抗拉刚度较小，在边坡新的变形下其应力应变滞后严重，新增锚杆发挥作用小，因此锚杆抗力发挥系数折减最多。另外，锚杆挡墙安全性鉴定时，锚杆作为关键构件，直接决定其安全性等级。当为 B_{su} 级时，说明锚杆是满足安全性要求的，加固部位只会出现在锚肋、挡板等相对次要部位。此时，采用加大截面法等加固是最经济合理的选择，无需增设锚杆。因此，表 6.3.1 未列出 B_{su} 级时锚杆抗力发挥系数。

岩石锚喷边坡加固时，较完整岩石中采用锚杆加固，其应力应变滞后小，因此锚杆抗力发挥系数折减最少。另外，岩石锚喷边坡安全性鉴定为 B_{su} 级时，说明锚杆是满足安全性要求的，加固部位只会出现在面板等相对次要部位。此时无需增设锚杆，因此表6.3.1 未列出 B_{su} 级时锚杆抗力发挥系数。

锚杆工程土层为锚固段时，锚杆变形量大且土层提供锚固力不如岩层可靠度高，因此对抗力发挥系数进行了适当降低。

预应力锚固加固法对原支护结构有卸载作用，锚

杆抗拉刚度大，有利于消除应力应变滞后，充分发挥新增支护结构的作用，所以折减少。实际工程应用时，应注意避免张拉控制应力过大，对原支护结构带来损伤或对原锚杆等产生的过多卸载作用，影响原支护结构有效抗力的发挥。

6.3.2 本条明确了抗滑桩加固法加固两种支护结构时抗力发挥系数取值。抗滑桩加固法用于地基稳定性加固时，不应执行本条，应按国家边坡规范相关内容计算。

7 边坡工程加固方法

7.1 一般规定

7.1.1 本规范仅列出常用的几种加固方法。由于岩土工程地域性强，各地工程技术人员可结合规范中有关的加固设计原则，采用当地成熟、可靠的加固方法对边坡进行加固。

7.1.2 水对边坡工程安全性危害大。由于水软化岩土的物理力学指标，支护结构承担岩土侧压力增大，安全性降低。工程中边坡安全事故的发生大都是水的不良作用诱发的。加强边坡排水、防渗措施，有利于保证边坡的长期安全，是各种加固处理方法中的必要辅助措施。边坡绿化则是园林化城市建设的需要。

边坡加固应遵守动态设计、信息法施工的原则。因此，本条再次强调了边坡加固过程中对周边建筑物监测的必要性。

7.2 削方减载法

7.2.1 削方减载法适用于有削方条件、不危及后缘坡体整体稳定性及邻近建构筑物、管线、道路及场地等安全和正常使用的情况。

7.2.2 本条规定了几种情况不宜采用削方减载法。原因是这几种情况受开挖放坡条件限制，仅采用削方不能使需加固的边坡工程达到稳定或仍将影响坡顶邻近建筑物及管线等的安全和正常使用。

7.2.3 本条规定了削方减载法设计的具体内容及要求。

7.2.4 有条件采用削方减载法对既有边坡工程进行加固时，削方减载后使拟加固的边坡工程稳定性满足要求，也需对新形成的坡脚及坡面进行保护。对稳定性不满足要求的及新形成的开挖边坡均应按国家现行有关标准的规定进行支护处理。

7.2.5 本条规定了采用削方减载法时现场施工顺序及有关要求。现场施工时，应根据工程的具体情况、边坡的稳定性及现场条件等确定施工顺序，并做好临时封闭、截排水、开挖临时放坡、弃土弃渣及安全施工等有关工作。

7.3 堆载反压法

7.3.1 堆载反压法通过在既有边坡工程坡脚堆载反压，使拟加固的边坡工程满足预定功能的一种直接加固法。

堆载反压法适用于坡脚有堆载反压的空间及位置，并不影响邻近建筑物、管线及场地功能等的情况。

7.3.2 本条规定了堆载反压法设计的具体内容及要求。

7.3.3 应急抢险过程的堆载反压体作为边坡永久性加固工程使用时，应复核其能否满足永久性的要求，并根据具体情况采取适当的处理措施。

有条件采用堆载反压法进行加固的边坡工程，需对新形成坡面及坡脚进行保护，对稳定性不满足要求的及新形成的开挖边坡尚应按国家现行有关标准的规定进行处理，确保堆载反压满足加固的要求。

7.4 锚固加固法

7.4.1 锚固加固法用于有锚固条件的工程主要是指新增锚杆或锚固体系具有可施作的场地以及周围建筑物的基础、管线、工程地质、水文地质条件满足锚杆施工和承载力的要求等；锚杆作用的部位、方向、结构参数、间距和施作时机可以根据需要较为方便地进行设定和调整，能以最小的支护抗力，获得最佳的稳定效果，因此对于边坡的稳定、支护结构抗滑移、抗倾覆等加固具有良好的适应性和加固效果，技术经济效益显著。

7.4.2 由于锚固法具有施工简便、及时提供支护抗力、对原有支护结构扰动小，显著节约工程材料并充分利用岩土体的自身强度的特点，因而在边坡工程加固中优先采用。对于高大的岩质边坡、变形控制要求较高的边坡由于预应力锚杆及时提供支护抗力，控制支护结构及边坡的变形，能提高边坡的稳定性和施工过程的安全性，成为不可或缺的加固手段之一；对施工期间稳定期较差或者无开挖条件的边坡工程，采用锚杆和预应力锚杆不但能减少变形，而且增加边坡软弱结构面、滑裂面上的抗剪强度，改善其力学性能，有利于边坡的稳定；国内外地震对锚固边坡稳定性的影响研究和调查（尤其是四川汶川大地震边坡失稳工程调查）结果表明：由于锚杆具有良好的延性，将结构物或边坡不稳定地层与稳定地层紧密地锁在一起，形成共同的工作体系，采用预应力锚杆进行加固且锚杆的工作状态良好的边坡工程及大坝工程基本上都处于稳定状态。因此规定采用预应力锚杆对抗震设防烈度较高地区的边坡及构筑物进行加固，有利于提高其抗震性能和安全性。

7.4.3 锚杆锚固段设置在软弱土层或经处理也不能满足锚固要求的地层中，会引起显著的蠕变而导致锚

杆预应力值降低，或因锚固段注浆体与土层间的摩阻强度过低无法满足设计要求的锚固力；由于地层对钢筋和灌浆体的强腐蚀性，降低了锚杆的使用寿命，导致边坡存在安全隐患和边坡稳定维护成本的增加；填方锚杆挡墙垮塌事故经验证实，锚杆自由段处在欠固结的新填土边坡及竖向变形较大的边坡工程中，在锚杆施工完成后，随着填土的固结和沉降，竖向变形加大，导致锚杆的拉压力增加和对挡墙附加推力增加，不利于边坡的稳定，因此根据上述分析，对不适于锚杆的情况进行了规定。

7.4.4 本规定给出了新增锚杆承载力、数量、间距等的确定方法。

锚杆布设的位置与方位要充分考虑边坡可能发生的破坏模式、支护结构抗滑移、抗倾覆和强度等要求，锚杆位置布设于边坡作用力合力点，能使其最大限度提高抵抗滑移或倾倒破坏的抗力。

新增锚杆与原支护体系中锚杆的间距过密，会引起群锚效应，从而降低了锚杆的承载能力，不能充分发挥新增锚杆与原支护体系中锚杆的作用；锚固段穿过滑裂面或潜在滑裂面不小于 2m 有利于锚固的可靠性，并参考国内外的岩土锚杆规范所做的规定。

锚杆传力构件具有足够的强度和刚度，是为了避免传力构件局部损坏和坡面地层因压缩变形而导致锚杆作用效果降低或不能将锚固力有效地传至稳定地层中。

7.4.5 精轧螺纹钢筋是在整根钢筋上轧有螺纹的大直径、高强度、高尺寸精度的直条钢筋，可在任意截面上通过内螺纹连接器进行加长或者采用螺母进行锚固，具有连接、锚固简便、利于重复张拉、与胶凝材料粘结力强、施工方便等优点；钢绞线具有强度高、低松弛、可重复张拉、与钢筋相比可大量节省钢材且便于运输和现场施工的特点，此外预应力锚杆杆体采用精轧螺纹钢筋、无黏结钢绞线时，可根据监测结果较方便地进行预应力调整，进行边坡动态设计与施工；新增锚杆由于控制变形和加固的要求，预应力锁定值为锚杆拉力设计值；对于被锚固支护结构位移控制值较低时，尤其是软土深基坑工程、蠕变较大的软岩高边坡工程，其周围无建筑物或者变形不影响周围建筑物的安全，在某些情况下，由于支护结构变形，锚杆预应力增加约 35%～50%，有些锚杆的筋体甚至断裂（锦屏Ⅰ、Ⅱ电站两岸高边坡采用预应力锚杆加固，由于岩石蠕变变形过大而导致筋体断裂）。因此在被锚固结构允许产生一定变形的工程，锚杆初始预应力（锁定荷载）取为锚杆拉力设计值的 75%～90%。

7.4.6 通过对国内外边坡工程中锚杆腐蚀破坏的实例调查研究表明，锚杆的断裂部位主要位于锚头附近。保护层开裂，由于大气水的渗入，常导致锚头腐蚀，因此本条对已有锚杆锚头出现锈蚀以及保护层开

裂进行修复处理进行规定，以便保证锚杆的长期锚固性能。

7.4.7 由于钻孔用水会软化边坡岩土体，引起其岩土体物理力学参数下降，导致边坡的变形加大，降低边坡的稳定性，因此，本条规定，对于水钻成孔导致边坡的变形加大、稳定性降低较为明显时，采用干钻成孔；锚杆预应力张拉过程会出现应力集中，可能引起原支护结构局部损坏或压缩变形，因此在张拉时，不但要分级张拉到位，同时需加强对原支护结构及构件变形的监测。

7.5 抗滑桩加固法

7.5.1 边坡滑动或有潜在滑面时，采用抗滑桩加固效果好，也是岩土工程界常用的加固措施。支护结构稳定性或强度不足、边坡滑移引起支护挡墙失稳时，采用抗滑桩加固法既可加固地基，又可加固支护结构。

7.5.2 抗滑桩悬臂长度一般不宜超过 15m。当悬臂长度较大时，桩身配筋大，桩顶位移大，经济性差。此时，在桩顶附近增设预应力锚杆，改善桩的受力状况，桩身配筋和桩顶位移显著减小。另外，当加固需要对桩顶位移进行严格控制时，桩顶增设预应力锚杆也是非常有效的。抗滑桩与预应力锚杆结合，可充分发挥桩身强度和锚杆抗拉能力强的优点，是岩土工程中常用的处理措施之一。

7.5.3 埋入式抗滑桩设计时应控制桩顶标高，避免岩土体从桩顶滑出。当没有设置桩间挡板时，应控制桩间距离，避免土体从桩间滑出。当地基存在多个软弱面时，应将桩伸过深层软弱面，避免因桩长度不够对边坡未能全面加固，存在产生深层滑动的可能。

7.5.4 抗滑桩施工阶段因对边坡进一步扰动，边坡的稳定性处于相对较低时期。施工采取跳槽开挖等措施尽量减少对边坡的扰动，有利于保证施工期间边坡的安全。

7.6 加大截面加固法

7.6.1 支护结构、构件截面尺寸不满足支护结构稳定性或强度要求时，可采用混凝土或钢筋混凝土加大构件截面尺寸，以满足支护结构整体稳定性和构件强度的要求。

支护结构的地基承载力或基础底面积尺寸不满足设计要求时，可采用混凝土或钢筋混凝土加大基础截面，以满足地基承载力和变形的设计要求。

7.7 注浆加固法

7.7.1 注浆法通过将浆液注入岩土体内，将原来松散的土颗粒胶结成一个整体，或者通过填充岩石裂隙，将因裂隙切割的岩石胶结在一起，从而提高岩土的物理力学性能。但由于注浆参数难以把握，注浆效

果检测手段目前均不够理想，注浆加固法更适合作为边坡加固中提高边坡工程稳定性的补充措施，与本规范所述的其余加固法一起使用。

7.7.2 注浆设计前应弄清场地能否采用注浆处理、适合采用何种注浆材料和多大压力、预计的注浆量以及注浆处理后强度增加或渗透性减小的程度等。

边坡注浆堵塞的泄水孔应重新采取清孔措施，同时应控制注浆压力，避免注浆过程中边坡稳定性降低或对支护结构带来新的损伤。

注浆浆液的扩散半径与浆液的流变特性、注浆压力、胶凝时间、注浆时间等因素有关。理论计算的扩散半径与实际往往相差很大，有条件时进行现场注浆试验确定相关参数对设计和施工更有指导意义。

渗透注浆是在很小的压力下，克服地下水压和土的阻力，渗入土体的天然孔隙，在土层结构基本不受扰动和破坏的情况下达到加固的目的。

注浆加固地基时，增加的注浆宽度是参照有关地基基础处理规范而来，其目的是有利于保证对地基持力层的有效加固。

7.7.3 注浆施工合理性是确保注浆加固效果的重要环节。施工过程中对注浆压力、注浆流量的监测和调整则是提高注浆质量的关键。

注浆施工包括注浆机械的选择、注浆方法的选择、确定注浆次序和进行注浆控制。其中注浆控制可以采用过程控制，即通过调整浆液性质和注浆压力、流量，把浆液控制在所要处理的范围内；也可采用质量控制方法，通过注浆总量、注浆压力、注浆时间等的控制，达到注浆加固的要求。

7.7.5 浆液过量流失大都伴随着注浆压力不升、吃浆不止的情况，多为岩土层内部特殊的岩土结构等原因造成的。因此，选用处理方法时应根据不同的地质情况，采用不同的处理方法。

7.7.6 注浆质量的好坏应通过合适的检查方法检验。轻型动力触探、静力触探、钻孔抽芯等方法存在仅能反映检查一点的加固效果的局限性，电阻率法、声波法等存在难以定量和直接反映检查效果的缺点，对地基整体加固效果的检查目前尚无有效的方法。相比之下，采用现场载荷试验检验注浆加固效果，在一定范围内较能反映实际现状，但其检验费用相对较高，时间也较长，对重要工程为确保工程安全，采用此方法检验是合理的。

7.8 截 排 水 法

7.8.1～7.8.9 本节的截排水加固法主要适用于既有边坡工程出现问题的主导原因是地下水及地表水。采用此法基本能达到加固目的，而不需在采取其他加固措施的情况。当然，一般情况下还宜对原有支护结构采取必要的加固措施。

本节针对不同的情况提出了系统、合理的截排水

设置及构造要求等。设计时应根据工程的具体情况，合理地布设截、排水措施。

地表水渗入既有边坡工程坡体，产生水压力，增加坡体的重量，增加滑动力，同时降低了潜在滑面的抗剪强度，对边坡稳定是不利的。

采用截排水法加固时，应遵循地表截、防、排水与地下排水相结合，以地下排水为主，地表截、防排水为辅，有机结合的原则。通过截、防、导、排，尽可能降低边坡地下水位，减小渗水压力，改善边坡稳定条件，提高边坡稳定性。

对于坡体以外的地表水，层层修建截水沟、排水沟。在坡体范围内的地表水，对地表尤其是裂隙及渗水强的部位进行封闭、封堵，低凹积水地方进行填平，顺地表水集中的地方设排水沟排走地表水。对地下水，根据坡体的岩土情况及渗透性等采用盲沟（洞）、斜孔进行排水。

8 边坡工程加固

8.1 一 般 规 定

8.1.1 本条明确了既有边坡工程加固方案选择时应考虑的主要因素。

8.1.2 需进行加固的既有边坡工程出现问题的情况及原因较多，应根据工程的具体情况选择适宜的加固方案。可采用一种或多种加固方法组合进行加固。

加固方案应考虑与原有结构协调工作、尽量利用原有结构、易于场地施工、经济、有效等因素综合确定。应注重工程环境、条件和技术难度上的可实施性，不得危及工程周边相关建筑的安全。

8.1.3 新增支护结构可以与原有边坡支护结构结合协调受力，也可独立受力，分别发挥作用，达到整体加固的目的。

8.1.4 原支护结构能发挥作用的尽量发挥其作用，同时新增加的支护结构不应或尽量少影响原有结构发挥作用。为使原结构充分发挥作用和新增支护结构发挥相应的作用，宜优先采用有利于与原支护结构协同工作的、主动受力的结构形式。

原支护结构的安全性较低时，加固设计应考虑边坡工程损坏的时间效应，应选施工过程不影响原支护结构稳定的加固方案，防止施工过程中边坡失稳。

8.1.5 本条规定的这几种情况，采用预应力锚索加固有利于新增支护结构提前进入工作状态，发挥作用，也有利发挥原有支护结构的作用，更有利于控制整个边坡工程及支护结构的稳定及变形。因此，在条件可能的情况下应优先采用预应力锚索加固。

8.1.6 边坡变形大、开裂严重及原有支护结构的主要受力构件应力水平高时，为使新增支护结构发挥主导作用，同时防止高应力构件发生超应力状态，应优

先对高压力构件进行卸载，降低其应力水平。卸载的方式有预应力锚杆加固、坡顶削方减载及坡脚堆载反压等。

8.2 锚杆挡墙工程的加固

8.2.1 根据国内外大量锚杆挡墙工程调查，锚杆挡墙工程损伤、破坏方式及原因概述为以下 8 大类型，以便有针对性地制定综合处理方案进行加固：

1 在岩土推力作用下，锚杆挡墙整体失稳；

2 锚杆杆体强度、锚固段抗力及外锚头锚固力等不足造成锚杆承载力不满足设计要求，锚杆挡墙出现变形和开裂；

3 锚固总抗力不足或锚杆非锚固段过长等因素使锚杆挡墙外倾变形量超过设计允许值；

4 锚杆挡墙肋柱、排桩、格构梁的强度和刚度不足或混凝土强度等级过低，不满足承载力要求，出现变形和开裂；

5 锚杆严重腐蚀，造成锚杆承载力不足，安全系数不满足设计要求；

6 锚杆挡墙肋柱、排桩、基础承载力不满足要求，挡墙出现严重的沉降和倾斜；

7 锚杆挡墙挡板的强度和刚度不满足设计要求，出现的变形和开裂；

8 锚杆挡墙的排水系统功能失效，在水的作用下，岩土压力增大，导致挡墙变形和开裂。

锚杆挡墙工程失稳诱发因素很多，因此在考虑技术、经济、保护环境等因素的情况下，应优先采用锚固加固法。

8.2.2 根据锚杆挡墙工程破坏的原因和结构构件的鉴定结果，在肋柱上增设锚杆，不但可以提高锚杆挡墙的稳定性，同时也可以减小肋柱的变形；对于原锚杆挡墙工程中由于肋柱间距过大及锚固总量不够而导致锚杆挡墙失稳，可以采用以下两种方法来提高锚杆挡墙的抗力：（1）在原肋柱之间增设新的肋柱；（2）在原肋柱之间增设横梁和锚杆。

新增锚杆的位置与原支护体系中锚杆应有一定的间距，以避免群锚效应，新增锚杆初始预应力的大小应考虑原支护体系的锚杆的锚固力的大小，新增锚杆的锁定预应力值宜与其周围锚杆预应力一致，以有利于新旧锚杆共同发挥锚固作用。

8.2.3 对于采用抗滑桩方法加固的锚杆挡墙工程，新增抗滑桩和挡板（肋柱）间设置可靠的传力构件（或者采用紧贴挡板原位浇注），有利于原支护体系中的挡板（肋柱）与新增抗滑桩之间土压力的传递、协调变形与施工。

抗滑桩悬臂较高或边坡岩土体作用力较大时，采用锚拉桩加固法是被动加固与主动加固相结合的综合治理方法，有利于控制由于边坡岩土体作用力过大抗滑桩顶部的变形，避免其倾倒破坏，并有利于减少桩身配筋，提高其经济性。

8.3 重力式挡墙及悬臂式、扶壁式挡墙工程的加固

8.3.1 挡墙的主要载荷是土压力和相关的外来载荷，随着其使用时间的增长，挡土墙的外观质量、稳定性就可能会减弱，出现墙面开裂、鼓胀甚至不同程度的失稳现象。由于挡墙所承受的外部载荷环境、回填土性质、地质条件不同，因而，挡墙出现结构损坏、失稳的原因和所采用的加固方法也不尽相同，本条列出了几种有代表性的加固方法。

在实际工程中，重力式挡墙的加固除采用本条所述方法外，可根据挡墙的受力特点和具体情况，采用安全、经济、便捷的加固处理措施。如当重力式挡墙为俯斜式、直立式挡墙时，可通过采用加大截面法将部分高度挡墙挡土面调整为仰斜状，减小加大截面段墙后土压力，以达到对挡墙加固的目的；当重力式挡墙为衡重式挡墙，墙后存在稳定岩土边坡时，可采取在衡重台处增设钢筋混凝土卸荷板的加固措施，降低土压力。

8.3.2 本条列出了锚固加固法用于重力式挡墙加固时的基本规定。

8.3.3 当重力式挡墙截面尺寸不够时，可采用墙前或墙后加大截面宽度，也可墙前和墙后同时加大截面宽度。加大截面尺寸范围可以是挡墙的局部高度区域。

挡墙或基础采用钢筋混凝土时，加大截面部分混凝土浇筑前，应采取凿毛处理、植入拉结钢筋等措施，保证新、旧混凝土结合成为整体。当挡墙为砌体材料时，应先剔除原结构表面疏松部分，对不饱满的灰缝进行处理，加固部位采取设水平齿槽或锚筋等措施，保证新加混凝土与挡墙结合成为整体。

基槽开挖施工阶段，挡墙的稳定性会削弱。采取分段跳槽施工，可减少挡墙同时受扰动的范围，避免坑槽内地基土暴露过久引起原基础产生和加剧不均匀沉降，甚至危及挡墙的安全。

8.3.4 采用抗滑桩加固时，抗滑桩与重力式挡墙之间水平力的可靠传递是关键。当抗滑桩无法紧贴挡墙时，可将桩与挡墙之间的土体置换为现浇混凝土。

8.3.5 本条规定了采用锚固加固法对悬臂式、扶壁式挡墙工程进行加固时的方案及一些构造要求。

1 对扶壁式挡墙，锚杆宜设于扶壁的两侧，也可设于挡墙的中部；

2 锚杆应锚固于挡墙后的稳定地层内；

3 锚杆的外锚固部分与原支护结构间应设传力构件；当已有挡墙挡板不满足加固锚杆的传力时，可设格构梁、肋或增厚挡板；

4 对边坡挡墙工程变形较大或需控制挡墙变形时，宜采用预应力锚索进行加固。

8.3.6 悬臂式、扶壁式挡墙的结构构件包括扶壁、

立板（或称面板）、墙趾板和墙踵板，是混凝土结构构件，无特殊性，可完全按现行国家标准《混凝土结构加固设计规范》GB 50367 的有关规定进行加固，以满足其受力要求。

8.4 桩板式挡墙工程的加固

8.4.1 本条列出了几种有代表性的加固方法。对施工期间因多种原因造成部分已施工桩或挡板不满足安全要求时，还可根据实际情况采用加大截面加固法、墙后部分土体材料置换（当未填土时）等措施，必要时结合本条所列的加固方法。

8.4.2 桩板挡墙通常采用悬臂桩，桩顶位移过大引起的周边建筑、市政设施损坏的情况较多。采用预应力锚杆加固，可有效控制桩顶位移。

8.4.4 新增抗滑桩与原桩基距离过近，施工期间对原桩基可能会产生不利的影响，削弱其埋入岩土层段的嵌固效果。

抗滑桩与桩板式挡墙排桩之间在桩顶应设置后浇的钢筋混凝土连系梁，提高桩受力的整体性。

8.5 岩石锚喷边坡工程的加固

8.5.1 对需进行加固的岩石锚喷边坡工程，应根据加固工程地质勘察报告、边坡加固工程鉴定和加固后边坡工作状态，分析边坡破坏模式，根据破坏模式，兼顾已有边坡现状，选择合理的加固设计方案。

本条规定了岩石锚喷边坡工程整体稳定性不满足要求时，可根据现场情况采用一种或多种加固法组合进行加固。

损坏的锚杆属于明确鉴定时，则按局部加固。损坏的锚杆属于不明确鉴定时按普遍性加固。加固锚杆的布设及构造应按现行有关规范执行。

8.5.2 岩石锚喷边坡喷射混凝土面板作为局部受力构件或封面构件，可采用锚杆加固法和置换法进行加固。格构梁应根据其受力按国家现行混凝土构件进行加固。

对损坏的喷射混凝土面板，将失效部分混凝土和已经风化的表层岩面清除干净；已损坏部分原有板内钢筋已经锈蚀时，用同等级和直径钢筋替换，采用焊接或植筋的方法将加固钢筋与原结构或钢筋连接；新喷射混凝土的强度等级应不低于原有混凝土的强度等级且不低于 C20；加固部分的喷射混凝土挡板厚度不小于原喷射混凝土挡板的厚度，且不应小于 100mm。

8.6 坡率法边坡工程的加固

8.6.1 对需进行加固的坡率法边坡工程，应根据加固工程地质勘察报告、边坡加固工程鉴定和加固后边坡工作状态，分析边坡破坏模式，根据破坏模式，兼顾已有边坡现状，选择合理的加固设计方案。

本条规定了坡率法边坡工程整体稳定性不满足要

求时，可根据现场情况采用一种或多种加固法组合进行加固。

8.6.2 本条规定了坡率法边坡工程局部稳定性不满足要求时，需根据工程情况及条件采用混凝土格构式锚杆加固法、锚钉格构护坡、砌块护坡、绿化护坡等进行加固。

8.7 地基和基础加固

8.7.1 现行行业标准《既有建筑地基基础加固技术规范》JGJ 123 中的有关加固方法通常也适用于支护结构地基加固。对基础偏心受力引起的地基竖向承载力不够，有锚固条件时，也可采用锚固加固法调整支护结构的偏心受力，达到对地基加固的目的。

8.7.2 桩板式挡墙排桩、抗滑桩等以悬臂受力为主的支护结构对地基的水平承载力要求相对较高。地基水平承载力不足会削弱地基对桩的嵌固作用，造成桩顶位移加大，严重时会造成桩前被动土压力区地基土被挤出破坏，支护结构整体作用失效。实际工程应用表明，采用锚固加固法，在支护结构或基础上增设锚杆，是解决地基水平承载力不足的有效加固方法，也为广大岩土工作者所接受。

地基水平承载力不满足支护结构受力需要，造成的后果多伴随着支护结构本身不满足使用要求，选择加固方法时应兼顾地基和支护结构的加固。

9 监 测

9.1 一般规定

9.1.1 当边坡加固工程施工中产生变形对坡顶建筑物安全有危害时，应引起高度重视，及时对其可能威胁的保护对象采取保护措施，对加固措施的有效性进行监控，预防灾害的发生及避免产生不良社会影响；因此，本条作为强制性条文应严格执行。

对既有建筑边坡工程进行加固施工前，设计单位应明确指出被保护对象内可能被危害的保护对象，并给出具体监测项目要求。

9.1.2、9.1.3 当出现下列情况的边坡加固工程应按一级边坡工程进行变形监测，且提出了监测的具体要求。

　　1　超过本规范适用高度的边坡工程；

　　2　边坡工程塌滑影响区内有重要建筑物、稳定性较差的边坡加固工程；

　　3　地质和环境条件很复杂、对边坡加固施工扰动较敏感的边坡加固工程；

　　4　已发生严重事故的边坡工程；

　　5　采用新结构、新技术的边坡加固工程；

　　6　其他可能产生严重后果的边坡加固工程。

对边坡加固工程施工难度大、施工过程中易引发

事故或灾害的边坡加固工程的变形监测方案应进行专门论证，预防边坡加固过程中产生新的灾害。

9.1.5 边坡工程及支护结构变形值的大小与边坡高度、地质条件、水文条件、支护类型、加固施工方案、坡顶荷载等多种因素有关，变形计算复杂且不成熟，国家现行有关标准均未提出较成熟的计算理论。因此，目前较准确地提出边坡加固工程变形预警值也是困难的，特别是对岩体或岩土体边坡工程变形控制标准更难提出统一的判定标准，工程实践中只能根据地区经验，采取工程类比的方法确定。在确定具体监测内容和要求时，宜由设计单位提出初步意见，再与边坡加固工程变形监测有关的单位共同协商最终确定边坡加固工程监测方案。

9.2 监测工作

9.2.1～9.2.3 为规范边坡加固工程变形监测工作，给出了监测方案的具体要求及监测对象、项目的选择要求，供相关工程技术人员参考使用。

9.2.4～9.2.11 为了使边坡加固工程监测工作有法可依且可以有效实施，给出了变形观测点布置应执行的国家现行有关标准、相应监测项目、监测要求的最低标准，同时给出了监测频率的一般规定，其目的是避免边坡加固工程监测工作实际操作中缺乏统一的监测规定，随意布置变形观测点或随意增加无效观测点的现象，在满足实际工程需求的前提下，减少社会资源和财富的浪费。

9.2.12 基于本规范第9.1.5条同样的原因，边坡加固工程监测预警的控制是一件非常困难的工作，关系到社会资源、人力、物力的调配，预报不及时或不准确，其生产的后果都是严重的，在参考了国家现行相关标准和有关边坡工程实践后，给出了预警预报的一般要求。在实际使用中，监测单位应根据边坡加固工程自然环境条件、危害后果的严重程度、地区边坡工程经验（如发现少量流砂、涌土、隆起、陷落等现象时的处理经验）及同类边坡工程的类比，慎重、科学地作出预警预报。

9.3 监测数据处理

9.3.1、9.3.2 通过对已有边坡工程监测报告的调查发现，监测数据的处理方法、表达形式差异极大，且不规范，为统一监测数据的处理方法、表达方式特做此规定。

9.4 监测报告

9.4.1、9.4.2 从对已有边坡工程监测报告的调查发现，监测报告形式繁多，表达内容、方式各不相同，报告水平参差不齐现象十分严重，造成了社会资源的无端浪费，为规范、统一边坡加固工程监测报告的编制特做此规定。

10 加固工程施工及验收

10.1 一般规定

10.1.1 既有边坡工程的加固，由于各种原因容易造成施工安全事故，所以施工方案应结合边坡的具体工程条件及设计基本原则，采取合理可行、有效的综合措施，在确保边坡加固工程施工安全、质量可靠的前提下施工。

10.1.2 对不稳定或欠稳定以及出现较大变形的边坡工程，施工前须采取措施增加边坡工程的稳定性，确保施工安全。采取特殊施工方法时，应经设计单位许可，否则严禁无序大开挖、大爆破作业施工，预防加固施工中造成边坡工程垮塌。

10.1.3 边坡工程实践证明，在坡顶超载堆放施工材料、施工用水，经常引发边坡工程事故，为此，作此规定预防超量堆载危及边坡工程稳定和安全。

10.1.5 加固边坡工程应根据其特殊情况或设计要求，施工单位应将监控网的监测范围延伸至相邻建筑物或周边环境进行自检监测，以便对边坡加固工程的整体或局部稳定做出准确判断，必要时采取应急措施，保障施工安全及施工质量；雨期施工时，应加强监测、巡查次数。

10.1.6 由于边坡加固工程的特殊性，同时要执行信息施工法，故施工方案应经地勘及设计单位等认可。

地勘及设计单位对施工方案进行审查，主要是审查施工顺序及施工方案等是否与现场情况相符、是否会影响施工质量及施工期的安全等。

10.1.7 信息施工法是将设计、施工、监测及信息反馈融为一体的施工法。信息施工法是动态设计法的延伸，也是动态设计法的需要，是一种客观、求实的工作方法。边坡加固工程，应使监控网、信息反馈系统与动态设计和施工活动有机结合在一起，及时将现场边坡地质变化、变形情况反馈到设计、施工单位，以调整设计参数与施工方案，指导设计与施工，从而确保施工期间边坡加固工程安全。

10.2 施工组织设计

10.2.1 边坡加固工程的施工组织设计是贯彻实施设计意图、确保工程进度、工程质量和施工安全、指导施工的主要技术文件。施工单位应认真编制，严格审查，实行多方会审制度。方案中应有施工应急控制措施和实施信息法施工的具体措施和要求。

10.3 施工险情应急措施

10.3.1 当施工中边坡加固工程出现险情时，施工单位应及时采取相应措施处理，并向设计等单位反馈信息，未经许可不得继续施工，避免出现工程事故。

附录 B 支持结构地基基础安全性鉴定评级

B.1 一般规定

B.1.1～B.1.4 任何工程的地基基础一般均为隐蔽工程，实际现场检测工作受周边环境、场地条件、检测设备、检测方法等多种因素影响，实际支持结构地基基础的检测存在很大困难，因此，岩土体参数应按边坡加固工程勘察报告确定；同时根据地基基础变形观测资料、上部支持结构反应、当地工程实践经验，结合有关验算，评定支持结构地基基础的安全性。

支持结构地基基础包括地基及基础二个项目，其安全性以地基及基础二个项目中的最低评定等级作为地基基础的安全性等级。

B.2 地基的鉴定评级

B.2.1 本条参考国家现行有关标准给出了边坡工程地基检验的基本要求。

B.2.2 本条给出了地基检测的几种工作方法。

B.2.3 本条给出了地基安全性评级方法和标准。

B.3 基础的鉴定评级

B.3.1、B.3.2 给出了基础检验应符合的规定及现场检测的几种方法。

B.3.3 本条给出了基础安全性评级方法和标准。

附录 C 鉴定单元稳定性鉴定评级

C.0.1 本条给出了稳定性评级包含的内容。

应该指出的是在不考虑边坡工程支护结构作用时，边坡岩土体稳定性评价问题是由本规范第 4 章解决的，即边坡工程岩土体破坏模式由边坡加固工程勘察解决。

C.0.2 本条给出了稳定性鉴定评级的范围、评定条件和评定对象，当鉴定单元已经出现稳定性破坏或已有重大安全事故迹象时，应直接将其安全性评定为 D_{su} 级。

C.0.3 本条给出了支护结构按抗滑稳定性和抗倾覆稳定性评价其安全性的方法和标准，由于全国各地工程地质环境差异很大，各地区边坡工程实践经验各有不同，因此，第 3 款鉴定评级是以 2 个表格表达的。各地区应根据当地边坡工程实际经验、同类边坡工程对比，总结适合本地区边坡工程实践的参数评定支护结构抗滑稳定性和抗倾覆稳定性。

C.0.4 本条给出了支护结构整体稳定性评级方法，其分界参数与建筑边坡安全性等级等因素相关，其分级标准与边坡工程安全性等级变化后的安全系数基本一致。

应当注意的是：因边坡支护结构的存在，致使岩土体破坏模式发生改变，应对不同破坏模式的鉴定单元进行稳定性验算，以最小安全系数或最不利状态作为评定边坡工程整体稳定性的依据。

中华人民共和国国家标准

古建筑木结构维护与加固技术规范

Technical code for maintenance and
strengthening of ancient timber buildings

GB 50165—92

主编单位：四川省建筑科学研究院
批准部门：中华人民共和国建设部
施行日期：1993年5月1日

关于发布国家标准《古建筑木结构维护与加固技术规范》的通知

建标〔1992〕668 号

国务院各有关部门，各省、自治区、直辖市建委（建设厅）、有关计委，各计划单列市建委：

根据原国家计委计综（1984）305 号文的要求，由四川省建设委员会会同有关部门共同制订的《古建筑木结构维护与加固技术规范》，已经有关部门会审。现批准《古建筑木结构维护与加固技术规范》GB 50165—92 为强制性国家标准，自一九九三年五月一日起施行。

本规范由四川省建设委员会负责管理，其具体解释等工作由四川省建筑科学研究院负责。出版发行由建设部标准定额研究所负责组织。

中华人民共和国建设部
一九九二年九月二十九日

编 制 说 明

本规范是根据原国家计委计综（1984）305 号文的通知，在我委主持下，由四川省建筑科学研究院会同国内有关科研、高等院校等单位共同编制而成。

本规范在制订过程中，收集了国内外有关文献和资料，进行了多次调查实测和必要的验证试验，系统总结了工程实践经验和科研成果，在广泛征求全国有关单位意见和多次听取专家论证的基础上，由我委会同有关部门审查定稿。

本规范分总则、基本规定、工程勘查要求、结构可靠性鉴定与抗震鉴定、古建筑的防护、木结构的维修、相关工程的维修、工程验收等八章及三个附录。

本规范的施行应与国家现行有关标准配合使用。

在古建筑保护领域中，制定这类规范在国内外尚属首次，必定会有许多不足之处。为了进一步提高本规范水平，请各单位在执行过程中，注意总结经验，积累资料，并随时将问题和意见寄交四川省建筑科学研究院（成都一环路北三段九号，邮码 610081），以供修订时参考。

四川省建设委员会
一九九二年六月

目　次

第一章 总 则

第 1.0.1 条 为贯彻执行《中华人民共和国文物保护法》,加强对古建筑木结构(以下简称古建筑)的科学保护,使古建筑得到正确的维护与修缮,特制定本规范。

第 1.0.2 条 本规范适用于古建筑木结构及其相关工程的检查、维护与加固。

第 1.0.3 条 古建筑木结构维护与加固,除应遵守本规范外,尚应符合国家现行有关标准规范的规定。

第 1.0.4 条 为长远保护古建筑工作的需要,每次维修所进行的勘查、测试、鉴定、设计、施工及验收的记录、图纸、照片和审批文件等全套资料,均应由文物主管部门建档保存。

第 1.0.5 条 从事古建筑维修的设计和施工单位,应经专业技术审查合格,其所承担的任务,应经文物主管部门批准。

第二章 基 本 规 定

第 2.0.1 条 古建筑的维护与加固,必须遵守不改变文物原状的原则。原状系指古建筑个体或群体中一切有历史意义的遗存现状。若确需恢复到创建时的原状或恢复到一定历史时期特点的原状时,必须根据需要与可能,并具备可靠的历史考证和充分的技术论证。

第 2.0.2 条 在维修古建筑时,应保存以下内容:

一、原来的建筑形制,包括原来建筑的平面布局、造型、法式特征和艺术风格等;

二、原来的建筑结构;

三、原来的建筑材料;

四、原来的工艺技术。

第 2.0.3 条 古建筑的维护与加固工程,可按下列规定分为五类:

一、经常性的保养工程,系指不改动文物现存结构、外貌、装饰、色彩而进行的经常性保养维护。例如:屋面除草勾抹,局部整完补漏,梁、柱、墙壁等的简易支顶,疏通排水设施,检修防潮、防腐、防虫措施及防火、防雷装置等。

二、重点维修工程,系指以结构加固处理为主的大型维修工程。其要求是保存文物现状或局部恢复其原状。这类工程包括揭完瓦顶、打牮拨正、局部或全部落架大修或更换构件等。

三、局部复原工程,系指按原样恢复已残损的结构,并同时改正历代修缮中有损原状以及不合理地增添或去除的部分。对于局部复原工程,应有可靠的考证资料为依据。

四、迁建工程,系指由于种种原因,需将古建筑全部拆迁至新址,重建基础,用原材料、原构件按原样建造。

五、抢险性工程,系指古建筑发生严重危险时,由于技术、经济、物质条件的限制,不能及时进行彻底修缮而采取的临时加固措施。对于抢险性工程,除应保障建筑物安全、控制残损点的继续发展外,尚应保证所采取的措施不妨碍日后的彻底维修。

第 2.0.4 条 当采用现代材料和现代技术确能更好地保存古建筑时,可在古建筑的维护与加固工程中予以引用,但应遵守下列规定:

一、仅用于原结构或原用材料的修补、加固,不得用现代材料去替换原用材料。

二、先在小范围内试用,再逐步扩大其应用范围。应用时,除应有可靠的科学依据和完整的技术资料外,尚应有必要的操作规程及质量检查标准。

第 2.0.5 条 古建筑的管理单位和使用单位,必须全面保护古建筑,不得擅自拆建、扩建或改建。当需修缮时,应报请文物主管部门批准。

第三章 工程勘查要求

第一节 一 般 规 定

第 3.1.1 条 为做好古建筑的保护工作,应掌握下列基础资料:

一、古建筑所在区域的地震、雷击、洪水、风灾等史料;

二、古建筑所在小区的地震基本烈度和场地类别;

三、古建筑保护区的火灾隐患分布情况和消防条件;

四、古建筑所在区域的环境污染源,如水污染、有害气体污染、放射性元素污染等;

五、古建筑保护区内其它有害影响因素的有关资料。

第 3.1.2 条 若有特殊需要,尚应进一步掌握下列资料:

一、古建筑所在地的区域地质构造背景;

二、古建筑场地的工程地质和水文地质资料;

三、古建筑所在小区的近期气象资料;

四、古建筑保护区的地下资源开采情况。

第 3.1.3 条 在维修古建筑前,应对其现状进行认真的勘查。

古建筑的勘查,可分为法式勘查和残损情况勘查两类。法式勘查,应对建筑物的时代特征、结构特征和构造特征进行勘查;残损情况勘查,应对建筑物的承重结构及其相关工程损坏、残缺程度与原因进行勘查。本规范的有关规定仅适用于残损情况勘查,对法式勘查应按专门的规定进行。

第 3.1.4 条 古建筑的勘查,应遵守下列规定:

一、勘查使用的仪器应能满足规定的要求。对于长期观测的对象,尚应设置坚固的永久性观测基准点;

二、禁止使用一切有损于古建筑及其附属文物的勘查和观测手段,如温度骤变、强光照射、强振动等;

三、勘查结果,除应有勘查报告外,尚应附有该建筑物残损情况和尺寸的全套测绘图纸、照片和必要的文字说明资料;

四、在勘查过程中,若发现险情,或发现题记、文物,应立即保护现场并及时报告主管部门,勘查人员不得擅自处理。

第二节 承重木结构的勘查

第 3.2.1 条 承重木结构的勘查,应包括下列内容:

一、结构、构件及其连接的尺寸;

二、结构的整体变位和支承情况;

三、木材的材质状况;

四、承重构件的受力和变形状态;

五、主要节点、连接的工作状态;

六、历代维修加固措施的现存内容及其目前工作状态。

当需评定结构可靠性时,承重结构的勘查,尚应按照本规范第 4.1.5 条至第 4.1.15 条有关残损点检查的项目和内容进行。

第 3.2.2 条 对承重结构整体变位和支承情况的勘查,应包括下列内容:

一、测算建筑物的荷载及其分布;

二、检查建筑物的地基基础情况;

三、观测建筑物的整体沉降或不均匀沉降,并分析其发生原因;

四、实测承重结构的倾斜、位移、扭转及支承情况;

五、检查支撑等承受水平荷载体系的构造及其残损情况。

第 3.2.3 条 对承重结构木材材质状态的勘查,应包括下列

内容:

一、测量木材腐朽、虫蛀、变质的部位、范围和程度;

二、测量对构件受力有影响的木节、斜纹和干缩裂缝的部位和尺寸;

三、当主要木构件需作修补或更换时,应鉴定其树种;

四、对下列情况,尚应测定木材的强度或弹性模量:

1. 需作加固验算,但树种较为特殊;

2. 有过度变形或局部损坏,但原因不明;

3. 拟继续使用火灾后残存的构件;

4. 需研究木材老化变质的影响。

第 3.2.4 条 对承重构件受力状态的勘查,应包括下列内容:

一、受弯构件

1. 梁、枋跨度或悬挑长度、截面形状及尺寸、受力方式及支座情况;

2. 梁、枋的挠度和侧向变形(扭闪);

3. 檩、椽、楞栅(楞木)的挠度和侧向变形;

4. 檩条滚动情况;

5. 悬挑结构的梁头下垂和梁尾翘起情况;

6. 构件折断、劈裂或沿截面高度出现的受力皱褶和裂纹;

7. 屋盖、楼盖局部塌陷的范围和程度。

二、受压构件

1. 柱高、截面形状及尺寸,柱的两端固定情况;

2. 柱身弯曲、折断或劈裂情况;

3. 柱头位移;

4. 柱脚与柱础的错位;

5. 柱脚下陷。

三、斗栱

1. 斗栱构件及其连接的构造和尺寸;

2. 整攒斗栱的变形和错位;

3. 斗栱中各构件及其连接的残损情况。

第 3.2.5 条 对主要连接部位工作状态的勘查,应包括下列内容:

一、梁、枋拔榫,榫头折断或卯口劈裂;

二、榫头或卯口处的压缩变形;

三、铁件锈蚀、变形或残缺。

第 3.2.6 条 对历代维修加固措施的勘查,应重点查清下列情况:

一、受力状态;

二、新出现的变形或位移;

三、原腐朽部分挖补后,重新出现的腐朽;

四、因维修加固不当,而对建筑物其它部位造成的不良影响。

第 3.2.7 条 对建筑物的下列情况,应在较长时间内进行定期观测:

一、建筑物的不均匀沉降、倾斜(歪闪)或扭转有缓慢发展的迹象;

二、承重构件有明显的挠曲、开裂或变形,连接有较大的松动变位,但不能断定是否已停止发展;

三、承重木结构的腐朽、虫蛀虽经药物处理,但需观察其药效;

四、为重点保护对象或科研对象专门设置的长期观测点。

第 3.2.8 条 对需要保护的古建筑,应在地震、风灾、水灾、火灾、雷击等较大自然灾害发生后,进行一次全面检查。

第三节 相关工程的勘查

第 3.3.1 条 为做好以木结构为主要承重体系的古建筑维修工作,尚应对其相关工程进行全面勘查,并采取必要的防护措施,避免因维修木结构而损害相关工程及其附属文物。

第 3.3.2 条 相关工程的勘查,应重点查清下列情况:

一、现状及其细部构造;

二、原用的材料品种、规格和数量;

三、与主体结构的构造联系;

四、残损情况及其在维修中可能产生的问题。

第 3.3.3 条 维修古建筑,当需揭瓦时,应查清下列情况:

一、屋顶式样,包括正脊、垂脊、戗脊、博脊的纹样、尺寸、相对位置及做法;

二、屋面的坡长、曲线、瓦垄数及做法;

三、瓦件的形制、规格、色彩和数量。

第 3.3.4 条 在勘查过程中,若发现有因构件大量受潮或因构造上通风不良而导致木材大面积腐朽、霉变时,除应查清受损的部位、范围和严重程度外,尚应查清下列情况:

一、原通风防潮构造的固有缺陷;

二、历代维修改造不当,对原构造功能的损害;

三、其他隐患。

第 3.3.5 条 当维修木结构而需暂时拆除、移动或加固其墙壁时,除应按第 3.3.2 条的要求勘查有关情况外,尚应查清墙壁上的浮雕、壁画以及其他镶嵌文物的位置、构造及残损现状。

第 3.3.6 条 对木结构所处环境的勘查,除应掌握本规范第 3.1.1 条规定的基础资料外,尚应查清下列情况:

一、古建筑保护范围内电线线路有无安全防护措施和检查维修制度;

二、古建筑与四周道路的距离,若古建筑位于交通要道,尚应检查有无防止车辆碰撞的设施;

三、古建筑保护范围内,有无火源和易燃堆积物;

四、消防设施和防雷装置的现状。

第四章 结构可靠性鉴定与抗震鉴定

第一节 结构可靠性鉴定

第 4.1.1 条 本节适用于以木构架为主要承重体系的古建筑结构的可靠性鉴定。

第 4.1.2 条 结构的可靠性鉴定,应根据承重结构中出现的残损点数量、分布、恶化程度及对结构局部或整体可能造成的破坏和后果进行评估。

第 4.1.3 条 残损点应为承重体系中某一构件、节点或部位已处于不能正常受力、不能正常使用或濒临破坏的状态。

第 4.1.4 条 古建筑的可靠性鉴定,应按下列规定分为四类:

I 类建筑 承重结构中原有的残损点均已得到正确处理,尚未发现新的残损点或残损征兆。

II 类建筑 承重结构中原先已修补加固的残损点,有个别需要重新处理;新近发现的若干残损迹象需要进一步观察和处理,但不影响建筑物的安全和使用。

III 类建筑 承重结构中关键部位的残损点或其组合已影响结构安全和正常使用,有必要采取加固或修理措施,但尚不致立即发生危险。

IV 类建筑 承重结构的局部或整体已处于危险状态,随时可能发生意外事故,必须立即采取抢修措施。

第 4.1.5 条 承重木柱的残损点,应按表 4.1.5 评定。

承重木柱残损点的检查及评定　　　表 4.1.5

项次	检查项目	检查内容	残损点评定界限
1	材质	(1) 腐朽和老化变质 在任一截面上, 腐朽和老化变质 (两者合计) 所占面积与整截面面积之比 ρ:	
		a) 当仅有表层腐朽和老化变质时	$\rho > 1/5$ 或按剩余截面验算不合格
		b) 当仅有心腐时	$\rho > 1/7$ 或按剩余截面验算不合格
		c) 当同时存在以上两种情况时	不论 ρ 大小, 均视为残损点
		(2) 虫蛀 沿柱长任一部位	有虫蛀孔洞, 或未见孔洞, 但敲击有空鼓音
		(3) 木材天然缺陷 在柱的关键受力部位, 木节、扭 (斜) 纹或干缩裂缝的大小	其中任一缺陷超出本规范表 6.3.3 的限值, 且有其他残损时
2	柱的弯曲	弯曲矢高 δ	$\delta > L_0 / 250$
3	柱脚与柱础抵承状况	(1) 柱脚底面与柱础处柱脚间实际抵承面积与柱脚处柱的原截面面积之比 ρ_c	$\rho_c < 3/5$
		(2) 若柱子为偏心受压构件, 尚应确定实际抵承面中心对柱轴线的偏心距 e_c 及其对原偏心距 e 的影响	按偏心验算不合格
4	柱础错位	柱与柱础之间错位量与柱径 (或柱截面) 沿错位方向的尺寸之比 ρ_d	$\rho_d > 1/6$
5	柱身损伤	沿柱长任一部位的损伤状况	有断裂、劈裂或压皱迹象出现
6	历次加固状况	(1) 柱墩接的完好程度	柱身有新的变形或变位, 或榫卯已脱胶、开裂, 或铁箍已松脱
		(2) 原灌浆效果 a) 浆体与木材粘结状况	浆体干缩, 敲击有空鼓音
		b) 柱身受力状况	有明显的压皱或变形现象
		(3) 原挖补部位的完好程度	已松动、脱胶, 或又发生新的腐朽

注: 表中 L_0 为柱的无支长度。

第 4.1.6 条　承重木梁枋的残损点, 应按表 4.1.6 评定。

承重木梁枋残损点的检查及评定　　　表 4.1.6

项次	检查项目	检查内容	残损点评定界限
1	材质	(1) 腐朽和老化变质 在任一截面上, 腐朽和老化变质 (两者合计) 所占面积与整截面面积之比 ρ:	
		a) 当仅有表层腐朽和老化变质时 对梁身	$\rho > 1/8$, 或按剩余截面验算不合格
		对梁端 (支承范围内)	不论 ρ 大小, 均视为残损点
		b) 当仅有心腐时	不论 ρ 大小, 均视为残损点
		(2) 虫蛀	有虫蛀孔洞, 或未见孔洞, 但敲击有空鼓音
		(3) 木材天然缺陷 在梁的关键受力部位, 其木节、扭 (斜) 纹或干缩裂缝的大小	其中任一缺陷超出本规范表 6.3.3 的限值, 且有其他残损时

续表

项次	检查项目	检查内容	残损点评定界限
2	弯曲变形	(1) 竖向挠度最大值 ω_1 或 ω_1'	当 $h/l > 1/14$ 时 $\omega_1 > l^2 / 2100h$ 当 $h/l < 1/14$ 时 $\omega_1 > l/150$ 对 300 年以上梁、枋, 若无其他残损, 可按 $\omega_1 > \omega_1 + h/50$ 评定
		(2) 侧向弯曲矢高 ω_2	$\omega_2 > l/200$
3	梁身损伤	(1) 跨中断纹开裂	有裂纹, 或未见裂纹, 但梁的上表面有压皱痕迹
		(2) 梁端劈裂 (不包括干缩裂缝)	有受力或过度挠曲引起的端裂或斜裂
		(3) 非原有的锯口、开槽或钻孔	按剩余截面验算不合格
4	历次加固现状	(1) 梁端原拼接加固完好程度	已变形, 或已脱胶, 或螺栓已松脱
		(2) 原灌浆效果	浆体干缩, 敲击有空鼓音, 或梁身挠度增大

注: 表中 l 为计算跨度; h 为构件截面高度。

第 4.1.7 条　木构架整体性的检查及评定, 应按表 4.1.7 进行。

木构架整体性的检查及评定　　　表 4.1.7

项次	检查项目	检查内容	残损点评定界限 抬梁式	残损点评定界限 穿斗式
1	整体倾斜	(1) 沿构架平面的倾斜量 Δ_1	$\Delta_1 > H_0 / 120$ 或 $\Delta_1 > 120mm$	$\Delta_1 > H_0 / 100$ 或 $\Delta_1 > 150mm$
		(2) 垂直构架平面的倾斜量 Δ_2	$\Delta_2 > H_0 / 240$ 或 $\Delta_2 > 60mm$	$\Delta_2 > H_0 / 200$ 或 $\Delta_2 > 75mm$
2	局部倾斜	柱头与柱脚的相对位移 Δ	$\Delta > H/90$	$\Delta > H/75$
3	构架间的连系	纵向连枋及其连系构件现状	已残缺或连接已松动	
4	梁、柱间的连系 (包括柱、枋间, 柱、檩间的连系)	拉结情况及榫卯现状	无拉结, 榫头拔出卯口的长度超过榫头长度 2/5	1/2
5	榫卯完好程度	材质	榫卯已腐朽、虫蛀	
		其他损坏	已劈裂或断裂	
		横纹压缩变形	压缩量超过 4mm	

注: 表中 H_0 为木构架总高; H 为柱高。

第 4.1.8 条　斗栱有下列损坏, 应视为残损点:

一、整攒斗栱明显变形或错位;

二、栱翘折断, 小斗脱落, 且每一枋下连续两处发生;

三、大斗明显压陷、劈裂、偏斜或移位;

四、整攒斗栱的木材发生腐朽、虫蛀或老化变质, 并已影响斗栱受力;

五、柱头或转角处的斗栱有明显破坏迹象。

第 4.1.9 条　屋盖结构中的残损点, 应按表 4.1.9 评定。

屋盖结构中残损点的检查及评定　　　表 4.1.9

项次	检查项目	检查内容	残损点评定界限
1	椽条系统	(1) 材质	已成片腐朽或虫蛀
		(2) 挠度	大于椽跨的 1/100, 并已引起屋面明显变形
		(3) 椽、檩间的连系	未钉钉, 或钉子已锈蚀
		(4) 承椽枋受力状态	有明显变形

续表

项次	检查项目	检查内容	残损点评定界限
2	檩条系统	(1) 材质	按本规范表 4.1.6 评定
		(2) 跨中最大挠度 ω_1	当 $L<3m$ 时,$\omega_1>L/100$ 当 $L>3m$ 时,$\omega_1>L/120$ 若因多数檩条挠度较大而导致漏雨,则不论 ω_1 大小,均视为残损点
		(3) 檩条支承长度 a 支承在木构件上 支承在砌体上	$a<60mm$ $a<120mm$
		(4) 檩条受力状态	檩端脱榫或檩条外滚
3	瓜柱、角背驼峰	(1) 材质	有腐朽或虫蛀
		(2) 构造完好程度	有倾斜、脱榫或劈裂
4	翼角、檐头、由戗	(1) 材质	有腐朽或虫蛀
		(2) 角梁后尾的固定部位	无可靠拉结
		(3) 角梁后尾、由戗端头的损伤程度	已劈裂或折断
		(4) 翼角、檐头受力状态	已明显下垂

注:表中 L 为檩条计算跨度。

第 4.1.10 条 楼盖结构中的残损点,应按表 4.1.10 评定。

楼盖结构中残损点的检查及评定　　　　　表 4.1.10

项次	检查项目	检查内容	残损点评定界限
1	楼盖梁	按本规范表 4.1.6 检查	按本规范表 4.1.6 评定
2	楞栅(楞木)	(1) 材质	按本规范表 4.1.6 评定
		(2) 竖向挠度最大值 ω_1	$\omega_1>L/180$,或体感颤动严重
		(3) 侧向弯曲矢高 ω_2 (原木楞栅不检查)	$\omega_2>L/200$
		(4) 端部锚固状况	无可靠锚固,且支承长度小于 60mm
3	楼板	木材腐朽或破损状况	已不能起加强楼盖水平刚度作用

注:表中 L 为楞栅计算跨度。

第 4.1.11 条 以木构架为主要承重体系的古建筑中,其砖墙的残损点应按表 4.1.11 评定。

砖墙残损点的检查及评定　　　　　表 4.1.11

项次	检查项目	检查内容	残损点评定界限 $H<10m$	残损点评定界限 $H>10m$
1	砖的风化	在风化长达 1m 以上的区段,确定其平均风化深度与墙厚之比 ρ	$\rho>1/5$ 或按剩余截面验算不合格	$\rho>1/6$ 或按剩余截面验算不合格
2	倾斜	(1) 单层房屋倾斜量 Δ	$\Delta>H/150$ 或 $\Delta>B/6$	$\Delta>H/150$ 或 $\Delta>B/7$
		(2) 多层房屋 a) 总倾斜量 Δ	$\Delta>H/120$ 或 $\Delta>B/6$	$\Delta>H/120$ 或 $\Delta>B/7$
		b) 层间倾斜量 Δ_i	$\Delta_i>H_i/90$ 或 $\Delta_i>40mm$	
3	裂缝	(1) 地基沉陷引起的裂缝	应与地基基础同时视为残损点	
		(2) 受力引起的裂缝	有通长的水平裂缝,或有贯通的竖向裂缝或斜向裂缝	

注:①表中 H 为墙的总高;H_i 为层间墙高;B 为墙厚,若墙厚上下不等,按平均值采用。
②碎砖墙的做法各地差别较大,其残损点评定由当地主管部门另定。

第 4.1.12 条 古建筑中非承重的土墙或毛石墙有下列损坏,应视为残损点:

一、土墙
1. 墙身倾斜超过墙高的 $1/70$。
2. 墙体风化、硝化深度超过墙厚的 $1/4$。
3. 墙身有明显的局部下沉或鼓起变形。
4. 墙体经常受潮。

二、毛石墙
1. 墙身倾斜超过墙高的 $1/85$。

2. 墙面有较大破损,已严重影响其使用功能。

注:土墙和毛石墙中,裂缝的检查及评定应按本规范第 4.1.11 条执行。

第 4.1.13 条 采用木屋盖的古建筑中,其承重石柱的残损点,应按表 4.1.13 评定。

承重石柱残损点的检查及评定　　　　　表 4.1.13

项次	检查项目	检查内容	残损点评定界限
1	材质	在柱截面上,风化层所占面积与全截面面积之比 ρ	$\rho>1/6$ 或按剩余截面验算不合格
2	裂缝	(1) 受力引起的裂缝 a) 水平裂缝或斜裂缝	有肉眼可见的细裂缝
		b) 纵向裂缝(仅检查长度超过 300mm 的裂缝)	出现不止一条,且缝宽大于 0.1mm
		(2) 非受力引起的裂缝或裂隙	应作必要的修补处理但不列为残损点
3	倾斜	(1) 单层柱倾斜量 Δ	$\Delta>H/250$ 或 $\Delta>50mm$
		(2) 多层柱 a) 总倾斜量 Δ	$\Delta>H/170$ 或 $\Delta>80mm$
		b) 层间倾斜量 Δ_i	$\Delta_i>H_i/125$ 或 $\Delta_i>40mm$
4	构造	(1) 柱头与上部木构架的连接	无可靠连接,或连接已松脱、损坏
		(2) 柱脚与柱础抵承状况 柱脚底面与柱础底面间实际承压面积与柱脚底面面积之比 ρ_c	$\rho_c<2/3$
		(3) 柱与柱础之间错位量与柱径(或柱截面)沿错位方向尺寸之比	$\rho_c>1/6$

注:表中 H 为 ρ_c 柱全高,H_i 为层间柱高。

第 4.1.14 条 古建筑中石梁、石枋有下列损坏,应视为残损点:

一、表层风化,在构件截面上所占的面积超过全截面面积的 $1/8$,或按剩余截面验算不满足使用要求。

二、有横断裂缝或斜裂缝出现。

三、在构件端部,有深度超过截面宽度 $1/4$ 的水平裂缝。

四、梁身有残缺损伤,经验算其承载能力不能满足使用要求。

第 4.1.15 条 古建筑中砖、石砌筑的拱券,有下列损坏,应视为残损点:

一、拱券中部有肉眼可见的竖向裂缝,或拱端有斜向裂缝,或支承的墙体有水平裂缝。

二、拱身有下沉变形的迹象。

第 4.1.16 条 古建筑地基基础的检查及评定,应按有关的现行地基基础规范执行。

第 4.1.17 条 在结构可靠性鉴定的检查中,当发现承重结构构件或其节点有残损时,应判断该点的破坏可能造成的后果。若破坏仅限于自身,则不构成结构的危险;若破坏将危及其他构件或节点,则应进一步判断可能导致结构破坏或倒塌的范围。

第 4.1.18 条 古建筑木构架出现下列情况之一时,其可靠性鉴定,应根据实际情况判为Ⅲ类或Ⅳ类建筑:

一、主要承重构件,如大梁、檐柱、金柱等有破坏迹象,并将引起其他构件的连锁破坏。

二、大梁与承重柱的连接节点的传力已处于危险状态。

三、多处出现严重的残损点,且分布有规律,或集中出现。

四、在虫害严重地区,发现木构架多处有新的蛀孔,或未见蛀孔,但发现有蛀虫成群活动。

第 4.1.19 条 在承重体系可靠性鉴定中,出现下列情况,应判为Ⅳ类建筑:

一、多榀木构架出现严重的残损点,其组合可能导致建筑物,或其中某区段的坍塌。

二、建筑物已朝某一方向倾斜,且观测记录表明,其发展速

度正在加快。

三、在古建筑重点保护部位发现严重的残损点或异常征兆。

第 4.1.20 条 当古建筑处于下列情况时，根据其保护的价值和可能造成的损失，应将该建筑列为抢险性工程处理。

一、建筑物受到滑坡的威胁，或建筑在危崖危墙上下，受到其坍塌的威胁时。

二、由于河流改道或其他条件变化，使古建筑处于常年洪水位以下或受泥石流威胁而危及安全时。

三、建筑物受到其他环境因素的影响而濒临破坏或危险时。

第 4.1.21 条 当古建筑群中有一建筑物破坏或倒塌时，直接受到影响的其他建筑物，亦应进行紧急处理。

第 4.1.22 条 古建筑结构可靠性鉴定报告中，应对残损点的数量、分布位置及处理建议作详细说明。

第二节 抗震鉴定

第 4.2.1 条 古建筑木结构的抗震鉴定，除应符合现行国家标准《建筑抗震鉴定标准》的要求外，尚应遵守下列规定：

一、抗震设防烈度为 6 度及 6 度以上的建筑，均应进行抗震构造鉴定。

二、凡属表 4.2.1 规定范围的建筑，尚应对其主要承重结构进行截面抗震验算。

古建筑需作截面抗震验算的范围　　　表 4.2.1

烈度 建筑场地类别 建筑类别	6 度		7 度		8 度	9 度
	近震	远震	近震	远震		
一般古建筑	—	—	—	—	Ⅲ、Ⅳ类场地	所有场地
结构特殊古建筑 300 年以上古建筑			Ⅳ类场地	Ⅲ、Ⅳ类场地	所有场地	
500 年以上古建筑	Ⅳ类场地	Ⅲ、Ⅳ类场地	Ⅱ、Ⅲ、Ⅳ类场地		所有场地	

注："近震"和"远震"的定义见现行国家标准《建筑抗震设计规范》的名词解释。

三、对于下列情况，当有可能计算承重柱的最大侧偏位移时，尚宜进行抗震变形验算：

1. 8 度Ⅲ、Ⅳ类场地及 9 度时，基本自振周期 $T_1 > 1s$ 的单层建筑。

2. 8 度及 9 度时，500 年以上的建筑，或高度大于 15m 的多层建筑。

四、对抗震设防烈度为 10 度地区的古建筑，其抗震鉴定应组织有关专家专门研究，并应按有关专门规定执行。

第 4.2.2 条 古建筑木结构及其相关工程的抗震构造鉴定，应遵守下列规定：

一、对抗震设防烈度为 6 度和 7 度的建筑，应按本章第一节进行鉴定。凡有残损点的构件和连接，其可靠性应被判为不符合抗震构造要求。

二、对抗震设防烈度为 8 度和 9 度的建筑，除应按本条第一款鉴定外，尚应按表 4.2.2 的要求鉴定。

设防烈度为 8 度和 9 度的建筑抗震构造鉴定要求　　　表 4.2.2

项次	检查对象	检查项目	检查内容	鉴定合格标准
1	木柱	柱脚与柱础抵承状况	柱脚底面与柱础间实际抵承面积与柱脚处生的原截面面积之比 ρ_c	$\rho_c > 3/4$
		柱础错位	柱与柱础之间错动位量与柱径（或柱截面沿错位方向）的尺寸之比 ρ_d	$\rho_d < 1/10$
2	梁枋	挠度	竖向挠度最大值 ω_1 或 ω_1	当 $h/l > 1/14$ 时 $\omega_1 < l^2/2500h$ 当 $h/l < 1/14$ 时 $\omega_1 < l/180$ 对于 300 年以上的梁枋，若无其他残损，可按 $\omega < \omega_1 + h/50$ 评定
3	柱与梁枋的连接	榫卯连接完好程度	榫头拔出卯口的长度	不应超过榫长的 1/4
		柱与梁枋拉结情况	拉结件种类及拉结方法	应有可靠的铁件拉结，且铁件无严重锈蚀
4	斗栱	斗栱构件	完好程度	无腐朽、剪裂、残缺
		斗栱榫卯	完好程度	无腐朽、松动、断裂或残缺
5	木构架整体性	整体倾斜	(1)构架平面内倾斜量 Δ_1	$\Delta_1 < H_0/150$，且 $\Delta_1 < 100mm$
			(2)构架平面外倾斜量 Δ_2	$\Delta_2 < H_0/300$，且 $\Delta_2 < 50mm$
		局部倾斜	柱头与柱脚相对位移量 Δ（不含侧脚值）	$\Delta < H/100$，且 $\Delta < 80mm$
		构架间的连系	纵向连系构件的连接情况	连接应牢固
		加强空间刚度的措施	(1)构架间的纵向连系	应有可靠的支撑或有效的替代措施
			(2)梁下各柱的纵、横向连系	应有可靠的支撑或有效的替代措施
6	屋顶	椽条	拉结情况	脊檩处，两坡椽条应有防止下滑的措施
		檩条	锚固情况	檩条应有防止外滚和檩端脱榫的措施
		大梁以上各层梁	与瓜柱、驼峰连系情况	应有可靠的榫接，必要时应加隐蔽式铁件锚固
		角梁	抗倾覆能力	应有充分的抗倾覆连件连接
		屋顶饰件及檐口瓦	系固情况	应有可靠的系固措施
7	檐墙	墙身倾斜	倾斜量 Δ	$\Delta < B/10$
		墙体构造	(1)墙脚酥碱处理情况	应予修补
			(2)填心砌筑墙体的拉结情况	每 $3m^2$ 墙面应至少有一拉结件

注：表中 B 为墙厚，若墙厚上下不等，按平均值采用。

第 4.2.3 条 古建筑木结构抗震能力的验算，除应按现行国家标准《建筑抗震设计规范》进行外，尚应遵守下列规定：

一、在截面抗震验算中，结构总水平地震作用的标准值，应按下式计算：

$$F_{EK} = 0.72\alpha_1 G_{eg} \qquad (4.2.3)$$

式中　α_1——相应于结构基本自振周期 T_1 的水平地震影响系数，应按现行国家标准《建筑抗震设计规范》确定。

G_{eg}——结构等效总重力荷载。对坡顶房屋取 $1.15G_E$；对平顶房屋取 $1.0G_E$；对多层房屋取 $0.85G_E$，G_1 为房屋总重力荷载代表值。

对单层坡顶房屋，F_{EK} 作用于大梁中心位置。

对多层房屋，F_{EK} 的分配与作用位置，按现行国家标准《建筑抗震设计规范》确定。

二、结构基本自振周期 T_1，宜根据实测值确定，若符合本规范附录二规定的条件时，也可按该附录的经验公式确定。

三、木构架承载力的抗震调整系数 γ_{RE} 可取 0.8。

四、计算木构架的水平抗力，应考虑梁柱节点连接的有限刚度。

五、在抗震变形验算中，木构架的位移角限值 $[\theta_p]$ 可取 1/30。对 800 年以上或其它特别重要的古建筑，其位移角限值宜专门研究确定。

第 4.2.4 条 古建筑的抗震鉴定，应充分利用该建筑残损情况的勘查资料；若该资料不全或勘查后已经过修缮，则应进行必要的补测和复查。

第五章 古建筑的防护

第一节 木材的防腐和防虫

第 5.1.1 条 为防止古建筑木结构受潮腐朽或遭受虫蛀，维修时应采取下列措施：

一、从构造上改善通风防潮条件，使木结构经常保持干燥；

二、对易受潮腐朽或遭虫蛀的木结构用防腐防虫药剂进行处理。

第 5.1.2 条 古建筑木结构使用的防腐防虫药剂应符合下列要求：

一、应能防腐，又能杀虫，或对害虫有驱避作用，且药效高而持久；

二、对人畜无害，不污染环境；

三、对木材无助燃、起霜或腐蚀作用；

四、无色或浅色，并对油漆、彩画无影响。

第 5.1.3 条 古建筑木结构的防腐防虫药剂，宜按表 5.1.3 选用，也可采用其他低毒高效药剂。

若用桐油作隔潮防腐剂，宜添加 5% 的五氯酚钠或菊酯。

古建筑木结构的防腐防虫药剂　表 5.1.3

药剂名称	代号	主要成分组成(%)	剂型	有效成分用量(按单位木材计)	药剂特点及适用范围
二硼合剂	BB	硼酸 40　硼砂 40　重铬酸钠 20	5%～10% 水溶液或高含量浆膏	5～6kg/m³ 或 300g/m²	不耐水，略能阻燃，适用于室内与人有接触的部位
氟酚合剂	FP 或 W-2	氟化钠 35　五氯酚钠 60　碳酸钠 5	4%～6% 水溶液或高含量浆膏	5～6kg/m³ 或 300g/m²	较耐水，略有气味，对白蚁的效力较大，适用于室内结构的防腐、防虫、防霉
铜铬砷合剂	CCA 或 W-4	硫酸铜 22　重铬酸钠 33　五氧化二砷 45	4%～6% 水溶液或高含量浆膏	9～15kg/m³ 或 300g/m²	耐水，具有持久而稳定的防腐防虫效力，适用于室内外潮湿环境中
有机氯合剂	OS-1	五氯酚 5　林丹 1　柴油 94	油溶液或乳化油	6～7kg/m³ 或 300g/m²	耐水，具有可靠而持久的防腐防虫效力，可用于处理与砌体、灰背接触的木构件
菊酯合剂	E-1	二氯苯醚菊酯 10(或氟胺氰菊酯)溶剂及乳化剂 90	油溶液或乳化油	0.3～0.5kg/m³ 或 300g/m²	为低毒高效杀虫剂，若改用氟胺氰菊酯，还可防霉。本合剂宜与 "7504" 有机氯制剂合用，以提高药效持久性

（续表）

药剂名称	代号	主要成分组成(%)	剂型	有效成分用量(按单位木材计)	药剂特点及适用范围
氯化苦	G-25	氯化苦 －	96% 药液	0.02～0.07 kg/m³ (按处理空间计算)	通过熏蒸吸附于木材中，起杀虫防腐作用，适用于内朽虫蛀中空的木构件

第 5.1.4 条 古建筑中木柱的防腐或防虫，应以柱脚和柱头榫卯处为重点，并采用下述方法进行防腐、防虫处理：

一、不落架工程的局部处理

1.柱脚表层腐朽处理：剔除朽木后，用高含量水溶性浆膏敷于柱脚周边，并围以绷带密封，使药剂向内渗透扩散；

2.柱脚心腐处理：可采用氯化苦熏蒸。施药时，柱脚周边须密封，药剂应能达柱脚的中心部位。一次施药，其药效可保持 3～5 年，需要时可定期换药；

3.柱头及其卯口处的处理：可将浓缩的药液用注射法注入柱头和卯口部位，让其自然渗透扩散。

二、落架大修或迁建工程中的木柱处理

不论继续使用旧柱或更换新柱，均宜采用浸注法进行处理。一次处理的有效期，应按 50 年考虑。

第 5.1.5 条 古建筑中檩、椽和斗栱的防腐或防虫，宜在重新油漆或彩画前，采用全面喷涂方法进行处理。对于梁枋的榫头和埋入墙内的构件端部，尚应用刺孔压注法进行局部处理。对于落架大修或迁建工程，其木构件的处理方法应按照本规范第 5.1.4 条第二款执行。

第 5.1.6 条 屋面木基层的防腐和防虫，应以木材与灰背接触的部位和易受雨水浸湿的构件为重点，并按下列方法进行处理：

一、对望板、扶脊木、角梁及由戗等的上表面，宜用喷涂法处理；

二、对角梁、檐椽和封檐板等构件，宜用压注法处理；

三、不得采用含氟化钠和五氯酚钠的药剂处理灰背屋顶。

第 5.1.7 条 古建筑中小木作部分的防腐或防虫，应采用速效、无害、无臭、无刺激性的药剂。处理时可采用下列方法：

一、门窗：可采用针注法重点处理其榫头部位。必要时，还可用喷涂法处理其余部位。新配门窗材，若为易虫腐的树种，可采用压注法处理。

二、天花、藻井：其下表面易受粉蠹危害，宜采用熏蒸法处理；其上表面易受菌腐，宜采用压注喷雾法处理。

三、对其他做工精致的小木作，宜用菊酯或加有防腐香料的微量药剂以针注或喷涂的方法进行处理。

第二节　防　火

第 5.2.1 条 以木构架为承重结构的古建筑，其耐火等级，按现行国家标准《建筑设计防火规范》的规定，定为民用建筑四级。

第 5.2.2 条 古建筑在修缮时，天花、藻井以上的梁架宜喷涂防火涂料；天花、吊顶用的苇席和纸、木板墙等应进行防火处理，处理方法应经专门研究决定。

第 5.2.3 条 800 年以上及其它特别重要的古建筑内严禁敷设电线，当古建筑内需要敷设电线时，须经文物主管部门和当地公安消防部门批准。电线应采用铜芯线，并敷设在金属管内，金属管应有可靠的接地。

第 5.2.4 条 允许敷设电线的重要古建筑，宜安装火灾自动报警器，若室内情况许可，尚宜安装自动灭火装置。其设计应符合下列要求：

一、火灾自动报警，宜采用感烟探测器。其具体安装要求，

应按现行国家标准《火灾自动报警系统设计规范》的有关规定执行；

二、有天花的古建筑，应在天花的里外分别设置探头；

三、需要安装自动喷水灭火设备的古建筑，其设计应符合现行国家标准《自动喷水灭火系统设计规范》的要求，并应结合各地古建筑形式安装，不得有损其外观。

第5.2.5条 国家和省、自治区、直辖市重点保护的古建筑群或独立古建筑物，应设置宽度不小于3.5m的消防车道或可供消防车通行的通道，但不应破坏古建筑的环境风貌。

第5.2.6条 在古建筑保护范围内，必须设置消防给水设施，其水量、管网布置等要求应按现行国家标准《建筑设计防火规范》的规定执行。

第5.2.7条 当古建筑处于偏僻地区，无法设置给水设施时，有天然水源的地方，应修建消防取水码头。无天然水源的地方，应设消防蓄水设施。

第5.2.8条 对外开放的古建筑，其防火疏散通道的布置，应符合下列要求：

一、应设两个以上的安全出口，并按每个出口的紧急疏散能力以100人计算所需的安全出口数量，若实际情况不能满足计算要求，则应限制每次进入的人数；

二、作为展览厅的古建筑，应有室内疏散通道，其宽度按每100人不小于1m计算，但每个出口的宽度不应小于1.0m；

三、游人集中的古建筑，其室外疏散小巷的净宽不应小于3m。

第三节 防 雷

第5.3.1条 古建筑的防雷，根据其文物价值与雷害后果分为三类：

第一类：国家级重点保护的古建筑。

第二类：省、自治区、直辖市保护的古建筑。

第三类：其他古建筑。

当确定古建筑群的防雷类别时，若各建筑物的保护级别不同，则应以其中最高一级的建筑物为准。

第5.3.2条 下列情况的古建筑有可能遭受雷击，应采取必要的防雷措施：

一、屋顶或室内有大量金属物。

二、建筑物特别潮湿。

三、位于好坏土壤分界处。

四、靠近河、湖、池、沼或苇塘。

五、位于地下水露头处或有水线、泉眼处。

六、山区、森林地区或有金属矿床地区。

七、旷野中的突出建筑物。

八、靠近铁路线、铁路交叉点和铁路终端。

九、附近有特高压架空线路或较集中的地下电缆。

十、位于山谷风口或土山顶部。

十一、雷电活动频繁地区。

十二、曾经遭受雷击的地区。

第5.3.3条 古建筑装设防雷装置，应经充分论证。当确需要装设时，应符合下列要求：

一、应有防直击雷和防电感应的装置。

二、应考虑雷击时所产生的接触电压、跨步电压和各种架空线路引来的危害。

三、若古建筑内部有大型金属构件或存放有金属物体、金属设备，尚应考虑雷击后所产生的电磁感应的影响。

第5.3.4条 古建筑的防雷装置，应按现行国家标准《建筑防雷设计规范》的规定和下列要求进行设计：

一、防雷装置的选择与构造要求，对一类古建筑，应专门研究；对二类古建筑，应按第一类民用建筑考虑；对三类古建筑，应按第二类民用建筑考虑。

二、古建筑上部的宝顶、尖塔、吻兽、塑象、宝盒以及斗拱下的防鸟铁丝网等金属物体与部件，均应与防雷装置可靠地连接。古建筑屋脊上的宝盒，在翻修屋顶取下后，若无特殊的要求，不宜重新放置。

三、接闪器和引下线沿古建筑轮廓的弯曲，应保证其弯曲段开口部分的直线距离，不小于其弯曲段全长的1/10，并不得弯折成直角或锐角。

四、不得在古建筑屋顶安装各种天线。

五、二类防雷古建筑的门窗宜安装金属纱窗、纱门或较密的金属保护网，并可靠地接地。三类防雷古建筑宜安装玻璃门窗。

第5.3.5条 当古建筑附近有高大树木时，应采取下列措施以防止雷击：

一、在树顶装避雷针，沿树干敷设引下线，下部埋设接地装置。

二、枯朽树木的洞穴应用灰膏封堵严密，防止积水，导致树木接闪。

三、树木本身或根部不得缠绕钢筋，并不得在树上堆放大量金属物体。

四、古建筑周围栽种树木时，树干距建筑物不应小于5m，树冠距建筑物不应小于3m。

第5.3.6条 对古建筑的防雷装置，应按下列要求做好日常的检查和维护工作：

一、建立检查制度。宜每隔半年或一年定期检查一次；也可安排在台风或其它自然灾害发生后，以及其他修缮工程完工后进行。

二、检查项目应包括防雷装置中的引线、连接和固定装置的联结有无断开、脱落或变形；金属导体有无腐蚀；接地电阻工作是否正常等。

三、在防雷装置安装后应防止各种新设的架空线路，在不符合安全距离要求时，与防雷装置系统相交叉或平行。

第四节 除 草

第5.4.1条 古建筑屋顶维修时，应采取有效措施进行屋顶防草。

第5.4.2条 古建筑除草，可根据具体情况采用人工整治或化学处理的方法，不得采用机械铲除或火焰喷烧方法。

第5.4.3条 当采用化学处理方法除草时，选用的除草剂应符合下列要求：

一、对人畜无害，不污染环境；

二、无助燃、起霜或腐蚀作用；

三、不损害古建筑周围绿化和观赏的植物；

四、无色，且不导致瓦顶和屋檐变色或变质。

第5.4.4条 古建筑使用的除草剂可按表5.4.4选用，也可采用经有关部门鉴定、批准生产的其他药剂。

第5.4.5条 古建筑屋顶不得使用氯酸钠或亚砷酸钠除草。

灭生性除草剂的性能及用量 表5.4.4

药剂名称	剂型	有效成分用量 (g/m²)	使用性能
草甘膦	10%的铵盐或钠盐水溶液	0.2~0.3(使用时化成1%浓度水溶液)	易溶于水,不助燃,对铜材略有腐蚀性。只能由芽后绿色叶面吸收,内吸至根部奏效
敌草隆	25%可湿性粉剂	0.9~5.0(使用干粉)	难溶于水,不助燃,无腐蚀性。芽前、芽后均可使用,由根部进入机体,导致缺绿枯死
西马津	50%可湿性粉剂	1.1~5.6(使用干粉)	同敌草隆
六嗪酮	90%可溶性粉剂	0.6~1.2(可使用1%~3%浓度水溶液或干粉)	可溶于水,系芽后接触型除草剂,能有效防除多种杂草

第5.4.6条 化学除草可采用喷雾法或喷粉法，并应符合下列要求：

一、大面积除草宜应用细喷雾法。其雾滴直径应控制在250μm以下，宜为150～200μm，操作时应防止飘移超限。对小范围局部除草，可采用粗喷雾法。雾滴直径宜控制在300～600μm，并应使用带气包的喷雾器进行连续喷洒。

二、在取水困难地区，或使用难溶于水的药剂时，宜采用喷粉法。粉粒直径宜小于44μm，不应超过74μm。

三、除草的时间，宜在4～5月份或7～8月份，并在喷洒后10h内不得淋雨。喷粉时间宜在清晨或傍晚。

四、有条件时，喷洒后可采取塑料薄膜覆盖。

第5.4.7条 在设备和人力缺乏情况下，可采用颗粒撒布方法除草。其药物颗粒的大小宜与古建筑屋顶常见草籽粒径相仿。药粒可从屋脊撒下，顺垄滚落，滞留在杂草丛生部位。

第五节 抗 震 加 固

第5.5.1条 古建筑的抗震加固，除应符合现行国家标准《建筑抗震设计规范》及《建筑抗震鉴定标准》的要求外，尚应遵守下列规定：

一、抗震鉴定加固烈度，应按本地区的基本烈度采用。对重要古建筑，可提高一度加固，但应经上一级文物主管部门会同国家抗震主管部门批准。

二、古建筑的抗震加固设计，应在遵守"不改变文物原状"的原则下提高其承重结构的抗震能力。

三、对800年以上或其它特别重要古建筑的抗震加固方案，应经有关专家论证后确定。

四、按规定烈度进行抗震加固时，应达到当遭受低于本地区设防烈度的多遇地震影响时，古建筑基本不受损坏；当遭受本地区设防烈度的地震影响时，古建筑稍有损坏，经一般修理后仍可正常使用；当遭受高于本地区设防烈度的预估罕遇地震影响时，古建筑不致坍塌或砸坏内部文物，经大修后仍可恢复原状。

第5.5.2条 古建筑木结构的构造不符合抗震鉴定要求时，除应按所发现的问题逐项进行加固外，尚应遵守下列规定：

一、对体型高大、内部空旷或结构特殊的古建筑木结构，均应采取整体加固措施。

二、对截面抗震验算不合格的结构构件，应采取有效的减载、加固和必要的防震措施。

三、对抗震变形验算不合格的部位，应加设支顶等提高其刚度。若有困难，也应加临时支顶，但应与其它部位刚度相当。

第5.5.3条 古建筑的抗震加固施工，应纳入正常的维修计划，分期分批有重点地完成，但对地处8度Ⅲ、Ⅳ类场地和9度以上的古建筑应优先安排。

第六章 木结构的维修

第一节 一 般 规 定

第6.1.1条 古建筑木结构及其相关工程的维修工作，应在该建筑物法式勘查完成后方可进行。若因建筑物出现险情，急需抢修，可允许采取不破坏法式特征的临时性排险加固措施。

第6.1.2条 古建筑的维修与加固，应以结构可靠性的鉴定为依据，对每一残损点，凡经鉴定确认需要处理者，应按不同的要求，分别轻重缓急予以妥善安排。凡属情况恶化，明显影响结构安全者，应立即进行支顶或加固。

第6.1.3条 进行古建维修工作，应遵守下列规定：

一、根据建筑物法式勘查报告进行现场校对，明确维修中应保持的法式特征。

二、根据残损情况勘查中测绘的全套现状图纸，制订周密的维修方案，并根据该建筑的文物保护级别，完成规定的报批手续。

三、对更换原有构件，应持慎重态度。凡能修补加固的，应设法最大限度地保留原件。凡必须更换的木构件，应在隐蔽处注明更换的年、月、日。

四、维修中换下的原物、原件不得擅自处理，应统一由文物主管部门处置。

五、做好施工记录，详细测绘隐蔽结构的构造情况。维修加固的全套技术档案，应存档备查。

六、必须严格遵守施工程序和检查验收制度。

第6.1.4条 在维修古建筑过程中，若发现隐蔽结构的构造有严重缺陷，或所处的环境条件存在着有害因素，可能导致重新出现同样问题，应采取措施消除隐患。

第二节 荷 载

第6.2.1条 按本规范进行加固设计时，其荷载除按现行国家标准《建筑结构荷载规范》的规定执行外，尚应遵守本节的规定。

第6.2.2条 对现行国家标准《建筑结构荷载规范》中未规定的永久荷载，可根据古建筑各部位构造和材料的不同情况，分别抽样确定。每种情况的抽样数不得少于5个，以其平均值的1.1倍作为该荷载的标准值。

第6.2.3条 对古建筑木结构的屋面，其水平投影面上的屋面均布活荷载可取0.7kN／m²，当施工荷载较大时，可按实际情况采用。

第6.2.4条 验算屋面木构件时，施工或检修的集中荷载可取0.8kN，并以出现在最不利位置进行验算。

第6.2.5条 基本风压的重现期定为100年，基本风压值可按现行国家标准《建筑结构荷载规范》中的基本风压值乘以系数1.2。

第6.2.6条 当需确定地处山区的古建筑的基本风压时，可按由山麓算起的风压高度变化规律，取现行国家标准《建筑结构荷载规范》中规定的风压高度变化系数。

第6.2.7条 基本雪压的重现期定为100年，基本雪压值可按现行国家标准《建筑结构荷载规范》中的基本雪压值乘以系数1.2。

第6.2.8条 当需确定地处山区的古建筑的基本雪压时，可按实测资料确定。若无实测资料时，可采用本规范第6.2.7条确定的基本雪压值，再乘以系数1.2。

第三节 木材及胶粘剂

第6.3.1条 古建筑木结构承重构件的修复或更换，应优先采用与原构件相同的树种木材，当确有困难时，也可按表6.3.1中选取强度等级不低于原构件的木材代替。

常用针叶树材强度等级 表 6.3.1-1

强度等级	组别	适 用 树 种		
		国产木材	进 口 木 材		
			北 美	前苏联及欧洲地区	其他国家及地区
TC17	A	柏木	海湾油松、长叶松	—	—
	B	东北落叶松	西部落叶松	欧洲赤松、落叶松	

强度等级	组别	适用树种			
		国产木材	进口木材		
			北美	前苏联及欧洲地区	其他国家及地区
TC15	A	铁杉、油杉	短叶松、火炬松、花旗松(含海岸型)	—	—
	B	鱼鳞云杉、西南云杉	南部花旗松	—	南亚松
TC13	A	侧柏、建柏	北美落叶松、西部铁杉、太平洋银冷杉	欧洲云杉、海岸松	—
	B	红皮云杉、丽江云杉、红松、樟子松	—	苏联红松	新西兰贝壳杉
TC11	A	西北云杉、新疆云杉	东部云杉、东部铁杉、白冷杉、西加云杉、北美黄松、巨冷杉	西伯利亚松	—
	B	冷杉、杉木	小干松	—	—

常用阔叶树材强度等级 表 6.3.1—2

强度等级	适用树种			
	国产木材	进口木材		
		东南亚	前苏联及欧洲地区	其他国家及地区
TB20	栎木、青冈、椆木	门格里斯木、卡普木、沉水稍	—	绿心木、紫心木、李叶豆、塔特布木
TB17	水曲柳、刺槐、槭木	—	栎木	达荷玛木、萨佩莱木、苦油树、毛罗藤黄
TB15	锥栗(栲木)、槐木、乌墨	黄梅兰蒂、梅萨瓦木	水曲柳	红劳罗木
TB13	榉木、楠木、樟木	深红梅兰蒂、浅红梅兰蒂	—	—
TB11	榆木、苦楝	—	—	—

第 6.3.2 条 雕刻、高级内檐装修等精细小木作的维修，应采用原件树种或采用紫檀、楠木、花梨、香红木、红椿、红豆木、麻楝、加吉尔、坤甸、柚木、银桦等性质和外观近似的木材制作。

第 6.3.3 条 修复或更换承重构件的木材，其材质应与原件相同。若原件已残毁，无以为凭，则应按本规范表 6.3.3 的材质标准要求选材。

承重结构木材材质标准 表 6.3.3

项次	缺陷名称	原木材质等级		方木材质等级	
		Ⅰ等材	Ⅱ等材	Ⅰ等材	Ⅱ等材
		受弯构件或压弯构件	受压构件或次要受弯构件	受弯构件或压弯构件	受压构件或次要受弯构件
1	腐朽	不允许	不允许	不允许	不允许
2	木节 (1)在构件任一面(或沿周长)任何150mm长度所有木节尺寸的总和不得大于所在面宽(或所在部位原木周长)的	2/5	2/3	1/3	2/5
	(2)每个木节的最大尺寸不得大于所测部位原木周长的	1/5	1/4	—	—

项次	缺陷名称	原木材质等级		方木材质等级	
		Ⅰ等材	Ⅱ等材	Ⅰ等材	Ⅱ等材
		受弯构件或压弯构件	受压构件或次要受弯构件	受弯构件或压弯构件	受压构件或次要受弯构件
3	斜纹 任何 1m 材长上平均倾斜高度不得大于	80mm	120mm	50mm	80mm
4	裂缝 (1)在连接的受剪面上	不允许	不允许	不允许	不允许
	(2)在连接部位的受剪面附近，其裂缝深度(有对面裂缝时用两者之和)不得大于	直径的1/4	直径的1/2	材宽的1/4	材宽的1/3
5	生长轮(年轮)其平均宽度不得大于	4mm	4mm	4mm	4mm
6	虫蛀	不允许	不允许	不允许	不允许

注：①供制作斗栱的木材，不得有木节及裂缝。
　　②古建筑用材不允许有死节(包括松软节和腐朽节)。
　　③木节尺寸按垂直于构件长度方向测量。木节表现为条状时，在条状的一面不量(图6.3.3)，直径小于10mm的活节不量。

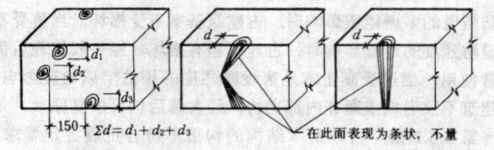

图 6.3.3　木节量法

第 6.3.4 条 用作承重构件或小木作工程的木材，使用前应经干燥处理，含水率应符合下列规定：

一、原木或方木构件，包括梁枋、柱、檩、椽等，不应大于20%。

为便于测定原木和方木的含水率，可采用按表层检测的方法，但其表层 20mm 深处的含水率不应大于 16%。

二、板材、斗栱及各种小木作，不应大于当地的木材平衡含水率。

第 6.3.5 条 修复古建筑木结构构件使用的胶粘剂，应保证胶缝强度不低于被胶合木材的顺纹抗剪和横纹抗拉强度。胶粘剂的耐水性及耐久性，应与木构件的用途和使用年限相适应。

第 6.3.6 条 对易受潮的结构和外檐装修工程，应选用耐水性胶，如环氧树脂胶、苯酚甲醛树脂胶和间苯二酚树脂胶等；对室内正常温度、湿度条件下使用的非主要承重构件或内檐装修工程，可采用中等耐水性胶，如尿素甲醛树脂胶等，或传统使用的骠胶、骨胶或皮胶等。

第四节　计　算　原　则

第 6.4.1 条 古建筑木结构在维修、加固中，如有下列情况之一应进行结构验算：

一、有过度变形或产生局部破坏现象的构件和节点。

二、维修、加固后荷载、受力条件有改变的结构和节点。

三、重要承重结构的加固方案。

四、需由构架本身承受水平荷载的无墙木构架建筑。

第 6.4.2 条 验算古建筑木结构时，其木材设计强度和弹性模量应符合下列规定：

一、按现行国家标准《木结构设计规范》的规定采用，并乘以结构重要性系数 0.9；有特殊要求者另定。

二、对外观已显著变形或木质已老化的构件，尚应乘以表 6.4.2 考虑荷载长期作用和木质老化影响的调整系数。

考虑长期荷载作用和木质老化的调整系数　　表 6.4.2

建筑物修建距今的时间（年）	调　整　系　数		
	顺纹抗压设计强度	抗弯和顺纹抗剪设计强度	弹性模量和横纹承压设计强度
100	0.95	0.90	0.90
300	0.85	0.80	0.85
>500	0.75	0.70	0.75

三、对仅以恒载作用验算的构件，尚应乘以现行国家标准《木结构设计规范》中规定的调整系数。

四、验算原件时，若其材质完好，且最大木节不大于 20mm，其顺纹设计强度可提高 10%。

第 6.4.3 条 梁、柱构件应按现行国家标准《木结构设计规范》的有关规定验算其承载能力，并应遵守下列规定：

一、当梁过度弯曲时，梁的有效跨度应按支座与梁的实际接触情况确定，并应考虑支座传力偏心对支承构件受力的影响。

二、柱应按两端铰接计算，计算长度取侧向支承间的距离，对截面尺寸有变化的柱可按中间截面尺寸验算稳定。

三、若原有构件已部分缺损或腐朽，应按剩余的截面进行验算。

第 6.4.4 条 古建筑中斗棋的各部件尺寸，应按各时期的建筑式确定，不作结构验算。当维修中发现大斗原件被压扁，则应验算新斗的横纹承压强度。横纹承压设计强度，应按全表面横纹承压采用。若横纹承压强度不能满足计算要求，宜改用硬质木材或改性木材制作。

第 6.4.5 条 2 根或 2 根以上木梁重叠共受上部荷载的叠合梁，应按每一木梁的惯性矩分配每根木梁的荷载，按分配的荷载验算各木梁的强度。若上木梁短于下木梁，则应考虑二木梁变形协调来计算上下木梁。

第 6.4.6 条 在古建筑木构架中，垂直荷载应由柱承受，墙体仅起稳定结构和传递水平力的作用。对一般古建筑木结构可不进行水平荷载验算，对无墙的木构架应考虑由构架本身承受水平力。若构架本身不能承受水平力，应采取其他结构措施。对体型高大、内部空旷或结构特殊的木构架，若发现过度变形或有损坏，应专门研究确定其验算方法。

第五节　木构架的整体维修与加固

第 6.5.1 条 木构架的整体维修与加固，应根据其残损程度分别采用下列的方法；

一、落架大修　即全部或局部拆落木构架，对残损构件或残损点逐个进行整修，更换残损严重的构件，再重新安装，并在安装时进行整体加固。

二、打牮拨正　即在不拆落木构架的情况下，使倾斜、扭转、拔榫的构件复位，再进行整体加固。对个别残损严重的梁枋、斗棋、柱等应同时进行更换或采取其他修补加固措施。

三、修整加固　即在不揭除瓦顶和不拆动构架的情况下，直接对木构架进行整体加固。这种方法适用于木构架变形较小，构件位移不大，不需打牮拨正的维修工程。

第 6.5.2 条 落架大修的工程，应先揭除瓦顶，再由上而下分层拆落望板、椽、檩及梁架。在拆落过程中，应防止榫头折断或劈裂，并采取措施，避免磨损木构件上的彩画和墨书题

记。

第 6.5.3 条 拆落木构架前，应先给所有拟拆落的构件编号，并将构件编号标明在记录图纸上。

第 6.5.4 条 对拆下的构件，经检查确定需要更换或修补加固时，应按本规范第六章第六、七、八节有关款款执行。

第 6.5.5 条 对木构架进行打牮拨正时，应先揭除瓦顶，拆下望板和部分椽，并将檩端的榫卯缝隙清理干净；如有加固铁件应全部取下；对已严重损损的檩、角梁、平身科斗棋等构件，也应先行拆下。

第 6.5.6 条 木构架的打牮拨正，应根据实际情况分次调整，每次调整量不宜过大。施工过程中，若发现异常响声或出现其他未估计到的情况，应立即停工，待查明原因，清除故障后，方可继续施工。

第 6.5.7 条 对木构架进行整体加固，应符合下列要求：

一、加固方案不得改变原来的受力体系。

二、对原来结构和构造的固有缺陷，应采取有效措施予以消除，对所增设的连接件应设法加以隐蔽。

三、对本应拆换的梁枋、柱，当其文物价值较高而必须保留时，可另加支柱，但另加的支柱应能易于识别。

四、对任何整体加固措施，木构架中原有的连接件，包括椽、檩和构架间的连接件，应全部保留。若有短缺时，应重新补齐。

五、加固所用材料的耐久性，不应低于原有结构材料的耐久性。

第 6.5.8 条 木构架中，下列部位的榫卯连接构造较为薄弱，在整体加固时，应根据结构构造的具体情况，采用适当形式的连接件予以锚固：

一、柱与额枋连接处；

二、檩端连接处；

三、有外廊或周围廊的木构架中，抱头梁或穿插枋与金柱的连接处；

四、其他用半银锭榫连接的部位。

第 6.5.9 条 对Ⅳ类建筑，若暂时不具备落架大修条件，可对木构架暂设支撑，使倾斜或扭转不致继续发展，但支撑系统应经设计计算。

第六节　木　柱

第 6.6.1 条 对木柱的干缩裂缝，当其深度不超过柱径（或该方向截面尺寸）1／3 时，可按下列嵌补方法进行修整：

一、当裂缝宽度不大于 3mm 时，可在柱的油饰或断白过程中，用腻子勾抹严实。

二、当裂缝宽度在 3～30mm 时，可用木条嵌补，并用耐水性胶粘剂粘牢。

三、当裂缝宽度大于 30mm 时，除用木条以耐水性胶粘剂补严粘牢外，尚应在柱的开裂段内加铁箍 2～3 道。若柱的开裂段较长，则箍距不宜大于 0.5m。铁箍应嵌入柱内，使其外皮与柱外皮齐平。

第 6.6.2 条 当干缩裂缝的深度超过本规范第 6.6.1 条规定的范围或因构架倾斜、扭转而造成柱身产生纵向裂缝时，须待构架整修复位后，方可按本规范第 6.6.1 条第三款的方法进行处理。若裂缝处于柱的关键受力部位，则应根据具体情况采取加固措施，或更换新柱。

第 6.6.3 条 对柱的受力裂缝和继续开展的斜裂缝，必须进行强度验算，然后根据具体情况采取加固措施或更换新柱。

第 6.6.4 条 当木柱有不同程度的腐朽而需整修、加固时，可采用下列剔补或墩接的方法处理：

一、当柱心完好，仅有表层腐朽，且经验算剩余截面尚能满足受力要求时，可将腐朽部分剔除干净，经防腐处理后，用干燥

木材依原样和原尺寸修补整齐，并用耐水性胶粘剂粘接。如系周围剔补，尚需加设铁箍2～3道。

二、当柱脚腐朽严重，但自柱底面向上未超过柱高的1/4时，可采用墩接柱脚的方法处理。墩接时，可根据腐朽的程度、部位和墩接材料，选用下列方法：

1. 用木料墩接　先将腐朽部分剔除，再根据剩余部分选择墩接的榫卯式样，如"巴掌榫"、"抄手榫"等（图6.4.4）。施工时，除应注意使墩接榫头严密对缝外，还应加设铁箍，铁箍应嵌入柱内。

2. 钢筋混凝土墩接　仅用于墙内的不露明柱子，高度不得超过1m，柱径应大于原柱径200mm，并留出0.4～0.5m长的钢板或角钢，用螺栓将原构件夹牢。混凝土强度不应低于C25，在确定墩接柱的高度时，应考虑混凝土收缩率。

3. 石料墩接　可用于柱脚腐朽部分高度小于200mm的柱。露明柱可将石料加工为小于原柱径100mm的矮柱，周围用厚木板包镶钉牢，并在与原柱接缝处加设铁箍一道。

第6.6.5条　若木柱内部腐朽、蛀空，但表层的完好厚度不小于50mm时，可采用高分子材料灌浆加固，其做法应符合本规范第6.9.1条的规定。

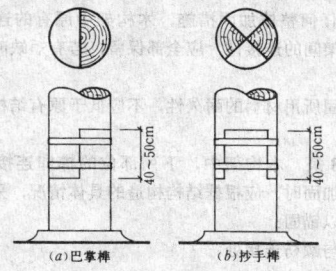

图6.6.4　木柱墩接的榫头构造

第6.6.6条　当木柱严重腐朽，虫蛀或开裂，而不能采用修补、加固方法处理时，可考虑更换新柱，但更换前应做好下列工作：

一、确定原柱高：若木柱已残损，应从同类木柱中，考证原来柱高。必要时，还应按照建筑物创建时代的特征，推定该类木柱的原来高度。

二、复制要求：对需要更换的木柱，应确定是否为原建时的旧物。若已为后代所更换与原形制不同时，应按原形制复制。若确为原件，应按其样式和尺寸复制。

三、材料选择：应符合本规范本章第三节的要求。

第6.6.7条　在不拆落木构架的情况下墩接木柱时，必须用架子或其他支承物将柱和柱连接的梁枋等承重构件支顶牢固，以保证木柱悬空施工时的安全。

第七节　梁　枋

第6.7.1条　当梁枋构件有不同程度的腐朽而需修补、加固时，应根据其承载能力的验算结果采取不同的方法。若验算表明，其剩余截面面积尚能满足使用要求时，可采用贴补的方法进行修复。贴补前，应先将腐朽部分剔除干净，经防腐处理后，用干燥木材按所需形状及尺寸，以耐水性胶粘剂贴补严实，再用铁箍或螺栓紧固。若验算表明，其承载能力已不能满足使用要求时，则须更换构件。更换时，宜选用与原构件相同树种的干燥木材，并预先做好防腐处理。

第6.7.2条　对梁枋的干缩裂缝，应按下列要求处理：

一、当构件的水平裂缝深度（当有对面裂缝时，用两者之和）小于梁宽或梁直径的1/4时，可采取嵌补的方法进行修整，即先用木条和耐水性胶粘剂，将缝隙嵌补粘结严实，再用两道以上铁箍或玻璃钢箍箍紧。

二、若构件的裂缝深度超过上款的限值，则应进行承载能力验算，若验算结果能满足受力要求，仍可采用本条第一款的方法修整；若不满足受力要求时，应按照本规范第6.7.3条的方法进行处理。

第6.7.3条　当梁枋构件的挠度超过规定的限值或发现有断裂迹象时，应按下列方法进行处理：

一、在梁枋下面支顶立柱。

二、更换构件。

三、若条件允许，可在梁枋内埋设型钢或其他加固件。

第6.7.4条　对梁枋脱榫的维修，应根据其发生原因，采用下列修复方法：

一、榫头完整，仅因柱倾斜而脱榫时，可先将柱拨正，再用铁件拉结榫卯。

二、梁枋完整，仅因榫头腐朽、断裂而脱榫时，应先将破损部分剔除干净，并在梁枋端部开卯口，经防腐处理后，用新制的硬木榫头嵌入卯口内。嵌接时，榫头与原构件用耐水性胶粘剂粘牢并用螺栓固紧。榫头的截面尺寸及其与原构件嵌接的长度，应按计算确定。并应在嵌接长度内用玻璃钢箍或两道铁箍箍紧。

第6.7.5条　对承椽枋的侧向变形和椽尾翘起，应根据椽与承椽枋搭交方式的不同，采用下列维修方法：

一、椽尾搭在承椽枋上时（图6.7.5a），可在承椽枋上加一根压椽枋，压椽枋与承椽枋之间用两个螺栓固紧；压椽枋与额枋之间每开间用2～4根矮柱支顶。

二、椽尾嵌入承椽枋外侧的椽窝时（图6.7.5b），可在椽底面附加一根枋木，枋木与承椽枋用3个以上螺栓连接，椽尾用方头钉钉在枋上。

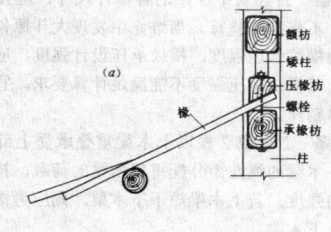

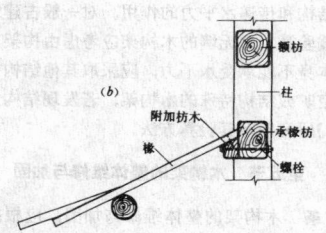

图6.7.5　承椽枋加固及防止椽尾翘起的措施

(a) 椽尾搭于承椽枋；(b) 椽尾嵌入承椽枋

第6.7.6条　角梁（仔角梁和老角梁）梁头下垂和腐朽，或梁尾翘起和劈裂，应按下列方法进行处理：

一、梁头腐朽部分大于挑出长度1/5时，应更换构件。

二、梁头腐朽部分小于挑出长度1/5时，可根据腐朽情况另配新梁头，并做成斜面搭接或刻榫对接。接合面应采用耐水性胶粘剂粘接牢固。对斜面搭接，还应加两个以上螺栓（图6.7.6-1）或铁箍加固。

三、当梁尾劈裂时，可采用胶粘剂粘接和铁箍加固。梁尾与檩条搭接处可用铁件、螺栓连接（图6.7.6-2）。

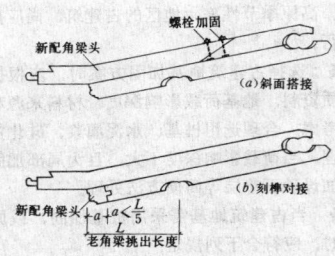

图 6.7.6—1 新配角梁头的拼接方式

(a) 斜面搭接；(b) 刻榫对接

图 6.7.6—2 梁尾劈裂加固

四、仔角梁与老角梁应采用 2 个以上螺栓固紧。

第八节 斗 栱

第 6.8.1 条 斗栱的维修，应严格掌握尺度、形象和法式特征。添配昂嘴和雕刻构件时，应拓出原形象，制成样板，经核对后，方可制作。

第 6.8.2 条 凡能整攒卸下的斗栱，应先在原位捆绑牢固，整攒轻卸，标出部位，堆放整齐。

第 6.8.3 条 维修斗栱时，不得增加杆件。但对清代中晚期个别斗栱有结构不平衡的，可在斗栱后尾的隐蔽部位增加杆件补强；角科大斗有严重压陷外倾的，可在平板枋的搭角上加抹角枕垫。

第 6.8.4 条 斗栱中受弯构件的相对挠度，如未超过 1/120 时，均不需更换。当有变形引起的尺寸偏差时，可在小斗的腰上粘贴硬木垫，但不得放置活木片或楔块。

第 6.8.5 条 为防止斗栱的构件位移，修缮斗栱时，应将小斗与栱间的暗销补齐。暗销的榫卯应严实。

第 6.8.6 条 对斗栱的残损构件，凡能用胶粘剂粘接而不影响受力者，均不得更换。

第九节 梁枋、柱的化学加固

第 6.9.1 条 木材内部因虫蛀或腐朽形成中空时，若柱表层完好厚度不小于 50mm，可采用不饱和聚酯树脂进行灌注加固。加固时应符合下列要求：

一、应在柱中受力小的部位开孔。若通长中空，可先在柱脚凿自洞眼，洞宽不得大于 120mm，再每隔 500mm 凿一洞眼，直至中空的顶端。

二、在灌注前应将朽烂木块、碎屑清除干净。

三、柱中空直径超过 150mm 时，宜在中空部位填充木块，减少树脂干后的收缩。

四、不饱和聚酯树脂灌注剂的配方，应按表 6.9.1 采用。

五、灌注树脂应饱满，每次灌注量不宜超过 3kg，两次间隔时间不宜少于 30min。

不饱和聚酯树脂灌注剂配方 表 6.9.1

灌 注 剂 成 分	配 合 比（按重量计）
不饱和聚酯树脂（通用型）	100
过氧化环己酮浆（固化剂）	4
萘酸钴苯己烯液（促进剂）	2～4
干燥的石英粉（填 料）	80～120

第 6.9.2 条 梁枋内部因腐朽中空截面面积不超过全截面面积 1/3 时，可采用环氧树脂灌注加固。加固时应符合下列要求：

一、应探明梁枋中空长度，在中空两端上部凿孔，用 0.5～0.8MPa 的空压机，吹净腐朽的木屑及尘土。

二、环氧树脂灌注剂的配方，应按表 6.9.2 采用。

环氧树脂灌注剂配方 表 6.9.2

灌 注 剂 成 分	配 合 比（按重量计）
E—44 环氧树脂（6101）	100
多乙烯多胺	13～16
聚酰胺树脂	30
501 号活性稀释剂	1～15

三、梁枋中空部位的两端，可用玻璃钢箍缠紧。箍宽不应小于 200mm，箍厚不应小于 3mm。

第 6.9.3 条 粘接木构件的耐水性胶粘剂，宜采用环氧树脂胶，并应符合下列要求：

一、环氧树脂胶的配方，应按表 6.9.3 采用。

环氧树脂胶配方 表 6.9.3

胶 的 成 分	配 合 比（按重量计）
E—44 环氧树脂（6101）	100
多乙烯多胺	13～16
二甲苯	5～10

二、木构件粘接后，若需用锯割或凿刨加工时，夏季须经 48h，冬季须经 7d 养护后，方可进行。

三、木构件粘接时的含水率，不得大于 15%。

四、在承重构件或连接中采用胶粘补强时，不得利用胶缝直接承受拉力。

第 6.9.4 条 当用玻璃钢箍作为木构件裂缝加固的辅助措施时，应符合下列要求：

一、在构件上凿槽，缠绕聚酯玻璃钢箍或环氧玻璃钢箍，槽深应与箍厚相同。

二、环氧树脂的配方可按本规范表 6.9.3 采用。

三、玻璃布应采用脱蜡、无捻、方格布，厚度为 0.15～0.3mm。

四、缠绕的工艺及操作技术，应符合现行有关标准的规定。

第七章 相关工程的维修

第一节 场地、排水及基础

第 7.1.1 条 古建筑场地的保护，应遵守下列规定：

一、在古建筑保护范围内的树木和植被，不得任意砍伐和损坏。

二、未经古建筑管理部门同意，不得在坡面上堆置大量弃土，或擅自进行爆破作业。

三、保持排水畅通，不得在坡面上任意设置蓄水池或开挖土方。

第 7.1.2 条 对有湿陷性黄土、膨胀土、红粘土场地上的古建筑，应加强其基础的维护，避免地表水的不利影响。应保持排除地表水的天然条件，避免截断雨雪水的天然流径路线。水池应布置在地势低的地方。建筑物周边应设置散水坡。

第 7.1.3 条 在古建筑保护范围内有山坡时，应做好场地防洪排水系统。宜在山坡上部适当位置设置截洪沟，将洪水引至古建筑场地以外。截洪沟的纵向坡度不应小于 3‰，横断面大小应按汇水面积的常年最大流量确定，沟底宽度不应小于 600mm；沟壁的坡度应按现行国家标准《建筑地基基础设计规范》的要求

确定，并应防止渗漏。在土质松软和受水冲刷地段应适当加固。

第7.1.4条 当古建筑位于山坡上时，应对其场地的地层岩性、地质构造、地形地貌和水文地质作出评价。如对古建筑有潜在威胁或有直接危害的滑坡、崩塌、泥石流、岩溶和土洞发育地段，应采取可靠的整治措施。当发现有岩土裂缝、位移等滑坡、崩塌迹象，应立即与文物管理单位联系，及时采取防治或抢救措施，并应定期观测滑坡体或崩塌体的位移、沉降变化。

当古建筑位于河岸上时，应根据水流特性、河道的地形、地质、水文条件等，做好场地附近河岸边坡的保护和必要的冲刷防护设施。如发现有边岸溜坍或堤岸崩塌等迹象应及时进行整治。

第7.1.5条 在古建筑地基附近开挖坑、槽时，应遵守下列规定：

一、当地质条件不良，如软土、土层中含有泥层或流砂层，或地下水位较高时，不宜采用无支撑的大开挖方法施工。

二、当地质条件良好、土质均匀且地下水位低于坑、槽底面标高0.5m以上时，可不设支撑。但其边坡坡度（高宽比）不应大于1∶2，且边坡顶点至古建筑台基边缘的距离（即护坡道宽度）不应小于3.0m（图7.1.5）。

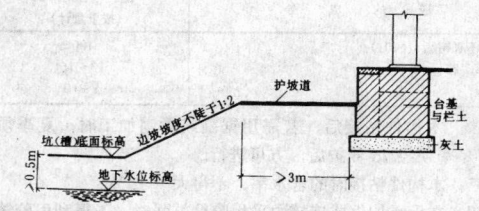

图7.1.5 临近古建筑开挖坑（槽）示意图

三、在古建筑基础四周或围墙两侧，不得堆置大量弃土。

四、采用降低地下水位施工时，应防止因地下水位下降对古建筑基础产生下沉。

五、冬季开挖坑、槽时，应防止古建筑地基遭受冰冻。

六、施工过程中，应对古建筑基础进行沉降观测，如发现有下沉或位移迹象时，应立即停止施工，并及时进行加固处理。

第7.1.6条 当古建筑台基遭到损坏时，应及时修整。对基础不均匀沉陷应查明原因，如系局部软弱土壤所致，可采用碎砖三合土或三七灰土予以换土，并分层夯实。

第7.1.7条 加固和翻修古建筑地基基础时，应遵守下列规定：

一、对古建筑上部结构出现的裂缝、倾斜以及墙身或墙与柱间的开裂等现象，应查清原因。只有查清上述现象确属地基基础问题引起后，方可对其进行加固和翻修，在未查清前，不得轻易地对地基基础进行处理。

二、加固和翻修前，应取得工程地质勘察资料，并应根据建筑物的实际荷载情况和环境条件，重新进行验算和处理。不得未经验算，便按原样重修。

三、当古建筑的原基础埋置过浅或在冰冻线以上时，应根据当地工程地质条件，对基础的稳定性作出正确的评价。必要时，应进行验算或定期观测。

四、在古建筑及其周围设置新的管道系统、蓄水池或室外排水沟渠时，应考虑在施工和使用中，可能对古建筑地基基础造成的不良影响，并应采取有效的防护措施。

五、在古建筑附近或古建筑群中，加固或翻修一幢建筑物的地基基础时，应采取措施防止其构造、施工和受力方式等对邻近古建筑产生不良影响。

六、翻修古建筑的地基基础时，其设计应符合现行国家标准《建筑地基基础设计规范》的要求。对处在湿陷性黄土、膨胀土、多年冻土、高原季节性冻土地区的古建筑，尚应按相应的现行有关标准执行。

第7.1.8条 选择古建筑地基加固方案时，应根据当地工程地质和水文地质资料、地基荷载影响深度、材料来源和施工设备等条件的综合考虑。合理选用桩基、水泥灌浆、硅化加固、旋喷加固等方法处理。当荷载影响深度不大，且为局部加固时，可采用抬梁换基、加设砂石垫层等简便方法处理。

第7.1.9条 当古建筑地基需采用桩基加固，或原桩基已残毁需更换新桩时，应符合下列规定：

一、宜采用混凝土或钢筋混凝土灌注桩，如地下水位较低，可采用人工挖掘成孔灌注桩；或选用静压桩，不宜采用打入的木桩和预制桩。

二、当原木桩有特殊保留价值，仅允许更换一部分残毁的原桩时，应选用耐腐的树种木材制作，并应打入常年最低地下水位以下。若地下水位升降幅度很大或地下水中含有盐质时，应采用经过处理的木桩。

三、桩基施工要求，应按现行国家标准《地基与基础工程施工及验收规范》和《工业与民用建筑灌注桩、基础设计与施工规程》的有关规定执行。

第7.1.10条 水泥灌浆法适用于裂隙性的、吸水率为0.05～10L／min的岩石类或碎石土的地基；硅化加固法、旋喷加固法适用于砂土、粘性土、湿陷性黄土等地基。其施工要求应按现行国家标准《地基与基础工程施工及验收规范》执行。

第二节 石 作

第7.2.1条 古建筑的石构件，特别是有雕刻纹样的石构件，除残损严重危及安全必须更换者外，应设法保存原物。对局部残损的石构件，应用品种、质感、色泽与原件相近的石料修补。

第7.2.2条 维修有局部裂缝的非承重石构件时，可采用剔补的方法，剔补的部分可用大漆或环氧树脂胶粘接。

第7.2.3条 对下列承重石柱应予支顶或更换：

一、有横断或斜断裂缝。

二、有纵向受力裂缝。

三、表层风化对柱截面的削弱，已使该柱的承载能力不能满足要求。

第7.2.4条 古建筑承重石构件的更换，应符合下列要求：

一、新构件的石料品种、质感和色泽，应与原件相近；石料的层理走向，应符合受力要求；不得使用有隐残、炸纹的石料。

二、新构件的外形尺寸、表面剁斧、磨光、打道、砸花锤等均应与原件相同。

三、砌筑用的灰浆品种及其配合比，应符合设计要求；灰缝应饱满、均匀；拼缝应严实，并应检查连接铁件的数量、位置。

第7.2.5条 对古建筑中的历史、艺术价值较高的石雕艺术品，其表面宜采用有机硅类涂料防护。

第三节 墙 壁

第7.3.1条 古建筑墙壁的维修，应根据其构造和残损情况采取修整或加固措施。当允许用现代材料进行墙壁的修补、加固时，不得改变墙壁的结构、外观、质感以及各部分的尺寸。

第7.3.2条 拆砌砖墙时，应符合下列规定：

一、清理和拆卸残墙时，应将砖块或墙内石构件逐层揭起，分类码放；砌时，应保持原墙尺寸和式样，并宜利用原件。

二、补配砖墙时应按原墙壁的构造、尺寸和做法，以及丁、顺砖的组合方式砌筑。

第7.3.3条 维修各类材料砌筑或夯筑的墙体时，应按原墙壁的材料、厚度、收分比例、各部分的尺寸和做法砌筑或夯筑。

第7.3.4条 当墙壁主体坚固，仅面层鼓闪，需剔凿补或

拆砌外皮时，应做到新旧砌体咬合牢固，灰缝平直，灰浆饱满，外观保持原样。

第7.3.5条 当墙体局部倾斜超过本规范表4.1.11限值，需进行局部拆砌归正时，宜砌筑1~3m的过渡墙段，与微倾部分的墙壁相衔接。

第7.3.6条 拆砌山墙、檐墙时，除应将靠墙的木构件进行防腐处理外，尚应按原状做出柱门、透风。

第7.3.7条 对有历史价值的夯土墙、土坯墙，应按原状保护。维修时应按原墙壁的层数、厚度、夯筑或砌筑方式，以及拉结构件的材料、尺寸和布置方法进行。

第7.3.8条 墙面抹灰维修时，应按原灰皮的厚度、层次、材料比例、表面色泽，赶压坚实平整。刷浆前应先做样色板，有墙边的墙面应按原色彩、纹样修复。

第7.3.9条 在维修墙的灰皮时，若发现灰皮里层有壁画，应立即报告上级文物主管部门。

第7.3.10条 凡有壁画的墙壁应妥善保护。当需拆砌有壁画的墙壁时，应有可靠的揭取和复原措施，并报上级文物主管部门批准后，方可动工。

第四节 瓦 顶

第7.4.1条 维修瓦顶时，应勘查屋顶的渗漏情况，根据瓦、椽、望板和梁架等的残损情况，拟订修理方案，并进行具体设计。凡能维修的瓦顶不得揭顶大修。

第7.4.2条 屋顶人工除草后，应随即勾灰堵洞。松动的瓦件，应坐灰粘固。

第7.4.3条 对灰皮剥落、酥裂、而瓦灰尚坚固的瓦顶维修时，应先铲除灰皮，用清水冲刷后抹灰，琉璃瓦、削割瓦应捉节夹垄，青筒瓦应裹垄，均应赶压严实平滑。

第7.4.4条 对底瓦完整，盖瓦松动灰皮剥落的瓦顶维修时，应只揭去盖瓦，扫净灰渣，刷水，将两行底瓦间的空当用麻刀灰塞严，再按原样完盖瓦。

第7.4.5条 瓦顶揭完工程，应遵守下列规定：

一、拆卸瓦件、脊饰前，应对垄数、瓦件、脊饰、底瓦搭接等做好记录。

二、揭除灰背时，应对灰背层次、各层材料、做法等做好记录。待瓦面灰渣清理干净后，应按原样分层苫背。对青灰背尚应赶光出亮。

三、完瓦时，应根据勘查记录铺完瓦件和脊饰，并使用原瓦件；新添配的瓦件，必须与原瓦件规格、色泽一致。

第7.4.6条 对底瓦松动而出现渗漏的维修，应先揭下盖瓦和底瓦，找补好灰背，再按原样完底瓦和盖瓦。完瓦、捉节夹垄或裹垄，应按本规范第7.4.3条、第7.4.4条及第7.4.5条的规定执行。

第7.4.7条 当瓦顶局部损坏、木构架个别构件位移或腐朽，需拆下望板、椽条进行维修，或飞椽椽尾腐朽需整修拆换时，除应按本规范第7.4.4条、第7.4.5条及第7.4.6条进行局部处理外，尚应遵守下列规定：

一、确定揭完面积时，应考虑拆装木构件和揭完盖瓦、底瓦时对周围瓦顶的影响，不得因抽换木构件而伤及瓦顶。灰背、底瓦、盖瓦之间所留出的茬口，其间距不得小于200mm。

二、灰背应按原层次和做法分层铺抹，新旧灰背应衔接牢固，必要时可在灰背接缝处涂刷防水剂。

三、新完底瓦与原底瓦的搭接，其坡度应一致。抽拉接茬底瓦时，不得移动其上层的瓦件。

第7.4.8条 黄琉璃瓦屋面瓦件的灰缝以及捉节夹垄的蒜刀灰应掺5%的红土子；绿琉璃瓦和青瓦屋面，均应用月白灰。

第7.4.9条 对历史、艺术价值较高的瓦件应全部保留。如有碎裂，应加固粘牢，再置于原处。碎裂过大难以粘固者，可收

藏保存，作为历史资料。

第7.4.10条 阴阳瓦屋顶，干搓瓦顶，以及无灰背的瓦顶，应按原样维修，不得改变形制。

第五节 小木作

第7.5.1条 古建筑小木作的修缮，应先作形制勘查。对具有历史、艺术价值的残件应照原样修补拼接加固或照原样复制。不得随意拆除、移动、改变门窗装修。

第7.5.2条 修补和添配小木作构件时，其尺寸、榫卯做法和起线形式应与原构件一致，榫卯应严实，并应加楔、涂胶加固。

第7.5.3条 小木作中金属零件不全时，应按原样式、原材料、原数量添配，并置于原部位。为加固而新增的铁件应置于隐蔽部位。

第7.5.4条 小木作表面的油饰、漆层、打蜡等，若年久褪光，勘查时应仔细识别，并记入勘查记录中，作为维修设计和施工的依据。

第7.5.5条 两面夹纱的装修，其隔心应为对正重合的两套棂条，维修时不得改为单面隔心。

第六节 其 他

第7.6.1条 古建筑地面的翻修，应先测绘出甬路、散水和海墁的铺墁形式，各部位的高程、排水方向、坡度与面层做法，绘出现状图，作为修复设计和施工的依据。

第7.6.2条 古建筑雨水沟的维修，除应符合本规范第2.0.1条的要求外，尚应做出排水坡度。

第7.6.3条 古建筑外围修筑路面时，不得任意提高路面的高程，不得湮没土衬石、砚窝石、牌楼散水和石狮底座等。

第7.6.4条 维修古建筑时，需移动的陈设（如匾联、挂屏、屏风、盆景）和建筑附属物（如门外的石狮、上马石、影壁、牌楼等），竣工后应恢复原状。

第7.6.5条 维修古建筑油饰彩画时，不得改变彩画等级、色彩原状和装饰题材原状。对历史、艺术价值较高的彩画，应按原状保留及随旧修补，并用有机硅封护，不得过色还新，更不得刮掉另做。

第7.6.6条 壁画、塑像、砖雕、石雕等艺术品，必须按原状保护，不得过色还新、再塑金身、喷砂见新或化学去污。

第八章 工 程 验 收

第一节 一 般 规 定

第8.1.1条 古建筑维护与加固工程的验收，应按《中华人民共和国文物保护法》及本规范规定和设计要求进行检查。

第8.1.2条 重点维修工程、迁建工程和局部复原工程，均应分阶段验收，并填写隐蔽工程检查验收记录。全部工程项目完成后，应由文物主管部门会同有关单位进行总验收。

第8.1.3条 维护与加固工程验收时，施工单位应提供下列文件：

一、竣工图纸，并在图中注明施工中所有更改的内容。

二、隐蔽工程检查验收记录。

三、材料和材质状况报告。

四、更改设计的批准文件，或协商记录。

第二节 木构架工程的验收

第8.2.1条 对局部或全部拆落的木构架修缮工程，应在木

构架安装完成后，由文物主管部门会同有关单位及时检查整体造型、整体形制尺寸及各种构件的安装位置，并做出检查验收记录。

木构架安装尺寸允许偏差，应符合表 8.2.1 规定。

木构件安装的允许偏差（mm） 表 8.2.1

检 查 项 目	对设计尺寸的允许偏差
柱距	±5
柱脚及柱头的通面阔或通进深	±20
柱高	$\pm H/1000$，且不超过 ±10
柱侧脚	$\pm H/200$
每步架举高	±5
檐出	±10
举架总高	±15
翼角起翘	±10
翼角生出	±10

注：H 为柱高设计尺寸。

第 8.2.2 条 对柱、梁枋、檩等大型木构件的修补或更换工程，在油饰彩画之前，应由文物主管部门会同有关单位及时按下列要求进行检查，并做出检查记录：

一、柱头卷杀、梭柱、月梁、驼峰等的形制应符合原状或设计要求。

二、新配的承重木构件，其截面尺寸的允许偏差应符合表 8.2.2 的规定。

承重木构件截面尺寸的允许偏差 表 8.2.2

检 查 项 目	对设计尺寸的允许偏差
柱或梁的直径	$\pm d/100$
梁高	$\pm h/30$，且负偏差不得超过 −15mm
梁宽	$\pm b/20$，且负偏差不得超过 −12mm
枋高	±5mm
枋宽	±3mm
檩或槫檩直径	±5mm

注：d 为原木构件直径的设计尺寸；h 为梁高的设计尺寸；b 为梁宽的设计尺寸。

第 8.2.3 条 斗栱构件的修配、更换和安装，应按下列要求进行形制和尺寸的检查：

一、各种构件安装后应平直；有柱生起的构架，其斗栱的横向构件应与柱生起线平行；斗栱间的距离应符合设计规定。

二、昂嘴、栱瓣、栱眼、斗颔、耍头等构件，应符合原状和设计要求。

三、斗栱安装及其构件尺寸的允许偏差应符合表 8.2.3 的规定。

斗栱安装及其构件尺寸的允许偏差（mm） 表 8.2.3

检 查 项 目		对设计尺寸的允许偏差
斗口或斗栱的材高或材宽		±1
斗栱攒当（各攒斗栱之间的距离）		±5
斗栱出跳（每跳）		±2
斗栱出跳总长（前或后）	三、五踩	±3
	七、九、十一踩	±5
栱长		±2
大斗高或宽		±2
小斗高或宽		±1

第 8.2.4 条 木构架或斗栱的连接装配，应按下列要求进行验收：

一、木构架构件之间榫卯缝隙，不得大于 5mm。若有新添的铁件，应按设计要求配齐。

二、斗栱构件之间榫卯缝隙，不得大于 1mm，暗销应如数配齐。

三、原有构件榫卯不合规制部分，可按设计要求检查。

第 8.2.5 条 椽，包括飞椽的安装、修配和更换的验收，应符合下列规定：

一、椽的安装式样、数目，应符合原状或设计要求。

二、椽头如有卷杀，其卷杀应符合原状或设计要求。

三、椽条尺寸及其安装的允许偏差应符合表 8.2.5 规定。

椽条尺寸及其安装偏差的允许偏差（mm） 表 8.2.5

检 查 项 目	对设计尺寸的允许偏差
椽距	±5
圆椽直径或方椽高和宽	±2

第 8.2.6 条 修配和更换各种构件的木材，其含水率应符合本规范第 6.3.4 条的要求。木材的树种，除设计另有规定外，应与原件相同。在施工中因特殊原因变更时，除应经设计单位同意外，尚应有记录备查。

第 8.2.7 条 新更换的承重木构件及斗栱，其用料质量的检查验收，应按本规范表 6.3.3 的有关规定执行。

第三节 相关工程的验收

第 8.3.1 条 各项相关工程维修竣工验收时，均应首先进行形制及外观尺寸检查，并应符合原状或设计要求。

第 8.3.2 条 重点修缮工程、迁建工程或局部复原工程中新做的基础，应按现行国家有关规范进行检查验收。

第 8.3.3 条 排水设施工程的验收，应遵守下列规定：

一、补砌或重做散水、维修排水沟渠、管道等项目，其施工质量应按设计要求检查。

二、重点修缮工程、局部复原工程或迁建工程中新做的排水设施，除与形制有关的部分应按原状或设计要求检查外，其他部分的施工质量均应按现行国家有关规范进行检查。

第 8.3.4 条 石作工程的验收，应按下列要求进行：

一、各种石构件应按设计的位置和尺寸归安平整，灌浆严实，勾缝均匀。石构件应表面洁净，不得留有灰迹、污斑。

二、重砌和补砌的台基，其宽度或深度对设计尺寸的偏差，不得超过 ±20mm。

三、补配石料的表面不得有裂纹、残边及水线等缺陷，其质感、色泽宜与原构件相似或相近，但应能识别其差异。

四、粘接的石构件，其接缝不得有缺胶、脱胶；构件表面应清理洁净，不得留有胶粘污痕。同时，还应核查胶液检验合格的报告。

第 8.3.5 条 墙壁工程的验收，应遵守下列规定：

一、砌墙灰浆的配合比及其色泽，应符合设计要求。

二、砖墙表面的平整度和砖缝的平直度，应按现行国家有关标准进行检查。

第 8.3.6 条 抹灰刷浆工程的验收，应遵守下列规定：

一、抹灰、刷浆的材料、配合比、厚度及其色泽，应符合设计要求。

二、抹灰、刷浆的表面应平整，不得有裂纹、起壳、起泡、起毛和漏刷等缺陷。

三、抹灰表面的平整度和阴阳角的方正度，应按现行国家有关评定标准进行检查。

第8.3.7条 瓦顶保养工程的验收，应按下列要求进行：

一、瓦顶滋生的杂草、杂树应全部连根拔净，瓦垄内无积土残渣。

二、瓦垄勾灰或裹垄灰，应平滑严实，捉节夹垄的麻刀灰不得突出瓦面，勾灰配合比和色泽应符合设计要求，瓦件表面应洁净无污斑。

三、使用化学药剂除草时，除清除的质量应符合设计要求外，尚不得留下污渍或造成瓦面变色与损伤。

第8.3.8条 瓦顶揭宽工程的验收，应按下列要求进行：

一、苫背的曲线轮廓和尺寸，应符合设计要求，苫背的表面应无裂纹和其他影响防水的缺陷。苫背的检查验收，应在苫背层完全干燥后立即进行，并应按隐蔽工程的要求写出检查报告。

二、瓦顶式样，各种瓦垄行数，各种瓦兽件的形制、尺寸、色泽，应符合原状或设计要求。

三、瓦垄应垄直当匀，屋面曲线流畅。

四、瓦垄捉节、夹垄和裹垄灰的检查验收要求，与本规范第8.3.7条第二款相同。

第8.3.9条 小木作工程的验收，应按下列要求进行：

一、更换的较大构件，如门窗边框、栏杆、塑柱、地栿等，其木材材质及制作质量应按现行国家标准《木结构工程施工及验收规范》进行检查。

二、补配的细小构件，如门窗扇棂条、藻井小斗棋等，其截面尺寸应精确，边棱、起线应平直，其木材的含水率应不高于当地平衡含水率，并不容许有木节、裂缝、扭曲等缺陷。

三、门窗扇、天花板等，应四角规整，平面无翘曲。门窗扇对角线长度的偏差，不应超过±3mm。

四、天花、藻井、栏杆等安装后，应榫卯严实，安全牢固。

第8.3.10条 其他有关工程的验收，应按下列要求进行：

一、油饰、彩画的地仗完工后，应由文物主管部门会同施工单位及时进行检查，并按隐蔽工程的要求写出检查报告。

二、油饰补绘或重绘彩画工程，其彩画规制、题材内容、色彩光泽，应符合设计要求。沥粉贴金部分，尚应检查其贴金质量，金线不得有漏贴、毛边、宽窄不匀等缺点。

三、防雷、防火、防潮、防腐、防虫害等防护工程的验收，应按设计要求及现行国家有关标准进行。

附录一 名词解释

本规范用名	曾用名			名词解释
	清代官式	宋《营造法式》	《营造法原》	
通面阔	通面阔		共开间	建筑物纵向相邻两檐柱中心线间的距离称为面阔；各间面阔的总和为通面阔(附图1.1)
通进深	通进深		共进深	建筑物横向相邻两柱中心线间的距离称为进深；各间进深的总和，即前后檐柱中心线间的距离，为通进深(附图1.1)
周围廊	周围廊	副阶周匝		加在建筑物四周的围廊(附图1.1)
木构架	大木	大木	大木	古建筑木结构中承重木构件及其组合的总称
抬梁式				古建筑木构架的一种主要结构类型，又称叠梁式，其特点是：立柱上支承大梁，大梁上再通过短柱叠放数层逐渐减短的梁，檩条置于各层梁端，在重要的建筑中，还在梁柱交接处垫以斗棋

续表

本规范用名	曾用名			名词解释
	清代官式	宋《营造法式》	《营造法原》	
穿斗式				盛行于我国南方的一种木构架类型，其特点是檩条直接由柱支承，不用梁，仅用穿枋将各柱拉结起来
梁架				古建筑中屋顶承重木结构的总称
木屋盖				屋顶承重木结构与屋面木基层的总称，包括梁架、檩、椽、望板等
木楼盖				二层或二层以上建筑物中楼板层木承重构件与木楼面的总称
梁	梁、桁	梁、栿	梁	古建筑木构架中横向布置的受弯构件
大梁	大桁		大梁	梁架中最下面一层直接由柱或斗棋支承的梁
抱头梁	抱头梁		廊川	木构架中，外端支于檐柱上，内端插入金柱的梁。清代建筑有斗棋时称挑尖梁，有斗棋时，其外端通过斗棋支于檐柱上，称桃尖梁(附图1.2、1.5)
月梁		月梁		宋称两端卷杀、底面上四、外形似弯月的梁为月梁；清代卷棚顶中屋架最上一层承托双檩的短梁为月梁。本规范条文中指前者(附图1.3)
檐柱	檐柱	檐柱	廊柱	建筑物周边或前后屋檐下支承屋檐的柱子(附图1.2)
金柱	金柱、老檐柱	内柱	步柱、今柱、轩步柱	檐柱以内，但不在建筑物纵向中线上的柱子(附图1.2)
梭柱		梭柱		上端或上下两端卷杀或略似梭形的柱子(附图1.3)
瓜柱	瓜柱	侏儒柱蜀柱	童柱	梁架中两梁间的短柱和支承脊檩的短柱(附图1.2)
角背	角背	合楷		沿梁的上皮，置于瓜柱下部以固定瓜柱柱脚的木构件(附图1.2)
驼峰		驼峰		梁架中两层梁间代替瓜柱、上小下大略成梯形的木构件，常加以雕刻成驼峰背形状(附图1.5)
枋	枋	方、串	枋	古建筑木构架中主要起联系作用的方木构件
额枋	额枋	阑额	廊枋	木构架中置于柱头间的纵向连系构件，一般置于檐柱间，清代建筑有斗棋时，称为额枋，无斗棋时称为檐枋(附图1.5)
平板枋	平板枋	普拍方	斗盘枋	置于额枋和柱头上，用以承托斗棋的扁方木(附图1.5)
穿插枋	穿插枋		夹底	檐柱与金柱之间的连系构件，位于抱头梁下方(附图1.2)
承椽枋	承椽枋	由额	承椽枋	重檐木构架中安装于上檐檐柱(重檐金柱)之间的连系枋。用以嵌入或承托下檐檐椽的后尾(附图1.5)
楞栅	楞木		楞栅	楼板层中直接承托木楼面层的小梁，一般沿建筑物纵向布置，两端搁置在楼盖梁上
楼盖梁	承重		承重	二层或二层以上建筑的楼板层中，沿进深方向分间布置的承重梁

本规范用名	曾用名			名词解释
	清代官式	宋《营造法式》	《营造法原》	
檩 檩条	檩 桁	槫	桁	古建筑木构架中，安装在梁架或斗上，承受屋面荷载并起纵向连系作用的圆木构件(附图1.2、1.5)
椽 椽条	椽	椽	椽	排列于檩上、与檩垂直布置的上承望板(或望砖)的圆木或方木构件(附图1.2、1.5)
檐椽	檐椽		出檐椽	木构架中最外侧一步架上的椽，一般常向外伸挑，构成挑檐(附图1.2)
飞椽	飞檐 飞檐椽	飞子	飞椽	置于檐椽外端之上，使檐椽继续向外伸挑的方木椽(附图1.2)
望板	望板	版栈	望板	铺于椽上的木屋面板
檐头	檐头	檐头 飞檐头		屋檐的外挑部分，一般指自檐柱中心线至飞檐外端。宋称檐椽端部为檐头，飞椽端部为飞檐头
檐出	檐出 上檐出	檐出	出檐	自檐柱中心线至椽外端的水平距离(附图1.2)
翼角	翼角	转角	戗角	庑殿、歇山或攒尖顶建筑中屋檐的外转角部位(附图1.4)
角梁	角梁	阳马	角梁	建筑物翼角处在相交的檩条上斜置的梁，一般由上下两根梁组成，其外端随檐椽、飞椽向外挑出
老角梁	老角梁	大角梁	老戗	组成角梁的两根梁中，下面的一根直接搁置在檩条上的角梁
仔角梁	仔角梁	子角梁	嫩戗	组成角梁的两根梁中，上面的一根搁置在老角梁上的角梁
由戗	由戗	续角梁 簇角梁	担檐角梁	庑殿或攒尖顶建筑中自角梁后尾接续而上的斜梁，宋的续角梁用于庑殿顶；簇角梁用于攒尖顶
扶脊木	扶脊木		帮脊木	清代木构架中沿正脊置于脊檩上用以稳定两侧的檩条和上面瓦件的木构件，其断面常做成六边形，两侧挖有椽窝
封檐板			遮雨板 摘檐板	顺屋檐端钉在椽头上的木板，常见于我国南方的古建筑中
椽窝	椽窝			为嵌入椽的后尾在木构件上挖的圆窝
斗栱	斗栱	铺作	牌科	由方块形的斗，弓形的栱、翘，斜伸的昂和矩形断面的枋层层铺叠而成的组合构件，主要置于屋檐下和梁柱交接处(附图1.10、1.11)
平身科	平身科	补间铺作	桁间牌科	位于两柱之间木枋上的斗栱
角科	角科	转角铺作	角栱	位于转角处角柱上的斗栱
攒	攒	朵	座	计量斗栱用的量词，相当于"组"
攒当	攒当			相邻两攒斗栱的间距
出跳	出踩	出跳	出参	斗栱自柱中心线向前、后逐层挑出的做法。每挑出一层称为出一跳；挑出的水平距离为出跳的长，或称为跳，清代为拽架(附图1.11)

本规范用名	曾用名			名词解释
	清式官式	宋《营造法式》	《营造法原》	
材			材	早期古建筑木构架中应用的古典模数制的基本单位。通常以斗栱中拱或枋的矩形截面来计算，拱高称为材高，简称为材，拱宽称为材厚；上下拱之间的间隔距离称为架，一材加一架为足材(附图1.8)
斗口	斗口		斗口	古典模数制发展到清代，简化成以材厚，即拱或翘的宽度为基本单位，称为斗口(附图1.8)
大斗	大斗 坐斗	栌斗	大斗 坐斗	斗栱中最下面的斗形构件，为一攒斗栱荷载集中之处(附图1.11)
小斗	升、斗	斗	升	斗栱中除大斗以外的其余斗形构件，一般均小于大斗(附图1.11)
耳	耳	耳	上升腰、上斗腰	大斗和小斗上、中、下三个部位的名称(附图1.9)
腰	腰	平	下升腰、下斗腰	
底	底	欹	升底、斗底	
斗颔	欹颔			大斗和小斗斗底四周的凹圆曲面(附图1.9)
栱	栱	栱	栱	斗栱中略似弓形的方木(附图1.11)，沿建筑物纵向布置的，清代官式称为栱；横向布置，前后伸出的，清代官式称为翘
翘	翘			
栱眼	栱眼	栱眼	栱眼	栱上部两侧的刻槽(附图1.9)
栱瓣	栱瓣	栱瓣	栱板	栱的两端下半部卷杀形成的3~5个连续的斜面(附图1.9)
昂	昂	下昂	昂	斗栱中向前、向下斜伸的方木(附图1.11)
昂嘴	昂嘴		昂尖	昂前端斜垂向下的部位(附图1.11)
要头	要头	要头 爵头	要头	斗栱中，翘、昂之上与最外一层栱(清称厢栱)垂直相交的方木(附图1.11)
减柱造				11~14世纪出现的柱网平面中减掉部分金柱的做法
步架	步、步架	架、椽架	界、界深	木构架中相邻两檩中心线的水平距离(附图1.2)
举高	举高		提栈高	木构架中相邻两檩中心线或上皮的垂直距离(附图1.2)
举架	举架	举折	提栈	为使屋面斜坡成为曲面而调整檩条位置的做法，如：自檐至脊逐步增加举高
举架总高		举高		木构架中最上和最下两根檩中心线或上皮的垂直距离，一般指各步举高的总和(附图1.2)
柱生起		生起		木构架中，檐柱的高度自明间向两侧逐间增高(至角柱增至最高)的做法(附图1.6)
柱侧脚	掰升	侧脚		使木构架中柱子的柱头向内微收，柱脚向外微出的做法(附图1.6)

本规范用名	曾用名			名词解释
	清代官式	宋《营造法式》	《营造法原》	
翼角起翘	翼角起翘		发戗	木构架翼角处,利用檐椽和飞椽外端逐渐向上升高,使翼角端部翘起一定高度的做法(附图1.4)
翼角生出	翼角斜出 翼角冲出	生出	放戗	翼角处的檐椽和飞椽在向上翘起的同时,还使其逐渐向外延伸一定距离的做法(附图1.4)
卷杀		卷杀		木构件端部加工成曲面或斜面,使其端部略小的一种艺术处理手法
榫头	榫			两木构件凹凸相接时,构件上的凸出部分
卯口	卯、榫眼	卯口		两木构件凹凸相接时,构件上的凹入部分
榫卯	榫卯			榫头和卯口的总称
半银锭榫	银锭榫	鼓卯	羊胜	一种榫头外大内小、卯口外小内大的榫卯,又称燕尾榫(附图1.7)
管脚榫	管脚榫			柱脚部位插入柱础的方榫(附图1.3)
落架大修	落架翻修	拆修挑拔		当木构架中主要承重构件残损,有待彻底整修或更换时,先将木构架局部或全部拆落,修配后再按原状安装的维修方法
打牮拨正	打牮拨正	扶荐	牮房	当木构架中主要构件倾斜、扭转、拔榫或下沉时,应用杠杆原理,不拆落木构架而使构件复位的一种维修方法
压椽枋				维修重檐木构架时,为防止搁置在承重枋的下檐椽尾翘起而添加的压椽尾的方木构件
台基	台基、台明	阶基	阶台	建筑物底部高出室外地面的砖石平台(附图1.2)
柱础	柱顶石	柱础	磉石	支承柱子的方形石构件(附图1.2)
土衬石	土衬石	土衬石	土衬石	台基、踏道(台阶)之下,沿周边与室外地面取平或略高处所铺砌的条石
砚窝石	砚窝石	土衬石		踏道(台阶)最下一级与室外地面取平或略高处所铺砌的条石
山墙	山墙		山墙	建筑物两端沿进深方向砌筑的墙
檐墙	檐墙		檐墙	建筑物前或后屋檐下随檐柱砌筑的墙
柱门	柱门			墙柱交接处,为使部分柱子表面露明,在墙的内侧自上至下做出的八字形墙面
透风	透风			墙与木柱交接处,在墙身上留出的通向外侧的通气孔洞,一般留于柱脚以上部位,并在洞口嵌有雕花透空砖作为装饰
收分	收分	斜收、上收	收水	古建筑中使墙体厚、柱径下大上小,墙面、柱面微向内倾的做法
盖瓦	盖瓦	合瓦	盖瓦	古建筑的瓦屋面多由凹面向上的底瓦和凸面向上的盖瓦组成。盖瓦在上,置于下面两排底瓦之间
底瓦	底瓦	仰瓦	底瓦	

本规范用名	曾用名			名词解释
	清代官式	宋《营造法式》	《营造法原》	
削割瓦	削割瓦			规格尺寸与琉璃瓦相同,但表面不施彩釉的筒、板瓦,多与琉璃瓦配合使用
阴阳瓦	合瓦 阴阳瓦		蝴蝶瓦	一种青色无釉、粘土烧制的板瓦,断面略呈弧形,用作底瓦、又用作盖瓦
干搓瓦				一种只用板瓦作底瓦,不用盖瓦,由板瓦仰面密排编在一起的瓦屋面
檐口瓦				瓦屋面中屋檐最外侧的底瓦和盖瓦,一般均用特制的瓦件,筒板瓦下端用勾头和滴水瓦,阴阳瓦下端常用花边瓦和滴水瓦
正脊	正脊	正脊	正脊	屋顶上前后两坡屋面相交处的屋脊(附图1.12)
垂脊	垂脊	垂脊	竖带	庑殿顶自正脊两端至四周的屋脊和歇山、悬山、硬山顶自正脊两端沿前后坡垂直向下的屋脊(附图1.12、1.10)
戗脊	戗脊		水戗	歇山顶四角,筑于角梁之上与垂脊相交的屋脊(附图1.12)
博脊	博脊	曲脊	赶宕脊	歇山顶两侧屋面上部贴于山花板外或进入博风板内侧的屋脊,和重檐建筑的下檐上部贴于上檐额枋下的屋脊。后者又称为围脊(附图1.12)
宝顶	宝顶	斗尖		攒尖屋顶中央的尖顶,一般由底座和宝珠组成,宝珠常用粘土或琉璃制品,也有时用铜胎镀金
吻兽	吻、吻兽	鸱尾	吻	置于正脊两端的兽件,早期为鸱尾,发展到明清,演变为衔脊的龙吻
宝盒				某些重要古建筑,原建时砌入正脊中部的金属盒子,内装有"避邪"的金属制品等
灰背	背、灰背			铺于望板上的屋面垫层,用以保温、防水,并做出屋面的圆滑曲面,多分层抹压,以灰(白灰、青灰)为主,故名灰背
苫背	苫背			屋面上铺抹灰背
月白灰	青白灰			白灰或麻刀灰中掺入适量青灰浆而成的灰浆
捉节	捉节			用筒瓦作盖瓦时,在上下筒瓦相接处勾灰
夹垄	夹陇			用筒瓦作盖瓦时,在筒瓦两侧下面与底瓦的缝隙间勾灰
裹垄	裹陇			维修布瓦(青筒板瓦)屋面时,为使垄直当匀,在筒瓦垄上裹抹灰浆的做法
海墁	海墁			指用同一种材料墁成一平整表面的做法,本规范指在庭院中室外地面全部墁砖
小木作	装修	小木作	装折	古建筑中非承重木构件、木配件的总称,包括门窗、隔扇、栏杆、花罩等

本规范用名	曾用名			名词解释
	清代官式	宋《营造法式》	《营造法原》	
外檐装修	外檐装修			界于室内、外之间的和廊子下面的木装修
内檐装修	内檐装修			位于室内分隔空间的木装修
天花	天花	平棋 平闇	棋盘顶	古建筑中的顶棚,包括清式的井口天花(即宋之平棋)、海墁天花和宋的平闇(附图1.5)
藻井	藻井	藻井	鸡笼顶	古建筑天花中,局部上凹呈穿窿形的部分,常处理成方覆斗形、八角覆斗形或半球形,有很强的装饰性(附图1.5)
棂条	棂子	棂、条柽	心仔	门、窗、隔扇中用以组成各种图案的细木条
隔心	隔心	格眼	内心仔	门、窗、隔扇的采光部分,由棂条组合为心,四周用仔边作框,卡入门、窗、隔扇的边抹中
夹纱	夹纱			一种双层隔心的做法。隔扇或门、窗里外采用两套隔心,中间糊以纱或纸
栏杆	栏杆	钩阑	栏杆	筑于台基、露台周边、楼层廊下檐柱间等处的栅栏(附图1.13)
望柱	望柱	望柱	莲柱	支持拦杆的短柱(附图1.13)
地栿	地伏	地栿		置于栏杆下或木构架柱脚之间贴地的方木
地仗	地仗	地仗		油饰彩画前,在木构件表面所抹的用砖灰、桐油、血料等调制的垫层
断白				修缮古建筑时,仅在木构件表面涂刷色油,不施彩画、不画纹样的油饰方法
过色还新				在原彩画上重新刷色、贴金

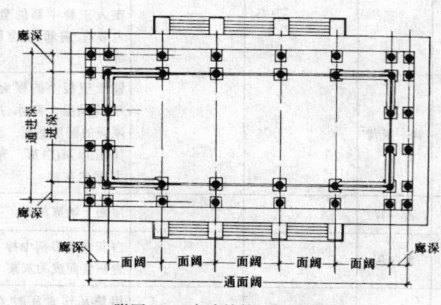

附图1.1 古建筑的面阔和进深

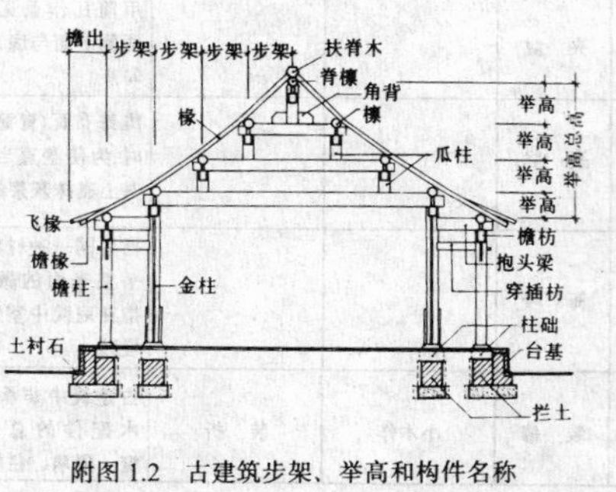

附图1.2 古建筑步架、举高和构件名称

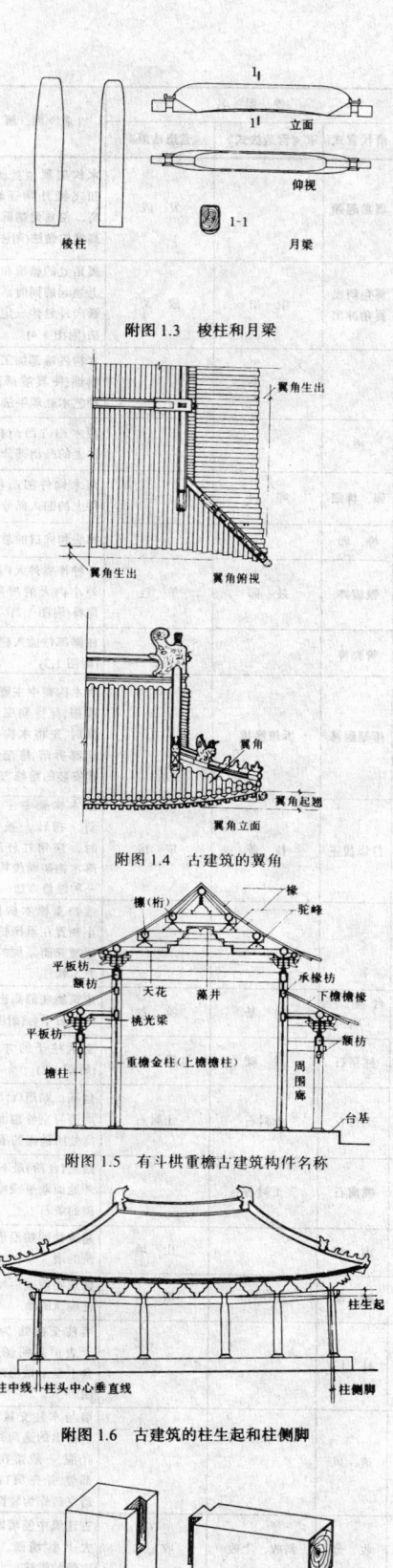

附图1.3 梭柱和月梁

附图1.4 古建筑的翼角

附图1.5 有斗栱重檐古建筑构件名称

附图1.6 古建筑的柱生起和柱侧脚

附图1.7 半银锭榫连接

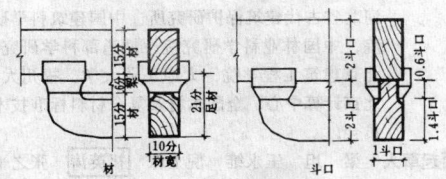

附图1.8 斗口和材栔

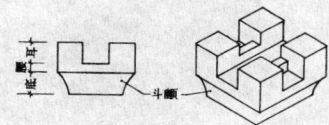

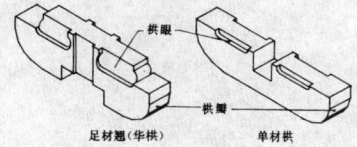

足材翘(华栱)　单材栱

附图1.9 斗栱

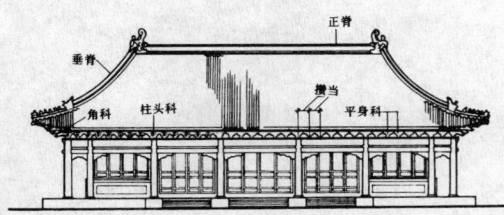

附图1.10 斗栱的分类和庑殿顶的脊

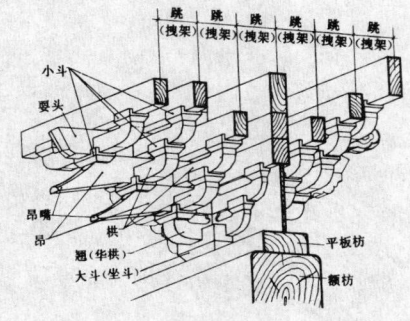

附图1.11 斗栱各部件名称的斗栱的出跳

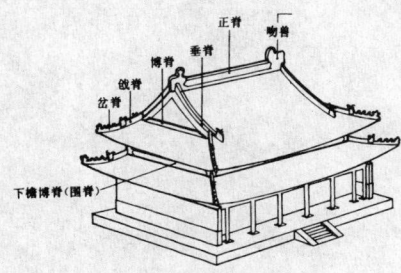

附图1.12 古建筑中的脊

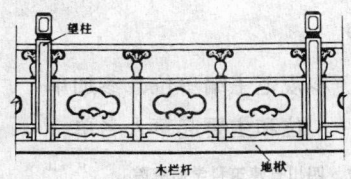

附图1.13 木栏杆

附录二　古建筑基本自振周期的近似计算

一、本附录推荐的古建筑基本自振周期近似计算方法，适用于下列构造条件：

1. 建筑平面为正方形或矩形。
2. 以木构架为主要承重结构。
3. 柱全高不超过20m，且有山墙。

二、符合第一款的古建筑，其基本自振周期可按下列公式计算：

1. 横向基本自振周期
$$T_1 = 0.05 + 0.075H \qquad (2-1)$$

2. 纵向基本自振周期
$$T_1 = 0.07 + 0.072H \qquad (2-2)$$

式中　T_1——结构基本自振周期（s）；

H——为柱高，按下列规定计算：

①对单层古建筑，为从室内地面到大梁底部或斗栱下的柱子高度。（有柱顶石时，柱顶石<200mm）。

②对采用通高柱的多层古建筑，为从室内地面到大梁底部或斗栱下的柱子高度。

③对采用叠柱式的多层古建筑：当首层联有刚度较大的附属建筑物时，H 为从首层室内地面到二层楼面的高度；当首层无附属建筑物或联有刚度较小的附属建筑物时，H 为首层室内地面到顶层大梁底部或斗栱下的柱子高度。

附录三　本规范用词说明

一、执行本规范条文时，要求严格程度的用词，说明如下，以便执行中区别对待。

1. 表示很严格，非这样作不可的用词：

正面词采用"必须"；

反面词采用"严禁"。

2. 表示严格，在正常情况下均应这样作的用词：

正面词采用"应"；

反面词采用"不应"或"不得"。

3. 表示允许稍有选择，在条件许可时首先这样作的用词：

正面词采用"宜"或"可"；

反面词采用"不宜"。

二、条文中必须按指定的标准、规范或其他有关规定执行的写法为"应按……执行"或"应符合……要求（或规定）"。

附加说明:

本规范主编单位、参加单
位和主要起草人名单

主编单位 四川省建筑科学研究院

参加单位 文化部文物保护科学技术研究所、故宫博物院、河北省古代建筑保护研究所、中国建筑科学研究院、中国林业科学研究院、铁道部科学研究院、北京建筑工程学院、太原工业大学、福州大学、北京计算中心、全国木材及复合材料标准技术委员会。

主要起草人 梁 坦 王永维 倪士珠 祁英涛 张之平 于倬云 臧尔忠 孟繁兴 季直仓 李世温 郭惠平 李源哲 刘奇颐 卓尚木 方 复

中华人民共和国行业标准

建筑结构体外预应力加固技术规程

Technical specification for strengthening building
structures with external prestressing tendons

JGJ/T 279—2012

批准部门：中华人民共和国住房和城乡建设部
施行日期：２０１２年５月１日

中华人民共和国住房和城乡建设部
公　告

第 1227 号

关于发布行业标准《建筑结构
体外预应力加固技术规程》的公告

现批准《建筑结构体外预应力加固技术规程》为行业标准，编号为 JGJ/T 279 - 2012，自 2012 年 5 月 1 日起实施。

本规程由我部标准定额研究所组织中国建筑工业出版社出版发行。

中华人民共和国住房和城乡建设部
2011 年 12 月 26 日

前　言

根据原建设部《关于印发〈二〇〇二～二〇〇三年度工程建设城建、建工行业标准制定、修订计划〉的通知》（建标〔2003〕104 号）的要求，规程编制组经广泛调查研究，认真总结工程实践经验；参考有关国际标准和国外先进标准，在广泛征求意见的基础上，编制本规程。

本规程的主要技术内容是：1. 总则；2. 术语和符号；3. 基本规定；4. 材料；5. 结构设计；6. 构造规定；7. 防护；8. 施工及验收。

本规程由住房和城乡建设部负责管理，由中国京冶工程技术有限公司负责具体技术内容的解释。执行过程中如有意见和建议，请寄送至中国京冶工程技术有限公司《建筑结构体外预应力加固技术规程》编制组（地址：北京市海淀区西土城路 33 号，邮编：100088）。

本规程主编单位：中国京冶工程技术有限公司
　　　　　　　　　浙江舜杰建筑集团股份有限公司

本规程参编单位：同济大学
　　　　　　　　　中国建筑科学研究院
　　　　　　　　　中冶建筑研究总院有限公司
　　　　　　　　　北京市建筑设计研究院
　　　　　　　　　北京市建筑工程研究院有限责任公司
　　　　　　　　　上海同吉建筑设计工程有限公司
　　　　　　　　　南京工业大学

本规程主要起草人员：尚仁杰　吴转琴　陈坤校
　　　　　　　　　　熊学玉　李晨光　李东彬
　　　　　　　　　　束伟农　宫锡胜　顾　炜
　　　　　　　　　　李延和　仝为民　邵卫平

本规程主要审查人员：陶学康　霍文营　孟少平
　　　　　　　　　　郑文忠　李培彬　吴　徽
　　　　　　　　　　庄军生　张　瀑　朱尔玉
　　　　　　　　　　司毅民　朱　龙

目次

Contents

1 总　则

1.0.1 为使采用体外预应力加固法进行加固的混凝土建筑结构设计与施工做到安全适用、技术先进、经济合理、确保质量，制定本规程。

1.0.2 本规程适用于房屋建筑和一般构筑物的混凝土结构采用体外预应力加固法进行加固的设计、施工及验收。

1.0.3 混凝土结构加固前，应根据建筑物类别按现行国家标准《工业建筑可靠性鉴定标准》GB 50144和《民用建筑可靠性鉴定标准》GB 50292进行可靠性鉴定。当房屋建筑处于抗震设防区时，应按现行国家标准《建筑抗震鉴定标准》GB 50023进行抗震可靠性鉴定。

1.0.4 混凝土结构采用体外预应力进行加固的设计、施工及验收，除应符合本规程外，尚应符合国家现行有关标准的规定。

2　术语和符号

2.1　术　语

2.1.1 结构加固　strengthening of existing structures

对可靠性不足或使用过程中要求提高可靠度的承重结构、构件及其相关部分，采取增强、局部更换或调整其内力等措施，使其具有满足国家现行标准及使用要求的安全性、耐久性和适用性。

2.1.2 体外预应力加固法　structure member strengthened with external prestressing tendon

通过布置体外预应力束并施加预应力，使既有结构构件的受力得到调整、承载力得到提高、使用性能得到改善的一种主动加固方法。

2.1.3 体外预应力束　external prestressing tendon

布置在混凝土构件截面之外的后张预应力筋及外护套等。

2.1.4 转向块　deviator

改变体外预应力束方向的、与混凝土构件相连接的中间支承块。

2.1.5 锚固块　anchorage block

承受预应力锚具作用并将其传递给混凝土结构的附加锚固装置。

2.1.6 体外预应力二次效应　second-order effect of external prestressing

体外预应力筋与构件横向变形不一致而引起的附加预应力效应。

2.2　符　号

2.2.1　材料性能

E_c——混凝土弹性模量；

E_s——钢筋弹性模量；

f_c——混凝土轴心抗压强度设计值；

f_{tk}、f_t——混凝土轴心抗拉强度标准值、设计值；

f_{ptk}——预应力筋极限强度标准值；

f_{pyk}——预应力螺纹钢筋的屈服强度标准值；

f_y、f_y'——非预应力筋的抗拉、抗压强度设计值；

f_{yv}——受剪计算非预应力筋抗拉强度设计值；

f_{py}——预应力筋的抗拉强度设计值。

2.2.2　作用、作用效应

M——弯矩设计值；

M_1——主弯矩值，即由预加力对截面重心偏心引起的弯矩值；

M_2——由预加力在超静定结构中产生的次弯矩；

M_k、M_q——按荷载效应的标准组合、准永久组合计算的弯矩值；

M_{cr}——受弯构件的正截面开裂弯矩值；

N_2——由预加力在超静定结构中产生的次轴力；

N_{p0}——混凝土法向预应力等于零时预应力筋及非预应力筋的合力；

V——剪力设计值；

w_{max}——按荷载效应的标准组合并考虑长期作用影响计算的最大裂缝宽度；

σ_{pc}——扣除全部预应力损失后，由预应力在抗裂验算边缘产生的混凝土法向预压应力；

σ_{con}——预应力筋的张拉控制应力；

σ_{p0}——预应力筋合力点处混凝土法向应力等于零时的预应力筋应力；

σ_{pe}——预应力筋的有效预应力；

σ_{pu}——体外预应力筋的应力设计值；

σ_l——预应力筋在相应阶段的预应力损失值。

2.2.3　几何参数

A——构件截面面积；

A_0——构件换算截面面积；

A_p——构件受拉区体外预应力筋截面面积；

A_s——构件受拉区非预应力筋截面面积；

b——矩形截面宽度，T形、I形截面的腹板宽度；

B——受弯构件的截面刚度；

B_s——受弯构件的短期截面刚度；

h——截面高度；

h_p——预应力筋合力点至受压区边缘的距离；

h_s——非预应力筋合力点至受压区边缘的距离；

I——截面惯性矩；

I_0——换算截面惯性矩；

W——截面受拉边缘的弹性抵抗矩；

W_0——换算截面受拉边缘的弹性抵抗矩。

2.2.4　计算系数及其他

α_E——钢筋弹性模量与混凝土弹性模量的比值；

β_1——矩形应力图受压区高度与中和轴高度（中和轴到受压区边缘的距离）的比值；

γ——混凝土构件的截面抵抗矩塑性影响系数；

λ——计算截面的剪跨比；

κ——考虑孔道每米长度局部偏差的摩擦系数；

μ——摩擦系数；

ρ——纵向受力钢筋的配筋率；

θ——考虑荷载长期作用对挠度增大的影响系数；

ψ——裂缝间纵向受拉钢筋应变不均匀系数。

3 基 本 规 定

3.1 一 般 规 定

3.1.1 体外预应力加固法可用于下列情况的混凝土构件加固：

1 提高结构与构件的承载能力；

2 减小结构构件正常使用中的变形或裂缝宽度；

3 既有结构处于高应力、应变状态，且难以直接卸除其结构上的荷载；

4 抗震加固及其他特殊要求的加固。

3.1.2 既有结构的混凝土强度等级不宜低于 C20。

3.1.3 既有混凝土结构需进行体外预应力加固时，应按鉴定结论和委托方提出的要求，由具有相应资质等级的设计单位进行加固设计。

3.1.4 加固后的混凝土结构安全等级应根据结构破坏后果的严重性、结构重要性、既有结构可靠性鉴定结果和加固设计使用年限，由委托方和设计单位按实际情况确定。结构加固设计使用年限应根据既有结构的使用年限、可靠性鉴定结果和使用要求确定。

3.1.5 混凝土结构的体外预应力加固设计应考虑施工工艺的可行性，合理选用预应力锚固体系，保证受力合理、施工方便。

3.1.6 对高温、高湿、低温、冻融、化学腐蚀、振动、温度应力、地基不均匀沉降等影响因素引起的既有结构损坏，应在加固设计文件中提出防治对策，并应按设计要求进行治理和加固。

3.1.7 对加固过程中可能出现倾斜、失稳、过大变形或坍塌的混凝土结构，应在加固设计文件中提出相应的施工安全和施工监测要求，施工单位应严格执行。

3.1.8 未经技术鉴定或设计许可，不得改变加固后结构的用途和使用环境。

3.2 设计计算原则

3.2.1 采用体外预应力加固混凝土结构时，应对结构的整体进行作用（荷载）效应分析，并应进行承载能力极限状态计算和正常使用极限状态验算。

3.2.2 加固设计中，应按下列规定进行承载能力极限状态和正常使用极限状态的设计及验算：

1 结构上的作用，应经调查或检测核实，并应根据现行国家标准《混凝土结构加固设计规范》GB 50367 的规定确定其标准值或代表值。结构上的作用已在可靠性鉴定中确定时，宜在加固设计中引用。

2 既有结构的加固计算模型，应符合其实际受力和构造状况；作用效应组合和组合值系数及作用的分项系数，应按现行国家标准《建筑结构荷载规范》GB 50009 确定。

3 结构的几何尺寸，对既有结构应采用实测值；对新增部分，可采用加固设计文件给出的名义值。

4 既有结构钢筋强度标准值和混凝土强度等级宜采用检测结果推定的标准值，当材料的性能符合原设计要求时，可采用原设计的标准值。

5 超静定结构应考虑体外预应力对相邻构件内力的影响以及预应力产生的次内力对结构内力的影响。

6 加固后构件刚度发生变化时，整体静力计算和抗震计算应考虑刚度变化对内力分配的影响。

3.2.3 既有结构为普通混凝土结构时，体外预应力束配筋截面积应符合下列规定：

1 混凝土板、简支梁、框架梁跨中：

$$A_p \leqslant 4 \frac{f_y h_s}{\sigma_{pu} h_p} A_s \qquad (3.2.3-1)$$

2 框架梁梁端：

一级抗震等级

$$A_p \leqslant 2 \frac{f_y h_s}{\sigma_{pu} h_p} A_s \qquad (3.2.3-2)$$

二、三级抗震等级

$$A_p \leqslant 3 \frac{f_y h_s}{\sigma_{pu} h_p} A_s \qquad (3.2.3-3)$$

式中：σ_{pu}——体外预应力筋的应力设计值（N/mm²）；

f_y——非预应力筋的抗拉强度设计值（N/mm²）；

h_s、h_p——非预应力筋合力点、预应力筋合力点至受压区边缘的距离（mm）；

A_s、A_p——构件受拉区非预应力筋截面面积、体外预应力筋截面面积（mm²）。

3.2.4 既有结构为预应力混凝土结构时，应综合考虑加固前和加固后的预应力度，保证结构的延性要求。

4 材 料

4.1 混 凝 土

4.1.1 体外预应力加固采用的混凝土强度不应低于 C30。

4.2 预应力钢材

4.2.1 体外预应力束的选用应根据结构受力特点、环境条件和施工方法等确定，体外预应力束的预应力筋可采用预应力钢绞线、预应力螺纹钢筋，并宜采用涂层预应力筋或二次加工预应力筋。

4.2.2 预应力钢绞线和预应力螺纹钢筋的屈服强度标准值（f_{pyk}）、极限强度标准值（f_{ptk}）及抗拉强度设计值（f_{py}）应按表 4.2.2 采用。

表 4.2.2 预应力钢绞线和预应力螺纹钢筋的强度标准值及抗拉强度设计值（N/mm²）

种类		符号	公称直径 d (mm)	屈服强度标准值 f_{pyk}	极限强度标准值 f_{ptk}	抗拉强度设计值 f_{py}
预应力螺纹钢筋	螺纹	ϕ^T	18、25、32、40、50	785	980	650
				930	1080	770
				1080	1230	900
钢绞线	1×3	ϕ^S	8.6、10.8、12.9	—	1570	1110
				—	1860	1320
				—	1960	1390
	1×7		9.5、12.7、15.2、17.8	—	1720	1220
				—	1860	1320
				—	1960	1390
			21.6	—	1860	1320

4.2.3 预应力筋弹性模量（E_p）应按表 4.2.3 采用，对于重要的工程，钢绞线可采用实测的弹性模量。

表 4.2.3 预应力筋弹性模量（×10⁵ N/mm²）

种类	E_p
预应力螺纹钢筋	2.00
钢绞线	1.95

4.2.4 涂层预应力筋可采用镀锌钢绞线和环氧涂层预应力钢绞线，当防腐材料为灌注水泥浆时，不应采用镀锌钢绞线。涂层预应力筋性能应符合下列规定：

　　1 镀锌钢绞线的规格和力学性能应符合国家现行标准《高强度低松弛预应力热镀锌钢绞线》YB/T 152 的规定；

　　2 环氧涂层预应力钢绞线的性能应符合国家现行标准《环氧涂层七丝预应力钢绞线》GB/T 21073 和《填充型环氧涂层钢绞线》JT/T 737 的规定。

4.2.5 二次加工钢绞线可采用无粘结预应力钢绞线，其规格和性能指标应符合现行行业标准《无粘结预应力钢绞线》JG 161 的规定。

4.3 锚　　具

4.3.1 体外预应力加固用锚具和连接器的性能应符合国家现行标准《预应力筋用锚具、夹具和连接器》GB/T 14370 和《预应力筋用锚具、夹具和连接器应用技术规程》JGJ 85 的规定，并宜选用结构紧凑、锚固回缩值小的锚具。

4.3.2 锚具应满足分级张拉、补张拉和放松拉力等张拉工艺的要求。

4.4 转向块、锚固块及连接用材料

4.4.1 转向块、锚固块的材料性能应符合现行国家标准《碳素结构钢》GB/T 700、《低合金高强度结构钢》GB/T 1591、《一般工程用铸造碳钢件》GB/T 11352 的有关规定。

4.4.2 转向块、锚固块与既有结构的连接用材料性能应符合现行行业标准《混凝土结构后锚固技术规程》JGJ 145 的规定。

4.5 防护材料

4.5.1 体外束的外套管可采用钢管或高密度聚乙烯（HDPE）管等。对不可更换的体外束，可在管内灌注水泥浆；对可更换的体外束，管内应灌注专用防腐油脂。

4.5.2 灌浆用水泥应采用普通硅酸盐水泥，并应符合现行国家标准《通用硅酸盐水泥》GB 175 的规定。

4.5.3 外加剂的技术性能及应用方法应符合现行国家标准《混凝土外加剂》GB 8076、《混凝土外加剂应用技术规范》GB 50119 等的规定。

4.5.4 水泥浆水胶比及其他性能应符合现行国家标准《混凝土结构工程施工规范》GB 50666 的有关规定。

4.5.5 专用防腐油脂的技术性能应符合现行行业标准《无粘结预应力筋专用防腐润滑脂》JG 3007 的规定。

4.5.6 防火涂料的技术性能应符合现行国家标准《钢结构防火涂料》GB 14907 的规定。

5 结 构 设 计

5.1 一 般 规 定

5.1.1 体外预应力加固超静定混凝土结构，在进行承载力极限状态计算和正常使用极限状态验算时，应考虑预应力次弯矩、次剪力、次轴力的影响。对于承载力极限状态，当预应力作用效应对结构有利时，预应力作用分项系数应取 1.0，不利时应取 1.2；对正常使用极限状态，预应力作用分项系数应取 1.0。体外预应力配筋截面积可按本规程附录 A 的方法估算。

5.1.2 体外预应力加固超静定混凝土结构，计算截面的次弯矩（M_2）和次轴力（N_2）宜按下列公式计算：

$$M_2 = M_r - M_1 \quad (5.1.2-1)$$

$$N_2 = N_r - N_1 \qquad (5.1.2\text{-}2)$$

$$M_1 = N_1 e_{p1} \qquad (5.1.2\text{-}3)$$

式中：M_r、N_r——由预加力的等效荷载在结构构件截面上产生的综合弯矩值（N·mm）、综合轴力值（N）；

M_1——主弯矩值，即预加力对计算截面重心偏心引起的弯矩值（N·mm）；

N_1——主轴力值，即计算截面预加力在构件轴线上的分力（N），当预应力筋弯起角度很小时，可近似取 $\sigma_{pe}A_p$；

e_{p1}——截面重心至预加力合力点距离（mm）。

次剪力宜根据构件各截面次弯矩的分布按结构力学方法计算。

5.1.3 体外预应力筋的预应力损失值可按表 5.1.3 的规定计算。

表 5.1.3 体外预应力筋的预应力损失值（N/mm²）

引起损失的因素		符 号	取 值
张拉端锚具变形和预应力筋内缩		σ_{l1}	按本规程第 5.1.4 条的规定计算
预应力筋摩擦	与孔道壁之间的摩擦	σ_{l2}	按本规程第 5.1.5 条的规定计算
	在转向块处的摩擦		按本规程第 5.1.5 条的规定计算
	张拉端锚口摩擦		按实测值或厂家提供数据确定
预应力筋应力松弛		σ_{l4}	按本规程第 5.1.6 条的规定计算
混凝土收缩和徐变		σ_{l5}	按本规程第 5.1.7 条的规定计算

注：孔道指张拉前已固定的孔道。

5.1.4 直线预应力筋因张拉端锚具变形和预应力筋内缩引起的预应力损失值（σ_{l1}）可按下式计算：

$$\sigma_{l1} = \frac{a}{l} E_p \qquad (5.1.4)$$

式中：a——张拉端锚具变形和预应力筋内缩值（mm），可按表 5.1.4 采用；

l——张拉端至锚固端之间的距离（mm）。

表 5.1.4 张拉端锚具变形和预应力筋内缩值 a（mm）

锚具类别		a
支承式锚具	螺帽缝隙	1
	每块后加垫板的缝隙	1
夹片式锚具	有顶压时	5
	无顶压时	6～8

5.1.5 预应力筋摩擦引起的预应力损失值（σ_{l2}）可按下列规定计算：

1 预应力螺纹钢筋

$$\sigma_{l2} = 0 \qquad (5.1.5\text{-}1)$$

2 预应力钢绞线

$$\sigma_{l2} = \sigma_{con}\left(1 - e^{-\kappa x - \mu\theta}\right) \qquad (5.1.5\text{-}2)$$

式中：σ_{con}——体外预应力筋张拉控制应力（N/mm²），按本规程第 8.5.2 条取值；

x——张拉端至计算截面固定孔道长度累计值（m），当 $x \leqslant 2m$ 时，可忽略；

θ——张拉端至计算截面预应力筋转角累计值（rad）；

κ——考虑孔道每米长度局部偏差的摩擦系数（1/m），可按表 5.1.5 采用；

μ——预应力筋与孔道壁之间的摩擦系数，可按表 5.1.5 采用。

表 5.1.5 摩擦系数取值

孔道材料、成品束类型	κ	μ
钢管穿光面钢绞线	0.001	0.30
HDPE 管穿光面钢绞线	0.002	0.13
无粘结预应力钢绞线	0.004	0.09

注：表中系数也可根据实测数据确定；当孔道采用不同材料时，应分别考虑，分段计算。

5.1.6 预应力筋应力松弛引起的预应力损失值（σ_{l4}）可按下列规定计算：

1 预应力螺纹钢筋

$$\sigma_{l4} = 0.03\sigma_{con} \qquad (5.1.6\text{-}1)$$

2 预应力钢绞线

1）当 $\sigma_{con} \leqslant 0.5 f_{ptk}$ 时，取 $\sigma_{l4} = 0$；

2）当 $0.5 f_{ptk} < \sigma_{con} \leqslant 0.7 f_{ptk}$ 时：

$$\sigma_{l4} = 0.125\left(\frac{\sigma_{con}}{f_{ptk}} - 0.5\right)\sigma_{con} \qquad (5.1.6\text{-}2)$$

5.1.7 混凝土收缩和徐变引起的预应力损失终极值（σ_{l5}）可按下列规定计算：

1 对一般建筑结构构件

$$\sigma_{l5} = \frac{55 + 300\dfrac{\sigma_{pc}}{f'_{cu}}}{1 + 15\rho} \qquad (5.1.7\text{-}1)$$

$$\rho = (A_p + A_s)/A \qquad (5.1.7\text{-}2)$$

式中：σ_{pc}——受拉区体外预应力筋合力点高度处的混凝土法向压应力（N/mm²），当预应力筋位于截面受拉边缘外时，可假设预应力筋合力点高度处有混凝土并按平截面假定计算；

f'_{cu}——施加预应力时既有结构混凝土立方体抗压强度（N/mm²）；

ρ——受拉区预应力筋和非预应力筋的配筋率。

计算受拉区体外预应力筋合力点高度处的混凝土法向压应力（σ_{pc}）时，预应力损失值应仅考虑混凝土预压前（第一批）的损失；σ_{pc}值不得大于 $0.5f_{cu}'$；同一段体外预应力筋取其平均值计算。

2 当结构处于年平均相对湿度低于 40% 的环境下，σ_{l5}值应增加 30%。

3 既有结构混凝土浇筑完成后时间超过 5 年时，σ_{l5}值可取 0。

4 对重要的建筑结构构件，当需要考虑与时间相关的混凝土收缩、徐变及预应力筋应力松弛预应力损失值时，可按现行国家标准《混凝土结构设计规范》GB 50010 进行计算。

5.1.8 体外预应力加固进行分批张拉时，应考虑后批张拉预应力筋所产生的混凝土弹性压缩对于先批预应力筋的影响，可将先批张拉的预应力筋张拉控制应力增加 $\alpha_E\,\sigma_{pci}$。

注：σ_{pci}为后批张拉预应力筋在先批张拉预应力筋重心处所产生的混凝土法向压应力，同一体外段取其平均值计算，当预应力筋位于截面受拉边缘外时，可假设预应力筋高度处有混凝土并按平截面假定计算。

5.1.9 体外预应力筋的应力设计值（σ_{pu}）可按下式计算：

$$\sigma_{pu} = \sigma_{pe} + \Delta\sigma_p \qquad (5.1.9)$$

式中：σ_{pe}——有效预应力值（N/mm²）；

$\Delta\sigma_p$——预应力增量，正截面受弯承载力计算时：对于简支受弯构件 $\Delta\sigma_p$ 取为 100N/mm²，连续、悬臂受弯构件 $\Delta\sigma_p$ 取为 50N/mm²；斜截面受剪承载力计算时；$\Delta\sigma_p$ 取为 50N/mm²。

5.2 承载能力极限状态计算

5.2.1 矩形截面或翼缘位于受拉边的倒 T 形截面受弯构件（图 5.2.1），其正截面受弯承载力应符合下列规定：

$$M \leqslant \sigma_{pu}A_p\left(h_p - \frac{x}{2}\right) + f_yA_s\left(h - a_s - \frac{x}{2}\right)$$
$$+ f_y'A_s'\left(\frac{x}{2} - a_s'\right) \qquad (5.2.1\text{-}1)$$

混凝土受压区高度应按下式确定：

$$\alpha_1 f_c bx = f_yA_s - f_y'A_s' + \sigma_{pu}A_p \qquad (5.2.1\text{-}2)$$

混凝土受压区高度（x）尚应符合下列条件：

$$x \leqslant \xi_b h_0 \qquad (5.2.1\text{-}3)$$
$$x \geqslant 2a_s' \qquad (5.2.1\text{-}4)$$

式中：M——弯矩设计值（N·mm）；

α_1——系数，当混凝土强度等级不超过 C50 时取为 1.0，当混凝土强度等级为 C80 时取为 0.94，其间按线性内插法确定；

A_s、A_s'——既有结构受拉区、受压区纵向非预应力筋的截面面积（mm²）；

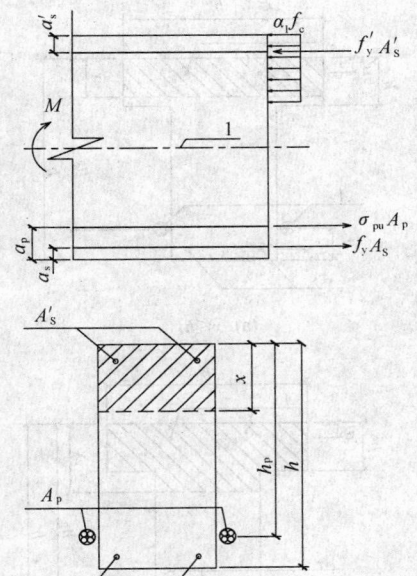

图 5.2.1 矩形截面受弯构件正截面
受弯承载力计算
1—截面重心轴

A_p——体外预应力筋的截面面积（mm²）；

x——等效矩形应力图形的混凝土受压区高度（mm）；

σ_{pu}——体外预应力筋预应力设计值（N/mm²），可按本规程第 5.1.9 条规定取值；

f_c——既有结构混凝土轴心抗压强度设计值（N/mm²）；

f_y、f_y'——非预应力筋的抗拉、抗压强度设计值（N/mm²）；

b——矩形截面的宽度或倒 T 形截面的腹板宽度（mm）；

a_s——受拉区纵向非预应力筋合力点至受拉边缘的距离（mm）；

a_s'——受压区纵向非预应力筋合力点至截面受压边缘的距离（mm）；

h_0——受拉区纵向非预应力筋和体外预应力筋合力点至受压边缘的距离（mm）；

ξ_b——相对界限受压区高度，可取 0.4；

h_p——体外预应力筋合力点至截面受压区边缘的距离（mm）。

当跨中预应力筋转向块固定点之间的距离小于 12 倍梁高时，可忽略二次效应的影响；当跨中预应力筋转向块固定点之间的距离不小于 12 倍梁高时，可根据构件变形确定二次效应的影响。

5.2.2 翼缘位于受压区的 T 形（图 5.2.2）、I 形截面受弯构件，其正截面受弯承载力应符合下列规定：

1 当满足式（5.2.2-1）时，截面应按宽度为 b_f'

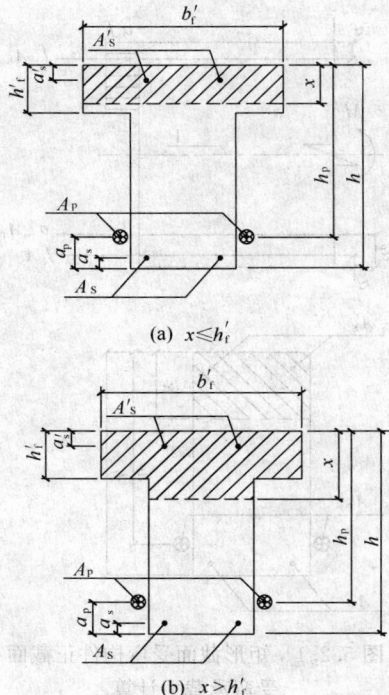

(a) $x \leqslant h'_f$

(b) $x > h'_f$

图 5.2.2　T形截面受弯构件
受压区高度位置

的矩形截面按本规程第 5.2.1 条计算：

$$\alpha_1 f_c b'_f h'_f \geqslant f_y A_s + \sigma_{pu} A_p - f'_y A'_s$$
(5.2.2-1)

2　当不满足公式（5.2.2-1）时，正截面受弯承载力应按下式确定：

$$M \leqslant \sigma_{pu} A_p \left(h_p - \frac{x}{2} \right) + f_y A_s \left(h - a_s - \frac{x}{2} \right)$$
$$+ f'_y A'_s \left(\frac{x}{2} - a'_s \right)$$
$$+ \alpha_1 f_c (b'_f - b) h'_f \left(\frac{x}{2} - \frac{h'_f}{2} \right)$$
(5.2.2-2)

混凝土受压区高度（x）应按下式确定：

$$\alpha_1 f_c [bx + (b'_f - b)h'_f] = f_y A_s + \sigma_{pu} A_p - f'_y A'_s$$
(5.2.2-3)

式中：b——T形、I形截面的腹板宽度（mm）；

h'_f——T形、I形截面受压区翼缘高度（mm）；

b'_f——T形、I形截面受压区的翼缘计算宽度（mm）。

计算 T 形、I 形截面受弯构件时，混凝土受压区高度尚应符合本规程式（5.2.1-3）和式（5.2.1-4）的规定。

5.2.3　当混凝土受压区高度（x）大于 $\xi_b h_0$ 时，加固构件正截面承力计算应按现行国家标准《混凝土结构设计规范》GB 50010 的规定，按小偏心受压构件计算。

5.2.4　体外预应力加固矩形、T形和I形截面的混凝土受弯构件，其受剪截面应符合下列规定：

1　当 $h_w/b \leqslant 4$ 时：

$$V \leqslant 0.25\beta_c f_c bh_0$$
(5.2.4-1)

2　当 $h_w/b \geqslant 6$ 时：

$$V \leqslant 0.20\beta_c f_c bh_0$$
(5.2.4-2)

3　当 $4 < h_w/b < 6$ 时，应按线性内插法确定。

式中：V——考虑预应力次剪力组合的构件斜截面最大剪力设计值（N）；

β_c——混凝土强度影响系数；当混凝土强度等级不超过 C50 时，取 β_c 等于 1.0；当混凝土强度等级为 C80 时，取 β_c 等于 0.8；其间按线性内插法确定；

b——矩形截面的宽度，T形截面或I形截面的腹板宽度（mm）；

h_0——原截面的有效高度（mm）；

h_w——截面的腹板高度（mm）：对矩形截面，取有效高度；对T形截面，取有效高度减去翼缘高度；对I形截面，取腹板净高。

5.2.5　当既有结构受剪截面不符合本规程第 5.2.4 的规定时，应先采取增大受剪截面、粘钢等加固方式加强截面，再进行体外预应力加固。

注：1　对T形或I形截面的简支受弯构件，当有实践经验时，本规程式（5.2.4-1）中的系数可改用 0.3；

2　对受拉边倾斜的构件，当有实践经验时，其受剪截面的控制条件可适当放宽。

5.2.6　在计算斜截面的受剪承载力时，其剪力设计值的计算截面应考虑体外预应力筋锚固处、转向块处、支座边缘处、受拉区弯起钢筋弯起点处、箍筋截面面积或间距改变处以及腹板宽度改变处的截面。对受拉边倾斜的受弯构件，尚应包括梁的高度开始变化处、集中荷载作用处和其他不利的截面。

5.2.7　体外预应力加固矩形、T形和I形截面的受弯构件，其斜截面的受剪承载力应按下列公式计算：

$$V = V_{cs} + V_p + 0.8 f_{yv} A_{sb} \sin \alpha_s + 0.8\sigma_{pu} A_{pb} \sin \alpha_p$$
(5.2.7-1)

$$V_{cs} = \alpha_{cv} f_t b h_0 + f_{yv} \frac{A_{sv}}{s} h_0$$
(5.2.7-2)

$$V_p = 0.05(N_{p0} + N_2)$$
(5.2.7-3)

式中：V——考虑次剪力组合的斜截面上最大剪力设计值（N）；

V_{cs}——构件斜截面上混凝土和箍筋的受剪承载力设计值（N）；

V_p——由预加力所提高的构件受剪承载力设计值（N）；

A_{sv}——配置在同一截面内箍筋各肢的全部截面面积（mm²）：$A_{sv} = nA_{sv1}$，此处，n 为在同一截面内箍筋的肢数，A_{sv1} 为单肢

箍筋的截面面积（mm²）；

s——沿构件长度方向的箍筋间距（mm）；

h_0——原截面的有效高度（mm）；

f_{yv}——受剪计算非预应力筋抗拉强度设计值（N/mm²）；

A_{sb}、A_{pb}——分别为同一平面内的弯起非预应力筋、弯起预应力筋的截面面积（mm²）；

α_s、α_p——分别为斜截面弯起非预应力筋、弯起预应力筋的切线与构件纵轴线的夹角；

α_{cv}——斜截面混凝土受剪承载力系数，对一般受弯构件取 0.7；对集中荷载作用下（包括作用有多种荷载，其中集中荷载对支座截面或节点边缘所产生的剪力值占总剪力值的 75% 以上的情况）的独立梁，α_{cv} 为 $\dfrac{1.75}{\lambda+1}$，λ 为计算截面的剪跨比，可取 λ 等于 a/h_0，当 $\lambda<1.5$ 时，取 λ 为 1.5，当 $\lambda>3$ 时，取 λ 为 3，a 为集中荷载作取点至支座或节点边缘的距离；

N_{p0}——计算截面上混凝土法向预应力等于零时的纵向预应力筋及非预应力筋合力（N）；当 $N_{p0}+N_2>0.3f_cA_0$ 时，取 $N_{p0}+N_2=0.3f_cA_0$，此处，A_0 为构件的换算截面面积。

注：对合力 N_{p0} 引起的截面弯矩与外弯矩方向相同的情况，以及体外预应力加固连续梁和加固后允许出现裂缝的混凝土简支梁，均应取 V_p 为 0。

5.3 正常使用极限状态验算

5.3.1 体外预应力加固结构构件的裂缝控制等级及最大裂缝宽度限值应根据使用环境类别和结构类别，按现行国家标准《混凝土结构设计规范》GB 50010 的规定确定。

5.3.2 体外预应力加固已开裂的混凝土梁，裂缝完全闭合时所需的体外预加力（N_{clo}）可按下式计算：

$$N_{clo}=\frac{\sigma_{clo}+\dfrac{M_i}{W}}{\dfrac{e_{p0}}{W}+\dfrac{1}{A}} \qquad (5.3.2)$$

式中：M_i——加固前构件所承受的荷载弯矩标准值（N·mm）；

e_{p0}——体外预应力筋合力中心相对截面形心的距离（mm）；

W——原截面受拉边缘的弹性抵抗矩，可取毛截面（mm³）；

A——原截面面积，可取毛截面（mm²）；

σ_{clo}——与构件加固前最大裂缝宽度相对应的混凝土名义压应力（N/mm²），可按表 5.3.2 采用。

表 5.3.2 混凝土名义压应力

加固前裂缝宽度（mm）	0.10	0.20	0.30
σ_{clo}（N/mm²）	0.50	0.75	1.25

注：中间值按线性插值确定。

5.3.3 体外预应力加固钢筋混凝土矩形、T 形、I 形截面的受弯构件，可按下列公式计算加固后的正截面开裂弯矩值（M_{cr}）：

1 加固前未开裂：

$$M_{cr}=(\sigma_{pc}+\gamma f_{tk})W \qquad (5.3.3-1)$$

2 加固前已开裂：

$$M_{cr}=\sigma_{pc}W \qquad (5.3.3-2)$$

式中：σ_{pc}——扣除全部预应力损失后，由预加力在抗裂验算边缘产生的混凝土法向预压应力（N/mm²）；

γ——加固混凝土构件截面抵抗矩塑性影响系数，应按现行国家标准《混凝土结构设计规范》GB 50010 规定确定；

f_{tk}——混凝土抗拉强度标准值（N/mm²）。

当体外预应力受弯构件考虑次内力组合的外荷载弯矩大于开裂弯矩值（M_{cr}）时，裂缝宽度应按本规程第 5.3.4 条规定计算。

5.3.4 体外预应力加固矩形、T 形、倒 T 形和 I 形截面的混凝土受弯构件中，按荷载效应的标准组合并考虑长期作用影响的最大裂缝宽度（mm）可按下列公式计算：

$$w_{max}=\alpha_{cr}\psi\frac{\sigma_{sk}}{E_s}\left(1.9c+0.08\frac{d_{eq}}{\rho_{te}}\right)$$

$$(5.3.4-1)$$

$$\psi=1.1-0.65\frac{f_{tk}}{\rho_{te}\sigma_{sk}} \qquad (5.3.4-2)$$

$$d_{eq}=\frac{\sum n_i d_i^2}{\sum n_i v_i d_i} \qquad (5.3.4-3)$$

$$\rho_{te}=\frac{A_s}{A_{te}} \qquad (5.3.4-4)$$

式中：α_{cr}——构件受力特征系数，对预应力混凝土构件，取 $\alpha_{cr}=1.5$；

ψ——裂缝间纵向受拉钢筋应变不均匀系数；当 $\psi<0.2$ 时，取 ψ 为 0.2；当 $\psi>1$ 时，取 ψ 为 1；对直接承受重复荷载的构件，取 ψ 为 1；

σ_{sk}——按荷载效应的标准组合计算的构件纵向受拉钢筋的等效应力（N/mm²），按本规程第 5.3.5 条规定计算；

E_s——既有结构钢筋弹性模量（N/mm²）；

c——最外层纵向受拉钢筋外边缘至受拉区底边的距离（mm）；当 $c<20$ 时，取 c 为 20；当 $c>65$ 时取 c 为 65；

ρ_{te}——按有效受拉混凝土截面面积计算的纵向受拉非预应力筋配筋率，当 $\rho_{te}<0.01$

时，取 ρ_{te} 为 0.01；

A_{te}——有效受拉混凝土截面面积（mm^2），对受弯、偏心受压和偏心受拉构件，取 A_{te} 为 $0.5bh+(b_f-b)h_f$，此处 b_f、h_f 为受拉翼缘的宽度、高度；

d_{eq}——受拉区纵向非预应力筋的等效直径（mm）；

d_i——受拉区第 i 种纵向非预应力筋的公称直径（mm）；

n_i——受拉区第 i 种纵向非预应力筋的根数；

ν_i——受拉区第 i 种纵向非预应力筋的相对粘结特性系数，按现行国家标准《混凝土结构设计规范》GB 50010 取值。

5.3.5 在荷载效应的标准组合下，考虑次内力影响的体外预应力加固混凝土构件受拉区纵向钢筋的等效应力可按下列公式计算：

$$\sigma_{sk} = \frac{M_k - N_{p0}(z-e_p)}{(0.30A_p + A_s)z} \qquad (5.3.5\text{-}1)$$

$$z = \left[0.87 - 0.12(1-\gamma_f') \left(\frac{h_0}{e} \right)^2 \right] h_0$$
$$(5.3.5\text{-}2)$$

$$e = e_p + \frac{M_k}{N_{p0}} \qquad (5.3.5\text{-}3)$$

$$\gamma_f' = \frac{(b_f'-b)h_f'}{bh_0} \qquad (5.3.5\text{-}4)$$

$$e_p = y_{ps} - e_{p0} \qquad (5.3.5\text{-}5)$$

式中：M_k——按荷载效应的标准组合计算的弯矩（N·mm），取计算区段内的最大弯矩值；

A_p——受拉区体外预应力筋截面面积（mm^2）；

z——受拉区纵向非预应力筋和预应力筋合力点至截面受压区合力点的距离（mm）；

h_0——受拉区纵向非预应力筋和预应力筋合力点至截面受压区边缘的距离（mm）；

e_p——混凝土法向预应力等于零时预加力 N_{p0} 的作用点至受拉区纵向预应力筋和非预应力筋合力点的距离（mm）；

y_{ps}——受拉区纵向预应力筋和非预应力筋合力点的偏心距（mm）；

e_{p0}——混凝土法向预应力等于零时预加力 N_{p0} 作用点的偏心距（mm）；

γ_f'——受压翼缘截面面积与腹板有效截面面积的比值；

b_f'、h_f'——受压翼缘的宽度、高度（mm）；在公式（5.3.5-4）中，当 $h_f' > 0.2h_0$ 时，取 h_f' 为 $0.2h_0$。

5.3.6 矩形、T 形、倒 T 形和 I 形截面受弯构件考虑荷载长期作用影响的刚度（B），可按下式计算：

$$B = \frac{M_k}{M_q(\theta-1)+M_k} B_s \qquad (5.3.6)$$

式中：M_q——按荷载效应的准永久组合计算的弯矩值（N·mm），取计算区段内的最大弯矩值；

B_s——荷载效应的标准组合作用下受弯构件的短期刚度（N·mm^2），按本规程第 5.3.7 条计算；

θ——考虑荷载长期作用对挠度增大的影响系数，取 1.5。

5.3.7 在荷载效应的标准组合作用下，体外预应力加固混凝土受弯构件的短期刚度（B_s）可按下列公式计算：

1 要求不出现裂缝的构件以及加固后裂缝完全闭合未重新开裂构件：

$$B_s = 0.85E_c I_0 \qquad (5.3.7\text{-}1)$$

2 允许出现裂缝的构件以及加固后裂缝闭合又重新开裂构件：

$$B_s = \frac{0.85E_c I_0}{\kappa_{cr} + (1-\kappa_{cr})\omega} \qquad (5.3.7\text{-}2)$$

$$\kappa_{cr} = \frac{M_{cr}}{M_k} \qquad (5.3.7\text{-}3)$$

$$\omega = \left(1.0 + \frac{0.21}{\alpha_E \rho} \right)(1+0.45\gamma_f) - 0.7$$
$$(5.3.7\text{-}4)$$

$$\gamma_f = \frac{(b_f-b)h_f}{bh_0} \qquad (5.3.7\text{-}5)$$

式中：α_E——钢筋弹性模量与混凝土弹性模量的比值；

ρ——纵向受拉非预应力筋和预应力筋换算配筋率，取 $(A_s+0.30A_p)/bh_0$；

I_0——构件换算截面惯性矩（mm^4）；

M_{cr}——构件正截面开裂弯矩（N·mm），按本规程第 5.3.3 条确定；

γ_f——受拉翼缘截面面积与腹板有效截面面积的比值；

b_f、h_f——受拉翼缘的宽度、高度（mm）；

κ_{cr}——预应力加固混凝土受弯构件正截面的开裂弯矩 M_{cr} 与弯矩 M_k 的比值，当 $\kappa_{cr} > 1.0$ 时，取 κ_{cr} 为 1.0。

注：对预压时预拉区出现裂缝的构件，B_s 应降低 10%。

5.3.8 体外预应力加固混凝土受弯构件在使用阶段的预应力反拱值，宜根据加固梁开裂截面完全闭合前、后的反向短期抗弯刚度分两阶段按结构力学方法计算，计算中预应力筋的应力应扣除全部预应力损失，反向短期刚度可按下列规定取值：

1 预加力（N_p）从 0 增加到达到裂缝完全闭合预加力（N_{clo}）过程中，构件短期刚度可按下式分段取值计算：

$$B_s = \frac{N_{clo} - N_p}{N_{clo}} \cdot \frac{E_s A_s h_0^2}{1.15\psi + 0.2 + \dfrac{6\alpha_E \rho_s}{1 + 3.5\gamma_f}}$$

$$+ \frac{N_p}{N_{clo}} \cdot 0.85 E_c I_0 \qquad (5.3.8)$$

式中：ρ_s——纵向受拉非预应力筋换算配筋率，取 A_s/bh_0。

2 裂缝完全闭合后，短期刚度可按本规程式（5.3.7-1）计算。

考虑预压应力长期作用的影响，可将计算求得的预应力反拱值乘以增大系数 1.5。

5.3.9 对重要或特殊构件的长期反拱值，可根据专门的试验分析确定或采用合理的收缩、徐变计算方法经分析确定；对恒载较小的构件，应考虑反拱过大对使用的不利影响。

5.4 转向块、锚固块设计

5.4.1 体外预应力加固采用钢制转向块、锚固块时，除应按现行国家标准《钢结构设计规范》GB 50017 对转向块、锚固块进行承载能力极限状态计算和正常使用极限状态验算外，尚应对转向块、锚固块与原混凝土结构的连接进行承载力极限状态计算。

5.4.2 按承载能力极限状态设计钢制转向块、锚固块及连接件时，预应力等效荷载标准值应按预应力筋极限强度标准值计算得出。

5.4.3 按正常使用极限状态设计钢制转向块、锚固块及连接件时，预应力等效荷载标准值应按预应力筋最大张拉控制应力计算得出。

5.4.4 与转向块、锚固块连接处的既有结构混凝土应按现行国家标准《混凝土结构设计规范》GB 50010 进行受冲切承载力和局部受压承载力计算。在预应力张拉阶段局部受压承载力计算中，局部压力设计值应取 1.2 倍张拉控制力进行计算；在正常使用阶段验算中，局部压力设计值应取预应力筋极限强度标准值进行计算。

6 构 造 规 定

6.1 预应力筋布置原则

6.1.1 体外预应力加固设计时，体外束可采用直线、双折线或多折线布置方式，且其布置应使结构对称受力，对矩形、T 形或 I 字形截面梁，体外束宜布置在梁腹板的两侧。

6.1.2 体外束转向块和锚固块的设置宜根据体外束的设计线形确定，对多折线体外束，转向块宜布置在距梁端 1/4～1/3 跨度的范围内，当转向块间距大于 12 倍梁高时，可增设中间定位用转向块；对多跨连续梁、板，当采用多折线体外束时，可在中间支座或

其他部位增设锚固块，当大于三跨时，宜采用分段锚固方法。

6.1.3 体外束的锚固块与转向块之间或两个转向块之间的自由段长度不宜大于 8m；超过 8m 时，宜设置固定节点或防振动装置。

6.1.4 体外束在每个转向块处的弯曲角不宜大于 15°，当弯曲角大于 15°时，应按现行国家标准《预应力混凝土用钢绞线》GB/T 5224-2003 确定其力学性能指标，或依据可靠的理论、试验数据对体外预应力筋的强度值进行折减。

6.1.5 体外束与转向块的接触长度应由弯曲角度和曲率半径计算确定。

6.2 节 点 构 造

6.2.1 体外预应力束的锚固体系节点构造应符合下列规定：

1 对于有整体调束要求的钢绞线夹片锚固体系，可采用外螺母支撑承力方式调束；

2 对处于低应力状态下的体外束，锚具夹片应设防松装置；

3 对可更换的体外束，应采用体外束专用锚固体系，且应在锚具外预留钢绞线的张拉工作长度。

6.2.2 转向块宜布置于被加固梁的底部、顶部或次梁与被加固梁交接处，并宜符合本规程附录 B 的规定。当采用其他形式的转向块时，应按本规程 5.4 节的要求进行设计计算，除应满足钢绞线的转向要求外，尚应做到传力可靠、构造合理。

6.2.3 锚固块宜布置在被加固梁的端部，并宜符合本规程附录 B 的规定。当采用其他形式的锚固块时，应按本规程 5.4 节要求进行锚固块设计，除应满足预应力筋的锚固外，尚应做到传力可靠、构造合理。

7 防 护

7.1 防 腐

7.1.1 体外束张拉锚固后，应对锚具及外露预应力筋进行防腐处理。当处于腐蚀环境时，应设置全密封防护罩，对不要求更换的体外束，可在防护罩内灌注环氧砂浆或其他防腐蚀材料；对可更换的体外束，应保留满足张拉要求的预应力筋长度，并在防护罩内灌注专用防腐油脂或其他可清洗的防腐材料。

7.1.2 体外束的外套管应符合下列规定：

1 外套管应能抵抗运输、安装和使用过程中的各种作用力，不得损坏；

2 采用水泥基灌浆料时，套管应能承受 1.0N/mm² 的内压，孔道的内径宜比预应力束外径大 6mm～15mm，且孔道的截面积宜为穿入预应力筋截面积的 3 倍～4 倍；

3 采用防腐化合物填充管道时，除应满足温度和内压的要求外，管道和防腐化合物之间，不得因温度变化效应对钢绞线产生腐蚀作用；

4 镀锌钢管的壁厚不宜小于管径的 1/40，且不应小于 2mm；高密度聚乙烯管的壁厚宜为 2mm～5mm，且应具有抗紫外线功能和耐老化性能，并应在有需要时能够更换；

5 普通钢套管应具有可靠的防腐蚀措施，在使用一定时期后应重新涂刷防腐蚀涂层。

7.1.3 体外束的防腐蚀材料应符合下列规定：

1 水泥基灌浆料、专用防腐油脂应能填满外套管和连续包裹预应力筋的全长，并不得产生气泡；

2 体外束采用工厂预制时，其防腐蚀材料在加工、运输、安装及张拉过程中，应具有稳定性、柔性，不应产生裂缝，并应在所要求的温度范围内不流淌；

3 防腐蚀材料的耐久性能应与体外束所属的环境类别和设计使用年限的要求相一致。

7.1.4 钢制转向块和钢制锚固块应采取防锈措施，并应按防腐蚀年限进行定期维护。钢材的防锈和防腐蚀采用的涂料、钢材表面的除锈等级以及防腐蚀对钢材的构造要求等，应满足现行国家标准《工业建筑防腐蚀设计规范》GB 50046 和《涂装前钢材表面锈蚀等级和除锈等级》GB/T 8923 的规定。在设计文件中应注明所要求的钢材除锈等级和所要用的涂料（或镀层）及涂（镀）层厚度。

7.2 防　火

7.2.1 体外预应力加固体系的耐火等级，应不低于既有结构构件的耐火等级。用于加固受弯构件的体外预应力体系耐火极限应按表 7.2.1 采用。

表 7.2.1　体外预应力体系耐火极限（h）

耐火等级	单、多层建筑				高层建筑	
	一级	二级	三级	四级	一级	二级
耐火极限	2.00	1.50	1.00	0.50	2.00	1.50

7.2.2 体外预应力加固体系的防火保护材料及措施应符合下列规定：

1 在要求的耐火极限内，应有效保护体外预应力筋、转向块、锚固块及锚具等；

2 防火材料应易与体外预应力体系结合，并不应产生对体外预应力体系的有害影响；

3 当钢构件受火产生允许变形时，防火保护材料不应发生结构性破坏，应仍能保持原有的保护作用直至规定的耐火时间；

4 当防火措施达不到耐火极限要求时，体外预应力筋应按可更换设计，并应验算体外预应力筋失效后结构不会塌落；

5 防火保护材料不应对人体有毒害；

6 应选用施工方便、易于保障施工质量的防火措施。

7.2.3 当体外预应力体系采用防火涂料防火时，耐火极限大于 1.5h 的，应选用非膨胀型钢结构防火涂料；耐火极限不大于 1.5h 的，可选用膨胀型钢结构防火涂料。防火涂料保护层厚度应按国家现行有关标准确定。

8　施工及验收

8.1　施工准备

8.1.1 采用体外预应力加固混凝土结构时，应根据加固设计方案中预应力体系的不同确定预应力施工工艺。

8.1.2 体外预应力加固施工前，应由专业施工单位根据设计图纸与现场施工条件，编制体外预应力加固施工方案，施工方案应经加固设计单位确认后再实施。

8.1.3 体外预应力加固工程中穿孔孔道宜采用静态开孔机成型，开孔前应探测既有结构钢筋位置，钻孔时应避开构件中的钢筋，当无法避开时，应通知设计单位，采取相应措施。

8.2　预应力筋加工制作

8.2.1 预应力筋的下料长度应通过计算确定。计算时应综合考虑其孔道长度、锚具长度、千斤顶长度、张拉伸长值和混凝土压缩变形量以及根据不同张拉方法和锚固形式预留的张拉长度等因素。

8.2.2 预应力筋制作或组装时，宜采用砂轮锯或切断机切断，不得采用加热、焊接或电弧切割，且施工过程中应避免电火花和电流损伤预应力筋。

8.2.3 当钢绞线采用挤压锚具时，挤压前应在挤压模内腔或挤压套外表面涂润滑油，压力表读数应符合操作说明书的规定。

8.3　转向块、锚固块安装

8.3.1 转向块、锚固块安装固定时，束形控制点的设计曲线竖向位置偏差应符合表 8.3.1 的规定；转向块曲率半径和转向导管半径偏差均不应大于相应半径的 ±5%。

表 8.3.1　束形控制点的设计曲线竖向位置允许偏差

截面高（厚）度（mm）	$h \leqslant 300$	$300 < h \leqslant 1500$	$h > 1500$
允许偏差（mm）	±5	±10	±15

8.3.2 转向块、锚固块与既有结构的连接可采用结构加固用 A 级胶粘剂、化学锚栓、膨胀螺栓等，施

工技术应符合现行行业标准《混凝土结构后锚固技术规程》JGJ 145 的规定。

8.4 预应力筋安装

8.4.1 体外预应力束在安装过程中应注意排序，无法进行整束穿筋的宜采用单根穿筋的方法。在张拉之前应对所有预应力筋进行预紧。在穿筋过程中应采取防护措施，不应拖曳体外束，不得造成对表面防护层的损害。

8.4.2 体外预应力束张拉前，应由定位支架或其他措施控制其位置。

8.5 预应力张拉

8.5.1 张拉设备的选用、标定和维护应符合下列规定：

　　1 张拉设备应满足体外预应力筋的张拉和锚具的锚固要求；

　　2 张拉设备及仪表，应定期维护和校验；

　　3 张拉设备应配套标定、配套使用；

　　4 张拉设备的标定期限不应超过半年，当在使用过程中张拉设备出现反常现象时或千斤顶检修后，应重新标定；

　　5 张拉所用压力表的精度不宜低于 1.6 级，标定千斤顶用的试验机或测力计的精度不应低于 ±1%；标定时千斤顶活塞的运行方向，应与实际张拉工作状态一致。

8.5.2 预应力筋的张拉控制应力（σ_{con}）应符合下列规定：

　　1 钢绞线

$$0.40 f_{ptk} \leqslant \sigma_{con} \leqslant 0.60 f_{ptk} \quad (8.5.2\text{-}1)$$

　　2 预应力螺纹钢筋

$$0.50 f_{pyk} \leqslant \sigma_{con} \leqslant 0.70 f_{pyk} \quad (8.5.2\text{-}2)$$

式中：f_{ptk}——钢绞线极限强度标准值（N/mm²）；

　　　f_{pyk}——预应力螺纹钢筋屈服强度标准值（N/mm²）。

　　当要求部分抵消由于应力松弛、摩擦、预应力筋分批张拉等因素产生的预应力损失时，张拉控制应力可增加 $0.05 f_{ptk}$；当有可靠依据时，可提高张拉控制应力。

8.5.3 预应力筋张拉应在转向块、锚固块安装完成，且连接材料达到设计强度时进行。

8.5.4 预应力筋用应力控制法张拉时，应以伸长值进行校核。实际伸长值与计算伸长值之差应控制在 ±6% 以内，否则应暂停张拉，待查明原因并采取措施予以调整后再继续张拉。

8.5.5 千斤顶张拉体外预应力筋的计算伸长值（Δl）可按下式计算：

$$\Delta l = \frac{F_{pm} l_p}{A_p E_p} \quad (8.5.5)$$

式中：F_{pm}——预应力筋平均张拉力（N），取张拉端拉力与计算截面扣除摩擦损失后的拉力平均值；

　　　l_p——预应力筋的实际长度（mm）。

8.5.6 后张预应力筋的实际伸长值宜在初应力为张拉控制应力的 10% 时开始量测，分级记录。实际伸长值（Δl_0）可按下式确定：

$$\Delta l_0 = \Delta l_1 + \Delta l_2 - \Delta l_3 \quad (8.5.6)$$

式中：Δl_1——从初应力至最大张拉力间的实测伸长值（mm）；

　　　Δl_2——初应力以下的推算伸长值（mm），可根据张拉力与伸长值成正比关系确定；

　　　Δl_3——张拉过程中构件变形引起的预应力筋缩短值（mm），对于变形较小的构件，可略去。

8.5.7 预应力筋张拉锚固后实际建立的预应力值与设计规定检验值的相对偏差不应超过 ±5%。

8.5.8 预应力筋的张拉顺序应符合下列规定：

　　1 当设计中无具体要求时，可根据结构受力特点、施工方便、操作安全等因素确定；

　　2 张拉宜对称进行，减小对既有结构的偏心，也可采用分级张拉；

　　3 当预应力筋采取逐根张拉或逐束张拉时，应保证各阶段不出现对结构不利的应力状态，同时宜考虑后批张拉的预应力筋产生的弹性压缩对先批张拉预应力筋的影响。

8.5.9 预应力张拉时，应根据设计要求采用一端张拉或两端张拉。当采用两端张拉时，宜两端同时张拉，也可一端先张拉，另一端补张拉。

8.5.10 对同一束预应力筋，宜采用相应吨位的千斤顶整束张拉。当整束张拉有困难时，也可采用单根张拉工艺，单根张拉时应考虑各根之间的相互影响。

8.5.11 张拉过程中应避免预应力筋断裂或滑脱。当有断裂时，应该进行更换；当有滑脱时，应对滑脱的预应力筋重新穿筋张拉。

8.5.12 预应力筋张拉时，应对张拉力、压力表读数、张拉伸长值、异常现象等作详细记录。

8.6 工 程 验 收

8.6.1 建筑结构体外预应力加固分项工程施工质量验收应符合现行国家标准《混凝土结构工程施工质量验收规范》GB 50204 的有关规定。

8.6.2 体外预应力加固分项工程可根据材料类别划分为预应力筋、锚具、孔道灌注材料、转向块、锚固块、防火材料等检验批。原材料的批量划分、质量标准和检验方法应符合国家现行有关产品标准。

8.6.3 体外预应力加固分项工程可根据施工工艺流程划分为预应力筋制作与安装、张拉、灌注、封锚及防火等检验批。

主 控 项 目

8.6.4 原材料进场的主控项目验收应符合下列规定：

1 预应力筋应按本规程第4.2节规定抽取试件做力学性能检验，其质量应符合国家现行有关标准的规定。预应力筋应每60t为一批，每批抽取一组试件，检查产品合格证、出厂检验报告和进场复验报告。

2 预应力筋用锚具应按设计要求采用，其性能应符合本规程第4.3.1条的规定。对用量较少的一般工程，当供货方提供有效的试验报告时，可不作静载锚固性能试验。

3 孔道灌浆用水泥的性能应符合本规程第4.5.2条的规定，孔道灌浆用外加剂的性能应符合本规程第4.5.3条的规定，孔道灌注防腐油脂的性能应符合本规程第4.5.5条的规定，并应检查产品合格证、出厂检验报告和进场复验报告。对于用量较少的一般工程，当有可靠依据时，可不作材料性能的进场复验。

4 防火涂料的性能应符合本规程第4.5.6条的规定，并应检查产品合格证、出厂检验报告和进场复验报告。对于用量较少的一般工程，当有可靠依据时，可不作材料性能的进场复验。

8.6.5 预应力筋制作与安装的主控项目验收应符合下列规定：

1 体外预应力筋安装时，其品种、级别、规格、数量应符合设计要求；

2 施工过程中应避免电火花损伤预应力筋，受损伤的预应力筋应予以更换。

8.6.6 张拉的主控项目验收应符合下列规定：

1 体外预应力筋的张拉力、张拉顺序及张拉工艺应符合设计及施工方案的要求。

2 当采用应力控制方法张拉时，应校核预应力筋的伸长值，实际伸长值与设计计算理论伸长值的相对允许值偏差为±6%。

3 体外预应力筋张拉锚固后实际建立的预应力值与设计规定值的相对允许偏差不应超过±5%。抽查数量应为预应力筋总数的3%，且不应少于5束。检查方法为见证张拉记录。

4 体外张拉过程中应避免预应力筋断裂或滑脱；当发生断裂或滑脱时，断裂或滑脱的数量不得超过同一截面预应力筋总根数的3%，且每束钢丝不得超过一根；对多跨双向连续板，其同一截面应按每跨计算。

8.6.7 孔道灌注、封锚及防火的主控项目验收应符合下列规定：

1 体外预应力筋张拉后应及时在外套管孔道内进行灌注水泥浆或专用防腐油脂，灌注应饱满、密实；

2 体外预应力筋的封锚保护应符合设计要求，

防护罩应符合本规程第7.1.1条的规定；

3 防火涂料钢材基层应进行防锈处理，防火涂料的厚度应符合设计规定值，当设计没有明确规定时，应符合国家现行有关标准的规定。

一 般 项 目

8.6.8 原材料进场的一般项目验收应符合下列规定：

1 预应力筋使用前应进行全数外观检查，预应力筋展开后应平顺，不得弯折，表面不应有裂纹、小刺、机械损伤、氧化铁皮和油污等；二次加工钢绞线采用的无粘结预应力筋护套应光滑、无裂缝、无明显褶皱，无粘结预应力筋护套轻微破损者应外包防水塑料胶带修补，严重破损者不得使用。

2 预应力筋用锚具使用前应进行全数外观检查，其表面应无锈蚀、机械损伤和裂纹。

3 体外预应力束的外套管在使用前应进行全数外观检查，其内外表面应清洁、无锈蚀，不应有油污、孔洞。

4 体外预应力加固用转向块、锚固块及连接用钢材的性能应符合本规程第4.4.1条的规定。应检查钢材产品合格证、出厂检验报告和进场复验报告。

8.6.9 制作与安装的一般项目验收应符合下列规定：

1 预应力筋下料应采用砂轮锯或切割机切断，不得采用电弧切割；

2 对于可更换和多次张拉的锚具，预应力筋端部应预留再次张拉的长度，并应做好防护处理；

3 体外预应力束的转向块、锚固块的规格、数量、位置和形状应符合设计要求；

4 转向块、锚固块与既有结构的连接应牢固，预应力束张拉时不应出现位移和变形；

5 体外束的外套管应密封良好，接头应严密且不得漏浆或漏油脂；

6 体外预应力筋束形控制点的竖向位置偏差应符合本规程表8.3.1的规定。抽查数量应为预应力筋总数的5%，且不应少于5束，每束不应少于5处，用钢尺检查，束形控制点的竖向位置偏差合格点率应达到90%及以上，且不得有超过表中数值1.5倍的尺寸偏差。

8.6.10 对于张拉的一般项目验收，锚固阶段张拉端预应力筋的内缩值应符合设计要求，当设计无具体要求时，应符合本规程表5.1.4的规定。每工作班应抽查预应力筋总数的3%，且不应少于3束，用钢尺检查。

8.6.11 体外预应力孔道灌注、封锚及防火的一般项目验收应符合下列规定：

1 体外预应力筋锚固后的外露部分宜采用机械方法切割，对不要求更换的体外束其外露长度不宜小于预应力筋直径的1.5倍，且不宜小于30mm；对可更换的体外束，应预留再次张拉的长度。抽查数量应为预应力筋总数的3%，且不应少于5束。检查方法为观察和钢尺检查。

2 灌浆用水泥浆的性能及水泥浆强度应符合本规程第 4.5.4 条的规定。检查水泥浆性能试验报告和水泥浆试件强度试验报告。

3 防火涂料涂刷不应有遗漏，涂层应闭合，无脱层、空鼓、粉化松散等外观缺陷。

8.6.12 体外预应力加固分项工程施工质量验收时，应提供下列文件和记录：

1 经审查批准的施工组织设计和施工技术方案；

2 设计变更文件；

3 预应力筋、锚具的出厂合格证和进场复验报告；

4 转向块、锚固块原材料的合格证和进场复验报告；

5 张拉设备配套标定报告；

6 体外束设计曲线坐标检查记录；

7 转向块、锚固块与混凝土结构的连接检查记录；

8 预应力筋张拉及灌浆记录；

9 外套管灌注及锚固端防护封闭记录、水泥浆试块强度报告；

10 体外预应力体系外露部分防火措施检查记录。

附录 A　体外预应力筋数量估算

A.0.1 体外预应力筋截面面积可按下式估算：

$$A_P = \frac{N_P}{\sigma_{pu}} \qquad (A.0.1)$$

式中：N_p——体外预应力筋的拉力设计值（N），按本附录第 A.0.2 条计算；

σ_{pu}——预应力筋应力设计值（N/mm²），按本规程第 5.1.9 条计算，预应力总损失可按 $0.2\sigma_{con}$ 估算。

A.0.2 矩形截面梁体外预应力筋拉力设计值（N_p）可根据矩形梁的截面宽度（b）、有效高度（H_{0p}）和承受弯矩设计值（ΔM），按下列公式计算（图 A.0.2）：

$$N_p = \alpha_1 f_c b x_p \qquad (A.0.2-1)$$

$$x_p = H_{0p}^2 - \sqrt{H_{0p}^2 - 2\Delta M/(\alpha_1 f_c b)}$$
$$\qquad (A.0.2-2)$$

$$H_{0p} = h - x_0 - a_p \qquad (A.0.2-3)$$

$$\Delta M = \eta M - M_0 \qquad (A.0.2-4)$$

$$M_0 = f_y' A_s'(h - a_s' - a_s) + \alpha_1 f_c b x_0 (h - 0.5x_0 - a)$$
$$\qquad (A.0.2-5)$$

$$x_0 = \frac{f_y A_s - f_y' A_s'}{\alpha_1 f_c b} \qquad (A.0.2-6)$$

式中：ΔM——考虑弯矩增大系数影响后梁的弯矩加固量（N·mm）；

M——加固梁弯矩设计值（N·mm）；

M_0——加固前既有结构受弯承载力（N·

mm）；

η——设计弯矩增大系数，取 1.05；

x_0——加固前既有结构受压区高度（mm）；

b、h——截面宽度、高度（mm）；

a_p——体外预应力筋拉力至受拉区边缘的距离（mm），边缘外取负数。

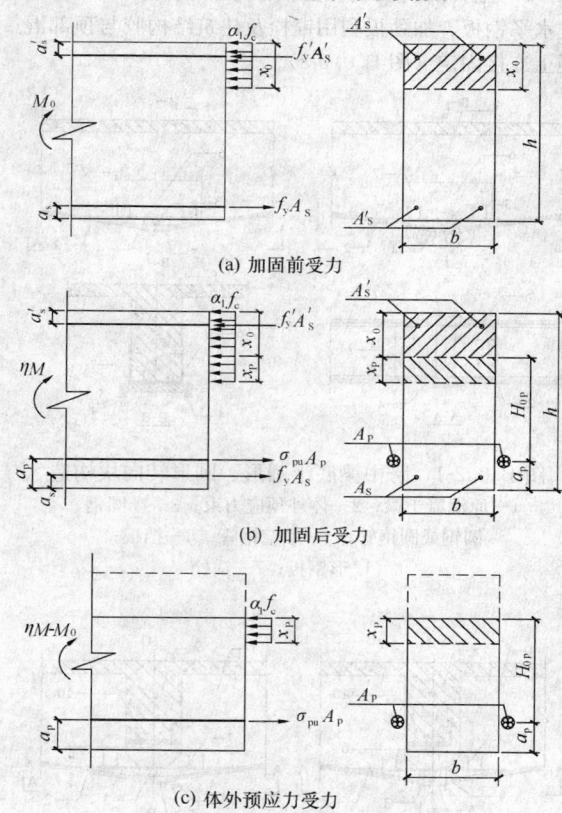

(a) 加固前受力

(b) 加固后受力

(c) 体外预应力受力

图 A.0.2　体外预应力加固截面受力

附录 B　转向块、锚固块布置及构造

B.0.1 体外预应力加固混凝土结构的转向块、锚固块形式和布置应根据既有建筑结构布置、体外预应力筋布置选用（图 B.0.1）。

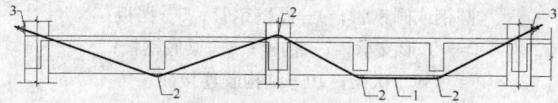

图 B.0.1　转向块、锚固块布置

1—体外预应力束；2—转向块；3—锚固块

B.0.2 当转向块转向采用半圆钢、圆钢或圆钢管时，预应力筋在转向块处宜采用厚壁钢套管，并宜通过挡板固定预应力束位置，转向块构造及与加固梁的连接可采用下列形式：

1 当转向块安装在加固梁底部时，可通过 U 形

钢板利用锚栓及结构胶与加固梁底部和侧面连接固定（图 B.0.2-1）。

2 当转向块安装在加固梁跨中的次梁下时，可通过加固梁底部钢板、次梁底部 T 形支撑板利用锚栓和结构胶固定（图 B.0.2-2）。

3 当转向块安装在加固梁顶部支座处时，可通过水平钢板、加劲板利用锚栓及建筑结构胶与顶部混凝土连接固定（图 B.0.2-3）。

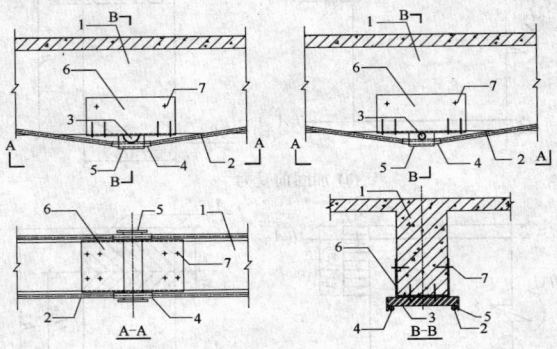

图 B.0.2-1　跨中梁底半圆形、圆形转向块构造

1—原混凝土梁；2—体外预应力束；3—半圆钢、
圆钢或圆钢管；4—厚壁钢管；5—挡板；
6—U 形钢板；7—锚栓

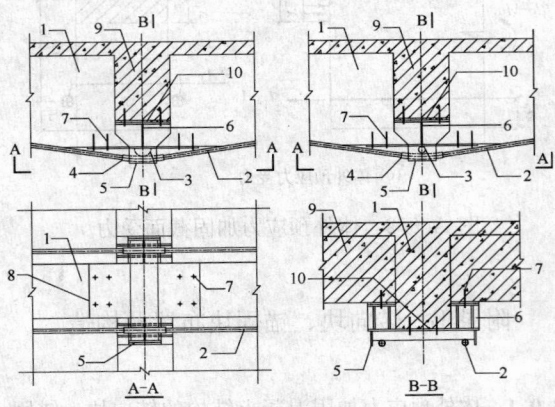

图 B.0.2-2　跨中次梁下半圆形、圆形转向块构造

1—原混凝土梁；2—体外预应力束；3—半圆钢、
圆钢或圆钢管；4—厚壁钢管；5—挡板；
6—T 形支承；7—锚栓；8—梁底钢板；
9—次梁；10—结构胶连接面

B.0.3 当转向块为鞍形时，预应力束套管可在鞍形转向块上平顺通过，并宜通过挡板固定预应力束位置，转向块构造及与加固梁的连接可采用下列形式：

1 当转向块安装在加固梁底部时，可通过不同高度的横向加劲形成弧面鞍座，并通过水平钢板、加劲板利用锚栓及结构胶与加固梁底部、侧面或跨中次梁连接固定（图 B.0.3-1）。

2 当转向块安装在加固梁顶部时，可通过不同

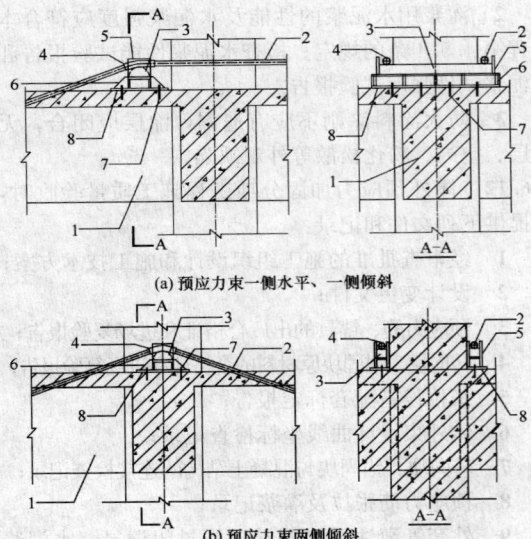

(a) 预应力束一侧水平、一侧倾斜

(b) 预应力束两侧倾斜

图 B.0.2-3　梁顶部半圆形、圆形转向块构造

1—原混凝土梁；2—体外预应力束；3—半圆钢、
圆钢或圆钢管；4—厚壁钢管；5—挡板；
6—钢支承；7—锚栓；8—结构胶连接面

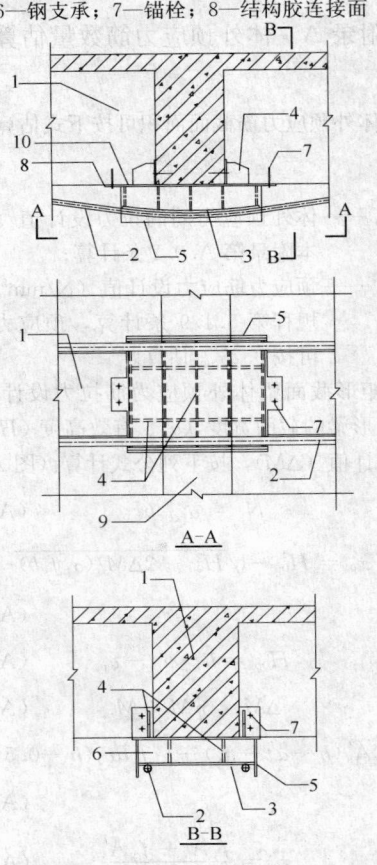

图 B.0.3-1　梁跨中鞍形转向块构造

1—原混凝土梁；2—体外预应力束；3—鞍形弧面；
4—加劲板；5—挡板；6—鞍座；7—锚栓；8—梁
底钢板；9—次梁；10—结构胶连接面

高度的横向加劲形成弧面鞍座，并通过水平钢板、加

劲板利用锚栓及结构胶与加固梁顶部连接固定（图B.0.3-2）。

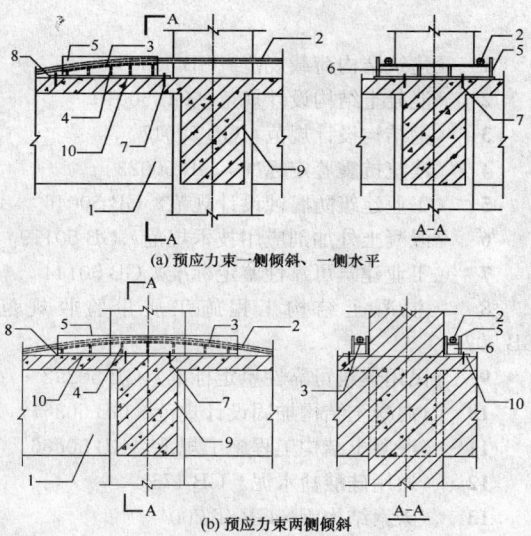

(a) 预应力束一侧倾斜、一侧水平

(b) 预应力束两侧倾斜

图 B.0.3-2　梁端部鞍形转向块构造

1—原混凝土梁；2—体外预应力束；3—鞍形弧面；
4—加劲板；5—挡板；6—鞍座；7—锚栓；
8—梁顶钢板；9—横向梁；10—结构胶连接面

B.0.4　当转向块采用钢管时，钢管厚度不宜小于5mm，钢管与加固梁的连接可采用下列形式：

　　1　当转向块安装在加固梁跨中两侧时，宜采用U形钢板利用锚栓和结构胶与加固梁连接固定，钢管与U形钢板的侧面焊接固定，并通过竖向加劲加强钢管与U形钢板的连接［图B.0.4（a）］。

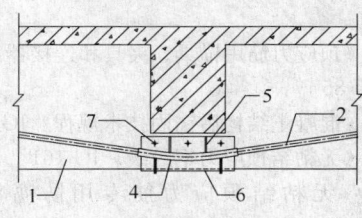

(a) 跨中转向块

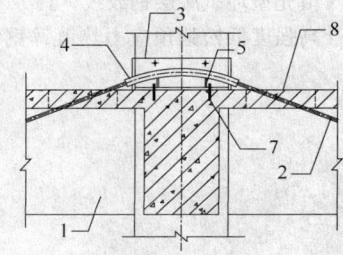

(b) 梁端转向块

图 B.0.4　钢管转向块构造

1—原混凝土梁；2—体外预应力束；3—钢板与柱子连接；4—厚壁钢管；5—加劲板；6—U形钢板；7—锚栓；8—楼板开洞

　　2　当转向块安装在加固梁顶柱子两侧时，宜采用钢板利用锚栓和结构胶与加固梁顶和柱子连接固定，钢管与柱子侧面钢板焊接固定，并通过竖向加劲加强钢管与竖向钢板的连接［图B.0.4（b）］，预应力束穿过楼板时应在楼板开洞，张拉后封堵。

B.0.5　锚固块宜做成钢结构横梁形式布置在加固梁端部，并将预加力传递给加固混凝土结构，锚固块的布置可采用下列形式：

　　1　当加固梁为独立梁时，锚固块宜布置在加固梁端中性轴稍偏上的位置（图B.0.5-1）；

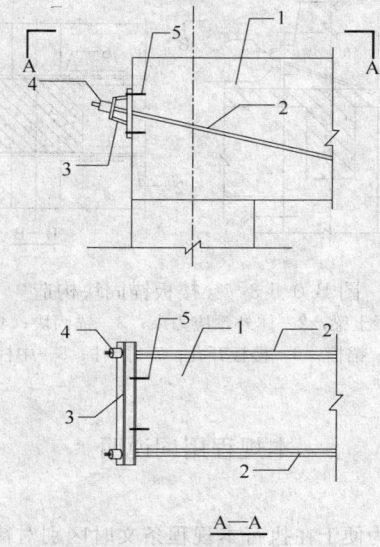

A—A

图 B.0.5-1　梁端部锚固块构造

1—原混凝土梁；2—体外预应力束；
3—锚固块；4—锚具；
5—锚栓

　　2　当加固梁端部有边梁时，可在边梁上钻孔，体外束穿过边梁锚固在加固梁中性轴稍偏上的位置（图B.0.5-2）；

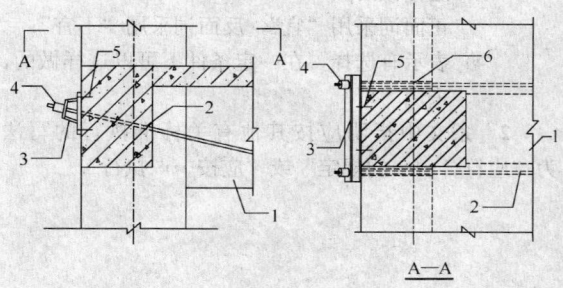

A—A

图 B.0.5-2　穿边梁锚固块构造

1—原混凝土梁；2—体外预应力束；3—锚固块；
4—锚具；5—锚栓；6—边梁开孔

　　3　当加固梁有边梁或在跨中锚固有横向梁时，也可在楼板开孔，体外束穿过楼板锚固，锚固块通过

钢板箍固定在上层柱底部（图 B.0.5-3），这种方式应注意预加力对柱底剪力的影响。

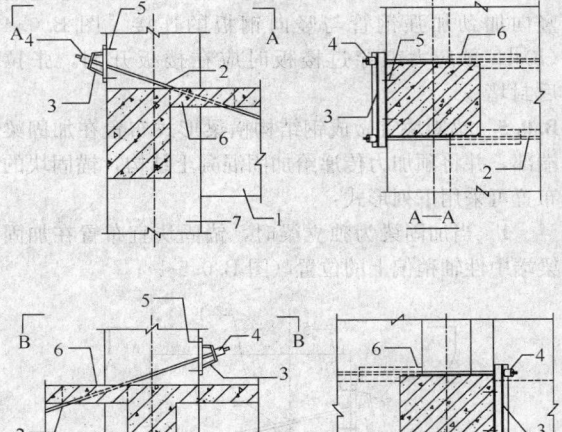

图 B.0.5-3　穿楼板锚固块构造
1—原混凝土梁；2—体外预应力束；3—锚固块；4—锚具；
5—锚栓；6—楼板开孔；7—边柱；8—中柱

本规程用词说明

1　为便于在执行本规程条文时区别对待，对于要求严格程度不同的用词说明如下：
  1）表示很严格，非这样做不可的：
     正面词采用"必须"，反面词采用"严禁"；
  2）表示严格，在正常情况下均应这样做的：
     正面词采用"应"，反面词采用"不应"或"不得"；
  3）表示允许稍有选择，在条件许可时首先应这样做的：
     正面词采用"宜"，反面词采用"不宜"；
  4）表示有选择，在一定条件下可以这样做的，采用"可"。
2　条文中指明应按其他有关标准执行的写法为"应符合……的规定"或"应按……执行"。

引用标准名录

  1　《建筑结构荷载规范》GB 50009
  2　《混凝土结构设计规范》GB 50010
  3　《钢结构设计规范》GB 50017
  4　《建筑抗震鉴定标准》GB 50023
  5　《工业建筑防腐蚀设计规范》GB 50046
  6　《混凝土外加剂应用技术规范》GB 50119
  7　《工业建筑可靠性鉴定标准》GB 50144
  8　《混凝土结构工程施工质量验收规范》GB 50204
  9　《民用建筑可靠性鉴定标准》GB 50292
 10　《混凝土结构加固设计规范》GB 50367
 11　《混凝土结构工程施工规范》GB 50666
 12　《通用硅酸盐水泥》GB 175
 13　《碳素结构钢》GB/T 700
 14　《低合金高强度结构钢》GB/T 1591
 15　《预应力混凝土用钢绞线》GB/T 5224 - 2003
 16　《混凝土外加剂》GB 8076
 17　《涂装前钢材表面锈蚀等级和除锈等级》GB/T 8923
 18　《一般工程用铸造碳钢件》GB/T 11352
 19　《预应力筋用锚具、夹具和连接器》GB/T 14370
 20　《钢结构防火涂料》GB 14907
 21　《环氧涂层七丝预应力钢绞线》GB/T 21073
 22　《预应力筋用锚具、夹具和连接器应用技术规程》JGJ 85
 23　《混凝土结构后锚固技术规程》JGJ 145
 24　《无粘结预应力钢绞线》JG 161
 25　《无粘结预应力筋专用防腐润滑脂》JG 3007
 26　《填充型环氧涂层钢绞线》JT/T 737
 27　《高强度低松弛预应力热镀锌钢绞线》YB/T 152

中华人民共和国行业标准

建筑结构体外预应力加固技术规程

JGJ /T 279—2012

条 文 说 明

制 订 说 明

《建筑结构体外预应力加固技术规程》JGJ/T 279 - 2012，经住房和城乡建设部 2011 年 12 月 26 日以 1227 号公告批准、发布。

本规程编制过程中，编制组进行了广泛的调查研究，总结了建筑结构体外预应力加固技术的实践经验，同时参考了国外先进技术法规、技术标准，吸取了国内外最新研究成果。

为便于广大设计、施工、科研、学校等单位有关人员在使用本规程时能正确理解和执行条文规定，《建筑结构体外预应力加固技术规程》编制组按章、节、条顺序编制了本规程的条文说明，对条文规定的目的、依据以及执行中需注意的有关事项进行了说明。但是，本条文说明不具备与规程正文同等的法律效力，仅供使用者作为理解和把握规程规定的参考。

目 次

1 总　　则

1.0.1 体外预应力加固混凝土结构有别于其他加固方法，增大截面法、粘钢法、粘碳纤维等方法可以有效提高构件承载力，体外预应力加固混凝土结构除了提高承载力外，还可以有效提高截面抗裂性和通过等效荷载减小构件挠度，体外预应力是一种主动的加固方式。另外，体外预应力在耐久性方面也有其独特的优势：体外预应力筋设置在混凝土外，便于检测、重新张拉和更换，体外预应力筋的检测可以预防破坏事故的发生，体外预应力筋重新张拉及更换，可以保证预应力筋的应力水平及结构的可靠性，延长结构寿命。

　　体外预应力加固法是近年来快速发展和普遍采用的加固方法之一。由于体外预应力加固法采用专用设备，技术要求高和需要专业队伍施工，克服了其他方法"全民施工"带来的质量管理混乱的缺点，对确保加固工程质量有利。体外预应力加固法与其他加固法比较有如下优点：

　　1 加固与卸载合一，共同工作性能好。体外预应力加固结构在预应力加固的同时可以对既有结构进行卸载。加固完成后，既有结构与新加预应力筋共同承担荷载，属于一种主动加固法。

　　2 强度、刚度同时加固。体外预应力加固法在提高被加固构件承载力的同时，可使构件产生反拱变形和减小结构裂缝宽度。

　　3 适用于超筋截面构件的加固。体外预应力加固法是一种体外布索，可以通过抬高转向块高度加大预应力筋与既有结构受压边缘的距离，从而使构件不超筋。所以对超筋构件加固同样有效，这一点是前述的许多方法所不具备的。

　　4 对被加固构件的承载力提高幅度较大。试验研究表明，体外预应力加固法采用的高强度低松弛钢绞线，其数量可根据需要配置，可显著提高承载力。

　　5 体外预应力加固法适应性强。体外预应力加固法对单跨梁、连续梁、框架梁、井字梁、单双向板、偏心受压柱等均能起到加固作用；体外预应力加固法特别适用于低强度混凝土结构以及火灾、腐蚀、冻融等钢筋混凝土结构的加固。

　　体外预应力加固法已经广泛应用在建筑结构的混凝土梁、板加固中，并取得了良好的效果，体外预应力与体内预应力相比有两大不同：一是体外预应力二次效应，二是预应力二次加载的影响。但是，这些特点并没有在现行国家标准《混凝土结构设计规范》GB 50010中明确指出，本规程就是利用混凝土结构设计原理明确体外预应力加固混凝土结构的设计方法和施工验收方法。

1.0.2 体外预应力加固技术除了在工业与民用建筑

中采用外，也广泛应用在铁路和公路桥梁的加固中，由于铁路和公路桥梁与建筑结构采用的设计方法不同，因此，本规程没有涉及铁路和公路桥梁的体外预应力加固。另外，有些钢结构也采用了体外预应力技术进行加固，但是体外预应力加固钢结构与张弦结构受力类似，因此，本规程主要适用于房屋和一般构筑物钢筋混凝土结构采用体外预应力技术进行加固的设计、施工及验收，适用范围与现行国家标准《混凝土结构设计规范》GB 50010相一致。如果既有结构是预应力混凝土结构，也可进行体外预应力加固，设计方法可参考本规程进行，由于公式较为复杂，工程中应用也极少，因此，本规程没有给出。

1.0.3、1.0.4 这2条规定了本规程在使用中应与其他标准配套使用。要加固的工程大都使用了一段时间，不论是因为功能改变还是因为出现了承载力不足、裂缝过大或挠度过大等问题，都应该按照相应的国家现行标准进行鉴定，然后进行加固设计。

2　术语和符号

2.1　术　　语

2.1.1~2.1.6 本规程采用尽量少的新术语，凡是国家现行标准中已作规定的，尽量加以引用，不再作出新的规定。与体外预应力加固技术紧密相关的术语进行了强调，重新作了规定。术语的规定参考了国家现行标准和国外先进标准。

　　"体外预应力束"、"转向块"、"锚固块"和"体外预应力二次效应"是体外预应力技术特有的术语；"既有结构加固"、"体外预应力加固法"在现行国家标准《混凝土结构加固技术规范》GB 50367中有规定。

2.2　符　　号

　　本规程采用的符号及其含义尽可能与现行国家标准《混凝土结构设计规范》GB 50010、《混凝土结构加固设计规范》GB 50367一致，以便于在加固设计、计算中引用其相关公式。

3　基　本　规　定

3.1　一　般　规　定

3.1.1 本条规定了体外预应力加固适用的场合，主要是混凝土梁、板等受弯构件。虽然混凝土柱也可以用体外预应力加固，但是施加预应力后增大了混凝土柱的轴力，因此一般情况下不建议用预应力筋加固混凝土柱。有的文献用角钢加固柱子的四个角，并通过让角钢承受压力而减小混凝土柱压力，也就是角钢施

加预压力对混凝土柱施加预拉力，这种情况不在本规程范围。体外预应力加固的目的一方面是为了满足承载力极限状态，另一方面是为了满足正常使用极限状态；还有一种特殊情况就是既有结构处于高应力、高应变状态，又难以卸除荷载进行其他方式加固，体外预应力加固可以不用卸载，这也是体外预应力加固技术与其他加固方法相比的一项优点。

3.1.2 新建预应力工程对混凝土材料抗压强度给出限值的主要原因是采用高强度混凝土可以充分发挥预应力筋的高强作用，做到两种材料的合理匹配，同时也解决后张法构件锚固区混凝土局部承压问题。体外预应力加固法的锚固区混凝土局部承压也是需重视的问题，应通过对锚固端的设计来解决，试验研究和大量的工程实践证明，通过合理设计锚固块来解决混凝土局部承压问题，体外预应力加固技术用于低强度混凝土结构加固是一个有效方法。

3.1.3 混凝土结构是否需要加固应经过可靠性鉴定确认，我国现行的国家标准《工业建筑可靠性鉴定标准》GB 50144 和《民用建筑可靠性鉴定标准》GB 50292 是我国工业建筑和民用建筑可靠性鉴定的依据，可以作为混凝土结构进行加固设计的基本依据。由于既有建筑结构的加固设计和施工远远复杂于新建建筑结构的设计和施工，因此，应由有相应资质等级的单位进行体外预应力加固设计。另外，超静定结构的加固设计，尤其是体外预应力加固会影响到相邻结构构件的内力，影响整体结构的内力；我国建筑结构的抗震设计标准也在不断提高，结构构件的加固往往与抗震加固结合进行，因此，加固影响到整体内力且与抗震加固相结合时，应按现行国家标准《建筑抗震鉴定标准》GB 50023 进行抗震能力鉴定。体外预应力加固可以改善抗裂性、减小挠度、提高承载力，但是预应力度过大会影响结构的抗震延性，因此，抗震加固时体外预应力加固可与加大截面法、粘钢、粘碳纤维等方法相结合进行。

当体外预应力加固设计与其他加固方法相结合进行时，加固设计的范围可以包括整幢建筑物或其中某独立区段，也可以是指定的结构或构件，但均应考虑该结构的整体性。

3.1.4 被加固的混凝土结构、构件，其加固前的服役时间各不相同，加固后的结构功能又有所改变，因此，不能用新建时的安全等级作为加固后的安全等级，应该根据业主对于加固后的目标适用期的要求，加固后结构使用用途和重要性，由委托方和设计方共同确定。

3.1.5 体外预应力加固混凝土结构施工中最重要的工序是预应力筋的张拉。张拉主要方式是通过千斤顶，因此设计的时候就要考虑到预应力筋的布置满足张拉端能够布置锚固块、布置千斤顶进行张拉，否则，即使设计满足了承载力和抗裂要求，施工也难以

实现，成为不能够实施的设计方案。

对于超静定结构，预应力张拉会改变结构的内力，尤其是与加固构件相邻而未进行体外预应力加固的部分，加固部分的预应力张拉产生的变形会引起结构的次内力，因此，应该考虑次内力产生的不利影响。

3.1.6 对于由高温、高湿、低温、冻融、化学腐蚀、振动、温度应力、地基不均匀沉降等影响因素引起的既有结构损坏，在进行结构体外预应力加固时或加固前，应该提出有效的防治对策和措施，对高温、高湿、低温、冻融、化学腐蚀、振动、温度应力、地基不均匀沉降等产生的源头进行治理和消除，只有消除了根源才可以防止结构破损的进一步发展。通常情况下是先治理然后加固，治理后加固才可以保证加固后结构的安全性和正常使用。

3.1.7 加固施工不同于新建建筑结构，加固施工经常是局部采用支撑，利用了既有结构的稳定性体系，但是对于可能出现倾斜、失稳、变形过大或塌陷的混凝土结构，既有结构已经不能作为支撑的一部分，因此，应提出相应的施工安全措施要求和施工监测要求，防止施工中可能出现的倾斜、失稳、变形过大或塌陷。

3.1.8 混凝土结构体外预应力加固设计都是以委托方提供的结构用途、使用条件和使用环境为依据进行的，因此，加固后也应该按委托方委托设计的要求使用，如果改变了使用功能或使用环境，应该重新进行鉴定或经过设计的许可，否则可能产生难以预料的后果。

3.2 设计计算原则

3.2.1 本条是按现行国家标准《混凝土结构设计规范》GB 50010 作出规定的。

3.2.2 本条对混凝土结构体外预应力加固设计计算需要的数据如何得到给出了详细而明确的规定，同时明确了需要考虑次内力对相邻构件的影响及加固后可能引起的刚度变化对内力的影响。

3.2.3 本条给出了普通钢筋混凝土构件进行体外预应力加固时体外预应力最大配筋量与既有结构普通钢筋的比例，采用了现行国家标准《混凝土结构设计规范》GB 50010 的表达方式。体外预应力筋中间段与混凝土没有直接的连接，试验表明，为了改善构件在正常使用中的变形性能，体外预应力筋配筋不宜过多。在全部受拉钢筋中，有粘结的非预应力筋产生的拉力达到总拉力的 25% 时，可有效改善无粘结预应力受弯构件的性能，如裂缝分布、间距和宽度以及变形能力，接近有粘结预应力梁的性能，本条考虑了这一影响，并考虑到体外预应力加固受弯构件与无粘结预应力混凝土构件相比，性能稍差，因此，控制比现行国家标准《混凝土结构设计规范》GB 50010 中无

粘结预应力筋更严。

3.2.4 既有结构为预应力混凝土结构时，体外预应力加固用预应力配筋量确定应考虑既有结构体内预应力配筋，综合考虑总配筋，主要目的是为了控制结构的延性。

4 材 料

4.1 混 凝 土

4.1.1 《混凝土结构设计规范》GB 50010－2010 第 4.1.2 条规定预应力混凝土结构强度不宜低于 C40，且不应低于 C35。对于既有建筑混凝土结构的体外预应力加固，由于混凝土收缩、徐变大部分已经发生，收缩、徐变损失减小，且既有结构一般为普通混凝土结构，与预应力混凝土结构相比混凝土强度会稍偏低，所以将加固用的混凝土强度定为不应低于 C30。

4.2 预应力钢材

4.2.1 体外预应力加固用预应力筋主要采用了国家标准《混凝土结构设计规范》GB 50010－2010 中规定的预应力筋。由于体外预应力束没有被混凝土包裹，因此在腐蚀环境中采用体外预应力加固时应采用涂层预应力筋。

4.2.2、4.2.3 预应力钢绞线和预应力螺纹钢筋的屈服强度标准值 f_{pyk}、抗拉强度标准值 f_{ptk}、强度设计值 f_{py} 及弹性模量均按国家标准《混凝土结构设计规范》GB 50010－2010 采用。

涂层预应力筋主要为了抵抗环境的腐蚀，这里选取了常用的几种涂层预应力筋：镀锌钢绞线、环氧涂层钢绞线，每种产品均有相应的产品标准。镀锌钢绞线会与水泥浆发生反应，因此，如果是外套管内灌注水泥浆，不能采用镀锌钢绞线。

4.2.5 二次加工预应力筋目前最常用的是无粘结预应力钢绞线，缓粘结预应力钢绞线是最近在预应力混凝土结构中采用的一种新的预应力产品，也可用在体外预应力加固中，可以参考相应的产品标准。

4.3 锚 具

4.3.1、4.3.2 体外预应力加固用锚具和连接器与一般预应力混凝土结构用锚具和连接器是相同的，锚具的类型主要是与预应力筋的类型相匹配，锚固效率系数等参数要求按现行国家标准《预应力筋用锚具、夹具和连接器》GB/T 14370 采用即可。由于一般预应力混凝土结构锚具在预应力筋张拉后进行混凝土封锚，封锚后不再打开，而体外预应力筋张拉后一般不用混凝土封锚，而是用封锚盖封闭，且存在将来进行张拉调节的可能，因此，锚具的封锚会不同，封锚既要防腐蚀性好，又要容易打开。夹片锚有可能在预应

力筋应力过低时松开，因此，应该有防松措施。目前已经有专用于体外预应力筋的锚具，可以优先采用这样的锚具。

4.4 转向块、锚固块及连接用材料

4.4.1、4.4.2 转向块、锚固块大都采用钢材，连接采用后锚固方式，一方面减小体外预应力加固施工的湿作业，另一方面钢材强度高，后锚固施工方便，产品较多，因此，本条给出了钢材和连接材料需要满足的标准。

4.5 防 护 材 料

4.5.1 体外预应力筋没有埋在混凝土内，不能得到混凝土的保护，因此，体外预应力筋、转向块及锚固块的防护是非常重要的。

工业与民用建筑中，体外预应力筋一般采用钢套管进行保护，也有个别采用 HDPE 套管的，套管内都灌注水泥浆、防腐蚀油脂等进行防腐。

4.5.2、4.5.3 给出了灌注水泥浆用水泥和外加剂应符合的产品标准。

4.5.4 给出了外套管内灌注水泥浆的技术要求，现行国家标准《混凝土结构工程施工质量验收规范》GB 50204 和《混凝土结构工程施工规范》GB 50666 都给出了水泥浆的技术要求，稍有不同，本规程以现行国家标准《混凝土结构工程施工规范》GB 50666 为主。应注意灌注水泥浆后体外预应力筋将不可更换。

4.5.5 灌注的油脂应为体外预应力钢绞线所采用的专用油脂。

4.5.6 体外预应力束、转向块及锚固块都是钢材，钢材在高温下应力释放、强度降低，因此，防火是很重要的，应该根据现行国家标准《钢结构防火涂料》GB 14907 的规定进行防火处理。

5 结 构 设 计

5.1 一 般 规 定

5.1.1 根据现行国家标准《工程结构可靠性设计统一标准》GB 50153 和《混凝土结构设计规范》GB 50010 的有关规定，当进行预应力混凝土结构构件承载力极限状态及正常使用极限状态的荷载组合时，应计算预应力作用参与组合，对后张预应力混凝土超静定结构，预应力作用效应为综合内力 M_r、V_r 及 N_r，包括预应力产生的次弯矩、次剪力和次轴力。在承载力极限状态下，预应力分项系数应不利时取 1.2、有利时取 1.0，正常使用极限状态下，预应力分项系数通常取 1.0。

要计算次内力，首先要有预应力配筋，附录 A

给出了预应力配筋的估算方法，估算了预应力配筋，就可以进行次内力计算和后面的承载力极限状态计算及正常使用极限状态验算。

5.1.2 本条给出了次内力计算方法，设计中一定要注意次内力的符号和方向，正确确定次内力对结构有利还是对结构不利，尤其是次剪力，次剪力最好是通过次弯矩来计算，次弯矩的产生和次剪力是同时的，次弯矩的变化率就是次剪力，对于独立梁，一般情况下一跨内次剪力是一样的，次剪力对梁的两端产生的效果是正好相反的，对左端不利，对右端就有利，对左端有利，对右端就不利，因此，一定要注意方向。当计算次内力时，可略去 $\sigma_{l5}A_s$ 的影响，取 $N_p = \sigma_{pe}A_p$。

5.1.3 本条列出了体外预应力筋中的预应力损失项。预应力总损失值小于 $80N/mm^2$ 时，应按 $80N/mm^2$ 取。按照现行国家标准《混凝土结构设计规范》50010 增加了张拉端锚口摩擦损失。

5.1.4 给出了预应力筋由于锚具变形和预应力筋内缩引起的预应力损失值，预应力筋锚固时锚具回缩值按锚具类型分别为支承式和夹片式给出了数值。计算中应该注意锚具回缩影响的范围，如果锚具回缩产生的反向摩擦不能传递到下一段预应力筋，锚具回缩损失只影响第一段预应力筋。

5.1.5 由于体外预应力筋与构件接触长度非常小，因此，大部分情况下局部偏摆产生的摩擦损失不足 1%，可以忽略，只考虑转角产生的摩擦损失。摩擦系数的取值参考了国家标准《混凝土结构设计规范》GB 50010 - 2010 的数值。

5.1.6 预应力筋的应力松弛引起的预应力损失值与初应力和极限强度有关。本规程公式是按国家标准《混凝土结构设计规范》GB 50010 - 2010 给出的。

5.1.7 混凝土收缩和徐变引起的预应力损失按国家标准《混凝土结构设计规范》GB 50010 - 2010 给出。对既有结构混凝土浇筑完成后的时间超过 5 年的，混凝土收缩、徐变已经基本完成，取 $\sigma_{l5}=0$。

5.1.8 先张拉的预应力筋由张拉后批体外预应力筋所引起的混凝土弹性压缩的预应力损失与体内预应力混凝土结构是一样的。

5.1.9 体外预应力筋的应力设计值与无粘结预应力筋的设计值确定方法基本相似，国内外都采用了有效预应力值再加预应力增量的计算方法，德国 DIN4227 规范无粘结预应力计算方法最为简单：单跨梁预应力增量取 $110N/mm^2$，悬臂梁预应力增量取 $50N/mm^2$，连续梁预应力增量取为零，我国现行行业标准《无粘结预应力混凝土结构技术规程》JGJ 92 中对体外预应力筋应力增量规定为 $100N/mm^2$，本条是参考国内外规范及工程经验作出的规定。

5.2 承载能力极限状态计算

5.2.1、5.2.2 给出了矩形、T 形和 I 形截面受弯承载力计算方法，公式按现行国家标准《混凝土结构设计规范》GB 50010 的有关规定列出，其弯矩设计值应考虑次内力组合。国内外研究成果表明，当转向块间距离小于 12 倍梁高时可以忽略二次效应的影响。为考虑二次效应的影响，国内也有一些试验和理论研究，但是，目前并没有大家公认的计算公式，《体外预应力筋极限应力和有效高度计算方法》（土木工程学报第 40 卷第 2 期）给出了一个在试验基础上总结的公式，当需要计算二次效应时可供参考。加固前构件在初始弯矩作用下，截面受拉边缘混凝土的初始应变在一般情况下数值较小，故所列公式中未计及该初始应变对承载力的影响。

体外预应力加固混凝土结构的相对界限受压区高度 ξ_b 不能简单按现行国家标准《混凝土结构设计规范》GB 50010 有关公式来确定。但是 GB 50010 - 2010 中第 10.1.14 条给出了无粘结预应力混凝土结构的综合配筋特性 ξ_0，ξ_0 与相对界限受压区高度含义基本相同，因此，可以按现行国家标准《混凝土结构设计规范》GB 50010 对无粘结预应力混凝土的限制，偏安全地取 0.4。当相对界限受压区高度超过 0.4 时，非预应力筋和预应力筋强度不能达到设计值，在第 5.2.3 条中规定了计算方法。

5.2.3 体外预应力加固设计中，正截面承载力尚可按偏心受压构件进行计算，并根据 ξ 不大于 ξ_b 或大于 ξ_b 分别按大偏心受压构件或小偏心受压构件计算。此外，也有按反向荷载平衡法进行正截面承载力计算的体外预应力加固实例。当 ξ 大于 ξ_b 时，技术措施还可以通过加大截面或采用其他方案。

5.2.4~5.2.7 按现行国家标准《混凝土结构设计规范》GB 50010 给出了体外预应力加固后斜截面承载力计算方法和公式，此时弯起体外预应力筋的应力设计值应按 $(\sigma_{pe}+50)N/mm^2$ 取值，h_0 是指原混凝土结构截面的有效高度。

5.3 正常使用极限状态验算

5.3.1 本条给出了体外预应力加固混凝土结构裂缝控制要求，由于体外预应力筋有专门的外护套保护并灌注防腐材料，故采用的裂缝控制与现行国家标准《混凝土结构设计规范》GB 50010 一致。

5.3.2 本条给出了已经开裂的混凝土受弯构件，裂缝完全闭合时需要施加的预应力值，该值也可以作为预应力配筋的预估值。该方法是根据《体外预应力加固配筋混凝土梁的变形控制》（工业建筑 2009 年第 12 卷第 12 期）的试验研究和理论分析成果得出的，预加力 N_{cl0} 应抵消 M_i 产生的拉应力并产生 σ_{cl0} 的压应力。

5.3.3 本条给出了体外预应力加固后构件开裂弯矩的计算方法。加固前已经开裂的构件，当截面压应力一旦达到 0，就开始重新开裂。

5.3.4、5.3.5 对体外预应力加固后的构件裂缝及其宽度计算公式，仍采用国家标准《混凝土结构设计规范》GB 50010－2010 中预应力混凝土受弯构件的计算方法。因为加固后的构件在重新加载开裂时，用现有的裂缝计算公式得出的裂缝宽度与试验裂缝基本相符，因此，本条采用了同样的计算公式。裂缝宽度计算对应的正常使用极限状态，变形相对较小，因此，可以不考虑二次效应的影响。

5.3.6 所给出的体外预应力加固受弯构件考虑荷载长期作用影响的刚度计算方法，与现行国家标准《混凝土结构设计规范》GB 50010－2010 中计算方法一致，要注意的是考虑荷载长期作用对挠度增大的影响系数，一般取 2.0，但是对于体外预应力加固混凝土结构有所不同，由于混凝土徐变影响已经减小，因此，折减取 1.5，第 5.3.8 条计算预应力反拱考虑长期作用的增大系数也取 1.5。

5.3.7 本条给出了未开裂构件或裂缝完全闭合后构件的刚度，以及加固后又重新开裂构件的刚度计算，注意在式（5.3.7-3）中开裂弯矩应根据是首次开裂还是闭合后重新开裂，按本规程第 5.3.3 条规定来选用不同的开裂弯矩。

5.3.8 本条给出了体外预应力在张拉过程中产生的反拱值计算方法，可以利用体外预应力产生的等效荷载进行计算。根据东南大学《体外预应力加固配筋混凝土梁的变形控制》（工业建筑 2009 年第 12 卷第 12 期）试验研究和理论分析，开裂后构件抗弯刚度明显低于未开裂构件，施加预应力将逐渐增大构件刚度，故将计算反拱的刚度分两个阶段计算，第一阶段是裂缝逐渐闭合的过程，刚度随预加力增加而增大，当预加力达到裂缝完全闭合的预加力 N_{clo} 时，刚度增大为 $0.85E_cI_0$；预加力为 0 时，构件反向刚度可近似按普通钢筋混凝土构件开裂刚度计算，即：

$$B_s = \frac{E_sA_sh_0^2}{1.15\psi + 0.2 + \dfrac{6\alpha_E\rho_s}{1 + 3.5\gamma_f}} \quad (1)$$

中间按线性插值得到了本规程公式（5.3.8）。

5.4 转向块、锚固块设计

5.4.1 体外预应力加固用转向块、锚固块设计是体外预应力节点设计的关键，如果转向块、锚固块松动、移动或有大的变形，体外预应力筋内的应力会立刻降低，甚至会降为 0。因此，体外预应力转向块、锚固块的设计应安全可靠。采用钢结构做转向块时，转向块的设计应按现行国家标准《钢结构设计规范》GB 50017 进行承载力极限状态计算和正常使用极限状态验算。

5.4.2 在进行转向块、锚固块承载力设计时不能按有效预应力值，也不能按预应力筋抗拉强度设计值计算，而应该按预应力筋的极限强度标准值进行计算，

达到转向块、锚固块节点强度与预应力筋强度等强。

5.4.3 按正常使用验算转向块和锚固块时，预应力筋拉力应按最大张拉控制应力来考虑。

5.4.4 本条为了确保既有结构混凝土受冲切承载力和局部受压承载力与预应力筋强度等强。

6 构 造 规 定

6.1 预应力筋布置原则

6.1.1 本条规定了体外预应力束的布置原则。

6.1.2 本条规定了体外预应力束转向块的布置原则。多折线体外预应力束转向块布置在距梁端 1/4～1/3 跨度的范围内，中间跨大概有 1/3 跨长两端有转向块，转向块的设置一方面减小二次效应，减小由于梁的变形引起的预应力效应的降低，二是为了提高预应力筋的应力增量，根据国内外试验和理论研究，当转向块之间距离小于 12 倍梁高或板厚时，可以忽略二次效应的影响。

6.1.3 体外束的锚固块与转向块之间或两个转向块之间的自由段长度不大于 8m，主要为了防止体外预应力束在扰动下产生与构件频率相近的振动，长期的共振会引起体外预应力束的疲劳损伤。

6.1.4 由于体外束通过转向块进行弯折转向，在体外索与转向块的接触区域内，摩擦和横向挤压力的作用和体外索弯折后产生的内应力将会造成体外预应力筋的强度降低。CEB—FIP 模式规范给出了相应的限制：预应力筋（体外索）弯折点的转角应小于 15°，曲率半径应满足一定的要求，当不满足以转角和曲率半径要求时要求通过试验确定预应力筋（体外索）的强度。

在实际工程中，除了桥梁结构和大跨度建筑结构外，上述弯折转角小于 15°和最小曲率半径的限值条件是很难满足的。因此针对量大、面广的民用建筑的加固工程应按照国家标准《预应力混凝土用钢绞线》GB/T 5224－2003 规定采用"偏斜拉伸试验"来测试预应力筋的极限强度值。

在量少、不便通过"偏斜拉伸试验"来测试预应力筋的强度值的情况下，国内研究工作表明，可按钢绞线强度标准值为 $0.8f_{\text{ptk}}$ 进行计算。

6.1.5 规定了体外束与转向块接触长度的确定方法。

6.2 节 点 构 造

6.2.1～6.2.3 体外预应力加固在全国已经完成了大量的工程实践，节点构造方式也多种多样，没有统一的方式，本节介绍了一些节点构造方式，并在附录 B 中给出了一些常见的节点构造供设计和施工参考。

7 防 护

7.1 防 腐

7.1.1 体外预应力筋拉力通过锚具将预应力传递给原混凝土结构，因此锚具是保证预应力的关键，本条给出了锚具的防护套节点做法。

7.1.2 本条给出了体外预应束保护套管的具体要求。参数按现行国家标准《混凝土结构工程施工规范》GB 50666 给出。

7.1.3 本条给出了体外预应力束防腐蚀材料应满足的技术要求。

7.1.4 钢制转向块和锚固块主要通过涂刷防锈漆来进行防锈，防锈漆的涂刷应按现行国家标准进行。防锈漆的使用都有一定的耐久性，一般大于 25 年就需要重新涂刷，因此，应根据防锈漆的厚度和使用年限进行检查和重新涂刷。

7.2 防 火

7.2.1 体外预应力体系防火等级是按现行国家标准《建筑设计防火规范》GB 50016 和《高层民用建筑设计防火规范》GB 50045 的要求确定，防火涂料的性能、涂层厚度及质量要求可参考现行国家标准《钢结构防火涂料》GB 14907 和协会标准《钢结构防火涂料应用技术规程》CECS24 的规定。

7.2.2 本条给出了防火保护材料的选用及施工的具体要求。

7.2.3 本条给出了根据耐火极限选取膨胀型和非膨胀型防火涂料的原则。

除了刷防火涂料外，也可采用混凝土或水泥砂浆包裹，可先用钢丝网包裹，然后涂抹混凝土或水泥砂浆，涂抹厚度不应小于 30mm，该方法施工简单、方便，工程中应用也很广泛。

8 施工及验收

8.1 施 工 准 备

8.1.1~8.1.3 体外预应力加固施工比体内预应力施工技术要求更高，因此，必须由专业施工单位来完成，施工前必须编制详细的施工方案，同时，预应力施工也属于住房和城乡建设部发布的危险性较大的项目，必要时应该通过专家论证。施工方案必须满足设计的要求，因此，要求施工方案要经过设计单位认可才可以实施。

8.2 预应力筋加工制作

8.2.1~8.2.3 给出了预应力筋下料长度确定方法、下料方法及挤压锚挤压时注意事项。预应力筋要采用砂轮锯或切断机切断，加热、焊接或电弧切割都会让预应力筋达到高温，高温后预应力筋强度会明显降低，因此，应避免高温切断，施工过程中也应该避免电火花和电流损伤预应力筋，特别是转向块和锚固块都是钢材，现场可能会用到电气焊，因此，这些钢配件应尽量在工厂加工好，现场直接安装，减少现场的电气焊操作，如果必须电气焊，应采取对预应力筋的临时防护措施。

8.3 转向块、锚固块安装

8.3.1 体外预应力转向块竖向误差直接影响体外预应力筋的有效高度，直接影响承载力大小、裂缝宽度计算和刚度计算，因此，必须严格控制转向块竖向安装误差。本条给出的数据保证预应力筋有效高度相差一般不超过 2%，以满足工程设计的要求，当既有结构梁高越大时，相对误差越小。

8.3.2 转向块与既有结构的连接处除了竖向压力外，还有预应力反向荷载产生的水平方向的分力，一般情况下钢材与混凝土表面的摩擦系数在 0.3，靠压力产生的摩擦力就可以抵抗水平分力产生的可能的滑动，当转向块处预应力筋转角很大时，水平分力也可能大于摩擦力而产生滑动，稍有滑动就会将预应力降低很多，因此，可采用结构加固用 A 级胶粘剂、化学锚栓、膨胀螺栓等保证转向块不滑动。

8.4 预应力筋安装

8.4.1、8.4.2 体外预应力束一般在原混凝土结构下安装，操作不方便，因此，应该提前注意排序，然后安装。安装好的部分要定位好，张拉之前对所有预应力束均进行预紧。对于涂层预应力筋或二次加工的预应力筋，应注意安装过程中保护外防护层。

8.5 预应力张拉

8.5.1 本条参照现行国家标准《混凝土结构工程施工质量验收规范》GB 50204 和《混凝土结构工程施工规范》GB 50666 有关条款制定。

8.5.2 体外预应力筋的张拉控制应力值要比体内布置的预应力筋张拉控制应力低些，参考行业标准《无粘结预应力混凝土结构技术规程》JGJ 92 - 2004，对于预应力钢绞线不宜超过 $0.6f_{ptk}$，且不应小于 $0.4f_{ptk}$；国家标准《混凝土结构设计规范》GB 50010 - 2010 对体内预应力筋：钢绞线不应超过 $0.75f_{ptk}$，预应力螺纹钢筋不应超过 $0.85f_{pyk}$，本条规定同时也参照了国外的标准。

8.5.4~8.5.12 按现行国家标准《混凝土结构工程施工质量验收规范》GB 50204 和《混凝土结构工程施工规范》GB 50666 的有关条款制定。

体外预应力张拉与体内预应力张拉相比，更应该

重视对称张拉。体外预应力筋通过转向块和锚固块将预应力传递给原混凝土结构，不对称张拉会引起转向块和锚固块偏心受力，有可能引起偏转，因此，必须按对称性张拉，必要时必须分级张拉。

梁端张拉能保证体外预应力筋梁端拉力尽可能对称。另外，也要根据设计要求，如果设计按两端张拉计算的摩擦损失和有效预应力，并要求两端张拉的，施工时必须两端张拉。

建筑结构中一束体外预应力筋根数不是很多，张拉位置能整束张拉时应整束张拉，整束张拉会引起偏心，施工中应注意。为了减少偏心，可以整束分级张拉。

8.6 工程验收

8.6.1 本条给出了体外预应力工程施工质量验收的依据。

8.6.2 本条给出了体外预应力施工质量验收按材料类别划分的检验批。

8.6.3 本条给出了体外预应力施工质量验收按施工工艺划分的检验批。

8.6.4~8.6.7 给出了体外预应力施工的主控项目质量验收方法。

8.6.8~8.6.11 给出了体外预应力施工的一般项目质量验收方法。

附录 A 体外预应力筋数量估算

体外预应力筋截面面积计算需要求解本规程第5.2节方程组，特别是当考虑二次效应影响时，计算更为复杂，本附录给出了一种初步设计估算预应力筋面积的方法。

通过既有结构构件力的平衡确定出既有结构混凝土截面受压区高度和承载力大小，再根据需要达到的承载力定义结构加固量 ΔM，梁截面去掉原来的非预应力筋和对应的受压区高度后得到预应力筋有效高度 H_{0P}，这样就把设计变成了设计截面宽度为 b、有效高度为 H_{0P} 的矩形梁（图 A.0.2c），达到受弯承载力为 ΔM，只配预应力筋，也就是单筋矩形梁设计，得到了简单的计算公式。

对于 T 形截面梁，同样可以按原来截面大小和配筋得到截面受压区高度和承载力大小，原截面去掉原配筋对应的受压区高度后得到新的 T 形截面梁（受压区都在翼缘）或矩形截面梁（受压区进入腹板），然后按 T 形截面梁或矩形截面梁进行单筋设计就可以得到预应力配筋。本附录只给出了矩形截面梁估算方法，T 形截面梁同样可以按上述方法计算。

附录 B 转向块、锚固块布置及构造

本附录给出了常用体外预应力转向块和锚固块节点的构造形式简图，可供设计人员参考。工程中还有许多形式，可结合实际工程确定，目前尚无统一的、标准的方式，只要满足传力要求、施工方便即可。

中华人民共和国行业标准

建（构）筑物移位工程技术规程

Technical specification for moving engineering of buildings

JGJ/T 239—2011

批准部门：中华人民共和国住房和城乡建设部
施行日期：2 0 1 1 年 1 2 月 1 日

中华人民共和国住房和城乡建设部
公　告

第 990 号

关于发布行业标准《建（构）筑物
移位工程技术规程》的公告

现批准《建（构）筑物移位工程技术规程》为行业标准，编号为 JGJ/T 239-2011，自 2011 年 12 月 1 日起实施。

本规程由我部标准定额研究所组织中国建筑工业出版社出版发行。

中华人民共和国住房和城乡建设部

2011 年 4 月 22 日

前　言

根据住房和城乡建设部《关于印发〈2009 年工程建设标准规范制订、修订计划〉的通知》（建标〔2009〕88 号）的要求，规程编制组经广泛调查研究，认真总结实践经验，参考有关国际标准和国外先进标准，并在广泛征求意见的基础上，编制了本规程。

本规程共 7 章，主要技术内容有：1. 总则；2. 术语和符号；3. 基本规定；4. 检测与鉴定；5. 设计；6. 施工；7. 验收。

本规程由住房和城乡建设部负责管理，由山东建筑大学负责具体技术内容的解释。执行过程中如有意见或建议，请寄送山东建筑大学土木工程学院（地址：济南市临港开发区凤鸣路，邮编：250101）。

本 规 程 主 编 单 位：山东建筑大学
烟建集团有限公司

本 规 程 参 编 单 位：同济大学
山东省建筑设计研究院
山东省建设建工（集团）
有限责任公司
中国建筑第六工程局有限公司
广州市鲁班建筑防水补强有限公司
烟台市建筑设计研究股份有限公司
山东建固特种专业工程有限公司
烟建集团特种工程有限公司

本规程主要起草人员：张　鑫　唐　波　吕西林
贾留东　夏风敏　孙国春
卢文胜　文爱武　汪俊波
张维汇　黄启政　王存贵
李国雄　于明武　孙立举
于文波　徐　岩　邢智军

本规程主要审查人员：叶列平　韩继云　董毓利
惠云玲　王有志　张　爽
崔士起　胡海涛　秦家顺
蒋世林　曹怀武

目　次

Contents

1 总　则

1.0.1 为在建（构）筑物的移位工程设计与施工中，贯彻执行国家技术经济政策，做到安全可靠、技术先进、确保质量、经济合理、保护环境，制定本规程。

1.0.2 本规程适用于建（构）筑物移位工程的设计、施工及验收。

1.0.3 建（构）筑物移位工程应因地制宜、就地取材、节约资源、精心设计、精心施工。

1.0.4 建（构）筑物移位工程的设计、施工及验收，除应执行本规程外，尚应符合国家现行有关标准的规定。

2　术语和符号

2.1　术　语

2.1.1 移位工程　moving engineering

将建（构）筑物从某个位置移动到新位置的工程。

2.1.2 水平移位　horizontal moving

将建（构）筑物沿水平方向直线、曲线或旋转的移位。

2.1.3 竖向移位　vertical moving

将建（构）筑物沿竖直方向同步抬升或降低的移位。

2.1.4 托换结构体系　underpinning structural system

移位工程中，在建（构）筑物底部水平截断面上部由托换梁与支撑等组成的承担上部荷载，并在移位过程中可靠传递移位动力的结构体系。

2.1.5 下轨道结构体系　lower-track structural system

移位工程中，在建（构）筑物底部水平截断面下部由梁与基础等组成，承担托换结构传递的荷载，满足移位与地基承载力要求的结构体系。

2.1.6 沉降控制　settlement control

为防止移位建（构）筑物的过量沉降而采取的控制措施。

2.1.7 移位动力　moving power

为改变建（构）筑物水平或竖向位置所施加的动力。

2.1.8 移位控制系统　moving control system

在建（构）筑物移位过程中，用于监测、调整移位动力、位移及速度的监控系统。

2.1.9 移动装置　moving device

建（构）筑物水平移位所用的滚动或滑动装置。

2.1.10 升降设备　jacking and descending facilities

建（构）筑物升降移位时所用的动力设备，一般为螺旋千斤顶或带有自锁装置的液压千斤顶。

2.1.11 水平截断面　horizontal cut interface

在托换结构与下轨道之间，沿一水平切面将上部结构与原基础截断。

2.2　符　号

2.2.1 几何参数

A——构件截面面积；

A_s——钢筋截面面积；

A_h——滑块受压面积；

b——托换梁截面宽度；

C——构件截面周长；

d——钢筋或滚轴的直径；

h——托换梁截面高度；

h_0——托换梁截面有效高度；

l——滚轴长度；

s——箍筋间距。

2.2.2 作用和抗力

F——移位阻力；

N——轴向压力设计值；

N_k——轴向压力标准值；

P——施力设备实际总动力；

P_g——每根实心钢滚轴的承压力设计值；

P_h——滑块承受的竖向作用力设计值；

V——剪力设计值。

2.2.3 材料性能

f_c——混凝土轴心抗压强度设计值；

f_g——滚轴抗压强度设计值；

f_h——滑块抗压强度设计值；

f_t——混凝土轴心抗拉强度设计值；

f_y——钢筋抗拉强度设计值。

2.2.4 计算参数及其他

ρ——纵向受力钢筋配筋率；

μ——建（构）筑物移位的摩阻系数。

3　基本规定

3.0.1 确定移位工程设计和施工方案前，应收集相关资料，进行现场调查。

3.0.2 移位工程设计与施工前，应根据现行国家标准《民用建筑可靠性鉴定标准》GB 50292、《工业建筑可靠性鉴定标准》GB 50144、《建筑抗震鉴定标准》GB 50023，对拟移位工程进行结构检测和可靠性鉴定，必要时应进行地质补充勘察。

3.0.3 移位工程设计和施工方案应进行充分论证，确保安全可靠。

3.0.4 移位工程在满足建（构）筑物使用要求的条件下，应综合考虑日照、消防、环保、抗震及对周围

地上、地下环境的影响。

3.0.5 应根据具体情况对移位工程施工全过程及周围建（构）筑物进行监测。竣工后应进行沉降等监测，监测至沉降稳定。

3.0.6 承担移位工程的单位，应具有相应资质。

3.0.7 移位工程施工过程中及完工后，应按本规程和现行国家标准《建筑工程施工质量验收统一标准》GB 50300、《建筑地基基础工程施工质量验收规范》GB 50202、《混凝土结构工程施工质量验收规范》GB 50204、《建筑结构加固工程施工质量验收规范》GB 50550 的规定进行验收。

4 检测与鉴定

4.1 一般规定

4.1.1 检测、鉴定前应先对现场进行调查，收集地质勘察资料、设计图、竣工图、使用情况与环境条件等相关资料。

4.1.2 根据建（构）筑物移位要求制定检测与鉴定方案。

4.2 检测与鉴定

4.2.1 应对结构构件按材料强度、构造与连接、变形和裂缝等方面进行调查和检测。

4.2.2 根据检测结果，应按现行国家标准《民用建筑可靠性鉴定标准》GB 50292、《工业建筑可靠性鉴定标准》GB 50144、《建筑抗震鉴定标准》GB 50023 评定结构的可靠性。

4.2.3 结构承载力验算应符合下列规定：

  1 计算模型应符合结构受力与构造实际情况；

  2 结构上的荷载应调查核实，相应的荷载效应组合与分项系数应符合现行国家标准《建筑结构荷载规范》GB 50009 的规定；

  3 结构或构件的材料强度、几何参数应按实际检测结果取值。

4.2.4 根据原地质勘察资料，并结合工程现状和实测资料确定当前的地基承载力。对建（构）筑物移位轨道及新址处，应做补充地质勘察。

5 设 计

5.1 一般规定

5.1.1 移位后建（构）筑物的使用年限，由业主和设计单位共同协商确定，不宜低于原建（构）筑物的剩余设计使用年限。

5.1.2 建（构）筑物移位前应采取必要的临时或永久加固措施，保证移位过程中结构安全可靠。

5.1.3 移位后结构可靠性应符合现行国家标准《民用建筑可靠性鉴定标准》GB 50292、《工业建筑可靠性鉴定标准》GB 50144、《建筑抗震鉴定标准》GB 50023 的规定。保护性建筑应符合当地有关部门的规定。

5.1.4 移位工程设计应包括下轨道及基础设计、托换结构设计、移位动力及控制系统设计、连接设计以及必要的临时或永久加固设计等。

5.1.5 移位工程设计时应考虑移位过程中的不均匀沉降、新旧基础的差异沉降以及新址地基的沉降或差异沉降的影响。

5.1.6 移位工程设计时应进行建（构）筑物的倾覆验算。

5.2 荷 载 计 算

5.2.1 建（构）筑物移位的设计荷载应包括永久荷载、可变荷载、地震作用及建（构）筑物移位过程中的荷载。

5.2.2 移位过程中，永久荷载、可变荷载取值应按现行国家标准《建筑结构荷载规范》GB 50009 采用或按实际荷载取值；风荷载可按 10 年一遇取值；可不考虑地震作用；牵引力按本规程第 5.5.2 条确定。

5.2.3 就位后，荷载应按现行国家标准《建筑结构荷载规范》GB 50009 采用。

5.2.4 移位过程中的临时构件设计可按实际荷载取值。

5.3 下轨道及基础设计

5.3.1 下轨道结构的受力分析应根据建（构）筑物移位时荷载的最不利组合进行。下轨道结构应进行承载力、刚度和沉降计算。

5.3.2 设计时应考虑地基不均匀沉降对上部结构的影响。

5.3.3 新旧基础连接应保证基础的整体性，严格控制新旧基础间的沉降差。

5.3.4 下轨道梁宽宜大于托换梁宽，顶面应铺设强度不低于下轨道梁混凝土强度等级的细石混凝土找平层，厚度宜为 30mm～50mm，找平层内宜铺设钢筋网。

5.4 托换结构设计

5.4.1 应根据检测确定的实际构造和尺寸进行结构设计。

5.4.2 托换结构体系应满足上部结构移位时水平或竖向荷载的分布和传递，应进行承载力、刚度和稳定性的综合设计，应考虑移位的特殊构造要求。

5.4.3 承重柱的托换设计应符合下列要求：

  1 柱宜采用四面包裹式托换方式（图 5.4.3（a））；

2 柱表面应凿毛，并用插筋连接托换梁与柱；

3 当采用单梁托换时，梁宽宜大于柱宽，梁内纵筋不应截断（图5.4.3（b））；

4 四面包裹式托换，托换梁与柱结合面的高度 h_j 可按式（5.4.3-1）确定，且不应小于柱内纵向钢筋的锚固长度和柱短边尺寸；

$$h_j = \frac{N}{0.6 f_t C_j} \quad (5.4.3-1)$$

式中：C_j——托换柱截面的周长，mm；

f_t——混凝土轴心抗拉强度设计值，取结合面处新旧混凝土轴心抗拉强度设计值的较小值，N/mm²；

h_j——托换梁与柱结合面的高度，mm；

N——托换柱的轴力设计值，N。

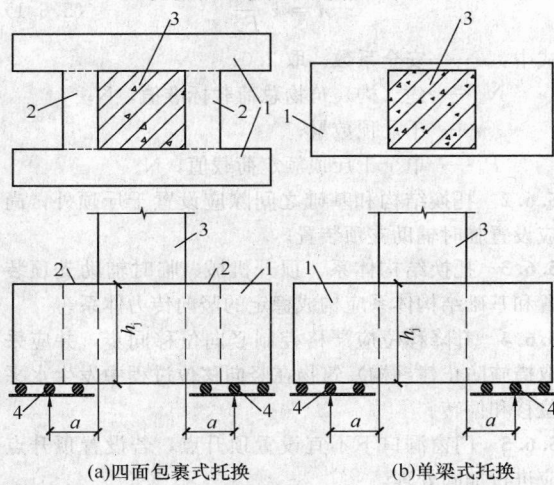

(a)四面包裹式托换 　　　(b)单梁式托换

图5.4.3　柱托换节点示意

1—托换梁；2—托换连梁；3—被托换柱；4—移动装置

5 四面包裹式柱托换节点，其承载力应满足下式规定：

$$kN \leqslant \sum_{i=1}^{n} V_{ui} \quad (5.4.3-2)$$

式中：k——系数，取1.5～2.0；

N——托换柱的轴力设计值，N；

n——托换柱周围托换梁受力截面的数量；

V_{ui}——第 i 个托换梁的受剪承载力，N。

6 托换梁的受剪承载力，当 a/h_0 在0.5～1.0范围内可采用下式计算：

$$V_{ui} = 0.42 f_t b h_0 + \beta_s \rho f_{yv} \frac{A_{sv}}{s} h_0 \quad (5.4.3-3)$$

式中：β_s——系数，纵筋采用HRB335、HRB400时，取66；

ρ——托换梁纵向受拉钢筋配筋率，大于1.5%时，取1.5%；

A_{sv}——配置在同一截面内箍筋各肢的全部截面面积，mm²；

a——支撑反力合力作用点至柱边的距离，

mm，图5.4.3；

b——托换梁截面宽度，mm；

f_t——混凝土轴心抗拉强度设计值，N/mm²；

f_{yv}——箍筋抗拉强度设计值，N/mm²；

h_0——托换梁截面的有效高度，mm；

s——沿构件长度方向箍筋间距，mm。

7 根据现行国家标准《混凝土结构设计规范》GB 50010，托换梁受剪截面应符合下列规定：

当 $h/b \leqslant 4$ 时

$$V_{ui} \leqslant 0.25 \beta_c f_c b h_0 \quad (5.4.3-4)$$

当 $h/b \geqslant 6$ 时

$$V_{ui} \leqslant 0.2 \beta_c f_c b h_0 \quad (5.4.3-5)$$

当 $4 < h/b < 6$ 时，按线性内插法确定。

式中：β_c——混凝土强度影响系数：当混凝土强度等级不超过C50时，取 $\beta_c = 1.0$；当混凝土强度等级为C80时，取 $\beta_c = 0.8$；其间按线性内插法确定；

f_c——混凝土轴心抗压强度设计值，N/mm²；

h——托换梁截面高度，mm。

5.4.4 承重墙的托换设计应符合下列要求：

1 承重墙可采用沿托换梁下均匀布置支点和局部布置支点两种方式（图5.4.4），宜优先采用局部布置支点的方式；

2 托换梁下局部布置支点时，局部布置长度不宜小于0.5m，间隔净距不宜大于1.5m，应避开门、窗、洞口和承重构件的薄弱位置。

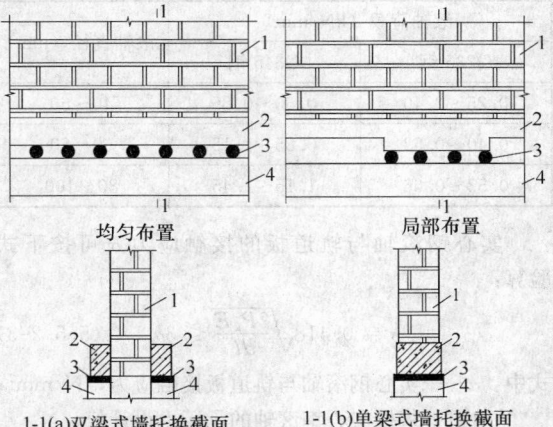

均匀布置 　　　　局部布置

1-1(a)双梁式墙托换截面　1-1(b)单梁式墙托换截面

图5.4.4　墙体托换反力点布置示意

1—墙体；2—托换梁；3—移动装置；4—下轨道梁

5.4.5 托换结构应形成稳定的水平平面桁架体系。

5.4.6 支点部位托换梁的局部抗压应按现行国家标准《混凝土结构设计规范》GB 50010进行计算。

5.5　水平移位设计

5.5.1 水平移位时，托换结构体系除应考虑上部结构荷载外，还应考虑水平移动动力和阻力的影响；转

动时，托换结构体系应考虑转动扭矩的影响。

5.5.2 施力系统的设计应符合下列要求：

1 移位可采用牵引、顶推和牵引顶推组合等三种施力方式；

2 施力设备实际总动力 P 应大于每道托换梁的水平移位阻力 F_i 之和：

$$P \geqslant \sum_{i=1}^{n} F_i \qquad (5.5.2-1)$$

式中：F_i——作用于第 i 道托换梁的水平移位阻力，N；

$\quad\quad n$——托换梁数量；

$\quad\quad P$——施力设备实际总动力，N。

3 设计时，应按式（5.5.2-2）计算移位阻力：

$$F_i = k\mu G_i \qquad (5.5.2-2)$$

式中：μ——摩阻系数，钢材滚动阻力系数取 $0.05\sim$ 0.1，聚四氟乙烯与不锈钢板的滑动阻力系数取 0.1；

$\quad\quad G_i$——作用于第 i 道托换梁的竖向作用力标准值，N；

$\quad\quad k$——经验系数，取值 $1.5\sim2.0$。

4 施力点在托换结构平面内宜均匀布置，宜靠近托换梁底部，并应根据受力状态由计算确定施力点处配筋，并应满足局部受压要求；

5 采用滚轴实施水平移位时，滚轴宜采用实心钢滚轴，滚轴直径宜按表 5.5.2 取用：

表 5.5.2 钢滚轴直径表

滚轴荷载（kN/mm）		滚轴直径（mm）
Q235 钢	Q345 钢	
$0.25\sim0.40$	$0.60\sim0.85$	$40\sim60$
$0.40\sim0.53$	$0.85\sim1.15$	$60\sim80$
$0.53\sim0.66$	$1.15\sim1.45$	$80\sim100$

实心钢滚轴与轨道板的接触应力 σ 可按下式验算：

$$\sigma = 0.418\sqrt{\frac{2P_g E}{dl}} \leqslant 3\sigma_s \qquad (5.5.2-3)$$

式中：σ——实心钢滚轴与轨道板接触应力，N/mm²；

$\quad\quad P_g$——每根实心钢滚轴的承压力设计值，N；

$\quad\quad E$——材料的弹性模量，若两种弹性模量不同的材料接触时应采用合成弹性模量 $E' = \dfrac{2E_1 E_2}{E_1 + E_2}$，N/mm²；

$\quad\quad d$——滚轴直径，mm；

$\quad\quad l$——滚轴长度，mm；

$\quad\quad \sigma_s$——两种接触材料中较小的屈服强度，N/mm²。

6 采用滑块实施水平移位时，滑块的受压面积 A_h 应根据滑块采用的低摩阻材料的抗压性能计算：

$$A_h = \frac{P_h}{f_h} \qquad (5.5.2-4)$$

式中：A_h——滑块受压面积，mm²；

$\quad\quad f_h$——滑块材料抗压强度设计值，N/mm²；

$\quad\quad P_h$——滑块承受的竖向作用力设计值，N。

5.5.3 建（构）筑物就位后的轴线水平位置偏差不应大于 40mm；标高偏差不应超过相邻轴线距离的 2/1000，且不应大于 30mm。

5.6 竖向移位设计

5.6.1 竖向移位动力设计时，应合理布置施力点，动力合力与建筑物重心应重合，施力点的数量应根据下式计算：

$$n = k\frac{N_k}{P_a} \qquad (5.6.1)$$

式中：k——安全系数，取 2.0；

$\quad\quad N_k$——建（构）筑物总荷载标准值，N；

$\quad\quad n$——千斤顶数量；

$\quad\quad P_a$——单个千斤顶额定荷载值，N。

5.6.2 托换结构和基础之间除应设置千斤顶外，尚应设置临时辅助支顶装置。

5.6.3 托换结构体系、顶升机械、临时辅助支顶装置和基础结构体系应构成稳定的竖向传力体系。

5.6.4 升降移位应严格控制竖向位移同步，并应采取措施防止建（构）筑物在竖向移位过程中发生水平位移和偏转。

5.6.5 门窗洞口下不宜设置顶升点，若设置顶升点应进行加固处理。

5.6.6 顶升点处托换结构的局部抗压应按现行国家标准《混凝土结构设计规范》GB 50010 进行计算。

5.7 拖车移位设计

5.7.1 运输设备应具有自行式液压升降平台，确保建（构）筑物在运输过程中各支点不发生不均匀沉降。

5.7.2 应采取措施使建（构）筑物各支点的压力和反力保持平衡，保证建（构）筑物受力均匀。

5.7.3 托换结构必须具有足够的刚度，具有一定的调整不均匀沉降和不平衡反力的能力。

5.7.4 托换结构应按顶升和运输两种工况进行设计。

5.8 就位连接设计

5.8.1 移位建（构）筑物就位后，连接应满足承载力、稳定性和抗震的要求。

5.8.2 框架结构、层数超过 6 层或高宽比大于 2 的砌体结构，连接形式和构造应经计算确定。高宽比不大于 2，层数不大于 6 层的砌体结构，墙下托换梁和基础间的缝隙，应采用不低于 C20 细石混凝土或水泥基灌浆料充填密实。

5.8.3 移位工程就位后，当托换结构体系需拆除时，砌体结构构造柱和框架柱中的纵向钢筋应与基础或下轨道结构体系中的预设锚固筋可靠连接。

5.8.4 抗震设防地区，宜在托换结构体系和新址基础之间采取隔震措施，隔震设计应满足现行国家标准《建筑抗震设计规范》GB 50011 的要求。

6 施 工

6.1 一般规定

6.1.1 移位工程施工前，应进行下列准备工作：

  1 应结合检测鉴定报告和设计方案现场查勘移位工程的现状，并进行记录；

  2 应结合设计方案、现场检测鉴定和查勘结果，编制施工组织设计或施工技术方案；

  3 应根据移位工程的具体情况确定相应的安全措施和应急预案。

6.1.2 移位工程所用的建筑材料，经试验合格后方可使用。

6.1.3 水平移位工程中，滚动装置的滚轴直径和滑动装置的滑块高度应现场检查，滚轴直径或滑块高度与设计要求相差不应超过 0.5mm。

6.1.4 托换结构及下轨道结构施工时，应采取可靠措施保证新旧结构连接的施工质量。

6.1.5 施工过程中，遇到与设计不符等异常问题时，应及时与设计人员协商，并在提出可靠处理方案后方可继续施工。

6.1.6 移位工程所使用的动力设备，应安全可靠，并应有动力监控装置。

6.1.7 应有可靠的位移监控措施和控制装置。

6.1.8 应对上部结构的裂缝、倾斜、振动及建筑物的沉降进行监测。

6.1.9 移位前应建立完善的现场指挥控制系统，明确人员岗位，确保分工明确、指挥畅通。

6.2 下轨道及基础施工

6.2.1 下轨道结构体系施工应包括建（构）筑物原址、移动路线和新址三部分。

6.2.2 下轨道结构体系施工时，应保证下轨道顶面的平整度，用 2m 直尺检查时的允许偏差不宜超过 2.0mm，且整体高差不宜超过 5.0mm。

6.2.3 建（构）筑物原址内下轨道结构的施工，应符合下列要求：

  1 施工前应在建（构）筑物墙、柱的一定高度处设置等高标志线；

  2 开挖地基与施工下轨道基础时，应考虑开挖、托换等对移位工程原地基基础及上部结构的影响；

  3 下轨道及基础分段施工时，应按施工方案的要求分段、分批施工，结合面应按施工缝处理，且施工缝应避开剪力、弯矩较大处；

  4 下轨道结构内的纵向钢筋宜贯通，确有困难不能贯通时，应采用机械连接或焊接，并应满足现行国家标准《混凝土结构工程施工质量验收规范》GB 50204 要求。

6.2.4 建（构）筑物新址处下轨道结构的施工，应符合下列要求：

  1 应满足现行国家标准《混凝土结构工程施工质量验收规范》GB 50204 和《建筑地基基础设计规范》GB 50007 的要求；

  2 按设计要求设置的预埋连接锚筋或连接预埋件，应定位准确、固定牢固。

6.3 托换结构施工

6.3.1 下轨道施工完成后，应先放置移动装置，再进行托换结构施工。

6.3.2 托换结构施工时，下轨道找平层材料的强度必须满足承载力要求。

6.3.3 混凝土托换结构应采用早强性能好的混凝土，必要时应添加适量膨胀剂。

6.3.4 托换结构施工过程中，应保持托换结构下部移动装置的正确位置和方向，并采取临时固定措施。

6.3.5 托换结构施工宜对称进行。

6.3.6 托换结构底部水平移位支点行走面应与下轨道顶面平行。

6.3.7 柱下托换结构应一次施工完成；承重墙下托换梁宜分段施工，分段长度应根据墙体的整体质量、地基基础承载力、基础整体刚度和上部结构的荷载大小综合确定，分段接茬处应按施工缝处理。

6.3.8 托换结构内纵筋应优先采用机械连接或焊接，并满足现行国家标准《混凝土结构工程施工质量验收规范》GB 50204 要求。

6.3.9 施工混凝土托换结构时，应将原柱、墙面表面凿毛，清理干净并用水充分湿润，涂刷界面处理剂。当设计有连接插筋时，应保证插筋与原结构连接牢固，并应在柱、墙表面凿毛后施工插筋。

6.3.10 混凝土托换结构内的钢筋不应在水平移位支点或顶升点处断开。

6.3.11 当设有卸荷支撑时，卸荷支撑应安全可靠并宜设置测力装置。

6.3.12 当施工托换结构需对墙体开洞时，不应对墙体产生过大的振动或扰动，墙体开洞后，应尽快完成托换结构施工。

6.4 截断施工

6.4.1 截断施工应在下轨道结构体系、托换结构体系的材料强度达到设计要求后进行。

6.4.2 截断施工前，应确认移动装置或升降设备的

位置和方向正确无误，截断施工过程中不能改变移动装置的位置和方向。

6.4.3 截断施工应严格按施工方案确定的顺序对称进行。

6.4.4 截断施工时，应监测墙、柱及托换结构体系的状态变化，包括墙、柱竖向变形、托换结构的异常变形或开裂等，受力较大的关键部位应进行应力监测。

6.4.5 墙、柱截断时不应产生过大的振动或扰动，并宜保证截断面平整，应避免截断面二次剔凿。

6.4.6 若截断施工过程中需用冷却水，应设置排水或废水收集装置，不应将废水直接排至基础周围的地基土。

6.5 水平移位施工

6.5.1 下轨道结构体系、托换结构体系及反力装置应经验收且达到设计要求后，方可进行移位施工。

6.5.2 水平移位时动力及控制系统应能保证移位同步精度，所用的测力装置及位移监控装置应准确可靠。

6.5.3 应认真检查移动装置、动力系统、监控系统、应急措施等，确认位置正确、状态完好、措施全面。

6.5.4 正式移位前宜进行试平移，检测移动装置、动力系统、监控系统、指挥系统的工作状态和可靠性，并测定移动动力、移动速度等相关参数。

6.5.5 正式移位时，应按照试平移确定的相关参数，均匀、平稳施加动力，保持动力与位移的同步，采用千斤顶作为移动动力时，移动速度不宜大于 60mm/min。移位过程中应采用以位移控制为主、位移与动力同时控制的控制方案。

6.5.6 应采取可靠措施及时纠正移动中产生的偏斜。

6.5.7 应及时清理移动轨道面上的杂物，确保移动面平整、光洁。

6.5.8 移动轨道面或移动装置宜涂抹适当的润滑剂。

6.5.9 建（构）筑物移位接近指定位置时，宜适当减慢移动速度，以控制到位精度。

6.5.10 移位到指定位置后，委托方应及时组织有关部门实施建（构）筑物的到位验收。

6.6 竖向移位施工

6.6.1 竖向移位所用的升降设备应安全可靠，并有足够的安全储备；升降设备应能安全升降，且应有自锁装置，并设置可靠的辅助支顶装置。

6.6.2 竖向移位设备应保证升降的同步精度，升降移位应采用以位移为主、位移与升降力同时控制的升降控制方案。升降点应设置位移监控设备，并将位移监控结果及时反馈。

6.6.3 竖向移位设备应安装稳固，并保证其垂直度。竖向移位设备与升降支点的接触面应受力均匀，在升降设备出现偏斜的情况下应停止施工。

6.6.4 竖向移位过程中，应根据建（构）筑物的结构形式、整体刚度及高宽比严格控制各升降点之间的升降差。相邻升降点之间的升降差不应大于升降点间距的 2/1000，总体升降差不应大于建（构）筑物该方向宽度的 2/1000 且不应大于 20mm。

6.7 拖车移位施工

6.7.1 拖车应有自升降功能，托盘的平整度、水平度宜有自动调整和保持功能，宜采用具有液压自动升降、多模块组合功能的拖车。拖车应有较好的低速性能，且启动、刹车应缓慢、平稳。

6.7.2 应根据移位建（构）筑物的重量对移位路线进行压实或硬化。当需进入城市道路或公路时，应取得当地交通等主管部门的同意与配合。并应综合勘查道路、桥梁的通行能力及地面、空中障碍。当移位建（构）筑物重量较大时，应调阅道路、桥梁的设计文件并确保安全方可通行。

6.7.3 托换结构在拖车上的支点应按设计要求布置，且支点与拖车托盘之间应加设橡胶垫。

6.7.4 拖车托起建（构）筑物时，应先进行称重，并确定建（构）筑物的重心，托起过程应缓慢、平稳、建（构）筑物受力均匀、托盘处于水平状态。

6.7.5 在建（构）筑物托起或移位的过程中，应进行纵、横两个方向倾斜或水平监测，重要构件或部位应进行变形监测或内力监测。

6.7.6 移位过程中应根据拖车的调整能力确定拖车移位时的最大爬升坡度，不应在托盘倾斜的情况下爬坡。

6.7.7 建（构）筑物移位至指定位置后，将建（构）筑物安放至新基础的过程中应缓慢、平稳，建（构）筑物受力均匀，托盘处于水平状态。

6.8 就位连接与恢复施工

6.8.1 建（构）筑物移位至指定位置，验收合格后应尽快实施就位连接。

6.8.2 连接应按设计要求施工，应检查预设连接锚筋、连接预埋件的位置，避免错漏。焊接连接时应交叉施焊并宜采取降温措施。焊接质量应满足现行国家标准《混凝土结构工程施工质量验收规范》GB 50204 的规定。

6.8.3 空隙的填充应密实，宜采用微膨胀混凝土、砂浆或无收缩灌浆料。

6.8.4 应根据水、电、暖等设备管线的设置，预留安装孔洞。

6.8.5 当采用隔震连接时，应按照隔震连接设计施工，应保证托换结构以上的荷载全部通过隔震支座传至基础，应采取可靠的施工措施保证隔震支座受力均匀。隔震支座安装后的水平度、位置应满足以下

要求：

    1 隔震支座安装后，隔震支座顶面的水平度误差不宜大于 0.8%；

    2 隔震支座中心的平面位置与设计位置的偏差不应大于 5.0mm；

    3 隔震支座中心的标高与设计标高的偏差不应大于 5.0mm；

    4 同一轨道上多个隔震支座之间的顶面高差不宜大于 5.0mm。

    上部结构、隔震层部件与周围固定物的水平间隙不应小于设计规定。托换结构与基础等之间预留的空隙若需填充时，应尽量减小填充材料对上部结构的水平约束，不应采用刚性材料填塞。

6.8.6 因恢复需要切除托换结构构件时，应在连接施工完成且达到承载力要求后进行。切除宜采用机械切割，避免产生过大的振动。切割面应采取防护措施，以防止切割面钢筋锈蚀。

6.8.7 因移位产生影响主体结构使用的裂缝，应进行加固或修复。

6.9 施 工 监 测

6.9.1 对于一般建（构）筑物，施工中应对其沉降、整体倾斜及裂缝进行监测，监测记录表格宜符合本规程附录 A 的规定；对于特别重要的建（构）筑物，宜增加结构的振动和构件内力监测。应对周围受影响的建（构）筑物进行监测。

6.9.2 测点应布置在对移位变化较为敏感或结构薄弱的部位，监测点的数量及监测频率应根据需要确定。

6.9.3 应监测建（构）筑物各轴移动的均匀性、方向性，并应及时调整。

6.9.4 应监测托换结构及下轨道结构体系和建（构）筑物的变形、裂缝及不均匀沉降，并应及时处理。

6.9.5 监测数据应根据具体情况确定报警值，并将监测结果及时反馈。

7 验 收

7.1 一 般 规 定

7.1.1 建（构）筑物移位工程竣工验收程序和组织应符合下列规定：

    1 分项工程应由监理工程师组织施工单位专业技术负责人及专业质量负责人进行验收；

    2 子分部工程应由总监理工程师组织施工单位项目负责人和技术、安全、质量负责人及设计单位工程项目负责人进行验收；

    3 各子分部工程竣工验收完成后，施工单位应向建设单位提交分部工程验收报告，建设单位移位工程负责人应组织监理、施工、设计等单位负责人进行分部工程竣工验收；

    4 分部工程竣工验收合格后，建设单位应负责办理有关建档和备案等事宜；

    5 若参加竣工验收各方对移位工程质量验收意见不一致时，应请当地工程质量监督机构协调处理。

7.1.2 建（构）物移位工程质量验收分部、分项工程的划分应符合本规程附录 B 的规定。

7.1.3 分部、分项工程验收应提交下列资料：

    1 原材料、构配件的出厂质量合格证书、检测报告、进场复验报告；

    2 砂浆、混凝土等试块的强度检测报告，钢筋、型钢、钢管连接接头的观感检查记录和试验报告；

    3 分部工程观感验收记录；

    4 分部工程实体检验记录；

    5 隐蔽工程的施工记录和验收记录；

    6 施工阶段性监测报告；

    7 工程重大问题处理记录。

7.1.4 工程竣工验收，除应提交本规程第 7.1.3 条规定的文件外，尚应提交下列文件：

    1 工程竣工图、会审记录和设计变更文件；

    2 工程施工组织设计或施工方案；

    3 工程监测报告；

    4 竣工验收报告；

    5 执行国家或地方工程建设有关标准、规定的情况报告。

7.2 质 量 控 制

    各分部、分项工程和检验批检测的主控项目，均应符合现行国家标准《建筑地基基础工程施工质量验收规范》GB 50202、《混凝土结构工程施工质量验收规范》GB 50204、《建筑结构加固工程施工质量验收规范》GB 50550 的规定和本规程的要求，并应增加下列质量检测主控项目：

    1 移位工程的托换梁底面平整度；

    2 移位工程的下轨道平整度；

    3 建（构）筑物就位偏差。

7.3 质 量 验 收

7.3.1 检验批质量合格应符合下列条件：

    1 主控项目应合格；

    2 一般项目抽样检验应全部符合要求；

    3 应有完整的操作依据和质量检验记录。

7.3.2 分项工程质量合格应符合下列条件：

    1 分项工程所含检验批质量检测均合格；

    2 分项工程所含检验批质量检测记录均完整。

7.3.3 分部工程质量合格应符合下列条件：

    1 分部工程所含分项工程质量检测均合格；

    2 实体抽样检验合格；

3 应有完整的质量控制资料；

4 观感质量验收应符合要求。

7.3.4 质量不合格时，应按下列情况分别处理：

1 主控项目不满足要求时，必须逐项处理直至满足要求；

2 一般项目不满足要求时，应进行处理，并重新检验；

3 经处理仍不满足要求时，不能验收。

7.3.5 建(构)筑物移位工程竣工验收记录表格宜符合本规程附录 C 的规定。

附录 A 建(构)筑物移位工程施工监测记录

表 A.1 沉降监测记录　　　　　　　　　　第 页 共 页

工程名称：＿＿＿＿＿　建设单位：＿＿＿＿＿　施工单位：＿＿＿＿＿　测量单位：＿＿＿＿＿
结构形式：＿＿＿＿＿　建筑层数：＿＿＿＿＿　仪器型号：＿＿＿＿＿　起算点号：＿＿＿＿＿　起算高程：＿＿＿＿＿

观测日期	初次	第 次			第 次				第 次				第 次				第 次			
	年 月 日	年 月 日			年 月 日				年 月 日				年 月 日				年 月 日			
测点编号	高程(m)	本次高程(m)	本次下沉量(mm)	下沉速度(mm/d)	本次高程(m)	本次下沉量(mm)	累计下沉量(mm)	下沉速度(mm/d)	本次高程(m)	本次下沉量(mm)	累计下沉量(mm)	下沉速度(mm/d)	本次高程(m)	本次下沉量(mm)	累计下沉量(mm)	下沉速度(mm/d)	本次高程(m)	本次下沉量(mm)	累计下沉量(mm)	下沉速度(mm/d)
平均值																				
观测间隔时间																				
观测人																				
记录人																				
备注	侧点平面示意图																			

表 A.2 倾斜监测记录　　　　　　　　　　第 页 共 页

工程名称：＿＿＿＿＿　建设单位：＿＿＿＿＿　施工单位：＿＿＿＿＿　测量单位：＿＿＿＿＿
结构形式：＿＿＿＿＿　建筑层数：＿＿＿＿＿　建筑高度：＿＿＿＿＿　起算点号：＿＿＿＿＿　仪器型号：＿＿＿＿＿

观测日期	初 次		第 次		第 次		第 次		第 次	
	年 月 日		年 月 日		年 月 日		年 月 日		年 月 日	
测点编号	顶点倾斜值(mm)	倾斜率	顶点倾斜值(mm)	倾斜率	顶点倾斜值(mm)	倾斜率	顶点倾斜值(mm)	倾斜率	顶点倾斜值(mm)	倾斜率
平均值										
观 测 间 隔 时 间										
监测人										
记录人										
备注	侧点平面示意图									

附录 B 建(构)筑物移位工程分部工程、分项工程划分

表 B 建(构)筑物移位工程分部工程、分项工程划分表

序号	分部工程	子分部工程	分 项 工 程
1	下轨道及基础	无支护土方	土方开挖、土方回填
		有支护土方	排桩、降水、排水、地下连续墙、锚杆、土钉墙、水泥土桩、沉井与沉箱，钢及混凝土支撑
		地基处理	灰土地基、碎砖三合土地基、土工合成材料地基、粉煤灰地基、重锤夯实地基、强夯地基、振冲地基、砂桩地基、预压地基、高压喷射注浆地基、土和灰土挤密桩地基、注浆地基、水泥粉煤灰碎石桩地基、夯实水泥土桩地基
		桩基	锚杆静压桩及静力压桩、预应力混凝土预制桩、钢桩、混凝土灌注桩(成孔、钢筋笼、清孔、水下混凝土灌注)
		地下防水	防水混凝土、水泥砂浆防水层、卷材防水层、涂料防水层、金属板防水层、塑料板防水层、细部构造、喷锚支护、复合式衬砌、地下连续墙、盾构法隧道；渗排水、盲沟排水、隧道、坑道排水；预注浆、后注浆、衬砌裂缝注浆
		混凝土基础	模板、钢筋、混凝土、后浇带混凝土，混凝土结构缝处理
		砌体基础	砖砌体、配筋砌体，石砌体
		下轨道	模板、钢筋、混凝土、水泥基灌浆料、找平层、新旧结构结合面处理
2	托换结构体系	墙托换结构	原墙体剔除、模板、钢筋、混凝土、水泥基灌浆料、上轨道梁、上托梁、斜撑、移动装置布置、墙体切割
		柱托换结构	新旧混凝土结合面凿毛、植筋、模板、钢筋、混凝土、水泥基灌浆料、行走梁、连梁、斜撑、移动装置布置、柱切割
3	就位与连接	就位	轴线位置、标高
		连接	混凝土、水泥基灌浆料、结合面处理、植筋、钢筋连接、其他连接方式

附录 C 建(构)筑物移位工程竣工验收记录

表 C 移位工程竣工验收记录

工程名称		结构类型		层数/建筑面积	
施工单位		技术负责人		开工日期	
项目经理		项目技术负责人		竣工日期	
序号	项 目	验收记录		验收结论	
1	就位位置偏差	纵向： 横向：			
2	标高偏差				
3	安全和主要使用功能核查及抽查结果	共核查　　项，符合要求　　项， 共抽查　　项，符合要求　　项			
4	工程资料核查	共　　项，经审查符合要求项，经核定符合规范要求　　项			
5	综合验收结论				
参加验收单位	建设单位	监理单位	设计单位	施工单位	
	(公章) 负责人 年 月 日	(公章) 总监理工程师 年 月 日	(公章) 负责人 年 月 日	(公章) 负责人 年 月 日	

本规程用词说明

1 为便于在执行本规程条文时区别对待，对要求严格程度不同的用词说明如下：

1）表示很严格，非这样做不可的用词：

正面词采用"必须"，反面词采用"严禁"；

2）表示严格，在正常情况下均应这样做的用词：

正面词采用"应"，反面词采用"不应"或"不得"；

3）表示允许稍有选择，在条件许可时首先应这样做的用词：

正面词采用"宜"，反面词采用"不宜"；

4）表示有选择，在一定条件下可以这样做的，采用"可"。

2 条文中指明应按其他有关标准执行的写法为："应符合……的规定"或"应按……执行"。

引用标准名录

1 《建筑地基基础设计规范》GB 50007

2 《建筑结构荷载规范》GB 50009

3 《混凝土结构设计规范》GB 50010

4 《建筑抗震设计规范》GB 50011

5 《建筑抗震鉴定标准》GB 50023

6 《工业建筑可靠性鉴定标准》GB 50144

7 《建筑地基基础工程施工质量验收规范》GB 50202

8 《混凝土结构工程施工质量验收规范》GB 50204

9 《民用建筑可靠性鉴定标准》GB 50292

10 《建筑工程施工质量验收统一标准》GB 50300

11 《建筑结构加固工程施工质量验收规范》GB 50550

中华人民共和国行业标准

建(构)筑物移位工程技术规程

JGJ/T 239—2011

条 文 说 明

制 定 说 明

《建(构)筑物移位工程技术规程》JGJ/T 239-2011 经住房和城乡建设部 2011 年 4 月 22 日以第 990 号公告批准、发布。

本规程制订过程中，编制组进行了大量的调查研究，总结了我国建(构)筑物移位工程领域的实践经验，同时参考了国外先进技术标准，通过试验，取得了建(构)筑物移位工程设计、施工、验收的重要技术参数。

为便于广大设计、施工、科研、学校等单位有关人员在使用本规程时能正确理解和执行条文规定，《建(构)筑物移位工程技术规程》编制组按章、节、条顺序编制了本规程的条文说明，对条文规定的目的、依据以及执行中需要注意的有关事项进行了说明。但是，本条文说明不具备与规程正文同等的法律效力，仅供使用者作为理解和把握规程规定的参考。

目 次

1 总 则

1.0.1 建（构）筑物移位技术的广泛应用，既节约资源、减少投资、降低能源消耗又能保护环境，是城市规划的调整中值得推广的一种新技术。随着城市规划改造和对既有建（构）筑物保护需要的增长，建（构）筑物移位工程日渐增多。编制本规程可以促进我国移位工程技术健康有序的发展与应用。

1.0.2 本条规定了本规程的适用范围。包括移位建（构）筑物的检测鉴定，水平移位、升降移位、拖车移位等移位工程的设计、施工、验收等。

1.0.3 本条规定了建（构）筑物实施移位时应遵循的原则。

1.0.4 本条规定了建（构）筑物的移位工程，除执行本规程外，还应遵循国家现行有关标准的规定。如《建筑地基基础设计规范》GB 50007、《建筑结构荷载规范》GB 50009、《混凝土结构设计规范》GB 50010、《建筑抗震设计规范》GB 50011、《岩土工程勘察规范》GB 50021、《建筑抗震鉴定标准》GB 50023、《工业建筑可靠性鉴定标准》GB 50144、《建筑地基基础工程施工质量验收规范》GB 50202、《混凝土结构工程施工质量验收规范》GB 50204、《民用建筑可靠性鉴定标准》GB 50292、《建筑工程施工质量验收统一标准》GB 50300、《混凝土结构加固设计规范》GB 50367、《建筑结构加固工程施工质量验收规范》GB 50550 等。

2 术语和符号

2.1.1～2.1.3 建（构）筑物移位是指通过一定的工程技术手段，在保持建（构）筑物整体性的条件下，改变建（构）筑物的空间位置，包括平移、旋转、抬升、降低等单项移位或组合移位。

目前水平移位主要采用三种方式：

1 滚动式：适用于一般建（构）筑物的移位；

2 滑动式：适用于重量不太大的建（构）筑物；

3 轮动式：适用于长距离、重量较小的建（构）筑物。

水平移位的施力方法主要有牵引式、顶推式、牵引和顶推组合式三种。

3 基 本 规 定

3.0.1 收集相关资料是指收集建（构）筑物的原设计施工图（包括设计变更）、地质勘察报告、施工验收资料、维修改造资料等。现场调查主要是宏观了解建（构）筑物现状，是确定设计施工方案的重要前提。

3.0.2 通过检测鉴定可以了解结构材料的现状［包括

材料强度、缺陷、混凝土碳化、钢材（筋）锈蚀］，可以验证施工与设计的符合程度，可以取得裂缝、不均匀沉降、整体倾斜等具体数据，是确定设计方案的主要依据。

3.0.3 移位工程的特殊性决定了其设计、施工不同于一般新建工程，任何不当的设计、施工问题都有可能导致严重后果，因此应由有经验的专家进行充分论证与评审。

3.0.5 当建（构）筑物的移位路线或新址距周围建（构）筑物较近时，移位工程施工过程中应监测周围建（构）筑物的不均匀沉降和整体倾斜，若周围建（构）筑物的墙、柱等主要构件存在裂缝，尚应监测已有裂缝的发展。竣工后的沉降等监测时间应根据地基土的类别、基础的形式、移位建（构）筑物的结构形式等综合考虑，监测时间不宜小于 60d。

3.0.6 移位工程不同于一般新建工程或已有工程的维修改造，有其特殊的要求和设计施工方法，因此要求承担移位工程的单位应具有相应资质。

4 检测与鉴定

4.1 一 般 规 定

4.1.1、4.1.2 移位建（构）筑物一般已使用一定年限甚至已经超过设计使用年限，往往存在材料老化、钢筋锈蚀、构件开裂、基础不均匀沉降等问题。因此，移位工程实施前原则上都应该对移位建（构）筑物的主体结构进行可靠性检测和鉴定，检测鉴定结果应作为评定是否能够移位和进行移位设计的参考依据。经鉴定安全性不满足国家现行有关标准要求，但加固后其安全性能够满足要求的，应先加固后移位。

检测鉴定前应根据现场调查结果、移位建（构）筑物的现有资料及移位要求（移位距离、平移或转动、抬升或降低）制定有针对性的检测鉴定方案、检测项目和检测内容。

4.2 检测与鉴定

4.2.1 检测应根据检测方案确定的检测项目和检测内容，按照现行国家标准《砌体工程现场检测技术标准》GB/T 50315、《回弹法检测混凝土抗压强度技术规程》JGJ/T 23、《混凝土中钢筋检测技术规程》JGJ/T 152 等实施，检测结果应具有代表性，能够真实反映移位建（构）筑物的现状。

4.2.2～4.2.4 应依据国家现行检测鉴定标准，根据实际检测结果、使用状况及计算分析，对移位建（构）筑物作出评价，并针对整体结构及不同项目提出鉴定结论，结论应提出是否需要补强加固的建议，作为移位工程方案论证及设计的依据。结构的可靠性鉴定应根据现行国家标准《民用建筑可靠性鉴定标准》GB 50292、《工业建

筑可靠性鉴定标准》GB 50144、《建筑抗震鉴定标准》GB 50023 进行。如无建(构)筑物原址处地质勘察资料，应做补充勘察。

5 设 计

5.1 一 般 规 定

5.1.2 本条中的加固措施主要是指被托换构件的加固。移位后需作为结构的一部分保留的，应按永久性构件处理；移位后要拆除的，可按施工中的临时构件处理。

5.1.3 移位后结构的可靠性鉴定应根据现行国家标准《民用建筑可靠性鉴定标准》GB 50292、《工业建筑可靠性鉴定标准》GB 50144、《建筑抗震鉴定标准》GB 50023 进行。

5.1.5 移位工程设计时，应充分考虑基础的不均匀沉降，如新址基础与原基础之间的不均匀沉降；移位过程中基础的不均匀沉降；新建建(构)筑物逐渐加载与移位过程中的短时加载之间的差异沉降。

5.2 荷 载 计 算

5.2.1 建(构)筑物移位过程中的荷载等效为静力荷载计算。

5.2.2 在建(构)筑物移位过程中，对于风荷载，考虑《建筑结构荷载规范》GB 50009 给出的最小重现期为 10 年，所以本规程也按 10 年一遇取值。在有当地实测资料的情况下，可适当降低。对于高度不超过 21m 的砌体结构、混凝土结构可不考虑风荷载。若移位过程中出现超过 10 年一遇的风荷载，应暂停施工，并对上部结构采取临时固定措施。在建(构)筑物移位过程中，楼面(屋面)活荷载的取值，可根据施工过程中的实际情况适当降低。在建(构)筑物移位过程中，一般不考虑地震作用。

5.2.4 移位过程中的临时构件是指移位过程中设置的起支撑、固定作用但移位至新址后需拆除的构件。

5.3 下轨道及基础设计

5.3.2、5.3.3 若建(构)筑物到达新址后，部分结构仍落在原基础上，应充分估计可能出现的地基不均匀沉降。设计时应严格控制和调整地基不均匀沉降，原地基与桩基的承载力宜乘以 1.2～1.4 的提高系数。应采取基于沉降变形控制的基础设计方法，沉降差可按 1/1000 取值，采取防沉桩等措施减小新旧基础间的沉降差。

5.3.4 铺设找平层的主要目的是保证轨道的平整度，找平层还直接承受移动装置的压力，应确保其局部受压承载力。找平层内铺设钢筋网的钢筋直径不应小于 4mm，间距不应大于 100mm。

5.4 托换结构设计

5.4.2 托换结构体系除满足原上部结构的墙、柱荷载通过移动装置传给下轨道及基础结构体系外，还应考虑移位过程中不均匀受力产生附加应力的影响。移位结构的特殊构造要求主要是施力点、锚固点的构造等。

5.4.3 原混凝土构件新旧混凝土结合面的凿毛程度，应满足叠合构件的要求。

托换梁与柱结合面的高度 h_j 的计算公式，是根据 30 余个柱托换节点结合面的试验结果得出的，试验中原混凝土构件新旧混凝土结合部分凿毛，假设柱的全部轴力由所有结合面均匀承担。根据试验结果的回归公式为：

$$h_j = \frac{N}{0.7 f_t C_j} \tag{1}$$

试验值与回归公式计算值之比为：0.89～1.58。

经过十余栋移位建(构)筑物的检验，考虑施工现场条件与试验室条件的差异，新旧混凝土结合面的凿毛程度，构件受力的均匀性等，将 (1) 式调整为公式 (5.4.3-1)。

为确保柱内钢筋的锚固还规定了 h_j 不宜小于柱内纵向钢筋的锚固长度和柱短边尺寸。

本条中公式 (5.4.3-2) 的系数 k 的取值主要考虑施工过程中，各施力点受力的不均匀性。当地基土压缩变形较小、轨道平整度控制较好时，k 值可取 1.5，否则应取较大值。

柱四面包裹式托换节点 (图 1) 的受剪承载力公式是根据大量柱托换节点的试验结果并结合十余栋建筑平移的现场实测数据确定的。

试验结果表明：

(1) 托换节点中，在配筋相同的情况下，托换梁

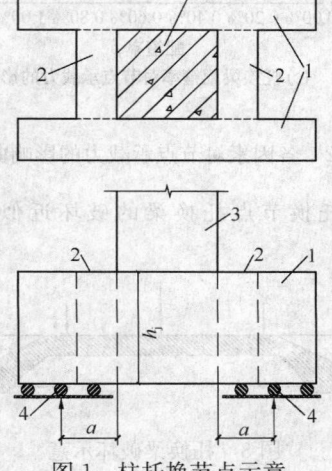

图 1 柱托换节点示意

1—托换梁；2—托换连梁；
3—被托换柱；4—移动装置

先于托换连梁破坏；且托换梁的 a/h_0 越大，托换梁相对于托换连梁的破坏越提前。

（2）在托换梁的 a/h_0 不超过 1.2 时，托换节点的破坏主要是托换梁的弯剪破坏。随着 a/h_0 的增加，托换节点的破坏逐渐变为托换梁的受弯破坏。

（3）托换节点的受剪承载力主要受混凝土强度、托换梁 a/h_0、纵筋强度和配筋率及箍筋强度与配箍率的影响，其中托换节点的抗剪承载力受托换梁 a/h_0 和纵筋配筋率影响较为明显。托换节点的承载力与托换梁 a/h_0、纵筋配筋率和箍筋配箍率近似满足线性关系（图 2）。

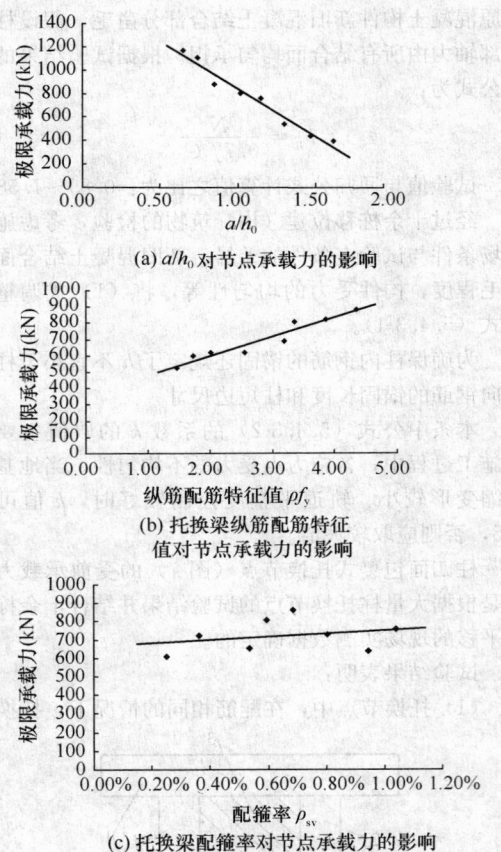

(a) a/h_0 对节点承载力的影响

(b) 托换梁纵筋配筋特征值对节点承载力的影响

(c) 托换梁配箍率对节点承载力的影响

图 2　各因素对节点承载力的影响曲线

（4）托换节点托换梁的破坏近似于拉杆拱（图 3）。

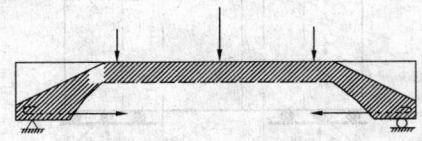

图 3　托换梁破坏示意

公式（5.4.3-3）是参考 $a/h_0 < 1.5$ 情况下普通混凝土梁的受剪承载力计算公式：

$$V_u = 0.7f_t bh_0 + f_{yv}\rho_{sv}h_0 b \qquad (2)$$

考虑到柱与托换梁的结合面处混凝土的抗拉强度偏低，而试验中大多数构件的破坏均起源于结合面的开裂，根据结合面的试验数据，结合面处混凝土的抗拉强度约为较低构件混凝土抗拉强度的 0.7 倍左右，保守的将公式中前一项的系数调为 0.42；由于纵筋对托换梁斜截面承载力的影响较大，公式在第二项中考虑了纵筋的影响，其系数根据试验结果采用待定系数法确定。

根据试验回归分析，托换梁的受剪承载力计算公式为：

$$V_{ui} = 0.42f_t bh_0 + \beta_s \rho f_{yv}\frac{A_{sv}}{s}h_0$$

纵筋配筋可参考倒置牛腿或悬臂梁的计算结果。

试验值与回归公式计算值之比为：1.32～2.24。计算结果与试验结果的对比（图 4）。

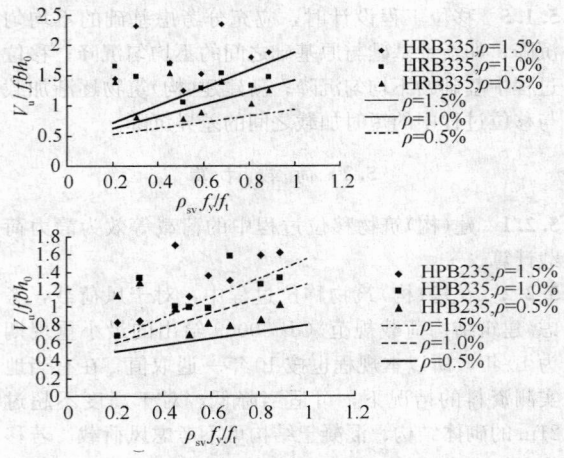

图 4　柱托换节点公式计算结果与试验结果对比

试验结果表明，大多数柱托换节点试件发生了托换梁的弯剪破坏，因而根据现行国家标准《混凝土结构设计规范》GB 50010，提出托换梁截面的限制条件，防止托换轨道梁发生斜压破坏。

试验结果表明，在配筋相同的情况下，托换梁先于托换连梁破坏，因而在设计托换连梁时，建议托换连梁的配筋不小于托换梁。

5.4.4　承重墙托换梁的设计可参照普通连续梁的设计方法。

5.5　水平移位设计

5.5.2　建筑物的水平移位方式分牵引式和顶推式。牵引式适用于荷载较小建（构）筑物的水平移位，顶推式广泛用于各种建（构）筑物的水平移位，必要时两者并用。为减少摩阻，托换结构与下轨道间一般为钢板与钢滚轴、钢轨与钢滚轴、聚四氟乙烯等高分子材料与不锈钢板或钢板与钢板等。

钢材滚动平移、聚四氟乙烯与不锈钢板的滑动平移的摩阻系数是依据模型试验结果及对二十余栋建筑平移的现场实测数据确定的。试验得出钢材滚动平移建（构）筑物的平移阻力与建（构）筑物重量及滚轴直径有关，建（构）筑物重量越大，滚轴直径越小，建（构）筑物平移的阻力就越大。试验得出建（构）筑物钢材滚动平移的摩阻系数为0.029～0.016，聚四氟乙烯与不锈钢板的滑动平移的摩阻系数为0.030～0.027。现场监测二十余项平移工程，各典型工程的启动牵引力与摩阻系数见表1，得出建（构）筑物平移的滚动摩阻系数为0.071～0.04。聚四氟乙烯滑块的滑动摩阻系数约为0.1。

表 1　实际工程的启动牵引力与摩阻系数

参数　　　工程名称	临沂国家安全局办公楼（八层框架）	沾化农发行住宅楼（四层砖混）	济南种子公司办公楼（四层砖混）	济南王舍人供电所（三层砖混）	莒南岭泉信用社（三层砖混）	东营桩西采油厂礼堂（单层排架）	莱芜高新区管委会办公楼（十六层框剪）	济南宏济堂西号（二层砖木，滑动）（南楼；北楼）
建筑物重量（kN）	59600	33800	28300	19300	17400	11600	349900	11350；8250
单个滚轴的平均受力（kN）	170.3	82.8	79.2	67.5	64.3	49.2	218.3	218；229
启动牵引力（kN）	4227	1830	1459	923	811	452	12400	1405；740
启动摩阻系数	1/14.1	1/18.46	1/19.1	1/20.9	1/21.4	1/24.7	1/28.2	1/8；1/11.1

注：上表滚动式移位工程中，莱芜高新区管委会办公楼采用直径100mm实心钢滚轴，其他工程均采用直径60mm实心钢滚轴。

实际工程中测出的摩阻系数偏大，主要是因为实际的建（构）筑物重量比实验室模型大得多，使移动装置压力较大，致使移动装置及与移动装置相接触的轨道变形较大；轨道平整度与移动装置受力的均匀性比试验环境要差。

式（5.5.2-2）中的 k 值与施工中对移动装置的制作与维护程度有关，当缺少施工经验时宜取较大值。通过现场实测，涂抹润滑油时，该系数可降低25%。

5.5.3　建（构）筑物就位后的轴线偏差过大，将导致上部结构相对于基础的偏心过大，基础和上部结构的受力改变，造成其安全性不足。对于本规程规定的就位允许偏差，应采取增加截面等措施进行修复。

5.6　竖向移位设计

5.6.1　本条中安全系数 k 的取值主要考虑施工过程中，各施力点受力的不均匀性。

5.6.2　升降移位时，建（构）筑物的重量全部由升降设备承担，升降设备若不能保持荷载或突然卸载，会导致托换结构受力严重不均甚至破坏，进而危及建（构）筑物的安全，因此要求必须设置临时辅助支顶装置。

5.6.3　本条规定了升降移位设计应包括的内容，升降移位的托换体系在平面上应连续闭合，且上下组成一组受力结构体系（图5）。

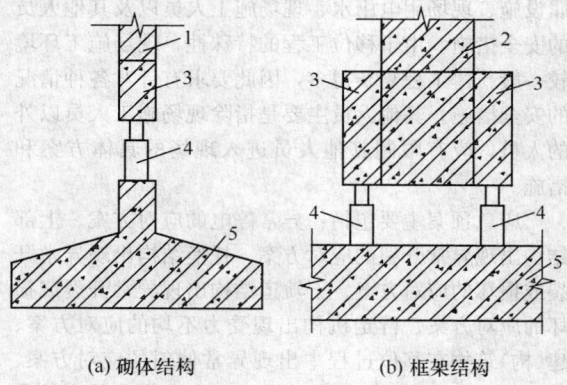

(a) 砌体结构　　　　　(b) 框架结构

图 5　顶升示意
1—墙体；2—框架柱；3—托换梁；
4—千斤顶；5—基础

5.7　拖车移位设计

5.7.1～5.7.3　拖车移位一般应用于建（构）筑物较大距离的移位工程，其移动路线一般是压实或普通硬化路面，必然存在局部不平整或坡道，为保证移位过程中建（构）筑物托换结构受力均衡与稳定，要求拖车应具有自升降和自我调平功能，以及托换结构具有足够

的刚度。

5.7.4 由于拖车移位顶升和运输时的支点位置不同，托换结构应满足两种工况的受力要求。

5.8 就位连接设计

5.8.1 建(构)筑物就位后的连接是移位工程的一个重要环节，应引起重视。

5.8.2、5.8.3 对于框架结构及层数超过6层或高宽比大于2的砌体结构，应进行水平力计算。除用混凝土填实缝隙外，尚应按计算配置连接钢筋。

5.8.4 当移位建筑原抗震设防低于现行国家标准《建筑抗震鉴定标准》GB 50023的要求时，移位后可以在托换结构体系与新基础之间结合滚轴或滑块加设橡胶滑块或橡胶隔震垫等隔震装置，以减小输入上部结构的地震能量，使上部结构在不加固或少加固的情况下能够满足现行国家标准《建筑抗震鉴定标准》GB 50023的抗震设防要求。这种连接方式尤其适合于需保持建筑外貌的保护性建筑。

6 施 工

6.1 一 般 规 定

6.1.1 本条的目的是确定是否存在影响施工的安全隐患，若存在安全隐患，需先排除隐患；需要加固的，应先加固后移位。

安全措施主要包括：针对移位工程主体结构、附属设施、现场用电用水、现场施工人员以及其他人员的安全措施。由于移位工程的特殊性，现场施工环境较一般新建工程复杂得多，因此要求有针对各种情况的安全措施。其他人员主要是指除现场施工人员以外的人员，应有限制其他人员进入现场的具体方案和措施。

应急预案主要包括：异常停电的应对方案、上部结构出现异常开裂的应对方案、托换结构出现异常开裂或损坏的应对方案、下轨道结构出现异常开裂或损坏的应对方案、行走机构出现受力不均的应对方案、建(构)筑物在移位过程中出现异常偏斜的应对方案、移位动力设备出现异常故障的应对方案、人员意外受伤的应对方案等。避免因问题不能及时解决而影响移位的正常实施，甚至更严重的后果。

6.1.3 限制滚轴直径或滑块高度偏差，主要是保证滚轴、滑块和托换结构均匀受力。

6.1.4 新旧结合面是连接的薄弱环节，也是较难处理的部位，处理不好会直接影响移位工程的安全。新旧连接不应低于现行国家标准《建筑结构加固工程施工质量验收规范》GB 50550的要求，否则应采取可靠的附加措施，以保证新旧连接安全可靠。附加措施一般指连接销键、插筋等增强措施。

6.1.5 移位工程的隐蔽部位有可能存在与设计不符的问题或缺陷，因此，要求现场施工人员必须能与设计人员及时沟通，不能在设计人员不知情的情况下随意变更施工或存留安全隐患。

6.1.6 动力设备及动力监控装置使用前应进行自检，确保示值准确、运行可靠。如动力示值不准，可能影响移位过程中的同步调整，甚至判断指挥错误。

6.1.7 位移监控是保证移位同步的主要手段，监控包括移位方向的位移和垂直于移位方向的侧向偏移。

6.1.8 通过裂缝、倾斜、振动及建筑物沉降的监控，可以及时了解移位工程结构构件的工作状态，如出现异常情况，及时采取应对措施，避免影响移位工程的安全。

6.1.9 移位工程中，完善、通畅的现场指挥控制系统是保证移位工程安全、顺利进行的必要保证措施。

6.2 下轨道及基础施工

6.2.1 当建(构)筑物移动距离小于建(构)筑物移动方向的长度(或宽度)时，下轨道结构体系则仅有建(构)筑物原址和新址两部分。

6.2.2 下轨道结构施工完成后，应仔细检查下轨道顶面的平整度，不满足要求时，应打磨或修补至规定的平整度。严禁在轨道平整度不满足要求或下轨道材料强度不满足后续施工要求的情况下安设移动装置。

6.2.3 建(构)筑物原址内下轨道结构的施工受原有构件及施工空间的影响，应特别注意施工缝、钢筋连接及下轨道顶平整度的控制。

6.3 托换结构施工

6.3.1 国内移位工程施工顺序一般为：下轨道及基础施工→放置垫板及滚轴或滑块→托换结构施工→移动。

6.3.2 托换结构体系施工时，下轨道找平层材料的强度须满足承担托换结构自重及施工荷载的要求。

6.3.3 移位工程工期一般较短，往往要求混凝土托换结构应尽快达到设计强度，因此宜采用早强混凝土；采用微膨胀混凝土可以减小新浇混凝土的收缩，更好地保证新旧混凝土结合的质量。

6.3.4 移动装置的位置直接关系到托换结构的受力；滚动装置如摆放不正，会导致移位时出现偏斜，并会在托换结构中产生侧向附加内力。

6.3.5 托换结构施工特别是施工砖混结构的托换结构时，会造成底层墙体和基础竖向受力的局部变化，非对称的施工顺序可能导致上部结构产生附加内力并可能导致基础出现不均匀沉降。因此托换结构施工宜对称进行。

6.3.6 托换结构底部平移支点行走面的水平度不仅关系到移动装置(特别是滚动装置)的受力是否均

匀，还直接影响托换结构的受力。因此，应严格控制，每个支点行走面与下轨道顶面之间的距离差不宜大于 1mm。

6.3.7 柱下托换结构一次施工完成，可以有效保证柱下托换结构的整体性及托换的可靠性，故应避免施工缝；对于承重墙下托换梁，由于施工时需将墙体分批、分段掏空，因此，托换梁也需分批、分段施工，分段接茬处的混凝土施工缝及纵筋的连接应确保质量。控制分段长度主要考虑分段长度过大可能导致托换结构施工时墙体及墙下基础受力过度不均；分段长度过小则会因托换结构施工缝过多而增加施工难度和施工缝处理的工作量。在墙体和基础承载力允许的情况下宜适当减少分批次数，但分批数不应少于三批，掏空段长度不应大于 1.2m，且两个掏空段之间的间隔应不小于 2.0m。

6.3.9 托换结构与原柱、墙的结合面的牢固结合是保证托换安全可靠的重要措施，增加原柱、墙与托换结构结合面的粗糙度可以增加结合面的机械咬合作用，涂刷混凝土界面处理剂可以增加混凝土托换结构与原柱、墙的有效粘结。连接插筋宜在柱、墙表面凿毛后施工，主要是防止凿毛时可能对插筋造成的冲击或扰动。

6.3.10 混凝土托换结构在平移支点或顶升点处均是受力集中部位，该部位一般剪力和弯矩均较大，因此纵向钢筋一般不应在支点处断开。当现场因施工条件所限不能贯通时，为保证钢筋的连接质量应采用焊接连接。

6.3.12 对墙体开洞应采用振动小的静力切割方式。

6.4 截 断 施 工

6.4.1 墙、柱截断后，上部荷载将通过托换结构体系、移动装置传至下轨道结构体系及基础，故墙、柱截断时，下轨道结构体系、托换结构体系的材料强度需达到设计要求。

6.4.2 移动装置位置特别是滚动装置位置的改变，会导致托换结构体系受力的改变，而其方向的改变则会导致移位过程中侧向偏斜。墙、柱截断前，移动装置尚未承担上部结构的荷载，其位置和方向调整非常容易；墙、柱截断后，移动装置则要承担上部结构的全部荷载，其位置和方向的调整必须借助于千斤顶等支顶装置，实施难度较大。

6.4.3 墙、柱截断宜对称进行，尽可能减小截断对上部结构和基础的不利影响。

6.4.4 墙、柱截断时，墙、柱及与其连接的基础等构件的内力会发生一定的变化，因此，截断施工时，应监测墙、柱、托换结构体系及基础的状态变化，包括墙、柱竖向变形、托换结构的异常变形或开裂、基础的不均匀沉降等。

6.4.5 截断面的二次剔凿受空间限制，难以保证截断面平整，因此应尽量避免。

6.4.6 截断施工中可能会产生较多的冷却水，冷却水渗入地基土，会导致地基土承载力降低、沉降变形加大。因此截断施工时要避免将冷却水直接排放至基础周围。

6.5 水平移位施工

6.5.1 严禁在下轨道结构体系、托换结构体系及反力装置未经验收或未达到设计要求的情况下实施移位。

6.5.2 动力系统优先采用基于 PLC（Programmable Logic Controller 可编程逻辑控制器）控制的同步液压控制系统；测力装置应校准，确保测试精度；位移监控装置应灵敏准确且应有一定的量程，避免移位过程中因频繁移动影响位移监测的准确度。

6.5.3 移位前应确保移动装置受力均匀、方向正确；动力系统应安装稳固、调控灵活有效；监控系统应反应灵敏、准确无误；应急措施应全面细致、切实可行。

6.5.4 通过试平移，一方面可以检验移动装置、动力系统、监控系统状态是否完好，工作是否正常；另一方面可以测定启动动力和正常移动时的动力，同时确定以正常速度移动时的动力。

6.5.5~6.5.7 正式平移时，一般情况下不要改变试平移所确定的动力参数；移动过程中若出现位移不同步的现象，说明不同轴线上的移动阻力出现了相对变化，此时应首先检查轨道面是否有杂物、轨道板是否有翘曲、托换结构与下轨道或基础是否有刮擦、滚轴是否有挤碰或偏斜、滑动装置是否有损坏等；排除上述可能增加移动阻力的因素后，若位移仍然不同步，可以小幅调整平移动力参数，直至各轴线位移同步为止。

若移动过程中出现垂直于移动方向的偏斜，可通过设置侧向支顶或约束装置加以纠正或限制，尽量避免通过调整移动动力进行调整。

6.5.8 移动轨道面或移动装置涂抹适当的润滑剂，如润滑油、硅脂、石墨、石蜡等，可以减小移动阻力，增加移动的平稳性，但应防止润滑剂粘附颗粒等杂物。

6.6 竖向移位施工

6.6.1 竖向移位时，建（构）筑物的重量全部由升降设备承担，竖向移位设备若不能保持荷载或突然卸载，将会导致托换结构受力严重不均甚至破坏进而危及建（构）筑物的安全，因此，要求升降设备必须安全可靠，并应有足够的安全储备，同时要求应有自锁装置，且必须设置可靠的辅助支顶装置。

6.6.2 建（构）筑物竖向移位时必须保证各升降点位移的精确同步，否则不仅会造成升降点的升降设备受

力不均还会导致上部结构和基础受力不均，因此，要求所有升降点必须设置位移监控设备，并采用以位移控制为主、位移与升降力同时控制的升降控制方案。

6.6.3 竖向移位设备在使用过程中若出现偏斜、受力不均，其后果一是升降设备极易损坏，二是升降点容易出现局压破坏，三是会在托换结构中产生附加内力，都会危及移位建（构）筑物的安全。因此，要求升降设备必须安装稳固，并保证其垂直度，升降设备与升降支点的接触面须受力均匀。

6.6.4 建（构）筑物竖向移位过程中的升降差对上部结构的影响，相当于地基不均匀沉降对上部结构的影响，升降差过大必然会导致托换结构和上部结构出现过大的附加内力甚至开裂，因此应严加控制。升降差限值参考《建筑地基基础设计规范》GB 50007 和《民用建筑可靠性鉴定标准》GB 50292 地基基础 B_u 级的评定标准确定，但总体升降差要严于《建筑地基基础设计规范》GB 50007 有关建筑整体倾斜的限值。

6.7 拖车移位施工

6.7.1 拖车移位一般应用于建（构）筑物较大距离的移位工程，其移动路线一般是压实或普通硬化路面，必然存在局部不平整或坡道，为控制移位过程中建（构）筑物的局部倾斜和整体倾斜，必须要求拖车具有自升降和自我调平功能，以保证托盘的平整度、水平度在建（构）筑物允许的范围内。途经城市道路或公路时可能要经常停车和启动，为避免停车、启动时产生过大的加速度，要求应低速行进且启动、刹车应缓慢、平稳。

6.7.2 城市道路或公路特别是桥梁有其相应的设计负荷，而一般移位建（构）筑物的重量较普通车辆的高度、宽度、重量都要大很多，因此，必须考虑道路、桥梁的通行能力及地面、空中障碍；另外移位时一般占用路面较宽、行走速度较慢，必然会影响其他车辆的通行，故应经交通等主管部门同意并确保道路、桥梁等其他设施安全后方可通行。

6.7.3、6.7.4 顶升施工应按照竖向移位的施工要求进行，拖车抬升将移位建（构）筑物托起时，应缓慢、平稳，顶升装置卸荷过程中应仔细检查拖车受力是否均衡，托盘是否水平。如拖车受力不均衡，应通过增加配重或改变拖车升降油缸供油压力进行调整，不应在拖车受力不均衡或托盘不平的状态下将移位建（构）筑物托起或移位。

6.7.5、6.7.6 设置倾斜或水平监测装置，可以在建（构）筑物托起或移位过程中即时监测移位建（构）筑物水平状态。途经坡道时应特别注意，对于超过拖车调平能力的坡道应根据移位建（构）筑物的最大允许倾斜值和移位建（构）筑物与拖车的连接措施综合确定，严禁在托盘倾斜的情况下强行爬坡。

6.8 就位连接与恢复施工

6.8.2 预留有连接钢筋或预埋件时，连接前应仔细检查核对连接件的位置，不得错漏。由于连接部位较为集中，因此，焊接连接时要特别注意连接部位的降温处理和焊接质量，当钢筋的焊接接头不能错开时应加大焊接长度，焊接长度增加 50%。

6.8.3 托换结构与新基础之间的空隙最好采用微膨胀混凝土、砂浆或无收缩灌浆料浇灌填充，以确保填充密实。

6.8.5 移位后建（构）筑物与基础的隔震连接不同于新建建（构）筑物的隔震连接，新建时是在基础上安装好隔震支座后再施工隔震层以上的部分，因此作用于隔震支座的荷载是逐步施加的。移位建（构）筑物隔震支座的安装是在隔震层上下的结构均已完成的情况下进行的，因此应特别注意隔震支座安装的水平度和受力的均匀性。

上部结构、隔震层部件与周围固定物的竖向隔离缝（防震缝）及托换结构与基础之间预留的水平隔离缝，是允许隔震层在罕遇地震下发生大变形的重要措施，必须严格按设计施工，施工过程中使用的临时支承、材料必须清理干净。

6.8.6 托换结构切除时不得伤及结构的保留部分，切割面的防护应考虑所处的环境条件。

6.8.7 移位建（构）筑物的墙体或其他主体结构出现裂缝，应综合分析墙体或主体结构裂缝产生的原因和危害，在保证不低于移位前安全性的前提下，有针对性地采取加固补强或修复措施。

6.9 施 工 监 测

6.9.1~6.9.5 建（构）筑物移位过程中通过监测移位的同步性、基础的沉降、建（构）筑物的整体倾斜及振动、重要构件的内力，可以及时了解移位建（构）筑物的状态变化，是保证移位工程安全、顺利实施的重要手段。要求监测点应具有代表性，检测仪器应灵敏，监测数据应准确可靠，数据反馈应全面及时，监测数据异常时应及时报警，对异常现象的处理应及时有效。

7 验 收

7.1 一 般 规 定

7.1.1~7.1.4 建（构）筑物移位工程是特种工程，也是比较复杂的工程，其验收有其特殊性。本节强调除满足本规程各章的要求外，尚应满足现行国家标准《建筑工程施工质量验收统一标准》GB 50300、《建筑地基基础工程施工质量验收规范》GB 50202、《混凝土结构工程施工质量验收规范》GB 50204、

《建筑结构加固工程施工质量验收规范》GB 50550 等的规定。

7.2 质量控制

本节根据移位工程的具体情况，列出了移位工程的主控项目。

7.3 质量验收

本节根据移位工程的具体情况，提出了检验批、分项、分部工程的验收要求。

总　目　录

第1册　通用·抗震·幕墙·屋面·人防·给水排水

第 2 册　砌体·钢·木·混凝土

4　砌体和钢木结构

5　混凝土结构

第 3 册　地基·基础·勘察

6　地基·基础·勘察

第4册　特种·混合·检测·加固

7　特种结构·混合结构

8　检测·加固